Exklusiv für Buchkäufer!

Ihr eBook zum Download:

▶ www.haufe.de/ebook

▶ Buchcode: QMO-8164

W0048860

HAUFE
IFRS-KOMMENTAR

NORBERT LÜDENBACH
WOLF-DIETER HOFFMANN
JENS FREIBERG

Haufe Gruppe
Freiburg · München · Stuttgart

Zitierweise: *Lüdenbach, Hoffmann, Freiberg,* Haufe IFRS-Kommentar, 15. Aufl., 2017, § . . . Rz . . .

Bibliografische Information der Deutschen Bibliothek
Die Deutsche Bibliothek verzeichnet diese Publikation in der Deutschen National-
bibliografie; detaillierte bibliografische Daten sind im Internet über http://dnb.ddb.de
abrufbar.

HAUFE IFRS-KOMMENTAR

ISBN 978-3-648-09641-3 Bestell-Nr. 01148-0015

15. Auflage 2017, © Haufe-Lexware GmbH & Co. KG

Autoren: Dr. Norbert Lüdenbach, Prof. Dr. Wolf-Dieter Hoffmann, Dr. Jens Freiberg
Anschrift
Haufe-Lexware GmbH & Co. KG
Munzinger Straße 9, 79111 Freiburg

Kommanditgesellschaft, Sitz und Registergericht Freiburg, HRA 4408
Komplementäre: Haufe-Lexware Verwaltungs GmbH, Sitz Freiburg,
Registergericht Freiburg, HRB 5557; Martin Laqua

Geschäftsführung: Isabel Blank, Markus Dränert, Jörg Frey, Birte Hackenjos, Randolf Jessl,
Markus Reithwiesner, Joachim Rotzinger, Dr. Carsten Thies
Beiratsvorsitzende: Andrea Haufe

Steuernummer: 06392/11008
Umsatzsteuer-Identifikationsnummer: DE 812398835

Redaktion: Dr. Ulrike Hoffmann-Dürr, Jessica Janke, Dunja Beck, Julia Grass
E-Mail: IFRS@haufe.de; Internet: www.haufe.de/finance

Druckvorstufe: Reemers Publishing Services GmbH, Luisenstr. 62, 47799 Krefeld
Druck: Druckerei C.H. Beck, Bergerstraße 3-5, 86720 Nördlingen

Idee und Konzeption: Norbert Lüdenbach, Wolf-Dieter Hoffmann, Michael Bernhard, Freiburg

VORWORT zur 15. AUFLAGE

Von Plutarch ist folgendes Problem überliefert: Am Schiff des Theseus, einer Galeere mit 30 Rudern, wurden von Zeit zu Zeit alte Planken entfernt und durch neue ersetzt. Die Philosophen stritten sich, ob das Boot nach vielen (oder sogar allen) ausgetauschten Planken dasselbe geblieben oder ein anderes geworden sei. Ein anspruchsvoller Lösungsversuch ist hier der ontologische Vierdimensionalismus, dem zufolge Objekte nicht nur Abschnitte im dreidimensionalen Raum einnehmen, sondern ebenso in der Zeit. Danach soll sich die Identität eines Objekts nicht allein aus dem Abschnitt ergeben, den es gegenwärtig im Raum einnimmt, sondern auch aus dessen zeitlichem „Fortsatz" in Vergangenheit und Zukunft. Ständiger Wandel führe daher nicht dazu, dass ein Objekt seine Identität einbüße. Nach der Gegenposition ist die Zeit aber eine gänzlich eigenständige, vom Raum unabhängige Dimension und jedes Objekt immer vollständig in seiner Gegenwart gegeben.

Wir Nichtphilosophen werden weiteren Verästelungen dieses Diskurses wenig abgewinnen können. Interessant bleibt aber der praktische Ausgangspunkt des Theseus-Problems: Wenn die Planken nicht von Zeit zu Zeit ausgetauscht würden, verlöre das Schiff seine Seetüchtigkeit, ginge unter und entfiele auf diese Weise vielleicht nicht die raumzeitliche, aber die funktionale Identität.

Bezogen auf die hiermit vorliegende 15. Auflage des Kommentars – ein kleines Jubiläum – ergibt sich aus alldem Folgendes: Im Vergleich zur ersten Auflage ist inzwischen beinahe jede Planke ausgetauscht worden. Nur so konnte das Werk seetüchtig gehalten und seine funktionale Identität gewahrt werden. Im Vergleich zur 14. Auflage ist daher etwa § 18 „Fertigungsaufträge" betreffend IAS 11 vollständig entfallen und zugleich die Kommentierung des Nachfolgestandards IFRS 15 in § 25 ausgeweitet worden. Noch bedeutsamer sind der Wegfall von § 15 zu Leasingverhältnissen nach IAS 17 und der Ersatz durch § 15a zu Leasing nach IFRS 16. Auf mehr als 150 Seiten erhält der Leser die erste vollständige Kommentierung des neuen Leasingstandards (§§ 15 und 18 stehen in der Online-Version des Kommentars weiterhin zur Verfügung).

Die 15. Auflage berücksichtigt unter Einbeziehung des Vorgenannten u. a. folgende zwischen dem 1.1.2016 und 1.1.2017 vorgelegten Neuregelungen oder Entwürfe:
- *Classification and Measurement of Share-based Payment Transactions, Amendments to IFRS 2,*
- *Disclosure Initiative, Amendments to IAS 7,*
- *Recognition of Deferred Tax Assets for Unrealised Losses, Amendments to IAS 12,*
- *Transfers of Investment Property, Amendments to IAS 40,*
- *Applying IFRS 9 Financial Instruments with IFRS 4 Insurance Contracts, Amendments to IFRS 4,*
- *Clarifications to IFRS 15,*
- *IFRS 16 Leases,*

- *Annual Improvements to IFRS 2014–2016 Cycle, Amendments to IFRS 1, IFRS 12, IAS 28,*
- *ED/2016/1 Definition of a Business and Accounting for Previously Held Interests (Proposed amendments to IFRS 3 and IFRS 11),*
- *IFRIC 22 Foreign Currency Transactions and Advance Consideration.*

Wie alljährlich gilt unser Dank für die redaktionelle Begleitung dem Verlag, vertreten durch das mustergültige Engagement von Frau Ulrike Hoffmann-Dürr, Frau Dunja Beck, Frau Julia Grass und Frau Jessica Janke.

Düsseldorf und Freiburg i. Br.,   *Norbert Lüdenbach*

im Februar 2017   *Wolf-Dieter Hoffmann*

                                                     Jens Freiberg

Nachruf für Prof. Dr. Wolf-Dieter Hoffmann

Am 22. Februar 2017 ist Wolf-Dieter Hoffmann nach langer, mit bewundernswerter Disziplin gelebter Erkrankung von uns gegangen. Nicht nur in unserem Leben hinterlässt er eine große Lücke.

Wolf-Dieter Hoffmann war vor allem eines: ein feiner Mensch. Nicht vorrangig in seiner Geistesbildung und Erscheinung – dies auch – insbesondere aber in dem, was man altertümlich Herzensbildung nennt. Eine Wesensart, die sich durch Feinfühligkeit für das Wohl und Wehe der Nächsten und Bescheidenheit kundtut und unwiderstehlich anzieht.

Seiner Leserschaft wird Wolf-Dieter Hoffmann vor allem als leidenschaftlicher und unabhängiger Geist in Erinnerung bleiben. Sein Oeuvre ist beispiellos. Mehr als tausend Aufsätze, viele Herausgeberschaften, führende Tätigkeiten an Kommentaren, nicht nur zu den IFRS, sondern auch zur Steuerbilanz und Handelsbilanz. Stets hat er dabei im Interesse seiner Leser die Maxime verfolgt, kleine Dinge so zu tun, als wäre es etwas Großes, und sein Talent eingesetzt, große Dinge zu tun, als wäre es etwas Kleines. Beides hat er als seine Verpflichtung angesehen und – um Marc Aurel zu zitieren – wer seine Pflicht tut, dem muss gleichgültig sein, ob ihn bestimmte Leute schmähen oder preisen.

Nur die Sache und die Leserschaft interessierten ihn. Als einer der beiden verbleibenden Herausgeber mit Wolf-Dieter Hoffmann den Haufe IFRS-Kommentar vor mehr als eineinhalb Jahrzehnten begründete, verstand der erste etwas mehr von internationaler Rechnungslegung, der zweite sehr viel mehr davon, wie man einen Kommentar strukturell und sachlich möglichst leserfreundlich und praxistauglich gestaltet. Von den Inhalten der ersten Auflage ist bedingt durch die beständigen Änderungen der IFRS bis zur aktuellen Auflage wenig übrig geblieben. Die Grundlagen von Struktur und Sprache hingegen haben sich über die vielen Auflagen und eine nur behutsame Weiterentwicklung bewährt. Diesen Weg auch zukünftig zu gehen und das Vermächtnis des Verstorbenen zu bewahren, betrachten wir als unsere Aufgabe.

An obigem Zitat des Marc Aurel hätte Wolf-Dieter Hoffmann vielleicht Freude gefunden, auch wegen seiner Bildungsanfänge, dem Abitur an einem altsprachlichen Gymnasium. Wer so an römischen und griechischen Philosophen geschult wird, bewahrt sich auch auf dem weiteren Weg in Universität (Freiburg) und Beruf einen unvoreingenommenen Blick. Unverständlich waren ihm daher stets Formulierungen der Art, „es ist bisher (!) noch nicht gelungen, das Konzept der Wesentlichkeit (oder dies und jenes) exakt zu definieren und abzugrenzen." Hatten nicht die Griechen schon im vierten vorchristlichen Jahrhundert nachgewiesen, dass es nie (!) eine Lösung der Frage geben wird, wie viele Körner einen Haufen ergeben? Aus solcher Erkenntnis erwuchs die theoretische Einsicht in die Grenzen der Erkenntnis und die rechtspraktische Einsicht, dass die von Standardsettern verfolgte immer höhere Belastung des Jahresabschlusses (Anhang) und Lageberichts mit Angabepflichten kein Königsweg sein kann. Auch dies wird uns rechtskritisch Maxime bleiben.

Wolf-Dieter Hoffmann hatte ein unabhängiges, liebendes und erfülltes Leben. Zu früh ist er von uns gegangen. Wir werden ihn vermissen.

Norbert Lüdenbach

Jens Freiberg

NUTZUNGSTIPPS

Die Übersichten **„Zuordnung der Standards zu den Paragrafen"** (HI1160832 in der Online-Version) und **„Zuordnung der Paragrafen zu den Standards"** (HI1160837 in der Online-Version) unterstützen Sie bei Ihrer Recherche im Haufe IFRS-Kommentar. Mit deren Hilfe, dem Inhaltsverzeichnis und dem umfangreichen Stichwortverzeichnis finden Sie im gebundenen Werk den Sie interessierenden Paragrafen. Die einzelnen Themen sind konzeptionell und optisch durch Verweise zwischen den verschiedenen Paragrafen (→ § ... Rz ...) vernetzt.

Neben den Erläuterungen in den Paragrafen erleichtert Ihnen die Checkliste „IFRS-Abschlussangaben" in der zugehörigen Online-Version (HI10157883) das Erstellen der *notes*. Hinweise zur Anwendung dieser Checkliste finden Sie unter § 5 Rz 8 ff.

Unsere **besonderen Services** für Sie als Kunde des Haufe IFRS-Kommentars:

Mit Ihrem Print-Abonnement ist die **Online-Version des Haufe IFRS-Kommentars inklusive.**

Ihre zusätzlichen Vorteile:

- Die **Checkliste „IFRS-Abschlussangaben"** ist integriert und unterstützt Sie zusätzlich bei der praktischen Umsetzung und bei der Vollständigkeit der spezifischen Anhangangaben.
- Die von der EU anerkannten Standards und Interpretationen sind verfügbar und werden regelmäßig für Sie aktualisiert.
- Sie erhalten ein ortsunabhängiges Recherche-Medium mit komfortablen Suchfunktionen, um sich die Inhalte zu erschließen und schnell zur gesuchten Lösung zu gelangen.
- Sie haben die Möglichkeit, an Online-Seminaren von Herrn Dr. Freiberg teilzunehmen und sich die Aufzeichnung der Veranstaltungen jederzeit im Nachgang anzuschauen.

Mit dem beiliegenden Registrierungsformular erhalten Sie Ihren Zugang zur Online-Version. Die Details zur Freischaltung entnehmen Sie bitte der vorderen inneren Umschlagklappe.

Darüber hinaus erhalten Sie als Käufer des gebundenen Haufe IFRS-Kommentars kostenlos das **eBook.** Die Adresse zum eBook-Downloadportal finden Sie auf der ersten Seite des Buches. Dort ist auch ein individueller Buchcode eingedruckt, den Sie bitte auf dem Portal in der entsprechenden Maske eingeben. Sie haben dann die Wahl zwischen zwei Download-Varianten: entweder als **ePub**-Datei oder als **PDF**-Datei. Mit dem Code können Sie das eBook maximal auf drei unterschiedliche Datenträger herunterladen. Einen schnellen Zugang zum eBook-Download ermöglicht Ihnen auch der eingedruckte **QR-Code.**

Unser Ziel ist auf laufende Verbesserung ausgerichtet. Ihre Anregungen sind herzlich willkommen. Bitte senden Sie diese an IFRS@haufe.de.

Viel Erfolg mit dem Haufe IFRS-Kommentar!

Freiburg i. Br., Februar 2017 *Ulrike Hoffmann-Dürr*

Autoren des Haufe IFRS-Kommentars

Dr. Norbert Lüdenbach

Wirtschaftsprüfer, Steuerberater, Leiter der Zentralabteilung Rechnungslegung bei der BDO AG Wirtschaftsprüfungsgesellschaft.

Prof. Dr. Wolf-Dieter Hoffmann

WP/StB; Rüsch Hoffmann Sauter, Honorarprofessor der Universität Freiburg i. Br.

Dr. Jens Freiberg

Wirtschaftsprüfer, Leiter der Zentralabteilung Rechnungslegung bei der BDO AG Wirtschaftsprüfungsgesellschaft in Düsseldorf. Mitglied des IFRS Advisory Council des IASB sowie IFRS-Fachausschusses des DRSC.

INHALT

ZUORDNUNG DER STANDARDS ZU DEN PARAGRAFEN

finden Sie in § ... des
Kommentars erläutert

IFRIC Nr.   Titel

SIC Nr.	Titel	finden Sie in § ... des Kommentars erläutert

ZUORDNUNG DER PARAGRAFEN ZU DEN STANDARDS

ANWENDUNGSÜBERSICHT IFRS

Anwendungshinweise

Sofern in Spalte B keine Jahreszahl angegeben ist, ist der betroffene Standard oder die Interpretation im Jahr 2016 verpflichtend anzuwenden. Sofern ein späteres Jahr angegeben ist, besteht die Möglichkeit zur früheren freiwilligen Anwendung. Änderungen von Standards und Interpretationen sind durch den Buchstaben A im Anschluss an die Nummerierung des betreffenden Standards bzw. der Interpretation (in der Spalte Bezeichnung) gekennzeichnet.

Auf Geschäftsjahre, die am oder nach dem 31.12.2015 beginnen, sind die IFRS in folgenden Fassungen verpflichtend anzuwenden:

Bezeichnung	A	B bei kalendergleichem Geschäftsjahr nicht ab 2016 (oder früher) anzuwenden, sondern erst ab:
International Financial Reporting Standards (IFRS)		
IFRS 1	First-time Adoption of IFRSs	
IFRS 2	Share-based Payment	
IFRS 2 A	Classification and Measurement of Share-based Payment Transactions	2018 (Endorsement voraussichtlich 2. HJ 2017)
IFRS 3	Business Combinations	
IFRS 4	Insurance Contracts	
IFRS 4 A	Applying IFRS 9 Financial Instruments with IFRS 4 Insurance Contracts	2018 (Endorsement voraussichtlich 2017)
IFRS 5	Non-current Assets Held for Sale and Discontinued Operations	
IFRS 6	Exploration for and Evaluation of Mineral Resources	
IFRS 7	Financial Instruments: Disclosures	
IFRS 8	Operating Segments	
IFRS 9	Financial Instruments	2018
IFRS 10	Consolidated Financial Statements	
IFRS 10 A	Sale or Contribution of Assets between an Investor and its Associate or Joint Venture	unbestimmt verschoben
IFRS 10 A	Investment Entities: Applying the Consolidation Exception	

Auf Geschäftsjahre, die am oder nach dem 31.12.2015 beginnen, sind die IFRS in folgenden Fassungen verpflichtend anzuwenden:

Bezeichnung	A	B bei kalendergleichem Geschäftsjahr nicht ab 2016 (oder früher) anzuwenden, sondern erst ab:
IFRS 11	*Joint Arrangements*	
IFRS 11 A	*Accounting for Acquisitions of Interests in Joint Operations*	
IFRS 12	*Disclosures of Interests in Other Entities*	
IFRS 12 A	*Investment Entities: Applying the Consolidation Exception*	
IFRS 13	*Fair Value Measurement*	
IFRS 14	*Regulatory Deferral Accounts*	2016 (kein Endorsement)
IFRS 15	*Revenue from Contracts with Customers*	2018
IFRS 15 A	*Clarifications to IFRS 15 Revenue from Contracts with Customers*	2018 (Endorsement voraussichtlich 2. Quartal 2017)
IFRS 16	*Leases*	2019 (Endorsement voraussichtlich 2. HJ 2017)

International Accounting Standards (IAS)

IAS 1	*Presentation of Financial Statements*	
IAS 1 A	*Disclosure Initiative*	
IAS 2	*Inventories*	
IAS 7	*Statement of Cash Flow (Cash Flow Statement)*	

Auf Geschäftsjahre, die am oder nach dem 31.12.2015 beginnen, sind die IFRS in folgenden Fassungen verpflichtend anzuwenden:

Bezeichnung	A	B bei kalendergleichem Geschäftsjahr nicht ab 2016 (oder früher) anzuwenden, sondern erst ab:
IAS 7 A	Disclosure Initiative	2017 (Endorsement voraussichtlich 2. Quartal 2017)
IAS 8	Accounting Policies, Changes in Accounting Estimates and Errors	
IAS 10	Events after the Reporting Period	
IAS 11	Construction Contracts	
IAS 12	Income Taxes	
IAS 12 A	Recognition of Deferred Tax Assets for Unrealised Losses	2017 (Endorsement voraussichtlich 2. Quartal 2017)
IAS 16	Property, Plant and Equipment	
IAS 16 A	Bearer Plants	
IAS 16 A	Clarification of Acceptable Methods of Depreciation and Amortisation	
IAS 17	Leases	
IAS 18	Revenue	
IAS 19	Employee Benefits	
IAS 20	Accounting for Government Grants and Disclosure of Government Assistance	
IAS 21	The Effects of Changes in Foreign Exchange Rates	
IAS 23	Borrowing Costs	
IAS 24	Related Party Disclosures	

Auf Geschäftsjahre, die am oder nach dem 31.12.2015 beginnen, sind die IFRS in folgenden Fassungen verpflichtend anzuwenden:

Bezeichnung	A	B bei kalendergleichem Geschäftsjahr nicht ab 2016 (oder früher) anzuwenden, sondern erst ab:
IAS 26	Accounting and Reporting by Retirement Benefit Plans	
IAS 27	Separate Financial Statements	
IAS 27 A	Equity Method in Separate Financial Statements	
IAS 28	Investments in Associates and Joint Ventures	
IAS 28 A	Sale or Contribution of Assets between an Investor and its Associate or Joint Venture	unbestimmt verschoben
IAS 28 A	Investment Entities: Applying the Consolidation Exception	
IAS 29	Financial Reporting in Hyperinflationary Economies	
IAS 32	Financial Instruments: Presentation	
IAS 33	Earnings per Share	
IAS 34	Interim Financial Reporting	
IAS 36	Impairment of Assets	
IAS 37	Provisions, Contingent Liabilities and Contingent Assets	
IAS 38	Intangible Assets	
IAS 38 A	Clarification of Acceptable Methods of Depreciation and Amortisation	
IAS 39	Financial Instruments: Recognition and Measurement	
IAS 40	Investment Property	

Auf Geschäftsjahre, die am oder nach dem 31.12.2015 beginnen, sind die IFRS in folgenden Fassungen verpflichtend anzuwenden:

A	B
Bezeichnung	bei kalendergleichem Geschäftsjahr nicht ab 2016 (oder früher) anzuwenden, sondern erst ab:
IAS 40 A — *Transfers of Investment Property*	2018 (Endorsement voraussichtlich 2. HJ 2017)
IAS 41 — *Agriculture*	
IAS 41 A — *Bearer Plants*	
AIP — *Annual Improvements to IFRSs 2006–2008 (May 2008)*	
AIP — *Annual Improvements to IFRSs 2007–2009 (April 2009)*	
AIP — *Annual Improvements to IFRSs 2008–2010 (May 2010)*	
AIP — *Annual Improvements to IFRSs 2009–2011 (May 2012)*	
AIP — *Annual Improvements to IFRSs 2010–2012 (December 2013)*	
AIP — *Annual Improvements to IFRSs 2011–2013 (December 2013)*	
AIP — *Annual Improvements to IFRSs 2012–2014 (September 2014)*	
AIP — *Annual Improvements to IFRSs 2014–2016 (December 2016)*	2017/2018 (Endorsement voraussichtlich 2. HJ 2017)
Interpretations	
IFRIC 1 — *Changes in Existing Decommissioning, Restoration and Similar Liabilities*	
IFRIC 2 — *Members' Shares in Co-operative Entities and Similar Instruments*	

Auf Geschäftsjahre, die am oder nach dem 31.12.2015 beginnen, sind die IFRS in folgenden Fassungen verpflichtend anzuwenden:

Bezeichnung	A	B bei kalendergleichem Geschäftsjahr nicht ab 2016 (oder früher) anzuwenden, sondern erst ab:
IFRIC 4	Determining whether an Arrangement contains a Lease	
IFRIC 5	Rights to Interests arising from Decommissioning, Restoration and Environmental Rehabilitation Funds	
IFRIC 6	Liabilities arising from Participating in a Specific Market – Waste Electrical and Electronic Equipment	
IFRIC 7	Applying the Restatement Approach under IAS 29 Financial Reporting in Hyperinflationary Economies	
IFRIC 9	Reassessment of Embedded Derivatives	
IFRIC 10	Interim Financial Reporting and Impairment	
IFRIC 12	Service Concession Arrangements	
IFRIC 13	Customer Loyalty Programmes	
IFRIC 14	IAS 19 – The Limit on a Defined Benefit Asset, Minimum Funding Requirements and their Interaction	
IFRIC 15	Agreements for the Construction of Real Estate	
IFRIC 16	Hedge of a Net Investment in a Foreign Operation	
IFRIC 17	Distributions of Non-cash Assets to Owners	
IFRIC 18	Transfer of Assets from Customers	
IFRIC 19	Extinguishing Financial Liabilities with Equity Instruments	

Auf Geschäftsjahre, die am oder nach dem 31.12.2015 beginnen, sind die IFRS in folgenden Fassungen verpflichtend anzuwenden:

A	B
Bezeichnung	**bei kalendergleichem Geschäftsjahr nicht ab 2016 (oder früher) anzuwenden, sondern erst ab:**
IFRIC 20 *Stripping Costs in the Production Phase of a Surface Mine*	
IFRIC 21 *Levies*	
IFRIC 22 *Foreign Currency Transactions and Advance Consideration*	2018 (Endorsement voraussichtlich 2. HJ 2017)
SIC 7 *Introduction of the Euro*	
SIC 10 *Government Assistance – No Specific Relation to Operating Activities*	
SIC 15 *Operating Leases – Incentives*	
SIC 25 *Income Taxes – Changes in the Tax Status of an Entity or its Shareholders*	
SIC 27 *Evaluating the Substance of Transactions Involving the Legal Form of a Lease*	
SIC 29 *Disclosure – Service Concession Arrangements*	
SIC 31 *Revenue – Barter Transactions Involving Advertising Services*	
SIC 32 *Intangible Assets – Web Site Costs*	

A
Grundlagen der Rechnungslegung

§ 1 RAHMENKONZEPT *(Framework)*

Schrifttum: ERCHINGER/MELCHER: Fehler in der internationalen Rechnungslegung – Bilanzierung, Prüfung und Berichterstattung, KoR, 2008, S. 616 ff.;
ESMA, Retrospective Adjustments to Financial Statements Following Rejection

Notes Published by the IFRS Interpretations Committee, 20.7.2011, https://
www.esma.europa.eu/sites/default/files/library/2015/11/2011_211.pdf, abgerufen
am 9.12.2016; FREIBERG. Die Mär vom Vorsichtsprinzip, Bedeutung von prudence
für die bilanzielle Abbildung, PiR 2015, S. 290; FREIBERG/HOFFMANN, Die abstrakte Bilanzierungsfähigkeit von Abschlusselementen, Änderungen nach dem
Entwurf zum Rahmenkonzept, PiR 2015, S. 284; HOFFMANN/LÜDENBACH, Be-
schreiten wir mit der Internationalisierung den Königsweg?, DStR 2002, S. 871 ff.;
KLEINMANNS, Die „offene Gesellschaft der IFRS-Interpreten", Über Akteure,
Kompetenzen und Bindungswirkungen beim Fehlen ausdrücklich zutreffender
IFRS, DB 2014, S. 1325 ff.; KÜTING/GATTUNG, Der Principle Override nach IFRS
– vom Mythos einer fairen Rechnungslegung, PiR 2006, S. 33 ff. und S. 49 ff.;
KÜTING/WEBER/BOECKER, Fast-close, Beschleunigung der Jahresabschlusserstel-
lung, StuB 2004, S. 1; LÜDENBACH/HOFFMANN, Imparitätische Wahrscheinlich-
keit, Zukunftswerte im IAS-Regelwerk, KoR 2003, S. 5 ff.; LÜDENBACH/HOFF-
MANN, Vom Principle-based zum Objective-oriented Accounting, KoR 2003,
S. 387 ff.; LÜDENBACH/HOFFMANN, Enron und die Umkehrung der Kausalität bei
der Rechnungslegung, DB 2002, S. 1169 ff.; RUHNKE/NERLICH, Behandlung von
Regelungslücken innerhalb der IFRS, DB 2004, S. 389; SUNDER, Regulatory Competition for Low Cost-of-Capital Accounting Rules, Journal of Accounting and
Public Policy 2002, S. 147 ff.

Vorbemerkung
Die folgende Kommentierung bezieht neben dem *Framework* (Zitat: «F.») auch
IAS 1 und IAS 8 ein, um wesentliche Fragen der Regelanwendung *(materiality,
true and fair presentation* usw.), welche die IFRS fragmentiert in diesen Standards
behandeln, in ihrem sachlichen Zusammenhang zu erläutern (Rz 49 ff.).
Die Kommentierung berücksichtigt alle bis zum 1.1.2017 verabschiedeten Än-
derungen, Änderungsentwürfe, Ergänzungen und Interpretationen.
Einen Überblick über die Rechtsentwicklung enthalten Rz 115 f.

1 Zielsetzung, Regelungsinhalt, Begriffe

1.1 Das *Framework* als Leitlinie für Regelsetzung und Regelanwendung

1   Das Regelwerk des IASB besteht aus drei Kernelementen (Rz 51):
- Die **Einzelstandards – IAS** bzw. **IFRS** – enthalten die Regeln zu Ansatz,
  Bewertung, Ausweis und Erläuterung der Posten der Rechnungslegung.
- Diese Standards werden in **Detailfragen** ergänzt durch Interpretationen – **SIC**
  bzw. **IFRIC** – sowie ggf. durch *Application* und *Implementation Guidances.*
- Das *Framework* (Rahmenkonzept) enthält übergreifende Überlegungen, etwa
  zum Zweck und zu Grundanforderungen der Rechnungslegung sowie zur
  Definition der Gegenstände der Rechnungslegung (Bilanzierungsobjekt usw.).

2   Die übergreifenden Überlegungen des *Framework* sollen gem. *F.Introduction* in
verschiedener Hinsicht als **Leitlinie** dienen:
- dem **Regelgeber** bei der Entwicklung der Einzelstandards,
- dem **Bilanzersteller und Abschlussprüfer** bei der Anwendung der Einzelstandards sowie der Lösung noch ungeregelter Fragen,
- dem **Abschlussadressaten** bei der Interpretation von Abschlüssen.

Im Rahmen dieser Zielsetzung behandelt das *Framework* zwei **große Regelungs- bereiche**:

* ausgehend vom Zweck des Jahresabschlusses die **konzeptionelle Basis** der Rechnungslegung, d. h. ihre Ziele, Grundannahmen, Anforderungen (Rz 5 ff.);
* die **Definitions-, Ansatz- und Bewertungskriterien** der Abschlussposten in (Rz 83 ff.).

Im ersten Bereich geht es etwa um das Prinzip der **Entscheidungsnützlichkeit** *(decision usefulness)* oder um die Rolle des **Vorsichtsprinzips**. Der zweite Bereich behandelt z. B. die Frage, was einen **Vermögenswert** oder eine **Schuld** definiert, wann sie konkret **bilanzierungs**fähig sind und welche Maßstäbe für ihre **Bewer- tung** infrage kommen.

Für beide Bereiche stellt sich das **Verhältnis zu den Einzelregelungen**, d. h. den Standards (IAS/IFRS) und den Interpretationen (SIC/IFRIC/IFRS IC), wie folgt dar:

* Das *Framework* legt **Prinzipien** und **Maximen** fest.
* Die Einzelregelungen **konkretisieren** diese, sie gehen als spezielleres Recht dem *Framework* vor (F.*Introduction*).

1.2 Das *Framework* im Kontext von IAS 8 und IAS 1

Die Anwendung des IFRS-Regelwerks im konkreten Abschluss steht unter zahl- reichen Vorbehalten. Regeln brauchen z. B. nicht auf **unwesentliche** Sachverhalte (Rz 61 ff.) angewandt zu werden. Umgekehrt dürfen sie nicht angewendet werden, wenn damit eine tatsachengetreue Darstellung verfehlt würde. Diese Vorbehalte der Regelanwendung werden teils im *Framework*, teils in IAS 1 und in IAS 8 formuliert und konkretisiert. In der Bilanzierungspraxis muss aber der sachliche Zusammenhang beachtet werden. Unsere Kommentierung folgt diesem Sach- gedanken und bezieht unter Rz 49 ff. die überlappenden Regelungen aus IAS 1 und IAS 8 ein (→ § 24 Rz 4).

2 Anforderungen an die Rechnungslegung

2.1 Ziele und Bestandteile des Abschlusses

Als Zweck bzw. **Zielsetzung von allgemeinen Abschlüssen** (*general purpose statements*) wird im *Framework* die Befriedigung von **Informations**bedürfnissen durch **entscheidungsnützliche** Informationen definiert (*decision usefulness*, F.OB1 ff.). Hierbei wird in der alten Fassung noch ein Gleichklang des Informati- onsbedürfnisses von Anteilseignern, Darlehensgebern, Öffentlichkeit usw. unter- stellt (F.10). Die Neufassung ist in dieser Hinsicht etwas differenzierter: Poten- zielle und aktuelle Fremd- und Eigenkapitalgeber werden als primäre Adressaten bestimmt. Deren Informationsinteresse sei auf die Fähigkeit des Unternehmens zur Generierung zukünftiger Zahlungsüberschüsse gerichtet. Informationen hie- rüber **können** auch für weitere Gruppen (etwa Regulatoren) wichtig sein. All- gemeine Abschlüsse sind aber nicht primär für die Interessen solcher sonstigen Gruppen bestimmt (F.OB10).

Als entscheidungsnützlich gelten Informationen über

* die **Finanzlage**, dargestellt insbesondere in der **Bilanz** (→ § 2),

- die **Ertragslage** *(performance)*, dargestellt insbesondere in Gesamtergebnisrechnung und **GuV** (→ § 2), und
- die **Änderung der Finanzlage**, dargestellt insbesondere in der **Kapitalflussrechnung** (→ § 3).

7   Ergänzt werden diese vier Kernelemente des Jahresabschlusses durch
- die *notes and disclosures* (Anhang; → § 5) sowie
- eine **Eigenkapitalveränderungsrechnung** (→ § 20),

bei **börsennotierten** Unternehmen außerdem durch
- einen **Segmentbericht** (→ § 36) und
- eine **Ergebnis-pro-Aktie**-Darstellung (→ § 35).

2.2 *Framework* und IFRS-Rechnungslegung im Vergleich zum HGB

2.2.1 Ebenen eines Vergleichs

8   Ein **Vergleich** der IFRS mit den Konzepten der **handelsrechtlichen** Rechnungslegung erlaubt eine Verdeutlichung des Inhalts und der Bedeutung des *Framework*. Ein solcher Vergleich birgt jedoch zugleich die Gefahr in sich, abstrakt zu bleiben. Unterschiedliche Konzepte müssen nicht zu unterschiedlichen Einzelregelungen führen. Die Konzepte können so unbestimmt sein, dass sie alle möglichen Lösungen zulassen, oder umgekehrt kann die Lösung so zwingend sein, dass sie durch mehrere Konzepte zu begründen ist.

Ein **Beispiel** dafür wäre das Niederstwertprinzip *(lower of cost or market)* bzw. die Abschreibung im Vorratsvermögen. Sie lässt sich mit Blick auf den **Gläubigerschutz** und einen niedrigen Vermögensausweis in der Bilanz (HGB) ebenso begründen wie mit Blick auf die zutreffende **Periodisierung** von Wertminderungen in der GuV (IFRS). Die Erläuterung und der Vergleich der **konzeptionellen Basis** bedürfen daher einer Ergänzung um die Erläuterung und den Vergleich der **Einzelregelungen**.

9   Auch dieser Vergleich bezieht sich noch auf die Normebene. Verglichen wird, was sein **soll**. Die Frage, wie sich dazu verhält, was tatsächlich **ist**, eröffnet eine notwendige **dritte** Möglichkeit der Erläuterung und des Vergleichs.

Die nachfolgenden Überlegungen zum **Vergleich mit dem Handelsrecht** bewegen sich demgemäß auf **drei Ebenen**:
- Ebene 1: **konzeptionelle Basis** des Jahresabschlusses (Rz 10 f.),
- Ebene 2: Umsetzung in konkrete **Einzelregelungen** (exemplarisch; Rz 18 ff.),
- Ebene 3: Bilanzierungspraxis, d. h. **Sein statt Sollen** (Rz 24 ff.).

2.2.2 Konzeptionelle Basis

10   Die **handelsrechtliche Einzelbilanz** soll u. a. dienen:
- der Ermittlung des ausschüttungsfähigen Gewinns und der Steuern (**Zahlungsbemessungsfunktion**),
- der Information von Gläubigern und Selbstinformation des Managements (**Informationsfunktion**) und
- der Rechenschaftslegung des Managements gegenüber den Aktionären und Gesellschaftern (**Rechenschaftsfunktion**).

11   Eine Pluralität der Bilanzierungszwecke ist dadurch nicht gegeben. Dominierender Zweck der handelsrechtlichen Einzelbilanz ist die Ermittlung und Begren-

zung des **ausschüttungsfähigen Gewinns**. Vor diesem Hintergrund spielen **Gläubigerschutz** und **Vorsichtsprinzip** ihre prägende Rolle. Der Kaufmann soll sich eher zu arm als zu reich rechnen. Der Gewinn und damit jedenfalls bei Kapitalgesellschaften der ausschüttungsfähige Betrag soll eher zu niedrig als zu hoch ausgewiesen werden.

Nach der Auffassung des Gesetzgebers und der herrschenden Meinung im Schrifttum kann nur der handelsrechtliche Einzelabschluss als Bemessungsgrundlage für die Gewinnausschüttung herangezogen werden. Dem IFRS-Abschluss wird diese Kapazität wegen der Möglichkeit des Ausweises unrealisierter Gewinne abgesprochen. Dieser Auffassung soll hier nicht widersprochen werden. Vielmehr geht es um die möglichen Einflüsse eines IFRS-Konzernabschlusses auf die Ausschüttungspolitik kapitalmarktorientierter Unternehmen. Die **Rechts**grundlage ist eindeutig durch Gesellschaftsrecht im § 58 Abs. 3 und 4 AktG geregelt: Der Vorstand darf höchstens die Hälfte des Jahresüberschusses den Aktionären vorenthalten, über den Restbetrag haben die Aktionäre freies Dispositionsrecht. Indes wird in der Praxis kapitalmarktorientierter Gesellschaften nicht die Dividende anhand solcher formaler Rechtskriterien bestimmt, sondern hängt von vielerlei Faktoren ab, die man zusammenfassend als „Erwartungshaltung des Kapitalmarkts" bezeichnen kann. Und diese Erwartungshaltung ist wiederum geprägt vom IFRS-Konzernabschluss. Daraus ergibt sich eine faktische Einflussnahme der IFRS-Rechnungslegung auf die Dividendenpolitik kapitalmarktorientierter Konzerne.[1] | 12

Der **Zusammenhang** zwischen | 13
- Begrenzung des ausschüttungsfähigen Gewinns,
- Gläubigerschutz und
- Vorsichtsprinzip

ist zudem **nicht zwingend**.

Die Aktivierungswahlrechte des § 248 Abs. 2 HGB (immaterielle Anlagen) und des § 274 HGB (aktive latente Steuern) belegen, dass für die Ausschüttungsbemessung nicht notwendig der Bilanzansatz begrenzt werden muss. Werden immaterielle Anlagen und latente Steuern in der Handelsbilanz aktiviert, so ist ein entsprechender Betrag im Eigenkapital gegen **Ausschüttungen zu sperren** (§ 268 Abs. 8 HGB). Analoge Regelungen sind auch für andere Ansatzfälle sowie den Bereich der Bewertung denkbar. Z.B. kann man eine Bewertung bestimmter Wertpapiere zu ihrem über den Anschaffungskosten liegenden Stichtagskurs ohne Gläubigergefährdung erlauben, wenn mit dem Zuschreibungsbetrag eine Ausschüttungssperre einhergeht.

Überdies entspringt die Annahme, eine vorsichtige Bewertung würde dem Gläubigerschutz am besten entsprechen, einem substanzwertorientierten, **statischen** Ansatz. Wenn sich nach einem bestimmten Normverständnis der Kaufmann eher zu arm als zu reich rechnen soll, so steht damit die **Vermögenslage** im Brennpunkt des Interesses. Die Diskrepanz zur Theorie und Praxis der Unternehmensbewertung ist offensichtlich. Die Bewertung eines Unternehmens konzentriert sich gerade umgekehrt auf Ertragskraft und **Ertragsaussichten**. Bei Kauf- und Investitionsentscheidungen über ein Unternehmen spielt der Ertrags- oder DCF-Wert die entscheidende Rolle, und *cash-flow*-Betrachtungen dominieren die Kredit- | 14

---

[1] Dieser Befund ist bestätigt durch die empirische Untersuchung von WASCHBUSCH/LOEWENS, KoR 2013, S. 252.

vergabepraxis. Ein substanzwertorientiertes Vorsichtsprinzip kann vor diesem Hintergrund kaum noch als Instrument des Gläubigerschutzes favorisiert werden.

15   Bereits EUGEN SCHMALENBACH hatte in diesem Sinne argumentiert: Eine **dynamische Bilanz**, die nicht den Vermögensstatus in den Mittelpunkt stelle, sondern einen vergleichbaren **Periodenerfolg**, genüge nicht nur der Selbstinformation des Kaufmanns, sondern auch den Gläubigerschutzerfordernissen am besten. Da nur ein nachhaltiger Periodenerfolg die Liquidität der Unternehmung sichere, diene eine die Erfolgsentwicklung in den Mittelpunkt stellende Bilanzierung auch den Gläubigern in besserer Weise. Sie setze diese und den Kaufmann in die Lage, rechtzeitig zu erkennen, ob der Betrieb in gleicher Weise fortgeführt werden könne oder ob gegensteuernde Maßnahmen einzuleiten seien.[2]

16   Die Grundentscheidungen der **IFRS-Rechnungslegung** fallen stärker zugunsten einer so verstandenen **dynamischen Betrachtung** aus. Nicht die Ermittlung und Begrenzung eines ausschüttungsfähigen Gewinns, sondern die Vermittlung **entscheidungsnützlicher Informationen** ist Zweck der IFRS-Rechnungslegung. Die ökonomischen Entscheidungen der Abschlussadressaten setzen bei der Beurteilung der *cash*-**Generierung** des Unternehmens ein (F.15). Da sich in dieser Hinsicht der Informationsbedarf von (potenziellen) Gläubigern nicht grundlegend von dem von (potenziellen) Eigenkapitalgebern unterscheidet, kann weder der Gläubigerschutz noch das Vorsichtsprinzip ein übergeordneter Gesichtspunkt sein.

17   Stattdessen gibt es zwei **qualitative** Anforderungen an entscheidungsnützliche finanzielle Informationen: Die Informationen sollen
   •   **relevant** sein, d.h. einen Wert für Vorhersagen und Nachprüfung früherer Einschätzungen (*predictive and confirmatory value*) haben (F.QC6ff.),
   •   eine **tatsachengetreue** Darstellung (*faithful presentation*) liefern, also eine Darstellung, die vollständig, neutral und – soweit bei Schätzungen und anderen ermessensbehafteten Vorgängen möglich – fehlerfrei ist (F.QC6ff.).
Nur **ergänzend** (*enhancing*) sind gem. F.QC4ff. demgegenüber zu berücksichtigen:
   •   **Vergleichbarkeit** im externen und zeitlichen Abgleich (*comparability*),
   •   intersubjektive **Nachprüfbarkeit** (*verifiability*),
   •   **Verständlichkeit** (*understandability*) und
   •   **Zeitnähe** (*timeliness*).
In der alten Fassung des *Framework* waren diese zuletzt aufgeführten Anforderungen noch als **gleichrangig** zur Relevanz und Verlässlichkeit/Tatsachentreue angeführt (F.25ff.). Die Bedeutung der geänderten **Rangordnung** erläutert F.QC31ff. beispielhaft wie folgt:
   •   Das (durch entsprechende Standards zugelassene) Weglassen von Informationen zu inhärent **komplexen** Phänomenen würde Abschlüsse verständlicher machen, aber auf Kosten der Tatsachentreue.
   •   Wegen des **Vorrangs** der Tatsachentreue kann daher im Konfliktfall bei der Standardentwicklung und -anwendung auf die Verständlichkeit **keine Rücksicht** genommen werden. Der ohnehin als schon kenntnisreich und fleißig unterstellte Bilanzadressat (*users who have a reasonable knowledge and analyse the information diligently*) muss dann eben Rat bei spezialisierten **Beratern** suchen (*may seek the aid of an adviser*).

---

[2]   SCHMALENBACH, Grundlagen dynamischer Bilanzlehre, ZfHF 1919, S. 1ff. und S. 55ff.

Zwei weitere **Unterschiede** zwischen den Alt- und Neuregelungen betreffen Folgendes:

- Die glaubwürdige oder **tatsachengetreue** Darstellung war nach F.33 nur ein **Unterbegriff** der Verlässlichkeit (*reliability*). Mit der Hochstufung der tatsachengetreuen Darstellung zur Grundanforderung soll keine wesentliche inhaltliche Änderung verbunden sein, aber der uneinheitlich verwendete Begriff der *reliability* durch einen präziseren ersetzt werden (F.BC3.20 ff.). Ob eine größere Präzision tatsächlich gegeben ist, mag man bezweifeln. Im Übrigen führt ED/2015/3, der Entwurf zu Änderungen des *Framework*, in par. 2.12 ff. unter dem neuen Begriff der *„measurement uncertainty"* (als limitierendem Faktor der Relevanz von Informationen) alte inhaltliche Überlegungen zum *trade-off* zwischen Verlässlichkeit und sonstigen Faktoren der Nützlichkeit von Informationen wieder ein.

- Das in F.37 noch enthaltene **Vorsichtsprinzip** (*principle of prudence*) wird in der Neufassung aufgegeben, da es mit der Anforderung der Neutralität nicht vereinbar sei (F.BC3.27 ff.) Die praktischen Konsequenzen für Regelentwicklung und -anwendung scheinen aber noch gering. Vorräte etwa sind weiterhin mit Anschaffungs-/Herstellungskosten oder mit dem niedrigeren Stichtagswert anzusetzen (→ §17 Rz 53), ein gestiegener Stichtagswert bleibt als Bewertungsmaßstab unzulässig. Ist eine solche Differenzierung von Wertänderungen nach ihrem Vorzeichen neutral? Welchem anderen Gedanken als dem der Vorsicht könnte sie entspringen? Auch hier führt ED/2015/3 in neuem Gewand zu einer inhaltlichen Wiederannäherung an alte Inhalte, indem etwa in par. 2.18 festgehalten wird: *„Neutrality is supported by the exercise of prudence. Prudence is the exercise of caution when making judgements under conditions of uncertainty. The exercise of prudence means that assets and income are not overstated and liabilities and expenses are not understated. Equally, the exercise of prudence does not allow for the understatement of assets and income or the overstatement of liabilities and expenses, because such misstatements can lead to the overstatement of income or the understatement of expenses in future periods."* Notwendig soll danach eine **symmetrische** Vorsicht (*cautious prudence*) sein, keine asymmetrische, wonach sich der Kaufmann arm rechnen soll (*conservatism*). Kapitalmarkttheoretisch besteht dann kein Widerspruch zwischen Vorsicht und Neutralität, wenn Risikoaversion der Marktteilnehmer (Bevorzugung sicherer Zahlungsströme gegenüber unsicheren bei gleichem Erwartungswert) unterstellt wird.[3]

Das die handelsrechtliche Rechnungslegung dominierende **Vorsichtsprinzip** spielt im IFRS-System formell jedenfalls derzeit keine Rolle mehr. Praktisch bleibt wie vorher zu untersuchen, ob es nicht auf der Ebene der Einzelstandards (etwa bei der Bewertung von Vorräten) gleichwohl zur Anwendung gelangt.

2.2.3 Umsetzung der Basiskonzepte in Einzelregelungen

Der bisher dargestellte Kontrast von HGB und IFRS bezog sich hauptsächlich auf die **konzeptionelle** Basis. Am Beispiel des Vorsichtsprinzips bzw. der Vorratsbewertung wurde dies schon problematisiert: Verlässt man diese Ebene und richtet

18

---

[3] Vgl. dazu Freiberg, PiR 2015, S. 290 ff.

das Augenmerk auf die **konkreten** Regelungen, so relativieren sich die Unterschiede weiter. Am deutlichsten wird dies am Umgang mit dem **Imparitätsgedanken.**

19 In der konzeptionell vom Vorsichtsprinzip geprägten **handelsrechtlichen** Rechnungslegung spielt der **Imparitätsgedanke** eine tragende und durchgängige Rolle:

- Verbindlichkeiten sind auch dann zu passivieren, wenn eine Inanspruchnahme ungewiss ist, Forderungen erst dann zu aktivieren, wenn sie gewiss sind.
- Drohende Verluste aus schwebenden Geschäften sind zurückzustellen, Gewinne erst zu berücksichtigen, wenn der Schwebezustand des betreffenden Geschäfts beendet ist.
- Passive latente Steuern unterliegen einem Bilanzierungsgebot, aktive latente Steuern einem Aktivierungswahlrecht, das überdies nur insoweit ausgeübt werden kann, wie die Realisierung der latenten Steuerentlastung in hohem Maße wahrscheinlich ist.

20 Im *Framework* haben das **Vorsichtsprinzip** und der **Imparitäts**gedanke hingegen nur eine **untergeordnete** Bedeutung. In der Frage der konkreten Bilanzierungsfähigkeit wird nicht zwischen Vermögenswerten und Schulden unterschieden. In beiden Fällen kommt es auf die **Wahrscheinlichkeit** (*probable*) des mit dem Vermögenswert oder den Verbindlichkeiten verbundenen *inflow* oder *outflow* von **Nutzen** an (F.83). Die Anforderungen des *Framework* an die **Wahrscheinlichkeit** bleiben jedoch **dunkel**. Es wird eher tautologisch darauf hingewiesen, dass Wahrscheinlichkeit etwas mit Ungewissheit zu tun hat: *„The concept of probability is used in the recognition criteria to refer to the degree of uncertainty that the future economic benefits associated with the item will flow to or from the enterprise"* (F.85).

21 Konkreter sind in dieser Hinsicht zum Teil die Ausführungen der Einzelstandards, etwa wenn IAS 37.16 die für die Rückstellungsfähigkeit zu fordernde **Wahrscheinlichkeit** in Form einer 51-%-Regel *(more likely than not)* normiert (→ § 21 Rz 30ff.), während für den Ansatz von Vermögenswerten Gewissheit oder Quasi-Gewissheit *(certain or virtually certain)* verlangt wird (IAS 37.33). In der Konkretisierung der Einzelstandards tritt jedoch an die Stelle der konzeptionell im *Framework* vorgesehenen Gleichbehandlung von Vermögenswerten und Verbindlichkeiten eine differenzierte, **teils widersprüchliche Imparitätsregel:**[4]

- Ein **explizites Imparitätsprinzip** findet sich hinsichtlich der konkreten Bilanzierungsfähigkeit in IAS 37. Dort wird die für eine Aktivierung notwendige Wahrscheinlichkeitsschwelle höher gesetzt als die vergleichbare Schwelle für die Passivierung (→ § 21 Rz 129).
- **Implizite Imparitätsanforderungen** finden sich etwa in IAS 12, indem passive latente Steuern gem. IAS 12.24 in voller Höhe, aktive hingegen gem. IAS 12.29(a) nur nach Maßgabe ihrer wahrscheinlichen Realisierung zu erfassen sind (→ § 26 Rz 110).
- Ein **Verzicht auf Imparität** kennzeichnet hingegen die Bilanzierung von schwebenden Finanzgeschäften (Finanzderivaten), indem dort nicht mehr zwischen Aktiva und Passiva differenziert wird (→ § 28 Rz 356f.).

22 In **statischer Betrachtung,** also nach Maßgabe des Ist-Zustands, weist das IFRS-Regelwerk selbst **Inkonsistenzen** zwischen *Framework* und Einzelregelungen auf.

23 Eine **positive** Interpretation ist nur in **dynamischer Sicht** möglich. Das *Framework* ist keine Beschreibung des Ist-Zustands des IFRS-Regelwerks. Es enthält i. S. e.

---

4   Vgl. LÜDENBACH/HOFFMANN, KoR 2003, S. 5.

Präambel Absichten und Richtungsvorgaben, an denen sich der Board bei der Entwicklung weiterer Regeln und die Anwender bei der Lösung noch ungeregelter Fragen im Zweifel orientieren sollen. Die Grenzen einer solchen Orientierung sieht der Board selbst, wenn er auf Konflikte zwischen Einzelstandards und *Framework* hinweist und auf sein Bemühen, „die Zahl der Konfliktpunkte zwischen diesem Rahmenkonzept und den International Accounting Standards mit der Zeit (zu) verringern" (F.3). Ob diese Hoffnung erfüllt werden kann, mag dahinstehen.[5]

2.2.4 Bilanzierungspraxis – Sollen und Sein

Das *Framework* beschreibt eher Ziel- als Ist-Zustände. Dementsprechend ist auch die Aussage, IFRS sei informations- und kapitalmarktorientiert, das HGB dagegen gläubigerorientiert, zunächst nur ein (möglicher) Befund zu **Regelunterschieden** und nicht notwendigerweise eine Beschreibung der **Rechnungslegungswirklichkeit**. | 24

Mit der Qualifizierung der internationalen Rechnungslegung als kapitalmarktorientiert geht implizit oder explizit die **Behauptung** einher, die handelsrechtliche Bilanzierung sei der internationalen Rechnungslegung mindestens insofern unterlegen, als sie dem Kapitalmarkt **weniger** (Quantität) oder **schlechtere** (Qualität) Informationen liefere. Diese Behauptung soll nachfolgend untersucht werden.[6] | 25

Die **quantitative** Annahme wird nicht weiterverfolgt. Sie würde u. a. zuverlässige empirische Aussagen über das tatsächliche (nicht das selbst eingeschätzte) Informationsverarbeitungsverhalten der Kapitalmarktteilnehmer voraussetzen. Dabei müsste zwischen verschiedenen Gruppen von Kapitalmarktteilnehmern unterschieden[7] und auch das Problem der Verständlichkeit und des *information overload*[8] (Rz 65) ins Auge gefasst werden. | 26

Hinsichtlich der **Qualität** der Information können die Kriterien aus dem *Framework* herangezogen werden. Die Überlegenheit der internationalen Rechnungslegung müsste darin ihren Ausdruck finden, dass ihre Informationen relevanter, verlässlicher, vergleichbarer usw. sind oder dass – bezogen auf die Bilanzpolitik – die internationale Rechnungslegung stärker die Möglichkeiten des Managements beschränkt, irrelevante, unzuverlässige oder nicht vergleichbare Informationen zu liefern. | 27

Allerdings scheint das **Relevanzkriterium** wegen des unvermeidlich hohen Abstraktionsgrads und der zum Teil zirkulären Begriffszüge[9] am wenigsten geeignet, konkrete Qualitätsvergleiche vorzunehmen. Dem Grunde nach handelt es sich eher um eine **Maxime**, einen Leitgedanken jeder ergebnisorientierten Kommunikation, | 28

---

[5] Kritisch z. B. seinerzeit ERNST & YOUNG, International GAAP 2008, S. 124, die im *Framework* hauptsächlich eine Ex-post-facto-Rechtfertigung schon getroffener Entscheidungen sahen.

[6] Vgl. HOFFMANN/LÜDENBACH, StuB 2002, S. 541 ff.

[7] Vgl. FASB, SFAC 2, Qualitative Characteristics of Accounting Information, §§ 40 ff., wo z. B. *understandability* als *user-specific quality* beschrieben wird.

[8] Aufschlussreich hinsichtlich der Kontraproduktivität zu vieler Informationen z. B. die Ausführungen in IAS 32.45: „*Determination of the level of detail to be disclosed about particular financial instruments is a matter for the exercise of judgement … It is necessary to strike a balance between overburdening financial statements with excessive detail that may not assist users of financial information and obscuring significant information as a result of too much aggregation.*" Eine ähnliche Aussage enthält IFRS 6.BC.52(b).

[9] Vgl. z. B. F.26 mit *relevance* als Voraussetzung von *usefulness* und *usefulness* als Begriffsmerkmal von *relevance*: „*To be useful, information must be relevant to the decision-making needs of users. Information has the quality of relevance when it influences the economic decisions of users …*"

als um eine konkrete Anforderung an die Rechnungslegung. Ansichten über das, was konkret als bilanzierungs-, wert- oder ausweisrelevant gilt, unterliegen überdies im Zeitablauf starken Änderungen.

29 Ein Qualitätsvergleich fokussiert sich damit auf die zwei eng verbundenen Kriterien der **Zuverlässigkeit/tatsachengetreuen Darstellung** und **Vergleichbarkeit**. I. S. v. F.QC112ff. ist unter tatsachengetreuer Darstellung eine von materiellen Fehlern und Verzerrungen freie Information zu verstehen. Dabei gilt aber auch nach Ansicht des IASB: *„To a large extent financial reports are based on estimates, judgments and models rather than exact depictions. The Conceptual framework establishes the concepts that underlie those estimates, judgments and models. The concepts are the goal, towards which the Board and (!) preparers of financial reports strive. As which most goals the Conceptual Framework's vision of ideal financial reporting is unlikely to be achieved in full …"*[10]

30 Mehr Verlässlichkeit/Tatsachentreue führt i. d. R. zugleich zu mehr **Vergleichbarkeit** von Informationen, d. h. zur schon gleich gerichteten oder jedenfalls gleichmäßig zu machenden Abbildung gleichartiger Vorgänge an verschiedenen Bilanzierungszeitpunkten (Konsistenz) oder zwischen verschiedenen Unternehmen.

Identifizierbare Ungleichheiten sind, von Kostengesichtspunkten abgesehen, nicht problematisch: Wendet etwa ein Unternehmen die *fair-value*-Methode für *investment properties* an, ein anderes die Kostenmethode (→ § 16 Rz 40), legen aber beide den Stichtagszeitwert offen, so gilt: Die Nichtvergleichbarkeit kann relativ leicht diagnostiziert und analytisch beseitigt werden.[11] Aus dieser Sicht ist daher nur zu fordern: *„Users need to be able to identify differences between the accounting policies for like transactions and other events by the same enterprise from period to period and by different enterprises. … the disclosure of the accounting policy used by the enterprises, helps to achieve comparability"* (F.40).

31 Zurückbezogen auf die **Bilanzpolitik**[12] ergeben sich hieraus zwei Schlüsse:

- **Echte, stichtagsnachverlagerte Wahlrechte** sind, sofern ihre Ausübung für den sachverständigen Bilanzleser erkennbar ist (vgl. z. B. §§ 284 Abs. 1 und 2 Nrn. 1 und 3, 285 Nr. 5 HGB), zunächst eher ein Kosten- als ein Qualitätsproblem. In arbeitsteiliger Betrachtung wird das Kostenproblem auch in zweiter Linie nicht zum Qualitätsproblem. Zwar würde auch der sachverständige Kleinaktionär eine analytische Aufbereitung zu einer Strukturbilanz usw. aus Kostengründen nicht vornehmen können, die Geschäftszahlen der kapitalmarktorientierten Gesellschaften werden aber regelmäßig von Finanzinstitutionen analysiert und publiziert. In diesem institutionellen Rahmen wirkt der Preis für die Herstellung von Vergleichbarkeit nicht mehr prohibitiv.
- Über die Qualität eines Rechnungslegungssystems für kapitalmarktorientierte Gesellschaften entscheiden deshalb eher das Maß der **unechten Wahlrechte** und die Anreize, die das System für **stichtagsvorverlagerte Wahlrechte** setzt.

32 Exemplarisch lassen sich diese Schlussfolgerungen wie folgt darstellen:

- Die Ausübung echter Wahlrechte ist **erkennbar** und verfehlt deshalb die gewünschte Informationswirkung. Wer in ertragsschwachen Zeiten dazu übergeht, Aufwendungen für die Erweiterung des Geschäftsbetriebs zu ak-

---

10 FASB, SFAC 2, Qualitative Characteristics of Accounting Information, § 59.
11 FASB, SFAC 2, Qualitative Characteristics of Accounting Information, § 118.
12 HOFFMANN/LÜDENBACH, StuB 2002, S. 541.

tivieren oder Anlagegüter nicht mehr degressiv abzuschreiben oder erstmalig von Gliederungserleichterungen Gebrauch zu machen, muss dies in Bilanz und Anhang zeigen. Er bringt bei den Kapitalgebern erst recht die Alarmglocken zum Klingen.

- Wer die Grenze zwischen Instandhaltung und Herstellung anders zieht als in früheren Jahren, die Gemeinkostenzuschläge der Erzeugnisse höher als zuvor einschätzt, notleidende Kundenforderungen gegenüber verbundenen Unternehmen debitorisch ausweist, kann dies hingegen **weitgehend unbemerkt** tun. Lästige Fragen werden vermieden. Mit **unechten Wahlrechten** lässt sich geräuschlose und demzufolge auch **effiziente Bilanzpolitik** betreiben.

Einige für die **Bilanzanalyse** zentrale Elemente des Jahresabschlusses – wie der Entwicklungstrend der Umsätze, die Höhe der Perioden- und Stichtagsliquidität, die Eigenkapitalquote usw. – lassen sich stichtagsnachverlagert nur noch in Grenzen beeinflussen. Eine **vorverlagerte** Bilanzpolitik (Sachverhaltsgestaltung), die über Käuferincentives Umsätze vorverlagert, über den Abbau strategischer Vorräte operativen *cash flow* und Stichtagsliquidität schafft, über die Auslagerung von Schulden auf nicht konsolidierungspflichtige *special purpose entities* die Bilanzsumme senkt und damit die Eigenkapitalquote erhöht, kann diese Grenzen transzendieren, und zwar weitgehend ohne sich als Bilanzpolitik zu erkennen geben und damit die Wirkung konterkarieren zu müssen. **33**

Für den **Vergleich** von HGB und IFRS ist also primär zu fragen, ob das eine System unechte Wahlrechte und stichtagsvorverlagerte Gestaltungen mehr begünstigt als das andere. **34**

Hinsichtlich der **unechten Wahlrechte** ist eine eindeutige Antwort kaum möglich. Zum einen ist jedes rechtliche Regelungssystem, die internationale Rechnungslegung ebenso gut wie die handelsrechtliche, mit dem **Kategorisierungs- und Subsumtionsproblem** konfrontiert.[13] Ob Aktien handelsrechtlich noch Anlagevermögen (gemildertes Niederstwertprinzip) oder schon Umlaufvermögen (strenges Niederstwertprinzip), ob sie nach internationaler Rechnungslegung noch *available for sale* oder schon *trading* sind, ist wie unzählige andere Fragen ermessensabhängig. Insoweit nehmen sich die Systeme grundsätzlich nichts, und wo sie sich unterscheiden, etwa beim höheren Detaillierungsgrad der angelsächsischen Regeln, ist dieses Mehr eine zweischneidige Sache, weil mehr Einzelfallgerechtigkeit unter realen, d.h. politisch-lobbyistischen, Bedingungen auch mehr Zufälligkeit der Ergebnisse bedeutet. **35**

Neben der allgemeinen **Ermessensproblematik**, die sich wie in jedem rechtlichen Regelungssystem auch bei der Bilanzierung stellt, erwachsen der Rechnungslegung besondere Probleme aus dem Erfordernis der **Bewertung** der subsumierten Sachverhalte. Jedes Rechnungslegungssystem kennt eine Reihe von Bewertungssachverhalten, bei denen ein hoher Grad an Ermessen erforderlich ist. Wie, d.h. mit welchen Methoden und v.a. mit welchen Prämissen, im Fall nicht marktnotierter Aktien der handelsrechtliche Niederstwert oder der IFRS-*fair-value* zu bestimmen ist, entzieht sich weitgehend objektiver Festlegung. Als Objektivitätsvorteil des HGB mag insofern allerdings die Begrenzung nach oben durch das **Anschaffungskostenprinzip** gelten. Auf diese Weise ist das Intervall, in dem Bewertungsmanipulationen vorgenommen werden können, **36**

---

[13] Ausführlich HOFFMANN/LÜDENBACH, DStR 2002, S. 871 ff.

nicht nur nach unten (null), sondern auch nach oben (Anschaffungskosten) eingegrenzt, während es im *fair-value*-Ansatz nach oben offen ist.

37 Deutlicher ist genau in dieser Hinsicht die Begünstigung **stichtagsvorverlagerter Gestaltung** durch die internationale Rechnungslegung. Der methodische Ansatz der internationalen Rechnungslegung ist ein sog. *mixed model* (Rz 101). Einige Sachverhalte, z. B. Sachanlagevermögen wie Pipelines, Stromleitungen usw., unterliegen dem Anschaffungskostenprinzip, andere Sachverhalte, z. B. Derivate, der *fair-value*-Bewertung und damit bei Fehlen notierter Marktpreise der nach oben weit offenen Manipulationsgefahr. Aus der Sicht eines Managements, das kurz- bis mittelfristige Erfolge versprochen hat, ist daher das *mixed model* ein System, das bestimmte Gestaltungen (Investments in Derivate usw.) gegenüber anderen Gestaltungen (Investments in Pipelines usw.) prämiert. Im deutschen Rechtskreis sind derartige „Prämierungen" bislang nur auf dem Gebiet der Steuerbilanz bekannt. Wenn West-Immobilien anders bewertet werden als Ost-Immobilien (Prämierung durch Sonderabschreibungen), führt dies zur **Umkehrung der Kausalität**: nicht der Ort der Immobilieninvestition entscheidet über ihre Bewertung, sondern die Bewertung entscheidet über den Ort der Investition.

38 Der Bundesverband Deutscher Banken erkennt in seiner Stellungnahme zur Umsetzung der EU-*fair-value*-Richtlinie in deutsches Recht ähnliche Gefahren eines *mixed model*. Der Bundesverband wendet sich gegen den *fair-value*-Ansatz auch für Derivate:

> *„Die bisherigen Erfahrungen mit IAS 39 zeigen, dass dies zu erheblichen Ergebnisverzerrungen und damit zu Verwirrung bei den Kapitalmarktteilnehmern führt. Darüber hinaus entstehen in den Unternehmen bei der Ergebnissteuerung Zielkonflikte, die die Aufgabe der Rechnungslegung, geschäftliche Aktivitäten adäquat abzubilden, infrage stellt. Es entsteht die Gefahr, dass die dienende Funktion der Rechnungslegung in eine Gestaltungsfunktion mutiert, die selbst Realitäten schafft."*[14]

Etwa in der Weise (wie bei Enron), dass ein Management nicht mehr in bilanzpolitisch-unattraktive Pipelines, sondern in über Volatilitätsannahmen und andere Parameter bilanzpolitisch leicht beeinflussbare Derivate investiert.[15]

39 Die mit dem Begriff der **kapitalmarktorientierten Rechnungslegung** implizit oder explizit einhergehende Behauptung einer **höheren Qualität** der internationalen gegenüber der handelsrechtlichen Bilanzierung ist unbewiesen. In Teilen beruht sie auf einer **Verwechslung von Sollen und Sein**. In Teilen resultiert sie aus einer lehrbuchartigen Fokussierung auf echte und **stichtagsnachverlagerte Wahlrechte**, während die Praxis der Bilanzpolitik von **unechten** und **stichtagsvorverlagerten** Gestaltungen lebt.

40 In Teilen ergibt sie sich schließlich aus einer Ausklammerung des **menschlichen Faktors**, des zum Eigentümerinteresse in Konflikt stehenden Managerinteresses. Zu diesem **Interessenkonflikt** sind im Gefolge der neoinstitutionalistischen Finanzierungstheorie und der *agency*-Theorie viele gewichtige Konzepte entwickelt worden. Insbesondere die *shareholder-value*-Doktrin hat bis hin zu Änderungen

---

[14] Das Zitat ist der Stellungnahme auf der Homepage des DRSC entnommen. Ähnlich KLEY, DB 2001, S. 2257 ff.
[15] Vgl. LÜDENBACH/HOFFMANN, DB 2002, S. 1169 ff.

des Aktienrechts *(stock options)* eine große Wirkung gehabt. Die Implikationen für die Bilanz- und Bilanzpolitiklehre sind bisher eher stiefmütterlich behandelt worden. Tatsächlich aber ist die Bilanz das **Medium**, mit dem das Management unter realen Bedingungen mittelfristige und vorübergehende **Marktwertsteigerung** auf Kosten langfristiger Eigentümerinteressen betreiben kann. Aus der Sicht der neoinstitutionalistischen Finanzierungstheorie wäre daher c. p. jenes Rechnungslegungssystem zu bevorzugen, das den Gestaltungsspielraum des Managements geringer hält, möglichst **wenig subjektive** und möglichst **viele objektive** Bewertungsmaßstäbe vorsieht, z. B. also Investments in Sachanlagen nicht gegenüber Finanzinvestments prämiert.

Gemessen an diesen Kriterien weist die internationale Rechnungslegung im Vergleich zur handelsrechtlichen einige gravierende **Defizite** auf. Eine offene Frage ist, ob diese Defizite durch korrespondierende Vorteile aufgewogen oder gar überkompensiert werden.

41

2.3 Rule- and principle-based accounting

In der Folge von Enron und verschiedenen anderen US-Skandalen ist das stark **kasuistische** System der US-GAAP in Kritik geraten. Wie diese Skandale – ebenso aber beständig z. B. das Steuerrecht – zeigen, laden kasuistische Regeln zur gezielten **Umgehung** ein. Wenn eine *special purpose entity*, die Schulden und Risiken übernommen hat, bei fehlender Mehrheitsbeteiligung nur dann konsolidiert werden musste, wenn die nominellen Mehrheitseigner weniger als 3 % des Gesamtkapitals finanzieren, versuchte man, knapp oberhalb dieser Grenze zu bleiben, um so Verluste und Schulden *off-balance* zu bringen, d.h. im Konzernabschluss nicht mehr zu zeigen.[16]

42

In der angelsächsischen Diskussion wird in solchen Zusammenhängen kritisch auch von einem *cook book accounting* gesprochen. Einzelverbote, die zeigen, was schädlich ist, legen zugleich nahe, welche Kochrezepte gerade noch verdaulich sind. Der IASB hat die auch in den USA aufkommenden **Zweifel** am Sinn kasuistischer Regelungen zunächst genutzt, um als Gegenentwurf zum *case-* oder *rule-based accounting* ein *principle-based accounting* zu propagieren. Vor dem *Committee on Banking, Housing and Urban Affairs* des US-Senats hat der IASB-Chairman am 14.2.2002 daher wie folgt argumentiert:[17]

43

> *„The IASB has concluded that a body of detailed guidance (sometimes referred to as bright lines) encourages a rule-book mentality of „where does it say I can't do this?". We take the view that this is counter-productive and helps those who are intent on finding ways around standards more than it helps those seeking to apply standards in a way that gives useful information. Put simply, adding the detailed guidance may obscure, rather than highlight, the underlying principle. The emphasis tends to be on compliance with the letter of the rule rather than on the spirit of the accounting standard."*

---

[16] Die 3-%-Regel ist – nach Enron – aufgehoben worden. Zu den Vorschriften der FASB Interpretation No. 46, Consolidation of Variable Interest Entities, MELCHER/PENTER, DB 2003, S. 513 ff.

[17] http://www.ifrs.org/News/Announcements-and-Speeches/Documents/TweedieFebruary2002.pdf, abgerufen am 9.12.2016.

Das damit propagierte Konzept des *principle-based accounting* hat inzwischen weiten Widerhall gefunden. Sowohl der FASB[18] als amerikanisches Pendant zum IASB also auch die SEC[19] und der Deutsche Standardisierungsrat[20] haben sich des Themas mit unterschiedlichen Hoffnungen und Befürchtungen angenommen. Die Unterschiede rühren erkennbar auch aus divergierenden Begriffsverständnissen. Die wesentlichen Interpretationen lassen sich anhand von Abbildung 1 kurz wie folgt unterscheiden:

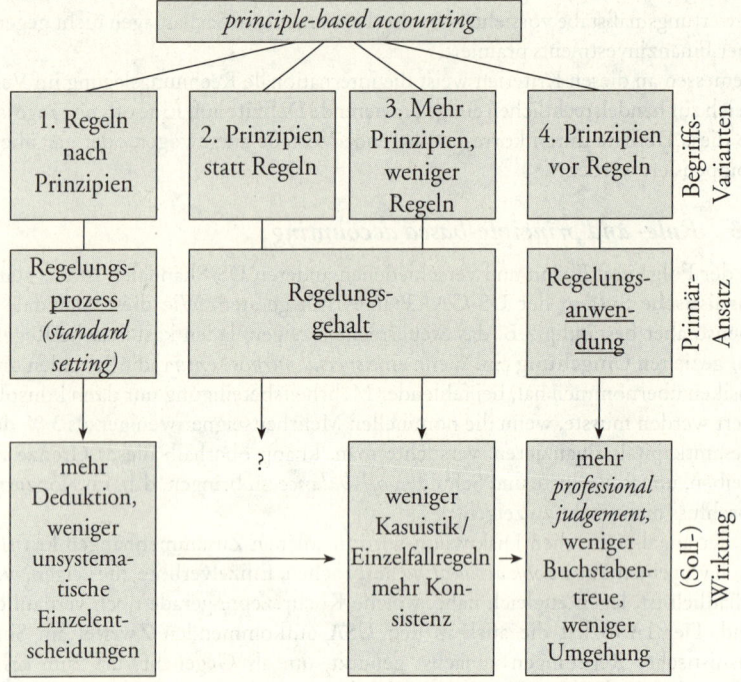

Abb. 1: *Principle-based accounting*[21]

44   Ohne Kasuistik geht es also nicht, aber diese Kasuistik soll nicht „wild" werden. Der hauptsächliche Diskussionsstoff rankt sich daher um den dritten Strang. Hier betonte der IASB vor einigen Jahren, dass im Vergleich zum IFRS-Regelwerk die gegenwärtigen „US-GAAP *tends, on the whole, to be more specific in its requirements and includes much more detailed implementation guidance.*"[22] Eine Forderung nach mehr Prinzipien und weniger Einzelregeln hat allerdings etwas Unverbindliches. Die rechte **Mischung** von Prinzip und Regel, das richtige Maß an

---

18 FASB, Proposal: Principle-Based Approach to U. S. Standard Setting, http://www.fasb.org/principles-based_approach_project.shtml, abgerufen am 9.12.2016.

19 SEC, Study Pursuant to Section 108(d) of the Sarbanes-Oxley Act of 2002, www.sec.gov/news/studies/principlesbasedstand.htm, abgerufen am 9.12.2016.

20 DSR-E, Grundsätze ordnungsmäßiger Rechnungslegung (Rahmenkonzept).

21 Entnommen LÜDENBACH/HOFFMANN, KoR 2003, S. 387 ff.

22 IASB, ähnlich FASB, Proposal, S. 8.

Detaillierung lässt sich nicht operational beschreiben. Deutlich wird dies, wenn man die folgende Vorhaltung von SUNDER gegenüber dem FASB näher untersucht:

> *„Instead of writing a rule, which „says, you shall not steal", the FASB has wrapped itself up in the endless case of listing all the acts and circumstances that might constitute „stealing". It is a loosing game for rule writers. Every rule that covers a new contingency creates a new gap. If you write a rule, „you can't steal a shirt", sooner or later someone asks, „where does it say you can't steal shirt buttons".[23]"*

Die Problemlage ist zutreffend beschrieben. **Schwieriger** als es der plastische Vergleich von SUNDER nahelegt, ist allerdings die **Lösung**: So sehr eine fallbasierte Rechnungslegung Gefahr läuft, intelligent umgangen zu werden, so sehr ist andererseits ein prinzipienbasiertes System in Gefahr, unverbindlich zu bleiben und allen alles zu erlauben. Greift man in dieser Hinsicht das Beispiel von SUNDER auf, so könnte man drei Normbereiche zunehmender Konkretisierung unterscheiden: **45**

- Obersatz: Schädige und gefährde keinen anderen.
- Mittelsätze: Stiehl nicht. Rase nicht im Verkehr usw.
- Untersätze: Stiehl keine Kleidung, keine Lebensmittel usw., fahre in Ortschaften nicht über 50, auf Landstraßen nicht über 100 usw.

Am Beispiel des Stehlens besteht weder für einen Obersatz noch für einen Untersatz ein Bedarf. Das Prinzip der mittleren Ebene ist klar genug. Das Verkehrsbeispiel ist schon komplizierter. Der Mittelsatz ist noch zu unverbindlich: Es muss definiert werden, was rasen bedeutet, und dies in Abhängigkeit von bestimmten Fällen, also anders für innerörtliche als für Landstraßen oder für Autobahnen. Andererseits können auch 60 km/h auf der Landstraße bei dichtem Nebel zu schnell sein, weshalb die Straßenverkehrsordnung ihre Einzelregeln zu Recht durch eine Generalnorm ergänzt. Schließlich berücksichtigen das Diebstahl- und Verkehrsbeispiel noch nicht besondere Ausnahmefälle, etwa den Mundraub oder die mit Blaulicht durch den Ort rasende Feuerwehr. **46**

Schon diese kleinen Realitätsausschnitte sind zu komplex, um in ein einfaches Schema von *principle-based* oder *rule-based* gezwängt zu werden. Fast immer ist das eine wie das andere gefordert. Insoweit wird man die beiden Pole nicht als Alternativen denken, sondern nach der richtigen **Mischung** fragen müssen. Wie viel Einzelregelung braucht und wie viel verträgt die Rechnungslegung? Jede allgemeine Antwort scheint falsch, da die richtige Dosis nur fallweise (kasuistisch?) zu finden ist. **47**

Nicht unbedingt leserfreundlich ist dabei, wenn „schlanke", prinzipienfokussierte Standards durch voluminöse, regelfokussierte *Application Guidances, Implementation Guidances und Illustrative Examples* ergänzt werden. **48**

Eine mögliche Interpretation dieser **unübersichtlichen Arbeitsteilung** von *(principle-based)* Standard und (kasuistischen) Anhängen oder Ergänzungen ist: Der IASB hält an der Selbstinterpretation seines Normenwerks als *principle-based*, d.h. nicht kasuistisch, fest. Gleichwohl erkennt er die Notwendigkeit an, bilanzielle Fragen nicht nur in allgemeiner Weise zu erörtern, sondern „praktische Hinweise zur Anwendung" zu geben. Der drohende **Widerspruch** zwischen Selbstinterpre-

---

[23] SUNDER, Regulatory Competition for Low Cost-of-Capital Accounting Rules, Journal of Accounting and Public Policy 2002, S. 147ff.

tation und Realität wird auch nicht dadurch beseitigt, indem etwa die einem Standard beigefügten *„Illustrative Examples"* in ihrem jeweiligen Vorspann dahingehend eingeordnet werden, dass diese den Standard nur „begleiten" (*accompany*), aber nicht dessen Bestandteil sind. Ein derartiger Vorbehalt tendiert zum Leerlauf[24] und dient auch nicht der Verständlichkeit des Regelsystems.

3 Anwendung des IFRS-Regelwerks in der Praxis

3.1 Überblick

49 Ein IFRS-Abschluss muss nach IAS 1.16 im Anhang eine Erklärung über die Erfüllung aller Anforderungen (*requirements*) der IFRS enthalten. Nur dann darf ein Abschluss als IFRS-Abschluss bezeichnet werden. Welche Anforderungen das IFRS-Regelwerk ausmachen, wird jedoch nicht in IAS 1, sondern in IAS 8.7 ff. erläutert (→ § 24 Rz 3). Die in IAS 8 verwendeten Konzepte (*materiality, true and fair presentation*) etc. werden allerdings nicht in IAS 8, sondern im *Framework* oder wiederum in IAS 1 erläutert. Die enge Verbindung der drei Standards zeigt sich auch bei anderen Aspekten. Nur im Zusammenhang dieser drei Standards findet der Bilanzierende Antworten auf folgende zentrale Fragen:

- Welches sind die **auf einen IFRS-Abschluss anwendbaren Regeln** bzw. unter welchen Voraussetzungen darf ein Abschluss als IFRS-Abschluss bezeichnet werden (IAS 1.15 ff., IAS 8.7 ff.)?
- Wie sind die Regeln anzuwenden bzw. unter welchen **Vorbehalten** steht die **Regelbefolgung?** Wichtige Vorbehalte sind
  - die Wesentlichkeit (*materiality*; IAS 1.29 ff., IAS 8.8, F.QC11 und F. 4.39; Rz 61 ff.),
  - die Kosten-Nutzen-Abwägung (F.QC35 ff.; Rz 67 ff.),
  - das Prinzip der *true and fair* bzw. *faithful presentation* (IAS 1.15 ff.; IAS 8.10 ff., F.QC12 ff.; Rz 69 ff.).
- Wie ist im Fall unspezifischer oder **fehlender Regelung** zu verfahren (IAS 8.10 ff. unter Benutzung von Konzepten, die nur in IAS 1 und im *Framework* erläutert sind)?

50 Das IFRS-Regelwerk fragmentiert diese Themen, indem es sie an verschiedenen Stellen mit teils gleichen, teils unterschiedlichen Aussagen und Schwerpunkten behandelt. Das kommentierende Schrifttum hat hier die Aufgabe der **Defragmentierung**; es hat zusammenzuführen, was zusammengehört. In diesem Sinne behandelt unsere Kommentierung die vorgenannten Punkte einheitlich, und zwar überwiegend in diesem Paragrafen. Es wird deshalb verwiesen

- zu den **anwendbaren Regeln** auf Rz 51,
- zum Vorbehalt der *materiality* und der **Kosten-Nutzen**-Abwägung auf Rz 59 ff.,
- zum Vorbehalt der *true and fair presentation* auf Rz 68 ff.,
- zum Vorgehen bei **Regelungslücken** auf Rz 76.

---

24 Ähnlich BRÜCKS/RICHTER, KoR 2005, S. 407, zum Änderungsentwurf zu IFRS 3 (Business Combination Phase II): „Dabei ist bemerkenswert, dass die Application Guidance umfangreicher ist als der Standard selbst. Die Regelungen eines Standards durch Beispiele zu verdeutlichen ist grundsätzlich sinnvoll. Angesichts des Umfangs der Regelungen ist indes zu befürchten, dass die Regelungen der künftigen Standards – US-amerikanischer Tradition folgend – in den Hintergrund treten und der Standard mehr durch Beispiele als durch die im Standard aufgestellten Regelungen lebt."

Das dem ersten Punkt verwandte Thema der Stetigkeit der Regelanwendung wird wegen seiner buchungstechnischen Nähe zur Bilanzkorrektur und zur Revision von Schätzungen behandelt in → § 24 Rz 8 ff.

3.2 Auf einen IFRS-Abschluss anwendbare Regeln

IAS 1.7 enthält eine Legaldefinition der IFRS. Diese sind vom IASB angenommene Standards und Interpretationen. Sie enthalten *(comprise)*: **51**

- *International Financial Reporting Standards* (**IFRS**),
- *International Accounting Standards* (IAS) und
- Interpretationen des *IFRS Interpretations Committee* (IFRS IC bzw. **IFRIC**) oder des früheren *Standing Interpretations Committee* (**SIC**).

Soweit es im Einzelfall zu Widersprüchen zwischen den IFRS/IAS einerseits und den IFRIC/SIC andererseits kommt, ist nach der Rangordnung der Regeln (**Normenhierarchie**) zu fragen. Zwei Auffassungen sind diskussionswürdig:

- Die IFRIC/SIC **verdrängen** als „lex specialis" die evtl. entgegenstehenden Regelungen der IFRS/IAS.
- Die IFRIC/SIC sind nicht spezialrechtliche Sonderregeln, die etwa branchenspezifische oder sonstige Ausnahmen von den allgemein in den IFRS/IAS niedergelegten Regeln formulieren; sie sind vielmehr entsprechend ihrer Bezeichnung „bloße" **Interpretationen** der vorrangig zu beachtenden Standards.
- Im Schrifttum wird dieser Frage nur vereinzelt nachgegangen. Soweit aus den wenigen Stellungnahmen eine herrschende Meinung überhaupt abzuleiten ist, fällt sie eher zugunsten der zweiten Auffassung aus.

IFRS ist einerseits der **Oberbegriff** für alle Regeln, andererseits die **Bezeichnung** für einzelne Standards, die der IASB nach seiner Neupositionierung in 2002 verabschiedet hat. Die weiterhin gültigen Standards des alten Board sind demgegenüber IAS. Abbildung 2 zeigt das Verhältnis der Begriffe heute und in × Jahren. **52**

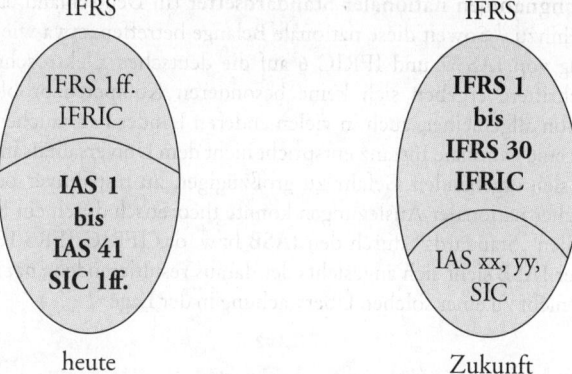

Abb. 2: Verhältnis IFRS zu IAS im Zeitablauf

Die Legaldefinition von IAS 1.7 beantwortet allerdings nicht die Frage, wie mit den „Ergänzungen" umzugehen ist, die seit 2003/2005 sprunghaft zugenommen haben (Rz 48). Wichtige Standards kommen nicht mehr ohne *Application Guidan-* **53** *ces, Implementation Guidances, Illustrative Examples* etc. aus (Rz 48). Die Verbindlichkeit dieser Zusatzregeln ist abgestuft zu beurteilen:

- Die *Application Guidances* gelten ausweislich ihrer jeweiligen Einleitung als integraler Bestandteil *(integral part)* der Standards.
- Die *Guidances on Implementing* oder *Illustrative Examples* zu z.B. IAS 1, IAS 8, IAS 27, IAS 28 und IFRS 1 ergänzen die Standards, sind aber kein Bestandteil *(accompanies but is not part)*.
- Entsprechendes gilt für die *Basis for Conclusions*.[25]

Mit der Unterscheidung zwischen (integralem) Bestandteil und Ergänzung kann die **Praxis** in vielen Fällen nichts anfangen. Ist der zu beurteilende Fall auch im Standard oder der *Application Guidance* selbst behandelt, ergibt sich hieraus auch die Verbindlichkeit der Implementierungsanweisung bzw. der Illustration. Findet sich der Fall nur in den Ergänzungen, wird man für die Schließung der insoweit bestehenden Regelungslücke regelmäßig nicht die eigene Lösung gegenüber derjenigen nach den Vorgaben des IASB als überlegen unterstellen können. Im Sinne dieser faktischen Verbindlichkeit erwähnt auch IAS 8.7 die *Implementation Guidances* (Anwendungsleitlinien) unter den zwar nicht anzuwendenden *(application)*, aber zu berücksichtigenden *(consideration)* Regelungen.

Eine faktische Verbindlichkeit ist auch den sog. Non-IFRICs zuzusprechen. Hierbei handelt es sich um Anfragen an das *IFRS Interpretations Committee* (früher IFRIC), das dieses nicht in sein Arbeitsprogramm aufnimmt. Der Begründung der Nichtaufnahme *(Agenda Rejection)* spricht der Vorsitzende selbst einen Status zu, der mit den *Implementation Guidances* zu den IAS/IFRS vergleichbar sei.[26] Die Europäische Wertpapieraufsicht (ESMA) hält für den Fall, dass eine bisher angewandte Rechnungslegungsmethode einem Non-IFRIC widerspricht, eine Methodenänderung i.S.v. IAS 8 einschließlich der einschlägigen Anhangangaben für geboten.[27]

Den Interpretationen (und Nicht-Interpretationen) des Committees gesellen sich noch **Stellungnahmen nationaler Standardsetter** (in Deutschland etwa DRSC und IDW) hinzu.[28] Soweit diese nationale Belange betreffen, etwa wie RIC 2 die Anwendung von IAS 37 und IFRIC 6 auf die deutschen Elektroschrottentsorgungsvorschriften, ergeben sich keine besonderen Kompetenzprobleme. Eine Interpretation allgemeiner, auch in vielen anderen Ländern auftauchender Probleme durch eine nationale Instanz entspricht nicht dem Universalitätsanspruch der IFRS. Der sich ergebenden Gefahr zu großzügiger, zu restriktiver oder grundlegend falscher nationaler Auslegungen könnte theoretisch durch ein Monitoring der nationalen „Standards" durch den IASB bzw. das IFRIC/IFRS IC begegnet werden. Der IASB sieht sich angesichts der daraus resultierenden *„overwhelming workload"* nicht zu einer solchen Überwachung in der Lage.[29]

---

25 Zur Hierarchie dieser Normen im Einzelnen ZÜLCH, PiR 2005, S. 1 ff.
26 Vgl. dazu SCHREIBER, BB 2006, S. 1842 ff.
27 ESMA, Retrospective Adjustments to Financial Statements Following Rejection Notes Published by the IFRS Interpretations Committee, 20.7.2011, https://www.esma.europa.eu/sites/default/files/library/2015/11/2011_211.pdf, abgerufen am 9.12.2016.
28 Vgl. dazu sowie zu weiteren „IFRS-Interpreten" die profunde Darstellung von KLEINMANNS, DB 2014, S. 1325 ff.
29 Vgl. IFRIC, Update March 2006.

Das gleichwohl bestehende Bedürfnis der Praxis nach Eindeutigkeit und Einheit- **54**
lichkeit der Auslegung von Standards hat in einer immer größer werdenden Zahl
von Anfragen an den IASB, speziell das Committee, seinen Ausdruck gefunden.
Die meisten Anfragen werden jedoch nicht zuletzt angesichts begrenzter Ressourcen des *Committee* mit sog. *Agenda Rejections* (*Non-IFRICs*) bedacht. In den
letzten Jahren hat das *Committee* im Durchschnitt jeweils mehr als 20 *Non-
IFRICs* pro Jahr veröffentlicht.
Ein wichtiger Teil dieser nicht erledigten Fälle ist jedoch ab 2007 zum Gegenstand eines *Annual-Improvements*-Prozesses geworden. Das offizielle Ziel dieses
Prozesses formuliert der IASB in der Einleitung zum ED des ersten, im Oktober
2007 vorgelegten *Annual Improvements Project* wie folgt: *„to provide a stream-
lined process for dealing efficiently with a collection of miscellaneous, non-urgent
but necessary minor amendments to IFRSs"*. Kleinere Änderungsnotwendig-
keiten sollen gesammelt und einmal jährlich als Entwurf eines Omnibus-Stan-
dards *(omnibus exposure draft)* veröffentlicht werden. Der jährliche Standard soll
teils klarstellende Änderungen enthalten, teils Inkonsistenzen zwischen bestehenden Regeln beseitigen, dabei aber über redaktionelle Korrekturen *(editorial
corrections)* hinausgehen. Änderungen unterliegen daher dem allgemeinen Kon-
sultationsprozess *(due process)*, der zur Beschleunigung der Veröffentlichung
jedoch von 120 auf 90 Tage verkürzt ist.
Die Inhalte der *Annual Improvements Projects* werden in den einzelnen Paragrafen dieses Kommentars, die des ED insbesondere in den jeweiligen Unterkapiteln
„Anwendungszeitpunkt, Rechtsentwicklung" gewürdigt.
Ein besonderes Problem ergibt sich noch daraus, dass bestimmte Anwendungs- **55**
leitlinien (*Illustrative Examples, Implementation Guidances*) und einige *appendices* (ebenso wie das *Framework* und die jeweiligen *Basis for Conclusions*) im
Rahmen des formellen **EU-Anerkennungsprozesses** *(endorsement)* nicht in
europäisches Recht transformiert, z.B. nicht im Amtsblatt der EU in allen
Amtssprachen veröffentlicht werden.[30] Die EU-Kommission hält hierzu in
einem Arbeitspapier vom November 2003 Folgendes fest:[31]

> *„Das Rahmenkonzept als solches ist kein IAS oder eine Interpretation und
> muss folglich auch nicht in das Gemeinschaftsrecht übernommen werden.
> Nichtsdestoweniger bildet es die Grundlage für die Urteilsbildung bei der
> Lösung von Rechnungslegungsproblemen. Dies ist vor allem in Situationen
> wichtig, in denen es keinen spezifischen Standard … gibt. In diesen Fällen
> fordern die IAS von der Unternehmensleitung, ihren Sachverstand bei der
> Entwicklung und Anwendung von Bilanzierungsgrundsätzen einzusetzen…
> Im Rahmen einer derartigen Urteilsbildung fordern die IAS von der Unter-
> nehmensleitung, u.a. die Definitionen, Ansatzkriterien und Bewertungskon-
> zepte des Rahmenkonzepts zu berücksichtigen. Findet ein IAS oder eine
> Interpretation auf einen Abschlussposten Anwendung, ist die Unternehmens-*

---

[30] Zu den Schwierigkeiten der Übersetzung NIEHUS, DB 2005, S. 2477.
[31] Kommentare zu bestimmten Artikeln der Verordnung (EG) Nr. 1606/2002 des Europäischen Parlaments und des Rates vom 19. Juli 2002, betreffend die Anwendung internationaler Rechnungslegungsstandards, und zur Vierten Richtlinie 78/660/EWG des Rates vom 25. Juli 1978 sowie zur Siebenten
Richtlinie 83/349/EWG des Rates vom 13. Juni 1983 über Rechnungslegung, http://eur-lex.europa.eu/
legal-content/DE/TXT/PDF/?uri=CELEX:32002R1606=DE, abgerufen am 9.12.2016.

leitung in gleicher Weise gehalten, den auf diesen Posten anzuwendenden Bilanzierungsgrundsatz auszuwählen, indem sie auch die Anhänge zu dem Standard, die nicht Bestandteil des IAS sind (wie die Grundlage für Schlussfolgerungen), und die Anleitung zur Umsetzung berücksichtigt, die für den entsprechenden IAS veröffentlicht wurden. Angesichts seiner Bedeutung bei der Lösung von Rechnungslegungsfragen wurde das IASB-Rahmenkonzept diesem Arbeitspapier [übersetzt] angefügt. Die Anwender von IAS sollten zudem einzelne IAS und Interpretationen einsehen, um sicherzustellen, dass [nicht übersetzte] etwaige Anhänge und Umsetzungsleitlinien bei der Bestimmung der angemessenen Anwendung der IAS entsprechend berücksichtigt werden."

Die Kommission konzedierte angesichts der inhärenten Widersprüche dieses Vorgehens jedoch weiter:

„Die in diesem Arbeitspapier zum Ausdruck gebrachten Auffassungen entsprechen nicht unbedingt denen der Mitgliedstaaten und sollten für diese keinerlei Verpflichtungen darstellen. Auch greifen sie nicht der Interpretation durch den Europäischen Gerichtshof vor, die er – in seiner Funktion als letztverantwortliche Instanz für die Auslegung des Vertrages und des Sekundärrechts – für die betreffenden Fragen vornehmen könnte."

56 In einer schwer durchschaubaren Formulierung gibt IAS 8.7 im Übrigen folgende Anweisung:

„Bezieht sich ein Standard oder eine Interpretation ausdrücklich auf einen Geschäftsvorfall oder auf sonstige Ereignisse oder Bedingungen, so ist bzw. sind die Bilanzierungs- und Bewertungsmethode bzw. -methoden für den entsprechenden Posten zu ermitteln, indem der Standard oder die Interpretation unter Berücksichtigung aller relevanten Umsetzungsleitlinien des IASB für den Standard bzw. die Interpretation zur Anwendung kommt."

Kürzer formuliert: Wenn es eine Regel für einen Geschäftsvorfall gibt, ist diese anzuwenden. Oder noch kürzer: Regeln sind zu beachten.

57 Für die am Bilanzstichtag **noch nicht** *endorsten* Standards und Interpretationen gilt nach einer EFRAG-Vorgabe folgende Regel:

- Bis zur Bilanzfreigabe *(issuance;* → § 4) *endorste* Standards etc. sind anzuwenden;

- umgekehrt bei bis dahin noch nicht *endorsten.*

Wegen der aktuellen Situation des *endorsement* wird verwiesen auf die „Anwendungsübersicht" (S. 18ff.).

58 Einen bedeutenden Einfluss auf die Anwendung der IFRS-Rechnungslegungsregeln üben die in nationaler Hoheit eingerichteten Enforcement-Instanzen aus. In Deutschland ist das Enforcement-System zweistufig organisiert – zunächst bestehend aus einer privatrechtlichen Organisation (Deutsche Prüfstelle für Rechnungslegung, DPR) und einer staatlichen Behörde (Bundesanstalt für Finanzdienstleistungsaufsicht, BaFin). Einstufig sind demgegenüber die Enforcement-Systeme in Frankreich (rein staatlich) oder im Vereinigten Königreich (rein privatrechtlich) organisiert. Als eine Art Koordinierungsinstanz für diese nationalen Institutionen agiert die ESMA (*European Securities and Markets Authority*). Dazu fungiert eine Zusammenfassung der europäischen Enforcement-Einrichtungen durch sog. *European Enforcers' Co-ordination Sessions* (EECS). Diese soll eine einheitliche Anwendung der Enforcement-Aktivitäten in Europa ge-währleisten. Dazu dient eine fortlaufende Veröffentlichung von Enforcement-Entscheidungen auf nationaler Ebene. Nach deutschem Recht sind allerdings nur wesentliche Teile der Begründung, jedoch nicht der Sachverhalt zur Veröffent-lichung bestimmt (§ 37q Abs. 2 WpHG).[32] Die deutschen Enforcement-Ent-scheidungen sind deshalb in der Datenbank der ESMA nicht enthalten.

Die zunehmende Herausstellung der Enforcement-Entscheidungen birgt die Ge-fahr einer Verlagerung von Standardauslegungen auf eine hierfür nicht bestimmte Instanz. Das IDW betont[33] deshalb zu Recht das Erfordernis einer Vorlage von ungeklärten Anwendungsfällen der IFRS-Rechnungslegung an den IASB oder das *International Financial Reporting Standards Interpretations Committee* (IFRS IC).

3.3 Vorbehalte der Regelanwendung

3.3.1 *Materiality*, Kosten-Nutzen-Abwägung, *fast close*

Den bilanzierenden oder prüfenden Anwender soll das *Framework* in zweifacher Weise **unterstützen:**

59

* bei der **Anwendung** der Einzelstandards,
* bei der Lösung noch **ungeregelter** Fragen.

Der zweite Punkt wird unter Rz 76 behandelt. Der erste Punkt betrifft u. a. die Frage, ob im Einzelfall auf die Anwendung einer Regelung verzichtet werden kann. Das *Framework* erwähnt hier:

60

* **Wesentlichkeit:** (F.QC.11 und 4.39 Rz 61 ff.),
* **Kosten-Nutzen Abwägungen:** (F.QC 35 ff.; Rz 67),
* **Zeitnähe** in Abwägung zu Relevanz und Verlässlichkeit (F.QC 29).[34]

Ebenso wie die Norm der *true and fair presentation* (Rz 68 ff.) sind Zeitnähe, Kosten-Nutzen-Kalkül und *materiality* nicht dazu angetan, Einzelregeln nach Belieben außer Kraft zu setzen. Sie erlauben andererseits, praxisgerechte Lösun-gen zu finden, wo das Festhalten am Buchstaben nicht mehr zu vertreten wäre. In diesem Sinne wird man etwa eine einfache Währungsumrechnung von Tochter-unternehmen nach der Stichtagsmethode einer sehr kostenintensiven Umrech-nung nach der Zeitbezugsmethode jedenfalls dann vorziehen können, wenn der zusätzliche Informationsnutzen gering und/oder das Tochterunternehmen ma-teriell nicht bedeutsam ist (→ § 27 Rz 35).

Normadressat des Kosten-Nutzen-Gedankens (*cost benefit*) ist nach F.QC38 allerdings zunächst der IASB selbst. Er soll als Regelgeber bei der Entwicklung von Standards Kostenüberlegungen verfolgen (*„applying the cost constraint in developing a proposed financial reporting standard"*), d. h. berücksichtigen, ob der voraussichtliche Nutzen der Regeln groß genug ist, um die mit ihrer Anwen-dung beim Unternehmen und den Bilanzadressaten verbundenen Kosten zu rechtfertigen (*„justify the costs incurred to provide and use that information"*).

Die anschließende Frage geht dann dahin, ob und inwieweit dieser Gedanke der „Kostenschranke" auch für den Regel**anwender** gültig ist. Aufgegriffen wurde dieses Thema durch die *SME Implementation Group* (SMEIG) im Rahmen eines

---

[32] Vgl. im Einzelnen SCHUBERT, PiR 2013, S. 384.
[33] WPg 2013, S. 1067.
[34] KÜTING/WEBER/BOECKER, StuB 2001, S. 1.

Draft *questions & answers*, Q&AS.[35] Dort wird diskutiert, wie die an verschiedenen Stellen der SME-IFRS (→ § 50) für Fälle von *„undue cost or effort"* oder *„impracticability"* gewährten Erleichterungen zu interpretieren sind.[36]

U. E. kann dieser Fragenkomplex im Rahmen des Standards für die SMEs **nicht anders** beantwortet werden als für reguläre Standards (*full IFRSs*). Unzweifelhaft ist eine Anwendung von Kosten-Nutzen-Überlegungen dann möglich, wenn im Standard selbst ein expliziter Praktikabilitätsvorbehalt enthalten ist. So enthält etwa IAS 8.43 eine Ausnahmeerlaubnis zur retrospektiven Korrektur eines Bilanzierungsfehlers, wenn dieser *„impracticable"* ist (→ § 24 Rz 30). Weitere Hinweise auf *„impracticable"* enthalten z.B. IAS 8.50 und IAS 8.23, Letzterer zur Darstellung von Anpassungsbeträgen der Vorjahre bei Wechsel der Bilanzierungsmethoden. Dabei dürfen *impracticable* und die offizielle deutsche Übersetzung „undurchführbar" nicht rein technisch verstanden werden: „Sämtliche Daten der Vergangenheit sind durch Wasserschaden und Computerdesaster verlorengegangen." *Impracticable* ist nicht gleich *impossible*. Einer solchen Interpretation beugt die Definition von *impracticable* in IAS 8.5 vor, die von einem *reasonable effort* ausgeht. Eine solche vernünftige Vorgehensweise muss im Wirtschaftsleben die Beschränktheit der Ressourcen berücksichtigen und nicht etwa nach dem Motto vorgehen: „Koste es, was es wolle, wir benötigen einfach diese Informationen."

Eine andere Frage ist, ob und wann Kostenbeschränkungen auch dann für den Anwender Gültigkeit haben, wenn der Standard selbst eine explizite Ausführung dazu nicht enthält.

Die Entscheidung über eine sinnvolle kostenmäßige Beschränkung der Anstrengungen muss im Zusammenspiel mit dem **Wesentlichkeitsgedanken** (Rz 61) erfolgen:

- Wenn ein Sachverhalt unwesentlich ist, braucht über Undurchführbarkeit nicht weiter nachgedacht zu werden;
- wenn es sich um einen „ausgesprochen" wesentlichen Tatbestand handelt (hoher *benefit*), kann die Darstellung kaum unter Bezug auf damit verbundene Kosten unterbleiben;
- im Wesentlichkeitsbereich „dazwischen" muss eine Bilanzierungsregel auf den konkreten Sachverhalt umso weniger angewandt werden, je höher die Kosten sind.

I. d. R. ist der letztgenannte Fall derjenige, der in der Bilanzierungspraxis zur Entscheidung vorliegt. Hier kommt der Anwender nicht um ermessensabhängige Entscheidungen herum.

61 Der Grundsatz der Wesentlichkeit *(materiality)* überlagert v. a. die **Ausweis- und Bewertungsvorschriften** zum Jahresabschluss. Er kann es gebieten oder zulassen,

- i.d.R. separat auszuweisende, aber im konkreten Fall **unwesentliche Posten** mit anderen Posten **zusammenzufassen** (**Ausweis**; IAS 1.29ff.),
- auf eine an sich gebotene, im konkreten Fall aber **unwesentliche Abzinsung** einer Rückstellung zu **verzichten** (**Bewertung**; IAS 37.46).

Für den Bilanz**ansatz** ist der *materiality*-Grundsatz **nur ausnahmsweise** wichtig. In der Buchhaltung und damit im Jahresabschluss sind sämtliche Geschäftsvorfälle zu berücksichtigen. Das **Vollständigkeitsgebot** lässt keine Ausnahmen

---

[35] http://www.ifrs.org/IFRS-for-SMEs/Pages/General-Issue-2.aspx, abgerufen am 9.12.2016.
[36] FISCHER, PiR 2011, S. 326.

(„Kleine Beträge buchen wir erst gar nicht.") zu. In der praktischen Arbeit kann es aber vorkommen, dass die Bilanz schon fertiggestellt ist und erst danach eine das alte Jahr betreffende Rechnung eingeht. Ob man hier die Bilanz noch einmal aufrollen, den bisher nicht berücksichtigten Kreditor einbuchen und die Folgewirkungen auf Umsatzsteuerverrechnungskonto, Erfolgsantiemen, Steuerrückstellungen usw. berücksichtigen muss, ist eine Frage der Wesentlichkeit, die individuell beantwortet werden muss.

Die hohe Bedeutung des *materiality*-Grundsatzes für die IFRS-Rechnungslegung zeigte sich bis 2002 auch aus dem einleitenden Hinweis in jedem Standard: „International Accounting Standards brauchen nicht auf unwesentliche Sachverhalte angewendet zu werden." Diese Hinweise sind weggefallen und durch IAS 8.8 ersetzt worden: Danach müssen IFRS nicht angewendet werden, *„when the effect of applying them is immaterial."* **62**

Der *materiality*-Grundsatz durchzieht die kaufmännische Rechnungslegung jedweder Provenienz. Das gilt für diejenige nach dem HGB – auch wenn das dort nicht so ausgedrückt wird –, insbesondere auch für das Regelungswerk der IFRS. Dementsprechend ist die tägliche Arbeit im Rahmen der Rechnungslegung und der Abschlussprüfung geradezu durchdrungen von der bewussten oder unbewussten Anwendung der *materiality*.

Trotz der Bedeutung des Grundsatzes wird man eine scharfe **Definition** der Wesentlichkeit in den IFRS-Vorschriften vergeblich suchen. Was wesentlich oder unwesentlich ist, ist Sache der **Beurteilung im konkreten Einzelfall** und damit einer abschließenden Regelung nicht zugänglich. Oder mit den Worten des F.QC11: *„Materiality is an entity-specific aspect of relevance based on the nature or the magnitude, or both, of the entity's financial report. Consequently the Board cannot specify a uniform quantitative threshold for materiality or predetermine what could be material in a particular situation."* **63**

Diese Beurteilung des Einzelfalls hat sich an den Zwecken der Bilanz und damit an den Bedürfnissen der Bilanzadressaten zu orientieren. „Informationen sind wesentlich, wenn ihr Weglassen oder ihre fehlerhafte Darstellung die auf der Basis des Abschlusses getroffenen Entscheidungen der Adressaten beeinflussen könnten" (F.QC11).

Eine **Quantifizierungsvorgabe** ist hieraus nicht ableitbar. Im Schrifttum sind zaghaft tastende Versuche festzustellen, eine Quantifizierung anhand von Bezugsgrößen (**relative** Quantität) festzuzurren:

- die Größe eines bestimmten Postens der Bilanz oder GuV im Verhältnis zur Bilanzsumme oder den Umsatzerlösen,
- die Größe einer einzelnen Position (z. B. Forderung gegen den Kunden X) im Verhältnis zum entsprechenden Bilanzposten (Forderungen aus Lieferungen und Leistungen),
- die relative Wirkung der Anwendung/Nichtanwendung einer Regel auf das Eigenkapital, den Jahresüberschuss vor oder nach Steuern oder die Bilanzsumme.[37]

---

[37] Vgl. hierzu und zu empirischen Untersuchungen einschlägiger Art OSSADNIK, Grundsatz und Interpretation der „materiality", WPg 1993, S. 617.

Konkrete Ergebnisse, die auch nur annähernd eine Quantifizierung erlauben könnten, sind dem einschlägigen Schrifttum nicht zu entnehmen. Jedenfalls ist bei der Anwendung des *materiality*-Vorbehalts eine **Gesamtbetrachtung** erforderlich.[38] Aus der deutschen zivilrechtlichen **Rechtsprechung** sind folgende Urteile zum Wesentlichkeitsprinzip ergangen:[39]

- LG Frankfurt/Main:[40] Eine Fehlerrelation zur Bilanzsumme von weniger als 1 % ist unwesentlich.
- LG München („Siemens"):[41] Fehler sind unwesentlich, wenn
  - die Relation zum Jahresüberschuss weniger als 10 % beträgt,
  - die Relation zur Bilanzsumme weniger als 5 % beträgt,
  - auch in Kombination beider Abschlussgrößen die Relation bestimmte Grenzwerte nicht übersteigt.
- OLG Frankfurt/Main:[42] Eine Fehlerrelation zur Bilanzsumme unter 0,5 % mit nicht drohender Auswirkung auf die Liquidität ist unwesentlich.

Fraglich ist, ob aufgrund solcher **quantitativer** Betrachtungen (allein) die Wesentlichkeit im Rahmen von Jahres- oder Konzernabschlüssen beurteilt werden kann oder soll. Die US-amerikanische Justiz verfolgt hier mitunter andere Wege zur Beurteilung des *materiality*-Begriffs, und zwar durch Heranziehung **qualitativer** Beurteilungskriterien auf der Grundlage des Anwendernutzens eines Jahresabschlusses. In einer Reihe von Verfahren vor amerikanischen Gerichten haben sich die Beschuldigten gegen die Vorwürfe der Bilanzfälschung mit den „üblichen" Quantitäten – „nur" 3 % der Umsatzerlöse, „nur" 5 % der Bilanzsumme – verteidigt.[43]

Dem folgten aber die Gerichte regelmäßig unter Bezugnahme auf die in SAB 99 aufgeführten qualitativen Beurteilungskriterien nicht. Soweit eine Abweichung von den Regeln dazu führt (oder bewusst ausgenutzt wird):

- einen Verlust in einen Gewinn **umzukehren,**
- die **Änderung** eines **Trends** zu verschleiern,
- **Analysten-** oder Bank**vorgaben** (*covenants*) einzuhalten,
- Zielvorgaben zur Gewährung eines **Bonus** für das Management zu erreichen,

ist die Berufung auf fehlende *materiality* nach (ausschließlich) **quantitativen** Maßstäben unzulässig. Die Begründung ist einsichtig: Auf die Quantität einer Abweichung kommt es dann nicht mehr an, wenn es nicht um ein Mehr oder Weniger, sondern um ein Ja oder Nein (Zielvorgabe erreicht oder nicht erreicht, Trend bestätigt oder nicht bestätigt) geht. Dieser Überlegung folgt nun auch ED/2015/8 (Rz 116) in par. 28.

Praxis-Beispiel

Die Citizens Utilities Co. hat mehr als 50 Jahre lang hintereinander immer einen Zuwachs an Umsatz ausgewiesen. Um diesen Trend beizubehalten, hat

---

[38] Vgl. hierzu das instruktive Beispiel zur Einbeziehungspflicht von Tochtergesellschaften in einen Konzernabschluss (→ § 32 Rz 105 ff.).
[39] Vgl. hierzu WOLF, StuB 2009, S. 909.
[40] Urteil vom 3.5.2001, DB 2001, S. 1483.
[41] Urteil vom 12.4.2007, BB 2007, S. 2510; bestätigt vom OLG München, BB 2008, S. 440.
[42] Urteil vom 18.3.2008 („Kirch/Deutsche Bank"), NZG 2008, S. 429.
[43] Vgl. hierzu im Einzelnen ZABEL/BENJAMIN, Reviewing Materiality in Accounting Fraud, New York Law Journal, January 15, 2002.

die Gesellschaft die Erfassung von Umsatz von einem Jahr in das nächste verschoben. Es handelte sich um „nur" 1,7 % der Umsatzerlöse. Dadurch sollten aber der Bruch der über 50-jährigen Erfolgsgeschichte verheimlicht und die positiven Analystenerwartungen bestätigt werden. Gerichte und SEC haben diese Verstöße als *material* betrachtet.

Die qualitative Beurteilung kann nicht nur eine aus quantitativer Sicht unbedeutsame Unrichtigkeit wesentlich werden lassen. Umgekehrt kann sie auch zu einer großzügigeren Beurteilung führen. „Außerordentliche" Ergebnisse bzw. Ergebnisse aus aufgegebenen Geschäftsbereichen (→ § 29 Rz 19) haben z. B. keine oder nur geringe Bedeutung für die Prognose der zukünftigen Entwicklung eines Unternehmens. Bei gleicher Quantität ist daher eine Unrichtigkeit hier eher zu tolerieren als bei rekurrierenden Posten bzw. fortgeführten Tätigkeiten.[44]

Dem **Verhältnis von quantitativer und qualitativer Beurteilung** widmet sich auch der im Oktober 2015 erschienenen ED/2015/8 (Rz 116). Er hält in par. 26 u. a. fest: *„A quantitative threshold may provide the basis for a preliminary assessment that an amount is likely to be material or immaterial; for example if it is below a specified percentage of profit or net assets. However, a materiality assessment also requires consideration of the nature of the item and the entity's circumstances."* Hiernach kann eine quantitative, i.d.R. also prozentuale Größe immer nur eine vorläufige, dann von qualitativen Überlegungen zu ergänzende Beurteilung erlauben. Auf das Beispiel in Rz 63 wird verwiesen, außerdem auf das nachfolgende Beispiel, das sich an ED/2015/8 par. 28(c) anlehnt. **64**

Praxis-Beispiel

Das Unternehmen U kauft X, der zugleich Vorstandsvorsitzender und wichtigster Aktionär der U ist, den größten Teil seiner Aktien ab (aus Sicht der U erfolgsneutraler Erwerb eigener Aktien). Die Transaktion erfolgt zum Börsenkurswert, ist also insoweit nicht zu beanstanden. Außerdem ist die Transaktion im Verhältnis zum Eigenkapital der U quantitativ nicht bedeutsam. Eine *related-party*-Angabe nach IAS 24 wird deshalb unterlassen.

Beurteilung

Es ist vernünftigerweise anzunehmen, dass die Adressaten des Jahresabschlusses ein Interesse daran haben, wenn der Vorstandsvorsitzende sein ökonomisches Engagement an der Gesellschaft entscheidend zurückfährt. Eine *related-party*-Angabe ist aus dieser qualitativen Sicht wesentlich, ihr Unterlassen daher fehlerhaft.

Zur eher großzügigen Auslegung des *materiality*-Grundsatzes im Bereich der Bewertungen (bei der Bilanz und der GuV) und bei Fragen des Konsolidierungskreises kommt entscheidend der Bereich der **Angaben** (*notes and disclosures*; → § 5 Rz 16) hinzu. Die gegenüber dem HGB **unglaubliche Fülle** von Angabevorschriften in den verschiedenen Standards gibt erst recht Anlass, die *materiality* als Beurteilungsmaßstab in ökonomisch sinnvoller Weise walten zu lassen, etwa im Einzelfall wegen unwesentlicher Größenordnung der sachlichen und immateriel- **65**

---

[44] Vgl. ERCHINGER/MELCHER, KoR 2008, S. 616ff.

len Anlagen auf einen Anlagespiegel zu verzichten (→ § 14 Rz 69). Die weiteren Paragrafen dieses Kommentars werden in diesem Sinne Gewichtungen vornehmen und diese an Beispielen aus der Praxis erläutern.

Die aus der (unvermeidlichen) Unschärfe des *materiality*-Begriffs resultierende Rechtsunsicherheit für die Unternehmen und Abschlussprüfer ist im Bereich der **Anhangangaben** (→ § 5 Rz 71) besonders misslich. Die IFRS kennen unzählige Angabevorschriften, von denen je nach Art der Unternehmenstätigkeit im jeweiligen Geschäftsjahr oft noch 100 oder mehr infrage kommen. Stellt die DPR als Enforcement-Stelle nach § 342b HGB dann eine fehlende (oder fehlerhafte) Anhangangabe fest, ist eine von ihr in **qualitativer** Hinsicht angenommene Wesentlichkeit schwer zu widerlegen. Der **Beweis**, dass die geforderte Information nicht einmal potenzielle Relevanz für (aktuelle und potenzielle) Kapitalgeber haben könnte, ist kaum zu erbringen.

- Die Position des Unternehmens ist dann bzgl. fehlender oder unzutreffender Anhangangaben tendenziell schlechter als bei einem Verstoß gegen **Ansatz**- oder **Bewertung**svorschriften. Hat ein Unternehmen etwa von 100 gleichartigen Anlagegegenständen drei nicht oder in zu geringer Höhe angesetzt, ist bei einer Fehlergröße von nicht mehr als 3 % die Wesentlichkeit quantitativ schnell zu verneinen.
- Fehlen bei 100 Anhangangaben drei Angaben, scheitert wegen der Unmöglichkeit, die Wichtigkeit der Angaben **objektiv** zu quantifizieren, eine entsprechende (quantitative) Argumentation.
- Die stattdessen notwendige qualitative Würdigung führt aber meist und damit auch auf Seiten der Enforcement-Instanz zu **subjektiven** Urteilen. **Zurückhaltung** beim Rückschluss vom Fehlen einzelner Anhangangaben auf die Fehlerhaftigkeit der Rechnungslegung wäre daher u. E. hier geboten.

Die Deutsche Prüfstelle für Rechnungslegung (DPR) befasst sich durchaus „offensiv" mit dem Wesentlichkeitsgedanken. Sie fragt nach dem entsprechenden quantitativen Maßstab und verlangt die Liste der ungebuchten Prüfungsdifferenzen. Daran können sich folgende Fragen anschließen:

- Erläutern Sie bitte, warum der Vorstand die kumulierten falschen Darstellungen i. H. v. XY TEUR als unwesentlich erachtete und in der Folge im Bilanzeid die Vermittlung eines den tatsächlichen Verhältnissen entsprechenden Bilds der Vermögens-, Finanz- und Ertragslage versicherte.
- Bitte erläutern Sie, warum die nicht gebuchten Prüfungsdifferenzen unwesentlich sind.

Unabhängig davon, ob der Abschluss einem Enforcement unterliegt, bleibt es dem pflichtgemäßen Ermessen der Rechnungsleger und Abschlussprüfer anvertraut, inwieweit sie „an sich" vorgeschriebene Angaben im Hinblick auf eine vorliegende **Unwesentlichkeit** einfach unterlassen (können). In diesem Zusammenhang muss gebührend der immer bedeutsamer werdende Aspekt des *information overload* beachtet werden (Rz 26), also das Problem der „Fütterung" der Abschlussadressaten mit so vielen Informationen, dass sie vor lauter Bäumen den Wald nicht mehr erkennen können. Hier hat das im Dezember 2014 verabschiedete *Amendment* zu IAS 1 zwei wichtige Klarstellungen gebracht: erstens Wesentlichkeit ist nicht nur eine Option (Erleichterung für den Bilanzierer), sondern auch ein Gebot. Im Interesse der Adressaten darf die Verständlichkeit des Abschlusses nicht durch ein Übermaß unwesentlicher Informationen gefährdet werden (IAS 1.30A). Zweitens:

auch spezifisch und als sog. *„minimum requirements"* geforderte Informationen sind bei Unwesentlichkeit wegzulassen (IAS 1.31). Beispielhaft nennt der ED/2015/8 (Rz 116) in par. 58 nach IFRS 2 verlangte Angaben zu Aktienoptionsplänen oder Angaben zum Anlagespiegel nach IAS 16.

Aber gleichwohl sind einer halbwegs tragbaren **Objektivierung** äußerst **enge Grenzen** gesetzt. In der zivilrechtlichen Rechtsprechung ist der durchschnittlich begabte Steuerberater und dessen Verantwortungsbereich mitunter herangezogen worden. Ähnlich verhält es sich mit der Figur eines *average prudent investors (api)* oder mit dem „Otto-Normalanleger" bis hin zum „professionellen Bilanzanalytiker".[45] Das *Framework* spricht in F.QC32 von Bilanzadressaten, *„who have a reasonable knowledge of business and economic activities and who review and analyse the information diligently."* Sehr fraglich ist aber, ob die jüngste Entwicklung der internationalen Rechnungslegungsszenarien auf einen derartigen „Durchschnittsverbraucher" überhaupt noch ausgerichtet ist. Realistischer bleibt eher die Frage offen, ob der genannte „professionelle Bilanzanalytiker" noch in der Lage ist, die von den Standardsettern vorgesehenen Informationen einigermaßen zutreffend zu verarbeiten.

Der IASB hat sich bisher wenig von der zunehmenden Kritik an dem *information overload* im Anhang beeindrucken lassen. Die Standard-Neuschöpfungen werden unverändert mit einer Fülle von Angabevorschriften begleitet.[46] Dieses Problems haben sich andere Instanzen bemächtigt, in diesem Fall die EFRAG in Zusammenarbeit mit dem französischen Standardsetter ANC und dem britischen FRC.[47] Sie haben am 12.7.2012 ein Diskussionspapier *„Towards a Disclosure Framework for the Notes"* veröffentlicht. Ähnlich ist eine Aktivität des amerikanischen Standardsetters FASB festzustellen, der ebenfalls ein Diskussionspapier zum Thema *„Disclosure Framework"* veröffentlicht hat. Diese Ansätze wollen nicht in die Einzelheiten der Angabepflichten eingreifen, sondern den Informationsgehalt des Anhangs durch Schaffung eines *Framework* (Rahmenkonzepts) erhöhen. Ausgangspunkt ist die Frage nach der Entscheidungsnützlichkeit einer Information im Anhang. Dadurch soll die Checklisten-Mentalität – man könnte auch formulieren: der Vollständigkeitswahn – bekämpft werden. Ob diesen Überlegungen letztlich ein Erfolg vergönnt ist, bleibt abzuwarten, denn die **Entscheidungsnützlichkeit** – Synonym für Wesentlichkeit – harrt unverändert einer operationalen Definition. Andererseits ist bei diesen Diskussionen immer wieder der Hinweis auf das Erfordernis einer **unternehmensspezifischen** Informationspolitik nachzulesen. Die sogenannten *boilerplate information* über alles und jedes im Wirtschaftsleben sollen jedenfalls energisch bekämpft werden. Auf diesem Gedanken setzt das Diskussionspapier des FASB auf; er geht von einem Referenzrahmen in Gestalt eines gut informierten Investors aus, der aus dem Jahresabschluss seine Erwartungen über künftige Zahlungsströme ableitet, ohne vorerst die Anhangangaben zu berücksichtigen. Im zweiten Schritt der Modellierung wäre dann zu fragen, ob der Investor durch die Beachtung der Anhangangaben in seiner Einschätzung der künftigen Zahlungsströme beeinflusst wird.

66

---

[45] Diese Begriffe sind entnommen dem Aufsatz Ossadnik, Grundsatz und Interpretation der „materiality", WPg 1993, S. 618.

[46] Z.B. die neue Version von IFRS 9 inklusive *hedge accounting* vom 19.11.2013.

[47] Vgl. hierzu Kirsch/Gimpel-Hennig, KoR 2013, S. 197.

Man mag diesen Überlegungen hochgradigen theoretischen Gehalt entgegenhalten, aber doch sollte man auch jetzt schon bei der konkreten Anwendung des Wesentlichkeitsgedankens die Tendenz zur **Reduzierung** des **Angabevolumens** gebührend berücksichtigen. Vielleicht gelingt es sogar, den IASB bei seinen Produkten in diese Richtung zu lenken.

67   Im Übrigen ist der *materiality*-Grundsatz sehr stark korreliert mit dem **Kosten-Nutzen-Gedanken** in (Rz 60). Die *„balance between benefit and cost"* kann in ökonomischer Terminologie auf den Grenznutzen zusätzlicher Information durch Einsatz eines weiteren Kostenelements transformiert werden. Ein Element des Grenznutzens ist auch die **Zeitnähe** (*timeliness*) der Information. Der Rechnungsleger soll eine Balance zwischen Richtigkeit der Abschlussinformationen und Zeitnähe zum Abschlussstichtag finden. Der *fast close*, als herrschende Praxis der Großunternehmen, hat in dieser Abwägung die Gewichte zugunsten der Schnelligkeit verschoben. Wer zu spät informiert, den bestraft die Börse. Aus der nach dem *Framework* alles entscheidenden Sicht der Anleger ist die Verschiebung der Gewichte daher gerechtfertigt.

Dem bewussten Missbrauch des *materiality*-Prinzips will IAS 8.8 einen Riegel vorschieben: Danach sind auch immaterielle Abweichungen von den Standards untersagt, wenn dadurch eine bestimmte Darstellung *(particular presentation)* erreicht werden soll. Ein relevantes Anwendungsfeld können **qualitative** Kriterien bieten (Rz 63).

Die ganze Problematik der Anwendung des *materiality*-Grundsatzes in der Praxis hat den IASB erst spät aufgerüttelt. In dem im Juli 2013 vorgelegten Diskussionspapier (Rz 115) hieß es noch: *„concept of materiality is clearly defined in the existing conceptual Framework, the IASB does not propose to amend … the guidance."* Mit ED/2015/8 (Rz 116) hat er hier eine gewisse **Kehrtwende** eingeleitet. Der ED eines *Practice Statement* gesteht Probleme bei der Anwendung des *materiality*-Konzepts ein und versucht Lösungshinweise zu geben, nicht in der Form von quantitativen Operationalisierungen, sondern in dem Sinne, dass Kriterien an die Hand gegeben werden, die bei der Anwendung des Konzepts zu beachten sind. Wesentliche Kriterien wie etwa das Zusammenspiel von quantitativer und qualitativer Würdigung sind unter den vorstehenden Rz. bereits dargestellt. Der ED greift außerdem noch folgende Gesichtspunkte auf:

- Wesentlichkeit bezieht sich auf den gesamten Abschluss, *„the primary financial statements together with the notes"* (par. 30).
- Das vom Bilanzierenden zu treffende Wesentlichkeitsurteil ist nicht identisch mit dem vom Abschlussprüfer zu treffenden (par. BC.18).
- Da Wesentlichkeit eine Frage des Informationsnutzens ist, unterschiedliche Bilanzadressaten aber unterschiedliche Informationsinteressen haben, kann nicht immer allen Recht getan werden. Par. 19 hält hier fest: *„Information would usually be expected to be material if it is relevant to either a range of primary users across different classes or to a significant class of primary user (for example a class with a large number of users)."*
- Um einen *information overload*, ein Verstecken relevanter Informationen in einem Wust irrelevanter, zu verhindern, ist der Jahresabschluss, insbesondere der Anhang nicht mit einer Fülle jedermann ohnehin verfügbarer Informationen anzureichern. Gleichwohl gilt aber auch: Eine unternehmensspezifische Information ist nicht allein deshalb unwesentlich, weil sie außerhalb des

Jahresabschlusses für jedermann leicht verfügbar ist: *„The assessment of whether and how information should be disclosed in the financial statements may depend on the availability of other information from publicly accessible sources. Nevertheless, public availability of information does not relieve the entity of the obligation to disclose information that is specifically required by IFRS in the financial statements if that information is material"* (par. 57).

Der letzte Punkt zeigt erneut: Eine einfache Lösung des *materiality*-Problems gibt es nicht. Immer ist ein Abwägen der Umstände des Einzelfalls gefordert.

3.3.2 True and fair presentation, faithful presentation

In der Diskussion um eine prinzipienbasierte und nicht kasuistische Rechnungs-   68
legung hat auch die Forderung eine Rolle gespielt, Prinzipien (bedingt) vor Regeln zu setzen, d. h. den Regeln dann nicht mehr zu folgen, wenn gerade dies der Vermittlung eines tatsachengetreuen Bilds entgegenstünde. Angesprochen ist damit ein bedingter Vorrang *(override)* des Prinzips der *true and fair presentation* (F.46) bzw. *faithful presentation* (F.QC12) vor den Einzelregeln (Rz 73).

Zum Prinzip der *true and fair presentation* finden sich drei deutliche Aussagen in   69
IAS 1:

* „Abschlüsse haben die Vermögens-, Finanz- und Ertragslage sowie die *cash flows* eines Unternehmens den tatsächlichen Verhältnissen entsprechend (im englischen Original: *fairly*) darzustellen" (IAS 1.15).

* „Unter **nahezu allen** Umständen wird ein den tatsächlichen Verhältnissen entsprechendes Bild durch Übereinstimmung mit den anzuwendenden IFRS erreicht" (IAS 1.17).

* „In **äußerst seltenen** Fällen, in denen das Management zu dem Schluss kommt, dass die Einhaltung einer in einem Standard oder einer Interpretation enthaltenen Bestimmung so irreführend wäre, dass es zu einem Konflikt mit dem im Rahmenkonzept geschilderten Zweck der Jahresabschlüsse käme, hat ein Unternehmen von der Anwendung dieser Standardbestimmung etc. nach Maßgabe von IAS 1.20 abzusehen (IAS 1.19). Diese Abweichung ist nach Grund, Art und quantitativer Wirkung im Anhang zu erläutern" (IAS 1.20). Eine Abweichung ist nur dann zulässig, wenn sie nicht durch nationales Recht verboten ist, wobei dieser Gesetzesvorbehalt, anders als in der EU, z. B. für IFRS-Anwender in Kanada und Australien eine Rolle spielt.[48]

Strukturell weist diese Argumentation eine starke Ähnlichkeit mit der vorreformatorischen Verfassung von Normsystemen auf:

* Satz 1 **(Allgemeiner Imperativ):** „Handle richtig."
* Satz 2 **(Katechismusregel):** „Wenn du alle Einzelgebote befolgst, handelst du in nahezu allen Fällen richtig." Oder umgekehrt: „Richtig ist in fast allen Fällen, was die Einzelgebote vorschreiben."
* Satz 3 (Ausnahmeregel): „Nur in äußerst seltenen Fällen ist es notwendig und zulässig, nach eigenem Gewissen und Urteil gegen ein Einzelgebot zu handeln."

Aus funktionaler Sicht bringen solche auf Katechismusregeln konzentrierte   70
Normsysteme den **Vorteil** einer höheren **Uniformität** des (öffentlichen) Handelns. **Nachteilig** ist, dass die **Einzelregelfixierung** *(case law)* lediglich zur formellen Regeltreue motiviert und damit Ausweichverhalten, **Umgehung**, Lücken-

---

[48] Vgl. KÜTING/GATTUNG, PiR 2006, S. 49 ff.

ausnutzung usw. begünstigt. Der reformatorische Gegenentwurf zu solchen Kate-
chismussystemen betont deshalb die Notwendigkeit und Überlegenheit **materieller** Prinzipientreue und die Bedeutung des eigenen Urteils. Der Gegenentwurf
führt aber tendenziell zu chaotischeren Zuständen, in denen unter Berufung auf
Prinzip und eigenes Urteil jeder tun kann, was er will.

Vieles spricht daher für die Notwendigkeit einer Katechismusregel. Worauf es
dann aber ankommt, ist, **Missverständnisse** über die Rolle des Imperativs, hier *true
and fair view/presentation* bzw. *faithful presentation,* zu vermeiden. Qualifizierungen der internationalen Rechnungslegung als im Vergleich zum HGB kapitalmarktorientierter, entscheidungsnützlicher, *„truer and fairer"* usw. beruhen allzu
häufig auf einer **Verwechslung von Sollen und Sein** (Rz 24 ff.).[49] Eindeutig **soll**
die internationale Rechnungslegung all dies sein; ob sie es wirklich **ist**, steht auf
einem anderen, größtenteils noch unbeschriebenen Blatt. Nach unserer Auffassung
gibt es genügend **andere Vorteile** der internationalen Rechnungslegung. Sie konkretisiert wichtige Fragen, welche die EU-Bilanzrichtlinie und HGB nicht oder
nur ganz abstrakt behandeln (z. B. wirtschaftliches Eigentum beim Leasing). Sie
dient der länderübergreifenden Vereinheitlichung und ist geeignet, eine babylo-
nische Sprachverwirrung zu beenden. Einen darüber hinausgehenden Vorzug in
Form einer **höheren Wirklichkeitstreue** muss man hingegen von der Internationalisierung der Rechnungslegung nicht unbedingt erwarten.

In dieser Richtung sind Katechismusregeln u. E. aber auch nicht angelegt, da sie
keinen empirischen Gehalt haben. Die Aussage in IAS 1.17, der zufolge die
korrekte Anwendung der Einzelvorschriften in nahezu allen Fällen zu Abschlüssen führe, die ein den tatsächlichen Verhältnissen entsprechendes Bild vermitteln,
hat nicht den Charakter einer Tatsachenbehauptung. Sie ist nicht so zu verstehen,
als ob die Befolgung der IFRS **beobachtbar** zu einer wirklichkeitsgetreuen
Abbildung führe. Die Aussage hat vielmehr einen **normativen und definitorischen Gehalt**: Als wirklichkeitsgetreue Abbildung ist per Definition anzuerkennen, was in Befolgung der IFRS-Regeln zustande gebracht wird. Diese
normative und definitorische Aussage entzieht sich wie jeder derartige Satz einer
Widerlegung durch empirische Beobachtung.

71   Aus dieser grundsätzlichen Sicht hat das Konzept der *true and fair* bzw. *faithful
presentation* nach unserer Auffassung hauptsächlich die Funktion einer **rechtfertigenden Maxime**:

- auf **Theorieebene** in der Konkurrenz verschiedener Rechnungslegungssysteme,
- auf der **Anwendungsebene** in der Diskussion über im Einzelfall ausnahmsweise zulässige, notwendige oder zu rechtfertigende Regelbrüche.

72   Auf der **Theorieebene** wird der Ausgang jeden Vergleichs mit anderen Rechnungslegungssystemen vorentschieden. Wenn das IFRS-Regelwerk, d. h. die Summe der
IFRS-Einzelregeln, normativ festlegt, was *true and fair* ist, steht die Antwort, ob
die Handelsbilanz genauso *true and fair* ist, schon fest: Sie kann dies nur insoweit
sein, als sie dem IFRS-Regelwerk nicht widerspricht. Auf diese Weise werden nicht
zwei Regelsysteme gegen ein unabhängiges Drittkriterium verglichen, sondern ein
System gegen die Regeln des anderen. In einer Religionsanalogie wäre dies etwa so,
als ob die Regeln des katholischen Katechismus Christlichkeit definieren würden
und anschließend auf dieser Definitionsbasis die Christlichkeit von Katholiken

---

[49] Vgl. Hoffmann/Lüdenbach, StuB 2002, S. 541 ff.

und Protestanten verglichen würde. Man dürfte nicht überrascht sein, wenn Protestanten in einem solchen Vergleich schlechter abschnitten.

Auf der **Anwendungsebene** besteht eine latente Gefahr im Missbrauch des *true-and-fair*-Konzepts durch Einzelne, um Regeln für ihre Zwecke zurecht-zubiegen, zu umgehen und zu missachten. Die Gefahr wird dadurch begrenzt, dass das *true-and-fair*-Konzept **kein *overriding principle*** ist, das nach Belieben Vorrang vor den Einzelbestimmungen hat. In fast allen Fällen (*„virtually all circumstances"*) sind die Einzelregelungen zu beachten, Abweichungen dem-zufolge nur in äußerst seltenen Fällen (*„extremely rare circumstances"*) zulässig, und zwar erst dann, wenn die irreführende Wirkung der Regelbefolgung so groß wäre, dass sie nicht schon durch Anhangangaben geheilt werden könnte. Hierbei begründet gem. IAS 1.22(b) die mit den Einzelregeln konforme Bilanzierung ähnlicher Sachverhalte durch andere Unternehmen eine widerlegbare Ver-mutung gegen die Zulässigkeit eines *principle override*. 73

Soweit ein zulässiger **Ausnahmefall** vorliegt, ist die Abweichung von den Einzel-regeln **offenzulegen, zu begründen** und in der Wirkung auf Periodenergebnis, Vermögenswerte, Schulden, Eigenkapital und *cash flow* zu quantifizieren (IAS 1.18). Der missbräuchlichen Verwendung des *true-and-fair*-Arguments wird auch durch diese bilanzpolitischer Verschleierung entgegenwirkende An-forderung der „Schattenbilanzierung" ein relativ stabiler Riegel vorgeschoben.

Es bleiben dem Anwender allerdings andere Argumente, insbesondere das der fehlenden **Wesentlichkeit** (*materiality*; Rz 61). Auf unwesentliche Sachverhalte brauchen die Einzelregeln nicht angewendet zu werden. Eine derartige Vor-schrift ist sinnvoll und eigentlich unvermeidlich. Sie sorgt jedoch dafür, dass neben der verriegelten *true-and-fair*-Tür eine andere weit geöffnet wird. 74

In Deutschland wurde das *overriding principle* schon anlässlich des Transforma-tionsprozesses der 4. EG-Richtlinie in das HGB durch das Bilanzrichtliniengesetz im Schrifttum kontrovers und umfassend diskutiert. Die Lösung des deut-schen Gesetzgebers bestand darin, die einschlägige *true-and-fair-view*-Vorgabe in Art. 2 Abs. 5 der 4. Richtlinie gerade nicht zu transformieren. Die national-deutsche Lösung nach § 264 Abs. 2 S. 2 HGB besteht in einer Anhangangabe. IAS 1.19 entspricht demgegenüber den Richtlinienartikeln. Zu den sich daraus ergebenden Unterschieden ein Fallbeispiel:[50] 75

> **Praxis-Beispiel**
> Die X-AG bilanziert in ihrem Eigentum befindliche Lizenzen und Patente. Der fortgeführte Buchwert beläuft sich auf 0,5 Mio. EUR. Ein speziell beauf-tragter vereidigter Gutachter ermittelt den aktuellen Verkehrswert mit 50 Mio. EUR. Im Hinblick auf das anstehende Kreditrating will die AG auf Drängen der Bank ihr Eigenkapital (bisher 0,5 Mio. EUR) erhöhen.
>
> **Beurteilung**
> Es wird eine GmbH & Co KG gegründet, alleinige Kommanditistin ist die AG. Das bar einbezahlte Kommandit-Haft- und Pflichtkapital beträgt 1.000 EUR.

---

[50] Angelehnt an einen Praxisfall, den – heute noch lesenswert – SEIFRIED in DB 1990, S. 1473, 1525, vorgestellt hat.

Die AG bringt die immateriellen Vermögenswerte zum Verkehrswert von 50 Mio. EUR gegen Gewährung von Gesellschaftsrechten in die Pflichteinlage der KG (Sachkapitalerhöhung) ein. Dadurch werden ein Gewinn und eine entsprechende Eigenkapitalerhöhung von 49,5 Mio. EUR generiert. Im Anlagespiegel erfolgt eine „Umbuchung" von „Immaterielle Vermögenswerte" auf „Anteile an verbundenen Unternehmen". Das ausgewiesene Eigenkapital in der Bilanz der AG erhöht sich von 0,5 auf 50 Mio. EUR.

Aus Sicht der in den einschlägigen deutschen Kommentierungen[51] festgehaltenen handelsrechtlichen Einzelregeln ist die Einbringung von Anlagevermögen gegen Gewährung von Gesellschaftsrechten ein tauschähnliches Gebilde, das eine Gewinnrealisierung rechtfertigt. Im Beispielsfall dient die „Gewinnrealisierung" jedoch ausschließlich der Umgehung des Anschaffungskostenprinzips. Die deutsche Umsetzung des *true-and-fair-view*-Prinzips liefe nun maximal darauf hinaus, die Gestaltung einmalig(!) im Jahr der Durchführung im Anhang zu erläutern. Ein *overriding principle*, wie es etwa IAS 1.17 in *extremely rare circumstances* vorsieht, soll hingegen bei gleicher Wertung die Umgehung des Zuschreibungsverbots dauerhaft verhindern.

Die unterschiedliche Umsetzung des *principle override* der EU-Richtlinien in England und Kontinentaleuropa wird in der Literatur zum Teil als Ausdruck unterschiedlicher Rechtssysteme angesehen, wobei der Anwender **romanischen Rechts** Normen **teleologisch,** nach ihrem Sinn und Zweck, auslegt, der Anwender des angelsächsischen *case* und *common law* zu entsprechenden Überlegungen erst durch den *principle override* angehalten wird. Rückgewendet auf die IFRS könnte auch deren in IAS 1.17 ff. niedergelegter *principle override* als Anleitung verstanden werden, in seltenen Fällen mit Rücksicht auf den Regelungszweck eine Vorschrift gegen den Wortlaut auszulegen. Aus dieser Perspektive soll das *true-and-fair-view*-Prinzip im Übrigen noch eine disziplinierende Wirkung haben: Die Standards dürfen nicht missbräuchlich angewandt und ausgelegt werden. Einer Einstellung „Zeig mir, wo steht, dass ich das nicht darf" soll der Sinn der Vorschriften entgegengehalten werden können.[52]

3.4 Regelungslücken, insbesondere Anwendung amerikanischer Vorschriften

76   Das **Steuerrecht** lehrt eindrucksvoll, dass auch das **dichteste Netz von Einzelregeln** die Vielfalt der Lebenssachverhalte nur unvollständig einfängt.

Auch der IFRS-Anwender wird immer wieder Fälle finden, die im IFRS-Regelwerk nicht oder nicht vollständigbehandelt sind.[53] Zum Umgang mit solchen Fällen gibt IAS 8.10 einige Hinweise: Soweit für einzelne Bewertungs- oder Bilanzierungsfragen keine speziellen *(specific)* Vorschriften (IFRS, IAS, IFRIC, SIC) existieren, soll die Geschäftsführung eigene Methoden entwickeln, die sicherstellen, dass die Abschlussinformationen relevant bzw. verlässlich sind.

---

51   Z.B. ADLER/DÜRING/SCHMALTZ, 6. Aufl., 2001 ff., § 255 HGB Tz 97 m. w. N.
52   Ausführlich zum Ganzen KÜTING/GATTUNG, PiR 2006, S. 49 ff.
53   Vgl. hierzu aus wissenschaftlicher Sicht RUHNKE/NERLICH, DB 2004, S. 389.

Als verlässlich gilt eine Bewertung dann, wenn sie
- die Vermögens-, Finanz- und Ertragslage tatsachengetreu *(faithful)* darstellt,
- dabei den wirtschaftlichen Gehalt widerspiegelt *(substance over form)*,
- neutral bzw. unverzerrt,
- vorsichtig und
- in jeder wesentlichen Hinsicht vollständig ist.

Bei der Beurteilung, ob den Anforderungen der Relevanz und der Verlässlichkeit Genüge getan wird, ist nach folgender **Priorität** vorzugehen:
- **Primär** sind Regelungen in **anderen** Standards zu würdigen (IAS 8.11(a)),
- **sekundär** die Kriterien des *Framework* (IAS 8.11(b)).
- **Zusätzlich können** nach IAS 8.12. berücksichtigt werden:
  - die Standards **anderer Standardsetter** (z.B. FASB, IDW, DRS), die auf ähnlicher konzeptioneller Basis ihre Standards entwickeln,
  - das **Schrifttum,**
  - akzeptierte **Branchenpraktiken.**

Nicht ganz klar ist, ob bei diesen Ausführungen auch an die Anwendung unscharfer Regeln (faktische Wahlrechte, Ausfüllung unbestimmter Rechtsbegriffe) oder nur an das völlige Fehlen einer Regel gedacht ist.[54] Für die zweite Interpretation spricht, dass IAS 8.11(a) und IAS 8.12 die Hinzuziehung anderer Standards (nicht anderer Regeln) zu gleichen oder ähnlichen Fragen empfehlen und IAS 8.10 das Fehlen eines spezifisch anwendbaren Standards (nicht einer spezifischen Regel) unterstellt. Die **praktische Bedeutung** dieser Interpretationsfrage ist aber aus zwei Gründen **gering:** **77**
- Die in IAS 8.10f. genannten Kriterien sind selbst unscharf. Einen großen Beitrag zur Lösung des Problems unscharfer Regeln könnten sie daher kaum leisten.
- Die in IAS 8.10 genannten Kriterien entsprechen im Wesentlichen den Anforderungen des *Framework*. Soweit sich etwa die wirtschaftliche Betrachtungsweise bei der Anwendung unscharfer Regeln nicht aus IAS 8.10(b)(ii) ergäbe, würde Gleiches aus dem *Framework* folgen.

Praxis-Beispiel

IAS 17 knüpfte die Zurechnung eines Leasinggegenstands u.a. an die Frage, ob die Vertragsdauer den größten Teil *(major part)* der Nutzungsdauer des Leasingobjekts abdeckt.

Die Bestimmung der Nutzungsdauer ist Schätzungsfrage und als solche in IAS 8.32ff. von der Anwendung der Bilanzierungsmethoden unterschieden. Nach Durchführung dieser Schätzung lässt sich das Verhältnis von Vertrags- zu Nutzungsdauer rechnerisch bestimmen. Angenommen, es betrüge 88 %, dann stellt sich die Frage, ob 88 % *major part* sind oder nicht. Unterliegt dieseFrage den Regelungen von IAS 8.10f., ist zu untersuchen, ob eine Qualifizierung von 88 % als *major part* zu relevanteren und tatsachengetreueren Informationen führt als ein gegenteiliger Schluss.

Unterliegt die Frage nicht den Regeln von IAS 8.10f., sind die gleichen Überlegungen nach F.26ff. geboten.

Unabhängig von der anzuwendenden Rechtsquelle ist das Ergebnis offen, weil die Frage, was relevant, tatsachengetreu usw. ist, bei der Beantwortung

---

54 Vgl. RUHNKE/NERLICH, DB 2004, S. 389.

mindestens so viele Ermessensspielräume aufwirft wie die Frage, was einen *major part* darstellt.

Allerdings könnte bei Anwendbarkeit von IAS 8 der Schluss naheliegen, wegen IAS 8.11 auf die analogen amerikanischen Vorschriften zum Leasing zurückzugreifen. Diese sahen eine Zurechnung des Leasingobjekts zum Leasingnehmer bereits bei 75 % vor. IAS 8.11 enthält jedoch keinen **Zwang** zur Berücksichtigung von Vorschriften anderer Standardsetter, sondern nur ein **Wahlrecht** (*may consider*). Die Berufung auf US-GAAP leistet also nur dann eine Lösung, wenn dies vom Bilanzierenden so gewünscht ist. Auch ohne Anwendbarkeit von IAS 8.11 wird dem Bilanzierenden aber niemand verwehren können, sich bei Ermessensfragen in der Welt umzuschauen, um herauszufinden, wie andere es halten, und deren Festlegungen, soweit sie nicht erkennbar inkonsistent sind, zu übernehmen.

Zu einem ähnlichen Problem im Fall der Definition von *investment properties* vgl. → § 16 Rz 18.

78   Im Umgang mit nicht oder unvollständig geregelten Fällen enthält die **Prioritätenliste** in IAS 8.11 f. wenig mehr als die methodische Empfehlung, allgemeine Verfahren der **Auslegung** und **Lückenfüllung** durch Fallanalogie (IAS 8.11(a)), Systemanalogie (IAS 8.12) oder wiederum durch Berufung auf allgemeine Prinzipien (IAS 8.11(b)) zu beachten. Die letztgenannte Variante, die Berufung auf allgemeine Rechtsprinzipien, setzt deren Existenz voraus. Hieran wird wegen des Mangels an ausreichender Rechtsgeschichte der IFRS zum Teil gezweifelt.[55]

Dass sich unter Berufung auf Analogfälle und/oder allgemeine Prinzipien vieles und viel Verschiedenes **begründen** lässt, ist ständige Erfahrung bei der Anwendung von Steuerrecht, HGB, Gesellschaftsrecht usw. Für die IFRS kann nichts anderes gelten. Ein methodisches Vorgehen der Lückenschließung führt zu begründeten und vertretbaren, selten zu zwingenden Lösungen.

Im konkreten Vorgehen der Lückenschließung durch Berufung auf Analogie und Prinzipien sind zu unterscheiden:[56]

- **Einzelanalogie**: Die für Tatbestand A geregelte Rechtsfolge wird auf den **verwandten** Tatbestand B übertragen, wobei die Begründung insbesondere auf die Verwandtschaft der Sachverhalte konzentriert ist.

- **Gesamtanalogie**: Aus mehreren Regelungen wird ein **allgemeiner** Rechtssatz abgeleitet, der dann auf den ungeregelten Sachverhalt angewendet wird.

Zu zwingenden Lösungen führt auch nicht die Bezugnahme auf **andere Standardsetter**. Ein Rechnungslegungssystem wäre nicht mehr international, wenn es z.B. deutschen Anwendern vorschriebe, deutsche Standardsetter zu beachten, und australischen Unternehmen aufgäbe, ggf. ganz anderen Auffassungen australischer Standardsetter zu folgen.

Theoretisch ebenso wenig gerechtfertigt ist es aber, transnational einen dieser anderen Standardsetter wegen angenommener besonderer konzeptioneller Nähe bevorzugt zu berücksichtigen. Praktisch wird allerdings in Bezug auf **US-GAAP** bzw. die amerikanischen Standardsetter so verfahren, weil dort in gleicher Weise

---

[55] So RUHNKE/NERLICH, DB 2004. S. 389.
[56] RUHNKE/NERLICH, DB 2004, S. 389.

der Informationszweck der Rechnungslegung und der *true-and-fair*-Gedanke gelte. Entsprechende Argumente würdigen nicht, dass – jedenfalls nach eigenem Bekunden des IASB (Rz 42 f.) – sich das

- **IFRS-Regelwerk** konzeptionell durch einen *principle-based-Ansatz* vom
- stärker *rule-based-Ansatz* der **US-GAAP**

unterscheidet.

Würde man die konzeptionelle Nähe an diesem Kriterium bemessen, käme das **HGB** bzw. seine Interpretationen durch den Deutschen Rechnungslegungsstandardisierungsrat (**DSR**) und durch das Institut der Wirtschaftsprüfer (**IDW**) eher zum Zuge als die Interpretationen der amerikanischen Standardsetter. Angesichts der meist sehr systematischen und weniger kasuistischen Argumentationen der deutschen Standardsetter wäre dies u.U. auch die bessere Lösung. Tatsächlich sind aber alle derartigen Überlegungen nur optional relevant, da die **Berücksichtigung anderer Standardsetter** in IAS 8.12 nur als **weiches Zusatzkriterium** vorgesehen ist, das festhält, worüber man bei der Urteilsfindung noch nachdenken könnte oder sollte. Erst wenn sich in international operierenden Industrien eine Praxis herausbildet, nicht oder ungenügend in IFRS geregelte Bereiche durch fremde Vorschriften zu ergänzen, wenn die fremde Regelung also den Status einer **Branchenpraxis** gewinnt, wird aus der Übernahmeoption ein faktischer Zwang. Im Hinblick auf die Bedeutung der USA für die Kapitalmärkte sind die so faktische Verbindlichkeit gewinnenden Regelungen meist amerikanischen Ursprungs.

Bei der Anwendung lückenfüllender amerikanischer Regeln besteht dann die Gefahr, dass der **Konsistenzvorbehalt** von IAS 8.12 nicht immer beachtet wird und der amerikanische Regelsatz auch in den nicht mit IFRS kompatiblen Teilen Anwendung erlangt. In → § 25 Rz 225 wird dieses Kompatibilitätsproblem am Beispiel der Erlösrealisierung von Softwareunternehmen diskutiert, in → § 25 Rz 215 am Beispiel der Bilanzierung von Filmrechten.

Von starken Branchenkonventionen abgesehen, muss man aber die **Ausführungen von IAS 8.10 ff. eher als formale denn als inhaltliche Vorgaben** betrachten. Sie zeigen, entlang welcher Überschriften die Argumentation strukturiert werden kann. Wer als **Anwender** also eine bestimmte Lösung favorisiert, muss in erster Linie deren Entscheidungsnützlichkeit und Verlässlichkeit begründen und deren Widerspruchsfreiheit zum *Framework* dartun. Wenn er daneben noch in anderen Systemen fündig wird – in US-GAAP, in UK-GAAP, German-GAAP oder Australian-GAAP –, dann hat er sein Soll erfüllt.

Für den **Kommentator** stellt sich im gleichen Kontext noch ein anderes Problem: 79
Soll er **Eindeutigkeit** herstellen, wo Eindeutigkeit nicht gegeben ist? Unter dieser Fragestellung sollen zwei Beispiele betrachtet werden:

Praxis-Beispiel

Leasing

Wie unter Rz 77 dargestellt, hängt die Zurechnung eines Leasinggegenstands u.a. davon ab, ob die Vertragslaufzeit den „**überwiegenden Teil**" der Nutzungsdauer umfasst (→ § 15a Rz 204).

- Denkbar wäre (in Entsprechung zum deutschen Steuerrecht), einen Wert von mehr als 90 % als überwiegend anzusehen. Die analoge Verwendung der Steuerregeln lässt sich z.B. aus der insoweit gegebenen konzeptionellen

---

Übereinstimmung („wirtschaftliches Eigentum", *„substance over form"* usw.) rechtfertigen.

- Andererseits käme aber auch eine 75-%-Grenze in Entsprechung zu bisherigen US-GAAP infrage. Auch hier ist das Argument der konzeptionellen Übereinstimmung (*„decision usefulness"* etc.) leicht einsetzbar.

Konzern

IFRS 3 behandelt u.a. die Kapitalkonsolidierung (Reserven- und Firmenwertaufdeckung) bei Unternehmenszusammenschlüssen und nimmt **Zusammenschlüsse unter gemeinsamer Kontrolle** (konzerninterne Umstrukturierungen) ausdrücklich aus dem Anwendungsbereich heraus, ohne an anderer Stelle eine Regelung zu treffen (→ § 31 Rz 194).

- Denkbar wäre, bei der konzerninternen Verschmelzung wie im deutschen Umwandlungsrecht wahlweise Buchwertfortführung oder Aufdeckung von Firmenwert und stillen Reserven des verschmolzenen Unternehmens zuzulassen.
- Denkbar wäre auch die Vorgabe einer Buchwertfortführung mangels „Dritttransaktion" mit außen Stehenden.
- Denkbar wäre schließlich die Aufdeckung stiller Reserven als zwingend anzusehen, und zwar ggf. auch bei der aufnehmenden Gesellschaft (sog. *fresh-start*-Methode).

Der kommentierende Umgang mit derartigen Unbestimmtheiten, Lücken usw. kann vereinfacht dargestellt in drei Formen erfolgen:

- **Eine Lösung** wird als richtig begründet (z.B. Vertragslaufzeit: 90 % der Nutzungsdauer).
- **Mehrere Lösungen** werden als zulässig begründet (ggf. mit Hinweis, welche Lösung der Kommentator aus welchen Gründen subjektiv vorziehen würde).
- Die **Willkürlichkeit** einer **eindeutigen** Lösung wird begründet. Das Lösungsfeld wird ggf. eingegrenzt (z.B. überwiegender Teil der Nutzungsdauer heißt jedenfalls nicht weniger als 51 %), der Anwender ggf. mit Beurteilungsmaßstäben (Argumentationshilfen) versehen, im Übrigen aber zur **Ermessensausübung im Einzelfall** aufgefordert.

Das Vorgehen **in diesem Kommentar** ist überwiegend vom zweiten oder dritten Typ. Es ist getragen von der **Überzeugung, dass der Kommentator sich nicht an die Stelle des Regelgebers setzen sollte.** Wenn das IASC bzw. der IASB eine 90-%-Grenze für die Zurechnung von Leasinggegenständen gewollt hätte, hätte er diese Regel formulieren können. Er hat dies aber (im Übrigen nach der Historie von IAS 17 ganz bewusst) nicht getan und dem Anwender damit Ermessensspielräume gelassen. Sie zu rauben stünde u.E. dem Kommentator nicht zu, da er sich damit in die Rolle des Regelgebers begäbe.

Im Übrigen verfolgt das **IFRS-Regelwerk** auf weiten Strecken bewusst einen **Kriterien- und Indikatorenansatz,** der Umstände benennt, die bei der Beurteilung bzw. Gesamtwürdigung eines Falls eine Rolle spielen können. U. E. widerspräche es diesem Konzept der Gesamt- und Einzelfallwürdigung, wenn derartige Indikatoren durch den Kommentator in eindeutige Vorschriften umgedeutet würden.

Die prüfende – eher als die rechnungslegende – **Praxis** scheint gleichwohl ein starkes Interesse an der einheitlichen Ausübung von Ermessen oder anders ausgedrückt an der Reduzierung der Ermessensspielräume durch **einheitliche** Auslegung zu haben. Seinen Ausdruck findet dieses Interesse in den „**Hausmeinungen**" der großen Prüfungsgesellschaften, die sich häufig bei Abstimmung untereinander zu **hausübergreifenden** Meinungen verfestigen. Der Gleichbehandlung vergleichbarer Sachverhalte dient dieses Vorgehen und wäre aus dieser Sicht zu begrüßen. Aus rechtlicher Sicht bestehen jedoch **Bedenken**:

- Der IASB und andere Standardsetter legen bei der Verabschiedung von Normen großen Wert auf eine breite öffentliche Teilnahme, die insbesondere durch Stellungnahmen zu *Exposure Drafts* zustande kommt. Die Verabschiedung von Hausmeinungen oder hausübergreifenden Meinungen unterliegt hingegen weder **öffentlicher Transparenz**, noch bezieht sie die anderen an der Rechnungslegung Beteiligten und Interessierten (Unternehmen, Analysten, Lehrstühle etc.) mit ein.
- Vorrangige Aufgabe der Abschlussprüfung bleibt die Prüfung der **Ordnungsmäßigkeit** des Jahresabschlusses. Diese ist jedenfalls aus der Sicht des Einzelsachverhalts so lange gegeben, wie die Bilanzierung den Ermessensspielraum nicht überschreitet, also **vertretbar** bleibt. Ob sie innerhalb des Ermessensspielraums die (in der Hausmeinung der Prüfungsgesellschaften) angenommene beste Lösung darstellt, also nicht nur vertretbar, sondern **optimal** ist, entscheidet nicht über die Ordnungsmäßigkeit des Abschlusses.

3.5 *Substance over form*[57]

Nach dem Prinzip der **wirtschaftlichen Betrachtungsweise** – *substance over form* – entscheidet nicht die rechtliche Form, sondern der Gehalt und die wirtschaftliche Realität von Geschäftsvorfällen über deren Bilanzierung. Diese bis 2009 im *Framework* enthaltene Vorgabe (F.4.6) war mit der Neufassung von 2010 entfallen, ist aber in par. 2.14 des ED/2015/3 *Conceptual Framework for Financial Reporting* zur Wiederaufnahme in den Standard vorgesehen.   80

Die Bedeutung dieses Grundsatzes bzw. sein **Verhältnis** zu den **Einzelregeln** wird im Vergleich zum Prinzip der *true and fair presentation* besonders deutlich:

- Hinsichtlich der Forderung nach *true and fair presentation* und derjenigen nach Beachtung der **Einzelregeln** besteht ein potenzielles **Konfliktverhältnis**, das im *Framework* (daneben in IAS 1.13ff. und IAS 8.10ff.) zugunsten der Einzelregeln entschieden wird (Rz 68f.). Es ist daher von seltenen Ausnahmen abgesehen nicht zulässig, unter Berufung auf *true and fair presentation* die Anwendung einer dazu in (vermutetem) Konflikt stehenden Einzelregelung auszuschließen (Rz 68).
- Das Verhältnis von Grundsätzen und Einzelregelungen ist aber **vielschichtiger**: Es erschöpft sich nicht in potenziellen Konflikten, für die Vorrangregelungen zu treffen sind. In anderen Fällen stehen Grundsatz und Einzelregelung vielmehr in einem Verhältnis der **Komplementarität**. Für den Grundsatz *substance over form* gilt dies in besonderer Weise:
  - Die Einzelregelungen treffen v. a. **Rechtsfolgen**bestimmungen zum Ansatz und zur Bewertung bestimmter **Geschäftsvorfälle**.

---

[57] Die nachfolgenden Überlegungen sind entnommen aus LÜDENBACH, PiR 2005, S. 95ff.

– **Vor** ihrer Anwendung ist aber zu klären, welche **Art** von Geschäftsvorfall oder -vorfällen überhaupt vorliegt. Nach dem Grundsatz *substance over form* ist diese vorgeschaltete Klärung nicht an der rechtlichen Form, sondern am wirtschaftlichen Gehalt festzumachen.

Aus **dieser** Sicht ist eine wirtschaftliche Betrachtungsweise nicht nur zulässig, sondern immer dort, wo die Möglichkeit der Abweichung des formalrechtlichen vom wirtschaftlichen Gehalt besteht, zwingend. Hierzu folgendes Beispiel:

Praxis-Beispiel

U schließt mit der Bank B zeitgleich und fristenkonform einen ersten Vertrag über ein variabel verzinsliches Yen-Darlehen und einen zweiten über einen *cross-currency*-Swap ab. In der wirtschaftlichen Gesamtwirkung stellen die Verträge U so, als ob er ein festverzinsliches Euro-Darlehen aufgenommen hätte.

Fraglich ist, ob die Bilanzierung dieser wirtschaftlichen Betrachtungsweise folgen kann, also statt zwei Finanzinstrumenten (nach komplizierten Regeln) eines (nach einfachen) zu erfassen ist. Ein Lösungshinweis ergibt sich aus IAS 39.IG.B.6. In dem dort dargestellten Fall ist Unternehmen A Gläubiger eines an B gewährten Euro-Festzinsdarlehens und Schuldner eines von B gewährten variabel verzinslichen Darlehens mit jeweils gleicher Laufzeit und gleichen Beträgen, wobei zugleich eine Aufrechnungsabrede getroffen wird. Der IASB erkennt in dieser Konstruktion nicht zwei Geschäftsvorfälle (zwei Darlehensverträge), sondern einen (Zinsswapvertrag). Als Begründung führt er an:

- gleichzeitiger und abgestimmter Abschluss der Verträge,
- Identität der Vertragspartner,
- Fehlen einer substanziellen Geschäftsnotwendigkeit *(substantive business purpose)* für die Aufteilung der Transaktion auf zwei Verträge.

Die Anwendung dieser Kriterien auf den hier zu beurteilenden Fall ergibt:

- Darlehens- und Swapvertrag werden gleichzeitig und abgestimmt abgeschlossen.
- Die Vertragspartner beider Geschäfte sind identisch.
- Das wirtschaftliche Ergebnis – Festzinsdarlehen in Euro – hätte auch durch Abschluss nur eines Geschäfts erreicht werden können.

Der wirtschaftlichen Betrachtungsweise folgend ist daher ein Euro-Festzinsdarlehen zu bilanzieren.

Ähnliche Hinweise zur Zusammenfassung von Verträgen finden sich z.B. in SIC 27 für *cross-border*-Leasing. Die Praxis neigt dazu, solchen Überlegungen zur

- Zusammenfassung zivilrechtlich getrennter Vorgänge,
- Segmentierung zivilrechtlich einheitlicher Vorgänge,
- Umdeutung zivilrechtlicher Veräußerungsverträge in wirtschaftliche Nutzungsüberlassungen u.U. (→ § 25 Rz 194 ff.)

- und zu vielen anderen Anwendungsfällen des *substance-over-form*-Prinzips nur dort zu folgen, wo der IASB **konkrete** Vorgaben gibt, im letztgenannten Fall etwa durch IFRIC 4. U. E. ist dieser Grundsatz auch dort ernst zu nehmen, wo es spezielle Regelungen zu seiner Umsetzung (noch) **nicht** gibt.

Bemerkenswert ist in diesem Zusammenhang die im Referentenentwurf des Bilanzrechtsmodernisierungsgesetzes (BilMoG) zunächst vorgesehene Neufassung von § 246 Abs. 1 Satz 1 HGB-E mit der zugehörigen Begründung, die auf die wirtschaftliche Betrachtungsweise mit der Umschreibung *„substance over form"* verweist:

„Letztendlich geht es darum, Geschäftsvorfälle und andere Ereignisse nicht allein entsprechend ihrer rechtlichen Form, sondern auch gem. ihrem wirtschaftlichen Gehalt zu beurteilen." Die EU-Jahresabschlussrichtlinie vom 26.6.2013 greift in Art. 6 Abs. 1h diesen Gedanken wieder auf in der Formulierung: *„Posten der Gewinn- und Verlustrechnung sowie der Bilanz werden unter Berücksichtigung des wirtschaftlichen Gehaltes des betreffenden Geschäftsvorfalls oder der betreffenden Vereinbarung bilanziert und dargestellt."*

3.6 *Going-concern*-Prinzip, Bilanzierung und Prüfung in der Insolvenz

In F.4.1 wird das *going-concern*-Prinzip als eine **Basisannahme** *(underlying assumption)* der Rechnungslegung angeführt. Inhaltlich enthalten IAS 1.25 f. drei Vorgaben zur Fortführungsprämisse: 81

- **Zeithorizont**: Eine Bilanzierung unter *going concern* ist nur zulässig, wenn mindestens für zwölf Monate von der Fortführung des Unternehmens ausgegangen werden kann.
- **Anhangangabe bei Unsicherheit**: Wenn Prognose und Planung zwar mit (ganz) überwiegender Wahrscheinlichkeit eine Fortsetzung über mehr als zwölf Monate belegen, gleichwohl wesentliche Zweifel bleiben, ist dies im Anhang offenzulegen.
- **Andere Rechnungslegungsgrundlage**: Ist nicht mehr mit hinreichender Sicherheit von einer Fortführung auszugehen, ist die dann gebotene Änderung der Bilanzierungsgrundlage inhaltlich offenzulegen. Welche Grundlage hier infrage kommt, lässt der Standard offen. Anders als für den handels- bzw. gesellschaftsrechtlichen Einzelabschluss (§ 71 GmbHG, § 270 AktG) fehlt es an Sonderregeln. Bei freiwilliger Liquidation gelangen ohnehin in hohem Maße die Regeln von IFRS 5 zur Anwendung (→ § 29 Rz 1 ff.), so dass ggf. gar nicht auf eine andere Grundlage zurückgegriffen werden muss. Bei Insolvenz kommt es auf die Umstände des Einzelfalls an.

In der **Insolvenz** bestehen folgende Besonderheiten: Nach § 155 Abs. 1 Satz 1   82
InsO berührt die Insolvenz die Rechnungslegungspflichten des Insolvenzschuldners nicht. Mit Übergang der Verwaltungs- und Verfügungsrechte (§ 80 InsO) sind diese Pflichten durch den Insolvenzverwalter und nicht mehr durch die Organe der Gesellschaft zu erfüllen. Sie betreffen i.V.m. § 155 Abs. 2 InsO den letzten Jahres-/Konzernabschluss samt Lagebericht der werbenden Gesellschaft für den Zeitraum bis zum Tag vor Eröffnung des Insolvenzverfahrens, also für ein Rumpfgeschäftsjahr.

Der **Insolvenzverwalter** hat außerdem originär nach § 155 Abs. 1 Satz 1 InsO Rechnungslegungspflichten, die die Insolvenzmasse betreffen, zu erfüllen. Er ist i.V.m. § 155 Abs. 2 InsO demnach u.a. verpflichtet,

- auf den Zeitpunkt der Verfahrenseröffnung eine handelsrechtliche Eröffnungsbilanz und
- für den Schluss eines jeden Geschäftsjahres einen Jahres-/Konzernabschluss nebst Lagebericht

aufzustellen.

Die Prüfungspflicht der Abschlüsse in der Insolvenz von Kapitalgesellschaften und KapCo-Gesellschaften richtet sich nach § 155 Abs. 3 InsO i.V.m. § 270 Abs. 3 AktG und § 71 Abs. 3 GmbHG und §§ 316 ff. HGB und kann nur in besonderen Fällen durch gerichtliche Entscheidung aufgehoben werden.

Liegen die Voraussetzungen für eine Befreiung nicht vor, stellt sich die Frage nach dem Inhalt des Bestätigungsvermerks. Betroffen ist v. a. die Nennung der materiellen Rechtsgrundlagen des Abschlusses im einleitenden Teil des Bestätigungsvermerks. Im Fall eines auf Liquidation angelegten Verfahrens gilt hier für den IFRS-Konzernabschluss Folgendes:

- Nach IAS 1.25 f. ist bei Abkehr von der *going-concern*-Prämisse auf anderer, im Anhang offenzulegender Grundlage zu bilanzieren, wobei die IFRS aber anders als etwa § 270 Abs. 2 AktG und § 71 Abs. 2 GmbHG die andere Grundlage nicht konkretisieren.
- Unter diesen Umständen kann und muss das Unternehmen bzw. der Insolvenzverwalter i.V.m. IAS 8.10 und IAS 1.19 zur Lückenfüllung bzw. tatsachengetreuen Darstellung ggf. von einzelnen Standards abweichen und andere Rechnungslegungsmethoden anwenden. Abstrakt bleibt er dabei in den IFRS, da IAS 1.25 ein solches Vorgehen fordert, konkret wendet er aber gerade nicht mehr alle „IFRS wie von der EU angenommen" an, wobei er die Abweichungen im Anhang erläutern muss.

Für den beschreibenden Teil des Bestätigungsvermerks wäre daher u. E. folgende Formulierung angemessen:

„Die Aufstellung von Konzernabschluss und Konzernlagebericht erfolgte nach den in der EU anzuwendenden IFRS, jedoch mit liquidationsspezifischen, im Einzelnen im Anhang dargestellten Modifikationen, und den ergänzend nach § 315a Abs. 1 HGB anzuwendenden handelsrechtlichen Vorschriften."

4 Definitionen, Ansatz und Bewertung von Abschlussposten

4.1 Vermögenswerte (*assets*)

83 Die abstrakte Bilanzierungsfähigkeit wird im Ausgangspunkt nach drei Kriterien **definiert** (F.4.4a und F.4.38). Danach liegt ein **Vermögenswert** (*asset*) vor, wenn
- eine vom betreffenden Unternehmen kontrollierte ökonomische Ressource
- aufgrund früherer Begebenheiten
- künftige wirtschaftliche Nutzenzuflüsse erwarten lässt.

84 Abgesehen von einer kaum vermeidbaren **Abstraktheit** der Begriffe fällt bei dieser Definition ein gewisser **tautologischer** Gehalt auf: Eine (wirtschaftliche) Ressource soll dann vorliegen, wenn künftige Nutzenzuflüsse möglich sind. Dies ist das Kennzeichen jeder (werthaltigen) Ressource. Eher nichts sagend ist auch das Kriterium der **früheren** Begebenheit. Ohne eine solche kann kaum irgendein

ökonomischer Effekt entstehen. Insgesamt ist so gesehen die Grundlagendefinition des Vermögenswerts **ohne größere Aussagekraft.**[58]

Der Entwurf ED/2015/3 zur Neufassung des *Framework* definiert den Begriff 85
der ökonomischen Ressource in par. 4.5 ff. etwas konkreter. Eine ökonomische Ressource ist danach ein Recht, welches das Potenzial auf ökonomische Vorteile beinhaltet. Der Begriff des Rechts ist sehr weit gezogen. Nach par. 4.8 umfasst er etwa auch Positionen gegenüber einer anderen Partei, bei der die andere Partei aufgrund von Geschäftsgebaren usw. nur eine faktische Verpflichtung (etwa zur Kulanz) hat. In folgenden Fällen liegt etwa auch ein Recht vor:

- **Bezugsrecht** für ein *asset*: Die Ressource ist das Erwerbsrecht für dieses *asset* und nicht das *asset* selbst.
- **Verkaufsrecht** für ein *asset*: Für den Halter der Verkaufsoption liegt die Ressource im Rechtsanspruch gegenüber dem Stillhalter zur Veräußerung des *asset* und nicht im Verkaufserlös bei Ausübung der Option.
- **Pharmazeutisches Forschungsprojekt**: Die Ressource ist das erarbeitete Know-how und nicht der später erwartete wirtschaftliche Vorteil.
- **Lotterielos**: Die Ressource ist die Teilnahmeberechtigung an der Lotterie und nicht das (mit geringer Wahrscheinlichkeit) erwartete Preisgeld.

Nach F.4.44 sind zusätzlich noch folgende Kriterien zu erfüllen, wenn es denn zu 86
einem Bilanzansatz *(recognition)* kommen soll:

- Es muss eine **Wahrscheinlichkeit** *(it is probable)* für den ökonomischen Nutzenzufluss bestehen,
- der Vermögenswert muss **verlässlich bewertet** werden können (*„measured with reliability"*).

Das Kriterium der **„Wahrscheinlichkeit"**, auf das in diesem Kommentar immer 87
wieder einzugehen ist (→ § 21 Rz 29 ff.), erscheint also bereits im *Framework* mit einer zusätzlichen Erläuterung in F.4.40 (Rz 21). Hier wird relativ umfangreich auf die Unsicherheit *(uncertainty)* der ökonomischen Zukunft eingegangen. Es sollen Einschätzungen über den Grad der **Unsicherheit** betreffend die **zukünftigen** wirtschaftlichen Nutzenzuflüsse gemacht werden, und zwar generell bei der Erstellung eines Jahresabschlusses. Konkrete Lösungen für ein Bilanzierungsproblem werden damit nicht geliefert. Auch die Bezugnahme auf Wahrscheinlichkeits**grade** kann konkrete Bedeutung nur dann gewinnen, wenn das Gesetz der großen Zahl gilt. Ansonsten sind Aussagen über Wahrscheinlichkeiten ausschließlich subjektive Einschätzungen[59] (→ § 21 Rz 93 ff.).

Der Entwurf zur Neufassung des *Framework* ED/2015/3 macht den Ansatz eines Vermögenswerts definitorisch nicht mehr an der Wahrscheinlichkeit, sondern v. a. an der Relevanz der Information fest. Er betont dabei in par. 5.1: *„Even if the probability of an inflow or outflow of economic benefits is low, recognition of the asset or the liability may provide relevant information, especially if the measurement of the asset or the liability reflects the low probability and is accompanied by explanatory disclosures. For example, if an asset is acquired, or a liability is incurred, in an exchange transaction for an observable price, its cost reflects the low probability that economic benefits will flow and that cost may be relevant informati-*

---

[58] Ähnlich seinerzeit ERNST & YOUNG, International GAAP 2008, Ch. 2 s3.2: *„The asset definition is completely circular."*

[59] LÜDENBACH/HOFFMANN, KoR 2003, S. 5.

on." Er schränkt andererseits in par. 5.19 ein: „*However, users of financial state-ments may, in some cases, not find it useful for an entity to recognise assets and liabilities with very low probabilities of inflows and outflows of economic benefits.*" An Stelle einer allgemeinen Wahrscheinlichkeitsschwelle tritt damit eine Würdi-gung nach den Umständen. Das erworbene Lotterielos oder die gekaufte Option kann auch bei niedriger Erfolgswahrscheinlichkeit aktiviert werden, der eigene Forschungsaufwand bei bzw. wegen fehlender ausreichender Wahrscheinlichkeit hingegen nicht.

88   **Nicht ansetzbar** sind nach den IFRS:
- **Eventualforderungen,** die nicht so gut wie sicher sind gem. IAS 37.31 (→ § 21 Rz 119), allerdings mit der Ausnahme einer Kompensationsforderung bei der Bewertung von Rückstellungen *(reimbursement)* gem. IAS 37.53;
- besondere Fälle von **Guthaben aus der Steuerlatenz** gem. IAS 12.24 (→ § 26 Rz 110);
- der **originäre** *goodwill* gem. IAS 38.48 (→ § 13 Rz 67);
- **eigene Forschungskosten** *(research costs)* gem. IAS 38.54 (→ § 13 Rz 25);
- **selbst erstellte Marken,** Werbekampagnen, Kundenkarteien u. Ä. gem. IAS 38.63 (→ § 13 Rz 31).

89   Für die herkömmliche deutsche Bilanzrechts-Denkschule ungewohnt ist die **zu-verlässige Bewertbarkeit** als Ansatzkriterium. Vergleichbares gilt für den Spezial-fall des Ansatzes von Rückstellungen gem. IAS 37. Allerdings geht mit dieser Ansatzvorschrift die Gefahr einer, schon bei nicht allzu großzügiger Interpreta-tion in vielen Fällen von Vermögenswerten und Schulden eine Bilanzierung generell auszuschließen. Dem will F.4.41 vorbeugen, indem er das Erfordernis der **Schät-zung** bei der Bilanzierung im Allgemeinen nicht als ansatzhemmend qualifiziert. Wenn nämlich eine verlässliche Schätzung ausnahmsweise unmöglich ist, kommt allenfalls eine Anhangangabe in Betracht. Bemerkenswert ist dabei die **Imparität** des Wahrscheinlichkeitsbegriffs;[60] siehe auch Rz 21, Rz 96 sowie → § 21 Rz 124.

90   Die künftigen wirtschaftlichen Vorteile *(economic benefits)* können nach F.4.10 in **verschiedener Form** dem Unternehmen zufließen:
- durch Produktion von Gütern und Dienstleistungen (und deren anschließen-dem Verkauf),
- durch Tausch gegen andere Vermögenswerte,
- durch Begleichung von Schulden,
- durch Verteilung (Auskehrung) an die Eigentümer.

4.2   Schulden *(liabilities)*

91   Die Definition und die Ansatzkriterien für **Schulden** ähneln spiegelbildlich denje-nigen für Vermögenswerte. Nach F.4.4(b) liegt eine Schuld *(liability)* vor, wenn
- eine (gegenwärtig) vorliegende Verpflichtung *(present obligation)* des Unter-nehmens,
- beruhend auf Vergangenheitsereignissen *(arising from past events)*,
- zu einem mutmaßlichen *(expected)* Abfluss von Ressourcen führt, mit denen wirtschaftliche Vorteile (für das Unternehmen) verbunden sind *(embodying economic benefits)*.

---

[60]   LÜDENBACH/HOFFMANN, KoR 2003, S. 5.

Nach diesen Definitionsnormen werden dann in F.4.46 die **Ansatzkriterien** für 92
Schulden weiter erläutert. Danach ist ein Ansatz vorzunehmen,
- wenn ein Abfluss von wirtschaftliche Vorteile enthaltenden Ressourcen
- aufgrund der Begleichung der Schuld erfolgen wird und
- der Erfüllungsbetrag *(amount of settlement)* zuverlässig bewertet werden kann.

Negativ bzgl. des Ansatzes werden in F.4.36 Schulden aus **schwebenden Ge-** 93
schäften (*unperformed contracts*)genannt mit dem Beispiel der Bestellung von
noch ungeliefertem Material. Unter besonderen, im *Framework* nicht weiter
definierten Umständen kann allerdings auch eine Passivierung solcher Verpflichtungen erfolgen.

Der Entwurf zur Neufassung des *Framework* ED 2/2015/3 definiert Schulden als 94
in Folge eines Vergangenheitsereignisses bestehende gegenwärtige Verpflichtung, ökonomische Ressourcen zu transferieren. Er geht dabei in par. 4.31 ff. v.
a. auf die Frage ein, wann eine gegenwärtige Verpflichtung zur Übertragung einer
Ressource besteht. Dies soll u. a. dann der Fall sein, wenn das Unternehmen **keine**
praktische Möglichkeit hat, den Ressourcentransfer zu vermeiden. Ein solcher
Fall ist nach par. 4.33 bei einem *going-concern* bilanzierenden Unternehmen etwa
gegeben, wenn die einzige Handlungsoption zur Vermeidung des Ressourcenabflusses in der **Aufgabe des Geschäfts** besteht. Dies widerspricht den Regelungen im geltenden Recht, wonach etwa eine auf Basis von Erfolgsgrößen des
abgelaufen Geschäftsjahres bemessene, aber nur bei Fortsetzung des Bank-
betriebs über den Stichtag hinaus zu zahlende Bankenabgabe nach IFRC 21 nicht
zurückzustellen ist (→ § 21 Rz 107). Ähnliches gilt im Hinblick auf Elektro-
schrottrücknahmeverpflichtungen nach IFRIC 5 (→ § 21 Rz 77). Der Standardsetzer selbst räumt die mit der Ausweitung der Definition einhergehende Inkonsistenz zu den Einzelvorschriften ein (ED/2015/3.BC4.65).[61]

4.3 Vergleich zum HGB

Bei einem Vergleich zu den Ansatzkriterien nach dem HGB – und der Definition 95
des Vermögensgegenstands – kann eine weitere Fassung des *asset*-Begriffs im
Framework festgestellt werden. Das gilt allerdings nur im Hinblick auf die Begrifflichkeiten und deren Auswertung. Will man diese abstrakten Kriterien in einem
konkreten Bilanzierungsfall anwenden, dann versagen regelmäßig die Unterscheidungsmerkmale. Unwillkürlich erinnert man sich an die mit hohem theoretischem
und intellektuellem Aufwand im deutschen Bilanzschrifttum ausgebreitete Unterscheidung zwischen **Vermögensgegenstand** (Handelsrecht) einerseits und **Wirt-**
schaftsgut (Steuerrecht) andererseits. Auch dieser hat zur Lösung eines konkreten
Bilanzierungsfalls kaum jemals irgendeine Argumentationshilfe geleistet.

> **Praxis-Beispiel**
> Ein Werbefeldzug schafft Potenzial zur Generierung zukünftiger ökonomi-
> scher Nutzenzuflüsse (Umsatzerlöse). Da jedoch eine verlässliche Bewertung
> unmöglich erscheint, scheidet eine Bilanzierung aus (so eine mögliche Be-
> gründung für den Nichtansatz nach IFRS). Nach HGB bzw. EStG würde

---

[61] Vgl. zum Ganzen FREIBERG/HOFFMANN, PiR 2015, S. 284 ff.

> man die mangelnde Verkehrsfähigkeit oder Einzelveräußerbarkeit als Aktivierungshindernis anführen. Das Ergebnis bleibt das Gleiche.

96   Ungewöhnlich für die deutsche Bilanzrechtslehre ist die **Rückkoppelung der Bewertung auf den Ansatz** in den Fällen, in denen der Bewertungsprozess erheblich erschwert ist (F.4.41 ff.). Danach ist die Ausübung von vernünftigen **Schätzungen** ein wesentlicher Bestandteil der Erstellung von Jahresabschlüssen. Die Schätzung darf nicht deren Zuverlässigkeit beeinträchtigen. Wenn allerdings eine solche vernünftige Schätzung nicht möglich ist, darf der (aktive oder passive) Gegenstand nicht angesetzt werden. Als Beispiel wird das Ergebnis eines Gerichtsverfahrens genannt, das entweder die abstrakten Bilanzierungsvoraussetzungen eines Vermögenswerts oder einer Schuld erfüllt. Wenn indes – wie häufig der Fall – eine Prognose des Werts zuverlässig nicht möglich ist, kommt ein Bilanzansatz nicht in Betracht; stattdessen sind Erläuterungen im Anhang zu machen. Diese Regel aus dem *Framework* wird durch die Spezialvorschrift für Schulden in IAS 37.25 konkretisiert (→ § 21 Rz 45), der zufolge nur in extrem seltenen Fällen eine Einschätzung der künftigen Verpflichtung unmöglich sein soll (vgl. auch Rz 89).

97   Aus Spezialvorschriften sind folgende **Aktivierungsgebote** zu nennen:
- Guthaben aus Steuerlatenz *(deferred tax assets)* gem. IAS 12.24 und IAS 12.34 (→ § 26 Rz 110);
- öffentliche Zuwendungen *(government grants)*, die zur Kompensation zugehöriger Aufwendungen bezahlt werden (IAS 20.12; → § 12 Rz 25);
- der derivative *goodwill* (IFRS 3.32; → § 31 Rz 131);
- Entwicklungskosten *(development costs)* unter bestimmten Voraussetzungen (IAS 38.45; → § 13 Rz 28 ff.).

4.4   Eigenkapital *(equity)*

98   Für die deutsche Betrachtungsweise eher ungewöhnlich ist die förmliche Aufnahme des **Eigenkapitals** in den Definitionskatalog (F.4.4(c)):
- Das Eigenkapital ist das **restliche Interesse** an den Vermögenswerten des Unternehmens nach Abzug aller Verbindlichkeiten.

Im Weiteren (F.4.20 ff.) wird/werden
- die **Aufgliederung** des Eigenkapitals nach den verschiedenen Kriterien (Gewinnrücklagen, Neubewertungsrücklagen etc.) angesprochen,
- die gesetzlichen oder satzungsmäßigen Gründe für eine Rücklagenbildung abgehandelt und schließlich
- die Selbstverständlichkeit zum Ausdruck gebracht, dass das Eigenkapital von dem Ansatz und der Bewertung der Vermögenswerte und Schulden abhängt.

Nur zufällig soll – eine weitere Selbstverständlichkeit – das Eigenkapital mit dem Marktwert des Unternehmens übereinstimmen. Zur Abgrenzung von Eigen- und Fremdkapital vgl. → § 20 Rz 3 ff.

4.5   Grundlagen der Bewertung

4.5.1   Ausgangsgrößen

99   Gem. F.4.55 stehen **vier Bewertungsmaßstäbe** zur Auswahl, und zwar **einheitlich** für Vermögenswerte *(assets)* und Verbindlichkeiten *(liabilities)*.

Bewertungs-maßstäbe	Vermögenswerte *(assets)*	Schulden *(liabilities)*
Anschaffungs-, Herstellungskosten *(historical costs)*	Zahlungsbetrag oder bei Tausch Zeitwert *(current value)*	Für das Eingehen der Verpflichtung erhaltener Betrag oder, wenn Gegenleistung fehlt, der Zahlungsbetrag
Aktueller Wiederbeschaffungswert *(current cost)*	Zahlungsbetrag bei einer fiktiven Wiederbeschaffung des Vermögenswerts	Undiskontierter Zahlungsbetrag bei fiktiver aktueller Begleichung der Verpflichtung
Realisierbarer Wert *(realisable value)*	Aktueller Veräußerungswert bei normalem Geschäftsgang	Undiskontierter Zahlungsbetrag zur Erfüllung im normalen Geschäftsgang
Gegenwartswert *(present value)*	Barwert für erwartete, im normalen Geschäftsgang generierte Zahlungseingänge	Barwert der erwarteten, im normalen Geschäftsgang anfallenden Zahlungsausgänge

Überraschenderweise erscheint im *Framework* selbst der in verschiedenen Kontexten (etwa Erstkonsolidierung, Finanzinstrumente, *investment properties*) dominierende Bewertungsparameter „*fair value*" (→ § 8a Rz 1 ff.) nicht.

4.5.2 Sonderbewertungsvorschriften in einzelnen IFRS

Allerdings gehen die einzelnen IFRS von **speziellen Vorschriften** für einzelne Vermögenswerte und Schulden aus, so dass die Bewertungsmaßstäbe des *Framework* eher von programmatischer als von praktischer Bedeutung sind. **100**

4.5.3 Zwischen Anschaffungskosten- und *fair-value*-Konzept

Außerhalb des *Framework* vollzieht sich eine schleichende Umorientierung der IFRS weg vom **Anschaffungs**kostenkonzept hin zum Konzept der Bilanzierung zu **Zeitwerten**. Als Beleg für dieses schrittweise Vorgehen seien aufgeführt: **101**
- Zulässigkeit der Neubewertung für Gruppen von sächlichem Anlagevermögen (→ § 14);
- Wahlrecht zwischen Anschaffungskosten- und *fair-value*-Modell für *investment properties* bei implizierter Bevorzugung des letztgenannten Modells (→ § 16 Rz 40);
- überwiegende Bewertung von Finanzinstrumenten zum *fair value* (→ § 28 Rz 148 ff.);
- uneingeschränkter *fair-value*-Ansatz für landwirtschaftliche und biologische Vermögenswerte nach IAS 41.12 f. (→ § 40 Rz 2);
- Wahlrecht im Rahmen des Übergangs auf die IFRS-Rechnungslegungswelt (→ § 6 Rz 45).

Diese schrittweise Neuorientierung geht einher mit der kaum widerlegbaren Vermutung *(extremely unlikely)*, der zufolge das Unternehmen den *fair value* immer zuverlässig ermitteln kann (→ § 28 Rz 375).

Die „Philosophie" der IFRS-Rechnungslegung bewegt sich damit hin zu einer **Gesamtunternehmensbewertung**. Das zeigt sich z. B. auch in der

- Ausgestaltung des *impairment test* zum Erfordernis einer außerplanmäßigen Abschreibung unter Bezugnahme auf den Gesamtwert einer *cash generating unit* (→ § 11 Rz 145);
- „schleichenden" Aktivierung eines originären *goodwill* im Rahmen des *impairment-only approach* (→ § 31).

Diese vordergründig sinnvoll erscheinende Entwicklung führt in der aktuellen Ausprägung zu einem *mixed model* (Rz 37), das erhebliche **Anwendungsprobleme** in sich birgt. Im Wesentlichen geht es um folgende Aspekte:

- Die **expliziten** Wahlrechte erschweren trotz Offenlegungspflicht im Anhang den zwischenbetrieblichen Vergleich (Beispiel: *investment properties*; Rz 101).
- Die **Ermittlung** des *fair value* ist in weiten Bereichen ermessensbehaftet (Beispiel: Anwendung von Optionspreismodellen; → § 28 Rz 358 ff.).
- Dieser Tatsache kann sich das Management elegant und unbeanstandet bedienen, um die **Geschäftspolitik** an den bilanzpolitischen Gestaltungsmöglichkeiten auszurichten (Beispiel: Enron; → § 28 Rz 104).

Jedenfalls bewegt sich die IFRS-Bilanzierung in einer **Mehrfach-Mixtur** (→ § 28 Rz 265) von

- Anschaffungskostenprinzip,
- Marktpreisorientierung,
- *fair-value*-Ermittlung nach Berechnungsmodellen,
- erfolgswirksamer oder erfolgsneutraler Verbuchung der *fair-value*-Änderung (→ § 28 Rz 148).

Dieses „System" eröffnet spürbar mehr **bilanzpolitische Gestaltungsspielräume** als das herkömmliche Anschaffungskostenmodell. Die IFRS-Regeln wollen diesem Aspekt u.a. durch umfangreiche **Offenlegungen** im Anhang gegensteuern, sind dabei aber postwendend mit dem Problem der Überforderung der Abschlussadressaten *(information overload)* konfrontiert (Rz 65).

Diese Entwicklungsrichtung der internationalen Rechnungslegungsszene mag man bedauern oder gutheißen. Jedenfalls müssen sich die Anwender *(user)* dieses herrschenden Misch-Systems dessen Implikationen bewusst sein.

4.6   Erfolgswirksame Posten, Ergebnis

102   Wie das HGB kennen die IFRS eine **Gewinn- und Verlustrechnung (GuV)**, die nach IFRS entweder selbstständig oder als Teil der Gesamtergebnisrechnung geführt wird. In der Gesamtergebnisrechnung sind auch **erfolgsneutrale Eigenkapitalveränderungen** außerhalb der externen Transaktionen mit gesellschaftlicher Grundlage (Einlage, Gewinnausschüttungen) zu erfassen. Hierzu wird verwiesen auf Rz 114 und → § 20 Rz 97.

103   Als **Erträge** *(income)* gelten (F.4.25(a)):
- Zuwächse an wirtschaftlichen Vorteilen
- in einer Rechnungslegungsperiode
- aufgrund von Zuflüssen oder Wertsteigerungen von Vermögenswerten oder

- aufgrund der Abnahme von Verbindlichkeiten,
- die das Eigenkapital erhöhen.

Die **Aufwendungen** *(expenses)* werden gerade spiegelbildlich-negativ definiert.   104

In beiden Fällen sind Transaktionen mit **Anteilseignern** – Dividenden, Einlagen   105
– aus dem Begriffsinhalt ausgeschlossen.

Die **Ertrags**definition (Rz 103) umfasst (F.4.29):   106

- Einnahmen bzw. Umsatzerlöse *(revenue)*, also Zuflüsse aus der normalen
  Geschäftstätigkeit (→ § 25), sowie
- Gewinne *(gains)*, die nach F.4.30f. wiederum
  - **identisch** sein können mit den *revenues*,
  - aber auch aus dem Abgang von **langfristigen** Vermögenswerten entstehen
  - oder aus **Neubewertungen** resultieren (→ § 14 Rz 47ff.).

Die **Aufwands**definition (Rz 104) umfasst (F.4.39):   107

- (Einmal-)Verluste *(losses)*,
- Aufwendungen *(expenses)* aus laufender Geschäftstätigkeit (Vertriebskosten,
  Löhne, Abschreibungen), die üblicherweise zu Geldabflüssen führen.

Verluste *(losses)* umfassen begrifflich auch **Aufwendungen** *(expenses)* und kön-   108
nen, müssen aber nicht im üblichen Geschäftsverlauf anfallen.

Verluste *(losses)* entstehen aber auch im **außerordentlichen** und im **Langfrist-**   109
bereich und können realisiert oder unrealisiert (z.B. Erhöhung des Umrechnungskurses für Verbindlichkeiten in Fremdwährung) sein.

Aufwendungen werden in der GuV in **unmittelbarer Zuordnung** *(direct asso-*   110
ciation) zu den daraus resultierenden Erträgen erfasst. Man spricht hier gemein-
hin von *matching principle* (F.4.53). Danach sollen die Aufwendungen zur
Erstellung von Gütern dann ergebniswirksam werden, wenn diese zum Verkauf
gelangen. Voraussetzung ist allerdings immer, dass die betreffenden Positionen
(items) als Vermögenswert oder Schuld ansetzbar sind.

4.7 Kapitalerhaltungskonzeptionen

Die Rechnungslegungspraxis interpretiert den Gewinn primär als Überschuss   111
der Erträge über die Aufwendungen einer Periode, d.h. aus Sicht der **GuV**. Im
Rahmen der Doppik lässt sich der Gewinn jedoch auch aus der Perspektive der
Bilanz interpretieren, und zwar als die um Entnahmen/Ausschüttungen und
Einlagen bereinigte Differenz von Reinvermögen (Kapital) am Periodenende
gegenüber dem Periodenanfang (so § 4 Abs. 1 Satz 1 EStG).

Aus der bilanziellen Sicht definiert die Erhaltung des Kapitals die Nulllinie, oberhalb derer Gewinn und unterhalb derer Verlust entstanden ist. Fraglich ist, ob diese
Nulllinie bei Preisänderungen **nominal** oder **real** interpretiert werden muss, ob
also etwa inflationsbedingte Werterhöhungen Gewinn oder **Scheingewinn** sind.

F.4.59 ff. treffen im Rahmen dieser Fragestellung folgende **Unterscheidung**:   112

- **finanzwirtschaftliches Kapitalerhaltungskonzept**: Gewinn = Zunahme des
  nominalen Geldkapitals;
- **leistungswirtschaftliches Kapitalerhaltungskonzept**: Gewinn = Erhaltung der
  physischen Produktionskapazität bzw. vereinfacht: Gewinn = Erhaltung des
  Geldkapitals abzüglich zu eliminierender Scheingewinne aus **Preissteigerungen**.

Eine **Präferenz** für ein bestimmtes Kapitalerhaltungskonzept hat der Board   113
nach F.4.65, abgesehen von Fällen der **Hochinflations**rechnungslegung (→ § 27

Rz 79ff.), „derzeit nicht". Diese Aussage ist offenbar programmatisch gemeint. Sie soll Optionen offenhalten. In den Einzelstandards finden sich jedoch mit der genannten Ausnahme keine Regelungen zur Kaufkraftanpassung. Im Übrigen sind selbst die programmatischen Ausführungen eher oberflächlich, da sie sich mit den verschiedenartigen Varianten einer leistungswirtschaftlichen Kapitalerhaltung nicht befassen bzw. das leistungswirtschaftliche Konzept auf eine Preis- und Kaufkraftanpassung reduzieren. In der derzeitigen Form stellen die Überlegungen zur Kapitalerhaltung eher einen überflüssigen **Fremdkörper** im *Framework* dar.

4.8 Statische und dynamische Bilanzierung: *asset liability* vs. *revenue expense approach*

114   Die IFRS enthalten (bislang) **kein durchgängiges System** der Ertrags- und Aufwandsvereinnahmung und der **Definition** der anzusetzenden Vermögenswerte und Schulden:

- IAS 20 lässt etwa im Interesse der zutreffenden **Aufwandsverteilung** den Ausweis erhaltener Investitionszuwendungen als Schulden *(liabilities)* auch dort zu, wo keine oder eine nur unwahrscheinliche Rückzahlungsverpflichtung besteht und daher die Definitionskriterien einer Schuld i.S.v. IAS 37 nicht erfüllt sind (→ § 12 Rz 30).
- Erwartete **Gewinne** aus **schwebenden** Geschäften begründen nach IAS 37 (→ § 21) im Allgemeinen keinen Vermögenswert, nach IAS 39/IFRS 9 (Finanzderivate; → § 28a Rz 49) sind sie jedoch als Vermögen anzusetzen.

Mit den Begriffen **dynamische** und **statische** Bilanztheorie sind diese Unterschiede nur unvollkommen zu fassen. Eher geht es um die Unterscheidung zwischen

- *revenue expense approach*, der die Änderung von Vermögen/Schulden als sekundäre/abhängige und Ertrag/Aufwand als primäre/unabhängige Variable ansieht, und
- *asset liability approach*, der zunächst Vermögen/Schulden definiert und dann Erträge/Aufwendungen abgeleitet aus der Veränderung von Vermögen/Schulden behandelt.

Das gegenwärtige System folgt in wechselnder Akzentuierung **beiden** Ansätzen:

- Die Aktivierungspflicht für schwebende Gewinne aus Finanzderivaten kann als Ausdruck des *asset liability approach* angesehen werden. Der zum Bilanzstichtag erwartete Vorteil aus einem noch schwebenden Kontrakt ist eine vermögenswerte Position, die bei börsengehandelten Kontrakten besonders deutlich als solche zu erkennen ist, aber auch ohne eine solche Börsennotierung in einer streng stichtagsorientierten Vermögensrechnung angesetzt werden muss. Mit der Entscheidung für einen solchen Ansatz ist nach den Gesetzen der Doppik auch ein Ertrag in der GuV auszuweisen.
- Die Nichtaktivierung von schwebenden Gewinnen aus Warenverkaufsgeschäften ist demgegenüber Ausdruck eines *revenue expense approach*, der im konkreten Fall vorsieht, Erträge erst mit Übergang aller Risiken auf den Käufer anzusetzen und abgeleitet auch erst dann eine Forderung einzubuchen.

5   Rechtsentwicklung

115   IASB und der amerikanische FASB verfolgten seit Oktober 2004 gemeinsam ein Projekt zur Überarbeitung ihrer Rahmenkonzepte. Ein einheitliches Konzept

sollte Deduktionsbasis für zukünftige, konvergente Rechnungslegungsstandards sein.[62] Das Projekt war in acht Phasen eingeteilt:

- Phase A: Zielsetzung und qualitative Eigenschaften des Jahresabschlusses,
- Phase B: Abschlussposten und deren Ansatz,
- Phase C: Bewertung,
- Phase D: Berichterstattende Einheit,
- Phase E: Darstellung des Abschlusses und Angabepflichten einschließlich Grenzen des Jahresabschlusses,
- Phase F: Zielsetzung und Status des Rahmenkonzepts,
- Phase G: Anwendung auf Non-Profit-Unternehmen,
- Phase H: Sonstiges.

Phase A wurde im September 2010 mit dem *Framework* 2010 beendet. Wesentliche inhaltliche und terminologische Änderungen gegenüber dem *Framework* 1989 sind:

- Festlegung aktueller und potenzieller Eigen- und Fremdkapitalgeber als primäre Adressaten des Jahresabschlusses (Rz 5),
- Ersetzen der qualitativen Anforderung der Verlässlichkeit *(reliability)* durch die der glaubwürdigen Darstellung (Rz 17),
- Streichung des Vorsichtsprinzips (Rz 17).

Zu Phase E, G und F, H liegen noch keine Ergebnisse vor. Zu den übrigen Phasen – sowie zu punktuellen Änderungen an Phase A – wurde in 2013 ohne Beteiligung des FASB ein iskussionspapier veröffentlicht, das schließlich in 2014 in den *Exposure Draft* ED/2015/3 *Conceptual Framework for Financial Reporting* mündete. Das vorgeschlagene Rahmenkonzept für die Finanzberichterstattung lässt sich in eine Einführung, acht einzelne Kapitel und zwei Anhänge gliedern.[63]

- Die **Einführung** enthält Hintergrundinformationen zum Zweck und Rang des Rahmenkonzepts innerhalb der Normenhierarchie des *„House of IFRS"*. Das Rahmenkonzept stellt vorrangig einen Ausgangspunkt für die Weiterentwicklung des Regelwerks dar, dient also dem IASB als Leitlinie. Im Verhältnis zu den spezifischen Standards *(lex specialis)* steht das Rahmenkonzept im Rang zurück. Wird eine Bilanzierungsvorgabe entwickelt, die im Widerspruch zu den Leitlinien steht, sind Umstand und Gründe innerhalb der Erläuterung zum (Einzel-)Standard *(Basis for Conclusions)* angabepflichtig.
- Das **erste Kapitel** wurde bereits im September 2010 abgeschlossen und widmet sich der **Zielsetzung von Mehrzweckfinanzberichterstattung**. Der aktuelle ED sieht nur geringfügige Änderungen vor. Betont wird die Bedeutung von Informationen zur Beurteilung, ob die Unternehmensleitung verantwortlich mit den Ressourcen des Unternehmens umgeht *(stewardship)*.
- Auch im **zweiten Kapitel**, welches sich den **qualitativen Merkmalen** entscheidungsnützlicher Finanzinformationen (Phase A) widmet, sind nach der ersten Überarbeitung in 2010 nur begrenzte Änderungen vorgeschlagen. Wieder eingeführt werden soll das Konzept der Vorsicht *(prudence)*, allerdings als Merkmal der Neutralität, sowie das Konzept der Verlässlichkeit *(reliability)*,

---

[62] Vgl. dazu allgemein KAMPMANN/SCHWENDLER, KoR 2006, S. 521 ff., sowie speziell zum Konvergenzaspekt WATRIN/STROHM, KoR 2006, S. 123 ff. Zum neusten Stand des Projekts vgl. IASB Update September 2012.
[63] Vgl. LÜDENBACH/FREIBERG, BB 2015, S. 3115 ff.

allerdings unter der Neubenennung *measurement uncertainty* (Rz 17). Außerdem wird der *substance-over-form*-Gedanke wieder stärker betont (Rz 80).

- Im **dritten Kapitel** werden die **Zielsetzung** von Abschlüssen – vorrangig Informationsfunktion betreffend die Vermögens-, Finanz- und Ertragslage – und die Annahme der Unternehmensfortführung aufgenommen. Explizit angeführt werden allerdings nur noch die Darstellung der Vermögens- und Ertragslage. Die Berichtselemente Kapitalflussrechnung und der Eigenkapitalspiegel werden nicht erwähnt. Darüber hinaus wird die relevante Berichtseinheit definiert und deren Abgrenzungsmerkmale dargestellt. Der konsolidierte Abschluss soll entscheidungsnützlichere Informationen bereitstellen als nicht konsolidierte Abschlüsse.

- Im **vierten Kapitel** des Entwurfs zum Rahmenkonzept werden die Definitionen der Abschlussbestandteile aufgenommen:
  - Ein **Vermögenswert** ist eine gegenwärtige wirtschaftliche Ressource, die vom Unternehmen als Ergebnis früherer Ereignisse kontrolliert wird. Eine wirtschaftliche Ressource ist ein Recht, das das Potenzial aufweist, wirtschaftlichen Nutzen zu erzeugen (Rz 85).
  - Eine **Schuld** ist eine gegenwärtige Verpflichtung des Unternehmens, eine wirtschaftliche Ressource als Ergebnis früherer Ereignisse zu übertragen (Rz 94).
  - Das Eigenkapital entspricht dem Residualanspruch an den Vermögenswerten des Unternehmens, nachdem alle seine Schulden abgezogen wurden.
  - Erträge/Aufwendungen sind Zunahmen/Abnahmen von Vermögenswerten oder Abnahmen/Zunahmen von Schulden, die zur Erhöhung/Verringerung des Eigenkapitals führen – mit Ausnahme jener Zunahmen/Abnahmen, die sich auf Beiträge von Eigentümern von Eigenkapitalansprüchen beziehen.
  - Vorgaben zur Abgrenzung von Eigen- und Fremdkapital wurden ausgeklammert und sind dem laufenden Forschungsprojekt des IASB zu Finanzinstrumenten mit Merkmalen von Eigenkapital vorbehalten.

- Im **fünften Kapitel** werden **Ansatz und Ausbuchung von Abschlussposten** (Vermögenswerten und Schulden) abgehandelt. Der Ansatz setzt das kumulierte Vorliegen von drei Merkmalen voraus: Er führt zu relevanten Informationen, ermöglicht eine getreue Darstellung und die Kosten für die Bereitstellung der Informationen übersteigen nicht deren Nutzen. Der Entwurf gesteht die Notwendigkeit der Ausübung von Ermessen betreffend die Erfüllung der Merkmale im Einzelfall an. Die Vorgaben zur Ausbuchung werden an zwei Ziele geknüpft: Erforderlich ist eine getreue Darstellung sowohl der zurückbehaltenen Vermögenswerte/Schulden als auch der Veränderungen der Vermögens- und Ertragslage, die Folge der Ausbuchung sind. Der Entwurf erkennt die fehlende Möglichkeit eines Gleichlaufs beider Ziele an.

- Im **sechsten Kapitel** werden die zulässigen **Bewertungsmaßstäbe** der IFRS – (historische) Anschaffungskosten und Gegenwartswert (beizulegender Zeitwert und Nutzungswert/Erfüllungswert) – dargestellt. Es werden Ausführungen zum Informationsgehalt und dem jeweiligen Anwendungsbereich aufgenommen. Im Anhang A zum Entwurf des Rahmenkonzepts, der das sechste Kapitel ergänzt, erfolgt eine Beschreibung zahlungsstrombasierter Bewertungsmethoden.

- Im **siebten Kapitel** des Entwurfs werden Konzepte erläutert, nach denen sich ergibt, welche Informationen in den Abschluss aufgenommen werden und wie und in welchem Umfang Ausweis und Angaben erfolgen sollen. Die Gesamtergebnisrechnung *(statement of comprehensive income)* wird neu als „Darstellung des finanziellen Erfolgs" bezeichnet. Das Periodenergebnis selbst wird im Entwurf allerdings nicht definiert, die Abgrenzungsfrage bleibt somit weiterhin offen.

- Das **achte Kapitel** widmet sich ohne weitreichende Änderungen dem der IFRS-Rechnungslegung zugrunde liegenden **Kapitalerhaltungskonzept** (Rz 111). Ein kurzfristiges Projekt zur Überarbeitung, insbesondere betreffend die Bilanzierung bei Situationen von Hochinflation, ist nicht geplant.

Das überarbeitete Rahmenkonzept wird voraussichtlich in 2017 fertiggestellt.

Zur der wichtigen Frage des *materiality*-Grundsatzes wurde im Oktober 2015 **116** ED/2015/8 veröffentlicht. Er enthält Leitlinien zur Anwendung des Wesentlichkeitskonzepts durch den Bilanzierenden. Wegen Einzelheiten wird auf Rz 64 ff. verwiesen. Mit einer Finalisierung des ED ist für das erste Halbjahr 2017 zu rechnen.

§ 2   DARSTELLUNG DES ABSCHLUSSES
(Presentation of Financial Statements)

Schrifttum: AMSHOFF/JUNGIUS, Neuregelung der Darstellung der Gesamtergebnisrechnung, PiR 2011, S. 245 ff.; BACH/BERGER, ESMA-Leitlinien zu alternativen Leistungskennzahlen, BB 2016, S. 1514 ff.; FREIBERG, Ausweis von Derivaten im *statement of financial position*, PiR 2010, S. 299 ff.; KÜTING/REUTER, Erhaltene Anzahlungen in der Bilanzanalyse, KoR 2006, S. 1 ff.; LÜDENBACH, Ausweis von FuE-Kosten in der GuV nach Gesamtkosten- oder Umsatzkostenverfahren, PiR 2007, S. 86 ff.; LÜDENBACH, Rumpf- oder 18-monatiges Geschäftsjahr bei Änderung des Bilanzstichtags vom Jahres- auf den Halbjahresultimo?, PiR 2007, S. 292 ff.; SELLHORN/HAHN/MÜLLER, Zur Darstellung des Other Comprehensive Income nach IAS 1 rev. 2011, WPg 2011, S. 1013 ff.; URBANCZIK, Presentation of Items of Other Comprehensive Income, Amendments to IAS 1, KoR 2012, S. 269 ff.; VATER, Financial Covenants im IFRS-Abschluss, PiR 2010, S. 128 ff.; ZÜLCH/HÖLTKEN, Das other comprehensive income nach IFRS – Eine relevante Ergebnisgröße in der deutschen Bilanzierungspraxis?, IRZ 2015, S. 163 ff.

Vorbemerkung

Die Kommentierung bezieht sich auf IAS 1 und berücksichtigt alle Ergänzungen, Änderungen und Interpretationen, die bis zum 1.1.2017 beschlossen wurden. Einen Überblick über die Rechtsentwicklung enthalten Rz 106 ff.

1 Zielsetzung und Regelungsinhalt von IAS 1

1.1 Anforderungen an Zweck, Inhalt und Gliederung des Jahresabschlusses

IAS 1 verfolgt das ausdrückliche Ziel, im Interesse der inneren (interperiodischen) und äußeren (zwischenbetrieblichen) Vergleichbarkeit von Abschlüssen Grundregeln für **Inhalt** und **Form** von Jahresabschlüssen festzulegen (IAS 1.1). In diesem Rahmen werden drei Themenschwerpunkte behandelt: 1

- **Allgemeine** Überlegungen: Zweck des Jahresabschlusses, *fair presentation* (→ § 1 Rz 68).
- **Inhalt des Jahresabschlusses:** Pflichtbestandteile, Darstellungsprinzipien, Darstellungsstetigkeit (Rz 17), Saldierungsverbot (Rz 23), Wesentlichkeit (Rz 21), Vorjahresvergleich.
- **Gliederung** und Inhalt von Bilanz (Rz 30), GuV bzw. Gesamtergebnisrechnung (Rz 58), Eigenkapitalveränderungsrechnung (→ § 20) und Anhang (→ § 5).

1.2 Verhältnis von IAS 1 zum *Framework* und zu IAS 8

Dem in IAS 1.1 festgehaltenen Ziel der **inneren und äußeren Vergleichbarkeit** sind in gleicher Weise auch das *Framework* und IAS 8 verpflichtet (IAS 8.1). Zwischen diesen drei Regelungen bestehen v. a. in der Frage der Anwendung und 2

Auswahl von Bilanzierungsmethoden *(application and selection of accounting policies)* starke **Überlappungen**.

- Welches die **auf einen IFRS-Abschluss anwendbaren Regeln** sind bzw. unter welchen Voraussetzungen ein Abschluss als IFRS-Abschluss bezeichnet werden darf, wird sowohl in IAS 1.15 ff. als auch in IAS 8.7 ff. und im *Framework* behandelt (→ § 1 Rz 51).
- Jede (ökonomisch sinnvolle) Regelanwendung steht unter dem **Vorbehalt der materiality**. Auf unwesentliche Sachverhalte brauchen komplexe Regeln nicht angewendet zu werden. Ausführungen zur *materiality* finden sich sowohl in IAS 1.29 ff. als auch in IAS 8.8 und wiederum im *Framework* (→ § 1 Rz 61).
- Die (sinnvolle) Anwendung der Rechnungslegungsregeln unterliegt weiterhin dem **Vorbehalt der *true and fair*** oder *faithful presentation*. Ausführungen hierzu finden sich in IAS 1.15 ff., IAS 8.10 ff. und im *Framework* (→ § 1 Rz 68).
- Schließlich gibt der Zweck der inneren Vergleichbarkeit der Regelanwendung eine **Stetigkeitsvorgabe**. Regeln sollen konsistent angewendet werden. Dieses Problem wird in IAS 1.45 und im *Framework* (→ § 1 Rz 17), hauptsächlich aber in IAS 8.14 ff. behandelt (→ § 24 Rz 5 ff.).

3 Diese im Regelwerk fragmentierten Themen sind zusammenzuführen, soweit nicht ausnahmsweise eine ganz unterschiedliche Schwerpunktsetzung die Fragmentierung sachlich rechtfertigt. In diesem Sinne behandelt unsere Kommentierung die vorgenannten Punkte überwiegend einheitlich. Es wird deshalb verwiesen

- zu den anwendbaren Regeln auf → § 1 Rz 51,
- zum Vorbehalt der *materiality* auf → § 1 Rz 61,
- zum Vorbehalt der *true and fair presentation* auf → § 1 Rz 68,
- zu den zulässigen Ausnahmen vom Stetigkeitsgebot auf → § 24 Rz 18.

Hingegen werden in diesem Paragrafen behandelt:

- Grundregeln zu Inhalt und Struktur des Jahresabschlusses, d.h.
  - die notwendigen **Abschlussbestandteile** (Rz 4),
  - die besondere Ausprägung des **Stetigkeitsgebots bei Ausweisfragen** (Rz 17),
  - die **Zusammenfassung und Untergliederung von Posten** der Bilanz und der GuV (Rz 21),
  - das **Saldierungsverbot** (Rz 23),
- die **Mindestgliederung der Bilanz** (Rz 45),
- die **Mindestgliederung der GuV** (Rz 58) bzw. **Gesamtergebnisrechnung** (Rz 92).

Jeweils in einem eigenen Paragrafen werden dagegen dargestellt:

- die in IAS 7 enthaltenen Regelungen zu **Kapitalflussrechnung** (→ § 3),
- die quer über alle Standards vorkommenden Angabepflichten für den **Anhang** (→ § 5),
- im Zusammenhang mit IAS 32 (Definition und Abgrenzung des Eigenkapitals) und IAS 1 (Gliederung des Eigenkapitals) die **Eigenkapitalveränderungsrechnung** (→ § 20).

2 Grundregeln für den IFRS-Abschluss

2.1 Abschlussbestandteile

Nach IAS 1.10 besteht der IFRS-Abschluss aus folgenden Bestandteilen: **4**
- **Bilanz** (Rz 30),
- **Gesamtergebnisrechnung** (Rz 92),
- **GuV** (sofern nicht in die Gesamtergebnisrechnung integriert) (Rz 58),
- **Eigenkapitalveränderungsrechnung** (Rz 92),
- **Kapitalflussrechnung** (→ § 3),
- **Anhangangaben** (→ § 5).

IAS 1 empfiehlt abweichend von älteren Versionen folgende Bezeichnungen:
- statt „**Bilanz**" *(balance sheet)* „Darstellung der Vermögenslage" *(statement of financial position)*,
- statt „**Kapitalflussrechnung**" *(cash flow statement)* „**Darstellung der Zahlungsströme**" *(statement of cash flows)*,
- statt „**Gesamtergebnisrechnung**" *(statement of comprehensive income)* „**Darstellung von Gewinn oder Verlust und sonstigem Gesamtergebnis**" *(statement of profit or loss and other comprehensive income)*.

Die Wahl **anderer**, z.B. der früheren Bezeichnungen ist aber ausdrücklich **erlaubt** (IAS 1.10).

Für **deutsche IFRS-Anwender**, die ihren Konzernabschluss als kapitalmarkt- **5** orientierte Unternehmen pflichtweise, als nicht börsennotierte Unternehmen wahlweise nach IFRS aufstellen, schreiben § 315a Abs. 1 und 3 HGB zusätzlich die Erstellung eines **Konzernlageberichts** vor. Dieser Abschlussbestandteil unterliegt nicht den IFRS-Regeln (IAS 1.13; → § 7 Rz 12).

2.2 Identifizierung der Abschlussbestandteile

Jeder Abschluss**bestandteil** ist unverwechselbar zu bezeichnen. Die folgenden **6** Angaben sind, da für das Verständnis notwendig, in jedem Abschlussbestandteil zu leisten (IAS 1.51):
- Name des berichtenden Unternehmens,
- Bilanzstichtag bzw. Berichtsperiode und
- Berichtswährung und Rundungseinheit (z.B. TEUR oder Mio. EUR).

Für die zusätzlich in IAS 1.51 geforderte Angabe, ob es sich um einen Konzern- oder Einzelabschluss handelt, reicht u.E. ein einmaliger Hinweis im Abschluss aus. Die Bezeichnung des Abschlusses oder des jeweiligen Abschlussbestandteiles kann bei **Non-Profit-Unternehmen** angepasst werden (IAS 1.5). Die Rechnungslegung einer gemeinnützigen, nicht kaufmännischen **Stiftung** könnte etwa als „Jahresrechnung", die Bilanz als „Vermögensrechnung" bezeichnet werden. Sinnvoll erscheint ein solches Vorgehen aber nicht, da die Verwendung besonderer Begriffe den Eindruck fehlender IFRS-Konformität erweckt.

2.3 Übereinstimmungserklärung *(compliance statement)*

Der Abschluss und seine Bestandteile müssen nicht schon in ihrer Überschrift **als** **7** **IFRS-konform identifiziert** werden. Die Bezeichnung „*Konzernabschluss der XY zum 31.12.01*" reicht bspw. aus. Die Bezeichnung „*IFRS-Konzernabschluss der XY zum 31.12.01*" ist weder notwendig noch üblich.

IAS 1.16 verlangt stattdessen eine ausdrückliche und vorbehaltslose Aussage im Anhang, dass der Abschluss in **Übereinstimmung** (*compliance*) mit den IFRS erstellt wurde. Zur Frage, welche Standards und sonstigen Verlautbarungen des IASB das verbindliche Regelwerk IFRS ausmachen, wird auf → § 1 Rz 51 verwiesen, zu den Folgen einer (fehlenden) *compliance*-Erklärung für die Frage, ob ein Unternehmen Erstanwender *(first-time adopter)* ist, auf → § 6 Rz 4.

Da auf der Basis der EU-IAS-Verordnung und ihrer Umsetzung in § 315a HGB (→ § 7 Rz 6) zur Erfüllung der gesetzlichen Rechnungspflichten IFRS insoweit anzuwenden sind, als die Standards von der **EU anerkannt** *(endorsed)* wurden, empfiehlt das ARC *(Accounting Regulatory Committee)* folgende Fassung des *compliance statement*: „Dieser Abschluss ist in Übereinstimmung mit den IFRS, soweit diese von der EU angenommen wurden, erstellt." *(„This financial statement is prepared in accordance with IFRSs as adopted by the EU."[1])*

2.4 Angabe von Vorjahreswerten

8   Die Angabe von Vorjahreswerten ist abweichend vom HGB für **alle Elemente** des Jahresabschlusses, insbesondere auch für den **Anhang** geboten (IAS 1.38). Hieraus ergibt sich etwa die Notwendigkeit, einen Anlagespiegel auch für das Vorjahr darzustellen (→ § 14 Rz 69) oder auch die Pflicht, Angaben zum *impairment*-Test (WACC, Wachstumsraten usw.; → § 11 Rz 230ff.) sowohl für das laufende wie für das Vorjahr zu leisten.

9   Für nicht quantitative Informationen *(„narrative information")* gilt IAS 1.38 im Allgemeinen nicht. Lediglich im Einzelfall kann es auch hier sinnvoll oder notwendig sein, beide Jahre in Beziehung zu setzen (IAS 1.38B).

> **Praxis-Beispiel**
> Ende 01 geht eine Klage gegen U ein. Das Risiko des Prozessverlusts wird als außerordentlich gering *(remote)* angesehen, daher wird weder eine Rückstellung passiviert noch eine Anhangangabe vorgenommen (→ § 21 Rz 119). Ende 02 wird das Risiko immer noch als gering, aber nicht mehr als *remote* angesehen, daher wird im Anhang über das Risiko berichtet (→ § 21 Rz 178). Sinnvollerweise wird dabei darauf verwiesen, dass die Klage schon zum vorherigen Stichtag anhängig war, das Risiko aber damals noch als außerordentlich gering eingestuft werden konnte.

10   Es gilt für die Rechenwerke des Abschlusses der Grundsatz der Ausweis- bzw. Darstellungsstetigkeit (IAS 1.45). Wird in begründeten Fällen (Rz 17) die Darstellung des Abschlusses geändert, sind auch die Vorjahresbeträge **neu zu gliedern** (IAS 1.41), außer wenn dies *impracticable*, d.h. mit vertretbarem Aufwand nicht durchführbar wäre. In den Fällen, in denen sich die Umgliederung auf die **Bilanz** bezieht, ist ergänzend zu der sonst geforderten Darstellung von zwei Bilanzstichtagen (aktuelles Jahr und Vorjahr) als drittes auch die **Eröffnungsbilanz** des Vorjahres darzustellen (IAS 1.10f. und IAS 1.40ARz 19).

11   Informationen für mehr als ein Vorjahr können selektiv präsentiert werden. So ist die Aufnahme **nur** der Gesamtergebnisrechnung/GuV des Vorvorjahres samt der

---

[1]   Sitzung vom 30.11.2005.

darauf bezogenen Anhangangaben in den Jahresabschluss zulässig; eine Wiedergabe von Bilanz, Kapitalflussrechnung etc. für das Vorvorjahr darf dann unterlassen werden (IAS 1.38D).

IAS 1.38 ff. behandelt nur Einschränkungen der Vergleichbarkeit durch Änderungen auf der **Abbildungsebene** (Bilanz usw.). Die Vergleichbarkeit kann aber auch durch Veränderungen auf der **Sachverhaltsebene** leiden. Hierzu folgendes Beispiel: 12

> **Praxis-Beispiel**
> Anfang 02 wird ein bedeutendes Tochterunternehmen erworben. Seine Einbeziehung in den Konzernabschluss führt zu gravierenden Änderungen in Umsatz, Materialaufwand usw.
> Die Veränderungen zum Vorjahreswert (Umsatzwachstum usw.) sind unter diesen Umständen wenig aussagekräftig.
> Eine Anpassung der Vorjahresbeträge ist jedoch nicht geboten, da derartige Fälle nicht in den Anwendungsbereich von IAS 1.41 fallen. Gegen zusätzliche Informationen (Pro-forma-Zahlen des Vorjahres) ist hingegen nichts einzuwenden. Sie werden im konkreten Fall der Änderung des Konsolidierungskreises z.B. durch IFRS 3 angeregt (→ § 31 Rz 223).

2.5 Länge der Berichtsperiode, Änderung des Geschäftsjahres

Nach IAS 1.36 Satz 1 beträgt der **regelmäßige Berichtszeitraum zwölf Monate**.   13
Unter *materiality*-Vorbehalt kann er mit Rücksicht auf Branchenusancen nach IAS 1.50 im Einzelfall auch 52 Wochen umfassen.

Für den Fall einer **Änderung des Geschäftsjahres** trifft IAS 1.36 Satz 2 folgende Regelungen:

„Wenn sich der Bilanzstichtag eines Unternehmens ändert und der Abschluss für einen Zeitraum aufgestellt wird, der länger oder kürzer als ein Jahr ist, hat ein Unternehmen zusätzlich zur Berichtsperiode, auf die sich der Abschluss bezieht, anzugeben:

(a) den Grund für die Verwendung einer längeren bzw. kürzeren Berichtsperiode und

(b) die Tatsache, dass Vergleichsbeträge ... nicht vollständig vergleichbar sind."

Im Vordergrund steht die Regelung der Rechtsfolgen (Anhangangaben) einer Umstellung des Geschäftsjahres. Diese Rechtsfolgenregelung erfolgt unter der Prämisse, dass durch die Umstellung des Geschäftsjahres eine **Übergangsperiode** entsteht, deren Dauer

* **weniger** als zwölf Monate (Rumpfgeschäftsjahr) oder
* **mehr** als zwölf Monate (extralanges Geschäftsjahr)

betragen kann. Eine Präferenz für eine der beiden Alternativen ist nicht zu erkennen. Für einen „reinen", nicht der Erfüllung gesellschaftsrechtlicher Vorgaben oder nationaler Publizitätspflichten dienenden IFRS-Abschluss ergibt sich somit bei Änderung des Bilanzstichtags ein **Wahlrecht** zwischen Rumpf- und extralangem Geschäftsjahr.

Bei in Erfüllung **nationaler** Aufstellungs- bzw. Publizitätspflichten erstellten Abschlüssen kann dieses Wahlrecht **eingeschränkt** sein. Für eine in der EU ansässige Gesellschaft ist etwa folgende Arbeitsteilung zu beachten (→ § 32 Rz 89 f.):   14

- **Ob** die Gesellschaft zur Erstellung eines Konzern- oder Einzelabschlusses verpflichtet ist, bestimmt sich nach dem **einzelstaatlichen Recht**, das infolge der EU-Richtlinie erlassen wurde.
- **Wie** er zu erstellen ist, ergibt sich hingegen aus den **IFRS**, wenn diese pflichtweise (kapitalmarktorientierte Konzerne) oder freiwillig (sonstige Konzerne, je nach EU-Land auch Einzelabschlüsse) anzuwenden sind.

Die IFRS bestimmen dann nur den **Modus**, in dem eine nach nationalem Recht gegebene Rechnungslegungspflicht zu erfüllen ist. Sie werden zum Substitut für einen sonst nach nationalem Recht zu erstellenden Abschluss nach nationalem Recht. Aus dieser **Substitutionsrolle der IFRS** ergibt sich im deutschen Fall Folgendes:

- Die **Beschränkung** des Berichtszeitraums auf maximal zwölf Monate ist nicht nur als ein die Konzernrechnungslegungspflicht betreffender GoB anerkannt.[2] Sie ergibt sich i. V. m. § 240 Abs. 2 Satz 2 HGB auch aus der Pflicht, den Konzernabschluss auf den Stichtag des Jahresabschlusses des Mutterunternehmens aufzustellen (§ 299 Abs. 1 HGB).
- Würde nun bei der Umstellung eines bisher kalendergleichen Geschäftsjahres auf ein z. B. jeweils von Juli bis Juni laufendes auf die Bildung eines Rumpfgeschäftsjahres verzichtet und stattdessen der Übergang durch einen 18 Monate umfassenden Berichtszeitraum abgebildet, entspräche dies zwar den IFRS, nicht aber dem Handelsrecht.
- Die handelsrechtlich vor Beginn des neuen Turnus bestehende Pflicht zur Konzernrechnungslegung auf den 31.12. bliebe in diesem Fall unerfüllt.
- Der geforderten Arbeitsteilung zwischen Handelsrecht (Konzernrechnungslegungspflicht) und IFRS (Modus der Erfüllung) würde in diesem Fall nicht Genüge getan, da ein für den 18-monatigen Berichtszeitraum 1.1.X0 bis 30.6.X1 erstellter IFRS-Konzernabschluss **kein Substitut** für einen zum 31.12.X0 zu erstellenden handelsrechtlichen Konzernabschluss darstellen kann.

Wegen der **Überlagerung** der IFRS durch das deutsche Recht ist daher bei Änderung des Bilanzstichtags die Bildung eines **Rumpfgeschäftsjahres** geboten.

Praxis-Beispiel

Die X als Mutterunternehmen des X-Konzerns beschließt am 1.11.01 mit Wirkung ab 02/03 an die Stelle des bisherigen kalendergleichen Geschäftsjahres ein vom 1.7. bis 30.6. laufendes Geschäftsjahr zu setzen. Die X ist konzernrechnungslegungspflichtig, jedoch nicht kapitalmarktorientiert. Die Rechnungslegungspflicht wird nach § 315a Abs. 3 HGB auf IFRS-Basis erfüllt. Die X möchte unter Berufung auf IAS 1.36 auf die Bildung eines Rumpfgeschäftsjahres verzichten, stattdessen einen Konzernabschluss für den 18-monatigen Zeitraum 1.1.01 bis 30.6.02 vorlegen.

Beurteilung

Der X-Konzern hat zu jedem Bilanzstichtag zu entscheiden, ob er eine durch das Handelsrecht gegebene Konzernrechnungslegungspflicht nach HGB oder wahlweise nach IFRS erfüllt. Erst der nach IFRS aufgestellte Konzernabschluss befreit von der Aufstellung eines handelsrechtlichen Konzernabschlusses.

---

[2] Vgl. ADS, Rechnungslegung und Prüfung der Unternehmen, 6. Aufl., 2001 ff., § 299 HGB, Tz. 15.

Würde nun auf den 31.12.01 kein IFRS-Konzernabschluss erstellt, träte die Befreiungswirkung nicht ein. Das Unternehmen bliebe in der Pflicht der Erstellung eines handelsrechtlichen Konzernabschlusses gleichen Datums. Ist dies nicht gewollt oder unter dem Gesichtspunkt der Bilanzierungskontinuität nicht zulässig, muss stattdessen ein IFRS-Konzernabschluss auf den 31.12.01 und sodann für das Rumpfgeschäftsjahr 1.1. bis 30.6.02 aufgestellt werden.

Das vorstehende Ergebnis ist Folge der handelsrechtlichen Beschränkung des Berichtszeitraums auf maximal zwölf Monate. In einigen **angelsächsisch** geprägten Ländern sieht das nationale Recht keine solche Beschränkung vor, sondern präferiert bei Umstellung des Geschäftsjahres eher ein extralanges Übergangsjahr, dem dann auch nach IFRS gefolgt werden kann. **15**

In **Österreich** ist die Lage nicht ganz eindeutig. Für den handelsrechtlichen Konzernabschluss sieht § 251 Abs. 1 UGB durch Verweis auf § 193 Abs. 3 UGB eine Beschränkung auf zwölf Monate vor. In § 245a UGB, dem Pendant zum deutschen § 315a HGB, fehlt der Verweis auf § 193 Abs. 3 UGB. Ob aus diesem Fehlen der Schluss zu ziehen ist, dass für einen IFRS-Konzernabschluss die Zwölf-Monats-Beschränkung nicht gilt, hängt von der Interpretation von § 193 Abs. 3 UGB ab.

- Sieht man hierin nur die Deklaration eines ohnehin geltenden GoB, bleibt der fehlende Verweis in § 245a UGB ohne Bedeutung; wie in Deutschland würde eine Beschränkung auf zwölf Monate gelten.
- Spricht man der gesetzlichen Regelung konstitutiven Charakter zu, spricht der fehlende Verweis in § 245a UGB für eine Anwendung der „reinen" IFRS.

3 Grundregeln der Gliederung der Abschlussbestandteile

3.1 Überblick

Für die Aufbereitung der Abschlussbestandteile gelten folgende gemeinsame **Regeln:** **16**
- **Darstellungsstetigkeit** (IAS 1.45; Rz 17),
- **Zusammenfassung** und **Untergliederung** von Posten nach Maßgabe der Wesentlichkeit (IAS 1.29; Rz 21),
- (eingeschränktes) **Saldierungsverbot** (IAS 1.32; Rz 23).

3.2 Darstellungsstetigkeit

Ähnlich wie im Handelsrecht (§ 265 Abs. 1 HGB) gilt für den IFRS-Abschluss ein mit Ausnahmen versehener Grundsatz der Darstellungs- bzw. Ausweisstetigkeit: Die Darstellung und der Ausweis von Posten sind gem. IAS 1.45 beizubehalten. Eine **Abweichung** von der vorjährigen Gliederung ist nur dann **zulässig, wenn** entweder **17**
- ein IAS/IFRS eine geänderte Darstellung fordert (IAS 1.45(b)) oder
- die geänderte Darstellung, insbesondere aufgrund veränderter operativer Sachverhalte, eine **angemessenere Präsentation** verspricht (IAS 1.45(a)).

Zur Konkretisierung dieser Kriterien wird auf → § 24 Rz 23 ff. verwiesen.

Der Grundsatz der Darstellungsstetigkeit kann auf **verschiedene Ebenen** bezogen werden. Am Beispiel der **Bilanz** wäre Folgendes zu beachten: **18**

- Auf der **obersten Ebene** dürfte nicht unbegründet zwischen einer **Bilanzgliederung nach Fristigkeit** (lang- vs. kurzfristige Vermögenswerte bzw. Schulden) und einer nach **Liquiditätsnähe** gewechselt werden (Rz 30 ff.).
- Auf der **mittleren Ebene** dürften z. B. nicht unbegründet in einem Jahr technische und sonstige Anlagen in **einem** Posten und im anderen Jahr unter **verschiedenen** Posten dargestellt werden.
- Auf der **unteren Ebene** wäre ein unbegründeter Ausweis von Transportfahrzeugen in einem Jahr als technische und im anderen Jahr als sonstige Anlagen unzulässig.

19   Bei zulässigem (begründetem) Wechsel sind auch **die Vergleichsinformationen (Vorjahre) anzupassen** (IAS 1.41). In den Fällen einer Umgliederung der **Bilanz** ist nach IAS 1.40A ergänzend zu der sonst geforderten Darstellung für zwei Bilanzstichtage (aktuelles Jahr und Vorjahr) als drittes Element auch die **Eröffnungsbilanz** des Vorjahres anzugeben (Rz 10). Dies gilt auch dann, wenn die Darstellung nicht freiwillig, sondern als Folge neuer oder ergänzter, pflichtweise retrospektiv anzuwendender Standards geändert wird. Präsentiert das Unternehmen mehr als eine Vergleichsperiode, ist gleichwohl die Eröffnungsbilanz des Vorjahres und nicht die des frühesten präsentierten Jahres anzupassen (IAS 1.10(f) und IAS 1.40D).

Eine Verpflichtung zur Veröffentlichung einer dritten Bilanz besteht nur, wenn ein *change in accounting policy* (oder eine Fehlerkorrektur) unmittelbar die Darstellung innerhalb der Bilanz (Ansatz, Bewertung oder Ausweis) betrifft (IAS 1.40A).

Bei einer Bilanzänderung oder Korrektur stellt sich die Frage, welche Anhangangaben zu den geänderten Posten zu leisten sind. U. E. sind die Angaben gefordert, welche die Bilanzposten disaggregieren, also etwa den Posten „Vorräte" nach seiner Zusammensetzung erläutern. Sonstige Angaben, die auf Bilanzposten bezogen sind, etwa eine Aufschlüsselung der Fälligkeit von Verbindlichkeiten nach IFRS 7 (→ § 28 Rz 525) oder des Gesamtvermögens nach Segmenten gem. IFRS 8 (→ § 36 Rz 63), sind hingegen nicht erforderlich (IAS 1.40C).

20   Für den **Anhang** hat die Darstellungsstetigkeit hauptsächlich auf der obersten Ebene (Struktur des Anhangs) Bedeutung. Die nächsten Ebenen folgen entweder den Rechenwerken (Bilanz, GuV usw.) oder haben ohnehin individuellen Gehalt und entziehen sich damit der Stetigkeitsanforderung.

Das Gebot der Darstellungsstetigkeit wandelt sich ausnahmsweise in ein Gebot einer **geänderten** Darstellung, wenn sich die Verhältnisse auf der Sachverhaltsebene so grundlegend gewandelt haben, dass eine Anpassung auf der Abbildungsebene notwendig ist (IAS 1.46).

Praxis-Beispiel
Die Stadtwerke AG hat ihren Bereich Personenbeförderung mit Beschluss vom 1.12.02 und Wirkung ab 30.12.02 abgespalten. In den Vorjahren wurde in der Bilanz bei den Sachanlagen zwischen Fahrzeugen, Gebäuden und sonstigen Sachanlagen unterschieden, in der GuV zwischen Erlösen aus Energieversorgung, Transporterlösen und sonstigen Erlösen.
Mit der Abspaltung des Personenbeförderungsbereichs sinkt das Volumen der Positionen Fahrzeuge bzw. Transporterlöse unter das anderer in den sonstigen Sachanlagen bzw. Erlösen subsumierten Gruppen. Ein separater

---

Ausweis wäre daher irreführend. Die Posten „Fahrzeuge" bzw. „Transport-erlöse" sind in die sonstigen Sachanlagen bzw. Erlöse einzubeziehen, die Vorjahresbilanz ist entsprechend umzuklassifizieren.
Im Abgangsjahr sind die Ergebnisse aus dem abgehenden Bereich als Ergebnis aus *discontinued operations* zu erfassen (→ § 29).

3.3 Zusammenfassung und Untergliederung von Posten

Ihrer Art oder Funktion nach **unterschiedliche Gruppen von Geschäftsvor-fällen** sind im Abschluss **gesondert** darzustellen, soweit sie wesentlich sind (IAS 1.29). Unwesentliche Beträge können auch dann zusammengefasst werden, wenn sie art- oder funktionsverschieden sind. Die Wesentlichkeit ist abgestuft zu beurteilen (→ § 1 Rz 59ff.). Ein Betrag, der zu gering ist, um in der **Bilanz** oder der GuV separat ausgewiesen zu werden, kann noch wesentlich genug sein, um im **Anhang** gesondert erläutert zu werden (IAS 1.30). **21**

Das **Wesentlichkeitsurteil** ist auf die Verhältnisse des Einzelfalls gerichtet und daher notwendig stark **ermessensbehaftet** (→ § 1 Rz 61). Eine Selbstbindung dieses Ermessens durch Quantifizierung, z. B. durch Festlegung einer 5-%-Grenze im konzerneinheitlichen Bilanzierungshandbuch, ist nur eingeschränkt möglich, da je nach Art des betroffenen Geschäftsvorfalls auch ein höherer oder niedrigerer Wert angezeigt sein kann. **22**

Praxis-Beispiel
Das Bilanzierungshandbuch der U gibt die Gliederung des Umlaufvermögens in Vorräte, Kundenforderungen, Zahlungsmittel und sonstige Vermögens-werte vor. Unterpositionen, die weniger als 10 % der sonstigen Vermögens-werte ausmachen, sollen auch im Anhang nicht weiter aufgeschlüsselt werden. Die U hat unbedingte *(Forwards)* und bedingte Termingeschäfte (Optionen) abgeschlossen, deren Stichtagswert *(fair value)* jeweils 8 % der Position „sonstige Vermögenswerte" beträgt.
Die U sieht im Hinblick auf die Unterschiedlichkeit bedingter und unbe-dingter Termingeschäfte eine Zusammenfassung beider Posten nicht als ge-boten an und verzichtet, da jede Position für sich die 10-%-Grenze unter-schreitet, auf eine Aufschlüsselung im Anhang.

Beurteilung
Die Auffassung, bedingte und unbedingte Termingeschäfte seien separat zu würdigen, ist ebenso vertretbar wie die Gegenauffassung.
Der Bilanzansatz eines Termingeschäfts zum *fair value* sagt indes nur wenig über maximale Gewinnchancen und Verlustrisiken aus. Im Risikoteil des Anhangs sind daher nach IFRS 7 entsprechende Angaben gefordert. Die darin zum Ausdruck kommende besondere Bedeutung von Derivaten wirkt u. E. auf den Erläuterungsteils des Anhangs zurück. Es wäre unangemessen, die Finanzderivate in der Anhangerläuterung der sonstigen Vermögenswerte nicht zu erwähnen und dem durchschnittlich kundigen *(average prudent)* Bilanzadressaten Informationen über die Existenz der Derivate lediglich im Risikoteil zu bieten.

3.4   Saldierung von Posten

23   Die **Saldierung** von Vermögenswerten und Schulden bzw. Erträgen und Aufwendungen ist nur **ausnahmsweise** erlaubt, wenn eine entsprechende Regelung in einem Einzelstandard getroffen wird (IAS 1.32). Derartige Regelungen sind außerhalb von IAS 1 enthalten in:

- IAS 12 für **Steuer**ansprüche und -schulden (→ § 26 Rz 236),
- IAS 20 für **Investitionszuwendungen** bei Kürzung der Anschaffungs- oder Herstellungskosten (→ § 12 Rz 30),
- IAS 32.42 für aufrechnungsfähige **Forderungen und Verbindlichkeiten** (→ § 28 Rz 491).

Indirekt ist eine Saldierung durch IFRS 15.105 vorgeschrieben, indem je nach Verhältnis von erhaltener Kundenzahlung und ausstehender Leistungsverpflichtung des Unternehmens ein vertraglicher Vermögenswert oder eine vertragliche Schuld (*contract asset or liability*) auszuweisen ist (→ § 25 Rz 235).

24   In der **GuV** können bzw. sollen gem. IAS 1.34 und IAS 1.35 saldiert werden:

- Erlöse mit Erlös**minderungen** (→ § 25 Rz 116),
- Erlöse aus dem **Abgang von Anlagevermögen** mit dem Restbuchwert (wegen einer spezifischen Ausnahme vgl. Rz 67),
- Aufwendungen aus rückstellungspflichtigen Geschäftsvorfällen mit Erträgen aus korrespondierenden **Erstattungsansprüchen** gegenüber **Versicherungen,** Subunternehmern usw. (→ § 21 Rz 166).

Nach IAS 1.35 sind außerdem, soweit nicht wesentlich, saldierungsfähige Gewinne und Verluste aus **ähnlichen Aktivitäten**, z.B.

- Wechsel**kursgewinne** mit Wechselkursverlusten,
- Gewinne aus der **Zeitbewertung** von Handelswerten mit entsprechenden Verlusten,
- Verluste aus dem **Abgang von Anlagevermögen** mit entsprechenden Gewinnen,
- Aufwendungen aus der Bildung von **Wertberichtigungen** auf Forderungen mit Erträgen aus der Auflösung von Wertberichtigungen,
- Zuführungen zu **Rückstellungen** mit Auflösungen,

saldiert auszuweisen.

25   **Klärungsbedürftig** ist der in IAS 1.35 enthaltene **besondere Vorbehalt der Wesentlichkeit.** IAS 8.8 stellt sämtliche Vorschriften des Regelwerks unter den *materiality*-Vorbehalt (→ § 1 Rz 59 ff.). Einer besonderen „Erlaubnis" zur Saldierung unwesentlicher Geschäftsvorfälle bedürfte es insoweit nicht. Wenn IAS 1.35 dennoch die Saldierungsfähigkeit unwesentlicher Vorfälle betont, macht dies unter folgender Lesart Sinn:

- Elementares Gliederungsprinzip der Bilanz und GuV ist die Unterscheidung von Positionen **unterschiedlichen Vorzeichens,** d.h. der Vermögenswerte gegenüber den Schulden, der Erträge gegenüber den Aufwendungen. Die Aggregierung von Posten gleichen Vorzeichens ändert an der Bilanzsumme, an der Höhe der Erträge bzw. Erlöse und an darauf bezogenen **Kennziffern** (Eigenkapitalquote, Umsatzrendite etc.) nichts.
- Eine Saldierung von Vermögenswerten mit Schulden oder von Aufwendungen mit Erträgen **berührt** hingegen die Kerngrößen des Abschlusses und die darauf bezogenen **Kennziffern.**

- Es versteht sich daher nicht von selbst, dass unter ähnlichen Wesentlichkeitsanforderungen, nach denen eine Aggregierung von Geschäftsvorfällen gleichen Vorzeichens zulässig ist, auch eine Saldierung von Vorfällen **unterschiedlichen** Vorzeichens infrage kommt. Es bedarf hierzu einer **besonderen** Vorschrift, die in IAS 1.35 enthalten ist.

Die erweiterte Saldierungsmöglichkeit verdient auch wegen der **Abweichung** vom allgemeinen Handelsrecht[3] besondere Beachtung. Sie öffnet bilanzpolitische **Kompensations**möglichkeiten. Unklar ist, wie weit diese Möglichkeiten reichen, ob etwa Währungsverluste gegenüber dem Yen mit Währungsgewinnen gegenüber dem Dollar saldiert werden können.

An derartigen **Unklarheiten** leidet das Saldierungsverbot allerdings in Bezug auf die **gesamte** GuV. Die in der *Guidance on Implementing IAS 1* enthaltene Beispiel-GuV enthält u. a. folgende Posten:

- **Bestandsänderungen** fertige und unfertige Erzeugnisse: Eine Saldierung von Bestandserhöhungen bei fertigen Erzeugnissen (Ertrag) mit Bestandsminderungen bei unfertigen Erzeugnissen (Aufwand) ist danach zulässig.
- Für den Posten **Steueraufwand** *(income tax expense*; IAS 1.82(d)) und das
- **Ergebnis aus** *equity*-**Beteiligungen** (IAS 1.82(c)) ist u. E. eine Saldierung ebenfalls zulässig.
- **Finanzergebnis** *(finance cost)*: Die herrschende Meinung interpretierte diesen nach IAS 1.82(b) geforderten Posten in der Vergangenheit als eine Saldogröße, die u. a. Zinsaufwendungen mit Zinserträgen saldiert. Hieran kann nach Änderung von IFRS 7 nicht mehr festgehalten werden (Rz 80).

In Bezug auf die GuV ist im Übrigen die genaue **Reichweite des Saldierungsverbots unbestimmt**. Wegen der Saldierung für Ergebnisse aus der *fair-value*-Bewertung von **Anlageimmobilien** vgl. → § 16 Rz 130.

Die Saldierung von Posten der **Kapitalflussrechnung** wird nicht in IAS 1, sondern in IAS 7.22 geregelt (→ § 3 Rz 40). **26**

Keine Saldierung stellt dar und ist damit nicht nur zulässig, sondern u. E. geboten, die „Verrechnung" von **27**

- Forderungskonten mit korrespondierenden **Wertberichtigungs**konten (IAS 1.33),
- zu Anschaffungs-/Herstellungskosten geführten Konten des **Vorrats**vermögens mit Konten, auf denen die **aufgelaufene außerplanmäßige Abschreibung** festgehalten ist (IAS 1.33).

Ein **offenes Absetzen** erhaltener Anzahlungen vom Vorratsvermögen analog § 268 Abs. 5 Satz 2 HGB soll nach v. a. in der deutschen IFRS-Auslegung vertretener Auffassung kein *offsetting* (Tatbestandsseite) und damit zulässig (Rechtsfolge) sein.[4] Die angenommene Rechtsfolge steht – unabhängig von der Interpretation der Tatbestandsseite bzw. des Saldierungsbegriffs – im Widerspruch zu den Gliederungsvorschriften des IAS 1.60: Danach hat ein (nicht als Finanzinstitution tätiges) Unternehmen „kurzfristige und langfristige Vermögenswerte sowie kurzfristige und langfristige Schulden als getrennte Gliederungsgruppen in der Bilanz darzustellen". Ein offenes Absetzen widerspricht dieser **zwingenden Gliederungs-** **28**

---

[3] Für Kreditinstitute handelsrechtlich allerdings ebenfalls Saldierungsmöglichkeiten und sog. Überkreuzkompensationen nach § 340c HGB.
[4] Küting/Reuter, KoR 2006, S. 1 ff.

vorschrift. Es würde kurzfristige Schulden (erhaltene Anzahlungen) mit den Vorräten in einer Gruppe zusammenfassen, somit kurzfristige Vermögenswerte und kurzfristige Schulden nicht mehr wie verlangt in getrennten Gliederungsgruppen ausweisen. Nicht (notwendig) aus Sicht des Saldierungsverbots, dafür aber aus Sicht der Gliederungsgebote der IAS 1.60ff. ist daher ein offenes Absetzen **unzulässig.**[5]

29   Die Regelungen von IFRS 15.105ff. sehen für Verträge mit Kunden folgende Differenzierung vor:
- Als Forderungen (*receivables*) sind nicht nur solche aus erbrachten Leistungen, sondern auch solche aus vertraglich vereinbarten und fälligen Anzahlungen auszuweisen.
- Die Differenz zwischen ausstehender Leistungsverpflichtung des Unternehmens und erhaltener oder fälliger Anzahlung ist je nach Vorzeichen als *contract asset* oder *liability* auszuweisen (→ § 25 Rz 235).

4   Gliederung der Bilanz

4.1   Gliederung nach Fristigkeit oder nach Liquiditätsnähe

30   IAS 1.60 unterscheidet zwei Arten der Bilanzgliederung nach:
- **Fristigkeit** oder
- **Liquidität**snähe

der Vermögenswerte und Schulden.

31   Die Gliederung nach **Liquiditätsnähe** ist der **Ausnahmefall** *(exception).* Die Beanspruchung des Ausnahmestatus ist an den Nachweis des besseren Informationsgehalts gebunden.

Einen besseren Informationsgehalt erkennt der IASB bei **Banken** und ähnlichen Finanzinstituten (Rz 102ff.) hingegen regelmäßig nicht bei Unternehmen, die Waren oder Dienste innerhalb eines klar identifizierbaren Geschäftszyklus (*operation cycle)* anbieten (IAS 1.63). Gem. RIC 1.23 steht neben Banken auch Versicherungen sowie Investment-/Beteiligungsgesellschaften, deren Vermögenswerte und Schulden nahezu vollständig aus Finanzinstrumenten bestehen, die Gliederung nach Liquiditätsnähe offen.

32   Für Unternehmen **anderer Dienstleistungssektoren, Handelsunternehmen** und **produzierende Unternehmen** ist eine **Fristigkeitsgliederung** geboten.

Eine **Mischung** von Liquiditäts- und Fristengliederung (*mixed basis of presentation)* ist zulässig, wenn zum Konsolidierungskreis sowohl Finanzinstitute als auch Produktions- oder Handelsunternehmen gehören (IAS 1.64).

4.2   Kriterien der Kurz- und Langfristigkeit

33   Die Unterscheidung in Kurz- und Langfristigkeit der Vermögenswerte und Schulden verlangt zunächst nach einer **Definition der Kurzfristigkeit.** Für die **Aktivseite** wird diese in IAS 1.66 wie folgt gegeben:

Ein Vermögenswert ist kurzfristig, wenn er
(a) ein **Zahlungsmittel** oder Zahlungsmitteläquivalent ist oder
(b) zum Verkauf oder Verbrauch innerhalb des normalen Verlaufs des *operation cycle* (**Geschäftszyklus**) bestimmt ist oder

---

[5]   Zu Einzelheiten LÜDENBACH, PiR 2006, S. 28ff.

(c) für **Handelszwecke** *(trading purposes)* gehalten wird oder
(d) seine Realisation innerhalb von **zwölf Monaten** nach dem Bilanzstichtag zu erwarten ist.
Das Verhältnis der vier Möglichkeiten ist teils durch **Überlappungen**, teils durch **Vorrangigkeiten** gekennzeichnet: 34

(a) **Zahlungsmittel und (d) Zwölf-Monats-Regel:** Als **Zahlungsmitteläquivalente** sind i. d. R. nur solche Finanzwerte anzusehen, die eine ursprüngliche Laufzeit von **maximal drei Monaten** haben, also z. B. monatliche oder quartalsmäßig fällige Festgelder, Geldmarktfondsanteile ohne längere Kündigungsfristen usw. (IAS 7.7). Bei mehr als dreimonatiger ursprünglicher Laufzeit, aber unter zwölfmonatiger Restlaufzeit liegt Kurzfristigkeit i. S. v. (d) vor. Zahlungsmittel oder Zahlungsmitteläquivalente, deren Verfügbarkeit z. B. aufgrund von Verpfändungen über zwölf oder mehr Monate **beschränkt** ist, gelten als langfristig (IAS 1.66(d)). 35

(b) **Geschäftszyklus und (d) Zwölf-Monats-Regel:** Entscheidend für das Verhältnis dieser beiden Alternativen ist der Begriff des Geschäftszyklus. Er erfasst am Beispiel eines Produktionsunternehmens den Zeitraum zwischen dem Erwerb von Materialien, die in die Herstellung eingehen, und deren Realisation in Geld durch Veräußerung der Erzeugnisse. Insbesondere in Fällen **langfristiger Fertigung**, z. B. bei Bauunternehmen, kann dieser Zyklus mehr als zwölf Monate betragen. Aber auch bei „normaler" Fertigung kann die Verbrauchszeit von Vorräten und die Laufzeit von Forderungen aus Lieferung und Leistung über den Zwölf-Monats-Zeitraum hinausreichen. Da die Vorräte bzw. Kundenforderungen aber gerade den *operation cycle* markieren, greift die Zwölf-Monats-Regel in diesen Fällen u. E. nicht. 36

- **Vorräte** und **Kundenforderungen** gelten folgerichtig auch dann als kurzfristig, wenn die Realisationsperiode **mehr als zwölf Monate** beträgt (IAS 1.68). Sie werden daher in der Bilanz insgesamt als kurzfristig ausgewiesen. Im **Anhang** ist jedoch offenzulegen, für welche Teile der Vorräte und Forderungen eine Realisierung erst nach zwölf Monaten erwartet wird (IAS 1.61 und IAS 1.65). Sind die Forderungen gestundet oder haben sie von Anfang an eine ungewöhnlich lange Laufzeit, kommt ein Ausweis unter den kurzfristigen Vermögenswerten nicht infrage.
- In allen **anderen** relevanten Fällen gelangt hingegen die **Zwölf-Monats-Regel** zur Anwendung. Soweit Wertpapiere keine Laufzeit (Aktien) oder zwar eine Laufzeit (Renten) haben, aber nicht bis zur Fälligkeit gehalten werden sollen, ist darauf abzustellen, ob die Realisation innerhalb von zwölf Monaten nach dem Bilanzstichtag erwartet wird.

IAS 1.66(a) spricht im Singular von „dem Geschäftszyklus" des Unternehmens. Fraglich könnte daher sein, ob in einem Unternehmen bzw. Konzern mit verschiedenen Geschäftsfeldern und demgemäß mit einer **Mehrzahl** von Geschäftszyklen zwingend die Zwölf-Monats-Regel anzuwenden und demgemäß etwa Teile der Vorräte als langfristig auszuweisen sind. Der deutsche RIC hat zur Klärung eine entsprechende Anfrage an den IFRIC gerichtet, die dieser im Wege einer Non-Interpretation (→ § 1 Rz 53) beantwortet hat: Danach ist IAS 1.66(a) (und analog IAS 1.69(a) für Schulden) auch bei einer Mehrzahl von Geschäftszyklen anzuwenden; der sich erst binnen mehr als zwölf Monaten umschlagende Teil des Vorratsvermögens ist daher bspw. nicht als langfristig auszuweisen.[6]

---

6 IFRIC Update June 2005.

(c) Handelszwecke und (d) Zwölf-Monats-Regel: Handelswerte *(held-for-trading assets* bzw. *liabilities)* i.S.v. IAS 39 bzw. IFRS 9 (→ § 28 Rz 157, → § 28 Rz 196) waren nach früherem Wortlaut von IAS 1 als kurzfristig einzustufen. Eine solche Klassifizierung war insbesondere bei langlaufenden Derivate-Kontrakten dann nicht sachgerecht, wenn sie ökonomisch der Absicherung langfristiger Positionen (z.B. Absicherung eines lang laufenden Kredits durch einen Zinsswap) dienen, mangels Erfüllung der Voraussetzungen eines *hedge accounting* daher als *held-for-trading* zu klassifizieren sind. Das *Annual Improvements Project* 2008 hat diesen Mangel beseitigt. Nach den geänderten Fassungen von IAS 1.68 und IAS 1.71 sind nur noch manche *(some) held-for-trading assets* oder *liabilities* als kurzfristig einzuordnen, ein langlaufendes, ökonomisch der Sicherung dienendes Derivat hingegen nicht bzw. nicht in vollem Umfang (Rz 38).

Bei **ausgereichten Annuitäten- oder Ratendarlehen** und ähnlichen Finanzanlagen ist eine **Separierung des kurzfristigen Teils** (Fälligkeit in den nächsten zwölf Monaten) gegenüber dem langfristigen Teil geboten. Der kurzfristige Teil *(current portion)* wird unter kurzfristigen Vermögenswerten ausgewiesen.

37   **Schulden** sind gem. IAS 1.69 als kurzfristig zu klassifizieren, wenn bzw. insoweit sie
- innerhalb des gewöhnlichen Verlaufs des *operation cycle* oder
- innerhalb von **zwölf Monaten** nach dem Bilanzstichtag fällig sind oder aufgrund von dem Unternehmen nicht kontrollierter Umstände und Handlungen (z.B. ordentliche Kündigung durch Vertragspartner) fällig werden können;
- sie (z.B. als Derivat) für **Handelszwecke** gehalten werden.

Auch auf der **Passivseite** gilt als **Grundregel** die **Zwölf-Monats-Frist**. Wichtige **Ausnahmen** sind **Verbindlichkeiten aus Lieferungen und Leistungen** sowie **Rückstellungen** für operative Kosten, z.B. Gewährleistungsrückstellungen oder Urlaubsrückstellungen. Sie werden nach dem Geschäftszyklus und somit unabhängig von den zwölf Monaten beurteilt (IAS 1.70). Entsprechend den Regelungen für die operativen Vermögenswerte (vgl. Rz 36) ist jedoch auch für die operativen Schulden eine Aufteilung in den innerhalb von zwölf Monaten fälligen Teil sowie den erst danach fälligen Teil im Anhang geboten (IAS 1.61).

38   Wie bei Finanzanlagen (Rz 36) ist bei **Darlehensverbindlichkeiten** gem. IAS 1.71 eine **Aufspaltung** in den Tilgungsanteil der nächsten zwölf Monate *(current portion of non-current liability)*, auszuweisen als kurzfristige Verbindlichkeit, und den später zu tilgenden Teil des Darlehens *(non-current portion)* vorzunehmen. Offen ist, ob diese Aufteilungspflicht auch für derivative Kontrakte gilt.

Praxis-Beispiel

Zur Sicherung eines variabel verzinslichen Darlehens mit einer Laufzeit von fünf Jahren und jährlichen Zinszahlungen wird ein fristengleicher Zinsswap (zahle fix, erhalte variabel) abgeschlossen. Der Swap hat am Bilanzstichtag einen negativen *fair value*.

Fraglich ist, ob die derivative Verbindlichkeit insgesamt als langfristig ausgewiesen werden kann oder ob eine Aufteilung des bilanzierten *fair value* auf den in zwölf Monaten fälligen Zinstausch einerseits und die späteren Termine andererseits vorzunehmen ist.

Für eine Aufteilung spricht die allgemeine Vorgabe von IAS 1.71, **gegen** sie IAS 1.BC38(c), der bzgl. Derivaten jeweils nur im Singular von Fälligkeit spricht. Das IFRIC fühlte sich nicht zuständig, da jede Aussage eher Anwendungshilfe (*application guidance*), damit allgemeiner Natur und somit nicht eine in den Verantwortungsbereich des IFRIC fallende Interpretation sei. Auch eine Klarstellung im Rahmen eines *Annual Improvements Project* wird ausgeschlossen.[7]

Soweit eine Aufteilung vorgenommen wird, ist sie ungleich **komplexer** als bei Annuitäten- oder Ratendarlehen, da nicht auf den Tilgungsanteil der nächsten Periode abgestellt werden kann, sondern der insgesamt bilanzierte *fair value* des Derivats nach Fälligkeiten der Zahlungsströme in seine rechnerischen Bestandteile zu zerlegen ist. Dabei muss ggf. zwischen **bedingten** Vereinbarungen (etwa Zinsbegrenzungen, als *caps* oder *floors*) und **unbedingten** Termingeschäften (etwa *Swaps*) unterschieden werden. Im ersten Fall bedarf es einer Aufteilung des Gesamtwerts über ein **Optionspreismodell**, im zweiten Fall über die **relativen Barwerte** der erwarteten Austauschrelationen.[8]

Für langlaufende **Wandelschuldverschreibungen** und andere *convertible instruments*, die der Inhaber schon binnen der nächsten zwölf Monate wandeln könnte, während bei Nichtwandlung die Rückzahlung erst nach mehr als zwölf Monaten erfolgt, stellte sich folgendes Problem:

- Würde die Wandlung jeder anderen Form der Erfüllung (*settlement*), insbesondere der durch Geldzahlung, gleichgestellt, müsste der Ausweis unter kurzfristigen Verbindlichkeiten erfolgen;
- würde umgekehrt auf den Abfluss von Zahlungsmitteln oder anderen Vermögenswerten abgestellt, wäre die Verbindlichkeit langfristig.

Das *Annual Improvements Project* 2009 entscheidet sich hier für die zweite Alternative. Durch eine Ergänzung von IAS 1.69(d) wird klargestellt:

Kann der Inhaber eines *convertible instrument* binnen zwölf Monaten lediglich die Umwandlung in Eigenkapital, jedoch nicht die Rückzahlung in Geld oder anderen Vermögenswerten verlangen, ist die Verbindlichkeit langfristig.

Bei Darlehen sind außerdem diverse **Sonderregelungen für Prolongations- und Revolvierungsfälle** zu beachten: Ursprünglich langfristige Schulden, deren Tilgung innerhalb von zwölf Monaten nach dem Bilanzstichtag ansteht, dürfen ausnahmsweise dann weiterhin als langfristig ausgewiesen werden, wenn eine Vereinbarung über Umschuldung, Revolvierung usw. spätestens bis zum Bilanzstichtag getroffen ist. Eine Vereinbarung nach dem Bilanzstichtag, aber vor Bilanzfertigstellung reicht nicht aus (IAS 1.76). Kann innerhalb einer **Rahmenkreditvereinbarung** eine **Prolongation oder Revolvierung** über zwölf Monate einseitig in Anspruch genommen werden und besteht die Absicht, entsprechend zu verfahren, ist ein Kredit trotz kürzerer einzelvertraglicher Restlaufzeit als langfristig zu klassifizieren (IAS 1.73).

Entsprechendes gilt u.E. jedoch nach der bereits in den Vorauflagen vertretenen Auffassung nicht, wenn eine bereits am Stichtag ausgeübte oder in den nächsten zwölf Monaten ausübbare Prolongationsoption unter dem Vorbehalt wesentlich **abweichender Konditionen** steht. Hier liegt im eigentlichen Sinne keine Ver-

39

---

[7] Vgl. IFRIC/IASB, Information for Observer, March 2007, sowie IASB, Information for Observer, March 2008.
[8] Vgl. im Einzelnen FREIBERG, PiR 2010, S. 299ff.

längerung, sondern eine **Umschuldung** vor. Die bestehende Verbindlichkeit (mit einer Restlaufzeit von weniger als zwölf Monaten am Bilanzstichtag) wird erfüllt, eine neue begründet. Ein Ausweis der am Bilanzstichtag bestehenden Verbindlichkeit als langfristig scheidet aus.[9]

40   **Schulden**, die wegen Verletzung bestimmter Bedingungen (*breach of covenants*) **auf erste Anforderung** zu zahlen sind, müssen nur dann nicht als kurzfristig ausgewiesen werden, wenn der Gläubiger spätestens bis zum Bilanzstichtag den Verzicht auf sein Anforderungsrecht erklärt hat (IAS 1.75).[10]

Praxis-Beispiel

Die U GmbH nimmt am 31.12.01 ein endfälliges Darlehen mit fünfjähriger Laufzeit auf. Der Darlehensvertrag enthält sog. *financial covenants*, nach denen U die Einhaltung bestimmter Finanzkennzahlen, z.B. einer Mindesteigenkapitalquote, während der Vertragslaufzeit zusichert. Bei Verletzung der Bedingungen (*breach of covenants*) hat der Gläubiger ein außerordentliches Kündigungsrecht, das wie folgt gestaltet ist:

- Maßgeblich für die Einhaltung/Nichteinhaltung der Kennzahlen ist eine auf den Jahresabschluss und dessen Prüfung aufbauende Bescheinigung des Abschlussprüfers.
- Nach Zugang dieser Bescheinigung hat der Gläubiger zur Ausübung seines Kündigungsrechts einen Monat Zeit.
- Übt er es nicht oder nicht in dieser Frist aus, läuft das Darlehen nach seinen ursprünglichen Bedingungen weiter.

Das Geschäftsjahr 02 bringt einen unerwartet starken Konjunktureinbruch. Bereits Ende Dezember ist das Unterschreiten der zugesicherten Eigenkapitalquote eindeutig. Der proaktive Vorstand geht daher mit ausgereiften und plausiblen Plänen für eine Erholung im Folgejahr unverzüglich auf den Gläubiger zu. Dieser ist von dem Vortrag so überzeugt, dass es schon im Januar 03 und damit noch vor Aufstellung und Prüfung des Jahresabschlusses zu folgender Verzichtserklärung des Gläubigers kommt: Der Gläubiger wird in 03 unter Berufung auf die Verletzung der *covenants* im Jahresabschluss 02 nicht kündigen.

Beurteilung

Die Vereinbarung von *covenants*, also die explizite vertragliche Regelung außerordentlicher Kündigungsrechte, hat noch keinen Einfluss auf die Bestimmung der Restlaufzeit. Solange der Eintritt der zu einer außerordentlichen Kündigung berechtigenden Bedingungen nicht überwiegend wahrscheinlich ist, erfolgt die Beurteilung der Restlaufzeit auf Basis der ordentlichen Kündigungsregeln.

Sobald der *breach of covenants* überwiegend wahrscheinlich wird oder sogar gewiss ist, entscheidet hingegen die außerordentliche Kündigungsmöglichkeit über die Restlaufzeit.

Am 31.12.02 ist eine Verletzung der *covenants* gewiss und damit die ordentliche Fälligkeit für die Beurteilung der Restlaufzeit nicht mehr maßgeblich. Der vom Gläubiger nach dem Stichtag ausgesprochene Verzicht auf Ausübung der Kündigungsmöglichkeit ändert hieran nichts. Wie bei Prolonga-

---

[9] Vgl. Freiberg, PiR 2010, S. 142 ff.
[10] Vgl. allgemein zu *financial covenants* Vater, PiR 2010, S. 128 ff.

tion eines kurzfristigen Kredits oder der mehr als zwölfmonatigen Verlängerung einer Kontokorrentlinie gilt: Nur wenn die entsprechenden Vereinbarungen vor dem Stichtag getroffen wurden, sind sie im Jahresabschluss
bereits zu berücksichtigen. Eine Vereinbarung nach dem Stichtag ist auch
dann nicht zu berücksichtigen, wenn sie noch in den Aufstellungszeitraum
fällt. Die Ausübung eines einseitigen Rechts oder der Verzicht auf dessen
Ausübung ist keine den Wert, Ansatz oder Ausweis erhellende Tatsache,
sondern eine ändernde, und damit im Jahresabschluss nicht zu berücksichtigen.
Vgl. hierzu auch das Beispiel in → § 4 Rz 39.

Keine eindeutigen Regelungen bestehen für eine lediglich innerhalb der nächsten 41
zwölf Monate zu **erwartende** Verletzung von *covenants*.

> **Praxis-Beispiel**
> Der Gläubiger eines langfristigen Darlehens hat ein außerordentliches Kün-
> digungsrecht, wenn die Eigenkapitalquote des Unternehmens im Jahres- oder
> Quartalsabschluss unter 20 % sinkt. Seit dem Zeitpunkt der Darlehensver-
> gabe ist die Eigenkapitalquote kontinuierlich von 25 % auf am Bilanzstichtag
> 31.12.01 20,1 % gesunken. Bei weiterhin schlechtem Ergebnis ist mit über-
> wiegender Wahrscheinlichkeit damit zu rechnen, dass die vertragliche Eigen-
> kapitalquote zum 31.3.02 erstmals unterschritten wird.

U. E. ist in derartigen Fällen am Bilanzstichtag (im Beispiel 31.12.01) noch keine
Umklassifizierung in eine kurzfristige Verbindlichkeit geboten, da die für den
Folgezeitraum erwartete Verletzung der *covenants* Ergebnis der Nachstichtags-
entwicklung ist, also **friständernden**, nicht lediglich fristerhellenden Charakter hat.
Eine **spiegelbildliche Problemlage** ergibt sich, wenn ein Unternehmen ein von
covenants abhängiges **Recht** auf **Verlängerung** eines ansonsten kurzfristig fälligen Darlehens hat.

> **Praxis-Beispiel**
> Das Unternehmen hat als Schuldner eines planmäßig am 1.8.02 fälligen
> Darlehens ein Recht auf Verlängerung um 24 Monate, wenn die Eigenkapi-
> talquote des Unternehmens per 30.6.02 über 20 % steigt. Seit Darlehensauf-
> nahme vor zwei Jahren ist die Quote kontinuierlich von 15 % auf 19,9 % am
> Bilanzstichtag 31.12.01 gestiegen. Bei weiterhin gutem Ergebnis wird mit
> überwiegender Wahrscheinlichkeit die zur Vertragsverlängerung berechti-
> gende Eigenkapitalquote zum 30.6.02 erreicht.

In Anwendung der obigen Überlegungen gilt u.E. hier: Am Bilanzstichtag ist noch
keine Umklassifizierung in eine langfristige Verbindlichkeit möglich, da die für den
Folgezeitraum erwartete Realisierung der *covenants* **Nachstichtagscharakter** hat.
Eindeutige Regelungen fehlen auch für den in der Praxis durchaus üblichen Fall 42
einer nicht nur jährlichen, sondern halbjährlichen bzw. quartalsmäßigen Prüfung
der *covenants*.

Praxis-Beispiel

Die U GmbH nimmt am 31.12.01 bei Gläubiger G ein endfälliges Darlehen mit einer Laufzeit von 5 Jahren auf. Der Darlehensvertrag berechtigt den Gläubiger zur vorzeitigen sofortigen Kündigung, wenn bestimmte *covenants* entweder im Halbjahresabschluss oder im Jahresabschluss verletzt werden. Außerordentliche Aufwendungen im zweiten Halbjahr 02 bewirken für den Jahresabschluss 02 eine Verletzung der *covenants*. Die U hat diesen Umstand rechtzeitig an G kommuniziert und, erhält vor dem Bilanzstichtag 31.12.02 die Bewilligung des G auf eine Vertragskündigung wegen des Verstoßes zu verzichten. Diese Bewilligung schließt aber eine Kündigung für den Fall nicht aus, dass im Halbjahresabschluss 03 die *covenants* erneut verletzt werden.

Beurteilung

Nach dem Wortlaut von IAS 1.75 verhindert ein vor dem Abschlussstichtag erklärter Verzicht auf das Kündigungsrecht nur dann eine Umklassifizierung in kurzfristige Schulden, wenn eine Nachfrist von mindestens zwölf Monaten bewilligt ist, während der die *covenants* wieder eingehalten werden können. Aufgrund der auch für den Halbjahresabschluss bestehenden *covenants* ist diese Zwölf-Monatsfrist nicht gegeben.

Vertretbar ist u. E. aber auch folgende Auffassung: Die Bestimmungen von IAS 1.75 betreffen die mindestens zwölfmonatige Dauer einer Verzichtserklärung nicht. G verzichtet überhaupt darauf, aus der *covenants*-Verletzung in 02 Konsequenzen zu ziehen, ohne diesen Verzicht mit einer Fristbestimmung zu versehen. Fraglich ist allein, ob er aufgrund anderer Umstände (potentieller Bruch der *covenants* im Halbjahresabschluss 03) binnen zwölf Monaten ein neues Kündigungsrecht erwirbt. Dies ist aus Sicht des Jahresabschlusses 02 ein friständerndes Nachstichtagsereignis und daher nicht zu berücksichtigen.

43   In der gegenwärtigen Fassung von IAS 1 besteht noch eine terminologische Inkonsistenz.
   - Gem. IAS 1.69(d) ist eine Verbindlichkeit kurzfristig, wenn das Unternehmen kein **unbedingtes Recht** *(unconditional right)* hat, die Erfüllung auf mindestens zwölf Monate nach dem Bilanzstichtag zu verschieben.
   - Nach IAS 1.73 ist eine revolvierende Verbindlichkeit langfristig, wenn es im **Ermessen** *(discretion)* dieses Unternehmens steht, einen *rollover* für mindestens zwölf Monate vorzunehmen.

ED/2015/1 sieht nun vor, im ersten Fall das Wort „unbedingt" zu streichen, im zweiten Fall den Begriff „Ermessen" durch „Recht" zu ersetzen.

Zu praktisch relevanten Änderungen gegenüber der bisherigen Rechtslage wird es dadurch kaum kommen.

44   Nicht eindeutig geregelt ist die Behandlung der Pensionsrückstellungen und sonstiger Rückstellungen für **Leistungen an Arbeitnehmer** (→ § 22).
   - Der Hinweis in IAS 1.70, dass einige Rückstellungen/Abgrenzungen für Personalaufwendungen *(some accruals for employee costs)* Teil des *working capital* und damit des Geschäftszyklus sein könnten, und zwar auch dann, wenn sie nicht binnen zwölf Monaten fällig seien, bezieht sich nicht auf kurzfristige Leistungen i. S. v. IAS 19.7 und IAS 19.8. Diese sind ohnehin als binnen zwölf

Monaten fällig definiert. Überlegungen zum später fälligen Teil würden daher ins Leere laufen. U. E. zielt die Bemerkung in IAS 1.70 z. B. auf Tantieme- oder Urlaubsrückstellungen mit einer (teilweisen) Restlaufzeit von mehr als zwölf Monaten. Sie können (insgesamt) als kurzfristig ausgewiesen werden. Im Anhang, aber nicht auf Bilanzebene, ist eine Aufteilung in den kurz- und langfristigen Teil geboten (vgl. Rz 36 und Rz 37).

- Bei **Pensionsrückstellungen** stellt sich hingegen die Frage, ob eine Aufteilung in den kurz- und langfristig fälligen Teil wie bei Ratendarlehen schon auf Bilanzebene notwendig ist. IAS 19.133 verzichtet explizit auf eine Regelung dieser Frage (*"This standard does not specify whether an entity should distinguish current and non-current portions"*) und verweist damit indirekt auf IAS 1. Dort ist die Frage aber konkret nur für Finanzverbindlichkeiten geregelt (IAS 1.71; vgl. Rz 38). Der herrschenden Praxis folgend halten wir daher eine Aufteilung der Pensionsrückstellungen auf Bilanzebene für zwar zulässig, aber nicht geboten (ähnlich RIC 1.32). Hierfür sprechen regelmäßig auch *materiality*-Überlegungen. Aus Wesentlichkeitsgesichtspunkten kann im Übrigen auch eine Aufschlüsselung im Anhang meist unterbleiben, um die ohnehin umfangreichen Angabepflichten zu Pensionen, ihrer Entwicklung in der abgelaufenen Periode und zum Pensionsaufwand gem. IAS 19.120ff. (→ § 22 Rz 153) nicht noch zu erweitern.

4.3 Mindestgliederung der Bilanz

IAS 1.54 enthält eine Liste der Posten, die bei Wesentlichkeit zwingend in der **Bilanz selbst** (*on the face of the balance sheet*) auszuweisen sind. Die Systematik der Liste erschließt sich nicht unmittelbar. Da bestimmte Posten, etwa (übrige) Finanzanlagen, in der Liste nicht enthalten sind, könnte man eine unvollständige Auflistung von Bilanzposten annehmen, aus denen sich ein verbindliches Mindestgliederungsschema nicht ableiten ließe. Eine solche Sichtweise halten wir für unzutreffend.[11] Im Zusammenspiel mit IAS 1.60 lässt sich aus IAS 1.54 vielmehr eine für Industrie-, Handels- und Dienstleistungsunternehmen **verbindliche Mindestgliederung** ableiten. Beispielhaft sei dies zunächst an zwei Aspekten dargestellt:

45

- IAS 1.54 verlangt einen Posten „Finanzielle Vermögenswerte", der jedoch nicht die separat auszuweisenden *at-equity*-Beteiligungen (IAS 1.54(e)), Forderungen (IAS 1.54(h)) und Zahlungsmittel (IAS 1.54(a)) umfassen darf und deshalb den Charakter „übrige finanzielle Vermögenswerte" hat.
- Nach IAS 1.60 sind (mit den genannten Ausnahmen) kurz- und langfristige Vermögenswerte separat auszuweisen. Die „übrigen finanziellen Vermögenswerte" sind mithin in „übrige langfristige finanzielle Vermögenswerte/übrige Finanzanlagen" und „übrige finanzielle kurzfristige Vermögenswerte" zu unterteilen.
- IAS 1.55 sieht die Angabe von Überschriften und Zwischensummen vor, wenn eine solche Darstellung relevant für das Verständnis ist. Bei einer Gliederung der Bilanz nach Fristigkeit verdichtet sich u. E. diese Vorgabe zu einem Gebot, langfristige Vermögenswerte unter dieser oder einer gleichwertigen

---

11 Vgl. LÜDENBACH/HOFFMANN, KoR 2004, S. 89. Die nachfolgenden Ausführungen stützen sich im Wesentlichen auf diesen Beitrag.

Überschrift (z. B. Anlagevermögen) zusammenzuführen und jeweils eine Zwischensumme der Bilanz zu bilden. Entsprechendes gilt für die kurzfristigen Vermögenswerte bzw. das Umlaufvermögen.

- Im Zusammenspiel der Vorschriften sind daher im finanziellen Anlagevermögen mindestens die Positionen „*equity*-Beteiligungen" und „übrige Finanzanlagen" (gesondert) auszuweisen. Freiheiten bestehen dann lediglich noch in der Bezeichnung. Statt von übrigen Finanzanlagen mag von übrigen finanziellen Vermögenswerten des Anlagevermögens oder von übrigen langfristigen finanziellen Vermögenswerten gesprochen werden. Entsprechende Überlegungen lassen sich wiederum auf das kurzfristige Vermögen/Umlaufvermögen übertragen.

46   Pointiert zusammengefasst können die Regelungen von **IAS 1.51, IAS 1.68 und IAS 1.69** u. E. als eine Art **Gleichungssystem** verstanden werden, das nicht mehr Variable als Gleichungen enthält und deshalb – allgemeine Vorbehalte wie den der *materiality* außen vor gelassen – in seiner **Lösung eindeutig** ist.

Eine nach **Fristigkeit** gegliederte Bilanz muss danach, soweit entsprechende Geschäftsvorfälle vorliegen, **mindestens folgende** Posten enthalten:

- im **langfristigen Vermögen** (*non-current assets*)
  - immaterielle Anlagen (IAS 1.54(c))
  - Sachanlagen (IAS 1.54(a))
  - Finanzimmobilien (IAS 1.54(b))
  - *at-equity*-Beteiligungen (IAS 1.54(e))
  - übrige Finanzanlagen (IAS 1.54(d) i. V. m. IAS 1.60)
  - latente Steuern (IAS 1.54(o) i. V. m. IAS 1.60 und IAS 1.56)
- im **kurzfristigen Vermögen** (*current assets*)
  - Vorräte (IAS 1.54(g))
  - Forderungen (IAS 1.54(h))
  - übrige finanzielle Vermögenswerte (IAS 1.54(d) i. V. m. IAS 1.60)
  - übrige Steuerforderungen (IAS 1.54(n))
  - sonstige nicht finanzielle Vermögenswerte (IAS 1.54(g) i. V. m. IAS 1.60)
  - Zahlungsmittel (IAS 1.54(i))
- im **Eigenkapital**
  - eingezahltes Kapital und Rücklagen (inkl. noch nicht ausgeschüttete Gewinne; IAS 1.54(r))
  - nicht beherrschende Anteile (IAS 1.54(q))
- in den **langfristigen Schulden**
  - langfristige finanzielle Verbindlichkeiten (IAS 1.54(m) i. V. m. IAS 1.60)
  - langfristige Rückstellungen (IAS 1.54(l) i. V. m. IAS 1.60)
  - latente Steuern (IAS 1.54(o) i. V. m. IAS 1.60 und IAS 1.56)
- in den **kurzfristigen Schulden**
  - Verbindlichkeiten L+L und sonstige (IAS 1.54(k))
  - übrige kurzfristige finanzielle Verbindlichkeiten (IAS 1.54(m) i. V. m. IAS 1.60)
  - kurzfristige Rückstellungen (IAS 1.54(l) i. V. m. IAS 1.60)
  - Steuerverbindlichkeiten (IAS 1.54(n))

47   **Fehlanzeigen** (Leerposten) sind nicht anzugeben. Zu beachten ist aber die Angabepflicht für das **Vorjahr.**

48   **Latente Steuern** sind nach unserer Interpretation von IAS 1.56 den langfristigen Vermögenswerten/Schulden zuzurechnen (→ § 26 Rz 236). Isoliert betrachtet könnte das in IAS 1.70 enthaltene Verbot eines Ausweises latenter Steuern im kurzfristigen Bereich auch als Rechtfertigung für einen Ausweis außerhalb des Anlage- und Umlaufvermögens bzw. außerhalb der langfristigen/kurzfristigen Schulden verstanden werden. Die Passivseite der Bilanz wäre danach in Eigenkapital, langfristige Schulden, kurzfristige Schulden und latente Steuern zu untergliedern. Die (deutsche) IFRS-Praxis ist bis 2004 häufig in dieser Weise verfahren. Der ab 2005 geltenden Fassung von IAS 1 würde dieses Vorgehen aber widersprechen, da mit den genannten Ausnahmen für Finanzinstitute (Rz 31) keine Abweichung von der Fristigkeitsgliederung vorgesehen ist. Im Rahmen des *convergence project* wird jedoch diskutiert, **zukünftig** entsprechend den amerikanischen Regelungen die kurz- und langfristigen Teile der latenten Steuern ggf. separat auszuweisen (→ § 26 Rz 238).

Die aus vorstehenden Überlegungen entwickelte Mindestgliederung der **Passiv-** **49** **seite** mit **primärer** Untergliederung der Schulden in lang- und kurzfristig und erst **sekundärer** Untergliederung nach Art der Schuld (Verbindlichkeit, Rückstellung, Steuerschuld) und/oder Liquiditätsnähe hat sich inzwischen auch in der Praxis durchgesetzt.

Abgrenzungsprobleme bereitet die Unterscheidung von **Forderungen** *(receiv-* **50** *ables)* und **Verbindlichkeiten** *(payables)* gegenüber sonstigen **finanziellen** Vermögenswerten und Schulden.

Nach IAS 1.78(b) gehören zu den Forderungen Vorauszahlungen bzw. **geleistete Anzahlungen** *(prepayments)*. Der Begriff der Forderungen wäre danach sehr weit zu interpretieren. Andererseits kann auf der Basis von IAS 39 bzw. IFRS 9 zwischen Darlehens-/Kredit-Forderungen *(loans)* und „eigentlichen" Forderungen *(receivables)* differenziert werden. Aus dieser Perspektive ist eine Darlehensforderung im langfristigen Teil „übrige Finanzanlage", im kurzfristigen, innerhalb der nächsten zwölf Monate fälligen Teil „übriger finanzieller Vermögenswert".

Eine Analogbewertung auf der Passivseite führt zur Differenzierung zwischen Verbindlichkeiten (aus Lieferungen und Leistungen, aus erhaltenen Anzahlungen und im Voraus vereinnahmten Mieten usw.) und sonstigen finanziellen Schulden (aus Darlehensbeziehungen, Derivaten usw.).

Erhaltene und geleistete **Anzahlungen** sind im Einzelnen wie folgt auszuweisen **51** (zur Bewertung und zu Diskontierungsgesichtspunkten vgl. → § 17 Rz 22 und → § 25 Rz 101):

- **Erhaltene** Anzahlungen auf **Vorräte** (Waren oder Erzeugnisse) sind aus den unter Rz 28 dargelegten Gründen weder saldierungsfähig noch offen absetzbar. Sie werden passivisch ausgewiesen, wegen des Zusammenhangs mit dem Geschäftszyklus (Rz 36) ebenfalls unter den kurzfristigen Schulden; wegen der ab 2018 bestehenden Besonderheiten nach IFRS 15 wird auf Rz 29 verwiesen.
- **Geleistete** Anzahlungen auf **Vorräte** sind als kurzfristige Vermögenswerte darzustellen.
- **Geleistete** Anzahlungen auf **Anlagen** sind u.E. unabhängig davon, ob die Anlage binnen zwölf Monaten angeschafft wird, im langfristigen Bereich auszuweisen.[12] Offensichtlich hängen sie weder mit dem Geschäftszyklus zusammen, noch dienen sie Handelszwecken. Unklar könnte sein, ob die Verrechnung mit der Kaufpreisverbindlichkeit binnen zwölf Monaten eine

---

[12] Gl. A. HEUSER/THEILE, IFRS-Handbuch, 5. Aufl., 2012, Tz. 7257.

Realisation i.S.v. IAS 1.66 darstellt. U.E. ist der Realisationsbegriff jedoch enger als Erledigung durch fristgerechte Rückzahlung zu interpretieren. Wegen der Behandlung erhaltener Anzahlungen bei zeitraumbezogen zu realisierenden Umsätzen nach IFRS 15 wird auf → § 25 Rz 236 verwiesen.

52 Vorauszahlungen oder im Voraus getätigte Einnahmen auf Dienstleistungen oder Nutzungsüberlassungen (**Rechnungsabgrenzungsposten** i.S.d. Handelsrechts) gelten nach IFRS als Vermögenswerte oder Schulden. Sie sind jedenfalls dann im **kurzfristigen** Bereich auszuweisen, wenn die Gegenleistung binnen zwölf Monaten fällig ist. Bei längerer Frist kann ein (Teil-)Ausweis im **langfristigen** Bereich geboten sein.

53 Das Ergebnis vorstehender Überlegungen ist im nachfolgenden Gliederungsschema wiedergegeben. Das Eigenkapital ist abweichend vom nicht verbindlichen *Guidance on Implementing IAS 1* nicht in gezeichnetes Kapital, Kapitalrücklagen, Gewinnrücklagen und Jahresergebnis gegliedert. Die **Mindest**gliederung interpretiert *„capital and reserves"* (IAS 1.54(r)) vielmehr i.S.d. englischen Rechnungslegungspraxis als Summe aller Eigenkapitalpositionen (vor Minderheitenanteil). Interpretiert man *„reserves"* enger als „Rücklagen", müssen Bilanz, Gewinnvortrag und Jahresergebnis (oder Bilanzgewinn) zusätzlich ausgewiesen werden. Zu weiteren Untergliederungsmöglichkeiten wird auf → § 20 verwiesen.

54 Nicht berücksichtigt sind **besondere Posten** z.B. für **vertragliche Vermögenswerte** oder Schulden aus Verträgen mit Kunden (→ § 25 Rz 233 ff.), **biologische** Vermögenswerte (→ § 40) oder **Investitionszuschüsse** (→ § 12 Rz 30). Insoweit wird auf die Einzeldarstellungen verwiesen. Vertragliche Vermögenswerte nach IFRS 15 können ggf. unter das Vorratsvermögen subsumiert und dann nur im Anhang separat erläutert werden. Besondere Posten für zur Veräußerung bestimmte Anlagen/Anlagengruppen und die mit ihnen verbundenen Schulden sind in unserem Schema berücksichtigt. Unter den in → § 29 Rz 6 ff. beschriebenen sachlichen und zeitlichen Voraussetzungen verlangt IFRS 5.38 den separaten Ausweis in der Bilanz, entweder als **Unterposition** der kurzfristigen Vermögenswerte und Schulden oder wie in unserem Schema als **eigenständige** Position. Aufschlüsselungen sind im Anhang vorzunehmen. Abweichend vom nachfolgenden Schema ist ein gesonderter Ausweis auf Bilanzebene dann entbehrlich, wenn nur einzelne, auch in Summe nicht wesentliche Vermögenswerte und Schulden zum Abgang bestimmt sind.

LANGFRISTIGES VERMÖGEN	
immaterielle Vermögenswerte *(intangible assets)*	xx
Sachanlagen *(property, plant, equipment)*	xx
Finanzimmobilien *(investment properties)*	xx
Artikel I. *at-equity*-Beteiligungen *(at-equity investments)*	xx
Artikel II. sonstige Finanzanlagen *(other non-current financial assets)*	xx
latente Steuern *(deferred tax assets)*	xx
	XXX

KURZFRISTIGES VERMÖGEN	
Vorräte *(inventories)*	xx
Forderungen L+L *(trade receivables)*	xx
sonstige kurzfristige finanzielle Vermögenswerte *(other current financial assets)*	xx
Steuerforderungen *(current tax assets)*	xx
sonstige nicht finanzielle Vermögenswerte *(other non-financial assets)*	xx
Zahlungsmittel *(cash and cash equivalents)*	xx
	XX
ZUR VERÄUSSERUNG BESTIMMTE ANLAGEN *(non-current assets classified as held for sale)*	XXX
SUMME VERMÖGENSWERTE	ZZZ

EIGENKAPITAL	
eingezahltes Kapital und Rücklagen *(issued capital and reserves)*	xx
nicht beherrschende Anteile *(non-controlling interests)*	xx
	XXX
LANGFRISTIGE SCHULDEN	
langfristige finanzielle Verbindlichkeiten *(non-current financial liabilities)*	xx
langfristige Rückstellungen *(non-current provisions)*	xx
abgegrenzte öffentliche Investitionszuwendungen *(deferred government grants related to assets)*	xx
latente Steuern *(deferred tax liabilities)*	xx
	XXX
KURZFRISTIGE SCHULDEN	
kurzfristige Verbindlichkeiten L+L und sonstige *(trade and other payables)*	xx
übrige kurzfristige finanzielle Verbindlichkeiten *(other current financial liabilities)*	xx
kurzfristige Rückstellungen *(current provisions)*	xx
Steuerschulden *(current tax liabilities)*	xx
	XXX

SCHULDEN I. V. M. ZUR VERÄUSSERUNG BESTIMMTEN ANLAGEN *(liabilities directly associated with non-current assets classified as held for sale)*	XXX
SUMME EIGENKAPITAL UND SCHULDEN	ZZZ

Tab. 1: Grundstruktur der Bilanz in Kontoform

Das Schema ist in Kontoform gegliedert. Andere Gliederungsformate, insbesondere eine **Staffelform,** sind ebenfalls zulässig. In Staffelform könnte eine nach Fristigkeit gegliederte Bilanz etwa in folgender Grundstruktur präsentiert werden:

kurzfristige Vermögenswerte	xx	
– kurzfristige Schulden	–xx	
= kurzfristige Vermögenswerte/Schulden (netto)		xxx
+ langfristige Vermögenswerte	yy	
– langfristige Schulden	–yy	yyy
= Eigenkapital		zzz

Tab. 2a: Grundstruktur der Bilanz in Staffelform: Kurzform

langfristige Vermögenswerte	xx
kurzfristige Vermögenswerte	x
– kurzfristige Verbindlichkeiten	–x
= kurzfristige Vermögenswerte/Schulden netto *(net current assets* oder *net current liabilities)*	xx
gesamte Vermögenswerte minus kurzfristige Schulden *(total assets less current liabilities)*	xxx
– langfristige Schulden	yyy
= Eigenkapital	zzz

Tab. 2b: Grundstruktur der Bilanz in Staffelform: erweiterte Form

4.4 Ergänzungen des Mindestgliederungsschemas

55 Das **Mindest**gliederungsschema ist nach IAS 1.57 f. durch weitere Untergliederung der Posten zu **erweitern,** soweit die zur Zusammenfassung in einem Posten vorgesehenen Geschäftsvorfälle sich nach Größe, Art oder Funktion genügend *(sufficiently)* unterscheiden und deshalb ein separater Ausweis für die Vermögenslage relevant ist. Diese Formulierung eröffnet erhebliche Ermessensspielräume, die von der Praxis zugunsten einer hoch aggregierten Bilanz genutzt werden, die das Mindestgliederungsschema überhaupt nicht oder nur wegen besonderer Eigenhei-

ten des Geschäfts ergänzt. Ein Beispiel für den zweiten Fall ist ein Luftfahrt-unternehmen, das sein Sachanlagevermögen wie folgt untergliedert:

- Flugzeuge und Reservetriebwerke,
- Reparaturfähige Flugzeugersatzteile,
- übriges Sachanlagevermögen.

In den meisten anderen Fällen wird die Untergliederung in den Anhang verlagert. So gilt etwa in Bezug auf Finanzinstrumente eine Untergliederung der lang- und kurzfristigen Finanzposten der Bilanz nach den Bewertungskategorien von IAS 39 bzw. IFRS 9 zwar als zulässig,[13] ist in der Praxis aber kaum aufzufinden. Diese bevorzugt eine **aggregierte** Bilanz mit einer tabellarischen **Überleitungs-rechnung** von den Bewertungskategorien auf die Bilanzposten im **Anhang**. Dies entspricht auch der Zielsetzung von IFRS 7.8. Hierzu wird auf → § 28 Rz 3 ff. verwiesen, für die analoge Problematik in der GuV auf Rz 85.

4.5 Ausweiswahlrechte

IAS 1.77 ff. enthält Aufgliederungen, die **wahlweise** in der **Bilanz** oder im **Anhang** vorzunehmen sind. Die Praxis entscheidet sich in folgenden Fällen überwiegend für eine Aufgliederung im Anhang: **56**

- **Sachanlagevermögen** (IAS 1.78(a); → § 14 Rz 65 ff.),
- **Forderungen** (nach Kundenforderungen, Forderungen gegenüber naheste-henden Personen, geleisteten Anzahlungen bzw. Vorauszahlungen und sons-tigen Beträgen; IAS 1.78(b)),
- **Vorräte** (z.B. nach Waren, fertigen und unfertigen Erzeugnissen, Roh-, Hilfs- und Betriebsstoffen; IAS 1.78(c); → § 17 Rz 64),
- **Rückstellungen** nach solchen gegenüber Arbeitnehmern *(employee benefits)* und sonstigen (IAS 1.78(d); → § 21 Rz 173 ff.),
- **Eigenkapital** nach eingezahltem Grundkapital, Kapitalrücklage, Gewinn-rücklagen (IAS 1.78(e); → § 20 Rz 97 ff.).

5 Gliederung der GuV bzw. des GuV-Teils der Gesamtergebnisrechnung

5.1 GuV und Gesamtergebnisrechnung

Bereits durch IAS 1 rev. 2007 ist mit Wirkung ab 2009 (Rz 106) aus dem **Wahl-recht** zur Aufstellung einer Gesamtergebnisrechnung *(statement of comprehen-sive income)* eine **Pflicht** geworden (Rz 92). Diese Pflicht kann nach IAS 1.10A auf zwei Arten erfüllt werden (Rz 94): **57**

- Nach dem *two statement approach* bleibt die GuV ein selbstständiges Rechen-werk, dessen Saldo (Gewinn oder Verlust) in die Gesamtergebnisrechnung übertragen wird.
- Nach dem *one statement approach* ist die GuV ein unselbstständiger Teil der Gesamtergebnisrechnung.

Die **Gliederungsvorschriften** für die selbstständige GuV in der ersten Alterna-tive **entsprechen** jedoch denen für den GuV-Teil in der zweiten Alternative.

---

[13] Vgl. LÖW, KoR 2006, Beilage 1 zu Heft 3.

Insoweit bleibt zunächst die Gliederung der GuV bzw. des GuV-Teils zu kommentieren. Soweit nachfolgend von der „GuV" geredet wird, ist zugleich der „GuV-Teil" der Gesamtergebnisrechnung gemeint. Wegen der Gesamtergebnisrechnung im Übrigen wird auf Rz 92 ff. verwiesen.

5.2 (Faktische) Mindestgliederung

58 Wie bei der Bilanz bestehen auch für die GuV *(income statement)* erhebliche **Ausweiswahlrechte** zwischen Untergliederung im **Rechenwerk** selbst oder im **Anhang**. Als Minimum muss die GuV gem. IAS 1.82 und IAS 1.83 nur ausweisen

- im **operativen Bereich**
  - Erlöse und
- im **Finanzbereich**
  - das Ergebnis aus *equity*-Beteiligungen und
  - das übrige Finanzergebnis
- das Ergebnis aus **einzustellenden Geschäftsbereichen**
- den **Steueraufwand**
- den **Jahresüberschuss/Jahresfehlbetrag**
- daran den **Minderheitenanteil** und den **Anteil der Eigenkapitalgeber** der Muttergesellschaft.

I. V. m. der in IAS 1.85 geforderten Bildung von verständnisfördernden Zwischensummen wäre ohne materiell bedeutsame *discontinued operations* folgende **Minimalgliederung** denkbar:

Erlöse *(revenues)*
– Aufwendungen
= operatives Ergebnis
+/– Ergebnis aus *equity*-Beteiligungen
+ (übrige) Finanzerträge *(financial revenues)*
– (übrige) Finanzaufwendungen *(financial costs)*
= Ergebnis vor Steuern
– Steuern
= Jahresüberschuss
– davon nicht beherrschende Anteile
= den Eigenkapitalgebern der Muttergesellschaft zuzurechnender Gewinn

59 Die Aufgliederung der operativen Aufwendungen, entweder in der Art des **Umsatzkostenverfahrens** oder alternativ des **Gesamtkostenverfahrens** (IAS 1.99) kann formell wahlweise in der **GuV** oder im **Anhang** erfolgen. Der Ausweis innerhalb der GuV selbst wird in IAS 1.100 empfohlen *(encouraged)*. Jedenfalls in der IFRS-Praxis von Publikumsgesellschaften hat sich diese Empfehlung zu einem **faktischen Mindestgliederungsgebot** verdichtet. Die Grundformel – „Erlöse minus Aufwendungen gleich operatives Ergebnis" – ist offenbar zu minimalistisch, als dass man sie den Bilanzadressaten zumuten möchte und könnte.

IFRS 15.113 (anzuwenden ab 2018) sieht gleichwohl vor, dass eine Differenzierung   60
zwischen Erlösen aus Kundenverträgen (*revenues from contracts with customers*)
und anderen Erlösen (*revenues*) nicht notwendiger Weise in der GuV vorzunehmen ist, sondern eine Aufschlüsselung im Anhang ausreicht (→ § 25 Rz 8).

Die in der deutschen IFRS-Praxis gewählten Ausweisformulare weisen ins-   61
gesamt eine **große Ähnlichkeit zum Handelsrecht** aus. Wie im HGB erfolgt
eine Aufteilung in den betrieblichen (operativen) Bereich, den Finanzbereich und
den (Ertrag-)Steuerbereich. Wie im HGB kann der operative Bereich **umsatzkosten**orientiert oder **kostenarten**orientiert untergliedert werden.

Abweichend vom bisherigen Handelsrecht (aber in Übereinstimmung mit dem   62
nunmehr geltenden BilRUG) ist der Ausweis **außerordentlicher Posten** jedoch
nicht zulässig (IAS 1.87).

Zu den aus diesen Überlegungen abgeleiteten nachfolgenden Gliederungen ist   63
noch Folgendes anzumerken:

- Eine **weitere Untergliederung** kann im Einzelfall ebenso notwendig sein wie
  eine **Zusammenfassung** von Posten (Rz 55 sowie Rz 73 ff.).
- Die **Zwischensumme „operatives Ergebnis"** ist im Standard nicht explizit
  vorgesehen, wird aber in der Praxis häufig verwandt (Rz 65). Die *Basis for
  Conclusions* haben keine Einwände gegen eine solche Praxis, verlangen aber,
  in eine entsprechende Zwischensumme auch operative Aufwendungen unregelmäßiger Art oder solche ohne Zahlungsmittelabfluss einzubeziehen. Unzulässig sei es daher, als operatives Ergebnis ein Ergebnis **vor** Restrukturierungsaufwendungen, außerplanmäßigen oder planmäßigen Abschreibungen
  auszuweisen (IAS 1.BC56).
- IAS 1.82(b) fordert den separaten Ausweis der *finance cost*. Die amtliche
  deutsche Übersetzung spricht von Finanzierungsaufwendungen. Die exemplarischen GuVs in der *Guidance on Implementing IAS 1* enthalten keinen
  korrespondierenden Posten *„financial income"* bzw. „finanzielle Erträge". Mit
  financial cost ist gleichwohl keine **Saldogröße** gemeint. Finanzerträge und
  Finanzaufwendungen sind separat auszuweisen (Rz 80).
- IAS 1.82(d) verlangt den gesonderten Ausweis des **Steueraufwands** (tax expense).
  Die infrage kommenden Steuerarten sind nicht spezifiziert. Eine Einbeziehung
  von Substanz- und Verkehrssteuern (z.B. Grundsteuern und Kfz-Steuern) könnte
  daher zulässig erscheinen. Eine daraus resultierende Vermischung gewinnabhän-
  giger mit sonstigen Steuern ist aber u.E. nicht gewollt.[14] Die exemplarischen
  GuVs in der *Guidance on Implementing IAS 1* sehen deshalb jeweils nur einen
  Posten *„income tax expense"*, d.h. nur den Ausweis der Gewinnsteuern vor.

Hiernach ergeben sich – zunächst unter Ausklammerung der *discontinued ope-*   64
rations (Rz 55) – die beiden nachfolgenden **Gliederungsvorschläge**. Hinsichtlich
des Inhalts der Posten wird auf Rz 67 verwiesen.

---

[14] Vgl. Heuser/Theile, IFRS-Handbuch, 5. Aufl., 2012, Tz. 7450.

Gesamtkostenverfahren *(nature of expense method)*	
Umsatzerlöse *(revenue/turnover)*	xx
Bestandsveränderung Erzeugnisse *(changes in inventories of finished goods and work in progress)*	xx
andere aktivierte Eigenleistungen *(work performed by the enterprise and capitalised)*	xx
sonstige betriebliche Erträge *(other income)*	xx
Materialaufwand *(raw material and consumables used)*	xx
Personalaufwand *(employee benefit expense)*	xx
Abschreibungen *(depreciation and amortisation expense)*	xx
sonstige betriebliche Aufwendungen *(other expenses)*	xx
operatives/betriebliches Ergebnis *(results of operating activities)*	xxx
Ergebnis aus *at equity* bewerteten Beteiligungen *(share of income of associates and joint ventures accounted for using the equity method)*	xx
übrige Finanzerträge *(other financial revenues)*	xx
übrige Finanzaufwendungen *(other financial costs)*	xx
Ergebnis vor Ertragsteuern *(profit before tax)*	xxx
Ertragsteuern *(income tax expense)*	xx
Jahresüberschuss *(profit after tax)*	xxx
Gewinnanteil nicht beherrschende Gesellschafter *(profit attributable to non-controlling interest)*	xx
Gewinnanteil Eigenkapitalgeber der Muttergesellschaft *(profit attributable to equity holders of the parent/group profit)*	xxx

Tab. 3: Gesamtkostenverfahren

Umsatzkostenverfahren *(cost of sales method)*	
Umsatzerlöse *(revenue/turnover)*	xx
Herstellungskosten der zur Erzielung der Umsatzerlöse erbrachten Leistungen *(cost of sales)*	xx
Bruttoergebnis vom Umsatz *(gross profit)*	xx
Vertriebskosten *(distribution costs)*	xx
allgemeine Verwaltungskosten *(administrative expenses)*	xx
sonstige betriebliche Erträge *(other income)*	xx
sonstige betriebliche Aufwendungen *(other expenses)*	xx
operatives/betriebliches Ergebnis *(results of operating activities)*	xxx
Ergebnis aus *at equity* bewerteten Finanzanlagen *(share of income of associates and joint ventures accounted for using the equity method)*	xx
übrige Finanzerträge *(other financial revenues)*	xx
übrige Finanzaufwendungen *(other financial costs)*	xx

Umsatzkostenverfahren *(cost of sales method)*	
Jahresüberschuss vor Ertragsteuern *(profit before tax)*	xxx
Ertragsteuern *(income tax expense)*	xx
Jahresüberschuss *(profit after tax)*	xxx
Gewinnanteil nicht beherrschende Gesellschafter *(profit attributable to non-controlling interest)*	xx
Gewinnanteil Eigenkapitalgeber der Muttergesellschaft *(profit attributable to equity holders of the parent/group profit)*	xxx

Tab. 4: Umsatzkostenverfahren

Wegen der funktionalen Gliederung lässt das **Umsatzkostenverfahren** die Höhe der **Personalaufwendungen** und **Abschreibungen** nicht erkennen. IAS 1.104 erkennt ähnlich wie § 285 Nr. 8 HGB die besondere Bedeutung dieser Größen an. Bei Anwendung des Umsatzkostenverfahrens sind daher diese beiden Aufwandsarten zwingend im **Anhang** anzugeben.

Die Zwischensumme **operatives Ergebnis** ist in IAS 1 nicht explizit vorgesehen, **65** wird aber in der Praxis häufig verwendet. Die *Basis for Conclusions* haben keine Einwände gegen eine solche Praxis, verlangen aber, in eine entsprechende Zwischensumme auch operative Aufwendungen unregelmäßiger Art oder solche ohne Zahlungsmittelabfluss einzubeziehen. Unzulässig sei es daher, als operatives Ergebnis ein Ergebnis vor Restrukturierungsaufwendungen, außerplanmäßigen oder planmäßigen Abschreibungen auszuweisen (IAS 1.BC56).

Der **Koreanische** Standardsetter (KASB) sieht in K-IFRS 1001, dem Äquivalent zu IAS 1, eine verpflichtende Angabe des *„operating profit or loss"* in der GuV selbst vor und definiert diese Größe (für das Umsatzkostenverfahren) als den Saldo von Umsatzerlösen einerseits und Umsatzkosten, Vertriebskosten sowie Verwaltungskosten andererseits. Sonstige betriebliche Aufwendungen und Erträge sollen also nicht in die Größe eingehen. Darüber hinaus lässt der Standard eine unternehmensspezifische Ermittlung des operativen Ergebnisses *(adjusted operating profit)* für Zwecke des Anhangs zu, verlangt dafür aber eine Überleitung auf den in der GuV selbst dargestellten *operating profit or loss*.

Die ESMA hält es nach der von ihr veröffentlichten Enforcement Entscheidung *Decision ref.* 0211–08 für unzulässig, wenn bei **Immobiliengesellschaften,** die *Investment Properties* erfolgswirksam zum *fair value* bewerten (→ § 16 Rz 40), die Wertänderungen der Immobilien außerhalb des operativen Ergebnisses gezeigt werden. Bei den betreffenden Wertänderungen handele es sich um einen normalen Teil der Aktivitäten einer Immobiliengesellschaft.

Sobald ein Teilbereich eines Unternehmens mit Geschäftsfeldqualität durch Ver- **66** äußerung oder Aufgabe eingestellt wird, ist gem. IFRS 5.33(a) und IAS 1.82(e) in der GuV eine Unterscheidung zwischen den Ergebnissen aus **fortgeführten** Tätigkeiten und denen aus **aufgegebenen** Bereichen vorzunehmen. Zu den sachlichen und zeitlichen Voraussetzungen im Einzelnen wird auf → § 29 Rz 56 ff. und Rz 16 ff. verwiesen. Es genügt die Darstellung des Gesamterfolgs aus den Einstellungen *(post tax profit or loss from discontinued operations)* in einer Zahl bzw. Zeile der GuV. Wahlweise in der GuV oder im Anhang ist diese Größe aufzuschlüsseln. Ein Muster für die Aufschlüsselung ist in → § 29 Rz 56 wiedergegeben. Nachfolgend der Mindestausweis in der GuV:

Umsatzkostenverfahren *(cost of sales method)*	
1. Fortgeführte Bereiche *(continuing operations)*	
Umsatzerlöse *(revenue/turnover)*	xx
....	xx
Ergebnis vor Ertragsteuern *(profit before tax)*	**xxx**
Ertragsteuern *(income tax expense)*	xx
Ergebnis aus fortgeführten Bereichen *(profit from continuing operations)*	**xxx**
2. Aufgegebene Bereiche *(discontinued operations)*	
Ergebnis aus aufgegebenen Bereichen *(profit from discontinued operations)*	**xxx**
3. Ergebnis *(profit for the period)* (= Summen 1 und 2)	**XXX**
davon Gewinnanteil nicht beherrschende Gesellschafter *(profit attributable to non-controlling interest)*	xx
davon Gewinnanteil Eigenkapitalgeber der Muttergesellschaft *(profit attributable to equity holders of the parent/group profit)*	xx

Tab. 5: GuV-Mindestausweis für aufgegebene Bereiche

5.3 Inhalt der operativen Posten im Umsatz- und Gesamtkostenverfahren

67　Die Definition der **Umsatzerlöse** *(revenues)* ist schon im englischen Orginaltext der IFRS, erst recht in den deutschen Übersetzungen uneinheitlich (vgl. im Detail → § 18 Rz 1 ff. der 12. Auflage des Haufe IFRS-Kommentars). Für Zwecke der GuV-Gliederung lassen sich die Umsatzerlöse unter Rückgriff auf IAS 18.7 als Erlöse aus der „gewöhnlichen Tätigkeit" *(ordinary activities)* des Unternehmens bestimmen. Die deutsche Fassung benutzt den Singular (Tätigkeit) und spricht eher dafür, nur **Kerngeschäftserlöse** als Umsatzerlöse anzusehen, **andere Erlöse** hingegen in den **sonstigen betrieblichen Erträgen** auszuweisen. Die englische Fassung gebraucht den Plural *(activities)* und lässt u. E. die Einbeziehung wiederkehrender Erlöse aus Neben- oder Hilfstätigkeiten (z.B. Vermietung) in die Umsatzerlöse als vertretbar zu.
Soweit im Rahmen eines *„two business model"* bei Autovermietern und ähnlichen Unternehmen die Veräußerung zuvor (kurzfristig) vermieteter Anlagen gleichwertiger Teil des Geschäftsmodells ist, führen Veräußerungen nicht zu

sonstigen betrieblichen Erfolgen, sondern zu Umsatzerlösen, der Buchwertabgang demzufolge zu Umsatzkosten oder Materialaufwand (→ § 17 Rz 4).

Der zukünftig anzuwendende IFRS 15 unterscheidet zwischen Erlösen mit Kunden (*revenues from contracts with customers*) und anderen Erlösen (*revenues*). Als Kunde (*customer*) gelten danach jene Vertragspartner, an die Güter oder Dienste (*services*) erbracht werden, die Ergebnisse der gewöhnlichen Geschäftstätigkeit des Unternehmens (*output of the entity's ordinary activities*) sind. Dies ermöglicht im Wesentlichen eine Beschränkung auf Kerngeschäftserlöse (→ § 25 Rz 7f.).   **68**

Im **Umsatzkostenverfahren** bestimmen sich die weiteren operativen Posten wie folgt: **69**

- Die **Umsatzkosten** (Herstellungskosten der zur Erzielung der Umsatzerlöse erbrachten Leistungen) umfassen neben den Einzel- auch die produktionsbezogenen Gemeinkosten der in der Periode zu Umsatzerlösen gewordenen Leistungen. Zu den Gemeinkosten zählen in jedem Fall die planmäßigen Abschreibungen auf Sach- und immaterielle Anlagen (darunter z. B. auch Abschreibungen auf in Vorperioden aktivierte Entwicklungskosten; Rz 66f.). Bei außerplanmäßigen Abschreibungen ist ein separater Ausweis vertretbar.
- **Vertriebskosten** umfassen sowohl Einzelkosten (z. B. Handelsvertreterprovisionen) als auch Gemeinkosten (etwa Werbeaufwendungen oder Personal- und Sachkosten der Marketingabteilung usw.).
- **Allgemeine Verwaltungskosten** umfassen die Verwaltungsaufwendungen, die weder einen Produktionsbezug haben (also nicht Umsatzkosten sind) noch Vertriebskosten darstellen.
- **Sonstige betriebliche Aufwendungen** umfassen u. a. nicht den Funktionsbereichen (Produktion, Vertrieb, Verwaltung) zurechenbare Mieten und Leasingraten, Verluste aus dem Abgang von Sach- und immateriellen Anlagen, Dotierungen nicht produktionsbezogener Rückstellungen, nicht aktivierbare Aufwendungen für Forschung und Entwicklung (Rz 66f.). Unscharf ist die Abgrenzung zum **Finanzergebnis**: Währungsverluste oder Verluste aus dem Abgang von Finanzinstrumenten werden daher uneinheitlich zum Teil im Finanzergebnis, zum Teil unter sonstigen betrieblichen Aufwendungen ausgewiesen (Rz 89). Für die Abgrenzung zwischen Zinsaufwendungen und sonstigen betrieblichen Aufwendungen ist der Charakter des Zinses als laufzeitabhängiges Entgelt für Fremdkapitalüberlassung maßgeblich. Avalprovisionen führen daher unabhängig von ihrer Bezeichnung (z. B. als „Avalzinsen") nicht zu Zins-, sondern zu sonstigem Aufwand.
- Entsprechende Probleme stellen sich bei der Abgrenzung **sonstiger betrieblicher Erträge** zu Finanzergebnissen. Avalprovisionen führen beim Bürgen zu sonstigen Erträgen, Währungsgewinne und Gewinne aus dem Abgang von Finanzinstrumenten werden in der Praxis unterschiedlich behandelt. Je nach Interpretation der Umsatzerlöse (Kerngeschäft oder auch revolvierende Neben- und Hilfstätigkeiten; Rz 67) sind unter sonstigen betrieblichen Erträgen auch Mieteinnahmen anzusetzen. Unabhängig davon umfasst der Posten auch Wertaufholungen auf Sach- und immaterielle Anlagen sowie Erträge aus der Auflösung abgegrenzter Investitionszuwendungen.

Das IFRIC-Update Oktober 2004 hat sich mit der Frage befasst, **ob ungewöhnliche Ergebnisse/Aufwendungen**, etwa aus der außerplanmäßigen Abschreibung von Vorräten oder Anlagen oder aus Abfindungen von Arbeitnehmern, in einer nach dem Umsatzkostenverfahren erstellten GuV separat, d. h. nicht den Funktionsbereichen (Herstellung, Vertrieb usw.) zugeordnet, ausgewiesen werden können. Ob eine solche *mixed presentation* mit der **Kombination** von funktionaler Gliederung (Umsatzkostenverfahren) und Kostenartengliederung (Gesamtkostenverfahren) zulässig ist, wurde zunächst offengelassen. Derzeit sind also beide Sichtweisen vertretbar.

70   Im **Gesamtkostenverfahren** bestimmen sich die den Umsatzerlösen (Rz 67) folgenden operativen Posten wie folgt:

- **Bestandsänderungen Erzeugnisse** sind der Saldo aus der Veränderung des betreffenden Postens in der GuV. Eine Differenzierung nach Veränderungsursache (Wert oder Menge) ist ebenso wenig vorgesehen wie eine nach fertigen und unfertigen Erzeugnissen.

- **Andere aktivierte Eigenleistungen** sind der Gegenposten für Aufwendungen auf selbst erstellte und zur Eigennutzung bestimmte langfristige Vermögenswerte. Hierunter fallen auch aktivierte Entwicklungsaufwendungen (Rz 74).

- In die **Materialaufwendungen** sind außerplanmäßige Abschreibungen auf Vorräte nicht zwingend einzubeziehen. IAS 1.98(a) verlangt eine Angabe wesentlicher außerplanmäßiger Abschreibungen in der GuV selbst oder im Anhang. Jedenfalls bei ungewöhnlicher Höhe der außerplanmäßigen Abschreibungen ist die zweite Variante u. E. vorzuziehen, da sie dem Zweck von IAS 1.98(a), regelmäßige von wesentlichen unregelmäßigen Aufwendungen zu unterscheiden, am besten entspricht.

- **Personalaufwendungen** umfassen alle Löhne, Gehälter und sozialen Leistungen für das Personal. Der Aufwand aus der Aufzinsung von Pensionsrückstellungen kann alternativ als Teil des Finanzergebnisses ausgewiesen werden (IAS 19.119 i. V. m. IAS 19.120A(g)).

- In die **Abschreibungen** sind (wesentliche) außerplanmäßige Abschreibungen auf Sach- und immaterielle Anlagen nicht zwingend einzubeziehen, da IAS 1.98(a) wahlweise eine separate Angabe in der GuV oder im Anhang vorsieht. Werden die außerplanmäßigen Abschreibungen aus der Position „Abschreibungen" ausgegliedert, sollte Letztere im Interesse der Klarheit die Bezeichnung „planmäßige Abschreibungen" erhalten.

- Der Posten „**sonstige betriebliche Aufwendungen**" ist weiter gefasst als im Umsatzkostenverfahren. Im Gesamtkostenverfahren sind hier etwa auch die nicht in Abschreibungen bestehenden Sachkosten des Vertriebs oder der allgemeinen Verwaltung darzustellen. Wie im Umsatzkostenverfahren ergeben sich im Übrigen aber Abgrenzungsprobleme gegenüber dem Finanzergebnis bei Währungsverlusten etc. (Rz 69).

- Der Posten „**sonstige betriebliche Erträge**" entspricht im Wesentlichen dem des Umsatzkostenverfahrens (Rz 69).

71   Nach IAS 23 (→ § 9 Rz 15 ff.) sind **Zinsen**, die im Rahmen der Herstellung qualifizierter Vermögenswerte (insbesondere Sachanlagen) anfallen, zu aktivieren. Für die buchungstechnische Behandlung im **Gesamtkostenformat** kommen zwei Methoden infrage:

- Nach der **Nettomethode** werden die aktivierten Zinsen nicht in der GuV erfasst. I. H. d. zu aktivierende Teils der entstandenen Zinsen ist kein Zinsaufwand zu buchen (per Anlagevermögen an Geld) oder ein insoweit bereits gebuchter Zinsaufwand (per Zinsaufwand an Geld) zu stornieren (per Anlagevermögen an Zinsaufwand).

- Nach der **Bruttomethode** wird der Zinsaufwand ungekürzt im Finanzergebnis ausgewiesen. I. H. d. aktivierten Teils steht ihm jedoch ein Ertrag aus aktivierten Eigenleistungen gegenüber (per Anlagevermögen an aktivierte Eigenleistungen).

Die Nettomethode ist u. E. vorzuziehen. Zu ihren Gunsten kann der **Vergleich zwischen Gesamt- und Umsatzkostenverfahren** angeführt werden: Beide Methoden gliedern den operativen Teil der GuV unterschiedlich, während im Finanzergebnis und unter den Steuern nicht nur gleiche Postenbezeichnungen gewählt werden, sondern im Interesse einer vergleichenden Erfolgsanalyse auch der gleiche Inhalt präsentiert werden sollte.

- Dem **Umsatzkostenverfahren** ist aber die **Nettomethode** immanent. Als Umsatzkosten oder sonstigen operative Kosten werden nur die Aufwendungen in der GuV erfasst, die in der Periode zu Verbrauch geführt haben. Die Neutralisierung der aktivierten Zinsaufwendungen durch einen Gegenposten für aktivierte Eigenleistungen scheidet im Umsatzkostenverfahren daher aus. Hilfsweise könnte zwar ein „technischer" Ertrag unter den sonstigen betrieblichen Erträgen ausgewiesen werden, ein solcher technischer Posten wäre aber dem Umsatzkostenverfahren systemfremd. Somit ist im Umsatzkostenverfahren nur der Nettoausweis sachgerecht.

- **Folgerichtig** ist dann, auch im **Gesamtkostenverfahren** die **Nettomethode** anzuwenden, um zu keinem anderen Inhalt des Postens „Zinsaufwand" zu gelangen.

Dem **analytischen** Interesse des Bilanzadressaten an einer Erfolgsspaltung ist am meisten gedient, wenn in beiden GuV-Varianten aktivierte Zinsen einheitlich nach der Nettomethode behandelt werden.

Wegen des Inhalts eines (freiwillig) als Zwischensumme aufgenommenen Postens „**operatives Ergebnis**" wird auf Rz 65 verwiesen.   72

5.4 Ergänzende Posten zu regelmäßigen Erfolgsquellen

5.4.1 Möglichkeiten und Grenzen der Erweiterung

Da IAS 1 im Unterschied zu § 275 HGB keine feste Gliederungsvorgabe für die   73
GuV enthält, verfährt die Praxis uneinheitlich u. a. hinsichtlich der Frage, in welchem Umfang das in Rz 64 dargestellte Grundformat des Umsatz- oder Gesamtkostenverfahrens individuell **erweitert** werden kann. Für die unregelmäßigen Erfolgsquellen (außerplanmäßige Abschreibungen usw.) sind IAS 1.97 f. (Rz 77), für die hier interessierenden regelmäßigen Erfolgsquellen IAS 1.85 einschlägig. Danach sind zusätzliche Posten in der GuV darzustellen, wenn eine solche Darstellung für das **Verständnis der Elemente der Ertragskraft** des Unternehmens relevant ist. Das „zusätzlich" bezieht sich vorrangig auf die in IAS 1.82 zunächst zugelassene Beschränkung des operativen Bereichs auf die Umsatzerlöse und das operative Ergebnis. Eine Aufgliederung des betrieblichen Bereichs nach Gesamtkostenverfahren (GKV) oder Umsatzkostenverfahren (UKV) (IAS 1.99) stellt daher schon den wichtigsten Anwendungsfall von IAS 1.85 dar. Eine über IAS 1.99 ff. hinausgehende **weitere Untergliederung** ist

aber nach allgemeiner Auffassung zulässig. Welche **Grenzen** zu beachten sind, soll an folgendem Beispiel dargestellt werden:

> **Praxis-Beispiel**
> A ist ein forschungs- und entwicklungsintensives Unternehmen der Automobilzulieferindustrie. Mehr als die Hälfte der bei A (hauptsächlich als Gehälter für die FuE-Abteilung) anfallenden FuE-Kosten erfüllt die Aktivierungskriterien von IAS 38.
> Aus Imagegründen möchte A jedermann auf den ersten Blick dartun, wie forschungs- und entwicklungsintensiv das Unternehmen ist.
> Wichtig für ihn ist deshalb ein separater Ausweis der FuE-Aufwendungen in der GuV, wobei in den FuE-Posten möglichst sämtliche FuE-Aufwendungen einfließen sollen. Von der optimalen Umsetzungsmöglichkeit dieses Ziels macht A das GuV-Format (Umsatz- oder Gesamtkostenverfahren) abhängig.

5.4.2 Beurteilung eines separaten FuE-Ausweises nach dem Gesamtkostenverfahren

74 • Bei im Fall der A überwiegend **von eigenen Mitarbeitern** erbrachten FuE-Leistungen stellt sich die Frage, ob die FuE-Kosten hauptsächlich unter sonstigen betrieblichen Aufwendungen oder unter Personalaufwand zu erfassen sind. Eine explizite Auseinandersetzung mit der Abgrenzung beider Aufwandsposten enthält IAS 1 nicht. Da § 275 Abs. 1 HGB im Wesentlichen den Anforderungen von IAS 1 an das GKV entspricht, kann hilfsweise zunächst auf das handelsrechtliche Schrifttum zurückgegriffen werden. Danach stellen die **sonstigen betrieblichen Aufwendungen** einen **Restposten** dar. Vorrangig sind die anderen Posten zu besetzen. Unter dem Posten **Personalaufwand** sind deshalb **sämtliche** Löhne und Gehälter auszuweisen, **unabhängig von den Zwecken**, denen die Arbeitsleistung gedient hat.[15]

• Für IFRS kann u.E. nichts anderes gelten: Nach IAS 1.99 sind die Aufwendungen entweder nach **Kostenarten** (GKV) oder **Funktionsbereichen** (UKV) zu untergliedern. Der Ausweis **einiger** Personalaufwendungen nach ihrer Funktion – hier FuE-Gehälter – und **anderer** ohne Rücksicht auf ihren Zweck käme einer *mixed presentation* gleich. Der IFRIC hat einer solchen *mixed presentation* selbst bei **unregelmäßigen**, nach IAS 1.97f. gesondert anzugebenden Aufwendungen, seine Zustimmung nicht erteilen wollen (Rz 69). Erst recht muss man daher bei **regelmäßigen** Erfolgsfaktoren Bedenken gegen ein solches Vorgehen haben. Im Beispielsfall würden daher die im jeweiligen Jahr erbrachten FuE-Leistungen zur Hauptsache (**Löhne und Gehälter der FuE-Abteilung**) im **Personalaufwand**, zu einem geringeren Teil im **sonstigen** betrieblichen Aufwand auszuweisen sein, der aktivierte Teil dieser Kosten würde unter anderen aktivierten Eigenleistungen erfasst.

• Daneben wäre noch die **Abschreibung** der in Vorjahren aktivierten Entwicklungsaufwendungen in der GuV enthalten. Aus den gleichen Gründen wie beim Personalaufwand wäre eine funktionale Umgliederung u.E. unzulässig.

---

[15] ADS, Rechnungslegung und Prüfung der Unternehmen, 6. Aufl., S. 2001 ff., § 275 HGB Tz. 111 und 140.

- Auch eine Bezugnahme auf die nach IAS 1.85 gebotene Einfügung zum Verständnis der Ertragslage notwendiger **zusätzlicher** Posten kann keine Zusammenfassung sämtlicher FuE-Aufwendungen in einer Position rechtfertigen. Der vorrangige **Regelungszweck** von IAS 1.85 wird bereits durch die Verwendung des GKV- oder UKV-Grundformats erfüllt. Weitergehende Untergliederungen sollten nicht in der Weise erfolgen, aus den jeweiligen Kostenarten einer nach GKV gegliederten GuV die FuE-Teile auszugliedern und als neuen funktionalen Posten darzustellen. Ein solches Vorgehen würde den Inhalt der **Grundposten verfälschen**, etwa weil unter „Personalaufwand" tatsächlich nur noch Teile des Personalaufwands gezeigt würden, unter „Abschreibungen" nur noch bestimmte Abschreibungen.

5.4.3 Beurteilung des separaten FuE-Ausweises nach dem Umsatzkostenverfahren

- Vorrangige Aufwandsposition des UKV sind die **Umsatzkosten**. Sie enthalten die Herstellungskosten aller in der jeweiligen Periode erbrachten Leistungen. Da zu den Herstellungskosten gem. IAS 2 auch die **Gemeinkosten** rechnen, fließen die planmäßigen **Abschreibungen** auf in der Produktion eingesetzte Anlagegüter in die Umsatzkosten ein. Betroffen hiervon sind nicht nur Maschinen, Produktionsgebäude usw., sondern ebenso die Produktionszwecken dienenden **immateriellen** Anlagen. Die planmäßigen Abschreibungen auf die in den Vorjahren aktivierten Entwicklungsaufwendungen stellen demnach bei der A (siehe Praxis-Beispiel in Rz 73) Umsatzkosten dar.

75

- Die im Geschäftsjahr angefallenen, aber **nicht aktivierten FuE-Aufwendungen** wären im Grundformat des UKV als **sonstige betriebliche Aufwendungen** darzustellen, sofern sie nicht ausnahmsweise auf den Verwaltungsbereich (etwa Eigenentwicklung einer Fakturierungssoftware) oder den Vertrieb (etwa Eigenentwicklung einer Vertriebsplanungssoftware) entfallen.
- Sind die FuE-Kosten
  - wie etwa in der **Pharmaindustrie** ganz überwiegend **nicht aktivierungsfähig** (→ § 13 Rz 34), fördert es die Darstellung der Ertragslage, wenn abweichend vom Grundformat eine **separate** Position „FuE-Aufwendungen" eingeführt wird.
  - wie im Beispielfall **überwiegend aktivierungsfähig**, fließen sie erst mit einem Zeitversatz als Abschreibung in die GuV und dann in die Grundposition Umsatzkosten ein. Ein gesonderter Posten FuE-Aufwendungen würde daher nur den kleinen, nicht aktivierten Teil darstellen und gerade **keinen besseren Einblick** in die Ertragslage gewähren, wie IAS 1.85 für zusätzliche Posten fordert.
- In **der Auto- und Autozulieferindustrie** (→ § 13 Rz 34) wird allerdings in einzelnen Fällen doch eine Zusammenfassung aller FuE-Aufwendungen in einer Position vorgenommen. Diese Position enthält dann die nicht aktivierten FuE-Kosten zuzüglich der Abschreibungen auf in Vorjahren aktivierte Entwicklungskosten. Bei in den genannten Industrien tendenziell hohen Aktivierungsquoten ist der Beitrag dieses Postens zur Erklärung der gegenwärtigen Ertragskraft zweifelhaft, eine Legitimation gem. IAS 1.85 daher nicht gegeben, da der Posten wesentliche Beträge, nämlich die aktivierten

Entwicklungsleistungen des Geschäftsjahres, gerade nicht zeigt, dafür umgekehrt in der Vergangenheit erbrachte Entwicklungskosten über die Abschreibung einbezieht. Überdies entspricht das genannte Vorgehen nicht der **Grundanforderung des UKV**, in die Umsatzkosten **alle Herstellungskosten** der im Geschäftsjahr abgesetzten Leistungen, also auch die **planmäßigen Abschreibungen auf aktivierte FuE-Leistungen**, einzubeziehen. Ihre Ausklammerung aus den Umsatzkosten verfälscht die im UKV anzusetzende Zwischensumme „Bruttoergebnis vom Umsatz".

5.4.4   Ergebnis

76   Aus dem Beispiel ergibt sich folgendes verallgemeinertes **Fazit**:
- Das **GKV** ist nach Kostenarten gegliedert. Eine **Ausgliederung** von Kostenteilen aus den Grundpositionen (Personalaufwand, Abschreibungen) **in einen funktionalen Posten** (z. B. FuE) würde das nicht nach Funktion und Verwendungszweck der jeweiligen Kostenart fragende Schema der GKV **verfälschen**, da die Grundpositionen entgegen ihrer Bezeichnung nur noch Teile des Personalaufwands, der Abschreibungen usw. enthielten.
- Das **UKV** verlangt **vorrangig** den zutreffenden Ausweis der **Umsatzkosten** und des **Bruttoergebnisses** vom Umsatz. Diese Vorgabe wird nicht erfüllt, wenn die planmäßige Abschreibung auf in Vorjahren aktivierten Aufwendungen (im Beispiel Entwicklungskosten) mit funktionsgleichen nicht aktivierungsfähigen Aufwendungen des Geschäftsjahres in einer separaten Position zusammengefasst wird. Der **Inhalt der Umsatzkosten** oder des Bruttoergebnisses vom Umsatz würde **verfälscht**. Belässt man andererseits wie geboten die planmäßigen Abschreibungen in den Umsatzkosten, ist der **individuell eingefügte Zusatzposten irreführend**, weil er nach Ausklammerung der planmäßigen Abschreibungen tatsächlich nur einen Teil der namensgebenden Funktionskosten enthält. Die Ergänzung des Grundformats der UKV um spezielle Funktionsposten ist daher u. E. nur dann angemessen, wenn die betreffenden Kosten nicht in wesentlichem Umfang aktiviert werden und sich daher kein Konflikt zu den Umsatzkosten ergibt.
- Eine *mixed presentation* ist abzulehnen (Rz 74). Dem widerspricht auch IAS 1.IG nicht. Die dort beispielhaft präsentierte rudimentäre GuV nach dem Umsatzkostenverfahren enthält den Gesamtkostenposten „Abschreibungen" u. E. nur im didaktischen Interesse einer einfachen Überleitung von der Beispiel-GuV auf die Beispiel-Kapitalflussrechnung.

5.5   Ergänzende Posten oder Angaben zu unregelmäßigen Erfolgskomponenten

77   IAS 1.97 verlangt die Offenlegung materiell **bedeutsamer** (*„material"*) Erträge und Aufwendungen in der GuV selbst oder im Anhang. Die Vorschrift **ergänzt** die nach IAS 1.99 gebotene **Aufschlüsselung** des operativen Bereichs nach dem Umsatz- oder Gesamtkostenverfahren. Während IAS 1.99 auf die strukturierte Darstellung der regelmäßigen Erfolgsquellen ausgerichtet ist, sind Regelungsobjekt von IAS 1.97 die **unregelmäßigen** Erfolgskomponenten. Die beispielhafte Konkretisierung in IAS 1.98 erwähnt demgemäß folgende Fälle:

- **außerplanmäßige** Ab- und Zuschreibungen auf Vorräte und Sachanlagen (→ § 11 Rz 230),
- **Restrukturierungsaufwendungen** (→ § 21 Rz 87),
- Erfolge aus der **Veräußerung von Sachanlagen und Investments** (→ § 14 Rz 66),
- Erfolge aus der Erledigung von **Rechtsstreitigkeiten** (→ § 21 Rz 173),
- Erfolge aus der Auflösung von **Rückstellungen** (→ § 21 Rz 173).

Die Aufzählung hat keinen abschließenden Charakter. Weitere Angabepflichten können sich daher aus **Analogwertungen** ergeben. Betroffen sind u.E. insbesondere:

- außerplanmäßige Ab- und Zuschreibungen sowie Veräußerungserfolge aus **immateriellen** Anlagen,
- außerplanmäßige Abschreibungen und Zuschreibungen auf **Forderungen**.

Zur Art der Darstellung in der GuV selbst enthält IAS 1 keine Vorgaben. Eine 78
Ergänzung des Gliederungsschemas durch **zusätzliche** Posten kommt ebenso infrage wie (in der Praxis unüblich) die Aufnahme von **Davon-Angaben**. Zur Problematik solcher Posten im Umsatzkostenverfahren vgl. Rz 69.

Eine **saldierte Darstellung** von vergleichbaren Aufwendungen und Erträgen in 79
der **GuV** (z.B. Kursverluste mit Kursgewinnen) ist unter dem Vorbehalt der Wesentlichkeit zulässig (Rz 24).

5.6 Aufschlüsselung des Beteiligungs-, *equity*- und Finanzergebnisses in der GuV oder im Anhang

Der Inhalt des Postens **Finanzergebnis** (*financial cost*) ist nicht definiert. Die 80
zunächst herrschende Meinung hatte den Begriff als eine **Saldogröße** interpretiert. An dieser Auffassung kann seit IFRIC-Update Oktober 2004 nicht mehr festgehalten werden. Das IFRIC interpretiert unter Verweis auf das in IAS 1.32 enthaltene Saldierungsverbot den in IAS 1.81 verlangten Posten „*finance cost*" als „*gross finance cost*" (Finanzaufwendungen) und verlangt daher die **separate** Angabe der *finance revenues* (Finanzerträge). Der Saldo beider Positionen kann bis 2007 zusätzlich als Nettofinanzergebnis *(net finance cost)* angegeben werden. Nach Erlass von IFRS 7 waren wegen einer Bezugnahme in IFRS 7.IG13 auf das Nettofinanzierungsergebnis erneut Zweifel aufgekommen, ob eine Saldierung nicht doch zulässig sei. Das IFRIC-Update September 2006 und schließlich seine Umsetzung durch die Neufassung von IFRS 7.IG13 im Rahmen des *Annual Improvements Project 2008* hat jedoch die frühere Entscheidung bestätigt. Eine Saldierung in der GuV bleibt unzulässig.

Ob in der Mindestgliederung für die beiden unsaldierten Positionen der adjektivische Zusatz „übrige" notwendig ist, hängt von der Interpretation der daneben auszuweisenden Ergebnisse aus *equity*-Beteiligungen ab.

Drei Lesarten kommen infrage:

- Wie alle anderen Beteiligungsergebnisse (Dividenden und Abschreibungen bei der Anschaffungskostenbewertung, Änderungen des Stichtagswertes bei der *fair-value*-Bewertung) wird auch das Ergebnis aus *equity*-Beteiligungen als **Teil des Finanzergebnisses** interpretiert. Das Finanzergebnis ergäbe sich danach in der **Mindestgliederung** wie folgt:

10a)   +/− Ergebnis aus *equity*-Beteiligungen

10b)   + übrige Finanzerträge

10c)   − übrige Finanzaufwendungen

10   = Finanzergebnis

- Anders als das Ergebnis aus einfachen Anteilen spiegelt das Ergebnis aus *equity*-Beteiligungen unmittelbar den Periodenerfolg der Untergesellschaften wider. Es ist unabhängig von der Ausschüttungs- und Thesaurierungspolitik und unabhängig von der Marktbewertung der Untergesellschaften. Das **Ergebnis aus *equity*-Beteiligungen** ist daher bei der Obergesellschaft nicht als Finanzergebnis, sondern entweder als **operatives Ergebnis oder** als **Ergebnis sui generis** zu interpretieren. Die **Mindestgliederung** wäre danach wie folgt:

10   +/− Ergebnis aus *equity*-Beteiligungen

11a)   + Finanzerträge

11b)   − Finanzaufwendungen

11   = Finanzergebnis

- Beteiligungen, d. h. Anteile an assoziierten Unternehmen und Gemeinschaftsunternehmen, setzen einen maßgeblichen Einfluss oder eine gemeinschaftliche Kontrolle voraus. Im Unterschied zu einfachen Finanzinvestments i. S. v. IAS 39 wird daher eine Einflussnahme auf die operativen Geschäfte der Untergesellschaft vorausgesetzt. Aus dieser Sicht sind die (übrigen) Beteiligungsergebnisse mit dem Ergebnis aus *equity*-Beteiligungen **Teil des Beteiligungsergebnisses**. Die **Mindestgliederung** sähe danach wie folgt aus:

10a)   +/− Ergebnis aus *equity*-Beteiligungen

10b)   +/− übriges Beteiligungsergebnis

10   = Beteiligungsergebnis

11a)   + Finanzerträge

11b)   − Finanzaufwendungen

11   = Finanzergebnis

81   **Negative Einlagenzinsen** sollten nach Ansicht des IFRS IC[16] weder Zinsertrag (da kein Ressourcenzufluss) noch Zinsaufwand (da nicht für aufgenommenes Kapital), sondern bei Wesentlichkeit unter einem anderen, geeigneten Posten (z. B. sonstige Finanzaufwendungen) zu erfassen sein.

82   Die Mindestgliederung (Rz 80) lässt in keiner der drei Varianten erkennen, welchen Beitrag das Zinsergebnis (Zinsaufwand und Zinsertrag), die Abschreibungen auf Finanzanlagen, die Erfolge aus der *fair-value*-Bewertung von Finanzinstrumenten usw. zum Finanzergebnis geleistet haben. Der in IAS 1.85 f. und IAS 1.97 enthaltenen Forderung, die Erfolgsquellen *(elements of finnical performance)* in der GuV oder im Anhang offenzulegen, genügt die Mindestgliederung daher noch nicht.[17]

---

16   IFRIC Update Sept. 2012, Jan. 2013 und Jan. 2015.
17   Zur Erfolgsstrukturanalyse eines IFRS-Abschlusses KIRSCH, DB 2002, S. 2449 ff.

Eine **Erweiterung der Gliederung** in der GuV oder im Anhang ist nötig.   **83**
Folgende **Kriterien** sind u. E. relevant:

- Das Zinsergebnis hat, da es unmittelbar aus laufenden vertraglichen Ansprüchen oder Verpflichtungen resultiert, einen anderen Charakter als Abschreibungen und Zuschreibungen bzw. *fair-value*-Änderungen. Letztere unterscheiden sich wiederum wegen ihres vorläufigen Charakters von endgültig feststehenden Gewinnen oder Verlusten aus der Veräußerung von Finanzvermögen sowie aus Dividendenerträgen. Aus dieser Sicht wäre (hier in verkürzter, saldierter Betrachtung) folgende **Unterteilung nach der Art der Ergebnisse** möglich:

> +/– Ergebnis aus *equity*-Beteiligungen
> +/– Zinsergebnisse
> +/– Ergebnisse aus Ab- und Zuschreibungen sowie aus *fair-value*-Bewertung
> +/– Veräußerungsergebnisse, Dividenden, Darlehens- und Kreditausfälle.

- Diese Unterteilung würde aber andererseits der Unterschiedlichkeit der betroffenen Vermögenswerte nicht Rechnung tragen. In der Position „Ab- und Zuschreibungen" würden z. B. Wertänderungen von Beteiligungen mit der Wertänderung von Fremdkapitalinstrumenten (Anleihen, Darlehen usw.) und von Derivaten zusammengefasst. Endgültige Ergebnisse aus Beteiligungen, neben Dividenden also Veräußerungsgewinne oder -verluste, würden demgegenüber in der dritten Position mit endgültigen Verlusten aus Darlehen und Krediten vermischt. Eine **Gliederung nach Art des Vermögenswerts** könnte daher als vorzugswürdig erscheinen und würde (hier in verkürzter und saldierter Darstellung) wie folgt aussehen:

> +/– Ergebnis aus *equity*-Beteiligungen
> +/– übriges Beteiligungsergebnis (Abschreibungen, Zuschreibungen, Dividenden, Veräußerungsergebnisse)
> +/– Ergebnis aus übrigen Anteilen
> +/– Zinsergebnis
> +/– übriges Finanzergebnis (Derivate usw.)

Gegen eine derartige Gliederung könnte wiederum eingewandt werden, dass sie   **84**
z. B. im Beteiligungsergebnis **vorläufige** Bewertungserfolge mit **endgültigen** vermischt. Eine **Kombination** beider Systematiken, d. h. die Verwendung eines primären und eines sekundären Gliederungsformats für die GuV, läge deshalb nahe, würde aber in ihrer Unübersichtlichkeit der *Framework*-Anforderung nach Verständlichkeit nicht mehr genügen.

Eine **Zusammenfassung** der vorstehenden Überlegungen führt zu folgendem   **85**
Befund:

- Das in IAS 1.85 f. und IAS 1.97 enthaltene Gebot einer erfolgsquellenorientierten Aufgliederung des Ergebnisses und damit auch des Finanzergebnisses ist **zu abstrakt**.

- **Konkretisierungen** ganz unterschiedlicher Richtung sind begründbar.
- Der hohe Abstraktionsgrad der gegenwärtigen Regelung begünstigt **individuelle** Lösungen.

Im Übrigen gilt für den Ausweis der Finanzerträge und -aufwendungen in der **GuV** eine ähnliche Problematik wie für den Ausweis der Finanzinstrumente in der **Bilanz**: Die Ausweisvorschriften haben keinen Bezug zu den Bewertungskategorien des IAS 39 bzw. IFRS 9 und den mit ihnen verbundenen Erfolgswirkungen. Insoweit ist auch hier eine **Überleitungsrechnung** im Anhang die beste und ab 2007 durch IFRS 7.20 (als optionale Alternative zu einer unübersichtlichen GuV-Untergliederung) vorgesehene Lösung. Wegen Einzelheiten wird auf → § 28 Rz 512 verwiesen.

86   Nach Abschaffung der Quoten-Konsolidierung für Joint Ventures durch IFRS 11 wird diskutiert, ob es möglich ist, das Ergebnis aus *equity*-Beteiligung statt in einer Zeile in verschiedenen Zeilen, nämlich bei den operativen Beteiligungen (Beteiligungsunternehmen, deren Geschäftstätigkeit eine enge Verbindung zur Geschäftstätigkeit des Konzerns hat) im operativen Ergebnis, bei den Finanzbeteiligungen im Finanzergebnis auszuweisen. Der französische Standardsetter ANC schlägt etwa in *Recommendation* N°2013–01 vom April 2013 folgendes Vorgehen vor:

Operatives Ergebnis
+ *equity*-Ergebnis aus Unternehmen, deren Tätigkeiten eine enge Verbindung zur Tätigkeit des Konzerns haben
= Operatives Ergebnis inkl. *equity*-Ergebnis

U.E. verstößt ein solches Vorgehen nur dann nicht gegen IAS 28.32 und IAS 1.82, die übereinstimmend den Ausweis aller *equity*-Ergebnisse in einer einzigen Zeile verlangen, wenn sämtliche *equity*-konsolidierten Unternehmen eine enge Verbindung zur Tätigkeit des Konzerns haben. Unter diesen speziellen Umständen ist auch folgende Abwandlung des französischen Vorschlags zulässig.

Operatives Ergebnis
+ Ergebnisanteil der *at equity* bewerteten Finanzanlagen
= Operatives Ergebnis nach *equity*-Ergebnis

Für den allgemeineren Fall, in dem sowohl operative als auch rein finanzinvestive *equity*-Beteiligungen gehalten werden, bleibt beim Wunsch nach einer Differenzierung nur folgende Möglichkeit:

Ergebnisanteil der *at equity*-bewerteten Finanzanlagen
Davon Ergebnis mit Bezug zu den operativen Aktivitäten des Konzerns
Davon Ergebnis ohne Bezug zu den operativen Aktivitäten des Konzerns

Die Verpflichtung zur Erfassung des Ergebnisses aus der *equity*-Bewertung in einer separaten Zeile könnte in Fällen signifikanter außerplanmäßiger Abschreibungen mit der Empfehlung von IAS 1.100 kollidieren, solche unregelmäßigen Erfolgsquellen bevorzugt in der GuV selbst gesondert auszuweisen. Ein Davon-

oder Vorspaltenausweis kann diesen „Widerspruch" lösen, da auf diese Weise zum einen die Wertberichtigung gesondert ausgewiesen wird, zum anderen das *equity*-Ergebnis in der Hauptspalte in einer Zeile gezeigt wird.

Wegen des Ausweises sonstiger Ergebnisbestandteile (*other comprehensive income*) aus *equity*-Beteiligungen in der Gesamtergebnisrechnung wird auf Rz 96 verwiesen.

5.7 IFRS-Praxis, Pro-forma-*earnings*

Die IFRS-Praxis bietet in der Gliederung der GuV ein recht uneinheitliches Bild: 87

• **Umsatzerlöse**
Als Eingangsgröße der GuV werden nicht immer die Umsatzerlöse verwendet. Verkehrsunternehmen verfahren etwa zum Teil wie folgt:

> Erlöse aus Verkehrsleistungen
>
> + andere Betriebserlöse
>
> = Umsatzerlöse

Versorgungsunternehmen wenden zum Teil folgendes Schema an:

> Umsatzerlöse
>
> – Mineralölsteuer/Erdgassteuer/Stromsteuer
>
> = Umsatzerlöse (ohne Mineralöl-/Erdgas-/Stromsteuer)

Unstrittig zählen Umsatzsteuern aufgrund ihres durchlaufenden Charakters nicht zu den Umsatzerlösen. U.E. reicht die abweichende Ausgestaltung der Verbrauchsteuern (i.d.R. kein offener Rechnungsausweis, statt Preis Mengenabhängigkeit, keine Bindung an den Verkehrsakt) nicht aus, um die unsaldierte Größe vor Abzug der Steuern als Umsatzerlöse zu bezeichnen. Eine andere Auffassung mag aber vertretbar sein.

Zur Frage des (Sonder-)Ausweises von Erlösen i.e.S., nämlich solchen, die IFRS 15 unterliegen, wird auf → § 25 Rz 240 verwiesen.

• **Operative Aufwendungen**   88
Nach einer empirischen Untersuchung[18] wird in 2/3 der Fälle das Gesamtkostenverfahren, in 1/3 das Umsatzkostenverfahren verwendet.

Innerhalb des jeweiligen Systems sind die regelmäßigen Untergliederungen relativ einheitlich. Unterschiedliche Bedeutung wird aber der in IAS 1.86 enthaltenen Aufforderung zugemessen, unregelmäßige Ergebnisbestandteile separat aufzuweisen.

Außerplanmäßigen Abschreibungen auf Firmenwerte werden etwa regelmäßig gesondert ausgewiesen, zum Teil aber innerhalb, zum Teil außerhalb des Ergebnisses aus betrieblicher Tätigkeit.

• **Beteiligungs- und Finanzergebnis**   89
Bei erster Betrachtung hat sich für die Aufgliederung der Beteiligungs- und Finanzergebnisse ein relativ einheitliches Schema herausgebildet. Soweit in

---

[18] GRÜNBERGER, StuB 2002, S. 885 ff.

der GuV nicht ganz auf die Aufschlüsselung des Finanzergebnisses verzichtet wird (ausnahmsweise), dominiert auf GuV-Ebene folgende Darstellung:

> Ergebnis aus *equity*-Beteiligungen
> übriges Beteiligungsergebnis
> Zinsergebnis
> übriges Finanzergebnis

Der Inhalt des Postens „Finanzergebnis" unterscheidet sich aber. Gewinne und Verluste aus der Veräußerung von Finanzanlagen oder Wertpapieren des Umlaufvermögens werden etwa zum Teil aggregiert im Finanzergebnis berücksichtigt, während andere hier nur die Finanzanlagen berücksichtigen und Gewinne und Verluste aus dem Abgang von kurzfristigen Finanzinvestitionen unter den sonstigen betrieblichen Erträgen und Aufwendungen ausweisen.

90   Das sich insgesamt ergebende disparate Bild hat nur **wenig mit bilanzpolitischen** Erwägungen zu tun. Die bilanzpolitische Aufbereitung des Ergebnisses in nachhaltige und nicht nachhaltige Komponenten, Ergebnisse vor (planmäßigen oder außerplanmäßigen) Abschreibungen und Ergebnisse nach Abschreibungen erfolgt weniger durch Einführungen besonderer Posten oder Zwischensummen in der GuV als in **betriebswirtschaftlichen Nebenrechnungen,** die der Darstellung von sog. **bereinigten Ergebnissen** (Pro-forma-*earnings)* dienen. Die dabei am weitesten verbreiteten Kennzahlen sind das EBIT *(earnings before interest and taxes)* und das EBITDA *(earnings before interest, taxes, depreciation and amortisation).* Die Grundlagen zur Berechnung dieser Größen werden häufig nicht oder unzureichend erläutert.[19] Die Präsentation **bereinigter** Ergebnisse verbessert regelmäßig nicht die Informationslage der Bilanzadressaten, sondern ist bilanzpolitisch motiviert.[20]

Im Unterschied zum handelsrechtlichen Abschluss unterliegt die Aufnahme von für sinnvoll erachteten Überschriften, Zwischensummen, Zusatzbezeichnungen in die IFRS-GuV keinen sehr restriktiven Vorschriften. Gegen die Kennzeichnung des Vorsteuerergebnisses als EBIT oder den Ausweis einer Zwischensumme vor Abschreibung und Steuern als EBITDA innerhalb der GuV selbst ist daher formell nichts einzuwenden. Sachgerecht erscheint ein solches Vorgehen jedoch nicht unbedingt, da es die **Grenzen zwischen Ergebnissen und Pro-Forma-Ergebnissen verwischt.** Im Übrigen enthält das *Amendment* vom Dezember 2014 restriktivere Vorgaben als bisher. Zwischensummen müssen Beiträge enthalten, die nach IFRS bemessen, außerdem klar und verständlich bezeichnet und schließlich nicht „prominenter" dargestellt werden als von den IFRS selbst verlangte Zwischensummen (IAS 1.85A). Wegen der Zulässigkeit einer Zwischensumme „operatives Ergebnis" wird auf Rz 63 verwiesen.

91   Ab 2016 sind für kapitalmarktorientierte Unternehmen die von der **ESMA** veröffentlichten *„Guidelines on Alternative Performance Measures"* zu beachten.[21] Sie bestimmen u. a., dass *„Alternative Performance Measures"* bzw. *„Non-GAAP Measures"*

---

19   HILLEBRANDT/SELLHORN, KoR 2002, S. 153 ff.
20   HEIDEN, in: BRÖSEL/KASPERZAK (Hrsg.), Internationale Rechnungslegung, Prüfung und Analyse, 2004, S. 593 ff.
21   https://www.esma.europa.eu/sites/default/files/library/2015/10/2015-esma-1415en.pdf, abgerufen am 4.1.2017.

- klar zu bezeichnen,
- ihre Berechnungsgrundlagen anzugeben,
- zudem Überleitungsrechnungen auf die im Abschluss ausgewiesenen Beträge vorzunehmen sind.

Betroffen von den Vorgaben sind neben Ad-hoc-Mitteilungen die im Rahmen der Regel-Finanzberichterstattung kapitalmarktorientierter Unternehmen veröffentlichten Informationen, explizit ausgenommen jedoch Jahres- oder Halbjahresfinanzberichte und sonstige Zwischenabschlüsse, die in Übereinstimmung mit den IFRS gleichwertigen Rechnungslegungsvorschriften (etwa US-GAAP) erstellt wurden. Somit reduziert sich der Anwendungsbereich im Wesentlichen auf die (Konzern-)Lageberichterstattung. Die Empfehlungen der amerikanischen SEC[22] beziehen hingegen den Abschluss zum Teil mit ein.[23]

6 Gesamtergebnisrechnung

6.1 Verhältnis zur Eigenkapitaländerungsrechnung

Zu Änderungen des **Reinvermögens** eines Unternehmens zwischen zwei Stichtagen kommt es – Fehlerkorrekturen und Methodenänderungen ausgeklammert (→ § 24) – durch   92

- das in der Berichtsperiode erzielte Gesamtergebnis, d.h. die Summe aus **realisierten** (in der GuV berücksichtigten) Erfolgen und (direkt im Eigenkapital verbuchtem) sonstigen **Einkommen** *(other comprehensive income)*, und
- **Transaktionen** mit den **Anteilseignern** in der Form von Kapitalzuführungen und -rückzahlungen und von Dividenden.

Mit Wirkung **ab 2009** ergibt sich hier tendenziell (vgl. aber → § 20 Rz 68) folgende **Arbeitsteilung** (IAS 1.81):   93

- In der **Eigenkapitaländerungsrechnung** sind die Transaktionen mit **Gesellschaftern** im Detail darzustellen, während das Gesamtergebnis dort nur noch als Saldo berücksichtigt werden darf.
- Die Aufschlüsselung dieses Saldos ist dann der **pflichtweise** aufzustellenden **Gesamtergebnisrechnung** vorbehalten.

6.2 Darstellungswahlrechte im Verhältnis zur GuV

Für die Darstellung der Gesamtergebnisrechnung besteht nach IAS 1.10A die Wahl zwischen zwei **Formaten** (Rz 57):   94

- Nach dem sog. *„one statement approach"* werden die GuV-wirksamen Aufwendungen und Erträge und die nicht in der GuV berücksichtigten Einkommensbestandteile *(income and expenses recognised directly in equity* bzw. *other comprehensive income)* in einem **einheitlichen** Rechenwerk erfasst, dessen Summe das Gesamtergebnis *(comprehensive income)* ist, oder
- gem. dem sog. *„two statement approach"* wird in einem ersten Rechenwerk – der GuV – das Periodenergebnis entwickelt, in einem zweiten – der Gesamtergebnisrechnung – die Entwicklung des Gesamtergebnisses aus dem Saldo

---

22 www.sec.gov/divisions/corpfin/guidance/nongaapinterp.htm, abgerufen am 4.1.2017.
23 Vgl. zum Ganzen BACH/BERGER, BB 2016, S. 1514ff.

der GuV und den Einzelposten der nicht in der GuV berücksichtigten Ergebnisse *(other comprehensive income)* dargestellt.

Der in 2010 vorgelegte Entwurf einer Änderung von IAS 1 sah eine Streichung dieses Wahlrechts (Verpflichtung auf den *one statement approach*) vor. Dies wurde aufgrund zahlreicher Kritik in der im Juni 2011 vorgelegten Neufassung von IAS 1 nicht umgesetzt. Das Wahlrecht besteht also weiterhin. IAS 1.10A enthält mit Wirkung für ab 1.7.2012 beginnende Geschäftsjahre aber nunmehr die (ausdrückliche) Verpflichtung, bei Entscheidung für zwei Rechenwerke die Gesamtergebnisrechnung in **unmittelbarem Anschluss** an die GuV zu präsentieren, also nicht etwa der GuV zunächst die Bilanz und/oder den Eigenkapitalspiegel folgen zu lassen und erst danach die Gesamtergebnisrechnung darzustellen.

95   Das **direkt im Eigenkapital** berücksichtigte Einkommen *(other comprehensive income)* umfasst, nach **Arten** *(nature)* unterschieden, (Rz 87):
- die Neubewertung von sachlichem und immateriellem Anlagevermögen (→ § 14 Rz 47),
- versicherungsmathematische Gewinne oder Verluste bei sofortiger erfolgsneutraler Erfassung (→ § 22 Rz 90),
- optional erfolgsneutral behandelte Wertänderungen von Eigenkapitalinstrumenten (Anteile), die ohne Handelsabsicht gehalten werden nach IFRS 9 (→ § 28 Rz 151),
- bonitätsbedingte Wertänderungen von Verbindlichkeiten, die gem. IFRS 9 wahlweise zum *fair value* bilanziert werden (→ § 28 Rz 351),
- erfolgsneutrale Wertänderungen von bestimmten, nicht Handelszwecken dienenden Finanzinstrumenten nach IAS 39 (→ § 28 Rz 200),
- erfolgsneutrale Wertänderungen von *cash flow hedges* (→ § 28a Rz 49),
- Währungsumrechnungsdifferenzen aus selbstständigen ausländischen Tochterunternehmen (→ § 27 Rz 56).

Die Komponenten des *other comprehensive income* können wahlweise nach oder vor Steuern gezeigt werden. Im zweiten Fall sind die auf das sonstige Ergebnis entfallenden Steuern – analog zur GuV – in einer Gesamtsumme zu erfassen (IAS 1.91 rev. 2007). Bei Vorsteuerdarstellung der Komponenten des sonstigen Ergebnisses reicht aber eine Zeile für die Steuern nicht aus, vielmehr sind gem. IAS 1.91 zwei Teilbeträge auszuweisen, die nach der auf Steuer *recycling*fähige und **nicht** *recycling*fähige Ergebnisbestandteile (Rz 98) differenzieren.

96   Tabellen 6 und 7 zeigen den **Aufbau** einer **Gesamtergebnisrechnung** nach dem *one* und *two statement approach* bei Darstellung der Ergebniskomponenten vor Steuern (Rz 95). Dabei sind Komponenten des sonstigen Ergebnisses nicht nur nach ihrer **Art** zu unterscheiden (Rz 94), sondern überdies gem. ihrer Fähigkeit zum *recycling* (Rz 98) in zwei separaten Gruppen darzustellen, nämlich als
- Ergebnisse, die zu keinem späteren Zeitpunkt in die GuV umklassifiziert bzw. *recycled* werden (Neubewertung von Anlagen, erfolgsneutrale Erfassung versicherungsmathematischer Gewinne und Verluste), und
- Ergebnisse, die bei Erfüllung bestimmter Bedingungen in der Zukunft *recycled* werden (bestimme Finanzinstrumente, *cash flow hedges*, Währungsumrechnungsdifferenzen).

Wegen des Formats des Eigenkapitalspiegels wird auf → § 20 Rz 64 verwiesen.

Gesamtergebnisrechnung für das Geschäftsjahr 02 *(statement of comprehensive income)*		
	02	**01**
I. Gewinn und Verlust		
1. Umsatzerlöse	xx	xx
....		
....		
14. Jahresüberschuss/Jahresfehlbetrag	xx	xx
II. Sonstiges Ergebnis		
II.A. Komponenten, die nicht in die GuV umklassifiziert werden können		
1. +/– Gewinn/Verlust aus Neubewertung Sachanlagen/ immaterielle Anlagen	xx	xx
2. +/– Versicherungsmathematische Gewinne/Verluste aus leistungsorientierten Pensionsplänen	xx	xx
3. +/– Wertänderungen von optional erfolgsneutral behandelten Eigenkapitalinstrumenten (IFRS 9)	xx	xx
4. +/– bonitätsbedingte Wertänderungen von nach der *fair-value-* Option bilanzierten Verbindlichkeiten (IFRS 9)	xx	xx
5. +/– Anteil an entsprechenden Gewinnen *equity*-konsolidierter Unternehmen (nach Steuern)	xx	xx
6. –/+ Steuern	xx	xx
7. Summe nach Steuern (1 bis 6)	xx	xx
II.B. Komponenten, die in die GuV umklassifiziert werden können		
1. +/– Überschuss/Fehlbetrag aus erfolgsneutral zum *fair value* bewerteten veräußerbaren Finanzinstrumenten	xx	xx
2. +/– Überschuss/Fehlbetrag aus *cash flow hedges*	xx	xx
3. +/– Währungsumrechnungsdifferenz wirtschaftlich selbstständiger ausländischer Einheiten	xx	xx
4. +/– Anteil an entsprechenden Gewinnen *equity*-konsolidierter Unternehmen (nach Steuern)	xx	xx
5. +/– Steuern	–xx	–xx
6. Summe nach Steuern (1 bis 5)	xx	xx
II.C. Sonstiges Ergebnis nach Steuern	xx	xx

Gesamtergebnisrechnung für das Geschäftsjahr 02 *(statement of comprehensive income)*		
	02	01
III. Gesamtergebnis (Summe I.14. und II.C.)	**XXX**	**XXX**
vom Jahresüberschuss/-fehlbetrag zuzurechnen		
Eigenkapitalgebern der Muttergesellschaft	xx	xx
Minderheitsgesellschaftern	xx	xx
	xx	**xx**
vom Gesamtergebnis zuzurechnen		
Eigenkapitalgebern der Muttergesellschaft	xx	xx
nicht beherrschenden Gesellschaftern	xx	xx
	xx	**xx**

Tab. 6: Gesamtergebnisrechnung (*one statement approach*)

Gesamtergebnisrechnung für das Geschäftsjahr 02 *(statement of comprehensive income)*		
	02	01
I. Jahresüberschuss/Jahresfehlbetrag	xx	xx
II. Sonstiges Ergebnis		
II.A. Komponenten, die nicht in die GuV umklassifiziert werden können		
1. +/– Gewinn/Verlust aus Neubewertung Sachanlagen/ immaterielle Anlagen	xx	xx
2. +/– Versicherungsmathematische Gewinne/Verluste aus leistungsorientierten Pensionsplänen	xx	xx
3. +/– Wertänderungen von optional erfolgsneutral behandelten Eigenkapitalinstrumenten (IFRS 9)	xx	xx
4. +/– bonitätsbedingte Wertänderungen von nach der *fair-value*-Option bilanzierten Verbindlichkeiten (IFRS 9)	xx	xx
5. +/– Anteil an entsprechenden Gewinnen *equity*-konsolidierter Unternehmen (nach Steuern)	xx	xx
6. –/+ Steuern	xx	xx
7. Summe nach Steuern (1 bis 6)	xx	xx

Gesamtergebnisrechnung für das Geschäftsjahr 02 *(statement of comprehensive income)*		
	02	01
II.B. Komponenten, die in die GuV umklassifiziert werden können		
1. +/– Überschuss/Fehlbetrag aus erfolgsneutral zum *fair value* bewerteten veräußerbaren Finanzinstrumenten	xx	xx
2. +/– Überschuss/Fehlbetrag aus *cash flow hedges*	xx	xx
3. +/– Währungsumrechnungsdifferenz wirtschaftlich selbstständiger ausländischer Einheiten	xx	xx
4. +/– Anteil an entsprechenden Gewinnen *equity*-konsolidierter Unternehmen (nach Steuern)	xx	xx
5. +/– Steuern	–xx	–xx
6. Summe nach Steuern (1 bis 5)	xx	xx
II.C. Sonstiges Ergebnis nach Steuern	xx	xx
III. Gesamtergebnis (Summen I. und II.C.)	**XXX**	**XXX**
vom Gesamtergebnis zuzurechnen		
nicht beherrschenden Gesellschaftern	xx	xx
= Eigenkapitalgebern der Muttergesellschaft	xx	xx

Tab. 7: Gesamtergebnisrechnung (*two statement approach*)

Das Gesamtergebnisformat macht durch die Konzentration auf die Einkommensquellen das Verhältnis von **realisierten** zu **unrealisierten** Gewinnen deutlicher als der vormals dominierende und bis 2008 zulässige Ausweis der unrealisierten Gewinne in der Eigenkapitaländerungsrechnung. Sie lässt z.B. auf einen Blick erkennen, ob positive GuV-Ergebnisse durch negative unrealisierte Verluste überkompensiert wurden und somit in Summe ein negatives Einkommen angefallen ist.   97

6.3 *Recycling/reclassification* von sonstigen Ergebnissen, Aufschlüsselung in GuV oder Anhang

Bei der erfolgsneutralen Berücksichtigung von   98
- Wertänderungen von bestimmten **Finanzinstrumenten** (→ § 28) und
- *cash flow hedges* usw. (→ § 28a Rz 49) sowie
- **Währungsumrechnungsdifferenzen** im Konzern (→ § 27 Rz 56)

wird die entsprechende **Rücklage** im Eigenkapital nur als „**Parkposition**" genutzt. Mit

- Abgang der veräußerbaren Wertpapiere,
- Eintritt der durch *cash flow hedges* gesicherten Transaktion,
- Entkonsolidierung des ausländischen Tochterunternehmens

wird die Rücklage erfolgswirksam gegen Ertrags- bzw. Aufwandsposten der GuV aufgelöst. Dieser Vorgang wurde (und wird in der Praxis auch weiterhin) als *recycling* des *other comprehensive income* bezeichnet. IAS 1.93 kennzeichnet ihn als Umgliederung *(reclassification adjustment)* und verlangt die Offenlegung eines vorgenommenen *recycling* in der Gesamtergebnisrechnung oder im Anhang. Von dieser **vergangenheitsorientierten** Angabe (in der Periode vorgenommenes *recycling*) ist die zukunftsgerichtete Unterscheidung zwischen *recycling*fähigen und nicht *recycling*fähigen Ergebnisbestandteilen zu unterscheiden (in der Periode erfasstes sonstiges Einkommen, das in der Zukunft *recycled* werden kann oder nicht). Die zukunftsgerichtete Separierung ist in der GuV selbst vorzunehmen (Rz 96).

Recycling bedeutet:

- Ein zuvor bereits als **Teil** des sonstigen **Gesamtergebnisses** (und damit auch des „totalen" Gesamtergebnisses) berücksichtigter Vorgang
- wird nunmehr als **Teil** der **GuV** (und damit wiederum des „totalen" Gesamtergebnisses) berücksichtigt.

Hier ist eine **Doppelerfassung** zu vermeiden.

Praxis-Beispiel

Am 1.1.01 erwirbt U mit mittelfristiger Halteabsicht Aktien (→ § 28 Rz 151, → § 28 Rz 200) zu 100.

Am 31.12.01 notiert es mit 115 (sonstiges Ergebnis: 15).

In 02 wird es für 125 veräußert (Ertrag lt. GuV: 25).

In 01 wird ein Betrag von 15 als sonstiger Teil des Gesamtergebnisses berücksichtigt, in 02 ein Betrag von 25 im GuV-Teil des Gesamtergebnisses. In der Summe beider Perioden beträgt das Gesamtergebnis aber nicht 15–25 = 40, sondern nur 25. Dies ist nur darzustellen, wenn in 02 ein Gesamtergebnis von 10 ausgewiesen, d.h. ein Betrag von -15 als sonstiger Teil des Gesamtergebnisses berücksichtigt wird. Die Gesamtergebnisrechnung 02 stellt sich somit wie folgt dar:

	vor *recycling*	*recycling*	gesamt
Ertrag GuV 02	+ 10	+ 15	+ 25
sonstiges Ergebnis 02	0	– 15	– 15
Gesamtergebnis 02	+ 10	0	+ 10

Bei Erstellung von **Quartalsabschlüssen** (→ § 37) kann das sonstige Gesamtergebnis vor *recycling* auch Beträge enthalten, die noch im gleichen Geschäftsjahr *recycled* werden. Bei der Währungssicherung von Anschaffungsgeschäften kommt statt (sofortigem) *recycling* auch die Einbuchung der angeschafften Vorräte oder Anlagen zum Sicherungskurs infrage. Diese wird als *basis adjustment*

(Buchwertanpassung) bezeichnet (→ § 28a Rz 49) und ist ebenfalls offenzulegen (IAS 1.IG Part I).[24]

Entfallen sonstige Ergebnisse auf einen aufgegebenen Geschäftsbereich (*discontinued operation*) i.S.v. IFRS 5, so ist wie in der GuV auch für das sonstige Ergebnis eine Separierung von der fortgeführten Tätigkeit geboten.[25]   99

Die Offenlegung des *recycling* kann wahlweise in der Gesamtergebnisrechnung oder im Anhang erfolgen. Im Beispiel unter Rz 90f. erfolgt die Offenlegung in der Gesamtergebnisrechnung durch Einfügung einer Art „Umbuchungsspalte". Die Praxis dürfte im Interesse, die Bilanzadressaten von der ohnehin noch ungewohnten Gesamtergebnisrechnung zu entlasten, eine Offenlegung im **Anhang** bevorzugen. Sie hat beispielhaft folgendes Format: 100

Komponenten des sonstigen Gesamtergebnisses	02		01	
1. Währungsdifferenzen ausländischer Töchter		6.000		– 2.000
2. versicherungsmathematische Verluste Pensionspläne		–333		– 667
3. erfolgsneutral zum *fair value* bewertete Finanzinstrumente				
3a) Gewinn des Jahres vor *recycling*	1.333		30,667	
3b) abzüglich in die GuV umklassifizierter Gewinne (*reclassification adjustments*)	– 25.333	– 24.000	– 4.000	26.667
4. *cash flow hedges*				
4a) Verlust des Jahres vor *recycling*	– 4.667		– 4.000	
4b) in die GuV umgegliederte Verluste (*reclassification adjustments*)	3.333		0	
4c) mit Anschaffungskosten verrechnete Verluste (*basis adjustments*)	667	– 667	0	– 4.000
Sonstiges Ergebnis vor Steuern		– 19.000		20.000
Steuern auf sonstiges Ergebnis		+ 6.000		– 6.500
Sonstiges Ergebnis		– 13.000		13.500

Tab. 8: Komponenten des sonstigen Gesamtergebnisses

---

24 Gl. A. URBANCZIK, KoR 2012, S. 269 ff.
25 URBANCZIK, KoR 2012, S. 269 ff.

6.4 Offenlegung der Steuern auf das sonstige Ergebnis

101   Nach IAS 1.90 ist der auf jede Komponente des sonstigen Gesamtergebnisses entfallende **Steuerertrag oder -aufwand** entweder in der Gesamtergebnisrechnung selbst oder im Anhang auszuweisen. Aus den unter Rz 100 genannten Gründen ist die Offenlegung im **Anhang** vorzuziehen. Nachfolgend ein Beispiel für die Offenlegung im Anhang:

	02			01		
	vor Steuern	Steuern	netto	vor Steuern	Steuern	netto
Währungsumrechnung ausländischer Töchter	5.334	−1.334	4.000	10.667	−2.667	8.000
cash flow hedges	−667	167	−500	−4.000	1.000	−3.000
Versicherungsmathematische Verluste	933	−333	600	3.367	−667	2.700
	5.600	−1.500	4.100	10.034	−2.334	7.700

Tab. 9: Beispiel zur Offenlegung der Steuern auf das sonstige Ergebnis

Der informatorische Sinn einer solchen Offenlegung ist schwer erkennbar. In den Stellungnahmen zum *Exposure Draft* wurde etwa kritisiert, dass hier eine postenbezogene Aufschlüsselung verlangt werde, die in der GuV aus guten Gründen nicht gefordert sei. Der IASB hat dieser Kritik nicht entsprochen, sie vielmehr mit wenig überzeugendem pauschalem Verweis auf Anforderungen der Bilanzadressaten und mögliche Unterschiede zwischen den für GuV und *other comprehensive income* geltenden Steuersätzen zurückgewiesen (IAS 1.BC68).

7 Bilanz- und GuV-Gliederung bei Banken

102   In IAS 1 findet sich als speziell auf Kreditinstitute bezogene Regelung nur die implizite Vorgabe, die Bilanz nach der **Liquiditätsnähe** und nicht nach der Fristigkeit zu gliedern (IAS 1.60). Allgemein ist aber erlaubt – u.U. geboten –, die in IAS 1.54 und IAS 1.82 vorgesehene Gliederung (Bezeichnungen, Reihenfolge und Zusammenfassung von Posten) von Bilanz und GuV **anzupassen**. Dies kann gerade bei Banken erforderlich sein, um relevante Informationen über ihre Geschäftstätigkeit zur Verfügung stellen zu können (IAS 1.57(b) und IAS 1.86).

103   Bei der Entscheidung über die Ausgestaltung der Gliederung sind zusätzlich die von IFRS 7.8 und IFRS 7.20(a) geforderten **kategoriebezogenen Angaben** zu berücksichtigen (→ § 28 Rz 512):
- Die Buchwerte der einzelnen Bewertungskategorien nach IAS 39/IFRS 9 sind wahlweise in der Bilanz oder im Anhang (IFRS 7.8),
- die Nettogewinne und Nettoverluste der jeweiligen Bewertungskategorien wahlweise in der GuV oder im Anhang anzugeben.

Die Wahlrechte bewirken faktische Gliederungs**alternativen** für die Bilanz bzw. die GuV.

In der **Bilanzierungs**praxis von Banken finden sich beide Gliederungsalternativen, die häufig eine Reihe von Strukturmerkmalen aus der HGB-Bilanzierung (Formblätter der RechKredV) enthalten. Die Kernelemente einer primär betriebswirtschaftlich orientierten Bilanzgliederung sind (einschließlich der Posten, die keine Finanzinstrumente betreffen):

104

Aktivseite:
- Barreserve
- Forderungen an Kreditinstitute
- Risikovorsorge für Forderungen an Kreditinstitute
- Forderungen an Kunden
- Risikovorsorge für Forderungen an Kunden
- Wertanpassungen aus *portfolio fair value hedges*
- Positive Marktwerte aus derivativen Sicherungsinstrumenten
- Handelsaktiva
- Finanzanlagen
- Anteile an *at equity* bewerteten Unternehmen
- Als Finanzanlagen gehaltene Immobilien
- Immaterielle Vermögenswerte (inkl. *goodwill*)
- Sachanlagen
- Zur Veräußerung gehaltene langfristige Vermögenswerte und aufgegebene Geschäftsbereiche
- Tatsächliche Ertragsteueransprüche
- Latente Ertragsteueransprüche
- Sonstige Aktiva

Passivseite:
- Verbindlichkeiten gegenüber Kreditinstituten
- Verbindlichkeiten gegenüber Kunden
- Verbriefte Verbindlichkeiten
- Wertanpassungen aus *portfolio fair value hedges*
- Negative Marktwerte aus derivativen Sicherungsinstrumenten
- Handelspassiva
- Pensionsverpflichtungen
- Sonstige Rückstellungen
- Tatsächliche Ertragsteuerverpflichtungen
- Latente Ertragsteuerverpflichtungen
- Sonstige Passiva
- Nachrangkapital
- Eigenkapital
  - Gezeichnetes Kapital
  - Kapitalrücklagen
  - Gewinnrücklagen
  - Neubewertungsrücklage (*other comprehensive income*)
  - Anteile im Fremdbesitz

Auch für die **GuV-Gliederung** bestehen die Alternativen einer Gliederung nach „betriebswirtschaftlichen" Kriterien oder nach den **Bewertungskategorien** des IAS 39 bzw. IFRS 9. Die GuV-bezogenen Angabepflichten des IFRS 7 zu den Bewertungskategorien sind **weniger umfassend** als für die Bilanz. Sie beschrän-

105

ken sich auf die **Nettogewinne und Nettoverluste** je Kategorie (IFRS 7.20(a)).
Nicht notwendig ist die Angabe **aller Erträge/Aufwendungen** je Kategorie.
Eine an den Bewertungskategorien ausgerichtete Gliederung der GuV fasst alle
einer Bewertungskategorie zuzuordnenden Erträge und Aufwendungen zusammen. Demnach werden bspw. im Ergebnis aus *financial instruments measured at
amortized cost* die Zinserträge, Wertberichtigungen, Abschreibungen, Veräußerungserlöse usw. aller entsprechend kategorisierten Finanzinstrumente erfasst.
Eine solche Gliederung führt einerseits zu merkwürdigen Postenbezeichnungen
und ist andererseits für den GuV-Leser wenig informativ.

So dominiert in der **Praxis** von Banken eine primär an „**betriebswirtschaftlichen**" Kriterien ausgerichtete Gliederung der GuV, die sich in Deutschland an
die RechKredV anlehnt. Die Kernelemente einer solchen GuV-Gliederung sind
(einschließlich der GuV-Positionen, die sich nicht auf Finanzinstrumente beziehen):

- Zinserträge
- Zinsaufwendungen
- **Zinsüberschuss**
- Risikovorsorge im Kreditgeschäft
- **Zinsüberschuss nach Risikovorsorge**
- Provisionserträge
- Provisionsaufwendungen
- **Provisionsüberschuss**
- Handelsergebnis
- Ergebnis aus Sicherungszusammenhängen
- Ergebnis aus Finanzanlagen
- Verwaltungsaufwand
- Sonstiges Ergebnis
- Ergebnis vor Steuern
- Ertragsteuern
- Ergebnis nach Steuern, in der Konzern-GuV mit den Davon-Positionen
  - den Minderheiten zurechenbares Ergebnis
  - den Eigentümern zurechenbares Ergebnis

Das GuV-Ergebnis ist in der Gesamtergebnisrechnung um das sonstige Ergebnis
(*other comprehensive income*) zu ergänzen (IAS 1.81A; Rz 96 ff.).

8 Anwendungszeitpunkt, Rechtsentwicklung

106 IAS 1 in der vorstehend kommentierten Fassung ist für alle Abschlüsse anzuwenden, deren Berichtszeitraum ab dem 1.1.2013 beginnt (IAS 1.139 bis IAS 1.139L).

107 Gegenüber älteren Fassungen ergeben sich folgende Unterschiede:

- **Eigenkapitaländerungsrechnung/Gesamtergebnisrechnung**: Bis einschließlich 2008 bestand ein Wahlrecht, die Aufgliederung des Gesamtergebnisses nach
  Jahresergebnis *(profit)* einerseits und den einzelnen Bestandteilen des sonstigen
  Ergebnisses *(other comprehensive income)* im Eigenkapitalspiegel oder in einer
  Gesamtergebnisrechnung darzustellen. Ab 2009 ist zwingend eine Gesamtergebnisrechnung aufzustellen. In der Eigenkapitaländerungsrechnung werden
  dann nur noch die Transaktionen mit Gesellschaftern aufgegliedert (Rz 92 sowie
  → § 20 Rz 65).

- **Vorjahresvergleichszahlen Bilanz:** Bei Umklassifizierungen sind neben den Vorjahresbilanzzahlen auch die Anfangsbilanzwerte des Vorjahres (= Schlussbilanzwerte Vorvorjahr) anzugeben (Rz 10).
- **Neubezeichnungen:** Die Neufassung von IAS 1 in 2007 führte zur Umbenennung einiger Abschlussbestandteile, insbesondere des *„balance sheet"* in *„statement of financial position"*, jedoch ohne Verpflichtung zur Verwendung der Neubezeichnungen (Rz 4).[26]

Im Juni 2011 hat der IASB *Amendments to IAS 1 Presentation of Items of Other Comprehensive Income* verabschiedet. Das *Amendment* belässt es bei dem Wahlrecht zwischen *two* und *one statement approach* (Rz 57), verlangt aber erstmals die Posten des sonstigen Gesamtergebnisses danach zu gruppieren, ob sie *„recycled"* (umklassifiziert) werden können oder nicht (Rz 96). Bei einer (wahlweise zulässigen) Vorsteuerdarstellung der Posten des sonstigen Gesamtergebnisses sind die Ertragsteuern zwischen den später zu „recyclenden" und den anderen Posten aufzuteilen.

Im Rahmen des ab 2013 anzuwendenden AIP 2009–11 sind die Regelungen für eine **dritte Bilanz** bei Fehlerkorrektur oder Methodenwechsel geändert worden (Rz 19). Außerdem wurde ein Wahlrecht zur selektiven Ausdehnung der Vergleichszeiträume auf mehr als eine Vorperiode eingeführt (Rz 11). **108**

Im Dezember 2014 ist ein *Amendment* zu IAS 1 zur Verbesserung der Ausweis- und Angabevorschriften erschienen. Das *Amendment* sieht u.a. Folgendes vor: **109**

- Klarstellung der **Reichweite des Wesentlichkeitsgrundsatzes:** Er betrifft nicht nur die primären Abschlussbestandteile, sondern gerade auch den Anhang (IAS 1.31). Auch spezifische von einem IFRS geforderte Anhangangaben können (und sollen) bei Unwesentlichkeit weggelassen werden (IAS 1.31).
- Klarstellung des **Gebotscharakters des Wesentlichkeitsgrundsatzes:** *„An entity shall not ... reduce the understandibility ... by obscuring material information with immaterial information"* (IAS 1.30 A).
- **Struktur des Anhangs:** Die Reihenfolge der Anhangangaben muss sich nicht am bisherigen IAS 1.114 orientieren, wenn eine andere systematische Reihenfolge relevanter und verständlicher ist (z.B. Gruppierung aller Informationen zu Finanzinformationen zusammen mit den entsprechenden *accounting policies*, IAS 1.113).

Der im Februar 2015 veröffentlichte ED/2015/1 *„Classification of Liabilities"* bringt Klarstellungen hinsichtlich der Abgrenzung lang- und kurzfristiger Schulden (Rz 43). **110**

---

[26] Zum Unterschied zwischen IAS 1 rev. 2003 und der Neufassung von IAS 1 ZÜLCH/FISCHER, PiR 2007, S. 257 ff.

§ 3   KAPITALFLUSSRECHNUNG
(Statement of Cash Flows)

Schrifttum: BÖSSER/PILHOFER/LESSEL, Kapitalflussrechnung nach IAS 7 in der Unternehmenspraxis, PiR 2013, S. 356 ff.; LÜDENBACH, Bilanzpolitik hinsichtlich Zinsen in der Kapitalflussrechnung, PiR 2006, S. 76 ff.; SCHEFFLER, Kapitalflussrechnung – Stiefkind in der deutschen Rechnungslegung, BB 2002, S. 295 ff.; SCHEFFLER, Was der DPR aufgefallen ist: Die vernachlässigte Kapitalflussrechnung, DB 2007, S. 2045 ff.; WULF/NIEMÖLLER, Reagibilität von Ergebnis und Cashflow im Kontext der Finanzmarktkrise, Entwicklung von Ergebnis und Cashflow am Beispiel ausgewählter Automobilhersteller in den Jahren 2006 bis 2012, PiR 2014, S. 42 ff.

Vorbemerkung
Die Kommentierung bezieht sich auf IAS 7 in der aktuellen, anzuwendenden Fassung und berücksichtigt alle Änderungen oder Änderungsentwürfe, die bis zum 1.1.2017 verabschiedet wurden.
Einen Überblick über diskutierte oder schon als Änderungsentwurf vorgelegte zukünftige Regelungen enthalten Rz 182 ff.

1 Zielsetzung, Regelungsinhalt und Begriffe

1.1 Wirtschaftlicher Gehalt

Die Kapitalflussrechnung ist wie Bilanz, Gesamtergebnisrechnung sowie Eigenkapitalveränderungsrechnung (→ § 2 Rz 92 ff.) **Pflichtbestandteil** des IFRS-Abschlusses (IAS 1.10(d)). Der wirtschaftliche Gehalt der Kapitalflussrechnung liegt in der Bereitstellung von Informationen über die Veränderungen der Zahlungsmittel eines Unternehmens, ursächlich getrennt nach den Bereichen
- betriebliche Tätigkeit (*operating activities*),
- Investitionstätigkeit (*investing activities*),
- Finanzierungstätigkeit (*financing activities*),
innerhalb der abgelaufenen Periode.

Die Notwendigkeit zur Aufstellung einer Kapitalflussrechnung ergibt sich aus dem zeitlichen Auseinanderfallen von Erträgen und Aufwendungen einerseits sowie Einnahmen und Ausgaben andererseits. Durch die (zunehmende) Verwendung von **Zeitwerten** kommt es zum Ausweis von realisierbaren, aber noch nicht endgültig (durch Verkauf etc.) realisierten Ergebnissen, denen regelmäßig kein entsprechender Zahlungsmittelfluss in der gleichen Periode gegenübersteht.[1]

3   In der Kapitalflussrechnung werden nicht zahlungswirksame **Bewertungsmaßnahmen zurückgenommen**, weil nur Zahlungsströme (Einnahmen und Ausgaben) betrachtet werden. Unterschiedliche Rechnungslegungssysteme und subjektive Einschätzungen, die zu abweichenden Bilanzierungs- und Bewertungsmaßnahmen führen, haben keinen Einfluss auf diese Zahlungsströme, wie in folgendem Satz treffend zum Ausdruck gebracht wird: *„Profits are someone's opinion ... whereas cash is a fact."*[2] Die Kapitalflussrechnung ist damit der **einzige Bestandteil des Abschlusses**, der ohne wesentliche Aufbereitungsmaßnahmen **international vergleichbar** ist.

4   Die Kapitalflussrechnung nach IFRS ist **von allen Unternehmen** ungeachtet ihrer Rechtsform, Größe, Branche oder Börsennotierung sowohl für Einzel- als auch Konzernabschluss verpflichtend aufzustellen. Die Aufstellung hat in der **Staffelform** zu erfolgen (IAS 7.App.A). Branchenspezifische Regelungen hinsichtlich der Gliederung und des Ausweises bei Finanzinstitutionen werden – anders als nach deutschen Standards (Rz 177) – nur vereinzelt im Standard aufgeführt. Auch im Rahmen der **Zwischenberichterstattung** ist eine Kapitalflussrechnung in verkürzter Form Pflichtbestandteil (IAS 34.8(d); → § 37 Rz 13). Eine nur dreizeilige Darstellung in einer verkürzten Kapitalflussrechnung, bei der nur nach den Ursachen der Änderung des Finanzmittelfonds (also nach den Bereichen der betrieblichen, Investitions- und Finanzierungstätigkeit) differenziert wird, entspricht allerdings nicht den Anforderungen des IAS 34.[3]

5   Die Kapitalflussrechnung hat die **Herkunft** und **Verwendung** der **liquiden Mittel**, also die Ein- und Auszahlungen, getrennt nach laufender Geschäftstätigkeit, Investitionen und Finanzierung, zu zeigen.

Aus den Anforderungen an den wirtschaftlichen Gehalt der Kapitalflussrechnung ergibt sich unmittelbar die Forderung nach einer **Bruttodarstellung**: Eine Saldierung von Zahlungseingängen und Zahlungsausgängen ist nicht zulässig (für Ausnahmen vgl. Rz 40ff.). Im Übrigen unterliegt die Kapitalflussrechnung den **allgemeinen Prinzipien** des Abschlusses, also etwa dem *„materiality"*-Prinzip (→ § 1 Rz 60), und dem Stetigkeitsgebot (→ § 2 Rz 2 sowie → § 24 Rz 5ff.). Betroffen von der **Stetigkeitsanforderung** sind u.a. die faktischen oder echten Wahlrechte hinsichtlich

* der Definition des Finanzmittelfonds (Rz 15ff.),
* des Ausweises von **Zinsaufwendungen** im operativen oder finanziellen Bereich (Rz 109ff.),
* der Darstellung der *cash flows* aus der betrieblichen Tätigkeit nach der **direkten** oder **indirekten** Methode (Rz 55) sowie
* weiterer Ausweis**wahlrechte**.

Soweit im Interesse der besseren Darstellung Ausweis oder Abgrenzung eines Postens **geändert** werden soll (Rz 112), unterliegt dies als *change in accounting*

---

[1]   Beeindruckendes Beispiel ist das Bilanzierungsverhalten von Enron, vgl. LÜDENBACH/HOFFMANN, DB 2002, S. 1169.
[2]   SMITH, Accounting for growth. Stripping the camouflage from company accounts, 1992, S. 200. Dazu empirisch WULF/NIEMÖLLER, PiR 2014, S. 44ff.
[3]   Vgl. IFRIC Update July 2014.

policy den Regelungen von IAS 8.28 ff. Die Anpassung ist, soweit überhaupt zulässig, also retrospektiv unter Änderung der **Vorjahresvergleichszahlen** vorzunehmen (→ § 24 Rz 28). Zum bilanzpolitischen Umgang mit dem Stetigkeitsgebot im Bereich der Kapitalflussrechnung wird auf das Beispiel in Rz 113 verwiesen.

1.2 Zielsetzung

Programmatisches Ziel eines IFRS-Abschlusses ist die *fair presentation* (→ § 1 Rz 68 ff.). Der Abschluss hat die Vermögens-, Finanz- und Ertragslage sowie die Veränderung des Finanzmittelbestands eines Unternehmens den tatsächlichen Verhältnissen entsprechend darzustellen (IAS 1.15). Die Kapitalflussrechnung als Mittelherkunfts- und Mittelverwendungsrechnung ist das **Hauptinstrument zur Bereitstellung von Informationen zur Finanzlage.** | 6

Die Adressaten eines IFRS-Abschlusses sind i.d.R. nicht nur an der Vermögens- und Ertragslage eines Unternehmens interessiert, sondern benötigen ebenfalls ein Bild von der **aktuellen und zukünftigen Finanzlage** eines Unternehmens. Die Kapitalflussrechnung nach IAS 7 ist zwar eine **vergangenheitsorientierte** Darstellung. Neben der Möglichkeit, frühere Beurteilungen und Planungen mit tatsächlichen Werten vergleichen zu können (Plan- bzw. Soll-Ist-Vergleich), sollen durch die Analyse der Vergangenheit jedoch auch **Rückschlüsse auf zukünftige Zahlungsströme** ermöglicht werden. | 7

Im Einzelnen werden nach IAS 7 folgende Ziele genannt (IAS 7.4): | 8

• Bereitstellung von Informationen bzgl. Änderungen des Reinvermögens eines Unternehmens und seiner **Vermögens- und Finanzstruktur (einschließlich Liquidität und Solvenz);**

• Bewertung der **Fähigkeit** des Unternehmens zur Beeinflussung der **Höhe** und des **zeitlichen Anfalls** von *cash flows*;

• Beurteilung der **Fähigkeit** eines Unternehmens, **Zahlungsmittel** und Zahlungsmitteläquivalente zu **erwirtschaften**;

• Entwicklung von **Modellen** zur Beurteilung und zum Vergleich des Barwerts der **künftigen** *cash flows* verschiedener Unternehmen;

• **Vergleichbarkeit der Darstellung der Ertragskraft** verschiedener Unternehmen durch Eliminierung von Effekten aus der Verwendung unterschiedlicher Bilanzierungs- und Bewertungsmethoden.

Die Kapitalflussrechnung hat somit sowohl **statische** als auch **dynamische** Aspekte. Zum einen bietet sie einen Vergleich zwischen der Liquidität zu Anfang und zu Ende der Periode **(komparativ-statischer Aspekt)**. Hauptzweck ist jedoch die Darstellung und Aufgliederung der wesentlichen Zahlungsströme während des Geschäftsjahres **(dynamischer Aspekt)**. | 9

1.3 Abgrenzung von anderen *cash-flow-Definitionen*

IAS 7 kommt mit relativ wenigen Begriffsdefinitionen aus. Der Begriff der *cash flows* wird nachfolgend erläutert, die übrigen Definitionen bei der Besprechung des Finanzmittelfonds (Rz 15 ff.) sowie der Bereiche der betrieblichen Tätigkeit, Investitions- und Finanzierungstätigkeit (Rz 46 ff.). | 10

Der **Begriff der Kapitalflussrechnung** ist nicht sehr glücklich, da es nicht um den Fluss von **Kapital**, sondern von **Zahlungsmitteln** (*„cash"*) im weitesten Sinne geht. Der englische Begriff *„statement of cash flows"* ist daher aussage- | 11 kräftiger. Im deutschen Sprachgebrauch finden sich Begriffe wie *cash-flow*-Rechnung, **Geldflussrechnung** oder **Finanzierungsrechnung**[4], die eine zutreffendere Übersetzung des englischen Ausdrucks darstellen. Da jedoch sowohl die offizielle Übersetzung von IAS 7 als auch der deutsche Standard DRS 21 mit dem Wort „Kapitalflussrechnung" übertitelt sind, soll diese Bezeichnung im Folgenden Verwendung finden.

12 Der zentrale Begriff der Kapitalflussrechnung ist der „*cash flow*", der als **„Zufluss und Abfluss von Zahlungsmitteln und Zahlungsmitteläquivalenten"** bezeichnet wird (IAS 7.6). Es geht hier also um sämtliche Mehrungen und Minderungen von Bestandteilen des Zahlungsmittelfonds innerhalb einer Periode (Rz 15 ff.).

13 Der Begriff des *cash flow* wird einerseits in unterschiedlichen Konzepten einer Kapitalflussrechnung verwendet, spielt andererseits über die Kapitalflussrechnung hinaus eine wichtige Rolle, z. B. beim Nutzungswert des *impairment*-Tests (→ § 11 Rz 141 ff.) oder bei der Bestimmung von *fair values* nicht börsennotierter Finanzinstrumente. Die in IAS 7 verwendete Definition sollte daher gegen folgende in der Praxis zur Anwendung kommende Größen **abgegrenzt** werden:

- **Überschuss** der einnahmewirksamen Erträge über die ausgabewirksamen Aufwendungen (häufig auch als **„Brutto-cash-flow"** bezeichnet): Nach dieser Definition stellt der *cash flow* eine nach der indirekten Methode (siehe Grundschema unter Rz 61) ermittelte Größe dar, indem dem Jahresergebnis die nicht zahlungswirksamen Aufwendungen wieder hinzugerechnet und nicht zahlungswirksame Erträge in Abzug gebracht werden.

- **Jahres-*cash-flow* nach DVFA/SG**:[5] Diese Größe entspricht in der Terminologie von IAS 7 dem *cash flow* aus der betrieblichen Tätigkeit, also nur einem Teilbereich der gesamten *cash flows*.

- *Cash flow* **nach DVFA/SG**: Diese Größe ist aus dem Jahres-*cash-flow* nach DVFA/SG abgeleitet, allerdings um ungewöhnliche zahlungswirksame Aufwendungen und Erträge bereinigt (**„normalisierter** *cash flow*" aus betrieblicher Tätigkeit).

- **Netto-*cash-flow***: Diese Definition wird in der Praxis häufig mit dem in IAS 7 verwendeten Begriff der *cash flows* aus der betrieblichen Tätigkeit (Rz 46 ff.) gleichgesetzt.

- *Free cash flow:* Dieser umfasst nach einer gängigen Grundkonzeption (*entity*-Konzept) denjenigen Teil der gesamten *cash flows*, über den **frei verfügt** werden kann, ohne die zukünftige Entwicklung des Unternehmens zu beeinträchtigen. Die *free cash flows* stellen insoweit finanzielle Überschüsse nach Investitionen und Unternehmenssteuern, jedoch vor Zinsen dar. Sie sind derjenige Betrag, der zur Bedienung des Kapitaldienstes (Eigen- und Fremdkapitalgeber) zur Verfügung steht. **Unternehmensindividuell** werden häufig Modifikationen vorgenommen, insbesondere eine Bereinigung der *cash flows* aus der Investitionstätigkeit um die Beträge, die für den Erwerb oder die

---

4   Die an der Ausarbeitung der deutschen Stellungnahme SG/HFA 1/1995 maßgeblich beteiligte Gruppe nannte sich „Arbeitskreis Finanzierungsrechnung". Auch einige größere deutsche Unternehmen verwenden den Begriff „Finanzierungsrechnung" für ihre Kapitalflussrechnung.
5   Siehe hierzu ausführlich die Veröffentlichung der DVFA und SG, WPg 1993, S. 599 ff.

Veräußerung von Tochterunternehmen und sonstigen Geschäftseinheiten (Rz 130 ff.) ausgegeben bzw. eingenommen wurden.

- *Expected* und *traditional cash flow*: Beide Begriffe zielen auf die Abbildung von Unsicherheiten in zukünftigen Zahlungsströmen ab. Im *expected-cash-flow*-Ansatz wird die Mehrwertigkeit unterschiedlicher Annahmen hinsichtlich der zukünftigen Entwicklung berücksichtigt, er stellt den wahrscheinlichkeitsgewichteten *cash flow* dar. Im *traditional-cash-flow*-Ansatz wird als zukünftiger Zahlungsstrom derjenige mit der höchsten Eintrittswahrscheinlichkeit angesetzt. Zur Anwendung kommen zukunftsorientierte *cash-flow*-Rechnungen z.B. beim *impairment*-Test und bei der Bestimmung von *fair values* durch Kapitalwertverfahren.

Im Vergleich zu den vorstehenden Definitionen hat der *cash flow* nach IAS 7 im Wesentlichen zwei Merkmale: 14

- Er ist vergangenheitsorientiert und stellt die Veränderung der liquiden Mittel für eine abgelaufene Rechnungslegungsperiode dar.
- Er ist ein sich aus drei Teilbereichen (betriebliche Tätigkeit, Investitions- und Finanzierungstätigkeit) ergebender Gesamtwert aller Nettozu- oder -abflüsse der abgelaufenen Periode.

2 Finanzmittelfonds

2.1 Bestandteile des Finanzmittelfonds

Die Kapitalflussrechnung ist eine **Stromgrößenrechnung**, bei der für einen **abgegrenzten Vermögensteil** (ein „**Finanzmittelfonds**"[6]) Zu- und Abgänge durch die Veränderung aller Nichtfondspositionen erklärt werden. Der Wahl und Abgrenzung der zu dem Finanzmittelfonds gehörenden Bestandteile kommt somit **zentrale Bedeutung** zu. Innerhalb der verschiedenen Rechnungslegungssysteme (sowohl IFRS, US-GAAP als auch HGB/DRS) wird der Finanzmittelfonds mit der Beschränkung auf **verfügbare liquide Mittel** sehr eng abgegrenzt. Diese Abgrenzung hat den Vorteil einer Vermeidung von Bewertungseinflüssen (Rz 3, Rz 29 ff.) und führt im Ergebnis zu einer hohen Vergleichbarkeit hinsichtlich der Finanzlage verschiedener Unternehmen.   15

Für die Kapitalflussrechnung ist daher ein Fonds zu verwenden, der nur aus Zahlungsmitteln (*cash*) und Zahlungsmitteläquivalenten (*cash equivalents*) besteht. Diese beiden Bestandteile sind wie folgt definiert (IAS 7.6):   16

- Zu den Zahlungsmitteln gehören Barmittel und Sichteinlagen.
- Als Zahlungsmitteläquivalente gelten solche „**kurzfristigen, äußerst liquiden Finanzinvestitionen**, die jederzeit in bestimmte Zahlungsmittelbeträge umgewandelt werden können und **nur unwesentlichen Wertschwankungen** unterliegen".

Die Qualifizierung von Zahlungsmitteläquivalenten als Teil des Finanzmittelfonds setzt die kumulative Erfüllung der folgenden Eigenschaften voraus (IAS 7.7):

---

6 Dieser Begriff wird jedoch nicht explizit in IAS 7 verwendet; anders DRS 2.1.9: „Bestand an Zahlungsmitteln und Zahlungsmitteläquivalenten".

- Sie dienen dazu, kurzfristigen Zahlungsverpflichtungen nachkommen zu können, und werden gewöhnlich nicht zu Investitions- oder anderen **Zwecken** gehalten und
- können ohne Weiteres in einen bestimmten Zahlungsmittelbetrag umgewandelt werden, weil sie nur **unwesentlichen Wertschwankungsrisiken** unterliegen.
- Sie besitzen „im Regelfall" eine **Restlaufzeit** von nicht mehr als etwa drei Monaten, gerechnet vom Erwerbszeitpunkt.

Besonderheiten in der Abgrenzung des Finanzmittelfonds können sich auch aufgrund von Krisen am Finanzmarkt ergeben (Rz 27).

17   Sofern **Kontokorrentkredite** einen integralen Bestandteil des *cash management* des Unternehmens bilden, sind auch solche kurzfristigen Verbindlichkeiten dem Finanzmittelfonds (als Negativposten) zuzuordnen („Nettokonzept"; IAS 7.8). Die Abgrenzung der zum *cash management* gehörenden Kredite führt in der Praxis häufig zu Abgrenzungsproblemen; hierunter leidet die Vergleichbarkeit mit anderen Unternehmen.[7]

18   Zahlungsmitteläquivalente zeichnen sich neben der notwendigen Zweckbestimmung (Rz 21) durch zwei Eigenschaften aus: Sie sind zum einen ohne Weiteres in Zahlungsmittel umwandelbar (Kriterium der **Liquidität „1. Grades"**) und unterliegen zum anderen nur geringen Bewertungsschwankungen (Kriterium der **Vermeidung von Bewertungseinflüssen**). Sie beschränken sich daher auf bestimmte monetäre Vermögenswerte im Bereich der Finanzinvestitionen. Bewertungsabhängige monetäre Vermögenswerte, z.B. Forderungen aus Lieferungen und Leistungen, sowie nicht monetäre Vermögenswerte, z.B. Vorräte, scheiden dagegen als Zahlungsmitteläquivalente aus. Entsprechendes gilt für kurz laufende Wechsel, Wertpapiere und Termingelder, die das Kriterium der Liquidität „1. Grades" nicht erfüllen. Voraussetzung für eine Qualifizierung von Zahlungsmitteläquivalenten als Teil des Finanzmittelfonds ist, dass *„the amount of cash that will be received must be known at the time of the initial investment".*[8] Ein jederzeitiges Umwandlungsrecht in liquide Mittel bedingt wegen des immanenten Wertänderungsrisikos keine automatische Qualifizierung als Teil des Finanzmittelfonds.

Praxis-Beispiel
U hat frei verfügbare Liquidität in börsennotierte Wertpapiere, für die ein aktiver Markt besteht, gebunden. Es besteht jederzeit die Möglichkeit einer Veräußerung der Wertpapiere zum aktuellen Marktpreis. Eine Zuordnung der Wertpapiere zum Finanzmittelfonds scheidet dennoch wegen des bestehenden Wertänderungsrisikos aus.

Als weiteres Abgrenzungskriterium dient die **Restlaufzeit**. Nach der **Regelvermutung** kann eine Finanzinvestition nur dann als Zahlungsmitteläquivalent gelten, wenn sie eine Restlaufzeit von nicht mehr als drei Monaten aufweist (IAS 7.7). Dabei kommt das „statische Restlaufzeitkonzept" zur Anwendung, d.h., abgestellt wird immer auf die Restlaufzeit zum Erwerbszeitpunkt, nicht zum jeweiligen Bilanzstichtag.

---

[7]   Aus diesem Grund ist die Einbeziehung von Kontokorrentverbindlichkeiten nach US-GAAP nicht zulässig.
[8]   IFRIC Update July 2009.

Der Begriff „im Regelfall" lässt **Ausnahmen** zu: Längere oder kürzere Restlauf- **19** zeiten sind anwendbar, wenn hierdurch unternehmensindividuelle Besonderheiten oder bestimmte Anlageformen besser Berücksichtigung finden können. In diesem Fall sind Bestandteile des Zahlungsmittelfonds im Anhang anzugeben; dazu ist eine Überleitungsrechnung zwischen Zahlungsmittelfonds und den entsprechenden Bilanzposten vorzunehmen (IAS 7.45 bis IAS 7.47). Für die verbale Beschreibung der Zusammensetzung des Finanzmittelfonds bietet sich im Anhang der Bereich der Bilanzierungs- und Bewertungsmethoden (Rz 165) an (→ § 5 Rz 23), während die Überleitungsrechnung in tabellarischer Form entweder bei den Erläuterungen zu den liquiden Mitteln oder in einer eigenen *note* zur Kapitalflussrechnung vorgenommen werden sollte. In der Praxis ergeben sich bei der zutreffenden Abgrenzung des Finanzmittelfonds regelmäßig Schwierigkeiten. Insbesondere die ermessensbehaftete Ausweitung des Zeitraums der **Restlaufzeit** einer Finanz- investition ist einer kritischen Prüfung zu unterziehen.[9]

Anlagekonten mit einer Laufzeit von mehr als drei Monaten erfüllen die laufzeit- **20** abhängige Regelvermutung nicht. Auch eine **tägliche** Möglichkeit zur **Verfügung** über die angelegten Mittel ändert nichts an der Verletzung der Regelvermutung. Das Recht auf tägliche Verfügung ist einem jederzeitigen Kündigungsrecht gleich- zusetzen. Analog zu bestehenden Kündigungsrechten bei langfristigen Darlehens- beziehungen, die wegen des bestehenden Ermessens hinsichtlich einer Ausübung nicht zu einer Umqualifizierung in den kurzfristigen Bereich der Bilanz führen, bedingt eine tägliche Verfügbarkeit bei einem langfristigen Anlagekonto keine Klassifizierung als Teil des Finanzmittelfonds.

Die Formulierung der Drei-Monats-Grenze als Regelvermutung impliziert viel- mehr Folgendes:[10]

- Auch Geldanlagen mit einer Restlaufzeit **länger** als **drei** Monate können Teil des Finanzmittelfonds sein.

- Eine entsprechende Qualifizierung setzt jedoch die **Widerlegung** der Regel- vermutung voraus.

- Aufgrund des bestehenden **Regel-Ausnahme-Verhältnisses** ist eine Wider- legung allerdings nur dann anzuerkennen, wenn deutlich bessere Gründe für als gegen eine Qualifizierung längerfristiger Anlageformen als Finanzmittel- fonds sprechen.

Maßstab der Widerlegung sind die weiteren kumulativ zu erfüllenden Voraus- setzungen an Zahlungsmitteläquivalente. Die Anlage darf insbesondere keinen wesentlichen Wertschwankungsrisiken unterliegen (Rz 16).[11] Unterliegt eine Anlage kurzfristigen Marktwertschwankungen oder verfügt sie nicht über aus- gezeichnete Bonität, scheidet eine Qualifizierung als Teil des Finanzmittelfonds unabhängig von der Restlaufzeit aus.

Für die Zuordnung von Zahlungsmitteläquivalenten zum Finanzmittelfonds ist **21** das Merkmal der **Zweckbestimmung**, also die Frage, ob die Anlage tatsächlich dazu dienen soll, kurzfristigen Zahlungsverpflichtungen nachzukommen oder nicht umgekehrt zu Finanzinvestitionszwecken gehalten wird, besonders rele-

---

9 So führte die Abgrenzung des Finanzmittelfonds in häufigen Fällen zu Fehlerfeststellungen bzw. Hinweisen durch die deutsche „Enforcement"-Stelle DPR; vgl. SCHEFFLER, DB 2007, S. 2046.
10 Vgl. LÜDENBACH, PiR 2009, S. 180 f.
11 So auch klarstellend IFRIC Update July 2009.

vant. Die Zweckbestimmung ist eine **innere Tatsache** (Absicht), die jedoch in möglichst hohem Maß an äußeren Umständen objektiviert werden muss. Zur Objektivierung kann zunächst auf die Planungen des Managements abgestellt werden. Diese sind für den Fall vorzeitig kündbarer, ansonsten aber langlaufender Anlagekonten allerdings nicht eindeutig. Zwar kann das Basisszenario der Liquiditätsplanung eine Verwendung des Anlagebetrags zur Bedienung kurzfristiger Zahlungsverpflichtungen vorsehen; es sind aber auch Alternativszenarien möglich, bei denen dies gerade nicht der Fall ist. Besteht lediglich eine **bedingte Absicht,** den Anlagebetrag als Finanzinvestition länger als drei Monate stehen zu lassen, scheidet eine Qualifizierung als Finanzmittelfonds aus. Eine bedingte Absicht zur Alternativverwendung kann auch nicht mit dem Hinweis auf die (angeblich) geringe Wahrscheinlichkeit einer Nichtnutzung der Mittel zur Bedienung kurzfristiger Zahlungsverpflichtungen als unwesentlich qualifiziert werden.

Praxis-Beispiel[12]

U legt im Dezember 01 eine verfügbare Liquidität von 1 Mio. EUR auf einem sog. Anlagekonto bei seiner Hausbank an. Die Konditionen des Kontos sind wie folgt:

- planmäßige Laufzeit zwölf Monate,
- tägliche Verfügungsmöglichkeit, jedoch nur über den Gesamtbetrag,
- Verzinsung 3 %, wenn die planmäßige Laufzeit eingehalten wird,
- keine Verzinsung, wenn bis Ablauf von drei Monaten verfügt wird,
- Verzinsung von 1,5 %, wenn nach Ablauf von drei Monaten, aber vor Ablauf der zwölf Monate verfügt wird.

Erhöhungen des Anlagebetrags sind während der Laufzeit nicht zulässig. Auf ein bei der gleichen Bank geführtes Drei-Monats-Festgeldkonto werden Zinsen von 1,5 % gewährt. Nach dem Basisszenario (auskunftsgemäße Wahrscheinlichkeit 90 %) der Liquiditätsplanung wird das Unternehmen nach drei Monaten den angelegten Betrag benötigen. Es besteht aber abhängig von der Umsatzentwicklung eine signifikante Chance (auskunftsgemäß jeweils 5 %), den Anlagebetrag mehr als drei oder sogar zwölf Monate stehen zu lassen (Alternativszenarien). Das Management hat sich für das Anlagekonto entschieden, da es im Vergleich zum Festgeldkonto eine Chance (maximal um 1,5 % höhere Verzinsung) bietet. Das Management möchte das Anlagekonto in der Kapitalflussrechnung als Teil des Finanzmittelfonds ausweisen. Der Wahrscheinlichkeitseinschätzung des Managements widersprechen die Konditionen des Anlagekontos im Vergleich zum Drei-Monats-Festgeld. Bei Kündigung des Anlagekontos binnen drei Monaten entsteht ein Zinsnachteil von 1,5 % gegenüber dem Festgeld, erst bei voller Ausschöpfung der zwölf Monate ein Vorteil von 1,5 %. Bei im Objektivierungsinteresse zu unterstellendem rationalem Verhalten des Managements macht die Investition in das Anlagekonto daher unter den angegebenen Wahrscheinlichkeiten keinen Sinn. Die Widerlegung der Drei-Monats-Regel gelingt nicht.

---

[12]   Entnommen aus LÜDENBACH, PiR 2009, S. 180 f.

Sofern Bestandteile des Finanzmittelfonds **Verfügungsbeschränkungen** unter-   **22**
liegen, ist ihre Liquidität durchaus als zweifelhaft anzusehen. Zwei alternative
Darstellungsformen lassen sich unterscheiden: Die Bestandteile werden
- weiterhin dem Finanzmittelfonds zugerechnet oder
- von dem Finanzmittelfonds ausgeschlossen.

Unabhängig von der gewählten Darstellungsform sind im **Anhang** Angaben zu
den Verfügungsbeschränkungen zu machen (Rz 169). U. E. ist die zweite Dar-
stellungsvariante, also der Ausschluss aus dem Finanzmittelfonds, wegen der
strengen Anforderungen an diesen (Rz 18) vorzuziehen.

Praxis-Beispiel
Die Anlagenbau AG hat für die Entwicklung eines neuen Produkts eine
besicherte und entwicklungsspezifische Produktfinanzierung über 10.000 EUR
bei der Hausbank aufgenommen. Die Gelder werden in einem getrennten
Konto gehalten und stehen nur zweckentsprechend zur Verfügung. Bis zum
Ende der laufenden Berichtsperiode wurden 3.000 EUR für die Entwicklung
verbraucht, auf dem Konto stehen daher zum Stichtag noch 7.000 EUR. Werden die liquiden Mittel aus der Produktfinanzierung nicht dem Finanzmittelfonds zugerechnet, sind 3.000 EUR dem operativen *cash flow* (Zahlungsmittelabfluss) und 10.000 EUR dem Finanzierungsbereich (Zahlungsmittelzufluss)
zuzuordnen. Es verbleibt eine positive Bilanz von 7.000 EUR als Zahlungsmittelzufluss, die getrennt vom Finanzmittelfonds auszuweisen ist. Alternativ kann der
verbleibende Finanzierungsbetrag dem Finanzmittelfonds zugerechnet werden.
Im Rahmen der Überleitung des Finanzmittelfonds vom Periodenbeginn bis zum
-ende ist dieses Delta allerdings gesondert darzustellen.

Der Nachteil der zweiten Darstellung liegt in der Verrechnung des Zahlungsmittelzuflusses aus Finanzierungstätigkeit mit dem Finanzmittelfonds. Der Zuwachs an finanziellen Mitteln steht wegen der speziellen Verwendungsabsicht
dem Unternehmen aber gerade nicht zur freien Verfügung.

Sind Bestandteile des Finanzmittelfonds **verpfändet**, unterliegen also **besonde-**   **23**
ren Verfügungsbeschränkungen, scheidet eine Erfassung im Finanzmittelfonds wegen der fehlenden Liquidität aus. Die Zweckbestimmung obliegt nicht
mehr dem Management (Rz 21), eine wesentliche Voraussetzung für eine Qualifizierung als Teil des Finanzmittelfonds ist daher verletzt.

Praxis-Beispiel
Die A AG hat für die zugesagte Altersversorgung ausgewählter Mitarbeiter
finanzielle Mittel verpfändet. Eine Zuordnung der verpfändeten Gelder zum
Finanzmittelfonds scheidet aus. Der Unterschied zwischen dem in der Bilanz
gem. IAS 1.54(i) als Zahlungsmittel und Zahlungsmitteläquivalente ausgewiesenen Betrag (inkl. der verpfändeten Liquidität) und dem in der Kapitalflussrechnung ausgewiesenen Finanzmittelfonds (exkl. der verpfändeten Liquidität) ist im Anhang im Rahmen einer Überleitung gem. IAS 7.45 offenzulegen
(Rz 163 ff.).

---

24   In der Praxis werden in Einzel- oder Teilkonzernabschlüssen häufig die Mittel-
anlagen bei der Konzernobergesellschaft im Rahmen eines sog. *cash pooling* als
Bestandteil des Finanzmittelfonds berücksichtigt. Obwohl solche Geldanlagen
durchaus einen mit Sichteinlagen vergleichbaren Charakter haben können, ist
ihre Einbeziehung kritisch zu würdigen. IAS 7.6 lässt als Zahlungsmitteläquivalent nur solche Mittel gelten, die
- **hoch liquide,** d. h. jederzeit *(readily)* in Geld umtauschbar sind **und**
- nur **unwesentlichen** *(insignificant)* **Wertänderungsrisiken** unterliegen.

Eine jederzeitige Umtauschbarkeit in Geld setzt u. E. voraus, dass eine Forderung
ohne Risikoabschlag **an einen Dritten gegen Geld verkauft** werden könnte. Im
Allgemeinen ist dies nur bei an aktiven Märkten notierten Forderungen (etwa
Geldmarktfondsanteilen) gegeben. Wertänderungsrisiken lassen sich nur dort
negieren, wo Schuldner eine **Mindestbonität** haben, die jede Wertberichtigungs-
überlegung von vornherein überflüssig macht. Dies gilt regelmäßig nur für
Forderungen gegen eine (gesunde) Bank. Derartige Forderungen (Bankkonten)
werden nicht auf Wertberichtigung geprüft und auch nicht in die Pauschalwertberichtigungen einbezogen. Bei Forderungen gegen Nichtbanken ist dies i. d. R.
anders. Beide Voraussetzungen sind u. E. kaum je erfüllt, wobei schon die **Nichterfüllung einer Voraussetzung** die konzerninternen Forderungen aus dem
Finanzmittelfonds **ausschließen** würde. Eine großzügigere Betrachtung ist u. E.
auch nicht durch Rückgriff auf die allgemeine Aussage von IAS 7.46 gerechtfertigt, wonach eine *„variety of cash management practices"* besteht, die sich in
unterschiedlichen Abgrenzungen des Finanzmittelfonds ausdrückt.

25   **Eigenkapitalinstrumente,** also etwa als Aktien verbriefte Anteile am Eigenkapital
eines anderen Unternehmens (→ § 28 Rz 8) gehören nicht in den Finanzmittelfonds; hiervon ausgenommen sind in bestimmten Fällen rückzahlbare Aktien
(redeemable shares) mit kurzer Restlaufzeit und festgelegtem Einlösungszeitpunkt
(IAS 7.7). In der deutschen Rechts- und Bilanzpraxis spielen sie kaum eine Rolle.

26   Keine Zahlungsmittelzu- bzw. -abflüsse sind Bewegungen **zwischen** den Komponenten des Finanzmittelfonds, die nur Folge des *cash management* sind. Entsprechendes gilt für Umgliederungen zwischen den Zahlungsmitteln und den
Zahlungsmitteläquivalenten (z. B. durch den Erwerb von kurzfristigen, äußerst
liquiden Finanzinvestitionen ohne Wertschwankungen durch Bargeld).

27   Anteile an Geldmarktfonds und geldmarktnahen Fonds waren bislang als Zahlungsmitteläquivalente bzw. Teil des Finanzmittelbestands i. S. d. Kapitalflussrechnung akzeptiert. Voraussetzung war und ist nach IAS 7.7, dass die Fondsanteile **keinem signifikanten Wertänderungsrisiko** unterliegen (Rz 16). In
Abhängigkeit von der Finanzmarktsituation ist diese Voraussetzung kritisch zu
überprüfen. Sind danach Fondsanteile aufgrund ihrer Wertschwankungen nicht
mehr dem Finanzmittelbestand zuzuordnen, müssen Einzahlungen in und Auszahlungen aus den Fonds als *cash flow* aus **Finanzierungstätigkeit** berücksichtigt werden (IAS 7.16).

28   Im Zug einer Finanzmarktkrise kann im Übrigen, wie die Beispiele Lehman
Brothers *(chapter 11 filing)* und der Banken Islands (allen voran die Kaupthing
Bank) zeigen, auch die Praktikerregel, Forderungen an Banken unterlägen keinen
Wertberichtigungsrisiken, nicht mehr ungeprüft angewandt werden.

2.2 Bewertungsrechnung

Veränderungen des Zahlungsmittelfonds werden vor allem durch Vorgänge in   29
den Bereichen der betrieblichen, Investitions- und Finanzierungstätigkeit herbeigeführt („Ursachenrechnung"; Rz 35). Daneben kann sich der Bestand an
Zahlungsmitteln und Zahlungsmitteläquivalenten aus Gründen verändern, die
ihn selbst betreffen und die im Rahmen einer sog. **Bewertungsrechnung** zusammengefasst werden. Hierzu gehören:

- Währungsdifferenzen auf den Finanzmittelfonds (IAS 7.28; Rz 98 ff.),
- sonstige bewertungsbedingte Änderungen des Finanzmittelfonds,
- bestimmte konsolidierungsbedingte Veränderungen des Finanzmittelfonds
  (Rz 145 ff.),
- Änderungen in der Zusammensetzung bzw. Abgrenzung des Fonds (Rz 15 ff.).

Währungsdifferenzen entstehen durch das Halten von Beständen des Zahlungs-   30
mittelfonds in Währungen, die von der Konzernberichtswährung abweichen. Die
exakte Ermittlung der Auswirkungen der Wechselkursschwankungen auf den
Zahlungsmittelfonds wirft gewisse praktische Probleme auf; häufig wird daher in
diesen Fällen mit Näherungslösungen gearbeitet (Rz 98 ff.).[13]

Sonstige **bewertungsbedingte** Änderungen sind im Standard nicht explizit ge-   31
nannt. Trotz der engen Definition des Zahlungsmittelfonds sind (meist negative)
Bewertungseinflüsse nicht vollständig auszuschließen. Hierzu gehören z.B. die
Einlösungsrisiken bei Schecks und Wechseln sowie die Zahlungsunfähigkeit von
Banken oder Wertpapieremittenten, bei denen das Unternehmen entsprechende
Geldanlagen getätigt hat.

Bei dem Erwerb von vollkonsolidierten **Tochterunternehmen** bzw. dem   32
quotalen Einbezug von Ansprüchen aus *joint operations* werden auch deren
jeweilige Bestände des Zahlungsmittelfonds in den Konzernabschluss übernommen. Die damit verbundene Veränderung des Fonds wird allerdings regelmäßig nicht im Bereich der Bewertungsrechnung erfasst; vielmehr werden die
übernommenen Fondsbestände von den Auszahlungen für den Erwerb abgesetzt (Rz 130 ff.). Dagegen sind solche Fälle in die Bewertungsrechnung aufzunehmen, bei denen im Jahr des Erwerbs **zunächst eine Einbeziehung** im
Wege der Vollkonsolidierung **unterbleibt**, diese jedoch zu einem späteren
Zeitpunkt erfolgt (Rz 145 ff.).

Zu nennen sind insbesondere folgende Vorgänge: 33

- Sukzessiver Anteilserwerb (→ § 31 Rz 155 ff.).
- Kriterien für die Einbeziehung als Tochterunternehmen (IFRS 10.7) bzw. als
  Gemeinschaftsunternehmen (IFRS 11.5) werden nicht im Jahr des Erwerbs,
  sondern erst zu einem späteren Zeitpunkt erfüllt (→ § 31 Rz 30).
- Aus Gründen der Wesentlichkeit (→ § 1 Rz 61 ff.) ist im Jahr des Erwerbs eine
  Einbeziehung unterblieben.

Entsprechende Vorgänge sind im Fall des Ausscheidens aus dem Konsolidierungskreis zu erfassen.

---

[13] Siehe z.B. den ausführlichen Vorschlag bei MANSCH/WYSOCKI (Hrsg.), Finanzierungsrechnung im
Konzern, 1996, S. 40.

34 Änderungen der **Definition** des Finanzmittelfonds sind als *change in accounting policy* (→ § 24 Rz 23) anzusehen. Hierzu sind umfangreiche Offenlegungspflichten vorgesehen (IAS 7.47 unter Verweis auf IAS 8).

3   Darstellung der Kapitalflussrechnung

3.1   Übersicht

3.1.1   Grundstruktur der Kapitalflussrechnung

35 Aufgrund der weitgehenden Loslösung von spezifischen **Bewertungs- und Periodisierungskonzepten** (*„cash is cash"*) und einer Vereinheitlichung der Definition des Finanzmittelfonds (Rz 16) kommt der **Gliederung** der Kapitalflussrechnung (unter Einbeziehung der im Anhang erfolgenden Zusatzangaben) entscheidende Bedeutung für die Aussagefähigkeit einer Kapitalflussrechnung zu. Die Gliederung basiert auf der Unterscheidung zwischen Positionen des Finanzmittelfonds einerseits und Nichtfondspositionen andererseits. Hieraus ergibt sich folgende **Zweiteilung** der Kapitalflussrechnung:

- In einer **Ursachenrechnung** (auch Ursachen- oder Investitions- und Finanzierungsnachweis genannt) werden die Auswirkungen der Veränderungen der Nichtfondspositionen dargestellt, soweit sie zu entsprechenden *cash flows*, d.h. zu einer Veränderung einer Position des Finanzmittelfonds geführt haben. Hierbei sind durch angemessene Untergliederung die wesentlichen Quellen der Zahlungsströme (Mittelherkunft) und die entsprechende Verwendung der Fondsmittel offenzulegen.
- In einer als **Fondsänderungsnachweis** oder **Finanzmittelnachweis** bezeichneten Rechnung werden die Veränderungen der Finanzmittelfondspositionen zwischen Beginn und Ende einer Periode dargestellt. Dabei sind neben den aus der Ursachenrechnung stammenden *cash flows* auch Effekte aus der Umrechnung von Fondsbestandteilen, die in ausländischer Währung geführt werden, von Bewertungsmaßnahmen im Bereich des Finanzmittelfonds und von Veränderungen des Finanzmittelfonds durch bestimmte Veränderungen des Konsolidierungskreises zu berücksichtigen (siehe hierzu ausführlich unter Rz 29 ff.).

36 Nach einhelliger internationaler Praxis, der auch die IFRS folgen, ist für die Ursachenrechnung das **„Aktivitätsformat"** (*activity format*) zu wählen. Dabei erfolgt eine **Aufgliederung** in die drei Bereiche

- betriebliche Tätigkeit,
- Investitionstätigkeit,
- Finanzierungstätigkeit (dazu weiterführend Rz 46 ff.).

Gesondert darzustellen und ggf. zu erläutern ist der Einfluss von unrealisierten Wechselkursänderungen auf den Finanzmittelbestand (Rz 99).

37 Die Kapitalflussrechnung wird üblicherweise in **Staffelform** unter Gegenüberstellung der **Vorjahresvergleichszahlen** aufgestellt. Eine **Änderung der Gliederung** gegenüber der Vorperiode ist anzugeben und die Darstellung der Vorperiode anzupassen (IAS 1.38).

38 Die **Grundstruktur** der Kapitalflussrechnung ist demnach die folgende:

	Jahr 02	Jahr 01
cash flows aus der betrieblichen Tätigkeit	....	....
cash flows aus der Investitionstätigkeit	....	....
cash flows aus der Finanzierungstätigkeit	....	....
Summe der *cash flows*	....	....
Wechselkursbedingte und sonstige Veränderungen des Finanzmittelfonds (Bewertungsrechnung)	....	....
Veränderungen des Finanzmittelfonds gesamt	....	....
Finanzmittelfonds zum Anfang der Periode	....	....
Finanzmittelfonds zum Ende der Periode	....	....

Eine weitere **Untergliederung** der Kapitalflussrechnung ist in allen drei Tätig- **39** keitsbereichen durch die Bildung von **Hauptklassen** an *cash flows* vorgesehen (IAS 7.18 und IAS 7.21). Geschäftsvorfälle, denen *cash flows* aus **mehreren Bereichen** zuzuordnen sind, dürfen aufgeteilt werden (IAS 7.12). Um auf die Bedürfnisse der jeweiligen Unternehmen flexibel eingehen zu können (IAS 7.11), wird jedoch **kein verbindliches Mindestgliederungsschema** vorgegeben. Durch die in IAS 7 genannten Beispielkataloge hat sich allerdings bei der Mehrzahl der Unternehmen ein gewisses Maß an Einheitlichkeit herausgebildet. Daneben führen verbindliche Zusatzangaben, z. B. bei dem Erwerb und der Veräußerung von Tochterunternehmen (Rz 130 ff.), sowie die Möglichkeit, weitere Angaben **wahlweise** direkt in der Kapitalflussrechnung offenzulegen (z. B. Zins- und Dividendenzahlungen sowie Ertragsteuern), zu einer für alle Unternehmen identischen Erweiterung der Kapitalflussrechnung. Gleichwohl ist aufgrund des Fehlens einer verbindlichen Mindestgliederung, aber auch wegen der Vielzahl an Wahlrechten (v. a. Ausweis der Zins- und Dividendenzahlungen in allen drei Bereichen), ein **Vergleich** zwischen verschiedenen Unternehmen häufig nur schwer möglich.

3.1.2 Saldierung von *cash flows*

Die Kapitalflussrechnung ist nach dem **Bruttoprinzip** aufzustellen (Verbot der **Saldierung** von Einzahlungen mit Auszahlungen). Jedoch sind folgende **Ausnahmen** vorgesehen: **40**

- Ein- und Auszahlungen **im Namen von Kunden**, wenn die *cash flows* eher auf Aktivitäten des Kunden als auf Aktivitäten des Unternehmens zurückzuführen sind.
- Einzahlungen und Auszahlungen für **Posten mit großer Umschlagshäufigkeit, großen Beträgen und kurzen Laufzeiten.**

Die Bezeichnung „im Namen von Kunden" weist auf treuhänderische Tätig- **41** keiten hin, so etwa das beispielhaft aufgeführte Inkasso von Geldern für Grundstückseigentümer. Im Übrigen handelt es sich bei den in IAS 7.23 gegebenen Beispielen überwiegend um Regelungen für **Finanzinstitutionen** im weitesten Sinne (Banken, Kreditkarten- und Anlagegesellschaften). Der erwähnte Fall des Kaufs und Verkaufs von Finanzinvestitionen (Eigenhandel) ist allerdings auch bei Unternehmen außerhalb des Bereichs der Finanzinstitutionen anzutreffen. Daneben werden zusätzlich für Finanzinstitutionen weitere **Ausnahmen** von **42** dem Saldierungsverbot zugelassen (IAS 7.24):

- Einzahlungen und Auszahlungen für die Annahme und die Rückzahlung von Einlagen mit fester Laufzeit,
- Platzierung von Einlagen bei und Rücknahme von Einlagen von anderen Finanzinstitutionen,
- Kredite und Darlehen für Kunden und die Rückzahlung dieser Kredite und Darlehen.

Diese Ausnahmen sind aufgrund der Masse an Geschäftsvorfällen im Bereich der Finanzinstitutionen geboten, ohne die Aussagefähigkeit der Kapitalflussrechnung zu gefährden.

43   Trotz Saldierungsverbot wird bei Anwendung der **indirekten Methode** im Bereich der betrieblichen Tätigkeit (Rz 61 ff.) regelmäßig eine **Saldierung** von Ein- und Auszahlungen vorgenommen. Dies ist durch die bei der indirekten Methode anzuwendende **Ermittlungstechnik** begründet, bei der – unter Bereinigung von Effekten durch Wechselkursschwankungen und Veränderungen des Konsolidierungskreises – lediglich eine Betrachtung der **Netto**veränderung der betroffenen Bilanzpositionen stattfindet.

44   Darüber hinaus ist u.E. in begründeten Fällen eine Durchbrechung des Saldierungsverbots zulässig. Beispielhaft sind hier die Verrechnung von Zahlungen aus dem **Sicherungsgeschäft** mit Zahlungen aus dem Grundgeschäft im Fall von *qualifying hedges* (Rz 86) sowie die Saldierung von Erlösen aus dem **Verkauf** von Vermögenswerten mit den unmittelbar damit zusammenhängenden Ausgaben (Rz 84) zu nennen. In **wesentlichen** Fällen ist allerdings eine Beschreibung dieser Saldierung im Rahmen der Erläuterungen zu den Bilanzierungs- und Bewertungsmethoden (Rz 165) erforderlich.

45   Eine Notwendigkeit zur Saldierung von *cash flows* ergibt sich ggf. auch im Finanzierungsbereich bei kurzfristigen (Re-)Finanzierungen durch **(Sola-)Wechsel** (*promissory notes*), also Zahlungsversprechen des Ausstellers, eine bestimmte Geldsumme zu einem bestimmten Zeitpunkt an den durch die Wechselurkunde Legitimierten zu zahlen, mit einer Laufzeit unter einem Jahr. Werden über die Berichtsperiode verteilt mehrere Wechsel begeben und wieder beglichen („revolviert"), ist u.E. eine saldierte Darstellung der Zahlungsmittelzuflüsse und -abflüsse geboten, die nur das Delta der Verpflichtung aus (Sola-)Wechseln vom Beginn bis zum Ende der Periode zeigt. Voraussetzung für eine Saldierung ist allerdings eine große Umschlagshäufigkeit, große Beträge und kurze Laufzeiten der Finanzierungsquellen (IAS 7.22(b)).

3.2   *Cash flows* aus der betrieblichen Tätigkeit

3.2.1   Wesentliche Elemente

46   Im Bereich der betrieblichen Tätigkeit (*operating activities*) sind solche *cash flows* auszuweisen,
- die aus den **wesentlichen erlöswirksamen Tätigkeiten** stammen und
- **nicht** dem Investitions- oder Finanzierungsbereich zuzuordnen sind (IAS 7.6).

47   Diese Definition lässt zwei wesentliche Bestandteile erkennen:
- eine **Positivabgrenzung** für die Einnahmen aus der Umsatztätigkeit und die damit verbundenen Ausgaben (Material, Personal usw.) sowie
- eine **Negativabgrenzung** für alle Vorgänge, die nicht dem Investitions- oder Finanzierungsbereich zuzuordnen sind („Lumpensammlerfunktion").

Im Rahmen des ersten *Annual Improvements Project* (AIP 2008) des IASB wurde   48
eine Klarstellung des IAS 7.14 in Bezug auf die Abgrenzung von *cash flows* aus
der Veräußerung von Sachanlagevermögen gem. IAS 16 vorgenommen (als Folge
der Änderung von IAS 16.68A). Danach gilt:

- Werden vormals eigengenutzte Sachanlagen veräußert, erfolgt eine Klassifizierung des entstehenden Zahlungsmittelzuflusses im Investitionsbereich.
- Anderes gilt für Sachanlagen, die vorher zur Erzielung von Mieteinnahmen
  verwendet wurden und für die eine Veräußerungsabsicht besteht. Korrespondierend zu den Zahlungsmittelzuflüssen aus der Vermietung sind Zuflüsse aus
  der Veräußerung dem operativen Bereich zuzurechnen.

Im Rahmen des zweiten *Annual Improvements Project* (AIP 2009) wurde   49
darüber hinaus eine weitere Klarstellung von IAS 7.16 vorgenommen (Rz 71).
Zahlungsmittelabflüsse, die nicht zum Zugang eines aktivierungsfähigen Vermögenswerts führen, sind nicht dem Investitionsbereich zuzuordnen. Auszah-
lungswirksamer Aufwand ist – auch wenn dieser wirtschaftlich als Investition
eingestuft wird (z.B. Marketing, Mitarbeiterschulung, Grundlagenforschung
etc.) – im Bereich der betrieblichen Tätigkeit auszuweisen.

Die in IAS 7.14 genannten Beispiele lassen sich wie folgt **zusammenfassen**:   50

- Einzahlungen aus **betrieblichen Erlösen** (Verkauf von Gütern, Erbringung
  von Dienstleistungen, Nutzungsentgelte, Honorare, Provisionen und sonstige
  Erlöse),
- Auszahlungen an **Lieferanten und Beschäftigte**,
- Zahlungen in Zusammenhang mit **Ertragsteuern** (Rz 120ff.),
- Ein- und Auszahlungen für **Handelsverträge** (Rz 53),
- **sonstige Ein- und Auszahlungen**, die nicht dem Investitions- oder Finanzierungsbereich zuzuordnen sind (z.B. Zahlungen an und von Versicherungsunternehmen für Prämien, Schadensregulierung, Renten und andere Ver-
  sicherungsleistungen).

Zahlungen des Unternehmens im Zusammenhang mit der betrieblichen Alters-   51
vorsorge (*post employment benefit plans*; → § 22) für einzelne Mitarbeiter sind
u. E. ebenfalls den *cash flows* der betrieblichen Tätigkeiten zuzurechnen. Zu einer
anderen Beurteilung käme man nur dann, wenn man (entsprechenden Überlegungen in der Unternehmensbewertungslehre folgend) Pensionsverpflichtungen als „*borrowings*" i.S.v. IAS 7.17 interpretieren würde. U. E. sprechen die
Konkretisierungen/Beispiele in IAS 7.17 gegen eine solche Interpretation. Folgt
man unserer Auffassung, sind auch Auszahlungen an einen Fonds oder der
Erwerb von Planvermögen (*plan assets*) im operativen Bereich auszuweisen,[14] da
sie entweder die nicht als *borrowing* qualifizierte Verpflichtung mindern (Passivüberhang) oder bei einem Aktivüberhang keinen investiven Vermögenswert
i.S.v. IAS 7.16 begründen.

Nach (vorläufiger) Auffassung der Deutsche Prüfstelle für Rechnungslegung   52
(DPR) soll eine Zuordnung von Einzahlungen in das Planvermögen zwingend
dem operativen Bereich zuzurechnen sein.[15] Eine einheitliche Bilanzierungs-

---

14 Gl. A. IDW, wonach die Einbringung von Zahlungsmitteln oder Zahlungsmitteläquivalenten in den
    Fonds als „*cash flow* aus der betrieblichen Tätigkeit" zu klassifizieren ist, vgl. IDW RS HFA 2 n. F.,
    Rz. 88.
15 Vgl. Zimmermann et al., DB 2012, S. 1577.

praxis lässt sich für Deutschland allerdings nicht feststellen.[16] Wegen der uneinheitlichen Auslegung und Auffassungen erfolgte zur Klarstellung eine Eingabe
beim IFRS IC.[17] Bis zu einer abschließenden Positionierung des Standardsetters
bleibt somit ein gewisser Spielraum für die Klassifizierung der Zahlungsströme.
Eine Entscheidung wurde allerdings zeitlich auf unbestimmt vertagt.[18] Somit
bleibt es bei der bestehenden Unbestimmtheit für die Abgrenzung.

53   Als Beispiel für „Handelsverträge", wie der englische Begriff *contracts for dealing
      or trading purposes* etwas unscharf übersetzt wird, ist der **Handel mit Wert-
      papieren und Anleihen** genannt (IAS 7.15). Um eine „betriebliche" Tätigkeit
      handelt es sich allerdings nur dann, wenn die gehaltenen Wertpapiere weder dem
      Finanzmittelfonds (Rz 15 ff.) noch dem Bereich der Anlage von Finanzmitteln
      (Investitionsbereich; Rz 76) zuzuordnen sind. Daneben ist im Bereich der be-
      trieblichen Tätigkeit der **Handel mit derivativen Finanzinstrumenten** auf-
      zuführen (IAS 7.16(g); Rz 86; → § 28 Rz 498).

54   Zu den **„sonstigen" Ein- und Auszahlungen** gehören neben Zahlungen in Zu-
      sammenhang mit Versicherungen bspw. auch Spenden, Ein- und Auszahlungen in
      Zusammenhang mit Gerichtsverfahren sowie Auszahlungen für Geldbußen und
      sonstige Strafen.

55   Für die **Darstellung der** cash flows aus der betrieblichen Tätigkeit ist ein **Wahl-
      recht** vorgesehen, die direkte (Rz 56 ff.) oder die indirekte (Rz 61 ff.) Methode
      anzuwenden (IAS 7.18). Diese beiden Methoden, die zum gleichen Ergebnis
      (Mittelzufluss/-abfluss) führen müssen, sollen im Folgenden vorgestellt werden.

3.2.2   Direkte Methode

56   Bei der direkten Methode werden die **Hauptklassen** (*major classes*) der Brutto-
      einzahlungen und Bruttoauszahlungen **gesondert** aufgeführt (IAS 7.18(a)). Was
      unter dem Begriff „Hauptklassen" zu verstehen ist, wird im Standard IAS 7 nicht
      näher definiert. Da in der Praxis bisher nur eine kleine Minderheit der Unterneh-
      men die direkte Methode wählt, bieten sich auch hier nur wenige Anhaltspunkte
      für eine bevorzugte Auslegung dieses Begriffs. In der Literatur lassen sich unter
      anderem folgende **Gliederungsmöglichkeiten** finden:

      • Gliederung anhand der wesentlichen **Personengruppen und Organisationen**,
        mit denen das Unternehmen Zahlungsmittelbewegungen hat (Kunden, Liefe-
        ranten von Waren und Dienstleistungen, Mitarbeiter, staatliche Behörden);

      • Gliederung der Auszahlungen **nach Kostenarten** analog zum Gliederungs-
        schema des Gesamtkostenverfahrens in der GuV (z.B. Auszahlungen für Roh-,
        Hilfs- und Betriebsstoffe, für bezogene Leistungen und Waren, Personal, sons-
        tige Auszahlungen).

      • Gliederung der Auszahlungen nach **Funktionsbereichen** analog zum Glie-
        derungsschema des Umsatzkostenverfahrens in der GuV (z.B. Auszahlungen
        für den Produktions-, Vertriebs- und Verwaltungsbereich, sonstige Auszah-
        lungen).[19]

---

16 Vgl. ZIMMERMANN et al., DB 2012, S. 1581.
17 IFRS IC, Staff Paper July 2012, S. 21–23.
18 Vgl. IFRIC Update March 2013.
19 Zu den Gliederungen nach Kostenarten und Funktionsbereichen vgl. das ausführliche Schema bei
    MANSCH/WYSOCKI (Hrsg.), Finanzierungsrechnung im Konzern, 1996, S. 15–19.

Besondere praktische Probleme bereitet häufig die direkte Ermittlung der Zah- **57**
lungsströme, da das Rechnungswesen üblicherweise auf die Erfassung von Aufwendungen und Erträgen, nicht aber von Ein- und Auszahlungen ausgerichtet
ist. Neben der **originären Ermittlung** der *cash flows*, bei der die Zu- und
Abgänge der Fondsbestandskonten erfasst und den Aktivitätsbereichen zugeordnet werden, wird daher auch eine **derivative Ermittlung** für zulässig erachtet. Bei letzterer Methode werden alle wesentlichen Erträge und Aufwendungen
zunächst als ein- bzw. auszahlungswirksam behandelt und anschließend unter
Verwendung zusätzlicher Informationen in *cash flows* überführt (IAS 7.19(b)).
Die Technik der **derivativen** Ermittlung lässt sich am Beispiel der Einzahlungen
von Kunden wie folgt darstellen:

Umsatzerlöse	......
Erhöhung (–) / Verminderung (+) der Kundenforderungen	......
Erhöhung (–) / Verminderung (+) der Wertberichtigungen auf Kundenforderungen	......
Erfolgsneutrale Veränderungen der Kundenforderungen (Umgliederungen/Währungsdifferenzen etc.)	......
Einzahlungen von Kunden	......

Die Frage des separaten Ausweises von **Umsatzsteuerein- bzw. -auszahlungen,** **58**
die sich i.d.R. bei der direkten Ermittlung des Kapitalflusses innerhalb der betrieblichen Tätigkeit ergibt, wurde an das IFRS IC adressiert. Das IFRS IC misst der
Tatsache einer möglichen unterschiedlichen Behandlung (Bruttoausweis oder
Saldierung von Umsatzsteuerzahlungen) nur eine geringe Bedeutung bei (*„while
different practices may emerge, they are not expected to be widespread"*).[20] Der
geringe praktische Anwendungsbereich ergibt sich bereits aus der dominierenden
Bestimmung des operativen *cash flow* gem. der **indirekten** Methode, nach der
geschuldete Umsatzsteuerzahlungen keine Relevanz haben. Für Anwender der
direkten Ermittlung der *operating cash flows* ergibt sich ein Wahlrecht: Zahlungs-
mittelzu- bzw. -abflüsse aus Umsatzsteueransprüchen/-verpflichtungen können
saldiert dargestellt oder separat ausgewiesen werden.

Praxis-Beispiel
Die Feuerwerk AG erzielt ihren Netto-Jahresumsatz i.H.v. 100 Mio. EUR
ausschließlich im Dezember. Die Kunden zahlen auf die erworbenen Produkte
Umsatzsteuer i.H.v. 19 Mio. EUR. Bei gleichem Umsatz im Vorjahr betrug
der Steuersatz 19 %. Der Zahlungseingang aus dem direkten Verkauf von
Endverbraucherprodukten erfolgt in der laufenden Periode, eine Weiterleitung der eingenommenen Umsatzsteuer erst in der nächsten Periode nach dem
Bilanzstichtag. Für die Erfassung des Geschäftsvorfalls sind folgende Alternativen (in Mio. EUR) zu unterscheiden:

---

20   IFRIC Update August 2005.

Direkte Methode (Variante 1)		Direkte Methode (Variante 2)	
Umsatz vor USt 02	100	Umsatz inkl. USt	119
erhaltene USt 02	19		
Abführung der im Dez 01 vereinnahmten Umsatzsteuer in 02 an Finanzamt	–19	Abführung der im Dez 01 vereinnahmten Umsatzsteuer in 02 an Finanzamt	–19
Zahlungsmittelveränderung	100	Zahlungsmittelveränderung	100

Unter Informationsgesichtspunkten weist keine Methode deutliche Vorteile auf.

59   Die **direkte Methode** wird **in IAS 7.19 empfohlen** (*„Enterprises are encouraged to report cash flows form operating activities using the direct method …"*). Die direkte Ermittlung liefert Informationen, die die Abschätzung künftiger *cash flows* erleichtern und bei Anwendung der indirekten Darstellungsform nicht verfügbar sind. Die Empfehlung des IASB hat aber de lege lata **keine rechtliche** Relevanz. Die direkte Methode wird nicht in den Status einer *„benchmark"*-Methode erhoben.

Zugunsten einer verpflichtenden Anwendung der direkten Methode de lege ferenda werden Konsistenzargumente angeführt, da die beiden **anderen Bereiche** (Rz 77, Rz 88) der Kapitalflussrechnung zwingend bereits jetzt in der direkten Weise zu erstellen sind. Gegen eine derartige Rechtsänderung spricht aber andererseits der unklare Informationsvorteil. Die indirekte Methode hat informatorisch den Vorzug, zwei Rechenwerke des Jahresabschlusses, nämlich GuV und Kapitalflussrechnung, zu verbinden und etwa im konkreten Fall zu erläutern, warum sich aus einer positiven Ergebnisentwicklung eine negative *cash*-Entwicklung des betrieblichen *cash flow* ergibt.[21]

Aus diesem Grund ist selbst bei Anwendung der direkten Methode nach US-GAAP eine Überleitungsrechnung vom Jahresergebnis zum Mittelzufluss aus laufender Geschäftstätigkeit und damit de facto die zusätzliche Anwendung der indirekten Methode erforderlich (ASC Topic 230.10.45–29); eine vergleichbare Angabepflicht sehen allerdings weder IAS 7 noch DRS 21 vor. Eine Verpflichtung zur direkten Ableitung des operativen *cash flow* ist allerdings im Rahmen des *„Financial Statement Presentation"*-Projekts des IASB angedacht (Rz 184).

60   Da in IAS 7 kein verbindliches Gliederungsschema vorgegeben ist, kann i. d. R. für die direkte Methode auf folgende an DRS 21.39 angelehnte Gliederung zurückgegriffen werden:

1.		**Einzahlungen von Kunden** für den Verkauf von Erzeugnissen, Waren und Dienstleistungen
2.	–	**Auszahlungen an Lieferanten und Beschäftigte**
3.	+	**Sonstige Einzahlungen**, die nicht der Investitions- oder Finanzierungstätigkeit zuzuordnen sind
4.	–	**Sonstige Auszahlungen**, die nicht der Investitions- oder Finanzierungstätigkeit zuzuordnen sind
5.	=	*cash flow* aus betrieblicher Tätigkeit

---

[21] So auch SCHEFFLER, DB 2007, S. 2047.

Hinsichtlich des Ausweises von Ertragssteuerzahlungen entsprechen sich die Vorgaben des DRS 21 und der IFRS, im Regelfall erfolgt eine Erfassung im *cash flow* der betrieblichen Tätigkeit (Rz 122 und DRS 21.18).

3.2.3 Indirekte Methode

Bei der indirekten Methode erfolgt die Ermittlung nicht auf Grundlage originär **61** ermittelter *cash flows*; vielmehr werden die *cash flows* aus anderen im Rechnungswesen verfügbaren Rechengrößen abgeleitet. Die Konzeption geht zunächst von einer unterstellten Übereinstimmung des Periodenergebnisses mit den *cash flows* aus der betrieblichen Tätigkeit aus. Anschließend ist das Jahresergebnis um bestimmte Beträge zu bereinigen. In Form einer **Überleitungsrechnung** wird somit das Periodenergebnis in eine *cash-flow*-Größe überführt. Für die Überleitungsrechnung ist keine verbindliche Gliederung vorgesehen; aus den Ausführungen des Standards lässt sich jedoch folgendes **Grundschema** darstellen (IAS 7.20):

Indirekte Methode: Grundschema	
Periodenergebnis	......
Nicht zahlungswirksame Aufwendungen und Erträge	......
Veränderungen des Nettoumlaufvermögens	......
Umgliederungen zu anderen Tätigkeitsbereichen	......
cash flows aus der betrieblichen Tätigkeit	......

Bei der Überleitung sind in einem **ersten Schritt** die Aufwendungen und Erträge **62** zu berücksichtigen, die nicht zu entsprechenden Auswirkungen auf den Zahlungsmittelfonds geführt haben (**finanzmittelfondsneutrale Aufwendungen und Erträge**). Hierzu nennt IAS 7.20 folgende Beispiele:

- **Abschreibungen** auf das Anlagevermögen sowie entsprechende **Zuschreibungen** (→ § 10; → § 11);
- erfolgswirksame **Veränderung latenter Steuern** (→ § 26 Rz 218);
- Veränderung langfristiger Rückstellungen, die nicht Bestandteil des Nettoumlaufvermögens sind (→ § 21);
- Ergebnisse aus **assoziierten** Unternehmen und aus Gemeinschaftsunternehmen (*joint ventures*), die nach der *at-equity*-Methode (→ § 33) bilanziert werden (Rz 127);
- unrealisierte Gewinne und Verluste aus **Währungsdifferenzen** (→ § 27).

Unmittelbar als Korrekturposten angesprochen sind – wegen eines Abstellens **63** auf das Periodenergebnis, als Ergebnisgröße der GuV – zahlungsunwirksame Aufwendungen und Erträge, die erfolgswirksam in der GuV (*statement of profit/loss*) erfasst wurden. Fraglich ist, wie mit Änderungen von Bilanzposten (insbesondere **Pensionsrückstellungen**) umzugehen ist, wenn ein Teil der Zuführung (Auflösung) nicht als Aufwand (Ertrag), sondern erfolgsneutral im OCI (*other comprehensive income*) erfasst wurde. Da das Periodenergebnis als Ausgangsgröße nicht um Aufwendungen (Erträge) aus der Zuführung (Auflösung) der Rückstellung gemindert ist, bedarf es auch keiner „korrigierenden" Berücksichtigung in der Überleitung zum betrieblichen *cash flow*. Zur Darstellung dieser Besonderheiten der Pensionsrückstellungen bei ansonsten weiterhin in der GuV berücksichtigten anderen Rückstellungen sind zwei Darstellungsvarianten zu unterscheiden:

1. **Bruttodarstellung**: Ausweis des „Korrekturpostens" entsprechend der bilanziellen Rückstellungsentwicklung und Gegenkorrektur innerhalb der Kapitalflussrechnung in einer gesonderten Zeile als „Nicht zahlungswirksame und nicht ertragswirksame Veränderung der (Pensions-)Rückstellungen".

2. **Nettodarstellung**: Keine Berücksichtigung der im OCI erfassten Bestandteile von Veränderungen der Rückstellung innerhalb der Kapitalflussrechnung, wobei in diesem Fall durch eine Anhangangabe („Bei der Ableitung des betrieblichen *cash flows* durch Korrektur um Änderungen von Rückstellungen, Forderungen usw. werden nur solche Änderungen berücksichtigt, die in der GuV erfasst wurden") oder die Bezeichnung des Korrekturpostens (z.B. „Zuführung/Auflösung der Rückstellungen ohne erfolgsneutrale Zuführung/Auflösung von Pensionsrückstellungen") deutlich gemacht werden müsste, dass nicht sämtliche Rückstellungsänderungen berücksichtigt werden.

Das Periodenergebnis als Ausgangsgröße für die Ermittlung der *cash flows* (indirekte Methode) aus der betrieblichen Tätigkeit ist eine Ergebnisgröße aus der GuV. Die im OCI erfassten Bestandteile der Pensionsrückstellungen haben keine Auswirkungen auf das Periodenergebnis. Daher liegt es nahe, in der Kapitalflussrechnung nur solche Veränderungen der Rückstellungen zu berücksichtigen, die erfolgswirksam in der GuV erfasst wurden. Die Nettodarstellung ist jedoch nicht zwingend vorzuziehen. Im Interesse der Bilanzklarheit muss u.E. lediglich hinreichend klar sein,

- wie aus der gewählten Ausgangsgröße der betriebliche *cash flow* entwickelt wird und
- aus welchen Gründen die Veränderung der Rückstellung in der Kapitalflussrechnung nicht mit der in der Bilanz übereinstimmt.

64   Daneben sind folgende weitere Beispiele aufzuführen:

- Bildung und Auflösung von **Wertberichtigungen**, z.B. auf Vorräte, Kundenforderungen und Wertpapiere des Umlaufvermögens;
- nach der *percentage-of-completion*-Methode (→ § 18[22]) realisierte Teilgewinne;
- Auflösung von Passivposten aus der Gewährung **öffentlicher Zuschüsse** (→ § 12 Rz 29 ff.).

65   In einem **zweiten Schritt** sind die ergebnisneutralen, jedoch zahlungswirksamen **Veränderungen des Nettoumlaufvermögens** (*net working capital*) zu berücksichtigen. Eine ergebnisneutrale Erhöhung der *assets*, z.B. durch Kauf von Vorräten, oder eine Verminderung der *liabilities* durch Schuldentilgung führt zu einem Abfluss von Zahlungsmitteln. Dagegen bewirkt eine Verminderung von *assets* oder eine Erhöhung von *liabilities* einen Zufluss an Zahlungsmitteln. Die Ermittlung der *cash flows* wird üblicherweise im Wege der **Differenzenbildung** durch die Gegenüberstellung von Anfangs- und Endbestand der einzelnen Positionen des *net working capital* vorgenommen. Hierbei sind allerdings folgende **Bereinigungen** zu beachten:

- Die Höhe von Vermögenswerten und Schulden des *net working capital* kann sich durch **ergebniswirksame Bewertungsmaßnahmen** verändert haben, die nicht zahlungswirksam geworden sind (z.B. Abwertung von Vorräten oder

---

[22] S. Lüdenbach/Hoffmann/Freiberg, Haufe IFRS-Kommentar 14. Aufl., 2015.

Bildung/Auflösung von Wertberichtigungen auf Kundenforderungen). Die hierfür anfallenden Beträge sind nicht in der Zeile „Veränderung des Nettoumlaufvermögens", sondern bei den zahlungsunwirksamen Aufwendungen und Erträgen zu berücksichtigen.

- Veränderungen des *net working capital* aufgrund von **Veränderungen des Konsolidierungskreises** (→ § 32 Rz 97 ff.) sind nicht im Bereich der betrieblichen Tätigkeit, sondern bei der Investitionstätigkeit zu erfassen (Rz 130 ff.).
- Einflüsse aus der **wechselkursbedingten Veränderung** (→ § 27) von Positionen des Nettoumlaufvermögens sind zu eliminieren. Solche Währungsdifferenzen entstehen zum einen durch das Halten monetärer Vermögenswerte und Schulden in Fremdwährung (z. B. Kundenforderungen, Wertpapiere oder Lieferantenverbindlichkeiten), zum anderen durch die Umrechnung von Abschlüssen einbezogener Unternehmen, deren funktionale Währung von derjenigen des Konzernabschlusses abweicht.

In einem **dritten Schritt** sind gewisse Erträge und Aufwendungen, die zwar im **66** Jahresergebnis enthalten, aber deren *cash flows* nicht dem Bereich der betrieblichen Tätigkeit zuzuordnen sind, getrennt zu berücksichtigen. Dies gilt insbesondere für **Erlöse aus dem Abgang von Vermögenswerten des Anlagevermögens**, die im Bereich der Investitionstätigkeit zu erfassen sind. Zu diesem Zweck sind die mit den Abgängen verbundenen Gewinne und Verluste aus dem Bereich der betrieblichen Tätigkeit auszusondern. Gleiches gilt, wenn von dem Wahlrecht des Ausweises von **Zins- und Dividendenzahlungen** im Bereich der Investitions- oder Finanzierungstätigkeit Gebrauch gemacht wird (Rz 109 ff.).

Bei dem in IAS 7.App.A dargestellten Grundschema der indirekten Methode **67** wird als Ausgangsgröße das **Periodenergebnis vor Steuern** (*net income before taxation* bzw. *earnings before taxes*) gewählt. U. E. ist es mangels bindender Definition der Startgröße *profit and loss* (IAS 7.18(b)) in IAS 7 selbst jedoch zulässig, eine andere Ergebnisgröße als Ausgangsbasis für die Überleitungsrechnung zu wählen. Vorziehungswürdig ist allerdings – auch i.S. e. Analogieschlusses der Definition von *profit or loss* über IAS 1.82 in Einklang mit IAS 8.11(a) – ein Abstellen auf das Periodenergebnis als Ausgangsgröße. Letztlich ergeben sich aber folgende Alternativen für die Ausgangsgröße der indirekten Ermittlung des *cash flow* aus der betrieblichen Tätigkeit:

- **Ertragsteuerzahlungen** werden in einer separaten Zeile innerhalb der *cash flows* aus der betrieblichen Tätigkeit ausgewiesen. Als Ausgangsgröße könnte in diesem Fall das **Ergebnis vor Steuern** (*earnings before taxes* – *EBT*) gewählt werden.
- Werden neben Ertragsteuerzahlungen auch Ein- und Auszahlungen für **Zinsen** im Bereich der betrieblichen Tätigkeit in eigenen Zeilen ausgewiesen, so kann die Überleitungsrechnung mit einem **Ergebnis vor Steuern und Zinsen** (*earnings before interest and taxes* – *EBIT*) beginnen. Da Abschreibungen ohnehin nicht zahlungswirksam werden, bietet es sich an, das **Ergebnis vor Zinsen, Steuern und Abschreibungen** (*earnings before interest, taxes, depreciation and amortisation* – **EBITDA**) zu wählen.
- Bei Handelsunternehmen wird auch die in der Praxis besonders relevante Ergebnisgröße **Rohertrag** als Ausgangsbasis verwendet.
- Im Fall eines **Ergebnisabführungsvertrags** sollte als Ausgangsgröße das Ergebnis **vor** Ergebnisabführung bzw. Verlustübernahme Verwendung finden, um die eigene Finanzkraft des Unternehmens bzw. Teilkonzerns zu verdeutli-

chen. Eine Gewinnabführung an den Eigenkapitalgeber ist analog zu Dividendenausschüttungen vorzugsweise als *cash flow* aus Finanzierungstätigkeit zu
behandeln (Rz 119). Für den Fall der Verlustübernahme dürfte der zutreffende
Ausweis umstritten sein (Rz 117).

- Schließlich ist es zulässig und u. E. vorziehungswürdig, das Ergebnis **nach**
Steuern (*net income*) als Ausgangsgröße zu verwenden.

68   Eine andere Auffassung wird von der SEC vertreten. Im Rahmen einer Durchsicht von IFRS-Abschlüssen derjenigen Unternehmen,[23] die bislang wegen einer
Börsennotierung in den USA zu einer *reconciliation* auf US-GAAP verpflichtet
waren, nimmt der *Staff* der SEC folgende Position ein: Gem. IAS 7.18(b) beginnt
die GuV mit der Größe *profit and loss*, welche allerdings in IAS 7 nicht definiert
wird. Mangels Konkretisierung in IAS 7 sei nach Ansicht des *Staff* daher über
einen **Rückgriff** auf IAS 8.11(a) **analog** die Definition von *profit and loss* für die
GuV aus IAS 1.82 heranzuziehen und somit das Ergebnis **nach** Steuern (*net
income*) als Ausgangsgröße zu verwenden.[24] Unmittelbar von der vorstehenden
Auslegung der SEC betroffen sind nur Unternehmen, welche die amerikanische
Börse in Anspruch nehmen. Fraglich ist allerdings, inwieweit Auslegungen der
SEC Bindungswirkung für die IFRS entfalten können. Mit der Ankündigung, die
IFRS (in der englischsprachigen Fassung des IASB) als Zulassungsvoraussetzung
für amerikanische Börsen anzuerkennen,[25] drückt die SEC ebenfalls ihr Interesse
an der Teilnahme des *„standard setting process"* des IASB aus. Abstrahiert von der
Auslegung der SEC, spricht für einen Rückgriff auf das Ergebnis nach Steuern auch
der **Vorteil** der indirekten Ermittlung des *cash flow* aus der operativen Tätigkeit
(Rz 59). Soll die Kapitalflussrechnung zwei Rechenwerke des Jahresabschlusses,
nämlich GuV und Kapitalflussrechnung, verbinden und den Zusammenhang von
Ergebnisentwicklung und Finanzlage erläutern, bietet sich als Ausgangspunkt für
die Kapitalflussrechnung das **Ergebnis** der **GuV** an.

69   Aus dem Beispiel im Anhang zu IAS 7 i. V. m. Elementen aus dem Gliederungsschema von DRS 21 ergibt sich folgende **detaillierte Darstellungsmöglichkeit:**

1.		**Periodenergebnis vor Steuern**
		Anpassungen I
2.	+/–	Abschreibungen/Zuschreibungen auf Vermögenswerte
3.	–/+	Gewinn/Verlust aus dem Abgang von Vermögenswerten
4.	–/+	Wechselkursbedingte Gewinne/Verluste
5.	+/–	Sonstige zahlungsunwirksame Aufwendungen/Erträge (bspw. Abschreibung auf ein aktiviertes Disagio)
	=	*Zwischensumme I*
		Anpassungen II
6.	–/+	Zunahme/Abnahme der Vorräte, der Forderungen aus Lieferungen und Leistungen sowie anderer Aktiva, die nicht der Investitions- oder Finanzierungstätigkeit zuzuordnen sind

---

[23]   SEC, Staff Observations in the Review of IFRS Financial Statements, 2.7.2007.
[24]   Gl. A. PwC, IFRS Manual of Accounting 2015, ch. 30.76.
[25]   SEC, Press release 2007–235 vom 15.11.2007.

7.	+/–	Zunahme/Abnahme der Verbindlichkeiten aus Lieferungen und Leistungen sowie anderer Passiva, die nicht der Investitions- oder Finanzierungstätigkeit zuzuordnen sind
8.	+/–	Zunahme/Abnahme der Rückstellungen
	=	*Zwischensumme II ("cash generated from operations")*
9.	–/+	Gezahlte/erhaltene Zinsen
10.	–/+	Gezahlte/erhaltene Steuerzahlungen
11.	=	*cash flow* aus betrieblicher Tätigkeit

Wird als Ausgangspunkt nicht das Ergebnis vor Steuern, sondern das **Perioden-ergebnis** gewählt (Rz 81), entfällt die Zeile „Gezahlte/erhaltene Steuerzahlungen". Stattdessen ist eine Zeile Veränderung der Steuerforderung/-schulden notwendig, die dann auch die latenten Steuern einbeziehen muss.

3.3 *Cash flows* aus der Investitionstätigkeit

Investitionstätigkeiten (*investing activities*) umfassen gem. IAS 7.16 den **Erwerb** 70 **und die Veräußerung von**

*   **langfristigen Vermögenswerten** (*long term assets*), Sach- und immateriellen Anlagen sowie Finanzanlagen und
*   **sonstige Finanzinvestitionen** in Schuld- oder Eigenkapitalinstrumente, die nicht zu den Zahlungsmitteläquivalenten gehören.

In diesem Bereich werden somit aufgeführt:

*   Auszahlungen für solche Ressourcen, die zur Erzielung künftiger Erträge und *cash flows* getätigt wurden (**Investitionen**);
*   Einzahlungen aus dem späteren Abgang dieser Ressourcen (**Veräußerungs-erlöse**).

Zur Klarstellung des geltenden Rechts erfolgte im Rahmen des *Annual Impro-* 71 *vements Projects 2009* eine Änderung von IAS 7.16. Eine Zuordnung eines Zahlungsmittelabflusses zum investiven Bereich ist danach nur zulässig, wenn die Ausgaben als **Vermögenswert** (*asset*) angesetzt und nicht aufwandswirk-sam (*expense*) verrechnet werden.

> **Praxis-Beispiel**
> U lässt Anfang 01 eine neue Marke schützen und „investiert" im Verlauf von 01 in erheblichem Maß in die Bekanntheit dieser Marke; Ende 01 ist die Marke gut am Markt etabliert.
> Ökonomisch mag man die Aufwendungen als Investition in und bilanziell (i.S.v. IAS 38) als Herstellungskosten der Marke werten. Herstellungskosten auf eigene Marken sind nach IAS 38.63 jedoch nicht aktivierungsfähig (→ § 13 Rz 31). Daher darf die Investition auch in der Kapitalflussrechnung nicht als investiver *cash out flow* berücksichtigt werden. Vielmehr liegt ein operativer *cash out flow* vor.

Die Umsetzung der Klarstellung im Rahmen des *Annual Improvement Project 2009* wird allerdings seitens des IFRS IC als nicht gelungen angesehen, da die

Möglichkeit zur Fehlinterpretation (*leading to the misinterpretation*) der Ergänzung besteht.[26] Als Konsequenz wurde eine Streichung der nachträglich eingefügten Vorgabe (*„only expenditures that result in a recognised asset in the statement of financial position are eligible for classification as investing activities"*) angeregt.

72   Die (noch vorgesehene) Begrenzung auf aktivierungsfähige Auszahlungen schließt eine Erfassung von **Anschaffungsnebenkosten** im Zug einer *business combination* zum investiven Bereich aus. Nach IFRS 3.53 sind Anschaffungsnebenkosten nicht Teil der *consideration transferred* und daher aufwandswirksam zu verrechnen (→ § 31 Rz 41). Ein entsprechender Ausschluss gilt hingegen nicht für den Erwerb eines *at equity* bewerteten Anteils. Im Rahmen der Zugangsbewertung sind auch Anschaffungsnebenkosten im Beteiligungsansatz zu aktivieren (→ § 33 Rz 52).

73   Ein Abgrenzungsproblem zwischen operativem und investivem *cash flow* stellt sich auch für Zahlungsmittelabflüsse eines **Konzessionärs** einer **Dienstleistungsvereinbarung** im Anwendungsbereich von IFRIC 12 (→ § 55). Die Interpretation lässt offen, ob mit der Klassifizierung als *financial* oder *intangible asset* eine Rückwirkung für den Ausweis von Auszahlungen innerhalb der Kapitalflussrechnung verbunden ist. U. E. sind Zahlungsmittelabflüsse des Konzessionärs während der Entwicklungsphase im operativen Teil der Kapitalflussrechnung auszuweisen.[27] Dies entspricht der **Tauschfiktion** für die Erfassung eines *financial* und/oder *intangible asset*. Der Zugang ist nicht (oder nur mittelbar) Folge eines Zahlungsmittelabflusses, sondern erfolgt gegen Errichtung der Infrastruktur. Der Ausweis von Ausgaben als Teil der *investing activities* setzt den unmittelbaren Ansatz eines Vermögenswerts voraus (IAS 7.16). An einem entsprechenden Zusammenhang fehlt es, was auch an dem betragsmäßigen Auseinanderfallen von Ausgabe und Zugangswert deutlich wird.

74   Der Begriff **„langfristige Vermögenswerte"** bezieht sich auf den Erwerb und die Veräußerung von Sachanlagen. Es ist somit nicht auf die theoretische Nutzungsdauer, sondern die **Zweckbindung** der erworbenen Ressourcen abzustellen. Aus diesem Grund sind z. B. Grundstücke, die zum Zweck des Weiterverkaufs erworben wurden, als Vorräte anzusehen und die mit dem Erwerb und der Veräußerung solcher Grundstücke verbundenen Zahlungen nicht im Bereich der Investitions-, sondern der betrieblichen Tätigkeit auszuweisen.

75   Auch die im Zug einer Kapazitätserweiterung anfallende zusätzliche **Mittelbindung** im Bereich des kurzfristigen Vermögens (Vorräte, Kundenforderungen) ist im Bereich der **betrieblichen** Tätigkeit auszuweisen.

76   Die **„sonstigen Finanzinvestitionen"** umfassen alle Anlagen von Zahlungsmitteln in solchen finanziellen Vermögenswerten, die einerseits nicht unter den Begriff des Zahlungsmittelfonds (Zahlungsmittel und Zahlungsmitteläquivalente) fallen, andererseits auch nicht den Sachanlagen zuzuordnen sind. Es geht im Wesentlichen um erworbene Eigenkapitaltitel, nicht dem Finanzmittelfonds zuzurechnende Festgeldguthaben, Wertpapiere und sonstige Forderungen mit einer Restlaufzeit von mehr als drei Monaten. Hierfür kommen insbesondere solche Finanzinstrumente infrage, die als „zum Verkauf stehend" (*available for sale*) zu klassifizieren sind. Soweit **Finanzinstrumente** (*trading assets*, Derivate etc.) für Handelszwecke (*„for*

---

[26]   Vgl. IFRIC Update March 2013.
[27]   Vgl. FREIBERG, PiR 2010, S. 234 ff.

dealing or trading purposes") gehalten werden, sieht IAS 7.15 die Einbeziehung in den *cash flow* aus betrieblicher Tätigkeit vor. Dies erklärt sich wie folgt: Werden Finanzinstrumente ausschließlich mit einer **Weiterveräußerungsabsicht** erworben, also gerade keine Investitionen in langfristig dem Unternehmen zur Verfügung stehende Vermögenswerte getätigt, sind Veräußerungserlöse als Spekulations-/Arbitragegewinne des betrieblichen Ergebnisses anzusehen und damit alle Mittelzu- und -abflüsse der betrieblichen Tätigkeit zuzurechnen.

Fraglich ist die Behandlung von Derivaten, die vom Unternehmen als *hedging instruments* eingesetzt werden, aber die formalen Anforderungen an das *hedge accounting* nicht erfüllen und deshalb als „freistehende" derivative Finanzinstrumente zu klassifizieren sind. U. E. ist der in IAS 7.15 verwendete Begriff *„dealing or trading purposes"* **unabhängig** von der Qualifizierung nach den Vorgaben zum *hedge accounting* auszulegen. Wenn die engen Voraussetzungen an ein *hedge accounting* fehlschlagen, schlägt dies u. E. somit nicht zwangsläufig auf die Zuordnung der Zahlungsströme aus dem Derivat durch. Falls das Unternehmen Derivate real zu Sicherungszwecken einsetzt, ohne formal die Voraussetzungen für ein *hedge accounting* zu erfüllen, ist der Zahlungsstrom aus den Derivaten gleichwohl nicht bzw. nur dann im Ergebnis der betrieblichen Tätigkeit auszuweisen, wenn auch der gesicherte bzw. zu sichernde Zahlungsstrom dort auszuweisen ist. Aus Konsistenzgründen ist daher der Zahlungsstrom aus einem *hedging instrument* unabhängig von einer Designation im Einklang mit den Ein-/Auszahlungen des *hedged item* zu erfassen.

Für die Darstellung der *cash flows* aus der Investitionstätigkeit ist zwingend die **77** **direkte Methode** (Rz 56ff.) vorgeschrieben (IAS 7.21). Ein Mindestgliederungsschema wird nicht vorgegeben, jedoch sind wesentliche Bestandteile in Form eines (nicht abschließenden) Katalogs aufgeführt (IAS 7.16):

- Beschaffung bzw. Veräußerung von Sachanlagen, immateriellen und anderen langfristigen Vermögenswerten,
- Erwerb bzw. die Veräußerung von **Eigenkapital- oder Schuldinstrumenten** anderer Unternehmen und von Anteilen an *joint ventures*,
- **Gewährung bzw. Tilgung von Krediten und Darlehen** an Dritte,
- **Termingeschäfte** und andere **derivative Finanzinstrumente**.

Bei der Ermittlung der Höhe der Auszahlungen ist regelmäßig auf die zur **78** Bestimmung der **Anschaffungskosten** zu erfassenden Beträge (→ § 16 Rz 26ff.; → § 14 Rz 10ff.; → § 3 Rz 70ff.; → § 17 Rz 20ff.) abzustellen, auch wenn die erstmalige Erfassung von Anschaffungskosten in der Bilanz und die Darstellung der Auszahlung in der Kapitalflussrechnung durchaus in verschiedenen Perioden erfolgen kann. Im Fall der Gewährung **öffentlicher Investitionszuschüsse** besteht in der Bilanz ein Ausweiswahlrecht. Die Darstellung in der Kapitalflussrechnung ist nicht geregelt (zu den entsprechenden Möglichkeiten siehe Rz 154).

Bei den Sachanlagen und immateriellen Vermögenswerten sind auch Auszah- **79** lungen für **aktivierte Entwicklungskosten** (→ § 13 Rz 25ff.) sowie für **selbst erstellte Sachanlagen** (aktivierte Eigenleistungen) auszuweisen. Auszahlungen für nicht aktivierungsfähige **Forschungs- und Entwicklungskosten** sowie **Ingangsetzungsaufwendungen** (*start-up costs*) sollten dagegen nicht unter den *cash flows* aus der Investitionstätigkeit aufgeführt werden, sondern dem Bereich der betrieblichen Tätigkeit zugeordnet werden.

80   Fraglich ist die Berücksichtigung von **Zinsen,** die nach IAS 23 (→ § 9 Rz 15 ff.) aktiviert wurden, bei den Auszahlungen für Sachanlagen und immateriellen Vermögenswerten (Rz 110). Ein Ausweis solcher Zinszahlungen im Bereich der Investitionstätigkeit ist zulässig und aus Konsistenzgründen u. E. auch geboten. Aufgrund der uneinheitlichen Vorgehensweise in der Praxis hatte der IASB den Ausweis von Fremdkapitalkosten im Entwurf noch in das *Annual Improvements Project 2010–2012* aufgenommen. Nach der geplanten Ergänzung von IAS 7 sollten die Fremdkapitalkosten das Schicksal des qualifizierten Vermögenswerts teilen. Jedoch entstehen erhebliche **Abgrenzungsprobleme,** wenn die Zinszahlungen nicht eindeutig einem *qualifying asset* zugeordnet werden können (anteilige Verteilung von Zinskosten nach IAS 23.17; → § 9). Insbesondere bei Auseinanderfallen von Zeitpunkt der Aktivierung der Zinsen und Zeitpunkt der entsprechenden Auszahlung besteht die Gefahr einer willkürlichen Zuordnung von Zinsen zu den *qualifying assets* und damit zu Verschiebungen von *cash flows* zwischen dem betrieblichen Bereich und dem Bereich der Investitionstätigkeit. Wegen der identifizierten Probleme wurde daher die vorgeschlagene Ergänzung nicht weiter verfolgt.[28]

81   Die im **Anlagespiegel** (→ § 14 Rz 69) ausgewiesenen Zu- und Abgänge weichen im Regelfall von den entsprechenden Aus- bzw. Einzahlungen in der Kapitalflussrechnung der gleichen Periode ab. Diese Problematik wird allerdings in der Praxis, wie in vielen veröffentlichten Kapitalflussrechnungen deutlich wird[29], häufig verkannt. Bei den Zugängen sind insbesondere dann Abweichungen festzustellen, wenn die Auszahlung in anderen Perioden erfolgt, als die entsprechende Aktivierung der Anschaffungskosten oder wenn die Transaktion völlig zahlungsunwirksam durchgeführt wird. Für letzteren Fall ist insbesondere das *finance leasing* (→ § 15a) zu nennen, bei dem es zwar zur Aktivierung von Anschaffungskosten, nicht jedoch zum Abfluss von Zahlungsmitteln kommt (s. a. Rz 148).

82   Bei Aus- und Einzahlungen für den Erwerb von **Eigenkapitalinstrumenten** anderer Unternehmen sind ungeachtet der Konsolidierungsmethode alle Erwerbe und Verkäufe zu berücksichtigen. Für den Erwerb und die Veräußerung von **Tochterunternehmen** sind gesonderte Angabepflichten vorgesehen (Rz 130 ff.), ebenso bei der Veräußerung von Eigenkapitalinstrumenten im Rahmen von *discontinued operations* (Rz 171). Der Erwerb **eigener Anteile** fällt nicht in den Bereich der Investitionstätigkeit. Dieser Erwerb ist explizit im Katalog der *cash flows* aus der Finanzierungstätigkeit genannt (Rz 90).

83   Als Einzahlungen aus der Veräußerung von Vermögenswerten des **Investitionsbereichs** sind sämtliche in Form von Zahlungsmitteln zufließenden Erlöse zu berücksichtigen. Häufig sind diese Erlöse nur unzureichend im Rechnungswesen erfasst. Hilfsweise kann daher der Erlös (zumindest im Bereich des Anlagevermögens) als Summe aus den abgehenden Restbuchwerten – ausgewiesen im Anlagespiegel – und den aus dem Abgang der Vermögenswerte entstandenen Veräußerungsgewinnen (abzüglich etwaiger Verluste) berechnet werden. Dabei können allerdings Erfassung des Abgangs der Vermögenswerte und die Zahlung des Verkaufserlöses in unterschiedlichen Perioden liegen.

84   Nicht explizit geregelt ist die Behandlung von Ausgaben in Zusammenhang mit der **Veräußerung von Vermögenswerten,** z. B. Verkaufsprovisionen und direkt

---

[28]   Vgl. IFRIC Update March 2013.
[29]   Vgl. Bösser/Pilhofer/Lessel, PiR 2013, S. 359 ff.

zurechenbare Beratungskosten. Eine Absetzung von den Verkaufserlösen erscheint zulässig (Rz 44).

Die Ein- und Auszahlungen für den Erwerb bzw. die Veräußerung von **Schuldinstrumenten** anderer Unternehmen (Anleihen) sowie für die Gewährung bzw. Tilgung von **Darlehen und Krediten an Dritte** umfassen alle Formen der Vergabe von Fremdkapital an Dritte. Danach ist der Rückerwerb **eigener** Schuldinstrumente oder Kredite nicht im Bereich der Investitions-, sondern bei der Finanzierungstätigkeit darzustellen. **85**

Auch die mit dem Erwerb und der Veräußerung von **derivativen Finanzinstrumenten** (→ § 28 Rz 17ff.) verbundenen Aus- bzw. Einzahlungen sind im Bereich der Investitionstätigkeit auszuweisen. Der in IAS 7.16 aufgestellte Katalog nennt als Beispiele Zahlungen für Termin-, Options- und Swapgeschäfte. Es besteht jedoch ein **Wahlrecht**, solche Ausgaben auch im Bereich der **Finanzierungstätigkeit** darzustellen. Neben diesem allgemeinen Wahlrecht bestehen spezifische Wahlrechte in folgenden Fällen: **86**

- Abschluss von Verträgen zu **Handelszwecken** (Rz 76): Werden derivative Finanzinstrumente nicht zur Sicherung von Grundgeschäften abgeschlossen, sondern ist der Handel mit derivativen Finanzinstrumenten Teil der unternehmerischen Tätigkeit (vor allem Kreditinstitute und Versicherungsunternehmen), so sind die mit den derivativen Finanzinstrumenten verbundenen Zahlungen im Bereich der **betrieblichen** Tätigkeit auszuweisen (Rz 53).

- **Sicherung von Grundgeschäften**: Wird ein Vertrag als Sicherungsgeschäft für ein bestimmbares Grundgeschäft abgeschlossen, so werden die Zahlungen aufgrund des Vertrags in dem gleichen Bereich ausgewiesen wie das gesicherte Grundgeschäft. U. E. sollte das Sicherungsgeschäft dabei die Voraussetzungen für einen *qualifying hedge* erfüllen (→ § 28a), die Erfüllung ist aber keine zwingende Voraussetzung (Rz 76). Da ein **Sicherungszusammenhang** zwischen Grund- und Sicherungsgeschäft besteht, können Ein- und Auszahlungen in saldierter Form in der Kapitalflussrechnung ausgewiesen werden (Rz 44).

Unklar bleibt, ob sich der im Zusammenhang mit Sicherungsgeschäften verwendete Begriff „Vertrag" (*contract*) nur auf den Abschluss von Verträgen über **derivative** Finanzinstrumente beziehen soll. Dies legt die englische Originalfassung von IAS 7.16 nahe, da das Wort *contracts* lediglich bei diesen Finanzinstrumenten genannt wird. U. E. sollte dies jedoch auch für **originäre** Finanzinstrumente gelten, die zur Absicherung von Grundgeschäften verwendet werden. **87**

Praxis-Beispiel

Ein in EUR bilanzierendes Unternehmen nimmt ein USD-Darlehen (originäres Finanzinstrument) auf, um eine Währungssicherung für eine zukünftige Umsatzeinzahlung in USD vorzunehmen. Liegen die Voraussetzungen für die Bildung eines Sicherungszusammenhangs vor, so sind die bei Tilgung des Darlehens anfallenden Auszahlungen wie folgt aufzuteilen: Der Rückzahlungsbetrag, umgerechnet zu Einstandskursen, wird der Finanzierungstätigkeit zugeordnet, während der Währungsgewinn oder Währungsverlust gemeinsam mit den Einzahlungen aus den Umsatzerlösen im Bereich der betrieblichen Tätigkeit auszuweisen ist.

88   Die Darstellung der *cash flows* aus Investitionstätigkeit erfolgt zwingend nach der **direkten** Methode (Rz 77). Eine Verknüpfung des sehr kurzen Beispiels aus dem Appendix zu IAS 7 mit den in DRS 21.46 enthaltenen Gliederungsgedanken führt zu folgendem Vorschlag (Rz 70):

1.		Einzahlungen aus Abgängen von Gegenständen des Sachanlagevermögens
2.	–	Auszahlungen für Investitionen in das Sachanlagevermögen
3.	+	Einzahlungen aus Abgängen von Gegenständen des immateriellen Anlagevermögens
4.	–	Auszahlungen für Investitionen in das immaterielle Anlagevermögen
5.	+	Einzahlungen aus Abgängen von Gegenständen des Finanzanlagevermögens
6.	–	Auszahlungen für Investitionen in das Finanzanlagevermögen
7.	+	Einzahlungen aus dem Verkauf von konsolidierten Unternehmen und sonstigen Geschäftseinheiten
8.	–	Auszahlungen aus dem Erwerb von konsolidierten Unternehmen und sonstigen Geschäftseinheiten
9.	+/–	Einzahlungen/Auszahlungen aus Positionen, die nicht der betrieblichen Tätigkeit oder der Finanzierungstätigkeit zuzuordnen sind
10.	=	*cash flow* aus der Investitionstätigkeit

Soweit einzelne Positionen nur **unwesentliche** Beträge enthalten, etwa kaum in immaterielles Vermögen investiert wurde, scheint die Zusammenfassung in einem Posten „Sonstige Einzahlungen" oder „Sonstige Auszahlungen" sinnvoll.

3.4   *Cash flows* aus der Finanzierungstätigkeit

89   Unter **Finanzierungstätigkeiten** (*financing activities*) sind solche Aktivitäten zu verstehen, „die sich auf den Umfang und die Zusammensetzung der **Eigenkapitalposten** und der **Ausleihungen** des Unternehmens auswirken" (IAS 7.6). Der mit „Ausleihungen" übersetzte englische Begriff *borrowings* ist allerdings nach IAS 7 wesentlich weiter zu fassen und besser mit dem Begriff **„Finanzschulden"** zu umschreiben. Dabei ist die Verzinslichkeit ein wichtiges Merkmal. Die *cash flows* aus der Finanzierungstätigkeit umfassen somit sämtliche Ein- und Auszahlungen, die das Eigenkapital und die Finanzschulden betreffen. Dieser Bereich wird häufig auch mit **„Außenfinanzierung"** umschrieben, während die Innenfinanzierung in den beiden anderen Bereichen stattfindet.

90   Ebenso wie bei der Investitionstätigkeit sind die *cash flows* aus der Finanzierungstätigkeit nach der **direkten Methode** darzustellen (Rz 77). Eine Mindestgliederung wird innerhalb von IAS 7 (nur beispielhaft im Appendix A) nicht vorgegeben. Folgende Beispiele für *cash flows* sind in dem Beispielkatalog von IAS 7.17 genannt:

- Einzahlungen aus der Ausgabe von **Anteilen** oder anderen **Eigenkapitalinstrumenten**; dazu gehören Bareinzahlungen aus ordentlichen Kapitalerhöhungen, Einzahlungen in die Kapitalrücklage, Nachschüsse und Ertragszuschüsse. U. E. sind auch die Erlöse aus der Veräußerung eigener Anteile sowie der Emission von **Genussscheinen**, die die Kriterien für die Einordnung als Eigenkapital (→ § 20 Rz 4) erfüllen, hier aufzuführen;
- Auszahlungen an Eigentümer zum **Erwerb** oder Rückerwerb von **(eigenen) Anteilen** an dem Unternehmen;
- Einzahlungen aus der Ausgabe von **Schuldverschreibungen**, Schuldscheinen und Rentenpapieren sowie aus der Aufnahme von **Darlehen**;
- Auszahlungen für die Rückzahlung von **Ausleihungen**;
- Auszahlungen von Leasingnehmern zur Tilgung von Verbindlichkeiten aus *leases*.

Der **Erwerb eigener Anteile** (*treasury shares*) führt nicht zu einer Aktivierung   **91**
eines Vermögenswerts, sondern ist als Abzug vom Eigenkapital auszuweisen
(IAS 32.33). Der Erwerb solcher Anteile stellt demgemäß eine Reduzierung des
Eigenkapitals dar (→ § 20 Rz 86). Entsprechende Auszahlungen sind daher dem
cash flow der Finanzierungstätigkeit zuzuordnen (IAS 7.17).

Eine Besonderheit ergibt sich für die Zuordnung von Zahlungsmittelzuflüssen   **92**
bzw. -abflüssen aus Transaktionen zwischen **Konzern**unternehmen und **Minderheits**gesellschaftern. Schon im April 2003 beschäftigte sich das IFRS IC mit
offenen Fragen der Behandlung innerhalb der Kapitalflussrechnung.[30] Mit Inkrafttreten der Neuregelungen zu IFRS 3 ergibt sich – mit Umsetzung der
Einheitstheorie[31] – folgende Unterscheidungsnotwendigkeit:

- Führt ein Zahlungsmittelab- oder -zufluss aus der Veränderung einer Anteilsquote zu einem *change in control*, ist dieser Teil ein *investing cash flow* (IAS 7.39),
- bei Transaktionen unter Eigenkapitalgebern (**ohne Veränderung** der Kontrolle) handelt es sich im Gegenzug um *financing cash flows* (IAS 7.42A).

Verbindlichkeiten gegenüber **verbundenen Unternehmen** und sonstigen nahe-   **93**
stehenden Personen sollten in Verbindlichkeiten aus Lieferungen und Leistungen
(betriebliche Tätigkeit) einerseits und Finanzschulden (Finanzierungstätigkeit)
andererseits **aufgespalten** werden. Zum zweiten, dem der Finanzierungstätigkeit
zuzurechnenden Bereich gehören etwa langfristig zur Verfügung gestellte Gelder
von Gesellschaftern und sonstigen nahestehenden Personen, unabhängig davon,
ob diese verzinslich sind.

Der Bereich der Außenfinanzierung umfasst üblicherweise auch Auszahlungen   **94**
für **Dividenden** sowie sonstige Eigenkapitalabflüsse. Bzgl. des Ausweises von
Dividenden ist jedoch ein ausdrückliches (u. E. unnötiges) Wahlrecht vorgesehen
(IAS 7.31; siehe hierzu ausführlich unter Rz 119).

Bei der Rückzahlung von **Annuitätendarlehen** und insbesondere bei *zero bonds*   **95**
enthalten die gezahlten Beträge neben einem Tilgungs- auch einen Zinsanteil.
Der Tilgungsanteil ist im Bereich der Finanzierungstätigkeit auszuweisen, für
den Zinsanteil besteht ein Wahlrecht (Rz 109 und Rz 114).

---

[30] Vgl. IFRIC Update April 2003.
[31] Hierzu insbesondere LÜDENBACH/HOFFMANN, DB 2005, S. 1805 ff.

96   Auch der Ausweis von **Zinseinzahlungen** darf wahlweise im Bereich der Finanzierungstätigkeit erfolgen (Rz 109). Dies widerspricht dem oben genannten Grundverständnis der Finanzierungstätigkeit, die nur die Einzahlungen von Eigenkapital- und Fremdkapitalgebern umfasst. Dieses Wahlrecht lässt sich (eine Identität von Soll- und Habenzins vorausgesetzt) wie folgt begründen: Bei vorübergehender Anlage überschüssiger Zahlungsmittel erzielen die Zinseinnahmen die gleiche Zahlungswirkung wie die Ersparnis von Zinsausgaben, wenn die Zahlungsmittel stattdessen zur Rückzahlung von verzinslichen Finanzschulden verwendet worden wären. Auch in der Praxis ist die Einbeziehung von Zinseinnahmen sowie Zinsausgaben anzutreffen. Der Begriff **„Finanzierungstätigkeit"**, der nur den Bereich der Mittelherkunft umfasst, wird folgerichtig von einigen Unternehmen dann durch den Terminus **Finanztätigkeit** ersetzt, um auch die Mittelverwendung (Zinseinnahmen) zu dokumentieren.

97   Das **Gliederungsschema** für die direkte Bestimmung des *cash flow* aus Finanzierungstätigkeit kann aus dem Appendix zu IAS 7 unter Rückgriff auf DRS 21.50 wie folgt entwickelt werden:

1.		Einzahlungen aus Eigenkapitalzuführungen (Kapitalerhöhungen, Verkauf eigener Anteile etc.)
2.	–	Auszahlungen an beherrschende und nicht beherrschende Gesellschafter (Dividenden, Erwerb eigener Anteile, Eigenkapitalrückzahlungen, andere Ausschüttungen)
3.	+	Einzahlungen aus der Begebung von Anleihen und der Aufnahme von (Finanz-) Krediten
4.	–	Auszahlungen aus der Tilgung von Anleihen und (Finanz-) Krediten
5.	=	*cash flow* aus Finanzierungstätigkeit

Anders als nach den Vorgaben des DRS 21 besteht keine Verpflichtung zum Ausweis gezahlter Zinsen innerhalb des *cash flows* aus Finanzierungstätigkeit (DRS 21.48 vs. Rz 109). Darüber hinaus fehlt es nach IAS 7 an konkreten Vorgaben zum Ausweis von Einzahlungen aus erhaltenen Zuwendungen/Zuschüssen (DRS 21.49 vs. Rz 154).

4   Einzelprobleme

4.1   *Cash flows* in Fremdwährung

4.1.1   Grundproblem

98   IAS 21 (Auswirkungen von Änderungen der Wechselkurse; → § 27) ist nicht auf die Kapitalflussrechnung anzuwenden (IAS 21.7). Gem. IAS 7.27 sind jedoch Zu- und Abflüsse von Zahlungsmitteln in abweichenden Währungseinheiten unter Berücksichtigung von IAS 21 mittels geeigneter Methoden in die funktionale Währung umzurechnen (→ § 27 Rz 15 ff.). Dies gilt in besonderem Maß für den Konzernabschluss, in den **ausländische Tochterunternehmen** einzubeziehen sind (IAS 7.26).

99   Die Umrechnung von *cash flows* aus einer Fremdwährung in die funktionale Währung nach den Kursen des jeweiligen Zahlungszeitpunkts stößt in der Praxis

(bei vielen Fremdwährungstransaktionen) auf große Schwierigkeiten. **Näherungslösungen** sind deshalb zulässig, etwa die Verwendung des **Jahresdurchschnittskurses** bei sehr **stabilem** Wechselkurs oder die Verwendung von **Monats- oder Quartalsdurchschnittskursen** (→ § 27 Rz 55) bei **volatileren** Kursen. Im Rahmen der Kapitalflussrechnung sind **nicht realisierte** Gewinne/Verluste von Wechselkursänderungen des Finanzmittelfonds als **Sonderposten** zu berücksichtigen, um eine Überleitungsrechnung der Zahlungsmittel bzw. -äquivalente vom Periodenbeginn bis zum Periodenende zu ermöglichen. Ein möglicher Ausgleichsbetrag zwischen Durchschnittskurs und Stichtagskurs ist im Anschluss an die *cash flows* aus der betrieblichen Investitions- und Finanzierungstätigkeit gesondert anzugeben (IAS 7.28).

Zum Grundproblem der Währungsdifferenzen im Finanzmittelfonds folgendes Beispiel: **100**

Praxis-Beispiel

U hat u.a. ein USD-Bankkonto mit 100 TUSD, das in der Periode nicht bewegt wird. Der Wechselkurs USD/EUR hat sich über das Geschäftsjahr zugunsten des Euro entwickelt. Galt am Jahresanfang noch ein Kurs von 1,00 EUR = 1,00 USD, verschlechterte sich der Dollarkurs zunehmend bis auf einen Jahresendwert von 0,80 EUR = 1,00 USD. In Euro gerechnet beträgt das Bankguthaben:

- 100 TEUR zum Jahresanfang,
- 80 TEUR zum Jahresende.

In der GuV ergibt sich somit ein Wechselkursverlust von 20. Unter Vernachlässigung anderer Aktivitäten und Finanzmittel ergibt sich folgende Kapitalflussrechnung:

in TEUR	indirekte Methode	direkte Methode
Jahresfehlbetrag	–20	
+ Anpassung nicht zahlungswirksamer Währungsverlust	20	
= CFL aus betrieblicher Tätigkeit	0	0
+ CFL aus Investitionstätigkeit	0	0
+ CFL aus Finanzierungstätigkeit	0	0
= CFL der Periode	0	0
+ Finanzmittelfonds Jahresanfang	100	100
– Währungsbedingte Änderung Finanzmittelfonds	–20	–20
= Finanzmittelfonds Jahresende	80	80

Ohne den „Ausgleichsposten" für die währungsbedingte Änderung des Finanzmittelfonds ergäbe sich ein falscher Jahresendbestand der Finanzmittel von 100 TEUR. In der **indirekten** Methode sind aus dem als Ausgangspunkt dienenden Jahresergebnis zudem die Währungsverluste zu eliminieren, da sich sonst rechnerisch ein tatsächlich gar nicht vorhandener negativer *cash flow* aus betrieblicher Tätigkeit ergäbe. Bei Anwendung der direkten Methode ist eine derartige Korrektur nicht notwendig.

4.1.2   Wechselkurseffekte in den vier Bereichen der Kapitalflussrechnung

101   Wie das Beispiel unter Rz 100 zeigt, betreffen Währungsdifferenzen nicht nur den Finanzmittelfonds. Als **Quellen** für Währungsdifferenzen innerhalb der Kapitalflussrechnung sind vielmehr zu unterscheiden:

- Auswirkungen von Wechselkursänderungen auf in fremder Währung gehaltene Zahlungsmittelbestände,
- Wechselkursänderungen im Rahmen der betrieblichen Tätigkeit (indirekte Methode),
- Wechselkursänderungen im Rahmen der Finanzierungstätigkeit,
- Wechselkursänderungen im Rahmen der Investitionstätigkeit.

Den nach der **indirekten** Methode ermittelten *cash flow* aus der betrieblichen Tätigkeit betreffen die Währungsergebnisse in **zweifacher** Weise:

- Der Jahresüberschuss oder die sonstige Ausgangsgröße der indirekten *cash-flow*-Ermittlung enthält Währungsgewinne oder -verluste, die als nicht zahlungswirksame Größen bei der Ermittlung des *cash flow* aus der betrieblichen Tätigkeit ab- bzw. zuzurechnen sind.
- Bei den Anpassungen der Ausgangsgröße um Veränderungen der Vorräte, Debitoren, Kreditoren und Rückstellungen (*working capital*) ist aus Währungssicht Folgendes zu berücksichtigen: Soweit die Posten aus der Umrechnung von Abschlüssen ausländischer Tochterunternehmen herrühren, vermischen sich zahlungsstromkorrigierende Veränderungen (z. B. Erhöhung der Debitoren als Gegenposten zu Umsatz auf Ziel) mit wechselkursbedingten.

Praxis-Beispiel

Ein Unternehmen hat eine in 24 Monaten fällige, in USD valutierende Kundenforderung von 100 TUSD, die zum Stichtag erfolgswirksam von 100 TEUR auf 80 TEUR abgewertet wird. Wird in der Entwicklung des *cash flow* aus dem Jahresergebnis zunächst ein „Währungsgewinn" als ertrags-, aber nicht zahlungswirksam eliminiert und dann wegen der scheinbaren Verminderung der Forderungen ein weiterer Abzugsposten gebildet, erfährt der gleiche Geschäftsvorfall zweimal eine Neutralisierung. Die Währungsgewinne/-verluste sind hinsichtlich ihrer Ursachen zu untersuchen und dann nur solche Gewinne/Verluste zu neutralisieren, die sich nicht in Beständen des *working capital* widerspiegeln. Alternativ ist die Veränderung der Debitoren darauf zu untersuchen, ob sie Zahlungsvorgänge widerspiegelt oder nur Währungsbewertungseffekte.

in TEUR	falsch	zutreffend	
Jahresfehlbetrag	−20	−20	−20
+ Anpassung nicht zahlungswirksamer Währungsverlust	20	0	20
+ Anpassung Verminderung Debitoren	20	20	0
= *cash flow* aus betrieblicher Tätigkeit	20	0	0

---

102   Zu den Wechselkurseffekten, die (auch) die Investitions- oder Finanzierungstätigkeit betreffen, folgende Beispiele:

Praxis-Beispiel

Ein in USD geführtes Konto über 100 TUSD hat zum Jahresanfang in EUR einen Wert von 100 TEUR und zur Jahresmitte wechselkursbedingt nur noch einen Wert von 90 TEUR.

- Fall 1: Das Konto wird zur Jahresmitte für die Anschaffung einer Maschine aus den USA für 100 TUSD = 90 TEUR vollständig verwendet. In der GuV entsteht ein Währungsverlust von 10 TEUR (Abschreibung der Maschine nachfolgend vernachlässigt).
- Fall 2: Das Konto wird zur Jahresmitte für die Rückzahlung eines Euro-Darlehens von 90 TEUR vollständig verwendet. In der GuV entsteht ein Währungsverlust von 10 TEUR.

Die *cash-flow*-Rechnungen der beiden Fälle nach der indirekten Methode sind wie folgt:

in TEUR	Fall 1	Fall 2
Jahresfehlbetrag	–10	–10
+ Anpassung nicht zahlungswirksamer Währungsverlust	10	10
= CFL aus betrieblicher Tätigkeit	0	0
+ CFL aus Investitionstätigkeit	–90	0
+ CFL aus Finanzierungstätigkeit	0	–90
= CFL der Periode	–90	–90
+ Finanzmittelfonds Jahresanfang	100	100
– Währungsbedingte Änderung Finanzmittelfonds	–10	–10
= Finanzmittelfonds Jahresende	0	0

4.1.3 Umrechnung selbstständiger Tochterunternehmen

Die *cash flows* selbstständiger Tochterunternehmen, deren funktionale Währung nicht mit der Währung der Konzernmutter (EUR) übereinstimmt, sind in die Berichtswährung des Konzerns (EUR) umzurechnen. Soweit der Konzern den *cash flow* aus der betrieblichen Tätigkeit nach der indirekten Methode entwickelt und nicht disaggregiert auf den *cash-flow*-Rechnungen der einzelnen Unternehmen des Konzerns aufbaut, sondern aggregiert aus dem Konzernergebnis entwickelt, ergibt sich folgendes Problem: In der Anpassung des Jahresergebnisses um die Veränderungen des *working capital* gehen Umrechnungseffekte aus den Beständen der ausländischen Tochterunternehmen ein, denen ggf. keine realen Bewegungen des *working capital* entsprechen. 103

Praxis-Beispiel

Ein selbstständiges amerikanisches Tochterunternehmen hat die Vorratshaltung mit 100 TUSD konstant gehalten. Der Wechselkurs USD/EUR hat sich über das Geschäftsjahr zugunsten des Euro entwickelt. Galt am Jahresanfang noch ein Kurs von 1,00 EUR = 1,00 USD, verschlechterte sich der Dollarkurs zunehmend bis auf einen Jahresendwert von 0,80 EUR = 1,00 USD. In Euro gerechnet betragen die Vorräte somit:

- 100 TEUR zum Jahresanfang,
- 80 TEUR zum Jahresende.

Da die amerikanische Tochter aus Konzernsicht eine selbstständige Einheit ist, wird die Währungsdifferenz zwischen den Bilanzstichtagen aus Konzernsicht als Teil der erfolgsneutralen Währungsumrechnungsdifferenzen im *other comprehensive income* erfasst (IAS 21.39(c)). Da der Wechselkurseffekt nicht in der GuV enthalten ist, erfolgt keine Neutralisierung innerhalb der Zeile „Nicht zahlungswirksame Währungsergebnisse" in der Entwicklung des *cash flow* aus betrieblicher Tätigkeit (IAS 7.App.A). Bei einer Betrachtung des Jahresanfangs- und -endbestands innerhalb der Zeile „Veränderung Vorräte" der amerikanischen Tochter in Konzernwährung würde sich scheinbar ein Korrekturbedarf von +20 TEUR (Bestandsminderung, daher Aufwand, aber keine Ausgabe) ergeben. Tatsächlich ist der Bestand in USD konstant geblieben, insoweit überhaupt kein das Jahresergebnis mindernder Aufwand entstand. Die das Tochterunternehmen betreffenden währungsinduzierten Veränderungen des *working capital* sind gesondert festzustellen. Nur die sonstigen Veränderungen in der Überleitung vom Jahresergebnis zum *cash flow* aus betrieblicher Tätigkeit sind anzusetzen.

in TEUR	falsch	zutreffend
Jahresergebnis	0	0
+ Anpassung nicht zahlungswirksamer Währungsverlust	0	0
+ Anpassung Verminderung Vorräte	**20**	**0**
= *cash flow* aus betrieblicher Tätigkeit	20	0

4.1.4 Abstimmung des wechselkursbedingten Ausgleichspostens

104 Eine Überleitung des Zahlungsmittelbestands vom **Anfang** bis zum **Ende** der Berichtsperiode kann i.d.R. nur unter Zuhilfenahme eines wechselkursbedingten Ausgleichspostens vorgenommen werden (Rz 38). Um eine Vermengung dieses Postens mit anderen (nicht zugeordneten) Zahlungsmittelzuflüssen bzw. -abflüssen zu vermeiden, ist in den internen Arbeitspapieren eine **Herleitung** des wechselkursbedingten Korrekturbetrags notwendig. Soweit es nur eine **überschaubare** Zahl wesentlicher Währungsvorgänge gibt (z.B. nur eine wichtige ausländische Tochtergesellschaft, daneben nur einige wenige Währungsvorgänge bei der Mutter), kann eine Einzelanalyse nach den in den vorstehenden Kapiteln wiedergegebenen Beispielen ausreichen. Soweit eine **große Zahl** wesentlicher Währungsvorgänge anfällt, sind komplexere Hilfsrechnungen nötig. Hierbei lassen sich **zwei Varianten** unterscheiden:

- eine detaillierte Aufschlüsselung der Wechselkursdifferenzen je Tochterunternehmen nach Funktionsbereichen (Rz 105) oder
- eine aggregierte und vereinfachte Überleitung des Finanzmittelbestands anhand der Stichtagskurse zu Periodenbeginn und -ende (Rz 106).

105 Die US-GAAP-Regeln zur Kapitalflussrechnung regen eine detaillierte **Bestimmung** der wechselkursbedingten Wertänderung des Finanzmittelfonds für jede

wesentliche in ausländischer Währung operierende Tochtergesellschaft nach folgendem Muster an (ASC Topic 830.230.55–15):

			LW		EUR
1.		Anfangsbestand Finanzmittel in Landeswährung	xxx		
2.	x	Kursänderung des Geschäftsjahres	ww		
3.	=	*Währungsdifferenz Anfangsbestand*			zzz
4.		*cash flow* aus der betrieblichen Tätigkeit in LW	xxx		
5.	x	Kurs am Schlussbilanztag	yy		
6.	=	*cash flow* aus der betrieblichen Tätigkeit in EUR, gerechnet zu Jahresendkursen			zzz
7.	–	*cash flow* aus betrieblicher Tätigkeit lt. Kapitalflussrechnung		–	zzz
8.	=	*Währungseffekt aus betrieblicher Tätigkeit*			zzz
9.		*cash flow* aus Investitionstätigkeit in LW	xxx		
10.	x	Kurs am Schlussbilanztag	yy		
11.	=	*cash flow* aus der Investitionstätigkeit in EUR, gerechnet zu Jahresendkursen			zzz
12.	–	*cash flow* aus Investitionstätigkeit laut Kapitalflussrechnung		–	zzz
13.	=	*Währungseffekt aus Investitionstätigkeit*			zzz
14.		*cash flow* aus der Finanzierungstätigkeit in LW	xxx		
15.	x	Kurs am Schlussbilanztag	yy		
16.	=	*cash flow* aus der Finanzierungstätigkeit in EUR, gerechnet zu Jahresendkursen			zzz
17.	–	*cash flow* aus Finanzierungstätigkeit laut Kapitalflussrechnung		–	
18.	=	*Währungseffekt aus Finanzierungstätigkeit*			zzz
19.		**Wechselkursbedingte Änderung Finanzmittelfonds (3 + 8 + 13 + 18)**			xxx

Die Berechnung erfolgt auf Basis einzelner Tochterabschlüsse in Landeswährung. Schwierigkeiten liegen in der Praxis bei der Gewinnung und Aufbereitung der notwendigen Daten. Unter Kosten-Nutzen- und *materiality*-Gesichtspunkten kann eine derartige Abstimmung insbesondere dann entbehrlich sein, wenn die ausländischen Tochterunternehmen zwar wesentlich, die Wechselkursveränderungen der Periode aber nicht signifikant sind.

106 Zur Überleitung des Anfangsbestands auf den Endbestand des Finanzmittelfonds ist mindestens eine **Verprobung** der Position „Wechselkursbedingte
Änderungen des Finanzmittelfonds" anhand einer aggregierten Ermittlung erforderlich. Gesucht ist die **tatsächliche Höhe** der wechselkursbedingten Änderung des Finanzmittelfonds innerhalb einer Rechnungsperiode ohne die Zuordnung anderer nicht wechselkursbedingter Differenzen. Hierzu ist theoretisch
eine **Umrechnung** von Zahlungen aus Fremdwährungstransaktionen mit dem
Wechselkurs des jeweiligen Zahlungszeitpunktes notwendig. Eine **vereinfachende** Bestimmung der wechselkursbedingten Umrechnungsdifferenz mit
einem (oder mehreren) Durchschnittskurs(en) ist aber zulässig, wenn der Verlauf
des Wechselkurses vom Periodenbeginn zum -ende keine hohe Volatilität aufweist. Die Bestimmung der wechselkursbedingten Änderung des Finanzmittelfonds folgt damit der Behandlung von Währungsdifferenzen in der **GuV**, die
häufig zu Jahresdurchschnittskursen umgerechnet werden und nur bei stärkeren
Schwankungen und/oder saisonalem Verlauf der Geschäfte mit dem Kurs des
Transaktionstags oder dem Durchschnittskurs eines kleineren Zeitintervalls
umzurechnen sind (→ § 27 Rz 40 und → § 27 Rz 55). In der kommentierenden
Literatur wird unter Rückgriff auf einen Periodendurchschnittskurs eine **vereinfachte** direkte Berechnung der wechselkursbedingten Veränderung des Finanzmittelfonds vorgeschlagen:[32]

1.	Anfangsbestand Finanzmittel in Landeswährung
2.	x (Periodendurchschnittskurs – Kurs am Periodenbeginn)
3.	*= Wechselkurseffekt des Anfangsbestands*
4.	Endbestand Finanzmittel in Landeswährung
5.	× (Kurs am Periodenende – Periodendurchschnittskurs)
6.	*= Wechselkurseffekt des Endbestands*
7.	**Kursbedingte Wertänderung des Finanzmittelfonds (3 + 6)**

Praxis-Beispiel
U hat am Jahresanfang bei einem Kurs von 1,00 EUR = 1,00 USD ein Bank-
guthaben von 100 TUSD = 100 TEUR. Bis zum Jahresende werden hieraus im
Rahmen der betrieblichen Tätigkeit 50 TUSD ausgegeben.
• Der Jahresendkurs beträgt 0,80 EUR = 1,00 USD.
• Der Jahresendbestand beträgt somit 50 TUSD = 40 TEUR.
Die Finanzmittel haben sich in EUR gerechnet um 60 vermindert. Hiervon
sind 50 TUSD × 0,9 = 45 TEUR zahlungsbedingt und 15 TEUR währungs-
bedingt. Der währungsbedingte Betrag ermittelt sich wie folgt:

Anfangsbestand	100 TUSD
× (Durchschnittskurs – Kurs Jahresanfang)	– 0,1 EUR/USD
= Wechselkurseffekt Jahresanfangsbestand	– 10 TEUR

---

[32] MANSCH/STOLBERG/WYSOCKI, WPg 1995, S. 202.

Endbestand	50 TUSD
× (Kurs Jahresende – Durchschnittskurs)	– 0,1 EUR/USD
= Wechselkurseffekt Jahresendbestand	– 5 TEUR
Kursbedingte Änderung Finanzmittelfonds	– 15 TEUR

Bei stärkeren Schwankungen des Fremdwährungskurses und/oder saisonalem Verlauf der Geschäfte ist die wechselkursbedingte Differenz ggf. quartals- oder monatsweise zu bestimmen.

4.2 Außerordentliche Posten

In der GuV ist ein gesonderter Ausweis außerordentlicher Posten **nicht zulässig** (→ § 2 Rz 62). Dem folgt IAS 7 bzgl. der Kapitalflussrechnung.   107

Im Rahmen der GuV sind gem. IAS 1.85 **sonstige wesentliche Posten** gesondert aufzuführen (→ § 2). Eine entsprechende explizite Vorschrift fehlt für den Bereich der Kapitalflussrechnung. Nach dem Prinzip der **Wesentlichkeit** (IAS 1.29) können entsprechende Angaben dennoch notwendig oder sinnvoll sein (→ § 2 Rz 21).   108

4.3 Zins- und Dividendenzahlungen

4.3.1 Zinszahlungen

Für die Gesamtsumme sowohl der erhaltenen als auch der gezahlten **Zinsen** ist eine **gesonderte Angabepflicht** vorgesehen (IAS 7.31). Eine Angabe kann wahlweise in der Kapitalflussrechnung selbst oder im Anhang erfolgen. Gem. US-GAAP sowie dem in DRS 21 vorgesehenen Regelfall sind sämtliche Zinszahlungen (sowie Dividendeneinnahmen) innerhalb der betrieblichen Tätigkeit auszuweisen (*inclusion concept*). IAS 7 sieht diesen verpflichtenden Ausweis lediglich für **Finanzinstitutionen** vor (IAS 7.33). Dagegen wird allen übrigen Unternehmen ein umfassendes **Wahlrecht** eingeräumt. Theoretisch ist sowohl für Zinseinnahmen als auch für Zinsausgaben ein Ausweis **in allen drei Bereichen** möglich.   109

In der Praxis sind insbesondere folgende **Varianten** anzutreffen: 110

- Ausweis von Zinseinnahmen **und** Zinsausgaben im Bereich der **betrieblichen** Tätigkeit (*inclusion concept*);
- Ausweis der Zins**ausgaben** im **Finanzierungs**bereich sowie der Zins**einnahmen** entweder im Bereich der **betrieblichen** oder der **Investitions**tätigkeit;
- Ausweis von Zinseinnahmen **und** Zinsausgaben im Bereich der **Finanzierungs**tätigkeit (Rz 96).

Eine Besonderheit ergibt sich allerdings für **Fremdkapitalkosten** im Zusammenhang mit der Anschaffung oder Herstellung von besonderen Vermögenswerten (*qualifying assets*) gem. IAS 23.4 (→ § 9 Rz 10).   111

- Bei einer aufwandswirksamen Verrechnung erfolgt eine Erfassung der Zinszahlungen entweder im operativen Bereich oder im Bereich der Finanzierungstätigkeit,
- wohingegen bei einer Berücksichtigung der Fremdkapitalkosten als Anschaffungs- oder Herstellungskosten ein Ausweis im Investitionsbereich geboten ist.

Unabhängig von der Zuordnung zu den Funktionsbereichen ist der gesamte Betrag an Fremdkapitalkosten als Summe der Zinszahlungen der Periode auszuweisen.

112   IAS 7.31 verlangt explizit, für Zinsen und erhaltene Dividenden das einmal ausgeübte Wahlrecht auch in Folgeperioden entsprechend fortzuführen. Die Regelung hat deklaratorische Bedeutung. Sie schafft kein neues Recht, sondern betont den allgemeinen **Stetigkeitsgrundsatz** (→ § 2 Rz 17) für die Darstellung des Abschlusses (IAS 1.45) und die zugrunde liegenden Bilanzierungs- und Bewertungsmethoden (IAS 8.6). Eine Durchbrechung der Stetigkeit ist daher nach den allgemeinen Grundsätzen zulässig und geboten, wenn ein Abweichen von der bisherigen Behandlung *„dazu führt, dass der Abschluss* zuverlässigere und relevantere Informationen *über die Auswirkungen von Geschäftsvorfällen, sonstigen Ereignissen oder Bedingungen auf die Vermögens-, Finanz- oder Ertragslage oder cash flows des Unternehmens vermittelt"* (IAS 8.14(b)). Der Ausweis der Zinsen in den unterschiedlichen Bereichen der Kapitalflussrechnung darf somit im Einzelfall **geändert** werden. Der Grundsatz der Ausweisstetigkeit verhindert lediglich einen **ständigen Wechsel**:[33]

113

Praxis-Beispiel

Die vor zwei Jahren gegründete Ökotec-AG hat bislang keine wesentlichen Umsätze getätigt, aber einige aussichtsreiche Patente entwickelt. Ende 01 geht die AG ohne Belastung der Bilanz mit Finanzschulden an die Börse. Der Emissionserlös aus dem Börsengang von 100 Mio. EUR wird Ende 02 für Investitionen verwendet. Anfang 03 tätigt die AG weitere 100 Mio. EUR Investitionen aus Fremdmittelaufnahmen. Der Sollzins beträgt 8 %, der Habenzins 5 %. Das Jahresergebnis der Jahre 01 bis 03 entwickelt sich wie folgt:

	01	02	03
EBITDA	–5	0	7
Abschreibung	0	–3	–15
Zinsergebnis	0	5	–8
Jahresergebnis	–5	2	–16

Nachhaltig positive Jahresergebnisse werden erst in einigen Jahren erwartet. Die Aktionäre sind allerdings weniger an langfristigen Erwartungen als an der jeweiligen Entwicklung des operativen *cash flow* im Verhältnis zum Vorjahr interessiert. Unter diesen Bedingungen möchte die Ökotec-AG die Darstellung der Kapitalflussrechnung optimieren. Für den Abschluss 02 werden die folgenden Darstellungsalternativen diskutiert:

Abschluss 02	Variante 1: Zinsen als Teil des operativen *cash flow*		Variante 2: Nichterfassung der Zinsen im operativen *cash flow*	
	01	02	01	02
Jahresergebnis	–5	2	–5	2
Abschreibung	0	3	0	3

---

[33]   Zum Ganzen LÜDENBACH, PiR 2006, S. 77ff.

Abschluss 02	Variante 1: Zinsen als Teil des operativen *cash flow*		Variante 2: Nichterfassung der Zinsen im operativen *cash flow*	
	01	02	01	02
Zinsergebnis	0	0	0	–5
Operativer CFL	–5	5	–5	0

Alternative 1 ist bilanzpolitisch vorzugswürdig und wird von der Ökotec-AG genutzt. Für den Abschluss 03 ergibt sich allerdings folgendes Bild:

Abschluss 03	Variante 1: Zinsen als Teil des operativen *cash flow*		Variante 2: Nichterfassung der Zinsen im operativen *cash flow*	
	02	03	02	03
Jahresergebnis	2	–16	2	–16
Abschreibung	3	15	3	15
Zinsergebnis	0	0	–5	8
Operativer CFL	5	–1	0	7

Die zweite Alternative führt zu einer positiveren Darstellung der Finanzlage der Ökotec-AG. Die Ökotec-AG wechselt daher im Jahr 03 und führt im Anhang Folgendes aus: „Im Interesse einer besseren Darstellung der Finanzlage und zur Erhöhung der externen Vergleichbarkeit (*benchmarking*) wird der Branchenpraxis folgend ab 03 das Zinsergebnis im *cash flow* aus Finanzierungstätigkeit ausgewiesen. Die Vorjahreszahlen wurden entsprechend angepasst.“

Zu den Zinseinnahmen und Zinsausgaben sind alle *cash flows* zu rechnen, die sich auch in den entsprechenden Positionen der GuV – ggf. phasenverschoben – niederschlagen könnten. Hierzu gehören neben den nominalen Zinsen z.B. Zahlungen für **Agios** bzw. **Disagios** sowie Kosten im Zusammenhang mit der Ausgabe von Finanzschulden (*debt issuance costs*). **Kapitalisierte Zinskosten** werden dagegen nicht im Zinsergebnis ausgewiesen; dennoch führen sie zu entsprechenden Zinsausgaben (zur Ausweisproblematik siehe Rz 80). 114

Praxis-Beispiel
Die A-AG legt einen zehnjährigen Zerobond mit einem Rückzahlungsbetrag von 200.000 GE auf und erhält bei Ausgabe 101.670 GE. Der effektive Zinssatz der Verbindlichkeit ist 7 % p.a., der Abschlag auf den Rückzahlungsbetrag also 98.330 GE. Im Ausgabezeitpunkt ist der Zahlungsmittelzufluss von 101.670 GE als *cash flow* aus Finanzierungstätigkeit zu erfassen. Bis zur Rückzahlung fallen keine weiteren Zahlungsströme an, der Buchwert der Verbindlichkeit wird allerdings erfolgswirksam auf den Rückzahlungsbetrag aufgezinst. Bei Fälligkeit erfolgt ein Zahlungsmittelabfluss von 200.000 GE, der sowohl die Rückzahlung der erhaltenen Barmittel (i.H.v. 101.670 GE) als auch deren Verzinsung (i.H.v. 98.330 GE) widerspiegelt.

Die Differenz zwischen Zahlungsmittelzufluss und -abfluss ist als (endfällige) Zinszahlung anzusehen und daher dem gewählten Bereich zuzuordnen. Die Rückzahlung des erhaltenen Betrags ist hingegen dem Finanzierungsbereich zuzuordnen. Aus der Perspektive des Investors gilt mit der Ausnahme einer Klassifizierung des Ausgabebetrags im *cash flow* der Investitionstätigkeit Entsprechendes.

4.3.2 Dividendenzahlungen

115 Sowohl für Dividendeneinnahmen als auch für Dividendenauszahlungen besteht eine **gesonderte Angabepflicht** (IAS 7.31), die durch Einfügen separater Zeilen in der Kapitalflussrechnung oder Erläuterung im Anhang erfüllt werden kann. Ebenso wie bei Zinszahlungen ist es dem aufstellenden Unternehmen, sofern es sich nicht um eine Finanzinstitution handelt, **freigestellt**, welchem Tätigkeitsbereich Dividendeneinnahmen und -ausgaben zugeordnet werden sollen.

116 Der **Begriff der „Dividende"** ist in IAS 7 nicht näher definiert. Er sollte relativ weit gefasst werden und sämtliche ordentlichen und sonstigen Gewinnausschüttungen bzw. -gutschriften (z. B. bei Personengesellschaften) umfassen. Gleiches gilt für empfangene Einnahmen als Folge von Erträgen aus **Ergebnisabführungsverträgen** und spiegelbildlich für Zahlungen aufgrund von **Gewinnabführungen** an den Gesellschafter (Dividendenauszahlung).

117 Strittig dürfte dagegen sein, ob im Fall einer **Verlustübernahme** negative Dividendeneinnahmen bzw. -ausgaben angenommen werden sollen oder es sich vielmehr um Eigenkapitalzuführungen handelt, die folgerichtig dem Bereich der Investitionstätigkeit (Auszahlungen an Tochterunternehmen) bzw. der Finanzierungstätigkeit (Einzahlungen durch Eigenkapitalgeber) zuzuordnen wären. *Cash flows* aus empfangenen **Liquidationsraten** und Beträgen aus ordentlichen **Kapitalherabsetzungen** sollten u. E. als Einzahlungen im Investitionsbereich ausgewiesen werden.

118 Nach dem *„inclusion concept"* (Rz 109) sollten Dividendeneinnahmen dem Bereich der **betrieblichen Tätigkeit** zugeordnet werden. Dies gilt in besonderem Maß für Dividenden aus assoziierten Unternehmen und nicht konsolidierten Tochterunternehmen, da hier aufgrund des maßgeblichen Einflusses bzw. der *control* regelmäßig ein unmittelbarer Bezug zu der eigenen betrieblichen Tätigkeit besteht.[34] Fasst man dagegen das Erzielen von Dividendeneinnahmen lediglich als Ergebnis der **Finanzmitteldisposition** auf, so bietet dies eine Grundlage für die Zuordnung zum Bereich der **Investitionstätigkeit**.

119 **Ausgezahlte Dividenden** sollten dem Bereich der **Finanzierungstätigkeit** zugeordnet werden, da es sich um eine Transaktion mit Eigenkapitalgebern handelt. Dennoch ist alternativ ein Ausweis im Bereich der betrieblichen Tätigkeit möglich (IAS 7.34). Die hierfür gegebene Begründung lautet: Mit diesem Ausweis kann die „Fähigkeit eines Unternehmens, Dividenden aus laufenden *cash flows* zu zahlen, leichter beurteilt werden". Dieses Argument erscheint nicht durchschlagend, da zur Beurteilung der Dividendenfähigkeit alle drei Tätigkeitsbereiche heranzuziehen sind. Ferner ist nicht ersichtlich, warum der **Erwerb eigener Aktien** (z. B. zum Einzug) im Bereich der Finanzierungstätigkeit auszuweisen ist (Rz 90), während für den wirtschaftlich vergleichbaren Vorgang der Dividendenzahlung ein Wahlrecht besteht. Sowohl nach US-GAAP als auch

---

[34] So auch der englische Standard FRS 1, der alle übrigen Dividendeneinnahmen dem Sonderbereich *„Returns on investment and servicing of finance"* zuordnet.

gem. DRS 2 wird daher ein solches Wahlrecht nicht eingeräumt und damit eine bessere zwischenbetriebliche Vergleichbarkeit ermöglicht.

4.4 Ertragsteuern

Die in der Kapitalflussrechnung zusammengefassten Transaktionen lassen sich in ergebnis**wirksame** und ergebnis**neutrale** Geschäftsvorfälle gliedern (→ § 20 Rz 2). Die ergebniswirksamen Geschäftsvorfälle führen regelmäßig – wenn auch häufig phasenverschoben – zu entsprechenden Auswirkungen auf steuerliche Ergebnisse. Die daraus resultierenden **Ertragsteuerzahlungen** sind für Zwecke der Kapitalflussrechnung **gesondert anzugeben** (IAS 7.35). **120**

Nicht unter die Auszahlungen für Ertragsteuern fallen **für Rechnung Dritter** einbehaltene Kapitalertrag- und Quellensteuern auf Ausschüttungen von Dividenden und sonstige Zahlungen (z.B. Zinsen, Lizenzen). Diese Steuern sind dem Bereich zuzuordnen, in dem die korrespondierenden Nettozahlungen ausgewiesen werden. **121**

Im Regelfall sind die Ertragsteuerzahlungen bei den *cash flows* aus der betrieblichen Tätigkeit auszuweisen. Theoretisch besteht allerdings die Pflicht der Zuordnung von Ertragsteuerzahlungen auch zu den beiden anderen Bereichen, wenn entsprechende Geschäftsvorfälle identifiziert werden können. In der Praxis ist dies nur schwer möglich, wie der Standard selber ausführt. **122**

Neben **praktischen Problemen** der Erfassung, die noch über die Komplexität der Steuerüberleitungsrechnung (*tax rate reconciliation*; → § 26 Rz 244) hinausgehen, bestehen **konzeptionelle Schwierigkeiten**. Ungeklärte Fragen betreffen z.B. die Behandlung der Wirkung gespaltener Steuersätze, die Zuordnung der Steuerentlastungswirkung aus den Abschreibungen des Anlagevermögens (Investitionsbereich oder betriebliche Tätigkeit?) oder aus anrechenbarer fiktiver Quellensteuer aus Dividendenzahlungen, die Klassifizierung der Steuermehrbelastung durch nicht anrechenbare Quellensteuern aus im Konzernabschluss eliminierten Dividendenzahlungen oder die Frage, welche Auswirkung die Nutzung von steuerlichen Verlustvorträgen oder die innerjährliche Verlustverrechnung zwischen den Tätigkeitsbereichen auf die Verteilung der Steuerzahlungen haben soll. **123**

Für die gesonderte Angabe der Ertragsteuerzahlungen im Bereich der betrieblichen Tätigkeit bieten sich folgende **Darstellungsmöglichkeiten** an: **124**

- Angabe in einer **eigenen Zeile in der Kapitalflussrechnung**. Diese Möglichkeit ist insbesondere dann empfehlenswert, wenn die indirekte Methode zur Anwendung kommt und mit einem Periodenergebnis vor Steuern (EBT, EBIT oder EBITDA; Rz 67) beginnt.
- Angabe im **Anhang** bei den Erläuterungen zu den **Ertragsteuern** (→ § 26 Rz 239f.).
- Angabe im Anhang bei den **separaten** Erläuterungen zur Kapitalflussrechnung.

4.5 Anteile an Tochterunternehmen, assoziierten Unternehmen und *joint arrangements*

Gem. der Darstellung des Konzerns als **wirtschaftliche Einheit** ist die Kapitalflussrechnung so aufzustellen, als ob die einbezogenen Unternehmen insgesamt ein einziges Unternehmen wären. Obwohl in IAS 7 nicht explizit erwähnt, gilt **125**

der **Grundsatz der Einheitlichkeit des Konsolidierungskreises** für die Kapitalflussrechnung ebenso wie für den übrigen Konzernabschluss. Für die Kapitalflussrechnung sind somit Zahlungsströme und Zahlungsmittelbestände für die
gleichen Unternehmen zu berücksichtigen wie für die übrigen Bestandteile des
Konzernabschlusses.

126   Die Mittelherkunfts- und Mittelverwendungsrechnung aus Konzernsicht setzt in
      der Praxis oftmals auf der bereits konsolidierten Bilanz und GuV auf. Vor allem
      Bilanz-Bewegungen im Bereich des *working capital* (den *current assets and
      liabilities*) benötigen noch weitere Informationen aus den Tochterunternehmen
      (Währungsschwankungen etc.), um den Verlust von Informationen durch Sal-
      dierung und falschen Ausweis von Zahlungsmittelzuflüssen oder -abflüssen zu
      vermeiden (Rz 98 ff.).

127   Aufgrund der Einheitlichkeit des Konsolidierungskreises richtet sich die Methodik
      der Einbeziehung in die Konzernkapitalflussrechnung nach der **Form der Kon-
      solidierung** (Vollkonsolidierung (→ § 31), *at-equity*-Konsolidierung (→ § 33) oder
      anteiliger Einbezug (→ § 34). Bei der Anwendung der Anschaffungskosten- und der
      at-equity-Methode bleiben die Zahlungsströme und die Zahlungsmittel dieser
      Unternehmen in der Kapitalflussrechnung des Konzerns **unberücksichtigt**. Ledig-
      lich Zahlungsströme zwischen dem Konzern und den assoziierten bzw. sonstigen
      nicht konsolidierten (Tochter-)Unternehmen schlagen sich in der Konzernkapital-
      flussrechnung nieder (z.B. die Zahlung von **Dividenden**). Die aus der Anwendung
      der *at-equity*-Methode stammenden Ergebnisse werden dagegen mangels Zahlungs-
      wirksamkeit ebenso wenig einbezogen wie **Abschreibungen auf Beteiligungs-
      buchwerte**. Ferner werden Zahlungen im Bereich der Liefer- und Leistungsbezie-
      hungen sowie der Finanzierungstätigkeit (Eigenkapitalein- und -auszahlungen
      sowie Darlehensgewährungen) wie bei Konzernfremden berücksichtigt.

128   Erfolgt im Fall von *joint operations* ein anteiliger Einbezug der (anteiligen)
      Vermögenswerte und Schulden (→ § 34 Rz 30 ff.), folgt dem auch die Kapital-
      flussrechnung. Dabei werden sowohl der Zahlungsmittelbestand als auch die für
      seine Veränderung ursächlichen *cash flows* anteilig in die Konzernkapitalfluss-
      rechnung übernommen. I. H. d. (Beteiligungs-)Quote erfolgt somit eine Behand-
      lung wie für voll konsolidierte Tochterunternehmen, während i.H.d. Fremd-
      quote *cash flows* mit Konzernfremden unterstellt werden.

129   Im Bereich der *joint operations* sind **besondere Angabepflichten** im Fall des
      Erwerbs oder der Veräußerung solcher Unternehmen zu beachten (Rz 134).
      Ferner ist eine Angabe zu der **beschränkten Verfügungsmöglichkeit** über
      Zahlungsmittelbestände dieser Unternehmen erforderlich (Rz 169).

4.6   Änderungen des Konsolidierungskreises

4.6.1   Erwerb und Veräußerung von Tochterunternehmen und sonstigen Geschäftseinheiten

130   Der Erwerb und die Veräußerung bedeutender Tochterunternehmen oder Ge-
      schäftseinheiten und die damit verbundenen Zahlungsströme können erheblichen
      Einfluss auf die Darstellung der Kapitalflussrechnung haben. Zur Unterscheidung
      dieser *cash flows* von den übrigen Zahlungen aus Investitionstätigkeit bestehen
      daher für solche Vorgänge **umfangreiche Angabepflichten** (IAS 7.40 ff.).

Die Unterscheidung zwischen Tochterunternehmen (*subsidiaries*) und sons- **131**
tigen Geschäftseinheiten (*other business units*) erfolgt nach der **Art des Erwerbs**
bzw. der Veräußerung. Bei dem Erwerb bzw. der Veräußerung eines Tochterunternehmens werden gesellschaftsrechtliche Anteile gekauft bzw. verkauft
(*share deal*; → § 31 Rz 1). Der Begriff des „Tochterunternehmens" ist in Übereinstimmung mit den Vorschriften für die Vollkonsolidierung auszulegen
(IFRS 3 und IFRS 10.A).

Die Ausführungen innerhalb von IAS 7.40 ff. zum **Erwerb** von Tochterunterneh- **132**
men bieten hinsichtlich des Ausweises von Auszahlungen Gestaltungspotenzial.
Wird der Begriff *subsidiary* in Übereinstimmung mit den Vorgaben von IFRS 3
ausgelegt, wird auch das Bestehen eines *business* vorausgesetzt (→ § 31 Rz 15). An
einer solchen Forderung fehlt es allerdings innerhalb der Definition von IFRS 10.
Wird ein Vermögenswert (etwa eine Immobilie) in einem rechtlichen **Mantel**
erworben, die *business*-Qualität (i.S.v. IFRS 3) aber verneint, ergeben sich besondere Ausweisfragen in der Kapitalflussrechnung:

- Handelt es sich bei dem Vermögenswert (hinter dem rechtlichen Mantel) um
  eine für die betriebliche Nutzung vorgesehene Sachanlage, kommt innerhalb
  des **investiven** Bereichs ein Ausweis als Erwerb eines Vermögenswerts oder
  eines Tochterunternehmens infrage (Rz 88).
- Wurde der Vermögenswert mit einer Weiterveräußerungsabsicht (etwa ein
  Grundstück im Vorratsvermögen) erworben, stellt sich überdies die Frage, ob
  der Ausweis der Auszahlung im operativen oder investiven Bereich erfolgen
  soll (Rz 74).

Wir halten eine von der rechtlichen **Ausgestaltung** der Transaktion **abstrahie-**
rende Klassifizierung der Auszahlung für vorzugswürdig. Auszahlungen für den
Erwerb von Anteilen an Unternehmen, die nicht als *business* gem. IFRS 3
qualifizieren, sind als Erwerb von Sachanlagen und nicht als Erwerb von Tochterunternehmen zu behandeln.

Unter dem Begriff des Erwerbs oder der Veräußerung von „sonstigen Geschäfts- **133**
einheiten" (*other business units*) sind u.E. solche Geschäftsvorfälle zu verstehen,
bei denen keine Anteile, sondern eine **Gesamtheit von Vermögenswerten** (und
ggf. Schulden) erworben bzw. veräußert werden (*asset deal*; → § 31 Rz 1). Der
Übergang vom Erwerb einer Geschäftseinheit zum Erwerb mehrerer einzelner
Vermögenswerte ist fließend und dürfte unternehmensindividuell definiert werden. Wird bei der Akquisition ein **Firmenwert** (*core goodwill*) übertragen, so
lässt dies auf den Erwerb einer sonstigen Geschäftseinheit schließen.

IAS 7 spricht nur von Tochterunternehmen und sonstigen Geschäftseinheiten, nicht **134**
dagegen von **gemeinschaftlichen Tätigkeiten** (*joint arrangements*). Der Wortlaut
der Vorschrift legt somit folgenden Schluss nahe: Der Erwerb und die Veräußerung
von Anteilen an Unternehmen mit gemeinschaftlichen Tätigkeiten seien unter den
„normalen" Aus- und Einzahlungen für Finanzinvestitionen im Bereich des Anlagevermögens (Rz 77) auszuweisen. Andererseits erfolgt die Einbeziehung von *joint*
operations in den Konzernabschluss nach der **gleichen Technik** wie für voll konsolidierte Tochterunternehmen, allerdings nur **anteilig** (entsprechend der Beteiligungsquote). Deshalb sollten auch für als *joint operations* zu klassifizierende
Beteiligungen an Unternehmen entsprechende Angaben erfolgen.

Im Einzelnen werden folgende Angaben im Zusammenhang mit Unternehmens- **135**
erwerben und -veräußerungen von IAS 7.40 gefordert:

- gesamter Kauf- oder Veräußerungs**preis**;
- in Form von Zahlungsmitteln und Zahlungsmitteläquivalenten gezahlter **Teil** des Kauf- bzw. Veräußerungspreises;
- mit dem Erwerb bzw. der Veräußerung übernommene bzw. abgegebene **Bestände** an Zahlungsmitteln und Zahlungsmitteläquivalenten;
- Beträge der **nach Hauptgruppen gegliederten** Vermögenswerte und Schulden, die erworben bzw. abgegeben wurden.

136 Die geforderten Angaben gehen über die im Rahmen von *business combinations* (→ § 31 Rz 222) ohnehin gebotenen Erläuterungen hinaus. Unter gewissen Umständen ist es sinnvoll, diese zusätzlichen Angaben mit den Anhangangaben nach **IFRS 3** zu **verbinden**.

137 Die für den Bereich der Kapitalflussrechnung verlangten Angaben lassen eine wichtige **konzeptionelle Unterscheidung** zu der in den übrigen Bereichen des Konzernabschlusses geltenden Fiktion des Einzelerwerbs von einzelnen Vermögenswerten und Schuldposten (→ § 31 Rz 11 ff.) erkennen. Im Rahmen der Kapitalflussrechnung sind die für den Erwerb bzw. die Veräußerung geflossenen Zahlungsmittel **in einer Summe** anzugeben und vollständig dem **Investitionsbereich** zuzuordnen.

> **Praxis-Beispiel**
> Im Rahmen eines Unternehmenserwerbs werden ebenfalls Vorräte und Kundenforderungen erworben. Ausgaben für diese Positionen sind im üblichen Geschäftsgang der betrieblichen Tätigkeit zuzuordnen. Im Fall eines Unternehmenserwerbs gehören jedoch auch diese *cash flows* in den Bereich der Investitionstätigkeit.

138 Deshalb sind die bei Anwendung der indirekten Methode zu berücksichtigenden Veränderungen des *net working capital* um Effekte aus der Veränderung des Konsolidierungskreises zu bereinigen (Rz 65). Die Verpflichtung zur Angabe der beizulegenden **Zeitwerte** für die einzelnen Hauptgruppen von Vermögenswerten und Schulden erleichtert dem externen Leser das Nachvollziehen dieser Bereinigungsrechnung.

139 Die Angabe der Beträge aus den Erwerben bzw. Veräußerungen von Tochterunternehmen und sonstigen Geschäftseinheiten hat in einer **gesonderten Zeile** der Kapitalflussrechnung zu erfolgen, da IAS 7.39 ausdrücklich eine gesonderte Darstellung (*presentation*) und nicht lediglich eine Angabe (*disclosure*) fordert.

140 Die **Saldierung** der Beträge für Erwerbe mit denen für Veräußerungen ist als Ausfluss des Bruttoprinzips (Rz 40) explizit **nicht gestattet** (IAS 7.41).

141 Die für den Erwerb bzw. für die Veräußerung geflossenen Beträge stellen Netto-*cash-flows* dar, d. h., sie sind mit den erworbenen bzw. abgegebenen Beständen an Zahlungsmitteln **saldiert** auszuweisen. Keine Saldierung erfolgt allerdings dann, wenn die erworbenen Unternehmen im Jahr des Ersterwerbs nicht vollkonsolidiert oder anteilig einbezogen werden. Erfolgt dann in späteren Jahren eine Einbeziehung in den Konsolidierungskreis, so ist die Veränderung der Zahlungsmittelbestände im Rahmen der Bewegungsrechnung unter den **konsolidierungskreisbedingten** Veränderungen des Zahlungsmittelfonds darzustellen (Rz 32 f.).

Erfolgt der Erwerb im Weg einer **unbaren** Transaktion (Rz 148 ff.) oder werden Zahlungen nur in **anderen Perioden** als derjenigen des Erwerbs geleistet, so kann es durch die Übernahme der in den erworbenen Unternehmen enthaltenen Positionen an Zahlungsmitteln im Extremfall sogar zu einem Nettozugang an Zahlungsmitteln kommen, obwohl ein Investitionsvorgang stattgefunden hat. In Veräußerungsfällen sind entsprechende Vorgänge möglich.

- In der Kapitalflussrechnung ist nur der Betrag der erworbenen bzw. abgegebenen Bestände an Zahlungsmitteln darzustellen. Der Teil der Anschaffungskosten eines Unternehmenserwerbs, der im Erwerbszeitpunkt unbar erfolgt (*deferred and other non-cash consideration*), ist nicht zu berücksichtigen. Erfolgt in späteren Perioden eine Zahlung (z.B. bei gestundetem Kaufpreis; → § 31 Rz 40) ist der Zahlungsmittelabfluss in diesen Perioden dem Finanzierungsbereich zuzurechnen.
- Sieht ein Vertrag über einen Anteils- oder Unternehmenserwerb eine Verpflichtung zur evtl. Zahlung nachträglicher Anschaffungskosten vor (*contingent consideration*; → § 31 Rz 60 ff.), unterliegt die bedingte Zahlungsverpflichtung einer erfolgswirksamen Fortschreibung. Abweichungen zwischen dem ursprünglich bei der Erstkonsolidierung angesetzten Betrag und dem später tatsächlich gezahlten Betrag sind danach eher dem betrieblichen Bereich zuzuordnen.
- Werden im Rahmen des Unternehmenserwerbs i.S.e. Mehrkomponentengeschäfts (*multi element transaction*; → § 31 Rz 121) auch ausstehende Verpflichtungen des erworbenen Unternehmens erfüllt bzw. Vermögenswerte übernommen, erfolgt eine Klassifizierung des Zahlungsmittelzuflusses bzw. -abflusses separat, also in von der *business combination* abstrahierter Betrachtung. Werden z.B. Finanzverpflichtungen des erworbenen Unternehmens getilgt, ist der anteilig hierfür aufgewendete Zahlungsmittelabfluss dem Finanzierungsbereich zuzuordnen.

Bei Ausweitung des Konsolidierungskreises im Zug einer *business combination* gem. IFRS 3 besteht ein Aktivierungsverbot für Anschaffungsneben-/Transaktionskosten (IFRS 3.53). In der Kapitalflussrechnung sind zahlungswirksame Transaktionskosten im Bereich der operativen Tätigkeit zu erfassen (IAS 7.16). **142**

Die zusätzliche **Anhangangabe** für den Erwerb von Tochterunternehmen und sonstigen Geschäftseinheiten könnte wie folgt formuliert werden: **143**

Formulierungsbeispiel für Angaben nach IAS 7.40

Im Geschäftsjahr 01 erwarb der Konzern die Anteile an der A-AG und der B-GmbH sowie den Geschäftsbetrieb der C-GmbH im Weg eines *asset deal*. Für die Erwerbe der Anteile und des Geschäftsbetriebs war insgesamt folgender Kaufpreis zu entrichten:

In bar	10.000
Ausgabe neuer Aktien	5.000
Kaufpreis gesamt	15.000
Im Einzelnen wurden folgende Vermögenswerte und Schulden, jeweils bewertet mit ihren Zeitwerten, erworben:	
Liquide Mittel	1.000

Kundenforderungen	1.000
Sachanlagen	14.000
Vorräte	10.000
Sonstige Vermögenswerte	2.000
Finanzschulden	− 8.000
Lieferantenverbindlichkeiten	− 6.000
Pensionsrückstellungen	− 1.000
	13.000
Firmenwert	2.000
Kaufpreis gesamt	15.000
In der Kapitalflussrechnung sind die Erwerbe im Bereich der Investitionstätigkeit wie folgt berücksichtigt:	
In bar zu entrichtender Kaufpreis	10.000
Abzüglich erworbene liquide Mittel	− 1.000
Abfluss von Zahlungsmitteln	9.000

144   Für die **Veräußerung** von Tochterunternehmen und sonstigen Geschäftseinheiten ist eine entsprechende Textierung möglich. Handelt es sich bei der Veräußerung um einen Fall von *discontinued operations* (→ § 29 Rz 56), so kann sinnvollerweise in diesem Fall die Angabe auch bei den übrigen Erläuterungen zu diesen Vorfällen erfolgen (Rz 171).

4.6.2   Erstkonsolidierung bzw. Entkonsolidierung ohne Erwerb bzw. Veräußerung einer Tochter

145   Der Konsolidierungskreis eines Konzerns kann sich nicht nur durch Zukäufe oder Desinvestitionen verändern (Rz 130 ff.). Auswirkungen auf den Konsolidierungskreis kann auch der **erstmalige** Einbezug eines bisher aus **Wesentlichkeitsgründen** (oder anderen Gründen) nicht konsolidierten Tochterunternehmens innerhalb der laufenden Berichtsperiode haben (Rz 32 f.). Auch diese Fälle sind nach der Theorie des Konzerns als wirtschaftliche Einheit innerhalb der Kapitalflussrechnung zu berücksichtigen.

146   In IAS 7 wird zu der Behandlung von Änderungen des Konsolidierungskreises **ohne** einen Investitions- oder Desinvestitionsvorgang nicht Stellung genommen. Im Jahr der Erstkonsolidierung erscheinen in der Konzernbilanz sämtliche Vermögenswerte und Schulden der Tochter als **Zugänge**. In der Kapitalflussrechnung können diese Zugänge aber nicht der Investitionstätigkeit zugeordnet werden, weil es an einem **Zahlungsstrom** mit einem Dritten fehlt (Rz 70). Zu Veränderungen des Finanzmittelbestands innerhalb der Periode kommt es durch die dem Tochterunternehmen **zuzurechnenden** Zugänge der Zahlungsmittel und -äquivalente. Diesen steht kein periodenbezogener Zahlungsvorgang entgegen.[35]

147   Die Veränderung des Finanzmittelbestands einer Konzernunternehmung kann in solchen Fällen ohne einen **weiteren Erläuterungsposten** innerhalb der Kapitalflussrechnung nicht mehr erklärt werden. U. E. ist für Veränderungen des Konsolidierungskreises ohne Investitions- bzw. Desinvestitionsvorgang ein wei-

---

[35] Bieg/Regnery, BB 1993, Beilage 6.

terer **Ausgleichsposten** innerhalb der Kapitalflussrechnung (vgl. die Behandlung der Währungsdifferenzen, Rz 98 ff.) zu berücksichtigen. Die Mindestgliederung der Kapitalflussrechnung ist dann wie folgt:[36]

	Jahr 02	Jahr 01
cash flows aus der betrieblichen Tätigkeit	....	....
cash flows aus der Investitionstätigkeit	....	....
cash flows aus der Finanzierungstätigkeit	....	....
Summe der *cash flows*	....	....
Wechselkursbedingte Veränderungen des Finanzmittelfonds	....	....
Konsolidierungskreisbedingte Veränderungen des Finanzmittelfonds	....	....
Veränderungen des Finanzmittelfonds gesamt	....	....
Finanzmittelfonds zum Anfang der Periode	....	....
Finanzmittelfonds zum Ende der Periode	....	....

Für eine erstmalige Nichteinbeziehung gilt das Vorstehende spiegelbildlich.

4.7 Nicht zahlungswirksame Transaktionen

In der Kapitalflussrechnung schlagen sich die Geschäftsvorfälle des Geschäfts- **148** jahres und der Vorperiode lediglich dann nieder, wenn sie **zahlungsmittelfondswirksam** geworden sind, d. h. unmittelbar zu einer Ein- oder Auszahlung geführt haben. Dieses Vorgehen entspricht der Systematik der Kapitalflussrechnung. So darf z. B. der Erwerb eines Anlagegegenstands im Wege eines *lease* (→ § 15a Rz 18 ff.) gedanklich nicht in einen Liquiditätsabfluss für den Erwerb des Vermögenswerts und einen gleichzeitigen Liquiditätszufluss in gleicher Höhe durch Gewährung einer Finanzierung durch den Leasinggeber aufgespalten werden, obwohl wirtschaftlich der *lease* regelmäßig die gleichen zukünftigen Bilanzierungs- und Zahlungsauswirkungen hat wie der fremdfinanzierte Kauf desselben Anlagegegenstands. Zu Gestaltungsmöglichkeiten vgl. Rz 176.

Vor dem Hintergrund einer Vielzahl möglicher Sachverhaltsgestaltungen ist es **149** jedoch zur Gewährleistung einer *fair presentation* (→ § 1 Rz 68) erforderlich, **zusätzliche Angaben** über wesentliche nicht **liquiditätswirksame Geschäftsvorfälle** zu machen. Diese Angaben sollen nicht in der Kapitalflussrechnung selbst, sondern **an anderer Stelle des Jahresabschlusses** gemacht werden. Hierzu bieten sich zum einen im Anhang die Erläuterungen zu solchen Bilanzpositionen an, die von nicht liquiditätswirksamen Transaktionen betroffen sind (z. B. beim Leasing in den Erläuterungen zum Sachanlagevermögen oder bei den entsprechenden Verbindlichkeiten gegenüber den Leasinggebern). Zum anderen ist eine gesammelte Angabe sämtlicher wesentlicher unbarer Transaktionen in einer separaten Anhangangabe geboten (IAS 7.44B). Die Darstellung kann **verbal** oder – bei Vorliegen mehrerer Geschäftsvorfälle – auch **in tabellarischer Form** erfolgen (IAS 7.44D).

---

[36] Vgl. BIEG/REGNERY, BB 1993, Beilage 6, S. 11.

150   In IAS 7 werden folgende **Beispiele für unbare Transaktionen** aufgeführt:
- Erwerb von Vermögenswerten durch **Schuldübernahme** oder durch *finance leases* (→ § 15a Rz 184 ff.),
- **Erwerb eines Unternehmens gegen Ausgabe von Anteilen** (→ § 31 Rz 44 ff.),
- **Umwandlung** von Schulden in Eigenkapital.

151   Als weitere wesentliche Beispiele sind zu nennen:
- **Erwerb/Veräußerung** von Vermögenswerten (z. B. Anlagevermögen, Vorräte) **auf Ziel**, d. h. Zahlung erst in einem zukünftigen Geschäftsjahr,
- **Tausch** von Vermögenswerten (Aktivtausch) oder Schulden (Passivtausch; → § 14 Rz 17 f.),
- Erklärung der **Aufrechnung** von Forderungen mit Verbindlichkeiten,
- **Einlagen** einzelner Vermögenswerte oder die Einbringung von Geschäftsbetrieben mit oder ohne Gewährung zusätzlicher Anteile (→ § 20 Rz 80 f.),
- **Schuldenerlass** durch Gläubiger (→ § 28 Rz 122),
- **Ausgabe** von *stock options* an Mitarbeiter (→ § 23),
- Umgliederungen zwischen Posten des Eigenkapitals, z. B. bei **Kapitalerhöhung aus Gesellschaftsmitteln** oder vereinfachter Kapitalherabsetzung (→ § 20 Rz 90 f.).

152   Ferner können, auch wenn nicht explizit in IAS 7 genannt, neben unbaren Geschäftsvorfällen zum besseren Verständnis der Kapitalflussrechnung **wesentliche Umgliederungsvorgänge** Erwähnung finden, so z. B. die Umwidmung von Anlage- zu Umlaufvermögen oder die Umgliederung von kurzfristigen Lieferantenverbindlichkeiten in langfristige Darlehen.

153   Bei **gemischten Transaktionen**, bei denen nur ein Teil des Geschäftsvorfalls zahlungswirksam geworden ist, muss nur der zahlungswirksame Teil in die Kapitalflussrechnung aufgenommen werden, während der unbare Teil lediglich im Anhang offenzulegen ist. Sinnvollerweise sollten allerdings im Anhang aus Gründen der Verständlichkeit sowohl der zahlungswirksame als auch der nicht zahlungswirksame Teil genannt werden, um den Bezug zur Kapitalflussrechnung herstellen zu können.

4.8   *Cash flows* aus öffentlichen (Investitions-)Zuwendungen

154   Für die Behandlung von Einzahlungen für Investitionen aus öffentlichen Zuwendungen (*government grants*) finden sich weder in dem spezifisch der bilanziellen Behandlung von öffentlichen (Investitions-)Zuwendungen gewidmeten IAS 20 noch in IAS 7 Vorgaben. Nach IAS 20.28 besteht nur eine „Empfehlung", die Auszahlung für die Anschaffung eines Vermögenswerts und die Einzahlung aus einer Investitionszuwendung separat zu erfassen, also nicht zu saldieren. Der Ausweis in der Ursachenrechnung richtet sich daher nach den allgemeinen Definitionen und Abgrenzungen von IAS 7 unter einen der drei Aktivitätsbereiche der Kapitalflussrechnung (Investition, Finanzierung, laufende Geschäftstätigkeit).[37]

155   Als Finanzierungstätigkeit definiert IAS 7.6 zahlungswirksame Aktivitäten, die sich auf den Umfang und die Zusammensetzung des eingebrachten Kapitals und der Fremdkapitalaufnahme des Unternehmens auswirken. Eine öffentliche (Investitions-)Zuwendung stellt weder eingebrachtes Kapital noch eine Fremdkapitalaufnahme dar. Die Anschaffung eines Vermögenswerts wird bezuschusst. Auch

---

[37]   Zum Ganzen LÜDENBACH, PiR 2014, S. 259.

zu den in IAS 7.17 genannten Beispielen für *cash flows* aus der Finanzierungstätigkeit (Ausgabe von Anteilen, Dividenden, Aufnahme und Rückzahlung von Darlehen) bestehen keine Parallelen. Eine Erfassung von Einzahlungen aus öffentlichen Zuwendungen im Bereich der Finanzierungstätigkeit scheidet somit aus. Als Investitionstätigkeit definiert IAS 7.6 Auszahlungen für Beschaffung und **156** Einzahlungen aus Veräußerung von langfristigen Vermögenswerten. Investitionszuwendungen stehen zwar im Zusammenhang mit einer Auszahlung für den Erwerb von Sachanlagen, begründen aber selbst gerade keine Auszahlung, sondern eine Einzahlung, dies aber wiederum nicht aus der Veräußerung von Sachanlagen. In das Schema von IAS 7.16 passen die Zuwendungen daher nicht. Lediglich unter Saldierungsgesichtspunkten könnte eine Verrechnung mit den Investitionsaufwendungen in Frage kommen. Einer solchen Saldierung steht jedoch das Saldierungsverbot entgegen (Rz 40 ff.). Einzahlungen aus (Investitions-)Zuwendungen gehören daher nicht zur Investitionstätigkeit.

Als betriebliche Tätigkeit definiert IAS 7.6 positiv die wesentlichen erlöswirksamen Tätigkeiten des Unternehmens sowie negativ andere Tätigkeiten, die nicht **157** der Investitions- oder Finanzierungstätigkeit zuzuordnen sind. Das negative Definitionselement macht die *cash flows* aus laufender Geschäftstätigkeit systematisch zu einer Restkategorie: Was nicht den beiden anderen Bereichen zuzuordnen ist, fällt unter die laufende Geschäftstätigkeit (Rz 47).

Wegen des bloßen Empfehlungscharakters in IAS 20.28 (*„is often disclosed"*) zum **158** separaten Ausweis von Auszahlungen für den Erwerb eines Vermögenswerts und Einzahlungen aus einer Investitionszuwendung, kann auch nur die Nettoauszahlung für den „geförderten" Erwerb des Vermögenswerts in der Kapitalflussrechnung gezeigt werden. Bei einer entsprechenden Auslegung wäre IAS 20.28 lex specialis für die Darstellung in der Kapitalflussrechnung mit der Folge einer weiteren Ausnahme vom allgemeinen Saldierungsverbot. Eine Saldierung scheidet allerdings aus, wenn die Einzahlung aus der Investitionszuwendung in einer anderen Periode als die Auszahlung für den Erwerb des Vermögenswerts erfolgt. Wird hingegen auf eine Saldierung verzichtet, also der Empfehlung des IAS 20.28 **159** gefolgt, scheidet ein Ausweis der Einzahlung aus der Investitionszuwendung im Investitionsbereich, aber auch im Finanzierungsbereich, aus. Aus der Lumpensammlerfunktion folgt eine Ausweispflicht im *cash flow* der betrieblichen Tätigkeit (Rz 47). Wir halten eine separate Erfassung mit einer Erläuterung im Anhang für geboten (Rz 164).

4.9 Ausweis bei Abschluss von *reverse-factoring*-Vereinbarungen

Die bilanzielle Abbildung von *reverse-factoring*-Vereinbarungen (→ § 28 **160** Rz 130 ff.) zeigt nicht nur besondere Bedeutung für den Bilanzausweis und die Ergebnisrechnung, sondern auch für die Stromgrößeninformation im *cash flow statement*. Die originär an den Lieferanten/Zulieferer zu leistende Zahlung (Gegenleistung) wird auf eine andere Partei (den Factor/Kreditgeber) übertragen. Ändert sich durch den Abschluss der Vereinbarung der Charakter der Verbindlichkeit nicht, wird also weiterhin ein *trade payable* erfasst, sind die gleichwohl an eine andere Partei zu leistenden Auszahlungen weiterhin dem operativen Bereich zuzurechnen (IAS 7.14(c)). Der Factor übernimmt lediglich die Zahlungsabwicklung zwischen Lieferant und Abnehmer, die Erfüllung der Verbindlichkeit ist dennoch dem Leistungsbezug der operativen Tätigkeit zuzurechnen.

161 Anderes gilt, wenn durch die Ausgestaltung der Verträge zwischen den beteiligten Parteien (üblicherweise sind drei Parteien beteiligt) eine Darlehensbeziehung begründet wird, die den Charakter einer langfristigen Finanzierung (*bank debt*) aufweist. Werden die Auszahlungen des Abnehmers an den Finanzierer als Kapitaldienst eines Darlehens angesehen, folgt als Konsequenz ein Ausweis im *cash flow* aus der Finanzierungstätigkeit (IAS 7.17(d)). Die Kapitalflussrechnung hat dann allerdings keinen Aussagegehalt mehr, da der *operating cash flow* nicht mehr als *key indicator* herangezogen werden kann (IAS 7.13).[38]

Praxis-Beispiel

Aus einer Lieferung von L hat Abnehmer A eine Verpflichtung zur Zahlung von 100 GE, fällig in 90 Tagen. Finanzierer F übernimmt die Forderung des L gegen Zahlung von 100 GE und räumt A ein Zahlungsziel von 18 Monaten zuzüglich quartalsweise zu entrichtender Zinsen von 6 % p.a. ein. A bucht die Verbindlichkeit aus Lieferung und Leistung aus und erfasst eine sonstige langfristige (Bank-)Verbindlichkeit (per Verbindlichkeit L+L an Bankverbindlichkeit 100 GE). Die von L empfangenen Leistungen veräußert A noch in der gleichen Periode für 120 GE. Die (Rück-)Zahlung der durch Modifikation neu begründeten Verbindlichkeit gegenüber F erfolgt erst in der nächsten Periode. Lediglich Zinszahlungen von 3 GE sind in der aktuellen Periode zu leisten. A klassifiziert das Darlehen und die Zinsen als Finanzierungsaktivität. Es ergibt sich – isoliert für die eine Transaktion – folgendes Bild für die Kapitalflussrechnung:

	Aktuelle Periode	**Folgeperiode**
operating cash flow	+ 120 GE	
financing cash flow	- 3 GE	- 103 GE
Summe	+ 117 GE	- 103 GE

Bei Erweiterung des Beispiels um eine Mehrperiodenbetrachtung gleicht sich der Saldo innerhalb der Ursachenrechnung aus, es bleibt aber bei einer einseitigen Belastung des *cash flow* aus der Finanzierungsaktivität bezogen auf die Abflüsse, im operativen Bereich werden nur Zuflüsse erfasst.

---

162 Die unmittelbaren Auszahlungen aufgrund einer *reverse-factoring*-Vereinbarung an den Finanzierer (Factor/Kreditgeber), der lediglich als Zahlstelle für die Parteien des Leistungsaustauschs handelt, sind nicht dem Finanzierungsbereich, sondern der operativen Tätigkeit zuzurechnen. Mangels eindeutiger Vorgaben in IAS 7 halten wir als festzulegende *accounting policy* drei Darstellungsalternativen für die Erfassung von *reverse-factoring*-Vereinbarungen, die zu einer Ausweisänderung bestehender *trade payables* führen, in der Kapitalflussrechnung für zulässig:

---

[38] Zum Ganzen FREIBERG, PiR 2015, S. 148 ff.

- Eine Zuordnung der Auszahlung zu den Finanzierungsaktivitäten ergibt sich aus dem Wortlaut der Vorgaben (IAS 7.17(d)).
- Für eine Erfassung der späteren Auszahlungen zur Erfüllung der im Zug der *reverse-factoring*-Vereinbarung neu begründeten Verbindlichkeit im operativen Bereich anstatt als *financing cash flow* spricht der höhere Aussagegehalt.
- Alternativ kommt auch eine Aufnahme der Auszahlung des Finanzierers an den Lieferanten als operativer Mittelabfluss mit einer gegenläufigen Erfassung im Finanzierungsbereich in der eigenen Stromgrößenrechnung in Betracht, da der Ausschluss von *non-cash transactions* nicht den operativen Bereich betrifft (IAS 7.43). In dieser Variante ist ein verkürzter Zahlungsweg zu fingieren, ein tatsächlicher Abfluss und Zufluss findet nicht statt.

Mit Abschluss einer *reverse-factoring*-Vereinbarung bedarf es einer Erläuterung der zugrunde gelegten Bilanzierungs- und Bewertungsmethoden im Anhang (IAS 1.117).

5 Angaben

5.1 Besonderheiten für die Kapitalflussrechnung

Nach der Systematik der meisten IFRS-Standards ist als vorletztes Kapitel ein eigener Abschnitt enthalten, in dem in zusammengefasster Form die erforderlichen Anhangangaben (*disclosures*) aufgelistet werden (→ § 5). Von dieser allgemeinen Systematik weicht IAS 7 ab, in dem Angabepflichten in diversen Abschnitten des Standards genannt werden und lediglich eine **Restposition** „Sonstige Angaben" (IAS 7.48 ff.) verbleibt. Ursache hierfür ist zum einen die Abhandlung einer Reihe von Einzelproblemen in eigenen Unterkapiteln des Standards und die jeweilige Nennung der Auswirkung auf den Anhang unmittelbar in jedem **Unterkapitel**. Zum anderen darf eine Vielzahl von Angaben **wahlweise** entweder in der Kapitalflussrechnung selbst oder im Anhang gemacht werden. | **163**

Im Folgenden wird eine **Systematisierung** der Anhangangaben präsentiert, gegliedert nach den Bereichen allgemeine Bilanzierungs- und Bewertungsmethoden, Pflichtangaben sowie freiwillige Angaben. Über diese Angaben hinaus sollte im Interesse einer *fair presentation* auch eine **Kommentierung** der Kapitalflussrechnung vorgenommen werden, indem z. B. die wesentlichen Beträge näher aufgegliedert und Veränderungen zum Vorjahr erläutert werden. Für diese Kommentierung bietet sich, falls keine Erläuterung in einem Lagebericht erfolgt, ebenfalls der Anhang an. Auf die Checkliste „IFRS-Abschlussangaben" (siehe HI10157883 im Haufe IFRS-Kommentar Online) wird verwiesen (→ § 5 Rz 8). | **164**

5.2 Allgemeine Bilanzierungs- und Bewertungsmethoden

Die Kapitalflussrechnung ist integraler und eigenständiger **Bestandteil** des Jahresabschlusses. Neben den Erläuterungen zu den allgemeinen Bilanzierungs- und Bewertungsmethoden (*accounting policies*; ausführlich → § 5 Rz 27) im Bereich der Bilanz und der GuV ist daher im Anhang eine Darstellung der wesentlichen bei der Erstellung der Kapitalflussrechnung angewandten **Grundsätze** erforderlich. Zu den wichtigen Angaben gehören: | **165**

- die **Zusammensetzung** der Bestände an Zahlungsmitteln und Zahlungsmitteläquivalenten (IAS 7. 45),
- die Nennung der gewählten **Darstellungsform** (direkte oder indirekte Methode im Bereich der betrieblichen Tätigkeit).

Des Weiteren sollte aufgezeigt werden,

- wie die von IAS 7 gewährten **Wahlrechte** von dem aufstellenden Unternehmen ausgeübt wurden,
- nach welcher Methode die **Währungsumrechnung** im Fall von *cash flows* von ausländischen Tochterunternehmen erfolgte,
- welche **Änderungen** der Zusammensetzung des Zahlungsmittelbestands, der Form der Darstellung oder der Ausübung von Wahlrechten im Vergleich zur Vorperiode vorgenommen worden sind.

166   In der **Praxis** sind Erläuterungen zu den in der Kapitalflussrechnung angewandten *accounting principles* allerdings recht selten zu finden. Eine Musterformulierung könnte wie folgt lauten:

Praxis-Beispiel

Accounting principles **im Bereich der Kapitalflussrechnung**

Die Kapitalflussrechnung wird in Übereinstimmung mit den Bestimmungen von IAS 7 erstellt. Die Kapitalflussrechnung ist in die drei Bereiche der betrieblichen Tätigkeit sowie der Investitions- und Finanzierungstätigkeit unterteilt. Im Fall von gemischten Geschäftsvorfällen wird, soweit erforderlich, eine Zuordnung zu mehreren Tätigkeitsbereichen vorgenommen. Die Darstellung des *cash flow* aus der betrieblichen Tätigkeit erfolgt nach der indirekten Methode. Der Finanzmittelfonds ist definiert als der Saldo aus den liquiden Mitteln sowie sämtlicher Wertpapiere mit einer Restlaufzeit (zum Erwerbszeitpunkt) von weniger als drei Monaten abzüglich der in den kurzfristigen Finanzschulden enthaltenen Verbindlichkeiten aus Kontokorrent-Verhältnissen, die Bestandteil des unternehmensweiten *cash management* sind. Als Finanzschulden i.S.d. Finanzierungsrechnung werden sämtliche Verbindlichkeiten gegenüber Kreditinstituten sowie verzinsliche Darlehen, die von Gesellschaftern und Lieferanten gewährt wurden, bezeichnet. Zins- und Dividendeneinnahmen werden im Bereich der betrieblichen Tätigkeit ausgewiesen, während Zins- und Dividendenzahlungen unter den *cash flows* aus der Finanzierungstätigkeit Berücksichtigung finden. Steuerzahlungen werden in voller Höhe im Bereich der betrieblichen Tätigkeit ausgewiesen, da eine Zuordnung zu einzelnen Geschäftsbereichen praktisch nicht durchführbar ist. *Cash flows* von ausländischen, nicht in Euro bilanzierenden Tochterunternehmen werden zu Jahresdurchschnittskursen in die Konzernberichtswährung umgerechnet.

Die Zusammensetzung des Zahlungsmittelfonds, die allgemeine Darstellungsform der Kapitalflussrechnung sowie die Ausübung der Ausweiswahlrechte blieben im Vergleich zu der Vorperiode unverändert.

---

167   Verwendet das aufstellende Unternehmen **eigene Definitionen**, so z.B. für die Zwischensumme *„free cash flow"* (Rz 13), sollte das obige Formulierungsbeispiel um unternehmensspezifische Besonderheiten ergänzt werden.

5.3 Pflichtangaben

Der Standard IAS 7 sieht eine Reihe von Pflichtangaben vor, die **wahlweise**[39] **168** entweder in der Kapitalflussrechnung selbst oder im Anhang genannt und die der nachfolgenden Auflistung entnommen werden können. Soweit bereits ausführliche Erläuterungen in vorangegangenen Kapiteln gegeben wurden, erfolgt hier lediglich ein entsprechender Verweis:

- Erhaltene und gezahlte **Zinsen** (IAS 7.31; Rz 109 ff.).
- Erhaltene und gezahlte **Dividenden** (IAS 7.31; Rz 115 ff.).
- Aus- und Einzahlungen in Zusammenhang mit **Ertragsteuern** (IAS 7.35; Rz 120 ff.).
- Erwerb und Veräußerung von **Tochterunternehmen und sonstigen Geschäftseinheiten** (IAS 7.39; Rz 130 ff.).
- **Nicht zahlungswirksame Transaktionen** (IAS 7.43; Rz 148 ff.).
- Betragsmäßige Angabe der **Zusammensetzung des Finanzmittelfonds** sowie **Überleitung** der Beträge des Zahlungsmittelfonds der Kapitalflussrechnung **zu den entsprechenden Bilanzbeträgen** (IAS 7.45; Rz 15 ff.).
- Betragsmäßige Angabe der **Änderungen der Zusammensetzung des Finanzmittelfonds** (IAS 7.47; Rz 34).
- Angabe über Zahlungsmittelbestände, die **Verfügungsbeschränkungen** unterliegen (IAS 7.48).
- Veränderungen im Fremdkapital als Ergebnis von Finanzierungsaktivitäten (IAS 7.44B).

Die Pflicht zur Angabe **außerordentlicher** Posten entfällt (Rz 107 ff.).

Explizit im Standard werden Beschränkungen aufgrund von **Devisenverkehrskon-** **169** **trollen** (mangelnde Transferier- oder Konvertierbarkeit) oder andere **gesetzliche Beschränkungen** genannt. Des Weiteren sollten hierzu Beschränkungen aufgrund **vertraglicher Restriktionen** oder **faktischer Umstände** gerechnet werden. Verfügungsbeschränkungen über Zahlungsmittel oder Zahlungsmitteläquivalente verhindern einen Einbezug in den Finanzmittelfonds (Rz 16 ff.). Zu den **vertraglichen** Restriktionen zählen u. a. Klauseln in Darlehensverträgen (sog. *covenants*), die z. B. das Vorhalten eines bestimmten Zahlungsmittelbestands vorschreiben, sowie Beschränkungen bei Akkreditiven und Lombardkrediten. Im Bereich der **faktischen** Umstände ist die Zusammenfassung aufgrund der Einheitstheorie der Zahlungsmittelbestände sämtlicher einbezogener Tochterunternehmen und der Konzernmutter im Konzernabschluss zu einem einzigen Wert zu berücksichtigen. Dennoch kann die individuelle Situation bei einzelnen Konzerngesellschaften (z. B. Tochterunternehmen in existenzieller Krise) zu einer Einschränkung oder einem Entzug der von diesem Tochterunternehmen gehaltenen Zahlungsmittelbestände führen. Werden **gemeinschaftliche Tätigkeiten** (*joint operations*) in den Konzernabschluss nach der (Beteiligungs-)Quote einbezogen (→ § 34 Rz 34 ff.), so werden die Zahlungsmittelbestände anteilig in der Bilanz und auch der Kapitalflussrechnung berücksichtigt (Rz 128). Aufgrund der gemeinschaftlichen Führung solcher Unternehmen zusammen mit Konzernfremden kann der Konzern nicht alleine über die

---

[39] Das Wahlrecht ergibt sich aus der Formulierung „angeben" (*disclose*). Dagegen macht der Begriff „darstellen" (*present*) eine Angabe in der Kapitalflussrechnung erforderlich.

ausgewiesenen Zahlungsmittelbestände verfügen und sollte daher solche Bestände als verfügungsbeschränkt betrachten.

170   Für die Angabe der vorgenannten Punkte bietet es sich an, eine eigene **Position** „Erläuterungen zu der Kapitalflussrechnung" im Anhang zu schaffen. Alternativ können einige dieser Punkte in den Erläuterungen zu einzelnen Positionen der Bilanz (z.B. liquide Mittel, Finanzschulden, Steuerrückstellungen) oder der GuV (z.B. Zins- und Beteiligungsergebnis, Steueraufwand) aufgeführt werden.

171   Neben IAS 7 fordern **andere Standards** Angaben in Zusammenhang mit *cash flows* oder regen solche auf freiwilliger Basis an. Hier sind folgende Angabepflichten zu nennen:

- **Segmentberichterstattung** (→ § 36): Eine Angabe von *cash flows* pro Segment könnte dem externen Leser eine Einschätzung geben, welche Segmente zusätzliche Zahlungsmittelbestände generieren (*cash cows*) und welche Bedarf an Zahlungsmitteln haben (*cash users*). Bei Erstellung der Segmentberichterstattung nach IFRS 8 wird die Offenlegung von Segment-*cash-flows* nicht explizit gefordert. Allerdings sind Angaben zu machen zu:
  - den **Zugängen zum Anlagevermögen** (IFRS 8.24(b)), die nach IFRS 8 im Zug einer Negativabgrenzung (nicht Finanzinstrumente, Steuerlatenzposten, Aktivposten aus Pensionsplänen gem. IAS 19.54 – IAS 19.58 sowie Ansprüche aus Versicherungsverträgen) zu bestimmen sind,
  - wesentlichen **nicht zahlungswirksamen Aufwendungen** (IFRS 8.23(i)) sowie
  - den **Abschreibungsbeträgen** pro Segment (IFRS 8.23(e)).

  Die Angabe der Beträge nach IFRS 8.23 – IFRS 8.24 erübrigt sich, wenn das Unternehmen auf **freiwilliger Basis** die *cash flows* je Segment offenlegt (Rz 174). Ein Beispiel für die Darstellung von Segment-*cash-flows* kann Appendix A zu IAS 7 entnommen werden.

- *Discontinued operation* (→ § 29 Rz 61): Die *cash flows* einer *discontinued operation* sind separat anzugeben und den drei Tätigkeitsbereichen zuzuordnen (IFRS 5.33(c)). Neben den Angaben für die Berichtsperiode sind die Vorperioden entsprechend aufzubereiten (IFRS 5.34). Ein externer Leser hat somit einen Anhaltspunkt dafür, welche Zahlungsströme dem Unternehmen zukünftig nicht mehr zur Verfügung stehen werden. Die Angabe der *cash flows* der *discontinued operation* darf wahlweise im Anhang oder in der Kapitalflussrechnung selbst erfolgen (IFRS 5.33(c)). Es bieten sich daher folgende Möglichkeiten an:
  - Im Anhang bei den übrigen Angaben zu den *discontinued operations*,
  - als Davon-Vermerk in der Kapitalflussrechnung,
  - im Rahmen der Angaben zur Segmentberichterstattung, falls *discontinued operation* und Segment übereinstimmen.

- **Zwischenberichterstattung** (*interim financial reporting*; → § 37 Rz 13: Sofern Unternehmen aufgrund gesetzlicher Bestimmungen oder freiwillig Zwischenberichte nach IFRS erstellen, müssen diese nach IAS 34.12 i.V.m. IAS 1.111 eine verkürzte Kapitalflussrechnung nach den Grundsätzen von IAS 7 enthalten. Es fehlt allerdings an detaillierten Vorgaben hinsichtlich des **Umfangs** der notwendigen Angaben im Zwischenbericht.

Als **Mindest**angaben sind
- die *cash flows* der drei Aktivitätsbereiche (Summenzeilen der ungekürzten Kapitalflussrechnung),
- eine Zusammensetzung und Überleitung des Finanzmittelfonds vom Beginn bis zum Ende der jeweiligen Berichts- bzw. Vergleichsperiode,
- die währungs- und konsolidierungskreisbedingten, liquiditätsunwirksamen Veränderungen des Finanzmittelfonds

anzugeben. Die Mindestangabe der *cash flows* der drei Aktivitätsbereiche ergibt sich verpflichtend aus IAS 34.10.[40] Eine Ausweitung/Erweiterung der Angaben ist geboten, falls eine Verkürzung der Kapitalflussrechnung zu unverständlichen oder gar irreführenden Informationen führt. Das **Mindestgliederungsschema** stellt sich wie folgt dar:

	Berichts-periode 02	Vergleichs-periode 01
cash flows aus der betrieblichen Tätigkeit	....	....
cash flows aus der Investitionstätigkeit	....	....
cash flows aus der Finanzierungstätigkeit	....	....
Summe der *cash flows*	....	....
Wechselkursbedingte Veränderungen des Finanzmittelfonds	....	....
Konsolidierungskreisbedingte Veränderungen des Finanzmittelfonds	....	....
Veränderungen des Finanzmittelfonds gesamt	....	....
Finanzmittelfonds zum Anfang der Periode	....	....
Finanzmittelfonds zum Ende der Periode	....	....

5.4 Ausweitung der Angaben durch die *disclosure initiative*

Im Zug der *disclosure initiative* wurde eine Ausweitung der Angabepflichten für die Kapitalflussrechnung beschlossen. Erforderlich sind – anwendbar für Geschäftsjahre, die nach dem 1.1.2017 beginnen (IAS 7.60) – Angaben zur Veränderung der finanziellen Verbindlichkeiten, differenziert nach zahlungswirksamen und nicht zahlungswirksamen Bewegungen während der (Berichts-)Periode (IAS 7.44A). Offenzulegen sind die folgenden Quellen für eine Veränderung der finanziellen Verbindlichkeiten als Folge von Finanzierungsaktivitäten (IAS 7.44B): 172
- zahlungswirksame Zuführungen und Tilgungen,
- Änderungen des Konsolidierungskreises,
- wechselkursbedingte Anpassungen,
- Effekte aus der *fair-value*-Bewertung sowie
- sonstige Auswirkungen.

---

[40] So auch *Committee of European Securities Regulators* (CESR), decision ref. EECS/1209–10: Half-yearly consolidated cash flow statement, vom 19.6.2009.

In die gesonderte Offenlegung sind auch finanzielle Vermögenswerte, die im Zusammenhang mit den Verbindlichkeiten stehen (etwa aus *hedge*-Beziehungen), einzubeziehen (IAS 7.44C).

173   Eine mögliche Alternative, die allerdings nicht verpflichtend vorgeschrieben ist (IAS 7.BC18), zur Darstellung der geforderten zusätzlichen Angaben stellt eine Überleitungsrechnung dar (IAS 7.44D). In den *Illustrative Examples* findet sich ein Muster, welches als Orientierungshilfe herangezogen werden kann (IAS 7.IE Example C).

Praxis-Beispiel

Die Summe der Schulden aus Finanzierungstätigkeiten (abzüglich verbundener finanzieller Vermögenswerte) von U betrug in der Eröffnungsbilanz 01 32.000 GE. Zum Periodenende (02) beläuft sich die Summe der finanziellen Verbindlichkeiten abzüglich verbundener finanzieller Vermögenswerte auf 29.875 GE. Die Differenz von –2.125 GE entfällt auf

- Zahlungsströme aus Finanzierungstätigkeiten (–2.800 GE),
- Änderungen im beizulegenden Zeitwert (–75 GE) sowie
- Änderungen aufgrund der Erlangung der Beherrschung über Tochterunternehmen (500 GE) und
- Wechselkursänderungen (250 GE).

Tabellarisch ergibt sich folgendes Bild:

	01	Zahlungs-wirksam	Erwerb	Wechsel-kursänderung	Änderungen im beizulegenden Zeitwert	02
Langfristige Schulden	17.000	–2.500	–	–	–	14.500
Kurzfristige Schulden	13.000	250	–	250	–	13.500
Leasingverbindlichkeiten	2.500	–750	500	–	–	2.250
Zur Absicherung von langfristigen Schulden gehaltene Vermögenswerte	–500	200	–	–	–75	–375
Summe der Schulden aus Finanzierungstätigkeit	32.000	–2.800	500	250	–75	29.875

(Zahlungsunwirksam umfasst Erwerb, Wechselkursänderung und Änderungen im beizulegenden Zeitwert.)

5.5 Freiwillige Angaben

Der Standard IAS 7 ermutigt die aufstellenden Unternehmen, **auf freiwilliger** 174
Basis Angaben zu folgenden Punkten zu machen:
- Betrag der nicht ausgenutzten **Kreditlinien** unter Angabe aller Beschränkungen dieser Kreditlinien;
- Aufteilung der *cash flows* in solche zur **Erweiterung der Kapazität** und solche zur **Kapazitätserhaltung**;
- *cash flows* aus den drei Tätigkeitsbereichen, aufgeteilt auf die **Unternehmenssegmente** (Rz 171).

In der Praxis sind die Angaben zu den Kreditlinien sowie zur Kapazitätserhaltung selten zu finden.

6 Gestaltungshinweise

Da die Kapitalflussrechnung weitestgehend losgelöst von Bewertungswahlrech- 175
ten (Rz 3) und subjektiven Einschätzungen ist, bestehen die wesentlichen **Gestaltungsmöglichkeiten** im Bereich der **Gliederung**. Aufgrund des Stetigkeitsgebots müssen die von IAS 7 zur Verfügung gestellten **Wahlrechte** bereits bei der **erstmaligen Aufstellung** der Kapitalflussrechnung ausgeübt werden. Dabei sind folgende wesentliche Aspekte zu beachten:
- **Umfang der Gliederung:** Da nach IFRS keine Mindestgliederung vorgegeben ist, bestehen Gestaltungsfreiheiten (Rz 178). Zur Herstellung einer besseren Vergleichbarkeit mit anderen Unternehmen könnte es ratsam sein, das nach DRS 21 vorgesehene Mindestschema unter Beachtung der bestehenden Abweichungen (Rz 179 ff.) sowie branchenübliche Ausweise von Mitbewerbern zu beachten.
- **Direkte versus indirekte Methode** (Rz 56 ff.): Im Bereich der betrieblichen Tätigkeit besteht ein Wahlrecht, welche der beiden Methoden zur Anwendung kommt. Die direkte Methode dürfte im Regelfall aufwendiger sein; da sie aus diesem Grund in der Praxis selten verwendet wird, bietet sie andererseits die Möglichkeit, sich von der Mehrheit der Mitbewerber als progressiver Rechnungsleger abzuheben.
- **Ort des Ausweises von Pflichtangaben:** Diverse Angaben können entweder in der Kapitalflussrechnung selbst oder an verschiedenen Stellen im Anhang gemacht werden (Rz 168).
- **Zusammensetzung des Finanzmittelfonds:** Bei der Einbeziehung gewisser Wertpapiere sowie von Verbindlichkeiten in den Finanzmittelfonds sind weitere Gestaltungsspielräume gegeben (Rz 17 und Rz 19).
- **Ausweis von Zins- und Dividendenzahlungen:** Hier ist nach IAS 7 ein umfangreiches Wahlrecht gegeben (Rz 109 ff.). Soll ein möglichst hoher *cash flow* aus der betrieblichen Tätigkeit ausgewiesen werden, so empfiehlt es sich, Zins- und Dividendeneinnahmen im Bereich der betrieblichen Tätigkeit und die entsprechenden Ausgaben im Bereich der Finanzierungstätigkeit auszuweisen. Zur Erlangung eines möglichst niedrigen (regelmäßig) negativen *cash flow* aus der Investitionstätigkeit wären Zins- und Dividendeneinnahmen dagegen vorzugsweise diesem Bereich zuzuordnen.

- **Ermittlungstechnik bei Konzernkapitalflussrechnungen**: Konzernkapitalflussrechnungen können zum einen originär auf Basis einer reinen Konzernbuchhaltung, bei der nur Vorgänge mit Konzernfremden abgebildet werden, erstellt werden. Diese Methodik ist allerdings in der Praxis bisher kaum anzutreffen. Ferner ist eine derivative Ableitung der Kapitalflussrechnung auf Basis vorliegender Bilanzen und GuV durch Überleitung des Konzernergebnisses zum *cash flow* möglich. Daneben bietet sich die Möglichkeit, Kapitalflussrechnungen originär auf Ebene jeder Konzerngesellschaft zu erstellen und diese anschließend zu einer Konzernkapitalflussrechnung zu konsolidieren, indem Zahlungsvorgänge zwischen Unternehmen des Konsolidierungskreises eliminiert werden. Diese Methode ist aufwendiger als die derivative Methode, bietet allerdings die Möglichkeit, die für die Konzernunternehmen oder sonstigen Teileinheiten erstellten Kapitalflussrechnungen auch für andere Zwecke, z.B. eine marktwertorientierte Unternehmenssteuerung, zu verwenden.

176   **Sachverhaltsgestaltungen** sind vor allem im Bereich der **unbaren Transaktionen** möglich (Rz 148 ff.). Hervorstechendes Beispiel ist der *lease* (→ § 15a Rz 18 ff.), bei dem – ebenso wie beim Kauf durch Schuldübernahme oder durch Ausgabe neuer Anteile – trotz Anschaffung eines Vermögenswerts keine entsprechende Ausgabe im Bereich der Investitionstätigkeit ausgewiesen wird (Rz 81). Die Leasingraten führen später zu Ausgaben im Bereich der Finanzierungstätigkeit (für den Ausweis des Zinsanteils besteht allerdings ein Wahlrecht; Rz 109 ff.).

177   Bei **Folgeabschlüssen** ist insbesondere bei Verwendung der indirekten Methode eine Erstellung der Kapitalflussrechnung erst dann möglich, wenn Bilanz sowie GuV bereits aufgestellt sind. Gewisse Tätigkeiten, z.B. die Ermittlung von Angaben zu den Veränderungen im Konsolidierungskreis und zu *discontinued operations* sowie die Erläuterungen zu wesentlichen nicht zahlungswirksamen Vorgängen, können allerdings häufig **vorverlagert** werden. Ferner muss zur Vermeidung von Verzögerungen das Berichtswesen die Erfassung einer Vielzahl von Informationen zusammen mit den entsprechenden Bilanz- bzw. GuV-Positionen sicherstellen. Dabei ist es häufig empfehlenswert, die Erfassung von Angaben zu Zinsen, Dividenden, Ertragsteuern und Erlösen aus Anlageverkäufen durch Verwendung von **Formularen zur Entwicklung der entsprechenden Bilanzpositionen** (z.B. Eigenkapitalspiegel, Entwicklung der Finanzschulden, Entwicklung der Ertragsteuerrückstellungen unter Einbeziehung der entsprechenden Forderungskonten) zu unterstützen.

7   ABC der Kapitalflussrechnung

178

Agien	Zahlungen für Agien gehören zu den Zinseinnahmen und Zinsausgaben und sind daher wie diese den drei Bereichen der Ursachenrechnung zuzuordnen (Rz 114).
Angaben im Anhang	IAS 7 sieht eine Reihe von Pflichtangaben vor (Rz 168), die entweder in der Kapitalflussrechnung selbst oder im Anhang erledigt werden können.
Außerordentliche Posten	Der Ausweis von außerordentlichen Posten in der Kapitalflussrechnung ist nicht zulässig (Rz 107).

Betriebliche Tätigkeit	Als *operating cash flows* sind Ein- und Auszahlungen auszuweisen (Rz 46 ff.), • die aus den wesentlichen erlöswirksamen Tätigkeiten stammen (positive Abgrenzung) und • nicht den anderen Bereichen zuzuordnen sind (negative Abgrenzung).
cash flow	Im Rahmen der Kapitalflussrechnung gibt der *cash flow* die Veränderungen der Zahlungsmittel eines Unternehmens getrennt nach den Bereichen • betriebliche Tätigkeit (*operating activities*), • Investitionstätigkeit (*investing activities*) und • Finanzierungstätigkeit (*financing activities*) in der abgelaufenen Periode an (Rz 1 und Rz 10 ff.).
Direkte Methode	Während die *cash flows* aus der Investitions- und Finanzierungstätigkeit zwingend nach der direkten Methode (gesonderte Erfassung der Ein- und Auszahlungen) zu erfassen sind, besteht für *operating cash flows* ein Wahlrecht, welches i.d.R. trotz Empfehlung des IASB nicht zugunsten der direkten Methode ausgeübt wird (Rz 56 ff.).
Disagien	Siehe oben unter Agien.
Discontinued operations	*Cash flows* aus *discontinued operations* sind für jeden der drei Bereiche der Kapitalflussrechnung gesondert anzugeben (Rz 171), in der Kapitalflussrechnung selbst oder im Anhang (→ § 29 Rz 56).
Dividenden	Es besteht eine separate Angabepflicht für alle vereinnahmten und gezahlten Dividenden (Rz 115). Hinsichtlich des Ausweises besteht ein Wahlrecht: • Einnahmen sind entweder der betrieblichen Tätigkeit oder der Investitionstätigkeit (Rz 118) und • Ausgaben der Finanzierungstätigkeit oder der betrieblichen Tätigkeit zuzuordnen (Rz 119).
Eigene Anteile (*treasury shares*)	Auszahlungen für den Erwerb eigener Anteile sind der Finanzierungstätigkeit zuzurechnen (Rz 91).
Ertragsteuern	Ertragsteuerzahlungen sind im Rahmen der Kapitalflussrechnung gesondert anzugeben (Rz 120). Im Regelfall bietet sich eine Zuordnung zum *cash flow* der betrieblichen Tätigkeit an (Rz 122).
Finanzierungstätigkeit	Der *cash flow* aus Finanzierungstätigkeit enthält Ein- und Auszahlungen an Gesellschafter (Eigenkapitalgeber) und Gläubiger (Fremdkapitalgeber) des Unternehmens (Rz 89 ff.).

Finanzmittelfonds	Bestandteile des Finanzmittelfonds sind sowohl Zahlungsmittel (Barmittel und Sichteinlagen) als auch kurzfristige, äußerst liquide Finanzinvestitionen (Zahlungsmitteläquivalente), die jederzeit in Zahlungsmittel umgewandelt werden können und nur geringen Wertschwankungen unterliegen (Rz 15 ff.).
Finanzmittel-nachweis	Darstellung der Veränderungen der Finanzmittelfondspositionen von Periodenanfang bis -ende (Rz 35 ff.).
Gliederungsschema	IAS 7 schreibt kein Gliederungsschema vor, enthält aber Beispielformate, die sich in der Praxis weitestgehend durchgesetzt haben (Rz 39).
Indirekte Methode	Nur die *cash flows* aus der betrieblichen Tätigkeit dürfen indirekt, d. h. abgeleitet aus anderen im Rechnungswesen verfügbaren Rechengrößen, bestimmt werden (Rz 61). Ausgangsgröße ist das Periodenergebnis.
Investitions-tätigkeit	Im *cash flow* der Investitionstätigkeit werden aufgeführt: • Auszahlungen für Ressourcen, die zur Erzielung künftiger Erträge und *cash flows* benötigt werden (Anschaffung von Anlagen) und • Einzahlungen, die aus dem Abgang der Ressourcen entstehen (Veräußerung von Anlagen) (Rz 70 ff.). • Besonderheiten ergeben sich im Rahmen eines *lease*.
Konzern-*cash-flow*	Nach dem Konzept der wirtschaftlichen Einheit ist die Konzernkapitalflussrechnung aufzustellen, als ob die einzeln einbezogenen Unternehmen ein einziges Unternehmen wären (Rz 125 ff.). In der Praxis dominiert für die Erstellung eine (derivative) Ableitung auf Basis der vorliegenden GuVs und Bilanzen durch Überleitung des Konzernergebnisses zum *cash flow* (Rz 126).
Lease (Zugang von Vermögen durch *lease*)	Der Erwerb eines Anlagegegenstands im Wege eines *lease* (→ § 15a Rz 18 ff.) führt nicht (unmittelbar) zu einem Zahlungsmittelabfluss, daher ist keine Ausgabe im Bereich der Investitionstätigkeit auszuweisen (Rz 176).
Nicht zahlungs-wirksame Transaktionen	In der Kapitalflussrechnung sind nur zahlungswirksame Transaktionen zu berücksichtigen (Rz 148). Bei gemischten Transaktionen (teils bar, teils unbar) ist nur der zahlungswirksame Teil zu erfassen. Ggf. sind allerdings Anhangangaben für nicht zahlungswirksame Transaktionen erforderlich (Rz 149 ff.).

Periodenergebnis	Das Periodenergebnis ist Ausgangspunkt der Bestimmung des *cash flow* aus der betrieblichen Tätigkeit, aber in IAS 7 nicht definiert. Daher bieten sich unterschiedliche Auslegungen an (Rz 67 ff.). Vereinzelt wird gefordert von dem Ergebnis nach Steuern auszugehen, mangels Festlegung des IASB scheinen auch andere Referenzgrößen vertretbar.
Saldierung	Die Kapitalflussrechnung ist eine Bruttorechnung, Saldierungen von Ein- und Auszahlungen sind daher verboten. Ausnahmen gelten für • Ein- und Auszahlungen im Namen von Kunden und • Posten mit großer Umschlaghäufigkeit, großen Beträgen und kurzen Laufzeiten (Rz 40 ff.).
Segmentbericht	Eine Segmentkapitalflussrechnung wird nach IFRS 8 nicht gefordert, kann aber freiwillig erstellt werden (Rz 171).
Sonderposten	Im Rahmen des Finanzmittelnachweises sind ggf. Sonderposten für Währungsdifferenzen (Rz 98 ff.) und Änderungen des Konsolidierungskreises (Rz 130 ff.) erforderlich, um eine Überleitungsrechnung des Finanzmittelfonds von Periodenanfang bis -ende zu gewährleisten.
Stetigkeit	Die Zuordnung von Ein- und Auszahlungen in die drei Bereiche der Ursachenrechnung unterliegt dem Stetigkeitsgrundsatz. Eine Durchbrechung ist nur zulässig, wenn der Abschluss danach zuverlässigere und relevantere Informationen widerspiegelt (Rz 112 f.).
Unternehmenszusammenschluss	Im Fall eines Unternehmenszusammenschlusses (*business combination*) ergeben sich besondere Anforderungen an die Kapitalflussrechnung im Zusammenhang mit den Anschaffungskosten und dem übernommenen Finanzmittelfonds (Rz 141).
Ursachenrechnung	Darstellung der Zahlungswirkung von nicht dem Finanzmittelfonds zugeordneten Positionen in der abgelaufenen Periode (Rz 35 ff.).
Währungsdifferenzen	Werden Zahlungsmittel in Fremdwährungen gehalten oder Transaktionen in Fremdwährung geschlossen, ergibt sich ggf. die Notwendigkeit zur Berücksichtigung eines Sonderpostens, um eine Überleitungsrechnung des Finanzmittelfonds von Periodenanfang bis -ende zu gewährleisten (Rz 98 ff.).

Zahlungsmittel-äquivalente	Zugelassen sind solche Finanzmittel, die • hoch liquide, d. h. jederzeit (*readily*) in Geld umtauschbar sind und • nur unwesentlichen (*insignificant*) Wertänderungsrisiken unterliegen (Rz 18 ff.).
Zinszahlungen	Für die Gesamtsumme der erhaltenen wie auch der gezahlten Zinszahlungen besteht eine separate Angabepflicht (Rz 109). Mit Ausnahme von Finanzinstitutionen ist die Erfassung von Zinszahlungen in allen Bereichen der Ursachenrechnung erlaubt (Rz 110).
Zwischenbericht	Bei der Veröffentlichung von IFRS-Zwischenberichten ist eine verkürzte Kapitalflussrechnung zu veröffentlichen (Rz 171).

8   Vergleich mit dem HGB

179   Kapitalflussrechnungen wurden in Deutschland bis **Ende der 1990er Jahre** nahezu ausschließlich auf **freiwilliger Basis** erstellt. Hierbei sollte die gemeinsame Stellungnahme 1/1995 des Instituts der Wirtschaftsprüfer und der Schmalenbach-Gesellschaft Berücksichtigung finden. Erst das KonTraG verpflichtete erstmals amtlich notierte Gesellschaften, für ihre Konzernabschlüsse auch eine Kapitalflussrechnung aufzustellen. Ab dem Jahr 2003 wurde durch das TransPuG die Verpflichtung zur Aufstellung einer Konzernkapitalflussrechnung auf alle börsennotierten Unternehmen ausgedehnt und gleichzeitig die Kapitalflussrechnung zu einem **gleichrangigen Bestandteil des Konzernabschlusses** neben Bilanz, GuV, Eigenkapitalspiegel und Segmentberichterstattung aufgewertet. Aufgrund der Bestimmungen des BilReG müssen auch nicht kapitalmarktorientierte Unternehmen seit dem Jahr 2005 Konzernkapitalflussrechnungen aufstellen.

180   Die Erstellung der Kapitalflussrechnung erfolgt nach handelsrechtlichen Vorschriften auf Grundlage des im April 2014 öffentlich bekannt gemachten Deutscher Rechnungslegungs Standard Nr. 21 (DRS 21) „Kapitalflussrechnung". DRS 21 stellt einen **eigenen deutschen Standard zur Kapitalflussrechnung** dar, der in einzelnen Punkten von den Vorgaben der IFRS abweicht.

181   Folgende wesentliche Unterschiede zwischen IFRS und den deutschen Regelungen bestehen:

- **Aufstellungspflicht:** Im Bereich des HGB ist die Kapitalflussrechnung bislang nur für **Konzernabschlüsse** vorgeschrieben (§ 297 Abs. 1 Satz 1 HGB). Nach IFRS ist eine Kapitalflussrechnung auch für Einzelabschlüsse aufzustellen.
- **Mindestgliederung:** DRS 21 sieht für alle drei Tätigkeitsbereiche sowie für die direkte wie auch für die indirekte Methode im Bereich der betrieblichen Tätigkeit eine **verbindliche Mindestgliederung** vor, die ggf. durch weitere Angaben zu erweitern ist. Im Bereich der IFRS ist dagegen kein obligatorisches Mindestgliederungsschema vorgesehen. Anhaltspunkte ergeben sich lediglich aus den Beispielen im Appendix zu IAS 1 sowie aus dem Katalog an typischen Bestandteilen der einzelnen Tätigkeitsbereiche (IAS 7.14 ff.).

- Ausweis von **Dividendenzahlungen:** Gem. DRS 21 sind gezahlte Dividenden als Auszahlungen im Bereich der **Finanzierungstätigkeit** auszuweisen (DRS 21.48). Dagegen ist nach IAS 7.34 **alternativ** eine Zuordnung zu dem Bereich der **betrieblichen Tätigkeit** zulässig (siehe unsere Kritik unter Rz 119).
- Ausweis von erhaltenen **öffentlichen Zuschüssen:** Nach DRS 21.49 sind Einzahlungen aus erhaltenen Zuschüssen zwingend dem Finanzierungsbereich zuzurechnen. Nach IAS 7 besteht keine vergleichbare Pflicht (Rz 154).
- Auszahlungen für den Erwerb oder die Herstellung von **Deckungsvermögen:** Nach DRS 21.45 sind Auszahlungen für den Erwerb oder die Herstellung von Deckungsvermögen zwingend dem Bereich der Investitionstätigkeit zuzurechnen. Ein Interpretationsspielraum besteht daher, anders als für die nach IAS 7 erstellte Kapitalflussrechnung, nicht (Rz 51 f.)

9 Anwendungszeitpunkt, Rechtsentwicklung

Der Standard ist für alle Berichtsperioden ab dem 1.1.1994 anzuwenden (IAS 7.53). **182**
Eine grundlegende Revision des Standards ist kurzfristig nicht zu erwarten. Aktuell **183** wird auch nicht mehr diskutiert, ob mittel- bzw. eher langfristig die indirekte Methode für den operativen Bereich (Rz 61 ff.) nicht mehr zulässig sein soll. Mit Anwendung von IFRS 3 (rev. 2008) ergaben sich letztmalig Folgeänderungen (*consequential amendments*) von IAS 7 (betreffend IAS 7.39 – IAS 7.42B). Die Veröffentlichung der Meilensteinprojekte IFRS 15, IFRS 16 und IFRS 9 führt hingegen nicht zu einem Anpassungsbedarf.

Im Oktober 2008 hat der Board ein Diskussionspapier „*Preliminary Views on* **184** *Financial Statement Presentation*" veröffentlicht. Aufgrund zahlreicher Kritik aus der Praxis und dringenderer anderer Projekte wurden die Arbeiten aber zurückgestellt. Die im Diskussionspapier noch vorgesehenen Änderungen wurden allerdings in einen am 1.7.2010 veröffentlichten *Staff Draft* (als Vorstufe eines *Exposure Draft*) übertragen. Dieser wird aktuell ebenfalls nicht weiter verfolgt.

Am 29.1.2016 wurde eine die Angabepflichten ergänzende Änderung, die im **185** Zusammenhang mit der Verbesserung der Informationsfunktion des Anhangs (*disclosure initiative*[41]) steht, beschlossen (Rz 172 f.). Die Ergänzungen zielen darauf ab, die Informationen zu verbessern, die Abschlussadressaten in Bezug auf die Finanzierungstätigkeiten und die Liquidität eines Unternehmens zur Verfügung gestellt werden. Inhaltlich geht es um eine Erweiterung von IAS 7 zur Verbesserung der Informationen

- zu den **Finanzierungstätigkeiten** eines Unternehmens unter Vernachlässigung von Eigenkapitalposten;
- über die **Liquidität** eines Unternehmens;

die vorgeschlagenen Änderungen sind verpflichtend für Berichtsperioden, die nach dem 1.1.2017 beginnen.

Im Rahmen der *Short Discussion Series* wurde seitens der EFRAG im Juli 2015 **186** ein Diskussionspapier veröffentlicht,[42] welches an die *disclosure initiative* des

---

41 Hierzu FREIBERG, PiR 2015, S. 227 ff.
42 Vgl. EFRAG, Short Discussion Series – The Statement of Cash Flows: Issues for Financial Institutions, Juli 2015, http://www.efrag.org/News/Project-186/EFRAG-Short-Discussion-Series—The-Statement-of-Cash-Flows-issues-for-Financial-Institutions, abgerufen am 4.1.2017.

IASB betreffend den Aussagegehalt der Kapitalflussrechnung anknüpft. Unterstellt wird eine fehlende Eignung der Kapitalflussrechnung für Finanzinstitute. Vorgeschlagen werden daher branchenspezifisch für Finanzinstitute andere Berichtselemente wie etwa

- Kennzahlen auf Basis der vom Basler Ausschuss für Bankenaufsicht verwendeten Maßgrößen zur Beurteilung der Liquidität,
- zusätzliche Angaben (z. B. Aufschlüsselung hochliquider Vermögenswerte) und
- Anpassungen der Gliederungsvorgaben für Kapitalflussrechnungen nach IAS 7.

Den Verlautbarungen der EFRAG kommt allerdings kein eigener Verbindlichkeitsgrad zu. Eine Beschäftigung des IASB mit den Vorschlägen ist eher unwahrscheinlich. In einem am 31.5.2016 seitens EFRAG veröffentlichten Feedback Statement werden die eingegangenen Anmerkungen zusammengefasst.[43] Das Diskussionspapier hat allerdings nur geringes Interesse geweckt, insgesamt acht Stellungnahmen sind eingegangen, davon vier aus Deutschland.

---

43 Vgl. EFRAG Short Discussion Series – The Statement of Cash Flows: Issues for Financial Institutions – Feedback Statement, Mai 2016, http://www.efrag.org/News/Project-246/Feedback-Statement-on-EFRAG-Discussion-Paper-The-Statement-of-Cash-Flows-Issues-for-Financial-Institutions, abgerufen am 4.1.2017.

§ 4 EREIGNISSE NACH DEM BILANZSTICHTAG
(Events after the Reporting Period)

Schrifttum: HOFFMANN, Die voraussichtlich dauernde Wertminderung bei börsenorientierten Aktien, DB 2008, S. 260; HOMMEL, Schätzungen von Rückstellungen in Fast-Close-Abschlüssen, BB 2004, S. 1671; HOMMEL/BERNDT, Wertaufhellung und funktionales Abschlussstichtagsprinzip, DStR 2000, S. 1745; KÜTING/WEBER/BOECKER, Fast Close – Beschleunigung des Jahresabschlusserstellung: (zu) schnell am Ziel?!, StuB 2003, S. 1; LÜDENBACH, Bilanzierungsfehler bei fast close, PiR 2007, S. 25; LÜDENBACH, Erfolgswirksamkeit und Realisationszeitpunkt empfangener Ausschüttungen?, PiR 2007, S. 233; LÜDENBACH, Im Aufhellungszeitraum ergehendes Urteil im Aktivprozess, PiR 2007, S. 143; MOXTER, Unterschiede im Wertaufhellungsverständnis zwischen den handelsrechtlichen GoB und den IAS/IFRS, BB 2003, S. 2559; OHMEN/SEIDLER, Wertaufhellung und Wertbegründung nach HGB und IFRS – ABC praxisrelevanter Fälle, BB 2015, S. 3051.

Vorbemerkung

Die Kommentierung bezieht sich auf IAS 10 in der aktuellen Fassung und berücksichtigt alle Ergänzungen, Änderungen und Interpretationen, die bis zum 1.1.2017 beschlossen wurden. Zur Rechtsentwicklung wird auf Rz 56 verwiesen.

1   Zielsetzung, Regelungsinhalt, Begriffe

1   Der Jahresabschluss nach IFRS ist auf Grundlage der Verhältnisse aufzustellen, wie sie **am** Bilanzstichtag bestehen. IAS 10 regelt die bilanzielle Erfassung und Berichterstattung (Rz 51 ff.) von Ereignissen **nach** dem Bilanzstichtag. Daneben behandelt IAS 10 die Frage, welche Auswirkungen Ereignisse nach dem Bilanzstichtag auf den Grundsatz der **Unternehmensfortführung** haben. Der Regelungsinhalt von IAS 10 wird nach deutscher Sprachregelung mit dem Stichwort „**Wertaufhellung**" charakterisiert, womit auch der Bilanzansatz angesprochen ist (Rz 35).

2   In ökonomischer Betrachtung entspringt der Regelungsgehalt von IAS 10 dem die Bilanzierung durchdringenden Tatbestand der **Unsicherheit** über die Entwicklung der Zukunft. Die Zukunft wird jedoch unentwegt durch die Gegenwart eingeholt, d.h., das unsichere **Ereignis** tritt ein oder der **Kenntnisstand** über einen bestimmten Zustand wächst im Zeitverlauf.

Andererseits muss die laufende buchmäßige Erfassung der Geschäftsvorfälle eines Unternehmens periodisch **angehalten** werden – monatlich, vierteljährlich, jährlich –, um über das Ergebnis informieren zu können. Dieses „Anhalten" erfolgt zu einem **Stichtag**, bedarf zur Ausfertigung des gewählten Produktes „Jahresabschluss" oder „Zwischenabschluss" allerdings eines bestimmten Zeitrahmens, des **Wertaufhellungszeitraums** (Rz 5 ff.).

3   Die Stichtagsperspektive provoziert zunächst die Frage, ob das Vorliegen des Ereignisses zu diesem Termin (**objektive** Betrachtung) oder der nach überliefertem deutschem Rechtsverständnis Kenntnisstand oder das Kennenmüssen der Bilanzierenden (**subjektive** Betrachtung) den Maßstab für den Bilanzansatz und die -bewertung liefert. Der Wortlaut von IAS 10 bietet keine Klärung. IAS 8.5 enthält aber eine Definition des Bilanzierungsfehlers, die auf den Informationsstand abstellt, der bei Bilanzfreigabe vernünftigerweise verfügbar war, damit also auf das **Kennenmüssen**.

Im Mittelpunkt von IAS 10 steht die Auseinandersetzung mit der Frage, welche 4
zwischen Bilanzstichtag und Bilanzaufstellungen erhaltenen Informationen
- ansatz- bzw. werterhellend Einblick in Gegebenheiten liefern, die bereits am
  Bilanzstichtag vorgelegen haben *(adjusting events)*;
- ansatz- bzw. wertändernd Gegebenheiten anzeigen, die erst nach dem Bilanzstichtag eingetreten und deshalb im Jahresabschluss nicht oder nur im Wege
  einer Anhangangabe zu berücksichtigen sind *(non-adjusting events)*.

2 Aufhellungszeitraum

2.1 Ökonomische Zwangsläufigkeiten, *fast close*

Das Informationsgeschehen generell unterliegt dem **Zeitdruck**. Je früher die Infor- 5
mation über einen Sachverhalt vorliegt, desto wertvoller ist sie und umgekehrt.

Für börsennotierte Unternehmen und ihre Tochtergesellschaften ist die Aufstel- 6
lung des Jahresabschlusses mit Veröffentlichung in den Medien bereits **wenige
Wochen** nach Bilanzstichtag *(fast close)* inzwischen zur Regel geworden. Bei einem
mehrstufigen Konzern müssen demzufolge die ersten Teilabschlüsse von Enkel-
oder Tochterunternehmen bereits **wenige Tage** nach Schluss des Geschäftsjahres
konsolidierungsbereit vorliegen. Zu diesem Zweck wird meistens noch **vor Ende**
des alten Geschäftsjahres ein vorläufiger Abschluss aufgestellt *(hard close)*.[1] Endgültige Entscheidungen über den Wertansatz können allerdings nur **nach** dem
Bilanzstichtag getroffen werden. Dies gilt insbesondere für folgende Bereiche:
- Bewertung von ausstehenden **Forderungen,**
- Bewertung von **Vorräten,**
- Bemessung der **außerplanmäßigen** Abschreibungen von Beteiligungen,
- Bilanzierung von **Rückstellungen**.[2]

Durch den Trend zum *fast close* wird der Aufhellungszeitraum erheblich **verkürzt**. Damit ist freilich die Gefahr der **Verminderung** der **Qualität** und der
Verlässlichkeit der Jahresabschlussdaten verbunden. Diese Gefahr kann einerseits
durch die Optimierung von Prozessen und durch geeignete Organisationsstruk-
turen vermindert werden. Andererseits ist der Bilanzierende durch das *Framework*
ausdrücklich dazu angehalten, den Gesichtspunkt der Zeitnähe *(timeliness)* gebührend zu berücksichtigen (→ § 1 Rz 67). Die **Abwägung** zwischen Verlässlichkeit und Zeitnähe des Jahresabschlusses hat der Bilanzierende nach pflichtgemä-
ßem Ermessen zu treffen. Dies bedeutet auch: Wenn er die Abschlusserstellung
mehr beschleunigt als nach den organisatorischen Informationsverarbeitungs-
kapazitäten vernünftigerweise vertretbar ist und deshalb Informationen nicht
berücksichtigt, die er bei ordentlichem Zeitrahmen für die Abschlusserstellung
hätte berücksichtigen können, liegt ein Fehler i.S.v. IAS 8.5 vor.

Praxis-Beispiel[3] 7

U organisiert sein Rechnungswesen „kostenorientiert", also auf Sparflamme.
Gleichwohl will U DAX-Unternehmen gleichkommen und den Jahres-

---

1 Vgl. KÜTING/WEBER/BOECKER, StuB 2003, S. 1.
2 Vgl. HOMMEL, BB 2004, S. 1671.
3 Nach LÜDENBACH, PiR 2007, S. 25.

abschluss zum 31.12.01 den Gesellschaftern und der Hausbank am 20.1.02 präsentieren.

Eine hohe Forderung aus Warenlieferung vom 30.12.01 wird vom Kunden am 18.1.02 bemängelt; er kündigt eine Kürzung des Rechnungsbetrags bei der Zahlung um 50 % an. Am 25.1.02 wird der Vorgang bei U aufgegriffen und die Berechtigung der Kundenrüge erkannt. Der Jahresüberschuss hätte entsprechend niedriger ausgewiesen werden müssen.

Unproblematisch ist der kurze Zeitraum, also der *fast close* an sich. Das lässt sich aus F.43 ableiten (→ § 1 Rz 60). Kritisch ist die fehlende **Sorgfalt** bzgl. des Umgangs mit Informationen.[4] Der Vorteil der Zeitnähe des Abschlusses darf nicht einseitig zulasten der Qualität gehen. Es liegt ein **subjektiver** Fehler vor, der nicht dem Regelungsbereich des IAS 10, sondern des **IAS 8** unterliegt (→ § 24 Rz 34 ff.).

2.2 Rechtliche Strukturen

8   Aufhellende Informationen gehen im Allgemeinen während des **gesamten** Erstellungszeitraums zu. Damit stellt sich die Frage, bis zu welchem Zeitpunkt aufhellende Informationen zu berücksichtigen sind. Nach IAS 10.7 **endet** der Aufhellungszeitraum mit der Freigabe des Jahresabschlusses zur Veröffentlichung (*when the financial statements are authorized for issue*, IAS 10.3). Dieser Zeitpunkt ist im Anhang offenzulegen (Rz 51). Bis dahin müssen sämtliche Informationen über die Verhältnisse des Bilanzstichtags berücksichtigt werden; danach erlangte Informationen sind nach IAS 10 unbeachtlich (Rz 11).

9   Der Zeitpunkt der **Beendigung** der Abschlusserstellung und damit dessen „Freigabe" *(issue)* hängt von den jeweiligen **rechtlichen** Gegebenheiten des einzelnen Unternehmens ab. Bei einer Aktiengesellschaft ist das der Tag, an dem der Gesamtvorstand den Jahresabschluss (§ 170 Abs. 1 AktG) bzw. den Konzernjahresabschluss (§ 377 Abs. 1 Satz 1 AktG) dem Aufsichtsrat zur Prüfung bzw. Billigung vorlegt (§ 171 Abs. 1 Satz 1 AktG). Das Gleiche gilt bei einer mitbestimmten **GmbH** (§ 25 MitbestG) und bei einer GmbH mit einem fakultativen Aufsichtsrat. Der Aufhellungszeitraum nach IFRS endet hier mit der Vorlage des Abschlusses durch den Vorstand an den **Aufsichtsrat** (IAS 10.6). Im Allgemeinen entspricht damit der Zeitpunkt der Freigabe zur Veröffentlichung dem Tag der Unterzeichnung des Jahresabschlusses durch den Vorstand/ die Geschäftsführung. Werterhellende und wertbegründende Ereignisse danach können nicht mehr berücksichtigt worden sein. Unerheblich für das Ende des Aufhellungszeitraums ist insoweit die Genehmigung des Jahresabschlusses durch den **Aufsichtsrat**.

10 Das Ende des Wertaufhellungszeitraums wird in IAS 10.6 – für das nach deutschem Recht gültige Trennungssystem der Board-Struktur – durch folgendes (leicht verändertes) **Beispiel** für eine Aktiengesellschaft veranschaulicht (für die Abläufe bei **anderen** gesellschaftsrechtlichen Strukturen vgl. Rz 11):

---

[4]   So LÜDENBACH, PiR 2007, S. 26.

Praxis-Beispiel

31.12.00	Bilanzstichtag
28.2.01	Fertigstellung des Entwurfs des Jahresabschlusses durch den Vorstand
16.3.01	Ende der Prüfungshandlungen des Jahresabschlussprüfers
18.3.01	Freigabe des Jahresabschlusses durch den Vorstand zur Weiterleitung an den Aufsichtsrat (Unterzeichnung)
19.3.01	Testat des Abschlussprüfers
1.4.01	Genehmigung durch den Aufsichtsrat

Lösung
Der Aufhellungszeitraum endet hier mit der Unterzeichnung des Jahresabschlusses durch den Gesamtvorstand am 18.3.01.[5] Die Billigung des Abschlusses durch ein anderes Organ der Gesellschaft ist nicht mehr Bestandteil der Abschlusserstellung.

Zu den Besonderheiten für die Bestimmung des Wertaufhellungszeitraums bei der IFRS-**Eröffnungsbilanz** wird auf → § 6 Rz 39 ff. verwiesen.

Die vorstehende Darstellung ist im Wesentlichen an den strukturellen Gegebenheiten einer **deutschen Aktiengesellschaft** ausgerichtet. Je nach Rechtsform können sich Besonderheiten ergeben:

- Bei der **GmbH** ohne pflichtmäßige oder freiwillige Bestellung eines Aufsichtsrats obliegen die Feststellung des Jahresabschlusses und die Billigung des Konzernabschlusses der Gesellschafterversammlung (§ 46 GmbHG). Entsprechend hat die Geschäftsführung diesem Organ die Jahresabschlüsse zuzuleiten.

- Bei **Personenhandelsgesellschaften** obliegt die Erstellung des Jahresabschlusses den geschäftsführenden Gesellschaftern, die Feststellung ist der Gesellschafterversammlung anvertraut. Dies gilt nicht nur für den Einzel-, sondern auch für den Konzernabschluss und den befreienden Einzelabschluss für Zwecke der Handelsregisterpublizität (→ § 7 Rz 8).

Vom vorstehend dargestellten „schulmäßigen" Verlauf wird in der Praxis zum Teil abgewichen. Bei wenig formalisierten gesellschaftsrechtlichen Strukturen werden potenzielle Streitpunkte zwischen Geschäftsführung, Aufsichtsrat und Gesellschafterversammlung im Vorfeld auf der Basis vorläufiger Abschlüsse und Berichte (**„Korrekturexemplare"**) geklärt. Die Geschäftsführung gibt den Abschluss formal (durch Unterschrift) erst nach Rückmeldungen zum Korrekturexemplar frei. Der Aufhellungszeitraum endet u. E. hier erst mit der **formalen Freigabe** (Unterschriftsleistung) und nicht schon mit der Überlassung des Korrekturexemplars. 11

- Dies ergibt sich zunächst aus dem Beispiel in IAS 10.5, wonach **Entwurfsexemplare irrelevant** sind.

---

5 A. A. WAWRZINEK, in: BECK'SCHES IFRS-Handbuch, 5. Aufl., 2016, § 2, Tz 107: Datum des Bestätigungsvermerks; vermittelnd HEUSER/THEILE, IFRS-Handbuch, 5. Aufl., 2012, Tz 821: Der Vorstand kann nur den testierten Abschluss dem Aufsichtsrat weiterleiten. In der Praxis besteht dieses Problem häufig schon deshalb nicht, weil beide Daten identisch sind.

- Systematisch bestätigt wird dies durch IAS 10.17f. Hiernach ist im **Anhang** anzugeben, wann und von welchem Organ der Abschluss freigegeben wurde (Rz 51). Die Abschlussadressaten sollen dadurch die Reichweite des Aufhellungszeitraums, also den verarbeiteten Informationsstand, ersehen. Wenn die Geschäftsführung bzw. der Vorstand den vorläufigen Abschluss am 1.3. an den Aufsichtsrat weiterleitet, ihn aber mit Datum 15.3. **unterschreibt**, steht sie für die Berücksichtigung aller bis zu diesem Zeitpunkt aufgetretenen wesentlichen Aufhellungsereignisse ein. Der Aufhellungszeitraum kann mithin nicht schon vorher, etwa mit dem Zeitpunkt der Übersendung eines Korrekturexemplars, beendet gewesen sein.

12   Im Fall der angelsächsischen **Board-Struktur** mit internen und externen Mitgliedern *(board of directors)* ist der Board insgesamt für die Beschlussfassung über den Abschluss zuständig. Bis dahin läuft die Aufstellungsfrist. Sofern die Genehmigung der Gesellschafter erforderlich ist, endet die Aufstellung mit Weiterleitung an die Gesellschafter (IAS 10.5).

Nach deutscher Rechtslage bedarf es zur rechtlichen Gültigkeit eines Jahresabschlusses bzw. der Billigung eines Konzernabschlusses immer der entsprechenden **Zustimmung** des zuständigen Organs (Aufsichtsrat oder Gesellschafterversammlung). Bis dahin kann der Vorstand/die Geschäftsführung einen Jahres- bzw. Konzernabschluss förmlich noch **ändern**, die bisherige Unterzeichnung unter Inkaufnahme einer Nachtragsprüfung sozusagen widerrufen.[6] Dies muss auch für die **Konzern**abschlüsse nach den IFRS gelten, die förmlich nicht festgestellt, sondern „nur" gebilligt werden. Die Frage ist dann, ob im Fall einer entsprechenden Neuaufstellung des Jahresabschlusses der Wertaufhellungszeitraum bis zur erneuten Unterzeichnung und Weitergabe an den Aufsichtsrat/die Gesellschafterversammlung erweitert wird. Dafür spricht die rechtliche Struktur nach deutschem Recht, dagegen spricht die dem Regelungsgehalt von IAS 10.5 bzw. IAS 10.6 zugrunde liegende Vorstellung, die das *„issue"* eher als einmaligen Vorgang ansieht.

13   Durch Auflagen einer *enforcement*-Instanz (SEC oder DPR) muss möglicherweise ein fehlerhafter Abschluss zwingend geändert werden *(reissuance)*. Dies kann und wird in der Praxis häufig erst Jahre später erfolgen. In diesem Fall dürfen inzwischen eingetretene **neue Erkenntnisse**, z.B. im Rahmen von Schätzungsverfahren, nicht in den geänderten Jahresabschluss einfließen. Es handelt sich um eine Analogie zu IFRS 1.31 (→ § 6 Rz 39) und fällt **nicht** unter den Wertaufhellungsgedanken und damit nicht unter den Anwendungsbereich von IAS 10.

2.3   Praktische Probleme

2.3.1   Erstellungsvorgang

14   Es erscheint nicht praxisgerecht, ansatz- und wertaufhellende Ereignisse **generell** bis zum Tag der Unterzeichnung des Jahresabschlusses zu beachten. Im Allgemeinen wird der Jahresabschluss nicht an einem einzigen Tag aufgestellt; vielmehr erstrecken sich die Jahresabschlussarbeiten in der herkömmlichen Arbeitsweise (vgl. aber Rz 6) über einen Zeitraum von **mehreren Wochen**, in dem die Wertansätze der verschiedenen Jahresabschlussposten sukzessive ermit-

---

[6]   IDW, RS HFA 6, WPg 2001, S. 1085 mit entsprechender Nachtragsprüfung nach § 316 Abs. 3 HGB.

telt werden. Es ist dem Bilanzierenden nicht zuzumuten, unmittelbar vor der Unterzeichnung des Jahresabschlusses sämtliche Jahresabschlussposten noch einmal im Hinblick auf mögliche Änderungen erneut zu überprüfen. Zumutbar ist nur die Berücksichtigung solcher Informationen, die bis zum Zeitpunkt der Bearbeitung des **jeweiligen Jahresabschlusspostens** tatsächlich erlangt wurden.[7] **Bedeutsame Fälle** sind allerdings bis zu dem Tag im Jahresabschluss zu berücksichtigen, an dem die Aufstellung im Ganzen abgeschlossen ist.[8]

2.3.2 Verspätete Erstellung

Die IFRS vermeiden eine exakte zeitliche Begrenzung des Aufhellungszeitraums. Insoweit ist explizit nicht geregelt, ob wertaufhellende Umstände auch dann noch zu berücksichtigen sind, wenn der Jahresabschluss **nicht innerhalb** der einem **ordnungsmäßigen Geschäftsgang** entsprechenden Zeit, sondern **verspätet** aufgestellt worden ist.

15

> **Praxis-Beispiel[9]**
> Die U GmbH erfüllt ihre Konzernrechnungslegungspflicht nach § 315a Abs. 3 HGB seit Jahren durch einen IFRS-Konzernabschluss. Sie müsste den Abschluss für das Geschäftsjahr 01 gem. § 290 Abs. 1 Satz 1 HGB bis zum 31.5.02 aufstellen. Tatsächlich wird durch eine Verkettung unglücklicher Umstände (Erkrankung des Hauptbuchhalters, Streitigkeiten zwischen den Geschäftsführern usw.) erst Ende Oktober ein zunächst vorläufiger Abschluss erstellt. Die Vorläufigkeit ergibt sich aus folgendem für die Vermögens- und Ertragslage bedeutsamem Vorgang:
> Nachdem X, mit dem bisher eine enge vertragliche Zusammenarbeit bestand, im August den Kooperationsvertrag mit U gekündigt hat, ist ebenso überraschend von X eine Klage über 50 Mio. EUR wegen Patentverletzung in den Jahren bis 01 gegen U eingereicht worden. Die Anwälte von U räumen der Klage des X eine überwiegende Erfolgschance ein. Die Geschäftsführung der U ist sich unsicher, ob für dieses, zum 31.5.02 auch bei gewissenhafter Prüfung noch nicht vorhersehbares, jetzt aber evident gewordenes Risiko eine Rückstellung zu bilden ist.

Beurteilungsrelevant könnte zunächst IFRS 1.14 ff. sein. Danach gilt für den **IFRS-Erstanwender:** Werden zwischen dem Zeitpunkt der ursprünglichen, nach nationalem Recht aufgestellten Bilanz und dem Zeitpunkt der Aufstellung der IFRS-Eröffnungsbilanz (auf den gleichen Stichtag) neue Erkenntnisse erlangt, so sind diese i. S. v. IAS 10 als nichtberücksichtigungsfähig zu qualifizieren. Der ursprüngliche Aufstellungszeitraum für den nationalen Abschluss limitiert damit den Werterhellungszeitraum für die auf den gleichen Stichtag zu erstellende IFRS-Eröffnungsbilanz.

Fraglich ist aber, ob die Regelungen von IFRS 1.14 ff. für andere Fälle, insbesondere die **verspätete Aufstellung eines „normalen" IFRS-Abschlusses** analogie-

---

7 Vgl. MOXTER, Bilanzrechtsprechung, 6. Aufl., 2007, S. 283; der BFH ist dieser Vorgabe allerdings nicht gefolgt, BFH, Urteil v. 15.9.2004, I R 5/04, DStR 2005, S. 238.

8 Vgl. ADS, Rechnungslegung und Prüfung der Unternehmen, 6. Aufl., 2001 ff., § 252 HGB, Tz 77.

9 Nach LÜDENBACH, PiR 2014, S. 353.

fähig sind. U. E. ist dies nicht der Fall. Die genannten Regelungen haben vielmehr spezialrechtlichen Charakter. Dies ergibt sich insbesondere auch daraus, dass IFRS 1.13 die Regelungen der IFRS 1.14 ff. explizit als Ausnahmen *(exceptions)* von der sonst gebotenen retrospektiven Anwendung der IFRS deklariert. U. E. endet daher bei „normalen" IFRS-Anwendern der Werterhellungszeitraum erst mit tatsächlicher Freigabe des IFRS-Konzernabschlusses.

Diese Lösung wird durch IDW RS HFA 6. Tz. 9 indirekt bestätigt. Danach ist eine **Änderung festgestellter fehlerfreier Abschlüsse** aus gewichtigen Gründen zulässig. Als ein gewichtiger Grund werden auch „erst nachträglich erlangte wertaufhellende Erkenntnisse" genannt. Tz. 13 hält weiter fest: „Zeitliche Grenzen für eine Änderung bestehen nicht, sofern die vorstehenden sachlichen Voraussetzungen erfüllt sind." Danach wäre eine zeitlich unlimitierte Ausdehnung des Wertaufhellungszeitraums durch Änderung eines bereits freigegebenen fehlerfreien Abschlusses zulässig. I. S. e. Erst-Recht-Arguments muss dann aber für Fälle, in denen bisher (d. h. innerhalb der gesetzlichen Fristen) gar kein Abschluss festgestellt wurde, ebenfalls der längere Aufhellungszeitraum gelten.

2.3.3 Informationen nach Freigabe (Zweifachdatierung)

16   Fraglich im Einzelfall kann sein, ob anlässlich eines **besonderen** Ereignisses nach der Verabschiedung des Abschlusses *(authorized for issue,* Rz 8) Änderungen erfolgen und veröffentlicht werden dürfen.

Praxis-Beispiel

Ein Konzern strebt im Ausland die Börsenzulassung an. In Begleitung des Börsenzulassungsprospekts vom 15.8.02 will der Vorstand den am 15.2.02 verabschiedeten Abschluss zum 31.12.01 in zwei Punkten ändern:

- Anhangangaben zum Vollzug eines Unternehmenserwerbs am 31.3.02 *(non-adjusting event);*
- Erfassung einer Rückstellung für eine erst im Mai 02 anhängig gewordene Patentverletzungsklage eines Konkurrenten *(adjusting event).*

Lösung

Gegen die Veröffentlichung eines geänderten Abschlusses zum 31.12.01 spricht die Zweckrichtung des IAS 10.18 (Rz 11). Der Adressat des Abschlusses soll nicht zur Weiterverfolgung anderer Abschlüsse auf den gleichen Stichtag gezwungen werden. Plastisch formuliert: Mit dem Bilanzieren als stichtagsbezogenen Vorgang soll es einmal ein Ende haben. Die gewünschten Zusatzinformationen können dann nur als Ergänzung des Jahresabschlusses im Börsenzulassungsprospekt erfolgen.

Allerdings **verbietet** IAS 10 förmlich **nicht** die Veröffentlichung eines geänderten Abschlusses. Dabei muss auf jeden Fall der Änderungsgehalt gegenüber dem „offiziell" verabschiedeten („*authorized*") Abschluss dargelegt werden. Beide Varianten unterscheiden sich bzgl. des Unternehmenserwerbs formal, aber kaum **inhaltlich,** da die Adressaten übereinstimmend informiert werden. Die Angabepflicht nach IAS 3.59(b) stellt ein *non-adjusting event* dar, der keine Auswirkung auf Bilanz und Ergebnisrechnung hat. Erst im nächsten Jahresabschluss ist die Erstkonsolidierung abzubilden.

Anders verhält es sich bzgl. der nach Erkenntnisstand vom 15.2.02 nicht gebildeten Rückstellung. Diese könnte allenfalls dann Berücksichtigung finden, wenn der ursprüngliche Abschluss förmlich aufgehoben (geändert) und an seine Stelle ein anderer mit neuem Verabschiedungsdatum treten würde. Nach IDW RS HFA 6, Tz. 41 soll es zwar zulässig sein, einen fehlerfreien IFRS-Abschluss durch einen geänderten IFRS-Abschluss zu ersetzen, rechtspraktische Gründe sprechen aber i.d.R. gegen ein solches Vorgehen. Überdies spricht das IDW explizit nur Fälle an, in denen eine Bilanzierungsmethode geändert werden soll. Ob durch förmliche Aufhebung des ursprünglichen Abschlusses auch eine Ausdehnung des Aufhellungszeitraums möglich ist, bleibt in IDW RS HFA 6 offen. U. E. liegt IAS 10 die Annahme eines einzigen Aufstellungszeitpunkts zugrunde. Auch der förmliche Ersatz des ursprünglichen richtigen Abschlusses durch einen neuen verlängert daher den Aufhellungszeitraum u.E. nicht; dies entspricht im Übrigen dem Vorgehen nach IFRS 1 (→ §6 Rz 39). Nach anderer Auffassung ist eine Verlängerung hingegen gegeben.[10]

Als möglicher Ausweg bleibt dann nur noch eine Ergänzung des Anhangs um neue Informationen. In der Folge müsste der Jahresabschluss (im Anhang) aber neben dem ursprünglichen Datum ein weiteres Datum (im Beispiel August 02) haben. Damit wäre der Abschluss **doppelt** datiert *(dual dating)*. Diese Lösung stünde u.E. jedoch nicht im Einklang mit der Datierungsvorgabe in IAS 10.17 (Rz 50) und deren Sinngehalt gem. IAS 10.18. Das IFRS IC hat im Mai 2013 in einer Non-Agenda-Entscheidung keine definitive Aussage gemacht, sondern (nur) auf die Inhalte des IAS 10 verwiesen und damit u.U. implizit die Doppeldatierung abgelehnt. U. E. kommt als Informationsmedium für eine z.B. nach Börsenrecht erforderliche Angabe, die nicht im IFRS-Abschluss enthalten ist, nur eine geeignete andere, außerhalb des Abschlusses liegende Stelle des Börsenprospekts in Betracht.

3 Abgrenzung wertaufhellender und wertbeeinflussender Ereignisse

3.1 Systematik

Die Erfassung der objektiven Verhältnisse des Bilanzstichtags erfordert eine Differenzierung zwischen Ereignissen – einerlei ob wirtschaftlich vor- oder nachteilig –, die 17

- weitere substanzielle Hinweise zu **Gegebenheiten** (*conditions*, Rz 18) liefern, die bereits am Bilanzstichtag vorgelegen haben (IAS 10.3(a) und IAS 10.8, *adjusting events*, wertaufhellende Ereignisse) – mögliche Folge: Berücksichtigung im Zahlenwerk;
- **Gegebenheiten** anzeigen, die nach dem Bilanzstichtag eingetreten sind (IAS 10.3(b) und IAS 10.10, *non-adjusting events*, wertbeeinflussende Ereignisse) – mögliche Folge: **Anhang**angabe (Rz 51ff.).

---

10 ERNST & YOUNG, International GAAP 2015, Ch. 35 sCh 2.1.1.

Die genannten „Ereignisse" *(events)* müssen **im** Wertaufhellungszeitraum (Rz 8) eingetreten sein. Nach dessen Ende kann es nur noch Berichtigungen von Abschlüssen zur **Fehlerkorrektur** nach IAS 8 geben (→ § 24 Rz 34 ff.). „Ereignisse" können auch **Informationen** (Erkenntnisse) sein, die das Management, gleich aus welchen Quellen, erfährt. Der üblicherweise verwendete Begriff „**Wert**aufhellung" umfasst auch den Bilanz**ansatz** (Rz 35).

18   Die in Rz 17 aufgezählten Unterscheidungskriterien enthalten 3 **undefinierte** Begriffe:
- „*conditions*" (Gegebenheiten, Zustände, Verhältnisse, Ereignisse),
- „*provide evidence*" (Klarheit verschaffen),
- „*are indicative*" (anzeigen).

Die beiden letztgenannten Begriffe kann man als Umschreibung für den **Wertaufhellungsvorgang** bezeichnen und sind inhaltlich unproblematisch. Anders kann es sich bei den *conditions* verhalten. Neben eindeutigen Sachverhalten – Abbrennen der Fabrik (Rz 20) – gibt es „Zustände", die sich im Zeitverlauf entwickeln – Preisverfall, Rohstoffknappheit (Rz 28). Bei den letztgenannten „Verhältnissen" sind oft eindeutige Lösungen nicht zu finden (Rz 38). Der Grund liegt letztlich in den physikalischen Gesetzmäßigkeiten des Phänomens „Zeit", das sich mit dem künstlichen Gebilde „Stichtag" logisch-systematisch nicht verträgt (Rz 2).

19   Hier mag letztlich auch der Grund für die mangelnde Konsistenz der BFH-Rechtsprechung zu diesem Bilanzierungsbereich[11] und für den Verzicht des IASB zu einer vertiefenden Systematik liegen. Stattdessen besinnt sich der Standardsetter auf die **Kasuistik** durch Aufzählung von Beispielen für *adjusting events* in IAS 10.9. Dem folgt die nachstehende Kommentierung unter Erweiterung um weitere Beispielsfälle.

3.2 Kasuistik (Beispiele)

3.2.1 Lehrbuchfälle (Brand und Lotteriegewinn)

20   Der folgende Sachverhalt stellt einen Standardfall mit Lehrbuchcharakter dar.

> **Praxis-Beispiel**
> Im Holzlager einer Niederlassung hat sich am 30.12.00 ein Brand ereignet. Der Bilanzierende erfährt davon erst am 10.1.01.
> Die nach dem Bilanzstichtag erlangte Information ist durch Abschreibungen auf die beschädigten Holzbestände zum 31.12.00 zu berücksichtigen, da es sich um substanzielle Hinweise zu Gegebenheiten handelt, die bereits am Bilanzstichtag objektiv vorgelegen haben und am Bilanzstichtag bei angemessener Sorgfalt erkennbar waren. Ergebnis: *adjusting*.

Für das gegenteilige Ergebnis steht ein anderer Standardfall, betreffend eine Forderung.

> **Praxis-Beispiel**
> Auf eine Forderung wurde zum Bilanzstichtag eine Wertberichtigung vorgenommen, weil der Schuldner am 30.12.00 einen Insolvenzantrag gestellt hat.

---

[11] HOFFMANN/LÜDENBACH, NWB Kommentar Bilanzierung, 8. Aufl., 2017, § 252 HGB, Tz 76 ff.

> Nach dem Bilanzstichtag wird der Schuldner durch eine Erbschaft oder einen Lotteriegewinn jedoch wieder zahlungsfähig.
> Die Notwendigkeit einer Wertberichtigung auf die Forderung zum 31.12.00 bleibt hiervon unberührt; denn Ereignisse wie z. B. eine Erbschaft oder ein Lotteriegewinn nach dem Bilanzstichtag enthalten nichts, was einen Rückschluss auf den objektiven Wert der Forderung zum Bilanzstichtag des abzuschließenden Geschäftsjahres ermöglichen könnte.

Die Sachverhaltsgestaltung und die Lösung gleichen eher einer Denksportaufgabe als einem Beitrag zur Abbildung der Wirklichkeit des Wirtschaftslebens; denn dort gewinnt ein insolventer Schuldner nie fristgerecht im Lotto oder erbt vom Onkel aus Amerika. Interessanter, weil wirklichkeitsnäher, sind eher zweifelhafte Sachverhalte, deren Zuordnung zu *„adjusting"* und *„non-adjusting"* eine differenzierte, dem Sachverhalt angepasste Beurteilung verlangt.

3.2.2 Praktische Fälle

3.2.2.1 Schadensfälle nach dem Bilanzstichtag

In Fällen von **Produktionsschäden** ist die Feststellung häufig schwierig, ob die Verursachung vor oder nach dem Bilanzstichtag erfolgt ist.   21

> **Praxis-Beispiel**
> Eine Ende Dezember in Betrieb genommene Fertigungsanlage fällt im Wertaufhellungszeitraum als Totalschaden aus. Die Nachuntersuchung zeigt Konstruktionsfehler, gibt aber auch Bedienungsfehlern eine gewisse Mitschuld.
>
> **Lösung**
> Aus theoretischer Sicht könnte man versucht sein, zwischen dem Einfluss des Gebrauchs nach dem Bilanzstichtag (wertbeeinflussend) und dem Einfluss der Konstruktionsfehler (werterhellend) zu trennen. Praktisch wird eine solche Aufteilung kaum gelingen.
> Sowohl nach IFRS als auch nach HGB/EStG ist die Zerstörung deshalb nach der für vorrangig erachteten Ursache zu klassifizieren, d.h. entweder insgesamt als wertaufhellendes Ereignis oder insgesamt als wertbeeinflussendes. Eine andere Lösung kann man sich schon aus Vereinfachungsgesichtspunkten nicht vorstellen.

Ein weiteres Beispiel zu einem ähnlichen Sachverhalt ist in → § 21 Rz 127 dargestellt.

3.2.2.2 Forderungsausfälle nach dem Bilanzstichtag

Auch bei Forderungsausfällen kann es ungewiss sein, ob der **Insolvenzantrag** eines   22
Kunden nach dem Bilanzstichtag durch wertbeeinflussende Ereignisse hervorgerufen wurde oder ob der Insolvenzantrag lediglich eine wertaufhellende Tatsache ist, weil der Kunde schon am Bilanzstichtag unerkannt zahlungsunfähig war. Mit Recht betonen die IFRS in diesen Fällen den **Vereinfachung**sgrundsatz: Eine nach dem Bilanzstichtag eingetretene Insolvenz des Schuldners belegt den Wert-

verlust der Forderung und damit das Abschreibungserfordernis (IAS 10.9(b)). Diese Sichtweise entspricht auch derjenigen des HGB.

3.2.2.3 Gerichtsurteil oder Vergleich nach dem Bilanzstichtag

23   Nach IAS 10 bestehen keine Bedenken, die nach dem Bilanzstichtag eingetretenen Ereignisse als **Beweisanzeichen** für die Beurteilung der am Bilanzstichtag gegebenen Wertverhältnisse heranzuziehen. Insoweit kann z.B. die **Wahrscheinlichkeitsbeurteilung** bei der Rückstellungshöhe (→ § 21 Rz 129) durch den Hinweis auf nach dem Bilanzstichtag eintretende Ereignisse unterstützt werden (IAS 10.8). Ggf. sind Rückstellungen mit dem erst nachträglich festgestellten wirklichen Wert anzusetzen, wenn durch die Ereignisse nach dem Bilanzstichtag die Verpflichtung der Höhe nach genau ermittelt wird. Nach wohl herrschender Schrifttumsmeinung[12] gilt dies auch für erst nach dem Bilanzstichtag ergehende rechtskräftige Urteile im Rahmen von **Passivprozessen**. Hinter dieser Sicht verbirgt sich der rechtstheoretische Gehalt eines Gerichtsurteils, das in Fällen der Feststellungs- oder Leistungsklage (zur Gestaltungsklage Rz 26) nur **bestätigt**, was rechtens ist, nicht aber selbst Recht **schafft**, und damit ein wertaufhellendes Ereignis darstellt (vgl. aber Rz 25).

Praxis-Beispiel

Die K-AG produziert und vertreibt seit Juni 02 einen neu entwickelten Kühlschrank, der im Wesentlichen auf der patentrechtlich geschützten Technologie eines Konkurrenten basiert. Im Jahresabschluss zum 31.12.02 hat die K-AG zunächst entsprechend IAS 37.39 eine Rückstellung i.H.v. 600 TEUR gebildet. Am 10.1.03 erhebt der Patentinhaber eine Patentverletzungsklage gegen die K-AG. Am 1.3.03, aber noch vor Aufstellung des Jahresabschlusses, wird die K-AG zur Zahlung von Patentverletzungsansprüchen i.H.v. 900 TEUR rechtskräftig verurteilt.

Die gebildete Rückstellung ist nach dieser Standardauslegung in der Bilanz zum 31.12.02 auf 900 TEUR zu erhöhen, weil durch die rechtskräftige Verurteilung eine bereits am Bilanzstichtag bestehende Verpflichtung in entsprechender Höhe bestätigt wird, weshalb sich die ursprünglichen Schätzungen der K-AG als unzutreffend herausgestellt haben.

Das vorstehende Beispiel betrifft die Bilanzierung der **Höhe** nach. In gleicher Weise ist für den Bilanz**ansatz** zu verfahren, wenn also durch Gerichtsurteil die Verpflichtung nur dem Grunde nach festgestellt wird.

24   Die sich anschließende Frage betrifft den spiegelbildlichen **Aktivprozess**: Ist ein vergleichbares rechtskräftiges Urteil, das im Aufhellungszeitraum ergeht, ebenfalls als ansatzbegründend zu werten?[13]

Gegen eine Gleichbehandlung könnten folgende Argumente sprechen:
- in **kasuistischer** Sicht die Beschränkung des Beispielkatalogs in IAS 10.9 auf den Passivprozess;
- in **systematischer** Sicht die unterschiedliche Behandlung von Schulden und Vermögenswerten in IAS 37: Vermögenswerte sind nur anzusetzen, wenn sie

---

12   Z.B. KPMG, Insights into IFRS 2015/2016, 2.9.20.20f.
13   Vgl. hierzu LÜDENBACH, PiR 2007, S. 144.

so gut wie sicher sind (*virtually certain*, → § 21 Rz 119); umgekehrt sind Schulden bereits bei Erfüllung des „*more likely than not*"-Kriteriums (→ § 21 Rz 29) anzusetzen.

Für die Gleichbehandlung von Aktiv- und Passivprozess spricht:

- Das Beispiel des Passivprozesses in IAS 10.9(a) legt die Rechtswirkung eines Gerichtsurteils aus: Dieses begründet kein Recht, sondern **bestätigt** einen (hier unterstellt) am Bilanzstichtag bestehenden Rechtsanspruch. Zwischen Aktiv- und Passivprozess kann hier nicht unterschieden werden.
- IAS 37 erlaubt **keinen Analogieschluss**, da die Regelungszusammenhänge mit IAS 10 nicht berücksichtigt werden. Wenn im Wertaufhellungszeitraum die am Bilanzstichtag bestehende Forderung durch rechtskräftiges Urteil nicht nur *virtually certain*, sondern überhaupt *certain* geworden ist, dann besteht kein Ansatzhemmnis mehr.

Der am Bilanzstichtag eine *condition* (Rz 18) darstellende Rechtszustand wird durch das *event*-„Urteil" (Rz 17) als vorhanden bestätigt. Deshalb kann das Urteil nur bessere Erkenntnisse liefern, nicht dagegen die bestehenden Verhältnisse ändern. Oder umgekehrt: Sollte durch ein Gerichtsurteil eine Änderung der Verhältnisse eintreten, müsste dies auch für das Urteil im Passivprozess gelten. Diese Sicht wird durch die Vorgabe in IAS 10.3 bestätigt, der zufolge wirtschaftlich vorteilhafte und nachteilige Ereignisse in gleicher Hinsicht zu berücksichtigen sind (Rz 17).[14]

Voraussetzung ist allerdings die **Rechtskraft** eines Urteils. Ist ein solches bis zum Ende des Wertaufhellungszeitraums noch nicht gegeben, bleibt es bei der Unsicherheit und dann gilt

- im Passivprozess das Kriterium des more likely than not,
- im Aktivprozess das Kriterium des *virtually certain*.

Da der Ausgang von Rechtsprozessen **vor** dem Urteil **nie** so gut wie sicher ist, kommt eine Aktivierung der Forderung nicht in Betracht.

Die **BFH**-Rechtsprechung lässt eine Aktivierung am Bilanzstichtag aufgrund eines die Forderung bestätigenden Urteils im Wertaufhellungszeitraum nicht zu. Das Urteil ist also aus Sicht des BFH ansatzbegründend.[15] Das Gleiche wie für das rechtskräftige Urteil gilt für den gerichtlichen oder außergerichtlichen **Vergleich**, eine **Klagerücknahme** oder ein **Schuldanerkenntnis** innerhalb oder außerhalb eines Gerichtsverfahrens.

Das Schrifttum wertet das rechtskräftige Gerichtsurteil im Wertaufhellungszeitraum als werterhellend („*adjusting*", Rz 23).[16] Es stützt sich auf das Beispiel in IAS 10.9(a), in dem allerdings von „*settlement … of a court case*" die Rede ist. „*Settlement*" meint aber nicht Urteil, sondern **Vergleich**.[17] Daran schließt sich die Frage an, ob tatsächlich der Vergleich ein werterhellendes (häufig ansatzerhellendes) Ereignis, eine *condition* (Rz 18), darstellt. Dem Vergleich haftet ein subjektives Element an, während das Urteil eher objektiven, das geltende Recht darstellenden Charakter aufweist. Das Argument der Bestätigung bestehenden Rechts durch ein Urteil (Rz 23) kann beim Vergleich nicht gelten. Vielmehr haben die Vergleichsparteien gerade nicht über bestehendes Recht verfügt,

25

---

14 So auch LÜDENBACH, PiR 2007, S. 145.
15 Vgl. BFH, Urteil v. 26.4.1989, I R 147/84, BStBl II 1991 S. 213.
16 PwC, Manual of Accounting 2015, Tz. 22.21.
17 Die amtliche deutsche Übersetzung spricht von „Beilegung".

sondern i.d.R. eine neue Vereinbarung über die streitige Rechtsfrage getroffen, die u.E. in prinzipienorientierter Interpretation als ansatz- oder wertbegründend zu werten wäre. IAS 10.9(a) schreibt aber in davon abweichender Kasuistik die Behandlung des Vergleichs als wert- bzw. ansatzerhellend vor. Hieraus folgt weiter: Wenn der IASB den Vergleich kasuistisch als erhellend wertet, dann muss dies erst recht für ein Urteil gelten.

26 Vorstehende Interpretation hat u.E. Relevanz auch für die Beurteilung von **Gestaltungsklagen**, etwa auf Ausschließung eines Gesellschafters (§ 140 HGB), Auflösung einer Gesellschaft (§ 133 HGB) oder auf Anfechtung eines Gesellschafterbeschlusses (§ 246 AktG). Mit einer Gestaltungsklage wird eine Rechtsänderung begehrt, für die das Gesetz ein Urteil verlangt. In prinzipienorientierter Sicht wäre das Gestaltungsurteil dann wertbegründend, weil rechtsändernd. In Analogie zur kasuistischen Lösung von IAS 10.9(a) könnte aber auch eine Interpretation als werterhellend infrage kommen.

3.2.2.4 Eingänge auf und Wertsteigerungen von Forderungen nach dem Bilanzstichtag

27 Bei der Forderungsbewertung müssen nach IAS 10.2 auch Ereignisse berücksichtigt werden, welche die Zahlungsfähigkeit des Schuldners am Bilanzstichtag belegen. Nach dem Bilanzstichtag, aber noch vor der Aufstellung des Jahresabschlusses eingegangene **Zahlungen von Schuldnern** können solche wertaufhellenden Ereignisse darstellen. Sofern die Zahlungsfähigkeit nicht ausnahmsweise durch ein nach dem Bilanzstichtag eingetretenes Ereignis wiederhergestellt wurde (Rz 20), lassen sich aus dem Forderungseingang nach Bilanzstichtag **Rückschlüsse** auf das Nichtbestehen eines Risikos am Bilanzstichtag ziehen. Eine Wertberichtigung (Abschreibung) auf diese Forderung kann dann in der Bilanz zum abgeschlossenen Geschäftsjahr nicht vorgenommen werden.

Umgekehrt stellt ein **nicht** zu berücksichtigendes Ereignis *(non-adjusting event)* die Wiederherstellung der Zahlungsfähigkeit des Schuldners durch Kapitalmaßnahmen **nach** dem Bilanzstichtag dar, ebenso die Beseitigung des Ausfallrisikos durch einen Bürgen:

> **Praxis-Beispiel**
> U hat am Bilanzstichtag Forderungen gegen die Bank X. Deren Überleben ist zweifelhaft. Nach dem Bilanzstichtag stellt sich die Bank unter den „Risikoschirm" des Staats. Der Staat führt frisches Kapital zu und übernimmt Garantien für die Verbindlichkeiten der X.
> Die Lösung entspricht derjenigen im Beispiel unter Rz 36. Bei der Bewertung zum Bilanzstichtag darf dieser Vorgang nicht berücksichtigt werden.

3.2.2.5 Preisentwicklung nach dem Bilanzstichtag

28 Die tatsächliche Entwicklung in der Zeit zwischen Bilanzstichtag und dem Tag der Aufstellung des Jahresabschlusses kann auch ein Beweis für eine bereits am Bilanzstichtag gegebene **Wertminderung** von bilanzierten Vermögenswerten sein (IAS 10.9(b)(ii)).

Praxis-Beispiel

A hat im Juni 01 modische Ski-Pullover für die Saison 01/02 zu Anschaffungs-kosten i. H. v. 100 EUR/Stück erworben. Bis zum 31.12.01 konnte nur 1 % der Pullover zum vorgesehenen Preis i. H. v. 150 EUR/Stück verkauft werden. Im Winterschlussverkauf nach dem Bilanzstichtag, aber noch vor dem Tag der Aufstellung des Jahresabschlusses, wurden die restlichen Pullover zum Preis von 20 EUR/Stück veräußert.

Lösung

In der Bilanz zum 31.12.01 sind die auf Lager befindlichen Pullover entsprechend IAS 2.28 (→ § 17 Rz 53) mindestens auf den Nettoveräußerungserlös i. H. v. 20 EUR/Stück abzuschreiben. Die tatsächlich erzielten Preise nach dem Bilanzstichtag dienen insofern als Nachweis für den Nettoveräußerungs-wert am Bilanzstichtag, da sich die Absatzschwierigkeiten nicht erst durch einen nach dem Bilanzstichtag eingetretenen Modewandel ergeben haben. Vielmehr waren die Pullover bereits am Bilanzstichtag nicht werthaltig.

Das vorstehende Beispiel mit den Pullovern befasst sich mit **inhomogenen** 29 Gütern. Einen vergleichbaren Fall liefert der Verkauf von Eigentumswohnungen im Anwendungsbereich von IAS 2.

Praxis-Beispiel[18]

Bauträger B hat im Bestand fertige und unfertige Eigentumswohnungen. Nach den am Bilanzstichtag 31.12.01 gültigen Verkaufsprospekten gibt es praktisch keine Nachfrage mehr. Eine Neuauflage der Prospekte im Wertaufhellungs-zeitraum mit einer Preissenkung von 10 % belebt spürbar die Nachfrage.

Lösung

Auch hier deutet das Kundenverhalten im Erhellungszeitraum auf die über-höhten Preise am Bilanzstichtag hin. Eine Abschreibung auf die jetzigen Angebotspreise (→ § 17 Rz 53) ist geboten.

Anders verhält es sich bei Preissenkungen für Rohstoffe und Erzeugnisse mit 30 regelmäßigen Preisnotizen.

Praxis-Beispiel

Stahlbieger S hat am Bilanzstichtag einen Bestand an Rohstahl mit einem Einkaufswert von 100 Mio. EUR. Geplant war ein Weiterverkauf zu 105 Mio. EUR. Dies entspricht auch der Preisnotiz der Agenturen am Stich-tag. Tatsächlich wird der Bestand danach im Wertaufhellungszeitraum wegen eines Preisrückgangs nur für 95 Mio. EUR veräußert.

Lösung

Bei einem homogenen Gut wie Baustahl gibt die Preisentwicklung nach dem Stichtag für die Bewertung nichts her. Unerheblich ist auch der Grund für die

---

18 Das Beispiel und die folgenden Ausführungen unter Rz 27 und Rz 28 beruhen auf dem Beitrag von
    LÜDENBACH, PiR 2010, S. 268.

> Preisänderung: Einschätzung der Marktteilnehmer oder fundamental geänderte
> Bedingungen. Der Stichtagswert stellt die beste Objektivierungsgrundlage dar
> (IAS 10.11). Eine Abschreibung nach IAS 2.28 (→ § 17 Rz 53) ist unzulässig.

31   Der Widerspruch in den Lösungen zwischen Rz 29 und Rz 30 besteht nur
      scheinbar:

- Bei inhomogenen Gütern ohne Preisnotiz können im Wertaufhellungszeitraum festgestellte Preisanpassungen die Wertverhältnisse am Stichtag erhel-
  len. Im Beispiel ist dies durch die Nachfrageentwicklung vor und nach dem
  Stichtag belegt.
- Bei homogenen Gütern mit Preisnotizen oder gar Börsenpreisen stellt der
  objektiv festgestellte Preis am Stichtag die beste Bewertungsgrundlage dar.
  Vgl. hierzu weiter unter Rz 32.

3.2.2.6   Zufallskurse am Bilanzstichtag

32   Die Bestimmung eines niedrigeren Stichtagswerts scheint unproblematisch,
      wenn ein **Börsenkurs oder Marktpreis** zum Stichtag existiert. Der Börsen- oder
      Marktpreis ist „ein objektiver Wert, der nicht auf der persönlichen Auffassung
      des einzelnen Kaufmanns über die künftige wirtschaftliche Entwicklung, son-
      dern auf der allgemeinen Auffassung beruht, wie sie in der Marktlage am Bilanz-
      stichtag zum Ausdruck kommt".[19] Hat ein Vermögenswert einen Börsen- oder
      Marktpreis, schlagen sich in ihm regelmäßig alle am Bilanzstichtag vorliegenden
      den Kurs oder den Preis beeinflussenden Umstände über die künftige Entwick-
      lung nieder. Das Sinken von Marktwerten nach dem Bilanzstichtag spiegelt
      Umstände wider, die nach dem Bilanzstichtag eingetreten sind und infolgedessen
      nicht auf den Bilanzstichtag zurückbezogen werden dürfen (IAS 10.11). Ähnlich
      stellt sich die Argumentation in IAS 39.61 dar (→ § 28 Rz 460 ff.).

33   Im Einzelfall, insbesondere bei auf sehr geringem Niveau gerade noch aktiven
      Märkten, kann jedoch der Stichtagskurs **Zufallscharakter** haben. Zu fragen ist
      dann, ob **ausnahmsweise** die Kurs- bzw. Preisentwicklung nach dem Bilanzstich-
      tag für die Bewertung zum Stichtag heranzuziehen ist. IAS 10.22(g) verneint dies.
      Außergewöhnlich große Preisschwankungen für Vermögenswerte *(assets)* und
      Wechselkurse nach dem Bilanzstichtag sind lediglich als „non-adjusting events"
      im Anhang zu berichten (Rz 14). Von Börsen- oder Marktpreisen ist nicht die Rede.
      Nach Ansicht des BFH ist der am Bilanzstichtag geltende **Börsen- oder Markt-
      preis dann nicht maßgebend**, wenn die kurs- bzw. preisbestimmenden Um-
      stände „zwar am Stichtag offenbar schon vorlagen, aber noch nicht allgemein
      erkennbar waren und deshalb im Stichtagspreis noch keinen Ausdruck finden
      konnten". Aus diesem Grunde könne die Preisentwicklung kurz vor, insbeson-
      dere aber kurz nach dem Bilanzstichtag dann „nicht außer Betracht bleiben …,
      wenn sie offenbar nicht erst durch nach dem Bilanzstichtag eingetretene Tatsa-
      chen ausgelöst worden ist". Da es freilich schwierig zu erkennen sei, „auf welchen
      an einem bestimmten Stichtag vorliegenden Tatsachen ein Marktpreis beruht",
      sei es zulässig „bei Waren, deren Preise stark schwanken, insbesondere bei

---

[19]   BFH, Urteil v. 17.7.1956, I 292/55 U, BStBl II 1956 S. 379; bestätigt durch BFH, Urteil v. 26.9.2007,
       I R 58/06, BStBl II 2009 S. 294.

Importwaren ... die Preisentwicklung an den internationalen Märkten etwa vier bis sechs Wochen vor und nach dem Bilanzstichtag" zu berücksichtigen.[20] Entsprechende Regelungen finden sich für die IFRS z. B. für die Bewertung von anlässlich eines Unternehmenskaufs ausgegebenen Anteilen gem. IFRS 3.33 (→ § 31 Rz 45).

3.2.2.7 Gewinnbeteiligungen

Vergütungen an Mitarbeiter, die vom Ergebnis des abgelaufenen Geschäftsjahres abhängen – Tantiemen, Boni u. Ä. – sind nach IAS 10.9(d) noch in alter Rechnung zu berücksichtigen (IAS 19.17; → § 22 Rz 7).   **34**

3.2.2.8 Strafbare Handlungen

Der Aufhellungsgrundsatz des IAS 10 beschränkt sich wie im HGB nicht auf die **Bewertung** von Vermögenswerten und Schulden; er gilt vielmehr auch für die Frage des **Bestehens** von Vermögenswerten und Schulden. Analog zur Differenzierung zwischen wertaufhellenden und wertbeeinflussenden Ereignissen ist zwischen **bestandsaufhellenden** und **bestandsbeeinflussenden** Umständen zu unterscheiden. Demnach sind solche bis zur Aufstellung des Jahresabschlusses bekannt gewordenen Ereignisse zu berücksichtigen, aus denen Schlüsse über das Bestehen oder Nichtbestehen eines Vermögenswerts oder einer Schuld am Bilanzstichtag gezogen werden können (IAS 10.9(a)).   **35**

Praxis-Beispiel

Ein Pharmaunternehmen hat sich im Verlauf des Jahres 01 der betrügerischen Handlung schuldig gemacht: Ärzte wurden bestochen, damit Produkte des Pharmaunternehmens und nicht die der preisgünstigeren Konkurrenz verschrieben werden. Zum Bilanzstichtag 31.12.01 wurde entsprechend IAS 37.14 keine Rückstellung gebildet, da die Unternehmensleitung von der Nichtentdeckung der strafbaren Handlungen ausgegangen ist. Kurz nach dem Bilanzstichtag wird jedoch der Betrug von den Krankenkassen bemerkt.

Lösung

Im Rahmen der Ansatzaufhellung ist eine entsprechende Rückstellung für Schadenersatzverpflichtungen im Jahresabschluss des abgeschlossenen Geschäftsjahres zu bilden. Die Entdeckung der betrügerischen Handlung ist insoweit ein Ereignis nach dem Bilanzstichtag, das lediglich die objektiven Gegebenheiten am Bilanzstichtag erhellt, ohne sie zu beeinflussen (IAS 10.9(e)).

3.2.2.9 Vertragsverhandlungen über den Bilanzstichtag hinaus

Nach dem Bilanzstichtag eingetretene Ereignisse, die **keinen Rückschluss** auf die Verhältnisse des Bilanzstichtags zulassen, dürfen nicht in der Bilanz zum abgeschlossenen Geschäftsjahr berücksichtigt werden.   **36**

---

20   BFH, Urteil v. 17.7.1956, I 292/55 U, BStBl III 1956 S. 379. Vgl. hierzu BFH, Urteil v. 26.9.2007, I R 58/06, DB 2008 S. 214, mit Anm. v. HOFFMANN, DB 2008, S. 260.

Praxis-Beispiel

Eine Fleischfabrik erteilt im Juli 00 einen Auftrag zum Bau eines Fleisch-Kühllagers. Für den Fall eines Vertragsrücktritts werden Vertragsstrafen i. H. v. 1 Mio. EUR vereinbart. Aufgrund der im September 00 eingetretenen BSE-Krise möchte die auftragserteilende Fleischfabrik den Auftrag stornieren. Es werden mit dem Bauunternehmen entsprechende Verhandlungen aufgenommen. Am Bilanzstichtag (31.12.00) sind diese Verhandlungen noch nicht abgeschlossen. Erst nachdem im Februar 01 andere Bauaufträge erteilt werden, verzichtet das Bauunternehmen auf Berechnung der vertraglich vereinbarten Stornierungskosten.

Lösung

Da das Unternehmen nach den Vertragsbestimmungen bei Vertragskündigung eine Stornierungsgebühr i. H. v. 1 Mio. EUR schuldete, musste es am Bilanzstichtag mit einer Inanspruchnahme der vertraglichen Rechte durch den Auftragnehmer rechnen. Der mit der Erteilung weiterer Bauaufträge verbundene Verzicht auf Berechnung der Stornierungsgebühr ist damit ein Ereignis nach dem Bilanzstichtag, das die objektiv gegebenen Verhältnisse am Bilanzstichtag nicht erhellt, sondern nachträglich verändert hat.

37 Auch insoweit ergibt sich **kein Unterschied** zum handelsrechtlichen Wertaufhellungsgrundsatz. Der BFH hat in einem wirtschaftlich identischen Fall entschieden, eine nach dem Bilanzstichtag erfolgte Vertragsaufhebung sei, „weil rechtsgestaltend, keine aufhellende Tatsache, die bei Aufstellung der Bilanz zu berücksichtigen wäre".[21]

38 Ähnlich verhält es sich bzgl. des Wertaufhellungskriteriums in folgendem Fallbeispiel:

Praxis-Beispiel[22]

Ein Maschinenbauunternehmen baut im Kundenauftrag eine Spezialmaschine. Vor Fertigstellung verschlechtert sich die wirtschaftliche Situation des Kunden erheblich. Einen anderen Kunden kann der Hersteller mit der schon weit fortgeschrittenen Arbeit nicht bedienen. Die beiden Vertragspartner treten in Verhandlungen ein, die sich über den Bilanzstichtag hinweg hinziehen. Im Ergebnis mindert der Hersteller den Kaufpreis um einen erheblichen Teilbetrag gegenüber dem ursprünglich vereinbarten. Für den daraus resultierenden Restkaufpreis erhält der Hersteller eine Bankbürgschaft am 10.1. nach dem Bilanzstichtag 31.12.

Die Bürgschaft ist wertbegründend. Am Bilanzstichtag war die Forderung des Herstellers gegenüber dem Kunden (noch) nicht werthaltig.

39 Ein Ereignis kann nicht nur ansatz- und wertbegründend, sondern auch **ausweis**begründend sein.

---

[21] BFH, Urteil v. 17.11.1987, VIII R 348/82, BStBl II 1988 S. 430.
[22] In Anlehnung an LÜDENBACH, PiR 2007, S. 364.

> **Praxis-Beispiel**[23]
> Der Darlehensvertrag der S AG mit der B-Bank mit einer Restlaufzeit von fünf
> Jahren ab dem Bilanzstichtag 31.12.01 enthält sog. *financial covenants*. Aufgrund
> eines massiven Auftragseinbruchs im zweiten Halbjahr 01 kann die S AG nach
> hochgerechneten Zahlen im Abschluss per 31.12.01 die bedungene Eigenkapital-
> quote nicht einhalten. Der B-Bank steht auf dieser Datenbasis ein außerordent-
> liches Kündigungsrecht zu. Zur Vermeidung der Kündigung tritt der Vorstand
> der S AG noch vor Weihnachten mit einem Business Plan für das Jahr 02 an die
> B-Bank heran. Diese verzichtet nach Beratung im Kreditausschuss am 25.1.02
> auf die Ausübung des Kündigungsrechts, das allerdings für den Abschluss zum
> 31.12.02 bei Nichteinhaltung der bedungenen Eigenkapitalquote wieder auflebt.
> Der Abschluss zum 31.12.01 wird am 31.1.02 erstellt. Fraglich ist der Ausweis
> der Bankschuld als *current* oder *non-current* (→ § 2 Rz 37).
> Das außerordentliche Kündigungsrecht hat in abstrakter Perspektive keinen
> Einfluss auf den Ausweis. Solange der Bedingungseintritt nicht wahrschein-
> lich ist, erfolgt die Bestimmung von „*current*" und „*non-current*" auf Basis der
> vereinbarten (Regel-)Laufzeit. Umgekehrt wird das außerordentliche Kündi-
> gungsrecht dann ausweisbestimmend, wenn der *breach of covenants* höchst
> wahrscheinlich oder gar sicher ist. Letzteres ist im Beispiel der Fall.
> Der Verzicht der Bank auf Ausspruch der außerordentlichen Kündigung nach
> dem Bilanzstichtag stellt keine **erhellende** Tatsache dar. Am Stichtag bestand
> objektiv der Tatbestand des außerplanmäßigen Kündigungsrechts, mit dessen
> Ausübung der Vorstand der S AG rechnen musste. Der Ausweis des Darlehens
> ist gem. IAS 1.74 unter „*current*" vorzunehmen. Vgl. hierzu auch das Beispiel
> unter → § 2 Rz 40.

Nach IAS 1.72(b) und IAS 1.76(a) gilt entsprechend, dass eine erst während des
Bilanzaufstellungszeitraums geschlossene Vereinbarung zur Refinanzierung eines Kredits ein nicht zu berücksichtigendes Ereignis ist.

3.2.2.10 Dividenden beim leistenden und empfangenden Unternehmen

Wenn im Wertaufhellungszeitraum (Rz 8) ein Ausschüttungsbeschluss gefasst   40
wird, darf keine **Dividendenverbindlichkeit** in der Bilanz des ausschüttenden
Unternehmens zum abgeschlossenen Geschäftsjahr erfasst werden (IAS 10.12).
Der nach dem Bilanzstichtag erfolgte Gewinnverwendungsbeschluss hat insoweit nach IFRS keine ansatzaufhellende Wirkung. Am Bilanzstichtag war noch
kein Bilanzposten existent, der durch einen nach dem Bilanzstichtag erfolgten
Dividendenbeschluss aufgehellt wird. Der Betrag der nach dem Bilanzstichtag
beschlossenen Dividenden ist im Anhang zu nennen (IAS 10.13).

Nach IAS 18.30(c) bzw. nunmehr IFRS 9.5.7.1A sind **Dividendenansprüche** –   41
gegen Kapital- und Personengesellschaften (Rz 42) – erst mit Entstehen des
Rechtsanspruchs auf Zahlung zu erfassen. Eine phasengleiche Dividendenvereinnahmung kommt damit nach IFRS – einerlei, ob bei Mehrheits- oder Minderheitsbeteiligung[24] – nicht in Betracht.[25] Insoweit ergibt sich ein Unterschied zur

---

23 Nach LÜDENBACH, StuB 2009, S. 621, mit dem dortigen Lösungsvorschlag.
24 LÜDENBACH, PiR 2007, S. 233.
25 So auch IDW in Vorbemerkung zu RS HFA 2 n. F.; vgl. dazu LÜDENBACH, PiR 2007, S. 233.

handelsrechtlichen Bilanzierung bei Ausschüttung von Tochtergesellschaften: Nach dem EuGH-Urteil im „Tomberger-Fall"[26] verstößt die phasengleiche Dividendenvereinnahmung nicht gegen die Vorschriften der 4. EG-Richtlinie. Der BGH bestätigte daraufhin die handelsrechtliche Verpflichtung zur phasengleichen Vereinnahmung der Dividende unter den folgenden Voraussetzungen:
- Die Muttergesellschaft ist zu 100 % an einer Kapitalgesellschaft beteiligt.
- Das Tochterunternehmen ist ein abhängiges Konzernunternehmen.
- Die Gesellschafterversammlung des abhängigen Tochterunternehmens hat über die Feststellung des Jahresabschlusses und die Gewinnverwendung für das abgelaufene Geschäftsjahr beschlossen, bevor die Prüfung des Jahresabschlusses der Muttergesellschaft beendet ist.
- Mutter- und Tochtergesellschaft haben ein übereinstimmendes Geschäftsjahr.[27]

Dem Mehrheitsgesellschafter wird dadurch allerdings nicht die Möglichkeit genommen, je nach bilanzpolitischem Kalkül die Bilanzerstellung und damit den Gewinnverwendungsbeschluss des Tochterunternehmens zeitlich zu verzögern, um die Erfassung des Dividendenanspruchs in das folgende Jahr zu verlagern. Bei Mehrheitsbeteiligung kommt deshalb der Bestimmung der Dividendenrealisierung der Charakter eines **faktischen Wahlrechts** zu. Das Verbot der phasengleichen Dividendenvereinnahmung in den IFRS dient der **Ausschaltung** entsprechender Sachverhaltsgestaltungen und der Objektivierung des Gewinnrealisierungszeitpunkts. Dieser Vorgabe folgt auch der BFH für die Steuerbilanz.[28]

42   U. E. gelten die vorstehenden Hinweise zur Dividendenvereinnahmung auch für Gewinnausschüttungen von **Personen**gesellschaften. Auch für diese ist nach deutschem Gesellschaftsrecht eine Feststellung des Jahresabschlusses erforderlich. Erst dann liegt für den Gesellschafter ein Rechtsanspruch auf Dividendenauszahlung bzw. -gutschrift vor (→ § 20 Rz 48).[29]

43   Während das Entgelt für die Überlassung von **Fremdkapital** (Zins) bei gegebenem Kapital und Zinssatz ein Produkt der **Zeitdauer** der Kapitalüberlassung ist, kann das Entgelt für **Eigen**kapitalüberlassung (Dividende) dem Zeitraum der Überlassung bzw. der Beteiligung i.d.R. zeitlich **nicht zugeordnet** werden. Gerade deshalb schafft erst die Anknüpfung an einen formalrechtlichen Akt, den **Ausschüttungsbeschluss**, ein verlässliches Kriterium für den Ansatzzeitpunkt der Gewinnausschüttung.

3.2.2.11   Kapitalerhöhungen und Kapitalherabsetzungen

44   Verwiesen wird zur
- Kapitalerhöhung bei am Bilanzstichtag bereits erhaltenen, aber erst nach dem Bilanzstichtag im Register eingetragenen Einlagen auf → § 20 Rz 73,
- Kapitalherabsetzung auf Rz 45.

3.2.2.12   Sanierungsmaßnahmen

45   Bilanzielle Sanierungsmaßnahmen für notleidende Unternehmen werden nach der Interessenlage der handelnden Personen stets mit **Rückwirkung** auf einen Bilanz-

---

[26] Vgl. EuGH, Urteil v. 27.6.1996, Rs. C-234/94, BB 1996, S. 1492.
[27] Vgl. BGH, Urteil v. 12.1.1998, II ZR 82/93, DStR 1998, S. 383.
[28] BFH, Beschluss v. 7.8.2000, GrS 2/99, BStBl II 2000 S. 632.
[29] A. A. zum HGB IDW, RS HFA 18, Tz 13.

stichtag vereinbart. So soll ein im Wertaufhellungszeitraum förmlich vereinbarter Barzuschuss des Mutterunternehmens zugunsten einer Tochtergesellschaft oder ein zur Beseitigung einer Überschuldung ausgesprochener Forderungsverzicht noch „in alter Rechnung" in das Rechenwerk des zu sanierenden Unternehmens eingebucht werden. Eine Rückwirkung auf den Bilanzstichtag aus Rechtsgründen ist i.d.R. nicht möglich. Die Rückbeziehung einer sanierenden vereinfachten Kapitalherabsetzung und einer anschließenden Kapitalerhöhung nach §§ 234, 235 AktG sowie §§ 58e, 58 f GmbHG ist zwar gesetzlich für den handelsrechtlichen Jahresabschluss vorgesehen, hat aber für den IFRS-Abschluss keine Bedeutung. Einer Einzelfallwürdigung bedarf es, wenn zwar förmlich – durch entsprechende Vertragsabschlüsse – erst im Wertaufhellungszeitraum Sanierungsmaßnahmen im Einzelnen bestimmt werden, vor dem Bilanzstichtag jedoch das Sanierungserfordernis und die **Sanierungsbereitschaft** (des Mutterunternehmens) schon vorlagen. Den förmlichen Abschluss im Wertaufhellungszeitraum des neuen Jahres bestätigt dann u.U. lediglich die schon am Bilanzstichtag vorliegende Situation. Die bilanzwirksame Sanierungsmaßnahme könnte noch in alter Rechnung als *adjusting event* (Rz 17) verbucht werden. Eine so verstandene Rückwirkung in Form eines *adjusting event* kommt aber jedenfalls dann nicht in Betracht, wenn Sanierungsverhandlungen mit Drittgläubigern erst nach dem Bilanzstichtag erfolgreich sind und z.B. zu einem bedingten Forderungserlass führen.

3.2.2.13 Behördliche Genehmigungen nach dem Bilanzstichtag

Behördliche Genehmigungen nach dem Bilanzstichtag sind ansatzbegründend *(non-adjusting)*, wenn sie aufgrund von Ermessensentscheidungen der Behörde erfolgen und am Bilanzstichtag noch keine „belastbare" Kenntnis über die mutmaßliche Entscheidung der Behörde vorliegt.[30] Als Beispiel mag die Zustimmung im Rahmen eines Fusionskontrollverfahrens betreffend einen Unternehmenserwerb oder die Ministererlaubnis bei zuvor ergangener Untersagung eines Unternehmenszusammenschlusses gelten. 46

Anders kann es sich verhalten *(adjusting event)*, wenn die behördliche Genehmigung nur noch eine Formsache darstellt, da alle Tatbestandsvoraussetzungen am Bilanzstichtag erfüllt sind.

4 Abweichen vom Grundsatz der Unternehmensfortführung aufgrund von Ereignissen nach dem Bilanzstichtag

Ereignisse nach dem Bilanzstichtag können nach IAS 10 auch Auswirkungen auf den Grundsatz der **Unternehmensfortführung** haben: Der Jahresabschluss nach IFRS ist unter der Annahme der Unternehmensfortführung *(going concern)* aufzustellen (F.4.1; → § 1 Rz 82). Von der Fortführungshypothese ist allerdings **abzusehen** (IAS 1.25f.), wenn die Unternehmensleitung entweder beabsichtigt, das Unternehmen aufzulösen, den Geschäftsbetrieb einzustellen oder keine realistische Alternative hierzu hat (IAS 10.14). Insoweit ergibt sich kein Unterschied zum HGB. Nach Verlassen der *going-concern*-Hypothese gilt eine Bilanzierung 47

---

30 Im Ergebnis bestätigt durch BFH, Urteil v. 25.6.2009, IV R 3/07.

nach der *liquidation basis of accounting*. Z.B. sind dann Anlagen nicht mehr zu fortgeführten Anschaffungskosten, sondern zu Liquidationswerten anzusetzen.

48   Die Aufgabe der Fortführungshypothese ist auch bei einer erst **nach** dem Bilanzstichtag festgestellten fundamentalen Verschlechterung der wirtschaftlichen Lage gem. IAS 10.15 erforderlich. Dabei kommt es abweichend von den allgemeinen Regelungen von IAS 10 nicht darauf an, ob die Verschlechterung Folge von Nachstichtagsereignissen (Lehrbuchfall: das gesamte Fabrikgebäude samt der Maschinen etc. brennt am 10.1. ab) oder Folge von schon vor dem Stichtag eingetretenen Entwicklungen ist. Als Begründung dieser Sonderregelung kann Folgendes dienen: Außerhalb des Lehrbuchs vollzieht sich der Übergang von einer angespannten finanziellen Situation hin zu einer nicht mehr reparablen Entwicklung meist in Form eines **schleichenden** Prozesses.[31] Dann würde sich die Frage stellen, ob die Einstellung des Geschäftsbetriebs Ende März bereits am Stichtag vorgespurt war *(adjusting event)* oder erst wegen signifikanter weiterer Verschlechterungen im ersten Quartal stattgefunden hat *(non-adjusting event)*. Die Antwort wäre regelmäßig in hohem Maße ermessensabhängig.

Derartige Ermessensentscheidungen über den Jahresabschluss als Ganzes – *going concern* oder *liquidation basis* – sollen durch die **Sonderregelung** überflüssig gemacht werden:[32]

- Die Fortführungshypothese darf nicht mehr zugrunde gelegt werden, wenn das Management im Wertaufhellungszeitraum, also nach dem Bilanzstichtag, entweder selbst die Auflösung beantragt oder keine Alternative mehr zur Unternehmensfortführung sieht (IAS 10.14).

- Das gilt auch bei einer erst nach dem Bilanzstichtag eingetretenen Verschlechterung der wirtschaftlichen Situation; dann ist wegen Aufgabe der Fortführungshypothese von den bisherigen Wertansätzen u. U. abzugehen (IAS 10.15).

49   Dieser Bilanzierungsregel wird implizit durch die konkrete Anweisung zur Anhangangabe in IAS 10.22(d) widersprochen. Dort wird als Beispiel für ein *non-adjusting event* (Rz 17) das zerstörende Feuer einer Fabrikanlage erwähnt. Wenn man diesen Widerspruch durch Vorrangstellung von IAS 10.14 ff. auflöst, wären die entsprechenden Anlagen zu Liquidationswerten zu besetzen, dies aber im Gefolge von IAS 10.22(d) im noch intakten Zustand. Der Brand im Februar 02 würde also im Abschluss zum 31.12.01 zu einer Bewertung zu Liquidationswerten führen, dabei aber die unzerstörten statt der abgebrannten Anlagen berücksichtigen.

U. E. könnte der Widerspruch auch so aufgelöst werden: Der Anwendungsbereich von IAS 10.14 ff. wird auf die ermessensbehafteten Fälle des schleichenden Insolvenzprozesses beschränkt. Umgekehrt wäre ein die unzureichend versicherte Fabrik zerstörender Brand nach dem Bilanzstichtag als wertbegründendes Ereignis bilanziell nicht zu berücksichtigen, sondern lediglich im Anhang nach IAS 10.22(d) zu erwähnen.

5   Steuerlatenz

50   Die weitgehend identische Interpretation des Wertaufhellungsgesichtspunkts nach IFRS und HGB/EStG lässt eine Steuerlatenzrechnung regelmäßig vermeiden.

---

[31] Nach LÜDENBACH, PiR 2011, S. 147.
[32] Nach LÜDENBACH, PiR 2011, S. 147; diesem Zitat sind auch die folgenden Ausführungen entnommen.

6 Angaben

Nach IAS 10 sind im Anhang folgende Angaben zu machen: 51
- **Zeitpunkt** der **Freigabe** des Jahresabschlusses zur Veröffentlichung samt dem handelnden **Organ** (IAS 10.17 Satz 1);
- Möglichkeit *(power)* zur **Änderung** des freigegebenen Abschlusses (IAS 10.17 Satz 2);
- Erläuterung von wesentlichen **wertbeeinflussenden** Ereignissen (IAS 10.21);
- **Aktualisierung** der Anhangangaben aufgrund von wertaufhellenden Ereignissen (IAS 10.19).

Der **Freigabezeitpunkt** ist u. E. identisch mit dem Ende der Wertaufhellungsfrist 52 (Rz 8). Das handelnde Organ nach deutschem Recht ist der Vorstand bzw. die Geschäftsführung, der bzw. die für die Abschlusserstellung verpflichtet sind. Diesen kommt die *authorisation* i. S. d. IAS 10.17 Satz 1 zu. Die Änderungskompetenz des Aufsichtsrats bzw. der Gesellschafterversammlung ist in IAS 10.17 Satz 2 berücksichtigt. Diese Organe können die *authorisation* nicht vornehmen, denn sonst wäre IAS 10.17 Satz 2 ohne Anwendungsbereich.

Durch die Angabe des **Unterzeichnungsdatums** wird der Abschlussadressat 53 darüber informiert, welche Ereignisse nach dem Bilanzstichtag berücksichtigt sind und welche Ereignisse nicht bilanziell erfasst wurden (IAS 10.18).

Materiell bedeutsame ansatz- oder wert**beeinflussende** Ereignisse sind im An- 54 hang zu erläutern, um eine sachgerechte Beurteilung des Jahresabschlusses zu ermöglichen. Dabei sind anzugeben:
- die **Art** des Ereignisses (IAS 10.21(a)) und
- eine **Schätzung** der finanziellen Auswirkungen oder eine Aussage über die Unmöglichkeit einer solchen Schätzung (IAS 10.21(b)).

Formulierungsbeispiel
Unsere Fertigungsanlage in der Niederlassung Süd wurde am 12.1.01 durch eine Überschwemmung erheblich beschädigt. Seitdem liegt diese Produktionslinie still. Der Schaden wird auf 1 Mio. EUR geschätzt. Inwieweit der Schaden versichert ist, lässt sich derzeit nicht zuverlässig abschätzen. Auswirkungen auf die Unternehmensfortführung ergeben sich jedoch nicht.

Darüber hinaus fordert IAS 1 (→ § 5) **umfassende** Anhangangaben, wenn der 55 Jahresabschluss nicht unter der Annahme der **Unternehmensfortführung** erstellt wird oder die Unternehmensleitung erhebliche Zweifel an der Fortführbarkeit hat.

Auf die **Checkliste „IFRS-Abschlussangaben"** (siehe HI10157883 im Haufe IFRS-Kommentar Online) wird verwiesen (→ § 5 Rz 8).

7 Anwendungszeitpunkt, Rechtsentwicklung

IAS 10 ist auf Jahresabschlüsse für Geschäftsjahre anzuwenden, die am 1.1.2005 56 oder später begonnen haben.

Änderungen der Standardfassung sind derzeit nicht geplant.

§ 5   ANHANG *(Notes and Disclosures)*

Schrifttum: EFRAG, Discussion Paper Towards a Disclosure Framework for the Notes, 2012; FASB, Discussion Paper Disclosure Framework, 2012; FREIBERG, Anhangangaben zu sonstigen finanziellen Verpflichtungen aus schwebenden Verträgen, PiR 2008, S. 273 ff.; HOFFMANN/LÜDENBACH, Die bilanzielle Abbildung der Hypothekenkrise und die Zukunft des Bilanzrechts, DB 2007, S. 2213; HOFFMANN/LÜDENBACH, Zur Offenlegung der Ermessensspielräume bei der Erstellung des Jahresabschlusses – Rechnungslegung in euklidschen Räumen?, DB 2003, S. 1965 ff.; INSTITUTE OF CHARTERED ACCOUNTANTS OF SCOTLAND (ICAS)/NEW ZEALAND INSTITUTE OF CHARTERED ACCOUNTANTS (NZICA), Losing the excess baggage; Reducing disclosures in financial statements to what's important, 2011; KIRSCH/GIMPEL-HENNIG, Zur aktuellen Diskussion um die Einführung eines „Disclosure Framework", Eine Darstellung der beiden Diskussionspapiere der EFRAG und des FASB, KoR 2013, S. 197 ff.; KÜTING/STRAUSS, Die Intensität und Komplexität der Anhangangaben nach HGB und IFRS im Vergleich, StuB 2011, S. 439 ff.; LOITZ/WEBER, Herausforderungen bei der Anhangerstellung nach IFRS, eine empirische Untersuchung, DB 2008, S. 2149 ff.; LÜDENBACH, Verzicht auf Anlagespiegel aus materiality-Gründen, PiR 2012, S. 32 ff.; PAREDES, Blinded by the Light: Information Overload and its Consequences for Securities Regulation, Washington University Law Quarterly 2003, S. 417 ff.; TSAI/KLAYMAN/HASTIE, Effects of Amount of Information on Judgment Accuracy and Confidence, Workshop Paper, o. J., http://www.chicagobooth.edu/research/workshops/marketing/archive/WorkshopPapers/S06/Tsai.pdf, zuletzt abgerufen am 4.1.2017; ZEYER/MAIER, Pflichtangaben nach § 315a Abs. 1 HGB im IFRS-Abschluss, PiR 2010, S. 189 ff.

Vorbemerkung
Die Kommentierung bezieht sich auf IAS 1 und berücksichtigt alle Ergänzungen, Änderungen und Interpretationen, die bis zum 1.1.2017 beschlossen wurden. Einen Überblick über ältere Fassungen sowie diskutierte oder schon als Änderungsentwurf vorgelegte zukünftige Regelungen enthalten Rz 79 ff.

1 Zielsetzung, Regelungsinhalt, Begriffe

1.1 IAS 1: Der Anhang als fünfter (sechster) Abschlussbestandteil

IAS 1.10 bestimmt, dass der vollständige IFRS-Abschluss folgende Bestandteile enthalten muss: **1**
- **vier** (ggf. fünf) **Rechenwerke** (Bilanz, Kapitalflussrechnung, Eigenkapitalveränderungsrechnung und Gesamtergebnisrechnung sowie – falls nicht in die Gesamtergebnisrechnung integriert – GuV) – die sog. *primary statements*;[1]
- einen **Anhang** bzw. **Anhangangaben** (*notes and disclosures*) als sog. *secondary statement*.[2]

Das **deutsche** Bilanzrecht kennt in Ergänzung seiner Rechenwerke (rechtsformabhängig) einen Anhang (und einen Lagebericht). Das **IFRS-Regelwerk** schreibt (rechtsformunabhängig) die Ergänzung um *notes and disclosures* vor. Der erste Begriff verdeutlicht eher die Technik der Verbindung von Rechenwerk und Anhang, der zweite Begriff gibt eher die Funktion des Anhangs wieder: **2**
- **Anmerkungen** (*notes*): Jeder erläuterungsbedürftige Abschlussposten (aus Bilanz, GuV, Kapitalflussrechnung) ist **technisch** mit einem **Querverweis** (*cross-reference*) zu sämtlichen im Anhang seiner Erläuterung dienenden Informationen zu versehen (IAS 1.113). Werden bspw. die latenten Steuern unter Ziffer 24 des Anhangs erläutert, findet der Bilanzleser sowohl auf der Aktivseite als auch auf der Passivseite der Bilanz in einer zusätzlich zur Textspalte und zur Zahlenspalte eingefügten Anmerkungsspalte die Ziffer 24.
- **Offenlegungen** (*disclosures*): Dem Anhang kommt die **Funktion** zu, die Zahlen der Rechenwerke, d.h. ihr Zustandekommen (Methoden) und ihren Inhalt (Zusammensetzung), zu erläutern sowie zusätzliche Informationen zu liefern, die nicht Teil der Finanzbuchhaltung bzw. der anderen Abschlussbestandteile sind (IAS 1.112).

Der **Wortgebrauch der deutschen IFRS-Praxis** ist uneinheitlich. In Bezug auf **3** die einzelnen Erläuterungen wird teils von „Angaben", teils mit gleicher Bedeutung von „Anhangangaben", teils mit wiederum gleicher Bedeutung von „*notes*"

---

[1] Bei börsennotierten Gesellschaften außerdem Segmentberichterstattung (→ § 36 Rz 8).
[2] Die Begrifflichkeit *primary vs. secondary statement(s)* findet sich z.B. in IASB, Discussion Forum – Financial Reporting Disclosure, Feedback Statement, Mai 2013.

gesprochen. *„Notes"* und „Anhangangaben" werden andererseits auch für den fünften Teil des Jahresabschlusses, d.h. die Summe der „Angaben" bzw. den „Anhang" benutzt. Die Praxis kann mit derartigen Unschärfen gut leben, da sich i.d.R. ohne Weiteres aus dem Kontext ergibt, was gemeint ist.

4   Insoweit ist auch in **diesem Kommentar** kein akademischer Sprachpurismus betrieben worden und eine gewisse Begriffsvielfalt zu finden. Einzig die betreffenden Unterkapitel der einzelnen Paragrafen dieses Kommentars sind im Interesse der schnellen Orientierung einheitlich mit „Angaben" überschrieben. Für die Wahl gerade dieses Begriffs als Kapitelüberschrift sprach auch, dass im IFRS-Regelwerk häufiger als im HGB **zwei Alternativen** bestehen:

- Alternative I: hoch aggregierte Bilanz oder GuV mit Erläuterung der Postenzusammensetzung im Anhang (**Angabe** im **Anhang**),
- Alternative II: stark untergliederte Bilanz oder GuV (**Angabe** in der **Bilanz** oder GuV selbst) mit entsprechend weniger Erläuterungsbedarf für den Anhang.

5   Das IFRS-Regelwerk spricht oder sprach in diesem Zusammenhang von Informationen und Angaben *(informations and disclosures)*, die alternativ *„in the notes"* oder *„in the statement of financial position/income statement"* zu machen sind. In derartigen **Wahlrechtskontexten** sind „Angaben" mithin nicht zwangsläufig zugleich „Anhangangaben", sondern wahlweise auch Untergliederungen der Bilanz, GuV usw. Ein **Beispiel** für ein solches Wahlrecht wäre die Untergliederung der Vorräte. Nach IAS 1.54(g) reicht ein zusammengefasster Bilanzposten „Vorräte" aus, der aber im Anhang i.d.R. nach seinen Bestandteilen („Roh-, Hilfs- und Betriebsstoffe" usw.) zu erläutern wäre (→ § 17 Rz 64). Wird die Untergliederung hingegen schon auf Bilanzebene vorgenommen, besteht für diese Anhangangaben kein Bedarf mehr.

1.2   Arbeitsteilung zwischen IAS 1, IFRS 5 und den anderen Standards

6   IAS 1 ist der **allgemeine** Standard, der festlegt,

- welche **Posten** zwingend innerhalb der Rechenwerke selbst und welche wahlweise auch im Anhang **aufzuschlüsseln** sind,
- welche **weiteren Mindestangaben** der Anhang geben soll und
- wie der Anhang zweckmäßigerweise zu **gliedern** ist.

7   Die konkreten Anforderungen ergeben sich hingegen zum größten Teil aus den **anderen** Standards. IAS 1 enthält eher die abstrakten Überschriften, die einzelnen Standards eher den Text, der diesen Überschriften zu folgen hat. In diesem Sinne lässt sich bspw.

- aus IAS 1.119 entnehmen, **dass** die Bilanzierungsmethoden für Sachanlagen im Anhang anzugeben sind,
- während die Frage, **was** genau anzugeben ist für die Sachanlagen, in IAS 16 beantwortet wird.

8   Diese **Arbeitsteilung** macht doppelten Sinn. Sie betont zum einen den integrativen Zusammenhang von Bilanzierung und Erläuterung. Sie hebt sich zum andern von einer falschen **Checklistenpraxis** ab, die zum Abhaken drängt, wo einzelfallbezogene *materiality*-Überlegungen (Rz 16) angezeigt wären. Nur im integrativen Arbeitskontext zur Erstellung der Rechenwerke (Bilanz, GuV usw.) und unter dem *materiality*-Vorbehalt kann eine Checkliste sinnvoll eingesetzt werden. Nur

so sollte auch die **Checkliste „IFRS-Abschlussangaben"** (siehe HI10157883 im Haufe IFRS-Kommentar Online) in diesem Kommentar verwendet werden.

Im HGB sind die Anhangangaben überwiegend in einem besonderen Abschnitt (§§ 284–288 HGB sowie für den Konzern §§ 313 f. HGB) geregelt. Auch inhaltlich und in der Bilanzierungspraxis führt der handelsrechtliche Anhang in gewisser Weise ein separates Dasein. Er ist so gesehen nicht Anhang, sondern **Anhängsel.** Die Praxis „bilanziert erst einmal", bevor sie sich „noch um den Anhang kümmert". Im IFRS-System sind die spezifischen *notes and disclosures* hingegen dort behandelt, wo auch die spezifischen Bilanzierungs- und Bewertungsfragen geregelt sind, also in den jeweiligen Einzelstandards.[3] Auch inhaltlich besteht ein engerer Zusammenhang zwischen Angaben und Bilanz, da viele Untergliederungen wahlweise hier oder dort vorgenommen werden können. 9

Für die **Praxis** folgt daraus: Eine Arbeitsteilung (bei der Abschlusserstellung oder -prüfung) der Art „erst Bilanz, dann Anhang" oder „Meier Anlagevermögen, Müller Anhang" macht wenig Sinn. Der IFRS-Anhang will ernst genommen und integral mit dem jeweiligen Posten bearbeitet werden. Dieser Logik der Praxis folgt auch der **Aufbau dieses Kommentars.** Die spezifischen Angaben werden nicht in diesem Kapitel, sondern in den postenbezogenen Paragrafen behandelt. An diesen Stellen des Kommentars wird, da die Praxis sich mit Prosa zuweilen schwerer tut als mit Algebra, anhand von **Formulierungsbeispielen** gearbeitet. Das vorliegende Kapitel kann sich demgemäß auf Ausführungen zur Funktion des Anhangs und zu seinen allgemeinen, nicht fallspezifischen Strukturen und Inhalten beschränken. 10

Die Arbeitsteilung zwischen IAS 1 und den speziellen Standards ist allerdings nicht in jeder Hinsicht eindeutig. Als problematisch stellt sich die Vorgabe von IAS 1.112(c) zur **Vollständigkeit** der Berichterstattung dar. Danach hat der Anhang jede Information zu geben, „die nicht an anderer Stelle des Jahresabschlusses präsentiert wird, aber relevant für das Verstehen *(understanding)* des Jahresabschlusses ist." Die Regelung hat abstrakt den Charakter einer **Auffangvorschrift:** Für das Verständnis der Vermögens-, Finanz- und Ertragslage notwendige Informationen sind danach auch dann zu geben, wenn sie nicht spezifisch in einzelnen Standards verlangt werden. Fraglich bleibt konkret allerdings, welche Informationen für das Verständnis relevant sind. 11

- Bei ausufernder Interpretation droht die Gefahr des *information overload* (Rz 67),
- bei restriktiver Interpretation bliebe die Vorschrift ohne Anwendungsbereich.
- Eine mittlere, u.E. sachgerechte Interpretation zielt auf Analogieschlüsse; wenn für den zu beurteilenden Sachverhalt keine spezifischen **Angabepflichten** bestehen, wohl aber für **analoge Sachverhalte,** ist IAS 1.112(c) anzuwenden. Ein Beispiel wird unter Rz 74 gegeben.

Analoge Abgrenzungs- bzw. Arbeitsteilungsprobleme können sich auch im Verhältnis der speziellen Standards zu IFRS 5 ergeben. Hierzu wird auf → § 29 Rz 63 verwiesen. 12

Die Erweiterung des Anhangs um **freiwillige Angaben** ist u.E. jedenfalls insoweit zulässig, als dadurch Systematik und Verständlichkeit des Anhangs nicht gefährdet werden (IAS 1.113). Hingegen sind umfangreiche „Nebendarstellun- 13

---

3 Eine wichtige Ausnahme sind Finanzinstrumente: Ansatz und Bilanzierung in IAS 39/IFRS 9, Angaben in IFRS 7 (→ § 28).

gen", z.B. in der Form eines Umwelt- oder Sozialberichts, oder auch der von § 315a HGB für deutsche Anwender verlangte **Lagebericht** gem. IAS 1.13f. nicht Bestandteil des IFRS-Abschlusses und sollten daher u.E. auch durch Bezeichnung und Positionierung davon unterschieden werden.

Machen nicht börsennotierte Gesellschaften freiwillige Angaben zu Segmenten (IFRS 8) oder dem Ergebnis pro Aktie (IAS 33), gilt: Soweit diese Angaben den Vorgaben von IFRS 8 bzw. IAS 33 voll entsprechen, sind sie als Teil des IFRS-Abschlusses, ansonsten außerhalb zu präsentieren.[4]

2 Funktion der „Prosa" im Jahresabschluss

14 Der Jahresabschluss besteht primär aus bestimmten Rechenwerken (Bilanz, GuV usw.). Diese *primary statements* (Rz 1) enthalten

- Größen, die nach bestimmten Ansatz- und Bewertungs**methoden** zustande gekommen sind,
- dabei in bestimmter Weise zu Posten **aggregiert** wurden und
- insgesamt die Verhältnisse (Lage usw.) des Unternehmens nur unter einschränkenden Prämissen (z.B. **Stichtagsprinzip**, Beschränkung auf in **Geldeinheiten** messbare Größen, *going-concern*-Prinzip) wiedergeben.

15 Aus diesen Eigenschaften und Grenzen der buchhalterischen Abbildung der Unternehmenswirklichkeit ergibt sich die **Hauptfunktion** der Prosa im Jahresabschluss. Der Anhang soll die anderen Abschlussbestandteile **erläutern, entlasten und ergänzen.** Er soll insbesondere Antwort auf folgende Fragen geben:

- Wie sind die Zahlen der Rechenwerke zustande gekommen (**Methoden und ggf. Prämissen**; IAS 1.112(a))?
- Was enthalten die Zahlen in den Rechenwerken (Erläuterung bzw. **Disaggregierung** der Posten; IAS 1.112(c))?
- Was enthalten die Zahlen der Rechenwerke demgegenüber (noch) nicht (Ereignisse **nach dem Stichtag**, Eventualverbindlichkeiten, nicht quantifizierbare oder **monetär nicht** quantifizierbare Größen; IAS 1.112(b))?

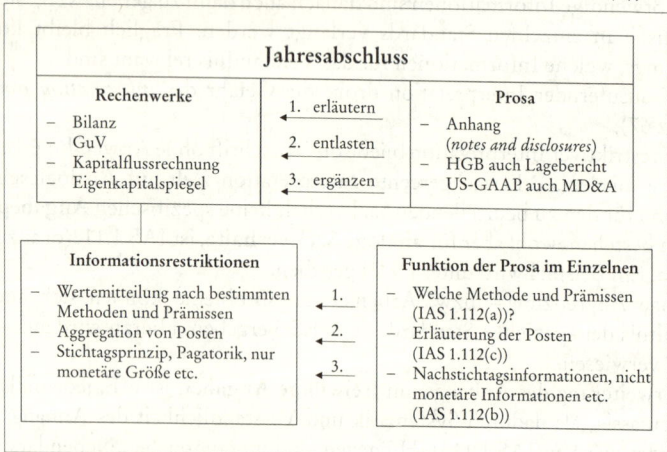

Abb. 1: Rechenwerke und Prosa im Jahresabschluss

---

[4]   Gl. A. KPMG, Insights into IFRS 2015/16, Tz. 5.8.10.70.

Der Anhang hat hingegen **keine Kompensationsfunktion**. Eine falsche, nicht den Einzelregeln der Standards folgende Bilanzierung kann nicht durch korrigierende Anhangangaben geheilt werden (IAS 1.18). Nur ganz ausnahmsweise ist eine Abweichung von den Einzelregeln zulässig. Die Abweichung ist dann nach Grund, Art und quantitativer Wirkung im Anhang anzugeben (IAS 1.20; → § 1 Rz 69).

Der Anhang ist wegen der Fülle der dem Grunde nach vorgeschriebenen Angaben ein besonders wichtiges Anwendungsobjekt des *materiality*-Gedankens (Rz 81). Eine vorrangig quantitative bzw. prozentuale Definition, wie sie bei Bilanz- und GuV-Positionen Sinn machen kann, ist dabei weniger angezeigt als ein qualitatives Verständnis, das auf die Art des Sachverhalts abstellt, somit einzelfallbezogen, damit aber notwendig auch sehr subjektiv ist.[5] Auf die Erläuterungen in Rz 71 und → § 1 Rz 61ff. wird verwiesen.

16

3 Gliederungsstruktur des IFRS-Anhangs

In teilweiser Entsprechung zu den vorstehenden theoretischen Überlegungen findet sich bisher in IAS 1.114, ab 2016 in IAS 1.114(c), eine **Gliederungsempfehlung** für den Anhang. Er trennt im Wesentlichen zwischen

17

- **allgemeinen Angaben**, darunter
  - eine Angabe der Übereinstimmung mit IFRS (→ § 1 Rz 49ff.) sowie
  - eine Darstellung der wichtigsten Bilanzierungsmethoden *(significant accounting policies)*,
- **Postenerläuterungen** in der Reihenfolge der Rechenwerke und der Posten innerhalb dieser Rechenwerke und
- **sonstigen Angaben, u. a.**
  - zu Eventualschulden *(contingent liabilities)* und sonstigen finanziellen Verpflichtungen,
  - zum Risikomanagement der Gesellschaft.

Unser nachfolgender Vorschlag zur Umsetzung dieser Vorgabe (aus deutscher Sicht um Ausführungen zu § 315a HGB ergänzt; → § 7 Rz 10ff.) präsentiert entsprechend der angelsächsischen Praxis und der Vorgehensweise deutscher Großunternehmer die GuV bzw. Gesamtergebnisrechnung **vor** der Bilanz. Eine andere Reihenfolge der Rechenwerke ist zulässig, dann aber auch im Anhang zu beachten (IAS 1.105(c)).

18

Praxis-Beispiel
I. ALLGEMEINE ANGABEN
1. Übereinstimmung mit IFRS (Rz 73)
(ggf. ergänzen um Angaben zur erlaubten vorzeitigen Anwendung eines Standards)
2. Konsolidierungskreis und Konsolidierungsmethoden
   (→ § 32 Rz 97ff.)
3. Bilanzierungs- und Bewertungsmethoden
   (Rz 24)

---

5   In diesem Sinne Heering/Heering, StuB 2004, S. 149ff.

II. ERLÄUTERUNG DER ABSCHLUSSPOSTEN
ERLÄUTERUNG DER GESAMTERGEBNISRECHNUNG
4. bis xx.
ERLÄUTERUNG DER BILANZ
xx. bis xx.
ERLÄUTERUNG DER KAPITALFLUSSRECHNUNG
xx. bis xx. (→ § 3)

III. SONSTIGE ANGABEN
(Die Reihenfolge der sonstigen Angaben ist nicht vorgeschrieben oder empfohlen. Nachfolgend eine mögliche Variante.)
xx. Ereignisse nach dem Bilanzstichtag, Erfolgsunsicherheiten (→ § 4 Rz 51)
xx. Eventualverbindlichkeiten, sonstige finanzielle Verpflichtungen (→ § 21 Rz 178)
xx. Risikomanagement, Derivate (→ § 28 Rz 500 ff.)
xx. Management des wirtschaftlichen Eigenkapitals (Rz 20)
xx. Segmentbericht (falls Gesellschaft börsennotiert; (→ § 36 Rz 8)
xx. Anzahl der Arbeitnehmer (ggf. bei Erläuterung GuV bzw. Personalaufwand; Rz 75)
xx. Honorierung Abschlussprüfer (Rz 75)
xx. *Compliance*-Erklärung zum Corporate Governance Kodex (Rz 75)
xx. Beziehungen zu nahestehenden Personen (→ § 30)
xx. Vorstand und Aufsichtsrat (Mitglieder und Bezüge) (IAS 24, § 314 Abs. 1 Nr. 6 HGB; Rz 75)
xx. Dividendenvorschlag/-beschluss (IAS 1.138)
xx. Sitz, Rechtsform, Geschäftszweck, Mutterunternehmen und oberstes Mutterunternehmen (IAS 1.138)
xx. Aufstellung Beteiligungsbesitz (Rz 75)

19   Die in IAS 1.138 enthaltenen Angabepflichten zu den **Dividenden** beziehen sich auf bis zur förmlichen Freigabe des Abschlusses vorgeschlagene oder beschlossene Ausschüttungen, die gem. IAS 10.12 in der IFRS-Bilanz noch nicht als Fremdkapital ausweisfähig sind (→ § 4 Rz 40). Der Bilanzadressat soll über die am Bilanzstichtag noch nicht feststehende, aber danach konkretisierte zukünftige Minderung des Eigenkapitals informiert werden.

20   Seit 2007 (Rz 79) hat das Unternehmen Angaben zum Management des wirtschaftlichen **Eigenkapitals** zu machen, den angestrebten und erreichten Eigenkapitalquoten, der Thesaurierungspolitik usw. (IAS 1.134 ff.). Im Einzelnen wird hierzu auf → § 20 Rz 107 verwiesen.

21   Unser Gliederungsvorschlag enthält keine Position für die Eigenkapitalveränderungsrechnung. Die Erläuterung folgt i. d. R. zusammen mit derjenigen zum Posten „Eigenkapital" (→ § 20 Rz 103 ff.).

22   Ebenfalls nicht vorgesehen ist eine Erläuterungsposition zu **Verfügungsbeschränkungen, gewährten Sicherheiten** usw. Der Grund liegt darin, dass derartige Verfügungsbeschränkungen nicht in Summe, sondern bei den betreffenden Aktivposten anzugeben sind (→ § 14 Rz 66).

4 Allgemeiner Teil des Anhangs

4.1 Überblick

Der **allgemeine** Teil des Anhangs umfasst mindestens   23
1. Angaben zum Geschäftsjahr (kalendergleich oder abweichend) und zur Währungseinheit (z. B. „TEUR"),
2. die kurze Versicherung der **Übereinstimmung** des Abschlusses mit den IFRS (IAS 1.14; Rz 73 und → § 1 Rz 49),
3. Angaben über die **erstmalige** Anwendung eines neuen Standards bzw. einer Neufassung eines bestehenden Standards,
4. Angaben über die **Nichtanwendung** neuer/geänderter Standards, die pflichtweise noch nicht anzuwenden sind (Rz 25),
5. im Konzernabschluss Angaben zu **Konsolidierungskreis** und **Konsolidierungsmethoden** (→ § 32 Rz 196),
6. allgemeine Angaben zu den angewandten **Bilanzierungs- und Bewertungsmethoden** (Rz 27),
7. spezielle Angaben zur Ausübung des **Ermessens** bei der Anwendung der Bilanzierungs- und Bewertungsmethoden (Rz 45),
8. Angaben zu Fehler- bzw. Anpassungsrisiken, die sich aus (zukunftsbezogen) **geschätzten Werten** ergeben (Rz 51).

Hinsichtlich der Punkte 2 und 5 führen die angegebenen Verweisstellen der   24
anderen Paragrafen dieses Kommentars weiter. Nachfolgend werden die anderen
Punkte behandelt. Für die Angaben zu Punkt 7 ist eine Positionierung innerhalb
des allgemeinen Teils des Anhangs weder empfohlen noch vorgeschrieben.
Wegen des sachlichen Zusammenhangs mit Punkt 6 erfolgt jedoch eine zusammengefasste Darstellung.

Nach IAS 8.30 sind bereits verabschiedete, aber noch nicht oder noch nicht   25
verpflichtend anwendbare und deshalb tatsächlich noch nicht angewandte **neue
IFRS** (einschließlich revidierter oder ergänzter) zu benennen und – soweit
verlässlich einschätzbar – die erwarteten zukünftigen Auswirkungen der Erstanwendung darzustellen. Ohne Beachtung des *materiality*-Prinzips würde die
Vielzahl neuer IFRS/IFRIC mehrseitige Erläuterungen bedingen.

U. E. müsste es aber zulässig sein, die Angaben auf Neuerungen in den Standards
und Interpretationen zu beschränken, die tatsächlich **wesentliche** Auswirkungen
auf Bilanzierung, Bewertung, Ausweis/Angabepflichten haben werden. Die
herrschende Praxis verfährt restriktiver und zählt die Neuerungen, die keine
(wesentlichen) Auswirkungen haben werden, zumindest auf.

Unzulässig ist es jedenfalls, ohne nähere Prüfung **pauschal** zu behaupten, die
noch nicht verpflichtend anzuwendenden Standards hätten „keine wesentlichen
Auswirkungen."

Unzulässig ist weiterhin, die Angaben auf bereits von der **EU** *endorste* Standards
zu beschränken.[6]

---

6 RSMA, Decision ref EECS/0213–12 – Disclosure of new standards that have been issued but are not
   yet effective.

4.2 Allgemeine Angaben zu Bilanzierungs- und Bewertungsmethoden

26 Nach IAS 1.112(a) soll der Anhang informieren
- über die **Grundlagen** der Aufstellung des Abschlusses und
- über die **besonderen Bilanzierungs- und Bewertungsmethoden.**

27 IAS 1.117 differenziert in etwas anderer Begrifflichkeit zwischen angewandten „Bewertungsgrundlagen" und „angewandten Bilanzierungs- und Bewertungs-methoden". Die Termini sind wie folgt zu **interpretieren**: Den Begriff „Bewertungsgrundlage" *(measurement basis)* verwendet IAS 1.117 für Anschaffungs-oder Herstellungskosten, Tageswert, Nettoveräußerungswert, beizulegenden Zeitwert oder erzielbaren Betrag. Wenn der Abschluss mehrere dieser Bewertungsgrundlagen enthält (Normalfall), fordert IAS 1.117 einen Hinweis auf die für die einzelnen Kategorien von Vermögenswerten und Schulden angewandten Bewertungsgrundlagen.

28 Zu den Bilanzierungs- und Bewertungsmethoden verweist IAS 1.119 auf die Angabe, ob **Sachanlagen** zu Anschaffungs-/Herstellungskosten oder zum Neu-wert angesetzt werden (→ § 14 Rz 47).

Unklar bleibt zunächst, wie **spezifisch** die Informationen über Bilanzierungs-und Bewertungsmethoden in anderen Fällen ausfallen müssen:
- Die Angabe, dass Handelszwecken dienende Finanzinstrumente *(trading assets)* zum beizulegenden Zeitwert erfasst werden, wäre Bewertungs**grundlage**, also nicht Bewertungs**methode**.
- **Spezifisch** wäre demnach die Angabe, dass der beizulegende Zeitwert aus dem Börsenkurs oder im DCF-Verfahren abgeleitet wird.
- **Noch spezifischer** wäre allerdings der Hinweis, in welcher Variante und mit welchen Zins- und *cash*-Prämissen das DCF-Verfahren angewandt wurde.

29 Die Angaben zu den Bewertungsgrundlagen und die Methodenangaben sollen gem. IAS 1.114(b) (und IAS 1.117) im allgemeinen Teil des Anhangs (vor den Postenerläuterungen) gemacht werden. Diese **Zusammenfassung** allgemeiner und spezifischer Angaben ist wenig schlüssig und **wenig leserfreundlich**. Sie begünstigt folgende **Praxis**:

Auf Seite 1 (eines „Musteranhangs") wird „scheinspezifisch" angegeben, dass „Gebäude abgeschrieben" (und zwar „linear über eine Nutzungsdauer von 10–45 Jahren") oder dass „Handelswerte zum beizulegenden Wert" bilanziert werden (und zwar „vorzugsweise zum aktiven Marktpreis, in Ermangelung eines solchen jedoch nach anderen anerkannten Methoden"). Auf Seite 6 bei den Gebäuden bzw. auf Seite 20 bei den Finanzinstrumenten erfolgt dann aber ebenfalls keine wirkliche Spezifizierung. Dort ist stattdessen entweder gar nichts oder noch einmal die gleiche **Nichtinformation** zu lesen (Rz 31).

30 Da ein solches Vorgehen jedoch Praxis der Großunternehmen und durch IAS 1 begünstigt ist, nach anderer Auffassung sogar verlangt wird, wird unter Rz 73 ein dieser Praxis entsprechendes Formulierungsbeispiel wiedergegeben.

31 Der **informatorische Sinn** der herrschenden Darstellungsweise ist **schwer zu erkennen**. Das Formulierungsbeispiel unter Rz 73 enthält, bis auf die wenigen fett markierten Stellen, im Grunde nur eine einzige Aussage: „**Es wurde bilan-ziert, und zwar nach IFRS.**" Ein darüber hinausgehender Informationsgehalt ist jedenfalls in Aussagen der Art, dass

- Zinsen abgegrenzt wurden (also Bilanz und nicht Einnahmen-Ausgaben-Rechnung),
- abnutzbares Anlagevermögen über die Nutzungsdauer abgeschrieben wurde (also Aufwand periodisiert),
- Forderungen erforderlichenfalls wertberichtigt wurden (also Stichtagsprinzip),

kaum zu erkennen. Der **Methodenteil** ist dementsprechend allzu oft **eine Ansammlung von Selbstverständlichkeiten**. Dort, wo (wie im Beispiel an den fett markierten Stellen) tatsächliche Informationen bereitgestellt werden könnten, sind die Angaben häufig sehr unbestimmt. Das Publikum erfährt z.B., dass immaterielle Vermögenswerte über zwei bis zehn Jahre abgeschrieben wurden. Auskünfte über die gewichtete durchschnittliche Abschreibungsdauer oder mindestens darüber, ob mehrheitlich eher über vorsichtige zwei oder eher über unvorsichtigere zehn Jahre abgeschrieben wurde, werden hingegen i.d.R. nicht gegeben. 32

Der Anwender hat jedoch mit solchen von Großkonzernen gesetzten Vorbildern, die zum Teil als *best practice* gelten, zu leben und dies ggf. recht komfortabel. Analysten, Banken und, sofern vorhanden, das Laienpublikum sind derartige Nichtinformationen gewöhnt. Warum sich also solchen Gewohnheiten widersetzen? Der mittelständische Anwender und sein (durch *peer review* und *Enforcement* geplagter) Wirtschaftsprüfer bewegen sich jedenfalls auf der sicheren Seite, wenn sie diesen Gewohnheiten entgegenkommen, zumal die Selbstverständlichkeiten ein eindrucksvolles Berichtsvolumen gewährleisten. Sie machen den Geschäftsbericht opulent, ohne wirklich zu informieren. 33

Ein **systematischeres Vorgehen** könnte sich hingegen an folgenden Überlegungen orientieren: Der Anhang hat u.a. die Funktion, das Zustandekommen der Zahlen im Abschluss, d.h. die Methoden zu erläutern. Hierbei ist zwischen drei Ebenen zu unterscheiden: 34

- Ebene 1: Zwingende Vorschriften wurden beachtet.
- Ebene 2: **Echte Wahlrechte** wurden wie folgt ausgeübt.
- Ebene 3: **Ermessen (unechte Wahlrechte)** wurde(n) wie folgt angewendet.

Ebene 1 ist bereits durch die allgemeine Versicherung, dass der Abschluss nach IFRS aufgestellt wurde, abgedeckt. Jede weitere Ausführung ist (für den kundigen Bilanzadressaten) redundant und daher überflüssig bzw. störend. Die so von uns schon seit der ersten Auflage formulierte Kritik findet seit 2013 eine Stütze beim IASB selbst. Dieser hält im *„Discussion Forum – Financial Reporting Disclosure Feedback Statement"* vom Mai 2013 fest: *„Investors also said that the accounting policy section of financial statements is long and unhelpful. It does not distinguish between the important policies and those that are simple descriptions of IFRS (and for which the entity has no choice but to apply the requirements set out in the Standard). The IASB will be asked to consider amending IAS 1 so that it is seen to be less restrictive about how accounting policies should be presented, making it easier for more important accounting policies to be given greater prominence."* 35

Ebene 2 betrifft Fälle wie die Neubewertung (statt Anschaffungskosten-/Herstellungskostenbewertung) von Anlagevermögen (→ § 14 Rz 47) oder die *fair-value-*Bewertung von *investment properties* (→ § 16 Rz 40 ff.). Derartige Wahlrechte sind i.d.R. **einheitlich** innerhalb eines Bilanzpostens anzuwenden. Die gewünschte Neubewertung eines Grundstücks erfordert z.B. die Neubewertung aller Grund- 36 stücke (→ § 14 Rz 51). Hingegen können technische Anlagen und Maschinen unabhängig davon, wie bei Grundstücken verfahren wird, weiter zu Anschaffungs- oder Herstellungskosten fortgeführt werden. Wegen des Postenbezugs ist daher die Platzierung von Angaben der Ebene 2 bei den Postenerläuterungen (statt im allgemeinen Teil) die sachgerechte und leserfreundliche Variante.

37 **Ebene 3** betrifft die Anwendung der Methoden auf den konkreten Einzelfall, also bei Sachanlagen etwa die Darstellung, über welchen Zeitraum genau (oder durchschnittlich oder hauptsächlich) die wichtigsten Gebäude, Maschinen usw. abgeschrieben wurden.

38 Nach der hier vertretenen Auffassung besteht für Detailangaben der Ebene 1 mangels Informationsgehalt kein wirklicher Bedarf,[7] während Angaben der Ebenen 2 und 3 postenbezogen und daher bei den Postenerläuterungen erfolgen sollten. Ein allgemeiner Teil „Methoden" wäre daher überflüssig (vgl. auch Rz 81). Unsere Ansicht steht jedoch im Widerspruch zur herrschenden Theorie und Praxis. Dem Anwender kann daher mit Rücksicht auf die herrschenden Verhältnisse bestenfalls eine **mittlere Lösung** wie im folgenden Formulierungs- beispiel empfohlen werden.

Praxis-Beispiel

BILANZIERUNGS- UND BEWERTUNGSMETHODEN

Erträge und Aufwendungen werden periodengerecht erfasst.

Immaterielle Anlagen und Sachanlagen werden zu Anschaffungs- oder Herstellungskosten angesetzt und, soweit abnutzbar, linear über die Nut- zungsdauer abgeschrieben. Wertminderungen werden durch außerplan- mäßige Abschreibungen berücksichtigt.

Vorräte werden zu Anschaffungskosten auf Basis von **Durchschnittspreisen** oder zu Herstellungskosten angesetzt. Auf niedrigere Nettoveräußerungs- preise wird abgeschrieben.

Finanzvermögen wird **am Erfüllungstag** zum i.d.R. den Anschaffungs- kosten entsprechenden *fair value* aktiviert. Für die **Folgebewertung** (nach IAS 39/IFRS 9) wird wie folgt unterschieden: Forderungen und Fälligkeits- werte mit den amortisierten Anschaffungskosten oder dem niedrigeren erziel- baren Betrag, veräußerbare Werte (*available-for-sale assets*) und Handels- werte (*trading assets*) mit dem verlässlich zu bestimmenden beizulegenden Zeitwert, Wertänderungen veräußerbarer Werte werden bis zur Veräußerung oder außerplanmäßigen Abschreibung erfolgsneutral, Wertänderungen von Handelswerten sofort erfolgswirksam erfasst.

Derivative Finanzinstrumente werden ausschließlich zur Sicherung von Zins- und Währungsrisiken eingesetzt. Sie werden zunächst zum i.d.R. den An- schaffungskosten entsprechenden beizulegenden Zeitwert erfasst, in der Folge zum beizulegenden Zeitwert. Im Falle einer wirksamen Absicherung von beizulegenden Zeitwerten gleichen sich die Zeitwertschwankungen des

---

[7] In der Tendenz ähnlich ERNST & YOUNG, International GAAP 2015, Ch 3. sCh 5.1.1.A: *„In deciding whether a particular accounting policy should be disclosed, IAS 1 requires consideration of whether disclosure would assist users in understanding how transactions, other events and conditions are reflected in the reported financial performance and financial position. (...) Disclosure of particular accounting policy is especially useful to users when those policies are selected from alternatives allowed in standards and interpretations."*

gesicherten Postens und die des Finanzinstruments in der GuV aus. Zeitwertschwankungen aus einer wirksamen *cash-flow*-Sicherung werden bis zur Durchführung des Grundgeschäfts erfolgsneutral in den Rücklagen erfasst.

Rückstellungen
Pensionsrückstellungen werden nach dem Anwartschaftsbarwertverfahren für leistungsorientierte Versorgungspläne gebildet. Der in den Pensionsaufwendungen enthaltene Zinsanteil wird im Finanzergebnis ausgewiesen.
Sonstige Rückstellungen für Verpflichtungen, die voraussichtlich nicht bereits im Folgejahr zu einer Vermögensbelastung führen, werden i. H. d. Barwerts gebildet.
Verbindlichkeiten aus Finanzierungsleasingverträgen werden zum Vertragsabschlusszeitpunkt mit dem Barwert der Leasingraten, übrige Verbindlichkeiten zum Vereinnahmungsbetrag, beide nachfolgend zu fortgeführten Anschaffungskosten angesetzt.
Latente Steuern werden gem. IAS 12 für Bewertungsunterschiede zwischen den Steuerbilanzen der Einzelgesellschaften und dem Konzernabschluss gebildet. Steuerliche Verlustvorträge, die wahrscheinlich zukünftig genutzt werden können, werden i. H. d. latenten Steueranspruchs aktiviert.

Die **spezifischen** Angaben würden in dieser Variante bei den Postenerläuterungen erfolgen, z. B. bei Gebäuden durch Angabe der durchschnittlichen oder hauptsächlichen Nutzungsdauern, bei Handelswerten durch Angabe, ob der beizulegende Zeitwert hauptsächlich aus Marktwerten bestimmt wurde usw. 39
Die **allgemeinen** Angaben sind in Sonderfällen zu ergänzen. Etwa wäre prominent vorab darzustellen, wenn der Abschluss wegen bevorstehender oder eingeleiteter Liquidation nicht mehr nach Maßgabe der *going-concern*-Prämisse, sondern mit *break-up*-Werten erstellt würde (IAS 1.23).

4.3 Angaben zur Ausübung des Ermessens

4.3.1 Überblick

Bilanzierung ist Rechtsanwendung und könnte angesichts der Vielfalt der Lebenssachverhalte auch dann nicht ohne Ermessensentscheidungen auskommen, wenn der Jahresabschluss eine rein **vergangenheitsorientierte** Veranstaltung wäre. 40
Tatsächlich enthält der Jahresabschluss aber sehr viele **zukunftsgerichtete** Werte, etwa Niederstwerte, die auf den geschätzten zukünftigen Nutzwert abstellen, Rückstellungen, die nach der voraussichtlichen zukünftigen Belastung bewertet werden, oder *fair values*, die sich aus der Anwendung von Zukunftserfolgsverfahren (DCF- und Ertragswertmethoden) ergeben. 41
Idealtypisch ist der Jahresabschluss damit von zwei Arten von Ermessensentscheidungen geprägt: 42
- der **Auslegung** unbestimmter Begriffe und Regeln,
- der Vornahme von (zukunftsgerichteten) **Schätzungen** im Einzelfall.
Dieser Einteilung entsprechend verlangt IAS 1 in zweifacher Weise die Offenlegung von Ermessen: 43
- Nach IAS 1.122 sind in der Zusammenfassung der signifikanten Bilanzierungsmethoden *(in the summary of significant accounting policies)* die wich-

tigsten Ermessensentscheidungen *(judgements)* offenzulegen, die bei der Anwendung der **Bilanzierungs- und Bewertungsmethoden** vorgenommen wurden (Rz 45).

- Nach IAS 1.125 sind Informationen über die zukunftsbezogenen **Schlüsselprämissen** *(key assumptions)* und über andere Hauptquellen *(key sources)* der Unsicherheit von **Schätzungen** anzugeben (Rz 51).

44   Fraglich ist, wie in dieser Einteilung ein dritter wichtiger Bereich des Ermessens zu berücksichtigen ist, die **Auswahl von Schätzverfahren.** Folgende **Beispiele** sind einschlägig:

- Die Anschaffungskosten eines Anlagegegenstands sind über die Nutzungsdauer auf systematischer Basis abzuschreiben. Als Schätzverfahren für die systematisch richtige Verteilung kommen infrage: lineare Abschreibung, geometrisch-degressive Abschreibung, arithmetisch-degressive Abschreibung, leistungsabhängige Abschreibung (→ § 10 Rz 26 ff.).
- Der *fair value* einer nicht marktnotierten Option ist zu bestimmen: Als Schätzverfahren kommen u. a. infrage das Black-Scholes-Modell oder das Binomial-Modell (→ § 23 Rz 271 f.).

In beiden Beispielen ist eine zwischen den zwei Grundfällen liegende Art der Ermessensentscheidung gefordert: Einerseits geht es in beiden Beispielen um die **Vornahme einer Schätzung,** deren mathematisches Ergebnis ebenso von den gewählten Prämissen wie von den angewandten Schätzverfahren abhängig ist. Insoweit ist eine Nähe zu den in IAS 1.125 geforderten Angaben gegeben. Für eine entsprechende Einordnung spricht auch, dass in diversen Einzelvorschriften, etwa in IAS 40.75(d), die Offenlegung der Schätzverfahren und der Schlüsselprämissen als Einheit begriffen wird. Andererseits geht es in den beiden Beispielen gerade nicht mehr um die im Mittelpunkt von IAS 1.125 stehenden Prämissen des Einzelfalls, also etwa die geschätzte Nutzungsdauer des Anlagegegenstands oder die angenommene Volatilität des Basiswerts der Option, sondern um die **Methode** der Verarbeitung dieser Prämissen. Insoweit ist eine begriffliche Nähe zu den in IAS 1.122 ff. behandelten Bilanzierungs- und Bewertungsmethoden gegeben.

Angesichts dieser Zwischenstellung halten wir die Behandlung der Schätzverfahren im Zusammenhang der Angabepflichten von IAS 1.125 für ebenso zulässig wie eine Behandlung im Kontext der Angaben von IAS 1.122. Die praktische Bedeutung der Zuordnung zu dem einen oder dem anderen Kontext liegt darin, dass IAS 1.125 ff. eher eine quantifizierte Form der Offenlegung des Ermessens verlangt, während nach IAS 1.122 ff. in jedem Fall allgemeine Beschreibungen ausreichen.

4.3.2   Auslegungsbedürftige Regeln, unbestimmte Rechtsbegriffe, Regelungslücken

45   Als Bestandteil der Angaben zu den Bilanzierungs- und Bewertungsmethoden *(in the summary of significant accounting policies)* sind die bedeutsamsten Ermessensentscheidungen *(judgements with the most significant effect)* anzugeben, die bei der Regelanwendung getroffen wurden (IAS 1.122). Ermessensentscheidungen, die sich auf die Schätzung von Werten beziehen, sind gesondert in IAS 1.125 geregelt. Regelungsinhalt von IAS 1.122 ist demgemäß die Auslegung

unbestimmter Rechtsbegriffe inkl. der rechtlichen Gesamtwürdigung von Geschäftsvorfällen nach allgemeinen Kriterien wie etwa dem des „wirtschaftlichen Gehalts" einer Transaktion.

IAS 1.123 f. führen zur Erläuterung der verlangten Anhangangaben u. a. folgende Beispiele an: **46**

- Ausbuchung oder Fortführung veräußerter finanzieller Vermögenswerte je nach Urteil, ob **„so gut wie alle Risiken"** aus dem **finanziellen Vermögenswert** (*substantially all of the risks*) transferiert wurden (→ § 28 Rz 58 ff.),
- wirtschaftliches Eigentum bei Leasing, je nach Urteil, wer **„so gut wie alle Risiken und Chancen"** des **Leasingobjekts** trägt (→ § 15a).

Angaben sind nur für die Ermessensentscheidungen geboten, die für Bilanz, GuV usw. die **größte Bedeutung** (*most significant effect*) haben. Eine Angabe zu den Leasingverhältnissen ist daher z. B. nur dann erforderlich, wenn sich die Gesellschaft in erheblichem Maße als Leasingnehmer oder Leasinggeber betätigt. **47**

Mit der Bindung der Angabepflichten an das **Signifikanzkriterium** entsteht in den Fällen eine gewisse **Zirkularität**, in denen die in ihrer Anwendung zu erläuternden Rechnungslegungsregeln gerade selbst den Begriff der Signifikanz verwenden. U. a. ist dies bei vielen Regeln zum Sachanlagevermögen der Fall: **48**

Praxis-Beispiel

- Der Tausch von Sachanlagen ist nach IAS 16.25 dann erfolgsneutral zu behandeln, wenn er zu keiner **signifikanten** Änderung der *cash flows* führt (→ § 14 Rz 17 f.).
- Teile eines Vermögenswerts sind nach IAS 16.43 separat abzuschreiben, wenn sie einen **signifikanten** Kostenanteil haben (→ § 10 Rz 6).
- Eine gewählte planmäßige Abschreibungsmethode kann nach IAS 16.61 dann nicht beibehalten werden, wenn das Muster der Abnutzung sich **signifikant** ändert (→ § 10 Rz 43).
- Ein *impairment*-Test zur Feststellung des außerplanmäßigen Abschreibungsbedarfs ist nach IAS 36.9 ff. dann angezeigt, wenn sich Nutzungs- und Umfeldbedingungen **signifikant** ändern (→ § 10 Rz 43).

In allen genannten Fällen ist eine **zweistufige Auseinandersetzung** mit dem **Signifikanzkriterium** geboten.

- Primär ist bei Anwendung der Regeln aus IAS 16 eine Auslegung erforderlich, was signifikant ist.
- Nach IAS 1.122 ist sodann auf einer zweiten Stufe zu beurteilen, ob die ermessensbehaftete Auslegung des Signifikanzbegriffs eine signifikante Wirkung auf den Abschluss hat. Auch auf dieser zweiten Stufe ist der Begriff der Signifikanz auslegungsbedürftig.

Stärker verallgemeinert zeigt das Beispiel, dass auch die **Offenlegung des Ermessens selbst ermessensbehaftet** ist. Die unvermeidliche Subjektivität bei der Aufstellung des Jahresabschlusses lässt sich auch auf der Ebene des Anhangs bzw. der Offenlegungen nicht lösen.

Regelungszweck von IAS 1.122 kann daher nicht eine **Schattenbilanzierung** sein, die im Anhang zeigt, wie Bilanz, GuV usw. aussähen, wenn Ermessen **49** anders/besser ausgeübt worden wäre.[8] Bescheidener, aber realistischer Zweck ist die **konkretisierte Offenlegung** der Tatsache, **dass** die **Bilanzierung ermessensbehaftet und damit subjektiv** ist.

- Eine solche Offenlegung muss insofern konkret sein, als sie sich nicht mit dem allgemeinen Verweis auf die Ermessensabhängigkeit jeglicher Bilanzierungsbemühungen begnügen darf, sondern sie muss **Stellen** nennen, an denen im fraglichen Abschluss wichtige Ermessensentscheidungen getroffen wurden.
- Diese Offenlegung verlangt andererseits **keine Quantifizierungen,** aus denen sich Als-ob-Bilanzierungen ableiten ließen. Wären solche Angaben verlangt, hätte der IASB das in IAS 1.125 ff. angewandte quantifizierende Vokabular auch in IAS 1.122–IAS 1.124 eingesetzt. Er hat dies nicht getan, sondern für die geforderte Offenlegung als Teil der *summaries* der *accounting policies* verbale Beschreibungen genügen lassen. Zu Ausnahmen, die sich bei Finanzinstrumenten aus IFRS 7 ergeben, wird auf → § 28 Rz 449 ff. verwiesen.

50　Zu den Methodenangaben gehören u. E. auch Ausführungen zur Ausfüllung von **Regelungslücken** durch Rückgriff auf andere IFRS-Standards, Branchenübung oder Verlautbarungen anderer Standardsetter, z. B. auf US-GAAP (IAS 8.10 ff.; → § 1 Rz 76).

4.3.3　Schätzungen, Bewertungsunsicherheiten

51　Die Bestimmung der Niederstwerte im Anlage- und Umlaufvermögen, die Festlegung des wahrscheinlichsten Erfüllungsbetrags von Rückstellungen, die Ermittlung eines *fair value* im Ertragswert- oder DCF-Verfahren, die Optionswertbestimmung mit Hilfe des Black-Scholes-Modells und viele andere bilanzielle Bewertungs- und Ansatzentscheidungen sind durch **Schätzunsicherheiten** (*estimation uncertainties*) charakterisiert. IAS 1.125 verlangt die Offenlegung von Informationen über die **Schlüsselprämissen und Hauptunsicherheitsquellen,** die mit derartigen Schätzungen verbunden sind.

52　Die Offenlegungspflicht ist an folgende Voraussetzungen gebunden:
- Es gibt ein **signifikantes Risiko**
- einer **wesentlichen Anpassung**
- des von der Schätzung betroffenen **Buchwerts** eines Vermögenswerts oder einer Schuld
- innerhalb des **nächsten Geschäftsjahres.**

Die Beurteilung, wann ein Risiko signifikant bzw. wann eine Wertanpassung als wesentlich gilt, ist selbst in hohem Maße ermessensbehaftet. Insoweit ist wie bei den Offenlegungen nach IAS 1.122 die Ermessensabhängigkeit des Jahresabschlusses lediglich von der Bilanz auf eine andere Ebene transferiert, ohne dort ermessensfrei gelöst werden zu können (Rz 48).

53　Im Unterschied zu den Angaben über Ermessen bei der Auslegung unbestimmter Rechtsbegriffe sind die Angabepflichten nach IAS 1.125 nicht auf die bedeutsamsten (*most significant*) Fälle beschränkt. Angaben sind vielmehr für **alle** geschätzten Vermögenswerte und Schulden notwendig, die ein signifikantes Anpassungsrisiko haben. Eine allgemeine Einschränkung ergibt sich aus dem in IAS 1.125 betonten *materiality*-Vorbehalt (→ § 1 Rz 61 ff.). Eine spezielle **Ein-**

8　HOFFMANN/LÜDENBACH, DB 2003, S. 1965 ff.

schränkung wird in zeitlicher Hinsicht vorgenommen: Nur das Risiko einer signifikanten Anpassung innerhalb des nächsten Geschäftsjahres (i.d.R. also binnen der nächsten zwölf Monate) führt zu einer Offenlegungspflicht.

Aus diesem Zeitkriterium ergeben sich sachlich **kaum zu rechtfertigende** Diffe-   **54**
renzierungen:

Praxis-Beispiel

U ist wegen Produkthaftung am 1.10.01 verklagt worden. Die Klageschrift legt die Vorwürfe wenig detailliert dar. U hat bis zum Bilanzstichtag eine detaillierte Erwiderungsstrategie ausgearbeitet. U hält eine Verurteilung für sehr unwahrscheinlich *(remote)*, passiviert daher zum 31.12.01 keine Rückstellung und leistet auch keine Anhangangaben nach IAS 37. Angesichts der notorischen Überlastung der Gerichte ist mit einem Urteil nicht vor Mitte 04 zu rechnen.

Für die Angabepflichten nach IAS 1.116 bedeutet dies Folgendes:

- Keine Angaben zum 31.12.01 und 31.12.02, da mit einer wesentlichen Änderung der Beurteilung und damit mit einer wesentlichen Buchwertanpassung in den nächsten zwölf Monaten nicht zu rechnen ist.

- Evtl. Angaben zum 31.12.03, da mit einem Urteil in 04 zu rechnen ist und es somit durch einen nicht auszuschließenden negativen Ausgang des Verfahrens innerhalb von zwölf Monaten zu einer wesentlichen Anpassung des Buchwerts der Schuld kommen kann.

Der Versuch einer Rechtfertigung des Zwölf-Monats-Kriteriums findet sich in den *Basis for Conclusions* zu IAS 1. Danach solle eine Beschränkung des Zeithorizonts die Zahl der potenziell angabepflichtigen Unsicherheiten limitieren und durch diese Limitierung auf wenige Fälle zu konkreteren *(more specific)* Angaben führen (IAS 1.BC84). Der IASB geht ohnehin vom Schätzerfordernis nur für **einige** Vermögenswerte und Schulden *(some assets and liabilities)* aus (IAS 1.BC80). I.V. m. dem Zwölf-Monats-Kriterium würde sich danach der Kreis der angabepflichtigen Unsicherheiten so stark reduzieren, dass keine ermessensbehaftete Auswahl der bedeutsamsten Fälle mehr notwendig wäre.

Dieser Versuch des IASB, das Ermessensproblem der zweiten Stufe (Rz 52) zu   **55**
lösen, kann nicht überzeugen. Die in IAS 1.123 genannten Fälle von Schätzwerten im Sachanlage- und Vorratsvermögen (Niederstwertbestimmung) sowie bei den Rückstellungen sind keine Sonderfälle. Schätzgrößen sind ebenso der Niederstwert immaterieller Anlagen, der Ansatz und die Bewertung aktiver latenter Steuern, der auch bei Fehlen von Marktwerten gebotene oder zulässige *fair-value*-Ansatz von *investment properties, financial assets,* Finanzderivaten und *financial liabilities,* die Wertberichtigungen auf Forderungen und weitere Fälle. Schätzungsfrei bleiben nur einige Nominalwerte der Bilanz (Geldkonten, Lieferantenverbindlichkeiten etc.).

Bei einer so umfassenden Rolle der Schätzwerte kann nicht mehr begründet   **56**
werden, dass nur die Bewertung **einiger** *(some)* Vermögenswerte und Schulden das Ergebnis von Schätzungen unter Unsicherheit sei. **Weite Teile der Bilanz** sind vielmehr das Ergebnis von **Bewertungen unter Unsicherheit.** Eine detaillierte und quantifizierte Offenlegung all dieser Unsicherheiten kann weder von den Bilanzierern praktikabel geleistet noch von den Bilanzadressaten praktikabel

verarbeitet werden. Eine **Beschränkung auf die wesentlichsten Fälle** wäre notwendig, und zwar unabhängig davon, ob ein Anpassungsrisiko sich innerhalb der nächsten zwölf Monate oder erst danach ergibt:[9]

Praxis-Beispiel

Größter Anlagewert eines Mobilfunkunternehmens ist eine UMTS-Lizenz, die per 31.12.01 auf die Notwendigkeit einer außerplanmäßigen Abschreibung getestet wird. Das UMTS-Netz soll in 04 in Betrieb gehen.

Der *value in use* der Lizenz hängt wesentlich von Annahmen über weit in der Zukunft liegendes Nutzungsverhalten der Kunden ab. Frühestens ab 05 werden die diesbezüglichen Planannahmen ihren ersten ernsthaften Realitätstest erfahren.

Per 31.12.01, 02 und 03 wäre danach kein Risiko einer signifikanten Anpassung des Buchwerts innerhalb der nächsten zwölf Monate gegeben. Angaben zu den bei der Bestimmung des *value in use* zugrunde gelegten Prämissen wären nach dem Wortlaut von IAS 1.116 nicht erforderlich.

Sachgerecht erscheint eine solche Lösung nicht. Wenn die Mobilfunklizenz der wichtigste Anlagegegenstand des Unternehmens ist, sollte im Interesse der viel berufenen *decision usefulness* gerade die Bewertungsunsicherheit bei diesem Vermögenswert einer Offenlegung bedürfen.

---

57   Zu konkretem **Inhalt und Form** der Offenlegung hält IAS 1.125 Folgendes fest:
- Die risikobehafteten Vermögenswerte und Schulden sind in der Weise zu **identifizieren,** dass
  - die **Art der** von signifikanten Anpassungsrisiken betroffenen Vermögenswerte oder Schulden sowie
  - deren **Buchwerte**
  angegeben werden.
- Die bei den identifizierten Vermögenswerten oder Schulden konkret vorliegenden Schätzunsicherheiten können je nach den Umständen *(according to the circumstances)* in verschiedener **Form** präsentiert werden (IAS 1.129), z.B. durch Offenlegung der
  - **Art** der Annahmen und der Unsicherheit,
  - **Sensitivität** der Buchwerte gegenüber den Prämissen,
  - erwarteten **Lösung** der Unsicherheit in den nächsten zwölf Monaten,
  - **Änderungen,** die **in den Prämissen** schon zuvor unsicherer Werte vorgenommen wurden.

58   Die Auflistung hat keinen abschließenden Charakter. Unter den beispielhaft genannten Darstellungsformen ist eine Präferenzreihenfolge nicht erkennbar.

59   IAS 1.130 enthält eine **implizite Schutzklausel.** Offenbar im Interesse der Geheimhaltung betrieblicher Informationen wird eine Offenlegung von Unternehmensplanungen *(budget information)* und Prognosen nicht verlangt. Insbesondere die Bestimmung des *value in use* des *goodwill* und anderer Anlagegegenstände fußt aber in aller Regel auf Unternehmensplanungen, da der *value in use* regelmäßig nur auf der Ebene der zahlungsmittelgenerierenden Einheit und

---

[9]   Ähnlich mit zum Teil anderer Begründung KIRSCH, StuB 2004, S. 481.

damit auf der Grundlage von Budgetplanungen für die relevanten Unternehmensbereiche bestimmt werden kann. Die Hauptunsicherheit, nämlich die Annahmen über die zukünftigen Erträge und Aufwendungen, ist in diesen Fällen nicht offenlegungspflichtig. Der Regelungszweck von IAS 1.125 wird damit konterkariert. An die Stelle einer konkretisierenden Offenlegung der den Buchwerten zugrunde liegenden Prämissen können verallgemeinerte Aussagen mit zweifelhaftem Informationswert treten.

Praxis-Beispiel

Die U hat in 01 einen etwa gleich großen Wettbewerber X erworben. Größter Einzelwert in der Bilanz per 31.12.01 ist der aus der Unternehmensakquisition stammende *goodwill*. Er wird per 31.12.01 auf einen außerplanmäßigen Abschreibungsbedarf getestet (→ § 31 Rz 149). Ein Abschreibungsbedarf wird hierbei verneint.

Grundlage dieses Tests sind die Unternehmensplanungen *(budget information)* für das erworbene Unternehmen. Sie sind nach IAS 1.130 nicht offenlegungspflichtig.

Das bestehende Risiko der Anpassung des *goodwill* innerhalb der nächsten zwölf Monate könnte daher bei großzügiger Auslegung in Anlehnung an IAS 1.129 im Anhang wie folgt „offengelegt werden":

„Der goodwill wurde auf ein impairment getestet. Ein außerplanmäßiger Abschreibungsbedarf ergab sich hierbei nicht. Grundlage des impairment-Tests waren Annahmen über die zukünftige Ertrags- und Aufwandsentwicklung des Konzernbereichs X. In dem Maße, in dem die tatsächliche Entwicklung hinter diesen Annahmen zurückbleiben sollte, können sich Anpassungsnotwendigkeiten zum nächsten Bilanzstichtag ergeben."

Der Gegenpol zu solchen informationsarmen Angaben wäre eine in IAS 1.129(b)   **60**
beispielhaft vorgeschlagene **Sensitivitätsanalyse,** die in der Praxis aber nur selten präsentiert wird.[10]

Praxis-Beispiel

Das Mobilfunkunternehmen K weist per 31.12.01 noch 15 Mrd. EUR für UMTS-Lizenzen und für Firmenwerte aus Tochterunternehmen aus. In 02 schreibt es 10 Mrd. EUR darauf ab.

Eine Sensitivitätsanalyse (wie variiert ein Output-Wert mit der Veränderung seiner Input-Werte?) per 31.12.01 hätte dem Publikum zeigen können, wie sich der Wert von Lizenzen und *goodwill* ändert, wenn

- sich die Inbetriebnahme der UMTS-Netze um 1 Monat, 2 Monate, 3 Monate usw. verzögert,
- sich der prognostizierte Pro-Kopf-Monats-Absatz um 1 Minute, 2 Minuten, 3 Minuten usw. ändert,
- dabei der Minutenpreis wettbewerbsbedingt um 1 Cent, 2 Cent, 3 Cent usw. sinkt,

---

[10]   Vgl. Teitler, IRZ 2006, S. 179 ff.

- sich der Marktzins und damit mittelbar der Diskontierungszins um 0,1 Prozentpunkte, 0,2 Prozentpunkte, 0,3 Prozentpunkte usw. ändert,
- sich (bei Einkauf von technischem Equipment in den USA) der Wechselkurs gegenüber dem Dollar um 1 Cent, 2 Cent, 3 Cent verschlechtert,
- usw., usw., usw.

Die Grenzen einer solchen Sensitivitätsanalyse liegen in der Verständlichkeit der Darstellung: Jeder einzelne Input-Parameter lässt sich z. B. im zweidimensionalen Diagramm gegen die bilanzielle Bewertung (Output) abtragen. Die zusammengefasste Betrachtung (multiparametrische Sensitivitätsanalyse) führt bei zwei Parametern in den dreidimensionalen Raum, bei drei und mehr in euklidsche Räume, die kaum mehr als nachvollziehbare, d. h. verständliche, Erläuterung von Bewertungsunsicherheiten taugen würden.[11]

Der Gegenpol wäre folgende nichtssagende Alternative als Anhangangabe: „Der Buchwert von 15 Mrd. EUR steht unter der Prämisse bestimmter Inbetriebnahmezeitpunkte, Absatzgrößen, Stückpreise, Marktzinsen und Wechselkurse. Bei gleichzeitiger und gleichgerichteter Änderung mehrerer Prämissen kann der Wert auch gegen null laufen."

IFRS 7 verlangt in bestimmten Fällen eine Sensitivitätsanalyse für **Finanzinstrumente** (→ § 28 Rz 530), IFRS 13 für alle *fair-value*-Bewertungen, die in der Hierarchie der Bewertungsmethoden Stufe 3 zuzuordnen sind (→ § 8a Rz 135).

61 Zur **Positionierung** der Angaben zu den Schätzunsicherheiten im Anhang enthält IAS 1 keine Aussage. Infrage kommen

- **eine zusammengefasste Darstellung im oder nach dem Methodenteil** (Rz 17 ff.) **oder**
- **Einzeldarstellungen** im Zusammenhang mit der Erläuterung des jeweiligen Bilanzpostens.

Aus den unter Rz 38 dargelegten Gründen halten wir eine Positionierung derartiger Angaben bei den jeweiligen Postenerläuterungen für sachgerechter als eine Behandlung im allgemeinen Teil des Anhangs.

Im Verhältnis zu den spezialrechtlichen Vorschriften gilt: IAS 1.125 hat einerseits Auffangcharakter für Unsicherheiten, deren Offenlegung nicht schon nach Einzelstandards gefordert ist, steht andererseits auch in einem Komplementärverhältnis zu den Einzelstandards:

Praxis-Beispiel
Soweit Rückstellungen für virtuelle Aktienoptionen eine wesentliche Bedeutung für den Abschluss haben, geht mit der Unsicherheit bei der Bestimmung der Volatilität ein entsprechendes Risiko der Anpassung der Rückstellung in den nächsten zwölf Monaten einher. Ergänzend zu der Angabe der Volatilität und deren Herleitung nach IFRS 2 kann dann eine Offenlegung des damit verbundenen Anpassungsrisikos der Rückstellung geboten sein.

---

[11] Vgl. im Einzelnen HOFFMANN/LÜDENBACH, DB 2003, S. 1965 ff.

4.3.4 Zusammenfassende Beurteilung

Die Offenlegung von Ermessensspielräumen ist dem Grunde nach zu **begrüßen.**   62
Sie ist ein notwendiges Korrektiv gegen die plakative Verwendung von Begriffen
wie *true and fair presentation*. Bei deren Gebrauch wird zuweilen Sollen mit Sein
verwechselt (→ § 1 Rz 24 ff.).[12] Wie *true and fair* eine Rechnungslegung ist,
entscheidet sich v. a. daran, welchen Ermessensgebrauch und Ermessensmiss-
brauch sie zulässt. Hier ist das IFRS-System einerseits gegenüber dem handelsrechtlichen System im Vorteil, weil es sich in Teilen mehr auf Einzelfallregeln
und damit weniger auf unbestimmte Rechtsbegriffe verlässt.

Andererseits weist das IFRS-System aber auch systematische Nachteile gegen-   63
über dem HGB aus; Letzteres ist mit einer planmäßigen Abschreibung auf den
goodwill oder mit einer Anschaffungskostenbewertung von Finanzinstrumenten
weniger ermessensabhängig und manipulationsanfällig als der *impairment only*
approach für den *goodwill* (→ § 31 Rz 149) oder die Zeitbewertung für Finanzinstrumente (→ § 28 Rz 342 ff.). Der bessere Einblick in die Ermessensausübung
ist für jedes Rechnungslegungssystem sachgerecht, wenn auch die Schwerpunkte
diesbezüglich differieren. Allerdings sind diesem Vorhaben **Grenzen** gesetzt. Je
vielfältiger Lebenssachverhalte werden, je komplexer die verlangten (oder zugelassenen) Bewertungsverfahren, je mehr Prämissen sie verlangen, umso wichtiger, aber auch umso schwieriger ist eine nachvollziehbare Darstellung der
Ermessensspielräume. Einen Königsweg gibt es nicht. Immer ist eine **Abwägung**
nötig zwischen einem Zuviel und einem Zuwenig an Informationen.

Der Altmeister der deutschen Bilanzwissenschaft, WILHELM RIEGER, hat die
Bilanzierungspraxis so gekennzeichnet: *„Die Jahresbilanz ist also ein Gemisch*
von Wahrheit und Dichtung. Die ... daraus abzuleitende Konsequenz wäre nicht
etwa, dass wir uns nach einer anderen Art des Jahresabschlusses umsehen, sondern
das resignierte Bekenntnis, dass es im Leben der Unternehmung eine wahre und
richtige Abrechnung überhaupt nicht gibt."[13]

Diese Erkenntnis entspricht allerdings nicht den **Erwartungen des breiten**   64
Publikums. Wo Soll und Haben pfenniggenau aufgehen, Bilanz und GuV das
gleiche Ergebnis zeigen, die segensreiche Erfindung der Doppik ihres Amtes
waltet, neigt das Publikum zu dem Schluss, das Zahlenwerk habe, soweit es denn
nicht betrügerisch manipuliert sei, eine absolute Exaktheit. Eine wichtige Aufgabe des Anhangs wäre, immer wieder gegen diese Erwartungshaltung vorzugehen und an prominenter Stelle zu betonen, dass viele Ansätze und Werte das
Ergebnis von Interpretationen und Schätzungen sind, die auch deutlich anders
hätten ausfallen können.

In dieser Hinsicht überzeugt die Lösung von IAS 1 **theoretisch** mehr als die des   65
Handelsrechts, das in § 321 Abs. 2 Satz 4 HGB die Offenlegung der Ermessensspielräume nur für den Prüfungsbericht und damit nur für einen privilegierten
Adressatenkreis (Aufsichtsrat, Hausbanken usw.) vorsieht. Eine derartige infor-
mationelle Diskriminierung der Anteilseigner ist weder politisch noch kapitalmarkttheoretisch zu rechtfertigen.[14]

---

12 HOFFMANN/LÜDENBACH, StuB 2002, S. 541 ff.
13 RIEGER, Einführung in die Privatwirtschaftslehre, 2. Aufl., S. 212.
14 Vgl. HOFFMANN/LÜDENBACH, DB 2003, S. 781 ff.

66   Eine **praktische Besserstellung** wird der Adressat des IFRS-Abschlusses jedoch nur dann erhalten, wenn das Management sich nicht hinter im Grunde genommen nichtssagenden Wertmaßstäben und Beschreibungen – angemessen, ausreichend und vertretbar[15] – verschanzt, sondern deutlich macht, welche Posten des Abschlusses in besonderem Maße ermessensbehaftet sind und dass bei einer – vom Regelwerk nicht verlangten – einseitig vorsichtigen Ausübung des Ermessens ein Abschluss statt mit einer schwarzen auch mit einer roten Zahl hätte enden können.

4.4   *Information overload* und *materiality*

67   Der IASB verfährt im Konzert mit anderen Standardsettern nach der Maxime: Immer mehr Informationen in immer **mehr** Berichten – Jahresabschlüssen, Quartalsberichten, Ad-hoc-Mitteilungen usw. – erhöhen die Effizienz der Kapitalmärkte. Empirisch belegen lässt sich diese Wirkungsannahme nicht. Sie vernachlässigt die Restriktionen der **Informationsverarbeitung.** Selbst unter der heroischen Annahme, das Management würde der fairen Information des Kapitalmarkts uneingeschränkten Vorrang vor Eigen- und Unternehmensinteressen geben, also nicht die Gelegenheit nutzen, brisante Informationen zwischen einer Unzahl irrelevanter, aber gesetzlich geforderter zu verstecken, kann die **Qualität** von Investorentscheidungen mit der Zahl der Informationen **abnehmen.** Verhaltenswissenschaftliche Studien beschreiben den Zusammenhang zwischen der **Menge** relevanter Informationen und der **Qualität** der Entscheidungen durch eine inverse, nach unten geöffnete U-Kurve.[16] Professionelle Pferdewetter sagen das Ergebnis eines Rennens zunächst besser voraus, wenn ihnen mehr Informationen gegeben werden. Eine weitere **Erhöhung** der Zahl der Informationen – schon über die Zahl von Fünf hinaus – **senkt** die Vorhersagequalität. Beinahe ebenso wichtig ist aber: Das Vertrauen in das **eigene** Urteil steigt beständig mit der Zahl der Informationen. Bei großen Informationsmengen ist die Prognose daher objektiv sehr schlecht, das Vertrauen in sie aber umgekehrt sehr hoch.[17] Die Realität und deren Einschätzung driften gefährlich auseinander.[18]

68   Die Gründe für die nachteilige Wirkung zu großer Informationsmengen lassen sich in komplexen **sozialpsychologischen** Termini ausdrücken, inhaltlich geht es v. a. um Folgendes: Im wahren Leben (außerhalb akademischer oder regulatorischer Modellwelten) sind die Ressourcen der Informationsverarbeitung **beschränkt.** Bei immer mehr Informationen wird daher ein immer größerer Teil ausgeblendet. Nur **zufällig** sind im verbleibenden Teil die Informationen mit der höchsten Relevanz enthalten. Der Verweis auf die ohnehin nur bei einigen großen, regelmäßig von Analysten gecoverten Unternehmen gegebene Arbeitsteilung der Informationsverarbeitung löst das Problem daher nicht. Für Experten mag die inverse U-Kurve zwar erst weiter rechts fallen, am Grundzusammenhang ändert sich nichts. In der informationsarbeitsteiligen Perspektive verschärft sich eher noch das Problem des Auseinanderdriftens von objektiver und subjektiver Qualität der Informationsverarbeitung. Jeder **verlässt** sich auf die Profis, seien diese

---

15   Vgl. HOFFMANN, DB 2000, S. 485 ff.
16   PAREDES, 2003, S. 417 ff.
17   TSAI/KLAYMAN/HASTIE, Workshop Paper, o. J.
18   Ähnlich: KÜTING/STRAUSS, StuB 2011, S. 439 ff.

nun Prüfer, Enforcementinstitutionen oder Ratingagenturen, aber jede dieser Instanzen ist ebenfalls im Dilemma begrenzter Zeit und Ressourcen gefangen. Die vorgenannten Zusammenhänge sind längst bekannt. Die Politik kritisiert ein 69 Zuviel an Informationen. EU-Kommissar MCCREEVY outet sich etwa angesichts der Einführung der IFRS in der EU als Nichtmitglied des Clubs der *Transparency Freaks*:

> *„I wonder whether a flood of information is really the answer... Yet often the real problem in the digital age is how best to sift the mass of information that is available. How to find the needle in the haystack. Too much information may mean many investors will have to rely more heavily on professional analysts... I am not a fully paid-up member of the Transparency Freaks Club.*[19]*"*

Auch die Standardsetter selbst nahmen von Zeit zu Zeit das Unwort *„information overload"* in den Mund. Den Zeigefinger richteten sie dabei aber eher auf die Unternehmen. Die Information, dass drei Finger in die eigene Richtung weisen, blieb zumeist unverarbeitet. Während die Postmoderne in allen möglichen anderen Gebieten der Entbürokratisierung das Wort redet, rudert die Prüfungs-, Enforcement- und Rechnungslegungsszene immer noch mit hohem Tempo in die andere Richtung, teils als Getriebene, teils als Handelnde. Dem Vorwurf, große Unternehmenskrisen seien nicht früh genug im Abschluss evident geworden, mag man nicht die Grenzen des eigenen Tuns entgegenhalten. Wohlfeiler ist das Versprechen immer engmaschigerer (und damit immer bürokratischerer) Regulierung.

Auch die Aktivitäten des IASB fügten sich bisher nahtlos in dieses Bild. Im 70 Regelwerk, genauer nur in den *Basis for Conclusions*, kam der Begriff *information overload* ganze dreimal vor, einmal als zitierte, vom IASB aber zurückgewiesene Kritik an neuen Offenlegungspflichten (IAS 19.BC85E), die beiden anderen Male umgekehrt in der Zurückweisung eines Verlangens nach mehr Offenlegung (IFRS 4.BC201(c) und IFRS 6.BC52(c)). Es soll an dieser Stelle nicht vertieft werden, warum die beiden Fälle, in denen der IASB sich selbst auf die Gefahr des *information overload* beruft und ein Weniger an Angaben rechtfertigt, gerade Standards betreffen, die für lobbyistisch gut organisierte Branchen (Versicherungen bzw. Öl- und Mineralindustrie) gelten. Wichtiger sind folgende strukturelle Punkte:

- Die Masse der Anhangangaben ergibt sich nicht aus den allgemeinen Vorschriften von IAS 1, sondern aus den **themenspezifischen** Standards, also aus IFRS 2–IFRS 8, IAS 2–IAS 41 und IFRIC 1–IFRIC 14.
- Aus **isolierter** Perspektive des jeweiligen Standards bzw. Regelungskontextes sprechen immer gute Gründe für eine Vielzahl an Anhangangaben. Entsprechend nimmt die Zahl der verlangten Angaben mit beinahe jedem neuen oder neu gefassten Standard zu.
- Das **Gesamtbild** *(big picture)* spricht aus den o. g. Gründen aber gerade für eine Beschränkung der Anhangangaben.

---

19 MCCREEVY, Rewarding excellence in legibility of accounts: meeting the IFRS challenge, SPEECH/06/729 , Dublin, 17. November 2006, www.iasplus.com/europe/0611mccreevy.pdf, zuletzt abgerufen am 4.1.2017.

- Diese **Beschränkung** könnte der IASB **selbst** vornehmen.
- In einer moderaten Variante könnte er im **kasuistischen** System bleibend neue Angaben nur dann zulassen und vorschreiben, wenn an anderer Stelle mindestens eine Angabepflicht entfiele.
- In einer radikalen Variante würde er den gesamten kasuistischen Ansatz aufgeben zugunsten eines tatsächlich **prinzipienorientierten** Ansatzes, der außer ein paar wenigen Basisangaben nur die Darstellung der für das Verständnis der Rechenwerke des Abschlusses und die Beurteilung der Lage des Unternehmens wichtigsten Informationen im Anhang vorschreiben würde.

71 Zu einer derartigen Selbstbeschränkung konnte sich der IASB bisher ebenso wenig wie andere Standardsetter durchringen. Die Durchschnittslänge der Anhänge steigt daher im Zeitablauf immer mehr.[20]

Es bleibt bisher dem Anwender überlassen, hier gegenzusteuern und aus einer Unzahl von möglichen Anhangangaben unter *materiality*-Gesichtspunkten eine Auswahl zu treffen. Hierbei muss der redliche Anwender jedoch mit Prüfungs- und Enforcementinstanzen rechnen, die checklistenorientiert arbeiten und die Berufung auf *materiality* nur ausnahmsweise akzeptieren. Der unredliche Anwender mag dies auch als Chance begreifen, das für das Publikum Brisante unter lauter Nichtssagendem zu verstecken.[21]

Für den redlichen Anwender besteht bei der **Anwendung des Wesentlichkeitsgrundsatzes** folgende Problemlage:[22]

- Das Schrifttum hält sich bei der Formulierung von Anforderungen an die Wesentlichkeit zurück; fast immer wird die Bedeutung der Umstände des Einzelfalls betont.
- Die daraus für die Unternehmen resultierende Rechtsunsicherheit ist im Bereich der Anhangangaben zum IFRS-Konzernabschluss besonders misslich. Die IFRS kennen unzählige Angabevorschriften, von denen je nach Art der Unternehmenstätigkeit im jeweiligen Geschäftsjahr oft noch weit mehr als 100 oder mehr infrage kommen.
- Bemängelt der Abschlussprüfer oder zu einem späteren Zeitpunkt die DPR als Enforcementstelle eine fehlende (oder fehlerhafte) Anhangangabe, ist eine von diesen Prüfungsinstanzen in qualitativer Hinsicht angenommene Wesentlichkeit schwer zu widerlegen. Der Beweis, dass die geforderte Information nicht einmal potenzielle Relevanz für (aktuelle und potenzielle) Kapitalgeber haben könnte, ist kaum zu erbringen.
- Die Position des Unternehmens ist dann tendenziell schlechter als bei einem Verstoß gegen Ansatz- oder Bewertungsvorschriften. Hat ein Unternehmen etwa von 100 gleichartigen Anlagegegenständen drei nicht oder in zu geringer Höhe angesetzt, ist bei einer Fehlergröße von nicht mehr als 3 % die Wesentlichkeit quantitativ schnell zu verneinen. Fehlen bei 100 Anhangangaben deren drei, scheitert wegen der Unmöglichkeit, die Wichtigkeit der Angaben objektiv zu quantifizieren, eine entsprechende (quantitative) Argumentation.

---

[20] Vgl. KÜTING/STRAUSS, StuB 2011, S. 439 ff.
[21] Vgl. zum Ganzen auch HOFFMANN/LÜDENBACH, DB 2007, S. 2213.
[22] Vgl. zum Nachfolgenden HOFFMANN/LÜDENBACH, NWB Kommentar Bilanzierung, 8. Aufl., 2017, § 342b HGB.

- Die stattdessen notwendige qualitative Würdigung führt meist und damit auch auf Seiten der Prüfungsinstanz zu subjektiven Urteilen. Eine große Zurückhaltung der Prüfungsinstanzen beim Schluss vom Fehlen einzelner Anhangangaben auf die Fehlerhaftigkeit der Rechnungslegung wäre daher u.E. geboten, ist in der Praxis aber nicht unbedingt zu beobachten.

Immerhin hat der **IASB** seit wenigen Jahren selbst das Problem erkannt und deshalb im Oktober 2010 die **Wirtschaftsprüferinstitute Schottlands und Neuseelands** mit einer Untersuchung beauftragt, wie der ständig steigende Umfang der Anhänge zu erklären und dieser Tendenz ggf. entgegenzuwirken ist. Die im Sommer 2011 unter dem Titel *„Losing the excess baggage; Reducing disclosures in financial statements to what's important"* vorgelegte Studie[23] der beiden Institute kommt zu folgenden Ergebnissen:[24]

- **Diagnose:** Die ständige Ausweitung der Anhänge beruht einerseits auf einem **Teilversagen** des **Regelgebers:** *„Many disclosure requirements have been introduced in new or revised international accounting standards over the last ten years without any review of their overall impact on the length or usefulness of the resulting financial statements."* Mindestens ebenso wichtig sind aber Versäumnisse beim **Regelanwender** bzw. dessen **Prüfungsinstanzen:** *„It has been difficult to apply with confidence paragraph 31 of IAS 1 Presentation of Financial Statements. That paragraph of IAS 1 states that entities need not provide specific disclosures required by an IFRS if the information is not material. However, this important message has been lost, or at least undermined, by the general lack of emphasis on materiality."*
- **Therapie:** Neben einer größeren Zurückhaltung des Regelgebers bei neuen Angabepflichten wird daher ein konsequenterer Umgang mit dem Wesentlichkeitsgrundsatz gefordert. Folgende Beispiele werden angeführt: *„For example, in a power generation business, information on the item tangible fixed assets relating to power generation' is likely to be material. In a financial services company, while tangible fixed assets may be disclosed in the statement of financial position, they are likely to be relatively small. Consequently additional information in the notes is likely to be not material in such a business. In both of these businesses, if the share-based payment is not material, then further information in the notes will also be not material."*

Die jetzt schon daraus zu ziehende praktische **Folgerung** stellt sich u.E. wie folgt dar:

- Viel stärker als bisher sind die **Spezifika** des jeweiligen Unternehmens zu berücksichtigen; deshalb sind etwa bei wenig anlageintensiven **Dienstleistungsunternehmen** Angaben zur Entwicklung des Sachanlagevermögens (**Anlagespiegel**), zu Abschreibungsmethoden usw. regelmäßig komplett **entbehrlich**.[25]
- Der von den Prüfungsinstanzen gern gebrachte Einwand, bestimmte Sachverhalte, etwa aktienbasierte Vergütungen, Erwerb eigener Anteile, Zusage von Pensionen usw., seien ihrer *„**Natur nach**"* stets wesentlich und damit im Anhang zu erläutern, ist unzutreffend. Weder bei **aktienbasierten Vergütungen** noch beim **Erwerb eigener Aktien** oder bei **Pensionszusagen** handelt es

---

23 https://www.icas.com/__data/assets/pdf_file/0017/2285/Losing-the-Excess-Baggage-ICAS.pdf, zuletzt abgerufen am 4.1.2017.
24 Vgl. LÜDENBACH, PiR 2012, S. 32 ff.
25 Vgl. LÜDENBACH, PiR 2012, S. 32.

sich aus heutiger Sicht um ungewöhnliche Vorgänge. Der Generalverdacht der Wesentlichkeit ist daher nicht gerechtfertigt. Vielmehr kommt es auf den Einzelfall an. Bei geringem Umfang entsprechender Transaktionen ist eine Angabe i. d. R. **nicht angezeigt.**

72   Die EFRAG kommt in einem *Discussion Paper „Towards a Disclosure Framework for the Notes"* zum Teil zu ähnlichen Überlegungen wie der amerikanische FASB im *Discussion Paper „Disclosure Framework"* (beide aus 2012). Ziel der Papiere ist es, die Effektivität der Anhangangaben – verstanden als Entscheidungsnützlichkeit für Zwecke der Abschlussadressaten – durch ein *Framework* zu erhöhen, das erstmals eine konzeptionelle Basis für Anhangangaben schafft, dies sowohl für den Standardsetzer (bei der Entwicklung der Regelungen) als auch für die Abschlusssteller (bei der Regelanwendung). Als mögliche Ansätze eines zukünftigen *Framework* werden u. a. diskutiert:

- *Complete discretion approach*: Verzicht auf Angabevorschriften, stattdessen größtmögliche Freiheiten. Vorgabe von Indikatoren zur eigenverantwortlichen Beurteilung, wann Anhangangaben geboten sind.
- *Disclosure objective approach*: Vorgabe standardspezifischer Informationsziele, aus denen der Anwender ableiten soll, welche Arten von Informationen für die vom speziellen Standard betroffene Transaktion erforderlich sind.
- *Two tier disclosure approach* (FASB): Teilung der Anhangregelungen in zwei Gruppen, nämlich (a) die für die jeweilige Transaktionsart zwingend erforderlichen und (b) die je nach den unternehmensspezifischen Umständen gebotenen Angaben.
- *Single standard approach (ERFAG)*: Zusammenfassung sämtlicher Angaberegelungen in einem einzigen Standard, um den Umfang und die Art von Informationspflichten über die Grenzen der Einzelstandards hinaus transparent und konsistent zu gestalten.

In beiden Papieren findet sich auch der inzwischen im Rahmen der *Disclosure Initiative* (angefangen mit dem *Feedback Statement Discussion Forum – Financial Reporting Disclosure* vom 28.5.2013), ebenso vom IASB verfolgte Gedanke, dass Anhangangaben v. a. dann wesentlich sind, wenn sie Unternehmensspezifika darstellen. Ein gut informierter Bilanzadressat wird etwa branchenübliche Finanzierungskonditionen unterstellen. Ein Bedürfnis nach einer Anhangangabe besteht dann nur dort, wo eine signifikante Abweichung vom Branchenüblichen gegeben ist.[26] Ein *„Principles of Disclosure Discussion Paper"* wird für das erste Halbjahr 2017 erwartet. Wegen moderater Änderungen zum Wesentlichkeitsgrundsatz in IAS 1 wird auf Rz 81 verwiesen.

4.5   Formulierungsbeispiel für den allgemeinen Teil des Anhangs

73   Wie unter Rz 29 ff. und Rz 67 dargestellt, sollte aus systematischer Sicht der Anhang frei von Selbstverständlichkeiten der Art „Abnutzbares Anlagevermögen wurde abgeschrieben" bleiben. Die herrschende Praxis interpretiert die Anforderungen von IAS 1 aber anders. Nachfolgend ein dieser Praxis entsprechendes Formulierungsbeispiel für den allgemeinen Teil des Anhangs, nämlich die Angabe
- der Übereinstimmung mit IFRS (→ § 1 Rz 49),

---

[26] Vgl. auch Kɪʀsᴄʜ/Gɪᴍᴘᴇʟ-Hᴇɴɴɪɢ, KoR 2013, S. 197 ff.

- der im Geschäftsjahr erstmalig angewandten Standards, Änderungen und Ergänzungen von Standards und der Bedeutung zukünftiger Standards, Änderungen und Ergänzungen (→ § 24 Rz 61 ff.), wobei eine Beschränkung auf die Fälle, die das Unternehmen überhaupt potenziell berühren, in der Praxis zwar nicht üblich, unter dem allgemeinen *materiality*-Vorbehalt aber zulässig ist; Angaben zu Änderungen von IFRS 1 sind bspw. unter *materiality*-Gesichtspunkten für ein längst auf IFRS übergegangenes Unternehmen nicht notwendig; ebenso wenig bei einem reinen Handelsunternehmen ohne wesentliches selbst erstelltes Anlagevermögen Angaben zu einer Neufassung von IAS 23 betreffend die Aktivierung von Zinsen auf Herstellungsvorgänge;
- zu den Bilanzierungs- und Bewertungsmethoden (Rz 26),
- zu Ermessen bei der Auslegung von Regeln (Rz 45) und der Vornahme von Schätzungen (Rz 51).

Praxis-Beispiel

1. Übereinstimmung mit IFRS, angewandte Standards, Bedeutung zukünftiger Standards (→ § 24 Rz 61 ff.)

Der Konzernabschluss wurde nach den *International Financial Reporting Standards* (IFRS), wie sie in der Europäischen Union (EU) anzuwenden sind, und den ergänzend nach § 315a Abs. 1 HGB zu beachtenden handelsrechtlichen Vorschriften aufgestellt. Alle vom *International Accounting Standards Board* (IASB) herausgegebenen, für das Geschäftsjahr geltenden IFRS wurden von der Europäischen Kommission für die Anwendung in der EU übernommen. Der Konzernabschluss entspricht damit auch den IFRS.

Für das Geschäftsjahr 2016 waren erstmals folgende Standards bzw. wesentliche Änderungen und Ergänzungen bestehender Standards anzuwenden [...]: Die Neuregelungen haben keine wesentlichen Auswirkungen auf den Abschluss des Unternehmens in 2016.

Erst nach 2016 anzuwenden sind [...]:

Größere Auswirkungen wird nur IFRS [...] haben.

2. Bilanzierungsmethoden

Gliederungsmethoden

Die Bilanz wird nach **Fristigkeit** gegliedert. Die GuV ist nach dem **Umsatzkostenverfahren** aufgebaut. Die *cash flows* aus der betrieblichen Tätigkeit werden nach **der indirekten Methode** ermittelt.

Aufwands- und Ertragsrealisierung

Umsatzerlöse bzw. sonstige betriebliche Erträge werden mit Erbringung der Leistung bzw. mit Übergang der Gefahren auf den Kunden realisiert. Betriebliche Aufwendungen werden mit Inanspruchnahme der Leistung bzw. zum Zeitpunkt ihrer Verursachung ergebniswirksam. Zinserträge und Zinsaufwendungen werden periodengerecht erfasst.

Immaterielle Vermögenswerte

Erworbene immaterielle Vermögenswerte werden zu Anschaffungskosten, selbst erstellte immaterielle Vermögenswerte, aus denen dem Konzern wahrscheinlich ein künftiger Nutzen zufließt und die verlässlich bewertet werden

---

können, mit den Herstellungskosten der Entwicklungsphase aktiviert und jeweils über eine **Nutzungsdauer von zwei bis zehn Jahren** planmäßig linear abgeschrieben. Die Herstellungskosten umfassen dabei alle direkt dem Herstellungsprozess zurechenbaren Kosten sowie angemessene Teile der fertigungsbezogenen Gemeinkosten. Finanzierungskosten werden nicht aktiviert. Geschäftswerte aus der Konsolidierung und der Bewertung nach der *equity*-Methode werden gem. IFRS 3 nicht planmäßig abgeschrieben.

Sachanlagen

Materielle Vermögenswerte, die im Geschäftsbetrieb länger als ein Jahr genutzt werden, sind mit ihren Anschaffungs- bzw. Herstellungskosten, abzüglich planmäßiger linearer Abschreibungen, bewertet. Die Herstellungskosten umfassen alle direkt dem Herstellungsprozess zurechenbaren Kosten sowie angemessene Teile der fertigungsbezogenen Gemeinkosten. Finanzierungskosten werden nicht angesetzt. Die zugrunde gelegten Nutzungsdauern entsprechen den erwarteten Nutzungsdauern im Konzern. Ausschließlich auf steuerlichen Regelungen beruhende Abschreibungen werden nicht angesetzt. Für Gebäude werden Nutzungsdauern zwischen **zehn und 45 Jahren** zugrunde gelegt, Bauten und Einbauten auf fremden Grundstücken werden entsprechend der Laufzeit der Mietverträge bzw. einer niedrigeren Nutzungsdauer abgeschrieben. Als Nutzungsdauer für technische Anlagen und Maschinen werden **bis zu zehn Jahre** angesetzt. Betriebs- und Geschäftsausstattung wird bei normaler Beanspruchung über **drei bis zehn Jahre** abgeschrieben.

In den Sachanlagen sind geleaste Objekte aus *finance leases* enthalten. Ihr Erstansatz erfolgt mit dem Zeitwert oder dem niedrigeren Barwert der Mindestleasingzahlungen. Die Fortschreibung entspricht der der übrigen Sachanlagen.

Außerplanmäßige Abschreibung

Immaterielle Vermögenswerte sowie Sachanlagen werden zum Bilanzstichtag außerplanmäßig abgeschrieben, wenn der „erzielbare Betrag" des Vermögenswerts unter den Buchwert gesunken ist. Der „erzielbare Betrag" wird als der jeweils höhere Wert aus Nettozeitwert *(fair value less costs to sell)* und Barwert des erwarteten Mittelzuflusses aus dem Vermögenswert *(value in use)* ermittelt.

Finanzanlagen[27]

Finanzanlagen werden **am Erfüllungstag**, d.h. zum Zeitpunkt des Entstehens bzw. der Übertragung des Vermögenswerts, zum *fair value* aktiviert. Für die weitere Bewertung wird gem. IAS 39 zwischen Forderungen, Fälligkeitsinvestments, veräußerbaren Werten (und im Umlaufvermögen ausgewiesenen Handelswerten) unterschieden. Forderungen und Fälligkeitswerte werden mit den amortisierten Anschaffungskosten oder dem niedrigeren erzielbaren Betrag angesetzt, veräußerbare Werte (und Handelswerte) mit dem beizulegenden Zeitwert, sofern dieser verlässlich bestimmbar ist. Wert

---

[27] I. d. F. IAS 39 (nicht IFRS 9).

schwankungen veräußerbarer Werte zwischen den Bilanzstichtagen werden erfolgsneutral in die Rücklagen eingestellt. Die erfolgswirksame Auflösung der Rücklagen erfolgt entweder mit der Veräußerung oder bei nachhaltigem Absinken des Marktwerts.

Von der Möglichkeit, finanzielle Vermögenswerte bei ihrem erstmaligen Ansatz als erfolgswirksam zum beizulegenden Zeitwert zu bewertende finanzielle Vermögenswerte zu designieren (*fair value option*) wurde weder bei den Finanzanlagen noch bei den kurzfristigen finanziellen Vermögenswerten Gebrauch gemacht.

Vorräte

Der Ansatz der Vorräte erfolgt zu Anschaffungskosten, die auf Basis von **Durchschnittspreisen** ermittelt werden, oder zu Herstellungskosten. Die Herstellungskosten umfassen alle direkt dem Herstellungsprozess zurechenbaren Kosten sowie angemessene Teile der fertigungsbezogenen Gemeinkosten. Finanzierungskosten werden aktiviert. Die Bewertung zum Bilanzstichtag erfolgt zum jeweils niedrigeren Betrag aus Anschaffungs-/Herstellungskosten einerseits und realisierbarem Nettoveräußerungspreis andererseits.

Kurzfristige finanzielle Vermögenswerte[28]

Kurzfristige finanzielle Vermögenswerte umfassen Forderungen, Wertpapiere sowie Bankguthaben und Kassenbestände. Alle kurzfristigen finanziellen Vermögenswerte werden **am Erfüllungstag**, d.h. zum Zeitpunkt des Entstehens der Forderung bzw. der Übertragung des wirtschaftlichen Eigentums, zunächst mit ihrem *fair value* angesetzt, der i.d.R. den Anschaffungskosten entspricht. Nach IAS 39 werden die finanziellen Vermögenswerte in der Folgezeit unterschieden in Forderungen, zu Handelszwecken gehaltene Vermögenswerte, bis zur Endfälligkeit gehaltene und zur Veräußerung verfügbare Vermögenswerte. Forderungen sowie bis zur Endfälligkeit gehaltene Vermögenswerte werden zu jedem Bilanzstichtag zu fortgeführten Anschaffungskosten bewertet. Zu Handelszwecken und zur Veräußerung verfügbare Vermögenswerte werden dagegen am Bilanzstichtag zum beizulegenden Zeitwert angesetzt, wobei die Wertänderung veräußerbarer Werte erfolgsneutral erfasst wird. Neben den erforderlichen Einzelwertberichtigungen wird erkennbaren Risiken aus dem allgemeinen Kreditrisiko durch Bildung von pauschalierten Einzelwertberichtigungen Rechnung getragen. In Fremdwährung valutierende Forderungen werden zum Mittelkurs am Bilanzstichtag bewertet. Flüssige Mittel sind zu fortgeführten Anschaffungskosten angesetzt. Fremdwährungsbestände sind zum Mittelkurs am Bilanzstichtag bewertet.

Derivate

Derivative Finanzinstrumente werden im Konzern ausschließlich entsprechend einer konzerninternen Richtlinie zur Sicherung von Zins- und Währungsrisiken auf Basis einer vom Vorstand definierten und von einem Gremium überwachten Sicherungspolitik eingesetzt. Gem. IAS 39 werden alle

---

[28] I. d. F. IAS 39 (nicht IFRS 9).

Finanzderivate im Zugangszeitpunkt zum *fair value*, i.d.R. entsprechend den Anschaffungskosten, erfasst und in der Folge zum Bilanzstichtag zum beizulegenden Zeitwert bewertet. Soweit die eingesetzten Finanzinstrumente wirksame Sicherungsgeschäfte im Rahmen einer Sicherungsbeziehung nach den Vorschriften von IAS 39 sind, führen die Zeitwertschwankungen nicht zu Auswirkungen auf das Periodenergebnis während der Laufzeit des Derivats. Sicherungsgeschäfte werden entweder zur Absicherung beizulegender Zeitwerte oder zur Absicherung künftiger *cash flows* abgeschlossen. Im Falle einer wirksamen Absicherung von beizulegenden Zeitwerten gleichen sich die Zeitwertschwankungen des gesicherten Vermögenswerts bzw. der gesicherten Schulden und die des Finanzinstruments in der GuV aus. Zeitwertschwankungen aus einer wirksamen *cash-flow*-Sicherung werden erfolgsneutral in der entsprechenden Rücklagenposition erfasst. Ist der gesicherte Zahlungsstrom eine Investition, so wird das Grundgeschäft mit dem Sicherungskurs eingebucht. Soweit die eingesetzten Derivate nicht als wirksame Sicherungsgeschäfte, sondern als Handelsgeschäfte nach IAS 39 qualifiziert werden oder die Sicherung in Teilen ineffektiv ist, sind Zeitwertschwankungen unmittelbar als Gewinn oder Verlust in der GuV zu berücksichtigen.

Rückstellungen

Die Bewertung der Pensionsrückstellungen beruht auf dem in IAS 19 vorgeschriebenen Anwartschaftsbarwertverfahren für leistungsorientierte Altersversorgungspläne. Der in den Pensionsaufwendungen enthaltene Zinsanteil wird als **Zinsaufwand im Finanzergebnis** ausgewiesen. Sonstige Rückstellungen werden gebildet, soweit eine aus einem vergangenen Ereignis resultierende Verpflichtung gegenüber Dritten besteht, die künftig wahrscheinlich zu einem Vermögensabfluss führt, und sich diese Vermögensbelastung zuverlässig schätzen lässt. Musste die Rückstellungsbildung unterbleiben, weil eines der genannten Kriterien nicht erfüllt ist, sind die entsprechenden Verpflichtungen unter den Eventualverbindlichkeiten ausgewiesen, soweit nicht eine Wahrscheinlichkeit der Inanspruchnahme ganz gering ist. Rückstellungen für Verpflichtungen, die voraussichtlich nicht bereits im Folgejahr zu einer Vermögensbelastung führen, werden i.H.d. Barwerts des erwarteten Vermögensabflusses gebildet. Der Wertansatz der Rückstellungen wird zu jedem Bilanzstichtag überprüft. Rückstellungen in Fremdwährung sind zum Stichtagskurs umgerechnet.

Verbindlichkeiten

Verbindlichkeiten aus Finanzierungsleasing-Verträgen werden zum Vertragsabschlusszeitpunkt mit dem Barwert der Leasingraten, übrige Verbindlichkeiten werden zum Rückzahlungsbetrag bzw. zu fortgeführten Anschaffungskosten angesetzt. In Fremdwährung valutierende Verbindlichkeiten werden zum Mittelkurs am Bilanzstichtag bewertet.

Latente Steuern

Latente Steuern werden gem. IAS 12 für Bewertungsunterschiede zwischen den Steuerbilanzen der Einzelgesellschaften und dem Konzernabschluss gebildet. Steuerliche Verlustvorträge, die wahrscheinlich zukünftig genutzt werden können, werden i.H.d. latenten Steueranspruchs aktiviert.

> **3. Schätzungen und Beurteilungen des Managements**
>
> Bei der Aufstellung des Konzernabschlusses sind zu einem gewissen Grad Annahmen zu treffen und Schätzungen vorzunehmen, die sich auf Höhe und Ausweis der bilanzierten Vermögenswerte und Schulden, der Erträge und Aufwendungen sowie der Eventualverbindlichkeiten der Berichtsperiode auswirken. Durch von den Annahmen abweichende Entwicklungen können die sich tatsächlich einstellenden Beträge von den ursprünglich erwarteten Schätzwerten abweichen. Die auf eine Sicht von zwölf Monaten am stärksten von einem entsprechenden Risiko betroffenen Vermögenswerte und Schulden des Konzernabschlusses sind die *goodwills* und die Rückstellungen für Passivprozesse. Hinsichtlich der Prämissen, die bei der Werthaltigkeitsprüfung der *goodwills* zugrunde gelegt wurden, wird auf die Erläuterung des immateriellen Anlagevermögens verwiesen. Den Prozessrückstellungen liegen rechtliche Einschätzungen unserer Anwälte zugrunde. In allen Fällen wurden bis zum Zeitpunkt der Aufstellung des Konzernabschlusses vorliegende werterhellende Umstände berücksichtigt.

5 Angaben zu Zahlungspflichten aus schwebenden Geschäften[29]

IAS 1.114(d)(i) sieht eine Angabe der **nicht bilanzierten vertraglichen Verpflichtungen** vor. Zweck einer solchen Offenlegung ist die Darstellung der künftigen Liquiditätslage des Unternehmens. Unklar ist allerdings der **Status** der vorgenannten Vorschrift; platziert ist sie in IAS 1 im Kapitel „Struktur" (des Anhangs).

74

- Nach einer möglichen Interpretation hält IAS 1.114(d)(i) lediglich fest, an welcher Gliederungsstelle nach anderen Standards geforderte Angaben zu nicht bilanzierten finanziellen Verpflichtungen aus schwebenden Verträgen zu platzieren sind.
- Nach anderer Lesart wären entsprechende Angaben auch dann verlangt, wenn sie nicht explizit in anderen Standards vorgeschrieben sind.

Für die zweite Interpretation spricht die Vorgabe von IAS 1.112(c) zur **Vollständigkeit** der Berichterstattung. Nach ihr hat der Anhang jede Information zu geben, *„that is not presented elsewhere in the financial statements but is relevant to an understanding of them."* U. E. hat i. V. m. dieser Regelung IAS 1.114(d)(i) den Charakter einer Auffangvorschrift (Rz 11): Soweit Angabepflichten zu Zahlungsverpflichtungen aus schwebenden Geschäften nicht in anderen Standards enthalten sind, ergeben sie sich aus IAS 1. Im Einzelnen ist danach wie folgt zu differenzieren:

Aus den Einzelstandards ergeben sich Angabepflichten für

- *operating leases* beim Leasingnehmer (IFRS 16.97, → § 15a),
- **schwebende Beschaffungsgeschäfte** über
  - **Sachanlagen** (IAS 16.74(c), → § 14 Rz 66),
  - *investment properties* (IAS 40.75(h), → § 16 Rz 131),

---

[29] Zum Ganzen FREIBERG, PiR 2008, S. 273 ff.

- **Agrarprodukte** (IAS 41.49(b), → § 40 Rz 19),
- **immaterielle Anlagen** (IAS 38.122(e), → § 13 Rz 101),
- bislang nicht ausgereichte, aber rechtsverbindlich **zugesagte Kredite** (IFRS 7.B10, → § 28 Rz 522).

Nicht durch Einzelstandards geregelt sind hingegen Zahlungsverpflichtungen betreffend

- **Bestellungen** auf **Vorräte** im Anwendungsbereich von IAS 2,
- **Bestellungen von nicht aktivierungsfähigen** Leistungen.

Nach der hier vertretenen Auffassung kann eine Angabe allerdings auch in den beiden letzten Fällen wegen des Auffangcharakters von IAS 1.114(d)(i) nicht unterbleiben.

6 Besondere Angabepflichten für deutsche IFRS-Anwender

75 Das Bilanzrechtsreformgesetz sieht mit Wirkung ab 2005 eine Befreiung des deutschen IFRS-Anwenders von den **Konzernanhangvorschriften der §§ 313 und 314 HGB** vor (→ § 7 Rz 5 ff.). Dieser Grundsatz erfährt fünf in § 315a HGB geregelte **Ausnahmen:**

- Soweit nicht schon nach IFRS verlangt, sind im Konzernanhang die nach § 313 Abs. 2 – 3 HGB geforderten Angaben zu den konsolidierten und nicht konsolidierten **Beteiligungen** zu machen.
- Nach § 314 Abs. 1 Nr. 4 HGB ist die durchschnittliche Zahl der Arbeitnehmer der in den Konzernabschluss einbezogenen Unternehmen während des Geschäftsjahrs, getrennt nach Gruppen, auszuweisen.
- Nach § 314 Abs. 1 Nr. 6 HGB sind die **Organbezüge** anzugeben (→ § 7 Rz 14).
- Für jedes in den Konzernabschluss einbezogene börsennotierte Unternehmen ist gem. § 314 Abs. 1 Nr. 8 HGB anzugeben, ob die nach § 161 AktG vorgeschriebene **Erklärung zum** Corporate Governance Kodex abgegeben und den Aktionären zugänglich gemacht worden ist.
- Nach § 314 Abs. 1 Nr. 9 HGB ist das im Geschäftsjahr als Aufwand erfasste Honorar für den Konzernabschlussprüfer aufzuschlüsseln nach
  - Abschlussprüfungen,
  - sonstigen Bestätigungs- oder Bewertungsleistungen,
  - Steuerberatungsleistungen,
  - sonstigen Leistungen gegenüber Mutter- oder Tochterunternehmen.

Soweit gem. § 325 Abs. 2a HGB für Zwecke der vollen Bundesanzeigerpublizität ein IFRS-Einzelabschluss erstellt wird (→ § 7 Rz 3), finden die Vorschriften des § 285 Satz 1 Nrn. 7, 8 Buchstabe b, 9–11a, 14–17 HGB, des § 286 Abs. 1, 3 und 5 HGB Anwendung.

Die vorgenannten Angaben **ergänzen** die nach IAS 1 verlangten Offenlegungen. Fraglich ist ihre Positionierung. Infrage kommt die Darstellung

- in einem gesonderten Teil außerhalb des IFRS-Anhangs, ähnlich dem von deutschen IFRS-Anwendern verlangten Lagebericht, der gem. IAS 1.13 kein Teil des IFRS-Abschlusses ist, oder
- innerhalb des IFRS-Anhangs.

Gegen die Einbeziehung in den Anhang bestehen auch aus Sicht von IAS 1 keine Bedenken, da die ergänzenden Angaben die in IAS 1.113 geforderte Systematik des Anhangs nicht gefährden (Rz 13). Die nach § 315a HGB geforderten Angaben sind aus Sicht des IFRS-Regelwerks als freiwillig zu werten. Aber auch für freiwillig gegebene Informationen müssen nach IAS 1.38 (→ § 2 Rz 8) nicht nur die Daten der aktuellen Periode, sondern auch die des Vorjahres angegeben werden. In der deutschen IFRS-Praxis wird die Pflicht zu Vorjahreswerten bei den Angaben zum Beteiligungsbesitz zu wenig beachtet.[30]

7 Unterlassung nachteiliger Angaben – explizite und implizite Schutzklauseln

Das Handelsrecht sieht die **Unterlassung** von Angaben vor: 76
- nach einer Generalklausel: Die Unterlassung von Angaben gem. § 286 Abs. 1 HGB ist für das Wohl der Bundesrepublik oder eines ihrer Länder erforderlich (Unterlassung im **öffentlichen Interesse**);
- nach spezifizierten Regeln: Angaben zur Aufgliederung der Umsatzerlöse (§ 286 Abs. 2 HGB) sowie bestimmte Angaben zu Beteiligungsgesellschaften (§ 286 Abs. 3 HGB) bzw. zum Konsolidierungskreis (§ 314 Abs. 3 HGB) können unterbleiben, wenn die Offenlegung nach vernünftiger kaufmännischer Beurteilung dem Unternehmen bzw. Konzern erhebliche Nachteile zufügen könnte (Unterlassung im **Unternehmensinteresse**).

Die Frage des **öffentlichen Geheimhaltungsinteresses** spielt im IFRS-Regel-   77
werk keine Rolle. Gleichwohl könnte etwa ein für die Bundesrepublik tätiges Rüstungsunternehmen durch die §§ 93 ff. StGB angehalten sein, zur Vermeidung von Landesverrat die durch einen Segmentbericht geforderten Detailangaben zum Produktionsprogramm zu unterlassen. Bei einem derartigen Konflikt zwischen beachtlichem nationalem Recht und den Anforderungen des IFRS-Regelwerks bleibt das nationale Recht u.E. vorrangig. Die nach IFRS erforderlichen Angaben müssen dann unterbleiben und die nach IAS 1.14 verlangte *Compliance*-Erklärung (Rz 18 und Rz 27) im Anhang muss entsprechend eingeschränkt werden. Dies gilt jedenfalls für den **pflichtweise** zu erstellenden IFRS-Konzernabschluss kapitalmarktorientierter Konzerne.

Für den **freiwilligen** Konzernabschluss sowie den **freiwilligen** zur Erfüllung der Bundesanzeigerpublizität veröffentlichten **IFRS-Einzelabschluss** (→ § 7 Rz 7 ff.) ist eine andere Wertung denkbar: Landesverrat bzw. die Offenbarung von Staatsgeheimnissen kann insofern auch durch völligen Verzicht auf eine IFRS-Bilanzierung vermieden werden. In diesem Sinne trifft § 325 Abs. 2a Satz 5 HGB folgende Regelung: *„Kann wegen der Anwendung des § 286 Abs. 1 HGB auf den Anhang die in Satz 2 Nr. 1 genannte Voraussetzung nicht eingehalten werden, so entfällt das Wahlrecht nach Satz 1."* Die Gesetzesbegründung zum Kabinettsentwurf des Bilanzrechtsreformgesetzes führt hierzu noch Folgendes aus: *„Steht ausnahmsweise das durch § 286 Abs. 1 HGB geschützte öffentliche Interesse einer nach den IAS erforderlichen Berichterstattung entgegen, so ist die befreiende Offenlegung*

---

[30]   Dazu sowie allgemein zu den Pflichtangaben nach § 315a HGB: Zeyer/Maier, PiR 2010, S. 189 ff.

eines IFRS-Einzelabschlusses nicht möglich. Diese in Satz 5 getroffene Regelung misst einerseits dem öffentlichen Interesse gegenüber dem IFRS-Einzelabschluss das gleiche Gewicht bei wie gegenüber dem (HGB-)Jahresabschluss, vermeidet es andererseits, dass ein den IFRS nicht vollständig entsprechender Einzelabschluss nach Absatz 2a Satz 1 in eine Pflichtveröffentlichung des Unternehmens Eingang findet."

Eine § 325 Abs. 2a Satz 5 HGB entsprechende Regelung ist in § 315a HGB (**freiwilliger IFRS-Konzernabschluss**) nicht enthalten. Unmittelbar ist eine derartige Bestimmung auch nicht erforderlich, da die Vorschriften zum Konzernanhang keine Analogregelungen zu § 286 Abs. 1 HGB enthalten. Gleichwohl stellt sich auch in Konzernabschlussfällen die Frage einer Güter- und Rechtsabwägung zwischen Informationspflichten des Rechnungslegungsrechts einerseits und straf- oder ordnungsrechtlich bewehrten Geheimhaltungspflichten andererseits. In Anwendung des in der Gesetzesbegründung des Bilanzrechtsreformgesetzes zum Ausdruck kommenden Rechtsgedankens wird man auch hier die Inanspruchnahme des Wahlrechts zur **freiwilligen IFRS-Konzernbilanzierung** gem. § 315a Abs. 3 HGB daran binden müssen, dass Angaben nicht im öffentlichen Interesse unterbleiben.

78 Zur Unterlassung von Angaben im **Unternehmensinteresse** kennt das IFRS-Regelwerk eine explizite und eine implizite Vorschrift:

- Ausdrücklich geregelt ist folgender Fall: Für die aus einem Streit *(dispute)* mit einer anderen Partei resultierenden Rückstellungen oder Eventualverbindlichkeiten sind die nach IAS 37.84ff. verlangten Angaben (z.B. erwartete Belastung) dann nicht zu machen, wenn dadurch die Position des Unternehmens im Streitfall ernsthaft beeinträchtigt werden kann. Die Inanspruchnahme dieser Ausnahmevorschrift ist gem. IAS 1.131 anzugeben.

- Eine implizite Schutzklausel enthält IAS 1.130: Die in IAS 1.125 verlangte Offenlegung von Informationen über die Schlüsselprämissen und Hauptunsicherheitsquellen von **Schätzwerten** wird eingeschränkt. Eine Offenlegung von **Unternehmensplanungen** *(budget information)* und Prognosen ist nicht verlangt. Insbesondere die Bestimmung des *value in use* des *goodwill* und anderer Anlagegegenstände fußt aber in aller Regel auf Unternehmensplanungen, da der *value in use* regelmäßig nur auf der Ebene der zahlungsmittelgenerierenden Einheit und damit auf der Grundlage von Budgetplanungen für die relevanten Unternehmensbereiche bestimmt werden kann (→ § 11 Rz 42). Die Hauptunsicherheit, nämlich die Annahmen über die zukünftigen Erträge und Aufwendungen, ist in diesen Fällen nicht offenlegungspflichtig (Rz 59).

Die Möglichkeit, Angaben im Unternehmensinteresse zu unterlassen, wird bereits im **Handelsrecht** restriktiv interpretiert. Soweit es um Beteiligungsverhältnisse und den Konsolidierungskreis geht, wird sie gem. § 313 Abs. 3 Satz 2 HGB und § 286 Abs. 3 Satz 3 HGB kapitalmarktorientierten Unternehmen generell verwehrt. Dieser Ausschluss gilt durch den Verweis in § 315a Abs. 1 HGB auf § 313 HGB auch für die kapitalmarktorientierten Unternehmen, die ihren Konzernabschluss nach IFRS erstellen müssen. Fraglich ist, wie der für den **freiwilligen IFRS-Anwender** in § 315a Abs. 3 HGB i.V.m. § 315 Abs. 1 HGB enthaltene Verweis auf § 313 HGB sowie der in § 325 Abs. 2a HGB enthaltene Verweis auf § 286 Abs. 3 HGB zu interpretieren sind.

- Dem Wortlaut nach könnte es insofern bei der Möglichkeit der Inanspruchnahme der Schutzklausel bleiben. Die IFRS-*Compliance*-Erklärung wäre auch hier entsprechend einzuschränken.
- Eine zweite Lesart scheint ebenso möglich: Wenn schon die Unterlassung von Angaben im öffentlichen Interesse zum Wegfall des Wahlrechts zur IFRS-Bilanzierung führt (Rz 77), sollte dies erst recht für die Unterlassung von Angaben im Unternehmensinteresse gelten.

Für die erste und gegen die zweite Lesart spricht u. E., dass das IFRS-Regelwerk zwar das öffentliche Geheimhaltungsinteresse nicht anerkennt, aber punktuell in IAS 37 und allgemein in IAS 1 die Interessen des Unternehmens an einer Nichtveröffentlichung berücksichtigt. Diesem Gedanken würde Rechnung getragen, wenn in Ausnahmefällen Angaben gem. § 314 Abs. 3 HGB und § 286 Abs. 3 HGB unterblieben.

8 Anwendungszeitpunkt, Rechtsentwicklung

IAS 1 in der in 2011 geänderten Fassung ist für alle Abschlüsse anzuwenden, deren Berichtszeitraum ab dem 1.7.2012 beginnt. Eine frühere Anwendung wird empfohlen (IAS 1.139(j)).   **79**

Die Neufassung von IAS 1 unterscheidet sich von IAS 1 rev. 2007 bzgl. der Angabepflichten zum sonstigen Einkommen *(other comprehensive income)* und zu der auf diesem Einkommen lastenden Steuer. Wegen Einzelheiten hierzu wird auf → § 2 Rz 57 und → § 2 Rz 92 verwiesen.   **80**

Im Dezember 2014 ist ein ab 2016 anzuwendendes *Amendment* zu IAS 1 zur Verbesserung der Ausweis- und Angabevorschriften erschienen. Es sieht u. a. Folgendes vor: **81**

- Klarstellung der **Reichweite** des Wesentlichkeitsgrundsatzes: Er betrifft nicht nur die primären Abschlussbestandteile, sondern gerade auch den Anhang (IAS 1.31). Auch spezifische, von einem einzelnen Standard geforderte Anhangangaben können (und sollen) bei Unwesentlichkeit weggelassen werden (IAS 1.31);
- Klarstellung des **Gebotscharakters** des Wesentlichkeitsgrundsatzes: *„An entity shall not … reduce the understandability of its financial statements by obscuring material information with immaterial information"* (IAS 1.30A);
- **Struktur des Anhangs:** Die Reihenfolge der Anhangangaben muss sich nicht an IAS 1.114 orientieren, wenn eine andere systematische Reihenfolge relevanter und verständlicher ist (z.B. Gruppierung aller Informationen zu Finanzinformationen zusammen mit den entsprechenden *accounting policies*, IAS 1.113A).

Wegen der *Disclosure Initiative* wird allgemein auf Rz 72 verwiesen, speziell wegen der als Teil dieses Projekts schon weiter fortgeschrittenen Überlegungen zum Wesentlichkeitsprinzip (ED/2015/8) auf → § 1 Rz 64.   **82**

Wegen der im Zeitablauf erweiterten Angabevorschriften nach anderen Standards, etwa IFRS 7 für Finanzinstrumente, wird auf die entsprechenden Paragrafen dieses Kommentars verwiesen.   **83**

§ 6   ERSTMALIGE ANWENDUNG
(First-time Adoption of International Financial Reporting Standards)

Schrifttum: ANDREJEWSKI/BÖCKEM, Einzelfragen zur Anwendung der Befreiungswahlrechte nach IFRS 1, KoR 2004, S. 332; BECK, Anwendung der IFRS im Rahmen der Zwischenberichterstattung nach § 40 BörsG verpflichtend, DB 2005, S. 1477; BÖCKING/BUSAM/DIETZ, IFRS 1 First-time Adoption of International Financial Reporting Standards vom 19.6.2003, Der Konzern 2003, S. 457; BURGER/SCHÄFER/ULBRICH/ZEIMES, Die Umstellung der Rechnungslegung nach IFRS 1, WPg 2005, S. 1193; HACHMEISTER/KUNATH, Die Bilanzierung des Geschäfts- oder Firmenwerts im Übergang auf IFRS 3, KoR 2005, S. 62; HAYN/ BÖSSER/PILHOFER, Erstmalige Anwendung von International Financial Reporting Standards (IFRS 1), BB 2003, S. 1607; LÜDENBACH, Neueinschätzungen und Fehlerkorrekturen in der IFRS-Eröffnungsbilanz, PiR 2006, S. 13; LÜDENBACH/ HOFFMANN, Der lange Schatten des Übergangs auf die IAS-Rechnungslegung, DStR 2002, S. 231; LÜDENBACH/HOFFMANN, Der Übergang von der Handels- zur IAS-Bilanz gem. IFRS 1, DStR 2003, S. 1498; PELLENS/DETERT, IFRS 1, First-time Adoption of International Financial Reporting Standards, KoR 2003, S. 369; THEILE, Erstmalige Anwendung der IAS/IFRS, DB 2003, S. 1745; ZEIMES, Zur erstmaligen Anwendung der International Financial Reporting Standards gem. IFRS 1, WPg 2003, S. 982.

Vorbemerkung

Die Kommentierung bezieht sich auf IFRS 1 in der aktuellen Fassung und berücksichtigt alle Ergänzungen, Änderungen und Interpretationen, die bis zum 1.1.2017 beschlossen wurden.

Ein Überblick über die Rechtsentwicklung ist in Rz 122 ff. wiedergegeben.

1 Zielsetzung, Regelungsinhalt und Begriffe

1   IFRS 1 trifft Regelungen für Bilanzansatz, -bewertung und -ausweis, aber auch für die anderen Rechenwerke des Abschlusses und für den Anhang beim Übergang vom nationalen Recht auf die IFRS. Mit jedem Übergang ist eine Änderung der Rechnungslegungsmethoden verbunden. Solche Änderungen unterliegen, wenn sie sich **innerhalb** der IFRS-Welt vollziehen, den Regelungen des IAS 8.14 ff. Beim Wechsel vom **nationalen** Recht zu den IFRS hat hingegen IFRS 1 als lex specialis Vorrang.

2   Im Interesse der **weltweiten** Anerkennung der IFRS ist der Standard IFRS 1 ausgerichtet auf die
- Nützlichkeit und Transparenz für die Anwender (IFRS 1.BC 7 ff.);
- Vergleichbarkeit innerhalb der Gruppe von Erstanwendern;
- zwischenperiodische Vergleichbarkeit betreffend den jeweiligen Erstanwender;
- Lieferung eines angemessenen Startpunkts der Rechnungslegung auf der Grundlage der IFRS;
- Vermeidung von **Aufwendungen** des Anwenders, welche den **Nutzen** für den Adressaten (der Rechnungslegung) **übersteigen.**

3   IFRS 1 ist spürbar vom Bestreben des Board getragen, das Übergangsprozedere im Interesse der weltweiten Verbreitung der IFRS zu **erleichtern.** Die ganze Rechnungslegungswelt wird zum Eintritt in die IFRS-Gesellschaft eingeladen, denn ehrgeiziges Ziel des Board ist es, Lösungen zur Rechnungslegung für jedes Unternehmen auf der ganzen Welt vorzulegen (*„to find solutions that will be appropriate for any entity, in any part of the world"*, IFRS 1.BC3). Das **generelle** Ziel der IFRS nach Bereitstellung qualitativ hochwertiger Informationen bleibt selbstverständlich unberührt.

Durch die Vielzahl von optionalen Erleichterungen ist die **zwischenbetriebliche** Vergleichbarkeit sowohl zwischen den bisherigen IFRS-Anwendern und den Neueinsteigern als auch zwischen den Neueinsteigern untereinander weitgehend auf der Strecke geblieben.[1]

2 Persönlicher und zeitlicher Anwendungsbereich von IFRS 1

4   Der Standard ist gem. IFRS 1.2 von einer *„entity"* (Rz 14) anzuwenden auf
- den **erstmaligen** IFRS-Jahres- oder Konzernabschluss (Rz 16) und
- die **Zwischenberichterstattung** gem. IAS 34 (→ § 37), sofern das Unternehmen diese freiwillig oder verpflichtend schon im **erstmaligen** IFRS-Berichtsjahr abliefert (Rz 19).

---

[1]   Ähnlich Theile, DB 2003, S. 1745; Hayn/Bösser/Pilhofer, BB 2003, S. 1607, 1612.

Zur Auslegung des Kriteriums „erstmalig" äußert sich der Board in IFRS 1.3 eindeutig: Ohne eine ausdrückliche und vorbehaltslose Aussage gem. IAS 1.16, der zufolge ein Abschluss – einschließlich der Anhangangaben (IFRS 1.BC5) – den Vorschriften der IFRS entspricht (compliance statement, → § 2 Rz 7), gilt er nicht als IFRS-Abschluss. Umgekehrt: nur mit dieser eindeutigen Aussage kann das/der betreffende Unternehmen/Konzern die IFRS-Rechnungslegungswelt betreten, und zwar durch das Tor der erstmaligen Anwendung nach IFRS 1 (IFRS 1.BC5). Diese Anforderung wirkt zwar sehr formal, aber aus Sicht des Board liefert sie einen einfachen Prüfmaßstab (simple test) mit einer unmissverständlichen Antwort.

Zur erstmaligen Anwendung kommt es daher auch in folgenden Fällen (bei- **5** spielhafte Aufzählung in IFRS 1.3):

- Das bisherige Rechenwerk stimmte zwar in allen Belangen mit den IFRS überein, enthielt aber keine ausdrückliche und vorbehaltlose Übereinstimmungserklärung.
- Die IFRS-Rechnungslegungsregeln sind bislang nur für den internen Gebrauch – z.B. die Erarbeitung eines reporting package durch ein Konzernunternehmen zur Einbeziehung in einen Konzernabschluss – angewandt worden und standen weder den Unternehmenseignern (Aktionären) noch anderen Bilanzadressaten zur Verfügung.
- Das Unternehmen/der Konzern war börsennotiert und wendete nach nationalem Recht die IFRS-Rechnungslegung an und war dabei auch Erstanwender nach IFRS. Nach Zurücknahme der Börsenzulassung (delisting) erfolgt die Rechnungslegung erneut nach nationalem Recht. Später wird nach nationalem Recht wieder die Rechnungslegung nach IFRS zwingend.
- Das Unternehmen hat bislang überhaupt keinen Jahresabschluss erstellt (IFRS 1.3(d)); vgl. hierzu aber Rz 14.

Der erste Sachverhalt hat insbesondere in Ländern mit IFRS-konvergiertem **6** nationalem Recht (z.B. Brasilien) Diskussionen ausgelöst.

Praxis-Beispiel

Eine bisher nicht börsennotierte brasilianische Gesellschaft B wendet seit 2010 pflichtweise das – bis auf die Streichung einiger Wahlrechte (z.B. Neubewertungsmethode bei Sachanlagen und immateriellen Anlagen) – mit den IFRS übereinstimmende brasilianische Recht an, gibt aber keine Erklärungen zu Übereinstimmung mit den IFRS im Anhang ab. Eine solche Erklärung müssen nach brasilianischem Recht nur börsennotierte Gesellschaften abgeben. In 2015 geht die B an die Börse.

Beurteilung

Nach IFRS 1.3 Satz 1 ist die B in 2015 mangels bisherigem compliance statement Erstanwender und kann daher alle Wahlrechte (Erleichterungen) von IFRS 1 in Anspruch nehmen, muss andererseits alle Angabepflichten nach IFRS 1 erfüllen.

Dagegen spricht nicht das Beispiel („for example") in IFRS 1.3(a)(i). Es setzt voraus, dass der bisherige Abschluss nach nationalen Regeln erstellt wurde, die nicht in allen Punkten mit den IFRS übereinstimmen. In „allen Punkten", so z.B. hinsichtlich des compliance statement nach IAS 1, oder bzgl. des Neubewertungswahlrechts besteht eben keine Übereinstimmung.

Die vorstehende Problematik hat nicht nur Bedeutung für Unternehmen aus entsprechenden Ländern, sondern ebenso für **deutsche Konzerne**, die in diesen Ländern ein Tochterunternehmen haben (Rz 86 ff.)

7   Zum **dritten** Sachverhalt in der Aufzählung aus Rz 5 stellt das *Amendment to IFRS 1* im *AIP 2009–11 Cycle* mit dem (neuen) IFRS 1.4A zwei Darstellungsmöglichkeiten wahlweise zur Verfügung:
- Anwendung von IFRS 1,
- retrospektive Anwendung der IFRS nach Maßgabe des IAS 8 (→ § 24 Rz 53), als ob das Unternehmen/der Konzern niemals die Anwendung der IFRS ausgesetzt hätte.

Wird die zweite Variante gewählt, bedarf es nach IFRS 1.4B zusätzlicher Anhangangaben folgenden Inhalts:
- Die Gründe für die Unterbrechung der IFRS-Rechnungslegung;
- die Gründe für die Wiederaufnahme;
- bei Ausübung des Wahlrechts zum Verzicht auf die Anwendung von IFRS 1 ist dies ebenfalls zu begründen.

Die vorgenannten neuen Standardregeln sind für Geschäftsjahre mit Beginn nach dem 31.12.2012 anzuwenden. Mit Anhangerläuterung ist auch eine frühere Anwendung zulässig (IFRS 1.39P).

8   Zweifelhaft kann folgende Fallgestaltung sein:

Praxis-Beispiel
Sachverhalt
Eine Konzernmuttergesellschaft erstellt seit Jahren einen HGB-Konzernabschluss und veröffentlicht diesen im elektronischen Bundesanzeiger. Zum 31.12.01 und 02 erstellt sie auf Wunsch der Hausbank zusätzlich IFRS-Konzernabschlüsse, die das *compliance statement* (Rz 4) enthalten. Diese Abschlüsse enthalten jedoch Ergebnisse und Bilanzwerte, die der Öffentlichkeit nicht bekannt gemacht werden sollen. Die IFRS-Abschlüsse werden daher nur der Hausbank und einem Lieferanten zur Verfügung gestellt, nicht dagegen den Gesellschaftern und der Öffentlichkeit. Zum 31.12.03 wird erstmals statt des HGB-Konzernabschlusses ein solcher nach IFRS erstellt und im elektronischen Bundesanzeiger veröffentlicht.
Die Frage ist, ob dieser IFRS-Konzernabschluss einen Erstanwendungsfall darstellt.

Lösung
Dagegen spricht der Wortlaut von IFRS 1.3(b): Die IFRS-Abschlüsse 01 und 02 sind bereits „externen Adressaten" bekannt gemacht worden, der IFRS-Abschluss 03 würde demzufolge keine Erstanwendung mehr darstellen.
Die Besonderheit des Falls besteht aber in der nur „kleinen", vom Unternehmen selbst bestimmten Publizität der IFRS-Abschlüsse 01 und 02. Demgegenüber ist die „große", gesetzlich vorgesehene Publizität weiter nach HGB erfüllt worden. Würde man nun den IFRS-Abschluss 03 nicht als Erstanwendungsfall werten, käme die ganz überwiegende Zahl der Bilanzadressaten niemals in den Genuss der durch *Appendices* C und D vorgesenen Erleichterungen zum Übergang von HGB auf IFRS. Eine solche Umgehung der Erleichterungsvorschriften widerspricht u.E. dem an allererster

---

Stelle von IFRS 1 genannten Regelungszweck der **Transparenz** (IFRS 1.1(a)). Überdies sieht IFRS 1 kein Nebeneinander von nationaler Rechnungslegung und IFRS vor. Das nationale Recht wird vielmehr im Begriff der „vorherigen Rechnungslegungsgrundsätze" (*previous GAAP*) als „die Rechnungslegungsbasis eines erstmaligen Anwenders unmittelbar vor der Anwendung der IFRS" definiert (App. A). IFRS 1 unterstellt mithin die Aufgabe der alten Rechnungslegung mit dem „Datum des Übergangs auf die IFRS"(*„date of transition to IFRSs"*). Wird stattdessen für einige Jahre ein Nebeneinander praktiziert und in Umgehungsabsicht der Übergang zu den IFRS gegenüber dem größeren Teil der Bilanzadressaten erst verzögert vollzogen, liegt eine Erstanwendung erst zu dem Zeitpunkt vor, zu dem der IFRS-Abschluss den nationalen Abschluss in der großen Publizität ersetzt.

Umgekehrt liegt **kein** Fall der erstmaligen Anwendung und damit des Regelungsbereichs von IFRS 1 vor, wenn das Unternehmen in verschiedenen Bereichen des Abschlusses gegen IFRS-Rechnungslegungsregeln **verstoßen** hat, aber gleichwohl im Anhang wahrheitswidrig die IFRS-**Übereinstimmung** (*compliance*) behauptet.   9

Insgesamt fährt der Board hinsichtlich der Festlegung des Anwendungsbereichs eine **klare** Linie. Entscheidendes Kriterium für die erstmalige Anwendung ist die ausdrückliche und vorbehaltlose Aussage der IFRS-**Übereinstimmung**.   10

Praxis-Beispiel

Ein Unternehmen plant eine vollständige Umstellung auf IFRS. Die bisherigen Jahresabschlüsse enthalten Abweichungen von den IFRS-Regeln. Gleichwohl sind sie als IFRS-Abschlüsse überschrieben und enthalten im Anhang eine ausdrückliche Bestätigung der Übereinstimmung mit den IFRS.

Eine Gewichtung der Abweichungen nach ihrer Wesentlichkeit ist nicht erforderlich. Das Unternehmen ist kein Erstanwender. Es muss notwendige Bereinigungen nach IAS 8 als „Fehlerkorrekturen" in der Periode vornehmen und kenntlich machen, in der diese festgestellt werden (IFRS 1.BC6).

Es kommt also entscheidend auf die Sicht und die Aussage des **berichterstattenden** Unternehmens an. Behauptet dieses in einem früheren Jahresabschluss die volle Übereinstimmung desselben mit den IFRS gem. IAS 1.16 (→ § 1), so genügt das für den Ausschluss vom Statut des Erstanwenders nach IFRS 1.[2] Das gilt selbst dann, wenn gerade aus diesem Grund der Abschlussprüfer sein **Testat eingeschränkt** hat (IFRS 1.4(c)).[3] Andererseits führen frühere Abweichungen von einzelnen IFRS im (engen) Rahmen des IAS 1.19 nicht notwendigerweise in den Anwendungsbereich von IFRS 1.[4]

Die Aufzählung in IFRS 1.3 ist nur **beispielhaft**. Nicht förmlich angesprochene Sachverhalte sind nach dem Sinn des Regelungsgehalts zu lösen.   11

---

2   Vgl. ZEIMES, WPg 2003, S. 982 f.
3   Kritisch hierzu THEILE, DB 2003, S. 1745 f.
4   ZEIMES, WPg 2002, S. 1002; HAYN/BÖSSER/PILHOFER, BB 2003, S. 1607 f.

> **Praxis-Beispiel**
> Eine deutsche Konzernmuttergesellschaft muss erstmals am 31.12.05 einen
> Konzernabschluss nach IFRS vorlegen. Eine Tochtergesellschaft will sich
> dem Vorhaben für ihren Teilkonzernabschluss anschließen. Bisher hat sie
> keinen solchen Abschluss nach HGB erstellt, sondern nur *reporting packages*.
>
> **Lösung**
> IFRS 1.3 reflektiert nur einen Übergang vom bisherigen Abschluss auf den
> IFRS-Abschluss; der Übergang von einem (rechtlichen) Nichtabschluss auf
> den IFRS-Abschluss ist insoweit beispielhaft aufgeführt, als (nur) *reporting-
> packages* nach **IFRS** erstellt wurden.
> Der Fall ist mit dem argumentum de maiore ad minus zu lösen: Wenn schon
> das Erstellen eines (als höherwertig geltenden) IFRS-*reporting-package* zur
> erstmaligen Anwendung nach IFRS 1 führt, muss dies erst recht für ein
> bislang ausschließliches HGB-*package* gelten. Die Tochtergesellschaft ist für
> ihren Teilkonzernabschluss Erstanwender.

12 Zu Schwierigkeiten mit der entscheidenden Bezugsgröße des *compliance statement*
(Rz 4) kann es bei einem zeitversetzten *endorsement* in europäisches Recht (z. B.
§ 315a HGB) kommen (→ § 7 Rz 5). Ein solcher Tatbestand lag bzgl. des „Kon-
solidierungspakets" (IFRS 10 – IFRS 12, IAS 27 und IAS 28) vor. Das Paket war
nach IASB ab 1.1.2013 pflichtweise anzuwenden. Das *endorsement* ist am
29.12.2012 erfolgt, allerdings erst für Geschäftsjahre mit Beginn ab 1.1.2014 zwingend zu beachten mit der Möglichkeit der früheren Anwendung ab 1.1.2013 – dann
übereinstimmend mit der Pflichtanwendung nach der IFRS-Regelung. Wenn ein
Unternehmen das „Konzernpaket" erst ab 2014 beachtete, handelte es in Übereinstimmung mit der europäischen Rechtslage, nicht aber mit den Regeln der IFRS.
Die EU-Kommission hat IFRS 1 und IAS 1 (→ § 7 Rz 5) vorbehaltlos „endorst",
also dort, wo in den Standards von der (Erklärung einer) „Übereinstimmung mit den
IFRS" (*compliance*) die Rede ist, den Originaltext nicht durch die (Erklärung einer)
„Übereinstimmung mit den in der EU angenommenen IFRS" ersetzt. Gleichwohl
erlaubt sie dem EU-Anwender nur eine Bilanzierung auf Basis der übernommenen
IFRS und verlangt eine entsprechende Formulierung des *compliance statement*.
Hieraus ergab sich eine **Widersprüchlichkeit** für den IFRS-Anwender in Europa,
der erst ab 2014 das „Konzernpaket" anwendete. Er konnte bei Ausübung dieser
Option für den Abschluss 2013 keine uneingeschränkte Übereinstimmungserklärung mit den IFRS abgeben bzw. auch nicht behaupten, diese sei implizit in der
Erklärung der Übereinstimmung mit den EU-IFRS enthalten. Bei formaler Betrachtung wäre er deshalb in 2014 Erstanwender (Rz 5). Hätte die EU-Kommission
IFRS 1 und IAS 1 mit der Erweiterung „*as endorsed in the EU*" bestätigt, wäre es
nicht zu diesem Problem gekommen. U. E. sollte diese Unterlassung der EU bei
ihrer Transformation von privatem in öffentliches Recht nicht zulasten der Rechtsanwender gehen. Die endorsten Fassungen von IFRS 1, IAS 1 und IAS 8 sind
vielmehr erweiternd im Interesse der Widerspruchsfreiheit als „mit den endorsten
IFRS übereinstimmend" auszulegen. Deshalb erkennen wir in dieser Konstellation –
Anwendung des „Konzernpakets" erst ab 2014 – **keinen** den IFRS 1 unterliegenden
Erstanwenderfall.

Die IFRS-Rechnungslegung soll konzeptionell den **wirtschaftlichen** Gehalt   **13**
eines Geschäftsvorfalls abbilden (Grundsatz der *substance over form;* → § 1
Rz 80). Auch bei der Bestimmung des IFRS-Erstanwenders darf deshalb nicht
die „Rechtsform" allein der Definition zugrunde gelegt werden. Ein typisches
Fallbeispiel stellt die Rechtsfigur des umgekehrten Unternehmenserwerbs *(reverse acquisition)* gem. IFRS 3.21 dar (→ § 31 Rz 206 ff.). Als Erstanwender gilt in
diesen Fällen der „bilanzielle Ersterwerber" *(acquirer for accounting purposes).*[5]

Praxis-Beispiel
Sachverhalt
Die A GmbH (Eigenkapital 3 Mio. EUR, Umsatz 30 Mio. EUR) hat zum
31.12.01 einen IFRS-Konzernabschluss mit Übereinstimmungsvermerk gem.
IAS 1.16 veröffentlicht. Im Januar 02 gründen die Gesellschafter der A
GmbH die B AG mit einem Grundkapital von 100.000 EUR. Zur Gründung
legen sie alle Anteile an der A GmbH in die B AG ein. Diese erstellt zum
31.12.02 erstmals einen IFRS-Konzernabschluss.

Lösung
Die B AG ist zwar rechtlicher Erwerber, wirtschaftlich aber als erworbenes
Unternehmen zu betrachten (→ § 31 Rz 206). Die B AG ist trotz des erst-
maligen unter ihrem Namen veröffentlichten IFRS-Konzernabschlusses kein
Erstanwender i.S.v. IFRS 1.3 und muss die Wertansätze des Tochterunter-
nehmens A GmbH übernehmen.

Anders verhält es sich u.E., wenn ein neu gegründetes Unternehmen das bisherige   **14**
„Geschäft" von einem anderen **übernimmt**, dabei aber der IFRS-Rechnungslegung
unterliegt oder diese freiwillig anwendet. Nach dem Regelungsinhalt des IFRS 1 in
formaler Betrachtung *(scope)* könnte diese Gesellschaft ebenfalls als IFRS-Erstanwender angesehen werden. So lautet auch bei wörtlicher Lektüre IFRS 1.3D
(Rz 7). Allerdings passt diese Falllösung nicht in das ganze Regelwerk von IFRS 1.
Vergleichszahlen (Rz 16) nach IFRS 1.21 können – als Beispiel – nicht geliefert
werden. Ebenso wenig ist die Übergangsperiode mit drei Bilanzen (Rz 18) darstellbar. Daher ist die neu gegründete Gesellschaft u.E. kein IFRS-Erstanwender. Abgesehen davon kommen auch entsprechende Bilanzierungsprobleme bzgl. der Rückwirkung in diesem Fall nicht zum Tragen.

Die Übergangsvorschriften nach IFRS 1 sind von einer *„entity"* (Unternehmen)   **15**
zu erfüllen (Rz 4). Der Begriffsinhalt bleibt jedoch an dieser Stelle wie auch in
den übrigen Standards undefiniert. Im hier kommentierten Zusammenhang kann
man die *entity* als **Berichtssubjekt** *(reporting entity)* festmachen.

Praxis-Beispiel[6]
Sachverhalt
Die MU AG ist seit einigen Jahren ein börsennotiertes Unternehmen. Toch-
terunternehmen hatte die MU AG bisher nicht. Zum 1.9.02 erwirbt sie jedoch

---

5   So auch IDW RS HFA 19, Tz 3, WPg 2006, S. 137.
6   Nach Lüdenbach, PiR 2010, S. 144. Dieser Fundstelle sind auch die nachstehenden Erläuterungen
    entnommen.

eine 100 %ige Beteiligung an der TU GmbH. Bis einschließlich 01 hat die MU AG lediglich einen HGB-Jahresabschluss erstellt. Zum 31.12.02 muss erstmals ein Konzernabschluss nach IFRS aufgestellt werden.
In diesem Zusammenhang ist eine Reihe von Fragen zu klären.

Die **Konzernrechnungslegungspflicht** selbst ist nach § 315a Abs. 1 HGB zu bestimmen. Bei kapitalmarktorientierten Gesellschaften ist ein IFRS-Konzernabschluss geboten (→ § 32 Rz 5). Die Erstellungspflicht trifft nach § 315a Abs. 1 HGB i. V. m. der IAS-Verordnung die MU AG als Mutterunternehmen.

Die eigentliche Frage geht im vorstehenden Beispiel aber dahin, ob

- die berichtspflichtige *entity* erst am 1.9.02 mit dem Erwerb einer Tochtergesellschaft **entsteht** oder
- bereits zuvor die bestehende *entity* in Gestalt der MU AG als *entity* in anderer Ausrichtung und Qualität **weitergeführt** wird.

Von der Beantwortung dieser Fragen hängen ab

- die Darstellung der **Eröffnungsbilanz** (Rz 18),
- die Angabe von **Vorjahresvergleichszahlen** (Rz 16),
- die **Überleitung** von der bisher nach nationalem Recht erfolgten Rechnungslegung (Rz 95).

Wenn das berichterstattungpflichtige Unternehmen/der Konzern (*entity*) erst zum 1.9.02 entstanden ist (**erster** Lösungsansatz), gilt:

- Der 1.9.02 stellt das Datum sowohl der **IFRS**-Eröffnungsbilanz als auch der Eröffnungsbilanz des **Unternehmens** selbst dar.
- Der Abschluss zum 31.12.02 enthält dann **keine** Vergleichszahlen für das Vorjahr.
- Eine **Überleitungsrechnung** für das Eigenkapital (Rz 114) entfällt.

Wenn umgekehrt die erstmalige Erfüllung des Konzerntatbestands lediglich als **Fortsetzung** der bisherigen Unternehmenstätigkeit in anderem Umfang und Qualität gesehen wird (**zweiter** Lösungsansatz), gilt:

- Die IFRS-Eröffnungsbilanz ist auf den **1.1.01** (Rz 18) zu erstellen.
- Im Konzernabschluss für 02 sind nach IFRS 1.21 als **Vergleichszahlen** für das Vorjahr die noch zu ermittelnden einzelbilanziellen IFRS-Werte der MU AG anzugeben (Rz 16).
- Eine **Überleitungsrechnung** für das Eigenkapital und das Gesamtergebnis für 02 ist vom zuvor einzelbilanziell ermittelten HGB- auf den IFRS-Wert nach IFRS 1.24 vorzunehmen (Rz 114).

Der **zweite** Lösungsansatz geht von den mit der Erstellungspflicht der IFRS-Eröffnungsbilanz verbundenen **Folgewirkungen** aus, nämlich zweijährige Vergleichsperiode (Rz 17) und Überleitungsrechnung für das Eigenkapital (Rz 114). Im Vorgriff muss indes bei den tatbestandlichen Voraussetzungen angeknüpft werden. Die Konzernierung als Auslöser für das Eröffnungsbilanz-Szenario hat am 1.9.02 begonnen. Bis dahin kann ein Konzern als berichtspflichtige Einheit (*entity*) nicht bestanden haben. Ersatzweise muss deshalb nach diesem Lösungsvorschlag das Mutterunternehmen als *entity* fungieren. Aus deren Rechenwerk kann eine IFRS-Eröffnungsbilanz zum 1.1.01 erstellt und die zweijährige Vergleichsperiode geliefert werden. Man kann deshalb für diese Auffassung einen verbesserten Einblick in die jüngste Vergangenheit der nunmehr konzernierten Einheit feststellen.

Gegen diese Auffassung und für den **ersten** Lösungsansatz spricht aber Folgendes:

- IFRS 1.D17 S. 2 geht ohne Weiteres von der Möglichkeit eines **zeitlich abweichenden** Übergangs von Einzel- und Konzernabschluss aus. Eine *entity* kann für ihren Einzelabschluss Erstanwender sein und durchaus später als Erstanwender für den Konzernabschluss fungieren. Im Übergangsszenario nach IFRS 1 sind also konsolidierte und Einzelabschlüsse getrennt zu betrachten. Deshalb dürfen auch die diesbezüglichen Rechtsfolgen nicht miteinander vermischt werden.

- Die berichtspflichtige Einheit steht somit für den Einzel- und den Konzernabschluss gesondert in der Pflicht. Berichtspflichtig wird die MU AG am 1.9.02 und kann deshalb logisch zwingend keine Vorjahresvergleichszahlen (z.B.) liefern.

- Die Pflicht zur Erstellung eines Konzernabschlusses richtet sich ausschließlich nach **nationalem** Recht (→ § 32 Rz 5). Danach entsteht die Konzernrechnungslegungspflicht erst im Zeitpunkt der Konzernierung. Aus den IFRS-Regeln zur Konzernbilanzierung kann nicht Gegenteiliges abgeleitet werden, weil nach § 315a HGB dem IFRS-Konzernabschluss lediglich eine Ersatzrolle zugewiesen ist. Dieser tritt an die Stelle des HGB-Konzernabschlusses, wenn die Konzernrechnungslegungspflicht (für kapitalmarktorientierte Konzerne) oder das Wahlrecht (für andere Konzerne) nach den IFRS-Regeln erfüllt wird. Das Übergangsprozedere vom HGB- auf den IFRS-Abschluss nach Maßgabe des IFRS 1 kann also nicht die zwingenden Regeln für die Erstellung eines Konzernabschlusses dem Grunde nach (also nach HGB) überspielen.

Danach gilt: Im vorliegenden Sachverhalt ist die IFRS-Eröffnungsbilanz auf den Zeitpunkt der Konzernierung zu erstellen.[7] Die notwendige Folge ist der Wegfall der Veröffentlichungspflicht von Vorjahreszahlen und der Überleitungsrechnung.[8] Will man dem Informationsbedürfnis nach dem zweiten Lösungsansatz besonderes Gewicht verleihen, kann dem durch Pro-forma-Zahlen abgeholfen werden.

- Am 1.9.02 ändern sich nicht lediglich **Qualität** und **Ausdehnung** eines bereits zuvor bestehenden Berichtsobjekts (*entity*),

- vielmehr **entsteht** die für den Anwendungsbereich von IFRS 1 maßgebliche *entity* (jetzt der Konzern) erst zu diesem Stichtag.

Nach dieser Entscheidung für das „Ob" und „Wann" der IFRS-Erstanwendung muss konsequenterweise das „Wie" in der **Trennung** von Einzel- und Konzernabschluss erfüllt werden:

- Eine **Überleitungsrechnung** (Rz 114) entfällt, da der Konzern vor dem 1.9.02 noch nicht vorhanden war.

- Aus dem gleichen Grund entfällt die **Angabepflicht** für Vorjahresvergleichszahlen (Rz 16), allerdings mit **freiwilliger** Angabe von Vorjahreszahlen nach HGB gem. IFRS 1.22 (Rz 11).

---

[7] LÜDENBACH, PiR 2010, S. 144.
[8] KPMG, Insights into IFRS 2015/16, Ch. 6.1.1540.100.

3 Abbildung des Übergangsprozesses

3.1 „Drei-Bilanzen-Periode"

3.1.1 Jahresabschluss

16 In IFRS 1.6 i.V.m. IFRS 1.21 ist die formale Abwicklung des Übergangsprozederes vom bisherigen (*previous* GAAP) Abschluss in die IFRS-Rechnungslegung dargestellt. Die Schnittstelle = Übergangszeitpunkt (*date of transition*) stellt eine IFRS-**Eröffnungsbilanz** (IFRS 1.6) dar. Deren Bedeutung erschließt sich zunächst durch die Vorgabe nach IFRS 1.21 hinsichtlich der Präsentation von drei Bilanzen. Dies ist den ab diesem Zeitpunkt gültigen Regelungen in IAS 1.10(f) und IAS 1.40Ageschuldet, wonach bei Abschlussänderungen (→ § 2 Rz 10) und Darstellungsänderungen (→ § 2 Rz 19) auch die Eröffnungsbilanz der Vorperiode zu veröffentlichen ist. Ein **mehrjähriger** Periodenvergleich darf ebenfalls geliefert werden, der Zwei-Perioden-Vergleich stellt die Mindestnorm dar. Das Stetigkeitsgebot für die Bilanzierung und Bewertung nach IAS 8 (→ § 24 Rz 8) gilt bzgl. der nach altem Recht angewandten Methoden nicht (IFRS 1.11). Deshalb ist darüber nicht zu berichten. Wegen der Angabepflicht von Vorjahresvergleichszahlen siehe Rz 114.

17 Das Erfordernis der Vergleichszahlen nach IFRS 1.21 für die GuV bzw. die Gesamtergebnisrechnung erfordert die Erstellung von **zwei** GuVs und damit nach den Gesetzen der Doppik zwingend die Erstellung und Veröffentlichung von **drei** Bilanzen, die sämtlich den IFRS-Vorgaben zu genügen haben. Außerdem sind zu veröffentlichen:

- zwei *cash-flow*-Rechnungen,
- zwei Eigenkapitalveränderungsrechnungen (→ § 2 Rz 92),
- zugehörige Erläuterungen.

Vorjahreswerte nach früherem Recht sind als solche zu kennzeichnen und ohne Quantifizierung an die IFRS-Werte anzugleichen (IFRS 1.22). Die Vorjahreswerte sind nicht zwingend auf Basis des Kalenderjahres darzustellen. Bei **Rumpfgeschäftsjahren** sind die dortigen Werte zu verwenden.[9]

> **Praxis-Beispiel**
> Soll zum 31.12.02 erstmals eine IFRS-Bilanz erstellt und veröffentlicht werden, bedarf es der Darstellung der GuV für die Geschäftsjahre 01 und 02. Deshalb muss eine IFRS-Eröffnungsbilanz zum 1.1.01, zeitlich identisch mit der Schlussbilanz zum 31.12.00 sowie eine Bilanz zum 31.12.01 erstellt werden. In der Periode 01 und zum 31.12.01 ist also zweigleisig zu verfahren: Es bedarf eines „normalen" HGB-Abschlusses und eines nach IFRS, Letzterer als Vergleichsperiode im erstmaligen Abschluss zum 31.12.02. Sofern bislang nach früherem Recht keine Abschlüsse (*financial statements*) veröffentlicht worden sind, ist dies anzugeben (IFRS 1.28).

18 **Dreh- und Angelpunkt** des Übergangsprozederes stellt die IFRS-**Eröffnungsbilanz** dar, weil sich in ihr alle nach IFRS 1 zu beachtenden Ansatz- und

---

[9] Ernst & Young, International GAAP 2009, Ch. 5 sCh. 2.2.3, in den Folgeauflagen nicht mehr enthalten.

Bewertungsregeln niederschlagen.[10] In der Folge sind dann (z.B.) Abschreibungen (im Beispiel ab dem Jahr 01) neu zu berechnen. Deshalb bedarf der Übergang vom HGB in die Rechnungslegungswelt der internationalen Standards einer **rechtzeitigen** Planung.

Obwohl sich in der IFRS-Eröffnungsbilanz (im obigen Beispiel 1.1.01) bereits das gesamte Ansatz- und Bewertungsgerüst auf der Grundlage der IFRS niederschlägt, gilt (nur) der Abschluss zum 31.12.02 als „**erstmaliger IFRS-Abschluss**"; dieser Stichtag stellt das *reporting date* dar. Entsprechend kann man das Geschäftsjahr 02 (im Beispiel unter Rz 17) als *reporting period* bezeichnen. **Schematisch** lässt sich die Übergangsperiode wie folgt darstellen:

Übergangszeitpunkt *(date of transition)* 1.1.01	„Vergleichsbilanz" 31.12.01	Erstanwendungszeitpunkt *(reporting date)* 31.12.02
	Vergleichszeitraum des Umstellungsjahres 01 *(transition period)*	Berichtszeitraum 02 *(reporting period)*	
IFRS-Eröffnungsbilanz	Letzte HGB-Bilanz	Erster veröffentlichter IFRS-Abschluss

Tab. 1: Übergangsperioden auf IFRS

Die Bilanzierungs- und Bewertungsmethoden sind nach IFRS 1.7 in den Übergangsperioden **stetig** auszuüben. Eine Besonderheit ergibt sich, wenn für die *reporting period* zwei Standardvarianten anwendbar sind. Das ist regelmäßig dann der Fall, wenn eine neue Standardversion oder ein neuer Standard mit vorzeitiger Anwendungserlaubnis eingeführt wird. Das Unternehmen muss sich dann für eine der gültigen Versionen entscheiden und diese in der gesamten Übergangsperiode anwenden (so die Klarstellung des Board in *AIP 2011–2013 Cycle* IFRS 1.BC11A).

3.1.2 Zwischenberichterstattung

IFRS 1.32 verlangt für die **Zwischenberichterstattung** (→ § 37) innerhalb des Berichtszeitraums vor dem Erstanwendungszeitpunkt (Rz 18): **19**
- Überleitungsrechnungen für das **Eigen**kapital und das **Ergebnis** der Zwischen- und Gesamtperiode des Vorjahres;
- Angaben zur Herstellung der **Vergleichbarkeit** des Zwischenabschlusses mit dem vergleichbaren Vorjahresabschluss, der nach den IFRS erstellt wurde;
- Überleitungsrechnungen nach Maßgabe von IFRS 1.24 und IFRS 1.25 (Rz 95), also für das **Eigenkapital** im Beispiel unter Rz 18 vom 1.1.01 sowie 31.12.01 und 31.12.02 und für die **GuV** 01;
- Änderungen in der Ausübung von **Bilanzierungswahlrechten** und der Auswahl von **Übergangserleichterungen** (Rz 121) sind nach Maßgabe des *Annual Improvements Project* 2010 und nach Maßgabe von IFRS 1.23 (Rz 95) dort zu vermerken (IFRS 1.32(c)).

---

[10] Zeimes, WPg 2002, S. 1001, 1003.

Außerdem sind nach IFRS 1.33 zusätzliche Angaben zu **wesentlichen** Geschäftsvorfällen zu machen, um die **zwischenperiodische** Vergleichbarkeit herzustellen.

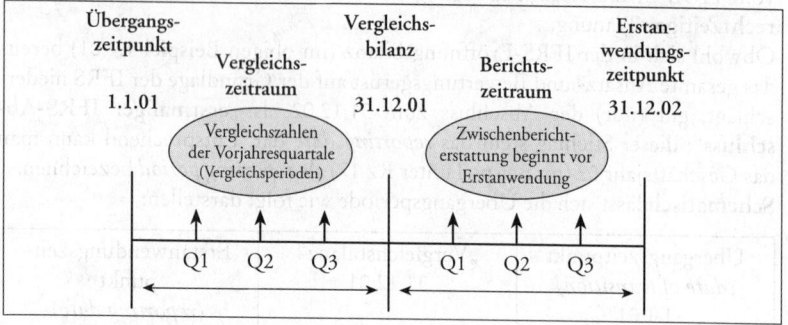

Abb. 1: Übergangsperioden auf IFRS mit Zwischenberichterstattung

Die **Vorjahresinformationen** gem. IFRS 1.21 (Rz 17) gelten auch für Zwischenberichte. Erfolgt die erstmalige Anwendung der IFRS wie üblich in einem Jahresabschluss, so sind für die Zwischenberichte des Folgejahres die Zwischenperioden des Vorjahres entsprechend darzustellen. Durch die zeitliche Nähe des ersten IFRS-Jahresabschlusses zum ersten IFRS-Zwischenbericht können erhebliche Schwierigkeiten entstehen. Es empfiehlt sich daher, mit der IFRS-Umstellung nicht erst im Hinblick auf einen Jahresabschluss zu beginnen, sondern vielmehr zumindest für interne Zwecke auch vorher veröffentlichte Zwischenberichte des Umstellungsjahres bereits auf IFRS überzuleiten.

Praxis-Beispiel
Zum 31.12.02 soll der erste IFRS-Abschluss vorgelegt werden. Das Unternehmen berichtet quartalsweise.
Die Umstellung erfolgt im Zuge der Abschlussarbeiten für das Jahr 02 in den ersten Monaten des Jahres 03. Die laufende Buchhaltung verbleibt auf HGB. Es werden drei Bilanzjahre (00, 01, 02) umgestellt, danach werden hieraus die Bewegungsrechnungen abgeleitet (GuV, Kapitalflussrechnung, Eigenkapitalentwicklung).
Mit großer Erleichterung wird der Jahresabschluss Ende März 03 der Börse zugeleitet und veröffentlicht. Mitte Mai soll der Quartalsabschluss zum 31.3.03 vorgelegt werden. Dabei stellt sich die fehlende Umstellung der Vorjahreszahlen zum 31.3.02 auf IFRS heraus.

Ein **Sonderproblem** kann entstehen, wenn das Unternehmen im Berichtszeitraum der Umstellung (z.B. 01) noch Zwischenberichte nach HGB erstellt und sich (z.B.) im August 01 zum Übergang auf die IFRS-Rechnungslegung per 31.12.01 entscheidet.

Praxis-Beispiel
- Zum 31.3., 30.6. und 30.9.01 Zwischenberichte nach HGB,
- Erstellung der IFRS-Eröffnungsbilanz zum 1.1.00,

- Veröffentlichung der IFRS-Jahresabschlüsse für 00 und 01 Anfang 02,
- Zwischenabschluss nach IFRS zum 31.3.02 mit übergeleitetem Vorjahresvergleich.

Lösung

Dieser Sachverhalt ist in IFRS 1.32 **nicht geregelt.** Er geht vom Regelfall der IFRS-Rechnungslegung im Berichtszeitraum (Rz 18) und angepassten Vorjahreszahlen aus. Denkbar wäre das Erfordernis eines *restatement* der Zwischenabschlüsse für 01. U. E. ist diese Lösung nicht sachgerecht, da sie den Anwendernutzen kaum stärker fördert (*cost-benefit*-Aspekt; → § 1 Rz 67) als die nach IFRS 1.33 möglichen (und gebotenen) Angaben.

Erst mit der Fertigstellung des ersten IFRS-Abschlusses werden auch die IFRS-   20
Eröffnungsbilanz und alle aufgestellten Abschlüsse bzw. Zwischenabschlüsse
innerhalb des Zeitraums bis zum ersten Abschlussstichtag endgültig.[11]

3.2 Inhalt der IFRS-Eröffnungsbilanz

Inhaltlich sind für die Erstellung der **IFRS-Eröffnungsbilanz** nach IFRS 1.10   21
folgende **Regeln** (zu den Ausnahmen siehe unter Rz 28 ff.) zu beachten:

- Alle Vermögenswerte und Schulden sind nach den Vorgaben der IFRS **anzusetzen.**
- Alle Vermögenswerte und Schulden, die nach IFRS nicht bilanziert werden dürfen, sind zu **eliminieren.**
- Bislang (z.B. nach HGB) angesetzte Vermögenswerte und Schulden, die auch nach IFRS anzusetzen sind, müssen **umgegliedert** werden, wenn die jeweiligen Inhaltsvorgaben unter Gliederungsgesichtspunkten differieren (*different type*).
- Die **Bewertungs**vorgaben der IFRS für die Vermögenswerte und Schulden sind zu beachten.
- An die **bisherige** – auch IFRS-konforme – Bilanzierungsweise ist das Unternehmen/der Konzern nicht i.S. e. **Stetigkeitsgebots** gebunden.

Bspw. sind folgende Fragen zu klären: 22

- Sind in der Handelsbilanz zu Anschaffungskosten bewertete Aktien in der IFRS-Bilanz nach IAS 39 bzw. IFRS 9 mit dem höheren **Zeitwert** zu berücksichtigen (→ § 28)?
- Sind handelsrechtlich als Eigenkapital qualifizierte **Genussrechte** nach IAS 32.11 als Fremdkapital zu qualifizieren (→ § 20 Rz 20 ff.)?
- Ist ein **Leasingverhältnis**, das nach HGB bislang als *operating leasing* beim Leasingnehmer nicht bilanziert worden ist, nunmehr gem. IFRS 16 in der Bilanz anzusetzen (→ § 15a Rz 75)?
- Enthalten Bilanzposten separat auszuweisende kurz- und langfristige Bestandteile, die entsprechend den Gliederungsvorschriften der Bilanz gem. IAS 1 zu beachten sind?

---

[11] KAMPING/JAENECKE, WPg 2005, S. 424.

Aber auch der umgekehrte Fall kann vorkommen, nämlich die **Eliminierung** von im HGB-Abschluss angesetzten Posten. Ein Beispiel stellen Aufwandsrückstellungen dar (Rz 46).[12]

3.3 Behandlung des Unterschiedsbetrags

3.3.1 Einstellungen in das Eigenkapital

23   I. d. R. werden sich – auch unter Beachtung der Ausnahme- und Erleichterungsvorschriften – **Wertunterschiede** zwischen der „Schlussbilanz" nach HGB (im Beispiel unter Rz 19 zum 31.12.00) und der IFRS-Eröffnungsbilanz zum 1.1.01 ergeben. Diese sind – unter Durchbrechung des Bilanzenzusammenhangs – **erfolgsneutral** in das **Eigenkapital** (*directly in equity*) einzubuchen.

24   IFRS 1.11 schlägt die Kategorie **Gewinnrücklage** (*retained earnings*) als Regel – oder in einer anderen Eigenkapitalposition (Rz 25), wenn diese besser geeignet ist – vor. Für bestimmte Finanzinstrumente ist eine **besondere** Eigenkapitalkategorie vorgesehen (Rz 119). Es ist folglich nicht erlaubt, die Abweichungen aus der Anpassung der früheren HGB-Werte an die IFRS-Vorgaben als **besondere** Eigenkapitalkategorie nachhaltig offenzulegen. Die im Anhang darzustellende **Überleitungsrechnung** (Rz 114 ff.) bleibt davon allerdings unberührt. Sofern sich ein Sollsaldo des Unterschiedsbetrags ergibt und keine Rücklagen bestehen bzw. diese nicht ausreichen, um den Saldo zu verrechnen, sollte u. E. das Konto „**Verlustvortrag**" belastet werden.

25   Die Erfassung in einer **anderen** Eigenkapitalkategorie (Rz 24) kommt bspw. in folgenden Fällen (weitere Beispiele in → § 20 Rz 97) in Betracht:
- Anwendung der Neubewertungsmethode bei Sachanlagevermögen gem. IAS 16,
- Wertänderungen bei zur Veräußerung verfügbaren finanziellen Vermögenswerten (*available for sale*) gem. IAS 39,
- bestimmte Wertänderungen aus *cash-flow*-Sicherungsgeschäften gem. IAS 39/IFRS 9 (→ § 28a).

3.3.2 Steuerlatenz

26   I. d. R. werden die umstellungsbedingten Abweichungen zwischen HGB- und IFRS-Bilanz in den nationalen **Steuerbilanzen** nicht nachvollzogen werden können. Es kommt also zu einem Auseinanderfallen – wenn nicht bereits vorhanden – zwischen **Steuerwert** (*tax base*) und **IFRS-Bilanzwert** (→ § 26). IFRS 1 sieht hinsichtlich der **Steuerlatenz**rechnung keine Besonderheit vor, d. h., IAS 12 ist uneingeschränkt anwendbar. Soweit also der Unterschiedsbetrag zwischen dem HGB und den IFRS-Ansätzen steuerlich nicht aufgehoben werden kann, ist insoweit i. H. d. anzunehmenden Steuersatzes **eine aktive oder passive Steuerlatenz zu bilden**. Diese verringert den in das Eigenkapital einzustellenden Umstellungseffekt.

Praxis-Beispiel[13]
Die nach IAS 19 berechnete Altersversorgungsverpflichtung zum Stichtag der IFRS-Eröffnungsbilanz beträgt 100, der bisherige HGB-Ansatz beträgt 90,

---

[12]   Zeimes, WPg 2003, S. 982f.
[13]   Nach Lüdenbach/Hoffmann, DStR 2003, S. 1498, 1500.

der Steuerbilanzansatz 80 und der Steuersatz 30 %. Aktive latente Steuern wurden nach HGB nicht angesetzt.
Es ist zu buchen:

Konto	Soll	Haben
Gewinnrücklage	10	
Pensionsrückstellung		10
Aktive Steuerabgrenzung	6	
Gewinnrücklage		6

Sofern die auftretenden Differenzen durch die Anwendung von **Erleichterungswahlrechten** entstehen, ist die entstehende aktive oder passive latente Steuer ebenfalls durch Gegenbuchung in die Gewinnrücklagen einzubuchen.

Wie alle anderen Anpassungen werden auch die latenten Steuern regelmäßig gegen **Gewinn**rücklagen gebucht. Ausnahmen bestehen dort, wo auch der Grundsachverhalt gegen eine **spezielle Eigenkapitalkategorie** zu buchen ist, etwa bei *cash flow hedges*. Auch die latente Steuer wird dann gegen diese Kategorie eingebucht. 27

Die Veränderung latenter Steuern zwischen Eröffnungsbilanzzeitpunkt und Folgestichtag (Ende der *transition period*, Rz 18) unterliegt den „normalen" Regeln von IAS 12 (→ § 26). Wegen in der *transition period* beschlossenen Steuersatzänderungen wird auf → § 26 Rz 203 verwiesen.

4 Retrospektive Anwendung der IFRS und ihre Grenzen

4.1 Problem

Die **Grundregel** in IFRS 1.7 i.V.m. IFRS 1.10 verlangt die Beurteilung eines in der IFRS-Eröffnungsbilanz (Rz 18) abzubildenden Geschäftsvorfalls aus Vorjahren nach Maßgabe der IASB-Standards, die in der ersten Berichtsperiode nach IFRS (*reporting period*; Rz 18) gültig sind (im Beispiel unter Rz 17 die auf Zeiträume ab dem 1.1.02 anzuwendenden Standards). Diese sog. **Retrospektion** (Rz 32) verlangt den Ansatz und die Bewertung eines Vermögenswerts bzw. einer Schuld in der IFRS-Eröffnungsbilanz so, als ob schon immer nach den aktuell gültigen IFRS bilanziert worden wäre. Diese Vermögenswerte und Schulden sind bis zu ihrer erstmaligen Erfassung zurückzuverfolgen, um alsdann ihre IFRS-Konformität zu prüfen. Ggf. ist ein Unterschiedsbetrag festzustellen und auf die IFRS-Eröffnungsbilanz fortzuschreiben. 28

Praxis-Beispiel 1
Ein Unternehmen erstellt am 31.12.04 seinen ersten IFRS-Abschluss, demnach seine IFRS-Eröffnungsbilanz zum 1.1.03 (Rz 18). Das Unternehmen hat seit 1.3.01 eine Maschine gemietet. Im handelsrechtlichen Abschluss ist dieser Geschäftsvorfall als *operating lease* behandelt worden, so dass die Maschine nicht bilanziert wird. Gem. den Regelungen des IFRS 16 führt die Anmietung

> der Maschine jedoch zum Ansatz eines Nutzungsrechts right-of-use asset)
> (→ § 15a Rz 75). Das Unternehmen hat das Nutungsrecht rückwirkend zum
> 1.3.01 gem. IFRS 16 zu bilanzieren und demnach in der IFRS-Eröffnungs-
> bilanz anzusetzen.

Die Grundregel der retrospektiven Betrachtung aller Geschäftsvorfälle kann
somit zu einer komplexen Rückwirkung führen.

Praxis-Beispiel 2

Bei der B-GmbH sind in den Jahren 01 bis zur Patentierung Ende 05 umfangreiche **Entwicklungskosten** auf einen neuartigen Antrieb angefallen. Die Kosten
wurden nach HGB nicht aktiviert. Anfang 03 erwirbt die A-AG die B-GmbH.
Nach bisherigen Rechnungslegungsvorschriften werden die Entwicklungs-
ergebnisse auch im Rahmen der Erstkonsolidierung der B nicht aktiviert. Zum
1.1.07 erstellt die A-AG die IFRS-Eröffnungsbilanz. Bei retrospektiver Anwendung von IFRS 3 ist in der IFRS-Eröffnungsbilanz wie folgt zu verfahren:

- A hat für die durch den Unternehmenskauf erworbenen Entwicklungs-
  ergebnisse zunächst den *fair value* zum Erstkonsolidierungszeitpunkt zu
  bestimmen. Eine solche Bewertung ist stark ermessensbehaftet und kann
  außerordentlich aufwendig sein (→ § 31 Rz 71 ff.).
- Dem so ermittelten Wert sind sodann die in 03 bis 05 entstandenen
  Entwicklungskosten hinzuzurechnen.
- Auf den Gesamtbetrag sind schließlich für 06 planmäßige Abschreibungen
  vorzunehmen.

IFRS 1 gewährt gegenüber einem solchen Vorgehen Erleichterungen, die
allerdings gerade im Bereich der Entwicklungskosten nicht sehr umfassend
sind (Rz 65).

---

29   Die in der ersten Berichtsperiode (IFRS 1.7) gültigen Standards sind in allen im
      Übergangszeitraum zu erstellenden Bilanzen anzuwenden. Die IFRS unterliegen
      aber einer stetigen **Weiterentwicklung**. Deshalb steht für den IFRS-Erstanwen-
      der zum Zeitpunkt der Erstellung der IFRS-Eröffnungsbilanz nicht fest, welche
      Standards für die erste IFRS-Berichtsperiode anzuwenden sind. Ein Unterneh-
      men ist deshalb verpflichtet, nach bestem Wissen die Regelungen anzuwenden,
      deren Gültigkeit es für die erste Berichtsperiode nach IFRS erwartet. Eine
      IFRS-Eröffnungsbilanz ist deshalb bis zur Feststellung des ersten IFRS-Ab-
      schlusses insoweit vorläufig.
      Die Übergangsvorschriften in anderen Standards sind beim Umstieg auf das
      IFRS-Rechenwerk unerheblich (IFRS 1.9).

4.2 Konzeptionelle Grundlagen der Erleichterungen

30   Die im vorstehenden Beispiel angedeutete **Vergangenheitserforschung** bereitet
      in der Praxis erhebliche Schwierigkeiten, die aber nach Auffassung des Board den
      Übergang auf die IFRS nicht verhindern dürfen (Rz 3). Zur Erleichterung des
      Übergangsverfahrens geht IFRS den Weg einer festen **Regel** mit spezifizierten
      Ausnahmen (*limited* oder *targeted exemptions*; IFRS 1.IN4 und IFRS 1.IN5,
      Rz 44 ff.). Die Ausnahmen betreffen im Wesentlichen Fälle, in denen die Ver-

gangenheitsforschung nach Meinung des IASB **schwierig** und **kostenintensiv** ist. Die Praktikabilitätsfrage wird **typisiert** vom IASB als Regel**geber** entschieden und stellt sich damit dem Regel**anwender** nicht mehr; er muss keine Voraussetzungen erfüllen, um in den Genuss der Ausnahmen zu kommen. Andererseits darf der Erstanwender keine weiteren Ausnahmen von der Regel der retrospektiven Anwendung aller IFRS definieren.

Wie alle Standards unterliegt aber auch IFRS 1 dem allgemeinen Vorbehalt der   31
materiality, wie er unter anderem im *Framework* und in IAS 1 festgeschrieben ist. Deshalb steht dem IFRS-Erstanwender die (begrenzte) Möglichkeit eines **Verzichts** auf die retrospektive Anwendung einzelner Standardinhalte offen.

Praxis-Beispiel

Ein Unternehmen wendet IAS 16 retrospektiv an und prüft in diesem Zusammenhang die Aktivierung von Großreparaturen gem. IAS 16.14 rückwirkend für vergangene Perioden. Die Überprüfung muss nur so weit in die Vergangenheit hinein erfolgen, wie der aus der rückwirkenden Betrachtung einer weiteren Periode in der Vergangenheit erwartete Effekt noch eine materielle Auswirkung auf den Buchwert des Anlagevermögens in der IFRS-Eröffnungsbilanz hat (IFRS 1.IG7).

4.3   Zum Begriffsinhalt der rückwirkenden Betrachtung

Die Konzeption des Übergangsverfahrens wird im Schrifttum häufig mit dem   32
Begriffspaar **retrospektiv vs. prospektiv** gekennzeichnet: Eine solche Charakterisierung ist teilweise **irreführend**.[14] Nach IFRS 1 werden „rückwirkend" (retrospektiv) die IFRS-Vorschriften anstelle der Landesvorschriften (*previous GAAP*) auf die in der IFRS-Eröffnungsbilanz abgebildeten Sachverhalte angewandt (Rz 28). Maßgeblich sind jedoch die am Ende der ersten Berichtsperiode (*reporting date*, Rz 18) gültigen Standards und nicht etwa die früher bei Verwirklichung des Sachverhalts gültigen Standards (IFRS 1.8). Die **Vergangenheitserforschung** erfolgt also nur auf der **Sachverhaltsebene**. Die frühere **Rechtslage** ist hingegen unerheblich.

Ist ein Standard am Ende der ersten Berichtsperiode noch nicht verpflichtend anzuwenden, aber eine vorzeitige Anwendung (*early adoption*) erlaubt, so steht diese Möglichkeit auch dem IFRS-Erstanwender offen (IFRS 1.B8). Macht er von dieser Möglichkeit Gebrauch, muss er den neuen Standard auch schon für das Vergleichsjahr (*transition period*) und die Eröffnungsbilanz anwenden (IFRS 1.7 ff. i. V. m. IFRS 1.BC11A).

Folgendes Beispiel zum Grundsachverhalt: 33

Praxis-Beispiel

Der X-Konzern hat nach HGB den *goodwill* aus Unternehmenszusammenschlüssen (Akquisition) mit den Gewinnrücklagen verrechnet.

• Betroffen sind z. T. vor dem 1.1.1995 entstandene *goodwills*. Für diese konnte (musste aber nicht) die *goodwill*-Verrechnung nach der älteren

---

[14]   Vgl. LÜDENBACH/HOFFMANN, DStR 2003, S. 1498, 1501.

Version der IAS-Regeln ein laufender IFRS-Anwender die Rücklagenverrechnung beibehalten (früher gültiger IAS 22.99).

- Für nach dem 1.1.1995 vollzogene Unternehmenszusammenschlüsse war
  die Rücklagenverrechnung des *goodwill* nach dem damals gültigen IAS 22
  nicht mehr zulässig.

- Vorbehaltlich der Inanspruchnahme besonderer Erleichterungen des
  IFRS 1 (Rz 58 ff.) muss X beide Verrechnungen im HGB-Abschluss beim
  Übergang nach IFRS rückgängig machen, da die aktuelle Version der IFRS
  (IFRS 3 statt IAS 22) eine Rücklagenverrechnung nicht mehr vorsieht.

5 Verbote der retrospektiven Anwendung (*exceptions*)

5.1 Überblick

34 IFRS 1.13 und IFRS 1.B1 **verbieten** *(prohibit)* die **retrospektive** Anwendung
von Standards für die Erstellung der IFRS-Eröffnungsbilanz bei den folgenden
Sachverhalten:[15]

- Ausbuchung von Finanzinstrumenten (IFRS 1.B2 und IFRS 1.B3; Rz 35 ff.),
- Bilanzierung von Sicherungsbeziehungen (*hedge accounting*; IFRS 1.B4 –
  IFRS 1.B6; Rz 37),
- Vornahme von Schätzungen (IFRS 1.14 – IFRS 1.16; Rz 39),
- einige Aspekte der Darstellung von nicht kontrollierenden Anteilen im Kon-
  zernabschluss (IFRS 1.B7; Rz 42).

Diese **Verbote** – Ausnahmen von der retrospektiven Anwendung – bestehen
zwingend und unabhängig von der Inanspruchnahme der **Erleichterungen**
(**optionaler Verzicht** auf die Anwendung des gültigen Standards auf den früheren Sachverhalt; Rz 44 ff.). Der Grund für das Verbot liegt in der sonst (bei
retrospektiver Anwendung) möglichen **Neueinschätzung** eines Bilanzierungs-
sachverhalts; dadurch könnte mit dem besseren (späteren) Wissensstand eine
vorteilhaftere Bilanzierung erzielt werden (IFRS 1.IN 5). Für jeden neuen IFRS
will der Board über eine Ausnahme von der retrospektiven Anwendung entscheiden (IFRS 1.BC14; Rz 122).

Bei den beiden erstgenannten Ausnahmen handelt es sich weniger um Retro-
spektionsverbote als vielmehr um eine **Erweiterung** des Anwendungsbereichs
der Übergangsbestimmungen von IAS 39 (→ § 28 Rz 360 ff.).

5.2 Ausbuchung von Finanzinstrumenten

35 Nach IAS 39.106 – IAS 39.107 dürfen nicht derivative Finanzinstrumente, die in
Übereinstimmung mit dem bis 2004 anwendbaren IAS 39 ausgebucht worden
waren, **nicht wieder angesetzt** werden. Das gilt selbst dann, wenn die Ausbuchung nach den Regelungen des IAS 39.15 – IAS 39.42 **nicht erlaubt** ist. Dem
IFRS-Erstanwender soll die Neuwürdigung der nach früher angewandten Regeln
ausgebuchten Finanzinstrumente ebenfalls erspart werden (IFRS 1.B2). Alle vor
dem 1.1.2004 ausgebuchten Posten dürfen deshalb nicht wieder eingebucht

---

[15] ZEIMES, WPg 2003, S. 982, 989.

werden, und zwar auch dann nicht, wenn diese **Ausbuchung** (*derecognition*) den Regeln von IAS 39 **widerspricht**. Die Vorschriften des IAS 39.15 – IAS 39.42 zur Ausbuchung von Finanzinstrumenten (→ § 28 Rz 58 ff.) sind von einem erstmaligen Anwender prospektiv, also nur für Geschäftsvorfälle anzuwenden, die ab dem 1.1.2004 auftreten (IFRS 1.B2). Alle Finanzinstrumente, die nach vorherigen Rechnungslegungsvorschriften aufgrund einer Transaktion vor diesem Zeitpunkt ausgebucht worden sind, dürfen in der Eröffnungsbilanz nicht erfasst werden. Wegen des Zeitablaufs ist das fixe Datum des 1.1.2004 gegenstandslos geworden. In IFRS 1.B2 ist nun ein **flexibles Datum** in Form des Übergangszeitpunkts (Rz 18) auf die IFRS-Rechnungslegung (*date of transition*) enthalten.

Praxis-Beispiel

Das Unternehmen geht am 1.1.09 auf die IFRS-Rechnungslegung über = Datum der IFRS-Eröffnungsbilanz (Rz 18). Am 15.10.08 hat A langfristige Forderungen an eine neu gegründete Zweckgesellschaft verkauft. Zum 1.1.10 erstellt das Unternehmen seine IFRS-Eröffnungsbilanz. Der Forderungsverkauf erfüllt nicht die Kriterien für eine Ausbuchung nach IAS 39/IFRS 9. Dennoch darf der Forderungsverkauf in der IFRS-Eröffnungsbilanz nicht wieder eingebucht werden. Dieses Verbot einer Würdigung nach IFRS gilt jedoch nur für den Forderungsverkauf. Sofern die Zweckgesellschaft, der diese Forderungen verkauft wurden, vom Unternehmen A gem. IFRS 10 beherrscht wird, ist die Zweckgesellschaft in der IFRS-Eröffnungsbilanz zu konsolidieren.

Der IFRS-Erstanwender hat jedoch auch das **Wahlrecht** zur retrospektiven Anwendung der Ausbuchungsregeln des IAS 39 bzw. IFRS 9, also auf Sachverhalte, die vor dem Übergangszeitpunkt (Rz 18) zu einer Ausbuchung eines Finanzinstruments geführt haben. Dabei kann er einen beliebigen Zeitpunkt vor dem Datum der IFRS-Eröffnungsbilanz als Startpunkt für die Anwendung dieser Regeln wählen. Voraussetzung ist allerdings die Verfügbarkeit aller zur Regelanwendung erforderlichen Informationen im Transaktionszeitpunkt (IFRS 1.B3). Diese Vorgabe zielt ebenfalls (Rz 34) auf die Verhinderung **bilanzpolitischer** Gestaltungen aufgrund eines besseren Kenntnisstands zum (späteren) Zeitpunkt. Dieses Wahlrecht stellt in systematischer Betrachtung keine (zwingende) *exception* (Rz 34), sondern eine *exemption* (Rz 44) dar. **36**

Praxis-Beispiel

Ein Unternehmen veräußert im Wege eines unechten Factorings am 1.11.01 seinen Forderungsbestand i. H. v. 1 Mio. EUR an eine Bank. Die Forderungen sind am 31.3.02 fällig. Im handelsrechtlichen Abschluss wurde die Forderung ausgebucht. Das Unternehmen erstellt zum 1.1.04 seine IFRS-Eröffnungsbilanz.
a) Wenn das Unternehmen die Regelungen des IAS 39/IFRS 9 prospektiv anwendet, sind in der Eröffnungsbilanz keine Anpassungen vorzunehmen. Die Forderung bleibt ausgebucht.
b) Bei retrospektiver Anwendung der Regelungen des IAS 39/IFRS 9 muss die Forderung rückwirkend zum 1.11.01 eingebucht werden, da man beim Factoring nicht alle wesentlichen mit den Forderungen verbundenen Risiken übertragen hat (→ § 28 Rz 67).

5.3 Bilanzierung von Sicherungsbeziehungen

37 Gem. IFRS 1.B4 sind alle Finanzderivate zum Zeitpunkt der IFRS-Eröffnungsbilanz mit dem beizulegenden **Zeitwert** zu bewerten. Etwaige nach HGB „gespeicherte" (abgegrenzte) Verluste und Gewinne aus Finanzderivaten sind zu eliminieren.

> **Praxis-Beispiel**
> **Sachverhalt**
> Die B-GmbH kauft eine Maschine für 95.000 EUR und verkauft diese für 110.000 USD an die A corp. in den USA. Die Maschine wird direkt in die USA geliefert, B weist die Maschine nicht im Vorratsvermögen aus, da es sich um ein Streckengeschäft handelt. Zur Absicherung des Verkaufsgeschäfts schließt B ein Devisentermingeschäft ab. Aufgrund einer Verschlechterung des USD-Kurses beträgt der umgerechnete Verkaufsbetrag am 31.12. nur noch 90.000 EUR. Das Devisenderivat hat zum Abschlussstichtag einen Wert von 15.000 EUR. Nach vorherigen Grundsätzen wurde die Transaktion als Bewertungseinheit betrachtet und nicht bilanziert. Die Transaktion erfüllt nicht die Anforderungen für eine Bilanzierung als Sicherungsgeschäft nach IAS 39 bzw. IFRS 9.
>
> **Lösung**
> In der IFRS-Eröffnungsbilanz ist das Devisenderivat i.H.v. 15.000 EUR zu aktivieren und eine Drohverlustrückstellung i.H.v. 5.000 EUR zu bilden.

Die nach vorherigen Rechnungslegungsvorschriften bilanzierten **Sicherungsbeziehungen** i.S.e. *hedge accounting* dürfen nur dann als solche in der IFRS-Eröffnungsbilanz beibehalten werden, wenn sie die Voraussetzungen nach IAS 39 bzw. IFRS 9 seit ihrer Einbuchung erfüllen (IFRS 1.B5f.).[16] Auf die Sicherungszusammenhänge, die nicht die Voraussetzungen des IAS 39 bzw. IFRS 9 erfüllen, sind die Übergangsregeln dieser Standards anzuwenden (IFRS 1.B6).

38 Nach IFRS 9.7.2.21 hat ein **laufender Anwender** der IFRS bei der erstmaligen Anwendung von IFRS 9 das Wahlrecht, für das *hedge accounting* weiterhin IAS 39 anzuwenden (und IFRS 9 nur im Übrigen zu folgen). Ob dieses Wahlrecht auch für den **Erstanwender** gilt, ist fraglich. Die generelle Zielrichtung von IFRS 1, den Übergang auf die IFRS zu erleichtern, spricht dafür, folgender formaler Gesichtspunkt aber dagegen: Das Wahlrecht des IFRS 9.7.2.21 ist im nur den laufenden Anwender betreffenden Kapitel zu „*Effective Date and Transition*" des IFRS 9 platziert. Die dem vorgehenden speziellen Übergangsvorschriften des IFRS1.B – E für die Erstanwendung sehen ein vergleichbares Wahlrecht hingegen nicht vor.

5.4 Schätzungen, Wertaufhellung, Fehlerkorrektur

39 Eine weitere Ausnahme vom Retrospektionsgrundsatz betrifft das Thema der **Wertaufhellung** für im Schätzungsweg *(estimates)* ermittelte Bilanzansätze. Zwischen dem Erstellungsdatum der IFRS-Eröffnungsbilanz und demjenigen der Erstellung des erstmaligen IFRS-Abschlusses liegt ein Zeitraum von mehr als zwei Jahren (siehe das Zeitfenster im Beispiel unter Rz 17f.). Die in diesem

---

[16] ZEIMES, WPg 2003, S. 982, 989; vgl. hierzu auch HAYN/BÖSSER/PILHOFER, BB 2003, S. 1607.

Zeitraum naturgemäß vorliegende **bessere Erkenntnis** bzgl. zukunftsbezogener Abschlussposten darf gem. IFRS 1.14 nicht in die Wertansätze der IFRS-Eröffnungsbilanz einfließen. Folglich muss sich der erstmalige Anwender bei deren Erstellung trotz besserer Kenntnisse so unwissend geben, wie er es am Ende des Wertaufhellungszeitraums nach vorherigem Bilanzrecht war.

Praxis-Beispiel

In der Handelsbilanz zum 31.12.01 ist für einen ledigen, kinderlosen Geschäftsführer eine Pensionsrückstellung von 1 Mio. EUR ausgewiesen. Nach IAS 19 hätte der Wert wegen Berücksichtigung des Gehaltstrends 1,2 Mio. EUR betragen. Für 03 wird erstmalig nach IFRS bilanziert.

Der Geschäftsführer ist im Dezember 01 von einem Virus infiziert worden, an dem er im Februar 02 verstirbt. Die Handelsbilanz ist im *fast close* im Januar 02 aufgestellt, geprüft und veröffentlicht worden.

In der zum 1.1.02 aufzustellenden IFRS-Eröffnungsbilanz ist eine Pension von 1,2 Mio. EUR anzusetzen, als ob zu diesem Stichtag schon nach IFRS bilanziert worden wäre (Retrospektion).

Die Pensionsberechnung erfolgt auf Basis der allgemeinen Sterbetafeln. Die rückblickend bessere Erkenntnis über die tatsächlich schon am 31.12.01 verringerte Lebenserwartung des Geschäftsführers wird erst nach Veröffentlichung des HGB-Abschlusses erlangt und ist wegen IFRS 1.14 nicht zu berücksichtigen.

Sachverhaltsvariante

Der Geschäftsführer ist im Februar 02 tödlich verunglückt.

Dieser Umstand ist nicht werterhellend, sondern wertbegründend und daher schon nach den allgemeinen Regeln von IAS 10.9 (→ § 4 Rz 17) nicht per 31.12.01 zu berücksichtigen.

Gem. IFRS 1.14 und IFRS 1.15 sind demnach die zum Stichtag der IFRS-Eröffnungsbilanz erfolgten **Schätzungen** für Zwecke der (damaligen) HGB-Schlussbilanz *(previous GAAP)* unverändert zu übernehmen, es sei denn, eine damalige Schätzung habe einem **Fehler** *(error)* unterlegen. IFRS 1 bestätigt im Ergebnis also die Regeln nach IAS 10: Der **Wertaufhellungszeitraum endet** auch für die IFRS-Eröffnungsbilanz mit dem Datum der Erstellung der HGB-Schlussbilanz zum betreffenden Stichtag (→ § 4 Rz 10).

40

Praxis-Beispiel

In der Handelsbilanz zum 31.12.01 sind im Zuge von Umweltauflagen langfristige Rückstellungen für vertraglich vereinbarte Rücknahmeverpflichtungen von Altprodukten enthalten. Bei Bildung der Rückstellung wurde eine Rücknahme von 1.000 Stück unterstellt. Im Jahr 02 stellt sich heraus, dass die zurückzunehmende Menge bei 600 liegt. Ein Fehler bei der Berechnung seitens der Gesellschaft liegt nicht vor. Die Bilanzierungsvorschriften nach Handelsrecht stimmen insoweit mit den Regelungen des IAS 37 (→ § 21 Rz 124 ff.) überein. Ein Unterschied besteht hinsichtlich der Abzinsungen, die nach HGB nicht vorgenommen werden. In der IFRS-Eröffnungsbilanz muss das Unternehmen die Rückstellung abzinsen. Trotz dieser Anpassung,

---

die auf die Unterschiede der Bewertungsregeln zurückzuführen sind, muss weiterhin die ursprünglich zugrunde gelegte Menge von 1.000 für die Bewertung herangezogen werden, da hier IFRS und HGB keine Unterschiede in den Bilanzierungsregeln aufweisen.

41   Zu differenzieren ist allerdings nach dem Wertaufhellungs**tatbestand**.

Praxis-Beispiel
Sachverhalt
Am 30.4.03 (alternativ am 28.2.03) ergeht ein positives Gerichtsurteil in einem Aktivprozess. Der Jahresabschluss nach HGB zum 31.12.02 wurde am 31.3.03 erstellt. Die IFRS-Eröffnungsbilanz datiert auf den 1.1.01 (Rz 18).

Lösung
Nach IAS 10.8 ist der positive Prozessausgang wertaufhellend zu berücksichtigen (→ § 4 Rz 23). Umgekehrt gilt der Prozessausgang nach HGB als wertbegründend. Auch ein positives Urteil zwischen dem 1.1.03 und dem 31.3.03 hätte nach HGB keinen Ansatz erlaubt. Die „Nichtverlängerung" der Wertaufhellungszeiträume gem. IFRS 1.14 (Rz 40) geht demnach ins Leere. Für die HGB-Bilanz ist keine Schätzung erfolgt, folglich kann sie auch nicht für Zwecke des Übergangsverfahrens beibehalten werden (IFRS 1.16). Der positive Prozessausgang ist u.E. in der IFRS-Eröffnungsbilanz als Aktivposten anzusetzen – unabhängig vom handelsrechtlichen Wertaufhellungszeitraum.

Immer dort, wo die IFRS-Vorschriften **Schätzungen** verlangen, die nach **Handelsrecht nicht gefordert** waren, reicht der Wertaufhellungszeitraum bis zur Erstellung der IFRS-Eröffnungsbilanz. An ursprünglichen Schätzungen ist dann nicht festzuhalten, wenn sie **falsch** waren, also das zum Zeitpunkt der Erstellung der HGB-Bilanz vorhandene oder bei ordentlichem Vorgehen erlangbare Wissen nicht zutreffend berücksichtigten (→ § 24 Rz 34 ff.). Zu der damit angesprochenen **Korrektur von Bilanzierungsfehlern folgendes** Beispiel:

Praxis-Beispiel[17]
Sachverhalt
U bilanziert für 03 erstmals nach IFRS. In der HGB-Bilanz zum 31.12.01 hat U drohende Verluste aus einem schwebenden Geschäft angesetzt, angesichts einer ohnehin bescheidenen Ertragslage aber nur spärlich dotiert. Die Verluste sind Mitte 03 tatsächlich in einem weit über dem Rückstellungsbetrag liegenden Maß eingetreten.
U möchte im Übergang vom 31.12.01 (HGB-Schlussbilanz) auf den 1.1.02 (IFRS-Eröffnungsbilanz) die Rückstellung entsprechend erhöhen, und zwar wie alle Eröffnungsbilanzanpassungen erfolgsneutral gegen Gewinnrücklagen. Auf diese Weise würde der in 03 tatsächlich eingetretene Verlust voll gegen die Rückstellung verrechnet werden können und die IFRS-GuV des Jahres 03 entsprechend günstiger ausfallen.

---

[17]   Entnommen aus LÜDENBACH, PiR 2006, S. 13.

U möchte dabei nicht den Eindruck erwecken, seine frühere handelsrechtliche Bilanzierung sei schon nach dem damaligen Kenntnisstand fehlerhaft gewesen, er möchte sich vielmehr auf die bessere Erkenntnis berufen, die Ende 03 – zum Zeitpunkt der Aufstellung der IFRS-Eröffnungsbilanz – vorliegt.

Beurteilung
Die Berufung auf die bessere Erkenntnis ist unzulässig.
Soweit die ursprünglich für HGB-Zwecke vorgenommene Schätzung vertretbar war, bleibt diese gem. IFRS 1.15 bindend.
Falls die Schätzung schon nach HGB fehlerhaft war, d.h. dem seinerzeit verfügbaren Kenntnisstand nicht gerecht wurde, ist eine Anpassung vorzunehmen und gem. IFRS 1.26 deutlich als Korrektur einer fehlerhaften Handelsbilanz kenntlich zu machen.

Wie das Beispiel zeigt, ist wie folgt zu differenzieren:

- Soweit eine ursprüngliche Schätzung zwar optimistisch (bzw. aggressiv), aber gerade noch **vertretbar** war, liegt kein Fehler vor. Für die IFRS-Bilanzierung ist die **handelsrechtliche Schätzung** zu **übernehmen**.
- Soweit der vertretbare Ermessensspielraum überschritten wurde, also ein **Fehler** vorlag, ist für IFRS an dieser fehlerhaften Bilanzierung **nicht festzuhalten**.

Die zweite Alternative eröffnet allerdings keine Möglichkeit zur „geräuschlosen" Richtigstellung. Nach IFRS 1.24 hat U im Abschluss 03 Überleitungsrechnungen vom handelsrechtlichen Eigenkapital vom 31.12.01 bzw. 31.12.02 zum IFRS-Eigenkapital 1.1.02 bzw. 31.12.02 aufzustellen und zu **erläutern** (Rz 120). Normaler Inhalt der Überleitung und der Erläuterungen sind die Ansatz- und Bewertungsunterschiede zwischen Handelsrecht und IFRS.

Die dabei erfolgende **Fehlerkorrektur** nach IFRS 1.26 ist von **Änderungen** der Bilanzierungs- und Bewertungsmethoden **abzugrenzen**. Die Fehlerkorrektur darf nicht in einer Sammelposition „Anpassung von sonstigen Rückstellungen wegen abweichender Bewertungsvorschriften" versteckt werden. In der Überleitung muss der Fehler der handelsrechtlichen Bilanzierung deutlich durch eine eigene Zeile in der Überleitungsrechnung und eine eigene Erläuterung erscheinen.

Die vorstehenden Anweisungen zum Schätzungsverfahren in IFRS 1.14 – IFRS 1.16 sind für die drei Bilanzen der Übergangsperiode (Rz 18) jeweils anzuwenden (IFRS 1.17).

5.5 Nicht beherrschende Anteile im Konzernabschluss

Folgende Vorschriften des IFRS 10 (→ § 32 Rz 157) muss ein IFRS-Erstanwender gem. IFRS 1.B7 nur **prospektiv** vom Übergangszeitpunkt (Rz 18) an anwenden: **42**

- Die Aufteilung im Konzernabschluss von Gewinn und Verlust und der übrigen Einkommensbestandteile auf Muttergesellschaft und nicht beherrschende Gesellschafter (Minderheitenanteile), auch wenn dadurch ein Negativausweis der Minderheitenanteile entsteht (IFRS 10.B94; → § 32 Rz 164);
- Änderungen der Beteiligungsquote ohne Kontrollverlust der Muttergesellschaft (IFRS 10.23; → § 31 Rz 162 und Rz 177);

- im Fall des Kontrollverlusts der Muttergesellschaft die Einzelheiten der Entkonsolidierungsbuchungen (IFRS 10.B97ff.) sowie die Vorgaben nach IFRS 5.8A (→ § 29 Rz 20).

5.6 Öffentlich subventionierte Darlehen

43 Der Vorteil aus un- oder niederverzinslichen Darlehen aus öffentlichen Mitteln gilt nach IAS 20.10A als Zuwendung (→ § 12 Rz 39) i.H.d. Barwerts der Zinsverbilligung. Entsprechend ist das Darlehen nicht mit dem vereinnahmten Betrag, sondern mit dem *fair value* einzubuchen. Diese Vorgabe ist gem. IAS 20.43 bei „Normalanwendern" (Unternehmen, die schon vor dem 1.1.2009 nach IFRS bilanziert haben) für Darlehensgewährungen ab 1.1.2009 anzuwenden. Für zuvor zugegangene Darlehen kann die bisherige Bilanzierung beibehalten werden (→ § 12 Rz 48). Diese Übergangserleichterung für die (schon bisherigen) IFRS-Anwender wird nach IFRS 1.B10 auch den Umsteigern auf die IFRS-Rechnungslegung zugestanden. Diese können **vor** dem Übergangszeitpunkt (Rz 16) aufgenommene Darlehen mit Zinsvergünstigung in der bisher bilanzierten Form weiterführen, also z.B. zum Nennwert ansetzen, und entsprechend auf die *fair-value*-Ermittlung verzichten, können aber auch nach IFRS 1.B11 retrospektiv die gültigen Regeln der IAS 20.10A anwenden Die **ab** dem Datum der IFRS-Eröffnungsbilanz (Rz 16) zugegangenen Darlehen sind in jedem Fall nach IAS 20.10A i.V.m. IAS 39/IFRS 9 im Zugangszeitpunkt zum *fair value* zu bewerten (→ § 12 Rz 40).

6 Optionale Erleichterungen (exemptions)

6.1 Überblick

44 IFRS 1.D1 listet abschließend eine ganze Anzahl von **Wahlrechten** auf. Danach brauchen auf die in der IFRS-Eröffnungsbilanz zu berücksichtigenden Sachverhalte die IFRS nicht rückwirkend angewandt zu werden. Am bedeutendsten sind die Wahlrechte im Zusammenhang mit dem **sächlichen** und dem **immateriellen** Anlagevermögen (Rz 45ff.) sowie für **Unternehmenszusammenschlüsse** (Rz 57ff.). Die betreffenden Wahlrechte können **ohne** die Erfüllung von **Bedingungen** (Rz 30) und **einzeln** in Anspruch genommen werden. Der Erstanwender kann sich die Rosinen aus den Wahlrechten i.S.e. bilanzpolitischen Optimierung herauspicken (IFRS 1.18). Ein weiteres Wahlrecht ergibt sich als Rückausnahme von einer *exception* bei der Ausbuchung von Finanzinstrumenten (Rz 36).

Wenn ein Sachverhalt von zwei optionalen Erleichterungen betroffen ist, kann der Erstanwender mangels Hierarchie der Optionen zudem frei wählen, ob er nur eine oder beide in Anspruch nimmt.

Empirisch nehmen deutsche IFRS-Anwender insbesondere das Wahlrecht für **Unternehmenszusammenschlüsse** (Rz 57) in Anspruch.[18]

6.2 Sachanlagevermögen und immaterielle Vermögenswerte

45 Bei **langlebigen** Vermögenswerten wie den Sachanlagen und immateriellen Anlagen kann die retrospektive Ermittlung der Anschaffungs- oder Herstellungs-

---

[18] HALLER/FROSCHHAMMER/DENK, KoR 2010, S. 557.

kosten *(cost-based measurement)* unzumutbaren Aufwand bzgl. der Daten-ermittlung verursachen.[19] IFRS 1.D5 ff. sehen daher folgende **Wahlrechte** in der IFRS-Eröffnungsbilanz vor:

- Die Werte der IFRS-Eröffnungsbilanz werden auf der Basis der **fortgeführten Anschaffungs-/Herstellungskosten** ermittelt (Rz 46).
- In der IFRS-Eröffnungsbilanz erfolgt eine Bewertung mit dem *fair value (deemed cost)* (IFRS 1.D5).
- Die Übernahme des Ergebnisses einer vor der IFRS-Rechnungslegungsperiode durchgeführten **Neubewertung** ist zulässig, sofern der Wertansatz bei großzügiger Betrachtung *(broadly)* dem *fair value* entsprach oder auf einem Indexierungsverfahren zur Neubewertung nach Maßgabe der IFRS-Regeln beruhte *(deemed cost;* IFRS 1.D6).
- Schließlich kann eine *fair-value*-Bewertung vor dem Übergangszeitpunkt aus **besonderem Anlass** *(event driven)* – z.B. einem Börsengang oder einer Privatisierung, so die vom Standard benannten Beispiele, aber vielleicht auch einer gesellschaftsrechtlich begründeten Umwandlung oder einer finanziellen Reorganisation zur Bilanzsanierung – in die IFRS-Eröffnungsbilanz übernommen werden *(deemed cost).* Nach der Standardänderung im *Annual Improvements Project 2010* (IFRS 1.D8) ist diese Bewertung auch möglich, wenn der besondere Anlass **innerhalb** der Übergangsperiode stattfindet. Die *deemed cost* sind dann zum Zeitpunkt des Anlasses einzubuchen; die Differenz zum bisherigen Buchwert ist in den Gewinnrücklagen oder einer anderen Eigenkapitalkategorie auszuweisen. In den früheren Bilanzen – z.B. der Eröffnungsbilanz (Rz 18) – sind die dort gewählten Werte beizubehalten. Zu den betroffenen Bilanzposten vgl. Rz 55.

Zur Ermittlung des *fair value* gelten die Regeln des IFRS 13 (→ § 8a).

Diese Wahlrechte beziehen sich auf (IFRS 1.D7)

- **Sachanlage**vermögen gem. IAS 16 (→ § 14),
- als **Finanzinvestitionen** gehaltene Immobilien gem. IAS 40 (→ § 16),
- **immaterielle** Vermögenswerte, für die es einen **aktiven Markt** gibt, gem. IAS 38 (→ § 13 Rz 87).

Dabei passt das Erfordernis eines aktiven Markts für die immateriellen Vermögenswerte als tatbestandliche Voraussetzung nicht zur sonst großzügigen Vergleichsrechnung zwischen IFRS-Werten und den bisherigen Bewertungen. Diese Vorgabe wirkt wie ein Fremdkörper im Übergangsverfahren auf die neue Rechnungslegung nach IFRS, da ein aktiver Markt nach IAS 38.78 bei immateriellen Anlagegütern selten vorliegt.

Praxis-Beispiel

Ein Unternehmen X ist in einem Staat mit hochinflationärer Wirtschaft tätig. X will zum 1.1.11 auf die IFRS-Rechnungslegung übergehen. Zum 31.12.07 ist eine Neubewertung von Anlagegütern entsprechend dem Inflationsindex des Staats erfolgt. X will einen immateriellen Vermögenswert mit unbestimmter Nutzungsdauer (→ § 13 Rz 93) zum *fair value* in die IFRS-Eröffnungsbilanz (Rz 16) einstellen. Die Berechnungsgrundlage zu dessen Ermitt-

---

19   Der IASB wertet also das Fehlen einer ordnungsmäßigen Anlagebuchführung als eine lässliche Sünde.

> lung stellt die Neubewertung zum 31.12.07 mit Anpassung entsprechend der
> offiziellen Inflationsrate bis zum 1.1.11 dar. Ein aktiver Markt besteht nicht.
> Nach dem strikten Wortlaut des IFRS 1.D7(b) kommt eine *fair-value*-Be-
> wertung mangels aktiven Markts nicht in Betracht. Diese Besonderheit bei der
> **Neubewertung** von Immaterialgütern ist auch im Übergangsverfahren auf
> die IFRS-Rechnungslegung zu beachten.

Die *„deemed cost"* in der vorstehenden Auflistung sind funktionell als **Ersatz**-
Anschaffungs- oder Herstellungskosten mit entsprechendem Ausweis im Anlagespiegel (→ § 14 Rz 69) zu verstehen; die Ausübung dieser Wahlrechte führt
also z.B. nicht zur Anwendung des *fair-value*-Modells bei den Folgebewertungen (vgl. Rz 69). Als kumulierte Abschreibungen sind im Anlagespiegel nur
die **ab** dem Übergangszeitpunkt verrechneten Abschreibungen zu zeigen
(IFRS 1.IG9).

46   Die Fortführung eines **HGB-Buchwerts** ist zwar nicht ausdrücklich erlaubt,
aber dann zulässig, wenn der HGB-Wert nicht wesentlich vom IFRS-Wert
abweicht (IFRS 1.IG7).[20] Dies ist bei degressiven Abschreibungen auf bewegliche Vermögenswerte meistens gegeben (→ § 10 Rz 28), bei **steuerlichen Son-**
derabschreibungen indes nicht, so dass diese Abschreibungen zu eliminieren
und die Vermögenswerte (rückwirkend) nach den Regelungen der IFRS abzuschreiben sind. Der IFRS-Erstanwender kann die gesamten Abschreibungsverfahren losgelöst von der bisherigen steuerlichen Dominanz **neu** bestimmen.

> **Praxis-Beispiel**
> Ein Unternehmen hat zwischen 1970 und 1980 sukzessive sein innerstädti-
> sches Betriebsareal verkauft, um sich in einem neu erschlossenen Industriege-
> biet am Stadtrand zu etablieren. Die Gewinne aus den innerstädtischen
> Grundstücksverkäufen sind nach § 6b EStG neutralisiert worden. Diese
> Möglichkeit besteht nach den IFRS nicht. Die Buchwerte sind für Zwecke
> der erstmaligen IFRS-Bilanzierung ausgehend von den Ursprungswerten zu
> korrigieren, d.h. fiktiv so abzuschreiben, als ob die steuerlichen Abschrei-
> bungen nicht vorgenommen worden wären.

Der Retrospektion sind nach IFRS 1.D8 zeitliche Grenzen durch **besondere**
(*event driven*) **Bewertungsanlässe** wie Privatisierungen oder Börsengänge
(Rz 45) gesetzt.

> **Praxis-Beispiel**
> Die Deutsche Telekom AG wurde zum 1.1.1993 privatisiert. Sie braucht
> zuvor erfolgte Bewertungsvorgänge nicht zu beachten. Für frühere volks-
> eigene Betriebe der DDR endet die Retrospektion am 1.7.1990 (DM-Eröff-
> nungsbilanz).

Vorausgesetzt ist für beide Fälle eine *fair-value*-Bewertung nach den damals
gültigen *(under previous GAAP)* Verfahren.

---

[20] ANDREJEWSKI/BÖCKEM, KoR 2004, S. 332.

Keine Übergangserleichterung ist für (frühere) impairment-**Abschreibungen** im 47
Bereich der Sachanlagen und der immateriellen Anlagegegenstände nach IAS 36
vorgesehen (Rz 119). Deshalb kann es fraglich sein, wie außerplanmäßige Wertminderungsabschreibungen, die in früheren Zeiten nach IFRS notwendig gewesen wären, in der IFRS-Eröffnungsbilanz (Rz 18) abgebildet werden müssen.

> **Praxis-Beispiel**
> Ein 15 Jahre vor dem Übergang auf die IFRS angeschafftes Gebäude wäre
> im Jahr 06 nach der Anschaffung gem. den Regeln des IAS 36 außerplan-
> mäßig abzuschreiben gewesen (→ § 11 Rz 8). In der Zeit danach war eine
> sukzessive Werterhöhung festzustellen, die aus der allgemeinen Wertstei-
> gerung für Gebäude resultierte; ein *„triggering event"* i.S.v. IAS 36 für eine
> Zuschreibung (→ § 11 Rz 222) lag nicht vor. Das Unternehmen bewertet
> die Sachanlage nach dem *cost model* des IAS 16.

Bei strenger Beachtung der Retrospektionsvorgabe ist die Bewertung unter Berücksichtigung der früheren *impairment*-Abschreibung vorzunehmen und umgekehrt
eine Zuschreibung zu unterlassen, weil kein *„triggering event"* bis zum Zeitpunkt
der IFRS-Eröffnungsbilanz (Rz 18) vorliegt. IFRS 1 beschränkt den *impairment*-
Test nicht nur auf den Übergangszeitpunkt (der IFRS-Eröffnungsbilanz). Eine
solche rückwirkende Betrachtung erscheint allerdings als wenig praktikabel. U. E.
sollte die Anwendung des IAS 36 auf den Zeitpunkt der IFRS-Eröffnungsbilanz
beschränkt werden. Ein solches Vorgehen kann sich auf IFRS 1.IG39 berufen.

Eine weitere Besonderheit bildet die Bilanzierung von **Entsorgungs- und Ent-** 48
fernungsverpflichtungen als Bestandteil der Anschaffungs- bzw. Herstellungskosten von Sachanlagen (→ § 21 Rz 72ff.; IFRS 1.D21; IFRIC 1). Die retrospektive Anwendung wird in vielen Fällen als **undurchführbar** (*not practicable*)
angesehen. Deshalb gewährt IFRIC 1 eine Erleichterung: Der IFRS-Erstanwender muss in diesem Fall in der IFRS-Eröffnungsbilanz (Rz 18) die Entsorgungsverpflichtung mit dem Zeitwert zurückstellen. Der Buchwert des zugrunde
liegenden Sachanlagevermögens kann dann aber mit dem Wert aktiviert werden,
der sich ergeben hätte, wenn man die erwartete künftige Entsorgungsverpflichtung bereits im Zugangszeitpunkt des Vermögenswerts aktiviert und seit diesem
Zeitpunkt planmäßig abgeschrieben hätte.

Folgende **Bearbeitungsschritte** sind zu beachten:[21]

- Der Wert der Rückbau**verpflichtung** wird ohne Zwischenschritte unmittelbar auf den **Zeitpunkt** der IFRS-Eröffnungsbilanz (Rz 18) ermittelt, in dem
  die aus der Sicht dieses Stichtags zukünftig zu erwartenden *cash outflows* mit
  dem an diesem Stichtag geltenden Satz diskontiert werden.
- Der **ursprüngliche Zugangsbetrag** der Rückbaukosten wird (retrograd) aus
  dem Wert der Rückbauverpflichtung in der IFRS-Eröffnungsbilanz abgeleitet. Die Berechnung erfolgt durch Diskontierung der Rückbauverpflichtung vom Eröffnungsbilanz- auf den Anschaffungs-/Herstellungszeitpunkt.
- Von diesem Wert sind die planmäßigen **Abschreibungen** bis zum Stichtag der
  IFRS-Eröffnungsbilanz zu verrechnen.

---

[21] KESSLER/LEINEN, KoR 2005, S. 456.

Wird **nicht** von diesem Wahlrecht Gebrauch gemacht, ist **retrospektiv** wie folgt vorzugehen:

- Jede Rückbauverpflichtung und der korrespondierende Aktivansatz sind zunächst aus Sicht des Entstehungszeitpunkts mit den zu diesem Zeitpunkt geltenden *cash-flow*-Erwartungen und Diskontierungssätzen zu **bewerten**.
- Sodann ist zu jedem folgenden Stichtag jede **Änderung** der *cash-flow*-Erwartungen und/oder der Diskontierungssätze durch ein fiktive (weil vor der IFRS-Eröffnungsbilanz liegende) Buchung „per Anlagevermögen an Rückbauverpflichtung" (bei Minderung: umgekehrt) zu berücksichtigen.
- Die neue Höhe der Rückbauverpflichtung ist ab diesem Stichtag (fiktiv) mit dem neuen Zinssatz fortzuführen, der **neue** Wert der Anlage nach der Restnutzungsdauer ab **Änderung** abzuschreiben.
- Am nächsten Stichtag sind entsprechende **Anpassungen/Neuberechnungen** durchzuführen.

U. E. sollte das Vereinfachungswahlrecht in aller Regel ausgeübt werden.

Praxis-Beispiel

Ein Unternehmen erstellt seine IFRS-Eröffnungsbilanz zum 1.1.04. Das Unternehmen hat zum 1.1.01 Mietereinbauten i. H. v. 500 TEUR aktiviert und schreibt diese über zehn Jahre linear ab. Laut Mietvertrag sind die Einbauten bei Beendigung des Mietverhältnisses zum 31.12.10 zu entfernen. Zum IFRS-Eröffnungsbilanzstichtag schätzt das Unternehmen die im Jahr 10 zum Rückbau anfallenden Aufwendungen auf 50 TEUR. Für handelsrechtliche Zwecke wurden ratierlich bis zum 31.12.03 15 TEUR zurückgestellt.

- Bei unterstelltem Finanzierungszinssatz von 5 % für eine siebenjährige (Rest-)Laufzeit ab 1.1.04 beträgt der Barwert der Verpflichtung in der IFRS-Eröffnungsbilanz 35 TEUR. Dieser Betrag ist zum 1.1.04 in der Bilanz auszuweisen.
- Der Barwert von 35 TEUR ist sodann mit dem am 1.1.01 für eine zehnjährige Laufzeit geltenden Zinssatz unter Berücksichtigung des Zinsstruktureffekts von 6 % (→ § 11 Rz 67) auf den 1.1.01 zu diskontieren. Folglich sind rückwirkend zum 1.1.03 30 TEUR zu den ursprünglichen Kosten von 500 TEUR hinzu zu aktivieren.
- Der zusätzlich aktivierte Betrag von 30 TEUR ist im Anschluss bereits über drei Jahre bis zum IFRS-Eröffnungsbilanzstichtag abzuschreiben. Die kumulierte Abschreibung beträgt 9 TEUR.

In der Überleitung vom HGB auf die IFRS-Eröffnungsbilanz zum 1.1.04 ist wie folgt zu buchen:

Konto	Soll	Haben
Sonstige Gewinnrücklagen (bzgl. Rückstellung)	20	
Entsorgungsverpflichtung		20
Mietereinbauten	30	
Sonstige Gewinnrücklagen (bzgl. Mietereinbauten)		30
Sonstige Gewinnrücklagen (bzgl. Abschreibung)	9	
Kumulierte Abschreibungen		9

Die genannten Wahlrechte (Rz 45) können gem. IFRS 1.18 für **jeden Einzel-** **49** **posten** des Anlagevermögens unterschiedlich ausgeübt werden (Rz 44, Rz 52). Dadurch **unterscheidet** sich die gem. IFRS 1 durchgeführte Neubewertung von der allgemein nach IAS 16.31 zulässigen **Neubewertung**; bei dieser ist der Übergang für die jeweilige Bilanz-Gesamtposition *(entire class)* nur **einheitlich** möglich, also ganz oder gar nicht.

Diese Vorgabe gilt in der Konsequenz auch für **Großreparaturen**, die einer gesonderten Aktivierung und Abschreibung zugänglich sind.

Nach Maßgabe des *components approach* ist ein nach HGB einheitlicher Ver- **50** mögenswert zur Berechnung der planmäßigen Abschreibung **aufzuteilen**, wenn einzelne Bestandteile des Vermögenswerts einen signifikanten Anteil an den Gesamtkosten des Vermögenswerts ausmachen (→ § 10 Rz 6ff.). In der Folge muss dementsprechend eine differenzierte Abschreibungsverrechnung erfolgen (IFRS 1.IG12).

Der Komponentenansatz bedarf bei aller formalen Abweichung gegenüber der bisherigen HGB-Handhabung einer **sinnvollen Interpretation** im Hinblick auf die damit zu erzielende *faithful presentation* (IAS 16.BC26). Eine **kleinliche** Betrachtungsweise ist im Rahmen der generell dem Schätzungsermessen unterliegenden Abschreibungsverrechnung unangebracht. Wegen Einzelheiten vgl. → § 10 Rz 8ff., wo auch die Unwesentlichkeit der Abweichungen in der Abschreibungshöhe bei künstlicher „Zerlegung" eines Vermögenswerts dargelegt ist. Der *materiality*-Aspekt (→ § 1 Rz 61ff.) wird hier eigens in Erinnerung gerufen (IFRS 1.IG7). Nicht zufällig betont deshalb der Board das **vernünftige Ermessen** *(judgement)* zur Definition der separat abzuschreibenden Einheit eines Vermögenswerts (IFRS 1.IG12). Hinzu kommen die generell erleichterungsorientiert ausgestalteten Übergangsregeln für Sachanlagen (Rz 45).

So sind **Neubewertungen** nach Maßgabe der **früheren** Rechnungslegungsvorschriften (z.B. HGB) akzeptabel, wenn sie bei großzügiger Betrachtung *(broadly)* mit den IFRS-Wertermittlungsregeln kompatibel sind (IFRS 1.D6). Der *materiality*-Gedanke wird hier noch spürbar verstärkt. Insgesamt ist u.E. auch bzgl. des *components approach* bei sonst möglicher Fortsetzung der HGB-Bilanzierung des Anlagevermögens in der IFRS-Bilanzwelt (Rz 46) eine **großzügige** Betrachtungsweise angezeigt.

Die hilfsweise vorgeschlagene **Zeitwertbewertung**[22] braucht dann u.U. nicht als „Lösung" zur Umgehung des rückwirkenden Komponentenansatzes herangezogen zu werden. Im Übrigen wäre auch eine einschlägige Wertermittlung nicht ohne Heranziehung von Vergangenheitsereignissen durchführbar (z.B. Ermittlung des technischen Zustands der Klimatisierung eines Hotels).

Nach dieser generellen Vorgabe kann in aller Regel ein gewerblich genutztes **Gebäude**, das bisher nach HGB (ohne steuerliche Sonderabschreibungen, Rz 46) abgeschrieben worden ist, mit seinem Restbuchwert nach Maßgabe der übrigen Kriterien (→ § 10 Rz 4) in seine „Komponenten" als künftige (unter IFRS gültige) Abschreibungsbemessungsgrundlagen „zerlegt" werden. Entsprechendes gilt für eine **industrielle Anlage** (→ § 10 Rz 13).

Im Fall der **Generalüberholung** ist zunächst der Zeitpunkt der letzten Überholung festzustellen. Liegt dieser **lange** zurück, kann auf die separate Abschrei-

---

22 ANDREJEWSKI/BÖCKEM, KoR 2004, S. 335.

bungsverrechnung mit Beginn der IFRS-Bilanzierung verzichtet werden (Rz 31). Bei einer erst **jüngst** erfolgten Generalüberholung nennenswerten Umfangs sind die entsprechenden Kosten relativ leicht zu greifen und in die neue Anlagenrechnung zu überführen.

51   Eine etwa durchzuführende Neubewertung nach der Vorgabe von IFRS 1 darf auch **nicht** mit ihrem Ergebnis in eine **besondere Rücklage** eingestellt werden (vergleichbar der Neubewertungsrücklage gem. IAS 16.39), sondern wird in die Gewinnrücklage gebucht (Rz 24). Anders verhält es sich, wenn im Rahmen des Übergangs auf IFRS (gleichzeitig) die Neubewertung als zugelassene Folgebewertung gewählt wird. Lediglich im **Anhang** des ersten IFRS-Abschlusses (Rz 114 ff.) wird der Neubewertungsbetrag separat aufgeführt. Andererseits ist mit der Aufstockung nach IFRS eine Erhöhung der Abschreibungsbemessungsgrundlage verbunden.

52   Der IFRS-Erstanwender hat also (z. B.) die **Wahl**, eines oder mehrere Grundstücke mit oder ohne Gebäude insoweit aufzuwerten, als hier erhebliche stille Reserven enthalten sind (Rz 49).

Praxis-Beispiel[23]

Die Textileinzelhandels GmbH besitzt ein Grundstück am Marienplatz in München mit erheblichen stillen Reserven im Grundstück und im Gebäude. Daneben besitzt sie ein Fabrikareal in Zwickau, bei dem ebenfalls stille Reserven vorliegen mögen, deren Ermittlung jedoch aus verschiedenen Gründen sehr aufwendig wäre.

Zur Erhöhung des Eigenkapitalausweises beschränkt sich die Gesellschaft in der IFRS-Eröffnungsbilanz auf den Ansatz des *fair value* für den Grund und Boden am Marienplatz. Das dortige Gebäude wird wegen der künftigen Ergebnisbelastung durch höhere Abschreibungen und das Areal in Zwickau aus Kostengründen mit den HGB-Buchwerten, die grosso modo den IFRS-Werten entsprechen, in die IFRS-Welt überführt.

---

53   Diese Wahlrechte gelten für (IFRS 1.D5 ff.)
- **sächliches** Anlagevermögen (Rz 45; → § 14),
- **Finanzimmobilien** gem. IAS 40 (*investment properties*; IFRS 1.D7(a); → § 16),
- **immaterielle Anlagegüter** (IFRS 1.D7(b); → § 13).

Bei **Finanzimmobilien** bleibt das Wahlrecht für die **Folgebewertung** (→ § 16 Rz 40 ff.) unberührt. Der Anwender kann also als Ersatz-Anschaffungskosten (*deemed cost*; Rz 45) den *fair value* zum Übergangstag (Rz 16) wählen und dann auf dieser Basis unter Anwendung einer passenden Abschreibungsmethode das *cost model* (→ § 16 Rz 40 ff.) weiterführen. Ebenso kann man bei der Folgebewertung nach dem *fair-value*-Ansatz (→ § 16 Rz 54) verfahren.

Bei **immateriellen Anlagen** ist allerdings eine Neubewertung nur für solche Vermögenswerte zulässig, die auf einem aktiven Markt gehandelt werden. Diese Voraussetzung ist kaum jemals erfüllt (→ § 13 Rz 87), so dass ein erstmaliger IFRS-Anwender immaterielle Vermögenswerte in der IFRS-Eröffnungsbilanz mit fortgeführten Anschaffungs- oder Herstellungskosten bewerten muss.

---

23   Nach LÜDENBACH/HOFFMANN, DStR 2003, S. 1498, 1502.

Die bestehenden **Wahlrechte** – mit entsprechenden bilanzpolitischen Ansätzen – können anhand folgender beispielhafter Übersicht verdeutlicht werden: 54

| | AK | Fortgeführte AK nach HGB 31.12.03 | Fortgeführte AK nach IFRS 31.12.03 | Beizule-gender Zeitwert | Bilanzpolitische Ansätze in der IFRS-Eröffnungsbilanz | | |
					A Eigenka-pital stär-ken	B Wenig Belastung für Zukunft	C Wenig Umstel-lungs-aufwand
Grundstück 1	500	500	500	1.000	1.000	1.000	500
Gebäude	1.000	600	650	1.200	1.200	600	600
Maschine	300	100	110	150	150	100	100
GESAMT					2.500	1.850	1.300

Fraglich ist der **Umfang** der Neubewertung mit den *deemed cost* (Rz 45) bei den   55
besonderen Bewertungsanlässen (*event driven*) nach IFRS 1.D8 (Rz 45). In den anderen Neubewertungsfällen gilt die **Beschränkung** nach IFRS 1.D7 auf Sach-anlagen und immaterielle Vermögenswerte. IFRS 1.D8 erlaubt dagegen den Ansatz der *deemed cost* für **alle** Vermögenswerte und Schulden. Die gliederungstechnische Stellung von IFRS 1.D8 hebt sich von den Paragrafen IFRS 1.D5 – IFRS 1.D7 ab. Dies **bestätigt** einen Sonderstatus für den Umfang des Anwendungsbereichs der *deemed cost*. Diese Lösung erhärtet sich vor dem Hintergrund des „*event*": Wenn schon der Sonderanlass – z.B. die Umwandlung nach deutschem Recht (Rz 45) – eine Neubewertung erlaubt oder gar fordert, kann diese schlechterdings nicht auf einen Teilbereich der Vermögenswerte und Schulden beschränkt bleiben. Auch die differenzierende Argumentation in IFRS 1.BC46 und in IFRS 1.JG50 spricht für eine Sonderstellung von IFRS 1.D8 gegenüber IFRS 1.D5 – IFRS 1.D7.

6.3 Beteiligung an Tochterunternehmen im Einzelabschluss der Mutterunternehmung

Mit einer in den Anwendungsbereich des IFRS 5 fallenden Ausnahme (→ § 29   56
Rz 4) gilt: Gem. IAS 27.10 sind die Anteile an Tochterunternehmen im Einzel-abschluss des Mutterunternehmens etc. entweder zu **Anschaffungs**kosten (nach Maßgabe der IFRS-Regeln) oder in **Übereinstimmung** mit **IAS 39/IFRS 9** zu bilanzieren, mit Wirkung ab 2016 wahlweise auch *at equity* (→ § 32 Rz 176).
Nach Ansicht des IASB sind in bestimmten Fällen die Ermittlung und Anpassung der Anschaffungskosten auf den nach IAS 27 geforderten Wert jedoch sehr schwierig oder sogar unmöglich, da notwendige Informationen nicht generiert werden können. Konkret geht es um die bislang gültige Vorgabe, der zufolge die Anschaffungskosten auf eine neu erworbene Beteiligungsgesellschaft (nicht Port-folio-Besitz) um die nach dem Erwerb erfolgten Ausschüttungen aus präakquisi-torischen Gewinnen zu kürzen sind (→ § 32 Rz 181). Nach dem *Amendment* zu IFRS 1 und IAS 27 vom Mai 2008 wird jede Dividende im Zeitpunkt des Gewinn-ausschüttungsbeschlusses ergebniswirksam vereinnahmt (→ § 32 Rz 181) und von der Indikation für einen *impairment*-Test der Beteiligung begleitet (→ § 11 Rz 26).

Im Anwendungsbereich von IFRS 1 stellt dieses *Amendment* nach IFRS 1.D14 folgende Bewertungsansätze in der IFRS-Eröffnungsbilanz (Rz 21) als Wahlrecht zur Disposition:[24]

Das Unternehmen hat auf der **ersten** Ebene des Wahlrechts eine unter Stetigkeitsgesichtspunkten für Folgeperioden und Folgeanschaffungen bindende Wahl zwischen

1. der *fair-value*-Bilanzierung oder
2. der Bilanzierung zu Anschaffungskosten *(at cost)* und
3. (ab 2016) der *equity*-Konsolidierung

zu treffen.

Bei Wahl der Anschaffungskostenbilanzierung kann diese in der IFRS-Eröffnungsbilanz (Rz 18) auf drei Arten dargestellt werden (Wahlrecht der **zweiten** Ebene; IFRS 1.D15):

- Anschaffungskosten gem. IAS 27 (retrospektive Anwendung von IAS 27),
- *fair value (deemed cost)*,
- HGB-Buchwert als Ersatzwert für die Anschaffungskosten *(deemed cost)*.

Die Variante 2b) unterscheidet sich von der Variante 1 zwar nicht in der Erstbewertung (in der IFRS-Eröffnungsbilanz), aber in der Folgebewertung. Nach Variante 1 ist der *fair value* fortzuschreiben, d.h., zu jedem Stichtag ist eine neue *fair-value*-Bewertung geboten. Nach Variante 2b) gilt der *fair value* in der Eröffnungsbilanz als fiktive Anschaffungskosten. Fortschreibungen finden dann nur noch um Abgänge (Teilveräußerungen) und außerplanmäßige Abschreibungen statt.

Variante 2a) und 2c) können etwa dann zu unterschiedlichen Werten in der IFRS-Eröffnungsbilanz führen, wenn die Beteiligung im Tausch gegen andere Vermögenswerte erworben, nach HGB buchwertfortführend behandelt wurde, nach IFRS aber gewinnrealisierend abzubilden gewesen wäre.

Bei Wahl der *equity*-Methode gelten die Erleichterungen des IFRS 1, Appendix C (IFRS 1.D15A).

Die Wahlrechte sollen gelten für **Beteiligungen** an

- Tochterunternehmen (→ § 32 Rz 4 ff.),
- assoziierten Unternehmen (→ § 33 Rz 7 ff.),
- Gemeinschaftsunternehmen (→ § 34 Rz 13 ff.).

Die Ausübung der Wahlrechte ist im Anhang offenzulegen (IFRS 1.31).

6.4   Unternehmenszusammenschlüsse

6.4.1   Ausnahmeregelungen

57   Der Board geht von nutzenübersteigenden Kosten aus, wenn auf **Unternehmenszusammenschlüsse** in der Zeit vor dem Übergang auf IFRS der einschlägige Standard IFRS 3 angewandt wird. Diese Sicht wird auch von der überwältigenden Mehrheit der in 2005 auf die IFRS-Rechnungslegung übergegangenen deutschen Konzerne geteilt. 83 % von 103 haben die optimale Erleichterung für Unternehmenszusammenschlüsse in Anspruch genommen.[25]

Nach IFRS 1.C1 werden deshalb folgende **Alternativen des Übergangs** angeboten:

---

[24]   Vgl. ZÜLCH/HOFFMANN, PiR 2008, S. 237.
[25]   HALLER/FROSCHHAMMER/DENK, KoR 2010, S. 557.

- IFRS 3 in der am Stichtag der erstmaligen IFRS-Bilanz (*reporting date*; Rz 18) gültigen Fassung (Rz 33) wird auf **alle** vergangenen Unternehmenszusammenschlüsse angewandt oder
- das **bisher gewählte Konsolidierungsverfahren wird beibehalten** (IFRS 1.C4); damit bleibt sowohl die „**Klassifikation**" des Unternehmenszusammenschlusses („normale" und umgekehrte Akquisition, Interessenzusammenführung, eigentliche Fusion) als auch die **buchmäßige Behandlung** des durch die Konsolidierungsbuchungen aufgedeckten *goodwill* (z. B. Rücklagenverrechnung) unangetastet (IFRS 1.C4(g) unter (i)).

Zu den Besonderheiten wegen der **immateriellen** Vermögenswerte siehe Rz 70.

Unter Berücksichtigung von IFRS 1.C1 eröffnen sich aber noch **mehr Optionen**. Der Erstanwender muss **nicht alle** Unternehmenszusammenschlüsse der Vergangenheit **gleich** behandeln. Das Unternehmen kann sich auch dafür entscheiden, ältere *goodwills* mit den angepassten HGB-Werten fortzuführen, auf jüngere hingegen IFRS 3 anzuwenden. Was „älter" ist, **entscheidet der Anwender** selbst. IFRS 1.C1 will lediglich ein **willkürliches** Nebeneinander von HGB- und IFRS-*goodwill* verhindern und normiert deshalb einen **zeitlichen** Schnitt: Wenn einmal die Entscheidung zugunsten der Anwendung von IFRS 3 auf einen bestimmten Unternehmenszusammenschluss gefallen ist, dann sind alle **nachfolgenden** Unternehmenszusammenschlüsse im Übergangsverfahren gem. IFRS 3 abzubilden. **58**

Praxis-Beispiel[26] **59**
Die X-AG hat von 1989 bis 2003 jedes Jahr eine Unternehmensakquisition getätigt. Sie hat folgendes Wahlrecht:
- Die *goodwills* der Jahre 1989 bis 198x-1 werden nach HGB fortgeführt.
- Der *goodwill* des Jahres 198x wird nach IFRS 3 ermittelt; damit
- sind zwingend auch die *goodwills* der Jahre 198x+1 nach IFRS 3 zu bestimmen.

b<im Wesentlichen estehen also folgende **Wahlrechte** für den Übergang einer Konzernmuttergesellschaft[27] auf die IFRS-Rechnungslegung: **60**
- Alle Akquisitionen der Vergangenheit werden nach IFRS 3 (→ § 31) konsolidiert.
- Alle Akquisitionen der Vergangenheit werden unter Berücksichtigung bestimmter Anpassungen nach dem bisherigen Konsolidierungsverfahren weitergeführt (siehe Rz 64).
- Retrospektive Anwendung von IFRS 3 erfolgt auf Unternehmenszusammenschlüsse ab einem bestimmten Zeitpunkt (Rz 58).

Diese Wahlrechte sowie die nachstehend dargestellten Ausnahmen (Rz 64 ff.) gelten nach IFRS 1.C5 für **alle Konsolidierungsfälle**, also auch für **assoziierte** (→ § 33) und **Gemeinschafts**unternehmen (→ § 34).

Bei retrospektiver Anwendung speziell des IFRS 3 müssen für einen IFRS-Erstanwender, anders als bei einem bereits nach IFRS bilanzierenden Unternehmen, die notwendigen Informationen für die rückwirkende Anwendung nicht schon

---

26 Nach LÜDENBACH/HOFFMANN, DStR 2003, S. 1498, 1502.
27 ZEIMES, WPg 2003, S. 982, 986.

zum Zeitpunkt der Erstkonsolidierung bzw. Wertminderungsüberprüfungen in
der Vergangenheit vorgelegen haben (IFRS 1.BC32–IFRS 1.BC34).

Praxis-Beispiel
Das Unternehmen A erstellt zum 1.1.04 seine IFRS-Eröffnungsbilanz. Zum
1.1.01 hat das Unternehmen A 100 % der Anteile an der B AG erworben. Im
handelsrechtlichen Konzernabschluss wird der entstandene *goodwill* von
150 TEUR planmäßig über 15 Jahre abgeschrieben. Zum 1.1.04 sind bereits
30 TEUR abgeschrieben. Unternehmen A hat bislang keine Zeitwerte oder
Nutzungswerte der B AG aus der Vergangenheit vorliegen. Unternehmen A
plant eine rückwirkende Anwendung des IFRS 3. Gem. der Übergangsvor-
schrift des IFRS 3.65 wäre dies nur möglich, wenn bereits zum Erstkonsolidierungszeitpunkt (1.1.01) die Informationen für die Durchführung eines
Werthaltigkeitstests nach IAS 36 vorgelegen hätten. Diese Übergangsvor-
schrift gilt jedoch nicht für das Unternehmen A als IFRS-Erstanwender. A
kann die Daten für die notwendigen Werthaltigkeitsüberprüfungen auch
rückwirkend seit dem 1.1.01 ermitteln.

61   Die Ausnahmeregelungen für Unternehmenszusammenschlüsse setzen das Vor-
      liegen einer *business combination* voraus (→ § 31 Rz 15).

Praxis-Beispiel
Vor einigen Jahren hat die M AG die K GmbH erworben, die ausschließlich
unbebaute Grundstücke hält und hielt (*corporate wrapper*). Im Abschluss
nach bisherigem Recht (hier: HGB) ist ein Unternehmenserwerb mit ent-
standenem *goodwill* bilanziert worden. Ein *business* lag bei K indes nicht vor,
also auch keine *business combination* (→ § 31 Rz 16). Die bisherige Bilanzierung eines *goodwill* kann nicht in die IFRS-Eröffnungsbilanz übernommen
werden; vielmehr sind Anschaffungskosten auf die (indirekt) erworbenen
Grundstücke auszuweisen.

62   Eine Erleichterung ist auch für die Einbeziehung eines bisher **nicht konsolidier-
      ten** Tochterunternehmens in die IFRS-Konzerneröffnungsbilanz in IFRS 1.C4
      vorgesehen. Wegen Einzelheiten wird auf → § 31 Rz 213 verwiesen.

63   Bei Investments in **assoziierte** Unternehmen mit einer *impairment*-Abschrei-
      bung vor dem Übergangszeitpunkt (Rz 18) können sich Schwierigkeiten wegen
      des Wertaufholungsverbots für den *goodwill* (→ § 11 Rz 222) ergeben.

Praxis-Beispiel
Sachverhalt
- Unternehmen A erwirbt am 1.1.01 einen Anteil am assoziierten Unternehmen B zu 3.000 = Buchwert.
- Vom Kaufpreis entfallen 1.000 auf das anteilige Nettovermögen, auf den
  „eingebetteten" (→ § 33 Rz 58) *goodwill* also 2.000.
- Nach früherem GAAP war dieser Vorgang wie folgt zu behandeln:
  - der „eingebettete" *goodwill* ist linear mit 10 % p.a. abzuschreiben;
  - die Werthaltigkeit ist für das gesamte Investment zu prüfen;

- eine Wertminderung (*impairment*) ist vorrangig dem *goodwill* zu belasten, was dessen weitere planmäßige Abschreibung vermindert;
- einmal erfolgte Wertminderungsabschreibungen unterliegen keinem Wertaufholungsgebot.

- Zum 31.12.01 war eine Wertminderungsabschreibung nach früheren GAAP auf den „eingebetteten" *goodwill* von 1.000 erforderlich. Dieser betrug dann noch 1.000 und war danach mit 100 p. a. planmäßig abzuschreiben. Am 1.1.07 – dem Tag der IFRS-Eröffnungsbilanz – beträgt der Buchwert des *goodwill* noch 500, das Nettovermögen wird unverändert gegenüber dem Erwerbszeitpunkt mit 1.000 angenommen, der Buchwert des Gesamtinvestments beträgt am Übergangstag (Rz 18) somit 1.500.
- Zum Übergangszeitpunkt wird ein *impairment*-Test durchgeführt (Rz 71), der einen Gesamtwert des Investments von 3.000 ergibt.
- A will den Gesamtwert von 3.000 in die IFRS-Eröffnungsbilanz einstellen, die *goodwill*-Abschreibung also rückgängig machen.

Lösung
- Bei Inanspruchnahme der **Erleichterung** für den Übergang ist A nach IFRS 1.C5 i. V. m. IFRS 1C4(g) an die Regeln des früheren GAAP gebunden, d. h., eine Wertaufholung der *goodwill*-Abschreibung ist unzulässig.
- A kann aber auch **retrospektiv** (Rz 28) den gesamten Vorgang den am 1.1.07 gültigen Standardregeln unterwerfen. Diese sehen (unterstellt nach aktuellem Recht) für die Wertaufholung keine eindeutige Lösung vor (→ § 33 Rz 107). Eine Zuschreibung auf den Gesamtwert des Investments ist deshalb bei Verzicht auf die Erleichterung gut vertretbar.

6.4.2 Notwendige Anpassungen

Die Zielsetzung der Übergangserleichterung für die Abbildung von **Unternehmenszusammenschlüssen** wird durch die unter Rz 60 dargestellten Wahlrechte erreicht. Diese beziehen sich im Wesentlichen auf die *goodwill*-Bilanzierung. Andererseits ergeben sich auf der Grundlage der umfangreichen Vorgaben in IFRS 1.C4 mit ihrer eher verwirrenden Gliederung **Komplizierungen**, an deren Sinnhaftigkeit bei Gewichtung gegenüber dem materiellen Gehalt der genannten „Hauptwahlrechte" – z. B. Übernahme einer früheren Rücklagenverrechnung des *goodwill* (Rz 57) – man zweifeln darf (Rz 107). Für die Bilanzierung der Vermögenswerte und Schulden der konsolidierungspflichtigen **Tochterunternehmen** gelten explizit die Befreiungsregelungen des IFRS 1 und implizit der *materiality*-Grundsatz (→ § 1 Rz 59 ff.).[28] **64**

Bei prospektiver Anwendung des IFRS 3 (Rz 61) sind folgende Anpassungen erforderlich: Die nach **HGB** (*previous GAAP*) bei **erstmaliger** Kapitalkonsolidierung angesetzten Vermögenswerte und Schulden sind als Bewertungsausgangsgröße (*deemed cost*; Rz 45) zu betrachten. Ab diesem Zeitpunkt sind diese *deemed* **65**

---

[28] Vgl. hierzu die Darstellungen bei KIRSCH, StuB 2003, S. 913, 915; THEILE, DB 2003, S. 1745, 1747; ZEIMES, WPg 2003, S. 982, 986.

cost nach den Vorgaben der IFRS zu bewerten und so (als fortgeführte *deemed cost)* in die IFRS-Eröffnungsbilanz (Rz 18) zu übernehmen (IFRS 1.C4(e)).

Praxis-Beispiel
Ein Unternehmen erstellt seine IFRS-Eröffnungsbilanz (Rz 16) zum 1.1.04. Zum 31.12.01 hatte es im Wege einer Fusion eine bisherige Tochtergesellschaft buchwertneutral übernommen. Am 1.1.01 hat die bisherige Tochter eine selbst erstellte Anlage zu Teilkosten von 800 TEUR aktiviert, Abschreibung auf zehn Jahre linear. Bei der erstmaligen Einbeziehung in den Konzernabschluss am 31.12.01 betrug der Buchwert 720 TEUR. Die Vollkosten zur Erstellung der Maschine beliefen sich auf 1.200 TEUR. Die Buchwerte der Vermögenswerte und Schulden bei erstmaliger Konsolidierung des Tochterunternehmens, die nach IFRS mit fortgeführten Anschaffungskosten als *deemed cost* (Rz 46) bewertet werden, bilden die Grundlage für die weitere Bilanzierung in der IFRS-Eröffnungsbilanz, für die fragliche Anlage also 720 TEUR.
Bei nach IFRS akzeptablem Abschreibungsverfahren wird die Anlage in der Eröffnungsbilanz – nach zwei weiteren Jahresabschreibungen von je 80 TEUR – mit 560 TEUR bilanziert. Wäre die Anlage erst nach dem Unternehmenszusammenschluss gebaut worden, hätte das Unternehmen die Anlage entweder nachträglich zu Vollkosten, vermindert um planmäßige Abschreibungen, oder zum beizulegenden Zeitwert am Stichtag der IFRS-Eröffnungsbilanz bilanzieren müssen.

Nach HGB im vorherigen Konzernabschluss nicht angesetzte Bilanzposten, welche die Ansatzkriterien nach IFRS erfüllen, sind im konsolidierten IFRS-Erstabschluss (nur) dann anzusetzen, wenn sie im IFRS-**Einzelabschluss** der Tochtergesellschaft **hätten angesetzt werden müssen** (IFRS 1.C4).

Praxis-Beispiele
- **Entwicklungskosten** nach IAS 38, welche die dortigen Ansatzkriterien erfüllen (→ § 13 Rz 28);
- **Leasingverträge**, die nach HGB nicht angesetzt wurden, aber nach IFRS 16 als Nutzungsrecht anzusetzen sind (Rz 22);
- Posten aus der **Steuerlatenzrechnung** (Rz 26).

Entstehende Unterschiedsbeträge sind in der IFRS-Eröffnungsbilanz (Rz 18) gegen die **Gewinnrücklagen** zu buchen (Rz 24); eine Ausnahme besteht jedoch für die Unterschiedsbeträge, die aus immateriellen Vermögenswerten resultieren. Diese sind in den *goodwill* umzugliedern bzw. aus ihm herauszurechnen (Rz 70).

66 Ebenso können nach nationalem Recht im Rahmen eines Unternehmenszusammenschlusses **Schulden** bilanziert worden sein, die nicht den Kriterien nach IFRS für eine Bilanzierung entsprechen. In diesen Fällen darf eine Anpassung des vorherigen *goodwill* nicht erfolgen.

Praxis-Beispiel
Unternehmen A erstellt zum 1.1.02 seine IFRS-Eröffnungsbilanz. A hat zum 1.7.01 die B GmbH erworben. Nach nationalen Rechnungslegungsvorschrif-

---

ten bilanziert A zum 1.7.01 eine Restrukturierungsrückstellung von 100, die nicht die Ansatzkriterien nach IAS 37 erfüllt. Zum 31.12.01 hat A bereits 60 der Restrukturierungskosten verbraucht. A erwartet noch weitere Aufwendungen von 40, die zum 31.12.01 ebenfalls nicht als Schuld nach IAS 37 gelten.

- A darf in seiner IFRS-Eröffnungsbilanz zum 1.1.02 keine Rückstellung bilanzieren.
- Zudem darf es den *goodwill*, der zum 1.1.01 nach vorherigen Rechnungslegungsvorschriften aufgrund der Restrukturierungsrückstellung um 100 erhöht wurde, nicht verändern.
- A muss den *goodwill* jedoch auf seine Werthaltigkeit prüfen.
- Die Restrukturierungsrückstellung ist in der IFRS-Eröffnungsbilanz in die Gewinnrücklagen umzubuchen.

Bei einem früheren Unternehmenszusammenschluss sind möglicherweise immaterielle Vermögenswerte nicht vom *goodwill* separiert worden. Dabei verbleibt es gem. IFRS 1.C4(f) auch in der IFRS-Eröffnungsbilanz (Rz 18), soweit diese Vermögenswerte im **Einzel**abschluss des erworbenen Unternehmens **nicht angesetzt** werden dürfen. **67**

Praxis-Beispiele
Kundenlisten, Marken, Warenzeichen, Verlagsrechte (→ § 13 Rz 31).

Eine weitere Anpassung (gegenüber der bisherigen HGB-Konsolidierung) ist für Fälle einer nach IFRS zwingenden (nicht: erlaubten) *fair-value*-Bilanzierung geboten (IFRS 1.C4(d)). **68**

Praxis-Beispiele[29]
- Für den Handel bestimmte Finanzinstrumente *(trading assets)* nach IAS 39 (→ § 28).
- Zum **Verkauf** bereite Finanzinstrumente *(available for sale assets)* nach IAS 39 (→ § 28 Rz 200 ff.).[30]
- Zum Verkauf anstehende **langfristige** Vermögenswerte nach IFRS 5 (→ § 29).

Davon zu **unterscheiden** sind – außerhalb des Übergangsprozesses stehende – Wahlrechte der *fair-value*-Bilanzierung (Beispiel: Finanzimmobilien; *investment properties)* nach IAS 40 (→ § 16 Rz 40 ff.). Hier kann ein „originäres" **Wahlrecht** zum Übergang auf den *fair value* in der IFRS-Eröffnungsbilanz (Rz 18) ausgeübt werden (Rz 45). **69**

Der ggf. aus der Kapitalkonsolidierung resultierende *goodwill* – auch der im Rahmen der *equity*-Bilanzierung (→ § 33 Rz 57) im Beteiligungsansatz enthaltene – ist **unverändert** in die IFRS-Eröffnungsbilanz (Rz 18) zu übernehmen, **es sei denn** (IFRS 1.C4(g)), **70**

---

29 Nach Lüdenbach/Hoffmann, DStR 2003, S. 1498, 1503; Theile, DB 2003, S. 1745, 1749.
30 Die übliche erfolgsneutrale *fair-value*-Bewertung führt gem. IFRS 1.IG59 zu einer Erfassung des Anpassungsbetrags im *other comprehensive income* (→ § 20 Rz 97).

- **immaterielle** Vermögenswerte sind durch die Neuklassifizierung nach IFRS in der IFRS-Eröffnungsbilanz (erstmals) anzusetzen oder umgekehrt (Rz 65) oder
- eine nachträgliche **Kaufpreisänderung** durch die Vertragsvorgaben des Unternehmenszusammenschlusses ist zu beachten oder
- eine *impairment*-**Abschreibung** (→ § 11 Rz 13 ff.) ist vorzunehmen (zwingender *impairment*-Test).

Im erstgenannten Fall erfolgt die Anpassung zwischen immateriellem Vermögenswert und *goodwill* innerhalb dieser Posten direkt, ggf. sind auch Anpassungen der Steuerlatenzposten (Rz 26) und der Minderheitenanteile erforderlich (IFRS 1.C4(g)(i)). Hierzu folgende Beispiele:

Praxis-Beispiel 1

Zu Beginn des Jahres 01 hat die M AG 80 % der Anteile am Kapital der T zum Preis von 2.000 TEUR erworben. Das bilanzielle Eigenkapital der T belief sich zum Erwerbszeitpunkt auf 1.000 TEUR, davon 400 TEUR Stammkapital. Stille Reserven wurden nur in einem Grundstück i.H.v. 200 TEUR identifiziert. Die T ist nach wie vor Eigentümerin des Grundstücks. Bei der Erstkonsolidierung der T wurden Entwicklungskosten i.H.v. 300 TEUR nicht aktiviert, so dass dieser Betrag in den *goodwill* eingegangen ist. Gem. IAS 38 ist dieser Betrag jedoch ansatzpflichtig; die Nutzungsdauer beträgt zehn Jahre.

Bei erstmaliger Konsolidierung unter HGB wurde folgender *goodwill* ermittelt:

		EUR
	Bilanzielles Eigenkapital	1.000.000
+	stille Reserven	200.000
=	neu bewertetes Eigenkapital	1.200.000
–	Anteile fremder Gesellschafter (20 %)	240.000
=	konsolidierungspflichtiges Kapital	960.000
=	Anschaffungswert der Beteiligung	2.000.000
=	*goodwill*	1.040.000

Der *goodwill* wurde in der Folge über 20 Jahre abgeschrieben mit jährlich 52 TEUR. Zum 31.12.05 beträgt der *goodwill* in der Handelsbilanz 780 TEUR.

Die Entwicklungskosten betrafen ein Produkt, welches seit 1.1.01 verkauft wird und für zehn Jahre vertrieben werden soll. Nach IAS 38 wäre eine Abschreibung linear über zehn Jahre angemessen. Folglich würde der Buchwert der Entwicklungskosten zum 31.12.05 150 TEUR betragen. Der *goodwill* wäre somit wie folgt in der IFRS-Eröffnungsbilanz zu berichtigen:

	EUR
Stand der aktivierten Entwicklungskosten	150.000
abzüglich latente Steuern	– 60.000
Nettoeffekt aus der Aktivierung von Entwicklungskosten	90.000
abzüglich Anteile fremder Gesellschafter (20 %)	– 18.000
Verminderung des *goodwill* aufgrund Entwicklungskosten	72.000
goodwill vor Anpassung	780.000
abzüglich Minderungsbetrag aus Umgliederung	– 72.000
goodwill in der IFRS-Eröffnungsbilanz	708.000

> **Praxis-Beispiel 2**
> Ein Unternehmen hat in seinem Abschluss zum 31.12.03 einen immateriellen Vermögenswert mit einem Wert von 100 bilanziert. Dieser wurde zum 1.1.01 im Rahmen eines Unternehmenszusammenschlusses mit 150 TEUR bewertet und seitdem linear über 15 Jahre abgeschrieben. Zudem hat das Unternehmen aus dem Zusammenschluss einen *goodwill* von 500 TEUR aktiviert. Der immaterielle Vermögenswert erfüllt nicht die Aktivierungsvoraussetzungen nach IAS 38 für eine Aktivierung. Außerdem liegt der Zeitwert nur bei 75 TEUR.
> In der IFRS-Eröffnungsbilanz wird er i. H. v. 100 TEUR gegen den *goodwill* ausgebucht. Es erfolgt keine Aufteilung der Ausbuchung in andere Gewinnrücklagen (25 TEUR) und *goodwill* (75 TEUR).

Wenn **kein** goodwill aufgrund früherer Rücklagenverrechnung **verfügbar** ist, entfällt eine Möglichkeit der Umbuchung von immateriellen Vermögenswerten in den *goodwill* (IFRS 1.C4(c) i).[31] Die Verrechnung erfolgt dann gegen die Gewinnrücklagen.

Kaufpreisänderungen in Bezug auf einen **vor** dem Übergangsstichtag (Rz 16) liegenden Unternehmenszusammenschluss (→ § 31 Rz 50 ff.) sind wie folgt zu behandeln:[32]
- Bei **rücklageverrechnetem** goodwill wird auch die Kaufpreisanpassung gegen die Rücklagen gebucht, unabhängig davon, ob die Anpassung vor oder nach dem Übergangsstichtag erfolgt (IFRS 1.C4(i)(ii)).
- Ein **nicht** rücklageverrechneter aus dem HGB übernommener *goodwill* ist bereits in der IFRS-Eröffnungsbilanz (Rz 16) anzupassen.

Besondere Aufmerksamkeit ist dem zum Zeitpunkt der IFRS-Eröffnungsbilanz nach Maßgabe der damaligen Verhältnisse (IFRS 1.IG 41) durchzuführenden **Werthaltigkeitstest** nach IAS 36 (IFRS 1.C4(g)(ii)) zu widmen. Dazu müssen zahlungsmittelgenerierende Einheiten (CGU) definiert werden, auf die der vorhandene *goodwill* aufzuteilen ist (→ § 11 Rz 145). Dabei hat die Aufteilung retrospektiv anhand der ursprünglichen Synergieerwartungen zu erfolgen.[33] In der Praxis dürfte es aber akzeptabel sein, die *goodwill*-Aufteilung in der ursprünglichen Form nach vorherigen Rechnungslegungsgrundsätzen zu belassen. **71**

Sonstige Anpassungen des *goodwill* sind **nicht** erforderlich, insbesondere auch nicht bzgl. einer früheren Rücklagenverrechnung oder bereits vorgenommener Abschreibungen (IFRS 1.C4(h)(i)). **72**

Bei früherer Rücklagenverrechnung (nach HGB) des *goodwill* aus einem Unternehmenszusammenschluss sind spätere **Abgänge** des betreffenden Tochterunternehmens oder Wertminderungen (bei Nicht-Vollkonsolidierung) erfolgsneutral (zulasten der Gewinnrücklagen) zu erfassen (IFRS 1.C4(i)).

Eine Besonderheit liefert noch der Fall der **erstmaligen Einbeziehung** einer Beteiligungsunternehmung in den Konzernabschluss zum Übergangsstichtag, **73**

---

31 Vgl. LÜDENBACH/HOFFMANN, DStR 2003, S. 1498, 1503.
32 Vgl. IDW RS HFA 19, Tz 5.
33 A. A. HACHMEISTER/KUNATH, KoR 2005, S. 71 ff. Nach Auffassung dieser Autoren ist zum Zeitpunkt der Verteilung ein fiktiver Anschaffungsvorgang zu unterstellen. Nach dieser Sichtweise erhält jedoch immer die Einheit mit dem größten absoluten Wertbeitrag den höchsten Anteil am *goodwill*. Dies widerspricht dem Gedanken der Verteilung nach Synergieerwartungen zum Akquisitionszeitpunkt.

also in die IFRS-Eröffnungsbilanz (Rz 18). Auf den Einzelabschluss des Beteiligungsunternehmens ist IFRS 1 anzuwenden. Der als *deemed cost* (Rz 45) anzusetzende *goodwill* entspricht dem Unterschiedsbetrag aus dem Beteiligungs-Buchwert beim Mutterunternehmen und dem (anteiligen) Nettoreinvermögen des Tochterunternehmens, welches nach den Grundsätzen der IFRS zu ermitteln ist. Weitere Anpassungen – verstanden als Grundlage der Erstkonsolidierung – sind nicht erforderlich.[34] Es handelt sich nicht um einen Anwendungsfall von IFRS 3 im Rahmen der Übergangsregeln.[35]

Praxis-Beispiel

Die A GmbH erstellt zum 1.1.01 ihre IFRS-Eröffnungsbilanz. Nach HGB wurde das Tochterunternehmen T bislang nicht in den Konzernabschluss einbezogen. T wurde lediglich mit einem Beteiligungsbuchwert von 180 bilanziert.

Im Rahmen der Erstellung der IFRS-Eröffnungsbilanz muss für T ein IFRS-**Einzel**abschluss erstellt werden, um das Netto-Reinvermögen zu ermitteln. Dazu werden annahmegemäß Vermögenswerte von 450 und Schulden von 300 bilanziert. Dementsprechend ist in der IFRS-Eröffnungsbilanz ein *goodwill* von 30 anzusetzen, vorbehaltlich eines noch durchzuführenden Werthaltigkeitstests nach IAS 36 (Rz 72).

Zum **zeitversetzten** Übergang auf IFRS innerhalb eines Konzerns vgl. Rz 86.

74 Nicht in IFRS 1 geregelt ist das Problem eines früher im Rahmen eines Unternehmenserwerbs nicht gebildeten **Steuerlatenz**postens.

Praxis-Beispiel

Vor dem Übergang auf die IFRS-Rechnungslegung hat ein Unternehmen eine Akquisition (*business combination*; → § 31) getätigt, will aber darauf IFRS 3 nicht retrospektiv anwenden (Rz 57). Nach Maßgabe der früheren Bilanzierungsmethode sind die immateriellen Vermögenswerte in Übereinstimmung mit den Regeln von IFRS 3 identifiziert worden. Allerdings unterblieb die Erfassung einer passiven Steuerlatenz (Rz 26) im Hinblick auf den Steuerbuchwert von null (→ § 26 Rz 54).

Als Korrekturschritte bieten sich zwei Lösungen zur Einbuchung der passiven Steuerlatenz an:

• Erhöhung des *goodwill*,
• Minderung der Gewinnrücklage.

In der Oktobersitzung 2005[36] hat sich der Board mit dem Thema befasst, hat aber keine Lösung im Wege einer *Technical Correction* der diesen Fall nicht behandelnden Standards vorgeschlagen.

---

75 Eine andere Anpassung der aktiven Steuerlatenz im Gefolge eines Unternehmenszusammenschlusses kann sich bei späterer **Gesundung** des mit Verlustvorträgen erworbenen Unternehmens ergeben (→ § 31 Rz 215). Die entspre-

---

[34] Theile, DB 2003, S. 1745, 1750.
[35] So Zeimes, WPg 2003, S. 982, 985.
[36] IASB Update Oktober 2005.

chende Erhöhung des Steuerlatenzpostens ist ergebniswirksam zu verbuchen. Gleichzeitig ist der Buchwert des *goodwill* aufwandswirksam zu verringern. Im Fall der Eigenkapitalverrechnung nach vorherigen Rechnungslegungsgrundsätzen ist keine korrespondierende erfolgswirksame Korrektur des *goodwill* (→ § 26 Rz 101 ff.) vorzunehmen.[37]

Die Behandlung eines **negativen** Unterschiedsbetrags aus einem Unternehmenszusammenschluss vor dem Übergangsstichtag (Rz 16) ist in IFRS 3 (→ § 31 Rz 131 ff.) geregelt. Demnach ist ein negativer Unterschiedsbetrag direkt erfolgswirksam zu vereinnahmen. Dem hat der IFRS-Erstanwender sinngemäß zu folgen, mangels Ansatzfähigkeit[38] also durch Einstellung in die Gewinnrücklagen.   76

Bei allen Anpassungsbuchungen, die sich in einer Eigenkapitalveränderung niederschlagen, sind **Steuerlatenzen** (Rz 16) und **Minderheitenanteile** (*non-controlling interests*) (→ § 31) zu berücksichtigen (IFRS 1.C4(k)).[39]   77

Praxis-Beispiel

Unternehmen A erstellt zum 1.1.03 seine IFRS-Eröffnungsbilanz. Zum 1.1.01 hat A 75 % der Anteile an der B-GmbH erworben. Nach vorherigen Rechnungslegungsvorschriften wurde ein immaterieller Vermögenswert i.H.v. 100 angesetzt, der jedoch nicht den Aktivierungsvoraussetzungen nach IFRS entspricht. Steuerlich wurde der Sachverhalt nicht aktiviert, so dass sich bei einem Steuersatz von 30 % eine passive latente Steuer i.H.v. 30 ergibt. Zum Eröffnungsbilanzstichtag betragen der Buchwert des immateriellen Vermögenswerts 80 und derjenige der passiven latenten Steuer 24.

Es sind in der IFRS-Eröffnungsbilanz folgende Anpassungsbuchungen vorzunehmen:

- per *goodwill* 42 (immaterieller Vermögenswert 80 abzüglich latente Steuern 24 abzüglich Minderheitenanteil 14)
- an passive latente Steuer 24,
- per Minderheitenanteil 14 (25 % von (80 abzüglich 24)
- an immaterieller Vermögenswert 80.

In der Praxis beschränken sich die Anpassungen (Rz 64 ff.) in vielen Fällen auf die **Entwicklungskosten.** Deren Bilanzansatz ist indes stark ermessensbehaftet (→ § 13 Rz 33), so dass vielfach im Rahmen der Ermessensausübung des Managements jeder Anpassungsbedarf für den *goodwill* vermieden werden kann.[40]   78

In tabellarischer Form sind die Bilanzierungsanweisungen zu **Unternehmenszusammenschlüssen** gem. IFRS 1 bei prospektiver Anwendung von IFRS 3 folgendermaßen zusammenzufassen:[41]   79

---

37 So IDW RS HFA 19, Tz 5.
38 So IDW RS HFA 19, Tz 9.
39 HAYN/BÖSSER/PILHOFER, BB 2003, S. 1607, 1611.
40 So LÜDENBACH/HOFFMANN, DStR 2003, S. 1498, 1503.
41 Nach ZEIMES, WPg 2003, S. 988.

A. Unternehmen wird bereits nach bisherigen Rechnungslegungsgrundsätzen konsolidiert		
Beibehaltung der durchgeführten Konsolidierungsmethode nach nationalem Bilanzrecht		
Vermögenswerte und Schulden (außer immaterielle Vermögenswerte)	Immaterielle Vermögenswerte	*goodwill*
	goodwill wurde in bisheriger Bilanz erfasst	
Bilanzierung aller Vermögenswerte und Schulden, die nach IFRS zu bilanzieren sind. Bewertung aller Vermögenswerte und Schulden, deren Folgebewertung auf den Anschaffungskosten basiert, mit den fortgeführten *deemed cost*. Die *deemed cost* sind die Werte, mit denen die Vermögenswerte und Schulden in der Erstkonsolidierung nach nationalem Recht bilanziert wurden. Vermögenswerte und Schulden, deren Folgebewertung nicht auf den Anschaffungskosten basiert (z. B. *fair value*), sind mit den nach IFRS geforderten Werten zu bilanzieren, selbst wenn sie im Rahmen des Unternehmenszusammenschlusses erworben wurden.	Immaterielle Vermögenswerte (sowie damit im Zusammenhang stehende latente Steuern und Minderheitenanteile), die nicht den Anforderungen des IAS 38 entsprechen, müssen in den *goodwill* umgegliedert werden; die den Anforderungen des IAS 38 entsprechen, aber nach nationalem Recht im *goodwill* ausgewiesen wurden, müssen in immaterielle Vermögenswerte umgegliedert werden. Aber: Keine Umgliederung von erworbenen F + E im Rahmen einer *business combination* aus dem *goodwill* in die immateriellen Vermögenswerte, wenn diese nicht die Kriterien einer Bilanzierung beim Tochterunternehmen erfüllen (Unterschied zu IFRS 3.45).	*Goodwill* wird mit dem Buchwert nach nationalem Recht in die IFRS-Eröffnungsbilanz übernommen, nachdem folgende Maßnahmen durchgeführt wurden; Umgliederungen in immaterielle Vermögenswerte et vice versa (siehe Spalte „Immaterielle Vermögenswerte"); Berücksichtigung von Kaufpreisänderungen zwischen dem Datum des Unternehmenszusammenschlusses und dem Datum der IFRS-Eröffnungsbilanz; Durchführung eines Wertminderungstests nach IAS 36 *impairment of assets*. „Negativer" *goodwill* wird gegen die Gewinnrücklagen der IFRS-Eröffnungsbilanz ausgebucht.
	goodwill wurde in bisheriger Bilanz mit dem Eigenkapital verrechnet	
	Es folgt keine Umgliederung von immateriellen Vermögenswerten.	Die zwischenzeitliche Klärung von Kaufpreisänderungen wird mit den Gewinnrücklagen verrechnet. Keine erfolgswirksame Ausbuchung des *goodwill* bei Abgang des Tochterunternehmens.
B. Unternehmen wird nach bisherigen Rechnungslegungsgrundsätzen nicht konsolidiert, wohl aber nach IFRS 3		
Die Vermögenswerte und Schulden des Tochterunternehmens werden mit den Werten übernommen, mit denen sie in einer IFRS-Bilanz des Tochterunternehmens unter Berücksichtigung der konzerneinheitlichen Methoden bilanziert würden.		Im Fall eines erworbenen Tochterunternehmens: Bestimmung des *goodwill (deemed cost)* als Differenz zwischen dem gem. IFRS bilanzierten Nettovermögen und den Anschaffungskosten dieses Tochterunternehmens. Im Fall eines selbst gegründeten Tochterunternehmens kein *goodwill*.

Tab. 2: Bilanzierung von Unternehmenszusammenschlüssen gem. IFRS 1 bei prospektiver Anwendung von IFRS 3

6.4.3 Rechenschema

Zur Ermittlung des *goodwill* aus Unternehmensakquisitionen kann danach fol- **80**
gendes **Rechenschema** gem. IFRS 1.C4(g)(i) dienen:[42]

> **Praxis-Beispiel**
>
> In der HGB-Schlussbilanz 31.12.01 ausgewiesener *goodwill*
> − darin enthaltene immaterielle Einzelwerte (Rz 65)
> + evtl. latente Steuern und Minderheitenanteile darauf
> +/− zwischenzeitlich eingetretene Kaufpreisanpassungen (Rz 70)
> = IFRS-*goodwill* vor *impairment*
> − evtl. *impairment* (Rz 70)
> = *goodwill* in IFRS-Eröffnungsbilanz 1.1.02+1

Zur Anwendung des Schemas folgendes **Beispiel**[43]: **81**

> **Praxis-Beispiel**
> U hat am 1.1.02 das Unternehmen Z mit einem Eigenkapital von 0,8 Mio. für
> einen Kaufpreis von 2 Mio. erworben. Das Sach- und Finanzvermögen ent-
> hielt keine stillen Reserven. Jedoch verfügte das Unternehmen über einen
> wertvollen Kundenstamm (Wert 0,5 Mio.) sowie selbst entwickelte Patente
> (Entwicklungskosten 0,2 Mio., Zeitwert 0,5 Mio.). In der HGB-Konzern-
> bilanz des Erwerbers wurden diese immateriellen Werte unter den *goodwill*
> subsumiert. Der *goodwill* wird nach HGB über zehn Jahre abgeschrieben.
> Eine Wertminderung liegt nicht vor.
> Nachfolgend zunächst die Berechnungen nach HGB und nach IFRS retro-
> spektiv:
>
> | | HGB | IFRS retrospektiv |
> |---|---|---|
> | Kaufpreis | 2.000 | 2.000 |
> | − diverses Vermögen | 800 | 800 |
> | − Kundenstamm | | 500 |
> | − Entwicklungskosten | | 500 |
> | = *goodwill* zum Erwerbszeitpunkt | 1.200 | 200 |
> | − Abschreibung (2/10) | 240 | 0 |
> | = *goodwill* 31.12.03 | 960 | 200 |
>
> Bei rückwirkender Anwendung von IFRS 3 ergeben sich aus der rechten
> Spalte die Werte für die IFRS-Eröffnungsbilanz.
> Bei Inanspruchnahme der Erleichterungen, also keine Anwendung von
> IFRS 3 in der IFRS-Eröffnungsbilanz, ist wie folgt zu differenzieren:

---

[42] Nach LÜDENBACH/HOFFMANN, DStR 2003, S. 1498, 1503. Ein anderes Beispiel bringt KIRSCH,
StuB 2003, S. 913, 916 f.
[43] Nach LÜDENBACH/HOFFMANN, DStR 2003, S. 1498, 1503.

- Der Kundenstamm wäre zwar beim Erwerber, aber nicht bei erworbenen Unternehmen nach IFRS bilanzwirksam gewesen (Rz 67). Eine Anpassung findet deshalb nicht statt.
- Die Entwicklungskosten wären beim erworbenen Unternehmen nach IAS mit 0,2 Mio. anzusetzen (Rz 65), jährliche Abschreibung 40 bei fünf Jahren Nutzungsdauer (*„accordingly"*).

Danach ergibt sich folgende Rechnung:

goodwill nach HGB zum 31.12.03	960
– Entwicklungskosten (in der IFRS-Eröffnungs-bilanz (Rz 18) anzusetzen)	– 120
+ passive latente Steuern hierauf (50 %)	+ 80
= *goodwill* IFRS vor *impairment*	920

Eine Anpassung der kumulierten Abschreibung des *goodwill* findet nicht statt. Anstelle der Anpassung tritt der *impairment*-Test. IFRS 1 lässt offen, ob dies auch für die Entwicklungskosten gilt.

Der *impairment*-Test ist gem. den Vorschriften des IAS 36 durchzuführen und dies ist unabhängig davon, ob Anzeichen für eine Wertminderung vorliegen. Für die Durchführung des Tests sind die Verhältnisse zum Übergangszeitpunkt zugrunde zu legen. Aufgrund der Verpflichtung zur Übernahme von Schätzungen müssen die für den *impairment*-Test getroffenen Annahmen mit den Annahmen nach vorherigen Rechnungslegungsgrundsätzen übereinstimmen (z.B. keine Berücksichtigung neuerer Planungsanpassungen).

82 Der erstmalige IFRS-Anwender hat das Wahlrecht, auf die rückwirkende Anwendung des IAS 21 für die **Währungsumrechnung** des *goodwill* zu verzichten (IFRS 1.C2). Er kann aber auch die rückwirkende Umrechnung gem. IAS 21 entweder
- für alle Unternehmenszusammenschlüsse vor dem IFRS-Eröffnungsbilanzstichtag oder
- für alle Unternehmenszusammenschlüsse, bei denen sich das Unternehmen für die rückwirkende Anwendung des IFRS 3 entschieden hat,

wählen (IFRS 1.C3).

6.5 Sonstige Erleichterungen nach IFRS 1

6.5.1 Pensionsverpflichtungen

83 Die hierfür früher vorgesehenen Erleichterungen, betrafen die Korridormethode nach IFRS 19 und sind mit deren Abschaffung obsolet geworden.

6.5.2 Umrechnungsdifferenzen

84 Währungsdifferenzen aus **selbstständigen** ausländischen Töchtern sind nach IAS 21.30 erfolgsneutral in einer **gesonderten** Eigenkapitalposition zu kumulieren (→ § 27 Rz 56; IFRS 1.D12). IFRS 1.D13 erlaubt hier einen *fresh start* ohne Berück-

sichtigung aufgelaufener Differenzen. Die (bislang) „gespeicherten" Differenzen sind folglich in die Gewinnrücklagen umzubuchen.[44] Bei der späteren Entkonsolidierung z. B. wegen Veräußerung der Tochterunternehmung werden dann nur noch die kumulativen Umrechnungsdifferenzen erfolgswirksam erfasst, die seit dem Zeitpunkt der IFRS-Eröffnungsbilanz aufgetreten sind (→ § 27 Rz 60).[45]

6.5.3 Zusammengesetzte Finanzinstrumente

Finanzinstrumente – wie bspw. Wandelanleihen, Aktienanleihen – weisen sowohl Eigen- als auch Fremdkapitalcharakter auf (→ § 20 Rz 6). Diese Instrumente sind nach IFRS teilweise im Eigenkapital und teilweise im Fremdkapitel zu erfassen.[46] Die aus dem Fremdkapitalanteil entstehenden Zinsverpflichtungen sind im Zeitverlauf erfolgswirksam zu erfassen. Die Ergebniswirkungen vergangener Perioden sind in den Gewinnrücklagen enthalten. Nach IFRS 1.D18 braucht allerdings der Erstanwender diese kumulierten Zinseffekte der Fremdkapitalkomponente nicht getrennt zu erfassen, sofern die Fremdkapitalkomponente im Übergangszeitpunkt auf IFRS bereits getilgt ist.

85

6.5.4 Zeitversetzter Übergang auf IFRS von Konzernunternehmen

Im Bereich von **Konzern**unternehmen (→ § 32) sowie von **assoziierten** (→ § 33) und **Gemeinschafts**unternehmen (→ § 34) ist im Übergangsverfahren eine Erleichterung je nach der **Zeitfolge** vorgesehen:
IFRS 1.D16 regelt die Fälle, in denen ein Tochterunternehmen etc. zeitlich **nach** der Muttergesellschaft erstmals einen IFRS-Abschluss veröffentlichen will (z.B. wegen eigener Börsennotierung). Stellt ein Tochterunternehmen zeitlich **nach** dem Mutterunternehmen auf die IFRS um, dann kann es unverändert die bisher in den Konzernabschluss des Mutterunternehmens eingebrachten Bilanzwerte weiterführen.

86

Praxis-Beispiel
Die M-AG veröffentlicht ihren ersten IFRS-Konzernabschluss für das am 31.12.02 endende Geschäftsjahr. M stellt daher zum 1.1.01 ihre IFRS-Eröffnungsbilanz auf. Das Tochterunternehmen B muss für die Konzernkonsolidierung ebenfalls ab dem 1.1.01 ein IFRS-Reporting (Rz 11) erstellen.
B erstellt aufgrund eines eigenen Börsengangs seinen ersten IFRS-Abschluss für das am 31.12.04 endende Geschäftsjahr. Für Konsolidierungszwecke bzgl. des Konzernabschlusses der M-AG hat B bei einigen Gegenständen des Sachanlagevermögens am 1.1.01 eine Erleichterung in Anspruch genommen und den beizulegenden Zeitwert als fiktive Anschaffungskosten gewählt. Seit dieser Zeit wird auf der Grundlage dieser *deemed cost* die Folgebewertung zu fortgeführten Anschaffungskosten gem. IAS 16.30 (→ § 14 Rz 46) vorgenommen. Da B zum 31.12.04 seinen ersten IFRS-Abschluss veröffentlicht, muss es eine IFRS-Eröffnungsbilanz zum 1.1.03 erstellen (Rz 18). Wenn B in seiner IFRS-Eröffnungsbilanz ebenfalls die Erleichterung für das Sachanlagevermögen in Anspruch nehmen möchte und den beizulegenden Zeitwert als

---

44 THEILE, DB 2003, S. 1745, 1751.
45 KIRSCH, StuB 2003, S. 913, 918.
46 Vgl. hierzu ZEIMES, WPg 2003, S. 982, 985.

> *deemed cost* heranzieht, müsste es das Sachanlagevermögen zum 1.1.03 ent-
> sprechend neu bewerten. IFRS 1.D16(a) erlaubt jedoch die Übernahme der
> zum 1.1.01 ermittelten *deemed cost,* fortgeschrieben auf den 1.1.03, in die
> IFRS-Eröffnungsbilanz. Diese Werte sind identisch mit denen, die B an die
> Muttergesellschaft zu diesem Zeitpunkt berichtet.

87   Wenn eine Muttergesellschaft **nach** ihrem Tochterunternehmen auf IFRS um-
stellt, ist das Vermögen der Tochter gem. IFRS 1.D17 auf Basis der eigenen
IFRS-Buchwerte in den Konzernabschluss einzubeziehen. Die Wahlrechte nach
IFRS 1.D1 (Rz 44) bestehen nicht, da das Tochterunternehmen selbst bereits
nach IFRS bilanziert.[47]
Die IFRS-Buchwerte des Tochterunternehmens müssen jedoch im Hinblick auf
Konzernrechnungslegungsvorschriften (Einheitlichkeit der Bilanzierungs-
methoden, Zwischengewinneliminierung) **angepasst** werden:

> **Praxis-Beispiel**
> Das Tochterunternehmen hat für seine *investment properties* die Bewertungs-
> methode der fortgeführten Anschaffungskosten gewählt (→ § 16 Rz 49). Der
> Konzern entscheidet sich für die *fair-value*-Bewertung (→ § 16 Rz 54). Eine
> Vereinheitlichung der Bilanzierungs- und Bewertungsmethoden (→ § 32
> Rz 119) ist notwendig. Abweichend vom IFRS-Einzelabschluss des Tochter-
> unternehmens gehen die *investment properties* mit dem *fair value* in die
> Eröffnungsbilanz des Konzerns ein.

> **Praxis-Beispiel**
> **Zwischengewinneliminierung**
> Das Tochterunternehmen hat vor dem Stichtag der Konzerneröffnungsbilanz
> Anlagen vom Mutterunternehmen zum Zeitwert (Aufdeckung stiller Reser-
> ven) erworben.
> Für die Eröffnungsbilanz ist der Zwischengewinn zu eliminieren. Die An-
> lagen sind mit ihrem retrospektiv aus Konzernsicht ermittelten IFRS-Wert
> anzusetzen.

Für nach Eröffnungsbilanzzeitpunkt des Mutterunternehmens **getätigte** Geschäfte des Tochterunternehmens ergeben sich die gleichen rechtlichen Konsequenzen ohne Rückgriff auf IFRS 1.D17 aus den allgemeinen Vorschriften von
IAS 27, also z.B. konzerneinheitliche Bewertung (→ § 32 Rz 119) und Zwischengewinneliminierung (→ § 32 Rz 142).

88   Das Problem des **zeitversetzten** Übergangs auf die IFRS-Bilanzwelt im Konzern
kann sich auch in der Konstellation des folgenden Beispiels ergeben.

> **Praxis-Beispiel**
> Die Muttergesellschaft M berichtet nach IFRS in konsolidierter Form. Zwei
> Tochtergesellschaften, T 1 und T 2, deren Abschlüsse in den IFRS-Konzern-
> abschluss einbezogen worden sind, sollen verkauft werden. Sofern eine

---

[47]   So IDW RS HFA 19, Tz 16, WPg 2006, S. 1379.

börsennotierte Gesellschaft T 1 und T 2 erwirbt, wird die Börsenaufsicht einen konsolidierten Abschluss von T 1 und T 2 in Form eines *combined statement* (→ § 32 Rz 93) für die beiden Schwestergesellschaften verlangen. T 1 und T 2 haben bisher *reporting packages* (Rz 5) zur Einbeziehung in den Konzernabschluss der M erstellt, also keinen kompletten IFRS-Einzel-abschluss, oder einen kombinierten Abschluss gefertigt und veröffentlicht.

Das von der Börsenaufsicht geforderte *combined statement* ist ein IFRS-Erst-anwendungsfall, d.h., die „kombinierte Einheit" ist ein IFRS-Erstanwender. Die Frage ist dann, inwieweit die Ausnahmeregeln (*exemptions*) angewandt werden dürfen.

Sicht 1
Der Sachverhalt erlaubt einen Analogieschluss zu IFRS 1.D17 Satz 2 (Rz 15): Die neue „Einheit" entspricht funktionell einer Muttergesellschaft i.S.d. IFRS 1.D17 Satz 2. Deshalb sind die bisherigen Bewertungsmaßstäbe weiter-zuführen und erlauben **keine** Anwendung der Erleichterungsvorschriften (*exemptions*) in IFRS 1.D16 (Rz 86).

Sicht 2
Die „kombiniert" bilanzierte Einheit als Rechnungslegungssubjekt ist (un-streitig) IFRS-Erstanwender und kann deshalb die Erleichterungen (*exempti-ons*) für die Erstanwender (Rz 44) beanspruchen. An die Einschätzung in IFRS 1.D17 Satz 2 ist die Einheit nicht gebunden.
U.E. ist Sicht 2 vorzugswürdig.

Zum Ausschluss der Erleichterungsrechte des IFRS 1.D1 gem. IFRS 1.D17 besteht eine **Rückausnahme**. Die in IFRS 1.D1 festgehaltenen Wahlrechte für **Unternehmenszusammenschlüsse vor** dem Übergangszeitpunkt des Mutter-unternehmens bleiben bestehen (IFRS 1.IG30(a) Satz 1). Dazu zählen sowohl der Erwerb des Tochterunternehmens durch die Muttergesellschaft selbst als auch Unternehmenserwerbe des Tochterunternehmens. In diesen Fällen können die Wahlrechte von IFRS 1.C1 (Rz 57) in Anspruch genommen werden. **89**

Praxis-Beispiel
TU ist seit 01 Tochterunternehmen von MU. TU stellt zum 1.1.03 auf IFRS um. In 01 hatte es das Enkelunternehmen EU erworben, in der Eröffnungs-bilanz zum 1.1.03 von den Erleichterungen des IFRS 1.C1 aber keinen Ge-brauch gemacht (Rz 57).
Stellt MU zu einem späteren Zeitpunkt auf IFRS um, etwa mit Eröffnungs-bilanzdatum 1.1.05, leben für den Gesamtkonzernabschluss die im Teil-konzernabschluss nicht wahrgenommenen Erleichterungen des IFRS 1.C1 wieder auf.

Für **nach** Eröffnungsbilanzzeitpunkt des Mutterunternehmens getätigte **Unter-nehmenserwerbe** ist IFRS 1 nicht mehr einschlägig. Daher gilt auch die vor-genannte Erleichterung nicht.
Die Erleichterungsregeln von IFRS 1.16 und IFRS 1.17 (Rz 85, Rz 87) zum zeitversetzten Übergang auf die IFRS zielen auch auf eine **Vereinheitlichung** **90**

der Rechnungslegung innerhalb von Konzernunternehmen. Fraglich ist, ob die Regelungen auch dann anwendbar sind, wenn Mutterunternehmen (für Konzernabschlusszwecke) und Tochterunternehmen (für Einzel- oder Teilkonzernabschluss) zeitgleich auf die IFRS-Rechnungslegung übergehen.

Praxis-Beispiel

Das Tochterunternehmen T hat nach bisherigen Regeln (*previous GAAP*) das Sachanlagevermögen einschließlich der Finanzierungskosten aktiviert, nicht aber das Mutterunternehmen M. Beide Einheiten gehen am 1.1.01 **(gleichzeitig)** auf die IFRS-Rechnungslegung über. Konzerneinheitlich soll eine **gemeinsame** künftige Bewertungsbasis angewandt werden. Im Konzernabschluss der M könnte nach dem Wahlrecht des IFRS 1.D23 auf eine Nachaktivierung von Zinsen auf Anlagezugänge vor dem Übergangszeitpunkt (Rz 16) verzichtet werden; demgegenüber käme umgekehrt eine Stornierung der bis dahin aktivierten Zinsen bei der T in ihrem Einzelabschluss nicht in Betracht. Die gewünschte einheitliche Bewertung wäre nur durch eine **analoge** Anwendung der Vereinheitlichungsregeln von IFRS 1.D16 oder IFRS 1.D17 erreichbar, nämlich

- nach IFRS 1.D16(a) durch die Erlaubnis, die niedrigeren Buchwerte (ohne Zinsen) nicht nur im Konzernabschluss der M, sondern auch im Einzelabschluss der T zu verwenden, oder

- nach IFRS 1.D17 durch Verpflichtung der M, in ihrem Konzernabschluss das Sachanlagevermögen der T wie in deren Einzelabschluss inkl. Zinsen anzusetzen.

Gegen die Heranziehung von IFRS 1.D16 und IFRS 1.D17 spricht der eindeutige **Wortlaut** dieser beiden Paragrafen, die nur den **zeitversetzten** Übergang auf IFRS im Mutter-Tochter-Verhältnis regeln. Die umgekehrte Argumentation („für") müsste hier eine „Standardlücke" feststellen, die einen Analogieschluss erlaubte. Auch eine Zwecksetzung des IFRS 1, die eine Parallelerstellung unterschiedlicher Abschlussinhalte von Mutter- und Tochterunternehmen in diesen Einzelabschlüssen vermeiden will, könnte als Argument herangezogen werden. Zudem würden vermeidbare Ausweichgestaltungen mit bewusster Verzögerung des Übergangs innerhalb von Gruppenunternehmen vermieden.

Wir präferieren das „für", also die analoge Anwendung von IFRS 1.D16 oder IFRS 1.D17.

6.5.5 Aktienbasierte Vergütungen

91   Die Übergangsvorschriften in IFRS 2 (→ § 23) für die Unternehmen, die bislang schon die IFRS-Rechnungslegung angewandt haben, sollen auch für die Erstanwender gelten (IFRS 1.BC63B). Das bedeutet eine **retrospektive** Anwendung nach der Regel, aber mit folgenden **Wahlrechten** (IFRS 1.D2):

- Aktienkursbasierte Eigenkapitalinstrumente, die **vor** dem 8.11.2002 zugesagt worden sind, sollen (Empfehlung) nach den Regeln von IFRS 2 angesetzt werden. Alle aktienkursbasierten Eigenkapitalinstrumente, die **nach** dem 7.11.2002 zugesagt worden sind, aber vor dem IFRS-Eröffnungsbilanzstichtag (*date of* *transition*; Rz 16) oder vor dem 1.1.2005 (das spätere Datum ist gültig) ausübbar (*vested*) geworden sind, sollen (Empfehlung) nach den Regeln von IFRS 2 angesetzt werden.

- Wenn – nach der Empfehlung – IFRS 2 auf die vorgenannten Eigenkapital-instrumente angewandt werden soll, ist dies nur zulässig, wenn das Unternehmen **öffentlich** den *fair value* dieser Instrumente bekannt gegeben hat.
- Entscheidet sich der Erstanwender nicht für die (rückwirkende) Anwendung von IFRS 2, so hat er gleichwohl die dort vorgesehenen **Anhangangaben** (→ § 23 Rz 248) zu tätigen.
- Bei **Änderung** der Ausübungsbedingungen von Eigenkapitalinstrumenten, auf die IFRS 2 noch nicht angewandt worden ist, entfällt die Anwendung der entsprechenden Vorschriften in IFRS 2.26 – IFRS 2.29 (Rz 77 ff.) dann, wenn die Änderung entweder nach dem Datum der IFRS-Eröffnungsbilanz oder dem 1.1.2005 (der spätere Termin ist maßgeblich) durchgeführt wird.
- Die übrigen aktienkursbasierten Vergütungsformen (mit **Barausgleich**) sind im Rahmen des Übergangs auf die IFRS-Rechnungslegung (retrospektiv) anzuwenden, es sei denn, der Barausgleich erfolgt nach dem 31.12.2004. Anhangerläuterungen können hier entfallen (IFRS 1.D3).

Praxis-Beispiel
Sachverhalt
- IFRS-Eröffnungsbilanz zum 1.1.04,
- Erstanwendungszeitpunkt 31.12.05 (→ § 6 Rz 18),
- Zusage von Aktienoptionen am 10.11.02
- Ende der Sperrfrist am 10.11.05.

Lösung
IFRS 2 ist im Jahresabschluss einschließlich der Vorjahreszahlen bzgl. dieser Aktienoptionen anzuwenden.

Abwandlung Sachverhalt
Die Zusage der Option erfolgt vor dem 8.11.02 **oder** der Ausübungszeitpunkt (Ende der „Sperre") liegt vor dem 1.1.05.

Lösung
Die Anwendung von IFRS 2 wird empfohlen, es genügt aber eine Offenlegung im Anhang.

Die genannten Wahlrechte können fallweise für jede „Kategorie" der ausgegebenen Eigenkapitalinstrumente ausgeübt werden.[48]

6.5.6 Bestimmung von Leasingverträgen

IFRS 16.9 ff. enthält Vorschriften zur „Entschleierung" **verdeckter** Leasingverhältnisse (→ § 15a Rz 18 ff.). Gem. IFRS 1.D9 dürfen die zum Zeitpunkt der IFRS-Eröffnungsbilanz (Rz 18) vorliegenden Verhältnisse zur Qualifikation des betreffenden Vertragsverhältnisses als Leasing (oder nicht) Verwendung finden (Wahlrecht). IFRS 1.D9B ff. gewährt weitere, die Bewertung betreffende **Wahlrechte**.   **92**

---

[48] ANDREJEWSKI/BÖCKEM, KoR 2004, S. 332; IDW ERS HFA 19, Tz 22, WPg 2006, S. 137.

6.5.7 Versicherungsverträge

93   Für Versicherungsverträge (→ § 39) entfällt bei der Erstanwendung von
IFRS 4.40 – IFRS 4.45 eine Reihe von Anhangangaben für die **Vorjahresperiode.**
Dieses Wahlrecht gilt gem. IFRS 1.D4 auch im Rahmen der IFRS-Erstanwendung.

6.5.8 Kategorisierung von Finanzinstrumenten

94   Die von IAS 39 geforderte Kategorisierung von Finanzinstrumenten bei der
erstmaligen Erfassung ist entscheidend für deren Bewertung in der **Folgezeit.**
IFRS 1.D19 bietet dem IFRS-Erstanwender ein von diesem Grundsatz abweichendes **Wahlrecht** an. Danach kann ein Unternehmen in der IFRS-Eröffnungsbilanz die Kategorisierung **unabhängig** von der früheren Erfassung unter den
bisherigen Regeln vornehmen. Für die Kategorisierung in der IFRS-Eröffnungsbilanz gilt gem. IFRS 1.IG56 Folgendes:[49]

- Die Einordnung in die Kategorie *„held to maturity"* (→ § 28 Rz 188 ff.) erfolgt
  nach der Einschätzung der Bedingungen (bspw. der Halteabsicht) zum Zeitpunkt der IFRS-Eröffnungsbilanz.
- Die Einordnung in die Kategorie *„loans and receivables"* (→ § 28 Rz 184 ff.)
  kann nur erfolgen, wenn zum Zeitpunkt der Ersterfassung nach IAS 39 bereits
  die Kriterien für diese Kategorie vorgelegen haben.
- Derivative Finanzinstrumente (→ § 28 Rz 17) sind der Kategorie *„held for
  trading"* zuzuordnen (mit Ausnahme von Sicherungsbeziehungen nach IAS 39).
- Die Einordnung in die Kategorie *„at fair value through profit or loss"* (→ § 28
  Rz 151) kann nur bei Erfüllung bestimmter Kriterien in der Vergangenheit oder
  durch entsprechende Kategorisierung zum IFRS-Eröffnungsbilanzstichtag erfolgen.

Im Anhang sind nach IFRS 1.29 **anzugeben:**

- der *fair value* jeder Kategorie im Zeitpunkt der Einordnung,
- der Buchwert in den früheren Bilanzen.

In der **Folgeänderung** zu IFRS 9 erlauben IFRS 1.D19 – IFRS 1.D19B die Vornahme der **Kategorisierungen** nicht nach den Verhältnissen bei der Erstein-
buchung, sondern nach denjenigen zum Eröffnungsbilanzstichtag (Rz 21).

95   Die Einschätzung darüber, ob ein **eingebettetes Derivat** vom Basisvertrag zu
trennen ist, muss zum Zeitpunkt des Vertragsabschlusses oder eines nach den
allgemeinen Regeln notwendigen *reassessment* und nicht des IFRS-Eröffnungsbilanzstichtags erfolgen (IFRIC 9.BC12 sowie IFRS 1.9).

6.5.9 Ersteinbuchung von Finanzinstrumenten zum beizulegenden Zeitwert

96   Alle Finanzinstrumente sind bei **erstmaliger** Bilanzierung mit dem beizulegenden
Zeitwert zu erfassen, der in aller Regel den Anschaffungskosten entspricht. Es gibt
– sehr selten – auch Transaktionen, bei denen die Anschaffungskosten eines
Finanzinstruments vom beizulegenden Zeitwert abweichen. Zur Vermeidung der
Erforschung lange zurückliegender Transaktionen erlaubt IFRS 1.D20 – ähnlich
wie die Übergangsregeln zu IAS 39 – eine **prospektive** Anwendung (Erfassung
von Gewinnen oder Verlusten infolge eines vom *fair value* abweichenden Transaktionspreises) für Geschäfte nach dem 25.10.2002 bzw. 1.1.2004. Wegen des

---

[49] Einzelheiten bei Kuhn, DB 2005, S. 1348.

Zeitablaufs (Rz 35) sind diese beiden bisher bestehenden fixen Daten gegenstandslos geworden. Im *Amendment* zu IFRS 1 vom Dezember 2010 ist stattdessen ein flexibles Datum in Form des Übergangszeitpunkts (Rz 18) auf die IFRS-Rechnungslegung (*date of transition*; IFRS 1.D20) festgelegt worden. Der Anwendungszeitpunkt der geänderten Regel ist bei freiwilliger vorzeitiger Anwendung auf Wirtschaftsjahre mit Beginn nach dem 30.6.2011 festgesetzt. Diese Übergangserleichterung wurde substanziell durch IFRS 9 nicht verändert.

6.5.10 Finanzielle oder immaterielle Vermögenswerte bei *public private partnerships*

Ein erstmaliger IFRS-Anwender kann gem. IFRS 1.D22 die Übergangsvorschriften des IFRIC 12 betreffend die Bilanzierung von Infrastrukturkonzessionsverträgen bei *public private partnerships* (→ § 55) anwenden, d.h. **97**
- alle finanziellen und immateriellen Vermögenswerte, die zum Zeitpunkt des IFRS-Eröffnungsbilanzstichtags (Rz 18) vorhanden sind, zum **Buchwert** nach vorherigen Rechnungslegungsvorschriften erfassen und
- diese Vermögenswerte zu diesem Zeitpunkt auf **Werthaltigkeit** testen; sofern dieser Test auf den IFRS-Eröffnungsbilanzstichtag nicht möglich ist, muss er auf den Beginn der Berichtsperiode (Rz 18) erfolgen.

6.5.11 Fremdkapitalkosten

Ein IFRS-Erstanwender muss gem. IFRS 1.D23 die Fremdkapitalkosten erst bei **98** Sachverhalten aktivieren, die ab dem späteren der beiden Zeitpunkte 1.7.2009 oder dem IFRS-Eröffnungsbilanzstichtag (Rz 18) anfallen.
Anstelle des 1.1.2009 kann auch jeder Zeitpunkt in der Vergangenheit für den Beginn der Aktivierung von Fremdkapitalkosten gewählt werden (IFRS 1.35), mit Klarstellung in *AIP 2009–2011 Cycle* unter Ergänzung von IFRS 1.D23. Die Neufassung von IFRS 1.D23 ist für Geschäftsjahre mit Beginn nach dem 31.12.2012 mit früherer Anwendungsmöglichkeit unter Anhangangabe gültig. Dabei ist der schon zuvor nach früherem GAAP (z.B. HGB) aktivierte Zinsanteil bei Inanspruchnahme dieses Wahlrechts weiterzuführen. Zinsen auf *qualifying assets* (→ § 9 Rz 10), die ab dem gewählten Zeitpunkt anfallen, sind nach den Regeln des IAS 23 (→ § 9 Rz 7ff.) zu behandeln. Dies gilt auch für dann im Bau befindliche Anlagen. Anderes gilt, wenn nach bisherigem Recht, z.B. § 255 Abs. 3 HGB, Zinsen auf im Bau befindliche Anlagen aktiviert worden sind. Dann kann dieser Wert bei nicht allzu großer Abweichung von den Bewertungsregeln nach IAS 23 (→ § 9 Rz 15ff.) in die IFRS-Eröffnungsbilanz (Rz 18) eingestellt werden. Möglich ist u.E. die Anwendung der *exemption* mit völligem Verzicht auf die Aktivierung von Zinsen. Unzulässig wäre die Beibehaltung der nach HGB aktivierten Zinsen und Nichtmehraktivierung nach der IFRS-Eröffnungsbilanz.

6.5.12 Mineralvorkommen

Wird im Industriebereich „Öl und Gas" (→ § 42 Rz 3) bei der Mineraliengewin- **99** nung nach bisherigem Recht die *full cost method* (→ § 42 Rz 11) angewandt, kann der dortige Buchwert im Statut *„exploration and evaluation"* **weitergeführt** werden (IFRS 1.D8A). In der späteren Entwicklungsphase befindliche Posten (*amounts*) dürfen insgesamt wertmäßig unverändert auf die nach IFRS-Regeln definierten Vermögenswerte (→ § 1 Rz 83 ff.) durch eine **Verhältnisrechnung** unter Berücksichtigung der Reserven an Öl und Gas aufgeteilt werden. Vgl. hierzu weitere Hinweise unter → § 42 Rz 13, zum Übergangsverfahren → § 42 Rz 25. Bei Anwendung dieser Erleichterung muss das Unternehmen für die Bewertung der **Entsorgungskosten** die allgemeinen Regeln von IAS 37 (→ § 21 Rz 124 ff.) anwenden, darf also IFRIC 1 und IFRS 1.D21 (Rz 48) nicht anwenden (IFRS 1.D21A). Der Unterschiedsbetrag zwischen dem Wertansatz nach früherem Recht und IAS 37 ist zum Übergangszeitpunkt (Rz 18) in die Gewinnrücklage einzustellen.

6.5.13   Verträge mit Kunden nach IFRS 15

100   Zur Kommentierung von IFRS 15 wird verwiesen auf → § 25. Die Übergangsbestimmungen von IFRS 15 sind nach IFRS 1.D34 f. auch auf Erstanwendungsfälle anzuwenden.

Wegen der im zeitlichen Anwendungsbereich von IAS 18 noch bedeutsamen Übergangsbestimmungen für IFRIC 18 (Kundenzuschüsse) wird auf die 12. Auflage des Haufe IFRS-Kommentars verwiesen.

6.5.14   Umschuldungen

101   Die Umwandlung von Fremd- in Eigenkapital (*debt for equity swap*) ist in Teilbereichen durch **IFRIC 19** geregelt (→ § 28 Rz 142). Die Interpretation ist für nach dem 30.6.2010 entstandene Sachverhalte anzuwenden (IFRIC 19 App.). Diese Übergangsbestimmung kann nach IFRS 1.D25 auch in Erstanwendungsfällen genutzt werden.

6.5.15   Übergang aus hyperinflationären Wirtschaftsräumen

102   Nach dem *Amendment* zu IFRS 1 vom Dezember 2010 soll auch Unternehmen/ Konzernen, die in hochinflationären Wirtschaftsräumen (→ § 27 Rz 82) agieren, der Übergang auf die IFRS-Rechnungslegung erleichtert werden. Voraussetzung ist die Charakteristik der **funktionalen Währung** (→ § 27 Rz 8) dieser Einheit als **hochinflationär**. Eine bedeutende Hochinflation (*severe hyperinflation*) liegt bei kumulativer Erfüllung folgender beider Merkmale vor (IFRS 1.D27):

- Ein verlässlicher **Preisindex** (→ § 27 Rz 82) ist nicht verfügbar.
- Ein **Austausch** zwischen der hochinflationären und einer relativ stabilen Währung ist nicht möglich.

Der hochinflationäre Charakter der funktionalen Währung **normalisiert** sich dann, wenn eines oder beide der vorgenannten Merkmale nicht mehr bestehen (IFRS 1.D28). Sofern das „Normalisierungsdatum" **identisch** ist mit dem Übergangszeitpunkt (Rz 18) auf die IFRS-Rechnungslegung oder diesem **vorausgeht**, kann der *fair value* als Ausgangswert (*deemed cost*) für alle vor dem Normalisierungszeitpunkt gehaltenen Vermögenswerte und Schulden angesetzt werden (IFRS 1.D29), also nicht nur für diejenigen, die nach allgemeinen Regeln einer *fair-value*-Bewertung unterliegen (Rz 45). Wenn das Normalisierungsdatum in die zwölfmonatige Vergleichsperiode (*transition period*) fällt (→ § 2 Rz 8 ff.), kann sich die Darstellung der Letzteren auf einen Zeitraum von weniger als 12 Monaten beschränken, also ein Quasi-Rumpfgeschäftsjahr dargestellt werden (IFRS 1.D30). Ggf. sollte das Unternehmen auch nicht IFRS-konforme Erläuterungen (Rz 114) zu den Vorjahresangaben nach IFRS 1.22 (Rz 12) in Betracht ziehen (IFRS 1.BC63J). Über die Entwicklung von der hochinflationären zur relativ stabilen Währung ist mit Begründungen im Anhang des IFRS-Erstabschlusses (Rz 45) zu berichten (IFRS 1.31C).

Die Regeln des *Amendment* sind (bei Möglichkeit freiwilliger vorzeitiger Anwendung) für Geschäftsjahre mit Beginn nach dem 30.6.2011 zu beachten.

6.5.16 Vorjahresvergleich, insbesondere zu Finanzinstrumenten

Der erstmalige IFRS-Abschluss verlangt – wie sonst auch jeder IFRS-Abschluss – einen **Vorjahresvergleich** (Rz 16), was durch IFRS 1.21 (Rz 13) bestätigt wird. Entsprechend ist nach IFRS 1.7 ein **Stetigkeitsgebot** im Übergangszeitraum (Rz 18) zu beachten. 103

Nach IFRS 1.E1 und IFRS 1.E2 gilt folgende **Besonderheit** für Vorjahres-Vergleichsangaben nach IFRS 9: Bei Übergang auf die IFRS-Rechnungslegung für Geschäftsjahre vor dem 1.1.2012 und Anwendung von IFRS 9 ist wie sonst eine **Vergleichsperiode** darzustellen (Rz 17). Die Vorjahresvergleichszahlen müssen dabei nicht mit den Inhalten von IFRS 7 und IFRS 9 übereinstimmen, soweit sich die Angaben auf Vermögenswerte beziehen, die in den Anwendungsbereich von IFRS 9 fallen.

Wenn die Übereinstimmung mit IFRS 9 und IFRS 7 durch die Ausübung dieses Wahlrechts nicht gegeben ist, muss wie folgt vorgegangen werden:
- Anwendung der **früher** (z. B. nach HGB) angewandten Ansatz- und Bewertungsregeln auf die Vorjahresvergleichszahlen;
- Angabe dieser **Tatsache** mit Darstellung der Grundlagen zur Bereitstellung dieser Daten;
- Bereitstellung zusätzlicher Informationen gem. IAS 1.17(c), wenn sonst die **Verständlichkeit** für den Anwender nicht gewährleistet ist.

Der letztgenannte Hinweis bezieht sich auf die komplexen Vorgaben zur Handhabung der Übergangsregeln in IFRS 1.E2(c). Dabei sind Anpassungen zwischen der Schlussbilanz, der Vergleichsperiode (*transition period*, Rz 18) und der Eröffnungsbilanz für den ersten IFRS-Berichtszeitraum (*reporting period*, Rz 18) vorzunehmen. 104

In der Schlussbilanz der *transition period* sind die Vorjahreszahlen nach den früher angewandten „GAAP" enthalten. In der Eröffnungsbilanz für die erste *reporting period* nach IFRS müssen die Werte und Angaben mit IFRS 7 und IFRS 9 übereinstimmen. Die entsprechenden Unterschiede sind nach IAS 8 unter Praktikabilitätsvorbehalt als **Wechsel** der **Bilanzierungsmethode** (→ § 24 Rz 28) zu behandeln und die Angaben nach IAS 8.28(a) – IAS 8.28(e) zu machen. Die Angabe nach IAS 8.28(f)(i) beschränkt sich auf die Schlussbilanz der *transition period* (Rz 18).

Die in allen Fällen zu erstellende **Überleitungsrechnung** vom alten zum neuen Recht (Rz 114) auf den Schlussbilanzstichtag der Vergleichsperiode muss bei Inanspruchnahme der vorgenannten Erleichterung um die Abweichungen zwischen Schlussbilanz der Vergleichsperiode und der Eröffnungsbilanz der Berichtsperiode (Rz 99 f.) ergänzt werden. In diese ist der Bilanzierungs-Methodenwechsel als Angabepflicht nach IAS 8.28 (Rz 93 f.) einzubauen. 105

> **Praxis-Beispiel**
> Erste IFRS-Berichtsperiode ist das Jahr 02. Das Unternehmen entscheidet
> sich für die vorzeitige Anwendung von IFRS 9, möchte aber die Vergleichs-
> zahlen (Jahr 01) nicht IFRS 9 unterwerfen, sondern nach HGB abbilden.
> Neben die allgemeine Überleitung vom 31.12.01 HGB auf den 1.1.02 IFRS
> (IFRS 1.24(a)(ii)) tritt eine spezielle Überleitung für die dem IFRS 9 unterlie-
> genden Finanzinstrumente (IFRS 9.E2(c) i.V.m. IAS 8).

106   Die höchst komplexen Regeln in IFRS 1.E1 und IFRS 1.E2 legen einen **Verzicht**
       auf das dort gewährte Wahlrecht nahe. Dazu müssen bereits in der IFRS-Eröff-
       nungsbilanz (Rz 18) die Regeln von IFRS 7 und IFRS 9 angewandt werden, was
       leichter zu bewerkstelligen sein sollte als die Bewältigung der Übergangsvorschrif-
       ten nach Rz 99f. Als Ausnahme kann man sich eine Konstellation vorstellen, in der
       in der IFRS-Eröffnungsbilanz (z.B.) finanzielle Vermögenswerte enthalten sind,
       die bis zum Schlussbilanzdatum der entsprechenden Vergleichsperiode **wegfallen**.

6.6   Erleichterungen für preisregulierte Unternehmen nach IFRS 14[50]

6.6.1   Überblick

107   IFRS 14 schafft – ausschließlich für IFRS-Erstanwender aus **preisregulierten
       Branchen** – eine Möglichkeit, bestimmte Aktiv- und Passivposten fortzuführen,
       die wegen der Preisregulierung nach nationalem GAAP gebildet wurden.

6.6.2   Preisregulierungsmechanismen

108   In oligopolistischen Märkten, etwa der Energie- und Wasserversorgung, des
       öffentlicher Nahverkehrs oder der Telekommunikation sind häufig staatlich
       initiierte Preisregulierungsmechanismen anzutreffen. Drei Formen lassen sich
       unterscheiden:
       - Bei **kostenorientierter** Regulierung wird der Absatzpreis so festgelegt, dass
         der Anbieter unter Berücksichtigung der erwarteten Kosten eine im Vorfeld
         festgelegte Rendite erzielen kann. Soweit in einer Nachbetrachtung die tat-
         sächlichen Kosten von den erwarteten abweichen, hat der Anbieter das Recht
         (bzw. bei Kostenunterschreitung die Pflicht) dies über die Absatzpreise der
         Folgeperioden an die Abnehmer weiterzureichen.
       - Bei **anreizorientierter** Regulierung werden z.B. Preisobergrenzen aus unter-
         nehmensexternen Benchmarks abgeleitet.
       - In **Mischsystemen** kommt eine Kombination beider Regulierungsarten zur
         Anwendung.

6.6.3   Anwendungsbereich von IFRS 14

109   Ist bei Kosten- oder Mischsystemen eine festgestellte **Abweichung** von den
       Plankosten in den Folgeperioden an die Kunden **weiterzureichen**, stellt sich die
       Frage, wie der Zeitraum zwischen Eintritt der Kostenabweichung und Weiter-

---

[50] Nachfolgende Ausführungen überwiegend entnommen aus CHRISTIAN/LÜDENBACH, IFRS Essen-
     tials (englische Ausgabe), 2. Aufl., 2015.

reichung an den Kunden bilanziell abzubilden ist. Nach einigen **nationalen Rechnungslegungssystemen** (so z. B. in Nordamerika und Indien) ist in diesem Fall die Bildung eines Aktiv- oder Passivpostens vorgesehen.

IFRS 14 gestattet es nun IFRS-Erstanwendern als Wahlrecht, derartige nach nationalem Recht gebildete Posten beim Übergang auf die IFRS fortzuführen, auch wenn die Merkmale eines Vermögenswerts oder einer Schuld nach IFRS nicht erfüllt sind.

Eine Anwendung von IFRS 14 ist demzufolge **nur für preisregulierte Unternehmen** erlaubt (IFRS 14.5(a)). Diese sind Unternehmen, bei denen die Absatzpreise auf Basis eines von einer Regulierungsstelle vorgegebenen oder beaufsichtigten Regelwerks bestimmt werden (IFRS 14, Appendix A.). Das preisregulierte Unternehmen muss weiterhin folgende Bedingung erfüllen: Im letzten **nach nationalen GAAP** erstellten Abschluss wurden regulatorische Aktiva oder Passiva angesetzt (IFRS 14.6).

6.6.4 Umsetzung des Wahlrechts

Technisch wird das Wahlrecht durch eine **Befreiung von der Anwendung des IAS 8.11** umgesetzt (IFRS 14.9). Bei der Auswahl einer Rechnungslegungsmethode (IAS 8.10ff.) kann daher der IFRS-Erstanwender unmittelbar auf die bisher angewandten nationalen Bilanzierungsstandards Bezug nehmen. Eine Prüfung der Frage, ob die regulatorischen Posten nach dem IFRS-Rahmenkonzept Vermögenswerte oder Schulden sind (IAS 8.11), braucht er nicht vorzunehmen.

110

Bei Entscheidung für die Fortsetzung der bisherigen Rechnungslegungsmethode ist dieser nicht nur für den Bilanzansatz, sondern auch für die **Bewertung,** also insbesondere die Auflösung des regulatorischen Postens zu folgen (IFRS 14.11).

6.6.5 Ausweis

Die aus nationalem Recht fortgeführten Posten sind nach IFRS in der Bilanz **als regulatorische Abgrenzungsposten** (*regulatory deferral accounts*) am Ende der Aktiv- bzw. Passivseite gesondert, und nach einer Zwischensumme für die „wirklichen" Vermögenswerte (*„total assets"*) bzw. das „wirkliche" Kapital (*„total equity and liabilities"*) auszuweisen (IFRS 14.B20f. und IFRS 14.IE *Example* 1). Die sonst notwendige Klassifizierung als kurz- oder langfristig unterbleibt (IFRS 14.B21).

111

Entsprechend ist in der **Gesamtergebnisrechnung** die Nettoveränderung der Abgrenzungsposten als Aufwand/Ertrag und/oder als sonstiges Ergebnis jeweils gesondert auszuweisen (IFRS 14.22f.). Ein sonstiges Ergebnis (*other comprehensive income*) kann z.B. insoweit entstehen, als die zu Mehrerlösansprüchen führende Abweichung der Ist- von den Plankosten durch versicherungsmathematische Gewinne oder Verluste bei den Pensionsverpflichtungen bedingt ist.

6.6.6 Anwendungsbeispiel

> **Praxis-Beispiel**
> U ist Betreiber eines Stromnetzes und unterliegt einer Preisregulierung. Durch einen Tornado sind in Jahr 01 Hochspannungsmasten und -leitungen beschädigt worden. Ungewöhnlich hohe Instandhaltungsaufwendungen (400 Mio. GE) fallen an, die nach IFRS-Grundsätzen (IAS 16) teils als Auf-

112

wand zu verbuchen, teils zu aktivieren wären. Die Regulierungsbehörde erlaubt eine Preiserhöhung für die Netzentgelte auf vier Jahre (02 bis 05), um den wesentlichen Teil der außergewöhnlichen Kosten zu amortisieren. Dieser (undiskontierte) Wert wird nach nationalem Recht per 31.12.01 aktiviert und wäre nach diesem Recht in 02 bis 05 jeweils mit 100 Mio. GE aufzulösen. Der Barwert der 400 Mio. GE entwickelt sich demgegenüber wie folgt. 31.12.01: 363 GE, 31.12.02: 279 GE, 31.12.03: 191 GE, 01.01.04: 98 GE, 31.12.05: 0 GE. Im Jahr 04 (Berichtsperiode) stellt U seinen ersten IFRS-Abschluss auf. Er will die Erleichterungen von IFRS 14 in Anspruch nehmen.

Beurteilung
Ansatz und Bewertung (Auflösung) des ansetzbaren Abgrenzungspostens folgt den Regeln des nationalen GAAP (IFRS 14.11). Auf die diskontierten Werte kommt es demnach nicht an. Vielmehr ist der Abgrenzungsposten mit 100 GE p. a. aufzulösen. Hieraus ergibt sich bilanziell per 31.12.02/1.1.03 (IFRS-Eröffnungsbilanz) ein (Rest-)Wert von 300, der als regulatorischer Abgrenzungsposten am Ende der Aktivseite und nach einer Zwischensumme für die „wirklichen" Vermögenswerte auszuweisen ist (IFRS 14.B20).
In der GuV bzw. Gesamtergebnisrechnung 03 und 04 ist entsprechend nach den „normalen" Ergebnissen separat ein Aufwand von 100 GE aus der Auflösung des Postens zu zeigen (IFRS 14.22 f.).

6.6.7 Anhangangaben

113 IFRS 14 verlangt eine Reihe **qualitativer und quantitativer** Angaben, u. a.:
- Beschreibung von Art und Umfang der preisregulierten Tätigkeit sowie des jeweiligen Regulierungsmechanismus (IFRS 14.30(a)),
- (tabellarische) Überleitungsrechnung, aus der sich die regulatorischen Abgrenzungsposten und ihre Veränderungen ergeben (IFRS 14.33(a)),
- Angabe der „Restlaufzeit" der Abgrenzungsposten (IFRS 14.33(c)).

7 Angaben

114 Im erstmaligen IFRS-Abschluss müssen nach IFRS 1.20 sämtliche Anhang- angaben nach Maßgabe der **anderen Standards** enthalten sein. Außerdem ist nach IFRS 1.21 der übliche **Vorjahresvergleich** (Rz 16) vorzunehmen. Zu den Erläuterungen zählen auch die Angaben zu den Bilanzierungs- und Bewer- tungsmethoden gem. IAS 1.117 (→ § 5 Rz 26), in denen auch die Inanspruch- nahme der Wahlrechte des IFRS 1 erläutert werden muss.[51] Nach IFRS 1.22 können auch als solche bezeichnete Vergleichsinformationen, die aus früherer Zeit stammen und nicht IFRS-konform sind, angegeben werden.
Zusätzlich hat jeder Erstanwender gem. IFRS 1.23 eine **Erläuterung des Über- gangs** zu geben, um dadurch den Einfluss des Übergangsverfahrens auf die Darstellung der Vermögens-, Finanz- und Ertragslage aufzuzeigen. Dazu ver- langt IFRS 1.24 folgende Angaben:

---

[51] BURGER/SCHÄFER/ULBRICH/ZEIMES, WPg 2005, S. 1193.

- Das Eigenkapital der „technischen" HGB-Schlussbilanz (im Beispiel unter Rz 116 der 31.12.01) ist auf den Ausweis in der IFRS-Eröffnungsbilanz zum 1.1.02 **überzuleiten** (*reconciliation*).
- Entsprechend ist für den **Folgestichtag** (oben der 31.12.02) zu verfahren.
- Ebenso ist das **Jahresergebnis**, für das letztmals ein nationaler Abschluss erstellt wird (im Beispiel 02), überzuleiten.

Da die Form der Anwendung des IFRS 1 zu den wesentlichen Bilanzierungs- und Bewertungsmethoden gehört, ist die Inanspruchnahme der Wahlrechte des IFRS 1 ebenfalls im Anhang des ersten IFRS-Abschlusses zu erläutern (IAS 1.108).   **115**

Nachfolgend eine Musterformulierung[52] (jeweils ohne Steuerlatenz):   **116**

Praxis-Beispiel 1

Beim Sachanlagevermögen haben wir die in früheren Jahren vorgenommenen steuerlichen Sonderabschreibungen aus dem Rechenwerk eliminiert, die bisher angewandte degressive Abschreibungsmethode rückwirkend auf linear umgestellt und die angenommenen Nutzungsdauern neu festgelegt. Die Buchwerte haben sich demnach wie folgt entwickelt:

	31.12.02			31.12.01		
	HGB	IFRS	Eigen-kapital-änderung	HGB	IFRS	Eigen-kapital-änderung
Grundstücke	XX	YY	ZZ	XX	YY	ZZ
Maschinen	XX	YY	ZZ	XX	YY	ZZ
Ausstattung	XX	YY	ZZ	XX	YY	ZZ
		Σ				Σ

Im Bereich des **immateriellen** Anlagevermögens haben sich für selbst erstellte Vermögenswerte folgende Abweichungen zwischen HGB (bislang keine Aktivierung) und IFRS ergeben:

	31.12.02	31.12.01
Aktivierung eines neu entwickelten Herstellungsverfahrens mit Anmeldung für das Patentregister	XX	XX
Aktivierung eines mit Hilfe von IT-Spezialisten von Drittfirmen erstellten Auftragsbearbeitungsprogramms, das in 05 in Betrieb gehen soll	YY	XX
Eigenkapitaländerung	Σ	Σ

Die aktivierten Herstellungskosten berücksichtigen die angefallenen Aufwendungen der letzten fünf Jahre vor dem 31.12.05 gem. Kostenträgerrech-

---

[52] Nach LÜDENBACH/HOFFMANN, DStR 2003, S. 1498, 1504.

nung. Zuvor sind keine diesen Projekten zuzuordnende Aufwendungen entstanden. Die planmäßigen Abschreibungen werden ab Nutzungsbeginn verrechnet.

Für die **Anteile an assoziierten** Unternehmen mit einer Beteiligungsquote zwischen 20 und 50 % am stimmberechtigten Kapital sind wir zur *equity*-Bilanzierungsmethode übergegangen. Danach ergeben sich folgende Abweichungen in den Bilanzansätzen:

31.12.02			31.12.01		
HGB	IFRS	Eigen-kapital-änderung	HGB	IFRS	Eigen-kapital-änderung
XX	YY	Σ	XX	YY	Σ

Unfertige Aufträge werden nunmehr nach der *percentage-of-completion*-Methode bewertet.
Es ergeben sich folgende Abweichungen zwischen HGB und IFRS:

31.12.02			31.12.01		
HGB	IFRS	Eigen-kapital-änderung	HGB	IFRS	Eigen-kapital-änderung
XX	YY	Σ	XX	YY	Σ

Die **Rückstellungen für Altersversorgungsverpflichtungen** sind nach IFRS (neu) bewertet worden. Danach ergeben sich folgende Abweichungen zum HGB:

31.12.02			31.12.01		
HGB	IFRS	Eigen-kapital-änderung	HGB	IFRS	Eigen-kapital-änderung
XX	YY	Σ	XX	YY	Σ

Zusammengefasst ergeben sich folgende Änderungen im **Eigenkapitalausweis**:

	31.12.02	31.12.01
Sachanlagevermögen	Σ	Σ
Immaterielle Anlagegüter	Σ	Σ
etc.		

Auch die Vorjahres-GuV nach dem HGB ist auf IFRS für den gleichen Zeitraum umzurechnen:

Praxis-Beispiel 2 (für die Formulierung)
Für die Vorjahresperiode 04 ergeben sich folgende Ergebnisunterschiede:

	HGB	IFRS	Diff.
Planmäßige Abschreibungen auf Sachanlagen	X	Y	Z
Aktivierung von Herstellungskosten für selbst geschaffene immaterielle Vermögenswerte	X	Y	Z
Beteiligungsbuchwert für assoziierte Unternehmen	X	Y	Z
Unfertige Erzeugnisse	X	Y	Z
Rückstellung für Altersversorgungsverpflichtungen	X	Y	Z
Aufwand/Ertrag aus Steuerlatenz Jahresergebnis	Σ	Σ	Σ

Außerdem sind (eher seltene) wesentliche Änderungen bzgl. der **Kapitalfluss-** 117
rechnung (→ § 3) zu erläutern (IFRS 1.25), bspw. für den Ausweis der aktivierten Entwicklungskosten in der Investitionstätigkeit (→ § 3 Rz 79).

Außerplanmäßige Abschreibungen (*impairment losses*) oder **Wertauf-** 118
holungszuschreibungen *(reversal)*, die in der IFRS-Eröffnungsbilanz (Rz 18)
vorgenommen werden, sind nach Maßgabe der Angabepflicht nach IAS 36
(→ § 11 Rz 230ff.) im Geschäftsjahr, das mit der Eröffnungsbilanz beginnt (im
Beispiel unter Rz 17 das Jahr 01), offenzulegen[53] (IFRS 1.24(c)).

Die Überleitungsrechnung (Rz 114) muss so **erläutert** werden, dass der Abschluss- 119
adressat die wesentlichen **Anpassungen** bei der Bilanz und der GuV erkennen und
insbesondere zwischen Änderungen bzgl. der **Rechnungslegungsregeln** und
sonstigen Änderungen (z.B. Fehlerkorrektur) unterscheiden kann (IFRS 1.25).

Zusätzliche Anhangangaben sind nach IFRS 1.30 dann zu machen, wenn für 120
sächliches Anlagevermögen der **Zeitwert** (fair value) als neue Kostenbasis gilt
(Rz 45), und zwar für jeden ausgewiesenen Posten der Gesamtbetrag des *fair
value* und dessen Überleitung auf den bisherigen Buchwert.

Bei Anwendung des Ersatzwerts für **Beteiligungen** im Einzelabschluss (Rz 56)
sind folgende Angaben zu machen (IFRS 1.31):
- der Gesamtbetrag des bisherigen Buchwerts (z.B. nach HGB),
- der Gesamtbetrag des Ansatzes mit dem *fair value*,
- der Gesamtbetrag der Anpassungen gegenüber dem bisherigen Buchwert
  (z.B. nach HGB).

Die Übergangsperiode lässt sich in **Geschäftsjahren** (Rz 18) und **Zwischen-** 121
berichtsperioden (Rz 19) definieren. Für ein Geschäftsjahr kann es im Übergangsverfahren keine Änderung der Bilanzpolitik oder Whlrechtsausübung geben, da der erste Bilanzstichtag nach „neuem Recht" am Ende des (erstmaligen)
Berichtszeitraums liegt (vgl. die Skizze in Rz 18). Allerdings ist das Unternehmen
möglicherweise bei der **Zwischenberichterstattung** bereits auf die IFRS-Rechnungslegung übergegangen, womit insoweit eine Erstanwendung vorliegt. Dann
darf für den erstmaligen Jahresbericht (im Beispiel unter Rz 18) der 31.12.02 die
Bilanzpolitik bzw. die Wahlrechtsausübung, die für den Zwischenbericht aus-

---

[53] ZEIMES, WPg 2003, S. 990.

geübt wurde, in einer aktualisierten Überleitungsrechnung (IFRS 1.27A) unter sinngemäßer Anwendung von IFRS 1.23 (Rz 94) geändert werden. Die entsprechenden Pflichten nach IAS 8 (→ § 24 Rz 60ff.) sind hier nicht zu beachten (IFRS 1.27). Zum Anwendungszeitpunkt vgl. Rz 124.

Praxis-Beispiel

Für den ersten IFRS-Zwischenbericht wurde mangels vorliegenden Datenmaterials als Eröffnungsbilanzwert für die Sachanlagen der retrospektiv nach IAS 16 ermittelte Buchwert angesetzt. Im ersten Jahresbericht erfolgte für den Grund und Boden die Bewertung stattdessen zum *fair value* als *deemed cost* (Rz 45).

Korrekturen von **grundlegenden Fehlern** nach bisheriger HGB-Bilanzierung sind getrennt von den übrigen Umstellungseffekten darzustellen (IFRS 1.26; Rz 76).[54]

8 Anwendungszeitpunkt, Rechtsentwicklung

122   Änderungen von IFRS 1 ergeben sich laufend als Folgeänderung aus der Verabschiedung oder Revision sonstiger **Standards**.

123   In dieser Auflage sind etwa u. a. berücksichtigt: IFRS 15 (Rz 102) und IFRS 9 (Rz 34 und Rz 94), daneben z. B. das *Amendment* zu IAS 27 zur Wiederzulassung der *equity*-Methode für den Einzelabschluss (Rz 56).

124   Eine nicht durch andere Standards getriebene, sondern eigenständige Ergänzung der Erstanwendungsregeln ist in 2014 durch IFRS 14 betreffend regulatorische Abgrenzungsposten in preisregulierten Branchen zu Stande gekommen (Rz 107).

125   Der im Dezember 2016 veröffentlichte *Annual Improvements 2014–2016 Cycle* streicht bestimmte Erleichterungen zu Angabepflichten, die durch Zeitablauf obsolet geworden sind. Betroffen sind Angaben zu Finanzinstrumenten (IFRS 1.E3 – IFRS 1.E4A), Pensionsrückstellungen (IFRS 1.E5) und Investmentgesellschaften nach IFRS 10 (IFRS 1.E6 und IFRS 1.E7).

---

[54]   ZEIMES, WPg 2003, S. 990.

§ 7 IFRS-RECHNUNGSLEGUNG NACH DEUTSCHEM RECHT

Schrifttum: BOECKER/FROSCHHAMMER, IFRS Practice Statement „Management Commentary", IRZ 2013, S. 319; GROTTKE/HÖSCHELE, Anwendungsempfehlungen zum IASB-Management Commentary, PiR 2011, S. 125; HOFFMANN/LÜDENBACH, Der Übergang zu den IFRS mit Rückfahrkarte, BB 2005, S. 96; KÜTING/RANKER, Tendenzen zur Auslegung der endorsed IFRS als sekundäres Gemeinschaftsrecht, BB 2004, S. 2510; LÜDENBACH/FREIBERG, Organvergütung im IFRS-Konzernabschluss im Spannungsfeld zwischen Berichtspflichten nach § 315a HGB und originären IFRS-Angaben, BB 2013, S. 2539; PELLENS/JÖDICKE/RICHARD, Solvenztests als Alternative zur bilanziellen Kapitalerhaltung,

DB 2005, S. 1393; UNREIN, Das IASB-Practice-Statement zum Management Commentary, PiR 2011, S. 66.

1 Überblick

1 Die gesetzlich geregelte Rechnungslegung für Kapitalgesellschaften in Deutschland auf der Grundlage der EU-Jahresabschlussrichtlinie vom 26.6.2013 – wird im weltweiten Konzert der Bilanzierung vielfach als **minderwertig** angesehen, was auch in der Regierungsbegründung des BilMoG zum Ausdruck kommt. Deshalb wurde durch das Bilanzrechtsreformgesetz (BilReG) dem **international** agierenden Unternehmen bzw. Konzern die Möglichkeit eröffnet, Konzernabschlüsse auf der Grundlage der IFRS vorzulegen, ohne zusätzlich die gleiche Pflichtübung nach nationalem Recht (HGB) absolvieren zu müssen. Diese Erlaubnis richtet sich an international tätige Konzerne in **zweierlei** Ausrichtung:
- an die **deutsche Zwischenholding** eines international agierenden Konzerns mit der Konzernspitze außerhalb der EU (insbesondere also Japan, Schweiz, USA);
- an international tätige Konzerne mit **Sitz** der Konzernspitze in **Deutschland**.

2 Der erstgenannte Adressatenkreis wird von der (Teil-)Konzernrechnungslegung durch §§ 291 und 292 HGB befreit.
Konzernmutterunternehmen mit Sitz in Deutschland müssen bei Kapitalmarktorientierung bzw. dürfen in den übrigen Fällen nach Maßgabe des **§ 315a HGB** ihre Rechnungslegungspflicht auf der Grundlage der IFRS erfüllen (Rz 6).

3 Aus Sicht der **Abschlussprüfung** ergibt sich die Zusatzproblematik der Beachtung der internationalen Prüfungsstandards (ISA) sowie der passenden Formulierung des Bestätigungsvermerks (Rz 31).

2 Befreiender Konzernabschluss eines Drittlandunternehmens für die deutsche Zwischenholding

4 Die deutsche **Zwischenholding** eines (international) tätigen Konzerns kann von der den deutschen Konzernbereich umfassenden Rechnungslegungsverpflichtung nach §§ 291 und 292 HGB befreit werden, wenn u. a. folgende Voraussetzungen erfüllt sind:
- Der befreiende Konzernabschluss wird im Einklang mit den in § 315a Abs. 1 HGB bezeichneten Rechnungslegungsstandards (IFRS) erstellt und
- um einen Konzernlagebericht ergänzt.
- Der befreiende Konzernabschluss muss bestimmte **Anforderungen** bzgl. des Inhalts, der Prüfung und der Offenlegung erfüllen.[1]
- Im **Anhang** des Jahresabschlusses (nicht des Konzernabschlusses) des zu befreienden Unternehmens (deutsche Landesholding) müssen der Name und Sitz des Drittlandunternehmens, dessen Konzernabschluss die Befreiung hervorrufen soll, angegeben werden.
- **Minderheitsgesellschafter** der deutschen Zwischenholding dürfen keinen Teilkonzernabschluss verlangen.

---

[1] Vgl. WOLLMERT/OSER, DB 1995, S. 53.

3 Inkorporierung der IFRS in deutsches Recht

3.1 Überblick über die Rechtsentwicklung

Das BilReG, Rz 1, sieht (u. a.) die **pflichtgemäße** oder **optionale** Anwendung der   5
IFRS-Regeln für deutsche Kapitalgesellschaften, Kap-&-Co.-Gesellschaften sowie betreffende Konzerne vor. Mit diesem Gesetz ist die sog. IAS-Verordnung
der EU[2] (IAS-VO) in das deutsche Rechnungslegungsrecht überführt worden.
Die europäische Kommission entscheidet unter Beteiligung der Mitgliedstaaten
in einem besonderen Komitologieverfahren über die Anwendung der IFRS-Regeln. Dieses *„endorsement"* transferiert die betreffenden IFRS-Rechnungslegungsregeln in unmittelbar geltendes Recht für die pflichtmäßigen oder freiwilligen Anwender[3] (Rz 6 ff.). Dadurch unterliegen die („endorsten") IFRS auch der
richterlichen Gewalt des EuGH und der nationalen Gerichte.[4]
Über die Übernahme der vom IASB verabschiedeten IFRS-Standards und Interpretationen in das europäische Recht informiert die Rechtsstandübersicht am
Anfang dieses Kommentars.

Schwierigkeiten bei diesem **Zusammenspiel** zwischen einem Standardsetting-
prozess angelsächsischer Provenienz und dem Gesetzesvorbehalt nach Maßgabe
der europäischen Rechtskultur können sich dann ergeben, wenn
- ein Standard vom IASB verabschiedet, aber von der EU noch nicht anerkannt,
  oder
- ein Standard ganz oder in Teilen (*carve out*) von der EU abgelehnt

worden ist. IAS 1.16 verlangt eine (vollständige) *compliance*-Erklärung, der
zufolge **sämtliche** Standards bei der Präsentation des Jahresabschlusses mit
zugehörigen Bestandteilen beachtet worden sind (→ § 2 Rz 7). Bei fehlendem
endorsement eines bestimmten Standards würde die Anwendung der *compliance*-
Regel einen Verstoß gegen europäisches Recht bedeuten. Dessen Befolgung
bewirkt umgekehrt keinen „rechtsgültigen" IFRS-Abschluss. Aus diesem Zirkel[5]
kann kaum durch eine logisch stringente Strategie ausgebrochen werden; gefragt
ist eine **pragmatische** Lösung, welche die jeweilige Sachverhaltskonstellation
berücksichtigt. Dabei ist insbesondere die regelmäßig vom IASB erlaubte frühere
Anwendung **vor** dem „Pflichttermin" beachtlich.

Praxis-Beispiel[6]
Variante 1
Ein in 01 verabschiedeter Standard wird zwischen dem 31.12.01 (Bilanzstichtag)
und dem 12.2.02 (Erstellungstag) in das europäische Recht übernommen.

Variante 2
Wie Variante 1, nur ist die Übernahme am 12.2.02 noch nicht erfolgt.

Variante 3
Wie Variante 1, doch bis zum 12.2.02 ist das *endorsement* abgelehnt worden.

---

2   Verordnung EG Nr. 1606/2002 vom 19.7.2002, ABlEG L 243 vom 11.9.2002, S. 1.
3   BUCHHEIM/GRÖNER/KÜHNE, BB 2004, S. 1783.
4   Im Einzelnen hierzu SCHÖN, BB 2004, S. 763.
5   Dargestellt im Einzelnen von BUCHHEIM/GRÖNER/KÜHNE, BB 2004, S. 1783.
6   Ähnlich HEUSER/THEILE, IFRS-Handbuch, 5. Aufl. 2012, Tz. 63.

Lösung Variante 1
Die Anwendung auf das Geschäftsjahr 02 ist unproblematisch. Europarechtlich bestehen auch keine Bedenken gegen die Anwendung in 01.[7]

Lösung Variante 2
Die EU-Kommission differenziert (→ § 32 Rz 90, das dortige Zitat):
- Bei inhaltlicher Kohärenz mit *endorsten* Standards und/oder bei Übereinstimmung mit IAS 8.10 (→ § 1 Rz 77) kann der neue Standard (wenigstens) zur Lückenfüllung übernommen werden.
- Sofern der neue Standard einem früheren inhaltlich widerspricht, darf der
  neue nicht angewandt werden, selbst wenn vom Board die übliche vorzeitige Anwendung zugestanden worden ist. Allerdings soll mit Überleitungsrechnungen und Erläuterungen ein Widerspruch übersprungen
  werden können, insbesondere wenn die Auswirkung der unterschiedlichen Standardinhalte unwesentlich ist.[8]

Lösung Variante 3
Nach Auffassung der EU-Kommission gilt (→ § 32 Rz 90, das dortige Zitat):
- Bei inhaltlichem Widerspruch des neuen Standards gegenüber dem gülti-
  gen (*endorsten*) darf nur die vorherige Version angewandt werden.
- Ist der abgelehnte (neue) Standard mit den *endorsten* kohärent und steht im
  Einklang mit IAS 8.10 (→ § 1 Rz 77), kann sich das Unternehmen am
  neuen Standard zur Lösungsfindung orientieren.

Der Lösungsvorschlag (der EU-Kommission) mag widersprüchlich wirken,
doch ist dies der erwähnten pragmatischen Vorgehensweise geschuldet und aus
Sicht der Rechtsanwender hinnehmbar.
Wegen weiterer Besonderheiten bei der **Zwischenberichterstattung** wird auf
→ § 37 Rz 11 verwiesen.

3.2 IFRS-Bilanzierungspflicht kapitalmarktorientierter Konzerne

6   Die **pflichtmäßige** Erstellung eines Konzernabschlusses nach Maßgabe der
IAS-VO in Form des BilReG (Rz 1) gilt für kapitalmarktorientierte Unternehmen seit dem Geschäftsjahr 2005. Unter kapitalmarktorientierten Unternehmen
ist nach § 315a HGB i.V.m. § 264d HGB ein Mutterunternehmen zu verstehen,
das am jeweiligen Bilanzstichtag einen **organisierten Markt** i.S.d. § 2 Abs. 1
Satz 1 WpHG in Anspruch nimmt oder bis zum jeweiligen Bilanzstichtag die
Zulassung eines Wertpapiers zum Handel an einem organisierten Markt **beantragt** hat.[9] Zur Entwicklung der Rechtslage wird auf die 10. Auflage des Haufe
IFRS-Kommentars verwiesen.

---

[7]   Vgl. hierzu Buchheim/Gröner/Kühne, BB 2004, S. 1783.
[8]   Buchheim/Knorr/Schmidt, KoR 2008, S. 376.
[9]   § 293 Abs. 5 HGB stellt nur auf den deutschen organisierten Markt ab. Heuser/Theile, GmbHR
       2005, S. 1539, sehen darin einen Verstoß gegen Art. 6 Abs. 4 der 7. EG-Richtlinie, der auf einen
       Markt in einem Mitgliedstaat abhebt.

Nicht in die IFRS-Bilanzierungspflicht einbezogen worden sind solche Konzernmuttergesellschaften, deren eine oder mehrere **Tochtergesellschaften** ihrerseits am Kapitalmarkt notiert sind. Folgende Konstellation ist daher denkbar:

Praxis-Beispiel
Die Finanzanstalt X (Anstalt des öffentlichen Rechts) hält alle Anteile an den Sparkassen des Landes Y. Einige dieser Sparkassen nehmen den Kapitalmarkt über Anleihen in Anspruch und haben daher nach § 153 Abs. 1 HGB i.V.m. Art. 57 EGHGB ihren (Teil-)Konzernabschluss nach IFRS aufzustellen.
Die Finanzanstalt unterliegt nicht dieser Pflicht. Unter dem Einfluss der kleineren „Mitgliedssparkassen" will sie auch freiwillig keinen IFRS-Konzernabschluss aufstellen.
Der HGB-Konzernabschluss der X hat keine befreiende Wirkung für den IFRS-Teilkonzernabschluss der größeren Sparkassen, die den Kapitalmarkt in Anspruch nehmen. Diese müssen daher einen IFRS-Teilkonzernabschluss erstellen.

Auch eine (mittelständische) **GmbH** ist kapitalmarktorientiert, wenn sie Schuldtitel emittiert hat. Sie kann dann keine Befreiung von der Aufstellungspflicht eines IFRS-Konzernabschlusses in Anspruch nehmen. Das gilt auch, wenn sie als Mutterunternehmen ihrerseits als Tochtergesellschaft in einen Konzernabschluss der Obergesellschaft einbezogen wird.[10]
Wegen der **Arbeitsteilung** zwischen IFRS und HGB im Bereich der Konzernrechnungslegung vgl. → § 32 Rz 5.

3.3 Freiwilliger IFRS-Konzernabschluss nicht kapitalmarktorientierter Gesellschaften

Andere als die unter Rz 6 genannten Muttergesellschaften – sog. nicht kapital-   7
marktorientierte – **können** (optional) einen befreienden, d.h. an die Stelle des handelsrechtlichen Konzernabschlusses tretenden, IFRS-**Konzern**abschluss erstellen (§ 315a HGB). Dabei sind alle *„endorsten"* Standards (Rz 5) anzuwenden. Damit entspricht der Regelungsgehalt des BilReG dem von der IAS-VO der EU eingeräumten Mitgliedstaatenwahlrecht (Rz 5).

3.4 Einzelabschluss

Art. 5 der IAS-VO (Rz 5) ermächtigt die Mitgliedstaaten zu einer Freigabe bzw.   8
Vorgabe (Option oder Pflicht) der IFRS für den Einzelabschluss. Das BilReG gibt dieses Mitgliedstaaten**wahlrecht nicht** an deutsche Unternehmen weiter. Diese müssen unverändert einen Jahresabschluss nach HGB erstellen und dem Bundesanzeiger einreichen. Wenn ein auf freiwilliger Basis nach § 325 Abs. 2a HGB erstellter IFRS-Einzelabschluss zusätzlich zur Offenlegung eingereicht wird, entfällt die Veröffentlichung des HGB-Abschlusses im Bundesanzeiger. Die Nichtgewährung des Befreiungseffekts eines IFRS-Einzelabschlusses wird von der Gesetzesbegründung in **zwei Argumentationslinien** dargelegt:

---

[10] HEUSER/THEILE, GmbHR 2005, S. 1539.

- Der HGB-Jahresabschluss diene der Feststellung des **ausschüttungsfähigen Gewinns**; als Ausschüttungsbemessungsgrundlage sei ein IFRS-Abschluss wegen des dort u. U. erfolgten Ausweises nicht realisierter Gewinne nicht geeignet.
- Der **Maßgeblichkeitsgrundsatz** für die steuerliche Gewinnermittlung nach § 5 Abs. 1 Satz 1 EStG könne nicht auf der Grundlage eines IFRS-Einzelabschlusses Geltung bekommen, weil
  - die vorverlagerte Erfassung von Gewinnen dem Leistungsfähigkeitsgrundsatz widerspreche,
  - der nationale Steuergesetzgeber sich indirekt seiner Kompetenzen entledige,
  - verstetigte Steuerlasten und -aufkommen zu sichern seien.

Hiergegen lässt sich vortragen:[11]

- Die **Ausschüttungsbemessung** kann durch andere Instrumentarien an den effektiv realisierten Gewinnen ausgerichtet werden. Beispiel: Einrichtung einer **Ausschüttungssperre** durch Zwangsbildung von Rücklagen analog § 268 HGB. Alternativ könnte das maximale Ausschüttungsvolumen nicht mehr durch den buchmäßigen Nettovermögensbestand, sondern vorrangig durch die Nichtgefährdung der **Solvenz** definiert werden. Derartige Regelungen haben sich in anderen Rechtssystemen, etwa in Neuseeland (*Companies Act* 1993 *section* 4), seit Längerem bewährt.[12]
- Das Steuerrecht kennt heute schon in Teilbereichen die Erfassung **vorverlagerter** Gewinne, etwa durch das Ansatzverbot für Drohverlustrückstellungen gem. § 5 Abs. 4a EStG.
- Die Verstetigung des **Steueraufkommens** wird durch die nach IFRS gebotene Teilgewinnrealisierung im Bereich langfristiger Auftragsfertigung eher gewährleistet als die nach HGB/EStG verlangte Vorgehensweise (→ § 25 Rz 143).
- Die **steuerliche Gewinnermittlung** hat sich bereits in weiten Bereichen von den handelsrechtlichen Vorgaben gelöst. Der konsequente Schritt läge in der rechtlichen Verselbstständigung der steuerlichen Gewinnermittlung, z.B. auch durch eine modifizierte Einnahmen-Ausgaben-Rechnung. Allerdings erscheinen die IFRS nicht gänzlich ungeeignet als Ausgangspunkt zur Ableitung einer Steuerbilanz.
- Der letztgenannte Gesichtspunkt hebelt auch das Argument der **fehlenden Gesetzgebungskompetenz** aus.

9   Die Zweigleisigkeit von handelsrechtlichem Einzelabschluss und IFRS-Konzernabschluss kann Irritationen bei den Bilanzadressaten auslösen:

Praxis-Beispiel

Der XYZ-Konzern besteht aus der großen Muttergesellschaft X und den kleinen Tochtergesellschaften Y und Z. Die Tochtergesellschaften tragen gemeinsam nur zu weniger als 10 % zum Konzernergebnis bei. Der handelsrechtliche Einzelabschluss der X weist dennoch ein gravierend anderes Ergebnis aus als der IFRS-Konzernabschluss. Ursächlich sind u. a. unrealisierte Gewinne aus Wertpapieren, die nur im Konzernabschluss als Erfolg berücksichtigt werden, außerdem geringere, da lineare Abschreibungen im Konzern,

---

11   Hoffmann/Lüdenbach, GmbHR 2004, S. 145 f.
12   Einzelheiten hierzu bei Pellens/Jödicke/Richard, DB 2005, S. 1393.

> schließlich noch Umrechnungsgewinne bei Fremdwährungsforderungen, deren Ausweis das handelsrechtliche Imparitätsprinzip verbietet. Bei den Bilanzadressaten sorgen die großen Abweichungen zwischen Einzel- und Konzernabschluss für Irritation.

Einen Ausweg aus diesem Dilemma bietet der durch BilReG eingeführte und durch das Gesetz über elektronische Handelsregister und Genossenschaftsregister sowie das Unternehmensregister (EHUG) geänderte § 325 Abs. 2a HGB. Im Beispiel ist die X zwar weiterhin verpflichtet, einen handelsrechtlichen Einzelabschluss zu erstellen und beim elektronischen Bundesanzeiger einzureichen. Sie kann jedoch von einer Bekanntmachung im elektronischen Bundesanzeiger absehen, wenn sie dort stattdessen den **IFRS-Einzelabschluss bekannt macht** (§ 325 Abs. 2a HGB).

3.5 Ergänzende handelsrechtliche Vorgaben

3.5.1 Überblick

Sowohl die pflichtgemäße (Rz 6) als auch die befreiende optionale (Rz 7) Erstellung eines Konzernabschlusses nach den Vorschriften der IFRS wird von zusätzlichen rein **handelsrechtlichen** Vorschriften flankiert, die von den betreffenden Mutterunternehmen zu beachten sind. Insbesondere geht es um   **10**
- Anhangangaben,
- den Konzernlagebericht gem. § 315 HGB, der als Pflichtbestandteil im IFRS-Regelwerk nicht vorgesehen ist (Rz 12).
- die Erstellung des Konzernabschlusses in EUR unter Verwendung der deutschen Sprache (§ 244 HGB i.V.m. § 298 Abs. 1 HGB), während das IFRS-Regelwerk „währungsoffen" und „sprachneutral" ist.

3.5.2 Anhangangaben

Anhang (§ 285 HGB) und Konzernanhang (§ 314 HGB) sind bzgl. Finanzinstrumenten sowie Personalkosten, Arbeitnehmerzahl, Organbezügen (Rz 14) und Abschlussprüferhonorierung um einige zusätzliche Angaben gem. „BilReG" „angereichert" worden. Im Einzelnen wird verwiesen auf → § 5 Rz 75.   **11**

3.5.3 Lagebericht

Nach § 315a Abs. 1 HGB ist der verpflichtende IFRS-Konzernabschluss **kapitalmarktorientierter** Unternehmen um einen Konzernlagebericht nach § 315 HGB zu erweitern. Für **andere** Unternehmen gilt gem. § 315a Abs. 3 Satz 2 HGB: Der freiwillige IFRS-Konzernabschluss befreit nur dann von der Aufstellung eines HGB-Konzernabschlusses, wenn auch er um einen Konzernlagebericht nach § 315 HGB erweitert wird.   **12**
Wegen inhaltlicher Anforderungen an den Konzernlagebericht wird auf die Kommentierungen des HGB verwiesen.[13]

---

[13] HOFFMANN/LÜDENBACH, NWB Kommentar Bilanzierung, 6. Aufl., 2015, § 315 HGB; BERTRAM/BRINKMANN/KESSLER/MÜLLER, Haufe HGB Bilanz Kommentar, 7. Aufl. 2016, § 315 HGB.

13   Zwischen dem **IFRS-Anhang** und dem **Konzernlagebericht** können sich insbesondere bei Risiko- und Risikomanagementangaben zu Finanzinstrumenten
im Verhältnis von § 315 Abs. 2 Nrn. 2a und 2b HGB zu IFRS 7 **Überlappungen**
ergeben. Die drohende Redundanz lässt sich nicht durch einen Verweis des
Konzernlageberichts auf den Anhang vermeiden, da nach DRS 20.13 der Konzernlagebericht ohne Rückgriff auf den Konzernabschluss verständlich sein
muss. Durch IFRS 7.B6 ist jedoch umgekehrt ein Verweis vom Anhang auf den
Lagebericht erlaubt.

3.5.4   Organbezüge

14   Die nachstehende Tabelle[14] liefert einen Überblick über die nach HGB einerseits
und IFRS andererseits gebotenen Angaben bzgl. der Organbezüge.

HGB		IFRS-Anhang
§ 314 Abs. 1 Nr. 6a S. 1–4 HGB	Gesamtbezüge Vorstand und Aufsichtsrat getrennt	keine Pflicht zur Aufteilung nach Vorstand und Aufsichtsrat
§ 314 Abs. 1 Nr. 6a S. 4 HGB	Zahl und Zeitwert aktienbasierter Vergütungen (zusätzlich zur Einbeziehung in Gesamtbezüge)	nur Angabe der Bezüge nach IAS 24.17
§ 314 Abs. 1 Nr. 6b HGB	Bezüge früherer Organe	nicht anzugeben
§ 314 Abs. 1 Nr. 6c HGB	Vorschüsse, Kredite Haftungsverhältnisse	Angabe nach IAS 24.18
(§ 314 Abs. 1 Nr. 13 HGB)	(marktunübliche Transaktionen mit Organen)	jede Art von Transaktion mit Organen nach IAS 24.18 anzugeben

Konzernlagebericht*

§ 315 Abs. 2 Nr. 4 HGB	Grundzüge des Systems der Gesamtbezüge	nicht anzugeben

Wahlweise Konzernanhang oder Konzernlagebericht*

§ 314 Abs. 1 Nr. 6a S. 5–8 HGB	individualisierte Angaben zu Vorständen mit Unterscheidung nach erfolgsunabhängig, erfolgsabhängig, langfristiger Anreizwirkung	keine Individualisierung; IAS 24.17 verlangt aber i. S. v. IAS 19 Unterscheidung nach kurzfristigen Leist., Leist. nach Beendigung des Arbeitsverhältnisses, sonstigen langfristigen Leist., Leist. anlässlich Beendigung Arbeitsverhältnis, anteilsbasierten Vergütungen

---

[14] Nach LÜDENBACH/FREIBERG, BB 2013, S. 2539; dort auch die Inhalte der nachfolgenden Darstellung.

HGB	IFRS-Anhang
a) Zusagen für den Fall vorzeitiger Beendigung der Vorstandstätigkeit	nicht anzugeben
b) Zusagen für den Fall regulärer Beendigung der Vorstandstätigkeit mit (1) Barwert und (2) Aufwand oder Rückstellungszuführung	Angabe der Rückstellung nach IAS 24.18
c) Leistungen für im Geschäftsjahr ausgeschiedene Vorstände	nicht gesondert anzugeben

*) nur für börsennotierte Aktiengesellschaften

Tab. 1: Angabepflichten bzgl. der Organbezüge

Zwischen den wechselseitigen Angabepflichten besteht eine bedeutende Schnitt-   15
menge. Das fördert die Tendenz zu einer **einheitlichen**, d. h. zusammengefassten
Berichterstattung über Organbezüge an einem einzigen Ort, die alle Angabepflichten im konkreten Fall enthält. Dabei besteht schon „innerhalb" des HGB
eine **Vereinheitlichungssperre** bei börsennotierten Aktiengesellschaften trotz der
nach § 315 Abs. 2 Nr. 4 HGB zulässigen Zusammenfassung der Lageberichtsan-
gaben mit den Anhangangaben nach § 314 Abs. 1 Nr. 6a Sätze 5–8 HGB im
Konzernlagebericht. Diese Zusammenfassung wird nämlich nach DRS 17.14 bzgl.
der Angabepflichten der Gesamtbezüge der Organe unterbrochen. Unter Einbeziehung der IFRS-Vorgaben taucht zur Zusammenfassung ein weiteres Problem
auf: Der Lagebericht stellt keinen Bestandteil des Jahresabschlusses nach IAS 1.12
dar. Durch ihn können die IFRS-Angabepflichten deshalb nicht erfüllt werden.
Hinzu kommen die Berichtspflichten zu nahestehenden Personen nach IAS 24, die
ebenfalls im IFRS-Anhang erscheinen müssen. Umgekehrt können die Bericht-
erstattungspflichten für den Lagebericht nicht durch Verweis auf den Anhang
erfüllt werden, da der Konzernlagebericht nach DRS 20.13 aus sich heraus verständlich sein muss.

Die Berichterstattungssubjekte nach HGB – Vorstand und Aufsichtsrat – sind auch   16
Mitglieder des Managements in Schlüsselpositionen und damit nahestehende Personen nach IAS 24 (→ § 30 Rz 36). Allerdings ist nach IAS 24 der Begriffsinhalt
des Managements in Schlüsselpositionen nicht auf Organmitglieder beschränkt.

Vorstands- und Aufsichtsratsbezüge stellen nach § 314 Abs. 1 Nr. 6 HGB   17
Organbezüge mit entsprechender Angabepflicht dar. Nach IAS 24 ist die Lage
hinsichtlich Aufsichtsräten komplizierter (→ § 30 Rz 36).

Nach § 314 Abs. 1 Nr. 6a HGB sind für die Organmitglieder diejenigen Bezüge
anzugeben, die „für die Wahrnehmung ihrer Aufgaben" gewährt werden. Nach
IFRS ist zwar die *„key management personell compensation"* nach IAS 24.17 auf die
Organtätigkeit beschränkt (→ § 30 Rz 37), allerdings fordert IAS 24.18 eine weitergehende Angabe generell über **Geschäftsvorfälle** mit nahestehenden Personen.

18   Auf der **Zeitschiene** verlangt DRS 17.A18 eine Berichterstattung nach Maßgabe
      der definitiven Vermögensmehrung. Bei längerfristigen, periodenübergreifenden
      Tätigkeiten wird damit eine zeitanteilige Verteilung der Bezüge ausgeschlossen
      (DRS 17.29; → § 30 Rz 35).

3.5.5 Management commentary

19   Der IASB hat im Dezember 2010 ein *Practice Statement "Management Com-
      mentary, A Framework for Presentation"* (PS) herausgegeben, das Leitlinien für
      einen IFRS-kompatiblen Lagebericht enthält. Das Statement ist kein IFRS, seine
      Anwendung somit **freiwillig** (PS.IN2 und PS. 4). Die Nichtanwendung hat
      demzufolge keine Auswirkungen auf die Übereinstimmung *(compliance)* des
      Abschlusses mit den IFRS (→ § 2 Rz 7). Der *management commentary* **ergänzt**
      den Abschluss *(Financial Statements)*, ist aber nicht dessen Bestandteil (PS. 10).
      Der *management commentary* soll den zugehörigen IFRS-Abschluss mindestens
      bezeichnen, besser aber mit ihm **zusammen** offengelegt werden. Dabei ist eine
      deutliche **Abgrenzung** beider Berichtselemente zu beachten. Andererseits muss
      die Berichterstattung im *management commentary* **konsistent** mit dem Inhalt
      des IFRS-Abschlusses sein. Eine **Doppelinformation** über bestimmte Sachver-
      halte ist zu vermeiden, ebenso die Ausbreitung von **nichtssagenden** Floskeln
      (generic disclosures; Rz 26).
      Wenn ein *management commentary* aufgestellt wird, soll das Unternehmen
      allerdings erklären, in welchem Umfang dieser dem *Practice Statement* entspricht
      (PS. 10). U. E. gilt dies zumindest auch dann, wenn in englischer Sprache mit dem
      Jahresabschluss ein Konzernlagebericht nach § 315a HGB i. V. m. § 315 HGB
      präsentiert und dieser als *„management commentary"* bezeichnet wird.

20   In PS. 12 werden die **Grundregeln** des *management commentary* formuliert.[15]
      • Analyse des Geschäftsergebnisses, der Unternehmenslage und -entwicklung
        aus Sicht des Managements (*„through management's eyes"*);
      • Ergänzung und Erweiterung der im IFRS-Abschluss präsentierten Informa-
        tionen (PS. 1).
      Die **Ergänzungs**funktion verlangt eine Darstellung von finanziellen und nicht
      finanziellen Einflussfaktoren auf das Unternehmensgeschehen, die sich nicht im
      IFRS-Abschluss niedergeschlagen haben. Dazu sollen die entsprechenden In-
      halte am IFRS-**Rahmenkonzept** (→ § 1 Rz 51 ff.) ausgerichtet sein (PS. 13) und
      speziell eine **Zukunfts**orientierung aufweisen. Dazu hat das Management seine
      Sicht zur Unternehmens**entwicklung** darzulegen und die gesetzten **Ziele** und die
      Strategien zu deren Erreichung kundzutun. Bzgl. des Inhalts dieser Angaben
      legt sich das *Practice Statement* nicht fest; erlaubt sind sowohl verbale (qualitati-
      ve) Erläuterungen als auch die Wiedergabe von Planzahlen sowie die diesen
      zugrunde liegenden Annahmen (PS. 18) ohne bestimmten **Zeithorizont**. Im
      management commentary des Folgejahres soll eine **Abweichungsanalyse** bzgl.
      des Nichteintretens der prognostizierten Entwicklung wiedergegeben werden.

21   Das *Practice Statement* (PS) gibt dem Anwender weiterführende Hinweise zur
      inhaltlichen Gestaltung des *management commentary*, zunächst zum wirtschaft-

---

[15] Vgl. hierzu UNREIN, PiR 2011, S. 66; GROTTKE/HÖSCHERLE, PiR 2011, S. 129; JETZEL/KIRSCH, IRZ
      2011, S. 289; KAJÜTER, IRZ 2011, S. 221.

lichen **Umfeld** des Unternehmens/Konzerns (PS. 26). Als Beispiele – d. h. nicht
zwingend abzuarbeiten – werden angeführt:

- Branchen, Segmente, wichtigste Märkte,
- Wettbewerbsposition in diesen Märkten,
- rechtliches, gesamtwirtschaftliches und regulatorisches Umfeld,
- Produkte, Dienstleistungen, Vertriebsweg,
- interne Organisation.

In PS. 27 werden beispielhaft Kennzahlen zur quantitativen Bestimmung der   **22**
Unternehmensziele und deren Erreichung vorgestellt, u. a.

- Verschuldungsgrad/Eigenkapitalquote,
- Mindestliquidität,
- Profitabilität durch Erreichen eines EBIT/ROCE/EVA/CBA-Zieles,
- Kundenorientierung durch „Zufriedenheitsrate" u. Ä.,
- Mitarbeiterbindung durch Fluktuationsrate,
- Forschung und Entwicklung durch neue Produkte, Patentanmeldungen, For-
  schungsquote, bezogen auf den Umsatz.

Als weiterer Berichtsinhalt erscheinen in PS. 29 die wichtigsten Ressourcen und   **23**
Risiken, die für die langfristige Wertentwicklung wichtig sind, z. B.

- Kapitalstruktur,
- *cash flow*,
- Humankapital,
- andere immaterielle Ressourcen,
- Risikomanagementsystem,
- mögliche Chancen (PS. 30, 31).

Weiterhin soll die **Geschäftsentwicklung** (PS. 34) im Vergleich zum Vorjahr unter   **24**
Analyse der wichtigsten Einflussfaktoren auf die Vermögens-, Finanz- und Ertragslage dargestellt werden. PS. 35 verspricht sich dadurch Anhaltspunkte des Abschlussadressaten zu **künftigen** Geschäftsaussichten. Dabei sind auch die Unsicherheiten über die vom Management getroffenen Annahmen offenzulegen (PS. 36).

Leistungsmaßstäbe als quantitative Größen zur Darstellung von Erfolgsfaktoren   **25**
und **Indikatoren** zur verbalen Erläuterung sollen Anhaltspunkte zur Beurteilung
der Unternehmensleistung liefern. Das Ziel liegt in der Befähigung des Abschlussadressaten, die Erreichung der unternehmerischen Zielsetzungen zu beurteilen
(PS. 37). Dabei soll das Management auch die **Eignung** der verwendeten Leistungsmaßstäbe und Indikatoren im Unternehmensumfeld darlegen (PS. 38). Einschlägige Änderungen im Zeitverlauf sind offenzulegen (PS. 39).

Von allgemeinem Interesse ist dann, ob ein § 315 HGB und DRS 20 entsprechen-   **26**
der Konzernlagebericht den Anforderungen des *Practice Statement* genügt.[16]
Eine Lageberichterstattung, die sowohl die Anforderungen des § 315 HGB als
auch des *Practice Statement* erfüllt, hielt der DRSC früher für möglich. In der
Endfassung des DRS 20 zur Konzernlageberichterstattung ist diese Annahme
nicht mehr enthalten.

Mit dem **speziellen** Verweis auf **Managementziele und Strategien** sind PS. 27 und
PS. 28 angesprochen. Hiernach soll das Management seine Ziele und Strategien so
darstellen, dass Prioritätensetzungen und zu deren Umsetzung erforderliche Ressourcen sowie der sachliche und zeitliche Inhalt von Erfolgsmaßstäben erkennbar

---

16 DRSC, Newsletter v. 8.12.2010.

werden. Eine Ergänzung der handelsrechtlich geforderten Lageberichtsinhalte um solche Elemente ist regelmäßig nicht schwer zu bewerkstelligen.

Als Begründung für die ursprünglich vom DRSC angenommene **allgemeine Übereinstimmung** könnte dienen: Wer die detail- und umfangreicheren und deshalb scheinbar schärferen bzw. fortgeschritteneren Vorgaben von DRS 20 beachtet, wahrt zugleich die abstrakteren und deshalb offenbar laxeren bzw. rückständigeren Vorgaben des *Practice Statement*. Oder einfacher: Wer das Große, nämlich die DRS, beachtet, tut sogar noch mehr als vom Kleinen, nämlich dem *Practice Statement,* gefordert.

Bei zweiter Betrachtung liegt aber gerade in dem „Mehr" das Problem. Das *Practice Statement* ist **prinzipienorientiert,** beschränkt sich auf Leitlinien der Berichterstattung, die DRS sind eher **regelbasiert,** enthalten eine Fülle von Einzelangaben. Bisher wurden die Vorgaben in den Vorgängerversionen DRS 5 und DRS 15 i. S. e. Checkliste verstanden, nach der etwa auch noch ein mit gesetzlich feststehenden Abnahmepreisen tätiger Windkraftanlagenbetreiber, dessen einzige relevanten und damit berichtswürdigen Risiken das Wetter („Windhöffigkeit") und die technischen Störungen sind, über Konjunkturentwicklung, Weltwirtschaft, Eurokrise usw. schwadroniert. Der prinzipienorientierte Ansatz des *Practice Statement* verbietet gerade ein solches Vorgehen, damit im Wust des Irrelevanten nicht das eigentlich Wichtige verloren geht (oder versteckt wird): *„Management should also avoid generic disclosures that do not relate to the practices and circumstances of the entity and immaterial disclosures that make the more important information difficult to find"* (PS. 23(c)).

An einem anderen Beispiel folgt hieraus: Wer als Bank in der Hypothekenkrise seinen Lagebericht mit Inhalten der folgenden Art füllt – „Personalrisiko: Zum Management der Personalrisiken gehört nicht nur die Notwendigkeit einer angemessenen Personalausstattung zur Umsetzung der betrieblichen und strategischen Erfordernisse, sondern auch die Aufrechterhaltung der erforderlichen Kenntnisse und Erfahrungen der Mitarbeiter, die sie zur Erfüllung ihrer Aufgaben und Verantwortlichkeiten benötigen" – um zwischen Nichtssagendem dieser Art ein paar wenige Worte über die Liquiditätszusagen für irische Zweckgesellschaften unterzubringen,[17] die das Unternehmen wenige Wochen später an den Rand des Ruins treiben, mag die Anforderungen an den handelsrechtlichen Lagebericht – jedenfalls nach bisherigem Verständnis – erfüllen, würde aber jedenfalls die Vorgaben des *Practice Statement* verletzen.

Durch den ab Geschäftsjahr 2013 anzuwendenden DRS 20 hätte sich ein deutliches Umdenken ergeben müssen. Nach DRS 20.32 muss sich die Berichterstattung auf das Wesentliche konzentrieren. In IAS 20.34 wird eine Informationsabstufung verlangt, aber gleich wieder in IAS 20.35 relativiert, wenn ein gänzlicher Verzicht auf einzelne Berichtspunkte des Standards als unzulässig erklärt wird. Letztlich wirkt der DRS 20 weiterhin zu *rule based*.[18]

Zukunftsgerichtet kann sich hieran eine zarte Hoffnung knüpfen: Wenn zunächst die Global Player und später andere Unternehmen auf Übereinstimmung mit dem *Practice Statement* zielen, mag dies zu einer anderen, viel stärker als

---

[17] Im Detail HOFFMANN/LÜDENBACH, DB 2007, S. 2213 ff.
[18] Eher etwas positiver in der Tendenz BOECKER/FROSCHHAMMER, IRZ 2013, S. 322.

bisher durch Wesentlichkeitsüberlegungen geprägten Auslegung und Anwendung von DRS 20 führen.[19]

3.5.6 Publizität

Bei Einbeziehung des **Einzel**abschlusses einer nach HGB zur Rechnungslegungspublizität verpflichteten Gesellschaft in den IFRS-Konzernabschluss des Mutterunternehmens kann unter weiteren Voraussetzungen (u. a. Einstehen des Mutterunternehmens für Verpflichtungen des Tochterunternehmens) nach § 264 Abs. 3 HGB die **Veröffentlichungspflicht** für den Einzelabschluss entfallen.   27

3.5.7 Bilanzeid

3.5.7.1 Sachlicher Anwendungsbereich

Die gesetzlichen Vertreter einer Kapitalgesellschaft haben gem. § 264 Abs. 2 Satz 3 HGB schriftlich zu versichern (sog. Bilanzeid), dass   28
- der **Jahresabschluss** nach bestem Wissen ein den tatsächlichen Verhältnissen entsprechendes Bild vermittelt (§ 264 Abs. 2 Satz 1 HGB) oder der Anhang die Angaben nach § 264 Abs. 2 Satz 2 HGB enthält und
- im **Lagebericht** nach bestem Wissen der Geschäftsverlauf einschließlich des Geschäftsergebnisses und die Lage der Kapitalgesellschaft so dargestellt ist, dass ein den tatsächlichen Verhältnissen entsprechendes Bild vermittelt wird und dass die wesentlichen Chancen und Risiken beschrieben sind.

Für den **Konzernabschluss und Konzernlagebericht** gilt Entsprechendes (§ 297 Abs. 2 Satz 4 HGB und § 315 Abs. 1 Satz 6 HGB).

3.5.7.2 Persönlicher Anwendungsbereich

Ein Bilanzeid ist zu leisten, von   29
- Kapital- oder KapCo-Gesellschaften,
- die einen organisierten Markt
- als Inlandsemittent i.S.d. § 2 Abs. 7 WpHG (Deutschland als Herkunftsstaat oder europäischer Herkunftsstaat, aber Zulassung zum organisierten Markt nur im Inland)

in Anspruch nehmen.

3.5.7.3 Form und Inhalt der Versicherung

Die als „Versicherung der gesetzlichen Vertreter" zu kennzeichnende Erklärung kann in Anlehnung an DRS 20.K235 wie folgt lauten: 30

Praxis-Beispiel

„Wir versichern nach bestem Gewissen [STATT BISHER: Nach bestem Wissen versichern wir], dass gem. den anzuwendenden Rechnungslegungsgrundsätzen der Konzern-/Jahresabschluss ein den tatsächlichen Verhältnissen entsprechendes Bild der Vermögens-, Finanz- und Ertragslage des Konzerns vermittelt und im (Konzern-)Lagebericht der Geschäftsverlauf einschließlich des Geschäftsergebnisses und die Lage der Gesellschaft (des Konzerns) so dargestellt sind, dass ein den tatsächlichen Verhältnissen entsprechendes Bild vermittelt wird

---

[19] In der Tendenz ähnlich GROTTKE/HÖSCHELE, PiR 2010, S. 149 ff.

> *sowie die wesentlichen Chancen und Risiken der voraussichtlichen Entwick-*
> *lung des Konzerns im verbleibenden Geschäftsjahr beschrieben sind."*

Die Versicherung bezieht sich auf die **Einheit** von **(Konzern-)Jahresabschluss**
und **Lagebericht** und ist daher nur einmal, nicht separat in zwei Teilen abzugeben. Sie muss in schriftlicher Form, daher nach § 126 Abs. 1 BGB mit eigenhän-
diger Unterschrift versehen, erbracht werden. Bei Platzierung im Jahresabschluss
ist die Unterschrift unter den Jahresabschluss zugleich als Unterschrift unter den
Bilanzeid anzusehen.
Der Bilanzeid ist von **allen Mitgliedern** des Vorstands oder sonstigen Geschäfts-
führungsorgans zu leisten, unabhängig von der internen Geschäftsverteilung.

4 Prüfung und Bestätigungsvermerk

31   Die erforderliche Abschlussprüfung ist grundsätzlich nach den **deutschen Prü-
      fungsgrundsätzen** (§§ 316 bis 324 HGB) durchzuführen.[20] Für kapitalmarkt-
      orientierte Unternehmen ist aber § 317 Abs. 3a HGB zu beachten, wonach für
      die Abschlussprüfung die Vorschriften des HGB nur insoweit anzuwenden sind,
      als nicht die EU-Verordnung Nr. 537/2014 des Europäischen Parlaments und des
      Rates vom 16. April 2014 über spezifische Anforderungen an die Abschluss-
      prüfung bei Unternehmen von öffentlichem Interesse anzuwenden ist. Art. 10
      der EU-VO macht enumerativ Vorgaben zum Inhalt des Bestätigungsvermerks.
      Besonders beachtlich ist die in Art. 10 Abs. 2c der EU-VO geforderte Darlegung
      „zur Untermauerung des Prüfungsurteils". Diese Darstellung verlangt eine
      individuelle, also prüfungsobjektbezogene Interpretation des Abschlussprüfers
      zu seiner Tätigkeit. Er muss die wesentlichen Prüfungsgebiete unter Berück-
      sichtigung des Geschäftsmodells des Unternehmens in der Auswirkung auf die
      Prüfungstätigkeit darstellen. Das kann nicht durch Standardformulierungen
      (Formeltestat) erfolgen, sondern bedarf einer spezifizierten Textierung.

5 Übergang vom HGB auf die IFRS-Rechnungslegung

32   Hierzu wird verwiesen auf → § 6.

6 Rückkehr von den IFRS zum HGB

6.1 Gestaltungsüberlegungen

33   Die **Option** zur Anwendung der IFRS-Rechnungslegungsregeln insbesondere für
      nicht kapitalmarktorientierte Konzerne (Rz 7) beflügelt wie jedes andere gesetz-
      liche Wahlrecht das Denkvermögen von Rechtsgestaltern, hier im Bereich der
      Bilanzpolitik. Vergleichbar den Gestaltungsstrategien im Rahmen der Unter-
      nehmensbesteuerung muss immer auch das Thema der *„option-out"* mit in die
      Planungsüberlegungen einbezogen werden. Ob der Wechsel zur IFRS-Rech-
      nungslegung (insbesondere im Konzern) sinnvoll ist oder nicht, mag sich erst im
      Laufe von einigen Jahren herausstellen. Auch für den Einzelabschluss (Rz 8) kann

---

[20]   IDW, PS 201, Tz. 20.

sich im Hinblick auf Publizitätswirkungen ein Übergang auf die IFRS-Rechnungslegung als sinnvolle bilanzpolitische Gestaltung präsentieren. Ob aber das Glück von Dauer ist, weiß man vielleicht erst in drei Jahren.

> **Praxis-Beispiel[21]**
> - Ein **nicht kapitalmarktorientierter Konzern** verspricht sich derzeit Vorteile beim Rating, bei der besseren Vermarktung seiner Rechnungslegung etc. Ob sich diese Erwartungen erfüllen, wird von der Konzernleitung mit einer gewissen Skepsis beurteilt.
> - Ein **kapitalmarktorientierter Konzern** tendiert zu einem Delisting seiner Aktien von der Börse oder plant den Rückkauf bzw. eine Tilgung seiner börsennotierten Anleihe. Die als unerwünscht angesehene pflichtmäßige (Rz 6) Rechnungslegung nach IFRS kann dann eingestellt werden.
> - Ein **nicht kapitalmarktorientiertes** Unternehmen bzw. ein solcher Konzern ist notorisch bei seinen Bankgesprächen von der niedrigen **Eigenkapitalquote** geplagt. Ein wertvolles Grundstück mit einem älteren Lagergebäude in bester Lage am Elbufer von Hamburg bietet sich als Gestaltungsvehikel zur Hebung von stillen Reserven an. Nach erfolgter *fair-value*-Bewertung (→ § 6 Rz 45) will sich das Unternehmen/der Konzern wieder aus der IFRS-Welt verabschieden.
> - Ein Unternehmen leidet nachhaltig unter der nicht ausreichenden Dotierung des Rückstellungsausweises für **Altersversorgungsverpflichtungen**. Eine angemessene Zuführung würde das laufende Ergebnis unerwünscht belasten. Deshalb soll im Zuge eines Übergangs auf die IFRS-Rechnungslegung die erforderliche Erhöhung der Pensionsrückstellungen erfolgsneutral gestaltet werden (→ § 6 Rz 83).

34

6.2 Regeln für den ungeregelten Bereich

Die IFRS können (und wollen auch) nicht diese Rückkehr aus ihrem eigenen Rechnungslegungsbereich regeln. „Zuständig" ist hierfür das HGB, das indes förmlich diesen Sachverhalt nicht behandelt. Andererseits ist eine Rückkehr in die HGB-Welt nach früherer IFRS-Anwendung nicht verboten. Die also erlaubte, aber ungeregelte Rückkehr muss deshalb in ihrer Rechtsstruktur auf Analogieschlüsse und allgemeine Aspekte der Rechnungslegungsgrundlage gestützt werden.

35

Der Rückgriff auf die Übergangsvorschriften in IFRS 1 für den umgekehrten Weg (→ § 6) liegt sachlich nahe, allerdings scheidet u. E. eine unmittelbare Analogwertung im Hinblick auf die speziellen Zielsetzungen des Übergangsverfahrens (→ § 6 Rz 2 ff.) aus. Aber immerhin können einige Grundgedanken des IFRS 1 zur „Rückkehrmechanik" herangezogen werden:

- **Retrospektion** (→ § 6 Rz 28): Der Erstanwender muss so bilanzieren und bewerten, als ob er schon immer die IFRS-Standards und sonstigen Regelungen in der (aktuellen) gültigen Fassung (anders als nach SIC 8 mit der Vorgabe der Anwendung des bei Verwirklichung des Sachverhalts gültigen Standards) angewendet hätte (IFRS 1.10).

---

21 In Anlehnung an HOFFMANN/LÜDENBACH, BB 2005, S. 96.

- **Erfolgsneutralität** (→ § 6 Rz 23 ff.): Die entstehenden Unterschiede in den Wertansätzen zur bisherigen Bilanzierung sind nicht erfolgswirksam im ersten Berichtsjahr zu behandeln, sondern gegen die Gewinnrücklagen zu buchen (IFRS 1.11).
- **Vorjahresvergleich** (→ § 6 Rz 13): Dem ersten IFRS-Berichtszeitraum sind auch die Vorjahresvergleichszahlen in der GuV nach Maßgabe einer IFRS-Bilanzierung beizufügen (IFRS 1.36).
- **Überleitungsrechnung** (→ § 6 Rz 114 f.): Im Anhang ist das Übergangsverfahren durch eine entsprechende Überleitungsrechnung hinsichtlich ihrer Auswirkung auf das Eigenkapital und die Vorjahres-GuV darzustellen (IFRS 1.38).

36 Danach ergeben sich folgende **Fragestellungen** für den Wechsel zurück von den IFRS nach HGB:

- Soll eine retrospektive Anwendung des HGB erfolgen, also nach Rückkehr so bilanziert werden, als ob nie die HGB-Welt verlassen worden wäre?
- Sollen die dann (erneut) entstehenden Ansatz- und Bewertungsunterschiede erfolgswirksam oder erfolgsneutral behandelt werden (im letzteren Fall unter Gegenbuchung in den Gewinnrücklagen)?
- Muss im ersten HGB-Abschluss auch ein Vorjahresvergleich bei der GuV in vollem Umfang möglich sein?
- Ist das Übergangsverfahren hinsichtlich der Auswirkungen auf das Eigenkapital und die GuV zu erläutern?

Zu diesen Fragen ist nach Grundlagen für Analogieschlüsse zu forschen.

6.3 Wichtigste Problemfelder

6.3.1 Retrospektion

37 Hierzu liefern einschlägige Vorschriften in den Artikeln 24 Abs. 1–4 EGHGB Anhaltspunkte zu Analogieschlüssen. Die dortigen Regelungen für den **damaligen** Übergang vom früheren AktG auf das HGB in der Form des Bilanzrichtliniengesetzes (BiRiLiG) zum 31.12.1986/1.1.1987 besagen zusammengefasst etwa Folgendes:

- Ein von dem bisherigen Recht abweichender Wertansatz auf der **Aktivseite** kann beibehalten werden, wenn er niedriger ist als der jetzt (nach BiRiLiG) vorgeschriebene.
- Der **umgekehrte** Fall – ein bislang gegenüber den BiRiLiG-Werten zu hoher Bilanzansatz – ist förmlich nicht geregelt; gültig sind deshalb die nach dem BiRiLiG vorgeschriebenen Wertansätze.
- Für die **Schulden** gilt: Wenn bislang höhere Werte (als nach BiRiLiG zulässig) bilanziert waren, können diese beibehalten werden.
- Im **umgekehrten** Fall – ein bislang gegenüber den BiRiLiG-Werten zu niedriger Bilanzansatz – ist der jetzt (nach dem BiRiLiG) zutreffende höhere Wert anzusetzen.

Hinter den vorstehenden Regeln verbirgt sich insbesondere das **Niederstwertprinzip**. Dieses kann und muss auch u.E. beim Übergang von IFRS auf HGB als **Leitmotiv** beachtet werden. Darauf folgt zunächst:

- Überhöhte Aktivwerte sind abzuwerten.
- Zu niedrige Aktivwerte können beibehalten werden.
- Zu niedrig bewertete Schulden sind zu erhöhen.
- Zu hoch angesetzte Schulden können beibehalten werden.

6.3.2 Erfolgsneutralität der Anpassung

U. E. sollte der Rückkehrprozess zum HGB die Spuren der zwischendurch **38** durchgeführten IFRS-Rechnungslegung möglichst vollständig beseitigen. Deshalb dürfen auch die erforderlichen Anpassungen nicht das Ergebnis des Übergangsjahres belasten. Die danach gebotene **erfolgsneutrale** Verbuchung der Anpassungserfordernisse im Eigenkapital stellt sich systematisch als punktuelle Durchbrechung der **Bilanzidentität** i.S.d. § 252 Abs. 1 Nr. 1 HGB dar, die wiederum auf die Ausnahmevorschrift in § 252 Abs. 2 HGB gestützt werden kann. Auch für diesen Lösungsvorschlag gibt es Analogvorgaben in Art. 24 Abs. 3 und 4 EGHGB, wonach zwingende oder mögliche Wertanpassungen ebenfalls gegen die Gewinnrücklagen zu buchen waren. Entsprechendes sehen die Art. 66 und 67 EGHGB für den Übergang auf einzelne BilMoG-Vorschriften vor.

Zum Ganzen folgende Beispiele:[22] **39**

Praxis-Beispiel

Sachverhalt 1: Aktivierungen im bisherigen IFRS-Abschluss

U hat im bisherigen IFRS-Abschluss selbst geschaffene immaterielle Anlagegüter aktiviert und nach dem *percentage-of-completion*-Verfahren unfertige Bauleistungen teilgewinnrealisiert. Außerdem hat er punktuell eine stille Reserve im Grundbesitz „gehoben".

Lösung

Diese Aktivierungen sind im ersten HGB-Abschluss zulasten der Gewinnrücklagen bzw. des Gewinnvortrags rückgängig zu machen.

Sachverhalt 2: Keine Rückstellung bei Klageverfahren im bisherigen IFRS-Abschluss

Einer angedrohten Inanspruchnahme aufgrund von Produkthaftpflicht hat das Unternehmen bislang unter den IFRS-Regeln keine überwiegend wahrscheinliche Erfolgsaussicht zugemessen. Die andere Partei hat den Fall gerichtsanhängig gemacht.

Lösung

Nach HGB wird der anhängige Passivprozess als ansatzbegründend angesehen. Die bislang nicht gebuchte Rückstellung ist im HGB-Übergangsjahr zulasten der Gewinnrücklagen einzubuchen.

Sachverhalt 3: Bewertung von Direktzusagen

Die Altersversorgungsverpflichtungen des Unternehmens aufgrund einer Direktzusage sind auf der Grundlage von IAS 19 mit 100 bewertet. Die Anwendung des Teilwertverfahrens nach § 6a EStG führt zu einer Bewertung von 70.

Lösung

Eine Pauschalbetrachtung – Beibehaltung mit 100 oder Neubewertung mit 70 – ist u.E. nicht sachgerecht. Vielmehr ist zu differenzieren: Das HGB sieht in § 253 Abs. 1 Satz 2 HGB nur eine bestimmte Bewertungsmethode für laufende Renten, nicht dagegen für Anwartschaften vor; für Letztere gilt nur die Berück-

---

22 HOFFMANN/LÜDENBACH, BB 2005, S. 96.

sichtigung vernünftiger kaufmännischer Beurteilung. Deshalb ist auch nach HGB für Anwartschaften das dem IAS 19 zugrunde liegende Anwartschafts-barwertverfahren zulässig. Der Abzinsungsfaktor ist nach den augenblicklichen Kapitalmarktverhältnissen zu bestimmen, also keineswegs nach der starren Regel des § 6a EStG. Umgekehrt können aufgrund des Stichtagsprinzips in § 252 Abs. 1 Nr. 3 HGB die nach IAS 19 zu berücksichtigenden Anwart-schaftszuwächse bis zum Beginn der Rente nicht in die Berechnung einfließen.[23] Deshalb muss der Unterschiedsbetrag von 30 „zerlegt" werden. Die auf den Rentenzuwachs entfallende Rückstellung von (angenommen) 10 ist erfolgs-wirksam zugunsten der Gewinnrücklagen aufzulösen. Die übrigen nach IFRS der Pensionsrückstellung zugrunde gelegten Bewertungsparameter können weitergeführt werden (im Beispiel also mit 90).

Sachverhalt 4: *Finance lease* **im bisherigen IFRS-Abschluss**
Ein Leasingvertrag ist bislang nach IAS 17 als *finance lease* behandelt worden. Nach den steuerlichen Regeln, die von der Finanzverwaltung aufgestellt worden sind, ist dagegen ein *operate lease* mit Zurechnung beim Leasinggeber anzunehmen. Wegen des degressiven Verlaufs der Leasingraten ist der Passiv-posten in der IFRS-Bilanz niedriger als der Aktivposten.

Lösung
Das HGB enthält sich – auf der Grundlage der 4. EG-Richtlinie – jeglicher Regelung bzgl. der Leasingbilanzierung. Die Bilanzierungspraxis in Deutsch-land geht für Zwecke der Handelsbilanz von den steuerlichen Vorgaben aus, auch im Interesse einer Vereinheitlichung von Handels- und Steuerbilanz. Diese Vorgehensweise ist aber nicht zwingend nach HGB vorgeschrieben. Deshalb halten wir eine Übernahme der Zurechnungskriterien (für die Be-stimmung des wirtschaftlichen Eigentums) nach den Regeln von IAS 17 im Einzelfall für HGB-konform. Das gilt auch für die Besonderheit im vor-stehenden Sachverhalt einer „umgekehrt" imparitätischen Bewertung nach den IFRS. Der genannte Effekt dreht sich im Zeitverlauf wieder um. Eine rein stichtagsbezogene Betrachtungsweise würde in eine unzulässige kasuistische Differenzierung ausarten.
Umgekehrt scheint auch eine Übernahme der steuerlichen Betrachtungsweise in den ersten HGB-Abschluss als zulässig. Die Buchwertanpassung hat dann zugunsten der Gewinnrücklagen zu erfolgen.

6.3.3   Vorjahresvergleichszahlen

40   U. E. brauchen Vorjahresvergleichszahlen für die GuV auf HGB-Grundlage gem. § 265 Abs. 2 Satz 2 HGB nicht dargestellt zu werden. Grund: Die Vergleich-barkeit im Übergangsjahr fehlt, deshalb muss eine Angabe unter entsprechender

---

[23] Sofern man auch nach HGB eine Berücksichtigung von künftigen Wertänderungen der Pensions-anwartschaften für zulässig erachtet, kann der Wert im Beispiel von 100 auch nach HGB wei-tergeführt werden; diese Berechnungsmethode der Pensionsrückstellungen befürwortet z.B. SCHULZE-OSTERLOH, BB 2004, S. 2567.

Anhangerläuterung entfallen. Auch dieser Lösungsvorschlag findet seine Unterstützung in Art. 67 Abs. 8 Satz 2 EGHGB.

6.3.4 Erläuterungen und Überleitungsrechnungen

U. E. ist eine **quantifizierende** Überleitungsrechnung für das Eigenkapital und die GuV geboten. Diese Auffassung kann sich auf den Rechtsgedanken in § 284 Abs. 2 Nr. 3 HGB bzw. § 313 Abs. 3 HGB stützen, nämlich die erforderliche Erläuterung **geänderter** Bilanzierungs-, Bewertungs- und Konsolidierungsmethoden in ihrem Einfluss auf die wirtschaftliche Situation des Unternehmens bzw. Konzerns. Als weiterer Beleg für diese Auffassung lässt sich § 297 Abs. 1 HGB bzgl. des Eigenkapitalspiegels als Pflichtbestand eines Konzernabschlusses heranziehen.

41

6.4 Ergebnis

Der Weg hinein in die IFRS-Rechnungslegungswelt stellt sich nicht als Einbahnstraße dar. Eine Rückkehr ist ohne Weiteres nicht nur zulässig, sondern kann auch in einem geordneten rechtlichen Rahmen abgewickelt werden.

42

BEWERTUNGSMETHODEN

§ 8a BEWERTUNGEN ZUM BEIZULEGENDEN ZEITWERT *(Fair Value Measurement)*

Schrifttum: BALLHAUS/FUTTERLIEB, Fair Value Accounting auf Basis diskontierter Cash-Flows gem. Concept Statement No. 7, KoR 2003, S. 564ff.; FREIBERG, Bedeutung der Geld-Brief-Spanne (bid-ask spread) für den beizulegenden Zeitwert, PiR 2011, S. 294ff.; FREIBERG, Diskontierung in der internationalen Rechnungslegung, 2010; FREIBERG, Fair value-Bewertung von Finanzinstrumenten bei illiquiden Märkten, PiR 2007, S. 361 ff.; GROSSE, IFRS 13 „Fair Value Measurement" – Was sich (nicht) ändert, KoR 2011, S. 286 ff.; GRÜNBERGER, Das credit value adjustment von Derivaten nach IFRS 13, KoR 2011, S. 410 ff.; LÜDENBACH/ FREIBERG, Das aktuelle Amendment zu IAS 39, PiR 2008, S. 370 ff.; LÜDENBACH/ FREIBERG, Zweifelhafter Objektivierungsbeitrag des Fair Value Measurements-Projekts für die IFRS-Bilanz, KoR 2006, S. 437 ff.

Vorbemerkung

Die Kommentierung bezieht sich auf IFRS 13 in der aktuellen, erstmals für Geschäftsjahre, die nach dem 31.12.2012 beginnen, anzuwendenden Fassung und berücksichtigt alle Änderungen oder Änderungsentwürfe, die bis zum 1.1.2017 verabschiedet wurden. Zu den Übergangsvorschriften vgl. Rz 142.

1   Zielsetzung, Regelungsinhalt und Anwendungsbereich

1.1   Zielsetzung

1   Mit der Verabschiedung von IFRS 13 *„Fair Value Measurement"* kommt der IASB der Forderung nach (bewertungs-)methodischen Vorschriften **„vor der Klammer"** der Einzelstandards nach. Durch Zusammenführung der Leitlinien an zentraler Stelle wird – mit vereinzelten Ausnahmen (Rz 9) – die konsistente Verwendung des Bewertungsmaßstabs (*measure*) *fair value* sichergestellt und erstmals ein Mindeststandard für dessen Objektivierung über ein System konkretisierter Bewertungsregeln, Bewertungsmethoden und Anwendungsbedingungen geschaffen.

2   Trotz der zunehmenden Bedeutung des beizulegenden Zeitwerts als eigenständiger Bewertungs- und Bilanzierungsmaßstab ist dieser nicht im *conceptual framework* (→ § 1 Rz 99 ff.) angeführt. Die besondere Behandlung wird mit der gewollten Beseitigung von bestehenden Regelungslücken und Widersprüchen gerechtfertigt (IFRS 13.BC4 ff.). Weitere Motivation für die Zusammenfassung in einem eigenen Standard ist die Anknüpfung (IFRS 13.BC6(d)) an vergleichbare Vorgaben der US-GAAP (ASC Topic 820, vormals SFAS 157). Einzelfragen zur Ermittlung des *fair value* werden in Deutschland auch durch eine berufsständische Stellungnahme zur Rechnungslegung adressiert.[1]

3   Der Regelungsinhalt von IFRS 13 ist begrenzt auf die Vorgabe konkreter Leitlinien zur **Bestimmung** des *fair value* von Vermögenswerten und Verbindlichkeiten (*how to measure*) und umfasst außerdem die (Mindest-)Anforderungen der **Offenlegung**. Die vorangestellte Frage, wann und wo eine Bewertung zum *fair value* vorzunehmen oder erlaubt ist, wird explizit ausgeklammert und bleibt daher – in Abhängigkeit des Bilanzierungsobjekts und -anlasses – Aufgabe der Einzelstandards.

4   Unter Rückgriff auf die konkretisierten Bewertungsregeln soll eine methodisch konsistente Bilanzierung zum Bewertungsmaßstab *fair value* gewährleistet werden. Konzeptionell entspricht der *fair value* dem Wert, den **beliebige Marktteilnehmer** unter **gewöhnlichen Bedingungen** für eine tatsächliche oder hypothetische Transaktion zugrunde legen (IFRS 13.2). *Die vorgesehene fair-value-Hierarchie (Rz 31) betont den* **Vorrang** *von Einschätzungen beliebiger Marktteilnehmer vor Einschätzungen des Managements. Für den Fall nicht beobachtbarer Marktpreise richtet sich*

---

[1]   Vgl. IDW, Stellungnahme zur Rechnungslegung: Einzelfragen zur Ermittlung des Fair Value nach IFRS 13 (IDW RS HFA 47), v. 6.12.2013, FN-IDW 1/2014, S. 84 ff.

die Wahl eines dann erforderlichen Bewertungsverfahrens nach der Marktbasierung der Inputfaktoren, die wiederum als Kriterium ihrer Verlässlichkeit gilt.
Der Regelungsinhalt des IFRS 13 lässt sich – Zielsetzung und Anwendungsbereich 5 sowie die Anwendungs- und Übergangsvorschriften (Rz 141 f.) ausgeklammert – in **drei wesentliche Blöcke** unterteilen (IFRS 13.IN1/IFRS 13.1):

- Den wesentlichsten Anteil haben die nach Bewertungsobjekt differenzierenden Leitlinien für die zugrunde zu legenden Bewertungsprämissen und Bewertungsmethoden (IFRS 13.27 – IFRS 13.90).
- Darüber hinaus wird eine detaillierte Anforderungsliste von Anhangangaben vorgegeben (IFRS 13.91 – IFRS 13.99).
- Vorangestellt werden konzeptionelle Anforderungen an den *fair value* (IFRS 13.9 – IFRS 13.26).

Neben dem eigentlichen Standard mit den Anhängen A bis D wurden als **Begleit-** 6 **dokumente** ausführliche Begründungen (*Basis for Conclusions*, BC) und Beispiele (*Illustrative Examples*, IE) veröffentlicht. Besondere Bedeutung kommt dem Anhang B (als *Application Guidance*) zu, der den Standard in Teilaspekten ergänzt. Hinsichtlich der einzelnen Inhalte ergibt sich folgende Referenz zu den einzelnen Teilen des Standards und der Begleitdokumente (sowie Verweis zu den Rz).

Regelungsinhalt	Standard	Anhang B/C	BC	IE	Verweis (Rz)
1. Zielsetzung und Anwendungsbereich	1–8	B2	19–26		Rz 1–11
2. Konzeptionelle Anforderungen					
2.1. Definition	9–10		27–45		Rz 12–16
2.2. Bewertungsobjekt	11–21, 24–26		46–54, 60–62		Rz 17–19
2.3. (Referenz-)Markt	22–23		55–59	18–22	Rz 20–28
3. Bewertungsprämissen und Bewertungsmethoden					
3.1. Nicht finanzielles Vermögen	27–33	B3	63–79	2–9, 27–29	Rz 62–69
3.2. Schulden und Eigenkapital	34–47	B31–33	80–107	30–47	Rz 70–78
3.3. Finanzinstrumente	48–56		108–131		Rz 79–119
3.4. Zugang	57–60	B4	132–138	23–26	Rz 120–122
3.5. Sinkende Marktaktivität		B37–47	176–182	48–58	Rz 123–126
3.6. Bewertungshierarchie	61–90	B5–30, B34–36	139–175	10–17	Rz 29–60
4. Angabepflichten	91–99		183–224	59–66	Rz 127–135
5. Anwendung und Übergang		C1–3	225–244		Rz 141–144

1.2 Anwendungsbereich

Die grundlegenden Vorgaben zum *fair value* sind beachtlich, wann immer der 7 **Bewertungsmaßstab** (*measure*) im Einklang mit einem Standard Anwendung findet (IFRS 13.8). Die (Bewertungs-)Leitlinien zeitigen daher nicht nur Relevanz für das *primary statement* (Bilanz, Gesamtergebnisrechnung, Kapitalflussrechnung und Eigenkapitalspiegel), sondern auch für das *secondary statement* (Anhang). Auch wenn für ein Bilanzierungsobjekt nur eine *fair-value*-Angabepflicht besteht, sind die konzeptionellen Vorgaben einschlägig (IFRS 13.5/IFRS 13.BC25).

8   Die Vorschriften finden auch Anwendung auf Wertansätze, die nicht zum *fair value* erfolgen, aber von diesem **abgeleitet** (etwa durch den Abzug von Transaktionskosten) werden (IFRS 13.5/IFRS 13.BC24). Angesprochen sind – i.S. e. nicht abschließenden Aufzählung – Bewertungen nach IFRS 5 (→ § 29 Rz 37ff.) und IAS 41 (→ § 40 Rz 19ff.) zum *fair value less costs of disposal*, somit ein um erwartete Veräußerungskosten geminderter *fair value*.

9   Ein **Ausschluss** der Vorgaben besteht für die Verwendung von Bewertungsmaßstäben (*measures*), die dem beizulegenden Zeitwert ähneln, aber in der Grundkonzeption diesem nicht entsprechen, also auch nicht abgeleitet sind. Zu unterscheiden ist zwischen nicht dem Anwendungsbereich von IFRS 13 unterliegenden Ansätzen,

   • die in Einzelstandards zwar als *fair value* etikettiert werden, aber nicht dem gleichen konzeptionellen Kleid unterworfen werden sollen (Typ 1), und
   • als abweichend bezeichneten Wertansätzen, die mit dem *fair value* durchaus vergleichbar sind (Typ 2).

   Als ähnliche, aber vom Anwendungsbereich des IFRS 13 ausgeschlossene Wertansätze (Typ 2) gelten der Nettoveräußerungswert (*net realisable value*; → § 17 Rz 53) von Vorräten nach IAS 2 und der Nutzungswert (*value in use*; → § 11 Rz 42f.) von Sach- und immateriellen Anlagen nach IAS 36 (IFRS 13.6(c)).

   Eine **Besonderheit** gilt für die Bilanzierung nach IFRS 16 (für den Leasinggeber; → § 15a Rz 189) und IFRS 2 (→ § 23 Rz 44ff.), die zwar unter der Überschrift *fair value* erfolgt, inhaltlich aber einen anderen Bewertungsmaßstab umfassen soll. Eine Klarstellung durch Vorgabe einer Ersatzbezeichnung für den intendierten Maßstab in den betroffenen Einzelstandards wurde verworfen (IFRS 13.BC21f.). Stattdessen wurde ein expliziter Ausschluss vom Anwendungsbereich des IFRS 13 unter Beibehaltung der bisherigen standardspezifischen Definition des *fair value* gewählt (IFRS 13.6).

10   Im Einzelfall kann sich in Abhängigkeit von Bewertungsobjekt und/oder Bewertungsanlass trotz Einschlägigkeit des IFRS 13 das Erfordernis eines **Abweichens** bzw. **Anpassens** des Bewertungsmaßstabs *fair value* ergeben. Insoweit es sich um spezielle Anforderungen eines Einzelstandards handelt, wird die Ausnahme (zutreffend) im besonderen Kontext und nicht im allgemeinen Anwendungsbereich des IFRS 13 adressiert. Ausnahmen von der ansonsten verpflichtenden Bewertung zum *fair value* gelten etwa für Bewertungen im Rahmen einer *business combination* (IFRS 3.29 – IFRS 3.31; → § 31 Rz 101ff.) und die Bewertung von kündbaren Finanzeinlagen (IFRS 9.5.4.3; → § 28 Rz 332ff.).

11   Darüber hinaus gilt eine auf die Angabepflichten (*secondary statement*) des IFRS 13 begrenzte Ausnahme für Bewertungen zum *fair value* von

   • Planvermögen (*plan assets*; IAS 19.113 – IAS 19.115),
   • Investitionen in *retirement benefit plans* (IAS 26.32 – IAS 26.33) und
   • Vermögenswerten bzw. CGUs abzüglich Transaktionskosten als Surrogat des erzielbaren Betrags (*recoverable amount*; IAS 36.18).

2 Konzeptionelle Anforderungen an den *fair value*

2.1 Definition

Der beizulegende Zeitwert ist definiert als der *„price that would be received to sell an asset or paid to transfer a liability in an orderly transaction between market participants at the measurement date"* (IFRS 13.9). Mit der neuen Definition legt sich der IASB eindeutig auf eine am Absatzmarkt orientierte Perspektive, also einen **Veräußerungswert** (*exit price*) fest (IFRS 13.BC30(a)). Für die Bestimmung des *fair value* ist auf die Preisstellung **12**

- im Rahmen einer **gewöhnlichen Transaktion**
- zwischen **beliebigen Marktteilnehmern** am Bewertungsstichtag

abzustellen. Neben der Verpflichtung auf einen *exit price* sind für die *fair-value*-Bestimmung das Bewertungsobjekt, dessen „bestmöglicher" Verwertungszweck, der „richtige" Markt und die angemessene Bewertungsmethodik beachtlich (IFRS 13.IN10/IFRS 13.B2).

Die Orientierung auf eine auf die Veräußerung gerichtete (Bewertungs-)Perspektive (*exit notion*) erfolgt weitestgehend anhand der bislang schon bestehenden Vorgaben zur *fair-value*-Bewertung von Finanzinstrumenten. Ein Abstellen auf eine am Beschaffungsmarkt orientierte Betrachtung (*entry value*) scheidet ebenso wie ein Heranziehen eines Nutzungswerts (*value in use*) aus, wenn auf den *fair value* nach IFRS 13 abgestellt wird. Allerdings sollen sich nach Auffassung des Board regelmäßig **keine Unterschiede** zwischen *entry* und *exit price* ergeben (IFRS 13.BC33/BC44). Nur in einer theoretischen Modellwelt (dem Vorliegen strenger Informationseffizienz) entsprechen sich die einzelnen Werte. Beim Vorliegen von unvollkommenen Märkten (der Realität) ergeben sich zwischen den einzelnen Perspektiven und somit den Wertausprägungen allerdings Abweichungen. **13**

Nach der Definition des *fair value* bleiben **Transaktionskosten** für die Wertermittlung außer Acht. Kosten, die bei Verkauf eines Vermögenswerts oder Übertragung einer Schuld anfallen, sind Teil der Transaktion und nicht unmittelbar dem Vermögenswert oder der Schuld zuzurechnen (IFRS 13.25). So hängen Transaktionskosten etwa insbesondere von der Auswahl des (Referenz-)Markts, zu dem am Bewertungsstichtag Zugang besteht (Rz 20 ff.), ab. **14**

Hiervon zu unterscheiden sind **Transportkosten**, die unmittelbar (also inkremental) dem Bewertungsobjekt zuzuweisen sind (Rz 18). Soweit eine Transaktion des Bewertungsobjekts auf dem Referenzmarkt (für jeden beliebigen Marktteilnehmer) mit Kosten für den Transport verbunden ist, weil etwa ein Vermögenswert nur an einem bestimmten Ort vorrätig ist, dort aber nicht gehandelt wird, sind diese Kosten ein Teil des *fair value* (IFRS 13.26/IFRS 13.BC62).

Praxis-Beispiel

Das Petrolunternehmen P fördert Rohöl (*crude oil*) in der Arktis und in der Tiefsee. Eine Veräußerung des Öls setzt einen Transport (via Pipeline oder Schiff) zu einem Handelsplatz voraus. Darüber hinaus fallen erwartungsgemäß Kosten im Rahmen der Verkaufsverhandlungen (Käufersuche, Vertragsverhandlungen etc.) an. Der *fair value* des Rohöls umfasst die (erwarteten) Transportkosten des Öls zum relevanten Handelsplatz, schließt aber Verhandlungskosten, also alle Kosten, die erst entstehen, nachdem das Öl am Handelsplatz ist, aus.

---

15   Innerhalb der IFRS sind wegen der Beibehaltung der bisherigen Ausführungen in IFRS 16.A und IFRS 2.A zwei Definitionen des beizulegenden Zeitwerts zu unterscheiden:

Neu-definition (IFRS 13.9)	Preis, der	bei Verkauf eines Ver-mögens-werts er-hältlich ist	bei Übertra-gung einer Schuld zu zahlen ist	im Rahmen einer ge-wöhnlichen Transaktion	zwischen Marktteil-nehmern am Bewertungs-stichtag
Altdefini-tion (IFRS 16.A/ IFRS 2.A)	Betrag, zu dem	ein Ver-mögenswert getauscht werden könnte	eine Schuld beglichen werden könnte	im Rahmen einer unab-hängigen Transaktion	zwischen be-reitwilligen kundigen Par-teien

Die Verpflichtung auf eine *exit-price*-Orientierung gilt nach der Neudefinition gleichermaßen für Vermögenswerte und Schulden. Während sich für die Bewertung von Vermögenswerten hieraus (in Einzelfällen) eine Änderung der zu-grunde zu legenden (Bewertungs-)Perspektive ergibt, bleibt die Auswirkung auf die *fair values* von Verbindlichkeiten unklar.

- Im Einklang mit der neuen *fair-value*-Konzeption ist für die Bewertung von Verbindlichkeiten eine Übertragung (*transfer*) an einen beliebigen Dritten – auch, aber nicht notwendigerweise, an den Gläubiger – zu unterstellen.
- Auch die bislang vorgesehene Fiktion der Begleichung (*settlement*) entspricht einer Erfüllung, schließt allerdings eine rein unternehmensspezifische Trans-aktion nicht aus.

Eine Änderung ergibt sich daher nur, wenn für die bisherige *fair-value*-Bestim-mung einer Schuld die Erfüllung mit dem Gläubiger zum Fälligkeits- bzw. Vertragszeitpunkt unterstellt wurde.

16   Keine materiellen Änderungen sollen sich aus dem Wechsel von *knowledgeable willing parties* zum *market participant* und von der Transaktion *at arm's length* zur *orderly transaction* ergeben (IFRS 13.BC33). Auch der Zusatz *at the measu-rement date* betont lediglich den zeitlichen Bezug des *fair value*, also das **strenge Stichtagsprinzip**.

2.2   Abgrenzung des Bewertungsobjekts

17   Bei der Ermittlung des *fair value* ist den **Eigenschaften** des Bewertungsobjekts Rechnung zu tragen, die (erwartungsgemäß) von beliebigen Marktteilnehmern berücksichtigt werden; eine unternehmensspezifische Sichtweise scheidet aus. Die konkrete Beschaffenheit, der Ort der Verwertung, aber auch vertragliche oder sonstige Beschränkung des Einsatzes eines Bewertungsobjekts sind aus Sicht des Markts unter Vernachlässigung unternehmensspezifischer Einflüsse zu bestimmen (IFRS 13.11).

18   Für die Erhebung der bewertungsrelevanten Eigenschaften des Bewertungs-objekts ist allgemein zu unterscheiden zwischen Beschränkungen,

- die **untrennbar** mit dem Objekt verbunden sind, diesem also anhaften, und solchen,
- die sich **unternehmensspezifisch** (etwa durch gesonderte Abrede) ergeben.

Beachtlich für die Bestimmung des *fair value* sind nur Eigenschaften, die dem Bewertungsobjekt unmittelbar anhaften, also auch bei einem (fiktiven) Transfer auf eine andere Partei übergehen würden. Umstände, die sich nur in der Sphäre des bilanzierenden Unternehmens niederschlagen – unabhängig davon, ob vertraglicher oder wirtschaftlicher Natur – bleiben für die Bewertung außer Acht.

> **Praxis-Beispiel**
> U erwirbt in Arrondierung ein Grundstück, welches sich an das eigene Betriebsgelände anschließt. Im Kaufvertrag wird als Nebenabrede ausschließlich eine betriebliche Nutzung des Grundstücks festgehalten. Eine Weiterveräußerung wird nicht ausgeschlossen. In späteren Perioden wird das umliegende Land neu parzelliert und exklusive Wohneinheiten werden darauf gebaut. Für U besteht die Möglichkeit, das bei eigener Verwertung nur betrieblich zu nutzende Grundstück zu veräußern, ohne dass die Restriktion „betriebliche Nutzung" i. S. e. Einzelrechtsnachfolge übertragen wird. Da die Restriktion, betreffend die Verwertung, ausschließlich den U als Eigentümer und nicht beliebige andere Marktteilnehmer nach Erwerb betrifft, ergibt sich der *fair value* als höherer Wert aus den alternativen Nutzungsmöglichkeiten (betrieblicher Einsatz oder Wohnraum).

In der **Arbeitsteilung** mit dem (Gesamt-)Regelwerk schreibt IFRS 13 nicht vor, wann und welches Bewertungsobjekt zum *fair value* zu bewerten ist (Rz 3). Allerdings bedarf es für die Vorgabe der methodischen (Bewertungs-)Grundlagen einer Abgrenzung des Bewertungsobjekts, der **Wertdimension** (*unit of account*). Die Leitlinien zur *fair-value*-Bestimmung finden sowohl auf den einzelnen Vermögenswert/die einzelne Schuld als auch auf eine Gruppe von Einsatzfaktoren Anwendung, die Festlegung der relevanten (Bewertungs-)Dimension folgt den Vorgaben des Regelwerks (IFRS 13.13 f./IFRS 13.BC47). Besonderheiten ergeben sich nach IFRS 13 allerdings für das finanzielle Vermögen, für welches ausnahmsweise die Bewertung einer Nettoposition zulässig sein soll (IFRS 13.48f.; Rz 103ff.), und für nicht finanzielle Vermögenswerte, die sowohl einzeln als auch als Teil einer Gruppe bewertbar sind (IFRS 13.31; Rz 63).   **19**

2.3 Relevanter Markt und Marktteilnehmer

Mit der Verpflichtung auf ein Abstellen auf eine tatsächliche oder fiktive Transaktion scheidet der Rückgriff auf unternehmensspezifische Werte aus. Heranzuziehen ist der Preis, der zwischen beliebigen Marktteilnehmern im Rahmen einer gewöhnlichen – tatsächlichen oder hypothetischen – Transaktion vereinbart wird (IFRS 13.21). Entsprechend haben die Absichten des bilanzierenden Unternehmens (Verwendung, Begleichung usw.) keinen Einfluss auf die Bewertung. Notierte Preise aus aktiven Märkten gelten – dem **Primat des Marktpreises** folgend – als beste Schätzung für den *fair value*.   **20**

Regelmäßig hat ein Unternehmen Zugang zu unterschiedlichen Märkten, auf denen eine Transaktion für ein Bewertungsobjekt vollzogen werden könnte. Als Referenzmarkt für die Bestimmung des *fair value* ist auf den Hauptmarkt des Bewertungsobjekts abzustellen, der folgende Bedingung erfüllt: **21**

- Bezogen auf das Bewertungsobjekt – nicht notwendigerweise das bilanzierende Unternehmen – weist der Markt das größte (Handels-)**Volumen und Aktivitätslevel** auf (IFRS 13.A),
- wird – widerlegbar vermutet – auch durch das Unternehmen **gewöhnlich in Anspruch** genommen (IFRS 13.17) und
- das Unternehmen hat zum Bewertungsstichtag auch **Zugang**, also die Möglichkeit, den Markt zu nutzen (IFRS 13.19).

Fehlt es an einem Hauptmarkt, der die **kumulativen Anforderungen** erfüllt, ist – unter der Voraussetzung des tatsächlichen Zugangs – auf den **vorteilhaftesten Markt** abzustellen, auf dem in einer Transaktion für Aktiva der höchste und für Passiva der niedrigste (Übertragungs-)Preis erzielt werden kann (IFRS 13.16(b)).

22   Die Bestimmung des relevanten Markts erfolgt unter der **widerlegbaren Vermutung** einer Übereinstimmung mit dem gewöhnlich vom bilanzierenden Unternehmen in Anspruch genommenen Markt (IFRS 13.BC48). Die Bestimmung des relevanten Markts für ein Bewertungsobjekt erfolgt wegen der Voraussetzung der Möglichkeit zur **tatsächlichen Inanspruchnahme** zwingend aus unternehmensspezifischer Sicht (IFRS 13.19). In Abhängigkeit des Bewertungsobjekts, aber auch des bilanzierenden Unternehmens, kann es daher zu unterschiedlichen Festlegungen kommen (IFRS 13.17).

Praxis-Beispiel

Für einen von U bilanzierten Vermögenswert, dessen Folgebewertung zum *fair value* erfolgt, lassen sich Transaktionen an unterschiedlichen Märkten feststellen. Unternehmen U nimmt aus historischen Gründen und aus Gewohnheit regelmäßig den Markt C in Anspruch.

	Markt A	Markt B	Markt C
Handelsvolumen p.a.	300.000	120.000	60.000
Umschlag im letzten Monat	30.000	8.000	4.000
Beobachtbarer Preis	50	48	53
Transportkosten	– 3	– 3	– 4
fair value	47	45	49
Transaktionskosten	– 1	– 2	– 2
Nettopreis	46	43	47

Markt A weist das höchste Marktvolumen und Aktivitätsniveau auf. Der vorteilhafteste Markt ist allerdings Markt C wegen des höchsten erzielbaren Nettopreises. U hat für die Bewertung zum *fair value* auf die Preisstellung auf Markt A abzustellen, wenn die Informationen über das Volumen und das Aktivitätsniveau vorliegen und U Zugang zum Markt A hat. Eine Berücksichtigung des beobachtbaren Preises auf Markt C wäre nur dann zulässig, wenn U keinen Zugang zu den Märkten A und B hätte oder objektiv keine Informationen hinsichtlich Marktaktivität bzw. Marktvolumen vorlägen.

---

23   Der zu betreibende Aufwand für die Identifizierung des relevanten Markts ist begrenzt (IFRS 13.19). Regelmäßig sind nur allgemein zur Verfügung stehende Informationen beachtlich, eine intensive Auseinandersetzung (Recherche) also

entbehrlich. Nur wenn (objektive) Anhaltspunkte (etwa sinkende Marktaktivität, Zugangsbeschränkungen etc.) für ein Auseinanderfallen des gewöhnlich genutzten und des für die *fair-value*-Bestimmung relevanten Markts bestehen, ergibt sich eine Abweichung. Eine Überprüfung/**Neueinschätzung** des relevanten Markts muss u.E. mindestens **jährlich** (IAS 34.23), bei wesentlichen Entwicklungen anlassbezogen, erfolgen.

Ausgeschlossen ist ein Abstellen auf eine **nicht gewöhnliche** (*not orderly*) **Transaktion**, auch wenn sich diese am relevanten Markt beobachten lässt. Handeln Parteien unter Zwang (etwa regulatorische Eingriffe oder asymmetrische Machtverteilung), scheidet eine Berücksichtigung beobachtbarer Informationen aus. Entsprechendes gilt, wenn sich aufgrund zeitlicher Restriktionen der auf einem Markt handelnden Akteure keine tatsächliche Wettbewerbssituation einstellt. 24

Die Auslassung eines Markts wegen **vermeintlicher Inaktivität** (rückläufiges Handelsvolumen und abnehmende Aktivität) bedarf einer Rechtfertigung, basierend sowohl auf quantitativen als auch auf qualitativen Indizien (Rz 123 ff.). Ein lediglich rückläufiges Transaktionsvolumen bei sinkenden Preisen rechtfertigt für sich allein noch nicht die Abqualifizierung als inaktiver Markt. Unter qualitativen Aspekten ist zusätzlich eine Beurteilung möglicher Veränderungen der Angebots- und Nachfragekurve anzustellen. 25

Anders als die Festlegung des relevanten Markts, welche unternehmensspezifische Umstände mit einbezieht, ist für die Preisfindung auf (beliebige) Marktteilnehmer abzustellen (IFRS 13.22). Beliebige Marktteilnehmer weisen folgende Charakteristiken auf (IFRS 13.A): 26

- Sie sind unabhängig zueinander, somit also **keine nahestehenden Personen/ Unternehmen** (*related parties*; → § 30 Rz 10 ff.),
- haben im Verhältnis zu anderen Akteuren **hinreichendes** (nicht vollständiges) **Wissen** bzw. die Möglichkeit, auf allgemeine Informationen zurückzugreifen, und
- sind **willens und fähig**, eine Transaktion vorzunehmen, agieren also nicht unter Zwang.

Da keine vollständige Informationsverteilung vorausgesetzt wird, sondern das Bestehen von **Informationsasymmetrie** der Marktteilnehmer, welche der Realität entspricht, anerkannt wird, kann auf die Preisbildung tatsächlicher Transaktionen zurückgegriffen werden (IFRS 13.BC58 f.). Einzige relevante Einschränkung bleibt die **Notwendigkeit der Unabhängigkeit** der agierenden Parteien, die gegenüber allen Marktteilnehmern und nicht nur gegenüber dem bilanzierenden Unternehmen gewährleistet sein muss. Handeln verbundene Parteien allerdings unter marktgerechten Konditionen (*at arm's length*), ist eine Verwertung der Informationen nicht ausgeschlossen (IFRS 13.BC56 f.).

Zwischen zwei Kontraktpartnern kann es Unterschiede in der Festlegung des relevanten Markts geben (IFRS 13.IE24–IE26). Bestehen unterschiedliche Zugangsmöglichkeiten, ergibt sich für ein Bilanzierungs-/Bewertungsobjekt durchaus ein abweichender beizulegender Zeitwert. 27

Praxis-Beispiel

U schließt mit Bank B (*counterparty*) am 1.1.01 ein unbedingtes Termingeschäft ab (*interest rate swap – plain vanilla*) ab. Es fallen keine (separat erkennbaren)

> Transaktionskosten an. Aus bilanzieller Sicht hat das Derivat aus Sicht von U einen Zugangswert von null. Die Bank B stellt U jedoch eine Bewertung/Berechnung des Derivats zum 1.1.01 zur Verfügung mit einem Wert von –500.000 GE (DCF-Bewertung anhand von *swap-curves* aus Verkäufersicht – *dealer market* – unter Berücksichtigung von Risiken aus Perspektive B). Für die bilanzielle Abbildung kann U nicht auf die Bankbewertung zurückgreifen, da U keinen Zugang zum *dealer market* hat, sondern nur auf den *retail market*. Eine Berücksichtigung der Konditionen auf dem *dealer market* scheidet aus.

28   Die qualitativen Anforderungen an beliebige Marktteilnehmer tragen der **ökonomischen Realität** Rechnung. Die Annahme vollständigen Wissens würde wegen der Außerachtlassung der ökonomischen Realität die Notwendigkeit eines Ausweichens auf eine reine Modellwelt nach sich ziehen. Allein aus Gründen der Objektivierbarkeit des Wertmaßstabs *fair value* ist daher ein „Aufweichen" des Prinzips erforderlich. Das allein entwertet die informative Bedeutung als Bewertungsmaßstab nicht. Wünschenswert wäre allerdings ein offenerer Umgang des Standardsetters mit theoretischem Ideal und praktischer Realität und den sich daraus einstellenden Folgen.

3   Restriktive *fair-value*-Hierarchie

3.1   Inputorientierte Verfahrenshierarchie

29   Der *fair value* ist als Veräußerungspreis (*exit price*) zu bestimmen. Ein beobachtbarer Preis, der Ergebnis einer (vollzogenen) Transaktion zwischen beliebigen Marktteilnehmern auf dem relevanten Markt ist, gilt als bester Anhaltspunkt (IFRS 13.72). Für die Bestimmung des beizulegenden Zeitwerts gilt folgende Hierarchie in Abhängigkeit von Qualität und Objektivität:[2]
- Bei Vorliegen eines beobachtbaren Marktpreises an einem aktiven, dem Unternehmen zugänglichen Markt ist dieser vorrangig als *fair value* am Bewertungsstichtag anzusetzen (mark to market).
- Wenn zwar am Stichtag keine entsprechenden Marktpreise existieren, sich jedoch zeitnahe Markt- oder Transaktionspreise für vergleichbare Vermögenswerte beobachten lassen, sind Letztere zugrunde zu legen. Falls sich die wirtschaftlichen Umstände seit der letzten Transaktion/Notierung signifikant geändert haben, ist der letzte verfügbare Preis **sachgerecht anzupassen**. Infrage kommen z. B. Zu- und Abschläge in Abhängigkeit von der Entwicklung eines Referenzindex oder von dem Bewertungsobjekt ähnlichen Vermögenswerten/Schulden.
- Nur wenn sich (seit Längerem) kein aktiver Markt feststellen lässt, ist der *fair value* mithilfe eines Bewertungsverfahrens (*technique*) zu ermitteln. Infrage kommt der Vergleich mit aktuellen Transaktionspreisen ähnlicher Vermögenswerte oder ein DCF-Modell (mark to model), alternativ noch ein kostenorientiertes Verfahren (IFRS 13.B5 ff.). Bei der Ermittlung des *fair value* mittels Bewertungsverfahren sind allerdings im größtmöglichen Umfang beobachtbare Marktdaten und möglichst wenig unternehmensspezifische Daten zu verwenden (IFRS 13.61 f.).

---

[2]   Zum Ganzen FREIBERG, Diskontierung in der Internationalen Rechnungslegung, 2010, Rz 193 ff.

Für die Bilanzierung zum *fair value* müssen Annahmen getroffen werden, die   30
sicherstellen, dass ein herangezogener beobachtbarer Marktpreis bzw. das angewandte Bewertungsverfahren valide Werte liefert. Der *fair value* eines Bewertungsobjekts ist sowohl von dem relevanten Markt als auch von den (unterstellten)
Marktteilnehmern abhängig. Für die Bestimmung des *fair value* eines Bewertungsobjekts ist das jeweils am besten geeignete **einzelne Bewertungsverfahren** (*single
valuation technique*) oder, falls notwendig, eine **gewichtete Kombination** aus
mehreren Verfahren (*multiple valuation techniques*) zugrunde zu legen (IFRS
13.BC142). Das jeweils geeignete Verfahren ist in Abhängigkeit des zu bewertenden Vermögenswerts (bzw. der Schuld) zu bestimmen (Rz 40). Hierbei ist Folgendes entgegen den z. B. im *Framework* niedergelegten Allgemeinregeln beachtlich:

- **Kosten-Nutzen-Überlegungen** (*cost-benefit constraints*) sind hinsichtlich
  der Auswahl des geeigneten Bewertungsverfahrens nicht maßgebend bzw.
  nur von untergeordneter Bedeutung.
- **Methodenstetigkeit** ist gegenüber der Ermittlung eines zuverlässigen Bewertungsverfahrens (*appropriate valuation technique*) ebenfalls nachrangig.

                                                                                31

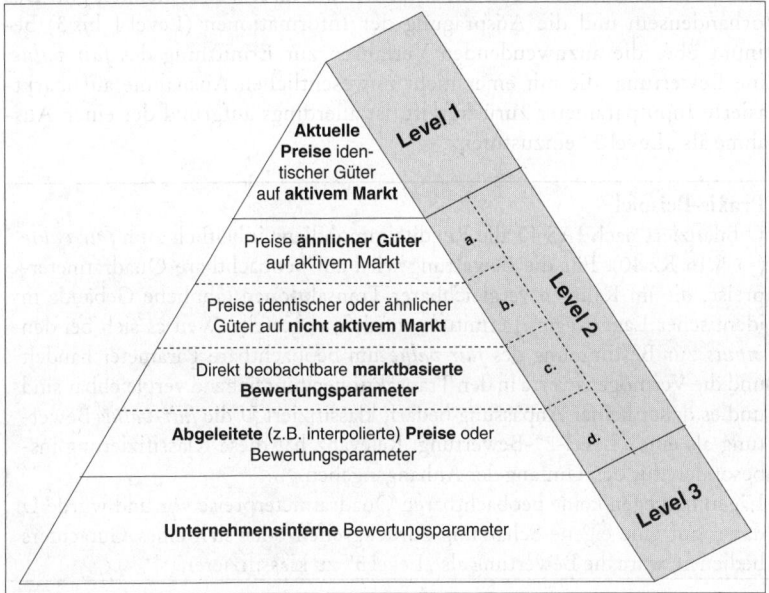

Abb. 1: *fair-value*-Hierarchie

Die *fair-value*-Hierarchie betont den **Vorrang von Einschätzungen der Marktteilnehmer** vor Einschätzungen des Managements. Für den Fall nicht beobachtbarer Marktpreise richtet sich die Wahl des Bewertungsverfahrens also nach der
Marktbasierung der Inputfaktoren, die wiederum als Kriterium ihrer Verlässlichkeit gilt. Zu unterscheiden sind regelmäßig **mehrere Abstufungen**.
Die **höchste Relevanz** ist am Bewertungsstichtag direkt beobachtbaren Prei-   32
sen für identische Vermögenswerte/Schulden auf einem aktiven (Referenz-)
Markt beizumessen. Anpassungen für die Bewertung sind aufgrund der Iden-

tität nicht oder nur in geringem Umfang vorzunehmen (IFRS 13.76). In Abhängigkeit der notwendigen Anpassungen für die Bewertung einzelner Vermögenswerte/Schulden nimmt der Grad der Objektivierbarkeit stetig ab und der Einfluss subjektiver Einschätzungen zu, wobei die Grenzen zwischen den einzelnen Abstufungen fließend verlaufen. Aus der Forderung, die Bewertungstechnik einzusetzen, die am meisten auf beobachtbare Marktinputs zurückgreift, lässt sich jedoch indirekt ein Vorrang einzelner Stufen ableiten. Die geringste Verlässlichkeit wird unternehmensspezifischen, also gerade nicht marktbasierten Inputfaktoren zugemessen. Unternehmensinterne Fundamentalerkenntnisse sind für die Bestimmung des *fair value* daher von nachrangiger Bedeutung.

33   Die Verfügbarkeit von Marktdaten wird zum **Auswahlkriterium** für die Bewertungsmethode (Rz 40). Es ist unter verschiedenen infrage kommenden Techniken jenes Verfahren heranzuziehen, welches im konkreten Bewertungsfall am meisten auf marktbasierten Inputparametern aufbauen kann.

Die Wahl des Bewertungsverfahrens richtet sich also nach der Marktbasierung der Inputfaktoren, die wiederum als Kriterium ihrer Verlässlichkeit gilt. Das Vorhandensein und die Ausprägung der Informationen (Level 1 bis 3) bestimmt über die anzuwendenden Verfahren zur Ermittlung des *fair value.* Eine Bewertung, die mit einer nicht unwesentlichen Ausnahme auf marktbasierte Inputparameter zurückgreift, ist allerdings aufgrund der einen Ausnahme als „Level 3" einzustufen.

Praxis-Beispiel

U bilanziert nach IAS 40 alle Renditeimmobilien einheitlich zum *fair value* (→ § 16 Rz 40). Für die Bewertung wird auf beobachtbare Quadratmeterpreise, die im Rahmen vergleichbarer Transaktionen (ähnliche Gebäude in identischer Lage/Region) ermittelt wurden, abgestellt. Weil es sich bei den *inputs* zur Bestimmung des *fair value* um beobachtbare Parameter handelt und die Vermögenswerte in den Transaktionen hinreichend vergleichbar sind und es daher keiner Anpassung bedarf, klassifiziert U die *fair-value*-Bewertung als eine „Level-2"-Bewertung. Relevanz hat diese Klassifizierung insbesondere für den Umfang der Anhangangaben.

Lägen hingegen keine beobachtbaren Quadratmeterpreise vor und würde U daher auf eine eigene Schätzung zurückgreifen oder sich eines Gutachters bedienen, wäre die Bewertung als „Level 3" zu klassifizieren.

---

34   Insgesamt gilt somit: Entsprechend dem zeitlichen Bezug der *fair-value*-Ermittlung (strenges Stichtagsprinzip; Rz 16) und der sachlichen Zielsetzung (Bestimmung des Werts, zu dem das Bewertungsobjekt am Markt gehandelt werden könnte) sind beobachtbare Transaktionspreise, auch wenn nur für ähnliche Vermögenswerte Schulden (*similar assets/liabilities*) feststellbar, bei der *fair-value*-Bestimmung angemessen zu berücksichtigen. Aufgrund der Notwendigkeit einer **Kalibrierung** des über ein Bewertungsverfahren bestimmten Ergebnisses bleibt die DCF-Bewertung materiell damit nachrangig, also nur ultima ratio (Rz 48 ff.).[3]

---

[3]   Vgl. LÜDENBACH/FREIBERG, PiR 2008, S. 370 ff.

3.2 Abgrenzung der einzelnen Level

Die Wahl des Bewertungsverfahrens richtet sich nach der Marktbasierung der Inputfaktoren, die wiederum als Kriterium ihrer Verlässlichkeit gilt. Zu unterscheiden sind regelmäßig drei Abstufungen (Rz 31):

- **Level 1**: Die höchste Relevanz beizumessen ist am Bewertungsstichtag direkt beobachtbaren Preisen für identische Vermögenswerte/Schulden auf einem aktiven Referenzmarkt, zu dem auch Zugang besteht. Anpassungen für die Bewertung sind aufgrund der Identität nicht oder nur in geringem, somit unwesentlichem Umfang vorzunehmen.
- **Level-2-Inputs** bilden die zweitbeste Lösung. In Abhängigkeit der notwendigen Anpassungen für die Bewertung nimmt der Grad der Objektivierbarkeit stetig ab und der Einfluss subjektiver Einschätzungen zu. Unter den Level-2-Inputs sind daher alle am Markt beobachtbaren bzw. ableitbaren Preise zu erfassen, die nicht unter Level 1 fallen.
- **Level 3**: Die geringste Verlässlichkeit wird unternehmensspezifischen, also gerade nicht marktbasierten Inputfaktoren zugemessen. Unternehmensspezifische Fundamentalerkenntnisse sind für die Bestimmung des *fair value* daher von nachrangiger Bedeutung.

Das Vorhandensein und die Ausprägung der Informationen (Level 1 bis 3) bestimmen über die anzuwendenden Verfahren zur Ermittlung des *fair value*. Objektivierbaren Bewertungsparametern ist der zwingende Vorzug zu geben.

Die Zuordnung einer Bewertung zu einem Level innerhalb der inputbasierten *fair-value*-Hierarchie richtet sich nach der Festlegung des Bewertungsobjekts (*unit of measurement*). Liegen etwa für einen Fonds Level-1-Bewertungen für sämtliche Vermögenswerte vor, kann auch bei Anwendung einer Durchschau (*look through approach*) nicht auch für die Verbindlichkeiten des Fonds ein Level 1 unterstellt werden. Es fehlt an einem beobachtbaren Preis für die Verbindlichkeiten, daher bedarf es einer *valuation technique* für die Bestimmung des beizulegenden Zeitwerts, eine Etikettierung als Level 1 scheidet insoweit aus. In der Konsequenz ist daher auch der beizulegende Zeitwert eines Anteils an dem Fonds nicht über eine Level-1-Bewertung zu bestimmen.

Mangels weiterer Konkretisierung ergeben sich Schwierigkeiten bezogen auf die Unterscheidung zwischen den einzelnen Levels der *fair-value*-Hierarchie, insbesondere zwischen Level 2 und Level 3. Die Einstufung als Level-1-Inputfaktor setzt das Bestehen eines aktiven Markts mit beobachtbaren Preisstellungen für das Bewertungsobjekt voraus. Wird auf Schätzungen oder indikative Preise zurückgegriffen, scheidet eine Klassifizierung als Level 1 aus.

Zulässig ist auch der Rückgriff auf beobachtbare Informationen, die von Dritten (etwa Preisserviceagenturen oder Broker) zur Verfügung gestellt werden. **Preisstellungen von Dritten** sind – ungeachtet der Möglichkeit zum Nachvollzug – nicht unmittelbar auch beobachtbare Inputfaktoren. Hinsichtlich der Qualität der Information von Preisserviceagenturen (etwa Bloomberg, Reuters etc.) ist ebenfalls eine Unterscheidung geboten. Stellen Dritte lediglich – ähnlich einer Datenbank – Informationen über aktuelle Markttransaktionen zur Verfügung, können diese als Level-1-Input eingestuft werden. Insoweit allerdings eine Gewichtung zu einer Durchschnittsgröße (*consensus price*) erfolgt oder eigene Schätzungen des Dritten in die Datenbasis einfließen, liegt maximal ein Level-2-Input und u. U. sogar nur ein Level-3-Input vor.[4]

39 Direkt oder indirekt beobachtbare Level-2-Inputfaktoren liegen nur dann vor, wenn die Informationen am Markt beobachtbar sind, also ausschließlich auf Marktdaten beruhen. Erwartungen und Meinungsäußerungen von Marktteilnehmern (Analystenschätzungen, Branchenstudien etc.) sind keine Level-2-Inputfaktoren, sondern sind als „nicht beobachtbare" Parameter (auf einem aktiven Markt) als Level 3 zu klassifizieren. Für die Zuordnung von Informationen zu den einzelnen Level gilt daher:

- Nicht auf einem aktiven Markt beobachtbare Informationen (nicht beobachtbare Parameter) sind automatisch als Level-3-Input einzustufen.
- Eine Klassifizierung als Level-2-Information setzt eine Beobachtbarkeit an einem aktiven Markt voraus, die allerdings nicht unmittelbar für das Bewertungsobjekt vorliegt, sondern nur für ähnliche Vermögenswerte/Verbindlichkeiten erhoben und für die Wertermittlung genutzt werden kann.

Die Anpassung beobachtbarer Informationen führt zu einer Umklassifizierung von Level 2 zu Level 3.

Beobachtbare Parameter	Nicht beobachtbare Parameter
Zinsstrukturkurven	Indikative Kurse, nicht bindende Angebote
CDS *spreads*	Historische Aktienkursvolatilität
Wechselkurse	Eigene Zahlungsstromerwartungen
Aktienkurse	Geschätzte Preise/Kurse
Renditen emittierter Anleihen	Gewichtete Informationen (etwa einer *peer group*)

Die **Anpassung** beobachtbarer Informationen etwa durch Gewichtung oder Auswahl einer Größe aus einem breiten Intervall (Rz 48) führt zu einer Umklassifizierung von Level 2 zu Level 3.

Praxis-Beispiel

Für die Bewertung einer Aktie der nicht börsennotierten A AG kann auf beobachtbare Kurse von vergleichbaren Unternehmen (einer *peer group*) zurückgegriffen werden. Da die einzelnen Informationen unmittelbar beobachtbar sind, stellen diese zunächst Level-2-Inputfaktoren dar. Die Vergleichsunternehmen unterscheiden sich allerdings in Bezug auf die Unternehmensgröße, den regionalen Schwerpunkt der Geschäftsaktivität, die Kapitalstruktur und die Entwicklung in der letzten Periode. Eine Anpassung der beobachtbaren Daten durch Gewichtung ist daher erforderlich und zieht eine Klassifizierung der Bewertung als Level 3 nach sich.

3.3 Verfahren der *fair-value*-Ermittlung

40 Fehlt es für ein Bewertungsobjekt – außerhalb der Finanzinstrumente regelmäßig – an notierten Marktpreisen, ist die Anwendung von **Bewertungstechniken** (*valua-*

---

[4] Dies im Rahmen einer *tentative agenda decision* bestätigend IFRIC Update September 2014.

tion techniques) unvermeidlich. Sie lassen sich in drei Verfahrensgruppen zusammenfassen (IFRS 13.62):[5]

- **Marktpreisorientierte** Verfahren (*market approach*) leiten den Zeitwert aus beobachtbaren Markt- bzw. Transaktionspreisen **vergleichbarer Vermögenswerte** (*comparable transactions*) ab (IFRS 13.B6).
- **Kapitalwertorientierte** oder einkommensorientierte (bzw. DCF-basierte) Verfahren (*income approach*) ermitteln den Zeitwert als Zukunftswert über die **Diskontierung zukünftiger Zahlungsmittelüberschüsse** aus der Nutzung des Bewertungsobjekts (IFRS 13.B10).
- **Kostenorientierte** Verfahren (*cost approach*) stellen den Zeitwert über die **Wiederbeschaffungskosten** (*current replacement costs*) unter Berücksichtigung des wirtschaftlichen, technischen und physischen Erhaltungszustands dar (IFRS 13.B8).

Der Rückgriff auf Bewertungsverfahren zur Bestimmung des *fair value* ist schon in der bisherigen Anwendung der IFRS geboten. In besonderem Maß besteht eine Notwendigkeit zur marktpreis-, einkommens- und (mit Restriktionen) kostenorientierten *fair-value*-Bestimmung für

- erworbene Vermögenswerte und übernommene Schulden unter Beachtung der Einzelerwerbsfiktion im Zuge einer *business combination* (IFRS 3 i.V.m. IAS 38.40f.; mit konkreten Anwendungsbeispielen → § 31 Rz 231ff.),
- als Finanzanlagen gehaltene (Rendite-)Immobilien bei wahlweisem, einheitlichem Rückgriff auf das *fair value model* (→ § 16 Rz 65ff.) und
- den über den *fair value less costs of disposal* abgeleiteten erzielbaren Betrag (*recoverable amount*) bei notwendigem *impairment*-Test nach IAS 36 (zur einkommensorientierten Bewertung → § 11 Rz 45ff.).

Eine an den (Wiederbeschaffungs- bzw. Wiederherstellungs-)Kosten orientierte Bestimmung scheidet allerdings nach IAS 36 insgesamt aus (IAS 36.BCZ29) und stellt für die Bewertung von Renditeimmobilien eine *escape*-Klausel bei nicht verlässlicher Wertfindung dar (IAS 40.53; → § 16 Rz 68).

Besondere Bedeutung nehmen die einkommensorientierten Bewertungsverfahren ein (IFRS 13.B11). Im Rahmen der **Barwertermittlung** muss das Bewertungsobjekt zu einer Alternativanlage „**vergleichbar**" gemacht werden.[6] Neben dem risikolosen Zinssatz (als Ausdruck des *time value of money*) und einem erwarteten Zahlungsstrom sind daher regelmäßig noch weitere Bewertungskomponenten zu unterscheiden (IFRS 13.B14).[7] Eine Erweiterung des Barwertkalküls zur Gewährleistung der Vergleichbarkeit mit einer durch das Bewertungsobjekt verdrängten Alternativanlage wirkt sich entweder auf den Diskontierungszinssatz oder auf den zugrunde zu legenden Zahlungsstrom aus (IFRS 13.B17):

(1) Bei der **Prognose der Zahlungsströme** bestehen Unsicherheiten bzgl. der Höhe und des zeitlichen Anfalls. Wird auf den Modalwert, den Zahlungsstrom mit der höchsten Eintrittswahrscheinlichkeit (*single most likely amount*) abgestellt, muss der Diskontierungszins zur Vergleichbarkeit des

41

---

5 Vgl. SMITH/PARR, Valuation of Intellectual Property and Intangible Assets, 3. Aufl., 1994, S. 151ff.

6 Ausführlich FREIBERG, Diskontierung in der Internationalen Rechnungslegung, 2010, Rz 128ff.

7 Ein Abstellen auf den risikolosen Zinssatz für die Bewertung von Immobilien im DCF-Verfahren ablehnend KÜHNBERGER/WERLING, WPg 2012, S. 988ff.

Bewertungsobjekts mit der Alternativanlage auch der Mehrwertigkeit der Zahlungsströme Rechnung tragen. Der **Erwartungswert** (*expected cash flow*) berücksichtigt diese bereits über eine Wahrscheinlichkeitsgewichtung.

(2) Zukünftige Zahlungsströme sind i.d.R. jedoch nicht nur der Höhe und des zeitlichen Anfalls nach unsicher (IFRS 13.B15/IFRS 13.B16). Abhängig von der Anlageart ist zusätzlich das spezifische Risiko im Rahmen einer **Opportunitätskostenermittlung** zu berücksichtigen.

(3) Neben dem spezifischen Risiko des Bewertungsobjekts sind ggf. noch **allgemeine Marktrisiken** (*market imperfections*) zu erfassen. Zu den allgemeinen Marktrisiken gehören das Fehlen eines ausgebildeten Kapitalmarkts oder Länderrisiken, die zwar die Auswahl einer Alternativanlage beeinflussen, aber nicht Bestandteil des spezifischen Risikos des Bewertungsobjekts sind.

42 Eine **Doppelerfassung** (*double counting*) der Bewertungskomponenten (sowohl im Zähler als auch im Nenner des Barwertkalküls) ist zu vermeiden. Daher erfolgt die Berücksichtigung der **Bewertungskomponenten** entweder im Zahlungsstrom oder im Diskontierungszinssatz.[8]

Bewertungskomponenten des Barwertkalküls	Modal-wert	Erwartungswert	
	traditional cash flow	Risikozu- bzw. -abschlag	Sicher-heitsäqui-valent
1. Schätzung des Zahlungsstroms	Zähler		
2. Erwartung bzgl. des zeitlichen Anfalls/der Höhe des Zahlungsstroms	Nenner	Zähler	Zähler
3. Marktunvollkommenheiten	Nenner		
4. Risiko des Bewertungsobjekts	Nenner	Nenner	
5. Zeitwert des Geldes	Nenner	Nenner	Nenner

43 Innerhalb der IFRS fehlt es (bislang, aber auch weiterhin) überhaupt an einer **standardübergreifenden Auseinandersetzung** mit vermögenswert- und schuldspezifischen Risiken. Innerhalb der Vorgaben für Finanzinstrumente und IAS 36 werden zwar wertbeeinflussende Faktoren für finanzielle Vermögenswerte und Schulden festgehalten (IAS 36.A1 ff.), allerdings ist die Aufzählung weder abschließend noch erfolgt eine Operationalisierung der verschiedenen Risiken. Die im jeweiligen Einzelfall unterstellten Bewertungsparameter müssen im Einklang mit dem *fair value measurement framework* alle (Risiko-)Faktoren umfassen, die beliebige Marktteilnehmer für ihre Preisbildung berücksichtigen würden.

44 Im Rahmen der einkommensorientierten Bewertung von Vermögenswerten, die für steuerliche Zwecke abschreibungsfähig sind, wird über die Diskontierung der erwarteten künftigen Nettozuflüsse zunächst nur ein Nettowert bestimmt. Der **steuerliche Vorteil aus der Abschreibungsfähigkeit** (*tax amortisation benefit*)

---

[8] In Anlehnung an BALLHAUS/FUTTERLIEB, KoR 2003, S. 572.

ist als zusätzliche wertbildende Komponente zu berücksichtigen, wenn beliebige Marktteilnehmer den Vermögenswert in einer Transaktion (etwa im *share deal*) nicht steuerneutral bepreisen (Rz 58). Der beizulegende Zeitwert ist ein von den Besonderheiten des konkreten Erwerbs bzw. Erwerbers abstrahierter Wert. Der steuerliche Mehrwert ist daher unabhängig davon zu berücksichtigen, wie die tatsächlich durchgeführte Transaktion strukturiert wurde. Wird das Bewertungsobjekt, losgelöst vom konkreten Bewertungsanlass von beliebigen Marktteilnehmern, unter Berücksichtigung eines *tax amortisation benefit* gehandelt, ist dieser als wertbildende Komponente des *fair value* zu berücksichtigen.

Der Barwert des Steuervorteils kann unter Berücksichtigung des Zeitraums des steuerlichen Abschreibungszeitraums iterativ oder nach folgender Formel berechnet werden: **45**

$$tax\ amortisation\ benefit = \text{FVvor} \times (\text{ND} / (\text{ND} - \text{RBF ND,i} \times t) - 1)$$

Mit:		
	FVvor =	*fair value* vor Steuervorteil
	ND =	steuerliche Nutzungsdauer
	RBF ND,i =	Rentenbarwertfaktor für die Laufzeit ND und den Zins i (entspricht Barwert einer Annuität von 1 EUR mit Laufzeit ND und Zins i)
	t =	Steuersatz

Praxis-Beispiel

MU erwirbt 100 % der Anteile an TU. Der Wert eines im Rahmen der Kaufpreisallokation identifizierten Patents von TU wird vor Berücksichtigung seiner steuerlichen Abschreibungsfähigkeit mit 100 ermittelt. Das Patent hat eine Restlaufzeit von zwei Jahren.

Allgemein, wenn auch nicht im konkreten Fall (*share deal*), wäre das Patent auch steuerlich über die Restnutzungsdauer von zwei Jahren abzuschreiben. Hieraus ergibt sich bei einem unterstellten Diskontierungssatz von 10 % und jährlich nachschüssiger Steuerzahlung, abstrahiert vom konkreten Erwerber, folgende iterative und direkte Ermittlung des Steuervorteils und damit des unter Berücksichtigung dieses Vorteils anzusetzenden Zeitwerts:

Iteration	Wert vor Steuer	Wert inkl. Steuervorteil	Abschreibung p. a.	Steuervorteil 01	Steuervorteil 02	Barwert Steuervorteil
1	100,00	100,00	50,00	20,00	20,00	34,71
2	100,00	134,71	67,36	26,94	26,94	46,76
3	100,00	146,76	73,38	29,35	29,35	50,94
4	100,00	150,94	75,47	30,19	30,19	52,39
5	100,00	152,39	76,20	30,48	30,48	52,90
6	100,00	152,90	76,45	30,58	30,58	53,07

Itera-tion	Wert vor Steuer	Wert inkl. Steuer-vorteil	Abschrei-bung p.a.	Steuer-vorteil 01	Steuer-vorteil 02	Barwert Steuer-vorteil
7	100,00	153,07	76,54	30,61	30,61	53,13
8	100,00	153,13	76,57	30,63	30,63	53,15
9	100,00	153,15	76,58	30,63	30,63	53,16
10	100,00	153,16	76,58	30,63	30,63	53,16

Direkte Berechnung Steuervorteil: $100 \times (2 / (2-1{,}73554 \times 0{,}4) - 1) = 53{,}16$.
Dabei ist 1,73554 der Rentenbarwertfaktor für 10 % und zwei Jahre.
Anzusetzen ist somit der Wert von 153,16.

46 Im Schrifttum wird zum Teil die Auffassung vertreten, die Berücksichtigung des *tax amortisation benefit* sei eine **Ermessenssache**, da nach empirischen Studien Marktteilnehmer Steuervorteile nicht in vollem Umfang bei der Preisfindung berücksichtigen würden.[9] Die Berücksichtigung solcher nach Objekt und Markt, aber auch nach Validität der Untersuchungsergebnisse unterschiedlichen empirischen Befunde im *discounted-cash-flow*-Kalkül würde zu komplexen Differenzierungen führen, mit der Maßgabe, den Steuervorteil in einigen Fällen voll, in anderen gar nicht, in wieder anderen zum Teil zu berücksichtigen. Der Vergleichbarkeit von Bewertungen wäre damit nicht gedient. U. E. ist das *discounted-cash-flow*-Kalkül darauf gerichtet, den Preis zu ermitteln, der sich bei rationalem Verhalten und vollkommenen Marktverhältnissen ergäbe. Sobald hiervon im Hinblick auf tatsächlich oder angeblich abweichendes Verhalten und tatsächliche oder angeblich abweichende Marktverhältnisse abgewichen würde, käme die kaum lösbare Frage nach der Quantifizierung der Abweichungen und der Güte der empirischen Befunde ins Spiel.

47 Die explizite Berücksichtigung des *tax amortisation benefit* ist im Übrigen eine Besonderheit der einkommensorientierten Verfahren. Bei **marktorientierten Verfahren** wird demgegenüber die Einbeziehung eines evtl. steuerlichen Abschreibungsvorteils in den Marktpreis unterstellt. Bei einer kostenorientierten Bewertung ist im Einzelfall zu entscheiden, ob ein steuerlicher Mehrwert durch Abschreibungsfähigkeit zu erfassen ist.

3.4 Keine andere praktische Gewichtung der Verfahren

48 Der jetzt schon unproblematische Fall notierter Marktpreise wird auch in Zukunft die Ausnahme bleiben. Der *fair value* einzelner Vermögenswerte und Schulden wird weiterhin vorrangig durch Bewertungstechniken zu bestimmen sein. Fraglich ist, ob es wegen der Vorgabe der inputorientierten Verfahrenshierarchie zu einer **anderen praktischen Gewichtung** zwischen den bisher dominierenden DCF-Verfahren und den bisher seltener angewandten marktpreisorientierten Verfahren (Multiplikator-

---

[9] Kasperzak/Nestler, DB 2007, S. 473 ff.

verfahren etc.) kommt und ob unabhängig davon die Verfahrenshierarchie einen wesentlichen Beitrag zum Objektivierungsproblem leisten wird.[10]

Praxis-Beispiel

U hält seit Gründung 100 % der Anteile an der in der Kosmetikbranche tätigen B GmbH. B erzielt bei einem Umsatz von ca. 1 Mrd. GE ein EBITDA von ungefähr 85 Mio. GE. Die Stichtagsbewertung der B für Zwecke des IFRS-Einzelabschlusses soll zum *fair value* erfolgen (IAS 27.10(b)). In der Vergangenheit wurde hierzu eine einkommensorientierte (DCF-basierte) Bewertung anhand der internen Planung zugrunde gelegten Fundamental-aussichten der B GmbH durchgeführt. Nach Verabschiedung der *fair-value-measurement*-Vorschriften zweifelt das Management der U, ob es das DCF-Verfahren weiterhin anwenden darf oder nunmehr zu einer Bewertung auf Basis am Markt für vergleichbare Unternehmen (*peers*) beobachtbarer Multiplikatoren verpflichtet ist.

Der Zweifel ist wie folgt begründet:

Am Markt sind bis auf den risikoangepassten Diskontierungszins keine Inputparameter beobachtbar; denn es gibt keine Marktteilnehmer (potenziellen Käufer etc.), die U zugängliche Schätzungen über die Entwicklung von Umsatz, Kosten, Investitionsausgaben usw. der B GmbH abgegeben hätten. Zwar haben verschiedene Wirtschaftsinstitute Schätzungen über die Umsatzentwicklung der Branche abgegeben, die ggf. als Marktinput angesehen werden können. Diese Branchenschätzungen sagen aber wenig über die evtl. abweichenden Umsatzaussichten der B GmbH, erst recht nichts über deren Ergebnisentwicklung aus. Das DCF-Verfahren müsste somit in wesentlichen Teilen ohne vom Markt entnommene Inputparameter auskommen und wäre in einer inputorientierten Verfahrenshierarchie als „Level 3" einzuordnen.

Am Markt sind hingegen Ergebnis- und Umsatzmultiplikatoren für Vergleichsunternehmen beobachtbar, die „nur" noch an die Verhältnisse der B GmbH angepasst werden müssten („Level 2").

Jedenfalls bei erster Betrachtung ergibt sich für die Bewertung ein **Vorrang** von Multiplikatorverfahren vor einer in mindestens einer wesentlichen Prämisse an internen Planungen orientierten und deshalb „Level 3" zuzurechnenden DCF-Bewertung. Multiplikatoren sind jedoch häufig nur in Bandbreiten beobachtbar, da sich für die Vergleichsobjekte (*peers*) häufig sehr unterschiedliche Werte feststellen lassen. Hinzu kommt, dass für jedes Vergleichsobjekt mehrere Multiplikatoren zur Auswahl stehen (z.B. Umsatzmultiplikator, EBITDA-Multiplikator etc.) Selbst bei einer Entscheidung für das „am besten passende" Vergleichsobjekt lassen sich daher unterschiedliche Werte rechtfertigen. Abgesehen von der grundsätzlich eingeschränkten Vergleichbarkeit börsennotierter Vergleichsobjekte mit bilanziell zu bewertenden, nicht börsennotierten Vermögenswerten/Schulden enthält der Multiplikatoransatz somit einen hohen Grad an **Subjektivität**. In einem breiten Intervall lassen sich viele Werte rhetorisch begründen, aber keiner in einem strengen Sinne beweisen. Als Konsequenz eines

49

---

10   Zum Ganzen LÜDENBACH/FREIBERG, KoR 2006, S. 437 ff.

weiten Intervalls möglicher Multiplikatoren und der Notwendigkeit einer subjektiven Auswahl eines Werts innerhalb der Bandbreite führt auch die ausschließlich auf marktbasierten Inputs basierende Bewertung zu „Level-3"-Werten.

50   Die inputbasierte Verfahrenshierarchie versagt, wenn die Bewertung nicht ausschließlich auf am Markt beobachtbare Inputfaktoren zurückgreift und/oder diese Faktoren nur in erheblichen Bandbreiten beobachtbar, also nur auf Basis subjektiver Anpassungen, verwendbar sind. Nur für den seltenen Fall durchgängiger, eindeutig in einer engen Bandbreite bestimmbarer marktbasierter Inputparameter liefert die inputbasierte Verfahrenshierarchie daher einen **klaren Objektivierungsbeitrag**. In allen anderen Fällen bleibt es bei der bisherigen Freiheit (und damit Subjektivität) in der Wahl der angewandten Verfahren. Bei großzügiger Interpretation kann man jedoch folgenden Objektivierungsbeitrag entnehmen: Wenn keine (Bewertungs-)Methode klar auf Marktprämissen fundiert werden kann, ist der *fair value* durch mehrere Methoden zu bestimmen und die „Lösung" (der Bewertung) unter begründeter Gewichtung der genutzten Verfahren, jedenfalls also nicht einseitig durch Rückgriff auf nur ein Verfahren, gegeben.

51   Als relevante Bedeutung der inputbasierten Verfahrenshierarchie bleiben in jedem Fall die von der Klassifizierung der Bewertung (Level 1 bis 3) abhängigen **Anhangangaben** (Rz 127 ff.). So bestimmt sich der Umfang der Angabepflichten nicht vorrangig nach dem Bewertungsobjekt, sondern hängt von der Güte der Bewertung und der Kategorisierung innerhalb der inputbasierten Hierarchie ab (IFRS 13.93).

3.5   Wertbildende Komponenten und Paketabschläge bzw. Paketzuschläge

52   Im Rahmen der *fair-value*-Bewertung ist ausschließlich den Prämissen und Annahmen Rechnung zu tragen, die beliebige Marktteilnehmer in gewöhnlichen Transaktionen für eine Preisstellung berücksichtigen. In besonderen Fällen (Abweichen der *unit of account* zwischen Bewertungsobjekt und beobachtbaren Inputs; Rz 68 f.) kann für die Bestimmung des beizulegenden Zeitwerts eine **Prämie oder** ein **Abschlag** auf einen beobachtbaren Preis auf einem aktiven Markt zu berücksichtigen sein (IFRS 13.69). Zur Bestimmung der Notwendigkeit einer Anpassung sind beachtlich:

- die **Wertdimension** (*unit of account*) des Bewertungsobjekts,
- das **Vorliegen von „Level-1"-Inputs** (beobachtbare Marktpreise für identische oder ähnliche Bewertungsobjekte) und
- das **Verhalten von beliebigen Marktteilnehmern**, insbesondere ob in gewöhnlichen Transaktionen Zu- oder Abschläge berücksichtigt werden.

Praxis-Beispiel
U schließt ein unbedingtes Termingeschäft zum Erwerb einer beherrschenden Einfluss vermittelnden Anzahl Anteile (mindestens 51 %) an der börsennotierten A AG ab. Da die A AG börsennotiert ist, lässt sich ein Preis je Anteil feststellen, der auf die Anzahl aus dem Termingeschäft hochgerechnet werden kann. Eine (einfache) Hochrechnung scheidet allerdings aus, wenn beliebige Marktteilnehmer eine Prämie für den Erwerb eines beherrschenden Anteils (*control premium*) als *unit of account* unter IAS 39/IFRS 9 bzw. IFRS 3 berücksichtigen. Der beobachtbare Anteilskurs ist daher nach Hochrechnung

---

> um eine weitere wertbildende Komponente anzupassen. Die Kategorisierung der Bewertung richtet sich nach der Objektivierbarkeit der Anpassung.

Unbeachtlich für die Bestimmung des beizulegenden Zeitwerts eines Bewertungsobjekts bleiben **unternehmensspezifische**, nicht mit dem Bewertungsobjekt verbundene **Restriktionen/Eigenschaften**. Hält ein Unternehmen einen die spezifische Angebots- und/oder Nachfragekurve übersteigenden Bestand eines Bewertungsobjekts und kann eine Veräußerung in einer einzigen Transaktion daher nur unter Hinnahme eines **Abschlags** (*blockage factor*) erfolgen, ist dieser nicht im *fair value* zu erfassen. Der notwendige Abschlag ist unternehmensspezifisch und nicht charakteristisch für das Bewertungsobjekt (IFRS 13.80 und IFRS 13.BC156). Der Standard unterscheidet insofern zwischen der bei der Bewertung zu berücksichtigenden Größe *(size)* des Bewertungsobjekts selbst und der nicht berücksichtigungsfähigen Größe des Investments des Unternehmens *(size of the entity's holding)*. **53**

3.6 Steueroptimierung bei der Bewertung

In der **Arbeitsteilung** mit dem (Gesamt-)Regelwerk schreibt IFRS 13 nicht vor, wann und welches Bewertungsobjekt zum *fair value* zu bewerten ist. Der Regelungsinhalt ist – besondere Offenlegungspflichten ausgeklammert – begrenzt auf methodische Vorgaben. Die Leitlinien finden sowohl auf den einzelnen Vermögenswert/die einzelne Schuld als auch auf eine Gruppe von Einsatzfaktoren Anwendung (IFRS 13.13 f./IFRS 13.BC47). Die Identifizierung des Bewertungsobjekts *(unit of account)* richtet sich nach den vermögenswert-/schuldspezifischen Bilanzierungsvorgaben. Ein bloßer **gesellschaftsrechtlicher Mantel** scheidet – mindestens im *consolidated financial statement* – als Bewertungsobjekt aus. Ob ein Vermögenswert in einem *corporate wrapper* gehalten wird, ist für die Festlegung des Bewertungsmaßstabs *fair value* unerheblich, relevante *unit of account* ist der im rechtlichen Mantel gehaltene Vermögenswert. **54**

Wenn steuerliche Gestaltungspotenziale im *fair value* zu berücksichtigen sind, dann nur als Annahme/Prämisse, die beliebige Marktteilnehmer in gewöhnlichen Transaktionen für eine Preisstellung berücksichtigen (IFRS 13.22). Für die Bestimmung des *fair value* von Vermögenswerten ist, ausgehend von den individuellen Nutzeneinschätzungen der Marktteilnehmer, die **bestmögliche Verwertung** *(highest and best use)* zu unterstellen (IFRS 13.27). **55**

Bestehen keine physischen, rechtlichen oder finanziellen Restriktionen für eine steueroptimierte Gestaltung einer (fiktiven) Veräußerung im *corporate wrapper*, ist für die Bestimmung des *fair value* eines Vermögenswerts in einer hypothetischen Transaktion ein *share deal* zu unterstellen. Das (beobachtbare) **Verhalten beliebiger Marktteilnehmer** determiniert die relevanten Eigenschaften des Bewertungsobjekts (IFRS 13.31(a)), und zwar unabhängig davon, ob diese im Status quo bereits bestehen. Für die Bewertung unbeachtlich ist somit, ob ein Vermögenswert bereits in einem rechtlichen Mantel geführt wird. Setzt der *highest and best use* eine Transaktion im rechtlichen Mantel voraus, ist – wegen fehlender Restriktionen – die (hypothetische) Verfügbarkeit zu unterstellen.

Nach der Definition des *fair value* sind **Transaktionskosten** für die Wertermittlung unbeachtlich. Kosten, die nur bei Verkauf eines Vermögenswerts oder Übertragung einer Schuld anfallen, sind Teil der Transaktion und nicht unmittelbar dem Ver- **56** mögenswert oder der Schuld zuzurechnen (IFRS 13.25). Das **Einbezugsverbot** gilt unabhängig von dem *„highest-and-best-use"*-Konzept der Bewertung. Transaktionskosten umfassen unmittelbar mit der Veräußerung zusammenhängende, zusätzliche Belastungen (IFRS 13.A). Ausgeklammert sind allerdings Finanzierungskosten und Ertragsteueraufwand (IFRS 5.A). Für die Identifizierung nicht relevant ist, welche Partei die zusätzlichen **inkrementalen Kosten** zu tragen hat. Wenn eine Belastung nur dem (fiktiven) Erwerber auferlegt wird, stellt der zwischen den Parteien vereinbarte Kaufpreis ein Korrektiv dar. Wegen des Einbezugsverbots ist ein um Transaktionskosten geminderter *fair value* daher anzupassen.

57   Gegenstand der *fair-value*-Bewertung (*unit of account*) ist der nach Maßgabe der Einzelstandards bilanzierte Vermögenswert bzw. die erfasste Schuld, der/die gleichermaßen für die Steuerlatenzrechnung heranzuziehen ist. Anders als für die *fair-value*-Bewertung ist ein *corporate wrapper* de lege lata für die Latenzierung im *consolidated financial statement* aber unbeachtlich.[11] Bilanzierungsobjekt ist der Vermögenswert, die Referenzgröße für die Latenzierung somit der **korrespondierende Steuerwert** (*inside temporary difference*). Daneben bestehende temporäre Differenzen zwischen dem konsolidierten Vermögen und dem Beteiligungsansatz (*outside temporary differences*) bleiben unbeachtlich, wenn in absehbarer Zeit nicht mit einer Umkehr gerechnet wird (IAS 12.39). Für die Steuerlatenzrechnung ist daher auf die *tax base* des Vermögenswerts abzustellen, der *corporate wrapper* bleibt unberücksichtigt.[12]

58   Die Modellbewertung von Vermögenswerten, die steuerlich abschreibungsfähig sind, über eine Abzinsung künftiger (Einzahlungs-)Überschüsse führt zunächst nur zu einem Nettowert ohne Berücksichtigung des steuerlichen Vorteils einer **steuerlichen Abschreibungsfähigkeit** (*tax amortisation benefit*). Als zusätzliche Wertkomponente ist der Barwert des Steuervorteils, ausgehend vom Nettowert, in Abhängigkeit von Steuersatz und Nutzungsdauer hinzuzurechnen (Rz 44). Wird allerdings ein *share deal* als Transaktionsstruktur unterstellt, kann – mangels Absetzungsfähigkeit des Beteiligungsbuchwerts – als steuerliche Bemessungsgrundlage nur noch der im *corporate wrapper* fortgeführte Steuerbuchwert herangezogen werden, wenn eine Aufdeckung stiller Reserven unterbleibt.

Praxis-Beispiel

U bilanziert eine Renditeimmobilie nach IAS 40 im *fair-value*-Modell, die in einem rechtlichen Mantel gehalten wird. Der Steuerwert der Immobilie entfällt mit 100 GE auf Grund und Boden (GruBo) und mit 300 GE auf ein Gebäude (Restnutzungsdauer 30 Jahre). Für die Bewertung wird eine Veräußerung der Anteile an dem Mantel unterstellt. Der (Netto-)Barwert der künftigen Zahlungsüberschüsse beträgt 600 GE und entfällt mit 150 GE auf GruBo und mit 450 GE auf das Gebäude. Für GruBo kann mangels steuerlicher Abschreibungsfähigkeit überhaupt kein (Steuer-)Vorteil berechnet werden. Wegen der Unterstellung eines *share deal* kann die Transaktion aber auch keine Mehrabschreibung generieren, die 300 GE für das Gebäude stellen die Obergrenze dar.

---

[11] Dies bestätigend IFRIC Update November 2011; IFRS IC, Staff Paper May 2012, IAS 12 Income Taxes – Recognition of deferred tax for a single asset in a corporate entity.

[12] A. A. Ernst & Young, International GAAP 2016, Ch. 30 sCh 8.4.10.

Mit der (fiktiven) Gestaltung einer Transaktion als *share deal* können neben der **59** Vermeidung einer steuerpflichtigen Aufdeckung stiller Reserven beim Veräußerer weitere steuerliche Optimierungspotenziale verbunden sein. Eine Berücksichtigung im *fair value* setzt allerdings eine Verneinung eines **Transaktionskostencharakters** voraus. Im Zusammenhang mit einer Veräußerung eines Vermögenswerts anfallende Verkehrssteuern sind u. E. – unabhängig davon, wer diese schuldet – als Transaktionskosten anzusehen und daher nicht im *fair value* des Bewertungsobjekts zu erfassen.

> **Praxis-Beispiel**
> E möchte zur Vermeidung von Grunderwerbsteuer nicht das rechtliche Eigentum an einem Grundstück, sondern lediglich 94 % der Anteile an einem rechtlichen Mantel erwerben. Die im Vergleich zu einem *asset deal* eingesparte Grunderwerbsteuer stellt vermiedene (aufgeschobene) Transaktionskosten dar und bleibt im *fair value* unberücksichtigt.

Die resultierenden Vorteile aus der Gestaltung einer Transaktion sind zwischen **60** Erwerber und Veräußerer aufzuteilen, eine einseitige Erfassung nur bei einer der Parteien scheidet aus. Mangels Beobachtbarkeit eines Aufteilungsschlüssels in der Praxis ist – rationales Handeln aller Beteiligten unterstellt – eine **gleichmäßige Aufteilung** von steuerlichen Optimierungsmöglichkeiten zwischen Veräußerer und Erwerber geboten. Für die *fair-value*-Bewertung sind daher **verschiedene Szenarien** aus der Perspektive von Erwerber und Veräußerer (mit und ohne Optimierung) zu unterstellen. Der beizulegende Zeitwert entspricht dann dem **erwarteten Einigungswert** unter Berücksichtigung der jeweils vorteilhaftesten Transaktionsstruktur.

4 Bewertungsprämissen und Bewertungsmethoden

4.1 Objektspezifische Konkretisierung

Die allgemeinen Leitlinien zur *fair-value*-Ermittlung werden ergänzt/konkreti- **61** siert durch für das Bewertungsobjekt spezifische Vorgaben (IFRS 13.27 – IFRS 13.90). Für die Bewertung von Vermögenswerten und Schulden ist insbesondere zwischen **finanziellen** und **nicht finanziellen Bewertungsobjekten** zu unterscheiden (IFRS 13.BC63–BC67). Besondere Fragestellungen ergeben sich im Bereich der Finanzinstrumente (Rz 79 ff.). Darüber hinaus sind besondere Anforderungen an die Bestimmung des *fair value* im Zugangszeitpunkt (*at initial recognition*) beachtlich (Rz 120 ff.).

4.2 Nicht finanzielles Vermögen

Im Rahmen der *fair-value*-(Einzel-)Bewertung eines nicht finanziellen Ver- **62** mögenswerts ist zwischen dem betriebsnotwendigen (operativ eingesetzten) und dem nicht betriebsnotwendigen Vermögen zu unterscheiden. Nicht betriebsnotwendiges Vermögen kann in absehbarer Zeit veräußert und wieder ersetzt werden. Eine Bewertung zielt auf das Erfolgspotenzial aus einer marktmäßigen Verwertung ab, da weder direkt noch indirekt ein Bezug zur operativen (Gesamt-)Tätigkeit des Unternehmens besteht. Operative Produktionspotenziale steuern durch den Einsatz im Leistungsverbund allerdings einen Beitrag zum (Gesamt-)Unternehmenswert bei. Für die Einzelbewertung nicht finanzieller Vermögenswerte gelten daher Restriktionen, wenn aus der Kombination des zu bewertenden Vermögenswerts mit anderen Produktionsfaktoren **Erfolgs- oder Risikoverbundeffekte** resultieren.

63   Für die Bestimmung des *fair value* von Vermögenswerten ist ausgehend von den individuellen Nutzeneinschätzungen der Marktteilnehmer die **bestmögliche Verwertung** (*highest and best use*) zu unterstellen (IFRS 13.27). Infrage kommt aus der Perspektive beliebiger Marktteilnehmer entweder eine **Veräußerung** oder eine **fortlaufende** unternehmensinterne **Nutzung**:

- Der bei einer (hypothetischen) **Einzelveräußerung** erzielbare Preis *(fair value in exchange)* ist immer dann zu unterstellen, wenn sich die bestmögliche Verwendung eines Vermögenswerts, der keine Kombinationsvorteile im innerbetrieblichen Leistungsprozess generiert, durch eine Veräußerung bestimmt.
- Spiegelbildlich ist der *fair value in use* maßgeblich, wenn der **Einsatz im betrieblichen Leistungsprozess** in Kombination mit anderen unternehmenseigenen Vermögenswerten die bestmögliche Verwendung darstellt.

Rational handelnde Marktteilnehmer werden in den Fällen, in denen der Veräußerungswert den Wert der fortgeführten Nutzung übersteigt, eine Veräußerung präferieren und vice versa. Hinsichtlich der zugrunde zu legenden Perspektive gelten aber folgende Einschränkungen: Die unterstellte Nutzung ist uneingeschränkt, somit

- **physisch möglich** (in Bezug auf den Ort der Nutzung),
- **rechtlich zulässig** (hinsichtlich des geplanten Umfangs der Nutzung) und
- **finanziell realisierbar** (wirtschaftlich durchführbar).

Sind mit einer (fiktiven) Nutzungsänderung weitere Kosten und Risiken verbunden, ist diesen im Rahmen der Bewertung Rechnung zu tragen.

Praxis-Beispiel

Eine im Besitz des U befindliche Renditeimmobilie, die zum *fair value* bewertet wird, ist an einen alleinigen Nutzer vermietet. Alternativ wäre eine Parzellierung der Immobilie mit anschließender Vermietung zu besseren Konditionen an mehrere unterschiedliche Nutzer möglich. Im Rahmen einer Bewertung bei alternativer Nutzung wären allerdings auch die Kosten der Parzellierung und evtl. Risiken (etwa Leerstand) zu berücksichtigen.

---

64   Der *fair value* von Vermögenswerten bestimmt sich danach auch in Bezug auf die Verwertung aus der Perspektive der Marktteilnehmer. Er ist der höhere Wert, der, **abstrahiert vom** konkreten **Unternehmen**, aus der fortlaufenden Nutzung oder einer fiktiven Veräußerung erzielbar ist. Auf die tatsächliche Verwendungsabsicht des Unternehmens (Veräußerung oder fortgesetzte Nutzung) kommt es somit nicht an. Durch die Unterstellung der Perspektive der Marktteilnehmer werden somit die Einflüsse persönlicher Umstände und Absichten ausgeblendet.

Praxis-Beispiel

U erwirbt im Zuge einer *business combination* auch ein Markenrecht. Nach dem Zusammenschluss (*post-combination*) besteht für U die Möglichkeit, die Marke weiter zu verwerten oder zur Stärkung des eigenen Markenauftritts

---

vom Markt zu nehmen. Aus der Sicht eines beliebigen Marktteilnehmers kommt hingegen nur eine fortgesetzte Nutzung infrage, da aus der Einstellung – anders als für U, der über einen eigenen Marktauftritt verfügt – kein Mehrwert generiert werden kann.

	Beliebiger Marktteilnehmer	Unternehmensspezifisch für U
Direkter Nutzen (Weiterführung)	100 GE	0 GE
Indirekter Nutzen (Einstellung)	0 GE	120 GE
fair value	100 GE	100 GE

Obwohl die weitere Verwendung der Marke aus Sicht des U weniger Wert als deren Auflösung (durch die höheren Erträge der bestehenden Marken) generiert, ist der beizulegende Zeitwert unter der Prämisse einer Fortführung zu bestimmen. Für einen beliebigen Marktteilnehmer ergibt sich der *highest and best use* aus der weiteren Nutzung, da aus der Einstellung kein Wert generiert werden kann.

65 Im Regelfall gilt die tatsächliche Nutzung durch das Unternehmen – i.S.e. beizulegenden Zeitwerts – als bestmögliche Verwertung (IFRS 13.29). Sollte wider Erwarten der unternehmensspezifische Einsatz nicht den bestmöglichen Nutzen widerspiegeln, ist die von der Leitlinie *highest and best use* **abweichende Nutzung** offenzulegen (IFRS 13.93(i)/IFRS 13.BC213f.).

66 Zur Maximierung eines bestehenden Nutzenpotenzials im Rahmen der *fair-value*-Bewertung sind Erfolgs- und Risikoverbundeffekte einzelner Bewertungsobjekte zu berücksichtigen. Wenn der *highest and best use* eines Bewertungsobjekts nur im Zusammenwirken mit anderen Vermögenswerten erzielt werden kann, ist für die Bewertung die **Möglichkeit des Zugriffs** auf solche Vermögenswerte durch die beliebigen Marktteilnehmer zu fingieren (IFRS 13.31(a)(iii)). Die relevante Dimension der Bewertung (*unit of account*) darf allerdings allein wegen des Bestehens von Erfolgs- und Risikoverbundeffekten nicht aufgehoben werden (IFRS 13.BC77ff.).

Praxis-Beispiel
U erwirbt vertragliche Kundenbeziehungen und technologische Vermögenswerte im Zuge einer *business combination*. Zur Generierung weiterer Umsätze mit dem übernommenen Kundenstamm ist der Einsatz der Technologie zwingend. Der Bewertung des *fair value* zum *highest and best use* liegt daher die Verbindung der vertraglichen Kundenbeziehungen mit der Veräußerung der technologischen Vermögenswerte zugrunde. Da einem dritten Marktteilnehmer entsprechende technologische Vermögenswerte nicht zur Verfügung stehen, ist für die Berücksichtigung der bestehenden Erfolgs- und Risikoverbundeffekte im Rahmen der Bewertung des Kundenstamms ein Zugriff durch die Marktteilnehmer zu unterstellen. Eine entsprechende Betrachtung gilt auch für die Bewertung des technologischen Vermögenswerts.

67 Synergien sind nur insoweit zu berücksichtigen, als sie von jedem Marktteilnehmer realisiert werden könnten.[13] Die Berücksichtigung echter (unternehmensindividueller) **Synergien** ist nicht zulässig. Zwischen dem *fair value in use* und dem aus IAS 36 bekannten unternehmensspezifischen Nutzungswert (*value in use*) ist somit strikt zu unterscheiden:

- Der *value in use* ist als **unternehmensspezifischer (subjektiver) Wert** charakterisiert, seine Höhe bestimmt sich aus der Verwendungsperspektive des Unternehmens (→ § 11 Rz 42 f.). Maßgeblich zur Bestimmung der Vorteilhaftigkeit der weiteren Verwendung ist ein Investitionskalkül unter Berücksichtigung der Kapitalkosten einer Alternativinvestition.

- Der *fair value in use* spiegelt den **Wert der fortlaufenden Nutzung** in den innerbetrieblichen Leistungsprozessen aus der Perspektive der Marktteilnehmer wider. Die Bestimmung erfolgt nicht primär anhand eines Investitionskalküls, sondern richtet sich nach der Verfügbarkeit am Markt beobachtbarer Bewertungsparameter.

68 Besondere Bedeutung hat die Festlegung der Dimension der Bewertung (*unit of account*) für zahlungsmittelgenerierende Einheiten (CGU; → § 11 Rz 101 ff.) und Anteile an assoziierten Unternehmen, die nach der *equity*-Methode (→ § 33 Rz 61 ff.) bewertet werden (IFRS 13.69). Steht hinter der CGU oder dem *equity*-Ansatz eine marktnotierte Beteiligung, ergibt sich ein **potenzieller Widerspruch** zwischen den Anforderungen der inputbasierten Verfahrenshierarchie und der zugrunde zu legenden Referenzgröße.

- Wird als *fair value* auf das Produkt aus aktuell beobachtbarem Marktpreis und Anzahl der Anteile ($P \times Q$) abgestellt, kann die Bewertung insgesamt als „Level 1" klassifiziert werden.

- Allerdings folgt aus dem Rückgriff auf die Marktkapitalisierung (als *equity value*) ohne Berücksichtigung des besonderen Einflusses lediglich der Wert, den ein Marktteilnehmer für einen Anteil an dem Unternehmen (= eine Aktie) bezahlen würde, der daher nicht repräsentativ für das Bewertungsobjekt ist. Wird allerdings eine weitere wertbildende Komponente (insbesondere eine Prämie auf den beobachtbaren Kurs für den besonderen Einfluss) berücksichtigt ($P \times Q + Z$) und ist diese nicht beobachtbar, scheidet eine Klassifizierung der Bewertung als „Level 1" aus.

69 U. E. ist das Erzielen einer „Level-1"-Klassifizierung **nicht das vordergründige Ziel** einer *fair-value*-Bewertung.[14] Entscheidende Herausforderung ist die Feststellung eines Preises, der von beliebigen Marktteilnehmern für das konkrete Bewertungsobjekt im Rahmen einer gewöhnlichen Transaktion gebildet wird. Insoweit besteht die Möglichkeit **wertbildender Komponenten** für die Bestimmung des *fair value* eines Bewertungsobjekts. Allerdings sind ggf. auch wertmindernde Komponenten zu berücksichtigen, wenn diese spezifisch für den Vermögenswert sind (Rz 53).

---

[13] So bereits AICPA, Practice Aid (White Paper) 2001 „Assets Acquired in a Business Combination to Be Used in Research and Development Activities", Tz. 1.1.16.

[14] Zur gewollten gegenteiligen Klarstellung IASB Update December 2013.

Praxis-Beispiel

U erwirbt 25 % der Anteile der börsennotierten A AG zu Anschaffungskosten von 27 Mio. GE (ohne Transaktionskosten) und damit maßgeblichen Einfluss auf die Finanz- und Geschäftspolitik. Der Marktwert der erworbenen Anteile liegt bei 25 Mio. GE, 2 Mio. GE musste U als Prämie über den aktuellen Kurs zahlen. Bei unverändertem Börsenkurs stellt sich U die Frage, ob der *fair value* der Anteile und damit des *equity*-Ansatzes 25 Mio. GE (= P × Q) oder 27 Mio. GE (= P × Q + Z) beträgt. In aktuellen Transaktionen lassen sich regelmäßig Aufschläge in einer Bandbreite für die Erlangung eines besonderen Einflusses beobachten. Ausgehend von der Prämisse der Berücksichtigung durch beliebige Marktteilnehmer ist daher ein Aufschlag (Z) auf das Produkt aus Aktienkurs und Anzahl zu berücksichtigen. Da sich der Aufschlag nicht unmittelbar beobachten lässt, kann die (Gesamt-)Bewertung allerdings nicht als „Level 1" bezeichnet werden.

4.3 Schulden und eigene Eigenkapitalinstrumente

Für die *fair-value*-Bewertung von finanziellen und nicht finanziellen Schulden und Eigenkapitalinstrumenten eines Unternehmens ist einheitlich von einer **Übertragung** (*transfer*) auf einen Marktteilnehmer **zum Bewertungsstichtag** auszugehen (IFRS 13.34/IFRS 13.BC80). Die Übertragung stellt dabei eine besondere Form der Erfüllung der Verpflichtung aus Eigen- oder Fremdkapital dar. Anders als bei einer Begleichung (*settlement*) geht das bestehende schuld- oder gesellschaftsrechtliche Verhältnis zum Bewertungsstichtag nicht unter, sondern wird lediglich auf eine dritte Partei übertragen. Erfolgen Begleichung und Übertragung zum gleichen Zeitpunkt, entsprechen sich die Erfüllungsbeträge (IFRS 13.BC82). 70

Etwaige **unternehmensspezifische Restriktionen** hinsichtlich einer eingeschränkten Übertragbarkeit der Schuld oder der Eigenkapitalinstrumente sind nicht im *fair value* separat zu erfassen (IFRS 13.45/IFRS 13.46). Implizit sind diese aus Sicht der beliebigen Marktteilnehmer bereits in den anderen Bewertungsprämissen und -faktoren berücksichtigt; eine evtl. Doppelberücksichtigung ist zu vermeiden (Rz 42). 71

Praxis-Beispiel

Die börsennotierte A AG begleicht einen Teil des Kaufpreises nach IFRS 3.37 für den als *business combination* zu klassifizierenden Erwerb von 100 % der Anteile an der G GmbH durch Hingabe eigener Anteile an den Veräußerer V. A und V vereinbaren eine auf zwei Jahre begrenzte Hinterlegung der übertragenen Anteile auf einem Treuhandkonto (*escrow deposit*), erst danach kann V frei über die Anteile verfügen. Der Kurs der A Aktie im Erwerbszeitpunkt beträgt 100 GE. Für die mit einer Verfügungsbeschränkung belegten Aktien wird ein (Zeit-)Wert von 97 GE, also ein Abschlag von 3 GE bestimmt.

Bei restriktiver Auslegung der Vorgaben schiede eine Berücksichtigung der Verfügungsbeschränkung der im Rahmen der *business combination* hingegebenen Anteile aus. Zu einer anderen Beurteilung kommt man nur, wenn die Verfügungsbeschränkung zwischen A und V als separate Transaktion angesehen wird (→ § 31 Rz 56) und der (Wert-)Abschlag separat – aus der Sicht des A als Aufwand – erfasst wird.

72 Auch wenn unternehmensspezifisch eine Erfüllung durch Begleichung (*settlement*) zu einem geringeren Ressourcenabfluss (auch barwertig) als eine Übertragung (*transfer*) führt, ist an der am *exit price* orientierten Bewertung festzuhalten (IFRS 13.BC81). Bestehende (Kredit-)**Vorteile des bilanzierenden Unternehmens** und die Möglichkeit, eine Marge, die eine dritte Partei für die Übernahme einer Schuld verlangen würde, zu vermeiden, bleiben unbeachtlich. Auch wenn das Ergebnis aus unternehmensspezifischer Sicht nachteilig ist, bleibt der **Ansatz** eines (höheren) unter der Prämisse eines Transfers am Stichtag bestimmten *fair value* **verpflichtend**. Der etwaig bestehende unternehmensspezifische Vorteil wird über den Zeitraum bis zur tatsächlichen Erfüllung realisiert.

> **Praxis-Beispiel**
> Für die Übernahme einer bestehenden Verpflichtung des U würde eine dritte Partei inkl. einer Prämie 110 GE verlangen. Nach internen Kalkulationen und unter Berücksichtigung der Rendite für eine Anlageinvestition, die zur Begleichung der Verpflichtung eingegangen wurde, geht U von einem Ressourcenabfluss von (barwertig) 100 GE bei Begleichung zum Fälligkeitszeitpunkt aus. Der *fair value* der Verpflichtung beträgt 110 GE. Mit Verkürzung der Restlaufzeit bis zur tatsächlichen Fälligkeit wird – bei ansonsten unveränderten Prämissen – die Differenz von 10 GE sich reduzieren und insoweit ertragswirksam.

73 Vielfach liegt kein beobachtbarer Marktpreis für die Übertragung einer Schuld bzw. eines Eigenkapitalinstruments vor. Das *„highest-and-best-use"*-Konzept findet mangels alternativer Verwendungsmöglichkeit – die Verpflichtung auf einen *exit price* lässt lediglich eine Übertragung zu – keine Anwendung (IFRS 13.BC81). Für die Bestimmung des beizulegenden Zeitwerts wird daher – mit einem klaren Vorzug einer marktorientierten Bestimmung – auf folgendes abgestufte Vorgehen verpflichtet:

- Vorrangig ist auf den **beobachtbaren Marktpreis** einer tatsächlichen Übertragung einer identischen Schuld bzw. eines Eigenkapitalinstruments abzustellen (IFRS 13.34/IFRS 13.37).
- Lassen sich keine Preisstellungen für identische Objekte beobachten, können aktuelle Preise für die Übertragung **ähnlicher** Schuld- bzw. Eigenkapital**instrumente** herangezogen werden (IFRS 13.37).
- Fehlt es an beobachtbaren Inputs für Passiva überhaupt, ist ein Blick auf die andere Seite der Bilanz nötig, somit wiederum vorrangig ein beobachtbarer Marktpreis im Rahmen einer Transaktion eines **korrespondierenden Vermögenswerts** beachtlich (IFRS 13.35/IFRS 13.37/IFRS 13.38(a)).
- U. U. lassen sich auch **andere** beobachtbare Preise/**Inputfaktoren** (Preisstellungen auf inaktiven Märkten, Preise für ähnliche Vermögenswerte etc.) bestimmen, die für eine Bewertung genutzt werden können (IFRS 13.38(b)).

Fehlt es an ausreichend beobachtbaren Inputs für eine marktbasierte Bestimmung, ist auf ein anderes Bewertungsverfahren, regelmäßig auf eine Barwertermittlung, zurückzugreifen (IFRS 13.38(c)/IFRS 13.40).

74 Lassen sich keine Preisnotierungen für identische oder ähnliche Bewertungsobjekte und auch keine korrespondierenden Vermögenswerte feststellen, erfolgt eine *fair-value*-Bewertung mittels eines **DCF-Modells** aus der Perspektive des

Schuldners (Emittenten). Da der relevante (Bewertungs-)Maßstab der Transfer zum Stichtag ist, sind bei der Verwendung von Barwertmodellen auch *cash (out)flows* zu berücksichtigen, die ausschließlich infolge der Erfüllung der Verpflichtung anfallen (etwa Kompensationszahlungen für Risiken und Gewinnmargen). Für die Bestimmung des relevanten Zahlungsstroms sind folgende Schritte erforderlich:

- Schätzung der zur Erfüllung der Verbindlichkeit notwendigen *cash flows* aus Sicht des Emittenten unter der Prämisse einer Begleichung bei Fälligkeit;
- Bereinigung um *cash flows*, die bei anderen Marktteilnehmern nicht anfallen würden;
- Berücksichtigung von *cash flows*, die bei anderen Marktteilnehmern anfallen würden, jedoch nicht beim Verbindlichkeitsemittenten;
- Erhebung des Gewinnaufschlags, den auch ein beliebiger Marktteilnehmer berechnen würde.

In Abhängigkeit von dem Risiko einer nicht termingerechten Erfüllung des Kapitaldienstes durch den Schuldner **(non-performance risk)** verlangt ein risikoaverser Gläubiger eine höhere Rendite (Verzinsung). Für die Bestimmung der – im Diskontierungszinssatz des Barwertkalküls zu erfassenden – laufzeitabhängigen Risikokorrektur – die Einräumung von Sicherheiten ausgeklammert – ist die *fair-value*-Hierarchie verpflichtend zu berücksichtigen, also vorrangig auf objektivierbare Bewertungsparameter abzustellen:

- Falls verfügbar, ist für die Bestimmung des Diskontierungszinssatzes auf Renditen **beobachtbarer Alternativanlagen** abzustellen. Aus einer Gegenüberstellung der Verzinsung einer marktnotierten Anleihe und der risikolosen Verzinsung ergibt sich die vom Kapitalmarkt determinierte Prämie für das anleihenspezifische Risiko.
- Eine Schätzung der bonitätsabhängigen Risikokorrektur kann auch unter Rückgriff auf das Rating der Schuld (indirekt das des Schuldners) erfolgen. Am Kapitalmarkt lassen sich laufzeitspezifische Renditeerwartungen für **Anleihen(-Körbe)** mit unterschiedlichem Rating beobachten.

Dem *non-performance risk* (Risiko einer Nicht- oder nicht termingerechten **75** Erfüllung) einer Schuld ist auf jeden Fall im Rahmen der *fair-value*-Bewertung Rechnung zu tragen. Durch die (fiktive) Übertragung einer Schuld soll sich – als zwingende Bewertungskonzeption – keine Änderung des Ausfallsrisikos einstellen; das *non-performance risk* einer Schuld ist daher das gleiche vor und nach Transfer (IFRS 13.42/IFRS 13.BC92). Das im *credit spread* ausgedrückte *non-performance risk* einer Schuld spielt allerdings nur aus Sicht des Gläubigers und damit schuldnerseitig bei Erledigung einer Verbindlichkeit durch Abfindung des Gläubigers eine Rolle. Mit zunehmendem Risiko eines Ausfalls wird der Gläubiger für eine (frühzeitige) Erledigung zum Stichtag mehr Zugeständnisse bezogen auf den Erfüllungsbetrag machen als bei späterer Fälligkeit. Wird für die Bewertung ein Transfer auf einen Dritten unterstellt, ist das Ausfallrisiko des bisherigen Schuldners allerdings irrelevant, der Dritte übernimmt eine Zahlungsverpflichtung gegen Ausgleichszahlung, ein Ausfall des bisherigen Schuldners ist daher irrelevant. Die Verpflichtung zur Erfassung des schuldspezifischen Ausfallrisikos wird allerdings mit folgenden Fiktionen gerechtfertigt (IFRS 13.BC94):

- Ein beliebiger Marktteilnehmer, der die Verpflichtung übernimmt, wird danach keine Transaktion eingehen, die zu einer Veränderung des *non-per-*

formance risk führt, ohne dies in seiner Preisstellung zu berücksichtigen. Einer Übertragung, die mit einer Erhöhung des (Ausfall-)Risikos der Schuld einhergeht, wird der bisherige Gläubiger nicht zustimmen. Ein Marktteilnehmer mit besserer Bonität wird die bestehende Schuld nicht zu den bestehenden Konditionen übernehmen.

- Zur Vermeidung einer ermessensbehafteten Festlegung eines *non-performance risk* ist daher auf das spezifische Risikoprofil abzustellen.
- Dem entspricht auch die spiegelbildliche Bewertung des korrespondierenden Anspruchs zum *fair value*. Der Gläubiger wird in den *exit price* einer Forderung das (Ausfall-)Risiko des Schuldners einpreisen (IFRS 13.BC83–BC89).

76 Das Risiko einer nicht termingerechten Erfüllung ist schuldspezifisch und entspricht daher nicht notwendigerweise dem unternehmensspezifischen (Gesamt-)Kreditrisiko (*own credit risk*). Fehlt es an beobachtbaren Renditen von Alternativanlagen ist u. E. vorrangig auf die Risikoerwartung abzustellen, die ein Gläubiger für den **korrespondierenden** (auch in Bezug auf die *unit of account*) **Anspruch** (Vermögenswert) zugrunde legt (IFRS 13.BC92/BC93). Die Annahme eines von beiden Parteien gleich eingeschätzten Nichterfüllungsrisikos (*non-performance risk*) vor und nach der tatsächlichen Übertragung einer Verbindlichkeit ist nicht realistisch (IFRS 13.BC94), stellt aber dennoch den konzeptionellen Rahmen für die Risikoerfassung dar.

> **Praxis-Beispiel**
> U hat eine in fünf Perioden fällige Verpflichtung, die im Fälligkeitszeitpunkt einen erwarteten Ressourcenabfluss (*expected cash (out)flow*) von 100 GE nach allen Anpassungen (hinsichtlich des Erwartungswerts) bedingt. Der laufzeitäquivalente risikolose Zinssatz (näherungsweise durch Rückgriff auf die Rendite von Staatsanleihen bestimmt) für einen Zeitraum von fünf Perioden beträgt 5 %. Das eigene unternehmensspezifische Risiko schätzt U moderat ein, welches daher nur einen *credit spread* von 2 % bedingt. Aus beobachtbaren Transaktionen und Erfahrungswerten mit vergleichbaren Schulden ergibt sich allerdings die Erwartung der Berücksichtigung eines *non-performance risk* von 2,5 % durch einen beliebigen Gläubiger für die Bewertung des Anspruchs. Für die Barwertbestimmung ist auf einen Zinssatz von 7,5 % (= 5 % + 2,5 %) abzustellen, der Barwert (= *fair value*) beträgt daher (gerundet) 69,7 GE.

77 Mangels Differenzierung von finanziellen und nicht finanziellen Schulden für die *fair-value*-Bewertung ist das *non-performance risk* **unabhängig vom** konkreten **Bewertungsobjekt** beachtlich. Anders als für **finanzielle Verbindlichkeiten** ist für die Folgebewertung **nicht finanzieller Verpflichtungen** – deren Bewertungsmaßstab der *present value* bei *settlement* ist – bislang keine Berücksichtigung des eigenen Kreditrisikos vorgegeben (→ § 21 Rz 141). Wird für die Folgebewertung auf die Rendite einer risikolosen Alternativanlage abgestellt, fallen – auch bei ansonsten unveränderten Annahmen – die Wertansätze *fair value* und *present value* auseinander, da diese nur ähnlich, aber nicht identisch sind.

Besondere Relevanz hat die Diskrepanz zwischen den relevanten (Wert-)Maßstäben für den Zugang einer nicht finanziellen Verbindlichkeit im Rahmen einer *business combination* (IFRS 3.18). Wird in der Folgebewertung nach IAS 37 auf die Berücksichtigung eines *credit spread* verzichtet, ergibt sich bereits eine „**logische Sekunde**" nach dem Zugang die Notwendigkeit einer **erfolgswirksamen Anpassung** (i. d. R. Aufwand, da der Zins ohne *credit spread* geringer, der Barwert also höher ist) des Bilanzansatzes.[15]

Praxis-Beispiel

U erwirbt zum 30.12.00 im Rahmen einer *business combination* (gem. IFRS 3) die Mehrheit der Anteile an dem Unternehmen A. Im Rahmen der Kaufpreisallokation ist auch eine von A bereits (gem. IAS 37) passivierte Rückstellung zum beizulegenden Zeitwert zu bewerten. Für die Erfüllung der Schuld in fünf Jahren wird ein Ressourcenabfluss (als *expected future settlement amount*) von 1.000 GE erwartet. Der laufzeitäquivalente risikolose Zinssatz ist 5,0 %, das *non-performance risk* und damit der notwendige *credit spread* wird mit 2,0 % bestimmt. Der beizulegende Zeitwert im Rahmen der Kaufpreisallokation zum 30.12.00 beträgt 712,99 GE (*present value factor*: 0,713). Zum 31.12.00 bewertet U die Rückstellung zum erwarteten Erfüllungsbetrag gem. IAS 37. Als angemessener Diskontierungszinssatz ist der risikolose Zins heranzuziehen. Der Barwert der Rückstellung beträgt 783,53 GE (*present value factor*: 0,784). U erfasst daher einen „*day-2*"-*loss* i. H. v. 70,54 GE, der sich nur aus dem Wechsel des konzeptionellen Bewertungsmaßstabs ergibt.

Das relevante Bewertungsobjekt ist die einzelne Schuld bzw. das eigene Eigenkapitalinstrument. Wird für die *fair-value*-Bewertung auf die Preisstellung für ähnliche Bewertungsobjekte oder korrespondierende Vermögenswerte abgestellt, ergibt sich ggf. die Notwendigkeit einer Anpassung um Faktoren, welche nicht Teil des relevanten Bewertungsobjekts (*unit of account*) sind (IFRS 13.38). Im Zusammenhang mit einer Schuld stehende **credit enhancements** (insbesondere Garantien) sind, da sie – trotz bestehender Separierungsrestriktion – nicht unmittelbar Teil der Schuld sind, nicht im *fair value* zu erfassen. Obwohl die Abgrenzung der *unit of account* nach IAS 39 und IFRS 9 den Einbezug von (auch nicht trennbaren) *credit enhancements* in eine Verbindlichkeit offen lässt (IAS 39.BC92/IFRS 9.BCZ5.34–34B), ergibt sich aus IFRS 13 die Möglichkeit einer separaten Bewertung und damit ein Ausschluss aus der Wertdimension der Verpflichtung (IFRS 13.BC97). 78

4.4 Sonderbestimmungen für Finanzinstrumente

4.4.1 (Einzel-)Bewertung im *mixed model*

Ein Finanzinstrument ist „ein Vertrag, der gleichzeitig bei einem Unternehmen zu einem finanziellen Vermögenswert und bei dem anderen Unternehmen zu einer finanziellen Verbindlichkeit oder einem Eigenkapitalinstrument führt" (IAS 32.11). Als Finanzinstrumente gelten somit alle auf rechtsgeschäftlicher Grundlage stehenden vertraglichen Ansprüche und Verpflichtungen, die unmittelbar oder mittelbar auf den Austausch von Zahlungsströmen gerichtet sind (IAS 32.AG3 – IAS 32.AG10). Zu den Finanzinstrumenten zählen originäre Instrumente (*primary instruments*) und Derivate (IAS 32.AG15). 79

---

[15] Zum Ganzen FREIBERG, Diskontierung in der Internationalen Rechnungslegung, 2010, Rz 293 ff.

80   Innerhalb der IFRS fehlt es allerdings an einheitlichen Bewertungsvorgaben für
      Finanzinstrumente. Für die Bewertung ist daher ein *mixed model* – fortgeführte
      Anschaffungskosten (*at amortised cost*) oder beizulegender Zeitwert (*fair value*) –
      beachtlich (→ § 28). Es gilt ein restriktiver **Einzelbewertungsgrundsatz**; rele-
      vante Wertdimension (*unit of account*) ist regelmäßig der einzelne Anspruch bzw.
      die Verpflichtung, eine künftige Zahlung (bzw. finanzielle Ressource) zu emp-
      fangen bzw. zu leisten. Der beizulegende Zeitwert eines finanziellen Vermögens-
      werts entspricht dem Preis, der für eine Veräußerung empfangen werden kann
      (*bid price*). Für die Bewertung einer finanziellen Verbindlichkeit ist auf den Preis
      abzustellen, der für eine Übertragung zu zahlen ist (*ask price*).

81   Eine Gruppenbewertung – die Möglichkeit einer Portfoliowertberichtigung
      (→ § 28 Rz 462) und *macro hedge accounting* (→ § 28a Rz 113) ausgeklammert
      – scheidet für die *fair-value*-Bilanzierung mit einer relevanten Ausnahme aus.
      Nach IFRS 13 besteht die Möglichkeit einer **portfoliobasierten** *fair-value*-**Be-
      wertung** von Finanzinstrumenten (IFRS 13.48),

      * die aufgrund einer **dokumentierten Risikomanagementstrategie** unterneh-
        mensspezifisch als Nettorisikoposition in Bezug auf bestimmte Risiken ge-
        steuert werden und
      * für die die **interne Berichterstattung** an das (verantwortliche) Management
        auf Nettobasis erfolgt.

      Abweichend von den relevanten Einzel(veräußerungs-)werten ist auf den Preis
      innerhalb einer Geld-Brief-Spanne (*bid-ask spread*) abzustellen, der bei einem
      Transfer der Nettoposition im Rahmen einer gewöhnlichen Transaktion zwi-
      schen beliebigen Marktteilnehmern erzielt würde (IFRS 13.53).

4.4.2 Besonderheiten für die Bewertung von OTC-Derivaten

82   Für die *fair-value*-Bewertung von OTC-Derivaten sind mehrere unterschiedli-
      che **Risikokomponenten** beachtlich, die teilweise bislang – insbesondere auch
      wegen fehlender Wesentlichkeit (z. B. *cross currency basis spreads* und *tenor basis
      spreads*) – bei der Bewertung häufig nicht berücksichtigt worden sind. Die
      aktuellen Anforderungen an die Bewertung von derivativen Finanzinstrumenten
      sind – insbesondere als Folge der Finanzmarktkrise – vor dem geänderten Markt-
      umfeld deutlich gestiegen. Folgenden Prämissen sind bei einer Bewertung *mark
      to model* Rechnung zu tragen:

      * Es sind für die *fair-value*-Bewertung mehr wertbeeinflussende Parameter zu
        berücksichtigen (z. B. *liquidity spreads*, *tenor spreads* oder *cross currency basis
        spreads*).
      * Es ergibt sich die Notwendigkeit zur Verwendung unterschiedlicher Zinskurven
        zur Diskontierung in Abhängigkeit von der Besicherung (z. B. OIS-Kurve bei
        besicherten Derivaten und Drei-Monats- oder Sechs-Monats-EUR-Tenorkurve
        bei unbesicherten Derivaten).
      * Es sind signifikante Liquiditätsanpassungen (Geld/Briefkurs-Anpassungen)
        und Kreditausfall-/Kontrahentenrisiken (Rz 85 ff.) zu erfassen.

83   Seit der Finanzmarktkrise sind an den (Kapital-)Märkten wesentliche Abweichun-
      gen bei den Zinskurven über zusätzliche Anpassungen (*spreads*) in Abhängigkeit
      von der **Zahlungsfrequenz** (bezeichnet als Tenor) zu beobachten. Die beobacht-
      baren Aufschläge für Tenorrisiken zwischen Kurven einer gleichen Währung (z. B.

zwischen Overnight-Index-Satz-Kurve und Drei-Monats-Euribor) – aber auch zwischen Kurven aus Instrumenten auf Basis unterschiedlicher Währungen (etwa *cross currency basis spreads*) – haben sich signifikant ausgeweitet und sind damit zu einer preisrelevanten Komponente bei der Bewertung von Derivaten geworden. Die Berücksichtigung der notwendigen Anpassungen für die *fair-value*-Bewertung ist sowohl für freistehende, aber auch für zu Sicherungszwecken eingesetzte Derivate geboten. Die zusätzlichen Risikokomponenten bei der Bewertung von Derivaten wirken sich auf die Effektivität einer Sicherungsbeziehung (→ § 28a Rz 86), insbesondere auf *fair-value-hedge*-Beziehungen, aus. Wird für *cash-flow-hedge*-Beziehungen für die Effektivitätsmessung auf ein hypothetisches Derivat als Stellvertreter des Grundgeschäfts abgestellt (→ § 28a Rz 76), ist dieses gleichermaßen wie das (derivative) *hedging instrument* von den zusätzlichen Risikokomponenten betroffen. Es ergeben sich keine Rückwirkungen für den Effektivitätstest. Anderes gilt im *fair value hedge accounting*: Bei einer Sicherungsbeziehung, bei der die festen Zahlungen eines Grundgeschäfts durch einen Zinsswap in variable Zahlungsströme getauscht werden, kann die bislang unterstellte Effektivität nur noch auf *cash-flow*-Basis, aber nicht mehr auf *fair-value*-Basis nachgewiesen werden, da der beizulegende Zeitwert des Sicherungsinstruments – anders als das Grundgeschäft – zusätzlich von der Veränderung der *tenor basis spreads* beeinflusst wird (→ § 28).

84

4.4.3 Verpflichtung zur Erfassung des Kontrahentenrisikos

Ebenso wie originäre Finanzinstrumente unterliegen auch Derivate einem Kreditrisiko. Im *fair value* ist daher (**bilateral**) das (Ausfall-)**Risiko** der beteiligten Parteien zu erfassen.[16] Zu unterscheiden ist zwischen dem

85

- *credit valuation adjustment* (CVA) für Anpassungen hinsichtlich des **Kontrahentenrisikos** und
- *debt valuation adjustment* (DVA) für Anpassungen auf das **eigene Risiko** (bei Möglichkeit eines Nettogewinns aus der eigenen Bonität).

Für die *fair-value*-Bewertung eines derivativen Finanzinstruments ist das mit den erwarteten Nettozahlungen verbundene *credit risk* zu berücksichtigen (IFRS 13.B13(d)). Abzustellen ist nicht auf den erwarteten Verlust, sondern das über einen *credit spread* ausgedrückte **Ausfallrisiko**.[17] Im Fall einer Vermögensposition ist ein CVA beachtlich. Nimmt der Bilanzierer die Rolle des Schuldners ein, ist das eigene Kreditrisiko als *non-performance risk* bewertungsrelevant (IFRS 13.42). Insoweit Sicherheiten, Aufrechnungslagen oder sonstige vertragliche Abreden hinsichtlich des Umgangs mit einem bestehenden Kreditrisiko gegenüber einem Kontraktpartner bestehen, gehen diese als **risikominimierende** Gegenpositionen in die Bewertung ein (IFRS 13.56).

Konsequenter als das alte Recht verpflichten die Leitlinien zur *fair-value*-Bewertung auf die Berücksichtigung von Kreditrisiken bei der Bewertung von Derivaten. Bei der Bewertung ist die Kreditqualität des Instruments beachtlich. Das Kreditrisiko stellt daher auch einen wesentlichen Parameter einer Modellbewertung dar.[18] Unsicherheiten bestanden bislang hinsichtlich der Berücksichtigung

86

---

[16] Zum Ganzen FREIBERG, PiR 2012, S. 400 ff.
[17] Vgl. GRÜNBERGER, KoR 2011, S. 410 ff.
[18] So auch KNOTH/SCHULZ, KoR 2010, S. 247 ff.

der **eigenen Bonität** (DVA) bei der Bewertung derivativer Verbindlichkeiten. Für die *fair-value*-Bewertung ist entweder auf einen **Rückkauf** (*repurchase*) oder eine **Erfüllung** (*settlement*) der Verbindlichkeit abzustellen (IAS 39.BC89). Mindestens bei Unterstellung einer (kontraktgerechten) Erfüllung zeitigen Änderungen der DVA keine Relevanz für den Auszahlungsbetrag und lassen sich daher bei der Bewertung ausblenden.

Eine entsprechende Überlegung lassen die neuen Bewertungsleitlinien nicht zu, das *own credit risk* ist zwingend als Parameter zu erfassen (IFRS 13.42). Mit den explizit eingeführten Vorgaben zur Portfoliobewertung bei kompensierenden Markt- und Kreditrisiken wird das Erfordernis der **bilateralen Risikokorrektur** nochmals gesondert hervorgehoben (IFRS 13.48). Nach den Anwendungsleitlinien (*transition guidance*) ist eine **prospektive Umsetzung** vorgesehen (IFRS 13.C2), da mit der Erstanwendung keine fundamentalen Änderungen des bisherigen Rechts einhergehen (IFRS 13.BC226). Wenn überhaupt Abweichungen festgestellt werden, sind diese als *change in accounting estimate* (IFRS 13.BC148), somit in laufender Rechnung, zu erfassen. Eine retrospektive Erfassung von Bewertungsänderungen als *change in accounting policy* scheidet aus.

87 Wurden im *fair value* von derivativen Finanzinstrumenten bislang keine Anpassungen für (bilaterales) Kontrahentenrisiko erfasst, stellt sich mit Übergang auf IFRS 13 ein Bewertungseffekt ein. Wird das Derivat nicht als *hedging instrument* in einem Sicherungszusammenhang eingesetzt, ist die Wertdifferenz im laufenden Ergebnis zu erfassen. Auch bei Bestehen einer (*cash-flow-*)*hedge*-Beziehung ist eine **erfolgswirksame Verrechnung** geboten, wenn die Anpassung als ineffektiver Teil der Sicherung bestimmt wird.

Entsprechende Komplikationen ergeben sich auch, wenn für den Nachweis der Effektivität auf ein **hypothetisches Derivat** als Stellvertreter für das Grundgeschäft abgestellt wird. Zwar fließt das bilaterale Kontrahentenrisiko dann sowohl in die Bewertung des *hedging instrument* (dem derivativen Instrument) und des *hedged item* (Grundgeschäft vertreten durch ein hypothetisches Derivat) ein, eine – nachzuweisende – wertmäßige Übereinstimmung ist bei gegenläufigen Kontrakten unwahrscheinlich, wenn nicht sogar ausgeschlossen.

88 Das Kreditrisiko von Derivaten drückt den Preis aus, der für eine Absicherung des erwarteten Verlusts aus einem Kontrakt aufzubringen ist. Da das Ausfallrisiko spezifisch für einen Kontraktpartner ist, bietet sich für die *fair-value*-Bewertung von Derivaten ein differenziertes Vorgehen an:

- In einem ersten Schritt erfolgt eine (risikofreie) **Bewertung des derivativen Instruments** unter Ausblendung des Kontrahentenrisikos.
- Erst in einem zweiten Schritt ist die **Risikoanpassung** für den Ausfall einer Partei als Korrekturbetrag zu bestimmen (Rz 89 ff.).

Die Konzentration von mehreren Kontrakten mit einer Gegenpartei ist für die Bestimmung der Risikoanpassung ebenso beachtlich wie etwaige Sicherheiten. Es besteht nicht notwendigerweise ein additiver Zusammenhang zwischen den Risikoanpassungen für einzelne Instrumente gegenüber demselben Kontrahenten, abzustellen ist daher auf die Nettorisikoposition. Für eine zutreffende Bestimmung des Kontrahentenrisikos ist sowohl das **aktuelle** (*current exposu-*

re) als auch das **künftige** (*potential future exposure*) **Ausfallrisiko,** welches dem Nettozahlungsanspruch aus dem Instrument entspricht, in der Bewertung zu erfassen.[19] Die Modellierung des Kontrahentenrisikos (als erforderliche Risikoanpassung) lässt sich gedanklich in mehrere Schritte aufteilen.[20] Ausgangspunkt für die Bestimmung der erforderlichen Risikoanpassung ist das **89** **unilaterale CVA,** somit zunächst nur das Risiko eines Ausfalls des Kontraktpartners. Für eine zum Stichtag erfasste Vermögensposition aus einem Anspruch auf Zahlungen besteht das Risiko eines Ausfalls der Gegenpartei, im *fair value* des Instruments ist daher ein *credit value adjustment* zu berücksichtigen. Mangels einer Vorgabe für die methodische Herleitung eines CVA kann auf die Vorgaben zur Bestimmung eines Wertberichtigungsbedarfs (*loan loss provisioning methodology*) originärer Finanzinstrumente abgestellt werden. Das unilaterale – nur das Ausfallrisiko der Gegenpartei berücksichtigende – CVA entspricht danach dem barwertigen Produkt

- des **erwarteten** (Netto-)**Anspruchs** (*exposure at default*, EAD), welcher entweder über eine Simulation künftiger Markt-/Umweltzustände oder *add-on*-Verfahren bestimmt wird,
- der **periodenbezogenen Ausfallwahrscheinlichkeit** (*probability of default*, PD), die in Abhängigkeit von der Verfügbarkeit von Informationen aus historischen Erkenntnissen (*actual historic default rates*) oder impliziten aktuellen Erwartungen (*implied current market default rates*) aus *credit default swaps* oder Brokerquotierungen abgeleitet werden, und
- dem **Verlust bei tatsächlichem Ausfall** (*loss given default*, LGD) unter Berücksichtigung eines noch zu vereinnahmenden anteiligen Betrags (*recovery rate*).

Formelmäßig ausgedrückt ergibt sich das unilaterale CVA somit als Produkt der einzelnen Parameter unter Berücksichtigung des Zeitwerts des Geldes (*time value of money*), also einer Diskontierung.[21]

$$CVA \approx LGD \sum_{i=1}^{m} EAD_{t_i} PD_{(t_{i-1}, t_i)}$$

Abb. 2: Unilaterales *credit valuation adjustment* (CVA)

Für die Berechnung des unilateralen CVA sind daher nur einzelne Bewertungs-   **90** parameter, die aus verschiedenen Quellen entstammen, zu kombinieren. Beachtlich bleibt aber die i.S.d. *fair value*-Hierarchie erforderliche Marktbasierung (IFRS 13.72 ff.). Die Bestimmung des unilateralen CVA erfolgt allerdings unter der Restriktion von drei vereinfachenden Annahmen:[22]

(1) Es besteht kein eigenes Ausfallrisiko (*own credit risk*), eine Anpassung um ein *debt value adjustment* (DVA) entfällt (Rz 91).

---

[19] Ausführlich G30, Derivatives: Practices and Principles, Global Derivatives Study Group, Washington, 1993, http://group30.org/publications/detail/183, abgerufen am 4.1.2017.

[20] Zum Ganzen FREIBERG, PiR 2014, S. 255 ff.

[21] Für eine vereinfachte Berechnung vgl. FREIBERG, PiR 2012, S. 400 ff.; IDW RS HFA 47, Tz. 103.

[22] Vgl. GREGORY, Counterparty credit risk and credit value adjustment, 2nd ed., 2012, S. 241.

(2) Eine risikofreie Bewertung ist ohne Einschränkung möglich, ein risikofreier Zinssatz ist danach uneingeschränkt beobachtbar und eine (Re-)Finanzierung (*funding*) unterliegt auch keinen (Markt-)Restriktionen (Rz 94).

(3) Es besteht keine Abhängigkeit zwischen den einzelnen Parametern, die für die Bestimmung des unilateralen CVA herangezogen werden. Vernachlässigt wird eine Korrelation zwischen dem Volumen des *exposure* (EAD) und der Wahrscheinlichkeit (PD) eines Ausfalls (*wrong-way risk*).

Eine *fair-value*-Bewertung im Einklang mit den methodischen Vorgaben der IFRS berücksichtigt alle Annahmen, die beliebige Marktteilnehmer bei der Preissetzung für ein Bewertungsobjekt heranziehen. Das unilaterale CVA ist für die Bewertung unbedingter Termingeschäfte daher nicht ausreichend.

91 Wird eine Pflicht zur Einbindung eines Intermediärs (*central clearing*) ausgeklammert, kommt ein unbedingtes Termingeschäft zwischen zwei Parteien zustande. Zahlungsansprüche und Zahlungsverpflichtungen stehen sich mit **umgekehrten Vorzeichen** gegenüber. Das von einer Partei bestimmte unilaterale CVA entspricht dem DVA der Gegenpartei. Konsequenz einer gegenseitigen Vernachlässigung des eigenen Ausfallrisikos führt übertragen auf eine (hypothetische) Transaktion unter beliebigen Marktteilnehmern zu einem (Abschluss-)Hemmnis.

Praxis-Beispiel

Unternehmen U möchte mit Bank B einen Zinsswap kontrahieren. Das *credit rating* von U ist nicht besonders gut, ein impliziter aus beobachtbaren Daten abgeleiteter *credit spread* beträgt 300 Basispunkte. Nach einigen operativen Fehlentscheidungen hat sich die Bonitätseinschätzung bezogen auf B dramatisch verschlechtert, der relevante *credit spread* entspricht dem des U. Ohne eine Korrektur für das Ausfallrisiko der B wird U der Transaktion nicht zustimmen, da es einseitig belastet wäre.

---

92 Eine Nichtberücksichtigung des eigenen Ausfallrisikos (*debt value adjustment*) verstößt gegen die Anforderungen einer Bewertung zum beizulegenden Zeitwert. Für die Berechnung des Kontrahentenrisikos ist daher auf ein **bilaterales Ausfallrisiko** (BCVA) abzustellen. Wird an den Prämissen der Möglichkeit einer risikofreien Bewertung und einer Unbeachtlichkeit von *wrong-way risk* festgehalten, ergibt sich als erweiterte Formel unter Berücksichtigung des barwertigen *exposure at default*:

$$BCVA \approx LGD_A \sum_{i=1}^{m} EAD(t_i)[1 - PD_B(0, t_{i-1})]PD_A(t_{i-1}, t_i)$$

$$+ LGD_B \sum_{i=1}^{m} NEAD(t_i)[1 - PD_A(0, t_{i-1})]PD_B(t_{i-1}, t_i)$$

Abb. 3: Bilaterales Ausfallrisiko

93 In Abgrenzung zum unilateralen CVA erfolgt in bilateraler Betrachtung nicht nur eine Ergänzung um die – als negatives *exposure at default* (NEAD) erfasste – Perspektive der Gegenpartei, sondern auch eine (multiplikativ verknüpfte) Erweiterung bezogen auf die Fortführungserwartung jeder beteiligten Partei [1-PD]. Bei Ausdehnung der Bestimmung des Kontrahentenrisikos auf eine bilaterale

Betrachtung erklärt sich die Erweiterung in Abhängigkeit von der möglichen **Reihenfolge eines Ausfalls** (*closeout*). Die Partei, die zuerst ein *default event* begründet, kann mangels eigener (Unternehmens-)Fortführung bereits keinen Verlust mehr realisieren. In der Modellwelt kann bei Ausfall einer Partei (*closeout*-Szenario) ein Anschlussgeschäft realisiert werden, welches bestenfalls zu gleichen Konditionen und schlimmstenfalls zum risikofreien Wert erfolgt. Der Verzicht auf die Berücksichtigung einer Risikoanpassung wegen eines erwarteten eigenen Ausfalls scheidet daher aus. Mit Übertragung der Annahmen der Modellwelt ist das *closeout*-Szenario in der Bestimmung des BCVA zu vernachlässigen. Der Verzicht auf die Berechnung eines Ausfallrisikos wegen eines erwarteten eigenen *defaults* als Konsequenz eines Ausfalls der Gegenpartei scheidet aus. Auch außerhalb der Modellwelt ist die Fortführung einer Transaktion (oder deren Glattstellung) mit einer anderen Gegenpartei zu unterstellen.

Bislang wurde die Möglichkeit einer „risikofreien" Diskontierung für die Bestimmung des Barwerts der (Kredit-)Risikoanpassung unterstellt. Für die Bewertung sind allerdings Risikokomponenten beachtlich, die im relevanten Marktumfeld beobachtbar sind. Die Herleitung der Abzinsungsfaktoren ist nicht durch Rückgriff auf eine einzelne Zinsstruktur, sondern unter Beachtung eines *multi curve approach* vorzunehmen (Rz 82f.). Die Betrachtung des Kontrahentenrisikos lässt sich darüber hinaus um einen weiteren Aspekt ergänzen. Bislang wurden lediglich zwei mögliche Szenarien in der Berechnung erfasst, und zwar als **94**

- CVA: Die Gegenpartei fällt mit einer Wahrscheinlichkeit aus, das eigene Fortbestehen ist nicht gefährdet ($\text{PDA} \times [1\text{-PDB}]$).
- DVA: Es kommt zu einem eigenen Ausfall, der keine Rückwirkung auf das Fortbestehen der Gegenpartei zeitigt ($\text{PDB} \times [1\text{-PDA}]$).

Ausgeblendet wurden bislang ein **simultaner Ausfall**, der theoretisch zwar denkbar, praktisch aber irrelevant ist, und das Szenario mit einer kombinierten Wahrscheinlichkeit ($[1\text{-PDB}] \times [1\text{-PDA}]$), bei der keine der beteiligten Parteien ausfällt, das *default risk* bleibt unbeachtlich. Die Bewertung des unbedingten Termingeschäfts berücksichtigt bislang den „risikofreien" Wert korrigiert um ein wahrscheinlichkeitsgewichtetes Ausfallrisiko, und zwar unter der Prämisse einer (Re-)Finanzierung zur modellierten Zinsstruktur. Ausgeblendet wurde die fehlende Möglichkeit einer Finanzierung (*funding*) ohne zusätzliche Kosten. Besondere Bedeutung hat die Berücksichtigung eines *funding value adjustment* (FVA) für unbesicherte Termingeschäfte (*uncollaterised transactions*), weil hier mangels eigener Sicherheiten höhere (Re-)Finanzierungskosten entstehen. Das Bestehen einer Besicherung reduziert den Werteinfluss der erforderlichen (Re-)Finanzierung, beseitigt diesen allerdings nicht vollständig. **95**

Das in die Bewertung eines unbedingten Termingeschäfts im Szenario des planmäßigen Verlaufs aufzunehmende FVA setzt sich zusammen als Summe aus **96**

- FCA (*funding cost adjustment*) und
- FBA (*funding benefit adjustment*), das bis auf die Verwendung eines unterschiedlichen *spread* (*funding* anstatt *credit*) der Herleitung des DVA entspricht;

wobei – abweichend von der Herleitung des BCVA – die Bestimmung beider Komponenten von dem eigenen *credit spread* abhängt. Der gesuchte *funding spread* entspricht nicht dem *credit spread*, sondern stellt den Aufpreis dar, der für die eigene Refinanzierung auf den risikofreien Zins (abgeleitet aus einem *overnight index swap*) entrichtet werden muss. Zur Vermeidung einer Doppelerfassung eines FBA und eines DVA lassen sich zwei (gleichwertige) Annahmen treffen: Es erfolgt eine Modellierung des Kontrahentenrisikos unter der Prämisse

- einer **symmetrischen** (Re-)Finanzierung unter Berücksichtigung eines FVA und eines CVA bei Ausklammerung eines DVA oder
- einer **asymmetrischen** (Re-)Finanzierung unter Abstellen auf ein BCVA und zusätzlicher Erfassung eines FCA.

Vorziehungswürdig ist u. E. die Unterstellung eines *asymmetric funding*, also die Ergänzung eines BCVA um ein *funding cost adjustment* (FCA), welches den erforderlichen Aufpreis für die eigene Refinanzierung ausdrückt.

97   Als verbleibende Prämisse der Bewertung bleibt die Ausklammerung einer **Abhängigkeit** der einzelnen Bewertungsparameter, die eine isolierte Bestimmung der Inputfaktoren ausschließt. Eine multiplikative Verknüpfung der einzelnen Parameter scheidet aus, wenn diese sich interdependent zueinander verhalten. Notwendigerweise ist zu differenzieren zwischen

- *wrong-way risk*: Es besteht eine Abhängigkeit, die in einer Kumulation des Risikos mündet (wenn etwa gilt: je höher das EAD, desto höher ist PD und vice versa) und
- *right-way risk*: Die Interdependenz der einzelnen Parameter führt zu einer Risikoreduzierung.

Auch hinsichtlich der Ursachen ist zu unterscheiden zwischen

- **allgemeinen**, auf das makroökonomische Umfeld zurückzuführende Interdependenzen (*general risk*) und
- **spezifischen Abhängigkeiten** (*specific risk*), die ihren Ursprung auf Ebene einzelner Transaktionen haben.

Die Notwendigkeit zur Anpassung des Bewertungsmodells um *wrong-way risk* ist nur ausnahmsweise, wenn eine **Kumulation** von gleichlaufenden Risiken besteht (etwa bei *central clearing*), erforderlich und setzt den Nachweis einer Interdependenz der Inputparameter voraus. Wird das *wrong/right-way risk* als bewertungsrelevant angesehen, ist anstatt einer multiplikativen Verknüpfung eine Korrelation der einzelnen Parameter erforderlich. Mangels eines standardisierten Verfahrens bietet sich hier ein weiter Ermessensspielraum, der nur über das Erfordernis einer Kalibrierung des Bewertungsmodells anhand am Markt beobachtbarer Preisfindungsprozesse eingeschränkt wird. Ohne konkrete Hinweise auf eine Abhängigkeit der einzelnen Bewertungsparameter kann an der **multiplikativen Verknüpfung** festgehalten werden.

98   Neben den Anpassungen für das Kontrahentenrisiko können administrative Kosten, die im Zusammenhang mit der Steuerung eines Portfolios von Einzelgeschäften anfallen, Eingang in die Bewertung finden. Auszuschließen ist in jedem Fall eine Doppelerfassung; eine Kalibrierung der Annahmen ist daher geboten. Ebenfalls in Betracht kommt eine Korrektur des Bewertungsergebnisses für Modellunsicherheiten. Die Anpassungen stehen allerdings unter dem Vorbehalt einer Bedeutung für beliebige Marktteilnehmer (IFRS 13.2).

99   Die konsequente Ausrichtung der bewertungsmethodischen Vorschriften zur *fair-value*-Bestimmung bedingt eine erhebliche Komplexitätserhöhung. Aus Gründen der Objektivierbarkeit ist die konzeptionelle Bindung des *fair value* an den Wert, den beliebige Marktteilnehmer unter gewöhnlichen Bedingungen für eine tatsächliche oder hypothetische Transaktion zugrunde legen (IFRS 13.2), zu begrüßen. Kehrseite der detaillierten Leitlinien ist die zusätz-

liche Komplexität für die Bewertung, die für alle Parteien (somit branchen-übergreifend) eines derivativen Instruments beachtlich ist. Einziger Ausweg aus den einzelnen Anforderungen an die *valuation technique* bleibt der allgemeine *materiality*-Vorbehalt (IAS 8.5), der allerdings separat für einzelne Bewertungsprämissen zu beurteilen ist und die Kenntnis der wertmäßigen Auswirkung voraussetzt. Ein vollständiger Verzicht auf die Bestimmung einer Risikokorrektur für Kontrahentenrisiko scheidet allerdings aus.

Wird unter Berufung auf *materiality*-Erwägungen (Rz 99) nur auf das aktuelle Risiko abgestellt, ist in Abhängigkeit von der Bilanzierung am Stichtag als Bewertungsparameter entweder nur ein Kontrahentenrisiko CVA (bei Vermögenswerten) oder nur das eigene Bonitätsrisiko DVA (bei Schulden) zu erfassen. Der *fair value* von unbedingten Termingeschäften kann aber sowohl **positiv** als auch **negativ** sein und sich über die Totalperiode ändern. Für die Bestimmung des *potential future exposure* sind zukünftige Wertentwicklungen durch Änderung von Marktrisikofaktoren über Szenariosimulationen (etwa Monte-Carlo-Simulationen; → § 23 Rz 273) zu berücksichtigen. **100**

- Für das erwartete, positive *exposure* (**Forderung**) ist eine Anpassung mit dem Ausfallrisiko des Kontrahenten (CVA) notwendig.
- Ein erwartetes, negatives *exposure* (**Verbindlichkeit**) ist um das eigene Ausfallrisiko (DVA) zu korrigieren.

Die gegenläufigen Erwartungswerte sind in barwertiger Betrachtung durch Multiplikation mit der fristenkongruenten Ausfallwahrscheinlichkeit (*credit spread*) und dem erwarteten Ausfall (*credit charge*) zu berechnen.[23] **101**

Praxis-Beispiel

Für ein Derivat mit einer (Rest-)Laufzeit von drei Jahren bestehen zum Stichtag (vereinfacht unter Vernachlässigung von Diskontierung) die folgenden Erwartungen hinsichtlich der Ausfallwahrscheinlichkeit und dem Ausfall:

Zeit	exposure	credit spread	credit charge	Anpassung
t1	200.000	0,8 %	40 %	640
t2	240.000	1,0 %	50 %	1.200
t3	180.000	1,2 %	60 %	1.296
Summe (da positives *exposure* als CVA)				3.136

Der *fair value* ohne Risikoanpassung beträgt 210.000 GE. Nach Korrektur um das Ausfallrisiko des Kontrahenten i. H. v. 3.136 GE ist zum Stichtag ein derivativer finanzieller Vermögenswert von 206.864 GE zu erfassen.

Die erwarteten Ausfallwahrscheinlichkeiten und der Ausfall sind – im Einklang mit der inputbasierten *fair-value*-Hierarchie (IFRS 13.72 ff.) – aus beobachtbaren Daten abzuleiten. Werden *CDS spread*-Quotierungen herangezogen, umfassen diese sowohl die Wahrscheinlichkeit als auch die Höhe eines Ausfalls.

---

[23] Für ein ausführliches Berechnungsbeispiel GRÜNBERGER, KoR 2011, S. 410 ff.

102   Liegen (ausnahmsweise) beobachtbare *CDS spreads* für einen spezifischen Kontrahenten, die daher nicht anzupassen sind, zum Bewertungsstichtag vor, sind diese wegen des Vorrangs beobachtbarer Preise (Rz 31 ff.) für die Bemessung des Ausfallrisikos der Höhe nach heranzuziehen. Der Rückgriff auf aus historischen Ausfallraten abgeleiteten Schätzungen, die als Level-3-Input einzustufen sind, scheidet dann aus.

4.4.4 Steuerung auf Nettobasis

103   Sieht die unternehmensspezifische Risikomanagement- und Steuerungsmethode für Finanzinstrumente den Abschluss gegenläufiger Geschäfte vor, kann wahlweise (IFRS 13.51/IFRS 13.BC121) als Bewertungsobjekt auf die **Nettoposition** abgestellt werden. Vorausgesetzt ist allerdings die Gruppierung **homogener Finanzinstrumente**, insbesondere in Bezug auf das Risiko (Voraussetzung von *offsetting risk positions*) und die Fristigkeit (IFRS 13.54–IFRS 13.55). Die Bildung eines Portfolios mit sich ausgleichenden Risiken ermöglicht die Identifizierung einer Nettorisikoposition je **Markt- und Kontrahentenrisiko** (Rz 107). In späteren Perioden erfolgt kein Verkauf einzelner Instrumente des Portfolios, sondern die Nettorisikoposition wird im Einklang mit der Strategie geschlossen (glattgestellt). Abzustellen ist auf ein bestehendes Portfolio zum Bewertungsstichtag (IFRS 13.48). Mangels einer Verpflichtung auf eine statische Konsistenz ist eine Änderung der Zusammensetzung des Portfolios unschädlich.

104   Unter der Voraussetzung einer Steuerung und internen Berichterstattung von einzelnen Finanzinstrumenten, die zum *fair value* bilanziert werden, auf Nettobasis, kann für die Bewertung (nicht die Bilanzierung) eine Saldierung vorgenommen werden (*unit of account* ≠ *unit of measurement*). Für die **Bewertung der Nettorisikoposition** gilt:

(1) Zunächst ist für die Finanzinstrumente des Portfolios getrennt nach Aktiva und Passiva der Mittelkurs (*mid price*) zu bestimmen, der sich als rechnerischer Mittelpunkt innerhalb einer Geld-Brief-Spanne (Rz 111 ff.) ergibt.

(2) Ausgehend vom Mittelkurs für Aktiva und Passiva des Portfolios bestimmt sich, ob die Nettoposition positiv (Aktiva) oder negativ (Passiva) ist.

(3) In Abhängigkeit von dem Vorzeichen ist dann auf den Preis abzustellen, der für ein Schließen der Nettoposition am Bilanzstichtag aufzubringen ist; beachtlich für (Netto-)Aktiva ist der *bid price*, für (Netto-)Passiva der *ask price*.

Praxis-Beispiel

U hält zwei gegenläufige Finanzderivate (Instrument 1: Vermögenswert und Instrument 2: Verbindlichkeit), die ein vergleichbares, somit gegenläufiges Risikoprofil sowie gleiche Laufzeit aufweisen und steuert diese auf einer Nettobasis. Anstelle einer Einzelbewertung greift U auf die alternativ zulässige Portfoliobewertung zum *fair value* zurück.

Finanzinstrument in GE	Nominal	*ask price*	*mid price*	*bid price*	Einzelbewertung	Mittelkursbewertung	*mid-bid*-Spanne
Instrument 1	2.000	225	200	175	175	200	
Instrument 2	1.500	(165)	(150)	(135)	(165)	(150)	
Nettoposition	500	60	50	40	10	50	10

Als Ergebnis einer Einzelbewertung der beiden Instrumente ergäbe sich eine Nettoposition von 10 GE, ein finanzieller Vermögenswert zum *bid price* von 175 GE und eine finanzielle Verbindlichkeit zum *ask price* von 165 GE. Werden die Voraussetzungen für eine Portfoliobewertung erfüllt, ergäbe sich hingegen eine Nettoposition von 40 GE, da ein Positivüberhang festgestellt wurde, für den insgesamt auf den *bid price* abzustellen ist. Die Abweichung vom Mittelkurs (*mid-bid*-Spanne) beträgt 10 GE.

Die Zulässigkeit der Aggregation einzelner Instrumente für Zwecke der Bewertung wirkt sich nicht auf den **Bilanzausweis** (*presentation*) aus. Insoweit die **restriktiven Voraussetzungen** für eine bilanzielle Aufrechnung (*offsetting*) nicht erfüllt sind (→ § 2 Rz 23 ff.), ist am getrennten Ausweis der einzelnen Instrumente des Portfolios festzuhalten. Der *fair value* der Nettoposition ist nach einem geeigneten **Schlüssel** konsistent den einzelnen Instrumenten zuzuweisen. Als Ergebnis einer solchen Verteilung erfolgt eine Bilanzierung der einzelnen Instrumente zu einem Kurs in der Geld-Brief-Spanne (IFRS 13.53), lediglich der *fair value* der Nettoposition entspricht dem maßgeblichen *bid* bzw. *ask price* des Portfolios. **105**

Die Zulässigkeit einer Portfoliobewertung entbindet nicht von den allgemeinen Anforderungen an die *fair-value*-Bewertung. Es ist daher in **maximalem Umfang** Gebrauch von Prämissen und Annahmen zu machen, die beliebige Marktteilnehmer im Rahmen einer gewöhnlichen Transaktion zugrunde legen. Die Klassifizierung der Bewertung innerhalb der *fair-value*-Hierarchie richtet sich nach dem Input mit dem niedrigsten Grad. Regelmäßig liegt daher – wenn nicht ausnahmsweise für jedes Instrument eine marktbasierte Bewertung möglich ist – mit einer Portfoliobewertung eine „Level-3"-Bewertung vor. Die relevanten **Offenlegungspflichten** beziehen sich auf die einzelnen Finanzinstrumente, da die *disclosure*-Vorschriften an den Bilanzausweis (*presentation*) und nicht an die Bewertung (*measurement*) knüpfen. **106**

Im Rahmen einer Portfoliobewertung ist auch (soweit von Bedeutung) eine Anpassung der Nettoposition für das bestehende Kontrahentenrisiko (bzw. Gegenparteirisiko) zu erfassen (Rz 81). Je Kontraktpartner ist eine Nettorisikoposition unter Berücksichtigung von Sicherheiten, Aufrechnungslagen oder sonstigen vertraglichen Abreden hinsichtlich des Umgangs mit einem bestehenden Kreditrisiko zu bestimmen. Fehlt es an vertraglichen Abreden mit dem Kontrahenten hinsichtlich einer Aufrechnung von Risiken einzelner Instrumente, entspricht das (Gesamt-)CVA eines Portfolios der Summe der einzelnen Kreditrisiken für derivative Instrumente (*credit valuation adjustments*). **107**

Eine weitere Folge der Finanzmarktkrise ist eine zunehmende Ausweitung des Besicherungsgrads von **OTC-Derivaten** im Interbankenmarkt.[24] Als Marktstandard für Transaktionen mit OTC-Derivaten kann auf das *Master Agreement* der *International Swap and Derivatives Association* (**ISDA-Vereinbarung**) zurückgegriffen werden. Die Bedingungen einer zwischen den beteiligten Parteien gewollten Besicherung des Derivategeschäfts können durch einen Credit Support Annex (CSA) der ISDA-Vereinbarung abgedeckt werden. Spezifiziert werden üblicherweise die Art der Besicherung (*collateral*), der Referenzindex für Zinsen **108**

---

24 Vgl. ISDA Margin Survey 2011 und frühere Jahre.

auf einen *collateral* und die vereinbarte Währung für *cash collaterals*. Ein wesentlicher Nachteil eines CSA – weswegen dieser von Industrieunternehmen häufig
nicht genutzt wird – liegt in der vorgeschriebenen Vorhaltung von ausreichender
Liquidität zur Besicherung. Eine Besicherung (*collateral*-Vereinbarung) bietet
rein rechtlich allerdings nur dann eine ausreichende Deckung, wenn mit den
Gegenparteien ein *close out netting* durch einen rechtswirksamen Rahmenvertrag
vereinbart ist. Zusätzlich zu einer ISDA-Vereinbarung ist daher als **rechtsseitige**
Voraussetzung ein CSA zum Rahmenvertrag zu vereinbaren.

109 Das spezifische **Kontrahentenrisiko** ist wegen der Diskrepanz zwischen Bewertungsobjekt (Portfolio) und Bilanzierungsobjekt (einzelnes Finanzinstrument)
anhand einer Schlüsselung zu verteilen (IFRS 13.48ff.). Ein spezifischer (Alloka-
tions-)Mechanismus wird nicht vorgegeben, sondern nur eine stetige und methodisch begründete Vorgehensweise verlangt (IFRS 13.51). In der Praxis wird eine
Reihe von Methoden als akzeptabel angesehen (u. a. *relative fair value approach*
oder *relative credit adjustment approach*).[25]

Praxis-Beispiel
Das Kontrahentenrisiko (CVA) eines derivativen Finanzinstruments wird in
einer isolierten (*unit of account = single instrument*) Betrachtung mit 300 GE
bewertet. Durch Einbindung des Derivats in ein Portfolio mit anderen Instrumenten und bestehenden Aufrechnungsvereinbarungen mit dem gleichen
Kontrahenten wird für den *fair value* des Portfolios eine Reduzierung des
(Gesamt-)CVA der Nettorisikoposition von 100 GE erzielt. Die durch vertragliche Abrede mit dem Kontrahenten erreichte Risikominderung ist auf die
einzelnen Instrumente des Portfolios zu schlüsseln. Der Bilanzausweis des
einzelnen Instruments entspricht daher auch in Bezug auf das Kontrahentenrisiko nicht dem *fair value* einer Einzelbewertung.

---

110 Die gewählte Methode zur Schlüsselung des *fair value* der Nettoposition ist als
wesentliche *accounting policy* im Anhang offenzulegen (IAS 1.117). Mögliche
Alternativen für die Aufteilung einer Wertanpassung für das Portfolio erfolgen
nach dem **relativen Verhältnis** der einzelnen

- **beizulegenden Zeitwerte** (*relative fair value approach*). Ausgehend von dem
  fair value der einzelnen Instrumente des Portfolios wird ein Anteil an der
  Wertanpassung auf Ebene des Portfolios bestimmt. Bei einer Bruttobetrachtung werden sowohl Vermögenswerte als auch Verbindlichkeiten einbezogen,
  bei einer alternativen Nettobetrachtung erfolgt die Verteilung nur bezogen
  auf den Aktiv- oder Passivüberhang des Portfolios;
- **Wertanpassungen** (*relative credit adjustment approach*). Im Rahmen einer
  ausschließlichen Bruttobetrachtung wird auf die erforderliche Wertanpassung
  je Einzelinstrument als Schlüssel abgestellt.

4.4.5 Bedeutung der Geld-Brief-Spanne

111 Für Finanzinstrumente, die börslich gehandelt werden, entspricht der relevante
(Referenz-)Markt dem organisierten Markt mit dem größten Volumen bzw. der

---

[25] Vgl. PwC, Guide to Fair Value Measurement 2015, Ch 8.2.4.1.

höchsten Aktivität (Rz 21). Der *fair value* des Instruments bestimmt sich unter Rückgriff auf den beobachtbaren **Schlusskurs** (*closing price*), eine Geld-Brief-Spanne, also unterschiedliche **Angebots- und Nachfragepreise** (*bid and ask prices*), bleibt unbeachtlich. Nur falls ein Finanzinstrument nicht oder nur in unwesentlichem Umfang börslich gehandelt wird und daher als Referenzmarkt für die *fair-value*-Bestimmung auf die Preisstellung des außerbörslichen Handels abzustellen ist, zeitigt eine **Geld-Brief-Spanne** für die *fair-value*-Bewertung Relevanz.[26]

Sowohl ein Händler (*dealer*), der auf eigene Rechnung Finanzinstrumente erwirbt **112** oder verkauft, als auch der Broker berücksichtigen bei der Preisstellung für Finanzinstrumente neben evtl. **Transaktionskosten** auch eine **Marge** (*dealer's profit*). Der Preis, zu dem ein Finanzinstrument außerbörslich gekauft werden kann (*ask price*), übersteigt daher den möglichen realisierbaren Verkaufspreis (*bid price*) zum gleichen Stichtag.

• Der *bid price* (Geldkurs) entspricht dem **Maximalbetrag**, den ein *dealer* (als Transaktionspartner) für den **Ankauf** eines Finanzinstruments zahlt, und somit dem Preis, der unternehmensseitig durch den Verkauf realisiert werden kann (*exit price*).

• Der *ask* (oder *offer*) *price* (Briefkurs) bestimmt sich als Preis, zu dem ein *dealer* bereit ist, ein Finanzinstrument **zu verkaufen**, der also durch das Unternehmen für den Erwerb zu zahlen ist (*entry price*).

Die Erfassung beider Preisstellungen in einem Ausdruck erfolgt als **Quotation**, vorangestellt wird aus der Perspektive des Händlers/Brokers der niedrigere Preis. Ein **Verkauf** (*short position*) ist dann zum erstgenannten, niedrigeren Wert, ein **Kauf** (*long position*) zum letztgenannten Wert möglich.

Praxis-Beispiel

Die beobachtbare Quotation für ein Wertpapier zum Stichtag beträgt „100,00–105,00 GE". Transaktionskosten zunächst ausgeklammert, kann das Wertpapier zu 105 GE (*ask price*) gekauft und zu 100 GE (*bid price*) verkauft werden.

Bei der *fair-value*-Bewertung bleiben Transaktionskosten unbeachtlich (Rz 14). **113** Eine Gleichsetzung einer beobachtbaren Geld-Brief-Spanne mit Transaktionskosten scheidet aus (IFRS 13.BC164), daher kann für die Bewertung von Finanzinstrumenten nicht allein auf die Obergrenze (*ask price*) bzw. Untergrenze (*bid price*) abgestellt und die verbleibende Differenz als Transaktionskosten verrechnet werden. Eine Klarstellung hinsichtlich der **Zusammensetzung** („*what, if anything*") wird bewusst nicht gegeben („*decided not to specify*"), die Verantwortlichkeit für eine Interpretation somit an den Bilanzierer weitergereicht („*an entity will need to make an assessment*"). Konsequenz der Zerlegung einer bestehenden Geld-Brief-Spanne in zumindest teilweise nicht *transaction cost* ist die verpflichtende Erfassung – eine Erfüllung der *observability*-Voraussetzung unterstellt (Rz 118) – eines *day one loss/gain* (IFRS 13.D37/D107) für den Teil der Anschaffungskosten, die nicht dem *exit price* entsprechen und nicht als Transaktionskosten aktivierungsfähig sind.

---

26 Zum Ganzen FREIBERG, PiR 2011, S. 294 ff.

> **Praxis-Beispiel**
>
> U erwirbt auf dem Brokermarkt Aktien der A AG zum *ask price* von 105 GE, der *bid price* beläuft sich auf 100 GE. Im Zugangszeitpunkt erfolgt eine Kategorisierung der Aktien als *available-for-sale assets*. Die (unterstellte) Geld-Brief-Spanne für die Aktien der A AG i.H.v. 5 GE entfällt nach Auffassung des U lediglich mit 3 GE auf Transaktionskosten, der Rest sei *commission fee*. I. H. v. 2 GE wäre daher – unabhängig von der Kategorisierung (also Zulässigkeit der Aktivierung von Transaktionskosten) – eine aufwandswirksame Verrechnung der *commission fee* geboten.

114 **Zweifel** an den Ausführungen zur Zusammensetzung des *bid-ask spread* innerhalb der *Basis for Conclusions*, die nicht nur Transaktionskosten, sondern auch andere Komponenten umfassen soll, ergeben sich allerdings aus den *Illustrative Examples* (IFRS 13.IE24/IE25). Eine Abweichung von *entry* und *exit price*, die sich für einen kontrahierten *swap* auf einem OTC-Markt regelmäßig einstellt, wird in *Illustrative Example 7* ausgeschlossen bzw. mit inkrementalen Transaktionskosten für einen „*exit*" begründet. Hieraus lässt sich auf die Zulässigkeit der umfänglichen Behandlung einer bestehenden Spanne als Transaktionskosten schließen, auch wenn begründete Zweifel an der praktischen Relevanz des unterstellten Sachverhalts bleiben.[27]

115 Entgegen der strengen konzeptionellen Bindung des *fair value* an einen *exit price* deuten die Ausführungen unter der Überschrift „*Inputs based on bid and ask prices*" auf eine wahlweise Festlegung der Bewertungsperspektive hin. Es findet sich ein **eklatanter Widerspruch** (IFRS 13.70):

- Zwar scheint Satz 1 mit der Verpflichtung auf eine Verwendung des „*most representative*" Preises für die Bestimmung des *fair value* im **Einklang** mit dem „*exit*"-Gedanken zu stehen,
- nach Satz 2 wird aber ein **Wahlrecht**, keine Verpflichtung, zur Verwendung von *bid/ask prices* bescheinigt.

Nachfolgend wird die Verwendung von *mid prices* wiederum als Ausnahme („*practical expedient*") unter den **Vorbehalt** einer Verwendung durch Marktakteure („*used by market participants*") gestellt (IFRS 13.71).

> **Praxis-Beispiel**
>
> U erwirbt auf dem Brokermarkt Aktien der A AG zum *ask price* von 105 GE, der *bid price* beläuft sich auf 100 GE. Für die Bewertung der A Aktien stellt U einen *ask price* von 105 GE und einen *bid price* von 100 GE fest. Wäre eine Folgebewertung zum Mittelkurs zulässig, ergäbe sich ein Bilanzansatz von 102,5 GE, der allerdings nicht dem realisierbaren *exit price* von 100 GE entspräche.

116 Unbeschadet der Widersprüchlichkeit der Vorgaben hinsichtlich der Feststellung des repräsentativen (Markt-)Preises bleibt die Verwendung von *mid prices* für (bestimmte) Nettopositionen zulässig (Rz 103 ff.). I. S. e. **geltungserhaltenden Interpretation** der Gesamtkonzeption ist u.E. für die Ausführungen zur Feststellung des repräsentativen Marktpreises bei Vorliegen einer Geld-Brief-Spanne folgende Lesart geboten:

---

[27] So auch GRÜNBERGER, KoR 2011, S. 414.

- Sind für ein Bewertungsobjekt sowohl einheitliche *bid prices* als auch *ask prices* beobachtbar, entspricht der *fair value* wegen der *exit-price*-Konzeption dem *bid price*.
- Lassen sich auf dem spezifischen Referenzmarkt ausnahmsweise Transaktionspreise *readily and regularly* innerhalb der Geld-Brief-Spanne beobachten, kann für die Bestimmung des *fair value* auf einen Kurs, der zufällig dem *mid price* entspricht, innerhalb der Spanne abgestellt werden.

In jedem Fall scheidet die Verwendung eines – auch beobachtbaren – Marktpreises aus, wenn dieser bei einem *„exit"* nicht erzielt werden kann. Rechnerische *mid prices* bleiben für die Bestimmung des *fair value* unbeachtlich.

4.4.6 Weitere Besonderheiten

Abweichend von den allgemeinen Leitlinien der *fair-value*-Bewertung wird für Verbindlichkeiten aus einer Stillhalterposition (*liability with a demand feature*) eine Wertuntergrenze festgesetzt (IFRS 13.47/IFRS 13.BC26(a)). Der *fair value* einer **jederzeit** durch die Gegenpartei **einforderbaren Verbindlichkeit** kann nicht niedriger sein als der Erfüllungsbetrag (i. S. e. Begleichung, also *settlement*), diskontiert auf den Bewertungsstichtag, ausgehend von dem ersten Tag einer möglichen Zahlungsverpflichtung.   **117**

Für die *fair-value*-Bewertung ist nicht zwischen Zugang und Folgebewertung zu unterscheiden (IFRS 13.58). Weicht der Transaktionspreis von dem *fair value* ab, ist bereits im Zugangszeitpunkt ein *day one gain/loss* zu erfassen, wenn sich in Einzelstandards keine abweichende Vorgabe ergibt (IFRS 13.60). Ein Ergebniseffekt im Zugangszeitpunkt für Finanzinstrumente steht allerdings unter dem Vorbehalt der Basierung des *fair value* auf einem beobachtbaren Marktpreis oder einer Bewertung anhand ausschließlich beobachtbarer Parameter (IFRS 9.B5.1.2). Insoweit die *observability*-Bedingung erfüllt ist, liegt ein ergebniswirksam zu erfassender *day one gain/loss* vor. Fehlt es an einer objektivierbaren Preisstellung, ist eine identifizierte Differenz zwischen *fair value* und Transaktionspreis im Zugangszeitpunkt abzugrenzen und im Zuge der Folgebewertung nur in dem Umfang erfolgswirksam aufzulösen, in dem auch beliebige Marktteilnehmer dies vollziehen würden. Der abgegrenzte Betrag ist nicht Teil des *fair value* des Finanzinstruments, sondern stellt einen eigenen Betrag dar (IFRS 13.60/IFRS 13.BC318).   **118**

> **Praxis-Beispiel**
> Bank B emittiert eine Anleihe zu einem Transaktionspreis von 100 GE an einen Kunden. Die Transaktion findet auf dem Privatkundenmarkt statt; der Hauptmarkt ist allerdings der Interbankenmarkt, gewöhnlich wäre die Transaktion mit einer anderen Bank vollzogen worden. Auf dem Hauptmarkt wäre ein Preis von 95 GE erzielt worden. In Abhängigkeit von der Objektivierbarkeit der Bewertung auf dem Hauptmarkt wäre die Differenz erfolgswirksam zu erfassen (beobachtbare Inputs) bzw. abzugrenzen (nicht objektivierbare Inputs).

Insoweit Anhaltspunkte für ein Abweichen des Transaktionspreises vom *fair value* bestehen (Rz 120f.), scheidet eine Kalibrierung eines Bewertungsmodells auf den erzielten Preis aus. Wurde – mangels Vorliegens eines Indikators nach

IFRS 13.B4 – eine Modellkalibrierung vorgenommen (Modellwert = Transaktionspreis), sind die kalibrierten nicht beobachtbaren Parameter für die Folgebewertung fortzuführen. Eine spätere Anpassung ist für

- beobachtbare Parameter verpflichtend (IFRS 13.64) und
- nicht beobachtbare Parameter abhängig davon, ob beliebige Marktteilnehmer diese verwenden würden (IFRS 13.89).

119   Im Rahmen eines *consequential amendment* wurden IFRS 9.B.5.4.12 und IAS 39.A79 aufgehoben. Nach den bislang anwendbaren Vorgaben war bei Unwesentlichkeit eines Zinseffekts für kurzfristige Forderungen/Verbindlichkeiten eine Abzinsung entbehrlich. Mit Streichung der Vorgaben intendierte der IASB allerdings keine Änderung der Bilanzierungspraxis, sondern hob nur die gesonderte Erwähnung, die neben dem allgemeinen **Wesentlichkeitsvorbehalt** des IAS 8 bestand, auf. Die Erleichterungsvorschrift ist daher – so nun auch bestätigt durch eine Ergänzung in den *Basis for Conclusions* im Rahmen des AIP – **weiterhin anwendbar** (IFRS 13.BC138A).

4.5   Beizulegender Zeitwert im Zugangszeitpunkt

120   Der (Transaktions-)Preis, der für den Erwerb eines Vermögenswerts oder die Begründung einer Verbindlichkeit aufzubringen ist, stellt aus Sicht des bilanzierenden Unternehmens regelmäßig einen *entry*-Wert dar. Der beizulegende Zeitwert ist als *exit price* definiert. Ergibt sich für ein Bewertungsobjekt die Verpflichtung auf eine *fair-value*-Bewertung im Zugangszeitpunkt, kann sich daher eine Situation einstellen, bei der Transaktionspreis (*entry price*) und *fair value* (*exit price*) auseinanderfallen. Trotz der konzeptionellen Unterschiede sollen sich allerdings – besondere Anhaltspunkte ausgeklammert (Rz 118) – beide Werte entsprechen. Keine Rechtfertigung für ein Auseinanderfallen sind mit dem Zugang verbundene Transaktionskosten (Rz 14), da diese nicht Teil des *fair value* sind (IFRS 13.BC33).

> **Praxis-Beispiel**
> U erwirbt im Rahmen einer gewöhnlichen Transaktion am relevanten Hauptmarkt einen Vermögenswert zu einem Preis von 100 GE von Verkäufer V. Bei U fallen Transaktionskosten von 3 GE an. Aus dem Verkaufserlös muss V ebenfalls Transaktionskosten (etwa Vermittlergebühren) von 5 GE aufbringen. Für die *fair-value*-Bestimmung sind sowohl die Transaktionskosten des U als auch diejenigen des V außer Acht zu lassen. Der beizulegende Zeitwert des Vermögenswerts beträgt 100 GE.

121   Mögliche Anhaltspunkte für ein Auseinanderfallen von Transaktionspreis und beizulegendem Zeitwert im Zugangszeitpunkt sind

- eine **Transaktion zwischen nahestehenden Personen**/Unternehmen (*related parties*; → § 30 Rz 10),
- ein **Handeln** mindestens einer der beteiligten Parteien **unter Zwang** (etwa finanzielle Schwierigkeiten oder regulatorische Beschränkungen),
- ein **Abweichen der Wertdimension** (*unit of account*) der beobachtbaren Preisstellung und des Bewertungsobjekts oder

- ein Stattfinden der **Transaktion auf einem Markt,** der nicht dem Haupt- bzw. vorteilhaftesten Markt entspricht (IFRS 13.B4).

Das Vorliegen eines der Indikatoren zieht nicht zwangsläufig eine Differenz nach sich (IFRS 13.BC133), sondern begründet nur eine **widerlegbare Vermutung** (erfolgt etwa eine *related party transaction at arm's length conditions*, entsprechen sich Transaktionspreis und *fair value*). Lässt sich für ein Bewertungsobjekt eine Geld-Brief-Spanne (*bid-ask-spread*) feststellen, kann dies ebenfalls ein Auseinanderfallen von *entry* und *exit price* rechtfertigen (Rz 111 ff.).

Für den Fall einer **begründeten Differenz** zwischen Transaktionspreis und *fair value* ergibt sich aus der Zugangsbewertung u. U. ein Ergebniseffekt (IFRS 13.60). Die Leitlinien zur Bestimmung des *fair value* klammern den Umgang mit einer festgestellten Differenz aus (IFRS 13.BC137) und verweisen für die bilanzielle Behandlung auf die spezifischen Vorgaben für das Bewertungsobjekt. Die ergebniswirksame Erfassung eines *day one gain/loss* unterliegt für Finanzinstrumente besonderen Restriktionen (Rz 118). Anderes gilt für Bewertungsobjekte im Anwendungsbereich (*scope*) von IFRS 3 (→ § 31 Rz 143 f.) und IAS 41 (→ § 40 Rz 19 ff.), die auf eine ergebniswirksame Erfassung einer Differenz unabhängig von der Objektivierbarkeit des *fair value* verpflichten. 122

4.6 Märkte mit abnehmender Aktivität

Voraussetzung für den Rückgriff auf Preisstellungen oder Inputs für eine *fair-value*-Bewertung ist die Beobachtung im Rahmen einer gewöhnlichen Transaktion auf einem aktiven Markt. Ein **rückläufiges Transaktionsvolumen** oder Aktivitätslevel kann daher die Verwertung einschränken (IFRS 13.B37). In Zweifelsfällen hinsichtlich des Vorliegens eines aktiven Markts sind im Rahmen einer Gesamtwürdigung sowohl **quantitative als auch qualitative Indizien** heranzuziehen. Mögliche **Anhaltspunkte** für eine Beurteilung sind (IFRS 13.B37/IFRS 13.B42): 123

- Es lassen sich nur sehr wenige aktuelle Transaktionen beobachten.
- Beobachtbare Preisstellungen basieren nicht auf aktuellen Informationen.
- Es besteht eine erhebliche Differenz zwischen beobachtbaren Preisen über einen bestimmten Zeitraum oder zwischen unterschiedlichen Marktteilnehmern.
- Indizes, deren Preisentwicklung bislang als eng korreliert mit dem Bewertungsobjekt angesehen wurde, sind nach aktuellen Entwicklungen unkorreliert mit der Preisentwicklung.
- Aktuell beobachtbare Transaktionen weisen einen signifikanten Anstieg impliziter Liquiditätsprämien, Renditen oder sonstiger Indikatoren auf.
- Es entsteht erstmals eine Geld-Brief-Spanne für das Bewertungsobjekt oder eine bereits bestehende wird signifikant verbreitert.
- Die Marktaktivität für vergleichbare Bewertungsobjekte weist einen erheblichen Rückgang auf.
- Es sind überhaupt wenig(er) öffentliche Informationen verfügbar.

Die Feststellung einer sinkenden Marktaktivität ist für eine Abqualifizierung beobachtbarer Marktpreise oder Inputs allein nicht ausreichend (IFRS 13.B38). Nur insoweit die Anhaltspunkte den Schluss auf das Vorliegen nicht gewöhnlicher Transaktionen, das Agieren von Marktteilnehmern unter Zwang oder die Qualifizierung von beobachtbaren Preisstellungen als Ausreißer zulassen, ist die Abkehr von einem beobachtbaren Transaktionspreis gerechtfertigt (IFRS 13.B43).

124   Stellt ein beobachtbarer (Markt-)Preis keine geeignete Indikation für den *fair value* des Bewertungsobjekts dar, kommt entweder eine **Anpassung der beobachtbaren Preisstellung** oder der Rückgriff auf ein Bewertungsverfahren (*valuation technique*) mit Kalibrierung an beobachteten Trends infrage. Im Rahmen einer *fair-value*-Ermittlung über ein Bewertungsverfahren sind dennoch alle zum Stichtag am Markt verfügbaren Informationen zu berücksichtigen.[28] Es kommt somit nicht darauf an, ob aktuelle Transaktionspreise fundamental gerechtfertigt sind oder psychologisch bedingte Überzeichnungen in sich tragen. Ziel der *fair-value*-Bewertung ist die Ermittlung des Werts, zu dem ein Bewertungsobjekt am Stichtag hätte veräußert oder erworben werden können, unabhängig davon, ob die Einschätzung der Marktteilnehmer fundamental gerechtfertigt ist.

125   Eine ganz oder nahezu zum Erliegen kommende Handelsaktivität auf einem vormals aktiven Markt ist in diesem Zusammenhang nicht nur Beleg der Inaktivität des Markts, sondern wegen der fehlenden Möglichkeit zur jederzeitigen Veräußerung eines Vermögenswerts auch Ausdruck von **Liquiditätsrisiken**.[29] Die Freisetzung gebundener Liquiditätsreserven ist nicht oder nur durch Hinnahme eines niedrigeren Preises möglich. Das Liquiditätsrisiko ist im Rahmen einer stichtagsbezogenen *fair-value*-Bewertung (*mark to model*) zwingend zu erfassen. Wird es wegen fehlender Quantifizierbarkeit nicht – durch einen Sicherheitsabschlag – in den erwarteten nominellen Zahlungen erfasst, ist im Diskontierungszinssatz eine Risikoanpassung vorzunehmen. Die Höhe des Risikozuschlags richtet sich nach dem Grad der Illiquidität des Referenzmarkts für das Bewertungsobjekt.

126   Erfolgt eine DCF-Bewertung komplexer Produkte im Rahmen eines *looking through* (**Durchschau**), ist eine spezifische, von der Komplexität des Bewertungsobjekts abhängige Risikokorrektur (durch hohe Abschläge auf den Zahlungsstrom oder hohe Zuschläge auf den Diskontierungszinssatz) zwingend.[30] Ein *looking through* auf die einem komplexen Produkt zugrunde liegenden Vermögenswerte/Ansprüche ist zunächst nichts anderes als der untaugliche Versuch, aus den Zahlungsstrom- und Zinserwartungen für nicht komplexe Instrumente den *fair value* von strukturierten Produkten abzuleiten. Ein solcher Versuch ignoriert allerdings das besondere **Komplexitäts- und Intransparenzrisiko** strukturierter Produkte. Sind die Marktteilnehmer nicht mehr (in gleichem Maß) bereit, in komplexe, nicht mehr verständliche Produkte zu investieren, lässt sich die Preisentwicklung einfach strukturierter Produkte nicht auf komplex ausgestaltete übertragen. Ein solches *looking through* „würde die Preisentwicklung bei Äpfeln mit derjenigen von Apfelsaftschorlen gleichsetzen". Überdies lassen sich beobachtbare Preise für strukturierte Produkte nur ganz ausnahmsweise als Notverkäufe oder Abwehrpreise qualifizieren, an deren Stelle darf daher nicht vorschnell die Durchschau treten. Bei ausnahmsweise zulässigem *looking through* sind Risikoanpassungen für Komplexität, Intransparenz und Illiquidität zu berücksichtigen.

---

[28]   Dies betonend IFRIC Update March 2009.
[29]   Vgl. FREIBERG, Diskontierung in der Internationalen Rechnungslegung, 2010, Rz 197 ff.
[30]   Zum Ganzen FREIBERG, PiR 2007, S. 361 ff.

5 Angabepflichten

Neben einheitlichen Leitlinien zur *fair-value*-Ermittlung wird ein **Mindestmaß** 127
an Angabepflichten definiert, welche als Referenzrahmen zum Nachvollzug
und zur Plausibilisierung der Annahmen und Prämissen auf Logik, Konsistenz
und Widerspruchsfreiheit dienen soll. Anstelle der bislang über die Einzelstandards verstreuten und im Umfang abweichenden Offenlegungspflichten treten
die (umfangreichen) Vorgaben als Minimalforderung (IFRS 13.92). Hierbei ist
nicht zwischen Bewertungen zum *fair value* und aus diesem abgeleiteten Wertansätzen (Rz 8) zu unterscheiden (IFRS 13.93).

Die Angabepflichten nach IFRS 13 sind allerdings begrenzt auf die *fair-value*- 128
Bewertung auf einen Zeitpunkt nach erstmaliger Erfassung (*initial recognition*)
eines Vermögenswerts oder einer Schuld (IFRS 13.BC184). Insbesondere für die
Zugangsbewertung zum beizulegenden Zeitwert im Zusammenhang mit der
bilanziellen Abbildung einer *business combination* ergeben sich daher keine
Angabepflichten nach IFRS 13, sondern es bleibt bei den Anforderungen nach
IFRS 3 (→ § 31 Rz 223).

Für die **Offenlegung** ist zwischen einzelnen (homogenen) Klassen von zum *fair* 129
value bewerteten Vermögenswerten und Schulden (*each class of assets and
liabilities*) zu differenzieren (IFRS 13.93/IFRS 13.94). Die Einteilung in Klassen
bestimmt sich nach den Eigenschaften des Bewertungsobjekts und dem zugewiesenen Level innerhalb der *fair-value*-Hierarchie (Rz 31). Neben allgemeinen
Offenlegungspflichten unterscheidet sich der Umfang der Angabepflichten zum
einen nach der Kategorisierung der Bewertung (Level 1 bis 3), zum anderen nach
der Häufigkeit der Bewertung (IFRS 13.93 ff.):[31]

Detailangabe	*Fair-value*-Ansatz oder abgeleiteter Ansatz		*Fair value* nur als Angabe
	regelmäßig	einmalig	
Unabhängig von der Kategorisierung innerhalb der *fair-value*-Hierarchie			
Fair value am Bilanzstichtag	X	X	X
Grund für die *fair-value*-Bewertung	–	X	–
Fair-value-Hierarchielevel	X	X	X
Transfers zwischen Level 1 und 2, Gründe und *policy*	X	–	–
Spezifische Abweichung vom Maximalnutzen	X	X	X
Nur für Level 2 oder Level 3			
Bewertungsmethode(n) und ggf. Änderung	X	X	X
Relevante Inputparameter	X	X	X
Nur für Level 3			
Wesentliche nicht beobachtbare, aber einbezo-gene Inputs	X	X	X
Überleitungsrechnung vom Beginn zum Peri-odenende	X	–	–
Unrealisierter Anteil der Ergebniseffekte	X	–	–

---

[31] In Anlehnung an GROSSE, KoR 2011, S. 291.

Detailangabe	Fair-value-Ansatz oder abgeleiteter Ansatz		Fair value nur als Angabe
	regelmäßig	einmalig	
Beschreibung des Bewertungsprozesses	X	X	–
Sensitivitätsanalyse für nicht beobachtbare Parameter	X	–	–
Tatsachen und Auswirkung abweichender Annahmen	X	–	–
Nur für Verbindlichkeiten mit *credit enhancements*			
Behandlung in der Bewertung	X	X	–
In Bezug auf *accounting policy decisions*			
Zeitpunkt des Transfers zwischen einzelnen Levels	X	X	X
Rückgriff auf eine Portfoliobewertung finanz. VW	X	–	–

Auf die Checkliste „IFRS-Abschlussangaben" (siehe HI10157883 im Haufe IFRS-Kommentar Online) wird verwiesen (→ § 5 Rz 8).

130   Insoweit der *fair value* als Bewertungsmaßstab nur in bestimmten Situationen zugelassen bzw. gefordert wird (*non-recurring measure*), ergibt sich ein geringerer Umfang der Offenlegungspflichten. Als *non-recurring fair value measurement* mit entsprechender Offenlegungspflicht gilt auch die ausnahmsweise Bewertung von wertgeminderten Finanzinstrumenten zum beizulegenden Zeitwert (IAS 39.AG84), die entsprechend der Kategorisierung im Zugangszeitpunkt *at amortised cost* geführt werden.

131   Für alle Angaben ist eine **tabellarische Aufbereitung** verpflichtend (IFRS 13.99), wenn diese (allerdings ohne Konkretisierung) angemessen bleibt. Der Detaillierungsgrad der Offenlegung nähert sich den Anforderungen für Finanzinstrumente (IFRS 7) an. Es bleibt allerdings für alle nicht finanziellen Vermögenswerte und Schulden bei einer nur einmaligen Offenlegungspflicht am Periodenende. Für zum *fair value* bewertete Finanzinstrumente sind die Angaben auch in *interim financial statements* (IAS 34; → § 37) verpflichtend (IFRS 13.D78), Kosten-Nutzen-Erwägungen werden ausgeschlossen (IFRS 13.BC224).

132   Für jede *fair-value*-Bewertung bzw. aus diesem Maßstab abgeleitete Bewertung eines Bilanzierungsobjekts ist der beizulegende Zeitwert am Bilanzstichtag offenzulegen. Wenn der **Bewertungsstichtag** und der Bilanzstichtag **auseinanderfallen** (etwa Durchführung eines jährlichen *impairment*-Tests zum Ende des dritten Quartals und Übernahme der Werte zum Periodenende), ist u. E. für die Angabepflichten – entgegen dem Wortlaut (IFRS 13.93(a)) – auf den Bewertungsstichtag, nicht auf den Bilanzstichtag abzustellen.[32]

133   Für jede Klasse von Finanzinstrumenten (*each class of financial assets and financial liabilities*) besteht eine Verpflichtung zur Angabe des beizulegenden Zeitwerts, die einen Vergleich mit dem Buchwert ermöglicht (IFRS 7.25). Auf eine Angabe kann nur verzichtet werden (IFRS 7.29), wenn der *fair value* **ungefähr** dem **Buchwert** entspricht (→ § 28 Rz 517). Wird der beizulegende Zeitwert nur im Anhang offengelegt, also nicht im *primary statement* (Bilanz und Ergebnisrechnung) erfasst, ergeben sich dennoch Angabepflichten bezo-

---

[32]   Gl. A. KPMG, First Impressions: Fair value measurement, 2011, S. 36.

gen auf die Wertbestimmung (IFRS 13.97). Stellt der Buchwert eines Finanzinstruments eine vertretbare **Approximation** des beizulegenden Zeitwerts dar,
entfällt die Angabepflicht nach IFRS 7.29(a) und damit – mangels *disclosure*
eines *fair value* – auch die besonderen Offenlegungspflichten nach IFRS 13.
Erfolgt allerdings eine freiwillige Berichterstattung über die Buchwerte und
die näherungsweise Übereinstimmung mit dem beizulegenden Zeitwert, sind
die *fair-value-measurement*-Angabepflichten (etwa bezogen auf die Wertüberlegungen, die der Annahme der Buchwertapproximation zugrunde liegen)
zu berücksichtigen.

Für Zahlungsmittel und Zahlungsmitteläquivalente (*cash and cash equivalents*) **134**
kann (und sollte) wahlweise auf eine Angabe des beizulegenden Zeitwerts verzichtet werden. Wird dennoch eine Angabe zur Klassifizierung in den Anhang
aufgenommen, sind *cash and cash equivalents* innerhalb der *fair-value*-Hierarchie als Level-2-Bewertung auszuweisen. Unabhängig von dem hohen Liquiditätsgrad fehlt es an einem beobachtbaren Marktpreis auf einem aktiven Markt.
Die Etikettierung als Level-2-Bewertung hat keine Bedeutung für die Bewertung, die zum Nominalbetrag erfolgt.

Eine **Sensitivitätsanalyse** ist auf das für ein Bewertungsobjekt spezifische **135**
Marktrisiko (Währungs-, Zins- und Kursrisiko) begrenzt. Aufzuzeigen sind
Auswirkungen einer fiktiven Änderung des *fair value* eines Bewertungsobjekts
durch Berücksichtigung anderer Annahmen und Prämissen zum Bewertungsstichtag. Nur für finanzielle Vermögenswerte/Schulden ist eine quantitative
Analyse gefordert, für nicht finanzielle Bewertungsobjekte bleibt eine qualitative Auseinandersetzung (zunächst) ausreichend (IFRS 13.BC206).

6 Reichweite der Ausstrahlung

6.1 Redaktionelle Änderungen

Mit erstmaliger Anwendung der einheitlichen Linien zur *fair-value*-Bestimmung **136**
sind weitreichende Anpassungen (*consequential amendments*) der bisherigen,
über die Einzelstandards verstreuten Vorgaben zu beachten (Rz 137 f.). Darüber
hinaus sind zur Vereinheitlichung redaktionelle Änderungen (*editorial changes*)
im **Definitionsbereich** vorgenommen worden.

Bisherige Ausführung	Neue einheitliche Vorgabe
determining fair value	*measuring fair value*
estimating fair value	*measuring fair value*
market price	*quoted price*
market value	*fair value*
unquoted instrument	*instrument that does not have a quoted price in an active market for an identical instrument, i. e. a Level 1 input*
willing buyer and seller	*market participant buyers and sellers*
estimated cash flow model	*present value technique*
reliably determinable	*reliably measurable*

6.2 Inhaltliche Änderungen

137 Mit erstmaliger Anwendung des *fair value measurement framework* ergeben sich neben der Verpflichtung auf die inputbasierte Verfahrenshierarchie (Rz 31) weitere teilweise (inhaltliche) **Änderungen für die Bewertung** zum beizulegenden Zeitwert:

Standard	Änderung	Referenz
IFRS 3	Der Anteil von *non-controlling* interest ist bei Vorliegen eines aktiven Markts für die Eigenkapitalinstrumente aus Produkt von Marktpreis und Anzahl der Anteile zum Erwerbszeitpunkt zu bestimmen.	IFRS 3.B44/B45
IFRS 3	Einführung des *„highest-and-best-use"*-Konzepts für die *fair-value*-Bewertung erworbener Vermögenswerte.	IFRS 3.B43
IFRS 3	Der anteilige *fair value* von *controlling* und *non-controlling interest* fällt auseinander, wenn beliebige Marktteilnehmer andere wertbildende Komponenten (etwa *control premium*) berücksichtigen.	IFRS 3.B45
IFRS 3	Der *fair value* bereits vor einer *business combination* bestehender Anteile ist unter Berücksichtigung der inputbasierten Verfahrenshierarchie zu bestimmen.	IFRS 3.B46
IAS 19	Streichung aller Vorgaben zur Bewertung von Planvermögen (*plan assets*), wenn keine beobachtbaren Marktpreise vorliegen.	IAS 19.102
IAS 26	Aufhebung der Ausführungen zum Verhältnis von *fair value* zu *market value*.	IAS 26.33
IAS 36	Klarstellung der Unterschiede zwischen *fair value less costs to sell* und *value in use*.	IAS 36.53A
IAS 39/ IFRS 9	Die Voraussetzungen für die Erfassung eines *day one gain* bzw. *loss* bei Zugang eines Finanzinstruments werden modifiziert, eine ergebniswirksame Vereinnahmung setzt die Erfüllung der *observability* voraus (Rz 118).	IFRS 9. B5.1.2A/ B5.2.2A
IAS 40	Streichung des Verbots der Erfassung von *future capital expenditure* bei der Bewertung zum beizulegenden Zeitwert durch Aufhebung von IAS 40.51 (→ § 16 Rz 61, → § 16 Rz 100ff.).	IFRS 13.D119f.

6.3 Differenzierung zwischen Bewertung und Offenlegung

138 Die allgemeinen Leitlinien zur *fair-value*-Bewertung (*measurement*) sind – einen expliziten *scope out* für IFRS 2 und IFRS 16 ausgeklammert (Rz 9) – standardübergreifend anzuwenden (IFRS 13.8). Neben einer unmittelbaren Bewertung eines Vermögenswerts/einer Schuld zum beizulegenden Zeitwert sind die Vorgaben zum *fair value measurement* auch beachtlich für

* die Bestimmung der **Höhe von Umsatzerlösen** (*revenue*), also der empfangenen Gegenleistung (→ § 25), und

- die **Aufteilung eines Mehrkomponentengeschäfts** (*multiple element contract*; *multiple deliverables*) in mehrere Einzeltransaktionen anhand des *relative fair value* (→ § 25).

Zwar liegt im **strengen Sinn** keine „Bewertung" zum *fair value* vor, die Verpflichtung auf das allgemeine *measurement framework* setzt als Anwendungsvoraussetzung aber auch keine Bewertung, sondern lediglich einen **Rückgriff auf den Bewertungsmaßstab** voraus (IFRS 13.8).

Die Reichweite der *disclosure*-Vorgaben ist hingegen **begrenzt**. Eine verpflichtende Offenlegung von Angaben überhaupt – mit unterschiedlicher Detaillierung (Rz 129) – setzt   139

- eine fallweise oder kontinuierliche (Folge-)Bewertung eines Vermögenswerts/einer Schuld zum *fair value* nach erfolgtem Zugang (*after initial recognition*) im *statement of financial position* (IFRS 13.91(a)) oder
- die Verpflichtung zur (regelmäßigen) Offenlegung im Anhang (*notes*) voraus.

Keine Angaben sind daher erforderlich, wenn für ein Objekt zwar eine Bewertung zum *fair value* erfolgt, der Bewertungsmaßstab aber **nur einmalig bei erstmaligem Zugang** (*initial recognition*), nicht aber für die Folgebilanzierung relevant ist. Die Befreiung von den Angabepflichten ist u. E. restriktiv; wird der *fair value* als Bewertungsmaßstab außerhalb der erstmaligen Erfassung eines Vermögenswerts/einer Schuld verwendet, sind die Angabepflichten einschlägig.

- So löst etwa der Rückgriff auf den *fair value* als *deemed cost* bei der erstmaligen Anwendung (nach IFRS 1.D5ff.) eine Angabepflicht (→ § 6 Rz 44ff.) aus, da die Bewertung zum Übergang (*transition*) und nicht bei erstmaligem Zugang erfolgt.
- Entsprechendes gilt für die Bewertung von Altanteilen zum *fair value* bei Änderungen der Anteilsquote mit Statuswechsel (Quasi-Tausch; → § 31 Rz 155), da Bewertungsanlass nicht der erstmalige Zugang eines Vermögenswerts/einer Schuld ist.
- U. E. sind die Angabepflichten auch im Rahmen einer notwendigen *fair-value*-Bewertung bei einem Teilverkauf von Anteilen, der eine Abwärtskonsolidierung nach sich zieht, einschlägig (→ § 31 Rz 173ff.). Der beizulegende Zeitwert der verbleibenden Anteile stellt zwar deren Zugangswert – als neues Bilanzierungsobjekt – dar (IFRS 10.25) und fällt somit nicht unter die *disclosure*-Verpflichtung. Aber neben der Bedeutung für den Zugangswert geht der *fair value* der verbleibenden Anteile auch in die Ermittlung des Entkonsolidierungserfolgs ein und löst somit die besonderen Angabepflichten des IFRS 13 aus.

7 ABC der *fair-value*-Leitlinien

140

ask price	Preis, zu dem eine Schuld übertragen werden kann (Rz 80).
Ausschluss (*scope out*)	Keine Anwendung finden die Vorgaben auf den zwar als *fair value* etikettierten, diesem aber inhaltlich nicht entsprechenden Bewertungsmaßstab nach IFRS 16 und IFRS 2 (Rz 9).

bestmögliche Verwertung (*highest and best use*)	Bei der Bewertung von nicht finanziellen Vermögenswerten ist aus Sicht beliebiger Marktteilnehmer die Verwendung (Nutzung oder Verkauf) zu unterstellen, die den maximalen Wertbeitrag generiert. Voraussetzung sind allerdings die physische Möglichkeit, die rechtliche Zulässigkeit und die finanzielle Realisierbarkeit (Rz 63).
Bewertungskomponenten	Bei Rückgriff auf ein einkommensorientiertes Bewertungsverfahren (*income approach*) sind insbesondere drei Komponenten eines Barwertkalküls beachtlich (Rz 41).
Bewertungsmaßstab (*measure*)	Der beizulegende Zeitwert (*fair value*) wird in zahlreichen Einzelstandards für die Bestimmung des Wertansatzes eines Vermögenswerts oder einer Schuld gefordert. Einen Ausschluss ausgeklammert, gilt das *fair value measurement framework* verbindlich (Rz 7).
Bewertungsverfahren	Für die Bestimmung des Bewertungsmaßstabs *fair value* lassen sich insbesondere drei Bewertungstechniken (*market, income* oder *cost approach*) unterscheiden (Rz 40).
bid price	Preis für die Veräußerung eines Vermögenswerts (Rz 80).
day one gain/loss	Unter restriktiven Voraussetzungen kann der Anschaffungsvorgang ergebniswirksam sein, wenn Transaktionspreis und *fair value* auseinanderfallen (Rz 120 ff.).
DCF-Bewertung	Die Bestimmung des beizulegenden Zeitwerts über die Diskontierung zukünftiger Zahlungsmittelflüsse auf den Bewertungsstichtag stellt den Regelfall bei nicht beobachtbaren Preisstellungen dar (Rz 40).
Doppelerfassung (*double counting*)	Eine mehrfache Berücksichtigung einzelner Bewertungskomponenten scheidet aus (Rz 42).
entry price	Preis, der auf dem Beschaffungsmarkt für einen Vermögenswert bzw. eine Schuld aufzubringen ist. In einer theoretischen Modellwelt soll dieser dem *exit price* entsprechen (Rz 13).
Erfolgs- oder Risikoverbundeffekte	Zwischen einzelnen, betriebsnotwendigen Vermögenswerten bestehen regelmäßig Synergien, die im Rahmen der Prämisse einer bestmöglichen Verwertung bei der Bewertung zu berücksichtigen sind (Rz 62).
exit price	Preis, der für eine Übertragung (*transfer*) erzielt werden kann, als Veräußerungspreis konzeptioneller Rahmen der Bewertung zum *fair value* (Rz 12).

Fundamentaler-kenntnisse	Unternehmensinterne Einschätzungen und Wertvor-stellungen haben für die Bestimmung des beizulegen-den Zeitwerts keine Relevanz (Rz 32).
Garantien (*credit enhance-ments*)	Im Zusammenhang mit einer (finanziellen) Schuld vereinbarte Nebenabreden sind nicht Teil des Bewer-tungsobjekts und daher separat zu behandeln (Rz 78).
Geld-Brief-Spanne	Auf bestimmten (Haupt-)Märkten fallen *bid price* und *ask price* auseinander, es lässt sich eine Spanne beob-achten (Rz 111 ff.).
Hauptmarkt	Referenzmarkt für die Bestimmung des *fair value* (Rz 21).
Hierarchie	Die Verfügbarkeit von beobachtbaren und damit ob-jektivierbaren Inputparametern bestimmt die Auswahl des Bewertungsverfahrens (Rz 33) und die Detaillie-rung der Anhangangaben (Rz 129).
inaktiver Markt	Für die Feststellung eines aktiven Markts sind sowohl qualitative als auch quantitative Merkmale zu würdi-gen (Rz 123). Eine rückläufige Aktivität reicht für eine Abqualifizierung beobachtbarer Inputs nicht aus, viel-mehr ist diese Beleg für im Rahmen einer Modell-bewertung besonders zu berücksichtigende Risiken (Rz 125).
Kontrahentenrisiko (*non-performance risk*)	Für die *fair-value*-Bewertung von originären, aber auch derivativen Finanzinstrumenten ist bilateral ein Ausfallrisiko der beteiligten Parteien zu berücksichti-gen (Rz 74 ff.).
Marktteilnehmer	Voneinander unabhängige Parteien, die mit hinrei-chendem Wissen willens und fähig sind, eine Trans-aktion vorzunehmen (Rz 26).
mid price	Rechnerischer Mittelpunkt innerhalb einer beobacht-baren Geld-Brief-Spanne (Rz 116).
Modellkalibrierung	Wird für die Folgebewertung zum *fair value* ein Be-wertungsverfahren verwendet, ist dieses bei Zugang an einem beobachtbaren Transaktionspreis zu kalibrie-ren, wenn dieser dem *fair value* entspricht (Rz 118).
Portfoliobewertung	Ausnahmsweise besteht für gewisse Finanzinstru-mente die Zulässigkeit einer Gesamt- statt Einzel-bewertung (Rz 103 ff.).
Sensitivitätsanalyse	Eine Verpflichtung auf eine quantitative Analyse ist auf finanzielle Bewertungsobjekte begrenzt, für nicht finanzielle reicht eine qualitative Aussage (Rz 135).

Synergien	Die Berücksichtigung echter Synergien scheidet aus; nur insoweit durch jeden Marktteilnehmer realisierbar, ist eine Erfassung im *fair value* eines Bewertungsobjekts zulässig (Rz 67).
Transaktionskosten	Kosten, die im Zusammenhang mit einer Transaktion anfallen und nicht dem Bewertungsobjekt unmittelbar zurechenbar sind, werden nicht im *fair value* berücksichtigt (Rz 14).
Transportkosten	Aufwendungen, die für das Zustandekommen einer Transaktion auf dem Hauptmarkt erforderlich sind und dem Bewertungsobjekt daher direkt zurechenbar sind, werden als Teil des beizulegenden Zeitwerts erfasst (Rz 14).
unit of account	Wertdimension des Bewertungsobjekts für die Bilanzierung (Rz 19).
unit of measurement	Regelmäßig das einzelne Bilanzierungsobjekt, da ein Einzelbewertungsgrundsatz gilt. Ausnahmsweise kann für Finanzinstrumente die *unit of measurement* von der *unit of account* abweichen (Rz 104).
wertbildende Komponenten	U. U. sind für die *fair-value*-Bewertung beobachtbare Preisstellungen um weitere (auch nicht beobachtbare) Komponenten anzupassen (Rz 69).

8 Anwendungszeitpunkt und Übergang

141 Die einheitlichen Leitlinien zur *fair-value*-Bewertung und Offenlegung von Informationen sind erstmals verpflichtend anzuwenden für Geschäftsjahre **ab dem 1.1.2013**. Werden Zwischenberichte veröffentlicht, besteht eine erste Anwendungspflicht, soweit der Bericht in die Anwendungsperiode fällt. Eine freiwillig vorzeitige Anwendung ist zulässig und offenzulegen (IFRS 13.C1 – IFRS 13.C2).

142 Die Anwendungsregeln gelten **prospektiv**. Insoweit sich aus der erstmaligen Anwendung abweichende Bewertungsergebnisse einstellen, sind diese in laufender Rechnung zu erfassen. Für die erste Anwendungsperiode besteht eine Befreiung von der Offenlegung von Vorperiodenangaben (*comparative information*), die sowohl den ersten Abschluss (IFRS 13.C3) als auch evtl. Zwischenberichte umfasst (IFRS 13.BC230).

143 Im Rahmen der **jährlichen Verbesserungen** an den IFRS wurden bereits folgende Anpassungen an den Vorgaben des IFRS 13 umgesetzt:

- Zyklus 2010–2012: Die Veröffentlichung von IFRS 13 und die Änderung von IFRS 9 und IAS 39 hat nicht zur Abschaffung der Möglichkeit einer Bewertung unverzinslicher kurzfristiger Forderungen und Verbindlichkeiten zum Rechnungs-/Nominalbetrag ohne Abzinsung geführt. Eine Abzinsung bleibt danach entbehrlich, wenn die Auswirkungen nicht wesentlich sind (Rz 119).
- Zyklus 2011–2013: Die Ausnahme für Portfolien umfasst alle Verträge, die nach IAS 39/IFRS 9 bilanziert werden, und zwar unabhängig davon, ob diese die Definition eines finanziellen Vermögenswerts oder einer finanziellen Verbindlichkeit nach IAS 32 erfüllen. Angesprochen sind insbesondere Warentermingeschäfte, die als Finanzinstrumente zu behandeln sind (→ § 28 Rz 21 ff.).

Am 16.9.2014 hat der IASB den der Bewertung von mindestens einen maßgeblichen Einfluss vermittelnden Beteiligungen, für die ein Marktpreis beobachtbar ist, gewidmeten ED/2014/4 veröffentlicht (Rz 69). Mit ED/2014/4 hat der IASB die folgenden Änderungen für die *fair-value*-Bewertung von notierten Anteilen an Tochter-, Gemeinschafts- und assoziierten Unternehmen vorgeschlagen: **144**

- Für die Abgrenzung des Bilanzierungsobjekts ist auf die Beteiligung als Ganzes und nicht die Summe der einzelnen Anteile abzustellen.
- Im Rahmen der *fair-value*-Bewertung ist ein Vorrang der inputbasierten Hierarchie beachtlich, die Bewertung einer Beteiligung als Ganzes erfolgt durch Multiplikation des beobachtbaren Preises mit der Anzahl der gehaltenen Anteile (PxQ).
- Eine Anpassung an die Besonderheiten des Bilanzierungsobjekts scheidet aus, Bewertungs- und Bilanzierungsobjekt fallen daher bei Umsetzung der Vorschläge auseinander.
- Auch im Rahmen der Bestimmung des erzielbaren Betrags über einen *fair value less costs of disposal* nach IAS 36 ist auf eine PxQ-Bewertung abzustellen, wenn die zahlungsmittelgenerierende Einheit einem notierten Unternehmen entspricht.
- Bei Anwendung einer portfoliobasierten Bewertung von Finanzinstrumenten kann auf die Nettovermögens- oder Nettoverbindlichkeitenposition als Mengengerüst der Bewertung abgestellt werden.

Mit Ausnahme der Klarstellung der portfoliobasierten Bewertung sind die Vorschläge des IASB abzulehnen.[33] Die Verpflichtung auf eine PxQ-Bewertung führt abseits von Anlässen, die eine Einzelbewertung fordern, zwar zu verlässlichen, aber keinen relevanten Ergebnissen. Dies einsehend wird der vorgeschlagene Entwurf seitens des IASB aktuell auch nicht mehr verfolgt.

---

[33] Vgl. FREIBERG, PiR 2015, S. 42 ff.

§ 9 FINANZIERUNG DER ANSCHAFFUNG ODER HERSTELLUNG *(Borrowing Costs)*

Schrifttum: DE LA PAIX/REINHOLDT, Die Aktivierung von Fremdkapitalkosten nach IAS 23, IRZ 2016, S. 359; ESSER/SCHULZ-DANSO/WOLTERING, Neuregelung zur Behandlung von Fremdkapitalkosten nach IAS 23 (rev. 2007); FREIBERG, Unbestimmte Vorgaben zur Aktivierungspflicht von Fremdkapitalkosten, PiR 2013, S. 387; HEINTGES/URBANCZIK/WULBRAND, Neuregelung des IAS 23, DB 2009, S. 633; LANDGRAF/ROOS, Aktivierung von Fremdkapitalkosten bei zentral koordinierter Konzernfinanzierung, PiR 2013, S. 147; LÜDENBACH, Aktivierung von Zinsen aus Betriebsmittelkrediten, PiR 2006, S. 237; SCHMACHTENBERG/MEIXNER/SCHÄFER, Die Folgebewertung von Mobilfunklizenzen nach HGB, IFRS und US-GAAP, KoR 2005, S. 512; SCHURBOHM, IDW RS HFA 37 – Einzelfragen zur Bilanzierung von Fremdkapitalkosten nach IAS 23, WPg 2011, S. 505; VATER, Überarbeitung von IAS 23 „Fremdkapitalkosten", WPg 2006, S. 1337; ZEYER/EPPINGER/SEEBACHER, Ausgewählte Fragestellungen zur Aktivierung von Fremdkapitalkosten nach IAS 23 (rev. 2007), PiR 2010, S. 67.

Vorbemerkung

Die Kommentierung bezieht sich auf IAS 23 in der aktuellen Fassung und berücksichtigt alle Ergänzungen, Änderungen und Interpretationen, die bis zum 1.1.2017 beschlossen wurden.

Wegen der Rechtsentwicklung wird auf Rz 40 verwiesen.

1 Zielsetzung, Regelungsinhalt und Begriffe

1.1 Ökonomische Begründung der Aktivierung von Fremdkapitalkosten

IAS 23 befasst sich mit der bilanzmäßigen Abbildung von Aufwendungen für die **1** Fremdfinanzierung *(borrowing costs)*, die bei Anschaffungs- oder Herstellungsvorgängen anfallen. Bei **besonderen Vermögenswerten** (Rz 10) sind die direkt der Anschaffung oder Herstellung zuzuordnenden **Fremdfinanzierungskosten** (Rz 7) gem. IAS 23.1 zu aktivieren. Die Kosten des **Eigenkapitals** sind nach IAS 23.3 von einer Aktivierung ausgeschlossen.

Die Ausgangsidee zur bilanzmäßigen Behandlung der Aufwendungen für die **2** Finanzierung des Geschäftsbetriebs ist nach deutscher Rechnungslegungstradition recht einfach: Finanzierungskosten stellen **periodengerecht** zu ermittelnden **Aufwand** dar. Diese gerade wegen ihrer Schlichtheit qualitativ nicht zu unterschätzende Regel – bilanzpolitisch zu nutzende Ermessensspielräume bestehen bis dahin nicht – wird indes nicht konsequent durchgehalten. Nach § 255 Abs. 3 HGB besteht optional die Möglichkeit, Fremdkapitalzinsen, die der Finanzierung der **Herstellung eines Vermögensgegenstands** dienen, als fiktive Herstellungskosten dieses Vermögensgegenstands zu aktivieren. Dem folgt das **Steuerrecht** in Richtlinie 6.3 Abs. 5 EStR 2012.

Dieses Bewertungswahlrecht gilt allerdings nur für die Ermittlung der **Herstel 3 lungskosten.** Gleichwohl wird auch die Aktivierung von Finanzierungskosten auf **Anschaffungen** in Ausnahmefällen für zulässig erachtet,[1] und zwar im Rahmen von Anschaffungsvorgängen für Gegenstände mit längerer Bauzeit. Begründung: Dann zu leistende Anzahlungen und die damit verbundenen Finanzierungskosten vermindern den Kaufpreis, da sonst der Lieferant seine Finanzierungskosten in den Kaufpreis einkalkuliert hätte.

Die letztgenannte Argumentation deutet bereits die konzeptionelle Rechtfer **4** tigungsmöglichkeit für eine Aktivierung von Finanzierungskosten an. Es geht um die Zielsetzung der erfolgsneutralen Abbildung von Anschaffungs- und Herstellungsvorgängen im Rechenwerk des Unternehmens. Alle Aufwendungen zur Beschaffung oder Herstellung eines Vermögenswerts bis hin zur vollständigen Funktionsfähigkeit sollen erfolgsneutral behandelt werden.

Außerdem soll eine Gleichstellung erfolgen zwischen **5**

- einem Unternehmen, das dem Auftragnehmer gegenüber finanziell in Vorleistung tritt, deshalb einen niedrigeren Auftrags- bzw. Erwerbspreis aushandeln kann, dafür aber eigene Zinslasten tragen muss, und
- dem Unternehmen, das keine finanzielle Vorleistung erbringt, dafür einen höheren Auftrags- bzw. Erwerbspreis in Kauf nimmt.

Nie ernsthaft in Betracht gezogen wurde in diesem Kontext aber die Aktivierung **6** von Opportunitätskosten der **Eigen**kapitalfinanzierung. Damit ist auch das eigentliche **Grundproblem** angesprochen: Im Ergebnis werden die Zugangsbewertung und damit auch die folgenden Buchwerte umso **höher** geschraubt, je **mehr** die Finanzierung mit **Fremdkapital** erfolgt.

---

1 Adler/Düring/Schmaltz, 6. Aufl., 2001 ff., § 255 HGB, Tz. 36 m. w. N.

1.2   Begriff der Fremdkapitalkosten

7   IAS 23.1. spricht von **Fremdkapitalkosten** (*borrowing costs*), die neben den **Zinsen** auch andere zugehörige **Aufwendungen** umfassen (IAS 23.5), nicht indes die Opportunitätskosten der Eigenkapitalfinanzierung (Rz 1). Als Beispiele werden in IAS 23.6 genannt:

- kalkulierter Zinsaufwand unter Anwendung der **Effektivzins**methode (→ § 28 Rz 320), daher z.B. auch Anschaffungsnebenkosten wie Provisionen oder Bearbeitungsentgelte,
- Zinsanteil der **Leasing**raten (→ § 15a),
- bei **Fremdwährungs**finanzierung die Währungsdifferenzen, **soweit** sie wirtschaftlich als Korrektur des Zinsaufwands angesehen werden können (z.B. Kreditaufnahme niedrig verzinslich in Yen bei erwarteter und tatsächlicher Aufwertung des Yen).[2]

Die **Währungsdifferenzen** (aus Krediten in Fremdwährung) enthalten regelmäßig einen Zinskorrektur-**Anteil**. Das berücksichtigt der Wortlaut von IAS 23.6(e) (*„to the extent"*). Danach sind nicht **alle** Währungsdifferenzen als Zinskorrektur anzusetzen. Zur Ermittlung[3] kann

(1) ein Vergleich mit einem in Bonität und Laufzeit entsprechenden Kredit in der funktionalen Währung des Unternehmens dienen, ebenso

(2) eine Analyse von Forward-Kursen, beides jeweils im Zeitpunkt der Kreditaufnahme. Die Methode ist konsistent anzuwenden und im **Anhang** zu erläutern.[4]

Wird auf das Zinsdifferential im Zeitpunkt der Kreditaufnahme abgestellt (Methode 1) ergibt sich der grundsätzlich aktivierungsfähige Betrag als höherer der beiden folgenden Beträge:

- tatsächlichem Zinsaufwand aus Fremdwährungsdarlehen,
- Zinsaufwand, der bei Aufnahme eines Darlehens in eigener (funktionaler) Währung entstanden wäre.

Praxis-Beispiel

Ein russisches Unternehmen nimmt zum 31.12.01 zur Finanzierung der Herstellungskosten eines qualifizierten Vermögenswerts einen Kredit von 1 Mio. USD mit nachschüssiger Verzinsung von 4 % auf. Zu diesem Zeitpunkt beträgt der Wechselkurs 32 RUR/USD, der laufzeit- und risikoäquivalente Zins eines Rubel-Darlehens 11 %. Zum 31.12.02 ist der Rubelkurs auf 56 RUR/USD gesunken. Das Unternehmen weist vorläufig aus:

- einen Zinsaufwand von 1 Mio. USD × 4 % × 56 RUR/USD = 2,24 Mio. RUR
- einen Währungsverlust von 1 Mio. USD × (56–32) RUR/USD = 24,00 Mio. RUR

Hätte das Unternehmen ein Rubel-Darlehen aufgenommen, wären folgende Zinsen angefallen:

- 32 Mio. RUR × 11 % = 3,52 Mio. RUR.

3,52 Mio. RUR – 2,24 Mio. RUR = 1,28 Mio. RUR des Währungsverlusts können aktiviert werden, damit sich aktivierungsfähige Finanzierungskosten

---

[2]   IFRIC, Update January 2008.
[3]   Vorschlag in IDW RS HFA 37.9, FN-IDW 2010, S. 490 ff.
[4]   IFRIC, Update January 2008.

von 2,24 Mio. RUR + 1,28 Mio. RUR = 3,52 Mio. RUR ergeben, entsprechend dem Zinsaufwand bei Aufnahme eines Rubel-Darlehens.

Nicht zu den Finanzierungskosten zählen Avalprovisionen für erhaltene Bürgschaften; das Gleiche gilt für Aufzinsungen von langfristigen Rückstellungen (→ § 21 Rz 137ff.)[5] sowie Aufwendungen und Erträge aus vorzeitiger Kündigung und Rückzahlung von Krediten (Vorfälligkeitsentschädigungen etc.).[6] Wird gesellschaftsrechtliches Eigenkapital bilanzrechtlich als Fremdkapital qualifiziert, so etwa bei rückzahlbaren Vorzugsaktien angelsächsischer Prägung (→ § 20 Rz 19), stellen die darauf gezahlten Dividenden Zinsaufwand (IAS 32.36) und daher i.S.v. IAS 23 Finanzierungskosten dar.

8

IAS 23 geht – im Gegensatz zu IAS 39 bzw. IFRS 9 – nicht auf derivative Finanzierungsstrukturen, etwa Zinsswaps (→ § 28 Rz 17) ein. Deshalb ist der Frage nachzugehen, ob und inwieweit sich der Begriffsinhalt der *borrowing costs* an der Bilanzierungsmethode dieser Finanzinstrumente ausrichten muss. Dem Regelungsbereich von IAS 23 unterliegen nur Zinsaufwendungen im Zusammenhang mit der Finanzierung (Rz 18) qualifizierter Vermögenswerte, die gebaut oder hergestellt werden (Rz 10). Bei **derivativen** Finanzinstrumenten bedarf es eines **direkten** Zusammenhangs mit solchen Maßnahmen. Dann unterliegen die Gewinne oder Verluste aus dem Derivat der Aktivierungspflicht (Rz 15). Nicht erforderlich ist das Vorliegen einer **Sicherungsbeziehung** nach IAS 39 bzw. IFRS 9 (→ § 28a Rz 49). Existiert eine solche, ist für den ineffektiven Teil regelmäßig dieser direkte Zusammenhang nicht gegeben.[7] Insbesondere bei Einsatz eines **Zinsswaps** (→ § 28a Rz 42) kann ein aktivierungspflichtiger Zinsaufwand durch die laufenden Zinszahlungen und die Zinsabgrenzungen vorliegen. Entsprechendes gilt für die Gewinne oder Verluste aus einem Sicherungsinstrument gegen **Währungs**risiken. Die *fair-value*-Änderungen des Sicherungsinstruments aufgrund von Änderungen des Basiswerts (Marktzins, Währungskurs) sind dagegen nicht in das Aktivierungsvolumen einzubeziehen, da sich darin der Barwert **künftiger** (nicht mehr auf den Herstellungszeitraum entfallender) Zahlungsströme widerspiegelt.[8]

9

Praxis-Beispiel
U finanziert den Bau eines Bürohauses mit einem variabel verzinslichen Darlehen und sichert das Risiko aus der variablen Verzinsung über einen Swap ab. Im wirtschaftlichen Ergebnis beider Geschäfte zahlt U einen festen Zinssatz. Diese (feste) Zinszahlung ist, soweit sie auf den Herstellungszeitraum entfällt, (Rz 27ff.), aktivierungspflichtig. Die Trennung von Grundgeschäft und Swap nach IAS 39 bzw. IFRS 9 (→ § 28a Rz 49) ist für IAS 23 unerheblich, da es um die Aktivierung des Zinsaufwands für einen begrenzten Zeitraum (die Herstellungsphase) und nicht um die erfolgswirksame oder erfolgsneutrale Abbildung von Zeitwertschwankungen des Swaps geht.

5 So auch ZEYER/EPPINGER/SEEBACHER, PiR 2010, S. 67.
6 DELOITTE, iGAAP 2016, A18 CH. 2.5FF.
7 IDW RS HFA 37.12; HEINTGES/URBANCZIK/WULBRAND, DB 2009, S. 634.
8 KPMG, Insights into IFRS 2015/2016, Tz. 4.6.50.20.

Die vorstehende Lösung – Aktivierungspflicht – gilt nicht für Aufwendungen aufgrund der **vorzeitigen** Beendigung des **Sicherungsgeschäfts**. Die damit verbundenen Ein- oder Auszahlungen reflektieren die Erwartungen über die zukünftige Entwicklung der **Zinsraten**. Mit der Zahlung werden Änderungen der künftigen *cash flows* vorweggenommen.

Durch eine Sondervorschrift in IFRIC 1.8 ist der **Aufzinsungsbetrag** für langfristige Rückstellungen betreffend Rückbauverpflichtungen u.a. nicht aktivierbar (→ § 21 Rz 74). Dagegen erfüllen u.E. Sonderformen von Dividenden, die nach IAS 32.35 und IAS 32.36 im Aufwand zu verrechnen sind, die Definition von Fremdkapitalkosten i.S.d. IAS 23.5 (Rz 7),[9] ebenso der Zinsanteil aus Wandelanleihen (→ § 2 Rz 8).[10]

Die Kostenkomponente der Nettozinsen bei der Bewertung von Altersversorgungsverpflichtungen (→ § 22 Rz 45) kann in die Herstellungskosten eines qualifizierten Vermögenswerts (Rz 10) einbezogen werden (IAS 19.120(b)). Dafür spricht der Hinweis in IAS 19.121 mit der Bezugnahme auf IAS 2 und IAS 16. Voraussetzung ist immer eine direkte Zurechenbarkeit dieser Altersversorgungsaufwendungen auf die entsprechenden Produkte. Die Formulierung in IAS 19.121 (*the appropriate proportion*) könnte diese Lesart des IAS 19.120(b) unterstützen.

1.3 Begriff des qualifizierten Vermögenswerts

10   Die Pflicht zum Bilanzansatz von Finanzierungskosten für Anschaffungs- und Herstellungsvorgänge beschränkt sich auf **qualifizierte Vermögenswerte** (*qualifying assets*). Diese sind nach IAS 23.5 durch eine **längere Periode** (*substantial period*) zwischen Herstellungsbeginn und Nutzbarkeit (Anlagevermögen) bzw. Verkaufsfähigkeit (Vorratsvermögen) gekennzeichnet.

Keine direkte Auslegungshilfe liefert der Standard zum Begriffsinhalt von *„substantial period"*, sondern überlässt die inhaltliche Ausfüllung „prinzipienorientiert" dem Anwender. Dabei sind nach IAS 23.5 ein **objektives** Merkmal (*„necessarily"*) – die Art des Vermögenswerts – und ein **subjektives** Moment (*„intended use"*) – Verwendung zum Eigennutzen oder Schaffung eines verkaufsfähigen Zustands – zu beachten. Negativ betrachtet scheiden gebrauchsfertig angeschaffte Anlagegüter, Rohmaterialien und Handelswaren aus dem Anwendungsbereich aus, da sie „sofort" zur **beabsichtigten Verwendung** bereitstehen (IAS 23.7). Anders verhält es sich bei

- einem Reifungsprozess unterliegenden Vorräten (Rz 31),
- der Herstellung von Gebäuden, Maschinen und
- (aktivierbaren; → § 13 Rz 25 ff.) Entwicklungskosten.

Diese sind zu Beginn ihrer Verwendung noch nicht **nutzungs- oder verkaufsfähig**. Dazwischen liegt das objektive Merkmal des **Zeitbedarfs**, der mit diesen qualitativen Überlegungen allerdings noch nicht bestimmt ist. Wenn man sich in diesem Bereich des *materiality*-Gedankens bemächtigt, bleibt bei einem Zeitraum von 3,5 Monaten kein Zwang zur Aktivierung. Bei acht Monaten kann es sich schon anders verhalten, d.h., die Aktivierungspflicht ist zweifelhaft, bei mehr als zwölf Monaten ist die *substantial period* ziemlich sicher gegeben.

---

9   So IDW RS HFA 37.10.
10 So HEINTGES/URBANCZIK/WULBRAND, DB 2009, S. 639.

In solchen Fällen neigt die menschliche Psyche zur Verwendung **runder** Zahlen. 37 Wochen wird niemand als „Periode mit Substanz" definieren wollen. Viel eher wird das volkstümliche Dutzend (an Monaten) oder die Hälfte davon (weil einfach durch zwei zu dividieren) Akzeptanz bei den Rechtsanwendern finden. Dabei nimmt die Zwölf-Monats-Frist bei der Rechnungslegung schon deshalb die Favoritenrolle ein, weil sie den regelmäßigen Arbeitsrhythmus bestimmt. Jedenfalls dürfen Äußerungen von Standardisierern oder Kommentaren oder die Hausmeinungen der großen Wirtschaftsprüfungskonzerne nicht das **unternehmerische Ermessen** präjudizieren. Allenfalls widerlegbare Vermutungen dieser vorgegebenen Instanzen sind akzeptabel. Eine solche von zwölf Monaten liegt sicher nicht außerhalb der Vorstellungswelt der Verfasser des IAS 23.[11] Sofern es sich bei der Aktivierung der Finanzierungsaufwendungen um einen wesentlichen Bestandteil der Bewertungsgrundsätze handelt, ist eine Anhangangabe nach IAS 1.117 erforderlich (→ § 5 Rz 27).[12] Maßgeblich muss bei der Fristbestimmung immer die sachlich, nicht unternehmensspezifisch **notwendige** Zeitperiode[13] zwischen Beginn (Rz 27) und Ende (Rz 30) der Aktivierungsphase sein. Erfüllt der Herstellungsprozess durch Einfluss von Sonderfaktoren einen „**unnötigen**" Zeitraum, kann dieser nicht ein *qualifying asset* aus der Taufe heben.

Praxis-Beispiel
Das Unternehmen F errichtet eine neue Produktionshalle in Schnellbauweise. Die geplante Herstellungsfrist beläuft sich auf 7,5 Monate, was vom Management als nicht „*substantial*" qualifiziert wird. Durch den Einspruch eines Nachbarn muss der Neubau für sieben Monate stillgelegt werden.
Alternative
Während der Bauphase stellt sich die ungenügende Fundamentierung heraus. Die Gewinnung von Bodenproben, statische Neuberechnungen, Beschaffung anderen Materials verzögert den Bau um 6,75 Monate.
Der Neubau stellt in beiden Sachverhaltsvarianten kein *qualifying asset* dar. Die Bauverzögerungen sind nicht „notwendiger" Natur.
Aus dem Beispiel folgt auch: Die Bestimmung des **notwendigen** Zeitraums muss vom Management bei **Beginn** der Herstellungsvorgänge etc. vorgenommen werden. Die bessere Erkenntnis ex post ist unbeachtlich.
Zeitliche Unterbrechungen können je nach Sachverhalt auch **notwendiger** Bestandteil des Herstellungsprozesses sein (Rz 29). Dann ist die Unterbrechung unerheblich.

Beispiele für *qualifying assets* sind nach IAS 23.7: 11
- Vorräte bei langfristiger Fertigung (z.B. Bauträgerobjekt) oder bei langfristiger Lagerung (Wein, Käse, Whisky, Rz 31),[14]
- industrielle Fertigungsanlagen,

---

11 In diesem Sinne IDW RS HFA 37.5, FN-IDW 2010, S. 490ff.: widerlegbare Vermutung bei mehr als einem Jahr; ebenso HEINTGES/URBANCZIK/WULBRAND, DB 2009, S. 633; a. A. KPMG, Insights into IFRS 2015/2016, Tz. 4.6.20.40: sechs Monate.
12 SCHURBOHM, WPg 2011, S. 506.
13 SCHURBOHM, WPg 2011, S. 505.
14 So auch VATER, WPg 2006, S. 1340.

- Energieerzeugungsanlagen,
- immaterielle Vermögenswerte,
- als Finanzinvestition gehaltene Immobilien, die nach IAS 40 im *cost model* (→ § 16 Rz 40) bewertet werden.

Weitere Anwendungsfälle sind z. B.:

- Baumaßnahmen zur Nutzung durch das Unternehmen, wenn Zahlungen nach Leistungsfortschritt zu erbringen sind,
- Sonderanfertigungen zum Verkauf oder zur Leasing-Nutzung,
- Grundstücksentwicklungen, also Parzellierung, Erschließung u. Ä.

Keine Bedeutung haben die Vorschriften von IAS 23 für kundenspezifische Fertigungsaufträge i. S. v. IAS 11 bzw. des Nachfolgestandards IFRS 15 da hier nicht Herstellungskosten (und somit auch keine Zinsen der Herstellungsphase), sondern anteilige Umsätze aktiviert werden.

Nicht als *qualifying assets* (Rz 10) gelten:

- Vorratsgrundstücke, die noch nicht für Bauzwecke entwickelt werden (IAS 23.19),
- industrielle Serienproduktion mit kurzfristiger Fertigstellung des Produkts (IAS 23.4(b), gilt u. E. auch für Handelswaren),
- der Erwerb bereits gebrauchsfertiger – lang- und kurzfristiger – Vermögenswerte (IAS 23.5),
- gebrauchsfertige Vermögenswerte.

Nicht erforderlich ist nach IAS 23.4(a) die Aktivierung von Fremdkapitalkosten bei Bewertung der betreffenden Vermögenswerte zum *fair value*, nämlich:

- Anlageimmobilien, die nach IAS 40 im *fair value model* (→ § 16 Rz 40) bewertet werden (IAS 23.4(a)),
- biologische Vermögenswerte i. S. d. IAS 41 (→ § 40 Rz 8).

Bei dieser Bewertungsmethode hätte die Aktivierung von Fremdkapitalkosten keinen Einfluss auf den Wertansatz.

2   Zu aktivierender Betrag

2.1   System

12   Die gebotene Aktivierung muss festlegen:[15]

- die **Bemessungsgrundlage,** also die für den Vermögenswert angefallenen und berücksichtigungsfähigen Ausgaben (Rz 13),
- die Zurechnung von Fremdkapitalkosten bzw. -kostensätzen zu diesen Ausgaben (Rz 15),
- den **Zeitraum,** ab und bis zu dem anfallende Fremdkapitalkosten einem Herstellungs- oder Anschaffungsvorgang zugerechnet werden können (Rz 27).

Die gesamte Struktur des Standardinhalts ist auf die Verhältnisse des **Sachanlagevermögens** ausgerichtet. Der Standard gilt allerdings auch für bestimmtes **Vorratsvermögen** (Rz 31) und für **Entwicklungskosten** (Rz 10).

---

[15]   Vgl. Freiberg, PiR 2013, S. 387.

2.2 Bemessungsgrundlage (Ausgabenvolumen)

Als Bemessungsgrundlage zur Aktivierung von Fremdkapitalkosten dienen die **13** für einen qualifizierten Vermögenswert getätigten **Ausgaben** ohne die abzugsfähige Umsatzsteuer (da nicht zu den Anschaffungs- oder Herstellungskosten zählend); erhaltene Anzahlungen (außerhalb der ohnehin regelmäßig nicht als *qualifying assets* anzusehenden Vorräte selten) und öffentliche Zuwendungen sind zu kürzen (IAS 23.18). Der durchschnittliche Buchwert des qualifizierten Vermögenswerts in früheren Perioden, der bereits Fremdkapitalkosten enthält, kann näherungsweise als Bemessungsgrundlage für weitere Aktivierungen im laufenden Jahr verwendet werden. In die Bemessungsgrundlage können auch bislang ungenutzte Vermögenswerte einbezogen werden, wenn sie in die Errichtung eines qualifizierten Vermögenswerts eingehen (IAS 23.19).

> **Praxis-Beispiel[16]**
> U baut eine Lagerhalle auf ein an das Fabrikareal angrenzendes Grundstück; dieses hat er vor zwei Jahren für 1.000 GE erworben. Mit Baubeginn der Lagerhalle ist das Grundstück mit 1.000 GE in die Bemessungsgrundlage für die Aktivierung von Fremdkapitalkosten einzubeziehen.

Die Aktivierung von Zinsen ist auch bei einer **Wertminderung** des betreffenden **14** Vermögenswerts unter den Buchwert fortzusetzen, da die Ausgaben und nicht ein Buchwert finanziert werden. Die *impairment*-Abschreibung ist auf den Vermögenswert in seiner Gesamtheit zu verrechnen. Die noch zu aktivierenden Zahlungsmittelabflüsse aus den Fremdkapitalkosten sind zur Ermittlung des erzielbaren Betrags nach IAS 36.39(b) und IAS 36.42 zu berücksichtigen (→ § 11 Rz 52).[17]

2.3 Unmittelbar oder mittelbar der Investition zuzurechnende Finanzierungen

Der Begriffs**inhalt** der für die Aktivierung infrage kommenden Finanzierungs- **15** kosten ist in Rz 7f. dargestellt. Das Aktivierungsvolumen ist nach IAS 23.8 wie folgt aufgebaut:
- **Direkt** der Anschaffung oder der Herstellung zuzuordnende Finanzierungskosten sind **insgesamt** (IAS 23.8),
- Kosten **nicht direkt** zurechenbarer Finanzierungsvolumina *(borrowed generally)* **anteilig** (Rz 24)

beim erworbenen oder herzustellenden Vermögenswert *(qualifying asset)* zu aktivieren (IAS 23.14). Vgl. hierzu das Beispiel unter Rz 25.

Zu den vorstehenden Bilanzierungskriterien geben die IFRS-Regeln noch **16** nähere Definitionen und Erläuterungen. Danach sollen die **direkt** zurechenbaren Finanzierungskosten gem. IAS 23.10 diejenigen sein, die das Unternehmen bei **Verzicht** auf das betreffende Investment **erspart** hätte (Rz 18). **Speziell** aufgenommene Finanzierungskredite können ohne Weiteres direkt dem betreffenden **qualifizierten Vermögenswert** *(qualifying asset)* zugeordnet werden

---

16 Nach Freiberg, PiR 2013, S. 387.
17 IDW RS HFA 37.31., FN-IDW 2010, S. 490ff.

(IAS 23.12). Auch die spezifische Ausnutzung bestehender **Kreditlinien** oder deren Verlängerung ist direkt zurechenbar.

17 Schwierigkeiten können sich bei **nicht** bestehendem **sachlichen** Zusammenhang zwischen der Kreditaufnahme und der (qualifizierten) Anlageinvestition ergeben.[18]

Praxis-Beispiel

Die Spedition S finanziert die Anschaffung von 100 neuen (gebrauchsfertigen) Lastwagen am 1.1.02 mit einem Bankkredit. S verfügt über kein weiteres verzinsliches Fremdkapital.

Am 1.7. beginnt S mit dem Neubau einer Abfertigungshalle (*qualifying asset*, Rz 10), der komplett mit neuem Eigenkapital (Kapitalerhöhung durch Bareinlage) finanziert wird.

Die Lastwagen sind keine *qualifying assets*, da sie mit Anschaffung sofort einsatzfähig sind (Rz 11). Eine Aktivierung der Zinsen scheidet hier aus.

Der Neubau stellt zwar ein *qualifying asset* dar, ist aber gerade nicht mit Fremdkapital finanziert worden. Ein **Veranlassungszusammenhang** der Finanzierung besteht nur beim Eigenkapital, dessen Kosten jedoch nicht aktivierbar sind (Rz 1). Infrage kommt aber eine mittelbare Zurechnung von Fremdfinanzierungskosten nach IAS 23.10 Satz 1 und IAS 23.14 (Rz 18).

---

18 Nach IAS 23.10 sind aktivierbar diejenigen Fremdkapitalkosten, die bei Nichttätigung der Investition **vermieden** worden wären (*would have been avoided*). Nach diesem Konzept der Vermeidbarkeit löst auch jede aus Eigenmitteln bestrittene Anlageinvestition insoweit einen Fremdfinanzierungsbedarf aus, als bei Nichtdurchführung der Investition die Eigenmittel zur Rückführung anderer Fremdfinanzierungen hätten verwendet werden können. Deshalb wäre im Beispiel unter Rz 17 eine entsprechende Tilgung des Bankkredits für die Lastwagen möglich gewesen, wenn nicht in das Gebäude investiert worden wäre. Die wegen der – vermeidbaren – Nichtrückführung des Abzahlungskredits entstandenen Zinsaufwendungen sind zeitanteilig beim Gebäudeneubau aktivierbar.

19 Es stehen also nach IAS 23 **zwei** Aktivierungskonzepte nebeneinander:
- der **Veranlassungszusammenhang** bei Objektfinanzierung von qualifizierten Vermögenswerten,
- die **Vermeidbarkeit** von Kosten bei allgemeinen Finanzierungen.

Das Verhältnis beider Konzepte ist zum Teil widersprüchlich. Immer wenn überhaupt Fremdkapitalkosten anfallen – auch solche aus **früheren**, noch nicht getilgten Objektfinanzierungen für nicht qualifiziertes Anlage- oder Vorratsvermögen –, stellen sich **vermeidbare** Kosten mangels Tilgung von Verbindlichkeiten ein. Gleichwohl sind die für früher hergestellte qualifizierte Vermögenswerte aufgenommenen und nach Fertigstellung **weiterlaufenden** Objektdarlehen nicht direkt späteren Investitionen zuzurechnen. Sie können allerdings in die nicht direkt zurechenbaren Fremdkapitalkosten (Rz 15) aufgenommen werden; andernfalls sind sie im Aufwand zu verrechnen.

---

[18] Zu diesem Problem mit umfassendem Beispiel vgl. LÜDENBACH, PiR 2006, S. 237.

Letztlich verbleiben angesichts dieser beiden nicht aufeinander abgestimmten **20** Konzepte im Beispiel unter Rz 17 **zwei** vertretbare **Auslegungsmöglichkeiten:**

- Weil durch den Nichtverzicht auf den Gebäudeneubau (qualifizierter Vermögenswert) der Abzahlungskredit für die Lastwagen (nicht qualifizierter Vermögenswert) **nicht zurückgeführt** worden ist, sind die durch die Lastwagenbeschaffung (!) veranlassten Zinsaufwendungen beim Gebäudeneubau zu aktivieren.
- Die Zinsen für den Abzahlungskredit sind **objektbedingt** dem Lastwagenkauf zuzuordnen und deshalb nicht aktivierbar.

U. E. ist die erste Auslegung vorzugswürdig, weil jede Zuordnung von Krediten bzw. Kreditmitteln in hohem Maße willkürlich ist („Geld hat keinen Marschallstab"),[19] das opportunitätskostenorientierte Konzept der vermeidbaren Kosten hingegen ohne solche Willkür auskommt.

IAS 23.11 befasst sich mit dem Fall einer **zentralen Finanzierungs-Koordinie-** **21** **rungsstelle** im Konzern. Hier sollen die Finanzierungskosten nach **billigem Ermessen** (*exercise of judgement*) dem Erwerb oder der Herstellung des entsprechenden besonderen Vermögenswerts (*qualifying asset*) zugeordnet werden. Die Anweisungen zu **Konzernsachverhalten** sind aber wenig bestimmt. Nach IAS 23.15 ist unter bestimmten Umständen (*in some circumstances*) der gewichtete Durchschnitt der **Konzernfinanzierung,** in anderen Fällen nur derjenige der **betreffenden Einheit** zu berücksichtigen, allerdings nur dann, wenn das einzelne Konzernunternehmen sich selbstständig finanziert.[20] Ansonsten gilt: **Jede** vernünftige Methode ist anwendbar.[21] Auch das IDW legt sich hier nicht fest.[22] Von einer dominierenden Rolle des **Einheits**gedankens ist nichts festzustellen. Vielmehr gilt in Wiederholung von IAS 23.15:

- im **einen** Fall ist die **konzernweite** Fremdfinanzierung zusammenzufassen und daraus ein gewogener Durchschnitt der Fremdkapitalkosten abzuleiten;
- im **anderen** Fall soll der gewogene Durchschnitt der **eigenen** Fremdkapitalkosten jedes Tochterunternehmens (u. E.: Konzernunternehmens) verwendet werden.

Bei Anwendung der zweiten Variante muss dem IDW zufolge die Fremdkapitalaufnahme des jeweiligen Tochterunternehmens oder Teilkonzerns **unabhängig** von der sonstigen Konzernfinanzierung erfolgen.

Im Konzern können Finanzmittel an andere Konzernmitglieder zinstragend als Darlehen zur Finanzierung eines *qualifying asset* (Rz 11) **ausgeliehen** werden. Im Einzelabschluss der darlehensaufnehmenden Einheit besteht bei Erfüllung der übrigen Voraussetzungen eine Aktivierungspflicht für die zulässigen Zinsen. Nach der Einheitstheorie sind diese im Konzernabschluss zu eliminieren.[23] Hinsichtlich der Frage, ob anstelle der eliminierten Zinsen andere treten, ist zu differenzieren:

---

19 Ausführliches Beispiel bei LÜDENBACH, StuB 2009, S. 503.
20 IDW RS HFA 37.22; dort sind auch Anhaltspunkte für das Vorliegen einer konzernUNabhängigen Finanzierung der betreffenden Einheit aufgelistet.
21 Eine tabellarische Darstellung möglicher Zuordnungen von Zinsaufwand findet sich in ZEYER/EPPINGER/SEEBACHER, PiR 2010, S. 69.
22 IDW RS HFA 37, Tz. 21 f., FN-IDW 2010, S. 490 ff.
23 ZWIRNER/BUSCH, IRZ 2011, S. 171; ähnlich LANDGRAF/ROOS, PiR 2013, S. 150; FREIBERG, PiR 2013, S. 387.

- Nimmt der Konzern insgesamt (d.h. über alle vollkonsolidierten Einheiten) **keine konzernexternen** Fremdmittel auf oder nur solche, die bereits anderen „qualifizierten" Projekten zugeordnet sind (Rz 10), kommt es nicht zu einem Ersatz der eliminierten konzerninternen durch konzernexterne Zinsen. Eine Aktivierung von Zinsen auf das fragliche Projekt unterbleibt im Konzernabschluss.

- Hat der Konzern insgesamt **konzernexterne**, nicht projektgebundene Fremdmittel aufgenommen, ist deren Durchschnittszinssatz (Rz 21) für die Aktivierung maßgeblich.

Praxis-Beispiel

Der Konzern besteht nur aus der Muttergesellschaft M und der Tochtergesellschaft T. M ist schuldenfrei (oder hat nur Schulden zur Finanzierung anderer qualifizierter Projekte) und stellt T aus eigenen Mitteln 20 Mio. EUR als Darlehen mit einem Zins von 10 % p.a. zur Verfügung. T hat keine weiteren verzinslichen Schulden. Das Darlehen wird zur Finanzierung des Erwerbs eines betrieblich zu nutzenden Gebäudes (*qualifying asset*; Rz 11) verwendet. Das Gebäude muss für den benötigten Zweck noch umgebaut werden. Im Jahr 01 fallen 0,5 Mio. EUR Zinsen an. T aktiviert im Einzelabschluss die Zinsen als Anschaffungskostenbestandteil, die M vereinnahmt sie als Ertrag. Im Rahmen der Aufwands- und Ertragskonsolidierung für den Konzernabschluss (→ § 32 Rz 140) sind die beiden Ausweise im Einzelabschluss aufzurechnen: „per Zinsertrag (bei M) an Zinsaufwand (bei T) 0,5 Mio. EUR" sowie „per aktivierte Eigenleistungen (bei T) an Anschaffungskosten (bei T) 0,5 Mio. EUR".

Fallvariante

M nimmt im Umfang von jahresdurchschnittlich 40 Mio. EUR Betriebsmittel- und Kontokorrentkredite in Anspruch und zahlt hierauf 0,8 Mio. EUR Zinsen. Der durchschnittliche Zinssatz beträgt demnach 5 %. Eine Inanspruchnahme dieser nicht für qualifizierte Projekte veranlassten Mittel durch T ist nach Maßgabe der Einheitstheorie zu unterstellen. Auf Basis eines 5 %igen externen Zinses (statt eines 10 %igen konzerninternen) halbiert sich der zu aktivierende Zins auf 0,25 Mio. EUR: „per Zinsertrag (bei M) an Zinsaufwand (bei T) 0,5 Mio. EUR" sowie „per aktivierte Eigenleistungen (bei T) an Anschaffungskosten (bei T) 0,25 Mio. EUR".

Bei komplexeren Konzernstrukturen sind entsprechende Bereinigungsrechnungen u.U. mit einem unvertretbar hohen Aufwand verbunden. Vereinfachte Betrachtungen sind dann zulässig. Stimmt etwa der konzerninterne Zins (z.B. aus steuerlichen Erfordernissen der Fremdüblichkeit) im Wesentlichen mit den externen Zinsen überein, bedarf es einer Bereinigung i.d.R. nicht.

22   **Zwischenanlageerträge** durch temporäre Weitergabe von aufgenommenen, aber noch nicht in vollem Umfang benötigten Krediten sind von den aktivierbaren Kostenbestandteilen abzuziehen (IAS 23.12f.). Damit soll der Möglichkeit vorgebeugt werden, möglichst hohe Finanzierungsaufwendungen zu aktivieren, denen auf der Gegenseite entsprechende Zinserträge gegenüberstehen.

Die Ergebniswirkungen einer **Ausbuchung** von Darlehensschulden nach IAS 39 **23** bzw. IFRS 9 (→ § 28 Rz 124 ff.) reflektieren den Unterschied zwischen Vertragszins und erwarteter Zinsentwicklung und sind deshalb nicht einem Investitionsprojekt in qualifizierte Vermögenswerte zuzuordnen.[24]

Bei einer „**Globalfinanzierung**" (*general borrowing*) ist eine **Verhältnisrech-** **24** **nung** vorzunehmen, und zwar mit dem gewogenen Durchschnitt der gesamten Fremdfinanzierungskosten eines Wirtschaftsjahrs ohne diejenigen für spezielle Finanzierungszwecke besonderer (*qualifying*) Vermögenswerte. Solche speziellen Finanzierungen für *non qualifying assets* sind dagegen aus dem gesamten Kostenblock **nicht** herauszunehmen.[25] Bei dieser Berechnung dürfen die zu aktivierenden Finanzierungskosten die tatsächlich in der **angefallenen nicht** übersteigen (IAS 23.14). Nach dem Wortlaut der Vorschrift ist dabei für beide Vergleichsgrößen auf die Periode abzustellen. Für zulässig wird im Interesse einer verursachungsgerechten Aktivierung auch ein Abstellen auf den unterjährigen Aktivierungszeitraum gehalten.[26] Zur Vermeidung einer Überbewertung verlangt IAS 23.16 einen **Niederstwerttest** in dem Sinne, dass der betreffende Buchwert unter **Einbeziehung** der aktivierten Fremdkapitalkosten den am Markt erzielbaren Wert (*recoverable amount*; → § 11 Rz 6) nicht übersteigen darf.

Zur Ermittlung des **anteiligen** aktivierbaren Finanzierungsaufwands bei einer **25** „**Mischfinanzierung**" nach IAS 23.14 folgendes Beispiel:

Praxis-Beispiel **Sachverhalt**		EUR	EUR
Die X-AG baut im Verlauf des Geschäftsjahres 01 eine Fertigungsstraße mit Herstellungskosten/Finanzierungsvolumen von:		10.000.000	
Folgende Kredite/Darlehen stehen hierfür zur Verfügung:			
	Zinssatz		Zinsaufwand p. a.
Ein speziell für die Fertigungsstraße aufgenommenes Darlehen wird zum 1.1. voll ausbezahlt.	7 %	7.000.000	490.000
Der Rest wird finanziert über:		Durchschnittliche Inanspruchnahme	
– Kontokorrentkredit	12 %	2.000.000	240.000
– allg. Betriebsmitteldarlehen	10 %	4.000.000	400.000
Durchschnittszins/Summen	10,67 %	6.000.000	640.000

---

[24] IDW RS HFA 37.16.
[25] IASB, Update July 2009; IFRIC, Update November 2009.
[26] Vgl. DE LA PAIX/REINHOLDT, IRZ 2016, S. 359 ff.

	EUR	EUR
Die Auszahlungen an den Hersteller erfolgen am:		
1.1.	4.000.000	
1.7.	3.000.000	
31.12. (Schlusszahlung)	3.000.000	
	10.000.000	

Die noch nicht in Anspruch genommene Auszahlung des am 1.1. erhaltenen Darlehens wird wie folgt verwendet:

		EUR	EUR
Kürzung der Kontokorrentinanspruchnahme:	12 %	2.000.000	240.000
Festgeldanlage	4 %	1.000.000	40.000
		3.000.000	280.000

Die gesamten Zinsaufwendungen im Jahr 01 übersteigen annahmegemäß 510.000 EUR (Rz 25).

Lösung

Die Bauzeitzinsen ermitteln sich wie folgt:

		EUR	EUR
Aus dem speziell hierfür aufgenommenen Darlehen vom 1.1. bis 1.7.:	7 %	7.000.000	490.000
abzüglich des „Anlageertrags" vom 1.1. bis 1.7.			
Kürzung der Kontokorrentinanspruchnahme:	12 %	2.000.000	– 120.000
Festgeld	4 %	1.000.000	– 20.000
Restfinanzierung ab 1.7.	10,67 %	3.000.000	160.000
Aktivierungsfähige Bauzeitzinsen gesamt:			510.000

Die Schlusszahlung am 31.12. hat auf die Bauzeitzinsen keinen Einfluss mehr.

Der durchschnittliche Finanzierungskostensatz beläuft sich auf 10,67 % (Anhangangabe; Rz 38).

26   An die Ermittlung des anteiligen gewogenen Kostensatzes – abgeleitet aus den gesamten Zinsaufwendungen der Periode – sollten aus Praktikabilitätsgründen keine zu hohen (genauen) Anforderungen gestellt werden. Bei **komplizierten Finanzierungsstrukturen** ist eine vereinfachte Ermittlung des anzuwendenden Zinssatzes fast schon zwingend, da dessen Ermittlungsaufwand schnell einmal in einem groben Missverhältnis zu dem zusätzlichen Informationsnutzen gem. F.44 stünde (→ § 1 Rz 67). Die Praxis scheint dem zu folgen. Das IFRIC hat in einer *Agenda Decision* auf IAS 23.11 verwiesen, wonach die Zuordnung von *general borrowings* stark ermessensbehaftet ist. Deshalb sei eine Aufnahme in die Agenda nicht sinnvoll.[27] Auch der IASB will sich mit diesem Thema nicht befassen.[28] IAS 23.18 erlaubt deshalb auch ein Näherungsverfahren zur Ermittlung der Bemessungsgrundlage für die aktivierungspflichtigen Fremdkapitalkosten i.H.d. **durchschnittlichen Buchwerts** im Wirtschaftsjahr. Dabei sind möglicherweise „aperiodisch" – zu Beginn oder Ende des Aktivierungszeitraums – anfallende Auszahlungen getrennt zu berücksichtigen; der vom Standard beabsichtigte Vereinfachungseffekt wird dadurch allerdings unterlaufen.

2.4 Zeitliche Anforderungen an zu berücksichtigende Finanzierungen

2.4.1 Beginn

Aktivierbar sind die ab Beginn der Anschaffung/Herstellung anfallenden Fremdkapitalkosten. Voraussetzung für eine Aktivierung ist nach IAS 23.17 daher, dass

- mit der Herstellung/Anschaffung des Vermögenswerts begonnen worden ist *(commencement date)*, z.B. durch Einholung behördlicher Genehmigungen oder bei Grundstücken die Planung,[29] **und**
- zinstragende Auszahlungen, z.B. für Planungskosten, entstehen.

Dabei müssen die Vorbereitungshandlungen **konkret** auf den Herstellungsprozess gemünzt sein (IAS 23.19).

27

Praxis-Beispiel
Sachverhalt
A beginnt am 1.7. mit den Vorbereitungen zum Bau eines Gebäudes. Das Baudarlehen hat er im Hinblick auf einen erwarteten Anstieg der Zinsen bereits zum 1.6. aufgenommen. Erste Auszahlungen entstehen am 1.8.

Lösung 1
Die Zinsaufwendungen für Juni sind nicht aktivierbar, weil mit der Herstellung noch nicht begonnen wurde (IAS 23.17(c)).
Die Zinsaufwendungen für Juli betreffen zwar schon den Zeitraum nach Herstellungsbeginn. Da aber noch keine Auszahlungen für den Bau angefallen sind, können die Zinsen für Juli der Herstellung nicht zugerechnet werden (IAS 23.17(a)).

---

[27] Non-IFRIC, IFRIC, Update November 2009.
[28] IASB, Meeting Juli 2009.
[29] Vater, WPg 2006, S. 1340.

> **Lösung 2**
> Eine andere Lösung[30] kann u. U. auf der Grundlage von IAS 23.13 gefunden werden. Dort ist der hier dargestellte Sachverhalt einer Kreditaufnahme vor Eintritt des eigentlichen Finanzierungsbedarfs, also der ersten Auszahlung auf das Investitionsgut, angesprochen. Auch der Investitionsbeginn ist – anders als in IAS 23.17(c) – nicht förmlich als Aktivierungsvoraussetzung genannt. Danach sind dem Grunde nach die Zinsen seit Aufnahme des Darlehens am 1.6. aktivierbar, allerdings unter Kürzung um den Zinsertrag aus der Zwischenanlage des noch nicht benötigten Darlehensteils.
> U. E. ist die Lösung 1 wegen des eindeutigen Wortlauts von IAS 23.17 vorzugswürdig.

28   Der Aktivierungsbeginn bei **Fremdherstellung** eines qualifizierten Vermögenswerts setzt nach IAS 23.17 die Erfüllung folgender Tatbestände voraus:[31]
- Ausgaben für den Vermögenswert durch Anzahlung,
- Anfall von Fremdkapitalkosten für die Finanzierung der Anzahlung,
- Arbeitsbeginn des Herstellers.

Der letztgenannte Tatbestand ist nicht zwingend mit dem Zeitpunkt der Anzahlung identisch und möglicherweise vom auftraggebenden Unternehmen schwer festzustellen.[32]

2.4.2 · Unterbrechung des Herstellungsprozesses

29   Für den Fall der längeren **Unterbrechung** (*suspension*) eines Herstellungsprozesses sieht IAS 23.20 ein Verbot der Aktivierung von Finanzierungsaufwendungen für diesen Zeitraum vor. Als länger (*extended*) wird im Schrifttum ein Zeitraum ab ca. 10–20 % der Gesamtdauer des Projekts angesehen.[33] Eine solche Unterbrechung ist allerdings nach IAS 23.21 nicht bei notwendig gegebenen **zeitlichen Verzögerungen** anzunehmen. Als „unschädliches" Beispiel wird der Bau einer Brücke genannt, wenn die Bauarbeiten wegen Hochwassers unterbrochen werden müssen, wobei es darauf ankommen soll, ob Hochwasser in dieser Region üblich (unschädliche Unterbrechung) oder unüblich (schädliche Unterbrechung) ist.

2.4.3   Ende der Aktivierungsfrist

30   Die Möglichkeit zur Aktivierung von Fremdkapitalkosten **endet** (*cessation of capitalisation*), sobald alle notwendigen Handlungen zur Versetzung in den **beabsichtigten Zustand** (Nutzungsmöglichkeit) oder der Verkauf (Absatzreife) erfolgt sind (IAS 23.22). Noch ausstehende behördliche Abnahmen u. Ä. oder geringfügige Anpassungen oder Ausschmückungen hindern die Beendigung des Herstellungsprozesses und damit die Möglichkeit zur Aktivierung von Zinsen nicht (IAS 23.23). Umgekehrt ist die Herstellung noch nicht beendet, wenn behördliche Abnahmen – z. B. des Brandschutzes eines Fabrikgebäudes – noch ausstehen.[34]

---

[30]   Die von IDW RS HFA 37.26 abgelehnt wird.
[31]   IDW RS HFA 37.27.
[32]   So die Bedenken von HEINTGES/URBANCZIK/WULBRAND, DB 2009, S. 637.
[33]   DE LA PAIX/REINHOLDT, IRZ 2016, S. 359 ff.
[34]   ERNST & YOUNG, International GAAP 2015, Ch. 21 sCh 6.3.

Dabei kommt auch eine **anteilige** Fertigstellung mit entsprechender Teil-Beendigung des Aktivierungszeitraums in Betracht. Als Beispiel hierfür wird ein Industriepark mit verschiedenen Gebäuden in IAS 23.25 genannt, in dem jedes Gebäude ein *qualifying asset* darstellt und jedes für sich genutzt werden kann. Entsprechend endet der Aktivierungszeitraum gem. IAS 23.24 individuell für jeden festgestellten qualifizierten Vermögenswert.

Anders ist hingegen der Fall einer Fertigungsstraße mit aufeinander abgestimmten Maschinen, Transportbändern und Robotern zu würdigen. Hier endet der Aktivierungszeitraum erst mit der Funktionsfähigkeit der **Gesamtanlage**. IAS 23.25 erwähnt als Beispiel ein Stahlwerk. Umgekehrt kann ein Gebäude funktionsfähig fertiggestellt, allerdings noch nicht von Mietern bezogen worden sein; dann endet die Aktivierungsfrist mit der technischen Fertigstellung. Die effektive Nutzung ist unbedeutend.

2.5 Sonderfall Vorratsvermögen

Die Aktivierungspflicht von Fremdkapitalkosten bezieht sich auch auf „qualifiziertes", länger dauernden Fertigungsprozessen unterliegendes **Vorrats**vermögen (Rz 10), etwa 31
* **Bauerstellung ohne Kundenauftrag als Bauträger**,
* **lagerungs**bedürftige Konsumgüter (Wein, Käse, Whisky u. Ä.).

Unproblematisch erscheint die Aktivierung des Zinsaufwands bei **Bauträgerobjekten**, also der Bauerstellung ohne spezifischen Kundenauftrag. In diesen 32 Fällen liegt regelmäßig eine Projektfinanzierung vor, die eine unmittelbare Aufwandszurechnung erlaubt. Die Aktivierungsfrist endet (Rz 30) auch dann in dem Zeitpunkt, in dem das Gebäude (z.B. mit Eigentumswohnungen) fertiggestellt ist, wenn Käufer für das Objekt oder für Teilbereiche noch nicht gefunden worden sind. Nach IAS 23.23 markiert die Vervollständigung der **physischen Erstellung** – nicht der kommerziellen Verwertung – das Ende der Aktivierungsfrist für den Zinsaufwand. Auf den erfolgten Verkauf kommt es also nicht an.

Eine längerfristige Produktion von **Vorratsvermögen**, die *qualifying assets* begründet, liegt auch bei Konsumgütern mit den einen Verkauf erst ermöglichenden 33 Reifeprozessen vor (Rz 10), z.B. Whisky „18aged". Sofern spezielle Bankfinanzierungen den Lagerungsprozess begleiten oder allgemeine Bankmittel in Anspruch genommen werden (Rz 24), sind die entsprechenden Aufwendungen zu aktivieren. Dies gilt aber auch bei Finanzierung durch den **Kunden**. Der Zinsaufwand aus der Aufzinsung der Anzahlung ist ab Beginn der Einlagerung und bis zum Erreichen der gewünschten Reife beim Vorratsgegenstand zu aktivieren.

Eine Vorauszahlung des Abnehmers kann auch **vor** Aufnahme der eigentlichen 34 Produktionstätigkeit erfolgen.

Praxis-Beispiel
Sachverhalt
Die Sun Earth AG bestellt zur Produktion von Solarmodulen Silizium zur Lieferung zwei Jahre später. Die Siliziumerstellung benötigt einen Zeitraum von wenigen Tagen, nach denen sofort die Auslieferung an die Sun Earth erfolgt. Diese zahlt den Listenpreis von 121.000 EUR abzüglich 21.000 EUR „Vorauszahlungsrabatt", also 100.000 EUR bei Bestellung.

> **Lösung**
> Das Silizium stellt anders als der Wein (Beispiel unter Rz 31) kein *qualifying asset* dar, da die Produktion keinen längeren Zeitraum benötigt (Rz 10). Die Aufzinsungen (wie im Beispiel unter Rz 33) sind als Aufwand zu behandeln.

2.6 Behandlung in der Kapitalflussrechnung

35 Auf → § 3 Rz 80 wird verwiesen.

3 Latente Steuern

36 Folgende Datenkonstellation kann typischerweise vorliegen: Im IFRS-Konzernabschluss werden Finanzierungskosten aktiviert, nicht dagegen im HGB-Einzelabschluss und in der Steuerbilanz. Folge ist die Bildung einer **passiven** Steuerlatenz (→ § 26).

4 Angaben

37 Folgende Anhangangaben sind nach IAS 23.26 vorgeschrieben:
- die Höhe der aktivierten Fremdkapitalkosten, u. U. im Anlagespiegel (→ § 14 Rz 69) darstellbar,
- der angenommene Finanzierungskostensatz (Rz 25).

38 Die Berichterstattungspraxis ist regelmäßig sehr kurz und einfach aufgezogen. Entsprechend kann etwa wie folgt formuliert werden:

39

> **Praxis-Beispiel**
> Von den gesamten Finanzierungsaufwendungen i. H. v. X TEUR sind Y TEUR als Anschaffungs- oder Herstellungskosten aktiviert worden. Der Finanzierungskostensatz beträgt Z %.

5 Anwendungszeitpunkt, Rechtsentwicklung

40 IAS 23 ist auf Geschäftsjahre mit Beginn nach dem 31.12.2008 anzuwenden.
Die gültige Standardfassung hat IAS 23 rev. 1993 abgelöst, der die Aktivierung der Fremdkapitalzinsen nur als Wahlrecht vorsah.
Im Rahmen der Projektplanung zu den *Annual Improvements* 2015–2017 (ein ED ist für Anfang 2017 angekündigt) ist eine Klarstellung in IAS 23 geplant. Danach soll Fremdkapital, das gezielt für die Anschaffung oder Herstellung eines qualifizierten Vermögenswerts aufgenommen wurde (Projektmittel), den „allgemeinen" Finanzmitteln für die Ermittlung des Finanzierungskostensatzes zugeordnet werden, sobald die Bearbeitung oder Herstellung des qualifizierten Vermögenswerts abgeschlossen ist.

§ 10 PLANMÄSSIGE ABSCHREIBUNGEN
(Depreciation and Amortisation)

Schrifttum: ANDREJEWSKI/BÖCKEM, Praktische Fragestellungen der Implementierung des Komponentenansatzes nach IAS 16, KoR 2005, S. 75 ff.; BECK, Änderungen bei der Bilanzierung von Sachanlagen nach IAS 16 durch den Komponentenansatz, StuB 2004, S. 590 ff.; HOFFMANN/LÜDENBACH, Abschreibung von Sachanlagen nach dem Komponentenansatz von IAS 16, BB 2004, S. 375 ff.; JANSSEN, Aktivierung und Abschreibung von Großinspektionen, PiR 2005, S. 46 ff.; LÜDENBACH, Anschaffungszeitpunkt und Abschreibungsbeginn bei Probebetrieb, StuB 2009, S. 273 ff.; ZWIRNER, (Abweichende) Nutzungsdauern nach IFRS, IRZ 2013, S. 133 ff.

Vorbemerkung
Die Kommentierung bezieht sich auf IAS 16 und IAS 18 sowie die anderen einschlägigen Standards (Rz 2) in den aktuellen Fassungen und berücksichtigt alle Ergänzungen, Änderungen und Interpretationen, die bis zum 1.1.2017 beschlossen wurden.

1   Überblick

1.1   Regelungsbereich

1   Nach der Zugangsbewertung eines Vermögenswerts *(asset)* stellt die Vornahme **planmäßiger Abschreibungen** eine der möglichen **Folgebewertungen** dar. **Andere** Folgebewertungen sind

- der *fair-value*-Ansatz im Rahmen einer Neubewertung (→ § 14 Rz 47 ff.);
- die *fair-value*-Bewertung von Immobilien, die als Finanzinvestitionen gelten (→ § 16 Rz 54);
- die *fair-value*-Bewertung von biologischen Vermögenswerten und landwirtschaftlichen Erzeugnissen gem. IAS 41 (Rz 33), siehe aber Rz 2;
- die außerplanmäßige Abschreibung und die Wertaufholung (→ § 11);
- der Sonderfall der Bewertung im Fall eines aufzugebenden Geschäftsfelds *(discontinued operations)* oder einer aufzugebenden Sachgesamtheit *(disposal group)* gem. IFRS 5.25 (→ § 29 Rz 35).

2   **Planmäßige Abschreibungen** sind nach den IFRS vorzunehmen bei

- Sachanlagen gem. IAS 16.43 (→ § 14 Rz 46);
- immateriellem Anlagevermögen gem. IAS 38.97 (→ § 13 Rz 89);
- Nutzungsrechten *(right-of-use assets)* nach IFRS 16 (→ § 15a Rz 145 ff.);
- Immobilien, die als Finanzinvestitionen gelten, soweit nach dem *cost model* bewertet, gem. IAS 40.50 (→ § 16 Rz 49 ff.);
- landwirtschaftlich genutzten Vermögenswerten, die nicht mit dem *fair value* bewertet werden können, gem. IAS 41.30 (→ § 40).

3   Nach IAS 38 sind immaterielle Anlagen von **unbestimmter** Lebensdauer *(indefinite life)*, nach IFRS 3 ist der *goodwill* nicht planmäßig abschreibbar (Rz 37).

1.2   Ökonomische Konzeption der Abschreibungsverrechnung

4   Konzeptionell beruht die Berechnung von planmäßigen Abschreibungen für Vermögenswerte auf dem *matching principle* (→ § 1 Rz 110): Die Kosten von Anlagegütern sind denjenigen Rechnungsperioden **anzulasten** (Kostenverrechnungseffekt), in denen der **Nutzen** aus diesen Vermögenswerten gezogen wird. Unabhängig von der Abschreibungsmethode sollen systematisch die **Kosten** eines Anlageguts auf die **Nutzungsdauer** verteilt werden[1] (IAS 16.50 und IAS 38.97). Zur Ermittlung des konkreten Abschreibungsbetrags bedarf es der Festlegung folgender **Berechnungsparameter**:

- Abschreibungsvolumen *(depreciable amount*; Rz 19 ff.),
- Abschreibungsmethode *(pattern*; Rz 26 ff.),
- Nutzungsdauer *(useful life*; Rz 33 ff.).

5   Der durch die Abschreibung zu mindernde Buchwert soll den **Verbrauch ökonomischen Nutzens** des betreffenden Vermögenswerts (Werteverzehr) widerspiegeln, und zwar auch, wenn der Verkehrswert *(fair value of the asset)* den Buchwert übersteigt (IAS 16.52). Die planmäßige Abschreibung ist erst dann auszusetzen, wenn aus exogenen Gründen – Inflation, Marktveränderungen – der in der Abschreibungsplanung berücksichtigte Restwert so stark ansteigt, dass er

---

[1]   Vgl. detailliert SCHILDBACH, WPg 2005, S. 555.

den aktuellen Buchwert erreicht oder übertrifft; bei immateriellen Vermögenswerten gilt Entsprechendes (IAS 38.103).

1.3 Aufteilung von Sachanlagen für Abschreibungszwecke (*component approach*)

Die Abschreibungsverrechnung von Sachanlagen ist für jeden **wesentlichen Teilbereich** eines Vermögenswerts *(each part of an item)* getrennt *(separately)* zu bestimmen (IAS 16.43). Der Board unterstellt in diesen Fällen eine für den jeweiligen Teilbereich **unterschiedliche Nutzungsdauer**, die **nicht** durch eine gewogene Durchschnittsrechnung zutreffend abgebildet werden könne (IAS 16.BC26). Auf eine selbstständige Nutzbarkeit kommt es ebenso wenig an wie auf eine mögliche Einzelveräußerung. Als Beispiel werden in IAS 16.44 der Flugzeugkörper und die Triebwerke „separiert". So verstandene Teilbereiche (also die Summe der Triebwerke) können dann allerdings **zusammengefasst** abgeschrieben werden (IAS 16.45). Der verbleibende **Rest** *(remainder)* des Vermögenswerts, d.h. die in einer Einzelbetrachtung unbedeutenden Teile, ist dann als **Sammelposten** abzuschreiben.

6

Wahlweise ist eine getrennte Abschreibungsverrechnung möglich, wenn die separierte Bemessungsgrundlage im Verhältnis zum gesamten Vermögenswert geringe Anschaffungs- oder Herstellungskosten aufzuweisen hat (IAS 16.47). Wo die **Geringfügigkeitsgrenze** liegt, bleibt offen, bedarf also einer sinnvollen Auslegung durch den Anwender. Dazu muss er das Adjektiv *„significant"* auslegen, wozu ihm IAS 16 keine Hilfe anbietet. Eine **Analogie** zu anderen Regelungsbereichen, bei denen die IFRS die „Signifikanz" als Unterscheidungskriterium bemühen, liegt nahe. Diesbezüglich ist auf die gemischte Nutzung von *investment properties* i. S. v. IAS 40 – als Renditeliegenschaft und zur Eigennutzung – hinzuweisen. Nach IAS 40.10 muss der selbst genutzte Anteil *insignificant* sein, wenn die gesamte Immobilie als *investment property* anzusehen ist. Die im Vereinigten Königreich, in Hongkong und in Neuseeland diesbezüglich festgelegten Grenzmarken bewegen sich zwischen 15 und 20 % (→ § 16 Rz 18).[2]

Der *component approach*, d.h. die Sezierung des einheitlichen Vermögenswerts *(asset)* für Zwecke der Folgebewertung, bezieht sich nicht nur auf die Abschreibung, sondern auch auf die Behandlung der **Ersatzbeschaffung von Teilen** (→ § 14 Rz 43).

7

Die Annahme einer **getrennten Nutzungsdauer** für Teile einer größeren Anlage ist technisch und wirtschaftlich **zutreffend** (Rz 9). Die Frage ist allerdings, **wie weit** man bei der praktischen Anwendung die Separierung des Vermögenswerts für Abschreibungszwecke betreiben muss bzw. kann. Gefragt ist hier eine ökonomisch begründete Entscheidung des Managements nach IAS 16.9: *„judgement is required"*. Hierzu folgendes Beispiel:[3]

8

---

[2] Die von ANDREJEWSKI/BÖCKEM (KoR 2005, S. 78) als vertretbar erachtete Grenzmarke von 5 % (Verhältnis der „insignifikanten" Teile zu den gesamten Anschaffungs- oder Herstellungskosten) wird insofern nicht bestätigt. Unterhalb der 5-%-Marke wird man allerdings problemlos von *„insignificant"* ausgehen können.

[3] Nach BECK, StuB 2004, S. 590, der allerdings eine büromäßige Nutzung unterstellt.

Praxis-Beispiel

Ein Gebäude lässt sich im Fall einer gewerblichen Nutzung bzgl. der Herstellungskosten aus technischer Sicht wie folgt aufgliedern:

Komponente	Herstellungs-kosten in %	Mindest- und Höchstnut-zungsdauer nach WertR	Abschreibung in % bei Höchst-nutzungsdauer
Mauerwerk	30	80 / 120	0,83
Dach	5	20 / 30	3,33
Fassade	8	40 / 60	1,67
Fenster	7	20 / 40	2,5
Bauwerk	50		
Heizung/ Lüftung/Klima	10	20 / 40	2,5
Sanitär	5	40 / 60	1,67
Elektro	10	40 / 60	1,67
Innenausbau	20	10 / 40	2,5
Technik	45		
Außenanlage	5	40 / 50	2,0
	100		

Die angenommenen **Höchst**nutzungsdauern gem. Wertermittlungsrichtlinien (WertR) führen zu einer gewichteten Abschreibung von 1,83 %. Die **Mindest**nutzungsdauern ergäben eine gewichtete Abschreibung von 4,08 % p.a. Innerhalb dieser Bandbreite bewegt sich also der Ermessensspielraum des Managements bei der Bestimmung der Abschreibungshöhe auf der Grundlage des *component approach*. Deshalb stellt sich die Frage, ob eine u.U. zeit- und kostenaufwendige „Gebäudezerlegung" nach der Vorgabe des obigen Beispiels sinnvoll ist, also insbesondere dem *cost-benefit*-Gedanken (→ § 1 Rz 67) entspricht und für die *fair presentation* (→ § 1 Rz 68) benötigt wird.

Wir halten z.B. folgende **Vereinfachungsrechnung** nach Maßgabe des vorstehenden Beispiels für angemessen:

Zusammengefasste Komponenten	Abschreibung bei		Ø Abschrei-bung
	Höchstnut-zung	Mindestnut-zung	
Bauwerk	1,45 %	2,35 %	2,00 %
Technik und Außenanlage	2,20 %	6,00 %	4,00 %

Die im Beispiel für ein Fabrikgebäude angenommenen Aufteilungsprozentsätze können und müssen im Einzelfall an die technischen und insbesondere auch wirtschaftlichen (Rz 9) Gegebenheiten **angepasst** werden. Jedenfalls ist eine eher **geringe Sensitivität** der „Komponentenzerlegung" ersichtlich. Eine Aufteilung in „Bauwerk" und „Technik" sollte in vielen Fällen den Vorgaben des *component approach* genügen, ohne förmlich das Verbot der schlichten Durchschnittsbetrachtung (IAS 16.BC26) zu unterlaufen. Bei der Beurteilung müssen auch die technischen und wirtschaftlichen Gegebenheiten des vom Board den Überlegungen zugrunde gelegten Beispiels eines Flugzeugs (IAS 16.13 und IAS 16.44) beachtet werden. Die „Komponenten" eines Gebäudes mit seiner Technik sind stärker miteinander verwoben als Flugzeugrahmen, -triebwerk und -bestuhlung (Rz 11).

Das Beispiel unter Rz 8 hebt speziell auf die **technische** Nutzungsdauer der einzelnen Gebäudebestandteile ab. Diese Vorgehensweise passt auf Fabrikationshallen und sozialen Wohnungsbau (u.U. mit Differenzierungen bzgl. der Kostenkomponenten). Bei wettbewerbsintensiv genutzten Immobilien ist dagegen die **wirtschaftliche** Nutzungsdauer für die Beurteilung dominant. Für ein großstädtisches Hotel oder Bürogebäude haben die Innenausbauten, also die nicht tragenden Wände, die Deckenverkleidung, die Böden usw. eher „dekorativen" Charakter. Sie sind nach 15 Jahren längst nicht technisch verbraucht, wirken aber optisch nicht mehr einladend, sondern alt und unzeitgemäß. Im Wettbewerb um Hotelgäste oder Büromieter müssen sie dann ohne Rücksicht auf ihre technische Lebensdauer ausgetauscht werden.

Eine „Durchschnittsabschreibung" ist unter diesen Umständen unzutreffend, der Komponentenansatz wirtschaftlich berechtigt.

9

Praxis-Beispiel[4]

Ein großstädtisches Bürogebäude (oder Hotel) hat ohne Grund und Boden und ohne Außenanlage Anschaffungs- und Herstellungskosten (AHK) von 10 Mio. EUR. Daraus ergibt sich folgende Aufgliederung bzgl. der wesentlichen Bauteile:

Komponenten	Komponenten-AHK	Nutzungsdauer	Abschreibung %	AfA
Tragwerk Fundamente, Wände, Stützen, Decken usw.	3.500.000	80	1,25	43.750
Gebäudehülle Bedachung, Fassade, Fenster, Eingänge	2.000.000	25	4,00	80.000
Technische Gebäudeausrüstung Heizung, Kühlung, Lüftung, Sanitär, Elektro, Aufzüge usw.	2.000.000	20	5,00	100.000

---

4   Für die Überlassung des Beispiels danken wir Herrn Dipl.-Ing. ARMIN BRETT, öffentlich bestellter und vereidigter Sachverständiger/Chartered Valuation Surveyor, Stuttgart.

Komponenten	Kompo-nenten-AHK	Nut-zungs-dauer	Ab-schrei-bung %	AfA
Innenausbau ("Dekoration")	2.500.000	15	6,67	166.750
Gesamt	10.000.000			390.500
	gewichtete Abschreibung			3,91 %
	gerundet			4,00 %
	gewichtete Nutzungsdauer			25

Je nach der für das Bauwerk anzusetzenden Nutzungsart und Nutzungsdauer kann aber auch eine **Gesamtbetrachtung** infrage kommen.

> **Praxis-Beispiel**
> Zu bestimmen ist die Abschreibung eines in Massivbauweise erstellten **Fabrikgebäudes** mit einer technischen Nutzungsdauer von 100 Jahren. Der Bilanzierende geht von einer erforderlichen Generalüberholung nach 40 Jahren aus, um das Gebäude an die dann aktuellen Nutzungsbedürfnisse anzupassen. Dabei werden nach Einschätzung des Bilanzierenden zwar Eingriffe an den technischen Einrichtungen im Vordergrund stehen, aber in diesem Zusammenhang auch Wände aufgestemmt oder versetzt, Treppen und Eingänge neu gestaltet usw. Er unterstellt deshalb insgesamt eine wirtschaftliche Nutzungsdauer von 40 Jahren. Den zu erwartenden Restwert berücksichtigt er durch Kürzung der Abschreibungsbemessungsgrundlage.

10 Auch bei einem **Fahrzeug** (Auto) kann trotz unterschiedlicher Nutzungsdauer von Motor, Getriebe und Karosserie eine **einheitliche** Abschreibung mit folgender Begründung gerechtfertigt sein: Abgesehen vom für die planmäßige Abschreibung nicht relevanten Fall eines vorzeitigen Motor- oder Getriebeschadens auf den ersten 100.000 oder 150.000 km wird ein solcher Totalschaden i.d.R. nicht repariert, sondern führt zur Verschrottung des Fahrzeugs. Die längere technische Lebensdauer der Karosserie ist daher wirtschaftlich irrelevant. Die gesamte Abschreibung ist über die ungefähr gleich einzuschätzende Nutzungsdauer von Motor und Getriebe vorzunehmen.

11 Anders stellt sich hingegen der in IAS 16.44 behandelte Fall eines **Flugzeugs** dar. Die Komponenten Rahmen, Triebwerke, Inneneinrichtung unterscheiden sich nach der Vorstellung des Board nicht nur in ihrer technischen Nutzungsdauer erheblich. Das Ende der Lebensdauer von Triebwerken und Inneneinrichtung markiert auch nicht das wirtschaftliche Ende des Flugzeugs. Angesichts des hohen Werts des Rahmens kann während eines normalen "Flugzeuglebens" mehrfach ein Austausch von Triebwerken erfolgen. Gleiches gilt für die Inneneinrichtung, die ständige Anpassungserfordernisse im Hinblick auf die geänderte Kundennachfrage aufweist. Die unterschiedlichen Abschreibungen sind so gesehen wirtschaftlich gerechtfertigt.

Das vom Board selbst beigesteuerte Beispiel belegt allerdings auch das Erfordernis einer sinnvollen **Beschränkung** bei der „Zerlegung" des *asset* „Flugzeug" (IAS 16.13).

> **Praxis-Beispiel**
> Die Inneneinrichtung des Airbus 380 wird (unterstellt) in drei **Varianten** geliefert:
>
> First Class: Designer-Möbel mit separatem Bett
> Business Class: Höhenverstellbare Sessel, umklappbar als Schlafgelegenheit
> Economy Class: Reihensitze („Holzklasse")
>
> Die First-Class-Einrichtung sollte entsprechend der Vorstellung von Innenarchitekten nach sieben Jahren wegen der modischen Anforderungen des erlesenen Kundenkreises komplett ausgetauscht werden. In der Business Class genügt eine neue Polsterung der Sitze nach zehn Jahren, in der „Holzklasse" kann ein Austausch der gesamten Bestuhlung nach 14 Jahren erfolgen.

Das Management muss nun eine sinnvolle Lösung für die Anwendung des *component approach* unter Berücksichtigung von *cost-benefit-* und *materiality-*Überlegungen (→ §1 Rz 59ff.) anstellen. Die Ergebnisse dieser Überlegungen lassen sich anhand der Geschäftsberichte von Flugverkehrsgesellschaften[5] wie folgt darstellen:

- Der Rahmen und die Triebwerke werden möglicherweise als getrennte Komponenten geführt (den Geschäftsberichten zufolge aber nicht zwingend), jedenfalls durchweg mit gleicher Nutzungsdauer abgeschrieben (also entgegen der Annahme des Board in IAS 16.44).
- Größere Ersatzteile und Reservetriebwerke werden als eigenständiger Vermögenswert im Anlagevermögen geführt und abgeschrieben.
- Die Generalüberholungen und Großinspektionen werden als gesonderte Komponente geführt (→ §14 Rz 45) und abgeschrieben.

Die am „Musterfall" des Verkehrsflugzeugs durch den Board vorgeschlagene „Zerlegung" des Vermögenswerts in seine Komponenten scheint deshalb in der Praxis sehr zurückhaltend ausgeübt zu werden. So ist z.B. die Inneneinrichtung eines Verkehrsflugzeugs in den genannten Geschäftsberichten nicht als eigenständige Komponente festzustellen, erst recht nicht die Unterteilung in die drei im obigen Beispiel aufgeführten Varianten.

Das erlaubt eine entsprechend großzügige – vielleicht auch sinnvolle – Anwendung auch auf andere Großobjekte, wie z.B. Gebäude (Rz 9).

Eine **industrielle Anlage** lässt sich unschwer in Dutzende von „Komponenten" zerlegen. Zur Herstellung einer chemischen Substanz[6] werden Pumpen, Röhren, Messgeräte und dergleichen mehr, v. a. aber ein Reaktor benötigt, in dem sich der chemische Prozess abwickelt. Eine sinnvolle Lösung vor dem Hintergrund des

12

---

[5] Aus den Geschäftsberichten für 2014 der Iberia, British Airways, Singapore Airlines, Air Berlin, Deutsche Lufthansa.
[6] Beispiel nach FOCKEN/SCHAEFER, BB 2004, S. 2343f.

„*component approach*" führt zu einer Zweiteilung der Anlage in „Reaktor" und „Rest". Der gesamten Anlage wird eine Lebenszeit von 20 Jahren, dem Reaktor von acht Jahren bis zu einer Grundüberholung zugestanden. Zur Vereinfachung kann auf eine weitere „Zerlegung" der restlichen Anlage verzichtet werden, obwohl z. B. ein Manometer mitunter schon nach sechs bis zehn Jahren ersetzt werden muss. Die Generalüberholung des Reaktors ist folgerichtig zu aktivieren (→ § 14 Rz 43). Nach HGB/EStG wäre eine Nutzungsdauer von vielleicht zehn Jahren angenommen worden mit Verrechnung der Generalüberholung im Aufwand.

13   Eine industrielle Großanlage stellt sich mit der Vielzahl wesentlicher Bestandteile ähnlich wie ein Gebäude dar (vgl. Beispiel unter Rz 9 zum Bürogebäude).

Praxis-Beispiel
Eine Müllverbrennungsanlage mit Energie- und Wärmeerzeugung besteht aus folgenden wesentlichen Bestandteilen:

• Entladehalle	• Speisewasserwärmer
• Abfallbunker	• Katalysator
• Rostfeuerung	• Abgaswäscher
• Schlackenaustragung	• Rückstromwirbler/Gewerbefilter
• Dampferzeugung	• Kamin
• Elektrofilter	• Emissionsmessstation
• Energienutzung	

Nun kann man mit einiger Akribie und Sachverstand jedem dieser Teilbereiche eine mutmaßliche individuelle Nutzungsdauer zuordnen. Die Frage ist nur, ob dies technisch garantierbar und wirtschaftlich sinnvoll ist. Letzteres zielt auf das *cost-benefit*-Argument (→ § 1 Rz 67), Ersteres auf die mangelnde Prognosemöglichkeit. Ob die Rostfeuerung zehn oder 15 Jahre genutzt werden kann, wird niemand definitiv „festlegen" wollen, sofern nicht Ersatzintervalle (wie beim Flugzeug) regulatorisch vorgegeben sind. Gleiches gilt etwa für die Frage, ob mit dem kompletten Ersatz der Rostfeuerung auch die mit ihr verbundene Schlackenaustragung erneuert werden muss.

U. E. bietet sich eine im Ansatz vergleichbare Lösung wie für das Bürogebäude (vgl. Beispiel in Rz 9) an, nämlich eine Aufteilung nach **Bauwerken** (Entladehalle, Abfallbunker, Kamin, Messstation) und nach „**Technik**" (Rest). Der letztgenannte Teil dürfte – anders als beim Bürogebäude – den Löwenanteil der Gestehungskosten ausmachen. Die Gesamtabschreibung wird dann vom Bereich „Technik" und der dafür festzulegenden Nutzungsdauer dominiert.

14   Die Beispiele unter Rz 8 ff. zeigen das Erfordernis einer **sinnvollen Interpretation** der Separierungsvorgabe für Zwecke der Bestimmung der Nutzungsdauer nach IAS 16.43. Eine solche Festlegung kann immer nur nach den **individuellen Verhältnissen** vorgenommen werden. Das ist der Grund, weshalb sich IAS 16 weitgehend einer Einzelfallbetrachtung enthält. Klar ist (nur) der **Grundsatz**: Der Vermögenswert ist für Zwecke der Abschreibungsbemessung getrennter Betrachtungen zu unterziehen, wenn wesentliche Kostenbestandteile *(significant cost)* signifikant unterschiedliche wirtschaftliche Nutzungsdauern haben.

An solcher Unterschiedlichkeit wird es bei kleineren **beweglichen Vermögenswerten** häufig fehlen, weil der nicht vorzeitige Ausfall einer Hauptkomponente zumeist das Ende der Nutzung des gesamten Vermögenswerts besiegelt (Rz 9). Bei **Gebäuden** kann man auf Erfahrungsgrundsätze zurückgreifen: Nur eine Minderheit der mehr als 50 Jahre alten Geschäfts- oder Industriegebäude ist nicht grundlegenden Generalüberholungen unterzogen worden, die sich zumeist nicht in der Erneuerung der technischen Anlagen erschöpft haben, sondern zugleich mit Substanzeingriffen einhergingen. Aus dieser Sicht kann eine 50-Jahres-Frist (je nach Gebäudeart auch ein kleineres Intervall) eine sinnvolle Schätzgröße für die wirtschaftliche Nutzungsdauer der gesamten Hauptkomponenten des Gebäudes sein (Rz 8).

Aus Sicht der deutschen Rechnungslegungspraxis „passt" dieser *component approach* für die Abschreibung gut auf die immer systematisch schwer einzuordnenden **Mietereinbauten** (in fremde Gebäude), **Ladeneinrichtungen** und auf **Betriebsvorrichtungen**. Diese nach den steuerlichen Vorgaben vom Gebäude zu unterscheidenden Wirtschaftsgüter mögen aus der Sicht der IFRS mit dem Gebäude einen einheitlichen Vermögenswert bilden, der indes für Abschreibungszwecke, aber auch bei der Ersatzbeschaffung (→ § 14 Rz 43) ganz nach Vorbild der deutschen steuerlichen und damit praktisch auch handelsrechtlichen Betrachtungsweise zu separieren ist. Auf diese Weise gelingt dann auch leichter die Vermeidung einer **Steuerlatenz**rechnung mangels Buchwertunterschieden (→ § 26 Rz 54).

Praxis-Beispiel für Mietereinbauten

Die Klimaanlage des Gemüsegroßhändlers in einer gemieteten Lagerhalle lässt sich unschwer als *component* definieren. Deshalb (gesonderte) Aktivierung mit planmäßiger Abschreibung und Aktivierung auch der Neuanschaffung nach Verbrauch. Wegen der Abschreibungsdauer vgl. Rz 36 zur vertraglichen Nutzungsbeschränkung wegen Zeitablaufs.

Ähnlich verhält es sich im Fall einer Lagerhalle, die vom Mieter zu einer Tennisanlage umgebaut wird: Der besondere Bodenbelag ist mit den Herstellungskosten zu aktivieren, ebenso der spätere Ersatz des nicht mehr bespielbaren Bodens.

Aus der Rechtsprechung und dem Schrifttum zum deutschen Steuerrecht können 15 auch in anderen Unternehmensbereichen Schlüsse zur sinnvollen „Zerlegung" eines Vermögenswerts gezogen werden. Die Systematik ist in den beiden Rechnungslegungswelten zwar verschieden, inhaltlich sind durchaus Überschneidungen festzustellen. Im deutschen Steuerrecht sucht man nach der Definition des **Wirtschaftsguts**, das dann einheitlich abgeschrieben wird. Nach dem *component approach* ist der Umfang des Vermögenswerts unbedeutend, es geht „nur" um die Bestimmung der **Nutzungsdauer** und diese eben definiert nach unterscheidbaren Teilbereichen (dieses Vermögenswerts).

Praxis-Beispiel

Ein automatisch gesteuertes, nicht begehbares **Hochregallager** (steuerlich Betriebsvorrichtung) besteht aus folgenden Wirtschaftsgütern (steuerlich) oder *assets* bzw. *parts* (Rz 6):

- Betonhülle mit Fundament,
- Lagergestell,
- Regalbediengeräte,
- Förderbänder,
- Steuersystem und Software.

Die steuerliche Abschreibung wird für die einzelnen Wirtschaftsgüter nach Maßgabe der individuellen Nutzungsdauern verrechnet. Diese Vorgehensweise kann nach dem *component approach* beibehalten werden.

Bei komplexen Anlagen inkl. „technischer" Immobilien (Rz 9) wird sich in diesem Sinne häufig eine **Übereinstimmung** von HGB/EStG und IFRS-Komponentenansatz ergeben. Die Frage nach den Abgrenzungsmerkmalen zwischen Wirtschaftsgut/Vermögensgegenstand einerseits und *asset* bzw. *part of an item* andererseits ist hier eher akademischer Natur.

16   Hierzu ein weiteres Beispiel:

Praxis-Beispiel

Das Rohrnetz eines Wasserversorgungsunternehmens besteht im Wesentlichen aus Hauptleitungen, Versorgungsleitungen und Hausanschlüssen.[7] Die Hauptleitungen mit einem Durchmesser über 600 mm dienen der weiträumigen Wasserverteilung, die kleineren Versorgungsleitungen führen das Wasser durch die einzelnen Straßen. Von dort aus zweigen die Hausanschlüsse ab.

Die nach deutschem Steuerrecht zu lösende Frage ist, ob das gesamte Versorgungsnetz ein einheitliches Wirtschaftsgut darstellt. Ist das der Fall, muss auch die Abschreibung einheitlich für das gesamte Netz verrechnet werden. Der BFH sieht einerseits das Rohrleitungsnetz als „einheitliches Ganzes", erkennt umgekehrt auch die Möglichkeit einer Aufteilung des Netzes aufgrund von Sonderfunktionen, größerem Rohrdurchmesser etc. Mit anderen Worten: Wirtschaftlich sinnvolle Abgrenzungsmerkmale können zur „Zerlegung" des Wirtschaftsguts „Rohrnetz" in seine Bestandteile führen.

Daraus lassen sich auch Erkenntnisse für die Zuordnung unterschiedlicher Abschreibungsdauern eines Rohrleitungsnetzes nach dem *component approach* gewinnen. So sind möglicherweise für die drei genannten Hauptbestandteile unterschiedliche Nutzungsdauern feststellbar, z.B. wegen verschiedener Materialien, unterschiedlicher Ablagerung von Schadstoffen etc. Außerdem können Umleitungen oder Schachtbauten vom eigentlichen Rohrleitungsnetz bzgl. der Nutzungsdauer abgegrenzt werden.

Ähnliche Probleme ergeben sich beim Leitungsnetz eines Fernwärmeunternehmens.[8] Hier kann man eine Trennung zwischen Übergabestation, Haupt-

---

7   BFH, Urteil v. 11.1.1991, III R 60/89, BStBl II 1992, S. 5.
8   BFH, Urteil v. 25.5.2000, III R 65/96, BStBl II 2000, S. 628.

trasse, Verteilerbauwerk, Umformerstation, Direktanschlüssen etc. vornehmen. Im Anschluss daran wäre zu fragen, ob diese Teilbestandteile des Netzes unterschiedliche Nutzungsdauern haben oder nicht.

Anschaulich für die Problematik der Wirtschaftsgutzerlegung ist das Beispiel von **Flugbetriebsflächen**. 17

> **Praxis-Beispiel[9]**
> Flugbetriebsflächen lassen sich systematisch zerlegen in
> • Start- und Landebahnen *(runways)*,
> • Rollwege *(taxiways)*,
> • Stellflächen *(ramps)*.
> Eine unterschiedliche Nutzungsdauer der drei Flugbetriebskomponenten liegt auf der Hand: Die Start- und Landebahnen sind dem höchsten Verschleiß ausgesetzt, die Stellflächen, auf denen sich die Flugzeuge nicht bewegen, am wenigsten; dazwischen liegen hinsichtlich der Abnutzung die Rollwege mit langsamer Bewegung der Flugzeuge.
> Liegen zwei Start- und Landebahnen mit unterschiedlicher Länge vor, kann die Abschreibungsdauer ebenfalls differieren. Auf der langen Strecke landen und starten die schwereren Flugzeuge mit höherem Abnutzungseffekt.

Die **physikalischen** Eigenschaften des Anlageguts können auch in anderen Fällen als Komponentenbestandteil definiert werden.

> **Praxis-Beispiel**
> Die Flughafenbetriebs-AG „betreibt" Gepäcktransportbänder. Diese lassen sich physisch zerlegen in
> • „harte" Teile, also Beton und Stahl, und
> • „weiche" Teile, also Gummi und Kunststoff.
> Die „harten" Teile haben eine wesentlich längere Lebensdauer als die „weichen" mit entsprechender Differenzierung der Abschreibungssätze.

Wegen weiterer Beispiele zum *component approach* und sinnvoller Lösungen wird verwiesen auf → §14 Rz 43ff.

1.4 Ausweis

Die Abschreibungsverrechnung hat (**erfolgswirksam**) in der GuV zu erfolgen (IAS 16.48f. für sächliches und IAS 38.99 für immaterielles Anlagevermögen) und ist dort – beim Gesamtkostenverfahren – **gesondert** darzustellen (→ §2 Rz 64). Wegen der Abschreibungsverrechnung nach **Neubewertung** vgl. → §14 Rz 55ff. 18

Der Abschreibungsaufwand (z.B. einer Maschine) kann allerdings in die **Herstellungskosten** von Erzeugnissen eingehen. In diesem Fall ist die Abschreibung im Ergebnis insoweit nicht aufwandswirksam. Buchtechnisch wird dies im Gesamtkostenverfahren nicht durch eine Kürzung der Abschreibungsverrech-

---

[9] Aschendorf, StBp 1996, S. 188.

nung (für die Maschine), sondern durch Einbeziehung dieser anteiligen Abschreibung in die Herstellungskosten der Erzeugnisse dargestellt (IAS 16.49 sowie IAS 38.99).

2 Berechnungsgrößen im Einzelnen

2.1 Abschreibungsvolumen (*depreciable amount*)

19 Das Abschreibungsvolumen bestimmt sich primär nach den **Anschaffungs- oder Herstellungskosten** (*cost*), also nach der Ausgangs- bzw. Zugangsbewertung, ggf. gem. IAS 16.28 gekürzt um Investitionszuschüsse bzw. -zulagen insbesondere durch die öffentliche Hand (*government grants*; → § 12 Rz 29 ff.). Eingeschlossen sind nach IAS 16.58 f. für sächliches Anlagevermögen auch die **Entsorgungs- und Abbruchkosten**; → § 21 Rz 78). Diese Abschreibungsbasis mindert sich um den mutmaßlichen **Restwert** (*residual value*) des betreffenden Anlagewerts bei seinem späteren Abgang (IAS 16.6). Dieser ist indes bei **sächlichem Anlagevermögen** oft unwesentlich und kann dann vernachlässigt werden (IAS 16.53). Der Restwert (*residual value*) entspricht dem mutmaßlichen Betrag, den das Unternehmen am Ende der Nutzungsperiode abzüglich der Abgangskosten realisieren kann (IAS 16.6; IAS 38.8).[10] Dieser Betrag ist aus Sicht des Bilanzstichtags so zu ermitteln, als ob der betreffende Anlagewert bereits das Alter und den Abnutzungsgrad zum Zeitpunkt des mutmaßlichen Abgangs hätte (IAS 16.BC29). Dadurch sollen der Kostenverrechnungseffekt der Abschreibung (Rz 4) betont und außerbetriebliche Wertbestimmungsfaktoren (z.B. Inflation) aus der Abschreibungsbemessungsgrundlage ausgeschaltet werden. Die Kalkulation des Restwerts ist zu jedem Geschäftsjahresende zu überprüfen (IAS 16.51).

20 Der typische Fall eines bei der Abschreibungsbemessung zu berücksichtigenden **Restwerts** (nach Nutzungsbeendigung) ist der **Schrottwert** eines Schiffs oder Flugzeugs.

> **Praxis-Beispiel**
> Die in Rz 11 in der Fußnote aufgeführten Fluggesellschaften berücksichtigen bei der Bemessung des Abschreibungsvolumens der Flugzeuge durchweg einen Restwert nach Ende der Nutzungsdauer von 5 % der Anschaffungskosten.

Im Einzelnen:
- Die Lufthansa AG[11] schreibt neue Verkehrsflugzeuge und Reservetriebwerke über 20 Jahre mit einem Restwert von 5 % des Ausgangsbetrags ab.
- Die Singapore Airlines[12] schreibt neue Flugzeuge auf 20 Jahre bei einem Restwert von 5 % des Ausgangsbetrags ab. Für Frachtflugzeuge gelten die gleiche Nutzungsdauer und ein Restwert von 5 %.
- Die British Airways[13] Blc unterstellt für die gesamte Flugzeugflotte eine Nutzungsdauer zwischen 18 und 25 Jahren unter Berücksichtigung eines nicht genannten Restwerts.

---

10   Vgl. KPMG, Insights into IFRS 2015/2016, Tz. 3.2.150.10.
11   Geschäftsbericht 2014.
12   Geschäftsbericht 2013/2014.
13   Geschäftsbericht 2014. Entsprechend verfährt die Muttergesellschaft International Airlines Group.

Ein nennenswerter Restwert ist auch dann zu berücksichtigen, wenn ein Verkauf vor Ende der mutmaßlichen Nutzungsdauer des Vermögenswerts **geplant** ist. Der Restwert muss realistisch und nicht etwa „vorsichtig" geschätzt und jährlich überprüft werden. Je nach Entwicklung der Preise auf dem Gebrauchtmarkt können Anpassungen der Restwertannahme und damit der Abschreibungen notwendig sein. Hierzu folgendes Beispiel aus der Enforcement-Datenbank der ESMA.

Praxis-Beispiel[14]

Sachverhalt

Die Gesellschaft betreibt Schiffe mit einer wirtschaftlichen Nutzungsdauer von 30 Jahren.

Die Schiffe werden nach 20 Jahren verkauft. Der Restwert wird von der Gesellschaft „vorsichtig" auf 50 % der Anschaffungskosten geschätzt und u. a. zur Vermeidung von Ergebnisvolatilität nicht angepasst. DCF-Analysen ergeben demgegenüber einen Restwert von 65 %, Bewertungen von Brokern einen noch höheren Wert als derjenige nach der DCF-Analyse.

Beurteilung

- Der Restwert ist nach IAS 16.51 mindestens jährlich zu überprüfen.
- Unerwünschte Volatilität kann den Verzicht auf eine Anpassung nicht begründen.
- Ein Vorsichtsprinzip gilt nicht.
- Die Broker-Bewertungen sind eine nützliche Ausgangsgröße zur Schätzung des Restwerts.

Entsprechend muss etwa auch bei Autovermietern die Preisentwicklung auf dem Sekundärmarkt **(Wiederverkaufspreis)** regelmäßig beobachtet werden.

Für **immaterielle Vermögenswerte** ist nach IAS 38.100 von einem Restwert von   21
null auszugehen (→ § 13 Rz 89), es sei denn:

- es besteht ein **Vertrag** mit einem Dritten über den Erwerb des immateriellen Vermögenswerts am Ende der Nutzungsdauer oder
- für den immateriellen Vermögenswert besteht ein **„aktiver" Markt** (→ § 8a Rz 123), aus dem heraus der Restwert abgeleitet werden kann, oder mit einem solchen Markt ist am Ende der Nutzungsdauer zu rechnen.

Die vorgenannten **Ausnahmevorschriften** werden in der Praxis selten vorkommen. Wegen weiterer Besonderheiten bzgl. planmäßiger Abschreibungen für immaterielle Vermögenswerte vgl. → § 13 Rz 89 ff.

Insgesamt besteht hinsichtlich der Bestimmung des Abschreibungs**volumens** keine nennenswerte Abweichung vom **deutschen** Recht, wonach ebenfalls ein Restwert (Schrottwert) nur in Ausnahmefällen aus der Abschreibungsbemessungsgrundlage herausgerechnet werden muss.[15]

Sofern in der Abschreibungsbemessungsgrundlage Kosten der **Entsorgung,**   22
Entfernung und **Rekultivierung** enthalten sind, führt eine Änderung bzgl. der

---

14 ESMA Decision ref. 0113–10.
15 BFH, Urteil v. 22.7.1971, IV R 74/66, BStBl II 1971, S. 800. Anders BFH, Beschluss v. 7.12.1967, GrS 1/67, BStBl II 1968, S. 268. Speziell für Schiffe werden von der Finanzverwaltung Restwerte (Schrottwerte) festgelegt; vgl. OFD Hamburg, DStR 2002, S. 1220.

dafür ursprünglich geschätzten Kosten zu einer Anpassung der Abschreibungsverrechnung, und zwar zeitanteilig im Verhältnis zur Gesamtnutzungsdauer
(→ § 21 Rz 83).

23   Zur Neubestimmung des Abschreibungsvolumens nach vorhergehender **Neubewertung** (*revaluation*) vgl. → § 14 Rz 55.

24   Die laufende Abschreibungsverrechnung ist (vorzeitig, also vor Erreichen des
Restwerts) zu **beenden** bei **Qualifikation**sänderung des betreffenden Vermögenswerts. Eine solche ist denkbar bei

- als **Finanzinvestitionen** gehaltenen Immobilien *(investment properties)*, wenn
  vom *cost model* zum *fair value model* gewechselt wird (→ § 16 Rz 58);
- zur Veräußerung bestimmten **langfristigen** Vermögenswerten nach IFRS 5
  (→ § 29 Rz 38).

2.2   Abschreibungsmethode (*pattern*)

25   Nach IAS 16.56 sind bei der Wahl der Abschreibungsmethode und der Bestimmung der entsprechenden Parameter folgende Aspekte zu berücksichtigen:[16]

- die erwartete **Nutzung** des Vermögenswerts bzw. der Nutzungs**verlauf**
  (Primärgrundsatz),
- der erwartete physische **Verschleiß** in Abhängigkeit von Faktoren wie Anzahl
  Arbeitsschichten, Reparatur- und Instandhaltungsintervallen,
- die technische und/oder wirtschaftliche **Alterung** des Vermögenswerts nach
  Maßgabe der Produktions- und/oder Kostenstruktur oder auch der (erwarteten) Nachfrage nach den mit dem Vermögenswert produzierten Gütern und
- rechtliche oder tatsächliche Nutzungs**beschränkungen**.

26   Die IFRS legen sich nicht auf die Anwendung einer bestimmten Abschreibungs-
methode fest. IAS 16.60 (für **sächliches** Anlagevermögen) sowie IAS 38.97
(für **immaterielle** Vermögenswerte) verlangen die Anwendung eines Abschrei-
bungsverfahrens, das den **Werteverzehr** des Anlagegegenstands durch **Nutzung**
im Unternehmen in **systematischer Form** widerspiegelt. Dabei kann die Methode entweder ausschließlich nach dem **Zeitverlauf** oder aber nach der **effektiven Nutzung** innerhalb der gesamten Nutzungszeit definiert werden.

27   Im Einzelnen werden in IAS 16.62 folgende **Methoden** unterschieden:

- die lineare Methode (*straight line method*),
- die degressive Methode (*diminishing balance method*),
- die verbrauchsabhängige Abschreibung (*sum of the units method*).

Die ersten beiden Methoden sind allein nach dem **Zeitverlauf** definiert, die
verbrauchsabhängige Methode dagegen nach der **effektiven Nutzung**. Die Auswahl der Methode soll nach der erwarteten ökonomischen **Nutzenabgabe**
gewählt werden; nähere Anleitungen dazu ergehen nicht. Dabei müssen die
Methoden im Zeitverlauf **stetig** angewendet (*consistently applied*) werden, es sei
denn, die erwartete Nutzenabgabe hat sich gegenüber der ursprünglichen Einschätzung geändert. Zur Frage, ob die Festlegung einer Methode für Zugänge des
Jahres 01 die Abschreibungsmethode für solche der Jahre 02 ff. determiniert, wird
auf → § 24 Rz 14 verwiesen.

---

[16]   Vgl. zum Folgenden FISCHER, PiR 2013, S. 26.

Insgesamt ist bei Sachanlagen konzeptionell eine **Bevorzugung** bei der Aus- **28** wahl einer der drei genannten Abschreibungsmethoden **nicht** ersichtlich. Vielmehr wäre im Einzelfall zu prüfen, welches Abschreibungsverfahren den Werteverzehr angemessen widerspiegelt. Die IFRS-Rechnungslegungs**praxis** wendet weitaus überwiegend die lineare Methode an. Als Erklärung kann folgende offenbar bei Erstellungen und Prüfungen geltende pragmatische „Regel" dienen: Wer degressiv abschreibt, muss dies begründen; wer linear abschreibt, dem bleibt die Begründung erspart.

Nach IAS 16.62 ist mit der Abschreibung der *economic benefit* (Nutzenabgabe) aus dem Anlagegut zu berücksichtigen. In diesem Begriff könnte auch eine **Preis**komponente für die mit dem betreffenden Anlagegut hergestellten Produkte enthalten sein; diese hinge u. U. auch von den Marktverhältnissen ab, insbesondere vom Produktzyklus. Stellt das Produkt einen Selbstläufer dar, ändert sich das Preisniveau im Zeitverlauf nicht besonders stark. Anders ist es möglicherweise bei einem *first mover* (Stichwort Apple iPod und Apple iPad), für den für ein neu entwickeltes Produkt auf dem Markt eine Zeit lang eine Art Monopolrente (*windfall profit*) eingestrichen werden kann. Ordnet man nun die genannte Leistungsabgabe den entsprechenden Verwertungserlösen zu, lässt sich ein Abschreibungsplan wie folgt aufbauen: höhere Abschreibungen in der Periode monopolistischer Preisfindung, rückläufige in den späteren Nutzungsjahren. Der Abschreibungsverlauf könnte dann dieser Degression folgen.[17]

Das im Mai 2014 verabschiedete *Amendment* zu IAS 16 und IAS 38 sieht den Begriffsinhalt des *economic benefit* anders. Nach IAS 16.62A wird eine Abschreibungsmethode **abgelehnt**, die auf den durch das Anlagegut zu generierenden **Einnahmen** beruht. Abnehmende erwartete Erlöse sind hingegen bei der Einschätzung der **Nutzungsdauer** zu berücksichtigen (IAS 16.56(c)). Für immaterielle Anlagen lässt das *Amendment* in bestimmten Ausnahmefällen eine erlösbasierte Abschreibung zu (→ § 13 Rz 91).

Die Aufzählung in IAS 16.62 der Abschreibungsmethoden (für Sachanlagen) ist **29** nicht **abschließend** (*these methods include …*). Auch nach HGB besteht keine Festlegung einer oder mehrerer bestimmter Methoden, etwa nach der Aufzählung in Rz 27. Jedes betriebswirtschaftlich sinnvolle Abschreibungsverfahren ist zulässig. Diese „offene" Regel ist auch in der „**Generalnorm**" der **Abschreibungsverrechnung** nach IFRS begründet, der zufolge die Abgabe des wirtschaftlichen Nutzens durch die Abschreibungsverrechnung im Jahresabschluss wiedergegeben werden soll (Rz 4).

Zu jedem Bilanzstichtag ist die Abschreibungsmethode dahingehend zu **über**- **30** **prüfen** (*review*), ob sie noch die effektive Nutzenabgabe widerspiegelt (IAS 16.61 für sächliches bzw. IAS 38.104 für immaterielles Anlagevermögen). Bei wesentlichen Änderungen ist die Methode **anzupassen**. Es handelt sich dann um eine **Änderung von Schätzungen** i.S.v. IAS 8.26 (→ § 24 Rz 11 ff.), mit der Folge einer Neuausrichtung des verbleibenden Abschreibungsvolumens auf die Restnutzungsdauer einschließlich der Periode, in der die Änderung vollzogen wurde (vgl. auch Rz 34). Zur Anhangerläuterung vgl. Rz 45.

Die nach deutschem Recht übliche Sofortabschreibung der **geringwertigen** **31** Wirtschaftsgüter (des Anlagevermögens) bei einem Anschaffungswert bis zu

---

[17] HOFFMANN, PiR 2011, S. 88.

410 EUR und der **Sammelabschreibung** für Anschaffungswerte bis 1.000 EUR kennt in den IFRS explizit keine Parallele. Nach dem *materiality*-Grundsatz (→ § 1 Rz 61 ff.) kann diese Vorgehensweise i. d. R. jedoch auch in die IFRS-Bilanzwelt transferiert werden. Ähnliches gilt für die – nach deutschem Begriffsverständnis – Festbewertung (→ § 14 Rz 9).

Nur in extremen Fällen ist eine andere Beurteilung geboten. Ein solcher Ausnahmefall wäre eine Videothek, deren Anlagevermögen zur Hauptsache aus Verleih-DVDs, Regalen und anderen Anlagegütern mit einem Anschaffungsbetrag von unter 1.000 EUR besteht. Die Sofortabschreibung des Anlagevermögens würde dauerhaft die Darstellung „Vermögenslage" und zumindest in den Anfangsjahren auch die Abbildung der Ertragslage materiell verzerren.

32   Auch eine Art **Sammelbewertung** in Form zusammengefasster Abschreibung kann aus Vereinfachungsgründen in Betracht kommen.

Praxis-Beispiel[18]
Ein Hotel ersetzt regelmäßig im Abstand von wenigen Jahren die Bettwäsche, die Handtücher und ähnliche Anlagegüter.
Die entsprechenden Anschaffungskosten sind je Gruppe – z. B. Bettwäsche insgesamt – zu aktivieren und auf die Nutzungsdauer abzuschreiben.

Die deutsche IFRS-Praxis schreibt die niedrigwertigen Anlagegüter voll im Zugangsjahr ab.

2.3 Nutzungsdauer (*useful life*)

2.3.1 Schätzungserfordernis

33   Die Bestimmung der voraussichtlichen Nutzungsdauer eines abnutzbaren Anlagegegenstands (*useful life*) nach IAS 16.50 (für sachliches Anlagevermögen) und IAS 38.97 (für die immateriellen Vermögenswerte) ist ein typischer Anwendungsfall von **Schätzungsprozessen** und damit der Ausübung von **Ermessensspielräumen** durch das Management überlassen.

34   In der Definitionsnorm von IAS 16.6 (Sachanlagen) und IAS 38.8 (immaterielles Anlagevermögen) wird *useful life* alternativ als mutmaßliche Nutzungsdauer (**zeitlich**) oder als **produktionsbezogen** nach der Anzahl ausgebrachter Stückzahlen umschrieben. „*Useful*" in Bezug auf die Nutzungsdauer ist die Verwendung im jeweiligen Unternehmen, nicht die Nutzungsmöglichkeit des Objekts selbst.

Praxis-Beispiel
Ein Speditionsunternehmen nutzt die neu gekauften Lkws immer für drei Jahre und verkauft sie dann auf dem Sekundärmarkt. Die Abschreibung ist auf diese drei Nutzungsjahre ausgerichtet und muss überdies den mutmaßlichen Verkaufswert (Restwert) berücksichtigen. Dieser Ansatz entspricht der „betriebsgewöhnlichen Nutzungsdauer" des deutschen Steuerrechts.

Vergleichbar sind die Hinweise in IAS 16.56 f. für das **Sachanlagevermögen**, wenn von beabsichtigter Nutzung, physischem Verschleiß, Unterhaltungsmaß-

---

18   Nach PwC, IFRS Manual of Accounting 2016, Tz. 16.222.

nahmen, Marktänderungen oder rechtlichen Nutzungsbeschränkungen die Rede ist. Selbstverständlich fehlt auch nicht der Hinweis auf die Erfahrungen in der Vergangenheit, die bei der Bestimmung der Nutzungsdauer zu beachten sind. Besondere Probleme ergeben sich bei der Bestimmung der Nutzungsdauer von Mietereinbauten (*leasehold improvements*; → § 17 Rz 4).

> **Praxis-Beispiel**
> Ein Einzelhandelsfilialist schließt einen Mietvertrag mit fester Laufzeit von fünf Jahren und einer nur ihm zustehenden Option zur Verlängerung auf weitere fünf Jahre ab. Die vereinbarte Miete für den Verlängerungszeitraum ist marktüblich. Der Einzelhändler nimmt zu Beginn des Mietverhältnisses eine zu aktivierende Umbaumaßnahme in den gemieteten Räumen vor, deren (von der Mietvertragsdauer abstrahierte) Nutzungsdauer sieben Jahre beträgt. Er tendiert auf eine Ausnutzung der Verlängerungsoption, ist sich aber bei Beginn des Mietverhältnisses noch nicht sicher, ob er die Option ausüben will. Für eine Abschreibungsdauer von fünf Jahren könnte IAS 16.56(d) sprechen, wonach die rechtliche Nutzungsbeschränkung auch die Abschreibungsdauer bestimmt. Allerdings stellt diese Vorgabe nur einen Anhaltspunkt zur Bestimmung der Nutzungsdauer dar, enthält also kein zwingendes Element. Außerdem besteht wegen der Verlängerungsoption keine rechtliche Beschränkung auf eine Nutzungsdauer von fünf Jahren. Im Vergleich dazu bestimmt sich die Dauer eines Leasingverhältnisses mit Verlängerungsoption gem. IAS 17 und IFRS 16 danach, ob die Optionsausübung *reasonably certain* ist. Falls dies zu bejahen wäre, müsste die Abschreibung über sieben Jahre erfolgen. Ist der Einzelhändler hingegen noch nicht hinreichend sicher, favorisieren wir eine Abschreibungsverrechnung auf die fest vereinbarte Mietdauer von fünf Jahren.

Noch ausführlicher als für die sächlichen sind die Erläuterungen in IAS 38.90 zur Nutzungsdauer der **immateriellen** Anlagegüter, wo zusätzlich vom Produktlebenszyklus, von der Stabilität der Branche, in der der betreffende Vermögenswert eingesetzt ist, von Aktionen und Reaktionen der Konkurrenten und dergleichen mehr die Rede ist. Ein „Begleitheft" zu IAS 38 enthält eine Anzahl illustrativer Beispiele (*Illustrative Examples* IE). Wegen weiterer Einzelheiten vgl. → § 13 Rz 89 ff.

Der **Schätzungscharakter** für die Nutzungsdauer macht nach IAS 16.51 deren (wenigstens) jährliche Überprüfung erforderlich (Rz 43). Bei Neueinschätzung ist IAS 8 (→ § 24 Rz 11 ff.) anzuwenden (Rz 30). Danach führt die Neueinschätzung nicht zu einer Anpassung des Buchwerts auf den Betrag, der sich ergeben hätte, wenn von Anfang an mit der revidierten Nutzungsdauerannahme gerechnet worden wäre. Die Neueinschätzung wirkt vielmehr nur prospektiv, d.h. führt zur Änderung des jährlichen Abschreibungsbetrags in den Folgeperioden.

Vor diesem (ökonomisch zwingenden) Hintergrund behilft sich die Rechnungslegungs**praxis** in weiten Bereichen der Anlagenwirtschaft mit mehr oder weniger fest vorgegebenen Nutzungsdauern. So sind in den von den größeren Unternehmensgruppen regelmäßig verwendeten **Bilanzierungshandbüchern** (*accounting manuals*) feste Abschreibungsdauern (und Abschreibungsmethoden)

35

vorgegeben, von denen nach den internen Vorgaben nur in extremen Ausnahmefällen abgewichen wird. Vergleichbare Dienste leisten die **AfA-Tabellen** der deutschen Finanzverwaltung, an denen sich auch die handelsrechtliche Bilanzierungspraxis orientiert. In der IFRS-Rechnungslegungswelt besteht jedenfalls keine Bindung an solche Richtgrößen. Zum Teil wird man ihre Übernahme aber auch ablehnen müssen, jedenfalls nicht pauschal befürworten können, etwa bei den typisierten steuerlichen Gebäudeabschreibungsdauern von 25, 40 bzw. 50 Jahren. Wird in der **internen Kostenrechnung** mit anderen Abschreibungszeiträumen kalkuliert, sollten diese auch in der externen IFRS-Rechnungslegung beachtet werden. Ein Zwang hierzu besteht allerdings nicht.

Im Schrifttum wird mitunter auch über die Festlegung von Nutzungsdauern unter Beachtung des **Vorsichtsprinzips** diskutiert.[19] Die höhere Einstufung der Vorsicht nach HGB gegenüber den IFRS könne eine kürzere Schätzung der Nutzungsdauer im HGB begründen.[20] U. E. ist es zweifelhaft, ob „Vorsicht" einer komparativen Analyse zugänglich ist. Vorsichtig sollte man sich als moralische Vorgabe eigentlich immer verhalten. Der IFRS-Bilanzierer will sich sicher nicht einer unvorsichtigen = leichtsinnigen Bilanzierung bei Schätzung der Nutzungsdauer zeihen lassen. Und er wird fragen, ob sich sein „Vorsichtsprofil" am Rechnungslegungssystem orientieren muss. Bei gleicher konzeptioneller Grundlage kann die Nutzungsdauer eines Vermögenswerts nur durch ein *best estimate* (vernünftige kaufmännische Beurteilung) bestimmt werden – einerlei ob die Vorsicht im Gesetz bzw. Standard förmlich erwähnt wird oder nicht. Oder so formuliert: Nur weil im HGB das Vorsichtsprinzip förmlich erscheint, muss nicht bei Schätzungen über künftige Entwicklung das *worst-case*-Szenario dominieren. Auch die amtlichen AfA-Tabellen der Finanzverwaltung, die weitgehend im HGB-Abschluss Verwendung finden, liefern eher Durchschnittswerte.

2.3.2 Vermutungsregeln für immaterielle Vermögenswerte

36 Für den Bereich der Sachanlagen kennen die IFRS keine festen Vorgaben oder Vermutungsregeln über die anzuwendende Nutzungsdauer, wohl aber für die **immateriellen Vermögenswerte** (→ § 13 Rz 89), soweit diese bestimmbare *(definite)* Nutzungsdauern aufweisen (→ § 13 Rz 93 ff.). Im speziellen Fall einer vertraglichen oder gesetzlichen **Zeitbeschränkung** eines Nutzungsrechts (IAS 38.94) darf die Abschreibungsdauer den vorgegebenen Zeitrahmen nicht übersteigen. Als Ausnahme wird die mögliche **Verlängerung** ohne wesentliche zusätzliche Kosten genannt. Wegen Einzelheiten vgl. → § 13 Rz 89 ff.

Auffallend ist ein Hinweis in IAS 38.93, der in dieser Form in IAS 16 fehlt: Danach mag die Nutzungsdauer für **immaterielle** Anlagewerte zwar durchaus **lang** (wenn nicht unbestimmt; Rz 37) sein; die erforderliche Schätzung soll dann aber **vorsichtig** *(prudent)* erfolgen, umgekehrt aber auch keinen **unrealistisch kurzen** Zeitraum auswählen. Im Übrigen ist auf → § 13 Rz 89 ff. zu verweisen.

37 Nach IFRS 3 und IAS 36 ist generell auf die planmäßige Abschreibung beim *goodwill* (→ § 31 Rz 149) zu verzichten. Entsprechendes gilt gem. IAS 38.91 für

---

19 So von ZWIRNER, IRZ 2013, S. 133.
20 So HENNRICHS, Ubg 2011, S. 796; kritisch hierzu HOFFMANN, PiR 2011, S. 148.

immaterielle Vermögenswerte nur dann, wenn diese eine unbestimmte (*indefinite*) Nutzungsdauer haben (→ § 13 Rz 93).

2.3.3 Besonderheiten beim Leasing

Im Anwendungsbereich von **IAS 17** (also bis einschließlich 2018) gilt: 38
- Bei *operating lease* hat der **Leasinggeber** den Leasinggegenstand abzuschreiben, wobei er im Wesentlichen den normalen Regelungen von IAS 16 oder IAS 38 folgt (IAS 17.53). Eine Ausnahme besteht nur insofern, als Kosten im Zusammenhang mit der Erlangung des Leasingvertrags über die Dauer des Vertrags abzuschreiben sind (IAS 17.52).
- Beim **finance lease** hat der **Leasingnehmer** das Leasingobjekt in entsprechender Anwendung der Regeln von IAS 16 oder IAS 38 abzuschreiben, wobei die Abschreibungsdauer sich i.d.R. als der kleinere Wert aus Vertragsdauer *(lease term)* oder Nutzungsdauer *(useful life)* des Objekts bestimmt (IAS 17.27). Allein auf die Nutzungsdauer ist hingegen abzustellen, wenn – etwa aufgrund einer günstigen Kaufoption – hoch wahrscheinlich *(reasonably certain)* ist, dass das Eigentum am Leasinggegenstand mit Ablauf des Leasingvertrags auf den Leasingnehmer übergehen wird (IAS 17.28).

Mit der Anwendung von **IFRS 16 (ab 2019)** ändert sich für den **Leasinggeber** 39 substanziell nichts. Er hat auf den Gegenstand des *operating lease* im Wesentlichen IAS 16 oder IAS 38 anzuwenden (IFRS 16.84), direkte Kosten der Erlangung des Leasingverhältnisses aber über die Vertragslaufzeit abzuschreiben.

Für den **Leasingnehmer** bringt IFRS 16 hingegen fundamentale Änderungen. 40 **Abschreibungsgegenstand** ist nicht das Leasingobjekt, sondern das Recht auf dessen Nutzung *(right-of-use asset)*. Das **Abschreibungsvolumen** ergibt sich gem. IFRS 16.24 aus
- dem Zugangswert der korrespondierenden Leasingverbindlichkeit zuzüglich
- bereits vor oder bei Beginn des Leasingverhältnisses geleisteter Leasingzahlungen,
- direkten Kosten der Vertragserlangung und
- erwarteten Rückbaukosten.

Wegen Einzelheiten wird auf → § 15a Rz 128ff. verwiesen.

Die Abschreibung des Nutzungsrechts folgt im Wesentlichen den Regelungen von IAS 16 oder IAS 38 (IFRS 16.31). Die **Abschreibungsdauer** bestimmt sich i.d.R. als der kleinere Wert aus Vertragsdauer *(lease term)* oder Nutzungsdauer *(useful life)* des Objekts, ausnahmsweise hingegen nur nach der Nutzungsdauer, wenn der Eigentumsübergang am Ende der Vertragsdauer feststeht oder im Hinblick auf eine günstige Kaufoption hoch wahrscheinlich *(reasonably certain)* ist (IFRS 16.32).

Die Anwendbarkeit der Regelungen von IAS 16 bedeutet z.B. auch, dass der **Komponentenansatz** (Rz 6) etwa beim Flugzeugleasing zum Tragen kommen kann.

2.3.4 Abschreibungsbeginn

Den Abschreibungs**beginn** regeln IAS 16.55 für sächliches und IAS 38.97 für 41 immaterielles Anlagevermögen. Danach soll die Abschreibung dann beginnen, wenn der (immaterielle) Vermögenswert **genutzt** werden kann *(available for* *use*). Maßgeblicher Zeitpunkt ist der Beginn der operativen Einsatzfähigkeit nach der Vorstellung des Managements. Das wird auch nach HGB-Maßstäben als möglich erachtet, allerdings soll die **Beendigung** des Anschaffungs- oder Herstellungsvorgangs die eher zu beachtende Methode darstellen. **Steuerlich** beginnt die Abschreibung mit Vollendung der Anschaffung oder Herstellung und nicht mit der Ingebrauchnahme.

> **Praxis-Beispiel**
> Ein typischer praktischer **Anwendungsfall** zur Bestimmung des *available for use* stellen Mobilfunklizenzen der Telekommunikationsindustrie dar. Diese sind nach **IFRS** erst dann abzuschreiben, wenn das Netz funktionsfähig ist. Nach deutschem **Handels-** und **Steuerrecht** soll die Abschreibung bereits mit dem Erwerb der Lizenz beginnen.

Die Abschreibung beginnt also mit der Nutzungs**möglichkeit**, nicht mit der effektiven Nutzung. Zum Abschreibungsbeginn bei Probeläufen wird auf § 14 Rz 27 verwiesen.

> **Praxis-Beispiel[21]**
> U schafft eine neue Computeranlage an und lässt sie vom Serviceunternehmen anschließen. Zur effektiven Nutzung kommt es vorerst nicht, weil im Zuge einer unvorhergesehenen Unternehmensakquisition das gesamte IT-Umfeld neu konfiguriert werden soll.
> Die Abschreibung beginnt bereits mit der Nutzungsmöglichkeit.

Zu erheblichen Verzögerungen zwischen (Zugang) Aktivierung und Abschreibungsbeginn kann es auch bei technischen Anlagen kommen, wenn vertraglich eine bestimmte Leistung vereinbart ist, die erst nach längerem **Probebetrieb** erreicht wird.[22]

42   Die IFRS kennen keine Vereinfachung bzgl. des **unterjährigen** Abschreibungsbeginns vergleichbar der früheren **Sechs-Monats-Regel** nach R 44 Abs. 2 EStR 2001. Nach dem *materiality*-Grundsatz (→ § 1 Rz 59) bestehen im IFRS-Bereich keine Bedenken gegen Vereinfachungen, also z. B. nicht gegen die Pro-rata-Regel auf Monatsbasis.

2.3.5   Anpassungen

43   Die angenommene Abschreibungs**dauer** ist – vergleichbar der Abschreibungs**methode** (Rz 30 und Rz 34) – zu überwachen und ggf. anzupassen, sofern die bisherige **Schätzung** der Nutzungsdauer von der neu vorgenommenen wesentlich (*significantly*) abweicht (IAS 16.52 für das sächliche Anlagevermögen und IAS 38.104 für die immateriellen Vermögenswerte, ebenso nach einer außerplanmäßigen Abschreibung gem. IAS 36.63 (→ § 11 Rz 10)). Die (qualitative) Indikation der außerplanmäßigen **Wertminderung** (*impairment*) eines Vermögenswerts (→ § 11 Rz 19ff.) deutet nach IAS 36.17 auf das Erfordernis einer Anpassung der Bemessungsgrundlagen für die **planmäßige** Abschrei-

---

21   Nach KPMG, Insights into IFRS 2015/2016, Tz. 3.2.220.20 f.
22   Ausführliches Beispiel bei LÜDENBACH, StuB 2009, S. 273 ff.

bung hin (→ § 11 Rz 29). Dabei stellt die zeitweise **Nichtnutzung** oder Ausmusterung keinen Grund zur Aussetzung der Abschreibungsverrechnung dar (IAS 16.55 für sächliches, IAS 38.117 für immaterielles Anlagevermögen). Die **Anpassung** gem. IAS 8.38 ist nicht rückwirkend, sondern für das Jahr der Anpassung und für die folgenden Jahre vorzunehmen (Rz 30; → § 24 Rz 52). Zur Anhangerläuterung siehe Rz 45.

2.4 Sonderfall: planmäßige Abschreibung nach Neubewertung (*revaluation*) und Wertaufholung

Hierzu wird auf die Darstellung in → § 14 Rz 55 ff. verwiesen.   44

3 Anhangangaben

Die Grundidee der Anhangerläuterungen zu den Abschreibungsmethoden und   45
Abschreibungsdauern liegt nach IAS 16.73 bzw. IAS 38.118 darin, deren **Schätzungs**charakter und die damit verbundenen **Ermessensspielräume offenzulegen**. Vor diesem Hintergrund sind im Einzelnen folgende **Anhangangaben** (betreffend die planmäßigen Abschreibungen) beachtlich:
Für Sachanlagen (IAS 16.73):
- die angewandten Bewertungsmethoden,
- die Bestimmung der Nutzungsdauer bzw. Abschreibungsrate,
- die aufgelaufenen Abschreibungen (Bestandteil des Anlagespiegels),
- die laufende Jahresabschreibung (Bestandteil des Anlagespiegels),
- die Auswirkung von Änderungen der Abschreibungsmethode oder Abschreibungsdauer (Rz 30 und Rz 42), die eine wesentliche Auswirkung auf künftige Perioden haben (IAS 16.76 unter Bezugnahme auf IAS 8; → § 24 Rz 23 ff.).

Für die **zeitlich beschränkt** nutzbaren **immateriellen** Vermögenswerte (IAS 38.118; → § 13 Rz 89) – vgl. aber Rz 37 wegen der Einschränkung der planmäßigen Abschreibungsverrechnung – sind folgende Angaben zu beachten:
- die angenommene Nutzungsdauer bzw. Abschreibungssätze,
- die Abschreibungsmethoden,
- die aus Vorjahren aufgelaufenen Abschreibungen und die Jahresabschreibung (Anlagespiegel),
- die Position in der GuV, in der die Abschreibungen enthalten sind,
- die wesentliche Auswirkung von Änderungen der Abschreibungsmethode oder Abschreibungsdauer (Rz 30 und Rz 42) auf das Ergebnis künftiger Perioden (IAS 16.76 unter Bezugnahme auf IAS 8; → § 24 Rz 23 ff.).

Wegen der **übrigen Angabepflichten** wird verwiesen auf
- → § 13 Rz 100 für immaterielle Anlagewerte,
- → § 14 Rz 65 für Sachanlagen sowie
- die Checkliste „IFRS-Abschlussangaben" (siehe HI10157883 im Haufe IFRS-Kommentar Online) (→ § 5 Rz 8).

Beispiele zum **Anlagespiegel** sind in → § 14 Rz 68 ff. wiedergegeben.   46

4   Anwendungszeitpunkt, Rechtsentwicklung

47 Anzuwenden sind die vorstehend kommentierten Regelungen im Wesentlichen seit 2005.

Ein *Amendment* zu IAS 16 und IAS 38 vom Mai 2014 verbietet mit Wirkung ab 2016 für Sachanlagen generell und für immaterielle Anlagen mit wenigen Ausnahmen eine an Erlöserwartungen orientierte Abschreibung (Rz 28). Wegen den Änderungen der Abschreibungsregeln für Leasingverhältnisse in Folge des Ersatzes von IAS 17 durch IFRS 16 wird auf Rz 38 verwiesen.

§ 11 AUSSERPLANMÄSSIGE ABSCHREIBUNGEN, WERTAUFHOLUNG *(Impairment of Assets, Reversal of Impairment Loss)*

Schrifttum: BRÜCKS/KERKHOFF/RICHTER, Impairmenttest für den Goodwill nach IFRS, KoR 2005, S. 1; DOBLER, Folgebewertung des Goodwill nach IFRS 3 und IAS 36, PiR 2005, S. 24; FREIBERG, Diskontierung in der internationalen Rechnungslegung, 2010; FREIBERG/LÜDENBACH, Bestimmung des Diskontierungszinssatzes nach IAS 36, KoR 2005, S. 479; FROWEIN/LÜDENBACH, Das Sum-of-the-parts-Problem beim Goodwill-Impairment-Test, Marktbewertung als Programm oder Ideologie, KoR 2003, S. 261; HAAKER, Die Zuordnung des Goodwill auf Cash Generating Units zum Zwecke des Impairment-Tests nach IFRS, KoR 2005, S. 426; KIRSCH/KOELEN/TINZ, Die Berichterstattung der DAX-30-Unternehmen in Bezug auf die Neuregelung des impairment only approach des IASB, KoR 2008, S. 88 und S. 188; KÜTING, Der Geschäfts- oder Firmenwert in der deutschen Konsolidierungspraxis 2012 – Ein Beitrag zur empirischen Rechnungslegungsforschung, DStR 2012, S. 1800; KÜTING/WIRTH, Firmenwertbilanzierung nach IAS 36 unter Berücksichtigung von Minderheitenanteilen an erworbenen Tochterunternehmen, KoR 2005, S. 199; LÜDENBACH/FROWEIN, Der Goodwill-Impairment-Test aus Sicht der Rechnungslegungspraxis, DB 2003, S. 217; LÜDENBACH/HOFFMANN, Strukturelle Probleme bei der Implementierung des Goodwill-Impairment-Tests – Der Ansatz von IAS 36 im Vergleich zu US-GAAP, WPg 2004, S. 1068; PELLENS/SELLHORN, Minderheitenproblematik beim Goodwill Impairment Test nach geplanten IFRS und geltenden US-GAAP, DB 2003, S. 405; ZÜLCH/LIENAU, Die Ermittlung des value in use nach IFRS, KoR 2006, S. 319.

Vorbemerkung
Die Kommentierung bezieht sich auf IAS 36 in der aktuellen Fassung und berücksichtigt alle Ergänzungen, Änderungen und Interpretationen, die bis zum 1.1.2017 beschlossen wurden.

1   Zielsetzung, Regelungsinhalt, Begriffe

1.1   Regelungsbereich

Die IFRS sehen eine außerplanmäßige Abschreibung vor, sofern der Buchwert   1
eines Bilanzierungsobjekts den erzielbaren Betrag überschreitet. Angespro-

chen von den Vorgaben sind Situationen, die eine Wertberichtigung erfordern, die nicht auf die erwartete (planmäßige) Abnutzung eines Vermögenswerts zurückzuführen ist.

2   In einer äußerst umfangreichen Darstellung werden die einschlägigen Regeln zur Bestimmung der erforderlichen Abschreibung auf den erzielbaren Betrag *(recoverable amount)* – abgehandelt. Schon aufgrund des bloßen Volumens von IAS 36 könnte man bei erster Durchsicht den Eindruck gewinnen, dass diesbezüglich keine Frage offenbleibt (Rz 13). Mehr noch als sonst stellen sich die IFRS hier als eigentliche **Rezeptur** dar.

3   IAS 36 ist auf **alle Vermögenswerte** mit folgenden **Ausnahmen** anzuwenden (IAS 36.2):

- Vorratsvermögen gem. IAS 2 (→ § 17),
- Vermögenswerte im Rahmen von Verträgen mit Kunden gem. IFRS 15,
- Aktivposten aus Steuerlatenzen gem. IAS 12 (→ § 26),
- Vermögenswerte, die aus Arbeitnehmervergütungen resultieren, gem. IAS 19 (→ § 22),
- Finanzinstrumente nach IAS 39 bzw. IFRS 9 (→ § 28),
- als Finanzinvestitionen gehaltene Immobilien *(investment properties)* gem. IAS 40, soweit nach dem *fair value model* bewertet (→ § 16),
- bestimmte biologische Vermögenswerte gem. IAS 41 (→ § 40),
- zur Veräußerung bestimmte langfristige Vermögenswerte *(non-current assets classified as held for sale)* gem. IFRS 5 (→ § 29),
- bestimmte Vermögenswerte im Rahmen von Versicherungsverträgen gem. IFRS 4 (→ § 39 Rz 2).

4   **Positiv** verbleiben demnach im **Anwendungsbereich von IAS 36** (Rz 9):

- das sächliche Anlagevermögen *(property, plant and equipment)* gem. IAS 16.53 (→ § 14),
- das immaterielle Anlagevermögen *(intangible assets)* gem. IAS 38.111 (→ § 13),
- als Finanzinvestitionen gehaltene Immobilien, die nach dem *cost model* bewertet werden (→ § 16 Rz 40ff.),
- der *goodwill* aus Unternehmenszusammenschlüssen gem. IFRS 3.55 (→ § 31),
- die *at cost* bilanzierten Beteiligungen an Tochter-, Gemeinschafts- und assoziierten Unternehmen im Einzelabschluss (IAS 36.4).

Im Konzernabschluss nach der *equity*-Methode bewertete Anteile an assoziierten Unternehmen und Gemeinschaftsunternehmen liegen ohne explizite Anführung ebenfalls innerhalb des *scope* von IAS 36 (IAS 28.33; → § 33 Rz 103).

5   Im **Mittelpunkt** der praktischen Anwendung von IAS 36 steht der Wertminderungstest für den *goodwill* bzw. für einen *goodwill* einschließende große Gruppen von Vermögenswerten (Rz 29 und Rz 141). Der Aufbau des Standards stellt umgekehrt die Wertminderung **einzelner** Vermögenswerte (Rz 18) in den Vordergrund (Vorrang der Einzelbewertung) und erklärt die dort festgelegten Regeln im Wesentlichen auf den *goodwill* und Gruppen von Vermögenswerten für anwendbar (Rz 8). Unsere Kommentierung folgt zunächst dem Aufbau des Standards (Rz 141), betont aber die praktischen und theoretischen Unterschiede beider Anwendungsfälle.

1.2 Wesentliche Begriffsinhalte zur außerplanmäßigen Abschreibung

Ein **Wertberichtigungsaufwand** bzw. eine außerplanmäßige Abschreibung *(impairment loss)* liegt gem. IAS 36.59 vor, wenn für den betreffenden Vermögenswert (Rz 32) **6**

- der erzielbare Betrag *(recoverable amount)*
- niedriger ist als der Buchwert *(carrying amount)*.

Der **erzielbare** Betrag ist gem. IAS 36.6 der höhere Wert aus den beiden folgenden:

- Nutzungswert *(value in use*; Rz 42) oder
- beizulegender Zeitwert abzüglich Veräußerungskosten *(fair value less costs of disposal*; Rz 33).

Der **beizulegende Zeitwert** abzüglich Veräußerungskosten (nachfolgend auch Nettoveräußerungswert) entspricht dem Marktwert oder einem Marktwertsurrogat abzüglich Veräußerungskosten (IAS 36.6).

Der **Nutzungswert** *(value in use)* ergibt sich aus dem Barwert der geschätzten künftigen Mittelzuflüsse aus der fortgesetzten Nutzung eines Vermögenswerts oder einer zahlungsmittelgenerierenden Einheit *(cash generating unit*; Rz 101 ff.), zuzüglich des Erlöses aus dem späteren Abgang (IAS 36.5). Eine Wertminderung mit entsprechendem **Abschreibungs**erfordernis liegt vor, wenn und soweit der Buchwert den erzielbaren Betrag übersteigt (IAS 36.8).

Für die Bestimmung des *fair value less costs of disposal* sind ab 2013 die einheitlichen Leitlinien zur Bewertung zum beizulegenden Zeitwert beachtlich (IFRS 13.5). Für die Bestimmung des Nutzungswerts *(value in use)* ist ein Rückgriff auf das *fair value measurement framework* hingegen ausgeschlossen (→ § 8a Rz 9). Im Zug eines *consequential amendment* wird auch noch einmal das Auseinanderfallen der beiden Bewertungsmaßstäbe betont (IAS 36.53A). **7**

1.3 Ökonomische Konzeption

Der Ansatz des höheren Betrags aus **8**

- Nutzungswert *(value in use)* und
- Nettoveräußerungswert *(fair value less costs of disposal)*

entspricht konzeptionell der Logik einer **Unternehmensbewertung** (Rz 45 ff.). Bei der Unternehmensbewertung gilt:

- Liegt der Wertbeitrag aus einer fortgeführten Nutzung im Unternehmen (Nutzungswert) über dem Nettoveräußerungswert, ist die Weiterführung des Unternehmens rational und der Unternehmenswert deshalb durch den Nutzungswert bestimmt.
- Liegt umgekehrt der Nettoveräußerungswert über dem Wert, der sich aus der fortgeführten Nutzung im Unternehmen ergibt, ist die Veräußerung – auch wenn zum Stichtag nicht vollzogen – rational und daher der Unternehmenswert durch den erzielbaren Wert bei Veräußerung gegeben.

IAS 36 wendet diese Überlegungen an auf

- **einzelne** Vermögenswerte (Rz 13 ff.),
- zahlungsmittelgenerierende Einheiten (CGU) **ohne** zugeordneten *goodwill* (Rz 101 ff.),

- zahlungsmittelgenerierende Einheiten (CGU) **mit** zugeordnetem *goodwill* (Rz 141 ff.),
- **Gruppen** von zahlungsmittelgenerierenden Einheiten mit zugeordnetem *goodwill* (Rz 158)

und verlangt auf der **jeweiligen** Ebene die Untersuchung, ob die **Weiternutzung** des Vermögenswerts bzw. der Teileinheit (Nutzungswert) oder die (fiktive) **Veräußerung** (Nettoveräußerungswert) zu einem höheren Betrag führt und deshalb als Vergleichsgröße *(recoverable amount)* dem Buchwert gegenüberzustellen ist. Wenn entweder der Nutzungswert oder der Nettoveräußerungswert den Buchwert übersteigt, bedarf es **keiner Ermittlung** des jeweils anderen Werts (IAS 36.19). Zur Widerlegung des Bestehens eines *impairment* müssen daher nicht zwangsläufig Nutzungswert und Nettoveräußerungswert bestimmt werden. Übersteigt einer der beiden Werte den zu testenden Buchwert, können weitergehende Untersuchungen unterbleiben. Differenziert nach der Abgrenzung des zu testenden Objekts bietet sich daher das folgende Prüf- und Entscheidungsdiagramm an:

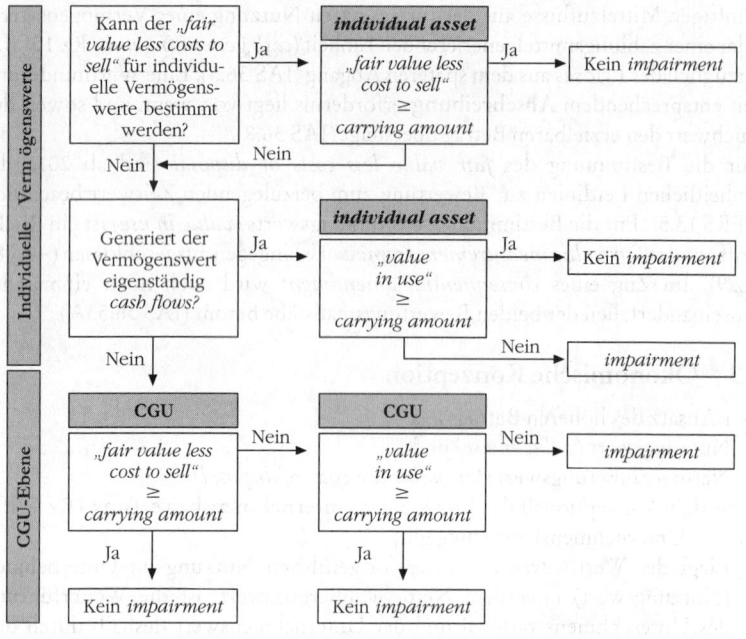

Abb. 1: Prüf- und Entscheidungsdiagramm zum *impairment*

1.4 Unzulässigkeit kostenorientierter Bewertungsverfahren

9   Der erzielbare Betrag drückt die künftigen Wertbeiträge aus der Nutzung oder einer Veräußerung des Bewertungsobjekts aus (IAS 36.BCZ29). Er ist daher unabhängig von der konkreten Verwertungsabsicht als **Zukunftswert** zu bestimmen, eine vergangenheitsorientierte Bewertung unter Rückgriff auf kosten-

orientierte Verfahren (*replacement cost approach*) wird explizit ausgeschlossen (*„cost techniques are not appropriate to measuring the recoverable amount"*). Auch mit Anwendung des IFRS 13 finden kostenorientierte Bewertungsverfahren keinen Eingang in den Werthaltigkeitstest nach IAS 36.[1]

Der Ausschluss in IAS 36 zielt auf den erzielbaren Betrag ab und umfasst damit sowohl die Bestimmung über den Nutzungswert als auch über den *fair value less costs of disposal*. Mit Verabschiedung des IFRS 13 sind die Ausführungen zur *fair-value*-Ermittlung innerhalb des IAS 36 gestrichen worden (IAS 36.25 – IAS 36.27), das Verbot einer kostenorientierten Bewertung aber fortgeführt (IAS 36.BCZ29). Da IFRS 13 nur allgemeine Leitlinien zur Bestimmung des *fair value* enthält (das „Wie"), scheidet auch in systematischer Auslegung eine Ausweitung der IAS 36 vorbehaltenen Festlegung zulässiger Bewertungsverfahren aus. Auch ist der Ausschluss in den *Basis for Conclusions* des IAS 36 nicht auf die Wiederbeschaffungskosten des bilanzierenden Unternehmens begrenzt (dies ergäbe sich nur bei isolierter Betrachtung von IAS 36.BCZ28), sondern umfasst sämtliche kostenorientierte Bewertungsverfahren.

1.5 Buchmäßige Erfassung

Der gem. den nachfolgend (Rz 13 ff.) dargestellten Arbeitsschritten ermittelte Abschreibungsbedarf oder Wertberichtigungsaufwand (*impairment loss*; Rz 6) ist buchmäßig so zu behandeln (IAS 36.60 und IAS 36.104):   **10**

- (Ergebnis**wirksame**) Verrechnung im Aufwand *(expense)*, soweit der betreffende Vermögenswert nach dem *cost model* (fortgeführte Anschaffungskosten) bewertet wird (→ § 17 Rz 20 ff., § 14 Rz 10 ff., § 13 Rz 70 ff., § 31 Rz 103 ff., § 16 Rz 26 ff.).
- (Ergebnis**neutrale**) Verrechnung im sonstigen Gesamtergebnis (*other comprehensive income*; → § 2 Rz 94) mit der Neubewertungsrücklage, soweit der betreffende Vermögenswert unter dem Neubewertungskonzept *(revaluation model)* bewertet wird (→ § 14 Rz 57).
- Im letztgenannten Fall darf gem. IAS 38.61 die ergebnisneutrale Behandlung allerdings den Umfang des dem betreffenden Vermögenswert zuzuordnenden **Rücklagenbetrags** nicht übersteigen (→ § 14 Rz 58).
- Sofern der Wertverlust – definiert einschließlich zugehöriger Aufwendungen – höher ist als der Buchwert (gem. IAS 36.62), darf ein **Passivposten** – somit eine Schuld – nur unter Berücksichtigung anderer Standardvorgaben (nach IAS 37; → § 21) angesetzt werden.
- Nach Durchführung der Wertminderungsabschreibung ist gem. IAS 36.63 die **Basis** für die **laufende Abschreibung** neu zu bestimmen (→ § 10 Rz 43).

1.6 Besondere Bedeutung der Anhangangaben

Trotz der umfangreichen Vorgaben des Standards ist die Durchführung des *impairment*-Tests in einem erheblichen Umfang durch Ermessensausübung des bilanzierenden Unternehmens geprägt. Bereits für die Feststellung, ob eine (außerplanmäßige) Wertberichtigung **dem Grunde nach** indiziert ist, vermeidet der Standard   **11**

---

[1] ERB/EYCK/JONAS/THOMAS, Beck'sches IFRS-Handbuch, 5. Aufl., 2016, § 27 Rz. 47; THEILE/PAWELZIC, PiR 2012, S. 210 ff.; ERNST & YOUNG, International GAAP 2017, Ch. 20, sCh. 3.1.

konkrete Vorgaben (i.S.v. *bright lines*). Für die Bestimmung einer Wertberichtigung **der Höhe nach** wird die Notwendigkeit von Schätzungen, Durchschnittsbildungen und rechnerischen Vereinfachungen explizit herausgestellt (IAS 36.23). Neben den nach IAS 36 explizit geforderten Angaben zeitigen auch die nach IAS 1 bestehenden Offenlegungspflichten zu den Hauptquellen von **Schätzunsicherheiten** (*estimation uncertainty*) Relevanz (IAS 1.125).

12   Zur Wahrung der Mindestansprüche an die **Objektivierbarkeit** der vorgenommenen Bilanzierungsentscheidungen bedarf es standardisierter Offenlegungspflichten. Nur über ausreichende Anhangangaben lässt sich die **Plausibilität** der Bilanzierung feststellen. Der hohe Subjektivitätsgrad der Bewertung von Vermögenswerten wird dadurch zwar nicht vermieden, die Objektivierbarkeit der Bilanzierungsentscheidung aber insbesondere durch Hinweis auf sensitive Schätzungen und Ermessensentscheidungen ermöglicht (ausführlich Rz 230 ff.).

2   Durchführung des *impairment*-Tests

2.1   Überblick

13   Die Vorgaben zum *impairment*-Test nehmen innerhalb der IFRS eine Sonderrolle ein. In der Rezeption stellen die Vorgaben von IAS 36 auf einen Vergleich des Buchwerts eines Vermögenswerts mit dessen Marktwert (i.S.e. Nettoveräußerungspreises) bzw. Nutzungswert ab. Der Nutzungswert ist verpflichtend als Barwert der erwarteten Zahlungsströme aus Sicht des Unternehmens zu bestimmen (Rz 42). Der Nettoveräußerungspreis kann ebenfalls unter Rückgriff auf zahlungsstromorientierte Bewertungsverfahren ermittelt werden (Rz 34); auch ein beobachtbarer Marktwert entspricht letztlich dem Barwert der erzielbaren Zahlungsströme, allerdings aus der Perspektive der (agierenden) Marktteilnehmer. Die Durchführung des *impairment*-Tests verlangt daher die Gegenüberstellung eines **Buchwerts** (*accounting measure*) mit dem **Barwert** der erwarteten Zahlungsströme (*cash flow measure*) aus der (optimalen) Verwertung. Die gebotene Gegenüberstellung der beiden Größen wird innerhalb von IAS 36 mit detaillierten Vorgaben versehen. Neben den Ausführungen im Standard selbst sind ausführliche Regeln im Appendix, aber auch in den *Basis for Conclusions* und den *Illustrative Examples* beachtlich. Das Volumen von IAS 36 zusammen mit den Appendices ist daher beeindruckend. Die IFRS befleißigen sich hier einer ausführlichen Kommentierung mit umfangreichen Berechnungsbeispielen (Rz 2), lassen aber dennoch zahlreiche Anwendungsfragen offen, weil die Vorgaben zum *impairment*-Test quer (i.S.e. Schnittmenge) zu den sonstigen IFRS-Regeln liegen.

Somit bleibt die große Herausforderung für die Praxis, **gangbare Wege** zur Bewältigung des *impairment*-Tests zu finden.

14   Bereits für die Feststellung, ob ein Vermögenswert auf eine potenzielle Wertminderung zu untersuchen ist, also ein Anlass für ein *impairment* besteht, ist der **differenzierende Aufbau** des Werthaltigkeitstests *(impairment test)* beachtlich. Zur Aufspürung *(identifying)* einer möglichen Wertminderung werden die Vermögenswerte (Rz 4) in **zwei Kategorien** aufgeteilt (hier sog. „qualifizierte" und „unqualifizierte").

- Für folgende „**qualifizierte**" (immaterielle) Vermögenswerte, die nicht oder noch nicht planmäßig abzuschreiben sind, ist **jährlich** – unabhängig vom Vorliegen eines diesbezüglichen Anhaltspunkts *(indication)* – ein (**quantitativer**) Werthaltigkeitstest durchzuführen (IAS 36.10; Rz 32 ff.):
  - immaterielle Anlagewerte, die wegen unbestimmter Nutzungsdauer nicht planmäßig abzuschreiben sind *(indefinite useful life*; → § 13 Rz 93);
  - im Rahmen einer *business combination* aufgedeckte *goodwills,* die ebenfalls keiner planmäßigen Abschreibung unterliegen (→ § 31 Rz 149);
  - immaterielle Anlagewerte, die noch nicht zur Nutzung zur Verfügung stehen und deshalb **noch nicht** planmäßig abzuschreiben sind, z.B. aktivierte Entwicklungskosten (→ § 13 Rz 25 ff.) oder Lizenzen, die mangels technischer Ausrüstung noch „brachliegen" (→ § 10 Rz 41).
- Für die **übrigen** „**unqualifizierten**" Vermögenswerte – immaterielle Anlagen, die (schon) der planmäßigen Abschreibung unterliegen, zahlungsmittelgenerierende Einheiten ohne zugeordneten *goodwill* (Rz 101), außerdem alle Sachanlagen – geben sich die Vorgaben von IAS 36 **moderater** (IAS 36.9):
  - Zu jedem Bilanzstichtag – auch für den Zwischenabschluss (→ § 37) – ist zunächst nur eine überschlägige (**qualitative**) Einschätzung hinsichtlich der Werthaltigkeit *(assessment)* anhand ausgewählter Indikatoren vorzunehmen (Rz 19 ff.).
  - Bestehen nach dieser Einschätzung **Anzeichen** *(indications)* für eine Wertminderung, ist zur Ermittlung des erzielbaren Betrags *(recoverable amount)* in die eigentlichen Berechnungen *(formal estimate)* einzusteigen (**quantitativer** Test; IAS 36.8; Rz 32 ff.).

Bzgl. der Wertminderungsindikatoren werden die beiden Kategorien von Vermögenswerten in IAS 36.12 (Rz 14) wieder zusammengeführt, d.h., die Indikatoren gelten für beide Kategorien. Neben der verpflichtenden Durchführung eines jährlichen Tests sind qualifizierte Vermögenswerte zusätzlich bei Feststellung eines Wertminderungsindikators auf Werthaltigkeit zu testen. **15**

Der bei den qualifizierten Vermögenswerten mindestens einmal pro Jahr durchzuführende quantitative Test kann zu einem **beliebigen Zeitpunkt**, d.h. auch unterjährig, erfolgen, allerdings in zeitlich konsistenter Form (IAS 36.10). Häufig wird bei börsennotierten Gesellschaften, deren Geschäftsjahr dem Kalenderjahr entspricht, der 30.9. gewählt, weil zu diesem Datum ohnehin ein Zwischenbericht (→ § 37) zu erstellen ist und das ermittelte Ergebnis dann in die Jahres-Gesamtrechnung einfließen kann. Sinnvoll ist eine Durchführung des Tests nach Abschluss des jährlichen Planungszyklus für das Unternehmen bzw. den Konzern.

Unmittelbar vor der Umqualifizierung eines Vermögenswerts oder einer „Gruppe" von Vermögenswerten als „zur Veräußerung nach IFRS 5 bestimmt" ist nach IFRS 5.18 ein Wertminderungstest vorzunehmen (→ § 29 Rz 38). Für Vermögenswerte im Anwendungsbereich von IFRS 6 sind wesentliche Vereinfachungen vorgesehen (→ § 42 Rz 17). Wegen gewisser Erleichterungen für das sonstige Vermögen vgl. Rz 29.

Wegen der Wertermittlung generell und speziell für immaterielle Vermögenswerte überhaupt wird verwiesen auf → § 31 Rz 103 ff.

Die Bearbeitungsschritte stellen sich wie folgt dar: **16**

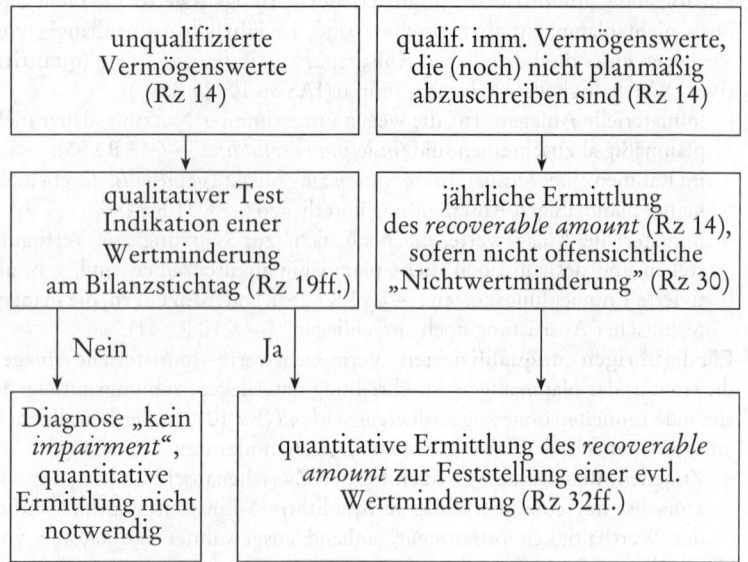

Abb. 2: *impairment*-Test bei unqualifizierten Vermögenswerten

17 Für weite Bereiche des von IAS 36 angesprochenen Anlagevermögens (Rz 4) kann es im Rahmen einer Einzelbetrachtung beim (**überschlägigen**) qualitativen Wertminderungstest *(assessment)* bleiben. Zwar besteht die theoretische Möglichkeit, jeden einzelnen Vermögenswert bei Vorliegen eines Verdachtsmoments für eine Wertminderung einer Einschätzung zu unterziehen, diese liefe aber ins Leere, da regelmäßig kein Nutzungswert auf Ebene des einzelnen Vermögenswerts bestimmt werden kann. Selbst wenn also ein Nettoveräußerungspreis feststellbar wäre (was für immaterielles Vermögen mangels aktiven Markts nahezu ausscheidet) und dieser den Buchwert unterschreiten würde, müsste noch ein Nutzungswert bestimmt werden. Die für die Bestimmung des Nutzungswerts notwendigen, direkt zurechenbaren Zahlungsströme liegen für einen einzelnen Vermögenswert i.d.R. nicht vor (für Ausnahmen siehe Rz 97); daher ist auf eine zahlungsmittelgenerierende Einheit abzustellen (Rz 8). Der Katalog von potenziellen Wertminderungsindikatoren nach IAS 36.12 – IAS 36.14 (Rz 19ff.) findet daher i.d.R. für CGUs Anwendung.

18 Nach IAS 36.66 ist der Wertminderungstest dennoch konzeptionell **vorrangig** für den **einzelnen** Vermögenswert vorzunehmen (Rz 4). Nur sofern dies unmöglich ist – praktisch die Regel –, kommt die **zahlungsmittelgenerierende Einheit** *(cash generating unit*, CGU) ins Spiel (Rz 8 und Rz 101ff.). Eine direkt zuordenbare Wertminderung eines einzelnen Vermögenswerts (etwa der Untergang eines Vermögenswerts) kann somit nicht durch ein Abstellen auf eine größere Einheit vermieden werden.

Praxis-Beispiel
Unternehmen U setzt für die Produktion fünf vergleichbare Maschinen ein, die zusammen in einer Produktionshalle stehen. Zur Fertigstellung des Pro-

---

dukts werden weitere Ressourcen benötigt. Insgesamt ist das Geschäft des U hoch ertragreich, der Barwert der erwarteten künftigen Zahlungsströme übersteigt die Anschaffungskosten der Einsatzfaktoren um ein Vielfaches.
Aufgrund eines Bedienungsfehlers durch nicht ausreichend geschultes Personal wird eine der fünf eingesetzten Maschinen vollständig zerstört und hat lediglich Schrottwert, leistet auch keinen Beitrag mehr zur künftigen Ertragssituation.
U hat den Wert der Maschine auf den Schrottwert zu berichtigen. Auch wenn der Barwert der Zahlungsströme aus dem Einsatz von vier Maschinen die Anschaffungskosten für alle fünf übersteigt, kann eine Wertminderung nicht unterbleiben, da die zerstörte Maschine nicht mehr an der Nutzenschöpfung teilhat, also nicht mehr Teil der zahlungsmittelgenerierenden Einheit und somit einer Einzelbewertung zu unterziehen ist.

2.2 Indikation und Kontraindikation einer Wertminderung (*impairment*)

2.2.1 Wertminderungsindikatoren

IAS 36.12 listet für **alle** dem Standardregelungsbereich unterliegenden Vermögenswerte Anhaltspunkte (*indications*) auf, die auf eine Wertminderung hindeuten können. Die Liste der potenziellen Anhaltspunkte differenziert zwischen **externen** (nicht im Einflussbereich des Unternehmens stehenden) und **internen** (unternehmensspezifischen) Anlässen, ist allerdings nicht als abschließend anzusehen (IAS 36.13). 19

Externe Informationsquellen:

- Außergewöhnliche Minderung des Marktwerts eines Vermögenswerts, der die normale Wertminderung durch Abnutzung deutlich übersteigt;
- wesentliche Änderungen im Unternehmensumfeld technischer, marktmäßiger, wirtschaftlicher oder gesetzlicher Provenienz;
- Erhöhung der Marktzinssätze oder anderer Marktrenditen unter Berücksichtigung der erforderlichen Risiko- und Komplexitätszuschläge im Vergleich zu den bei der internen Kalkulation angewandten Diskontierungsraten mit der Folge einer wesentlichen Senkung des Nutzungswerts;
- das ausgewiesene Eigenkapital des Unternehmens ist höher als die Marktkapitalisierung.

Interne Informationsquellen:

- Überalterung oder körperliche Beschädigung des Vermögenswerts;
- wesentliche Änderungen des betrieblichen Umfelds, in dem der betreffende Vermögenswert eingesetzt wird;
- das interne Berichtswesen deutet auf eine schlechtere Leistungsfähigkeit des Vermögenswerts hin;
- bei Beteiligungen im Einzelabschluss an Tochtergesellschaften sowie Anteilen an assoziierten (→ §33) und gemeinschaftlich kontrollierten Unternehmen (→ §34; „*investment*"), aus denen Dividenden bezogen werden und
  - der Beteiligungsbuchwert höher ist als die Buchwerte des Investments im konsolidierten Abschluss oder
  - die Dividende das gesamte *comprehensive income* (→ §2 Rz 92) des Investments in der Periode, in der die Dividende anfällt, übersteigt.

20 Abstrahierend können die Indikatoren wie folgt strukturiert werden:
- Einmalereignisse,
- „schleichende" Entwicklung (Trend).

Alle diese Anhaltspunkte bedürfen einer sinnvollen Interpretation. So genügt die Feststellung eines höheren Eigenkapitals gegenüber der **Marktkapitalisierung** nicht zur Feststellung einer generellen Überbewertung. Zusätzlich sind Kontrollprämien, Volatilität des Aktienkurses, Dauer der „Unterbewertung" etc. zu berücksichtigen. Speziell auch die *sum-of-the-parts*-Thematik (Rz 171) kommt hier ins Spiel. Eine Rechtfertigung für einen die Marktkapitalisierung übersteigenden Eigenkapitalausweis kann u.U. im Diversifizierungsabschlag (*conglomerate discount*) gefunden werden (Rz 175 ff.). Entsprechendes gilt für die Beobachtung **gestiegener Marktzinssätze**. U. U. zeitigt eine Variation (i.d.R. ein Anstieg) der beobachtbaren Marktzinssätze keine Relevanz für die erwartete Rendite eines Vermögenswerts. Dies gilt insbesondere, wenn nur ein Anstieg der kurzfristigen Zinssätze vorliegt, der Zeitraum der Nutzung des Vermögenswerts aber langfristig ist und daher der erzielbare Betrag nicht oder nur unwesentlich beeinflusst wird (IAS 36.16).

21 Einen weiteren besonders wichtigen Indikator für einen Wertminderungstest stellen mögliche **staatliche Eingriffe** in die Preisgestaltung dar, also z.B. bei der Telekommunikation und der Energieversorgung. Auch andere Indikationen sind beachtlich, z.B. die beabsichtigte **Veräußerung** von Vermögenswerten oder die Aufgabe von Unternehmensbereichen (→ § 29 Rz 3), wobei hier wie folgt zu differenzieren ist: Soweit die Voraussetzungen von IFRS 5
- **bereits** erfüllt sind, kommt das dort enthaltene Niederstwertprinzip – Buchwert oder niedrigerer *fair value less costs of disposal* – zum Tragen; der Nutzungswert *(value in use)* spielt keine Rolle mehr;
- **noch nicht** erfüllt sind, liefert die Veräußerungsabsicht lediglich einen Hinweis auf einen möglichen Abwertungsbedarf nach IAS 36.

22 Auch das **innerbetriebliche** Berichtswesen ist nach IAS 36.14 auf Anzeichen für eine Wertminderung von Vermögenswerten hin durchzusehen. Dabei sind insbesondere **negative Abweichungen** der Ist-Größen von *cash flows* oder Ertragsgrößen gegenüber Budgetansätzen von Bedeutung. Bzgl. der Feststellung eines evtl. Wertberichtigungsbedarfs knüpft der Standard an die Ausgestaltung des internen Berichtswesens an, ohne selbst Mindestanforderungen an die Berichtstiefe zu stellen.

23 IAS 36 vermeidet in Bezug auf das Vorliegen von Anzeichen für eine Wertminderung, die sich aus dem internen Berichtswesen ergeben, die Vorgabe **quantitativer Größen** (*bright lines*). Besondere Bedeutung kommt der Feststellung von **negativen Abweichungen** zwischen Ist und Soll zu. Nach IAS 36.12f. ist nicht jede negative Abweichung beachtlich, sondern nur solche mit **Signifikanz** (*significant changes*). Aufgrund der fehlenden Konkretisierung des Signifikanzkriteriums innerhalb von IAS 36, aber auch der IFRS überhaupt,[2] halten wir – i.S. e. stetigen Auslegung von unbestimmten Rechtsbegriffen (IAS 8.13; → § 24 Rz 15) – eine Orientierung an vergleichbaren unternehmensspezifischen Auslegungen der Vorgaben der IFRS für geboten. Wird etwa im Bereich der Finanzinstrumente eine Abweichung des Marktwerts von den Anschaffungskosten von mehr als 20 % für signifikant gehalten (→ § 28 Rz 474), bindet diese Interpretation des Signifikanzkriteriums auch für den *impairment*-Test nach IAS 36.

---

[2] Vgl. IFRIC, Agenda Decision; IFRIC, Update July 2009, mit Bezug auf Finanzinstrumente.

Die Identifikation eines Wertminderungsanlasses zieht eine verpflichtende Beurteilung nach sich, welche Vermögenswerte und/oder zahlungsmittelgenerierenden Einheiten von einer möglichen Wertminderung betroffen sind. Ergibt sich eine Indikation aus einer internen Informationsquelle (also unternehmensspezifisch), bestehen i. d. R. keine Schwierigkeiten hinsichtlich der Bestimmung der zu testenden Vermögenswerte. Anderes gilt ggf. bei externer Evidenz für eine Wertminderung. Kann die Auswirkung einer auf externer Information beruhenden Indikation nicht isoliert, also einzelnen Vermögenswerten bzw. CGUs zugewiesen werden, folgt u. E. hieraus die Pflicht für einen **generellen Werthaltigkeitstest**, der alle (!) zahlungsmittelgenerierenden Einheiten (auch solche ohne zugeordneten *goodwill*) umfasst. **24**

> **Praxis-Beispiel**
> Die börsennotierte U als Holdinggesellschaft hat drei Tochtergesellschaften (A, B und C), die gleichzeitig auch die CGUs des Konzerns darstellen. Das Tochterunternehmen A wurde gegründet, die Unternehmen B und C erworben. Im Zug des Erwerbs von B und C wurde ein derivativer *goodwill* von 160 GE (je 80 GE für B und C, kein *goodwill* für A) angesetzt. Das Konzerneigenkapital zu Beginn und zum Ende der Periode beträgt inkl. *goodwill* von 160 GE nahezu unverändert 400 GE. Das um den *goodwill* bereinigte Nettovermögen der CGUs beläuft sich am Periodenende auf jeweils 80 GE.
> Im Lauf der aktuellen Berichtsperiode haben sich die Ertragsaussichten der Gruppe massiv verschlechtert. Der Marktwert des Eigenkapitals (Anzahl ausstehende U-Aktien × Aktienkurs U) ist daraufhin von 500 GE am Beginn der Periode auf 300 GE am Periodenende gefallen.
> U behandelt den Rückgang in der Marktkapitalisierung als Anlass für einen Werthaltigkeitstest der gesamten Gruppe und bestimmt zunächst den erzielbaren Betrag von Tochterunternehmen B und C i. H. v. 120 GE (CGU B) bzw. 100 GE (CGU C). Da der Buchwert der CGU B (80 GE + 80 GE) den erzielbaren Betrag um 40 GE übersteigt, schreibt U den B zugeordneten *goodwill* zur Hälfte ab. Auch für den *goodwill* der CGU C wurde ein Wertberichtigungsbedarf von 60 GE (160 GE – 100 GE) festgestellt und entsprechend erfasst. Auch für CGU A ist ein Werthaltigkeitstest geboten, obwohl die bereits erfasste Wertminderung für CGU B und CGU C nach erster oberflächlicher Betrachtung einen weiteren Wertminderungsbedarf widerlegt.

Von dem Indikatorenkatalog des IAS 36 ausgenommen sind – trotz Anwendung zur Bestimmung einer evtl. Wertminderung der Höhe nach – nach der *equity*-**Methode** bewertete Anteile im Konzernabschluss. Für die Feststellung einer evtl. Wertminderung dem Grunde nach sind die Vorgaben für Finanzinstrumente einschlägig (→ § 33 Rz 103). Ebenfalls ausgenommen sind Vermögenswerte, die in den Anwendungsbereich des IFRS 6 fallen (→ § 42 Rz 17). **25**

Negative Indikatoren dürfen nicht unbeachtet bleiben (saldiert werden) mit gegenläufigen positiven. Vielmehr gilt eine Art **Imparität** bei der Wertung der Indikatoren. **26**

> **Praxis-Beispiel**
> U ist seit Langem Marktführer im Bereich der Mäusefallenproduktion. Der Hauptwettbewerber hat allerdings ein Produkt auf der Grundlage neuerer technologischer Erkenntnisse auf den Markt geworfen, das in Fachkreisen große Anerkennung findet. Andererseits weisen die effektiven Produktions- und Verkaufszahlen von U im laufenden Jahr einen erheblichen Überhang über den Budgetvorgaben aus. Deshalb sieht das Management keinen Anlass für einen Wertminderungstest bzgl. der Produktionsanlagen für die Mausefallen. Gleichwohl ist ein Wertminderungstest durchzuführen, in dem die künftigen *cash flows* unter Berücksichtigung des neuen Konkurrenzprodukts prognostiziert werden müssen.
> Eine „Kontraindikation" wie für den *goodwill* und für immaterielle Vermögenswerte mit unbestimmter Nutzungsdauer (Rz 29) ist für die Sachanlagen etc. („unqualifizierte" Vermögenswerte; Rz 14) nicht vorgesehen.

27   Die Indikatoren, die eine potenzielle Evidenz für einen Wertberichtigungsbedarf liefern, stimmen nicht exakt mit denen überein (IAS 36.112), die nach IAS 36.111 für die Beurteilung einer evtl. **Wertaufholung** heranzuziehen sind (Rz 222). Im Fall der Wertaufholung fehlt bei den externen Informationsquellen der Verweis auf das Verhältnis von Buchwerten zu Marktwerten. Insoweit ist hier ein anderer Maßstab zugrunde zu legen als für die Feststellung einer Wertminderung (Rz 223).

28   Unabhängig von der späteren Erfassung einer Wertminderung löst die Identifizierung eines externen oder internen Indikators (Rz 19) eine Pflicht zur **Neubeurteilung** der Angemessenheit der planmäßigen Abschreibung hinsichtlich
- der verbleibenden wirtschaftlichen Nutzungsdauer (*remaining useful life*),
- eines evtl. Restwerts (*residual value*) und
- der gewählten Abschreibungsmethode (*depreciation method*)

aus (IAS 36.17). Die Effekte der Neubeurteilung auf die Folgebewertung sind als *changes in accounting estimates* gem. IAS 8.32, insbesondere IAS 8.36 und IAS 8.37 zu behandeln (→ § 24 Rz 52). Sie sind prospektiv, d.h. im Ergebnis der laufenden oder künftiger Perioden zu erfassen (Rz 98). Die erfolgswirksame Korrektur eines Vermögenswerts wegen eines *change in accounting estimates* ist erst im Anschluss an ein evtl. *impairment* vorzunehmen („*if no impairment loss is recognised*"), setzt also die Durchführung eines Tests voraus und kann einen solchen auch nicht ersetzen.

2.2.2 „Kontraindikation" bei qualifizierten Vermögenswerten

29   Von potenzieller praktischer Relevanz ist der spezielle Hinweis in IAS 36.15 auf den **Wesentlichkeits-Gedanken** (*concept of materiality*), der auch als Ausdruck des *cost-benefit*-Kriteriums verstanden werden kann (→ § 1 Rz 60). Die Herausstellung des Wesentlichkeitskonzepts an dieser Stelle muss mehr bedeuten als nur eine Wiederholung der generell gültigen Vorgabe im Rahmenkonzept (→ § 1 Rz 61 ff.). Auf die (hier sog.) **qualifizierten** Vermögenswerte (Rz 14):
- immaterielle Vermögenswerte mit unbestimmter Nutzungsdauer,
- noch nicht genutzte immaterielle Werte,
- *goodwill*,

ist IAS 36 besonders ausgerichtet. Gleichwohl sieht der Board die mit einem quantitativen Wertminderungstest verbundenen Kosten und gewährt deshalb bzgl. des Jahresrhythmus für den *impairment*-Test (Rz 14) gewisse Erleichterungen durch einen Blick **zurück**:

Wenn bisherige Berechnungen *(calculations)* einen wesentlich über dem Buchwert liegenden erzielbaren Wert, also eine **signifikante „Bewertungsreserve"**, ergeben haben **und** wegen eines im Wesentlichen unveränderten wirtschaftlichen Umfelds vom Weiterbestehen dieser Datenkonstellation ausgegangen werden kann, ist eine förmliche Neuberechnung *(re-estimate)* entbehrlich. Für den *goodwill* wird diese Erleichterung in IAS 36.99 (Rz 49), für **immaterielle** Vermögenswerte mit unbestimmter Nutzungsdauer in IAS 36.24 (→ § 13 Rz 93) konkretisiert. 30

IAS 36.16 führt zwei **Beispiele** für die Erleichterung an:

- Trotz Erhöhung der kurzfristigen Marktzinsen kann eine neue Diskontierungsrechnung zur Ermittlung des Nutzungswerts entbehrlich sein, wenn die vorherige Kalkulation zutreffend den langfristigen Zinssatz verwendete, dieser unverändert ist und auch die *cash-flow*-Erwartungen sich nicht verschlechtert haben.

- Ebenso kann eine Neuberechnung entfallen, wenn zwar der langfristige Marktzins steigt, aber die Erhöhung entweder sehr gering ausfällt oder mit einer Erhöhung der Zinsen eine kompensatorische Erhöhung der *cash-flow*-Erwartungen einhergeht (Rz 19).

Die beiden Beispiele belegen den nur **geringfügigen Anwendungsbereich** der Erleichterungsvorschrift jedenfalls in konjunkturabhängigen und schnelllebigen Branchen. Im ersten Beispielfall reicht die Konstanz der langfristigen Zinsen nicht; zusätzlich dürfen sich die *cash-flow*-Erwartungen selbst, d.h. deren Höhe und zeitliche Konfiguration, nicht wesentlich verschlechtert haben. Bei auf diese Weise gesicherter Konstanz des Nutzungswerts darf außerdem das ihm gegenüberzustellende buchmäßige Nettovermögen nicht wesentlich gestiegen sein, da sich die Wertminderung aus der Differenz beider Größen ergibt. Der zweite Beispielfall hat eine noch geringere praktische Bedeutung, da hier nur selten gegebene Negativkorrelationen von Zins- und Netto-*cash-flow* angenommen werden müssen.

2.2.3 Zwischenbefund

Die Vorgaben bzgl. der Feststellung, ob dem Grunde nach Anlass für eine Wertminderung besteht, erfolgen für den einzelnen Vermögenswert (unter der Überschrift *„Identifying an asset that may be impaired"*), zeitigen regelmäßig allerdings nur für die zahlungsmittelgenerierende Einheit, somit eine Gruppe von Vermögenswerten, Relevanz (Rz 17). Trotz des Umfangs der Vorgaben fehlt es an **konkreten Vorgaben** (i.S.v. *bright lines*), wann eine Wertberichtigung bzw. ein Test hinsichtlich einer solchen indiziert ist. Wegen der Unbestimmtheit der Standardvorgaben obliegt es regelmäßig der Einschätzung des Unternehmens, ob Anzeichen für eine Wertminderung bestehen. Allerdings bleibt diesbezüglich zwischen zwei **Perspektiven** zu unterscheiden: 31

- Liegen **externe** Informationen für eine evtl. Wertminderung vor, kann ein *impairment*-Test nur unterbleiben, wenn die (marktbezogene) Evidenz unternehmensspezifisch widerlegt werden kann. Insoweit besteht zunächst ein Anlass, der allerdings entkräftet werden kann.

- Das Vorliegen **interner** Informationen, die auf eine potenzielle Wertminderung hinweisen, bestimmt sich in Abhängigkeit des internen Berichtswesens und der Steuerung des Unternehmens.

Aus der einen Perspektive ist somit ein bereits bestehender Anlass zu widerlegen, aus der anderen das Bestehen einer Indikation zunächst festzustellen. In beiden Fällen kommt der Berichterstattung des Unternehmens gem. IAS 36.130(a) über den Umgang mit externen und internen Informationsquellen besondere Bedeutung zu (Rz 234).

2.3 Ermittlung des erzielbaren Betrags *(recoverable amount)*

2.3.1 Zwei Wertmaßstäbe

32 Zur Ermittlung des Stichtagswerts, des *recoverable amount* (erzielbarer Betrag), stehen **zwei Größen** (Rz 42 ff.) zur Verfügung (Rz 8):
- „Nutzungswert" *(value in use)*,
- „beizulegender Zeitwert abzüglich Veräußerungskosten" bzw. in Kurzform „Nettoveräußerungswert" *(fair value less costs of disposal)*.

Einer von beiden Werten muss mindestens so hoch sein wie der Buchwert (IAS 36.19); ansonsten ist eine Abschreibung vorzunehmen (Rz 6). In der Grundkonzeption ist für die Bestimmung eines evtl. *impairment* daher nur eine Gegenüberstellung von zwei Werten erforderlich. Konzeptionell vorrangig, praktisch aber meist nachrangig (Rz 18), erfolgt die Bestimmung des erzielbaren Betrags auf Ebene des einzelnen Vermögenswerts (IAS 36.22).

- Keine besonderen Schwierigkeiten ergeben sich, wenn für einen Vermögenswert dessen Nettoveräußerungswert (als Level-1-Input) beobachtbar ist und dieser auch den Buchwert übersteigt. Weitere Überlegungen hinsichtlich eines möglichen *impairment* können dann unterbleiben (IAS 36.19).
- Schwierigkeiten bestehen, wenn für einen einzelnen Vermögenswert zwar ein Nettoveräußerungswert beobachtbar ist, dieser aber den Buchwert unterschreitet und deshalb die Bestimmung des Nutzungswerts angezeigt ist.

Regelmäßig scheitert die Bestimmung eines Nutzungswerts auf **Ebene** des einzelnen **Vermögenswerts** mangels Unabhängigkeit des Zahlungsstromprofils des zu beurteilenden Vermögenswerts von anderen Vermögenswerten. Anstelle der Einzelbewertung treten dann die Notwendigkeit zur Bestimmung des erzielbaren Betrags und der Vergleich mit dem Buchwert für eine Gruppe von Vermögenswerten.

2.3.2 Basis: Nettoveräußerungswert

33 Die Vorgaben in IAS 36 i. V. m. den einheitlichen Leitlinien des IFRS 13 verpflichten bei der Bestimmung des Nettoveräußerungswerts zur Beachtung der folgenden **Bewertungshierarchie** (Rz 171):
- Vorrangig ist auf einen beobachtbaren Preis abzüglich Veräußerungskosten nach Maßgabe eines **bindenden Angebots** bzw. eines **bereits abgeschlossenen** Vertrags zwischen unabhängigen Parteien abzustellen.
- Sekundär kann für die Bestimmung die Preisbildung auf einem **aktiven** Markt (gem. IAS 36.6) unter Berücksichtigung der Verkaufskosten herangezogen werden.

- Nachrangig ist eine **Ableitung** aus bestmöglichen Informationen. Hierbei sind zeitnahe Transaktionen ähnlicher Vermögenswerte in der Branche zu berücksichtigen.

Für die wenigsten materiellen und besonders immateriellen Vermögenswerte lassen sich Preisstellungen auf einem aktiven Markt beobachten. Der IASB qualifiziert die vorstehende Wertermittlungshierarchie daher mit einem Vorbehalt (IAS 36.BCZ18): **Marktpreise** (aus liquiden/aktiven Märkten) lassen sich nur in seltenen Fällen feststellen. Die – abstrakt zutreffenden – Erläuterungen in IAS 36 zur Ermittlung des Nettoveräußerungswerts – am ehesten im unwahrscheinlichen Fall eines vorliegenden Kaufvertrags möglich – tragen zur Lösung praktischer Fälle tatsächlich wenig bei. Hierzu folgendes **Beispiel:**[3]

Praxis-Beispiel

Ein Unternehmen beschafft Anfang Dezember einen PC, einen Pkw der Oberklasse zum Listenpreis und eine spezielle CNC-Maschine. Die Buchwerte per 31.12. werden durch planmäßige Abschreibung mit $^1/_{12}$ der Jahresabschreibung (pro rata temporis) ermittelt. Für die Nettoveräußerungswerte soll Folgendes gelten:

- PCs unterliegen einem raschen technologischen Wandel. Der Markt für Gebraucht-PCs ist wenig liquide. Der Nettoveräußerungswert beträgt daher nur noch etwa die Hälfte der Anschaffungskosten.
- Für Fahrzeuge der Oberklasse gibt es zwar einen hinreichend liquiden Gebrauchtmarkt. Dieser ist jedoch ein Käufermarkt. Für ein nur einen Monat altes Fahrzeug der Oberklasse sind nicht mehr als 75 % der Anschaffungskosten zu erzielen.
- Bei der CNC-Maschine handelt es sich um eine Spezialanfertigung. Diese ist, falls überhaupt, nur mit einem symbolischen Wert zu veräußern.

Häufig liefert der **Nettoveräußerungswert** wegen fehlender beobachtbarer Marktpreise also keinen Beitrag zur Durchführung des *impairment*-Tests für einen einzelnen Vermögenswert. Wenn der betreffende Vermögenswert tatsächlich zum Verkauf steht, unterliegt er im Übrigen dem besonderen Regelungsbereich von IFRS 5 (→ § 29). Wurde ein Vermögenswert erst gerade (bzw. nahe zum Stichtag) erworben, kann der gezahlte Kaufpreis als Anhaltspunkt für den Nettoveräußerungswert herangezogen werden, nachdem ein Abschlag für notwendige Veräußerungskosten berücksichtigt wurde (IAS 36.28).

34

Selbst wenn ein Preis für einen vergleichbaren/ähnlichen Vermögenswert (etwa aus einer aktuellen Transaktion) beobachtbar ist, kann dieser nicht ohne Weiteres als Anhaltspunkt für den Nettoveräußerungswert herangezogen werden. Der Rückgriff auf einen beobachtbaren Preis setzt ein Zustandekommen als Ergebnis einer Transaktion über einen vergleichbaren Vermögenswert innerhalb derselben Industrie voraus. Auch wenn ein beobachtbarer Preis nicht als verlässliche Schätzung in Betracht gezogen wird, ist dieser bei der *fair-value*-Bestimmung dennoch gebührend – etwa zur **Kalibrierung** des über ein Bewertungsverfahren bestimmten Ergebnisses – zu berücksichtigen.

35

---

[3] Nach DYCKERHOFF/LÜDENBACH/SCHULZ, in: Festschrift für KLAUS POHLE, 2003, S. 36.

36   Die Vorgaben von IAS 36 lassen neben einer marktbasierten Bestimmung des Nettoveräußerungswerts auch den Rückgriff auf Bewertungsverfahren zu. Durch die **Gleichstellung** der Angabepflichten für die beiden Bewertungsverfahren (Rz 32) im *Annual Improvements Project 2008* (Rz 173) hat der IASB den Nettoveräußerungswert als Bewertungsmaßstab gleichsam geadelt, also dem Nutzungswert (Rz 42) gleichgestellt. Der Einsatz von Bewertungsverfahren setzt allerdings den Rückgriff auf Annahmen voraus, die eine Bestimmung valider Werte sicherstellen. Für die Bestimmung des Nettoveräußerungswerts ist daher das jeweils am besten geeignete einzelne **Bewertungsverfahren** *(single valuation technique)* anzuwenden oder, falls notwendig, auf eine gewichtete **Kombination** aus mehreren Verfahren *(multiple valuation techniques)* abzustellen.[4] Das Auswahlkriterium für ein Bewertungsverfahren stellt die Verfügbarkeit von am **Markt** beobachtbaren (Bewertungs-)Parametern und Prämissen dar. Von den verschiedenen infrage kommenden Bewertungsverfahren ist dasjenige heranzuziehen, welches im konkreten Bewertungsfall am meisten auf marktbasierten Inputparametern aufbauen kann.

37   Anwendbar sind eine **Multiplikator**bewertung (vergleichende Marktbewertung) oder ein **DCF**-Modell *(mark-to-model)*. Bei der Ermittlung des Nettoveräußerungswerts mittels Bewertungsverfahren sind allerdings im größtmöglichen Umfang beobachtbare Marktdaten zu verwenden. Ohne Marktbasierung des Bewertungsverfahrens und der gewählten Parameter entspricht das Ergebnis nicht dem Wert, den der Markt (bzw. hypothetische Marktteilnehmer) und nicht das Management beilegen würde(n). Die **Beweislast** für die Verwendung marktbasierter Inputs liegt beim Unternehmen; ohne den Nachweis scheidet eine Bestimmung des erzielbaren Betrags über den *fair value less costs of disposal* i. d. R. aus; es ist dann der Nutzungswert zu ermitteln (IAS 36.20).

38   Bei Bestimmung des Nettoveräußerungswerts über ein DCF-Verfahren können zwar die **Restriktionen**, die IAS 36 für die Ermittlung des Nutzungswerts im DCF-Verfahren vorsieht (Rz 42), **unbeachtet** bleiben, allerdings tritt an deren Stelle eine andere Einschränkung: Ohne **marktbasierte** Inputs für das Bewertungsverfahren (bei einer DCF-Bewertung nicht nur des Diskontierungszinses, sondern auch der *cash-flow*-Annahmen) wird der Anforderung zur Ermittlung des am Bilanzstichtag erzielbaren Werts aber nicht Genüge getan. Wird das Ergebnis der Bewertung (unzulässigerweise) dennoch als Nettoveräußerungswert bezeichnet, kommt es zu einer „**Fehletikettierung**".[5] In einer Situation, in der der Markt die *cash-flow*-Aussichten deutlich schlechter einschätzt als das besser informierte Management, müsste danach entgegen der besseren internen Information den externen Annahmen gefolgt werden. Beruht umgekehrt die *cash-flow*-Projektion auf den internen Management-Planungen, wird nicht oder nur zufällig ein marktbasierter Veräußerungspreis berechnet. Wegen der formalen Anerkennung einer Bestimmung des Nettoveräußerungswerts über Bewertungsverfahren (Rz 37) bestehen zwar dem Grunde nach keine Bedenken mehr gegen ein solches Vorgehen, gleichwohl bleibt ein solches Vorgehen im konkreten Fall nur zulässig, wenn in möglichst weitgehendem Umfang marktbasierte Inputparameter verwendet werden oder das Gesamtergebnis an einer beobachtbaren Marktbewertung kalibriert wird.

---

[4]   Vgl. FREIBERG, Diskontierung in der Internationalen Rechnungslegung, 2010, Rz 304.
[5]   FREIBERG/LÜDENBACH, KoR 2005, S. 486.

Der Nettoveräußerungswert – als **Bewertungsmaßstab** (*measure*) – bestimmt 39
sich als der Betrag, der dem Unternehmen aus einer tatsächlichen Veräußerung am
Bewertungsstichtag zufließen könnte. Von dem erzielbaren Veräußerungserlös
sind daher noch direkt zurechenbare **(Einzel-)Kosten** (*incremental costs directly
attributable*) eines unterstellten Verkaufs (etwa Rechtskosten, Verkehrssteuern
etc.) sowie alle Kosten, die mit der Herstellung der Verkaufsbereitschaft entstehen
(Demontagekosten, Kosten für Entsorgung etc.), in Abzug zu bringen (IAS 36.6).
Unerheblich sind – neben mit dem Verkauf verbundenen Finanzierungskosten
und Ertragsteueraufwendungen – Gemeinkosten, somit Kosten, die nicht direkt
zurechenbar sind (Abfindungen für Mitarbeiter, Organisationskosten etc.).
Die Vorgaben zum *impairment*-Test vermeiden eine allgemeine (quantitative)
Festlegung der in Abzug zu bringenden Veräußerungskosten (*costs of disposal*).
Als Ausgangspunkt für die Bestimmung der notwendigen Veräußerungskosten
kann auf einen **prozentualen Anteil** (etwa 1–3 %[6]) an dem beizulegenden Zeitwert des Bewertungsobjekts abgestellt werden. Die getroffene Einschätzung ist
allerdings kritisch zu hinterfragen und anhand beobachtbarer Transaktionen zu
plausibilisieren.
Jedenfalls darf sich die Ermittlung des Nettoveräußerungswerts nicht **allein** auf 40
Zurechnung von *cash flows* zu den einzelnen Vermögenswerten stützen, auch
wenn diese Zuordnung auf verlässlicher Basis möglich sein sollte. Auch nach
Verlagerung der Bewertungskonzeption auf die einheitlichen Leitlinien des IFRS
13 halten wir eine „Gegenprobe" zum Ergebnis der *cash-flow*-Rechnung in Form
von Vergleichswerten für Preise ähnlicher Vermögenswerte in der betreffenden
Branche für geboten (Rz 35). Die Kontrollrechnung stellt eine hohe Schranke für
die DCF-orientierte Wertermittlung nach IAS 36 dar. Über die Einzelheiten der
Ermittlung des Nettoveräußerungswerts ohne Ableitung aus Marktpreisen ist im
Anhang gem. IAS 36.134(e) zu **berichten** (Rz 235).
Wegen unseres Vorbehalts gegen die generelle Ermittlung des beizulegenden
Werts *(recoverable amount)* einer *cash generating unit* auf der Basis des Netto-
veräußerungswerts wird verwiesen auf Rz 171.
Die Verabschiedung **allgemeiner Leitlinien** für die Ermittlung von beizulegen- 41
den Zeitwerten (*fair value measurement;* → § 8a) über Bewertungsverfahren
zeigt auch Bedeutung für die Bestimmung des Nettoveräußerungswerts nach
IAS 36. Durch eine Verlagerung der bislang in den Einzelstandards enthaltenen
Vorgaben für die Messung des *fair value* „vor die Klammer" der Einzelregeln
wird die Bewertungskonsistenz innerhalb der internationalen Rechnungslegung
erhöht.[7] Ob diese Regelungen allerdings einen entscheidenden Objektivierungsbeitrag leisten, insbesondere für den *impairment*-Test, bleibt fraglich.[8]

2.3.3 Basis: Nutzungswert

Die Ermittlung des **Nutzungswerts** (*value in use*) sieht nach IAS 36.30ff. von 42
vornherein den Rückgriff auf ein Barwertkalkül vor und schließt andere Bewertungsverfahren (markt- oder kostenbasierte Bewertung) aus. IAS 36 übernimmt
an dieser Stelle den Gedanken der ertragsorientierten **Unternehmensbewertung**

---

6   Vgl. SCHMUSCH/LAAS, WPg 2006, S. 1052.
7   Vgl. HITZ, KoR 2006, S. 357ff.; LÜDENBACH/FREIBERG, KoR 2006, S. 437ff.
8   Ausführlich LÜDENBACH/FREIBERG, KoR 2006, S. 437ff.

(Rz 8, Rz 104), allerdings mit detaillierten **Berechnungsvorgaben** – anders als im Fall der Bestimmung des Nettoveräußerungswerts (Rz 34 ff.). Die Bestimmung des Nutzungswerts bedingt regelmäßig ein Verlassen der Ebene des **einzelnen** Vermögenswerts hin zu einer Bewertung einer zahlungsmittelgenerierenden **Einheit** (IAS 36.67). Die Bestimmung des Nutzungswerts setzt daher folgende Arbeitsschritte voraus:

(1) Bestimmung und Abgrenzung der auf eine evtl. Wertminderung zu testenden zahlungsmittelgenerierenden Einheit (Rz 101 ff.),

(2) Bestimmung des Buchwerts (*carrying amount*) der Vermögenswerte der Einheit (Rz 116 ff.),

(3) Berechnung des Nutzungswerts über Rückgriff auf ein Barwertkalkül (Rz 22 ff.),

(4) Vergleich von Buchwert und Nutzungswert und Bestimmung eines evtl. Wertberichtigungsbedarfs.

Wird der Nutzungswert ausnahmsweise für einen einzelnen Vermögenswert bestimmt (Rz 97), sind die gleichen Schritte zu berücksichtigen, lediglich die Abgrenzung der zahlungsmittelgenerierenden Einheit reduziert sich auf einen einzelnen Vermögenswert.

43   Die **Einschätzung** des *value in use* über den Rückgriff auf ein Barwertkalkül hat auf der Basis folgender Berechnungsgrundlagen zu erfolgen (IAS 36.30):

- Ermittlung der künftigen Zahlungsein- und -ausgänge *(cash flows)* aufgrund der weiteren Nutzung des Vermögenswerts;
- Annahmen *(expectations)* über mögliche Veränderungen (mengen- oder zeitmäßig) dieser *cash flows*;
- Anwendung der passenden risikofreien Diskontierungsrate auf diese künftigen Zahlungsflüsse;
- Berücksichtigung des dem Vermögenswert innewohnenden Risikos;
- Beachtung anderer einschlägiger Faktoren (etwa Marktliquidität, Länderrisiken etc.).

IAS 36 gibt zur Spezifizierung dieses Bewertungsansatzes ausführliche Anweisungen (IAS 36.36 – IAS 36.57), die sich **systematisch unterscheiden** lassen in Vorgaben zur

- Planung des **Zahlungsstroms** (Rz 52) und
- Ermittlung des **Diskontierungszinssatzes** (Rz 66).

Der Nutzungswert ist in IAS 36 als unternehmensspezifischer Wert (*entity specific value*) vor Berücksichtigung des Einflusses von Steuern charakterisiert. Die Barwertberechnung beruht gem. IAS 36.33(a) daher auf unternehmensinternen Prämissen (*management's best estimate*).

2.3.4   Zwischenbefund

44   Die Regeln zur Bestimmung des erzielbaren Betrags bzw. seiner beiden Ausformungen sind **unterschiedlich intensiv:**[9]

- Umfangreich sind die Ausführungen zur vorgegebenen Bestimmung des Nutzungswerts über diskontierte *cash flows* (Barwertkalkül),[10]

---

[9]   Vgl. FREIBERG/LÜDENBACH, KoR 2005, S. 479 ff.
[10]   Vgl. BIEKER/ESSER, StuB 2004, S. 454 ff.

- eher kurz – wegen des Verweises auf die einheitlichen Leitlinien zur *fair-value*-Bestimmung – die standardspezifischen Angaben zur Herleitung des beizulegenden Zeitwerts abzüglich Veräußerungskosten.

Der Nutzungswert ist nach IAS 36 als unternehmensspezifischer Wert verpflichtend über ein Barwertkalkül zu bestimmen. Der Nettoveräußerungswert entspricht demgegenüber einem um Veräußerungskosten gekürzten (hypothetischen) Marktpreis. Liegt für das Bewertungsobjekt weder ein Kaufangebot noch ein aktiver Markt vor (Rz 36), kann die Wertbestimmung zwar ebenfalls über ein Barwertkalkül erfolgen (IAS 36.BCZ32), hierbei sind jedoch z.B. unternehmensspezifische Ertragspotenziale (Synergien i.e.S.) nicht berücksichtigungsfähig. Die Barwertberechnung ist nur Bewertungsverfahren, Bewertungsmaßstab ist der *fair value*.[11]

3 Rückgriff auf ein Barwertkalkül

3.1 Nutzungswert und DCF-bestimmter *fair value less costs of disposal*

Allgemeine Leitlinien für die Barwertermittlung finden sich im Anhang von IAS 36. Sie gelten explizit nur für die Barwertermittlung des Nutzungswerts. Für eine Barwertermittlung des *fair value less costs of disposal* im DCF-Verfahren (Rz 37) sind die **Leitlinien** nur insoweit bedeutsam, als sie allgemein ökonomisch anerkannte Grundsätze der Barwertermittlung wiedergeben, also etwa den Grundsatz der Äquivalenz zwischen Diskontierungs- und *cash-flow*-Annahmen (Rz 50). Ansonsten sind die Vorgaben des IFRS 13 (→ § 8a) für die Bestimmung des *fair value less costs of disposal* über ein Bewertungsverfahren beachtlich. Unterschiede zu einer Barwertermittlung des Nutzungswerts bestehen demgegenüber v.a. in folgenden Punkten: **45**

- Nur bei der Bestimmung des *fair value less costs of disposal* sind – auch hinsichtlich des Zahlungsstroms – zwingend im maximalen Umfang **marktbasierte Inputs** zu verwenden (Rz 63).
- Nur bei der Bestimmung des Nutzungswerts bestehen besondere **Restriktionen** für die Berücksichtigung von Erweiterungsinvestitionen (Rz 54).

Für die Praxis sind beide Punkte zu beachten. Wer den für die Nutzungswertbestimmung bestehenden Restriktionen entgehen will und sich für einen im DCF-Verfahren ermittelten *fair value less costs of disposal* entscheidet, hat dafür einen „Preis" zu entrichten. Er muss etwa von einer eher fundamentalwertorientierten Bewertung auf der Basis der „besseren unternehmensinternen Erkenntnisse" zu einer marktorientierten Bewertung übergehen, die auch vermeintliche „irrationale Einschätzungen" des Markts auf der Inputparameterseite berücksichtigt.

3.2 Allgemeine Leitlinien

Folgende **Elemente** sind nach den Leitlinien von IAS 36 (Rz 22) bei der Bestimmung des Barwerts zu berücksichtigen (IAS 36.A1): **46**

- Eine Schätzung des künftigen *cash flow* bzw. in komplexeren Fällen von Serien künftiger *cash flows*, die das Unternehmen durch die Vermögenswerte zu erzielen erhofft.

---

11 Vgl. FREIBERG, Diskontierung in der Internationalen Rechnungslegung, 2010, Rz 333.

- Erwartungen im Hinblick auf evtl. wertmäßige oder zeitliche Veränderungen dieser *cash flows*.
- Der Zinseffekt, der durch den risikolosen Zinssatz des aktuellen Markts dargestellt wird.
- Der Preis für die mit dem Vermögenswert bzw. der zahlungsmittelgenerierenden Einheit verbundene Unsicherheit.
- Andere, manchmal nicht identifizierbare Faktoren (wie Illiquidität), die Marktteilnehmer bei der Preisgestaltung der künftigen *cash flows*, die das Unternehmen durch die Vermögenswerte zu erzielen erhofft, widerspiegeln würden.

Die Barwertermittlung setzt somit die Schätzung bzw. Kenntnis
- der Höhe und des zeitlichen Anfalls des zukünftigen **Zahlungsstroms** (Rz 52 f.) und
- des geeigneten **Diskontierungszinssatzes** (Rz 66 f.)

voraus.

47 Wesentliche Voraussetzung für den Rückgriff auf ein Barwertkalkül ist die Kenntnis bzw. mindestens jedoch die Möglichkeit zur verlässlichen **Schätzung** des künftigen Zahlungsstroms. Für das nicht finanzielle Vermögen mangelt es regelmäßig – anders als für finanzielle Vermögenswerte (→ § 28) – an vertraglich fixierten Zahlungsströmen über die gesamte verbleibende (wirtschaftliche) Restnutzungsdauer. Eine Schätzung der künftigen Zahlungsströme ist daher erforderlich. Die Prognose zukünftiger Zahlungsströme ist – mangels vollkommener Information – nur unter **Unsicherheit** hinsichtlich des **zeitlichen Anfalls** und der tatsächlichen **Höhe** möglich. In Abhängigkeit von der Ausgestaltung des Zahlungsstromprofils eines Bewertungsobjekts kann entweder auf den **Modalwert** (IAS 36.A4 ff.) mit dem wahrscheinlichsten Zahlungsstrom (*best estimate*) oder auf den **Erwartungswert** (IAS 36.A7 ff.) mit dem nach Wahrscheinlichkeiten gewichteten (*expected*) Zahlungsstrom zurückgegriffen werden (→ § 8a Rz 41). Bestehenden Unsicherheiten in Bezug auf die Schätzung sind u. E. vorrangig im Rahmen der Bestimmung des Zahlungsstroms Rechnung zu tragen,[12] da eine Korrektur des Zinssatzes um Prognoseunsicherheiten nicht objektivierbar zu begründen ist (ausführlich → § 31 Rz 113, für ein Beispiel → § 31 Rz 243). Insoweit halten wir hinsichtlich des Zahlungsstroms einen Rückgriff auf einen Erwartungswert als Ergebnis einer **mehrwertigen Planung** durch Gewichtung einzelner Szenarien mit ihren Wahrscheinlichkeiten i. d. R. für geboten.

48 Die Erzielung von Zahlungsströmen in der Zukunft ist mit **Opportunitätskosten** verbunden, deren Höhe sich danach richtet, welcher (Zins-)Ertrag bzw. welche Rendite erwirtschaftet werden könnte, wenn die Zahlungsmittel bereits zum Bewertungsstichtag realisiert wären. Der **Zeitwert des Geldes** (*time value of money*) ohne Berücksichtigung von Risiko bestimmt sich unter Rückgriff auf den risikolosen Zinssatz. Zukünftige Zahlungsströme sind i. d. R. jedoch unsicher, es besteht daher zum Zeitpunkt der Bewertung eine künftige **Ergebnisvariabilität** (→ § 21 Rz 151). Abhängig von dem Bewertungsobjekt ist daher das spezifische Risiko entweder im Zahlungsstrom oder im Diskontierungszinssatz zu berücksichtigen.[13]

---

12   Gl. A. FASB, *Understanding the issues*, May 2001, S. 1 ff.
13   Ausführlich FREIBERG, Diskontierung in der Internationalen Rechnungslegung, 2010, Rz 333.

- Bei Berücksichtigung des spezifischen Risikos in den Zahlungsströmen werden diese durch eine Risikokorrektur in ein **Sicherheitsäquivalent** überführt. Der Barwert ergibt sich dann aus der Diskontierung des Sicherheitsäquivalents mit dem risikolosen Zinssatz.

- Bei der Abbildung des spezifischen Risikos im Kapitalisierungszinssatz wird der risikolose Zinssatz um eine **Risikokomponente** adjustiert. Der Barwert der Zahlungsströme bestimmt sich aus der Abzinsung mit einem risikoadjustierten Zinssatz.

Sicherheitsäquivalent- und Risikozuschlagsmethode lassen sich in einem Barwertkalkül theoretisch ineinander überführen und führen zu äquivalenten Werten. Die unterschiedlichen Risikokomponenten, die im Rahmen des spezifischen Risikos zu berücksichtigen sind, können nur schwerlich und überdies kaum nachvollziehbar in den Zahlungsströmen abgebildet werden. In der praktischen Anwendung kommt dem Sicherheitsäquivalent daher lediglich eine geringe Bedeutung zu (→ § 31 Rz 113f.). Der Diskontierungszinssatz sollte u.E. somit den Zeitwert des Geldes und das spezifische Risiko des Bewertungsobjekts widerspiegeln.

Eine **Doppelerfassung** (*double counting*) der einzelnen Elemente (Rz 45) des Barwertkalküls sowohl im Zähler als auch im Nenner der Berechnung ist zu vermeiden (IAS 36.A15). Daher erfolgt die methodisch zutreffende Berücksichtigung der einzelnen Komponenten **entweder** im Zahlungsstrom **oder** im Diskontierungszinssatz (→ § 8a Rz 42). Im Rahmen der Barwertermittlung für den *impairment*-Test nach IAS 36 halten wir den Rückgriff auf den Erwartungswert (so auch IAS 36.BC59) und einen risikoadjustierten Diskontierungszinssatz für vorzugswürdig. **49**

Zur Gewährleistung der rechentechnischen Konsistenz des Barwertkalküls ist – nach Maßgabe des **Äquivalenzprinzips** – eine Abstimmung der Zahlungsstromgröße (dem Zähler) und des Diskontierungszinssatzes (dem Nenner) erforderlich. Insbesondere die folgenden Anforderungen sind für eine Barwertermittlung in der Rechnungslegung zu berücksichtigen: **50**

- **Laufzeit**äquivalenz: Der Zinssatz als Vergleichsmaßstab einer Alternativanlage muss sich sowohl auf den gleichen Zeitraum wie die zu diskontierenden Zahlungsströme beziehen als auch die gleiche zeitliche Struktur (Zeitpunkte der Zahlungsmittelzu- oder -abflüsse) aufweisen. Eine Laufzeitäquivalenz zwischen Zahlungsstrom und Zins ist nur dann gegeben, wenn der Zinssatz die Rendite eines identischen Ertragsstroms mit der gleichen Laufzeit abbildet (Rz 66).

- **Kaufkraft**äquivalenz: Im Zinssatz und im Zahlungsstrom sind die gleichen Erwartungen bzgl. der erwarteten Geldwertänderung (Inflation oder Deflation) zu berücksichtigen. Entweder sind Zahlungsstrom und Diskontierungszinssatz als reale Größen, also als kaufkraftkonstante Werte einer bestimmten Periode, oder als nominale Größen unter Berücksichtigung sich verändernder Kaufkraft zu bestimmen (für ein Beispiel der nicht finanziellen Verbindlichkeiten vgl. → § 21 Rz 142).

- **Verfügbarkeits**- bzw. **Steuer**äquivalenz: Aus Kongruenzgründen kann die Bestimmung eines Barwerts auf zwei Arten erfolgen: Abzinsung von Vor-Steuer-*cash-flows* mit Vor-Steuer-Zinssätzen oder von Nach-Steuer-*cash-flows* mit Nach-Steuer-Zinssätzen (Rz 85). Im Rahmen der bilanziellen Abbildung von Vermögenswerten und Schulden sind insbesondere Unternehmensteuern zu berücksichtigen. Persönliche Steuern (der Anteilseigner) sind nicht relevant, da sie regelmäßig nicht die Gesellschafts-, sondern die Gesellschafterebene tangieren.

- **Unsicherheit**säquivalenz: Der Zinssatz drückt die Rendite einer Alternativanlage aus, welche im Vergleich zum Bewertungsobjekt das gleiche Chancen-Risiko-Profil aufweist. Das im Zinssatz ausgedrückte Risiko ist hierbei als Summe der möglichen Abweichungen der tatsächlichen von der erwarteten Rendite, also als (Ergebnis-)Variabilität zu verstehen. Unterliegen Zahlungsstrom und Zinssatz unterschiedlichen Unsicherheitsdimensionen, ist entweder ein Unsicherheitsaufschlag auf den Zinssatz oder ein Unsicherheitsabschlag auf die Zahlungsströme vorzunehmen (Rz 42 f.).
- **Währung**säquivalenz: Zahlungsstrom und Zinssatz müssen hinsichtlich der Erfassung von Länder- und Währungsrisiken übereinstimmen. Zur Wahrung der Kongruenz des Barwertkalküls müssen Zahlungsstrom und Diskontierungszins in gleicher Währung und unter Berücksichtigung länderspezifischer Risiken bestimmt werden (Rz 51).

51   Der relevante Zinssatz als Renditeerwartung einer Alternativanlage ist unter Beachtung der **Gegebenheiten des Landes** zu bestimmen, in dem die erwarteten zukünftigen Zahlungsströme generiert werden. In jedem Land ergeben sich individuelle spezifische Risiken in Bezug auf die Währung, die jeweilige Politik und die Marktsituation (IAS 36.A18).[14] Für die Barwertermittlung ergeben sich daraus ggf. folgende Komplikationen:

- Die Zahlungsströme des Bewertungsobjekts stimmen in der Währung mit der beobachtbaren Rendite einer Alternativanlage überein, werden aber in einem anderen Land (mit anderem Länderrisiko) als die Alternativanlage realisiert.
- Zahlungsströme werden in der Währung des Landes geplant, in dem das Bewertungsobjekt genutzt wird. Da allerdings nicht der Barwert in Landeswährung, sondern in einer abweichenden (der funktionalen) Währung gesucht ist, ergibt sich die Notwendigkeit einer währungsbedingten Umrechnung entweder der Zahlungsströme (künftige Wechselkurse unter Berücksichtigung des Risikos der Doppelerfassung; IAS 36.BCZ49) oder des Barwerts (Stichtagskurs).

Im ersten Fall fehlt im Kalkül die Berücksichtigung einer **länderspezifischen Risikokorrektur** bzgl. des politischen Risikos und der relevanten Marktrisiken, im zweiten Fall fehlt die Berücksichtigung eines **Währungs-** bzw. **Wechselkursrisikos**. In beiden Fällen ist daher eine Anpassung entweder der Zahlungsströme oder des Zinssatzes erforderlich, wobei die herrschende Meinung zu einer Risikokorrektur im Diskontierungszinssatz tendiert.[15] Besondere Fragen für den *impairment*-Test ergeben sich, wenn Währungsrisiken über den Einsatz von gegenläufigen Sicherungsbeziehungen „*gehedgt*" werden und auch bilanziell die Vorgaben des *hedge accounting* (→ § 28a) Anwendung finden (Rz 117 f.).

---

[14] A.A. HACHMEISTER/UNGEMACH/RUTHARDT, IRZ 2012, S. 233, die für die Bewertung die Sicht eines internationalen Anlegers und damit die Möglichkeit zur Diversifikation unterstellen, damit aber die Vorgaben des IAS 36.A18 ignorieren.

[15] Vgl. DAMODARN, *Equity Risk Premiums (ERP): Determinants, Estimation and Implications – The 2012 Edition*, Stern School of Business, New York, Working Paper 2012, zum Download: http://people.stern.nyu.edu/adamodar/pdfiles/papers/ERP2012.pdf, S. 3 ff., abgerufen am 1.1.2016; PEEMÖLLER/KUNOWSKI/HILLERS, WPg 1999, S. 621 ff.; SCHMUSCH/LAAS, WPg 2006, S. 1058.

3.3 Unterschiedliche Anforderungen an den Zahlungsstrom

3.3.1 Restriktive Anforderungen für die Bestimmung des Nutzungswerts

Die Schätzung der erwarteten Zahlungsströme obliegt dem Management des Unternehmens. Folgende Grundanforderungen sind bei der Bestimmung des Nutzungswerts zu beachten: **52**

- Die Annahmen über die künftigen Zahlungsmittelströme sollen auf vernünftigen und vertretbaren Schätzungen des Managements erfolgen. Größeres Gewicht ist allerdings **externen** Erkenntnissen zu widmen (IAS 36.33(a)).
- Die Annahmen über die künftigen Zahlungsströme sollen auf den neuesten vom Management genehmigten **Budgets** (*management approach*) beruhen (IAS 36.33(b)), dabei aber vom gegenwärtigen Zustand bzw. der Ertragskraft des Bewertungsobjekts ausgehen. Auszahlungen für Restrukturierungen oder Erweiterungsinvestitionen finden keinen Eingang in die Bestimmung der Zählergröße des Barwertkalküls. Wegen des Objektivierungscharakters der Bezugnahme auf die Budgets vgl. Rz 244.
- Der Detailplanungszeitraum der *cash-flow*-Projektionen soll eine **Fünf-Jahres-Periode** nicht übersteigen, es sei denn, eine längere Periode ist gerechtfertigt (IAS 36.33(b)). Die Annahmen über die künftigen Zahlungsströme jenseits des detaillierten (i. d. R. fünfjährigen) Planungshorizonts dürfen nicht auf **Wachstumsannahmen** beruhen, die über die langfristig erwartete Branchenwachstumsrate hinausgehen, es sei denn, eine höhere Wachstumsrate ist gerechtfertigt (IAS 36.33(c)).

Für die Bestimmung des Nutzungswerts über ein Barwertkalkül ist – eine verbleibende Restnutzungsdauer > fünf Jahre unterstellt – ein **Zwei-Phasen-Modell** zugrunde zu legen. Hinsichtlich der Differenzierung des gesamten Betrachtungszeitraums in zwei Phasen gilt: **53**

- In der **ersten Phase** (Detailplanungszeitraum) sind die erwarteten finanziellen Überschüsse detailliert für jedes Bewertungsobjekt zu prognostizieren.
- Die **zweite Phase** (Restwertzeitraum) umfasst die kaum übersehbare und damit unsichere Zukunft, die sich an den Detailplanungshorizont anschließt. Für diesen Zeitraum wird der erwartete Restwert bestimmt, der den Wert des Bewertungsobjekts im Anschluss an den Detailplanungszeitraum repräsentiert.

Für die Bestimmung des Restwerts sind die erwarteten finanziellen Überschüsse aus der Detailplanungsphase mit einer angemessenen **Wachstumsrate** fortzuschreiben. Die im Restwertzeitraum zugrunde zu legende Wachstumsannahme ist (etwa über den Lebenszyklus des Produkts, Branchenerwartungen etc.) zu objektivieren. I. d. R. sind – wegen der Restriktionen hinsichtlich der Annahmen des Zahlungsstroms (Rz 54) – rückläufige oder konstante Wachstumsraten heranzuziehen. Nur ausnahmsweise ist der Rückgriff auf zunehmende Zahlungsströme zulässig (IAS 36.33). Es kann allerdings nicht unterstellt werden, dass das Wachstum der Gesamtwirtschaft nachhaltig übertroffen wird. Beachtlich sind auch Wechselwirkungen zur Festlegung des Planungshorizonts: Die Länge des Planungshorizonts bestimmt sich in Abhängigkeit der zum Bewertungsstichtag noch verbleibenden wirtschaftlichen (Rest-)Nutzungsdauer des Bewertungsobjekts.

Die geplanten Zahlungsmittelströme umfassen als Nettogröße neben dem Zufluss aus der fortgesetzten Nutzung des Bewertungsobjekts alle *cash outflows*, die sich aus der **fortlaufenden Nutzung** ergeben und auf einer vernünftigen und vertret- **54** baren Basis (zu Besonderheiten bei *corporate assets* vgl. Rz 137) zugeordnet werden können (IAS 36.39). Auch ein am Ende der wirtschaftlichen Nutzungsdauer erwarteter Restwert ist nach Abzug evtl. Verwaltungskosten als *cash inflow* zu erfassen.

55   Die Bestimmung der erwarteten Zahlungsströme für ein Bewertungsobjekt hat auch – analog zur Berücksichtigung von gemeinschaftlich genutzten Vermögenswerten *(corporate assets)* im Buchwert der CGU (Rz 137) – künftigen Auszahlungen (anteilig) Rechnung zu tragen, die nur auf einer höheren (Steuerungs-)Ebene anfallen *(overhead-Kosten)*, also nicht direkt zurechenbar sind. In Zentralbereichen anfallende künftige Auszahlungen (Vorstandsvergütung, Ausgaben für Investor-Relations, IT etc.) sind mittels eines Schlüssels auf die einzelnen Bewertungsobjekte zu verteilen. Eine Nichtberücksichtigung im *impairment*-Test scheidet aus, wenn auf den Nutzungswert zur Bestimmung des erzielbaren Betrags zurückgegriffen wird.[16] Falls die Planung bereits eine Umlage für nicht direkt zurechenbare *overhead*-Kosten vorsieht, ist eine Doppelerfassung durch Bereinigung der Umlagen auszuschließen.

56   Der heranzuziehende Zahlungsstrom ist als **Vor-Steuer-Größe** konzipiert und umfasst den Saldo der erwarteten einnahmewirksamen Erträge über die ausgabewirksamen Aufwendungen (zu weiteren Definitionen von *cash flows* → § 3 Rz 13). Nicht mit in die Bestimmung fließen ein: Ein- und Auszahlungen im Zusammenhang mit
   • der Finanzierung und Finanzierungsaktivitäten (IAS 36.50(a)) und
   • Steuern (IAS 36.50(b)).

57   Mit in die Prognose des erwarteten Zahlungsstroms sind hingegen Zahlungsmittelabflüsse für die regelmäßige Wartung und Instandhaltung aufzunehmen (IAS 36.41). Auszahlungen für **Erweiterungs**investitionen sind nur für die Fertigstellung von Anlagen im Bau zulässig (IAS 36.42), in allen sonstigen Fällen auszuklammern. Die zukünftigen Zahlungsströme aus dem betreffenden Vermögenswert sollen im Übrigen auf der Basis des **augenblicklichen** Zustands geschätzt werden, d.h., künftige Unternehmensrestrukturierungen, Verbesserungsinvestitionen u. Ä. sind nicht zu berücksichtigen (IAS 36.44). Investive *cash flows* dürfen deshalb das Niveau von Erhaltungsaufwand nicht übersteigen (Rz 166f.), somit nicht zu einer Veränderung des wirtschaftlichen Nutzens führen (IAS 36.49). Bei der Bestimmung des Nutzungswerts eines einzelnen Vermögenswerts sind diese Restriktionen i.d.R. sinnvoll und unproblematisch. Regelmäßig ist der Nutzungswert aber nur für CGUs bestimmbar. IAS 36.74 verweist für diesen Fall auf die Vorgaben zur Nutzungswertbestimmung einzelner Vermögenswerte und damit auch auf die vorgenannten Restriktionen. Bei der Nutzungswertbestimmung einer CGU erscheinen diese Einschränkungen aber nicht immer sinnvoll und häufig impraktikabel (Rz 165).

58   Der Ausschluss von **investiven Auszahlungen** bezieht sich u.E. auf Ausgaben, die den Ansatz eines Vermögenswerts nach sich ziehen und nicht **aufwandswirksam** verrechnet (*expensed as incurred*) werden (so auch IAS 7.16; → § 3 Rz 71). Künftige Auszahlungen, die im Zusammenhang mit dem Vertrieb von Produkten (etwa Werbeausgaben, aber auch Forschungs- und nicht aktivierbare Entwicklungskosten; → § 13 Rz 25ff.), somit der Generierung künftiger Zuflüsse stehen, sind daher in die Bestimmung des Nutzungswerts einzubeziehen.

---

[16]   Gl. A. IDW RS HFA 40, Tz. 23.

Ein Verstoß gegen das Verbot zum Einbezug von investiven Auszahlungen (IAS 36.44) liegt u. E. nicht vor.

Praxis-Beispiel
Das Geschäftsmodell des U verlangt jährliche Ausgaben für die Weiterentwicklung der bestehenden Produktpalette. In einer ökonomischen Wertung stellen die Auszahlungen Investitionen dar, bilanziell scheidet eine Aktivierung der Auszahlungen allerdings aus. Für Zwecke der Klassifizierung der Zahlungsmittelabflüsse scheidet eine Erfassung als investiver *cash flow* aus, es liegt ein operativer Zahlungsfluss vor. Für die Bestimmung eines Nutzungswerts erfasst U die Auszahlungen korrespondierend zu den erwarteten Einnahmen.

Lediglich geplante, aber noch nicht verpflichtende Auszahlungen und Einsparungen im Zusammenhang mit einer Restrukturierung sind in der Prognose des künftigen Zahlungsstroms nicht zu berücksichtigen. Voraussetzung für die Aufnahme von entsprechenden Zahlungsmittelflüssen ist das Bestehen einer **faktischen Verpflichtung** zum Bewertungsstichtag (→ § 21 Rz 87 ff.). Erwartete Einsparpotenziale und Effizienzsteigerungen als Folge einer Restrukturierung sind daher nur zu erfassen, wenn die **Tatbestandsmerkmale** zur Erfassung einer Restrukturierungsrückstellung gegeben sind (zu besonderen Fragen der Konsistenz von *carrying amount* und Barwertkalkül siehe Rz 117). 59

Für die Bestimmung des Nettozahlungsstroms im Detailplanungszeitraum kann – vergleichbar dem Vorgehen zur Bestimmung des operativen *cash flow* (→ § 3 Rz 55) – auf eine **direkte** oder **indirekte Ermittlung** zurückgegriffen werden. Eine direkte Bestimmung setzt das Aufstellen eines Finanzplans voraus, in dem alle zukünftigen Ein- und Auszahlungen erfasst werden. Liegen die notwendigen Informationen für eine direkte (originäre) Bestimmung der erwarteten *cash flows* nicht vor, ist unter Anwendung der indirekten Methode eine Ableitung aus anderen im Rechnungswesen verfügbaren Rechengrößen geboten. Ausgehend von einer Ergebnisgröße kann durch 60

• Bereinigung nicht zahlungswirksamer Aufwendungen und Erträge und
• Berücksichtigung von nicht ergebniswirksamen Ein- und Auszahlungen

in Form einer **Überleitungsrechnung** das Periodenergebnis in eine *cash-flow*-Größe überführt werden. Als Ausgangspunkt bietet sich das Ergebnis vor Abschreibungen, Zinsen und Steuern (*earnings before interest, taxes, depreciation and amortisation*; EBITDA) an. Folgende Anpassungen sind – soweit dem Bewertungsobjekt zuzurechnen – noch zu berücksichtigen:

	Ergebnis vor Zinsen, Steuern und Abschreibungen
+/–	Zahlungsunwirksame Aufwendungen/Erträge
–	Investitionen
+/–	Minderung/Erhöhung des Nettoumlaufvermögens einschließlich Zahlungsmitteln und Zahlungsmitteläquivalenten
=	Zahlungsstrom

Die Berücksichtigung von Anpassungen einer (geplanten) Ergebnisgröße steht unter dem Vorbehalt der **Wesentlichkeit**. Da die Vorgaben zum *impairment*-Test die Notwendigkeit zur Schätzung und Vereinfachung anerkennen (Rz 11), kann eine geplante Ergebnisgröße auch unmittelbar als Surrogat für den erwarteten *cash flow* herangezogen werden.

61 Zur Bestimmung des relevanten Zahlungsstroms des Bewertungsobjekts ist bestehenden **Interdependenzen** zwischen dem Rendite-Risiko-Profil einzelner (nicht finanzieller) Vermögenswerte und der betrieblichen Geschäftstätigkeit Rechnung zu tragen. Durch die Kombination mehrerer Vermögenswerte im Rahmen der betrieblichen Geschäftstätigkeit ergeben sich regelmäßig **Synergien** als Erfolgs- und Risikoverbundeffekte. Im Barwertkalkül des Nutzungswerts finden aber auch unternehmensspezifische (echte) Synergien Beachtung.

62 Wird der erwartete Zahlungsstrom eines Bewertungsobjekts in einer **Fremdwährung** erzielt, verpflichten die Vorgaben zur Bestimmung des Nutzungswerts auf eine Barwertbestimmung in der Währung des Landes, in dem die Zahlungsströme generiert werden. Der sich – unter Wahrung der Währungsäquivalenz (Rz 50) – ergebende Barwert in Fremdwährung ist mit dem (beobachtbaren) Devisenkassakurs am Bewertungsstichtag umzurechnen (IAS 36.54).

3.3.2 Marktbasierung als Zulassungsvoraussetzung bei der Ermittlung des Nettoveräußerungswerts

63 Für die Bestimmung des Nettoveräußerungswerts über ein Barwertkalkül fehlt es an konkreten **Restriktionen**. Im Rahmen der Ermittlung des bewertungsrelevanten Zahlungsstroms sind daher nur die allgemeinen Leitlinien für Barwertkalküle beachtlich (Rz 42 ff.). Einerseits bestehen daher weniger Restriktionen für die Ausgestaltung des Barwertkalküls, andererseits unterliegt der im DCF-Verfahren bestimmte *fair value less costs of disposal* wegen der zwingenden **Kalibrierung** des Bewertungsergebnisses mit beobachtbaren Marktpreisen einer bedeutsamen Einschränkung. Die Zulässigkeit des Rückgriffs auf ein Barwertkalkül steht unter dem Vorbehalt der geforderten Marktbasierung der getroffenen Annahmen. Im Zahlungsstrom sind ausschließlich Erwartungen des Markts zu berücksichtigen (Rz 45). Der Nettoveräußerungswert ist als objektivierter Wert zu bestimmen, Synergieeffekte finden keine bzw. nur insoweit Berücksichtigung, als auch ein (hypothetischer) Marktteilnehmer von der Realisierbarkeit dieser Synergien ausgeht. Ist keine verlässliche Bestimmung des Zahlungsstroms aus Sicht (hypothetischer) Marktteilnehmer für ein Bewertungsobjekt möglich, scheidet der Rückgriff auf ein Barwertkalkül aus (Rz 37).

3.4 Gleichlautende Anforderungen an den Diskontierungszinssatz

3.4.1 Verpflichtende Marktbasierung

64 Der Nettoveräußerungswert ist definiert als (hypothetischer) **Marktpreis**. Wird dieser im Barwertkalkül bestimmt, ist wegen der Marktorientierung des Bewertungsmaßstabs auch der Diskontierungszinssatz aus dem Markt abzuleiten. Im Kapitalisierungszins ist der Preis abzubilden, den Unternehmensexterne für die Übernahme eines äquivalenten Risikos verlangen würden. Bei der Bestimmung des Nutzungswerts im Barwertkalkül ist nicht ohne Weiteres von einer einfachen Übernahme von Marktzinsen auszugehen. Der Nutzungswert ist ein **unternehmensspezifischer** Wert. Hinsichtlich der erwarteten Nutzenzuflüsse haben daher auch nur unternehmensinterne Prämissen Relevanz (Rz 52 ff.). Unter **Kongruenz**gesichtspunkten sollte daher auch der Diskontierungszins unternehmensspezifische Kapitalkosten widerspiegeln. Die Vorgaben der IFRS tragen der Konsistenzanforderung des Barwertkalküls allerdings keine Rechnung.[17] Auch bei der Bestimmung des Diskontierungszinssatzes für die Barwertbestimmung des Nutzungswerts sind marktübliche, risikoäquivalente Parameter zu berücksichtigen (IAS 36.55 ff. i. V. m. IAS 36.A15 ff.).[18]

Auf den ersten Blick erscheint die Diskontierung unternehmensinterner Erwartungen mit marktüblichen Kapitalkosten **nicht konsistent**: Nutzenzuflüsse, die unternehmensspezifisch und nicht marktbasiert geplant sind, werden mit marktüblichen und nicht mit unternehmensspezifischen Kapitalkosten diskontiert. Schlüssiger könnte der Gedanke erscheinen, unternehmensinterne Erwartungen bzgl. zukünftiger *cash flows* mit unternehmensinternen (Grenz-)Kapitalkosten abzuzinsen. Der IASB begründet die Verwendung eines marktbasierten Diskontierungszinssatzes mit fehlender **Objektivierbarkeit** eines unternehmensspezifischen Satzes (IAS 36.BCZ54). Diese Begründung ist nicht sehr überzeugend. Im Vergleich zu sonstigen Subjektivitäten, die im Barwertkalkül im Rahmen der Ermittlung des Nutzungswerts enthalten sind (etwa Abgrenzung der CGU, Rz 101; Prämissen hinsichtlich der zukünftigen *cash flows*, Rz 52 ff.), erscheint die Bestimmung einer *entity specific discount rate* eher leichter objektivierbar.

Der britische Standardsetter, der ASB, führt im Kontext mit IAS 36 vergleichbaren Regelungen (FRS 11) eine andere Begründung an: Der Nutzungswert soll **unternehmensspezifisch** nur hinsichtlich der *cash flows* sein. Hinsichtlich des Zeitwerts des Geldes (*time value of money*) wird kein Raum für unternehmensspezifische Perspektiven gesehen. Es gilt: „*value in use becomes the market value of the cash flows expected by the entity*".[19] Unabhängig von der Begründung gilt im Ergebnis: Sowohl für den *fair value less costs of disposal* als auch für den Nutzungswert sind **marktbasierte** (objektivierbare) **Zinssätze** für die Diskontierung zugrunde zu legen.

3.4.2 Erfassung des systematischen Risikos über den Kapitalisierungszins

Wird für die Berechnung im Barwertkalkül auf den Erwartungswert des Zahlungsstroms abgestellt und bleibt eine Risikoadjustierung dem Zinssatz vorbehalten (Rz 42 f.), ist das spezifische Risiko des Bewertungsobjekts im Kapitalisierungszinssatz zu erfassen. Ausgehend von dem **risikolosen Zinssatz** (Rz 67), der den Zeitwert des Geldes zum Bewertungsstichtag ausdrückt, ist eine Erhöhung um einen **Risikozuschlag** (Rz 68) geboten (IAS 36.55(b)).

Aus **Kongruenz**gesichtspunkten sind im Rahmen eines Barwertkalküls im Zähler (den *cash flows*) und im Nenner (dem Diskontierungszinssatz) die gleichen Prämissen hinsichtlich der zukünftig erwarteten Geldentwertung und Währungen zu berücksichtigen (Rz 50). Zur Wahrung der **Laufzeitäquivalenz** ist der

65

66

---

17 So FREIBERG/LÜDENBACH, KoR 2005, S. 479 ff.
18 Dies bestätigend IASB, Insight October 2001, S. 13 f.
19 ASB, *Discounting in Financial Reporting*, Working Paper, London 1997, S. 11.

Diskontierungszinssatz in Abhängigkeit der unterstellten wirtschaftlichen (Ge-samt-)Nutzungsdauer des Bewertungsobjekts festzulegen (Rz 89). Die erwarte-ten Zahlungsströme für einen Vermögenswert/eine CGU

- mit begrenzter Nutzungsdauer (i. d. R. ohne *goodwill*) sind mit den laufzeitä-quivalenten, risikolosen Marktzinssätzen (*spot rates*) abzuzinsen;
- mit unbegrenzter Nutzungsdauer (i. d. R. inkl. *goodwill*) sind in zwei Phasen zu unterscheiden (Rz 53).

67 Ausgangsgröße eines jeden Barwertkalküls ist der **risikolose** Zinssatz (Basiszins-satz), der als Mindestentgelt für die Überlassung eines bestimmten Kapital-betrags für eine vorher vereinbarte Zeitspanne zu interpretieren ist *(time value of money)*.

- Der Basiszinssatz spiegelt die (**Mindest-**)Verzinsung einer Anlage wider, die keinerlei (bedeutsame) Ausfall-, Zinsänderungs- und Währungsrisiken auf-weist. Den besten Anhaltspunkt für risikolose Kapitalanlagen bilden i. d. R. Staatsanleihen *(government bonds)*, die unter der Voraussetzung eines stabilen politischen Systems als „quasi"-risikolose Anleihen charakterisiert werden.
- Mit **zunehmender Laufzeit** steigt die geforderte effektive Verzinsung einer Kapitalanlage. Diese Laufzeitabhängigkeit des Basiszinssatzes lässt sich in einer **Zinsstrukturkurve** nachvollziehen.

Die Bestimmung eines risikolosen Zinssatzes als Basiszinssatz für die Diskon-tierung in der Rechnungslegung ist, auch weil in Europa eine große Zahl von staatlichen Anleihen mit optimaler Bonität existiert,[20] nicht unproblematisch. Mit Ausnahme der Unsicherheitsäquivalenz sind bei der Auswahl des risikolosen Zinssatzes alle Anforderungen an die rechentechnische Konsistenz der Barwert-berechnung zu berücksichtigen. Darüber hinaus sind für Länder und Währungs-räume ohne „quasi"-risikolose Staatsanleihen (aufgrund politischer, finanzieller, ökonomischer oder institutioneller Risiken) besondere Anpassungen der beob-achtbaren Marktzinssätze erforderlich (Rz 50). Zur Bestimmung **laufzeitspezi-fischer Basiszinssätze** kann auf täglich aktualisierte, öffentlich zugängliche Zerobondstrukturkurven zurückgegriffen werden.

68 Neben dem Zeitwert des Geldes ist zusätzlich das **spezifische Risiko** der *cash flows* in die Berechnung einzubeziehen. Bzgl. des Risikos ist – den Grundlagen der **Portfoliotheorie**[21] folgend – zu differenzieren zwischen

- dem unsystematischen Risiko, das durch Kombination mit anderen Ver-mögenswerten diversifiziert, und
- dem systematischen Risiko, das auf diese Weise nicht verringert werden kann.

Eine Kompensation der Opportunitätskosten einer Investition in spezifische Vermögenswerte wird auf einem Kapitalmarkt im Gleichgewicht nur für das systematische Risiko gewährt. Die relevanten Kapitalkosten des Bewertungs-objekts sind vorrangig auf Basis der Renditeprofile risikoäquivalenter Alternativ-anlagen zu bestimmen. Den besten Anhaltspunkt für den Diskontierungszinssatz bieten hierbei Kapitalkosten, die aus **aktuellen Markttransaktionen** abgeleitet oder für vergleichbare zahlungsmittelgenerierende Einheiten eines am Markt notierten Unternehmens beobachtet werden können (IAS 36.56). Da auf CGU-Ebene regelmäßig keine Kapitalkosten für aktuelle Markttransaktionen oder

---

20 Kritisch wegen eines bestehenden Gestaltungsspielraums BAETGE, WPg 2009, S. 13 ff.
21 Vgl. FREIBERG, Diskontierung in der Internationalen Rechnungslegung, 2010, Rz 164.

vergleichbare CGUs beobachtbar sind (IAS 36.57 i. V. m. IAS 36.A), ist hilfsweise auf das Konzept der gewogenen durchschnittlichen Kapitalkosten (WACC) zurückzugreifen. Die Kapitalkosten für eine zahlungsmittelgenerierende Einheit setzen sich dann aus zwei Komponenten zusammen, den Kosten für eingesetztes Eigenkapital und den Kosten für investiertes Fremdkapital, und reflektieren somit den **Mittelwert der Grenzkosten** aller Kapitalquellen.

3.4.3 Bestimmung der gewogenen, durchschnittlichen Kapitalkosten (WACC)

Die gewogenen durchschnittlichen (Gesamt-)Kapitalkosten (WACC) ergeben   69
sich aus der Summe
- des Produkts von **Eigenkapital**kosten (rE) und dem Anteil des Eigenkapitals (E) am Gesamtkapital (V) und
- des Produkts von **Fremdkapital**kosten (rD), *tax shield* ($1 - s$) und dem Anteil des Fremdkapitals (D) am Gesamtkapital (V):

$$WACC = r_E \times \frac{E}{V} + r_D \times (1-s) \times \frac{D}{V}$$

Legende:

WACC:	Gewogene durchschnittliche Kapitalkosten
r_E:	Eigenkapitalkosten
r_D:	Fremdkapitalkosten
E:	Marktwert des Eigenkapitals
D:	Marktwert des Fremdkapitals
V:	(Gesamt-)Wert des Bewertungsobjekts
s:	Steuersatz

Die notwendigen Komponenten zur Bestimmung der gewogenen durchschnittlichen Kapitalkosten sind regelmäßig nicht bekannt.
- Die **Eigenkapitalkosten** lassen sich nur durch Modellierung der Renditeerwartung der Eigenkapitalgeber in Abhängigkeit von deren Risikoerwartung schätzen (Rz 70).
- Im Bereich des Fremdkapitals eines Unternehmens sind regelmäßig verschiedene Finanzierungsquellen zu unterscheiden. Die (gesuchten) **Fremdkapitalkosten** bestimmen sich durch Gewichtung der Grenzkosten der einzelnen Finanzierungsquellen eines Unternehmens mit deren Marktwert.
- Unbekannt ist auch das Verhältnis von **Eigen-** bzw. **Fremdkapital** zum Gesamtwert, somit die zu unterstellende Kapitalstruktur.

Innerhalb der **Eigen-** und **Fremd**kapitalkosten sind **unterschiedliche Risiko-**   70
zuschläge zu berücksichtigen: Eigenkapitalgeber sind in einem viel stärkeren Maß an den operativen (unternehmerischen) Risiken beteiligt. Die risikoäquivalente Renditeforderung der Eigenkapitalgeber umfasst neben der Entschädigung für den Zeitwert des Geldes (Rz 67) auch eine Risikokompensation. Anders als Fremdkapitalgeber haben Eigenkapitalgeber keinen vertraglich fixierten Anspruch auf künftige Zahlungsströme, ihnen steht nur ein Residualanspruch nach Bedienung der Kapitaldiensts für Fremdkapital zu. Allgemein anerkannt basiert die Bestimmung der Eigenkapitalkosten – mangels besser geeigneter Alternative –

auf dem *Capital Asset Pricing Model* (**CAPM**). Durch Abstellen auf das CAPM lassen sich – unter restriktiven Voraussetzungen – objektivierbare Risikozuschläge auf den Zeitwert des Geldes ermitteln, die einem pauschalen und ermessensbehafteten Risikozuschlag vorzuziehen sind. Die Bestimmung der Eigenkapitalkosten setzt die Kenntnis

- des risikolosen (laufzeitäquivalenten) Zinssatzes, welcher den Zeitwert des Geldes in dem Land (Rz 67), in dem der Zahlungsstrom generiert wird, ausdrückt,
- des Erwartungswerts der Rendite des Marktportefeuilles, welche das Rendite-Risiko-Profil (Rz 61) des Marktumfelds beschreibt,
- des Betafaktors, welcher Maßstab für das (systematische) Risiko des Bewertungsobjekts ist,

voraus. Der Risikozuschlag basiert auf der Marktrisikoprämie (i.d.R. 5 % für entwickelte Kapitalmärkte; zu Besonderheiten in der Finanzkrise Rz 219 ff.), welche sich aus der Differenz zwischen der Marktrendite für riskante Anlagemöglichkeiten und dem risikolosen Zinssatz ergibt. Diese Differenz wird mit dem **Betafaktor**, in dem sich das im Vergleich zur Marktrendite höhere ($\beta > 1$) oder geringere Risiko ($\beta < 1$) ausdrückt, multipliziert. Der Betafaktor ist somit Maßstab für das **systematische Risiko** eines Bewertungsobjekts (in der theoretischen Rezeptur: Wertpapiers). Das unsystematische Risiko wird vom Markt nicht vergütet. Der Rückgriff auf das CAPM impliziert eine Tendenz des unsystematischen Risikos im Zug eines vollständig diversifizierten Portefeuilles gegen null. Bei (unterstellter) Gültigkeit der Annahmen des CAPM kann – im Kapitalmarktgleichgewicht – ein linearer Zusammenhang zwischen dem Erwartungswert der Rendite für ein risikobehaftetes Investment (j) und seinem systematischen Risiko nachgewiesen werden:

$$\mu_j = i_{rf} + \left(\mu_M - i_{rf} \right) \times \beta_j \quad mit \quad \beta_j = \frac{cov(\tilde{r}_j ; \tilde{r}_M)}{\delta_M^2}$$

Legende:

μ_j:	Erwartungswert der Rendite des Investments j
i_{rf}:	Risikoloser Zinssatz
μ_M:	Erwartungswert der Rendite des Marktportefeuilles (= Marktrisikoprämie)
β_j:	Betafaktor j
r_j:	Rendite des Investments j
r_M:	Rendite des Marktportefeuilles
δ_M^2:	Kovarianz der Rendite des Investments j und des Marktportefeuilles

71   Lassen sich für das Bewertungsobjekt nicht unmittelbar Renditen von Alternativanlagen am Markt beobachten, kann hilfsweise auf Renditen vergleichbarer Bewertungsobjekte zurückgegriffen werden. Zur Bestimmung der Eigenkapitalkosten können als Anhaltspunkte für den Betafaktor eine einzelne **Vergleichsanlage** (*Pure Play-Beta*), der Durchschnitt einer Gruppe von Referenzunternehmen (*Peer Group-Beta*) oder eine ausgewählte Branche (*Industry-Beta*) herangezogen werden. Der Rückgriff auf geschätzte oder aber pauschal bestimmte Betafaktoren scheidet aus.

72   In Abhängigkeit von dem Bewertungsobjekt wird die Höhe des Betafaktors durch das operative **Geschäfts**risiko und das **Kapitalstruktur**risiko (*gearing*) bestimmt.

Während sich in dem operativen Risiko die Unsicherheit und das Risiko der zukünftigen Zahlungsströme ausdrücken, reflektiert das Kapitalstrukturrisiko den nachrangigen Anspruch der Eigenkapitalgeber. Mit zunehmendem Verschuldungsgrad steigt die Risikoposition der Eigenkapitalgeber und, rationales Handeln unterstellt, somit auch deren Renditeforderung bei Risikoaversion. Unter restriktiven Annahmen gilt: Der Marktwert eines (verschuldeten) Bewertungsobjekts setzt sich aus dem Marktwert eines (fiktiv) vollständig eigenfinanzierten Bewertungsobjekts und dem Barwert der aus der anteiligen Fremdfinanzierung entstehenden Steuervorteile (*tax shield*) zusammen. Es gilt:

$$r_{E,V} = r_{E,U} + \left(r_{E,U} - r_D\right) \times \left(1 - s\right) \times \frac{D}{E}$$

Legende:

$r_{E,V}$:	Eigenkapitalkosten des verschuldeten Bewertungsobjekts
$r_{E,U}$:	Eigenkapitalkosten des unverschuldeten Bewertungsobjekts
r_D:	Fremdkapitalkosten
E:	Marktwert des Eigenkapitals
D:	Marktwert des Fremdkapitals
s:	Steuersatz

Ein Rückgriff auf die unternehmensspezifische Kapitalstruktur scheidet aus (IAS 36.A19). Für die Bestimmung des Kapitalstrukturrisikos ist daher auf die **Erwartungen** (hypothetischer) **Markt**teilnehmer zurückzugreifen, somit die Kapitalstruktur von beobachtbaren Vergleichsanlagen heranzuziehen. Ebenfalls ausgeschlossen ist bei einem in unterschiedlichen Geschäftsfeldern oder Währungsgebieten tätigen Unternehmen die Verwendung eines einheitlichen Diskontierungszinssatzes, somit die Unterstellung eines übereinstimmenden Rendite-Risiko-Profils für alle Beurteilungsobjekte.[22]   73

Da für das relevante Bewertungsobjekt am Markt regelmäßig keine völlig vergleichbaren (risiko- und laufzeitäquivalenten) Anlagealternativen beobachtet werden können, ist ggf. eine **Adjustierung** eines am Markt abgeleiteten Betafaktors notwendig, insbesondere in Abhängigkeit der „Größe" (*size premium*).[23] Wegen der dennoch eingeschränkten Möglichkeit zur Objektivierung der zugrunde gelegten Betafaktoren ist eine **Plausibilisierung** geboten. Nach dem Theorem der **Wertadditivität** gilt:[24] Die gewichtete Summe der Einzelteile entspricht dem Wert des Ganzen. Auch hinsichtlich des systematischen Risikos einzelner Bewertungsobjekte und des Gesamtunternehmens besteht daher eine additive Beziehung. Das gewichtete arithmetische Mittel der Betafaktoren für alle Bewertungsobjekte eines Unternehmens entspricht allerdings nur im theoretischen (Ideal-)Fall dem Gesamtbetafaktor. Im Normalfall scheidet der Gesamtbetafaktor zur alleinigen Plausibilisierung der ermittelten spezifischen Eigenkapitalkosten daher aus.   74

Die Bestimmung der **Fremdkapitalkosten** ist abhängig von der **Bonität** des Bewertungsobjekts aber nicht aus der Perspektive des Unternehmens, sondern aus der Sicht typischer Marktteilnehmer zu bestimmen. Fremdkapitalgeber partizipieren zu   75

---

[22] So auch ESMA, Report, 12th Extract from the EECS's Database of Enforcement, Decison ref EECS/0112–06.

[23] Etwa durch Berücksichtigung eines Größenkorrekturfaktors „(P)", AICPA, Practice Aid, Tz 5.3.90.

[24] Vgl. FREIBERG, Diskontierung in der Internationalen Rechnungslegung, 2010, Rz 345 f.

einem geringeren Teil an dem unternehmerischen Risiko als Eigenkapitalgeber. Zur Bestimmung des angemessenen Fremdkapitalkostensatzes sind die zum Stichtag beobachtbaren Fremdkapitalkonditionen heranzuziehen. Die Fremdkapitalkosten setzen sich aus dem Basiszinssatz zuzüglich eines spezifischen zum Stichtag aus Kapitalmarktdaten abgeleiteten Bonitätsaufschlags (IAS 39.AG82) zusammen.

76   Das Abstellen auf unternehmensspezifische Finanzierungskonditionen verstößt gegen die Verpflichtung zur Berücksichtigung der aktuellen Markteinschätzungen in der Ableitung des Diskontierungszinssatzes (IAS 36.56). Die Herleitung der Fremdkapitalkosten, ausgehend von dem tatsächlichen Zinsaufwand der Periode, verstößt überdies gegen das Gebot zur Berücksichtigung der Stichtagsverhältnisse (IAS 36.BCZ53(a)).[25]

77   Wird auf die gewogenen durchschnittlichen Kapitalkosten (WACC) als Diskontierungszinssatz zurückgegriffen, ist eine konsistente Herleitung der einzelnen Komponenten sicherzustellen.[26] Für die Bestimmung der Eigen- und der Fremdkapitalkosten ist die gleiche Laufzeit zu unterstellen. Wird für die Renditeforderung der Eigenkapitalgeber (also im CAPM) auf eine unbestimmte Laufzeit abgestellt, ist dieser Prämisse auch für die Bestimmung der Fremdkapitalkomponente zu folgen.

Praxis-Beispiel

Für den Geschäftsbereich G wird der angemessene Diskontierungszinssatz für die Bestimmung des erzielbaren Betrags über die gewogenen durchschnittlichen Kapitalkosten (WACC) bestimmt. Folgende Informationen stehen zum Stichtag unter der Prämisse einer unbestimmbaren Nutzungsdauer zur Verfügung:

- Der relevante Betafaktor für den Geschäftsbereich wird mit 1,2 bestimmt, die Marktrisikoprämie beträgt 6,0. Der risikolose Zinssatz wird mit 2,0 % für eine unendliche Laufzeit ermittelt.
- Für die Herleitung der Fremdkapitalkosten wird auf die Rendite von Industrieanleihen i.H.v. 5,0 % abgestellt, die in den Risikomerkmalen äquivalent zum Profil der G sind. Zur Verfügung stehen allerdings nur Informationen für Anleihen mit einer Laufzeit von zehn Jahren. Der risikolose Zins für Anlagen mit einer Laufzeit von zehn Jahren wird mit 1,6 % festgestellt. Unter der Prämisse eines bei längeren Laufzeiten nahezu gleichbleibenden *credit spread* ergeben sich daher Fremdkapitalkosten von 5,4 % (= 5,0 % − 1,6 % + 2,0 %).

Bei einer Kapitalstruktur von 50 % Eigenkapital zu 50 % Fremdkapital und einem Steuersatz von 50 % (= *tax shield*) ergeben sich daher Kapitalkosten i.H.v. 5,95 %.

---

78   Auch der **Marktwert** des **Eigenkapitals** ist (als gesuchte (Teil-)Größe des Barwertkalküls) bei der Bestimmung der gewogenen durchschnittlichen Kapitalkosten regelmäßig nicht bekannt. Er ergibt sich ausgehend vom Gesamtwert, also dem Barwert der erwarteten Zahlungsströme, abgezinst mit den gewogenen Kapitalkosten, nach Abzug des Marktwerts des Fremdkapitals. Aufgrund der Interdepen-

---

[25] So auch ESMA, Report, 8th Extract from the EECS's Database of Enforcement, decision ref 0610–13; Report, 13th Extract from the EECS's Database of Enforcement, decision ref 0113–09.

[26] ESMA, Report, 12th Extract from the EECS's Database of Enforcement, decison ref 0112–06, Tz 59ff.

denz zwischen der notwendigen Input-, gleichzeitig aber auch der gesuchten Outputgröße „Unternehmenswert" ergibt sich für das Barwertkalkül ein **Zirkularitätsproblem.** Zu dessen Vermeidung kann vereinfachend eine im Planungszeitraum realisierbare Zielkapitalstruktur (ein zukünftig zu erreichendes Verhältnis von Eigen- zu Fremdkapital) unterstellt werden, welches ebenfalls marktbasiert (etwa unter Berücksichtigung branchenüblicher Verschuldungsgrade, ausgehend von einer Peer Group) zu bestimmen ist. Voraussetzung für den Rückgriff auf eine Zielkapitalstruktur ist das „Einfrieren" der Kapitalstruktur über den Planungshorizont hinaus durch die Unterstellung einer unternehmenswertabhängigen Finanzierung.

Der spezifische Diskontierungszinssatz entspricht der am Markt abgeleiteten **79** **Renditeerwartung** für eine **Alternativanlage.** Die erzielbare Rendite einer Alternativanlage wird auch durch Steuern als betriebswirtschaftlich notwendige Ausgaben gegenüber dem Fiskus beeinflusst. Die Vernachlässigung von Steuern bei der Bestimmung der Renditeerwartung des Markts entspricht nicht der Realität, Marktteilnehmer verfolgen das Ziel einer **Nettogewinnmaximierung,** berücksichtigen in ihrer Renditeerwartung also den Einfluss von Steuern.

Insoweit für die Festlegung des angemessenen Diskontierungszinssatzes die geforderte Marktbasierung berücksichtigt wird, ist auch dem Einfluss von Steuern Rechnung zu tragen. Der relevante Steuersatz für die Bestimmung des Abzinsungssatzes ist – in Abhängigkeit von der herangezogenen Alternativanlage – marktbasiert zu bestimmen, der Rückgriff auf die unternehmensspezifische Steuersituation scheidet aus. Regelmäßig ist auf den allgemeinen (Unternehmens-)Steuersatz der Jurisdiktion, in die die Zahlungsströme generiert (und besteuert) werden, zurückzugreifen.

Der geforderte Marktbezug des Diskontierungssatzes verlangt (gem. IAS 36.56) **80** eine Ableitung des spezifischen Risikos des Bewertungsobjekts aus **risikoäquivalenten Alternativanlagen.** Ein Verteilen der am Markt abgeleiteten (Gesamt-)Kapitalkosten eines Unternehmens (Unternehmens-WACC) auf CGUs und/oder Vermögenswerte ist nicht (oder nur unter Vereinfachungsgesichtspunkten; Rz 11) zulässig, da dies dem spezifischen Risiko des jeweiligen Bewertungsobjekts nicht gerecht wird. Die Bestimmung der spezifischen Kapitalkosten muss disaggregiert pro Einzelobjekt erfolgen. Zur **Plausibilisierung** ist der herangezogene Diskontierungszinssatz des Bewertungsobjekts folgenden Zinssätzen gegenüberzustellen (IAS 36.A17):

- durchschnittliche gewogene Kapitalkosten des Unternehmens;
- Grenzfremdkapitalzins für die Neuaufnahme von Darlehen;
- beobachtbare marktübliche Zinssätze für Vermögenswerte und Unternehmen.

Darüber hinaus ist ein Vergleich mit veröffentlichten Kapitalkosten anderer Unternehmen geboten. Der Rückgriff auf unternehmensspezifische Abzinsungssätze scheidet aus.

Besonderheiten für die Bestimmung des Kapitalisierungszinssatzes ergeben sich, **81** wenn sich innerhalb einer Branche aufgrund einer **Krisenlage** ein extremer Anstieg der Renditeforderungen beobachten lässt. Erfolgt die Bilanzierung und Bewertung unter Wahrung der *going-concern*-Prämisse (IAS 1.25), spiegeln beobachtbare Renditen von Peer-Group-Unternehmen, die in wirtschaftliche Schieflage geraten sind, keine äquivalente Alternativanlage wider.

Einen Anhaltspunkt für eine Nichteignung beobachtbarer (Alternativ-)Renditen ist ein Überschreiten der Fremdkapitalkosten über die Eigenkapitalkosten. Wird (zutreffend) eine Fortführung des Geschäfts unterstellt, müssen sich die Fremd-kapitalkosten – trotz der Möglichkeit einer extremen Abweichung zum Stichtag – langfristig auf einem niedrigeren Niveau (unterhalb der Eigenkapitalkosten) einpendeln. Bei einem Geschäftsmodell mit hohem (Ausfall-)Risiko gleichen sich die Renditeforderungen von Fremd- und Eigenkapitalgeber an. Stehen keine Möglichkeiten zur Fremdfinanzierung zur Verfügung ist u. U. eine reine Eigen-finanzierung unter Berücksichtigung der besonderen Risikoposition zu unter-stellen. U. E. vorziehungswürdig ist eine Berücksichtigung einer wirtschaftlichen Schieflage (etwa erhöhtes Insolvenzrisiko) durch Anpassung der Zahlungsströme (höhere Gewichtung im Erwartungswert). Bei bestehenden Zweifeln an der Unternehmensfortführung entfällt erwartungsgemäß ein Wertbeitrag aus der Fremdfinanzierung (*tax shield*) bzw. dieser kann nicht realisiert werden. Der im DCF-Modell berechnete Wert ergibt sich dann unter der Prämisse eines unver-schuldeten Unternehmens abzüglich eines negativen Wertbeitrags, der die Zwei-fel an der Fortführbarkeit ausdrückt.

Praxis-Beispiel

Das in der Solarbranche tätige Unternehmen Sonnenschein AG (S) wird auch durch eine Krise der Branche und eine Konsolidierung der Märkte beeinflusst. Die S hat am Kapitalmarkt eine Anleihe begeben, die eine Restlaufzeit von drei Jahren aufweist. Wegen der akuten Zweifel an der Wirtschaftlichkeit der Branche lässt sich zum Stichtag eine Renditeforderung von über 65 %, somit ein *credit spread* von mehr als 60 % beobachten. Wird von einer Fortführung des Unternehmens aus-gegangen, ist die Unterstellung eines langfristigen (und nachhaltigen) Fremdkapi-talkostenaufschlags auf den risikolosen Zins von mehr als 60 % (= 600 Basispunkte) keine plausible Annahme. Für die Bestimmung der (nachhaltigen) Kapitalkosten ist daher eine Anpassung erforderlich. Eine evtl. Anpassung zeitigt hingegen keine Relevanz für eine etwaige *fair-value*-Bewertung der Verbindlichkeit. Hier ist der beobachtbare Marktpreis als Level-1-Information zu beachten (→ § 8a Rz 73).

3.4.4   Berücksichtigung von Länderrisiken

82   Der relevante Zinssatz – als Renditeerwartung einer Alternativanlage – für den *impairment*-Test nach IAS 36 ist unter Beachtung der Gegebenheiten des Landes zu bestimmen, in dem die erwarteten zukünftigen Zahlungsströme generiert werden (Rz 51). In jedem Land ergeben sich individuelle spezifische Risiken in Bezug auf die Währung, die jeweilige Politik und die Marktsituation (IAS 36.A18). Bestehenden Länderrisiken wird nicht bereits durch eine Umrechnung der erwar-teten Zahlungsströme in Fremdwährung mit Forward-Kursen Rechnung getragen. Über eine Umrechnung der Zahlungsströme wird nur eine Währungsäquivalenz erreicht, im Kalkül fehlt dann noch die Berücksichtigung des spezifischen Länder-risikos. Wechselkursrisiken sind getrennt von einem festgestellten Länderrisiko, welches Ausdruck der politischen/rechtlichen Lage und der Marktsituation/-ent-wicklung ist, im Bewertungskalkül zu erfassen.

83   Wird das Wechselkurs-/Währungsrisiko im Zähler des Barwertkalküls (den Zah-lungsströmen) verarbeitet, bedarf es daher keiner Erfassung im Kapitalisierungs-zins über ein Inflationsdifferenzial mehr. Nur wenn die Zahlungsströme in einer

Fremdwährung denominiert sind, ist für die Kapitalkosten eine Anpassung der relativen Kaufkraftparität erforderlich. Über die Umrechnung der (Fremdwährungs-)Zahlungsströme über Forward-Kurse wird allerdings nur dem Währungsrisiko Rechnung getragen, eine Anpassung für Länderrisiken ist dann zusätzlich, da keine Erfassung im Zahlungsstrom erfolgte, im Zinssatz vorzunehmen.[27]

Für die Erfassung von Länderrisiken im Diskontierungszins kann auf ein allgemein anerkanntes Konzept zurückgegriffen werden,[28] welches eine Korrektur im Nenner des Bewertungskalküls (dem Zinssatz) vorsieht. Die Länderrisikoprämie (*country risk premium* – CRP) wird als Anpassung für ein Ausfallrisiko bestimmt, welches auf ein beobachtbares Länderrating (S&P, Moody's etc.) zurückzuführen ist. Auf beobachtbare Länderratings werden entsprechende *country* oder (vorzugsweise wegen der höheren Liquidität) *corporate spreads* bezogen. Die Volatilität des lokalen Aktienmarkts muss in die Berechnung einbezogen werden (typisiert etwa mit einem Faktor von 1,5). Für den Einbezug in die Kapitalkosten lassen sich drei Methoden unterscheiden:[29] **84**

- *bludgeon approach*: unter der Prämisse einer identischen Belastung aller Unternehmen mit Länderrisiken im gleichen Maß erfolgt die Erfassung durch einfache Addition ($r_{EK} = r_i + MRP \times \beta + CRP$);
- *beta approach*: verhält sich das Länderrisiko proportional zum Marktrisiko, erfolgt eine multiplikative Verknüpfung ($r_{EK} = r_i + (MRP+CRP) \times \beta$);
- *lambda approach*: besteht kein Zusammenhang zwischen Markt- und Länderrisiko, ist eine individuelle Gewichtung geboten ($r_{EK} = r_i + MRP \times \beta MRP + CRP \times \beta CRP$).

3.4.5 Zusammenhang zwischen Vor-Steuer- und Nach-Steuer-Betrachtung

Aus **Kongruenz**gründen kann die Bestimmung eines Barwerts auf zwei Arten erfolgen: Abzinsung von **85**

- Vor-Steuer-*cash-flows* mit Vor-Steuer-Zinssätzen oder von
- Nach-Steuer-*cash-flows* mit Nach-Steuer-Zinssätzen (Rz 49).

Die Anwendung der ersten Methode (Vor-Steuer-Barwertermittlung) bereitet insofern Schwierigkeiten, als am Markt nur **Renditen nach Steuern** beobachtbar sind und somit ein Vor-Steuer-Diskontierungszins noch abzuleiten wäre. Durch eine Berechnung vor Steuern kommt steuerlichen Wertbeiträgen aus Finanzierungsaspekten kein eigener Wert mehr zu. Der Diskontierungszinssatz vor Steuern ist – unter Berücksichtigung des Standard-CAPM – unabhängig von der unterstellten (Ziel-)Kapitalstruktur.

Für den Nutzungswert sieht IAS 36 eine Bestimmung ohne den Einfluss von Steuern vor (Rz 43). Zur Wahrung der Konsistenz des Barwertkalküls ist mit dem **86**

---

[27] Für die Unternehmensbewertung wird eine Anpassung im Zähler des Barwertkalküls favorisiert. Vgl. IDW, Fragen und Antworten: Zur praktischen Anwendung der Grundsätze zur Durchführung von Unternehmensbewertungen nach IDW S 1 i.d.F. 2008, Tz 5.4, FN-IDW 2012, S. 323 ff., und FN-IDW 2013, S. 363 ff.

[28] Vgl. DAMODARAN, *Equity Risk Premiums (ERP): Determinants, Estimation and Implications – The 2012 Edition*, Stern School of Business, New York, Working Paper 2012, zum Download: http://people.stern.nyu.edu/adamodar/pdfiles/papers/ERP2012.pdf, abgerufen am 4.1.2016.

[29] Vgl. KRUSCHWITZ/LÖFFLER/MANDL, WPg 2011, S. 170, die dem Konzept aber durchaus kritisch gegenüberstehen.

Zähler (den *cash flows*) dann auch der Nenner (der Diskontierungszinssatz) als **Vor-Steuer-Größe** zu bestimmen (IAS 36.50(b), IAS 36.55). Im Rahmen der Bestimmung der risikoäquivalenten Kapitalkosten sind daher Vor-Steuer-Renditeforderungen am Kapitalmarkt abzuleiten. Am Markt sind aber i.d.R. nur Renditen nach Unternehmenssteuern beobachtbar. Erforderlich ist somit eine Überleitung der *pre-tax* auf die *post-tax discount rate*. Werden die gewogenen Kapitalkosten als Ausgangspunkt verwendet, ist bei einer Vor-Steuer-Betrachtung nicht nur der berücksichtigte Steuervorteil der Fremdfinanzierung herauszurechnen. Die am Markt beobachtbaren Eigenkapitalkosten (Basiszins und Marktrendite für risikobehaftete Anlagen) sind ebenfalls Nach-Steuer-Größen und daher zu adjustieren. Dies kann geschehen durch eine

- **einfache Division** (Nach-Steuer-Zins / (1 − Steuersatz) = Vor-Steuer-Zins) oder

- **iterative** Betrachtung.

87 Die einfache Division führt nur dann zu annähernd richtigen und damit brauchbaren Ergebnissen, wenn die aus dem Bewertungsobjekt resultierenden steuerlichen **Abschreibungsvorteile** zeitlich gleichmäßig anfallen (lineare Abschreibung im Planungszeitraum). Der Idealfall stellt ein Barwertkalkül mit uniformen Zahlungsströmen (etwa eine „ewige" Rente) dar. Die **iterative Betrachtung** ist hingegen **zwingend**, wenn keine steuerliche Abschreibungsmöglichkeit des Bewertungsobjekts oder umgekehrt sofortige Absetzbarkeit (z.B. originärer immaterieller Vermögenswert) gegeben ist.

> **Praxis-Beispiel**
> Der Diskontierungssatz (WACC) nach Steuern beträgt 10 %. Der Steuersatz ist 40 %.
> Festzustellen ist der *value in use* einer Gruppe von Vermögenswerten, mit einem *cash flow* von 800, 600 und 550 in den drei folgenden Perioden.
> Soweit der Vermögenswert bzw. sein festzustellender Nutzungswert über die drei Jahre steuerlich linear abzuschreiben ist, führen Nach-Steuer-Diskontierung mit 10 % und Vor-Steuer-Diskontierung mit 10 % / (1−0,4) = 16,7 % zum annähernd gleichen Ergebnis.
> Bei sofortiger Absetzbarkeit des festzustellenden Nutzungswerts führt hingegen ein iterativ ermittelter Steuersatz von 13,6 % zum zutreffenden Wert.
> Eine iterative Berechnung ist ebenfalls notwendig, wenn der steuerlich linear absetzbare Betrag und der Nutzungswert deutlich auseinanderliegen.

Zur iterativen Berechnung folgendes Beispiel:

> **Praxis-Beispiel**
> Der Buchwert der CGU beträgt inkl. *goodwill* 600. Dieser Betrag ist steuerlich über drei Jahre Restnutzungsdauer abschreibbar. Investitionen sind während des Detailplanungszeitraums von drei Jahren nicht vorgesehen, danach in einer Höhe von 60 p.a., wobei vereinfachend eine gleich hohe jährliche Abschreibung angenommen wird.
> Der Kapitalisierungssatz wurde aus Marktdaten abgeleitet und setzt sich nach Steuern (d.h. so, wie die Parameter beobachtbar sind) wie folgt zusammen:

Basiszins + Betafaktor × Marktrisikoprämie = 4 % + 1,5 × 4 % = 10 %
Nach-Steuer-Rechnung: i = 10 %

Jahr	1	2	3	ewige Rente
operativer *cash flow* vor Steuern	100	100	100	100
– Steuern darauf 40 %	– 40	– 40	– 40	– 40
– Steuerentlastung aus Abschreibung (40 % von 200 bzw. 60)	80	80	80	24
investiver *cash flow*				– 60
= *cash flow* nach Steuern	140	140	140	24
Barwert ewige Rente für 10 %				240
× Diskontierungsfaktor für 10 %	0,9091	0,8264	0,7513	0,6830
= diskontierter *cash flow*	127	116	105	164
value in use (Summe diskontierter *cash flows* nach Steuern)	512			

Vor-Steuer-Rechnung bei grossing-up**: i = 10 % (1–40 %) = 16,67 %**

Jahr	1	2	3	ewige Rente
cash flow vor Steuern	100	100	100	40
Barwert ewige Rente für 16,67 %				240
× Diskontierungsfaktor (für 16,67 %)	0,8571	0,7347	0,6297	0,5397
= diskontierter *cash flow*	86	73	63	240
value in use (Summe diskontierter *cash flows*) bei *grossing-up*	463			

Vor-Steuer-Rechnung mit iterativ ermitteltem i = 14,25 %

Jahr	1	2	3	ewige Rente
cash flow vor Steuern	100	100	100	40
Barwert ewige Rente für 14,25 %				281
× Diskontierungsfaktor (für 14,25 %)	0,8753	0,7661	0,6706	0,5869
= diskontierter *cash flow*	85	73	62	281
value in use (Summe diskontierter *cash flows*) für iterativen Zins	512			

88   Wird – den Vorgaben von IAS 36 folgend – auf einen aus Kapitalmarktdaten
      abgeleiteten Diskontierungszinssatz abgestellt, drückt dieser die Rendite einer
      Alternativanlage nach (Unternehmens-)Steuern aus. Aus **Konsistenz**gründen
      ist im Rahmen der Barwertermittlung bei Rückgriff auf einen Nach-Steuer-Zins-
      satz auch von Nach-Steuer-Zahlungsströmen (Nettorechnung) auszugehen. Der
      Barwert eines Bewertungsobjekts kann aber auch in einer Bruttorechnung (vor
      Abzug von Steuern) bestimmt werden. Beide Verfahren führen – zumindest in
      der Theorie – zum gleichen Ergebnis, wenn die Verfügbarkeitsäquivalenz im
      Zahlungsstrom und Zinssatz gleichermaßen berücksichtigt wird. Für die (rech-
      nerische) Bestimmung des Nutzungswerts kann daher – unter Berücksichtigung
      der Restriktionen hinsichtlich des Zahlungsstroms (Rz 52 ff.) – auch auf eine
      Nettorechnung abgestellt werden, für die Offenlegung des Diskontierungszins-
      satzes im Anhang wäre allerdings eine Umrechnung in eine Bruttogröße geboten.

3.5   Festlegung des Planungshorizonts

3.5.1   Bestimmung des „führenden" Vermögenswerts

89   Wegen der mit dem Zeithorizont abnehmenden Prognosesicherheit ist bei der
      cash-flow-Planung ein Phasenmodell anzuwenden. Für die DCF-Ermittlung des
      Nutzungswerts ist dieses sogar explizit vorgeschrieben und in verschiedenen
      Einzelheiten normiert. Zu unterscheiden ist danach zwischen dem (Rz 52)
      • Detailplanungszeitraum für maximal **fünf Jahre**, es sei denn, eine längere
        Periode ist gerechtfertigt (IAS 36.33(b));
      • Anschluss einer **Rente** (mit oder ohne Wachstum) für die Restdauer der
        Nutzung.
      Der Gesamtnutzungszeitraum ist bei einer zahlungsmittelgenerierenden Einheit
      durch die Lebensdauer des **führenden** (*leading*) Vermögenswerts zu bestimmen.
      Bei unbestimmter Lebensdauer eines Vermögenswerts (Marken oder *goodwill*) ist
      nicht zwangsläufig auch der Gesamtplanungszeitraum unbegrenzt, da die Nut-
      zungsdauer nicht **unbegrenzt** (*infinite*), sondern lediglich **unbestimmt** (*inde-
      finite*) ist (IAS 38.91; → § 13 Rz 93). Innerhalb einer zahlungsmittelgenerierenden
      Einheit mit *goodwill* oder einem immateriellen Vermögenswert mit unbestimmter
      Nutzungsdauer kann daher ein anderer, einer planmäßigen Wertminderung un-
      terliegender Vermögenswert als *leading asset* zu identifizieren sein. Nur in Aus-
      nahmefällen – der Identifizierung eines Vermögenswerts mit unendlicher Nut-
      zungsdauer – schließt sich daher an die Detailplanung eine ewige Rente (mit oder
      ohne Wachstum) an (Rz 53). Dementsprechend verweisen die Vorgaben zum
      impairment-Test nicht auf das *leading asset*, sondern unterstellen implizit die
      Bestimmung des Planungshorizonts durch den längstlebenden Vermögenswert
      (IAS 36.49). Die Identifizierung des führenden Vermögenswerts ist nicht auf
      bilanziell erfasste Werte begrenzt, auch – wegen eines konkreten Bilanzierungs-
      verbots (etwa für immaterielle Vermögenswerte, → § 13 Rz 31) – nicht aktivierte
      Vermögenswerte können als führender Vermögenswert definiert werden.

90   Der angesetzte Gesamtnutzungszeitraum entscheidet auch darüber, welche In-
      vestitionen als Ersatzbeschaffungen in der operativ angelegten *cash-flow*-Pla-
      nung berücksichtigt werden dürfen.

Praxis-Beispiel[30]
Sachverhalt
Eine Stahl produzierende CGU besteht aus

- einem Gebäude – Restnutzungsdauer 35 Jahre
- einem Hochofen – Restnutzungsdauer 20 Jahre
- diversen Maschinen – Restnutzungsdauer 10 Jahre

Zwei **Lösungen** scheinen vertretbar:

	BW	RND	Nutzungsdauer CGU	
			Alt. 1: RND *„leading asset"* = RND Hochofen = 20 J.	Alt. 2: RND = 35 J. = RND Gebäude
Gebäude	10	40	Veräußerung nach 20 J.	
Hochofen	80	20		Ersatz in 20 J., Veräußerung 15 J. später
Maschinen	50	10	Ersatz nach 10 J.	Ersatz in 10 J., 20 J. und 30 J., Veräußerung 5 J. später

In der ersten Lösung beträgt die Gesamtplanung 20 Jahre. Da das Gebäude dann noch nicht verbraucht ist, muss in der *cash-flow*-Planung eine Einnahme aus der Veräußerung des Gebäudes fingiert werden. Die Maschinen sind andererseits schon nach 10 Jahren zu ersetzen. Die Ausgaben dafür haben aus Sicht der CGU nicht investiven, sondern operativen Charakter. Sie dienen der Erhaltung des Betriebs der CGU und sind daher zu berücksichtigen.
In der zweiten Lösung muss die Neuanschaffung eines Hochofens nach 20 Jahren sowie dessen Veräußerung nach weiteren 15 Jahren fingiert werden.

Je nach Definition der **Planungsdauer** sind unterschiedliche und unterschiedlich viele **Ersatzintervalle** zu berücksichtigen, entsprechende Auszahlungen für den „Ersatz" von Vermögenswerten am Ende der wirtschaftlichen Nutzungsdauer als Erhaltungsaufwand zu erfassen (Rz 54). Bei eher kurzen Intervallen stellen sich dann sehr schwierige Fragen nach den Veräußerungswerten der länger nutzbaren Vermögenswerte. Bei sehr langen Intervallen muss andererseits ein häufiger Ersatz der kurzlebigeren Vermögenswerte geplant werden. In beiden Fällen treten also spezifische Schätzprobleme auf. Es muss mit **Fiktionen** gearbeitet werden.
Am **Ende** der Detailprognosephase ist ein **Residualwert** des Bewertungsobjekts anzusetzen, regelmäßig nicht als Ausstiegs- bzw. Liquidationswert (IAS 36.52), sondern unter der Annahme der **Fortführung** *(going concern)*. Die Kalkulation beruht – unter Voraussetzung eines „eingeschwungenen Zustands" *(steady state)* – auf dem Zahlungsstrom der **letzten Detailplanungsphase** und einer **Wachstumsrate**.[31] Der Rückgriff auf einen durchschnittlichen Zahlungsstrom, der über die

91

---

30 Nach DYCKERHOFF/LÜDENBACH/SCHULZ, in: Festschrift für KLAUS POHLE, 2003.
31 Vgl. FREIBERG/LÜDENBACH, KoR 2005, S. 479ff.

Detailplanungsphase bestimmt wurde, scheidet aus. Für Unternehmen in der *start-up*-**Phase** sind realistische Annahmen hinsichtlich des künftigen Ertragspotenzials zu unterstellen oder das besondere Risiko (i. S. d. Variabilität) im Diskontierungszins zu berücksichtigen.[32]

3.5.2   Keine Restriktionen für den Nettoveräußerungswert

92   Mangels bestehender Restriktionen kann für die (rechnerische) Bestimmung des Nettoveräußerungswerts eine unendliche (Nutzungs-)Dauer des Bewertungsobjekts unterstellt werden. In dem Barwertkalkül sind allerdings entsprechende Annahmen für (Erhaltungs-)Investitionen aus der Sicht (hypothetischer) Marktteilnehmer zu treffen. Die Prämisse einer unendlichen Nutzungsdauer steht somit wie alle Inputfaktoren der Bestimmung des Nettoveräußerungswerts unter dem Vorbehalt der Marktbasierung (Rz 37).

4   Wertminderung des einzelnen Vermögenswerts

4.1   Keine Einzelbewertung bei Verbundeffekten

93   Hinsichtlich der nach IAS 36 vorrangig heranzuziehenden Einzelbewertung nicht finanzieller Vermögenswerte ist zwischen dem **betriebsnotwendigen** (operativ eingesetzten) und dem **nicht betriebsnotwendigen Vermögen** zu unterscheiden.

- **Nicht betriebsnotwendiges Vermögen** kann in absehbarer Zeit veräußert und wieder ersetzt werden. Eine Bewertung zielt daher i. d. R. auf das Erfolgspotenzial aus einer marktmäßigen Verwertung ab, da weder direkt noch indirekt ein Bezug zur operativen (Gesamt-)Tätigkeit des Unternehmens besteht. Abweichungen zwischen dem unternehmensspezifischen Nutzungswert und dem Nettoveräußerungswert bestehen nicht oder nur in geringem Maß.
- **Operative Produktionspotenziale** (das betriebsnotwendige Vermögen) steuern durch den Einsatz im Leistungsverbund einen Beitrag zum (Gesamt-)Unternehmenswert bei. Für die Einzelbewertung nicht finanzieller Vermögenswerte gelten daher Restriktionen, wenn aus der Kombination des zu bewertenden Vermögenswerts mit anderen Produktionsfaktoren Erfolgs- oder Risikoverbundeffekte resultieren.

Aufgrund der bestehenden Interdependenzen zwischen dem Rendite-Risiko-Profil einzelner (nicht finanzieller) Vermögenswerte und der betrieblichen Geschäftstätigkeit unterliegt die Barwertbestimmung des betriebsnotwendigen Vermögens besonderen Restriktionen. Durch die Kombination mehrerer Vermögenswerte im Rahmen der betrieblichen Geschäftstätigkeit ergeben sich regelmäßig (unechte) Synergien als **Erfolgs-** und **Risikoverbundeffekte**, die eine Partialisierung (i. S. e. Einzelbewertung) erschweren. Anders als unternehmensspezifische (echte) Synergien, die nur in die Bestimmung des Nutzungswerts Eingang finden (Rz 60), sind Erfolgs- und Risikoverbundeffekte einzelner Vermögenswerte in einem objektivierten Wert und damit sowohl im Nutzungs- als auch Nettoveräußerungswert zu berücksichtigen. Eine Einzelbewertung ohne Berücksichtigung bestehender Verbundeffekte führt zu einem Missverhältnis zwischen dem Gesamtwert des Unternehmens und der Summe der Werte der einzelnen Vermögenswerte (*sum-of-the-parts*-Problem).

---

[32] AICPA, *Practice Aid*, Tz 5.3.88.

Dem bestehenden Interdependenzproblem tragen die Vorgaben von IAS 36 Rechnung, indem die Ebene des *impairment*-Tests von dem einzelnen Vermögenswert auf die zahlungsmittelgenerierende Einheit (Rz 101 ff.) verlagert wird (Rz 8). Der Rückgriff auf eine **Marginalbewertung** eines einzelnen Vermögenswerts durch Separierung eines spezifischen Zahlungsstroms scheidet – anders als bei der Zugangsbewertung, etwa im Rahmen einer *business combination* (→ § 31 Rz 103) – für die Bestimmung eines evtl. *impairment* aus (IAS 36.67).[33]

94

Auf Ebene des einzelnen Vermögenswerts ist daher folgende Differenzierung geboten:

- Die Notwendigkeit einer außerplanmäßigen Abschreibung wird widerlegt, wenn ein beobachtbarer Marktpreis den Buchwert des Vermögenswerts übersteigt.
- Wird für die Bestimmung des erzielbaren Betrags auf ein Barwertkalkül zurückgegriffen, verlagert sich der Werthaltigkeitstest von dem einzelnen Vermögenswert auf eine größere zahlungsmittelgenerierende Einheit, wenn das Bewertungsobjekt nicht unabhängig von anderen Einsatzfaktoren einen Zahlungsstrom erzielt.

Die folgenden Methoden zur (Einzel-)Bewertung eines Vermögenswerts sind daher – unabhängig von der Verwendung im Rahmen einer Erstkonsolidierung (→ § 31 Rz 103 f.) – für den *impairment*-Test **nicht einschlägig:**

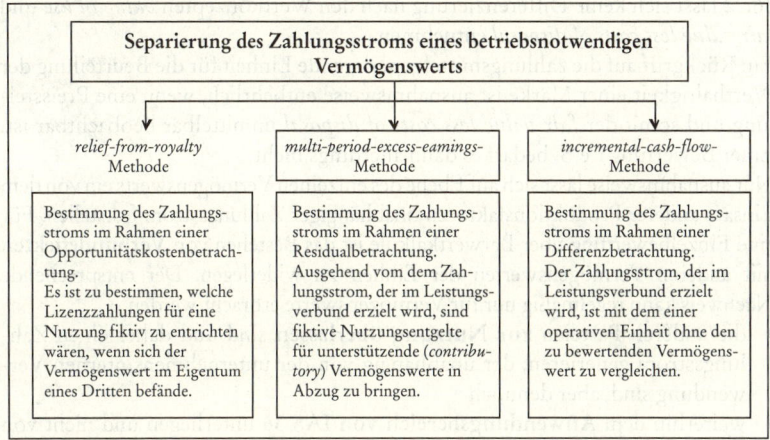

Abb. 3: Separierung des Zahlungsstroms eines betriebsnotwendigen Vermögenswerts

Eine Übernahme der Bewertungsverfahren kann auch nicht über das Stetigkeitsgebot gerechtfertigt werden. Anders als in IFRS 3 kennt IAS 36 keine strenge Einzelerwerbsfiktion. Das Stetigkeitsgebot kann nur in den Fällen Bedeutung entfalten, in denen Bewertungsanlass und Bewertungsobjekt identisch sind. Insbesondere für immaterielle Vermögenswerte, die nur im Verbund mit anderen Einsatzfaktoren genutzt werden (nicht lizenzierte Marken, angesetzte Kundenbeziehungen, Technologie etc.), scheidet eine ausschließliche Einzelbewertung unter Rückgriff auf (artifizielle) Bewertungsverfahren aus.

---

[33] A. A. ERB/EYCK/JONAS, Beck'sches IFRS-Handbuch, 5. Aufl., 2016, § 27, Tz. 48 ff.; THEILE/PAWELZIK, PiR 2012, S. 210 ff.

95 Voraussetzung für die Bestimmung des erzielbaren Betrags auf Ebene des einzelnen Vermögenswerts ist die Möglichkeit zur Erzielung von Zahlungsmittelzuflüssen aus der Verwertung unabhängig von dem Einsatz anderer Vermögenswerte. Abzustellen ist auf **externe Zahlungen** (*cash inflows ... received from parties external to the entity*), die unabhängig von der unternehmensinternen Verwendung erzielt werden (IAS 36.69). Hinreichender Beleg für die Zulässigkeit einer Einzelbewertung ist das Bestehen eines **aktiven Markts** für den erzielbaren Output des Bewertungsobjekts (IFRS 13.A). Für die meisten Vermögenswerte scheidet die Zulässigkeit einer Bestimmung des erzielbaren Betrags im Rahmen einer Einzelbewertung über ein Barwertkalkül aus.[34]

96 Insbesondere für **Marken mit unbestimmbarer Nutzungsdauer**, die im Funktionszusammenhang mit anderen Vermögenswerten stehen, sind daher ausschließlich auf Ebene der (spezifischen) zahlungsmittelgenerierenden Einheit zu testen und einer Einzelbewertung nicht zugänglich.[35] Soweit im Schrifttum behauptet wird, dies sei eine Mindermeinung, ist dies unzutreffend.[36] Für Zwecke des *impairment*-Tests nach IAS 36 ist der erzielbare Betrag (*recoverable amount*) dem Buchwert des Bilanzierungs-/Bewertungsobjekts gegenüberzustellen. Sowohl in grammatischer („*Recoverable amount is...*") aber auch systematischer Auslegung (Überschrift: *Measuring recoverable amount*) der Vorgaben in IAS 36.22 lässt sich keine Differenzierung nach den Wertkonzepten *value in use* und *fair value less costs of disposal* entnehmen.

Ein Rückgriff auf die zahlungsmittelgenerierende Einheit für die Beurteilung der Werthaltigkeit einer Marke ist ausnahmsweise entbehrlich, wenn eine Preisstellung und somit der *fair value less costs of disposal* unmittelbar beobachtbar ist. Einer Bewertung i.e.S. bedarf es dann allerdings nicht.

97 Nur ausnahmsweise lässt sich auf Ebene des einzelnen Vermögenswerts ein von dem Einsatz anderer Produktionsfaktoren unabhängiger Zahlungsstrom feststellen. Für eine Einzelbewertung über Barwertkalküle ist das Bestehen von **Verbundeffekten** mit anderen Vermögenswerten der Einheit zu widerlegen. Der entsprechende Nachweis kann regelmäßig nur für Vermögenswerte erbracht werden,

- die anderen Parteien **zur Nutzung überlassen** sind und daher einen Zahlungsstrom generieren, der unabhängig von der unternehmensinternen Verwendung sind, aber dennoch
- weiterhin dem **Anwendungsbereich von IAS 36** unterliegen und nicht von einem *scope out* betroffen sind (Rz 3).

Regelmäßig qualifizieren sich als Finanzinvestitionen gehaltene Immobilien, die nach dem *cost model* bewertet werden (→ § 16 Rz 40 ff.), für eine Einzelbewertung nach IAS 36. Auch für im Rahmen der *equity*-Methode bilanzierte Beteiligungen kann – das Bestehen besonderer Verbundeffekte ausgeklammert (→ § 33 Rz 103 ff.) – ein unabhängiger Zahlungsstrom aus den anteilig dem Investor zustehenden Ausschüttungen bestimmt werden.

---

[34] Gl. A. KPMG, Insights into IFRS 2016/17, Tz 3.10.50.20.

[35] So auch PwC, IFRS Manual of Accounting 2016, Tz 18.123.1: „*Brands ... should not be tested alone.*"; KPMG, Insights into IFRS 2016/17, Tz 3.10.125.160: „*the brand should not be tested as a stand-alone asset*"; ähnlich ERNST & YOUNG, International GAAP 2017, Ch. 20 sCh. 5.5.

[36] So etwa ZÜLCH/STORK GENANNT WERSBORG, KoR 2012, S. 500 ff.

4.2 Änderung der planmäßigen Abschreibung als Folge einer Wertminderungsindikation

Die fehlende Möglichkeit einer Einzelbewertung schließt eine Wertberichtigung eines nur im Verbund mit anderen Einsatzfaktoren nutzbaren (einzelnen) Vermögenswerts nicht aus. Generiert ein Vermögenswert keine unabhängigen Zahlungsströme, verlagert sich die Ebene des *impairment*-Tests von der Ebene des einzelnen Vermögenswerts auf die einer zahlungsmittelgenerierenden Einheit. Bei Bestehen eines „Saldierungskissens" (Rz 153) scheidet eine außerplanmäßige Abschreibung aus. Das Vorliegen einer Wertminderungsindikation (Rz 19) verpflichtet aber unabhängig von der Erfassung eines evtl. *impairment* auf eine Neueinschätzung der **Angemessenheit** der bislang unterstellten Annahmen der planmäßigen **Folgebewertung** für jeden Vermögenswert einer zahlungsmittelgenerierenden Einheit (Rz 28).

98

Die Revision von Schätzungen betreffend die Folgebewertung von Vermögenswerten ist i. d. R. **erfolgswirksam** in der Periode selbst und in den noch erwarteten Folgeperioden vorzunehmen (IAS 8.36) und bleibt nur ausnahmsweise erfolgsneutral (→ § 24 Rz 52). Geänderte Annahmen zur Folgebewertung sind **rückwirkend** auf den Anfang der Periode zurückzubeziehen (IAS 8.38). Eine notwendige höhere Abschreibung wegen einer Neueinschätzung der Annahmen zur Folgebewertung wird also bereits in der laufenden Periode erfolgs- und bilanzwirksam. Eine rückwirkende Anpassung scheidet allerdings aus, wenn die Umstände für die Neueinschätzung (der Wertminderungsindikator) erst nach dem Bilanzstichtag auftreten, somit kein werthellender, sondern ein wertbegründender Indikator vorliegt.

99

> **Praxis-Beispiel**
> MU hat am Anfang der (Vergleichs-)Periode das *business* der TU erworben. Für die bestehenden Dauervertrags- und Abonnementkunden, deren Verträge kurzfristig kündbar sind, wurde unter Abstellen auf eine empirisch beobachtbare *churn rate* ein Wert von 22,7 GE bestimmt (→ § 31 Rz 242). Der Bewertungshorizont wurde mit fünf Jahren festgelegt und auch als Grundlage für die Folgebewertung als Zeitraum der planmäßigen Abschreibung herangezogen.
> Für Zwecke der Folgebewertung stellt TU eine eigene CGU dar, der die Kundenbeziehung zugeordnet wird. Während der (Berichts-)Periode führt ein Wettbewerber eine neue Technologie ein. Die bisherigen Kunden der TU wandern daraufhin in erheblichem Umfang ab. Ein *impairment*-Test für die CGU TU rechtfertigt keine Abschreibung. Eine Neueinschätzung der Nutzungsdauer des Kundenstamms rechtfertigt aber eine Verkürzung von ursprünglich fünf auf zwei Jahre. Der immaterielle Vermögenswert ist daher in der aktuellen Periode abzuschreiben, allerdings nicht als Folge eines *impairment*, sondern als Folge einer Neueinschätzung der Nutzungsdauer gem. IAS 38.104.

Eine Wertberichtigung aufgrund einer **Neueinschätzung** der zugrunde gelegten Annahmen der (Folge-)Bewertung ist nicht als *impairment* zu erfassen und auszuweisen. Geboten ist eine Behandlung gem. IAS 8.39 als Revision einer Schätzung (*change in accounting estimates*). Einschlägig sind daher auch die geforderten Offenlegungspflichten des IAS 8 (→ § 24 Rz 60; → § 24 Rz 62).

100

5   Zahlungsmittelgenerierende Einheit (*cash generating unit*, CGU)

5.1   Festlegung einer Untergrenze

101   „An sich" ist der Wertminderungstest primär auf den einzelnen Vermögenswert (Rz 8 und Rz 18) auszurichten (IAS 36.66). **Ein** im Unternehmen genutzter Vermögenswert kann allerdings i.d.R. Zahlungsströme nur im **Verbund** mit anderen entsprechenden Vermögenswerten generieren (Ausnahmen: der einzelne Lkw der Spedition oder das Taxi; IAS 36.22). Um dann gleichwohl ein Ertragswertkonzept – also die Vorgehensweise mithilfe der Ermittlung künftiger Zahlungsströme – aufrechtzuerhalten, ist der aus HGB-Sicht geläufige **Einzelbewertungsgrundsatz** zu verlassen (Rz 110). Sofern der erzielbare Betrag *(recoverable amount)* für den betreffenden Vermögenswert nicht individuell ermittelt werden kann (Rz 93 ff.), ist hilfsweise der erzielbare Wert einer *cash generating unit* zu bestimmen, und zwar derjenigen, zu welcher der betreffende Vermögenswert gehört *(the asset's cash generating unit)*. Der Werthaltigkeitstest (Rz 6) **verlagert** sich dann mit unveränderten Begrifflichkeiten (IAS 36.7) vom einzelnen Vermögenswert auf die CGU (IAS 36.74).
Der mögliche Abschreibungsaufwand kann also nach der Gesamtkonzeption von IAS 36 (zur Kritik vgl. Rz 171) entfallen auf (Rz 8):
- **einzelne** Vermögenswerte (Rz 13–Rz 44),
- eine zahlungsmittelgenerierende Einheit (*cash generating unit*, CGU) **ohne** zugeordneten *goodwill* (Rz 101–Rz 45),
- eine **CGU mit** zugeordnetem *goodwill* (Rz 141–Rz 57),
- **Gruppen** von CGUs mit zugeordnetem *goodwill* (Rz 158).

„*Goodwill*" kann dabei auch in der **Mehrzahl** verstanden werden (→ § 31 Rz 142).
102   Die *cash generating unit* (CGU) ist nach IAS 36.6 die **kleinste** identifizierbare Gruppe von Vermögenswerten, welche durch die fortgeführte Nutzung **Liquiditätszuflüsse** erzeugt, die ihrerseits weitgehend *(largely)* unabhängig von den Geldzuflüssen anderer Vermögenswerte sind (Rz 147). Bei der Aufteilung eines Unternehmens ist die zahlungsmittelgenerierende als kleinste Einheit mit unabhängigen Zahlungsströmen abzugrenzen (IAS 36.68). Die Vorgaben von IAS 36 verpflichten – anders als für die Zuordnung von *goodwill* zu CGUs (Rz 145 ff.) – auf einen *bottom-up approach* für die Abgrenzung. Entscheidend ist nicht die Steuerung oder Überwachung durch das Management, sondern die Möglichkeit einer Gruppe von Vermögenswerten zur Erzielung von unabhängigen Zahlungsmittelzuflüssen. Dazu liefern die *Illustrative Examples* (IE) **Beispiele.**

Praxis-Beispiel 1
Ein **Bergwerksunternehmen** unterhält eine eigene Eisenbahnlinie zur Unterstützung der Abbautätigkeit. Die Eisenbahn könnte nur zu einem Schrottwert verkauft werden. Zahlungsmittelüberschüsse lassen sich der Eisenbahnlinie nicht getrennt von den Einnahmen aus dem Bergwerk zuordnen.
In diesem Fall kann der erzielbare Wert *(recoverable amount)* der Eisenbahnlinie nicht ermittelt werden, deshalb ist dieser Wert der *cash generating unit* zuzuordnen, zu der die Eisenbahnlinie gehört, und das ist das **gesamte** Bergwerksunternehmen.

Praxis-Beispiel 2
Eine **Omnibus-Gesellschaft** bedient fünf Linien für eine Gemeinde. Die Vermögenswerte und die Geldflüsse können jeder dieser Routen separat zugeordnet werden. Eine der Routen operiert unter einem nennenswerten Verlust. Das Unternehmen hat keine Option, die fragliche Buslinie aufzugeben. Deshalb generieren die fünf Linien nur **insgesamt** die Zahlungsmittelüberschüsse. Deshalb ist als *cash generating unit* die **Busgesellschaft** insgesamt anzunehmen.

Praxis-Beispiel 3
Eine **Lebensmittelhandelskette** besitzt mehrere Filialen, die zum Teil in denselben Städten angesiedelt sind. Preispolitik, Marketing, Werbung und Personal werden zentral entschieden. Trotz des gemeinsamen Managements stellt jede Filiale eine eigene CGU dar, da die Filialen typischerweise eine unterschiedliche Kundenbasis haben und somit jede Filiale unabhängig Zahlungsmittelzuflüsse (*cash inflows*) generiert. Daran bestanden indes Zweifel. Der RIC präsentierte in seiner Anfrage an den IFRS IC (IFRIC *submission*) unterschiedliche Praktiken. Danach würden die Läden einer Einzelhandelsfilialkette insgesamt als CGU betrachtet, weil sie u.a. durch Preisfestsetzung, Kundenbindungsprogramme u.Ä. als einheitliches Gebilde dem Kunden gegenüber auftreten. Im Rahmen einer Nicht-Interpretation hat sich das IFRS IC bzgl. der *cash outflows* geäußert: Gemeinsame Ausgaben der Filialen für logistische Infrastruktur, Marketing u.Ä. sind zur Bestimmung der CGU unbeachtlich; nach IAS 36.68 kommt es nur auf die *cash inflows* an. Bzgl. der *cash inflows* besteht eine notwendige „Unabhängigkeit" von anderen Einheiten, wenn die Mehrheit der Zuflüsse auf der eigenen Kundenbasis beruht.

Praxis-Beispiel 4
Ein **Einproduktunternehmen** besteht aus einem Komponentenwerk und zwei Endproduktionswerken. Das Komponentenwerk liefert ausschließlich Teile an die beiden Produktionswerke. Die Produktionsmengen in den beiden Werken werden durch die Zentrale abhängig von der kurzfristigen Nachfrage vor Ort und der Lieferbereitschaft der beiden Werke festgelegt. Da die künftigen Einzahlungen der beiden Werke damit stark zusammenhängen, sind sie jedenfalls in einer CGU zusammenzufassen. Wenn es für die Teile, die das Komponentenwerk erzeugt, einen aktiven Markt gibt (Rz 105), ist das Werk eine selbstständige CGU, ansonsten bilden alle drei Werke eine einzige CGU.

Praxis-Beispiel 5
Ein Zeitungsverlag besitzt 150 Magazin-Titel, davon 70 gekauft und als immaterieller Vermögenswert (→ § 13) bilanziert. Die *cash inflows* vom Verkauf der Titel und der Werbung können jedem Titel direkt zugeordnet werden. Die Titel werden nach Kundensegmenten gemanagt. Dabei lässt sich der erzielbare Wert für jeden Titel ermitteln. Trotz der gegenseitigen Beeinflussung der Titel aufgrund der Werbeeinnahmen sind die *cash inflows* aus den direkten Verkäufen und den Werbeeinnahmen für jeden Titel individuell bestimmbar. Die einzelnen Magazine werden im Übrigen auch jedes für sich eingestellt. Jeder Magazin-Titel stellt „wahrscheinlich" eine CGU dar.

Dabei ist keineswegs im Verlagswesen jeder Zeitschriftentitel zwingend als CGU anzusehen; es geht immer um die Identifizierung von weitgehend unabhängigen Zahlungsmittelzuflüssen.

> **Praxis-Beispiel**
> Ein Verlag publiziert im Bereich einer Großstadt zehn Zeitungen zur Verteilung in Vorstädten, die in vier Regionen eingeteilt sind. Jede dieser Zeitschriften hat einen eigenen Titel und wird nicht außerhalb dieses Gebiets vertrieben. Der Vertrieb erfolgt kostenfrei an die örtlichen Bewohner, d.h., die gesamten Umsatzerlöse rekrutieren sich aus Werbeeinnahmen.
> Zur Bestimmung einer CGU ist deshalb eine Analyse der Zahlungsflüsse aus den Werbeeinnahmen erforderlich:
> * Ca. 90 % der Verkäufe stammen aus „gebündelten" Werbungen, die in allen in dem betreffenden Stadtgebiet erscheinenden (also auch von anderen Verlagen vertriebenen) Zeitschriften geschaltet werden.
> * Ca. 6 % der Umsätze kommen von „gebündelten" Werbungen in sämtlichen der genannten Zeitungen.
> * Ca. 4 % der Werbeeinnahmen werden nur in einer Zeitschrift geschaltet.
> Da ca. 90 % der gesamten Werbeeinnahmen „gebündelt", d.h. unabhängig vom jeweiligen Titel, resultieren, stellen alle zehn Titel im Beispiel zusammen „wahrscheinlich" eine CGU dar.

5.2 Anforderungen an die CGU-Abgrenzung

103 Eine *cash generating unit* kann nach der **beispielhaften** Aufzählung in IAS 36.130(d) (Rz 52) definiert sein als
* Produktlinie,
* Produktionsanlage,
* Geschäftsbereich,
* geografisches Gebiet,
* operatives Segment gem. IFRS 8 (→ § 36 Rz 14 ff.).

Für Zwecke des *goodwill-impairment*-Tests darf die CGU, der *goodwill* zugeordnet wird, nicht größer als ein **Segment** sein (IAS 36.80(b); Rz 147). Anders als bei der Abgrenzung der CGU, die *bottom-up* erfolgt, gilt für die Zuordnung von *goodwill* ein *top-down approach*. Die vom Segment ausgehende Definition der CGU kann auch „gemischt" erfolgen, also einerseits als mit dem Segment identifiziert, andererseits auch auf einer Untergliederung eines operativen Segments beruhen.

> **Praxis-Beispiel**
> Die Unternehmensgruppe U unterscheidet in einem Produkt-Segment einzelne CGUs in geografischer Untergliederung nach Regionen, etwa Deutschland, Niederlande und Belgien. In weiterer Untergliederung wurde innerhalb dieser regionalen Strukturierung nach einzelnen Produktionsstandorten (Werk 1 bis x) differenziert. Für die Bestimmung der kleinsten zahlungsmittelgenerierenden Einheit werden die Werke einer Region zusammengefasst, weil die *cash inflows* nicht als unabhängig angesehen werden. Gerechtfertigt wird diese Einschätzung mit der Interdependenz der einzelnen Fertigungsschritte. Das vertriebene Produkt wird nicht in einem Werk er-

stellt, sondern ist das Ergebnis des Zusammenwirkens unterschiedlicher Produktionsstandorte. Weitere Gründe sind das Vorliegen einer einheitlichen Gebührenabrechnung, technische Annäherung, die Nutzung einer einheitlichen Infrastruktur sowie das gemeinsame Management.

Die Abgrenzung der zahlungsmittelgenerierenden Einheit ist – trotz der konzeptionellen Verpflichtung auf einen **bottom-up approach** – ermessensbehaftet. Die Bestimmung umfasst insbesondere zwei Stufen:

- Auf welcher Aggregationsebene von einzelnen gruppierten Vermögenswerten kann ein Zahlungsstrom identifiziert werden und
- ist der identifizierte Zahlungsstrom weitestgehend (*largely*) unabhängig von dem Einsatz weiterer Produktionsfaktoren?

Im Zweifelsfall besteht daher die Tendenz zur **Zusammenfassung** von Vermögenswerten zu eher größeren als kleineren CGUs. Zur Vermeidung einer allzu weiten Aggregation (etwa auf Ebene des Gesamtunternehmens) werden die abstrakten Begriffsmerkmale in IAS 36.70 weiterentwickelt und der Ermessensspielraum eingeschränkt.

104

Sofern ein „**aktiver Markt**" – definiert nach IFRS 13.A[37] – für Produktions-Output des Vermögenswerts oder der Gruppe von Vermögenswerten besteht, ist diese Gruppe als *cash generating unit* anzusehen, und zwar auch dann, wenn die Produktion tatsächlich ausschließlich **intern** verwandt, also weiterverarbeitet wird. Das ist dann der Fall, wenn – ausnahmsweise – ein Kaufangebot eines Dritten für einen bestimmten Vermögenswert oder eine Gruppe von Vermögenswerten vorliegt (IAS 36.71). Die Bewertung einer solchen CGU im vertikal integrierten Konzern hat nur dann auf der Basis der internen Verrechnungspreise zu erfolgen, wenn diese **fremdüblich** sind. Ist dies nicht der Fall, muss das Management eine bestmögliche Schätzung der *arm's length* erzielbaren Preise vornehmen und den erzielbaren Betrag auf dieser Grundlage ermitteln.

105

Praxis-Beispiel

Die Brems AG stellt Bremssysteme für Pkws und Lkws her. Sie hat sich insbesondere auf sog. gemischte Systeme für den Lkw-Bereich spezialisiert, bei denen die Radbremse mit Bremsflüssigkeit unter Zuhilfenahme von Druckluft zugespannt wird. Die für das System notwendigen Bremsschläuche werden im Unternehmen selbst hergestellt. Dazu dienen fünf identische Maschinen. Die Bremsschläuche werden fast ausnahmslos zur Herstellung eigener Bremssysteme genutzt, stehen aber auch zum Verkauf an weitere Unternehmen zur Verfügung. Aus diesem Veräußerungspotenzial können mögliche *cash flows* abgeleitet werden.

Da ein „aktiver Markt" für die Produktion der Gruppe „Bremsschläuche" besteht, ist dieser Bereich als CGU anzusehen, auch wenn die Produkte ausschließlich intern weiterverarbeitet werden (IAS 36.71).

---

[37] Aus der abweichenden Definition des aktiven Markts, nunmehr nach IFRS 13.A, ergeben sich keine Änderungen für die Abgrenzung von zahlungsmittelgenerierenden Einheiten; IFRS 13.BC169.

106   Die **Abgrenzung** einer *cash generating unit* ist im **Zeitverlauf** beizubehalten, außer bei einer gerechtfertigten Änderung (IAS 36.72). Abweichungen von der bisherigen Abgrenzung sind erläuterungspflichtig. Die nach IAS 36.80(b) vorgesehene größenmäßige Begrenzung einer zahlungsmittelgenerierenden Einheit auf ein operatives Segment nach IFRS 8.5 ist u.E. auch für CGUs beachtlich, denen kein *goodwill* zugeordnet wurde.

107   Die Identifizierung einer CGU bereitet v. a. Probleme bei
- **vertikaler** Integration eines Unternehmens über aufeinander folgende Produktionsstufen sowie
- **horizontaler** Integration über Technologie- oder Absatzverbund verschiedener Endleistungen.[38]

Praxis-Beispiel

Ein Unternehmen produziert wesentliche Bauteile zur Gewinnung regenerativer Energien, und zwar zum einen Turbinen für Windkraftanlagen, zum anderen für die Photovoltaik benötigte Solarmodule und Wechselrichter. Wechselrichter werden für den Anschluss der Solarmodule ans Netz benötigt. Solarmodule entstehen durch Laminierung und Rahmung von Solarzellen. Disaggregiert man das Unternehmen in Schritten, so lassen sich folgende Unterscheidungen treffen:

- Photovoltaische Produktion und Windkraftturbinenproduktion stehen ohne Produktionsbezug (unterschiedliche Technologien) und ohne Absatzverbund nebeneinander. Sie sind die zwei Hauptbereiche eines insofern agglomerierten Unternehmens.
- Solarmodule und Wechselrichter sind komplementäre Produkte, bei denen ein Absatzverbund wahrscheinlich ist. Sie stellen die zwei Teilbereiche des insoweit horizontal integrierten Bereichs Photovoltaik dar.
- Zellfabrikation und Modulfabrikation führen in dieser Reihenfolge zum Produkt „Solarmodul". Sie stellen insoweit die Unterbereiche des vertikal integrierten Teilbereichs „Solarmodul" dar.

	Annahmen	Nutzungswert auf Basis Verr.-preis Zelle	Nutzungswert auf Basis Markt-preis Zelle	BW	Alt. 1	Alt. 2	Alt. 3	Alt. 4
Zellfabrikation	70 % an Modul (zu 80 % v. Marktpreis) 30 % an Fremde (zu Marktpreis)	120	170	100				0
+ Modulfabrikation		60	50	100				50
= Solarmodul			220	200			0	
+ Wechselrichter	70 % für Modulkunden		80	100			20	20

---

[38]   Zur Identifizierung der CGU in Abhängigkeit von der Integrationsform des Unternehmens LÜDENBACH/FROWEIN, DB 2003, S. 217 ff.

	Annahmen	Nutzungswert		BW	Abschreibung			
		auf Basis Verr.-preis Zelle	auf Basis Markt-preis Zelle		Alt. 1	Alt. 2	Alt. 3	Alt. 4
= Photovoltaik			300	300	0			
+ Windkraft			90	100		10	10	10
= Gesamt			390	400	10	10	30	80

Die vorstehende Tabelle zeigt bestimmte Annahmen hinsichtlich des erzielbaren Betrags und Buchwerts für die genannten Bereiche. Unter der Annahme, dass 70 % der Zellen unternehmensintern zu Modulen weiterverarbeitet (dabei jedoch ein interner Verrechnungspreis von nur 80 % des Marktpreises erhoben wird) und 30 % an Fremde zum Marktpreis abgegeben werden, stellt sich einerseits die Frage, ob beide nur im Verbund oder separat betrachtet werden können, andererseits die Frage, auf welcher Preisbasis eine separate Betrachtung durchzuführen wäre. Die Antwort auf beide Fragen findet sich in IAS 36.70f. Bei vertikal integrierter Produktion kann die Vorstufe separat betrachtet werden, wenn es einen aktiven Markt für ihre Produkte gibt. Dies gilt selbst dann, wenn sie faktisch zu 100 % an die nachgelagerte Stufe abgegeben würde. Eine separate Betrachtung erfordert auch eine separate Bewertung. Diese darf gem. IAS 36.71 nicht auf der Basis „falscher" Verrechnungspreise durchgeführt werden. Insoweit ist der erzielbare Betrag auf Basis der Markt- und nicht der Verrechnungspreise zu bestimmen.

Zwischen den Modulen und den Wechselrichtern soll annahmegemäß ein Absatzverbund bestehen, weil bspw. Abnehmer aus Gründen der Transaktionskostenreduzierung Solarmodule nur bei dem Produzenten kaufen wollen, der auch Wechselrichter anbietet. Im Fall einer solchen horizontal integrierten Produktion lässt sich keine generelle Aussage zum Verbundproblem treffen.

Eine Würdigung kann vor dem Hintergrund der in den *Illustrative Examples* zu IAS 36 (Rz 32) gegebenen Beispiele versucht werden. Das dortige Beispiel 3 behandelt eine Einzelhandelskette. Hier wird die Identifizierung des einzelnen Ladens als CGU mit der jeweils unterschiedlichen Kundenbasis begründet. Im Umkehrschluss könnte man bei weitgehend gleicher Kundenbasis einen Verbund annehmen. Dieser Umkehrschluss würde jedoch im Widerspruch zu Beispiel 4 IAS 36.IE 17 stehen, in dem es um die Zeitschriftentitel eines Verlagshauses geht, und zwar wenn diese Titel nach Kundensegmenten gemanagt werden und deshalb das Anzeigeneinkommen von der Anzahl der anderen eigenen Titel im gleichen Segment abhängt, die *cash flows* dennoch als weitgehend unabhängig gelten, sofern nur die Entscheidungen über die Fortführung bzw. Einstellung eines Titels auf individueller Basis getroffen werden.

Zurückbezogen auf das Beispiel wird damit die strategische Ausrichtung zum entscheidenden Kriterium bei horizontal integrierter Produktion. Würden Solarmodule und Wechselrichter strategisch als Verbund gemanagt, z.B. Wechselrichter nur deshalb in das Produktionsangebot aufgenommen, damit die Modulkunden nicht zu anderen Herstellern abwandern, so wäre von einem Verbund auszugehen. Ein starkes Indiz hierfür wäre etwa die bewusste Inkaufnahme von Verlusten in der Wechselrichterproduktion. Erfolgt die Entscheidung für oder gegen die Fortführung der Wechselrichterproduktion hingegen unabhängig von der Modulproduktion, weil z.B. kein starker Absatzverbund vorliegt, kann die Wechselrichterproduktion eine eigene CGU darstellen. Ähnlich wie bei der Abgrenzung eines operativen Segments nach IFRS 8 spielen somit Managementgesichtspunkte, das getrennte oder separate Monitoring der Bereiche, das getrennte oder separate Treffen von Entscheidungen über die Fortsetzung der Bereiche eine entscheidende Rolle (IAS 36.69). Die Identifizierung der CGU erhält an dieser Stelle ein stark subjektives Moment, woraus sich einerseits Gestaltungsspielräume, andererseits praktische Beurteilungsschwierigkeiten ergeben.

Nach allem am einfachsten zu beurteilen ist im Beispiel die Produktion der Windkraftanlagen. Sie stellt aufgrund eigener Produktionstechnologie, eigenen Kundenkreises usw. eine eigene CGU dar. Allgemein dürfte in der Praxis die Beurteilung der Selbstständigkeit von CGUs dort am einfachsten fallen, wo eine agglomerierte Produktionsform vorliegt.

Der Umfang der CGU beschreibt den Umfang des Saldierungsbereichs von Buchwertgewinnen und Buchwertverlusten. In der obigen Tabelle sind insofern vier Abschreibungsalternativen aufgeführt. Alternative 1 scheidet aus, da jedenfalls Windkraft und Photovoltaik voneinander abgegrenzt werden können. Da außerdem Zelle und Modul gegeneinander abgrenzbar sind, ist unter der Prämisse, dass auch der Wechselrichter einen eigenständigen Bereich darstellt, Alternative 4 beste Lösung. Sie enthält die kleinsten Saldierungsbereiche und führt damit zur potenziell höchsten außerplanmäßigen Abschreibung.

108 Zum Problem der **vertikalen und horizontalen Integration** folgendes weiteres Beispiel aus dem Bereich der Energieerzeugung und -verteilung:

Praxis-Beispiel

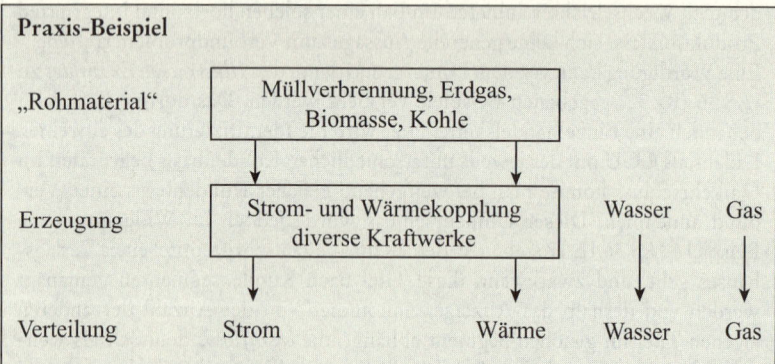

Unproblematisch bzgl. der CGU-Definition erscheinen die Bereiche „Wasser" und „Gas". Nennenswerte Produktion im eigentlichen Sinn ist damit nicht verbunden, das Verteilungsproblem dominiert. Die Erzielung der Liquiditätszuflüsse erfolgt – definiert durch den Abnehmerkreis – separat. „Wasser" und „Gas" sind deshalb als CGU und identisch als Segment (→ § 36) definierbar.

Schwieriger stellt sich die Situation im Bereich „Strom" und „Wärme" dar. Das oben dargestellte „Rohmaterial" wird im Weg der Strom- und Wärmekopplung in verschiedenen kleineren Kraftwerken erzeugt (Verbundproduktion). Nach IAS 36.70 ist eine Qualifikation als CGU dann zwingend, wenn ein aktiver Markt für das betreffende Erzeugnis besteht. Dies ist für den Strom über die Strombörsen und wegen der weiträumigen Übertragungsfähigkeit der Fall, nicht dagegen für die Wärmeerzeugung. Technisch bedingt kann aber die gekoppelte Produktion von Strom und Wärme nicht in irgendeiner sinnvollen Form in zwei CGUs zerlegt werden.

Die nächste Frage richtet sich nach der Definition jedes Kraftwerks als CGU. Auch dies erscheint nicht möglich, denn der an den Kunden gelieferte Strom ist nicht individuell einem bestimmten Kraftwerk zuzurechnen. Auch ein individueller Marktauftritt ist wegen der räumlichen Nähe der Kraftwerke nicht möglich.

Folgerung für die Definition der CGU: Es lässt sich lediglich **eine** CGU „Strom/Wärme" definieren, und zwar unter Zusammenfügung der beiden vertikalen Strukturelemente „Erzeugung" und „Verteilung". Diese Definition der CGU ist indes nur zulässig, wenn nicht für Zwecke der Segmentberichterstattung eine Separierung von „Strom" und „Wärme" erforderlich ist (Rz 103).

Die **Unbestimmtheit** innerhalb von IAS 36 hinsichtlich der **Abgrenzung** der CGU (Größe, Region etc.) führt in der **Praxis** zu unbefriedigenden Lösungen: Unternehmen aus vergleichbaren Branchen tendieren offensichtlich zu unterschiedlichen Abgrenzungen ihrer zahlungsmittelgenerierenden Einheiten. **109**

Eine Untersuchung des Bilanzierungsverhaltens von großen **Handelsketten** zeigt etwa folgende Angaben hinsichtlich der Abgrenzung von zahlungsmittelgenerierenden Einheiten:[39]

Unternehmen	Art der CGU	Abgrenzung der CGU		
		Niederlassungen*	Marken je Land**	*operating units***
Metro	ohne *goodwill*		X*	
	inkl. *goodwill*		X*	
Ahold	ohne *goodwill*	X		
	inkl. *goodwill*			X
Delhaize Group	ohne *goodwill*	X		
	inkl. *goodwill*			X
PPR	ohne *goodwill*		X	
	inkl. *goodwill*		X	

* z.B. Kaufhof Köln Hohe Straße
** z.B. Kaufhof Deutschland
*** z.B. Kaufhof

[39] Vgl. DELOITTE, „On your marks … Get set?", Major European retailers position themselves in the early stages of the race to implement IFRS, 2005.

Während einige Unternehmen eine Überwachung ihrer zahlungsmittelgenerierenden Einheiten davon abhängig machen, ob *goodwill* alloziert worden ist, nehmen andere keine Unterscheidung vor. Definiert man die CGU im Beispiel von Handelsketten als eigenständig zahlungsmittelgenerierende Einheiten, stellt u.E. jede Niederlassung für sich eine CGU dar (so auch Ahold und Delhaize Group). Für den Bilanzadressaten kommt es somit zu einer eingeschränkten Vergleichbarkeit der *impairment*-Auswirkungen unterschiedlicher Unternehmen gleicher Branchen. Ergänzend stellt sich weiterhin folgende Frage: Falls sich eine Bilanzierungspraxis durchsetzt, ist dies die i.S.d. **Informationseffizienz** (*decision usefulness*) **beste** oder vielmehr diejenige, die **zuerst** von einigen wenigen Großunternehmen verwendet wurde?

110   Eine *cash generating unit* wird in der Praxis regelmäßig eine recht **große „Einheit"** sein (Rz 103). Dies führt dann zu einem (einer **Einzelbewertung** widersprechenden; Rz 101) bilanztechnischen **Ausgleich** von Wertminderungen eines Vermögenswerts durch andere mit gestiegenem Wert (Rz 113). Nur ausnahmsweise stellt wegen der Verpflichtung auf einen *bottom-up approach* das gesamte Unternehmen die *cash generating unit* dar. Die IASB-„Philosophie" bewegt sich an dieser Stelle (außerplanmäßige Abschreibung) gerade in entgegengesetzter Richtung wie bei der planmäßigen Abschreibung. Hier wird der einzelne Vermögenswert nach dem *components approach* in seine Bestandteile zerlegt (→ § 10 Rz 6), beim *impairment*-Test gilt demgegenüber ein Unternehmen**steil** bzw. u.U. das **gesamte** Unternehmen als Bemessungsgröße.

Praxis-Beispiel
Der börsennotierte Fußballclub London United Ltd. betreibt das Fußball-Profi-Geschäft mit folgenden wesentlichen Umsatzträgern:
- Zuschauereinnahmen,
- Fernsehübertragungsrechte,
- Werbeeinnahmen,
- Fanartikelverkauf.

Diese Bereiche können nicht separat als *cash generating unit* definiert werden, da deren *cash flows* gegenseitig abhängig sind (Rz 102). Das gesamte Geschäft steht und fällt mit dem Erfolg der Profimannschaft insgesamt. Eine Wertminderung des Spielers X (dessen „Spielberechtigung") ist trotz seiner notorisch schlechten Leistung nicht individuell zurechenbar.[40] Ein *impairment* ist allenfalls für den gesamten Club festzustellen, wenn er nicht die Champions-League-Teilnahme erreicht oder in die 2. Liga absteigt.

In Ausnahmefällen ist allerdings auch der Wertansatz für einzelne Spieler einem **individuellen** Wertminderungstest unterziehbar (Rz 30 ff.).

Praxis-Beispiel
Der für 10 Mio. EUR eingekaufte Spieler Y mit einer Vertragslaufzeit von noch drei Jahren wird wegen Überbesetzung des linken Mittelfelds für die

---

[40]   Einzelheiten bei LÜDENBACH/HOFFMANN, DB 2004, S. 1442.

restliche Vertragslaufzeit an den Verein Z „ausgeliehen". Verein Z zahlt hierfür eine monatliche „Miete" i. H. v. 60 % der Festbezüge des Spielers Y. Hier sind die *cash flows* für den betreffenden Spieler eindeutig identifizierbar, so dass der erzielbare Betrag auf Ebene des Spielers als eindeutige Größe dem Buchwert *(carrying amount)* gegenübergestellt werden kann (Rz 6). Wird der betreffende Spieler demgegenüber auf die Transferliste gesetzt, also zum „Verkauf" freigegeben, unterliegt er nicht mehr dem Regelungsbereich von IAS 36 (Rz 3), sondern gilt als zur Veräußerung bestimmter langfristiger Vermögenswert *(non-current asset classified as held for sale)* gem. IFRS 5 (→ § 29). Die Bewertung hat dann zum Nettoveräußerungswert zu erfolgen (IFRS 5.15). Bei ablösefreiem Transfer beträgt dieser null, ansonsten sind Bewertungsmodelle für Profisportler heranzuziehen.[41]

Entgegen der konzeptionellen Vorgabe zum Rückgriff auf einen *bottom-up* **111** *approach* zur CGU-Abgrenzung erfolgt die Bestimmung zahlungsmittelgenerierender Einheiten wegen der bestehenden Ermessensspielräume regelmäßig in einem *top-down*-Verfahren. Für die Abgrenzung kann exemplarisch dann etwa wie folgt vorgegangen werden:

Praxis-Beispiel
Das in der Telekommunikationsindustrie tätige Unternehmen U richtet die CGU-Abgrenzung an der Segmentberichterstattung aus. Ausgehend von den berichteten Segmenten erfolgt eine Disaggregation nach einem Tannenbaumprinzip. Die zahlungsmittelgenerierenden Einheiten ergeben sich auf der untersten Berichtsebene. Für die so zunächst bestimmte Untergrenze wird disaggregiert beurteilt, ob eine weitere Unterscheidung – in Abhängigkeit von der Erzielung unabhängiger *cash inflows* – möglich ist, und ggf. weiter differenziert.
In Erweiterung der Angabepflichten wurden (etwa von der France Telekom SA im Geschäftsbericht 2005) 38 CGUs aufgeführt, und zwar der Segmentierung folgend (Rz 147), die sich regelmäßig an der nationenbezogenen Geschäftstätigkeit ausrichtet, z. B.:
- 16 CGUs für den Mobilfunkbereich,
- 1 CGU für eine erworbene Tochter,
- 4 GCUs für den Privatkundenbereich in Frankreich, dem UK, den Niederlanden und Spanien,
- je 2 CGUs für den Festnetz- und Mobilfunkbereich in Polen, dem Senegal, Jordanien und Mauritius.

5.3 Zuordnung der Vermögenswerte zur *cash generating unit* (CGU)

5.3.1 Überblick

Ist die Identifizierung einer *cash generating unit* gelungen, muss im nächsten **112** Bearbeitungsschritt der erzielbare Wert *(recoverable amount)* mit dem Buchwert

---

41 GALLI, KoR 2003, S. 810.

(carrying amount) der gesamten „**Einheit**" verglichen werden (IAS 36.74 – IAS 36.79). Der entsprechende Vergleich setzt allerdings eine Zuordnung der Vermögenswerte und somit die Bestimmung des Buchwerts der zahlungsmittelgenerierenden Einheit voraus.

113   Der Buchwert *(carrying amount)* der bestimmten zahlungsmittelgenerierenden Einheit umfasst nur Vermögenswerte, die zur Erzielung des künftigen Zahlungsstroms benötigt werden und der CGU direkt oder aber im Zug einer verlässlichen und konsistenten Verteilung zugeordnet werden können *(compare like with like)*.
Besondere Vorgaben bestehen für die Zuordnung von
- gemeinschaftlich genutzten Vermögenswerten *(corporate assets*; Rz 137) und
- *goodwill* (Rz 141).

Die vollständige Erfassung aller für die Erzielung eines Zahlungsstroms erforderlichen Vermögenswerte ist sicherzustellen (IAS 36.77), im Umkehrschluss sind die für die Erzielung des unabhängigen Zahlungsstroms nicht erforderlichen Vermögenswerte aus der CGU auszuklammern (Rz 115).

> **Praxis-Beispiel**
> Unternehmen U nimmt die Abgrenzung von zahlungsmittelgenerierenden Einheiten auf Ebene rechtlicher Einheiten vor. Tochterunternehmen TU erzielt mit eigenen Kunden einen Zahlungsstrom und wird daher als eigenständige CGU geführt. Die Bilanzsumme von TU entspricht nicht oder zufällig dem heranzuziehenden Buchwert *(carrying amount)* der CGU. U muss ggf. Anpassungen für nicht betriebsnotwendiges Vermögen der TU vornehmen und/oder Vermögenswerte, die nicht von TU als rechtlicher Eigentümer gehalten, im Rahmen der Produktion aber dennoch genutzt werden, hinzurechnen.

114   Nicht in den Buchwert der zahlungsmittelgenerierenden Einheit aufzunehmen sind Verbindlichkeiten, es sei denn – i.S. e. **Rückausnahme** –, der erzielbare Betrag einer CGU kann nur unter Berücksichtigung einer Verbindlichkeit bestimmt werden (IAS 36.76). Die Berücksichtigung des Buchwerts von Verbindlichkeiten (als Minderung des Gesamtbuchwerts der CGU) ist zulässig, wenn bei einer unterstellten Veräußerung ein potenzieller Erwerber die Verbindlichkeit mit übernehmen müsste (Rz 121 ff.).

115   Ebenfalls nicht Teil des Buchwerts einer zahlungsmittelgenerierenden Einheit sind Vermögenswerte (und ggf. Schulden), die vom Anwendungsbereich des IAS 36 ausgeschlossen sind (Rz 3). Für diese Vermögenswerte (etwa das Vorratsvermögen oder Finanzinstrumente) sind evtl. Wertberichtigungen unter Berücksichtigung der einschlägigen Vorgaben zu bestimmen. Werden dennoch Vermögenswerte (und ggf. Schulden), die nicht den Vorgaben von IAS 36 unterliegen, in die Bestimmung des Buchwerts einer zahlungsmittelgenerierenden Einheit aufgenommen, sind aus **Konsistenz**gründen auch die Rückwirkungen dieser Vermögenswerte auf die Bestimmung des erzielbaren Betrags zu berücksichtigen. Darüber hinaus ergeben sich Besonderheiten für die Verteilung eines evtl. Wertberichtigungsbedarfs (Rz 182).

5.3.2 Notwendige Konsistenz zwischen Buchwert und erzielbarem Betrag

Soweit sich der mögliche Abschreibungsbetrag – also die negative Differenz aus **116** Buchwert *(carrying amount)* und erzielbarem Wert *(recoverable amount)* – für **einen** Vermögenswert nur über die (gesamte) *cash generating unit* ermitteln lässt, ergeben sich zunächst zwei Problembereiche:

- Der Abschreibungsbedarf der **gesamten** CGU ist nach IAS 36.75 durch Gegenüberstellung der beiden genannten Beträge *(carrying amount* und *recoverable amount)* zu ermitteln. Hierbei stellt sich die Frage, **welche Vermögenswerte** in die Gesamtbuchwertermittlung einzubeziehen sind (Rz 117).
- Eine danach festgestellte Gesamtwertminderung ist auf die verschiedenen Vermögenswerte zu **verteilen.** Hierbei stellen sich Fragen nach der Reihenfolge der Verteilung bzw. dem Verteilungsschlüssel (Rz 182).

Der Gesamtbuchwert der *cash generating unit* umfasst gem. IAS 36.76 alle **117** Vermögenswerte, die dieser **direkt** zuzurechnen sind oder auf einer vernünftigen und (im Zeitverlauf) konsistenten Basis (durch Schlüsselung) zugeordnet werden können. Bei der **indirekten** Zuordnung sind angesprochen:

- Der *goodwill* aus einem Unternehmenszusammenschluss (Rz 141 ff.),
- Vermögenswerte, die auch von anderen *cash generating units* genutzt werden (sog. **gemeinschaftlich** genutzte Vermögenswerte, *corporate assets*; IAS 36.100 ff.; Rz 137).

Die Zuordnung von Vermögenswerten (und ggf. Schulden) zu einer zahlungsmittelgenerierenden Einheit steht unter einem besonderen **Konsistenzvorbehalt:** Die Bestimmung des erzielbaren Betrags berücksichtigt die gleichen Vermögenswerte/Schulden (bzw. deren Zahlungsströme), die auch Teil der zahlungsmittelgenerierenden Einheit sind (IAS 36.75).

Der Buchwert einer zahlungsmittelgenerierenden Einheit ist **unabhängig** von **118** der Bestimmung des erzielbaren Betrags – als Nettoveräußerungs- oder Nutzungswert – festzulegen. Es lässt sich daher für jede zahlungsmittelgenerierende Einheit **nur ein Buchwert** *(carrying amount)* feststellen. Eine abweichende CGU-Abgrenzung hinsichtlich der Vermögenswerte (und ggf. Schulden) scheidet u. E. daher aus.[42]

Besondere Anforderungen hinsichtlich der Wahrung der Konsistenzanforderung **119** ergeben sich, wenn der Buchwert einer *cash generating unit* neben direkt zuordenbaren Vermögenswerten

- Finanzanlagen, etwa *working capital* mit direktem Bezug zur Leistungserstellung (Rz 120),
- Verbindlichkeiten aus der Finanzierung der Produktionsfaktoren (Rz 121),
- Verbindlichkeiten und Rückstellungen (Rz 122 f.), die auch ein potenzieller Erwerber einer CGU mit übernehmen müsste (IAS 36.79), neben Pensionsverpflichtungen insbesondere Rückbauverpflichtung (→ § 21 Rz 72),

umfasst.

Sofern aus Praktikabilitätsgründen bestimmte Vermögenswerte oder Schulden mit ihren **Buchwerten** in der CGU enthalten sind (IAS 36.79), müssen die zugehörigen Komponenten aus den *cash-flow*-Planungen eliminiert werden.

---

[42] Gl. A. ERNST & YOUNG, International GAAP 2017, Ch. 20, sCh 4.3; a. A. PwC, IFRS Manual of Accounting 2016, Tz. 18.225.6.

Konzeptionell verlangt der *impairment*-Test der Rezeptur nach (Rz 13) eine Gegenüberstellung eines **Buchwerts** (*accounting measure*) mit dem **Barwert** der entsprechenden Zahlungsströme (*cash flow measure*); sich hieraus ergebende Inkonsistenzen sind als Nebenwirkung (etwa für bilanzielle Sicherungszusammenhänge; Rz 127) in Kauf zu nehmen. Eine **Inkonsistenz** bei Durchführung des *impairment*-Tests droht auch seitens der **Steuer**effekte (Rz 128 ff.). Die *cash flows* zur Ermittlung des erzielbaren Ertrages (*recoverable amount*; Rz 14) sind auf **Vor-Steuer-Basis** anzusetzen (Rz 42). Beim Vergleich mit dem Buchwert der CGU müssen deshalb aus dieser die Steuerposten eliminiert werden.

120 Die Erfassung von Finanzanlagen und insbesondere *working capital* (etwa als Saldo aus kurzfristigen Forderungen und Verbindlichkeiten aus Lieferung und Leistung) im Buchwert einer zahlungsmittelgenerierenden Einheit scheidet – wegen des Ausschlusses vom Anwendungsbereich des IAS 36 (Rz 3) – konzeptionell aus (Rz 115). Erfolgt (etwa aus Praktikabilitätsgründen) dennoch eine Berücksichtigung im Buchwert einer zahlungsmittelgenerierenden Einheit, ist eine kongruente Erfassung im erzielbaren Betrag geboten. Wird der erzielbare Betrag über ein Barwertkalkül bestimmt (Rz 27 ff.), ist eine verlässliche Separierung der auf die Finanzanlagen entfallenden Zahlungsströme zur Vermeidung eines *double counting* erforderlich, andernfalls ist der Buchwert der CGU ohne die Erfassung von Finanzanlagen und *working capital* zu bestimmen.

> **Praxis-Beispiel**
> Der Buchwert einer CGU ohne *working capital* beträgt 1.000 GE. Zum Bewertungsstichtag beläuft sich der Saldo des *working capital* auf 100 GE, für das Ende der nächsten Periode wird eine Erhöhung auf 150 GE erwartet. Wird der Bestand von *working capital* im Buchwert einer zahlungsmittelgenerierenden Einheit berücksichtigt, ist der erwartete Zahlungsstrom der CGU für die erste Periode – nur i. H. d. Veränderung (Rz 59) – um 50 GE zu reduzieren. Ohne Erfassung des *working capital* im *carrying amount* der zahlungsmittelgenerierenden Einheit ist eine Reduzierung um 150 GE geboten.

U. U. kann die Berücksichtigung von *working capital* in einer CGU zu einem **negativen Buchwert** (kurzfristige Verbindlichkeiten > kurzfristiges + langfristiges Vermögen) führen. Ein entsprechendes Verhältnis befreit nicht von der Verpflichtung auf einen *impairment*-Test für die CGU, ein evtl. Abschreibungsbedarf ist ohne Berücksichtigung des *working capital* zu bestimmen.

121 Finanzielle Verbindlichkeiten, die im Zusammenhang mit der **Finanzierung** einzelner Vermögenswerte stehen (etwa aus Leasingverhältnissen; → § 15a Rz 93 ff.), sind nicht in den Buchwert einer CGU aufzunehmen. Nach IAS 36.50(a) sind Zahlungsmittelabflüsse im Zusammenhang mit Finanzierungsaktivitäten nicht für die Bestimmung des Zahlungsstroms eines Barwertkalküls in Abzug zu bringen (Rz 54). Verbindlichkeiten mit Finanzierungscharakter sind daher aus Konsistenzgründen auch nicht im Buchwert der CGU zu berücksichtigen, somit nicht abzuziehen. Werden dennoch Verbindlichkeiten aus der Finanzierung von Vermögenswerten der CGU vom Buchwert in Abzug gebracht, sind – entgegen den Vorgaben von IAS 36.50(a) – die erwarteten Zahlungsströme um Auszahlungen im Zusammenhang mit den Verbindlichkeiten zu kürzen.

Pensionsverpflichtungen eines Unternehmens gegenüber Mitarbeitern, die einer   122
abgegrenzten zahlungsmittelgenerierenden Einheit (etwa einer rechtlichen Einheit) zugeordnet werden, können – entgegen dem bestehenden Finanzierungscharakter – ausnahmsweise im Buchwert der CGU Berücksichtigung finden (IAS 36.79). Bei der aus Konsistenzgründen gebotenen Berücksichtigung der mit der Verpflichtung verbundenen Zahlungsmittelabflüsse ergeben sich wegen der Differenzierung in den Anteil, der (als laufender Pensionsanspruch) auf die CGU entfällt, und den für die Erfüllung der Verpflichtung erforderlichen Teil besondere Schwierigkeiten. Die unterschiedlichen Bewertungsansätze für bestehendes **Planvermögen** (beizulegender Zeitwert; → § 22 Rz 32) und die Pensionsverpflichtung (Anwartschaftsbarwert; → § 22 Rz 34) erhöhen die Komplexität zusätzlich. Wird der Buchwert einer Pensionsverpflichtung dennoch von dem Buchwert einer CGU in Abzug gebracht, ist u.E. eine Erfüllungs- bzw. Ablösungsfiktion zu unterstellen. Mit Abzug des Buchwerts wird die zum Stichtag bestehende Verpflichtung erfüllt; in künftigen Perioden ist den Anspruchsberechtigten (den Mitarbeitern) eine höhere Vergütung (i.S. e. Gehaltszahlung) zuzuweisen.

Für **Rückbauverpflichtungen** und vergleichbare **nicht finanzielle Verpflichtun-**   123
gen kommt ausnahmsweise auch eine Anpassung des Buchwerts einer zahlungsmittelgenerierenden Einheit in Betracht (so das Beispiel in IAS 36.78). Instruktiv ist dies insbesondere für Rückbauverpflichtungen, die wegen der Erfassung als Teil der Anschaffungs-/Herstellungskosten (IAS 16.16(c); → § 21 Rz 72) den Bilanzansatz eines Vermögenswerts erhöhen. Für den *impairment*-Test ist hinsichtlich der Bestimmung des erzielbaren Betrags durch Rückgriff auf den *fair value less costs of disposal* (Rz 124) und den *value in use* (Rz 125) zu unterscheiden. Der Buchwert der zahlungsmittelgenerierenden Einheit ist unabhängig von der Bestimmung des erzielbaren Betrags durch Abzug der Verbindlichkeit zu kürzen.

Wird der erzielbare Betrag einer zahlungsmittelgenerierenden Einheit i.H.d.   124
beizulegenden Zeitwerts abzüglich Veräußerungskosten bestimmt, ist aus Konsistenzgründen – insoweit Marktteilnehmer von einer Übernahme der Verpflichtung ausgehen – auch der geschätzte Ressourcenabfluss für die Erfüllung der Verpflichtung im Rahmen der Bestimmung des erwarteten Zahlungsstroms der CGU einzubeziehen. Hinsichtlich des **Mengen- und Preisgerüsts** der Bewertung *(outflow of resources)* ergeben sich allerdings Unterschiede zwischen der Bewertung der nicht finanziellen Verbindlichkeit und der Anpassung des Zahlungsstroms der CGU, wenn die Erwartungen eines hypothetischen Marktteilnehmers von dem *best estimate* des Erfüllungsbetrags aus Sicht des Unternehmens abweichen. Eine bedeutsame Abweichung in der Bewertung der Verpflichtung und der Bestimmung des erzielbaren Betrags zeitigt sich jedoch in Bezug auf den Barwert erst in **späteren** Perioden fällig gestellter Abflüsse.

- Für die Barwertbestimmung einer nicht finanziellen Verbindlichkeit ist auf einen laufzeitäquivalenten, risikolosen Zins abzustellen (→ § 21 Rz 137ff.),
- bei Einbezug des – aus der Sicht eines typisierten Marktteilnehmers – erwarteten Ressourcenabflusses in das Barwertkalkül zur Bestimmung des erzielbaren Betrags ist auf einen Marktzinssatz zurückzugreifen, der die Renditeerwartung einer Alternativanlage widerspiegelt (Rz 68).

Regelmäßig ist der Diskontierungszinssatz für das Barwertkalkül zur Bestimmung des erzielbaren Betrags – wegen eines Rückgriffs auf die gewogenen durchschnittlichen Kapitalkosten (Rz 69) – betragsmäßig höher als der Zinssatz für die Barwertbestimmung nicht finanzieller Verbindlichkeiten. Durch die Berücksichtigung des Buchwerts nicht finanzieller Verbindlichkeiten im *carrying amount* der zahlungsmittelgenerierenden Einheit wird somit ein potenzieller **Abwertungspuffer** durch Barwertbestimmung geschaffen.

> **Praxis-Beispiel**
> Unternehmen U hat eine in zehn Jahren fällige Entsorgungsverpflichtung, die zu einem erwarteten Ressourcenabfluss von 1.000 GE führt. Der risikolose Zinssatz zum Stichtag beträgt 5 %, der Diskontierungszinssatz für das Barwertkalkül der CGU, der die Verpflichtung zuzurechnen ist, 10 %. Die nicht finanzielle Verpflichtung ist mit einem Wert von 613,9 GE zu passivieren und mindert bei Einbezug in die CGU deren Buchwert in gleicher Höhe. Der (isolierte) Einfluss auf den im Barwertkalkül bestimmten erzielbaren Betrag, der dem *fair value less costs of disposal* entspricht, beträgt allerdings nur 385,5 GE. Durch den Einbezug der Entsorgungsverpflichtung in die zahlungsmittelgenerierende Einheit ergibt sich ein Abwertungspuffer für die sonstigen Vermögenswerte von 228,4 GE.

125   Wird der erzielbare Betrag über den Nutzungswert bestimmt, scheidet eine Berücksichtigung der erwarteten Ressourcenabflüsse für die Erfüllung der Verpflichtung im Barwertkalkül aus. Für die Bestimmung des *value in use* ist von dem Barwert der nicht um den erwarteten Ressourcenabfluss gekürzten Zahlungsströme der Buchwert der Verbindlichkeit abzuziehen.[43] Der *carrying amount* und der erzielbare Betrag werden somit in gleicher Höhe reduziert, es besteht kein Spielraum für einen Abwertungspuffer.

> **Praxis-Beispiel (Fortsetzung zu Rz 124)**
> Zum Bilanzstichtag (= Zeitpunkt des *impairment*-Tests) ist die Entsorgungsverpflichtung mit einem Betrag von 613,9 GE passiviert worden. Der Buchwert der CGU und der als Nutzungswert bestimmte Barwert der erwarteten Zahlungsströme ohne Abzug des erwarteten Ressourcenabflusses sind daher in gleicher Höhe zu reduzieren. Ein potenzieller Abwertungspuffer entsteht somit nicht.

126   Der *impairment*-Test auf Ebene der zahlungsmittelgenerierenden Einheit verlangt eine **Gegenüberstellung** des Buchwerts mit dem erzielbaren Betrag, aggregiert für eine Gruppe von Vermögenswerten und ggf. Schulden (Rz 13). Bei Bestimmung des erzielbaren Betrags über den Rückgriff auf ein Barwertkalkül ist der Zahlungsstrom der CGU mit einem Diskontierungszins abzuzinsen, der das Rendite-Risiko-Profil einer **Alternativanlage** zum Bewertungsobjekt (der CGU) widerspiegelt (Rz 67 ff.).

Zur Bestimmung der Wertansätze (Buchwerte) der einzelnen Vermögenswerte innerhalb der zahlungsmittelgenerierenden Einheit (erworbenes Immaterialvermögen, nicht finanzielle Verbindlichkeiten, Leasinggegenstände) muss der Abzinsung des jeweiligen Zahlungsstroms aus **Äquivalenz**gründen (Rz 49) ein

---

[43] Dies bestätigend IFRIC Update, May 2016.

Diskontierungszins zugrunde gelegt werden, der von demjenigen für die zahlungsmittelgenerierende Einheit abweicht.[44]

> **Praxis-Beispiel**
> Für die Bewertung einer im Rahmen einer *business combination* erworbenen Marke mit unbestimmter Nutzungsdauer wird ein Diskontierungszins von 15 % (= WACC i.H.v. 12 % zuzüglich eines Zuschlags von 3 %) herangezogen (→ § 31 Rz 114). Da die Marke keine Zahlungsströme erzielt, die unabhängig von dem Einsatz anderer Vermögenswerte sind, ist die Werthaltigkeit auf der Ebene einer zahlungsmittelgenerierenden Einheit zu testen (Rz 101). Wegen der (unterstellt) unbestimmten Nutzungsdauer, stellt sie einen qualifizierten Vermögenswert i.S.d. IAS 36 dar (Rz 14). Die Werthaltigkeit der CGU ist mindestens einmal in der Periode nachzuweisen.
> Der Diskontierungszins der CGU mit der zugeordneten Marke wird mit den WACC gleichgesetzt. Der Zahlungsstrom der Marke wird daher für Zwecke des *impairment*-Tests zur Bestimmung des erzielbaren Betrags mit 12 % abgezinst. Der Buchwert der Marke wurde hingegen durch Abzinsung mit einem Zins von 15 % bestimmt.

Das Auseinanderfallen der Zinssätze (CGU vs. individuelle Ebene) führt zur **zeitlichen Distorsion** und zeitigt u.U. erhebliche Relevanz für den *impairment*-Test. Für ein weiteres Beispiel zur zeitlichen Verzerrung vgl. Rz 117f.

> **Praxis-Beispiel**
> Im Rahmen der Einzelbewertung (über die *relief-from-royalty*-Methode; → § 31 Rz 232ff.) wird der Marke ein Zahlungsstrom von 100 GE (als ewige Rente) beigemessen. Für die Zugangsbewertung ergibt sich daher – ohne weitere Berücksichtigung von steuerlichen Wertbeiträgen (→ § 31 Rz 112) – ein *fair value* und somit ein Buchwert der Marke von 666,7 GE. Wird der erwartete Zahlungsstrom auch als Teil der CGU berücksichtigt, beläuft sich der Wertbeitrag der Marke zum erzielbaren Betrag wegen des niedrigeren Abzinsungssatzes auf Ebene der CGU auf 833,3 GE.

Durch die unterschiedlichen Diskontierungszinssätze, die auf Ebene des einzelnen Vermögenswerts/der einzelnen Schuld und einer CGU bei einer DCF-Bewertung heranzuziehen sind, kommt es zu
- einem **Abwertungspuffer**, wenn der Zins der CGU kleiner/größer ist als der eines Vermögenswerts/einer Schuld;
- einer **zusätzlichen** (Abwertungs-)**Belastung**, wenn der Zins der CGU größer/kleiner ist als der eines Vermögenswerts/einer Schuld.

Die Konsistenzanforderung in der Bestimmung des Buchwerts und des erzielbaren Betrags der zahlungsmittelgenerierenden Einheit gilt auch für bilanzielle **Sicherungszusammenhänge** (*hedge accounting*; → § 28a). Wird im Zahlungsstrom des Barwertkalküls zur Bestimmung des erzielbaren Betrags der Effekt aus einer ökonomischen Sicherung (etwa Fremdwährungssicherung) erfasst, ist auch der

127

---

[44] Ausführlich FREIBERG, Diskontierung in der Internationalen Rechnungslegung, 2010, Rz 72ff.

Bilanzansatz des Sicherungsinstruments (*hedging instrument*) – unabhängig von einem Ausweis als Vermögenswert oder Schuld – im Buchwert der CGU zu berücksichtigen. Wird der Buchwert des Sicherungsinstruments nicht in den *carrying amount* der zahlungsmittelgenerierenden Einheit aufgenommen, bleiben auch die Auswirkungen auf den Zahlungsstrom für die Barwertbestimmung außen vor. Eine gegenteilige Auffassung verstößt gegen die an den *impairment*-Test gestellten Konsistenzanforderungen und ist daher abzulehnen.

Qualifiziert sich eine geschlossene Sicherungsbeziehung – wegen fehlender Möglichkeit zum *net settlement* – für die own use exemption (→ § 28 Rz 21 ff.), wird als (derivatives) *hedging instrument* also ein Warentermingeschäft eingesetzt, scheidet während des Schwebezustands der Bilanzansatz eines Vermögenswerts/einer Schuld aus. Die Auswirkungen auf den Zahlungsstrom können aber dennoch erfasst werden.

5.3.3   Steuerposten im *impairment*-Test

128   Vom Anwendungsbereich des IAS 36 ausgeschlossene Vermögenswerte sind nicht als Teil des Buchwerts einer CGU aufzunehmen. Betroffen sind u. a. Aktivposten aus Steuerlatenzen (IAS 36.2(c)), die nach den Vorgaben des IAS 12 zu bilanzieren sind und somit keiner (Einzel-)Wertberichtigung nach IAS 36 zugänglich sind. Mangels expliziter Ausführungen bleiben aber Zweifel hinsichtlich der Berücksichtigung von **Steuerposten im *impairment*-Test** der zahlungsmittelgenerierenden Einheit.[45] Anders als für den *impairment*-Test der (vergleichbaren) *reporting unit* (RU) nach US-GAAP, in deren Buchwert Steuerposten verbindlich aufzunehmen sind (ASC 350–20–35–39), scheidet die Aufnahme von Steuerposten bei restriktiver Lesart der Vorgaben der IFRS in den *carrying amount* aus. Der (konzeptionelle) Unterschied ist in Abhängigkeit der Bedeutung von Steuerposten für den *impairment*-Test zu beurteilen.

129   Der Vergleich von Buchwert und erzielbarem Betrag einer CGU setzt eine Zuordnung aller Vermögenswerte, die Auswirkung auf den erzielbaren Betrag (bzw. dessen Ermittlung) zeitigen, voraus (IAS 36.77). Der *impairment*-Test verlangt eine **Gegenüberstellung** von *carrying amount* und *recoverable amount*. Die Festlegung ist u. E. daher (zunächst) unabhängig von der Bestimmung des erzielbaren Betrags als Nutzungswert oder beizulegender Zeitwert abzüglich Veräußerungskosten. Wegen der besonderen **Konsistenzanforderung** hinsichtlich der Gegenüberstellung von Buchwert und erzielbarem Betrag kann sich allerdings die Notwendigkeit zur Anpassung des *carrying amount* und/oder *recoverable amount* ergeben. So können als **Bilanzierungswahlrecht** (*accounting policy choice*) auch Vermögenswerte (und ggf. Schulden) in den (Gesamt-)Buchwert der CGU einbezogen werden, die eigentlich vom Anwendungsbereich des IAS 36 ausgeschlossen sind. Die Änderung der Zusammensetzung einer CGU innerhalb einer Periode ist offenlegungspflichtig (IAS 36.130(d)(iii)). Erfolgt eine Änderung in Bezug auf nicht pflichtweise in den Buchwert einzubeziehende Bilanzposten, ist diese u. E. als *change in accounting policy* zu behandeln (IAS 8.19(b)).

---

[45]   Zum Ganzen FREIBERG, PiR 2012, S. 161 ff.

Werden aus **Praktikabilitätserwägungen** (etwa Abstellen auf eine Legaleinheit) 130
nicht pflichtweise aufzunehmende Vermögenswerte oder Schulden im Buchwert
der CGU erfasst, ist den Auswirkungen auf den erzielbaren Betrag (die erwarteten *cash flows*) Rechnung zu tragen.

Der *impairment*-Test ist als Gegenüber-
stellung einer Bilanzgröße (*accounting measure*) mit dem Barwert der korrespondierenden Zahlungsstromerwartungen (*cash flow measure*) konzipiert. Der
gebotene Vergleich bedingt zwangsläufig **Inkonsistenzen**, die allerdings als
Nebenwirkung der Rezeptur in Kauf zu nehmen sind.

Für die Bestimmung des erzielbaren Betrags über ein Barwertkalkül (explizit für
den *value in use*) verpflichten die Vorgaben auf ein Abstellen auf eine Vor-Steuer-
Betrachtung (IAS 36.50(b)). Da eine Berücksichtigung von Steuereffekten für die
Bestimmung des erzielbaren Betrags ausgeschlossen wird (IAS 36.BCZ81/IAS 36.
BCZ86ff.), scheidet aus Konsistenzgründen eine Aufnahme in den Buchwert
ebenfalls aus. An einem **Nichteinbezug von Steuerposten** in den *carrying
amount* ist auch dann festzuhalten, wenn der gesuchte erzielbare Betrag vor
Steuern (hilfsweise) über eine Barwertbestimmung nach Steuern bestimmt wird.

Für die Bestimmung des Buchwerts einer – mit einer CGU vergleichbaren – 131
reporting unit (RU) sind alle Vermögenswerte und Schulden heranzuziehen, die

* im Verbund der RU genutzt werden (*assets*) oder mit dieser verbunden sind
  (*liabilities*) und
* bei der Ermittlung des *fair value* der RU Berücksichtigung finden.

Anders als nach IFRS sind in den Buchwert der RU auch **Steuerlatenzposten**
aufzunehmen (ASC 350–20–35–7). Es fehlt an einer Verpflichtung auf eine
Vor-Steuer-Betrachtung. Der Buchwert der RU ist dem *fair value*, somit also
dem erzielbaren Erlös bei einer fiktiven Veräußerung (*exit price*) gegenüberzustellen. Unbeachtlich für den Einbezug bleibt, ob

* die (fiktive) Veräußerung steuerliche Konsequenzen (unterstellte Einzelveräußerung mit Realisierung temporärer Differenzen) zeitigt (*taxable transaction*) oder
* keine Steuerfolgen (etwa Verkauf von Anteilen an einer Gesellschaft mit
  Vermögenswerten und Schulden) nach sich zieht (*nontaxable transaction*).[46]

Gleichwohl zeitigt die Strukturierung der (fiktiven) Veräußerung als steuerbarer
oder steuerfreier Vorgang Relevanz (→ § 8a Rz 54ff.). Die Berücksichtigung von
verfügbarem steuerlichen Gestaltungspotenzial ist zulässig (ASC 350–20–35–26),
steht aber unter dem Vorbehalt einer Übereinstimmung mit der Erwartung eines
(hypothetischen) Marktteilnehmers und der bestmöglichen Verwertung (*highest
and best use*).

Für die Bewertung von Steuerlatenzen auf temporäre Differenzen ist konzeptio- 132
nell (sowohl nach US-GAAP als auch nach IFRS) auf die sofortige Realisierung
der zugrunde liegenden temporären Differenz zum Stichtag abzustellen. Die
Sicherstellung der rechentechnischen Konsistenz des *impairment*-Tests gelingt –
in einem zunächst unterstellten steuerbaren Veräußerungsszenario – unabhängig
von der Behandlung von Steuerlatenzposten aus temporären Differenzen. Bei
einer Berücksichtigung im Buchwert (als Korrekturposten) der CGU sind Steu-

---

[46] DELOITTE, A Roadmap to Accounting for Income Taxes 2011, S. 341f., Ch. 11.107; PwC, Goodwill
Impairment Testing: Tax Considerations 2009, Tax focal point #3; PwC, Guide to Accounting for
Income Taxes 2009, S. 10–35.

erfolgen einer Veräußerung bereits erfasst und somit konsistent im erzielbaren Betrag (dem Barwertkalkül) nachzubilden.

> **Praxis-Beispiel**
> Der bilanziell erfasste *fair value* eines Vermögenswerts beträgt 200 GE, der korrespondierende Steuerwert 100 GE. Bei einem Steuersatz von 50 % wird eine passive latente Steuer von 50 GE erfasst. Bei einer fiktiven (Einzel-)Veräußerung wären 200 GE zu erzielen, darauf Steuern von 50 GE zu entrichten. Der erzielbare Betrag ohne Steuern beträgt 200 GE und 150 GE nach Steuern. Bei korrespondierender Behandlung des Buchwerts stellt sich keine Abweichung ein, es besteht kein Abwertungspuffer.

Wenn der bilanzielle Wertansatz bereits einen Zeitwert und damit im Barwertkalkül eine abgezinste Größe darstellt, entspricht die aus der Gegenüberstellung mit dem Steuerwert resultierende temporäre Differenz sowie die mit ihr verbundene Steuer ebenfalls einem Zeitwert bzw. einer abgezinsten Größe. Vor-Steuer- und Nach-Steuer-Behandlung führen zu **konsistenten Ergebnissen**. Zur Vermeidung von Inkonsistenzen im Rahmen einer Nach-Steuer-Betrachtung ist bei nicht zum Zeitwert abgebildeten Bilanzposten eine Differenzierung zwischen der Anpassung von Buchwert und erzielbarem Betrag geboten.

133 Anderes gilt ausnahmsweise für Steuerlatenzen, die aus einer **nicht steuerbaren Transaktion** herrühren. Angesprochen sind insbesondere Steuerlatenzen im Gefolge der Latenzrechnung einer *business combination*. Entgegen der für den Einzelerwerb beachtlichen *initial recognition exemption* für Steuerlatenzen (IAS 12.22), sind im Fall eines *share deal* trotz eines (potenziell) steuerfreien Zugangs Steuerlatenzen zu erfassen, welche c. p. den *goodwill* aus der Transaktion der Höhe nach beeinflussen. Im Rahmen einer Vor-Steuer-Betrachtung ergäbe sich daher i.H. e. Passivüberhangs latenter Steuern aus der *nontaxable transaction* ein **wirtschaftlich nicht gerechtfertigter Abwertungsbedarf** des *goodwill*. Zur Vermeidung einer Inkonsistenz ist die Steuerlatenz entgegen IAS 36.76(b) in den Buchwert der CGU unabhängig von der Bestimmung des erzielbaren Betrags aufzunehmen.[47] Im Rahmen des *impairment*-Tests ist **steuerlichem Optimierungspotenzial** Rechnung zu tragen, insbesondere die Möglichkeit zur steuerlichen Gestaltung einer Transaktion als steuerbar oder steuerneutral (analog ASC 350–20–35–26) in Betracht zu ziehen.

134 Eine Besonderheit ergibt sich für aktive Steuerlatenzen aus Verlustvorträgen und steuerlichen Gutschriften. Konzeptioneller Maßstab der Bewertung ist nicht die sofortige Realisation am Stichtag, sondern die durch die Steuer- und Ergebnisplanung belegte **künftige Realisation im Zeitablauf**. Dieses Zeitmoment bedingt zur Berücksichtigung des Zeitwerts des Geldes (*time value of money*) eine Abzinsung, welche allerdings für die Bilanzierung untersagt ist (IAS 12.53). Die Aufnahme von entsprechenden Steuerposten (nach IFRS wahlweise) in den Buchwert der CGU/*reporting unit* führt wegen der **zeitlichen Distorsion** – Gegenüberstellung einer undiskontierten Größe mit dem Barwert der Zahlungswirkungen – zu einer Inkonsistenz zwischen Vor-Steuer- und Nach-Steuer-Be-

---

[47] Gl. A. LOITZ/VAN DELDEN, WPg 2009, S. 507.

trachtung. Durch den Nichteinbezug von aktiven latenten Steuern in den Buchwert der CGU wird eine evtl. (Abwertungs-)Belastung i. H. d. Differenz zwischen der Summe der undiskontierten Steuerfolge und deren Barwert vermieden.

Praxis-Beispiel

Unternehmen U erwartet für eine CGU steuerbare, uniforme Einzahlungsüberschüsse von jährlich 10 GE vor Steuern. Der Steuersatz beträgt 20 %. Ein bislang nicht genutzter Verlustvortrag beläuft sich auf 50 GE, korrespondierend erfasst U eine aktive latente Steuer von 10 GE. Der Buchwert der CGU vor Berücksichtigung latenter Steuern beträgt 100 GE. Der beobachtbare Nach-Steuer-Zinssatz für die CGU beträgt 8 %, der sich wegen der uniformen Zahlungen durch *grossing-up* auf den Vor-Steuer-Zins von 10 % hochrechnen lässt. Der Barwert beträgt – zunächst ohne Berücksichtigung des Verlustvortrags – unabhängig von Steuern 100 GE. Eine Abwertung scheidet aus. Wird allerdings eine Beurteilung unter Einbezug des Verlustvortrags vorgenommen, ist eine Nach-Steuer-Rechnung erforderlich. Der Buchwert der CGU von 110 GE ist dem Barwert der Nach-Steuer-Zahlungen von jeweils 10 GE (keine Steuerbelastung durch Verbrauch des Verlustvortrags) für die Perioden 1–5 und danach 8 GE gegenüberzustellen. Es folgt ein Abwertungsbedarf von ca. 2 GE.

Darüber hinaus ergibt sich eine zusätzliche Komplexität für die Berücksichtigung von (weiteren) vorgetragenen steuerlichen Verlusten/Gutschriften, die nicht zum Ansatz einer aktiven latenten Steuer geführt haben. Eine Pflicht zur Anpassung im Zug der nach IFRS gebotenen Vor-Steuer-Betrachtung besteht explizit nicht (IAS 36.BCZ89). Der (wahlweise) **Einbezug von Steuerposten** in den Buchwert einer CGU als *policy choice* ist **nachteilig**, somit eine Nichtberücksichtigung vorziehungswürdig.

Der Verzicht auf einen Einbezug von Steuerposten in den Buchwert der CGU scheidet allerdings aus, wenn der erzielbare Betrag bestehenden Steuerpotenzialen – Gestaltung als *taxable* oder *nontaxable transaction* – Rechnung trägt. 135

Praxis-Beispiel

Unternehmen U stellt für die Abgrenzung von CGUs auf rechtliche Einheiten, somit bestehende TUs ab. CGU-1 (TU-1) hat einen bislang nicht genutzten Verlustvortrag für den in vollem Umfang eine aktive latente Steuer erfasst wurde. Im Fall einer Veräußerung wäre ein *share deal* steuerlich optimal, da dieser steuerneutral (*nontaxable transaction*) zu vollziehen wäre. U bestimmt den erzielbaren Betrag unter der Prämisse einer Veräußerung der Anteile, die keinen Untergang der Verlustvorträge nach sich zieht. Aus Konsistenzgründen ist entweder der Buchwert der CGU-1 unter Berücksichtigung der Steuerposten zu bestimmen oder der erzielbare Betrag um den eingepreisten Steuervorteil aus dem übertragbaren Verlustvortrag zu reduzieren.

Die Übereinstimmung der *unit of account* (Buchwert der CGU) und der *unit of measurement* (erzielbarer Betrag der CGU), somit die Konsistenz des *impairment*-Tests ist sicherzustellen.

136   Wird für die Bestimmung der Zahlungsströme hingegen auf eine Steuerplanung abgestellt, sind die latenten Steuerposten nicht im Buchwert zu erfassen. Zum Bewertungsstichtag vorhandene Steuerlatenzen bleiben unbeachtlich.

5.3.4 Gemeinschaftlich genutzte Vermögenswerte

137   **Gemeinschaftlich** genutzte Vermögenswerte (etwa Konzernzentrale, EDV-Ausrüstung, Forschungseinrichtung etc.) erzeugen per definitionem keine eigenständigen *cash flows*, und ihr Buchwert kann nicht in voller Höhe einer bestimmten CGU oder einer Gruppe von CGUs zugeordnet werden (IAS 36.100). Daher bietet sich die Verwendung von **Schlüsselgrößen** an, wie sie zur Verteilung von Gemeinkosten auf Kostenstellen verwendet werden. Eine mögliche Wertminderung dieses *corporate asset* ist dann den betreffenden CGUs (oder Gruppen) anteilig anzulasten (IAS 36.101). Die Erfassung von *corporate assets* im Buchwert der CGU ist unabhängig davon geboten, ob ein *triggering event* (Rz 19) für ein *impairment* vorliegt oder eine periodische Verpflichtung (Rz 14) zum *impairment*-Test (etwa für *goodwill*) besteht.

Das spezielle Problem des Wertminderungstests besteht hier in der **Zuordnung** der *corporate assets* zu einer CGU. Dazu macht IAS 36.102 folgende Vorgaben:

- Ist eine vernünftige und zeitlich dauerhafte Zuordnung eines Teilbereichs *(portion)* des *corporate asset* zur CGU möglich, muss der Wertminderungstest-Vergleich vom (anteiligen) Buchwert und Nutzungswert (Rz 6) für die betreffende CGU unter Einbezug dieses Teilbereichs vorgenommen werden.
- Ist eine solche (direkte) Teil-Zuordnung zur überprüften CGU nicht möglich, muss der *impairment*-Test zunächst ohne den gemeinsam genutzten Vermögenswert erfolgen und buchmäßig erfasst werden.
- Schließlich ist so lange nach einer Gruppe von CGUs zu fahnden, bis eine (Teil-)Zuordnung des gemeinsam genutzten Vermögenswerts gelingt.
- Alsdann ist der Wertminderungstest für diese CGU-Gruppe unter Einbeziehung des betreffenden (Teilbereichs des) *corporate asset* durchzuführen.

Mit der letztgenannten Vorgabe landet man in der Praxis häufig erneut beim **Gesamtunternehmen** als Zuordnungseinheit (so auch das *Illustrative Example* Nr. 8 in IAS 36.IE69ff.).

138   Für die (anteilige) Zuordnung eines gemeinschaftlich genutzten Vermögenswerts auf einzelne CGUs ist eine **stetige Basis** (etwa Buchwert, Umsatzerlöse oder eine andere repräsentative Größe) zugrunde zu legen. Eine Aufteilung eines *corporate asset* nach Tragfähigkeit des bestehenden CGUs scheidet u.E. aus. Der Verteilungsschlüssel ist als relative Größe zu bestimmen, ggf. ist daher eine Gewichtung geboten. Auch wenn sich das Verhältnis der Schlüsselgröße von Periode zu Periode ändert, ist an der gewählten (Aufteilungs-)Basis festzuhalten.

Praxis-Beispiel

Unternehmen U hat drei zahlungsmittelgenerierende Einheiten A, B und C. Der Buchwert eines *corporate asset*, welches von allen drei CGUs genutzt wird, beträgt in der Periode 01 1.000 GE (bzw. in Periode 02 950 GE). U entscheidet sich für eine Verteilung anhand der Buchwerte der jeweiligen CGU. Da die Nutzungsdauern der einzelnen CGUs unterschiedlich sind, ist eine Gewichtung geboten.

Periode 01	CGU A	CGU B	CGU C	Total
Buchwert in GE	2.000	4.500	3.500	10.000
Verbleibende Nutzungsdauer in Jahren	12	15	7	
Gewichteter Anteil der CGU in %	20,7 %	58,2 %	21,1 %	100 %
Pro-rata-Anteil am *corporate asset* in GE	207	582	211	1.000
Buchwert nach Zuordnung *corporate asset* in GE	2.207	5.082	3.711	11.000
Periode 02				
Buchwert in GE	1.800	4.200	3.000	9.000
Verbleibende Nutzungsdauer in Jahren	11	14	6	
Gewichteter Anteil der CGU in %	20,5 %	60,9 %	18,6 %	100 %
Pro-rata-Anteil am *corporate asset* in GE	195	578	177	950
Buchwert nach Zuordnung *corporate asset* in GE	1.995	4.778	3.177	10.000

Eine anteilige Erfassung des *corporate asset* im Buchwert der CGU rechtfertigt 139 keine vollständige Eliminierung von (Konzern-)**Umlagen** im Zahlungsstrom, die innerhalb einer (Unternehmens-)Gruppe für die Nutzung von gemeinschaftlichen Vermögenswerten erhoben werden. Eliminierungspflichtig sind lediglich die folgenden Komponenten einer – als künftigen Zahlungsabfluss geplanten – Umlage (analog zur Zerlegung von Leasingzahlungen → § 15a Rz 51; ausführlich auch → § 31 Rz 126):

(1) Für die getätigte Investition in den gemeinschaftlich genutzten Vermögenswert ist eine angemessene **Verzinsung** *(return on)* zu „verdienen".

(2) Für planmäßig nutzbares Vermögen ist zusätzlich eine Kompensation für die physische **Abnutzung** *(return of)* zu berücksichtigen.

Neben einem *return on* und einem *return of* kann eine vereinbarte Umlage aber auch (bzw. nur) erforderliche **Erhaltungsaufwendungen** für das *corporate asset* umfassen. Notwendige Auszahlungen für Instandhaltung sind im Zahlungsstrom trotz Einbezug des gemeinschaftlich genutzten Vermögenswerts nicht zu korrigieren. Auch evtl. in die Umlage eingepreiste (konzerninterne) Margen sind nicht eliminierungspflichtig (IAS 36.70).

> **Praxis-Beispiel (Fortsetzung zu Rz 138)**
> U belastet die drei CGUs mit einer jährlichen Konzernumlage, die von einer erwarteten Verzinsung der Investition (ursprüngliche Höhe 1.000) von 6 % und einer Nutzungsdauer des *corporate asset* von 20 Jahren ausgeht. Zusätzlich werden 5 % der Investitionskosten als jährlich benötigter Erhaltungsaufwand eingepreist. Die Gesamthöhe der jährlichen Umlage beträgt daher 160 GE (= 1.000 × 6 % + 1.000 × 5 % + 1.000 × 5 %). Für die Verteilung

> wendet U einen vereinfachten, konstanten Schlüssel von jeweils 25 % für die CGUs A und C und 50 % für CGU B an.
> Die jährliche Umlage, die auch der Planung zugrunde gelegt wird, beträgt für CGU A 40 GE. Mit anteiligem Einbezug des gemeinschaftlich genutzten Vermögenswerts ist eine Anpassung der geplanten Zahlungsmittelabflüsse geboten. Infrage kommt – unter Berücksichtigung der konzerninternen Gewichtung – ein „Herausrechnen" der eliminierungspflichtigen Komponenten oder aber eine vollständige Eliminierung der 40 GE und anschließender Berücksichtigung eines anteiligen Erhaltungsaufwands. Im zweiten – aus Arbeitsökonomie vorziehungswürdigen – Fall ergäbe sich für Periode 01 eine Korrektur um 29,7 GE, nur der anteilige Erhaltungsaufwand von 10,3 GE (= 20,7 % × 1.000 × 5 %) wird als künftiger Abfluss berücksichtigt.

140   Die rechentechnische Konsistenz des *impairment*-Tests kann auch gewährleistet werden, wenn anstatt der anteiligen Erfassung eines *corporate asset* im Buchwert der CGU der erwartete Zahlungsstrom aus einer CGU um ein (fiktives) **Nutzungsentgelt** (*corporate asset recharge*) gemindert wird. Da sich – unabhängig von dem rechnerischen Vorgehen – allerdings im Vergleich zu einer anteiligen Erfassung im Buchwert aus allgemeinen Kongruenzanforderungen kein abweichendes Ergebnis einstellen kann, scheidet eine (ausschließliche) Anpassung des Zahlungsstroms für gemeinschaftlich genutzte Vermögenswerte i. d. R. aus. Sollte dennoch auf *corporate asset recharges* zurückgegriffen werden, sind diese unter Rückgriff auf den gemeinschaftlich genutzten Vermögenswert (spezifischer *return on* und *return of*) und nicht auf Marktraten (*market prices*) zu bestimmen.

5.4   Sondervorschrift für den *goodwill*

5.4.1   Durchführung des *impairment*-Tests

141   Auf der gleichen logischen Gliederungsebene wie die gemeinschaftlich genutzten Vermögenswerte (*corporate assets*; Rz 137) erscheint zunächst eher unscheinbar auch der *goodwill* aus einem Unternehmenszusammenschluss als Rechengröße innerhalb eines *impairment*-Tests (IAS 36.77). Das **überrascht** insofern, als letztlich der *impairment*-Test für den *goodwill* materiell im Mittelpunkt von IAS 36 steht. Letzteres erklärt sich aus der „Adoption" des sog. *impairment only approach* nach US-GAAP, also dem Verzicht zur Verrechnung laufender Abschreibungen für diesen *goodwill* (→ § 31), was umgekehrt die **laufende Überwachung** der Werthaltigkeit des *goodwill* erforderlich macht.
Die umsetzungstechnische Vorgehensweise des IASB ist eine andere als diejenige des FASB. Dieser regelt die außerplanmäßige *goodwill*-Abschreibung (sowie die Abschreibung immaterieller Vermögenswerte unbestimmter Nutzungsdauer; Rz 14) aufgrund des *impairment*-Tests in einem **besonderen** Standard; demgegenüber **integriert** der IASB die diesbezüglichen Regeln. IAS 36 enthält also „flächendeckend" die Regeln für die Ermittlung eines außerplanmäßigen Abschreibungsbedarfs und dessen Abbildung im Jahresabschluss. Diese Integration gelingt nicht reibungslos, d. h. führt zu **Inkonsistenzen** (Rz 164 ff.) und **Redundanzen**.

Der Wertminderungstest für den *goodwill* nach US-GAAP basierte bislang – anders als die Vorgaben nach IFRS – auf einem zweistufigen Ansatz (ASC 350–20–35–3 bis 35–19): **142**

- Auf der ersten Stufe ist der Buchwert der Berichtseinheit (inkl. *goodwill*) dem *fair value* gegenüberzustellen.
- Übersteigt der Buchwert inkl. *goodwill* den *fair value* der Berichtseinheit, ist auf der zweiten Stufe der Buchwert des *goodwill* mit dem impliziten *fair value* des *goodwill* zu vergleichen.

Für einen festgestellten Überhang ist eine Wertminderung zu erfassen. Für die Ermittlung des impliziten *fair value* des *goodwill* ist eine (fiktive) Kaufpreisallokation zum Zeitpunkt des Wertminderungstests vorzunehmen (ASC 350–20–35–14 bis 35–19). Mit Verabschiedung des ASU(2011) 350 wird der zweistufigen Methodik eine qualitative Beurteilungsstufe vorangestellt. Eine quantitative Beurteilung ist danach nur noch erforderlich, wenn anhand qualitativer Faktoren die Existenz eines Wertminderungsbedarfs eher wahrscheinlich als unwahrscheinlich (*more-likely-than-not*-Schwelle) erscheint (ASU(2011) 350–20–35–3 und 35–3A i. V. m. 35–3D).

Der *goodwill* aus einem Unternehmenszusammenschluss ist der Mehrwert, den der Erwerber in der Erwartung künftiger Gewinne über die erworbenen und identifizierbaren Vermögenswerte abzüglich der Schulden hinaus vergütet (IAS 36.81). Daraus folgt das Grundproblem der bilanziellen Abbildung eines solchen Unternehmenserwerbs, nämlich die **Aufteilung** des bezahlten Gegenwerts auf die erworbenen Vermögenswerte abzüglich der Schulden einerseits und auf den *goodwill* andererseits (**Kaufpreisallokation**; → $\S$ 31 Rz 71 ff.). Der *impairment*-Test für den *goodwill* weist gewisse Parallelen zu dieser Kaufpreisallokation auf, muss aber dabei folgende Besonderheiten beachten: **143**

- Der **Bewertungsanlass** beim Unternehmenserwerb liegt im Kauf bzw. Erwerb der Kontrollmehrheit. Beim *impairment*-Test bedarf es der Definition besonderer Bewertungsanlässe und -intervalle.
- Bei der Erst-Allokation des Kaufpreises auf die Vermögenswerte etc. im Gefolge des Unternehmenserwerbs etc. liegt als Berechnungsgrundlage der **Kaufpreis** vor. Beim *impairment*-Test fehlt diese Richtgröße.
- Der Wertminderungstest ist bei Vorliegen eines besonderen **Anhaltspunkts** (*indication*; IAS 36.90), ansonsten im **Jahresrhythmus** zu einem beliebigen Zeitpunkt (*at any time*) durchzuführen, allerdings in zeitpunktbezogen konsistenter Form (Rz 14). Der Zeitpunkt kann für die jeweilige (*goodwill*-tragende) CGU individuell bestimmt werden (IAS 36.96).
- Bei Neuklassifizierung von Anlagevermögen als sog. **Abgangsgruppe** (*disposal group*) i. S. d. IFRS 5 ist zwingend auch unterjährig ein *impairment*-Test durchzuführen (→ $\S$ 29 Rz 41).
- Sofern der *goodwill* nach dem Unternehmenserwerb der CGU noch **nicht zugeordnet** ist, muss gleichwohl ein Wertminderungstest (ohne diesen *goodwill*) erfolgen (IAS 36.88).
- Der *impairment*-Test kann **stufenförmig** aufgezogen werden (IAS 36.97): vom einzelnen Vermögenswert, über die den *goodwill* tragende CGU hin zur CGU-Gruppe, der ein *goodwill* zugeordnet ist.

Der mindestens jährlich durchzuführende *impairment*-Test ist ein sehr **aufwendiges** Verfahren. Zur „Erleichterung" wird eine „Vorgangs"-Betrachtung (IAS 36.99) **144**

erlaubt. Danach kann (Wahlrecht) der **zuletzt ermittelte** erzielbare Wert (Rz 6) in die neue Periode übernommen werden, wenn folgende Kriterien **kumulativ** erfüllt sind, was allerdings nur selten der Fall sein wird (Rz 29):

- Die Vermögenswerte und Schulden der zu testenden Einheit haben sich gegenüber dem letztmaligen Prüfungszeitpunkt **nicht nennenswert verändert.**
- Die letzten vorliegenden Berechnungen über den erzielbaren Betrag haben einen **hohen Überschuss** (*substantial margin*) dieses Werts über den Buchwert ergeben.
- Eine Analyse der **seitherigen Entwicklung** des ökonomischen Umfelds bestätigt die geringe Wahrscheinlichkeit, dass der Buchwert der Einheit den erzielbaren Betrag übersteigt.

Weitere Besonderheiten ergeben sich hinsichtlich der **Steuerlatenz** (→ § 26) und der Berücksichtigung von **Minderheitsinteressen** (Rz 194; → § 31). Wegen des Übergangs auf das neue Verfahren vgl. Rz 247.

5.4.2 Allozierung des *goodwill* aus einer *business combination*

145   IAS 36 geht systematisch vom Wertminderungsbedarf des **einzelnen** Vermögenswerts aus (Rz 13 ff.), gelangt dann allerdings im Hinblick auf den investitionstheoretischen Ansatz für den Wertminderungstest (Rz 42) in den Bereich einer **Gesamtbewertung** durch das Vehikel der *cash generating unit* (CGU; Rz 101). Beim quantitativen (Rz 14) Werthaltigkeitstest für den *goodwill* kommt es zwingend zu einer solchen **Teil-Unternehmensbewertung**, so dass die technische Abwicklung des Wertminderungstests für den *goodwill* aus einem Unternehmenszusammenschluss auf der Grundlage von DCF-Verfahren als lösbar erscheint.

146   Allerdings soll sich der Wertminderungstest nicht auf der Ebene des Gesamtunternehmens (Konzerns) bewegen, sondern eben auf der niedrigeren einer *cash generating unit*, die ohnehin in den meisten Fällen als Bewertungseinheit benötigt wird (Rz 101 ff.). Bewertungsobjekt ist also nicht der **gesamte** *goodwill* des Unternehmens oder Konzerns. Die sich dann als entscheidend herausstellende Frage ist die der **Zuordnung** eines solchen *goodwill* auf die für den Wertminderungstest insgesamt benötigte *cash generating unit*. Anders ausgedrückt: Welchen ggf. für Zwecke des *impairment*-Tests bereits identifizierten oder im Zug des Unternehmenszusammenschlusses neu zu definierenden CGUs oder einer Gruppe von CGUs ist der konkrete (Teil-)*goodwill* zuzuordnen?

147   IAS 36.80 gibt hierauf zunächst folgende Antwort:

- Die Zuordnung des *goodwill* ist unabhängig von derjenigen für die Einzelvermögenswerte und Schulden vorzunehmen, und zwar zu der CGU (Gruppe von CGUs; Rz 158), die vermutlich von den **Synergieeffekten** des Unternehmenszusammenschlusses profitiert, und zwar unabhängig davon, ob Interessen nicht beherrschender Gesellschafter (Rz 194 ff.) davon betroffen sind (IAS 36.92 bzw. IAS 36.C2 rev. 2008).
- Die betreffende CGU (Rz 101) darf nicht größer sein als ein operatives **Segment** (IFRS 8; → § 36), das noch nicht für die Berichterstattung mit anderen Segmenten **zusammengefasst** worden ist (→ § 36 Rz 35 ff.).
- Nach unten (aus Sicht der Unternehmenshierarchie) wird die **niedrigste** konzerninterne Berichtsebene genannt, bei der der *goodwill* systematisch überwacht (*monitored*) wird.

Für (derivativen) *goodwill* scheidet eine Einzelbewertung aus (IAS 36.80), eine **148** Zuordnung zu einer zahlungsmittelgenerierenden Einheit ist daher geboten. Der *goodwill* entspricht dem Mehrwert, den der Erwerber in der Erwartung künftiger Ergebnispotenziale über das erworbene Nettovermögen hinaus vergütet (IAS 36.81). Neben *going-concern*-Erwartungen stellt er insbesondere erwartete Synergiepotenziale aus dem Zusammenwirken einzelner Unternehmensbereiche dar. Für die Zuordnung dem Grunde nach ist eine Orientierung an den erwarteten **Synergieeffekten** geboten. Ein allgemeiner Verteilungsschlüssel für die Zuordnung der Höhe nach wird nicht vorgegeben, möglich ist daher ein Abstellen auf die relativen *fair values*, aber auch der Rückgriff auf andere Wertmaßstäbe. Die Verteilung eines derivativen *goodwill* auf einzelne CGUs steht daher zunächst im Ermessen des Managements, zumindest solange die Zuordnung allgemeinen **Plausibilitätsanforderungen** genügt. Eine willkürliche Verteilung oder ein Rückgriff auf ein Tragfähigkeitsprinzip, welches keine Synergieerwartungen widerspiegelt, scheidet allerdings aus.

> **Praxis-Beispiel**
> Unternehmen M mit den beiden Geschäftsbereichen/Produkten A und B erwirbt das Geschäft des Hauptkonkurrenten N. N operiert in einer anderen Region. M will in Teilbereichen Kunden von N auf A-Produkte transferieren. Umgekehrt sollen die Marken und Produktlinien von N durch M nicht gefördert werden. Der wesentliche Teil des erworbenen *goodwill* ist auf die bestehenden A-CGUs von M zu verteilen, die von den erwarteten Synergien des Unternehmens profitieren sollen.
> Die Produkte des Bereichs lassen sich nicht an N-Kunden vertreiben. Auch wenn der Bereich B sehr profitabel ist und ein „breites" Saldierungskissen (Rz 156) aufweist, scheidet eine Zuordnung des erworbenen *goodwill* aus.

Innerhalb des Standards fehlt es an einer Vorgabe zur Auslegung von „not larger **149** than". Zwei mögliche Lesarten bieten sich an:

- Lesart 1: Bei Interpretation von „*not larger than*" im **algebraischen Sinne** als „kleiner gleich" (≤) wäre etwa auf Umsatz, Ergebnis oder eine sonstige Größe abzustellen und insofern zu untersuchen, ob der Umsatz oder die sonst angewandte Größe der für Zwecke der Zuordnung von *goodwill* zu identifizierenden CGU kleiner als die entsprechende Größe für das operative Segment ist. Es fehlt in IAS 36.80(b) allerdings überhaupt an Vorgaben, welche Größen/Kennzahlen einschlägig wären. Damit käme beinahe jede infrage. Die Festlegung wäre vollkommen willkürlich möglich; damit ist das Kriterium nicht operationabel.
- Lesart 2: Bei Interpretation von „*not larger than*" als **echte** oder **unechte** **Teilmenge** würde eine Schnittmenge nicht ausreichen: Nach entsprechender Lesart wäre die *goodwill* tragende CGU immer ein Ausschnitt aus einem operativen Segment (echte Teilmenge) oder maximal mit diesem identisch (unechte Teilmenge).

Die erste Lesart widerspricht u.E. unter teleologischen Gesichtspunkten dem Verhältnis von IAS 36.80(b) zu IAS 36.80(a). Nach IAS 36.80(a) ist für den *impairment*-Test auf den „*lowest level*", also die unterste Einheit abzustellen, auf der *goodwill* überwacht wird. IAS 36.80(b) soll diese Vorschrift lediglich in der Weise flankieren, dass auch bei einem Verzicht auf eine Überwachung einzelner *goodwills* die *goodwill* tragende CGU nicht einen höheren Level haben kann als ein (*reportable*) Segment (nach dem *Annual Improvements Project 2009*, unabhängig davon, ob es *reportable* ist).

150 Diese Auslegung wird durch IAS 36.BC137 – IAS 36.BC150(b) bestätigt. In diesen Erläuterungen des für die Ebene des *impairment*-Tests gewählten Ansatzes geht es sowohl in der Auseinandersetzung mit Stellungnahmen zum *Exposure Draft* als auch im vorgenommenen Rechtsvergleich zu US-GAAP und schließlich auch in den Klarstellungen, warum es auf das Merkmal *reportable* nicht ankommt, beständig nur um die Frage, auf welchem Level der *goodwill* zu testen ist. In IAS 36.BC150B kommt die Gleichsetzung von „*not larger*" mit „*not on a higher level*" etwa in folgenden Formulierungen zum Ausdruck: „*The Board noted that aggregating operating segments for goodwill impairment testing into a unit larger than the level at which goodwill is monitored contradicts the rationale underlying IAS 36...*"

Das „*larger than*" ist somit i.S. e. **hierarchischen Struktur**, bei der (Ober-)Einheiten (hier *level*) aus Untereinheiten (*lower level*) bestehen, so zu verstehen, dass der *level*, auf dem der *goodwill* getestet wird, zwar eine Untereinheit eines Segments oder das Segment selbst sein darf, aber weder eine Einheit, die über dem Segment anzusiedeln ist, noch eine Einheit, die quer zum Segment liegt. In der Terminologie der Mengenlehre lässt sich dies auch wie folgt ausdrücken: Eine *goodwill* tragende CGU kann nur **echte Teilmenge** bzw. maximal **identische Menge** (unechte Teilmenge) eines Segments sein, aber nicht eine das Segment lediglich überlappende Schnittmenge.

151 Die letztgenannte Größe war im Vorfeld der Neufassung von IAS 36 im Hinblick auf die stärker quantifizierende Vorgabe in SFAS 142 besonders umstritten. Dort ist nämlich die Grenze nach unten durch die **erste** Berichtsebene **unterhalb** eines Segments angesiedelt. Der IASB hat sich standhaft gegen diese Begrenzung gewandt (IAS 36.BC167). Allerdings verlangt IAS 36 keine Staffelung der Berichtstiefe so weit nach unten, dass nur wegen des erforderlichen *impairment*-Tests für den *goodwill* eine eigenständige Berichtsebene in die Konzernstruktur eingeführt werden muss (IAS 36.82). Die Bezugnahme auf das innerbetriebliche Berichtswesen *(management approach)* ist im Übrigen organisatorisch zwingend, denn ohne ein solches können die anspruchsvollen Vorgaben des *impairment*-Tests speziell für den *goodwill* ohnehin nicht erfüllt werden.

152 Andererseits darf die Zuordnung des *goodwill* nicht den internen Rentabilitätsvorgaben **widersprechen**. Dazu folgendes Beispiel:

Praxis-Beispiel

Das Unternehmen U hat drei Segmente nach der Vorgabe von IFRS 8 (→ § 36 Rz 15 ff.). Jedes Segment verfügt über zwei an Produktgruppen orientierte Subeinheiten. Ein erworbener *goodwill* soll für vier der sechs Untereinheiten Synergien bereitstellen. Die Untereinheiten berichten ihre Leistungszahlen unmittelbar an die oberste Managementebene. Allerdings ist die Rentabilitätsvorgabe für das in den sechs Untereinheiten investierte Kapital anlässlich der Akquisition vom Topmanagement angehoben worden. Diese Vorgabe kann als *goodwill*-Allokation gewertet werden, denn der *goodwill* wird „indirekt" überwacht.

Bzgl. der laufenden Überwachung des *goodwill* knüpft letztlich der Standard an das **interne Berichtswesen** des Konzerns/Unternehmens an (IAS 36.BC143), allerdings ohne dessen Struktur für den Test verbindlich zu erklären.[48] Dazu müsste das interne Berichtswesen der anspruchsvollen Aufgabe der Abbildung von **Synergien** gerecht werden. Anders formuliert: Wenn das interne Reporting zwei CGUs **getrennt** erfasst, hindert dies die Überwachung eines durch die Synergien zwischen beiden CGUs entstandenen *goodwill*. Jedenfalls lässt sich ein „Spannungsfeld"[49] zwischen der Vorgabe (IAS 36.80) zur Verwendung der niedrigsten Überwachungsebene des *goodwill* im internen Berichtswesen und der Vorgabe *„that are expected to benefit from the synergies of the combination"* nicht verleugnen. Ein Lösungsansatz für dieses Problem bietet die Zuordnung eines *goodwill* auf **mehrere** CGUs (Rz 158), die gemeinsam überwacht werden.

153

Der Begriff „CGU" (Rz 102) beruht auf der Möglichkeit des Absatzes von Produkten auf Märkten. Damit ist der betriebliche **Leistungsprozess** angesprochen, der regelmäßig in der Abgrenzung von **Segmenten** durch das Management gesteuert wird. Die danach erforderliche Steuerung der Konzerneinheit unter Berücksichtigung der spezifischen Chancen und Risiken legt die Bestimmung der CGU auf der Grundlage einer **sektoralen** (produktorientierten) Segmentierung (→ § 36 Rz 20) nahe.[50] Diese theoretische Vorgabe wird durch die in Deutschland praktizierte internationale Rechnungslegungspraxis bestätigt. Mehrheitlich erfolgt die Abgrenzung der CGUs anhand der Segmente und darin wieder überwiegend in **sektoraler** Ausrichtung. Die **regionale** Segmentierung ist in diesem Zusammenhang von untergeordneter Bedeutung.[51]

154

Im Ergebnis löst sich die *goodwill*-Bilanzierung von der einzelerwerbsorientierten Buchwertfortschreibung. Der einzelne Erwerbsvorgang stellt nicht den Mittelpunkt der Werthaltigkeitsprüfung dar.[52]

Die Definition einer CGU im **Großkonzern** wird sich i.d.R. an der Organisationsstruktur ausrichten. Im Fall einer Matrixorganisation bietet sich folgendes Schema an:

155

Praxis-Beispiel

Ein global tätiger Versicherungskonzern ist **sachlich** „gegliedert" in die Versicherungsbranchen mit jeweiliger Zuständigkeit eines Vorstandsressorts:

- Leben und Kranken *(„life")*,
- Sach und Kfz,
- Kredit,
- Vermögensverwaltung *(„asset management")*.

Geografisch sind den Vorständen zugeordnet:

- Westliches Europa,
- US-Amerika,
- Südamerika,
- Naher Osten,
- Ferner Osten.

---

[48] Hachmeister/Kunath, KoR 2005, S. 69.
[49] Hachmeister/Kunath, KoR 2005, S. 70.
[50] So Haaker/Paarz, KoR 2005, S. 194.
[51] Pellens u.a., BB-Spezial 10/2005, S. 12.
[52] Küting/Wirth, KoR 2005, S. 199.

> Entsprechend bietet es sich an, eine CGU „Naher Osten, Sach" zu definieren. Eine „Unter-CGU" wäre allerdings erforderlich, wenn aus politischen Gründen die Staaten Israel und Zypern, die zu diesem geografischen Segment gehören, völlig getrennt vom übrigen Bereich gesteuert werden.

In der IFRS-Rechnungslegungspraxis der deutschen Großkonzerne wird die CGU überwiegend als recht umfangreich definiert.[53] Dabei bewegt sich die Anzahl der CGUs keineswegs proportional zur Größe des Unternehmens/Konzerns.

Praxis-Beispiel
Ein Unternehmen betreibt in Deutschland 100 Fitness-Studios in guten Innenstadtlagen. Das zentrale Management beschränkt sich auf die Hilfestellung bei der individuellen Ausstattung des jeweiligen Studios. Mit Sportartikel- und Inneneinrichtungs-Herstellern besteht eine zentral ausgehandelte Rabattvereinbarung.
Die Generierung der Zahlungsmittel ist hier für jedes Studio weitgehend unabhängig. Es liegt jeweils eine CGU vor. Anders könnte es sich verhalten, wenn die Benutzung des Studios von einem Dauervertrag abhängig ist und dieser zur Nutzung jeder der deutschen Einheiten berechtigt. Sofern die Kunden diese Möglichkeit auch nennenswert nutzen und/oder diese Möglichkeit maßgeblich für den Vertragsschluss ist, liegt insgesamt nur eine CGU vor.

156 Die Definition der Einheit, die potenziell dem *impairment*-Test des *goodwill* unterliegt, hat erhebliche bilanz**analytische** und bilanz**politische** Bedeutung. Je größer die definierte Einheit ist, desto eher werden Wertminderungen in einer bestimmten „Untereinheit" durch positive Wertbeiträge des übrigen Bereichs **kompensiert**. Man spricht hier (IAS 36.BC167) von „Kissen" *(cushions)*, die den Wertminderungsverlust ausgleichen. Das gilt schon für die Aufteilung des Unternehmens/Konzerns in *cash generating units* überhaupt (Rz 110), unter Einbeziehung des dieser CGU zuzuordnenden *goodwill* kommt diesem Aspekt besondere gestalterische und bilanzpolitische Bedeutung zu.
Hierzu folgendes Beispiel:[54]

Praxis-Beispiel
- Die Bau AG gliedert ihr Geschäft in die Segmente Tief- und Hochbau.
- Der Hochbau wird weiter nach den Komponenten Wohnungs-, Büro- und Industriebauten unterteilt.
- Im Wohnungsbau wird in einer dritten Ebene noch zwischen Einfamilienhäusern und Geschosswohnungsbauten unterschieden.

Vor einigen Jahren wurde die Geschosswohnungsbaufirma G erworben. Der *derivative goodwill* wurde für US-GAAP-Zwecke der *reporting unit* (nach IAS 36 die CGU) „Wohnungsbauten" zugeordnet. Der Geschosswohnungsbau entwickelte sich jedoch schlechter als erwartet. Zu einer außerplanmäßigen Abschreibung auf den *goodwill* kam es dennoch nicht, da der Einfamilienhausbau stark steigende Ergebnisse abwirft und somit saldiert, d.h. auf Ebene

---

[53] PELLENS u.a., BB-Spezial 10/2005, S. 12.
[54] Entnommen LÜDENBACH/HOFFMANN, WPg 2004, S. 1068, 1073.

der *reporting unit* Wohnungsbau keine Einbußen der Ertragskraft festzustellen sind. Bei der IFRS-Umstellung stellt sich die Frage, ob der *goodwill* nunmehr einer kleinen Einheit, nämlich der CGU Geschossbau, nicht nur zugeordnet werden darf, sondern muss, mit der Folge eines *impairment* auf dieser kleineren Ebene.

Ob dieses „Saldierungskissen" also nach IFRS fortgeführt werden kann, hängt von der Verfügbarkeit der aus dem Reportingsystem der Einheit entstehenden Informationen ab, die für den *impairment*-Test verwendet oder mit geringem Aufwand angepasst werden können.

Eine dadurch indizierte Intensivierung des Controlling-Umfelds wäre sicherlich ein positiver Nebenaspekt des Übergangs auf die IFRS-Rechnungslegung.

Der Effekt des „Saldierungskissens" (*cushion*) provoziert auch **bilanzpolitische** 157 Überlegungen bereits bei der Erst-Allokation eines *goodwill* für Zwecke der Kapitalkonsolidierung (→ § 31 Rz 71 ff.). Die *cash generating units* und die zugehörigen Berichtssysteme können auf die künftige Vermeidung von Wertminderungsabschreibungen ausgerichtet werden.

Praxis-Beispiel
Ein europäisches Software-Unternehmen erwirbt eine zu konsolidierende Beteiligung in den USA mit folgenden Konzernbereichen und den zugehörigen Profitabilitäten:

	Profit	
Bereich	**USA**	**Welt**
A Lizenzierung	--	--
B *professional services*	+/-	+
C *maintenance*	++	--

- Definiert man die USA durch entsprechende Ausgestaltung des konzerninternen Berichtswesens insgesamt zur CGU, kann es u. U. zu einem *goodwill impairment* kommen.
- Denkbar ist auch die Einrichtung einer zweistufigen Berichtsebene für die USA-Akquisition, nämlich eine Trennung nach den drei Spartenbereichen. Dann ist der *goodwill* dem Bereich „*maintenance*-USA" zuzuordnen, mit der Folge einer (voraussichtlichen) Nichtabschreibung des *goodwill* in der Zukunft.

> • Schließlich ist eine durchgehende Zuordnung der USA-Akquisition zu den drei Sparten denkbar. Dann wäre der *goodwill* der Sparte „*maintenance*-Welt" zuzuordnen, mit der Folge eines möglichen *goodwill impairment* bei negativer Entwicklung dieser Sparte überhaupt.

Die Frage der Definition von „Saldierungskissen" als bilanzpolitisches Instrument stellt sich im Übrigen nicht nur bei einer Neuakquisition eines Unternehmens, sondern auch generell beim **Übergang** vom Abschluss nach bisherigem nationalen Recht auf denjenigen nach IFRS (→ § 6 Rz 119). Das zeigt sich deutlich am Beispiel eines Stromerzeugungs- und Stromverteilungsunternehmens mit einem defizitären Bereich, der nicht unbedingt als solcher (durch außerplanmäßige Abschreibung) in Erscheinung treten soll.

Praxis-Beispiel

Ein Energieversorgungs- und -verteilungsunternehmen produziert Strom aus:
• Kernkraftwerken,
• herkömmlichen thermischen Kraftwerken,
• Laufwasser-Kraftwerken,
• (neuerdings) Biomasse.

Die letztgenannte Erzeugungseinheit hat einen vorwiegend politischen Hintergrund: Umweltschutzorientierte Strömungen sollen von negativen Verhaltensweisen gegen das Kraftwerkunternehmen abgehalten werden. Ergänzend hierzu ist ein zusätzliches Vorstandsressort eingerichtet worden, das auch i. S. e. politischen Quotenbetrachtung besetzt wird. Mit nachhaltig negativen Ergebnissen aus dem Erzeugungsbereich „Biomasse" ist zu rechnen.

Bei Definition des Biomasse-Kraftwerks als eigene CGU wird es relativ kurzfristig zu einer entsprechenden Wertminderungsabschreibung kommen. Zur Vermeidung kann eine CGU „Erneuerbare Energien" eingerichtet werden, die neben dem Biomasse-Kraftwerk auch seit langem installierte Laufwasser-Kraftwerke mit anhaltender Profitabilität umfasst. Das „Kissen" dieser Laufwasser-Kraftwerke verhindert dann eine außerplanmäßige Abschreibung auf das Biomasse-Kraftwerk.

Eine andere Alternative bestünde in der Unterteilung des gesamten Unternehmens/Konzerns in die Bereiche
• Energieerzeugung (umfassend auch den Bereich „Biomasse"),
• Energieverteilung.

Dann würde das „Saldierungskissen" noch weiter gezogen.

---

158   Die Allozierung eines im Weg des Unternehmenszusammenschlusses *(business combination)* aufgedeckten *goodwill* ist nicht zwingend auf die Ebene jeder CGU herunterzubrechen. Es genügt eine Zuordnung auf **Gruppen** von CGUs *(groups of units)* gem. IAS 36.80. Dadurch wird die Möglichkeit eröffnet, die Überwachung des *goodwill* primär an den **internen Berichts- und Überwachungsstrukturen** auszurichten (Rz 152). Umgekehrt ist allerdings eine Neuausrichtung der *goodwill*-Zuordnung erforderlich, wenn die Berichtsstrukturen ihrerseits neu definiert werden (Rz 186). Nach IAS 36.87 ist dann der

vorhandene Buchwert des *goodwill* nach Maßgabe der relativen *fair values* neu zuzuordnen *(relative value approach)*. Die Entscheidung auf eine Neuausrichtung des internen Reportings stellt keinen *change in accounting policy* (→ § 24 Rz 28) dar, eine retrospektive Anpassung scheidet daher aus.

Praxis-Beispiel[55]
Der deutsche Telekommunikationskonzern T hat den osteuropäischen Festnetzbetreiber Eastcom erworben. Bislang war die Segmentierung konzernweit in jedem Land u.a. in die CGU „Festnetz" erfolgt. Diesem ist der *goodwill* aus der Akquisition zugeordnet worden. Künftig wird das Segment „Festnetz" landesspezifisch in zwei Segmente unterteilt: national und international. Das stark regulierte nationale Geschäft soll berichtstechnisch von dem unregulierten internationalen Geschäft getrennt werden. Der *goodwill* ist dann nach Maßgabe der relativen *fair values* auf das nationale und das internationale Geschäft des neu erworbenen osteuropäischen Festnetzbetreibers aufzuteilen.

Für den aus der Zeit **vor** dem *impairment only approach* entstandenen *goodwill* gilt der Übergangsstichtag als **Quasi-Anschaffungszeitpunkt**. Im Gefolge sind die betreffenden „Alt-*goodwills*" den CGUs zuzuordnen (Rz 145 ff.). Diese Zuordnung stellt sich als fiktiver Anschaffungsvorgang dar, der nach der Erwerbsmethode (→ § 31 Rz 11 ff.) abzubilden ist. Dazu muss als fiktiver Kaufpreis der erzielbare Betrag (Rz 6) des jeweiligen „Alt-*goodwill*" dem Buchwert der betreffenden CGU ohne die darin enthaltenen *goodwills* gegenübergestellt werden. Die daraus resultierende Differenz entspricht den Synergieeffekten des betreffenden *goodwill* im Übergangszeitpunkt. **159**
Eine Hochrechnung bzw. Zuschreibung des effektiv bilanzierten *goodwill* auf diesen neu errechneten Betrag kommt allerdings nicht in Betracht. I. d. R. werden die effektiven Buchwerte niedriger liegen als die neu errechneten Werte des oder der Alt-*goodwills*. Deshalb muss in diesen Fällen eine Abstockung dieses Buchwerts erfolgen, nach welcher Form, ist in IAS 36 nicht geregelt und kann deshalb vom Anwender willkürfrei entschieden werden.[56]

5.4.3 Erstmaliger *impairment*-Test für derivativen *goodwill*

Ein im Rahmen einer *business combination* aufgedeckter (derivativer) *goodwill* ist – das Vorliegen eines besonderen Wertminderungsindikators (IAS 36.10) ausgeklammert – **mindestens einmal** im Geschäftsjahr auf Werthaltigkeit zu testen (IAS 36.10(b)). Der gewählte Stichtag ist beizubehalten und kann nur ausnahmsweise geändert werden. **160**
Der *goodwill* entsteht als positive Differenz zwischen Anschaffungskosten (*consideration transferred*) und dem beizulegenden Zeitwert des erworbenen (Netto-)Vermögens (IFRS 3.32). Für die Bestimmung der Differenz wird, gemessen vom Erwerbszeitpunkt, ein Zeitfenster (*measurement period*) von **zwölf Mona-**

---

55 Nach LÜDENBACH/FROWEIN, DB 2003, S. 219.
56 HACHMEISTER/KUNATH, KoR 2005, S. 72, schlagen anhand eines Berechnungsbeispiels eine proportionale Abstockung vor und lehnen damit den relativen Ansatz und damit einen Analogieschluss auf die Berechnungsvorgaben für den Abgang eines *goodwill* (Rz 186) ab (IAS 36.86 f.).

ten eingeräumt (IFRS 3.45), in dem bessere Erkenntnisse zum Wert und/oder Ansatz der Vermögenswerte und Schulden zu berücksichtigen sind. Nachträgliche werterhellende Anpassungen beeinflussen daher die abschließende Höhe des *goodwill*. Die Vorgaben zum *impairment*-Test tragen dem Zwölf-Monatszeitraum Rechnung. Die gebotene **Zuordnung** (*initial allocation*) des *goodwill* kann aufgeschoben werden (IAS 36.84 f.). Ob auch die Verpflichtung zum **Wertminderungstest** während des Zwölf-Monatsfensters entfällt, wird allerdings nicht explizit herausgestellt.

161 Der (derivative) *goodwill* bestimmt sich als Saldogröße von Anschaffungskosten und dem beizulegenden Zeitwert der im Zug einer *business combination* erworbenen Vermögenswerte und übernommenen Schulden. Wegen der Verpflichtung zur Berücksichtigung (i.S. e. rückwirkenden Korrektur) werterhellender Erkenntnisse steht die als *goodwill* zu erfassende (positive) Differenz – eine notwendige Anpassung nach Fertigstellung ausgeklammert – u.U. erst mit Ablauf des Zwölf-Monatsfensters fest.

Ohne abschließende Kenntnis, ob überhaupt und wenn in welcher Höhe aus einer *business combination* ein *goodwill* resultiert, scheidet i.d.R. auch eine endgültige Allozierung auf CGUs aus. Da kein allgemeiner Verteilungsschlüssel für die Zuordnung von *goodwill* auf CGUs besteht, braucht sich das Management daher noch **nicht abschließend** festzulegen (IAS 36.84). Insoweit noch (Rest-)Unsicherheit hinsichtlich des beizulegenden Zeitwerts des Nettovermögens besteht und daher vorläufige Werte erfasst werden, ist ein Verzicht auf eine Allozierung legitimiert (IAS 36.85).

162 Da eine spätere (Neu-)Verteilung eines einmal zahlungsmittelgenerierenden Einheiten zugewiesenen *goodwill* nur unter der Voraussetzung einer tatsächlichen (nicht bloß formalen) Reorganisation des internen Berichtswesens zulässig ist (IAS 36.87), kann die Freiheit und damit das bestehende Gestaltungspotenzial der erstmaligen Zuordnung gewahrt bleiben. Erst unmittelbar vor Ablauf der nach Erwerbsstichtag folgenden Berichtsperiode (**Periode x + 1**) ist die Allozierung gefordert. Ein zum Periodenende noch nicht abschließend zugeteilter *goodwill* ist allerdings im Anhang zusammen mit einer Rechtfertigung offenzulegen (IAS 36.133).

163 Die unbestimmte Nutzungsdauer des Vermögenswerts *goodwill* zieht eine (Mindest-)Verpflichtung zum jährlichen *impairment*-Test nach sich (IAS 36.10(b)). Weder das Bestehen eines maximal zwölfmonatigen Anpassungszeitraums noch die deswegen fehlende Allozierung auf CGUs rechtfertigen u.E. ein Unterlassen. Die Notwendigkeit der jährlichen Werthaltigkeitsprüfung (das **Ob**) steht vor der Klammer der konkreten Umsetzungsvorgaben (das **Wie**). Eine fehlende Verteilung des *goodwill* auf CGUs bewirkt daher maximal lediglich eine Befreiung einer CGU (mangels Zuordnung von *goodwill*) von einem pflichtweisen *impairment*-Test (IAS 36.90). Der notwendige jährliche Werthaltigkeitstest für den *goodwill* bleibt davon unberührt. Wenn keine Zuordnung eines vorläufigen Betrags möglich ist, besteht daher die **Verpflichtung** – analog (IAS 36.102) zu gemeinschaftlich genutzten Vermögenswerten (*corporate assets*) – zum *impairment*-Test auf aggregierter Ebene. Eine nur auf Vorliegen eines Indikators gestützte Pflicht zum Werthaltigkeitstest scheidet hingegen bis zum Ablauf des Anpassungszeitraums aus.

5.5 Zweckentsprechende Anwendung von Barwertkalkülen

5.5.1 Umsetzungsprobleme in der praktischen Anwendung

Zur Ermittlung des erzielbaren Betrags (Rz 6) des *goodwill* – also der Betrag, auf **164** den ggf. die außerplanmäßige Abschreibung primär (Rz 182) vorzunehmen ist – rekurriert IAS 36.74 auf die allgemeinen Vorschriften zum *impairment*-Test (IAS 36.19 – IAS 36.57; Rz 42 f.). Die dortigen Vorgaben sind auf den **einzelnen** Vermögenswert ausgerichtet. Das provoziert die Frage, ob die dortigen rechnerischen Vorgaben auch für den *goodwill-impairment*-Test (Rz 141) einschlägig sind. Nach IAS 36.33 (Rz 22 f.) muss die *cash-flow*-Planung

- für die i. d. R. bis zu **fünfjährige** Detailplanungsperiode auf Basis des *management forecast*,
- für die **Anschlussphase** i. d. R. durch den Ansatz einer konstanten (je nach Marktreife auch negativen) Wachstumsrate, die im Allgemeinen das Marktwachstum nicht überschreiten soll,

erfolgen.

Reales Unternehmenswachstum setzt in aller Regel **Erweiterungsinvestitionen** **165** voraus. Zu fragen ist deshalb, wie sich die (im *management forecast)* zulässige Berücksichtigung von Wachstum zur prinzipiell vorgesehenen Beschränkung der Planung auf operative *cash flows* verhält. Drei Interpretationen bieten sich an:[57]

- Die strenge **Beschränkung** auf operative *cash flows* gilt nur für das *impairment* von einzelnen *assets* oder von *asset*-Gruppen, nicht jedoch für eine *goodwill*-tragende CGU.
- Das Wachstum wird als vollständig **fremdfinanziert** unterstellt. Die finanziellen *cash flows* werden dann evtl. ebenso wie die investiven *cash flows* aus der Planung ausgeblendet (IAS 36.50).
- Aus dem *management forecast* werden die Erweiterungsinvestitionen und Finanzierungen **herausgerechnet**; in diesem Fall müssen auch die Umsätze bzw. Deckungsbeiträge eliminiert werden, die sich ohne Durchführung von Erweiterungsinvestitionen nicht realisieren ließen.

Die **dritte** Interpretation führt zu einer **artifiziellen Planung**, die mit dem realen Businessplan kaum noch Berührungspunkte hat. Auch die **zweite** Interpretation führt zu ökonomisch **unsinnigen** Ergebnissen; gegen sie spricht auch das Verständnis des *goodwill-impairment*-Tests als Quasi-Kaufpreisallokation. Vom als Ausgangsgröße zu bestimmenden DCF-Wert der CGU ist das Nettovermögen, also der Saldo von Vermögenswerten und Schulden, abzuziehen. Ein derartiger Rechengang wäre inkonsistent, wenn nicht ebenso in der Ausgangsgröße die Schuldenseite über die finanziellen *cash flows* berücksichtigt würde.

Gegen die **erste** Interpretation spricht andererseits der **eindeutige Wortlaut** von IAS 36.74. Ohne jegliche Einschränkung wird die sinngemäße Anwendung der in IAS 36.19 – IAS 36.57 aufgestellten Regeln verlangt. Überdies ist nach IAS 36.76 unter erneutem Verweis auf IAS 36.28 und IAS 36.43, von Ausnahmen abgesehen, der *recoverable amount* einer CGU ohne Berücksichtigung von **Verbindlichkeiten** zu bestimmen. Lediglich aus praktischen Gründen (*„practical purposes"*) könne die Berücksichtigung der Verbindlichkeitenseite manchmal (*„sometimes"*) zulässig sein (IAS 36.79). Auf diese Weise ergibt sich immerhin

---

[57] LÜDENBACH/HOFFMAN, WPg 2004, S. 1068, 1075.

eine **Ausnahmeoption**, die jedoch wiederum dem Wortlaut nach nur die Erweiterung der operativen um finanzielle *cash flows*, hingegen nicht die Berücksichtigung investiver *cash flows* erlaubt.

Nur bei einer nicht mehr ausschließlich am **Wortlaut** orientierten Auslegung von IAS 36 wäre daher bei der DCF-orientierten Bestimmung des *recoverable amount* einer CGU die Einbeziehung von **Investitionen** zulässig. Dem Grundsatz, dass die Grenze des Wortsinns im Allgemeinen auch die Grenze der Auslegung ist,[58] würde nicht mehr voll entsprochen, anstelle einer Auslegung i. e. S. also eine eher regelberichtigende Lesart gewählt. Ein derartiges Vorgehen kann u. E. bestenfalls ultima ratio sein. Zuvor ist deshalb zu prüfen, ob über die angemessene Interpretation der oben genannten Ausnahmen vom Stichtagsprinzip eine widerspruchsfreie Lösung zu erzielen ist.

166 Nach IAS 36.42 und IAS 36.49 sind (auf der Ebene einzelner Vermögenswerte) investive *cash flows* ausnahmsweise dann zu berücksichtigen, wenn sich die Anlage im Bau befindet oder die Investition den Charakter von **Erhaltungsaufwand** hat (Rz 42 ff.). Aus dieser Sicht ist zunächst zu prüfen, ob auch eine CGU einen „Anlagen im Bau"-analogen Status haben kann.

Hierzu folgendes Beispiel:[59]

Praxis-Beispiel
Ein Mobilfunkbetreiber erreicht derzeit erst eine 80-%-Netzabdeckung. Er will mittelfristig weitere Sendemasten errichten, um auf eine 90-%-Abdeckung zu kommen. In erster Betrachtung könnte man das Netz als noch unfertig bzw. im Bau befindlich verstehen. Die Aufwendungen für den weiteren Ausbau und die voraussichtlich entgegenstehenden Einnahmen wären daher im *cash flow* zu berücksichtigen. Bei zweiter Betrachtung stellen die 90 % aber ebenso wenig eine objektive Grenzgröße dar wie die 80 %. Ökonomische Einschätzungen haben bisher zu 80 % Abdeckung geführt, werden mittelfristig zu 90 % führen und evtl. langfristig zu einer noch höheren *coverage*. Es erscheint daher willkürlich, die 80 % als unfertig, die 90 % hingegen als fertig zu definieren.

167 Eine ähnliche Problematik kann sich stellen, wenn ein Hersteller, um frühzeitig auf einem neuen Markt präsent zu sein, zunächst mit einer Kapazität unterhalb der optimalen Betriebsgröße arbeitet, später aber bei unterstelltem Wachstum des Markts diese Größe erreichen will. Fraglich wäre auch hier, was die **optimale Betriebsgröße** definiert. In beiden Fällen scheint die Übertragung der Regelungen für **einzelne** Vermögenswerte auf die CGU zwar möglich, jedoch nur in der Weise, dass unterschiedliche Lösungen und damit ein erhebliches Maß an Subjektivität unvermeidlich sind.

Ähnliche Schwierigkeiten ergeben sich bei der Übertragung der Regelungen zum **Erhaltungsaufwand** auf CGUs. Hierzu folgendes Beispiel:

58 Vgl. ZIPPELIUS, Juristische Methodenlehre, 8. Aufl., 2003, S. 47.
59 Entnommen LÜDENBACH/HOFFMANN, WPg 2004, S. 1068, 1076; ähnliche Überlegungen zum Problem der Eliminierung von Erweiterungsinvestitionen aus dem DCF-Verfahren stellen an BRÜCKS/KERKHOFF/RICHTER, KoR 2005, S. 5 f.

> **Praxis-Beispiel**
> Das Tochterunternehmen eines deutschen Automobilherstellers in China, das einen Marktanteil von 15 % hat, wird als eine CGU identifiziert. Im Rahmen der *impairment*-Ermittlung wird der DCF-Wert der CGU berechnet. Hierbei stellt sich die Frage, welche Investitionen als Erhaltungsaufwand zu berücksichtigen sind. Eine am Erhalt der absoluten Unternehmensgröße orientierte Variante würde als „Erhaltungsaufwand" nur solche Investitionen gelten lassen, die die Aufrechterhaltung des Produktionsvolumens (auf einem zeitgemäßen technologischen Niveau) gewährleisten. Auf dem boomenden chinesischen Automobilmarkt würde der Marktanteil des Tochterunternehmens aber innerhalb kürzester Zeit auf einen Bruchteil der Ausgangsgröße schrumpfen. Dies entspräche weder der Realität, noch würde diese Vorgehensweise den Fundamentalwert der CGU widerspiegeln. Mögliche Konsequenz wäre daher eine zweite, an der relativen Unternehmensgröße orientierte Variante, die als „Erhaltungsaufwand" auch solche Investitionen gelten lassen würde, die der Aufrechterhaltung des Marktanteils dienen.

Zöge man im Gegensatz dazu einen Hersteller auf einem beinahe gesättigten Markt heran, käme nur die um die **technologische Komponente** erweiterte Sicht des Erhaltungsaufwands infrage. Dieses Beispiel verdeutlicht, wie sehr eine Beschränkung der investiven Ausgaben auf den Erhaltungsaufwand (vom Standardsetter so vorgesehen) Interpretationsprobleme provoziert.

Eine Inkonsistenz ist auch hinsichtlich der Berücksichtigung von **Steuerlatenzen** beim *impairment*-Test im Vergleich bzw. im Gefolge der Latenzrechnung bei der **Kaufpreisallokation** beim Unternehmenszusammenschluss festzustellen. Im Fall eines *share deal* (→ § 31 Rz 1) ergibt sich regelmäßig eine passive Steuerlatenz, weil die Verteilung des Kaufpreises auf die (indirekt) erworbenen Vermögenswerte im Konzernabschluss von den Buchwerten im Einzelabschluss und damit auch in der Steuerbilanz der erworbenen Gesellschaft nach oben abweichen. Die dann zu bildende passive Steuerlatenz **erhöht** c. p. den *goodwill* aus dem Unternehmenserwerb gegenüber einer (potenziell) „steuerfreien" Kaufpreisallokation. Vgl. hierzu das Beispiel in → § 26 Rz 146. Anders ausgedrückt: In den Unternehmenskaufpreis ist der Steuereffekt aus einem späteren Abgang des erworbenen *asset* bereits eingepreist.

Demgegenüber ist der *impairment*-Test auf **Vor-Steuer-Basis** vorzunehmen (Rz 66 und Rz 164). Danach wären passive Steuerlatenzen aus dem Buchwert *(carrying amount)* der CGU auszuschließen, mit der Folge einer gleich hohen Minderung des *goodwill* in der CGU. Anders ausgedrückt: Schon beim ersten pflichtmäßigen *impairment*-Test (Rz 14) nach der Unternehmensakquisition mindert sich der *value in use* des *goodwill* um den Wert der passiven Steuerlatenz innerhalb der betreffenden CGU. Die Wertminderung ist indes nicht wirtschaftlich, sondern lediglich „technisch" bedingt – eben wegen der Vorgabe einer Vor-Steuer-Rechnung im Rahmen des *impairment*-Tests.

Zur Vermeidung dieser Inkonsistenz sind zwei Lösungsmöglichkeiten diskutabel:
- In Sonderfällen sind nach IAS 36.78 (Rz 47) auch Verbindlichkeiten in den Buchwert der CGU aufzunehmen. Als Verbindlichkeit soll dann auch die passive Steuerlatenz gelten. Allerdings wird eine Schuld aus der passiven

168

Steuerlatenz von einem fiktiven Käufer der CGU gerade nicht übernommen (zu einem ähnlichen Fall bei der Definition einer Abgangsgruppe nach IFRS 5 vgl. → § 29 Rz 55).

- Vorzugswürdig ist die unveränderte Beibehaltung der weitergerechneten Steuerlatenz aus der Erstkonsolidierung im Buchwert der CGU, wodurch der *goodwill* ungeschmälert erhalten bleibt. Dieser förmliche Verstoß gegen IAS 36.76(b) gewährleistet eine wirtschaftlich sinnvolle Vorgehensweise beim *impairment*-Test.

169 Um die jeweilige methodische Stringenz zu behalten und **Verwechslungen** beim *impairment* von *goodwill* einerseits und **Einzel**vermögenswerten andererseits zu vermeiden, haben die amerikanischen Standardsetter folgerichtig für beide Problemkreise **eigene** Standards formuliert. Im IASB war man dagegen der Ansicht, dass beide Sachverhalte theoretisch zusammengehören und deswegen unter Zuhilfenahme der Verweistechnik **integrativ** zu berücksichtigen sind. Diese Vorgehensweise führt jedoch zu offensichtlichen (redaktionellen) **Inkonsistenzen**, bspw. bei der Behandlung von Verbindlichkeiten bzw. finanziellen *cash flows* (Rz 164).

In der praktischen Anwendung der DCF-Methode auf den *goodwill-impairment*-Test sind **zwei** Varianten denkbar:[60]

- Der Konzeption von IAS 36 folgend ist ein *entity value* zu ermitteln, d.h. die Summe der DCF-Werte für Eigen- und Fremdkapitalinvestoren durch Diskontierung der an beide Gruppen fließenden Zahlungsströme mithilfe der gewichteten Kapitalkosten (WACC; Rz 66).
- Die Überführung in einen *equity value* der CGU ist im Einzelfall durch Abzug der verzinslichen Schulden möglich (Rz 70), scheitert jedoch häufig schon an der fehlenden Zurechenbarkeit der Schulden, entspricht im Übrigen auch nicht der inzwischen herrschenden Praxis der Unternehmensbewertung.

Folgende Grundsätze aus der **Unternehmensbewertung** sind u.E. beachtlich:

- Sowohl Nettoveräußerungs- als auch Nutzungswert eines Vermögenswerts sind **unabhängig** von der individuellen **Finanzierung** desselben (Prämisse der Irrelevanz der unternehmensindividuellen Kapitalstruktur).
- Ohne den Einfluss von **Steuern** entsprechen sich die Kapitalkosten eines rein eigenfinanzierten und eines gemischt finanzierten Vermögenswerts.[61] Die Verwendung eines Vor-Steuer-Barwertkalküls macht den Diskontierungszinssatz unabhängig von Finanzierungsüberlegungen.

5.5.2 Rückgriff auf den Nettoveräußerungswert als Ausweg?

170 Die bestehenden Probleme aufgrund der Inkonsistenzen und einschränkenden Vorgaben für die DCF-Wertermittlung des Nutzungswerts könnten durch die Heranziehung des **Nettoveräußerungswerts** (*fair value less costs of disposal;* Rz 32) anstelle des *value in use* als Wertmaßstab (*measure*) **vermieden** werden. Die Logik dieser Ausweichlösung wäre wie folgt:

- Das DCF-Verfahren zur Bestimmung des *value in use* ist durch restriktive, häufig **nicht praktikable** Bestimmungen reguliert.
- Diesen Restriktionen **entgeht** man, wenn die DCF-Methode – wie in anderen Kontexten, etwa bei der Kaufpreisallokation (→ § 31 Rz 71 ff.) – zur Bestim-

---

[60] Vgl. LÜDENBACH/FROWEIN, DB 2003, S. 219 ff.
[61] Vgl. FREIBERG/LÜDENBACH, KoR 2005, S. 479 ff.

mung des *fair value* (hier: *less costs of disposal*) verwendet wird. Bei diesem Einsatz der DCF-Methode sind die in IAS 36.30 ff. für den *„value-in-use-DCF"* festgehaltenen Vorgaben obsolet (Rz 52 ff.). Zu beachten wäre lediglich die pauschale und interpretationsfähige Anforderung, für die *fair-value*-Bestimmung die besten verfügbaren Informationen zu verwenden.

U. E. ist eine solche „Ersatzlösung" aus folgenden Gründen in konzeptioneller   **171**
Hinsicht (Rz 173) problematisch:[62]

• Der begriffliche Gegensatz von *„of disposal"* und *„in use"* reflektiert den *going-concern*-Aspekt: **Primär** ist der Wert „im laufenden Gebrauch"*(use)* bestimmend und nur im **Ausnahmefall** soll der mögliche Verkauf *(sell)* einer Wertermittlung zugrunde gelegt werden.

• Ein solcher **Ausnahmefall** wurde hinsichtlich der Wertermittlungsgrundlage dann auch in IAS 36.25–IAS 36.27 durchdekliniert (die Hierarchie gilt auch nach Übernahme der Vorgaben des IFRS 13 fort), und zwar in folgender Hierarchie (Rz 33):
  – festes Kaufangebot,
  – unmittelbarer Preisvergleich auf einem aktiven Markt mit dem dort gültigen Angebotspreis,
  – die Bedingungen der jüngsten bekannt gewordenen Transaktion,
  – die bestmögliche Information über den erzielbaren Preis anlässlich einer **Veräußerung** *(from the disposal)*.

• Der Standard-Wortlaut betont konsequent den **Veräußerungsgesichtspunkt** *(of disposal)*.

• Selbst wenn man das Veräußerungsthema nur als Fiktion ansieht, verbleibt die Vorgabe, ein Bewertungsverfahren müsse den am Bilanzstichtag erzielbaren Veräußerungspreis reflektieren: Ein auf den **Planungen** des Managements aufbauendes DCF-Verfahren kann in systematischer Betrachtung diesen Wert – den stichtagsbezogenen Marktpreis – gerade nicht liefern, sondern nur die langfristige **Entwicklung** der CGU abbilden. Das beweist schon die *sum-of-the-parts*-Thematik, der zufolge die DCF-basierte Wertermittlung für die einzelnen CGUs häufig einen höheren Wert als die Börsenkapitalisierung ergibt.[63] Die Einschätzungen des Markts sind m. a. W. – abgesehen von den Zinsen (Rz 180) – regelmäßig unbekannt und können nicht als Berechnungsparameter in die Bewertungsformel einfließen. Im Ergebnis wird durch diese Vorgehensweise ein Veräußerungswert ermittelt, der in Wirklichkeit den vom Management definierten **Fortsetzungswert** *(going-concern*-Betrachtung) darstellt.

• Der Gebrauchswert *(value in use)* wird vom Standard schon durch das schiere **Volumen** der Einzelanweisungen (IAS 36.30 – IAS 36.57) als der absolut herrschende Regelfall zur Ermittlung des *recoverable amount* (Rz 32) dargestellt.

• Die Anweisungen über die Durchführung der DCF-Verfahren zur Ermittlung des *value in use* sind bewusst extrem **detailliert** ausgefallen – ob im Einzelnen sinnvoll oder nicht (Rz 164), mag hier dahingestellt bleiben. Der Board hätte sich diese **Mühe ersparen** können, wenn durch Heranziehung des Nettoveräußerungswerts die DCF-Verfahrensweise „ungebremst" angewendet werden dürfte.

Intendiert war vom Standardsetter die Ermittlung des *value in use.* Allerdings   **172**
kann man der Praxis nicht vorwerfen, dass sie den unpraktikablen Restriktionen

---

62   Wegen abweichender Ansichten wird auf Rz 36 verwiesen.
63   FROWEIN/LÜDENBACH, KoR 2003, S. 261; ausführlich FREIBERG/LÜDENBACH, KoR 2005, S. 479 ff.

des Nutzungswerts zunehmend durch die Anwendung der Barwertmethode zur Berechnung des Nettoveräußerungswerts ausweicht. Wenn das Ergebnis dieser Berechnungen aber gerade kein hypothetischer Marktwert ist, drängt sich der Eindruck der **Fehletikettierung** (Rz 38) auf.[64] Als Ausweg aus diesem Zwiespalt zwischen überreglementiertem Nutzungswert einerseits und unreglementiertem, teilweise fehletikettiertem Nettoveräußerungswert andererseits käme ein weniger reglementiertes, den Bedürfnissen der Praxis besser entsprechendes Nutzungswertverfahren infrage.[65]

173   Durch die Änderung des IAS 36.134 im Rahmen des *Annual Improvements Project 2008* (Rz 247) sind die **Anhangangaben** bzgl. der DCF-Ermittlung des Nettoveräußerungswerts mit denen für den *value in use* gleichgestellt worden. Darin kann eine Reaktion des Board auf die „Umgehung" der überzogenen Anforderungen an die Ermittlung des *value in use* in der Rechnungslegungspraxis gesehen werden. Auf der Bewertungsebene gilt dann die Anwendung der DCF-Verfahren zur Ermittlung des Nettoveräußerungswerts als legitim und muss durch entsprechende Anhangerläuterungen „erkauft" werden. Mit einer prinzipienorientierten Rechnungslegung (→ § 1 Rz 42 ff.) hat eine solche Interpretation wenig gemeinsam.

5.6 Notwendige Plausibilisierung/Kalibrierung des Bewertungsergebnisses

5.6.1 Unterschiedliche Anforderungen an Nutzungswert und Nettoveräußerungswert

174   Unabhängig davon, ob über den Rückgriff auf ein Barwertkalkül der Nutzungswert oder der Nettoveräußerungswert bestimmt wurden, ist u.E. eine **Plausibilisierung** des Bewertungsergebnisses, somit des erzielbaren Betrags (*recoverable amount*), der Höhe nach geboten. Als mögliche **Quellen** für eine Beurteilung der systematischen Richtigkeit kommen beobachtbare Markt- oder Transaktionspreise für identische Bewertungsobjekte auf einem aktiven (Referenz-)Markt in Betracht. Falls sich die wirtschaftlichen Umstände seit der letzten Transaktion/Notierung signifikant geändert haben, ist der letzte verfügbare Preis sachgerecht anzupassen. Infrage kommen z.B. Zu- und Abschläge in Abhängigkeit von der Entwicklung eines Referenzindex oder von dem Bewertungsobjekt ähnlichen Vermögenswerten.

175   Als (Mindest-)Quellen für eine Plausibilisierung des Ergebnisses eines Barwertkalküls und der sensitiven Bewertungsannahmen sind u.E. die **Marktkapitalisierung** (soweit eine Notierung besteht) und (Ergebnis-)**Multiplikatoren** (etwa EBITDA, EBIT, Umsatz etc.) heranzuziehen. Der Rückgriff auf die Marktkapitalisierung ist – auch wenn dieser eine Aufsummierung aller CGUs voraussetzt – u.E. dabei **vorrangig** vor einem Rückgriff auf Multiplikatoren, da Referenzgröße und Bewertungsobjekt unmittelbar übereinstimmen.

- Wird auf die Marktkapitalisierung – als *equity-value*-Größe – abgestellt (Rz 176), ist bei Bestimmung des erzielbaren Betrags als *entity-value*-Größe zusätzlich der Marktwert des **Fremdkapitals** hinzuzurechnen und der beizulegende Zeitwert von Vermögenswerten, die nicht in den *impairment*-Test einbezogen wurden, abzuziehen.

---

64   FREIBERG/LÜDENBACH, KoR 2005, S. 479 ff.
65   FREIBERG/LÜDENBACH, KoR 2005, S. 479 ff.

- Auch für den Rückgriff auf (Ergebnis-)Multiplikatoren (Rz 181) besteht eine Kongruenzanforderung hinsichtlich der Ausprägung der Ergebnisgröße als Marktwert des **Eigenkapitals** (*equity value*) oder Gesamtunternehmenswerts (*entity value*).

Wegen der konzeptionellen Unterschiede zwischen Nutzungs- und Nettoveräußerungswert ergeben sich allerdings **abweichende** Anforderungen an die Plausibilisierung.

- Erfolgt die Bestimmung des erzielbaren Betrags über den Nutzungswert, ist eine Beurteilung der Planannahmen des Managements hinsichtlich der **Validität**, somit eine Plausibilisierung geboten.
- Anderes gilt für die Bestimmung des Nettoveräußerungswerts über ein Barwertkalkül: Entsprechend dem zeitlichen Bezug der *fair-value*-Ermittlung (strenges Stichtagsprinzip) und der sachlichen Zielsetzung (Bestimmung des Werts, zu dem das Bewertungsobjekt am Markt gehandelt werden könnte) sind beobachtbare Transaktionspreise, auch wenn nur für ähnliche Vermögenswerte (*similar assets*) feststellbar, bei der *fair-value*-Bestimmung zur **Kalibrierung** der DCF-Bewertung zu berücksichtigen.

Die Verpflichtung auf eine Kalibrierung der im Zähler erfassten Prämissen des Barwertkalküls (den Annahmen zum Zahlungsstrom) entspricht dem Nachrang der DCF-Bewertung zur Bestimmung des beizulegenden Zeitwerts. Der Rückgriff auf ein Barwertkalkül zur Bestimmung des Nettoveräußerungswerts ist – anders als die Bestimmung des Nutzungswerts – materiell nachrangig, also nur **ultima ratio**.[66]

5.6.2 Rückgriff auf Marktkapitalisierung

Die Bewertungshierarchie zur Bestimmung des Nettoveräußerungswerts (Rz 33) verpflichtet zum Abstellen auf den (Angebots-)Preis (*current bid price*), der zum Bewertungsstichtag bei einer Veräußerung erzielt werden kann. Anders als für Finanzinstrumente (IAS 39.AG72) fehlt es allerdings an einer Spezifizierung, ob – bei Abstellen auf einen beobachtbaren Marktpreis für eine CGU – die Referenzgröße

- ausschließlich über die Multiplikation der ausstehenden Aktien/Anteile mit dem Kurs zum Stichtag (wegen des strengen **Stichtagsprinzips** scheidet ein Rückgriff auf Durchschnittsgrößen aus) zu bestimmen ist oder
- ob das Produkt aus Anteilen und Kurs nur eine **wertbildende Komponente** darstellt und daher noch weitere Bestandteile heranzuziehen sind.

In den vergleichbaren – gem. IAS 8.11 analog anwendbaren (→ § 1 Rz 76) – Vorgaben der US-GAAP wird diesbezüglich Folgendes ausgeführt (ASC Topic 350.20.35–22): *„However, the market price of an individual equity security (and thus the market capitalization of a reporting unit with publicly traded equity securities) may not be representative of the fair value of the reporting unit as a whole."* Der Rückgriff auf die Marktkapitalisierung (als *equity value*) entspricht dem Wert, den ein Marktteilnehmer für einen Anteil an dem Unternehmen (= eine Aktie) bezahlen würde, aber nicht dem Wert, der für alle bzw. mindestens für die Mehrheit der Anteile zu entrichten wäre.

Hinsichtlich der Anpassung der als Produkt aus ausstehenden Anteilen und Anteilswert zum Stichtag ermittelten Referenzgröße zur Plausibilisierung/Kali-

176

177

---

[66] Vgl. LÜDENBACH/FREIBERG, PiR 2008, S. 370 ff.

brierung des erzielbaren Betrags ist u. E. zwischen Nutzungswert und Nettoveräußerungswert zu unterscheiden. Als weitere mögliche wertbildende Komponenten können

- eine **Kontrollprämie** (*control premium*) herangezogen werden, da das Bewertungsobjekt nicht ein Anteil, sondern die Mehrheit der Anteile ist, und ggf.
auch
- ein **Diversifizierungsaufschlag bzw.** **-abschlag** (*conglomerate discount*[67])
berücksichtigt werden, der ein seitens des Markts antizipierten Mehrwert der
einzelnen Teile über den Gesamtwert einer allzu diversifizierten Einheit
ausdrückt.

U. U. sind beide Komponenten miteinander verknüpft, drückt also eine Kontrollprämie bereits eine Anpassung für eine Diversifizierung aus. Ohne eine
eindeutige Kontraindikation halten wir aber eine separate Berücksichtigung
beider Komponenten für zulässig.

178   Die Vorgaben zur Durchführung des *impairment*-Tests enthalten keinen Hinweis auf die Notwendigkeit, aber auch nicht die Zulässigkeit einer Berücksichtigung von **Kontrollprämien**. Neben den Hinweisen, die sich aus den US-GAAP
(Rz 173) ergeben (ASC Topic 350.20.35–23), wird die Bedeutung einer *control
premium* explizit im Zusammenhang mit dem Anteil nicht beherrschender
Gesellschafter (*non-controlling interests*) im Rahmen einer *business combination*
angeführt (IFRS 3.B44; IFRS 3.B45). Einschränkungen ergeben sich allerdings
aus den Vorgaben zum *fair value measurement* (→ § 8a Rz 68 f.).

Die Festlegung einer Kontrollprämie der Höhe nach ist ermessensbehaftet,
empirische Erhebungen zeigen je nach Land und Branche, aber auch Zeitpunkt
der Transaktion unterschiedliche Schätzungen von Kontrollprämien. Soweit
möglich ist vorrangig auf **implizite** Kontrollprämien, die seitens des Unternehmens als *acquirer in business combinations* vergütet wurden, Bezug zu nehmen.
Alternativ ist auf die aktuellsten verfügbaren Erhebungen für vergleichbare
Branchen und Länder zurückzugreifen. Als Richtgröße kann eine **Bandbreite**
von 10 % – 30 % über dem Marktpreis als Kontrollprämie gelten.[68]

179   Rechtfertigung für eine Differenz zwischen Marktkapitalisierung und der
Summe der CGU-Werte (als *equity value*) kann auch die Vornahme eines **Diversifizierungsabschlags** (*conglomerate discount*) sein. Bewertungsobjekt sind die
CGUs und nicht das Gesamtunternehmen; nimmt der Markt Abschläge auf
diversifizierte Unternehmen vor, ist der höhere, hypothetisch durch eine Zerschlagung des Unternehmens erzielbare Wert anzusetzen. Problematisch ist für
die Bewertung und die Dokumentation durch das Management insofern „nur"
die Annahme, eine **Zerschlagung** des Unternehmens sei eine wertsteigernde und
damit eine eigentlich notwendige Maßnahme, die allerdings nicht durchgeführt
wird. In verschiedenen empirischen Analysen werden unterschiedliche Abschläge ermittelt, die in einer **Bandbreite** von 6 % – 20 % liegen.[69]

---

[67] Vgl. CAMPA/KEDIA, JoF 2002, S. 1731 ff.; KRISHNASWAMI/SUBRAMANI, JFE 1999, S. 73 ff.; RAGHU-
RAM/SERVAES/ZINGALES, JoF 2000, S. 35 ff.

[68] Eine engere Bandbreite von 18 %–23 % ergibt sich für einen längeren Zeitraum nach einer empirischen Erhebung von PwC, *Signs of the times Valuation Methodology Survey* 2009/2010, S. 74.

[69] Z. B. WEINER, The Conglomerate Discount in Germany and the Relationship to Corporate Governance; SFB 649 Discussion Paper 2005–063; Berlin 2005; AMMANN/HOECHLE/SCHMID, *Is there
Really no Conglomerate Discount?*, St. Gallen, 2008.

Hinsichtlich der Berücksichtigung der **wertbildenden Komponenten** ist aller- **180** dings eine Unterscheidung zwischen Nutzungswert und Nettoveräußerungs- wert geboten.

- Der *value in use* entspricht dem Barwert der erwarteten Zahlungsmittelüber- schüsse inkl. Synergien aus der Sicht des Managements. Wird auf die Markt- kapitalisierung als Referenzgröße abgestellt, scheidet u. E. sowohl die Erfas- sung einer Kontrollprämie als auch eines Diversifizierungsabschlags aus,[70] da diese eine Wertbildung durch eine Transaktion unterstellen. Für die Plausibi- lisierung des Nutzungswerts sind die Erwartungen des Managements an den Erwartungen des Markts zu messen.

- Der **Nettoveräußerungswert** ergibt sich als erzielbarer Preis aus einer Trans- aktion, somit sind auch die weiteren wertbildenden Faktoren zu berücksichti- gen. Anders als für den Nutzungswert ist die Referenzgröße aber nicht zur Plausibilisierung, sondern zur Kalibrierung der Bewertung heranzuziehen.

Unter Berücksichtigung der vorstehenden Überlegungen ergibt sich für die Referenzgröße des *fair value less costs of disposal* (vereinfachend nur als *equity value*) folgende Überleitung, ausgehend von der Börsenkapitalisierung:

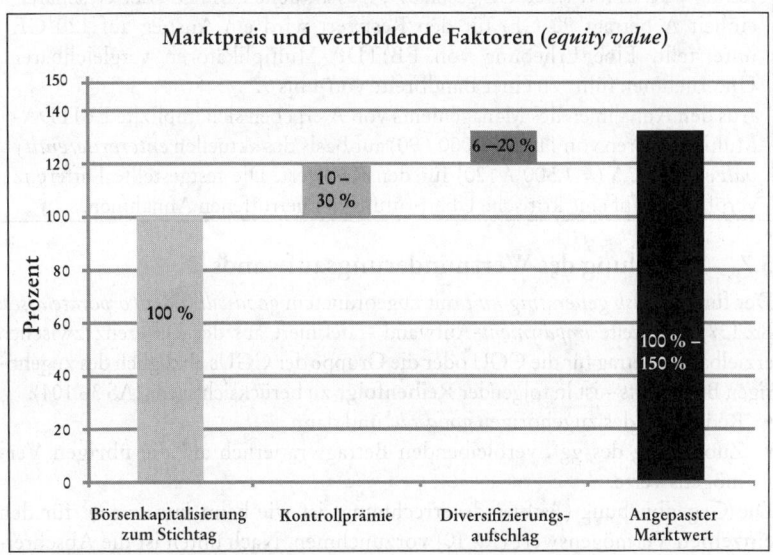

Abb. 4: Marktpreis und wertbildende Faktoren *(equity value)*

Bei Bestimmung des Nettoveräußerungswerts ist jede weitere **Differenz** zwischen dem Unternehmenswert als Summe der einzelnen Barwerte je CGU und dem Gesamtwert des Unternehmens ein Hinweis für die Ermittlung eines von den individuellen Erwartungen der Gesellschaft abhängigen Fundamentalwerts und gerade keines hypothetischen Marktwerts.[71] Entweder hat der Markt andere Er- wartungen hinsichtlich zukünftiger *cash flows* oder er würde einen höheren Risiko- zuschlag erheben.

---

[70] Gl. A. KPMG, Insights into IFRS 2016/17, Tz 3.10.350.20.
[71] Vgl. FREIBERG, Diskontierung in der Internationalen Rechnungslegung, 2010, Rz 356.

5.6.3 Vergleich über (Ergebnis-)Multiplikatoren

181 Neben einem Rückgriff auf die Marktkapitalisierung bietet sich eine **Plausibilisierung** des Nutzungswerts bzw. eine **Kalibrierung** des Nettoveräußerungswerts über den Rückgriff auf (implizite) (Ergebnis-)Multiplikatoren an. Multiplikatoren sind jedoch jeweils nur in **Bandbreiten** beobachtbar, da sich für die Vergleichsunternehmen häufig sehr unterschiedliche Werte feststellen lassen. Außerdem stehen für jedes Vergleichsunternehmen **mehrere** Multiplikatoren zur Auswahl (z. B. Umsatzmultiplikator, EBITDA-Multiplikator etc.). Selbst bei einer Entscheidung für das „am besten passende" Vergleichsunternehmen lassen sich daher unterschiedliche Werte rechtfertigen. Nur für den seltenen Fall durchgängiger, eindeutig in einer engen Bandbreite bestimmbarer Multiplikatoren ergibt sich daher ein klarer Objektivierungsbeitrag. In allen anderen Fällen kann ein Abstellen auf Multiplikatoren nur auf „offensichtliche" **Unstimmigkeiten** in der Bewertung hinweisen.

> **Praxis-Beispiel**
> Der erzielbare Betrag der CGU A wird als *entity value* mit 1.000 GE bestimmt. Der (nicht abgezinste) Restwert am Ende des Detailplanungszeitraums wird i. H. v. 1.500 GE geschätzt. Das aktuelle EBITDA der Geschäftseinheit A beträgt 90 GE, für den Restwert wird ein Anstieg auf 120 GE unterstellt. Eine Erhebung von EBITDA-Multiplikatoren vergleichbarer Unternehmen führt zu einer Bandbreite von 4 bis 9.
> Aus den Annahmen des Managements von A ergeben sich implizite EBITDA-Multiplikatoren von 11,1 (= 1.000 / 90) auf Basis des aktuellen *enterprise/entity value* und 12,5 (= 1.500 / 120) für den Restwert. Die festgestellte Differenz verpflichtet auf eine kritische Überprüfung der getroffenen Annahmen.

5.7 Verteilung des Wertminderungsaufwands

182 Der für eine *cash generating unit* mit zugeordnetem *goodwill* (oder *corporate asset*; Rz 137) ermittelte *impairment*-Aufwand – definiert aus der Differenz zwischen erzielbarem Betrag für die CGU oder die Gruppe der CGUs abzüglich des zugehörigen Buchwerts – ist in folgender **Reihenfolge** zu berücksichtigen (IAS 36.104):

- Reduktion des zugehörigen *goodwill* und dann
- Zuordnung des ggf. verbleibenden Betrags ratierlich auf die **übrigen** Vermögenswerte.

Die Gegenbuchung (Aufwandsverrechnung) ist wie beim *impairment* für den **einzelnen** Vermögenswert (Rz 10) vorzunehmen. Nach unten ist die Abschreibung auf null begrenzt, eine zusätzliche Rückstellung ist nur bei Erfüllung der Ansatzvoraussetzungen (→ § 21 Rz 9 ff.) zulässig.

Die **Verteilung** der Wertminderung auf die übrigen Vermögenswerte ist nach IAS 36.105 anteilig auf den erzielbaren Ertrag (Rz 6) – der höhere Betrag aus dem beizulegenden Zeitwert abzüglich Veräußerungskosten bzw. Nutzungswert – des einzelnen Vermögenswerts vorzunehmen, soweit dieser ermittelbar ist („*if determinable*"). Soweit danach die Wertminderung dem einzelnen Vermögenswert nicht zuzuordnen ist, muss diese den übrigen Vermögenswerten der CGU pro rata zugewiesen werden. Eine **willkürliche** Zuordnung des Abwertungsbedarfs innerhalb der Vermögenswerte der CGU ist unzulässig (IAS 36.106).[72]

---

[72] Vgl. mit Beispiel FREIBERG, PiR 2009, S. 145.

Die *impairment*-Abschreibung kann nur den Vermögenswerten zugeordnet wer- **183**
den, die dem **Regelungsbereich** von IAS 36 unterliegen. Negativ: die in Rz 3
genannten Vermögenswerte – liquide Mittel, Finanzinstrumente, Vorräte – bleiben
von der außerplanmäßigen Abschreibung für die CGU verschont. Allerdings
unterliegen sie vorrangig einem Wertminderungstest nach dem einschlägigen Standard, also für Vorräte IAS 2 (→ § 17 Rz 53).[73] Ein **Schuld**ausweis für einen den
Buchwert übersteigenden Wertminderungsbedarf kann nur bei Vorliegen der
Ansatzvoraussetzungen des IAS 37 (→ § 21 Rz 9ff.) erfolgen (IAS 36.108).
Zum Ganzen folgendes **Beispiel:**[74]

Praxis-Beispiel
Sachverhalt (Grundvariante)
Die A-AG hat am 1.1. des Geschäftsjahres die B-AG zu 100 % zu Anschaffungskosten i.H.v. 5.000 TEUR erworben und führt sie als Einheit X. Keine
andere Einheit zieht Nutzen aus dem Zusammenschluss. Zum Erwerbszeitpunkt betragen die beizulegenden Zeitwerte der identifizierbaren Vermögenswerte (inkl. immaterieller Vermögenswerte) 4.500 TEUR, der identifizierbaren
Schulden 800 TEUR und der identifizierbaren Eventualverbindlichkeiten
200 TEUR.
Der Einheit X ist daher der *goodwill* aus dem Unternehmenserwerb i.H.v.
1.500 TEUR (= 5.000 TEUR – (4.500 TEUR – 800 TEUR – 200 TEUR))
zuzuordnen.
Am Ende des Geschäftsjahres fallen Abschreibungen auf offengelegte stille
Reserven i.H.v. 300 TEUR an. Der beizulegende Zeitwert der Einheit X
abzüglich Verkaufskosten ist 4.000 TEUR, ihr Nutzungswert 3.820 TEUR.
Besteht eine Wertminderung? Falls ja, wie ist zu buchen (mögliche Steuereffekte bleiben unberücksichtigt)?

	Vermögenswerte – Schulden – Eventualverbind-lichkeiten	*goodwill*	Summe
Bruttobuchwerte	3.500	1.500	5.000
Kumulierte Abschreibungen	300		300
Buchwerte	3.200	1.500	4.700

Der Buchwert der Einheit inkl. *goodwill* übersteigt den erzielbaren Betrag
(4.700 TEUR > 4.000 TEUR). Es resultiert ein Wertminderungsaufwand von
700 TEUR, der in voller Höhe gegen den *goodwill* zu buchen ist und diesen
auf 800 TEUR mindert.
Buchung:
„per Wertminderungsaufwand *goodwill* an *goodwill* 700 TEUR".

---

73 Vgl. FREIBERG, PiR 2009, S. 145.
74 Nach DOBLER, PiR 2005, S. 27.

Sachverhalt (Abwandlung A)
In Abwandlung zur Grundvariante sei der erzielbare Betrag der Einheit X
2.864 EUR. Vereinfachend liegen nur drei Vermögenswerte Vw(1), Vw(2)
und Vw(3) vor. Ihre Buchwerte betragen 1.575 TEUR, 2.100 TEUR und
525 TEUR, ihre erzielbaren Beträge liegen erheblich unter dem Buchwert.

Lösung
Der Wertminderungsaufwand beträgt 1.836 TEUR. Dieser Betrag übersteigt
den aktivierten *goodwill*. Dieser ist gem. IAS 36.104 voll abzuschreiben. Der
Restbetrag des Wertminderungsaufwands i. H. v. 336 verteilt sich im Verhältnis der Buchwerte – d. h. 3 : 4 : 1 – auf die drei Vermögenswerte.
(1) Wertminderungsaufwand *goodwill* an *goodwill* 1.500
(2) Wertminderungsaufwand Vw(1) an Vw(1) 126
    Wertminderungsaufwand Vw(2) an Vw(2) 168
    Wertminderungsaufwand Vw(3) an Vw(3) 42

Sachverhalt (Abwandlung B)
Anders als in Fall A verbergen sich hinter Vw(3) nur liquide Mittel oder
Forderungen, deren erzielbarer Betrag mit 525 TEUR bewertet wird. Die
erzielbaren Beträge von Vw(1) und Vw(2) liegen weiterhin deutlich unter
ihrem Buchwert.

Lösung
Der Restbetrag des Wertminderungsaufwands ist nur gegen Vw(1) und Vw(2)
zu verbuchen. Der Betrag von 336 TEUR lässt sich im Verhältnis 3 : 4 auf
Vw(1) und Vw(2) verteilen.
Buchungen:
(1) Wertminderungsaufwand *goodwill* an *goodwill* 1.500
(2) Wertminderungsaufwand Vw(1) an Vw(1) 144
    Wertminderungsaufwand Vw(2) an Vw(2) 192

184 Für die Bestimmung des *fair value less costs of disposal* eines einzelnen Ver-
mögenswerts, der Teil einer zahlungsmittelgenerierenden Einheit ist, für die ein
Wertberichtigungsbedarf zu verteilen ist, sind auch die allgemeinen Leitlinien der
Bewertung nach IFRS 13 zu berücksichtigen (→ § 8a). Abzustellen ist auf den
Preis, den ein beliebiger Marktteilnehmer in einer gewöhnlichen Transaktion zu
zahlen bereit wäre. Wegen des Klammerzusatzes *„(if measurable)"* scheidet ein
Verzicht auf eine *fair-value*-Bewertung unter der Prämisse, der Buchwert wäre
eine hinreichende Approximation des beizulegenden Zeitwerts, allerdings aus.
Ein Abstellen auf die fortgeführten Anschaffungskosten scheidet in jedem Fall
aus. Dem widerspricht auch der explizite Vorbehalt der dem *impairment*-Test
gewidmeten Vorgaben zum Rückgriff auf eine kostenorientierte Bewertung
(IAS 36.BCZ29). Der beizulegende Zeitwert abzüglich Veräußerungskosten ist
über ein Bewertungsverfahren zu bestimmen, welches Mindestanforderungen an
die Objektivierbarkeit gerecht wird.

185 Eine außerplanmäßige Wertminderungsabschreibung für den einzelnen Vermögenswert kann nach IAS 36.107(b) unterbleiben, wenn die getestete CGU insgesamt
keinen Wertverlust erlitten hat (Rz 113). Eine Neueinschätzung der zugrunde geleg-

ten Annahmen für die (Folge-)Bewertung bleibt aber verpflichtend (Rz 98 ff.). Dazu folgendes Beispiel nach IAS 36.107:

Praxis-Beispiel
Eine Maschine ist beschädigt worden, arbeitet aber noch, wenn auch mit geringerer Effizienz. Die Maschine erzeugt Liquiditätszuflüsse nur im Rahmen einer Produktionslinie, deren Zahlungsmittelzuflüsse weitgehend unabhängig von denjenigen anderer des betreffenden Unternehmens sind. Diese Produktionslinie insgesamt ist nicht wertgemindert.

Annahme 1
Das Management will die Maschine weiter wie bisher nutzen.

Lösung
Eine Wertminderungsabschreibung kommt nicht in Betracht, da die gesamte Produktionslinie Gewinn bringend arbeitet.

Annahme 2
Die Maschine soll demnächst mangels ausreichender Verwertbarkeit ersetzt werden.

Lösung
Es ist gem. IFRS 5 (→ § 29 Rz 46) eine Abschreibung auf den Verkaufswert (i. d. R. wohl Schrottwert) vorzunehmen.

5.8 Abgang einer *cash generating unit* mit zugeordnetem *goodwill*

Beim Verkauf eines Geschäftsbereichs *(operation)* innerhalb einer CGU ist der dieser CGU zugeordnete *goodwill* in den Buchwert des abgehenden Bereichs **anteilig** einzubeziehen. Dieser Anteil bestimmt sich nach den **relativen** Werten des verkauften Geschäftsbereichs einerseits und der zurückbehaltenen andererseits (IAS 36.86).[75] Dem Unternehmen ist allerdings der Nachweis einer besseren Aufteilungsmethode vorbehalten, eine willkürliche Neuverteilung scheidet aber aus. Die Möglichkeit einer alternativen Verteilung stellt eine **Ausnahmeregel** dar, die nur in bestimmten Fällen und überdies bei Nachweis der besseren Eignung zulässig ist (IAS 36.BC156). **186**

Innerhalb des IAS 36 fehlt es an einer Definition des Begriffs *operation*, der etwa bei dem Verkauf eines Teils einer CGU eine Rolle spielt (IAS 36.86). Mangels einer Definitionsvorgabe innerhalb von IAS 36 ist u. E. nicht zweifelsfrei zu bestimmen, welches die konstituierenden Merkmale einer *operation* sind. Im Schrifttum lässt sich zumindest die folgende Auffassung finden: „Eine operation dürfte u. E. jedenfalls dann vorliegen, wenn das abgehende Reinvermögen als business i. S. v. IFRS 3.3 ... zu qualifizieren ist."[76] Der Aussage stimmen wir so vorbehaltlos zu, allerdings ist nach unserem Verständnis eine *operation* regelmäßig kleiner/weniger als ein *business*. Der Begriff *operation* (amtliche Übersetzung: Geschäftsbereich) findet sich im Regelwerk etwa im Definitionsbereich des IFRS 5. Nach IFRS 5.A besteht ein Unternehmensbestandteil aus: „*Operati-* **187**

---

[75] Ausführlich hierzu WIRTH, Firmenwertbilanzierung nach IFRS 2005, S. 291 ff.
[76] Vgl. FÖRSCHLE/DEUBERT, in: Beck'scher Bilanzkommentar, 9. Aufl., 2014, § 301 HGB, Tz. 496.

ons and cash flows that can be clearly distinguished, operationally and for financial reporting purposes, from the rest of the entity."

188 Ein Unternehmensbestandteil (*component of an entity*) besteht danach in grammatischer Auslegung aus mehreren (wegen der Verwendung des Plurals) *operations*. Auch die Vorgaben des IFRS 11 (→ § 34) erkennen die Möglichkeit des Vorliegens einer *joint operation* an, die (noch) kein *business* darstellt. Wir präferieren eine restriktive Auslegung des Begriffs *operation* i.S.d. IFRS 5, nach der eine *operation* nur ein (Wesens-)Merkmal aufweisen muss. Eine *operation* ist danach *„clearly distinguished, operationally and for financial reporting purposes, from the rest of the entity"*. Im Fall des Verkaufs von Vermögen, welches Teil einer CGU ist, und die (Wesens-)Merkmale einer *operation* erfüllt, besteht dann die Notwendigkeit, anteilig (im Verhältnis der relativen Werte) *goodwill* abgehen zu lassen, der den Abgangserfolg mindert.

5.9   Reorganisation von *cash generating units* mit zugeordnetem *goodwill*

189 Ändern sich die Berichtstrukturen im Unternehmen, werden etwa Segmente neu definiert, sind davon auch bisher vorgenommene *goodwill*-**Zuordnungen** betroffen. Der vorhandene *goodwill* ist auf die neuen Einheiten überzuleiten. Einschlägig für die Neuverteilung von *goodwill* auf CGUs sind die Vorgaben von IAS 36.87. Hiernach gilt Folgendes: „Wenn ein Unternehmen seine Berichtsstruktur in einer Art **reorganisiert**, die die Zusammensetzung einer oder mehrerer zahlungsmittelgenerierender Einheiten, zu denen ein Geschäfts- oder Firmenwert zugeordnet ist, ändert, muss der Geschäfts- oder Firmenwert zu den Einheiten neu zugeordnet werden. Diese Neuzuordnung hat unter Anwendung eines **relativen Wertansatzes** zu erfolgen, der dem ähnlich ist, der verwendet wird, wenn ein Unternehmen einen Geschäftsbereich innerhalb einer zahlungsmittelgenerierenden Einheit veräußert." Die Vorgaben werden an einem Beispiel illustriert, welches integraler Bestandteil der Vorschrift ist.

Praxis-Beispiel

Der *goodwill* wurde bisher der zahlungsmittelgenerierenden Einheit A zugeordnet. Dieser *goodwill* kann nicht identifiziert oder mit einer Gruppe von Vermögenswerten auf einer niedrigeren Ebene als A verbunden werden, außer willkürlich. A muss geteilt und in drei andere zahlungsmittelgenerierende Einheiten, B, C und D, integriert werden. Da der A zugeordnete *goodwill* nicht unwillkürlich identifiziert oder mit einer Gruppe von Vermögenswerten auf einer niedrigeren Ebene als A verbunden werden kann, wird er auf der Grundlage der relativen Werte der drei Teile von A, bevor diese Teile in B, C und D integriert werden, zu den Einheiten B, C und D neu zugeordnet.

Ausgangspunkt einer Reallozierung von bislang einer CGU zugeordnetem *goodwill* ist – wie in IAS 36.87 vorgesehen – die alte Organisationsstruktur **vor** Reallozierung, nicht ein Zustand **nach** Reorganisation.

190 Ein Rückgriff auf die unbestimmte Formulierung von IAS 36.87 Satz 2 Halbsatz 2, „es sei denn, das Unternehmen kann beweisen, dass eine andere Methode den mit den reorganisierten Einheiten verbundenen Geschäfts- oder Firmenwert besser widerspiegelt", lässt **keine willkürliche** Neuverteilung zu.

Die Möglichkeit einer alternativen Verteilung stellt eine **Ausnahmeregel** dar, die nur in bestimmten Fällen und überdies bei Nachweis der besseren Eignung zulässig ist.

Für die Beurteilung der Zulässigkeit eines alternativen Allokationsverfahrens ist die Konsistenz mit dem Charakter des *goodwill* bedeutsam, d.h. die Berücksichtigung der inhaltlichen Ausgestaltung des *goodwill* zu betrachten.[77] Im Mittelpunkt stehen hier die Synergiepotenziale (als eine Komponente des *core-goodwill*; → § 31 Rz 29) aus einem Unternehmenszusammenschluss. Die Zuordnung des *goodwill* ist danach auf diejenigen CGUs vorzunehmen, auf deren Ebene er überwacht, gesteuert und genutzt werden kann, d.h., die Zuordnung muss sich nach der Realisierbarkeit und Steuerbarkeit des *goodwill* richten (Rz 147).

Im Rahmen einer Abwägung von strategischen und organisatorischen Beweggründen ergeben sich folgende (alternative) Methoden zur Neuverteilung: **191**

- Alternative 1:[78] Im Rahmen der Neuverteilung des *goodwill* wird auf **relative Unternehmenswerte** der **empfangenden CGUs** als Verteilungsschlüssel zurückgegriffen. Ähnlich der Erstverteilung des *goodwill* muss eine Analyse der Nutzungsmöglichkeiten innerhalb der aufnehmenden CGUs erfolgen. Der Teilbereichswert stellt aber nicht in jedem Fall ein Indiz für Nutzungs- und Integrierbarkeitsmöglichkeiten dar.

- Alternative 2:[79] Als Bezugspunkt für die Neuverteilung werden die **abgehenden**, untergeordneten **CGUs** gewählt, welche im Rahmen der Reorganisation neu zuzuordnen sind. Dieses Vorgehen beruht auf der Annahme, dass der *goodwill* eng mit den untergeordneten CGUs verbunden ist und somit vermutlich an der Stelle am besten weiter genutzt und integriert werden kann, an welcher die untergeordneten CGUs eingegliedert werden sollen.

Alternative 2 entspricht dem Grunde nach der **Veräußerungsfiktion** (IAS 36.87 Satz 2 Halbsatz 1) und ist u.E. verpflichtend, es sei denn, die Angemessenheit wird eindeutig widerlegt.

Der Rückgriff auf Alternative 1 steht unter folgender **Einschränkung:** Ein höherer erzielbarer Betrag (der empfangenden CGU) kann keinesfalls automatisch einen Hinweis für höhere Realisations- bzw. bessere Integrationsmöglichkeiten darstellen. Ausgehend von zwei unterschiedlich großen empfangenden CGUs wäre argumentierbar, dass die verhältnismäßig kleinere CGU den größeren Anteil an *goodwill* alloziert bekommt, da Synergiepotenziale hier besser realisierbar wären (z.B. durch bessere Überwachungs- und Steuerungsmöglichkeiten der erwarteten *cash flows* aus dem *goodwill*). **192**

Die Verknüpfung von erwarteten Zahlungsströmen aus dem *goodwill* und Buchwerten der Vermögenswerte einer CGU, die durch ein solches Vorgehen herbeigeführt werden, ist aber nicht sachgerecht und führt im Rahmen des *impairment*-Tests zu willkürlichen Ergebnissen. Darüber hinaus wäre die Interpretierbarkeit im besten Fall stark eingeschränkt, wenn nicht unmöglich.

---

[77] Vgl. grundlegend HERMENSK/KLEIN, KoR 2010, S. 6–12.
[78] Vgl. PELLENS/FÜLBIER/GASSEN/SELLHORN, Internationale Rechnungslegung, 9. Aufl., 2014, S. 780 f.
[79] Vgl. WIRTH, Firmenwertbilanzierung nach IFRS, 2005, S. 342–348; weitere Beispiele vgl. KÜTING/WEBER/WIRTH, KoR 2008, S. 148–151; KÜTING/WEBER/WIRTH, DStR 2004, S. 879 f.

Nur wenn das Verhältnis der Teilbereichswerte tatsächlich auch über die zukünftige Integrierbarkeit bzw. die geplante Verwendung des *goodwill* Aufschluss gibt, ist ein entsprechendes Vorgehen u. E. als zulässig zu erachten.

193   Die im individuellen Fall angemessene Allokationsmethode hängt von der Motivation der Reorganisation ab. In Abhängigkeit der Motivation für eine Restrukturierung bzw. Reorganisation des Steuerungssystems ergibt sich Folgendes:

Motivation der Restrukturierung/Reorganisation		Beispielhafte Ziele der Restrukturierung	Verteilung des *goodwill* nach
Organisatorisch		• Optimierung der Produktions- und Vertriebsorganisation • Änderung des organisatorischen Aufbaus zur Vermeidung von Kompetenzstreitigkeiten und Ineffizienzen sowie Koordinationsaufwands	Alternative 2
Strategisch mit direktem *goodwill* Bezug	Integrationspunkt wird verändert, aber keine vollständige Abkehr vom ursprünglichen Realisationskonzept des *goodwill*	• Kosteneinsparung (Reduktion von Personal- und Materialkosten) • Verbesserung der Umsatzstrukturen • Änderung von Standortstrukturen	Alternative 2
Strategisch mit indirektem *goodwill* Bezug	Durch Reorganisation soll der *goodwill* anderweitig als bisher genutzt werden	• Konzentration auf das Kerngeschäft • Aufnahme strategischer Kooperationen • Wachstum (neue Märkte) und Innovation	Alternative 1, soweit Höhe der Teil-CGU-Werte tatsächlicher Indikator für zukünftige Nutz-/Realisierbarkeit des *goodwill* ist

Bei der Auswahl ist die Methode zu präferieren, die die wahren Beweggründe und Ziele der Restrukturierung sachgerecht auf bilanzieller Ebene darstellt. Im Zweifelsfall ist u. E. auf eine Reallozierung auf Grundlage der relativen Werte (be-)**vor** Reorganisation abzustellen.

5.10   Anteile nicht beherrschender Gesellschafter (*non-controlling interests*)

5.10.1   *Full-goodwill*-Methode

194   Bei der Erstkonsolidierung eines nicht im 100 %igen Eigentum stehenden Tochterunternehmens kann das Mutterunternehmen entscheiden, ob es die nicht beherrschenden Anteile (*non-controlling interests*, NCI)

- zum *fair value* der Anteile am Tochterunternehmen und damit inkl. eines *goodwill* bewertet (*full-goodwill*-Methode) oder
- zum *fair value* des Nettovermögens des Tochterunternehmens und damit ohne *goodwill* (*purchased-goodwill*-Methode).

Entscheidet sich das Unternehmen für die *full-goodwill*-Methode, ergeben sich keine Besonderheiten beim verpflichtend für den Geschäfts- oder Firmenwert (GoF) vorzunehmenden *impairment*-Test. Wie bei allen anderen Vermögenswerten ist deren Buchwert mit dem vollen (den NCI-Anteil inkludierenden) erzielbaren Betrag zu vergleichen. Ein evtl. Wertminderungsverlust ist auf das Mutterunternehmen und das NCI aufzuteilen. Wenn das Tochterunternehmen eine eigene CGU ist, muss gem. IAS 36.C8 diese Verteilung nach dem Gewinnverteilungsschlüssel erfolgen.

Nach Maßgabe von IAS 36.IE68A Beispiel 7B ist wie folgt zu rechnen:

Praxis-Beispiel

Mutterunternehmen X erwirbt 80 % der Kapital- und Stimmrechte am Unternehmen Y für 2.100 TEUR zum 1.1.00. Zu diesem Stichtag beträgt der *fair value* der Nettovermögenswerte 1.500 TEUR. Der auf die Minderheitsinteressen entfallende *fair value* von Y beträgt insgesamt 350 TEUR – ermittelt aus einem dividendengestützten DCF-Verfahren.[80] X optiert zur *full-goodwill*-Methode. Y stellt eine CGU dar. Daraus ergibt sich:

	TEUR
Kaufpreis-Anteil	2.100
fair value des Minderheitenanteils	350
Gesamtwert der Akquisition	2.450
fair value des Nettovermögenswerts	1.500
Goodwill	950

Die erworbene Tochtergesellschaft Y soll eine CGU darstellen, die aber auch Synergieeffekte auf andere CGUs der Mutterunternehmung bewirkt. Dieser Teil des *goodwill* beträgt 500 TEUR, bei der erworbenen Tochtergesellschaft Y verbleiben 450 TEUR.

Der erforderliche Wertminderungstest zum 31.12.03 für die erworbene Tochterunternehmung Y ermittelt einen erzielbaren Betrag (Rz 6) von 1.650 TEUR, der Buchwert beträgt ohne *goodwill* 1.350 TEUR.

Der *impairment*-Test zum 31.12.03 ist in TEUR wie folgt vorzunehmen:

	goodwill	Nettovermögen	Gesamt
Buchwert	450	1.350	1.800
Erzielbarer Betrag			1.650
Wertminderungsverlust			150

Dieser Verlust ist nach IAS 36.104 vorab dem auf die erworbene Tochtergesellschaft entfallenden *goodwill* zu belasten.

---

[80] Nach Interpretation von KÜTING/WIRTH, KoR 2007, S. 464.

Da Y annahmegemäß eine eigene CGU ist, muss gem. IAS 36.C8 nach dem Gewinnverteilungsschlüssel (hier gleich dem Beteiligungsverhältnis) der Wertminderungsverlust wie folgt aufgeteilt werden:

	TEUR	%
Muttergesellschaft	120	80
NCI	30	20
Impairment	150	100

195 Die nach IAS 36.C8 vorgesehene Verpflichtung zum Abstellen auf *profit or loss* als Verteilungsschlüssel einer Wertberichtigung zeitigt allerdings Relevanz für die Folgebewertung, wenn im Zugangszeitpunkt wahlweise die *full-goodwill-*Methode angewendet wurde, der bilanziell ausgewiesene *goodwill* wegen der Berücksichtigung einer Kontrollprämie (Rz 176 ff.) aber nicht im Verhältnis der Anteilsverteilung auf *controlling* und *non-controlling interests* entfällt.

Praxis-Beispiel
Unternehmen MU erwirbt 80 % der Anteile an TU für einen Kaufpreis von 80 GE und damit einen beherrschenden Einfluss. Der beizulegende Zeitwert des Nettovermögens beträgt (vereinfachend) 0 GE, der gezahlte Kaufpreis entspricht daher den künftigen Synergieerwartungen und ist als *goodwill* zu erfassen. In dem Kaufpreis für 80 % der Anteile ist eine Kontrollprämie enthalten. Über eine Bewertung der NCI zum *fair value* ergibt sich ein *full goodwill* von 95 GE. Für den Einbezug in den Konsolidierungskreis von MU ergibt sich folgender Beitrag von TU:

Geschäft- oder Firmenwert (*goodwill*)	95
Gesamtes Vermögen (*total assets*)	**95**
Eigenkapital (*equity*)	95
davon *controlling interests* (80 %)	80
davon *non-controlling interests* (20 %)	15
Gesamte Schulden (*total liabilities*)	**95**

Bei Festlegung von TU als eigenständige CGU ergibt sich, ausgehend von einem erzielbaren Betrag in der Folgebewertung von 50 GE, ein Wertberichtigungsbedarf von 45 GE, der erfolgswirksam gegen den bilanzierten GoF zu verrechnen ist. Für die Aufteilung des *impairment* – für Zwecke des Eigenkapitalausweises und die Angabe nach IAS 1.81B – zwischen *controlling interests* und NCI ist auf den Gewinnverteilungsschlüssel (mangels abweichender Abreden auf den Beteiligungsschlüssel) abzustellen. Auf NCI entfällt daher ein Wertberichtigungsaufwand von 9 GE (= 45 GE × 20 %), korrespondierend verbleibt ein Aufwand für das *controlling interests* von 36 GE (= 45 GE × 80 %).

196 Das Festhalten von *profit or loss* als Verteilungsschlüssel kann auch zu einem negativen Ausweis von *non-controlling interests* führen (etwa bei sehr hohen Kontrollprämien, somit nur einem geringen Anteil der NCI am *full goodwill*).

> **Praxis-Beispiel**
> Ein auf MU nach vollzogener *business combination* entfallender Anteil am GoF entspricht dem unter Berücksichtigung einer Kontrollprämie gezahlten Kaufpreis für 80 % der Anteile an TU (sonstiges Nettovermögen entspricht 0 GE) und beträgt 80 GE. Aus der Bewertung der NCI zum *fair value* ergibt sich ein *full goodwill* von 85 GE, der Anteil der NCI am GoF beträgt daher 5 GE. Bei einem festgestellten Wertberichtigungsbedarf von 45 GE entfallen weiterhin 9 GE (= 45 GE × 20 %) auf NCI, deren Ausweis im Eigenkapital bezogen auf TU danach negativ mit 4 GE erfolgt.

Das Abstellen auf einen abweichenden Verteilungsschlüssel – etwa nach Bereinigung um eine Kontrollprämie[81] – scheidet u. E. aus. Zwar fehlt es innerhalb der Vorgaben zum *impairment*-Test nach IAS 36 – anders als nach IFRS 3.B45 – an einer Auseinandersetzung mit dem Umgang von Kontrollprämien (Rz 178), der Wortlaut der Verteilungsvorgaben schließt aber ein Abweichen von dem Schlüssel *profit or loss* aus.[82] Die Konsequenz eines negativen Ausweises von *non-controlling interests* steht auch im Einklang und nicht im Widerspruch mit den Vorgaben zur Konsolidierung (→ § 32 Rz 165).

5.10.2 *Purchased-goodwill*-Methode

5.10.2.1 Hochrechnung des *goodwill*, Verteilung der Wertminderung

Wenn das Mutterunternehmen bei der Erstkonsolidierung den NCI-*goodwill* nicht aufdeckt, also die *purchased-goodwill*-Methode anwendet (Rz 194), ergibt sich folgendes in IAS 36.94 und IAS 36.C4 angesprochene Problem: Der **Buchwert** der *goodwill* tragenden CGU umfasst folgende Wertansätze: **197**
- den **gesamten** Buchwert der Nettovermögenswerte, unabhängig, ob diese auf die Mutterunternehmung oder auf die nicht beherrschenden Gesellschafter entfallen, sowie
- (nur) den **Anteil** der Mutterunternehmung *(controlling interest)* am *goodwill*.

Der erzielbare Betrag der CGU lässt sich andererseits sinnvoll nur für die zahlungsmittelgenerierende Einheit als Ganzes und damit einschließlich des auf NCI entfallenden *goodwill* bestimmen. Um nun bei der Ermittlung der rechnerischen Differenz von Buchwert und erzielbarem Betrag nicht Äpfel mit Birnen zu vergleichen, muss bei Berücksichtigung des vollen *goodwill* im erzielbaren Betrag auch die Vergleichsgröße Buchwert entsprechend angepasst werden.

Dies geschieht in einer Art **Schattenrechnung**, bei der der tatsächliche Buchwert   **198**
des *goodwill* auf 100 % hochgerechnet *(gross up)* wird. Erst nach Maßgabe dieses hochgerechneten Buchwerts ist die Vergleichsrechnung zum erzielbaren Betrag durchzuführen. Ergibt sich dabei ein fiktiver Wertminderungsverlust für den hochgerechneten *goodwill* der CGU, ist dieser auf die anteiligen Interessen des Mutterunternehmens (in Bilanz und GuV zu berücksichtigen) einerseits und die der nicht beherrschenden Gesellschafter andererseits (nicht zu berücksichtigen) aufzuteilen (IAS 36.93 bzw. IAS 36.C6). Zusammenfassend gilt also für die Werthaltigkeitsprüfung von zahlungsmittelgenerierenden Einheiten mit zuge-

---

[81] So KPMG, Insights into IFRS 2016/17, Tz 7.2.50.30.
[82] Gl. A. DELOITTE, iGAAP 2017, S. 634.

wiesenem Geschäfts- oder Firmenwert, der nur i.H.d. auf *controlling interests* entfallenden Anteils erfasst wird, ein **dreistufiges Vorgehen:**

- Schritt 1: Der bilanziell erfasste *goodwill* ist um den Anteil (IAS 36.C4), der auf nicht beherrschende Gesellschafter entfällt, **hochzurechnen** (*shall gross up*). Der hochgerechnete *goodwill* ist dann in den Buchwert (*carrying amount*) der auf Werthaltigkeit zu testenden CGU einzubeziehen.

- Schritt 2: Wird ein **Wertberichtungsbedarf** festgestellt (IAS 36.C6), ist dieser im selben Verhältnis zwischen beherrschenden und nicht beherrschenden Gesellschaftern zu **verteilen**, wie diese einen Anspruch auf das Ergebnis haben (*on the same basis as that on which profit or loss is allocated*).

- Schritt 3: Bilanz- und ergebniswirksam zu erfassen ist nur der Anteil eines festgestellten Wertberichtungsbedarfs, der auf das *controlling interest* entfällt (IAS 36.C8).

199   Zwar liegt mit dem Appendix C zu IAS 36 ein eigener Abschnitt vor, der ausschließlich dem Umgang mit auf NCI entfallenden *goodwill* gewidmet ist, dennoch bleiben zahlreiche Anwendungsfragen – betreffend Schritt 1 (Rz 200 ff.) und Schritt 2 (Rz 203 ff.) ungelöst. Darüber hinaus fehlen Vorgaben zum Umgang mit statuswahrenden Anteilsverschiebungen zwischen *controlling* und *non-controlling interests* (Rz 208 ff.)[83] Zum Grundfall folgendes Beispiel nach IAS 36.IE62 ff.:

Praxis-Beispiel[84] (ohne Berücksichtigung von Steuereffekten)

Mutterunternehmung X erwirbt 80 % der Kapital- und Stimmrechtsanteile am Unternehmen Y für 1.600 TEUR zum 1.1.00. Zu diesem Stichtag beträgt der *fair value* der Nettovermögenswerte 1.500 TEUR. Die Erstkonsolidierung stellt sich wie folgt dar:

- *goodwill* 400 TEUR (Differenz zwischen den Anschaffungskosten von 1.600 TEUR und 80 % des *fair value* der identifizierbaren Nettovermögenswerte von Y);

- identifizierbare Nettovermögenswerte der Y mit einem *fair value* von 1.500 TEUR;

- im Eigenkapital zu passivierender Anteil der NCI von 300 TEUR (entspricht 20 % des Gesamtbetrags der identifizierbaren Vermögenswerte).

Die gesamten Vermögenswerte von Y stellen die kleinste Gruppe von Vermögenswerten dar, die weitgehend unabhängig *cash-flow*-Zugänge für die Unternehmensgruppe generieren. Y ist deshalb eine CGU. Ein jährlicher *impairment*-Test ist mindestens durchzuführen (Rz 141).

Ende 03 wird der erzielbare Betrag der CGU Y mit 1.000 TEUR ermittelt. Die Abschreibung auf die erworbenen Vermögenswerte wird linear mit 10 % ohne Berücksichtigung eines Restwerts vorgenommen.

Ein Teil des erzielbaren Betrags der CGU von 1.000 TEUR ist dem nicht bilanzierten Anteil der NCI am *goodwill* zuzuordnen (IAS 36.92; Rz 182). Der Vergleich des Buchwerts der CGU mit dem erzielbaren Betrag von 1.000 TEUR muss also im Rahmen einer Schattenrechnung unter Berück-

---

83   Eine auf die Klarstellung gerichtete Frage an das IFRS IC wurde mit dem Verweis auf den ausstehenden *post implementation review* des IFRS 3 abgelehnt, IFRIC, Update September 2010.

84   Nach IAS 36.IE 62 ff. (Beispiel 7A). Ein anderes Beispiel liefert Dobler, PiR 2005, S. 28.

sichtigung des auf NCI entfallenden Anteils angepasst werden. Dazu folgende Berechnungsgrundlage nach Maßgabe einer proportionalen Hochrechnung:

1.1.00	goodwill	Nettovermögenswerte	Gesamt
	TEUR	TEUR	TEUR
Bruttobuchwert	400	1.500	1.900
Aufgelaufene Abschreibung	–	– 150	– 150
Nettobuchwert	400	1.350	1.750
Nicht bilanzierter Anteil NCI am goodwill	100	–	100
Angepasster Buchwert	500	1.350	1.850
Erzielbarer Wert			1.000
Wertminderungsverlust			850

Gem. IAS 36.104 ist der Wertminderungsverlust von 850 TEUR zunächst beim *goodwill* abzusetzen (Rz 182), der danach null beträgt. Dabei reduziert sich der Brutto-*goodwill* (unter Einbeziehung des NCI) von 500 TEUR, ist aber nur mit dem anteiligen Interesse des Mutterunternehmens X an der Tochter Y buchmäßig zu erfassen, also 400 TEUR. Der verbleibende Wertminderungsverlust von 850 TEUR minus 500 TEUR = 350 TEUR ist als Minderung des Buchwerts der identifizierbaren Vermögenswerte nach folgendem Schema zu buchen:

1.1.00	goodwill	Nettovermögenswerte	Gesamt
	TEUR	TEUR	TEUR
Nettobuchwert	400	1.350	1.750
Außerplanmäßige Abschreibung (Wertminderungsverlust)	– 400	– 350	– 750
Buchwert nach außerplanmäßiger Abschreibung	–	1.000	1.000

5.10.2.2 Besonderheiten bei Abweichung von Kapital- und Ergebnisbeteiligungsquote

Wird im Rahmen einer *business combination* (wahlweise) auf die Aufdeckung von auf *non-controlling interests* entfallenden Geschäfts- oder Firmenwert verzichtet, entfällt zunächst die Verpflichtung zur Bewertung im Zeitpunkt der Erstkonsolidierung. Rechtfertigung für die Einführung des Wahlrechts ist die Schwierigkeit einer *fair-value*-Bestimmung des auf NCI entfallenden Anteils am *(full) goodwill* (IFRS 3.BC212ff.). Im Rahmen der Folgebewertung nach dem *impairment-only*-Ansatz ist wegen der besonderen Konsistenzanforderungen

(Rz 117 ff.) an die Abgrenzung der CGU allerdings eine Hochrechnung des Geschäfts- oder Firmenwerts geboten. Die Bewertungskomplexität verlagert sich daher lediglich auf den Zeitraum der Folgebewertung.

Einen Ausweg bietet die vereinfachte Berechnungsmethodik für den auf NCI entfallenden, aber nicht bilanziell erfassten Anteil am *goodwill*. Anstatt einer Bewertung, die bei wahlweiser Anwendung der *full-goodwill*-Methode erforderlich ist, bestimmt sich der außerbilanziell, auf das NCI entfallende Teil des Geschäfts- oder Firmenwerts zunächst über einen einfachen Dreisatz (*mechanical allocation*). Für Zwecke der Folgebewertung im Rahmen des *impairment*-Tests lässt der Wortlaut der Vorgabe nur eine einfache Hochrechnung (*gross up*) zu. Eine Adjustierung des Hochrechnungsbetrags – etwa um eine Kontrollprämie (Rz 178) – scheidet u. E. aus.

Praxis-Beispiel

Unternehmen MU erwirbt 80 % der Anteile an TU für einen Kaufpreis von 80 GE und damit einen beherrschenden Einfluss. Der beizulegende Zeitwert des Nettovermögens beträgt (vereinfachend) 0 GE, der gezahlte Kaufpreis entspricht daher den künftigen Synergieerwartungen und ist als *goodwill* zu erfassen. Eine Kontrollprämie wurde nicht gezahlt. Für den Einbezug in den Konsolidierungskreis von MU ergibt sich folgender Beitrag von TU bei wahlweise zulässigem Verzicht auf die *full-goodwill*-Methode:

Geschäft- oder Firmenwert (*goodwill*)	80
Gesamtes Vermögen (*total assets*)	80
Eigenkapital (*equity*)	80
Gesamte Schulden (*total liabilities*)	80

Für den in den Folgeperioden vorzunehmenden verpflichtenden *impairment*-Test (Rz 14) ist eine mechanische Hochrechnung des *goodwill* für den auf NCI entfallenden Teil nach folgender Formel vorgesehen: Buchwert Geschäfts- oder Firmenwert × 100 % : Beteiligungsquote *controlling interests*. Für Zwecke des *impairment*-Tests des aus der TU-Akquisition resultierenden *goodwill* ergibt sich ein GoF von 100 GE (= 80 GE × 100 % : 80 %).

---

201   In **zeitlicher Dimension** bleiben die Vorgaben zur Hochrechnung eines auf *non-controlling interests* entfallenden Anteils am GoF allerdings unbestimmt. Vorgesehene Konsequenz eines Verzichts auf die *full-goodwill*-Methode im Rahmen der Zugangsbewertung ist lediglich (IAS 36.C4), dass *„an entity shall gross up the carrying amount of goodwill allocated to the unit to include the goodwill attributable to the non-controlling interest.“* Mangels einer zeitlichen Konkretisierung scheint daher eine fortlaufende – zu jedem *impairment*-Test erneut vorzunehmende – Hochrechnung ebenso zulässig wie eine einmalige Hochrechnung im Zeitpunkt der Erstkonsolidierung mit anschließender Fortschreibung in einer Schattenrechnung (Rz 198).

Werden statuswahrende Anteilsverschiebungen zwischen *controlling* und *non-controlling interests* zunächst ausgeklammert (Rz 208 ff.), ist u. E. eine zeitpunktbezogene, einmalige Bestimmung des in einer Schattenrechnung fortzuführenden GoF vorziehungswürdig. Dem entspricht auch die Verpflichtung in IFRS 3 auf ein Abstellen auf *acquisition date fair values* (IFRS 3.18); die Bestimmung des Hochrechnungsbetrags weicht dann nur – wegen der zulässigen Erleichterung – der Höhe nach von dem *fair value* ab. Die zwingende Verteilung eines derivativen *goodwill* auf unterschiedliche CGUs (Rz 145 ff.) bedingt eine Entkopplung von Erwerbsobjekt und späterem Testobjekt für die Werthaltigkeitsprüfung. Neben dem bilanziell ausgewiesenen GoF ist auch der auf NCI entfallende *goodwill* nach vollzogener *business combination* zuzuordnen.

> **Praxis-Beispiel (Fortsetzung zu Rz 200)**
> Aus dem Erwerb von TU erwartet das Management von MU insbesondere Synergien in CGUs, die bereits vor dem Erwerb im Konzern bestanden und nicht rechtlich selbstständig sind. Der aus der *business combination* resultierende GoF wird daher ohne Bezug zu dem Anteil nicht beherrschender Gesellschafter alloziert. In der Schattenrechnung ist für den NCI-*goodwill* i. H. v. 20 GE (nach mechanischer Hochrechnung) auch eine Zuordnung auf einzelne CGUs vorzunehmen.

Der in einer Schattenrechnung fortzuführende Geschäfts- oder Firmenwert unterliegt den gleichen Folgebewertungsvorgaben wie der bilanziell ausgewiesene *goodwill*. Nach einer erfolgten, allerdings nur außerbilanziell erfassten Wertminderung ist keine Zuschreibung zulässig. Eine Erhöhung des in der Nebenrechnung fortgeführten GoF über den im Zeitpunkt der Zugangsbewertung durch mechanische Hochrechnung bestimmten Betrag scheidet u. E. ebenfalls aus (zu Problemen bei der Folgebewertung nach Anteilsverschiebung vgl. Rz 208 ff.). Ist der derivative GoF im Zusammenhang mit dem Erwerb einer (selbstständigen) Legaleinheit entstanden, deren funktionale Währung von der des Mutterunternehmens abweicht, besteht daher auch für einen außerbilanziell erfassten NCI-*goodwill* die Pflicht zur Erfassung von Währungsanpassungen (→ § 27 Rz 52 ff.). **202**

Ergibt sich ein Wertberichtigungsbedarf, darf im *primary statement* nur die auf den bilanziell ausgewiesenen, dem *controlling interest* zuzurechnenden GoF entfallende Wertberichtigung erfasst werden (IAS 36.C8). Die Aufteilung eines festgestellten Wertberichtigungsbedarfs richtet sich nach dem Verteilungsschlüssel des Ergebnisses (IAS 36.C6). **203**

> **Praxis-Beispiel**
> Das Management von MU bestimmt die im Rahmen einer *business combination* erworbene Legaleinheit TU als eigenständige CGU (*fair value* des Nettovermögens ohne *goodwill* beträgt 0 GE), der auch der gesamte *goodwill* – 80 GE (pagatorisch belegt) bilanziell erfasst und 20 GE in der Schattenrechnung – aus der *business combination* zugewiesen wird. Die nicht beherrschenden Gesellschafter haben einen Gewinnverteilungsanspruch, welcher der Beteiligungsquote entspricht; ihnen steht also ein Anteil am Gewinn/Verlust von 20 % zu. Der erzielbare Betrag der CGU TU wird in einer Folgeperiode mit 50 GE bestimmt. Ausgehend von dem durch Hochrechnung bestimmten Buchwert von 100 GE (vereinfachend nur *goodwill*; Rz 200), ergibt sich ein

> Wertberichtigungsbedarf von 50 GE. Nach dem Gewinnverteilungsschlüssel sind davon 40 GE ergebniswirksam zu erfassen, der auf NCI entfallende Anteil von 10 GE (= 20 %) ist in der Schattenrechnung zu berücksichtigen.

204   Für **unterschiedlich hohe Minderheitenanteile** innerhalb der zu testenden CGU mit *goodwill* ist nach IAS 36.C9 (Rz 247) wie folgt vorzugehen:[85]

- Im **ersten** Schritt ist der Wertminderungsaufwand dem Teil der CGU zuzuordnen, der einen Anteil am NCI aufweist, und sodann dem anderen Teil ohne einen solchen.

- Im **zweiten** Schritt ist bei der Teil-CGU mit NCI der Abschreibungsaufwand nach der Gewinnverteilungsregel zuzuteilen.

Als Verteilungsmaßstab wird allerdings nur der relative Anteil des *goodwill* der CGU-Teileinheiten vor der Wertminderungsverbuchung genannt. Unklar bleibt, ob die Verteilung lediglich auf die Muttergesellschaft und NCI vorzunehmen oder ob sie spezifisch den Teil-CGUs zuzuordnen ist. U. E. ist der ersten Variante der Vorzug zu geben mit der Begründung: Die Verteilung des *goodwill* soll auf der Ebene der CGU erfolgen (Rz 147); diese Vorgabe muss dann auch für die Zuordnung des Abschreibungsbedarfs gelten.[86]

Praxis-Beispiel (nach IAS 36.IE68)

Anders als im Beispiel unter Rz 200 stellt die erworbene Tochtergesellschaft Y mit ihren Vermögenswerten einen Teilbereich einer CGU dar; sie schafft Liquiditätszuflüsse nur zusammen mit anderen Teilen der Unternehmensgruppe, die zusammen eine CGU Z bilden. Der Teil-*goodwill* aus der Akquisition von 500 TEUR wird (unverändert) den anderen CGUs der Unternehmensgruppe zugeordnet, die sich Synergien aus der (neuen) Tochter Y versprechen. Die CGU Z enthält aus früheren Akquisitionen einen *goodwill* von 800 TEUR. Vom gesamten *goodwill* aus der Akquisition von Y (= 950 TEUR) entfallen 500 TEUR auf andere CGUs. Die verbleibenden 450 TEUR an *goodwill* aus der Akquisition erhöhen den Gesamt-*goodwill* der CGU Z auf 1.250 TEUR.

Der obligatorische Wertminderungstest zum 31.12.03 (Rz 14) ergibt für die CGU Z einen erzielbaren Betrag von 3.300 TEUR, die Nettovermögenswerte weisen ohne *goodwill* einen Buchwert von 2.250 TEUR aus. Der Wertminderungsbedarf errechnet sich dann in TEUR wie folgt:

	goodwill	Nettovermögen	Gesamt
Buchwert	1.250	2.250	3.500
Erzielbarer Betrag			3.300
Wertminderungsverlust			200

Nach IAS 36.104 ist der Verlust vorab dem *goodwill* der CGU Z zu belasten. Wenn – wie hier – die teilweise im NCI-Besitz befindliche Tochtergesellschaft Y einen Teil einer größeren CGU darstellt, ist der Wertminderungs-

---

85   Vgl. KÜTING/WIRTH, KoR 2007, S. 466.
86   So KÜTING/WIRTH, KoR 2007, S. 466.

verlust **zunächst** den Bestandteilen der CGU Z zuzuordnen, z.B. nach dem Verhältnis von deren Werten, und **dann** auf die Mehrheiteninteressen und NCI an der Tochtergesellschaft Y zu verteilen.
Unterstellt sollen 40 % des Wertminderungsverlusts auf die Tochtergesellschaft Y entfallen = 80 TEUR. Dieser ist dann wie folgt zu verteilen:

	TEUR
Mehrheitenanteil 80 %	64
NCI 20 %	16
Anteiliger Wertminderungsverlust	80

Der restliche Abwertungsbedarf von 120 TEUR ist (vorab) der CGU Z zuzuordnen.

Wegen der buchmäßigen Erfassung und Verteilung des nach der *goodwill*-Abschreibung verbleibenden Wertminderungsverlusts vgl. Rz 182 und Rz 10; erfolgt keine Bilanzierung des auf NCI entfallenden *goodwill* vgl. Rz 198 und Rz 247. Eine Wertberichtigung kann nach IAS 36.C8 (Rz 247) nur das auf die Muttergesellschaft entfallende Ergebnis belasten. Die Hochrechnung des fiktiven Anteils der NCI am *goodwill* (Rz 198) darf sich **nicht bilanziell auswirken**; sie dient lediglich der Ermittlung eines Wertminderungsbetrags überhaupt. **205**

Die Vorgaben zur Hochrechnung eines auf NCI entfallenden GoF (IAS 36.C4) stellen auf die Beteiligungsquote, diejenigen zur Verteilung eines festgestellten Wertberichtigungsbedarfs hingegen auf die Gewinnverteilungsabrede ab (IAS 36.C6). Die Konsequenz ist daher bei disproportionaler Gewinnverteilungsabrede ein Auseinanderfallen der Schlüssel für das *grossing-up* und die nachfolgende *allocation*. Als Maßstab für die Verteilung eines festgestellten Wertberichtigungsbedarfs ist auf die Ergebnisverteilung abzustellen, *„the impairment loss is allocated between the parent and the non-controlling interest on the same basis as that on which profit or loss is allocated"*. Es fehlt – wie bei den Vorgaben zur Hochrechnung (Rz 200) – ein zeitlicher Bezug der Vorgabe. Der Verweis auf die Stromgröße *profit or loss* bedingt – nach der für die Darstellung des Ergebnisses gebotenen Aufteilung (IAS 1.81B(a)) – u.E. allerdings eine periodenbezogene, damit fortlaufende Notwendigkeit zur Festlegung. **206**

Praxis-Beispiel
Der durch Hochrechnung bestimmte, in der Schattenrechnung fortgeführte auf NCI entfallende *goodwill* beträgt 20 GE, der hochgerechnete Buchwert der CGU TU, der vereinfachend nur *goodwill* umfasst, 100 GE (Rz 200). Bei einem erzielbaren Betrag von 50 GE ist eine Wertberichtigung angezeigt. Die nicht beherrschenden Gesellschafter haben qua vertraglicher Abrede einen Gewinnverteilungsanspruch, welcher von der Beteiligungsquote (= 20 %) abweicht, ihnen steht ein Anteil am Gewinn/Verlust von 30 % zu. Nach dem zwischen den Parteien vereinbarten Gewinnverteilungsschlüssel ist eine Wertberichtigung von 35 GE ergebniswirksam zu erfassen, der auf NCI entfallende Anteil von 15 GE (= 30 %) ist in der Schattenrechnung zu berück-

sichtigen. In den Folgeperioden ist der außerbilanziell geführte *goodwill* daher auf 5 GE begrenzt, ein *grossing-up*, ausgehend von dem bilanziell erfassten GoF, scheidet aus (Rz 201).

207   Eine außerbilanziell zu erfassende Wertberichtigung auf den in der Schatten-rechnung fortgeführten *goodwill* ist allerdings betragsmäßig auf den Hochrech-nungsbetrag begrenzt. Ein überschießender Wertberichtigungsbedarf ist daher dem bilanzierten Vermögen zuzurechnen.

> **Praxis-Beispiel (Fortsetzung zu Rz 206)**
> Abweichend von ihrer Beteiligungsquote haben die NCI einen auf 60 % lautenden Ergebnisanspruch. Die in der Schattenrechnung zu erfassende Wert-berichtigung ergäbe sich mathematisch i.H.v. 30 GE (= 50 GE × 60 %). Betragsmäßig ist die außerbilanzielle Wertberichtigung allerdings auf 20 GE begrenzt. Der auf NCI entfallende *goodwill* wäre damit komplett auch für die Folgeperioden aufgebraucht. Der überschießende Wertberichtigungsbedarf der CGU TU ist daher ergebniswirksam dem bilanzierten Vermögen – vorrangig dem auf *controlling interests* entfallenden *goodwill* (Rz 182 ff.) – zuzuweisen.

5.10.2.3 Besonderheiten bei Aufstockungen und Abstockungen

208   Die Vorgaben in Appendix C zu IAS 36 enthalten keine Ausführungen zur Konsequenz einer statuswahrenden Anteilsverschiebung zwischen *controlling* und *non-controlling interests* in Folgeperioden (nach erfolgtem Erwerb). Status-wahrende Anteilsverschiebungen sind als Transaktionen zwischen Eigentümern zu erfassen und berühren somit nur die Verteilung der Residualansprüche der Eigentümer (Aufstockung: → § 31 Rz 162; Abstockung: → § 31 Rz 177). Unklar ist, ob und inwieweit Anteilsverschiebungen eine Rückwirkung auf den *impair-ment*-Test zeitigen, also ob für die Hochrechnung des auf NCI entfallenden Anteils am – in der Schattenrechnung fortgeführten – *goodwill* auf

- die historische Beteiligungsquote, die im ursprünglichen Zeitpunkt der *busi-ness combination* vorlag, oder
- auf die aktuelle, zum Bewertungsstichtag vorliegende Beteiligungsquote ab-zustellen ist.

Die bilanzielle Behandlung hat u.E. den allgemeinen Vorgaben zur *goodwill*-Bilan-zierung Rechnung zu tragen (Rz 141). Die gewählte Vorgehensweise ist als *accoun-ting policy* offenzulegen und unterliegt dem Stetigkeitsgebot (→ § 24 Rz 18 ff.).

209   Für die Folgebewertung eines GoF ist ein generelles (Ansatz-)Verbot für einen originären (*internally generated*) *goodwill* beachtlich (IAS 38.43). Darüber hinaus besteht ein Zuschreibungsverbot nach IAS 36.124 für einen bereits in einer Vor-periode wertberichtigten Geschäfts- oder Firmenwert (Rz 228). Die Vorgaben sind u.E. auch für einen in der Schattenrechnung erfassten *goodwill* anzuwenden, der auf NCI entfällt. Der Ansatz eines *goodwill* setzt den Vollzug einer *business combina-tion* voraus (IFRS 3.48), eine statuswahrende Anteilsverschiebung erlaubt daher keine Aufstockung des GoF über den Betrag hinaus, der sich im Erstkonsolidie-rungszeitpunkt als Summe aus bilanziell erfasstem *goodwill* und dem in der Schat-

tenrechnung erfassten Betrag der erstmaligen Hochrechnung ergibt. Auswirkungen ergeben sich allerdings für die Bestimmung des Verteilungsschlüssels (Rz 206).

> **Praxis-Beispiel**
> MU erwirbt zunächst 80 % an TU und deckt nach der *purchased-goodwill*-Methode einen GoF von 80 GE auf. In einer Folgeperiode reduziert MU seinen Anteil auf 70 %, veräußert also 10 % der Beteiligung an die nicht beherrschenden Gesellschafter. Die Transaktion zeitigt als reine Eigenkapitaltransaktion keine Auswirkung auf den bilanziell erfassten *goodwill*. Für den in der Berichtsperiode vorzunehmenden *impairment*-Test ist eine Hochrechnung des bilanzierten *goodwill* auf eine Quote von 100 % erforderlich. Ein (unmodifiziertes) Abstellen auf die aktuellen Beteiligungsverhältnisse scheidet allerdings aus, da sich sonst ein GoF von ca. 114 GE (= 80 GE : 70 %) einstellen würde. Es bleibt daher bei einem – in der Schattenrechnung betragsmäßig bestimmten (Rz 201) – hochgeschleusten *goodwill* von 100 GE, welcher im Rahmen der Werthaltigkeitsüberlegung zugrunde zu legen ist. Wegen der geänderten Beteiligungsverhältnisse stellt sich allerdings für die Aufteilung eines Wertminderungsverlusts ein abweichender Verteilungsschlüssel i. H. v. 70 : 30 ein.

Unter der Annahme einer Zuweisung eines anteiligen *goodwill* an die nicht beherrschenden Gesellschafter im Fall einer statuswahrenden Abstockung wird das gleiche Ergebnis erzielt, wenn im Rahmen der Hochrechnung anhand der aktuellen Beteiligungsquote eine Adjustierung der Bemessungsgrundlage für das *grossing-up* erfolgt.   **210**

> **Praxis-Beispiel (Fortsetzung von Rz 209)**
> Nach der statuswahrenden Abstockung beträgt der Anteil der NCI 30 %. Im Rahmen der Eigenkapitaltransaktion wurde der auf die nicht beherrschenden Gesellschafter entfallende Anteil, allerdings unter Berücksichtigung einer Übernahme von 1/8 des bilanzierten *goodwill* (= 10 % der Anteile), bestimmt. Die korrigierte Bemessungsgrundlage für eine Hochrechnung auf Basis der aktuellen Beteiligungsquote ist 70 GE (= 80 GE × 7/8). Die Hochrechnung führt damit zu einem *goodwill* für den *impairment*-Test von 100 GE (= 70 GE : 70 %).

Der spätere Erwerb zusätzlicher Anteile, also die Aufstockung einer bestehenden Beteiligung zeitigt hingegen Rückwirkung für den in der Schattenrechnung erfassten *goodwill*. Im Zusammenhang mit der Einigung auf einen Erwerbspreis für eine Aufstockung der Beteiligung werden rational handelnde Parteien auch ein Entgelt für die Übernahme eines anteiligen GoF – unabhängig davon, ob dieser bilanziell ausgewiesen wird – vereinbaren. Es ist daher eine Anpassung des in der Schattenrechnung erfassten *goodwill* vorzunehmen, also die aktuelle Beteiligungsquote für die Hochrechnung zu beachten. Da u. E. allerdings auf die Verhältnisse im Zeitpunkt der Erstkonsolidierung abzustellen ist, halten wir eine relative Verhältnisrechnung gegenüber einem bloßen Rückgriff auf die aktuelle Beteiligungsquote für vorziehungswürdig. Wegen der fehlenden Konkretisierung innerhalb des Appendix C halten wir aber auch einen Rückgriff auf die aktuelle Beteiligungsquote für vertretbar.   **211**

> **Praxis-Beispiel**
> MU erwirbt zunächst 80 % an TU und deckt nach der *purchased-goodwill*-Methode einen GoF von 80 GE auf. In einer Folgeperiode erhöht MU seinen Anteil auf 90 %, erwirbt also weitere 10 % der Beteiligung von den nicht beherrschenden Gesellschaftern. Als reine Eigenkapitaltransaktion ergibt sich keine Auswirkung auf den bilanziell erfassten *goodwill*. Für die Hochrechnung auf einen 100-%-*goodwill* ist auf die relative Veränderung abzustellen. MU hat 50 % der ausstehenden NCI-Anteile und damit 50 % des in der Schattenrechnung fortgeführten GoF erworben. Das *grossing-up* beläuft sich danach auf einen Betrag von 10 GE; der für Zwecke des Vergleichs zum erzielbaren Betrag zu berücksichtigende *goodwill* beträgt 90 GE. Wird hingegen auf die aktuelle Beteiligungsquote ohne Verhältnisbetrachtung abgestellt, ergibt sich ein hochgeschleuster GoF von (nur) 88,9 GE (= 80 GE : 90 %).

212   Nach dem **späteren Erwerb** sämtlicher Anteile eines bereits beherrschten (Tochter-)Unternehmens (*subsidiary*) von den nicht beherrschenden Gesellschaftern (*non-controlling interests*) scheidet beim *goodwill-impairment*-Test ein *grossing-up* (Hochrechnung des *goodwill* um die Anteile nicht beherrschender Gesellschafter) aus.[87]

> **Praxis-Beispiel**
> Unternehmen MU hält nach einem Erwerb 80 % der Anteile an TU. Im Zug des Erwerbs wurde ein *goodwill* nur i.H.d. Anteils von MU (80 %) aufgedeckt. Der aktivierte *goodwill* betrug 800 GE. Für Zwecke des *impairment*-Tests wurde bislang der bilanzierte *goodwill* um den in einer Schattenrechnung erfassten Anteil der nicht beherrschenden Gesellschafter (20 %) i.H.v. 200 GE hochgerechnet. Ein Wertberichtigungsbedarf wurde seit Erwerb nicht festgestellt.
> In 01 erwirbt MU 20 %, somit alle Anteile der nicht beherrschenden Gesellschafter. Da es sich bei der Transaktion lediglich um eine (statuswahrende) Aufstockung handelt, zeitigt der Erwerb lediglich Auswirkung auf das Eigenkapital (Verhältnis *controlling* zu *non-controlling interests*; → § 31 Rz 162). Eine Aufdeckung eines weiteren *goodwill* scheidet aus, allerdings ist eine Anpassung der Schattenrechnung erforderlich. Für den nächsten *impairment*-Test ist der bilanzierte *goodwill* (i.H.d. ursprünglichen 80 %) nicht mehr hochzurechnen.

213   Nach IAS 36.92 besteht – für Zwecke des *goodwill-impairment*-Tests – eine Verpflichtung zur Hochrechnung des Geschäfts- oder Firmenwerts nur bei **Existenz** von nicht beherrschenden Gesellschaftern („... *non-wholly-owned...*"). Das *grossing-up* soll verhindern, dass *cash inflows* der CGU mit zugeordnetem *goodwill*, die den nicht beherrschenden Gesellschaftern zustehen, eine Wertminderung des auf *controlling interests* entfallenden *goodwill* kompensieren. Existieren **keine NCI**, so stehen die *cash inflows* der CGU ausschließlich dem *controlling interest* zu und dienen der Realisierung des Buchwerts der CGU. Als Konsequenz entfällt auch die Notwendigkeit einer Hochrechnung.

---

[87] Gl.A. OSER, PiR 2009, S. 83; a.A. WIRTH, in: Festschrift KÜTING, 2009, S. 387f.

Nach einer erfolgten Anteilsverschiebung ist u. E. für Zwecke der Werthaltig- **214** keitsprüfung zahlungsmittelgenerierender Einheiten mit auf NCI entfallenden, aber wahlweise nicht bilanziell ausgewiesenen GoF eine Anpassung der Schattenrechnung auf die aktuellen Beteiligungsverhältnisse geboten. Die Korrektur des in der Schattenrechnung erfassten Betrags trägt den geänderten Beteiligungsverhältnissen Rechnung, im Rahmen einer statuswahrenden

- **Abstockung** bestimmt sich der hochgerechnete *goodwill* durch Anpassung der Bemessungsgrundlage und Abstellen auf die aktuellen Beteiligungsverhältnisse; eine Erhöhung über den Gesamtbetrag des (bilanziell erfassten und in Schattenrechnung geführten) GoF scheidet aus;
- **Aufstockung** ergibt sich der hochgerechnete GoF als Ergebnis der relativen Veränderung der Beteiligungsverhältnisse.

Für einen bilanzierten *goodwill* besteht auch im Fall des Erwerbs zusätzlicher **215** Anteile, in deren Kaufpreis erneut ein (anteiliger) *goodwill* bezahlt wurde, eine Anschaffungskostenrestriktion. Eine spätere Erhöhung durch den Erwerb von Anteilen nicht beherrschender Gesellschafter scheidet aus. Transaktionen zwischen *controlling* und *non-controlling interests* berühren nur das Eigenkapital und führen zu einer „**stillen Zwangsreserve**" im *goodwill*, die ein zusätzliches „*cushion*" bei der künftigen Überprüfung der Werthaltigkeit des Geschäfts- oder Firmenwerts bedingt. Beim Erwerb zusätzlicher Anteile ist ein bezahlter Unterschiedsbetrag erfolgsneutral mit den Rücklagen des Konzerns zu verrechnen.

Auswirkungen ergeben sich – nach erfolgter Aufstockung des Anteils – auch für **216** das spätere Ausscheiden einer CGU mit zugeordnetem *goodwill* aus dem Konsolidierungskreis, somit die **Entkonsolidierung**. Ein evtl. Veräußerungserfolg ist um den auf *non-controlling interests* entfallenden *goodwill* höher, da der im Kaufpreis der Aufstockungstranche bezahlte *goodwill* nicht aktiviert, sondern (erfolgsneutral) mit Rücklagen verrechnet werden musste.

6 Darstellung der Arbeitsschritte in tabellarischer Form

Lfd. Nr.	Art	IAS 36	
			217
I. Gesamte Arbeitsschritte in Zusammenfassung			
1	Feststellung der Anhaltspunkte für eine Wertminderung	9	
2	Ermittlung des *carrying amount*	6	
3	Ermittlung des *fair value less costs of disposal*, falls größer Buchwert, kein *impairment*; falls niedriger, Fortsetzung mit Nr. 4	25 ff.	
4	Ermittlung des *value in use*	30 ff.	
5	Vergleich von 3 und 4	6	
6	Der höhere Wert von 3 und 4 im Vergleich zu 2	6	
7	Wenn 6 niedriger ist als 2: Abschreibung wegen *impairment*	59	

Lfd. Nr.	Art	IAS 36
II. Ermittlung des _fair value less costs of disposal_		
8	Vorhandensein eines unbeeinflussten Kaufkontrakts	25
9	Wenn nicht 8, dann Ermittlung des Marktpreises abzüglich Veräußerungskosten	26
10	Wenn nicht 9, dann Ermittlung durch bestmögliche Information unter der Preisvergleichsmethode, ggf. Barwertkalkül	27
11	Ermittlung der Verkaufskosten	28 f.
III. Ermittlung des _value in use_		
12	Feststellung (d. h. Schätzung) der künftigen Zahlungsein- und -ausgänge bis zur Veräußerung	30
13	Bestimmung des zutreffenden Diskontierungssatzes	30
14	Einzelheiten zur Ermittlung der künftigen Liquiditätsflüsse _(cash flow projections)_	31–49
15	Einzelheiten zur Bestimmung des Diskontierungssatzes	55–57
IV. Übergang zur _cash generating unit_		
16	Nichtermittelbarkeit der wertgeminderten _assets_	66 f.
17	Identifizierung der _assets_ oder der _group of assets_ als _cash generating unit_	70–73
18	Zuordnung von „übergeordneten" Vermögenswerten _(goodwill_ und _corporate assets)_	80, 100
19	Vergleich von _carrying amount_ und _recoverable amount_ der _cash generating unit_ und ggf. Wertminderungsabschreibung	104
V. Rückkehr zum Einzelgegenstand		
20	Führt die Rechnung nach lfd. Nr. 19 zu einem Abschreibungsbedarf, dann ist die Abschreibung zunächst auf den _goodwill_ vorzunehmen, alsdann ein noch verbleibender Abschreibungsbetrag auf die Vermögenswerte der Einheit _(cash generating unit)_ nach dem Verhältnis des Buchwerts zu verteilen.	104

7 Zusammenfassende Beurteilung

7.1 Zweifel am Objektivierungsbeitrag

218 Die Durchführung des _impairment_-Tests (Rz 14, Rz 32 ff.) ist mit einer Fülle von **Rechenaufgaben** verbunden. Der _„input"_ in die zugehörigen Formeln ist ermessensabhängig. Weitere **Ermessensspielräume** für das Management eröffnen sich bzgl. der Definition von zahlungsmittelgenerierenden Einheiten (*cash generating units;* Rz 101 ff.) und der diesen zuzuordnenden Bestandteile des *goodwill* (Rz 141 ff.) und der allgemein genutzten Vermögenswerte (*corporate assets;* Rz 137).

Der ganze Arbeitsprozess ist aufwendig und rechtfertigt sich aus theoretischer Sicht nur in extremen Fällen. Ansonsten wird man sich mit sehr viel einfacheren Überlegungen im Rahmen der qualitativen Bewertungsvorstufe (Rz 14, Rz 19 ff.) begnügen.

Insgesamt betrachtet erscheint es fraglich, ob durch die umfangreichen Berechnungsvorgaben und die noch umfangreicheren Anhangangaben (Rz 230 ff.) die erwünschte **Objektivierung** der Rechnungslegung in diesem besonders wichtigen Teilbereich nennenswert gefördert werden kann. Die Bilanzierungs**praxis** scheint jedenfalls anderen Gesetzmäßigkeiten zu folgen. Hier kommt es zu umfangreichen *impairment*-Abschreibungen,[88] wenn

- entweder der neu angetretene Vorstandsvorsitzende die von ihm noch nicht zu verantwortende Vorjahresbilanz „bereinigt" oder
- die Analysten auf ein „Großreinemachen"(*„big bath"*) bestehen.

Umgekehrt unterbleibt eine solche außerplanmäßige „Großabschreibung", wenn

- die Vertragsverlängerung des Vorstandsvorsitzenden ansteht,
- die „Braut geschönt" werden muss, z.B. anlässlich einer „Fusion unter Gleichen".

Kurzgefasst: *impairment*-Abschreibungen erfolgen,[89] wenn sie

- „politisch" erwünscht sind oder
- sich partout nicht mehr vermeiden lassen.

7.2 Spezielle Probleme im Rahmen der Finanzmarktkrise

Die ökonomischen Verwerfungen in der Realwirtschaft als Folge der Finanzmarktkrise bereiten dem Wertminderungsprozess eine zentrale Rolle im Rahmen der Abschlusserstellung. Ausgangspunkt einschlägiger Überlegungen sind die **Wertminderungsindikatoren** (Rz 19), davon insbesondere: 219

- Anstieg der Marktzinssätze,
- erhebliche Änderungen des Marktumfelds, in dem das Unternehmen tätig ist,
- negative Differenz zwischen Marktkapitalisierung und ausgewiesenem Eigenkapital (Rz 19).

Entsprechende Prüfungen der Werthaltigkeit finden regelmäßig auf der Ebene der **CGUs** statt (Rz 101). Dabei verwenden die Unternehmen/Konzerne in den meisten Fällen ein DCF-Verfahren auf der Grundlage des WACC-Ansatzes. Durch die Finanzmarktkrise werden die Berechnungsparameter tendenziell wie folgt in der gleichen Richtung beeinflusst:

- Die unternehmensspezifischen **Wachstumserwartungen** fallen niedriger aus.
- Die Risikoprämien auf den Zinssatz führen zu **steigenden Diskontierungssätzen**.

---

[88] Zur Praxis bei deutschen DAX-Unternehmen im Geschäftsjahr 2011 vgl. KÜTING, DStR 2012, S. 1932, mit dem Ergebnis: sehr geringer Abschreibungen.
[89] KÜTING, DStR 2012, S. 1938.

220 Sofern der erzielbare Wert (Rz 32) als Nettoveräußerungswert definiert wird (Rz 33), ist ein solcher unterstellter **Marktpreis** (im Barwertverfahren ermittelt) kritisch zu hinterfragen:

- Handelt es sich wirklich um einen **objektivierten** Wert oder das Ergebnis einer **unternehmensspezifischen** Barwertberechnung, welche die Einschätzung der Marktteilnehmer aus dem Bewertungskalkül ausblendet?
- Darf die **Summe** der so ermittelten Marktwerte die Börsenkapitalisierung (bzw. den Gesamtwert des Unternehmens) übersteigen (Rz 19)?

U. E. bedarf die errechnete Summe der Marktwerte, sofern sie die Börsenkapitalisierung (Unternehmenswert) übersteigt, einer besonderen **Rechtfertigung** (Rz 168ff.). Denn der Markt hegt in diesem Fall andere Erwartungen über künftige *cash flows* oder verlangt einen höheren Risikozuschlag. Empirisch ist kein Gleichklang zwischen *impairment*-Abschreibung und Rückgang der Marktkapitalisierung festzustellen.[90] Genauer: Der Rückgang der Marktkapitalisierung hat keine Entsprechung in den *goodwill impairments* gefunden. Der Untersuchung liegen die im Dow Jones STOXX 600 gelisteten Unternehmen zugrunde. Sie bezieht sich auf die Stichtage 31.12.2008 und 31.3.2009. Für Deutschland bestätigt eine andere Studie die relativ geringfügigen *goodwill*-Abschreibungen in 2012.[91]

221 Aufgrund der aktuell beobachtbaren niedrigen Rendite deutscher Staatsanleihen bestehen Zweifel hinsichtlich einer vergangenheitsorientierten Ableitung einer Marktrisikoprämie i.H.v. 5,0 %. Nach aktuellen Empfehlungen soll für den *impairment*-Test auf eine angepasste Marktrisikoprämie innerhalb eines Intervalls von 5,5 %–7,0 % abgestellt werden.[92]

8 Wertaufholungszuschreibung *(reversal of an impairment loss)*

222 Nach Durchführung einer außerplanmäßigen Abschreibung als *impairment loss* ist zu **jedem Bilanzstichtag** eine **Überprüfung** dahingehend vorzunehmen, ob dieser Wertverlust immer noch besteht (IAS 36.110). Nach IAS 36.112 sind dazu „spiegelbildlich" *(mirror)* zum *impairment*-Test entsprechende Informationen aus externen und internen Quellen zu beziehen, die nach IAS 36.9 einen Abwertungsbedarf indiziert haben (Rz 19ff.). Es ist also ebenfalls (in umgekehrter Richtung) ein zweistufiger Test (Rz 14) durchzuführen:

- Ermittlung von Anzeichen *(indications)* einer Werterhöhung,
- zusätzlich (ggf.) Neuberechnung des erzielbaren Betrags *(recoverable amount)*.

Die „Indikation" nach dem ersten Test-Schritt kann (ebenfalls spiegelbildlich; Rz 29) Anlass zur Neubestimmung der Berechnungsgrundlagen für die planmäßige Abschreibung (→ § 10 Rz 19ff.) sein (IAS 36.113).

223 Eine bedeutsame Abweichung der Indikatoren ergibt sich im Hinblick auf **externe** Informationsquellen, die Anlass für eine evtl. Wertaufholung geben (Rz 27). Der Verweis auf das Verhältnis von Buchwerten zu Marktwerten fehlt für die Beurteilung einer Wertaufholung. U. E. scheidet eine Wertaufholung aus,

---

90 HOULIHAN LOKEY, The European Goodwill Impairment Study 2009.
91 KÜTING, DStR 2013, S. 1800f.
92 Vgl. FAUB des IDW, FN-IDW 2012, S. 568f.

wenn bei unverändertem (bzw. nahezu übereinstimmendem) Marktwert der Buchwert nur wegen planmäßiger Abschreibung geringer ist. Die Zuschreibung wegen Wertaufholung verlangt **besondere Evidenz**, nicht zuschreibungsfähig ist daher die Buchwertminderung aufgrund des planmäßigen Werteverzehrs.

Praxis-Beispiel

Zum Periodenende 01 ist der Buchwert einer CGU auf den erzielbaren Betrag, der dem Marktwert entspricht, gemindert worden. Der Marktwert in 01 betrug zum Zeitpunkt der Abwertung ca. 1.000 GE. Zum nächsten Stichtag haben sich keine besonderen Schwankungen des Marktwerts ergeben, der Wert der CGU beträgt unverändert ca. 1.000 GE. Der Buchwert hat sich zum Anfang der Periode allerdings wegen planmäßiger Abschreibung einzelner Vermögenswerte um 200 GE reduziert. Die Differenz zwischen Buch- und Marktwert liefert keine ausreichende Evidenz für eine Zuschreibung, da es an einem Anzeichen für eine Werterhöhung fehlt.

Die Rückgängigmachung der außerplanmäßigen Abschreibung ist technisch durch Anhebung des (abgeschriebenen) Buchwerts *(carrying amount)* auf den *recoverable amount* vorzunehmen (IAS 36.114). Diese Zuschreibung wird als *reversal of an impairment loss* definiert. Voraussetzung für die Vornahme einer Wertaufholungszuschreibung ist eine Neueinschätzung des erzielbaren Betrags *(a change in the estimates)* seit dem letzten berücksichtigten Wertminderungsverlust. Diese Neueinschätzung kann auf verschiedenen Faktoren beruhen (IAS 36.115), z.B. einer Änderung des Zinsfußes für die Bewertung der Liquiditätszuflüsse. Unzulässig ist allerdings die Annahme eines früheren Liquiditätszuflusses (als Grundlage für die Wertaufholung). **224**

Der Zuschreibungsbetrag ist „gedeckelt": Der Höchstbetrag der Zuschreibung ist der fiktive Buchwert, der sich zum Zuschreibungszeitpunkt ohne vorgängige außerplanmäßige Abschreibung ergeben hätte (IAS 36.117). Die ggf. vorzunehmende planmäßige Abschreibung (→ § 10) ist nach Vornahme der außerplanmäßigen Abschreibung mit einer Art **Schattenanlagebuchführung** zu begleiten, die periodisch den höchstmöglichen Zuschreibungsbetrag (= Buchwert ohne vorgängige außerplanmäßige Abschreibung) nachhält. **225**

Die **planmäßige** Abschreibung in der Schattenanlagebuchführung ist zu unterscheiden von derjenigen, die **nach** erfolgter außerplanmäßiger (effektiv) zu verrechnen ist. Diese richtet sich gem. IAS 36.121 nach dem „neuen" Buchwert, indem das restliche (geminderte) Abschreibungsvolumen systematisch auf die Restnutzungsdauer verteilt wird (→ § 14 Rz 55ff.).

Die Wertaufholungszuschreibung ist gem. IAS 36.119 als **Ertrag** in der GuV auszuweisen (mit Anhangangabe; Rz 230), es sei denn, die Bilanzierung erfolgt unter Ausübung des Wahlrechts der **Neubewertung** (→ § 14 Rz 47ff.) gem. IAS 16.31 (Sachanlagevermögen) bzw. IAS 38.75 (immaterielles Anlagevermögen). In diesem Fall ist die Rückgängigmachung der außerplanmäßigen Abschreibung (Zuschreibung) zugunsten der Neubewertungsrücklage zu verbuchen (→ § 14 Rz 57), es sei denn, die Wertminderung ist zuvor erfolgswirksam erfasst worden (IAS 36.120). **226**

227   Bei der Wertaufholungszuschreibung ist auch die **dreifache Gliederung** des Wertminderungsbereichs (spiegelbildlich) zu beachten, die für die Erfassung des Wertminderungsverlusts gültig ist (Rz 217):
- einzelner Vermögenswert,
- Gesamtheit von Vermögenswerten in einer *cash generating unit* (CGU) bzw. einer Gruppe von CGUs ohne *goodwill*,
- der einer CGU oder einer Gruppe CGUs zugeordnete *goodwill*.

228   Gegenüber der ansonsten spiegelbildlichen Behandlung der Wertminderungsabschreibung gilt für die Wertaufholungszuschreibung nur eine **Besonderheit**: Ein früher einmal außerplanmäßig abgeschriebener *goodwill* wird nicht mehr zugeschrieben (IAS 36.124).

Wegen Besonderheiten bei der **Quartalsberichterstattung** wird verwiesen auf → § 37 Rz 36.

9   Steuerlatenz

229   Zu einer Steuerlatenzrechnung kommt es immer dann, wenn eine *impairment*-Abschreibung nach IFRS nicht betragsmäßig ihre Entsprechung in der steuerlichen Abschreibung findet (bzw. einer vergleichbaren Abschreibung nach dem Steuerrecht eines ausländischen Staats, in dem z.B. die Tochtergesellschaft eines deutschen Konzerns angesiedelt ist). Das kann u.a. dann der Fall sein, wenn das Kriterium der „dauernden" Wertminderung nicht vorliegt. Diese Unterscheidung besteht allerdings eher nur in der Theorie. Denn aus praktischer Sicht wird eine *impairment*-Abschreibung nach IFRS in aller Regel nur bei einer wirklich massiven Wertminderung erfolgen, deren Dauercharakter kaum jemals streitig sein dürfte (Rz 128). Ganz abgesehen davon entzieht sich das Kriterium „dauernd" ohnehin einer einigermaßen rationalen Quantifizierung. **Systematisch** gilt:

Teilwertabschreibung	ja		
impairment loss	nein	→	passive Steuerlatenz
Teilwertabschreibung	nein		
impairment loss	ja	→	aktive Steuerlatenz

Wegen der Steuerlatenzrechnung nach IFRS überhaupt vgl. → § 26.

10   Angaben

230   IAS 36 (Rz 96) ist auf die Einführung des *impairment only approach* – der Verzicht auf eine planmäßige Abschreibung für den aus einem Unternehmenszusammenschluss entstandenen *goodwill* (→ § 31 Rz 131) und immaterielle Vermögenswerte mit unbestimmter Lebensdauer (→ § 13 Rz 93) – ausgerichtet. Der Board hat dabei versucht, dieses Konzept in den früheren IAS 36 (1998) zu integrieren, d.h. eine einheitliche Regelung für die Behandlung von außerplan-

mäßigen Wertminderungen einzelner Vermögenswerte einerseits und des *goodwill* andererseits zu finden. Damit verbundene Inkonsistenzen sind fast schon zwingende Folge; unter Rz 164 ff. werden Beispiele gegeben. Der Bereich der Anhangerläuterungen in IAS 36.126 ff. beweist durch seine **Unübersichtlichkeit** und **Angabenfülle** die Fragwürdigkeit des genannten Integrationsversuchs, also der einheitlichen Regelung aller denkbaren außerplanmäßigen Wertminderungsverluste.

Die Anhangangaben sind, soweit eine Systematisierung überhaupt möglich ist, zu **teilen** in: **231**

- **einzelne** Vermögenswerte *(individual asset)*,
- **Gruppe** von Einzelvermögenswerten *(class of assets)* ähnlicher Art und Nutzung,
- *cash generating units* (CGUs) **ohne** zugeordneten *goodwill* bzw. ohne immaterielle Vermögenswerte mit unbestimmter Nutzungsdauer,
- CGUs **mit** zugeordnetem *goodwill* und immateriellen Vermögenswerten mit unbestimmter Nutzungsdauer.

Angabepflichtig sind nicht für einzelne Vermögenswerte, sondern **gruppiert** (IAS 36.126):

- der Betrag aller außerplanmäßigen Abschreibungen und Wertaufholungszuschreibungen unter Angabe der Position in der **GuV**, in welcher die betreffenden Beträge enthalten sind (Rz 10),
- der Betrag aller außerplanmäßigen Abschreibungen und Wertaufholungszuschreibungen für neu bewertete (Rz 222) Vermögenswerte, die direkt im **Eigenkapital** verbucht worden sind (Rz 10).

Die beiden vorgenannten Angaben können in **tabellarischer** Form z.B. innerhalb des Anlagespiegels (→ § 14 Rz 69) gemacht werden.

Im Fall der **Segmentberichterstattung** (→ § 36) sind die Wertminderungsverluste getrennt für die einzelnen operativen Segmente nach IFRS 8 (→ § 36 Rz 15) anzugeben (IAS 36.129).

Bei **wesentlichen** Beträgen sind zusätzlich folgende Erläuterungen zu den außerplanmäßigen Abschreibungen und den Wertaufholungszuschreibungen **einzelner** Vermögenswerte, der CGUs und der *goodwills* erforderlich (IAS 36.130): **232**

- die Ereignisse und die Umstände, die hierzu geführt haben,
- der entsprechende Betrag,
- die Art des Vermögenswerts bzw. der CGU (nicht beim *goodwill)*,
- die Zugehörigkeit zu den Berichtssegmenten (Rz 230),
- bei einer Änderung der Zusammenfassung der CGU eine Beschreibung der gegenwärtigen und der früheren Art der Zusammenfassung sowie der Gründe für die Änderung,
- den für den Vermögenswert (bzw. CGU) erzielbaren Betrag und ob der für den Vermögenswert (bzw. CGU) erzielbare Betrag dessen (deren) beizulegendem Zeitwert abzüglich der Veräußerungskosten oder dessen (deren) Nutzungswert entspricht,
- Definition des erzielbaren Betrags als Nettoveräußerungswert oder Nutzungswert (Rz 14),
- bei Definition des erzielbaren Betrags als Nettoveräußerungswert: Grundlage der Bestimmung des Nettoveräußerungswerts, insbesondere Erläuterung, ob dieser auf der Grundlage eines aktiven Markts bestimmt worden ist,

- im Fall der Bestimmung des erzielbaren Betrags nach dem Nutzungswert (Rz 14): Angabe der angewandten Diskontierungsrate für die laufende und die vorherige Einschätzung (wenn vorhanden).

233 Für eine *cash generating unit* (Rz 101) gelten folgende zusätzliche Angabepflichten (IAS 36.130):

- die Beschreibung der CGU (ob Fabrikanlage, Produktlinie, Geschäftsfeld, geografisches Gebiet oder operatives Segment nach IFRS 8; → § 36 Rz 15),
- Darstellung der Abschreibungs- oder Zuschreibungsbeträge für die Gruppe der Vermögenswerte *(class of assets)*, ggf. für das operative Segment nach IFRS 8 (Rz 84),
- ggf. Darstellung der Änderung hinsichtlich der Aggregation von Vermögenswerten gegenüber der früheren Einschätzung unter Angabe der Gründe für die Änderung der CGU-Definition.

234 Sofern keine Angaben über die **aggregierten Wertminderungsverluste** und Zuschreibungen nach Maßgabe von IAS 36.130 (Rz 85) erfolgt sind, müssen hilfsweise folgende Angaben gemacht werden (IAS 36.131). Es sind dann offenzulegen:

- die wichtigsten Bereiche von Einzelvermögenswerten *(main classes of assets)*, die von Wertminderungsabschreibungen und Wertaufholungszuschreibungen betroffen sind,
- die wichtigsten Umstände, die zur Wertminderungsabschreibung und Wertaufholungszuschreibung geführt haben.

Außerdem sind die Tatsachen einer noch nicht erfolgten Zuordnung eines *goodwill* zu einer CGU oder Gruppe von CGUs und die hierfür maßgeblichen Gründe (Rz 141) anzugeben.

235 Für jede *cash generating unit* oder Gruppe von CGUs mit **zugeordnetem** goodwill oder immateriellen Vermögenswerten unbestimmter Nutzungsdauer sind die nachstehenden Angaben zu machen, vorausgesetzt, die Buchwerte der *goodwills* etc. innerhalb der CGU sind im Verhältnis zum Gesamtbetrag des *goodwill* und der zeitlich unbestimmt nutzbaren immateriellen Vermögenswerte **wesentlich** (*significant*; IAS 36.134):

- Buchwert des der CGU oder der Gruppe der CGUs zugeordneten *goodwill* und der zeitlich unbestimmt nutzbaren immateriellen Vermögenswerte,
- die Grundlage zur Bestimmung des erzielbaren Betrags der CGU bzw. Gruppe von CGUs.
- Wenn die Ermittlung des erzielbaren Betrags der CGU bzw. der Gruppe von CGUs auf dem **Nutzungswert** (Rz 42) beruht:
  - Beschreibung der Grundannahmen *(key assumptions)* des Managements zur Bestimmung der *cash-flow*-Projektionen nach Maßgabe der letzten verfügbaren Budgets (Grundannahmen sind solche mit der höchsten Sensitivität für die Bestimmung der erzielbaren Beträge);
  - Beschreibung der Vorgehensweise des Managements bzgl. der einschlägigen Annahmen zur Wertbestimmung, und zwar ob sie auf Vergangenheitserfahrung oder auf externen Informationsquellen beruhen, ob sie der früheren Vorgehensweise entsprechen und wenn nicht, warum sie von dieser abweichen oder externe Informationsquellen nicht benutzen;

- Zeitraum der *cash-flow*-Projektionen nach Maßgabe der einschlägigen Budgets und zusätzlich im Fall einer längeren Periode als fünf Jahre eine Erklärung dafür, warum diese längere Periode gerechtfertigt ist;
- die in den *cash flows* extrapolierte Wachstumsrate jenseits der budgetierten Periode einschließlich einer Begründung für die Anwendung einer Wachstumsrate, die den langjährigen Durchschnitt der Wachstumsrate für die Produkte, die Branche oder die landesspezifische Größe, innerhalb deren das Unternehmen/Konzern arbeitet, übersteigt;
- die auf die *cash-flow*-Projektionen angewandte Diskontrate (vor Steuern).
- Wenn die Ermittlung des erzielbaren Betrags der CGU bzw. Gruppe von CGUs auf dem **Nettoveräußerungswert** beruht (Rz 32), die Methode zu dessen Bestimmung und bei Fehlen von Marktpreisen zusätzlich Folgendes:
  - Beschreibung der Grundannahmen *(key assumptions)* zur Bestimmung des *fair value* durch das Management;
  - Darlegung der Vorgehensweise des Managements zur Wertbestimmung; bzgl. der zugrunde liegenden Annahmen ist darzulegen, ob diese auf Vergangenheitserfahrung oder externen Informationsquellen beruhen, und wenn nicht, wie sich diese von der bisherigen Erfahrung bzw. den externen Informationsquellen unterscheiden;
  - nach IAS 36.134 sind seit 2009 bei Verwendung des **Nettoveräußerungswerts** nach Maßgabe eines DCF-Verfahrens die vorstehend genannten Angabepflichten für den **Nutzungswert** zu befolgen (Rz 173);
  - mit Verpflichtung auf das *fair value measurement framework* sind zusätzlich zu den bisherigen Angaben weitere Informationen offenzulegen (IAS 36.104(d)); unabhängig davon, ob der *recoverable amount* über den *fair value less costs of disposal* bestimmt wurde, ist eine Kategorisierung der Bewertung im Einklang mit der inputorientierten Bewertungshierarchie gefordert und – insoweit zur Anwendung gelangt – das angewandte Bewertungsverfahren *(valuation technique)* und ein evtl. Wechsel eines solchen sind zu beschreiben.
- Die Änderungen der **Grundannahmen** des Managements bzgl. der Annahmen zum Übersteigen des Buchwerts über den beizulegenden Wert; dann sind anzugeben:
  - die Höhe des Unterschiedsbetrags,
  - der den Grundannahmen zugeordnete Wert,
  - die zugehörige Sensitivität (Rz 236), bei der der erzielbare Betrag den Buchwert erreicht.

Nach IAS 36.130(g) sind die bei der Ermittlung des Nutzungswerts zugrunde gelegten Abzinsungssätze anzugeben. Diese Angabepflicht gilt auch für die Bestimmung des *fair value less costs of disposal*, sofern dieser auf Basis von Bewertungstechniken ermittelt wurden.

Die Aufnahme einer Sensitivitätsanalyse in den Anhang ist verpflichtend, wenn eine vernünftigerweise für möglich gehaltene Änderung *(reasonably possible change)* einer wesentlichen Bewertungsannahme des erzielbaren Betrags einen Wertberichtigungbedarf indiziert (IAS 36.134(f)). Abzustellen ist nicht nur auf den Kapitalisierungszinssatz; betroffen sind auch alle anderen wesentlichen Bewertungsparameter, etwa:

236

- das Preis- und Mengengerüst, welches hinter den Umsatzerlösen liegt,
- prognostizierte Absatzmengen und Margen (u. a. Bruttomarge, EBIT-%),

- das geplante Wachstum im Detailplanungszeitraum und für die ewige Rente,
- der erwartete Marktanteil,
- die Chance zur und das Potenzial einer Entwicklung neuer Technologien.

237   Für Berichtseinheiten mit betragsmäßig nur geringer Summe aus *goodwill* und immateriellen Vermögenswerten mit unbestimmbarer Nutzungsdauer entfällt eine individualisierte Angabepflicht (IAS 36.134). Innerhalb der IFRS fehlt allerdings eine betragsmäßige Konkretisierung der Wertrelation „*significant*". Die Festlegung einer **individuellen (Angabe-)Schwelle**, also die Interpretation von *significant* mit mindestens 9,0 % des Gesamtbetrags, steht im Einklang mit den exemplarischen Ausführungen des IASB in *Example 9* in den *Illustrative Examples* (IAS 36.IE80ff.). Ein individueller Anteil von genau 9,0 % am Gesamtbetrag der immateriellen Vermögenswerte (*goodwill of 450 CU allocated to unit B is not significant in comparison with the total carrying amount of goodwill amounting to 5.000 CU*) wird nicht als individuell signifikant angesehen (IAS 36.IE89).

238   Neben separaten Angaben zu wesentlichen (*significant*) Berichtseinheiten sind zusätzlich auf aggregierter Ebene (*group of units*) Angaben erforderlich, wenn die Berechnung des erzielbaren Betrags auf gleichen Annahmen (*based on the same key assumption(s)*) beruht (IAS 36.135). Nach der expliziten Unterscheidung im Standard zwischen Singular und Plural, bezogen auf die *key assumption(s)*, bedarf es keiner Übereinstimmung in allen wesentlichen Annahmen, ausreichend ist bereits eine Vergleichbarkeit, bezogen auf eine wesentliche Annahme. Dem entspricht auch die Konkretisierung in den *Illustrative Examples* (IAS 36.37 i.V.m. IAS 36.IE80ff. *Example 9*),[93] nach der

- eine Zusammenfassung von verschiedenen, individuell nicht signifikanten Berichtseinheiten geboten ist (IAS 36.IE89), wenn für die Bestimmung des erzielbaren Betrags nur einige vergleichbare Annahmen herangezogen wurden (*the recoverable amounts of units A and B are based on some of the same key assumptions*), und zwar
- unabhängig davon (IAS 36.IE84), dass Berichtseinheiten komplementäre Geschäftsaktivitäten aufweisen (*A and B produce complementary products*).

Die Verpflichtung zur Offenlegung aggregierter Informationen würde ins Leere laufen, wenn eine Übereinstimmung in allen wesentlichen Annahmen zur Bestimmung des erzielbaren Betrags vorausgesetzt wäre.

239   Werden für Zwecke der Segmentberichterstattung einzelne Geschäftssegmente aufgrund vergleichbarer wirtschaftlicher Merkmale *(similar economic characteristics)* und der Erfüllung der weiteren Voraussetzungen von IFRS 8.12 aggregiert (→ § 36 Rz 35ff.), gilt: Für die Ermittlung des erzielbaren Betrags nach IAS 36 sind die aggregierten zahlungsmittelgenerierenden Einheiten zusammenzufassen, da über die Zusammenfassung für die Segmentberichterstattung eine Übereinstimmung in den wesentlichen Annahmen *(same key assumptions)* belegt ist. Es ergibt sich eine Angabepflicht nach IAS 36.135.

240   Zusätzlich sind Angaben erforderlich, wenn der erzielbare Wert dieser CGUs bzw. Gruppen derselben nach Maßgabe der gleichen Grundannahmen bestimmt worden ist und der gesamte Buchwert von *goodwill* und immateriellen Vermögenswerten unbestimmter Nutzungsdauer bedeutend *(significant)* im Verhältnis zum gesamten Buchwert dieser Vermögenswerte ist. Dann sind offenzulegen:

---

[93] Vgl. ERNST & YOUNG, International GAAP 2017, Ch. 20, sCh. 7.3.

- jeweils getrennt der aggregierte Buchwert des *goodwill* und der immateriellen Vermögenswerte unbestimmter Lebensdauer innerhalb der betreffenden CGUs bzw. Gruppen von CGUs,
- Beschreibung der Grundannahmen,
- Beschreibung, ob diese Grundannahmen auf Vergangenheitserfahrung oder externen Informationsquellen beruhen, und wenn nicht, warum dies der Fall ist,
- bei einer möglichen Änderung dieser Grundannahmen die unter Rz 234 genannten weiteren Angaben,
- die Identifizierung des erzielbaren Werts *(recoverable amount)* als Nettoveräußerungswert *(fair value less costs of disposal)* oder Nutzungswert *(value in use)*,
- die weitere Definition des Nettoveräußerungswerts, d.h. die Methode der Ermittlung,
- der Diskontierungssatz im Fall der Anwendung des Nutzungswerts.

Als Praxis**beispiel** für die Darlegung des Wertminderungstests für **Einzelver-** **mögenswerte** bzw. von **Gruppen** solcher Vermögenswerte (Rz 230) ist nach- stehend die Berichterstattung der Mobilcom AG für das Geschäftsjahr 2001 zu den außerplanmäßigen Abschreibungen wegen der besonderen wirtschaftlichen Situation (Rz 244) wiedergegeben: 241

Praxis-Beispiel

Im Geschäftsjahr 2001 wurden folgende außerplanmäßige Abschreibungen *(impairment losses)* vorgenommen:

	31.12.2001 TEUR	31.12.2000 TEUR
Immaterielle Vermögensgegenstände	3.629	0
Sachanlagen	6.763	0
	10.392	0

Die außerplanmäßigen Abschreibungen auf immaterielle Vermögenswerte betreffen nicht mehr genutzte Software.

Die außerplanmäßigen Abschreibungen auf Sachanlagen beruhen darauf, dass im Konzern 6 Standorte für *Switche* (Festnetzbereich) geschlossen wurden. Damit wurden z.T. vorhandene parallel betriebene Standorte verschiedener Konzerntöchter auf den benötigten Umfang reduziert.

Der für die außerplanmäßig abgeschriebenen *Switche* verbleibende Restwert entspricht dem Nettoveräußerungswert. Dieser wurde unter Berücksichtigung eines vorliegenden Angebots zum Rückkauf der *Switche* durch einen Hersteller ermittelt. Da der Angebotspreis des Herstellers mit dem Abschluss eines weiteren Geschäfts verknüpft war, wurde ein weiterer Abschlag auf den erfah- rungsgemäß am Markt erzielbaren Nettoveräußerungswert vorgenommen.

Die außerplanmäßigen Abschreibungen sind in dem Posten Abschreibungen in der Konzern-GuV enthalten.

Aufgrund der geänderten UMTS-Marktbedingungen hat der Konzern eine Überprüfung des erzielbaren Betrags aus der UMTS-Lizenz und dem akti- vierten UMTS-Netz nach IAS 36 *(impairment-*Test) durchgeführt. Grund-

---

lage dafür bildete die *cash-flow*-Prognose auf Basis des langfristigen Business-plans, wobei die Segmente Mobilfunk und UMTS als die zahlungsmittel-generierende Einheit betrachtet wurden. Die Aufstellung des Businessplans erfolgte entsprechend der durch den Vorstand der MC-AG vorgenommenen Einschätzung der ökonomischen Rahmenbedingungen des UMTS-Markts. Im Hinblick auf die Spezifika des neuen Geschäftsfeldes wurde hierbei der Planungshorizont bis zum Ende der Laufzeit der UMTS-Lizenz und darüber hinaus eine unendliche Rente zugrunde gelegt. Die *cash flows* wurden vor Steuern und Zinsen geschätzt und mit einem gewichteten Kapitalkostensatz (WACC) abgezinst. Der *impairment*-Test führte zu dem Ergebnis, dass keine außerplanmäßigen Abschreibungen vorzunehmen sind.

Die vorstehend wiedergegebene Angabe erklärt sich vor dem Hintergrund des enormen Buchwerts für die Lizenz und der zugehörigen Fremdfinanzierung. Außerdem ist der Hinweis auf den 19-jährigen Planungshorizont (Ablauf der Lizenz) beachtlich (Rz 104 f.). Die nach IAS 36 verlangten Angaben des absolu-ten Abschreibungsbetrags fehlen in der vorstehenden Anhangpassage. Sie kön-nen stattdessen auch im Anlagespiegel offengelegt werden (Rz 230).

242 Zur vorgegebenen Berichterstattung im Anhang im Fall von CGUs mit zugeord-netem *goodwill* folgendes (gekürztes) Beispiel nach IAS 36.IE 80 ff. (*Example* 9):

Praxis-Beispiel
Sachverhalt
Konzern M mit international angesiedelter Produktion hat
- die regionale Segmentierung (→ § 36 Rz 16) betreffend
  - Europa,
  - Nord-Amerika,
  - Asien;
- den *goodwill* für Zwecke des *impairment*-Tests folgenden Einheiten (CGUs) zugeordnet (= Buchwert)
  - A in Europa,
  - B in Europa,
  - C in Nord-Amerika (erworben im Dezember 02),
  - Gruppe an CGUs in Asien mit dem Geschäftsbereich XYZ.
- Die im Dezember 02 erworbene Einheit arbeitet mit hohen Margen und Wachstumsraten dank eines Patents mit zehnjähriger Restlaufzeit.
- Während des Jahres 03 stellt M kein *impairment* für die einzelnen CGUs fest.

Anhangerläuterungen (nur für die CGU XYZ)
Der *goodwill* ist für Zwecke des *impairment*-Tests den CGUs zugeteilt worden (vgl. Sachverhaltsdarstellung).
Der Buchwert des *goodwill* für C und XYZ ist im Vergleich zum gesamten Buchwert wesentlich, nicht dagegen für A und B. Andererseits ist der erzielbare Wert *(recoverable amount)* von A und B nach den gleichen Grundannahmen ermittelt worden und der gesamte *goodwill* für A und B ist wesentlich.

Geschäftsbereich XYZ
Der erzielbare Betrag des Geschäftsbereichs ist auf der Basis des Nutzungswerts ermittelt worden. Die *cash-flow*-Projektionen beruhen auf den vom Vorstand genehmigten Budgets einer Fünf-Jahres-Periode mit einem Diskontierungssatz von 8,4 %. Die *cash flows* jenseits der Fünf-Jahres-Frist sind auf der Basis einer stetigen Wachstumsrate von 6,3 % p. a. extrapoliert. Diese übersteigt die langfristige Durchschnitts-Wachstumsrate des Marktsegments des XYZ-Geschäftsbereichs wegen der sich abzeichnenden Änderung des Käuferverhaltens. Nach Auffassung des Vorstands führt eine denkbare Änderung in den Grundannahmen *(key assumptions)* zur Ermittlung des erzielbaren Betrags nicht dazu, dass der Buchwert von XYZ den erzielbaren Betrag übersteigt.
Die Ausgangsbasis zur Wertbestimmung der Grundannahmen *(key assumptions)* stellt sich für die Einheit XYZ wie folgt dar:

Grundannahmen	Ausgangsbasis für die Wertbestimmung
Budgetierte Bruttomargen	Realisierte durchschnittliche Bruttomargen in der Periode vor der budgetierten Periode, ergänzt durch einen Verbesserungseffekt wegen zusätzlicher Effizienz. Die Werte beruhen auf Vergangenheitserfahrung außer für die Effizienzsteigerung, bzgl. derer das Management mit 5 %iger Verbesserung p. a. rechnet.
Wechselkurs Yen/USD	Durchschnittserwartungen über die Budgetperiode – beruhend auf externer Informationsquelle.
Budgetierter Marktanteil	Durchschnittlicher Marktanteil in der Periode vor der budgetierten Periode nach Maßgabe der Vergangenheitserfahrung. Mögliche Produktverbesserungen verbunden mit verbesserter Wettbewerbsfähigkeit sind dabei nicht berücksichtigt.

Das vorstehende Beispiel bezieht sich lediglich auf eine (gruppierte) CGU. Bei **243** einem international tätigen Konzern kann sich die Anzahl der CGUs durchaus auf zwei Dutzend erhöhen. Bei wörtlicher Befolgung der Vorgaben zu den Anhangerläuterungen (nur) nach IAS 36.134 (Rz 90) droht wie sonst kaum an anderer Stelle der IFRS der *information overload* (→ § 1 Rz 65), nahe verbunden mit dem Aspekt der *cost-benefit*-Abwägung. Auf jeden Fall muss versucht werden, mehrere oder alle CGUs gemeinsam betreffende Angaben zur Vermeidung von Wiederholungen „vor die Klammer" zu setzen. Z.B.:
• Der Diskontierungszinssatz beträgt X %.
• Der Budgethorizont übersteigt in keinem Fall fünf Jahre.
Der **Nutzen** *(benefit)* dieses Angabekonvoluts für den Adressaten der Rech- **244** nungslegung ist auch inhaltlich nicht über jeden Zweifel erhaben.
Die Bezugnahme auf die „offiziellen" Budgets als Grundlage der offenzulegenden Bewertungsschritte wird vom IASB vermutlich als dem **Objektivierungsziel** der

Rechnungslegung dienend angesehen (Rz 42). Das trifft dem Grunde nach zu. Die Verwendung der „offiziellen" Budgets verhindert die Erstellung spezieller Ertragsszenarien für Zwecke des *impairment*-Tests. Andererseits darf der notorisch **optimistische** Unterton der Budgetierungspraxis nicht übersehen werden. Abgesehen von „politischen" Sonderfällen muss eigentlich jede unternehmerische Planung irgendwann einmal positive Ergebnisbeiträge darstellen. Wenn ein Vorstand auf Dauer in einem Bereich oder gar für das Gesamtunternehmen immer nur rote Zahlen prognostiziert, stellt er sich als ökonomischer Sonderling dar, der nicht mehr lange vom Rest der interessierten Welt geduldet wird.

Bezeichnend in diesem Zusammenhang ist auch die empirische Feststellung[94] zu den in Deutschland und Nachbarländern angenommenen **Zinssätzen** zur Diskontierung (Rz 66). Diese schwanken in geringem Umfang branchenspezifisch und -übergreifend. Man will hier offensichtlich nicht aus dem Gehäuse der Peer Group ausscheren. Die **bilanzpolitische** Stellschraube liegt deshalb bei der Budgetierung, weil hier unternehmensübergreifende „Standards" nicht denkbar sind. Der in das Budgetierungsverfahren eingebaute **Optimismus** verträgt sich schlecht mit dem auch der IFRS-Rechnungslegung nicht unbekannten Vorsichtsprinzip (→ § 1 Rz 17) und erst recht nicht mit dem Erfordernis der jährlichen Überprüfung eines außerplanmäßigen Abschreibungsbedarfs (Rz 14). Das Praxisbeispiel unter Rz 241 beweist den hier abstrakt dargestellten Optimismusgehalt, den man im Nachhinein – 18 Monate später waren die UMTS-Lizenzen für das betreffende Unternehmen wertlos – auch als Euphorie bezeichnen kann.

Die deutsche IFRS-Rechnungslegungspraxis erfüllt die Angabepflichten zum *impairment*-Test überwiegend nur sehr unvollständig. Der Grund liegt u. a. im Interpretationsgehalt des *„significant"* in IAS 36.134 (Rz 88).

Ein ganz ähnliches Bild zeichnet die Empirie bei 32 börsennotierten Konzernen im Vereinigten Königreich:[95]

- Die Erläuterungen sind überwiegend unspezifisch, d. h. unter Verwendung von Textbausteinen erzählend (*„boiler plate"*).
- Quantifizierungen erfolgen kaum; stattdessen wird auf die Zukunftserwartungen des Managements verwiesen.
- Nur eine Minderheit liefert nähere Informationen, bezogen auf die jeweiligen CGUs.

245   Insgesamt bleibt also fraglich, ob das offensichtlich verfolgte Ziel der Objektivierung bei der Rechnungslegung zum *impairment*-Test durch die Hypertrophierung von Angabevorschriften erreicht werden kann. Eine einfachere Lösung bestünde jedenfalls bei börsennotierten Unternehmen in einem (offenzulegenden) **Vergleich** zwischen der **Börsenkapitalisierung** des Konzerns einerseits und der **Summe** des im Rahmen des jährlichen Tests ermittelbaren *recoverable amount* (Rz 6) aller *cash generating units* (*sum-of-the-parts*-Problem) andererseits (Rz 19).[96] Liegt der letztgenannte Betrag spürbar höher als die Marktkapitalisierung, dann erhielte der Abschlussadressat eine sehr viel objektivere und nicht zuletzt leicht erfassbare entscheidungsnützliche Information.

---

[94] KPMG, Kapitalkosten- und Impairment-Test-Studie 2008.
[95] https://www.frc.org.uk/FRC-Documents/FRC/Review-of-Goodwill-Impairment-Disclosures.aspx, zuletzt abgerufen am 4.1.2017
[96] Frowein/Lüdenbach, KoR 2003, S. 261.

Auf die Checkliste „IFRS-Abschlussangaben" (siehe HI10157883 im Haufe IFRS-Kommentar Online) wird verwiesen (→ § 5 Rz 8).

11 Einzelfälle der Wertminderungsbilanzierung (ABC)

Angabepflichten im Anhang	(Rz 230 ff.)	246
anlassbezogener Wertminderungstest	Anwendungsbereich (Rz 14)	
Anwendungsbereich von IAS 36	Aufzählung in Rz 4	
aufgedeckter *goodwill*	jährlicher Wertminderungstest (Rz 14)	
Ausnahmen (von der Standardanwendung)	Aufzählung in Rz 3	
Bearbeitungsschritte	zur Ermittlung des Wertminderungsbedarfs (Rz 16)	
Begriffsinhalte zur außerplanmäßigen Abschreibung	(Rz 6)	
buchmäßige Erfassung	teilweise erfolgswirksam, teilweise erfolgsneutral (Rz 10)	
cash generating unit (CGU)	siehe zahlungsmittelgenerierende Einheit	
DCF-Verfahrensregeln	(Rz 164 ff.)	
durchschnittliche Kapitalkosten (WACC)	(Rz 66)	
goodwill	Durchführung des *impairment*-Tests (Rz 141)	
goodwill	Anlass zur Durchführung des *impairment*-Tests (Rz 141)	
goodwill	Allozierung auf die zahlungsmittelgenerierende Einheit (Rz 145 ff.)	
goodwill	Zuordnung zu den Segmenten (Rz 147)	
goodwill	Überwachung durch das interne Berichtswesen (Rz 153)	
goodwill	Abbildung von Synergien (Rz 153)	
goodwill	Zuordnung auf Gruppen von zahlungsmittelgenerierenden Einheiten (*groups of units*; Rz 158)	

goodwill	Übergang auf die IFRS-Rechnungslegung (Rz 61)
goodwill-impairment-Test	Anwendung der DCF-Verfahrensregeln (Rz 164 ff.)
goodwill-impairment-Test	Steuerlatenzen (Rz 168)
goodwill-impairment-Test	auf Vor-Steuer-Basis (Rz 168)
goodwill-impairment-Test	Nettoveräußerungswert statt Nutzungswert (Rz 169)
immaterielle Anlagewerte, die noch nicht zur Nutzung zur Verfügung stehen	jährlicher Wertminderungstest (Rz 14)
immaterielle Anlagewerte mit unbestimmter Nutzungsdauer	jährlicher *impairment*-Test (Rz 14)
impairment-Test	im Zusammenhang mit dem Übergang auf die IFRS-Rechnungslegung (Rz 76)
impairment-Test	Arbeitsschritte (Rz 217)
impairment-Test	Gesamtbeurteilung (Rz 218)
impairment-Test bei Minderheitsinteressen	(Rz 194 ff.)
Indikationen für das Vorliegen einer Wertminderung	(Rz 19 f.)
jährlicher *impairment*-Test	Anwendungsbereich (Rz 14)
Kontraindikation der Wertminderung	selten gegeben (Rz 29)
Nettoveräußerungswert *(fair value less costs of disposal)*	Anwendungsbereich (Rz 33 ff.)
Nutzungswert *(value in use)*	Berechnungsgrundlagen (Rz 42 ff.)
Nutzungswert *(value in use)*	Diskontierungssatz (Rz 66)
Nutzungswert *(value in use)*	Berechnungsbeispiel (Rz 85)
Nutzungswert *(value in use)*	Planungshorizont zur Ermittlung (Rz 89)
Nutzungswert *(value in use)*	Wachstumsrate (Rz 91)
Nutzungswert *(value in use)*	Residualwert (Rz 85)
Prüfdiagramm	zur Feststellung des Abschreibungsbedarfs (Rz 8)

qualitativer Wertminderungstest (überschlägig)	Anwendungsbereich (Rz 17)
Risikozuschläge zu den Eigen- und Fremdkapitalkosten	Einzelheiten (Rz 70)
Unternehmensbewertung	entspricht konzeptionell der Wertminderungsfeststellung (Rz 8)
Verteilung des Wertminderungsaufwands	auf die einzelnen Vermögenswerte (Rz 182)
Wertaufholungszuschreibung	(Rz 222)
Wertminderungsabschreibung	Steuerlatenz (Rz 229)
Wertminderungstest	siehe *impairment*-Test
Zahlungsmittelgenerierende Einheit	gesamtes Unternehmen (Rz 110)
Zahlungsmittelgenerierende Einheit	Zuordnung der Vermögenswerte allgemein (Rz 116 ff.)
Zahlungsmittelgenerierende Einheit	gemeinschaftlich genutzte Vermögenswerte (Rz 137)
Zahlungsmittelgenerierende Einheit	Zuordnung einzelner Vermögenswerte (Rz 117)
Zahlungsmittelgenerierende Einheit	indirekte Zuordnung (Rz 117)
Zahlungsmittelgenerierende Einheit	Beispiele (Rz 102 ff. und Rz 155)
Zahlungsmittelgenerierende Einheit	Überblick (Rz 101 ff.)
Zahlungsmittelgenerierende Einheit	bei Fußballproficlubs (Rz 110)
Zahlungsmittelgenerierende Einheit	Bestimmung oder Definition (Rz 155 ff.)
Zahlungsmittelgenerierende Einheit	Saldierungskissen als bilanzpolitischer Gestaltungsansatz (Rz 153)
Zahlungsmittelgenerierende Einheit	Abgang mit zugeordnetem *goodwill* (Rz 186)
Zeitpunkt	zur jährlichen Durchführung des Wertminderungstests (Rz 14)
Zinsstrukturkurve	(Rz 67)

12 Anwendungszeitpunkt, Rechtsentwicklung

IAS 36 ist synchron mit IFRS 3 anzuwenden (→ § 31 Rz 224) und damit auch **247** IAS 38 (→ § 13 Rz 103). Die am 10.1.2008 veröffentlichte Neufassung von IFRS 3 mit Änderungen von IAS 36 bezieht sich auf den *goodwill-impairment*-Test bei Vorliegen von Minderheitsinteressen, nunmehr als *non-controlling* *interests* bezeichnet (Rz 194). Die Neufassung von IAS 36 rev. 2008 ist auf nach dem 30.6.2009 beginnende Geschäftsjahre anzuwenden. Sofern das Wahlrecht zur früheren Anwendung von IFRS 3 (→ § 31 Rz 227) ausgeübt wurde, muss auch IAS 36 rev. 2008 angewendet werden (IAS 36.140B rev. 2008).

Im *Annual Improvements Project 2009* ist die Regelung über die Zuordnung eines *goodwill* zur CGU mit prospektiver Anwendung ab 2010 präzisiert worden (Rz 156).

Ab Geschäftsjahresbeginn nach dem 31.12.2008 gilt im Einzelabschluss der Dividendenbezug von Beteiligungsunternehmen u.U. als Indikation für eine Wertminderung (Rz 19).

Durch IFRS 13 werden mit Wirkung ab 2013 die Regeln zur Bestimmung des *fair value* stärker als bisher konkretisiert (Rz 7).

§ 12 ÖFFENTLICHE ZUWENDUNGEN
(Government Grants)

Schrifttum: EISOLT, Bilanzierungsfragen bei der Abwasserabgabe-Verrechnung, WPg 2005, S. 19 ff.; FREIBERG, Bilanzierung von öffentlichen Investitionszuwendungen nach gegenwärtigem und zukünftigem Recht, PiR 2005, S. 94 ff.; KÜTING/KOCH, Neukonzeption der Bilanzierung von Zuwendungen der öffentlichen Hand, DB 2006, S. 742 ff.; KÜTING/KOCH, Öffentliche Zuwendungen im Jahresabschluss nach IFRS, DB 2006, S. 569 ff.; LÜDENBACH, Investitionszuwendungen in der Kapitalflussrechnung nach IAS 7, PiR 2014, S. 259 ff.; ROHATSCHEK, Bilanzierung von zinslosen bzw. niedrigverzinslichen Darlehen nach IAS 20 neu, IRZ 2009, S. 149 ff.; TJADEN, Bilanzierungsfragen bei Zuwendungen der öffentlichen Hand, WPg 1985, S. 33 ff.

Vorbemerkung
Die Kommentierung bezieht sich auf IAS 20 in der aktuellen Fassung und berücksichtigt alle Ergänzungen, Änderungen und Interpretationen, die bis zum 1.1.2017 beschlossen wurden.

Einen Überblick über diskutierte oder schon als Änderungsentwurf vorgelegte zukünftige Regelungen enthält Rz 48.

1 Zielsetzung, Regelungsinhalt und Begriffe

1   IAS 20 behandelt die Bilanzierung von öffentlichen Zuwendungen *(government grants)* sowie die Angaben zu Beihilfen der öffentlichen Hand *(government assistance*; IAS 20.1), wobei der Beihilfebegriff den Zuwendungsbegriff inkludiert, die Zuwendung also eine spezifische Form der Beihilfe darstellt (IAS 20.3).

2   Als Zuwendungen gelten **Hilfeleistungen** *(assistances)* der öffentlichen Hand durch **Transfer von Ressourcen** als Ausgleich für *(in return)* die Einhaltung bestimmter Bedingungen (IAS 20.3). Negativ werden diese Zuwendungen von den normalen Einnahmen abgegrenzt, die das Unternehmen im kaufmännischen Geschäftsverkehr mit öffentlichen Institutionen *(government)* erhält. Auf die **Bezeichnung** der Zuschüsse kommt es nicht an (IAS 20.6).

3   IAS 20 vermeidet ein spezifisches Eingehen auf die **Vielfalt** der öffentlichen Förderungsmaßnahmen. Stattdessen zieht er allgemeine Begriffsdefinitionen heran und grenzt nicht behandelte Probleme im Zusammenhang mit der Wirtschaftstätigkeit der öffentlichen Hand aus. Zu solchen **ausgegrenzten** Gebieten zählen explizit:
- Begünstigungen irgendwelcher Art im Rahmen der Einkommensbesteuerung (IAS 20.2(b); → § 26 Rz 13);
- Beteiligungen der öffentlichen Hand am Unternehmen als Gesellschafter (IAS 20.2(c));
- außerdem klammert der Standard die Bilanzierung von Zuwendungen in Hochinflationsländern (IAS 20.2(a)) und
- die Bilanzierung von IAS 41 unterliegenden landwirtschaftlichen Zuwendungen (IAS 20.2(d)) aus. IAS 41 unterliegen allerdings nur Zuwendungen im Zusammenhang mit biologischen Vermögenswerten, die zum *fair value* bewertet werden (IAS 41.34 ff.). Für andere Zuwendungen an landwirtschaftliche Betriebe, inkl. solcher für nicht zum *fair value* bewertete biologische Vermögenswerte, greift hingegen IAS 20 (IAS 41.37).

4   Hinsichtlich des Ausschlusses ertragsteuerlicher Begünstigungen wird in IAS 20.2(b) auch auf *investment tax credits* (Steuergutschriften für Investitionen) hingewiesen, die somit nicht dem Regelungsbereich von IAS 20 unterliegen. Umgekehrt sind sie – im Gegensatz zu *tax credits* – auch nicht Gegenstand von IAS 12. Es verbleibt dann nur ein **Analogieschluss**, zu dem unter → § 26 Rz 16 Weiteres ausgeführt ist.

5   Der Ausschluss von Beteiligungen der öffentlichen Hand aus dem Anwendungsbereich von IAS 20 betrifft nicht die in **privatwirtschaftlicher** Rechtsform geführten Gesellschaften, an denen die öffentliche Hand beteiligt ist, soweit sie einer „normalen" Wirtschaftstätigkeit nachgehen und dabei eine Zuwendung bestimmter Art erhalten (Beispiel: Energieversorgung). Vielmehr geht es um die Beteiligung „als solche". Im Rahmen der Verabschiedung von IAS 20 ist die Herausnahme der Beteiligungen der öffentlichen Hand aus dem Regelungsbereich intensiv diskutiert worden, mit dem Ergebnis, dass das öffentliche Investment in das Nennkapital eines Unternehmens nicht von IAS 20 erfasst wird.

6   Als **öffentliche Hand** *(government)* gelten gem. IAS 20.3 generell **staatliche Instanzen,** einerlei ob diese auf lokaler, nationaler oder internationaler Ebene

agieren. Es ist auch zunächst unerheblich, in welcher Rechtsform die öffentliche Hand dabei auftritt, z.B. in Form einer öffentlich-rechtlichen Körperschaft. Explizit erwähnt werden in IAS 20.3 noch *government agencies*. Die amtliche deutsche Übersetzung spricht von „Institutionen mit hoheitlichen Aufgaben". Insbesondere bei einer privatwirtschaftlich organisierten Förderungsinstitution ist demnach zu fragen, ob ihre Förderung im hoheitlichen Aufgabengebiet anfällt oder (wie etwa im Beispiel einer Tourismus-Förderungs-GmbH) nicht.

2 Begriff der öffentlichen Zuwendungen

2.1 Zuwendungen vs. sonstige Beihilfen der öffentlichen Hand

Als öffentliche Beihilfe (*government assistance*) wird in IAS 20.3 die Gewährung   7
von **wirtschaftlichen Vorteilen** an ein Unternehmen oder eine Gruppe von Unternehmen verstanden, wenn diese bestimmte Kriterien erfüllen. Nicht unter den Begriffsinhalt von *government assistance* fallen **indirekte** Vorteilsgewährungen der öffentlichen Hand, etwa durch Zurverfügungstellung von Infrastruktur in Entwicklungsgebieten oder generelle Ermöglichung von wirtschaftlicher Betätigung (IAS 20.38).

Im Mittelpunkt von IAS 20 stehen die **öffentlichen Zuwendungen** (*government*   8
grants). Bei den Zuwendungen handelt sich um Beihilfen der öffentlichen Hand in Form **der Übertragung von Mitteln** (*transfer of resources*; IAS 20.3) an ein Unternehmen. Dieser Transfer kann in bar, durch Aufrechnung, durch Forderungsverzicht, durch Gewährung eines un- oder niedrig verzinslichen Darlehens (Rz 39) u. Ä. erfolgen und soll eine „Gegengabe" (*return*) für die Einhaltung bestimmter **Bedingungen** in der Vergangenheit oder Zukunft durch das Unternehmen im Rahmen seiner Tätigkeit darstellen (**Beispiel:** Neubau einer Fabrik mit Schaffung von X Arbeitsplätzen).

Die öffentlichen Zuwendungen sind also definiert als **Unterbegriff** der öffentlichen **Beihilfe**. Öffentliche Beihilfen ohne Zuwendungscharakter sind nur im Rahmen der **Anhangangaben** (Rz 44) nach den inhaltlichen Vorgaben von IAS 20.34ff. offenzulegen. Beispielhaft werden dort (IAS 20.35) genannt: kostenlose technische oder Marketing-Beratung oder Gewährung von Bürgschaften. Diese sollen sich einer Bewertung entziehen und gelten deshalb als nicht bilanzierbar. Zu den „*service concession arrangements*" bei *public private partnership* wird verwiesen auf → § 55 Rz 1. Eine Zuwendung i.S.v. IAS 20 liegt gem. SIC 10.2f. auch dann vor, wenn die Förderungsbedingungen sich nicht speziell auf die Geschäftstätigkeit des Unternehmens beziehen, sondern z.B. die Geschäftstätigkeit in **besonderen Branchen** oder Regionen allgemein gefördert wird.

2.2 Investitionszuwendungen vs. erfolgsbezogene Zuwendungen

Die öffentlichen Zuwendungen (*grants*) werden in IAS 20.3 weiter **untergliedert**   9
in:
- **Investitionszuwendungen**, die sich auf **Vermögenswerte** (Rz 29ff.) beziehen, die das Unternehmen erwerben oder herstellen will (nach deutschem Recht **Investitionszulagen** oder **Investitionszuschüsse**);
- **erfolgsbezogene Zuwendungen**, also **Aufwands- oder Ertragszuwendungen** (*grants related to income*); sie sind negativ definiert als solche, die sich nicht auf Vermögenswerte beziehen (Rz 24ff.).

10 Eine Zuwendung kann nach IAS 20.3 auch die Form eines „erlassfähigen" Darlehens haben, also eines Darlehens, auf dessen Rückzahlung der Darlehensgeber unter bestimmten im Voraus festgelegten Bedingungen verzichtet (*forgivable loans*; Rz 13 und Rz 21).

11 Die Qualifikation der Zuwendung als investitions- oder erfolgsbezogene Zuwendung ist bedeutsam für die Frage, wann die Zuwendung erfolgswirksam zu vereinnahmen ist (Rz 23 ff.). Die Qualifikation selbst ist nicht nach dem Fördermechanismus (z. B. direkte Geldzahlung vs. Zinsverbilligung vs. Abgabenermäßigung etc.) vorzunehmen.

> **Praxis-Beispiel[1]**
> Nach einem öffentlichen Förderprogramm ist das Unternehmen zur Nichtabführung der Umsatzsteuerschuld berechtigt. Diese Vergünstigung bezieht sich auf eine Investition in Sachanlagevermögen bis zu einem Betrag von 40 % der Anschaffungs- oder Herstellungskosten. Die zunächst nicht bezahlte Steuerschuld ist fünf Jahre später zu entrichten.
> Es handelt sich um eine **Investitionszuwendung** (Rz 29 ff.). Der Zuwendungsbetrag ist nach den beiden Ausweismöglichkeiten des IAS 20.24 abzubilden (Rz 30). Dadurch soll nach den Wünschen des Board (IAS 20.BC4) ein **fiktiver Zinsaufwand** ausgewiesen werden, um andererseits den öffentlichen **Zuwendungscharakter** herauszustellen.

12 Bei **FuE-Förderungen** kommt es darauf an, ob bzw. inwieweit die bezuschussten Aufwendungen aktiviert werden:

> **Praxis-Beispiel**
> Die U tätigt in 01 nicht aktivierungsfähige Forschungsaufwendungen von 100 TEUR sowie zu aktivierende Entwicklungskosten von 200 TEUR. Die Forschungs- und Entwicklungsaufwendungen werden von der öffentlichen Hand mit 60 TEUR (= 20 %) bezuschusst.
> - Ein Drittel der Zuwendungen, also 20 TEUR sind in 01 als Aufwandszuwendung erfolgswirksam zu vereinnahmen (Rz 29 ff.),
> - zwei Drittel, also 40 TEUR werden als Investitionszuwendung entweder passiv abgegrenzt oder von den Herstellungskosten des entwickelten immateriellen Vermögenswerts abgezogen (Rz 30 ff.).

3 Ansatz

3.1 Zeitliches Kriterium

13 Öffentliche Zuwendungen sind nach IAS 20.7 zu dem Zeitpunkt bilanzansatzfähig, an dem mit angemessener Sicherheit (*reasonable assurance*) gewährleistet ist, dass
- das Unternehmen die Fördervoraussetzungen erfüllt und
- die Zuwendungen auch tatsächlich zufließen werden (also z. B. die Anträge gestellt werden).

---

[1] Nach Ernst & Young, International GAAP 2016, Ch 25 sCh. 3.4.

Beide Ansatzkriterien sind gleichermaßen bedeutsam. Dabei ist es unerheblich, in welcher **Technik** die Zuwendung gewährt wird. Es kann sich um eine **Barzahlung** handeln oder aber um den Erlass einer **Verbindlichkeit** (Rz 21) gegenüber der öffentlichen Hand (IAS 20.9). Auch die Übertragung von **Sachwerten** materieller und immaterieller Art kommt in Betracht (Rz 34).

Ermessensbehaftct bleibt der einer *reasonable assurance* beizumessende „Sicherheitsgrad".

Auch die bereits erfolgte Vereinnahmung des Zuwendungsbetrags erlaubt nach IAS 20.8 **nicht** den zwingenden Schluss, dass die mit der Zuwendung verbundenen Auflagen erfüllt sind oder später erfüllt werden. Die bereits vereinnahmte Zuwendung ist ggf. als Verbindlichkeit zu passivieren.   **14**

Zu unterscheiden sind öffentliche Zuwendungen mit **Rechtsanspruch** (Beispiel: Investitionszulage nach dem InvZulG) – bei Erfüllung bestimmter Voraussetzungen – von denjenigen, deren Gewährung von **Ermessensausübungen** einer Behörde abhängen. Die Erstgenannten sind bei Erfüllung der rechtlichen Kriterien, die Letztgenannten i.d.R. erst nach Ergehen eines entsprechenden Bewilligungsbescheids anzusetzen.   **15**

Bei Zuschussgewährung im **„Windhundverfahren"** – Auslobung eines Zuwendungshöchstbetrags mit Vergabe nach Antragseingang – hängt der Bilanzansatz von dem noch nicht anderweitig ausgeschöpften Förderungsvolumen ab. Bei Genehmigungsvorbehalt einer übergeordneten Behörde muss deren Genehmigung vorliegen.   **16**

Erlassfähige Darlehen (Rz 9) sind zu dem Zeitpunkt als öffentliche Zuwendung zu behandeln, in dem die Bedingungen für den Erlass mit *reasonable assurance* (Rz 13f.) erfüllt werden. Die Erlassbedingungen müssen also noch nicht eingetreten sein. Liegt eine solche *reasonable assurance* vor, wird das Darlehen nicht mehr als Schuldposten ausgewiesen (IAS 20.10). Auf den Zeitpunkt des tatsächlichen Erlasses kommt es ebenso wenig an wie auf die Bezeichnung „Darlehen". Auch das IFRS IC hält in diesem Zusammenhang fest, dass der Zeitpunkt der Realisierung ermessensbehaftet ist: *„Judgement would be required ... in determining when there is reasonable assurance that the entity will meet the terms for forgiveness of the loan."*[2]   **17**

3.2 Eventuelle Rückzahlungsverpflichtung, Förderbedingungen

IAS 20.11 weist auf die Angabepflicht für **Eventualverbindlichkeiten** (*contingent liabilities*) nach IAS 37 hin (→ § 21 Rz 113), die aus bereits gewährten öffentlichen Zuwendungen (*grants*; Rz 8f.) resultieren kann. Das ist insoweit berechtigt, als jede öffentliche Fördermaßnahme nur unter **Bedingungen** erteilt wird, wovon die meisten sich auf zukünftiges Verhalten beziehen (**Beispiel**: Aufrechterhaltung von Arbeitsplätzen). Solange überhaupt **kein** Anlass besteht, an der Einhaltung der Bedingungen zu zweifeln, ist die *contingent liability* weder angabe- noch bilanzierungspflichtig. Ist die Einhaltung der Bedingungen zwar **wahrscheinlicher**, aber die Nichteinhaltung **nicht völlig unwahrscheinlich** (*remote*), verbleibt es bei einem Anhangvermerk (Rz 44).   **18**

---

2   IFRIC Update November 2015.

Anders, wenn die Nichteinhaltung wahrscheinlich ist (→ § 21 Rz 30 ff.); dann ist die Rückzahlungsverpflichtung als Verbindlichkeit auszuweisen. Der Ausweis im Jahresabschluss richtet sich dann nach den Regeln der Verbindlichkeits- und Rückstellungsbilanzierung (IAS 37.14) bzw. den Anhangangaben (IAS 37.84 ff.). Auf die Darstellung in → § 21 wird verwiesen.

19   Der Board plant seit Längerem, wenn auch zurzeit nicht mehr aktiv, die Überarbeitung oder Ersetzung von IAS 20. Im Kontext des *Revenue Recognition Project* wurde diskutiert, die Ansatzkriterien (Rz 13 ff.) nach Maßgabe der schon jetzt in IAS 41.34 f. für bestimmte biologische Vermögenswerte enthaltenen Vorschriften (→ § 40 Rz 14 f.) zu ändern. IAS 41.34 f. unterscheidet bzgl. der zum *fair value* bewerteten biologischen Vermögenswerte zwischen

* **unbedingten** und
* **bedingten**

Zuwendungen.

Im weiteren Sinne ist beinahe jede Zuwendung bedingt, nämlich an die Erfüllung von Fördervoraussetzungen gebunden. Im engeren Sinne lässt sich am Beispiel der Investitionszuwendungen folgende Unterscheidung vornehmen:

* Die Zuwendung ist **unbedingt im engeren Sinne**, wenn mit Durchführung der förderfähigen Investition keine weiteren Auflagen mehr zu erfüllen sind;
* sie ist **bedingt,** wenn auch nach Vornahme der Investition noch bestimmte Auflagen zu erfüllen sind, etwa eine Mindestverbleibensdauer des Investitionsguts im Betrieb zu gewährleisten ist und bei Verstoß gegen diese Bedingung eine Rückzahlungspflicht besteht.

Im ersten Fall sind die Bedingungen mit der Investition bereits erfüllt. Zu buchen ist dann nach IAS 41.34: „per Forderung auf Zuwendung an Ertrag". Bei zeitlich noch nicht erfüllter Bedingung ist gem. IAS 41.35 mit Geldeingang zu buchen: „per Geld an Verbindlichkeit", bei Erfüllung der Bedingung: „per Verbindlichkeit an Ertrag". Würden diese Regelungen auch für andere Vermögenswerte gelten, ergäben sich folgende Unterschiede zum gegenwärtigen Recht:

Praxis-Beispiel

An die Investitionszulagengewährung für die Maschine eines Unternehmens A ist ein fünfjähriger Verbleibenszeitraum gem. InvZulG geknüpft (bedingte Zuwendung). A tätigt die Investition i. H. v. 4 Mio. EUR in 01. Es besteht ein Rechtsanspruch auf eine Zulage von 25 %, also 1 Mio. EUR. Sie fließt in 03. A rechnet von Anfang an mit Wahrung der Verbleibensbedingung und hält diese auch tatsächlich ein.

Buchungen nach geltendem Recht:

In 01: „per Maschine 4 Mio. an Bank 4 Mio.",

„per Forderung 1 Mio. an Maschine 1 Mio. (oder an Abgrenzungsposten 1 Mio.)".

In 03: „per Bank 1 Mio. an Forderung 1 Mio.".

Buchungen nach möglichem zukünftigen Recht:

In 01: „per Maschine 4 Mio. an Bank 4 Mio.".

In 03: „per Bank 1 Mio. an Schuld 1 Mio.".

In 05 (Ablauf der Fünf-Jahres-Frist): „per Schuld 1 Mio. an Ertrag 1 Mio.".

Hängt die Rückzahlungsverpflichtung für eine erhaltene Förderung von dem Ent- **20**
stehen **künftiger Gewinne** ab und ist diese Verpflichtung aus diesen Gewinnen zu
bestreiten, dann darf nach deutscher Rechtsauffassung u. U. eine Verbindlichkeit
erst bei Eintritt der Bedingung (Gewinnsituation) bilanziert werden.[3] Den IFRS ist
unmittelbar eine solche Vorgabe nicht zu entnehmen. Die der deutschen Auffassung
entsprechende Behandlung lässt sich allerdings durch das *matching principle* begründen (IAS 20.16): Der Aufwand ist der Periode zuzuordnen, in welcher der
entsprechende Ertrag entstanden ist. Bis dahin ist eine rückzahlbare Zuwendung
oder ein „erlassfähiges Darlehen" (Rz 9) als Verbindlichkeit auszuweisen. Unerheblich ist in diesem Zusammenhang die rechtliche Ausgestaltung der Eventual-
Rückzahlungsverpflichtung als **auflösend oder aufschiebend** bedingt. Denn in der
rechtlichen Gestaltung können durch Ausformulierung beide Techniken zum
gleichen Ergebnis führen.[4]

Für bedingt rückzahlbare Darlehen im Rahmen der Projektförderung der **Filmindustrie** verfährt die Praxis wie folgt: Zunächst erfolgt die Erfassung der öffentlichen Zuwendung als Verbindlichkeit. Wenn nach Einführung in den Kinobetrieb
eine verlässliche Schätzung der künftigen Einnahmen möglich und dann die Nicht-
rückzahlungspflicht wahrscheinlich ist, kann der (teilweise) Darlehenserlass ergebniswirksam vereinnahmt werden.[5]

Zum Ganzen noch folgender Fall, den das IFRS IC in einer *Agenda Rejection* **21**
behandelt hat[6]:

> **Praxis-Beispiel**
> Zur Förderung eines FuE-Projekts erhält U Gelder von öffentlicher Hand.
> Die Gelder sind nur dann zurückzuzahlen, wenn das FuE-Projekt insofern
> erfolgreich ist, als U die Ergebnisse ökonomisch verwerten kann.
> Nach Ansicht des *Staff* sind die Gelder so lange als *forgivable loan* zu passi-
> veren, bis mit angemessener Sicherheit (*reasonable assurance*) feststeht, dass
> das Projekt keinen kommerziell verwertbaren Erfolg haben wird.

Eine **Anhangangabe** oder die **Passivierung** einer Rückzahlungsverpflichtung **22**
entfällt dann, wenn sich die öffentliche Hand mit ihrer Zuwendung am **wirtschaftlichen Erfolg** des bezuschussten Projekts beteiligt (**Beispiel**: öffentliche
Forschungszuschüsse; vgl. die Beispiele unter Rz 9).

4 Behandlung der Zuwendungen in Bilanz und GuV

4.1 Konzeptionelle Grundlage

IAS 20.12 spricht sich für die **erfolgswirksame** Behandlung des Zuschusses als **23**
einzige Bilanzierungsmöglichkeit aus. Die vor der Verabschiedung geführte

---

3 Die Auffassungen sind diesbezüglich sehr differenziert. Der BFH hat (in handelsrechtlicher Argumentation) im Urteil v. 17.12.1998, IV R 21/97, BStBl II 2000 S. 451, auf Rückstellungsbildung erkannt.
Steuerlich gilt dies nach § 5 Abs. 2a EStG nicht. Anders der BFH im Urteil I R 100/10, DStR 2012,
S. 450: kein Schuldposten bei Tilgung nur aus künftigen Gewinnen. Vgl. auch die Synopse unter Rz 47.
4 Vgl. BFH, Urteil v. 17.12.1998, IV R 21/97, BStBl II 2000 S. 116.
5 SANDLEBEN/WITTMANN, IRZ 2013, S. 92.
6 IFRIC Update November 2015.

Diskussion – siehe IAS 20.14 f. – lehnt die **direkte Vereinnahmung im Eigen-kapital** = *capital approach* (→ § 20 sowie SIC 10.3) ab. Der stattdessen gewählte *income approach* wird weiter in IAS 20.12 i. V. m. IAS 20.16 bis IAS 20.19 in einer **periodisierenden** Betrachtung spezifiziert (*„to match"*). Die mit den öffentlichen Zuwendungen korrespondierenden Kosten (im weiteren Sinne auch als Investitionsausgaben verstanden) sollen durch die buchmäßige Behandlung des Zuschusses **ergebnismäßig** kompensiert werden (vgl. das Beispiel in Rz 25). Dies entspricht der Vorgabe in F.4.53 (→ § 1 Rz 110). Die periodengerechte Zuordnung der Zuschüsse nach dem *matching principle* erfordert bei Investitionszuwendungen buchungstechnisch den Ansatz eines **passiven Abgrenzungspostens** oder eine aktivische Kürzung von den Anschaffungs- oder Herstellungskosten (Rz 25, Rz 30).

4.2   Erfolgsbezogene Zuwendungen

24   IAS 20.20 bis IAS 20.22 unterscheiden – nicht sehr trennscharf – zwei Typen von Zuwendungen zum Einkommen (Ertrags- und Aufwandszuschüsse), die mit Entstehung des Zuwendungsanspruchs sofort ergebniswirksam zu erfassen sind:
- solche für **bereits entstandene Aufwendungen** oder **Verluste** (ohne zugehörige künftige Aufwendungen);
- unter bestimmten Umständen zugesagte **unmittelbare finanzielle Hilfe** (etwa zur Sicherung von Arbeitsplätzen bei drohender Insolvenz).

25   **Zukunftsbezogene Zuwendungen zum Einkommen** (Ertrags- bzw. Aufwandszuschüsse, Rz 9) sind nach IAS 20.12 **periodengerecht** entsprechend den zugehörigen Aufwendungen zu vereinnahmen (Rz 23). Eilt die Zuschussgewährung den Aufwendungen **zeitlich voraus**, ist die „Vorauszahlung" zunächst als Rechnungsabgrenzungsposten (*deferred income*) zu passivieren und dann nach Anfall des bezuschussten Aufwands aufzulösen.

26   Der Ausweis der erfolgsbezogenen Zuwendungen in der GuV (bzw. dem GuV-Teil der Gesamtergebnisrechnung) kann wahlweise nach IAS 20.29 als Kürzung von den bezuschussten Aufwendungen (Nettoausweis) oder unter den sonstigen Erträgen (*other income*) erfolgen (Bruttoausweis). Im Einzelfall kann gem. IAS 20.31 eine Anhangerläuterung zum gewählten Ausweis erforderlich sein.

27   Das Hauptproblem bei der Bearbeitung von Zuwendungen zum Einkommen besteht in der richtigen **periodischen Zuordnung** (*matching*). Dies gilt insbesondere bei der Bezuschussung von längerfristigen Entwicklungsprojekten. Als Illustration kann das Beispiel eines Zuschusses für Fortbildungsmaßnahmen (*training*) dienen. Dazu kommen folgende zeitliche Kriterien in Betracht:
- Zuordnung zu den direkten Kosten der Ausbildung;
- Zuordnung zu den Lohnkosten für die fortzubildenden Beschäftigten während der Laufzeit des Projekts;
- zeitliche Zuordnung über die Laufzeit des Fortbildungsprojekts in gleichmäßiger Verteilung;
- zeitliche Zuordnung zu den erhofften Erfolgen der Fortbildungsmaßnahmen;
- Zuordnung über den Zeitraum, in dem der Zuschuss geleistet wird;
- Vereinnahmung bei Zahlung des Zuschusses.

Die drei letztgenannten Varianten scheiden aus, da Zuwendungen nach IAS 20.12 in den Perioden erfolgswirksam zu behandeln sind, in denen auch die bezuschussten Aufwendungen erfolgswirksam werden (Rz 25).
Alle übrigen Zuordnungsvarianten können unter Berücksichtigung der konkreten Umstände zutreffend sein. Vor diesem Hintergrund ist der **zeitlichen Konsistenz** bei der Wahl der Zuordnungsmethode besonderes Gewicht beizumessen (Stetigkeitsgebot, → § 24 Rz 7).

IAS 20 erwähnt förmlich nicht die Zuschüsse für **entgangene Einnahmen** (Beispiel: Stilllegungsprämien). Diese sind wirtschaftlich den eigentlichen Aufwandszuschüssen vergleichbar und fallen deshalb ebenfalls unter die Zuschüsse zum Einkommen (Rz 47, dort die Beispiele „Verzicht auf Milch- oder Mehlproduktion"). | 28

4.3 Investitionszuwendungen (*grants related to assets*)

4.3.1 Investitionszuwendungen im Anschaffungskostenmodell

Investitionszuwendungen (Rz 9) sind buchmäßig als **Kompensation** der zugehörigen **Abschreibungen** zu behandeln (IAS 20.12, IAS 20.17). Eine sofortige **erfolgswirksame Behandlung** kommt **nicht** in Betracht. | 29

Diese Periodisierung **proportional zum Abschreibungsverlauf** kann in zweierlei Form buchtechnisch dargestellt werden (IAS 20.24): | 30
- Ausweis als **passiver Rechnungsabgrenzungsposten** (*deferred income*) mit abschreibungsproportionaler Auflösung (Bruttomethode);
- **Kürzung** von den **Anschaffungs- oder Herstellungskosten** mit der Folge niedrigerer Abschreibungsverrechnung (Nettomethode).

Die beiden Methoden gelten als **gleichwertig**, also kein „*benchmark treatment*". Dabei ist die spezialrechtliche Passivierungsvorgabe in IAS 20.24 systemwidrig, weil das IFRS-Regelwerk keine passive Abgrenzung kennt, sondern Schulden (Rz 23). Man mag das *deferred income* deshalb als „technische Schuld" bezeichnen.[7]

Einen besonderen Ausweis für Abgrenzungsposten sieht das Bilanzgliederungsschema der IFRS nicht vor. Üblich ist daher die Einordnung unter langfristigen Schulden (Rz 43).

Die **Ergebnisauswirkung** beider Methoden ist die gleiche, soweit – sinnvollerweise – die Auflösung des Passivpostens abschreibungsproportional erfolgt (so die Regel nach IAS 20.17 „*usually*"). Der Ausweis innerhalb der GuV hat nach IAS 20.26 ff. bei Wahl des Gesamtkostenverfahrens unter den sonstigen Erträgen einerseits (**Brutto**verfahren) oder als Kürzung von den Abschreibungen andererseits (**Netto**verfahren) zu erfolgen (Rz 43); bei Wahl des Umsatzkostenverfahrens kommt es darauf an, welchem Funktionsbereich die bezuschusste Investition zuzuordnen ist.

Zur Behandlung in der **Kapitalflussrechnung** vgl. Rz 45 sowie → § 3 Rz 64.

Änderungen bei der Abschreibungsmethode bzw. die Neueinschätzung der Nutzungsdauer (→ § 10 Rz 43) führen zur korrespondierenden Anpassung der Auflösung des passiven Abgrenzungsbetrags. | 31

---

7 So FREIBERG, PiR 2008, S. 208.

32 Zuwendungen für nicht **abschreibbare** Vermögenswerte (Grundstücke) sollen nach IAS 20.18 dann erfolgswirksam werden, wenn die mit der Bezuschussung verbundenen Verpflichtungen zu Aufwendungen führen.

> **Praxis-Beispiel**
> Wenn der Zuschuss für einen Grundstückserwerb (auch kostenlose Über-
> eignung des Grundstücks) von der Errichtung eines Gebäudes auf diesem
> Grundstück abhängt, ist er über die Nutzungsdauer des Gebäudes hinweg zu
> vereinnahmen.

> **Praxis-Beispiel**
> Ein Unternehmer erhält unentgeltlich ein Stück Land mit einem Verkehrswert
> von 120. Bedingung ist die Beschäftigung von mindestens 100 Arbeitern
> während der Dauer von mindestens fünf Jahren. Die Zuwendung ist auf fünf
> Jahre zu verteilen.

4.3.2 Investitionszuwendungen im *fair-value*-Modell

33 Öffentliche Zuwendungen zu Anlagegrundstücken (*investment properties*), die im *fair-value*-Modell bewertet werden (→ § 16 Rz 54), können einerseits Anschaffungs- bzw. Herstellungskosten **mindern**, andererseits in Analogie zu Vorgaben für den Bereich der landwirtschaftlichen Produktion nach IAS 41.34 (→ § 40 Rz 14) **ertragswirksam** vereinnahmt werden. Welche Lösung vorzuziehen ist, hängt von den Umständen ab. Wenn die öffentlichen Zuwendungen **allen** vergleichbaren Investitionen offenstehen (z.B. nach dem Investitionszulagengesetz), aber ein **neues** Wirtschaftsgut voraussetzen, sinkt der *fair value* „automatisch" mit der Ingebrauchnahme. Die Anschaffungs-/Herstellungskostenminderung gleicht diesen Effekt aus. Wenn die Zuwendungen gleichermaßen für **gebrauchte** „Wirtschaftsgüter" gelten, tritt kein Wertverlust ein. Eine ertragswirksame Buchung des Zuschusses ist dann vorzuziehen.

> **Praxis-Beispiel[8]**
> **Sachverhalt**
> Das Unternehmen erstellt am 30.12. ein Gebäude in einem Fördergebiet für
> einen Preis von 450 und erhält hierfür wie andere Investoren einen Zuschuss
> von einem Drittel (150). Am 31.12. beträgt der Marktpreis vergleichbarer
> Neugebäude 480. Die öffentliche Zuwendung wird nur auf Neugebäude
> gewährt und ist ansonsten mit keiner Auflage verbunden.
>
> **Lösung**
> Am 30.12. wird der Zuschuss herstellungskostenmindernd verbucht und das
> Gebäude mit 300 (zwei Drittel von 450) bewertet, am 31.12. mit 320 (zwei
> Drittel von 480) und es wird ein Werterhöhungsertrag von 20 verbucht.

---

[8] In Anlehnung an KPMG, Insights into IFRS 2015/2016, Tz 4.3.70.20ff.; dies gilt auch für das folgende Beispiel.

Sachverhaltsvariante
Der Zuschuss von einem Drittel wird auch für die Anschaffung gebrauchter Gebäude gewährt.

Lösung
Am 30.12. wird der Zuschuss ertragswirksam verbucht und das Gebäude mit 450 bewertet, am 31.12. mit 480 und es wird ein Werterhöhungsertrag von 30 verbucht.

Das im Vergleich zur ersten Variante um 160 höhere Ergebnis erklärt sich wie folgt: Da auch gebrauchte Gebäude förderfähig sind, bewirkt die Ingebrauchnahme keine Minderung des erzielbaren Marktwerts.

Praxis-Beispiel
Sachverhalt
Das Unternehmen erhält von der öffentlichen Hand Bauland mit einem *fair value* von 100. Die Auflage besteht im Bau von Häusern mit niedrigen Mieten. Es handelt sich um ein *investment property*, für das die *fair-value*-Folgebilanzierung gewählt wird.
Die Baukosten betragen 350, das fertige Projekt – Land und Häuser – hat einen *fair value* von 480.

Lösung
Möglich erscheint eine Erfassung des erhaltenen Zuschusses von 100 als Betriebseinnahme oder als Abzug von den Herstellungskosten. In beiden Fällen realisiert das Unternehmen einen Gewinn von 130, der sich aus dem „Zuschusseinkommen" für das Bauland von 100 und dem Wertzuwachs von 30 zusammensetzt.

4.4 Sonderprobleme

4.4.1 Zuwendung nicht monetärer Güter

IAS 20.23 befasst sich mit dem Sonderfall der Zuwendung **nicht monetärer** 34 Güter mit den Beispielen Grund und Boden und sonstigen Ressourcen. In diesem Fall werden zwei Bilanzierungsmöglichkeiten zur Wahl gestellt (→ § 13 Rz 81):
- Einbuchung von Vermögenswert und Zuwendung zum **Zeitwert** (*fair value*),
- Einbuchung beider Größen mit einem **symbolischen** Wert (*nominal amount*).

Die Gegenbuchung erfolgt entsprechend derjenigen bei Gewährung eines Barzuschusses (Rz 29). Wird nach der Nettomethode (Kürzung der Zuwendungen von den Anschaffungskosten) verfahren (Rz 30), besteht ohnehin kein Unterschied zwischen den beiden vorgenannten Wahlmöglichkeiten: Ob nun der zeitwertgerechte Anschaffungskostenbetrag um den zeitwertgerechten Zuwendungsbetrag gekürzt wird oder ein symbolischer Anschaffungskostenbetrag um einen symbolischen Zuwendungsbetrag, das rechnerische Ergebnis ist in beiden Fällen null. Nach der Bruttomethode („per Anlagevermögen an Abgrenzungsposten") führt der Zeitwertansatz zu einer Bilanzverlängerung im Vergleich zum Ansatz des symbolischen Werts.
Für **bestimmte** immaterielle Vermögenswerte (*intangible assets*) nennt IAS 38.33 Beispiele, die nach Maßgabe des vorstehenden Wahlrechts bilanziert werden

können: Landungsrechte für Flugzeuge,[9] Lizenzen zum Radio- und Fernsehbetrieb, Import-Lizenzen u. Ä.
Emissionsrechte (sog. Treibhausgas-Emissionsberechtigungen)[10] sind – u. E. auch nach Rücknahme von IFRIC 3 (→ § 13 Rz 45) – als öffentliche Zuwendung (*government grant*)[11] anzusetzen (zu passivieren), soweit der *fair value* des Emissionsrechts den vom Unternehmen zu bezahlenden Betrag übersteigt. Der passive Abgrenzungsposten ist dann folgerichtig über die Bewilligungsdauer des betreffenden Emissionsrechts hinweg ergebniswirksam zu vereinnahmen. Die Option in IAS 20.23 für den symbolischen Wert (*nominal amount*) gilt nach der Rücknahme von IFRIC 3 ebenfalls. Zur Bilanzierung des Emissionsrechts als immaterieller Vermögenswert wird verwiesen auf → § 13 Rz 45, wegen der *service concession arrangements* auf → § 12a. Wegen weitergehender Überlegungen des Board zur bilanziellen Abbildung von Treibhausgas-Emissionsberechtigungen vgl. → § 13 Rz 47.
Aus der Zusammenstellung von Enforcement-Entscheidungen der ESMA[12] folgendes Beispiel zum Handel mit Treibhausgas-Emissionsberechtigungen:

Praxis-Beispiel
Sachverhalt
Ein Kraftwerk K produziert **nur** Strom aus erneuerbaren Energien („grüner Strom"). Von der Regulierungsbehörde erhält es dafür handelbare Zertifikate. Diese werden von Produzenten „schmutzigen" Stroms direkt von K oder über eine Börse gekauft. Im Geschäftsmodell des K nimmt der „Direktverkauf" der Zertifikate einen bedeutenden Platz ein.

Enforcement-Entscheidung
Die Zuteilung der Zertifikate durch die Behörde stellt eine Zuwendung zum Einkommen (Rz 24) dar. Die Darstellung muss im GuV-Teil der Gesamtergebnisrechnung oder in der separaten GuV (Rz 25) gesondert erfolgen. Dem speziellen Geschäftsmodell des K folgend sind die am Stichtag nicht verkauften Zertifikate als Vorräte gem. IAS 2 als im ordentlichen Geschäftszyklus befindlich (→ § 2 Rz 36) darzustellen. Das Bilanzierungsmodell ist im Anhang zu erläutern.

4.4.2   Rückzahlung von Zuwendungen

35   Geregelt ist in IAS 20.32 auch die **Rückzahlung** für beide Typen der öffentlichen Zuwendungen:

- **Ertragsbezogene** Zuwendungen (Rz 25) sind zunächst mit einem etwa noch offenen passiven Abgrenzungsposten (Bruttomethode) zu verrechnen und im Übrigen als Periodenaufwand zu erfassen.
- **Investitions**zuwendungen sind bei einer Rückzahlungsverpflichtung entweder dem Buchwert zuzuschlagen (bei Anwendung der Nettomethode, Rz 30) oder

---

9   Vgl. hierzu OLBRICH/DALLMAYR/ZILCH, BFuP 2009, S. 207.
10 Einzelheiten zum Inhalt des rechtlichen Rahmens bei GÜNTHER, KoR 2003, S. 432.
11 So die Auffassung des IASB im Protokoll des Board-Meetings vom September 2005.
12 Decision ref. 0111–04.

von dem Buchwert des noch vorhandenen passiven Abgrenzungspostens zu kürzen. Die im Hinblick darauf „fehlenden" Abschreibungen sind unmittelbar aufwandswirksam nachzuholen. Dieser Sachverhalt gilt als eine Änderung eines bisher der Abschlusserstellung zugrunde gelegten Schätzungsverfahrens (→ §24 Rz 11 ff.). IDW HFA 1/1984 entspricht weitgehend diesen Regeln.

Praxis-Beispiel für ertragsbezogenen Zuschuss
Das Unternehmen hat einen Zuschuss von 1.000 GE aus dem Regionalförderungsprogramm für die Schaffung einer neuen Produktlinie erhalten. Die damit verbundene Auflage sieht die Schaffung von 20 neuen Vollarbeitsplätzen vor, die für wenigstens fünf Jahre aufrechterhalten werden müssen. Zu Beginn des vierten Jahres wird das Projekt eingestellt, mit der Folge der Rückzahlung des gesamten Förderungsbetrags durch das Unternehmen. Die **bilanzmäßige Entwicklung** ist die folgende:

Jahr	+ Zuschuss – Rückzahlung	Passive Abgrenzung	Ertrag	Aufwand
01	+ 1.000	800	200	
02		600	200	
03		400	200	
04	– 1.000	– 400		600
	0		600	600

Die bilanzmäßige Entwicklung bei Anwendung der **Brutto**methode (= Passivierung des Zuschusses als **Rechnungsabgrenzung**; Rz 30) ist im Fall der Rückzahlung einer Investitionszuwendung wie folgt: **36**

Praxis-Beispiel für Finanzierungszuschuss
Das Unternehmen erhält vom Umweltamt einen Investitionszuschuss von 200 GE zur Finanzierung einer neuen Rauchgasentschwefelungsanlage. Deren Nutzungsdauer beträgt zehn Jahre mit linearer Abschreibung, Anschaffungskosten 1.000 GE. Anfang 04 muss wegen Nichteinhaltung der Grenzwerte der Zuschuss in voller Höhe zurückgezahlt werden.

Jahr	Abschreibung –	Buchwert Anlage	Auflösung +	Buchwert Abgrenzung	Saldiertes Ergebnis –
Zugang		1.000		200	
01	100	900	20	180	80
02	100	800	20	160	80
03	100	700	20	140	80
04	100	600		– 140	160
Ergebnisauswirkung zwischenperiodisch	400		60		400

Bei Anwendung der **Netto**methode unter Kürzung der Anschaffungs- oder Herstellungskosten (Rz 30) entwickelt sich der Bilanzausweis wie folgt:

Jahr	Abschreibung		Buchwert	Ergebnis
Zugang			800	
01	80		720	80
02	80		640	80
03	80		560	80
04	100	laufendes Jahr	600	160
	60	Nachholung 01 bis 03		
Ergebnis- auswir- kung zwischen- periodisch	400			400

37   Die Rückzahlung einer Investitionszuwendung kann Anlass zu einer **Werthaltigkeitsprüfung** (*impairment*-Test) für den betreffenden Vermögenswert sein.

> **Praxis-Beispiel**[13]
> Ein Brückenbau war finanziert mit einem öffentlichen Zuschuss, der während der Bauzeit zurückzugewähren ist. Wenn die Finanzierung des Gesamtprojekts nicht mehr gewährleistet ist, muss eine Abschreibung auf den *recoverable amount* gem. IAS 36.58 erfolgen (→ § 11 Rz 6).

4.4.3   Verteilung bei gebündelten Förderungsmaßnahmen

38   IAS 20.19 behandelt den Fall von gebündelten Förderungsmaßnahmen (**Beispiel**: Investitionszuschuss verbunden mit Forschungsunterstützung). Hier ist eine sorgfältige Unterscheidung der Zuschusskomponenten erforderlich, die zu einer differenzierenden buchmäßigen Behandlung führen kann. Feste Kriterien zur Vornahme der Aufteilung werden nicht gegeben, so dass jede betriebswirtschaftlich sinnvoll erscheinende zulässig ist.

> **Praxis-Beispiel**[14]
> Ein Unternehmer erhält einen Förderungsbetrag von 120 GE. Davon sind 80 GE bestimmt zum Erwerb eines Gebäudes zur Unterbringung von Studenten aus der Dritten Welt. Die restlichen 40 GE sind für den Unterhalt der Studenten während vier Jahren bestimmt.
> Der Teilbetrag von 80 GE ist über die Nutzungsdauer des Gebäudes entsprechend der ausgemachten Abschreibungsmethode, der Teilbetrag von 40 GE über den Unterhaltszeitraum von vier Jahren (ergebniswirksam) zu vereinnahmen.

---

13   Nach EPSTEIN/MIRZA, Interpretation and Application of IAS 2002, S. 956.
14   Nach EPSTEIN/MIRZA, Interpretation and Application of IAS 2002, S. 953.

4.4.4 Zinsgünstige öffentliche Darlehen

Bis 2008 galt: Der Vorteil aus un- oder unterverzinslichen Darlehen (ERP-Mittel **39** usw.) war nach IAS 20.37 nicht zu berücksichtigen. Bei ohne Agio oder Disagio gewährten Darlehen war mithin der Auszahlungsbetrag zu passivieren und als Zinsaufwand in den jeweiligen Perioden nur der vertraglich vereinbarte Zins zu berücksichtigen.

In dieser Handhabung erkannte der Board eine **Inkonsistenz** zu den Regeln von IAS 39/IFRS 9. Auch zinsverbilligte Darlehen stellen **Finanzinstrumente** dar und unterliegen deshalb dem Regelungsgehalt von IAS 39/IFRS 9. Die Zugangsbewertung hat zum *fair value* zu erfolgen (→ § 28 Rz 235), der bei niedrig oder unverzinslichen Verbindlichkeiten (oder Forderungen) niedriger sein muss als der Nominalwert. Dieser Vorgabe folgt ab 2009 IAS 20.10A: Handelt es sich bei dem Darlehensgeber direkt oder indirekt um eine öffentliche Instanz (*government*), ist der Anwendungsbereich von IAS 20 eröffnet. Die Zuwendung (*grant*) liegt im **Unterschied** zwischen dem **vereinbarten** Zins (z. B. auch 0 %) für ein gewährtes Darlehen und dem bonitätsgerechten **Markt**zins (*market rate*).

Deshalb ist im ersten Schritt zur bilanziellen Abbildung der Marktzins zu bestimmen, um diesen dann als Differenzbetrag zum vereinbarten Zins in Beziehung zu setzen. Unter *market rate* ist der laufzeitäquivalente risikolose Zins zuzüglich eines Aufschlags (*credit spread*) für das individuelle Ausfallrisiko zu verstehen. Der dem Unternehmen zufließende Vorteil (*benefit*) zwischen dem so verstandenen Marktzins und dem vereinbarten Zins ist durch Vergleich des **Buchwerts** bei Darlehenshingabe (dem im Barwertkalkül mit marktgerechter Diskontierung ermittelten *fair value*) und dem erhaltenen Betrag zu ermitteln. Die so berechnete Zuwendung (Barwert der Zinsverbilligung) ist dann nach dem Regelungsgehalt des IAS 20 bilanziell abzubilden (vgl. dazu das Buchungsbeispiel unter Rz 40).

Einer Definition bedarf auch der „**Markt**" bzw. der **Markt**zins. Man könnte den „Markt" als Sammelsurium der im Internet leicht ermittelbaren Förderungsprogramme verstehen, also einen spezifischen Markt für Förderkredite als Bezugsgröße verwenden. Dann wäre allerdings beim „Endabnehmer" (dem investitionsbereiten Unternehmen) der Anwendungsbereich von IAS 20 verbaut, denn konsequenterweise erhielte dieses Unternehmen gemessen an den Verhältnissen des spezifischen Markts gerade keinen zinsvergünstigten Kredit. U. E. ist diese Interpretation des Begriffs „Markt" nicht zutreffend, wir sehen die öffentliche Zuwendung in der Differenz zwischen dem auf nicht öffentlich subventionierten Märkten nach der individuellen Bonität des Unternehmens zu zahlenden Zins und dem effektiv zu entrichtenden.

Zur Anwendung von IAS 20.10(a) bei dem das begünstigte Darlehen durchleitenden Kreditinstitut wird auf Rz 41 verwiesen.

Liegt nach den vorstehenden Ausführungen ein Zinsvorteil vor, stellt sich weiter **40** die Frage nach

- der bilanziellen **Abbildung** dieses Vorteils sowie verbunden damit
- der **Zugangs**- und **Folge**bewertung des Darlehens.

Zum **zweiten** Punkt verweist IAS 20.10A auf IAS 39/IFRS 9. Danach sind Darlehen nicht mit dem vereinnahmten Betrag, sondern mit dem *fair value* einzubuchen (→ § 28 Rz 235), im Fall einer Zinsvergünstigung also mit einem niedrigeren Betrag als dem Nominal- bzw. Rückzahlungsbetrag. Im Rahmen der Effektivzinsmethode (→ § 28 Rz 320) ist die anfängliche Differenz dann (neben der Nominalverzinsung) über die Laufzeit des Darlehens aufwandswirksam zu erfassen.

Zum **ersten** Punkt bestimmt IAS 20.10A nur: *„The benefit is accounted for in accordance with this standard."* Eine spezifische Rechtsfolgenregelung wird also nicht getroffen, stattdessen auf die allgemeinen Regeln von IAS 20 verwiesen. Hiernach ist eine Unterscheidung zwischen

- **Investitions**zuwendungen (*grants related to assets*, Rz 29) und
- **Aufwands**zuwendungen (*grants related to income*) vorzunehmen (Rz 24).

Der erste Fall ist bei zinsvergünstigten **Investitions**darlehen, der zweite u. a. bei zinsvergünstigten **Betriebsmittel**krediten einschlägig. Zu beiden Fällen sowie zum Zusammenspiel mit IAS 39/IFRS 9 die beiden nachfolgenden Beispiele:

Praxis-Beispiel[15]

Das Unternehmen U erhält am 1.1.01 ein zinsloses öffentliches Betriebsmitteldarlehen über 10 Mio. mit einer Laufzeit von zwei Jahren. Die Hausbank würde für den gleichen Kredit 10 % in Rechnung stellen. Der Barwertvorteil beträgt 1,73 Mio. Dieses Betriebsmitteldarlehen dient der Finanzierung eines Sockelbetrags für das Vorratsvermögen sowie der Finanzierung von Kundenforderungen.

Das Darlehen ist nicht dem Erwerb oder der Herstellung eines bestimmten Vermögenswerts zuzuordnen. U. E. handelt es sich um eine Zuwendung zum **Einkommen**. Nach den in Rz 25 dargestellten Regeln muss der Zinsvorteil in systematischer Form (IAS 20.12.) über die vereinbarte Laufzeit des Förderkredits verteilt vereinnahmt werden.

Im vorliegenden Fall scheint eine Auflösung nach der Effektivzinsmethode gerechtfertigt zu sein. Erfolgt die Gegenbuchung zur Auflösung des passiven Rechnungsabgrenzungspostens als Kürzung des Zinsaufwands, ergibt sich auf diese Weise per Saldo der tatsächliche Zinsaufwand (im Beispiel null). Diese Lösung kann sich auf IAS 20.29, IAS 20.30 sowie IAS 20.31 stützen, wonach bei Zuwendungen zum Einkommen ein Nettoausweis zulässig ist. Wahlweise kann auch ein Bruttoausweis erfolgen bzw. der Abgrenzungsposten über sonstige betriebliche Erträge aufgelöst werden (Rz 25). In dieser Variante verbleibt im Zinsergebnis der marktkonforme Zinsaufwand.

---

[15] Entnommen LÜDENBACH, PiR 2010, S. 301.

1. Das **Darlehen** entwickelt sich wie folgt:

Jahr	1.1.	Effektivzins	Tilgung	31.12.	Zinsaufwand
1	8,2645	0,8265		9,091	0,8265
2	9,0910	0,9091		10,000	0,9091
3	10,0000		– 10,0000	0	

2. Der **passive Abgrenzungsposten** entwickelt sich bei Anwendung der Effektivzinsmethode wie folgt:

1.1.01	1,7365
Auflösung 01	– 0,8265
31.12.01	0,9091
Auflösung 02	– 0,9001
31.12.02	0

3. Es ergeben sich folgende **Buchungen**:

Datum	Konto	Soll	Haben
1.1.01	Geld	10,000	
	Darlehen		8,2645
	passiver RAP		1,7355
31.12.01	Zinsaufwand	0,8265	
	Darlehen		0,8625
	passiver RAP	0,8265	
	Zinsaufwand/sonstiger Ertrag		0,8265
31.12.02	Zinsaufwand	0,9091	
	Darlehen		0,9091
	passiver RAP	0,9091	
	Zinsaufwand/sonstiger Ertrag		0,9091

Praxis-Beispiel

U erhält ein endfälliges unverzinsliches Darlehen von 100.000 EUR auf fünf Jahre zur Finanzierung eines beweglichen Anlageguts. Der bonitäts- und marktgerechte Zinssatz beträgt 6 %, der Barwert des Darlehens somit 74.726 EUR.

Darlehenszugang

Datum	Konto	Soll	Haben
1.1.01	Bank	100.000	
	Finanzverbindlichkeit		74.726
	deferred income bzw. AK/HK		25.274

Auflösung
deferred income

Datum	Konto	Soll	Haben
	deferred income in Summe 01 bis 05	25.274	
	sonstige Erträge		25.274

Aufzinsung Darlehen

Datum	Konto	Soll	Haben
	Zinsaufwand in Summe 01 bis 05	25.274	
	Finanzverbindlichkeit		25.274

Die sog. **Netto**methode ist hier nicht dargestellt; vgl. hierzu das Beispiel unter Rz 36. Der Ergebniseffekt zeigt sich in diesem Fall einerseits in der linearen Kürzung der Abschreibung über die Darlehenslaufzeit. Dieser steht die akzelerierende Aufzinsung nach der Effektivzinsmethode nach Maßgabe von IAS 39/IFRS 9 (→ § 28 Rz 41) gegenüber. Über die Gesamtperiode (hier: fünf Jahre) gleicht sich der Ergebnisunterschied aus, in der Einzelperiode ergeben sich Abweichungen zwischen linearer Abschreibungsänderung und nach Effektivzinsmethode verteiltem Aufzinsungsaufwand.

Bei der **Brutto**methode kann dieser innerperiodische Ergebniseffekt durch gleichzeitige Anwendung der Effektivzinsmethode auf beide Bilanzposten – Finanzverbindlichkeit und *deferred income* – vermieden werden.

Bei Unterschieden zwischen der Nutzungsdauer des Investitionsobjekts und der Laufzeit des Darlehens führt nur die Bruttomethode zu sachgerechten Ergebnissen.

41   Die von der öffentlichen Hand durch Zinsbegünstigung geförderten Kredite werden regelmäßig durch die zuständige **Hausbank** „durchgeleitet". Die Frage ist, ob und inwieweit IAS 20.10A (auch) auf das eingeschaltete Kreditinstitut anzuwenden ist. Im Rahmen einschlägiger Förderungsmaßnahmen in Deutschland wird unterschieden zwischen

- Verwaltungskrediten,
- Treuhandkrediten (durchlaufenden Krediten),
- Weiterleitungskrediten.

Zivilrechtlich verbergen sich hinter diesen Varianten unterschiedliche Ausprägungen eines Treuhand- oder treuhandähnlichen Vertrags. Inhaltlich unterscheiden sich diese Verträge nach dem Umfang der vom Kreditinstitut übernommenen Verpflichtungen, die sich regelmäßig, aber nicht immer, auf die Verwaltung des Kredits und die Übernahme eines geringfügigen Ausfallrisikos beschränken. Beim Treuhandkredit geht die beauftragte Bank kein Eigenrisiko bzgl. des Forderungsausfalls ein. Die in den anderen beiden Varianten bestehende Risikobeteiligung macht dann, wenn sie gering ist, u.E. eine differenzierende Beurteilung der drei Vertragsvarianten nicht notwendig. In der wirtschaftlichen Substanz unterscheiden sich diese Varianten dann nicht so sehr, dass eine unterschiedliche Beurteilung erforderlich wäre. Auch aus dieser Sicht verbleiben wir bei unserem Vorschlag zur ausschließlichen bilanziellen Erfassung der Zinssubvention beim Kreditnehmer (Rz 39).

5 Private Zuschüsse

Private Zuschüsse treten insbesondere in der Form von Barleistungen auf, mit **42** denen (zukünftige) Kunden sich an Vorlaufkosten ihres „Lieferanten" beteiligen. Explizite Regelungen zu Barzuschüssen von (zukünftigen) Kunden finden sich nur in IFRS 15. Nach IFRS 15.70 ff. bewirkt der Kundenzuschuss regelmäßig eine Minderung des Entgelts/Umsatzerlöses und wird daher im Zeitpunkt bzw. über den Zeitraum der Umsatzrealisierung erfolgswirksam (→ § 25 Rz 119 ff.). Eine Analogie zu IAS 20 kam auch vor Anwendung von IFRS 15 kaum infrage. Gegen eine solche Analogie sprachen in 2007 geäußerte Bedenken des IFRIC mit dem Hinweis auf *„significant differences between government grants and customer contributions including that customer contributions are provided as part of trading relationships."*[16] Immer ist aber nach der wirtschaftlichen Substanz des sog. Zuschusses zu fragen. Dazu folgende Beispiele:

- Bei **Werkzeugkosten**zuschüssen in der Zulieferindustrie handelt es sich u.U. um eine verdeckte Leasingzahlung (→ § 25 Rz 227).
- Bei **Baukosten**zuschüssen eines Mieters im Zusammenhang mit einer langfristigen Anmietung eines neuen Gebäudes bzw. Gebäudeteils handelt es sich um eine Mietvorauszahlung.
- Bei **Werbekosten**zuschüssen von (z.B.) Lebensmittelherstellern an Großverbrauchermärkte liegen Erlösschmälerungen des Herstellers vor (→ § 25 Rz 120 f.).
- Beim **Baukosten**zuschuss an Energie- oder Wasserversorgungsunternehmen liegen bei Letzteren Umsatzerlöse vor, die möglicherweise auf die Vertragslaufzeit zu verteilen sind.

6 Angaben und Ausweis

Weder aus IAS 20 selbst noch aus den Gliederungsvorschriften in IAS 1 (→ § 2 **43** Rz 30 ff.) lässt sich ableiten, inwieweit die Gliederungssystematik bei den **Investitionszuwendungen** (Rz 29) nach *current/non-current* bzw. (bei Banken) nach der Liquiditätsnähe im Rahmen der Zuschussbilanzierung zu berücksichtigen ist (IAS 1.53). Dieses Thema stellt sich allerdings dann nicht, wenn von dem Ansatzwahlrecht für Investitionszuschüsse durch Saldierung mit den Anschaffungsbzw. Herstellungskosten Gebrauch gemacht wird (Rz 30). Die Ausweisalternative als passiver Rechnungsabgrenzungsposten (*deferred income*) für solche Investitionszuschüsse ist u.E. teilweise im *current*-Bereich (soweit Auflösung in den nächsten zwölf Monaten), im Übrigen im *non-current*-Bereich anzusiedeln. Letzteres gilt auch für passiv abgegrenzte Zuschüsse zum Einkommen, die zukunftsbezogen und deshalb passiv als *deferred income* abzugrenzen sind (zum Ausweis vgl. Rz 25). Die Auflösung des Abgrenzungspostens ist nach IAS 20.21 voll ergebniswirksam wahlweise in den (gekürzten) Abschreibungen oder den sonstigen Erträgen vorzunehmen (Rz 30). Der Ausweis der Auflösung des Passivpostens für **Investitionszuwendungen** ist in Rz 30 dargestellt.

---

[16] IFRIC Update July 2007.

44   Nach IAS 20.39 sind im **Anhang** folgende Angaben zu machen:
- angewandte **Bilanzierungsmethoden** und die Art der Darstellung im Jahresabschluss,
- **Art und Umfang** der bilanzierten Zuschüsse sowie ggf. Hinweise auf sonstige
  Formen öffentlicher Beihilfen (*government assistance; Rz 7*),
- **noch nicht erfüllte Auflagen** und sonstige Eventualverpflichtungen, die mit
  im Abschluss berücksichtigten Unterstützungen durch öffentliche Beihilfen
  zusammenhängen (**Beispiel:** Schaffung oder Aufrechterhaltung von Arbeitsplätzen; Rz 18).

Auf die Checkliste „IFRS-Abschlussangaben" (siehe HI10157883 im Haufe
IFRS-Kommentar Online) wird verwiesen (→ § 5 Rz 8).

> **Formulierungsbeispiele**
>
> Investitionszuschüsse und Investitionszulagen werden als passiver Rech-
> nungsabgrenzungsposten (*deferred income*) erfasst; die Auflösung erfolgt
> entsprechend der angenommenen Nutzungsdauer des betreffenden Ver-
> mögenswerts zugunsten der „Sonstigen betrieblichen Erträge". Zuschüsse
> des Forschungsministeriums zugunsten unseres Projekts XY werden eben-
> falls als „Sonstige betriebliche Erträge" dargestellt.
>
> Die Investitionszuschüsse sowie die Zuschüsse für unsere Forschungsauf-
> wendungen sind mit einer Reihe von Auflagen verbunden. Diese können wir
> nach jetzigem Kenntnisstand erfüllen. Sollte dies nicht gelingen, müssten wir
> mit Rückzahlungsverpflichtungen von etwa 10 Mio. EUR rechnen. Dieses
> Obligo haben wir nicht passiviert.

45   Nach IAS 20.28 sollen bei **größeren Geldbewegungen** im Zusammenhang mit
öffentlichen Zuwendungen diese in der Kapitalflussrechnung (→ § 3 Rz 78)
gesondert gezeigt werden, und zwar unabhängig davon, ob die Zuschüsse zu
Investitionen von den Anschaffungs- oder Herstellungskosten des bezuschussten Vermögenswerts gekürzt oder als passiver Rechnungsabgrenzungsposten
ausgewiesen werden (Rz 30). Empfohlen wird in IAS 20.28 die getrennte Darstellung des Liquiditäts**zuflusses** durch den öffentlichen Zuschuss einerseits und
des Liquiditäts**abflusses** infolge der Investition andererseits.

Die IFRS behandeln aber nicht die Frage der Darstellung bzw. des Ausweises
innerhalb der *cash-flow*-Rechnung. Die Problematik stellt sich insbesondere für
die Zuschüsse für Investitionen (Rz 29) mit der Notwendigkeit, die Ausweisal-
ternativen (Rz 30) konsistent in der *cash-flow*-Rechnung abzubilden.

Folgende Lösungen sind denkbar:
- Zuordnung des Zuschusses dort, wo auch der bezuschusste Vorgang ausgewiesen wird, also bei Aufwandszuschüssen im operativen Teil, bei Investitionszuschüssen im investiven Teil der Kapitalflussrechnung;
- Zuordnung sämtlicher Zuschüsse zum operativen Teil bei Kürzung des Zuschusses von den Anschaffungs- oder Herstellungskosten: weniger Abschreibung im **operativen** Teil bei geringerer Auszahlung im Bereich der **Investitionstätigkeit**;
- Darstellung des Zuschusses im **Finanzierungsbereich**.

IAS 20.28 favorisiert – allerdings nur implizit – die erste Lösung. Nach der Systematik von IAS 7 (also prinzipienbasiert) wäre die zweite Lösung zutreffend (→ § 3 Rz 154).[17]

7 Latente Steuern

IAS 20 befasst sich nicht mit Problemen der Steuerlatenzrechnung. Deshalb ist **46** zu diesem Thema IAS 12 heranzuziehen, in dem **zeitliche Unterschiede** (*temporary differences*) allgemein behandelt werden und damit u. U. auch solche nach IAS 20 umfassen (→ § 26 Rz 44).

Dabei ist im **Zugangszeitpunkt** wie folgt zu differenzieren:

- **gleicher Ausweis in IFRS- und Steuerbilanz**, unsaldiert mit Passiv-Sonder- posten oder saldiert als Kürzung der Anschaffungs- oder Herstellungskosten (Rz 29 f.) → keine temporäre Differenz, keine Steuerlatenz;
- **unterschiedlicher Ausweis**, z. B. Passiv-Sonderposten in der Steuerbilanz, Kürzung von den Anschaffungs- oder Herstellungskosten in der IFRS-Bilanz oder umgekehrt (Rz 29 f.) → zusammengefasst keine temporäre Differenz, keine Steuerlatenz;
- **sofortige erfolgswirksame – allerdings steuerfreie – Vereinnahmung** in der Steuerbilanz (Investitionszulage), ratierlich in der IFRS-Bilanz (Rz 29) → Differenz bereits bei Zugang, aber permanent, da steuerfrei; deshalb nach IAS 12.22(c) und IAS 12.33 keine (aktive) Steuerlatenz;
- **sofortige erfolgswirksame – allerdings steuerpflichtige – Vereinnahmung** in der Steuerbilanz (Investitionszuschuss), ratierlich in der IFRS-Bilanz (Rz 29), erfolgswirksame Vereinnahmung bereits beim Zugang; deshalb Steu- erlatenz gem. IAS 12.22(b) (→ § 26 Rz 16).

In den drei erstgenannten Fällen können an sich unterschiedliche Abschreibungs- fristen oder Abschreibungsverfahren zwischen IFRS- und Steuerbilanz (ggf. mit entsprechend unterschiedlicher Auflösung des Passiv-Sonderpostens; Rz 30) in der **Folgebewertung** zu temporären Differenzen führen. Dafür darf indes nach IAS 12.22(c) (→ § 26 Rz 90) keine Steuerlatenzierung erfolgen.

8 Synopse zum HGB/EStG

Siehe Rz	Sachverhalt	Lösung	Fundstelle	Lösung nach IFRS
20	**Milchproduktion,** fünfjähriger Verzicht	Passive Abgrenzung mit ratierlicher Auf- lösung	BFH, Urteil v. 17.9.1987, IV R 49/86, BStBl II 1988, S. 327	Wie BFH IAS 20.12 IAS 20.16 IAS 20.29
20	**Mühlenbetrieb,** 30-jähriger Verzicht	Passive Abgrenzung mit ratierlicher Auf- lösung	BFH, Urteil v. 22.7.1982, IV R 111/79, BStBl II 1982, S. 655	Wie BFH IAS 20.12 IAS 20.16 IAS 20.29
20	**Ausbildungsplätze,** Zuschuss für die Be- reitstellung	Passive Abgrenzung mit ratierlicher Auf- lösung	BFH, Urteil v. 5.4.1984, IV R 96/82, BStBl II 1984, S. 552	Wie BFH IAS 20.12 IAS 20.16 IAS 20.29

47

---

17 Vgl. zum Ganzen auch Lüdenbach, PiR 2014, S. 259.

Siehe Rz	Sachverhalt	Lösung	Fundstelle	Lösung nach IFRS
26	Tiefgarage, öffentlicher Zuschuss zum Bau	Abzug von den Herstellungskosten	BFH, Urteil v. 23.3.1995, IV R 58/93, BStBl II 1995, S. 702	Wie BFH IAS 20.24
26	Krankenhausgesetz, Fördermittel	Passivierung als Sonderposten	BFH, Urteil v. 26.11.1996, VIII R 58/93, BStBl II 1997, S. 390	Wie BFH IAS 20.24
22	Zinsverbilligungszuschuss aus öffentlichen Kreditprogrammen, die als Einmalzahlung gewährt werden	Passivierung als Abgrenzung mit zeitanteiliger Auflösung	BMF, Schreiben v. 11.3.1985, DB 1985, S. 733. BFH, Urteil v. 24.6.2009, IV R 26/06, DStR 2009, S. 1629	Wie BMF IAS 20.12 IAS 20.16 IAS 20.29
20	Arbeitsplätze: Zuschuss zum Erwerb einer Maschine wegen Aufrechterhaltung von Arbeitsplätzen über zehn Jahre	Wahlrecht zur Kürzung von den Anschaffungskosten oder sofortige Gewinnvereinnahmung	BFH, Urteil v. 22.1.1992, X R 23/89, BStBl II 1992, S. 488	Nach IAS 20.12, IAS 20.24 keine sofortige Vereinnahmung, sondern Verteilung auf Dauer der Verwendung
35	Umweltbelastungen, Finanzierung der Beseitigung	Tilgung der Verbindlichkeit aus der D-Mark-Eröffnungsbilanz	Bardy, DB 1994, S. 1989	In IAS 20 direkt nicht geregelt; u. E. teils Aufwandszuschuss, teils Investitionszuschuss; Fall des IAS 20.19
14 f., 32	Forschungszuschüsse mit bedingter Rückzahlungsverpflichtung	Rückstellung bis zum Entfallen der Rückzahlungsverpflichtung	BFH, Urteil v. 17.12.1998, IV R 21/97, DStR 1999, S. 451; durch § 5 Abs. 2a EStG ist BFH-Urteil überholt	*forgivable loan;* nach IAS 20.16 wie BFH

9 Anwendungszeitpunkt, Rechtsentwicklung

48 Der Standard ist für alle Berichtsperioden ab dem 1.1.1994 anzuwenden (IAS 20.41).

Der Board erachtet allerdings IAS 20 als überholt und inkonsistent mit dem *Framework* (Rz 23). Deshalb sollte IAS 20 durch einen neuen Standard ersetzt werden. Daran arbeitet der IASB aber derzeit nicht mehr aktiv.

Die in Rz 39 dargestellte Abbildung zinsverbilligter oder zinsloser Förderkredite der öffentlichen Hand ist seit 2009 anzuwenden.

Die nach der Rücknahme von IFRIC 3 offene Frage der Bilanzierung von Emissionsrechten ist Gegenstand eines in 2012 neu aufgelegten Projekts, das 2015 in „*Pollutant Pricing Mechanisms*" umbenannt wurde, bisher aber noch zu keinen konkreten Ergebnissen geführt hat.

C Bilanzierung der Aktiva

§ 13 IMMATERIELLE VERMÖGENSWERTE DES ANLAGEVERMÖGENS *(Intangible Assets)*

Schrifttum: BEHRENDT-GEISLER/WEISSENBERGER, Branchentypische Aktivierung von Entwicklungskosten nach IAS 38, KoR 2012, S. 56; CHRISTIAN/KERN, Aktivierung von Entwicklungskosten und Phasentrennung nach IAS 38, Bilanzpolitische Fragestellungen und Auslegung der Vorschriften, PiR 2014, S. 168 ff.; GREINERT, Herstellungskosten einer Marke, KoR 2003, S. 328; HERMES/JÖDICKE, Bilanzierung von Emissionsrechten nach IFRS, KoR 2004, S. 287; HITZ, Capitalize or expense, IRZ 2007, S. 319; HOFFMANN, Aktivierung von Gemeinkosten bei Anschaffungen, PiR 2007, S. 27; HOFFMANN/LÜDENBACH, Die Bilanzierung von Treibhausgas-Emissionsrechten im Rechtsvergleich, DB 2006, S. 57; HOMBERG/ELTER/ROTHENBURG, Bilanzierung von Humankapital nach IFRS am Beispiel des Spielervermögens im Profisport, KoR 2004, S. 249; LÜDENBACH/FREIBERG, Anschaffung und Veräußerung von Know-how gegen erfolgsabhängige Vergütung, BB 2014, S. 747; LÜDENBACH/HOFFMANN, „Der Ball bleibt rund" – Der Profifußball als Anwendungsfeld der IFRS-Rechnungslegung, DB 2004, S. 1442; MUJKANOVIC, Softwarebilanzierung nach HGB und IFRS, PiR 2013, S. 331 ff.; QUITMANN/JAENECKE, Bilanzierung von E-Books in der Verlagsbranche nach IFRS, KoR 2010, S. 88; SCHNEIDER, Bedeutung der CE-Kennzeichnung für die Aktivierung von Entwicklungskosten bei der Herstellung medizintechnischer Produkte, PiR 2015, S. 69.

Vorbemerkung

Die Kommentierung bezieht sich auf IAS 38 in der aktuellen Fassung und berücksichtigt alle Ergänzungen, Änderungen und Interpretationen, die bis zum 1.1.2017 beschlossen wurden.

Wegen aktueller Rechtsentwicklungen wird auf Rz 103 verwiesen.

1 Überblick

1.1 Regelungsbereich

Der Anwendungsbereich von IAS 38 erstreckt sich auf **immaterielle Vermögens-** **1** **werte** aller Art und aller Unternehmen mit folgendem **Ausnahmekatalog** (IAS 38.2):

- solche, die von einem **anderen** Standard (Rz 2) behandelt werden,
- Finanzvermögen nach IAS 32 (→ § 28),
- Kosten zur Entwicklung und Ausbeutung von Mineralvorkommen, Öl, Gas und ähnlichen Produkten,
- Kosten der Erforschung und Wertbestimmung von Mineralvorkommen gem. IFRS 6 (→ § 42).

Die folgenden **anderen** Standards befassen sich mit nicht materiellen Ver- **2** mögenswerten:

- IAS 2 (→ § 17): zum Verkauf im normalen Geschäftskreislauf bestimmte Vermögenswerte (Umlaufvermögen),
- IAS 12 (→ § 26): latente Steuern,
- IAS 17 (→ § 15 in der 14. Auflage des Haufe IFRS-Kommentars) bzw. IFRS 16 (→ § 15a): Leasingverhältnisse,
- IAS 19 (→ § 22): Vermögenswerte aus Personalvergütungssystemen,
- IFRS 3 (→ § 31): *goodwill* aus Unternehmenszusammenschlüssen,
- IFRS 4 (→ § 39): Vermögenswerte von Versicherern aus Versicherungsverträgen,
- IFRS 5: zum Verkauf bestimmte Anlagegüter *(non-current assets for sale;* → § 29),
- IFRS 6 (→ § 42): Exploration von Mineralvorkommen.

Das immaterielle Vermögen wird durch die IFRS inhaltlich **weit** gefasst. So spricht **3** IAS 38.5 beispielhaft von Kosten der Werbung, Ausbildung, Forschung und Entwicklung. In IAS 38.9 wird eine große Anzahl von immateriellen **Gütern** *(items)* aufgeführt, die **nicht alle** notwendig die Bilanzansatzkriterien erfüllen (Rz 17):

- wissenschaftliches oder technisches Wissen,
- neue Verfahrensweisen,
- Lizenzen,
- intellektuelles Kapital,
- Marktkenntnisse,
- Handelsmarken,
- Copyrights,
- Filmrechte,
- Kundenlisten,
- Fischereilizenzen,
- Importquoten,
- Kunden- und Lieferantenbeziehungen,
- Marktanteile,
- Verkaufsrechte.

Die vorstehende Aufzählung ist **nicht** als **abschließend** zu verstehen. Es fehlen u. a. die Profisportler (Rz 41), Emissionsrechte (Rz 45) und Rechte aus schwebenden Verträgen (Rz 42).

Immaterielle Güter sind nur dann Vermögenswert und damit in der Bilanz als **4** solche (**abstrakt**) **ansetzbar**, wenn sie folgende **Voraussetzungen** kumulativ erfüllen:

- Identifizierbarkeit, d. h. insbesondere Abgrenzbarkeit vom *goodwill* (IAS 38.11 und IAS 38.12; Rz 13),
- Kontrolle/Verfügungsmacht des Unternehmens über die betreffenden Güter (IAS 38.13 ff.; Rz 16).

Hinzu kommen die beiden folgenden Kriterien der **konkreten** Aktivierbarkeit (Rz 17 f.):

- künftiger ökonomischer Nutzen (IAS 38.21(a); Rz 5),
- verlässliche Messbarkeit der Anschaffungs- oder Herstellungskosten (IAS 38.21(b)).

5 Wegen der verschiedenen **Arten** des Zugangs wird auf Rz 70 verwiesen.

Nach IAS 38.15 sollen Fähigkeiten der **Mitarbeiter** *(organised or assembled workforce)* normalerweise *(usually)* nicht das Definitionsmerkmal der Verfügungsmacht erfüllen, da Mitarbeiter kündigen und ihr Wissen damit dem Unternehmen entziehen können, vgl. hierzu Rz 16. Gleiches gilt nach IAS 38.16 „grundsätzlich" für **Kundenloyalität bzw. Stammkundenbeziehungen.** Gleichwohl sollen Transaktionen über entsprechende Werte, z. B. Veräußerungen von Kundenlisten, ein Beleg dafür sein, dass ein Unternehmen auch ohne einen rechtlich geschützten Anspruch faktische Verfügungsmacht über derartige Kundenbeziehungen haben kann (Rz 13). Die diesbezüglichen Ausführungen in IAS 38 sind

- teilweise **überflüssig,** insofern originäre Kundenbeziehungen durch IAS 38.63 ohnehin mit einem Bilanzierungsverbot belegt sind;
- teilweise **apodiktisch,** indem die Tatsache, dass Kundenbeziehungen Gegenstand von Markttransaktion sind oder sein könnten, als „Beleg" für faktische Kontrolle genommen wird. Eine tatsächliche und konkrete Würdigung, welche Art von Verfügungsmacht ein Unternehmen über seine Stammkunden haben sollte, würde damit obsolet. An ihre Stelle träte die unwiderlegbare Annahme, dass alles, was im Geschäftsverkehr einen Preis haben könnte, auch faktischer oder rechtlicher Verfügungsmacht unterliegt.[1]

Auch der in IAS 38.17 aufgeführte Definitionsbestandteil des **künftigen wirtschaftlichen Nutzens** ist wenig hilfreich, denn ohne einen solchen kann ein bilanzierungsfähiger Vermögenswert ohnehin nicht vorliegen (→ § 1 Rz 84).

Aus **systematischer** Sicht der abstrakten und konkreten Bilanzierungsfähigkeit sind die in IAS 38 enthaltenen Bilanzansatzregeln daher nicht ganz überzeugend. Die Frage der Bilanzansatzfähigkeit ist vielmehr in weiten Teilen **kasuistisch** geregelt. Dies gilt u. a. für

- die Abgrenzung zwischen Forschung und Entwicklung (Rz 25),
- spezielle Bilanzierungsverbote betreffend originäre Kundenbeziehungen, Marken usw. (Rz 31),
- die vom Einzelerwerb unterschiedenen Ansatzkriterien immateriellen Vermögens, das im Rahmen eines Unternehmenserwerbs zugeht (→ § 31).

6 Nach IAS 38.4 ist in vielen Fällen der **körperliche Gehalt** eines Vermögenswerts von seinem immateriellen Wert abzugrenzen. Als Beispiel wird eine Compact-Disc für die Anwendung in einem Computer genannt oder ein Film. Hier schlägt sich der immaterielle Wert „körperlich" in einem greifbaren Vermögenswert nieder. Die **Abgrenzung** hat gem. IAS 38.4 nach dem **wichtigeren** Bestandteil zu erfolgen.[2]

---

[1]   Bedenklich auch nach THEILE, in: HEUSER/THEILE, IFRS-Handbuch, 5. Aufl., 2012, Tz. 1031.
[2]   So auch der BFH zu Gunsten des immateriellen Gehaltes von Computerprogrammen, BFH, Urteil v. 28.7.1994, III R 47/92, BStBl II 1994 S. 873.

1.2 Abgrenzung materiell – immateriell sowie Vermögenswerte mit beiden Elementen

Der (bilanzierbare) immaterielle Vermögenswert *(intangible asset)* wird in IAS 38.8 **7** definiert als identifizierbarer, nicht monetärer Vermögenswert **ohne physische Substanz.** Unwesentliche Komponenten materieller Art – Diskette oder CD-ROM als Trägermedium eines EDV-Programms – beeinträchtigen nicht die Qualifizierung als immateriellen Vermögenswert insgesamt.[3] Umgekehrt liegt im Falle einer computergesteuerten Maschinenanlage (insgesamt) eine Sachanlage (→ § 14) vor (IAS 38.4). Die **Abschreibung** kann u. U. nach dem Komponentenansatz für beide Teile *(parts)* differenziert erfolgen[4] (vgl. das Beispiel in → § 10 Rz 15).

Zu differenzieren ist zwischen der eine Maschine steuernden Software und einer Steuerungssoftware für eine komplette Produktionsanlage.

> **Praxis-Beispiel**
> Ein Roboter enthält Bearbeitungsprogramme, die Signale von einer zentralen Steuerungsanlage empfangen. Die Lackieranlage eines Automobilherstellers wird mithilfe von 35 Robotern betrieben, die von einem Programmserver gesteuert werden. Dieser versorgt das gesamte Netzwerk der Produktionsanlage mit Förderbändern, Materialzufuhr etc. Die der Serviceleistung zugrunde liegenden Programme stellen immaterielle Anlagegüter dar, die Bearbeitungsprogramme der einzelnen Roboter gehen im materiellen Vermögen auf.

Idealtypisch lassen sich folgende Fälle unterscheiden: **8**
- rein körperliche Vermögenswerte;
- körperliche Vermögenswerte, zu deren Funktion Software notwendig *(essential)* ist;
- Software, welche die Funktionalität körperlicher Vermögenswerte fördert, dafür aber nicht notwendig und auch bei anderen physischen Anlagen einsetzbar ist.

In der wirtschaftlichen Realität z. B. eines Industrieunternehmens kommt der **9** **ersten** Variante mit bestimmten Ausnahmen (etwa Büromöbel) eine immer geringere Bedeutung zu. Ein technisches Investitionsgut (z. B. Telefonanlage) ohne Computersteuerung kann man sich nur noch vorstellen, wenn der Empfänger selbst die Software in das gelieferte körperliche Produkt einbauen will. Die Realität spielt sich in der **zweiten** Variante ab.

> **Praxis-Beispiel**
> - Ein Pkw der Oberklasse ist mit EDV-Bestandteilen geradezu vollgestopft; deren Ausfall lässt den Wagen stillstehen.
> - Ähnliches gilt für den Lkw-Sattelzug.
> - Der Personenaufzug in einem Hochhaus kann nur mit Steuerungssoftware sinnvoll betrieben werden.

---

[3] So THIELE, in: HEUSER/THEILE, IFRS-Handbuch, 5. Aufl., 2012, Tz. 1026.
[4] So auch RAMSCHEID, in: BECK'sches IFRS-Handbuch, 5. Aufl., 2016, § 4, Tz. 10.

> - Der Lastenaufzug in der Fabrik wird ebenfalls elektronisch (z.B. auf Gewicht) geprüft.
> - Ähnliches gilt für den Gabelstapler.

Aus Lieferantensicht werden alle aufgeführten Beispielfälle als einheitlicher sachlicher Vermögenswert angesehen. Das gilt auch für den Roboter im Praxis-Beispiel unter Rz 7.

10   Daraus eröffnet sich folgender Anwendungsbereich für die Verrechnung der laufenden Abschreibung (→ § 10 Rz 15) bzgl. der Dreierkonstellation unter Rz 7 und den Praxis-Beispielen unter Rz 9:

- Der physische Vermögenswert ohne (wertmäßig) signifikanten Software-Anteil ist einheitlich nach seiner technischen und wirtschaftlichen Nutzung abzuschreiben.
- Beim physischen Vermögenswert mit (wertmäßig) signifikantem Software-Anteil kann der Komponentenansatz zur Abschreibungsverrechnung (→ § 10 Rz 6 ff.) infrage kommen. Die Aufteilung in zwei oder mehrere Anschaffungs-kosten-Bereiche mag dabei gelingen. Zweifelhaft ist, ob ein nennenswert unterschiedlicher Abschreibungsverlauf abgeleitet werden kann. Die Steuerungssoftware eines Pkw weist zumindest keine kürzere Lebensdauer auf als die physische Substanz. Deshalb ist die Abschreibungsdauer durch den Lebenszyklus der Letzteren bestimmt.
- Die *stand alone* verwendbare Software geht nicht in die Anschaffungskosten der körperlichen Einheit ein und ist separat zu aktivieren und abzuschreiben.

Im Ergebnis führt auch ein hoher Software-Gehalt eines körperlichen Anlageguts i.d.R. nicht zu einer Separierung in zwei oder mehrere Vermögenswerte. Ebenso wenig sind daraus sinnvoll Komponenten mit unterschiedlichem Abschreibungsverlauf ableitbar.

11   Als spezieller Abgrenzungsbereich zwischen „materiell" und „immateriell" stellt sich das **eBook** heraus, und zwar im Vergleich mit der gängigen **Druck**version eines Buchs. Letztere wird bei den Verlagen als Produkt im Umlaufvermögen trotz der auch dort enthaltenen immateriellen Komponenten bilanziert, also dem Anwendungsbereich von IAS 2 (→ § 17 Rz 4 ff.) unterworfen. Dies rechtfertigt sich aus dem überwiegend physischen Charakterzug eines Buches, das aus Sicht des Verlags einmalig durch Verkauf genutzt werden kann.

Beim eBook muss unterschieden werden zwischen den **digitalisierten** Inhalten und dem eigentlichen **Lesegerät**. Letzteres ist im Handel wie ein Buch erhältlich, sei es mit aufgespielten Inhalten oder ohne solche. Der Handel verkauft das Lesegerät insoweit vergleichbar einem Notebook mit oder ohne aufgeladene Software. Deshalb ist es wie das Druckstück nach IAS 2 zu bilanzieren.

Der **immaterielle** „Teilbereich" des eBooks ist als digitalisierte Monografie mit der **Herstellung** einer Software vergleichbar, die durch Freigabe des Zugangscodes an den Buchinteressenten in einer Art Lizenz Umsätze generiert. Das so verstandene eBook ist deshalb dem **immateriellen** Anlagevermögen zuzuordnen.[5] Zur Abschreibung vgl. Rz 91.

---

[5]   Quitmann/Jaenecke, KoR 2010, S. 88.

Wegen des **nicht modularen** Aufbaus der IFRS insgesamt enthält der Definitionskatalog in IAS 38.8 zahlreiche Wiederholungen aus anderen Standards. Zur Vermeidung von Doppelkommentierungen sind folgende **Verweise** sinnvoll: **12**

- Abschreibung (*amortisation;* → § 10),
- abschreibbarer Betrag (*depreciable amount;* → § 10 Rz 19),
- Abschreibungsmethode (*pattern;* → § 10 Rz 26),
- Nutzungsdauer (*useful life;* → § 10 Rz 33),
- Restwert (*residual value;* → § 10 Rz 21),
- Zeitwert (*fair value;* → § 8a),
- aktiver Markt (*active market;* → § 8a),
- Wertminderungsverlust (*impairment loss;* → § 11 Rz 13 ff.),
- Buchwert (*carrying amount;* → § 11 Rz 6).

1.3 Identifizierbarkeit – Abgrenzung zum *goodwill*

In den IAS 38.12 ff. sind in Form von Erläuterungen weitere Spezifizierungen für **13** den **Begriffsinhalt** des immateriellen Vermögenswerts aufgeführt. Die **Identifizierbarkeit** (Rz 4) verlangt zunächst (negativ) eine klare Unterscheidungsmöglichkeit des betreffenden Vermögenswertes vom *goodwill* (Rz 13). **Positiv** ist das Kriterium der Identifizierbarkeit erfüllt, wenn der immaterielle Vermögenswert (IAS 38.12)

- vom Unternehmen **abtrennbar** (*separable*) ist, d. h. als solcher – unabhängig vom gesamten Unternehmen – übertragen, lizenziert, verpachtet oder getauscht werden kann, und zwar selbstständig (*individually*) oder zusammen mit einem anderen Vermögenswert oder einer Schuld, **oder**
- aus gesetzlichen oder vertraglichen **Berechtigungen** (*contractual or other legal rights*) resultiert, und zwar unabhängig davon, ob diese übertragbar oder vom Unternehmensvermögen oder anderen Rechten oder Verpflichtungen separierbar sind.

Praxisrelevant wird die Abgrenzung zum *goodwill* bei einem Unternehmenszusammenschluss (→ § 31 Rz 71). Hier stellt sich die Aufgabe, den Kaufpreis möglichst weitgehend auf die erworbenen, i. d. R. planmäßig abschreibbaren Einzelvermögenswerte und nur im (nicht zu großen) „Rest" auf den nur außerplanmäßig abschreibbaren *goodwill* aufzuteilen. Die Abgrenzung ist im Einzelfall schwierig und weitgehend durch Rückgriff auf Bewertungsmodelle vorzunehmen.

> **Praxis-Beispiel**
>
> Bei der Akquisition eines Mobilfunkbetreibers werden auch die zugehörige staatliche **Lizenz** und der **Kundenstamm** in Form der vertragsmäßig im Netz telefonierenden Abonnenten erworben.
>
> Neben der installierten Technik machen diese beiden (potenziellen) immateriellen Vermögenswerte *(intangibles)* den eigentlichen Wert des Unternehmens aus. Deren bewertungstechnische Separierung vom *goodwill* ist möglich. Fraglich ist jedoch, ob diese Trennung ausreicht. Gem. IAS 38.34 ist dies der Fall, wenn der Vermögenswert vertraglich oder rechtlich begründet ist, wie z. B. bei Lizenzen und Abonnementkunden. Auf die Prüfung der wirtschaftlichen Separierbarkeit i. S. e. gesonderten Verwertungsfähigkeit kommt es dann nicht mehr an.

Als weiteres Beispiel für fehlende Identifizierbarkeit mögen der **Marktanteil**[6] **oder** ein **Standortvorteil** dienen: Diese sind nicht separierbar und nicht rechtlich geschützt (Rz 13). Ein immaterieller Vermögenswert liegt nicht vor. Entsprechendes gilt i. d. R. für den **Kundenstamm** (→ § 31 Rz 81). Weitere Beispiele und Erläuterungen sind in → § 31 Rz 77 ff. enthalten.

14 Besondere Regelungen zur Abgrenzbarkeit vom *goodwill* bei rückerworbenen Rechten (*reacquired rights*) sind in IFRS 3 enthalten (→ § 31 Rz 121). Wegen der Frage, ob diese Regelungen auch auf Einzeltransaktionen (z. B. Kündigung eines Exklusivvertriebsvertrags gegen Abfindung) anwendbar sind, wird auf Rz 42 f. verwiesen.

1.4 Verfügungsmacht über zukünftigen Nutzen

15 Die Identifizierbarkeit (Rz 13) ist nur notwendige, **keine hinreichende Bedingung** für einen immateriellen Vermögenswert. Hinzukommen muss u. a. das Merkmal der **Verfügungsmacht**.

Praxis-Beispiel

Sachverhalt

Die Großspedition S hat mit dem Automobilhersteller B einen Rahmenvertrag über den Transport von Neu- und Gebrauchtwagen in Europa abgeschlossen. Der Vertrag hat eine Laufzeit von sechs Monaten. In diesem Rahmenvertrag sind das Entgelt pro Fahrzeug und die Transportbedingungen, nicht jedoch die Transportmenge geregelt. Ausdrücklich ist von B keine Zusage über die zu transportierende Menge erteilt. Nun erwirbt U entweder das gesamte Unternehmen des S oder den Rahmenvertrag.

Beurteilung

Da mit dem Rahmenvertrag eine rechtliche Beziehung vorliegt, ist das Kriterium der Identifizierbarkeit ohne Weiteres erfüllt. Hieraus darf nicht vorschnell auf das Vorliegen eines Vermögenswerts geschlossen werden. Zu prüfen bleibt u. a., ob der Rahmenvertrag Verfügungsmacht (*control*) über zukünftigen Nutzen begründet. Die Gewinnerwartungen aus dem Rahmenvertrag sind jedoch nicht rechtlich gesichert.[7] Der Rahmenvertrag ist lediglich Konditionenvertrag, kein Auftragsbestand.

Ein immaterieller Vermögenswert wäre also nicht anzusetzen. Nach IAS 38.16 läge jedoch in einer Zahlung von S an X ein Hinweis auf eine faktische Kontrollmöglichkeit. Diese Erweiterung des Kontrollbegriffs (Rz 16) nimmt dem Kriterium jeden Gehalt und ist daher abzulehnen.[8]

---

16 Das Definitionsmerkmal der „**Kontrolle**" (Beherrschung) bedeutet im Normalfall das Innehaben von gesetzlich bestimmten **Rechten**, die vor Gericht durchsetzbar sind und anderen Personen den Zugang zu diesen Erfolgsquellen (*benefits*) verunmöglichen (IAS 38.13). Notwendig ist die rechtliche Erzwingbarkeit

---

[6]   ERNST & YOUNG, International GAAP 2016, Ch. 17 2.1.2: „*unsufficient control*".
[7]   FG Düsseldorf, Urteil v. 20.3.2003, DStRE 2003, S. 1141; Niedersächsische FG, Urteil v. 18.3.2004, EFG 2004, S. 1428.
[8]   Zur Kritik im Einzelnen LÜDENBACH/PRUSAZYK, KoR 2004, S. 204.

allerdings nicht. Als Beispiele nennt IAS 38.14 **technisches** und **Vermarktungs-Know-how**, das vom Unternehmen durch gesetzliche Rechte wie die Copyrights, Wettbewerbsbeschränkungen oder Vertraulichkeitsauflagen an das Personal genutzt werden kann. Umgekehrt liegt üblicherweise *(usually)* keine ausreichende Kontrolle des Unternehmens bzgl. der künftigen ökonomischen Vorteile eines ausgebildeten **Mitarbeiterstamms** oder der **technischen** und **Management**-Kapazität vor, weil diese kündigen können (IAS 38.15).

2 Bilanzansatz

2.1 Tatbestandsmerkmale allgemein

Ein immaterieller Wert des Anlagevermögens (Rz 2) ist dann anzusetzen (Rz 4), wenn folgende **Voraussetzungen kumulativ** vorliegen (IAS 38.21):   **17**

- Die Kriterien für das Vorliegen eines Vermögenswertes (**abstrakte** Aktivierbarkeit) sind erfüllt, d. h., der immaterielle Einzelwert ist vom *goodwill* unterscheidbar (IAS 38.11 ff.) und wird vom Unternehmen kontrolliert (IAS 38.13 ff.).
- Mit Wahrscheinlichkeit *(probable)* fließen in der Zukunft **ökonomische Vorteile** dem Unternehmen zu, die diesem Vermögenswert zuzuordnen sind (IAS 38.21(a)).
- Die Anschaffungs- oder Herstellungskosten für diesen Vermögenswert können zuverlässig *(reliably)* **ermittelt** werden (IAS 38.21(b)).

Im Rahmen eines **Unternehmenszusammenschlusses** wird die Wahrscheinlichkeit eines Nutzenzuflusses als gegeben unterstellt (Rz 23), bei **Herstellung** oder **Einzelanschaffung** ist sie Ermessenssache (IAS 38.22). Auf externe Erkenntnisquellen soll besonderes Gewicht gelegt werden (IAS 38.23).   **18**

2.2 Einzelerwerb – Abgrenzung zur Herstellung

In konkreteren Beurteilungsbereichen bewegt sich IAS 38.25 f., wenn er von dem **getrennten Erwerb** eines immateriellen Vermögenswerts spricht. Die in diesem Fall eindeutigen Bewertungsmaßstäbe (Rz 73) lassen den Bilanzansatz als unproblematisch erscheinen.   **19**

Ein Einzelerwerb (Anschaffung) kann nur für einen bereits **vorhandenen** Vermögenswert erfolgen. Hieran fehlt es, wenn Dritte lediglich als Subunternehmer in den eigenen Herstellungsprozess eingeschaltet werden. Der Unterscheidung von Anschaffung und Herstellung kommt wegen des kasuistischen Ansatzverbots bzgl. der Herstellungskosten für bestimmte immaterielle Vermögenswerte (Rz 31) Bedeutung zu.

Praxis-Beispiel

Die X-AG produziert einen Film. Sie beauftragt das Y-Studio mit der Erstellung. Überträgt Y einen fertigen Film bzw. die damit verbundenen Urheber- und Verwertungsrechte an X, ist X als Käufer anzusehen. Leistet Y hingegen zwar einen bedeutenden Anteil an der Gesamtproduktion, werden aber andere Anteile (etwa der Schnitt oder die Vertonung) von anderen Zulieferern von X erstellt oder ist der Regisseur im Auftrag der X tätig, liegt eine Auftragsproduktion vor. X ist Hersteller, nicht Erwerber.

> **Praxis-Beispiel**
> Die TV-AG erwirbt von der UEFA die Übertragungsrechte an der Fußball-Europameisterschaft. Das Recht der Fernsehverwertung existierte schon vor der Transaktion. Es lag bei der UEFA. Durch den Vertrag wird es der TV-AG eingeräumt. Nach h. M. (Rz 21) führt auch die Einräumung eines Rechts zur Anschaffung beim Vertragspartner.

20   Die Begriffsinhalte von Anschaffung und Herstellung sind auch deswegen nicht immer klar abzugrenzen, weil jedem Herstellungsvorgang auch Anschaffungen zugrunde liegen. Zur Herstellung eines Hauses werden Materialien in Form von Beton, Eisen etc. angeschafft. Man kann aber auch einen Rohbau kaufen und danach den Ausbau herstellen. Das nämliche Problem stellt sich beim Erwerb immaterieller Vermögenswerte.

> **Praxis-Beispiel[9]**
> Ende 01 erwirbt K von V das Patent auf ein bisher nur an Mäusen getestetes Medikament für 75 Mio. EUR. In 02 und 03 entstehen K für die Weiterentwicklung des Patents, klinische Studien und die Ende 03 erfolgende Arzneimittelzulassung Aufwendungen von 80 Mio. EUR.

Es stellt sich die Frage, ob es sich bei dem Erwerb des noch nicht ausgetesteten Medikaments mit der späteren klinischen Erprobung um einen **Anschaffungs-** oder **Herstellungsvorgang** handelt. Eine Trennung nach Anschaffung (75 Mio. EUR) und Herstellung (80 Mio. EUR) kommt nicht in Betracht, da es sich um einen einheitlichen Vermögenswert handelt. Deshalb muss in der Zusammenfassung der Betrachtung entschieden werden, ob

- der ursprüngliche Erwerb auch die eigenen Aufwendungen als nachträgliche Anschaffungskosten oder umgekehrt
- die eigene Herstellung die ursprünglichen Erwerbskosten als Herstellungskosten

infiziert.[10]
Für die Abgrenzung der Anschaffungs- von den Herstellungskosten kann die oben dargestellte Parallele zum Hausbau herangezogen werden. K hat keinen fast fertigen Vermögenswert, sondern, vergleichbar einem Rohbau – ein „unfertiges" Patent erworben, das erst durch nachträgliche Aufwendungen zur Bewältigung der klinischen Tests etc. einen „fertigen" Vermögenswert bereitstellt. U. E. ist daher der gesamte Vorgang als **Herstellung** zu werten. Die Ansatzrestriktionen (Rz 35) für die Selbsterstellung von immateriellen Vermögenswerten sind deshalb zu beachten. Als pragmatische – im Einzelfall ggf. zu modifizierende – Daumenregel kann gelten: Überwiegen die eigenen Aufwendungen die Anschaffungskosten, liegt insgesamt ein Herstellungsvorgang vor.

21   In anderer Form stellt sich die Problematik der Abgrenzung von Anschaffung und Herstellung bei **Belieferungsrechten.**

---

9   Vgl. LÜDENBACH, StuB 2013, S. 626.
10   Vgl. LÜDENBACH, StuB 2013, S. 626.

Praxis-Beispiel

Sachverhalte

- Wirt C räumt Brauerei A entgeltlich ein Bierbelieferungsrecht ein.
- Brauerei A überträgt dieses Bierbelieferungsrecht entgeltlich an Brauerei B.
- Die BRD überträgt (durch Versteigerung) an D eine Mobilfunklizenz, also das Belieferungsrecht von Telefonkunden mit Funkleistungen.

Beurteilung

- Unproblematisch ist der zweite Fall: **derivativer** Erwerb (Anschaffung).
- Im ersten Fall spricht für **originären** Erwerb die Neuschaffung eines bisher noch nicht vorhandenen Vermögenswerts. Als Beleg mögen die Platzierungsgebühren *(placement oder slotting fees)* im Einzelhandel dienen (→ § 25 Rz 118ff.). Diese werden als Erlösminderung bzw. Vertriebskosten behandelt. Eine Aktivierung käme nur als **Vorauszahlung** mit Periodenabgrenzungscharakter in Betracht.
- Im dritten Fall spricht für den **originären** Erwerb die „Neuschaffung" der Funklizenz, denn die BRD hat zuvor keine Telefonkunden beliefert. Für den **derivativen** Erwerb spricht hingegen das bislang bei der BRD abstrakt vorhandene Recht auf einen Mobilfunkbetrieb. Anders als im ersten Fall räumt nicht ein Kunde (Gastwirt bzw. Handelsunternehmen) dem Unternehmer das Recht ein, sondern ein Dritter (die BRD). Demgegenüber hat der Gastwirt im ersten Fall kein Recht zur „Selbstbelieferung" – auch nicht abstrakt; hier fehlt die dritte Partei. Anders als im zweiten und dritten Fall könnte daher im ersten Fall eine Anschaffung negiert werden.

Aus den vorstehenden Beispielen ergibt sich folgendes **Fazit**: Unzweifelhaft derivativ – und damit als immaterieller Vermögenswert aktivierbar – sind Belieferungs- und ähnliche Rechte bei „Gestaltungen" mit **drei** Parteien:
- einer Partei mit abstrakter oder konkreter Lieferungsmöglichkeit (originär Lieferberechtigte),
- einer Partei, die beliefert wird (Abnehmer, Kunde),
- einer Partei, die von der ersten das Recht auf Belieferung der zweiten erwirbt (derivativ Lieferberechtigte).

Zweifelhaft ist die Behandlung von Zwei-Parteien-Beziehungen, etwa bei Vereinbarung eines Belieferungsrechts zwischen Produzent und Kunden. Bei **enger** Auslegung liegt keine Anschaffung vor, weil es am Erwerb einer schon vorhandenen Rechtsbeziehung fehlt. Bei wohl herrschender Auslegung – ähnlich der BFH-Rechtsprechung – wäre auch in der Einräumung eines Rechts durch den Verpflichteten eine Anschaffung zu sehen.

Praxis-Beispiel

Variante 1

Eine Brauerei A erwirbt von der Fifa das Recht zur Bierbelieferung bei der Fußballweltmeisterschaft. Das Recht lag abstrakt bei der Fifa. Dritte Partei sind die Besucher der Weltmeisterschaftsspiele. Der Erwerb des Rechts durch A ist derivativ. Brauerei B erwirbt dann von A eine „Unterlizenzierung" zur Bierlieferung. Auch dieser Erwerb ist derivativ.

> **Variante 2**
> Eine Brauerei „erwirbt" von einem Wirt ein Bierbelieferungsrecht. Vertrags-
> beziehungen zu einer dritten Partei (den Kneipenbesuchern) begründet die
> Brauerei nicht. Nur bei weiter Interpretation des Anschaffungsbegriffs liegt
> ein Erwerb vor.

2.3 Erwerb im Rahmen eines Unternehmenszusammenschlusses

22   Die bilanzielle Abbildung eines Unternehmenserwerbs kreist immer um die zentrale Frage, wie der in aller Regel über den Buchwert des erworbenen Unternehmens hinaus bezahlte Kaufpreis auf die erworbenen Einzelvermögenswerte aufzuteilen ist (**Kaufpreisallokation**; → § 31 Rz 11). Im ersten Schritt werden gewöhnlich **stille Reserven** in den beim erworbenen Unternehmen aktivierten Sachanlagen und immateriellen Werten erfasst. Im zweiten Schritt geht es um das „Aufspüren" bislang nicht angesetzter **immaterieller** Vermögenswerte, um schließlich einen etwa noch **vorhandenen** Restbetrag dem *goodwill* zuzuordnen. Die Suche nach bislang nicht bilanzierten immateriellen Vermögenswerten wurde bis 2004 nach IFRS nicht sonderlich intensiv gepflegt („im Zweifel *goodwill*"). Denn schließlich waren sowohl der *goodwill* als auch etwa von ihm zu trennende immaterielle Vermögenswerte planmäßig abzuschreiben.

23   Seit 2005 ist diese großzügige Betrachtungsweise nach IFRS obsolet. Die **Unterscheidung** zwischen Einzelgütern und dem *goodwill* ist ab diesem Zeitpunkt **zwingend**, weil nach IFRS 3 eine planmäßige Abschreibung auf den *goodwill* nicht mehr zulässig ist (→ § 31). IFRS 3 fördert der Tendenz nach die Erfassung von (bislang) beim erworbenen Unternehmen nicht angesetzten immateriellen Vermögenswerten. Gem. IFRS 3.46 muss in diesen Fällen – abgesehen vom Erfordernis der zuverlässigen Messbarkeit des *fair value* – nur noch **eines** der beiden folgenden Ansatzkriterien gültig sein (Rz 13; → § 31 Rz 77):
* vertragliche oder rechtliche Fundierung des Vermögenswerts **oder**
* Separierbarkeit vom Unternehmen durch Verkauf, Übertragung, Lizenzierung, Verpachtung und Tausch.

Die Wahrscheinlichkeit der zukünftig gegebenen ökonomischen Vorteile und die zuverlässige Ermittelbarkeit des Zugangswerts werden gem. IAS 38.33 als gegeben **unterstellt**. Wörtlich heißt es: *„Das Ansatzkriterium aus Par. 21(a) über die Wahrscheinlichkeit wird für immaterielle Vermögenswerte, die bei Unternehmenszusammenschlüssen erworben wurden, stets als erfüllt angesehen.... [Auch] das verlässliche Bewertungskriterium aus Par. 21(b) wird für immaterielle Vermögenswerte, die bei Unternehmenszusammenschlüssen erworben wurden, stets als erfüllt angesehen."*

24   Wegen weiterer Einzelheiten zum Bilanzansatz von immateriellen Vermögenswerten anlässlich eines Unternehmenszusammenschlusses wird verwiesen auf → § 31 Rz 77 ff. Dort wird insbesondere auf die Frage eingegangen, wie das Merkmal der **rechtlichen Fundierung** eines Vermögenswerts zu interpretieren ist, ob es bspw. auch bei den Teilen einer Stammkundschaft besteht, die zwar in der Vergangenheit (und vermutlich erneut in der Zukunft) in einem Vertragsverhältnis zum Unternehmen standen (stehen), aber aktuell keinen Auftrag erteilt

haben. Wenn auch derartige Beziehungen als rechtlich fundiert angesehen werden, kommt es hinsichtlich der Ansatzmöglichkeit nicht mehr auf die separate Verwertungsmöglichkeit (außerhalb eines Liquidationsszenarios) an.[11]

2.4 Entwicklungskosten

2.4.1 Trennung von Forschung und Entwicklung

§ 248 Abs. 2 HGB vor BilMoG lässt einen Ansatz **selbst geschaffener** immaterieller Vermögensgegenstände nur wahlweise und i.V.m. einer Ausschüttungssperre zu. Dies wird u.a. mit der mangelnden physischen Substanz und/oder der nicht möglichen zuverlässigen Bewertbarkeit mangels eines Markttestes begründet. Solche Überlegungen sind auch den IFRS nicht fremd. In IAS 38.51 wird die Schwierigkeit zur Ermittlung der Ansatzkriterien für selbst geschaffene immaterielle Vermögenswerte betont, sei es nun, dass die Identifizierbarkeit oder zuverlässige Bewertung angesprochen ist. 25

Um diesen Schwierigkeiten zu begegnen, sind **zwei Phasen** der Herstellung eines immateriellen Vermögenswerts zu unterscheiden (IAS 38.52):[12]

(1) Forschungsphase,

(2) Entwicklungsphase.

In der **Forschung**sphase kann der künftige ökonomische Vorteil als Ansatzkriterium (Rz 17) nicht dargelegt werden (IAS 38.55). Ein Bilanzansatz scheidet demgemäß aus (IAS 38.54). Für den **derivativen** Erwerb eines Forschungs- und Entwicklungsprojekts gilt nach IAS 38.42 das Ansatzverbot nicht (Rz 34).

Die IFRS sehen weitere Schwierigkeiten: Sofern die Forschungs- nicht von der Entwicklungsphase **unterschieden** werden kann, gelten alle Kosten als in der Forschungsphase angefallen (IAS 38.53). Das kann besonders dann der Fall sein, wenn der **sequenzielle** Ablauf – zuerst Forschung, dann Entwicklung – im Prozessverlauf nicht eingehalten wird bzw. werden kann.[13] Wenn in diesem Sinne die Prozesse **alternierend** verlaufen, lässt sich die Forschungs- nicht mehr von der Entwicklungsphase abgrenzen (Beispiel unter Rz 38). Die Aufwendungen sind dann **insgesamt** als laufender Aufwand zu behandeln. 26

Zur **Abgrenzung** der Forschungs- von der Entwicklungsphase werden in IAS 38.56 Beispiele für **Forschung**saktivitäten aufgelistet: 27

- Tätigkeiten zur „Eroberung" neuen Wissens;
- Untersuchungen, Bewertungen und Endauswahl von neuen Forschungsergebnissen und zugehörigem Know-how;
- Untersuchungen betreffend Alternativen für Produktionsmaterial, Produktionsverfahren, Systeme und Dienstleistungen;
- die Anwendung verbesserter Materialien, Produkte etc.

Zur **Trennung** von Forschungs- und Entwicklungsaufwand Folgendes:

Praxis-Beispiel

Ein Hersteller von Offset-Druckmaschinen will seit Langem die Verwendung von Wasser im Druckprozess (neben den Farben) obsolet machen. Die physika-

---

11 Vgl. im Einzelnen auch LÜDENBACH/PRUSACZYK, KoR 2004, S. 204.
12 Vgl. im Einzelnen auch LÜDENBACH/PRUSACZYK, KoR 2004, S. 415.
13 BURGER/ULBRICH/KNOBLAUCH, KoR 2006, S. 732: „Produktentwicklung ist in den seltensten Fällen ein geradliniger Prozess."

lisch-technischen Untersuchungen gelten so lange als „Forschung", wie die Anwendung der Ergebnisse im Druckverfahren nicht gesichert erscheint. Sobald dies der Fall ist, gehen die weiteren Arbeiten in die Entwicklungsphase über. Ab diesem Augenblick ist sich das Management eines positiven *return on investment* sicher.

28   Es besteht eine **Ansatzpflicht** für Kosten, die in der Entwicklungsphase ab dem Zeitpunkt der Erfüllung der folgenden kumulativen **Voraussetzungen** anfallen, wobei eine Darlegungspflicht *("demonstrate")* durch das Unternehmen gefordert wird (IAS 38.57):

- technische **Machbarkeit** (*technical feasibility*) zur Fertigstellung des Projekts in dem Sinne, dass es zur ökonomischen Verwertung durch Eigennutzung oder Verkauf zur Verfügung steht;
- beabsichtigte **Vollendung** (*intention to complete*) des Projekts und Verwertung durch Verkauf oder Eigennutzung;
- **Fähigkeit** (*ability*) zur Eigennutzung oder zum Verkauf des immateriellen Vermögenswerts (fertiges Produkt oder Verfahren);
- Darlegung des künftigen ökonomischen Vorteils (*benefit*) – bestimmt nach Maßgabe von IAS 36 (→ § 11 Rz 19ff.), ggf. im Rahmen einer CGU (→ § 11 Rz 101) –, wobei u.a. das Unternehmen den Nachweis des Vorliegens eines Markts für den immateriellen Vermögenswert selbst oder die von diesem zu generierenden Produkte liefern muss bzw. – im Falle der Eigennutzung – dass der betreffende Vermögenswert nutzbringend ist (*usefulness*);
- **Verfügbarkeit** (*availability*) der erforderlichen technischen, finanziellen und anderen **Ressourcen** zur Vollendung des Projekts – darzulegen bzw. nachzuweisen (*demonstrate*) durch einen *business plan* oder eine Finanzierungszusage (IAS 38.61);
- zuverlässige **Ermittlung** (*measure*) der dem immateriellen Vermögenswert während der Entwicklungsphase zuzuordnenden Kosten – zu ermitteln durch ein Kostenrechnungssystem (IAS 38.62).

Als Beispiele für Entwicklungsaktivitäten benennt IAS 38.59:
- Entwurf, Fertigung und Testen von Vorprodukten, Prototypen etc.,
- Entwurf von Schablonen, Formen und Werkzeugen für neue Technologien,
- Pilotprojekt für eine neue Produktionsanlage,
- Entwurf, Fertigung und Testen neuer Materialien, Produktionsprozesse u. Ä.

In einem „lebenden" Unternehmen werden **laufend** Verbesserungen technischer und organisatorischer Art „entwickelt" und installiert. Solche Entwicklungen sind nicht identifizierbar (Rz 13) und scheiden als immaterielle Vermögenswerte aus. Vielmehr muss es sich im Einzelfall um ein **größeres** Projekt handeln.

Praxis-Beispiel

Ein Automobilhersteller entwickelt einen bislang als Serienprodukt nicht verfügbaren 18-Zylinder-Motor. Diese Entwicklung ist als *asset* identifizierbar. Anders verhält es sich bei der Erprobung einer Neuanfertigung der Drosselklappe für einen bereits „laufenden" Motor.

In der **zeitlichen** Abfolge kann bzgl. der Aktivierbarkeit von eigenen For- **29**
schungs- und Entwicklungskosten wie folgt differenziert werden:
- Forschungskosten sind explizit nicht aktivierbar (Rz 25).
- Entsprechendes gilt für Entwicklungskosten in einer frühen Phase (Rz 28).
- Anzusetzen sind hingegen Entwicklungskosten einer fortgeschrittenen Phase.

Zum Ganzen folgendes **Schaubild**:

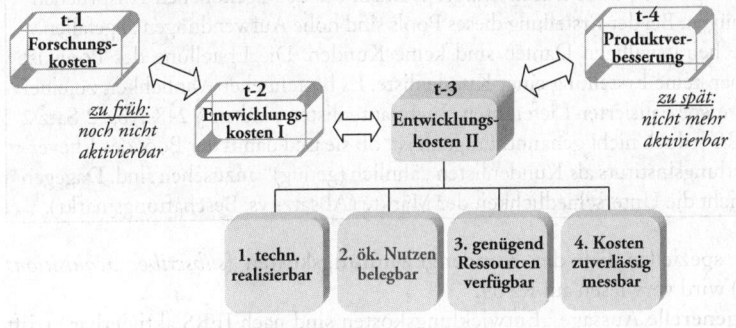

ABER: Keine Aktivierung, wenn Forschungs-
und Entwicklungsphase nicht trennbar

Abb. 1: Forschung und Entwicklung im Phasenmodell

Begrifflich sind die Entwicklungskosten nicht auf technische Prozesse im engeren **30**
Sinn beschränkt. Die Schaffung einer **Website** kann in die Phasen „Forschung" und
„Entwicklung" eingeteilt werden (Rz 40). Der Aktivierung des Entwicklungs-
bereichs steht bei Erfüllung der Ansatzkriterien (Rz 28) nichts im Wege.
Auch **Humankapital** kann entwickelt werden, z.B. im Falle von Profisportlern
(Rz 41) oder Künstlern.

Praxis-Beispiel
Der Musicalproduzent X entdeckt in der Chorbesetzung eine besonders
begabte Nachwuchssängerin mit attraktivem Äußeren. Sie wird auf acht Jahre
in die Exklusivdienste des Produzenten genommen und erhält auf dessen
Kosten Gesangs- und Schauspielunterricht. Diese Kosten können bei Erfüllung der Ansatzkriterien (Rz 28) aktiviert werden.

Unabhängig von der Unterscheidung zwischen Forschung und Entwicklung und **31**
den Ansatzkriterien für die Entwicklungskosten (Rz 28) sind nach IAS 38.63
folgende Werte *(items)* bei **Selbsterstellung** (anders bei Anschaffung; Rz 34)
nicht ansetzbar:
- Marken, Warenzeichen,
- Druck- und Verlagsrechte,
- Kundenlisten, Kundenbeziehungen (→ § 31 Rz 83),
- ähnliche Werte.

Fraglich ist, was unter ähnlichen Gegenständen *items similar in substance* zu
verstehen ist. § 248 Abs. 2 HGB, der den Inhalt von IAS 38.63 übernommen

hat, spricht von „vergleichbar". Als Beispiel für ein „Ähnlichkeitsmuster" mag die explizit aufgeführte „Kundenliste" gelten.

> **Praxis-Beispiel**
> Eine Ehevermittlungsagentur bietet „Herren mit gehobenen Ansprüchen" kostenpflichtig ihre Dienste an. Voraussetzung für den Geschäftserfolg ist ein umfangreicher Pool heiratswilliger Damen, die den „gehobenen Ansprüchen" genügen. Bei der Erstellung dieses Pools sind hohe Aufwendungen angefallen. Die heiratswilligen Damen sind keine Kunden. Die Erstellung des Pools ist daher keine Erstellung einer Kundenliste. Es besteht eher Ähnlichkeit zu einer Liste spezialisierter Lieferanten. Lieferantenlisten sind in § 248 Abs. 2 Satz 2 HGB jedoch nicht genannt. Fraglich ist, ob sie und damit der Pool des Ehevermittlungsinstituts als Kundenlisten „ähnlich (genug)" anzusehen sind. Dagegen spricht die Unterschiedlichkeit der Märkte (Absatz- vs. Beschaffungsmarkt).

Zum speziellen Fall der **Kundengewinnungskosten** (*subscriber acquisitions costs*) wird verwiesen auf Rz 54.

32　Die **generelle** Aussage „Entwicklungskosten sind nach IFRS aktivierbar" trifft also **nicht** zu:
- Nur in eingeschränktem Umfang erfüllen die Entwicklungskosten die Ansatzkriterien (Rz 28).
- Analog § 248 Abs. 2 HGB gilt außerdem ein spezifisches Ansatzverbot für bestimmte Vermögenswerte (Rz 31).

2.4.2 Faktisches Ansatzwahlrecht

33　Die unter Rz 28 dargestellten Ansatzkriterien suchen nach einem **Ausgleich** zwischen den Relevanz- und Zuverlässigkeitsanforderungen der Rechnungslegung (→ § 1 Rz 16). Aus der ersten Perspektive sollen möglichst **alle** wichtigen **Werttreiber** mit Vermögenswertqualität, aus der zweiten nur in ihrem Nutzen **objektivierbare** Vermögenswerte in der Bilanz erscheinen.

Das Ergebnis ist eine Kompromisslösung mit einer erheblichen Anzahl von **Ermessensspielräumen**. Dabei ist das bilanzpolitische Ziel einer Nichtaktivierung spürbar leichter zu erreichen als umgekehrt. Im erstgenannten Fall genügt die Darlegung einer Unmöglichkeit zur Trennung von Forschung und Entwicklung (Rz 26). „Ausreichend" für eine Nichtaktivierung ist auch, dass ein nachvollziehbarer Nachweis der Erfüllung aller sechs Aktivierungskriterien (Rz 28) für die Entwicklungskosten nicht erbracht wird (werden kann). Besteht umgekehrt die bilanzpolitische Vorgabe in der Aktivierung, bedarf es regelmäßig einer weiten Auslegung der diesbezüglichen Begriffsinhalte.[14] Die Möglichkeit oder sogar Notwendigkeit der Ermessensausübung führt in Anbetracht der gegebenen Spielräume im Ergebnis häufig zu einem faktischen **Ansatzwahlrecht** der Entwicklungskosten (Rz 28). Als Argumente gegen eine Aktivierung werden von Unternehmen insbesondere die (angeblich) **fehlende Trennbarkeit von Forschungs- und Entwicklungsphase** (so weitgehend in der **Softwareindustrie**) oder die an behördlichen Zulassungen hängende, deshalb **unsichere, Realisierbarkeit** (so in der **Pharmaindustrie**) verwandt. Auffällig ist:

---

[14] BURGER/ULBRICH/KNOBLAUCH, KoR 2006, S. 734.

- Die angebliche **Iteration** von Forschung und Entwicklung ist **nicht software-typisch**. Produkt- und Verfahrensinnovationen stellen generell keinen geradlinigen Prozess dar, sondern laufen oft nach dem Motto „zwei Schritte nach vorn, ein Schritt zurück". Wo hier das Besondere der Softwareindustrie liegen soll, wird nicht einsichtig.

- Hinsichtlich der **Realisierbarkeit** herrschen in der Pharmabranche zwar oft größere Unsicherheiten als in anderen Branchen; hieraus erfolgt aber nicht zwingend, die Realisierbarkeit erst ab Erteilung der Arzneimittelzulassung als erfüllt anzusehen. Schon vorher kann die Erteilung der Bewilligung **sehr wahrscheinlich** sein, weil klinische Wirkungsnachweise erbracht und gravierende Nebenwirkungen so gut wie sicher ausgeschlossen werden können. Es ist daher fraglich, ob die so restriktive Aktivierung nur auf den Besonderheiten der Pharmabranche oder auch auf anderen Ursachen (z.B. Kommunikationspolitik gegenüber Kapitalmarktteilnehmern) beruht.[15]

- Für eine weniger restriktive Beurteilung der Realisierbarkeit sprechen auch die Bilanzierungspraktiken bei Herstellern von zertifizierungspflichtigen Medizingeräten.[16]

Damit soll nicht in Abrede gestellt werden, dass branchenspezifische Unterschiede in der bilanziellen Abbildung von Entwicklungskosten auch (!) eine ökonomische **Rechtfertigung** für sich in Anspruch nehmen:

- Bei der Entwicklung eines neuen Arzneimittels droht eher die Gefahr des Scheiterns als

- bei der Entwicklung einer neuen Generation des „Golf" oder des „Airbus".

2.4.3 Derivativer Erwerb von Forschung und Entwicklung

In **Anschaffung**sfällen – insbesondere beim **Unternehmenserwerb** – gelten andere Ansatzkriterien: 34

- Für Einzelanschaffungen bringt der Kaufpreis die Wahrscheinlichkeit des Nutzenzuflusses (Rz 17) zum Ausdruck (IAS 38.25).

- Für den Zugang im Rahmen eines Unternehmenserwerbs wird auf → § 31 Rz 77 ff. verwiesen.

Die Ansatzrestriktion für die eigene **Forschung**stätigkeit (Rz 26) und einzeln bestimmte Vermögenswerte (Rz 31) ist hier aufgehoben.

2.5 Selbst geschaffene Software

Zu diesem, einen breiten Anwendungsbereich ausfüllenden Bilanzierungsproblem enthalten die IFRS keine speziellen Regelungen. Man kann versuchen, die allgemeinen Definitions- und Ansatzkriterien für immaterielle Vermögenswerte auf die Softwareerstellung zu transportieren. Zu unterscheiden ist zwischen selbst erstellter Software für Vermarktungszwecke – die unter IAS 2 oder IFRS 15 fällt (Rz 2) – und der als **Anlagevermögen** im eigenen Haus anzuwendenden Software. Im letztgenannten Fall geht es um die Abgrenzung der Forschungs- von der Entwicklungsphase (Rz 26).   35

Die Aktivierungsmöglichkeit für selbst geschaffene Software beginnt frühestens mit der **technischen Machbarkeit** (*feasibility*) des Projekts, verbunden mit der   36

---

15 Zu beiden Punkten ausführlich CHRISTIAN/KERN, PiR 2014, S. 168 ff.
16 Dazu SCHNEIDER, PiR 2015, S. 69 ff.

Wahrscheinlichkeit des kommerziellen Erfolgs. Dazu bedarf es eines Detailprogramms oder eines Arbeitsmodells. Die weiteren dort genannten Kriterien sind Anwendungsfälle der Definitions- und Ansatznormen allgemein. Allerdings sind in diesen Fällen besondere Schwierigkeiten damit verbunden, die Generierung **künftigen ökonomischen Nutzens** durch das Programm nachzuweisen bzw. darzulegen *(demonstrate)*. Insbesondere kann es an einer Ansatzmöglichkeit fehlen, wenn die rechtliche Ausschlussmöglichkeit zur Kontrolle über das Programm und zur Abschottung gegenüber anderen Anwendern fehlt. Folge ist die Verbuchung der Aufwendungen auch in der Entwicklungsphase als laufender Aufwand. Klare Trennlinien sind nicht ersichtlich.

Eher kommt eine Aktivierung für **erworbene** Software in Betracht, und zwar als **Bestandteil der zugehörigen Hardware** mit der Folge, dass die Bilanzierung sich an den Regeln des IAS 16 (→ § 14 Rz 10ff.) orientiert. Diese Vorgehensweise erscheint nach herkömmlichem deutschem Bilanzierungsverständnis als unpassend, da Hardware und Software als **getrennte** Vermögenswerte angesehen werden.

Insgesamt erscheinen die Bilanzierungsregeln insbesondere für die selbst erstellte, intern genutzte Software nach den IFRS als ausgesprochen **fließend** – allerdings mit einem **Vorbehalt:** Waren einmal entsprechende Ausgaben als Aufwand verbucht worden, kann in späteren Jahresabschlüssen diese Entscheidung nicht wieder umgedreht werden (IAS 38.71; Rz 71).

Praxis-Beispiel

Sachverhalt

Die Software-GmbH beginnt Anfang 02 mit den Forschungen zu einem neuen Produkt, das aus mehreren Modulen bestehen und, wenn alles klappt, 04 auf den Markt kommen soll. Die FuE-Aufwendungen der Jahre 01 bis 03 werden voraussichtlich jeweils 500 TEUR betragen. Die Software-GmbH diskutiert zwei Projektplanungsalternativen:

(1) Nach Plan I sollen, da die relevanten Schwierigkeiten tatsächlich in den Modulen und nicht in deren Zusammenführung vermutet werden, die Module bis Ende 03 separat entwickelt und ein detailliertes Gesamtdesign sowie ein dokumentierter Gesamtprobelauf erst Ende 03 durchgeführt werden.

(2) Nach Plan II soll bereits Ende 01 ein erstes Design für das Gesamtprodukt fertiggestellt und einem ersten Probelauf unterzogen werden, wobei wegen der dabei noch zu erwartenden Probleme in den Modulen selbst weniger deren Details als das (ohnehin so gut wie feststehende) Zusammenwirken der Module dokumentiert werden sollen.

Beurteilung

Die Komplettierung des detaillierten Programmdesigns gilt i.d.R. als Nachweis der technischen Realisierbarkeit. Da die GmbH ihren eigenen Plankriterien und -definitionen folgend erst Ende 03 ein detailliertes Programmdesign fertiggestellt und erprobt hat, sind die insgesamt 1,5 Mio. EUR Aufwendungen der Jahre 01 bis 03 als Aufwand zu behandeln. Wäre man stattdessen nach der ersten Planvariante verfahren, könnten 1 Mio. EUR der Jahre 02 und 03 aktiviert werden.

Das vorstehende Beispiel belegt deutlich die im Bereich der Softwareentwicklung bestehenden Probleme zur einigermaßen trennscharfen Abgrenzung der Forschungs- von der Entwicklungsphase.
Eine in Betrieb befindliche Software bedarf der laufenden **Pflege** (*update*). Davon **37** zu unterscheiden sind **Neuimplementierungen** von Funktionalitäten.

> **Praxis-Beispiel**[17]
> **Neuimplementierung von Funktionalitäten**
> Ein Versandantiquariat für Bücher und Schallplatten will sein Angebot über die bisher beachtete deutsche Grenze in den internationalen Bereich ausdehnen. Dazu bedarf es der Installation weiterer Funktionalitäten bzgl. Sprache, Logistik, Zahlungsverkehr etc. Der Aufwand für die Installation weiterer Funktionen überschreitet den für die Herstellung der ursprünglichen Version.

Diese Softwareentwicklung bedeutet eine Kapazitätserweiterung und substanzielle Verbesserung der vorhandenen Software. Nach IAS 38.20 sollen solche Aufwendungen bei bereits vorhandenen immateriellen Anlagegütern nur selten (*only rarely*) die Ansatzkriterien erfüllen. U. E. liegt in diesem Beispielfall aber keine Erweiterung des bisherigen Vermögenswerts vor, sondern eine Neuschaffung unter Verwendung der bisherigen Software. Die neue Software ist – wie die Aufwandsverhältnisse zeigen – entscheidend geprägt durch die Neuentwicklung. Soweit bei Letzterer keine Forschungskosten angefallen sind, erfüllen die Aufwendungen für die Neuentwicklung die Ansatzkriterien eines immateriellen Vermögenswerts.
In der Bilanzierungspraxis von Softwareunternehmen wird überwiegend auf die **38** Aktivierung von Entwicklungskosten „verzichtet". Die Begründung lässt sich anhand des folgenden Schaubildes darstellen:

Praxis-Beispiel

Trennung Forschung und Entwicklung

Waterfall-Method   *Extreme-Programming*

Nach früherem, inzwischen als **überholt** geltendem Modell lässt sich der Prozess der Herstellung und Pflege von Software in drei Phasen einteilen:

17 Ein ausführliches Beispiel bei LÜDENBACH, StuB 2010, S. 361.

- Eine eher ruhige, konzeptionelle Phase, in der die Kreativität, die Gewinnung grundlegender Ideen und Lösungsvorstellungen im Vordergrund stehen;
- eine sich daran anschließende, stark strukturierte und temporeiche Phase der programmtechnischen Umsetzung dieser Grundlagen;
- eine wiederum ruhigere Phase der Produktentwicklung.

Die Aufwendungen der mittleren Phase sind als Entwicklungskosten gut von den anderen Phasen trennbar und daher aktivierungspflichtig.

Die **neuere** Praxis **verwirft** dieses „**Wasserfall-Modell**" als überholt und betont inzwischen den Charakter der Prozesse. Ideen**gewinnung** (Forschung) und Ideen**umsetzung** (Entwicklung) sind im Modell des *Extreme Programming* nicht mehr **sequenziell** (IAS 38.52 unterstellt), sondern zyklisch bzw. iterativ angeordnet. Die Trennbarkeit von Forschungs- und Entwicklungsphase ist nicht gegeben. Alle Aufwendungen sind als Aufwand zu verbuchen (Rz 26).

39   Die Installation einer sog. **ERP-Software** ist durch den relativ geringen Anschaffungspreis für den Quellcode und die hohen Aufwendungen für das sog. *customizing* gekennzeichnet. Mit dem Quellcode allein kann niemand etwas anfangen. Allerdings sind neben dem entrichteten Kaufpreis auch die Kosten zur Herstellung der Betriebsbereitschaft nach IAS 38.27 (Rz 66) aktivierungspflichtig. Der „*intended use*" bezieht sich auf einen fertig **funktionsfähigen** Vermögenswert. Die nach HGB/EStG entscheidende Frage nach dem Vorliegen von Anschaffungs- oder Herstellungskosten stellt sich nach IFRS regelmäßig nicht so scharf. Nach der kompletten und erfolgreichen Installation werden oftmals weitere Funktionen programmiert. Dann liegen nachträgliche Herstellungskosten durch Erweiterung des bisherigen Vermögenswerts vor.

2.6   Ausdehnung des Forschungs- und Entwicklungsbegriffs – das Beispiel der Erstellung einer Webseite

40   Die Begriffe Forschung und Entwicklung beziehen sich nicht nur auf die „klassischen" Fälle der Arzneimittelforschung in der Pharmaindustrie oder die Entwicklung neuer Modelle in der Automobilbranche. Die zugehörigen Aufwendungen sind inhaltlich gem. IAS 38.52 **weit** gefasst („*broader meaning*"). Allgemein stehen „Forschung und Entwicklung" für die **Herstellung** eines immateriellen Vermögenswerts. Dabei kann die Forschungsphase als die frühe, konzeptionelle Phase der Herstellung und die Entwicklung als die fortgeschrittene, verwertungsnahe Phase angesehen werden. Am deutlichsten wird diese Verallgemeinerung der beiden Begriffe am Beispiel der in SIC 32 enthaltenen Regelungen zur Erstellung einer Webseite:

Praxis-Beispiel

Planung   → Forschung, daher Aufwand

Machbarkeitsstudie,
Definition Hard-/Software-
anforderungen

Applikation, Infrastruktur-Entwicklung

a) Hardwarekauf	→ a) Hardware = Sachanlage gem. IAS 16
b) Entwicklung und Test der Software	→ b) Software: ggf. als Entwicklung aktivieren
Grafikdesign	
Layout, Farben etc.	→ ggf. als Entwicklung aktivieren
Content-Entwicklung	
a) Werbung (Produkte, Fotos)	→ a) Vertriebskosten, daher Aufwand
b) Informationen über das Unternehmen	→ b) kein identifizierbarer Nutzen, daher Aufwand
c) Direktbestellungen	→ c) ggf. als Entwicklung aktivieren
Operating/Updates etc.	→ Erhaltungsaufwand

Mit der Verallgemeinerung des Forschungs- und Entwicklungsbegriffs könnte auch die Herstellung einer Marke, die Schaffung von Kundenbeziehungen etc. in eine frühe, konzeptionelle und eine fortgeschrittene Phase eingeteilt werden. Konsequent wäre die Aktivierungsfähigkeit von später anfallenden Aufwendungen für die Etablierung einer Marke und die Schaffung eines Kundenkreises. Dieser systematisch in IAS 38 angelegten Konsequenz begegnet IAS 38.63 mit einem kasuistischen **Bilanzierungsverbot** für selbst geschaffene **Marken** und **Kundenbeziehungen** (Rz 31).

2.7 Sonderfälle

2.7.1 Profisportler

Profisportler erfüllen die Ansatzkriterien für immaterielle Vermögenswerte 41 (Rz 4).[18] Eine Aktivierung ist bei entgeltlichem Erwerb der **Nutzungsberechtigung** (Transferentschädigung) vorzunehmen. Auch die Ansatzkriterien für Entwicklungskosten (Rz 25 ff.) können im Einzelfall erfüllt sein. Diese sind nicht auf die „klassische" Produktentwicklung beschränkt (Rz 30).

Praxis-Beispiel
Der 18-jährige Fußballprofi P gilt als besonders talentiert. Der Profiverein K entschließt sich nach Abschluss eines 6-jährigen Dienstvertrages für eine besondere Förderkampagne: Abstellung eines Physiotherapeuten, Spezialtrainer für die muskuläre Entwicklung, Wintertraining in Florida etc. Dadurch soll die Bundesligatauglichkeit spätestens mit Vollendung des 21. Lebensjahrs erreicht werden.
Die Ansatzkriterien für die Entwicklungskosten sind erfüllt (Rz 28).

---

[18] HOMBERG/ELTER/ROTHENBURGER, KoR 2004, S. 249; LÜDENBACH/HOFFMANN, DB 2004, S. 1442. Dort wird auch zu den Fragen der Folgebewertung, insbesondere *impairment*-Abschreibungen, Stellung genommen.

2.7.2 Nutzungsrechte

42   Nutzungsrechte aus Miet- oder Leasingverträgen sind gem. IFRS 16 i. d. R, als right-of-asset zu aktivieren (→ § 15a Rz 75). IAS 38 gelangt für den Bilanzansatz bzw. die Zugangsbewertung nicht zur Anwendung

2.7.3 Rückerworbene Rechte *(reacquired rights)*

43   Eine der Voraussetzungen für den Ansatz eines immateriellen Vermögenswerts ist die **Identifizierbarkeit**, d. h. die Abgrenzung vom *goodwill*. Beim Rückerwerb von Rechten stellt sich die Frage, ob nicht lediglich ein geschäftswerterhöhender Vorgang vorliegt, in besonderer Weise. Sie wird kasuistisch für Fälle des Unternehmenszusammenschlusses in IFRS 3.B35 wie folgt beantwortet: „Im Rahmen eines Unternehmenszusammenschlusses kann ein Erwerber ein Recht, bilanzierte oder nicht bilanzierte Vermögenswerte des Erwerbers zu nutzen, zurückerwerben. Ein zurückerworbenes Recht ist ein identifizierbarer immaterieller Vermögenswert, den der Erwerber getrennt vom Geschäfts- oder Firmenwert ansetzt."

> **Praxis-Beispiel**
> Die Produkte des P werden in Südeuropa ausschließlich durch V auf Basis eines langfristigen Exklusivvertrags vertrieben. In 01 erwirbt P das Unternehmen des V. Der Vertriebsvertrag wird dadurch zu einem Konzerninnenverhältnis, ist gleichwohl nach IFRS 3.B35 separiert vom *goodwill* anzusetzen (→ § 31 Rz 92).

44   Ein Rückerwerb kann sich auch im Wege der Einzeltransaktion vollziehen.

> **Praxis-Beispiel[19]**
> Die U GmbH produziert und vertreibt seit Langem unter einer selbst entwickelten Marke in Europa Gesundheitsdrinks. In 01 hat sie dem japanischen Vertragspartner JP gegen eine umsatzabhängige Gebühr auf 15 Jahre das Recht eingeräumt, entsprechende Produkte in Japan zu produzieren und unter der Marke der U zu vertreiben.
> Im Jahr 10 einigen sich U und JP, den Lizenzvertrag zum 31.12.10 zu beenden, da U zukünftig selbst den japanischen Markt beliefern will. JP erhält für die vorzeitige Vertragsbeendigung eine erhebliche Einmalzahlung (*termination fee*).

Für den „Rückerwerb" eines Rechts außerhalb eines Unternehmenszusammenschlusses enthält IAS 38 keine Regelungen. Eine analoge Anwendung der Regelungen von IFRS 3 (→ § 31 Rz 92) käme infrage, wenn diese nicht Kasuistik darstellen, sondern auf einer soliden konzeptionellen Basis stehen. U. E. ist Letzteres aus folgenden Gründen nicht der Fall:

- Allgemein verfolgt IFRS 3 den Zweck, den Kaufpreis möglichst auf (i.d.R. abschreibbare) Einzelvermögenswerte statt auf den nicht planmäßig abschreibbaren *goodwill* aufzuteilen (IFRS 3.BC174). Diesem Vorrang vor dem *goodwill* dienen explizit auch die Regelungen für rückerworbene Rechte (IFRS 3.BC184). Bei einer Einzeltransaktion stellt sich die *goodwill*-Frage aber gar nicht.

---

[19]   Nach LÜDENBACH, PiR 2012, S. 198.

- Der Rückerwerb eines Rechts setzt begrifflich dessen ursprüngliche Veräußerung voraus. Wäre im vorstehenden Beispiel ein unbefristetes/immerwährendes Lizenzrecht eingeräumt worden, hätte dies wirtschaftlich einer Veräußerung gleichgestanden und die vorzeitige Beendigung des Vertrags einen Rückerwerb bedeutet. Wird ein Recht hingegen nur befristet gewährt, entsteht nur ein Dauerschuldverhältnis. Eine *termination fee* ist dann lediglich Aufwand für die vorzeitige Beendigung dieses Dauerschuldverhältnisses.

- Eine Parallele zu folgendem Fall ist offensichtlich: Ein Leasinggeber vermietet ein Gebäude im *operating lease*. Nach einigen Jahren ergibt sich ein Eigenbedarf. Diesen kann der Leasinggeber nur realisieren, indem er den Leasingnehmer gegen eine Abstandszahlung zur vorzeitigen Vertragsauflösung bewegt. Die Abstandszahlung führt zu keiner Aktivierung eines Nutzungsrechts am Gebäude, da das Gebäude selbst (und damit implizit sein gesamtes Nutzungspotenzial) schon zum (bilanzierungspflichtigen) Vermögen gehört.

2.7.4 Emissionsrechte (Umweltverschmutzung)

Im Rahmen des Kyoto-Protokolls haben sich die EU und ihre Mitgliedstaaten zu einer Reduktion des Ausstoßes von Treibhausgasen verpflichtet. „Technisch" soll diese Verringerung der Emissionsmengen mithilfe von handelbaren **Emissionsrechten** erfolgen.[20] Grundlage ist das sog. *cap-and-trade*-System. Das Emissionsziel *(cap)* wird national auf die einzelnen Emittenten heruntergebrochen. Diese Grundausstattung kann am Markt gehandelt werden. 45

IFRIC 3 hatte sich des Themas speziell angenommen. Im Juni 2005 hat der Board diese Standardinterpretation aufgehoben. Die bilanzielle Abbildung ist daher nach den allgemeinen Kriterien von IAS 38 i.V.m. IAS 37 (→ § 21) vorzunehmen. Dabei kann von folgenden ökonomischen **Grundlagen** des *cap-and-trade*-Systems ausgegangen werden:

- Zwangsweise Teilnahme.
- Kostenlose oder entgeltliche Zuteilung eines Emissionszertifikats durch die öffentliche Hand.
- In einer Handelsperiode (erstmalig 1.1.2005 bis 31.12.2007) werden zu Beginn die Rechte vergeben (in der BRD zunächst kostenlos), am Ende der Periode werden die tatsächlichen Emissionen erfasst.
- Die Teilnehmer können Rechte kaufen und verkaufen.
- Die Teilnehmer können entsprechend der Höhe ihrer Rechte Schadstoffe emittieren, weniger emittieren und entsprechende Rechte verkaufen oder übertragen oder mehr emittieren und entsprechend Rechte kaufen oder eine Pönale bezahlen.
- Nach dem Ende jeder Handelsperiode müssen die Teilnehmer Emissionsrechte in Höhe ihrer tatsächlichen Emissionen abliefern; geschieht dies nicht, ist eine Pönale in bar zu zahlen oder künftig eine geringere Zuteilung hinzunehmen.

Die Abbildung im Jahresabschluss muss nach Maßgabe der vorstehend aufgeführten **ökonomischen** Grundlagen erfolgen. Dabei stellt sich zunächst die Frage nach der **Vermögenswert**-Eigenschaft der Emissionsrechte (→ § 1 Rz 83 f.) unter

---

20 Einzelheiten hierzu bei SCHMIDT/SCHNELL, DB 2003, S. 1449; GÜNTHER, KoR 2003, S. 432; HERMES/JÖDICKE, KoR 2004, S. 287.

der Annahme einer **kostenlosen** Zuteilung. Im Schrifttum wird diese ohne weitere Problematisierung bejaht. Gleichwohl bleiben auf der Grundlage des dem System innewohnenden ökonomischen Gehalts daran Zweifel angebracht.

> **Praxis-Beispiel[21]**
>
> U hat vor der Einführung des *cap-and-trade*-Systems zuletzt (in 01 bis 04) jährlich 100.000 t CO_2 emittiert. Aufgrund eines weiter zurückliegenden Basisjahres werden U mit der Einführung in 05 in gleicher Menge Zertifikate unentgeltlich zugeteilt. U beabsichtigt, diese Zertifikate selbst zu nutzen und nicht in den Handel zu geben.
>
> An der Vermögenssituation von U hat sich durch die Zuteilung nichts verändert. Die Verbriefung in einer Ausstoßgenehmigung dient lediglich dem systemimmanenten (aus der Verknappung resultierenden) Börsenhandel. Dieser ist aber für U mangels entsprechender Absichten nicht von Bedeutung.
>
> **Beurteilung**
>
> Der Vermögenswert setzt nach dem Definitionsgehalt von IAS 38.8 (Rz 4) und *Framework* (→ § 1 Rz 83) erwarteten ökonomischen **Nutzen** voraus. Ein solcher liegt im vorliegenden Beispiel kaum vor. Die Berechtigung zum Schadstoffausstoß gleicht der Konzession zum Betrieb eines Unternehmens (z. B. Gaststättenkonzession). Solche Konzessionen sind bislang nicht als Vermögenswert in Erscheinung getreten.

46   Auf der **Bewertung**sebene ist zwischen **entgeltlich** erworbenen (an der Börse zugekauften) und **unentgeltlich** behördlich zugeteilten Rechten zu unterscheiden. Anschaffungskosten sollen bilanztheoretisch eine periodengerechte Zuordnung des **Verbrauchs** der mit diesen Kosten beschafften Ressourcen bewirken. Bei Aktivierung der unentgeltlich zugeteilten Rechte würden nebeneinander Bilanzwerte ausgewiesen, die einerseits auf **effektiven** Ausgaben und andererseits auf **fiktiven** Werten beruhen – eine sehr ungewöhnliche Konstellation. Im **Branchenvergleich** käme es zu erheblichen Verzerrungen gegenüber bspw. der Telekommunikationsbranche mit den dort aktivierten, weil entgeltlich erworbenen Mobilfunklizenzen.

U. E. bedarf die Aktivierung von unentgeltlich zugeteilten Emissionsrechten einer **besonderen** Rechtfertigung. Diese wird in IAS 20.23 i.V.m. IAS 38.44 (→ § 12 Rz 34) gegeben. Es besteht danach ein **Wahlrecht** zur Einbuchung der unentgeltlich zugeteilten Rechte zum **Zeitwert** einerseits (*fair-value*-Modell) und zu den **Anschaffungskosten** (null) andererseits (Anschaffungskostenmodell). Im erstgenannten Fall ist ein **passiver Abgrenzungsposten** (*deferred income*) zu bilden und entsprechend der Nutzungsdauer von einem Jahr zugunsten des Ergebnisses aufzulösen (→ § 12 Rz 34). Andererseits ist bei Wahl des *fair-value*-Zugangswerts eine **verbrauchsabhängige** Abschreibung vorzunehmen. Am Ende der Zuteilungsperiode (unterstellt Wirtschaftsjahr = Kalenderjahr) werden die unentgeltlich zugeteilten Rechte nach beiden Zugangsregeln aktivisch und passivisch mit null ausgewiesen. In zwei gemeinsamen Sitzungen des FASB und des IASB präferieren (*tentatively*) die beiden Boards eine *fair-value*-Bewertung beim Zugang und in der Folge.[22]

---

[21]   Nach Hoffmann/Lüdenbach, DB 2006, S. 57.
[22]   IASB Updates October und November 2010.

Die Emissionsrechte sind **börsenmäßig** handelbar. Durch (entgeltlichen) Zu- und Verkauf können die am Bilanzstichtag vorhandenen Emissionsrechte u. U. nicht mehr der einen oder anderen Kategorie zugeordnet werden. In diesem Fall bietet sich die Bewertung nach einem **Verbrauchsfolgeverfahren** an. In Analogie zu IAS 2.25 zur Bewertung von Vorratsvermögen (→ § 17 Rz 19) halten wir die Anwendung der Durchschnitts- und der Fifo-Methode für zulässig. Zu den Bestandteilen der Anschaffungskosten vgl. Rz 73 ff.

Die **Neubewertungsmethode** (→ § 14 Rz 47) ist nur bei **längerfristiger** Nutzung von Vermögenswerten sinnvoll anwendbar. Sie scheidet u. E. bei den Emissionsrechten mit einem Lebenszyklus von zwölf Monaten aus.

Für die am Bilanzstichtag bestehende **Rückgabepflicht** von Emissionsberechtigungen nach Maßgabe des effektiven Schadstoffausstoßes sind (Verbindlichkeits-)Rückstellungen zu bilden (→ § 21 Rz 9 ff.). Dabei ist im **ersten** Prüfungsschritt stichtagsbezogen für den Bilanzansatz ein Abgleich zwischen dem **effektiven** Schadstoffausstoß und den **vorhandenen** Emissionsrechten durchzuführen. Sofern der Ausstoß die verbriefte Menge übersteigt, muss die Rückgabe im Folgejahr (am 30.4.) mit noch **zuzukaufenden** Rechten bestückt werden.

Für die **Bewertung** der gesamten **Rückgabeverpflichtung** – dem zweiten Prüfschritt zur Rückstellungsbildung – hatte sich der zurückgezogene IFRIC 3 für einen *fair-value*-Ansatz ausgesprochen. Dadurch standen am Bilanzstichtag „voll" (mit dem aktuellen Börsenkurs) bewertete Verpflichtungen den überwiegend zu null aktivierten Berechtigungen gegenüber. Zur Vermeidung dieses *„mismatch"* bedarf es einer wirtschaftlich sinnvollen Interpretation der Bewertungsvorgaben in IAS 37.36 f. (→ § 21).[23]

Ausgangspunkt der Bewertung von Rückstellungen ist die bestmögliche **Schätzung** (→ § 21 Rz 124) des zur Regulierung der betreffenden Verbindlichkeit erforderlichen Aufwands am Bilanzstichtag. Die vom Unternehmen zu erbringende „Ausgabe" (*expenditure*) beläuft sich auf die Abgabe von Emissionsrechten. Soweit diese unentgeltlich erworben worden sind, lässt sich *„expenditure"* durchaus auch als unentgeltlicher Vorgang interpretieren: „Mich kostet die Rückgabe eines Wertgegenstands nichts, wenn ich diesen kostenlos erhalten habe."

Die (aufgehobenen) Vorgaben des IFRIC 3 orientieren sich demgegenüber am Wortlaut des Interpretationsparagrafen IAS 37.37 zur Bestimmung der bestmöglichen Schätzung. Diese soll sich an dem Betrag orientieren, den das Unternehmen für die Begleichung der Verpflichtung **selbst** aufwenden muss oder an einen **Dritten** zu bezahlen hat, damit dieser die Verpflichtung erfüllt. Die letztgenannte Variante der Entledigung von der Verbindlichkeit kommt im Emissionshandel nicht in Betracht. Die Emissionsrechte sind nämlich vom emittierenden Unternehmen **selbst** zurückzugeben. Dieses kann seine Rückgabeverpflichtung nicht durch Bezahlung oder Übertragung eines anderen Vermögenswerts erfüllen, sondern nur durch Rückgabe der Emissionsrechte selbst, die i. d. R. überwiegend kostenlos zugeteilt worden sind. Deshalb ist IAS 37.37 Satz 1 im vorliegenden Fall nicht einschlägig. Die *best estimate* muss sich an anderen Kriterien ausrichten.

47

---

23 Vgl. hierzu HOFFMANN/LÜDENBACH, DB 2006, S. 57.

Die bei der Rückstellungsbewertung nach IAS 37.37 zum Ausdruck kommende Idee des **Fremdvergleichs** bleibt auch in anderen – eher gängigen – Sachverhalten unbeachtet, d. h., es wird durchaus nach Maßgabe einer **Sachleistungsverpflichtung** bewertet.

> **Praxis-Beispiel**
> Der Einzelgewährleistungsfall eines Herstellers von Spezialmaschinen wird in der Praxis nur durch eigenes Personal bewerkstelligt. Ansonsten müssten erst für teures Geld Arbeiter eines anderen Unternehmens mühsam in die Besonderheiten der betreffenden Spezialmaschine eingewiesen werden. Die erforderliche Reparatur etc. kann durch die entsprechend ausgebildete eigene Mannschaft sehr viel kostengünstiger ausgeführt werden. Eine Bewertung zum Fremdvergleichspreis *(fair value)* für einen solchen Gewährleistungsfall wäre geradezu absurd (eben *„mismatch"*).

Zumindest in der Praxis verhindert also die Auslegung der bestmöglichen Schätzung durch IAS 37.37 nicht die Anwendung einer vernünftigen Rückstellungsbewertung außerhalb der *fair-value*-Vorgabe. Dieser Gedanke muss auch bei der Bewertung der Rückgabeverpflichtung von Emissionsrechten Platz greifen. Bewertet wird die Rückstellung demnach mit den Erwerbskosten für etwa erforderliche **Zukäufe**, ansonsten mit den Anschaffungskosten der **vorhandenen** Rechte, die einzeln oder nach einem Verbrauchsfolgeverfahren zu ermitteln sind. Dieser Lösungsvorschlag geht im Ergebnis konform zu den Vorgaben des IDW[24] und des BMF.[25] Die Bewertung der Rückstellung richtet sich nach den Regeln einer **Sachleistungsverpflichtung** auf der Grundlage der dafür entstehenden Kosten. Sofern unentgeltlich erworbene Rechte zur Rückgabe bestimmt sind, muss entsprechend mit **null** bewertet werden, im Übrigen zu dem am Bilanzstichtag gültigen Börsenkurs. Bei Anwendung einer **Verbrauchsfolgefiktion** schlagen sowohl der HFA des IDW als auch der BMF eine Art Lofo-Verfahren *(lowest in – first out)* vor: die unentgeltlich erworbenen Rechte werden zuerst zurückgegeben. Mit Erfüllung der Rückgabepflicht am 30.4. des Folgejahres ist eine etwa gebildete Rückstellung **aufzulösen**.

48 Zur **buchmäßigen** Abwicklung folgendes Beispiel mit den beiden Bilanzierungsvarianten (Rz 46):[26]

> **Praxis-Beispiel**
> **Durchgängiger Sachverhalt**
> Ein Anlagebetreiber ist auf einen jährlichen Schadstoffausstoß von 10.000 Tonnen CO_2 taxiert. Für das Kalenderjahr = Wirtschaftsjahr 01 erhält er unentgeltlich 9.709 Emissionsberechtigungen (EB; 1 EB/t). Deren Börsenpreis beträgt am 1.1.01 und 31.12.01 10 EUR. Der Ausstoß in 01 beträgt 10.000 Tonnen.

---

[24] IDW, RS HFA 15, Tz. 18, WPg 2006, S. 574.
[25] BMF, Schreiben v. 6.12.2005, DB 2005, S. 2717.
[26] Auf der Datengrundlage des BMF, Schreiben v. 6.12.2005, DB 2005, S. 2717.

Alternative 1
Die erhaltenen EB sind am 31.12.01 noch vorhanden. Es müssen 291 Rechte zugekauft werden.

Anschaffungskostenmodell
Bilanz zum 31.12.01

Aktiva / **Passiva**

Datum	Bezeichnung	Betrag EUR	Datum	Bezeichnung	Betrag EUR
(1) 1.1.	Zugang Rechte	0	(1) 1.1.	Zugang RAP	0
				RSt für	
(3) 31.12.	Kapital	2.910	(2) 31.12.	Zukauf	2.910
		2.910			2.910

GuV 01

Aufwendungen / **Erträge**

Datum	Bezeichnung	Betrag EUR	Datum	Bezeichnung	Betrag EUR
	Aufwand für				
(2) 31.12.	Zukauf	2.910	(3) 31.12.	Verlust	2.910
		2.910			2.910

fair-value-Modell

Bilanz zum 31.12.01

Aktiva / **Passiva**

Datum	Bezeichnung	Betrag EUR	Datum	Bezeichnung	Betrag EUR
(1) 1.1.	Zugang Rechte	97.090	(1) 1.1.	Zugang RAP	97.090
(3) 31.12.	Verbrauch Rechte	−97.090	(2) 31.12.	Auflösung RAP	−97.090
(5) 31.12.	Kapital	2.910	(4) 31.12.	RSt für Zukauf	2.910
		2.910			2.910

GuV 01

Aufwendungen					Erträge
Datum	Bezeichnung	Betrag	Datum	Bezeichnung	Betrag
		EUR			EUR
(3) 31.12.	Verbrauch Rechte	97.090	(2) 31.12.	Auflösung RAP	97.090
(4) 31.12.	Aufwand für Zukauf	2.910	(5) 31.12.	Verlust	2.910
		100.000			100.000

Alternative 2

In 01 wurden zuerst 1.000 EB verkauft (hier erfolgsneutral behandelt) und
500 EB zu je 8 EUR gekauft.
Am Bilanzstichtag sind 9.209 EB vorhanden, es fehlen also 791 EB. Dafür ist
eine Rückstellung zu bilden. Nach dem Vorschlag des BMF, den wir zur
Vermeidung des angesprochenen „mismatch" (Rz 47) für sinnvoll erachten,
wird die Rückgabeverpflichtung in folgender Reihenfolge bestückt:

	Rechte	Anschaffungskosten
• unentgeltlich erworbene Rechte	8.709	0
• Zukauf	500	4.000
• weitere Abgabepflicht	791	7.910
	10.000	11.910

Anschaffungskostenmodell

Bilanz zum 31.12.01

Aktiva					Passiva
Datum	Bezeichnung	Betrag	Datum	Bezeichnung	Betrag
		EUR			EUR
(1) 1.1.	Zugang Rechte	0	(1) 1.1.	Zugang RAP	0
(2) 31.12.	Geld aus Verkauf	8.000	(4) 31.12.	Bildung RSt	4.000
(3) 31.12.	Kauf Rechte	4.000	(5) 31.12.	Bildung RSt	7.910
(3) 31.12.	Geld aus Kauf	– 4.000			
(7) 31.12.	Kapital	3.910			
		11.910			11.910

GuV 01

Aufwendungen					Erträge
Datum	Bezeichnung	Betrag	Datum	Bezeichnung	Betrag
		EUR			EUR
(4) 31.12.	Bildung RSt	4.000	(2) 31.12.	Umsatzerlöse	8.000
(5) 31.12.	Bildung RSt	7.910	(7) 31.12.	Verlust	3.910
		11.910			11.910

fair-value-Modell

Bilanz zum 31.12.01

Aktiva					Passiva
Datum	Bezeichnung	Betrag	Datum	Bezeichnung	Betrag
		EUR			EUR
(1) 1.1.	Zugang Rechte	97.090	(1) 1.1.	Zugang RAP	97.090
(2) 31.12.	Geld aus Verkauf	8.000	(4) 31.12.	Teilauflösung RAP	– 10.000
(3) 31.12.	Abgang Rechte	– 10.000	(6) 31.12.	Restauflösung RAP	– 87.090
(5) 31.12.	Geld	– 4.000	(8) 31.12.	Bildung RSt	4.000
(5) 31.12.	Kauf Rechte	4.000	(9) 31.12.	Bildung RSt	7.910
(7) 31.12.	Verbrauch Rechte	– 87.090			
(10) 31.12.	Kapital	3.910			
		11.910			11.910

GuV 01

Aufwendungen					Erträge
Datum	Bezeichnung	Betrag	Datum	Bezeichnung	Betrag
		EUR			EUR
(3) 31.12.	Abgang Rechte	10.000	(2) 31.12.	Umsatzerlöse	8.000
(7) 31.12.	Verbrauch Rechte	87.090	(4) 31.12.	Teilauflösung RAP	10.000
(8) 31.12.	Bildung RSt	4.000	(6) 31.12.	Restauflösung RAP	87.090
(9) 31.12.	Bildung RSt	7.910	(10) 31.12.	Verlust	3.910
		109.000			109.000

Alternative 3

In 01 wurden 1.000 EB verkauft (hier erfolgsneutral behandelt) und dann 1.500 EB zu 8 EUR gekauft, Bestand am Jahresende also 10.209. Die Rückgabeverpflichtung ist nach dem Vorschlag zur Alternative 2 wie folgt zu bestücken:

	Rechte	Anschaffungskosten
• unentgeltlich erworbene Rechte	8.709	0
• Kauf	1.291	10.328
	10.000	10.328

Anschaffungskostenmodell

Bilanz zum 31.12.01

Aktiva						Passiva
Datum	Bezeichnung	Betrag	Datum	Bezeichnung		Betrag
		EUR				EUR
(1) 1.1.	Zugang Rechte	0	(1) 1.1.	Zugang RAP		0
(2) 31.12.	Geld aus Verkauf	8.000	(4) 31.12.	Bildung RSt		10.328
(3) 31.12.	Kauf Rechte	12.000				
(3) 31.12.	Geld	– 12.000				
(5) 31.12.	Kapital	2.328				
		10.328				10.328

GuV 01

Aufwendungen					Erträge
Datum	Bezeichnung	Betrag	Datum	Bezeichnung	Betrag
		EUR			EUR
(4) 31.12.	Bildung RSt	10.328	(2) 31.12.	Umsatzerlöse	8.000
			(5) 31.12.	Verlust	2.328
		10.328			10.328

fair-value-Modell

Bilanz zum 31.12.01

Aktiva					Passiva
Datum	Bezeichnung	Betrag	Datum	Bezeichnung	Betrag
		EUR			EUR
(1) 1.1.	Zugang Rechte	97.090	(1) 1.1.	Zugang RAP	97.090
(2) 31.12.	Geld aus Verkauf	8.000	(4) 31.12.	Teilauflösung RAP	– 10.000
(3) 31.12.	Abgang Rechte	– 10.000	(8) 31.12.	Bildung RSt	10.328
(5) 31.12.	Kauf Rechte	12.000	(6) 31.12.	Restauflösung RAP	– 87.090
(5) 31.12.	Geld	– 12.000			
(7) 31.12.	Verbrauch Rechte	–87.090			
(9) 31.12.	Kapital	2.328			
		10.328			10.328

GuV 01

Aufwendungen					Erträge
Datum	Bezeichnung	Betrag	Datum	Bezeichnung	Betrag
		EUR			EUR
(3) 31.12.	Abgang Rechte	10.000	(2) 31.12.	Umsatzerlöse	8.000
(8) 31.12.	Bildung RSt	10.328	(4) 31.12.	Teilauflösung RAP	10.000
(7) 31.12.	Verbrauch Rechte	87.090	(6) 31.12.	Restauflösung RAP	87.090
			(9) 31.12.	Verlust	2.328
		107.418			107.418

Nach Rücknahme von IFRIC 3 hatten sich der IASB und der FASB in 2007   **49** zunächst auf ein gemeinsames _research project_ zum Thema geeinigt, dieses aber nicht aktiv verfolgt. Im Dezember 2012 wurde das Projekt in Reaktion auf die _Agenda Consultation_ 2011 als „_IASB-only research project_" reaktiviert. Im Februar 2015 erfolgte schließlich eine Umbenennung von „_Emission trading schemes_" zu „_Pollutant pricing mechanisms_". Beschlossen wurde ein _fresh start_ unter Außerachtlassung aller vorherigen vorläufigen Entscheidungen.

50 Im Einzelfall können CO_2-Zertifkate zum Umlaufvermögen gehören. Hierzu folgendes Beispiel in Anlehnung an eine von der ESMA veröffentlichte Enforcemententscheidung:[27]

> **Praxis-Beispiel**
> U produziert Ökostrom. Sein Geschäftsmodell beruht neben dem Stromverkauf auf der Veräußerung von CO_2-Zertifikaten. Anbieter von konventionellem Strom kaufen U Verschmutzungsrechte ab.
>
> **Beurteilung**
> Am Stichtag noch nicht verkaufte Zertifikate sind Vorratsvermögen nach IAS 2.

51 Sind die das Geschäftsjahr betreffenden Emissionszertifikate am Bilanzstichtag **noch nicht zugeteilt** – so generell für die BRD und die Tschechische Republik wegen jedoch nur spezifische Anlagen betreffenden Einwänden der EU-Kommission vom 5.9.2013 (2013/448/EU) zum 31.12.2013 – stellt sich die Frage, ob das Recht auf Zuteilung vor Eingang bzw. Bestandskraft des Zuteilungsbescheids, d. h. vor Handelbarkeit der Emissionszertifikate, bei der Bilanzierung berücksichtigt werden kann. U. E. gilt hier:
- Für von der EU-Kommission beanstandete Anlagen ist die Durchsetzbarkeit der Ansprüche zweifelhaft und i. d. R. kein Ansatz des Rechts auf Zertifikatezuteilung möglich.
- Soweit gegen die für das Unternehmen typischen Anlagen keine Einwendungen erhoben wurden, ist die kostenlose Zuteilung von Emissionszertifikaten bei der Bilanzierung zu berücksichtigen, auch wenn der Zuteilungsbescheid in der BRD noch nicht vorliegt. Für unwidersprochene Anlagen besteht mit dem Treibhausgas-Emissionshandelsgesetz (TEHG) sowie der Zuteilungsverordnung (ZuV 2020) nämlich national durchsetzbares Recht und somit ein Anspruch auf Zuteilung von Zertifikaten.

2.7.5 Regulatorische Abgrenzungsposten in preisregulierten Branchen

52 Der Board hatte mit ED/2009/8 einen Entwurf zu „*rate-regulated Activities*" vorgelegt, in dem er sich mit speziellen Bilanzierungsregeln nach nationalem Recht (Musterfall Canadian GAAP) für solche preisregulierte Märkte befasste.

53 Das Projekt wurde nach größeren internen Debatten innerhalb des Board abgesetzt und mit dem ED/2013/5 unter dem Titel *Regulatory Deferral Accounts* neu aufgelegt. Der im Januar 2014 veröffentlichte IFRS 14 soll nur eine **Zwischenlösung** darstellen (Interim-Standard). Darin werden zwingende oder wahlweise **Abweichungen** vom Inhalt anderer Standards angesprochen. Im Wesentlichen geht es um (jetzt) sog. **Abgrenzungsposten** (*deferral account*), die sich aus dem Zeitversatz zwischen den an Kunden berechneten Leistungen und der anschließenden Preisregulierung durch die zuständige Behörde ergeben. Im Entwurf ED/2009/8 war noch von *assets* die Rede. IFRS 14 kann nur von IFRS-**Neuanwendern** in Anspruch genommen werden. Wegen Einzelheiten wird auf → § 6 Rz 107 verwiesen.

---

[27] Siehe ESMA, Decision ref. 0111–04.

2.7.6 Kundengewinnungskosten *(subscriber acquisition costs)*

Unter *subscriber acquisition costs* (SAC) versteht man die z.B. bei Telekommunikationsunternehmen und Internetprovidern verbreiteten Maßnahmen zur **Gewinnung neuer Kunden.** Musterbeispiel ist die Abgabe eines verbilligten oder unentgeltlichen Mobiltelefons bei Abschluss eines zweijährigen Nutzungsvertrags mit dem Mobiltelefonanbieter gegen eine Mindestgebühr und erhöhte Berechnung von Gesprächseinheiten während der Vertragslaufzeit. Aus Sicht der **Bilanz** stellt sich die Frage nach dem Vorliegen und der Ansatzfähigkeit eines Vermögenswerts, der i.H.d. **nicht gedeckten Kosten** des abgegebenen Mobilfunktelefons anzusetzen wäre, aus Sicht der **GuV** das Problem der passenden zeitlichen Zuordnung von Aufwand.[28]   **54**

Die Frage nach der Ansatzfähigkeit hat **zwei** Dimensionen:

- Liegt überhaupt ein **selbst erstellter** Vermögenswert vor? Je nach Interpretation des Anschaffungsbegriffs (Rz 21 f.) wird man dies bejahen oder verneinen.
- Falls ein Herstellungsvorgang angenommen wird, stellt sich die Frage, ob Kundenbeziehungen zu den in IAS 38.63 mit einem Aktivierungsverbot belegten selbst erstellten Kundenlisten usw. „substanziell **ähnlich**" sind. Eine Erläuterung hierzu findet sich in IAS 38.BCZ45 nicht. Insoweit besteht auch hier Auslegungsspielraum.

Uneinheitlich behandelten Telekommunikationsunternehmen in der Vergangenheit **Vermittlungsprovisionen**, die sie an Händler für den Abschluss eines Mobilfunkvertrags mit bestimmter Mindestlaufzeit (z.B. zwei Jahre) leisten. Ein Teil der Unternehmen aktivierte die Provisionen als **Anschaffungskosten** eines immateriellen Vermögenswerts „vertragliche Kundenbeziehung" mit entsprechender zeitraumbezogener Abschreibung, ein anderer Teil verrechnete sie als **Vertriebskosten** sofort aufwandswirksam.   **55**

Voraussetzung für die Aktivierung ist in jedem Fall die **Vertragsbezogenheit,** also die Verursachung direkt durch den Abschluss eines einzelnen Vertrags. Die Vergütung darf weder eine allgemeine Verkaufsförderungsmaßnahme (z.B. „Werbekostenzuschuss") betreffen noch durch Erreichung einer bestimmten Absatzmenge (Zahl der geschlossenen Verträge) bedingt sein.

Auch wenn direkt zurechenbare Vergütungen vorliegen, bleiben wegen des **Vertriebs**kostencharakters Zweifel an einer Aktivierungsfähigkeit. Die Aktivierung in der Telekommunikationsindustrie erscheint jedenfalls in hohem Maße **branchenspezifisch.** Vergleichsweise ist es etwa bei Vermietungsunternehmen völlig unüblich, von diesen entrichtete Maklerprovisionen anlässlich der Vermittlung eines Mieters als immateriellen Vermögenswert zu aktivieren und auf die Laufzeit des Mietvertrags abzuschreiben.

Die in Rz 54 und Rz 55 dargestellten Zweifelsfragen haben durch Erlass von **IFRS 15** eine neue Richtung erhalten.   **56**

- Nach den nunmehr klareren und ausführlicheren Regelungen betreffend Mehrkomponentengeschäfte tätigt etwa ein Mobilfunkunternehmen bei der unentgeltlichen Abgabe eines Handys gegen Abschluss eines Zweijahres-Vertrags zwei separierbare Leistungen, zum einen die Handylieferung, zum anderen die zweijährige Netznutzung. Der auf die Handylieferung entfal-

---

[28] Vgl. auch BMF, Schreiben v. 20.6.2005, BStBl I 2005 S. 801.

lende Teil des Gesamtentgelts ist sofort umsatzwirksam. Die Gegenbuchung erfolgt nicht als immaterieller Vermögenswert, sondern als Forderung an den Kunden (→ § 25 Rz 136)

- Zahlt das Mobilfunkunternehmen Provisionen an Dritte zur Erlangung des Kundenvertrags, sind die Provisionen als Kosten der Vertragserlangung zu aktivieren (→ § 25 Rz 229).

2.7.7 Werbemaßnahmen

57   Speziell für **Werbe**aufwand stellt sich die Frage nach der **zeitlichen** Zuordnung. Das IFRIC stellt dieses Problem anhand von **Verkaufskatalogen** dar. Die zugehörigen Ausgaben werden in der Praxis nach Feststellung des IFRIC teils als Vorratsvermögen, teils als Vorauszahlung (IAS 38.70), teils direkt als Aufwand behandelt. Im Fall der Aktivierung erfolgt die Aufwandsverrechnung teilweise bei Abgabe der Kataloge, teilweise wird eine Abschreibung über die Nutzungsdauer praktiziert.[29]

Generell scheint die Frage der **zeitlichen** Zuordnung (→ § 1 Rz 17) im Bereich der Werbemaßnahmen und Werbegegenstände klärungsbedürftig.

Praxis-Beispiel

Sachverhalt 1

Der Großkonzern A zahlt an die Betreibergesellschaft einer Fußball-Großarena einen Betrag X. Dafür erhält der Großkonzern das Recht, die Fußball-Großarena auf zehn Jahre mit ihrem eigenen Firmennamen zu kombinieren.

Sachverhalt 2

Ein Reiseveranstalter lässt im Herbst 01 Kataloge drucken, die ihm im Dezember geliefert werden. Die Zahlung erfolgt im Januar 02. Ab Februar 02 werden die Kataloge an Reisebüros verteilt.

Im Namensrecht an der Fußballarena als Werbeinstrument des Großkonzerns könnte man einen immateriellen **Vermögenswert** erkennen (Rz 4), denn ein künftiger ökonomischer Nutzen lässt sich kaum bestreiten. Entsprechendes gilt für die Kataloge des Reiseveranstalters.

Dem Bilanzansatz eines immateriellen Vermögenswerts beugt indes IAS 38.69(c) vor. Danach sind Ausgaben *(expenditures)* für Werbung und Promotion in der Periode aufwandswirksam zu erfassen, in der sie angefallen *(incurred)* sind.

Dabei sah der Board – offensichtlich angeregt durch die zitierten Diskussionen des IFRIC – ein Problem im Bedeutungsgehalt von „incurred". Durch das *Annual Improvements Project 2008* (IAS 38.70 und IAS 38.BC46C) ist stattdessen die Aktivierung von **Vorauszahlungen** *(prepayments)* auf Werbemaßnahmen vorgeschrieben. Vorauszahlungen sollen aber nur so lange vorliegen, bis die Sach- oder Dienstleistungen, auf die sie entfallen, empfangen werden. Demzufolge entsteht der Aufwand

- beim Bezug von Sachwerten („*goods*") im Augenblick des Zugangs der Sachwerte („*access*"),
- für **Dienstleistungen** mit Erhalt der Dienstleistung *(„receive")*.

---

[29]   IFRIC Update September 2006.

Für das Beispiel der Reisekataloge bedeutet dies: Mit Erhalt der Kataloge im Dezember ist der Werbeaufwand zu buchen. Die erst nach dem Bilanzstichtag erfolgende Verteilung der Kataloge ändert daran nichts. Die Kataloge sind zu keinem Zeitpunkt aktivierbar. Dies entspricht einer Lösung des BFH.[30] Anders verhält es sich nach der Neuformulierung im *Annual Improvements Project 2008* für IAS 38.69 bzgl. der Namensrechte an der Fußballarena, die als **zeitraum**bezogene Dienstleistung der Betreibergesellschaft zu verstehen ist. Danach ist die Vorauszahlung für die zehnjährige Nutzungsdauer im Zeitverlauf abzuschreiben, möglicherweise unter Berücksichtigung eines Zinseffekts. Entsprechend lautet die Lösung für das Beispiel unter Rz 58.

Abgrenzungsprobleme ergeben sich für den Werbeaufwand auch gegenüber **speziellen Leistungen** an Kunden, wie sie im Verhältnis zwischen Herstellern und Einzelhandelsketten üblich sind (sog. *placement fees*; → §25 Rz 118). Danach zahlen die Lieferanten der Einzelhandelsketten an diese einen bestimmten Betrag für die besonders günstige Platzierung von Verkaufsartikeln innerhalb des Supermarktes. Üblicherweise sind diese Zahlungen als besondere Form von **Rabatten** anzusehen und deshalb vom Umsatzerlös (des Lieferanten, Herstellers) zu kürzen.

Die Frage ist, ob nicht solche **verkaufsfördernden** Maßnahmen im weitesten Sinne auch einen immateriellen **Vermögenswert** begründen können.

58

Praxis-Beispiel

Sachverhalt

M stellt exklusive Wohnmöbel her und gewährt den Möbelhändlern eine als Rabatt bezeichnete Vergütung. Im Gegenzug verpflichten sich die Händler zur Präsentation der betreffenden Einbaumöbel für zwei Jahre in ihren Verkaufsräumen. Die Kosten der Aufstellungsarbeiten werden vom Lieferanten (Möbelfabrikanten) getragen, der dafür fremde Dienstleister beauftragt.

Beurteilung

Es besteht die Vermutung des Vorliegens einer Umsatz kürzenden Rabattierung, da die Vergütung an die eigenen Kunden (hier den Möbelhändler) erfolgt. Die Widerlegung der Vermutung bedarf der Feststellung einer besonderen Leistung, die dem Grunde und der Höhe nach von dem eigentlichen Umsatzgeschäft des Lieferanten (Herstellers) zu trennen ist. Wenn die Trennbarkeit dem Grunde und der Höhe nach feststeht und insoweit eine eigenständige Leistung anzunehmen ist, muss weiter die Frage nach der Aktivierbarkeit dieser Leistung als immaterieller Vermögenswert oder als Abgrenzungsposten untersucht werden.

Für die Trennbarkeit dem Grunde nach spricht die ggf. vorliegende Ausstellung der betreffenden Möbel auch an anderen Orten als in den Verkaufsräumen von Möbelhändlern, also z.B. in Bahnhofs- oder Flughafenpassagen. In diesem Fall liegt die Trennbarkeit dem Grunde nach vor. Zur Bestimmung der Höhe dieses „Trennungselements" bedarf es der Heranziehung von Marktpreisanalogien, z.B. auf der Grundlage der Mietzahlungen für die

---

30 BFH, Urteil v. 25.10.1963, IV 433/62 S, BStBl III 1964 S. 138.

> Ausstellungsräume in Schaufensterpassagen mit hoher Kundendurchdringung. Danach wäre die **abstrakte** Aktivierbarkeit gegeben.
> Über die **konkrete** Aktivierungsmöglichkeit braucht vermutlich nicht weiter nachgedacht zu werden. Offensichtlich folgt der Board in seiner Änderung von IAS 38.69 (Rz 57) nicht den vorstehend dargestellten Überlegungen: Erhaltene Vermögenswerte und Dienstleistungen in Bezug auf künftige Werbe- und Verkaufsförderungsmaßnahmen stellen keinen eigenständigen Vermögenswert dar.
> Allerdings kommt hier u. E. wiederum der Aspekt des *prepayment* und damit der Aktivierung eines gesonderten Vermögenswerts in Betracht. Dieses *prepayment* ist im „Rabatt" und in der Übernahme der Montagekosten für die Einbaumöbel enthalten. Dieses *prepayment* (IAS 38.70) wäre dann ab Beginn der Aufstellungsfrist zeitanteilig im Aufwand zu verrechnen (vergleichbar der Lösung in Rz 57 bei der Fußballarena).

59   Wegen der Behandlung nach IFRS 15 wird auf → § 25 Rz 118 verwiesen, wegen der Behandlung von Vertriebskosten in speziellen Branchen (hier Bauträgerbereich) auf → § 17 Rz 47.

2.7.8   Nicht zur Nutzung bestimmte „defensive" Vermögenswerte

60   Der Erwerb eines nicht zur Verwendung bestimmten Vermögenswertes macht auf den ersten Blick keinen ökonomischen Sinn. Auf den zweiten Blick verbergen sich dahinter wettbewerbsstrategische Maßnahmen, die zum Erwerb von – in angelsächsischer Terminologie – defensiven Maßnahmen führen, die möglicherweise zu *defensive assets* führen. Aussagekräftiger ist die Bezeichnung *„locked-up assets"*, womit der Ausschluss eines Wettbewerbers vom Marktgeschehen bezeichnet wird. **Nicht nutzen** soll den Vermögenswert der Konkurrent.

> **Praxis-Beispiel**[31]
> Der international aufgestellte Spirituosenhersteller und -händler kauft die Edelbranntwein E GmbH & Co. KG. In deren Produktsortiment befindet sich die Wodkamarke „Barbaroff". Für diese hat das erwerbende Unternehmen keine Verwendung, da es bereits Wodka international unter der Marke „Dimitrov" verkauft. Die mit der Edelbranntwein E GmbH & Co. KG erworbene Marke „Barbaroff" soll deshalb kurzfristig stillgelegt, aber nicht verkauft werden, um nicht einem anderen Konkurrenten einen Markteintritt zu verschaffen.

> **Praxis-Beispiel**
> Der forschende Pharmakonzern P hat ein Projekt zur Bekämpfung von Leberkrebs in der Pipeline. Die erste Projektphase zur Neuentwicklung ist absolviert, der Patentschutz erteilt. Die klinische Erprobung steht bevor. Ein biotechnisches Unternehmen hat den gleichen Forschungsweg patentieren lassen. Der Pharmakonzern erwirbt deshalb dieses Patent zur „Stilllegung", gleichzeitig verpflichtet sich das Biotec-Unternehmen zur Unterlassung weiterer Forschungen auf dem Gebiet des Leberkrebses.

---

[31]   Nach HOFFMANN, PiR 2009, S. 87.

Bzgl. des möglichen Bilanz**ansatzes** ist auf die Definitionskriterien des immate- **61**
riellen Vermögenswerts zurückzukommen (Rz 4 ff.). Unstreitig erwirbt der
Käufer in beiden Beispielfällen die Kontrolle über den Vermögenswert. Damit
will er auch künftigen ökonomischen Nutzen realisieren, allerdings nicht durch
die Nutzung der Marke selbst, sondern durch den Marktausschluss der erworbenen Marke bzw. des Patents. Nicht andere Marktteilnehmer sollen den Nutzen
haben, sondern der Erwerber durch einen erweiterten Marktzugang. Einem
Bilanzansatz für solche „defensiven" Vermögenswerte stünde aus dieser Perspektive heraus betrachtet kein Hindernis entgegen.[32]
Man kann dem wirtschaftlichen Erwerbsmotiv folgend die Erwerbskosten aber
auch als solche auf die **eigenen** vorhandenen Vermögenswerte erkennen. Handelt
es sich um Marken, sind diese Aufwendungen spezialgesetzlich nicht aktivierbar
(Rz 31). Der Erwerb einer Konkurrenzmarke kann deshalb auch als Aufwand
zur Stärkung der eigenen Marke angesehen werden und dem Aktivierungsverbot
unterliegen. Der aus dem Vermögenswert nach dem Definitionsmerkmal des
Framework (→ § 1 Rz 83) entstehende ökonomische Nutzen wird in dieser
Sichtweise nur mittelbar bei der eigenen Marke realisiert.
Folgt man der erstgenannten Betrachtungsweise, also Aktivierung mit den
irgendwie zu ermittelnden Anschaffungskosten auf die stillzulegende Marke,
stellt sich die Frage der **Folgebewertung**. Dabei könnte man an eine sofortige
außerplanmäßige Abschreibung denken, weil eben die Nutzung nicht erfolgt.
Eine andere Lösung verlegt die Abschreibungsdauer auf die „Verflüchtigung".
Der Wert der Marke sinkt im Zeitverlauf, weil sie mangels Nutzung und
Bewerbung in Vergessenheit gerät.
Die Anschaffungskosten sind im zweiten Beispielfall unter Rz 60 – gezielter
Erwerb eines Patents – leicht bestimmbar und als Zugangsbewertung zu verwenden (Rz 73 ff.). Anders verhält es sich im ersten Beispielfall, dem Unter-
nehmenserwerb. Hier ist der Gesamtkaufpreis auf die erworbenen Vermögens-
werte, also auch auf die nicht zur Verwendung bestimmte Wodkamarke
„Barbaroff", zu verteilen. Maßstab ist der *fair value*, was nicht unbedingt in
diesen Fällen zu einer sinnvollen Lösung führt (→ § 31 Rz 76 ff.).
Ein ähnlich gelagertes Problem entsteht beim **Unternehmenserwerb** in Stilllegungsabsicht (→ § 31 Rz 15 ff.). Aus dieser Absicht folgt nicht zwingend der
Verzicht auf die Nutzung einzelner Vermögenswerte. Die Zerschlagungsabsicht
des Unternehmens reicht aus.

2.7.9 Betreibermodelle (*public private partnership*)

Bei unmittelbarer Zahlung der Nutzer von Infrastrukturmaßnahmen (z.B. Auto- **62**
bahn) an den privaten Betreiber steht diesem nach IFRIC 12 ein immaterieller
Vermögenswert zu, der über die Laufzeit (Rz 89) abzuschreiben ist. Wichtigster
Anwendungsbereich sind Fälle, in denen der Nutzungsberechtigte die Infrastruktur auf eigene Rechnung hergestellt hat. Wegen Einzelheiten wird verwiesen auf → § 55 Rz 1 ff.

---

32 So auch IASB Update December 2008; EITF des FASB in einem *Abstract* vom 10.9.2008, issue
No. 08–7.

2.7.10   EU-Chemiekalienverordnung REACH

63 Das IFRIC hat in einer sog. *Agenda Rejection (Non-IFRIC)*[33] die Aufnahme der EU-Verordnung zur *Registration, Evaluation, Authorisation and Restriction of Chemicals* – REACH – in sein Arbeitsprogramm zurückgewiesen. Das IFRIC verweist zur Begründung auf den Regelungsgehalt von IAS 38, ohne weitere Hinweise dazu zu geben. In diese Bresche ist das RIC mit dem Anwendungshinweis IFRS (2009/01) gesprungen. Dazu hat er detailliert den Inhalt des REACH dargestellt, soweit er für die bilanzielle Abbildung von Bedeutung ist.

Durch die REACH sollen Hersteller und Importeure die gefährlichen Eigenschaften von Chemikalien ermitteln und die Wirkungen auf die menschliche Gesundheit und auf die Umwelt abschätzen. Diesem Ziel dient die Registrierung. Für besonders gefährliche Stoffe wird ergänzend hierzu ein Zulassungsverfahren eingeführt. Die Hersteller und Importeure sind auch zur Information über gefährliche Eigenschaften und über die sichere Verwendung von Chemikalien verpflichtet. Mit der Registrierung erhält das Unternehmen das Recht zur Einfuhr und/oder Herstellung und Vermarktung der Chemikalie in der EU. Die damit verbundenen Aufwendungen kann ein Unternehmen durch Teilung mit anderen Unternehmen vermindern. Dazu stellt die EU-Verordnung eine gemeinsam nutzbare Datenbank zur Verfügung.

Wer sich später um die Registrierung bemüht als andere Unternehmen, ist zu einer anteiligen finanziellen Erstattung der Registrierungskosten des „Vordermanns" verpflichtet. Der „Nachzügler" erhält die Registrierung, wenn die betreffende Chemikalie schon beim früheren Registranten erfasst ist. Die Registrierung stellt also **kein Ausschließlichkeitsrecht** einer Person, vergleichbar einem Patent, dar. Die vorstehend erwähnte Zulassung für besonders gefährliche Stoffe ist analog zu derjenigen für die Registrierung zu behandeln.

Nach Auffassung des RIC erfüllt die Registrierung die Definitionskriterien für immaterielle Vermögenswerte

- nach IAS 38.8 (Rz 7): „… identifizierbarer, nicht monetärer Vermögenswert ohne physische Substanz",
- des IAS 38.12(b) (Rz 14): Rechtsanspruch, unabhängig von der Übertragbarkeit oder Separierbarkeit vom Unternehmen oder von anderen Rechten,
- des IAS 38.13 (Rz 16), der Beherrschung dieser Rechte mit der Folge einer Generierung künftigen wirtschaftlichen Nutzens durch Herstellung oder Import der betreffenden Chemikalien mit anschließendem Verkauf.

Daraus folgert das RIC eine **Separierbarkeit** vom *goodwill* durch die produktspezifisch mögliche Zurechnung der Ausgaben, die nicht allgemein der Aufrechterhaltung des Geschäftsbetriebs dienen.

Auch die Ansatzkriterien nach IAS 38.21 (Rz 17) sieht das RIC als gegeben an. Dabei lässt er offen, ob die Registrierung als Anschaffung (Rz 19 ff.) des Rechts oder als Teil der Entwicklungskosten (Rz 79) bei der Herstellung einer neuen Chemikalie zu betrachten ist. Keine eindeutige Stellungnahme enthält der RIC-Anwendungshinweis zur Nutzungsdauer. U. E. liegt der Fall einer unbestimmten Lebensdauer (Rz 93) unter Berücksichtigung der möglichen Erneuerung der Registrierung nach IAS 38.96 (Rz 94) vor.

---

[33] IFRIC Update July 2009.

Die Vergütung des Registrierungs-Nachfolgers für die überlassene Information an den Vorgänger ist bei Letzterem dem RIC zufolge als Umsatzerlös zu behandeln.

2.7.11 Humankapital

Menschliches Wissen und Können gelten allgemein als wesentlicher Bestandteil unternehmerischen Vermögens. Dessen Förderung durch Ausbildung, Fortbildung, Training und dergleichen mehr ist nach IAS 38.10 nicht aktivierbar, weil dem Unternehmen normalerweise *(usually)* die **Kontrolle** über diese „Ressource" nicht zukommt (Rz 4). Die übrigen Ansatzkriterien – künftiger Nutzenzufluss und Identifizierbarkeit (Rz 13) – können dagegen als erfüllt angesehen werden.

64

> **Praxis-Beispiel**
> Ein Reisebüro bezahlt regelmäßig einem bestimmten Mitarbeiterstamm einen einmonatigen Aufenthalt in einem der bevorzugten Destinationen des Reisebüros (z.B. Sri Lanka oder Sizilien). In dieser Zeit ist der Mitarbeiter von der Arbeit freigestellt. Im Gegenzug verpflichtet er sich zu einem Kündigungsverzicht für das Arbeitsverhältnis auf drei Jahre. Bei gleichwohl erfolgender Kündigung (durch den Arbeitnehmer) ist er zeitanteilig zur Erstattung der Aufenthaltskosten verpflichtet.

Durch die getroffene Vereinbarung kann u.E. der **Kontroll**tatbestand (Rz 4) als erfüllt angesehen werden.[34] Damit sind die Ansatzkriterien vollumfänglich gegeben. Ausbildungskosten können auch als **Nebenkosten** des **Erwerbs** eines immateriellen Vermögenswerts anfallen.

65

> **Praxis-Beispiel**
> Die Spedition S möchte in das Geschäftsfeld des Transports von explosionsgefährdeten Chemikalien vorstoßen. Die dazu erforderliche Lizenz bedarf umfangreicher Trainingsmaßnahmen für die Fahrer und das Bewachungspersonal im Terminal.
>
> **Beurteilung**
> Die Aufwendungen für die spezifische Fortbildung der Mitarbeiter stellen dem Erwerb der Lizenz direkt zurechenbare Nebenkosten nach IAS 38.66(a) dar und sind deshalb aktivierungspflichtig. Die sonst als Aktivierungshemmnis angesehene Nichtkontrollierbarkeit des Ausbildungsaufwands (Rz 16) greift hier nicht. Ebenso wenig ist das Aktivierungsverbot nach IAS 38.67(c) einschlägig. Anders verhält sich u.U. die bilanzielle Abbildung externer **Weiterbildungsmaßnahmen**, die das Unternehmen im Interesse einer qualitativ hochwertigen Bedienung seiner Kunden finanziell fördert. Die Frage ist, ob darin ein *asset* erkannt werden kann. Die Aktivierungskriterien des künftigen Nutzens und der Identifizierbarkeit sind nach IAS 38.15 darstellbar (Rz 13); allerdings fehlt es nach diesem Paragrafen möglicherweise an der erforderlichen **Kontrolle** (Beherrschung) der Ertragsquelle, da ein durchsetzbarer Rechtstitel nicht verfügbar ist (Rz 16): Die Mitarbeiter können jederzeit das Unternehmen kurzfristig verlassen.

---

[34] Ähnlich MINDERMANN, BFuP 2009, S. 174.

> **Praxis-Beispiel**
> Die Einzelhandelskette E hat ein neues Warenlogistikprogramm installiert. Zu dessen Handling werden die betroffenen Mitarbeiter einer zweitägigen Einführung unterzogen; die entsprechenden Aufwendungen für die Schulungsräume, die Verpflegung und die Opportunitätskosten für den Arbeitsausfall sind nach IAS 38.67(c) nicht aktivierbar.

66   Die beiden Beispiele unter Rz 64 f. mit dem vorstehenden Negativfall können deshalb als *„unusual"* i. S. d. IAS 38.15 angesehen werden und damit die Aktivierbarkeit auch von Ausbildungskosten in besonderen Fällen belegen.

> **Praxis-Beispiel**
> **Zusammenfassendes Praxis-Beispiel zur Aktivierbarkeit von Ausbildungskosten**
> **Sachverhalt**
> Die mittelgroße Anwalts- und Steuerberatungskanzlei K will in den Bereich der Wirtschaftsprüfung expandieren. Drei Berufsträger sind willens und in der Lage, die Zulassung zum Prüferberuf („Lizenz") durch Ablegung des Berufsexamens zu erlangen.
> Die Geschäftsführung der Kanzlei trifft dann folgende Beschlüsse:
> • Die betreffenden drei Mitarbeiter werden für vier Monate freigestellt, um sich in externen Kursen auf das Examen vorzubereiten.
> • Die Kanzlei übernimmt die damit verbundenen Kosten.
> • Im Gegenzug verpflichten sich die drei Kandidaten, für drei Jahre nach Ablegung des Wirtschaftsprüferexamens ihre Stelle nicht zu wechseln. Bei vorzeitiger Kündigung muss der betreffende Arbeitnehmer zeitanteilig die für ihn angefallenen Fortbildungskosten an den Arbeitgeber zurückzahlen.

Durch die arbeitsrechtlichen Bindungsverträge wird der Wissenszuwachs „beherrschbar" und in eine Art wirtschaftliches Eigentum des Unternehmens (Kanzlei) transferiert.

Die Herstellungskosten sind dem Vermögenswert „Wirtschaftsprüferkonzession" zuzurechnen, der die Ansatzkriterien für die immateriellen Vermögenswerte (Rz 13) erfüllt. Die Aktivierungsschranke des IAS 38.69(b) kommt nicht zum Tragen. Vorgängig ist IAS 38.66(a) anzuwenden. Zusätzlich ist das Kontrollkriterium erfüllt (Rz 64).

2.7.12   *Goodwill*

67   Der **selbst geschaffene** *goodwill* ist nicht ansetzbar (IAS 38.48). Zur Ermittlung des **derivativen** *goodwill* wird auf → § 31 Rz 131 ff. verwiesen.

2.7.13   Aktivierungsverbote

68   Abgesehen vom Forschungsaufwand (Rz 25) und kasuistischen Sonderregeln (Rz 31) sind mangels Vorliegens der **generellen** Ansatzkriterien (Rz 17) folgende Aufwendungen gem. IAS 38.69 **nicht** aktivierbar:
• Kosten der Unternehmensgründung *(start-up costs)*,
• Ausbildungskosten (vgl. aber Rz 64 ff.),

- Werbeaufwand, Verkaufsförderung (vgl. aber Rz 57),
- Umzugs- und Umorganisationskosten.

3 Bewertung

3.1 Überblick

Aus systematischer Sicht ist die Parallele der in IAS 38 enthaltenen Bewertungs-   69
vorschriften zu IAS 16 *„property, plant and equipment"* (→ $ 14 Rz 10ff.) be-
achtlich. Die entsprechenden Bewertungskriterien für die immateriellen Vermögenswerte sind **weitgehend identisch** mit denjenigen für die materiellen. Die
nachfolgenden Ausführungen enthalten somit v. a. die **Besonderheiten** für
immaterielle Vermögenswerte.

3.2 Zugangsbewertung

3.2.1 Allgemeine Regeln

Ausgangsgröße der Bewertung (Zugangsbewertung) sind nach IAS 38.24 die   70
Anschaffungs- oder Herstellungskosten *(cost)*. Es ist zu unterscheiden zwischen
- **Einzelanschaffung** *(separate acquisition;* IAS 38.25 ff.; Rz 19, Rz 73);
- **Anschaffung im Rahmen eines Unternehmenszusammenschlusses** *(acquisition as part of a business combination;* IAS 38.33 ff.; Rz 22, Rz 77);
- **Herstellung** *(internally generated intangible assets;* IAS 38.51 ff.; Rz 25 ff., Rz 79);
- **Zuwendung** der öffentlichen Hand *(acquisition by way of a government grant;* IAS 38.44; Rz 81);
- **Tausch** *(exchanges of assets;* IAS 38.45 ff.; Rz 82);
- **Einlagen** (Einbringungen; Rz 84).

In IAS 38.71 ist ein **Aktivierungsverbot** für die Fälle angeordnet, in denen das   71
Unternehmen zuvor Entwicklungskosten u. Ä. als Aufwand behandelt hat (Rz 26).
Betroffen sind u. E. nur Fälle, in denen die ursprüngliche Behandlung zutreffend,
mindestens also vertretbar war. War die Nichtaktivierung hingegen unvertretbar, ist
die ursprüngliche Bilanz falsch und ein *restatement* (→ $ 24) erforderlich.

Nachträgliche Aufwendungen auf einen immateriellen Vermögenswert sind   72
ansetzbar, wenn sie die allgemeinen Kriterien nach IAS 38.18 und IAS 38.21
(Rz 17) erfüllen. Die einzige nähere Spezifizierung enthält IAS 38.18: Nach der
Zugangsbewertung sind Erweiterungen und der Ersatz von Teilen anzusetzen.
Damit ist eine praktisch anwendbare Wegleitung nicht verbunden. Diese ist
allerdings in IAS 38.20 enthalten. Danach kann nur selten *(only rarely)* ein nachträglicher Aufwand auf einen immateriellen Vermögenswert aktiviert werden.
Auf die in IAS 38.63 genannten Vermögenswerte (Rz 31) kommt eine nach-
trägliche Aktivierung ohnehin nicht in Betracht.

3.2.2 Einzelanschaffung

Die Bewertungsbasis der **Anschaffungskosten** ist hier unproblematisch (verläss-   73
lich), insbesondere im Falle der Gegenleistung in bar (IAS 38.26). Bestandteile
der Anschaffungskosten sind (IAS 38.27 ff.):

- der **Anschaffungspreis** einschließlich Einfuhrzöllen und nicht erstattungs-fähigen Verbrauchsteuern abzüglich etwa gewährter Skonti und Preisnach-lässe sowie
- etwa anfallende **direkt zurechenbare** Aufwendungen zur Herstellung der Betriebsbereitschaft.

Die direkt zurechenbaren Aufwendungen werden wie folgt **beispielhaft** bezeichnet:
- Arbeitnehmervergütungen, die unmittelbar (also nicht über Kostenstellen-schlüsselung) anfallen, um den Vermögenswert „zum Laufen" zu bringen, sowie
- Beratungskosten,
- Kosten eines Funktionstests.

74 Auch hier stellt sich das Problem der Abgrenzung von **Einzel-** und **Gemein-kosten**, das in → § 14 Rz 13 ff. für Sachanlagen näher behandelt ist.

> **Praxis-Beispiel**
> **Sachverhalt**
> Die Rechtsabteilung des Konzern X hat zusammen mit einem spezialisierten Anwalt den entgeltlichen Erwerb eines Warenzeichens von einem Konkur-renzunternehmen begleitet. Die Wirtschaftsprüfungsgesellschaft Y hat in diesem Zusammenhang zu Händen der Konzernbilanzabteilung eine Stel-lungnahme über die Bestimmbarkeit der Nutzungsdauer (Rz 89 ff.) erstellt.
>
> **Beurteilung**
> - Das Beratungshonorar der Anwaltskanzlei ist dem Erwerb des Warenzei-chens direkt zuzurechnen und deshalb als Anschaffungsnebenkosten zu aktivieren.
> - Die Rechtsabteilung des Konzerns hat in dieser Zeit eine Fülle anderer Rechtsfragen bearbeitet, eine direkte Zurechnung der anlässlich des Wa-renzeichenerwerbs entstandenen Aufwendungen ist nicht möglich, eine Aktivierung scheidet aus.
> - Die Stellungnahme der Wirtschaftsprüfungsgesellschaft ist nicht zum Er-werb des Warenzeichens oder zur Gewährleistung von dessen bestim-mungsmäßiger Nutzung ergangen, sondern resultiert aus einer Folgetätig-keit nach dem Erwerb. Eine Aktivierung kommt nicht in Betracht.

Die Aktivierung **echter** Gemeinkosten (→ § 14 Rz 13 ff.) kommt jedenfalls nach dem eindeutigen Wortlaut *(directly attributable)* von IAS 38.27 nicht in Betracht.
75 Fraglich ist allerdings, inwieweit im vertriebsnahen Bereich die Herstellung der Betriebsbereitschaft mit dem Ansatzverbot für **Vertriebskosten,** z.B. Werbe-kosten (Rz 68), **kollidiert.**

> **Praxis-Beispiel**
> **Sachverhalt**
> Die K AG stellt hochpreisige Kosmetikartikel her. Die Marketingabteilung empfiehlt den Erwerb einer Konkurrenzmarke. Dazu hat sie umfangreiche Recherchen, Feldstudien etc. durchgeführt. Der Erwerb erfolgt zu einem Kaufpreis X. Mit der Ausarbeitung des Vertrages wurde das spezialisierte Anwaltsbüro Y beauftragt. Die Vertriebsabteilung der K startet mit Hilfe einer Werbeagentur eine umfangreiche Publicitykampagne zur Durchdrin-gung des betreffenden Marktes mit Hilfe der erworbenen Marke.

> **Beurteilung**
> Nach IAS 38.27 sind nur die direkt zurechenbaren Anschaffungskosten aktivierbar, also der Erwerbspreis und die Vergütung für die Inanspruchnahme des Anwaltsbüros. Daneben sind – soweit direkt zurechenbar – die Kosten der Versetzung in die Betriebsbereitschaft zu aktivieren. Das ist höchstens bei den Kosten der Werbeagentur der Fall, nicht dagegen bei denjenigen der Vertriebsabteilung, die noch eine Fülle anderer Projekte betreibt (echte Gemeinkosten, → § 17 Rz 28).

Die vorstehende Beurteilung beruht auf der **isolierten** Betrachtung von IAS 38.27. Die Kosten für das Engagement der Werbeagentur könnten aber mit dem Ansatzverbot in IAS 38.69 (Rz 68) in Konflikt geraten. Tatsächlich scheint die Formulierung in IAS 38.27 betreffend die Herstellung der Betriebsbereitschaft *(preparing ... for intended use)* eine eher restriktive Auslegung nahezulegen. Aktivierbar sind danach nur die **Vorbereitungs**kosten für die endgültige Nutzung. Die erworbene Marke ist auch ohne die umfangreiche Werbekampagne nutzbar. Bei einer extensiven Interpretation dieses *„preparing"* könnte das Ansatzverbot für Werbekampagnen nach IAS 38.69 mit Hilfe gezielter Erwerbe von Markenrechten umgangen werden.

Nicht zu den Anschaffungskosten rechnen gem. IAS 38.29:   76
- Kosten der Produkteinführung (u. a. Werbung, *promotion*),
- Umzugskosten,
- Anpassungsmaßnahmen an neue Vertriebskanäle,
- allgemeine Verwaltungskosten.

Nachträgliche Aufwendungen auf einen immateriellen Vermögenswert dienen   77
nach typisierender Vermutung in IAS 38.20 dem laufenden Unterhalt. Entsprechende Aufwendungen sind als Erhaltungsaufwand anzusehen.[35] Negativ betrachtet sind nur nachträgliche Aufwendungen aktivierbar, wenn sie die ursprüngliche Ertragskraft des Vermögenswerts erhöhen.

Das soll nur selten *(only rarely)* in Betracht kommen. Die Ansatzkriterien des IAS 38.18 müssen dabei erfüllt sein. In Fällen der Softwareentwicklung kann man sich eine aktivierungspflichtige Ausnahme von der Regelvermutung in IAS 38.20 z. B. vorstellen, wenn eine Standardsoftware entwickelt und verkauft bzw. lizenziert worden ist und anwenderseitig Nachfrage nach einer Weiterentwicklung auftritt. Laufende Anpassungen an die technische Entwicklung und Ausmerzung von Programmierungsfehlern stellen demgegenüber Erhaltungsaufwand dar.

Fraglich ist die Aktivierbarkeit von **Rückstellungs**erfordernissen als Anschaffungskosten vergleichbar der Regelung für sächliches Anlagevermögen (→ § 21 Rz 80). Für beide Vermögenskategorien gilt inhaltlich der gleiche Anschaffungskostenbegriff (IAS 16.6 und IAS 38.8). U. E. stellen die Rückbauverpflichtungen etc. und deren Aktivierungspflicht **kein Sonderrecht** für den Bereich des sächlichen Anlagevermögens dar. Auch die Anschaffung von immateriellem Anlagevermögen kann mit Verpflichtungen verbunden sein, die den Ansatzkriterien von Rückstellungen gem. IAS 37.14ff. (→ § 21 Rz 9ff.) genügen. U. E. gebietet die –

---

[35] Ähnlich SCHRUFF/HAAKER, in: BALLWIESER et al., Wiley Kommentar, 5. Aufl., 2009, Abschn. 9, Tz. 81.

vom Board immer wieder betonte – Prinzipienorientierung der IFRS einen „Übergriff" von einer expliziten Standardregel in einen vergleichbaren, aber nicht förmlich geregelten Sachverhalt, der einem anderen Standard unterliegt. Wir messen deshalb der in IAS 16.16(c) dargestellten Aktivierungspflicht von ungewissen, aber notwendig mit einem Anschaffungs- oder Herstellungsvorgang verbundenen Verpflichtungen **allgemeine** Bedeutung bei (→ § 21 Rz 78).

Praxis-Beispiel
Sachverhalt
Ein Flughafenbetreiber sieht sich seit langem politischem Druck zur Reduzierung von Fluglärm ausgesetzt. Deshalb widerruft die zuständige Genehmigungsbehörde mit Verfügung vom 15.7.01 die Nachtfluggenehmigung, bietet allerdings den Abschluss eines öffentlich-rechtlichen Vertrags an. Dieser sieht die Neugenehmigung des Nachtbetriebs ab 1.1.02 unter besonderen Auflagen vor. Insbesondere hat die Flughafenbetriebsgesellschaft in den Gebäuden der Anlieger besondere schalldämmende Fenster einzubauen. Dieser Einbau muss bis zum 31.12.05 erfolgt sein. Die Flughafenbetriebsgesellschaft akzeptiert dieses Vertragsangebot.

Beurteilung
Die Verpflichtung ist ein Vergangenheitsereignis, dem sich der Flughafenbetreiber aufgrund der vertraglichen Bindung am 31.12.01 nicht mehr entziehen kann (→ § 21). Die spätere Fälligkeit ist durch Abzinsung zu berücksichtigen (→ § 21). Die ungewisse Verbindlichkeit (Rückstellung) ist als Bestandteil der Anschaffungskosten für den immateriellen Vermögenswert „Betriebsgenehmigung" zu aktivieren. Die Buchung lautet: „immaterielles Anlagevermögen an Rückstellung".

Die Aktivierbarkeit von Aufwendungen **endet**, wenn der betreffende immaterielle Vermögenswert bestimmungsgemäß nutzbar ist (IAS 38.30). Deshalb scheiden bspw. folgende Aufwendungen aus der Aktivierbarkeit aus:
- laufende Unterhaltsaufwendungen,
- Kosten der Ingebrauchnahme,
- Anlaufverluste,
- Neben- und Gemeinkosten (IAS 38.31).

Praxis-Beispiel
- Die Updates eines EDV-Programms sind als notwendige Bestandteile für die laufende Nutzung nicht aktivierbar.
- Die Kosten der Einführung eines neuen Kassensystems bei einem Lebensmittelfilialisten (Schulung der Mitarbeiter, Umstellung der Verkaufstheken etc.) sind als Posten der Ingebrauchnahme nicht aktivierbar.
- Die Aufwendungen für die Markteinführung einer patentierten neuen Produktionstechnik, die von einem Konkurrenzunternehmen erworben worden ist, sind als Anlaufverluste nicht aktivierbar.

Bei Einräumung einer unverzinslichen oder niederverzinslichen Zahlungsfrist ist der **Zinsanteil** aus den Anschaffungskosten zu eliminieren, also der Barwert zu aktivieren (→ § 14 Rz 35). Die Differenz ist über die Laufzeit als Zinsaufwand zu behandeln, wenn nicht eine Aktivierung nach IAS 23.8 geboten ist (→ § 9 Rz 15).

3.2.3 Anschaffung im Rahmen eines Unternehmenszusammenschlusses

Allgemeiner Maßstab für die Zugangsbewertung im Rahmen eines Unterneh- **78** menserwerbs ist der *fair value*. Dieser Bewertungsmaßstab gilt auch für immaterielle Vermögenswerte (IAS 38.33).

Durch Abzug des *fair value* des erworbenen Nettovermögens vom Kaufpreis ergibt sich unter Berücksichtigung latenter Steuern der positive *goodwill* oder der negative Unterschiedsbetrag. Ein positiver *goodwill* ist mit diesem Differenzwert anzusetzen, ein negativer Unterschiedsbetrag erfolgswirksam zu vereinnahmen (→ § 31 Rz 145).

Die Ermittlung des *fair value* der immateriellen Einzelwerte ist regelmäßig nur über **Bewertungsmodelle** möglich. Hierzu wird auf → § 8a und → § 31 Rz 76 ff. verwiesen.

3.2.4 Herstellung

IAS 38.65 bis IAS 38.67 enthalten Anweisungen zur Ermittlung der **Herstel-** **79** **lungskosten** für einen immateriellen Vermögenswert. Aktivierbar sind nur die direkt zurechenbaren Einzelkosten unter Einbeziehung der sog. **unechten** Gemeinkosten. **Echte** Gemeinkosten sind nicht nach IAS 38.66 aktivierbar.[36] Auch Zinsen sind im Rahmen der Regeln des IAS 23 (→ § 9 Rz 7 ff.) in die Herstellungskosten einzubeziehen. Zur Abgrenzung der einzelnen aktivierbaren Kostenbestandteile der Herstellung folgendes Beispiel:

Praxis-Beispiel

Bei der Entertainment Software GmbH sind die Entwickler A-1 bis A-n mit der Entwicklung diverser Sportspiele (Bereich A), die Entwickler B-1 bis B-n mit der Entwicklung diverser Kriegsspiele (Bereich B) beschäftigt. Im Interesse einer funktionalen Arbeitsteilung arbeitet Entwickler A-1 nicht ständig am Programm a-1, sondern an bestimmten Aspekten dieses Programms, zu anderen Zeiten an ähnlichen Aspekten des Programms a-2 usw.

Neben den Angestellten der beiden Produktionslinien gibt es Mitarbeiter im Bereich C, die beide Entwicklungen überwachen, auf Synergien prüfen etc. Überdies beschäftigt das Unternehmen Mitarbeiter im Bereich D, die Kostenrechnungen, Bilanzen etc. erstellen.

Die Kosten der Mitarbeiter der Bereiche A und B haben, bezogen auf das Zurechnungsobjekt „Produktionslinie Sportspiele" bzw. „Produktionslinie Kriegsspiele", Einzelkostencharakter, bezogen auf das einzelne Programm (a-1 usw.) jedoch Gemeinkostencharakter. Bei entsprechender Stundenaufzeichnung dürften die Kosten aber als direkt zurechenbar gelten.

Bei den im Bereich C arbeitenden Personen, deren Tätigkeit schon bezogen auf die Zurechnungsobjekte Produktlinie A und B Gemeinkostencharakter hat, ist es diskussionswürdiger, ob noch eine hinreichend direkte Zurechnung zu den Einzelprodukten möglich ist.

Bei den Mitarbeitern der Abteilung D scheidet sie jedenfalls aus.

---

[36] Ernst & Young, International GAAP 2016, Ch. 17 6.3.

80   IAS 38.67 enthält eine Auflistung von nicht in die Herstellungskosten des Immaterialgutes einzubeziehenden Aufwendungen:

- IAS 38.67(a): allgemeine Vertriebs- und Verwaltungsgemeinkosten *(overheads)*,
- IAS 38.67(b): vergebliche Aufwendungen *(inefficiencies)* und Verluste *(losses)* vor Fertigstellung des immateriellen Vermögenswerts,
- IAS 38.67(c): Ausbildungskosten *(training staff)* zum Betrieb des Vermögenswerts.

Die gesamte Thematik der aktivierungsfähigen Herstellungskosten wird überlagert durch die vorgelagerten Ansatzvorschriften betreffend Forschung und Entwicklung (Rz 25). Sofern daher Kosten in der Forschungsphase anfallen oder in der frühen Entwicklungsphase (Rz 30), braucht die direkte Zurechenbarkeit der Kosten nicht näher geprüft zu werden, da eine Aktivierung ohnehin ausscheidet.

3.2.5   Zuwendung der öffentlichen Hand

81   Bei der **unentgeltlichen** Zuwendung eines immateriellen Vermögenswerts durch die **öffentliche Hand** besteht ein Wahlrecht zwischen einer Zugangsbewertung zum beizulegenden Zeitwert oder zu einem symbolischen Wert (IAS 38.44 bzw. IAS 20.27; → § 12 Rz 34). Wegen **Emissionsrechten** wird speziell auf Rz 46 verwiesen.

3.2.6   Tausch

82   Bei der Abbildung von Tauschgeschäften im Jahresabschluss ist von **zwei** wesentlichen **Grundüberlegungen** auszugehen, die miteinander verknüpft sind: Wenn zwei Kontrahenten sich über die Wertdifferenz des potenziellen Tauschgutes einig sind, können sie ohne (wirtschaftliche) Beschränkung nach „oben" jeden Kaufpreis förmlich festlegen.

Praxis-Beispiel

Der Profifußballclub FC Forza Italia (I) ist bereit, Spieler S an den Club Real España gegen Eintausch von Spieler T abzugeben. Man einigt sich im Verhandlungsweg auf einen „Mehrwert" von S gegenüber T von 8 Mio. EUR (Tausch mit Baraufgabe, *exchange for a combination of monetary and non-monetary assets*). Die Kaufpreise können dann ohne Restriktion durch wirtschaftliches Eigeninteresse auf 18 Mio. EUR für S und 10 Mio. EUR für T oder z. B. auf 58 bzw. 50 Mio. EUR festgelegt werden.

Aus dem vorstehend dargestellten ökonomisch determinierten Tatbestand folgt die Frage, ob und ggf. in welcher Höhe eine Gewinnrealisierung anzunehmen ist.

83   Die IFRS gehen vom Erfordernis der Gewinnrealisierung aus, wenn sie in IAS 16.24 bis IAS 16.26 für sächliches Anlagevermögen und in IAS 38.45 bis IAS 38.47 für immaterielle Vermögenswerte die Bewertung zum *fair value* des hingegebenen Vermögenswertes als Regel für die Zugangsbewertung des erworbenen Gegenstands vorschreiben.

Praxis-Beispiel (Fortsetzung zu Rz 82)

Das Tauschgeschäft mit den beiden Super-Fußballprofis mit einer Baraufgabe ist wie folgt strukturiert:

- I gibt Spieler S an E und
- erhält von E Spieler T plus 8 Mio. EUR

Der Verein E ist im Besitz des Angebots eines Werbesponsors, das Budget um jährlich jeweils 3 Mio. EUR zu erhöhen. Umgekehrt erwartet der Verein I von der Verpflichtung des Publikumslieblings T durch Verkauf von mehr Eintrittskarten und Fanartikeln eine Zunahme des jährlichen Gewinns um 5 Mio. EUR.

Beurteilung

Das Geschäft ist für beide Unternehmen (Vereine) von eminentem wirtschaftlichem Gehalt. Fußballprofis werden bilanzmäßig als immaterielle Vermögenswerte (Spielberechtigung) geführt. Auch beim Tausch immaterieller Vermögenswerte ist eine verlässliche Bestimmbarkeit des *fair value* Voraussetzung für die Gewinnrealisierung. Nach IAS 38.47 ist primärer Bewertungsmaßstab der *fair value* des hingegebenen Vermögenswerts, es sei denn, derjenige des erhaltenen ist klarer ersichtlich (→ § 14 Rz 18). Feststellbare Marktpreise von Profifußballern der 1. Liga liegen zwischen 1 Mio. EUR und 100 Mio. EUR und bieten deshalb keine Bewertungsgrundlage. Es kommt gem. IAS 38.47 i. V. m. IFRS 13 nur eine *fair-value*-Ermittlung über Bewertungstechniken (*cash-flow*-orientierte Verfahren) infrage. Aufgrund der Angebote des Werbesponsors und der angenommenen Erhöhung der Karten- und Fanartikelverkäufe könnte man daran denken, künftige *cash flows* zu schätzen und daraus durch Diskontierung einen Barwert zu ermitteln. Allerdings sind alle Überlegungen betreffend die Sponsoren bzw. Zuschauer-/Fanartikeleinnahmen Differenzüberlegungen. Sie geben nur Auskunft darüber, zu welcher **Änderung** der *cash flows* der Tausch plangemäß führt. Eine absolute Höhe der *cash flows* ergibt sich hieraus gerade nicht. Eine derartige Zurechnung von *cash flows* zu einem einzelnen Spieler ist auch nicht möglich, da Fußball eben ein Mannschaftssport ist und die Mannschaftserfolge die Einnahmen determinieren. Der Beitrag des einzelnen Spielers zu diesen Einnahmen lässt sich nicht bestimmen.

Es scheidet auch die Gewichtung von Wahrscheinlichkeiten und deren Zuordnung zu den verschiedenen Schätzwerten (→ § 14 Rz 18) als Bewertungsverfahren aus. Eine Bestimmung des *fair value* scheint deshalb nicht möglich.[37] Eine Gewinnrealisierung wäre demnach nicht zulässig, eine Buchwertfortführung geboten.

Die Vereine könnten jedoch auf folgende Gestaltung verfallen: Für mindestens einen der Spieler werden alternative Angebote eruiert. Mit der Behauptung, dass Angebote der Vereine X und Y über Z Mio. EUR für den Spieler S vorliegen, könnte man einen entsprechenden Marktwert zu begründen versuchen. Eine prüferische Frage wäre dann, welche Anforderungen an das behauptete Angebot zu stellen sind. Reichen entsprechende Schlagzeilen im *Corriere dello Calcio* aus oder muss ein rechtsverbindliches Angebot vorliegen?

---

[37] Möglicherweise a. A. GALLI, FB 2003, S. 810.

3.2.7 Einlage/Einbringungen

84 IFRS 2 (§ 23) befasst sich auch mit der Bewertung von **Einlagen** bzw. **Einbringungen** einzelner Vermögenswerte gegen Gewährung von Gesellschaftsrechten (Sachkapitalerhöhung).
Aus Sicht der Gesellschaft liegt eine Anschaffung gegen aktien- bzw. anteilsbasierte **Vergütung** vor (§ 23). Die Bewertung hat primär mit dem *fair value* des eingebrachten Vermögenswerts zu erfolgen (→ § 23 Rz 84).
Die **verdeckte** Einlage ohne Ausgabe von Gesellschaftsrechten ist hingegen weder in IFRS 2 noch in einem anderen Standard förmlich geregelt. U. E. ist hier eine Einbuchung zum *fair value* des erhaltenen Gegenstands geboten. Wegen Einzelheiten wird auf → § 20 Rz 85 verwiesen.

3.2.8 Bedingte Kaufpreisbestandteile

85 Bedingte Kaufpreisbestandteile (*contingent considerations*) werden lediglich in IFRS 3 zum **Unternehmenserwerb** behandelt (→ § 31 Rz 60ff.). Zur Bestimmung der Anschaffungskosten von Vermögenswerten außerhalb eines Unternehmenserwerbs fehlen entsprechende Regelungen in den einschlägigen Standards IAS 16 (→ § 14), IAS 38 (→ § 13), IAS 40 (→ § 16) und IAS 2 (→ § 17).
Nach IFRS 3.2(b) kann der Regelungsgehalt des IFRS 3 nicht auf den Erwerb von Vermögenswerten außerhalb einer *business combination* angewandt werden. Es bleibt also nur ein nicht zwingender **Analogieschluss** mit den in → § 31 Rz 60ff. dargestellten Regeln. Hierzu wird auf → § 17 Rz 24 verwiesen. Die dort für die Anschaffung von Vorräten dargestellten Alternativen gelten entsprechend für Sachanlagen.[38] Anders als in den Beispielen unter → § 17 Rz 24ff. dargestellt, sind bedingte Kaufpreisbestandteile zu behandeln, wenn die Erfüllung der Bedingung mit einem **veränderten** Vermögenswert verbunden ist.

> **Praxis-Beispiel**
> Der Pharmaproduzent P erwirbt vom Biotech-Unternehmen B das Patent mit Vermarktungsrechten eines in Entwicklung befindlichen Arzneimittels. Dafür leistet P eine Vorauszahlung (*up front*). Eine weitere Zahlung ist dann vereinbart, wenn das Arzneimittel zum Verkauf durch die Zulassungsbehörde bereit ist.

Das Patent mit Zulassung ist von anderer **Marktgängigkeit** als ohne. Deshalb bezieht sich die *up-front*-Zahlung auf das Patent ohne entsprechendes Recht. Diese ist als Zugang zu verbuchen. Die bedingte weitere Zahlung führt erst mit Erteilung der Zulassung zu einer Verbindlichkeit und zu Anschaffungs-/Herstellungskosten eines **anderen** Vermögenswerts, der allerdings buchtechnisch mit den bisherigen verbunden werden kann. Der bedingte Vertragsbestandteil repräsentiert ein nicht bilanzierbares **schwebendes** Geschäft (→ § 1 Rz 93); erst mit Bedingungseintritt entstehen hierfür Anschaffungskosten und Verbindlichkeiten. Wahrscheinlichkeitsüberlegungen zum Bedingungseintritt sind nicht erforderlich.

---

[38] Vgl. zum Ganzen auch LÜDENBACH/FREIBERG, BB 2014, S. 747ff.

3.3   Folgebewertung

3.3.1   Überblick – Verweise

Konzeptionell und weitgehend auch inhaltlich stimmen die Vorschriften über **86** die **Folgebewertung** von immateriellen Vermögenswerten mit denen für das materielle Anlagevermögen überein. Verwiesen wird deshalb wie folgt:

- **Neubewertung** (IAS 38.75; Rz 87 sowie → § 14 Rz 47);
- **planmäßige** Abschreibung (IAS 38.97; → § 10 Rz 19 ff.);
- **außerplanmäßige** Abschreibung wegen Wertverlusts (IAS 38.111 i.V.m. IAS 36.60; → § 11 Rz 14 ff.);
- Bestimmung der **Nutzungsdauer** (Rz 93 sowie → § 10 Rz 33 ff.);
- Wertaufholungs**zuschreibungen** (IAS 38.111 i.V.m. IAS 36.117 ff.; → § 11 Rz 229 ff.);
- **Finanzierungskosten** der Anschaffung oder Herstellung (→ § 9).

Eine entscheidende **Besonderheit** (der immateriellen im Unterschied zu den materiellen Anlagewerten) betrifft die Frage, ob der betreffende immaterielle Vermögenswert eine **zeitlich begrenzte** (*finite*; Rz 89 ff.) oder eine **zeitlich unbestimmte** (*indefinite*; Rz 93 ff.) Nutzungsdauer (*useful life*) aufweist (IAS 38.88).

3.3.2   Besonderheiten bei der Neubewertung

In der nachstehenden Kommentierung zu IAS 38 werden nur die **Spezifika** der **87** Folgebewertungen für die immateriellen Vermögenswerte dargestellt, die eine Abweichung bzw. Distanzierung von den Vorschriften für die **materiellen** Anlagegüter enthalten. Zum Neubewertungskonzept generell → § 14 Rz 47. Folgende **Vorbehalte** bzgl. der Neubewertung sind zu beachten:

- Die **Neubewertung** (*revaluation*; IAS 38.75) darf nicht zu einer **Umkehrung** des früheren Nichtansatzes in der Bilanz führen (IAS 38.76).
- Die Neubewertung ist nur zulässig, wenn die **Zugangsbewertung zu den Anschaffungs- oder Herstellungskosten** erfolgt ist (IAS 38.76). Allerdings macht IAS 38.77 hierzu eine **Einschränkung**: Sofern während (z.B.) des Entwicklungsprozesses in Ermangelung der Ansatzkriterien zunächst die entsprechenden Kosten nicht aktiviert worden sind, kann dann durch die Neubewertung dieses Aktivierungsverbots später ausgehebelt werden, allerdings nur wenn ausnahmsweise ein aktiver Markt für den Vermögenswert vorliegt (s.u.).
- Der wichtigste **Vorbehalt** bzgl. der **Neubewertung** betrifft die Anforderungen in IAS 38.78 zum „**aktiven Markt**". Ein solcher Markt soll für immaterielle Anlagegüter sehr **ungewöhnlich** sein. Als positive Beispiele werden Taxi- und Fischereilizenzen oder Produktionsquoten genannt. Ebenso liegt ein aktiver Markt beim Handel von Treibhausgas-Emissionsrechten vor (Rz 45). Umgekehrt wird ein aktiver Markt für Warenzeichen, Verlags- und Filmrechte, Patente oder Handelsmarken ausgeschlossen. Das soll auch dann gelten, wenn solche immateriellen Vermögenswerte zwar wertmäßig durch einen Verkauf unter Dritten nachgewiesen werden, solche Verkäufe aber ziemlich selten erfolgen. Dann entfällt also die Möglichkeit einer Bilanzierung unter Neubewertungsgesichtspunkten (IAS 38.81).
- **Fällt** das Bewertungskriterium des „aktiven Markts", der einmal der Neubewertung zugrunde lag, **später weg**, ist gleichwohl der (früher) neubewertete

Betrag abzüglich der nachfolgenden Regel- und Wertminderungsabschreibungen anzusetzen (IAS 38.82). In diesem Fall soll allerdings ein Indiz (→ § 11 Rz 26) für einen generellen Wertverlust des immateriellen Vermögenswerts vorliegen (IAS 38.83). Und schließlich kann die Neubewertungsmethode **wieder aufleben**, wenn in der Folgezeit sich wieder ein „aktiver Markt" herausbildet (IAS 38.84).

- Die Neubewertung soll zeitlich umso **häufiger** erfolgen, je volatiler sich die *fair values* der betreffenden Vermögenswerte verhalten (IAS 38.79).

- Die Neubewertung hat für alle anderen Vermögenswerte dieses Typs *(all the other assets in its class)* zu erfolgen (IAS 38.72), soweit für **alle** diese Werte ein aktiver Markt besteht (IAS 38.73). Wegen der „Klassenbildung" wird auf § 14 Rz 51 verwiesen.

88   Folgende Vorgaben bzgl. der Neubewertung von immateriellen Vermögenswerten sind **identisch** mit denen zu **Sachanlage**werten (→ § 14 Rz 47):

- **regelmäßige Anpassung** der (neu bewerteten) Buchwerte an die Entwicklung der *fair values* (IAS 38.70; → § 14 Rz 50);

- Anpassung der kumulierten **Abschreibung** (IAS 38.81);

- **gleichzeitige** Neubewertung der gesamten Gruppe (z. B. Warenzeichen; IAS 38.72; → § 14 Rz 54;

- **erfolgsneutrale** Einbuchung des Neubewertungsbetrags in das Eigenkapital (IAS 38.85; → § 14 Rz 49);

- die buchmäßige Behandlung der Neubewertung „nach unten" (IAS 38.86; → § 14 Rz 58).

Insgesamt sind die tatbestandlichen Voraussetzungen für die Anwendung des Neubewertungsverfahrens bei den immateriellen Vermögenswerten spürbar **enger** gesetzt als für sächliches Anlagevermögen (→ § 14 Rz 46).

3.3.3 Besonderheiten bei der planmäßigen Abschreibung

89   Bei einer zeitlich **beschränkten** Nutzungsdauer (Rz 86) sind **planmäßige** Abschreibungen *(amortisation)* vorzunehmen (IAS 38.97). Wegen der allgemeinen Regeln zur Festlegung der Abschreibungs**höhe** wird verwiesen auf → § 10 Rz 19ff., wegen des Abschreibungs**beginns** auf → § 10 Rz 41 mit den dortigen Beispielen, wegen vorzeitiger **Beendigung** auf → § 10 Rz 24 betreffend die zur Veräußerung bestimmten langfristigen Vermögenswerte i.S.v. IFRS 5 und zur **Restwert**bestimmung auf → § 10 Rz 21.

Zur Bestimmung der **Nutzungsdauer** wird in IAS 38.90 eine Reihe von möglichen Bestimmungsfaktoren aufgeführt (z. B. Produktzyklen, technische Überholung, Stabilität der Industrie, Handlungsweisen von Konkurrenten etc.). Hierzu im Einzelnen (abgesehen von den Beispielen unter Rz 95):

- Eine widerlegbare Vermutung einer **Höchstnutzungsdauer** gilt nicht (IAS 38.97).

- Bei schnelleren technologischen Veränderungen – Beispiel **Computersoftware** – muss von einer kurzen Nutzungsdauer ausgegangen werden (IAS 38.92).

- Bei nicht verlängerbaren **vertraglichen** oder **gesetzlichen** Nutzungsrechten *(contractual or other legal rights)* entspricht die Nutzungsdauer maximal der Dauer des Rechts. Ist das Nutzungsrecht hingegen erneuerbar *(renewable)* und bestehen klare Anhaltspunkte *(evidence)* für die künftige Erneuerung des

Rechtes ohne wesentliche Kosten für das Unternehmen (IAS 38.94), liegt i.d.R. eine unbestimmte Nutzungsdauer vor. Ein typisches Beispiel dazu sind Markenrechte.

- Ein **Restwert** von null am Ende der angenommenen Nutzungsdauer soll die Regel sein (IAS 38.100; → §10 Rz 19), allerdings mit Ausnahmen: Vereinbarungen mit einer außen stehenden Person zur Übernahme des immateriellen Vermögenswerts zu einem bestimmten Betrag oder Vorliegen eines „aktiven Markts" für einen solchen Vermögenswert nach Ende der Nutzungsdauer (ab Beginn des Wirtschaftsjahres nach dem 31.12.2012 gem. den Vorgaben in IFRS 13; → §8a Rz 141). Der Restwert ist jährlich zu überprüfen (IAS 38.102).
- Für den **Niederstwerttest** wegen Wertverlusten *(impairment losses)* verweist IAS 38.111 auf die entsprechenden Vorschriften in IAS 36 (→ §11 Rz 14ff.).
- Die Abschreibung darf nicht **unterbrochen** werden, wenn ein Vermögenswert mit begrenzter Nutzungsdauer vorübergehend nicht genutzt wird (IAS 38.117), es sei denn, IFRS 5 ist anzuwenden (→ §29 Rz 38).

Zur Bestimmung der Nutzungsdauer eines Immaterialgutes folgendes Beispiel nach einer von der ESMA veröffentlichten Enforcementscheidung:[39]   **90**

Praxis-Beispiel
Sachverhalt
- Ein Softwareunternehmen hat im Rahmen eines Unternehmenserwerbs Kundenverträge über Softwarelizenzen erworben. Die Wertermittlung basierte auf Schätzungen der *cash flows* aus bestehenden Verträgen und *cash flows* aus erwarteten Vertragsverlängerungen.
- Die Nutzungsdauer der Kundenverträge wurde als unbegrenzt eingestuft, da die Einschätzung der Nutzungsdauer nicht möglich sei bzw. der Zeitraum, über den die Kunden ihre Verträge verlängern, nicht abgesehen werden kann. Wertberichtigungen wurden in der Höhe erfasst, in der Kundenverträge nicht verlängert wurden.

Enforcementscheidung
- Kundenverträge und damit in Verbindung stehende Kundenbeziehungen sind zu unterscheiden.
- Der *fair value* der Kundenverträge basiert auf den erwarteten *cash flows* aus dem jeweiligen Vertrag; Vertragsverlängerungen sind bei der Ermittlung des *fair value* nicht zu berücksichtigen. Vielmehr betreffen sie den Wert der Kundenbeziehung.
- Gem. IAS 38.94 darf die Nutzungsdauer der Kundenverträge die Vertragslaufzeit nicht überschreiten. Der Kundenvertrag ist über die Vertragsdauer ab Erwerbszeitpunkt abzuschreiben.
- Unsicherheit über die Nutzungsdauer ist kein Grund, von einer unbegrenzten Nutzungsdauer auszugehen (IAS 38.BC65A).
- Die Nutzungsdauer der Kundenbeziehung kann in diesem Fall nicht länger sein als die Nutzungsdauer der Lizenz, da eine Vertragsverlängerung nicht erfolgt, wenn die Software veraltet ist.

---

[39] ESMA, Decision ref. 1208–07.

91 Für die Abschreibungs**methode** gibt es nur die Vorgabe der Berücksichtigung des **Werteverzehrs** (IAS 38.98), allerdings wird die **lineare** Verrechnung favorisiert (IAS 38.97). Andererseits wird die degressive Abschreibungsmethode keinesfalls abgelehnt. Nach dem *Amendment* zu IAS 16 und IAS 38 vom Mai 2014 ist eine Abschreibung nach Maßgabe im Zeitablauf erwarteter **rückläufiger Erlöse** aus der Nutzung des Vermögenswerts (zunächst First-Mover-Vorteil später Verlust dieses Vorteils) **i.d.R. unzulässig** (IAS 38.98A). Ein erwarteter Rückgang der Erlöse bzw. Verkaufspreise soll eher bei der Schätzung der wirtschaftlichen Nutzungsdauer Berücksichtigung finden (IAS 38.92).

Ausnahmsweise darf sich die Abschreibungsmethode nach IAS 38.98A dann an den erwarteten Erlösen orientieren,

• wenn der Vermögenswert selbst durch eine **Erlösgröße „definiert"** ist oder
• belegt werden kann, dass Erlöse und Werteverzehr **hoch korreliert** sind.

Als Beispiele für den ersten Fall nennt der Standard **Schürfrechte oder Mautrechte**, die mit Erreichen einer kumulierten Erlösschwelle auslaufen (IAS 38.98C); Beispiele für den zweiten Fall werden nicht angeführt. Stattdessen diskutiert die *Basis for Conclusions* die Abschreibung von **Filmrechten**, die in der Praxis bisher in Anlehnung an US-GAAP meist nach dem zeitlichen Anfall der Erlöse der verschiedenen Verwertungsstufen (Kino, Video, Pay-TV)[40] IAS 38.BC72H, lässt aber nicht erkennen, dass dies ein Anwendungsfall der zweiten Ausnahme sein könnte. Insoweit scheint zweifelhaft, ob die Filmindustrie – oder die Verlagsindustrie bei **eBooks** (Rz 11)[41] – zukünftig noch so verfahren darf.

Hinsichtlich Mautrechten, die sich nicht mit Erreichen eine Erlösschwelle auslaufen (s.o.), ist die Anwendbarkeit einer „volumenbasierten" Abschreibungsmethode zweifelhaft:

Praxis-Beispiel
Sachverhalt
U errichtet einen Tunnel im Auftrag der öffentlichen Hand und darf dafür für 20 Jahre Maut erheben. Das Mauterhebungsrecht ist nach IFRIC 12 als immaterieller Vermögenswert zu klassifizieren (→ § 55 Rz 9). U hat eine Schätzung über die Entwicklung der Nutzerzahlen während der 20 Jahre vorgenommen und möchte die Jahresabschreibungen auf Basis der Nutzerzahlen im Verhältnis zur erwarteten Gesamtnutzerzahl vornehmen, mit dem Argument, dies stelle eine leistungsabhängige Abschreibung nach der *units-of-production*-Methode dar.

Beurteilung
Das Abstellen auf die Nutzerzahlen führt bei konstant oder nur moderat steigenden Preisen pro Nutzer indirekt zu einer erlösorientierten Abschreibung. Ein unmittelbarer Verstoß gegen das bedingte Verbot erlösabhängiger Abschreibungen liegt nicht vor. Möglicherweise wird aber gegen den Geist der Vorschrift verstoßen.

---

[40] Zwirner, KoR 2002, S. 245.
[41] Quittmann/Jaenecke, KoR 2010, S. 89.

Die Abschreibungsmethode soll den Werteverzehr des genutzten Vermögens- **92**
werts möglichst genau widerspiegeln (→ §10 Rz 26). Die auf einen nicht verlässlich bestimmbaren Wertverlust ausgerichtete lineare „Vorzugsabschreibung" ist
deshalb im Einzelfall an den **tatsächlichen Wertverlauf** anzupassen. Insoweit
kann auch die degressive Abschreibungsmethode in Betracht kommen.

Praxis-Beispiel
Sachverhalt
U erwirbt im Rahmen einer Unternehmensakquisition einen zeitlich beschränkt vorhandenen Kundenstamm (→ §31). Zur Kaufpreisallokation erfolgt eine Bewertung unter der Annahme eines bestimmten „Schwundes"
(churn rate): im ersten Jahr 20 %, im zweiten Jahr 12 % der Kunden etc.

Beurteilung
Die Abschreibungsmethode muss „verbrauchsabhängig" (hier degressiv) verrechnet werden. Im Rahmen der Kaufpreisallokation ist eine verlässliche
Bewertung unter der Prämisse eines degressiven Nutzenverlaufs *(cash inflow)*
unterstellt worden; dieser Annahme ist aus Konsistenzgründen bei der Abschreibungsbemessung zu folgen.

3.3.4 Vermögenswerte unbestimmter Lebensdauer

Bei unbestimmter Nutzungsdauer kommt eine **planmäßige** Abschreibung **nicht** **93**
in Betracht (IAS 38.107). Dabei bedeutet „unbestimmt" *(indefinite)* nicht „unbeschränkt" *(infinite*; IAS 38.91). Nach IAS 38.BC60ff. kann eine zeitlich **unbekannte** Nutzungsdauer vorliegen, wenn unter Berücksichtigung aller einschlägigen Bestimmungsgrößen das Ende der Nutzungsdauer, d.h. der Generierung
positiver *cash flows,* nicht voraussehbar ist. Schwierigkeiten bei der Bestimmung
der Nutzungsdauer führen noch nicht zur Annahme einer unbestimmten Nutzungsdauer (Rz 90). Vielmehr ist zu unterscheiden zwischen
- Fällen, in denen ein **Ende** der Nutzung **absehbar** ist, wobei auch größere
  verbleibende Unsicherheiten hinsichtlich des genauen Endpunkts Sache der
  sachgerechten Schätzung sind, und
- Fällen, in denen bis zum Vorliegen besserer Erkenntnis von einer **Dauer-
  nutzung** auszugehen ist.

Praxis-Beispiel
Der Konzern **Player** hat das Unternehmen **Wave** erworben. Zum Vermögen
der **Wave** gehören u. a. die Parfummarken E-611 und **AIDA**.
Unter diesen Marken werden seit mehr als 50 Jahren Parfums verkauft. Ein
Ende der wirtschaftlichen Nutzung dieser Marken ist nicht abzusehen.
Player hat daher die im Rahmen der Kaufpreisallokation mit dem *fair value*
anzusetzenden Marken als *indefinite life intangibles* zu qualifizieren und
nicht planmäßig abzuschreiben.

Fallvariante
Zwei Jahre nach Erwerb beschließt **Player** die Marke **AIDA** mittelfristig auslaufen zu lassen, da sie überwiegend nur noch ein älteres Publikum anspricht.

> Mit dem Beschluss, die Marke nicht mehr auf Dauer zu nutzen, wird sie zu einem *definite life intangible*. Die Restnutzungsdauer der Marke ist zu schätzen, der Wert über diese Dauer abzuschreiben.

Bei immateriellen Vermögenswerten unbestimmter Lebensdauer sind **jährlich**, bei entsprechender Indikation und Quartalsberichterstattung auch in **kürzeren** Intervallen (→ § 11 Rz 16),
- ein **Wertminderungstest** nach Maßgabe von IAS 36 (→ § 11 Rz 33 ff.; IAS 38.108) und
- eine **Überprüfung** der Hypothese unbestimmter Nutzungsdauer (IAS 38.109)

vorzunehmen. Sollte sich eine Umqualifizierung von „unbestimmt" auf „zeitlich beschränkt" ergeben, wäre dies als Schätzungsrevision *(change in accounting estimates)* gem. IAS 8.36 (→ § 24 Rz 52) zu behandeln.

94 Bei nicht verlängerbarer **vertraglicher** oder **gesetzlicher** Nutzungsbeschränkung darf die Nutzungsperiode den rechtlich vorgegebenen Zeitraum nicht übersteigen; allerdings kann die Nutzungsdauer kürzer als die von Rechts wegen bestehende Erlaubnis sein. Viele Rechte sind jedoch **erneuerbar** *(renewable)*. Die Einbeziehung weiterer Nutzungsperioden in die Bestimmung der Nutzungsdauer ist dann erlaubt, wenn diese Erneuerung für das Unternehmen nur mit unbedeutenden Kosten verbunden ist (IAS 38.94). Nach IAS 38.95 sind sowohl **rechtliche** als auch **wirtschaftliche** Faktoren als Bestimmungsgröße für die Nutzungsdauer eines immateriellen Vermögenswertes heranzuziehen. Soweit das Recht nicht verlängerbar ist, bestimmt der „kürzere Faktor" von beiden die Nutzungsdauer. Aus einer **vertraglich** unbeschränkten Nutzungsdauer darf nicht zwingend auf eine (ökonomisch) **effektive** geschlossen werden.

Praxis-Beispiel[42]
Sachverhalt
Ein Hochseefischereiunternehmen fischt in den Hoheitsgewässern verschiedener Staaten. Einer dieser Staaten will die Fangquoten zurückführen, um die Fischbestände zu schonen. Nach einem entsprechenden „Programm" muss jedes Fischereiunternehmen eine „Dauerlizenz" (zeitlich nicht beschränkt) beantragen. Diese Lizenz beschränkt die Fangquoten für die betreffenden Fischarten, und die Fangquote ändert sich jedes Jahr.

Beurteilung
Das Unternehmen kann nicht ohne weiteres von einem zeitlich unbeschränkten Fischereirecht ausgehen. Es hat alle einschlägigen Informationen zu sammeln und zu gewichten, um die effektive Nutzungsdauer der Lizenz abzuschätzen. Dazu gehört auch die Vorausschau über die Höhe der möglichen Fischbestände.

In IAS 38.96 werden weitere Hinweise zur möglichen **Erneuerung** von gesetzlichen oder vertraglichen Nutzungsrechten gegeben. Dazu sollen vorliegen:

---

[42] Nach KPMG, Insights into IFRS 2015/2016, Tz. 3.3.190.70.

- insbesondere auf **Vergangenheitserfahrung** gestützte Anhaltspunkte *(evidence)* für die Erneuerungsabsicht überhaupt und ggf. für das Einvernehmen einer dritten Partei;
- ausreichend Anhaltspunkte für die Einhaltung der **Erneuerungsbedingungen** durch das Unternehmen;
- das Entstehen nur **unbedeutender** Kosten für die Erneuerung im Verhältnis zu dem künftigen ökonomischen Vorteil.

Praxis-Beispiel

Ein Konzern verfügt über eine Mobilfunklizenz. Sie läuft in 15 Jahren ab und ist nach Ablauf gegen eine geringfügige Registrierungsgebühr verlängerbar. Bei der Bestimmung der Nutzungsdauer kann scheinbar ohne Probleme von der Konzessionsverlängerung ausgegangen werden. Das Problem steckt andererseits in der technischen Entwicklung: Möglicherweise wird nach 15 Jahren mit einem anderen technischen Standard telefoniert werden, für den die Lizenz nicht gilt. Oder: Die Lizenz gilt auch für diesen neuen Standard, dieser (oder aber der bisherige) macht indes die Installation von neuen Fernmeldeausrüstungen für das gesamte Lizenzgebiet erforderlich. U. U. ist dann das Kriterium der „niedrigen Kosten" nicht erfüllt, die Konzession ist längstens auf die erstmalige Nutzungsperiode hin abzuschreiben.

Zur Bestimmung der Nutzungsdauer von Mobilfunklizenzen ist entscheidend auf den **Inhalt** der erteilten Berechtigung abzuheben. Danach erlauben die Lizenzen[43]
- in den USA die Nutzung eines bestimmten **Frequenzspektrums** unabhängig von der angewandten Technologie,
- in Europa i.d.R. die Nutzung einer bestimmten **Technologie** innerhalb der zugeteilten Frequenzen.

Für die US-Lizenzen wird in der Praxis von einer **unbestimmten** Nutzungsdauer ausgegangen.

3.3.5 Beispiele zur Bestimmung der Nutzungsdauer

Bei der Bilanzierungspraxis wird man sich an den Beispielen (*Illustrative Examples*, IE) orientieren, die dem Standard beigefügt sind. Aus Sicht der praktischen Anwendung ist allerdings die mitunter deutlich feststellbare „Hineinlegung" der Lösung in den Sachverhalt beachtlich.

95

Praxis-Beispiel

Sachverhalt 1: Adressliste

Eine Gesellschaft, die das *direct-mail*-Marketing betreibt, erwirbt eine Adressenliste von möglichen Kunden und erwartet von ihr einen ökonomischen Vorteil für wenigstens ein und höchstens drei Jahre.

Beurteilung

Nach der bestmöglichen Einschätzung des Managements ist die Nutzungsdauer auf 18 Monate festzulegen.

---

[43] Vgl. hierzu SCHMACHTENBERG/MEIXNER/SCHÄFER, KoR 2005, S. 522.

Sachverhalt 2: Patent

Ein Unternehmen hat im Rahmen eines Unternehmenskaufs ein patentiertes technisches Verfahren erworben und erwartet davon Einnahmen *(cash inflows)* für wenigstens 15 Jahre. Es besteht eine Vereinbarung mit einem Interessenten, der das Patent nach fünf Jahren zu 60 % des heutigen *fair value* erwerben will. Das Unternehmen beabsichtigt den Verkauf des Patents nach Ablauf der Fünf-Jahres-Frist.

Beurteilung

Das Patent ist planmäßig auf fünf Jahre abzuschreiben, und zwar unter Berücksichtigung eines Restwertes i. H. d. 60 % des *fair value* im Erwerbszeitpunkt.

Sachverhalt 3: Copyright

Ein Unternehmen erwirbt ein Copyright mit einer gesetzlich geschützten Laufzeit von 50 Jahren. Eine Analyse des Kundenverhaltens ergibt eine beschränkte Nutzungsdauer des Copyrights von nur noch 30 Jahren.

Beurteilung

Die der planmäßigen Abschreibungsdauer zugrunde liegende Nutzungsdauer beträgt 30 Jahre.

Sachverhalt 4: Rundfunklizenz

Ein Unternehmen hat eine Rundfunklizenz erworben, die in fünf Jahren ausläuft. Alle zehn Jahre kann diese Lizenz erneuert werden, wenn das Unternehmen eine bestimmte Mindestleistung zugunsten der Kunden etc. erbringen kann. Die Lizenz wird zu einem geringen Betrag erneuert und war zuvor bereits zweimal erneuert worden. Die Gesellschaft will diese Lizenz zeitlich unbeschränkt weiter beanspruchen und ist in der Lage, die Auflagen der Behörde zu erfüllen. Die Sendetechnik ist in der voraussehbaren Zukunft nicht durch eine andere Technologie zu ersetzen.

Beurteilung

Die Rundfunklizenz hat eine zeitlich unbestimmte Nutzungsdauer, und eine planmäßige Abschreibung ist nicht erforderlich.

Sachverhalt 5: Rundfunklizenz ohne Erneuerung

Die Rundfunklizenz aus Sachverhalt 4 wird nicht mehr erneuert, sondern durch die Verleihungsbehörde versteigert. Die Restlaufzeit der bestehenden Lizenz beträgt drei Jahre.

Beurteilung

Die Lizenz hat keine unbeschränkte Nutzungsdauer mehr. Die Abschreibung ist auf die restlichen drei Jahre planmäßig vorzunehmen.

Sachverhalt 6: Warenzeichen

Ein Warenzeichen hat eine Restlaufzeit von fünf Jahren, ist aber alle zehn Jahre zu einer geringen Gebühr zu erneuern. Die das Warenzeichen kaufende Gesellschaft will dieses über die förmliche Laufzeit hinaus nutzen und ist dazu auch fähig. Eine Untersuchung des Lebenszyklus des Produkts, des

Markts und des Wettbewerbsumfelds ergibt eine zeitlich unbestimmte Nutzungsdauer des Warenzeichens.

Beurteilung
Eine planmäßige Abschreibung kommt nicht in Betracht.

Sachverhalt 7: Warenzeichen und Wettbewerber
Ein Warenzeichen war unter der Annahme einer unbestimmten zeitlichen Nutzungsdauer erworben worden. Unerwarteter Wettbewerb ist jüngst in den Markt eingedrungen und wird die künftigen Verkäufe dieses Produkts reduzieren. Das Management geht von einer weiteren Nutzbarkeit des Warenzeichens auf unbestimmte Zeit, allerdings mit einem geringeren Einnahmevolumen *(cash inflow)*, aus.

Beurteilung
Es ist ein *impairment test* nach IAS 36 durchzuführen (→ §11).

Sachverhalt 8: Warenzeichen und Produkteinstellung
Im Rahmen eines Unternehmenserwerbs hat eine Gesellschaft das Warenzeichen für eine Produktlinie erworben und ist zunächst von einer unbestimmten Nutzungsdauer ausgegangen. Planmäßige Abschreibungen wurden bis dahin nicht vorgenommen. Nun aber hat das Management eine Beendigung der einschlägigen Produktion in den nächsten vier Jahren vorgesehen.

Beurteilung
Ein *impairment test* und eine planmäßige Abschreibung des verbleibenden Buchwertes auf vier Jahre sind vorzunehmen.

Hinweis
Nicht nur bei den beiden letzten Beispielen, sondern auch bei allen anderen Sachverhalten ist das Erfordernis einer *impairment*-Abschreibung zu prüfen.

Schwieriger wird die Bestimmung der möglichen Nutzungsdauer von immateriellen Vermögenswerten in der wirtschaftlichen Wirklichkeit. Als Beispiel sei das Thema der **Marken**[44] herausgegriffen. Vereinfacht dargestellt ist die rechtliche Struktur auf ein exklusives zehnjähriges Nutzungsrecht aufgrund Registereintragung ausgerichtet. Eine Verlängerung kann indes unbeschränkt in Anspruch genommen werden. Die **rechtliche** Beurteilung schränkt also die Nutzungsdauer nicht ein.

Bei der **ökonomischen** Beurteilung sind zunächst die **Gedächtnisinhalte** anzusprechen, es ist also der Frage nachzugehen, was der potenzielle Konsument mit Porsche, Reval oder Lindt in Verbindung bringt. Die Nutzungsdauer einer Marke ist dabei nicht mit einem speziellen Produkt notwendig verknüpft, das zeigen die drei genannten Beispiele. Sofern also überhaupt Sportwagen, Zigaretten oder Schokolade am Markt untergebracht werden können, ist keine zeitliche Beschränkung der Markennutzung aus wirtschaftlicher Sicht feststellbar. Das Management des betreffenden Unternehmens wird dann, sofern weiterhin diese Produkte unter

---

44 Vgl. hierzu GREINERT, BB 2004, S. 483.

bestimmten Marken vertrieben werden sollen, die Gedächtnisinhalte des Publikums durch entsprechende Werbemaßnahmen etc. aufrechterhalten.
Für Marken ist deshalb i. d. R. eine **bestimmte** Nutzungsdauer **nicht definierbar**, so dass eine planmäßige Abschreibung nicht in Betracht kommt (→ § 10 Rz 33 ff.). Allerdings ist die Nutzungsdauereinschätzung jährlich zu **überprüfen**. Soweit etwa das Management beschließt, die Marke nur noch über einen **bestimmten Zeitraum weiterzuführen**, ergibt sich ab dann eine bestimmbare (Rest-)Nutzungsdauer. Häufig wird mit einer solchen Änderung der Einschätzung zugleich das Erfordernis einer außerplanmäßigen Abschreibung (*impairment*; → § 11 Rz 14 ff.) einhergehen. Die planmäßige Abschreibung nach Maßgabe der Restnutzungsdauer erfolgt dann auf Basis des Buchwerts nach außerplanmäßiger Abschreibung.

3.3.6   Außerplanmäßige Abschreibung

96   Auf → § 11 Rz 16 und → § 11 Rz 31 wird verwiesen.

4   Abgang

97   Der Abgang („Ausmusterung") eines immateriellen Vermögenswertes ist **erfolgswirksam** (Veräußerungserlös abzüglich Restbuchwert) zu verbuchen (IAS 38.113). Ein solcher Abgang ist auch anzunehmen, wenn dieser Vermögenswert keine künftigen ökonomischen Vorteile mehr liefert (IAS 38.112). Der **Zeitpunkt** des Abgangs richtet sich gem. IAS 38.114 nach den Realisationskriterien in IAS 18 bzw. IFRS 15.

5   Ausweis

98   Die immateriellen Vermögenswerte mit längerfristiger Nutzung im Unternehmen sind nach IAS 1.68(c) **getrennt** von den materiellen Anlagegütern (Sachanlagen) auszuweisen (→ § 2 Rz 46). Insoweit kann die Gliederungsvorgabe in § 266 Abs. 2 HGB unmittelbar übernommen werden.
Allerdings ist nach IAS 38.119 im Anhang (ersatzweise auch in der Bilanz) eine **Untergliederung** nach den verschiedenen Arten immaterieller Vermögenswerte vorzunehmen. IAS 38.119 liefert eine **beispielhafte** Vorgabe:

- Warenzeichen,
- Publizierungsrechte,
- Computersoftware,
- Lizenzen, Verkaufsrechte,
- Copyrights, Patente u. Ä.,
- Rezepturen, Formeln, Modelle, Prototypen u. Ä.,
- in Entwicklung befindliche immaterielle Vermögenswerte.

99   Bei Bedarf können diese genannten Gruppen weiter aufgegliedert werden. Der Ausweis im **Anlagevermögen** (*non-current*; → § 2 Rz 30) ist wohl die Regel, aber nicht zwingend. Emissionsrechte sind u. E. als *current* anzusehen (Rz 45). Eine **Umgliederung** im Bilanzausweis ist dann vorzunehmen, wenn immaterielle Vermögenswerte des Anlagevermögens zum Verkauf gestellt werden (*non-current assets held for sale*). Der Ausweis muss dann gem. IFRS 5.38 getrennt von den übrigen Vermögenswerten erfolgen (→ § 29 Rz 53; → § 14 Rz 68).

Sinnvoll erscheint eine **Trennung** der Entwicklungskosten für die noch in Entwicklung befindlichen Produkte (ohne planmäßige Abschreibung) und solche für bereits genutzte Produkte.

6 Angaben

Im **Anhang** sind gem. IAS 38.118 – **unterteilt** nach selbst geschaffenen und   100
sonstigen immateriellen Vermögenswerten – anzugeben (vgl. auch → § 10 Rz 45 sowie → § 14 Rz 68):
- ob die Nutzungsdauer unbestimmt oder zeitlich beschränkt ist;
- die angewandten Nutzungsdauern bzw. Abschreibungsprozentsätze;
- die Abschreibungsmethoden;
- der Bruttobuchwert und die aufgelaufenen Abschreibungen zu Beginn und zum Ende des Wirtschaftsjahres (Bestandteil des Anlagespiegels);
- der GuV-Posten, in dem die planmäßigen Abschreibungen enthalten sind;
- ein Vergleich der Buchwerte zum Beginn und zum Ende der Rechnungsperiode mit Darstellung der
  - Zugänge unter separatem Ausweis der selbst erstellten Vermögenswerte und derjenigen, die durch einen Unternehmenszusammenschluss erworben worden sind;
  - zum Verkauf gem. IFRS 5 (→ § 29 Rz 50) bestimmten Posten;
  - übrigen Abgänge;
- Neubewertungs-Zuschreibungen nach IAS 38.75 ff. unter Berücksichtigung von außerplanmäßigen Abschreibungen einschließlich der Darstellung dieser Vorgänge, soweit diese direkt in der Eigenkapitalveränderung erfasst worden sind;
- außerplanmäßige Abschreibungen, die in der GuV enthalten sind;
- Wertaufholungszuschreibungen auf frühere außerplanmäßige Abschreibungen, die in der GuV enthalten sind;
- Höhe der planmäßigen Abschreibungen;
- Währungsumrechnungsdifferenzen;
- andere Buchwertänderungen während der Rechnungsperiode.

Nach IAS 38.122 sind u. a. folgende weiteren Angaben zu machen:
- Für Immaterialgüter mit unbestimmter Lebensdauer (Rz 93) sind der Buchwert und die Gründe für die angenommene unbestimmte Lebensdauer zu nennen.
- Der Buchwert und die Restnutzungsdauer **eines** wichtigen immateriellen Anlageguts sind zu beschreiben.

Zur letztgenannten Angabepflicht liefert die ESMA-Liste der Enforcemententscheidungen Anschauungsmaterial.[45]

Praxis-Beispiel

Im Abschluss eines Fußballclubs betrug der Buchwert für einen eingekauften Spieler (Rz 41) 7 % der Bilanzsumme, was der Enforcer als wesentlich taxiert. Angaben zum Buchwert und zur Amortisationsperiode waren nicht erfolgt, weil
- eine solche Information sehr „sensibel" sei und die Verhandlungsposition des Clubs bei Verhandlungen über Spielereinkäufe beeinflussen könnte,

---

[45] ESMA, Decision ref. 0111–08

> - andere Clubs diese Anhangangabe ebenfalls vermeiden,
> - die Anteilseigner nur am Gesamtbetrag des angeschafften Spielerver-
>   mögens und nicht an Einzelposten interessiert seien.
>
> Die Entscheidung des Enforcers lautet: IAS 38.122(b) enthält keine Ausnah-
> meregel für sensible Daten oder präjudiziell wirkende Angaben.

Wegen der üblichen Darstellung in Form eines **Anlagespiegels** bzw. **-gitters** wird verwiesen auf → § 14 Rz 68 ff. Dort ist auch ein **Formulierungsbeispiel** für die übrigen Anhangangaben wiedergegeben.

Außerdem sind wesentliche Auswirkungen einer **Neueinschätzung** i.S.d. IAS 8 (→ § 24 Rz 52) von Abschreibungsperioden, Abschreibungsmethoden und an-zunehmenden Restwerten darzustellen (→ § 10 Rz 45; IAS 38.121).

101   Wegen weiterer Angabepflichten wird auf die „Checkliste IFRS-Abschlussangaben" verwiesen (siehe HI10157883 im Haufe IFRS-Kommentar Online, vgl. → § 5 Rz 8).

7   Einzelfälle der Bilanzierung von immateriellen Vermögenswerten (ABC)

102

Abgang	erfolgswirksame Verbuchung (Rz 97)
Abschreibung, außer-planmäßige	(Rz 96; → § 11 Rz 16 und → § 11 Rz 31)
Abschreibung, planmäßige	(→ § 10 und Rz 82)
aktiver Markt	Voraussetzung zur Anwendung der Neubewer-tungsmethode (Rz 87)
Anhangangabe	(Rz 100)
Anlaufkosten	nicht aktivierbar (Rz 68)
Anschaffung, Einzel-anschaffung	(Rz 19 und Rz 71)
Anschaffungs- oder Her-stellungskosten	(Rz 70)
Ausbildungskosten	nicht aktivierbar (Rz 68)
Ausbildungsqualität des Mitarbeiterstamms	nicht aktivierbar (Rz 5)
Ausweis in der Bilanz	(Rz 98)
Belieferungsrechte	(Rz 21)
Druckrechte	nicht aktivierbar bei originärem Erwerb (Rz 31), anders bei entgeltlichem Erwerb
eBooks	(Rz 11)
Einlagen	(Rz 84)

Emissionsrechte (Umweltverschmutzung)	(Rz 45)
Entwicklungskosten	unter bestimmten Voraussetzungen aktivierbar (Rz 25 ff.)
erneuerbare Rechte	(Rz 94)
EU-Chemikalienverordnung	Aktivierbarkeit zweifelhaft (Rz 63)
Filmherstellung	(Rz 19)
Forschung	nicht aktivierbar (Rz 25 ff.)
Gemeinkosten	„echte" bei Anschaffung aktivierbar (Rz 74)
goodwill, Abgrenzung zum	(Rz 13)
Herstellung	(Rz 79)
Humankapital	kann u. U. entwickelt werden (Rz 30); u. U. aktivierbar (Rz 64)
Identifizierbarkeit	(Rz 13)
Kataloge	nicht aktivierbar (Rz 57)
Kaufpreisallokation	(Rz 22)
Konzessionen, entgeltlich erworben	aktivierbar (Rz 94)
Konzessionen, hergestellt	aktivierbar, wenn mit Auflagen verbunden (Rz 77)
Kundengewinnungskosten	(Rz 54)
Kundenlisten, Kundenbeziehungen, Kundenstamm	nicht aktivierbar bei originärem Erwerb (Rz 5; Rz 13), anders bei entgeltlichem Erwerb
Landerechte für Flugzeuge	unbestimmte Nutzungsdauer (Rz 94)
Lizenzen	Aktivierung bei entgeltlichem Erwerb (Rz 21)
Management, Begabung	nicht aktivierbar (Rz 5)
Marken	nicht aktivierbar bei originärem Erwerb, anders bei entgeltlichem Erwerb (Rz 31)
Marktanteil	nicht aktivierbar (Rz 13)
Mauterhebungsrecht	unbestimmte Nutzungsdauer (Rz 94)
Medizingeräte (CE-Kennzeichnung)	(Rz 33)

Neubewertung	(Rz 87)
Nutzungsdauer, bestimmt oder unbestimmt	(Rz 93 ff.)
Nutzungsdauer, Bestimmung	Beispiele (Rz 95)
Nutzungsrechte	u. U. aktivierbar bei entgeltlichem Erwerb (Rz 42)
preisregulierte Märkte	besondere Vermögenswerte gelten nicht als immateriell
Profisportler	(Rz 41)
REACH	s. EU-Chemikalienverordnung (Rz 63)
Restwertbestimmung	als Bestandteil des Abschreibungsvolumens (Rz 89)
Schulungskosten	Aktivierungsverbot (Rz 68)
Software, selbst geschaffene	(Rz 35 ff.)
Standortvorteil	nicht aktivierbar (Rz 13)
subscriber acquisition costs	(Rz 54)
Tausch	(Rz 82)
Umzugs- und Umorganisationskosten	nicht aktivierbar (Rz 68)
Unternehmenszusammenschluss, Erwerb im Rahmen eines	(Rz 22)
Verkaufsförderung	nicht aktivierbar (Rz 68)
Verkaufskataloge	nicht aktivierbar (Rz 57)
Verlagsrechte	nur bei Anschaffung aktivierbar (Rz 31)
Vertriebskosten	Abgrenzung zur Verkaufsförderung mit u. U. gegebener Aktivierung (Rz 58)
Warenzeichen	nur bei Anschaffung aktivierbar (Rz 31)
Webseite	(Rz 40)
Werbeaufwand	regelmäßig nicht aktivierbar aber Ausnahme denkbar (Rz 57)
Wertminderungsverlust	s. Abschreibung, außerplanmäßige (Rz 96; → § 11 Rz 16 und → § 11 Rz 31)
Zuwendungen der öffentlichen Hand	(Rz 81)

8 Anwendungszeitpunkt, Rechtsentwicklung

IAS 38 ist für Geschäftsjahre ab 2004/2005 anwendbar (IAS 38.130). Wesentliche **103** Änderungen, die alle spätestens für Geschäftsjahre ab 2015, größtenteils schon früher anzuwenden sind, haben sich seitdem in folgenden Punkten ergeben:

- Klarstellung, wann nicht aktivierungsfähige (Vertriebs-)Aufwendungen angefallen sind (Rz 58);
- Streichung bewertungstechnischer Vorschriften, stattdessen Behandlung dieser Fragen durch IFRS 13 (Rz 83);
- Behandlung kumulierter Abschreibungen bei Übergang zur Neubewertung (Rz 87);
- Klarstellungen zur Zulässigkeit bzw. Unzulässigkeit von Abschreibungsmethoden, insbesondere solchen nach erwarteten Erlösen (Rz 91).

§ 14   SACHANLAGEN *(Property, Plant and Equipment)*

Schrifttum: FREIBERG, Gewinnrealisation bei Tauschgeschäften nach IFRS, PiR 2007, S. 171; GRAUMANN, Bilanzierung der Sachanlagen nach IAS, StuB 2004, S. 709; HOFFMANN, Aktivierung von Gemeinkosten bei Anschaffungen, PiR 2007, S. 27; HOFFMANN/LÜDENBACH, Die Abbildung des Tauschs von Anlagevermögen nach den neu gefassten IFRS-Standards, StuB 2004, S. 337; LÜDENBACH, Anlagen im Bau, PiR 2006, S. 149; LÜDENBACH, Bilanzierung von Dauerkulturen, PiR 2014, S. 191.

Vorbemerkung

Die Kommentierung bezieht sich auf IAS 16 in der aktuellen Fassung und berücksichtigt alle Ergänzungen, Änderungen und Interpretationen, die bis zum 1.1.2017 beschlossen wurden.

1 Überblick

1.1 Regelungsbereich

IAS 16 umfasst das Teilgebiet der Bilanz, das nach deutscher Sprachregelung als „**Sachanlagen**" umschrieben wird. Es entspricht in etwa dem so überschriebenen Gliederungsteil in § 266 Abs. 2 HGB (Rz 65). Besonderheiten gelten für den Posten „Anlagen im Bau": 1

- Bei Eigenerstellung durch individuelle Auftragsvergabe an Handwerker entstehen aktivierungspflichtige Herstellungskosten.
- Bei schlüsselfertiger Erstellung eines Bauwerks durch einen Generalunternehmer liegt ein Anschaffungsfall vor; hier beschränkt sich die Aktivierung während der Bauphase auf geleistete Anzahlungen.[1]

Im Bereich der **Immobilien** des Anlagevermögens findet IAS 16 nur auf die vom Eigentümer selbst genutzte Immobilie *(owner-occupied properties)* unbeschränkt Anwendung. Bei fremd vermieteten oder der Wertsteigerung dienenden, **als Finanzinvestition gehaltenen Immobilien** *(investment properties)* ist IAS 40 einschlägig, verweist aber hinsichtlich der Bewertung in IAS 40.56 zurück auf IAS 16, sofern sich das Unternehmen für die Anschaffungskostenbewertung und gegen die *fair-value*-Bewertung entscheidet (→ § 16 Rz 49). Bei Anlagen, die Gegenstand eines *finance lease* sind, hat der **Leasingnehmer** im zeitlichen Anwendungsbereich von IAS 17 (also bis einschließlich 2018) Ansatz und gem. IAS 16.27 auch den Zugangswert nach den Vorschriften von IAS 17 zu bestimmen, für die planmäßige Abschreibung gelten aber gem. IAS 17.27 die Regelungen von IAS 16. Letzteres gilt auch für den Nachfolgestandard IFRS 16 (IFRS 16.31)

In manchen Staaten kann Grund und Boden *(land)* nicht zu Eigentum erworben 2 werden, ersatzweise steht der Erwerb eines Landnutzungsrechts zur Bebauung oder Ausbeutung zur Verfügung. Fraglich ist dann die Eingruppierung dieses (entgeltlich zu erwerbenden) Rechts unter die einschlägigen Standards:

---

[1] Vgl. LÜDENBACH, PiR 2006, S. 149.

- Erwerb von **Sachanlagen**,
- Erwerb eines **immateriellen Vermögenswerts (Nutzungsrechts;** → § 13 Rz 42),
- **Leasing** von Grund und Boden.

Das IFRS IC konnte sich nicht zu Aufnahme in seine Agenda durchringen, weil dieses Problem nur als Spezialrecht für die betreffende Jurisdiktion auftreten kann.[2] Eine zu favorisierende Lösung kann u.E. ohne Kenntnis der Vertragsdetails nicht gefunden werden.

3 **Ausgeschlossen** vom Anwendungsbereich von IAS 16 sind
- **landwirtschaftlich** und biologisch „orientierte" Vermögenswerte gem. IAS 41 (→ § 40 Rz 1),
- **Mineralgewinnungsrechte** und die Aufwendungen zur Gewinnung von Mineralien und ähnlichen nicht regenerativen Ressourcen (→ § 41).

Allerdings sind solche Sachanlagegegenstände für diese beiden ausgeschlossenen Bereiche doch nach IAS 16 zu bewerten, wenn die betreffenden Vermögenswerte eine Art **Hilfsfunktion** für die landwirtschaftliche Tätigkeit etc. ausüben (→ § 40 Rz 7). Die Abgrenzung zu *„biological assets"* hat sich durch das im Juni 2014 verabschiedete *Amendment* zu IAS 16 und IAS 38 geändert. Danach sind **fruchttragende Pflanzen** (*bearer plants*, z.B. Rebkulturen oder Apfelbäume, nicht hingegen forstwirtschaftlich genutzte Bäume) seit 2016 als Sachanlage zu würdigen (→ § 40 Rz 3). Die Verlagerung der fruchttragenden Pflanzen von IAS 41 nach IAS 16 bewirkt insbesondere, dass eine erfolgswirksame *fair-value*-Bewertung nicht mehr zulässig ist, daher z.B. auch keine *day-1-gains* aus (angeblicher) Differenz von Anschaffungskosten und *fair value* entstehen können.[3]

4 In der **Definitionsnorm** IAS 16.6 werden die in IAS 16 behandelten Vermögenswerte wie folgt umschrieben:

> *„Sachanlagen umfassen **materielle** Vermögenswerte,*
> *(a) die für **Zwecke** der Herstellung oder der Lieferung von Gütern und Dienstleistungen, zur Vermietung an Dritte oder für Verwaltungszwecke gehalten werden; und die*
> *(b) erwartungsgemäß **länger als eine Periode** genutzt werden. "*

Üblicherweise wird die Periode mit einer zwölfmonatigen Dauer interpretiert.

1.2 Begriffsinhalte

5 Soweit im Definitionskatalog von IAS 16.6 Bestandteile der planmäßigen und außerplanmäßigen Abschreibungsverrechnung angesprochen sind, wird auf die Kommentierung in → § 10 und → § 11 verwiesen.
Im Einzelnen:
- Planmäßige Abschreibung (*depreciation;* → § 10).
  - Abschreibbarer Betrag (*depreciable amount;* → § 10 Rz 19).
  - Abschreibungsmethode (*pattern;* → § 10 Rz 26).
  - Nutzungsdauer (*useful life;* → § 10 Rz 33).
  - Restwert (*residual value;* → § 10 Rz 19).

---

[2] IFRIC Update May 2012.
[3] Ausführliches Beispiel in LÜDENBACH, PiR 2014, S. 191.

- Sonstige Definitionen
  - Beizulegender Zeitwert *(fair value;* → § 8a).
  - Wertminderungsverlust *(impairment loss*; → § 11 Rz 6).
  - Buchwert *(carrying amount*; → § 11 Rz 6).

1.3 Abgrenzung zum Vorratsvermögen

Nach IAS 16.8 werden Ersatzteile, **Bereitschaftsausrüstungen** und **Wartungs-** 6
geräte *(spare parts, stand-by equipment and servicing equipment)* „gemäß diesem IFRS angesetzt, wenn sie die Begriffsbestimmung der Sachanlage erfüllen. Ansonsten werden diese Posten als Vorräte behandelt." Klar ist danach nur: Die Teile, Ausrüstungen, Geräte dürfen entsprechend IAS 16.6 und IAS 2.6 nicht zur Lieferung an Kunden bestimmt sein und müssen mehr als eine Periode lang genutzt werden. Im Übrigen bleibt die Vorschrift aber insoweit inhaltsarm, als keine Hinweise darauf gegeben werden, was unter **Bereitschaftsausrüstungen** und **Wartungsgeräten** zu verstehen ist und auch in der Industrie kein einheitlicher, einigermaßen konkreter Sprachgebrauch herrscht.

In Deutschland scheint etwa der Begriff **Wartungsgeräte** einheitlich nur bei Anbietern von Reglern zum Management von Gas- oder Flüssigsystemen verwendet zu werden. Die *Oxford Dictionaries* führen als Beispiel für ein *stand-by equipment* einen Notstromaggregator an. Folgerichtig beschränkt sich auch das IFRS-Schrifttum weitgehend auf die Wiedergabe des Regelungswortlauts, ohne Anwendungsbeispiele zu geben. Insgesamt wirft die Vorschrift also mehr Rätsel als Lösungen auf.

Bei **Ersatzteilen** ist danach zu differenzieren, ob sie für eigene Anlagen oder für Wartungsarbeiten an Anlagen von Kunden genutzt werden.

Praxis-Beispiel[4]
Sachverhalt
Ein Luftfahrtunternehmen befasst sich auch mit Wartungsarbeiten für Flugzeuge von Kunden. Dazu hält es die für den laufenden Unterhalt von Kundenflugzeugen benötigten Teile bereit. Außerdem bevorratet es längerlebige Ersatzteile für die eigenen Flugzeuge.

Lösung
Die erstgenannte Kategorie der Ersatzteile gehört zum Vorratsvermögen (→ § 17 Rz 3), die zweitgenannte zum Anlagevermögen.[5]

Einerseits legt IAS 16 besonderen Wert auf die genaue Ermittlung der Nutzungsdauer, andererseits ist eine großzügige Verfahrensweise in der Praxis festzustellen (→ § 10 Rz 11). Tatsächlich erscheint bei Ersatzteilen eine zu kleinliche Betrachtungsweise nicht angebracht.

---

[4] Nach KPMG, Insights into IFRS 2015/2016, Tz. 3.2.10.20.
[5] So auch PwC, IFRS Manual of Accounting 2016, Tz. 16.16.

> **Praxis-Beispiel**[6]
> * Ersatz- und Drehteile für neu eingeführte Flugzeuge und Triebwerke (Flotte) werden separat als Anlagevermögen geführt und entsprechend der Nutzungsdauer der Flotte abgeschrieben.
> * Die für die laufende Überholung (*overhaul*) der Flugzeuge und Triebwerke benötigten Ersatzteile werden auf den Zeitraum zwischen den Überholungsintervallen abgeschrieben.

7   Wegen weiterer Abgrenzungsprobleme zwischen Vorratsvermögen und Anlagevermögen wird auf → § 17 Rz 4ff. verwiesen. Dort werden u.a. behandelt:
* **Mietwagen** bei Mietwagenunternehmen,
* **Vorführwagen** bei Autohändlern,
* **Musterhäuser** bei Fertighausherstellern, **Musterküchen** im Küchenhandel,
* **Warenumschließungen** (Pfandflaschen usw.),
* **Testgeräte**, die einem potenziellen Kunden zunächst unentgeltlich in der Hoffnung auf späteren Kauf zur Verfügung gestellt werden.

In den drei erstgenannten Fällen geht es um einen dualen Verwendungsplan, bei dem einer mehr oder weniger langen Verwendung zur Vermietung, Ausstellung usw. ein von vornherein beabsichtigter Verkauf folgt. IAS 16.68A bestimmt hier die Rechtsfolgen im Zeitpunkt des Übergangs von der Verwendung als Sachanlage zum Verkauf, nämlich die Umgliederung von Sachanlagen nach Vorräten. Die Frage, unter welchen Voraussetzungen der Vermögenswert aber überhaupt in der ersten Verwendungsphase als Sachanlage zu qualifizieren ist, wird nicht explizit behandelt. Einschlägig ist zunächst die Definition des IAS 16.6, wonach Sachanlagen Vermögenswerte sind, die

* für Zwecke der Herstellung/Lieferung von Gütern/Dienstleistungen, für Verwaltungszwecke oder zur Vermietung gehalten werden und
* erwartungsgemäß **länger als eine Periode** genutzt werden.

In formaler Auslegung wäre dann bei einem Autovermieter zu differenzieren, ob gekaufte Fahrzeuge durchschnittlich nach 13 Monaten Vermietung an wechselnde Personen zur Veräußerung gehen (dann Sachanlage bis zur Beendigung der Vermietung) oder durchschnittlich nach elf Monaten (dann während der elf Monate weder Sachanlagen noch Vorratsvermögen).

U. E. ist eine solche formale Auslegung nicht angemessen. Eine verursachungsgerechte Erfassung der Aufwendungen gelingt in solchen Fällen nur, wenn die Fahrzeuge planmäßig abgeschrieben werden, solange sie zur Vermietung genutzt werden. Eine planmäßige Abschreibung setzt aber die Anwendung von IAS 16 und damit voraus, dass der Sachanlagenbegriff über die enge formale Vorgabe hinaus auf Fälle ausgedehnt wird, in denen (zunächst) nicht die Veräußerung, sondern die Vermietung oder eine anderweitige Nutzung (z.B. Ausstellung) Verwendungszweck des Vermögenswerts ist, auch wenn die Zeitdauer dieser Erstverwendung nicht mehr als eine Periode beträgt.

---

6   Nach dem Geschäftsbericht 2012 der IAG International Airlines Group.

2 Bilanzansatz

Die Bilanzierung dem **Grunde nach** richtet sich nach den allgemeinen Kriterien **8** im *Framework* (→ § 1 Rz 83 ff.). Eher i. S. e. **Klarstellung** verlangt IAS 16.7 einen Bilanzansatz für Sachanlagen, wenn

- mit Wahrscheinlichkeit künftiger ökonomischer Nutzen für das Unternehmen dem betreffenden Vermögenswert zugeordnet werden kann und
- die Anschaffungs- bzw. Herstellungskosten zuverlässig ermittelbar sind.

Das letztgenannte Kriterium dürfte in aller Regel erfüllt sein; zum Aspekt der „Wahrscheinlichkeit" wird verwiesen auf → § 21 Rz 30 ff.

Aus **Sicherheitsgründen** oder für den **Umweltschutz** angeschaffte oder hergestellte Anlagegüter sind auch dann anzusetzen, wenn sie keinen unmittelbaren ökonomischen Nutzen verschaffen (IAS 16.11), aber mittelbar dem Unternehmen dienen, etwa durch Stärkung des Images bei freiwilligen Umweltschutzmaßnahmen oder durch Erhaltung der Betriebserlaubnis bei Pflichtmaßnahmen.

IAS 16.9 erlaubt eine **Sammelerfassung** von **untergeordneten** Vermögenswerten **9** (*unsignificant items*) nach vernünftiger kaufmännischer Einschätzung (*professional judgement*). Beispielhaft werden genannt: Gussformen und Werkzeuge. Weitere Beispiele sind Paletten und „umlaufende" Warenumschließungen im Rahmen des sog. Pfandkreislaufs in der Getränkewirtschaft. Eine stückweise Inventarisierung erfolgt hier regelmäßig nicht; stattdessen wird mit **Festwerten** (*minimum value*) bilanziert. Zu den geringwertigen Wirtschaftsgütern des Anlagevermögens vgl. → § 10 Rz 31.

3 Zugangsbewertung zu Anschaffungskosten oder Herstellungskosten

3.1 Grundlagen

Nach IAS 16.15 sind Sachanlagen beim erstmaligen Ansatz mit Anschaffungs- oder **10** Herstellungskosten anzusetzen. Hierbei gilt konzeptionell der **finale** Anschaffungs- bzw. Herstellungskostenbegriff: Zu erfassen sind danach alle direkt zurechenbaren Kosten, die anfallen, **um** den Vermögenswert in den beabsichtigten betriebsbereiten Zustand zu versetzen (IAS 16.16(b)). Die Berücksichtigung von Nebenkosten als Anschaffungs- oder Herstellungskosten **endet** demgemäß i. d. R. mit der Inbetriebnahme des hergestellten Vermögenswerts (IAS 16.20). Ausnahmen können sich ergeben, wenn der Anlagegegenstand noch nicht seine volle Leistungsfähigkeit erreicht hat (Rz 27). Die Betriebsbereitschaft beendet den Anschaffungs-/Herstellungsvorgang ansonsten auch dann, wenn der Vermögenswert noch nicht genutzt wird. Die dann noch entstehenden Kosten sind nicht mehr aktivierbar.

Nicht zu den Anschaffungs- oder Herstellungskosten zählen nach IAS 16.19 Aufwendungen, die weitgehend der **Ingangsetzung, Verlagerung oder Erweiterung** des Geschäftsbetriebs zuzuordnen sind. Es handelt sich um Kosten der Neueröffnung einer Produktionsstätte, Einführung neuer Produkte oder Dienste, örtlichen Betriebsverlegung, Gewinnung neuer Absatzkanäle.

Opportunitätskosten sind auch im Fall von Umbaukosten mit zeitweiser Stilllegung des Geschäftsbetriebs nicht aktivierbar.

> **Praxis-Beispiel**
> Unternehmen A betreibt eine Supermarktkette und hat einen neuen Standort für eine Filiale erworben. Zum Umbau etc. wird der Verkauf für drei Monate stillgelegt. Die beim Umbau anfallenden Kosten für Fremdleistungen und eigene Arbeitskräfte sind als Anschaffungs- oder Herstellungskosten zu aktivieren, nicht hingegen der entgangene Gewinn wegen der Schließung.

11   Im Wesentlichen sind die Anschaffungs- und Herstellungskosten für Sachanlagen nicht anders zu ermitteln als bei Vorratsvermögen. Für den Herstellungsfall wird dies besonders in IAS 16.22 betont, für den Anschaffungsfall gilt aber Entsprechendes. Auf → § 17 Rz 19ff. wird deshalb verwiesen. **Übereinstimmungen zu den Vorräten** ergeben sich insbesondere in folgenden Punkten:
*   Einbeziehung von **Einfuhrzöllen** und nicht erstattungsfähigen **Umsatzsteuern** in die Anschaffungskosten gem. IAS 16.16(a) (→ § 17 Rz 20);
*   Korrektur des Anschaffungspreises um **implizite Finanzierungskomponenten** bei ungewöhnlich langen Zahlungszielen gem. IAS 16.23 (→ § 17 Rz 21);
*   Minderung des Erwerbspreises um **Rabatte, Boni, Skonti** usw. gem. IAS 16.16(a) (→ § 17 Rz 31);
*   Beschränkung auf die Aktivierung von direkt zurechenbaren Kosten gem. IAS 16.16(b) und IAS 16.17, somit Einbeziehungsverbot für **Anschaffungsgemeinkosten** (Rz 13), aber nicht für Herstellungsgemeinkosten;
*   keine Einbeziehung **produktionsferner Verwaltungsgemeinkosten** in die Herstellungskosten gem. IAS 16.19(d) (→ § 17 Rz 34).

12   Gleichwohl ergeben sich einige **Besonderheiten** der Anschaffung- oder Herstellungskosten **bei Sachanlagen**. Betroffen sind u.U.:
*   Kosten der **Objektsuche oder Entscheidungsfindung** (Rz 14),
*   Erwerb durch **Tausch** gem. IAS 16.24 (Rz 17),
*   Erwerb durch **Einlage** (Rz 20),
*   **Aufteilung eines einheitlichen Kaufpreises** bei Erwerb mehrerer Vermögenswerte (Rz 22),
*   Erwerb gegen einen bedingten, z.B. **erfolgsabhängigen Kaufpreis** (Rz 23),
*   **Räumungskosten** und ähnliche der Herstellung der Betriebsbereitschaft dienende Kosten gem. IAS 16.17(b) und IAS 16.17(d) (Rz 24),
*   Kosten von und Erträge während **Testläufen** gem. IAS 16.17(e) (Rz 27),
*   **Abbruchkosten** (Rz 26),
*   **Rückbauverpflichtungen** gem. IAS 16.16(c) (Rz 30),
*   Kosten für **Fehlmaßnahmen, Nachbesserungen und Umplanungen** (Rz 32),
*   **Finanzierungskosten**, verdeckte Finanzierungskomponenten gem. IAS 16.22 (Rz 35),
*   **geleaste Gegenstände**, deren Anschaffungskosten gem. IAS 16.27 nach IAS 17 zu bestimmen sind (Rz 1),
*   **öffentliche Zuwendungen** gem. IAS 16.28 (Rz 37),
*   Wiederaufbau nach **Versicherungsentschädigung** (Rz 38),
*   **nachträgliche Herstellungskosten**, Abgrenzung zwischen **Instandhaltung und Herstellung** (Rz 39).
*   Nachfolgend werden unter Rz 13 bis Rz 45 Einzelfälle der Anschaffungs-/Herstellungskosten erläutert.

3.2 Kosten der Objektsuche oder Entscheidungsfindung sowie Anschaffungsgemeinkosten

Anschaffungskosten sind nur in Form von **direkt zurechenbaren Kosten** *(directly attributable cost)*, also **Einzelkosten** aktivierbar. Gemeinkosten der Anschaffung sind – anders als im Rahmen der Herstellung – von einer Aktivierung ausgeschlossen. Dabei ist begrifflich zu unterscheiden nach 13

- „echten" Gemeinkosten, die nur aufgrund bestimmter Annahmen über Kostenstellenschlüsselungen einem beschafften Produkt zuordenbar sind, und
- „unechten" Gemeinkosten, die „an sich" einem Beschaffungsvorgang direkt zurechenbar sind, mangels entsprechender Aufzeichnungen tatsächlich aber nicht direkt erfasst werden (Rz 15).

An der direkten Zurechenbarkeit zum Anschaffungs- oder Herstellungsvorgang 14 fehlt es auch bei solchen Kosten, die lediglich der Vorbereitung einer noch nicht getroffenen Entscheidung über die Anschaffung (oder Herstellung) dienen, etwa in Form einer Machbarkeitsstudie für eine komplexe Anlage oder von Suchkosten (Reisekosten etc.) für ein geeignetes Warenhausgrundstück.

Zum Ganzen folgendes Beispiel: 15

Praxis-Beispiel[7]
Sachverhalt
Der inländische Porzellanhersteller P bestellt nach ausführlichen Machbarkeitsstudien *(feasibility studies)* in Korea eine neue Produktionsanlage. Zur Überwachung des Herstellungsverfahrens reist ein bei P beschäftigter **Ingenieur** wiederholt nach Korea. Nach den Zeitaufzeichnungen hat er die Hälfte der Jahresarbeitszeit mit dieser Überwachung verbracht. Daneben hat sich die **Einkaufsabteilung** unter vielen anderen Projekten auch mit diesem beschäftigt, u. a. mit der Ausschreibung, der erforderlichen Logistik, der Finanzierung (Leasing oder Kauf), der Frage der Währungssicherung usw.

Lösung
Die Kosten der **Machbarkeitsstudie** sind mit der Anlage nicht unmittelbar verbunden – die Entscheidung hätte aufgrund der Studie auch anders ausfallen können – und deshalb nicht **aktivierbar.**[8] Dies entspricht der Lösung für die Erstellung von Webseiten (→ § 13 Rz 40).
Die Reisekosten des **Ingenieurs** sowie die Hälfte seines Jahresgehalts sind der Maschinenanlage einzeln ohne Rückgriff auf Schlüsselungsgrößen zuzuordnen und deshalb aktivierungspflichtig nach IAS 16.16(b). Gehaltsaufwendungen des Ingenieurs wären zwar auch ohne die Arbeiten in Korea angefallen, was aber die Einbeziehung in die Anschaffungskosten der Anlage nicht hindert.[9]
Die Kosten der **Einkaufsabteilung** können nach irgendwelchen Annahmen auch dem Korea-Projekt zugeordnet werden. Soweit es sich um Sachkosten – z. B. für die Abschreibung und Beheizung der Räume, in denen der Einkauf tätig ist – handelt, liegen aber „echte" Gemeinkosten vor, die nicht „einzeln" der

---

7 Vgl. HOFFMANN, PiR 2007, S. 27.
8 KPMG, Insights into IFRS 2015/2016, Tz. 3.2.30.60; anders BFH, Urteil v. 27.3.2008, VIII R 62/05, BStBl II 2010 S. 159.
9 KPMG, Insights into IFRS 2015/2016, Tz. 3.2.30.50.

Beschaffung der koreanischen Anlage zuzuordnen bzw. nicht *directly attributable* sind. Eine anteilige Aktivierung auf die Produktionsanlage kommt nicht in Betracht.

Die **Lohnkosten** sind zwar dem Grunde nach durch Zeitaufschreibungen dem jeweiligen Anschaffungsvorgang zuzuordnen. Dies würde aber eine Detaillierung voraussetzen, und zwar nicht nur nach den Projekten (koreanische Anlage vs. sonstige Einkäufe), sondern ebenso nach der Art der Tätigkeit – Suchkosten für die Ausschreibung einerseits, Organisation der Logistik des Transports andererseits. Existieren keine entsprechenden Zeitaufschreibungen, liegen „an sich" aktivierungspflichtige (unechte) Gemeinkosten vor.

Für **fehlende Zeitaufschreibungen**, die zu **unechten Gemeinkosten** führen, kann es zwei Gründe geben:
- Die innerbetriebliche Organisation bzgl. der Kostenerfassung ist objektiv betrachtet **unzulänglich**.
- Die getrennte Erfassung rentiert sich auch nach überbetrieblichen Maßstäben nicht und wird **branchenüblich** unterlassen.

Daraus folgt für Bilanzierungszwecke die (abstrakte) Lösung im Umgang mit unechten Anschaffungsgemeinkosten: **Einerseits** ist nicht dem Schlendrian Folge zu leisten, d.h., eine Aktivierung darf nicht deswegen unterbleiben, weil die entsprechenden Aufzeichnungen nicht vorliegen. Eindeutig ist diese Lösung allerdings nicht, da die IFRS in einem vergleichbaren Kontext – bei **Entwicklungskosten** – die Aktivierung gerade an eine zuverlässige Ermittlung im Rahmen der Kostenrechnung (IAS 38.62) knüpfen (IAS 38.57f.; → § 13 Rz 34). **Andererseits** dürfen die Anforderungen an die zutreffende Erfassung nicht überzogen werden. Wenn das Unternehmen auf entsprechende getrennte Aufzeichnungen aus Kostengründen verzichtet, ist dem auch bei der Bilanzierung jedenfalls dann zu folgen, wenn ein solches Vorgehen kaufmännischer Übung entspricht. Es verbleibt eine **Grauzone**.

16   Aktivierungsfähige unechte Gemeinkosten bei Anschaffungsvorgängen müssen nicht **extern** (durch Lieferanten) entstehen – das zeigt das vorstehende Beispiel. Die direkte Zurechenbarkeit von Kosten und damit deren Aktivierung setzt auch nicht voraus, dass die Aufwendungen **Grenzkosten**charakter („*incremental*") haben, also durch den Anschaffungsvorgang **zusätzlich** verursacht werden.

Praxis-Beispiel[10]
Sachverhalt
Das Industrieunternehmen U kauft eine neue Maschinenanlage, die vom Lieferunternehmen auch installiert wird. Zur Überwachung der Montage stellt U einen eigenen Arbeitnehmer (Ingenieur) für sechs Wochen von seiner sonstigen Arbeit frei.

Lösung
Die gesamten zeitanteiligen Lohnkosten für den Ingenieur sind zu aktivieren, obwohl sie auch ohne die Montageübernahme angefallen wären.

---

[10]   Nach KPMG, Insights into IFRS 2015/2016, Tz. 3.2.30.50.

3.3 Tausch

Die Grundkonzeption der Zugangsbewertung beim **Tausch**[11] *(exchange of one* 17
non-monetary asset for another) stützt sich auf das *fair-value*-Konzept. Der
beizulegende Zeitwert *(fair value)* der hingegebenen Leistung bestimmt die Anschaffungskosten des erworbenen Gegenstands (IAS 16.24) mit der (regelmäßigen)
Folge einer Gewinn- bzw. Verlust**realisierung** bei Abweichen des *fair value* für
den hingegebenen Vermögenswert von dessen Buchwert.[12] Der *fair value* ist
ausnahmsweise **nicht** anzuwenden, wenn

- der Tauschakt keinen **wirtschaftlichen Gehalt** *(commercial substance)* hat oder
- der *fair value* weder des erhaltenen noch des hingegebenen Vermögenswerts
  zuverlässig bestimmbar ist.

Zum *fair-value*-Ansatz beim Tausch müssen also **beide** Kriterien – wirtschaftlicher Gehalt, zuverlässige Bestimmbarkeit – tatbestandlich vorliegen. Wenn
nicht, ist die Zugangsbewertung für den erworbenen Vermögenswert mit dem
Buchwert des aufgegebenen vorzunehmen.

Ob ein Tausch einen **wirtschaftlichen Gehalt** hat, richtet sich nach der erwarteten Änderung des künftigen **Liquiditätsflusses** *(cash flow*; IAS 16.25). Ein wirtschaftlicher Gehalt liegt demnach vor, wenn

- die *cash flows* der hingegebenen Vermögenswerte bzgl. Risikogehalt, Zeitpunkt oder Höhe eine andere Zusammensetzung *(configuration)* als die *cash
  flows* der erhaltenen Vermögenswerte aufweisen,
- der **unternehmensspezifische Wert** *(entity-specific value)* des betroffenen
  Unternehmensteils sich durch den Austauschvorgang verändert und
- der Unterschied in Bezug auf die *fair values* der beiden Austauschgegenstände
  bedeutend *(significant)* ist.

Das **Zusammenspiel** von wirtschaftlichem Gehalt und verlässlicher Bewertung
soll anhand des folgenden Beispiels dargestellt werden:

Praxis-Beispiel
Die Brauerei B-AG verlegt auf Drängen der Stadt F ihre Produktion vom
Innenstadtbereich in ein neu erschlossenes Industriegebiet mit günstigem
Autobahnanschluss. Die Produktionslinien können neu ausgerichtet, die
Logistik effizienter gestaltet werden. Wirtschaftlicher Gehalt nach IAS 16.25
kann dem Umzugsvorgang nicht abgesprochen werden. Nach langen Verhandlungen erzielt die B-AG einen Tauschwert für den **Grund und Boden**
von 386 EUR/m² für 10.000 m² Fläche = 3.860.000 EUR (Tauscherlös). Die
Bodenrichtwertkartei weist in der betreffenden Lage einen Preisrahmen
zwischen 290 EUR/m² und 410 EUR/m² auf. Der Buchwert des Grundstücks beträgt 500.000 EUR. Das neue Gelände im Industriegebiet umfasst
nur noch 8.500 m², für die ein Einvernehmen über 110 EUR/m² als Tauschwert (= 935.000 EUR) mit der Stadt erreicht wird. Der m²-Preis von
110 EUR für das neu erschlossene Gelände entspricht den vorläufig festgesetzten Bodenrichtwerten, da kaum Nachfrage nach Grund im neuen

---

11 Hoffmann/Lüdenbach, StuB 2004, S. 337.
12 So auch der BFH in Auslegung des handelsrechtlichen Realisationsprinzips mit Urteil v. 25.1.1984,
    I R 183/81, BStBl II 1984 S. 422.

Industriegebiet besteht. Die B-AG erhält von der Stadt den Unterschiedsbetrag von 2.925.000 EUR und bucht:

Konto	Soll	Haben
Kasse	2.925.000	
Grund und Boden Neu	935.000	
Veräußerungserlös		3.860.000
Buchwertabgang	500.000	
Grund und Boden Alt		500.000

Das Kriterium des wirtschaftlichen Gehalts (*commercial substance*) lag im Fall
des Brauereigrundstücks schon im Hinblick auf die geänderten Produktionsverfahren (mit evidenter Auswirkung auf die *cash flows*) vor. Das muss nicht
zwingend bei jedem Tauschgeschäft der Fall sein.

Praxis-Beispiel
Das Taxiunternehmen T gibt dem Autohändler die bisher genutzte Limou-
sine zurück und erhält dafür einen gebrauchten Kombi-Wagen. Bargeld wird
nicht bewegt.

Lösung
Eine erhebliche Änderung des *cash flow* wird sich für den Taxibetrieb aus dem
Austausch der beiden Autos im Allgemeinen nicht ergeben. Dann kommt die
fair-value-Bewertung nicht in Betracht. Anders kann es allerdings sein, wenn
der Erwerb des Kombis im Hinblick auf die geplante Erweiterung der Ange-
botspalette (Spezialtransporte) erfolgt ist.

Die vorstehenden Kriterien gelten auch für die in der Realität dominierenden
Tauschgeschäfte mit **Baraufgabe** (*combination of monetary and non-monetary
assets*; IAS 16.24).

Praxis-Beispiel
Der Geschäftsführer der Maschinenbauunternehmung M erhält einen neuen
Dienst-Pkw, Typ Mercedes S-Klasse, mit einem Listenpreis von 80 TEUR
und gibt den bisherigen Wagen, Typ BMW 740, mit 20 TEUR in Zahlung. Im
Internethandel wird der BMW mit 12 TEUR taxiert. Die Händler-Rabatte für
die Mercedes-Wagen der S-Klasse schwanken nach einem Bericht der Fach-
presse zwischen 3 % und 11 % der Listenpreise.

Lösung
Dem Tauschvorgang mit wesentlicher Baraufgabe kommt wirtschaftlicher
Gehalt (*commercial substance*) aus Sicht des Unternehmens zu, denn die *cash
flows* verändern sich schon wegen der Barzahlung von 60 TEUR.
Sowohl der Verkaufspreis des Mercedes als auch der Abgabepreis des BMW
sind zuverlässig ermittelbar. Das Schätzverfahren für den Mercedes erlaubt
verlässliche Wahrscheinlichkeitsquantifizierungen, und für den BMW liegt
bei einer Trefferquote von 23 Stück im Internet-Handel ein Marktpreis vor.

> Letzterer beträgt 12 TEUR, so dass die Zugangsbewertung für den Mercedes
> mit 72 TEUR vorzunehmen ist (8 TEUR „Weniger-Marktpreis" für den
> BMW als offiziell gutgeschrieben = Händlerrabatt für den Mercedes).

Der Tausch ist in der Praxis in aller Regel mit einer **Zahlungskomponente**
verbunden. Ist diese in Relation zu den Werten der getauschten Güter nicht
unbedeutend, ändert sich bereits die **zeitliche** Konfiguration des *cash flow* (Rz 17).
In den meisten Tauschfällen wird deshalb das Tatbestandsmerkmal des **wirtschaftlichen Gehalts** (*commercial substance*) erfüllt sein.

Sofern für beide Tauschgegenstände die *fair values* verlässlich bestimmbar sind,   **18**
- definiert der Wert des **abgegebenen** Vermögenswerts die Anschaffungskosten
  des erworbenen;
- dagegen ist der *fair value* des **erhaltenen** Vermögenswerts maßgeblich, wenn
  dessen (Wert-)Ermittlung eindeutiger ist (IAS 16.26).

Durch den zunehmend verbreiteten **Internethandel** und die damit entstehenden   **19**
Sekundärmärkte wird die *fair-value*-Ermittlung erleichtert. Sie wird auch durch
die „milden" Anforderungen in IAS 16.26 (Rz 18) gefördert. Bei **Grundstücken**
stehen Bodenrichtwerte und Sachverständigengutachten als Bewertungsgrundlage zur Verfügung (→ § 16 Rz 65 ff.).
Ausgeschlossen vom *fair value* bleiben dann nur Bereiche wie **Spezialmaschi-
nen**, die wiederum kaum jemals Gegenstand eines Tauschgeschäfts sein können.
Das Erfordernis des wirtschaftlichen Gehalts (*commercial substance*) wird bei
den in der Praxis dominierenden Tauschgeschäften mit **Barzahlungskom-
ponente** (Rz 18) wegen der damit verbundenen Änderungen der den Tausch-
gegenständen zuzuordnenden *cash flows* – abgesehen von unbedeutenden Grö-
ßenordnungen – immer erfüllt sein. Als relevantes **Gegenbeispiel** kann man
eigentlich nur **Grundstückstauschgeschäfte** von **Landwirten** im **Flurberei-
nigungsverfahren** nennen, die deren *cash flow* kaum verändern.

3.4 Einlagen/Einbringungen

IFRS 2 (→ § 23) befasst sich auch mit der Bewertung von **Einlagen** bzw. **Ein-**   **20**
bringungen einzelner Vermögenswerte gegen Gewährung von Gesellschaftsrech-
ten (Sachkapitalerhöhung).
Aus Sicht der Gesellschaft liegt eine Anschaffung gegen aktien- bzw. anteilsbasierte
Vergütung vor. Die Bewertung hat primär mit dem *fair value* des eingebrachten
Vermögenswerts zu erfolgen (→ § 23 Rz 84).
Die **verdeckte** Einlage ohne Ausgabe von Gesellschaftsrechten ist hingegen   **21**
weder in IFRS 2 noch in einem anderen Standard förmlich geregelt. U. E. ist
hier eine Einbuchung zum *fair value* des erhaltenen Gegenstands geboten.
Wegen Einzelheiten wird auf → § 20 Rz 85 verwiesen.

3.5 Aufteilung eines einheitlichen Kaufpreises

Wird eine Sachanlage im Bündel mit anderen Anlagen oder sonstigen Ver-   **22**
mögenswerten oder Leistungen gegen einen **Gesamtkaufpreis** erworben, ist der
Gesamtpreis auf die einzelnen Erwerbsobjekte aufzuteilen. Sachgerechter Aufteilungsmaßstab ist der **relative** *fair value* der Einzelleistungen. Dies entspricht

auch der Vorgabe in IFRS 3.2(b) für den Erwerb einer Gruppe von Vermögenswerten, die kein *business* konstituieren. Ein wichtiger Anwendungsfall der Aufteilung ist der Erwerb eines bebauten Grundstücks (→ § 16 Rz 31).

3.6 Bedingte Kaufpreisbestandteile

23 Bedingte Kaufpreisbestandteile (*contingent considerations*) werden lediglich in IFRS 3 zum **Unternehmenserwerb** behandelt (→ § 31 Rz 60ff.). Zur Bestimmung der Anschaffungskosten von Vermögenswerten außerhalb eines Unternehmenserwerbs fehlen entsprechende Regelungen.

Praxis-Beispiel

- Der Bauträger B verkauft das Bürohochhaus an einen Investmentfonds zu 100 unter Berücksichtigung einer aktuellen Vermietungsquote von 68 % der Gesamtfläche. Sofern innerhalb von zwei Jahren eine Quote von 92 % mit durchschnittlich 30 EUR/m² pro Monat erreicht wird, erhöht sich der Kaufpreis um 20 auf 120. Sonst bleibt es beim ursprünglichen Preis von 100.
- Der Stahlproduzent S verkauft eine Menge an Rohstahl zu 1.000 EUR. Der Preis ändert sich nach Maßgabe des durchschnittlichen Umrechnungskurses EUR/USD im nächsten Halbjahr nach dem Verkauf.

Nach IFRS 3.2(b) kann der Regelungsgehalt des IFRS 3 nicht auf den Erwerb von Vermögenswerten außerhalb einer *business combination* angewandt werden. Es bleibt also nur ein nicht zwingender **Analogieschluss** mit den in → § 31 Rz 60ff. dargestellten Regeln. Wegen der sich sonst ergebenden Lösungsmöglichkeiten wird auf → § 17 Rz 24ff. verwiesen. Die dort für die Anschaffung von Vorräten dargestellten Alternativen gelten entsprechend für Sachanlagen.

3.7 Räumungskosten und ähnliche, der beabsichtigten Nutzung dienende Kosten

24 Anschaffungskosten sind nicht nur die Ausgaben zur Erlangung der Verfügungsmacht über den betreffenden Vermögenswert (Kaufpreis), sondern auch die Aufwendungen, die der Versetzung des betreffenden Vermögenswerts in einen **betriebsbereiten Zustand** dienen (IAS 16.16(b)). Zur Erreichung dieses Ziels können auch **Ausgaben an Dritte** anfallen, also solche, die nicht dem eigentlichen Veräußerer des Vermögenswerts zufließen.

Praxis-Beispiel[13]

Ein Unternehmen erwirbt ein unbebautes Grundstück, das illegal mit Wohn- und Bauwagen besetzt war. Zur planmäßigen Nutzung als Bauland bedarf es der Räumung des Grundstücks. Dies gelingt am besten gegen eine „Abstandszahlung" an die illegalen Nutzer.

Die Aufwendungen für die Räumung sind als Bestandteil der Anschaffungskosten zu werten. Bei rationalem Verhalten der Vertragsparteien wurde das Grundstück

---

[13] Nach BFH, Urteil v. 18.5.2004, IX R 57/01, BStBl II 2004, S. 872.

im Umfang der zu erwartenden Räumungskosten „billiger" eingekauft. Umgekehrt wäre ein höherer Marktpreis für das unbesetzte Grundstück an den Veräußerer zu bezahlen gewesen, wenn dieser bereits die Räumung besorgt hätte. Anders ausgedrückt: Das Kalkül des Erwerbers ging auf den Erwerb eines „lastenfreien" Grundstücks. Die Räumungskosten sind insofern zur Herstellung der „Betriebsbereitschaft" des Grundstücks angefallen. Ähnlich das folgende Beispiel:

Praxis-Beispiel
Sachverhalt
K betreibt Kraftwerke. Zum geplanten Neubau eines Wasserkraftwerks kauft er von der Gemeinde G umfangreiche brachliegende Grundstücke. Am Flussufer hat allerdings der Angelsportverein e. V. sein Vereinsheim errichtet. Im Zuge des Grundstückserwerbs verpflichtet sich K zur Übernahme der Abbruchkosten für das Vereinsheim und einen Neubau an anderer Stelle.

Lösung
Auch hier ist die Kostenübernahme an Dritte für die Verlegung des Vereinsheims final mit dem Anschaffungsvorgang für die Grundstücke verbunden und deshalb aktivierungspflichtig.

Bzgl. der Herstellung der Betriebsbereitschaft ist nach IAS 16.16(b) nicht auf die objektive Funktionsfähigkeit, sondern auf die konkret **beabsichtigte (subjektive) Nutzung** abzustellen („*intended by management*").   25

Praxis-Beispiel[14]
Im Interesse eines einheitlichen Marktauftritts werden alle Fahrzeuge des Energieversorgers E AG – mit Ausnahme der Vorstandslimousinen – mit firmentypischen Farben und mit dem Firmenlogo umlackiert. Das gilt auch für Altfahrzeuge.

Lösung
Die (objektive) Betriebsbereitschaft der Autos ist mit der Zulassung zur Nutzung auf öffentlichen Straßen erfüllt. Diese Zwecksetzung wird ergänzt durch den Werbeeffekt der Umlackierung. Dieser letztere Zweck ist nicht von ganz untergeordneter Bedeutung, so dass diese Aufwendungen bei den Neufahrzeugen unter die Herstellung der Betriebsbereitschaft subsumiert werden können. Bei den Altfahrzeugen werden die Kriterien der Aktivierbarkeit **nachträglicher** Herstellungskosten (Rz 39) nicht erfüllt, so dass eine sofortige Aufwandsverrechnung vorzunehmen ist.
Keinen Beurteilungsmaßstab stellt der Werbecharakter des einheitlichen Außenauftritts dar. Die in IAS 16.19(b), IAS 2.16(d) und IAS 38.67(a) enthaltenen Aktivierungsverbote für Werbe- und Vertriebsaufwendungen sind nicht funktional zu verstehen und stehen bspw. auch einer Aktivierung des Gebäudes der Vertriebsabteilung nicht im Wege.

---

14 Ähnlich LÜDENBACH, StuB 2010, S. 317.

3.8 Abbruchkosten

26 Speziell im Fall von **bebauten Grundstücken** geht die Herstellung eines Neugebäudes häufig mit Abbruchkosten für Bestandsgebäude einher. Nach den wirtschaftlichen Begleitumständen[15] können folgende Fälle unterschieden werden.

(1) Abbruch eines Gebäudes **lange nach seiner Herstellung oder dem Erwerb** des Grundstücks,

(2) Erwerb eines bebauten Grundstücks in Absicht des Abbruchs und der anschließenden Neubebauung, die Absicht indiziert durch zeitliche Nähe von Grundstückserwerb und Abbruch,

– Variante Altgebäude objektiv wertlos,

– Variante Altgebäude objektiv werthaltig.

In allen Fällen stellt sich zunächst die Frage, ob beim Abbruch noch ein Restbuchwert des Altgebäudes vorhanden ist. Im Fall 1 ist dies regelmäßig gegeben, in Fall 2 ist zu differenzieren. War das Gebäude bereits bei Erwerb des Grundstücks objektiv wertlos (*fair value* gleich null), entfallen die gesamten Anschaffungskosten auf den Grund und Boden (Rz 22); das Problem eines (Rest-)Buchwerts des Gebäudes stellt sich nicht (Fall 2a). Anders in Fall 2b), in dem ein Teil der Anschaffungskosten auf das Gebäude entfällt und damit auch im Abbruchzeitpunkt ein Restbuchwert vorhanden ist.

Der in Fall 1 und Fall 2b) i.d.R. vorhandene Restbuchwert ist u.E. bei der Erstellung des Neubaus erfolgswirksam auszubuchen. Fraglich bleibt noch die Behandlung der Abbruchkosten.

Eine Aktivierung beim Neubau kann in Fall 1 – **Abbruch lange nach Erwerb/ Herstellung** – unter Berufung auf IAS 16.17(b) infrage kommen, in dem die Kosten der Standortvorbereitung (*site preparation*) als aktivierungspflichtige Kosten angeführt werden. Dies entspricht auch der Finalität des Herstellungskostenbegriffs: Der Abbruch des Altgebäudes wird getätigt, um das neue Gebäude zu erstellen. Dagegen könnte allenfalls eingewandt werden, dass der Abbruch eines Gebäudes weit über das hinausgeht, was typischerweise unter Standortvorbereitung zu verstehen ist.

Wird das Grundstück **bereits in Abbruchabsicht erworben** (Fall 2), ist u.E. jedenfalls in Variante 2a) – Wertlosigkeit des Altgebäudes – eine Erfassung der Abbruchkosten als Anschaffungskosten des Grund und Bodens sachgerecht. Ein solches Vorgehen entspricht auch dem ökonomischen Kalkül der Vertragsparteien. Hätte der Veräußerer das wertlose Gebäude noch selbst abgerissen, hätte er für das lastenfreie, baubereite Grundstück einen entsprechend höheren Preis verlangen und der Erwerber einen entsprechend höheren zahlen können. Wird die **Abbruchlast** hingegen dem Erwerber übertragen, werden rational handelnde Parteien dies mindernd bei der Kaufpreisfindung berücksichtigen.

Der Gedanke der übertragenen Last greift hingegen nicht mehr, wenn das Gebäude wie in Variante 2b) objektiv werthaltig war. Der Abbruch des werthaltigen Gebäudes ist Folge des Entschlusses, ein anderes, besseres Gebäude zu errichten. Die Abbruchkosten sind Herstellungskosten des neuen Gebäudes.[16]

---

[15] So auch steuerrechtlich auf der Grundlage des Beschlusses des BFH v. 12.6.1978, GrS 1/77, BStBl II 1978, S. 620; EStH H.6.4.

[16] So auch KPMG, Insights into IFRS 2015/2016, Tz. 3.2.30.100.

3.9 Kosten und Erträge während Testläufen oder vor Beginn der Herstellungsphase

Nach IAS 16.17(e) zählen auch die Kosten der **Testläufe**, mit denen überprüft wird, **27** ob ein Vermögenswert ordentlich funktioniert, zu den aktivierungspflichtigen Kosten. Sollten bei diesem Test **bereits verkaufsfähige Stücke** angefallen sein, sind u. E. in Kompensation der Testkosten die zugehörigen Erträge abzuziehen. U. E. sollte ein Abzug nur i. H. d. Rohertrags erfolgen, soweit die Erlöse der Testphase mit Materialaufwand verbunden sind. Falls in der Testphase ein sehr hoher Materialbedarf durch Ausschuss verursacht wird, kann der Rohertrag u. U. auch negativ werden. In diesem Fall erhöhen sich die Herstellungskosten entsprechend. Übersteigen die Nettoerträge hingegen die Testkosten, ist der übersteigende Teil u. E. erfolgswirksam zu erfassen.[17] Der gesamte Themenkomplex soll kurzfristig, d. h. voraussichtlich 2017 in einem *Amendment* zu IAS 16 geregelt werden. Derzeit zeichnet sich ab, dass danach möglicherweise Einnahmen aus den Testläufen generell, also nicht nur mit ihrem überkompensierenden Teil, in der GuV zu berücksichtigen wären.[18] Wird bei einer Großanlage mit verschiedenen, zur Optimierung zwar integrierten, aber gleichwohl autonom funktionsfähigen Teilen ein Teil der Anlage bereits kommerziell genutzt, während andere Teile noch in der Testphase sind, so ist die Anwendung von IAS 16.17(e) für jede Teilanlage separat zu prüfen, mit der Folge dass die Testkosten bei den noch nicht fertigen Teilen nicht gegen die Erträge aus den fertigen Anlagenteilen zu verrechnen sind.[19] Zum Ganzen folgendes Beispiel:

Praxis-Beispiel[20]

Solarzellenhersteller S beauftragt Mitte 01 A mit der schlüsselfertigen Errichtung eines Gebäudes und einer darin integrierten Zellfertigungsanlage. Die Parteien vereinbaren Werkvertragsrecht.

Wesentlicher Grund für die Vergabe des Auftrags an einen einzigen Auftragnehmer ist das Ineinandergreifen der technischen Anforderungen. Insbesondere erfordert die Zellproduktion eine Reinraumtechnik mit turbulenzarmer Verdrängungsströmung. Die Maschinen und Anlagen müssen so konstruiert und so im Raum aufgestellt werden, dass sie die laminare Luftströmung nur minimal stören.

Der Werkvertrag zwischen S und A spezifiziert besondere Anforderungen an die Produktion. Bei der Verarbeitung der weniger als 250 Mikrometer dicken Zellen mit einer bestimmten Mindestgeschwindigkeit darf die Rate der zu Bruch gehenden Zellen 3 % und die verunreinigungsbedingte Einbuße der Energieeffizienz 5 % nicht überschreiten. Mit Erreichen dieser Voraussetzungen gilt die Anlage als abgenommen und an die Stelle der Einrede des nicht erfüllten Vertrags tritt die Gewährleistungspflicht.

Anfang November 02 sind Gebäude und Anlagen „fertig gestellt". Auf die Gesamtzahlung von 30 Mio. EUR leistet S wie vereinbart eine Anzahlung

---

17   Vgl. IFRIC Update July 2014.
18   http://www.ifrs.org/Meetings/MeetingDocs/IASB/2016/October/AP12C-IFRIC.pdf, abgerufen am 4.1.2017.
19   Vgl. IFRIC Update July 2011.
20   Nach LÜDENBACH, StuB 2009, S. 273.

i. H. v. 20 Mio. EUR. Bis zum 31.12.02 hat die Produktion (zum Absatzpreis) bereits ein Volumen von 6 Mio. EUR und nach Abzug der Herstellungskosten des Umsatzes bereits einen Nettoertrag von 2 Mio. EUR erreicht. Dem stehen Testkosten von 0,8 Mio. EUR gegenüber. Die vertraglichen Anforderungen an Produktionsgeschwindigkeit, Bruchrate und Reinheit/Effizienz werden jedoch noch verfehlt und erst am 10.1.03 erreicht. Zu diesem Zeitpunkt werden auch die restlichen 10 Mio. EUR bezahlt.

Beurteilung
Bei Werk- und Werkliefervertägen erfolgen Lieferung und Anschaffung erst mit Abnahme, hier also am 10.1.03. Erst zu diesem Zeitpunkt ist auch die Betriebsbereitschaft i. S. v. IAS 16.55 (d. h. die vertraglich vereinbarte Nutzungsmöglichkeit) gegeben und beginnt die Abschreibung (→ § 10 Rz 41). Die Anschaffungskosten sind 30 Mio. EUR, da die Testkosten (0,8 Mio. EUR) u. E. mit den Nettoerträgen zu verrechnen sind. Der über die Testkosten hinausgehende Ertrag (1,2 Mio. EUR) ist erfolgswirksam.

28   Bei Neuinstallation einer Maschinenanlage entstehen u. U. Kosten für die Neuausrichtung von **Bestandsanlagen** (Transportbändern usw.). Auch diese Kosten dienen der Herstellung der Betriebsbereitschaft, sind dem Anschaffungs- oder Herstellungsvorgang direkt zuordenbar und deshalb aktivierungspflichtig.[21]

29   Spiegelbildlich zu den Testläufen, bei denen Erträge in der Endphase der Herstellung anfallen, können „beiläufige" (incidental) Einnahmen auch **vor** Beginn der eigentlichen Herstellung entstehen. Diese Einnahmen sind erfolgswirksam zu erfassen.

Praxis-Beispiel
Ein Objektentwickler kauft eine Sporthalle zum Umbau in einen Supermarkt. Bis zum Erhalt der Baugenehmigung vermietet er die Halle an lokale Sportvereine.
Die Einnahmen sind zu realisieren, also nicht an den Herstellungskosten zu kürzen.

3.10   Rückbau- und Entfernungsverpflichtungen

30   Der Betrieb größerer Anlagen kann aus öffentlich-rechtlichen Gründen (etwa Umweltbestimmungen) oder auf privatrechtlicher Basis (etwa bei Bauten auf fremden Grundstücken) mit der **Verpflichtung** zur **Entfernung** oder zum **Rückbau** verbunden sein. Die geschätzten Kosten sind gem. IAS 16.16(c) zu aktivieren. Wegen Beispielen, Berechnung und Fortschreibung wird auf → § 21 Rz 72 ff. verwiesen.

3.11   Verzugsbedingte Zahlungen des Lieferanten

31   Gerät der Lieferant einer Sachanlage mit der **Lieferung in Verzug** und muss er deshalb eine Zahlung an den Kunden leisten (bzw. eine entsprechende Minderung des Verkaufspreises hinnehmen), stellt sich die Frage, ob die Zahlung beim Käufer

---

[21]   So auch KPMG, Insights into IFRS 2015/2016, Tz. 3.2.30.30 ff.

- als **Minderung der Anschaffungskosten** oder
- **ertragswirksam** zu erfassen ist.

Theoretisch denkbar wäre eine Unterscheidung danach, ob die Zahlung identifizierbare Schäden bzw. Kosten des Käufers vergütet oder nicht. In der Praxis dominieren allerdings Konventionalstrafen oder Einigungen durch außergerichtlichen Vergleich. Beide Varianten verfolgen gerade den Zweck, an die Stelle eines Ausgleichs individuell identifizierter Schäden eine pauschale Regelung zu setzen. In der praktischen Rechtsanwendung würde die theoretisch zu bevorzugende Unterscheidung daher zu schwer lösbaren Problemen führen. U. E. soll daher eine einheitliche und stetige Behandlung gewählt werden, wobei mangels expliziter Regelungen in IAS 16 ein faktisches Wahlrecht besteht, ob die Zahlungen einheitlich als Anschaffungskostenminderungen oder einheitlich als Ertrag behandelt werden.[22]

3.12 Kosten für Fehlmaßnahmen, Nachbesserungen und Umplanungen

Nach IAS 16.22 sind Kosten für ungewöhnliche Mengen (*abnormal amounts*) an verschwendetem (*wasted*) Material, Arbeitsaufwand usw. nicht in die Herstellungskosten einzubeziehen. Entsprechende Regelungen trifft IAS 2.16(a) für Vorräte (→ § 17 Rz 32). Was ungewöhnlich (*abnormal*) ist, ergibt sich in erster Linie aus einer **qualitativen** Beurteilung. Eine fehlende Marktkonformität des getätigten Aufwands ist jedenfalls allein nicht entscheidend. | 32

Eindeutig ist aber die Behandlung von **Kosten der Mängelbeseitigung** und **verlorenen Vorauszahlungen** an den Hersteller/Lieferanten. Diese sind nicht zu aktivieren. | 33

Praxis-Beispiel[23]
Die U GmbH vereinbart mit Bauunternehmer **B1** die Errichtung eines Verwaltungsgebäudes zu einem leicht unter marktüblichen Bedingungen liegenden, in Raten zu zahlenden Festpreis von 1 Mio. EUR. U zahlt die erste Rate von 20 % nach Fertigstellung der Kellerdecke. Die vor Dacheindeckung fällige zweite Rate von 30 % leistet U vorzeitig. Kurz nach Erhalt dieser Rate meldet B1 Insolvenz an. Bis dahin hat B1 laut Sachverständigengutachten 30 % des Auftragsvolumens erbracht, so dass U **200 TEUR vergeblich** geleistet hat. U beauftragt für 800 TEUR einen zweiten Bauunternehmer B2 mit der Weiterführung des Baus. Gegen diesen macht U nach Fertigstellung wegen Mängeln bei der Statik einen Minderungsanspruch von 100 TEUR geltend, kann ihn aber wegen Zahlungsunfähigkeit nicht durchsetzen. B3 beseitigt die Mängel für 100 TEUR.

---

22 Vgl. zum Ganzen LÜDENBACH, PiR 2016, S. 158, m.w.N.
23 Nach LÜDENBACH, PiR 2014, S. 29.

Insgesamt ergibt sich folgendes Bild:

	Soll	Ist
Zahlung an B1	1.000	500
Zahlung an B2	0	800
Zahlung an B3	0	100
Summe	1.000	1.400

Beurteilung
Herstellungskosten sind kein Ersatzmaßstab für den *fair value*. Auf die **Marktkonformität** der Aufwendungen kommt es daher in erster Linie nicht an. Vielmehr ist die „Ungewöhnlichkeit" vornehmlich **qualitativ** zu beurteilen. Ungewöhnlich waren bei der Herstellung des Verwaltungsgebäudes die Insolvenz von B1 sowie die wegen Zahlungsunfähigkeit von B2 nicht durchsetzbaren Mängelbeseitigungsansprüche. Die Kosten der Mängelbeseitigung (100 TEUR) sowie die (anteilig) verlorene Vorauszahlung (200 TEUR) zählen daher nicht zu den Herstellungskosten. Ob Entsprechendes auch für den aus Beauftragung von B2 entstehenden Mehraufwand (800 TEUR vs. bei ursprünglichem Preis noch offener Bauleistung von 700 TEUR) gilt, ist nicht eindeutig. Als Herstellungskosten sind daher entweder 1 Mio. EUR oder 1,1 Mio. EUR anzusetzen.

34   Während der Bauphase einer größeren Anlage können sich wesentliche **Umplanungen** ergeben. Mit der Entscheidung für die Umplanung erlangen ursprüngliche Kosten z. T. den Charakter einer Fehlmaßnahme. Konsequent wäre in den meisten Fällen, sie im Wege einer außerplanmäßigen Abschreibung auf das unfertige Werk dem Aufwand zuzuführen. Alternativ können auch die neu und substitutiv anfallenden Kosten unmittelbar aufwandswirksam erfasst werden.

Praxis-Beispiel
Sachverhalt
H baut ein Hotel. In 01 fallen Kosten von 100 für Bauplanung und Baugenehmigung an, außerdem wird der Erdaushub vorgenommen, die Bodenplatte und der Keller errichtet. Anfang 02 kommen H Zweifel an der Rentierlichkeit eines Hotels. H entscheidet sich für eine Umplanung zu einem Seniorenwohnheim. Umfangreiche Umplanungen, eine neue Baugenehmigung usw. sind erforderlich und verursachen Kosten von 70.

Lösung
Nach einer ersten Lösung sind die ursprünglichen Planungs- und Genehmigungskosten von 100 im Wege einer außerplanmäßigen Abschreibung von 100 aus den Herstellungskosten zu eliminieren (IAS 16.22 analog) und die Kosten der Umplanung (70) zu aktivieren. Argumentiert werden könnte aber auch, dass die Kosten der Umplanung den Charakter einer Nachbesserung haben, die bei ordentlicher Planung von Anfang an nicht notwendig gewesen wären. Die ursprünglichen Kosten von 100 würden nicht abgeschrieben, die neuen Kosten von 70 wären ein *abnormal amount* und aufwandswirksam zu

> buchen. Je nach den Umständen des Einzelfalls (z.B. wie viel von der ursprünglichen Planung kann noch verwendet werden?) ist der einen oder der anderen Lösung der Vorzug zu geben.

3.13 Finanzierungskosten, Bereinigung der Anschaffungskosten um eine Finanzierungskomponente

Fremdkapitalkosten, die der Finanzierung des Anschaffungs- oder Herstellungsvorgangs dienen, sind gem. IAS 23 bei besonderen Vermögenswerten *(qualifying assets)* in die Anschaffungs-/Herstellungskosten einzubeziehen. Wegen Einzelheiten wir auf → § 9 Rz 15 ff. verwiesen.   **35**

Zwar verweist IAS 16.22 nur im Kontext von selbst erstellten Anlagen auf IAS 23, der Verweis hat aber ohnehin nur deklaratorischen Charakter. Die Rechtsgrundlage für die Aktivierung der Zinsen ergibt sich aus IAS 23 selbst und kann auch angeschaffte Anlagen betreffen, wenn ausnahmsweise zwischen Anschaffungszeitpunkt und Zeitpunkt der Inbetriebnahmemöglichkeit ein längerer Zeitraum vergeht und der Zwischenzeitraum nicht als schädliche Unterbrechung i.S.v. IAS 23.20 f. zu werten ist.

Ist der Erwerbspreis im Normalfall in Geld zu entrichten, bereitet seine Bestimmung regelmäßig keine Probleme. Eine Ausnahme besteht dort, wo der Kaufvertrag ein **verdecktes Finanzierungselement** enthält. Sofern die Zahlungsbedingungen eine unüblich lange Frist enthalten, ist nach IAS 16.23 zur Bestimmung der Anschaffungskosten eine Abzinsung vorzunehmen. Nur der (auf das normale Zahlungsziel bestimmte) **Barwert** gilt als Anschaffungskosten. Die Aufzinsung ist i.d.R. als Zinsaufwand auszuweisen, sofern nicht eine Aktivierung nach IAS 23 infrage kommt. Die Regelungen von IAS 16.23 entsprechen denen zu Vorratsvermögen in IAS 2.18. Auf → § 17 Rz 46 wird deshalb verwiesen. Dort wird auch der umgekehrte Fall – das anschaffende Unternehmen zahlt deutlich vor Empfang des Vermögenswerts – behandelt.   **36**

3.14 Öffentliche Investitionszuwendungen

Die Anschaffung oder Herstellung einer Sachanlage kann durch öffentliche Zuwendungen gefördert werden. Nach IAS 16.28 greifen hier die Vorschriften von IAS 20.24 ff., die ein **Wahlrecht** gewähren zwischen   **37**

- anschaffungs- bzw. herstellungskostenmindernder Behandlung der Zuwendungen oder
- ungekürztem Ansatz der Anschaffungs-/Herstellungskosten bei gleichzeitiger passiver Abgrenzung der Zuwendung.

Wegen Einzelheiten wird auf → § 12 Rz 30 verwiesen.

3.15 Wiederaufbau nach Versicherungsfall

Schadensersatz- oder **Versicherungs**leistungen im Zusammenhang mit zerstörten Anlagen sind auch dann erfolgswirksam zu vereinnahmen, wenn die Entschädigung für einen Wiederaufbau eingesetzt wird.   **38**

Praxis-Beispiel
Sachverhalt
Ein versichertes Gebäude mit einem Buchwert von 600 wird durch einen Brand vollständig zerstört.
Die Versicherungsentschädigung von 900 wird für einen Wiederaufbau verwendet, dessen Kosten 1.000 betragen.

Lösung
• Folgende Buchungen sind vorzunehmen:

	Soll	Haben
Aufwand	600	
Gebäude alt		600
Geld	900	
Ertrag		900
Gebäude neu	1.000	
Geld		1.000

• Diese Buchungen können in verschiedenen Perioden anfallen.

3.16 Nachträgliche Anschaffungs- oder Herstellungskosten, unter Berücksichtigung des Komponentenansatzes

3.16.1 Grundlagen

39 Wenn mit einigem zeitlichen Abstand zu Erwerb oder Herstellung einer Sachanlage größere Aufwendungen anfallen, um die Funktion der Anlage zu erhalten, zu erweitern oder zu verbessern, stellt sich die Frage, ob diese Aufwendungen als **nachträgliche Anschaffungs-/Herstellungskosten** zu aktivieren oder als **Instandhaltungskosten** aufwandswirksam zu behandeln sind.

IAS 16.12 ff. behandelt dieses Problem unter der neutralen Überschrift *„subsequent costs"* (im Deutschen unter der bereits präjudizierenden Überschrift „nachträgliche Anschaffungs- oder Herstellungskosten"). Die Aussagen sind wie folgt:

• **Laufende Wartungskosten**, d. h. Reparaturen und Instandhaltungen *(costs of the day-to-day servicing)* sind sofort aufwandswirksam (IAS 16.12).

• **Regelmäßige größere Wartungen (Generalüberholungen)** sind zu aktivieren, wenn die allgemeinen Ansatzkriterien, insbesondere Nutzenstiftung erfüllt sind (IAS 16.14).

• Werden **Teile einer Sachanlage ausgetauscht**, entweder planmäßig, weil sie eine kürzere Lebensdauer als andere Komponenten der Sachanlage haben, oder einmalig, so ist zu prüfen, ob die allgemeinen Ansatzkriterien für Sachanlagen erfüllt sind, insbesondere das Moment der Nutzenstiftung (IAS 16.13).

Der Konkretisierungsgrad dieser Vorgaben ist gering. Viele Fragen bleiben offen. So wird man etwa Generalüberholungen allgemein einen nutzstiftenden Charakter zuordnen können, weil sich in Folge der regelmäßigen Generalüberholung die Nutzungsdauer gegenüber einem nicht derart gewarteten Anlagegegenstand erhöhen wird. Entsprechendes gilt – bis auf aus konzeptioneller Perspektive zunächst unerhebliche Wesentlichkeitskriterien – aber auch für laufende Reparatur, Wartung und Pflege. Der Verweis auf die allgemeinen Aktivierungskriterien hilft daher in der Abgrenzung von Erhaltungsaufwand und nachträglichen Anschaffungs-/Herstellungskosten dann nicht weiter. Er besagt tautologisch nur: Ein Ansatz hat zu erfolgen, wenn die Ansatzkriterien erfüllt sind. Übrig bleibt zunächst nur eine **Tendenzaussage**, der zufolge größere, umfassendere, in längeren Zeitabständen erfolgende Wartungen eher zu aktivieren sind als kleinere, in kürzeren Abständen anfallende. Auch die auf den Austausch eines Anlagenteils gerichteten Ausführungen in IAS 16.13 sind wenig gehaltvoll. Unklar bleibt z.B., wie mit dem Austausch von „Teilen eines Teils" umzugehen ist (Rz 44).

Zu dem hohen Abstraktionsniveau der Vorgaben hat den IASB das Bemühen um einen prinzipienorientierten Ansatz bzw. um die Vermeidung von Kasuistik motiviert (IAS 16.BC10). Übersehen wurde dabei u.E., dass es zwischen Inhaltsleere/Tautologie einerseits und ausufernder Kasuistik andererseits auch einen Mittelweg mit Leitlinien zu Hauptanwendungsfällen gegeben hätte. So aber müssen Anwender und Schrifttum die Lücke füllen.

Ein erster Ansatzpunkt zur Konkretisierung der abstrakten Vorgaben von IAS 16 ist die bis 2004 geltende Fassung des Standards. Als Beispiele für nachträglichen Anschaffungs-/Herstellungsaufwand wurden dort Maßnahmen genannt, welche   **40**

- die **Kapazität erweitern**,
- die **Nutzungsdauer verlängern** oder
- eine **substanzielle Verbesserung der Qualität** bringen.

In diesen Fällen liegt regelmäßig eine **Erhöhung** des **Nutzens** und damit auch nach der aktuellen Fassung von IAS 16 eine zu aktivierende Ausgabe vor. Bei nachträglichen Aufwendungen kann es nur um einen gegenüber dem **ursprünglichen Zustand** im Herstellungs-/Anschaffungszeitpunkt hinausgehenden zusätzlichen Nutzen gehen. Zu den drei Fällen zunächst folgendes Beispiel:

Praxis-Beispiel

Die Flughafen-AG verlängert die rechte Landebahn, damit auch größere Flugzeuge landen können. → nachträgliche Herstellungskosten wegen Erweiterung der Kapazität oder substanzieller Verbesserung.

Eine auf die bisherige Asphaltdecke „aufgepfropfte" weitere Decke verlängert die Nutzungsdauer → nachträgliche Herstellungskosten wegen verlängerter Nutzungsdauer.

Eine bereits verschlissene Asphaltdecke wird durch eine neue ersetzt → Abgang des vorhandenen Vermögenswerts verbunden mit dem Zugang eines neuen („Zweit"-Herstellung).

Weitere Beispiele für nachträgliche Herstellungskosten sind
- der Anbau an oder die Aufstockung eines Gebäudes (Erweiterung),
- der nachträgliche Einbau einer Klimaanlage in ein Gebäude (substanzielle Verbesserung der Qualität),
- der nachträgliche Einbau eines Rauchfilters, um eine sonst gesetzlich drohende frühere Außerbetriebnahme der Anlage abzuwenden (Verlängerung der Nutzungsdauer).

41 Am ehesten bestehen Abgrenzungsprobleme bzgl. der wesentlichen **Verbesserung.**

> **Praxis-Beispiel**
> Eine Supermarktkette baut eine Verkaufsfiliale grundlegend zur besseren Warenpräsentation um. Nach den Budgets ist mit einer Umsatzsteigerung von 15 % zu rechnen, weil neue Kundenkreise angesprochen werden. Die Kosten des Umbaus können genau bestimmt werden; außerdem werden mit dem Umsatzwachstum von 15 % künftige wirtschaftliche Nutzungen geschaffen. Die Umbaukosten sind zu aktivieren.

42 Im zeitlichen Zusammenhang mit qualitäts- oder kapazitätssteigernden Maßnahmen können gleichzeitig laufende Unterhaltsaufwendungen, Schönheitsreparaturen usw. anfallen. Hier ist nach deutschem Steuerrecht[24] regelmäßig eine einheitliche Beurteilung der Aufwendungen und damit eine Aktivierung auch der Unterhaltsaufwendungen geboten. Nach IFRS ist hingegen nur der qualitäts- oder kapazitätssteigernde Teil der Maßnahmen zu aktivieren.[25]

3.16.2 Komponentenansatz I: sachliche Komponenten

43 Triebwerke, Rumpf, Inneneinrichtung und ggf. weitere Teile eines **Flugzeugs** stellen getrennte Komponenten *(parts of an item)* dar, die bei wesentlich unterschiedlicher Lebensdauer separat abzuschreiben sind (IAS 16.43, → § 10 Rz 6ff.). Die Komponentenbetrachtung führt aber auch zu einer gesonderten Erfassung des Ersatzvorgangs. Bei **Austausch einer Komponente** ist nach IAS 16.13
- ein evtl. noch vorhandener Restbuchwert der Altkomponente auszubuchen,
- die Ausgabe für das „Ersatzteil" (als Teil des Vermögenswerts) zu aktivieren und
- über deren Restnutzungsdauer abzuschreiben.

Auch bei **bisheriger** Nichtidentifizierung einer wesentlichen Komponente für Zwecke der Abschreibungsverrechnung ist gem. IAS 16.70 entsprechend vorzugehen, wobei der Restbuchwert des Altteils dann zu schätzen ist. Diese Schätzung kann u.U. auf der Basis der Wiederbeschaffungskosten dieses Teils abzüglich der an sich gebotenen separaten Abschreibungen seit Ingebrauchnahme erfolgen.

Beispiele für den Ersatz einer Komponente sind der Austausch
- der Bestuhlung in einem Stadion oder einer Sporthalle,
- der Turbine einer industriellen Großanlage,
- der Ausfütterung eines Hochofens,
- der nicht metallenen Teile eines Förderbands.

44 In der Praxis kommt es häufig nicht zum **Vollaustausch einer Komponente, sondern nur zum Ersatz von Teilen der Komponente** *(subparts)*. Zur Frage, wie damit umzugehen ist, folgendes Gebäudebeispiel:

---

[24] BFH, Urteil v. 25.8.2009, IX R 20/08, BStBl II 2010 S. 125.
[25] DELOITTE, iGAAP 2015, Tz. A7.3.5.5.

Praxis-Beispiel[26]
U errichtet in 01 ein Verwaltungsgebäude und schreibt dies in Übereinstimmung mit IAS 16.43 ff. komponentenweise wie folgt ab:

	HK in TEUR	ND in J	Abschreibung p.a. in TEUR
Baukörper (ohne Dach)	4.500	60	75
Dach	500	30	16,67
Heizung/Klima	1.000	20	50
Sanitär/Elektro	1.500	30	50
Innenausbau	2.500	20	125
	10.000	316,67	

Im Jahr 17 wird die Heizungs- und Klimaanlage mit einem Betrag von 500 TEUR grundlegend saniert; dabei werden wichtige Teile ganz ausgetauscht (Brenner, Heizkörper, Ventilatoren), andere (Heizungs- und Lüftungsrohre, Kondensatoren usw.) belassen.

Nach IAS 16.12 Satz 1 sind Kosten für die laufende Wartung einer Sachanlage sofort im Ergebnis zu erfassen, also nicht zu aktivieren. Zur Konkretisierung des Merkmals „laufende Wartung" führt IAS 16.12 Satz 3 aus: „Der Zweck dieser Aufwendungen wird häufig als „Reparaturen und Instandhaltungen" der Sachanlagen beschrieben". In isolierter Betrachtung dieser Vorgaben dürften im Beispiel die Aufwendungen von 500 TEUR nicht aktiviert werden, da sie der „Reparatur und Instandhaltung" der Heizungs- und Klimaanlage dienen.

Dieses Ergebnis entspricht auch der in IAS 16.12 explizit enthaltenen Bezugnahme auf die Ansatzkriterien von IAS 16.7. Danach dürfen Aufwendungen nur aktiviert werden, wenn mit ihnen ein künftiger wirtschaftlicher Nutzen verbunden ist. Bei nachträglichen Aufwendungen kann es nur um einen gegenüber dem **ursprünglichen Zustand** im Herstellungs-/Anschaffungszeitpunkt hinausgehenden zusätzlichen Nutzen gehen. Als Vergleichsmaßstab wäre daher im Beispiel der Gebäudezustand im Herstellungsjahr 01 heranzuziehen. Zu diesem Zeitpunkt hatte das Gebäude eine funktionierende und neuwertige Heizungs- und Klimaanlage. Der Ersatz von Teilen dieser Anlage im Jahr 18 führt zu keinem zusätzlichen Nutzen in Form einer wesentlichen Verbesserung des Vermögenswerts, sondern lediglich zur Wiedererlangung des Ausgangszustands. Der Betrag von 700 TEUR wäre aufwandswirksam zu behandeln.

Lediglich der **Komponentenansatz** könnte zu einer anderen Würdigung führen. Hierzu hält IAS 16.13 Folgendes fest: „Teile einiger Sachanlagen bedürfen in regelmäßigen Zeitabständen gegebenenfalls eines Ersatzes. Das gilt bspw. für einen Hochofen, der nach einer bestimmten Gebrauchszeit auszufüttern ist, oder für Flugzeugteile wie Sitze und Bordküchen, die über die Lebensdauer des Flugzeuges mehrfach ausgetauscht werden... Nach den Ansatzkriterien in Paragraph 7 erfasst ein Unternehmen im Buchwert einer Sachanlage die Kosten für den Ersatz eines

---

[26] Nach LÜDENBACH, PiR 2015, S. 329 ff.

Teils eines solchen Gegenstandes ..., wenn die Ansatzkriterien erfüllt sind." Irritierend an dieser Vorgabe ist zunächst, dass die zentrale Aussage tautologisch ist. „Nach den Ansatzkriterien" sind Kosten zu aktivieren, „wenn die Ansatzkriterien erfüllt sind". Zu Problemen führt weiter der Begriff „Teil einer Sachanlage" (*part of an item of property, plant and equipment*). Er wird im Standard zwei weitere Male verwendet: für Zwecke der Abschreibung in IAS 16.43 ff., für Zwecke der Ausbuchung in IAS 16.69 ff. Unter der vernünftigen Annahme, dass jedes Mal das Gleiche gemeint sein sollte, ergäbe sich im Beispiel folgendes Problem:

- Hätte U die **komplette Heizungs- und Klimaanlage** ausgetauscht, wären eine Ausbuchung der bisherigen Komponente und eine Aktivierung der Kosten für den Austausch geboten.
- Tatsächlich stellen Heizungs- und Klimaanlage aber ein integriertes System dar, das nicht nur aus Brenner, Heizkörpern und Ventilatoren besteht, sondern auch aus Rohren, Kondensatoren usw. Da Rohre, Kondensatoren usw. nicht ausgetauscht wurden, ist die Komponente Heizungs- und Klimaanlage nicht – auch nicht im Wesentlichen (500 TEUR vs. 1.000 TEUR ursprüngliche Kosten) – ersetzt worden.

Eine Qualifizierung als nachträgliche Herstellungskosten käme danach nur unter Berufung auf **„Unterkomponenten"** *(subparts)* der Anlage und damit bei einer vollständigen Atomisierung des Vermögenswerts infrage. Diese Atomisierung würde aber wiederum die Grenzen zu nach IAS 16.12 nicht aktivierungsfähigen Reparaturen und Instandhaltungen völlig verwischen. U. E. ist daher bei im Beispiel gegebenen Wertverhältnissen – Reparaturkosten von 500 TEUR bei ursprünglichen Kosten von 1.000 TEUR – vertretbar, die Kosten der Sanierung der Heizungs- und Klimaanlage sofort aufwandswirksam zu behandeln.

3.16.3 Komponentenansatz II: Generalüberholungen und Großinspektionen

45   Teile bestimmter Anlagegüter bedürfen zur weiteren Nutzung (*„condition of continuing to operate"*) regelmäßig einer **Generalüberholung** oder **Großinspektion** (IAS 16.14). Typisches Beispiel sind Verkehrsflugzeuge (D-Check) (*overhaul*). Die Kosten für diese Generalüberholung führen jedenfalls dann als *inspection component* zu nachträglichen Anschaffungs-/Herstellungskosten, wenn

- die Großreparatur in regelmäßigen Abständen durchgeführt wird,
- die Anlage nur nach der Großreparatur weiterbetrieben werden kann.

Die Fluggesellschaften[27] werten die größeren Inspektionen als *component*, allerdings mit unterschiedlicher Begriffsabgrenzung:

- Die Alitalia behandelt den D-Check (*overhaul*) und die IL-*Inspections* als Komponente mit einer Abschreibungsdauer zwischen fünf und acht Jahren.
- Ähnlich verfährt British Airways unter Einbeziehung der entsprechenden Ersatzteile und verbucht umgekehrt die übrigen Ersatzteile und die Kosten unter den *„power by hour"*-Verträgen (Inspektionen nach Maßgabe der Flug- bzw. Nutzungszeit) als Aufwand bei Anfall.
- Anders verfährt Singapore Airlines: Sie aktiviert auch die Aufwendungen für die *„power by hour"*-Verträge.

---

[27]   Vgl. die Beispiele in → § 10 Rz 11.

Nicht eindeutig ist der Inhalt von „condition" (in der offiziellen deutschen Übersetzung „Voraussetzung"). Die wohl herrschende Lesart versteht darunter eine rechtlich vorgeschriebene Inspektion (z. B. „TÜV"). Die Anwendungsbeispiele beziehen sich dementsprechend auf derlei Überwachungsmaßnahmen wie dem erwähnten D-Check für Verkehrsflugzeuge. „Condition" kann aber auch ökonomisch verstanden werden, nämlich als Erfüllung aller Voraussetzungen für den sicheren, kommerziell ausgerichteten Betrieb einer Anlage.

Als „Komponente" der Anschaffungs- oder Herstellungskosten eines Anlageguts kommen jedenfalls nicht nur **physische**, sondern auch **virtuelle** Bestandteile infrage. Zur Separierung einer solchen „Generalüberholungskomponente" innerhalb der Zugangsbewertung dient ein Vergleich mit der TÜV-Überwachung von Autos: Ein Pkw, der gerade den TÜV absolviert hat, ist höherwertig als ein vergleichbarer ohne TÜV-Abnahme.

Praxis-Beispiel[28]

Im Anschaffungspreis einer langlebigen, regelmäßigen Großinspektionen zu unterziehenden Anlage ist schon eine bis zum ersten wirklichen Inspektionstermin abzuschreibende Inspektionskomponente enthalten (eingepreist).

Mit tatsächlicher Durchführung des ersten Inspektionstermins ist der Restbuchwert der kalkulatorisch im Kaufpreis enthaltenen Komponente auszubuchen und durch die tatsächlichen Kosten der ersten Inspektion zu ersetzen.

Im zweiten tatsächlichen Inspektionstermin wird ein evtl. Restbuchwert der ersten tatsächlichen Inspektion ausgebucht und durch die Kosten der zweiten Inspektion ersetzt usw.

Eine detaillierte Kommentierung des *component approach* enthält → § 10 Rz 6 ff.

3.17 Folgebewertung zu fortgeführten Anschaffungs-/Herstellungskosten

Bei der Folgebewertung zu fortgeführten Anschaffungs-/Herstellungskosten wird

- der Zugangswert entweder **planmäßig** beibehalten (Grund und Boden) oder um planmäßige Abschreibungen vermindert (IAS 16.30),
- außerdem außerplanmäßig im Fall einer **Wertminderung** abgeschrieben (IAS 16.63 i. V. m. IAS 36).

Konzeptionell und weitgehend auch inhaltlich stimmen die Vorschriften für die **Folgebewertung** von sächlichem Anlagevermögen mit denen für das immaterielle Anlagevermögen überein. Zur **Vermeidung** von **Wiederholungen** wird daher die **planmäßige Abschreibung** in → § 10 kommentiert. Die **außerplanmäßige Abschreibung** und eine ihr evtl. später folgende Wertaufholung werden ohnehin im gesonderten Standard IAS 36 erläutert. Auf die Kommentierung in → § 11 wird deshalb verwiesen.

46

---

28 JANSSEN, Aktivierung und Abschreibung von Großinspektionen, PiR 2005, S. 46.

3.18 Folgebewertung nach der Neubewertungsmethode

3.18.1 Überblick

47 In Abweichung vom Anschaffungskostenprinzip (Rz 6) **erlauben** die IFRS als Wahlrecht eine **Neubewertung** *(revaluation)* über die Anschaffungs- und Herstellungskosten **hinaus:**

- IAS 16.31 für sächliches Anlagevermögen (→ § 14 Rz 46),
- IAS 38.75 für immaterielle Anlagegüter (→ § 13 Rz 87 ff.).

In der deutschen IFRS-Rechnungslegungspraxis wird das Neubewertungsverfahren nur ganz **ausnahmsweise** und dann beschränkt auf Grund und Boden angewandt.[29]

Konzeptionell stimmen die Vorschriften zur Neubewertung *(revaluation)* von Sachanlagen *(property, plant and equipment)* in IAS 16 mit denjenigen zu den **immateriellen** Vermögenswerten in IAS 38 überein (→ § 13 Rz 87 ff.). Allerdings besteht eine entscheidende **Besonderheit:** IAS 38.75 verlangt zur Bestimmung des *fair value* eines immateriellen Vermögenswerts eine Bezugnahme auf einen „**aktiven Markt**" (IAS 38.7).

Diese Voraussetzung ist für immaterielle Vermögenswerte nur in **Ausnahmefällen** gegeben; als Beispiel werden frei handelbare Taxi- und Fischerei-Lizenzen sowie Produktionsquoten genannt. Für die in Wirklichkeit wichtigen *„intangibles"* – Warenzeichen, Veröffentlichungsrechte, Patente, Handelsmarken – kann es keinen solchen „aktiven Markt" geben; die Neubewertungsmethode scheidet demgemäß aus.

48 Als Neuwert gilt der *fair value* des betreffenden Vermögenswerts am Tage der Neubewertung abzüglich danach entstehender Abschreibungen und außerplanmäßiger Wertminderungen *(impairment losses;* IAS 16.31 bzw. IAS 38.75). Der *fair value* bestimmt sich nach den Regeln des IFRS 13 (IAS 16.6 bzw. IAS 38.8). Zur Bestimmung des *fair value* (Zeitwert) wird verwiesen auf → § 8a Rz 12.

49 Der Neubewertungsbetrag „nach oben" ist **erfolgsneutral** („außerhalb von Gewinn und Verlust") im Eigenkapital einer **Neubewertungsrücklage** *(revaluation surplus)* zuzuführen (IAS 16.39, IAS 38.85). So ist auch die Umwidmung von Grundstücken, die als Finanzinvestitionen gehalten werden, nach IAS 40.61 geregelt (→ § 16 Rz 122 f.). Diese Zuführung ist in der Gesamtergebnisrechnung (→ § 2 Rz 96) gesondert zu zeigen (IAS 16.40A). **Besonderheiten** aus der Neubewertung ergeben sich für

- die planmäßige Abschreibung (Rz 55 ff.),
- die außerplanmäßige Abschreibung bzw. die Neubewertung nach unten (Rz 58 ff.),
- den Abgang (Rz 60),
- die Steuerlatenzrechnung (Rz 59).

3.18.2 Voraussetzungen der Neubewertung

50 Die **Option** zur Neubewertungsmethode ist von folgenden **Voraussetzungen** abhängig:

---

[29] MÜLLER/WOBBE/REINKE, KoR 2008, S. 637.

- Die Neubewertung ist im Zeitverlauf mit hinreichender **Regelmäßigkeit** vorzunehmen, damit der (neu bewertete) Buchwert *(carrying amount)* nicht wesentlich vom beizulegenden Zeitwert *(fair value)* am jeweiligen Bilanzstichtag abweicht (IAS 16.31).
- Je nach Vermögenswert kann eine **jährliche** Anpassung (bei hoher Wert-Volatilität) erforderlich sein, sonst soll ein **Intervall** von drei bis fünf Jahren genügen (IAS 16.34).
- IAS 16 verbietet nicht den **Wechsel** zwischen den beiden Verfahren (Anschaffungskosten- bzw. Neubewertungskonzept). Es gilt allerdings das **Stetigkeitsgebot** nach IAS 8.14 (→ § 24 Rz 16). Als Rechtfertigung für einen Methodenwechsel gilt die bessere oder verlässlichere Darstellung von Geschäftsvorfällen (→ § 24 Rz 23).

Die Neubewertung darf nicht für einen einzelnen Vermögenswert erfolgen, **51** sondern nur für eine ganze Gruppe *(entire class*; IAS 16.36) Als Beispiele für eigenständige Gruppen nennt IAS 16.37:

- unbebaute Grundstücke,
- sonstige Grundstücke und Gebäude,
- Maschinen und technische Anlagen,
- Schiffe,
- Flugzeuge,
- Kraftfahrzeuge,
- Betriebsausstattung,
- Büroausstattung.

Der Aggregationsgrad kann verringert werden, sofern die Definitionsvorgabe von IAS 16.37 beachtet wird, dass Vermögenswerte ähnlicher Art und ähnlicher Verwendung eine Gruppe bilden. Im Hinblick darauf kann es etwa zulässig sein, Verwaltungsgebäude neu zu bewerten, Produktions- und Lagergebäude hingegen nicht. Die Differenzierung erfordert einen sachlichen Grund. Eine regionale Differenzierung genügt dem ebenso wenig wie eine Differenzierung nach Wert bzw. Höhe der stillen Reserven.

Die Neubewertung muss für die jeweilige Gruppe **gleichzeitig** erfolgen. Dabei ist **52** allerdings auch ein **rollierendes** System zulässig (IAS 16.38), also z.B. ein Drittel aller Maschinen p.a. Die IFRS gehen offensichtlich stillschweigend davon aus, dass die erstmalige Neubewertung für jeden Vermögenswert der neu bewerteten *class* zumindest nicht zu einer Abwertung führt (eine Werterhöhung oder unveränderter Buchwert). Jedenfalls ist der Fall der Wertminderung im Zuge der Neubewertung nicht detailliert geregelt (Rz 58).

3.18.3 Wertbestimmung und Erstverbuchung

Bei Option zur Neubewertungsmethode *(revaluation model)* ist gem. IAS 16.22 **53** der beizulegende Zeitwert *(fair value)* im Zeitpunkt der „Neubewertung" anzusetzen. Die Bestimmung des *fair value* ergibt sich aus IFRS 13 (→ § 8a Rz 1 ff. sowie → § 8a Rz 40).

Bei der buchmäßigen Abwicklung der Neubewertung von Vermögenswerten, **54** die zuvor planmäßig oder außerplanmäßig abgeschrieben worden sind, stellt sich die Frage, wie mit den bis zum Neubewertungszeitpunkt aufgelaufenen, **kumulierten**, im Anlagespiegel dargestellten **Abschreibungen** umzugehen ist. Im früheren Recht waren hierzu nur undeutliche Regelungen enthalten. Durch das AIP 2010–12 ist eine Klarstellung vorgenommen worden, der zufolge zwischen folgender Brutto- oder Nettodarstellung gewählt werden kann (IAS 16.35 und IAS 38.80):

- Bei der **Nettodarstellung** wird ein Neustart der Abschreibungen vorgenommen. Die bisher kumulierten Abschreibungen werden auf null gesetzt. Dem mit Übergang zur Neubewertungsmethode anzusetzenden *fair value* stehen keine kumulierten Abschreibungen gegenüber.
- Bei der **Bruttodarstellung** wird der *fair value* zum Zeitpunkt des Übergangs, also der *fair value* eines gebrauchten Anlageguts, mit dem Wert eines neuen (bzw. dem Zustand bei Zugang entsprechenden) Anlageguts verglichen und die Differenz als kumulierte Abschreibung behandelt.

Praxis-Beispiel

Für ein vor vielen Jahren errichtetes, unverändert genutztes Gebäude ergeben sich unmittelbar vor Übergang zur Neubewertungsmethode folgende Daten:

- Herstellungskosten = *gross carrying amount* = „Bruttobuchwert" 1.000,
- kumulierte Abschreibung 600,
- Buchwert 400,
- aktueller *fair value* 1.200.

Daraus ergibt sich in der

- Nettodarstellung: neuer Buchwert = 1.200; *gross carrying amount* 1.200, kumulierte Abschreibung = 0;
- Bruttodarstellung: neuer Buchwert = 1.200; *gross carrying amount* (1.200/400 × 1.000) = 3.000, kumulierte Abschreibung (3.000 – 1.200) = 1.800.

Fallvariante zur Bruttomethode:

Der *gross carrying amount* wird auf Basis einer Baukostenindexierung der ursprünglichen Herstellungskosten mit 3.300 ermittelt. Unter Berücksichtigung der wirtschaftlichen und physischen Abnutzung wird hieraus ein aktueller *fair value* von 1.200 abgeleitet.

- Neuer Buchwert = 1.200; *gross carrying amount* = 3.300, kumulierte Abschreibung (3.300 – 1.200) = 2.100.

3.18.4 Planmäßige Folgeabschreibungen nach Neubewertung

55 Folgende **Berechnungsparameter** sind für die planmäßige Folgeabschreibung nach Neubewertung zu beachten (→ § 10 Rz 5):
- Abschreibungs**volumen** (Rz 56; → § 10 Rz 19),
- Abschreibungs**methode** (→ § 10 Rz 26),
- Abschreibungs**periode** (Nutzungsdauer; → § 10 Rz 33).

56 Die IFRS bieten insbesondere auch keine Hinweise zur Neudefinition des **Abschreibungsvolumens** *(depreciable amount)* im Gefolge der Neubewertung.[30] Würden die jährlichen Abschreibungen nach der Neubewertung in der bisherigen Höhe weiterverrechnet, wäre am Ende der planmäßigen Nutzungsdauer ein **un-**

---

[30] Vgl. MUJKANOVIC, Fair Value im Financial Statement nach IAS, 2002, S. 142 ff.

geplanter Restwert vorhanden. Die weitere Frage wäre, ob dieser Restbetrag aufwandswirksam auszubuchen oder mit der Neubewertungsrücklage zu verrechnen ist. U. E. sollte die Abschreibungsrate p. a. nach Neubewertung so bemessen werden, dass am Ende der Nutzungsdauer der **geplante Restwert** (meist null) **erreicht wird.**

> **Praxis-Beispiel**
> Ein Gebäude mit einer Nutzungsdauer von 50 Jahren und Herstellungskosten von 500 wird zunächst zehn Jahre im Anschaffungskostenmodell bilanziert, danach findet eine Neubewertung auf 600 statt. Die Neubewertung beruht nicht auf einer geänderten Einschätzung der Nutzungsdauer, d. h., die Restnutzungsdauer zum Zeitpunkt der Neubewertung beträgt 40 Jahre.
> Jahresabschreibung 01 bis 10: jeweils 10,
> Jahresabschreibung 11 ff. 600/40 = 15.

Von den IFRS eher undeutlich behandelt (vgl. auch IAS 12.64) ist die Frage nach der **Ergebnisrelevanz** einer zu verrechnenden **Zusatzabschreibung** auf der Grundlage des höheren *fair value* als neue Abschreibungs-Bemessungsgrundlage. Denkbare Vorgehensweisen wären: **57**
- erfolgs**wirksame** Behandlung des zusätzlichen Abschreibungsteils (Buchung „per Abschreibung an Anlagevermögen") mit oder ohne gleichzeitige Reduzierung der Neubewertungsrücklage durch zusätzliche Buchung „per Neubewertungsrücklage an Gewinnrücklagen";
- erfolgs**neutrale** Behandlung des zusätzlichen Abschreibungsteils durch Buchung „per Neubewertungsrücklage an Anlagevermögen".

Konsequent zur erfolgsneutralen Einstellung des Aufwertungsbetrags in die Neubewertungsrücklage wäre die **erfolgsneutrale** Verrechnung der Zusatzabschreibung zulasten dieser Rücklage. Dies entspräche auch der Anweisung in IAS 36.60, der zufolge außerplanmäßige Abschreibungen wegen Wertminderung *(impairment)* bei vorheriger Neubewertung zulasten der Neubewertungsrücklage zu verbuchen sind. Im Schrifttum wird aber eher die erfolgswirksame Abschreibung für geboten gehalten.[31]

3.18.5 Neubewertung „nach unten"

Nach IAS 16.40 und IAS 36.60 ist die Neubewertung nach unten **ergebniswirksam** zu behandeln (vergleichbar einer *impairment*-Abschreibung; → § 11 Rz 6), sofern die zulässige Wertaufholungsrücklage kleiner dem Abwertungserfordernis ist. Betroffen von der erfolgswirksamen Behandlung sind nicht nur Abwertungen nach früherer Aufwertung, sondern u. E. auch anfängliche Neubewertungen, bei denen z. B. einige Vermögenswerte einer Gruppe (Rz 51) eine Werterhöhung erlangen, andere eine Wertverringerung. Für den zweiten Teil der Gruppe ist die Neubewertung dann erfolgswirksam. **58**

---

31 Vgl. z. B. PwC, IFRS Manual of Accounting 2016, Tz. 16.209.

> **Praxis-Beispiel**
> **Sachverhalt unbebautes Grundstück**
> - Buchwert Ende 01 (Anschaffungskostenbilanzierung): 60,
> - Buchwert Anfang 02 nach Neubewertung: 100,
> - zuzuordnende Neubewertungsgrundlage: 40,
> - Zeitwert Ende 05: 50.
>
> **Lösung für Periode 05**
> - Inanspruchnahme der Rücklage: 40,
> - erfolgswirksame Abschreibung: 10.

3.18.6   Steuerlatenz

59   Nach deutschem Steuerrecht ist eine Neubewertung nicht zulässig. Bei planmäßig abzuschreibenden Anlagegegenständen kommt es dann bei einer Neubewertung „nach oben" notwendig zu einer **passiven Steuerlatenz** (→ § 26 Rz 197). Nach IAS 12.61 ist die passive Steuerlatenz der Neubewertungsrücklage zu belasten. Die Gegenbuchung zum Aufwertungsbetrag erfolgt also immer „gesplittet" – teils zugunsten der Neubewertungsrücklage, teils als passive Steuerlatenz.
Die **Auflösung** des Passivpostens für die Steuerlatenz folgt nach Auffassung des Board[32] der ergebnis**neutralen** Zuführung, ist also ebenfalls ergebnisneutral zu verrechnen.

3.18.7   Ausbuchung des Vermögenswerts

60   Die **Neubewertungsrücklage** ist so lange **aufrechtzuerhalten**, wie der betreffende (neu bewertete) Vermögenswert noch im Unternehmen vorhanden ist. Bei **Realisation** des diesem Vermögenswert zuzuordnenden Rücklagenanteils durch **Abgang** (insbesondere Verkauf, *disposal*), ist die noch vorhandene Neubewertungsrücklage insoweit erfolgsneutral in die Gewinnrücklage umzubuchen (IAS 16.41). Auch ohne Abgang (bei noch bestehender Nutzung) ist diese Umbuchung zulässig, soweit eine Differenz zum Buchwert des zugehörigen Vermögenswerts infolge der Änderung der Abschreibungsbasis (Rz 56) besteht. Die vorstehenden Anweisungen zur Behandlung der Neubewertungsrücklage machen es erforderlich, diese dem betreffenden neu bewerteten Vermögenswert **inhaltlich zuzuordnen** (ebenso das Steuerlatenz-Passivum). Sinnvollerweise geschieht dies in einem besonderen Teil der Anlagebuchhaltung.

4   Abgang

61   Ein **Abgang** (*disposal*) mit der Folge der Ausbuchung (*derecognition*) liegt vor (IAS 16.67)
- in „körperlicher" Form oder
- bei Fehlen künftigen wirtschaftlichen Nutzens.
Zum Sonderausweis zur Veräußerung bestimmter langfristiger Vermögenswerte vgl. → § 29 Rz 8.

---

[32]   Diskussion in der April-Sitzung 2003. Dieser Auffassung folgt u. a. auch SCHILDBACH, WPg 1998, S. 942.

Das **Ergebnis** (Gewinn oder Verlust) des Abgangs eines sächlichen Anlagewerts **62** (IAS 16.68) besteht aus der Differenz (Saldo) zwischen dem Buchwert und dem erhaltenen Gegenwert (IAS 16.71), ggf. unter getrennter Erfassung eines Zinseffekts (IAS 16.72). Der Ausweis des (Brutto-)Verkaufserlöses als Umsatz *(revenue)* kommt deshalb nicht in Betracht.[33] Der ggf. erzielte Gewinn *(gain)* ist **nicht** als Erlös *(revenue)* auszuweisen (IAS 16.67), sondern unter „sonstige betriebliche Erträge" *(other operating income;* → §2 Rz 64).

Mit Wirkung ab 2009 gilt eine Besonderheit, wenn das Unternehmen **vermietete** Anlagen nach Ablauf der Vermietung routinemäßig zum **Verkauf** stellt. Dann soll der Buchwert mit Ende der Vermietung in das Vorratsvermögen umgebucht und der Erlös aus dem Verkauf als Umsatz ausgewiesen werden (IAS 16.68A, Rz 70). Ein Anwendungsfall hierzu wären die Fahrzeuge von Autovermietern.[34] Ein Ausweis als *held for sale* nach IFRS 5 kommt dann trotz der Veräußerungsabsicht wegen des Vorrangs von IAS 2 (→ §29 Rz 4) nicht in Betracht. Die Einzahlungen sind in der Kapitalflussrechnung als *cash flow* aus betrieblicher Tätigkeit auszuweisen (→ §3 Rz 46).

Zum Abgang des bisherigen Buchwerts führt auch die **Ersatzbeschaffung** eines **63** (für Zwecke der Abschreibung selbstständig gewürdigten) Teils (→ §10 Rz 7) eines Vermögenswerts (IAS 16.70).Auf den *component approach* (Rz 45 und → §10 Rz 6ff.) wird verwiesen.

Wird ein Anlagegegenstand durch ein **versichertes** Ereignis weitgehend so **64** **zerstört**, dass er auf Dauer nicht mehr nutzbar ist *(retirement),* gilt nach IAS 16.65f.:

- Ausbuchung des Gegenstands nach den Kriterien von IAS 16,
- Einbuchung des evtl. Ersatzgegenstands ebenfalls nach Maßgabe von IAS 16 (z.B. mit Beginn von Herstellungsarbeiten als Anlage im Bau),
- Ansatz des Ersatzanspruchs gegenüber der Versicherung, wenn der Anspruch „zur Forderung wird" *(becomes receivable).*

U. E. entsteht die Forderung gegenüber dem Versicherer bei Vorliegen einer validen Versicherung nicht erst mit förmlicher Anerkenntnis, sondern mit Eintritt des Versicherungsfalls. Dies entspricht den Wertungen von IAS 32.11(c) und wird indirekt durch die Entscheidung des IASB vom November 2011 bestätigt, die Fragestellung nicht in das AIP aufzunehmen. Das zugrunde liegende *Staff Paper* betont die Anwendbarkeit der vorgenannten Vorschrift.

5 Ausweis und Anhangangaben

Das Sachanlagevermögen ist nach IAS 1.66 **gesondert** auszuweisen (→ §2 Rz 46). **65** Eine **weitergehende Untergliederung** kann sich an IAS 16.37 wie folgt anlehnen:

- unbebaute Grundstücke,
- Grundstücke und Gebäude,
- Maschinen und maschinelle Anlagen,
- Schiffe,
- Flugzeuge,
- Kraftfahrzeuge,

---

[33] So „vorläufig" auch IFRIC Update May 2007.
[34] Vgl. hierzu mit Verbuchungsbeispiel BÖMELBURG/LANDGRAF/EBERHARDT, PiR 2008, S. 334.

- Betriebsausstattung,
- Geschäftsausstattung.

Andere Untergliederungen sind auch unter *materiality*-Aspekten zulässig.

66   Im **Anhang** sind nach Maßgabe der vorgenommenen Gliederung in der Bilanz folgende **Angaben** zu machen (IAS 16.73, IAS 16.75, IAS 16.76):

- Die Bewertungsgrundlagen zur Ermittlung des Bruttobuchwerts, ggf. bei Verwendung verschiedener Bewertungsgrundlagen mit einer Aufteilung auf die einzelnen ausgewiesenen Gruppen von Anlagegegenständen.
- Die angewandten Abschreibungsmethoden (→ § 10 Rz 26 ff.).
- Die angenommenen Nutzungsdauern bzw. Abschreibungsraten (→ § 10 Rz 33 ff.).
- Bestandteile des **Anlagespiegels** (Beispiel Rz 69):
  - Der Bruttobuchwert und die aufgelaufenen Abschreibungen einschließlich außerplanmäßiger Abschreibungen zum Beginn und zum Ende der Periode.
  - Zugänge.
  - Zugänge durch Unternehmenszusammenschlüsse (→ § 31).
  - Werterhöhungen und Wertminderungen durch Neubewertungen (Rz 47).
  - Abgänge.
  - Laufende Abschreibungen (→ § 10).
  - Außerplanmäßige Abschreibungen *(impairment losses)* in der Periode mit Wertaufholungszuschreibungen *(reversal;* → § 11).
  - Umrechnungsdifferenzen bei ausländischen Gesellschaften mit abweichender Währung (→ § 27).

Weitere **zusätzliche** Angaben sind nach IAS 16.74 geboten. Hierzu sei auf die Checkliste „IFRS-Abschlussangaben" verwiesen (siehe HI10157883 im Haufe IFRS-Kommentar Online); vgl. → § 5 Rz 8. Das gilt auch für die Angaben zur Neubewertungsmethode nach IAS 16.77.

In einer *Agenda Rejection (Non-IFRIC)*[35] hat sich das IFRS IC mit den erforderlichen Anhangerläuterungen zu (etwa in Folge einer Finanz- oder Wirtschaftskrise) zeitweise **nicht genutzten** Sachanlagen (*idle assets*) und **unfertigen Bauobjekten,** die einstweilen nicht fertiggestellt werden, befasst. Diese verweist auf die empfohlene Angabe in IAS 16.79(a) und die allgemein zum Verständnis des Jahresabschlusses erforderlichen Informationen nach IAS 1.112(c) (→ § 5 Rz 11).

67   Weitere Bereiche der Anhangangaben lassen sich durch einen (erweiterten) **Anlagespiegel** (Rz 69) nach § 268 Abs. 2 HGB abdecken. **Zusätzliche Angabepflichten** von größerer praktischer Bedeutung (die nicht über die Darstellungstechnik des Anlagespiegels erfasst werden können) sind die folgenden:

- Sicherungsübereignungen und Verpfändungen (vergleichbar § 285 Nr. 1b HGB).
- Schwebende Beschaffungsgeschäfte (vergleichbar § 285 Nr. 3 HGB).
- Außerplanmäßige Abschreibungen und Wertaufholungszuschreibungen (vergleichbar § 277 Abs. 3 Satz 1 HGB; → § 11 Rz 217).

Auf die Checkliste „IFRS-Abschlussangaben" (siehe HI10157883 im Haufe IFRS-Kommentar Online) wird ergänzend verwiesen (→ § 5 Rz 8).

---

[35]   IFRIC Update May 2009.

Der Anlagespiegel ist Bestandteil des Anhangs (*secondary statement*). Er darf deshalb **68** nicht unter den Bestandteilen des *primary statement* ausgewiesen werden, also nicht vor dem Anhang oder gar vor der Eigenkapitalveränderungsrechnung (IAS 1.10).

Zur Darstellung der **Entwicklung des Anlagevermögens** bedienen sich die **69** deutsche[36] und die internationale Rechnungslegungspraxis des sog. **Anlagespiegels oder Anlagegitters.** Nach IFRS ist der Anlagespiegel nur für das Sachanlagevermögen und die immateriellen Vermögenswerte vorgeschrieben, **nicht** dagegen für die **Finanzanlagen.** Die **Vorjahres**form des Anlagespiegels ist ebenfalls darzustellen.

Für den IFRS-kompatiblen Anlagespiegel finden sich folgende **Muster** auf den nächsten Seiten:

- **horizontale** Entwicklung,
- **vertikale** Entwicklung.

	Anschaffungs- bzw. Herstellungskosten								
	1.1.01	Zugänge	Währungsdifferenzen	Umqualifiziert als zum Verkauf bestimmt	Zugänge aus Unternehmenserwerben	Werterhöhungen durch Neubewertung	Umbuchungen	Abgänge	31.12.01
	TEUR	TEUR	TEUR	TEUR	TEUR	TEUR	TEUR	TEUR	TEUR
Entwicklungskosten (→ § 13 Rz 100)									
Software, Markenrechte und Lizenzen									
goodwill									
Immaterielle Vermögenswerte									
Grundstücke und Bauten auf fremden Grundstücken									
Technische Anlagen und Maschinen									
Sonstige Betriebs- und Geschäftsausstattung									
Anlagen im Bau									
Sachanlagen									

	Abschreibungen								
	1.1.01	Zugänge planmäßig	Zugänge außerplanmäßig	Umqualifiziert als zum Verkauf bestimmt	Abgänge aus Unternehmensverkäufen	Zuschreibungen	Währungsdifferenzen	Umbuchungen	Abgänge	31.12.01
	TEUR	TEUR	TEUR	TEUR	TEUR	TEUR	TEUR	TEUR	TEUR	TEUR
Entwicklungskosten										
Software, Markenrechte und Lizenzen										
goodwill										
Immaterielle Vermögenswerte										

---

[36] Zur Darstellung bei deutschen IFRS-Anwendungen vgl. KÜTING/GRAU, DStR 2011, S. 1387.

	1.1.01	Zugänge planmäßig	Zugänge außerplanmäßig	Umqualifiziert als zum Verkauf bestimmt	Abgänge aus Unternehmensverkäufen	Zuschreibungen	Währungsdifferenzen	Umbuchungen	Abgänge	31.12.01
	TEUR	TEUR	TEUR	TEUR	TEUR	TEUR	TEUR	TEUR	TEUR	TEUR
Grundstücke und Bauten auf fremden Grundstücken										
Technische Anlagen und Maschinen										
Sonstige Betriebs- und Geschäftsausstattung										
Anlagen im Bau										
Sachanlagen										

(Spaltenüberschrift über allen Abschreibungsspalten: Abschreibungen)

Die Vielzahl der Spalten erfordert an sich in der vorstehenden Strukturierung die Verwendung von zwei DIN-A4-Seiten. In einfacheren Fällen kann optisch gefälliger statt der horizontalen auch eine **vertikale** Darstellung erfolgen. Hierzu folgendes Beispiel:

Praxis-Beispiel
Anlagespiegel vertikale Entwicklung

Die Entwicklung der immateriellen Anlagewerte sowie der Sachanlagen stellt sich wie folgt dar:

Mio. EUR	Immaterielle Anlagewerte		Sachanlagen	
	Geschäfts- oder Firmenwerte	Sonstige immaterielle Anlagewerte	Grundstücke und Gebäude	Betriebs- und Geschäftsausstattung
Buchwert zum 1.1.01	1.417	100	784	1.837
Anschaffungs-/Herstellungskosten zum 1.1.01	1.611	123	905	3.523
Zugänge in 01	119	26	170	531
Abgänge in 01	30	5	191	100
Umbuchungen	–	–	–	–
Anschaffungs-/Herstellungskosten zum 31.12.01	1.700	144	884	3.954
Zuschreibungen	–	–	–	–
Kumulierte Abschreibungen zum 31.12.00	194	23	121	1.686
Währungsdifferenzen	11	0	0	0
Zugänge in 01	116	18	37	518
Abgänge in 01	1	1	13	96
Umbuchungen	–	–	–	–
Kumulierte Abschreibungen zum 31.12.01	320	40	145	2.108
Buchwert zum 31.12.01	1.380	104	739	1.846

In der Rechnungslegungspraxis der internationalen Großkonzerne wird regelmäßig eine **Trennung** zwischen Sachanlagen und immateriellen Anlagen vorgenommen.

Die Zugänge aus **Unternehmenserwerben** sind im Konzernanlagespiegel getrennt von den sonstigen Zugängen auszuweisen, obwohl die Ersteren der Einzelerwerbsfiktion (→ § 31 Rz 12) unterliegen. Die dabei anfallenden Anschaffungskosten sind in der Zugangsspalte auszuweisen. Die beim Verkäufer angefallenen Anschaffungs- oder Herstellungskosten und die darauf entfallenden (kumulierten) Abschreibungen sind aus Sicht des Erwerbers ohne Interesse. Nicht nur unter *cost-benefit*-Aspekten (→ § 1 Rz 60) kann im Einzelfall die Verwendung der Datenbestände des **Veräußerers** sinnvoll oder gar notwendig sein. Diese Handhabung kann sich auf die „große Masse" der Einzelgüter beziehen, bei denen eine Aufdeckung der stillen Reserven anlässlich der Erstkonsolidierung (→ § 31 Rz 71 ff.) nicht in Betracht kommt.

Auch der *materiality*-Aspekt darf bzgl. des Anlagespiegels nicht vernachlässigt werden. So kann z. B. bei einem Dienstleistungsunternehmen, das ohne nennenswerte Sachanlagen und immaterielle Vermögenswerte agiert, auf die Erstellung des Anlagespiegels verzichtet werden (→ § 1 Rz 65).

Auf die Checkliste „IFRS-Abschlussangaben" (siehe HI10157883 im Haufe IFRS-Kommentar Online) wird verwiesen (→ § 5 Rz 8).

6   Anwendungszeitpunkt, Rechtsentwicklung

IAS 16 ist auf alle Abschlüsse anzuwenden, deren Berichtsperiode am 1.1.2005   70
beginnt. Definitionsergänzung zu Ersatzteilen und Hilfsmitteln erfolgten durch den *AIP Cycle 2009–11* (Rz 6), Klarstellungen zur Behandlung kumulierter Abschreibungen bei Neubewertung durch *AIP 2010–2012 Cycle* (Rz 54).

Nach einem *Amendment* vom Juni 2014 sind mit Wirkung ab 2016 fruchttragende Pflanzen (*bearer plants*) nicht mehr nach IAS 41, sondern nach IAS 16, d. h. als Sachanlagen zu bilanzieren (Rz 3).

Ein *Amendment* zu IAS 16 und IAS 38 vom Mai 2014 bringt Verschärfungen bei der Wahl der Abschreibungsmethode (→ § 10 Rz 28).

§ 15a LEASINGVERHÄLTNISSE NACH IFRS 16 *(Leases)*

Schrifttum: ADOLPH/RISCHAR, Der neue Leasingbilanzierungsstandard IFRS 16 Leases ist veröffentlicht – was nun?, IRZ 2016, S. 57 f.; BARDENS/DUHR/HEINING, Praktische Herausforderungen bei der Einführung des neuen Leasingstandards IFRS 16 im Konzern, IRZ 2016, S. 259 ff.; BARDENS/KRONER/MEURER, IFRS 16: Flugzeuge jetzt „on balance"? (Teil 1), KoR 2016, S. 385 ff.; BARDENS/KRONER/MEURER, IFRS 16: Flugzeuge jetzt „on balance"? (Teil 2), KoR 2016, S. 449 ff.; BAUER/GALLERT, Die neue Leasingbilanzierung nach IFRS 16, WPg 2016, S. 321 ff.; BERGER/NARDMANN, IFRS 16 – der neue Leasingstandard und seine Auswirkungen auf Unternehmen, BB 2016, S. 425 ff.; BEYHS/LABRENZ, Bilanzpolitische Spielräume für Leasingnehmer in IFRS 16, IRZ 2016, S. 453 ff.; DEHMEL/HOMMEL/RAMMERT, IFRS 16 – Nutzungsverhältnisse: Bewertungskonzept auf dem Prüfstand, BB 2016, S. 2347 ff.; DINH/FINK/SCHULTZE/SCHABERT, Leasingbilanzierung nach IFRS 16, PiR 2016, S. 235 ff.; ECKL/KIRCH/PIESBERGEN/PILHOFER, IFRS 16 ‚Leases': Bestandsaufnahme und erste kritische Würdigung der IFRS-Leasingreform (Teil 1), DB 2016, S. 661 ff.; ECKL/KIRCH/PIESBERGEN/PILHOFER, IFRS 16 ‚Leases': Bestandsaufnahme und erste kritische Würdigung der IFRS-Leasingreform (Teil 2), DB 2016, S. 721 ff.; FINDEISEN/ADOLPH, Es ist vollbracht: Der neue Leasingstandard IFRS 16 ist da, DB 2016, S. 485 ff.; FREIBERG, Aufteilung von Dauerschuldverhältnissen – Vorrang von IFRS 16 vor IFRS 15, PiR 2016, S. 325 ff.; FREIBERG, Auswahl des Diskontierungszinssatzes nach IFRS 16, PiR 2016, S. 263 ff.; FREIBERG, (Un-)nötige Komplexität der Folgebilanzierung von Leasingverhältnissen?, WPg 2016, S. 1116 ff.; FREIBERG/DIEMERS, Bilanzielle Abbildung von contracting-Vereinbarungen nach IFRS, PiR 2016, S. 210 ff.; FREIBERG/PANEK/EHRCKE, Leasingverhältnisse nach IFRS 16, BB 2016, S. 2091 ff.; GANSSAUGE/KLOCKMANN/ALYMOV, Definition eines Leasingverhältnisses, WPg 2016, S. 735 ff.; GRUBER/HARTMANN-WENDELS, Leasingnehmerbilanzierung nach IFRS 16 aus bilanzpolitischer Sicht, KoR 2016, S. 441 ff.; HOMMEL/DEHMEL/ZEITLER, IFRS 16 – der neue Standard für Nutzungsverhältnisse: systematische Inkonsistenzen und bilanzpolitische Spielräume, BB 2016, S. 1770 ff.; LÜDENBACH, Günstige Kaufoption bei der Leasingbilanzierung nach IFRS 16, PiR 2016, S. 298; NEMET/HEYD, Bilanzierung von Leasingverhältnissen nach IFRS 16 – Right of Use-Konzept: Welchen Nutzen stiftet der neue Standard, PiR 2016, S. 65 ff.

Vorbemerkung
Die Kommentierung bezieht sich auf IFRS 16 in der aktuellen Fassung und berücksichtigt alle Ergänzungen, Änderungen und Interpretationen, die bis zum 1.1.2017 beschlossen wurden.

1 Zielsetzung, Regelungsinhalt und Begriffe

1.1 Konzeptionelle Grundlagen

IFRS 16 schreibt für den Leasinggeber im Wesentlichen die bisherigen Regelungen von IAS 17 fort, bringt hingegen für den Leasingnehmer fundamentale Änderungen. **1**

Der **Leasinggeber** hat – wie schon nach IAS 17 – ein Leasingverhältnis als *finance* oder *operating lease* zu qualifizieren (Rz 181), wobei auch die Klassifizierungskriterien gegenüber IAS 17 unverändert bleiben. **2**
- Beim *finance lease* bucht der Leasinggeber das Leasingobjekt gegen eine Leasingforderung aus, weil er das wirtschaftliche Eigentum verliert.
- Beim *operating lease* bleibt das Leasingobjekt in seiner Bilanz.

Für den **Leasingnehmer** ändert IFRS 16 (fast) alles. Er hat nicht mehr über die Bilanzierung des Leasingobjekts zu befinden, sondern – mit bestimmten Ausnahmen (Rz 82 ff.) – ein **Nutzungsrecht** am Leasingobjekt *(right of use asset)* und korrespondierend eine Leasingverbindlichkeit *(lease liability)* anzusetzen (Rz 75). **3**

Die nach IFRS 16 vorgesehenen Bilanzierungsmodelle finden aber nur für Vertragsverhältnisse Anwendung, die **als lease identifiziert** werden. Wird lediglich eine Dienstleistung *(service)* vereinbart, scheidet eine Anwendung des *right-of-use*-Modells aus. Sieht eine Vereinbarung mehrere Leistungen – sowohl die Gewährung eines Nutzungsrechts als auch die (künftige) Erbringung eines *service* – vor, bedarf es einer Trennung in die einzelnen Vertragsbestandteile (IFRS 16.1). Besondere Relevanz für die bilanzielle Abbildung zeigt daher die Definition eines Leasingverhältnisses (Rz 18). Entscheidend ist hier das *control*-Prinzip (IFRS 16.BC107). **4**

Besondere Vorgaben sind für *sale-and-lease-back*-Transaktionen (Rz 260 ff.) und **mehrstufige Leasingverhältnisse** mit Haupt- und Untermietvertrag (Rz 256 ff.) vorgesehen. **5**

Die Regelungen von IFRS 16 sind i.d.R. auf einzelne Leasingverhältnisse bzw. separierbare (Vertrags-)Bestandteile anzuwenden. Nach einer **Portfolio-Aus-** **6**

nahme (IFRS 16.B1) können die Ansatz- und Bewertungsvorgaben aber einheitlich für eine Gruppe homogener Nutzungsüberlassungen angewendet werden, wenn die Zusammenfassung zu keinen materiell abweichenden Ergebnissen führt (Rz 89). Mehrere separat geschlossene Vereinbarungen sind zwingend zu einem Leasingverhältnis zusammenzufassen, wenn nach dem wirtschaftlichen Gehalt eine einheitliche Transaktion vorliegt (*linked transaction*).

7 IFRS 16 ersetzt
- IAS 17 Leasingverhältnisse (→ § 15 in der 14. Auflage des Haufe IFRS-Kommentars),
- die ergänzenden Interpretationen IFRIC 4, nach der festzustellen ist, ob in einer Vereinbarung überhaupt ein *lease* vorliegt,
- SIC 15 zur Behandlung von Anreizvereinbarungen (etwa mietfreie Perioden) und
- SIC 27 zur Beurteilung des wirtschaftlichen Gehalts von Transaktionen, die nach der Vertragsform als Leasingverhältnis ausgestaltet wurden.

8 Die Überarbeitung der Vorgaben zur bilanziellen Abbildung von Leasingverhältnissen wurde als gemeinsames Projekt von IASB und FASB, dem Standardsetzer für US-GAAP initiiert. Im Ergebnis konnten sich beide Standardsetzer aber nicht auf gleichlautende Vorgaben einigen. Die in ASC Topic 842 kodifizierten US-amerikanischen Vorgaben weichen daher in zahlreichen Punkten von IFRS 16 ab (Rz 290).

1.2 (Nicht-)Anwendungsbereich

1.2.1 Allgemeine Ausnahmen

9 IFRS 16 ist auf folgende Leasingverhältnisse **nicht** anzuwenden (IFRS 16.3):
- Vereinbarungen, die im Zusammenhang mit der Entdeckung und Nutzung von **Mineralien**, Öl, Erdgas und ähnlichen nicht regenerativen Ressourcen stehen (IFRS 6),
- Nutzungsüberlassungen betreffend **biologische Vermögenswerte** beim Leasingnehmer (IAS 41),
- Leasingverhältnisse über **Dienstleistungskonzessionen** bei *public private partnership* (IFRIC 12) sowie
- Lizenzvereinbarungen über Filme, Videos, Theaterstücke, Manuskripte, Patente und **Urheberrechte** u. Ä., die als immaterielle Vermögenswerte gelten (IAS 38).

Biologische Vermögenswerte, welche die Voraussetzungen für eine Klassifizierung als *bearer plants* erfüllen (→ § 14 Rz 3), unterliegen dem Anwendungsbereich von IAS 16. Die Vereinbarung einer Nutzungsüberlassung über *bearer plants* ist daher nicht von den Vorgaben des IFRS 16 ausgeschlossen.

10 Lizenzvereinbarungen über **geistiges Eigentum** sind von dem Leasinggeber nach den Vorgaben zur Erlösrealisation zu erfassen (→ § 25 Rz 209 ff.). Der Leasingnehmer braucht die Vorschriften nicht auf immaterielles Vermögen anzuwenden. Er kann dies aber wahlweise über die Festlegung einer (stetig auszuübenden) Bilanzierungs- und Bewertungsmethode (Rz 16) anwenden. Weitere generelle Ausnahmen vom Anwendungsbereich sind explizit nicht vorgesehen.

11 Es besteht kein expliziter Ausschluss für Leasingverhältnisse über **Vorratsvermögen** (IAS 2). Allerdings ist die Vereinbarung einer Nutzungsüberlassung über Vermögen, welches im rechtlichen Eigentum einer anderen Partei steht, für die Verwertung im eigenen Produktionsprozess oder den Verkauf nahezu ausgeschlossen (IFRS 16.BC74).

Ein Leasingverhältnis führt für den Leasinggeber zu einem finanziellen An- **12** spruch (IAS 32.AG9). Entsprechendes gilt für die (Zahlungs-)Verbindlichkeit des Leasingnehmers. Beachtlich ist ein Ausschluss von den allgemeinen Vorgaben zur bilanziellen Abbildung von Finanzinstrumenten (IFRS 9.2.1(b)). Es bestehen allerdings folgende Rückausnahmen:

- Seitens des Leasinggebers erfasste Forderungen aus Leasingverhältnissen unterliegen den Ausbuchungs- und Wertberichtigungsvorgaben.
- Für Leasingverbindlichkeiten des Leasingnehmers sind die Ausbuchungsvorgaben zu beachten.
- In einem *lease* eingebettete Derivate sind nach IFRS 9 abzubilden.

Für die bilanzielle Abbildung von Leasingverhältnissen sind besondere Vorgaben für variable Zahlungen vorgesehen (Rz 104 ff.). Die Pflicht zur Abspaltung eingebetteter Derivate ist vorrangig – vor einer Berücksichtigung von Variabilität für die Leasingraten – zu prüfen (IFRS 16.BC81).

1.2.2 Besonderheiten beim immateriellen Vermögen

Die Vorgaben zur bilanziellen Abbildung beim Leasinggeber unterscheiden **13** nicht nach der Art des Vermögenswerts, für den ein Nutzungsrecht eingeräumt wird. Anderes gilt für den **Leasingnehmer**: Für eine Nutzungsvereinbarung über einen immateriellen Vermögenswert hat er nach IFRS 16.4 ein **Wahlrecht**, IFRS 16 statt IAS 38 anzuwenden. Das Wahlrecht gilt nicht für Patente, Filme, Manuskripte und ähnliche urheberrechtlich geschützte Güter.

Die Klassifizierung einer Nutzungsüberlassung über immaterielles Vermögen als **14** Leasingverhältnis setzt u.E. den Nachweis einer Exklusivität der Vereinbarungen (für den vereinbarten räumlichen und zeitlichen Anwendungsbereich) zugunsten des *lessee* voraus.[1]

> **Praxis-Beispiel**
> A gewährt U das Nutzungsrecht an einer Marke. Wird ein exklusives Recht eingeräumt, kann U also andere von der Nutzung der Marke ausschließen, kann eine Bilanzierung als *lease* erfolgen. Erhält U hingegen lediglich ein nicht exklusives Recht zur Nutzung, kann A also mit weiteren Parteien Nutzungsverhältnisse über die Marke abschließen, scheidet die Abbildung als Leasingverhältnis aus.

Die Unterscheidung zwischen exklusiven, möglicherweise in den Anwendungsbereich der Leasingbilanzierung fallenden, und nicht exklusiven Nutzungsüberlassungen über immaterielle Vermögenswerte ist in hohem Maße ermessensabhängig. Abstrahiert von dem einfachen Fall einer umfassenden Exklusivität, welche sämtliche Nutzung durch eine andere Partei über die gesamte Nutzungsdauer ausschließt, ergeben sich wegen der vielfältigen Variationsmöglichkeiten in der Ausgestaltung von Nutzungsrechten zahlreiche Zweifelsfragen, etwa betreffend den Zeitraum oder die (geografische) Abgrenzung.

---

[1] Vgl. FREIBERG, BB 2015, S. 2542.

Praxis-Beispiel (Fortsetzung)
Das Markenrecht des A ist lediglich für den europäischen Rechtsraum eingetragen und damit geschützt. Eine Nutzung durch andere Anbieter gleicher Produkte in anderen Rechtskreisen kann durch A nicht ausgeschlossen werden. Unternehmen U erhält aufgrund der geschlossenen Vereinbarung nur das Recht einer exklusiven Nutzung der Marke in der DACH-Region. Das Recht zur Nutzung im sonstigen EU-Raum behält A zurück. Es liegt aus Sicht von U daher lediglich ein exklusives (Teil-)Recht vor, welches geografisch begrenzt ist.

15 Die Unterscheidung von exklusiven und nicht exklusiven (Lizenz-)Vereinbarungen zeitigt nicht nur für die Identifizierung eines *lease* Relevanz. Auch die Vorgaben zur Erlösrealisation machen die Unterscheidung zwischen zeitpunkt- und zeitraumbezogener Leistungserbringung von der Rechtsposition des Leistungsempfängers abhängig (IFRS 15.B56).[2] Für die Bestimmung, ob eine Lizenzvereinbarung ein unmittelbares Recht auf Zugang (*right to access*) an dem zugrunde liegenden Vermögenswert begründet, also eine zeitraumbezogene Leistungsverpflichtung vorliegt, wurde im Zuge der Standardentwicklung in Erwägung gezogen, auf die Exklusivität der Vereinbarung abzustellen.[3] In der finalen Fassung der Vorgaben zur Erlösrealisation wurde das Merkmal Exklusivität allerdings verworfen (IFRS 15.BC412(b)). Gegen eine Aufnahme wurde neben der Unklarheit bezogen auf die Unterscheidung zwischen exklusiven und nicht exklusiven Rechten auch der fehlende Bezug zu dem zugrunde liegenden Vermögenswert eingewendet.

16 Die Vorgaben zur Leasingbilanzierung erkennen die Schwierigkeiten in der Abgrenzung des Anwendungsbereichs für immaterielles Vermögen an. Der Leasingnehmer braucht die Vorgaben zur Leasingbilanzierung nicht auf immaterielle Vermögenswerte anzuwenden. Es besteht somit ein großzügig anwendbares Wahlrecht.[4]

17 Aus der Perspektive des Leasinggebers besteht kein vergleichbares Wahlrecht. (Dauer-)Schuldverhältnisse, die eine Nutzungsüberlassung von *intellectual property* vorsehen (IFRS 16.3(d)), sind nach den Vorgaben für die Erlösrealisation abzubilden (→ § 25 Rz 215). Nutzungsüberlassungen von anderen Vermögenswerten sind von dem Leasinggeber als *lease* zu erfassen.

Praxis-Beispiel
Die Überlassung eines Markenrechts zur exklusiven Nutzung durch U ist seitens des A, der rechtlicher Eigentümer der Marke ist, als *lease* abzubilden.

---

[2]   Vgl. LÜDENBACH/FREIBERG, PiR 2015, S. 134.
[3]   So noch explizit im ursprünglichen Entwurf zum Standard zur Erlösrealisation (ED/2010/6.B33).
[4]   Hierzu kritisch FREIBERG, BB 2015, S. 2542.

2 Definition eines Leasingverhältnisses

2.1 Kumulierte Anforderungen

Mit Abschluss einer vertraglichen Vereinbarung (*at inception*) bedarf es einer Beurteilung, ob eine vertragliche Vereinbarung ein Leasingverhältnis darstellt oder ein solches beinhaltet. Ein Leasingverhältnis liegt vor, wenn

- die Erfüllung des geschlossenen Vertrags die Nutzung eines **identifizierbaren Vermögenswerts** voraussetzt (*use of an identified asset*) und
- die vertragliche Vereinbarung im Austausch für eine Gegenleistung für einen bestimmten Zeitraum **Kontrolle** über Art und Zweck der Nutzung des identifizierbaren Vermögenswerts (*right to control the use*) begründet.

Der bestimmte Zeitraum braucht nicht zwingend als Periode (von [...] bis) ausgedrückt zu werden, es kann auch auf andere Maßeinheiten (Leistung, Anzahl der Nutzungen etc.) abgestellt werden. Vereinbarungen über die bloße Erbringung von Dienstleistungen (*services*) erfüllen nicht die Definition von Nutzungsüberlassungen.

18

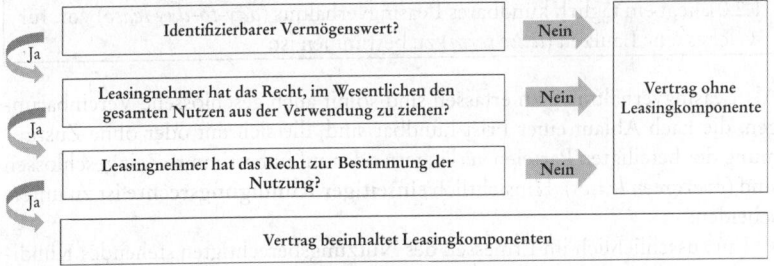

Abb. 1: Identifizierung eines Leasingverhältnisses

Da die Identifizierung eines *lease* den kumulativen Nachweis der (insgesamt drei) Anforderungen voraussetzt, ergibt sich keine zwingende Reihenfolge für die Beurteilung. Das Ablaufdiagramm in IFRS 16.B31 stellt insoweit nur einen unverbindlichen Vorschlag (*may assist*) dar.[5] Wird nur eine der Bedingungen widerlegt, scheidet die Erfassung als Leasingverhältnis aus. Die Identifizierung eines Leasingverhältnisses erfolgt unabhängig von der formalen Ausgestaltung der geschlossenen Vereinbarung. Auch ein zwischen den Parteien nicht explizit als Nutzungsüberlassung bezeichnetes (Dauer-)Schuldverhältnis oder ein Sukzessivliefervertrag kann daher bilanziell als *lease* zu erfassen sein oder eingebettete Leasingkomponenten enthalten (IFRS 16.B12). Ein für eine geschlossene Vereinbarung getroffenes Urteil ist nur im Fall einer Vertragsanpassung (*modification*) neu einzuschätzen und ggf. zu revidieren (IFRS 16.11).

19

Die Pflicht zur Identifizierung von Leasingverhältnissen erstreckt sich auf alle geschlossenen Schuldverhältnisse. Nur wenn eine zwischen den beteiligten Parteien geschlossene Vereinbarung keine **durchsetzbaren** (*enforceable*) **Rechte und Pflichten** begründet, ist das Vorliegen eines Leasingverhältnisses dem Grunde nach widerlegt (IFRS 16.B34). Fehlt es für jede beteiligte Vertragspartei

20

---

[5] Vgl. hierzu auch GANSSAUGE/KLOCKMANN/ALYMOV, WPg 2016, S. 736.

an einem durchsetzbaren Anspruch auf fortlaufende Leistung, liegt daher kein Leasingverhältnis vor. Kein durchsetzbarer Vertrag liegt vor, wenn beide Parteien (*each has the right*) über das einseitig durchsetzbare Recht verfügen, eine geschlossene Vereinbarung ohne Leistung einer Entschädigung (etwa durch Rücktritt oder Kündigung) zu beenden (IFRS 16.B34).

Praxis-Beispiel

Leasingnehmer LN und Leasinggeber LG schließen zum 1.1.01 eine Vereinbarung mit einer Laufzeit von drei Jahren. Als Zeitpunkt des Nutzungsbeginns (*commencement of the lease*) wird der 1.2.01 vereinbart. Beide Parteien können jederzeit und ohne Pflicht zur Leistung einer Entschädigungszahlung von dem Vertrag zurücktreten. Erfolgt die Kündigung nach Übergabe des zur Nutzung überlassenen Vermögenswerts (*underlying asset*), ist LN zur Rückgabe am Folgetag nach Kündigung verpflichtet. Bis zum 31.1.01 fehlt es mangels Vorliegens von *enforceable rights* an einem *contract*, somit auch an einem *lease*. Der zwischen den Parteien vereinbarte Zeitpunkt des Nutzungsbeginns markiert auch den Abschluss der Vereinbarung (*inception of the lease*). Ab dem 1.2.01 liegt ein täglich kündbares Leasingverhältnis (*day-to-day lease*) vor, für welches eine Laufzeit (*lease term*) zu bestimmen ist.

---

21 Als Leasingverhältnisse zu erfassen sind somit auch geschlossene Vereinbarungen, die nach Ablauf einer Frist kündbar sind, die sich mit oder ohne Zustimmung der beteiligten Parteien verlängern oder auf unbestimmte Zeit geschlossen sind (*evergreen leases*). Hinsichtlich **einseitiger Kündigungsrechte** ist zu unterscheiden:[6]

- Ein ausschließlich im Ermessen des Nutzungsberechtigten stehendes Kündigungsrecht ist für die Identifizierung eines *lease* unbeachtlich, es liegt (bei Erfüllung der übrigen Voraussetzungen) ein Recht zur Kontrolle über die Nutzung vor (IFRS 16.B35). Relevanz hat das Kündigungsrecht ausschließlich für die Bestimmung der Laufzeit (IFRS 16.18(b)).
- Einseitige Kündigungsoptionen des Nutzungsschuldners sind für die Bestimmung der Laufzeit (*lease term*) unbeachtlich und zeitigen für die Identifizierung des Bestehens eines *contract*, der als *lease* zu identifizieren sein kann, keine Relevanz.

Praxis-Beispiel

U vereinbart mit A die Anmietung einer identifizierten Anlage ohne Festlegung einer bestimmten Laufzeit. U hat während der Anmietungsphase die Kontrolle über die Anlage. Beide Parteien haben das Recht, nach Beginn der Nutzung (*commencement*) die Vereinbarung zum Ende des nächsten Quartals zu kündigen. Die Vereinbarung begründet ein Leasingverhältnis mit einer Laufzeit von mindestens drei Monaten. Ob ein kurzfristiger *lease* vorliegt, ist unter Berücksichtigung etwaiger Schadensersatzpflichten zu beurteilen.

---

[6] Zum Ganzen FREIBERG/PANEK/EHRCKE, BB 2016, S. 2091 ff.

In systematischer Auslegung der Vorgaben, nach denen die einseitige Kündigungsoption des „potenziellen" Leasinggebers keine Relevanz für die Laufzeit haben soll, kann diese Kündigungsmöglichkeit der Identifizierung eines *lease* nicht entgegenstehen. Anders gewendet: Wenn das Recht zur Kontrolle der Nutzung eines identifizierbaren Vermögenswerts mit einer Verpflichtung zur Gegenleistung einhergeht, ist in dem Umfang, in dem sich der Leistungsberechtigte der Verpflichtung nicht entziehen kann, ein Leasingverhältnis zu erfassen. Das Recht zur Kontrolle wird durch eine ausschließlich im Ermessen des Schuldners stehende Kündigungsoption nicht widerlegt (IFRS 16.BC128). Besteht hingegen ein Kündigungsrecht, das ohne Zustimmung der Gegenpartei und signifikante Strafe (*penalty*) von beiden Parteien ausgeübt werden kann, fehlt es ab dem Zeitpunkt der wechselseitigen Ausübbarkeit an durchsetzbaren Rechten und Pflichten, somit an einem Leasingverhältnis (IFRS 16.B34). Als *penalty* gilt u.E. jede Form von Schadensersatz, der bei Kündigung des Dauerschuldverhältnisses zu leisten ist, nicht aber ökonomische Nachteile (*economic compulsion*) oder ein bloßer Reputationsverlust. Die Beurteilung ist in Abhängigkeit des dem Vertragsverhältnis zugrunde liegenden Rechts vorzunehmen.

22

Ist die Ausübung eines wechselseitigen Kündigungsrechts an eine (gesetzliche) Frist gebunden, bestehen zumindest für den Zeitraum bis zur erstmöglichen Wirksamkeit der Kündigung durchsetzbare Rechte und Pflichten, also ein Leasingverhältnis.

23

Praxis-Beispiel

LN hat in der Vergangenheit von LG langfristig für einen Zeitraum von 40 Jahren eine Gewerbeimmobilie angemietet. Mittlerweile läuft das Mietverhältnis bereits 30 Jahre. Die vertragliche Restlaufzeit beträgt somit zehn Jahre. Nach § 544 BGB besteht nach Ablauf von 30 Jahren ein Sonderkündigungsrecht für die Parteien des Mietvertrags unter Berücksichtigung der gesetzlichen Frist (§ 580a Abs. 2 BGB). LG und LN können danach ordentlich sechs Monate zum Ende des Kalendervierteljahrs kündigen, wenn die Erklärung der Gegenpartei spätestens am dritten Werktag eines Quartals zugeht. Der Mietvertrag führt somit nach Ablauf von 30 Jahren nur noch für sechs Monate zu durchsetzbaren Rechten und Pflichten. Es liegt ein *lease* mit einer Laufzeit von sechs Monaten vor.

Bestehende wechselseitige Kündigungsrechte sind nur dann geeignet, ein Leasingverhältnis zu widerlegen, wenn eine jederzeitige Ausübung ohne Berücksichtigung einer Frist möglich ist. Wird ein als *lease* identifiziertes Dauerschuldverhältnis nach Auslaufen einer vereinbarten Festlaufzeit fortgesetzt, ist unter der Annahme eines konkludenten Handelns der Parteien ein Neuabschluss zu unterstellen.

Ein zwischen den Parteien geschlossenes (Dauer-)Schuldverhältnis kann auch zur Übertragung aller Rechte (*incidental to ownership*) an dem zugrunde liegenden Vermögenswert (*underlying asset*) führen. Werden alle Rechte an dem *underlying asset* und nicht bloß ein zeitlich befristetes Nutzungsrecht übertragen, liegt kein *lease*, sondern ein Verkauf vor (IFRS 16.BC140).

24

2.2 Nachweis eines spezifizierten Vermögenswerts

25 Die Identifizierung eines *lease* setzt – spätestens zum Zeitpunkt des Nutzungsbeginns (IFRS 16.BC111) – die Überlassung eines im Rahmen der Vereinbarung explizit oder **implizit spezifizierten Vermögenswerts** voraus (IFRS 16.B13). Auch ein (physisch) **abgrenzbarer Anteil** erfüllt die Voraussetzung für den Nachweis eines Leasingverhältnisses (IFRS 16.B20). Bei einem Pachtvertag über einen abgrenzbaren Teil eines Gebäudes (bestimmte Etage oder bestimmte Räume) ist dies evident. In anderen Fällen kann die Beurteilung komplexer ausfallen:

Praxis-Beispiel

Telekommunikationsdienstleister T benötigt für die Erbringung von Dienstleistungen Übertragungskapazität und mietet daher Lichtwellenleiterkapazität (LWL) an. Folgende Vertragskonstellationen sind zu unterscheiden:

- T mietet lediglich einen Teil der Kapazität einer spezifizierten Leitung (*lit fibre*) an. Es liegt kein identifizierbarer Vermögenswert vor, die Vereinbarung ist kein *lease*.

- T sichert sich eine unbeschaltete LWL (*dark fibre*), die zwischen zwei Punkten durchgespleißt ist. Die Verbindung stellt einen identifizierbaren Vermögenswert dar.

- T sichert sich über eine garantierte Farbe Zugriff auf eine bestimmte Frequenz der elektromagnetischen Übertragung (*wavelength division multiplex*). Es liegt ebenfalls eine Vereinbarung über einen identifizierten Vermögenswert vor.

- Auch der Anspruch auf ausschließliche Datenübertragung in zeitlicher Dimension (*time division multiplexing*) kann Beleg für eine Vereinbarung über einen identifizierbaren Vermögenswert sein.

Der Nachweis eines Nutzungsrechts über einen identifizierten Vermögenswert führt nicht zwangsläufig auch zu einem *lease*. Wird etwa keine Kontrolle oder im Wesentlichen nicht der gesamte Nutzen übertragen, ist ein Leasingverhältnis widerlegt.

---

26 Bloße **Kapazitätsansprüche**, nach denen kein Recht auf Nutzung eines spezifizierten Vermögenswerts, sondern lediglich ein nicht spezifizierter Anspruch auf Anteil an dem Gesamtnutzen eingeräumt wird, führen nicht zu einem Leasingverhältnis. Nur ausnahmsweise kann ein Kapazitätsanspruch die Anforderungen an einen spezifizierten Vermögenswert erfüllen:

- Der Anspruch richtet sich auf einen physisch abgrenzbaren Anteil an einem Vermögenswert oder

- es liegt zwar keine physisch abgrenzbare Ressource vor, der Anspruch zur Nutzung richtet sich aber auf nahezu die gesamte (*substantially all of*) Kapazität des zugrunde liegenden Vermögenswerts.

Praxis-Beispiel

B schließt mit E im Rahmen einer *contracting*-Vereinbarung eine Scheibenpacht ab. E verpachtet als Eigentümer einer Energieerzeugungsanlage Stromerzeugungskapazitäten („virtuelle Scheiben") an B. Zur Vermeidung einer Minderauslastung eines bestehenden Kraftwerks beteiligt sich B „virtuell", es

---

entsteht also kein Bruchteilseigentum oder eine (Personenhandels-)Gesell-schaft, in Form einer vereinbarten Quote an dem erwarteten *output*. Mangels eines spezifizierten Vermögenswerts liegt kein *lease* vor. Virtuelle Kraft-werksscheiben erfüllen nicht die Anforderungen an einen identifizierbaren Vermögenswert, da sie weder als Teil eines Leasinggegenstands angesehen werden können noch physisch abtrennbar sind (IFRS 16.B20).

Bei Einräumung eines bloßen Kapazitätsanspruchs wird bei Abstellen auf den gesamten Vermögenswert (*whole asset level*) kein Recht auf Nutzung einge-räumt. Der Ausschluss von Kapazitätsansprüchen als *identified asset* erspart die Feststellung der Kontrollverhältnisse. **27**

Praxis-Beispiel

LN mietet von LG Parkraum an. Die Parkfläche umfasst insgesamt 400 Park-plätze. LN hat nach der vertraglichen Vereinbarung lediglich das Recht, 200 Fahrzeuge abzustellen. Es besteht aber kein Anspruch auf spezifizierte, ausgewiesene und reservierte Stellflächen. Das Dauerschuldverhältnis räumt kein Nutzungsrecht an einem spezifizierten Vermögenswert ein, es liegt kein *lease* vor. Anderes gilt, wenn LN die Stellflächen mit den Nummern 001–200 anmietet und diese ausschließlich für LN zur Verfügung stehen.

Mangels einer inhaltlichen Auslegung des Begriffs „*substantially all*" bedarf es der Festlegung über einen Analogieschluss (vorrangig) unter Rückgriff auf das *House of IFRS* (IAS 8.11(a)). Innerhalb der Vorgaben zur bilanziellen Abbildung von Leasingverhältnissen findet der Schwellenwert mehrfach Anwendung: **28**

- Die Klassifizierung von Leasingverhältnissen als *finance lease* erfolgt aus der Perspektive des Leasinggebers, wenn im Wesentlichen die Chancen und/oder Risiken, die mit dem Eigentum an dem zugrunde liegenden Vermögenswert verbunden sind, übertragen werden (IFRS 16.62).
- Eine Auslegung des Begriffs „*substantially all*" bleibt aus der Perspektive des Leasinggebers auch für die Beurteilung, welche Partei das Amortisationsrisiko trägt, im Rahmen des Barwerttests erforderlich (IFRS 16.63(d)).

Aus Konsistenzgründen ist für die Identifizierung eines *lease* der gleiche Schwel-lenwert heranzuziehen und kann bspw. im Rahmen einer *accounting policy* entsprechend festgelegt werden. Eine Konkretisierung der (Beurteilungs-)Hürde findet sich in den – wegen der Klassifizierung von (Finanz-)Leasingforderungen und -verbindlichkeiten als *financial instruments* (IAS 32.AG9) vorrangig heran-zuziehenden – Vorgaben für die bilanzielle Abbildung von Finanzinstrumenten (→ § 28 Rz 136). Eine substanzielle Modifikation der Konditionen einer Finanz-verbindlichkeit ist belegt, wenn in quantitativer Beurteilung eine Differenz von mehr als 10 % nachgewiesen wird (IFRS 9.B3.3.6). Im Umkehrschluss ist der Begriff „*substantially all*" als Schwellenwert auszulegen, der größer als 90 % ist.[7]

---

[7] Für die Auslegung von „*substantially all*" kann ebenfalls auf US-GAAP (Topic 842.BC73) im Rahmen einer *accounting policy* mit gleichem Ergebnis zurückgegriffen werden.

> **Praxis-Beispiel**
> LN mietet Serverkapazität – nicht ausgewählte Server – an. Insoweit lediglich ein Anspruch auf Volumen besteht, liegt ein Dienstleistungsvertrag vor, es fehlt an einem spezifizierten Vermögenswert. Anderes gilt, wenn LN mehr als 90 % des gesamten Servervolumens abnimmt.

29   Wird dem Leistungsberechtigten zwar ein identifizierbarer Vermögenswert zur Nutzung überlassen, kann ein – nur ausnahmsweise nachzuweisendes (IFRS 16.BC114) – **substanzielles Austauschrecht** des Schuldners das Vorliegen eines *lease* widerlegen (IFRS 16.B14). Die Beurteilung erfolgt ausgehend von den Stichtagsverhältnissen bei Abschluss der Vereinbarung (IFRS 16.B16), künftige Erwartungen, deren Eintritt unwahrscheinlich ist, sind unbeachtlich. Ein substanzielles Austauschrecht setzt
      • die praktische Fähigkeit des Schuldners, während der Laufzeit einen Ersatz zu stellen (IFRS 16.B14(a)), und (kumulativ)
      • einen wirtschaftlichen Vorteil – als Ergebnis einer Kosten-Nutzen-Überlegung mit einer weiten Auslegung des Nutzens – aus der Ausübung des Rechts zur Substitution
      voraus (IFRS 16.B14(b)).

> **Praxis-Beispiel**
> LN bezieht von LG, einem Anbieter für elektronische Datenverarbeitung, Dienstleistungen aus einem Rechenzentrum. Nach der geschlossenen Vereinbarung werden Leistungen für LN durch Einsatz eines über eine Seriennummer bestimmten Datenservers erbracht. Es wird dem LG allerdings ohne Notwendigkeit einer vorherigen Zustimmung gestattet, die Leistungen mit einem anderen Server zu erbringen, wenn das Leistungsniveau hierdurch nicht berührt wird. Das Recht zum Austausch des spezifizierten Servers stellt einen wirtschaftlichen Vorteil für LG dar. LG kann die Netzwerkperformance durch die bestehende Flexibilität eines Austausches optimieren. Es liegt ein substanzielles Substitutionsrecht vor, das Bestehen eines *lease* ist widerlegt. Anderes gilt, wenn der spezifizierte Server auf die besonderen Anforderungen (etwa vertrauliche Informationen) des LN konfiguriert wurde und kein alternativer Vermögenswert zum Austausch vorliegt und ein solcher nicht ohne erhebliche Aufwendungen beschafft werden kann. Die Einigung auf bestimmte qualitative und quantitative Leistungsmerkmale (Speicherkapazität, Verarbeitungsgeschwindigkeit) führt nicht zur Widerlegung eines substanziellen Austauschrechts, wenn alternative Vermögenswerte bestehen oder beschafft werden können.

30   Aus der Perspektive des Leistungsberechtigten ist, insoweit keine abschließende Beurteilung möglich ist, im Zweifel von dem Nichtbestehen eines substanziellen Austauschrechts des Schuldners auszugehen (IFRS 16.B19). Ein bedingtes, also unter dem Vorbehalt des Eintritts eines künftigen Ereignisses stehendes Austauschrecht gilt als nicht substanziell (IFRS 16.B15). Ein Recht des Schuldners zum Austausch eines identifizierten Vermögenswerts im Fall eines Defekts oder wegen einer erforderlichen Instandhaltung/Wartung zeitigt für die Beurteilung keine Relevanz (IFRS 16.B18).

> **Praxis-Beispiel**
> Die Kunden des Telekommunikationsunternehmens T beziehen (Daten-)Leistungen und bekommen ein (Empfangs-)Modem gestellt. T bietet seine Leistungen in manchen Haushalten noch über DSL-Modems an. Nach der vertraglichen Vereinbarung kann T allerdings im Fall eines Technologiewechsels einen Austausch des zur Verfügung gestellten (Empfangs-)Modems vornehmen. Im Zuge des Ausbaus des Glasfasernetzes werden Glasfasermodems zur Verfügung gestellt, T übt sein Recht zum Austausch der DSL-Modems aus. Das Recht zum Austausch der (Empfangs-)Geräte stellt kein substanzielles Recht des T dar. Die zur Verfügung gestellten (Empfangs-)Geräte sind daher als *identified asset* anzusehen.

Ein zeitlich befristetes Austauschrecht, welches erst nach Ablauf einer bestimmten Periode oder nur zu einem bestimmten Zeitpunkt ausgeübt werden kann, führt nicht zur Widerlegung des Bestehens eines spezifizierten Vermögenswerts. Die Restriktion in zeitlicher Dimension schließt eine Berücksichtigung des Austauschrechts aus. Es liegt bis zu einem vollzogenen Austausch ein spezifizierter Vermögenswert vor. **31**

Für Vermögenswerte, die sich im Besitz des Leistungsberechtigten (*located at the customer's premises*) befinden, bestehen besondere Anforderungen an den Nachweis des wirtschaftlichen Vorteils eines Austausches (IFRS 16.B17). Für Vermögenswerte im Besitz des Leistungsberechtigten mit nur einem geringfügigen (Neu-)Wert lässt sich kein substanzielles Recht des Schuldners zur Substitution nachweisen. Die Kosten für einen Austausch übersteigen i.d.R. den Nutzen.[8] **32**

> **Praxis-Beispiel**
> LN bezieht von LG für einen Zeitraum von drei Jahren Fotokopierer und Drucker, die in den Geschäftsräumen des LN (*customer's premises*) aufgebaut/installiert werden. Nach der vertraglichen Vereinbarung ist LG verpflichtet, ein defektes Gerät auszutauschen. LG hat aber auch das Recht, nach eigenem Ermessen einen Austausch vorzunehmen, wenn das alternative Gerät die spezifizierten Leistungsmerkmale aufweist. Der Vergütungsanspruch des LG bleibt von einem freiwilligen oder verpflichtenden Austausch unberührt. LG stehen mehrere Geräte mit gleichem oder sogar besserem Leistungsniveau zur Verfügung. Ein Austausch ist für LG immer mit Kosten (Transport, Ab- und Aufbau etc.) verbunden, die nicht erstattet werden. Das Austauschrecht ist nicht substanziell, es fehlt der wirtschaftliche Vorteil.

Der Nachweis eines spezifizierten Vermögenswerts kann somit zusammenfassend nach folgendem Schema erfolgen: **33**

---

8 Wohl a. A. DELOITTE, Point of View: Telecommunications – Implications of the new leasing standard, April 2016, S. 2.

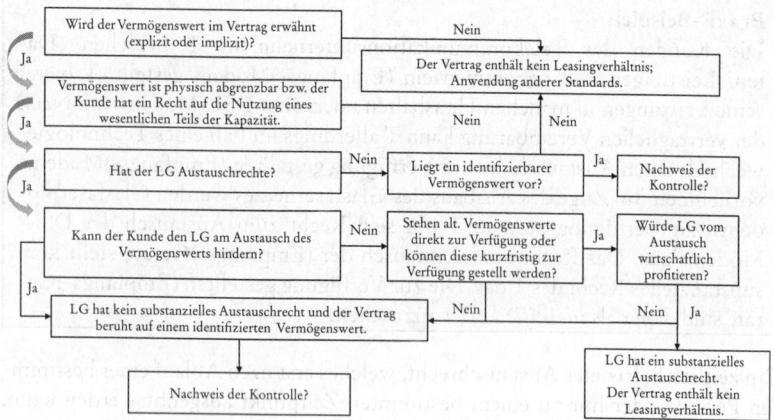

Abb. 2: Nachweis eines spezifizierten Vermögenswerts

2.3 Recht auf Kontrolle der Nutzung

2.3.1 Kumulative Anforderung

34 Die Annahme eines Leasingverhältnisses setzt **kumulativ** voraus, dass der Leistungsberechtigte
- über die Nutzung des zugrunde liegenden Vermögenswerts bestimmt und
- so gut wie allen ökonomischen Nutzens (*output*) erhält.

Wegen der Notwendigkeit eines kumulativen Nachweises ist die Reihenfolge der Beurteilung irrelevant.

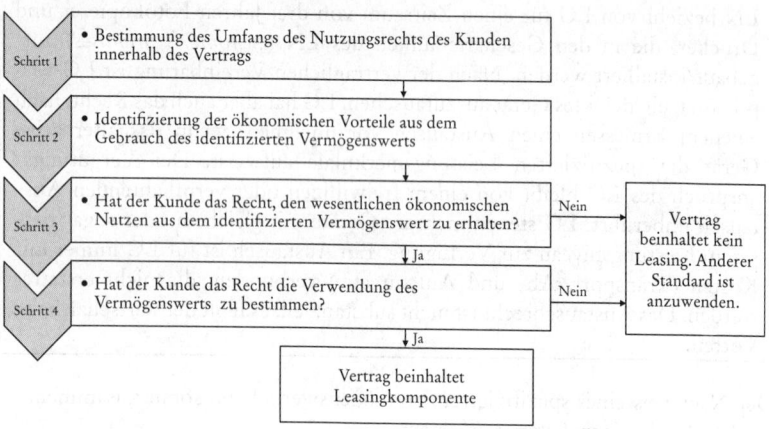

Abb. 3: Wird das Recht zur Kontrolle der Nutzung übertragen?

35 Nach IFRS 16 liegt ein Leasingverhältnis vor, wenn im Rahmen einer vertraglichen Vereinbarung ein Nutzungsrecht an einem Vermögenswert für einen vereinbarten Zeitraum gegen Zahlung eines Entgelts übertragen wird. Die bis-

lang bestehenden Vorgaben des IFRIC 4 zur Identifizierung eines *lease* werden weitgehend unverändert in den neuen Standard integriert (IFRS 16.B9 – IFRS 16.B11). Mit dem konzeptionellen Wechsel zu einem konsistenten *control*-Prinzip können sich in speziellen Konstellationen dennoch Änderungen ergeben. Betroffen sind insbesondere Vereinbarungen, bei denen nach IFRIC 4 ein *lease* als Folge einer *take-or-pay*-Vereinbarung unterstellt wurde (wie u. U. etwa bei Sukzessivlieferverträgen, zu deren Erfüllung kundengebundene Werkzeuge benötigt werden). Handelt der rechtliche Eigentümer des zur Nutzung überlassenen Vermögens lediglich als Agent für den Leistungsberechtigten (*principal*), wird das Recht zur Kontrolle der Nutzung übertragen.

> **Praxis-Beispiel**
>
> B schließt mit Energieversorger E eine Vereinbarung zur Lieferung von erneuerbaren Energien aus einem Solarpark. Der Solarpark wird entsprechend den Bedürfnissen des B errichtet und durch E nach Weisung des B betrieben. Die gesamte Energie soll abgenommen werden. E bleibt rechtlicher Eigentümer des Solarparks und behält die aus dem Bau sowie dem Eigentum resultierenden steuerlichen Vorteile (*tax credits*). Die Vereinbarung hat eine Laufzeit von 20 Jahren (Grundmietzeit). Es liegt ein *lease* nach IFRS 16 vor. B erhält
>
> * im Wesentlichen den gesamten wirtschaftlichen Nutzen aus dem Betrieb des Solarparks über die 20-jährige Laufzeit und
> * hat aufgrund des betriebsindividuellen Zuschnitts des Solarparks die Kontrolle über Art und Zweck der Nutzung des Vermögenswerts inne.
> * Die steuerlichen Vorteile des E bleiben bei der Einschätzung, ob B den gesamten wirtschaftlichen Nutzen hat, unbeachtlich, weil sie an das Eigentum und nicht an die Nutzungsüberlassung anknüpfen.

Die konzeptionelle Grundlage für die Identifizierung eines Leasingverhältnisses **36** bildet das *control*-Prinzip, welches auch für die Erlösrealisation (IFRS 15) und die Abgrenzung des Konsolidierungskreises (IFRS 10) beachtlich ist (IFRS 16.BC117). Trotz gleichlautender Anforderungen an den Nachweis von *control* besteht keine Bindung der Vorgaben zur Identifizierung eines *lease* mit den vergleichbaren Vorgaben für die Identifizierung von *performance obligations* zur Erlösrealisation (IFRS 16.BC125(b)). Die Anforderungen an eine separate (*distinct*) Leistungsverpflichtung sind nicht auf die Identifizierung von Leasingverhältnissen zu übertragen (→ § 25 Rz 50). Ein Gleichlauf der bilanziellen Abbildung von Transaktionen ist damit nicht gewährleistet (Rz 39).

2.3.2 Umfang des Nutzungsrechts

Ein vertraglich eingeräumtes Nutzungsrecht braucht für eine Identifizierung als **37** *lease* dem Leistungsberechtigten keine unbegrenzte Rechtsposition zu sichern. Das für den Nachweis eines Leasingverhältnisses erforderliche Recht zur Kontrolle der Nutzung bezieht sich auf die Festlegung „wie" (*how*) und „zu welchem Zweck" (*for what purpose*) der spezifizierte Vermögenswert genutzt wird (IFRS 16.B24(a)). Die relevanten Entscheidungsrechte beziehen sich somit auf die Möglichkeit,

- den vorgesehenen **Output** (*what*), der mit dem zugrunde liegenden Vermögenswert erzielt werden kann, zu verändern (IFRS 16.B26(a)),
- die **zeitliche Dimension** der Nutzung (*when*) zu bestimmen (IFRS 16.B26(b)),
- den **Ort** (*where*) festzulegen, an dem der Vermögenswert eingesetzt wird (IFRS 16.B26(c)), und
- die vorgesehene Nutzung anzupassen, also zu bestimmen, ob **überhaupt** (*whether*) und in welcher **Quantität** (*how*) ein Output erzielt wird (IFRS 16.B26(d)).

Beschränkungen der Entscheidungsbefugnis widerlegen einen *lease* nicht, wenn dem Leistungsberechtigten ein Anspruch auf im Wesentlichen alle ökonomischen Vorteile der Nutzung bleibt und die relevanten Entscheidungsrechte erhalten werden (IFRS 16.B9).

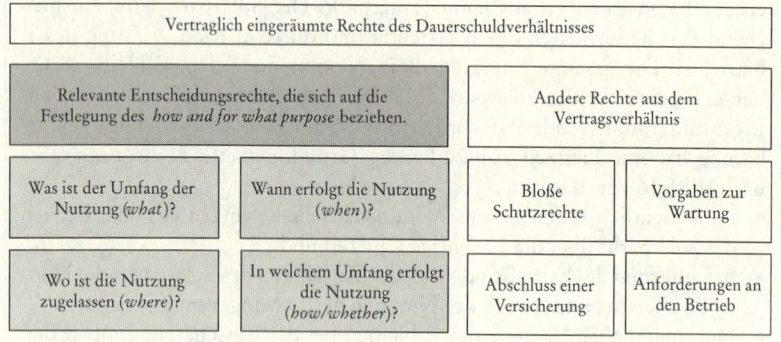

Abb. 4: Umfang und Begrenzung des Nutzungsrechts

38   Reine **Schutzrechte** (*protective rights*) des rechtlichen Eigentümers stehen dem Recht zur Kontrolle durch den Leistungsberechtigten nicht entgegen (IFRS 16.B30). Wird die Nutzungsmöglichkeit im Schutzinteresse des rechtlichen Eigentümers, insbesondere am Erhalt des Vertragsgegenstands, beschränkt, ist diese Restriktion nicht als Rückbehalt der relevanten Entscheidungsrechte anzusehen.

Praxis-Beispiel

Unternehmen U mietet vom Eigentümer E übergangsweise ein Passagierflugzeug für einen Zeitraum von drei Jahren an. E behält sich einige Einschränkungen hinsichtlich der Nutzung des Passagierflugzeugs durch U vor:

- Das Flugzeug darf nur in der DACH-Region eingesetzt werden, ein Einsatz auf davon abweichenden Routen ist zustimmungspflichtig.
- Das Flugzeug darf nur Passagiere und deren Gepäck befördern, ein Einsatz als Frachtflugzeug ist untersagt.
- Bei bestimmten Wetterbedingungen (Sturm, Hagel etc.) ist ein Betrieb untersagt.

Die vorgesehenen Restriktionen definieren lediglich den Umfang der Nutzung durch U, es verbleiben aber relevante Entscheidungsrechte (ob, wohin, wann und mit wie vielen Passagieren geflogen wird). Das Vorliegen eines *lease* ist daher nicht ausgeschlossen.

Der Nachweis der Kontrolle zur Nutzung des *underlying asset* setzt kumulativ   **39**
das Bestehen von (relevanten) Entscheidungsrechten und den Anspruch auf im
Wesentlichen den gesamten (*substantially all*) ökonomischen Nutzen voraus.
Sind einzelne **Entscheidungen** bereits **vertraglich vorbestimmt** (*predetermined*), sind nur die verbleibenden Rechte in die Beurteilung einzubeziehen. Verbleiben als Folge einer ganz weitgehenden Vorbestimmung keine relevanten
Entscheidungsrechte, die Relevanz für die potenziellen Rückflüsse aus der Nutzung zeitigen,[9] ist das Vorliegen eines *lease* widerlegt.

Praxis-Beispiel
T bietet Bezahlfernsehen an. Kunden können Programme (Erbringung einer
Dienstleistung) nur über besondere (Empfangs-)Geräte (*set-top box*) beziehen, die zum Besitz (*at customer's premises*) überlassen werden. Der Einzelveräußerungspreis des Empfangsgeräts beträgt 300 GE. Die Angebote werden von T ausgewählt und bereitgestellt. Die Kunden haben lediglich die
Möglichkeit, das Gerät ein- oder auszuschalten, ansonsten aber keine Verwendungsmöglichkeit. Die Rechte des Kunden sind weitreichend begrenzt, es
verbleiben keine relevanten Entscheidungsrechte. Das Vorliegen eines *lease*
ist daher ausgeschlossen. Anderes kann gelten, wenn die *set-top box* weitere
Funktionalitäten, also nicht bloße Empfangs- und Dekodierfunktion aufweist
und der Kunde diesbezüglich Entscheidungsrechte innehat.
Wird das Vorliegen eines *lease* ausgeschlossen, sind die Überlassung des
Empfangsgeräts und die Erbringung der (Fernseh-)Dienstleistung aus der
Perspektive von T nach den Vorgaben für die Erlösrealisation aus den Verträgen mit Kunden zu beurteilen (→ § 25 Rz 50). Zu prüfen wäre dann, ob die
Überlassung der *set-top box* eine von der Programmausstrahlung unterscheidbare *performance obligation* darstellen würde und deshalb als ein Verkauf
(*sale*) zu erfassen wäre. Würde hingegen ein *lease* angenommen und dieser als
finance lease klassifiziert, ergäbe sich folgende Abweichung: T weist eine
Leasingforderung (zum Barwert, ohne Möglichkeit zum Verzicht auf eine
financing component) statt eines *contract asset* (ggf. ohne Berücksichtigung
einer nicht als *significant* eingestuften *financing component*) aus.

2.3.3 Ökonomische Vorteile der Nutzung

Ein wirtschaftlicher Nutzen aus einem Vermögenswert kann entweder direkt aus   **40**
dem **Eigengebrauch** des Vermögenswerts oder seiner **Unterverpachtung** entstehen oder indirekt, indem der vom Vermögenswert „erzeugte" *output* in Form
von Waren oder Dienstleistungen zufließt (IFRS 16.B21 – IFRS 16.B23). In die
Beurteilung einzubeziehen sind nicht nur Haupt-, sondern auch Nebenprodukte
und Nebenleistungen, die im Zusammenhang mit der Nutzung entstehen (IFRS
16.B21), also nicht auf das rechtliche Eigentum zurückzuführen sind (IFRS
16.IE2). I. S. e. gebotenen weiten Auslegung des Umfangs des Nutzens ist nicht
nur der Zugriff auf zusätzliche ökonomische Vorteile, sondern auch die mögliche
Ersparnis bestehender Ressourcen in die Beurteilung einzubeziehen. Auszuschlie-

---

9   Vgl. IASB, Staff Paper 3A, May 2014, Tz. 63.

ßen sind allerdings Vorteile, die lediglich auf das Eigentum und nicht auf die Nutzung zurückzuführen sind (IFRS 16.BC118). Errichtet der rechtliche Eigentümer den Vermögenswert und erhält dieser hierfür Investitionszulagen/-zuschüsse, Steuererleichterungen oder sonstige Förderungen, zeitigen diese für die Beurteilung der Nutzenziehung keine Relevanz, wenn diese nicht aus dem Betrieb bzw. der Verwertung des Vermögenswerts entstehen (IFRS 16.B21 – IFRS 16.B23).

41   Besondere Schwierigkeiten in der Erhebung der wirtschaftlichen Vorteile ergeben sich, wenn ein in der geschlossenen Vereinbarung spezifizierter Vermögenswert keinen eigenen messbaren *output* leistet, sondern nur im Zusammenwirken mit anderen Vermögenswerten eingesetzt werden kann.[10] Ein bloßes Abstellen auf einen von anderen Einsatzfaktoren unabhängigen Nutzen scheidet u.E. aus. Sämtliche Nutzenpotenziale des zugrunde liegenden Vermögenswerts sind relevant. Es gilt: *Economic benefits = primary output + by-products + other benefits*, die aus der Nutzung des Vermögenswerts erzielt werden und nicht bloß aus dem rechtlichen Eigentum resultieren.

2.3.4   Bestimmung des relevanten *output*

42   Für den Nachweis eines Leasingverhältnisses muss der Leistungsberechtigte während der Laufzeit der Vereinbarung einen Anspruch auf im Wesentlichen den gesamten wirtschaftlichen Nutzen aus der Verwendung des zugrunde liegenden Vermögenswerts innehaben. Sind die Reichweite und/oder der Umfang der Nutzung vertraglich (z.B. durch AGB-Klauseln) eingeschränkt, werden dem Leistungsberechtigten wirtschaftliche Vorteile vorenthalten. Die Beurteilung, ob im Wesentlichen alle *economic benefits* übertragen werden, richtet sich dann nach dem verbleibenden Nutzungsumfang (IFRS 16.B22). Eine vertragliche (Nutzungs-)Restriktion kann allerdings auch sämtliche Entscheidungsbefugnisse des Leistungsberechtigten betreffend den eigenen Nutzen aus dem überlassenen Vermögenswert relativieren.

43   Voraussetzung für die Identifizierung eines *lease* ist auch die Abnahme **im Wesentlichen des gesamten** (*substantially all*) wirtschaftlichen Nutzens (IFRS 16.B9). Da innerhalb des Regelwerks auch an anderen Stellen auf das gleiche Beurteilungsmaß abzustellen ist (Rz 28), bedarf es u.E. einer konsistenten Festlegung. Eine willkürliche Festlegung scheidet aus. Wir halten folgende Auslegung für geboten: Beträgt der Anteil des Abnehmers am gesamten *output* eines spezifizierten Vermögenswerts weniger als 90 %, bezieht der potenzielle Leasingnehmer nicht im Wesentlichen den gesamten möglichen wirtschaftlichen Nutzen. Derartige Überlegungen setzen allerdings voraus, dass der Nutzenanteil überhaupt prozentual quantifizierbar ist, so etwa wenn auf Outputmengen des Vermögenswerts abgestellt wird. In anderen Fällen ist vorrangig eine qualitative Beurteilung angezeigt. Bezieht der Leistungsberechtigte nur den *primary output* aus der Nutzung eines Vermögenswerts, behält der rechtliche Eigentümer aber die Vorteile aus der Verwertung der *by-products* und *other benefits* zurück, kann z.B. qualitativ ein Leasingverhältnis widerlegt sein. Eine quantitative Wertung setzt die Kenntnis einer Bemessungsgrundlage für die *economic benefits* voraus, die aus der Perspektive der beteiligten Parteien nicht übereinstimmen muss.

---

[10]   Gl. A. Ganssauge/Klockmann/Alymov, WPg 2016, S. 739.

Praxis-Beispiel
Unternehmen U lässt auf dem eigenen Betriebsgrundstück ein Blockheizkraftwerk (BHKW) durch Energieerzeuger E errichten. Für einen Zeitraum
von zehn Jahren vereinbaren die Parteien eine Abnahme der gesamten Wärme, die aus dem Betrieb des BHKW erzeugt wird. E hat keine alternative
Quelle zur Bereitstellung der vereinbarten Heizleistung. Hinsichtlich der
Wärmeerzeugung hat U die Kompetenz, die relevanten Entscheidungen zu
treffen. E ist aber frei, die erzeugte Energie in das Stromnetz einzuspeisen und
zu vermarkten. Wesentliche Entscheidungen für den Vertrieb der erzeugten
Energie obliegen E. Ein nicht unwesentlicher Teil des *output* aus dem Betrieb
des BHKW fließt nicht U zu. Es liegt kein *lease* vor.

Der Leistungsberechtigte aus dem (Dauer-)Schuldverhältnis muss als Abnehmer   **44**
des *output* nicht unmittelbar in den Genuss des Nutzens kommen. Es reicht für
den Beleg eines Rechts auf ökonomische Vorteile aus, wenn der *output* unmittelbar an eine andere Partei (inkl. den rechtlichen Eigentümer des *underlying asset*)
weitergereicht wird und hierfür ein Anspruch auf Gegenleistung in gleicher
Höhe besteht.

Praxis-Beispiel
Eine eigens eingerichtete Service-Gesellschaft des Konzerns K erbringt *services*
ausschließlich für Konzernunternehmen. Die Gesellschaft schließt eine *contracting*-Vereinbarung (Abnahme von Strom aus einem Kraftwerk) über den
gesamten *output* einer spezifizierten, in der Kontrolle der Service-Gesellschaft
stehenden Anlage direkt mit dem Energieerzeuger E ab, nutzt aber den zu
beziehenden Strom nicht selbst, sondern reicht diesen an einzelne Produkti-
onsgesellschaften des Konzerns und konzernfremde Gesellschaften gegen Entgelt weiter. Der Service-Gesellschaft fließt ein Nutzen in indirekter Form zu.

In die Menge der ökonomischen Vorteile aus der Nutzung des überlassenen   **45**
Vermögenswerts sind auch die Zuflüsse einzubeziehen, die der Leistungsberech-
tigte zunächst empfängt, die aber als Teil der Vergütung an den rechtlichen
Eigentümer weiterzureichen sind. Die Identifizierung eines *lease* wird nicht durch
das Verhältnis der Zahlungsverpflichtung aus dem Nutzungsverhältnis zu der
Summe der *economic benefits*, die dem Leistungsberechtigten zustehen, beeinflusst.

Praxis-Beispiel
Der Schmuckhersteller S betreibt mehrere Einzelhandelsfilialen. Für eine neu
eröffnete Filiale in den Arkaden eines Flughafens wird ein Mietvertrag geschlossen, der neben einer feststehenden Mietverpflichtung eine variable, von
der Höhe der Umsatzerlöse des S in der Filiale abhängige Zahlung vorsieht.
Auch wenn die Summe der Mietverpflichtung signifikant (> 10 %) im Verhältnis zum gesamten *output* ist, ist das Vorliegen eines *lease* nicht widerlegt.

Anderes gilt, wenn der Leistungsberechtigte nur eine fixe Vergütung für den
Betrieb des *underlying asset* erhält und alle anderen Zuflüsse an den rechtlichen
Eigentümer abführen muss.

> **Praxis-Beispiel**
> U betreibt ein Kasino des K. Alle relevanten Entscheidungen obliegen U.
> Nach der vertraglichen Vereinbarung erhält U eine feststehende Vergütung
> aus dem Betrieb des Kasinos. Alle Einnahmen, die darüber hinausgehen, sind
> an K abzuführen. U ist lediglich Agent von K, ein Leasingverhältnis ist nicht
> abzubilden. Die von U empfangene Vergütung ist als Leistungsprämie zu
> vereinnahmen.

2.3.5 Wer trifft die relevanten Entscheidungen?

46 Die Festlegung der Verteilung der wirtschaftlichen Vorteile, die mit der Nutzung
eines Vermögenswerts verbunden sind, ist nur notwendige, nicht aber hinreichende Bedingung für die Identifizierung eines *lease* nach dem *control*-Konzept.
Erforderlich ist auch die Bestimmung, welche Vertragspartei während der vertraglichen Laufzeit (*during the period of use*) die **relevanten Entscheidungen**
betreffend die Verwendung und den Einsatz des spezifizierten Vermögenswerts
treffen kann (IFRS 16.B25). Bloße Schutzrechte sind für die Beurteilung der
Verteilung der Entscheidungskompetenzen unbeachtlich (IFRS 16.B30). Entscheidungen, die lediglich den laufenden Betrieb oder die Instandhaltung/War-
tung eines spezifizierten Vermögenswerts betreffen, zeitigen für die Beurteilung
der Kontrolle keine Relevanz (IFRS 16.B27).

47 Schließt der Schuldner bestimmte Entscheidungen im Vorfeld aus, bedarf es einer
Differenzierung, ob das Nutzungsrecht nur präzisiert oder bereits eingeschränkt
wird (IFRS 16.BC120). Ausnahmsweise können die relevanten Entscheidungen
bereits vor Aufnahme der Nutzung durch den Leistungsberechtigten vertraglich
oder über die Ausgestaltung des dem Dauerschuldverhältnis zugrunde liegenden
Vermögenswerts **vorbestimmt** (*predetermined*) sein (IFRS 16.B24(b)). Das
Recht zur Kontrolle der Nutzung liegt in diesem Fall bei dem Leistungsberechtigten, wenn er

- das Recht zur Nutzung des spezifizierten Vermögenswerts innehat und dieses
  während der Laufzeit nicht durch den Schuldner geändert werden kann (IFRS
  16.B24(b)(i)) oder
- der zur Nutzung überlassene Vermögenswert nach den besonderen Bedürfnissen des Leistungsberechtigten ausgestaltet wurde und somit ein implizites
  Recht zur Kontrolle besteht (IFRS 16.B24(b)(ii)).

Die Beurteilung der relevanten Entscheidungsrechte hängt entscheidend von
dem spezifizierten Vermögenswert und dem erwarteten Nutzen (*economic benefits*) ab.

> **Praxis-Beispiel**
> Kunde K bezieht den gesamten *output* aus einem speziell von Energieerzeuger
> E für seine Bedürfnisse konzipierten Blockheizkraftwerk (BHKW). Das
> BHKW kann nur Strom und Wärme erzeugen, ein anderer *output* ist aus-
> geschlossen. Diese Entscheidung kann auch von K nicht geändert werden. K
> kann aber während des Betriebs über die Menge des *output*, also das *whether,
> when and how* bestimmen. Die vorbestimmte Restriktion des *what* steht einer
> Identifizierung als *lease* nicht entgegen.

Für die Identifizierung eines Leasingverhältnisses muss das Recht zum Treffen   **48**
der relevanten Entscheidungen während der Nutzungsperiode auf den Leistungsberechtigten übertragen sein. Ein *lease* kann auch vorliegen, wenn der zeitliche
Horizont einer vertraglichen Vereinbarung den Zeitraum des Rechts zur Nutzung übersteigt oder das Recht zur Nutzung nur zeitweise eingeräumt wird.

Praxis-Beispiel

Sportverein S mietet die (Heim-)Sportarena exklusiv für die nächsten zehn
Spielzeiten, die jeweils von Oktober bis März angesetzt sind, an. Die übrigen
sechs Monate hat der Sportverein kein Recht zur Nutzung der Arena. Für
insgesamt 60 Monate hat S ein exklusives Nutzungsrecht. Ob ein *lease* vorliegt, hängt insbesondere davon ab, welche Nutzungsmöglichkeit für den
rechtlichen Eigentümer verbleibt, also ob S im Wesentlichen alle *economic
benefits* aus der (Gesamt-)Nutzung der Sportarena zieht.

Hinsichtlich der Verteilung der relevanten Entscheidungsrechte ist eine Gesamt-   **49**
würdigung geboten. Da für die Identifizierung eines *lease* nur die Rechte während der Laufzeit entscheidend sind, besteht ein Gestaltungsspielraum, wenn alle
wesentlichen Entscheidungen vertraglich vorbestimmt (*predetermined*) werden.

2.4 Ausführliche Beispiele in den *Illustrative Examples*

In den *Illustrative Examples* sind insgesamt zehn unterschiedliche Fallbeispiele   **50**
zur Identifizierung von Leasingverhältnissen angeführt (IFRS 16.IE2). Die entscheidenden Determinanten, ob ein Dauerschuldverhältnis ein *lease* darstellt
oder nicht, sind nachfolgend zusammengefasst. Die Ausführungen zu den Beispielen sind verkürzt dargestellt.

Beispiel	Identifi-zierter Ver-mögens-wert?	Substan-zielles Aus-tausch-recht?	Entscheidet der Kunde über die Nutzung (*how and for what purpose*)?	Vorliegen eines *lease*
1A: Vertrag zwischen dem Kun-den und ei-nem Fracht-führer (Lie-ferant), der dem Kun-den zehn Jahre lang zehn Schie-nenwagen eines be-stimmten Typs zur Verfügung stellt.	Ja, Vertrag über be-stimmte Schienen-wagen.	Nein, Aus-tausch nur für Repara-turen oder Wartung.	Ja. Kunde hat aus-schließliche Nut-zungsrechte und im Wesentlichen alle wirtschaftlichen Vorteile aus der Nutzung. Kunde hat Änderungs-/Anpassungsrechte und bestimmt so-wohl den Nut-zungszweck als auch wie und wann die Wagen genutzt wer-den. Die Lieferan-tenrechte haben nur Schutzcharakter.	Ja, *lease* von Schienen-fahrzeugen (nicht der Loks).

Beispiel	Identifizierter Vermögenswert?	Substanzielles Austauschrecht?	Entscheidet der Kunde über die Nutzung (*how and for what purpose*)?	Vorliegen eines *lease*
1B: Der Vertrag zwischen dem Kunden und dem Lieferanten verlangt vom Lieferanten, eine bestimmte Menge an Gütern nach einem festgelegten Zeitplan für fünf Jahre mit einer bestimmten Art von Schienenfahrzeugen zu befördern.	Nein. Lieferant hat einen großen Pool von gleichartigen Vermögenswerten und keine sind im Vertrag eindeutig spezifiziert.	Ja. Alternativen sind leicht zu minimalen Kosten verfügbar. Vorteile bestehen beim Lieferanten durch die effiziente Nutzung seines Pools mit den verfügbaren Fahrzeugen.	Nein. Lieferant wählt aus, welche Schienenfahrzeuge für jede Lieferung verwendet werden, und erhält im Wesentlichen den Großteil der wirtschaftlichen Vorteile aus der Nutzung der Schienenfahrzeuge.	Nein. Der Kunde bezieht lediglich Frachtkapazität als Service.
2: Kaffeeunternehmen (Kunde) schließt mit einem Flughafenbetreiber (Anbieter) einen Vertrag über die Nutzung von Terminalflächen, um zubereiteten Kaffee für einen Zeitraum von drei Jahren zu verkaufen.	Nein. Dem Anbieter stehen viele Bereiche zur Verfügung, um Standorte für die Verkaufseinrichtungen festzulegen.	Ja. Alternativen sind leicht zu minimalen Kosten verfügbar. Anbieter profitiert wirtschaftlich durch die effiziente Nutzung seiner Verkaufsfläche.	Nein. Der Anbieter entscheidet, welche Flächen dem Kunden zugewiesen werden, und erhält im Wesentlichen alle wirtschaftlichen Vorteile aus der Nutzung der (Konzessions-)Flächen.	Nein. Der Kunde mietet Flächen, deren Lokalisation nach Ermessen des Lieferanten geändert werden kann.

Beispiel	Identifizierter Vermögenswert?	Substanzielles Austauschrecht?	Entscheidet der Kunde über die Nutzung (*how and for what purpose*)?	Vorliegen eines *lease*
3A: Der Kunde tritt in einen 15-jährigen Vertrag mit einem Versorger (Lieferant) ein, der das Recht gewährt, drei spezifizierte, physisch getrennte dunkle Fasern in einem größeren Kabel zu verwenden, das Hongkong und Tokio miteinander verbindet.	Ja. Fasern werden im Vertrag spezifisch identifiziert und unterscheiden sich physisch von anderen Fasern innerhalb des Kabels.	Nein. Kann nur für Reparaturen oder Wartung ersetzt werden.	Ja. Der Kunde hat das ausschließliche Nutzungsrecht für die Fasern während der Vertragslaufzeit, so dass er im Wesentlichen den gesamten wirtschaftlichen Nutzen aus der Verwendung hat. Der Kunde hat das Recht, Änderungen vorzunehmen, wie und wozu die Fasern verwendet werden – und er entscheidet, wann und ob die Fasern verbunden sind, und über Art und Umfang der Datenübertragung.	Ja. Es handelt sich um ein Leasing von festgelegten Fasern (*dark fibre lease*).
3B: Der Kunde geht einen 15-Jahresvertrag mit einem Lieferanten über das Nutzungsrecht über eine festgelegte Kapazitätsmenge innerhalb eines Kabels, welches Tokio und Hongkong miteinander verbindet.	Nein. Der Kunde erwirbt lediglich eine bestimmte Kapazität, welche der Nutzung der drei festgelegten Fasern entspricht. Die gekaufte Kapazität entspricht nicht der gesamten Kapazität des Kabels.	Ja. Alternativen sind leicht verfügbar. Die wirtschaftlichen Vorteile liegen bei den Lieferanten durch effiziente Verwendung der Fasern.	Nein. Der Lieferant trifft alle relevanten Entscheidungen und hat alle wesentlichen Rechte an den wirtschaftlichen Vorteilen durch die Verwendung der Kabel.	Nein. Der Kunde erwirbt einen Service in Form einer Übertragungskapazität.

Beispiel	Identifizierter Vermögenswert?	Substanzielles Austauschrecht?	Entscheidet der Kunde über die Nutzung (*how and for what purpose*)?	Vorliegen eines *lease*
4: Der Kunde schließt einen Vertrag mit einem Grundstückseigentümer (Lieferant), um das Ladenlokal A für einen Zeitraum von fünf Jahren zu verwenden. Einheit A ist Teil eines größeren Einkaufscenters mit vielen separaten Verkaufseinheiten.	Ja. Es wurde ein bestimmtes Ladenlokal im Vertrag identifiziert.	Nein. Obwohl der Lieferant die praktische Möglichkeit hat, andere Lokale anzubieten, wäre es erforderlich, Verlagerungskosten zu zahlen. Das Substitutionsrecht ist nicht *substantive*, da kein wirtschaftlicher Vorteil besteht.	Ja. Der Kunde hat das ausschließliche Nutzungsrecht und hat das Recht, während des Vertragszeitraums alle wirtschaftlichen Vorteile aus der Nutzung des Ladenlokals zu erhalten (ungeachtet der Voraussetzungen für variable Zahlungen auf Grundlage des Einzelhandelsverkaufs an den Lieferanten). Der Kunde trifft alle relevanten Entscheidungen hinsichtlich des Verkaufs und der Preise. Die Eingaben des Lieferanten (Reinigung, Sicherheit, Werbung) geben ihm nicht das Recht zu entscheiden, wie und wozu die Verkaufsfläche genutzt wird.	Ja. Es handelt sich um einen *lease* über ein festgelegtes Ladenlokal.

Beispiel	Identifizierter Vermögenswert?	Substanzielles Austauschrecht?	Entscheidet der Kunde über die Nutzung (*how and for what purpose*)?	Vorliegen eines *lease*
5: Der Kunde schließt einen Vertrag mit dem Lieferanten für die Nutzung eines Lastwagens für eine Woche, um Fracht von New York nach San Francisco zu transportieren.	Ja. Es wurde ein bestimmter Lastwagen im Vertrag festgelegt und identifiziert.	Nein.	Ja. Der Kunde hat das ausschließliche Nutzungsrecht und hat das Recht, während der Vertragslaufzeit alle wirtschaftlichen Vorteile aus der Nutzung des Lastwagens zu ziehen. Obwohl vertraglich festgelegt ist, wie und wozu der Lastwagen zu verwenden ist. Der Kunde nutzt den Lastwagen und hat daher das Recht, die Verwendung des Lastwagens zu bestimmen.	Ja. Hierbei handelt es sich um einen *shortterm lease* über einen Lastwagen.
6A: Der Kunde schließt einen Vertrag mit einem Schiffseigentümer (Lieferant) für den Transport von Waren von Rotterdam nach Sidney in einem festgelegten Schiff. Die Ware lastet das Schiff fast ganz aus.	Ja. Es wurde ein bestimmtes Schiff im Vertrag identifiziert.	Nein.	Nein. Der Kunde nimmt zwar im Wesentlichen die gesamte Kapazität des Schiffes ab und hat somit im Wesentlichen den gesamten wirtschaftlichen Nutzen aus der Verwendung des Schiffes während der Vertragslaufzeit. Jedoch ist die Verwendung des Schiffes (Rotterdam Sydney) vertraglich vorbestimmt und vom Kunden nicht änderbar.	Nein. Der Kunde erwirbt eine Transportdienstleistung.

Beispiel	Identifizierter Vermögenswert?	Substanzielles Austauschrecht?	Entscheidet der Kunde über die Nutzung (*how and for what purpose*)?	Vorliegen eines *lease*
6B: Der Kunde schließt einen Vertrag mit einem Lieferanten über die Nutzung eines bestimmten Schiffes über eine fünfjährige Vertragslaufzeit.	Ja. Es wurde ein bestimmtes Schiff im Vertrag identifiziert.	Nein.	Ja. Der Kunde nimmt im Wesentlichen alle Kapazitäten des Schiffes ab und hat somit im Wesentlichen den gesamten wirtschaftlichen Nutzen aus der Verwendung des Schiffes während der Vertragslaufzeit. Der Kunde trifft die wesentlichen Entscheidungen darüber, ob, wo und wann das Schiff genutzt wird (vorbehaltlich der vertraglichen Beschränkungen, die zum Schutz der Investitionen und des Personals des Lieferanten bestimmt sind). Auch wenn der Lieferant das Schiff betreibt, steht es im Einklang mit den Entscheidungen des Kunden, wie und wozu das Schiff verwendet wird.	Ja.

Beispiel	Identifizierter Vermögenswert?	Substanzielles Austauschrecht?	Entscheidet der Kunde über die Nutzung (*how and for what purpose*)?	Vorliegen eines *lease*
7: Der Kunde schließt für einen Zeitraum von zwei Jahren einen Vertrag mit einem Luftfahrzeugeigentümer (Lieferer) über die Verwendung eines ausdrücklich genannten Flugzeugs. Der Vertrag enthält die internen und externen Spezifikationen für das Flugzeug.	Ja. Es wurde ein bestimmtes Flugzeug im Vertrag identifiziert.	Nein. Obwohl der Lieferant das Recht hat, gegen ein anderes Luftfahrzeug auszutauschen, ist davon auszugehen, dass die Kosten zur Ausstattung auf das im Vertrag festgelegte Niveau den wirtschaftlichen Nutzen übersteigen.	Ja. Der Kunde hat das ausschließliche Nutzungsrecht und auch das Recht, während der Vertragslaufzeit alle wirtschaftlichen Vorteile aus der Nutzung des Luftfahrzeugs zu ziehen. Vertragliche und rechtliche Einschränkungen definieren den Umfang des Nutzungsrechts des Kunden. Innerhalb dieses definierten Umfangs trifft der Kunde die relevanten Entscheidungen darüber, wie und wozu das Flugzeug verwendet wird. Obwohl der Lieferant das Flugzeug betreibt, steht es im Einklang mit den Entscheidungen des Kunden, ob, wann und wo das Flugzeug verwendet wird.	Ja.

Beispiel	Identifizierter Vermögenswert?	Substanzielles Austauschrecht?	Entscheidet der Kunde über die Nutzung (*how and for what purpose*)?	Vorliegen eines *lease*
8: Der Kunde schließt einen Vertrag mit einem Hersteller (Lieferanten) ab, um eine bestimmte Art, Qualität und Menge von Hemden für einen Zeitraum von drei Jahren zu erwerben. Der Lieferant hat nur eine Fabrik, in der er den Auftrag erfüllen kann. Die Kapazität der Fabrik liegt substanziell über der Bestellmenge.	Ja. Die Fabrik wurde implizit angegeben, weil der Lieferant den Vertrag nur durch die Nutzung seiner eigenen Fabrik erfüllen kann.	Nein. Es ist keine alternative Fabrik vorhanden.	Nein. Der Kunde hat nicht das Recht, während der Vertragslaufzeit alle wirtschaftlichen Vorteile aus der Nutzung der Fabrik zu erhalten, da seine Leistung nicht im Wesentlichen die gesamte Produktion abdeckt und der Lieferant Ersatzkapazitäten für andere Kunden bereitstellen kann. Der Lieferant leitet die Nutzung der Fabrik (der Kunde hat die gleichen Rechte wie andere Kunden).	Nein. Der Kunde erwirbt nur Hemden (Waren).

Beispiel	Identifizierter Vermögenswert?	Substanzielles Austauschrecht?	Entscheidet der Kunde über die Nutzung (*how and for what purpose*)?	Vorliegen eines *lease*
9A: Ein Versorgungsunternehmen (Kunde) schließt einen Vertrag mit einem Energieversorger (Lieferant), um den gesamten Strom, der von einem neuen Solarpark produziert wird, für 20 Jahre zu erwerben. Der Solarpark wird nach den Spezifikationen des Kunden errichtet. Der Energieversorger behält steuerliche Vorteile durch Gutschriften zurück.	Ja. Es wurde ein bestimmter Solarpark im Vertrag identifiziert.	Nein.	Ja. Der Kunde hat das ausschließliche Nutzungsrecht und hat das Recht, alle wirtschaftlichen Vorteile der Nutzung des Solarparks während des Vertragszeitraums zu erhalten (Lieferantenvorteile in Form von Steuergutschriften sind wirtschaftliche Vorteile durch Eigentum und nicht durch Nutzung). Da die Aktivität des Solarparks vorbestimmt ist, und dieser nach der Spezifikation des Kunden errichtet wurde, hat der Kunde das Recht, über die Nutzung des Parks zu bestimmen.	Ja. Es handelt sich um ein Leasingverhältnis über einen Solarpark über die Vertragslaufzeit.

Beispiel	Identifizierter Vermögenswert?	Substanzielles Austauschrecht?	Entscheidet der Kunde über die Nutzung (*how and for what purpose*)?	Vorliegen eines *lease*
9B: Der Kunde schließt einen Vertrag mit dem Lieferanten ab, um die gesamte Leistung eines ausdrücklich festgelegten Kraftwerks für drei Jahre zu erwerben.	Ja. Es wurde ein bestimmtes Kraftwerk im Vertrag identifiziert.	Nein.	Der Kunde hat das ausschließliche Nutzungsrecht und hat das Recht, während der Vertragslaufzeit alle wirtschaftlichen Vorteile aus der Nutzung des Kraftwerks zu erhalten. Jedoch ist vorbestimmt, wie und für welchen Zweck die Anlage verwendet wird, und der Kunde hat die Anlage nicht entworfen und der Lieferant ist Betreiber der Anlage. Daher ist der Kunde nicht berechtigt, über die Nutzung der Anlage zu bestimmen.	Nein. Der Kunde schließt lediglich einen Stromliefervertrag ab.
9C: Der Kunde schließt einen Vertrag mit dem Lieferanten ab, um die gesamte Leistung eines ausdrücklich festgelegten Kraftwerks für zehn Jahre zu erwerben. Der Kunde bestimmt, wann und in welcher Menge Energie erzeugt wird.	Ja. Es wurde ein bestimmtes Kraftwerk im Vertrag identifiziert.	Nein.	Ja. Der Kunde hat das ausschließliche Nutzungsrecht und hat das Recht, während der Vertragslaufzeit alle wirtschaftlichen Vorteile aus der Nutzung des Kraftwerks zu erhalten. Der Kunde trifft die relevanten Entscheidungen darüber, wie und zu welchem Zweck die Anlage genutzt wird. Obwohl der Lieferant die Anlage betreibt, muss er die Entscheidungen des Kunden über den Zeitpunkt und die Menge der erzeugten Energie beachten.	Ja. Es handelt sich um ein Leasingverhältnis über ein Kraftwerk über die Vertragslaufzeit.

Beispiel	Identifizierter Vermögenswert?	Substanzielles Austauschrecht?	Entscheidet der Kunde über die Nutzung (*how and for what purpose*)?	Vorliegen eines *lease*
10A: Der Kunde schließt für zwei Jahre einen Vertrag mit einem Lieferanten für den Betrieb eines Netzwerks in spezifizierter (Mindest-)Qualität. Der Lieferant setzt dafür Server auf dem Gelände des Kunden ein.	Nicht berücksichtigt.	Nicht berücksichtigt.	Nein. Der Kunde kontrolliert nicht die Verwendung der Server. Der Lieferant ist der einzige Vertragspartner, der während der Nutzungsdauer relevante Entscheidungen über die Server treffen kann. Er entscheidet, wie Daten mit den Diensten übertragen werden, ob die Server rekonfiguriert werden sollen und ob die Server für einen anderen Zweck verwendet werden sollen.	Nein. Der Kunde schließt einen Netzwerkservicevertrag ab.
10B: Der Kunde schließt einen Vertrag mit einem IT-Unternehmen (Lieferant) für die Nutzung eines identifizierten Servers für drei Jahre ab.	Ja. Es ist ein bestimmter Server im Vertrag identifiziert.	Nein. Der Server kann nur bei Fehlfunktionen ausgetauscht werden.	Ja. Der Kunde hat das ausschließliche Nutzungsrecht und hat das Recht, während der Vertragslaufzeit sämtliche wirtschaftlichen Vorteile aus der Nutzung des Servers zu erhalten. Der Kunde trifft die relevanten Entscheidungen darüber, für welche Prozesse und Daten der Server verwendet wird.	Ja. Es handelt sich um ein Leasingverhältnis über einen Server über die Vertragslaufzeit.

Tab. 1: Identifizierung von Leasingverhältnissen (Beispiele)

3 Separierung und Zusammenfassung von Verträgen

3.1 Identifizierung separater Leasingkomponenten

51 Ein Dauerschuldverhältnis kann das Recht zur Nutzung mehrerer Vermögenswerte, aber auch sonstige (Dienst-)Leistungsverpflichtungen (*performance obligations*[11]) des Schuldners umfassen (IFRS 16.12). Notwendig ist für Leasingnehmer und Leasinggeber die Zerlegung einer geschlossenen Vereinbarung in **Komponenten**, wenn diese eine Kombination von Leistungen vorsieht. Die Abgrenzung des Bilanzierungsobjekts (*unit of account*) erfolgt weder auf Ebene des Vertrags mit mehreren Vermögenswerten noch auf Stufe des einem potenziellen Nutzungsverhältnis zugrunde liegenden einzelnen Vermögenswerts, sondern (aggregiert) für eine (Leasing-)Komponente (IFRS 16.B32).

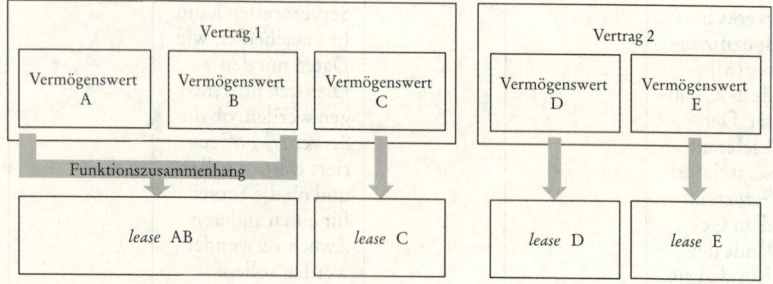

Abb. 5: Separierung eines Vertrags in mehrere Leasingkomponenten

Eine separat zu erfassende Komponente weist die folgenden Eigenschaften auf:
- Der Leistungsberechtigte hat die Möglichkeit, aus dem zugrunde liegenden Vermögenswert direkt oder i. V. m. Ressourcen, die ohne besondere Restriktion (*readily available*) beschafft werden können, einen Nutzen zu ziehen (IFRS 16.B32(a)), und
- der zugrunde liegende Vermögenswert ist nicht in besonderem Maße abhängig (*highly dependent*) oder verbunden (*highly interrelated*) mit anderen Vermögenswerten, die im Rahmen des Dauerschuldverhältnisses überlassen werden.[12]

52 Die Vorgaben zur bilanziellen Abbildung von Leasingvereinbarungen beim Leasinggeber verhalten sich (auch) künftig komplementär zur Erlösrealisation. Es besteht ein Vorrang für die Abbildung als *lease* (IFRS 15.5(a)), insbesondere bezogen auf die Trennung eines (Dauer-)Schuldverhältnisses mit mehreren Vertrags-/Leistungsbestandteilen (IFRS 15.7(a)). Die Aufteilung erfolgt in folgenden (Einzel-)Schritten:

---

[11] Die Anforderungen an eine separate (*distinct*) Leistungsverpflichtung für die Erlösrealisation sind nur eingeschränkt auf die bilanzielle Abbildung von Leasingverhältnissen zu übertragen (Rz 36), insbesondere für die Identifizierung eines *lease* fehlt es an einem Gleichlauf (IFRS 16.BC125(b)).

[12] Nach US-GAAP sind für die Beurteilung separater Leasingkomponenten die Vorgaben zur Identifizierung von *performance obligations* (ASC Topic 606) analog anzuwenden (ASU 2016–02.BC146). Nach IFRS erfolgte eine Angleichung der Vorgaben für die Erlösrealisation erst durch ein *Amendment* zu IFRS 15, eine korrespondierende Anpassung für IFRS 16 fehlt. U. E. sind die Vorgaben der US-GAAP allerdings analog anzuwenden (IAS 8.12).

(1) Innerhalb eines Vertragsverhältnisses sind die einzelnen Vertrags-/Leistungs**komponenten zu identifizieren.**

(2) Die insgesamt geschuldete **Vergütung,** der Transaktionspreis *(consideration in the contract)* ist aus der Perspektive von Leasingnehmer *(lessee)* und Leasinggeber *(lessor)* zu **ermitteln.**

(3) Die insgesamt geschuldete Vergütung *(consideration in the contract)* ist auf die identifizierten Bestandteile des Dauerschuldverhältnisses **zu verteilen.**
Die Verteilung des Transaktionspreises richtet sich für den *lessor* nach den Vorgaben zur Erlösrealisation (IFRS 16.17). Aus der Perspektive des Leasingnehmers kann wahlweise auf eine Verteilung verzichtet werden (IFRS 16.15), die gesamte geschuldete Vergütung entfällt dann auf die identifizierte *lease component.* Wird das Wahlrecht nicht in Anspruch genommen, ist u. E. trotz fehlender Vorgaben ebenfalls auf die Trennungsvorschriften der Erlösrealisation zurückzugreifen (IAS 8.11(a)).
Für die Zerlegung einer geschlossenen Vereinbarung ist nicht auf die Ebene eines **53** Vermögenswerts, sondern auf eine Komponente, die einer Kombination mehrerer Vermögenswerte in (integralem) Funktionszusammenhang entsprechen kann, abzustellen.

Praxis-Beispiel
Unternehmen U mietet diverse Transport- und Baufahrzeuge sowie Maschinen an, die für einen Auftrag genutzt werden. Zwar werden alle Vermögenswerte durch U in Kombination genutzt, jeder einzelne ist aber auch ohne besondere Restriktionen separat zu beschaffen, also *readily available.* Trotz Anmietung in einem Dauerschuldverhältnis sind die einzelnen Vermögenswerte als separate Leasingkomponenten zu erfassen.

Unabhängig von der Identifizierung separater Leasingkomponenten innerhalb eines Vertrags besteht die Möglichkeit einer Zusammenfassung für die bilanzielle Abbildung, wenn die Voraussetzungen für ein Portfolio erfüllt sind (IFRS 16.B1).
Die vertraglich vereinbarte Nutzung von **Grund und Boden** *(land element)* stellt **54** eine separat zu erfassende Leasingkomponente einer Dauerschuldvereinbarung über eine Immobilie dar. Auf eine Trennung von Gebäude vs. Grund und Boden kann nur verzichtet werden, wenn die zweite Komponente unwesentlich *(insignificant)* ist.[13] Für die Beurteilung der Wesentlichkeit ist nicht nur auf das Verhältnis der relativen *fair values,* sondern auch auf die Auswirkungen der bilanziellen Abbildung abzustellen. Sieht die vertragliche Vereinbarung unterschiedliche Konditionen für die Überlassung von Grund und Boden vor, ist eine Separierung erforderlich.

Praxis-Beispiel
U mietet ein Bürogebäude für eine Periode von fünf Jahren an. In den Umfang des Nutzungsrechts ist auch der Grund und Boden, auf dem das Gebäude errichtet ist, einbezogen. Es bestehen zwar Verlängerungsoptionen für die Anmietung, aber keine Möglichkeit zum Erwerb des rechtlichen Eigentums

---

[13] So auch ASC Topic 842–10–15–29.

> (keine Kaufoption, kein Andienungsrecht). Die (Land-)Komponente wird von U als unwesentlich angesehen, auf eine Abspaltung kann verzichtet werden. Anderes gilt, wenn die Möglichkeit zum Übergang des rechtlichen Eigentums besteht, da für den Grund und Boden dann eine planmäßige Abschreibung entfällt.

55   Hinsichtlich der Separierung von einzelnen Vertragsbestandteilen eines (Dauer-)Schuldverhältnisses fehlt es an ausführlichen Vorgaben. Insbesondere für die Bestimmung der auf einzelne Komponenten aufzuteilenden Vergütung (*consideration in the contract*) sind keine Ausführungen vorgesehen. Darüber hinaus ist hinsichtlich der Perspektive von Leasingnehmer und Leasinggeber zu differenzieren:

- Die (sehr knappen) Vorgaben für die bilanzielle Abbildung durch den Leasingnehmer sind abschließend (IFRS 16.13 – IFRS 16.16); ein Rückgriff auf andere Regeln kommt nur für die (Folge-)Bilanzierung bereits zur Abspaltung – bei wahlweise Nichtverzicht auf eine Trennung (IFRS 16.15) – identifizierter Komponenten in Betracht (IFRS 16.16).

- Für den Leasinggeber sind noch weniger Vorgaben zur Vornahme einer Aufspaltung eines Dauerschuldverhältnisses mit einer *lease component* in unterschiedliche Bestandteile vorgesehen (IFRS 16.17). Hinsichtlich der Verteilung der *consideration in the contract* auf die einzelnen Komponenten – beides bestimmt nach IFRS 16 – erfolgt ein Verweis auf die Vorgaben für die Erlösrealisation (IFRS 15.73 – IFRS 15.90).

3.2   Identifizierung von *non-lease components*

56   Eine Abgrenzung verschiedener Komponenten eines Dauerschuldverhältnisses ist auch erforderlich für Bestandteile einer geschlossenen Vereinbarung, die zwar eine Leistungsverpflichtung des Schuldners, aber kein Leasing *(non-lease component)* begründen. Voraussetzung für die Anwendung von IFRS 16 ist die Identifizierung mindestens eines Leasingbestandteils. Die Identifizierung eines *lease* erfolgt unabhängig von einer Aufteilung in mehrere Bestandteile, auch eine Rückwirkung auf die Feststellung des Vorliegens eines *lease* scheidet aus. Ein Vertrag mit mindestens einer *lease component* lässt sich in die folgenden Komponenten aufteilen:

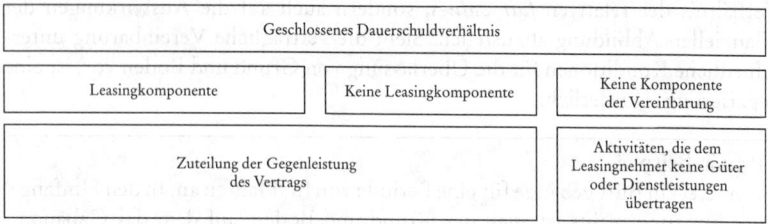

Abb. 6: Aufteilung von Verträgen in verschiedene Komponenten

Neben separaten Leasingkomponenten ist zwischen sonstigen (Dienst-)Leistungen (*non-lease components*) und sonstigen Bestandteilen des Dauerschuldverhältnisses zu unterscheiden, die nicht zu einer Erbringung einer Dienstleistung durch den Leasinggeber oder Übertragung eines Guts führen.

Notwendige Bedingung für die Identifizierung einer gesonderten *non-lease component* ist die Verpflichtung des Schuldners aus dem Dauerschuldverhältnis zur Übertragung eines Guts oder Erbringung einer Dienstleistung (IFRS 16.B33). Folgende Vertragsbestandteile sind daher **weder als Leasing- noch als Nichtleasingkomponente** zu erfassen: **57**

- Es fehlt an der Übertragung von Dienstleistungen oder der Übertragung eines Guts, wenn der Leasingnehmer lediglich Vertragsanbahnungskosten des Leasinggebers oder administrative Kosten übernimmt.
- Eine Verpflichtung des Leasingnehmers zur Erstattung von Kosten (*reimbursements*), die dem Leasinggeber als Konsequenz des rechtlichen Eigentums an dem *underlying asset* entstehen, steht nicht im Zusammenhang mit einer empfangenen Dienstleistung oder der Übertragung eines Guts und ist weder *lease* noch *non-lease component* und daher separat abzubilden.

Eine anteilige Verteilung der seitens des Leistungsberechtigten geschuldeten Gegenleistung (*consideration in the contract*) auf nicht als Komponente zu erfassende Bestandteile scheidet aus.[14]

> **Praxis-Beispiel**
> U mietet eine Immobilie von I an. Als Teil der Vereinbarung wird U auch verpflichtet, I die Kosten für die Grundsteuer (*property tax*) und die abgeschlossene Gebäudeversicherung zu erstatten. U empfängt als Gegenleistung keine zusätzliche (Dienst-)Leistung. Eine anteilige Aufteilung der von U geschuldeten (Miet-)Zahlung auf die Erstattungen scheidet aus. Anderes gilt für eine Zahlungsverpflichtung für Erhaltungsaufwendungen, die I bezogen auf die von U angemietete Immobilie übernimmt. U empfängt eine sonstige (Dienst-)Leistung, die als *non-lease component* des Dauerschuldverhältnisses anzusehen ist.

Eine Besonderheit ergibt sich für eine Pflicht des Leasingnehmers zur Zahlung von Umsatzsteuer und anderer direkt mit dem Umsatz verbundener Steuern (*sales tax*). Mit der Zahlung von *sales tax* erstattet der Leasingnehmer keine Kosten, die mit dem rechtlichen Eigentum (*legal ownership*) des der Nutzungsüberlassung zugrunde liegenden Vermögenswerts verbunden sind. Hinsichtlich der Behandlung im Rahmen eines *lease* gezahlter *sales tax* als Teil der *consideration in the contract* ist – analog zur Behandlung von *purchase taxes*, die nur als Bestandteil der Anschaffungskosten eines Vermögenswerts gelten, wenn diese *non-refundable* sind (IAS 16.16(a)) – in Abhängigkeit von der Möglichkeit einer Erstattung zu differenzieren: **58**

- Besteht für den Leasingnehmer die Möglichkeit die im Zusammenhang mit der Nutzungsüberlassung an den Leasinggeber gezahlten Steuern – im Rahmen eines Vorsteuerabzugs (*pre-tax allowance*) – geltend zu machen, liegt lediglich ein „durchlaufender Posten" (*pass-through*) vor. Eine Berücksichtigung als Teil der *lease payments* scheidet aus.

---

[14] So auch ASC Topic 842–10–15–30, „*the following are not components of a contract and do not receive an allocation of the consideration in the contract*".

- Anderes gilt, wenn eine Geltendmachung ausgeschlossen ist; die als Folge der Besteuerung an den Leasinggeber geleistete Zahlung ist dann Teil der *consideration in the contract*.

Inhaltlich geht es somit um die Unterscheidung zwischen einer Allphasen-Brutto-Umsatzsteuer als reiner Verkaufssteuer (*sales tax*), die bei der Besteuerung jeder Transaktion einem Kaskadeneffekt unterliegt, und einer Allphasen-Netto-Umsatzsteuer mit Vorsteuerabzug (*value-added tax*), bei der lediglich die Wertschöpfung besteuert wird. Die Zahlung einer Allphasen-Netto-Umsatzsteuer mit Vorsteuerabzug, die im Einklang mit der EU-Mehrwertsteuer-Systemrichtlinie (MwStSystRL) steht, durch einen Leasingnehmer, der nicht als Endverbraucher gilt, ist nicht Teil der *consideration in the contract*.

59 Der Teil der vom Leasingnehmer geschuldeten Leistung (*consideration in the contract*), der auf eine sonstige (weder *lease* noch *non-lease*) Komponente der vertraglichen Vereinbarung entfällt, ist nicht separat zu bepreisen. Die *consideration in the contract* ist lediglich auf identifizierte *lease* und *non-lease components* aufzuteilen.

> **Praxis-Beispiel**
> Im Rahmen der Anmietung einer Maschine erbringt der Leasinggeber auch sonstige (Dienst-)Leistungen bezogen auf die Wartung. Die vom Leasingnehmer geschuldete Vergütung für die Anmietung (*hire* = *lease component*) und Wartung (*maintenance* = *non-lease component*) sieht auch eine pauschale Erhöhung von 3 % für administrative Kosten des Leasinggebers vor. Die Gesamtvergütung ist – vorausgesetzt, auf eine Aufteilung wird nicht wahlweise verzichtet – nur auf die *lease* und die *non-lease component* aufzuteilen.

60 Ein zwischen Leasingnehmer und Leasinggeber geschlossenes Dauerschuldverhältnis kann auch zur Erbringung von (Dienst-)Leistungen und/oder Übertragung von Gütern durch eine **weitere Partei** führen. Leistungen, die der Leasingnehmer zwar im Rahmen der vertraglichen Vereinbarung empfängt, die aber nicht vom Leasinggeber erbracht werden, weil dieser lediglich als Agent für eine andere Partei handelt, sind ebenfalls separat zu erfassen. Fehlt es an einer Leistungsverpflichtung des Schuldners (der Leasinggeber) gegenüber dem Leasingnehmer, etwa weil der Schuldner lediglich als Agent handelt (IFRS 15.B34), scheidet die Klassifizierung als *non-lease component* aus.

> **Praxis-Beispiel**
> Unternehmen U mietet Gewerberäume von Vermieter V an. Für die Überlassung der (Miet-)Fläche vereinbaren die Parteien eine Nettokaltmiete pro Quadratmeter. Die Nebenkosten (Heizung, Strom und Wasser) werden nach Verbrauch separat in Rechnung gestellt. Nach dem Mietverhältnis schließt V einen Vertrag mit den lokalen Stadtwerken. V belastet U nach dessen Verbrauch mit den Kosten, die gegenüber den Stadtwerken anfallen. Monatlich wird seitens U eine Vorauszahlung fällig, die Endabrechnung erfolgt jeweils zum Ende des Kalenderjahrs in Abhängigkeit des tatsächlichen Verbrauchs. V erbringt keine (separate) Leistung gegenüber U, sondern handelt lediglich als Agent der Stadtwerke. Anderes gilt, wenn V das Verbrauchsrisiko des U

übernimmt und zwischen den Parteien U und V eine pauschale Abrechnung der Nebenkosten vereinbart wird (Bruttoabrechnung), also V nicht als Agent, sondern als Prinzipal handelt. Die Bepreisung der Nebenkosten als separate (Dienst-)Leistungskomponente scheidet auch wegen der – nicht durch einen Kurs oder einen Index, sondern verbrauchsabhängigen – Variabilität der Höhe nach aus.

3.3 Bestimmung der Vergütung der Höhe nach

Es fehlt an Vorgaben zur Bestimmung der Vergütung, die auf die einzelnen Komponenten eines (Dauer-)Schuldverhältnisses zu verteilen ist.[15] Für beide an dem *lease* beteiligten Parteien ist allerdings IFRS 16 einschlägig (Rz 52). Die zur Verteilung zu bemessende Vergütung (*consideration in the contract*) stimmt aus der Perspektive von Leasingnehmer und Leasinggeber aber nicht zwangsläufig überein. Betroffen sind insbesondere **variable Zahlungen.** 61

- Aus der Perspektive des **Leasingnehmers** ist der Einbezug von variablen Zahlungen, die nicht von der Entwicklung eines Index oder Kurses abhängen, ausgeschlossen (IFRS 16.27(b)).
- Für den **Leasinggeber** sind hingegen auch variable Zahlungen in die *consideration* einzubeziehen, wenn diese auf die Erbringung von (Dienst-)Leistungen, also *non-lease components* entfallen, da die Allokation nach den Vorgaben für die Erlösrealisation erfolgt (IFRS 16.17) und somit eine Vergütung für *service* (als *non-lease component*) in die Bemessungsgrundlage einzubeziehen ist.

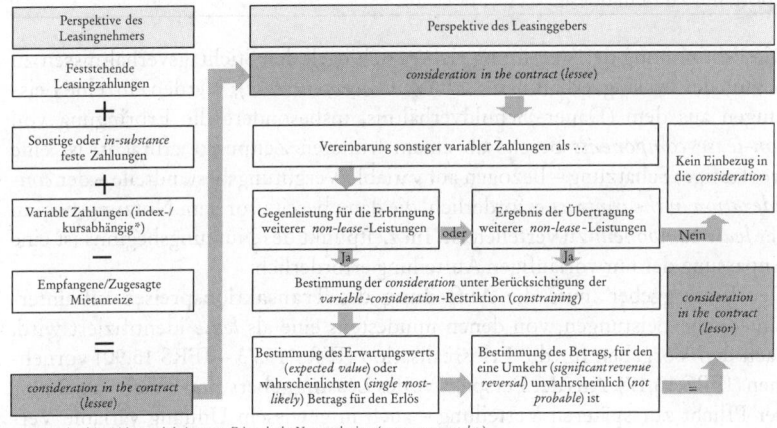

* Basierend auf den Stichtagsverhältnissen zum Zeitpunkt des Nutzungsbeginns (*at commencement date*).

Abb. 7: Bestimmung der Vergütung aus der Perspektive von Leasingnehmer und Leasinggeber

Die *consideration in the contract* ist als Summe der einzubeziehenden Entgeltbestandteile zu bestimmen. Eine Diskontierung aller Zahlungen auf den *com-*

---

15 Anderes gilt nach US-GAAP. Nach ASC Topic 842–10–15–30ff. und *Example* 14 in ASC Topic 842–10 liegen detaillierte Vorgaben für Leasingnehmer und Leasinggeber vor, die u.E. analog herangezogen werden können (IAS 8.12).

mencement date ist auf dieser Stufe noch nicht erforderlich. Sie spielt erst im weiteren Vorgehen etwa bei der Bewertung der Leasingverbindlichkeit und des *right of use asset* eine Rolle (Rz 92).

62 Die *consideration in the contract* schließt aus Sicht des **Leasingnehmers** variable Zahlungsverpflichtungen aus, wenn diese nicht ausnahmsweise aus der Bindung an einen Index oder Kurs resultieren. Zwischen den Parteien des Dauerschuldverhältnisses vereinbarte Leistungen, die nicht in die zur Verteilung stehende Vergütung eingehen, sind nicht als separate Komponente zu erfassen, somit also für eine Allokation nicht zugänglich. Vertragsbestandteile, die nicht in die (Gesamt-)Vergütung einbezogen werden, scheiden somit auch als Komponente aus. Betroffen sind z. B. Nebenkosten bei Leasingverträgen über Räume/Flächen.

> **Praxis-Beispiel**
> Im Rahmen der Anmietung einer Immobilie verpflichtet sich U über die Laufzeit den Vermieter für alle anfallenden Steuern und Gebühren zu entschädigen. Darüber hinaus werden Nebenkosten in Abhängigkeit vom tatsächlichen Verbrauch des U geschuldet. Keine der zusätzlichen Zahlungen ist wegen der Variabilität Teil der *consideration in the contract* und daher auch nicht als separate Komponente zu betrachten (*net lease*). Anderes gilt, wenn die Parteien sich darauf verständigen, mit einer feststehenden Rate alle Verpflichtungen des U abzugelten (*gross lease*). Die Anmietung der Immobilie ist als *lease component*, die pauschal abgegoltenen Nebenkosten als *non-lease component* und das *reimbursement* als sonstige, nicht zu separierende Komponente zu behandeln.

63 Die Bestimmung der Vergütung richtet sich nach den Stichtagsverhältnissen zu Beginn des Leasingverhältnisses (*at commencement date*). Werden einzelne Leistungen aus dem (Dauer-)Schuldverhältnis, insbesondere die Erbringung von *non-lease components* bereits ab einem früheren Zeitpunkt erbracht, ist eine (vorläufige) Schätzung – bezogen auf variable Vergütungsbestandteile – der *consideration in the contract* erforderlich, die dann bereits vor dem Nutzungsbeginn der *lease component* zu verteilen ist. Im Zeitpunkt des Nutzungsbeginns ist eine Anpassung der nur vorläufigen Aufteilung erforderlich.

64 Der Leasinggeber muss die **Aufteilung des Transaktionspreises** auf unterschiedliche Leistungen, von denen mindestens eine als *lease* identifiziert wird, nach den Vorgaben für die Erlösrealisation (IFRS 15.73 – IFRS 15.90) vornehmen (IFRS 16.17). Aus der Perspektive des **Leasinggebers** sind daher – als Reflex der Pflicht zur späteren Verteilung – auch in gewissem Umfang variable Vergütungsansprüche, die nicht an die Entwicklung eines Index oder Kurses geknüpft sind, in die *consideration in the contract* einzubeziehen.

- Der Einbezug ist allerdings begrenzt auf Variabilität in der Vergütung von *non-lease components*, also (Dienst-)Leistungen, die nicht als Leasing identifiziert werden.
- Bezieht sich die Unsicherheit der Höhe der künftigen Vergütung auf die Nutzung des *underlying asset*, scheidet ein Einbezug in den Transaktionspreis aus.

Insoweit die Variabilität der Vergütung einer (Dienst-)Leistung, die als *non-lease component* identifiziert wird, zugerechnet wird, sind für die notwendige Schätzung die *constraining*-Vorgaben (→ § 25 Rz 110ff.) für variable Vergütungen zu berücksichtigen (IFRS 15.BC203). Der eigentlich nur auf die Aufteilung des Transaktionspreises bezogene Verweis auf die Erlösrealisation wirkt somit auf dessen Bestimmung zurück.

> **Praxis-Beispiel**
> U mietet von I diverse Maschinen an. Die Vereinbarung sieht die Überlassung der Maschinen (*hire = lease component*) und eine Wartungsleistung (*maintenance = non-lease component*) über eine Laufzeit von vier Jahren vor. Für die Überlassung der Maschinen wird eine feste Vergütung von 100 GE je Monat vereinbart. Die Wartungsleistung wird in Abhängigkeit von der Nutzungsintensität der Maschine abgegolten. I geht von einer erwarteten jährlichen Vergütung (*expected value*) für die Wartung von 250 GE aus. Aus Sicht von U ist die gesamte *consideration in the contract* auf jährlich 1.200 GE, insgesamt also auf 4.800 GE begrenzt; ein Einbezug der variablen Vergütung scheidet aus, da diese nicht auf die Entwicklung eines Index oder Kurses zurückzuführen ist. Aus der Perspektive von I ist zu differenzieren: Ist die Variabilität vorrangig auf die
> - Beschaffenheit des *underlying asset* zu beziehen, also nicht ausschließlich von der Erbringung der Wartung abhängig, scheidet ein Einbezug in den Transaktionspreis auch aus der Sicht von I aus. Die Vergütung ist auf 1.200 GE jährlich und insgesamt 4.800 GE begrenzt;
> - Erbringung der Wartung zurückzuführen, da diese sehr kompliziert und unerlässlich für den Betrieb des *underlying asset* ist, bedarf es a) einer „neutralen" Schätzung der variablen Vergütung und b) der Beurteilung, ob wegen des *constraining* eine Anpassung des Schätzbetrags erforderlich ist.
>   - Insoweit der Betrag von 250 GE als wahrscheinlich angesehen und das Risiko eines Nichterhalts nahezu ausgeschlossen wird, ergibt sich für I eine jährliche Vergütung von 1.450 GE, insgesamt also 5.800 GE.
>   - Kann das Risiko einer teilweisen Nichtvereinnahmung der variablen Vergütung nicht ausgeschlossen werden, bedarf es einer Begrenzung (*revenue constraint*). Der Erwartungswert der variablen Vergütung beträgt zwar 250 GE, I erwartet aber nur für einen Betrag von 200 GE kein signifikantes Risiko einer Nichtvereinnahmung. Die *consideration in the contract* beläuft sich somit auf 5.600 GE (jährlich 1.400 GE).

Der Vorrang der Vorgaben zur bilanziellen Abbildung von Leasingverhältnissen   65
vor den Ausführungen zur Erlösrealisation aus Verträgen mit Kunden wirkt sich für den **Leasinggeber** auf die Höhe der Vergütung und somit die Ertragsrealisation aus. In die Gesamtvergütung fließen **variable Bestandteile** in unterschiedlichem Umfang ein,
- für die identifizierten *lease components* nur, insoweit die Variabilität auf die Entwicklung eines Index oder Kurses zurückzuführen ist, und
- für *non-lease components* nur begrenzt durch die *constraining*-Vorgaben, die sich für die Erlösrealisation aus Verträgen mit Kunden ergeben.

66 Die Notwendigkeit zur Neubeurteilung der Höhe der Vergütung und der Verteilung bestimmt sich in Abhängigkeit der (Folge-)Bewertungskonzeption für Leasingnehmer und Leasinggeber.

- Der Leasingnehmer hat die Vergütungsannahmen anzupassen, wenn eine Neubewertung der Leasingverbindlichkeit (*remeasurement*) erfolgt (Rz 148) oder eine Vertragsmodifikation (Rz 163) beschlossen wird.
- Der Leasinggeber passt hingegen die bestimmte Vergütung nur im Fall einer Vertragsmodifikation (Rz 163) an. Alle sonstigen Änderungen in der Höhe der Gesamtvergütung sind nach Maßgabe der Vorgaben für nachträgliche Anpassungen des Transaktionspreises für die *non-lease components* zu behandeln (→ § 25 Rz 98).

3.4 Verteilung der *consideration in the contract*

3.4.1 Wahlrecht zur Zusammenfassung für den Leasingnehmer

67 Für die Verteilung der geschuldeten (Gesamt-)Vergütung aus einem (Dauer-)Schuldverhältnis besteht für den **Leasingnehmer** eine **wahlweise** in Anspruch zu nehmende Vereinfachungsregel (IFRS 16.15).

- Anstatt die (Gesamt-)Vergütung auf identifizierte *lease* und *non-lease components* aufzuteilen,
- kann der auf *non-lease components* entfallende Anteil in den Leasingbestandteil des Dauerschuldverhältnisses einbezogen werden.

Das Wahlrecht ist konsistent für eine Klasse von *underlying assets* anzuwenden. Es erstreckt sich nicht auf die Zusammenfassung mehrerer, separat identifizierter Leasingkomponenten, sondern nur auf nicht als Leasing identifizierte (Dienst-)Leistungen des Leasinggebers. Für eingebettete Derivate besteht allerdings generell eine Pflicht zur Beurteilung einer etwaigen Separierung (Rz 12).

Praxis-Beispiel

U schließt mit dem Spezialmaschinenvermieter I eine Vereinbarung zur Überlassung von drei Maschinen und einem Spezialtransporter. Das (Dauer-)Schuldverhältnis umfasst auch die Wartung der Maschinen durch I. Für den Transporter ist keine weitere (Dienst-)Leistung des I erforderlich. Auf Grundlage der Beschaffenheit der *underlying assets* liegen dem (Dauer-)Schuldverhältnis insgesamt sieben separate Bestandteile zugrunde:

- Die Anmietung jeder Maschine und des Transporters werden als separate *lease component* identifiziert.
- Die vereinbarten Wartungsleistungen stellen drei separate *non-lease components* dar.

U kann den auf die *non-lease components* entfallenden Anteil der Vergütung der Nutzungsüberlassung der jeweiligen Maschine zuordnen, muss aber dennoch für die vier *lease components* eine Allokation der Vergütung vornehmen.

---

68 Wird das Wahlrecht nicht in Anspruch genommen, ist das vertraglich festgelegte Entgelt auf Basis der relativen Einzelveräußerungspreise, somit analog über die Vorschriften der Erlösrealisation aus Verträgen mit Kunden aufzuteilen (IAS 8.11(a)).

3.4.2 Aufteilung auf Basis der relativen Einzelveräußerungspreise

Umfasst ein (Dauer-)Schuldverhältnis mehrere Leistungsverpflichtungen, ist der **69** insgesamt ausstehende Transaktionspreis im Verhältnis der Einzelveräußerungspreise aufzuteilen. Für den Leasingnehmer – bei Verzicht auf die Wahlrechtsausübung (Rz 82 ff.) – und den Leasinggeber gelten gleichermaßen die allgemeinen Vorgaben zur Aufteilung des Transaktionspreises auf separate Leistungsverpflichtungen (→ § 25 Rz 128 ff.).

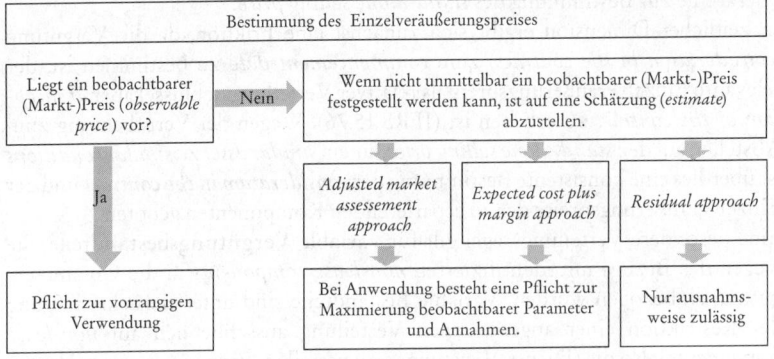

Abb. 8: Hierarchie der Ermittlung des Einzelveräußerungspreises

Die (Gesamt-)Vergütung aus dem Dauerschuldverhältnis ist im Verhältnis der **70** relativen Einzelveräußerungspreise (*stand-alone selling price*) auf die identifizierten *lease* und *non-lease components* aufzuteilen. Auf Bestandteile des Vertrags, die nicht als Komponente anzusehen sind, entfällt keine anteilige Vergütung. Der Einzelveräußerungspreis entspricht dem Anschaffungswert, der bei separatem Erwerb für eine identifizierte Komponente zu entrichten ist. Referenz für den *selling price* ist der Erwerb eines *similar asset* zu *similar conditions* (bezogen auf Laufzeit und Zahlungsbedingungen).

Praxis-Beispiel

Die Vergütung für die Überlassung eines identifizierten Vermögenswerts (*hire = lease component*) und die Erbringung einer Dienstleistung (*service = non-lease component*) beläuft sich in Summe auf 100 GE. Beide Leistungen werden über den gleichen Zeitraum erbracht. Der relative Einzelveräußerungspreis für Überlassung eines identischen Nutzungsrechts zu gleichen Konditionen wird mit 60 GE geschätzt. Der Dienstleistung wird ein Einzelveräußerungspreis von 50 GE beigemessen. Die Verteilung des Transaktionspreises ist für Leasingnehmer (bei Verzicht auf das Wahlrecht zur Nichttrennung) und Leasinggeber gleich.

Component	Einzelveräußerungspreis	Allokation	Berechnung
lease	60	54,5	54,5 % × 100
non-lease	50	45,5	45,5 % × 100
	110	100,0	

> Die *lease component* ist nach IFRS 16 zu bilanzieren, die bilanzielle Abbildung der Dienstleistung richtet sich nach IFRS 15.

Ausgehend von unterschiedlichen Informationen betreffend (beobachtbare) Einzelveräußerungspreise können Leasingnehmer und Leasinggeber zu abweichenden Verteilungsschlüsseln kommen. Eine Zusammenfassung von unterschiedlichen Leistungen zu einem Bündel (→ § 25 Rz 128) steht unter dem Vorbehalt der Hierarchie zur Bestimmung des *stand-alone selling price*.

71 In zeitlicher Dimension ergibt sich zunächst eine Friktion, da die Vergütung (*consideration in the contract*) zum *commencement date* zu bestimmen ist, der relevante Einzelveräußerungspreis als relativer Verteilungsschlüssel aber *at inception of the contract* zu erheben ist (IFRS 15.76). Wegen der Verpflichtung zum Abstellen auf den *stand-alone selling price* für ein *similar asset* zu *similar conditions* ist überdies eine konsistente Bestimmung der *consideration in the contract* und der Einzelveräußerungspreise der zu separierenden Komponenten geboten.

72 Eine besondere Verteilungsregel gilt für **variable Vergütungsbestandteile**, die wegen des Bezugs mit identifizierten *non-lease components* in die Gesamtvergütung einbezogen wurden. Variable Bestandteile sind unter Berücksichtigung der Restriktion einer angemessenen Verteilung ausschließlich auf *non-lease components*, also die (Dienst-)Leistungen zu verteilen. Eine angemessene Verteilung setzt keine Über- oder Unterbepreisung einer Leistung zugunsten der anderen Bestandteile des Dauerschuldverhältnisses voraus. Wird die Angemessenheit einer isolierten Verteilung einzelner Vergütungsbestandteile auf Komponenten nicht belegt, ist die gesamte Vergütung auf Basis der relativen Einzelveräußerungspreise der Einzelleistungen zu verteilen.

> **Praxis-Beispiel**
> Für ein Dauerschuldverhältnis wird eine Gesamtvergütung von 4.800 GE bestimmt. Die gesamte *consideration in the contract* setzt sich aus einem feststehenden und einem variablen Anteil zusammen. Der relative Einzelveräußerungspreis für die Überlassung eines Nutzungsrechts wird mit 4.500 GE geschätzt. Der Dienstleistung wird ein Einzelveräußerungspreis von 1.400 GE beigemessen.
>
> **Variante 1**
> Bezieht sich die Variabilität der Vergütung nicht ausschließlich auf die (Dienst-)Leistung, sondern hängt von der Nutzung des *underlying asset* ab, scheidet ein Einbezug des Entgelts in die (Gesamt-)Vergütung aus. Die Verteilung des Transaktionspreises ist für den Leasingnehmer (bei Verzicht auf das Wahlrecht zur Nichttrennung) und den Leasinggeber gleich. Die Verteilung der (Gesamt-)Vergütung ohne variable Anteile erfolgt auf Basis der relativen Einzelveräußerungspreise.
>
> | component | Einzelveräußerungspreis | Allokation | Berechnung |
> |-----------|------------------------:|-----------:|------------|
> | *lease* | 4.500 | 3.661 | 76,3 % × 4.800 |
> | *non-lease* | 1.400 | 1.139 | 23,7 % × 4.800 |
> | | 5.900 | 4.800 | |

Variante 2

Die variable Vergütung wird mit einem Betrag von 1.000 GE beziffert und entfällt ausschließlich auf die Erbringung der (Dienst-)Leistung. Aus der Perspektive des Leasinggebers ergibt sich daher – abweichend von der Vergütung aus Sicht des Leasingnehmers, die begrenzt auf 4.800 GE bleibt und keine Abweichung von der Verteilung anhand der relativen Einzelveräußerungspreise zulässt – eine *consideration in the contract* im Umfang von 5.800 GE. Vorrangig ist aus der Perspektive des Leasinggebers daher eine Verteilung der variablen Vergütung auf die Dienstleistung geboten, wenn dies nicht zu einem Missverhältnis der Verteilung führt. Es bieten sich zwei Varianten an:

- Variante 2a – Einseitige Erhöhung der relativen Verteilung: Ausgehend von der Verteilung der Vergütung ohne Berücksichtigung variabler Bestandteile wird die zusätzliche variable Vergütung ausschließlich der Dienstleistung (*non-lease component*) zugerechnet.

component	Einzelveräuße-rungspreis	Allokation	Berechnung
lease	4.500	3.661	76,3 % x 4.800
non-lease	1.400	2.139	23,7 % x 4.800 + 1.000
	5.900	5.800	

Im Rahmen der zusätzlichen Verteilung der variablen Vergütung auf ausschließlich die *non-lease component* entsteht ein Missverhältnis der Bepreisung beider Komponenten.

- Variante 2b – Separierung der Komponenten: Da ausschließlich Variabilität in der Vergütung der *non-lease component* in die (Gesamt-)Vergütung einfließt, kommt auch eine Differenzierung der Vergütungsbestandteile nach feststehend (*lease component*) und variabel (*non-lease component*) in Betracht.

component	Einzelveräuße-rungspreis	Allokation	Berechnung
lease	4.500	4.800	100 % × 4.800 (gesamte feststehende Vergütung)
non-lease	1.400	1.000	100 % × 1.000 (gesamte variable Vergütung)
	5.900	5.800	

Im Rahmen der ausschließlichen Verteilung der variablen Vergütung auf die *non-lease component* und der feststehenden Vergütung auf die *lease component* entsteht ebenfalls ein Missverhältnis der Bepreisung beider Komponenten.

Die Schätzung der künftig mit Sicherheit zu vereinnahmenden variablen Vergütung mit 1.000 GE entspricht nicht dem Einzelveräußerungspreis für eine *similar* Dienstleistung und lässt sich auch nicht unter Wahrung der Angemessenheit der (Gesamt-)Allokation ausschließlich der die Variabilität auslösenden *non-lease component* zurechnen. Daher ist die Gesamtvergütung für beide Leistungsbestandteile von 5.800 GE im relativen Verhältnis zu verteilen:

component	Einzelveräußerungspreis	Allokation	Berechnung
lease	4.500	4.423,7	76,3 % × 5.800
non-lease	1.400	1.376,3	23,7 % × 5.800
	5.900	5.800,0	

73 Der Verteilungsschlüssel, der für die Aufteilung der *consideration in the contract* genutzt wird, ist auch auf die Leasingraten anzuwenden, die aufgrund der Variabilität aus der (Gesamt-)Vergütung ausgeschlossen werden. Nicht in die *consideration in the contract* einbezogene Leasingzahlungen sind bei Anfall ergebniswirksam zu stellen (*expensed as incurred*). Aus der Perspektive von Leasingnehmer und Leasinggeber kann sich eine abweichende Vorgehensweise als Reflex der unterschiedlichen Behandlung von variablen Vergütungsbestandteilen ergeben.

Praxis-Beispiel
Leasingnehmer LN und Leasinggeber LG schließen ein (Dauer-)Schuldverhältnis über die zeitweise Überlassung von zwei separaten Vermögenswerten (*underlying assets*) über einen Zeitraum von vier Jahren. LN mietet von LG ein Gebäude und eine installierte Maschine, die nicht der Immobilie zuzurechnen, sondern als separater Vermögenswert anzusehen ist, an. Für *similar assets* wäre zu *similar conditions* ein Einzelveräußerungspreis von 1.000.000 GE für die Anmietung der Immobilie und von 480.000 GE für die Nutzung der Maschine zu entrichten. Für die Nutzung des Gebäudes wird eine feststehende, marktübliche Leasingrate von 250.000 GE p.a. vereinbart. Die Nutzung der Maschine durch LN wird ausschließlich in Abhängigkeit der Betriebsstunden über den Leasingzeitraum abgerechnet, es gibt keinen Mindestbetrag. Beide Parteien gehen – ohne eine vertragliche Verpflichtung zum Betrieb – von einer Nutzung von 3.000 h p.a. aus. Je Betriebsstunde wird ein Betrag von 40 GE/h vereinbart. Je Jahr ergibt sich erwartungsgemäß somit ein variables Entgelt i.H.v. 120.000 GE für die Nutzung der Maschine. Die Vereinbarung umfasst zwei *lease components*. Die variablen Zahlungen sind der Höhe nach nicht an die Entwicklung eines Index oder Kurses gebunden und stehen auch nicht im Zusammenhang mit einer *non-lease component*. Für beide Parteien des Dauerschuldverhältnisses ergibt sich daher eine *consideration in the contract* von 1.000.000 GE (= 4 x 250.000 GE).
• Aus der Sicht des Leasingnehmers liegen zwei *lease components* vor. Im Verhältnis der relativen Einzelveräußerungspreise ist die Gesamtvergütung auf beide Bestandteile aufzuteilen.

component	Einzelveräuße-rungspreis	Allokation	Berechnung
lease I	1.000.000	675.675,7	67,6 % × 1.000.000
lease II	480.000	324.324,3	32,4 % × 1.000.000
	1.480.000	1.000.000,0	

Die erst über die Laufzeit des Dauerschuldverhältnisses anfallenden variablen Zahlungen für die Nutzung der Maschine sind aufwandswirksam zu erfassen, beeinflussen also den Ansatz von *right of use asset* und Leasingverbindlichkeit nicht. Die in Abhängigkeit der Nutzung zu leistenden (Aus-)Zahlungen sind im Verhältnis des für die Allokation der Vergütung bestimmten Verteilungs-schlüssels aufzuteilen. Tritt über die Laufzeit die erwartete Nutzung genau ein, sind die 480.000 GE mit einem Betrag von 324.324,3 GE der Immobilie und mit 675.675,7 GE der Maschine zuzurechnen.

- Der Leasinggeber identifiziert ebenfalls zwei Leasingkomponenten. Auf die Immobilie entfällt über die Laufzeit eine marktgerechte (Gesamt-)Ver-gütung von 1.000.000 GE. Anstatt einer Aufteilung rechnet LG daher den gesamten feststehenden Betrag der Nutzungsüberlassung der Immobilie zu.

component	Einzelveräuße-rungspreis	Allokation	Berechnung
lease I	1.000.000	1.000.000	100 % x 1.000.000 (gesamte festste-hende Vergütung)
lease II	480.000	0	0 % x 1.000.000 (gesamte variable Vergütung)
	1.480.000	1.000.000	

Der *lease* der Maschine wird ausschließlich mit dem variablen Anteil, also mit einer Vergütung von zunächst 0 GE bepreist. Sämtliche künftig aus der Bereitstellung der Maschine vereinnahmten Leasingraten sind ergebniswirk-sam zu erfassen, somit mit 100 % der Maschine zuzurechnen.

3.5 Zusammenfassung von Verträgen

Zwei (oder mehrere) Verträge sind als ein Dauerschuldverhältnis zu beurteilen, wenn Anhaltspunkte für das Vorliegen einer *linked transaction* (Gesamtplan) bestehen. Folgende Indikatoren bedingen die Notwendigkeit einer Kombination mehrerer vertraglicher Vereinbarungen: **74**

- Unterschiedliche vertragliche Vereinbarungen werden als Teil eines Gesamt-plans (*single commercial objective*) geschlossen.
- Die vereinbarte (Gegen-)Leistung einer Vereinbarung hängt von den Ver-tragskonditionen mindestens eines anderen Vertrags ab.

- Die Leasingbestandteile unterschiedlicher Vertragswerke sind eine einheitliche Leasingkomponente (*single lease component*).

Eine Zusammenfassung ist erforderlich, wenn zwei (oder mehrere) Vereinbarungen wirtschaftlich eng miteinander verknüpft sind. Die Kombination kann nicht nur Auswirkungen auf die Allokation der (Gesamt-)Vergütung auf einzelne Komponenten haben, sondern auch zu einer Identifizierung eines *lease* dem Grunde nach führen.

Praxis-Beispiel

U schließt mit I einen Vertrag über die Nutzung eines identifizierten Vermögenswerts ab. Als Beginn der Nutzung (*commencement date*) wird der 1.7.01 festgelegt. Die Identifizierung eines *lease* scheidet aus, da U nicht im Wesentlichen den Nutzen aus dem identifizierten Vermögenswert abnimmt (etwa ausschließlich Abnahme der Wärme aus einem Blockheizkraftwerk, welches auch Strom produziert). Zum 1.9.01 vereinbaren I und U einen weiteren Vertrag, der zum gleichen Tag Wirkung entfaltet. U nimmt den gesamten Strom aus dem Blockheizkraftwerk ab und trifft auch die relevanten Entscheidungen über den Betrieb. Bis zum 31.8.01 liegt nur ein Dienstleistungsvertrag vor; ab dem 1.9.01 ist ein *lease* über das Blockheizkraftwerk abzubilden.

---

4 Bilanzierung des Leasingnehmers

4.1 Überblick

75   Nach dem *right-of-use*-Modell hat der Leasingnehmer wie folgt vorzugehen:

- Bei Beginn des Leasingverhältnisses ist eine **Leasingverbindlichkeit** zu passivieren und ein **Nutzungsrecht** zu aktivieren. Beide Größen entsprechen sich im einfachsten Fall, können aber in anderen Fällen (so etwa bei Vorauszahlungen, Rückbauverpflichtungen, Kosten des Vertragsschlusses usw.) auch voneinander abweichen (Rz 128).
- Die **Folgebewertung** erfolgt für Verbindlichkeit und Nutzungsrecht jeweils unterschiedlich. Das Nutzungsrecht ist planmäßig (und ggf. außerplanmäßig) abzuschreiben (Rz 143), die Leasingverbindlichkeit um Aufzinsungsbeträge zu erhöhen und um Tilgungsbeträge zu vermindern (Rz 141).
- Besondere Folgebewertungsprobleme ergeben sich bei **Neueinschätzungen** (etwa hinsichtlich der Ausübungswahrscheinlichkeit einer Vertragsverlängerungsoption, Rz 157) oder bei **Vertragsmodifikationen** (Rz 163).

Für die bilanzielle Abbildung sind bestimmte künftige Entwicklungen nur zu berücksichtigen, wenn deren Eintritt als hinreichend sicher (*reasonably certain*) eingeschätzt wird (Rz 76ff.). Auf eine Bilanzierung nach dem *right-of-use*-Modell kann wahlweise verzichtet werden, wenn das **Leasingverhältnis kurzfristiger** Natur (Rz 83) oder das Leasingobjekt von **geringem Wert** (Rz 84) ist.

4.2 Berücksichtigung von unsicheren Erwartungen bei der Bilanzierung

Für die bilanzielle Abbildung von Leasingverhältnissen ist für optionale Vertragsbestandteile eine besondere Wahrscheinlichkeitsschwelle beachtlich. Die Bestimmung des Zeitraums der Nutzungsüberlassung (*lease term*) und des Umfangs der Leasingraten (*lease payments*) unter Unsicherheit erfolgt unter der Prämisse hinreichender Sicherheit (*reasonably certain*).

76

- Für die Bestimmung des Zeitraums der Nutzungsüberlassung sind Verlängerungsoptionen (*extension*) und Beendigungsoptionen (*termination*) des Leasingnehmers einzubeziehen, wenn deren Ausübung hinreichend sicher ist (IFRS 16.A).

- In die Leasingraten sind darüber hinaus – neben den Zahlungen, die sich aus der Bestimmung des *lease term* unter Beachtung einer Verlängerung/Kürzung ergeben – Auszahlungen für die Ausübung einer Kaufoption (*purchase option*) des *underlying asset* einzubeziehen, wenn *exercise* der Option *reasonably certain* ist (IFRS 16.A).

Abzustellen ist hinsichtlich der Unsicherheit der Ausübung einer Option auf die Perspektive des Leasingnehmers.

Der Schwellenwert der hinreichenden Sicherheit wird nicht konkretisiert, es ist aber von einer sehr hohen Hürde auszugehen, die

77

- deutlich über der einfachen Mehrheit der Wahrscheinlichkeitseinschätzung (*more likely than not*) liegt,

- aber eben nicht „so gut wie sicher" (*virtually certain*) ist.

Für den Nachweis von *reasonably certain* ist vorrangig auf eine qualitative Wertung abzustellen. Als Richtwert für eine Quantifizierung kann u.E. ein **Schwellenwert** einer (Eintritts-)Wahrscheinlichkeit **von mehr als 75 %** herangezogen werden.

Die gebotene – vorrangig qualitative – Beurteilung hat unter Beachtung aller spezifischen Fakten und Umstände (*facts and circumstances*) eines (Dauer-)Schuldverhältnisses und der beteiligten Parteien zu erfolgen. Da es auf die hinreichende Sicherheit ankommt, reicht die Erwartung einer wahrscheinlichen Ausübung einer Option nicht aus; es müssen zwingende Gründe (*compelling economic reason*) nachgewiesen werden.

78

Faktoren, die zu berücksichtigen sind	Indikatoren, die einzeln oder in Kombination die hinreichend sichere Ausübung einer optionalen Vertragsklausel bedingen
Vertragsbezogen	• Höhe der Leasingzahlungen (inkl. aller variablen Zahlungen) für eine optionale Periode im Vergleich zu am Markt üblichen Zahlungen, • Existenz und Anzahl von variablen Leasingzahlungen oder sonstigen bedingten Zahlungen im Verhältnis zu feststehenden Zahlungen, • Vorliegen von Erneuerungs- oder Kaufoptionen und deren Konditionen, • Kosten i.V.m. einer Verpflichtung zur Rückgabe des Leasinggegenstands in einem bestimmten Zustand oder an einem bestimmten Ort, • Verpflichtung zum Rückbau vorgenommener Installationen oder zur Wiederherstellung in den ursprünglichen Zustand.
Vermögensbezogen	• Ort der Installation oder des Einsatzes des zur Nutzung überlassenen Vermögenswerts, • Vorliegen von signifikanten Mietereinbauten, die im Fall einer (vorzeitigen) Beendigung oder ausbleibenden Vertragsverlängerung verloren gehen würden, • nicht vertraglich erstattungsfähige Umzugskosten, • Möglichkeit, den Vermögenswert an einem anderen Ort einzusetzen (Differenzierung zwischen beweglichen und unbeweglichen *underlying assets*), • Kosten i.V.m. einem Produktionsausfall bei Beendigung des *lease*, • Kosten i.V.m. der Beschaffung eines alternativen Vermögenswerts, • Abhängigkeit der Geschäftsaktivität (*core business*) von der fortgesetzten Nutzung des *underlying asset*.
Unternehmensbezogen	• Finanzielle Konsequenzen aus der Verlängerung oder Beendigung des Leasingverhältnisses, • Natur des Leasinggegenstands (spezieller vs. generischer/allgemeiner Leasinggegenstand; Ausmaß, in dem der Leasinggegenstand entscheidend für das operative Geschäft des Leasingnehmers ist), • steuerliche Konsequenzen aus der Nichtverlängerung oder Beendigung eines Leasingverhältnisses.
Marktbezogen	• Gesetzliche und lokale Regulationen, die für das (Dauer-)Schuldverhältnis zu beachten sind, • alternative Leasingraten für vergleichbaren Vermögenswert.

Tab. 2: Qualitative Würdigung der „hinreichenden Sicherheit"

Darüber hinaus können steuerliche Vor-/Nachteile eine hinreichende Sicherheit begründen.

Dem Verhalten in der Vergangenheit (*past practice*) bezogen auf den Umgang mit optionalen Rechten ist keine besondere Bedeutung beizumessen. Die Einschätzung der hinreichenden Sicherheit hat zukunftsbezogen zu erfolgen.[16] Der Verweis auf *„a lessee's past practice regarding the period over which it has typically used particular types of assets (whether leased or owned), and its economic reasons for doing so, may provide information that is helpful in assessing whether the lessee is reasonably certain to exercise, or not to exercise, an option"* (IFRS 16.B40) bezieht sich lediglich auf die notwendige Gesamtwürdigung. In die Beurteilung einzubeziehen ist die Motivation für ein Verhalten in der Vergangenheit, nicht aber das Verhalten an sich. Aus der Ausübung einer Option in der Vergangenheit kann daher nicht auf künftige Aktionen geschlossen werden. Es bedarf allerdings einer (kritischen) Auseinandersetzung mit der *past practice* der beteiligten Parteien. **79**

> **Praxis-Beispiel**
> U schließt mit I einen Vertrag über die Anmietung eines Bürogebäudes ab. Der Anmietvertrag sieht eine Grundlaufzeit von drei Jahren vor. U hat das Recht nach Ablauf der aktuellen Anmietperiode – jeweils sechs Monate vor Ablauf – das Mietverhältnis zu marktgerechten Konditionen um weitere drei Jahre zu verlängern. U nutzt das Bürogebäude mittlerweile für zehn Jahre, andere Bürogebäude an anderen Standorten werden ebenfalls langfristig genutzt. Es ist nicht unwahrscheinlich, dass U das von I angemietete Bürogebäude auch weiterhin anmietet. Es gibt aber alternative Büroflächen und die Kosten für einen Umzug der Mitarbeiter sind nicht besonders hoch. Es fehlt daher an einem Beleg für eine hinreichende Sicherheit einer Verlängerung des Mietvertrags. Die mit einer alternativen Anmietung verbundenen Flächen sind unvermeidbar, bedingen also keinen ausreichenden ökonomischen Verlängerungszwang.
> Hätte U allerdings in wesentlichem Umfang Umbauten/Installationen an der angemieteten Fläche vorgenommen (*leasehold improvements*) und geht der (Nutzungs-)Wert bei einer Abmietung verloren, besteht eine Indikation für einen ökonomischen Zwang (*economic compulsion*) zur Verlängerung des Zeitraums der Anmietung über den Zeitraum der erwarteten Nutzungsdauer der Einbauten.

Der Schwellenwert *„reasonably certain"* stellt eine bedeutsame Ausübungshürde dar. Nicht jeder potenzielle wirtschaftliche Vorteil einer Optionsausübung führt daher bereits zu dem Nachweis der hinreichenden Sicherheit eines entsprechenden künftigen Handelns. **80**

> **Praxis-Beispiel**
> U vereinbart mit I die Nutzung eines Vermögenswerts für einen feststehenden Zeitraum von fünf Jahren. Es besteht keine Möglichkeit zur Verlängerung des Nutzungsverhältnisses, U hat aber das Recht, den Vermögenswert nach

---

16 Deutlicher als nach IFRS: ASU 2016–02.BC193 und ASU 2016–02.BC197.

Ablauf des *lease term* für einen im Vorfeld vereinbarten Preis zu erwerben. Die „Günstigkeit" des Ausübungspreises im Verhältnis zum künftig erwarteten beizulegenden Zeitwert *(fair value)*, aber auch die Beschaffenheit des Vermögenswerts (spezielle Anfertigung vs. einfache Möglichkeit zur Substitution) und die erwartete technische Entwicklung sind für die Beurteilung *at commencement* heranzuziehen. U erwartet, dass der *fair value* des Vermögenswerts in einer Bandbreite von +/– 10 % des Ausübungspreises liegt. Eine hinreichende Sicherheit der Ausübung ist daher nicht belegt.

Notwendig für den Nachweis einer hinreichenden Sicherheit der (Options-)Ausübung ist u. E. mindestens ein signifikanter Vorteil, der sich aus dem Handeln für den Leasingnehmer einstellt.

81   Die Verpflichtung eines Leasingnehmers zur Leistung von „Strafzahlungen" bei Nichtausübung einer bestehenden Option bedingt nur dann eine hinreichende Sicherheit der Ausübung, wenn die Zahlung mindestens signifikant ist. Entspricht die zu leistende Zahlung bei Nichtausübung einer Option dem Betrag, der bei Ausübung zu leisten ist, besteht hinreichende Sicherheit für eine Ausübung (IFRS 16.B38).

Praxis-Beispiel
Ein Leasingverhältnis ist für einen Zeitraum von fünf Jahren geschlossen. Nach Ablauf der Grundmietzeit verlängert sich das Dauerschuldverhältnis zwischen den Parteien um weitere fünf Jahre. Der Leasingnehmer kann allerdings gegen Leistung einer Einmalzahlung den *lease* nach Ablauf der Grundmietzeit beenden. Die Einmalzahlung entspricht allerdings nahezu dem Barwert der Leasingraten für die Verlängerung um weitere fünf Jahre. Die Parteien müssen daher von einer Laufzeit des Leasingverhältnisses von zehn Jahren ausgehen. Es besteht für den *lessee* ein signifikanter ökonomischer Anreiz/Zwang zur Nichtausübung der (Kündigungs-)Option.

4.3 Ausnahmeregelungen für kurzfristige Leasingverhältnisse oder geringwertige Leasingobjekte

82   Zur Reduzierung der Komplexität und der Kosten, die mit der Anwendung des *right-of-use*-Modells verbunden sind, sieht IFRS 16 zwei wahlweise im Zeitpunkt des Vertragsschlusses *(at inception)* in Anspruch zu nehmende Ausnahmen vor.[17] Die Ansatz- und Bewertungsvorschriften müssen von einem Leasingnehmer (wahlweise) nicht berücksichtigt werden für

- **kurzfristige** *(short-term)* Leasingverhältnisse (Rz 83) und
- Nutzungsrechte an Vermögenswerten, deren (Neu-)**Wert nur gering** *(low value)* ist (Rz 84).

Das Wahlrecht für kurzfristige Leasingverhältnisse ist einheitlich für bestimmte Klassen von Vermögenswerten auszuüben. Die Abgrenzung einer Klasse erfolgt nach objektiven *(similar nature)* und subjektiven *(use in an entity's operations)* Merkmalen. Maßgeblich sind die unternehmensspezifischen Aggregationskrite-

---

[17]   Zum Ganzen FREIBERG, BB 2015, S. 2542.

rien (IAS 16.36ff.), die auch für die Untergliederung von Sachanlagen herangezogen werden (→ § 14 Rz 51). Das *low-value*-Wahlrecht kann für jedes einzelne Leasingverhältnis (*lease-by-lease*) angewendet werden (IFRS 16.8). Ein Rückgriff auf das *low-value*-Wahlrecht scheidet für eine Anmietung (*head lease*) allerdings aus (IFRS 16.B7), wenn ein Unterleasingverhältnis (*sublease*) bereits vereinbart oder beabsichtigt wird (Rz 256ff.). Mit einer Modifikation eines Leasingverhältnisses oder einer Neueinschätzung ohne Vertragsanpassung (*reassessment*) besteht für Zwecke der Ausnahmen ein neuer *lease*, ist die Wahlrechtsausübung also erneut vorzunehmen (IFRS 16.7).

Ein Leasingverhältnis gilt als **kurzfristig** (*short-term lease*), wenn die unkündbare (*non-cancellable*) Laufzeit der Vereinbarung einen Zeitraum von weniger als **zwölf Monaten** umfasst (IFRS 16.A). Die Wahlrechtsausübung ist ausgeschlossen, wenn eine Vereinbarung eine Kaufoption für den zur Nutzung überlassenen Vermögenswert zugunsten des Leasingnehmers vorsieht. Entscheidend ist die Rechtsposition des Leasingnehmers. Besteht die Möglichkeit, eine geschlossene Vereinbarung ohne Leistung einer Strafzahlung jährlich zu kündigen (*annual break clause*), kann das Wahlrecht auch bei einer vertraglich zunächst längeren Laufzeit in Anspruch genommen werden. Die Möglichkeit zur Kündigung durch den Leasingnehmer ist äquivalent zum Abschluss einer vertraglichen Vereinbarung mit kurzer Laufzeit. Die Vereinbarung von **Verlängerungsoptionen** schließt die Möglichkeit zur Wahlrechtsausübung nicht zwingend aus. Notwendig ist allerdings eine Unterscheidung, zu wessen Gunsten eine Option zur Verlängerung des Zeitraums der Nutzungsüberlassung eingeräumt wird. 83

- Besteht für den **Leasingnehmer** mit Abschluss der ursprünglichen Vereinbarung eine in seinem Ermessen stehende **Verlängerungsoption,** ist diese für die Inanspruchnahme der *short-term-lease*-Ausnahme nur dann unschädlich, wenn kein besonderer wirtschaftlicher Anreiz (*economic incentive*) zur Ausübung besteht, eine Ausübung bei rationalem Handeln also nicht unterstellt werden kann. Für die Beurteilung eines wirtschaftlichen Anreizes gelten die Vorgaben zur Bestimmung des Zeitraums der Nutzungsüberlassung (*lease term*) analog (Rz 76ff.).

- Die Behandlung von (unbedingten) **Verlängerungsoptionen des Leasinggebers** ist in IFRS 16 nicht explizit angesprochen. Eine entsprechende Vereinbarung ist u.E. allerdings ökonomisch äquivalent zu einem Leasingverhältnis, welches lediglich durch den Leasinggeber vorzeitig kündbar ist. Die *non-cancellable* Grundmietzeit umfasst daher auch die durch den Leasinggeber ausübbaren Verlängerungsoptionen.

Eine weitere Erleichterung ist – unter der Voraussetzung keiner (geplanten) *sublease*-Vereinbarung (IFRS 16.B7) – für die bilanzielle Abbildung von Nutzungsrechten über „**geringwertige" Vermögenswerte** vorgesehen, die für einzelne Leasingverhältnisse (*lease-by-lease basis*) angewendet werden kann. Es bedarf insofern keiner Festlegung einer stetig anzuwendenden *accounting policy*. Die so eingeräumte Flexibilität ermöglicht auch eine Erleichterung für geschlossene Vereinbarungen über die Nutzung mehrerer Vermögenswerte, die jeweils als geringwertig einzustufen sind. Ausgeschlossen wird allerdings eine „artifizielle" Zerlegung eines Vermögenswerts in mehrere Komponenten, die in einem engen Funktionszusammenhang (*dependent on, highly interrelated with*) stehen 84 und nur in Kombination (*use of the assets on their own*) mit anderen Ressourcen überhaupt genutzt werden können.

> **Praxis-Beispiel**
> Leasingverhältnisse über IT-Equipment (Laptop, lokale Drucker und Scanner etc.) fallen regelmäßig unter die *low-value*-Vorgabe und können wahlweise unter Verzicht auf das *right-of-use*-Modell abgebildet werden. Anderes gilt für modulare (Kapazitäts-)Aufstockungen für einen Server. Auch wenn jedes Modul separat betrachtet einen Neuwert unterhalb des festgelegten Schwellenwerts (5.000 USD) aufweist, ist wegen des Funktionszusammenhangs (alle Speichermodule können nur insgesamt mit dem Server genutzt werden) eine Zusammenfassung geboten, die eine Anwendung der *low-value*-Ausnahme ausschließen kann.

85 Das Vorliegen eines *low-value*-Leasingverhältnisses hängt nicht von der individuellen Situation des *lessee* (etwa betreffend Größe, Geschäftsaktivität oder Finanzlage) ab. Die Einstufung eines Vermögenswerts als „geringwertig" i.S.d. wahlweise in Anspruch zu nehmenden Ausnahme erfolgt auch unabhängig von allgemeinen Wesentlichkeitsüberlegungen. Notwendig ist allerdings die Festlegung einer absoluten Größe als Referenzwert für die Geringwertigkeit. Der relevante Vergleichsmaßstab für den Schwellenwert ist der Neupreis für den Vermögenswert im Beurteilungszeitpunkt (*at inception*; IFRS 16.B3). Das Wahlrecht erstreckt sich somit nicht auf Vermögenswerte, die aktuell einen *fair value* unterhalb des relevanten Schwellenwerts aufweisen, wenn deren Neuwert/-preis den Schwellenwert übersteigt.

> **Praxis-Beispiel**
> U schließt eine Leasingvereinbarung über einen bereits gebrauchten Kleintransporter mit einer Laufzeit von 18 Monaten ab. Für den geschlossenen Zeitraum besteht noch eine Betriebserlaubnis (Zulassung). Der aktuelle Neupreis des Kleintransporters wird mit 40.000 GE angegeben. Wegen diverser Blechschäden und bereits intensiven Gebrauchs wird der aktuelle beizulegende Zeitwert mit 4.500 GE bestimmt. U entschließt sich aber gegen einen Kauf und für eine leihweise Überlassung. Auch wenn der aktuelle Zeitwert unter dem Schwellenwert liegen sollte, würde eine Wahlrechtsausübung der *low-value*-Ausnahme wegen des heranzuziehenden Neuwerts ausscheiden.

86 Es fehlt an einer Spezifizierung des relevanten Schwellenwerts für den Nachweis der Geringwertigkeit. Innerhalb der *Basis for Conclusions* (somit im nicht verpflichtenden Teil der Vorgaben) wird lediglich ein Betrag von 5.000 USD als absolute Obergrenze vorgeschlagen. Eine konkrete Herleitung des Betrags liefern die Ausführungen nicht. Bei der Festlegung des Schwellenwerts erfolgte (wohl) aber eine Orientierung an Vermögenswerten, die zwar in hoher Anzahl, aber mit geringer finanzieller Bedeutung (*large in number but low in value*) Gegenstand von Nutzungsüberlassungen sind. Angeführt werden exemplarisch IT-Equipment, Telefone und Büroausstattung. Der fehlende Verpflichtungscharakter der Ausführungen in den *Basis for Conclusions* erfordert die Aufnahme eines individuellen Schwellenwerts in die Bilanzierungs- und Bewertungsmethoden. Dieser kann bei einem in EUR bilanzierenden Unternehmen etwa vereinfacht auf 5.000 EUR festgesetzt werden, auch wenn nach den Verhältnissen bei Veröffentlichung von IFRS 16 5.000 USD eher 4.500 EUR entsprachen. Angesichts des fehlenden Verbindlichkeitscharakters der *Basis for Conclusions* kann die dort genannte Zahl ohnehin nur eine Größenordnung indizieren, so dass gegen 5.000 EUR nichts einzuwenden ist.

Durch die Platzierung der Ausführungen zum Schwellenwert in den *Basis for Conclusions* lässt sich der (Referenz-)Betrag nicht im Analogieschluss auf andere Anwendungsfälle übertragen. Insbesondere rechtfertigen die speziellen Ausführungen zu *low-value*-Vermögenswerten keine allgemeine Ansatzschwelle für geringwertige Vermögenswerte.[18] Die wahlweise Ausnahme von Leasingverhältnissen über „geringwertige" Vermögenswerte ist Kasuistik und lässt sich konzeptionell nicht rechtfertigen. Durch die Zulässigkeit einer Kumulation mehrerer (Einzel-)Abreden, die Teil einer Gesamtvereinbarung sind, kann die Passivierung einer wesentlichen Verbindlichkeit aus Dauerschuldverhältnissen unterbleiben. Es ergibt sich daher auch ein gewisser Widerspruch zu der zusätzlich eingeräumten Möglichkeit zur Portfoliobetrachtung (Rz 89): Anstatt eine Vielzahl von homogenen Leasingverhältnissen zu einem Bilanzierungsobjekt (*unit of account*) zusammenfassen und eine Leasingverbindlichkeit zu erfassen, entfällt die bilanzielle Abbildung insgesamt. **87**

Die Ausübung eines der Wahlrechte schließt Vereinbarungen, die eine der Voraussetzungen erfüllen, nicht von dem Anwendungsbereich der Vorgaben aus. Es entfallen lediglich die besonderen Ansatz- und Bewertungsanforderungen für Leasingverhältnisse (IFRS 16.6). Mit zulässiger Wahlrechtsausübung entfällt die Pflicht zur Erfassung des Dauerschuldverhältnisses *on-balance*. Die zu leistenden Nutzungsentgelte sind linearisiert als Aufwand oder anhand einer anderen systematischen Vorgehensweise zu erfassen, wenn diese der Nutzenziehung in zeitlicher Dimension besser entspricht. Eine generelle (Aufwands-)Erfassung im Zeitpunkt des Ressourcenabflusses scheidet aus, wenn Leistung und Gegenleistung zeitlich auseinanderfallen. **88**

Praxis-Beispiel

U schließt wegen dringender Renovierungsarbeiten in der Konzernzentrale einen kurzfristigen, auf zwölf Monate begrenzten Mietvertrag über Büroräume in einer angrenzenden Immobilie. Die Jahresmiete ist mit einem Betrag von 100.000 GE vorschüssig mit Beginn der Nutzung der Büroräume zu zahlen. Als Mietbeginn wird der 1.7.01 vereinbart. Die im Voraus gezahlte Miete ist abzugrenzen („per *prepaid rent expense* an Bank") und wird über die Laufzeit des Leasingverhältnisses aufwandswirksam.

Eine Nichtbilanzierung von Nutzungsrechten nach dem *right-of-use*-Modell kann abgesehen von den vorgenannten expliziten Ausnahmefällen auch aus **allgemeinen Wesentlichkeitsüberlegungen** infrage kommen. Sind geschlossene Leasingverhältnisse nur von untergeordneter Bedeutung, kann auf die Abbildung verzichtet werden. Es gilt der allgemeine *materiality*-Vorbehalt (→ § 1 Rz 67 ff.). Zum Ganzen ein Beispiel, in dem außerdem Portfolioregelungen (Rz 6) berücksichtigt sind. **89**

---

[18] Etwa in Analogie zu den deutschen steuerrechtlichen Vorschriften betreffend die beschleunigte bzw. vereinfachte Abschreibung (§ 6 Abs. 2 und 2a EStG).

Praxis-Beispiel

U schließt in der aktuellen Periode mehrere separate Leasingverhältnisse ab. Wegen der notwendigen Kernsanierung einer Niederlassung wird eine Lager- und Produktionshalle für die erwartete Dauer der Arbeiten von zwölf Monaten angemietet. Für die leitenden Angestellten werden Firmenwagen nach einer einheitlichen Richtlinie im Leasingmodell angeschafft. In Abhängigkeit der Karrierestufe lassen sich drei verschiedene Kategorien von Verträgen für jeweils eine größere Gruppe von Anspruchsberechtigten (jeweils 30 Personen) unterscheiden. In einem Tochterunternehmen wird eine Vereinbarung über eine Maschine geschlossen, die wahrscheinlich die Voraussetzungen eines *lease* erfüllt. Die Vereinbarung ist aber sehr komplex, der Wert der Maschine und der kumulierte künftige Ressourcenabfluss im Verhältnis zur Gesamtaussage des Abschlusses unwesentlich. Für die einzelnen Mitarbeiter (insgesamt 2.000) werden das IT-Equipment und Firmentelefone ebenfalls geleast. Unter Rückgriff auf die Definition eines *lease* identifiziert U insgesamt 2.092 Vereinbarungen, von denen allerdings nur 90 den spezifischen Ansatz- und Bewertungsvorgaben unterliegen. Die Nichtberücksichtigung der Differenz rechtfertigt sich über den Ausschluss der Anmietung

- des Ausweichgebäudes, da ein *short-term lease* vereinbart wurde,
- von IT-Equipment für 2.000 Angestellte (*low-value assets*) und
- der Maschine bei dem Tochterunternehmen wegen fehlender (Gesamt-)Wesentlichkeit.

Die verbleibenden Vereinbarungen lassen sich über eine Portfoliobetrachtung für die Anmietung von 90 Dienstwagen mindestens auf insgesamt drei Bilanzierungsobjekte aggregieren.

90   Sofern die Wahlrechte ausgeübt werden, erfolgt die bilanzielle Abbildung der zu leistenden *lease payments* im laufenden Aufwand. Die Leasingraten sind gleichmäßig *(straight-line)* oder mittels einer anderen systematischen Methode als Aufwand über die Leasinglaufzeit zu verteilen (IFRS 16.6).

Praxis-Beispiel

Am 1.1.01 wird ein Leasingvertrag zur Anmietung eines Druckers geschlossen. Der Anschaffungsneuwert des Druckers beträgt 3.000 GE (*low value lease*). Die monatliche Leasingrate beträgt anfänglich 60 GE, die Vertragslaufzeit ist fünf Jahre. Es ist vereinbart, dass die monatliche Leasingrate jährlich um 5 GE steigt (Staffelmiete). Über die Laufzeit ergibt sich eine durchschnittliche monatliche Rate von 70 GE. In den ersten zwei Jahren muss im Rahmen der Linearisierung eine passive Abgrenzung erfolgen. In den letzten zwei Jahren wird diese Abgrenzung entsprechend aufgelöst.

91   Die Ausübung der Wahlrechte für *short-term leases* sowie *low-value leases* bedingt zusätzliche Anhangangaben. Dies betrifft insbesondere die Angabe der Summe aller Aufwendungen, die im Zusammenhang mit *short-term leases* bzw. *low-value leases* anfallen. Davon dürfen solche *short-term leases* ausgenommen werden, deren Vertragslaufzeit kürzer oder gleich einem Monat ist. Zusätzlich muss für *short-term leases* die Höhe der ausstehenden Leasingzahlungen angege-

ben werden, sofern das Portfolio der *short-term leases* am Ende der Berichtsperiode abweichend von dem Portfolio ist, welches für die Ermittlung des nach IFRS 16.53(c) angegebenen Gesamtaufwands für *short-term leases* herangezogen wird.

4.4 Zugangsbewertung der Verbindlichkeit

4.4.1 Zu berücksichtigende Zahlungen

4.4.1.1 Unbedingte Zahlungen

Ausgangspunkt für die Zugangsbewertung der Leasingverbindlichkeit zum *commencement date* ist der Barwert der über die Laufzeit zu leistenden Zahlungen des Leasingnehmers. Im Kalkül zu berücksichtigen sind zunächst alle der Höhe nach festen Zahlungen, die der Leasingnehmer (noch) zu leisten hat (IFRS 16.27). Sind Zahlungen bereits vor dem Beginn des Leasingverhältnisses geleistet worden, fließen diese zwar in die Bewertung des Aktivpostens (*right of use asset*) ein (Rz 128), naturgemäß aber nicht mehr in die Verbindlichkeit, da aus bereits geleisteten Zahlungen keine Schuld resultieren kann.

92

Besonderer Würdigung bedarf die Berücksichtigung von

- Kauf- und Beendigungsoptionen (Rz 98),
- Verlängerungsoptionen (Rz 100),
- variablen Zahlungen (Rz 104),
- Restwertgarantien (Rz 111) und
- Mietanreizvereinbarungen (Rz 115).

Unter Berücksichtigung solcher Sonderregelungen bestimmen sich die für die Barwertbestimmung der Leasingverbindlichkeit heranzuziehenden Leasingzahlungen wie folgt:

Bestimmung der Leasingrate *(lease payments)*
Feststehende (vertraglich der Höhe nach determinierte) Zahlungen (IFRS 16.27(a))
+ quasi-fixe (*in-substance fixed*) Zahlungen (IFRS 16.27(a))
− bestehende Ansprüche auf geschuldete Anreize (*lease incentive receivables*; IFRS 16.27(a))
+ variable Zahlungen, deren Höhe an die Entwicklung eines Index oder Kurses geknüpft ist (IFRS 16.27(b))
+ erwartete Zahlungen aus seitens des Leasingnehmers abgegebenen Restwertgarantien (IFRS 16.27(c))
+ Ausübungspreis aus einer Kaufoption (*purchase option*), deren Ausübung *reasonably certain* ist (IFRS 16.27(d))
+ Zahlungen aus der (vorzeitigen) Beendigung des *lease*, wenn diese im *lease term* berücksichtigt werden (IFRS 16.27(e))
= **Summe der zu zahlenden Leasingrate** *(lease payments)*

Tab. 3: Berücksichtigung von Zahlungsverpflichtungen (*lease payments*)

93 Sieht die vertragliche Vereinbarung einen **feststehenden Mechanismus** für die Anpassung der Leasingrate vor (*rent escalation*), bedarf es einer Hochrechnung der Rate über den *lease term*. Die Vereinbarung einer staffelweisen Erhöhung, bei der die künftigen Anpassungen bereits bei Vertragsabschluss (*at inception*), spätestens aber mit Nutzungsbeginn (*at commencement*) feststehen, ändert nicht den Charakter feststehender Zahlungen. Die Auswirkungen einer Vereinbarung von Staffelmieten (*rent escalation*) über den Bewertungszeitraum sind daher als Anpassung der Grundmiete, somit bei der Bewertung der Leasingverbindlichkeit zu berücksichtigen.

> **Praxis-Beispiel**
> Ein Leasingvertrag mit einer jährlich nachschüssig zu leistenden Leasingrate wird am 1.1.01 abgeschlossen (= *commencement date*). Der Leasingvertrag hat eine Laufzeit von fünf Jahren (bis 31.12.05). Die Parteien vereinbaren eine Staffelmietvereinbarung, nach der sich die Leasingrate jährlich, erstmalig am 31.12.02, um 5 % erhöht. Die erste Leasingrate von 500 GE (zahlbar am 31.12.01) ist die Basis für die erstmalige Anpassung. Aufgrund der festgeschriebenen jährlichen Erhöhung von 5 % ergeben sich über den *lease term* unterschiedliche Leasingraten, die bei der Bestimmung des Zahlungsplans zu berücksichtigen sind.
>
> **Zahlungsplan in GE**
>
> | Datum | Rate | Anstieg relativ | Anstieg absolut |
> |---|---|---|---|
> | 31.12.01 | 500 | – | – |
> | 31.12.02 | 525 | 5 % | 25 |
> | 31.12.03 | 551 | 5 % | 26 |
> | 31.12.04 | 579 | 5 % | 28 |
> | 31.12.05 | 608 | 5 % | 29 |
>
> Der Zahlungsplan bildet die Grundlage für die Wertermittlung der Leasingverbindlichkeit im Zugangszeitpunkt (*at commencement*).

94 Die Bewertung der *lease liability* erfolgt unabhängig von der vertraglich vereinbarten **Währungseinheit**. Diese ist lediglich für die Durchführung der Zahlungen von Relevanz. Sofern sie von der funktionalen Währung der Berichtseinheit abweicht, muss eine (Währungs-)Umrechnung erfolgen (→ § 21 Rz 8).

95 Die Zugangsbewertung von Leasingverbindlichkeit und *right of use asset* erfolgt zum Zeitpunkt der Nutzung (*commencement date*). Zwischen dem Vertragsschluss (*at inception*) und dem Nutzungsbeginn liegt ein schwebender Vertrag (*executory contract*) vor. Führt der Abschluss des Dauerschuldverhältnisses zu einem belastenden Vertrag (*onerous contract*), ist die Notwendigkeit der Passivierung eines **Drohverlusts** zu beurteilen (→ § 21 Rz 52). Es ist allerdings ein weiterer Saldierungsbereich zu berücksichtigen (→ § 21 Rz 56).

Nicht in die Bestimmung der Leasingraten und damit in die Zugangsbewertung **96**
der Leasingverbindlichkeit einzubeziehen sind

• Garantien, die der Leasingnehmer zugunsten der Verbindlichkeiten des Leasinggebers gibt, und

• zu zahlende Beträge, die auf identifizierte, in das Dauerschuldverhältnis
eingebettete *non-lease components* entfallen, wenn das Wahlrecht zum Einbezug nicht in Anspruch genommen wird (Rz 67).

Die Bestimmungen der Nutzungsüberlassung können den Leasingnehmer zur **97**
Rückgabe des *underlying asset* in einer bestimmten Beschaffenheit verpflichten.
Sehen die Konditionen des Dauerschuldverhältnisses eine (Zahlungs-)Verpflich-
tung des *lessee* am Ende des *lease term* vor, sind diese, insoweit die Höhe
feststeht, in die Leasingrate und damit in die Zugangsbewertung der *lease liability*
einzubeziehen oder bei variabler Ausgestaltung (Unsicherheit hinsichtlich des
Betrags) zunächst auszuklammern. Besteht hingegen nur eine allgemeine Verpflichtung zur Rückgabe des *underlying asset* in der ursprünglichen (Aus-
gangs-)Beschaffenheit, also nach Beseitigung von Anpassungen (*leasehold improvements*), kann – separat zur *lease liability* als eigenständiges Bilanzierungsobjekt
(*unit of account*) – eine nicht finanzielle Verpflichtung zum Rückbau (*asset
retirement obligation*) zu erfassen sein (→ § 21 Rz 64), die lediglich den Zugangswert des *right of use asset* beeinflusst.

4.4.1.2 Kauf- und Beendigungsoptionen

Der Ausübungspreis einer vereinbarten **Kaufoption** ist als Zahlung zur Bemes- **98**
sung der Leasingverbindlichkeit nur zu berücksichtigen, wenn eine Ausübung
der Kaufoption vom Leasingnehmer als hinreichend sicher (*reasonably certain*)
eingestuft wird (IFRS 16.B37–IFRS 16.B40).

Praxis-Beispiel
Unternehmen U mietet von Leasinggeber LG ein Bürogebäude sowie den
zugehörigen Grund und Boden für einen Zeitraum von zehn Jahren an. Die
jährliche Leasingrate beläuft sich auf 1.000 GE. Nach Ablauf des *lease term*
hat U eine Option zum Erwerb der Immobilie für einen Ausübungspreis von
20.000 GE. Wegen der besonderen Beschaffenheit der Immobilie, der strategischen Bedeutung für U und dem erwarteten Verhältnis von Ausübungspreis
zu *fair value* geht U von einer hinreichend sicheren Ausübung aus. Die
Summe der Leasingraten beläuft sich daher auf (undiskontiert) 30.000 GE
(10.000 GE für die laufende Nutzung und 20.000 GE für die Ausübung der
Kaufoption).

In die *lease payments* sind erwartete Vertragsstrafen – neben echten *penalties* **99**
auch Zahlungen bei Ausübung einer vereinbarten Beendigungs-/Kündigungs-
option – einzubeziehen, wenn deren Anfall hinreichend sicher ist. Als Reflex
der Berücksichtigung von Auszahlungen für *termination options* ist der *lease
term* zu kürzen. Zahlungsverpflichtungen des *lessee*, die für Zeitpunkte nach
Beendigung des *lease* fällig sind, werden dennoch in die *lease payments* einbezogen.

Praxis-Beispiel

Ein Leasingverhältnis mit einer Restlaufzeit von zwei Jahren wird auf Wunsch des Leasingnehmers vertraglich angepasst, die verbleibende Mietdauer auf drei Monate verkürzt. Der neue *lease term* nach *modification* (Rz 163) beträgt daher nur noch drei Monate. Es ist nach dem Willen der Parteien eine Abschlusszahlung in sechs Monaten – und damit nach Ablauf des Leasingverhältnisses – zu leisten. Diese ist ebenfalls als Teil der *lease payments* im Zeitpunkt der Vertragsanpassung einzubeziehen und bis zum Datum der Zahlung als Teil der *lease liability* fortzuschreiben. Das korrespondierende *right of use asset* ist allerdings bereits im Zeitpunkt der Nutzungsaufgabe auszubuchen (bzw. anzupassen, sofern es sich nur um einen Teilabgang handelt).

4.4.1.3 Verlängerungsoptionen

100   Die Laufzeit des Leasingverhältnisses ist mindestens der unkündbare Zeitraum, für den der Leasingnehmer das Nutzungsrecht für den zugrunde liegenden Leasinggegenstand innehat. Der (Nutzungs-)Zeitraum umfasst auch Perioden, für die eine Verlängerungsoption des Leasingnehmers besteht, sofern davon ausgegangen wird, dass die Ausübung dieser Option hinreichend sicher (Rz 77) ist. Gleiches gilt für Beendigungsoptionen des Leasingnehmers, sofern deren Ausübung als hinreichend sicher beurteilt wird (IFRS 16.18).

101   Für Optionen des Leasingnehmers gilt damit:

- **Verlängerungsoptionen** führen zu einer Verlängerung der Laufzeit des Leasingverhältnisses und damit zu einer Erhöhung der Leasingverbindlichkeit, wenn eine Ausübung der Verlängerungsoption hinreichend sicher (*reasonably certain*) ist (IFRS 16.18(a)).

- Umgekehrt ist die Laufzeit eines Leasingverhältnisses nicht wegen einer dem Leasingnehmer eingeräumten **Kündigungsoption** zu verkürzen, wenn deren Ausübung nicht hinreichend sicher (*reasonably certain*) ist (IFRS 16.18(b)). Geht der Leasingnehmer hingegen von einer Ausübung der Kündigungsoption aus, ist die (Grund-)Mietzeit zu verkürzen.

102   Neben Verlängerungs- und Beendigungsoptionen seitens des Leasingnehmers besteht die Möglichkeit, dass dem **Leasinggeber** eine Verlängerungsoption zusteht. In einem solchen Fall ist stets von einer Ausübung der Verlängerungsoption auszugehen (Umkehrschluss aus IFRS 16.B35).

103   Falls zwischen den Parteien ein unbefristetes oder zumindest durch den Leasingnehmer nicht kündbares Dauerschuldverhältnis vereinbart wurde, ist auf gesetzliche Kündigungsfristen abzustellen. Bedingte Kündigungsrechte (etwa wegen Änderungen der gesetzlichen Rahmenbedingungen) bleiben unbeachtlich, soweit deren Eintritt nicht hinreichend sicher ist.

Praxis-Beispiel

Ein zwischen LN und LG vereinbartes Leasingverhältnis hat eine Laufzeit von drei Jahren. Eine Verlängerung scheidet aus; auch wurde keine Möglichkeit zum Erwerb des rechtlichen Eigentums am *underlying asset* vereinbart. Nach sechs Monaten haben beide Parteien das einseitig ausübbare Recht zur

Kündigung des Dauerschuldverhältnisses. Die Kündigung bedarf keines besonderen Grunds, es wird auch keine Strafzahlung fällig. Die unkündbare Grundmietzeit des *lease* beträgt sechs Monate und entspricht wegen des Fehlens von *enforceable rights* dem *lease term*. Es liegt somit ein *short-term lease* vor (Rz 83). Hat hingegen nur LG (alternativ LN) ein Kündigungsrecht, beläuft sich die unkündbare Grundmietzeit auf sechs Monate, der *lease term* beträgt aber drei Jahre (bei einem ausschließlichen Kündigungsrecht des LN bestimmt sich der *lease term* in Abhängigkeit von der hinreichend sicheren Ausübung der Verlängerungsoption).

4.4.1.4 Variable Zahlungen und quasi-fixe Zahlungen

Variable (Leasing-)Zahlungen, die **nicht** von der Entwicklung eines Index oder Kurses abhängen (also etwa umsatzabhängige Teile einer Miete), dürfen nicht in die Leasingverbindlichkeit – auch nicht in die *consideration in the contract* (Rz 61) – einbezogen werden (IFRS 16.27(b)). Eine Ausnahme gilt für **quasi-fixe Zahlungsverpflichtungen,** 104

- die zwar variabel ausgestaltet sind, für den Leasingnehmer aber nicht vermeidbar sind, da sie an den späteren Nachweis vertraglich vereinbarter Leistungsmerkmale geknüpft sind;
- die zwar in Abhängigkeit unterschiedlicher künftiger Entwicklungen variieren, wobei tatsächlich aber nur ein realistisches künftiges Szenario besteht (IFRS 16.B42(b));
- für die unabhängig von der Bindung an künftige Entwicklungen eine (Mindest-)Zahlungsverpflichtung vorgesehen ist (IFRS 16.B42(c)).

Praxis-Beispiel
Leasingnehmer LN mietet eine Fläche in einem Einkaufszentrum an. Der über mehrere Perioden vereinbarte Mietvertrag knüpft die Höhe der Mietzahlungen an den Umsatz von LN. Eine Mietzahlung in vorbestimmter Höhe ist nur erforderlich, wenn eine vertraglich festgelegte (Umsatz-)Schwelle überschritten wird. LN ist verpflichtet, einen Betrieb aufrechtzuerhalten. Es liegen – spätestens mit Erreichen der Schwelle – *in-substance fixed payments* und somit eine Leasingverbindlichkeit (korrespondierend ein *right of use asset*) vor.

Variable Zahlungen, die ausschließlich von der künftigen Geschäftsaktivität des Leasingnehmers abhängen (*purchaser's future activity*), sind – unabhängig von der erwarteten Eintrittswahrscheinlichkeit – von dem Einbezug in die Leasingverbindlichkeit ausgeschlossen. Diese gelten für die bilanzielle Abbildung von Leasingvereinbarungen somit als vermeidbar (*avoidable*). 105

> **Praxis-Beispiel**
> Leasingnehmer LN mietet eine Fläche in einem Einkaufszentrum an. Der über mehrere Perioden vereinbarte Mietvertrag verpflichtet auf eine ausschließlich umsatzabhängige Zahlung. LN zahlt eine Miete i. H. v. 4 % des Umsatzes. Es liegen keine *in-substance fixed payments* und somit keine Leasingverbindlichkeit (korrespondierend kein *right of use asset*) vor. Das Dauerschuldverhältnis ist dennoch als *lease* zu identifizieren.

106 Eine konzeptionelle Auseinandersetzung mit dem Ausschluss bestimmter variabler Zahlungen wurde bewusst vermieden (IFRS 16.BC169). Wird das Vorliegen eines Leasingverhältnisses dem Grunde nach bejaht (IFRS 16.9) und greift auch keine Erleichterungsvorschrift, kann die Pflicht zur Erfassung eines *right of use asset* und der korrespondierenden Leasingverbindlichkeit dennoch durch Vertragsgestaltung unterlaufen werden.

> **Praxis-Beispiel**
> Leasingnehmer LN mietet für die Produktion Fertigungsmaschinen an und verpflichtet sich, die erforderlichen Roh-, Hilfs- und Betriebsstoffe (RHB) exklusiv bei Leasinggeber LG zu erwerben. Die Fertigungsmaschinen werden im Rahmen eines *lease* ohne Berechnung überlassen. Die erforderlichen RHB können auch von anderen Anbietern bezogen werden, die Exklusivitätsvereinbarung schließt einen Fremdbezug aber aus. LN verpflichtet sich sogar, LG für die RHB einen Preis über Marktpreis zu zahlen; vereinbart wird ausgehend von einem erwarteten Bedarf an RHB ein fester Preisaufschlag. Stellt LN die eigene Geschäftsaktivität ein, hat LG keinen Anspruch auf Lieferung der RHB. LN kann sich daher der Abnahmeverpflichtung entziehen. Als Konsequenz liegen keine *in-substance fixed payments* vor, der *lease* der Fertigungsmaschinen bleibt *off-balance*. Mit Abnahme von RHB ist allerdings ein Anteil des Anschaffungspreises auf die Anmietung der Fertigungsmaschinen zu verteilen und ergebniswirksam zu stellen.

107 Der Ausschluss von variablen (nicht quasi-fixen) Leasingzahlungen aus der Bewertung der Leasingverbindlichkeiten schlägt nicht auf den Ausweis in der **Ergebnisrechnung** durch. Mit tatsächlicher Zahlung ist eine ergebniswirksame Erfassung von *variable lease payments* geboten, wenn diese nicht zum Ansatz eines Vermögenswerts führen (IFRS 16.38).

4.4.1.5 Index- oder kursgebundene Zahlungen

108 Bei variablen Leasingzahlungen, deren Höhe an die **Entwicklung eines Referenzwerts** (bspw. eines Preisindex oder eines Zinssatzes) gekoppelt ist, werden für die Zugangsbewertung der Leasingverbindlichkeit nur die Leasingzahlungen einbezogen, die sich zum aktuellen Stand des Referenzwerts zu Beginn der Nutzungsüberlassung (*at commencement*) ergeben. Erwartungswerte für zukünftige Änderungen des Referenzwerts sind nicht zu berücksichtigen. Eine Relevanz stellt sich erst im Rahmen der Folgebewertung und nach tatsächlich erfolgtem Eintritt der Veränderung ein.

Praxis-Beispiel

Für einen am 1.1.01 abgeschlossenen Leasingvertrag mit einer Laufzeit von fünf Jahren und einer jährlich nachschüssig zu leistenden Leasingrate wird eine Mietpreisanpassung in Abhängigkeit von der Entwicklung des Verbraucherpreisindex (*consumer price index*, CPI) beschlossen. Die erste Leasingrate von 500 GE (zahlbar am 31.12.01) ist nur dann anzupassen, wenn die CPI-Änderung festgestellt wird. Zum Zeitpunkt des Leasingbeginns (*at commencement*) ist trotz einer durch die Entwicklung in der Vergangenheit belegten Erwartung von 5 % p.a. eine i.H.v. 500 GE feststehende Leasingrate für die gesamte Laufzeit zugrunde zu legen.

Zahlungsplan in GE

Datum	Rate	Erwarteter Anstieg relativ
31.12.01	500	–
31.12.02	500	5 %
31.12.03	500	5 %
31.12.04	500	5 %
31.12.05	500	5 %

Neben vertraglichen Vereinbarungen, in denen die Variabilität von Leasingzahlungen ausschließlich von Index- oder Kurswerten abhängt, sind Vertragskonstellationen denkbar, in denen zu Beginn des Leasingverhältnisses bestimmbare Anpassungen erfolgen. Es lassen sich verschiedene Mischfälle für die Verknüpfung von feststehenden Leasingraten und variablen Anpassungen unterscheiden:

- Sieht eine Vereinbarung eine periodische Erhöhung der Leasingrate durch den höheren Wert einer feststehenden und variablen Anpassung vor, ist *at commencement* nur die feststehende Anpassung zu berücksichtigen.
- Wird für ein Leasingverhältnis eine Anpassung der Leasingrate an den niedrigeren Betrag eines feststehenden Betrags und einer variablen Adjustierung beschlossen, ist bis zur Beseitigung der Unsicherheit lediglich die Grundmiete vor Anpassung zu berücksichtigen.

Im Rahmen der Folgebewertung sind Leasingvereinbarungen, die sowohl eine feststehende Ratenerhöhung als auch eine Bindung an einen Index oder Kurs vorsehen (Mischfall), wie variable Leasingraten zu behandeln.

109

Praxis-Beispiel

Ein Leasingvertrag mit jährlich nachschüssig zu leistenden Leasingraten ausgehend von 500 GE und einer Laufzeit von fünf Jahren wird am 1.1.01 abgeschlossen (= *commencement date*). Die Parteien vereinbaren einen jährlichen Anstieg der Leasingrate von mindestens 5 % (Staffelmiete). Ist der Anstieg des CPI in einem Jahr > 5 %, wird dieser als Faktor für die Anpassung der Leasingrate in diesem Jahr verwendet. Der zum Zugangszeitpunkt geltende Zahlungsplan wird ausschließlich unter Verwendung der jährlichen

Steigerungsrate aus der Staffelmiete aufgestellt (5 %), da der zukünftige Anstieg des CPI für den Zeitpunkt der jeweiligen Anpassung (bspw. 31.12.02) in diesem Zeitpunkt nicht bestimmbar ist. Der initiale Zahlungsplan bildet die Grundlage für die Wertermittlung von Leasingverbindlichkeit und Nutzungsrecht für Zwecke des Erstansatzes.

Zahlungsplan in GE

	Stichtag			
	1.1.01	**Periode 03**		
Datum	**Ausgangsrate**	**Rate**	**Anstieg relativ**	**Anstieg absolut**
01	500	*500*	–	–
02	525 (= 500 x 1,05)	*525*	*5 %*	*25*
03	551 (= 525 x 1,05)	572	9 %	47
04	579 (= 551 x 1,05)	601	5 %	29
05	608 (= 579 x 1,05)	631	5 %	30

Zum zweiten Anpassungsdatum liegt der Anstieg des CPI gegenüber dem Vorjahr (9 %) über dem vereinbarten (Mindest-)Anstieg (5 %). Die zum 31.12.03 zu zahlende Leasingrate (572 GE) ist somit höher als im ursprünglichen Zahlungsplan vorgesehen (551 GE). Die erhöhte Leasingrate stellt die Basis für die Fortschreibung der Leasingraten im Zahlungsplan dar. Aufgrund der Unsicherheit über die Entwicklung des CPI-Anstiegs in den Folgejahren, wird für den (neuen) Zahlungsplan von einer Erhöhung der Leasingrate in den Folgejahren (04 und 05) auf Basis der Staffelmiete (5 %) ausgegangen.

110   Eine variable Zahlung kann zusätzlich von dem künftigen Eintritt eines bedingten Ereignisses (*contingent event*) abhängen. Eine Anpassung variabler Leasingraten mit Bindung an einen Referenzwert – Index oder Kurswert – ist immer nur dann vorzunehmen, wenn das vertraglich definierte Ereignis eintritt.

Praxis-Beispiel
U mietet von I eine Büroimmobilie über einen Zeitraum (*lease term*) von zehn Jahren an. Die Parteien einigen sich auf eine feststehende Zahlung von 100 GE im Monat. Sollte sich der Verbraucherpreisindex (CPI) ausgehend vom Zeitpunkt des Nutzungsbeginns kumuliert um 10 % erhöhen, wird die Mietrate um zusätzliche 5 % angepasst. Jede weitere Erhöhung des CPI um kumuliert 10 %, ausgehend von dem neuen Basiswert, soll ebenfalls eine Anpassung der Mietrate um 5 % nach sich ziehen. Bis zum tatsächlichen Überschreiten des Schwellenwerts sind die Leasingraten betragsmäßig nicht anzupassen.

4.4.1.6 Restwertgarantien und Andienungsrechte

Restwertgarantien, die den Leasingnehmer zu einer Ausgleichszahlung verpflichten, wenn der Wert des Leasinggegenstands am Ende des *lease term* eine vertraglich festgelegte Höhe unterschreitet, sind mit dem erwarteten Garantiebetrag in die Summe der Leasingraten einzubeziehen, erhöhen also den Barwert der Leasingverbindlichkeit. Derartige bedingte Verpflichtungen sind nach IFRS 16.27(c) bei der Erstbewertung der Leasingverbindlichkeit insoweit zu berücksichtigen, als eine Zahlung zu erwarten (*expected*) ist.

111

Eine Obliegenheit des Leasingnehmers, eine bestimmte Beschaffenheit des zur Nutzung überlassenen Vermögenswerts (etwa *wear and tear*) zu garantieren, stellt keine Restwertgarantie (*residual value guarantee*) dar. Die Garantie der Beschaffenheit des *underlying asset* führt zu einer variablen – vom Einsatz des *underlying asset* abhängigen – Zahlungsverpflichtung.

112

Das Interesse des Leasinggebers an einer Amortisationssicherheit kann auch durch ein ihm gewährtes **Andienungsrecht** realisiert werden. Ist mit einer hinreichenden Sicherheit von einer Ausübung des Andienungsrechts auszugehen, ist der zu entrichtende Ausübungspreis in die Bewertung der Leasingverbindlichkeit einzubeziehen.

113

Für die Bestimmung der in die *lease payments* einzubeziehenden Auszahlung aus einer abgegebenen Restwertgarantie ist auf den Erwartungswert (*amount expected to be payable*) abzustellen (IFRS 16.27(c)). Eine Begrenzung des Betrags auf den hinreichend sicheren oder nur wahrscheinlichen Wert scheidet aus.

114

Praxis-Beispiel

Unternehmen U mietet eine Maschine für einen Zeitraum von drei Jahren an. Am Ende des *lease term* wird die Maschine an den LG zurückgegeben, der diese auf dem Zweitmarkt verwertet. U garantiert einen Mindestrestwert von 1.000 GE für die Maschine. Aktuell beobachtbare Preise für vergleichbare Maschinen mit einem Nutzungsalter von drei Jahren liegen in einem Intervall von 950 GE bis 1.500 GE. Im schlimmsten Fall wird von einem Verkaufspreis von nur 900 GE nach drei Jahren ausgegangen. Basierend auf den verfügbaren Informationen schätzt U folgende Beträge und korrespondierende Wahrscheinlichkeiten für die abgegebene Restwertgarantie:

Eintrittswahrscheinlichkeit (w)	Erwarteter Restwert (GE) zum Ende des *lease term*	Erwarteter, zu zahlender Garantiebetrag (GE)	Wahrscheinlichkeitsgewichteter Wert (GE)
20 %	RW > 1.000	0	0
20 %	RW = 990	10	2
10 %	RW = 975	25	2,5
25 %	RW = 960	40	10
10 %	RW = 950	50	5
15 %	RW = 900	100	15

> Der Erwartungswert der künftigen Verpflichtung beläuft sich auf 34,5 GE. In die *lease payments* ist der Erwartungswert einzubeziehen. Ein Rückgriff auf den *more-likely-than-not*-Betrag von 25 GE oder den noch geringeren hinreichend sicheren (Restwert-)Betrag von 10 GE scheidet aus.

4.4.1.7 Anreizvereinbarungen (*lease incentives*)

115 Für Zwecke der Zugangsbewertung der Leasingverbindlichkeit sind Leasingzahlungen um Ansprüche zu **kürzen**, die der Leasingnehmer gegenüber dem Leasinggeber aus sog. Anreizvereinbarungen geltend machen kann (*lease incentives*; IFRS 16.27(a)). Als *lease incentives* gelten Zahlungen oder sonstige Ressourcen, die der Leasinggeber dem Leasingnehmer zuwendet oder in dessen Interesse erbringt. Betroffen sind nur Leasinganreize, die der Leasingnehmer nach Laufzeitbeginn erhält.

> **Praxis-Beispiel**
> Leasinggeber LG hat freie Büroflächen. Zur Erhöhung der Mietauslastung werden (Neu-)Anmieter LN bei Abschluss eines *lease* mit einer Laufzeit von fünf Jahren und monatlichen Leasingraten von 100 GE Mietanreize eingeräumt. LN kann entweder (a) 500 GE bei Abschluss der vertraglichen Vereinbarung erhalten oder (b) die ersten sechs Monate mietfrei nutzen. In der Variante (a) erfolgt keine Anpassung der *lease payments*. Der Vorteil gilt zum Zeitpunkt des Nutzungsbeginns bereits als empfangen und mindert lediglich den Ansatz des *right of use asset* (Rz 128).

4.4.2 Bestimmung des Diskontierungszinssatzes

4.4.2.1 Theoretisch bevorzugte Methode: impliziter Zinssatz

116 Zugangswert der Leasingverbindlichkeit ist der Barwert der – nach vorstehenden Ausführungen – zu berücksichtigenden Leasingzahlungen (IFRS 16.26). Notwendig ist also eine Diskontierung und damit zunächst die Bestimmung des Diskontierungszinssatzes. Für die Auswahl des Diskontierungszinssatzes ist eine Hierarchie vorgesehen:

- **Vorrangig** ist der interne bzw. **implizite Zinssatz** (*interest rate implicit in the lease*), der die aus der Perspektive des Leasinggebers erwartete Verzinsung seiner Investition widerspiegelt.
- Kann der Leasingnehmer den internen Zinssatz nicht verlässlich bestimmen, hat er **hilfsweise** auf seinen eigenen **Grenzfremdkapitalkostensatz** (*incremental borrowing rate*) zurückzugreifen.

117 Im seltensten Fall stimmt der Diskontierungszins von Leasingnehmer und Leasinggeber überein. Eine (Zins-)Identität setzt seitens des *lessee* die Kenntnis der Kalkulationsgrundlage des *lessor* voraus. Die *interest rate implicit in the lease* ergibt sich finanzmathematisch als der (interne) Zinssatz (*internal rate of return*), bei dem

- der Barwert der Leasingzahlungen zuzüglich der nicht garantierten Restwerte
- der Summe aus dem *fair value* des Leasingobjekts und den bei Leasingbeginn anfallenden direkten Kosten (Rz 130) des Leasinggebers entspricht (IFRS 16.A).

Die Festlegung des relevanten Zinssatzes soll die (Preis-)Gestaltung der vertrag- **118**
lichen Vereinbarung (*how the contract is priced*) ausdrücken (IFRS 16.BC160).
Rationales Handeln unterstellt, sind im Zinssatz daher Anpassungen für das
ökonomische Umfeld (etwa Geldentwertung und Länderrisiko) und, da es sich
bei einem Leasingverhältnis um eine Finanzierung handelt, das Risiko eines
Ausfalls (*credit spread*) sowie etwaige Sicherheiten (*quality of the collateral*)
vorzunehmen (IFRS 16.BC161).

Beachtlich ist auch die Anforderung der **Währungsäquivalenz**. Wurde ein **119**
Dauerschuldverhältnis in Fremdwährung (*foreign currency*) geschlossen und
besteht keine Notwendigkeit zur Abspaltung eines eingebetteten Derivats
(IFRS 9.4.3.3), ist – falls keine Umrechnung in die funktionale Währung erfolgt –
auch der relevante Diskontierungszinssatz in Fremdwährung zu bestimmen. Aus
Konsistenzgründen sind allerdings die Annahmen für die Bestimmung des Zinssatzes und die vereinbarten Zahlungsströme (künftige Leasingraten) gegenüberzustellen. Die Berücksichtigung von Unsicherheit, also die Anpassungen des
Barwertkalküls um Risiken erfolgt entweder im Zinssatz oder in den Zahlungsströmen; hinsichtlich der Laufzeit, der Berücksichtigung von Steuern und der
Geldentwertung (nominale oder reale Bestimmung) sind die Annahmen zu
spiegeln. Eine Doppel- oder Nichterfassung von Einflussfaktoren scheidet aus.

4.4.2.2 Praktisch dominierende Methode: Grenzfremdkapitalkosten

Die theoretisch vorrangige Diskontierung mit dem impliziten Zinssatz (Rz 116) **120**
kann insbesondere an zwei Gründen scheitern:

- Der Leasingnehmer hat anders als der Leasinggeber nicht sämtliche **Informationen**, die zur Bestimmung der *internal rate of return* (IRR) notwendig
  wären, kennt etwa die direkten anfänglichen Kosten oder die Restwertannah-
  men des Leasinggebers nicht.
- Das Leasingverhältnis enthält **variable Raten**, die nicht bei der Zugangsbewertung der Verbindlichkeit berücksichtigt werden. Mangels Kenntnis der
  künftigen Leasingraten (bzw. der Erwartung des Leasinggebers) kann der
  implizite Zinssatz nicht bestimmt werden.

In beiden Fällen scheidet ein Rückgriff auf die IRR aus.

Praxis-Beispiel
LN mietet von LG für einen Zeitraum von zehn Jahren eine Ladenfläche am
Flughafen. Neben einer jährlichen Grundmiete von 100 GE zahlt LN eine
variable Miete i.H.v. 1,5 % des jährlichen Umsatzes. LG teilt LN den
gutachterlich ermittelten *fair value* der Ladenfläche von 2.000 GE und einen
nicht garantierten Restwert von 600 GE mit. LG hat anfänglich keine (Zu-
satz-)Kosten. Für die finanzmathematische Ermittlung der IRR sind die
variablen, von der Umsatzerzielung abhängigen Zahlungen auszuschließen.
Es ergibt sich daher ein rechnerischer interner Zinssatz von -3,0 %, der zu
einem Barwert aller künftigen Zahlungen i.H.d. *fair value* führt. Die IRR aus
Sicht des Leasinggebers ergibt sich aber unter Berücksichtigung der variablen
Leasingraten, die der Leasingnehmer nicht kennt und in die Barwertbestimmung nicht einbeziehen darf. Der rechnerisch ermittelte interne Zinssatz
kann nicht als IRR herangezogen werden.

---

121 Die Verwendung der IRR ist ausgeschlossen, wenn der *lessee* sein Ermessen zur Schätzung der Erwartungen des Leasinggebers nutzt.

> **Praxis-Beispiel**
> LN vereinbart mit LG die Anmietung einer Immobilie für zehn Jahre zu einer jährlichen Miete von 100 GE. Es besteht keine weitere Option. Nach Ablauf der Grundmietzeit hat LN kein Recht, die Immobilie zu nutzen. Bei Vertragsabschluss – unmittelbar vor Nutzungsbeginn – wird ein *fair value* der Immobilie von 1.500 GE gutachterlich bestätigt. LG hat keine anfänglichen Kosten. Da es sich um Grund und Boden handelt und der LN die Restwerterwartung des LG nicht kennt, schätzt LN den Restwert gleich dem *fair value* zu Nutzungsbeginn. Ein Rückgriff auf die IRR (rechnerisch 6,7 %) scheidet aus. LN hat die *incremental borrowing rate* zu bestimmen.

122 In Ausnahmen stellt der Leasinggeber dem Leasingnehmer seine interne Kalkulationsgrundlage zur Verfügung; die Bestimmung der IRR wird dann (vermeintlich) verlässlich möglich. Die Offenlegung der Annahmen des Leasinggebers alleine begründet noch keine Zulässigkeit des Rückgriffs auf die *interest rate implicit in the lease*. Es bedarf einer Plausibilitätsprüfung. Eine signifikante Differenz zwischen der aus den Informationen des Leasinggebers abgeleiteten IRR und den Refinanzierungskosten des Leasingnehmers widerlegt die Verlässlichkeit der Bestimmung und zwingt zum Rückgriff auf die spezifischen Grenzfremdkapitalkosten. Die Verwendung der IRR kommt daher nur ausnahmsweise in Betracht. Die *rate implicit in the lease* stellt eine besondere Ausprägung der Grenzfremdkapitalkosten des Leasingnehmers, spezifisch für eine geschlossene Vereinbarung und bei Sicherheit über den Eintritt und die Höhe künftiger Zahlungen, dar (IFRS 16.BC161).

123 Wenn die *rate implicit in the lease* im Regelfall nicht verlässlich und leicht zu bestimmen ist, kommen die **Grenzfremdkapitalkosten** des Leasingnehmers zur Anwendung. In IFRS 16 fehlt es allerdings an konkreten Vorgaben zur Ableitung der *incremental borrowing rate* (IFRS 16.A). Gefordert wird ein Abstellen auf den Zinssatz, den der Leasingnehmer zu entrichten hat, für eine Kreditaufnahme

- über die gleiche Laufzeit (*similar term*) und bei gleichen Sicherheiten (*similar security*),
- in dem Umfang, der für die Anschaffung eines Vermögenswerts mit dem gleichen Wert (*similar value*) wie das Nutzungsrecht in dem gleichen ökonomischen Umfeld (*similar economic environment*) erforderlich ist.

Eindeutig ist: Die *incremental borrowing rate* bestimmt sich aus einer alternativen Kreditaufnahme über einen Zeitraum, der dem *lease term* entspricht. Beachtlich ist auch das (Kredit-)Ausfallrisiko (*credit spread*) des Leasingnehmers in Abhängigkeit von Laufzeit und Bonität, welches unter Berücksichtigung bestehender Sicherheiten spezifisch für das Dauerschuldverhältnis anzupassen ist.

124 Aus den Vorgaben geht nicht zweifelsfrei hervor, ob als Referenz für die Sicherheit und den Wert des Vermögens auf eine alternative Nutzungsüberlassung oder einen fremdfinanzierten Erwerb des zugrunde liegenden Vermögenswerts abzustellen ist. Ein Rückgriff auf allgemeine Finanzierungskonditionen scheidet aus. Der Verweis auf *„similar"*-Eigenschaften belegt die

Bindung an das *right of use asset* und schließt – abgesehen von Ausnahmefällen wie einen feststehenden Übergang des rechtlichen Eigentums am Ende der Leasingdauer oder einer nah an die wirtschaftliche Nutzungsdauer heranreichenden Leasingdauer – ein Abstellen auf den zugrunde liegenden Vermögenswert aus. Da auf das bestehende Nutzungsrecht als *similar asset* abzustellen ist, kann eine Anpassung des als Maß der Risikokorrektur herangezogenen unternehmensspezifischen *credit spread* nur in dem Umfang erfolgen, in dem das *right of use asset* als dingliche Sicherheit (*collateral*) herangezogen wird.

> **Praxis-Beispiel**
> LN vereinbart mit LG die Anmietung einer Immobilie für fünf Jahre zu einer jährlichen Miete von 100 GE. Es besteht keine Option zum Erwerb der Immobilie oder zum (automatischen) Eigentumsübergang. LN hat zwar eigene Einschätzungen zum Wert der Immobilie, kennt aber die Kalkulationsgrundlage von LG nicht. Für das Barwertkalkül muss LN auf die für das Dauerschuldverhältnis spezifische *incremental borrowing rate* zurückgreifen. Da LN nicht rechtlicher Eigentümer der Immobilie ist (oder werden kann), stellt die Immobilie keine zu berücksichtigende Sicherheit dar. Als Sicherheit kann nur das Nutzungsrecht für die Immobilie herangezogen werden.

Für die Bestimmung der für das Leasingverhältnis spezifischen Grenzfremdkapitalkosten kann (mit den oben genannten Ausnahmen) – auf den Zinssatz abgestellt werden, der bei einem vollständig fremdfinanzierten Kauf aufgebracht werden müsste. Für den (seltenen) Fall, dass der Leasingnehmer aufgrund seiner schlechten Bonität keine Fremdfinanzierung bekommen könnte, stellt der Zinssatz, also die Rendite für das nachrangigste Fremdkapital die Obergrenze der spezifischen *incremental borrowing rate* dar.

Als Ausgangspunkt für die Herleitung des relevanten Diskontierungszinssatzes **125** kann auf beobachtbare Renditen (*readily observable*) abgestellt werden, wenn diese hinsichtlich der Anforderungen an die spezifische *incremental borrowing rate* angepasst werden (IFRS 16.BC162). Als Mindestanforderung ist die Objektivierbarkeit der als *starting point* für die Bestimmung herangezogenen Rendite nachzuweisen. Der Rückgriff auf eine fiktive interne Kalkulationsgröße scheidet aus. Ausgeschlossen ist daher ein Rückgriff auf eine Eigenkapitalrendite oder die gewogenen durchschnittlichen Kapitalkosten (*weighted average cost of capital*, WACC), da diese kein Entgelt für die Überlassung/Aufnahme von zusätzlichem Fremdkapital widerspiegeln und überdies nicht *readily observable* sind. Anderes kann gelten für

- spezifische Fremdfinanzierungkosten, die für den (fiktiven) Erwerb eines Vermögenswerts anfallen. Ein möglicher Anhaltspunkt für die Bestimmung des relevanten Diskontierungszinssatzes können – auch wenn kein *qualifying asset* nachgewiesen wird – die spezifischen Kosten einer (Fremd-)Finanzierung sein (IAS 23.5);
- beobachtbare (bzw. öffentlich zugängliche) Richtwerte für Bodenwertverzinsungen von zur Nutzung überlassenem Grund und Boden. Mangels einer physischen Abnutzung wird der rechtliche Eigentümer nur eine Verzinsung (*return on*) für die Überlassung verlangen.

Eine unreflektierte Übernahme einer alternativen Rendite scheidet aus. Den Äquivalenzanforderungen ist Rechnung zu tragen.

126 Die Zugangsbewertung der Leasingverbindlichkeit erfolgt zum Zeitpunkt des Nutzungsbeginns (*at commencement*). Für die Bestimmung des relevanten Diskontierungszinssatzes ist somit nicht auf die Verhältnisse bei Vertragsabschluss (*at inception*), sondern einen späteren Zeitpunkt abzustellen. Während der Laufzeit eines Leasingverhältnisses (*lease term*) ist der **Zinssatz anzupassen,** wenn

- eine Erwartungsänderung betreffend eine in den Konditionen vereinbarte Kaufoption oder des *lease term* wegen revidierter Verlängerungs-/Beendigungsoption eintritt (IFRS 16.40; Rz 157 ff.);
- die Höhe der Leasingraten an die Entwicklung einer *floating interest rate* geknüpft ist und eine Anpassung zum *roll-over date* erfolgt (IFRS 16.43; Rz 150) oder
- die Parteien des Leasingverhältnisses sich auf eine Vertragsänderung verständigen, die Relevanz für den Umfang des bestehenden Nutzungsrechts oder die *lease liability* zeitigt (IFRS 16.44; Rz 164).

Der *at commencement* zu bestimmende Zinssatz hat somit nicht zwangsläufig über die (Gesamt-)Laufzeit einer Vereinbarung Bestand.

127 Zur Wahrung der **Laufzeitäquivalenz** ist der relevante Diskontierungszinssatz in Abhängigkeit von dem *lease term* festzulegen. Es kann – anstatt der Verwendung von Zinssätzen zu jedem Zahlungsdatum (*spot rates*) – auf einen einheitlichen Zinssatz abgestellt werden, wenn die (Alternativ-)Rendite einer äquivalenten Kuponanleihe herangezogen wird. In den Folgeperioden ist der Barwert der Verpflichtung mit dem einheitlichen Zinssatz aufzuzinsen.

4.5 Zugangsbewertung des Nutzungsrechts (*right of use asset*)

4.5.1 Bestandteile der Anschaffungskosten im Überblick

128 Das Nutzungsrecht ist im Zugangszeitpunkt mit den Anschaffungskosten zu bewerten (IFRS 16.23). Die Anschaffungskosten des Nutzungsrechts umfassen nach IFRS 16.24

- den **Zugangswert der Leasingverbindlichkeit,** also den Barwert der künftigen Leasingraten (Rz 92),
- Leasingzahlungen, die vor oder bei Beginn der Nutzungsüberlassung von dem Leasingnehmer geleistet werden und daher nicht in der Leasingverbindlichkeit enthalten sind,
- **inkrementale Kosten des Abschlusses** der Leasingvereinbarung (*initial direct costs*; Rz 130),
- **Rückbaukosten** (Rz 133),
- als negative Komponente (Abzugsbetrag) **Anreizleistungen** (*lease incentives*), die der Leasingnehmer vor oder bei Beginn der Nutzungsüberlassung erhält (Rz 115).

129 Monetäre **Zuwendungen der öffentlichen Hand,** die direkt an den Leasingnehmer gezahlt und für das Nutzungsrecht gewährt werden, sind als *government grant* abzubilden (→ § 12 Rz 23). Empfangene Zuwendungen der öffentlichen Hand können daher – bei aktivischer Absetzung – ebenfalls eine Anpassung (= Kürzung des Zugangswerts) des *right of use asset* nach sich ziehen.

4.5.2 Direkte Kosten des Vertragsabschlusses

Zahlungen (Ausgaben) im Zusammenhang mit dem Abschluss der Leasingvereinbarung (*initial direct costs*), die der Leasingnehmer vor oder zu Beginn der Nutzugsüberlassung – auch und insbesondere an andere Parteien als den Leasinggeber – leistet, erhöhen gem. IFRS 16.24(c) die Anschaffungskosten des Nutzungsrechts (*right of use asset*). Als direkte Zahlungen gelten ausschließlich **inkrementale** Aufwendungen, die nicht angefallen wären, wenn der Vertrag nicht abgeschlossen worden wäre (exemplarisch IFRS 16.IE5). **130**

Bestandteile der *initial direct costs*	Ausschluss von den *initial direct costs*
Kommissionsgebühren	Allgemeine Verwaltungsgebühren
Abschlagszahlungen an bisherige Mieter	Kosten der Angebotseinwerbung
Zahlungen an den *lessor* für die Vertragsgewährung	Rechtsberatungskosten
Gebühren, die unmittelbar mit dem Abschluss zusammenhängen	Kosten der Verhandlung zwischen den Parteien

Tab. 4: Abgrenzung von *initial direct costs*

Nur ein geringer Anteil der Kosten, die seitens des Leasingnehmers im Zusammenhang mit dem Abschluss eines *lease* entstehen, qualifizieren sich als *initial direct costs*. Vorbereitende Maßnahmen, die nicht unmittelbar dem Vertragsabschluss (*inception of the lease*) zugerechnet werden können, bleiben außen vor. Die Abgrenzung der als *initial direct costs* zu erfassenden Kosten erfolgt konsistent zu den Vorgaben für die Erlangung eines (Kunden-)Vertrags (IFRS 16.BC237). **131**

Praxis-Beispiel
LN mietet von LG eine Verkaufsfläche in einem Einkaufszentrum an. Im Zusammenhang mit dem Abschluss des Dauerschuldverhältnisses sind bei LN diverse Kosten angefallen. Im Rahmen des internen Controllings können die direkt mit dem *lease* verbundenen Kosten seitens LN detailliert bestimmt werden:
- Für die eigenen Mitarbeiter, die mit den Vertragsverhandlungen beschäftigt waren, sind Personalkosten von 120 GE angefallen.
- Darüber hinaus sind Reise- und Besichtigungskosten von 20 GE entstanden.
- Für externe rechtliche Beratung zur Vertragsgestaltung wurden 80 GE aufgewendet.
- Für einen Vermittler/Makler wurde eine (Erfolgs-)Provision von 150 GE bei Abschluss des Vertrags fällig.
- LG verlangt von allen neuen Mietern einen Beitrag für Werbemaßnahmen für das Einkaufszentrum i.H.v. 200 GE.

Unstrittig als direkte Kosten zu qualifizieren sind nur die Kosten für den Werbebeitrag (200 GE) und die Maklerprovision (150 GE). Unstrittig nicht als direkte Kosten zu qualifizieren sind die Kosten der eigenen Mitarbeiter.

Diskussionsbedürftig ist die Behandlung der Reise- und Rechtsberatungskosten. Sie sind zwar inkremental durch das Bemühen um einen Vertragsschluss bedingt, allerdings unabhängig vom Erfolg der Vertragsunterzeichnung. Bei wortgetreuer Auslegung der Definitionsnorm in IFRS 16.A (*„would not have been incurred, if the lease had not been obtained"*) stellen sie keine direkten Kosten dar.

132   Sieht ein Dauerschuldverhältnis neben (zumindest) einer *lease component* weitere Vertragsbestandteile vor, die eigenständige Leistungsverpflichtungen begründen, sind mit Vertragsabschluss angefallene *initial direct costs* auf die einzelnen Komponenten nach Maßgabe des relativen Verteilungsschlüssels aufzuteilen (Rz 73). Von einer Verteilung nach relativen Anteilen ist abzusehen, wenn die *initial direct costs* eindeutig einem Vertragsbestandteil zugerechnet werden können.

Praxis-Beispiel
LN muss im Zusammenhang mit der Anmietung einer Bürofläche eine Maklerprovision i.H.d. vereinbarten Monatsmiete von 100 GE zahlen. Die Monatsmiete ist als (Brutto-)Warmmiete in feststehender Höhe ausgestaltet, umfasst als *non-lease component* somit die Nebenkosten. Die Maklerprovision ist als *initial direct costs* im relativen Verhältnis auf die einzelnen Vertragskomponenten aufzuteilen. Nur die auf die *lease component* entfallenden Vertragsabschlusskosten fallen unter die restriktiven Vorgaben des IFRS 16. Bezieht sich alternativ die Maklerprovision nur auf die marktübliche Nettokaltmiete entfällt eine Aufteilung. Die Kosten sind ausschließlich der *lease component* zuzurechnen.

4.5.3   Rückbauverpflichtungen

133   In die Anschaffungskosten des Nutzungsrechts sind nach IFRS 16.24(d) auch die geschätzten, vom Leasingnehmer zu tragenden Kosten des Rückbaus des *underlying asset* einzubeziehen. Der praktische Anwendungsbereich dieser Vorgabe ist limitiert. Regelmäßig bezieht sich eine Rückbauverpflichtung nämlich nicht auf das zur Nutzung überlassene Objekt (*underlying asset*) selbst, sondern auf einen Mietereinbau oder eine bauliche Veränderung und ist dann nach IAS 16 in dessen Anschaffungs-/Herstellungskosten und nicht beim *right of use asset* zu berücksichtigen.

134   Bei Rückbauverpflichtungen, die sich ausnahmsweise direkt auf das zur Nutzung überlassene Objekt beziehen, sind hinsichtlich der Verpflichtung des Leasingnehmers zwei Varianten zu unterscheiden:

- Muss der Leasingnehmer am Ende der Leasinglaufzeit für den Rückbau des Leasingobjekts aufkommen, ist für die erwarteten Rückbaukosten eine nicht finanzielle Verpflichtung zu passivieren. Gegenposition für die sich ergebende Bilanzverlängerung ist das *right of use asset*. Es gelten die allgemeinen Vorgaben zur Bilanzierung von Rückbauverpflichtungen (→ § 21 Rz 64 ff.).

- Der Leasinggeber baut das Leasingobjekt selbst zurück. Der Leasingnehmer ist zur Erstattung der Kosten, welche vertraglich fixiert werden, verpflichtet. Es liegt eine Zahlungsverpflichtung gegenüber dem Leasinggeber vor. Die vertraglich vereinbarte Zahlung ist schon als Teil der Leasingverbindlichkeit zu bilanzieren, die separate Erfassung einer Rückbauverpflichtung scheidet aus.

4.5.4 Mietereinbauten und Mietanreizvereinbarungen

Entspricht das dem Nutzungsverhältnis zugrunde liegende Vermögen *(underlying asset)* nicht den (betrieblichen) Bedürfnissen des Leasingnehmers, besteht – das Einverständnis des Leasinggebers als rechtlicher Eigentümer vorausgesetzt – die Möglichkeit zur Vornahme von **Umbaumaßnahmen**. Führt der Leasingnehmer die Maßnahmen, die nicht ausschließlich der Erhaltung dienen, auf eigene Rechnung an dem *underlying asset* durch, liegen **Mietereinbauten** *(leasehold improvements)* vor. Innerhalb der IFRS fehlt es allerdings an konkreten Vorgaben zur bilanziellen Abbildung. Innerhalb der *Illustrative Examples*, die nur als Begleitmaterial und nicht als Bestandteil der Vorgaben deklariert sind, finden sich lediglich folgende Aussagen (IFRS 16.IE5, *Example* 13): **135**

- Ein Leasingnehmer erfasst (Kosten-)Erstattungen für Mietereinbauten *(reimbursements of leasehold improvements)*, die der Leasinggeber gewährt, **nicht** als **Anreiz** *(lease incentive)*, sondern nach anderen relevanten Vorgaben.
- Kosten, die dem Leasingnehmer im Zusammenhang mit einem Mietereinbau entstehen, sind **nicht** in die **Bewertung des Nutzungsrechts** *(right of use asset)* einzubeziehen.

Mangels Ausführungen in den Vorgaben zur bilanziellen Abbildung von Leasingverhältnissen – ausgeklammert der Verweis auf die Beurteilung des *lease term* (IFRS 16.B37(b)/IFRS 16.B41(a)) – ergeben sich Zweifel hinsichtlich des Verbindlichkeitsgrads. Nach dem bislang geltenden Recht waren (Kosten-)Erstattungen, die der Leasinggeber dem Leasingnehmer im Zusammenhang mit dem Abschluss eines neuen oder der Änderung eines bestehenden *lease* gewährt, als Anreizleistungen *(incentives for the lessee)* einzustufen.[19]

Kosten, die dem Leasingnehmer auf eigene Rechnung für Baumaßnahmen an einem lediglich zur Nutzung überlassenen Vermögen entstehen, sind als (materielle) (Anlage-)Vermögenswerte zu aktivieren, wenn nicht lediglich Erhaltungsaufwand vorliegt. Baumaßnahmen, die bei einer Vornahme durch den Leasinggeber und rechtlichen Eigentümer als Erhaltungsaufwand anzusehen sind, führen auch bei einer Übernahme durch den Leasingnehmer nicht zu aktivierungsfähigem Vermögen. **136**

Praxis-Beispiel

Unternehmen U mietet ein Bürogebäude für einen Zeitraum von zehn Jahren an. Der Vermieter ist verantwortlich für die Instandhaltung und Instandsetzung des Gebäudes, übernimmt aber nicht (ab-)nutzungsbedingte Erhaltungsaufwendungen. Alle drei Jahre wird seitens U der (Industrie-)Teppich auf allen Etagen ausgetauscht. Die Kosten sind nicht aktivierungsfähig, es liegt Erhaltungsaufwand vor.

---

[19] So in dem durch IFRS 16 aufgehobenen SIC 15.1: *„In negotiating a new or renewed operating lease, the lessor may provide incentives for the lessee to enter into the agreement. Examples of such incentives are an up-front cash payment to the lessee or the reimbursement or assumption by the lessor of costs of the lessee (such as relocation costs, leasehold improvements and costs associated with a pre-existing lease commitment of the lessee)."*

Für den Nachweis der Aktivierungsfähigkeit von *leasehold improvements* nach IFRS ist eine weitere Unterscheidung in Scheinbestandteile, Betriebsvorrichtungen oder sonstige Mietereinbauten nicht erforderlich. Die Differenzierung zeitigt lediglich für die Folgebewertung, insbesondere die Abschreibungsperiode, Relevanz.

Natur	Beschreibung	Abschreibungsperiode
Schein-bestandteil	Baumaßnahme, die nur zu einem vorübergehenden Zweck vorgenommen wird und einen alternativen Nutzen hat (etwa entfernbare Trennwände)	*useful life* von *leasehold improvements*
Betriebs-vorrichtung	auch bei einer Einstufung als wesentlicher Bestandteil des *underlying asset* Behandlung als bewegliches Anlagevermögen (etwa Lastenaufzug, Rolltreppe etc.)	voraussichtlicher *lease term* oder kürzeres *useful life*
Sonstiger Mietereinbau	Baumaßnahme, die fest mit dem *underlying asset* verbunden, also ein unbeweglicher (Anlage-)Vermögenswert ist, am Ende des *lease term* aber ohne Alternativnutzen auszubauen ist (etwa fest verbundene Wände)	voraussichtlicher *lease term*, da keine weitere Verwendung, ggf. Rückbauverpflichtung

Tab. 5: Folgebewertung von Mietereinbauten

137 Die Aktivierung eines Mietereinbaus erfolgt nicht als eine (implizite) Komponente des Nutzungsrechts (*right of use asset*), sondern stellt ein separates Bilanzierungsobjekt dar. Ein Einbezug in den Wertansatz des *right of use asset* scheidet aus (IFRS 16.24), da vorgenommene Mietereinbauten des Leasingnehmers nicht als aktivierungsfähiger (Kosten-)Bestandteil gelten. Anderes gilt,
- wenn eine seitens des Leasingnehmers – nach der vertraglichen Abrede der Parteien – vorzunehmende Maßnahme,
- die auch nach Ende des *lease term* mit dem *underlying asset* verbunden bleibt,
- unabhängig von der Nutzung des Leasingnehmers erforderlich ist und
- für den Leasinggeber einen Vorteil darstellt.

Die von dem Leasingnehmer vorgenommene Baumaßnahme ersetzt somit (anteilig) eine Leasingzahlung, die für die Gewährung des Nutzungsrechts zu erbringen ist. Es liegt daher (anteilig) kein Mietereinbau, sondern eine (Sach-)Leistung als Substitution der *lease payments* vor, die daher im Wertansatz des *right of use asset* – aber wegen der fehlenden künftigen Verpflichtung nicht in der *lease liability* – zu berücksichtigen ist.

Praxis-Beispiel

Unternehmen U bezieht als Mieter ein Großraumbüro zunächst für einen (unkündbaren) Zeitraum von fünf Jahren. Mit dem Vermieter wurde der nachträgliche Einbau einer Klimaanlage vereinbart. Zwischen den Parteien

---

wurde ausgehandelt, dass U die Investition übernimmt und mit Auszug entschädigungslos dem Vermieter überlässt. Im Gegenzug verlangt U eine Anrechnung der Kosten für die Baumaßnahme auf die zu zahlende Miete. Mit dem Einbau der Klimaanlage leistet U eine Mietzahlung, die das *right of use asset* erhöht.

Die Erfassung als *lease payment* bei einer „verdeckten" Leistung erfolgt zu dem Zeitpunkt, in dem Sicherheit über die Höhe der Investitionssumme besteht. Besteht zwischen den Parteien einer – als *operating lease* klassifizierten (IFRS 16.61) – Nutzungsüberlassung Einigkeit hinsichtlich einer notwendigen Investition des Leasinggebers in das *underlying asset*, liegt kein *leasehold improvements* vor. In Abhängigkeit von der Natur der Baumaßnahme, die nicht lediglich als Erhaltungsaufwand anzusehen ist, kommt aus der Perspektive des Leasinggebers entweder eine Erfassung als separater Vermögenswert (bewegliches Vermögen) oder eine (nachträgliche) Erhöhung des *underlying asset* (unbewegliches Vermögen) in Betracht. Eine bilanzielle Abbildung der Investition des Leasinggebers beim Leasingnehmer scheidet aus. Eine (Rück-)Ausnahme besteht allerdings, wenn mit der (Bau-)Maßnahme eine besondere Vorteilsgewährung, die den zur Nutzung überlassenen Vermögenswert nicht lediglich in den Zustand versetzt, zu dem der Leasingnehmer überhaupt für einen Vertragsabschluss bereit ist, verbunden ist. **138**

Praxis-Beispiel
Unternehmen U mietet von Vermieter V ein Großraumbüro an. Neben der Überlassung der Nutzungsfläche meldet U den Bedarf einer besonderen Kücheninstallation an. V hat für die Kücheninstallation nach Beendigung des *lease term* keine alternative Verwendung, die Parteien einigen sich daher auf eine Mitnahme der Installation durch U. Da U die fehlende Nutzungsmöglichkeit des V anerkennt, vereinbaren die Parteien eine Anpassung der zu leistenden Leasingzahlungen, die um den Wert der Kücheninstallation erhöht werden. Der Vorteil für U ist in daher in den Leasingraten (implizit) eingepreist. Es bedarf einer Separierung der Vorteilsgewährung aus den Leasingraten. U erfasst den Vorteil aus dem Recht zur Mitnahme der Kücheninstallation als separates Bilanzierungsobjekt. V aktiviert die Investition und schreibt den Zugangswert über den *lease term* ab.

Wird der Vorteil ohne eine Anpassung der Leasingraten gewährt, liegt ein Anreiz (*lease incentive*) des Leasinggebers vor, der zugunsten der Erfassung eines separaten Vermögenswerts das *right of use asset* reduziert.
Eine Besonderheit ergibt sich, wenn der Leasinggeber dem Leasingnehmer die Übernahme (*reimbursement*) von Kosten, die im Rahmen eines Mietereinbaus entstehen, garantiert. Wird von vornherein eine Übernahme aller Kosten zugesagt, liegt kein Mietereinbau, sondern eine Investition des Leasinggebers vor. Es ergeben sich insoweit keine Abweichungen zu der bilanziellen Abbildung einer unmittelbar durch den Leasinggeber vorgenommenen Investition. In Abhängigkeit von der Motivationslage der Parteien kommt aber auch eine Erfassung der Kostenübernahme als *lease incentive* in Betracht, wenn die Vereinbarung Vo- **139**

raussetzung für den Abschluss des Leasingvertrags ist. In Abhängigkeit der Gesamtwürdigung des Einzelfalls kann daher ein *lease incentive* belegt werden, welches in den Wertansatz des *right of use asset* einzubeziehen ist.

Praxis-Beispiel

Unternehmen U mietet von Vermieter V ein Großraumbüro an. Die Lage des Büros entspricht den Anforderungen von U, der Zuschnitt der Räume wird aber nicht als optimal angesehen. Im Zuge der Verhandlungen mit V wurde daher eine (anteilige) Kostenübernahme für die Installation von Trennwänden, die U mit Ablauf des *lease term* mitnehmen darf, vereinbart. U erfasst die eigenen Kosten für die Trennwände als separaten Vermögenswert und den Zufluss aus der Kostenübernahme von V als *lease incentive*.

Besteht erst zu einem Zeitpunkt nach Nutzungsbeginn Sicherheit über die Höhe des gewährten Anreizes, ist die bilanzielle Abbildung – Reduzierung des *right of use asset* – bis zum Wegfall der Unsicherheit (*when the variability is resolved*) aufzuschieben (IFRS 16.B42(a)).

140 Baumaßnahmen, die vom Leasingnehmer oder Leasinggeber an einem *underlying asset* vorgenommen werden, zeitigen in Abhängigkeit von der Motivationslage der Parteien Relevanz für die bilanzielle Abbildung des Nutzungsrechts (*right of use asset*).

Auswahl an Sachverhalten (exemplarisch für die Nutzungsüberlassung von Gewerbeflächen bei Abschluss eines Leasingvertrags über ein Gebäude als *underlying asset*)	Pflicht zum Rückbau am Mietende	Recht zur Mitnahme am Mietende	Vorteil für den Leasinggeber	Bilanzierung Leasingnehmer	Bilanzierung Leasinggeber bei Klassifizierung als *operating lease*	Kommentar
A. Der Leasingnehmer trägt die Kosten der Maßnahme, für die nach Ablauf des *lease term* ein Restwert i.H.v. 20 % der Investitionssumme verbleibt.						
1. Einbau einer Anlage (kein Mietereinbau), die auch nach Ablauf des *lease term* mit dem *underlying asset* verbunden bleiben soll (etwa Klimaanlage, Heizung etc.)	nein	nein	ja	per *right of use asset* an Kreditor 20 % und per sonst. AV an Kreditor 80 %	per AV an Forderung gegenüber Leasingnehmer 20 %	Der erwartete Restwert (20 % der Investitionssumme) ist Bestandteil der *lease payments* und damit des *right of use asset*, aber nicht der *lease liability*, da die Zahlung bereits geleistet wurde. Die Gewährung des Vorteils an den Leasinggeber durch den (Mieter-)Einbau wird rationales Verhalten der Parteien unterstellt in den Konditionen der *lease payments* Berücksichtigung finden. Der Leasinggeber weist trotz einer Klassifizierung als *operating lease* eine Forderung aus. Eine Klassifizierung als *finance lease* scheidet aus, da es sonst nicht zu einer Vorteilsgewährung zugunsten des Leasinggebers kommen kann.
2. Bauliche Maßnahmen (sonstige Mietereinbauten oder Scheinbestandteile), die den Zuschnitt und/oder die Beschaffenheit des *underlying asset* für einen temporären Zeitraum, aber nicht final ändern (etwa Trennwände)	ja	nein	nein	per sonst. AV an Kreditor 100 %, zusätzlich Erfassung einer Rückbauverpflichtung (per sonst. AV an RBV)		Mangels einer Vorteilsgewährung gegenüber dem Leasinggeber entfällt für diesen eine bilanzielle Abbildung. Auch bei einer Klassifizierung als *finance lease* entfällt eine Erfassung. Der Leasingnehmer erfasst i.H.d. Investition einen Mietereinbau (*leasehold improvement asset*) als separates, von dem *right of use asset* getrenntes Bilanzierungsobjekt.
3.	nein	nein	nein	per sonst. AV an Kreditor 100 %	keine bilanzielle Abbildung	
4. Einbau einer Anlage (Betriebsvorrichtung), die nach Ablauf des *lease term* vom Leasingnehmer mitgenommen werden kann (etwa Kücheninstallation)	ja	ja	nein	per sonst. AV an Kreditor 100 %		Trotz der Pflicht zum Rückbau der (Einbau-)Maßnahme ist seitens des Leasingnehmers keine Verbindlichkeit zu passivieren. Die Pflicht zum Rückbau bezieht sich auf die Möglichkeit zur eigenen Nutzung nach Ablauf des *lease term*. Es besteht in ökonomischer Betrachtung keine Last/Verpflichtung gegenüber dem Leasinggeber.

Nur theoretisch lassen sich anstatt der vier Sachverhalte acht Fallkonstellationen unterscheiden. Die nicht aufgeführten Fälle sind wegen inhärenter Widersprüche nicht realistisch, scheiden daher als Szenarien aus.

- Szenario (ja/nein/ja): Das Bestehen einer Pflicht zum Rückbau einer Maßnahme schließt einen Vorteilsempfang des Leasinggebers am Ende des *lease term* aus. Hat der Leasingnehmer auch kein Recht zur Mitnahme der (Einbau-)Maßnahme, fehlt ein Grund für die Vornahme.
- Szenario (ja/ja/ja): Die Pflicht zum Rückbau und das Recht einer Mitnahme durch den Leasingnehmer bei gleichzeitiger Vorteilsgewährung zugunsten des Leasinggebers sind widersprüchlich und daher nicht realistisch.
- Szenarien (nein/ja/ja) und (nein/ja/nein): Ohne einen Rückbau besteht keine Möglichkeit zur Mitnahme der Maßnahme durch den Leasingnehmer.

B. Der Leasinggeber übernimmt die Kosten der Maßnahme unmittelbar, der Leasingnehmer ist an der Investition nicht beteiligt. Notwendig ist vorgelagert eine Beurteilung, ob und in welchem Umfang aus der Perspektive des Leasingnehmers ein *lease incentive received* oder *receivable* vorliegt. Ein Anhaltspunkt ergibt sich aus einem Anspruch des Leasingnehmers auf einen verbleibenden Restwert aus der Maßnahme. Fehlt ein Anspruch, passt die Maßnahme das zur zeitweisen Nutzung überlassene *underlying asset* lediglich an den Zustand an, zu dem der Leasingnehmer überhaupt für einen Vertragsabschluss bereit ist. Es fehlt dann an einer Vorteilsgewährung, somit an einem *incentive*.

	Auswahl an Sachverhalten (exemplarisch für die Nutzungsüberlassung von Gewerbeflächen bei Abschluss eines Leasingvertrags über ein Gebäude als *underlying asset*)	Pflicht zum Rückbau am Mietende	Recht zur Mitnahme am Mietende	Vorteil für den Leasinggeber	Bilanzierung Leasingnehmer	Bilanzierung Leasinggeber bei Klassifizierung als *operating lease*	Kommentar
1.	Einbau einer Anlage (kein Mietereinbau), die auch nach Ablauf des *lease term* mit dem *underlying asset* verbunden bleiben soll (etwa Klimaanlage, Heizung etc.)	nein	nein	ja	keine bilanzielle Abbildung	per AV an Kreditor 100 %	Bei Klassifizierung der Nutzungsüberlassung durch den Leasinggeber als *finance lease* besteht kaum Relevanz, da ein Anspruch auf den Restwert nicht in Einklang mit der Einstufung als *finance lease* steht. Eine bilanzielle Abbildung durch den Leasingnehmer scheidet aus, da diesem kein Vorteil zugeht, aber auch keine Ressourcen abfließen.
2.		ja	nein	nein		n/a	Sachverhalt nicht relevant, da der Leasingnehmer keine Verpflichtung zum Rückbau für vom Leasinggeber vorgenommene Maßnahme übernehmen wird.
3.	Bauliche Maßnahmen (sonstige Mietereinbauten oder Scheinbestandteile), die den Zuschnitt und/oder die Beschaffenheit des *underlying asset* für einen temporären Zeitraum, aber nicht final ändern (etwa Trennwände)	nein	nein	nein	keine bilanzielle Abbildung, da sich die Vorteile bereits in der Miethöhe und somit im *right of use asset* und der *lease liability* widerspiegeln	per sonst. AV an Kreditor 100 %	Wenn die (Einbau-)Maßnahme nur auf den besonderen Wunsch des Leasingnehmers erfolgt, nach Ablauf des *lease term* also ein Rückbau erfolgt, ist bei einer Klassifizierung als *operating lease* eine Abbildung als separates Bilanzierungsobjekt (*unit of account*) vorzuziehen. Für einen *finance lease* besteht kaum Relevanz. Die Aktivierung eines Vermögenswerts durch den Leasingnehmer scheidet mangels Vorteilsgewährung aus, es fehlt der Anspruch auf einen verbleibenden Restwert durch Mitnahme.

Auswahl an Sachverhalten (exemplarisch für die Nutzungsüberlassung von Gewerbeflächen bei Abschluss eines Leasingvertrags über ein Gebäude als *underlying asset*)	Pflicht zum Rückbau am Mietende	Recht zur Mitnahme am Mietende	Vorteil für den Leasinggeber	Bilanzierung Leasingnehmer	Bilanzierung Leasinggeber bei Klassifizierung als *operating lease*	Kommentar
4. Einbau einer Anlage (Betriebsvorrichtung), die nach Ablauf des *lease term* von dem Leasingnehmer mitgenommen werden kann (etwa Kücheninstallation)	ja	ja	nein	per sonst. AV an *right of use asset* 20 %	per sonst. AV an Kreditor 100 %	Der Vorteil aus dem Anspruch auf den Restwert ist implizit in den zu zahlenden Leasingraten eingepreist. Die Raten fallen also höher aus als bei einem Vertrag ohne Vorteilsgewährung. Der gewährte Vorteil ist für den Leasingnehmer aus dem *right of use asset* zu separieren und nicht über den *lease term*, sondern den erwarteten Zeitraum der Nutzung des gewährten Vorteils abzuschreiben. Der Leasinggeber erfasst ein separates Bilanzierungsobjekt, welches über den *lease term* abzuschreiben ist, da mit Ende des Nutzungszeitraums der gewährte Vorteil auf den Leasingnehmer übergeht.

Neben den vier dargestellten Fallkonstellationen bestehen wegen der inhärenten Widersprüche keine weiteren Sachverhaltsvarianten, für die sich eine (Eingungs-)Schnittmenge zwischen den Erwartungen von Leasingnehmer und Leasinggeber einstellen kann.

C. Der Leasingnehmer übernimmt zunächst die Kosten der Maßnahme, vertraglich vereinbart ist aber eine vollständige Kostenübernahme/Erstattung der Auslagen durch den Leasinggeber, wenn bestimmte Voraussetzungen Anforderungen des Leasinggebers an die Umsetzung erfüllt werden. Wenn von vornherein eine Erstattung aller Kosten, die dem Leasingnehmer im Rahmen einer (Einbau-)Maßnahme entstehen, vereinbart ist, trägt effektiv der Leasinggeber die Kosten der Maßnahme und erfolgt eine bilanzielle Abbildung (siehe unter B.). Leistungen des Leasingnehmers, der letztlich als Agent des Leasinggebers handelt, sind bei einem zeitlichen Auseinanderfallen von Aus- und Einzahlung abzugrenzen, das mögliche Aktivierungsvolumen ist auf einen gewährten Vorteil, also ein Recht zur Mitnahme der (Einbau-)Maßnahme begrenzt (siehe unter B.4.).

D. Der Leasingnehmer übernimmt die Kosten für die Maßnahme, eine Kostenübernahme/Erstattung der Auslagen durch den Leasinggeber ist vertraglich vereinbart, steht aber unter dem Vorbehalt des Nachweises bestimmter Voraussetzungen an die Umsetzung. Die bilanzielle Abbildung hat in Abhängigkeit der Motivation der beiden Vertragsparteien, somit als Ergebnis einer Gesamtwürdigung des Sachverhalts (*facts and circumstances*) zu erfolgen.

Ist die (anteilige) Beteiligung des Leasinggebers an den Auslagen des Leasingnehmers eine Voraussetzung für den Abschluss der Vereinbarung, kommt auch eine Behandlung der Erstattung/Kostenübernahme als Anreizleistung (*lease incentive*) in Betracht. Die Investition des Leasingnehmers ist in Abhängigkeit der Verteilung der Rechte zu aktivieren (siehe unter A.). Nach der Art der Gewährung ist entweder das *right of use asset* (Ressourcenzuwendung) oder der *lease liability* (Verbindlichkeitenerlass) zu reduzieren.

Fehlt der Zusammenhang der Erstattung/Kostenübernahme durch den Leasinggeber mit dem Vertragsabschluss und erfolgt auch keine sonstige Vorteilsgewährung, hat der Leasingnehmer die Kosten für die Investition als durchlaufenden Posten, der nicht zur Aktivierung eines Vermögenswerts führt, zu behandeln. Die Aktivierung eines Mietereinbaus scheidet aus, wenn kein Anspruch auf Mitnahme der (Einbau-)Maßnahme mit Ablauf des *lease term* besteht. Für den Leasinggeber stellen die erstatteten Kosten eine Investition dar, über deren Aktivierungsfähigkeit in Abhängigkeit der Verteilung der vertraglichen Rechte zu befinden ist (siehe unter B.).

Tab. 6: Behandlung von Baumaßnahmen durch den Leasingnehmer oder Leasinggeber

4.6 Planmäßige Folgebewertung von *lease liability* und *right of use asset*

141 Die **Leasingverbindlichkeit** ist in den Folgeperioden in Abhängigkeit von der vereinbarten Tilgung fortzuschreiben. Im Rahmen der Anwendung der **Effektivzinsmethode** ist eine konstante periodische Verzinsung der ausstehenden Verbindlichkeit zu erfassen. Die am jeweiligen Bilanzstichtag ausstehende Leasingverbindlichkeit wird mit dem zur Barwertberechnung verwendeten Zinssatz aufgezinst und um die geleisteten Tilgungszahlungen reduziert (IFRS 16.36).

Praxis-Beispiel
Für einen *lease* mit einer Laufzeit von fünf Jahren und jährlich nachschüssig zu leistenden Leasingraten i. H. v. 500 GE wurde ausgehend von einem Zinssatz von 4,5 % von LN *at commencement* eine Leasingverbindlichkeit i. H. v. 2.195 GE erfasst. Für die Folgebewertung ergibt sich in Anwendung der Effektivzinsmethode ein Zins- und Tilgungsplan (gerundet):

Periode	1	2	3	4	5
Verbindlichkeit (Periodenanfang)	2.195	1.794	1.374	936	478
Zins	99	81	62	42	22
Tilgung	500	500	500	500	500
Verbindlichkeit (Periodenende)	1.794	1.374	936	478	0

Aufwandswirksam wird – die Folgebewertung des *right of use asset* zunächst vernachlässigt (Rz 145) – nur die jährliche Zinszahlung erfasst („per Zinsaufwand an (Leasing-)Verbindlichkeit"). Die Tilgungszahlung („per (Leasing-)Verbindlichkeit an liquide Mittel/Bank") ist im *cash flow statement* als Auszahlungen im *cash flow* aus Finanzierungstätigkeit zu erfassen, der Zinsanteil auf der Grundlage eines Bilanzierungswahlrechts einem Mittelverwendungsbereich zuzuweisen.

142 Die Bemessungsgrundlage für die Folgebewertung des *right of use asset* entspricht den Anschaffungskosten. Für die Bestimmung der laufenden **Abschreibung** ist neben der Nutzungsdauer ein ggf. verbleibender Restwert (*residual value*) zu berücksichtigen. Für nachträglich anfallende Anschaffungskosten bedarf es einer Beurteilung, ob es sich um einen eigenen Vermögenswert handelt, also ein separater Vermögenswert zu aktivieren ist.

143 Die Folgebewertung des *right of use asset* richtet sich nach den Vorgaben für das (Sach-)Anlagevermögen (→ § 10 Rz 4 ff.). Für die Folgebewertung des Nutzungsrechts kommt daher eine Bewertung

* zu fortgeführten Anschaffungskosten (*at amortised cost*),
* zum Neubewertungswert (*revaluation model*) oder
* ausnahmsweise, wenn es sich bei dem zugrunde liegenden Vermögenswert um eine Renditeimmobilie handelt oder wenn für Immobilien der gleichen Vermögenswertgruppe (*asset class*) das *fair-value*-Modell angewendet wird, erfolgswirksam zum beizulegenden Zeitwert

in Betracht.

Die Wahlrechtsausübung für die Folgebewertung von Renditeimmobilien **144** (IAS 40) und Sachanlagen (IAS 16) schlägt auf die Folgebilanzierung eines *right of use asset* des Leasingnehmers durch.

- Für Renditeimmobilien, die erfolgswirksam zum *fair value* bewertet werden, gilt (IFRS 16.34): Wendet der Leasingnehmer für Renditeimmobilie einheitlich das *fair-value*-Modell an (→ §16 Rz 53), ist auch für ein *right of use asset* über eine Renditeimmobilie eine erfolgswirksame Bewertung zum *fair value* vorzunehmen.

- Bezieht sich das *right of use asset* auf eine Sachanlage, die im Fall des rechtlichen Eigentums einer Klasse zugeordnet wäre, für die eine Neubewertung erfolgt (→ §14 Rz 47), darf auch für das Nutzungsrecht das *revaluation*-Modell angewendet werden (IFRS 16.35).

Die besonderen Bewertungsvorgaben beziehen sich auf die (physische) Ressource der Nutzungsüberlassung. In anderen Standards vorgesehene Bewertungsmaßstäbe verlieren durch eine bilanzielle Abbildung als Leasingverhältnis nicht an Relevanz. Bei Nichtanwendung einer erfolgswirksamen Bewertung zum *fair value* oder des *revaluation model* ist für die Folgebewertung des *right of use asset* – insoweit eine bestimmbare Nutzungsdauer festgestellt wird – eine planmäßige Abschreibung geboten.

Die Abschreibungsmethode hat dem erwarteten Verbrauch des künftigen wirt- **145** schaftlichen Nutzens des Nutzungsrechts zu entsprechen (IFRS 16.32). Ausgangspunkt für die Festlegung der Nutzungsdauer des *right of use asset* ist der *lease term* oder, falls kürzer, der Zeitraum der erwarteten Nutzung des *right of use asset* (IFRS 16.32 S. 2). Allerdings kommt davon abweichend in bestimmten Fällen ein Rückgriff auf die wirtschaftliche Nutzungsdauer des zugrunde liegenden Vermögenswerts in Betracht (IFRS 16.32 S. 1). Es gilt:

- Unterschreitet der Zeitraum des wirtschaftlichen Nutzens des *right of use asset* die Vertragslaufzeit des Leasingverhältnisses, ist auf den kürzeren Zeitraum für die Folgebewertung abzustellen.

- Ist ein automatischer Eigentumsübergang oder eine hinreichend sichere(s) Kaufoption/Andienungsrecht vereinbart, richtet sich die Abschreibung des *right of use asset* nach der wirtschaftlichen Nutzungsdauer des zugrunde liegenden Vermögenswerts.

> **Praxis-Beispiel**
> Für einen *lease* mit einer Laufzeit von fünf Jahren und jährlich nachschüssig zu leistenden Leasingraten i. H. v. 500 GE wurde ausgehend von einem Zinssatz von 4,5 % von LN *at commencement* eine Leasingverbindlichkeit und korrespondierend ein *right of use asset* i. H. v. 2.195 GE erfasst (Rz 141). Für die Folgebewertung des *right of use asset* ist auf den *lease term* von fünf Jahren abzustellen. Ausgehend von einer Nutzungsdauer des *right of use asset* von fünf Jahren ergibt sich eine jährliche AfA von 439 GE („per Abschreibung an *right of use asset* 439 GE").

Einzelne Bestandteile (Komponenten) eines Nutzungsrechts, deren Anschaf- **146** fungskosten im Verhältnis zu den gesamten Anschaffungskosten des Vermögenswerts erheblich sind, werden gesondert abgeschrieben (→ §10 Rz 6), wenn ein Bestandteil eines Vermögenswerts

- eine unterschiedliche Nutzungsdauer aufweist oder
- über einen unterschiedlichen Wertminderungsverlauf verfügt (und daher die Nutzung einer anderen Abschreibungsmethode, als die für den restlichen Vermögenswert angewandte Methode, angemessener ist).

147 Darüber hinaus sind die Vorgaben zur außerplanmäßigen Folgebewertung (*impairment*) beachtlich. Das *right of use asset* ist einer zahlungsmittelgenerierenden Einheit (*cash generating unit*, CGU) zuzurechnen und als Teil dieser auf Werthaltigkeit zu testen (→ § 11 Rz 101).

4.7 Pflicht zur Neubeurteilung des Dauerschuldverhältnisses

4.7.1 Kontinuierliche Anpassung vs. *trigger*-Konzept

148 Die im Zeitpunkt der Zugangsbewertung von Leasingverbindlichkeit und *right of use asset* getroffenen Einschätzungen und Erwartungen hinsichtlich der – nicht bereits *at commencement* abschließend feststehenden – zu leistenden Zahlungen sind während des Bestehens eines Dauerschuldverhältnisses fortlaufend zu überprüfen. Insoweit bessere oder geänderte Erkenntnisse im Zeitablauf das erwartete (Aus-)Zahlungsprofil – die Höhe oder den zeitlichen Anfall von Leasingraten betreffend – beeinflussen, hat – vergleichbar mit der Behandlung von Schätzungsänderungen für die Folgebewertung von Finanzinstrumenten (IFRS 9.5.4.6) – eine Neubewertung der Leasingverbindlichkeit zu erfolgen (IFRS 16.39). Eine Bewertung der Leasingverbindlichkeit zum *fair value* scheidet aber aus (IFRS 16.BC183).

149 Auslösendes Ereignis für eine Neueinschätzung (*reassessment*) der Verbindlichkeit ist die Änderung einer bereits im Rahmen der Zugangsbewertung vorgenommenen Schätzung der **Zahlungserwartungen**. Allerdings ist folgende Differenzierung erforderlich:

- Eine Anpassung des *lease term* in zeitlicher Dimension – Ausübung einer Verlängerungs- oder Beendigungsoption (Rz 157) – setzt den Eintritt eines auslösenden Ereignisses (*triggering event*) voraus (IFRS 16.20). Entsprechendes gilt für eine geänderte Einschätzung hinsichtlich der (Nicht-)Ausübung einer Erwerbsoption (IFRS 16.40(b)).
- Alle anderen Schätzungen, insbesondere betreffend die Höhe der *lease payments*, sind fortlaufend an geänderte Fakten und Umstände (*facts and circumstances*) anzupassen (IFRS 16.42).

Bessere Erkenntnisse betreffend variable – umsatz-, nutzungs- oder verbrauchsabhängige – Zahlungen, die *at commencement* bereits bei der Bewertung der *lease liability* auszuklammern sind (IFRS 16.27(b)), führen nicht zu einer Neubewertung der Verbindlichkeit (IFRS 16.38(b)), sondern sind unmittelbar aufwandswirksam zu erfassen.

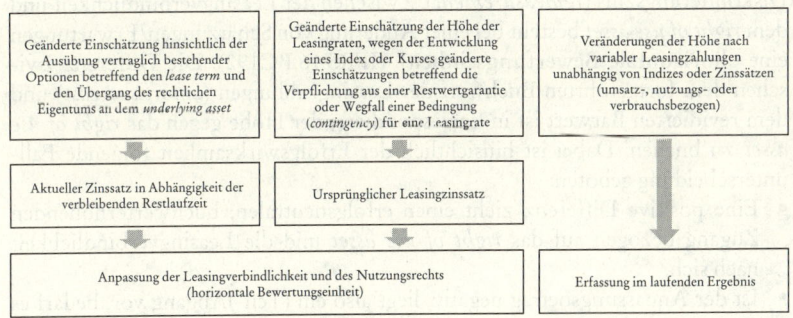

Abb. 9: Anlässe für ein *reassessment*

Die Differenzierung nach unterschiedlichen Quellen von Variabilität hat auch **150**
für die Auswahl des relevanten **Diskontierungszinssatzes**, somit die Neubewertung (*remeasurement*) der Leasingverbindlichkeit Relevanz. Für die Neubewertung ist nach der Ursache der Änderung des bestehenden Zah-
lungs(strom-)profils zu unterscheiden:

- Wird die Ausübung einer bereits vereinbarten Kaufoption abweichend eingeschätzt oder ändert sich die Erwartung hinsichtlich der Laufzeit des Leasingverhältnisses als Konsequenz revidierter Verlängerungs-/Beendigungsoptio-
  nen, ist der Barwert der Leasingzahlungen unter Rückgriff auf einen aktuellen
  Diskontierungszins zu bestimmen (IFRS 16.40).
- Betrifft die geänderte Erwartung ausschließlich die Höhe – Bindung an ein
  underlying oder abweichende Beurteilung einer Restwertgarantie – der Leasingraten, ist das *remeasurement* mit dem für das Dauerschuldverhältnis
  gültigen (dem ursprünglichen oder aufgrund einer vorherigen Vertragsanpassung zugrunde zu legenden) Diskontierungszins vorzunehmen (IFRS 16.43;
  Rz 156).
- Haben die Parteien eine Verzinsung der Leasingverbindlichkeit zum jeweils
  am Zahlungstag (*roll-over date*) gültigen Marktzinssatz (*floating interest rate*)
  vereinbart, ist der Zinssatz der Barwertermittlung analog der Zahlungsreihe
  kontinuierlich an die (Marktzins-)Entwicklung anzupassen (IFRS 16.43;
  Rz 155). Der Rückgriff auf einen aktuellen Zinssatz setzt – eine Bindung an
  eine *floating interest rate* (IFRS 16.BC195) vorausgesetzt – eine Schätzungs-/
  Erwartungsänderung dem Grunde nach, somit eine abweichende Annahme
  der Verteilung der Rechte und Pflichten (*economics of the lease have changed*)
  aus dem Dauerschuldverhältnis voraus (IFRS 16.BC194). Liegen in einer
  Folgeperiode mehrere Ursachen für eine Anpassung der Verbindlichkeit vor,
  ist für das erforderliche *remeasurement* einheitlich auf den aktuellen Zinssatz
  zurückzugreifen, wenn dieser für eine Anpassung vorgesehen ist.

Eine Neubeurteilung der Annahmen/Erwartungen bedingt am jeweiligen (Bi- **151**
lanz-)Stichtag nicht nur eine Anpassung der Leasingverbindlichkeit, sondern
auch eine betragsgleiche Veränderung des *right of use asset* (IFRS 16.39). Die
(Wert-)Änderung der *lease liability* ergibt sich aus der revidierten Barwertermittlung auf Basis der veränderten Leasingzahlungen und ggf. einem aktuellen

Diskontierungszins (*remeasurement*). Zwischen der Leasingverbindlichkeit und dem *right of use asset* besteht bei einer Änderung von Schätzungen/Erwartungen eine „**horizontale Bewertungseinheit**" (IFRS 16.BC192). Die Differenz zwischen dem fortgeführten Buchwert der Leasingzahlungen (*amortised cost*) und dem revidierten Barwert ist in korrespondierender Höhe gegen das *right of use asset* zu buchen. Dabei ist hinsichtlich der Erfolgswirksamkeit folgende Fallunterscheidung geboten:

- Eine positive Differenz zieht einen erfolgsneutralen, buchwerterhöhenden Zugang bezogen auf das *right of use asset* und die Leasingverbindlichkeit nach sich.

- Ist der Anpassungsbetrag negativ, liegt also ein (Teil-)Abgang vor, bedarf es einer weiteren Differenzierung: Liegt der aktuelle Restbuchwert des *right of use asset* über dem Anpassungsbetrag der Verbindlichkeit, erfolgt eine erfolgsneutrale Minderung des *right of use asset*. Überschreitet die Differenz den (Rest-)Buchwert des *right of use asset*, ist zunächst eine erfolgsneutrale Reduzierung auf einen Betrag von null geboten, der überschießende Anpassungsbedarf ist erfolgswirksam zu erfassen.

Eine Erhöhung der Leasingverbindlichkeit ist als nachträglicher Zugang des *right of use asset* zu erfassen, Verringerungen des Buchwerts sind als (Teil-)Abgang auszuweisen.

152   Insoweit eine Neubewertung der Leasingverbindlichkeit und korrespondierend des *right of use asset* erforderlich wird, ist auch die *consideration in the contract* neu zu bestimmen (Rz 61). Als Reflex der Neubestimmung der geschuldeten (Gesamt-)Vergütung ist u. U. ein neuer Verteilungsschlüssel (Rz 73) für die Allokation zwischen *lease* und *non-lease components* zu erheben.

4.7.2   Kontinuierliche Neubewertung bei Änderungen der Höhe nach

153   Für die bilanzielle Abbildung von veränderten **variablen Leasingraten** aufgrund von Index-/Kursänderungen oder Änderungen eines *floater* ist im Rahmen der Folgebewertung ein (kontinuierliches) *reassessment* vorzunehmen. Wenn sich die Höhe der Leasingrate wegen abweichender *facts and circumstances* im Vergleich zur Vorperiode geändert hat, ist eine Neubewertung (*remeasurement*) geboten. Insoweit variable Zahlungen Eingang in die Zugangsbewertung der Leasingverbindlichkeit gefunden haben, fließen spätere (Erwartungs-)Änderungen auch in die Bewertung der Verbindlichkeit ein (IFRS 16.36(c)). Das *right of use asset* ist – begrenzt auf einen Mindestbetrag von null – i. S. e. „horizontalen Bewertungseinheit" als Gegenposition heranzuziehen (IFRS 16.39).

154   Allerdings führt nicht jede Änderung eines Index oder eines Kurses zu einer automatischen Pflicht zur Neubeurteilung. Sieht die vertragliche Vereinbarung einen Anpassungsmechanismus ausschließlich nach Überschreiten eines Schwellenwerts vor, kann eine vereinbarte Variabilität der Leasingrate keine Auswirkung auf die Folgebewertung haben (Rz 110). Eine Neubeurteilung der Leasingverbindlichkeit ist auch geboten, wenn für bislang als bedingt angesehene Leasingraten (*contingent lease payments*) die Ungewissheit entfällt, deren Anfall also sicher ist.

Praxis-Beispiel

Ein Leasingvertrag mit einer ursprünglichen monatlichen Leasingrate von 500 GE wird am 1.1.01 abgeschlossen (= *commencement date*). Der Leasingvertrag hat eine Laufzeit von fünf Jahren (bis 31.12.05). Bestandteil des Vertrags ist eine Indexanpassung der Leasingrate in Abhängigkeit von der Entwicklung des Verbraucherpreisindex (*consumer price index*, CPI). Wenn der CPI kumuliert um 5 % steigt, ist eine Anpassung in gleicher Höhe geboten. Ausgehend von einem relevanten Zins von 4,5 % ergibt sich ein Barwert der Leasingzahlungen i.H.v. 2.195 GE, der Grundlage für den Ansatz von Leasingverbindlichkeit und Nutzungsrecht in korrespondierender Höhe ist (keine weiteren Anpassungen). Vor Ablauf des zweiten Jahres ist der CPI um 5 Prozentpunkte gestiegen. Durch die Mitteilung des Vermieters wird eine Erhöhung der Miete um 5 % angezeigt. Die Mietanpassung i.H.v. 25 GE auf 525 GE führt zu einer veränderten Leasingrate, wodurch zum 31.12.02 ein *remeasurement* zu erfassen ist. Für die Neubeurteilung der Leasingverbindlichkeit wird auf die höhere Leasingzahlung bezogen auf die Restlaufzeit abgestellt. Zum Stichtag der Neueinschätzung 31.12.02 beträgt der Buchwert der Leasingverbindlichkeit 1.374 GE, der eine Leasingverbindlichkeit aus der Neubewertung i.H.v. 1.443 GE gegenübersteht. Die Erhöhung der Leasingverbindlichkeit ist gegen das Nutzungsrecht zu erfassen.

Eine Besonderheit gilt, wenn die Leasingzahlungen an die Entwicklung eines **155** **variablen (Markt-)Zinssatzes** gebunden sind. Mit jeder Neubestimmung der Leasingraten ist auch der Diskontierungszins an die aktuellen Marktverhältnisse anzupassen (IFRS 16.43).

Praxis-Beispiel

Eine Leasingvereinbarung über ein Grundstück ohne Gebäude wird am 1.1.01 (= *commencement date*) über eine Laufzeit von zehn Jahren geschlossen. Zwischen den Parteien wird eine Leasingrate vereinbart, die der Höhe nach dem aktuellen Zwölf-Monats-EURIBOR zuzüglich eines Kreditaufschlags von 3 % bezogen auf den Verkehrswert des Grundstücks entspricht. Der Verkehrswert des Gebäudes wird bei Vertragsabschluss mit 1.000 GE bestimmt. Der aktuelle EURIBOR vor dem ersten *roll-over date* beträgt 4 %, die Leasingrate für die nächsten zwölf Monate beträgt somit 70 GE. Der aktuelle Zins von 7 % (= Zwölf-Monates-EURIBOR + *credit spread*) wird als Grenzfremdkapitalzins herangezogen. Für die Bestimmung des Barwerts der Leasingraten im Zugangszeitpunkt ist auf die ursprünglich der Höhe nach feststehende Leasingrate von 70 GE abzustellen. Der Leasingvertrag hat eine Laufzeit von zehn Jahren (bis 31.12.10). Die Leasingrate beläuft sich auf den Zwölf-Monats-EURIBOR + 3 %. Erstmals zum 31.12.01 ist eine Anpassung der Leasingrate erforderlich. Die Leasingverbindlichkeit und das Nutzungsrecht werden zum 1.1.01 i.H.d. Barwerts (492 GE) der Leasingzahlungen bilanziert.

Mit Ablauf des ersten Jahres ändert sich der Zwölf-Monats-EURIBOR, der Risikoaufschlag für ein potenzielles Kreditereignis des Leasingnehmers bleibt aber unverändert. Ausgehend von einem Zwölf-Monats-EURIBOR von 3 %

beträgt die aktuelle – und bis zur nächsten Anpassung auch künftige – Leasingrate 60 GE. Die Mietanpassung (Reduktion) führt zu einem veränderten Barwert der Leasingverbindlichkeit, wodurch zum 31.12.01 ein *remeasurement* zu erfassen ist. Für die Neubeurteilung der Leasingverbindlichkeit ist der aktuelle Grenzfremdkapitalzinssatz i. H. v. 6 % (= Zwölf-Monats-EURIBOR + *credit spread*) anzuwenden. Zum Stichtag der Neueinschätzung 31.12.01 beträgt der Barwert der Leasingverbindlichkeit 456 GE (= 492 × 7 % – 70) vor *remeasurement*, dem eine Leasingverbindlichkeit aus der Neubewertung i. H. v. 408 GE gegenübersteht. Die Reduzierung der Leasingverbindlichkeit ist gegen das Nutzungsrecht zu erfassen.

156   Die Leasingverbindlichkeit ist auch dann wegen geänderter *facts and circumstances* neu zu bewerten, wenn sich die Einschätzung hinsichtlich der Zahlungsverpflichtung aus einer **Restwertgarantie** ändert (IFRS 16.42(a)). Im Rahmen der Barwertberechnung ist neben den geänderten Leasingzahlungen (durch Änderung der Höhe der Optionszahlung) kein neuer Diskontierungszins zu verwenden (IFRS 16.43); es ist auf den ursprünglichen Diskontierungszins abzustellen.

Praxis-Beispiel

Ein Leasingvertrag mit einer jährlich nachschüssig zu begleichenden Leasingrate von 500 GE wird am 1.1.01 abgeschlossen (= *commencement date*). Der Vertrag hat eine Laufzeit von fünf Jahren (bis 31.12.05). Zudem wird eine Restwertgarantie vereinbart. Zum 1.1.01 beträgt der relevante Zinssatz 4,5 % und es wird eine Pflicht zur Leistung einer Restwertzahlung von 50 GE erwartet (Rz 111). Am 31.12.02 wird aufgrund geänderter Marktverhältnisse eine Neubeurteilung notwendig. Der zur Nutzung überlassene Vermögenswert wird stärker nachgefragt, der erwartete Restwert erhöht sich daher. Es wird keine Zahlungsverpflichtung mehr erwartet. Vor der Neubeurteilung des Restwerts am 31.12.02 betragen die Buchwerte des *right of use asset* 1.341 GE und der Leasingverbindlichkeit 1.418 GE. Der neue Erwartungswert des Restwerts bedingt – bei Fortschreibung des ursprünglichen Zinssatzes von 4,5 % – eine Reduzierung des Barwerts der Leasingzahlungen auf 1.374 GE. Das *right of use asset* ist ebenfalls um 44 GE zu reduzieren. Jede weitere Erhöhung des erwarteten Restwerts des *underlying asset* zeigt keine Relevanz für die Folgebewertung, da der *lessee* bereits von keiner Zahlungsverpflichtung ausgeht.

4.7.3 Neuschätzung bei Laufzeitoptionen und Erwerbsoptionen

157   Eine Neueinschätzung des *lease term* aufgrund von bestehenden Verlängerungs-/Beendigungsoptionen oder der Ausübung einer Option zum Erwerb des Leasingobjekts setzt den Eintritt eines **auslösenden Ereignisses** (*triggering event*) voraus. Ein kontinuierliches *reassessment* und eine Anpassung wegen geänderter Marktbedingungen oder sonstiger *facts and circumstances* scheidet aus. Notwendige Bedingung für ein *reassessment* ist ein Ereignis, das im Einflussbereich (*within the lessee's control*) des Leasingnehmers steht.

Praxis-Beispiel

LN mietet ein Bürogebäude und den dazugehörigen Grund und Boden für einen Zeitraum von 20 Jahren. Mit Ablauf des *lease term* hat LN das Recht zum Erwerb der Immobilie. Zum Zeitpunkt des Nutzungsbeginns wurde die Ausübung der Option als nicht hinreichend sicher eingestuft. Zum aktuellen Stichtag sind die Immobilienpreise generell angestiegen, LN hat aber keine Handlung bezogen auf den laufenden Anmietvertrag vorgenommen, da die Laufzeit des *lease* noch relativ lang ist und keine Notwendigkeit zur Reaktion besteht. Es liegt kein *triggering event* vor.

Eine Neueinschätzung des *lease* steht für nicht ausschließlich die Höhe der *lease* **158** *payments* betreffende Änderungen unter dem Vorbehalt des Eintritts eines Ereignisses, welches die Änderungen bezogen auf den *lease term* oder den Übergang des rechtlichen Eigentums an dem *underlying asset* belegt. Folgende Ereignisse lösen hingegen ein pflichtweises *reassessment* aus:

- Ein im Dauerschuldverhältnis spezifiziertes, von der künftigen Entwicklung abhängiges Ereignis ist eingetreten und zwingt den Leasingnehmer zur nicht mehr änderbaren (Nicht-)Ausübung einer bestehenden Option (IFRS 16.21(c)/(d)).
- Eine bestehende Option wird tatsächlich ausgeübt oder verfällt (IFRS 16.21(a)/(b)).
- Es tritt ein (sonstiges) *triggering event* ein (IFRS 16.20).

Ein **auslösendes Ereignis** (*triggering event*) stellt eine wesentliche Veränderung **159** der relevanten *facts and circumstances* dar, die im Einflussbereich des Leasingnehmers (*within the lessee's control*) steht und direkte Rückwirkung auf das Ausübungsverhalten einer bestehenden Option entfaltet (IFRS 16.20). Anhaltspunkte für ein – das *reassessment* auslösendes – besonderes Ereignis sind (IFRS 16.B41):

- Der Leasingnehmer nimmt während des *lease term* wesentliche bauliche Veränderungen (*leasehold improvements*) vor, deren Nutzungsdauer den Zeitraum ohne Ausübung einer Option deutlich überschreitet.
- Es wird ein Unterleasingverhältnis (*sublease*) geschlossen (Rz 256), dessen Laufzeit den *lease term* ohne Ausübung bestehender Optionen deutlich übersteigt.
- Es werden wesentliche Anpassungen des zugrunde liegenden Vermögenswerts vorgenommen, die bei Nutzungsbeginn noch nicht geplant waren.
- Der *lessee* trifft eine Unternehmensentscheidung, die unmittelbare Relevanz für die Laufzeit des Dauerschuldverhältnisses hat.

Gem. IFRS 16 hat ein Leasingnehmer die Höhe der Leasingverbindlichkeit neu **160** zu beurteilen (*reassessment*), wenn sich die Einschätzung – ausgelöst durch ein *triggering event* (IFRS 16.40(b) i.V.m. IFRS 16.20 – IFRS 16.21) – hinsichtlich der Ausübungswahrscheinlichkeit einer vorhandenen Kaufoption ändert. Im Rahmen der Neubewertung (*remeasurement*) ist neben den geänderten Leasingzahlungen (durch Berücksichtigung oder Entfall der Optionszahlung) auch ein neuer Diskontierungszins zu verwenden. Dieser ist in gleicher Weise wie bei der Erstbewertung der Leasingverbindlichkeit zu bestimmen (Rz 116). Die Anpassung der *lease liability* wird korrespondierend im *right of use asset* erfasst.

161   Wurde bei der ursprünglichen Bilanzierung die Ausübung einer vorhandenen **Kaufoption** als hinreichend sicher angenommen, stellt sich jedoch zu einem späteren Zeitpunkt nach einem die Neubeurteilung auslösenden Ereignis heraus, dass die Option nicht ausgeübt werden soll/wird, ist eine Neubewertung der *lease liability* erforderlich (*remeasurement*). Aufgrund der nicht mehr als hinreichend sicher eingeschätzten Zahlung des Kaufoptionspreises ergeben sich reduzierte Leasingzahlungen, die mit einem neu zu bestimmenden Diskontierungszins abzuzinsen sind. Die Differenz zwischen dem (höheren) alten Barwert der Leasingzahlungen und dem (niedrigeren) neuen Barwert ist gegen das *right of use asset* zu buchen (IFRS 16.39 und IFRS 16.BC192). Eine Reduzierung des Buchwerts des *right of use asset* auf einen Betrag unter null scheidet aus, ein überschießender Betrag ist erfolgswirksam zu stellen. Eine abweichende Einschätzung hinsichtlich des Übergangs des rechtlichen Eigentums an dem *underlying asset* ist überdies für die Folgebewertung des *right of use asset* relevant (Rz 145).

> **Praxis-Beispiel**
> Ein Leasingverhältnis mit einer jährlich nachschüssig zu leistenden Leasingrate von 500 GE wird am 1.1.01 abgeschlossen (= *commencement date*). Der Vertrag hat eine Laufzeit von fünf Jahren (bis 31.12.05). Es besteht eine Kaufoption für den Leasingnehmer i. H. v. 100 GE, deren Ausübung *at commencement* als hinreichend sicher eingeschätzt wird. Zum 1.1.01 beträgt der relevante Zinssatz 4,5 %. Leasingverbindlichkeit und Nutzungsrecht werden zum 1.1.01 i. H. d. Barwerts der Leasingzahlungen (entsprechend 2.195 GE) bilanziert. Am 31.12.02 kommt es nach einem *triggering event* zur Neubeurteilung durch den Leasingnehmer. Die Ausübung der Kaufoption wird nicht mehr als hinreichend sicher eingeschätzt. Vor der Neubeurteilung betragen die Buchwerte des *right of use asset* 1.317 GE und der Leasingverbindlichkeit 1.374 GE. Die Neubeurteilung unter Rückgriff auf einen aktuellen Zins von 4,0 % am 31.12.02 führt zu einer Reduzierung des Barwerts der Leasingverbindlichkeit auf 1.299 GE. Die Differenz zwischen dem vorherigen Barwert der Leasingverbindlichkeit (1.374 GE) und dem neuen Barwert (1.299 GE) i. H. v. 75 GE ist reduzierend gegen das *right of use asset* zu buchen.

162   Der Wert der Leasingverbindlichkeit und korrespondierend des *right of use asset* ist neu zu beurteilen, wenn sich nach einem *trigger* die Einschätzung hinsichtlich der Ausübungswahrscheinlichkeit einer **Beendigungsoption** ändert (IFRS 16.40(a) i. V. m. IFRS 16.20 – IFRS 16.21). Entsprechendes gilt, wenn eine abweichende Einschätzung hinsichtlich der (Nicht-)Ausübung einer **Verlängerungsoption** getroffen wird. Im Rahmen der Barwertberechnung sind neben den geänderten Leasingzahlungen (durch Berücksichtigung oder Entfall der Optionszahlung), ein abweichender *lease term* und ein neu zu bestimmender Diskontierungszins zu verwenden (IFRS 16.40).

Praxis-Beispiel

Ein *lease* mit einer jährlich nachschüssig zu leistenden Leasingrate von 500 GE und einer Laufzeit von fünf Jahren wird am 1.1.01 abgeschlossen (= *commencement date*). Der Leasingnehmer hat eine Option zur vorzeitigen Kündigung zum 31.12.04, die bei Ausübung mit 300 GE bepreist ist. Zum 1.1.01 beträgt der relevante Zinssatz 4,5 %. Da der Leasingnehmer *at commencement* nicht von einer Ausübung der Beendigungsoption ausgeht, wird die Leasinglaufzeit mit fünf Jahren bestimmt. Die Leasingverbindlichkeit und das Nutzungsrecht werden (ohne weitere Anpassungen) zum 1.1.01 i.H.d. Barwerts der Leasingzahlungen von 2.195 GE bilanziert. Am 31.12.02 kommt es nach einem *triggering event* zu einer Neueinschätzung der Ausübung der Beendigungsoption, die nunmehr als hinreichend sicher gilt. Der *lease term* ist auf vier Jahre zu reduzieren (neues Ende der Leasinglaufzeit: 31.12.04), dafür der Ausübungspreis der Option als *lease payment* im Barwertkalkül zu erfassen. Die Neuberechnung erfolgt unter Rückgriff des Diskontierungszinssatzes, der im Zeitpunkt der Neueinschätzung gültig ist (Stichtagszins 4,0 %). Zum Stichtag der Neueinschätzung 31.12.02 beträgt der Buchwert der Leasingverbindlichkeit 1.374 GE, die Differenz zu dem angepassten Barwert der Leasingverbindlichkeit i.H.v. 943 GE ist gegen das Nutzungsrecht zu erfassen, das *right of use asset* somit um einen Betrag von 431 GE zu reduzieren. Wird eine bislang nicht hinreichend sichere Beendigungs-/Verlängerungsoption nach einem *triggering event* abweichend eingeschätzt, ergeben sich spiegelbildliche Anpassungen.

4.8 Behandlung von Vertragsmodifikationen

4.8.1 Differenzierung in Abhängigkeit der Anpassung

Werden bestehende Leasingverträge nachträglich angepasst, ist eine Neubewertung der Leasingverbindlichkeit und des *right of use asset* erforderlich,[20] wenn die Vertragsanpassung

- das **Zahlungsprofil** (gem. dem Zins- und Tilgungsplan) oder
- den **Umfang des Nutzungsrechts** (mengenmäßig oder in zeitlicher Dimension) ändert.

163

Eine Modifikation setzt eine Rückwirkung auf die Zahlungsverpflichtung und/oder das Nutzungsrecht voraus. Der Leasingumfang kann sich mengenmäßig (Erweiterung/Verringerung des zugrunde liegenden Vermögenswerts) oder in zeitlicher Dimension (Ausweitung/Kürzung des *lease term*) ändern. Als Konsequenz folgt eine Anpassung des bestehenden *right of use asset* und der Leasingverbindlichkeit oder es wird ein neuer *lease* begründet, für den neben dem bestehenden Dauerschuldverhältnis eine separate Zugangsbewertung erforderlich ist.

---

20 Zum Ganzen FREIBERG, WPg 2016, S. 1116 ff.

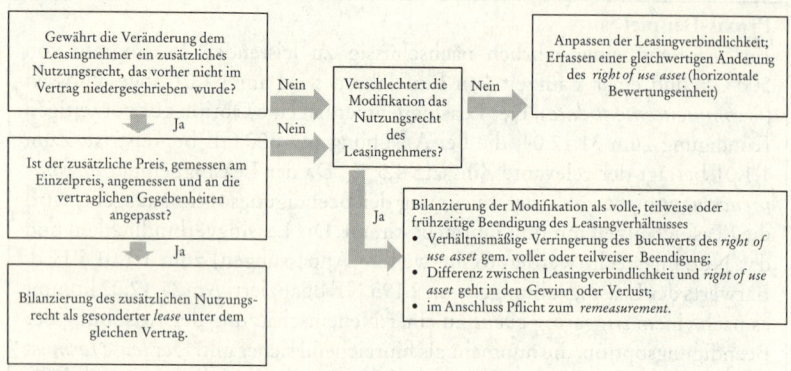

Abb. 10: Anforderungen an den Nachweis einer Modifikation

Eine Vertragsmodifikation wird wirksam (*effective date*), wenn beide Parteien des bisherigen Dauerschuldverhältnisses der Anpassung zugestimmt haben.

164 Die bilanzielle Abbildung einer Modifikation ist sequenziell zu erfassen. Vorrangig sind die Auswirkungen einer Verringerung des Leasingumfangs zu berücksichtigen. Führt die Modifikation zu geänderten Leasingraten, ist die nach der Berücksichtigung der Auswirkung der Modifikation bestehende Leasingverbindlichkeit anzupassen. Im relativen Umfang der Anpassung der Leasingverbindlichkeit ist auch das *right of use asset* zu erhöhen/reduzieren. Die folgenden (Vertrags-)Anpassungen sind bilanziell als Modifikation des *lease* abzubilden (IFRS 16.44):

Art der Vertragsänderung	Konsequenz der Vertragsanpassung
Erweiterung des Leasingumfangs zu marktüblichen Konditionen	Ausnahme: Die geänderten Konditionen führen im Umfang der Änderung zu einem neuen Leasingverhältnis.
Erweiterung des *scope* zu Konditionen, die nicht marktüblich sind	Im Umfang der Änderung ist eine Erweiterung des ursprünglichen Leasingverhältnisses abzubilden.
Mengenmäßige Verringerung des Leasingumfangs	Im Umfang der mengenmäßigen Verringerung ist eine anteilige Reduzierung (pro rata) von *right of use asset* und Leasingverbindlichkeit erforderlich. Eine sich ergebende Differenz führt zu einem Gewinn.
Verringerung der Laufzeit des Leasingverhältnisses	Die zeitliche Reduzierung führt zu einer anteiligen Reduzierung des Nutzungsrechts und einer Anpassung der Leasingverbindlichkeit durch eine Vergleichsrechnung. Eine resultierende Differenz wird erfolgswirksam erfasst.
Erweiterung und Verringerung des Leasingumfangs	Vorrangig ist die Verringerung des Leasingverhältnisses abzubilden. Ausgehend von der Reduzierung ist die Erweiterung zu bestimmen.

Tab. 7: Als Modifikation zu erfassende Vertragsanpassungen

Mit IFRS 16 werden erstmals allgemeine Vorschriften zur bilanziellen Abbildung von Leasingverhältnisse betreffende Vertragsänderungen aufgenommen (IFRS 16.BC200). Konkrete Hinweise zur Vorgehensweise lassen sich allerdings nur aus den *Illustrative Examples*, die lediglich den Status von Begleitmaterial haben, entnehmen. Nach den – ebenfalls nicht als Teil des Standards designierten – *Basis for Conclusions* hat die bilanzielle Abbildung im Einklang mit der *substance of a lease modification* zu stehen (IFRS 16.BC204). **165**

Die bilanzielle Abbildung der Modifikation eines bestehenden Leasingverhältnisses setzt eine **substanzielle Änderung** der vertraglich festgehaltenen Konditionen voraus. Reine Bestätigungen von Vertragskonditionen, die zwischen den Parteien ausgetauscht werden, lösen somit keine Anpassung des Leasingverhältnisses aus. **166**

> **Praxis-Beispiel**
> LN und LG legen im Rahmen einer Leasingvereinbarung eine Bindung der Leasingrate an die Entwicklung des Verbraucherpreisindex (CPI) fest. Zum nächsten Anpassungstermin der *lease payments* ergibt sich ein Dissens zwischen LN (Erwartung 2,0 %) und LG (Erwartung 2,5 %) bezogen auf die relevante CPI-Entwicklung. Nach mehreren Abstimmungsrunden einigen sich die Parteien auf eine CPI-Anpassung von 2,3 %. Die abgestimmte Anpassung wird schriftlich fixiert. Da lediglich die Anpassung der variablen Leasingrate bestätigt wird, liegt keine Modifikation vor.

4.8.2 Begründung eines neuen *lease*

Eine Modifikation führt nur ausnahmsweise dann zu einem separat zu erfassenden neuen Leasingverhältnis, wenn eine Vertragsanpassung zu einer **Erweiterung** des Leasingumfangs zu **aktuellen Marktkonditionen** führt. Notwendige Voraussetzung ist die Einräumung eines zusätzlichen Nutzungsrechts; die Ausübung bestehender Optionen in der ursprünglichen Vereinbarung (*original terms and conditions*) stellt lediglich eine Neueinschätzung dar (IFRS 16.BC201). Für den (ermessensbehafteten) Nachweis der Marktüblichkeit ist eine Gegenüberstellung mit aktuellen Konditionen erforderlich. Wird zwischen den Parteien keine neue Vereinbarung geschlossen, hängt die bilanzielle Abbildung des neuen *lease* von den geänderten vertraglichen Konditionen ab: **167**

- Wird für die Erweiterung des Leasingumfangs zu marktüblichen Konditionen eine separate Leasingrate festgelegt, kann diese für die Abbildung des neuen, zusätzlichen *lease* unmittelbar übernommen werden.
- Erfolgt im Zuge der Erweiterung des Leasingumfangs eine Anpassung der bestehenden Leasingrate auf die aktuellen Marktkonditionen, ist für den auf die Erweiterung entfallenden Anteil einer (einheitlichen) Leasingrate ein neues Leasingverhältnis zu erfassen. Die Anpassung der Leasingrate für den bereits bestehenden *lease* zieht eine als Modifikation abzubildende Neubewertung der erfassten Bilanzansätze für *right of use asset* und Leasingverbindlichkeit nach sich.
- Wird für eine im Umfang erweiterte Leasingvereinbarung eine neue „gemischte" Leasingrate (*blended rate*) vereinbart, ist eine Aufspaltung für das bestehende und das zusätzliche Leasingverhältnis erforderlich (IFRS 16.12).

168   Wird im Fall einer Modifikation, die zu einer Erweiterung des bestehenden Leasingverhältnisses führt, eine neue einheitliche Leasingrate mit einer **Rabattierung** vereinbart, ist kein neues Leasingverhältnis zu erfassen. Es ist eine Anpassung des bestehenden Leasingverhältnisses zu neuen Konditionen abzubilden.

> **Praxis-Beispiel**
>
> Ein Leasingvertrag mit einer ursprünglichen jährlichen Leasingrate von 50.000 GE wird mit einer Laufzeit von fünf Jahren abgeschlossen. Mietgegenstand ist eine Bürofläche im Umfang von 1.000 qm. LN erweitert am Ende der ersten Periode für die verbleibende Restlaufzeit die Mietfläche um weitere 1.000 qm. Die aktuell marktübliche Miete hat sich auf 100 GE/qm erhöht. Es wird ein separater Untervertrag zu der bestehenden Vereinbarung für den neuen Teil geschlossen. Die Miete für den neuen Teil beträgt 100.000 GE. Der Untervertrag ist als separater *lease* zu erfassen.
>
> **Variante 1**
>
> Es wird ein neuer einheitlicher Vertrag über die Gesamtfläche (= 2.000 qm) geschlossen. Der durchschnittliche Mietpreis für die alte und die neue Fläche beträgt 75 GE/qm, die Miete insgesamt somit 150.000 GE. Es ist ein neuer *lease* über 1.000 qm mit einer Leasingrate von 100 GE/qm anzulegen; der bereits vor der Vertragsanpassung bestehende Leasingvertrag ist unverändert fortzuführen, er darf nicht angepasst werden.
>
> **Variante 2**
>
> LG drängt im Zusammenhang mit der Neuverhandlung auf eine Anhebung der bestehenden Miete. Für einen Mietvertrag über 2.000 qm sind künftig 180.000 GE, also 90 GE/qm zu entrichten. Das bestehende Leasingverhältnis über die bereits angemieteten 1.000 qm ist zwingend einer Neubewertung zu unterziehen. Es besteht die wahlweise ausübbare Möglichkeit, ein Leasingverhältnis über die gesamte Fläche zu erfassen oder einen *lease* zu marktüblichen Konditionen (1.000 qm) und eine Anpassung des bestehenden Verhältnisses (Erhöhung der Leasingrate um 30.000 GE) abzubilden.
>
> **Variante 3**
>
> Aufgrund der Ausweitung der bestehenden Mietfläche gewährt der Vermieter (LG) einen Preisnachlass auf den marktüblichen Preis. Der Mietpreis für die Gesamtanmietung wird mit 130.000 GE festgesetzt. Der durchschnittliche Mietpreis für die alte und die neue Fläche beträgt somit 65 GE/qm. Wegen der Rabattierung wird kein marktüblicher Preis für die Erweiterung entrichtet. Die Erfassung eines separaten *lease* scheidet aus, es liegt eine Erweiterung des bestehenden Leasingverhältnisses vor.

4.8.3   Modifikation führt nicht zu einem neuen Leasingverhältnis

4.8.3.1   Vorrangige Erfassung der Reduzierung des Nutzungsrechts

169   Eine Änderung der vertraglichen Grundlage zeigt nicht nur für die bestehende (finanzielle) Verpflichtung aus dem Dauerschuldverhältnis, sondern auch für das über die „horizontale Bewertungseinheit" verbundene *right of use asset* Relevanz (Rz 151). Für die bilanzielle Abbildung der Modifikation einer bestehenden Leasingvereinbarung sind die für Finanzinstrumente anwendbaren Vorgaben – angelegt für finanzielle Verbindlichkeiten (IFRS 9.3.3.2), aber gleichermaßen relevant für finanzielle Vermögenswerte (→ § 28 Rz 336) – daher nicht heranzuziehen (IFRS 16.BC205). Es gilt *lex specialis.*

Eine zwischen den Parteien des Dauerschuldverhältnisses vereinbarte **Reduzierung** – quantitativ oder in zeitlicher Dimension – des Leasingumfangs zieht wegen der abweichenden Folgebewertung der Leasingverbindlichkeit (*at amortised cost* unter Beachtung der Effektivverzinsung) und des *right of use asset* (*at amortised cost* oder *revaluation method*) immer eine **erfolgswirksame** Anpassung nach sich. Eine aus der Erfassung eines (Teil-)Abgangs von Verbindlichkeit und Vermögenswert resultierende Differenz ist erfolgswirksam zu erfassen. 170

Als Konsequenz einer – nicht als separater *lease* abzubildenden – **Erweiterung** des Leasingumfangs stellt sich eine erfolgsneutrale Anpassung der Leasingverbindlichkeit und in korrespondierender Höhe des *right of use asset* ein. Im Fall der Kombination einer Reduzierung und Erweiterung eines bestehenden Dauerschuldverhältnisses sind die erfolgswirksamen und erfolgsneutralen Komponenten der Modifikation getrennt zu ermitteln. Die bilanzielle Abbildung erfolgt in sequenziellen Schritten. 171

4.8.3.2 Mengenmäßige Verringerung des *lease*

Die **mengenmäßige Verringerung** des Leasingumfangs führt zur erfolgswirksamen Anpassung des Leasingverhältnisses. Eine vereinbarte Reduzierung der Quantität bedingt eine proportionale Reduzierung des *right of use asset* und der Leasingverbindlichkeit. Der Saldo der aus der Abbildung der (Teil-)Abgänge folgenden Differenzen ist erfolgswirksam zu erfassen. 172

Praxis-Beispiel
Aufgrund der mengenmäßigen Reduzierung eines Leasingverhältnisses um 40 %, von bislang angemieteten 1.000 qm werden 400 qm abgemietet, ist eine proportionale Reduzierung des *right of use asset* und der Leasingverbindlichkeit zu erfassen. Ausgehend von einem aktuellen Buchwert des *right of use asset* von 1.000 GE und einer Leasingverbindlichkeit mit einem Betrag von 1.200 GE ergibt sich ein Ertrag von 80 GE („per *lease liability* 480 GE an *right of use asset* 400 GE und Ertrag 80 GE").

Für die verbleibende Verpflichtung des Leasingnehmers zur Leistung von Zahlungen für das eingeräumte Nutzungsrecht ist wegen der Änderung des Dauerschuldverhältnisses eine **Neubewertung** zu aktuellen Konditionen erforderlich (Laufzeit, Mietpreiszahlung, aktuell gültigem Diskontierungszins). Ein sich ergebender Differenzbetrag zwischen der – nach der anteilsmäßigen Reduzierung – bestehenden Leasingverbindlichkeit und der neu bewerteten Leasingverbindlichkeit ist unter Beachtung der fortbestehenden „horizontalen Bewertungseinheit" in korrespondierender Höhe gegen das *right of use asset* zu verrechnen. Sofern der Buchwert des *right of use asset* durch die Anpassung kleiner null (= negativ) wird, ist der überschießende Betrag erfolgswirksam zu erfassen. 173

4.8.3.3   Reduzierung in zeitlicher Dimension

174   Auch eine vertraglich vereinbarte **Verringerung der Laufzeit** bedingt eine erfolgswirksame Anpassung eines bestehenden Leasingverhältnisses. Für die Anpassung von *right of use asset* und *lease liability* ist allerdings ein differenziertes Vorgehen erforderlich:

- Die Bestimmung des angepassten Buchwerts des *right of use asset* erfolgt über eine „pro rata"-Korrektur. Der Buchwert ist im Verhältnis des verbleibenden zum vor der Modifikation vorgesehenen *lease term* zu kürzen.
- Die Kürzung der Leasingverbindlichkeit in zeitlicher Dimension hat dem Zeitwert des Geldes (*time value of money*) Rechnung zu tragen. Die absolute Veränderung der Leasingverbindlichkeit ist unter Berücksichtigung des (Lauf-)Zeiteffekts vorzunehmen. Es bedarf daher einer Nebenrechnung zur Bestimmung der Auswirkung der Laufzeitverkürzung für die Verbindlichkeit. Der Barwert der aktuellen Leasingverbindlichkeit (Konditionen vor Vertragsänderung) muss mit dem Barwert der Leasingverbindlichkeit, der sich unter der Verwendung der bislang, also vor Modifikation vereinbarten Konditionen und der neuen (verkürzten) Laufzeit ergibt, verglichen werden.

175   Unmittelbar vor der Übernahme der Vertragsänderung ist anhand der (noch) gültigen Parameter der Barwert der *lease liability* nach Anpassung der (Rest-)Laufzeit zu bestimmen. Die Ermittlung wird ausschließlich für die Bemessung des Abgangsergebnisses benötigt. Die ermittelte Differenz für das *right of use asset* und die Barwerte der Leasingverbindlichkeit stellt die Bemessungsgrundlage für den **erfolgswirksam** zu erfassenden Betrag dar.

Ausgangspunkt: aktuelle Leasingverbindlichkeit im Zeitpunkt (vor) der Vertragsänderung	Vergleichswert der Referenzverbindlichkeit im Zeitpunkt der Vertragsänderung
Gültige Rate vor der Vertragsänderung	
Gültiger Diskontierungszins vor Vertragsänderung	
Ursprüngliche Laufzeit vor Vertragsänderung	Neue Laufzeit nach Vertragsänderung

Tab. 8: Bestimmung des Korrekturbetrags der *lease liability* bei Laufzeitanpassung

---

Praxis-Beispiel

Ein Leasingvertrag mit einer ursprünglichen jährlichen Leasingrate von 500 GE und einer Laufzeit von fünf Jahren wird am 1.1.01 abgeschlossen. Der relevante Diskontierungszins im Zugangszeitpunkt beträgt 4,5 %. Es wird eine *lease liability* und in korrespondierender Höhe ein *right of use asset* von 2.194,99 GE erfasst. Nach Ablauf von zwei Jahren, zum 31.12.02, vereinbaren LN und LG eine Beendigung des *lease* zum 31.12.04 zu sonst gleichen Konditionen. Der aktuelle Buchwert des *right of use asset* beträgt zum Zeitpunkt der Modifikation 1.316,99 GE (= 2.194,99 x 60 %), die kumulierte AfA beträgt bis zum Zeitpunkt der Vertragsänderung somit 878 GE. Die Leasingverbindlichkeit beläuft sich auf einen Betrag von 1.374,48 GE (= 2.194,99 + 179,49 − 1.000). Die Reduzierung des *right of use asset* erfolgt über eine (zeit-)anteilige Kürzung. Der sich nach Anpassung ergebende Buchwert beträgt 878 GE (= 1.316,99 x 2/3). Die sich aufgrund der Kürzung in zeitlicher Dimension ergebende Leasingverbindlichkeit ist unter Berücksichtigung aller bislang gültigen Konditionen (Diskontierungszins: 4,5 %; Mietrate: 500 GE) mit Ausnahme der verbleibenden Restlaufzeit zu bestimmen. Die Restlaufzeit des Leasingverhältnisses beträgt zwei Jahre; in der Nebenrechnung ergibt sich eine Leasingverbindlichkeit i. H. v. 936,33 GE. Die Kürzung des *right of use asset* beträgt 439 GE. Dem gegenüber steht eine betragsmäßige Reduzierung der Leasingverbindlichkeit i. H. v. 438,15 GE. Aus der Modifikation ergibt sich ein Aufwand von 0,85 GE (= 438,15 − 439 GE).

Da die Modifikation zu einer Änderung der Verteilung der Rechte und Pflichten **176** aus dem Dauerschuldverhältnis führt, ist eine Neubewertung der Leasingverbindlichkeit zu **aktuellen** Konditionen erforderlich. Eine sich ergebende Differenz zwischen dem aktuellen Barwert der ausstehenden Zahlungsverpflichtung und dem in der Nebenrechnung bestimmten Betrag der *lease liability* ist wegen der „horizontalen Bewertungseinheit" dem *right of use asset* zuzurechnen. Nur wenn der Buchwert des *right of use asset* durch die Anpassung negativ würde, wäre eine erfolgswirksame (Aufwands-)Verrechnung geboten.

Praxis-Beispiel (Fortsetzung zu Rz 175)
Ausgehend von einem aktuellen Diskontierungszinssatz im Zeitpunkt der Modifikation von 4 % ergibt sich ein Barwert der für die nächsten zwei Jahre ausstehenden Leasingraten von 943,05 GE, somit eine Erhöhung um 6,71 GE. In korrespondierender Höhe ist ein Zugang auf das *right of use asset* zu erfassen, der Buchwert nach Modifikation beträgt 884,71 GE.

4.8.3.4 Erweiterung des Leasingumfangs

Wird der **Leasingumfang erweitert** und handelt es sich nicht um ein separates **177** Leasingverhältnis, sind das *right of use asset* und die Leasingverbindlichkeit wegen der „horizontalen Bewertungseinheit" korrespondierend um die Erhöhung der *lease liability* anzupassen. Die Erhöhung der Leasingverbindlichkeit − bewertet zu aktuell gültigen Konditionen − dient als Bemessungsgrundlage für die zu erfassende Erweiterung des *right of use asset*.

Praxis-Beispiel (Fortsetzung zu Rz 175)
Ein Leasingvertrag mit einer ursprünglichen jährlichen Leasingrate von 500 GE wird am 1.1.01 mit einer Laufzeit von fünf Jahren abgeschlossen (ursprünglicher Diskontierungszinssatz: 4,5 %; Barwert der Leasingzahlungen: 2.194,99 GE). LN und LG einigen sich am 31.12.02 auf eine ab dem Folgetag geltende Erweiterung der Mietfläche von 500 qm auf 1.000 qm ohne Änderung der vereinbarten Laufzeit mit einer künftigen jährlichen Mietzahlung von 800 GE. Der Buchwert des *right of use asset* beträgt zum Zeitpunkt der vereinbarten Erweiterung 1.316,99 GE (kumulierte AfA 878 GE). Die

Leasingverbindlichkeit beträgt nach Berücksichtigung von Zins (179,49 GE) und Tilgung (1.000 GE) 1.374,48 GE. Der gültige Diskontierungssatz zum Anpassungsdatum liegt bei 4 %, der Barwert der künftig zu leistenden Leasingraten (= 3 x 800 GE) beträgt 2.220,07 GE. Die Erhöhung des Barwerts der Leasingverbindlichkeit (845,59 GE) ist als nachträglicher Zugang des *right of use asset* zu erfassen.

4.8.3.5 Sonstige Modifikationen

178 Die Modifikation eines Leasingverhältnisses kann die Laufzeit und den mengenmäßigen Umfang **gleichermaßen** betreffen. Notwendig ist dann eine kumulative Anwendung der erfolgswirksamen Anpassung von *right of use asset* und Leasingverbindlichkeit. Wird bei einer Vertragsanpassung eine Reduzierung der Laufzeit oder der Quantität und eine Erweiterung des Umfangs vereinbart, ist der sequenziellen Abfolge Rechnung zu tragen:
- Die erfolgswirksame Komponente der Reduzierung ist vorrangig zu ermitteln und bilanziell zu erfassen.
- Die zusätzlich vereinbarte Erweiterung ist ergebnisneutral als nachträglicher Zugang des *right of use asset* und der Leasingverbindlichkeit abzubilden.

Führt eine sonstige – nicht primär die Verteilung der Rechte und Pflichten aus dem Dauerschuldverhältnis betreffende – Vertragsanpassung zu einer Erhöhung der künftigen Leasingraten ist der Barwert der Leasingverbindlichkeit unter Berücksichtigung der aktuellen Konditionen neu zu berechnen und der Differenzbetrag als Zugang des *right of use asset* zu erfassen.

179 Werden einzelne Elemente eines **Portfolios** (Rz 6) innerhalb der Laufzeit an den Leasinggeber zurückgegeben oder verschrottet, liegt ein Teilabgang des Portfolios vor. Da die Elemente im Rahmen des Portfolio-Ansatzes zu einem *right of use asset* zusammengefasst sind, ist auf die Regelungen der Modifikation zurückzugreifen. Die mengenmäßige Verringerung des Leasingumfangs führt zu einer erfolgswirksamen Erfassung des Teilabgangs.

Praxis-Beispiel
Im Rahmen des Portfolio-Ansatzes wurden 2.000 separate Leasingverhältnisse zu einer *unit of account*, somit bilanziell zu einem *right of use asset* und zu einer Leasingverbindlichkeit zusammengefasst. Die Laufzeit des *lease* beträgt fünf Jahre. Nach zwei Jahren gehen 1.000 der erfassten 2.000 *underlying assets* ab. Der Abgang ist als mengenmäßige Modifikation abzubilden (Rz 172).

4.9 Ausweis im Abschluss des *lessee*

180 Mit Anwendung des *right of use approach* ändert sich der bilanzielle Ausweis (*presentation*) von Leasingverhältnissen im Abschluss des Leasingnehmers. In Abhängigkeit der Abschlussbestandteile gilt:
- In der **Bilanz** erfolgt eine Darstellung des **Nutzungsrechts** am *underlying asset* entweder getrennt von eigenen Vermögenswerten oder zusammen mit den dazugehörigen Leasinggegenständen, als ob es sich um eigene Ver-

mögenswerte handelt. Anzugeben sind die Bilanzposten, die Nutzungsrechte am Leasinggegenstand enthalten, sowie deren Beträge (IFRS 16.47(a)). Die **Leasingverbindlichkeit** ist ebenfalls entweder getrennt von anderen Verbindlichkeiten oder zusammen mit anderen Verbindlichkeiten unter Angabe der Bilanzposten, die Leasingverbindlichkeiten enthalten, sowie deren Beträge auszuweisen (IFRS 16.47(b)). Eine Differenzierung nach kurz- und langfristigem Anteil ist geboten ($\rightarrow$ § 2 Rz 33).

- In der **GuV** ist ein gesonderter Ausweis von Zins- und Abschreibungsaufwand erforderlich. Eine Zusammenfassung scheidet aus (IFRS 16.48).
- Innerhalb des *cash flow statement* ist der Tilgungsanteil der Auszahlungen im *cash flow* aus Finanzierungstätigkeit zu erfassen und der Zinsanteil auf der Grundlage eines Bilanzierungswahlrechts einem Mittelverwendungsbereich zuzuweisen. Der Ausweis von Leasingzahlungen i.V.m. geringwertigen Vermögenswerten und kurzfristigen Leasingverhältnissen und variablen Leasingzahlungen, die nicht in der Leasingverbindlichkeit enthalten sind, erfolgt im *cash flow* aus betrieblicher Tätigkeit (IFRS 16.50). Der nicht zahlungswirksame Teil der Transaktion ist erläuterungspflichtig ($\rightarrow$ § 3 Rz 148 ff.).

Im Vergleich zum bisherigen Ausweis (*presentation*) nach dem *risks and rewards approach* (nahezu *off-balance*-Behandlung von *operating-lease*-Verhältnissen) ergibt sich folgendes Bild:

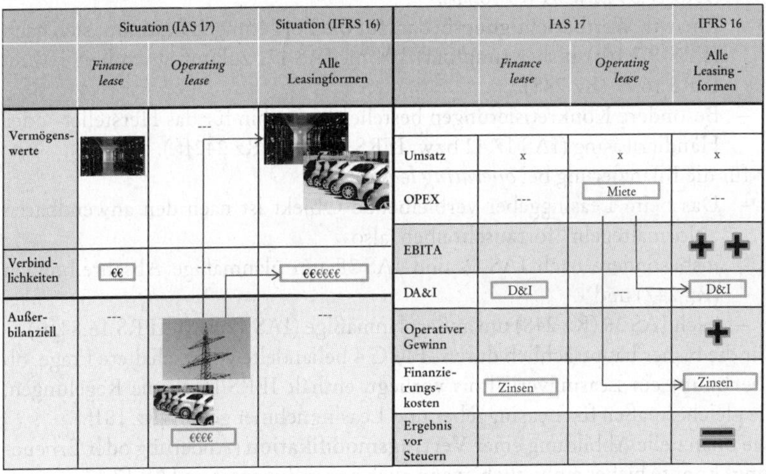

	Situation (IAS 17)		Situation (IFRS 16)		IAS 17		IFRS 16
	Finance lease	*Operating lease*	Alle Leasingformen		*Finance lease*	*Operating lease*	Alle Leasing-formen
Vermögens-werte		---		Umsatz	x	x	x
				OPEX	---	Miete	---
Verbind-lichkeiten	€€		€€€€€	EBITA			✚ ✚
				DA&I	D&I	---	D&I
Außer-bilanziell	---		---	Operativer Gewinn			✚
				Finanzie-rungs-kosten	Zinsen		Zinsen
		€€€€		Ergebnis vor Steuern			═

Abb. 11: Änderung des Konzepts: aus OPEX (*operating expenses*) wird CAPEX (*capital expenditure*)

5 Bilanzierung durch den Leasinggeber

5.1 Überblick: weitgehende Fortführung des *risk-and-rewards*-Modells

Während der Übergang von IAS 17 zu IFRS 16 für den Leasingnehmer einen konzeptionellen Umbruch mit sich bringt – von der Bilanzierung nach wirt- 181 schaftlichem Eigentum zum *right-of-use*-Ansatz (Rz 75), bleibt der Leasinggeber von grundlegenden Neuerungen „verschont". Im Einzelnen gilt

- für den Bilanzansatz:
  - Wie bisher nach IAS 17.8. muss der Leasinggeber zukünftig nach IFRS 16.61 ein identifiziertes Leasingverhältnis – bzw. die *lease components* einer Vereinbarung (Rz 18 ff.) – als *finance* oder *operating lease* klassifizieren (Rz 184 ff.). Im ersten Fall hat er das Leasingobjekt (wegen Verlust des wirtschaftlichen Eigentums) auszubuchen und eine Leasingforderung einzubuchen. Im zweiten Fall erfasst er laufende Erträge aus den Leasingraten. Auch die Kriterien zur Unterscheidung von *finance* und *operating lease* sind weitgehend unverändert von IAS 17.10 ff. nach IFRS 16.63 ff. übernommen worden (Rz 188 ff.).
- für die Bilanzierung bei *finance lease*:
  - Die Leasingforderung ist wie bisher nach IAS 17.36 auch zukünftig nach IFRS 16.67 mit dem Nettoinvestitionswert einzubuchen (Rz 237).
  - Auch die Folgebewertung der Leasingforderung hat sich nicht geändert. Die Leasingraten sind in einen Zins- und Tilgungsanteil zu zerlegen, dabei die Zinserträge so auf die Laufzeit des Leasingverhältnisses zu verteilen (Rz 238), dass sich auf Basis des internen Zinssatzes des Leasinggebers eine periodisch gleichbleibende Rendite des Nettoinvestitionswerts ergibt (IAS 17.39 bzw. IFRS 16.75).
  - Ein evtl. Wertberichtigungsbedarf für die Forderungen bestimmt sich nach IFRS 9.2.1(b) bisher (implizit) i.V.m. IAS 17, zukünftig explizit i.V.m. IFRS 16.77 (Rz 248).
  - Besondere Konkretisierungen bestehen weiterhin für das Hersteller- oder Händlerleasing (IAS 17.42 bzw. IFRS 16.71 ff. (Rz 242 ff.).
- für die Bilanzierung bei *operating lease*:
  - Das beim Leasinggeber verbleibende Objekt ist nach den anwendbaren „Normalregeln" fortzuschreiben, also
  - insbesondere nach IAS 16 und IAS 38 um planmäßige Abschreibungen (Rz 247) und
  - nach IAS 36 (Rz 248) um außerplanmäßige (IAS 17.53 ff, IFRS 16.84 ff.).

182 Für die bisher hauptsächlich durch IFRIC 4 behandelte vorgeschaltete Frage, ob **überhaupt** ein Leasingverhältnis vorliegt, enthält IFRS 16 eigene Regelungen, die gleichermaßen für Leasinggeber und Leasingnehmer gelten (Rz 18 ff.).

183 Die bilanzielle Abbildung einer **Vertragsmodifikation** (Änderung oder Erneuerung) konnte bisher einheitlich, wenn auch nur rudimentär, in IAS 17.13 geregelt werden, weil beide Parteien nach dem einheitlichen Konzept des wirtschaftlichen Eigentums bilanzieren mussten. Da IFRS 16 hingegen vom Leasingnehmer konzeptionell eine andere Bilanzierung verlangt als vom Leasinggeber (Rz 2 f.), unterscheiden nunmehr auch die Vorschriften zur Behandlung von Vertragsmodifikationen zwischen Leasingnehmer (Rz 163 ff.) und Leasinggeber (IFRS 16.79 und IFRS 16.87).

5.2 Bilanzansatz

5.2.1 Grundunterscheidung zwischen *finance lease* und *operating lease*

Der Leasinggeber hat ein Leasingverhältnis als *operating* oder *finance lease* zu **184** klassifizieren (IFRS 16.61) und zu diesem Zweck zu beurteilen (IFRS 16.62), ob so gut wie alle mit dem Eigentum verbundenen **Risiken** und **Chancen** des Leasingobjekts auf den **Leasingnehmer** übertragen werden (dann *finance lease*) oder nicht (dann *operating lease*).

Die Klassifizierung erfolgt zu **Beginn** des Leasingverhältnisses (*inception of* **185** *the lease*). Die getroffene Wahl kann nicht durch spätere Neudefinition der Schätzparameter umgestoßen werden. Lediglich der Abschluss eines neuen Vertrags oder eine grundlegende Vertragsänderung kann eine Neuqualifizierung bewirken (Rz 252 ff.). Als Beginn des Leasingverhältnisses gilt der Tag der Leasingvereinbarung oder der frühere Tag, an dem sich die Vertragsparteien über die wesentlichen Bestimmungen der Leasingvereinbarung geeinigt haben (IFRS 16.66).

Da die Entscheidung zwischen *finance* und *operating lease* schon mit Vertrags- **186** schluss zu treffen ist, ergibt sich für die Abbildung von **Zahlungen des Leasingnehmers bis zum Beginn der Nutzung** des Leasingobjekts in der Bilanz des Leasinggebers

- bei *finance lease* ein Ausweis als **erhaltene Anzahlungen** und
- bei *operating lease* eine **Abgrenzung** und Verteilung über die tatsächliche Nutzungsdauer.

Im Übrigen sind die vor Nutzungsbeginn geleisteten Zahlungen als Teil der Leasingzahlungen (Rz 128 ff.) beim für die Klassifizierung vorzunehmenden Barwerttest zu berücksichtigen (Rz 212).

Die **Laufzeit** des Leasingverhältnisses ist für das Vertragsdauerkriterium **187** (Rz 204), ebenso aber für die Verteilung von Leasingraten aus einem *operating lease* von Bedeutung. Hierzu wird auf Rz 249 ff. verwiesen.

5.2.2 Klassifizierungskriterien im Überblick

Nach IFRS 16.63 wird ein Leasingvertrag regelmäßig als *finance lease* klassifi- **188** ziert, wenn zu Beginn des Leasingverhältnisses **mindestens eines** der folgenden fünf Kriterien erfüllt ist:

(1) Am **Ende der Vertragslaufzeit** werden die Eigentumsrechte am Leasingobjekt auf den Leasingnehmer übertragen (**Eigentumsübergangskriterium;** *transfer of ownership test*; IFRS 16.63(a)). Ist der Eigentumsübergang nicht unbedingt, sondern lediglich als eine Option des Leasingnehmers vereinbart, greift IFRS 16.63(b).

(2) Es besteht zugunsten des Leasingnehmers eine **günstige Kaufoption (Kaufoptionskriterium;** *bargain purchase option test;* Rz 197 ff.; IFRS 16.63(b)).

(3) Die **Vertragslaufzeit** erstreckt sich über den überwiegenden Teil der verbleibenden wirtschaftlichen **Nutzungsdauer** des Leasingobjekts. Eine evtl. spätere rechtliche Übertragung des Leasingobjekts ist unerheblich (**Mietzeitkriterium;** *economic life time test;* Rz 204; IFRS 16.63(c)).

(4) Der **Barwert** der Leasingzahlungen entspricht im Wesentlichen dem beizulegenden Zeitwert des Leasinggegenstands ohne Zuwendungen von Drit-

ten an den Leasinggeber zu Beginn des Leasingvertrags (**Barwertkriterium**; *recovery of investment test;* Rz 211; IFRS 16.63(d)).

(5) Der Leasinggegenstand hat eine **spezielle Beschaffenheit** (*specialised nature*), so dass er nur vom Leasingnehmer ohne wesentliche Veränderungen genutzt werden kann (Spezialleasing; Rz 222; IFRS 16.63(e)).

189 Der für die Klassifizierung (Rz 188) und die Zugangsbewertung (für *operating lease* Rz 237 und für *finance lease* Rz 246) heranzuziehende Bewertungsmaßstab „*fair value*" (beizulegender Zeitwert) trägt zwar die gleiche Bezeichnung wie der durch IFRS 13 einheitlich konzipierte Betrag, entspricht diesem aber wegen eines expliziten Ausschlusses (→ § 8a Rz 9) nicht notwendigerweise. Abweichend von der restriktiven Verpflichtung des IFRS 13 auf einen *exit price* kann der beizulegende Zeitwert nach IFRS 16 auch als *entry price* bestimmt werden.

190 Die vorgenannten Kriterien sind hinreichend, aber nicht notwendig für eine Qualifizierung als *finance lease*. IFRS 16.64 führt **ergänzende Indikatoren** auf, die bei einem entsprechenden wirtschaftlichen Gesamtbild von Kriterien und Indikatoren ebenfalls zum Vorliegen eines *finance lease* führen können. Folgende Fälle werden unterschieden:

(1) Der **Leasingnehmer** hat zwar ein **Kündigungsrecht** (Rz 191), das ihm z.B. ermöglicht, das Leasingverhältnis weit vor dem Ende der wirtschaftlichen Nutzungsdauer des Leasingobjekts zu beenden, muss aber dann die dem Leasinggeber aus der Kündigung entstehenden Verluste übernehmen (IFRS 16.64(a));

(2) Gewinne und Verluste aus **Schwankungen des beizulegenden Zeitwerts** (Rz 192) gegenüber dem vertraglich vereinbarten Restwert trägt der Leasingnehmer (IFRS 16.64(b));

(3) der Leasingnehmer hat das Recht, das Leasingverhältnis um eine weitere Mietperiode zu **verlängern** (Rz 100 ff.), während derer die Mietzahlungen wesentlich geringer sind als die marktübliche Miete (IFRS 16.64(c)).

Das Vorliegen von mindestens einem dieser Indikatoren soll **nicht zwangsläufig** zu einem *finance lease* führen, könnte dies aber (*„could lead"*). Andererseits ist die Einordnung als *finance lease* auch dann möglich, wenn keiner der Indikatoren erfüllt ist. Im Vergleich zu IFRS 16.63, dessen Kriterien normalerweise (*„normally"*) zu einem *finance lease* führen, ist der **Verbindlichkeitsgrad** von IFRS 16.64 tendenziell niedriger als der von IFRS 16.63.

191 Ist der Leasingnehmer im Fall einer **vorzeitigen Kündigung** des Leasingverhältnisses zur Übernahme der Verluste des Leasinggebers verpflichtet, kann dies eine Indikation für das Vorliegen eines *finance lease* darstellen. Dogmatisch stellt der Indikator der Verlustabdeckung im Fall der Kündigung auf den Übergang des **Amortisationsrisikos** vom Leasinggeber auf den Leasingnehmer ab und ist insoweit als Erweiterung/Ergänzung der zu berücksichtigenden Leasingraten des Barwerttests anzusehen (Rz 211). Er kann aber auch als Ergänzung des Vertragsdauerkriteriums interpretiert werden (Rz 204). Eine aufgrund von Kündigungsrechten formal kurze Vertragsdauer kann in wirtschaftlicher Betrachtung als lange Vertragsdauer anzusehen sein, wenn die im Fall einer Kündigung zu leistenden Zahlungen so hoch sind, dass sie die Ausübung des Kündigungsrechts unwahrscheinlich machen.

Nach IFRS 16.64(b) kann auch in den Fällen ein *finance lease* vorliegen, in denen **192** der Leasingnehmer die **Gewinne oder Verluste aus Schwankungen im Restwert** des Leasingobjekts übernimmt. Folgende vertragliche Gestaltungen sind auf die Übernahme von Restwertrisiken durch den Leasingnehmer hin zu untersuchen:

- **Andienungsrechte** des Leasinggebers, denen zufolge er vom Leasingnehmer die Übernahme des Leasingobjekts zu einem Preis verlangen kann, der dem kalkulierten Restwert entspricht,
- *first-loss*-Garantien (auf einen bestimmten Betrag festgelegte Restwertgarantien) des Leasingnehmers, die den Leasinggeber von einem Verwertungsrisiko freistellen,
- Vereinbarung über nicht marktübliche (nicht ausreichend besicherte) **Mieterdarlehen** (Darlehen des Leasingnehmers an den Leasinggeber),
- **Festpreiskaufoptionen** oder
- Vereinbarungen über die **Aufteilung** von **Veräußerungsgewinnen** oder **Veräußerungsverlusten**.

Liegen derartige Vertragsgestaltungen vor, werden i.d.R. die Gewinnchancen und das Restwertrisiko über den Vertragshorizont hinaus auf den Leasingnehmer übertragen. Für eine Klassifizierung als *finance lease* ist es hierbei unerheblich, ob gleichzeitig Chancen und Risiken oder lediglich Risiken oder Chancen übertragen werden. Auch bei Transfer **nur** der **Risiken** (z. B. das komplette Restwertrisiko über eine *first-loss*-Garantie) oder **nur** der Chancen (im Rahmen einer günstigen Kaufoption ohne Andienungsrecht; Rz 197) ist eine Nutzungsüberlassung als *finance lease* zu klassifizieren.

Konzeptionell ist die Zuweisung von Gewinnen/Verlusten aus Schwankungen **193** des Restwerts eines Leasingobjekts als Konkretisierung des Barwerttests (Rz 211) auf die Feststellung des **Amortisationsrisikos** ausgelegt. Der Anteil des garantierten Restwerts am Barwert der Leasingzahlungen wird dabei maßgeblich durch das Verhältnis von Vertragslaufzeit zur wirtschaftlichen Nutzungsdauer beeinflusst:

- Zum einen wird bei einem höheren Anteil der Vertragslaufzeit an der wirtschaftlichen Nutzungsdauer bereits ein Großteil der Chancen und Risiken auf den Leasingnehmer übertragen und
- zum anderen wird über die Diskontierung über eine längere Periode ein Zinseszinseffekt die Höhe des Barwerts zusätzlich beeinflussen.

Obwohl die Übernahme von Schwankungen des Restwerts konzeptionell dem **194** Barwerttest zuzurechnen ist, hat der Indikator eine eigenständige Bedeutung für die Klassifizierung von Leasingverhältnissen. Die ausschließliche Berücksichtigung einer *first-loss*-Garantie als Bestandteil der Leasingraten im Barwerttest ist daher nicht zulässig.

Wird das Risiko der Verwertung des Leasingobjekts am Ende der Leasingver- **195** einbarungen zwischen den Parteien geteilt, bedarf es einer einzelfallabhängigen Beurteilung in Abhängigkeit von der vertraglichen Ausgestaltung, einer Wahrscheinlichkeitseinschätzung verschiedener Szenarien und dem Leasingobjekt, ob der Leasingnehmer im Wesentlichen alle Risiken der Verwertung übernimmt. Für die Beurteilung der Verteilung der Chancen und Risiken ist eine **Szenarioanalyse** erforderlich, bei der einzelnen Szenarien (mit einer denkbaren Wertausprägung) Wahrscheinlichkeiten zugewiesen werden. Die Vorgaben zur Leasingklassifizierung beinhalten keine konkreten Ausführungen zur Bestimmung des Erwartungswerts. In Anwendung von IAS 8.11(a) ist daher (vorrangig) auf die spezifischen Ausführungen zur Bestimmung des Erwartungswerts in IFRS 13.B23 – IFRS 13.B30 zurückzugreifen. Ist dem Leasingnehmer der überwiegende Anteil des Amortisationsrisikos zuzurechnen, bleibt also in den realistischen Szenarien kein Risiko mehr für den Leasinggeber, liegt ein *finance lease* vor, auch wenn der Barwerttest oder ein anderes Kriterium keine entsprechende Klassifizierung nach sich zieht.

196 Die Vereinbarung einer günstigen, unter den Marktkonditionen liegenden Verlängerungsoption führt bei isolierter Betrachtung nicht zum Vorliegen eines *finance lease*. Günstige Verlängerungsoptionen sind jedoch im Rahmen des Laufzeitkriteriums (Rz 204 ff.) und des Barwerttests (Rz 211) mit in die Klassifizierung eines Leasingvertrags aufzunehmen. Dogmatisch sind sie somit sowohl als Konkretisierung der **Dauer der Herrschaft** (Ausdehnung der Nutzungsdauer) als auch des **Amortisationsrisikos** (Einbezug der Anschluss-Leasingraten in den Barwerttest) einzuordnen.

5.2.3 Günstige Kaufoption

197 Bei einem Leasingvertrag mit vereinbarter **Kaufoption** hat der Leasingnehmer das Recht, das Leasingobjekt nach Ablauf der Grundmietzeit zum vereinbarten Optionspreis zu **erwerben**. Der Leasinggeber hat bei ordnungsmäßiger Vertragsabwicklung keine rechtliche Einflussnahme auf die Ausübung der Option des Leasingnehmers. Von einer günstigen Kaufoption ist auszugehen, wenn die Ausübung des Optionsrechts durch den Leasingnehmer bereits bei Vertragsbeginn feststeht. Das ist nach IFRS 16.63(b) der Fall, wenn der vereinbarte Kaufpreis „deutlich" *(sufficiently)* unter dem erwarteten beizulegenden Zeitwert des Leasingobjekts im Optionsausübungszeitpunkt liegt. Ausgehend vom Wortlaut ist die Ausübungswahrscheinlichkeit zwar nur im Hinblick auf die Höhe des Optionspreises zu prüfen. Gleichwohl ist es sinnvoll, auch bei Vorliegen eines **wirtschaftlichen Zwangs** zur Optionsausübung eine günstige Kaufoption anzunehmen. Das gilt insbesondere in den Fällen, in denen es sich um ein für die Fortführung des betreffenden Geschäftsbereichs notwendiges Leasingobjekt handelt.

Praxis-Beispiel
Ein Leasingnehmer mietet eine große Anzahl von Produktionsmaschinen. Die betriebsgewöhnliche Nutzungsdauer beträgt acht Jahre. Im Zug der Aufstellung entstehen dem Leasingnehmer erhebliche Installations- und Implementierungskosten. Die Grundmietzeit beträgt zwei Jahre. Zugleich wurde eine Kaufoption nach Ablauf der ersten zwei Jahre vereinbart. Der Leasingnehmer wäre bei Nichtausübung der Kaufoption gezwungen, erneut hohe Installations- und Implementierungskosten zu tragen. Die Ausübung der Kaufoption ist deshalb günstig und als wahrscheinlich anzusehen.

---

198 Für die Beurteilung der Günstigkeit einer Option ist zwischen **zwei Zeitpunkten** zu unterscheiden: Eine Option ist günstig,
  • wenn auf Basis der bei **Vertragsschluss (Beurteilungszeitpunkt)** verfügbaren Informationen voraussichtlich *(is expected)*

- bei Ausübung der Option (**Ausübungszeitpunkt**) der Ausübungspreis (abzüglich evtl. Vertragsstrafen) unter dem beizulegenden Zeitwert des Leasingobjekts liegt.

Hiernach sind Optionen, Vorkaufsrechte usw., die vertraglich auf den beizulegenden Zeitwert im Ausübungszeitpunkt abstellen, nie als günstig einzustufen. In Fällen eines Fixpreises ergibt sich hingegen ein doppeltes Ermessen:

- Schätzung des späteren Zeitwerts;
- die Höhe, ab welcher eine positive Differenz von Zeitwert und Ausübungspreis als günstig anzusehen ist.

Nach unserer Auffassung ist eine Option regelmäßig als günstig anzusehen, wenn der Ausübungspreis 20 % oder mehr unter dem erwarteten beizulegenden Zeitwert liegt. Im Rahmen einer Gesamtwürdigung kann aber auch ein geringerer erwarteter Vorteil zum *finance lease* führen.

Neben der Unbestimmtheit der Günstigkeit ist auch die Bestimmung des beizulegenden Zeitwerts zum jeweiligen Ausübungszeitpunkt mit Unsicherheiten behaftet. Bei längeren Leasingzeiträumen lässt sich der beizulegende Zeitwert im Options**ausübungszeitpunkt** kaum verlässlich bestimmen. Insofern ist es bei Vertragsbeginn oftmals **Ermessensbeurteilung**, ob der vereinbarte Kaufpreis „deutlich" unter dem erwarteten beizulegenden Zeitwert des Leasingobjekts im Optionsausübungszeitpunkt liegt. Aus Praktikabilitätserwägungen spricht i. d. R. nichts dagegen, das Kaufpreiskriterium nach IFRS 16 in Anlehnung an den deutschen Vollamortisationserlass zum Mobilienleasing[21] auch dann als erfüllt anzusehen, wenn ein Kaufpreis vereinbart wird, der unterhalb des Restbuchwerts bei Anwendung der linearen Abschreibungsmethode im Optionsausübungszeitpunkt liegt. Sofern allerdings bessere Informationen über den zukünftigen *fair value* (als Wiederbeschaffungs- oder Veräußerungswert) vorliegen, ist diesen Informationen zu folgen. **199**

Die Schätzung des zukünftigen *fair value* von Leasingobjekten kann marktpreisorientiert erfolgen, indem (z. B.) heutige Marktpreise für dem späteren Abnutzungsgrad des Leasingobjekts entsprechende Objekte mit der voraussichtlichen Preissteigerungsrate (z. B. für Immobilien Baukostenindex) hochgerechnet werden. Daneben ist eine Wertbestimmung über ein **DCF-Verfahren** denkbar. Notwendig ist hier die Kenntnis **200**

- des zeitlichen Anfalls und der Höhe der *cash flows*, die in dem Zeitraum **nach** der möglichen Optionsausübung erzielt werden können, und
- des risiko- und laufzeitäquivalenten **Diskontierungs**zinssatzes.

Die Auswirkungen von **Inflationserwartungen** sind bei der Bestimmung des beizulegenden Zeitwerts zu berücksichtigen, den das Leasingobjekt am Ende der Laufzeit voraussichtlich haben wird. Eine gegenteilige Auffassung würde bei hoher erwarteter Preissteigerung zu nicht vertretbaren Ergebnissen führen.

> **Praxis-Beispiel**
> Eine Immobilie in der Region X, Nutzungsdauer 25 Jahre, wird für fünf Jahre geleast. Danach besteht eine Kaufoption. Als Ausübungspreis sind 80 % des heutigen Zeitwerts vereinbart, entsprechend der Abnutzung von 5/25 = 20 %.

---

[21] Vgl. BMF, Schreiben v 19.4.1971, IV 312 – S 2170–31/1, BStBl I 1971 S. 264.

In der Region X steigen die Immobilienpreise mit 25 % p. a. Der Neuwert der Immobilie nach fünf Jahren würde ca. 300 % des heutigen Neuwerts betragen, der voraussichtliche Marktwert der gebrauchten Immobilie somit 300 % × 80 % = 240 % des heutigen Zeitwerts. Dies ist das Dreifache des Optionsausübungspreises. Die Option ist daher günstig, ihre Ausübung hoch wahrscheinlich.

201 Im Rahmen der Wertbestimmung über ein DCF-Verfahren sind Preissteigerungsraten insoweit nicht zu berücksichtigen, als sie am Bewertungsstichtag nicht gleichzeitig auch im Diskontierungszins (einem Nominalzins) berücksichtigt sind. Auch bei vernachlässigbaren Preissteigerungsraten kann der Restwert des Leasingobjekts den Zeitwert zu Beginn der Nutzung erreichen oder übertreffen, etwa wenn vertraglich Sanierungsaufwendungen vorgesehen sind, die das Leasingobjekt über die Vertragslaufzeit wesentlich verbessern.

Praxis-Beispiel
Der Leasingnehmer LN least am 1.1.01 für 20 Jahre ein Bürogebäude mit anschließender Kaufoption zu einem Preis, der dem Zeitwert am 1.1.01 entspricht. Das Bürogebäude befindet sich zu Beginn des *lease* in einem stark sanierungsbedürftigen Zustand. Bei entsprechend niedriger Miete übernimmt LN die notwendigen Sanierungsarbeiten. Hat sich der Zeitwert des Bürogebäudes durch die Sanierung so stark erhöht, dass auch unter Berücksichtigung der anschließenden 20-jährigen Abnutzung der Zeitwert am 31.12.20 deutlich über dem am 1.1.01 liegt, ist die Kaufoption als günstig zu beurteilen.

202 In der Praxis treten oftmals Leasingverhältnisse mit Kaufoptionen auf, bei denen der Leasingnehmer die aus einem Leasingverhältnis stammenden Objekte im Rahmen eines **Untermietvertrags** (*sublease*) an einen Dritten weitervermietet. Bei der Klassifizierung der einzelnen Leasingverhältnisse muss die **Wechselwirkung** zwischen Haupt- und Unterleasingverhältnis berücksichtigt werden (Rz 256 ff.).

203 Dogmatisch fasst das Kaufoptionskriterium zwei Facetten des wirtschaftlichen Eigentums:

- Vorteilhafte Ausübungsbedingungen der Option bewirken, dass die wesentlichen **Chancen** aus dem Vertrag beim **Leasingnehmer** liegen, die **Risiken** hingegen zum Teil beim **Leasinggeber**.
- Eine **hohe Ausübungswahrscheinlichkeit** der Option sorgt dafür, dass der Leasingnehmer nach dem wahrscheinlichen Verlauf der Dinge auf **Dauer die Herrschaft** über das Leasingobjekt ausüben wird.

Eines der Kriterien reicht für den Verlust des wirtschaftlichen Eigentums des Leasinggebers aus. Dabei ist das Kriterium der dauernden Herrschaft ggf. sogar höher zu werten, da es z. B. nicht auf Risikotragung bei unwahrscheinlichen Wertverläufen abstellt, sondern auf den nach Erkenntnissen zu Vertragsbeginn wahrscheinlichen Verlauf (Rz 185).

5.2.4 Laufzeitkriterium

204 Nach IFRS 16.63(c) ist ein Vertrag als *finance lease* zu qualifizieren, wenn die Laufzeit des Leasingvertrags den „überwiegenden Teil" *(major part)* der wirtschaftlichen Nutzungsdauer abdeckt. Der Standard vermeidet auch beim **Laufzeitkriterium** bewusst die Vorgabe quantitativer Größen (*„bright lines"*). Das Fehlen quantitativer Vorgaben eröffnet dem Bilanzierer ein faktisches Wahlrecht (→ § 24 Rz 9). Es obliegt dem pflichtgemäßen **Ermessen des IFRS-Bilanzierers,** innerhalb eines u. E. gebotenen Intervalls von 75 – 90 % seine Definition zu finden, die er dann **konzerneinheitlich** und im Zeitablauf **konsistent** (unter Berücksichtigung der materiellen Stetigkeit; → § 24 Rz 5) anzuwenden hat (IAS 8.13).

Zwischen den Begriffen *„economic life"* (wirtschaftliche Nutzungsdauer) gem.   205
IFRS 16.63(c) und *„useful life"* (betriebsindividuelle Nutzungsdauer) i. S. v.
IAS 16.6 (→ § 10 Rz 33) ist zu unterscheiden:

* Während sich die für die Leasingklassifizierung maßgebliche **wirtschaftliche Nutzungsdauer** aus einer durchschnittlichen Marktperspektive ergibt,
* bestimmt sich die für die Abschreibung relevante betriebsindividuelle **Nutzungsdauer** aus der unternehmensspezifischen Verwendungsabsicht.

Allerdings ist u. E. bei erheblichen Abweichungen zwischen wirtschaftlicher Nutzungsdauer und unternehmensspezifischer Nutzungsdauer eine Plausibilisierung der Annahmen bzgl. der wirtschaftlichen Nutzungsdauer erforderlich.

Praxis-Beispiel

Der innovationsbewusste LN nutzt im Eigentum befindliche und geleaste Computer regelmäßig nicht mehr als drei Jahre. Die amtliche AfA-Tabelle weist in statistischer Auswertung durchschnittlicher Verhältnisse eine Nutzungsdauer von fünf Jahren aus. Dies ist aber gerade nicht die betriebsindividuelle Nutzungsdauer des LN. Er schließt daher auch nur Leasingverträge über drei Jahre ab und hat die in seinem rechtlichen Eigentum stehenden Computer (*useful life*: drei Jahre) über diesen Zeitraum abzuschreiben. Das Vertragsdauerkriterium führt hier nicht zu einem *finance lease*. Berücksichtigt der Leasinggeber allerdings die Nutzungsdauer des Leasingnehmers in der Gestaltung des Leasingvertrags (z. B. in den Leasingraten), kann der Barwerttest zur Qualifizierung als *finance lease* führen (Rz 211).

Nach US-GAAP ergeben sich Besonderheiten im Rahmen des Laufzeittests für   206
gebrauchte Leasingobjekte, bei denen vor Leasingbeginn bereits **75 %** oder
mehr der **Gesamtnutzungsdauer** abgelaufen sind (ASC Topic 842–10.25–2c).

Praxis-Beispiel

Der Leasinggeber Z finanziert ein Leasingobjekt unter der Bedingung, dass die zukünftige Amortisation zu mindestens 75 % sichergestellt ist. Leasingnehmer A least das Objekt über 75 % der wirtschaftlichen Nutzungsdauer. Z ist nicht mehr wirtschaftlicher Eigentümer. Am Ende der Leasingperiode tritt B als zweiter Leasingnehmer über die verbleibende Restnutzungsdauer in das Leasingverhältnis ein. In Bezug auf den Rest(buch)wert des Leasingobjekts übernimmt B zwar 100 % der Chancen und Risiken, im Vergleich zu dem „Neuwert" des Leasingobjekts allerdings nur 25 %. Eine Feststellung zum Verlust oder Verbleib des wirtschaftlichen Eigentums bei Z soll daher nach US-GAAP über das Nutzungsdauerkriterium nicht mehr möglich sein.

Gegen eine analoge Anwendung dieser Regelungen auf IFRS sprechen folgende Gründe:

- Nach US-GAAP wird das Laufzeitkriterium allgemein mit 75 % fixiert (ASC Topic 842–10–55–2a). Auf diesem Prozentsatz bauen die Sonderregeln für das Leasing besonders alter Gebrauchtobjekte auf. In IFRS 16 wird das Laufzeitkriterium hingegen als *major part* definiert. Sonderregeln für Gebrauchtobjekte könnten daher ebenfalls nur auf diesem weichen Kriterium und nicht auf der 75-%-Grenze aufbauen.

- Fraglich bleibt dann, ob mit *major part of the lifetime* die Gesamtnutzungsdauer *(total lifetime)* oder die Restnutzungsdauer *(remaining lifetime)* gemeint ist. Aus IFRS 16 ergibt sich keine eindeutige Antwort. Eine Bindung des Laufzeitkriteriums an die *total lifetime* ließe dieses bei Gebrauchtobjekten fast völlig ins Leere laufen. Ein Gebäude mit einer Gesamtnutzungsdauer von 30 Jahren wäre etwa, wenn es nach zehn Jahren Eigennutzung in einen 20-jährigen *lease* gegeben würde, schon nicht mehr als *finance lease* zu qualifizieren, da die Vertragsdauer nur noch 67 % der *total lifetime* betrüge.

- Zu sachgerechteren Ergebnissen führt die Interpretation des Laufzeitkriteriums als *„major part of the remaining lifetime"*. Im Beispiel liegt dann ein *finance lease* vor. Um das Laufzeitkriterium überhaupt auf Gebrauchtobjekte anwenden zu können, muss es also geltungserhaltend i. S. v. *remaining lifetime* interpretiert werden.

- Mit dieser Interpretation besteht aber für eine kasuistische Sonderbehandlung besonders alter Objekte keine Rechtfertigung mehr. Das Alter spiegelt sich vielmehr allgemein im *remaining life* wider und bei gegebener Vertragslaufzeit damit auch im Laufzeitkriterium.

207   Im Rahmen der Bestimmung der Mietzeit sind ebenfalls Vertragsverlängerungsoptionen des Leasingnehmers mit einzubeziehen (Rz 204 ff.). Ist deren Ausübung wegen garantierter Mietkonditionen unter dem Marktniveau oder aufgrund wirtschaftlicher Zwänge (vgl. bzgl. der Kaufoption Rz 197) schon bei Vertragsabschluss hinreichend sicher, verlängert sich die zu veranschlagende Mietzeit entsprechend. Ein wirtschaftlicher Zwang kann sich ebenfalls aus einer **Untervermietung** des Leasingobjekts ergeben (ausführlich Rz 256 ff.). Der *lease term* umfasst – nicht nur für den Laufzeittest, sondern auch für den Barwerttest – daher den gesamten Zeitraum, für den der Leasingnehmer die Nutzungsüberlassung nicht ohne Einverständnis des Leasinggebers beenden kann.

208   U. U. scheidet eine Klassifizierung eines Leasingverhältnisses über das Laufzeitkriterium im Einzelfall auch aus. So ergeben sich komplexe Schwierigkeiten für die Bestimmung der Grundmietzeit bei Beendigungsmöglichkeit eines laufenden Leasingverhältnisses durch Abschluss (i. S. e. **Austausches**) eines neuen *lease*.

Praxis-Beispiel

Der Leasingnehmer LN least von Leasinggeber LG Computer-Hardware auf vier Jahre. Während der Laufzeit des Vertrags hat LN das Recht, teilweise Hardware gegen neuere auszutauschen. Der Austausch begründet eine Verlängerung der Leasingperiode.

Die Beurteilung des Leasingverhältnisses richtet sich dann nach der Ausgestaltung des Anschlussleasingverhältnisses. Wird das Restwertrisiko des ursprünglichen Leasingverhältnisses bei Austausch des Leasingobjekts in den neuen *lease* übernommen, ist bei Vertragsabschluss von einem *finance lease* auszugehen. Anderes gilt mit der Folge einer Klassifizierung als *operating lease*, wenn der Leasinggeber erhebliche Restwertrisiken des Leasingobjekts übernimmt.

> **Praxis-Beispiel**
> Der Leasingnehmer LN least seine gesamte Pkw-Flotte über den Leasinggeber und Pkw-Händler LG. Alle zwei Jahre hat LN die Möglichkeit zur Rückgabe eines dann gebrauchten Pkws im Austausch gegen einen neuen. LG kann die von LN zwei Jahre genutzten Pkw als Gebrauchtwagen in seinen Autohäusern veräußern und verzichtet daher auf eine Kompensation für Restwertrisiken. Der *lease* ist als *operating lease* zu klassifizieren.

Auch das Laufzeitkriterium zeichnet sich dogmatisch durch zwei Facetten aus (vgl. bzgl. der günstigen Kaufoption Rz 197): Wenn die Nutzungsüberlassung den überwiegenden Teil der wirtschaftlichen Nutzungsdauer abdeckt,
209
- übt einerseits der Leasingnehmer auf **Dauer die Herrschaft** über das Leasingobjekt aus,
- wird andererseits über die **Summe der Leasingraten** regelmäßig der überwiegende Teil des Amortisationsrisikos auf den Leasingnehmer übertragen.

Ob das Amortisationsrisiko übertragen wird, hängt vom Produkt aus Anzahl und Höhe der Leasingraten ab. Eine 1:1-Beziehung zwischen Laufzeit- und Amortisationsrisiko besteht daher nicht, hingegen ein zwingender Zusammenhang zwischen Vertragsdauer und Herrschaft über das Objekt. Dem Kriterium der dauernden Herrschaft kommt daher u. E. eine höhere Bedeutung zu, da es bei langer Vertragsdauer unabhängig von der Ausgestaltung der sonstigen Konditionen (Höhe der einzelnen Leasingraten etc.) gewährleistet ist.[22]

Ein alleiniges Abstellen auf die Verfügungsmacht über das Nutzenpotenzial scheidet aus, da neben der Verteilung der Chancen auch die Übernahme von Risiken beachtlich ist. Es kommt für den Laufzeittest nicht nur darauf an, welche Partei die Möglichkeit hat, den Nutzen aus dem Vermögenswert zu ziehen, sondern auch darauf, wer das Restwertrisiko (*residual value risk*) trägt. Wenn der Leasingnehmer zwar keine Möglichkeit hat, einen Dritten von der Nutzung auszuschließen, aber der Leasinggeber dennoch das Amortisationsrisiko auf den Leasingnehmer übertragen kann, ist das wirtschaftliche Eigentum nicht mehr dem Leasinggeber zuzurechnen, liegt also ein *finance lease* vor.
210

5.2.5 Barwertkriterium

5.2.5.1 Grundsatz

Das Barwertkriterium legt offen, welche Vertragspartei das Investitionsrisiko trägt. Auch beim Barwertkriterium **vermeidet IFRS 16 bewusst die Vorgabe quantitativer Angaben**, wie sie z. B. nach den US-GAAP relevant sind. Wie bei der Auslegung des Mietzeitkriteriums ist es möglich, sich aufgrund der fehlenden
211

---

22 Vgl. LÜDENBACH/FREIBERG, BB 2006, S. 259.

Konkretisierung an den US-GAAP zu orientieren. Der Barwerttest wäre in Anlehnung an ASC Topic 842–10–55–2c erfüllt, wenn der Barwert der Leasingzahlungen mindestens 90 % des beizulegenden Zeitwerts des Leasinggegenstands zu Beginn des Leasingvertrags beträgt. Jede exakte Grenzziehung in der kommentierenden Literatur ist indes willkürlich, da der IASB bewusst auf eine Quantifizierung verzichtet hat (Rz 212). Ähnlich wie beim Nutzungsdauertest ist auch im Rahmen des Barwerttests auf das Gesamtbild der wirtschaftlichen Verhältnisse abzustellen, ein Unterschreiten der 90-%-Grenze also nicht hartes Kriterium *(bright line)* der Leasingklassifizierung. Neben der Referenzgröße für das Verhältnis zwischen dem beizulegenden Zeitwert des Leasingobjekts und dem Barwert der Leasingzahlungen sind v. a. drei Informationen für die Klassifizierung des Leasingverhältnisses anhand des Barwerttests notwendig:

- **Leasingzahlungen** des Leasingnehmers,
- beizulegender Zeitwert *(fair value)* des Leasingobjekts,
- zugrunde zu legender **Diskontierungszinssatz.**

5.2.5.2   Bestimmung der Leasingzahlungen

212 Der Umfang der im Barwerttest zu berücksichtigenden Leasingzahlungen ergibt sich

- nicht nur aus der Definition der *lease payments* in IFRS 16.A (Rz 92),
- sondern auch aus den (im Fall eines *finance lease*) bei der Zugangsbewertung der Leasingforderung zu berücksichtigenden Zahlungen (IFRS 16.70).

Hinsichtlich des zweiten Punkts ist aber Folgendes zu beachten: In der Leasingforderung sind naturgemäß keine Zahlungen mehr enthalten, die der Leasingnehmer bereits vor Beginn des Leasingverhältnisses *(commencement)* geleistet hat. Beim Barwerttest sind derartige „vorschüssige" Zahlungen jedoch einzubeziehen und zwar mit dem auf den Leasingbeginn *(at inception)* auf-/abgezinsten Betrag. Als Zinssatz ist der entsprechende Diskontierungssatz für nach dem Klassifizierungszeitpunkt zu entrichtende Leasingzahlungen zugrunde zu legen.

Praxis-Beispiel

Anfang 01 leistet der Leasingnehmer LN eine einmalige Zahlung von 10.000 EUR an den Leasinggeber LG. Beginn des Leasingverhältnisses ist Anfang 02, die Vertragslaufzeit endet Ende 10. Zukünftig sind jeweils zum Jahresende Leasingzahlungen i. H. v. 5.000 EUR vereinbart. Der Barwert der Leasingraten ergibt sich unter Berücksichtigung eines internen Zinssatzes des Leasingnehmers i. H. v. 10 % wie folgt: Der Barwert Anfang 02 der zukünftigen Leasingzahlungen (bis Ende 10) beträgt 28.795 EUR. Zusätzlich ist für den Barwert der Leasingzahlungen die aufgezinste Einmalzahlung i. H. v. 11.000 EUR zu berücksichtigen. Der Barwert beträgt insgesamt also 39.795 EUR.

---

213 Im Wesentlichen stimmen die beim Barwerttest und der Zugangsbewertung der Leasingforderung des Leasinggebers bei einer Klassifizierung als *finance lease* zu berücksichtigenden Zahlungen mit denen überein, die der Leasingnehmer bei der Bewertung der Leasingverbindlichkeit nach IFRS 16.27 zu berücksichtigen hat. Insoweit kann allgemein auf Rz 92 ff. verwiesen werden. Die Zugangsbewertung der Leasingforderung und damit auch die beim Barwerttest zu berücksichtigenden Zahlungen unterscheiden sich jedoch in einem Punkt von der Zugangsbewertung der Leasingverbindlichkeit beim Leasingnehmer. Während beim Leasingnehmer nach IFRS 16.27(c) nur von ihm selbst abgegebene Restwertgarantien (*residual value guarantee*) zu berücksichtigen sind, erfasst der Leasinggeber nach IFRS 16.70(c) auch Restwertgarantien, die Dritte, insbesondere auch nahestehende Parteien des Leasingnehmers, abgegeben haben. Insgesamt sind damit beim Barwerttest folgende Zahlungen zu berücksichtigen:

Bestimmung der Leasingraten für den Barwerttest (IFRS 16.A i.V.m. IFRS 16.70)
Feststehende (vertraglich der Höhe nach determinierte) Zahlungen
+ bereits vor dem Nutzungsbeginn geleistete Zahlungen des Leasingnehmers
+ quasi-fixe (*in-substance fixed*) Zahlungen (Rz 104)
− Anreizverpflichtungen (*lease incentive payables;* Rz 115)
+ variable Zahlungen, deren Höhe an die Entwicklung eines Index oder Kurses geknüpft ist (Rz 108)
+ erwartete Zahlungen aus seitens des Leasingnehmers, dessen nahestehenden Parteien oder Dritten abgegebenen Restwertgarantien (Rz 111)
+ Ausübungspreis aus einer Kaufoption des Leasingnehmers (*purchase option*), deren Ausübung *reasonably certain* ist (Rz 98)
+ Zahlungen aus der (vorzeitigen) Beendigung des *lease*, wenn diese im *lease term* berücksichtigt werden (Rz 99)
= **Summe der zu berücksichtigenden Zahlungen**

Tab. 9: Berücksichtigung von Zahlungsverpflichtungen für den Barwerttest

Zahlungen, die für **Service, Wartung, Versicherung und Steuern** anfallen (*executory costs*), gehören nicht zu den Leasingraten (Rz 212) und finden daher auch keinen Eingang in den Barwerttest. 214

Praxis-Beispiel
Der Leasingnehmer LN least Anfang 01 von Leasinggeber LG einen Fotokopierer für drei Jahre. In der monatlichen Leasingrate von 100 EUR sind Toner, Papier und Wartung enthalten. Den Service für gleiche Kopierer, die LN erworben hat, berechnet LG monatlich mit 25 EUR. Zur Bestimmung der Leasingraten für den Barwerttest sind daher die 100 EUR um die 25 EUR Serviceentgelt zu kürzen.

Sind in den Konditionen des Leasingverhältnisses von der Nutzungsintensität abhängige Zahlungen vereinbart, aber nicht offengelegt, ist eine Separierung nach den Vorgaben zur Aufteilung der *consideration in the contract* in *lease* und *non-lease components* erforderlich (Rz 61 ff.).

215 Aus Sicht des Leasinggebers gehören zu den Leasingraten auch Restwertgarantien (Rz 213), die ihm vom Leasingnehmer, einer mit dem Leasingnehmer verbundenen Partei oder einer unabhängigen Partei eingeräumt werden. Das betrifft z. B. **Rücknahmeverpflichtungen seitens des Herstellers** gegenüber dem Leasinggeber und vom Leasinggeber abgeschlossene **Restwertversicherungen.** Ein Andienungsrecht des Leasinggebers ist einem garantierten Restwert gleichzusetzen und deshalb bei der Ermittlung der Leasingzahlungen ebenfalls zu berücksichtigen.

216 Beim Immobilien- oder Big-Ticketleasing werden nicht selten **Mieterdarlehen** vereinbart. Im Gegensatz zu traditionellen Kreditgeschäften (Kreditausgabe heute, Zins- und Tilgungszahlung in Zukunft) bauen sich Mieterdarlehen über die Vertragslaufzeit sukzessiv auf und sind erst am Ende der Laufzeit des Leasingvertrags durch den Leasinggeber zurückzuzahlen. Die vom Leasingnehmer während des Aufbaus des Mieterdarlehens zu leistenden Zahlungen lassen sich somit in ein Entgelt für die Nutzung des Vermögenswerts und sukzessive Darlehensauszahlungen trennen. In wirtschaftlicher Betrachtung kommt dem Mieterdarlehen die Funktion einer **verdeckten Restwertgarantie** zu. Ist bei Beendigung des Leasingverhältnisses als relevante Sicherheit für das Darlehen ausschließlich das Leasingobjekt heranzuziehen, gilt:

- Kann das Leasingobjekt **zu einem restwertdeckenden Preis veräußert** werden, wird das Mieterdarlehen vollständig zurückgezahlt.
- Kann das Leasingobjekt **nicht restwertdeckend veräußert** werden, muss der Leasinggeber ggf. vertraglich, mindestens aber faktisch anteilig auf die Rückzahlung des Mieterdarlehens verzichten.

Wegen dieser Abhängigkeit des Darlehens vom Restwert zählen die vom Mieter an den Vermieter geleisteten Darlehensauszahlungen zu den zu berücksichtigenden **Leasingzahlungen** und sind daher in den Barwerttest einzubeziehen. Maßgeblich ist hierbei i. d. R. die planmäßige **Restvaluta** des Mieterdarlehens am Ende des Vertragsverhältnisses. Eine dies ggf. kompensierende Einbeziehung der Darlehensrückzahlung mit negativem Vorzeichen in den Barwerttest kommt hingegen regelmäßig wegen der Unsicherheit der Rückzahlung nicht infrage, es gilt der Ausschluss für variable Zahlungen (Rz 213).

Praxis-Beispiel[23]
Die LN AG least Anfang 01 ein neu errichtetes Verwaltungsgebäude (Investitionskosten 6 Mio. EUR, Nutzungsdauer 30 Jahre) von der Leasingobjektgesellschaft LG GmbH & Co KG, die das Verwaltungsgebäude als einzigen Vermögenswert über die Bank B (als Gründer der LG) fremdfinanziert. Die Parteien vereinbaren eine Vertragsdauer von 20 Jahren, nach deren Ablauf LN ein Vorkaufsrecht für das Gebäude hat. Die jährlichen Leasingraten belaufen sich auf 400 TEUR. Aufgrund des Zins- und Tilgungsplans der Bank verlangt LG zusätzlich die Gewährung eines zum Vertragsende rückzahlbaren Mieterdarlehens mit einer Darlehenszahlung von weiteren 100 TEUR p. a., zu dessen Besicherung nur das Verwaltungsgebäude dient. Über Eigenkapital relevanter Größenordnung verfügt die KG nicht. Die Summe der jährlichen Leasingzah-

---

[23] Entnommen aus FREIBERG, PiR 2006, S. 92 ff.

lungen beträgt 500 TEUR. Der interne Leasingzinssatz des Leasinggebers ist der Λ bekannt und beträgt 5,45 % p. a., der Rentenbarwertfaktor somit 12. Die Valuta des Darlehens am Ende der Vertragslaufzeit beträgt 2 Mio. EUR. Da die Rückzahlung des Mieterdarlehens der Höhe nach unsicher ist, ist der Rückzahlungsbetrag nicht kürzend im Barwertkalkül zu berücksichtigen. Der Barwert der Leasingraten beträgt daher 6 Mio. EUR (12 × 400 TEUR aus dem Leasingvertrag + 12 × 100 TEUR aus dem Mieterdarlehen) und entspricht damit den Investitionskosten. Es liegt ein *finance lease* vor. A hat das Verwaltungsgebäude zu bilanzieren.

Ein dem Leasinggeber gewährtes Darlehen ist als (verdeckte) Restwertgarantie in die Leasingzahlungen des Barwerttests einzubeziehen, wenn die einzige Sicherheit für die Rückzahlung des Darlehensbetrags der erwartete Restwert des Leasingobjekts im Zeitpunkt der Fälligkeit ist. Die Wahrscheinlichkeit eines erwarteten Ausfalls ändert nichts an der Pflicht zum Einbezug der Darlehensvaluta als verdeckte Restwertgarantie in die Leasingzahlungen. Der Zeitpunkt der Auszahlung des Darlehens – ob laufend über die Leasingrate oder vorschüssig in einem Betrag – zeitigt lediglich Relevanz für die barwertige Betrachtung. Eine Behandlung als Sicherheitszahlung oder Kaution (*security deposit*) außerhalb der Leasingvereinbarung scheidet aus, wenn die Rückzahlung des Darlehens von der Wertentwicklung des Leasingobjekts abhängt. **217**

Im Zusammenhang von vereinbarten **Verlustabdeckungen** (Rz 191) im Fall der **Kündigung** eines Leasingverhältnisses ist Folgendes beachtlich: **218**

- Nicht jede Vereinbarung hinsichtlich einer Verlustabdeckung führt automatisch zu einem *finance lease*. Vielmehr sind bei Vorliegen einer entsprechenden Kündigungsklausel ggf. **Barwerttests** in **unterschiedlichen Szenarien** anzustellen (entweder reguläre Beendigung des Vertragsverhältnisses oder bei Kündigungsmöglichkeiten der Parteien ein Kündigungsszenario).
- **Doppelzählungen** (Zahlungen bis zum Ende der Vertragslaufzeit **und** der Verlustabdeckung bei Kündigung) bei der Berechnung des Barwerts der Leasingzahlungen sind zu **vermeiden**.

Praxis-Beispiel
Zwischen dem Leasinggeber und dem Leasingnehmer wird ein Leasingvertrag über ein Gebäude abgeschlossen. Es wird weder eine günstige Kaufoption noch eine günstige Verlängerungsoption eingeräumt. Spezialleasing liegt ebenfalls nicht vor. Der Barwerttest über die vereinbarte Vertragsdauer (reguläre Beendigung unterstellt) führt zu einem Barwert von 70 % des beizulegenden Zeitwerts des Gebäudes. Der Leasingvertrag enthält ein Kündigungsrecht nach 3/4 der vertraglichen Nutzungsdauer, welches mit einer Verlustabdeckungsklausel (*first-loss*-Garantie des Leasingnehmers) verbunden ist. Ein Barwerttest unter der Prämisse der Vertragskündigung und Diskontierung der gezahlten Leasingraten bis zur Kündigung (3/4 der Laufzeit) und der vereinbarten Verlustabdeckungssumme führt zu einem Barwert von 97 % des beizulegenden Zeitwerts des Gebäudes. Der Leasingvertrag begründet ein *finance lease*, da der Leasinggeber über die Ausübung der Kündigungsmöglichkeit das wirtschaftliche Eigentum aufgibt.

5.2.5.3 Beizulegender Zeitwert des Leasingobjekts

219 Der dem Barwert der Leasingzahlungen gegenüberzustellende beizulegende Zeitwert des Leasingobjekts ergibt sich aus dem Wert, zu dem voneinander unabhängige und vertragswillige Parteien einen Tausch vereinbaren würden. Wenn der Leasinggeber kein Hersteller/Händler ist, ergeben die **Investitionskosten des Leasinggebers den besten Anhaltspunkt** für den beizulegenden Zeitwert des Leasingobjekts. Werden ertrags- oder DCF-orientierte Bewertungsverfahren zur Bestimmung des beizulegenden Zeitwerts herangezogen, ist Folgendes zu beachten: Der *fair value* des Leasingobjekts ist unabhängig von dem Leasingverhältnis (also ex ante) zu bestimmen. Für die Bestimmung des Zeitwerts über ein *discounted-cash-flow*-Verfahren ist daher vorrangig auf marktbasierte Zahlungsströme aus der Nutzung des Leasingobjekts zurückzugreifen. In den Zahlungsströmen sind keine ungünstigen *(unfavorable)* oder günstigen *(favorable)* Konditionen des Leasingverhältnisses zu berücksichtigen. Ein Rückgriff auf die vertraglich vereinbarten Leasingzahlungen ist u. E. daher nur nach vorheriger Prüfung der Marktüblichkeit der Leasingraten zulässig. Hinsichtlich des beizulegenden Zeitwerts, dem Vergleichsmaßstab des Barwerttests, sind im Rahmen der Klassifizierung Anpassungen für erhaltene Zuschüsse oder (steuerliche) Investitionszulagen (→ § 12 Rz 29) wegen der dadurch bedingten Kürzung des Investitionswerts vorzunehmen (zur Begrenzung der Berücksichtigung für die Klassifizierung vgl. Rz 188 ff.), wenn diese nicht an den Leasingnehmer weitergeleitet werden.

Praxis-Beispiel

Im Rahmen eines Förderprogramms werden Investitionen in Geschäftsimmobilien (Firmengründungen) mit einem vergünstigten Kreditangebot bezuschusst. Voraussetzung für die Gewährung der vergünstigten Finanzierungskonditionen im Rahmen eines Leasinggeschäfts zwischen einer Bank und dem Anspruchsberechtigten ist die Einräumung einer „günstigen" Kaufoption (zum steuerlichen Restbuchwert des Investitionsobjekts) nach Ablauf der Vertragsdauer. Sowohl Leasingnehmer als auch Leasinggeber haben den Konditionen für die Inanspruchnahme der Förderung zugestimmt. Die Leasingraten werden anhand der Gesamtinvestitionskosten und der Barwert der Leasingraten unter Rückgriff auf den Refinanzierungszinssatz der Bank unter Anrechnung des Finanzierungszuschusses der Förderstelle bestimmt. Bei dem zwischen den Parteien abgeschlossenen Leasingverhältnis handelt es sich um ein *finance lease*. Die Feststellung anhand des Barwertkriteriums muss hinsichtlich des Vergleichs mit dem beizulegenden Zeitwert (den Gesamtinvestitionskosten) berücksichtigen, dass der Barwert der Leasingraten durch den Zuschuss nicht mehr 1:1 mit dem beizulegenden Zeitwert des Leasingobjekts zu vergleichen ist.

---

220 Lässt sich der **beizulegende Zeitwert** des Leasingobjekts **nicht verlässlich bestimmen**, darf auf das Barwertkriterium nicht zurückgegriffen werden. In der Praxis ergeben sich Probleme der verlässlichen Bestimmung des beizulegenden Zeitwerts eines Leasingobjekts immer dann, wenn **mehrere Nutzer** auf ein Leasingobjekt zurückgreifen.

> **Praxis-Beispiel**
> Ein Immobilieneigentümer stellt einem Mobilfunkanbieter ein 15-jähriges Nutzungsrecht an einem bereits bestehenden Antennenträger zur Befestigung von Sendetechnik (Antenne, BTS etc.) zur Verfügung. Zwar lässt sich ein beizulegender Zeitwert für den Antennenträger als Ganzes ermitteln, eine Verteilung auf einzelne Antennenplätze ist allerdings nicht zuverlässig möglich. Damit kann der Barwerttest nicht angewendet werden.

5.2.5.4 Maßgebender Zinssatz

Zur Bestimmung des Barwerts der Leasingraten ist ein **Abzinsungssatz** heran- **221** zuziehen. Dieser stimmt nicht notwendig mit dem, den der Leasingnehmer bilanziell berücksichtigt (Rz 116 ff.), überein. Aus der Perspektive des **Leasinggebers** spiegelt der Zinssatz zur Diskontierung zukünftiger Leasingzahlungen die interne Verzinsung *(rate implicit in the lease)* der Investition in das Leasingobjekt wider.

5.2.6 Spezialleasing

Ein *finance lease* liegt nach IFRS 16.63(e) normalerweise *(normally)* auch vor, **222** wenn ein Leasingobjekt **speziell** auf die **Bedürfnisse** des Leasingnehmers zugeschnitten und nach Ablauf der Grundmietzeit wirtschaftlich sinnvoll nur von diesem nutzbar ist. Eine alternative, aber wirtschaftlich nicht sinnvolle Nutzung widerlegt Spezialleasing ebenso wenig wie eine denkbare, aber aus der Perspektive des Vertragsbeginns sehr unwahrscheinliche wirtschaftlich sinnvolle Drittverwendung.[24]

> **Praxis-Beispiel**
> Der Bundesligafußballverein B (einziger Bundesligaverein der Stadt) hat das Stadion langfristig von der Stadt angemietet. Die Nutzung des Stadions ist nicht auf Fußball beschränkt. Ebenso könnte man hier Schafe weiden lassen oder Rockkonzerte veranstalten, wobei Letzteres gelegentlich sogar vorkommt. Beide Verwendungsalternativen scheiden aber für einen langfristigen Mietvertrag aus, bzw. sowohl der Schäfer als auch der Konzertveranstalter würden einen solchen langfristigen Vertrag nur abschließen, wenn die Stadionmiete lediglich noch einen verschwindend kleinen Bruchteil dessen betrüge, was ein Bundesligaverein für die fortgesetzte regelmäßige Nutzung zahlen würde. Nach unserer Auffassung liegt in diesem Fall (der Vermietung des Stadions an den Bundesligaverein) Spezialleasing vor. Entscheidend ist nicht, ob ein anderer als der Leasingnehmer das Leasingobjekt ohne größere Modifikationen überhaupt, sondern ob er es **wirtschaftlich sinnvoll** nutzen kann.

Andererseits liegt z. B. bei kommunalen Objekten, wie z. B. Krankenhäusern und Schulen, kein Spezialleasing vor, wenn eine Nutzung durch private Träger möglich und nicht ganz unwahrscheinlich ist.
U. E. kommt dem Kriterium „Spezialleasing" eine eigenständige und hohe Bedeu- **223** tung zu, da die Zielsetzung dieses Kriteriums gerade darin liegt, Gestaltungen

---

[24] LÜDENBACH/FREIBERG, BB 2006, S. 259.

aufzudecken, mit denen die anderen Zurechnungskriterien umgangen werden können. Sowohl ein **formeller** als auch ein **materieller** Grund sprechen für eine **eigenständige** und **gewichtige** Bedeutung des Kriteriums Spezialleasing:

*   **Formell** ist einzuwenden, dass das Spezialleasingkriterium in IFRS 16.63 auf gleicher Ebene wie die anderen Kriterien genannt wird. Dem Wortlaut der Regelung ist kein Hinweis auf eine **Einbeziehung** in ein anderes Kriterium bzw. die **Unterordnung** unter ein solches zu entnehmen.
*   **Materiell** decken Barwerttest und Spezialleasingtest unterschiedliche Konkretisierungsformen des wirtschaftlichen Eigentums ab. Der Barwerttest zielt auf die sichere **Amortisation** aus der Perspektive eines risikoscheuen Leasinggebers. Er versagt daher bei erfolgsabhängigen Leasingraten (Rz 92), da Amortisationssicherheit hier wegen der Bedingtheit nie darzustellen ist. Andererseits kann der Leasinggeber auch bei bedingten Leasingraten das wirtschaftliche Eigentum verlieren, dies eben aufgrund der **anderen** Kriterien (z. B. Vertragsdauer), die nicht auf die sichere Amortisation, sondern vorrangig darauf zielen, wer bei normalem und wahrscheinlichem Verlauf der Dinge auf Dauer die tatsächliche Herrschaft über das Leasingobjekt hat.

Dem Gedanken folgend, durch das Kriterium des Spezialleasings Umgehungen zu vermeiden, sehen auch andere internationale Regelungssysteme als die IFRS (und das deutsche Steuerrecht im Bereich des Kommunalleasings[25]) eine Zurechnung wirtschaftlichen Eigentums bei Spezialleasing vor. Dies gilt z. B. für

*   die *International Public Sector Accounting Standards* (IPSAS) als Pendant der IFRS im Bereich der öffentlichen Verwaltung (IPSAS 13.15(e)),
*   die Regelungen des *United States General Accounting Office* (GAO) zur Berücksichtigung von Vermögen, Schulden und Investitionsausgaben aus Leasingverträgen in öffentlichen Haushalten nach den Grundsätzen des wirtschaftlichen Eigentums.[26]

224 Der spezielle Zuschnitt eines Leasingobjekts löst **faktische Handlungszwänge** aus, die einen weitgehenden Verzicht auf rechtliche Bindungen ermöglichen bzw. diese, etwa durch Wahl einer formell kurzen Vertragsdauer, so gestalten, dass die anderen Leasingkriterien umgangen werden können.[27] Eine den wirtschaftlichen Verhältnissen entsprechende Betrachtung könnte daher in diesen Fällen ohne Einbeziehung des Spezialleasingkriteriums nicht erreicht werden.[28]

Praxis-Beispiel

Die Parteien eines Leasingverhältnisses vereinbaren zur Umgehung des Vertragsdauerkriteriums eine verhältnismäßig kurze Laufzeit mit einer marktüblich bepreisten Vertragsverlängerungsoption für den Leasinggeber. Die vereinbarten Leasingraten enthalten auch eine erfolgsabhängige Komponente, so dass der Barwert der (sicheren) Leasingraten nicht dem wesentlichen Teil des beizulegen-

---

[25] Vgl. KALIGIN, DStZ 1985, S. 235 ff.; GOERTZEN, FR 1996, S. 549 ff.; THEISSEN, Die Information über Steuer und Wirtschaft, 1996, S. 146 ff.

[26] Vgl. Bericht des US GAO an diverse Ausschüsse des Repräsentantenhauses vom August 2001.

[27] LÜDENBACH/FREIBERG, BB 2006, S. 259; BFH, Urteil v. 15.2.2001, III R 130/95, BFH/NV 2001, S. 1041 ff.

[28] BFH, Urteil v. 26.1.1970, IV R 144/66, BStBl II 1970 S. 264. Zum Fall eines speziell auf die Bedürfnisse eines durch den Leasingnehmer zugeschnittenen Selbstbedienungsladens unter Vornahme von Ein- und Umbauten.

> den Zeitwerts entspricht. Der Vertrag sieht keine Kaufoption vor. Der an
> dauernder Herrschaft interessierte Leasingnehmer kann sich auf diese alle ande-
> ren Kriterien umgehende Gestaltung einlassen, wenn Spezialleasing vorliegt und
> es deshalb völlig unwahrscheinlich ist, dass der Leasinggeber einen anderen
> Leasingnehmer finden wird, also die Verlängerungsoption nicht ausüben wird.

Spezialleasing liegt nach unserer Auffassung regelmäßig dann vor, wenn der spe-   225
zielle Zuschnitt eines Leasingobjekts eine ökonomisch sinnvolle **Drittverwendung**
quasi **ausschließt.** Im Bereich des Softwareleasings sehen wir das Kriterium Spezialleasing nach IFRS daher als erfüllt an, wenn über ein Leasingverhältnis finanzierte
ERP-Software in ganz wesentlichem Umfang an die betriebliche Situation des
Leasingnehmers angepasst *(customised)* wird. Im Übrigen war auch in der Ent-
wurfsfassung des BMF-Schreibens zur „ERP-Software" noch eine ähnliche Auffassung enthalten,[29] wurde aber nach Intervention aus der Praxis gestrichen.

Das **Fehlen** der wirtschaftlich sinnvollen **Drittverwendungsmöglichkeit** ist als das   226
entscheidende Definitionsmerkmal des Spezialleasings anzusehen: Spezialleasing
liegt daher nach an steuerlichen Grundsätzen orientierter Auslegung vor, „wenn
der Leasinggegenstand in einem solchen Maße auf die speziellen Anforderungen
und Verhältnisse des Leasingnehmers zugeschnitten ist, dass eine sinnvolle anderweitige Nutzung oder Verwertung durch den Leasinggeber nicht möglich erscheint" oder in typisierter Betrachtung völlig unwahrscheinlich ist. Nach unserer
Auffassung muss die Konkretisierung des IFRS-Begriffs des Spezialleasings gleichen Grundsätzen folgen. Diese Auffassung stützt sich auf folgende Überlegung:

• Jede Klassifizierung eines Leasingverhältnisses hat zu Beginn des Leasingverhältnisses *(at inception of the lease)* zu erfolgen.

• Sie ist damit notwendig zukunftsgerichtet und daher von Wahrscheinlichkeitsüberlegungen geprägt.

• Würde man unter diesen Umständen jede noch so unwahrscheinliche Drittverwendungsmöglichkeit für die Widerlegung eines Spezialleasings genügen
  lassen, wäre der Begriff bzw. das Kriterium jedes Anwendungsgehalts beraubt
  und würde zu einer Vorschrift ohne Anwendungsbereich degenerieren.

Ein Spezialleasing liegt daher nach IFRS auch dann vor, wenn aus der Perspektive
des Vertragsbeginns eine **wirtschaftlich sinnvolle Drittverwendung sehr unwahrscheinlich** ist.

Spezialleasing in Bezug auf einen spezifischen Vermögenswert wird u.E. auch nicht   227
durch die Fiktion der Übernahme des **gesamten Unternehmens** – der rechtlichen
und wirtschaftlichen Hülle um den spezifischen Vermögenswert – durch einen
Dritten ausgeschlossen. Nur in ganz seltenen Fällen ist die beim Spezialleasing
vorausgesetzte Beschränkung der Verwendungsmöglichkeit auf den Leasingnehmer absolut, nämlich in dem Sinne gegeben, dass jeder Dritte schon technisch mit
dem Objekt nichts anfangen könnte. Häufig wird ein Dritter aber wirtschaftlich
nichts mit dem „speziellen" Vermögenswert anfangen können, wenn er nicht
zugleich das damit betriebene (Teil-)Geschäft, repräsentiert durch konkrete Kundenbeziehungen etc., übernimmt. Spezialleasing wird u.E. daher nicht dadurch

---

[29] BMF, Entwurf vom 10.6.2005, IV B2 – S 2172–0/00, Bilanzsteuerliche Beurteilung von Aufwen-
      dungen zur Einführung eines neuen Softwaresystems (ERP-Software), Tz. 20.

ausgeschlossen, dass ein Dritter das Leasingobjekt nur unter der Voraussetzung der Übernahme des damit **betriebenen (Teil-)Geschäfts** verwenden könnte.[30]

5.2.7   Besonderheiten beim Immobilienleasing

5.2.7.1   Leasing von unbebauten Grundstücken

228   Für Leasingverträge über unbebaute Grundstücke gelten die gleichen Vorgaben zur Klassifizierung als *finance* oder *operating lease* wie für abnutzbares Vermögen (IFRS 16.B53 ff.). Der Standard erkennt aber an, dass die unbestimmte Nutzungsdauer des Grund und Bodens (*indefinite economic life*) hierbei besonderer Berücksichtigung bedarf (IFRS 16.B55). Der Verlust des wirtschaftlichen Eigentums ist nur dann unproblematisch, wenn am Ende der Grundmietzeit das Eigentum am Grundstück auf den Leasingnehmer übergeht. Infolgedessen sind bei unbebauten Grundstücken vorrangig das Eigentumsübergangskriterium (Rz 188) aus IFRS 16.63(a) und das Kaufoptionskriterium (Rz 197) aus IFRS 16.63(b) zu prüfen. Wenn eines dieser beiden Kriterien erfüllt ist, liegt ein *finance lease* vor. Geht das rechtliche Eigentum am Ende der Grundmietzeit nicht auf den Leasingnehmer über, bleiben zur Beurteilung des wirtschaftlichen Eigentums das Nutzungsdauer- und Barwertkriterium sowie die Möglichkeit des Vorliegens eines Spezialleasings. Spezialleasing ist bei unbebauten Grundstücken so gut wie nie einschlägig. Auch das Nutzungsdauerkriterium läuft bei Grund und Boden wegen der zeitlich nicht bestimmbaren (Rest-)Nutzungsdauer ins Leere. Besonderheiten ergeben sich für den **Barwerttest** (Rz 211). Bei sehr langfristigen Leasingverhältnissen über Grund und Boden wird der nicht durch den Leasingnehmer genutzte Restwert des Grund und Bodens aufgrund des Diskontierungseffekts (Zeitwert des Geldes; *time value of money*) regelmäßig sehr gering im Vergleich zum Gesamtwert sein.

> **Praxis-Beispiel**
>
> LN erhält von LG für 999 Jahre ein Nutzungsrecht an einem unbebauten Grundstück. Der Zeitwert des Grundstücks beträgt bei Leasingbeginn 10 Mio. EUR. Die Konditionen des *lease* sehen am Ende der Mietzeit weder einen Eigentumsübergang noch eine günstige Kaufoption vor. LN zahlt jährlich eine marktübliche Miete. Der Restwert des Grundstücks ist unter Berücksichtigung einer Geldentwertungsrate von 2 % p. a. und eines (zunächst) risikolosen Zinssatzes von 5 % bedeutungslos (bereits nach 557 Jahren Laufzeit ist der barwertige Restwert < 1 EUR).

Fraglich ist daher, ob die Chancen und Risiken aus dem Eigentum (*incidental to ownership*) an dem Grund und Boden auf den Leasingnehmer übertragen werden.

229   Im Rahmen der Entwicklung des Vorgängerstandards IAS 17 hatte der *Board* die Ansicht vertreten, bei einem langfristigen Leasingverhältnis bestehe hinsichtlich des Nutzungsrechts wirtschaftlich kein Unterschied zu einem Erwerb. An einer klaren Vorgabe, wie lange ein Leasingverhältnis über ein Grundstück sein muss, um wirtschaftlich einer Veräußerung gleichgestellt zu werden, fehlte es allerdings.[31]

---

30 Lüdenbach/Freiberg, BB 2006, S. 259.
31 Hierzu auch eine *dissenting opinion*, IAS 17.DO2.

Der IASB unterstellte eine Laufzeit von mehreren Jahrzehnten *(several decades)*, somit also durchaus Laufzeiten < 100 Jahre (IAS 17.BC8C).

> **Praxis-Beispiel (Fortsetzung zu Rz 228)**
> Aufgrund des niedrigen barwertigen Restwerts bei der langfristigen Nutzungsüberlassung von Grund und Boden übernimmt LN die wesentlichen Chancen und Risiken. LG gibt damit das wirtschaftliche Eigentum an dem Grundstück auf. Das Vertragsverhältnis ist als *finance lease* zu klassifizieren.

Ein Gleichsetzen von rechtlichem Erwerb und langfristigem Nutzungsrecht **230** setzt einen unbedeutenden Restwert des Grund und Bodens im Verhältnis zum Zeitwert bei Beginn des Leasingverhältnisses am Ende der unkündbaren Grundmietzeit voraus. Mangels konkreter Vorgaben seitens des *Board* lässt sich für die Praxis keine eindeutige Vorgabe i. S. e. *bright line* feststellen, ab welcher Laufzeit der Anteil des Restwerts eines Grundstücks unwesentlich für die Beurteilung der Chancen und Risiken wird. Insoweit ist eine einzelfallabhängige Beurteilung geboten, die insbesondere durch

- den Zeitwert des Geldes *(time value of money)* und
- das Wertentwicklungspotenzial des Grund und Bodens

beeinflusst wird. Regelmäßig ist u. E. insbesondere für langfristige Schätzungen nicht von einem Wertzuwachs von Grund und Boden auszugehen, der das Wachstum der Volkswirtschaft übersteigt. Die Bedeutung des barwertigen Restwerts von Grund und Boden ist – besondere Wertsteigerungspotenziale ausgeklammert – u. E. ab (Vertrags-)Laufzeiten von mehr als **50 Jahren** aufgrund des Zeitwerts des Geldes unwesentlich. Dieser Zeitraum erfüllt auch das Tatbestandsmerkmal der *several decades* und damit eines langlaufenden Leasingverhältnisses.

> **Praxis-Beispiel**
> Der bisherige Immobilieneigentümer einer Landfläche, die als Renditeimmobilie zum *fair value* bilanziert wird, entscheidet sich, diese im Rahmen eines lang laufenden Leasingverhältnisses (Laufzeit 300 Jahre) gegen ein hohes *upfront payment* (30 Mio. EUR), welches den Buchwert *(fair value)* der Landfläche (25 Mio. EUR) übersteigt, und geringe zukünftige Leasingraten zu vermieten. Der barwertige Restwert der Immobilie am Ende der Vertragslaufzeit wird aufgrund des Diskontierungseffekts auf 100.000 EUR geschätzt. Die Transaktion lässt sich u. E. in zwei unmittelbar aufeinanderfolgende Teilschritte zerlegen.
> Zunächst begründet das Vertragsverhältnis das Vorliegen eines *finance lease*. Das wirtschaftliche Eigentum an dem Grundstück hat der Leasinggeber aufgegeben. Der Barwert der Leasingraten übersteigt wegen des hohen *upfront payment* den Zeitwert des Leasingobjekts. In sequenzieller Folge ergeben sich folgende Buchungen:
> 1) Der Leasinggeber bucht das Grundstück aus und zunächst eine Leasingforderung i. H. d. Buchwerts ein. Die bilanziellen Folgen aus Sicht des bisherigen wirtschaftlichen, weiterhin aber rechtlichen Eigentümers sind gem. IFRS 16 wie folgt:

Konto	Soll	Haben
Leasingforderung	25 Mio.	
Landfläche		25 Mio.

2) Die Zahlung des *upfront payment* ist u. E. – trotz zeitgleicher Vereinbarung – analog einer vorfälligen (Teil-)Erfüllung einer Forderung/Verbindlichkeit zu behandeln. Der Leasinggeber erfasst einen Kassenzugang gegen teilweise Erfüllung der ausstehenden Leasingforderung. Die verbleibende Leasingforderung ist nach teilweiser Erfüllung effektivzinskonstant fortzuschreiben. Die bilanziellen Folgen aus Sicht des Leasinggebers sind wie folgt:

Konto	Soll	Haben
Kasse	30 Mio.	
Leasingforderung		(25 – x) Mio.
Ertrag		(5 + x) Mio.

5.2.7.2 Leasing von bebauten Grundstücken

231 Bei bebauten Grundstücken sind die Leasingraten/-zahlungen regelmäßig auf **Grund und Boden** sowie **Gebäude** aufzuteilen. Ausnahmsweise ist eine solche Aufteilung entbehrlich, wenn ein Teil des (Gesamt-)Leasingverhältnisses im Verhältnis zum anderen unwesentlich ist (Rz 54). Die einheitliche Wertung als Leasingvertrag über Grund und Boden bzw. über ein Gebäude ist dann vertretbar. Wo kein Ausnahmefall vorliegt, ist tatbestandsseitig eine Aufteilung der Leasingraten geboten (Rz 56). Rechtsfolgenseitig kann sich je nach den Verhältnissen des Leasingvertrags eine unterschiedliche wirtschaftliche Zuordnung der beiden Elemente/Komponenten ergeben, mit der Konsequenz, dass für den auf Grund und Boden entfallenden Teil des Leasingverhältnisses die unbestimmbare Nutzungsdauer zu berücksichtigen ist.

232 Eine in einem Immobilienverhältnis zwischen Leasinggeber und Leasingnehmer vereinbarte einheitliche Leasingrate für Grund und Boden sowie Gebäude ist auf diese beiden Komponenten aufzuteilen. Hierbei ist Folgendes beachtlich: Eine Aufteilung im Verhältnis der beizulegenden Zeitwerte (Verkehrswerte) zu Leasingbeginn ist nicht zulässig. Grund und Boden sowie Gebäude zeichnen sich durch eine unterschiedliche wirtschaftliche Nutzungsdauer aus. Während Gebäude einer physischen Alterung unterliegen, ist die Grund-und-Boden-Komponente i.d.R. unbestimmt nutzbar. Eine **Aufteilung einer einheitlichen Leasingrate** ist daher im **Verhältnis des Mietwerts** (*relative fair values of the leasehold interest*) am Grund und Boden sowie am Gebäude zu Beginn des Leasingverhältnisses vorzunehmen (IFRS 16.B56). Dabei sind aus Sicht des Leasinggebers zwei unterschiedliche Komponenten der Leasingzahlungen zu unterscheiden:

(1) **Gleichermaßen** für Grund und Boden sowie das Grundstück ist eine angemessene **Verzinsung** auf die Höhe der von dem Leasinggeber getätigten Investition (*return on*) enthalten.

(2) Nur für das Gebäude ist zusätzlich eine Kompensation für die physische **Abnutzung** (*return of*) zu berücksichtigen.

Da der beizulegende Zeitwert nicht als Bewertungs-, sondern lediglich als Aufteilungsmaßstab verwendet wird (IFRS 13.8), ist u. E. das einheitliche *fair value measurement framework* des IFRS 13 beachtlich, insoweit also eine am *exit price* orientierte Bewertung erforderlich (→ § 8a Rz 137). Der für Bewertungen nach IFRS 16 sonst vorgesehene Ausschluss (Rz 189) kommt nicht zum Tragen.

Bei der notwendigen Aufteilung einer einheitlichen Leasingrate für Grund und Boden sowie Gebäude spielen die beizulegenden **Zeitwerte** der beiden Komponenten nur mittelbar eine Rolle: **233**

(1) Wird das wirtschaftliche Eigentum am Grund und Boden **nicht** aufgegeben, ist für die Investition des Leasinggebers eine **unterschiedliche Renditeforderung** für die Grundstücks- und die Gebäudekomponente zu berücksichtigen. Während aus Sicht des Leasinggebers wegen des Rückbehalts des rechtlichen Eigentums und der Partizipation am Restwert am Ende der Grundmietzeit in Bezug auf das Grundstück nur eine Verzinsung auf den beizulegenden Zeitwert notwendig scheint, wird er für das Gebäude daneben eine Rendite für die physische Wertminderung verlangen. Ist der Wert des Grundstücks und der „Bodenzins" bekannt, kann der Grundstücksanteil der Leasingrate herausgerechnet werden. Die verbleibende Leasingrate *(residual)* ist dann dem Gebäude zuzurechnen. Alternativ oder zur Plausibilisierung kann eine Aufteilung der einheitlichen Leasingrate auch unter Berücksichtigung des **Restwerts der Gebäudekomponente** am Ende des Leasingverhältnisses erfolgen. Residuum ist dann die Verzinsung der Grundstückskomponente.

(2) Wird das wirtschaftliche Eigentum an dem Grundstück aufgegeben, wird der (rationale) Leasinggeber die Amortisation seiner gesamten Investitionskosten für Grund und Boden sowie Gebäude von dem Leasingnehmer verlangen. Eine Aufteilung einer einheitlichen Leasingrate in Grundstücks- und Gebäudeanteil für den Barwerttest ist nicht mehr erforderlich.

Praxis-Beispiel

Der Leasingnehmer LN least für 20 Jahre ein Gebäude und das zugehörige Grundstück. Der Verkehrswert des Grundstücks ist 5 Mio. EUR und der Wert des Gebäudes 15 Mio. EUR. Nach 20 Jahren geht das Eigentum am Grundstück zurück auf den Leasinggeber. Die jährlich nachschüssig zu zahlende Leasingrate beträgt 2 Mio. EUR. Der interne Zins des Leasinggebers ist unbekannt, der Grenzfremdkapitalzins des LN beträgt 10 %. Der Zins für eine Bundesanleihe mit gleicher Laufzeit beträgt 4 % und wird zuzüglich einer Marge von 1 % zur Bestimmung der Verzinsung auf das Grundstück herangezogen. Die Leasingrate für das Gebäude ergibt sich somit i. H. v. 1,75 Mio. EUR (2 – 5 % × 5). Der Barwert der Leasingraten für das Gebäude beträgt ca. 14,9 Mio.EUR. Bei einem Verhältnis von Barwert der Leasingraten zum beizulegenden Zeitwert des Gebäudes von 99 % erfolgt eine Klassifizierung der Gebäudeüberlassung als *finance lease*.

Die **Internationalen Bewertungsstandards** des IVSC[32] – wie auch die *Royal Institution of Chartered Surveyors*[33] – beschäftigen sich ausführlich mit der **234**

---

[32] INTERNATIONAL VALUATION STANDARDS COMMITTEE, International Valuation Standards, 7. Aufl., 2005.

[33] THE ROYAL INSTITUTION OF CHARTERED SURVEYORS, Valuation Information Paper No. 9, May 2006.

Bewertung von Mietrechten von Immobilienleasingverhältnissen. Die notwendigen Schritte für eine **Allokation der Miete auf Grundstücks- und Gebäudekomponenten** sind (bei fehlender Kenntnis der Restwerte der Grundstücks- und Gebäudekomponente) in Anlehnung an die Bewertungssystematik der *Royal Institution of Chartered Surveyors* wie folgt:[34]

(1) Verteilung des (Gesamt-)Zeitwerts der geleasten Immobilie auf das Grundstück und Gebäude *(freehold value)* zu Beginn des Leasingverhältnisses;

(2) Bestimmung eines Restwerts, welcher der geleasten Immobilie insgesamt am Ende des Leasingverhältnisses zuzuordnen ist;

(3) Schätzung des verbleibenden (Gesamt-)Restwerts einer Komponente durch Kenntnis (empirisch beobachtbare Werte) oder Berechnung des Restwerts einer Komponente (üblicherweise der Gebäudewert, näherungsweise Berechnung über die Subtraktion der kumulierten Amortisation vom ursprünglichen Zeitwert);

(4) Ableitung des Restwerts der verbleibenden Komponente aus dem Gesamtrestwert der Immobilie;

(5) Feststellung des notwendigen Anteils der Leasingrate, der zur Amortisation der Wertminderung des Gebäudes über die Vertragslaufzeit notwendig ist;

(6) Bestimmung der verbleibenden Leasingrate durch Subtraktion der Zahlung zur Amortisation der Wertminderung;

(7) Verteilung der verbleibenden einheitlichen Leasingrate, die dann nur noch die Verzinsung der Investitionskosten widerspiegelt, im (unter (1) ermittelten) Verhältnis auf die Grundstücks- und Gebäudekomponente.

Praxis-Beispiel

Der Zeitwert einer Immobilie (Grundstück und Gebäude) beträgt zum Leasingbeginn 200 Mio. EUR. Hiervon entfallen 50 Mio. EUR auf das Grundstück, der Rest auf das Gebäude. Bei einer Vertragslaufzeit von 30 Jahren wird zwischen Leasinggeber und Leasingnehmer eine einheitliche Leasingrate (jährlich nachschüssig) i. H. v. 12 Mio. EUR vereinbart (interner Zinssatz: 9,3 %). Der erwartete Restwert der Immobilie am Ende der Laufzeit (Grundstück und Gebäude) beträgt 100 Mio. EUR. Unter der Annahme einer Werterhaltung der Grundstückskomponente ergibt sich folgende Aufteilung der Leasingrate:

	Grundstück	Gebäude	Insgesamt
Zeitwert *(at inception)*	50,0	150,0	200
Restwert	50,0	50,0	100
Barwert des Restwerts	3,5	3,5	7
Wert des Mietrechts	46,5	146,5	193
	24 %	76 %	100 %
Aufteilung Leasingrate	**2,9**	**9,1**	**12**

---

[34] THE ROYAL INSTITUTION OF CHARTERED SURVEYORS, Valuation Information Paper No. 9, Tz. 4.7 und 4.8, May 2006.

Bei gleichen Annahmen, aber ohne Kenntnis des Restwerts der Gebäudekomponente geht der Leasinggeber von einer wirtschaftlichen Nutzungsdauer *(economic life)* von 50 Jahren aus. Die Höhe der notwendigen Miete zur Amortisation bestimmt sich dann aus der aufgezinsten Zahlungsreihe, die zur Erreichung der Amortisationssumme von (150/45 × 30 =) 100 Mio. EUR erforderlich ist. Es ergibt sich somit eine Aufteilung der Leasingraten in Bezug auf die Kompensation für die physische Abnutzung *(return of)* des Gebäudes von ca. 700.000 EUR und eine angemessene Verzinsung auf das eingesetzte Kapital *(return on)* des Leasinggebers für Grundstück und Gebäude von 11,3 Mio. EUR, die im Verhältnis der Verkehrswerte aufgeteilt werden können:

	Grundstück	Gebäude	Insgesamt
Zeitwert *(at inception)*	50,0	150,0	200,0
Amortisation	0	100,0	100,0
return of	0	0,7	0,7
return on	2,8	8,5	11,3
Aufteilung Leasingrate	**2,8**	**9,2**	**12,0**

Die residuale Berechnung des Gebäudemietwerts bei Nichtübergang des Grund und Bodens kann auch über den Rückgriff auf den Barwertfaktor (betrachtet als Annuität) bestimmt werden.

Praxis-Beispiel
Der Leasingnehmer LN least für 20 Jahre ein Gebäude und das zugehörige Grundstück. Der Verkehrswert des Grundstücks ist 5 Mio. EUR und der Wert des Gebäudes 15 Mio. EUR (inkl. Rückbaukosten). Nach 20 Jahren geht das Eigentum am Grundstück zurück auf den Leasinggeber, das Gebäude wird zurückgebaut. Die jährlich nachschüssig zu zahlende Leasingrate beträgt 2 Mio. EUR. Der interne Zins des Leasinggebers ist unbekannt, der Grenzfremdkapitalzins des LN beträgt 10 %. Der Barwert der Leasingraten beträgt ca. 17 Mio. EUR. Der *present-value*-Faktor ergibt sich i. H. v. 8,5 (= 17/2). Die jährliche Leasingrate (als Annuität) für die Gebäudekomponente beträgt 1,76 Mio. EUR (= 15/8,5), der Barwert der Leasingraten somit 100 % des Zeitwerts. Bei einem Barwert der Leasingraten des Gebäudes von 15 Mio. EUR erfolgt eine Zurechnung des Gebäudes beim Leasingnehmer *(finance lease)*. Die Verzinsung des Grundstücks beträgt ca. 4,8 %.

Vom Grundsatz der isolierten Betrachtung von Grund und Boden sowie Gebäuden gibt es zwei wichtige **Ausnahmen**: Auf die entsprechende Aufteilung der Leasingraten ist zu **verzichten**, wenn
- diese **nicht verlässlich** vorgenommen werden kann; Folge: bei Klassifizierung des Gebäudes als *finance lease* ist das bebaute Grundstück insgesamt als *finance lease* zu qualifizieren (IFRS 16.B56);
- bei dem betreffenden Leasingverhältnis der Wert des **Grund und Bodens** nur von **untergeordneter** Bedeutung ist (Rz 54); Folge: das gesamte Grund-

235

stück wird als einheitliches Leasingobjekt behandelt, und die Zurechnung richtet sich nach der Klassifizierung des Gebäudes als *finance* oder als *operating lease* (IFRS 16.B57).

236 Umfasst ein Leasingverhältnis neben Grund und Boden auch **Betriebsvorrichtungen** (z. B. Silos, Hochöfen, Kräne, Kühltürme, Arbeitsbühnen), so sind diese u. E. **einzeln** als separate Komponenten der Vereinbarung (Rz 51 ff.) der Überprüfung der Zuordnungskriterien zu unterziehen. Die Betriebsvorrichtungen werden entsprechend ihrer Zuordnung als *finance* oder *operating lease* einzeln bilanziert, während der Grund-und-Boden-Anteil nur bei Eigentumsübergang auf den Leasingnehmer dessen Vermögen zugerechnet wird. Im Fall von Schwierigkeiten bei der Aufteilung der Leasingzahlungen empfiehlt sich eine Orientierung an der Relation der Verkehrswerte.

5.3 Bilanzierung von *finance leases*

5.3.1 Zugangsbewertung der Leasingforderung

237 Da der Leasinggeber bei einem *finance lease* das **wirtschaftliche** Eigentum am Leasingobjekt aufgibt, bilanziert er nicht (mehr) das Leasingobjekt, sondern eine **Leasingforderung**. Die Höhe der Leasingforderung entspricht im Zugangszeitpunkt dem **Nettoinvestitionswert** des Leasingobjekts (IFRS 16.67). Der Nettoinvestitionswert, definiert als Differenz zwischen der Bruttoinvestition in das Leasingverhältnis und dem noch nicht realisierten Finanzertrag (IFRS 16.A), wird wie folgt **ermittelt**:

	Leasingzahlung (inkl. garantierter Restwert)
+	geschätzter nicht garantierter Restwert (Rz 114)
=	Bruttoinvestition in das Leasingverhältnis
–	noch nicht realisierter Finanzertrag
=	Nettoinvestition in das Leasingverhältnis

Alle zu berücksichtigenden Leasingzahlungen sind in IFRS 16.70 festgehalten (Rz 92).

5.3.2 Folgebewertung der Leasingforderung

5.3.2.1 Entwicklung des Nettoinvestitionswerts

238 Zum Zweck der planmäßigen Folgebewertung der Leasingforderungen sind die Leasingraten in einen **Zins- und Tilgungsanteil zu zerlegen**: Die Zinserträge sind so auf die Laufzeit des Leasingverhältnisses zu verteilen, dass sich auf Basis des internen Zinssatzes des Leasinggebers eine **periodisch gleichbleibende Rendite** des Nettoinvestitionswerts ergibt (IFRS 16.75). Der Teil der Leasingratenzahlungen, der über den Zinsanteil hinausgeht, vermindert als Tilgungsanteil die Forderung gegenüber dem Leasingnehmer.

Praxis-Beispiel

Zwischen Leasinggeber und Leasingnehmer wird am 1.1.01 ein Leasingvertrag über fünf Jahre abgeschlossen. Die wirtschaftliche Nutzungsdauer des Leasingobjekts beträgt acht Jahre. Der beizulegende Wert des Leasingobjekts entspricht den Anschaffungskosten des Leasinggebers i.H.v. 230.000 EUR. Die jährlichen nachschüssigen Leasingraten betragen 60.000 EUR. Daraus errechnet sich der dem Leasingverhältnis zugrunde liegende Zinssatz von 9,565 %.

Es handelt sich um ein *finance lease*, da der Barwert der Leasingraten dem beizulegenden Zeitwert des Leasinggegenstands zu Vertragsbeginn im Wesentlichen (hier: 100 %) entspricht (Rz 211 ff.). Beim Leasinggeber ergeben sich der Bruttoinvestitionswert aus der Summe der Leasingraten (5 × 60.000 EUR = 300.000 EUR), der Nettoinvestitionswert als beizulegender Wert des Leasingobjekts (230.000 EUR) und der nicht realisierte Finanzertrag als Differenz zwischen Bruttoinvestitionswert und Nettoinvestitionswert (70.000 EUR). Die bilanzielle Entwicklung des Nettoinvestitionswerts und die Auswirkungen in der GuV aus dem Leasingverhältnis stellen sich beim Leasinggeber wie folgt dar:

Jahr	Netto-investition zum 1.1.	Leasing-raten	Zins-ertrag (GuV)	Verminde-rung Netto-investition	Netto-investition zum 31.12.
	EUR	EUR	EUR	EUR	EUR
01	230.000,00	60.000	21.998,53	38.001,47	191.998,53
02	191.998,53	60.000	18.363,85	41.636,15	150.362,38
03	150.362,38	60.000	14.381,53	45.618,47	104.743,91
04	104.743,91	60.000	10.018,31	49.981,69	54.762,22
05	54.762,22	60.000	5.237,78	54.762,22	0
		300.000	70.000,00	230.000,00	

In Abwandlung zum gerade skizzierten Beispiel rechnet der Leasinggeber mit einem Restwert von 5.000 EUR am Ende der Vertragslaufzeit. Der Restwert wird jedoch weder vom Leasingnehmer noch von einem Dritten garantiert. An der Zuordnung des Leasingobjekts zum Vermögen des Leasingnehmers ändert sich nichts. Durch die Veränderung des Zahlenbeispiels ergeben sich die dem Leasingverhältnis zugrunde liegenden Größen wie folgt:

Bruttoinvestition 5 × 60.000,00 EUR

+ 5.000,00 EUR

= 305.000,00 EUR

Leasinggeberzinssatz 10,093 %

Barwert der Leasingraten 60.000,00 EUR

× RBF

= 226.908,47 EUR

Barwert des Restwerts	5.000,00 EUR
	$(1,1)^5$
	= 3.091,53 EUR
Unrealisierter Finanzertrag	305.000,00 EUR
	− 226.908,47 EUR
	− 3.091,53 EUR
	= 75.000,00 EUR
Nettoinvestition	305.000,00 EUR
	− 75.000,00 EUR
	= 230.000,00 EUR

Die bilanzielle Entwicklung des Nettoinvestitionswerts und die Auswirkungen des Leasingverhältnisses in der GuV stellen sich beim Leasinggeber wie folgt dar:

Jahr	Netto-investition zum 1.1.	Leasing-raten	Zins-ertrag (GuV)	Verminde-rung Netto-investition	Netto-investition zum 31.12.
	EUR	EUR	EUR	EUR	EUR
01	230.000,00	60.000	23.213,66	36.786,34	193.213,66
02	193.213,66	60.000	19.500,85	40.499,15	152.714,51
03	152.714,51	60.000	15.413,31	44.586,69	108.127,82
04	108.127,82	60.000	10.913,23	49.086,77	59.041,05
05	59.041,05	60.000	5.958,95	54.041,05	5.000,00
		300.000	75.000,00	225.000,00	

Der Nettoinvestitionswert (230.000 EUR) vermindert sich auf Basis des dem Leasingvertrag zugrunde liegenden Zinssatzes bis zum Ende des Leasingverhältnisses auf den nicht garantierten Restwert (5.000 EUR).

239 Geschätzte **nicht garantierte Restwerte** sind regelmäßig auf deren Realisierbarkeit hin zu überprüfen (IFRS 16.77). Ergeben sich Anzeichen für eine Verminderung des erwarteten Restwerts, ist der Nettoinvestitionswert entsprechend zu ändern. Die Wertanpassung ist so vorzunehmen, als ob die Datenänderung bereits zu Beginn des Leasingverhältnisses bekannt gewesen wäre, sich ergebende Wertminderungen sind sofort ergebniswirksam zu berücksichtigen.

5.3.2.2 Wertberichtigungen von Leasingforderungen

240 Beim *finance lease* ist die Leasingforderung im Zugangszeitpunkt mit dem Nettoinvestitionswert *(net investment in the lease)* zu bewerten. Der Nettoinvestitionswert

ergibt sich aus der Summe der vereinbarten Leasingzahlungen und eines evtl. nicht garantierten Restwerts, abzüglich noch nicht realisierter Finanzerträge.

> **Praxis-Beispiel**
> Bei Beginn des *finance lease* am 31.12.00 hat das Leasingobjekt einen *fair value* von 5.046 EUR. Dies entspricht bei fünf nachschüssigen Leasingraten von 1.200 EUR und einem ungarantierten Restwert von 800 EUR einem impliziten Zinssatz von 10 %. Zum Ende des Jahres 03 revidiert der Leasinggeber die Restwerterwartung um 300 EUR auf 500 EUR. Bei einer Restlaufzeit von zwei Jahren sind 300 EUR/1,12 = 248 EUR abzuschreiben. Die Leasingforderung per 31.12.03 reduziert sich damit von 2.744 EUR auf 2.496 EUR. Die Zinserträge der Folgeperioden fallen entsprechend niedriger aus.
>
> | | Ursprüngliche Annahmen (in EUR) | | | | Korrigierte Annahmen (in EUR) | | | |
> |---|---|---|---|---|---|---|---|---|
> | | Rate | BW | Zins | Til-gung | For-de-rung | Rate | Zins | Til-gung | For-de-rung |
> | 31.12.00 | | | | | 5.046 | | | | |
> | 31.12.01 | 1.200 | 1.091 | 505 | 695 | 4.350 | | | | |
> | 31.12.02 | 1.200 | 992 | 435 | 765 | 3.585 | | | | |
> | 31.12.03 | 1.200 | 902 | 359 | 841 | 2.744 | 1.200 | | | 2.496 |
> | 31.12.04 | 1.200 | 820 | 274 | 926 | 1.818 | 1.200 | 250 | 950 | 1.545 |
> | 31.12.05 | 2.000 | 1.242 | 182 | 1.818 | 0 | 1.700 | 155 | 1.545 | 0 |
> | | | 5.046 | | 5.046 | | | | | |

Für **bonitätsbedingte Wertberichtigungen** gelten gem. IFRS 16.77 die Regelungen für Finanzinstrumente (→ § 28 Rz 382 ff.).   **241**

5.3.3 Besonderheiten beim Händler- bzw. Herstellerleasing

Im Rahmen der Bilanzierung von *finance*-Leasingverhältnissen beim Leasinggeber sind **Besonderheiten** zu beachten, wenn es sich beim Leasinggeber um einen **Händler oder Hersteller** handelt. Das Unterscheidungsmerkmal zwischen Händler- bzw. Herstellerleasinggeschäften und reinen *finance*-Leasinggeschäften liegt in der Realisierung von Verkaufsgewinnen und Verkaufsverlusten: Ein Händler- bzw. Herstellerleasing **vereinigt Verkaufs- und Finanzierungsgeschäfte** mit der Folge einer **Abweichung** des beizulegenden Werts des Leasingobjekts von den Anschaffungs- oder Herstellungskosten. Infolgedessen wird ein **Gewinn oder Verlust** aus dem Verkaufsgeschäft i.H.d. Differenz zwischen dem beizulegenden Zeitwert und den Anschaffungs- oder Herstellungskosten des Leasingobjekts **realisiert** (IFRS 16.72). Abweichend von der nach IFRS 16 weiterhin wahlweisen Festlegung der Bewertungsperspektive (*entry* oder *exit price*) für die Bestimmung des beizulegenden Zeitwerts (Rz 189) halten wir für die Aufteilung der (Gesamt-)Transaktion bei Vorliegen von Hersteller- bzw. Händlerleasing ein Abstellen auf eine Veräußerungsperspektive für geboten. Die *fair-value*-Bestimmung des Leasingobjekts hat daher – wenn auch ohne explizite Referenz – den Vorgaben des *fair value measurement framework* des IFRS 13 zu entsprechen.   **242**

243 In den **Umsatzerlösen** wird der beizulegende Zeitwert des Leasingobjekts bzw. der niedrigere Barwert der Leasingraten zuzüglich des garantierten Restwerts ausgewiesen. Ein nicht garantierter Restwert gilt nicht als realisiert und deshalb nicht als Umsatzerlös (IFRS 16.71). Die Vorgaben zur Erlösrealisation sind auf Leasinggeschäfte generell nicht anzuwenden (→ § 25).

244 Im Unterschied zum reinen *finance*-Leasing ist bei der Ermittlung des Barwerts der Leasingraten nicht generell der dem Leasingverhältnis zugrunde liegende **Zinssatz** anzusetzen: Sofern ein künstlich niedriger Zinssatz verwendet wurde, um das Interesse beim Kunden zu wecken, wird der Veräußerungsgewinn auf den Wert beschränkt, der sich bei Berechnung mit einem marktüblichen Zinssatz ergeben hätte (IFRS 16.73).

245 Um den **Gewinn oder Verlust aus dem Verkaufsgeschäft** *(gross profit)* zu ermitteln, werden die Anschaffungs- oder Herstellungskosten des Leasingobjekts bzw. ein abweichender Buchwert des Leasinggegenstands abzüglich des Barwerts des nicht garantierten Restwerts in den Herstellungskosten des Umsatzes ausgewiesen (IFRS 16.71). Darüber hinaus werden bei dieser Art von Leasingverträgen die Vertragsabschlusskosten ebenfalls in den Herstellungskosten des Umsatzes erfasst. Eine Verteilung der direkten Kosten über die Laufzeit des Leasingvertrags kommt nicht in Betracht (IFRS 16.74).

Barwert Leasingzahlungen (ohne ungarantierten Restwert):	Umsatz
– (Buchwert Leasingobjekt – Barwert ungarantierter Restwert):	– Herstellungskosten des Umsatzes
= Gewinn	= *gross profit*

Praxis-Beispiel
Zwischen dem Leasinggeber und dem Leasingnehmer wird am 1.1.01 ein Leasingvertrag abgeschlossen. Die unkündbare Grundmietzeit beträgt fünf Jahre. Die wirtschaftliche Nutzungsdauer des Leasingobjekts beläuft sich auf sechs Jahre. Der beizulegende Wert des Leasingobjekts bei Vertragsbeginn (100.000 EUR) übersteigt die Herstellungskosten (85.000 EUR). Der Restwert nach Ablauf des Leasingverhältnisses beträgt 8.423,50 EUR. Die jährlichen nachschüssigen Leasingraten i. H. v. 27.000 EUR enthalten Nebenkosten des Leasingvertrags i. H. v. 2.000 EUR. Daraus errechnet sich der dem Leasingverhältnis zugrunde liegende Zinssatz von 10 %. Das Leasingobjekt kann dem Leasingnehmer zugerechnet werden, da die Laufzeit des Leasingverhältnisses den überwiegenden Teil der wirtschaftlichen Nutzungsdauer umfasst (83,3 %). Beim Leasinggeber handelt es sich um ein Händlerleasing, da die Herstellungskosten vom beizulegenden Zeitwert des Leasingobjekts abweichen.
Die für die bilanzielle Abbildung beim Leasinggeber maßgebenden Werte ermitteln sich unter der Annahme eines garantierten bzw. nicht garantierten Restwerts wie folgt:

	Garantierter Restwert	Nicht garantierter Restwert
Leasingzahlungen	(25.000 × 5)	
+ Restwert	+ 8.423,50 EUR	
= Bruttoinvestition (Bruttoinvestment)	= 133.423,50 EUR	identisch
	133.423,50 EUR	
– beizulegender Wert des Leasingobjekts	– 100.000,00 EUR	
= unrealisierter Finanzertrag	= 33.423,50 EUR	identisch
Bruttoinvestition (Bruttoinvestment)	133.423,50 EUR	
– unrealisierter Finanzertrag	– 33.423,50 EUR	
= Nettoinvestition (Nettoinvestment)	= 100.000,00 EUR	identisch
Barwert der Leasingraten	25.000 EUR × RBF = 94 769,67 EUR	identisch
Barwert des Restwerts	$\dfrac{8.423,50 \text{ EUR}}{(1,1)^5}$ = 5.230,33 EUR	identisch
Barwert der Leasingraten	94.769,67 EUR	94.769,67 EUR
+ Barwert des (garantierten) Restwerts	+ 5.230,33 EUR	0 EUR
= Umsatzerlöse	= 100.000,00 EUR	94.769,67 EUR
– Barwert des ungarantierten Restwerts		– 85.000,00 EUR – 5.230,33 EUR
– Umsatzkosten	– 85.000,00 EUR	– 79.769,67 EUR
= *gross profit* (Bruttoergebnis vom Umsatz)	= 15.000,00 EUR	identisch

Die Zusammenhänge lassen sich wie folgt darstellen:

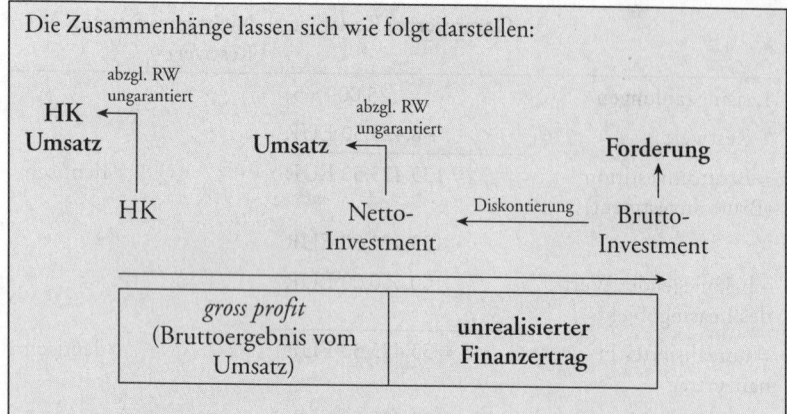

Abb. 12: Erfolgsermittlung beim Händler- bzw. Herstellerleasing

Die bilanzielle Entwicklung des Nettoinvestitionswerts stellt sich beim Leasinggeber im Fall eines nicht garantierten Restwerts wie folgt dar:

Jahr	Netto-investi-tion zum 1.1.	Leasing-raten	Neben-kosten (GuV)	Zins-ertrag (GuV)	Verminde-rung Netto-investition	Netto-investi-tion zum 31.12.
	EUR	EUR	EUR	EUR	EUR	EUR
01	100.000	27.000	2.000	10.000,00	15.000,00	85.000,00
02	85.000	27.000	2.000	8.500,00	16.500,00	68.500,00
03	68.500	27.000	2.000	6.850,00	18.150,00	50.350,00
04	50.350	27.000	2.000	5.035,00	19.965,00	30.385,00
05	30.385	27.000	2.000	3.038,50	21.961,50	8.423,50
		135.000	10.000	33.423,50	91.576,50	

5.4 Bilanzierung von *operating leases*

5.4.1 Zugangsbewertung des Leasingobjekts

246   Da bei einem *operating lease* das wirtschaftliche Eigentum am Leasingobjekt beim Leasinggeber verbleibt, hat der Leasinggeber das Leasingobjekt im Zugangszeitpunkt mit den **Anschaffungs- oder Herstellungskosten** (→ § 14 Rz 10ff.), ggf. vermindert um erhaltene Zuschüsse (→ § 12 Rz 29ff.) zu bewerten.

5.4.2 Folgebewertung des Leasingobjekts

247   Die vom Leasinggeber bilanzierten Leasingobjekte sind im Rahmen der Folgebewertung in Übereinstimmung mit IAS 16 oder IAS 38 (IFRS 16.84; → § 11 Rz 8ff.) bzw. im Einklang mit IAS 40 zu bewerten (→ § 16 Rz 6). Die Bewertung richtet sich danach, ob es sich um **bewegliches** Sachanlagevermögen oder um **Immobilien** handelt. Bei Bewertung mit den fortgeführten Anschaffungs- oder Herstellungskosten ist der Abschreibungszeitraum an der geplanten **Nutzungsdauer** auszurichten (→ § 10 Rz 33ff.). Erfolgt eine Bewertung zu fortgeführten

Anschaffungskosten *(at cost)*, kommt der Komponentenansatz zum Tragen (→ §14 Rz 43ff.). Als eigene Komponente können bei Vermögenswerten, die seitens des Leasinggebers i.S. e. *operating lease* vermietet werden, auch günstige/ungünstige Mietkonditionen zu erfassen sein.

Praxis-Beispiel
A erwirbt von B ein Bürogebäude, welches an das konzernfremde Unternehmen C vermietet ist. Die Anschaffungskosten betragen 100 Mio. EUR. Der (unkündbare) Mietvertrag mit C läuft im Erwerbszeitpunkt noch fünf Jahre, das Gebäude hat eine wirtschaftliche Restnutzungsdauer von 40 Jahren. Die Mietkonditionen mit C sind aus Sicht des Vermieters im Vergleich zu marktüblichen Mietzahlungen günstig. Der Vorteil aus dem Mietvertrag mit C hat einen Wert von 10 Mio. EUR. A bilanziert die Immobilie zu fortgeführten Anschaffungskosten. Der Vorteil aus dem *overrent* stellt eine separate Komponente dar und ist über fünf Jahre abzuschreiben.

Sofern der wirtschaftliche Nutzen des Leasingobjekts niedriger ist als sein Buchwert, ist nach IFRS 16.85 i.V.m. IAS 36 eine **außerplanmäßige** *(impairment)* Abschreibung auf den niedrigeren beizulegenden Wert vorzunehmen (→ §11 Rz 13ff.). 248

5.4.3 Behandlung der Leasingraten

Erhaltene Leasingraten sind **linear** über den Leasingzeitraum zu **vereinnahmen**. Es besteht ein Verbot für die Aktivierung der noch nicht fälligen Leasingraten, da es sich um ein schwebendes Geschäft handelt. **Eine Abweichung von der Linearisierung** der Leasingraten ist geboten, wenn eine andere Art der Verteilung zu einer sachgerechteren Abbildung der Ertragsvereinnahmung führt (IFRS 16.81). Das ist z.B. der Fall bei Kostenübernahmen und mietfreien Zeiten am Ende des Leasingzeitraums. In diesen Fällen sind die erhaltenen Leasingraten als ausstehende (sonstige) Forderung gegenüber dem Leasingnehmer aktivisch abzugrenzen. Nebenkosten wie z.B. Aufwendungen für Versicherungen und Instandhaltung sowie sonstige Dienstleistungen, die vom Leasingnehmer erstattet werden, sind nicht auf die Laufzeit des Leasingverhältnisses zu verteilen, sondern sofort erfolgswirksam zu erfassen (IFRS 16.83). 249

5.5 Forfaitierung von Leasingforderungen

Zum Zwecke der Refinanzierung von Leasinggeschäften können die **künftig fällig werdenden Leasingforderungen** (regelmäßig still) verkauft und abgetreten werden. Bei der **echten** Forfaitierung geht das gesamte Bonitätsrisiko auf den Forderungskäufer über, während der Leasinggeber (als Forfaitist) lediglich für den rechtlichen Bestand der Leasingansprüche haftet. Als Entgelt für die verkauften künftig fällig werdenden Leasingforderungen erhält der Leasinggeber eine Vergütung i.H.d. Barwerts; der Abzinsungssatz berücksichtigt die Übernahme des Delkredererisikos. 250

Die bilanzielle Behandlung der Forfaitierung ist in den IFRS **nicht explizit geregelt**. Da jedoch die Leistung des Leasinggebers an den Leasingnehmer zum Zeitpunkt der Forfaitierung noch nicht erbracht ist, stellt der Zahlungszufluss 251 einen Ertrag künftiger Geschäftsjahre dar und ist deshalb mit dem abgezinsten Betrag **passivisch abzugrenzen.** Die Auflösung ist an der Leistungserbringung des Leasinggebers auszurichten. Danach ist der Abgrenzungsposten i. H. d. für eine Periode vereinbarten Leasingraten aufzulösen und anschließend aufzuzinsen. Im Ergebnis führt dies bei linearen Leasingraten zu einer **progressiven** statt linearen Auflösung.

5.6 Modifikation von Leasingverträgen

252 Als Modifikation gilt sowohl für den Leasingnehmer als auch für den Leasinggeber eine zwischen den Parteien vereinbarte Änderung der Vereinbarung, die den Umfang des Nutzungsrechts und/oder die Höhe oder den zeitlichen Anfall der *lease payments* betrifft. Die Bilanzierung erfolgt für beide Parteien zu dem Zeitpunkt, zu dem Einigkeit über die neuen Konditionen besteht. Weitere Gemeinsamkeiten gibt es für die Erfassung einer Modifikation zwischen Leasingnehmer und Leasinggeber aber nicht. Es fehlt – analog zur konzeptionellen Grundlage der Bilanzierung von *leases* – an symmetrischen Vorgaben. Hinsichtlich der bilanziellen Abbildung ist in Abhängigkeit der bisherigen Klassifizierung des *lease* als *operating* oder *finance* zu unterscheiden. Insoweit die Modifikation die vereinbarte Vergütung (*consideration in the contract*) verändert oder weitere Komponenten hinzutreten, bedarf es einer erneuten Aufteilung der (Gesamt-)Vereinbarung auf die einzelnen *lease* und *non-lease components* (Rz 61 ff.).

253 Für die Modifikation einer bislang als *finance lease* klassifizierten Vereinbarung ist – ähnlich den Vorgaben für die Erweiterung des Nutzungsrechts des Leasingnehmers (Rz 163 ff.) – zunächst daraufhin zu untersuchen, ob ein neues Leasingverhältnis begründet wurde (IFRS 16.79). Voraussetzung für die Erfassung eines neuen *lease* neben dem bisherigen *finance lease* als Konsequenz einer Modifikation ist
- die Ausweitung des Nutzungsrechts durch Einräumung eines oder mehrerer *right to use* für zugrunde liegende Vermögenswerte,
- die zu einer marktgerechten Erhöhung der bislang vereinbarten Vergütung (*consideration in the contract*) erfolgt.

Mit Identifizierung eines separat zu erfassenden *lease* ist eine unveränderte Fortführung des bisherigen *finance lease* geboten. Für die Beurteilung kann auf die spiegelbildlich formulierten Anforderungen für den Leasingnehmer zurückgegriffen werden (Rz 167).

254 Scheidet die Erfassung eines separaten Leasingverhältnisses aus, sind die Auswirkungen auf den bisherigen *finance lease* zu bestimmen. Der Leasinggeber erfasst bis zum Zeitpunkt der Modifikation eine Forderung i. H. d. fortgeführten Nettoinvestments. Mit der Modifikation ist eine erneute Klassifizierung des *lease* geboten, die unter Berücksichtigung der geänderten Konditionen auf den ursprünglichen Zeitpunkt des Vertragsschlusses (*at inception*) zurückzubeziehen ist (IFRS 16.80(a)). Führt die Beurteilung zu einer Revidierung der ursprünglichen Klassifizierung, wäre also der *lease* zum damaligen Zeitpunkt unter Beachtung heutiger Konditionen als *operating lease* einzustufen gewesen,
- ist der bisherige *finance lease* zu beenden und ein neues Leasingverhältnis, welches als *operating lease* zu klassifizieren ist, zu erfassen;
- der Zugangswert des nunmehr auch im wirtschaftlichen Eigentum stehenden Vermögenswerts (*underlying asset* des bisherigen *finance lease*) ist i. H. d.

fortgeführten Nettoinvestition zu aktivieren, somit also ein ergebnisneutraler Aktivtausch abzubilden.

Führt die Modifikation nicht zu einer (Re-)Klassifizierung als *operating lease*, gelten die Vorgaben für die bilanzielle Abbildung der Modifikation von Finanzinstrumenten (→ § 28 Rz 124).

Praxis-Beispiel

LG und LN schließen am 1.1.01 einen als *finance lease* klassifizierten Leasingvertrag über fünf Jahre ab. Die wirtschaftliche Nutzungsdauer des Leasingobjekts beträgt acht Jahre. Der beizulegende Wert des Leasingobjekts entspricht den Anschaffungskosten des Leasinggebers i. H. v. 230.000 EUR. Die jährlichen nachschüssigen Leasingraten betragen 60.000 EUR. Daraus errechnet sich der dem Leasingverhältnis zugrunde liegende Zinssatz von 9,565 %. Der Bruttoinvestitionswert ergibt sich für LG aus der Summe der Leasingraten (5 × 60.000 EUR = 300.000 EUR), der Nettoinvestitionswert als beizulegender Wert des Leasingobjekts (230.000 EUR) und der nicht realisierte Finanzertrag als Differenz zwischen Bruttoinvestitionswert und Nettoinvestitionswert (70.000 EUR). Mit Beginn der Nutzung des *lease* (*commencement*) bucht LG das Leasingobjekt aus und eine Leasingforderung in korrespondierender Höhe ein.

Konto	Soll	Haben
Leasingforderung	230.000	
Sachanlagevermögen		230.000

Am Ende von Jahr 02 vereinbaren LG und LN eine Anpassung der Vereinbarung. Die Laufzeit des *lease* wird um zwei Jahre verkürzt, beträgt also insgesamt – ausgehend vom *commencement date* – nur drei Jahre. Unter Berücksichtigung der geänderten Laufzeit und ansonsten gleichen Konditionen hätte sich *at inception of the lease* eine Klassifizierung als *operating lease* ergeben. LG bucht daher die Leasingforderung aus und das Sachanlagevermögen wieder ein. Unter Berücksichtigung der effektivzinskonstanten Fortschreibung der Leasingforderung mit dem Zinssatz von 9,565 % ergibt sich zum 31.12.02 ein Nettoinvestitionswert von 150.362,38 EUR.

Konto	Soll	Haben
Sachanlagevermögen	150.362,38	
Leasingforderung		150.362,38

Die Folgebilanzierung nimmt LG als *operating lease* vor.

Betrifft eine Modifikation eine bislang als *operating lease* klassifizierte Vereinbarung, so ist zum Zeitpunkt der Einigung eine neue Vereinbarung zu unterstellen (IFRS 16.87). Aufgrund des bisherigen *lease* abgegrenzte Zahlungen sind bei der Bestimmung der *lease payments* des neuen Leasingverhältnisses zu berücksichtigen. Als Reflex der Änderung der Konditionen ist eine erneute Bestimmung der *consideration in the contract* (Rz 61 ff.) geboten und die

255

Verteilung auf die identifizierten *lease* und *non-lease components* anzupassen (Rz 56 ff.).

Praxis-Beispiel

Die Vergütung für die Überlassung eines identifizierten Vermögenswerts und die Erbringung einer Dienstleistung beläuft sich für eine am 1.1.01 zwischen LN und LG geschlossene, über fünf Jahre laufende Vereinbarung, die seitens LG als *operating lease* klassifiziert wird, in Summe auf 100 GE (= 5 x 20 GE). Beide Leistungen werden über den gleichen Zeitraum von fünf Jahren erbracht. Der relative Einzelveräußerungspreis für Überlassung eines identischen Nutzungsrechts zu gleichen Konditionen wird mit 70 GE geschätzt. Der Dienstleistung wird ein Einzelveräußerungspreis von 60 GE beigemessen. Die Verteilung des Transaktionspreises ist für Leasingnehmer (bei Verzicht auf das Wahlrecht zur Nichttrennung) und Leasinggeber gleich.

component	Einzelveräußerungspreis	Allokation	Berechnung
lease	70	53,8	53,8 % × 100
non-lease	60	46,2	46,2 % × 100
	130	100,0	

Die *lease component* ist seitens LG nach IFRS 16 zu bilanzieren, die bilanzielle Abbildung der Dienstleistung richtet sich nach IFRS 15. Am 1.1.03 vereinbaren die Parteien eine Anpassung der Vereinbarung. Es wird eine Verlängerung um weitere zwei Jahre beschlossen, das wirtschaftliche Eigentum an dem Vermögenswert verbleibt dennoch bei LG, die Klassifizierung zum 1.1.03 führt somit ebenfalls zu einem *operating lease*. Die Leasingrate wird auf 25 GE p.a. erhöht, die *consideration in the contract* für die verbleibende Laufzeit von fünf Jahren beträgt daher 125 GE. Der Einzelveräußerungspreis der *lease component* ist unverändert. Für die Erbringung der *non-lease component* ist eine moderate Erhöhung von fünf GE bestimmt worden. Die (Gesamt-)Vergütung ist daher anhand eines abweichenden Schlüssels zu verteilen.

component	Einzelveräußerungspreis	Allokation	Berechnung
lease	70	64,8	51,9 % × 125
non-lease	65	60,2	48,1 % × 125
	135	125,0	

6 Abbildung von Unterleasingvereinbarungen (*subleases*)

256   Ein Leasingnehmer kann für mit einem *lessor* geschlossenes (Dauer-)Schuldverhältnis zur Überlassung eines Vermögenswerts ein Unterleasingverhältnis (*sublease*) vereinbaren, das Nutzungsrecht also an eine weitere Partei durchreichen. Der Leasingnehmer im Haupt-/Oberleasingverhältnis (*head lease*) wird Leasing-

geber im Neben-/Unterleasingverhältnis (*sublease*). **Keine** besonderen Konsequenzen ergeben sich für

- den **Leasinggeber im** *head lease* (Rz 181) und
- den **Leasingnehmer im** *sublease* (Rz 75).

Für die das Nutzungsrecht **weiterreichende Partei** sind die (asymmetrisch   **257**
ausgestalteten) Vorgaben für die bilanzielle Abbildung eines *lease* als Leasingnehmer und Leasinggeber parallel anzuwenden (IFRS 16.B58):

- Für die Abbildung des *head lease* gelten die allgemeinen Vorgaben zur Bilanzierung von Leasingverhältnissen als Leasingnehmer.

- Das Unterleasingverhältnis ist als *finance lease* oder *operating lease* zu klassifizieren und die bilanzielle Abbildung in Abhängigkeit des bestehenden Anspruchs zur Nutzung des zugrunde liegenden Leasinggegenstands aus dem Hauptleasingverhältnis vorzunehmen (IFRS 16.B58).

Wird das Nutzungsrecht an einem *underlying asset* in einem *sublease* auf eine weitere Partei übertragen oder besteht bereits die Absicht zur Untervermietung, kann die *low-value*-Ausnahme für den *head lease* nicht in Anspruch genommen werden (IFRS 16.B7; Rz 84).

Aus der Perspektive des Leasingnehmers des *head lease* liegen zwei separate   **258**
Vertragsverhältnisse vor. Es bestehen Rechte und Verpflichtungen aus zwei Dauerschuldverhältnissen. Eine Saldierung der finanziellen Ansprüche aus dem *sublease* mit der Leasingverbindlichkeit aus dem *head lease* scheidet aus, es sei denn, die besonderen Vorgaben zur Aufrechnung (*offsetting*) sind erfüllt (→ § 2 Rz 23). Sollte ausnahmsweise eine Aufrechnungslage bestehen, bedarf es einer Beurteilung, ob nicht eine *linked transaction* vorliegt (Rz 6). Hiernach sind beide Verträge zusammenzufassen und in substanzieller Betrachtung liegt kein mehrstufiges Leasingverhältnis vor, sondern von einer beteiligten Partei wird nur eine Vermittlungsleistung erbracht, diese handelt also als Agent. Erträge, die der Leasingnehmer des *head lease* aus seinem Handeln als *lessor* im *sublease* erzielt, sind brutto auszuweisen, es sei denn, es wird ein Agieren als Agent (unter Rückgriff auf IFRS 15.B34 – IFRS 15.B38) nachgewiesen.

Neben den allgemeinen Angabepflichten bestehen besondere Anforderungen an   **259**
die Angaben von Leasinggebern eines *sublease*. Gefordert sind:

- eine allgemeine Beschreibung der Konditionen des Leasingverhältnisses,
- die Grundlage für die Bestimmung variabler Leasingzahlungen und deren Bedingungen,
- das Bestehen von Optionen zur Verlängerung/Kündigung des Leasingverhältnisses sowie deren Ausübungsbedingungen,
- das Vorhandensein von Restwertgarantien und
- die in Leasingvereinbarungen enthaltenen Beschränkungen oder Auflagen (z.B. in Bezug auf Dividenden oder anfallende zusätzliche finanzielle Verpflichtungen).

7 Erfassung von *sale-and-lease-back*-Transaktionen

7.1 Sequenzielle Beurteilung: erst *sale*, dann *lease-back*

Die bilanzielle Behandlung von *sale-and-lease-back*-Transaktionen hängt gem.   **260**
IFRS 16.99 davon ab, ob es unter Berücksichtigung der Kriterien des IFRS 15

(revenue from contract with customers) zu einem Verkauf mit Ausbuchung *(derecognition)* des Vermögenswerts durch den Verkäufer/Leasingnehmer kommt (IFRS 16.B46). Es ist ein allgemeingültiger *control*-Test vorgesehen, der für jeden Vermögenswert, also auch für im Werden befindliches Vermögen *(assets under construction)* Anwendung findet. Die Vorgaben zur Abbildung von *sale-and-lease-back*-Transaktionen sind sequenziell anzuwenden, es besteht insoweit kein Widerspruch zwischen den Vorgaben. Abhängig davon, ob ein Verkauf *(sale)* vorliegt oder nicht, gelten nach IFRS 16.98 – IFRS 16.103 folgende Regeln:

	Übertragung ist Verkauf	Übertragung ist kein Verkauf
Verkäufer und Leasing-nehmer	• Ausbuchung des Vermögenswerts • Anwendung der allgemeinen Regelungen für Leasingnehmer • **Bewertung *right of use asset*:** zurückgehaltener Anteil des vorherigen Buchwerts • **Gewinn/Verlust aus Verkauf:** i. H. d. auf den Leasinggeber übertragenen Rechte • **Anpassung** (IFRS 16.101): Übertragung erfolgt nicht zum *fair value* (*right of use asset*; Gewinn/Verlust aus Verkauf)	• Keine Ausbuchung des Vermögenswerts • Erfassung einer Finanzverbindlichkeit für vom Leasinggeber/Käufer erhaltene Beträge
Käufer und Leasinggeber	• Bilanzierung des Vermögenswerts • Anwendung der Regelungen für *operating leases* (*lease-back*)	• Keine Bilanzierung des Vermögenswerts • Erfassung eines finanziellen Vermögenswerts für Beträge, die an den Leasingnehmer/Verkäufer gezahlt werden

Tab. 10: Abbildung von *sale-and-lease-back*-Transaktionen

261   Sofern **kein Kontrollübergang** und damit kein *sale* i.S.d. IFRS 15 vorliegt, gelangt IFRS 16.103 zur Anwendung. Der Verkäufer/Leasingnehmer hat die Transaktion wie eine Finanzierungstransaktion zu bilanzieren (IFRS 16.B47). Der formal dem Leasingverhältnis zugrunde liegende Vermögenswert wird in diesem Fall nicht ausgebucht; eine Abbildung als *lease* scheidet aus.

> **Praxis-Beispiel**
> LN und LG einigen sich auf eine *sale-and-lease-back*-Transaktion. Das rechtliche Eigentum an einem Bürogebäude des LN soll auf LG übertragen werden, LN behält ein Nutzungsrecht zurück. Als Kaufpreis wird ein Betrag von 1.000 GE vereinbart, der seitens LG zu zahlen ist. LN behält *control* an dem Bürogebäude, es liegt daher kein *sale* vor. LN erfasst den Zufluss des Kaufpreises als finanzielle Verbindlichkeit. Aus Sicht von LG besteht ein besichertes (rechtliches Eigentum an der Immobilie) Darlehen.

Sofern jedoch ein **Kontrollübergang** i.S.d. IFRS 15 (→ § 25 Rz 135) vorliegt **262** *(sale)*, hat der Verkäufer/Leasingnehmer einen Vermögenswert i.H.d. anteiligen Buchwerts anzusetzen, der sich aus dem anteiligen, zurückbehaltenen Nutzungsrecht ableitet (IFRS 16.100). Etwaige Gewinne oder Verluste aus dieser Transaktion sind ebenfalls nur anteilig zu erfassen *(partial gain recognition)*, eine vollständige Realisierung etwaiger stiller Reserven scheidet aus. Sofern die Transaktion nicht zum beizulegenden Zeitwert oder zu marktüblichen Konditionen durchgeführt wird, sind Anpassungen bei der bilanziellen Behandlung des *right of use asset* und des Ertrags aus dem Verkauf des Vermögenswerts vorzunehmen. Eine festgestellte Differenz stellt bei überhöhten Konditionen eine Finanzierung des Käufers/Leasinggebers gegenüber dem Verkäufer/Leasingnehmer dar und bei günstigeren Konditionen eine Vorauszahlung (IFRS 16.100ff. sowie IFRS 16.IE11). Zur Ermittlung der Differenz zwischen dem beizulegenden Zeitwert *(fair value)* und dem Verkaufspreis sind zwei Möglichkeiten zu unterscheiden (IFRS 16.102). Abgestellt werden kann auf

- einen Vergleich des *fair value* des Leasinggegenstands mit dem tatsächlichen Verkaufspreis oder
- eine Gegenüberstellung des Barwerts marktüblicher Leasingraten mit dem Barwert der tatsächlich vereinbarten Leasingraten.

Für die bilanzielle Abbildung des Leasinggebers ergeben sich keine Besonderheiten, es gelten die allgemeinen Vorgaben (Rz 181).

7.2 Bilanzielle Abbildung beim Leasingnehmer

Der Leasingnehmer hat bei der bilanziellen Abbildung von *sale-and-lease-back*- **263** Transaktionen in folgender Sequenz vorzugehen:

- Schritt 1: Mit Übergang der *control* auf den Käufer/Leasinggeber **Ausbuchung** des **Leasinggegenstands** als *lease-back* (IFRS 16.B46).
- Schritt 2: In Abhängigkeit von den Konditionen des vereinbarten Dauerschuldverhältnisses Erfassung der **Leasingverbindlichkeit und** des **Nutzungsrechts** *(right of use asset)* – vorbehaltlich der optionalen Ausnahmen für Leasingverträge über geringwertige Vermögenswerte und kurzfristige Leasingverhältnisse.
- Schritt 3: Erfassung und Realisation eines **Gewinns** ausschließlich für den Teil, der sich auf den Restvermögenswert, d.h. den verbleibenden Anteil an dem auf den Käufer/Leasinggeber übertragenen Leasinggegenstand, bezieht. Erfolgt die Transaktion nicht zum *fair value*, ist eine Bereinigung erforderlich.
- Schritt 4: Erfassung des restlichen, **nicht realisierbaren** Gewinns, d.h. des Anteils, der sich auf den *lease-back* bezieht, als Anpassung der Erstbewertung

des Nutzungsrechts des Verkäufers/Leasingnehmers und in der Folge als Reduzierung der laufenden Abschreibung des Nutzungsrechts über die Laufzeit des *lease-back*. Der zunächst anteilig nicht realisierte Verkaufsgewinn wird über den *lease term* verteilt.

Sofern der verkaufte Vermögenswert bereits **vollständig abgeschrieben** ist, darf im Rahmen des *lease-back* kein *right of use asset* mehr aktiviert werden.

> **Praxis-Beispiel**
> Zum 1.1.01 wird eine *sale-and-lease-back*-Vereinbarung über einen (Leasing-)Gegenstand mit einem Verkaufspreis von 2.800 GE geschlossen (Buchwert 1.500 GE, *fair value* 2.800 GE, AHK 3.000 GE). Gleichzeitig wird zwischen Verkäufer/Leasingnehmer und Käufer/Leasinggeber ein Vertrag zur Nutzung des Vermögenswerts über einen Zeitraum von fünf Jahren zu jährlichen Leasingzahlungen von 500 GE geschlossen. Es handelt sich um einen *sale* i.S.d. IFRS 15. Der relevante Zinssatz beträgt 4,5 %. Der Barwert der Leasingzahlungen beträgt 2.195 GE. Der Buchwert des beim Verkäufer/Leasingnehmer zu bilanzierenden *right of use asset* ermittelt sich als der Anteil des Barwerts der (auf das *lease* entfallenden) Leasingraten, der dem Anteil des „alten" Buchwerts des Vermögenswerts an dessen *fair value* entspricht, und beträgt 1.176 GE (= 1.500 /2.800 x 2.195). Daneben hat der Verkäufer/Leasingnehmer einen Gewinn aus dem Verkauf auszuweisen. Ergebniswirksam darf sich beim Verkäufer/Leasingnehmer nur der Anteil des Verkaufsgewinns auswirken, der auf das vom Verkäufer/Leasingnehmer an den Käufer/Leasinggeber übertragene Recht zur Vermietung der Bürofläche entfällt. Dieses ergibt sich mit 281 GE [= (2.800 – 1.500) /2.800 x (2.800 – 2.195)]. Der restliche Anteil des Verkaufsgewinns i.H.v. 1.019 GE entfällt auf das Recht des Leasingnehmers, die Bürofläche weiter nutzen zu dürfen, und geht in den Zugangswert des *right of use asset* ein.

264 Für jede *sale-and-lease-back*-Transaktion ist die Marktüblichkeit des zwischen den Parteien vereinbarten Transaktionspreises nachzuweisen. Da zwei separate Verträge in einem Paket vereinbart werden, besteht die Möglichkeit zur interdependenten Bepreisung der beiden Leistungsverpflichtungen. Für den Nachweis der Marktüblichkeit (*at arms' length*) kann abgestellt werden auf

- einen Vergleich des *fair value* des Leasinggegenstands mit dem tatsächlichen Verkaufspreis oder

- eine Gegenüberstellung des Barwerts marktüblicher Leasingraten mit dem Barwert der tatsächlich vereinbarten Leasingraten.

Der Nachweis wird nicht allein durch die Vereinbarung wesentlicher variabler Leasingraten widerlegt. Abweichend von den Restriktionen für den Einbezug variabler Zahlungen in die *lease payments* (Rz 104) bedarf es für die Beurteilung der *at-arms'-length*-Bedingung eines Einbezugs variabler Ansprüche in die Leasingraten für die Barwertermittlung zum Erwartungswert (*expected value*). Im Zuge der Beurteilung ist die *fair-value*-Hierarchie bei der Auswahl der Parameter und Prämissen zu beachten (→ § 8a Rz 29).

265 Ist der Transaktionspreis **nicht marktüblich,** ist

- eine Vorauszahlung (*rent prepayment*) abzugrenzen, wenn der *fair value* des zugrunde liegenden Vermögenswerts über dem vereinbarten Verkaufspreis liegt (*deficit*);
- eine zusätzliche Finanzierungskomponente zu erfassen, wenn der vereinbarte Verkaufspreis über dem *fair value* des *underlying asset* liegt (*excess*).

Eine zusätzliche, in die *sale-and-lease-back*-Transaktion eingebettete Finanzierungskomponente ist als Teil der *lease liability* fortzuführen, eine separate Erfassung und Folgebewertung scheidet aus. Eine abgegrenzte Vorauszahlung erhöht das *right of use asset*.

Praxis-Beispiel
Zum 1.1.01 wird zwischen LN (als Verkäufer) und LG (als Käufer) ein Verkaufsvertrag über eine Maschine zu einem Preis von 3.000 GE geschlossen (Buchwert 1.500 GE, *fair value* 2.800 GE, AHK 3.000 GE). Gleichzeitig wird zwischen Verkäufer/Leasingnehmer und Käufer/Leasinggeber ein Vertrag zur Nutzung des Vermögenswerts über einen Zeitraum von fünf Jahren geschlossen. Die jährlichen Zahlungen betragen 500 GE. Es handelt sich um einen *sale* i.S.d. IFRS 15. Da der Verkauf nicht zum *fair value*, sondern zu abweichenden Konditionen stattfindet, ist eine Anpassung der Ertragsrealisierung geboten. Die 200 GE (3.000 – 2.800) stellen eine zusätzliche Finanzierung des Verkäufers/Leasingnehmers durch den Käufer/Leasinggeber dar. Der relevante Zinssatz beträgt 4,5 %, es ergibt sich ein Barwert der Leasingzahlungen von 2.195 GE. Darin enthalten sind die 200 GE als zusätzlicher Finanzierungsbetrag. Für die Erlösrealisation ist eine Anpassung/Bereinigung des Barwerts der Leasingzahlungen geboten, nur 1.995 GE des Barwerts der tatsächlich zu zahlenden Leasingraten sind zunächst dem Leasingverhältnis zuzurechnen. Der Buchwert des beim Verkäufer/Leasingnehmer zu bilanzierenden *right of use asset* ermittelt sich als der Anteil des Barwerts der (auf das *lease* entfallenden) Leasingraten, der dem Anteil des „alten" Buchwerts des Vermögenswerts an dessen *fair value* entspricht, und beträgt 1.069 GE (= 1.500 /2.800 x 1.995). Daneben hat der Verkäufer/Leasingnehmer einen Gewinn aus dem Verkauf auszuweisen. Ergebniswirksam darf sich beim Verkäufer/Leasingnehmer nur der Anteil des Verkaufsgewinns auswirken, der auf das vom Verkäufer/Leasingnehmer an den Käufer/Leasinggeber übertragene Recht zur Vermietung der Bürofläche entfällt. Es ergibt sich ein Gewinn (*partial gain*) aus dem *sale* von 374 GE [= (2.800 – 1.500) /2.800 x (2.800 – 1.995)]. Der restliche Anteil des Verkaufsgewinns entfällt auf das Recht des Leasingnehmers, die Bürofläche weiter nutzen zu dürfen, und ist daher nicht zu realisieren. I. H. v. 926 GE [= (2.800 – 1.500) /2.800 x 1.995] ist der (anteilige) Verkaufsgewinn im *right of use asset* erfasst.

Sofern mehrere Vermögenswerte im Rahmen eines Verkaufsvertrags veräußert **266** und anschließend zurückgeleast werden, ist eine Erfassung als jeweils separates Leasingverhältnis geboten. Die Aufteilung auf die einzelnen Vermögenswerte erfolgt im Verhältnis der relativen *fair values*. Handelt es sich bei dem Verkaufsobjekt um eine Immobilie, ist eine Trennung in Gebäude sowie Grund und Boden erforderlich (Rz 54). Anders als für den Grund und Boden (nur *return* *on*) verlangt ein Leasinggeber für die Nutzungsüberlassung eines Gebäudes auch eine Entschädigung für die Abnutzung (*return on* und *return of*).

Praxis-Beispiel

Zum 1.1.01 wird ein Verkaufsvertrag über ein Grundstück mit drei aufstehenden Gebäuden geschlossen. Der Verkaufspreis für das Gesamtpaket beträgt 3.000.000 GE. Dieser wird anhand der relativen *fair-value*-Anteile auf die einzelnen Vermögenswerte verteilt. Daraus ergibt sich folgende Relation für die Aufteilung:

Verkaufs-gegenstand	Buchwert (GE)	Beizulegen-der Zeit-wert (GE)	Relativer *fair value*	Verkaufs-preis (GE)
Gebäude 1	420.000	550.000	20 %	600.000
Gebäude 2	355.000	600.000	21 %	630.000
Gebäude 3	332.000	1.000.000	36 %	1.080.000
Grundstück	393.000	650.000	23 %	690.000
Gesamt	**1.500.000**	**2.800.000**	100 %	3.000.000

Sowohl das Grundstück als auch die Gebäude sollen im Rahmen eines *lease-back* zurückgeleast werden. Dabei ist eine getrennte Behandlung der einzelnen Vermögenswerte geboten. Hierzu muss eine Aufteilung der Leasingraten vorgenommen werden. Diese erfolgt grundsätzlich auch anhand der relativen *fair values*, allerdings mit Besonderheiten für einen auf Grund und Boden entfallenden Anteil, da hier nur ein *return on* zu vergüten ist. Die den *return on* ausdrückende Bodenwertverzinsung wird mit 5 % des *fair value* des Grundstücks – und somit 33 TGE (= 650 TGE × 5 %) – unterstellt. Somit ist lediglich die verbleibende Leasingrate (500 TGE – 33 TGE = 467 TGE) auf die drei Gebäude zu verteilen. Es ergeben sich folgende Leasingraten und – unter Anwendung eines Zinssatzes von 4,5 % und einer Leasinglaufzeit von fünf Jahren – Leasingverbindlichkeiten:

Leasing-gegenstand	Anteilige Lea-singrate (GE)	Barwert der Leasingrate (GE)	Finanzierungs-anteil (GE)
Gebäude 1	120.000	526.000	73.000
Gebäude 2	130.000	571.000	79.000
Gebäude 3	217.000	953.000	132.000
Grundstück	33.000	145.000	21.000
Gesamt	**500.000**	**2.195.000**	**305.000**

Eine Aufteilung der Vereinbarung auf mehrere Bestandteile ist auch erforderlich, wenn nach einem *sale* nur eine Teilanmietung in unterschiedlichem Umfang oder mit unterschiedlichen Laufzeiten erfolgt.

Eine *sale-and-lease-back*-Transaktion kann eine gebotene Wertminderung des   **267**
Leasinggegenstands nicht verhindern. Übersteigt der aktuelle Buchwert vor einer
Transaktion den zwischen den Parteien vereinbarten Preis, bedarf es einer Wert-
haltigkeitsbeurteilung. Da dem *lease-back* ein *sale* vorausgeht, ist der Verkaufs-/
Leasinggegenstand unmittelbar vor der Transaktion als *held for sale* zu klassifi-
zieren und einem besonderen Niederstwerttest zu unterziehen (→ § 29 Rz 38).

Die **Folgebewertung** im Rahmen eines *sale-and-lease-back* ist für den *lessee*   **268**
identisch zur Folgebewertung eines normalen Leasingverhältnisses. Alle Anpassungen aus der Beurteilung des Transaktionspakets sind zeitpunktbezogen zu
erfassen. Der Verkäufer/Leasingnehmer einer *sale-and-lease-back*-Transaktion
hat Gewinne oder Verluste aus der Transaktion getrennt von Gewinnen oder
Verlusten aus der Veräußerung von anderen Vermögenswerten anzugeben.

7.3 Bilanzielle Abbildung beim Leasinggeber

Für den Erwerber/Leasinggeber ergeben sich keine besonderen Anforderungen   **269**
für die bilanzielle Abbildung einer *sale-and-lease-back*-Transaktion. Es ist folgende Differenzierung geboten:
- Fehlen die Voraussetzungen für die Bilanzierung eines *sale* (Rz 261), erfasst der
  „Erwerber" nicht den zugrunde liegenden Vermögenswert (*underlying asset*),
  sondern korrespondierend zur Behandlung beim Leasingnehmer ein Finanzie-
  rungsgeschäft, somit also eine finanzielle Forderung (IFRS 16.103(b)). Die Zugangsbewertung der Finanzforderung erfolgt i.H.d. vereinbarten „Kaufpreises".
- Liegt ein *sale* vor, erfasst der Erwerber/Leasinggeber den erworbenen Vermögenswert (IFRS 16.100(b)). Die Zugangsbewertung erfolgt nach den ver-
  mögensspezifischen Vorgaben, somit zu Anschaffungskosten. Die bilanzielle
  Abbildung des *lease-back* richtet sich nach den allgemeinen Vorgaben
  (Rz 181 ff.).

8 Umfangreiche Angabepflichten

Leasingnehmer haben mit den Anhangangaben (*disclosures*) die Abschlussadres-   **270**
saten in die Lage zu versetzen, die Höhe, den zeitlichen Anfall und die Unsicherheiten der Zahlungen aus Leasingverhältnissen nachzuvollziehen. Es steht im
Ermessen des Leasingnehmers, über die Aggregation von Informationen zu
entscheiden. Zur Illustration der Anforderungen sind zahlreiche Beispiele in die
Illustrative Examples aufgenommen worden (IFRS 16.IE). Die folgenden quantitativen (Mindest-)Angaben sind insbesondere erforderlich (IFRS 16.B48 ff.):
- Abschreibung der Nutzungsrechte an den Leasinggegenständen, untergle-
  dert nach Klassen von Vermögenswerten,
- erfasste Zinsen auf die Leasingverbindlichkeiten,
- Aufwand für kurzfristige Leasingverhältnisse mit einer Laufzeit von mehr als
  einem Monat,
- Aufwand für *leases* über geringwertige Vermögenswerte,
- Höhe des variablen Leasingaufwands der Periode,
- Ertrag aus Unterleasingverhältnissen (*subleases*; siehe Rz 259 zu den beson-
  deren Angaben beim *sublease*),

- die gesamten Zahlungsmittelabflüsse für Leasingverhältnisse innerhalb der Periode,
- Zugänge zu Nutzungsrechten an Leasinggegenständen,
- Gewinne und Verluste aus *sale-and-lease-back*-Transaktionen und
- Buchwert der Nutzungsrechte an den Leasinggegenständen zum Abschlussstichtag, untergliedert nach Klassen von Vermögenswerten.

271 Leasingnehmer haben alle vorgeschriebenen Angaben an einer komprimierten Stelle oder in einem gesonderten Abschnitt im Abschluss darzustellen. Quantitative Informationen sind in tabellarischer Form darzustellen, es sei denn, ein anderes Format ist besser geeignet. Darüber hinaus ist eine Fälligkeitsanalyse der Leasingverbindlichkeiten – getrennt von den Fälligkeitsanalysen für die sonstigen finanziellen Verbindlichkeiten – geboten.

272 Der Leasinggeber hat die gleichen qualitativen Anforderungen an die Angabe von Informationen zu Leasingverhältnissen wie der Leasingnehmer zu berücksichtigen. Die allgemeinen Konditionen der Dauerschuldverhältnisse sind anzugeben und darüber hinaus die Klassifizierung als *finance* oder *operating lease* zu erläutern.

273 Im Übrigen wird auf die Checkliste „IFRS-Abschlussangaben" (siehe HI10157883 im Haufe IFRS-Kommentar Online) verwiesen (→ § 5 Rz 8).

9 ABC der Leasingbilanzierung

274

Andienungsrechte	Andienungsrechte des Leasinggebers sind im Rahmen der Bestimmung der Leasingraten zu berücksichtigen (Rz 113). Ein Andienungsrecht des Leasinggebers ist analog einer Restwertgarantie des Leasingnehmers zu behandeln.
Anreizvereinbarungen *(incentives)*	Anreizvereinbarungen (wie z.B. mietfreie Perioden) beeinflussen aus der Sicht des Leasingnehmers die Höhe der Leasingverbindlichkeit, wenn diese nach dem Nutzungsbeginn dem Leasingnehmer zufließen. Anreize, die vor *commencement* gewährt werden, sind unmittelbar dem *right of use asset* zuzurechnen oder abzuziehen (Rz 115).
Ansatz	Im Fall eines *operating lease* bilanziert der Leasinggeber den Vermögenswert (Rz 2), der Leasingnehmer erfasst – insoweit keine vereinfachende Ausnahme in Anspruch genommen werden kann (Rz 82) – ein *right of use asset* und eine Leasingverbindlichkeit (Rz 3). Bei Vorliegen eines *finance lease* setzt der Leasinggeber eine Forderung i.H.d. Nettoinvestitionswerts des Leasingobjekts an. Der Leasingnehmer erfasst ebenfalls ein Nutzungsrecht und eine Leasingverbindlichkeit. Der Ansatz eines Leasingverhältnisses erfolgt erst mit Beginn der Nutzung *(commencement of the lease)* des Leasingobjekts (Rz 75).

Bedingte (variable) Leasingraten	Schwanken die Leasingraten der Höhe nach in Abhängigkeit einer externen Variablen, sind diese Schwankungen als Teil der Leasingraten zu behandeln, wenn diese von der Entwicklung eines Index oder Kurses abhängen (Rz 108). Alle anderen Quellen von Variabilität führen zu einem Ausschluss (Rz 104).
Diskontierungszins	Für die Bestimmung des Diskontierungszinses für den Barwerttest ist ein abgestuftes Vorgehen vorgesehen (Rz 116). Vorrangig ist auf den internen Zinssatz des Leasinggebers abzustellen. Hat der Leasingnehmer hiervon keine Kenntnis, kann er auf seinen Grenzfremdkapitalzins zurückgreifen.
Effektivzins	Die Leasingverbindlichkeit ist mit dem Effektivzinssatz fortzuschreiben (Rz 141). Der Effektivzinssatz ergibt sich als interner Zinsfuß aus den zu zahlenden Leasingraten und dem Zugangswert der Leasingverbindlichkeit und entspricht dem Diskontierungszins des Barwerttests.
Eingebettete Leasingverhältnisse	Werden mehrere (Einzel-)Leistungen in einem Vertragsverhältnis vereinbart und eine Leistung bezieht sich auf ein Leasingverhältnis, ist das Gesamtverhältnis als Mehrkomponentengeschäft in die wirtschaftlichen Einzelleistungen aufzuspalten (Rz 51).
Finance lease	Bei Klassifizierung eines *lease* als *finance lease* bucht der Leasinggeber das Leasingobjekt aus und eine Forderung ein (Rz 2). Für den Leasingnehmer ist die Unterscheidung zwischen *finance* und *operating lease* irrelevant.
Folgebewertung	Die Folgebewertung des Leasingobjekts richtet sich – insoweit nicht durch eine *fair-value*-Bewertung überlagert – unabhängig von der Klassifizierung nach den allgemeinen Vorgaben für materielles (IAS 16) Vermögen. Für Leasingforderungen und Leasingverbindlichkeiten sind sowohl die Vorgaben aus IFRS 16 als auch diejenigen für Finanzinstrumente zu berücksichtigen (Rz 141 ff.).
Garantien	Garantien, die vom Leasingnehmer gegenüber dem Leasinggeber gegeben werden, sind mit dem zugesagten Betrag i. H. d. Erwartungswerts als Bestandteil der Leasingzahlungen zu erfassen (Rz 114).
Geringwertige Leasingobjekte	Ist der Neuwert des Leasinggegenstands gering (Neupreis < = 5.000 USD), kann der Leasingnehmer wahlweise auf die Anwendung der besonderen Ansatz- und Bewertungsvorschriften verzichten (Rz 82).

Grenzfremd-kapitalzins	Der Grenzfremdkapitalzins des Leasingnehmers kann mangels Kenntnis des internen Zinssatzes des Leasinggebers als Diskontierungszins des Barwerttests herangezogen werden (Rz 116).
Hinreichende Sicherheit	Für die Beurteilung künftiger, für das Leasingverhältnis relevanter Ereignisse hat der Leasingnehmer eine besondere Wahrscheinlichkeitsschwelle (w = 75 %) zu berücksichtigen (Rz 77).
Horizontale Bewertungseinheit	Im Rahmen der Neubewertung eines Leasingverhältnisses sind *right of use asset* und Leasingverbindlichkeit als horizontale Bewertungseinheit zusammenzufassen (Rz 151).
Immobilienleasing	Bei Immobilienleasingvereinbarungen ist eine Trennung des *lease* in eine Grund-und-Boden- sowie eine Gebäudekomponente auf Basis der beizulegenden Zeitwerte der Nutzungsrechte erforderlich; nur ausnahmsweise kann auf eine Trennung verzichtet werden (Rz 54).
Kurzfristige Leasingverhältnisse	Ist der *lease term* auf einen Zeitraum < zwölf Monate begrenzt, kann der Leasingnehmer wahlweise auf die besonderen Ansatz- und Bewertungsvorgaben des IFRS 16 verzichten (Rz 82).
Latente Steuern	Im Rahmen einer stichtagsbezogenen Steuerlatenzrechnung ergeben sich bei der Folgebewertung nach IFRS und Steuergesetzgebung divergierend klassifizierter Leasingverhältnisse temporäre Differenzen, auf die latente Steuern zu bilden sind (→ § 26 Rz 90).
Leasingbeginn (*at inception*)	Die Leasingbeurteilung erfolgt mit dem Leasingbeginn (*at inception*), dem Vertragsschluss zwischen Leasingnehmer und Leasinggeber (Rz 18). Wenn der Zeitpunkt des Nutzungsbeginns (*commencement*) später ist, erfolgt auch bei geänderten Annahmen (ohne Vertragsänderung) keine Neubeurteilung.
Leasingobjekt-gesellschaften	In der Praxis werden Leasingverträge häufig über Objektgesellschaften abgewickelt. Es stellt sich die Frage, ob die Objektgesellschaft gem. IFRS 10 in den Konsolidierungskreis des Leasingnehmers oder Leasinggebers aufzunehmen ist (→ § 32 Rz 53).
Leasingraten	Die Leasingraten umfassen alle feststehenden Zahlungen, die der Leasinggeber von dem Leasingnehmer einfordern kann (Rz 92). Auch Zahlungen aus Restwertgarantien und Kauf-/Andienungsrechten (Rz 98/Rz 111) sind Bestandteil der Leasingrate. Darüber hinaus sind variable Zahlungen einzubeziehen, wenn diese an die Entwicklung eines Kurses oder Index gebunden sind (Rz 108).

Mehrstufige Leasingverhältnisse	Bei mehrstufigen Leasingverhältnissen sind Ober- (*head*) und Unterleasingverhältnis (*sublease*) getrennt voneinander zu beurteilen (Rz 256).
Non-lease component	Eine geschlossene Vereinbarung kann neben einem Leasingverhältnis auch weitere Leistungsverpflichtungen des Leasinggebers umfassen, die allerdings als (Dienst-)Leistung und nicht als *lease* zu klassifizieren sind (Rz 56).
Nutzungsrecht	Der Anwendungsbereich der Leasingvorgaben nach IFRS ist weit gefasst. Für das Vorliegen eines Leasingverhältnisses reicht die Vereinbarung eines Nutzungsrechts aus (Rz 18).
Ökonomische Vorteile	Für die Identifizierung eines Leasingverhältnisses muss der Nutzungsberechtigte neben dem Recht auf Nutzung einen Anspruch auf im Wesentlichen alle (*substantially all*) ökonomischen Vorteile haben (Rz 43).
Operating lease	Im Fall eines *operating lease* ist der Leasinggeber wirtschaftlicher Eigentümer des Leasingobjekts und bilanziert dieses nach den allgemeinen Vorgaben als materiellen oder immateriellen Vermögenswert (Rz 2). Aus Sicht des Leasingnehmers entfällt die Differenzierung zwischen *operating* und *finance lease*.
Portfolioleasing	Einzelne Leasingverhältnisse können, auch wenn diese in mehreren Vereinbarungen begründet wurden, zu einem Bilanzierungsobjekt zusammengefasst werden, wenn eine besondere Homogenitätsbedingung erfüllt ist (Rz 6).
Reassessment	Im Rahmen der Folgebewertung eines Leasingverhältnisses sind getroffene Annahmen hinsichtlich der künftigen Entwicklung zu aktualisieren (Rz 149).
Recht auf Nutzung	Die Identifizierung eines *lease* setzt das Recht auf Nutzung durch den Leasingnehmer voraus, er muss über das „*how and for what purpose*" entscheiden können (Rz 37).
Remeasurement	Eine Neubewertung des Leasingverhältnisses ist bei geänderten Erwartungen erforderlich (Rz 149).
Renditeimmobilien	Für Renditeimmobilien als Leasingobjekt gelten für den Leasingnehmer besondere Vorgaben für die Folgebewertung (Rz 144).
Restwertgarantien	Restwertgarantien des Leasingnehmers sind mit dem Erwartungswert der zu leistenden Zahlung als Bestandteil der Leasingraten zu behandeln (Rz 111).

Sale-and-lease-back- Transaktionen	Falls ein *sale* bejaht wird, führt die bilanzielle Abbildung des *lease-back* zu einer Begrenzung der Realisation (*partial gain recognition*) stiller Reserven im veräußerten Vermögenswert/Leasinggegenstand (Rz 260 ff.). Die Folgebilanzierung erfolgt nach den allgemeinen Vorgaben.
Steueränderungsklauseln	Anpassungen der Leasingraten wegen künftiger Änderungen der Steuergesetzgebung sind als bedingte Leasingraten nicht in die Bestimmung der Leasingraten einzubeziehen (Rz 104).
Substitutionsrecht	Ein substanzielles Recht des Leasinggebers zum Austausch eines (explizit) spezifizierten Vermögenswerts widerlegt das Vorliegen eines *lease* (Rz 29).
Trigger	Bei Eintritt eines Ereignisses, welches zu geänderten Erwartungen hinsichtlich der Ausübung von bestehenden Optionen führt, ist eine Neubewertung des Leasingverhältnisses erforderlich (Rz 157).
Unterschiede zum Steuerrecht	Unterschiede zwischen deutschem Steuerrecht und IFRS ergeben sich sowohl in der Feststellung des Vorliegens eines Leasingverhältnisses als auch in der Zuordnung des wirtschaftlichen Eigentums.
Verdeckte Leasingverhältnisse	Auch von den Parteien anders bezeichnete und zivilrechtlich i. d. R. nicht als Leasingverhältnisse zu qualifizierende Rechtsverhältnisse können in wirtschaftlicher Betrachtung als Leasingverhältnisse anzusehen sein.
Vertragsänderungen	Beschließen die Parteien eines Leasingverhältnisses eine Änderung der vertraglichen Konditionen, ist eine Unterscheidung erforderlich (Rz 163): • Bei einer Ausweitung des Nutzungsrechts ist ein neues Leasingverhältnis zu erfassen, wenn die Erweiterung zu marktüblichen Konditionen erfolgt. Andernfalls ist das *right of use asset* korrespondierend zu der Anpassung der zu Stichtagsverhältnissen bewerteten Verbindlichkeiten zu erhöhen. • Bei einer Reduzierung ist eine sequenzielle Vorgehensweise erforderlich. Erst sind Leasingverbindlichkeit und *right of use asset* nach unten zu korrigieren und die Erfolgswirkung (Differenz Verbindlichkeit und Vermögenswert) zu bestimmen. Dann bedarf es einer Neubewertung der Verbindlichkeit zu Stichtagsverhältnissen mit korrespondierender Anpassung des *right of use asset.*

Wirtschaftliches Eigentum	Das nur für die Bilanzierung des Leasinggebers maßgebliche wirtschaftliche Eigentum richtet sich danach, welche Partei überwiegend die Chancen und Risiken aus der Nutzung eines Leasingobjekts trägt. Für die Klassifizierung eines *finance lease* reicht es aus, wenn entweder die Chancen oder Risiken mehrheitlich bei dem Leasingnehmer liegen. Das wirtschaftliche Eigentum lässt sich an zwei Aspekten, Dauer der Herrschaft und Übernahme des Amortisationsrisikos, festmachen. Für die bilanzielle Abbildung des Leasingnehmers ist das wirtschaftliche Eigentum irrelevant.
Wirtschaftliche Substanz	Fehlt es einer Leasingtransaktion an wirtschaftlicher Substanz, wird also kein Nutzungsrecht übertragen, sondern in wirtschaftlicher Betrachtung ein anderes Geschäft (z. B. Finanzierungen oder *linked transactions*) geschlossen, scheidet eine Behandlung als *lease* aus.
Zugangsbewertung beim Leasingnehmer	Die Zugangsbewertung der Verbindlichkeit erfolgt *at commencement* zum Barwert der Leasingraten, der auch Ausgangspunkt für die Bestimmung der Anschaffungskosten des *right of use asset* ist. Beide Größen sind ggf. anzupassen (Rz 92).

10 Anwendungszeitpunkt, Rechtsentwicklung

Der neue Leasingstandard IFRS 16 ist für Geschäftsjahre ab dem 1.1.2019 anzuwenden. Eine frühere Anwendung zum 1.1.2018 ist zulässig, sofern: **275**
- dieser Umstand im Anhang veröffentlicht wird;
- zeitgleich die neuen Vorgaben zur Erlösrealisation (IFRS 15) angewendet werden.

Das Datum der erstmaligen Anwendung ist der Beginn der Berichtsperiode, in welcher erstmalig IFRS 16 angewendet wird (IFRS 16.C2). Entsprechend erfolgt die Erstanwendung von IFRS 16 zum 1.1.2019 unabhängig von der vollen retrospektiven Anwendung des IFRS 16.

Eine Übernahme des IFRS 16 in europäisches Recht (*endorsement*) steht noch   **276**
aus. Die Vorgaben zur bilanziellen Abbildung von Leasingverhältnissen weichen deutlich von den Vorschriften der US-GAAP (ASC Topic 842) ab, es liegt kein *converged standard* vor (Rz 290).

Der IASB erkennt die wesentlichen Kosten der Umstellung auf IFRS 16 an. Der   **277**
Standard enthält daher eine Vielzahl von Übergangserleichterungen und praktischen Ausnahmen zur Minimierung der Kosten ohne mutmaßlich gleichzeitige wesentliche Verschlechterung der Qualität der berichteten Finanzinformation. Sowohl dem Leasingnehmer als auch dem Leasinggeber ist es erlaubt, zum Übergangszeitpunkt bei der gebotenen Identifizierung eines Vertrags als *lease* auf die bisherige Einschätzung zurückzugreifen (*grandfathering*). Für Leasinggeber ergeben sich nur marginale Anpassungen beim Übergang, da die Regelun-

gen zwischen IAS 17 und IFRS 16 weitestgehend konsistent sind. Die Situation ist für Leasingnehmer wesentlich komplexer, da relevante Bilanzierungsentscheidungen erstmals zu treffen sind:

Ermessensentscheidung des *lessee*	Konsequenz für die bilanzielle Abbildung
Anwendung von IFRS 16 auf alle Leasingverhältnisse im Einklang mit IAS 8 unter Verwendung des kumulativen *catch up* oder nach der retrospektiven Methode.	Sofern der Leasingnehmer sich für die volle retrospektive Anwendung aller Leasingverhältnisse entscheidet, müssen die Vorjahre angepasst werden. Sollte die kumulative *catch-up*-Methode Anwendung finden, werden Vorjahreszahlen nicht angepasst. Es ergeben sich spezifische Bewertungsvorgaben für das *right of use asset* und die Verbindlichkeit. Zudem können weitere Erleichterungen angewendet werden.
Bei Anwendung der kumulativen *catch-up*-Methode muss festgelegt werden, ob die Ausnahme für nur noch kurz laufende *operating-lease*-Verhältnisse, die innerhalb von zwölf Monaten nach Erstanwendung von IFRS 16 enden, angewendet werden soll.	Auf *lease by lease basis* hat der Leasingnehmer die Wahl, solche Leasingverhältnisse nicht bilanziell zu erfassen, wenn diese innerhalb von zwölf Monaten nach dem Erstanwendungszeitraum auslaufen.
Wird die kumulative *catch-up*-Methode angewendet, muss entschieden werden, ob bei der Ersterfassung praktische Ausnahmen hinsichtlich der Bewertung von zuvor als *operating lease* klassifizierten Leasingverhältnissen angewendet werden sollen.	Ein Unternehmen kann auf *lease by lease basis* entscheiden, • einen einzelnen Abzinsungssatz für ein Portfolio von Leasingverhältnissen mit hinreichend gleichen Charaktereigenschaften zu verwenden und • rückblickende Erkenntnis, z.B. bei der Bestimmung des *lease term* bzgl. der Anwendung von Verlängerungs- oder Kündigungsoptionen, zu berücksichtigen.
Bei Einsatz der *catch-up*-Methode muss entschieden werden, ob bei Ersterfassung die praktische Ausnahme zur Bewertung des *right of use asset* bei Leasingverhältnissen, die zuvor als *operating lease* klassifiziert wurden, angewendet werden soll.	Auf einer *lease by lease basis* kann ein Unternehmen • das *right of use asset* betraglich hinsichtlich etwaiger Drohverluste anpassen, die unter IAS 37 anfallen; • anfängliche vertragliche Anbahnungskosten (*initial direct costs*) von der Bewertung des *right of use asset* ausschließen.

Tab. 11: Wesentliche Ermessensentscheidungen des Leasingnehmers bei *transition*

Als praktische Ausnahme kann ein Unternehmen auf die Neubeurteilung eines **278**
Leasingvertrags hinsichtlich des Bestehens eines *lease* zum Zeitpunkt der Erstanwendung verzichten (*grandfathering*). Stattdessen kann das Unternehmen
(IFRS 16.C3) die Vorgaben des IFRS 16
- ausschließlich auf Verträge anwenden, die nach IAS 17 i.V.m. IFRIC 4 entsprechend identifiziert wurden. Es sind die Übergangsregelungen gem. IFRS 16.C5 – IFRS 16.C18 anzuwenden;
- nicht auf Verträge anwenden, die vorher nicht als Leasingvertrag gem. IAS 17/IFRIC 4 identifiziert wurden.

Sofern ein Unternehmen die wahlweise Ausnahmeregel (*practical expedient*) anwendet, hat es darüber gem. IFRS 16.C4 zu berichten und die Ausnahme gleichsam auf alle Verträge anzuwenden. Entsprechend ist IFRS 16 zur Identifikation von Leasingverhältnissen heranzuziehen, wenn diese nach dem Erstanwendungszeitpunkt abgeschlossen oder modifiziert werden. Wird die Ausnahme in Anspruch genommen, besteht ein Konsistenzgebot für alle Verträge. Eine selektive Anwendung der Ausnahmeregel scheidet aus. Die Erleichterung steht nicht im Zusammenhang mit der erforderlichen Entscheidung der retrospektiven oder der kumulativen *catch-up*-Methode für die bilanzielle Ersterfassung eines *lease*.

Ein Leasingnehmer hat die Wahl zwischen voll retrospektiver Anwendung und **279**
dem kumulativen *catch-up*-Ansatz; er kann die geänderten Vorgaben entweder gem. IFRS 16.C5 in
- (Option 1) retrospektiver Art und Weise gem. IAS 8 anwenden oder
- (Option 2) unter Anwendung der kumulativen *catch-up*-Methode anwenden, wobei der Standard retrospektiv angewendet wird (Option 2A) und der kumulative Effekt gem. IFRS 16.C7 – IFRS 16.C13 zu erfassen ist.

Die ausgewählte Methode zur Quantifizierung der Auswirkungen auf die bilanzielle Abbildung muss konsistent auf alle Leasingverhältnisse angewendet werden (IFRS 16.C6).

Retrospektive Anwendung oder kumulativer (*catch up*) Ansatz? Individuelle Wahl, welche für alle Leasingverhältnisse angewendet werden muss.	Option 2: kumulativer Ansatz Methode ohne Änderung der bisherig berichteten Zahlen. Differenzen zwischen den Vermögenswerten und der Verbindlichkeit werden zum Umstellungszeitpunkt kumulativ in den Gewinnrücklagen erfasst. Bestehende *finance lease liabilities* werden vorgetragen. Die ausstehenden Verbindlichkeiten für bestehende *operating-lease*-Verträge werden unter Verwendung des Grenzfremdkapitalzinssatzes zum Übergangszeitpunkt berechnet. Auswahl der Bewertung des Vermögenswerts auf einer individuellen Basis (*lease by lease*).	
Option 1: retrospektiver Ansatz Anpassung der Vorjahresvergleichszahlen, als ob IFRS 16 immer schon angewendet worden wäre.	Option 2A Bewertung des Vermögenswerts, als ob IFRS 16 bereits seit dem Beginn des Leasingverhältnisses angewendet worden wäre (Verwendung des Grenzfremdkapitalzinssatzes zum Übergangszeitpunkt).	Option 2B Bewertung des Vermögenswerts zum gleichen Wert wie die Verbindlichkeit (angepasst um Abgrenzungen sowie Anzahlungen).

Abb. 13: Auswahl der *transition*-Methode durch den Leasingnehmer

Entscheidet sich der Leasingnehmer gem. IFRS 16.C5 zur retrospektiven Anwendung von IFRS 16 gem. IAS 8 (Option 1), sind – mit Ausnahme der Identifizierung von *leases* – die Vorgaben des Standards vollständig umzusetzen. Deshalb muss der *lessee* **280**

- die Bilanz aufstellen, als ob IFRS 16 immer schon angewendet worden wäre;
- Anpassungen der Vergleichsinformationen für alle dargestellten Perioden vornehmen, wobei wahrscheinlich eine dritte Bilanz zur Abbildung erforderlich ist; und
- den Effekt aus der Anwendung von IFRS 16 auf Postenbasis im Anhang darstellen.

Basierend auf den grundlegenden Regelungen zur retrospektiven Betrachtung nach IAS 8, muss ein Unternehmen die Eröffnungsbilanz der frühesten dargestellten Periode um die kumulative Differenz der Anwendung von IFRS 16 anpassen.

281   Leasingnehmer sind neben einer voll retrospektiven Anwendung nach IAS 8 ebenfalls berechtigt, die Übergangsregelung nach IFRS 16.C5(b) anzuwenden, ohne dass die Vorjahresvergleichszahlen angepasst werden müssen. Bei Anwendung dieser Erleichterung wird der kumulative Effekt aus der erstmaligen Anwendung als Anpassung gegen die Gewinnrücklagen in der Eröffnungsbilanz zum Übergangszeitpunkt erfasst (IFRS 16.C7). Wenn ein Leasingnehmer zur Anwendung des kumulativen *catch-up*-Ansatzes tendiert,

- wird der kumulative Effekt aus der Erstanwendung zum Erstanwendungszeitpunkt erfasst;
- werden die Vorjahresvergleichsinformationen nicht angepasst, stattdessen eine etwaige Differenz zwischen dem *right of use asset* und der Verbindlichkeit gegen die Gewinnrücklagen gebucht;
- wird eine Buchwertfortführung der bisherigen *finance leases* vorgenommen;
- kann der Anwender bestimmte zusätzliche Erleichterungen und praktische Ausnahmen für ehemals als *operating lease* klassifizierte Leasingverträge anwenden;
- ist der Effekt aus der Anwendung dieser Vereinfachungsmethode im Anhang auszuweisen.

Eine parallele Anwendung des neuen und alten Standards zur Änderung der Vorjahresvergleichszahlen ist nicht notwendig.

282   Für Leasingnehmer, die den kumulativen *catch-up*-Ansatz auf bestehende *finance leases* anwenden, kann zum Erstanwendungszeitpunkt zur Vereinfachung der nach IAS 17 bestehende Buchwert der Verbindlichkeit bzw. des *right of use asset* vorgetragen werden (IFRS 16.C11). In der Eröffnungsbilanz der Periode der erstmaligen Anwendung sind daher – ggf. nach Umgliederung – die Buchwerte von Leasinggegenstand und Leasingverbindlichkeit zu erfassen. Notwendig ist allerdings die Beurteilung, ob unmittelbar nach Erstanwendung ein *reassessment* der *lease liability* erforderlich ist (Rz 148).

Praxis-Beispiel

LN bilanziert die Anmietung des als Stammsitz genutzten Bürokomplexes nach einer *sale-and-lease-back*-Transaktion als *finance lease*. Die Leasingraten sehen eine jährliche Anpassung an die Entwicklung des Verbraucherpreisindex vor. In der Bewertung der Verbindlichkeit nach IAS 17 wurden nur die feststehenden Leasingraten berücksichtigt; die aus der Veränderung des Verbraucherpreisindex resultierenden Zahlungen wurden als *contingent rent* im laufenden Periodenergebnis erfasst. Mit Übergang auf das Bewertungsregime von IFRS 16 bedarf es einer *day1*-Anpassung der *lease liability* (korrespondierend des *right of use asset*) an den aktuellen Stand des Verbraucherpreisindex.

Die Anwendung der Ausnahme von der Erfassung von *low value leases* kann **283** durch den Leasingnehmer bereits bei Erstanwendung beurteilt werden, wobei das Ausmaß der Anwendung zum Übergangszeitpunkt auf einer *lease-by-lease*-Entscheidung zu bestimmen ist. Sofern die Ausnahme gezogen wird, sind entsprechende Anpassungen an bestehenden *operating leases* beim Übergang entbehrlich (IFRS 16.C9(a)). Als weitere Ausnahme kann im Rahmen einer *lease-by-lease*-Entscheidung die Kurzfristigkeitsausnahme angewendet werden, wodurch sowohl das *right of use asset* als auch die Leasingverbindlichkeit bei vorheriger *operating-lease*-Klassifizierung nicht zum Ansatz kommen. In diesem Fall

- bilanziert der Leasingnehmer diese Leasingverhältnisse in der gleichen Weise wie *short-term leases* gem. IFRS 16.6 und
- zählt er diese zu den Kosten der *short-term leases*, welche in der Berichtsperiode im Anhang ausgewiesen werden.

Leasingnehmer, die den kumulativen *catch-up*-Ansatz anwenden, müssen den- **284** noch eine Leasingverbindlichkeit zum Zeitpunkt der erstmaligen Anwendung von Leasingverhältnissen erfassen, die bislang noch *off-balance* waren. Die Leasingverbindlichkeit bemisst sich aus dem Barwert der noch ausstehenden Leasingzahlungen, diskontiert mit dem Grenzfremdkapitalzinssatz des Leasingnehmers bei der erstmaligen Anwendung (IFRS 16.C8(a)). Der *lessee* darf bestimmte Informationen betreffend

- bereits geleisteter Leasingzahlungen ignorieren. Die Leasingverbindlichkeit bestimmt sich nur mit Bezug zu den noch ausstehenden Leasingzahlungen (*lease payments*) für die Restlaufzeit des Vertrags;
- die relevante Zinsrate nutzen, ein Rückgriff auf die Bedingungen für den Zinssatz *at commencement* ist nicht erforderlich.

Dem *lessee* stehen für jedes einzelne Leasingverhältnis wahlweise anwendbare Erleichterungen für die Bewertung der *lease liability* zur Verfügung; er kann

- eine einzelne Diskontierungsrate für ein Portfolio mit Leasingverhältnissen, die ähnliche Eigenschaften aufweisen (z.B. ähnliche Restleasinglaufzeit für eine ähnliche Klasse an zugrunde liegenden Vermögenswerten in einem ähnlichen wirtschaftlichen Umfeld) anwenden (IFRS 16.C10(a)) und/oder
- bessere Erkenntnis (*hindsight*) berücksichtigen, um bspw. die Leasinglaufzeit zu bestimmen, wenn der Vertrag eine Verlängerungs- oder Kündigungsoption enthält (IFRS 16.C10(e)).

Leasingnehmer, die den kumulativen *catch-up*-Ansatz anwenden, müssen ein **285** *right of use asset* zum Zeitpunkt der erstmaligen Anwendung von Leasingverhältnissen, die vorher *off-balance* geführt wurden, bilanzieren. Die Bestimmung des *right of use asset* soll im Rahmen des kumulierten *catch-up*-Ansatzes erfolgen (IFRS 16.C8(b))

- entweder „retrospektiv", als ob IFRS 16 seit dem Anfangsdatum angewendet wurde, allerdings im Rahmen einer Bewertung des ursprünglichen Zugangswerts mit dem aktuellen Zinssatz (Option 2A),
- oder zum Wert der Leasingverbindlichkeit (Option 2B), angepasst um den Wert jeglicher vorausgezahlten oder angefallenen Leasingzahlungen, die bzgl. des Leasings kurz vor dem Erstanwendungszeitpunkt (in der Bilanz) bilanziert wurden.

Die Festlegung der Bewertungskonzeption für das *right of use asset* erfolgt für jedes Leasingverhältnis individuell (IFRS 16.C8(b)). Zum Zeitpunkt der Erstanwendung sind die *impairment*-Vorgaben (→ § 11 Rz 13) zu beachten, wenn der Leasingnehmer nicht wahlweise für als *onerous contracts* erfasste *leases* eine Verrechnung der Verbindlichkeit mit dem *right of use asset* vornimmt (IFRS 16.C10(b) i. V. m. IFRS 16.C8(c)).

286 Für die erstmalige Erfassung bislang *off-balance* erfasster *leases* stehen dem Leasingnehmer drei alternative Vorgehensweisen zur Verfügung. Neben einer Kosten-Nutzen-Analyse entscheidet die Verfügbarkeit von Informationen über die Auswahl/Festlegung.

Praxis-Beispiel

Unternehmen A hat am 1.1.01 ein Leasingverhältnis mit einer Laufzeit von insgesamt fünf Jahren abgeschlossen. Nach IAS 17 wurde das Leasingverhältnis als *operating lease* klassifiziert, somit eine *off-balance*-Bilanzierung vorgenommen. Vereinbart wurde eine jährliche Leasingrate von 100 GE, zahlbar am zweiten Tag (2.1.) eines jeweiligen Jahres. Die geänderten Vorgaben zur bilanziellen Abbildung von Leasingverhältnissen sollen erstmals zum 1.1.03 berücksichtigt werden. Der Abzinsungssatz beträgt zum Nutzungsbeginn des Leasingverhältnisses 8 %, zum Umstellungszeitpunkt ist der Zinssatz auf 12 % angestiegen. Der Vermögenswert aus dem *lease* (*right of use asset*) wird linear über die Restnutzungsdauer abgeschrieben.

Alternative 1 (Option 1)

Die im Zugangszeitpunkt zu erfassende Verbindlichkeit (*lease liability*) und der Vermögenswert (*right of use asset*) werden beide berechnet, als ob IFRS 16 schon immer unter Berücksichtigung der Anpassung der Vorjahreswerte angewendet worden wäre. Die Verbindlichkeit zum Nutzungsbeginn des Leasingverhältnisses wird zum Barwert der zukünftigen Leasingzahlungen abgezinst mit dem Diskontierungszinssatz von 8 % angesetzt. Die Auswirkung auf die Bilanz zum Übergangszeitpunkt 1.1.03 führt zu einer Verringerung des Nettovermögens (= Eigenkapital) von 19 GE (Vermögenswert 259 GE und Verbindlichkeit 278 GE). Nach Übergang auf IFRS sind im Rahmen der Folgebewertung noch (Gesamt-)Aufwendungen von 281 GE in der GuV zu erfassen.

Datum (Beträge in GE, gerundete Werte)	*right of use asset*	*lease liability*	Aufwand aus Folgebewertung
Nutzungsbeginn 1.1.01	431	431	
Jahresende 31.12.01	345	358	113
Jahresende 31.12.02	259	278	106
Betrag zum Übergangszeitpunkt 1.1.03	**259**	**278**	
Jahresende 31.12.03	172	193	102
Jahresende 31.12.04	86	100	93
Jahresende 31.12.05	0	0	86
Aufwand nach Übergang	0	0	**281**

Alternative 2 (Option 2A)
Die Vorjahresvergleichszahlen werden nicht geändert und die nach IFRS 16 zu erfassende Verbindlichkeit wird als Barwert der drei ausstehenden Leasingzahlungen unter Verwendung des aktuell im Übergangszeitpunkt geltenden Zinssatzes i. H. v. 12 % ermittelt. Der Wertansatz des Vermögenswerts wird berechnet, als ob IFRS 16 unter Verwendung des Abzinsungssatzes zum Übergangszeitpunkt (12 %) schon immer angewendet worden wäre. Es erfolgt daher eine Abzinsung der fünf Leasingraten auf den *commencement date* und eine Fortschreibung des *right of use asset* von Beginn an.

Datum (Beträge in GE, gerundete Werte)	*right of use asset*	*lease liability*	Aufwand aus Folgebewertung
Nutzungsbeginn 1.1.01	404		
Jahresende 31.12.01	323		
Jahresende 31.12.02	242		
Betrag zum Übergangszeitpunkt 1.1.03	242	269	
Jahresende 31.12.03	161	189	101
Jahresende 31.12.04	81	100	92
Jahresende 31.12.05	0	0	81
Aufwand nach Übergang	0	0	274

Für die Bilanz zum Übergangszeitpunkt ergibt sich eine Verringerung der Nettovermögenswerte von 27 GE (Vermögenswert i. H. v. 242 GE und Verbindlichkeit 269 GE). In den Folgeperioden stellt sich ein noch verbleibender Aufwand i. H. v. 274 GE ein, welcher in der GuV nach dem Übergang erfasst wird.

Alternative 3 (Option 2B)
Die Vorjahresvergleichszahlen werden nicht verändert. Die Erfassung von *lease liability* und *right of use asset* erfolgt prospektiv. Die Verbindlichkeit und korrespondierend das *right of use asset* werden zum Barwert der drei noch ausstehenden Leasingzahlungen i. H. v. 100 GE unter Verwendung des aktuellen Zinssatzes von 12 % berechnet.

Datum (Beträge in GE, gerundete Werte)	*right of use asset*	*lease liability*	Aufwand aus Folgebewertung
Betrag zum Übergangszeitpunkt 1.1.03	269	269	
Jahresende 31.12.03	179	189	110
Jahresende 31.12.04	90	100	100
Jahresende 31.12.05	0	0	90
Aufwand nach Übergang	0	0	300

Die Nettoauswirkung auf die Bilanz zum Übergangszeitpunkt ist null (*right of use asset* = *lease liability*), aber die Aufwendungen nach Übergang betragen 300 GE.
Die Anwendung von Alternative 1 und 2 führt zu geringeren Nettovermögenswerten beim Übergang auf IFRS 16. Alternative 3 zeitigt keine Relevanz für die Nettovermögenssituation, es kommt lediglich zu einer Bilanzverlängerung. Der Totalperiodeneffekt wird nur nach Alternative 3 zutreffend gezeigt, die Anwendung der anderen beiden Alternativen ermöglicht eine Verlagerung der Aufwendungen aus dem *lease*. Ein Vorteil der Alternativen 2 und 3 ist die fehlende (bzw. eingeschränkte) Notwendigkeit zur Retrospektion.

287   Die alternativen Erstanwendungsmethoden scheiden ausnahmsweise für bestehende Leasingverhältnisse aus,

- die vorher als Anlageinvestition nach dem *fair-value*-Modell gem. IAS 40 (→ § 16 Rz 54) bilanziert wurden;
- bei denen das *right of use asset* bei erstmaliger Anwendung zum *fair value* bewertet wird, wenn das Leasingverhältnis vorher als *operating lease* bilanziert wurde und (erst) zum Zeitpunkt der Erstanwendung eine entsprechende Widmung erfolgt.

288   Ein Unternehmen kann darüber hinaus bei Anwendung der kumulativen *catch-up*-Methode weitere Erleichterungen zur Bewertung des *right of use asset* zusammen oder einzeln in Anspruch nehmen (IFRS 16.C10).

- Anstatt einer Beurteilung einer potenziellen Wertminderung eines *right of use asset* im Zeitpunkt der erstmaligen Erfassung kann eine bislang wegen eines drohenden Verlusts aus dem Dauerschuldverhältnis passivierte Verpflichtung mit dem *right of use asset* verrechnet werden.
- Auf eine Berücksichtigung von anfänglichen direkten Kosten (*initial direct costs*) im *right of use asset* kann wahlweise verzichtet werden.

289   Ein Leasinggeber ist mit erstmaliger Anwendung von IFRS 16 nicht gezwungen, Anpassungen an den bislang erfassten Leasingverhältnissen beim Übergang vorzunehmen, bilanziert diese Leasingverhältnisse jedoch nach der Erstanwendung gleichwohl gem. IFRS 16 (IFRS 16.C14). Folgende Ausnahme ist allerdings beachtlich (IFRS 16.C15): Es ist eine Neubeurteilung von Untermietverhältnissen (*subleases*), die zuvor als *operating lease* klassifiziert wurden, erforderlich (Rz 256). Der Leasinggeber soll dies zum Zeitpunkt der Erstanwendung auf Basis der noch ausstehenden vertraglichen Bedingungen des Ober- und Untermietverhältnisses vornehmen. Die Klassifizierung von *subleases* ist darüber hinaus auf Basis des *right of use asset* vorzunehmen und nicht auf Basis des zugrunde liegenden Vermögenswerts.

11   Gegenüberstellung IFRS und US-GAAP

290   Die Leasingbilanzierung nach IFRS und US-GAAP steht nicht im Einklang. Nachfolgend werden die wesentlichen Unterschiede – ohne Angabe- und Übergangsvorschriften – dargestellt:

IFRS 16	ASC Topic 842
Definition von Leasingverhältnissen	
Beinhaltet ein Leasingverhältnis eine Kaufoption, liegt keine *short-term-lease*-Ausnahme vor.	Beinhaltet ein Leasingverhältnis eine Kaufoption, die hinreichend sicher ausgeübt wird, liegt keine *short-term-lease*-Ausnahme vor.
Für Leasingnehmer besteht ein Wahlrecht zur Befreiung vom Ansatz und der Bewertung für *low-value assets* (bspw. für Vermögenswerte mit einem Neuwert von < = 5.000 USD) auch, wenn sie aggregiert wesentlich sind.	Es besteht keine Erleichterung für Leasingverhältnisse über *low-value assets* (geringwertige Vermögenswerte).
Bilanzierung beim Leasingnehmer	
Single-lease accounting model.	*Dual-lease accounting model.*
Keine Tests zur Klassifikation eines Leasingverhältnisses notwendig.	Tests zur Klassifikation eines Leasingverhältnisses basierend auf den aktuellen US-GAAP-Klassifikationskriterien notwendig.
Leasingnehmer verzeichnet ein *right of use asset* und eine Leasingverbindlichkeit, die als *finance lease* wie der auf einer Finanzierung basierende Kauf eines Vermögenswerts behandelt werden.	Leasingnehmer erfasst ein *right of use asset* und eine Leasingverbindlichkeit entweder als • *finance lease* (wie ein auf einer Finanzierung basierender Kauf eines Vermögenswerts) oder • *operating lease* (*straight-line recognition*).
Keine Ausnahmevorschriften.	Besondere Vorgaben für *sales-type*- und *direct-finance-lease*-Vereinbarungen. Für *leveraged leases* kann ein *grandfathering* (Fortführung unter ASC 842) in Anspruch genommen werden.
Keine besonderen Vorgaben für *related party leases*.	Die Bilanzierung von Leasingverhältnissen zwischen nahestehenden Personen muss auf Basis der Vertragsbedingungen erfolgen, selbst wenn diese sich von der eigentlichen Substanz der Vereinbarung unterscheiden.

IFRS 16	ASC Topic 842
Behandlung von *initial direct costs*	
Leasinggeber, der nicht Hersteller oder Händler ist, aktiviert die anfänglichen direkten Kosten im Rahmen eines *finance lease* als Nettoinvestitionen. Leasinggeber, der Hersteller oder Händler ist, erfasst die anfänglichen direkten Kosten im Rahmen eines *finance lease* als Aufwand.	Leasinggeber aktiviert die anfänglichen direkten Kosten als Teil der Nettoinvestitionen im Rahmen eines *direct financing lease* und *sales-type lease*, sofern der *fair value* der zugrunde liegenden Vermögenswerte deren Buchwert zu Beginn des Leasingverhältnisses entspricht. Andernfalls werden die anfänglichen direkten Kosten zu Beginn des Leasingverhältnisses als Aufwand erfasst.
Abzinsungssatz	
Der Grenzfremdkapitalzinssatz ist der Zinssatz, den der Leasingnehmer entrichten müsste, wenn er zur Finanzierung des Erwerbs eines Vermögenswerts mit einem dem *right of use asset* vergleichbaren Wert einen Kredit mit ähnlicher Laufzeit und vergleichbarer Besicherung unter ähnlichen wirtschaftlichen Rahmenbedingungen aufnehmen würde.	Der Grenzfremdkapitalzinssatz ist der Zinssatz, den der Leasingnehmer entrichten müsste, wenn er zur Finanzierung des Erwerbs eines Vermögenswerts mit einem den Leasingzahlungen vergleichbaren Wert einen Kredit mit ähnlicher Laufzeit unter ähnlichen wirtschaftlichen Rahmenbedingungen aufnehmen würde.
Bei einer Änderung der künftigen Leasingzahlungen, die aus einer Änderung einer Bindung an variable Zinssätze (*floater*) resultiert, ist auch der Zinssatz neu zu bestimmen.	Keine Vorgabe für Bindung der Leasingrate an *floater*.
Keine Regelung für nicht öffentliche Unternehmen.	Wahlrecht zur Verwendung eines risikolosen Abzinsungssatzes für nicht öffentliche Unternehmen als Leasingnehmer.
Variable Leasingzahlungen	
Leasingnehmer beurteilt variable Leasingzahlungen, die auf der Basis eines Index oder Zinssatzes ermittelt wurden, kontinuierlich neu.	Leasingnehmer beurteilt variable Leasingzahlungen, die auf der Basis eines Index oder Zinssatzes ermittelt wurden, nur neu, wenn Leasingzahlungen wegen anderer Gründe neu beurteilt werden (z.B. eine Neubeurteilung aufgrund einer Änderung der Laufzeit des Leasingverhältnisses).

IFRS 16	ASC Topic 842
Änderung eines Leasingverhältnisses	
Die Änderung eines bislang als *operating lease* erfassten Verhältnisses wird beim Leasinggeber als neues Leasingverhältnis im Zeitpunkt des Inkrafttretens der Änderung betrachtet. Falls das modifizierte Leasingverhältnis zu Beginn als *finance lease* klassifiziert würde, hat der Leasinggeber IFRS 9 (Finanzinstrumente) anzuwenden.	Detaillierte, von der Klassifizierung des *lease* abhängige Vorgaben zur Änderung von Leasingverhältnissen.
***Subleases* (Untermietverträge)**	
Ein *sublessor* betrachtet das *right of use asset* als Leasinggegenstand zur Bestimmung der Klassifizierung des *sublease*.	Ein *sublessor* betrachtet den zugrunde liegenden Vermögenswert, vorrangig vor dem *right of use asset*, als Leasinggegenstand zur Klassifizierung des *sublease*.
***Sale-and-lease-back*-Transaktion**	
Der Leasingnehmer bilanziert nach dem *single model approach*.	Wenn der *lease-back* als Finanzierungsleasing oder *sales-type lease* klassifiziert wird, ist eine Umsatzrealisierung ausgeschlossen.
Wenn der *seller-lessee* eine substanzielle Rückkaufoption bzgl. des zugrunde liegenden Vermögenswerts besitzt, ist eine Umsatzrealisierung ausgeschlossen.	Besitzt der *seller-lessee* für eine *sale-and-lease-back*-Transaktion eine Rückkaufoption, ist eine Umsatzrealisierung ausgeschlossen, es sei denn: • der Preis, um den Vermögenswert zurückzukaufen, entspricht zum Zeitpunkt der Optionsausübung dem Marktwert des Vermögenswerts; • Vermögenswerte, die im Wesentlichen dem zugrunde liegenden Vermögenswert entsprechen, sind ohne weiteres verfügbar (*readily available*).
Der Gewinn des Verkaufs ist begrenzt auf den Differenzbetrag aus Verkaufspreis und Buchwert der Vermögenswerte, angepasst an nicht marktübliche Konditionen, bezogen auf den residualen Anteil am zugrunde liegenden Vermögenswert (*partial gain*).	Der Gewinn des Verkaufs wird konsistent mit der Anleitung zur Anwendung von jedem anderen Verkauf (z.B. Differenz zwischen Verkaufspreis und Betrag des Buchwerts der Vermögenswerte), vorbehaltlich etwaiger außerbörslicher Konditionen ermittelt (*full gain*).

IFRS 16	ASC Topic 842
Darstellung des Leasingnehmers – Bilanz	
Falls nicht separat in der Bilanz des Leasingnehmers ausgewiesen, haben • Angaben zu erfolgen, als würde das Unternehmen das zugrunde liegende *right of use asset* besitzen, oder • Anhangangaben zu den Posten der Bilanz zu erfolgen, die *right of use assets* und Leasingverbindlichkeiten beinhalten, sowie der dazugehörige Betrag.	Falls nicht separat in der Bilanz ausgewiesen, haben Anhangangaben zu Posten, die *right of use assets* und Leasingverbindlichkeiten aus Finanzierungsleasing enthalten, zu erfolgen sowie der dazugehörige Betrag.
Keine Klassifizierung als *operating*-Leasingverhältnis.	Leasingnehmer bezieht weder *right of use assets* noch Leasingverbindlichkeiten aus operativen Leasingverhältnissen in die gleiche Position wie *right of use assets* sowie Leasingverbindlichkeiten aus Finanzierungsleasing in die Bilanz ein. Falls diese in der Bilanz nicht getrennt gezeigt werden, hat der Leasingnehmer den Betrag der Positionen, in denen *right of use assets* und Verbindlichkeiten aus operativem Leasing enthalten sind, im Anhang bekannt zu geben.

Tab. 12: Unterschiede der Leasingbilanzierung nach IFRS und US-GAAP

$\S$ 16 ALS FINANZINVESTITIONEN GEHALTENE IMMOBILIEN *(Investment Properties)*

Schrifttum: BECK/REHKUGLER, Das Fair Value-Konzept für investment properties nach IFRS, KoR 2009, S. 488 ff.; FREIBERG, Diskontierung in der Internationalen Rechnungslegung, 2010; INGOLD, Anwendungsbereiche und Abgrenzungsfragen bei der Bilanzierung von Immobilien nach IFRS, PiR 2006, S. 111 ff.; KORMAIER, Eignung des Income Capitalisation Model zur Fair Value-Ermittlung von Investment Properties nach IAS 40, KoR 2006, S. 378 ff.; PwC, Ein praktischer Guide zur Bilanzierung von Investment Properties im Bau, 2009; REHKUGLER (Hrsg.), Die Immobilien-AG, 2003; SIGLOCH/SCHMIDT/HAGEBÖKE, Die Clusterbewertung für Großimmobilienbestände als Ausnahmefall vom Einzelbewertungsgrundsatz, DB 2005, S. 2589 ff.; ZAUGG/KRÄMER/MEYER, Renditeliegenschaften im Bau, IRZ 2009, S. 531 ff.; ZÜLCH, Investment Properties: Begriff und Bilanzierungsregeln nach IFRS, PiR 2005, S. 67 ff.

Vorbemerkung

Die Kommentierung bezieht sich auf IAS 40 in der aktuellen Fassung und berücksichtigt Ergänzungen, Änderungen und Interpretationen, die bis zum 1.1.2017 beschlossen wurden. Einen Überblick über aktuell diskutierte oder schon als Änderungsentwurf vorgelegte zukünftige Regelungen enthalten Rz 156 ff.

1 Zielsetzung, Regelungsinhalt, Definitionen

1   IAS 40 regelt die Bilanzierung von als Finanzinvestitionen gehaltenen Immobilien *(investment properties)* und die damit verbundenen Anhangangaben (IAS 40.2). Der Anwendungsbereich umfasst alle Immobilien, die bereits als Renditeliegenschaften genutzt werden, aber auch solche, für die eine entsprechende Nutzung nach Abschluss der Entwicklungs- oder Bauphase vorgesehen ist.

2   IAS 40 erfordert eine gedankliche **Aufspaltung** des Immobilienbestands (Rz 7) in
   • **eigenbetrieblich** genutzte Immobilien *(owner-occupied properties)*, die vorrangig nach IAS 16 (→ § 14) zu bewerten sind, und
   • **Anlage**immobilien[1] oder **Rendite**liegenschaften[2] *(investment properties)*, deren Bewertung sich nach IAS 40 richtet.

Auch dem deutschen Bilanzrecht ist der Gedanke nicht fremd, betrieblich genutzte Immobilien bewertungstechnisch **anders zu beurteilen** als fremdver-

---

[1] BÖCKEM/SCHURBOHM, KoR 2002, S. 38.
[2] BEHR, Schweizer Treuhänder 2001, S. 221.

mietete oder spekulativ gehaltene Immobilien. Das gilt nicht nur **steuerrechtlich** bei der Differenzierung zwischen notwendigem und gewillkürtem Betriebsvermögen, sondern auch **handelsrechtlich** bei der Bewertung: In Ermangelung von Marktpreisen ist handelsrechtlich der (niedrigere) beizulegende Wert betrieblich genutzter Anlagegegenstände im Normalfall am Wiederbeschaffungswert orientiert. Für vermietete Vermögensgegenstände des Anlagevermögens empfiehlt sich dagegen eine Ertragswertermittlung mit dem Argument der möglichen Zuordnung eines selbstständigen Erfolgsbeitrags.

Die besondere Behandlung nicht betrieblich genutzter Immobilien nach IFRS geht über diese Überlegungen hinaus: Um eine Verbesserung der Berichterstattung über den Erfolgsbeitrag von als Finanzinvestitionen gehaltenen Immobilien zu erreichen, wurde mit IAS 40 zum ersten Mal die Bilanzierung nach dem *fair value model* für nicht finanzielle Vermögenswerte (*non-financial assets*) eingeführt. Als Finanzinvestitionen gehaltene Immobilien nehmen eine „**Zwitterstellung**" ein, denn aus einer substanziellen Perspektive sind sie dem Sachanlagevermögen, aus einer funktionalen Perspektive den Finanzinvestitionen zuzuordnen.

Daher können Immobilien, die als Finanzanlagen gehalten werden, **entweder** zu fortgeführten Anschaffungs- bzw. Herstellungskosten (*cost model*; Rz 49 ff.) **oder** zu (ggf. höheren) Zeitwerten (*fair value model*; Rz 54 ff.) bewertet werden. Zeitwerten soll dabei eine **höhere Informationsrelevanz** als den Anschaffungs- oder Herstellungskosten beizumessen sein.

Es stellt sich indes die **Frage**, inwieweit tatsächlich eine Verbesserung der Berichterstattung und der Aussagekraft des Jahresabschlusses für **Nicht-Immobilienunternehmen** durch die Einführung von IAS 40 erreicht wird. Für **Immobilienunternehmen** und die ab 2007 in Deutschland installierten **REIT-AGs** (Rz 140) stellt andererseits die Bewertung der Vermögenswerte zum beizulegenden Zeitwert eine Möglichkeit dar, die Rendite von Finanzanlagen und Immobilienanlagen direkt vergleichbar zu machen.

In der **Ergebnisrechnung** vermischen sich **realisierte** Aufwendungen (für Unterhalt) und Erträge (Mieten) mit **unrealisierten** Wertveränderungen. Deren getrennte Darstellung ist nicht gefordert – anders beim **Neubewertungsmodell** für Sachanlageimmobilien (→ § 14 Rz 47).

Der Standard behandelt **Grundstücke** (*properties*), die definitorisch (IAS 40.5) Grund und Boden (*land*) und Gebäude (*building*) umfassen. Ungeklärt bleibt dabei der Regelungsgehalt von „**Gebäude**". Das Thema erinnert an einschlägige Abgrenzungsprobleme im steuerlichen Bewertungsrecht („Betriebsvorrichtungen"). U. E. **kann** i. S. e. engeren Abgrenzung die Eignung für den dauernden Aufenthalt von Menschen aus dem Bewertungsrecht übernommen werden. Danach wären nicht als Gebäude zu werten: Trafostationen, Trockendocks, automatische Hochregallager usw. (→ § 10 Rz 15). Auch eine weitere Abgrenzung halten wir aber für **vertretbar**, nach der für eine Klassifizierung als Renditeimmobilie auf die Möglichkeit der Erzielung von *cash flows* unabhängig von anderen Vermögenswerten des Unternehmens abzustellen ist. Trockendocks würden im Rahmen einer weiteren Abgrenzung in den Anwendungsbereich fallen, Trafostationen weiterhin nicht.

Auch der Begriffsinhalt von „*land*" ist nicht immer zweifelsfrei. Als Beispiel seien Sportplätze der verschiedensten Ausrichtung genannt: Tennis- und Golfplätze, auch der Rasen einer Fußball-Großarena. Sollte es sich dabei um „*land*" handeln, stellt sich weiter die Frage der funktionellen Zuordnung (Rz 12).

2   Abgrenzung zu sonstigen Immobilien

2.1   Einheitlich genutzte Immobilien

5   Als Finanzinvestitionen gehaltene Immobilien i. S. v. IAS 40 *(investment properties)* gelten Grundstücke oder Gebäude bzw. Gebäudeteile, die zur Erzielung von **Mieteinnahmen** oder zum **Zweck** der **Wertsteigerung**, jedoch **nicht** zur **Eigennutzung** bzw. zum Verkauf im Rahmen der **gewöhnlichen Geschäftstätigkeit** gehalten werden (IAS 40.7).[3] Im Rahmen des *Annual Improvements Project 2008* erfolgte eine Ausweitung des Anwendungsbereichs von IAS 40 auch auf in der Herstellungs- bzw. Bauphase befindliche Renditeimmobilien, womit die bislang geltenden Vorbehalte hinsichtlich der Zuverlässigkeit einer *fair-value*-Bewertung aufgegeben wurden.[4]

6   **Beispiele** für als Finanzinvestitionen gehaltene Immobilien sind nach IAS 40.8 insbesondere:

- Grundstücke und Gebäude, die langfristig für **Wertzuwächse** statt für einen kurzfristigen Verkauf gehalten werden (IAS 40.8(a));
- Grundstücke und Gebäude, die für eine gegenwärtig **unbestimmte** künftige Nutzung gehalten werden (IAS 40.8(b));
- Gebäude, die vom Unternehmen im Rahmen eines **Leasingverhältnisses** gehalten und aufgrund eines *operating*-Leasingvertrags weitervermietet werden (IAS 40.8(c));
- **leer** stehende Gebäude, die vom Leasingnehmer zum Zweck der Vermietung im Rahmen von *operating*-Leasingverhältnissen gehalten werden (IAS 40.8(d)).

7   Typischerweise erfüllt die Renditeliegenschaft die Funktion einer **Kapitalanlage**. **Nicht** unter den Regelungsinhalt von IAS 40 fallen daher (IAS 40.9):

- Immobilien, die mit der Absicht erworben oder errichtet wurden, um sie im **normalen Geschäftsverlauf** in naher Zukunft zu veräußern – geregelt im Vorratsvermögen in IAS 2 (→ § 17);
- Bauten, die Gegenstand eines **Fertigungsauftrags** gem. IFRS 15 sind (→ § 25);
- **eigenbetrieblich** genutzte Immobilien gem. IAS 16 (→ § 14), insbesondere
  - betriebliche Ersatzgrundstücke;
  - vom Eigentümer selbst genutzte Immobilien;
  - an beschäftigte oder ausgeschiedene Arbeitnehmer sowie an Pensionäre vermietete Immobilien, selbst wenn sie zu marktüblichen Konditionen vermietet werden (IAS 40.9(c));
- Immobilien beim **Leasinggeber**, die im Rahmen von *finance*-Leasingverhältnissen vermietet werden (IAS 40.9(e));
- in **Veräußerungsabsicht** oder als Teil einer **Abgangsgruppe** oder eines **aufgegebenen** Geschäftsbereichs gehaltene Immobilien i. S. d. IFRS 5 (→ § 29).

8   Die **Unterscheidung** zwischen als Finanzinvestitionen gehaltenen und dem **Vorrats**vermögen zuzurechnenden Immobilien, die mit der Absicht einer späteren Veräußerung im normalen Geschäftsverlauf erworben oder errichtet werden, ist in der Praxis aufgrund fehlender konkreter Abgrenzungskriterien (i. S. v. *bright lines)*

---

[3]   Eine Zuordnung von Immobilien zu den relevanten IFRS findet sich bei INGOLD, PiR 2006, S. 111 ff.; ZÜLCH, PiR 2005, S. 67 f.

[4]   So zur Begründung IFRIC Update July 2006.

u.U. schwierig. Insbesondere wenn eine Veräußerung nicht kurzfristig geplant ist, erscheint auch eine Klassifizierung als *investment property* sachgerecht. Für die Klassifizierung einer Immobilie als Vorratsvermögen oder Finanzinvestition ist die **Geschäftsintention** des Unternehmens ausschlaggebend.

Praxis-Beispiel
Unternehmen A erwirbt einige Parzellen Bauland noch ohne eine Entscheidung über die zukünftige Verwendung. Die Kaufentscheidung beruht auf der Annahme eines günstigen Preises *(bargain purchase)*. Ohne konkrete Verwertungsabsicht sind die Parzellen zunächst als Finanzinvestitionen anzusehen. Unternehmen B kauft Portfolios von Gewerbe- und Wohnimmobilien an und veräußert diese bevorzugt unbewohnt weiter. Da das Geschäftsmodell des B eine künftige Weiterveräußerung vorsieht, sind die Gebäude des Portfolios unabhängig von der (noch andauernden) Vermietung als Vorratsvermögen zu klassifizieren.

Unterscheidungsunsicherheiten ergeben sich, wenn eine Veräußerung von dem vorherigen Eintritt einer **Bedingung** abhängig gemacht wird (z.B. sei die Veräußerung im vorstehenden Beispiel von einer tatsächlichen Entmietung der Wohnimmobilien abhängig). Die **Abgrenzung** hängt u.E. dann ab von den Aufwendungen, die zur Erfüllung einer Veräußerungsfähigkeit aufzubringen sind. Bei geringen Aufwendungen sind diese der Herstellung der Veräußerungsfähigkeit zuzuordnen, bei größeren erfolgt eine Klassifizierung als Finanzinvestition.

Schwierigkeiten der Abgrenzung ergeben sich auch dann, wenn der Erwerb einer Immobilie nicht oder nur **mittelbar** beabsichtigt gewesen ist. Wird eine Immobilie mit der Absicht der Weiterveräußerung (IFRS 5) oder der eigenen Nutzung (IAS 16) erworben, scheidet eine Klassifizierung als Renditeimmobilie aus. Spiegelbildlich ist eine Klassifizierung als *investment property* erforderlich, wenn beim Erwerb einer Immobilie **keine konkrete Veräußerungs- oder Nutzungsabsicht** besteht.

Praxis-Beispiel
Die Immobiliengesellschaft A hat der Bank B als Sicherheit für ein Darlehen ein Grundpfandrecht an einer Immobilie des eigenen Bestands eingeräumt. Zur Jahresmitte des laufenden Jahres stellt A einen Insolvenzantrag. Das rechtliche Eigentum an der Immobilie geht nach einer Zwangsversteigerung, bei der B aufgrund fehlender Interessenten bzw. aus Sicht von B nicht akzeptabler Angebote das Höchstgebot abgegeben hat, auf B über. Die Ausübung des Grundpfandrechts und anschließende Ersteigerung der Immobilie war von B nicht geplant, entsprechend bestehen auch keine konkreten Verwertungsabsichten. Die Immobilie ist als Finanzinvestition zu klassifizieren.

Existiert also
- **weder** eine konkrete **Veräußerungsabsicht** (und damit eine nach IFRS 5 notwendige Klassifizierung als „*held for sale*"; → § 29)
- **noch** die Absicht einer **Eigennutzung** (und damit Zuordnung zum Sachanlagevermögen; → § 14),

ist eine Immobilie u.E. als *investment property* zu klassifizieren.

10   Eine eindeutige Klassifizierung als Anlageimmobilie wird erschwert, wenn den
     Mietern – neben der Vermietung – noch **liegenschaftsbezogene Dienstleistungen**
     angeboten werden. Solche Nebenleistungen sind z. B. Sicherheits-, Reinigungs- oder
     Verwaltungsdienstleistungen. In diesen Fällen entscheidet der **Anteil** der Erträge
     aus Nebenleistungen am Gesamtertrag aus der Erbringung der Dienste und der
     Vermietung. Infolgedessen ist die Immobilie nur dann als Renditeliegenschaft
     anzusetzen, wenn der Ertrag aus den liegenschaftsbezogenen Dienstleistungen
     (*ancillary services*) im Verhältnis zum Gesamtertrag **unbedeutend** ist (IAS 40.11).
     Sind die erbrachten Dienstleistungen jedoch ein **wesentlicher** Bestandteil der Ver-
     einbarung, ist die Immobilie als **selbst genutzt** einzuordnen. IAS 40 lässt hier
     bewusst eine exakte Quantifizierung offen, so dass sich bilanzpolitische Spielräume
     ergeben.

> **Praxis-Beispiel**
> K erwirbt eine Hotelanlage und führt sie eigenständig. Mit dem Hotel sind
> bautechnisch auch ein Fitnesscenter und ein Hallenschwimmbad verbunden.
> Diese beiden Bestandteile des Gesamtkomplexes können auch von Nicht-
> hotelgästen entgeltlich genutzt werden.
> Der den Hotelgästen angebotene Service ist ein bedeutender Bestandteil der
> Vereinbarung insgesamt. Deshalb ist ein vom Eigentümer geführtes Hotel als
> eine selbst genutzte Immobilie anzusetzen und entsprechend nach IAS 16
> (→ § 14) zu bilanzieren (IAS 40.12). Auch die übrigen Bereiche – Schwimm-
> bad und Fitnesscenter – werden mit nennenswerten Serviceleistungen betrie-
> ben, so dass sie ebenfalls gem. IAS 16 zu bilanzieren sind.

Aus dem vorstehenden Beispiel folgt auch:
- Der Hotelbetrieb durch den Eigentümer im eigenen Haus führt nicht zu
  einem *investment property*.
- Dem Hotelbetrieb ist die laufende Nutzung durch **wechselnde** Personen ohne
  Anspruch auf einen **bestimmten** Teil der Immobilie eigen. Deshalb können
  Fitnesscenter, Sportanlagen (Rz 4) und u. E. Parkhäuser i. d. R. ebenfalls keine
  investment properties darstellen.

11   Ausschlaggebend für den Ansatz als Renditeliegenschaft kann auch die vertrag-
     liche Ausgestaltung des **Mietzinses** sein.[5]

> **Praxis-Beispiel**
> K erwirbt eine Hotelanlage und überträgt die Verantwortlichkeit der Ge-
> schäftsführung im Rahmen eines Pachtvertrags an einen Dritten. Der Pachtzins
> wird in Abhängigkeit vom Auslastungsgrad des Hotels variabel vereinbart.
> Die Erträge aus der variablen Ausgestaltung des Pachtzinses reflektieren die
> Risikobehaftung des Hotelgewerbes an sich, nicht aber das Risiko der Immo-
> bilienwirtschaft. Deshalb ist das Hotel nicht als Renditeimmobilie anzusetzen
> (IAS 40.13). Umgekehrt wäre zu entscheiden, wenn K einen Pachtzins in
> Abhängigkeit von den ortsüblichen Vergleichsmieten vereinbart hätte.

---

[5]   Vgl. hierzu ein Beispiel mit gleicher Würdigung ZÜLCH, PiR 2005, S. 68.

Die Klassifizierung einer maßgeblich **durch Dritte** betriebenen Immobilie hängt von der Risikoposition des Eigentümers der Immobilie ab:

- Ist der Eigentümer lediglich **passiver Investor**, der eine von den normalen Geschäftsrisiken unabhängige Rendite erzielt, ist die Immobilie als *investment property* anzusehen.
- Verbleiben **maßgebliche Risiken** aus dem Betrieb der Immobilie bei dem Eigentümer, scheidet eine Klassifizierung als *investment property* aus.

Indikationen für einen maßgeblichen Einfluss (und die damit korrespondierende Übernahme von Risiken) des Eigentümers auf die Nutzung der Immobilie lassen sich an der **Vertragsgestaltung** zwischen Betreiber und Eigentümer festmachen (Vetorechte des Eigentümers, fixe oder variable Rendite des Eigentümers, Dauer des Vertrags etc.).

Ebenso stellen sich beim Betrieb eines normalen **Parkhauses** – überwiegend keine Festvermietung bestimmter Stellplätze, sondern stundenweise abgerechnete Belegung – Abgrenzungsprobleme. Zwar sind die Serviceleistungen gem. IAS 40.11 – Bewachung und laufender Unterhalt – im Umfang und aus Sicht des Betreibers im Verhältnis geringfügig, jedoch entspricht der wirtschaftliche Gehalt der Geschäftstätigkeit von vornherein nicht der **typischen**, in IAS 40 angesprochenen **Vermietungstätigkeit**. Der Unternehmer ist kein Vermieter, sondern Betreiber eines Parkhauses. U. E. ist eine Typisierung als Renditeimmobilie *(investment property)* daher nicht zwingend.[6]

12

Zweifel in der **Abgrenzung** von Renditeimmobilien zu eigenbetrieblich genutzten Immobilien ergeben sich aus dem Nebeneinander einer allgemeinen Definition von *investment property* und den – ebenfalls im Definitionsteil erfolgenden – kasuistischen Ausführungen zur Unterscheidung von Haupt- und Nebenleistungen (Rz 10).

13

- Als Musterbeispiel für eine selbst genutzte Immobilie nennt IAS 40.12 ein vom Eigentümer selbst betriebenes Hotel. Zur Begründung wird (apodiktisch) angeführt, dass die sonstigen Leistungen bei Hotels signifikant seien. Fehlt es überhaupt an Nebenleistungen oder sind diese als nicht signifikant anzusehen (etwa bei einem *low-budget*-Hotel), kommt qua Umkehrschluss aus IAS 40.12 eine Klassifizierung als *investment property* infrage. Die definitorischen Vorgaben von IAS 40.5 werden dennoch verfehlt, da die Hotelkunden mit Vertragsschluss lediglich den Anspruch auf Unterbringung in ein Zimmer bestimmter Kategorie erwerben. Besitz an einem Gebäudeteil erlangen die ständig wechselnden Nutzer hingegen nicht. Den expliziten und impliziten Anforderungen von IAS 40.5 entspricht das Hotel daher nicht.
- Auch beim Parkhaus erfolgt anders als in IAS 40.5 vorausgesetzt nur eine sehr kurzfristige Nutzungsüberlassung ohne Besitzerlangung und Berechtigung auf einen bestimmten Stellplatz. Dies spricht gegen die Qualifikation als Renditeimmobilie. Andererseits werden neben der Nutzungsüberlassung, wenn überhaupt, nur echte Nebenleistungen (Bewachung in eingeschränktem Umfang) erbracht, was wiederum nach IAS 40.11 für die Qualifikation als *investment property* spricht.

Fraglich ist dann, für Parkhaus und *low-budget*-Hotel gleichermaßen, ob (a) eine **prinzipienbasierte Auslegung** von IAS 40.5 Vorrang hat oder (b) die Kasuistik

---

6   A. A. möglicherweise BÖCKEM/SCHURBOHM-EBNETH, KoR 2003, S. 336.

von IAS 40.11 und IAS 12 oder (c) ein faktisches Wahlrecht besteht. U. E. ist ein Vorrang von IAS 40.5 mit der Folge einer Qualifikation beider Immobilien als eigenbetrieblich genutzt am besten begründbar. Ein für Wirtschaftsprüfer zuständiges niederländisches Gericht (Accountantskamer) ist jedoch in einer Entscheidung, betreffend die Klassifizierung eines Parkhauses, zu einer anderen Ansicht gelangt.[7] Das Gericht ist der Überzeugung, dass die Abgrenzung zu IAS 16 betreffenden Regeln von IAS 40 „niet voor een eenduidige interpretatie vatbaar zijn", es daher **nicht eindeutig** ist, wie ein Parkhaus zu qualifizieren ist und daher eine Behandlung als *investment property* vertretbar („verdedigbaar") ist.

14   In **Grenzfällen** soll das bilanzierende Unternehmen **eigenständig** Kriterien für den Ansatz von Anlageimmobilien festlegen und im Anhang angeben (IAS 40.14). Damit werden die **bilanzpolitischen Spielräume** zusätzlich erhöht.

15   Immobilien, die an (voll-)**konsolidierte verbundene Unternehmen** vermietet werden, sind im **Einzelabschluss** bei Erfüllung der Ansatzkriterien als Finanzinvestitionen anzusetzen. Im **Konzernabschluss** ist jedoch eine Umklassifizierung in eigengenutzte Immobilien vorzunehmen (IAS 40.15).

2.2   Gemischt genutzte Immobilien

16   Die Definition der als Finanzinvestition gehaltenen Immobilien ist „heikel und **ohne Trennschärfe**".[8] Probleme bei der Klassifizierung und dem Ansatz von Anlageimmobilien entstehen insbesondere, wenn diese nicht einheitlich genutzt werden, sondern eine **Mischnutzung** vorliegt *(dual purpose property)*. So kann z. B. eine Immobilie teilweise vermietet und gleichzeitig teilweise selbst genutzt werden. IAS 40.10 sieht in solchen Fällen einen **getrennten Ansatz** der Immobilienteile vor (Rz 59ff.), sofern diese **gesondert** verkauft *(could be sold separately)* oder im Rahmen eines *finance lease* (gesondert) vermietet werden könnten.

17   Die **Einzelveräußerbarkeit** wird als Kriterium herangezogen, da nur so Wertsteigerungen der im Bestand gehaltenen Immobilien realisierbar sind, ohne gleichzeitig betrieblich genutzte Teile zu veräußern. IAS 40 lässt jedoch offen, ob Gebäude bereits geteilt bzw. Grundstücke bereits parzelliert sein müssen oder ob die technische Teilbarkeit von Immobilien ausreicht, um das Kriterium der Einzelveräußerbarkeit zu erfüllen.

18   Sofern einzelne Immobilienbestandteile nicht veräußert werden können, darf nach IAS 40.10 eine Immobilie nur dann als Renditeliegenschaft angesetzt werden, wenn der selbst genutzte Anteil **unbedeutend** ist *(insignificant portion)*. Abgrenzungskriterien liefert IAS 40 nicht. Als **Maßstab** könnte der prozentuale Anteil der betrieblich genutzten Fläche an der Gesamtfläche in Betracht kommen. Da aber der IASB als Regelgeber bewusst auf die Vorgabe quantitativer Grenzen verzichtet hat, muss der Bilanzierende nach IAS 8.11 eigene Methoden entwickeln (→ § 1 Rz 87ff.). Zusätzlich können nach IAS 8.12 die Standards **anderer Standardsetter**, das **Schrifttum** und akzeptierte **Branchenpraktiken** berücksichtigt werden, die auf ähnlicher konzeptioneller Basis einschlägige Regeln entwickeln. Allerdings erweisen sich Schrifttum und Branchenpraktiken als uneinheitlich. In der deutschsprachigen Literatur werden **Bandbreiten** des höchstzulässigen eigen-

---

7   Accountantskamer, Beschlissing in de zaak met Nummer 1 1/2072 Wtra AK van 12 november 2012.
8   TEITLER, Schweizer Treuhänder 2000, S. 1129.

genutzten Anteils von 5 % bis zu 30 % der genutzten Fläche diskutiert.[9] Die
internationale Praxis wendet unterschiedliche Prozentsätze an:[10]
* Vereinigtes Königreich: SSAP 19 → 15 %,
* Hongkong: HKSSAP 13.5 → 15 %,
* Neuseeland: SSAP 17.4.2 → 20 %.

Werden diese Prozentsätze des eigengenutzten Anteils überschritten, gilt die
jeweilige Immobilie **insgesamt** als eigenbetrieblich genutzt (Rz 5). Im Ergebnis
verbleiben nach IFRS erhebliche Interpretationsspielräume.

2.3   Abgrenzung von Renditeimmobilien bei Portfolio-*leases*

Als Teil eines einheitlichen Mietverhältnisses können neben Immobilien (Grund-   **19**
stücke und Gebäude) auch andere Vermögenswerte (Infrastruktur, Erweite-
rungsbauten, Maschinen etc.) mit zur Nutzung überlassen werden. Zu klären ist
dann, ob die anderen Vermögenswerte als Teil der Renditeimmobilie (und damit
auch nach IAS 40) oder als eigenständige Vermögenswerte (und damit nach
IAS 16) zu behandeln sind.

Die Vorgaben in IAS 40 sind in Bezug auf die Zuordnung nicht eindeutig: **20**
* Im Definitionsbereich von IAS 40.5 (Rz 4) werden Renditeimmobilien eng
  abgegrenzt als „Grundstücke oder Gebäude – oder Teile von Gebäuden – oder
  beides". Im Rahmen einer solchen engen Abgrenzung wären alle Teile eines
  einheitlichen Mietverhältnisses, die weder Grundstück noch Gebäude oder
  Gebäudeteil sind, nicht als *investment property* zu behandeln.
* Gegen eine solche enge Abgrenzung von Renditeimmobilien sprechen aber
  die der Bewertung gewidmeten Ausführungen in IAS 40.50. Ausstattungs-
  gegenstände sind als „integrale Bestandteile" mit in die *fair-value*-Bewertung
  einer Renditeimmobilie einzubeziehen (IAS 40.50(a)).

Die Abgrenzung von Renditeimmobilien erfordert daher bei Abschluss von
Portfolio-*leases* eine Ermessensentscheidung *(judgement)*. Eine Zusammenfassung kommt allerdings sowieso nur bei Rückgriff auf das *fair value model* infrage.
Werden Renditeimmobilien einheitlich nach dem Anschaffungskostenmodell
(Rz 49) bewertet, stellen die einzelnen Vertragsinhalte – soweit keine Zurechnung
des wirtschaftlichen Eigentums beim Mieter erfolgt – einzelne Komponenten
i.S.v. IAS 16.43 *(component approach*; → § 10 Rz 6ff.) dar.

Vermögenswerte, die aufgrund eines engen funktionalen Zusammenhangs als   **21**
integraler Bestandteil der Immobilien gelten, sind u.E. im *fair value model* unter
folgenden Voraussetzungen als Teil der als Finanzinvestition gehaltenen Immobilie zu führen:
* Es besteht ein einheitliches Mietverhältnis über die Immobilien und die anderen Vermögenswerte, insbesondere kann der Vertrag ordentlich und außerordentlich nur insgesamt beendet werden.
* Eine wirtschaftlich sinnvolle Nutzung der Immobilien ist nur in Kombination
  mit den anderen Vermögenswerten möglich.
* Die anderen Vermögenswerte nehmen im Verhältnis zu den eigentlichen
  Immobilien nur eine untergeordnete Bedeutung ein.

---

9   Vgl. z.B. BÖCKEM/SCHURBOHM, KoR 2002, S. 40.
10 Vgl. HOWIESON, Accounting for Investment Properties, 1997, S. 14.

Das Kriterium der untergeordneten Bedeutung ist nach IFRS 16 auch bei einem reinen Immobilien-*lease* für die Frage relevant, ob Grundstück und Gebäude getrennt zu betrachten sind (→ § 15a Rz 54). Eine bislang in Anlehnung an US-GAAP (ASC Topic 840.10.25–21) im Analogieschluss herangezogene 25-%-Schwelle kann u. E. trotz Streichung der Quantifizierung im Folgestandard der US-GAAP (ASC Topic 842) weiterhin verwendet werden. Der Schwellenwert von 25 % kann dann auch für die Abgrenzung von Renditeimmobilien bei Portfolio-*leases* herangezogen werden.

Praxis-Beispiel

A vermietet ein Grundstück mit einer Lagerhalle an B. B darf die auf dem Grundstück errichtete Infrastruktur (Schienenanschluss, Krananlagen etc.) ebenfalls nutzen. A bilanziert Renditeimmobilien einheitlich zum beizulegenden Zeitwert.

Variante 1

Der Anteil des Grundstücks und der Lagerhalle am beizulegenden Zeitwert der insgesamt angemieteten Objekte macht mehr als 75 % aus. Alle Vermögenswerte können – unter der Voraussetzung des Vorliegens eines *operating lease* – zusammen als Renditeimmobilien behandelt werden.

Variante 2

Die Infrastruktur macht mehr als 25 % des Gesamtwerts aus. Das Mietverhältnis zwischen A und B ist daher in zwei Teile aufzuteilen. Die Bilanzierung der Infrastruktur richtet sich nach IAS 16 und IFRS 16, für die Immobilien ist auf IAS 40 und IFRS 16 zurückzugreifen. Die Aufteilung der Gesamtmietrate erfolgt gem. IFRS 16 im Verhältnis der relativen *fair values* (→ § 15a Rz 69).

---

22   Eine Zusammenfassung von anderen Vermögenswerten und Immobilien i. e. S. scheidet regelmäßig aus, wenn für die Vermögenswerte ein expliziter *scope out* besteht (IAS 40.4). So können biologische Vermögenswerte gem. IAS 41 (→ § 40) und Abbau-, Schürfrechte sowie Bodenschätze gem. IFRS 6 (→ § 42) nicht Teil einer Renditeimmobilie sein.

Praxis-Beispiel

A vermietet einen Weinberg an B. Wesentliche Bestandteile des Mietvertrags sind das Land und die bestehende Rebkultur.

Aufgrund eines expliziten *scope out* für die Rebkultur (biologischer Vermögenswert) scheidet eine Zusammenfassung mit dem Land als Renditeimmobilie aus. Beides ist getrennt zu bilanzieren.

2.4   Erstansatz: Maßgeblichkeit des wirtschaftlichen Eigentums

23   Anlageimmobilien sind als Vermögenswert (→ § 1 Rz 83 ff.) anzusetzen, wenn dem Unternehmen der **zukünftige wirtschaftliche Nutzen**, der mit den Anlageimmobilien verbunden ist, wahrscheinlich zufließen wird (IAS 40.16(a)). Die Ansatzfähigkeit richtet sich insoweit nicht nach dem zivilrechtlichen, sondern dem **wirtschaftlichen** Eigentum des Erwerbvertrags. Zu dessen Erwerb bedarf es nach deutschem Recht der notariellen **Beurkundung** und der darin festgelegten Bestimmung für den

Übergang von Besitz, Gefahr, Nutzen und Lasten.[11] Auf die Auflassung und den Grundbucheintrag (rechtliches Eigentum) kommt es nicht an.

Fraglich ist, ob ein Übergang des wirtschaftlichen Eigentums nach den IFRS-Regeln im Einzelfall auch schon **vor** Abschluss des schuldrechtlich wirksamen Vertrags möglich ist. Denkbar sind Fälle, in denen die Parteien zunächst unverbindlich einen Übergang von Nutzen und Lasten bzw. Chancen und Risiken (→ § 25 Rz 24) vereinbaren, diesen praktizieren und alsbald rechtsförmlich durch Vertragsabschluss bestätigen. Ein gewisser Analogieschluss zu komplexen Transaktionsvorgängen im Rahmen von Unternehmenszusammenschlüssen (→ § 31 Rz 30) lässt sich u. U. auch für den Erwerb größerer Renditeobjekte (Großeinkaufszentren, Bürohochhäuser) ziehen. Hier kann je nach Sachverhalt auch eine „unechte Rückwirkung" in Betracht kommen. Dabei darf der Zeitraum nicht zu weit ausgedehnt werden, weil sonst die Manipulationsgefahr wächst. Der Wertaufhellungsstichtag (→ § 4 Rz 8) sollte die Grenzmarke liefern. Die BFH-Rechtsprechung – insoweit ausschließlich das Handelsrecht auslegend – hat eine solche **Rückwirkung** der Verschaffung wirtschaftlichen Eigentums (bezogen auf den Vertragsabschluss) im Fall von einfachen Grundstücksverkäufen bisher nicht bestätigt. Andererseits hat der BFH[12] in Fällen von Unternehmensveräußerungen – also komplexen Rechtsgeschäften – im Interesse einer „technischen Vereinfachung" eine kurzfristige Rückbeziehung des Vertragsabschlusses anerkannt. Allgemein geht man von einem Drei-Monats-Zeitraum aus. Dieser Gesichtspunkt stützt die u. e. nach IFRS mögliche zeitliche Rückbeziehung eines Grundstücksgeschäfts mit nennenswerten Volumen in besonderen Fällen.

In dem Sonderfall eines **mehrstufigen Leasingverhältnisses** (→ § 15a Rz 256ff.) kann es zum Ansatz einer Renditeliegenschaft ohne rechtliches und wirtschaftliches Eigentum kommen. Bilanziell erfasst der Leasinggeber im als *operating lease* klassifizierten *sublease* allerdings nicht die Renditeimmobilie als *unit of account*, sondern als ein *right-of-use asset*.

3 Bewertung

3.1 Zugangsbewertung

3.1.1 Anschaffung oder Herstellung

Als Finanzinvestitionen gehaltene Immobilien sind, unabhängig davon, ob sie noch in der Bau- oder Herstellungsphase oder bereits fertiggestellt sind, im Zugangszeitpunkt zu Anschaffungs- oder Herstellungskosten zu bewerten (IAS 40.20). Die Folgebewertung einer Renditeliegenschaft hängt von der Ausübung der Option „*cost model*" oder „*fair value model*" (Rz 40) ab.

Auch die Bewertung von im Bau- oder Entwicklungszeitraum befindlichen Renditeliegenschaften unterliegt uneingeschränkt dem Anwendungsbereich von IAS 40, also insbesondere auch der Option (Rz 40) zwischen *cost model* oder *fair value model*.

---

11 BFH, Urteil v. 4.6.2003, X R 49/01, BStBl II 2003 S. 751.
12 BFH, Urteil v. 18.9.1984, VIII R 119/81, BStBl II 1985 S. 55.

3.1.2 Anschaffungskosten beim Erwerb

28   Unabhängig von der Auswahl des *cost model* oder *fair value model* ist eine Renditeliegenschaft bei derivativem Zugang mit den Anschaffungskosten zu aktivieren. Der **Umfang** der Anschaffungskosten ist in → § 14 Rz 10 dargestellt.

29   Beim **Tausch** mit Erfüllung des Kriteriums der *commercial substance* (→ § 14 Rz 17) bemessen sich die Anschaffungskosten der empfangenen Immobilie nach dem Wert des hingegebenen Vermögenswerts (IAS 40.27).

30   In den Fällen, in denen der **Leasingnehmer** das Wahlrecht zur *fair-value*-Bewertung von Renditeimmobilien beansprucht, gilt auch für eine im Rahmen eines *lease* gemietete, als *investment property* zu klassifizierende Immobilie eine Pflicht zur Bewertung zum beizulegenden Zeitwert (IFRS 16.34).

31   Ein regelmäßig in der Praxis auftauchendes Problem ist der Erwerb von Immobilien zu einem **einheitlich** festgelegten Kaufpreis ohne Differenzierung nach Grund und Boden einerseits und Gebäude andererseits. Bei der Zugangsbewertung bedarf es einer **Aufteilung** des Anschaffungspreises. Den einzelnen Vermögenswerten Grund und Boden einerseits und Gebäude andererseits müssen insoweit **fiktive** Anschaffungswerte zugerechnet werden. Als solche dienen (geschätzte) **Einzel**beschaffungswerte im Zugangszeitpunkt *(relative fair values)*, eine sog. Residualwertmethode ist nicht anwendbar.[13]

32   Zu den Anschaffungskosten gehören neben dem Kaufpreis sämtliche Anschaffungs**nebenkosten** (→ § 14 Rz 10), soweit sie direkt zurechenbar sind (IAS 40.21). Soweit die Anschaffungsnebenkosten extern anfallen, dienen sie der Erlangung der wirtschaftlichen Verfügungsmacht; interne Nebenkosten dienen der Versetzung der Immobilie in einen betriebsbereiten Zustand.[14]

> **Typische Beispiele für Anschaffungsnebenkosten von Immobilien sind:**
> - Makler- und Vermittlungsgebühren für die Immobilie;[15]
> - Notariatskosten und Gerichtskosten für die notarielle Beurkundung des Kaufvertrags (§ 313 BGB) sowie die Eintragung in das Grundbuch;[16]
> - Steuern und Abgaben im Zusammenhang mit dem Erwerb (dazu gehört die Grunderwerbsteuer, die gem. § 1 Abs. 1 GrEStG mit Abschluss eines notariell beurkundeten Kaufvertrags anfällt).[17]

33   Die Anschaffungskostendefinition von IAS 40 unterscheidet sich insoweit kaum von § 255 Abs. 1 HGB. Besonderheiten bestehen bei den **Finanzierungskosten** von Immobilien. Anders als im HGB sind nach IAS 23 Finanzierungskosten von *investment properties* als Anschaffungsnebenkosten zu aktivieren, sofern es sich bei den Renditeliegenschaften um sog. qualifizierte Vermögenswerte *(qualifying assets)* handelt (→ § 9 Rz 10).

3.1.3 Herstellungskosten bei Selbsterstellung

34   Im Fall der **Selbsterstellung** von als Finanzinvestitionen gehaltenen Gebäuden sind für die Bewertung im Zugangszeitpunkt zunächst – unabhängig von der

---

13   Vgl. LÜDENBACH/HOFFMANN, DStR 2006, S. 153.
14   Vgl. HOFFMANN, in: LITTMANN/BITZ/PUST, EStG, § 6, Tz 165, Stand: 02/2016.
15   Vgl. z.B. BFH, Urteil v. 24.8.1995, IV R 27/94, BStBl II 1995 S. 895.
16   Vgl. BFH, Urteil v. 23.3.1995, IV R 58/94, BStBl II 1995 S. 702.
17   Vgl. BFH, Urteil v. 13.10.1983, IV R 160/78, BStBl II 1984 S. 101.

Auswahl des *cost model* oder *fair value model* – die **Herstellungskosten** maßgebend. Diese umfassen jene Kosten, die bis zum Zeitpunkt der Fertigstellung des Gebäudes angefallen sind (IAS 40.22). Die einzubeziehenden Kostenelemente richten sich nach IAS 16 (→ § 14 Rz 10ff.). Überhöhte Kosten sind nicht aktivierbar (IAS 40.23). Herstellungskosten können aus verschiedenen Gründen überhöht sein. Typische Beispiele sind hohe Materialabfälle, Fertigungslöhne und Unterbeschäftigungskosten (IAS 40.23). In der Praxis gelingt allerdings kaum jemals die Abgrenzung von notwendigen und nicht notwendigen Herstellungskosten.

Wird für Renditeliegenschaften einheitlich das *fair value model* herangezogen, ergibt sich für Immobilien in der **Bau-** bzw. **Entwicklungsphase** folgende Besonderheit: Ab dem Zeitpunkt, ab dem sich der *fair value* der Immobilie zuverlässig feststellen lässt (IAS 40.53), ist ein Wechsel von einer Bewertung zu Herstellungskosten zur (erfolgswirksamen) *fair-value*-Bewertung geboten (Rz 71). **35**

Von einer Bewertung zum beizulegenden Zeitwert ausgenommen sind Renditeimmobilien im Bau, für die

- zum Bilanzstichtag der *fair value* nicht zuverlässig bestimmt werden kann, aber künftig von einer Bewertbarkeit, ggf. auch nach Fertigstellung, ausgegangen wird oder

- ausnahmsweise dauerhaft nicht von einer zuverlässigen *fair-value*-Bestimmbarkeit ausgegangen wird.

Mit dem Wechsel zu einer *fair-value*-Bewertung erfolgt keine Zugangsbewertung zu Herstellungskosten mehr. Der beizulegende Zeitwert einer im Bau befindlichen Renditeliegenschaft am Anfang der Periode ist um weitere, in der laufenden Periode anfallende Herstellungskosten zu erhöhen. Am Ende der Periode ist dann eine erneute *fair-value*-Bewertung erforderlich (Rz 71).

Im Normalfall ist der Kaufpreis oder der Werklohn für eine Immobilie zeitnah zur Zahlung fällig. Erfolgt jedoch die Bezahlung nicht innerhalb der üblichen Zahlungsfristen, wird im Kaufpreis ein **Zinsanteil** vermutet. Die Anschaffungs- oder Herstellungskosten bemessen sich in diesem Fall nach dem **Barwert** der künftigen Zahlungen (IAS 40.24). Eine Abzinsung ist abhängig von der Höhe des Zeitwerts des Geldes (*time value of money*).[18] **36**

3.1.4 Nachträgliche Anschaffungskosten oder Herstellungskosten

Zu den Anschaffungs- oder Herstellungskosten von Renditeliegenschaften gehören auch **nachträgliche** Anschaffungs- oder Herstellungskosten, die sich nach Versetzung der Immobilie in einen betriebsbereiten Zustand ergeben (IAS 40.23(a)). Voraussetzung für die Aktivierung ist ein **zusätzlicher künftiger Nutzen** durch die nachträglichen Ausgaben, der über den ursprünglich bemessenen Leistungsgrad hinausgeht. Alle anderen nachträglichen Aufwendungen sind nach IAS 40.23(a) im *cost model* als **Erhaltungsaufwand** sofort aufwandswirksam zu erfassen. Insoweit gelten die gleichen Regeln wie nach IAS 16.12ff. (→ § 14 Rz 39). Zur Behandlung im *fair value model* wird auf Rz 104 verwiesen. **37**

Im Zug eines Immobilienerwerbs werden regelmäßig kleinere oder größere **Erhaltungs-** oder **Umbaumaßnahmen** getätigt. Deren Aktivierbarkeit hängt nach IAS 40.23(a) von den Umständen ab, die bei der erstmaligen Bewertung der **38**

---

18 Vgl. FREIBERG, Diskontierung in der Internationalen Rechnungslegung, 2010, Rz 116.

Immobilie berücksichtigt wurden. Dahinter verbirgt sich folgender Grundgedanke: Der Erwerber einer Immobilie hat einen niedrigeren Preis bezahlt, weil die Immobilie **Mängel** aufweist; die im Anschluss an den Erwerb angefallenen Sanierungs- und Instandhaltungsmaßnahmen füllen den Minderwert wieder auf und sind aktivierungspflichtig (→ § 14 Rz 44).

3.1.5 Künftige Abbruchkosten und Wiederherstellungskosten

39 Nach IFRS gehören auch künftig erwartete **Abbruch-** und **Wiederherstellungskosten** zu den aktivierungspflichtigen Anschaffungs- oder Herstellungskosten, soweit sie auf einer vertraglichen oder öffentlich-rechtlichen Verpflichtung des bilanzierenden Unternehmens beruhen. Diese Verpflichtungen sind nach IAS 37 i.V.m. IAS 16.16(c) erfolgsneutral als **Rückstellung** zu erfassen, indem sie als Anschaffungsnebenkosten der Immobilie aktiviert werden (→ § 14 Rz 10; → § 21 Rz 72 ff.). Für *investment properties* ist diese Regelung analog anzuwenden.

3.2 Folgebewertung

3.2.1 Methodenwahlrecht

40 Im Rahmen der Folgebewertung von Renditeliegenschaften gewährt IAS 40 ein explizites **Wahlrecht**: Die Immobilien dürfen alternativ, aber einheitlich, zu **fortgeführten Anschaffungs- oder Herstellungskosten** (*cost model*) oder zum **beizulegenden Zeitwert** des Bilanzstichtags (*fair value model*) bewertet werden (IAS 40.30). Die Ermittlung von Zeitwerten zum Bilanzstichtag ist allerdings bei beiden Modellen **zwingend**: Selbst wenn sich der Bilanzierende für eine Folgebewertung zu fortgeführten Anschaffungs- oder Herstellungskosten entscheidet, müssen die beizulegenden Zeitwerte der Renditeliegenschaften im **Anhang** angegeben werden (IAS 40.32). Im Ergebnis wird dadurch das *fair value model* favorisiert (Rz 44). Das gilt vergleichbar für die Bilanzierungsvorgaben nach dem REITG (Rz 137). Über die Ausweitung des Anwendungsbereichs von IAS 40 auf künftige Renditeimmobilien, die sich zum Bilanzstichtag noch in der Bau- bzw. Herstellungsphase befinden, wird der Ausübungszeitraum des Wahlrechts nach vorne verlagert (Rz 26).

41 Hinsichtlich der Ausübung des Wahlrechts zur Folgebewertung von Renditeimmobilien gilt auch für im Bau befindliche Immobilien die Verpflichtung zur einheitlichen Wahlrechtsausübung (Rz 43). Werden als Finanzinvestitionen gehaltene Immobilien einheitlich im

- *cost model* bewertet, sind Immobilien mit Beginn der Bau- bzw. Herstellungsphase zu kumulierten Anschaffungs-/Herstellungskosten zu bewerten; die planmäßige Abschreibung setzt mit Beginn der vorgesehenen Nutzungsmöglichkeit bzw. Fertigstellung der Immobilie ein;

- *fair value model* bewertet, ist bereits während der Bau- bzw. Herstellungsphase eine erfolgswirksame Anpassung des Buchwerts an den beizulegenden Zeitwert am Bilanzstichtag erforderlich, wenn eine zuverlässige Bewertung möglich ist (IAS 40.53 ff.). Ist eine derartige Bewertung nicht möglich, muss spätestens mit Fertigstellung eine erneute Beurteilung der Zuverlässigkeit der Bewertung vorgenommen werden (IAS 40.53A). Wurde im umgekehrten Fall während der Bau- bzw. Herstellungsphase eine erfolgswirksame Bewertung zum beizulegenden Zeitwert angestellt, ist ein Wechsel zur Bewertung *at cost* wegen fehlender Möglichkeit zur zuverlässigen Bewertbarkeit nicht mehr zulässig.

Wenn ein Leasingnehmer das Bilanzierungswahlrecht für eine im Rahmen eines **42** operating lease gemietete Immobilie beansprucht (Rz 6), gilt andererseits das Wahlrecht zur Bewertung zu **fortgeführten Anschaffungs- oder Herstellungskosten** nicht. IAS 40.6 sieht hierfür verpflichtend den **Zeitwertansatz** vor.

3.2.2 Einheitliche und stetige Wahlrechtsausübung

Objektivierungsbedingt ist die einmal gewählte Bewertungsmethode für **sämtli-** **43** **che** Renditeliegenschaften **einheitlich** anzuwenden (IAS 40.33). Es ist insoweit nicht möglich, einzelne als Finanzinvestition gehaltene Immobilien zu fortgeführten Anschaffungs- oder Herstellungskosten und andere zum beizulegenden Zeitwert des Bilanzstichtags zu bewerten. Das Wahlrecht im Rahmen der Folgebewertung ist damit als **Unternehmens-** bzw. **Konzern**wahlrecht konzipiert und schließt auch Renditeliegenschaften in der Bau- bzw. Entwicklungsphase mit ein. Darüber hinaus ist der Bilanzierende in der Folge aufgrund des **Stetigkeits-** **44** **prinzips** an die einmal gewählte Bewertungsmethode gebunden (→ § 24 Rz 5). Die Fähigkeit zur fortlaufenden Bestimmung des *fair value* einer Renditeliegenschaft wird **vermutet** (IAS 40.53). Ein **Wechsel** der Bewertungsmethode darf unter Berücksichtigung von IAS 8 nur dann vorgenommen werden, wenn die Änderung zu einer sachgerechteren Darstellung der Ereignisse oder Geschäftsvorfälle im Jahresabschluss des Unternehmens führt (IAS 40.31; → § 24 Rz 23). Für einen Wechsel von der Marktwert- zur Anschaffungskostenbewertung soll dies indes höchst **unwahrscheinlich** (*highly unlikely*) sein (IAS 40.31). Auch dadurch wird das *fair value model* vom IASB implizit als gegenüber dem *cost model* höherwertig dargestellt (Rz 40).

Der isolierte Rückgang von beobachtbaren (Immobilien-)Transaktionen (z. B. **45** wegen der Finanzmarktkrise) rechtfertigt daher keinen Wechsel von der Bewertung zum beizulegenden Zeitwert hin zu einer Bewertung im Anschaffungskostenmodell. Auch wenn auf dem Markt insgesamt weniger Transaktionen zu beobachten sind, begründet dies i. d. R. noch nicht die Inaktivität eines Markts. Im Übrigen scheitert eine Bewertung von Immobilien über marktpreisorientierte Verfahren regelmäßig ohnehin an der fehlenden Homogenität der beobachtbaren Transaktionsobjekte mit dem Bewertungsobjekt (Rz 68). Auf die Anzahl der beobachtbaren Transaktionen kommt es für die Bewertung von Renditeimmobilien daher gar nicht an.

Im Rahmen einer DCF-orientierten Bewertung von als Finanzinvestitionen gehaltenen Immobilien sind alle am Markt beobachtbaren Parameter zu berücksichtigen. Infolge der aktuellen Finanzkrise volatilere Zinssätze und ein damit verbundener volatilerer Zeitwert des Geldes (*time value of money*) führen bei unveränderten Mietraten zu einem entsprechendem niedrigeren bzw. höheren Zeitwert von Renditeimmobilien. Ein Wechsel zu einer anschaffungskostenorientierten Bewertung scheidet dennoch aus.

Nach einer in der Literatur vertretenen Auffassung wird der Aussagegehalt des **46** Jahresergebnisses durch eine erfolgswirksame *fair-value*-Bewertung von Renditeliegenschaften angezweifelt.[19] Ursächlich für die geäußerten Zweifel sind die volatilen Marktpreise für Immobilien, die zu einem Missverhältnis zwischen

---

19 Vgl. BECK/REHKUGLER, KoR 2009, S. 488 ff.

Marktwertveränderungen im Immobilienbereich, die insbesondere aufgrund der Finanzmarktkrise in enormem Umfang zu beobachten sind, und dem operativen Ergebnis, welches sich stabil verhält, in der GuV führen. Zur Beseitigung wird eine Änderung von IAS 40 gefordert, die eine erfolgsneutrale Bewertung von Renditeimmobilien zuließe, mithin also eine Rückkehr zum Vorgängerstandard IAS 25 vorsähe.

Wir halten eine Rückkehr zu dem *revaluation model* nicht für geeignet, da dies einer Aufgabe der besonderen Bilanzierungs- und Bewertungsvorgaben nicht betrieblich genutzter Immobilien gleichkäme. An der *fair-value*-Bewertung ist u.E. festzuhalten. Das ursächlich für das Änderungsbegehren angeführte Missverhältnis in der Ergebnisdarstellung ist u.E. durch einen separaten Ausweis des operativen Ergebnisses (Mieteinnahmen) und der Ergebniseffekte aus Marktwertänderungen des Portfolios zu beheben.

3.2.3 Grundsatz der Einzelbewertung und Vereinfachung

47 Die Bewertung muss i.d.R. für jedes Objekt **einzeln** erfolgen. Unter *cost-benefit*-Gesichtspunkten (→ § 1 Rz 60) wird für homogene Gruppen von Grundstücken unter bestimmten Voraussetzungen[20] auch eine **Sammelbewertung** als zulässig angesehen.

Die Frage des Bewertungsverfahrens betrifft den *trade-off* zwischen der Verlässlichkeit der Bewertungsergebnisse und den durch die Bewertung verursachten Kosten. Mit abnehmendem Sicherheitsgrad der Bewertungsergebnisse (aber auch sinkenden Kosten) lassen sich die nachfolgenden Bewertungsansätze unterscheiden:

- Im Rahmen einer **aggregierten Einzelbewertung** erfolgt die Bewertung nach einer objektbezogenen Erhebung der relevanten Daten und einer Ortsbesichtigung. Der hohe Kosten- und Zeitaufwand der Einzelbewertung wird durch vorherige Gruppenbildung in Bezug auf einheitliche Bewertungsparameter teilweise reduziert. Die Bewertungsergebnisse verfügen über einen hohen Sicherheitsgrad, bleiben aber kosten- und zeitintensiv.

- Einen mittleren Sicherheitsgrad bei erheblicher Reduktion der Kosten erreicht man durch eine **Paketbewertung**. Nach einer Bildung von homogenen Gruppen von Immobilien (nach Größe, Alter, Mieteinnahmen etc.) erfolgt eine stichprobenartige Einzelbewertung ausgewählter Immobilien (Einzelbegutachtung und Ortsbesichtigung) mit einer Übertragung der Ergebnisse auf das verbleibende Portfolio.

Minimale Aufwendungen verursacht eine **Desktop-Bewertung**. Ohne Ortsbesichtigungen und anhand einer überschlägigen Wertermittlung wird für eine überschlägige Bewertung auf „geschätzte" Vergleichsfaktoren zurückgegriffen. Für bilanzielle Zwecke ist eine reine Desktop-Bewertung aufgrund der fehlenden Objektivierbarkeit der ermittelten Werte nur eingeschränkt verwendbar.

48 In der Praxis bietet sich eine Mischung aus einer Einzelbewertung (für die wertmäßig größten Immobilien) und einer „**rollierenden" Paketbewertung** an:

- Die wertvollsten Immobilien (je nach Größe des Unternehmens und Streuung der Immobilienwerte z.B. die 10, 20 oder 30 führenden Objekte) werden einzeln bewertet. Ebenso wird mit Neuzugängen verfahren.

---

[20] Vgl. EUBE/PÖRSCHKE, in: BDO (Hrsg.), Praxishandbuch Real Estate Management 2005, S. 271 ff.

- Für die verbleibenden Immobilien wird wie folgt verfahren:
  - Nach einer Bestimmung homogener Gruppen werden zum Bewertungsstichtag Einzelbewertungen für repräsentativ ausgewählte Immobilien der jeweiligen Gruppe vorgenommen und die Bewertungsparameter auf das verbleibende Portfolio übertragen.
  - Zum folgenden Bewertungsstichtag sind andere Immobilien der jeweiligen Gruppe einer Einzelbewertung zu unterziehen.

Praxis-Beispiel
Geschäftsbericht Quintain Estates and Development Plc. 2005
S. 44: *„We have inspected the top 30 properties by value, a third of the remainder and all properties acquired over the last twelve months. For each property we have made relevant local enquiries and obtained such other information as we considered necessary to provide you with our opinions of value."* (Jones Lang Lassalle Limited)
S. 45: *„The Valuations are based on inspections of 14 Properties during March 2006 within Quercus together with desk top reviews of all the other Properties. For these desk top reviews we have relied upon information provided together with our general knowledge of the industry and Properties. The Inspected Properties were selected by Christie + Co in conjunction with Quercus and considered to be representative in terms of geography, size, type of care provided and tenant company. Based on our overall knowledge of the Portfolio and the previous inspections of 85 properties we carried out in December 2004 plus March, June and December 2005, we consider the sample to be fully representative, equating to around 52 % of the Portfolio. The Tri-Care and Progress assets were inspected in March 2004."* (Christie + Co.)

3.2.4 Bilanzierung zu fortgeführten Anschaffungskosten

Entscheidet sich das Unternehmen für die Bewertung von Renditeliegenschaften zu fortgeführten Anschaffungs- oder Herstellungskosten, so sind **sämtliche** (Rz 43) als Finanzinvestition gehaltene – mit Ausnahme zum Verkauf stehender oder einem aufzugebenden Unternehmensbereich zugehöriger (IFRS 5; → § 29 Rz 3) – Immobilien nach dem *cost model* (IAS 40.56) entsprechend IAS 16 (→ § 14 Rz 10 ff.) zu bewerten. Die Neubewertungsmethode (→ § 14 Rz 47) ist dabei nicht anwendbar. Wegen Einzelheiten wird auf → § 14 verwiesen. **49**

Im Rahmen der Folgebewertung im Anschaffungskostenmodell ist überdies bei konkreten externen oder auch internen Anzeichen für eine Wertminderung der Renditeimmobilie zum Bilanzstichtag (IAS 36.9) eine Werthaltigkeitsprüfung erforderlich (→ § 11 Rz 19f.). Allerdings gilt: Unterschreitet der *fair value* wegen des Verbots des Einbezugs von Anschaffungsnebenkosten (Rz 54) den Buchwert gem. IAS 36.12, zwingt dies noch nicht zu einem quantitativen Werthaltigkeitstest. Eine außerplanmäßige Abschreibung ist nur dann geboten, wenn der erzielbare Betrag *(recoverable amount)* der Renditeimmobilie den Buchwert unterschreitet. Der erzielbare Betrag der IFRS ist gem. IAS 36.18 definiert (→ § 11 Rz 6) als der höhere Betrag aus dem beizulegenden Zeitwert abzüglich Veräußerungskosten *(fair value less costs to sell)* und Nutzungswert *(value in use)*. Wenn nur einer der **50** beiden Beträge den Buchwert erreicht oder übersteigt, ist keine außerplanmäßige Abschreibung vorzunehmen.

51 Der Nutzungswert ist (gem. IAS 36.33(a)) als unternehmensspezifischer (Bar-)Wert *(entity specific value)* künftiger Nutzenpotenziale charakterisiert. Dementsprechend beruht die Bestimmung auch auf unternehmensinternen Prämissen *(management's best estimate)* hinsichtlich der Erwartung des künftigen Zahlungsmittelzuflusses, der aus der direkten Verwertung der Immobilie erzielt werden kann *(gross value)*. Wegen der unterstellten fortgesetzten Eigenverwertung scheidet der Abzug von transaktionsbedingt anfallenden Nebenkosten des Erwerbs aus. Der Nutzungswert ist als *gross value* damit regelmäßig höher als der *fair value less costs to sell*, der als *net value* abzüglich der eigenen Veräußerungskosten zu bestimmen ist.

Praxis-Beispiel

Immobilienunternehmen A erwirbt über einen Makler von B zum 30.12.01 eine Immobilie zum Zweck der Fremdvermietung zu einem Anschaffungspreis (= beizulegender Zeitwert) von 100 Mio. EUR. Er geht von zukünftigen *cash flows* aus, die bei risikogerechter Abzinsung einem Barwert von 105 Mio. EUR entsprechen. Als Kaufpreis hat er jedoch mit Rücksicht auf sofort anfallende Anschaffungsnebenkosten von 5 Mio. EUR nur 100 Mio. EUR gezahlt. Die Immobilie ist dennoch mit 105 Mio. EUR einzubuchen (Rz 32f.).

Der Buchwert der erworbenen Immobilie beträgt zum Bilanzstichtag 105 Mio. EUR. Der zur Bestimmung des *recoverable amount* herangezogene *fair value less costs of disposal* entspricht mangels eigener Veräußerungskosten dem *fair value* und beträgt 100 Mio. EUR (Kaufpreisobergrenze). Im Rahmen einer *exit-price*-orientierten Bewertung wäre daher eine Abschreibung angezeigt. Da der Nutzungswert aber als Barwert der erzielbaren *cash flows* dem Buchwert von 105 Mio. EUR entspricht, ist keine außerplanmäßige Abschreibung notwendig.

---

52 Im Rahmen der Folgebewertung zu Anschaffungskosten sieht IAS 16 die Anwendung des sog. *component approach* (→ § 10 Rz 6), d.h. der unterschiedlichen Abschreibung sich wesentlich in der Nutzungsdauer unterscheidender Teile des Vermögenswerts, vor. Für betrieblich genutzte Immobilien ist es danach – wie in der deutschen Bilanzierungspraxis – möglich bzw. geboten, Betriebsvorrichtungen, wie z.B. Schaufensteranlagen und Lastenaufzüge, **getrennt** vom Gebäude über die betriebsgewöhnliche Nutzungsdauer abzuschreiben (→ § 10 Rz 33). Vorgelagert stellt sich allerdings die Frage, ob die Betriebsvorrichtung überhaupt Teil der Immobilie ist (Rz 17ff.). Wo dies verneint wird, kommt es nicht nur zur separaten Abschreibung, sondern insgesamt, also etwa auch im Ausweis, zur eigenen, dann nicht IAS 40, sondern IAS 16 unterliegenden Bilanzierung.

3.2.5 Bilanzierung nach dem *fair-value*-Modell

53 Mit der Verpflichtung auf ein einheitliches *fair value measurement framework* in IFRS 13 vor der Klammer der Einzelstandards werden die bislang in IAS 40 ausgeführten Bewertungsvorgaben mit Wirkung ab 2013 aufgehoben und die Offenlegungspflichten ausgeweitet (→ § 8a Rz 141). Neben der Verlagerung der konzeptionellen Vorgaben erfolgt durch Streichung von IAS 40.51 – Verbot der

Berücksichtigung von *future capital expenditures* im Rahmen der *fair-value*-Bewertung (→ § 8a Rz 139) – auch eine inhaltliche Anpassung der bislang noch anzuwendenden spezifischen Bewertungsleitlinien für Renditeimmobilien.

Der beizulegende Zeitwert hat die aktuelle **Marktlage** zum **Bilanzstichtag** und nicht zu einem vergangenen oder zukünftigen Zeitpunkt widerzuspiegeln (IAS 40.31). Im Unterschied zur Anschaffungskostenmethode nach IAS 16 (→ § 14 Rz 46) ist zu **jedem Bilanzstichtag** (Rz 58) eine *fair-value*-Bewertung der Immobilien vorzunehmen. Gewinne oder Verluste, die sich aus der Änderung des beizulegenden Zeitwerts von Renditeliegenschaften ergeben, sind stets **erfolgswirksam** unter Gegenrechnung der damit entstehenden Steuerlatenz (Rz 127) zu erfassen (IAS 40.35).

54

Für die im Erstansatz enthaltenen **Transaktionskosten** besteht im Rahmen der Folgebewertung zum beizulegenden Zeitwert ggf. ein Wertminderungsbedarf, wenn diese Kosten sich aus einer Marktwertperspektive nicht im Zeitwert der Immobilie niederschlagen und keine kompensierende Wertsteigerung der Immobilie eingetreten ist.

55

Praxis-Beispiel

Immobilienunternehmen A erwirbt zum 30.12. ein Grundstück inkl. darauf stehendem Geschäftsgebäude zum Zweck der Fremdvermietung zu einem Anschaffungspreis (= beizulegender Zeitwert) von 99 Mio. EUR. Im Rahmen der Zugangsbewertung werden noch 6 Mio. EUR Anschaffungsnebenkosten aktiviert.

Nicht selbst genutzte Immobilien werden von A regelmäßig als Finanzinvestition behandelt und zum beizulegenden Zeitwert bewertet. Der Buchwert der Immobilie i.H.v. 105 Mio. EUR ist daher zum Stichtag im Wert zu berichtigen („per Aufwand an *investment property* 6 Mio. EUR").

Da es im *fair value model* nicht zu Abschreibungen kommt, scheidet, anders als für die Folgebewertung zu fortgeführten Anschaffungskosten (Rz 52), der Komponentenansatz aus. Im Rahmen der *fair-value*-Bewertung ist aber auch ansonsten eine Trennung etwa in Gebäude und Betriebsvorrichtungen regelmäßig nicht möglich, da sie der Veräußerungsfiktion widerspräche: Der gedachte Erwerber würde den Marktpreis nach der Ertragserzielungsmöglichkeit der gesamten Renditeliegenschaft mit der gegebenen Ausstattung bemessen. Insofern gehen die Wertbeiträge der einzelnen Vermögensteile **geschlossen** (ungetrennt) in den Marktwert ein (zu Besonderheiten siehe Rz 62).[21]

56

Allerdings können Renditeliegenschaften in einen Grundstücks- und einen Immobilienteil, als zwei separate Vermögenswerte, getrennt werden. Eine entsprechende Entscheidung ist als konzerneinheitliche Bilanzierungs- und Bewertungsmethode i.S.v. IAS 8.14 festzulegen sowie im Anhang offenzulegen und betrifft auch Renditeliegenschaften im Bau.

57

Bei getrennter Bilanzierung von Grundstück und Gebäude ist auch die Verlässlichkeit der *fair-value*-Bewertung separat zu bestimmen (Rz 71).

---

21 Vgl. auch Böckem/Schurbohm-Ebneth, KoR 2003, S. 341.

58   Aufgrund der fortlaufenden *fair-value*-Bewertung sind Renditeliegenschaften nicht **planmäßig abzuschreiben**. Auch **außerplanmäßige Abschreibungen** sind gem. IAS 36 nicht zulässig (→ § 11 Rz 3). Die zu jedem Bilanzstichtag ermittelten Zeitwerte spiegeln Alter und Zustand wider, so dass eine zusätzliche planmäßige oder außerplanmäßige Abschreibung einer Doppelerfassung von Wertminderungen gleichkäme (Rz 138).

3.2.6   Bilanzierung gemischt genutzter Immobilien

59   Die Beschränkung des Anwendungsbereichs von IAS 40 auf Renditeliegenschaften erfordert die **strikte Aufteilung** (Rz 16 ff.) einer Immobilie, wenn ein Teil eigenbetrieblich wird (z. B. Räumlichkeiten für die eigene Verwaltung) und der restliche Teil der Immobilie als Renditeliegenschaft Verwendung findet (IAS 40.10). Der **betrieblich** genutzte Teil der Immobilie ist in diesem Fall nach IAS 16 (→ § 14) zu bewerten, während für den **fremdgenutzten** Teil die Regelungen von IAS 40 Anwendung finden.

3.2.7   Wechselwirkungen zwischen IAS 40 und IFRS 16

60   Die Klassifizierung einer Immobilie als Renditeliegenschaft setzt regelmäßig eine Nutzungsüberlassung (i. S. e. Vermietung) ohne gleichzeitige Übertragung des wirtschaftlichen Eigentums voraus. Für die bilanzielle Behandlung, insbesondere die Zuordnung des wirtschaftlichen Eigentums, ist daher neben IAS 40 i. d. R. immer auch IFRS 16 relevant. Überträgt das bilanzierende Unternehmen im Rahmen einer Nutzungsüberlassung auch das wirtschaftliche Eigentum an einer Liegenschaft, scheidet eine Behandlung nach IAS 40 aus. Es liegt ein *finance lease* (→ § 15a Rz 181 ff.) vor, der nach IFRS 16 zu behandeln ist. Werden die wesentlichen Chancen und Risiken, die mit der Nutzung der Renditeliegenschaft verbunden sind, auf einen Mieter übertragen, liegt ein *finance lease* vor; eine Erfassung der Immobilie in der Bilanz des Vermieters scheidet aus. Neben dieser Ungleichbehandlung hinsichtlich des wirtschaftlichen Eigentums ergeben sich weitere Wechselwirkungen zwischen IFRS 16 und IAS 40 hinsichtlich der Behandlung von Kaufoptionen (Rz 61) und Anreizvereinbarungen (Rz 62 ff.).

61   Das Wahlrecht zur Bewertung von Immobilien zu Anschaffungs- oder Herstellungskosten einerseits und Marktwerten *(fair value)* andererseits steht auch dem **Leasinggeber** bei einem *operating*-Leasingverhältnis zu (→ § 15a Rz 247). Sofern er sich für die Bewertung nach dem *fair-value*-Modell entscheidet, ergibt sich im Fall eines Leasingvertrags mit **Kaufoption** des Leasingnehmers folgende Besonderheit: Der *fair value* einer Immobilie, die Gegenstand eines Leasingverhältnisses ist, wird nach IAS 40.29 nicht als Nutzungswert i. S. d. Barwerts der noch anfallenden Mindestleasingraten zuzüglich des abgezinsten Optionspreises definiert, sondern als Wert, zu dem die Immobilie am Markt verkauft werden könnte (Rz 68).

Mit steigendem Marktpreis der Immobilie **wächst** bei Leasingverträgen mit Kaufoption zugunsten des Leasingnehmers die Wahrscheinlichkeit der Ausübung dieser Option. Bei einer Folgebewertung nach dem *cost model* (Rz 49) stellt die Ausübung der Kaufoption aus Sicht des Leasinggebers lediglich einen **entgangenen Gewinn** dar, der bilanziell nicht berücksichtigt wird. Bei Anwendung des *fair-value*-Modells „droht" die Ausübung der Option mit entsprechender „Belastung" des ausgewiesenen (Brutto-)Werts.[22] Diese Belastung kann zu einem künftigen **Aufwandsüberschuss** aus dem Leasingvertrag führen, der durch eine Rückstellung für drohende Verluste zu berücksichtigen ist.

Die **Höhe** der Rückstellung ergibt sich aus der Differenz zwischen dem aktuellen Marktwert der Immobilie und dem vertraglich festgelegten Optionspreis. Die Verwendung des erwarteten Marktwerts als Bewertungsgröße für die Rückstellung wäre zwar theoretisch richtig; allerdings muss dieser Wert vernachlässigt werden, da er ungewiss ist und insoweit die geforderte Mindestwahrscheinlichkeit (→ § 21 Rz 129 ff.) nicht erfüllt wäre.

Hinsichtlich des bilanziellen Ausweises von Renditeliegenschaften ergeben sich **62** Besonderheiten, wenn im Rahmen der Vermietung künftige Mietzahlungen **vorfällig** oder andere **Anreize** vereinnahmt wurden. Der Abschluss von langfristigen Mietverträgen hinsichtlich eigener Renditeliegenschaft (in der Funktion als Vermieter) fällt in den Anwendungsbereich von IFRS 16, die Bilanzierung der Renditeliegenschaft setzt die Klassifizierung des Mietverhältnisses als *operating lease* voraus (→ § 15a Rz 181 ff.).

Bei einer Option zum *fair value model* nach Rz 54 ergeben sich Besonderheiten hinsichtlich des Ausweises von getroffenen Anreizvereinbarungen oder sonstigen günstigen/ungünstigen Komponenten eines bestehenden Leasingverhältnisses. Bestehende Vereinbarungen

* lassen sich als Teil des beizulegenden Zeitwerts der Renditeimmobilie interpretieren oder
* sind separat von dem *fair value* der Renditeimmobilie als eigenständiger Bilanzposten zu erfassen.

Die Erfassung aller Komponenten eines Leasingverhältnisses im beizulegenden Zeitwert einer Renditeliegenschaft lässt sich mit IAS 40.40 rechtfertigen. Danach umfasst der *fair value* einer Renditeimmobilie sämtliche Mieteinnahmen, unabhängig (mangels expliziter Anführung) von dem Zahlungszeitpunkt.

Im **Anschaffungskostenmodell** (Rz 49) kommt neben einem separaten Ausweis auch eine Behandlung als eigenständige Komponente der Renditeliegenschaft infrage.

Unabhängig von dem gewählten Ausweis ist Folgendes zu beachten: **63**

* Eine Doppelerfassung *(double counting)* oder eine Nichterfassung *(omitting)* des beizulegenden Zeitwerts einer Renditeimmobilie im *fair value model* scheidet aus. Erfolgt ein separater Ausweis getroffener Anreizvereinbarungen, muss die Summe des eigenständigen Bilanzpostens und des Buchwerts der Renditeimmobilie insgesamt dem *fair value* am Stichtag entsprechen.
* Die Auflösung einer getroffenen Anreizvereinbarung erfolgt unabhängig davon, ob ein Ausweis als eigenständiger Bilanzposten erfolgt auf Basis einer systematischen Grundlage über die verbleibende Laufzeit des ursächlichen Leasingverhältnisses.

Vereinbaren Leasinggeber und Leasingnehmer eines *operating lease* eine vorfäl- **64** lige Zahlung von Mietzahlungen für die Nutzung einer Renditeimmobilie, hat diese durch die Reduzierung künftiger Mietraten unmittelbar Einfluss auf den beizulegenden Zeitwert der Liegenschaft. U. E. ist ein Rückgang des beizulegenden Zeitwerts wegen vorfällig geleisteter (Entschädigungs-)Zahlungen des Mie-

---

22 Vgl. HELMSCHROTT, DB 2001, S. 2457 f.

ters nicht erfolgswirksam als *fair-value*-Minderung der Renditeliegenschaft zu erfassen. Vielmehr stellen der Empfang der Zahlung und die *fair-value*-Minderung eine „*linked transaction*" dar.

> **Praxis-Beispiel**
> Unternehmen A ist Vermieter, Unternehmen B langfristiger Mieter eines Büroparks. Das Leasingverhältnis stellt aus Sicht des Vermieters einen *operating lease* dar. In der Bilanz von A wird der Büropark als Renditeliegenschaft nach dem *fair value model* erfasst. Mit Zahlung einer Entschädigung i. H. v. 12 Mio. EUR vereinbaren die Parteien eine Aufhebung des Leasingverhältnisses. Die dieser Vereinbarung entsprechenden künftig zu erwartenden Leasingraten entsprechen den marktüblichen Konditionen, über die Entschädigungszahlung wurde ein bislang vereinbarter *over rent* (Vertragsmiete übersteigt die marktübliche Miete) abgegolten.
> Die Entschädigungszahlung für die Aufhebung des Mietverhältnisses zeitigt zwar keine Auswirkung auf den Substanzwert des Gebäudes, bewirkt aber in einer *cash-flow*-basierten Betrachtung eine Änderung (i. S. e. Reduzierung auf das marktübliche Niveau) der künftig zu erwartenden Zahlungsströme, die aus der Vermietung der Immobilie erzielt werden können, und vermindert damit den *fair value*. Mit Aufhebung des Vertrags kommt es – durch die Vorauszahlung – zu einem Wegfall von künftigen *cash inflows* aus der Vermietung der Immobilie in erheblichem Umfang, der einen niedrigeren beizulegenden Zeitwert bewirkt. Die Entschädigungszahlung lässt sich daher sachlich nicht von der *fair-value*-Minderung der Immobilie trennen. An die Stelle der separaten Erfassung der empfangenen Entschädigungszahlung tritt eine „stille" Saldierung mit der Wertminderung der Immobilie.

In der GuV des Vermieters ist daher nur eine (verbleibende) Nettominderung des beizulegenden Zeitwerts einer Renditeliegenschaft zu erfassen. Eine Besonderheit ergibt sich für den Ausweis im Anlagespiegel nach IAS 40.76 (Rz 120). Die *fair-value*-Minderung ist als Nettoverlust aus Anpassungen des beizulegenden Zeitwerts auszuweisen. Im Verhältnis zur GuV bleibt die Differenz zwischen dem Anlagenverlust und der erfolgswirksamen Wertminderung erläuterungsbedürftig, da die GuV einen – durch Verrechnung der Wertminderung mit der Entschädigungszahlung – saldierten Aufwand und der Anlagespiegel den Verlust in voller Höhe zeigt.

3.3 Wertermittlungsverfahren zur Bestimmung des *fair value*

3.3.1 Definition des *fair value*

65 Nach IFRS 13 basiert der *fair value* auf einem **fiktiven Transaktionspreis** des Vermögenswerts zum Bilanzstichtag. Es handelt sich hierbei um den wahrscheinlichsten Betrag, zu dem ein Vermögenswert zwischen sachverständigen und vertragswilligen (IAS 40.40) sowie voneinander unabhängigen Geschäftspartnern getauscht werden könnte (→ § 8a). Diese Definition des Marktwerts ist

weitgehend identisch mit der Definition des Marktwerts der *Royal Institution of Chartered Surveyors (red book)*[23], der Marktwertdefinition in Art. 49 Abs. 2 der Richtlinie des Europäischen Rates[24] sowie der Verkehrswertdefinition in § 194 BauGB. Nach § 194 BauGB wird der Verkehrswert „durch den Preis bestimmt, der in dem Zeitpunkt, auf den sich die Ermittlung bezieht, im gewöhnlichen Geschäftsverkehr nach den rechtlichen Gegebenheiten und tatsächlichen Eigenschaften, der sonstigen Beschaffenheit und der Lage des Grundstücks oder des sonstigen Gegenstands der Wertermittlung ohne Rücksicht auf ungewöhnliche oder persönliche Verhältnisse zu erzielen wäre".

IAS 40 versucht die Typisierung und Marktorientierung des *fair value* mit den Attributen „sachverständig", „vertragswillig" und „unabhängig" zu unterstreichen. **Sachverständigkeit** bedeutet in diesem Zusammenhang, dass der gedachte Käufer ausreichend über Art und Merkmale der Immobilie, ihrer gegenwärtigen und möglichen Nutzung sowie über die Marktlage zum Bilanzstichtag informiert ist (IAS 40.40). Als **vertragswillig** gelten Geschäftspartner, die motiviert, aber nicht gezwungen sind, das Geschäft um jeden Preis abzuschließen. **Unabhängig** bedeutet, dass keine besondere Beziehung zwischen dem gedachten Erwerber und dem gedachten Verkäufer besteht, die marktuntypische Transaktionspreise begründen könnte. Der beizulegende Zeitwert wird somit als hypothetischer Marktwert definiert, der von persönlichen Einflüssen vollständig abstrahiert.   **66**

Der beizulegende Zeitwert ist definiert als Veräußerungspreis (*exit price*). Konzeptionell entspricht der *fair value* dem Wert (IFRS 13.9), den **beliebige Marktteilnehmer** unter **gewöhnlichen Bedingungen** für eine tatsächliche oder hypothetische Transaktion zugrunde legen (IFRS 13.2). Bei der Ermittlung des *fair value* ist daher den **Eigenschaften** des Bewertungsobjekts Rechnung zu tragen, die (erwartungsgemäß) in einer Markttransaktion berücksichtigt (IFRS 13.11) und bei einem Transfer auch übertragen werden.   **67**

Besondere Bedeutung hat die Identifizierung des Bewertungsobjekts, wenn in Abhängigkeit der Gestaltung einer (hypothetischen) Veräußerung – als *asset deal* oder *share deal* – steuerliches Optimierungspotenzial besteht. So ist in manchen Rechtsordnungen die Strukturierung einer Veräußerung eines Vermögenswerts als **Anteilsveräußerung** für den Erwerber und/oder den Veräußerer steuerlich vorteilhaft. In einer tatsächlichen Transaktion wird daher auf einen **gesellschaftsrechtlichen Mantel** (*corporate wrapper*) zurückgegriffen, der steuerliche Vorteil zwischen den Parteien aufgeteilt (→ § 8a Rz 54 ff.).

Durch die Typisierung **unterscheidet** sich der *fair value* vom *value in use* nach IAS 36 (→ § 11 Rz 42): Der *value in use* berücksichtigt auch **unternehmensspezifische Nutzenpotenziale**, wie z. B. den zusätzlichen Wert, der sich aus der Portfoliobildung ergibt, Synergieeffekte zwischen Renditeliegenschaften und anderen Vermögenswerten sowie rechtliche oder steuerliche Vorteile, die nur für den gegenwärtigen Eigentümer bestehen. Diese Nutzenpotenziale werden bei der Ermittlung des beizulegenden Zeitwerts nach IAS 40 nicht berücksichtigt, da der *fair value* allgemein gültige Erwartungen und Kenntnisse widerspie-   **68**

---

23 Vgl. THE ROYAL INSTITUTION OF CHARTERED SURVEYORS (Hrsg.), Appraisal and Valuation Manual, 1995.

24 Vgl. KLEIBER, Die „europäischen Bewertungsstandards" des Blauen Buches, in: Grundstücksmarkt und Grundstückswert 2000, S. 324.

geln soll. Bei der Ermittlung des beizulegenden Zeitwerts dürfen zudem keine bei Verkauf oder Abgang entstehenden **Transaktionskosten** berücksichtigt werden (IAS 40.30). Der beizulegende Zeitwert einer Renditeimmobilie ist als *exit price* zu bestimmen, Transaktionskosten bleiben daher unberücksichtigt.

69 Für die Bewertung von Renditeimmobilien gilt die allgemeine **Hierarchie** der *fair-value*-Bestimmung des IFRS 13: Bevorzugt soll der *fair value* auf der Grundlage von Preisen für gleiche oder ähnliche Immobilien auf einem **aktiven Markt** ermittelt werden. Verlangt man aber für das Vorliegen eines aktiven Markts den Handel mit relativ **homogenen** Gütern, so ist der Markt für bebaute Grundstücke i. d. R. nicht „aktiv" i. S. d. IFRS: Anlageimmobilien unterscheiden sich nach Alter, Lage, Ausstattung und Größe; jedes Objekt ist bis zu einem gewissen Grad einzigartig in den Ausprägungen dieser Merkmale, so dass die Homogenitätsbedingung i. d. R. auch nicht annähernd gegeben ist.[25] Es sind dann hilfsweise zuverlässige und glaubwürdige Alternativverfahren zur Wertermittlung heranzuziehen. I. d. R. ist der *fair value* über den Rückgriff auf **DCF-Modelle** zu bestimmen.

Wenn die Schwankungsbreite der vernünftigen Schätzungen des beizulegenden Zeitwerts auf Basis einer Marktpreis- oder DCF-orientierten Bewertung signifikant ist und die Eintrittswahrscheinlichkeiten der verschiedenen Schätzungen innerhalb dieser Bandbreite nicht auf angemessene Weise beurteilt werden können, gilt eine verlässliche Schätzung ausnahmsweise als nicht möglich (IAS 40.48). Für diesen Fall sieht eine „*escape*"-Klausel die hilfsweise Bewertung zu Anschaffungskosten vor (IAS 40.53).[26]

70 Nach der *fair-value*-Hierarchie sind erzielte/erzielbare Preise immer vorrangig vor einer Modellbewertung. Liegt für eine – zum Verkauf vorgesehene – Immobilie eine Preisstellung durch einen fremden (nicht nahestehenden) Dritten vor, ist diese als *fair value* zum Stichtag heranzuziehen. Eine Vernachlässigung eines Kaufangebots zugunsten einer Modellbewertung scheidet aus.

Praxis-Beispiel

Immobilienunternehmen I bewertet alle seine als Renditeobjekte gehaltenen Immobilien nach dem *fair value model*. Für die Bewertung zum Stichtag wird ein externer Gutachter beauftragt, der regelmäßig eine Modellbewertung vornimmt. Noch vor dem Stichtag wird ein bindender Kaufvertrag zur Veräußerung von einer Immobilie geschlossen. Die Immobilie wird nach IFRS 5 ausgewiesen. Laut Kaufvertrag soll ein Übergang des Eigentums nach dem Stichtag erfolgen, der Kaufpreis beträgt 20 Mio. EUR. Nach der zum Stichtag vorliegenden Modellbewertung des Gutachters beträgt der DCF-Wert der Immobilie 15 Mio. EUR. Es liegen keine besonderen Anhaltspunkte für eine nicht marktübliche Interessenlage des Käufers vor, insbesondere ist dieser keine nahestehende Person von I.

Mangels besonderer Umstände ist für die *fair-value*-Bewertung zum Stichtag auf den Preis laut Kaufvertrag abzustellen. Ein Abstellen auf die DCF-Bewertung und damit ein Verschieben des Veräußerungsgewinns in das Folgejahr scheidet aus.

---

[25] Vgl. DYCKERHOFF/LÜDENBACH/SCHULZ, Praktische Probleme bei der Durchführung von Impairment-Tests im Sachanlagevermögen, in: Festschrift Pohle, 2003, S. 40.

[26] Vgl. LÜDENBACH/FREIBERG, KoR 2006, S. 437 ff.

3.3.2 Anforderungen an die *fair-value*-Bewertung

Aufgrund fehlender Börsenpreise für Immobilien besteht im *fair value model* die 71
Gefahr der bilanziellen Überbewertung. Einer glaubwürdigen Bilanzierung
würden externe **Wertgutachten dienen**. Diese werden jedoch **nicht zwingend**
gefordert. Der Bilanzierende wird zwar „ermutigt" *(is encouraged)*, den Marktwert auf Grundlage eines **externen** Bewertungsgutachtens zu ermitteln; er ist
jedoch nicht dazu verpflichtet (IAS 40.32).

Bei einer Bewertung nach international anerkannten Grundsätzen *(International* 72
Valuation Standards) wird eine Bewertung durch den Bilanzierenden *(internal*
valuer) als nicht „*acceptable to fill the role of independent Valuer in certain types*
of assignments" angesehen.[27] Unter Beachtung des für die Bilanzierung geltenden
materiality-Gedankens kann man dieser apodiktischen Behauptung bei Indus-
trie- und Handelsunternehmen mit gemessen am Gesamtvermögen niedrigem
Wertanteil von *investment properties* nicht zustimmen. Unabhängig davon, ob
eine Fremd- oder Eigenbewertung vorgenommen wird, stellt sich die Frage nach
den anzuwendenden Immobilienbewertungs**verfahren**.

3.3.3 Deutsche Vorschriften zur Immobilienbewertung

Durch die Verkehrs- bzw. Marktwertermittlung einer Immobilie soll ein mög- 73
lichst **marktkonformer** Wert des Grundstücks, d. h. der wahrscheinlichste Kaufpreis, bestimmt werden. Dazu bieten die deutschen Wertermittlungsvorschriften
(insbesondere die ImmoWertV[28]) verschiedene Verfahren an. Darüber hinaus
liegt mit IDW S 10 auch eine berufsständische Verlautbarung zur Bewertung von
Immobilien vor.[29] Nicht jedes Bewertungsverfahren ist jedoch in jedem Bewertungsfall zur Ermittlung marktkonformer Verkehrswerte geeignet. Im Einzelfall
bedarf es einer Prüfung, welche **Methode** das geeignetste Wertermittlungsverfahren darstellt. Für die *fair-value*-Bewertung nach IFRS ist die inputbasierte
fair-value-Hierarchie des IFRS 13 zu beachten (→ § 8a Rz 29).

Nach § 8 Abs. 1 Satz 1 ImmoWertV sind als **normierte Verfahren** zur Ermitt- 74
lung des Verkehrswerts
- das **Vergleichswert**verfahren (Rz 76 ff.) einschließlich des Verfahrens zur
  Bodenwertermittlung,
- das **Ertragswert**verfahren,
- das **Sachwert**verfahren

oder **mehrere** dieser Verfahren heranzuziehen. Neben diesen in der ImmoWertV
normierten drei Wertermittlungsverfahren sind als **nicht normierte** ertragswert-
orientierte Verfahren die *discounted-cash-flow*-Methode, die Investment-Methode und das Residualwertverfahren zu unterscheiden.

Im **internationalen** Vergleich gelten die vom IVSC *(International Valuation*
Standards Committee) präferierten Methoden als maßgebende Immobilienbe-
wertungsverfahren. Diese entsprechen in den wesentlichen Zügen den in
Deutschland gebräuchlichen Verfahren.

---

27 IVSC, International Valuation Standards, 7. Aufl., 2005, S. 39 ff.
28 Vgl. Verordnung über die Grundsätze für die Ermittlung der Verkehrswerte von Grundstücken
vom 19.5.2010, BGBl 2010 I S. 639.
29 Vgl. IDW Standard: Grundsätze zur Bewertung von Immobilien (IDW S 10), Stand: 14.8.2013;
IDW-FN 2013, S. 503 ff.

Hierzu folgende Übersicht:

	Deutsche Verfahren	Internationale Verfahren
Normierte Verfahren	Vergleichswertverfahren (§ 15 ImmoWertV)	*sales comparison approach*
	Ertragswertverfahren (§§ 17–20 ImmoWertV)	*income capitalisation approach*
	Sachwertverfahren (§§ 21–23 ImmoWertV)	*cost approach*

75   Zur Bewertung von Renditeliegenschaften eignen sich im Einklang mit den Leitlinien zur *fair-value*-Bewertung das **Vergleichs**wert- und das **Ertrags**wertverfahren. Das ebenfalls als Wertermittlungsverfahren normierte **Sach**wertverfahren führt regelmäßig nicht zur Bestimmung eines beizulegenden Zeitwerts. Bei Anwendung des Sachwertverfahrens sind der Wert der baulichen Anlage, wie Gebäude, Außenanlagen und besondere Betriebseinrichtungen, und der Wert der sonstigen Anlagen, getrennt vom Bodenwert nach **Normalherstellungs**kosten zu ermitteln. Der Bodenwert ist nach dem Vergleichswertverfahren zu ermitteln (Rz 80). U. E. kommt dem Sachwertverfahren nur eine Bedeutung als Kontrollrechnung zu, wenn andere Verfahren keine verlässlichen Daten liefern, also keine ortsüblichen Mieten vorliegen.

3.3.4   Vergleichswertverfahren

76   Die Wertermittlung auf Grundlage des **Vergleichswertverfahrens** erfolgt durch Analyse der Verkaufspreise solcher Grundstücke, die hinsichtlich der Wertbestimmungsfaktoren mit dem zu bewertenden Grundstück hinreichend übereinstimmen (sog. Vergleichsgrundstücke). Es ist zu unterscheiden zwischen einer **direkten** und einer **indirekten** Vergleichsbewertung.
Die relevanten Daten für eine vergleichende Bewertung sind bei dem für eine Gebietskörperschaft tätigen Gutachterausschuss (Pflicht zur Vorhaltung von Unterlagen nach § 193 Abs. 5 BauGB) zu erfragen oder aus veröffentlichten Grundstücksmarktberichten zu entnehmen.

77   Die Anwendung des direkten Vergleichswertverfahrens setzt eine ausreichende Anzahl (mindestens 30 beobachtbare Preise für vergleichbare Objekte[30]) von aktuellen Vergleichspreisen für in den relevanten Wertmerkmalen übereinstimmende Immobilien voraus. Zur Feststellung der hinreichenden **Übereinstimmung** von Immobilien sind verschiedene Wertmerkmale heranzuziehen, wie z.B.:
- Ortslage (z.B. Kerngebiet, Ortsrandlage oder Einzugsgebiet);
- Grundstückslage (charakterisiert durch die Verkehrs-, Wohn- und Geschäftslage, aber auch die Klassifizierung als Reihen- oder Eckgrundstück bzw. Baulücke);
- Art und Maß der baulichen Nutzung (z.B. Industrie- oder Wohngebiet);
- Erschließungszustand (z.B. Anbindung an die örtliche Kanalisation, die Gas-, Wasser- und Stromversorgung sowie das Straßennetz).

78   In der Praxis werden sich nur **selten** Vergleichsgrundstücke finden lassen, die in sämtlichen entscheidenden Merkmalen vergleichbar sind. Eine Wertermittlung im

---

[30] Vgl. SIMON/CORS/TROLL, Handbuch der Grundstückswertermittlung, 1992, S. 84.

direkten Vergleichswertverfahren scheidet daher aus (Rz 69). Alternativ bietet sich eine indirekte Vergleichswertbestimmung an, die vorhandenen Unterschieden zwischen Bewertungs- und Vergleichsobjekt durch Zu- und Abschläge an die Zustandsmerkmale des Bewertungsgrundstücks **Rechnung** trägt. Schließlich ist ein repräsentativer Wert der korrigierten Vergleichspreise zu bilden, wobei erhebliche „Ausreißer" nicht berücksichtigt werden sollten. Bei „Ausreißern" liegt die Vermutung nahe, dass die diesbezüglichen Vergleichspreise aufgrund von ungewöhnlichen und persönlichen Verhältnissen entstanden sind.

Die Vergleichswertmethode kann ermessensfrei meist nur bei **unbebauten** Grundstücken Anwendung finden. Bei **bebauten** Grundstücken ist das Vergleichswertverfahren aufgrund fehlender aussagekräftiger Vergleichskriterien lediglich bei einheitlichen Objekten (wie z.B. bei Reihenhäusern in einer Anlage) anwendbar. Bei der Mehrzahl der Anlageimmobilien ist es insofern nicht sinnvoll, den Marktwert nach der Vergleichswertmethode zu bestimmen: Es wäre eine „Illusion",[31] anzunehmen, die Unterschiede in den wertrelevanten Merkmalen der zu bewertenden Immobilie könnten durch einen ermessensfreien und damit objektivierten Wertmaßstab ausgeglichen werden. Ein klarer Vorrang gegenüber einer Ertrags- bzw. DCF-basierten Bewertung besteht nicht,[32] wenn in wesentlichem Umfang (als Grenzwert werden 30 % bis 35 % angesehen[33]) Zu- und/oder Abschläge auf vergleichbare Preise vorgenommen werden. | **79**

Besondere Bedeutung hat das Vergleichswertverfahren zur Bestimmung des normierten Bodenwerts, also des Werts des unbebauten Grundstücks. Der **Bodenwert** ist anhand geeigneter Bodenrichtwerte, die insbesondere von den für eine Gebietskörperschaft zuständigen Gutachterausschüssen bereitgehalten werden, zu bestimmen. Als wertbeeinflussende Faktoren zu berücksichtigen sind | **80**
- Bodenbeschaffenheit (z.B. Bodengüte, Eignung als Baugrund oder Verunreinigung durch Altlasten);
- Lage und Fläche sowie Topografie des Grundstücks;
- Grundstücksgröße und -zuschnitt;
- bauliche Nutzbarkeit und bestehende Erschließung.

Bodenrichtwerte können aus der Kaufpreissammlung der Gutachterausschüsse für eine bestimmte Region entnommen werden (§ 193 Abs. 5 Satz 1 BauGB). Regionenübergreifende Richtwerte und Anpassungsfaktoren sind keine geeigneten Bewertungsparameter, da diese nicht repräsentativ für das Bewertungsobjekt sind.

3.3.5 Ertragswertverfahren

In den Fällen, in denen eine *fair-value*-Wertermittlung – wegen fehlender beobachtbarer Vergleichsobjekte und der Notwendigkeit zur ermessensbehafteten Anpassung – anhand der Vergleichswertmethode nicht sinnvoll ist, soll u.E. die Bewertung auf Grundlage der **Ertragswertmethode** vorgenommen werden. Bezogen auf die methodischen Grundlagen eignet sich das in Deutschland nach der ImmoWertV normierte **Ertragswertverfahren** auch zur *fair-value*-Wertermitt- | **81**

---

31 Zimmermann, Der Verkehrswert von Grundstücken, 2. Aufl., 1999, Anm. 19.
32 A. A. Hachmeister/Ruthardt, IRZ 2014, S. 79.
33 Nach Kleiber/Simon/Fischer/Schröter, Verkehrswertermittlung von Grundstücken, 6. Aufl., 2010, S. 1234f.

lung nach IAS 40.[34] Zu beachten ist – neben der Ausgestaltung als **Einperioden-modell** – allerdings der Verstoß gegen das strenge **Stichtagsprinzip** (→ § 8a Rz 16) des normierten Ertragswertverfahrens, insbesondere bezogen auf die Auswahl des Barwertfaktors zur Bestimmung des Gebäudeertragswerts (§ 20 Immo-WertV). Ein Rückgriff auf das normierte Ertragswertverfahren für die Bestimmung des beizulegenden Zeitwerts kommt aber dennoch in Betracht, wenn nachgewiesen werden kann, dass rationale Marktteilnehmer ihre Preisstellung unter Rückgriff auf den normierten Wert ableiten.

82   Das Ertragswertverfahren nach §§ 17–20 ImmoWertV kommt bei solchen Immobilien zur Anwendung, bei denen die Ertragserzielung das entscheidende Kriterium für das Investment ist. Bei Anwendung des in der ImmoWertV normierten Ertragswertverfahrens ist der Wert der Gebäude als **Gebäudeertragswert** (Rz 84) getrennt vom **Bodenwert**, der über das Vergleichswertverfahren zu bestimmen ist (Rz 80), auf der Grundlage des (Rein-)Ertrags zu ermitteln. Die Summe aus Gebäudeertragswert und Bodenwert ergibt unter Berücksichtigung von Zu- und/oder Abschlägen für objektspezifische Besonderheiten den Ertragswert. Die **Rechenformel** des normierten Ertragswertverfahrens stellt sich wie folgt dar:

	Jahresrohertrag
–	Bewirtschaftungskosten
=	jährlicher Grundstücksreinertrag
–	Bodenwertverzinsung (= Bodenwert × Liegenschaftszinssatz)
=	Gebäudeertragsanteil
×	Vervielfältiger (Barwertfaktor)
=	Gebäudeertragswert
+	sonstige wertbeeinflussende Umstände
+	Bodenwert
=	Ertragswert der Immobilie

83   Die **Bodenwertverzinsung** wird mittels des Liegenschaftszinssatzes und des Bodenwerts (Rz 80) ermittelt. Für die Bestimmung des Liegenschaftszinssatzes ist auf die (empirisch) gesammelten Kaufpreise der regionenspezifischen Gutachterausschüsse abzustellen (§ 14 Abs. 3 ImmoWertV). In Abhängigkeit von der Lage der Immobilie ist der repräsentative Liegenschaftszins zu bestimmen. Der heranzuziehende Liegenschaftszins spiegelt, da dieser aus beobachtbaren Transaktionen der Vergangenheit abgeleitet wird, nicht die Stichtagsverhältnisse wider.

84   Der Gebäudeertragswert ergibt sich durch Kapitalisierung des nachhaltig erwarteten Reinertrags der baulichen Anlagen. Der Reinertrag ergibt sich ausgehend vom Rohertrag, gemindert um die notwendigen Bewirtschaftungskosten und eine Bodenwertverzinsung. Der **Rohertrag** ist ausgehend von einer Jahresnettokaltmiete in ortsüblicher Höhe zu bestimmen.
Als Ausgangspunkt kann abgestellt werden auf

---

[34] Vgl. Zülch, PiR 2005, S. 71; Beck, in: BDO (Hrsg.), Real Estate Management 2005, S. 219. Kritische Anmerkungen Friess/Kormaier, DStR 2004, S. 2024; Kormaier, KoR 2006, S. 378 ff.

- verfügbare Mietspiegel von örtlichen Verbänden der Wohnungswirtschaft, Haus-, Wohnungs- und Grundbesitzervereinen, gemeinde- und stadtspezifische Mietspiegel oder Maklerinformationen,
- Wohn- und Gewerbepreisspiegel des Immobilienverbands Deutschlands,
- Mietübersichten in den Grundstücksmarktberichten der Gutachterausschüsse oder
- den alle vier Jahre zum 30.6. erscheinenden Wohngeld- und Mietenbericht des Bundesministeriums für Umwelt, Naturschutz, Bau und Reaktorsicherheit.

Die **Bewirtschaftungskosten** umfassen Kosten der Verwaltung, der Instandhaltung, des Mietausfallwagnisses und die laufenden Betriebskosten. Als Anhaltspunkt für die angemessene Höhe im Rahmen der normierten Bewertung kann auf die Verordnung über wohnungswirtschaftliche Berechnung zurückgegriffen werden.[35]

Der (Gebäude-)Reinertrag ist mit einem Barwertfaktor[36] zu kapitalisieren, der **85** ausgehend von Vergleichsobjekten zu bestimmen ist. Neben der Vergleichbarkeit der Objekte in Bezug auf Ausstattungsmerkmale und Marktfähigkeit ist auch der wirtschaftlichen Restnutzungsdauer Rechnung zu tragen. Anhaltspunkte für die Restnutzungsdauer bietet die Wertermittlungsrichtlinie 2006.[37] Das normierte Ertragswertverfahren unterstellt als Einperiodenmodell einen gleichbleibenden Reinertrag.

Praxis-Beispiel
Es ist ein Bürogebäude zu bewerten. Das Grundstück umfasst 2.000 qm. Der Bodenrichtwert der Gemeinde beträgt 500 EUR/qm. Die Restnutzungsdauer des Gebäudes beträgt 92 Jahre. Es ist ein Kapitalisierungszinssatz von 6,5 % anzuwenden. Die monatlichen Mieteinnahmen betragen 41 TEUR, die marktüblichen Bewirtschaftungskosten, ausgehend von der Mieteinnahme, 25 %. Der Ertragswert des Grundstücks ermittelt sich daher wie folgt:

		EUR
	Mieteinnahmen (41 TEUR × 12)	492.000
−	Bewirtschaftungskosten 25 %	− 123.000
=	Jahresrohertrag	369.000
	Bodenwertverzinsung	
−	1 Mio. EUR × 6,5 %	− 65.000
=	Gebäudereinertrag	304.000
×	Barwertfaktor von 6,5 %	
=	Gebäudeertragswert	4.663.360
+	Bodenwert	1.000.000
=	Ertragswert des Grundstücks	5.663.360

---

[35] Verordnung über wohnungswirtschaftliche Berechnungen nach dem Zweiten Wohnungsbaugesetz i.d.F. der Bekanntmachung v. 12.10.1990, die zuletzt durch Art. 78 Abs. 2 des Gesetzes v. 23.11.2007 geändert wurde, BGBl I 2007, S. 2614.
[36] Nach Anlagen 1 und 2 der ImmoWertV.
[37] Vgl. BAnz. Nr. 108a v. 10.6.2006, berichtigt am 1.7.2006 in BAnz. Nr. 121, S. 4798.

3.3.6   Anwendung der Investment-Methode

86   Eine vereinfachte Bewertung unter Renditegesichtspunkten kann nach der nicht normierten Investment-Methode erfolgen, die eine Abwandlung einer ertragswertorientierten Bewertung darstellt. Der Wert einer Immobilie bestimmt sich – vergleichbar einer Multiplikatorbewertung – als Produkt aus

- dem nachhaltig prognostizierten Überschuss der (Brutto-)Mieterträge über die nicht umlagefähigen Bewirtschaftungskosten, also einer Nettomarktmiete, und
- einer Renditeerwartung (Kehrwert einer *all risks yield*), die entweder finanzmathematisch oder aus Vergleichstransaktionen hergeleitet wird.

Das Verfahren ist als **Rentenmodell** konzipiert, es sind daher im Zeitablauf konstante Nettoerträge aus der Vermietung zu unterstellen. Eine Differenzierung zwischen Grund und Boden und Gebäude entfällt, die Immobilie als Ganzes ist Bewertungsobjekt.

87   Für die finanzmathematische Festlegung der Renditeerwartung ist nach dem Baukastenprinzip vorzugehen. Ausgehend von einer (quasi-)risikolosen Verzinsung spiegelt die Renditeerwartung zum Stichtag über einen Zuschlag (vergleichbar mit der Risikozuschlagsmethode; Rz 99 f.) die

- Risiken des Markts, des Objekts, der Lage und Fungibilität sowie der Merkmale der bestehenden Mieter und
- Chancen für künftiges Miet- und Wertsteigerungspotenzial

wider. Für die Berechnung ist eine Kaufpreisäquivalenz zu berücksichtigen, also ggf. ein Abschlag für Geldentwertung zu erfassen. Insoweit verfügbar, kann der – das Chancen- und Risikoprofil der Immobilie ausdrückende – Multiplikator auch aus Vergleichstransaktionen über das Verhältnis der Nettomarktmiete zu einem Transaktionspreis bestimmt werden.

88   Die *investment method* eignet sich wegen der einfachen Ausgestaltung in der Grundform insbesondere zur **Plausibilisierung** eines Immobilienwerts. Die erhebliche Vereinfachung des Verfahrens, insbesondere die Ausgestaltung als Rentenmodell (Voraussetzung eines *steady state*), und die fehlende Unterscheidung zwischen Grund und Boden sowie Gebäude schränken die Nutzbarkeit für eine *fair-value*-Bestimmung im Einklang mit den Objektivitätsansprüchen der IFRS allerdings ein.

3.3.7   *Discounted-cash-flow*-Verfahren

89   Das *discounted-cash-flow*-Verfahren stimmt in der Grundidee mit dem normierten Ertragswertverfahren der ImmoWertV überein. Beim *discounted-cash-flow*-Verfahren erfolgt die Ermittlung des Marktwerts – in einem **Mehrperiodenmodell** – der zu bewertenden Immobilie durch **Diskontierung** aller aus der Immobilie resultierenden **zukünftigen Einzahlungsüberschüsse** (*cash flows*) auf den Bewertungszeitpunkt. Wegen der Prognoseunsicherheit künftiger Zahlungsströme ist zwischen einem Detailplanungszeitraum und einem Restwert zu unterscheiden. Für die Bewertung bedarf es daher einer Bestimmung

- der Zahlungsströme im Detailplanungszeitraum,
- des risiko- und laufzeitäquivalenten Diskontierungszinssatzes und
- des Restwerts.

90   Die zu diskontierenden Einzahlungsüberschüsse ergeben sich i. d. R. wie folgt:

> Erwartete Nettokaltmiete
> – Mietausfallwagnis
> – nicht umlagefähige Betriebskosten
> – Verwaltungskosten
> – Instandhaltungskosten
> = Einzahlungsüberschuss

Die **erwartete Nettokaltmiete** ist ausgehend von den bestehenden Mietverträgen des Bewertungsobjekts zu bestimmen. Die erwarteten Einzahlungsüberschüsse haben den Besonderheiten des Objekts im Hinblick auf die aktuelle Vermietungslage (Laufzeit, Leerstand, mietfreie Zeiten etc.) Rechnung zu tragen. Laufen die aktuellen Verträge innerhalb des Detailplanungszeitraums aus, sind die Erfahrungswerte unter Berücksichtigung am Markt beobachtbarer Entwicklungen fortzuschreiben.

Das **Mietausfallwagnis** dient dem Ausgleich von Ertragsminderungen, die entstehen können durch z.B. uneintreibbare Mietrückstände, Leerstände, Aufhebung von Mietverhältnissen oder Räumungen sowie Kosten von Rechtsstreitigkeiten. Das Mietausfallwagnis ist bei Wohnungs- und Gewerbeobjekten im Wesentlichen von der Lage der Immobilie abhängig. In guten bis sehr guten Lagen ist das Risiko eines Mietausfalls eher gering. Bei weniger guten Lagen sind dagegen häufig Leerstände zu verzeichnen. Bei gewerblichen Objekten kommt eine weitere Abhängigkeit des Mietausfallwagnisses von der Bonität der Mieter sowie der konjunkturellen Lage hinzu. In Zeiten schlechter Konjunktur kann es in bestimmten Wirtschaftszweigen vermehrt zu Geschäftsaufgaben kommen. Die aus diesem Grund leer stehenden Geschäftsräume können dann u.U. kaum noch vermietet werden. **91**

Betriebskosten können weitgehend in voller Höhe auf den Mieter bzw. Pächter **umgelegt** werden. Sofern jedoch der Bilanzierende Betriebskosten selbst zu tragen hat (z.B. durch Abrechnungsmängel oder ungeklärten Verbrauch) sind diese bei der Ermittlung der zu diskontierenden Einzahlungsüberschüsse abzuziehen. **92**

Verwaltungskosten sind die Kosten der zur Verwaltung des Grundstücks erforderlichen Arbeitskräfte und Einrichtungen, die Kosten der Aufsicht sowie die Kosten für die gesetzlichen oder freiwilligen Prüfungen des Jahresabschlusses und der Geschäftsführung. Die Verwaltungskosten sind bei Wohngebäuden im Wesentlichen abhängig von der Nutzungsart und der Größe des zu verwaltenden Objekts, von der Anzahl und der Sozialstruktur der Mieter sowie von der Größe der Gemeinde. Bei Gewerbeobjekten ist der Mietvertrag daraufhin zu untersuchen, ob die Verwaltungskosten auf den Mieter umgelegt werden können. Ist dies der Fall, so werden keine Verwaltungskosten angesetzt. **93**

Die **Instandhaltungskosten** decken die ordnungsgemäße Beseitigung durch Abnutzung, wie z.B. durch Witterungseinflüsse oder altersbedingte Materialschwäche ab. Vereinfachungsbedingt können pauschal zwischen 1 % und 2 % der Normalherstellungskosten eines Objekts berücksichtigt werden. **94**

Das *discounted-cash-flow*-Verfahren beruht i.d.R. auf dem sog. **Zwei-Phasen-Modell**. Die **erste** Phase umfasst die Detailphase, in der die zukünftigen Einzahlungsüberschüsse für jedes Jahr relativ genau prognostiziert werden können. In der Literatur und in der Bewertungspraxis wird ein Zeithorizont von bis zu **95** zehn Jahren angenommen.[38] Mit zunehmendem Planungshorizont sind jedoch genaue Prognosen nicht mehr möglich. Letztlich hängt der Zeithorizont der ersten Phase vom Einzelfall, insbesondere von der Laufzeit der bestehenden Mietverträge und der Möglichkeit zur Schätzung einer Prolongation ab.

96 In der **zweiten** Phase ist für die Bestimmung des **Restwerts** von konstanten, nachhaltigen Einzahlungsüberschüssen auszugehen, die in Form einer konstanten Rente anfallen, also einen eingeschwungenen Zustand (*steady state*) voraussetzen. Der beizulegende Zeitwert der Renditeliegenschaft ergibt sich dann als Summe der Barwerte aus der ersten Phase und des Restwerts in Form des Barwerts der konstanten Rente aus der zweiten Phase.[39] Zum Teil wird in der Literatur die Auffassung vertreten, in der zweiten Phase sei nicht die unendliche Rente anzusetzen, sondern ein jährlich entsprechend der geschätzten Restnutzungsdauer zu vermindernder Restwert.[40] Dieser Auffassung ist jedoch u.E. nicht zu folgen, da jährlich ein Wert anzusetzen ist, den ein fiktiver Erwerber bezahlen würde. Der fiktive Erwerber würde aber bei der Bestimmung der künftigen Zahlungsüberschüsse nicht eine Laufzeit ansetzen, die um die Nutzungsdauer beim vorherigen Eigentümer korrigiert ist, sondern die volle Restnutzungsdauer. Für Immobilien ist eine endliche, also zeitlich begrenzte Nutzungsdauer zu unterstellen. Bei einer sehr langen noch verbleibenden Restnutzungsdauer führt der Diskontierungseffekt zu einer Irrelevanz von in zeitlich weiter Ferne liegenden Einzahlungsüberschüssen. Der Unterschied zwischen endlicher und unendlicher Lebensdauer ist dann – auch im Verhältnis zu der Unsicherheit, bezogen auf den angemessenen Zahlungsstrom – vernachlässigbar.[41] Die bisherige Abnutzung und damit das Risiko künftiger Instandhaltungen würde der fiktive Erwerber durch eine plausible Verminderung der zu diskontierenden Einzahlungsüberschüsse im Zeitablauf berücksichtigen.

97 In der Unternehmensbewertung wird zur Bestimmung eines kapitalmarktorientierten (Eigenkapital-)**Diskontierungszinssatzes** (für die Renditeforderung von Eigenkapitalgebern) das *capital asset pricing model* (CAPM) angewendet (→ § 11 Rz 70). Hier ergibt sich der Zinssatz aus der Rendite einer Alternativanlage in eine risikofreie Investition zuzüglich eines Zuschlags für die Investition in risikobehaftete Unternehmen (Risikoprämie). Das spezifische Risiko einer Immobilie ist geringer als das typische Eigenkapitalgeberrisiko.[42] Zusätzlich ist das für die Unternehmensbewertung entwickelte Verfahren (CAPM) bei der Immobilienbewertung aufgrund der unterschiedlichen Fungibilität von Aktien und Immobilien kaum anwendbar. Ein Rückgriff auf das CAPM für die Bestimmung des angemessenen Zinssatzes für die Immobilienbewertung kommt nur ausnahmsweise in Betracht, etwa wenn ausreichend Marktdaten für die Ableitung eines Betafaktors zur Verfügung stehen.

98 Die beobachtbaren Betafaktoren für börsennotierte Immobilienunternehmen unterscheiden sich stark. Unterschiedliche Verschuldungsgrade zunächst ausgeklammert, kommt hier die Heterogenität der Immobiliengesellschaften zum Ausdruck. Der Betafaktor ist nicht nur Ausdruck des Risikos des Immobilienportefeuilles,

---

38 Vgl. z.B. WHITE/TURNER/JENYON/LINCOLN, Internationale Bewertungsverfahren für das Investment in Immobilien, 1999, S. 116.
39 Vgl. ZÜLCH, Die Bilanzierung von Investment Properties, 2003, S. 276.
40 Vgl. BÖCKEM/SCHURBOHM-EBNETH, KoR 2003, S. 340f.
41 Bei Restnutzungsdauer über 50 Jahren ist der Barwert von Zahlungen bei einem Zinssatz > 7 % nahezu vernachlässigbar.
42 Vgl. FREIBERG, Diskontierung in der internationalen Rechnungslegung, 2010, Rz 328.

sondern auch allgemeiner Unternehmensrisiken (etwa drohende Insolvenz etc.). Der Rückgriff auf das CAPM zur Bestimmung eines angemessenen Diskontierungszinssatzes führt, ausgehend von der Festlegung der *peer group* (betrachtete Vergleichsunternehmen), zu einem erheblichen Ermessensspielraum. Eine Übernahme der unternehmensspezifischen Betafaktoren für die Bestimmung eines angemessenen Diskontierungszinssatzes für die Bewertung einer Immobilie scheidet u. E. daher aus.

Der angemessene **Diskontierungssatz** für die Bewertung von Immobilien über 99
ein Barwertkalkül spiegelt – bei der Berücksichtigung der Unsicherheit zukünftiger Zahlungsströme über die Bildung eines Erwartungswerts – den Zeitwert des Geldes und das Risiko des Bewertungsobjekts wider. Es gilt folgende Vorgabe zur Bestimmung des angemessenen Diskontierungszinssatzes:[43]

- Vorrangig ist eine Ableitung des Diskontierungszinssatzes als interner Zinsfuß der Rendite einer am Markt beobachtbaren Alternativanlage heranzuziehen.

- Fehlt es an am Markt beobachtbaren Alternativanlagen, ist der Diskontierungszinssatz entweder unter Rückgriff auf beobachtbare oder geschätzte Kapitalmarktdaten abzuleiten.

Als Anhaltspunkt kann zunächst vom Zinssatz einer laufzeitäquivalenten, risikoar- 100
men Anlage ausgegangen werden. Um die mit der Investition in Immobilien verbundene Unsicherheit im Vergleich zu der risikoarmen Anlage zu berücksichtigen, ist der Zins – nach dem Baukastenprinzip – um eine **Risikokorrektur** zu ergänzen, der die Risiken der jeweiligen Immobilie widerspiegelt. Alternativ besteht auch die Möglichkeit, Risikoabschläge bei der Schätzung der Einzahlungsüberschüsse in Form von geringeren Rückflüssen zu berücksichtigen und anschließend diese mit dem Marktzins für eine risikoarme Anlage zu diskontieren. Für Plausibilisierungszwecke kann auch als Obergrenze auf den Zinssatz zurückgegriffen werden, der für eine Finanzierung der Immobilie zu leisten wäre.

Bei der *discounted-cash-flow*-Methode handelt es sich um ein finanztheoretisch 101
fundiertes und in der betriebswirtschaftlichen Investitionsrechnung verbreitetes Verfahren. Allerdings bietet auch diese Methode nur eine **Scheingenauigkeit,** da der so ermittelte Ertragswert notwendigerweise eine subjektive Größe ist und nicht den „objektiven Wert" widerspiegelt. Letztlich besteht durch die Wahl des Prognosehorizonts, die Einschätzung der künftigen Mieteinnahmen und des Leerstandsrisikos sowie des Risikozuschlags auf den risikofreien Zinssatz die Gefahr einer Bestimmung des *„fair value"* von Immobilien nach subjektivem Ermessen und in Abhängigkeit vom **bilanzpolitisch erwünschten** Ergebnis.

Die bilanzpolitischen Spielräume werden bislang nur in einem unbefriedigenden 102
Umfang durch eine **Objektivierungsfunktion** eingeschränkt. Nach IFRS 13 wird der beizulegende Zeitwert durch Transaktionen zwischen unabhängigen Geschäftspartnern bestimmt. Insoweit sind stets die am Bilanzstichtag geltenden (laufzeitäquivalenten) Basiszinssätze zuzüglich eines Risikozuschlags maßgebend. Unklar bleibt allerdings, wie der Risikozuschlag nach „objektiven" Kriterien ermittelt werden soll. Objektivierungsbedingt sollte sowohl auf erhoffte Mietsteigerungen als auch auf künftige Inflationsanpassungen verzichtet werden, sofern diese nicht bereits am Bilanzstichtag bei angemessener Sorgfalt erkennbar sind (vgl. zum ganzen Komplex auch → § 28 Rz 340 ff.).

---

43 Ausführlich FREIBERG, Diskontierung in der internationalen Rechnungslegung, 2010, Rz 319 ff.

3.4 Besonderheiten bei Grundsanierungen

103 Im Rahmen der Folgebewertung von Renditeimmobilien ist bei der Berücksichtigung von **Gebäudesanierungsmaßnahmen** zwischen der Bewertung zu fortgeführten Anschaffungs-/Herstellungskosten *(cost model)* und zum beizulegenden Zeitwert *(fair value model)* zu unterscheiden:

- Im *cost model* kann der Aufwand aus Sanierungsmaßnahmen u.U. als nachträgliche Anschaffungs-/Herstellungskosten berücksichtigt werden (→ § 14 Rz 44). Es ergeben sich keine besonderen Probleme.
- Bei Anwendung des *fair value model* wurde im Schrifttum – abstellend auf eine mittlerweile durch IFRS 13 aufgehobene Vorgabe in IAS 40.51 – die Gefahr einer doppelten Aufwanderfassung gesehen.[44] Danach sollte die Bestimmung des beizulegenden Zeitwerts „weder zukünftige Ausgaben zur Verbesserung oder Wertsteigerung noch den damit einhergehenden künftigen Nutzen" widerspiegeln. Neben den Zahlungsmittelabflüssen im Zusammenhang mit der Sanierung wäre zusätzlich ein Aufwand aus einer *fair-value*-Minderung zu berücksichtigen gewesen.

104 Für die Erfassung von Aufwendungen bei Grundsanierungen sieht das aktuelle Recht keine Restriktionen vor. Die *fair-value*-Bewertung der Renditeimmobilie erfolgt nach den allgemeinen Leitlinien des IFRS 13. Für die bilanzielle Abbildung sind allerdings **drei Sanierungsfälle** zu unterscheiden:

- **Fall 1:** Die Sanierung **verhindert das weitere Absinken** des *fair value* der Immobilie. Bezogen auf den Zustand vor Sanierungsentscheidung findet insoweit keine Erhöhung des beizulegenden Zeitwerts, sondern lediglich dessen Stabilisierung statt. Die während der Periode vorgenommenen Sanierungsarbeiten sind als Aufwand zu erfassen, der *fair value* ist aber nicht nach unten anzupassen. Eine vertraglich vereinbarte Steigerung der Mieten nach Sanierung ist i.d.R. keine Wertsteigerung, sondern Kompensation für den Mietausfall während des Sanierungszeitraums, also **werterhaltend**. Die Sanierung wird nur einmal als laufender Aufwand, nicht ein zweites Mal als (fiktive) Minderung des *fair value* der Immobilie berücksichtigt.

> **Praxis-Beispiel**
> Eine langfristig vermietete Immobilie mit einem beizulegenden Zeitwert von 100 Mio. EUR zum 1.1. ist in den nächsten zwei Perioden grundlegend zu sanieren. Als Sanierungskosten werden insgesamt 20 Mio. EUR, verteilt über die Sanierungsperiode, erwartet. Die bestehenden Mietverträge werden mit Beginn der Sanierungsphase beendet. Nach Abschluss der Arbeiten wird neu vermietet, in der realistischen Variante zu einer höheren Miete oder länger erzielbaren Restnutzungsdauer der Immobilie, nur in einer unrealistischen Variante zu einer gleichbleibenden Miete und Restnutzungsdauer.
> In beiden Fällen kann bei einer Ertragswert-/DCF-orientierten Bewertung durch den Wegfall von Mieten für zwei Jahre eine Werteinbuße für die Immobilie ermittelt werden, die im realistischen ersten Fall durch die Folgemieten kompensiert wird. Nur in der unrealistischen Variante tritt daher neben den Aufwand aus der Sanierung ein Aufwand aus Minderung des beizulegenden Zeitwerts.

---

[44] So ZÜLCH/WILLMS, BB 2005, S. 374; BECK, KoR 2004, S. 503.

- **Fall 2:** Die Sanierung **erhöht** den beizulegenden Zeitwert der Immobilie. Eine Minderung des beizulegenden Zeitwerts der Immobilie liegt hingegen nicht vor. Mit **einem** Teil sind die Sanierungsaufwendungen der Stabilisierung des *fair value*, mit einem **anderen** Teil der Erhöhung des Immobilienwerts zuzurechnen. Eine Erhöhung des beizulegenden Zeitwerts darf allerdings nur insoweit berücksichtigt werden, wie ein (hypothetischer) Marktteilnehmer diese in einer Preisstellung berücksichtigen würde.

> **Praxis-Beispiel (Abwandlung)**
> In Abwandlung des Sachverhalts beträgt der Sanierungsaufwand 40 Mio. EUR. Dafür wird nicht nur eine Wertstabilisierung der Immobilie, sondern nach zwei Perioden eine Werterhöhung um insgesamt 20 Mio. EUR (50 % der Sanierungskosten) erwartet. Die Werterhöhung aus der Sanierung ist insoweit zu erfassen, wie sie im Rahmen einer Veräußerung zum Stichtag vergütet werden würde. Dies kann etwa für einen bereits abgeschlossen Teil der Sanierungsarbeiten der Fall sein.

- **Fall 3:** Durch eine **Kernsanierung** (Um- bzw. Neubau, Teilabriss etc.) entsteht wirtschaftlich eine **neue Immobilie.** Die alte Immobilie ist auf Anlagen im Bau umzubuchen. Die Sanierungskosten sind als Herstellungskosten anzusetzen. Nach Abschluss der Sanierungsphase ist eine neue Immobilie i. H. d. Herstellungskosten (Restwert der Altimmobilie + werterhöhende Sanierungsaufwendungen) zu bilanzieren.

3.5 Bewertung zum Zeitwert in der Bauphase bzw. Herstellungsphase

Wegen der Verpflichtung zur einheitlichen Ausübung des Wahlrechts hinsichtlich der Folgebewertung und der Ausweitung des Anwendungsbereichs über IAS 40.8(e) sind – bei Option zum *fair value model* – auch in der Bau- bzw. Herstellungsphase befindliche Renditeimmobilien zum Zeitwert zu bewerten. Eine Bewertung zu Anschaffungs-/Herstellungskosten ist nur **ausnahmsweise** bei Nachweis einer nicht zuverlässigen Bewertbarkeit möglich (IAS 40.53A). **105**

Insbesondere in der frühen Phase der Immobilienentwicklung (besonders bei Gebäuden) wird sich der *fair value* regelmäßig nicht verlässlich bestimmen lassen. Folgende Kriterien sind für die Beurteilung der Zuverlässigkeit einer *fair-value*-Bewertung heranzuziehen:[45] **106**
- Vertragliche Regelungen/Vereinbarungen des Fertigungsauftrags lassen eine zuverlässige Schätzung der noch ausstehenden Entwicklungskosten zu (etwa bei Festpreisverträgen mit Generalunternehmern),
- Status der Baugenehmigung,
- Phase der Gebäudeentwicklung,
- Vergleichbarkeit des Projekts mit typischen Bauvorhaben,

---

45 Ähnlich PwC, Ein praktischer Guide zur Bilanzierung von Investment Properties im Bau, August 2009.

- Verlässlichkeit der Schätzung des Zahlungsmittelflusses (Mieteinnahmen) nach Fertigstellung der Immobilie (etwa durch sichere Mietverträge für einen wesentlichen Teil der Mietfläche mit künftigen Mietern),
- individuelles Entwicklungs- und Fertigstellungsrisiko der Immobilie,
- Erfahrungen aus der Vergangenheit mit vergleichbaren Projekten.

Allgemein gilt: Für Bauprojekte, die in ähnlicher Form bereits mehrfach realisiert wurden oder die bereits frühzeitig ausgemietet sind, lässt sich der *fair value* in einer früheren Entwicklungsphase zuverlässiger bestimmen als bei Spezial-Immobilien.

107   Die Bestimmung des beizulegenden Zeitwerts einer im Bau befindlichen Renditeliegenschaft ist im Vergleich zu einer bereits vermieteten Immobilie ungleich komplexer, da wesentliche Schätzungen erforderlich sind und entsprechend ein erhebliches Maß an (Bewertungs-)Unsicherheiten besteht.[46]

- Für in der Bau- bzw. Herstellungsphase befindliche Renditeliegenschaften lässt sich regelmäßig nur ein geringes Transaktionsvolumen, somit eine eingeschränkte (Markt-)Liquidität feststellen. Transaktionen erfolgen i.d.R. vor Baubeginn (in der Entwicklungsphase) oder gegen Ende der Bauphase.
- Im Vergleich zu fertiggestellten Immobilien bestehen zusätzliche Risiken in Bezug auf die Entwicklung (wahrscheinliche Fertigstellung), die noch ausstehenden Baukosten und die künftige Vermietung.

108   Eine marktpreisorientierte Bewertung für in der Bau- bzw. Herstellungsphase befindliche Renditeimmobilien scheidet regelmäßig aus (Rz 68). Für die Bestimmung des beizulegenden Zeitwerts ist dann auf eine DCF-Bewertung abzustellen. Der Abschluss eines bis dahin erfolgten Mietvertrags erlaubt ggf. eine verlässliche DCF-Bewertung.

Ohne einen solchen Vertrag und bei Intransparenz des Vermietungsmarkts (z.B. infolge von Überkapazitäten etc.) kann eine Schätzung des Zeitwerts in einer angemessenen Bandbreite von Werten u.U. nicht gelingen (Rz 105). Entsprechendes gilt, wenn die Kosten und/oder der Zeitraum bis zur Fertigstellung aufgrund ungewöhnlicher Umstände nicht zuverlässig geschätzt werden können.

109   Folgende **Faktoren** sind in eine DCF-basierte Bestimmung des beizulegenden Zeitwerts einer im Bau befindlichen Renditeliegenschaft einzubeziehen:

- Wert der fertiggestellten Immobilie: geschätzter Wert der Renditeliegenschaft nach Bauende aus der Perspektive des Bewertungsstichtags oder der künftig erwartete (undiskontierte) Wert.
- Vereinbarte Mieten: Insoweit Mieten nicht für alle Flächen vertraglich gesichert sind, ist bei der Bewertung eine Korrektur für potenzielle Kosten (Vermittlung, Leerstand etc.) bis zur Vollvermietung zu berücksichtigen.
- Baukosten: Schätzung der Kosten bis zur Fertigstellung des Bauvorhabens, wenn kein Festpreisvertrag abgeschlossen wurde.
- Finanzierungskosten: Bis zur Vollvermietung anfallende Finanzierungskosten, die je nach Bauphase (und damit Risiko) variieren können, sind zu schätzen und zu berücksichtigen.
- Andere Kosten: Als weitere Kosten sind Rechts- und Beratungskosten sowie künftige Vermarktungskosten zu schätzen. Nicht zu berücksichtigen sind allfällige Kosten im Zug eines Verkaufs.

---

[46]   Vgl. Zaugg/Krämer/Meyer, IRZ 2009, S. 531 ff.

- Risiko: Typische Risiken einer im Bau befindlichen Liegenschaft umfassen Abweichungen hinsichtlich der geschätzten Bau- und Finanzierungskosten sowie hinsichtlich des Fertigstellungszeitpunkts. Zusätzlich besteht ein Marktwertrisiko zwischen Baubeginn und -fertigstellung.
- Entwicklergewinn: Für den Immobilienentwickler ist eine angemessene Rendite zu berücksichtigen. Diese ist vorrangig im Diskontierungszinssatz eines DCF-Kalküls zu erfassen.

Die *European Public Real Estate Association* (EPRA) hat Richtlinien für eine 110 DCF-basierte *fair-value*-Bestimmung von im Bau befindlichen Renditeliegenschaften erarbeitet:[47]

(1) Ausgangspunkt der *fair-value*-Bewertung (somit konzeptioneller Bewertungsmaßstab) ist der *exit value*, der nach aktuellen (zum Stichtag) beobachtbaren Marktbegebenheiten zu bestimmen ist.

(2) Der Entwicklungsgewinn einer Renditeliegenschaft im Bau ergibt sich aus der Differenz des (stichtagsbezogenen) *exit value* und den erwarteten Baukosten (inkl. Wert für Grund und Boden sowie Finanzierungskosten).

(3) Werden Risiken während der Entwicklungsphase substanziell reduziert oder eliminiert, rechtfertigt dies eine (Teil-)Realisation des erwarteten Entwicklungsgewinns. Für den Nachweis einer substanziellen Reduktion oder Eliminierung von bestehenden Risiken sollte ein Immobiliengutachter hinzugezogen werden.

(4) Bei Erhöhungen des Werts des Grund und Bodens (z. B. wegen behördlicher Bewilligungen wie Baubewilligung oder Umzonung) ist ebenfalls eine (Teil-)Realisation des entsprechenden Entwicklungsgewinns zulässig.

(5) Bewertungen sollen auf dem Zeitwert der erwarteten *cash inflows* und *outflows* basieren. Als *cash outflows* sind alle Baukosten sowie andere Projektkosten aufgrund vertraglicher Abreden anhand einer bestmöglichen Einschätzung zu erfassen.

(6) Besondere Bedeutung hat die Transparenz der Bewertung. In einem externen Bewertungsgutachten ist die Bewertungsmethode zu beschreiben und sind die Schlüsselannahmen, insbesondere der Einfluss der verbleibenden Projektrisiken in die Bewertung, offenzulegen. Allfällige Eventualkosten für Projektrisiken müssen quantifiziert und erläutert werden.

Für die **erwarteten Mieteinnahmen** einer noch nicht fertiggestellten Immobilie 111 ist u. E. vorrangig auf die vertraglichen Konditionen eines bereits vorliegenden Mietvertrags abzustellen. Für den Zeitraum nach Ablauf des Mietverhältnisses sind marktübliche Verhältnisse anzunehmen. Hinsichtlich des Verhältnisses von beizulegendem Zeitwert und Buchwert, also der gesamten Anschaffungs-/Herstellungskosten, gilt unter der Voraussetzung eines bereits abgeschlossenen Mietvertrags Folgendes:

- Der Zeitwert der Immobilie übersteigt die Anschaffungs-/Herstellungskosten, wenn ein noch im Schwebezustand befindlicher Mietvertrag einen positiven ökonomischen Saldo ausweist, aus der Sicht des künftigen Vermieters also *favourable/beneficial* ist.

---

[47] Vgl. EPRA, Valuing Investment Property under Construction, EPRA recommendations to the IVSC, Stand: November 2008.

- Ist der schwebende Mietvertrag nahezu ausgeglichen (z.B. weil die künftigen Mietraten an die noch erwarteten Kosten der Fertigstellung angepasst werden), entsprechen sich beizulegender Zeitwert und Buchwert.
- Weist der noch schwebende Vertrag einen negativen ökonomischen Saldo aus, übersteigen also die bereits geleisteten Anschaffungs-/Herstellungskosten und die noch erwarteten Kosten bis zur Fertigstellung den Nutzen aus den künftigen Mieteinzahlungen, ist eine Abschreibung auf den niedrigeren beizulegenden Zeitwert erforderlich.

Für die Bestimmung des ökonomischen Saldos ist u.E. aus der Perspektive eines (hypothetischen) Erwerbers auch der Fertigstellungsgrad der Immobilie zu berücksichtigen. Es bedarf einer Beurteilung, ob eine Erhöhung des beizulegenden Zeitwerts über die bislang angefallenen Herstellungskosten nur insoweit berücksichtigt werden darf, wie sie aus **bereits geleisteten** Zahlungen resultiert. Wird der Fertigstellungsgrad von einem potenziellen Erwerber in eine **Preisstellung** eingepreist, ist der insgesamt erwartete Vorteil aus der künftigen Vermietung der Immobilie nur anteilig in Abhängigkeit des Fertigstellungsgrads zu erfassen.

> **Praxis-Beispiel**
> Immobilienunternehmen A errichtet Büroanlagen in einem Gewerbepark zur anschließenden Vermietung an einzelne Unternehmen. Die Mietverträge werden i.d.R. bereits vor Baubeginn für einen Mindestmietzeitraum von 20 Jahren abgeschlossen. Die Bauphase dauert i.d.R. zwei Jahre und beginnt nach Abstimmung der Baupläne mit dem künftigen Mieter. Am Ende des ersten Jahres sind bereits Kosten von 50 Mio. EUR angefallen, die Immobilie ist zu 50 % fertiggestellt. Der Barwert der künftigen Mieteinnahmen (= 120 Mio. EUR) übersteigt die Gesamtkosten bis zur Fertigstellung i.H.v. 100 Mio. EUR um 20 Mio. EUR. Der beizulegende Zeitwert der Immobilie zum Bilanzstichtag ist als *exit price* zu bestimmten, also mit dem Wert der aus einer Veräußerung erzielt werden kann. Wenn ein potenzieller Erwerber den Fertigstellungsgrad in sein Kaufpreiskalkül einbezieht, beträgt der Zeitwert am Ende des ersten (Bau-)Jahres daher 60 Mio. EUR, im *fair value model* ist ein Gewinn von 10 Mio. EUR zu erfassen. Die Erfassung eines Gewinns von 20 Mio. EUR, also der barwertigen Differenz der künftigen Zuflüsse abzüglich der noch ausstehenden Kosten, setzt einen Nachweis einer bestehenden Möglichkeit zum Verkauf der im Bau befindlichen Immobilie zu einem Preis von 70 Mio. EUR voraus.

112   Alternativ kommt eine **DCF-Bewertung** nach einem **Residualwertverfahren** für eine Renditeliegenschaft im Bau infrage. Diese setzt folgende Schritte voraus:

(1) Bestimmung des erwarteten *fair value* der Renditeliegenschaft nach erfolgter Fertigstellung unter Berücksichtigung bereits kontrahierter Verträge;

(2) Abzinsung des in der Zukunft (nach Fertigstellung und Beginn der Nutzung) erwarteten beizulegenden Zeitwerts auf den Bilanzstichtag;

(3) Bestimmung des Barwerts der noch anfallenden Kosten bis zur Fertigstellung;

(4) Ermittlung einer Marge, die ein rational handelnder Dritter in Abhängigkeit vom Projektfortschritt für die Fertigstellung der im Bau befindlichen Immobilie zu zahlen bereit wäre;

(5) im Rahmen einer residualen Wertermittlung ergibt sich der *fair value* als Differenz: (2) – (3) – (4).

Der Rückgriff auf eine residuale Bestimmung des beizulegenden Zeitwerts steht u. E. unter dem Vorbehalt der **Verlässlichkeit** (i. S. e. Objektivierbarkeit) der zugrunde gelegten Bewertungsprämissen. Für die Barwertbestimmung sind etwa risiko- und laufzeitäquivalente Abzinsungsfaktoren heranzuziehen, die sich für die einzelnen Schritte (1) – (4) hinsichtlich des Risikos als Schwankungsbreite um den Erwartungswert (→ § 21 Rz 145) unterscheiden. Daneben verlangt eine entsprechende Bewertung eine zeitpunktgenaue Bestimmung von Zahlungsmittelflüssen. Auch wird die Bestimmung der vom Projektfortschritt abhängigen Marge regelmäßig nicht verlässlich möglich sein. Im Methodenvergleich halten wir daher eine *fair-value*-Bewertung in Abhängigkeit des Fertigstellungsgrads für besser geeignet.[48]

Bei erstmaligem Ansatz einer Renditeliegenschaft im Bau zum beizulegenden Zeitwert, für die zuvor ein *fair value* nicht zuverlässig bestimmt werden konnte, sind (zuvor unrealisierte) Bewertungsgewinne (bzw. Bewertungsverluste) im Periodenergebnis der Berichtsperiode zu erfassen. Eine retrospektive Erfassung der Erstbewertungseffekte in den Gewinnrücklagen (inkl. Anpassung der Eröffnungsbilanz) scheidet aus.   **113**

Ein Bewertungsverlust bei Wechsel vom Anschaffungskosten- zum *fair-value*-Modell kann sich neben ungünstigen Marktwertentwicklungen auch aus der Nichtberücksichtigung von Nebenkosten bei der Bewertung zum beizulegenden Zeitwert ergeben (Rz 54).

Nach einem erstmals vorgenommenen *fair-value*-Ansatz einer im Bau befindlichen Renditeimmobilie sind im weiteren Baufortschritt anfallende Herstellungskosten zunächst auf den Buchwert der Liegenschaft zu aktivieren. Ausgehend von der neuen Anschaffungskostenbasis ist der *fair value* der Renditeimmobilie zu bestimmen.   **114**

Eine unmittelbar aufwandswirksame Verrechnung der für die Fertigstellung notwendigen Baukosten im Aufwand und korrespondierend dazu eine Realisation eines entsprechend höheren Bewertungsgewinns (respektive niedrigeren Verlusts) i. S. e. Bruttoausweises ist nicht sachgerecht, ein **Nettoausweis** daher geboten.

Praxis-Beispiel

Der beizulegende Zeitwert einer Renditeliegenschaft im Bau zum Periodenanfang beträgt 100 Mio. EUR. In der laufenden Berichtsperiode fallen weitere Herstellungskosten von 20 Mio. EUR an. Mit der fortschreitenden Fertigstellung geht ein Bewertungsgewinn der laufenden Periode von 25 Mio. EUR einher. Der Bewertungsgewinn der Periode beträgt 5 Mio. EUR, ein unsaldierter Ausweis von 25 Mio. EUR Bewertungsgewinn und 20 Mio. EUR Herstellungsaufwand ist nicht zulässig.

---

[48] A. A. DIETRICH/RANKER, IRZ 2010, S. 113ff.

4   Nutzungsänderungen und Abgänge

4.1   Nutzungsänderungen

115   Bei eintretenden Nutzungsänderungen sind entsprechende **Umbuchungen** in den Bestand oder aus dem Bestand der als Finanzinvestitionen gehaltenen Immobilien vorzunehmen. **Nutzungsänderungen** zeigen sich insbesondere durch

(1) den Beginn der eigenbetrieblichen Nutzung mit der Umbuchung aus dem Bestand der Finanzinvestitionen in den Bestand der eigenbetrieblich genutzten Immobilien (IAS 40.57(a));

(2) den Beginn von Weiterentwicklungs- und Umbaumaßnahmen zum Zweck der anschließenden Veräußerung durch Umbuchung in das Vorratsvermögen (IAS 40.57(b));

(3) das Ende der eigenbetrieblichen Nutzung mit der Übertragung in den Bestand der Renditeliegenschaften (IAS 40.57(c));

(4) den Beginn eines *operating*-Leasingverhältnisses mit einem anderen Vertragspartner und der Umbuchung aus dem Vorratsbestand in den Bestand der Renditeliegenschaften (IAS 40.57(d));

(5) die geplante Veräußerung einer Anlageimmobilie mit der Übertragung in den Bestand der zum Verkauf bestimmten Vermögenswerte (IFRS 5.6).

116   Der Nachweis einer Nutzungsänderung ist entscheidend für die Umklassifizierung einer Immobilie in oder aus dem Bestand der als Finanzinvestition gehaltenen Anlagen. Die in IAS 40.57 angeführten Fälle haben daher nur Beispielcharakter und sind nicht als abschließende Aufzählung zu verstehen. Notwendige und ausschließliche Voraussetzung für eine Umwidmung ist der Nachweis einer tatsächlichen Nutzungsänderung.

117   Nach geltendem Recht gilt auch der Beginn von Weiterentwicklungs- und Umbaumaßnahmen an einer Anlageimmobilie zum Zweck der Veräußerung noch als Nutzungsänderung mit der Folge einer Umbuchung der Immobilie in das Vorratsvermögen (IAS 40.57(b)). Der beizulegende Zeitwert im Umwidmungszeitpunkt fungiert dann als Anschaffungskosten des Vorratsvermögens.

Durch das *Annual Improvements Project* (ED/2009/11) sollte die Möglichkeit zur Umqualifizierung einer Renditeliegenschaft in das Vorratsvermögen aufgehoben werden. Eine Renditeliegenschaft wäre nach der geplanten Anpassung des geltenden Rechts dann so lange im Anwendungsbereich von IAS 40 geblieben, bis eine konkrete Veräußerung geplant und damit IFRS 5 einschlägig wäre (→ § 29 Rz 4). Die im ED/2009/11 noch vorgesehene Anpassung wurde allerdings aufgegeben; auch weiterhin ist eine Umklassifizierung von Renditeliegenschaften in das Vorratsvermögen zulässig.[49] Voraussetzung ist (und bleibt) allerdings das Vorliegen einer Nutzungsänderung (IAS 40.58).

118   Mit Beginn der eigenbetrieblichen Nutzung gilt nach IAS 40.60 der beizulegende Zeitwert im Umwidmungszeitpunkt als Anschaffungs- oder Herstellungskosten der eigenbetrieblich genutzten Immobilie nach IAS 16 (→ § 14). Mit Ende der eigenbetrieblichen Nutzung und Beginn der Nutzung als Renditeliegenschaft ist die Immobilie bis zum Zeitpunkt der Nutzungsänderung entsprechend IAS 16 (→ § 14) zu bewerten (IAS 40.61). Mit Beginn eines *operating lease* ist die Immo-

---

[49]   Vgl. IASB Update October 2010; IFRIC Update May 2010.

bilie bis zum Zeitpunkt der Nutzungsänderung entsprechend IAS 2 zu bewerten (→ § 17). Bei geplanter Veräußerung ist die Immobilie entsprechend IFRS 5 gesondert zu behandeln (→ § 29).

Über die Klassifizierung von Immobilien im **Zugangszeitpunkt** entscheidet die Verwendungsabsicht. Ist diese auf einen Verkauf bzw. eine Verarbeitung zum Zweck des Verkaufs gerichtet, liegt Vorratsvermögen vor (IAS 2.6). Eine Vermietungsabsicht führt hingegen zur Klassifizierung als *investment property* (IAS 40.5). Für eine Umklassifizierung von Vorratsvermögen zu *investment properties* (bzw. umgekehrt) ist eine Änderung der Verwendungsabsicht (**subjektiver Aspekt**) nicht ausreichend.[50] Vielmehr bleibt es gem. IAS 40.57(b) (bzw. IAS 40.57(d)) so lange bei der ursprünglichen Qualifikation, wie die geänderte Absicht nicht durch Handlungen objektiviert ist. Erforderlich sind tatsächliche Maßnahmen zur Vorbereitung der zukünftigen Verwendung. Denkbar wäre bei zukünftiger Verwendung als *investment property* der Abschluss eines Mietvertrags (IAS 40.57(d)) oder die Einreichung eines Bauantrags. Nach anderer, restriktiverer Auffassung soll bei einem genehmigungspflichtigen Vorhaben sogar erst mit Vorliegen einer Baugenehmigung eine Umklassifizierung infrage kommen.[51]

119

Praxis-Beispiel

In 01 erwirbt die Immobilien- und Baugesellschaft B in 1A-Lage ein Grundstück zu Anschaffungskosten von 5 Mio. EUR mit der Absicht, darauf hochpreisige Eigentumswohnungen zu bauen und zu veräußern. Das Grundstück wird zutreffend als Vorratsvermögen klassifiziert. Die Vermarktungsbemühungen beginnen sofort, gestalten sich aber nicht erfolgreich. B hat die Aufnahmefähigkeit des lokalen Markts für hochpreisige Eigentumswohnungen überschätzt. Ende 02 wird die Absicht zur Wohnungsbebauung aufgegeben. Stattdessen soll eine Gewerbeimmobilie errichtet werden, um sie als *investment property* langfristig zu vermieten. Das Grundstück selbst hätte (bereits seit Anfang 02) einen Nettoveräußerungswert von geschätzt 4 Mio. EUR. Ein entsprechender Bauantrag wird im Januar 03 eingereicht und im März 03 positiv beschieden. Zu diesem Zeitpunkt werden auch die ersten Mietverträge über das Objekt geschlossen. Die B bewertet *investment properties* im *cost model*, d.h. zu fortgeführten Anschaffungs-/Herstellungskosten unter Berücksichtigung außerplanmäßiger Abschreibungen nach IAS 36. Nach plausiblen Ergebnisplanungen wäre auf die Anschaffungskosten von 5 Mio. EUR keine außerplanmäßige Abschreibung geboten.

Da in 02 bei der B noch keine tatsächlichen Vorbereitungsmaßnahmen getroffen wurden, erfolgen Ausweis und Bewertung zum 31.12.02 weiterhin als Vorratsvermögen. Einschlägig ist damit der niedrigere Nettoveräußerungswert von 4 Mio. EUR (IAS 2.9). Eine Abschreibung von 1 Mio. EUR ist vorzunehmen (IAS 2.34).

Nach IAS 40.59 kann im Zusammenhang mit einer Umklassifizierung auf eine „Buchwertänderung" verzichtet werden. Damit ist aber nur Folgendes gemeint: Bei Umklassifizierung von Sachanlagen in *investment properties* sind zuvor

120

---

50 Vgl. LÜDENBACH, PiR 2012, S. 134.
51 Vgl. ERNST & YOUNG, International GAAP 2017, Ch. 19 sCh 9.1.

vorgenommene Neubewertungen nicht zu revidieren. Bei Umklassifizierung von Vorräten in im *cost model* geführte Renditeimmobilien muss ein zum Zeitpunkt der Umwidmung über den Anschaffungskosten liegender Marktwert unberücksichtigt bleiben. Hingegen bleibt es erforderlich, letztmalig zum Zeitpunkt der Umklassifizierung eine Bewertung nach den bisherigen Regeln vorzunehmen (*„update of the carrying amount"*).[52]

> **Praxis-Beispiel (Fortsetzung zu Rz 119)**
> Wären Bauantrag und -genehmigung bereits im vierten Quartal 02 erfolgt, hätte auch dies eine außerplanmäßige Abschreibung nicht verhindert. Da der Nettoveräußerungswert bereits seit Anfang 02 nur noch 4 Mio. EUR betrug, hätte auch bei einer anfangs des vierten Quartals erfolgten Umklassifizierung eine aufwandswirksame Abschreibung (letztmalige Bewertung als Vorratsvermögen) um 1 Mio. EUR vorgenommen werden müssen.

121   Die zum Umwidmungszeitpunkt noch nicht berücksichtigten **Wertminderungen** sind erfolgswirksam durch **außerplanmäßige Abschreibungen** zu erfassen (→ § 11 Rz 13 ff.). Soweit jedoch eine Neubewertungsrücklage aus einer früheren **Neubewertung** besteht, sind Wertminderungen zunächst erfolgsneutral durch Verrechnung mit der Neubewertungsrücklage zu berücksichtigen. Die darüber hinausgehenden und nicht durch entsprechende Neubewertungsrücklagen gedeckten Wertminderungen wirken sich ergebnismindernd aus (IAS 40.62(a); → § 14 Rz 58).

122   Im Umwidmungszeitpunkt sind **höhere Zeitwerte** gegenüber den fortgeführten Anschaffungs- oder Herstellungskosten wie folgt zu erfassen:
- Soweit die Erhöhung des Buchwerts eine früher vorgenommene außerplanmäßige Abschreibung **kompensiert**, ist die Zuschreibung **erfolgswirksam** als sonstiger betrieblicher Ertrag zu erfassen. Die erfolgswirksame Zuschreibung ist auf den Wert begrenzt, der sich ergeben hätte, wenn keine außerplanmäßige Abschreibung vorgenommen worden wäre (IAS 40.62(b)).
- Ein noch **verbleibender Teil** der Erhöhung des Buchwerts ist erfolgsneutral in einer **Neubewertungsrücklage** zu erfassen. Bei einem späteren Abgang der Immobilie darf die Neubewertungsrücklage erfolgsneutral in die Gewinnrücklagen umgebucht werden (IAS 40.62(b)). Vergleichbar ist die Regelung für das Neubewertungskonzept (→ § 14 Rz 47).

123   Zum Umwidmungszeitpunkt bestehende Wertdifferenzen zwischen Buchwert und Zeitwert sind im Rahmen einer Umqualifizierung aus dem Vorratsvermögen erfolgswirksam in der GuV zu erfassen (IAS 40.63).

4.2 Abgänge

124   Eine als Finanzinvestition gehaltene Immobilie darf nicht mehr in der Bilanz angesetzt werden, wenn sie durch Verkauf oder den Abschluss eines *finance*-Leasingverhältnisses abgeht oder zukünftige wirtschaftliche Vorteile nicht mehr zu erwarten sind (IAS 40.66). Es wird **verwiesen** auf die Kommentierung zu IFRS 5 (→ § 29).

---

[52]   Vgl. KPMG, Insights into IFRS 2016/17, Rz. 3.4.220.

Gewinne oder **Verluste** aus dem Verkauf oder der Stilllegung von Renditeliegen-   125
schaften ergeben sich aus der Differenz zwischen dem Nettoveräußerungserlös
und dem Buchwert der Immobilie. Das Veräußerungsergebnis ist in der GuV als
Ertrag bzw. Aufwand zu erfassen, es sei denn, dass IFRS 16 (→ § 15a Rz 269)
etwas anderes bei *sale-and-lease-back*-Transaktionen vorsieht (IAS 40.69).

Sofern die Zahlung des Kaufpreises vom Verkäufer **gestundet** wird, gilt das   126
Barpreisäquivalent. Das erwartete Entgelt wird danach zunächst i. H. d. Barwerts
angesetzt (IAS 40.63). Der Unterschied zwischen Nominalwert und Barwert des
Entgelts wird als Zinsertrag zeitproportional unter Anwendung der Effektivzinsmethode erfasst (IAS 40.70).

5   Steuerlatenz

Steuerlich ist die buchmäßige Werterhöhung nach dem *fair value model* nicht   127
nachvollziehbar. Es kommt dann – bei gegenüber den fortgeführten Anschaf-
fungs- oder Herstellungskosten höherem Buchwert in der IFRS-Bilanz – zu einer
passiven Steuerlatenz. Die zu bildende Rückstellung „schwankt" proportional
(gleicher Steuersatz) mit der Differenz zwischen Steuerbuchwert und *fair value*.
Die Bildung und Veränderung der Rückstellung für Steuerlatenzen ist erfolgswirksam zu buchen (→ § 26 Rz 218). Besondere Latenzwirkungen ergeben sich
bei Steuersystemen mit unterschiedlichen (verwendungsabhängigen) Steuersätzen (→ § 26 Rz 212).

6   Ausweis

Aufgrund der Besonderheit der als Finanzinvestitionen gehaltenen Immobilien   128
dürfen diese nicht gemeinsam mit den betrieblich genutzten Immobilien in der
Bilanz ausgewiesen werden. Deshalb ist in der Bilanz nach IAS 1.54(b) ein
gesonderter Ausweis im Anlagevermögen getrennt von den Sachanlagen vorgeschrieben (→ § 2 Rz 46).

Soweit die Bewertung von Renditeliegenschaften nach dem *fair value model*   129
vorgenommen wird, sind Aufwertungen und Abwertungen auf den beizulegenden Zeitwert stets **erfolgswirksam** in der GuV auszuweisen (IAS 40.27). Eine
erfolgsneutrale Erfassung der Wertänderungen entweder im *other comprehensive
income* oder direkt im Eigenkapital ist nicht zulässig (Rz 54).

Im Interesse der Klarheit und Übersichtlichkeit des Abschlusses kann sich in der   130
GuV eine **getrennte** Darstellung der Aufwendungen und Erträge aus der Ver-
änderung der beizulegenden Zeitwerte empfehlen (Rz 105 ff.). Nach IAS 1 (oder
IAS 8) dürfte mindestens bei größeren Portfolios mit Wertänderungen teils in der
einen, teils in der anderen Richtung aber auch der saldierte Ausweis (→ § 2
Rz 24) zulässig sein. Ergebniseffekte aus der Veränderung des beizulegenden
Zeitwerts von Renditeimmobilien sind von Immobilienunternehmen als Teil des
operativen Ergebnisses zu erfassen.

7　Angaben

7.1　Allgemeine Angaben

131　Unabhängig von der Bewertung zu fortgeführten Anschaffungs- oder Herstellungskosten bzw. zu Marktwerten sind nach IAS 40.75 folgende Angaben zu machen:

- die angewandte **Bewertungsmethode** für Anlageimmobilien (Anschaffungskostenmethode oder Zeitwertmethode);
- die Kriterien zur **Abgrenzung** betrieblich genutzter Immobilien von Renditeliegenschaften;
- die **Methoden** und wesentlichen **Annahmen** zur Bestimmung der **beizulegenden Zeitwerte** der Anlageimmobilien sowie der Umfang der Bewertung durch einen unabhängigen **Gutachter;**
- die in der **GuV** erfassten Beträge für:
  - Miet- und Pachterträge aus Anlageimmobilien;
  - direkte betriebliche Aufwendungen im Zusammenhang mit Anlageimmobilien (z.B. Reparaturaufwendungen, Instandhaltungsaufwendungen);
- die Existenz und das Ausmaß von **Beschränkungen in der Realisierbarkeit** von Anlageimmobilien;
- wesentliche **vertragliche Verpflichtungen** bzgl. Kauf, Herstellung, Entwicklung oder Instandhaltung von Anlageimmobilien.

132　Die Ausweitung des Anwendungsbereichs von IAS 40 auf Renditeliegenschaften im Bau führt nicht zu einer Änderung der Offenlegungsregeln. Im Rahmen einer praktischen Umsetzung empfiehlt sich allerdings eine Unterscheidung hinsichtlich der Angabepflichten zwischen bereits fertiggestellten und im Bau befindlichen Renditeliegenschaften.[53]

Die wesentlichen Bewertungsannahmen für die Bestimmung des beizulegenden Zeitwerts sind offenzulegen. Für Renditeliegenschaften im Bau lassen sich regelmäßig andere sensitive Bewertungsannahmen feststellen (Rz 105 ff.) als für bereits fertiggestellte Immobilien.

7.2　Angaben bei der Bewertung zu Zeitwerten

133　Gem. IAS 40.76 ist zusätzlich zu den Angaben nach Rz 131 eine **Entwicklung** im Bestand der Renditeliegenschaften im Geschäftsjahr (ohne Vergleichswerte zum Vorjahr) bspw. nach folgendem Schema darzustellen:

Renditeliegenschaften gem. IAS 40	Sparte	Sparte	
	Office TEUR	Home TEUR	Gesamt TEUR
Anschaffungskosten			
Stand 1.1.	1.000	500	1.500
Zugänge			
Veränderung Konsolidierungskreis	500	300	800
Zukäufe	230	130	360

---

[53]　Vgl. Zaugg/Krämer/Meyer, IRZ 2009, S. 531 ff.

Renditeliegenschaften gem. IAS 40	Sparte Office TEUR	Sparte Home TEUR	Gesamt TEUR
Abgänge	− 20	− 10	− 30
Umklassifizierungen	50	45	95
Stand 31.12.	1.760	965	2.725
Wertveränderungen			
Stand 1.1.	600	200	800
Höherbewertungen	200	50	250
Tieferbewertungen	− 150	− 10	− 160
Abgänge	− 10	− 5	− 15
Stand 31.12.	640	235	875
Buchwert = Marktwert zum 31.12.	2.400	1.200	3.600

In den Fällen, in denen Anlageimmobilien in **Ermangelung eines verlässlich** **134** **bestimmbaren Zeitwerts** zu fortgeführten **Anschaffungskosten** bewertet werden, ist nach IAS 40.78 die vorstehende Buchwertentwicklung getrennt von den anderen als Finanzinvestitionen gehaltenen Immobilien darzustellen. Zusätzlich sind
- die nicht zu Zeitwerten bewerteten Immobilien zu beschreiben (IAS 40.78(a));
- die Gründe dafür zu nennen, warum Marktwerte hierfür nicht ermittelt werden konnten (IAS 40.78(b));
- nach Möglichkeit die Bandbreiten der wahrscheinlichen Zeitwerte anzugeben (IAS 40.78(c)).

Bei **Veräußerungen** von Anlageimmobilien, die in Ermangelung eines verlässlich beizulegenden Zeitwerts zu fortgeführten Anschaffungskosten bewertet werden, sind außerdem nach IAS 40.78(d) die Buchwerte zum Zeitpunkt des Verkaufs und die aus dem Verkauf realisierten Gewinne bzw. Verluste zu nennen.

Bei der Bewertung zu Zeitwerten richten sich die Anhangangaben des **Leasing-** **135** **nehmers** nach den Vorgaben von IAS 40 (IFRS 16.56), die besonderen Anforderungen von IFRS 16 entfallen.

7.3 Angaben bei der Bewertung zu fortgeführten Anschaffungs- oder Herstellungskosten

Es wird auf die Kommentierung mit **Formulierungsbeispielen** zu IAS 16 ver- **136** wiesen (→ § 14 Rz 65 ff.).

Darüber hinaus sind die verwendeten Abschreibungsmethoden, Nutzungsdau- **137** ern und Abschreibungssätze sowie der beizulegende Zeitwert (Rz 40) der Renditeliegenschaften anzugeben.

138   Nach deutscher Begrifflichkeit sind die *investment properties* dem **Anlagevermögen** zuzuordnen. Gleichwohl ist für sie die übliche Entwicklung des Bilanzausweises von der Anfangs- bis zur Schlussbilanz im Wege des **Anlagespiegels** bzw. Anlage**gitters** nicht vorgeschrieben – anders z.B. für sächliches Anlagevermögen nach IAS 16 (→ § 14) und für immaterielle Vermögenswerte gem. IAS 38 (→ § 13) – sofern das *fair value model* (Rz 54) angewendet wird (IAS 40.76 im Vergleich zu IAS 40.79). Das hat auch seinen guten Grund, denn (außerplanmäßige) **Abschreibungen** und **Wertaufholungszuschreibungen** als wesentliche Bestandteile eines Anlagespiegels können unter dem *fair value model* nicht auftreten (Rz 58). Veränderungen der Buchwerte können sich nur durch **Zu- und Abgänge** einerseits und **Wertveränderungen** andererseits ergeben. Wenn gleichwohl diese Wertveränderungen im üblichen Anlagespiegel als Zuschreibungen oder Zugänge oder als Abschreibungen oder Abgänge ausgewiesen werden, erscheint eine zusätzliche Erläuterung im Anhang erforderlich. Darstellungstechnisch können diese Sonderbewegungen nach dem *fair value model* auch in zwei gesonderten Spalten des Anlagespiegels gezeigt werden.

139   Die Berichterstattung deutscher Konzerne zu den *investment properties* war in der Vergangenheit als zurückhaltend zu werten.[54] Aktuelle Auswertungen zeigen hier allerdings eine zunehmende Angabebereitschaft. Die Angaben zur Bewertungsmethodik und den Bewertungsparametern sowie zum Einbezug von Gutachtern werden weiterhin als verbesserungsfähig angesehen.[55]

8   Anwendungsprobleme nach dem REITG
8.1   Inhalt

140   Durch das REITG vom 1.6.2007[56] (REIT = *Real Estate Investment Trust*) will der Gesetzgeber nach zahlreichen ausländischen Vorbildern den Sektor der größeren Immobilienwirtschaft durch bessere Anlagemöglichkeiten für Groß- und Kleininvestoren fördern. Der Rechtsstruktur nach handelt es sich um besonders ausgestaltete Aktiengesellschaften mit Börsennotierung, die allerdings auch unter bestimmten Voraussetzungen Tochtergesellschaften im In- und Ausland als Beteiligung erwerben und halten dürfen (Rz 142). Ein wesentliches Strukturmerkmal des REITG liegt in der bedingten **Steuerbefreiung**. Die Gesellschaft wird steuertechnisch als „transparent" – insoweit vergleichbar einer mitunternehmerischen Personengesellschaft – behandelt, m. a. W.: die Besteuerung erfolgt zur Gänze beim Anteilseigner. Dazu ist auch eine recht hohe Mindestausschüttung i.H.v. 90 % des um bestimmte Beträge korrigierten handelsrechtlichen Jahresüberschusses zwingend vorgegeben (§ 13 Abs. 1 REITG). Eine weitere steuerliche Förderung erfahren zeitlich beschränkt unter bestimmten Bedingungen Steuerpflichtige, die einen **Veräußerungsgewinn** durch den Verkauf von Grund und Boden und Gebäude an eine REIT-AG erzielen (§ 3 Nr. 70 EStG).

141   Voraussetzung zur Anwendung des REITG auf eine AG ist die Einhaltung einer ganzen Reihe von restriktiven **Voraussetzungen**:
- Schwerpunkt der Geschäftstätigkeit bei Immobilienanlagen (§ 1 Abs. 1 REITG),
- Mindeststreuung der REIT-Aktien (§ 11 REITG),

---

54   Vgl. VON KEITZ, Praxis der IASB-Rechnungslegung, 2. Aufl., 2005, S. 80.
55   Vgl. FLICK/KUBIS, IRZ 2015, S. 115.
56   BGBl I S. 914.

- Verbot eines eigentlichen Immobilienhandels (§ 14 REITG),
- die bereits erwähnte Mindestausschüttung (§ 13 REITG),
- Einhaltung bestimmter Strukturmerkmale in der Bilanz und GuV (§ 12 REITG; Rz 102),
- Einhaltung einer Mindesteigenkapitalrelation von 45 % der in Grundvermögen bestehenden Aktivwerte (§ 15 REITG).

Die REIT-AG darf selbst keine Nebentätigkeiten zum eigentlichen Unternehmenszweck ausüben, sondern nur wertmäßig eingeschränkt über Tochterkapitalgesellschaften bei einer Beteiligungsquote von 100 % (sog. REIT-Dienstleistungsgesellschaften; § 1 Abs. 2 REITG).

Zusätzlich sind der REIT-AG folgende **Beteiligungen** erlaubt (§ 1 Abs. 1 Nr. 2   142
REITG):
- an Immobilienpersonengesellschaften,
- an Auslandsobjektgesellschaften bei 100 %iger Beteiligungsquote,
- an Komplementär-GmbHs, die nur zur Geschäftsführung und Übernahme der persönlichen Haftung an einer Personengesellschaft beteiligt sind.

8.2   Bezugnahme auf IAS 40

8.2.1   Strukturmerkmale

Die Beschränkung des Geschäftszwecks auf den **Erwerb** und die **Nutzung** von   143
Immobilien legt eine Bezugnahme auf den Regelungsinhalt von IAS 40 nahe, soweit die genannten Voraussetzungen rechnungslegungsrelevant sind. Dazu gehören:
- die Definition des betroffenen Immobilienbesitzes,
- die Einhaltung der erwähnten Strukturmerkmale (Rz 141) in Bilanz und GuV (Rz 144),
- der Konzerntatbestand.

Aus Sicht der Rechnungslegung liegt die Einvernahme von IAS 40 auch im Hinblick auf die Möglichkeit eines **internationalen Vergleichs** nahe. Tatsächlich schreibt § 12 Abs. 1 REITG einen **IFRS-Konzernabschluss** über § 315a HGB (→ § 7 Rz 6), hilfsweise einen **IFRS-Einzelabschluss** gem. § 325 Abs. 2a HGB (→ § 7 Rz 8) vor.

An die IFRS-Rechnungslegung generell und insbesondere IAS 40 knüpft das   144
REITG in den §§ 12 und 15 bestimmte **Strukturmerkmale**, deren Nichteinhaltung insbesondere durch den Entzug der Steuerbefreiung und Strafzahlungen **sanktioniert** wird (§ 15 REITG).

- **Strukturmerkmal I: Mindesteigenkapital** (§ 15 REITG)   145

Das am Ende eines Geschäftsjahres ausgewiesene Eigenkapital im Einzel- und Konzernabschluss muss mindestens 45 % des dort ausgewiesenen unbeweglichen Vermögens betragen. Die Höhe des Eigenkapitals ergibt sich aus den Vorschriften des IAS 32. Wegen Einzelheiten wird auf → § 20 verwiesen. Die Klassifizierung und Bewertung von unbeweglichem Vermögen ist unter Rz 149 dargestellt.

- **Strukturmerkmal II: Anteil des unbeweglichen Vermögens an der Summe**   146
  der Aktiva in folgender Ausprägung (§ 12 Abs. 2 REITG)

Die Bezugsgröße errechnet sich wie folgt:

+ Summe der Aktiva

– Ausschüttungsverpflichtung i. S. d. § 13 Abs. 1 REITG

– Rücklage für Veräußerungsgewinn i. S. d. § 13 Abs. 3 REITG

= Bezugsgröße   = 100 %

Hierauf bezogen müssen folgende Relationen eingehalten werden:

– unbewegliches Vermögen im Einzel- oder Konzernabschluss
  der REIT-AG **mindestens**   75 %

– Aktiva der REIT-Dienstleistungsgesellschaften (Rz 141)
  höchstens   20 %

Auslandobjektgesellschaften, die in den Konzernabschluss der REIT-AG einzubeziehen sind, müssen mindestens 90 % des Gesamtvermögens in Immobilien investieren.

147 • **Strukturmerkmal III: Anteil der Erlöse und Erträge an den entsprechenden Gesamtbeträgen im Einzel- und Konzernabschluss (§ 12 Abs. 3 REITG)**

– Erlöse und Erträge aus Immobilien im Einzel- oder Konzernabschluss der REIT-AG **mindestens**   75 %

– Erlöse und Erträge aus Immobilienvermögen von REIT-Dienstleistungsgesellschaften **höchstens** der vergleichbaren Beträge im
  Konzernabschluss   20 %

148 Die genannten Strukturgrößen enthalten

• **Mengen**komponenten: Was gilt als Immobilienvermögen i. S. d. §§ 12 und 15 REITG (Rz 135)?

• **Wert**komponenten: Wie ist dieses Immobilienvermögen zu bewerten (Rz 150)?

8.2.2 Ansatz, Ausweis und Bewertung des unbeweglichen Vermögens

149 Als bilanzielles Strukturmerkmal fordern § 12 Abs. 2 Buchst. a) REITG und § 15 REITG, dass mindestens 75 % der um Ausschüttungsverpflichtungen und bestimmte Rücklagen bereinigten Aktiva zum unbeweglichen Vermögen gehören und das Eigenkapital mindestens 75 % des unbeweglichen Vermögens beträgt. Der Begriff des unbeweglichen Vermögens wird in § 3 Abs. 8 REITG mit **Grundstücken, grundstücksgleichen und vergleichbaren Rechten** gleichgesetzt. Neben dem Immobilienvermögen i. e. S. sind auch Anteile an **Immobilienpersonengesellschaften** (Rz 142) bei der Strukturberechnung zu berücksichtigen. Basis der Strukturprüfungen ist die IFRS-Bilanz. Von Bedeutung ist daher das Verhältnis der IFRS-Ausweis- und Ansatzvorschriften zum gesetzlichen Begriff des unbeweglichen (Immobilien-)Vermögens.

Als Positionen für den Ausweis von Immobilien kommen in der IFRS-Bilanz infrage:

• (selbst genutzte) Sachanlageimmobilien gem. IAS 16 (→ § 14),

• der Vermietung oder langfristigen Wertsteigerung dienende *investment properties* gem. IAS 40,

• Vorräte gem. IAS 2 (→ § 17),

- Forderungen aus Fertigungsaufträgen über Gebäude gem. IFRS 15 (→ § 25),
- zur Veräußerung bestimmte Sachanlageimmobilien und *investment properties* gem. IFRS 5 (→ § 29).

Im Verhältnis zum Immobilienbegriff des REITG ergeben sich folgende Wertungen und Probleme:[57]

- **Selbst genutzte** Immobilien – z. B. das Verwaltungsgebäude der REIT-AG – im Regelungsbereich von IAS 16 (→ § 14) stellen unbewegliches Vermögen der REIT-AG dar.

- *Investment properties*, also hauptsächlich die der Vermietung dienenden Immobilien im Regelungsbereich von IAS 40, stellen ebenfalls unbewegliches Vermögen der REIT-AG dar. Führt die Vermietung der Immobilie zu einem *finance lease*, ist die Immobilie nicht mehr von der REIT-AG zu bilanzieren. Sie ist rechtlicher, aber nicht wirtschaftlicher Eigentümer. Mit umgekehrtem Vorzeichen gilt dann die oben stehende Überlegung: Die im *finance lease* überlassene Immobilie ist weder im Nenner noch im Zähler der Strukturgrößen zu berücksichtigen.

- Im **Sonderfall** einer Anmietung der Immobilie durch die REIT-AG im *operating lease* mit Weitervermietung ebenfalls im *operating lease* kann die REIT-AG trotz fehlenden wirtschaftlichen Eigentums gem. IAS 40.34 die Immobilie bilanzieren, sofern sie zum *fair-value*-Modell optiert (Rz 6). Auch hier gilt: Da die Immobilie in den Nenner der Strukturgröße als Anteil des unbeweglichen Vermögens einzubeziehen ist, findet sie als Immobilienvermögen auch im Zähler Berücksichtigung. Entsprechendes gilt für die auf das Eigenkapital gerichtete Strukturgröße.

- **Vorrats**immobilien i. S. d. IAS 2 (→ § 17) werden im Hinblick auf das Verbot des Immobilienhandels in § 14 REITG höchst selten vorkommen. Man kann sich allenfalls den Fall des Erwerbs eines Immobilien-Portfolios vorstellen, das teilweise zur Weiterveräußerung bestimmt ist. Dann liegt aber eher ein Sachverhalt des *held for sale* nach IFRS 5.3 vor (→ § 29 Rz 6). Ob im Rahmen der **Dienstleistungs**-Tochtergesellschaften (Rz 141) ein Immobilienhandel betrieben werden darf, erscheint wegen des generellen Ausschlusses in § 14 REITG eher zweifelhaft.

- Dagegen kann eine solche Dienstleistungsgesellschaft (Rz 141) die **Projektentwicklung** betreiben (so die Begründung zum Regierungsentwurf), und zwar auch für Dritte. Solche Bauprojektentwicklungen unterliegen je nach Würdigung, ob eine kundenspezifische Auftragsfertigung vorliegt oder nicht, entweder den Bestimmungen des IFRS 15 (→ § 25) oder denen des IAS 2 (→ § 17). Im ersten Fall sind diese Entwicklungsaufträge nicht als Grundstücke, sondern als **Forderungen** auszuweisen, im zweiten Fall als unfertige (oder fertige) Erzeugnisse. U. E. hat diese Unterscheidung für die Einbeziehung in den Immobilienbestand i. S. d. § 12 Abs. 2 Satz 1a REITG keine Relevanz, da in beiden Fällen zulässige Aktivitäten aus Projektentwicklungen vorliegen, die entweder in beiden Fällen in die Strukturgröße einzubeziehen sind oder in beiden Fällen nicht.

- Bei **Veräußerungsabsicht** (außerhalb des Immobilienhandels) sind Sachanlageimmobilien und *investment properties* nach Maßgabe von IFRS 5 (→ § 29) auszuweisen. Die Begründung der Veräußerungsabsicht ändert nichts an der Immobilienqualität des Vermögenswerts. Er bleibt in die 75-%-Grenze einzubeziehen.

---

[57] Vgl. zum Folgenden KÜHNBERGER, BB 2007, S. 1211.

150 Die Bewertung des unbeweglichen Vermögens richtet sich primär nach den Vorgaben der jeweils anzuwendenden Standards:
- Bei **Veräußerungs**absicht gilt nach IFRS 5.15 die *fair-value*-Bewertung abzüglich Veräußerungskosten (→ § 29 Rz 38).
- Selbst genutzte Immobilien mit bilanzieller Zurechnung bei der REIT-AG sind nach IAS 16 wahlweise nach dem Anschaffungskosten- oder nach dem Neubewertungsmodell anzusetzen (→ § 14 Rz 46).
- Bei *investment properties* i.S.d. IAS 40 gilt das Wahlrecht zwischen Anschaffungskosten- und *fair-value*-Modell (Rz 40).
- Wegen **Abgrenzungsproblemen** zwischen Anlageimmobilien und eigengenutzten (Rz 5 ff.), insbesondere bei gemischt genutzten Immobilien (Rz 16 ff.) wird auf die dortige Kommentierung verwiesen.
- Bei **Vorratsimmobilien** und **Fertigungsaufträgen** gelten IAS 2 und IFRS 15.

151 Das oben genannte Wahlrecht (für Anlageimmobilien: *cost model* oder *fair value model*) wird durch § 12 Abs. 1 Satz 2 REITG im Ergebnis **aufgehoben**. Für die Bilanzierung (nach IFRS) kann die REIT-AG zwar das Anschaffungskostenmodell wählen, muss jedoch in einer Nebenrechnung zur Ermittlung der Strukturmerkmale für die Bilanz (Rz 146) und GuV (bei Abgängen von Grundstücken Rz 147) eine Überleitungsrechnung zur *fair-value*-Bewertung vornehmen.

152 Beteiligungen an Immobilienpersonengesellschaften sind gem. IAS 27.37 **wahlweise** zu Anschaffungskosten oder zum *fair value* zu bewerten (→ § 32 Rz 175). Auch dieses Wahlrecht wird durch § 12 Abs. 1 Satz 3 REITG zur Ermittlung der Strukturmerkmale für die Bilanzen (Rz 146) aufgehoben: Es gilt der *fair-value*-Ansatz.

8.3 HGB-Bilanzierung

153 Die REIT-AG muss gem. § 13 REITG **parallel** zur Rechnungslegung nach IFRS auch nach HGB bilanzieren zur
- Ermittlung des auszuschüttenden Gewinns auf der Basis linearer Abschreibungen,
- Dotierung einer Rücklage aus Veräußerungsgewinnen für Immobilienverkäufe.

154 Für das GuV-Strukturmerkmal (Rz 147) enthalten § 12 Abs. 3 und 4 REITG recht umfangreiche Hinweise zu den „immobiliennahen" Ertrags- und Aufwandsposten. Das mag mit der minimalistischen Gliederungsvorgabe für die GuV nach IFRS zusammenhängen (→ § 2 Rz 58). Die deutsche IFRS-Rechnungslegungspraxis orientiert sich deshalb an der Gliederungssystematik in § 275 HGB.
Sinnvollerweise differenziert § 12 Abs. 3 REITG nicht nach „Umsatzerlösen" und „sonstigen Erträgen", die dem Immobilienbereich zuzuordnen sind. Hier gibt es notorisch Abgrenzungsprobleme bzgl. des Ausweises, die durch die zusammenfassende Betrachtung des Gesetzes („soweit sie nicht unter den Umsatzerlösen zu erfassen sind") aufgehoben werden. Ergänzend sind unter den „sonstigen Erträgen" saldierend Aufwandspositionen zu berücksichtigen.
Im Einzelnen werden vom Gesetz folgende Ertrags- und Aufwandsarten – auch unregelmäßig vorkommende – genannt:
- Vermietung,
- Leasing,
- Verpachtung,
- immobiliennahe Tätigkeiten (z.B. für Hausverwaltung; Rz 10),

- Veräußerungsgewinne aus Immobilienverkauf,
- Bewertungsgewinne und -verluste aufgrund der *fair-value*-Bewertung (Rz 54),
- Veräußerungsverluste aus Immobilienverkauf.

Veräußerungsgewinne und -verluste sowie Wertänderungsergebnisse sind bei Wahl des Anschaffungskostenmodells durch eine Nebenrechnung zu ermitteln (Rz 151).

9 ABC der Renditeimmobilien

Abgänge *(disposals)*	Wird das wirtschaftliche Eigentum an einer Immobilie auf einen Mieter übertragen, ist die Immobilie in der Bilanz des Vermieters nicht zu erfassen (Rz 124).	**155**
Abgrenzung zu sonstigen Immobilien	Der Immobilienbestand eines Unternehmens ist aufzuspalten (Rz 7) in • eigenbetrieblich genutzte Immobilien (IAS 16), • Immobilien, die Teil eines Fertigungsauftrags sind (IFRS 15), • mit Veräußerungsabsicht erworbene Immobilien (IAS 2), • zur kurzfristigen Veräußerung gehaltene Immobilien (IFRS 5), • Immobilien beim Leasinggeber, die im Rahmen eines *finance lease* vermietet werden, und • Anlageimmobilien, die als Finanzinvestitionen gehalten werden (IAS 40).	
Anschaffungskosten	Renditeimmobilien sind im Zugangszeitpunkt zu Anschaffungs- und Herstellungskosten zu bewerten (Rz 26). Neben dem Kaufpreis sind auch direkt zurechenbare Nebenkosten (Rz 32 f.) und künftige Wiederherstellungskosten (Rz 39) zu berücksichtigen.	
Anschaffungskostenmodell	Wahlweise dürfen – unter der Voraussetzung einer einheitlichen Ausübung des Wahlrechts (Rz 43) – alle Renditeimmobilien im Rahmen der Folgebewertung zu Anschaffungskosten bewertet werden (Rz 40). Der beizulegende Zeitwert ist allerdings im Anhang offenzulegen.	
Einheitliche Wahlrechtsausübung	Das Wahlrecht für Folgebewertung von Renditeimmobilien zur Bewertung zum beizulegenden Zeitwert oder im Anschaffungskostenmodell ist für alle Renditeimmobilien einheitlich auszuüben (Rz 43).	
Einzelbewertung	Für die Bewertung von Renditeimmobilien gilt der Einzelbewertungsgrundsatz; nur unter bestimmten Voraussetzungen ist eine Sammelbewertung zulässig (Rz 47).	

Gemischt genutzte Immobilien	Teils eigen- und teils zur Vermietung genutzte Immobilien sind unter der Voraussetzung der Einzelveräußerbarkeit aufzuspalten (Rz 16 f.). Ist der eigengenutzte Anteil signifikant, scheidet eine Behandlung als Renditeimmobilie aus (Rz 18).
Nutzungsänderungen	Bei Nutzungsänderungen sind Umbuchungen in den Bestand oder aus dem Bestand der als Finanzinvestitionen gehaltenen Immobilien vorzunehmen (Rz 115 ff.).
REITG	Das REITG knüpft in den §§ 12 und 15 bestimmte Strukturmerkmale, deren Nichteinhaltung insbesondere durch den Entzug der Steuerbefreiung und Strafzahlungen sanktioniert wird (§ 15 REITG), an eine Rechnungslegung nach IAS 40 (Rz 126 ff.).
Sammelbewertung	Unter bestimmten Voraussetzungen ist eine Sammelbewertung einzelner Renditeimmobilien zulässig (Rz 47). Eine Sammelbewertung von Immobilien erfolgt aber nicht als „Gruppenbewertung" mit kompensierenden Effekten, vielmehr können homogene Immobilien mit gleichen Parametern bewertet werden.
Wiederherstellungskosten	Künftig erwartete Abbruch- und Wiederherstellungskosten gehören zu den aktivierungspflichtigen Anschaffungs- oder Herstellungskosten (Rz 39).
Zwitterstellung	Als Finanzinvestitionen gehaltene Immobilien nehmen eine Zwitterstellung ein; aus einer substanziellen Perspektive sind sie dem Sachanlagevermögen, aus einer funktionalen Perspektive den Finanzinvestitionen zuzuordnen (Rz 3).

10 Anwendungszeitpunkt, Rechtsentwicklung

156 IAS 40 tritt für Abschlüsse in Kraft, die am oder nach dem 1.1.2005 begonnen haben. Eine frühere Anwendung wird vom IASB empfohlen (IAS 40.85). Die rückwirkende Anwendung der Regelungen zum Tausch ist nicht zugelassen (IAS 40.84).

157 Durch das erste *Annual Improvements Project* wurde ab 2009 auch das in der **Errichtungsphase** befindliche Gebäude in den Anwendungsbereich von IAS 40 überführt (Rz 5). Die Übergangsregeln sahen eine **prospektive** Anwendung vor (IAS 40.85B).

Unternehmen, die im Zeitpunkt der Erstanwendung der neuen Vorgaben im Bau befindliche Immobilien halten, erfassten bislang nicht realisierte Bewertungsgewinne durch den Übergang vom *cost model* gem. IAS 16 auf das (optionale) *fair value model* nach IAS 40 im Periodenergebnis der ersten Berichtsperiode nach dem Tag der Erstanwendung.

Eine Anpassung der Eröffnungsbilanzwerte und Erfassung der Bewertungseffekte in den Gewinnrücklagen schied wegen der prospektiven Anwendungsverpflichtung aus. Entsprechend entfiel die Notwendigkeit einer *fair-value*-Bestimmung für vorangegangene Perioden.

Mit erstmaliger Anwendung des IFRS 13 (in 2013) traten die allgemeinen Leit-   158
linien zur *fair-value*-Bestimmung anstelle der bislang spezifischen Vorgaben des IAS 40. Neben der durch Bündelung der Vorgaben an einer Stelle verbundenen Streichung der spezifischen Ausführungen des IAS 40 ist mit ersatzloser Streichung des IAS 40.51 auch eine inhaltliche Änderung beachtlich (zu dem bisherigen Umgang vgl. Rz 53 ff.). Das bislang in IAS 40 für die *fair-value*-Bewertung von Renditeimmobilien vorgesehene Verbot zur Erfassung künftiger Investitionen (*future capital expenditures*) kann zu einem abweichenden Wert führen. Wegen der Pflicht zur prospektiven Anwendung des neuen, einheitlichen *fair value measurement framework* kann sich daher ein ergebniswirksam zu erfassender Umstellungseffekt einstellen (→ § 8a Rz 142).

Im Zug des Abschlusses des Projekts zur jährlichen Verbesserung der IFRS   159
(Zyklus 2011–2013) erfolgte eine Klarstellung der Beziehung zwischen IFRS 3 und IAS 40. Beide Standards sind unabhängig voneinander anzuwenden. Ob eine bestimmte Transaktion als *business combination* zu behandeln ist, richtet sich ausschließlich nach den Vorgaben des IFRS 3 (→ § 31 Rz 15 ff.). Eine Klassifizierung einer Immobilie „als Finanzinvestition gehalten" ist daran anschließend nach IAS 40 zu beurteilen.

An das IFRS IC wurde eine Anwendungsfrage betreffend die (Um-)Widmung   160
eines Vermögenswerts in oder aus dem Bestand der als Finanzinvestition gehaltenen Immobilien (*investment property*) gerichtet. Bei restriktiver Auslegung der Vorgaben wäre die Umklassifizierung einer in Bau oder Erschließung befindlichen Immobilie aus dem Vorratsvermögen in den Bestand der als Finanzinvestition gehaltenen Immobilien bei nachgewiesener Nutzungsänderung nicht zulässig. Als Konsequenz eines identifizierten Anpassungsbedarfs der Vorgaben in IAS 40.57 wurde die Anfrage mit der Empfehlung einer punktuellen Änderung des bestehenden Rechts an das IASB weitergereicht.[58] Es erfolgte eine Klarstellung der Vorgaben zum Transfer: Voraussetzung für eine Umwidmung ist der Nachweis einer tatsächlichen Nutzungsänderung (Rz 116).

---

[58]   Vgl. IFRIC Update January 2015.

§ 17   VORRÄTE *(Inventories)*

Schrifttum: FREIBERG, Der Niederstwert bei Vorräten, PiR 2005, S. 62; HOFF-
MANN, Aktivierung von Gemeinkosten bei Anschaffungen, PiR 2007, S. 27;
HOFFMANN, Die Bewertung von Verlustprodukten im Einzelhandel, PiR 2007,
S. 204; HOFFMANN, Retrograde Bewertung des Vorratsvermögens, PiR 2006,
S. 240; KÜMPEL, Abwertungskonzeption beim Vorratsvermögen im IFRS-Regel-
werk: Pauschale Abwertung und Wertaufholung, IRZ 2012, S. 115; ROOS/
SCHMIDT, Abgrenzung von Vorrats- und Sachanlagevermögen, PiR 2013, S. 47;
VON KEITZ, Die Praxis der Warenbewertung in der Einzelhandelsbranche, KoR
2006, S. 101; ZWIRNER/FROSCHHAMMER, Herstellungskostenermittlung nach
IAS 2 unter Berücksichtigung selbst geschaffener immaterieller Vermögenswerte
– Aktivierungspflicht anteiliger Abschreibungen, IRZ 2012, S. 7.

Vorbemerkung
Die Kommentierung bezieht sich auf IAS 2 in der aktuellen Fassung und berücksichtigt alle Ergänzungen, Änderungen und Interpretationen, die bis zum 1.1.2017
beschlossen wurden.

1   Zielsetzung, Regelungsinhalt

1.1   Anwendungsbereich

IAS 2 zum Vorratsvermögen *(inventories)* umfasst fast deckungsgleich das Vor-   1
ratsvermögen nach der HGB-Gliederungssystematik (abgeleitet aus dem Definitionsgehalt von IAS 2.6; Rz 3 sowie Rz 64):[1]
* Roh-, Hilfs- und Betriebsstoffe,
* unfertige Erzeugnisse, unfertige Leistungen,
* fertige Erzeugnisse und Waren.
Ausgenommen aus dem **Anwendungsbereich** des Standards sind bedingt
(IAS 2.2):
* biologische Produkte und solche aus landwirtschaftlicher Produktion bis zum
  Zeitpunkt der Ernte nach IAS 41 (→ § 40 Rz 13);
* Finanzinstrumente (→ § 28).
Der früher noch enthaltene Ausschluss der unfertigen Erzeugnisse aus **Fer-
tigungsaufträgen** gem. IAS 11 ist mit Ersatz von IAS 11 (und IAS 18) durch
IFRS 15 entfallen (Rz 14).
Ausgenommen aus den **Bewertungsregeln** des Standards sind (IAS 2.3ff.):
* land- und forstwirtschaftliche und mineralische Erzeugnisse (gefördertes
  Erdöl, Gas, Kohle), soweit die Bewertung zum Netto-Veräußerungswert
  (net realisable value; Rz 3) „gut eingeführte Branchenpraxis" ist; eine solche

---

1   So auch KÜMPEL, DB 2003, S. 2609.

Praxis setzt i.d.R. voraus, dass das Risiko der Unverkäuflichkeit vernachlässigbar ist, z.B. weil für das Produkt ein aktiver Markt oder staatliche Ankaufgarantien bestehen (IAS 2.4);

- Vorräte von Warenmaklern/-händlern *(commodity broker-traders)*, die Gewinne aus kurzfristigen Preisschwankungen oder Broker-Margen ziehen (IAS 2.5) und deshalb Bewertungen zum *fair value* abzüglich Veräußerungskosten vornehmen. Zu den Konsequenzen, die sich dann auch für die Ermittlung eines niedrigeren Stichtagswerts ergeben, wird auf Rz 59 verwiesen.

Nicht zu den *inventories* zählen auch die nach HGB dem Vorratsvermögen zuzuordnenden geleisteten **Anzahlungen**. Zu deren Bilanzausweis vgl. Rz 65.

1.2 Erfolgsneutralität bis zum Erlös- oder Abschreibungszeitpunkt

2   Die eigentliche Zielsetzung ökonomischer Art von IAS 2 ist der Anweisung in IAS 2.34 zu entnehmen. Danach sind die Aufwendungen zur Beschaffung oder Herstellung von Vermögenswerten in weitestmöglichem Umfang so lange **erfolgsneutral** zu halten, als die damit verbundenen Erlöse noch nicht realisiert worden sind. Umgekehrt: sobald die Materialien, Waren, Produkte und Dienstleistungen zu Umsatzerlösen geführt haben, sind die entsprechenden aktivierten Aufwendungen erfolgswirksam im Aufwand zu verrechnen (IAS 2.34).

Zu Aufwand führt allerdings auch die erforderliche Abschreibung auf den Nettoveräußerungswert (*net realisable value*; IAS 2.9 und IAS 2.34, siehe Rz 3); dadurch sollen **Wertverluste** derjenigen Periode belastet werden, in der sie anfallen; es darf also mit der Erfolgswirksamkeit des Verlusts nicht bis zur Realisierung desselben gewartet werden. Ergänzend spricht IAS 2.35 die „Umbuchung" von Vorräten in andere Vermögenswerte (Anlagegüter) an, wenn sie zur Erstellung einer Anlage u. Ä. verwendet werden. Die Aufwandsverrechnung erfolgt dann im Wege der Abschreibung.

2 Begriff und Abgrenzung der Vorräte

2.1 Einteilung der Vorräte

3   In IAS 2.6 werden folgende **Arten** von Vermögenswerten als Vorratsvermögen unterschieden:

- zum Verkauf im normalen Geschäftsgang gehaltene (Fertig**erzeugnisse, Waren**);
- solche, die im Produktionsprozess zur späteren Veräußerung bestimmt sind (**unfertige Erzeugnisse, unfertige Leistungen**);
- solche in Form von **Rohmaterial**, die zum Verbrauch im Produktionsprozess oder zur Erbringung von Dienstleistungen bestimmt sind (Roh-, Hilfs- und Betriebsstoffe), z.B. auch für Kunden bereitgehaltene Ersatzteile (→ § 14).

2.2 Abgrenzung zum Anlagevermögen

2.2.1 Zunächst vermietete oder der Vorführung dienende Gegenstände

4   Erzeugnisse und Waren sind durch den beabsichtigten Verkauf im **normalen** Geschäftsgang definiert. Ein beabsichtigter Verkauf eines Vermögenswerts **allein** erfüllt aber nicht die Definition eines *„inventory"*.

> **Praxis-Beispiel**
> Ein Bauunternehmen erhält den Auftrag zum Bau einer Straßenbrücke. Wegen der örtlichen Gegebenheiten kann er seine eigenen Baukräne nicht sinnvoll einsetzen. Er kauft deshalb einen Kran mit weitaus größerer Ausladung zum Bau dieser Brücke. Nach der geplanten Fertigstellung des Bauwerks in 26 Monaten soll der Kran wieder verkauft werden.
> Es liegt kein Vorratsvermögen, sondern sächliches Anlagevermögen vor (→ § 14).
> Falls zwischen dem Zeitpunkt der Aufgabe der Eigennutzung und der tatsächlichen Veräußerung einige Zeit vergeht, ist der Kran auch in diesem Zwischenzeitraum nicht ins Vorratsvermögen umzugliedern, sondern nach IFRS 5 als zur Veräußerung bestimmter langfristiger Vermögenswert auszuweisen, auf den planmäßige Abschreibungen nicht mehr vorgenommen werden (→ § 29 Rz 21).

Auch Vermögenswerte, die zunächst vermietet und danach veräußert werden, 5
sind im Zeitpunkt der Umwidmung nicht in das Vorratsvermögen, sondern in zur Veräußerung bestimmte Sachanlagen umzuklassifizieren.[2] Nach IAS 16.68A gilt hier eine **Ausnahme**:

- Wenn im Rahmen der gewöhnlichen Geschäftstätigkeit vermietete Sachanlagen
- regelmäßig nach einiger Zeit verkauft werden,
- ist mit Aufgabe der Vermietung die Umgliederung in das Vorratsvermögen vorzunehmen.

Der tatsächliche Abgang führt demzufolge nicht zu einem sonstigen betrieblichen Ertrag *(gain or loss)*, sondern zu Umsatzerlösen *(revenues;* IAS 16.68).

> **Praxis-Beispiel**
> Autovermieter X setzt Neufahrzeuge 18 Monate zur Vermietung ein und verkauft sie danach.
> Mit Rücknahme von Fahrzeugen aus der Vermietung sind die Fahrzeuge in das Vorratsvermögen umzugliedern.
> Die Einnahmen aus dem anschließenden Verkauf stellen Umsatzerlöse *(revenues)* dar.

Fraglich ist, ob die vorstehende Lösung auch dann gilt, wenn der **Autovermieter** die Fahrzeuge regelmäßig nur sechs Monate vermietet und dann verkauft. Problematisch ist hier, dass IAS 16.6 Sachanlagen als Vermögenswerte definiert, die

- für Zwecke der Herstellung/Lieferung von Gütern/Dienstleistungen, für Verwaltungszwecke oder zur Vermietung gehalten werden und
- erwartungsgemäß **länger als eine Periode** genutzt werden.

In formaler Auslegung wären die Fahrzeuge danach

- zu keinem Zeitpunkt Sachanlagen, da erwartungsgemäß nicht länger als eine Periode genutzt (somit auch nicht planmäßig abzuschreiben);
- andererseits bis zu Aufgabe der Vermietung auch nicht Vorratsvermögen, da bis zu diesem Zeitpunkt nicht zum Verkauf im normalen Geschäftsgang gehalten.

---

[2] Vgl. hierzu FREIBERG, PiR 2011, S. 51; siehe dort auch zu den folgenden Anwendungsfällen.

U. E. ist eine solche formale Auslegung nicht angemessen. Eine verursachungsgerechte Erfassung der Aufwendungen gelingt nur, wenn die Fahrzeuge planmäßig abgeschrieben werden, solange sie zur Vermietung genutzt werden. Eine planmäßige Abschreibung setzt aber die Anwendung von IAS 16 und damit voraus, dass der Sachanlagenbegriff über die enge formale Vorgabe hinaus auf Fälle ausgedehnt wird, in denen (zunächst) nicht die Veräußerung, sondern die Vermietung oder eine anderweitige Nutzung Verwendungszweck des Vermögenswerts ist.

6 Diese Interpretation gilt nicht nur für den Fall der Mietfahrzeuge, sondern auch für

- Vorführwagen im Kfz-Handel,[3]
- Musterhäuser eines Fertighausherstellers,[4]
- Musterküchen mit Elektrogeräten eines Küchenhändlers.[5]

Bei der Auslegung von „dauernd" in § 247 Abs. 2 HGB verlässt sich der BFH **nicht** allein auf eine **zeitliche** Interpretation, sondern beachtet gebührend die **Zweck**bestimmung, die der Kaufmann dem erworbenen oder hergestellten Wirtschaftsgut zuordnet. Diese Verwendungsabsicht kann durchaus schon im Anschaffungszeitpunkt hinsichtlich des Zeitverlaufs mehrgestaltig sein.

Zunächst dient der Vorführwagen

- der **Werbung**, also dem Verkauf vergleichbarer Produkte,
- alsdann, da noch verwendbar, dem „**eigenen**" Verkauf.

Die „Werbeperiode" ist also viel kürzer als das *useful life*; gleichwohl liegt u. E. bis dahin Anlagevermögen vor, das erst später in der Zweitnutzung zum Umlaufvermögen mutiert. Diese Sichtweise halten wir auch nach IAS 16 und damit in der Abgrenzung zu IAS 2 für angemessen. Beim Musterhaus oder bei der Musterküche gelten diese Überlegungen genauso; hier kann der Zwölf-Monatszeitraum auch bei formaler Betrachtung unberücksichtigt bleiben. Die Vorführperiode dauert vielleicht drei oder vier Jahre. Sie umfasst aber ebenfalls nicht den wesentlichen Teil des *useful life*. Solche Mustergegenstände verlieren im Zeitverlauf wegen technischer Überholungen und Änderungen des Modegeschmacks ihren verkaufsfördernden Charakter und werden dann veräußert. Damit ist der Anlagezweck erfüllt und eine Umgliederung in das Vorratsvermögen vorzunehmen.

2.2.2 Ersatzteile, Warenumschließungen, Warenmuster, Testgeräte

7 Ein anderes Abgrenzungsproblem besteht bei **Ersatzteilen**, Werkzeugen, Schmierstoffen u.a. Diese sind dann als Vorräte auszuweisen und zu bewerten, wenn sie nicht längerfristig[6] genutzt werden, sonst sächliches Anlagevermögen. Für Kunden bestimmte Ersatzteile sind als Vorratsvermögen auszuweisen. Die Beurteilung hat nach dem jeweiligen Geschäftsmodell zu erfolgen. Die für die eigenen Anlagegüter genutzten Ersatzteile sind eher dem Anlagevermögen zuzuordnen. Lassen sich diese nach der internen Organisation nicht den beiden Verwendungsmöglichkeiten zuordnen, muss eine überschlägige Verhältnisrechnung erfolgen.[7]

---

[3] BFH, Urteil v. 17.11.1981, VIII R 86/78, BStBl 1982 II S. 344.
[4] BFH, Urteil v. 31.3.1977, V R 44/73, BStBl 1973 II S. 684.
[5] FG München, Urteil v. 28.9.1979, EFG 1980, S. 142, rkr.
[6] *„More than one period"* – so KPMG, Insights to IFRS 2015/2016, Tz. 3.8.40.10.
[7] Vgl. KPMG, Insights into IFRS 2015/2016, Tz. 3.8.30.30.

Auf die Beispiele in → $\S$ 14 Rz 6 wird verwiesen.

Warenumschließungen, deren Wert eine Vernichtung durch den Empfänger nicht **8** wirtschaftlich erscheinen lässt und die deshalb an den Lieferanten zurückgegeben werden, stellen bei Letzterem Anlagevermögen dar.[8] Typisches Beispiel ist der sog. Pfandkreislauf im Getränkehandel (→ $\S$ 25 Rz 191).

Warenmuster und **Produktproben,** die kostenlos abgegeben werden, aber **9** sachlich identisch sind mit den zum Verkauf bestimmten Artikeln, stellen nach deutschem Verständnis Vorratsvermögen dar. Typisches Beispiel sind die Ärztemuster in der Pharmaindustrie.[9] U. E. entspricht der ökonomische Gehalt demjenigen der **Verkaufskataloge**[10] (→ $\S$ 13 Rz 57). Deshalb kommt eine Aktivierung nach IAS 2 nicht in Betracht, auch nicht im Hinblick auf IAS 2.6.[11] Zu diesem Ergebnis kommt man auch auf der Basis der Bewertungsebene, da als Höchstwert der Nettoveräußerungspreis (Rz 53) anzusetzen ist, also null. Gleichwohl kann u. E. im Interesse einer Vereinheitlichung von IFRS und (deutscher) Steuerbilanz (vgl. das zitierte BFH-Urteil) aus Wesentlichkeits- und Vereinfachungsgründen der regelmäßig relativ geringe Bestand bewertet zu Herstellungskosten unter den Vorräten ausgewiesen werden.[12]

In der forschenden pharmazeutischen Industrie werden neu entwickelte Arzneimittel zum Teil bereits vor der Zulassung produziert, um nach Zulassung sofort am Markt zu sein. Wenn die Zulassung am Bilanzstichtag hoch wahrscheinlich ist, erfolgt ein Ausweis unter den Vorräten. Ansonsten handelt es sich um Entwicklungskosten (→ $\S$ 13 Rz 25).

Testgeräte, die einem potenziellen Kunden zunächst unentgeltlich in der Hoff- **10** nung auf späteren Kauf zur Verfügung gestellt werden, stellen Vorratsvermögen dar, auch wenn nach der Testphase nicht das überlassene, sondern ein baugleiches Gerät übergeben wird.[13]

2.2.3 Eiserne Bestände, strategische Vorräte u. Ä.

„Eiserne Bestände" im Produktionsprozess *(core inventories)* werden bei be- **11** stimmten Produktions- und Handelsbetrieben zur Aufrechterhaltung des Geschäftsbetriebs benötigt. Ohne solche Sockelbestände liegt die Produktion bzw. das „Geschäft" darnieder.

Eine strategisch motivierte, besonders hohe Vorratshaltung von Rohmaterial transformiert dieses nicht zu Anlagevermögen.

Praxis-Beispiel

Sachverhalt

Der Solaranlagenbauer S ordert einen Drei-Jahres-Bedarf an Silizium, weil dieses wegen eines Nachfragerückgangs der Halbleiterhersteller im Preis stark gesunken und mit einer spürbaren Verknappung in den nächsten Jahren zu rechnen ist.

---

8   So auch KPMG, Insights into IFRS 2015/2016, Tz. 3.8.40.10.
9   Vgl. BFH, Urteil v. 30.1.1980, I R 89/79, BStBl 1980 II S. 327.
10 So auch KPMG, Insights into IFRS 2015/2016, Tz. 3.8.50.10.
11 So auch KPMG Insights into IFRS 2015/2016, Tz. 3.8.60.10.
12 KPMG, Insights to IFRS 2015/2016, Tz. 3.8.40.10.
13 Roos/Schmidt, PiR 2013, S. 47, differenzieren zwischen Erwerb des Testgeräts – dann Vorratsvermögen – und Erwerb eines baugleichen Geräts – dann Anlagevermögen.

> **Lösung**
> Der gesamte Siliziumvorrat ist als kurzfristiger Vermögenswert im Vorratsvermögen auszuweisen (→ § 2 Rz 46). Anders als das Anlagevermögen wird der Übervorrat an Silizium im Unternehmen nicht „genutzt" oder „dient" – in der Terminologie des § 247 Abs. 2 HGB – nicht unmittelbar dem Geschäftsbetrieb.

Besondere Abgrenzungsfragen ergeben sich in der petrochemischen Industrie mit einem kontinuierlichen Raffinierungsprozess. Eine Ölpipeline muss zur Erreichung der Funktionsfähigkeit erst durchgehend mit Rohöl gefüllt sein, bis der Transport beginnen kann; ein anderes Beispiel stellt das unterirdisch gelagerte Gasvorkommen dar, das zur Erzeugung des notwendigen Drucks benötigt wird.[14] U. E. handelt es sich um Aufwendungen zur Herstellung der Betriebsbereitschaft der Pipeline nach IAS 16.16(b). Die Definitionskriterien für Vorratsvermögen (Rz 3) werden nicht erfüllt.[15]

12   **Produktionsferne Betriebsstoffe** – Büromaterial, Kantinenvorräte, Heizmittel u. Ä. – können aus Praktikabilitätsgründen in den Vorrätebereich einbezogen werden.

2.2.4   Unfertige Erzeugnisse bei kundenspezifischer Auftragsfertigung

13   Unfertige Erzeugnisse aus kundenspezifischer Auftragsfertigung i.S.v. **IAS 11** unterlagen bisher aufgrund des Anwendungsausschlusses in IAS 2.2(a) nicht IAS 2. Dies war insofern konsequent, als bei kundenspezifischer Auftragsfertigung in der GuV sukzessive zum Auftragsfortschritt bereits Umsatzerlöse und damit in der Bilanz schon **Forderungen** aus Fertigungsaufträgen ausgewiesen werden.

14   Mit Ersatz von IAS 11 (und IAS 18) durch **IFRS 15** ist die Regelung des IAS 2.2(a) ersatzlos gestrichen worden. Inhaltlich besteht sie aber im Wesentlichen weiter: Wenn das Unternehmen einen Gegenstand herstellt, den es aus rechtlichen oder tatsächlichen Gründen nicht alternativ, d.h. anders als durch Übertragung an den Kunden verwerten kann, kommt es auch nach IFRS 15.35(c) zu einer sukzessiven, fertigungsbegleitenden Umsatzrealisierung (→ § 25 Rz 140ff.), damit gem. IFRS 15.105 zu einem **vertraglichen Vermögenswert** *(contract asset)* oder bei Fälligkeit von Teilzahlungen zu einer Forderung (→ § 25 Rz 237), jeweils statt eines Vorratsgegenstands.

15   Bei gleichem physischem Objekt kann es zu einem Nebeneinander von vertraglichem Vermögenswert, Anlagevermögen und Vorratsvermögen kommen:

> **Praxis-Beispiel**
> Bauträger B erstellt ein in Eigentumswohnungen geteiltes Gebäude. Am Bilanzstichtag ist der Rohbau im Wesentlichen abgeschlossen. Die entstandenen Kosten sind nach angemessener Schlüsselung wie folgt zuzuordnen:
> - bereits verkaufte Wohnungen – vertraglicher Vermögenswert nach IFRS 15,
> - auf der Baustelle liegende, noch nicht eingebaute Materialen – Vorratsvermögen,

---

[14]   Vgl. ROOS/SCHMIDT, PiR 2013, S. 50.
[15]   A. A. DELOITTE, iGAAP 2016, Ch A11, sCh 2.1.

- noch nicht verkaufte Wohnungen – Vorratsvermögen,
- zur Eigennutzung durch B selbst vorgesehene Einheit – Anlagevermögen.[16]

3 Bilanzansatz

IAS 2 befasst sich nicht mit dem Ansatz, sondern geht nach den Definitionen gleich zum Bewertungsaspekt über. Für den Ansatz gelten deshalb die **allgemeinen Regeln** des *Framework*, also der *asset*-Begriff (→ § 1 Rz 83 ff.), insbesondere aber auch die Kriterien des **wirtschaftlichen Eigentums** (→ § 1 Rz 80), das bisher durch die Zurechnung von **Chancen** und **Risiken** aus dem betreffenden Vermögenswert in IAS 18.14(a) konkretisiert wurde. Als typische Anwendungsfälle sind die auch nach deutschem Rechnungslegungsrecht bekannten Sachverhalte des Eigentumsvorbehalts und des Konsignationslagers zu erwähnen.   16

> **Praxis-Beispiel**
> Kunststoffhersteller K bezieht Flüssigchemikalien vom Lieferanten L. Die Lieferung erfolgt in Schienentankwagen auf das Werksgelände des K. Ein solcher Wagen enthält den Rohmaterialbedarf des K für einige Monate und bleibt bei planmäßigem Verlauf des Geschäfts auf dem Werksgelände des K stehen. Als rechtlicher Eigentümer gilt L. Die Gefahr des zufälligen Untergangs der Chemikalien liegt hingegen bei K, ist dort allerdings durch Risikoversicherung abgedeckt. K entnimmt dem Tankwagen laufend die benötigte Menge und teilt per Monatsende den Verbrauch dem L mit. Die Zahlung erfolgt innerhalb von zehn Tagen nach Monatsende auf der Grundlage eines vorab vereinbarten Preises, der die augenblickliche Marktlage berücksichtigt. Das rechtliche Eigentum an der Chemikalie geht mit der Entnahme aus dem Tankwagen auf K über. K kann jederzeit die Entnahme stoppen und sich eines anderen Lieferanten bedienen.
> Zur Lösung kann man bisher auf IAS 18.14(a) zurückkommen, wonach sich der Übergang des wirtschaftlichen Eigentums durch den Transfer der Chancen und Risiken bestimmt. Dabei ist das (versicherte) Risiko des zufälligen Untergangs des Tankwageninhalts wenig relevant. Wichtiger sind das Abnahme- und das Preisänderungsrisiko, die in vollem Umfang bei L verblieben sind. Wenn deshalb z. B. K seine Produktion umstellt und die Chemikalie nicht mehr benötigt, muss L den Tankwagen mit dem noch verbliebenen Inhalt zurücknehmen. Das Gleiche gilt dann, wenn K einen ihm günstiger erscheinenden Lieferanten findet.

Nach dem anstelle von IAS 18 (und IAS 11) tretenden **IFRS 15** ist nicht mehr der Übergang von Chancen und Risiken maßgeblich für die Umsatzrealisation des Verkäufers, sondern der Übergang der **Kontrolle** (IFRS 15.31). Hieraus wäre bei erster Betrachtung zu folgern, dass im vorstehenden Beispiel (Rz 16) mit Zugang des Schienentankwagens auf dem Grundstück des Kunden dieser den Tankinhalt ein- und der Lieferant ihn auszubuchen hat. Bei zweiter Betrachtung käme es   17

---

[16] LÜDENBACH, PiR 2010, S. 333.

aber auf die speziellen Umstände an, etwa darauf ob korrespondierend zum Entnahmerecht des Kunden auch der Lieferant ein jederzeitiges Recht auf Rückholung des Tankwagens im Austausch gegen die Vorratsmenge eines Monats hat. Bei Vorliegen einer solchen Konstellation ist die Kontrolle jedenfalls noch nicht vollständig auf den Kunden übergegangen und daher u. E. eine Ausbuchung beim Lieferanten und eine Einbuchung beim Kunden nur nach Maßgabe der aus dem Tankwagen getätigten Entnahmen zu buchen.

18   Über den vorstehenden Spezialfall hinaus stellt sich allgemein die Frage nach dem **Verhältnis** der **Umsatzrealisation** nach IFRS 15 zur Ausbuchung der vertragsgegenständlichen Erzeugnisse oder Waren beim Lieferanten. U. E: gilt Folgendes:
- **Spätestens** mit dem Umsatzakt hat der Lieferant das Erzeugnis bzw. die Ware auszubuchen.
- Der Umsatzakt ist jedoch nur hinreichende, **nicht notwendige** Bedingung der Ausbuchung. Auch ohne bzw. vor dem Umsatzakt kann es zur Ausbuchung kommen.

Ein Beispiel für den zweiten Fall sind singuläre **Lieferungen mit Rückgaberecht** des Kunden, bei denen die Rückgabewahrscheinlichkeit angesichts der Singularität nicht verlässlich eingeschätzt werden kann. Hier ist nach IFRS 15.B21 und IFRS 15.B25 folgende Bilanzierung beim Lieferanten geboten:
- Ausbuchung des Vorratsgegenstands,
- aber keine Einbuchung eines Umsatzes,
- stattdessen Einbuchung eines sonstigen Vermögenswerts für das bedingte Recht auf Rückerhalt des Gegenstands.

4   Zugangsbewertung zu Anschaffungskosten/Herstellungskosten

4.1   Grundlagen

19   Maßstäbe für die **Zugangsbewertung** von Vorräten sind nach IAS 2.9 die **Anschaffungs- oder Herstellungskosten.**

4.2   Anschaffungskosten

4.2.1   Überblick

20   Die Anschaffungskosten umfassen nach IAS 2.11
- den **Erwerbspreis,**
- nicht erstattungs- bzw. abzugsfähige **Einfuhrzölle** und andere **Abgaben,**
- Abwicklungs- und **Transportkosten,**
- **sonstige** dem Erwerb unmittelbar zuzurechnende (Anschaffungsneben-)Kosten,
- als **Anschaffungspreisminderungen** sind Skonto, Rabatte u. Ä. abzuziehen.

Nachfolgend werden Besonderheiten dargestellt, die sich ergeben bei
- der Bestimmung des Erwerbspreises in Fällen einer verdeckten Finanzierungskomponente (Rz 21), des Tauschs (Rz 23), bedingter (Rz 24) und aufzuteilender (Rz 27) Kaufpreise,
- den Anschaffungsnebenkosten, insbesondere Gemeinkosten (Rz 28) und
- den Anschaffungskostenminderungen (Rz 31).

4.2.2 Verdeckte Finanzierungskomponente

Ist der Erwerbspreis im Normalfall in Geld zu entrichten, bereitet seine Bestim- **21**
mung regelmäßig keine Probleme. Eine Ausnahme besteht dort, wo der Kaufvertrag ein verdecktes Finanzierungselement enthält. Sofern die Zahlungsbedingungen eine **unüblich lange Zahlungsfrist** enthalten, ist nach IAS 2.18 zur
Bestimmung der Anschaffungskosten eine Abzinsung vorzunehmen. Nur der
(auf das normale Zahlungsziel bestimmte) **Barwert** gilt als Anschaffungskosten. Die Aufzinsung ist als Zinsaufwand auszuweisen.

In Ausnahmefällen kann auch der **Kunde** eine Finanzierungsfunktion bei der **22**
Vorrätebeschaffung ausüben, indem er **Vorauszahlungen** weit vor Erhalt der
Lieferung leistet. Das IFRS IC sieht in einer Agenda-Entscheidung aus 2014[17] bei
solchen *long-terms prepayments* die Notwendigkeit, den Zeitwert des Geldes zu
berücksichtigen, um den „nackten" (im Materialaufwand zu berücksichtigenden)
Einkaufswert der Materialien von den Finanzierungsergebnissen (Zinskomponente) zu unterscheiden. Dabei verweist das IFRS IC auf IFRS 15, in dem aus
Sicht des leistenden Unternehmers die Bereinigung des Transaktionspreises um
Zinskomponenten verlangt wird (→ § 25 Rz 101). Folgerichtig muss dann, da es
nur einen Transaktionspreis geben kann, d. h. der Absatzpreis des Veräußerers
dem Einkaufspreis des Erwerbers entsprechen muss, auch der Erwerber entsprechend verfahren. In 2015 ergänzt das IFRS IC,[18] dass bei langfristigen Vorauszahlungen von einer separaten, wenngleich impliziten Finanzierungskomponente ausgegangen werden kann.

Praxis-Beispiel[19]
Solarwaffenhersteller S (Kunde) schließt **Ende 01** angesichts einer drohenden
Verknappung von Solargrade Silicium, seinem wichtigsten Rohstoff, mit dem
Rohstoffhersteller H (Lieferant) nicht nur einen Vertrag über die Lieferung
für 02, sondern ebenso über ausreichende **Liefermengen** im Jahr 03 ab.
Der Rohstoffhersteller hat den Vertrag nur unter der Bedingung einer
100 %-**Anzahlung** für die erwarteten Abnahmen abgeschlossen.
Die Ende 01 geleistete Anzahlung beträgt 11 Mio. EUR für 03. Die Lieferung
erfolgt am Jahresanfang und entspricht dem Wert der Anzahlung. Der relevante Zinssatz für evtl. Auf- oder Abzinsungen beträgt 10 %.

In derartigen Fällen gilt u. E.:
- Anzahlungen sind Vermögenswerte und Schulden nicht finanzieller Art, für
  die das IFRS-Regelwerk keine Bewertungsvorschriften kennt. Als Analogie-
  vorschrift gem. IAS 8.11 f. (→ § 1 Rz 76) kommt die spiegelbildlich anzuwendende Regelung für verdeckte Kreditgeschäfte nach IAS 2.18 und IFRS
  15.60 ff. in Betracht, also eine **Aufzinsung**.
- Die buchmäßige Erhöhung des Anzahlungsausweises ist beim Kunden zugunsten des Zinsertrags zu verbuchen und umgekehrt beim Lieferanten als
  Zinsaufwand.

---

[17] IFRIC Update January 2012.
[18] IFRIC Update November 2015.
[19] Nach LÜDENBACH, PiR 2009, S. 346. Dort sind auch die Lösungshinweise mit den einzelnen
     Buchungen wiedergegeben.

- Die (so erhöhte) Anzahlung ist vom Kunden bei Bezug der Ware in den Posten „Vorräte", beim Lieferanten in die Umsatzerlöse umzubuchen.
- Dadurch werden beim Kunden die Anschaffungskosten und beim Lieferanten die Umsatzerlöse in einer um die Kreditkomponente bereinigten Höhe ausgewiesen.

Praxis-Beispiel (Fortsetzung)

Folgende **Buchungen** sind daher im vorstehenden Beispiel vorzunehmen.
- Beim **Kunden** S:

Datum	Konto	Soll	Haben
31.12.02	Anzahlung	1,1 Mio.	
	Zinsertrag		1,1 Mio.
01.01.03	Vorräte	12,1 Mio.	
	Anzahlung		12,1 Mio.

- Beim **Lieferanten** H:

Datum	Konto	Soll	Haben
31.12.02	Zinsaufwand	1,1 Mio.	
	Anzahlung		1,1 Mio.
01.01.03	Anzahlung	12,1 Mio.	
	Umsatzerlös		12,1 Mio.

4.2.3 Tausch

23   Fälle des Tauschs, in denen der Erwerbspreis also nicht durch Geld, sondern in Sachleistungen erbracht wird, sind in IAS 2 förmlich nicht angesprochen. In **Analogie** zu den Regelungen für den Erwerb von Sachanlagen oder immateriellen Anlagen im Wege des Tauschs (IAS 16.24 ff. und IAS 38.45 ff.) ist
- der *fair value* der hingegebenen Leistungen
- als Erwerbspreis des erworbenen Vermögenswerts anzusetzen.

4.2.4 Bedingter Kaufpreis

24   Der Kaufpreis von Vorräten kann in der Weise bedingt sein, dass er von der Entwicklung **externer Variablen** (Währung, Marktpreise) oder vom **Erfolg bei der Weiterveräußerung** abhängt. Solche bedingten Kaufpreisbestandteile *(contingent considerations)* werden lediglich in IFRS 3 zum **Unternehmenserwerb** behandelt (→ § 31 Rz 60 ff.). Zur Bestimmung der Anschaffungskosten von Vermögenswerten außerhalb eines Unternehmenserwerbs fehlen entsprechende Regelungen in den einschlägigen Standards IAS 16, IAS 38, IAS 40 und IAS 2. Zwei Auffassungen sind hier diskussionswürdig:
- Anschaffungskosten sind die **tatsächlich** für den Erwerb an den Veräußerer getätigten Leistungen. Dies impliziert – ähnlich wie bei nachträglichen Anschaffungs-/Herstellungskosten –, dass spätere Zahlungen aufgrund des Ein-

tritts oder Nichteintritts der Kaufpreisbedingung erfolgsneutral als (Korrektur der) Anschaffungskosten zu behandeln sind. Dabei kann eine Einbuchung der bedingten Verbindlichkeit gegen die Anschaffungskosten bereits dann erfolgen, wenn der Eintritt der Bedingung überwiegend wahrscheinlich ist. Sobald das Ergebnis der Bedingung endgültig feststeht, muss eine erfolgsneutrale Anpassung von vorläufigen Anschaffungskosten und vorläufiger Verbindlichkeit erfolgen.

• Qualifizierung des variablen Kaufpreisbestandteils als **Derivat**, das mit dem *fair value* einzubuchen (Anschaffungskostenbestandteil) und später ohne weitere Berührung der Anschaffungskosten erfolgswirksam fortzuschreiben ist.

Nach einer Erhebung des RIC[20] unter Wirtschaftsprüfungsgesellschaften verfährt die **Praxis** bei der Behandlung ungewisser Kaufpreisbestandteile unterschiedlich (*„diversity in practice"*). Es wird wohl mehrheitlich eine (derivative) Verbindlichkeit eingebucht, die dann einer erfolgswirksamen Folgebewertung unterliegt. Das IFRS IC befasst sich seit der Sitzung im Januar und März 2011[21] mit dem Thema des *contingent pricing* bei Anschaffungskosten für **einzelne** Sach- und immaterielle Anlagegüter und lässt eine Präferenz für die zweite der oben dargestellten Lösungen erkennen.

Einstweilen fehlt aber im Regelwerk der IFRS eine eindeutige Lösung. Vom Rechtsanwender kann deshalb nur eine konsistente Behandlung im Zeitverlauf zwingend erwartet werden.

Praxis-Beispiel
Der Fleischverarbeiter V verkauft an den Wursthersteller K börsengehandelte Schweinebäuche, die Letzterer zu Lyonerwurst verarbeitet. Die Lieferung erfolgt auf Ziel mit einer Zahlungsfrist von einem Monat. Als Basiskaufpreis wird ein Betrag von 100 vereinbart, der sich jedoch in dem Maße verändert, wie zwischen Lieferung und Fälligkeit der Verbindlichkeit der Börsenpreis für Schweinebäuche variiert. Der endgültige Kaufpreis beträgt also 100, multipliziert mit der Änderung der Preisnotiz für die Schweinebäuche.
Die Frage ist, inwieweit die Variabilität der Preisvereinbarung in die Anschaffungskosten des Rohmaterials (hier: Schweinebäuche) einzubeziehen ist. Folgende Lösungen sind u. E. vertretbar:
• Das Vorratsvermögen und die korrespondierende Verbindlichkeit sind zunächst mit dem Wert von 100 zu erfassen. Die Änderung des Erfüllungsbetrags zwischen Liefer- und Fälligkeitsdatum ist durch „Fortschreibung" der Verbindlichkeit und der Anschaffungskosten der Vorräte zu berücksichtigen.
• Die Verbindlichkeit wird entsprechend den Regelungen von IFRS 9 bzw. IAS 39 zu strukturierten Produkten in ein Basisinstrument (Verbindlichkeit von 100) und ein eingebettetes Finanzderivat (Termingeschäft auf die Entwicklung der Schweinebauchpreise) gesplittet. Das Derivat ist mit seinem *fair value* (im Beispiel von null) einzubuchen. Veränderungen des *fair value* führen dann zu Aufwand oder Ertrag und berühren die Anschaffungskosten der Vorräte nicht mehr.

---

20 Vgl. hierzu EPPINGER/SEEBACHER, PiR 2010, S. 339.
21 IFRIC Update January und March 2011.

25   Der endgültige Kaufpreis kann statt an eine **externe** Variable (Börsenkurs etc.)
auch an den **individuellen** Weiterveräußerungserfolg geknüpft sein.

> **Praxis-Beispiel**
> Ein Bauträger erwirbt Bauland. Der Kaufpreis wird als Variable, fällig in
> 18 Monaten, festgelegt. Es gilt der höhere Wert von 10 Mio. EUR oder von
> 10 % des Bruttoverkaufserlöses des Bauträgers.
> Hier enthält die Kaufpreisvereinbarung einen **Festbetrag** von 10 Mio. EUR,
> außerdem eine **asymmetrische Stillhalteposition**, da der endgültige Kaufpreis
> zwar höher, aber nicht niedriger als 10 Mio. EUR sein kann.
> **Lösung 1**: Das Vorratsvermögen und die korrespondierende Verbindlichkeit
> sind zunächst mit dem Wert von 10 Mio. EUR zu erfassen, sofern nicht
> bereits im Zugangszeitpunkt mit überwiegender Wahrscheinlichkeit von
> einem höheren Bruttoverkaufserlös als 100 Mio. EUR und somit einem hö-
> heren Kaufpreis als 10 Mio. EUR ausgegangen wird. Die Änderung des
> Erfüllungsbetrags zwischen Liefer- und Fälligkeitsdatum ist durch „Fort-
> schreibung" der Verbindlichkeit und der Anschaffungskosten erfolgsneutral
> zu berücksichtigen.
> **Lösung 2**: Die Verbindlichkeit wird in ein Basisinstrument (Verbindlichkeit
> von 10 Mio. EUR) und ein eingebettetes Finanzderivat (Stillhalteposition)
> gesplittet. Angenommen der erwartete Bruttoverkaufserlös sei 110 Mio. EUR,
> so ergibt sich unter vereinfachter Vernachlässigung von Volatilität und Ab-
> zinsung ein anfänglicher Wert der Stillhalteposition von –1 Mio. EUR. Das
> Grundstück ist mit 11 Mio. EUR einzubuchen. Die weitere Wertentwick-
> lung des Derivats würde zu Aufwand oder Ertrag führen.

26   Anders als in den vorstehenden Beispielen sind bedingte Kaufpreisbestandteile
zu behandeln, wenn die Erfüllung der Bedingung mit einem **veränderten** Vermögenswert verbunden ist.

> **Praxis-Beispiel**
> Der Bauentwickler A kauft vom Grundstücksbesitzer B ein Bauerwartungs-
> land. Die Erteilung eines Baurechts ist zweifelhaft. A zahlt zunächst X EUR
> *„up front"*, d.h. für das „nackte" Land, und (bedingt) einen zusätzlichen
> Betrag Y EUR, sofern das Baurecht erteilt wird.
> Sobald das Baurecht vorliegt, entsteht ein Gut anderer Marktgängigkeit. Es
> liegt dann ein herstellungsähnlicher Transformationsprozess vor. Die wegen
> der Erteilung des Baurechts entstehenden Zahlungsverpflichtungen sind da-
> her erfolgsneutral als nachträgliche Anschaffungs- oder Herstellungskosten
> zu berücksichtigen.

4.2.5   Aufteilung eines Gesamtkaufpreises

27   Werden Vorräte im Bündel mit anderen Vermögenswerten oder Leistungen gegen
einen Gesamtkaufpreis erworben, ist der Preis auf die einzelnen Erwerbsobjekte
aufzuteilen. U. E. ist sachgerechter Aufteilungsmaßstab der **relative** fair value der
Einzelleistungen. Dies entspricht auch der Vorgabe in IFRS 3.2(b) für den Erwerb
einer Gruppe von Vermögenswerten, die kein *business* konstituieren. I.d.R. wird

sich hierbei keine signifikante Abweichung von der auf relative Einzelveräußerungspreise abstellenden Aufteilungsmethode beim leistenden Unternehmen ergeben (IFRS 15.76 ff.). Sollte sich ausnahmsweise doch ein signifikanter Unterschied ergeben, halten wir die Methode der relativen Einzelveräußerungspreise für
ungeeignet, weil sie auf das für den Erwerber weder unmittelbar relevante noch
nachvollziehbare betriebswirtschaftliche Kalkül des Leistenden abstellt.

4.2.6 Anschaffungsnebenkosten: Einzelkosten vs. Gemeinkosten

Als Anschaffungsnebenkosten sind nach IAS 2.10 nur solche Kosten zu aktivie-   **28**
ren, die dem Erwerb **unmittelbar** zugerechnet werden können *(costs directly
attributable)*. Angesprochen sind damit **Einzelkosten**, die etwa für Transport,
Einlagerung oder Einfuhrzölle entstehen. **Gemeinkosten** sind dem Erwerbsvorgang hingegen nicht direkt zuzurechnen und daher (anders als im Rahmen der
Herstellung, Rz 39) von der Aktivierung ausgeschlossen. Hierbei ist jedoch
begrifflich zu unterscheiden nach

- „echten" Gemeinkosten, die nur aufgrund bestimmter Annahmen über Kostenstellenschlüsselungen einem beschafften Produkt zuzuordnen sind und
- „unechten" Gemeinkosten, die „an sich" einem Beschaffungsvorgang direkt
  zurechenbar sind, mangels entsprechender Aufzeichnungen aber tatsächlich
  nicht direkt erfasst werden; unechte Gemeinkosten sind zu aktivieren.

Praxis-Beispiel[22]   **29**
Sachverhalt
Die Antikmöbel GmbH & Co. KG betreibt den Import und den Groß- und
Einzelhandel von antiken Möbeln und ähnlichen Gebrauchsgegenständen.
Mitarbeiter der Einkaufsabteilung reisen regelmäßig in europäische und asia-
tische Länder, um Ausschau nach passenden Objekten zu halten. Häufig
werden in diesen Ländern auch nach Vorgaben der GmbH & Co. KG aus
gebrauchten Materialien „antike" Möbel, Fliesen u. Ä. hergestellt. Die Mitarbeiter der Einkaufsabteilung überwachen diese Arbeiten mitunter im Rahmen ihrer ohnehin durchgeführten Besichtigungsreisen. In Einzelfällen erfolgt
eine Reise des einen oder anderen Mitarbeiters zur speziellen Überwachung
dieses Herstellungsvorgangs im Ausland.

Lösung
- Die Besichtigungsreisen dienen nicht einem Anschaffungsvorgang, sie sind
  diesem vorgelagert, weshalb sich die Frage der Abgrenzung der Einzel-
  von den Gemeinkosten nicht stellt.
- Umgekehrt zielen die „speziellen" Überwachungsreisen auf die Anschaffung
  eines bestimmten Vermögenswerts und sind deshalb als Einzelkosten *(directly
  attributable)* aktivierbar.
- Wieder umgekehrt liegt es in den Fällen der mit einer Besichtigungsreise
  verbundenen Überwachung. Die Reisekosten und die wesentlichen Teile der
  Lohnkosten entfallen ununterscheidbar auf beide Tätigkeiten (echte Gemeinkosten), anders für den Teil der Arbeitszeit, der theoretisch zugeordnet werden
  könnte (unechte Gemeinkosten).

---

[22] Nach HOFFMANN, PiR 2007, S. 27.

30 Bei der Warenbewertung im **Einzelhandel** sind Besonderheiten[23] zu beachten: Als **Anschaffungsnebenkosten** können je nach Art der Beschaffungslogistik nennenswerte (unechte) Gemeinkosten anfallen, also Beschaffungskosten, die mangels Schlüsselung Gemeinkostencharakter aufweisen. Es geht dabei um Kosten der eigenen oder fremd vergebenen Logistik, weil die Ware vom Hersteller häufig in ein Zentrallager befördert wird, von wo aus ein Weitertransport zu den eigenen Verkaufsstellen vorzunehmen ist. Die Verkaufsbereitschaft für die Ware ist erst bei Einlagerung ins Verkaufsregal gegeben. Die Aktivierbarkeit der Transportkosten kann sich u.U. auf IAS 2.15 stützen, in dem Verbringungskosten eigens erwähnt sind. **Praktikabel** ist eine Erfassung dieser Logistikkosten in die gesamten zu aktivierenden Anschaffungskosten nur durch einen recht groben **pauschalen** Zuschlag nach einer eher großzügig zu definierenden Gruppierung. In der deutschen IFRS-Praxis werden die dargestellten Anschaffungsnebenkosten für Logistik u. Ä. eher selten berücksichtigt.[24]

Für Zwecke der Handels-/Steuerbilanz wird zum Teil eine Aktivierung von **Logistikkosten** befürwortet, wenn diese aus Gründen der Praktikabilität dem einzelnen Produkt nicht zugeordnet werden (unechte Gemeinkosten). Zu den Anschaffungskosten zählen alle weiteren Kosten in der logistischen Kette bis hin zur Einlagerung in die Verkaufsregale *(point of sale)*.[25] U. E. ist ein solches Vorgehen auch nach IAS 2.11 vertretbar. Es kommt hier darauf an, wie die Anforderung der direkten Zurechenbarkeit interpretiert wird. Bei **enger** Interpretation entfällt mit dem Verzicht auf die Einzelaufzeichnung der Kosten faktisch die direkte Zurechenbarkeit, bei **weiter** auf die theoretische Zurechenbarkeit abstellender Interpretation sind die unechten Gemeinkosten im Schätzungswege aktivierungsfähig.

4.2.7 Anschaffungspreisminderungen

31 Anschaffungspreisminderungen resultieren aus den diversen verkaufsfördernden oder zahlungsmotivierenden Praktiken des Lieferanten, beginnend bei den Skonti, über Rabatte und Boni bis hin zu besonderen Verkaufsaktionen, denen die Hersteller durch die Marktmacht des Einzelhandels ausgesetzt sind (→ § 25 Rz 121). Dabei kann es auch einen Gegenpol zu den unter Rz 30 genannten Logistik-Gemeinkosten geben, weil das Einzelhandelsunternehmen für die Übernahme des Warentransports etc. vom Zentrallager zu den einzelnen Verkaufsstellen vom Hersteller einen Zusatzbonus beansprucht.

Fraglich ist, ob (wie bei der Erhöhung des Erwerbspreises um Anschaffungsnebenkosten) auch bei der Minderung um Preisnachlässe eine Berücksichtigung nur infrage kommt, wenn der Nachlass dem Anschaffungsvorgang **direkt zurechenbar** ist. Eine explizite Regelung enthält IAS 2.11 nur für die Nebenkosten. U. E. spricht aber der Verursachungsgedanke für ein entsprechendes Vorgehen bei Preisminderungen. Was nicht durch den einzelnen Erwerbsakt bedingt ist, sollte weder anschaffungskostenerhöhend (Nebenkosten) noch anschaffungskostenmindernd (Preisnachlässe) berücksichtigt werden. Betroffen von dieser Einschränkung sind v. a. **Mengenboni**.

---

[23] VON KEITZ, KoR 2006, S. 101.
[24] VON KEITZ, KoR 2006, S. 101.
[25] SAURE, StBp 2002, S. 285.

Praxis-Beispiel

U kauft laufend Waren bei X ein. Nach den vertraglichen Regelungen erhält U einen Bonus von 10 %, wenn die Jahresabnahme (vor Bonus) mindestens 10 Mio. EUR beträgt. In 01 beträgt die Jahresabnahme 11 Mio. EUR. 80 % der eingekauften Waren hat U zum 31.12.01 schon weiterveräußert. Die verbliebenen 20 % sind u. E. mit Anschaffungskosten von 2,2 Mio. EUR, also ohne die Boni-Kürzung zu erfassen. Aus den veräußerten 80 % resultierte ein Warenansatz/Materialaufwand von 7,92 Mio. EUR (8,8 Mio. EUR minus 10 %). Die Bonus-Forderung ist wie folgt einzubuchen:

per Forderung 1,1 Mio.   an Materialaufwand 0,88 Mio.

                           an sonstiger Ertrag 0,22 Mio.

(alternativ: per Forderung 1,1 Mio. an sonstiger Ertrag 1,1 Mio.)

4.2.8 Bewertungsvereinfachungen, Durchschnittsverfahren und Verbrauchsfolgeverfahren, retrograde Ermittlung

Neben der Einzelerfassung von Anschaffungs-/Herstellungskosten sind nach IAS 2 auch **Bewertungsvereinfachungsverfahren** (Durchschnitts- und Verbrauchsfolgeverfahren) zulässig. Dies gilt allerdings nur für Standardprodukte (Umkehrschluss aus IAS 2.23). Erlaubt sind **32**

- das **Standardkostenverfahren** (IAS 2.21),
- die Ermittlung der Anschaffungs- oder Herstellungskosten auf der Basis der **Verkaufspreise** unter Abzug der Brutto-Handelsmarge – sog. **retrograde** Methode – (IAS 2.22),
- der (gewogene) **Durchschnitt** und
- die **Fifo-Methode** (nicht hingegen Lifo).

Die erste Methode ist v. a. für Herstellungsvorgänge relevant, auf Rz 39 wird deshalb verwiesen. Die drei anderen Methoden greifen eher bei Anschaffungen.

Die retrograde Methode kommt v. a. im Bereich des **Einzelhandels** vor.[26] Ihr **33** Ursprung liegt im Inventurverfahren, das bei der Bewertung notgedrungen die Verkaufspreise heranziehen muss. Das Warenbewirtschaftungssystem erlaubt in vielen Fällen – mit rückläufiger Tendenz im Hinblick auf die wegen der Wettbewerbssituation im Einzelhandel zunehmend erforderliche genaue Kalkulation des einzelnen Artikels – u. U. keinen unmittelbaren Zugriff auf den aktuellen Einstandspreis. Dann bleibt nur der Weg zur Ermittlung der Anschaffungskosten über einen pauschalen Abschlag vom jeweiligen Verkaufspreis. „Pauschal" besagt negativ: Der Abschlag erfolgt nicht für den einzelnen Artikel, sondern für eine bestimmte Produktgruppe. Diese muss betriebswirtschaftlich sinnvoll unternehmensindividuell festgelegt werden, z. B. im Vollsortiment-Warenhaus in Differenzierung nach Lebensmittel, Bekleidung, Uhrwaren und Schmuck, Kosmetika etc. Weiter kann natürlich innerhalb der Lebensmittel differenziert werden nach alkoholischen Getränken, Milchprodukten, Obst und Gemüse etc., ggf. noch mit weiterer Untergliederung.

---

[26] Vgl. hierzu HOFFMANN, PiR 2006, S. 240.

34   Für den Bereich des **Vorrat**svermögens geht IAS 2.24 systematisch von einer *specific identification of their individual costs* aus, die bei nicht austauschbaren *(not interchangeable)* Gütern und bei Gütern und Dienstleistungen für besondere Projekte *(specific projects)* möglich ist. In deutscher Terminologie kann man von nicht vertretbaren Gütern sprechen. Beispiele sind Juwelen, hochwertige Uhren, Sonderanfertigungen von Pkws („*stretched*"), Bauträgerobjekte u. a.

35   Umgekehrt ist eine **Abweichung** vom Einzelbewertungsgrundsatz zulässig, wenn es sich um austauschbare *(interchangeable)* Güter in großer Stückzahl handelt (IAS 2.24). Dann sind nach IAS 2.25 **vereinfachende** Verfahren zulässig, nämlich nach dem gewogenen Durchschnitt oder Fifo.

36   Bei der **Durchschnittsmethode** erfolgt die Bewertung des Bestands am Bilanzstichtag mit den gewogenen durchschnittlichen Anschaffungs- oder Herstellungskosten des Anfangsbestands zuzüglich der Zugänge während des Jahres.

Praxis-Beispiel[27]			
Anfangsbestand		1.000 kg à 10,00	= 10.000
Zukauf 1	+	2.000 kg à 12,00	= 24.000
Zukauf 2	+	1.500 kg à 13,00	= 19.500
Zukauf 3	+	2.500 kg à 14,50	= 36.250
Summe		7.000 kg	= 89.750
Durchschnittswert: 89.750 : 7.000 = 12,82.			

Die **Durchschnittsmethode** gibt nicht die tatsächlichen Einstandskosten wieder, kommt diesen aber bei stabilen Preisen sehr nahe. Bei steigenden Preisen gefährdet die Durchschnittsmethode tendenziell die Substanzerhaltung, bei fallenden Preisen kommt es in der Tendenz zu einer Überbewertung.

37   Bei der **Fifo-Methode** *(First in, first out)* wird unterstellt, dass sich die Lagerzugänge mit den Lagerabgängen synchron verhalten; je früher der Zugang, desto früher der Verbrauch.

Praxis-Beispiel (für Perioden-Fifo)			
Anfangsbestand		1.000 kg à 10,00	= 10.000
Zukäufe	+	1.500 kg à 15,00	
Abgang	./.	1.000 kg à 10,00	
Abgang	./.	500 kg à 15,00	
Endbestand		1.000 kg à 15.00	= 15.000

Bei steigenden Preisen ist die Substanzerhaltung tendenziell noch mehr gefährdet als bei der Durchschnittsmethode, umgekehrt werden bei fallenden Preisen stille Reserven gebildet. Zur buchtechnischen Darstellung des Übergangs von der

---

[27]   Die nachfolgenden Beispiele sind entnommen von MAYER-WEGELIN, in: KÜTING/PFITZER/WEBER (Hrsg.), Handbuch der Rechnungslegung, 5. Aufl., § 256 HGB, Tz. 12 ff. (Stand: 03/2010).

Durchschnitts- auf die Fifo-Methode wird auf das Beispiel in → § 24 Rz 29
verwiesen.

Eine weitere Bewertungsvereinfachung ist u. E. aus Wirtschaftlichkeits- und   **38**
Wesentlichkeitsgesichtspunkten (→ § 1 Rz 26) für solche Rohmaterialien etc.
zulässig, für die nach § 240 Abs. 3 HGB eine **Festbewertung** zulässig ist, d. h.,
dieser Festwert kommt auch nach IAS 2 in Betracht.

4.3 Herstellungskosten

4.3.1 Überblick

Zu den Herstellungskosten *(costs of conversion)* gehören nach IAS 2.10 alle   **39**
Kosten, die anfallen, um den Vermögenswert an seinen derzeitigen Ort und in
seinen derzeitigen Zustand zu bringen.

Nach IAS 2.12 zählen hierzu neben den einem Herstellungsvorgang

- direkt zurechenbaren Kosten wie Materialien und Fertigungslöhne (**Einzel-kosten**) auch
- fixe und variable Produktions**gemeinkosten**, etwa Abschreibungen und In-standhaltungen von Produktionsgebäuden und Produktionsanlagen (mit be-sonderen Problemen bei Kuppelproduktion; Rz 44) sowie
- in qualifizierten Fällen im Herstellungsprozess anfallende **Zinsen** (Rz 45).

Nicht zu den Herstellungskosten gehören nach IAS 2.16:

- **anormale Kosten**, z. B. auch aus Unterbeschäftigung (Rz 43),
- Lagerkosten, die nicht für diese im Produktionsprozess erforderlich sind (z. B. **Ausgangslager**),
- **produktionsferne Verwaltungsgemeinkosten** (Rz 41),
- **Vertriebskosten** (Rz 47).

Die aktivierungspflichtigen **Kostenelemente** können für Vorräte wie folgt tabel-   **40**
larisch dargestellt werden:[28]

Kostenkomponenten (nach IAS 2.12 ff.)	
Materialeinzelkosten	Pflicht
+ anteilige Materialgemeinkosten	
+ Fertigungseinzelkosten	
+ anteiliger Werteverzehr von eingesetztem Anlagevermögen	
+ anteilige Entwicklungs-, Konstruktions- und Versuchskosten	
+ Sondereinzelkosten der Fertigung	
+ anteilige Sondergemeinkosten der Fertigung	
+ fertigungsbezogene Verwaltungskosten (Rz 41)	
+ u. U. fertigungsbezogene Sozialaufwendungen (Rz 41)	

---

[28] In Anlehnung an FISCHER, IAS-Abschlüsse von Einzelunternehmungen, 2001, S. 77.

Kostenkomponenten (nach IAS 2.12 ff.)	
+ herstellungsbezogene Fremdkapitalkosten (nach IAS 23; → § 9 Rz 10) von Vermögenswerten *(assets)*, deren endgültige Betriebs- oder Verkaufsbereitschaft durch verschiedene Maßnahmen über geraume Zeiträume hergestellt werden muss (Ausnahme nach IAS 2.17, Rz 46)	
= **Herstellungskosten**	
überhöhte Kosten (unnötiger Arbeitsaufwand durch Fehlarbeiten, außerplanmäßige Abschreibungen auf Fertigungsanlagen etc.) Leerkosten infolge von Überkapazitäten (Rz 43) allgemeine Verwaltungs- und Sozialaufwendungen Vertriebskosten eigene Forschungs-, Entwicklungs- und Versuchskosten ohne unmittelbaren Fertigungsbezug Ertrag- und Substanzsteuern, die nicht im Fertigungsbereich begründet sind kalkulatorische Kosten	Verbot

Tab. 1: Zusammensetzung der Herstellungskosten

Einen **Vergleich** zwischen den nach der deutschen Bilanzwelt und den nach den IFRS bestehenden Einbeziehungspflichten bzw. -wahlrechten und -verboten gibt die nachstehende Tabelle.

	Herstellungskosten	
	nach § 255 Abs. 2 und 3 HGB	nach IAS 2
Einzelkosten:		
Materialeinzelkosten	Pflicht	Pflicht
Fertigungskosten	Pflicht	Pflicht
Sondereinzelkosten der Fertigung	Pflicht	Pflicht
Gemeinkosten:		
Materialgemeinkosten	Pflicht	Pflicht
Fertigungsgemeinkosten	Pflicht	Pflicht
Werteverzehr des Anlagevermögens	Pflicht	Pflicht
Verwaltungskosten des Material- und Fertigungsbereichs	Pflicht	Pflicht
Allgemeine Verwaltungskosten	Wahlrecht	anteilig Pflicht*
Kosten für freiwillige soziale Leistungen	Wahlrecht	anteilig Pflicht*

	Herstellungskosten	
	nach § 255 Abs. 2 und 3 HGB	nach IAS 2
Kosten für soziale Einrichtungen	Wahlrecht	anteilig Pflicht*
Kosten für betriebliche Altersvorsorge	Wahlrecht	anteilig Pflicht*
Ertragsteuern	Verbot	Verbot
Verwaltungskosten des Vertriebsbereichs	Verbot	Verbot
Fremdkapitalkosten	Wahlrecht	Pflicht oder Verbot (→ § 9 Rz 33)
Vertriebskosten	Verbot	Verbot

Tab. 2: Umfang der Herstellungskosten nach HGB und IFRS

* soweit produktionsbezogen

Wegen Sonderfällen der Aktivierbarkeit von Vertriebskosten vgl. Rz 47.

4.3.2 Produktionsbezogene und übrige Verwaltungskosten

Nach IAS 2.16 sind nur **produktionsbezogene** Verwaltungskosten aktivierbar. **41**
Der Unterschied zwischen produktionsbezogenen und nicht produktionsbezogenen Verwaltungskosten lässt sich etwa an **Beispielen** der Kosten der Abteilung Lohn- und Gehaltsbuchhaltung veranschaulichen. Soweit die Kosten anteilig auf die Buchung der Löhne für Produktivkräfte entfallen, sind sie aktivierungspflichtig und im Rahmen des Betriebsabrechnungsbogens den Erzeugnissen zuzurechnen; soweit sie auf die Buchung der Löhne und Gehälter von Vertriebspersonal/Verwaltungspersonal entfallen, besteht ein Aktivierungsverbot. Ein weiteres Beispiel sind Vergütungen an den Produktionsvorstand einerseits und den Finanzvorstand andererseits.

Mit der nach IAS 2.16(c) sowie IAS 2.19 erforderlichen Unterscheidung nach **42** dem Produktionsbezug[29] wird in der Praxis großzügig umgegangen, wenn die entsprechenden Kostenrechnungssysteme nicht auf diese Aufteilung ausgerichtet sind. Relativ pauschale Zuschläge (z.B. Schlüsselung der Verwaltungskosten nach dem Verhältnis von Produktivkräften zur Zahl sonstiger Arbeitnehmer) können eine sinnvolle (einfache) Lösung ergeben.[30]

Auch bei den Kosten des **sozialen** Bereichs ist eine pauschale Aufteilung nach dem Anteil der Produktivkräfte eine gangbare Lösung.

---

[29] KÜTING/HARTH, BB 1999, S. 2393.
[30] LÜDENBACH, PiR 2006, S. 61.

4.3.3 Unterbeschäftigung, Leerkosten

43 Spezifische Anweisungen zur Kostenrechnung für Zwecke der Bilanzbewertung enthalten die Vorschriften in IAS 2.13 und IAS 2.14. Danach sind die fixen Gemeinkosten auf der Basis einer **normalen Produktionsauslastung** *(normal capacity)* den Produkten zuzurechnen, wobei eine solche „Normalität" im Anschluss daran noch weiter beschrieben wird. Im Wesentlichen handelt es sich um Anweisungen, die vergleichbar auch in der einschlägigen deutschen Kommentarliteratur zu finden sind.[31] Die auf das produzierte Stück bezogenen Gemeinkosten sind nach IAS 2.13 insoweit nicht aktivierbar, als das Produktionsvolumen (viel) zu gering ist, um die Kapazitäten auszulasten (sog. Leerkosten). Wenn sich also z. B. die normale Kapazitätsauslastung auf 80 % beläuft, in der betreffenden Periode aber nur 50 % erreicht, sind 3/8 der fixen Produktionsgemeinkosten nach IAS 2.13 nicht aktivierbar.[32] Bei **Überbeschäftigung** erfolgt keine Anpassung an die Normalbeschäftigung, weil hier auf das einzelne Produkt bezogen die fixen Gemeinkosten sinken, eine Überbewertung also nicht vorliegt.

4.3.4 Kuppelproduktion

44 In IAS 2.14 wird das Problem der **Kuppelproduktion** angesprochen, für die eine Zuordnung von Gemeinkosten nicht schlüssig vorgenommen werden kann. Gefordert wird ein vernünftiges und stetiges *(rational and consistent)* Vorgehen. Beispielhaft werden folgende Vorgehensweisen genannt:
- Beide Produkte sind wesentlich: Die Gemeinkostenzuordnung erfolgt nach dem Verhältnis der Verkaufspreise der Produkte.
- Bei der Herstellung eines Hauptprodukts fällt ein wertmäßig unbedeutenderes Nebenprodukt an: Es wird mit seinem Nettoveräußerungspreis bewertet, und dieser Wert wird bei der Ermittlung der Herstellungskosten des Hautprodukts abgezogen.

4.3.5 Finanzierungskosten

45 **Fremdkapitalkosten**, die der Finanzierung des (Anschaffungs- oder) Herstellungsvorgangs dienen, sind bei besonderen Vermögenswerten *(qualifying assets)* in die Herstellungskosten einzubeziehen (→ § 9 Rz 15ff.).

46 Als qualifiziert gelten im Anwendungsbereich von IAS 2 (Rz 1) „Vorräte, für die ein beträchtlicher Zeitraum erforderlich ist, um sie in einen verkaufsfähigen Zustand zu versetzen". Für Vorräte, deren Herstellung zwar einen beträchtlichen Zeitraum erfordert, die aber routinemäßig gefertigt oder auf andere Weise in großen Mengen wiederholt hergestellt werden, besteht in der Anwendung von IAS 23 und damit in der Aktivierung von Zinsen aber ein Wahlrecht (IAS 23.4(b)). Der Aktivierungspflicht unterliegen somit z. B. ohne Auftrag erstellte Bauobjekte zum späteren Verkauf, dem Aktivierungswahlrecht hingegen **Sonderfälle** wie etwa einer langen Reifungszeit unterliegende Lebensmittel (→ § 9 Rz 31).

4.3.6 Vertriebskosten, Kosten der Vertragserlangung

47 Vertriebskosten sind zwar in IAS 2 mit einem Aktivierungsverbot belegt, können aber ggf. nach IFRS 15.91 f. und IFRS 15.94 im Fall von **Kosten der Vertragser-**

---

[31] ADLER/DÜRING/SCHMALTZ, 6. Aufl., 2001ff., § 255 HGB, Tz. 162.
[32] LÜDENBACH, PiR 2006, S. 61.

langung als sonstiger Vermögenswert aktivierbar sein (→ § 25 Rz 229). Betroffen ist etwa der Bauträgerbereich: Hier beginnt das Geschäftsmodell häufig mit dem Vertrieb, die Produktion schließt sich an den Vertriebserfolg an. Produziert wird erst dann, wenn der Auftrag im Hause ist. Im Bauträgerbereich geht es auch um relativ große Beträge, die im Vertriebsbereich anfallen. Schon die Gemeinkosten – Werbung etc. – sind erheblich, erst recht die erfolgsabhängigen Verkaufsprovisionen, die sich durchaus bis zu 20 % des Auftragsvolumens bewegen können. Verallgemeinert gilt:

- Alle Gemeinkosten und auch Einzelkosten, die nicht dem erfolgreichen Abschluss eines Vertrags direkt zuzurechnen sind, scheiden als Aktivierungspotenzial aus.
- Anders verhält es sich mit Aufwendungen, die tatsächlich zur Erlangung eines Auftrags führen (z.B. Verkaufsprovisionen).

4.4 Bewertungsvereinfachungen, insbesondere Standardkostenmethode

Neben der Einzelerfassung von Anschaffungs-/Herstellungskosten sind nach IAS 2 auch **Bewertungsvereinfachungsverfahren** (Durchschnitts- und Verbrauchsfolgeverfahren) zulässig. Dies gilt allerdings nur für Standardprodukte (Umkehrschluss aus IAS 2.23). Erlaubt sind   48

- das **Standardkostenverfahren** (IAS 2.21),
- die Ermittlung der Anschaffungs- oder Herstellungskosten auf der Basis der **Verkaufspreise** unter Abzug der Brutto-Handelsmarge – sog. **retrograde** Methode – (IAS 2.22; Rz 33),
- der (gewogene) **Durchschnitt** (Rz 36) und
- die **Fifo-Methode** (nicht hingegen Lifo; Rz 37).

Die Anwendung der Bewertungsmethoden unterliegt dem **Stetigkeitsgebot** (→ § 24 Rz 5 ff.).

Bei der **Standardkostenmethode** werden Fertigungslöhne, Materialverbräuche usw. nicht für jeden einzelnen Produktionsakt neu erfasst, sondern nach normalem, durchschnittlich anfallendem Einsatz zugerechnet. Die Anwendung der Methode bedingt eine regelmäßige Überprüfung, ob die Standardsätze noch den tatsächlichen entsprechen.   49

Wegen der anderen Methoden wird auf Rz 32 verwiesen.   50

4.5 Branchenspezifika

4.5.1 Dienstleistungsunternehmen

Klarstellend erwähnte IAS 2.19 in der früheren Fassung auch Dienstleistungs- bzw. Serviceunternehmen als mögliche Anwender der Bewertungsvorgaben von IAS 2. Betont wurde der hohe Lohnkostenanteil in dieser Branche. Unter die Aktivierungspflicht fielen auch die produktionsbezogenen Verwaltungskosten in Form der leitenden Personen und die zugehörigen Gemeinkosten. Ausgeschlossen von der Aktivierung waren die auf den Verkaufs- und generellen Verwaltungsbereich entfallenden Löhne und Gemeinkosten. Mit Verabschiedung von IFRS 15 ist der gesonderte Hinweis auf *service provider* entfallen, da Serviceleistungen   51 regelmäßig zeitraumbezogene Leistungen darstellen, die im unfertigen Stadium nach IFRS 15.105 als *contract assets* und nicht als Vorräte zu behandeln sind.

4.5.2 Landwirtschaftliche Produkte

52   Nach IAS 2.20 sind landwirtschaftliche Produkte ab dem Zeitpunkt der Ernte als Vorräte zu bilanzieren (→ § 40 Rz 14). Der *fair value* zu diesem Zeitpunkt dient als Anschaffungs-/Herstellungskosten i. S. d. IAS 2 (→ § 40 Rz 19).

5   Folgebewertung

5.1   Abschreibung auf den Nettoveräußerungswert

53   Planmäßige Abschreibungen gibt es bei den Vorräten nicht. Dafür ist das (nach deutschem Sprachgebrauch) sog. strenge **Niederstwertprinzip** (Rz 56) auch nach IAS 2.9 im Rahmen der **Folgebewertung** als *„lower of cost or net realisable value"*-Prinzip beachtlich. In IAS 2.28 sind **Hinweise** bzgl. der Kriterien enthalten, die eine **Abschreibung** auf den **Nettoveräußerungswert** *(net realisable value)* gebieten können:

- Beschädigungen,
- teilweise oder völlige Überalterung (Gängigkeitsabschreibung),
- Rückgang der Verkaufspreise.

Der letztgenannte Aufzählungspunkt zur Entwicklung der Verkaufspreise macht systematisch eine Unterscheidung zwischen Wertaufhellung und Wertbegründung erforderlich. Im Einzelfall bestehen hier Abgrenzungsprobleme, die anhand verschiedener Beispielsfälle in → § 4 Rz 29ff. kommentiert sind.

In systematischer Betrachtung ist der Nettoveräußerungswert in einem **retrograden** Verfahren (Rz 48) zu ermitteln. Zum Wertmaßstab vgl. Rz 57.

Die Vorschriften zur **außerplanmäßigen Abschreibung** nach IAS 36 (→ § 11 Rz 3) gelten nicht für das Vorratsvermögen (IAS 36.1(a)).

Zur Bemessung einer **Gängigkeitsabschreibung** können die unternehmensindividuell verwendeten Rechenschemata herangezogen werden. Entsprechendes gilt für die zur Ermittlung des Nettoveräußerungswerts benötigten noch anfallenden **Verkaufskosten**. Nicht explizit geregelt ist in IAS 2, ob hier ein Voll- oder Teilkostenansatz erfolgen muss. Da die IFRS-Bewertungsregeln generell vom Vollkostenprinzip ausgehen, muss dieses auch an dieser Stelle beachtet werden.[33] Dafür spricht ebenfalls die Bewertungsvorgabe für den Zugang im Fall der retrograden Methode (Rz 48): *gross margin* (vgl. auch Rz 58).

54   Nach IAS 2.29 wird der **Einzelbewertungsgrundsatz** auch für Zwecke des Niederstwerttests u. U. durchbrochen zugunsten der **Zusammenfassung** in einer **Gruppe** ähnlicher oder voneinander abhängiger Vermögenswerte. Allerdings darf bei der insoweit zulässigen Gruppenbewertung nicht **zu großzügig** verfahren werden, indem z. B. alle Fertigerzeugnisse oder alle Erzeugnisse eines bestimmten Produktions- oder geografischen Segments abgeschrieben werden. Es stellt sich dann im konkreten Fall die Frage nach der *unit of account*.

---

[33]   So auch KÜMPEL, DStR 2005, S. 1153.

Praxis-Beispiel[34]
Der Bauträger B errichtet Gebäude mit Eigentumswohnungen, die dem Anwendungsbereich von IAS 2 und nach IFRS 15 unterliegen. Folgende Datenkonstellation besteht:
- Ein Gebäude mit Eigentumswohnungen ist am 31.12.01 im Bau befindlich, erstellt sind Erdarbeiten, Fundament und Keller.
- 50 % der Wohnungen sind am Stichtag verkauft.
- Im Jahr 01 ist ein Rückgang der Marktpreise für vergleichbare Eigentumswohnungen festzustellen.
- Die angefallenen Herstellungskosten lassen sich nicht den einzelnen Wohnungen zuordnen.

Die Frage geht nach einer möglichen Niederstwertabschreibung (Rz 56 f.) mit der Folgefrage nach dem Bewertungsobjekt *(unit of account)*: Ist das unfertige Gebäude insgesamt abzuschreiben oder ist nach verkauften und unverkauften Wohnungen zu unterscheiden?
Dazu folgende weitere Fakten:
- Der Rückgang der Verkaufspreise mit drohendem Verlust betrifft nur die nicht verkauften Wohnungen.
- Der bisher erfolgte Verkauf ist voraussichtlich gewinnträchtig.
- Durch die Gesamtbetrachtung käme es zu einer stillen Verrechnung der erwarteten Gewinne und Verluste.

Daraus folgt:
- **Für** eine Gesamtbetrachtung spricht die **nicht teilbare** Masse der bislang angefallenen Herstellungskosten.
- **Gegen** eine Gesamtbetrachtung spricht der je einzeln für eine Eigentumswohnung anfallende Veräußerungspreis, der wiederum die Grundlage des Niederstwerttests darstellt. Die effektiven Verkaufspreise in Gegenüberstellung zu den erwarteten lassen sich nur mit künstlich gegriffenen Annahmen in den Niederstwerttest einführen.

Insgesamt lässt sich eine **Favorisierung** einer der beiden Betrachtungsmöglichkeiten nicht begründen. U. E. sind beide vertretbar und bilanzpolitisch verwendbar. Bei Zusammenfassung ist der Abschreibungsbedarf niedrig (oder entfällt ganz) gegenüber der Einzelbetrachtung.

Folgende **Grenzmarken** der Bewertung sind im Rahmen der erforderlichen Schätzungsverfahren (IAS 2.30) beachtlich (IAS 2.31): **55**
- Die vereinbarten Verkaufspreise im Rahmen von Kontrakten stellen die **Bewertungsobergrenze** dar.
- Produktionsmaterial und andere Hilfs- und Betriebsstoffe der Produktion dürfen **nicht abgeschrieben** werden, wenn die **Fertig**produkte ohne Verlust verkauft werden können (IAS 2.32).
- **Preisrückgänge** für das Produktionsmaterial können aber eine Preissenkung für die Fertigprodukte und damit einen Verlust **indizieren** (IAS 2.32). In derartigen Fällen können die Wiederbeschaffungskosten der Materialien die beste Schätzung des Nettoveräußerungswerts sein.

---

[34] Nach LÜDENBACH, PiR 2010, S. 333; dort auch ein zahlenunterlegtes Beispiel.

56   Im Vergleich zum HGB orientieren sich die **Abschreibungskriterien** für das Vorratsvermögen eher am **Verkaufs-** als am **Beschaffungs**markt. Hierzu folgendes Schema auf der Grundlage des HGB:[35]

- Maßgeblichkeit des **Beschaffungsmarkts**
  - Roh-, Hilfs- und Betriebsstoffe,
  - Erzeugnisse, soweit ein Fremdbezug möglich wäre.
- Maßgeblichkeit des **Absatz**markts
  - Erzeugnisse, Leistungen,
  - Überbestände an Rohstoffen.
- Maßgeblichkeit **beider** Märkte
  - Handelsware,
  - Überbestände an Erzeugnissen.

Eine **Divergenz** zu den IFRS-Regeln lässt sich am ehesten beim **Rohmaterial** (Vorprodukte) feststellen: Hier besteht nach IAS 2.32 der erwähnte (Rz 55) Vorbehalt des gewinnhaltigen Verkaufs der Endproduktion,[36] es sei denn, der Preisrückgang der Vorprodukte indiziert das Absinken des Nettoveräußerungswerts. Nur in diesem Fall wird der gesunkene Wiederbeschaffungspreis als Hilfsgröße zur Bestimmung des Niederstwerts relevant (Rz 55). Im Handelsrecht hat im Übrigen insoweit eine Annäherung an IAS 2 stattgefunden, als das IDW[37] nunmehr für Roh-, Hilfs- und Betriebsstoffe **wahlweise** die beschaffungsmarkt- und die absatzmarktorientierte Bewertung für zulässig hält. U. E. sollte dieses handelsrechtliche Bewertungswahlrecht auch auf **Handelswaren** anwendbar sein.

> **Praxis-Beispiel**[38]
> Ein Unternehmen produziert elektronische Spielzeuge mit geringer Gewinnmarge. Die in das Produkt eingehenden Chips hat das Unternehmen zu 4 EUR je Stück gekauft. Am Bilanzstichtag beträgt der Einkaufspreis 1 EUR pro Stück. Entsprechend rechnet das Unternehmen mit einem starken Preisrückgang für das Fertigprodukt. Auf der Kostenbasis von 4 EUR je Chip ist mit einem Veräußerungsverlust je Fertigprodukt zu rechnen. Deshalb bedarf es zum Bilanzstichtag einer Abwertung der Chipbestände. Hierbei kommt auch nach IAS 2 der Beschaffungsmarkt als wertbestimmend in Betracht, mit der Folge einer Abschreibung auf 1 EUR.

Zum Unterschied zwischen einer Orientierung am Beschaffungsmarkt (traditionelles HGB) und einer am Absatzmarkt noch folgendes Beispiel:

> **Praxis-Beispiel**[39]
> Die Holzmichel GmbH beschafft, bearbeitet und vertreibt inländische Holzsorten. Die Wiederbeschaffungspreise für die in der GmbH lohn- und ma-

---

35 Nach ADLER/DÜRING/SCHMALTZ, 6. Aufl., 2001 ff., § 253 HGB, Tz. 488.
36 Ausführlich hierzu KÜMPEL, DB 2003, S. 2609 und 2614.
37 IDW HFA, IDW-FN 2013, S. 500; GELHAUSEN ET AL., WPg 2012, S. 1235; anders HAAKER/VELTE, die die Absatzmarktorientierung als unzulässige Bezugnahme auf IAS 2 werten (DStR 2014, S. 970).
38 Nach KÜMPEL, IRZ 2012, S. 73.
39 Nach FREIBERG, PiR 2005, S. 62.

schinenintensiv weiterverarbeitete Sorte Lärche sinken ebenso wie für das nach wenig aufwändiger Sortierung durchgehandelte Brennholz. Nur beim Brennholz schlägt dies auf den Absatzpreis durch. Intensive Veredelungsprozesse durchläuft als dritte Sorte das Buchenholz. Wegen eines Konjunktureinbruchs sinkt die inländische Nachfrage nach dem weiterverarbeiteten Buchenholz, während der Einstandspreis aufgrund starker chinesischer Nachfrage nach dem Rohprodukt sogar leicht steigt.

Preise in EUR je Raummeter (RM)	Lärche verarbeitungs-intensiv, EP sinkend, AP konstant	Brennholz material-intensiv, EP und AP sinkend	Buche verarbeitungs-intensiv, EP konstant, AP sinkend
ursprünglich kalkulierter Absatzpreis (AP)	140	20	100
aktueller Absatzpreis (AP)	140	18	85
Fertigungs-, Lager- und Veräußerungskosten	60	1	40
Nettoveräußerungswert	80	17	45
Einstandspreis (EP)	70	18	50
Wiederbeschaffungspreis	63	16	50,5
Preisminderung	7	1,8	0
beschaffungsmarktorientierter Ansatz	63 oder 70	16,2 oder 17	50 oder 45
Ansatz nach IFRS	70	17	45

Die Wertansätze lassen sich wie folgt begründen:
• Bei **verarbeitungsintensiver** Fertigung schlagen gesunkene Wiederbeschaffungspreise nicht auf den Absatzpreis durch. Eine Wertberichtigung ist nach IFRS unzulässig.
• Bei **materialintensiver** Produktion schlagen Kosteneinsparungen im Einkauf auf den Absatzpreis durch. Wegen des Puffers aus der ursprünglich kalkulierten Gewinnmarge ist die Wertberichtigung nach IFRS (1 EUR/RM) jedoch geringer als die Minderung des Einstandspreises.
• Brechen die **Absatzpreise** trotz (zunächst) im Wesentlichen stabiler Wiederbeschaffungspreise ein, ergibt sich nur in der absatzmarktorientierten Bewertung nach IFRS ein zwingender Wertberichtigungsbedarf.

Zur Höhe der vorzunehmenden Abschreibung – nach IAS 2.9 die Differenz zwischen den *cost* und dem *net realisable value* – ist für (unfertige) **Produkte** eine Definition der noch anfallenden Kosten erforderlich. Bei **Waren** geht es um mögliche Erlösschmälerungen und für beide Gattungen um den Umfang der noch zu erwartenden Verkaufskosten. Nach IAS 2.29 kann aus Praktikabilitätsgründen vom **Einzelbewertungs**grundsatz abgewichen werden, es ist also unter bestimmten Voraussetzungen eine **Sammel**bewertung für Güter ähnlichen Endnutzens und Verkaufs in der gleichen geografischen Umgebung angemessen *(appropriate)*. Diese „Sammlung" darf allerdings auch nicht übertrieben werden und sich bspw. auf **alle** Fertigprodukte und alle Produkte einer bestimmten Branche beziehen. **57**

Nicht ausdrücklich geregelt ist die Frage nach der Einbeziehung oder Nicht-einbeziehung von Produktionsgemeinkosten (bei Erzeugnissen) und Vertriebs-gemeinkosten (bei Erzeugnissen und Waren). U. E. ist im Hinblick auf die **Vollkosten**orientierung für die Vorratsbewertung nach IFRS mindestens eine Einbeziehung der noch anfallenden Fertigungsgemeinkosten in den Abzugs-betrag – Differenz zwischen *cost* und *net realisable value* – geboten.[40] Anders ausgedrückt: Alle Kostenarten, die in die Herstellungskosten einbezogen worden sind, müssen auch in den Abzugsbetrag vom mutmaßlichen Verkaufspreis einge-hen.[41] Hinsichtlich der **Vertrieb**sgemeinkosten ist eine gefestigte Meinung im Schrifttum nicht ersichtlich (Rz 53).

58

> **Praxis-Beispiel**[42]
> Die Einzelhandelskette P bietet regelmäßig Aktionsware an. Außerdem muss sie als Vollsortimenter Produkte bzw. Produktgruppen anbieten, die als nicht „kostendeckend" bezeichnet werden (sog. „Verlustprodukte") – z.B. Gemüse und Frischfisch. Die Preiskalkulation dieser Waren liegt zwar über dem Ein-kaufspreis, die Spanne reicht indes nicht zur Deckung der anteiligen Gemein-kosten. Diese wiederum wird von anderen Artikelgruppen „übererfüllt".
> Nach dem zitierten BFH-Urteil[43] kommt eine Teilwertabschreibung nicht in Betracht, weil ein gedachter Erwerber des ganzen Betriebs die „Verlustpro-dukte" zum Einkaufspreis vergütet hätte, da sie zum positiven Gesamtergeb-nis der Vergangenheit beigetragen hätten.

Der BFH stellt also eine Art **Gesamtbewertung** an, der nach IAS 2 nicht unbe-dingt gefolgt werden kann; vielmehr wird hier tendenziell der **Einzel**bewertungs-grundsatz favorisiert:
- Nur bei Massenproduktion *(interchangeable products)* wird in IAS 2.24 eine Gruppenbewertung erlaubt.
- Nur ausnahmsweise wird für Erzeugnisse ein gruppenbezogener Nieder-stwerttest akzeptiert.

Entscheidend geht es letztlich um die Frage der Einbeziehung von **Gemein-kosten** in den *net realisable value* nach IAS 2.6 (Rz 53) und hier speziell um die Auslegung der *costs necessary to make the sale.* Begrifflich können hierunter ohne Weiteres die Gemeinkosten in Form von (anteiligen) Ladenmieten, Abschrei-bungen auf Verkaufstheken etc. subsumiert werden. Auch der Begriff *gross margin* in IAS 2.22 spricht für die Einbeziehung von Gemeinkosten, wenn man darunter nicht die **Handels-**, sondern die **Kosten**spanne versteht. Wir favorisie-ren deshalb die Durchführung des Niederstwerttests in diesen Fällen des Einzel-handels unter Einbeziehung von Verkaufsgemeinkosten.[44]

---

[40] Ähnlich KÜMPEL, IRZ 2012, S. 71.
[41] Vgl. HOFFMANN, PiR 2006, S. 240; so auch KÜMPEL, DStR 2005, S. 1157.
[42] Angelehnt an BFH, Urteil v. 29.4.1999, IV R 14/98, BStBl II 1999 S. 681; vgl. hierzu HOFFMANN, PiR 2007, S. 204.
[43] BFH, Urteil v. 29.4.1999, IV R 14/98, BStBl II 1999 S. 681.
[44] Für eine Einbeziehung ALFREDSON et al., Applying International Accounting Standards, Milton 2005, S. 268: *„Estimated selling costs include all costs likely to be incurred in securing and filling customers such as advertising costs, sales personnel salaries and operating costs, and the costs of storing and shipping finished goods."*

Fraglich ist allerdings, wie sich der besondere Bewertungshinweis auf den   59
Nettoveräußerungspreis für **mineralische** Produkte (Rz 1) mit der allgemeinen
Geltung des Niederstwertprinzips verträgt. Unter den in Rz 1 genannten Voraussetzungen der **Branchenüblichkeit** sind mineralische Produkte zum Nettoveräußerungspreis zu bewerten. Für den Fall von Preissteigerungen, d. h.
über den Anschaffungskosten liegenden Nettoveräußerungspreises, ergibt sich
eine Abweichung vom Anschaffungskostenprinzip. Für den Fall von Preissenkungen ergibt sich eine Interpretation des Niederstwertprinzips außerhalb der
Produktionskette.

Praxis-Beispiel
Ein Versorgungsunternehmen erzeugt Strom aus Erdöl. Der Verfall des
Preises für das Rohmaterial „Erdöl" würde nach IAS 2.9 keine Abschreibung
erlauben, wenn der daraus gewonnene Strom noch gewinnbringend verkauft
werden kann (IAS 2.32; Rz 55).
IAS 2.3(a) führt hingegen eher zu einer **Einzelbetrachtung**: Bei niedrigerem
Einstandspreis für Öl ist ohne Berücksichtigung des Verkaufspreises für den
Strom eine Abschreibung vorzunehmen.
Für diese Interpretation spricht auch die Möglichkeit des Stromherstellers,
den Ölvorrat jederzeit weiterzuverkaufen. Allerdings gilt diese Überlegung
nur unter dem in IAS 2.3(a) enthaltenen Vorbehalt einer entgegenstehenden
Branchenpraxis, wenn also das Anschaffungskostenprinzip keine Branchenpraxis darstellt.

In der Praxis kann die Bewertung von **Ersatzteilen** für **langlebige** Verkaufs   60
produkte besondere Probleme bereiten. Insbesondere Premiumhersteller von
Investitions- oder langlebigen Konsumgütern garantieren rechtlich oder faktisch
über einen langen Zeitraum die Versorgung der Kunden mit Ersatzteilen. Produktionstechnische Erfordernisse führen dann zu einer überwiegenden Herstellung der Ersatzteile gegen Ende des Produktionszyklus. Die Folge sind entsprechend hohe Bestände, die in der bisherigen deutschen Bilanzierungspraxis oft mit
pauschalen **Gängigkeitsabschlägen** wertberichtigt werden. Diese Verfahrensweise ist aus Sicht des Absatzmarkts (Nettoveräußerungswert) sachgerecht:

Praxis-Beispiel
Ein Unternehmen ist Qualitätsführer bei der Produktion von Kameras. Ein
Modellwechsel findet alle drei bis fünf Jahre statt. Eine Ersatzteilversorgung
ist auch nach Auslaufen der jeweiligen Modellproduktion noch für mindestens acht Jahre sichergestellt. Modellspezifische Ersatzteile werden zu diesem
Zweck im Zeitpunkt des Modellauslaufs auf Lager produziert, und zwar nach
Maßgabe eines Sicherheitszuschlags mit einer Reichweite von zehn Jahren.
Die Reichweite von zehn Jahren rechtfertigt nicht notwendig einen pauschalen Gängigkeitsabschlag. Lediglich auf den Sicherheitszuschlag von 25 %
erscheint ein sofortiger Gängigkeitsabschlag gerechtfertigt.
Für die verbleibende Menge von acht Jahren, geschichtet nach Jahren (oder
vereinfacht nach längeren Clustern), sind folgende Berechnungen je Cluster
angezeigt:

	Voraussichtlicher Veräußerungspreis im Jahr 0 + x
–	im Jahr 0 + × anfallende Vertriebskosten
=	Ertrag des Jahres 0 + ×
	abgezinst auf 0 = Barwert
–	Lagerkosten 0 bis × (abgezinst)
=	Nettoveräußerungswert 0 je Stück
x	erwartete Absatzmenge in 0 + x
=	Nettoveräußerungswert des Clusters 0 + x

Die Erwartungsgrößen sind jährlich fortzuschreiben. Bei nicht erwarteter Nachfrageänderung, z. B. weil sich das Kundenverhalten geändert hat oder die Reparaturanfälligkeit unter Plan liegt, kann sich ein erhöhter Abschreibungsbedarf ergeben.

5.2 Wertaufholung

61 Vergleichbar § 253 Abs. 5 Satz 1 HGB ist nach IAS 2.33 eine **Wertaufholung** geboten: Wenn die Gründe für eine frühere Abschreibung auf den *net realisable value* weggefallen sind oder der Wert sich aus sonstigen Gründen erholt hat, ist eine Zuschreibung vorzunehmen *(the amount of the writedown is reversed)*. Der dann gültige Buchwert entspricht dem niedrigeren Betrag aus den Anschaffungs- oder Herstellungskosten und dem Nettoverkaufspreis. Als Beispiel für eine Wertaufholung wird die Wiedererhöhung des möglichen Verkaufspreises nach früherer Preissenkung für ein verkaufsfähiges Produkt genannt.

Wegen des dem Vorratsvermögen begrifflich innewohnenden zügigen Umschlags wird sich das Wertaufholungsproblem in der Praxis nur selten stellen. Die wiedergewonnene Werthaltigkeit zeigt sich in aller Regel im erfolgten Verkauf.

5.3 Bewertung bei Umwidmung in Anlagevermögen

62 Ist ein Gegenstand ursprünglich zur Veräußerung bestimmt, wird aber später (z. B. wegen einer unbefriedigenden Marktsituation) die Verwendungsabsicht dahingehend geändert, dass der Gegenstand nun (dauerhaft) selbst genutzt werden soll, gilt u. E. Folgendes:

- Im Zeitpunkt der durch Gremienbeschlüsse o. Ä. objektvierten Änderung der Verwendungsabsicht ist eine Umgliederung vom Umlaufvermögen in das Anlagevermögen vorzunehmen.
- Der Gegenstand ist auf den Umwidmungszeitpunkt letztmalig nach den für Vorräte geltenden Niederstwertregeln zu bewerten.

Entsprechendes gilt für eine Umwidmung von Vorräten in im *cost model* bewerteten *investment properties*.

6 Latente Steuern

63 Zu einer systematischen **Divergenz** zwischen Steuerbilanz und IFRS kann es u. a. wegen den unterschiedlichen Voraussetzungen von außerplanmäßiger Abschreibung und Teilwertabschreibung sowie im Bereich des **Verbrauchsfolge**verfahrens kommen.

Praxis-Beispiel

Das Unternehmen bzw. der Konzern wendet aus (deutscher) steuerlicher Motivation das Lifo-Verfahren an, während nach IFRS die Fifo-Methode gewählt wird. Je nach Entwicklung der Einstandspreise bzw. Herstellungskosten für die betreffenden Vorratspositionen kann es zu unterschiedlichen Bilanzwerten und damit Ergebnissen im IFRS-Abschluss einerseits und HGB-/EStG-Abschluss andererseits kommen.

Daraus resultiert das Erfordernis, die entsprechende **Steuerlatenz** (→ § 26 Rz 44) nach Maßgabe der nachstehenden Tabelle zu bilanzieren.

Preisentwicklung	Bilanzansatz		Steuerlatenz
	Fifo	Lifo	
steigend	zu hoch	zu niedrig	passiv
fallend	zu niedrig	zu hoch	aktiv

7 Ausweis und Anhangangaben

In IAS 1.78(c) wird folgende **Gliederung** des Vorratsvermögens im Bilanzausweis oder im Anhang empfohlen (→ § 2 Rz 56): **64**

- Handelswaren,
- Roh-, Hilfs- und Betriebsstoffe,
- unfertige Erzeugnisse, unfertige Leistungen,
- Fertigerzeugnisse.

Abgesehen von den **geleisteten** Anzahlungen entspricht diese Gliederung derjenigen in § 266 HGB (Rz 1). Solche Anzahlungen müssten in der Konsequenz als Forderung ausgewiesen werden.

Zum Ausweis **erhaltener** Anzahlungen wird verwiesen auf → § 2 Rz 33.

Abschreibungen auf den Nettoveräußerungswert und entsprechende Zuschreibungen sind in der GuV i. d. R im Materialeinsatz bzw. den Umsatzkosten auszuweisen, bei ungewöhnlicher Größenordnung in GuV oder Anhang als gesonderter Posten. Innerhalb eines **aufzugebenden** Geschäftsfelds *(discontinued operations)* oder einer **aufzugebenden** Sachgesamtheit *(disposal group)* können Vorräte enthalten sein (→ § 29 Rz 53).

Im Anwendungsbereich von IFRS 15 liegende vertragliche Vermögenswerte *(contract assets),* etwa aus kundenspezifischer Fertigung oder unfertigen Dienstleistungen, können u. E. bei entsprechender Anpassung der Postenüberschrift mit den Vorräten in einem Hauptposten zusammengefasst werden, sofern eine Gliederungsebene darunter oder im Anhang die Unterteilung nach Vorräten und *contract assets* vorgenommen wird.

Der bilanzielle Gliederungsvorschlag in IAS 1.78(c) ist allerdings **nicht zwingend**. Er kann deshalb individuell an die unternehmensspezifischen Vorgaben angepasst werden. Deshalb ist auch die nach **HGB vorgegebene** Einbeziehung der geleisteten **Anzahlungen** (mit Aufgliederung im Anhang; Rz 66) zulässig **65** und in der deutschen IFRS-Bilanzierungspraxis vorzufinden.[45] Speziell vorgeschrieben ist lediglich ein Bilanzausweis für Vorräte insgesamt *(inventories)* nach IAS 1.54(g) (→ § 2 Rz 46).

66 Im **Anhang** sind gem. IAS 2.36ff. folgende Angaben zu machen:

- Darstellung der Bewertungs**methoden** einschließlich der angewandten Bewertungsvereinfachungsverfahren (Durchschnittsmethode, Verbrauchsfolgeverfahren).
- Der Betrag von **Wertaufholungszuschreibungen** einschließlich Angabe der Gründe für diese Zuschreibungen.
- Der Buchwert von **sicherungsübereigneten** Vorräten.
- Die ggf. in die Herstellungskosten einbezogenen Kosten der **Fremdfinanzierung** gem. IAS 23.29 (Rz 45).

Eine weitere Angabepflicht betrifft Vorräte, die zum *fair value* abzüglich der Verkaufskosten bewertet werden. Deren Wert ist anzugeben. Es könnte sich begrifflich um ein Redaktionsversehen handeln (statt *net realisable value*). U. E. sind damit allerdings die Vorräte der Waren-Broker in IAS 2.3(b) gemeint, die eine *fair-value*-Bewertung praktizieren (siehe Rz 1).

67 Die Anhangerläuterungen können **beispielhaft** etwa wie folgt formuliert werden:

Praxis-Beispiel
Die Bewertung der **Vorräte** erfolgt jeweils zum niedrigeren Betrag aus Anschaffungs- bzw. Herstellungskosten einerseits und am Bilanzstichtag realisierbarem Nettoveräußerungspreis abzüglich noch anfallender Kosten andererseits. Die Ermittlung der Anschaffungs- bzw. Herstellungskosten erfolgt auf Basis des *first-in-first-out*-Verfahrens (Fifo).
Mit dem Nettoveräußerungswert sind Fertigerzeugnisse i.H.v. X EUR bewertet. Sicherungsübereignet wurden Vorräte mit einem Buchwert von Y EUR.

Auf die Checkliste „IFRS-Abschlussangaben" (siehe HI10157883 im Haufe IFRS-Kommentar Online) wird ergänzend verwiesen (→ § 5 Rz 8).

8 Anwendungszeitpunkt, Rechtsentwicklung

68 IAS 2 ist auf nach dem 31.12.2004 beginnende Geschäftsjahre anzuwenden. Grundlegende Änderungen des Standards sind derzeit nicht ersichtlich.
IFRS 15 hat zu geringen Änderungen an IAS 2 geführt. Insbesondere sind im Hinblick auf das nun einheitliche Erlösrealisierungsmodell die spezifischen Hinweise auf Anbieter von Serviceleistungen in IAS 2.8, IAS 19, IAS 29 und IAS 37 entfallen. Außerdem wird in IAS 2.8 bestimmt, dass im Anwendungsbereich von IFRS 15 liegende Vermögenswerte (z.B. *contract assets*; → § 25 Rz 230) nicht den Regeln von IAS 2 unterliegen.

[45] Vgl. KÜMPEL, DStR 2005, S. 1153.

D

Bilanzierung der Passiva

§20 EIGENKAPITAL, EIGENKAPITALSPIEGEL
(Equity, Statement of Changes in Equity)

Schrifttum: BARDENS/FLADT/MEURER, Klassifizierung von Pflichtwandelanleihen als Eigenkapital gem. IFRS, PiR 2013, S. 218 ff.; BÖMELBURG/LANDGRAF/LUCE, Die Auswirkungen der Eigenkapitalabgrenzung nach IAS 32 rev. 2008 auf deutsche Personengesellschaften, PiR 2008, S. 143 ff.; CHRISTIAN, Bilanzierung einer Wandelanleihe beim Emittenten nach IFRS, PiR 2008, S. 81 ff.; EBELING, Zuordnung der im Konsolidierungsprozess auftretenden Eigenkapitaldifferenzen im IFRS-Konzernabschuss, BB 2007, S. 1609 ff.; EPPINGER/FAUSS/KÖHLE Erfolgswirksamkeit der Erfassung von Bankgebühren *(bank fees)* nach IAS 32, Betrachtung im Rahmen eines IPO, PiR 2013, S. 284 ff.; FREIBERG, Kapitalabgrenzung bei Bindung der Erfüllung einer emittierten Anleihe an künftige Ereignisse, PiR 2015, S. 29 ff.; FREIBERG, (Re-)Klassifizierung als Eigen- oder Fremdkapital, PiR 2014, S. 92 ff.; FREIBERG, Klassifizierung als Eigen- oder Fremdkapital von Instrumenten mit Erfüllungswahlrecht, PiR 2013, S. 165 ff.; FREIBERG, (Öffentliche) Erwerbsangebote als Finanzinstrumente? PiR 2012, S. 296 ff.; FRITZ-SCHMIED/WEBERNIG, Bewertungsindizierte Inkonsistenzen durch Ausgabe einer Wandelanleihe in fremder Währung, IRZ 2015, S. 23 ff.; HALLER/GÖTZNER, Die Bilanzierung von Personenhandelsgesellschaften nach IAS 32, PiR 2007, S. 214 ff.; HOFFMANN, Das Gesellschafterdarlehen mit Rangrücktritt, PiR 2009, S. 182 ff.; ISERT/SCHOBER, Bilanzierung von Wandelanleihen nach IFRS, BB 2005, S. 2287; LÜDENBACH, Verdeckte Einlage eines Aktienpakets und eines Patents, PiR 2015, S. 362 ff.; LÜDENBACH, Mittelbare Bedeutung des aktienrechtlichen Minderheitenschutzes für die Eigenkapitalqualität ewig laufender Genussrechte, PiR 2010, S. 211 ff.; LÜDENBACH/HOFFMANN, IFRS-Rechnungslegung für Personengesellschaften als Theater des Absurden, DB 2005, S. 404 ff.; MEURER/TAMM, Neues Eigenkapital durch RIC 3, IRZ 2010, S. 269 ff.; WEIDENHAMMER, Die Eigenkapitalqualität kündbarer Anteile nach IAS 32, PiR 2008, S. 213 ff.; ZWIRNER/KÖNIG, Gesellschaftsvertragliche Vereinbarungen bei Personenhandelsgesellschaften und ihre Auswirkungen auf die Abgrenzung von Eigen- und Fremdkapital nach IAS 32, KoR 2013, S. 1 ff.

Vorbemerkung

Die folgende Kommentierung beruht auf IAS 32 und IAS 1 und berücksichtigt alle bis zum 1.1.2017 verabschiedeten Änderungen, Ergänzungen und Interpretationen. Soweit erforderlich sind Abweichungen gegenüber früheren Standardversionen als solche dargestellt und ebenso wie vorliegende Änderungsentwürfe unter Rz 111 ff. zusammengefasst.

1 Regelungsinhalt IAS 32 und IAS 1

1.1 IAS 32: Definition und Abgrenzung des Fremdkapitals

IAS 32 enthält die Basisdefinitionen zu **Finanzinstrumenten** (→ § 28 Rz 3 ff.). Zu   1
den Finanzinstrumenten gehören auch die finanziellen Schulden (→ § 28 Rz 220 ff.).
In diesem Zusammenhang ist von Bedeutung, wann überhaupt eine finanzielle Verbindlichkeit vorliegt bzw. wie sich **Schulden** vom **Eigenkapital unterscheiden.**
Die hierzu in IAS 32 getroffenen Regelungen sind von grundlegender Bedeutung, da sie die Primärunterteilung der Passivseite der Bilanz betreffen.

1.2 IAS 1: Eigenkapitaländerungsrechnung

IAS 1 (→ § 2) verlangt eine Reihe von Angaben **zur Zusammensetzung und**   2
Entwicklung des Eigenkapitals. Der Abschlussadressat soll insbesondere informiert werden über die Quellen, aus denen sich die Zu- oder Abnahme des Reinvermögens speisen. Quellen der Eigenkapitalerhöhung oder -minderung sind:

- **Transaktionen** mit **Anteilseignern** (z. B. Barkapitalerhöhung oder Ausschüttung; → § 2 Rz 92),
- das Gesamtergebnis als Summe aus **Periodenergebnis** (Gewinne oder Verluste) und sonstigem, nicht in der GuV berücksichtigtem Einkommen (→ § 2 Rz 96), etwa aus der Bewertung von *available-for-sale*-Finanzinstrumenten (→ § 28 Rz 200 ff.) oder aus der Neubewertung *(revaluation)* von Sachanlagevermögen (→ § 14 Rz 47).

Für die Aufschlüsselung der verlangten Angaben sieht IAS 1 **folgende Formate** vor:

- In einer **Eigenkapitaländerungsrechnung** (= Eigenkapitalspiegel) sind die Transaktionen mit Gesellschaftern aufzuschlüsseln. Das Gesamtergebnis geht in den Eigenkapitalspiegel i. d. R. nur aggregiert als Summe ein (IAS 1.106; Rz 65 ff.).
- In der **Gesamtergebnisrechnung** (*statement of comprehensive income*) ist zumindest das nicht in der GuV berücksichtigte Einkommen *(other comprehensive income)* aufzuschlüsseln, daneben wahlweise, als Alternative zu einer separaten GuV, die erfolgswirksamen Aufwendungen und Erträge (IAS 1.81 ff.; → § 2 Rz 57).

2 Abgrenzung Eigenkapital und Fremdkapital

2.1 Überblick

Probleme der **Abgrenzung** von Eigen- und Fremdkapital stellen sich u. a. in   3
folgenden Kontexten:

- **Zusammengesetzte Finanzierungsinstrumente:** Ein Unternehmen kann zur Kapitalbeschaffung **Wandelanleihen** oder ähnliche Finanzinstrumente emittieren, die sowohl Schuld- als auch Eigenkapitalelemente enthalten. Bei derartig zusammengesetzten Finanzinstrumenten ist eine Aufteilung des Emissionserlöses in Fremd- und Eigenkapital geboten (Rz 6). Fraglich ist, ob wegen des Rechts auf Vorwegdividende auch **Vorzugsaktien** als zusammengesetzte Finanzinstrumente zu qualifizieren sind (Rz 17).

- **Mezzanine Finanzierungen:** Eine schuldrechtliche Kapitalüberlassung kann durch Verlustbeteiligung, Insolvenznachrang etc. dem **Eigenkapital wirtschaftlich nahe**kommen. Fraglich ist dann, ob eine wirtschaftliche Betrachtungsweise den bilanziellen Ausweis als Eigenkapital rechtfertigt (Rz 20).

- **Leistungsbezug gegen Gewährung von Anteilsrechten:** Ein Vertrag über den „Einkauf" von Leistungen kann die Begleichung der Schuld durch die Aus- bzw. Hingabe von **Eigenkapital** vorsehen. Zu untersuchen ist dann, unter welchen Bedingungen die bereits „vereinnahmte", aber noch nicht „bezahlte" Leistung zu Eigen- oder Fremdkapital führt (Rz 23).

- **Derivative Kontrakte in eigenen Aktien:** Eine Gesellschaft kann ein bindendes Angebot auf den Erwerb oder die Lieferung **eigener Aktien** abgegeben haben: Der tatsächliche Vollzug des Geschäftes führt zur Erhöhung oder Minderung des Eigenkapitals. Fraglich ist, ob ein am Bilanzstichtag bestehender Schwebezustand eine Verbindlichkeit begründen kann (Rz 26).

- **Abfindungen bei Ausscheiden von Gesellschaftern:** Gesellschaftsrechtliche Kapitalüberlassung kann, wie z.B. bei Personengesellschaften oder Genossenschaften üblich, mit bedingt (bei Kündigung des Gesellschafters) oder betagt (bei Tod des Gesellschafters) entstehenden **Rückzahlungs-** und **Abfindungs**pflichten verbunden sein. Klärungsbedürftig ist hier, ob erst das die Rückzahlung auslösende Ereignis oder bereits die gesellschaftsvertragliche Regelung zur Umqualifizierung von gesellschaftsrechtlichem Eigen- in bilanzielles Fremdkapital führt (Rz 31 ff.).

Für die Beantwortung dieser Fragen ist vorrangig der Regelungsbereich des IAS 32 heranzuziehen, daneben die Definition des Eigen- und Fremdkapitals im *Framework* (→ § 1 Rz 98).

2.2 Allgemeine Kriterien der Abgrenzung von Eigenkapital und Fremdkapital

4   Nach den Regelungen in IAS 32 und im *Framework* sind für die **Abgrenzung** von Eigen- und Fremdkapital folgende allgemeine Erwägungen maßgeblich:

1. **Residualer Anspruch**

Als Eigenkapitalinstrument (IAS 32.11 i.V.m. IAS 39.8) bzw. Eigenkapital (F. 4.4) ist der residuale Anspruch *(residual interest)* auf das nach Abzug der Schulden verbleibende Nettovermögen eines Unternehmens anzusehen.

2. *Substance over form*

Hierbei ist nicht die Form, sondern die Substanz *(substance;* IAS 32.18), d.h. der „tatsächlich wirtschaftliche Gehalt" (F. 4.6), entscheidend.

3. **Vertragliche Verpflichtung bestimmter Art**

Die Substanz ist entscheidend daran festzumachen, ob eine vertragliche Verpflichtung der folgenden Art besteht:

- (bedingte oder unbedingte) Pflicht des Unternehmens (a) zur Lieferung von Geld (oder anderen Vermögenswerten; IAS 32.16(a)(i)) bzw. IAS 32.16(b) zum potenziell nachteiligen Tausch von Vermögenswerten oder Verbindlichkeiten (IAS 32.16(a)(ii));

- (bedingte oder unbedingte) Pflicht des Unternehmens zur Lieferung einer variablen Zahl eigener Anteile (IAS 32.16(b)(i)) bzw. Recht, Pflicht oder bedingte Pflicht zum Erwerb einer festen Zahl eigener Anteile gegen einen festen Betrag an Geld (oder anderen Vermögenswerten; IAS 32.16(b)(ii)).

Nur wenn **keine** dieser Bedingungen erfüllt ist, liegt Eigenkapital vor (IAS 32.16f.).

Zu den vorgenannten Definitionen und Kriterien folgende **Anmerkungen:** 5
ad 1): Die Definition von **Eigenkapital** als **Residualanspruch** auf Nettovermögen nach Abzug von Schulden setzt den Begriff der Schuld und seine Abgrenzung vom Eigenkapital bereits voraus. Die **Definition** ist somit **zirkulär** und löst die Abgrenzungsfrage nicht (→ § 1 Rz 98).
ad 2): Die Berufung auf **Substanz** bzw. **wirtschaftlichen Gehalt** ist eher **Beschreibung** der Abgrenzungsaufgabe als deren **Lösung.** Soweit rechtliche und wirtschaftliche Würdigung übereinstimmen, entstehen keine Abgrenzungsprobleme. Im Mittelpunkt der Eigen-/Fremdkapitalfrage stehen aber gerade die Fälle, in denen rechtlich als Eigen- oder Fremdfinanzierung einzuordnende Kapitalüberlassungen der Substanz nach auch Fremd- oder Eigenkapitaleigenschaften aufweisen. Für die dann vorzunehmende bilanzrechtliche Qualifizierung des konkreten Einzelfalls liefert das abstrakte Prinzip der wirtschaftlichen Betrachtung keine hinreichend aussagekräftige Lösung.
ad 3): Einen Konkretisierungsbeitrag leistet nur die in IAS 32.16 aufgeführte Regelung:

- Sie stellt in ihrer **ersten Variante** (IAS 32.16(a)) v. a. auf die bedingte oder unbedingte vertragliche **Verpflichtung** ab, **Geld** (oder andere finanzielle Vermögenswerte) **einzutauschen.** Jede solche Verpflichtung begründet Fremdkapital. Danach können sog. Mezzanine-Finanzierungen (schuldrechtliche Kapitalzuführungen mit wirtschaftlichen Elementen des Eigenkapitals; Rz 20) bilanziell i.d.R. nicht als Eigenkapital gelten. In einer weiteren Interpretation kann die Regelung außerdem eine Umqualifizierung des Eigen- in Fremdkapital bewirken, wenn der Gesellschaftsvertrag ein Kündigungsrecht gegen Abfindung aus dem Gesellschaftsvermögen vorsieht (Rz 31). Bestehen wirtschaftliche Zwänge *(economic compulsion)*, die das Unternehmen faktisch zu Zahlungen „verpflichten", fehlt es aber an einer rechtlichen Verpflichtung, liegt i.d.R. kein Fremdkapital vor. Ein Beispiel sind die Mindestdividenden, die eine **REIT-AG** auszahlen muss, wenn sie ihre Steuerfreiheit wahren will. Wegen der Nachteiligkeit des Verlustes der Steuerfreiheit besteht ein ökonomischer, aber eben kein rechtlicher Zwang zu diesen Mindestausschüttungen. Zu einer (teilweisen) Umqualifizierung des gesellschaftsrechtlichen Eigenkapitals in Fremdkapital kommt es deshalb nicht.[1] Zu einem weiteren Anwendungsbeispiel – „ewig" laufende Anleihen mit Kündigungsrecht des Unternehmens – wird auf Rz 17 verwiesen.
- In der **zweiten Variante** (IAS 32.16(b)) geht es einerseits um Leistungen, die gegen Gewährung von Gesellschaftsrechten vereinnahmt werden. Aus wirtschaftlicher Sicht soll es sich insoweit (noch) **nicht** um **eigenkapitalerhöhende Einlagevorgänge** handeln, als dem Vertragspartner nicht eine feste Zahl von Anteilen (Aktien) gegen eine feste Leistung *(fixed for fixed)* versprochen ist

---

[1] IDW RS HFA 45, Tz. 60.

(Rz 23), sondern ein **fester rechnerischer Geldbetrag**, der in Abhängigkeit vom Wert der Anteile (Aktienkurs) am Erfüllungstag zu einer unterschiedlichen Zuteilung von Anteilen führt. Daneben werden in der zweiten Variante **derivative**, auf den Erwerb oder die Ausgabe **eigener Aktien** gerichtete Kontrakte behandelt. Eine Option auf den Erwerb eigener Aktien durch das Unternehmen kann danach ebenso zu Fremdkapital führen wie die Gewährung einer Option auf die Lieferung eigener Aktien an das Unternehmen (Rz 26) oder die Begebung einer Wandelschuldverschreibung, deren Wandlungsverhältnis von externen Faktoren abhängt, die das Unternehmen nicht kontrolliert (Rz 8).

2.3 Zusammengesetzte Finanzinstrumente

2.3.1 Wandelanleihen, Zwangswandelanleihen, Anleihen mit Erfüllungswahlrecht und ähnliche Instrumente

6   Enthält ein vom Unternehmen ausgegebenes Finanzinstrument sowohl Schuld- als auch Eigenkapitalelemente, so ist der Emissionserlös aufzuteilen. Die **Bestandteile** des zusammengesetzten Instruments sind **getrennt** zu bilanzieren *(split accounting)*, d. h. zum Teil im Eigenkapital und zum Teil im Fremdkapital darzustellen (IAS 32.28).

Ein wichtiges Beispiel für solche zusammengesetzten Instrumente sind **Wandelschuldverschreibungen**, die dem Gläubiger ein Recht zur Wandlung der Anleihe (Fremdkapital) in Aktien (Eigenkapital) geben. Eine ähnliche Struktur weisen **Optionsanleihen** auf, bei denen allerdings die Anleihe nicht mit der Wandlung untergeht, sondern mit der Anleihe ein Optionsrecht auf den Erwerb von Aktien verbunden ist, das unabhängig von der Anleihe ausgeübt oder in sonstiger Weise verwertet werden kann. Der Effektivzins von Wandel- und Optionsanleihen liegt unter dem durch Bonität und Laufzeit gegebenen marktgerechten Zins. Die Anleihen werden entweder mit einem höheren Agio als laufzeitähnliche Anleihen vergleichbarer Emittenten ausgegeben oder der Nominalzins liegt unter dem Nominalzins anderer Anleihen. Dieses Weniger an Verzinsung kann aus Sicht des Emittenten als in die Kapitalrücklage einzustellendes Eigenkapital qualifiziert werden.

In diesem Sinne sieht IAS 32.31 ff. folgendes Vorgehen (**Restwert- bzw. Residualmethode**) vor:

- **Schritt 1: Ermittlung des Barwerts von Zins und Tilgung:** Für die wandelbare Anleihe wird zunächst der Wert der finanziellen Schuld dadurch bestimmt, dass die zukünftigen Tilgungen und Zinszahlungen mit dem **risikogerechten Zinssatz** abgezinst werden, der für eine ähnliche, aber nicht mit einer Eigenkapitalkomponente versehene finanzielle Schuld nach Maßgabe der Marktverhältnisse und der Bonität bzw. des Ratings des Unternehmens zu zahlen wäre.

- **Schritt 2: Subtraktion des Barwerts vom Gesamtwert:** Der in die Kapitalrücklage einzustellende Wert des Eigenkapitalinstruments ergibt sich dann durch Subtraktion der finanziellen Schuld vom Wert des gesamten zusammengesetzten Instruments, d. h. unter Vernachlässigung von Emissionskosten vom vereinnahmten Betrag.

Eine Aufteilung von Eigen- und Fremdkapitalanteil nach den relativen *fair values* (**Verhältnismethode**) ist nicht zulässig.

Zu kombinierten **aktienkursorientierten** Vergütungsformen vgl. → § 23 Rz 83.

Die Klassifizierung eines **Wandlungsrechts** als Eigenkapital erfordert u.a., dass **7** zum Emissionszeitpunkt der Betrag der künftigen Gegenleistung feststeht (IAS 32.16(b)(ii)). Ein fester Geldbetrag in Fremdwährung, d.h. in einer anderen als der funktionalen Währung des Emittenten, erfüllt diese Bedingung nicht.[2] Somit kann bei einer **Wandelanleihe** in **Fremdwährung**, d.h. nicht in der funktionalen Währung des Emittenten, das Wandlungsrecht nicht als Eigenkapital ausgewiesen werden. Die Anleihe ist in diesem Fall in ihrer Gesamtheit als Fremdkapital zu erfassen, wobei das Wandlungsrecht ggf. als Derivat i.S.v. IAS 39.10ff. trennungspflichtig ist.

Zur buchmäßigen Behandlung einer Wandelanleihe beim Emittenten folgendes **8** vereinfachtes Beispiel:

Praxis-Beispiel[3]
Sachverhalt
U emittiert am 31.12.00 eine Wandelanleihe von nominal 100 Mio. zu pari. Die Laufzeit beträgt drei Jahre, die jährliche Zinszahlung 2 Mio. Ohne Gewährung des Wandlungsrechts hätte U einen Effektivzins von 10 % bieten müssen.
Folgende Aufgaben sind zu lösen:
- Die Ermittlung des Fremd- und Eigenkapitalanteils sowie der zugehörige Buchungssatz per 1.1.01.
- Die Entwicklung der Verbindlichkeit bis zur Fälligkeit (Aufzinsung).
- Die Erledigung der Verbindlichkeit durch Wandlung oder Tilgung.

In der GuV verursacht die Anleihe aufgrund der Aufzinsung insgesamt einen Aufwand von 25,89 Mio., also 19,89 mehr als die Zinszahlungspflicht. Dieser Mehrbetrag entspricht der ursprünglichen Zuführung zur Kapitalrücklage. In der Summe wird also bei Nichtwandlung kein Eigenkapital geschaffen. Hinsichtlich des Mehrbetrags findet lediglich eine Verschiebung zwischen Gewinnrücklage (−19,89) und der Kapitalrücklage (+19,89) statt. Diese Verschiebung kann nach IAS 32.AG32 mit Wandlung wahlweise durch eine Buchung „per Kapitalrücklage an Gewinnrücklagen" rückgängig gemacht werden.

Jahr	Zahlungsreihe	Abzinsungsfaktor für 10 %	Barwert
01	2	0,909090909	1,82
02	2	0,826446281	1,65
03	102	0,751314801	76,63
			80,11

Buchung 31.12.00

Konto	Soll	Haben
Geld	100,00	
Verbindlichkeit		80,11
KapRL		19,89

---

[2] IDW RS HFA 45, Tz. 35.
[3] Ausführliche Beispiele unter Einbeziehung von Transaktionskosten bei CHRISTIAN, PiR 2008, S. 81ff.

Jahr	1.1. (Mio.)	+ Effektiv-zins (Mio.)	– Zah-lung (Mio.)	– Tilgung oder Wand-lung (Mio.)	= 31.12. (Mio.).
00					80,11
01	80,11	8,01	–2		86,12
02	86,12	8,61	–2		92,73
03	92,73	9,27	–2	–100	0
		25,89	–6		

Buchung 31.12.03 bei Wandlung

Konto	Soll	Haben
Verbindlichkeit	100 Mio.	
EK		100 Mio.

sowie wahlweise

Konto	Soll	Haben
KapRL	25,89 Mio.	
GRL		25,89 Mio.

Buchung 31.12.03 bei Nichtwandlung

Konto	Soll	Haben
Verbindlichkeit	100 Mio.	
Geld		100 Mio.

9   Werden Wandlungsrechte vor Ende der Laufzeit ausgeübt, ist IAS 32.AG32 entsprechend anzuwenden. Der Buchwert der Verbindlichkeit am Tag der Wandlung wird erfolgsneutral in das Eigenkapital umgebucht.

Praxis-Beispiel (Fortsetzung zu Rz 8)
Im Beispiel sei eine Wandlung auf den 31.12.02 unterstellt.
Der Buchwert der Verbindlichkeit per 31.12.02 beträgt 92,73 Mio. Es ist wie folgt zu buchen:

Konto	Soll	Haben
Verbindlichkeit	92,73 Mio.	
EK		92,73 Mio.

10 Ein Unternehmen kann die Bedingungen einer Wandelanleihe ändern, um eine **vorzeitige** Wandlung zu bewirken. Dies kann etwa durch das Angebot eines günstigeren Umtauschverhältnisses bei Wandlung vor einem festgesetzten Termin erfolgen. Zum Zeitpunkt der Änderung der Bedingungen ist die Differenz zwischen den folgenden Beträgen als Aufwand zu erfassen (IAS 32.AG35 und IAS 32.IE47 ff.):

- *fair value* der höheren Gegenleistung (Anteile), welche der Inhaber gem. den geänderten Bedingungen erhält,
- *fair value* der niedrigeren Gegenleistung (Anteile), welche der Inhaber gem. den ursprünglichen Bedingungen erhalten hätte.

Die Differenz stellt aus Sicht der Gesellschaft den Verlust aus der Änderung des Wandlungsverhältnisses dar.

Praxis-Beispiel (Fortsetzung zu Rz 8)

Im Beispiel sei eine Wandlung auf den 31.12.02 unterstellt. Dabei erhält der Zeichner pro 100 EUR Wandelanleihe 25 statt 20 Stammaktien. Der aktuelle Marktwert einer Aktie beträgt 4 EUR.

Zunächst ist der Verlust aus der Änderung des Wandlungsverhältnisses zu berechnen. Er beträgt:

25 Mio. Aktien × 4 EUR/Aktie = 100 Mio. EUR (Umtausch zu neuen Bedingungen)

– 20 Mio. Aktien × 4 EUR/Aktie = 80 Mio. EUR (Umtausch zu alten Bedingungen)

= 20 Mio. EUR

Bei einem Buchwert der Verbindlichkeit per 31.12.02 von unverändert 92,73 Mio. EUR ist wie folgt zu buchen:

Konto	Soll	Haben
Verbindlichkeit	92,73	
Aufwand aus Modifikation	20,00	
EK		112,73
EK	20,00	
GuV		20,00

Nur auf den ersten Blick fällt das Eigenkapital um 20 Mio. EUR höher aus als bei Wandlung auf den gleichen Zeitpunkt, aber zu den ursprünglichen Bedingungen (Rz 9). Dieser Betrag ist zugleich Aufwand in der GuV. Da die GuV ein Unterkonto des Eigenkapitals darstellt, wird die im ersten Buchungssatz gegebene Verbesserung des Eigenkapitals neutralisiert.

Bei vorzeitigem Rückkauf einer Wandelanleihe sind das entrichtete Entgelt sowie alle Transaktionskosten für den Rückkauf zum Zeitpunkt der Transaktion der Eigen- und der Fremdkapitalkomponente zuzuordnen. Die dabei verwendete Methode muss mit jener identisch sein, welche bei der ursprünglichen Aufteilung der Emissionserlöse gem. IAS 32.28 ff. angewandt wurde (IAS 32.AG33). Infrage kommt daher nur die Restwertmethode (Rz 8).   **11**

Alle aus dem Rückkauf resultierenden Gewinne bzw. Verluste sind nach den für die jeweilige Komponente maßgeblichen Bilanzierungsgrundsätzen zu behandeln (IAS 32.AG34):

- Der Gewinn bzw. Verlust, der sich auf die Fremdkapitalkomponente bezieht, wird erfolgswirksam erfasst.

- Der Teil des Entgelts und der Transaktionskosten, welcher der Eigenkapital-komponente zugeordnet wurde, wird direkt im Eigenkapital erfasst.

Praxis-Beispiel (Fortsetzung zu Rz 8)

Im vorliegenden Beispiel sei unterstellt, dass das Unternehmen den Inhabern der Wandelanleihen den Rückkauf für 95 Mio. EUR am 31.12.02 anbietet. Alle Inhaber der Wandelanleihen nehmen dieses Angebot an. Im Zeitpunkt des Rückkaufs hätte die X-AG nicht wandelbares Fremdkapital mit einer (Rest-)Laufzeit von einem Jahr zu einem Zinssatz von 8 % p. a. emittieren können.

Zunächst ist der Barwert der Fremdkapitalkomponente zu berechnen. Wäre die Anleihe planmäßig zum 31.12.03 getilgt worden, wäre inkl. Nominalzins von 2 Mio. ein Betrag von 102 Mio. zu zahlen. Der Barwert beträgt somit: 102 Mio. / 1,08 = 94,44 Mio.

Nach der Restwertmethode beträgt die Eigenkapitalkomponente somit: 95 Mio. – 94,44 Mio. = 0,56 Mio.

Die Differenz zwischen Barwert und Buchwert der Fremdkapitalkom-ponente ist Aufwand:

Konto	Soll	Haben
Aufwand	1,71 Mio.	
Verbindlichkeit	92,73 Mio.	
Kasse		94,44 Mio.

Der verbleibende, dem Eigenkapital zuzurechnende Zahlbetrag ist erfolgs-neutral zu buchen:

Konto	Soll	Haben
EK	0,56 Mio.	
Kasse		0,56 Mio.

---

12   Die Emissionsbedingungen einer Wandelanleihe sehen häufig Regelungen zum Schutz vor **Verwässerungen** des Wandlungsrechts *(dilutive effect)* vor. **Anpas-sungen** des Wandlungsverhältnisses sind in folgenden Fällen gängig:

- Aktiensplit, Zusammenlegung von Stammaktien,
- (außerordentliche) Bardividenden oder Aktiendividenden,
- Ausgabe von Gratisaktien (Kapitalerhöhung aus Gesellschaftsmitteln),
- effektive Kapitalerhöhungen,
- Ausgabe von weiteren Wandlungsinstrumenten,
- Nichteinhaltung einer vorgegebenen Eigenkapitalquote, Herabstufung im Rating, Unterschreiten eines Mindestaktienkurses und sonstige nicht im Ermessen des Unternehmens stehende Bedingungen.

In allen Fällen geht es darum, ob wegen Verletzung der *fixed-for-fixed*-Bedin-gung des IAS 32.16(b) (Rz 5) insgesamt Fremdkapital anzunehmen ist. Hierbei ist wie folgt zu differenzieren: Soweit etwaige Modifikationen der Anleihebe-dingungen auf die fünf erstgenannten Konstellationen beschränkt bleiben, berührt dies den Eigenkapitalcharakter des Wandlungsrechts nicht, da die

Ereignisse im **Ermessen** der Organe des Emittenten stehen. Für den sechsten Fall gilt dies gerade nicht. Insofern geht es um **ungewisse Ereignisse**, die das Unternehmen nicht kontrolliert.

Bei Anpassung des Wandlungsverhältnisses im Fall der Nichteinhaltung einer vorgegebenen Eigenkapitalquote ist daher nach Auffassung des IDW[4] wie folgt zu verfahren:

- Die Anleihe ist in ihrer Gesamtheit als **Fremdkapital** zu erfassen (IAS 32.25 i. V. m. IAS 32.16(b)(ii); Rz 5).
- Im Rahmen dessen ist ferner zu prüfen, ob das Wandlungsrecht nicht zusätzlich als **eingebettetes Derivat** gem. IAS 39.11 (→ § 28 Rz 265 ff.) gesondert zu erfassen ist. Regelmäßig ist dies der Fall.

Die Wandlungskomponente ist insbesondere in folgenden Fällen als **Fremdkapital** bzw. **Fremdkapitalderivat** zu qualifizieren:

- Der Inhaber hat das Recht, nach Ausübung des Wandlungsrechts den Kurswert der Aktien in **Geld** zu fordern, oder die Differenz zwischen dem Kurswert der Aktien und dem Nominalbetrag der Anleihe wird durch eine **variable Anzahl Aktien** beglichen (IAS 32.26 i. V. m. IAS 32.AG27) oder
- Zinsen und Rückzahlungs-/Wandlungsbetrag sind in **Fremdwährung** nominiert (IAS 32.16(b)(ii)) oder
- bei Eintritt eines ungewissen, vom Unternehmen nicht kontrollierten Ereignisses i. S. v. IAS 32.25 (z. B. Schwellenwert für Jahresergebnis oder Verschuldungsgrad, aber auch externe Ereignisse) erhalten die das Wandlungsrecht ausübenden Gläubiger eine **höhere Zahl von Aktien** als bei Nichteintritt (IAS 32.25 i. V. m. IAS 32.16(b)(ii).[5]

Mit Qualifizierung als Fremdkapitalderivat geht eine erfolgswirksame *fair-value*-Bewertung einher.[6]

Stellt das Wandlungsrecht demzufolge ein Fremdkapitalderivat dar, ist für die Ermittlung des Zugangswerts des Derivats die Anwendung der Restwertmethode (Rz 6) unzulässig, da es nicht um die Ermittlung einer „Residualgröße" Eigenkapital geht. Nach IAS 39.AG28 ist gerade umgekehrt vorzugehen: Der *fair value* des Wandlungsrechts ist originär zu ermitteln, der Zugangswert des Basisinstruments durch Abzug des Wandlungsrechts vom Emissionserlös abzuleiten.[7]

Transaktionskosten, die bei Begebung eines zusammengesetzten Finanzinstruments entstehen, sind   **13**

- vom **Eigenkapital** in **Abzug** zu bringen, soweit sie auf die Eigenkapitalkomponente entfallen,
- über die Laufzeit der Anleihe als **Zinsaufwand** zu berücksichtigen, soweit sie auf die Fremdkapitalkomponente entfallen.

Bei vorzeitiger Tilgung (Rückkauf) des zusammengesetzten Finanzinstruments ist eine analoge Aufteilung vorzunehmen.

Besonderheiten bestehen bei der **Wandelschuldverschreibung** mit **Barerfüllungswahlrecht** des Emittenten. Sofern der Inhaber hier die Wandlung begehrt, kann der Emittent zwischen tatsächlicher Bedienung in Anteilen und einem dem Wert der Anteile im Wandlungszeitpunkt entsprechendem Barausgleich wählen.   **14**

---

4 Vgl. IDW RS HFA 45, Tz. 32 ff., sowie VATER, PiR 2005, S. 57 ff.
5 Vgl. zu Anleihen mit erfolgsabhängigem Wandlungsverhältnis FREIBERG, PiR 2015, S. 29 ff.
6 Zu Einzelheiten ISERT/SCHABER, BB 2005, S. 2287.
7 Vgl. FRITZ-SCHMIED/WEBERING, IRZ 2015, S. 23 ff.

Das Erfüllungswahlrecht des Emittenten stellt eine (gekaufte) **Option** dar. Stillhalter der Option ist der Zeichner der Wandelschuldverschreibung, der für das Eingehen eine Prämie (in Form einer höheren Effektivverzinsung, die aber hinter dem Marktniveau zurückbleibt) empfängt.

- Durch das Erfüllungswahlrecht vergrößert sich der Handlungsspielraum des Emittenten. Das Erfüllungswahlrecht stellt somit aus Sicht des ausgebenden Unternehmens einen Vorteil dar. Diesem ökonomischen **Vorteil** steht – gemessen an der Kapitalstruktur des Unternehmens – jedoch eine **Verschlechterung** der bilanziellen Darstellung (vollständige Klassifizierung als Fremdkapital anstatt anteilig als Eigenkapital) gegenüber.

- Zwar bleibt es bei der Abspaltungspflicht für das Wandlungsrecht (*split accounting*; Rz 6). Die Wandlungskomponente ist jedoch nicht mehr als Eigenkapital-, sondern als derivatives **Fremdkapitalinstrument** zu klassifizieren (IAS 32.26 i.V.m. IAS 32.AG27(c)). Überraschend ist die **bilanzielle Konsequenz** aus der Sicht des Emittenten: Nur bei Verzicht auf das Erfüllungswahlrecht kann der Ausweis des Wandlungsrechts, welches wertmäßig dem Weniger an Verzinsung im Vergleich zu einer nicht wandelbaren Anleihe entspricht, als Eigenkapital beibehalten und die Notwendigkeit zur erfolgswirksamen *fair-value*-Bewertung vermieden werden.

- Bei konstantem oder sinkendem Anteilswert (= innerer Wert der Wandlungsoption) entsteht im Zeitablauf (mit Reduzierung des Zeitwerts) ein Ertrag aus der Verringerung des Fremdkapitalderivats.[8]

15 Substanziell einer Wandelanleihe mit Erfüllungswahlrecht des Emittenten (Rz 14) ähnlich sind Anleihen mit **unbestimmter Laufzeit**, die der **Inhaber kündigen** kann, wobei aber im Fall der Kündigung der **Emittent** zwischen einer **Erfüllung** in bar und einer in eigenen Anteilen (Aktien) **wählen** kann. Hier kann IAS 32.20(b) Bedeutung erlangen. Danach liegt eine finanzielle Verbindlichkeit auch dann vor, wenn der Wert der Erfüllung in Aktien wesentlich höher ist als der Barbetrag und der Emittent sich deshalb aus wirtschaftlichen Gründen aus Sicht des Emissionszeitpunkts voraussichtlich für die Erfüllung in bar entscheiden wird. Der IFRS IC hat einen sich hieraus ergebenden Verbindlichkeitencharakter in einer Agenda-Entscheidung vom September 2013 bestätigt.[9]

Praxis-Beispiel

E emittiert am 31.12.01 eine Anleihe, auf die Zinsen nur zu zahlen sind, wenn Ausschüttungen an die Gesellschafter beschlossen werden. Die Anleihe kann vom Inhaber jederzeit gekündigt werden. Im Fall der Kündigung kann E die Tilgung wahlweise in bar (100 EUR je 100 EUR Anleihe) oder durch Aktien (10 Aktien je 100 EUR Anleihe) leisten. Zum Emissionszeitpunkt beträgt der Aktienkurs 13 EUR.

Beurteilung

Es liegt kein Eigenkapital vor, sondern eine finanzielle Verbindlichkeit, da der Wert der Baralternative (100 EUR) wesentlich niedriger ist als der der Aktienalternative (130 EUR).

---

[8]   Weitere Einzelheiten bei FREIBERG, PiR 2008, S. 239 ff.
[9]   Vgl. IFRIC Update September 2013.

Eine besondere Form der Wandelschuldverschreibungen sind **Pflicht- oder Zwangs-** 16
wandelanleihen, bei denen von vornherein feststeht, dass sie nicht in Geld, sondern in
Aktien getilgt werden. Je nach Ausgestaltung kann der Zeichner der Anleihe auch die
Option haben, die Wandlung bereits während der Laufzeit der Anleihe zu bewirken;
übt er die Option nicht aus, erfolgt die Wandlung zwangsweise bei Fälligkeit.
Hinsichtlich der Frage, ob der Emissionserlös als Eigen- oder Fremdkapital zu
qualifizieren oder zu verteilen ist, muss wie folgt unterschieden werden:

- **Feststehende Wandlung:** Steht die Wandlung in Eigenkapital, genauer in eine
feststehende Zahl von Eigenkapitalanteilen, von vornherein fest, liegt insoweit
Eigenkapital vor. Besteht bis zur Wandlung eine Zinszahlungspflicht, so stellt
der Barwert der erstatteten Zinszahlungen Fremdkapital dar. Es liegt ein zusammengesetztes Finanzinstrument vor, wobei sich der Eigenkapitalanteil residual durch Abzug des Fremdkapitalanteils vom Emissionserlös ergibt (Rz 6).
- Erfüllungswahlrecht des Emittenten: Kann der Emittent zum endfälligen oder
durch Kündigung des Zeichners früheren Ablaufzeitpunkt entscheiden, ob er
die Anleihe in Geld oder einer feststehenden Zahl von Anteilen bedient,
kommen wieder die in Rz 15 dargelegten Wertverhältnisse zum Tragen. Ist
die Barerfüllungsalternative aus Sicht des Emissionszeitpunkts deutlich günstiger als die Erfüllung in Anteilen, muss die Anleihe insgesamt als Fremdkapital qualifiziert werden.
- **Variable Zahl von Anteilen:** Die Qualifizierung einer Zwangswandelanleihe
als Eigenkapital scheidet dann aus, wenn bis zum Wandlungszeitpunkt nicht
eine schon feststehende Zahl von Anteilen zu gewähren ist, sondern eine
variable Zahl, die sich etwa aus dem Verhältnis von Nominalwert der Anleihen
zum Marktwert eines Anteils im Fälligkeitszeitpunkt ergibt. Hiermit wird die
für Eigenkapital geforderte *fixed-for-fixed*-Bedingung des IAS 32.16(b)(i) verletzt. Besteht eine an sich schädliche Verpflichtung zur Leistung einer variablen
Anzahl von Anteilen im eigentlichen Wandlungszeitpunkt, hat der Emittent
aber das Recht, die Wandlung vorzeitig durchzuführen, und muss er für diesen
Fall nur eine feststehende Zahl von Anteilen gewähren, kommt u.E. IAS
32.20(b) analog zum Tragen. Ist die frühzeitige Wandlung zu einer festen Zahl
von Aktien nach den bei Emissionszeitpunkt vorliegenden Erkenntnissen signifikant teurer als die in einer variablen Zahl von Aktien zum eigentlichen
Wandlungszeitpunkt, muss die zweite Wandlungsalternative und damit Fremdkapital unterstellt werden.[10]

2.3.2 Vorzugsaktien

Fraglich ist, ob auch Vorzugsaktien nach § 139 AktG wegen des Vorrechts bei 17
den Dividenden (sog. Vorwegdividende) als **zusammengesetzte** Finanzinstrumente anzusehen sind. Da der Vorzugsaktionär hinsichtlich seiner Einlage keinen
Rückzahlungsanspruch hat, sondern ihm nur ein sog. **residuales** Interesse auf das
nach Bedienung der Verbindlichkeiten verbleibende Vermögen der Gesellschaft
zusteht, scheidet eine **reine** Fremdkapitalqualifikation von vornherein aus. Für
die bilanzielle Qualifizierung kommen dann noch zwei Alternativen in Betracht:

---

10 Zur Begründung im Einzelnen FREIBERG, PiR 2013, S. 165 ff.; partiell a. A. BARDENS/FLADT/MEU-
RER, PiR 2013, S. 218 ff.

- Es läge ein **zusammengesetztes** Finanzinstrument vor, wenn die Verpflichtung zur Zahlung der Vorzugsdividende nur bedingt bestünde, insbesondere nur von der Höhe des nach Dotierung der Rücklagen verbleibenden verteilungsfähigen Jahresergebnisses (Bilanzgewinn) abhängig wäre. Stünde die (Nicht-)Zahlung der Vorzugsdividende **nicht im Ermessen** der Gesellschaft, wäre eine vertragliche Verpflichtung zur Zahlung gegeben (IAS 32.25 und IAS 32.AG26). Zum Zeitpunkt der Ausgabe der Aktien müsste der Emissionserlös nach der Restwertmethode in Fremd- und Eigenkapital aufgeteilt werden. Die **Fremdkapital**komponente ergäbe sich aus dem Barwert der **ermessensunabhängigen** Vorzugsdividendenerwartung (IAS 32.28 ff.).
- Es läge ein **reines** Eigenkapitalinstrument vor, wenn die Ausschüttung einer Vorzugsdividende vom **Ermessen** der Gesellschaft, insbesondere einem Hauptversammlungsbeschluss abhängig wäre.

Entscheidend ist also das Gesellschaftsrecht. Es soll beispielhaft für **Satzungsbestimmung** und **Ergebniserwartung** untersucht werden.

Praxis-Beispiel
1. Satzung
„Aus dem sich nach dem festgestellten Jahresabschluss ergebenden, dem Gewinnverwendungsbeschluss der Hauptversammlung unterliegenden Bilanzgewinn wird auf die Vorzugsaktien vorweg eine Dividende von 0,10 EUR ausgeschüttet (**Vorwegdividende**). Sodann wird auf die Stammaktien eine Dividende von 0,10 EUR ausgeschüttet, soweit der Gewinn hierfür ausreicht. Hinsichtlich darüber hinausgehender Ausschüttungen sind Vorzugs- und Stammaktien gleichgestellt."

„Reicht *in einem oder mehreren Geschäftsjahren der* Gewinn nicht zur Ausschüttung *der Vorwegdividende auf die Vorzugsaktien aus, so werden die fehlenden Beträge ohne Zinsen aus dem Gewinn der folgenden Geschäftsjahre* nachgezahlt ..."

2. Ergebniserwartung
Annahmegemäß betrage der nachhaltig erwartete Jahresüberschuss mindestens ein Doppeltes der „Vorwegdividende". Womit nach möglicher Zuführung des hälftigen Jahresüberschusses zu den Rücklagen durch den Vorstand (§ 58 Abs. 2 AktG) mindestens ein verteilungsfähiger Bilanzgewinn i.H.d. Vorwegdividende bleibt.

Fraglich ist nun, ob die Vorzugsaktionäre einen **gegen** den Willen der Gesellschaft bzw. der Hauptversammlung **durchsetzbaren** Anspruch auf Zahlung der Vorzugsdividende haben. Festzuhalten ist hier als Erstes:[11]

- Vorzugsaktionäre haben nur dann einen schuldrechtlichen Anspruch auf die Vorzugsdividende, wenn die Hauptversammlung eine Dividendenausschüttung beschließt. **Ohne Ausschüttungsbeschluss** beschränken sich die Rechte der Vorzugsaktionäre auf den wiederum von Ausschüttungsbeschlüssen abhängigen Nachzahlungsanspruch und auf Anfechtungsmöglichkeiten.

---

[11] Vgl. HÜFFER, KurzKom AktG, 11. Aufl., § 139, Tz. 6; HOPT/WIEDEMANN, GroßKom AktG, 4. Aufl., § 139, Tz. 12; Münchener Komm AktG, 3. Aufl., § 139, Tz. 10.

- Erst mit dem (von der Hauptversammlung) zu treffenden Ausschüttungsbeschluss wandelt sich das Mitgliedschaftsrecht in ein **Gläubigerrecht** und
  entsteht insoweit der schuldrechtliche Anspruch des Vorzugsaktionärs.
- Die Zahlung der Vorzugsdividende ist insoweit zunächst **ermessensabhängig**.
  Zu untersuchen bleibt aber, ob die Möglichkeit der Vorzugsaktionäre zur
  aktienrechtlichen **Anfechtung** gem. IAS 32 als vertragliche Verpflichtung der
  Gesellschaft zur Zahlung der Vorzugsdividende auszulegen ist. Eine gesellschaftsrechtliche Anfechtung des Gewinnverwendungsbeschlusses der Hauptversammlung durch die (nicht stimmberechtigten) Vorzugsaktionäre ist sowohl
  nach § 243 AktG (Verletzung des Gesetzes oder der Satzung) als auch nach § 254
  AktG (Verwendung des Bilanzgewinns) möglich. Hinsichtlich Inhalt und Ausformung dieser beiden Anfechtungsrechte ist wie folgt zu differenzieren:
- Nach § 243 AktG sind Hauptversammlungsbeschlüsse bei einer Verletzung
  des Gesetzes oder der Satzung anfechtbar. Das **Anfechtungsrecht aus § 243
  AktG** ist ein individuelles Recht (§ 245 Abs. 1–3 AktG). Die Anfechtung des
  Gewinnverwendungsbeschlusses nach § 243 AktG ist aber nur möglich, wenn
  dieser gegen das Gesetz oder die Satzung verstößt. Ein solcher Verstoß läge
  etwa vor, wenn die Hauptversammlung die Ausschüttung eines der Höhe nach
  zur Bedienung der Vorzugsdividenden gerade ausreichenden Gewinns beschließen würde, der Beschluss aber eine gleichmäßige Ausschüttung an Vor-
  zugs- und Stammaktionäre vorsähe, mit der Folge, dass die Vorzugsaktionäre
  weniger als die Vorzugsdividende erhielten. Wenn bei gleicher Höhe des
  verteilungsfähigen Gewinns hingegen dessen vollständige Thesaurierung beschlossen würde (§ 58 Abs. 3 AktG), läge keine Verletzung von Gesetz oder
  Satzung vor. Eine Anfechtung nach § 243 AktG würde somit ausscheiden.
- Im letztgenannten Fall käme allerdings eine **Anfechtung nach § 254 AktG**
  infrage. Danach ist die Anfechtung des Gewinnverwendungsbeschlusses aufgrund übermäßiger Rücklagenbildung möglich. Beschließt die Hauptversammlung die vollständige Thesaurierung des zu ihrer Disposition stehenden Bilanzgewinns, obwohl dies bei vernünftiger kaufmännischer Beurteilung zur
  Erhaltung der Lebens- und Widerstandsfähigkeit der Gesellschaft nicht notwendig wäre, und erhalten dadurch die Aktionäre keinen Gewinn i. H. v. mindestens
  4 % des Grundkapitals, ist eine Anfechtung möglich (§ 254 Abs. 1 AktG). Im
  Unterschied zu § 243 AktG ist die Anfechtung nach § 254 AktG allerdings nicht
  als Individualrecht, sondern als Kollektivrecht ausgestaltet, da sie an das Erreichen eines Quorums von mindestens 5 % des Grundkapitals geknüpft ist.

In Bezug auf die **Klassifizierung** der Vorzugsaktien ist somit wie folgt zu
unterscheiden: Beschließt die Hauptversammlung eine vollständige Thesaurierung
des Bilanzgewinns und damit implizit eine Nichtausschüttung an die Vorzugsaktionäre, ist

- eine individuelle Anfechtung wegen eines Verstoßes des Beschlusses gegen
  Gesetz oder Satzung (§ 243 AktG) nur in kaum relevanten Fällen möglich,
- im relevanten Fall nur eine kollektivrechtliche Anfechtung zulässig (§ 254
  AktG).

Die Ermessensentscheidung der Hauptversammlung zur vollständigen Thesaurierung kann mithin nur kollektiv von einer **Minderheit** von mindestens 5 %
angefochten werden. Nach IAS 32.17 und IAS 32.AG26 begründet ein Kollektivrecht der Gesellschafter jedenfalls dann keine zu Fremdkapital führende

vertragliche Zahlungsverpflichtung des Unternehmens, wenn zur Ausübung dieses Rechts ein Mehrheitsbeschluss der Gesellschafter erforderlich ist. Mit dem **Mehrheitsbeschluss** der Gesellschafter handelt das Organ „Gesellschafterversammlung", und dessen Handeln wird ohne Rücksicht auf die Trennung von Gesellschafts- und Gesellschaftersphäre nach IAS 32 als für die Eigenkapitalqualifikation unschädliches Ermessen der Gesellschaft angesehen. Nur wenn dies für ein „Minderheitskollektiv" entsprechend befürwortet würde, ist stets ein vollständiger Eigenkapitalausweis des von den Vorzugsaktionären eingebrachten Kapitals möglich. Bei anderer Interpretation wäre dies in den Fällen nicht mehr vertretbar, in denen hohe Jahresüberschüsse erzielt und erwartet werden. Mindestens i. H. d. Barwerts von 4 % des Vorzugskapitals läge eine Schuld vor.

Das IDW verfolgt in RS HFA 45, Tz. 59, die erste Interpretation. U. E. ist die zweite Interpretation vorzuziehen, da wir die Gleichsetzung von Gesellschafts- und Gesellschaftersphäre nur so lange für vertretbar halten, wie es um ein kollektiv durch die Mehrheit der Gesellschafterversammlung ausgeübtes Ermessen geht. Wo Gesellschaftern hingegen Rechte individuell oder als Minderheit zustehen, die Gesellschafter also gerade nicht als Kollektiv betroffen sind, kann u. E. keine Identität der (insoweit gar nicht mehr vorhandenen) Gesellschaftersphäre mit der Gesellschaftssphäre bestehen (Rz 21).

18   Nicht anders als Vorwegdividenden sind **Mehrdividenden** zu würdigen.

Praxis-Beispiel

Die Satzung enthält folgende Bestimmungen:

„1) Aus dem sich nach dem festgestellten Jahresabschluss ergebenden, dem Gewinnverwendungsbeschluss der Hauptversammlung unterliegenden Bilanzgewinn wird auf die Vorzugsaktien vorweg eine Dividende von 0,10 EUR ausgeschüttet.

2) Hinsichtlich darüber hinausgehender Ausschüttungen sind Vorzugs- und Stammaktien gleichgestellt."

Unterschiede und Gemeinsamkeiten zum unter Rz 17 genannten Beispiel (einfache Vorwegdividende) lassen sich an folgendem Fall darstellen: Die Zahl der Stamm- und Vorzugsaktien betrage jeweils 1 Mio.

Variante 1: Die Hauptversammlung beschließt eine Ausschüttung von 100.000 EUR.

Sowohl bei einfacher Vorwegdividende wie bei Mehrdividenden erhalten nur die Vorzugsaktionäre eine Ausschüttung, und zwar i. H. v. 0,10 EUR × 1 Mio. = 100.000 EUR.

Variante 2: Die Hauptversammlung beschließt eine Ausschüttung von 300.000 EUR.

Bei reinem Vorwegdividendenrecht erhalten Vorzugs- und Stammaktionäre jeweils eine Dividende von 0,15 EUR (zunächst 0,10 EUR × 1 Mio. = 100.000 EUR an die Vorzugsaktionäre, dann 0,10 EUR × 1 Mio. = 100.000 EUR an die Stammaktionäre, dann 0,05 EUR × 2 Mio. = 100.000 EUR an beide. In Summe also für beide Aktiengattungen jeweils 0,15 EUR).

Bei Mehrdividendenrecht erhalten die Vorzugsaktionäre zunächst 0,10 EUR × 1 Mio. = 100.000 EUR. Die verbleibenden 200.000 EUR werden (bei gleicher

---

Aktienzahl) je zur Hälfte an die Vorzugs- und Stammaktionäre ausgeschüttet. Die Stammaktionäre erhalten insgesamt 100.000 EUR (= 0,10 EUR je Aktie), die Vorzugsaktionäre 100.000 EUR mehr, insgesamt also 200.000 EUR (= 0,20 EUR je Aktie).

Variante 3: Die Hauptversammlung beschließt die Thesaurierung des gesamten Gewinns. Unabhängig von der Ausgestaltung der Satzung erhalten auch die Vorzugsaktionäre keine Dividende.

Insbesondere die dritte Fallvariante zeigt: Eine in IDW RS HFA 9, Tz. 32, noch vertretene Differenzierung zwischen

- zu **Vorweg**dividenden berechtigten Vorzugsaktien – Eigenkapital – und
- mit **Mehr**dividendenrecht ausgestatteten Vorzugsaktien – zusammengesetztes Finanzinstrument –

wäre unzutreffend. Wie die sog. Vorzugsdividende ist auch die sog. Mehrdividende durch die **Ermessens**ausübung der Hauptversammlung bedingt. Entscheidet sich die Hauptversammlung überhaupt gegen eine Ausschüttung, kommt auch die Mehrdividende nicht (oder nur über Anfechtungsrechte) zum Tragen.[12] Ein zusammengesetztes Finanzinstrument müsste entweder in **beiden** Fällen (weite Interpretation des Fremdkapitalbegriffs von IAS 32) oder in **keinem** Fall (restriktive Auslegung) vorliegen.

Vorzugsaktien angelsächsischer Prägung (*preference shares*), die dem Zeichner Mindestzahlungen, ggf. auch ein Rückgaberecht gegen Geld, garantieren, sind insoweit Fremdkapital. Die Frage, ob dies auch dann gilt, wenn der Zeichner ein Wahlrecht auf Erhalt von Barmitteln oder Eigenkapitalinstrumenten hat, wurde vom IFRS IC nicht auf die Agenda genommen.[13] Das IFRS IC empfahl jedoch die Aufnahme dieses Problems in das IASB-Projekt zu Finanzinstrumenten mit Eigenschaften von Eigenkapital.

19

2.4 Echte Genussrechte, *perpetuals* und ähnliche Mezzanine-Finanzierungen

Nach **handelsrechtlicher** Interpretation des Prinzips der wirtschaftlichen Betrachtungsweise sind schuldrechtliche Verpflichtungen bilanziell als Eigenkapital auszuweisen, wenn das **längerfristig** überlassene Kapital Haftungsfunktion hat. Dies wird angenommen, wenn das Kapital nur **nachrangig** in der Insolvenz bedient wird und bei **Erfolgsabhängigkeit** der Vergütung bis zur vollen Höhe am **Verlust** teilnimmt.[14]

IAS 32.18 ff. interpretiert den Grundsatz *substance over form* hingegen anders; danach führt jede auch längerfristige **Rückzahlungsverpflichtung** zur Qualifizierung als Fremdkapital. Die temporäre Übernahme der Haftungsfunktion reicht nach IFRS für die Qualifizierung als Eigenkapital nicht aus.

20

---

12 Zur Vorweg- und Mehrdividende im Einzelnen Hüffer, KurzKom AktG, 11. Aufl., § 139, Tz. 8; Hopt/Wiedemann, GroßKom AktG, 4. Aufl., § 139, Tz. 11 und 19; Schröer, Münchener Komm AktG, 3. Aufl., § 139, Tz. 21.
13 IFRIC Update March 2010.
14 Vgl. HFA 1/1994.

Während deshalb das Handelsrecht – in der zitierten Auslegung durch das IDW – echtes, d. h. nachrangiges, verlustteilhabendes und längerfristiges **Genussrechtskapital** als Eigenkapital qualifiziert, folgt nach IFRS aus der im „Normalfall" gegebenen vertraglichen **Rückzahlungsverpflichtung** eine Einordnung als Fremdkapital.[15] Dies gilt auch für **stille** Gesellschaftsbeteiligungen mit Verlustübernahmeverpflichtung des stillen Gesellschafters.

Zwar kann auch nach IFRS ein Genussrecht **ausnahmsweise** als Eigenkapital zu qualifizieren sein, die dafür notwendigen Bedingungen machen es aber u. U. unverkäuflich.

Praxis-Beispiel
U emittiert Genussrechte mit folgenden Konditionen:
a) Laufzeit „ewig" (sog. *perpetuals*);
b) Kündigungsrecht durch Gesellschaft, aber nicht durch Genussrechtsinhaber;
c) akzelerierender Erfolgsanteil (z. B. bei 6 % Kapitalanteil in den Jahren 01 bis 10 6 % Erfolgsanteil, in 11 8 %, in 12 10 % usw.);
d) Bindung des Erfolgsanteils nicht an Jahresüberschuss, sondern an Dividenden (d. h. mit den Daten von oben in den Jahren 01 bis 10 jeweils 6 % der Dividende).

Beurteilung
a) Aufgrund der „ewigen" Laufzeit entfällt die Rückzahlungs**pflicht**; dies spricht für Eigenkapital.
b) Ein Kündigungsrecht der **Gesellschaft** ist unschädlich für die Qualifizierung als Eigenkapital.
c) Aufgrund des in der akzelerierenden Erfolgsbeteiligung zum Ausdruck kommenden faktischen Rückzahlungszwangs (ab 11 ff. wird die Finanzierung für die Gesellschaft zu teuer) können die Vertragsparteien mit einer **Beendigung** der Laufzeit am Ende des Jahres 10 rechnen. Dies macht das Genussrecht attraktiver für die Zeichner (die insofern mit einem Rückzahlungstermin kalkulieren können), ist aber trotz der Berufung von IAS 32.15 auf das *substance-over-form*-Prinzip nach h. M. **unschädlich** für die **Eigenkapitalqualifikation**.
d) Eine Bindung des Erfolgsanteils an den Jahresüberschuss wäre schädlich für die Eigenkapitalqualifizierung. Es läge hier eine bedingte, außerhalb der Kontrolle bzw. des freien Ermessens der Gesellschaft liegende Rückzahlungspflicht vor. Sie führt nach IAS 32.25 zu Fremdkapital.[16] Mit der Bindung der Erfolgsbeteiligung an die Dividendenpolitik bleibt das freie Ermessen der Gesellschaft gewahrt; das Genussrecht ist Eigenkapital. Fraglich ist aber, ob sich ein derartiges Genussrecht, bei dem der Zeichner der Dividenden- und Thesaurierungspolitik des Unternehmens völlig ungeschützt ausgeliefert ist, noch platzieren lässt. Gegenüber institutionellen Geldgebern, von denen das Unternehmen in vielfacher sonstiger Weise (z. B. bei Emissionen, hinsichtlich Kreditlinien etc.) faktisch abhängig ist, gelingt die Platzierung eines solchen Instruments noch am ehesten. Alle Beteiligten wissen um die normative Kraft

---

15   Vgl. im Einzelnen Schaber/Eichhorn, BB 2004, S. 315 ff.
16   Für einen Eigenkapitalausweis bei Erfüllung bestimmter Zusatzbedingungen (hinreichend freie Rücklagen etc.) Küting/Dürr, DStR 2005, S. 938, unter Verweis auf den Grundsatz *substance over form*.

der faktischen Abhängigkeiten. Diese werden auch ohne rechtlichen Zwang für Dividendenausschüttungen und damit Zahlungen an die Genussrechtsinhaber sorgen. Nach dem in IAS 32.15 in den Vordergrund gestellten *substance-over-form*-Grundsatz müsste hier aus faktischen Gründen Fremdkapital angenommen werden. Die herrschende Meinung und Praxis verfährt aber ohne Rücksichtnahme auf *substance over form*.

Nach IFRS bilanzierende Unternehmen zeigen auch ein verstärktes Interesse für **ewige Anleihen (*perpetual bonds*)**. Wesentliches Kriterium einer Finanzverbindlichkeit ist die Verpflichtung des Unternehmens zu Geldzahlungen in der Zukunft. Aufgrund der fehlenden Verpflichtung des Schuldners zur Rückzahlung der Anleihe ist diese Voraussetzung für den Nominalbetrag der ewigen Anleihe nicht erfüllt. Gleichwohl liegt bei „normaler" Ausgestaltung **kein Eigenkapital** vor. Eine gleichwertige unbegrenzte Zahlungsverpflichtung besteht nämlich hinsichtlich der Verzinsung des Nominalbetrags.

Praxis-Beispiel
Ein Unternehmen will eine Anleihe mit einem Nominalbetrag von 100 GE emittieren, entweder a) mit einer Laufzeit von 200 Jahren oder b) als ewige Anleihe jeweils mit einer jährlichen (marktgerechten) Zinszahlung von 4 GE. Für den Barwert beider Anleihen gilt dann Folgendes:
a) **200-jährige Anleihe**: Aus der diskontierten Summe der Zinszahlungen und dem mit dem laufzeitäquivalenten Zins diskontierten Nominalbetrag ergibt sich ein Barwert von ca. 100 GE. In diskontierter Betrachtung ist der **Rückzahlungsbetrag** der 200-jährigen Anleihe **vernachlässigbar**, er beträgt weniger als 0,04 % des Barwerts.
b) *Perpetual bond:* Aus der diskontierten Summe der zukünftigen Zinszahlungen (gem. Rentenformel: 4 GE/4 %) ergibt sich ein Barwert von ebenfalls 100 GE.

Somit besteht eine **wirtschaftliche Äquivalenz** zwischen der zeitlich begrenzten, d.h. zurückzuzahlenden Anleihe und der ewigen Anleihe. Dieser Äquivalenz trägt IAS 32.AG6 Rechnung, indem **ewige Anleihen** mit marktgerechter Verzinsung ohne weitere Ausgestaltungsmerkmale als **Fremdkapital** zu klassifizieren sind. Entscheidendes Kriterium für den Fremdkapitalcharakter ist die Verpflichtung des Schuldners zur Leistung von Zahlungen. Ob diese zivilrechtlich als Zinsen oder als Rückzahlung des Nominalbetrags zu qualifizieren sind, ist bei entsprechender Laufzeit nicht entscheidend.
Aktuelle ewige Anleihen oder Genussrechte sehen aber zum Teil eine **Bindung** der Zinszahlung an einen **Dividendenbeschluss** der Gesellschaft vor.
• Eine Anknüpfung der Zinszahlung an den **Jahresüberschuss** des Schuldners **reicht** für die Eigenkapitalqualität **nicht** aus (IAS 32.25).
• Nur eine Anknüpfung an den **Dividendenbeschluss** ist u.U. **unschädlich**. Wird der Zins nur für die Jahre gezahlt, für die auch Dividenden gezahlt werden, liegt die Zinszahlung insoweit im Ermessen der Gesellschaft. Diese kann auf Dividendenbeschlüsse verzichten und muss dann auch keine Zinsen

zahlen. Eine zu Fremdkapital führende Zahlungsverpflichtung liegt u.U. nicht vor (vgl. aber Rz 21).

- Die Anleihebedingungen können jedoch eine spätere **Nachholung der Zinszahlung** in folgender Weise vorsehen: Der rechnerische Zinsanspruch aus den Jahren, für die keine Dividende gezahlt wurde, wird festgehalten und gelangt kumuliert in den Jahren zur Auszahlung, in denen wieder Dividenden gezahlt werden. Es kommt somit faktisch lediglich zu einer **Verschiebung des Zahlungszeitpunkts.** Der Schuldner kann sich der Zahlungsverpflichtung jedoch **theoretisch/rechtlich entziehen,** damit soll das Finanzinstrument Eigenkapitalqualität haben.

21 In aktuellen Ausgestaltungen von ewigen Anleihen oder Genussrechten ist zumeist eine einseitige **Kündigungsmöglichkeit** des Emittenten vorgesehen. Bei einem nur für eine Anfangszeit (z.B. zehn Jahre) stabilen, danach **steigenden Zinsniveau** ist eine Ausübung dieses Kündigungsrechts durch einen rational handelnden Schuldner so gut wie sicher, da die Finanzierung nach Ablauf der Grundzeit zu teuer wird. Nach der wohl h.M. sind Kündigungsoptionen des **Schuldners** jedoch auch bei faktischem Ausübungszwang **nicht** zu **berücksichtigen,** da es an einer vertraglich (einklagbaren) Verpflichtung gegenüber dem Schuldner fehlt (IAS 32.AG25).

Die Frage des faktischen Rückzahlungszwangs ist im Übrigen in 2006 an das IFRS IC herangetragen, von diesem aber nicht auf die Agenda genommen worden. Der IASB hat die bestehende Gestaltungen eher **bestätigt,** indem er erklärte, ökonomischer Rückzahlungszwang führe für sich genommen *(by itself)* nicht zu einer Verbindlichkeit (Rz 5).[17] Die EFRAG vertritt unter Berufung auf *substance over form* eine andere Auffassung und kritisiert, dass *„some commentators, including some IASB and IFRIC members"* dies anders sähen.[18]

In der vorgenannten Agenda-Entscheidung betont das IFRS IC aber auch, dass die für eine Fremdkapitalqualifikation vorausgesetzten (bedingten oder unbedingten) Zahlungsverpflichtungen nicht explizit im Vertrag geregelt sein müssen, sondern sich gem. IAS 32.20 auch **indirekt** ergeben können. Als indirekte oder implizite Zahlungsverpflichtungen kommen solche aus dem allgemeinen Schuld- oder Gesellschaftsrecht infrage.[19]

Nach **allgemeinem Schuldrecht** könnte sich eine Fremdkapitalqualifikation im Einzelfall aus dem ungeschriebenen und vertraglich nicht abdingbaren Recht auf Kündigung von Dauerschuldverhältnissen aus wichtigem Grund ergeben. Bei dauerhafter Thesaurierung hoch positiver Ergebnisse zwecks Vereitelung von Zahlungen an die Genussrechtsinhaber wäre diesen u.U. eine Fortsetzung des Vertragsverhältnisses nicht mehr zuzumuten und i.V.m. § 242 BGB ein **außerordentliches Kündigungsrecht** zuzubilligen. Die Gesellschaft müsste demnach – eine hoch positive Ergebnisentwicklung unterstellt – entweder Zinsen zahlen oder eine Kündigung der Genussrechtsinhaber dulden und damit das Genussrechtskapital zurückzahlen. Wenn dies der Fall wäre, bestünden (bedingte) Zahlungsverpflichtungen, die zum Ausweis als Fremdkapital führen würden. Die schuldrechtliche Beurteilung ist aber unsicher und mag für die Annahme von Zahlungsverpflichtungen daher nicht ausreichen.

---

[17] IFRIC Update March 2006.
[18] Draft Comment Letter, Re: Discussion Paper „Preliminary Views on an improved Conceptual Framework for Financial Reporting", www.efrag.org.
[19] Einzelheiten bei LÜDENBACH, PiR 2010, S. 211ff.

Auf **gesellschaftsrechtlicher Basis** ist Folgendes beachtlich: IAS 32 qualifiziert als im Ermessen der Gesellschaft stehende Zahlungen auch solche, über welche die Gesellschafterversammlung etwa im Weg des Ausschüttungsbeschlusses befindet (IAS 32.17, IAS 32.AG37 usw.). Diese Gleichsetzung von Gesellschafts- und Gesellschaftersphäre ist nur so lange vertretbar, wie es um ein kollektiv durch die Mehrheit der Gesellschafterversammlung ausgeübtes Ermessen geht. Wo Gesellschaftern hingegen Rechte individuell oder als Minderheit zustehen, die Gesellschafter also gerade nicht als Kollektiv betroffen sind, kann keine Identität der (insoweit gar nicht mehr vorhandenen) Gesellschaftersphäre mit der Gesellschaftssphäre bestehen. Von Bedeutung ist hier das **Minderheitsrecht aus § 254 AktG.** Die Gesellschafterversammlung kann nicht uneingeschränkt eine Thesaurierung des Bilanzgewinns verfügen. Beschließt die Mehrheit die vollständige Thesaurierung, obwohl dies bei vernünftiger kaufmännischer Beurteilung nicht notwendig ist, um die Lebens- und Widerstandsfähigkeit der Gesellschaft für einen hinsichtlich der wirtschaftlichen und finanziellen Notwendigkeiten übersehbaren Zeitraum zu sichern, kann der Gewinnverwendungsbeschluss von einer Minderheit von 5 % der Aktionäre angefochten werden. Rechtsfolge einer erfolgreichen Anfechtungsklage ist unmittelbar die Nichtigkeit des Thesaurierungsbeschlusses und mittelbar ein Anspruch auf Ausschüttung.

Das **Anfechtungsrecht** steht zwar nur den Aktionären und nicht den hier interessierenden Gläubigern (Genussrechtsinhabern) zu. In Rechtsprechung und Schrifttum ist jedoch anerkannt,[20] dass bei gewinnabhängiger Verzinsung der Genussrechte eine die Aktionäre zur Anfechtung berechtigende Thesaurierung auch im Verhältnis zu den **Genussrechtsinhabern** unbillig i.S.d. § 315 BGB ist und damit unter dem Gesichtspunkt der Bedingungsvereitelung nach § 166 BGB einen Zahlungsanspruch der Genussrechtsinhaber und damit korrespondierend eine **Verpflichtung der Gesellschaft** begründet. Für die hier interessierende Fremdkapitalqualifikation geht es dabei nicht darum, ob eine Gewinnthesaurierung und dem folgend eine Berufung auf § 254 AktG überhaupt wahrscheinlich ist. Derartige Wahrscheinlichkeitsüberlegungen werden durch den formbasierten Ansatz von IAS 32 gerade ausgeblendet. Von Interesse ist nur, dass sich in einem derartigen (unwahrscheinlichen) Fall Zahlungsverpflichtungen gegenüber den Genussrechtsinhabern ergäben, zwar nicht explizit aus den Vertragsbedingungen, aber implizit aus den schuld- und gesellschaftsrechtlichen Regelungen. Bei dauerhaft hoch positiven Ergebnissen und entsprechender Vermögensentwicklung stehen deshalb Zahlungen an die Genussrechtsinhaber u.E. **nicht mehr im freien Ermessen** der Gesellschaft (bzw. der Mehrheit der Gesellschafterversammlung), sondern sind auch gegen den Willen der Gesellschafter (Gesellschaftermehrheit) durchsetzbar und begründen insoweit Fremdkapital.

Ansonsten nicht oder nur durch Kündigung des Emittenten zur Rückzahlung gelangende „ewige" Anleihen oder Genussrechte können dem Zeichner ein **Kündigungsrecht** für **außerordentliche Fälle** wie die Eröffnung des Insolvenzverfahrens über den Emittenten oder die Liquidation des Emittenten vorsehen. Derartige bedingte, vom Emittenten nicht vollständig kontrollierbare Rückzahlungsverpflichtungen führen nur dann zu keiner Qualifizierung als Fremdkapital, wenn die Bedingungen

22

---

[20] HABERSACK, in: Münchner Kommentar AktG, 3. Aufl., 2011, § 221, Tz. 281 m.w.N.

- **realitätsfern** (*not genuine*) sind, d. h. extrem seltene, äußerst ungewöhnliche und sehr unwahrscheinliche Ereignisse betreffen (IAS 32.25(a)) oder
- nur im Fall einer **Liquidation** des Emittenten greifen (IAS 32.25(b)).

Ein nur im Fall der Liquidation des Emittenten greifendes Kündigungsrecht aus einer „ewigen" Anleihe ändert an deren Eigenkapitalqualifikation also nichts. Für **bedingte** Rückzahlungspflichten, die bereits im Fall der **Insolvenzeröffnung** greifen, soll nach IDW RS HFA 45, Tz. 12, Entsprechendes nicht gelten. Zur Begründung stellt das IDW explizit darauf ab, dass IAS 32.25(b) tatbestandlich nicht erfüllt ist, weil bei einer Insolvenzeröffnung Sanierung und Fortführung des Emittenten nicht ausgeschlossen werden können und somit nicht zwingend eine Liquidation folgt. Implizit wird unterstellt, dass die Insolvenz auch im Rahmen einer *going-concern*-Bilanzierung kein realitätsfernes Ereignis darstellt und damit auch IAS 32.25(a) nicht greift.

2.5 Leistungsbezug gegen Anteilsgewährung (Sacheinlagen etc.)

23 Für „Vergütungen", die ein Unternehmen für bereits empfangene Leistungen nicht in Geld oder anderen Vermögenswerten, sondern in eigenen Anteilen gewährt, differenziert IAS 32.16(b)(i) wie folgt:

- Der Geschäftsvorfall ist gegen **Eigenkapital** zu buchen, wenn das Unternehmen für die feste Gegenleistung eine Verpflichtung hat, eine **feste** Zahl von Anteilen (Rz 5) zu gewähren (*fixed for fixed*).
- Die Leistungsvereinnahmung ist gegen **Fremdkapital** zu buchen, wenn das Unternehmen eine Verpflichtung hat, eine **variable** Zahl von Anteilen zu liefern.

Zur **Bewertung** wird auf Rz 81 verwiesen.

24 Da der Vertragspartner im Fall der **variablen** Aktienzahl bis zur Erfüllung noch nicht das **Kursrisiko** trägt, ist er bis zu diesem Zeitpunkt anders gestellt als diejenigen, die schon **Anteilseigner** der Gesellschaft sind. Aus dieser Sicht verneint IAS 32.21 den **Residualcharakter** der Ansprüche des Vertragspartners und nimmt daher, da der Residualanspruch Eigenkapital definieren soll (Rz 4), Fremdkapital an. Diese Argumentation des IASB leidet unter **drei Defiziten:**

- Die Definition des Eigenkapitals über den Residualanspruch ist **zirkulär** und damit untauglich (Rz 5, Rz 84).
- Das Fehlen von eigentümertypischen **Kursänderungsrisiken** und -**chancen** beim (potenziellen) Gesellschafter berührt zwar dessen Position, jedoch im Fall einer Leistung gegen Kapitalerhöhung nicht notwendig die Position der Gesellschaft. Ob der bei einer Kapitalerhöhung anzusetzende Ausgabekurs von vornherein bestimmt ist oder nicht, berührt lediglich das Verhältnis von Alt- zu Neugesellschaftern, da bei einer variablen Aktienzahl noch nicht feststeht, welche Anteilsquote die Neugesellschafter erhalten werden und in welchem Maße damit die Anteilsquote der Altgesellschafter sinken wird. Das Abstellen auf die Risikoposition des neuen und alten Gesellschafters impliziert ein **verdecktes Korrespondenzprinzip**, das die Bilanzierung bei der Gesellschaft von der Position des Gesellschafters abhängig macht. Ein derartiges Korrespondenzprinzip ist u. E. nicht sachgerecht, da es zur **Vermischung von Gesellschafts- und Gesellschaftersphäre** führt.
- IAS 32 ist **in sich selbst widersprüchlich**: IAS 32.21 stellt für den variablen Fall auf eine Situation ab, in der die Verpflichtung des Unternehmens auf einen

Betrag lautet, *„that fluctuates in part or in full in response to changes in a variable other than the market price of the entity's own instruments"*. Ein Anwendungsfall von IAS 32.16(b)(ii) läge demnach nicht vor, wenn die zu liefernde Aktienzahl nicht von anderen Variablen (Entwicklung des Goldpreises, der Marktzinsen etc.), sondern vom Aktienkurs selbst abhängt. Nach IAS 32.AG27(d) soll es andererseits darauf nicht ankommen, sondern auch im Fall der Abhängigkeit der Aktienzahl vom Aktienkurs selbst eine Verbindlichkeit anzunehmen sein.[21]

- IAS 32 steht im **Widerspruch zu IFRS 2.** Nach IFRS 2 würde auch das Vergütungsschema mit variabler Aktienzahl eine Buchung „per Aufwand an Eigenkapital" (→ § 23 Rz 16) statt „per Aufwand an Verbindlichkeit" nach sich ziehen. Die Frage, welche Vorschrift vorrangig ist, bleibt offen.[22]

Wegen dieser systematischen Bedenken ist eine **Differenzierung** von Vergütungs- bzw. Einlagefällen nach fester oder variabler Zahl der Aktien u. E. in Einlagefällen **nicht** zwingend geboten.

Eine besondere Form der Sacheinlage stellt die Einlage von Forderungen (*debt for equity swap*) dar. Hierzu wird auf → § 28 Rz 142 ff.   **25**

2.6 Derivative Kontrakte in eigenen Aktien (Aktienerwerbsangebote, Ausgabe von Bezugsrechten etc.)

Nach IAS 32.16(b)(ii) führen auf den **zukünftigen** Erwerb oder die **zukünftige**   **26** Veräußerung eigener Aktien gerichtete Kontrakte in einigen Fällen zu Eigenkapital, in anderen zu Fremdkapital. Am Beispiel von **Optionskontrakten** lassen sich folgende relevante Fälle unterscheiden:

- *Purchased call option*: Die Gesellschaft hat gegen Zahlung einer Prämie das Recht gekauft, eigene Aktien zu einem bestimmten Preis (Ausübungspreis) zu erwerben. Der Vertrag berührt nur das **Eigenkapital.** Die gezahlte Optionsprämie ist vom Eigenkapital abzuziehen (IAS 32.AG14). Bei Ausübung der Option ist eine Buchung „per Eigenkapital an Geld" geboten.
- *Written or issued call option:* Die Gesellschaft hat bereits eigene Aktien oder wird diese erforderlichenfalls noch erwerben. Gegen Erhalt einer Prämie hat sie dem Vertragspartner das Recht zum Erwerb dieser Aktien eingeräumt. Der Optionsvertrag berührt nur das **Eigenkapital.** Die vereinnahmte Optionsprämie ist dem Eigenkapital zuzuschreiben (IAS 32.AG13 und IAS 32.AG27(a)). Bei Ausübung der Option durch den Vertragspartner ist eine Buchung „per Geld an Eigenkapital" geboten.
- *Written put option:* Dem Vertragspartner ist das Recht eingeräumt worden, Aktien der Gesellschaft an diese zu veräußern. Die bedingte Erwerbsverbindlichkeit führt zur Umgliederung von Eigen- in **Fremdkapital.** (IAS 32.AG27(b)). Bei Ausübung der Option ist eine Buchung „per Verbindlichkeit an Geld" geboten.

Keine Eigenkapitalinstrumente liegen in folgenden Konstellationen vor:[23]

- Für das Derivat wurde die Erfüllungsart „Barausgleich" *(net cash settlement)* vereinbart (IAS 32.AG27(c), IAS 32.AG27(d)).

---

21 Vgl. ERNST & YOUNG, International GAAP 2015, Ch. 44 sCh 5.2.1.
22 Vgl. ERNST & YOUNG, International GAAP 2015, Ch. 44 sCh 5.1.1.
23 IDW RS HFA 45, Tz. 23 ff.

- Der Terminkontrakt ist zwar durch physische Lieferung der Aktien zu erfüllen (*gross physical settlement*), die zu liefernde Anzahl von eigenen Eigenkapitalinstrumenten und/oder der Betrag der Gegenleistung stehen jedoch nicht fest (IAS 32.11).

27 Ein für börsennotierte Aktiengesellschaften wichtiges Anwendungsfeld des letzten Falls sind **freiwillige Erwerbsangebote** nach dem Wertpapiererwerbs- und Übernahmegesetz (**WpÜG**). Soweit eine börsennotierte Gesellschaft ein Angebot auf den Erwerb eigener Aktien abgeben möchte, muss sie dies im Interesse der Gleichstellung aller Aktionäre öffentlich tun (§ 10 WpÜG) und bei einer Überzeichnung des Angebots durch eine quotale Zuteilung für eine Gleichbehandlung derjenigen Aktionäre sorgen, die das Angebot angenommen haben (§ 19 WpÜG). Durch das Erwerbsangebot entsteht eine **bedingte Verpflichtung** der Gesellschaft zur Zahlung von Geld.
Nach IAS 32.16 und IAS 32.23 i.V.m. IAS 32.AG 27(b) ist diese **Verpflichtung** dann als Verbindlichkeit auszuweisen, wenn sie **vertraglichen** Charakter hat. Gegen einen solchen vertraglichen Charakter spricht nicht die Subsumierung des Angebots unter die Regelungen des WpÜG. Zwar hat das WpÜG zum Teil öffentlich-rechtlichen Charakter, z.B. in Bezug auf die Aufsichts- und Untersagungsrechte der Bundesanstalt für Finanzdienstleistungsaufsicht. Daneben hat es aber den Charakter eines speziellen Zivilrechts, das die Kontrahierungs-, Inhalts- und Formfreiheiten des allgemeinen Zivilrechts im Interesse des Gleichbehandlungsgrundsatzes einschränkt. Unter Beachtung dieser Beschränkungen unterliegen das Erwerbsangebot sowie seine Annahme aber den allgemeinen Regeln des **Vertragsrechts**.[24] Die Einschränkungen der allgemeinen Vertragsfreiheiten bzw. die quasi öffentlich-rechtliche Prägung des Vertragsverhältnisses verhindern u.E. nicht die Qualifikation eines öffentlichen Erwerbsangebots als vertragsrechtliche Verpflichtung (*contractual obligation*) i.S.v. IAS 32. Auch das freiwillige Erwerbsangebot führt daher u.E. zum Ausweis einer **Verbindlichkeit**.

Praxis-Beispiel
Gem. WpÜG gibt die A am 27.12.01 ein freiwilliges öffentliches Angebot über den Erwerb von 10.000 eigenen Aktien ab, das bis zum 31.1.02 von den Aktionären angenommen werden kann.
- Die angebotene Leistung (= Optionsausübungspreis) beträgt 10.
Die Kurse entwickeln sich wie folgt:
- Kurs bei Abgabe des Erwerbsangebots 9,
- Stichtagskurs 31.12.01: 8,5 (**alternativ 11**),
- konstanter Kurs 2.1.02 bis 31.1.02 von 8 im Grundfall (bzw. **von 11** im **Alternativfall**).

---

[24] Vgl. GEIBEL/SÜSSMANN, WpÜG Kommentar, 2002, § 11, Rn 2: „Öffentliche Angebote i.S.d. Gesetzes … sind insoweit nach den allgemeinen Bestimmungen des bürgerlichen Rechts zu qualifizieren." Ähnlich STEINMEYER/HÄGER, WpÜG Kommentar, 3. Aufl., 2013, § 11, Rn 5f., die die Veröffentlichung der vom Bieter zu erstellenden Angebotsunterlage als Abgabe eines bindenden Angebots i.S.d. § 145 BGB qualifizieren. Die Rechtsfolgen der Annahme des Angebots „sind nicht mehr Gegenstand des Übernahmerechts, sondern richten sich nach den allgemeinen Vorschriften des BGB. Allerdings werden die zulässigen Vertragsbedingungen in weitem Umfang durch das WpÜG vorbestimmt" (ebenda, § 11, Rn 8).

Im Grundfall werden die Aktionäre das Erwerbsangebot annehmen, da sie bei einem an der Börse erzielbaren Kurs von 8 von der Gesellschaft 10 erhalten, die Ausübung der Option also vorteilhaft ist. Folgende Buchungen sind daher geboten:

Datum	Konto	Soll	Haben
01	Eigenkapital	100.000	
	Verbindlichkeiten		100.000
Aktienrückkauf			
02	Verbindlichkeiten	100.000	
	Geld		100.000

Im **Alternativfall** werden die Aktionäre das Angebot nicht annehmen, da sie bei einem an der Börse erzielbaren Kurs von 11 von der Gesellschaft nur 10 erhalten würden, die Ausübung der Option also nachteilig wäre. Die Buchung in 01 ist von den Wertentwicklungen nicht betroffen. Auch wenn der Kurs bereits am Stichtag 11 betrug und daher auch aus Sicht des Stichtags eine Optionsausübung nicht wahrscheinlich war, darf dies nicht berücksichtigt werden. Als Fremdkapital ist zum Stichtag jede Ankaufsverpflichtung auszuweisen, auch wenn sie bedingten Charakter hat und der Eintritt der Bedingung nicht wahrscheinlich ist. Erst am 31.1.02 steht die Nichtannahme fest und erlischt die bedingte Verbindlichkeit. Zu diesem Zeitpunkt erfolgt die „Stornierung" der Buchung aus 01, d. h. die Wiedereinstellung der 100.000 in das Eigenkapital.

Datum	Konto	Soll	Haben
Aktienrückkauf kommt nicht zustande			
02	Verbindlichkeiten	100.000	
	Eigenkapital		100.000

Der Qualifizierung der aus dem Übernahmeangebot entstehenden Verpflichtung als finanzielle Verbindlichkeit könnte allenfalls Folgendes entgegenstehen: IAS 32.11 definiert finanzielle Verbindlichkeiten als *contractual obligations*. Wäre damit keine vertragsrechtliche, sondern mit der amtlichen deutschen Übersetzung eine vertragliche Verpflichtung gemeint, ließe sich einwenden, dass durch das Übernahmeangebot noch kein Vertrag entsteht, sondern lediglich das Angebot zum Abschluss eines solchen abgegeben werde, es also vor Annahme des Angebots an der vertraglichen Verpflichtung fehle.[25]

Ist der derivative Kontrakt über eigene Aktien nicht auf deren tatsächliche Lieferung, sondern auf einen Barausgleich i.H.d. Differenz von Vertragskurs und Kurs bei Fälligkeit gerichtet *(cash settlement)*, liegt ein „normales" Derivat vor, das zum *fair value* als finanzieller Vermögenswert oder Verbindlichkeit auszuweisen ist (IAS 32.AG27).[26]

---

[25] Vgl. FREIBERG, PiR 2012, S. 296 ff., der dieses Argument detailliert untersucht und im Ergebnis ablehnt.

[26] Vgl. IDW RS HFA 45, Tz. 23 ff.

28   Gibt die Gesellschaft zur Vornahme einer Kapitalerhöhung **Bezugsrechte** an die
      Aktionäre aus, die gegen ein fixes Entgelt zur Zeichnung der Kapitalerhöhung
      berechtigen, so ist die *fixed-for-fixed*-Bedingung des IAS 32.16(b) (Rz 23) i.d.R.
      erfüllt. Eine Verbindlichkeit bzw. derivative Verbindlichkeit entsteht nicht.
      Lautet der bei Ausübung des Bezugsrechts zu zahlende Preis allerdings auf eine
      fremde, für die Gesellschaft **nicht funktionale Währung**, steht der von der Gesell-
      schaft für die spätere Ausgabe der Anteile vereinnahmte Betrag in funktionaler
      Währung gerade nicht fest. Fremdkapital wäre auszuweisen. Bezüglich dieses
      Sonderfalls hat der IASB jedoch in 2009 ein *Amendment* von IAS 32.16(b)(ii) sowie
      IAS 32.11(b)(ii) vorgenommen. Danach führt die Ausgabe in fremder Währung für
      ab dem 1.2.2010 beginnende Geschäftsjahre nicht zum Ausweis einer (derivativen)
      Verbindlichkeit.

2.7   Eigenkapital von Personengesellschaften und Genossenschaften

2.7.1   Gesellschaftsrechtliche Ausgangslage: Kündbare Anteile, Abfindungsverpflichtungen

29   Nach deutscher Rechtslage bestehen (nicht ausschließbare) ordentliche **Kündi-
      gungsrechte** für
      • **Genossenschaften** gem. §§ 65 und 73 GenG und
      • **Personenhandelsgesellschaften** gem. § 105 Abs. 3 HGB i.V.m. § 723 BGB
        (OHG) bzw. § 161 Abs. 2 HGB i.V.m. § 105 Abs. 3 HGB und § 723 BGB
        (KG).
      In diesen Fällen führt die Kündigung gesetzlich nicht zur Auflösung, sondern zum
      Ausscheiden des kündigenden Mitglieds bzw. Gesellschafters unter Entstehen eines
      Abfindungsanspruchs (§ 73 GenG, § 131 Abs. 3 Nr. 1 HGB i.V.m. § 738 BGB).
      Dieser kann der Höhe nach vertraglich geregelt, aber nicht ausgeschlossen werden:
      • Bei **Genossenschaften** darf die Abfindung, ein ausreichendes Vermögen der
        Genossenschaft unterstellt, das Geschäftsguthaben nicht unterschreiten (§ 73
        Abs. 2 GenG).
      • Bei **Personenhandelsgesellschaften** ist eine Abfindung unterhalb der buch-
        mäßigen Beteiligung am Gesellschaftsvermögen i.d.R. sittenwidrig,[27] eine Ab-
        findung zum Buchwert oder nach anderen Formeln (z.B. Stuttgarter Verfahren)
        zwar im Allgemeinen nicht sittenwidrig, aber häufig durch ergänzende Ver-
        tragsauslegung auf eine angemessene Abfindung zu korrigieren.[28]

30   Abfindungsverpflichtungen der Personengesellschaft oder Genossenschaft kön-
      nen sich darüber hinaus aus den Regelungen über das Schicksal der Mitglied-
      schaft im **Todesfall** ergeben.
      • Nach dem gesetzlichen Statut der **Genossenschaft** geht die Mitgliedschaft
        zwar im Todesfall auf die Erben über, diese scheiden aber zum Ende des
        Geschäftsjahres, in dem der Todesfall sich ereignet hat, aus (§ 77 Abs. 1
        GenG). In der Praxis des Genossenschaftsstatuts ist jedoch regelmäßig ab-
        weichend eine Fortsetzung mit den Erben vorgesehen (§ 77 Abs. 2 GenG).

---

27   BGH, Urteil v. 9.1.1989, ZR 83/88, NJW 1989, S. 2686 ff.
28   BGH, Urteil v. 20.9.1993, II ZR 104/92, BB 1993, S. 2265 ff.

- Bei der gesetzlich verfassten **OHG** führt der Tod des Gesellschafters zum Ausscheiden (§ 131 Abs. 3 Nr. 1 HGB). Auch hier dominieren in der Vertragspraxis Klauseln, die eine Fortsetzung mit den Erben (ggf. nur mit den „qualifizierten" Erben) vorsehen. Bei der **KG** gilt Entsprechendes für den Komplementär, während die Erben des Kommanditisten mangels abweichender Bestimmung in dessen Gesellschafterstellung eintreten (§ 177 HGB).

2.7.2 Bilanzielle Problemstellung: Umqualifizierung Eigenkapital in Fremdkapital?

Nach IAS 32.16 und IAS 32.19 liegt **Eigenkapital** nur insoweit vor, als ein   **31**
Unternehmen weder eine unbedingte noch eine bedingte **Verpflichtung** zur
Lieferung von Geld oder anderen Vermögenswerten hat.
In der Konkretisierung dieser Regelungen bestimmt IAS 32.18(b): Ein Recht der Anteilseigner von Personengesellschaften *(partnerships)*, Genossenschaften und Fonds *(mutual funds)*, ihren Anteil *(interest)* jederzeit *(at any time)* gegen eine Abfindung zurückzugeben, ist bilanziell als **Verbindlichkeit** auszuweisen, auch wenn die Stellung der Anteilseigner rechtlich die Form eines Residualinteresses hat. Das Eigenkapital von Personengesellschaften und Genossenschaften wäre diesen Regeln folgend in einem IFRS-Abschluss ganz oder teilweise als **Fremdkapital** auszuweisen,[29] wenn

- den Mitgliedern bzw. Gesellschaftern ein **Kündigungsrecht** zusteht **und**
- die Ausübung dieses Rechts einen **Abfindungsanspruch** gegen das Unternehmen begründet.

Ein Fremdkapitalausweis gesellschaftsrechtlichen Eigenkapitals wäre darüber hinaus auch für **GmbHs** erforderlich, wenn der Gesellschaftsvertrag ein ordentliches Kündigungsrecht gegen Abfindung vorsieht. Lediglich gesetzlich nicht abdingbare außerordentliche Kündigungsrechte wären bei allen Rechtsformen unschädlich.

Die zum Teil absurden Konsequenzen einer Umqualifizierung des Eigenkapitals – je besser sich die Gesellschaft entwickelt, desto schlechter muss sie sich in Bilanz und GuV darstellen – haben wir an anderen Stellen[30] ausführlich dargestellt. Der IASB hat derartige Kritiken mit einiger Zeitverzögerung wahrgenommen und sie zum Anlass genommen, die Regeln mit Wirkung ab 2009 anzupassen.

Die insoweit geänderte Fassung von IAS 32 geht das Problem der Eigen- bzw.   **32**
Fremdkapitaldefinition nicht prinzipienbasiert (→ § 1 Rz 42 ff.), sondern **kasuistisch** in der Form von **Ausnahmeregelungen** an:

- Wenn kündbare Anteile *(puttable shares)* bestimmte in den eingefügten Buchstabenparagrafen IAS 32.16A bis IAS 32.16F genannte **Bedingungen** vollständig **erfüllen**,
- dann sind sie in **Ausnahme** von den allgemeinen Definitionsmerkmalen von Fremdkapital (*„as an exception to the definition of a financial liability"* – IAS 32.16A) als Eigenkapital zu qualifizieren.

Die Ausnahmeregelungen betreffen neben kündbaren Anteilen auch Finanzinstrumente, die nur bei Liquidation des emittierenden Unternehmens einen

---

[29] IDW RS HFA 45, Tz. 16.
[30] LÜDENBACH/HOFFMANN, BB 2004, S. 1042 ff., und LÜDENBACH/HOFFMANN, DB 2005, S. 404.

Residualanspruch des Inhabers des Finanzinstruments gegen das Unternehmen zur Folge haben. Der Ausnahmecharakter der Regelungen führt zu einer **Sonderform** des Eigenkapitals, einer Art **gewillkürtes**, durch gesellschaftsrechtliche Kautelen gestaltbares Eigenkapital.

Die Neuregelungen gelten **nicht** für den Ausweis von Minderheitenanteilen (nicht beherrschenden Anteilen) an Tochterpersonengesellschaften im **Konzern** (→ § 32 Rz 169). Hier gilt: Kündigungsmöglichkeiten und damit verbundene potenzielle Abfindungsansprüche führen zur Behandlung des **Minderheitenanteils** als **Fremdkapital** (IAS 32.AG29A und IAS 32.BC68).

2.7.3 Voraussetzungen für den Eigenkapitalausweis von kündbaren Anteilen

33   IAS 32.16A enthält folgende **kumulative Voraussetzungen** für den Ausweis von kündbaren Anteilen als Eigenkapital:
- proportionale Beteiligung am Liquidationsergebnis (Rz 34),
- Nachrang gegenüber allen anderen Finanzinstrumenten (Rz 35),
- identische Ausstattungsmerkmale aller kündbaren Anteile (Rz 36),
- Fehlen weiterer, über die potenziellen Abfindungsverpflichtungen hinausgehender Zahlungsverpflichtungen (Rz 39),
- substanzielle Beteiligung am buchhalterischen oder ökonomischen Unternehmenserfolg (Rz 40).

a) Proportionale Beteiligung am Liquidationsergebnis

34   Alle Anteilseigner müssen entsprechend ihrem Anteil an der Gesellschaft am Liquidationsergebnis beteiligt sein (IAS 32.16A(a)). Abgestellt wird nur auf die Beteiligung am **positiven** Liquidationsergebnis *(net assets)*.

Unschädlich ist im Fall der **KG** daher, dass der Komplementär vorrangig den Fehlbetrag zu tragen hat. Gem. IAS 32.AG14F und IAS 32.AG14G ist diese **persönliche Haftung** des Komplementärs von der Einlage abzuspalten und als gesondertes Finanzinstrument zu betrachten (RIC 3.9). Auch eine ergebnisunabhängige Haftungsvergütung des Komplementärs ist unschädlich, wenn sie einem Fremdvergleich standhält (RIC 3.10).

b) Nachrang gegenüber allen anderen Finanzinstrumenten

35   Der kündbare Anteil muss in der (freiwilligen oder erzwungenen) Liquidation **nachrangig** gegenüber allen anderen Finanzinstrumenten sein (IAS 32.16A(b)). Dies bedeutet zunächst einen Nachrang gegenüber **Gläubigern:** Ansprüche der Gesellschafter dürfen erst erfüllt werden, wenn Ansprüche aller anderen Kapitalgeber befriedigt sind.

Schädlich kann auch ein fehlender **Gleichrang** von **Gesellschaftern untereinander** sein. Zu unterscheiden sind hier folgende Konstellationen:

Praxis-Beispiel
Der Gesellschaftsvertrag der ABC OHG sieht Folgendes vor:

Fall 1:
Gesellschafter A erhält einen Vorabanteil am Liquidationsergebnis. Der Rest wird zwischen B und C nach Maßgabe ihrer Anteile verteilt.

> **Beurteilung**
> Der Anteil von A ist kein Eigenkapital. Er gehört nicht in die nachrangigste Klasse von Finanzinstrumenten. In ihr sind nur die Anteile von B und C zu erfassen. Sie stellen bilanziell Eigenkapital dar.
>
> **Fall 2:**
> Gesellschafter A erhält zunächst einen Vorabanteil am Liquidationsergebnis. Der Rest wird zwischen A, B und C nach Maßgabe ihrer Anteile verteilt.
>
> **Beurteilung**
> Der Anteil von A gehört nicht zur nachrangigsten Klasse und ist Fremdkapital, B und C gehören zur nachrangigsten Klasse und sind untereinander gleichgestellt, daher als Eigenkapital zu qualifizieren.

c) Identische Ausstattungsmerkmale

Alle Finanzinstrumente in der nachrangigsten Klasse müssen gleiche Ausstattungsmerkmale haben (IAS 32.16A(c)). Die Bedingung bezieht sich ausschließlich auf die **finanziellen** Ausstattungsmerkmale der Instrumente. Hierzu gehören aber nicht nur Ansprüche auf das Perioden- oder Liquidationsergebnis. Schädlich ist z.b., wenn eine Hinterbliebenenversorgung für den Fall des Ausscheidens durch Tod nur für die Gründungsgesellschafter, nicht für die später Hinzugetretenen vorgesehen ist.[31] Unschädlich können hingegen Pensions- oder Hinterbliebenenregelungen sein, mit denen in fremdüblicher Weise nur die geschäftsführenden Gesellschafter für ihre Geschäftsführungtätigkeit bedacht werden. Hier liegen ggf. eigenständige, separat vom Gesellschaftsanteil zu betrachtende Verpflichtungen der Gesellschaft vor (IAS 32.AG14l). Schädlich sind in jedem Fall (signifikante) Unterschiede zwischen Gesellschaftern(-gruppen) hinsichtlich der Einlage- oder Entnahmemodalitäten (Höhe oder Zeitpunkt).[32]

Unschädlich sind Unterschiede in **Geschäftsführungs-** oder **Informationsrechten**, wie sie etwa bei einer KG zwischen Komplementären und Kommanditisten bestehen (RIC 3.15 ff.). Schädlich können hingegen nicht beteiligungsproportionale **Stimmrechte** sein, jedoch erst ab dem Zeitpunkt, ab dem sie tatsächlich ausgeübt werden (RIC 3.18).

36

> **Praxis-Beispiel**
> S bringt sein Einzelunternehmen in die mit seinen Kindern J-1 und J-2 gegründete OHG ein. An Kapital und Ergebnis und Vermögen ist jeder mit jeweils einem Drittel beteiligt. Abweichend davon stehen S jedoch 75 % der Stimmrechte zu.
> Entscheidend ist, ob S mithilfe des überproportionalen Stimmrechts die finanziellen Ausstattungsmerkmale der Anteile zu seinen Gunsten verändert (RIC 3.18). Dies wäre nur dann der Fall, wenn der Gesellschaftsvertrag (1.) Änderungen an den diesbezüglichen Grundlagen mit einer Dreiviertelmehrheit zuließe und (2.) S tatsächlich so verführe.

---

31 Meurer/Tamm, IRZ 2010, S. 269ff.
32 Vgl. Zwirner/König, KoR 2013, S. 1ff.

37   Die Gleichartigkeitsbedingung ist nicht tangiert, wenn neben den kündbaren
      Anteilen **andere** Finanzinstrumente, etwa **ewig laufende Anleihen** oder **Genuss-
      rechte,** als Eigenkapital zu qualifizieren sind, wobei die anderen Finanzinstrumente
      aber in Liquidation und Insolvenz Vorrang vor den kündbaren Anteilen haben.
      • Die Bedingung in IAS 32.16A(c) bezieht sich nicht auf alle Eigenkapitalinstru-
        mente, sondern nur auf die im *Amendment* zu IAS 32 geregelten kündbaren
        Instrumente; allein hier ist Gleichartigkeit gefordert.
      • Der Vorrang ewiger Anleihen in der Liquidation ist somit unschädlich
        (RIC 3.19).[33]
38   Schädlich kann ein **Rangrücktritt** eines darlehensgewährenden Gesellschafters
      sein. Wenn nach dem Inhalt der Rücktrittserklärung der Gesellschafter/Darlehens-
      geber Befriedigung nur zusammen mit allen bei der Schlussverteilung nach § 199
      InsO Berechtigten verlangen kann (sog. qualifizierter Rangrücktritt), ist das Darle-
      hen ebenfalls der letztrangigen Klasse zuzuordnen, in seinen Merkmalen aber nicht
      völlig gleich mit kündbaren Anteilen, so dass IAS 32.16A(c) verletzt wird.[34]

      d) Keine weiteren Zahlungsverpflichtungen
39   Abgesehen von den aus einer Kündigung der Beteiligung/Rückgabe der Anteile
      resultierenden Zahlungsverpflichtungen darf die Personengesellschaft dem einzel-
      nen Gesellschafter gegenüber keine weiteren Verpflichtungen zur Zahlung oder
      Hingabe anderer finanzieller Vermögenswerte haben (IAS 31.16A(d)).
      Nicht schädlich sind hier die gesetzlichen **Entnahme-** und **Verzinsungsrechte** der
      Gesellschafter i. S. d. § 122 Abs. 1 HGB, § 168 HGB sowie der **Gewinnauszah-
      lungsanspruch** des Kommanditisten nach § 169 Abs. 1 HGB. Sie begründen auch
      dann, wenn der Gesellschaftsvertrag die Ausschüttung/Thesaurierung nicht an
      Gesellschafterbeschlüsse bindet, keinen individuellen Zahlungsanspruch des Ge-
      sellschafters. Dieser erfordert vielmehr den kollektiven Beschluss über die Fest-
      stellung des Jahresabschlusses.[35] In diesem Rahmen können die Gesellschafter auch
      ohne vertragliche Regelung eine Thesaurierung beschließen. Tun sie es nicht oder
      nicht in vollem Umfang, so liegt hierin der implizite Ausschüttungsbeschluss, der
      erst (beschränkt auf die Höhe der Ausschüttung) zu einem Fremdkapitalausweis
      führt (RIC 3.21 ff.). Für das Entnahmerecht des Kommanditisten nach § 169
      Abs. 1 HGB gilt Entsprechendes (Rz 46).

      **e) Substanzielle Beteiligung am buchmäßigen oder ökonomischen Unter-
      nehmenserfolg**
40   Die Gesellschafter müssen gem. IAS 32.16A(e) über die Gesamtdauer ihrer
      Beteiligung **substanziell** (*substantially*) eine angemessene Beteiligung an der
      Entwicklung des Unternehmens **erwarten können,** und zwar an der
      • **buchmäßigen** (Jahresergebnis, Veränderung Buchvermögen) oder
      • **ökonomischen** (Veränderung des Unternehmenswerts).
      In Bezug auf unterschiedliche Abfindungsregeln und Gewinnbeteiligungsregeln
      gilt hier Folgendes:
      • Nur eine **IFRS-Buchwertklausel,** die sich auf das Buchvermögen nach IFRS
        bezieht, führt i. V. m. der Beteiligung am laufenden IFRS-Ergebnis nach
        IAS 32.AG14E zur vollständigen Beteiligung am buchmäßigen Erfolg.

---

[33] Entsprechend schon WEIDENHAMMER, PiR 2008, S. 213 ff..
[34] Vgl. HOFFMANN, PiR 2009, S. 182 ff.
[35] BGH, Urteil v. 20.4.2009, ZR 88/08, DStR 2009, S. 1489.

- Eine **Verkehrswertabfindung** nach § 738 HGB entspricht der Beteiligung an der ökonomischen Entwicklung. Das zwischenzeitliche Ausschüttungs- bzw. Thesaurierungsverhalten ist unerheblich, da die Ausschüttung/Nichtausschüttung von Gewinnen sich in der Verkehrswertentwicklung und damit in den Abfindungsansprüchen widerspiegelt.

- Eine **HGB-Buchwertklausel** ist differenziert zu würdigen. Zunächst sind die zivilrechtlichen Wirkungen von Buchwertklauseln zu beachten: Buchwertklauseln sind regelmäßig weder nichtig gem. § 138 BGB noch unzulässig wegen § 723 Abs. 3 BGB (Kündigungsbeschränkung). Bei einer sich im Zeitablauf ergebenden relevanten Diskrepanz zwischen dem vertraglich vereinbarten Abfindungswert und dem tatsächlichen Anteilswert ist jedoch im Zug eines Rechtsstreits und nach Maßgabe der einschlägigen BGH-Rechtsprechung regelmäßig eine Anpassung des Abfindungsbetrags im Weg der **ergänzenden Vertragsauslegung** durchzusetzen. Der so ermittelte Abfindungsbetrag liegt i. d. R. zwischen dem Buchwert und dem Verkehrswert. I. V. m. den laufenden Ausschüttungen entspricht dann der während der Dauer der Zugehörigkeit zur Gesellschaft insgesamt zu **erwartende** Zahlungsstrom aus dem Anteil zwar nicht vollständig der ökonomischen Entwicklung, eine solche vollständige Übereinstimmung ist durch IAS 32.16A(e) aber auch nicht gefordert. Ausreichend ist eine substanzielle Übereinstimmung, d. h. je nach Lesart ein Wert, der 50 % der tatsächlichen Entwicklung einfach oder deutlich überschreitet. Diese Voraussetzung und damit die Eigenkapitalqualifikation sind bei einer Buchwertklausel regelmäßig gegeben (RIC 3.38).

- Entsprechendes gilt dann erst recht für Abfindungsklauseln, die wie etwa das **Stuttgarter Verfahren** in der Tendenz zwischen Buch- und Verkehrswert liegen.

2.7.4 Konkreter Ausweis des bilanziellen Eigenkapitals

Für Kapitalgesellschaften sieht IAS 1.79 Angaben zur Zusammensetzung des gezeichneten Kapitals (z. B. Aktien mit unterschiedlichen Rechten) sowie Angaben zu Art und Zweck jeder Rücklage vor. In der Eigenkapitaländerungsrechnung sind gem. IAS 1.106 die akkumulierten Ergebnisse und die Entwicklung des gezeichneten (Rz 67) Kapitals, der Kapitalrücklagen und jeder sonstigen Rücklage zu zeigen. Fraglich ist, inwieweit diese Regelungen auf die Personengesellschaft, z. B. den GmbH-&-Co.-KG-Konzern, anwendbar sind. **41**

Nach IAS 1.80 müssen Gesellschaften ohne gezeichnetes Kapital, insbesondere **Personengesellschaften**, **äquivalente Informationen** geben, wobei insbesondere

- die **Veränderungen** innerhalb **jeder Eigenkapitalkategorie** und
- die **Rechte,** Vorrechte und Restriktionen zu **jeder Eigenkapitalkategorie**

zu zeigen sind.

Der Verzicht auf konkretere Vorgaben für Personengesellschaften ist angesichts der eher größeren nationalen Vielfalt auf dem Gebiet des Personengesellschaftsrechts verständlich. Die Forderung nach **äquivalenter Darstellung** erlaubt als relativ **offene und weiche Vorschrift** die Anwendung auf die jeweiligen nationalen Besonderheiten unter Einräumung bestimmter Freiheitsräume. **42**

Die nachfolgenden Ausführungen zur OHG und KG sind insofern nicht als Präsentation der einzig möglichen Lösung, sondern als ein Vorschlag zu verstehen, der versucht, die Unterschiede zu Kapitalgesellschaften gering zu halten. Solange der IFRS-Bilanz, insbesondere der Konzernbilanz, primäre gesell- **43** schaftsrechtliche Funktionen wie etwa die Festlegung des gesellschaftsrechtlich ausschüttungs- bzw. entnahmefähigen Betrags nicht zukommen, verdient u. E. ein weitgehend auf **Parallelisierung** zur **Kapitalgesellschaft** achtender Bilanzausweis gegenüber einer umgekehrt die Rechtsformunterschiede betonenden Darstellung den Vorzug. Da die Bilanzierungspflichten nicht die Gesellschafter, sondern die Personengesellschaft als Kaufmann betreffen, müssen Ausweisfragen vorrangig aus der Perspektive der Gesellschaft beantwortet werden. Die **Einheit der Gesellschaft** hat daher der Vielheit der Gesellschafter vorzugehen, soweit dem nicht zwingende Ausweisvorschriften entgegenstehen.

44   Aus IAS 1.79 ergibt sich die Anforderung, die mit jeder Eigenkapitalkategorie verbundenen **Restriktionen, Rechte und Vorrechte** kenntlich zu machen. I. V. m. IAS 1.78(e) wäre daher bei der Kommanditgesellschaft auf Bilanz- oder Anhangebene oder im Eigenkapitalspiegel zwischen der Summe der **Komplementäreinlagen** und der Summe der **Kommanditeinlagen** zu unterscheiden. Statt der jeweils zusammengefassten Betrachtung dürfte bei nicht zu vielen Gesellschaftern auch der Ausweis der Kapitalanteile der einzelnen Gesellschafter zulässig sein. Vorzuziehen ist jedoch u. E. die erste Alternative, da sie der hier befürworteten Parallelisierung (Rz 42) mit der Kapitalgesellschaft besser entspricht.

45   Auszuweisen sind in Bilanz, Eigenkapitalspiegel oder Anhang jeweils die **geleisteten** Einlagen. Gesellschaftsrechtlich bedungene und beschlossene, aber noch nicht geleistete Pflichteinlagen können als Abzugsposten innerhalb des Eigenkapitals berücksichtigt werden. Die Angabe einer über die Pflichteinlage hinausgehenden **Hafteinlage** der Kommanditisten ist allein Sache des Anhangs.

46   Bei den Gesellschaftern können neben Festkapitalkonten, die die Anteilsverhältnisse der Gesellschafter untereinander wiedergeben, weitere Einlagen und Konten vereinbart und/oder geleistet worden sein. Gängig ist etwa die Aufteilung in

- **Festkapitalkonten**, auf denen die geleistete Einlage verbucht wird,
- **Rücklagenkonten**, auf denen (u. a.) thesaurierte, ohne kollektiven Beschluss nicht entnahmefähige Gewinne erfasst werden,
- **Verlustvortragskonten** sowie
- **Privat-** oder **Darlehenskonten**, auf denen u. a. entnahmefähige Gewinne verbucht werden.

Es ist zunächst zu klären, ob die Privat-Darlehenskonten Teil der als Eigenkapital qualifizierten kündbaren Instrumente oder separat zu betrachtende Finanzinstrumente sind. Eine separate Betrachtung ist nach IAS 32.AG14I geboten, wenn das Privat-/Darlehenskonto annähernd **fremdübliche** Bedingungen aufweist, etwa im Wesentlichen angemessen verzinst wird. Das Konto ist dann als separates **Fremd**kapitalinstrument zu qualifizieren, mit der Folge, dass es bei der Prüfung, ob alle kündbaren Anteile gleichartige Bedingungen erfüllen (Rz 37), nicht mehr berücksichtigt werden muss. Ist hingegen ausnahmsweise eine einheitliche Betrachtung geboten, führt ein Vorrang der Privatkonten vor den übrigen Gesellschafteransprüchen im Fall der Liquidation zur Qualifikation aller Ansprüche als Fremdkapital.[36]

Die übrigen Konten können für bilanzielle Zwecke in **zwei Bereiche** zusammengefasst werden:

- **Einlagen**, einschließlich evtl. auf dem Rücklagenkonto erfasster Einlagen,

---

[36] LÜDENBACH, PiR 2010, S. 116 ff.

• **erwirtschaftete Ergebnisse** (einschließlich Verlustvortragskonto und auf dem Rücklagenkonto erfasster thesaurierter Gewinne).

Das Eigenkapital der Personengesellschaft kann sich durch **Entnahmen** ändern. Bei zulässigen Entnahmen ist gesellschaftsrechtlich zwischen persönlich haftenden Gesellschaftern und Kommanditisten zu unterscheiden. Die zulässige Entnahme des **persönlich haftenden Gesellschafters** reduziert dessen Festkapitalanteil. Wird im gleichen Maße die bedungene Pflichteinlage herabgesetzt, so ist der Vorgang wie eine Kapitalherabsetzung bei einer Kapitalgesellschaft zu behandeln. Kommt es nicht zur Herabsetzung der Pflichteinlage, so erhöht sich der Korrekturposten für nicht geleistete Einlagen. Bei den **Kommanditisten** kann unabhängig von der im Anhang zu erläuternden gesellschaftsrechtlich unterschiedlichen Folge (wiederauflebende Haftung usw.) bilanziell entsprechend verfahren werden. 47

Werden durch Entnahmen die Kapitaleinlagen bzw. Kapitalanteile (auch im IFRS-Abschluss) **negativ**, so ist u.E. von einem Passivausweis zu einem Aktivausweis zu wechseln, da ein derartiges Verfahren auch für Kapitalgesellschaften bei nicht durch Eigenkapital gedeckten Fehlbeträgen zweckmäßig ist (Rz 88). 48

Sowohl die Beispielbilanz im Anhang zu IAS 1 als auch die dort wiedergegebene beispielhafte Eigenkapitalveränderungsrechnung sieht die Zusammenfassung von Gewinnrücklagen, Ergebnisvorträgen und Periodenergebnis in einer Sammelposition „erwirtschaftete Gewinne/Ergebnisse" vor. Eine Unterteilung ist zulässig und mindestens im Anhang wegen der gebotenen Erläuterung sämtlicher Rücklagen notwendig. Fraglich ist, wie sich die zusammengefasste Darstellungsmöglichkeit sowie die Tatsache, dass in der IFRS-Gliederung die Kategorie Bilanzgewinn (handelsrechtlich bei Aufstellung der Bilanz nach Gewinnverwendung gem. § 268 Abs. 1 HGB) fremd ist, zum Gesellschaftsrecht der Personengesellschaften verhalten. 49

Nach § 120 Abs. 2 HGB ist der auf einen OHG-Gesellschafter entfallene Gewinn seinem Kapitalanteil zuzuschreiben bzw. der Kapitalanteil um den auf ihn entfallenen Verlust zu mindern. Soweit dies der Gesellschaft nicht schadet, kann die Auszahlung des vorjährigen Gewinnanteils verlangt werden (§ 122 Abs. 1 HGB). Mindestvoraussetzung ist aber ein Beschluss über die Feststellung des handelsrechtlichen Jahresabschlusses (Rz 39). Soweit ein solcher Feststellungsbeschluss (je nach Gesellschaftsvertrag zusätzlich auch ein **Gewinnausschüttungsbeschluss**) bis zum Stichtag der IFRS-Bilanz **nicht vorliegt**, gilt: In der IFRS-Bilanz sind entweder saldiert das erwirtschaftete Ergebnis oder unsaldiert die Posten „Gewinnrücklagen", „Gewinnvortrag" und „Jahresüberschuss" ausgewiesen. Eine als Verbindlichkeit zu passivierende Ausschüttungsverpflichtung (bzw. aus Sicht des Gesellschafters ein Entnahmerecht) besteht nicht. Auch wenn die Verpflichtung bis zur Aufstellung des IFRS-Abschlusses entsteht, ist sie nach IAS 10.12 erst in neuer Rechnung als Verbindlichkeit anzusetzen (→ § 4 Rz 40). 50

U.E. kann unabhängig davon, ob über die Gewinnverwendung bei Aufstellung der IFRS-Bilanz bereits (implizit) beschlossen worden ist, etwa weil der Feststellungsbeschluss zur handelsrechtlichen Einzelbilanz schon vorliegt oder nicht, das IFRS-Jahresergebnis getrennt von den Kapitalanteilen gezeigt werden. Welche Regelungen für die **Verwendung** bzw. **Entnahmefähigkeit** des Ergebnisses gelten, muss u.E. nur in den **Erläuterungen** zur Bilanz bzw. in den Erläuterungen zum Eigenkapitalspiegel deutlich gemacht werden. Dort wäre dann nach IAS 1.125 auf das Erfordernis eines besonderen Gewinnverteilungsbeschlusses hinzuweisen und ebenso, ob ein solcher bereits vorliegt oder nicht. 51

Für eine Verlagerung der Erläuterungen in den **Anhang** spricht auch folgende Überlegung: Der Disposition der Gesellschafterversammlung unterliegt nur der **handelsrechtliche** Gewinn, also eine Größe, die nur in einem losen bzw. zufälligen Zusammenhang zum IFRS-Jahresergebnis steht. Bei einer Darstellung der Gewinnverwendung, genauer der Verwendung des handelsrechtlichen Gewinns, in der IFRS-Bilanz selbst würde implizit der positive oder negative Unterschiedsbetrag zum IFRS-Jahresergebnis entweder vom Kapitalanteil abgezogen bzw. diesem zugerechnet oder es würde ein Unterschiedsbetragsergebnis separat dargestellt. Beide Varianten wären nicht selbsterklärend. Die ohnehin notwendige besondere Erläuterung wäre daher in jedem Fall im Anhang vorzunehmen.

52   Die für den persönlich haftenden Gesellschafter gem. § 120 Abs. 2 HGB bestehenden Kapitalfortschreibungsregelungen gelten nicht für Kommanditisten. Sobald der Betrag der bedungenen Einlage erreicht ist, wird der Gewinnanteil des **Kommanditisten** nicht mehr dem Kapitalanteil zugeschrieben. Der Kommanditist hat auf übersteigende Gewinnanteile mangels abweichender gesellschaftsrechtlicher Regelungen einen **Auszahlungsanspruch** (§ 169 Abs. 1 HGB). Für das Ergebnis des abgelaufenen Jahres gilt dies aber erst dann, wenn ein Feststellungsbeschluss zur Handelsbilanz vorliegt (Rz 39). Werden IFRS- und HGB-Abschluss auf den gleichen Stichtag (z. B. 31.12.) erstellt, gilt: Zum Bilanzstichtag des IFRS-Abschlusses liegt regelmäßig noch kein Feststellungsbeschluss vor. Es ist der Jahresüberschuss (im Eigenkapital) und kein Entnahmerecht des Kommanditisten (als Fremdkapital) auszuweisen.

53   Zusammenfassend entspricht es u. E. den Vorschriften von IAS 1 bzw. der dort verlangten äquivalenten Darstellung am ehesten, wenn der Gewinn der Berichtsperiode separat als solcher ausgewiesen wird und die erwirtschafteten, noch nicht entnommenen bzw. nicht ausgeschütteten Gewinne und die noch nicht endgültig den Rücklagen zugewiesenen Gewinne der Vorjahre ebenfalls von den Festkapitalanteilen getrennt dargestellt werden. Das für Kapitalgesellschaften geltende Gliederungsschema würde damit weitgehend beibehalten. Ein wesentlicher Unterschied bestünde im Fall einer KG auf der Ebene der Festkapitalkonten in der Trennung zwischen Komplementär- und Kommanditkapital. Das Ergebnis unserer Überlegungen ist in Tabelle 1 niedergelegt.

I. Festkapital und Kapitalrücklagen
1. Komplementäre
2. Kommanditisten
II. Gewinnrücklagen und Ergebnisvortrag
III. Jahresüberschuss
IV. Ergebnisneutrale Eigenkapitalbestandteile (*other comprehensive income*)

Tab. 1: Eigenkapital KG-Variante

2.7.5   Bewertung sowie Bilanz- und GuV-Ausweis bei Fremdkapitalqualifikation

54   Bei erforderlicher **Umqualifizierung** von Eigen- in Fremdkapital (Rz 31 ff.) lässt IAS 32.18(b) einen **gesonderten** Ausweis zu:

3. Das umqualifizierte Eigenkapital kann innerhalb des Schuldpostens gesondert als „**den Anteilseignern zuzurechnender Nettovermögenswert**" *(net asset value attributable to unitholders),*

4. der den Gesellschaftern zuzurechnende, aufwandswirksame Ergebnisanteil kann als „**Veränderung des dem Anteilseigner zuzurechnenden Nettovermögenswerts**" *(change in net asset value attributable to unitholders)* ausgewiesen werden.

Die vorgenannten Sonderbezeichnungen werden nur **beispielhaft** *(descriptors such as)* aufgeführt. Die Wahl **anderer** Bezeichnungen, etwa „wirtschaftliches Eigenkapital" oder „gesellschaftsrechtliches Eigenkapital", dürfte bei entsprechender Erläuterung zulässig sein. Voraussetzung ist allerdings der Ausweis dieser Positionen innerhalb der Schuldposten.

Die *Illustrative Examples* zu IAS 32 enthalten unter IAS 32.IE32ff. ein Anwen-   **55**
dungsbeispiel. Die **GuV** ist danach (aggregiert) wie folgt zu gliedern (→ § 2 Rz 58):

–	Erlöse
–	operative Aufwendungen
=	Ergebnis aus operativer Tätigkeit
+/–	Finanzergebnis
–	Dividendenzahlung
=	**Veränderung Nettovermögenswert Anteilseigner**

Die Schlusszeile *(bottom-line)* dieser GuV entspricht nicht dem Ergebnisanteil der Gesellschafter, da die Dividendenzahlungen bereits abgezogen sind. Sie berücksichtigt im Übrigen auch nicht die Veränderung des Nettovermögenswerts der Anteilseigner durch Kapitaleinlagen oder durch nicht in der GuV erfasste Gewinne (Rz 64ff.). Unter Berücksichtigung solcher Fälle wäre das Schema wie folgt zu ergänzen:

–	Erlöse
–	operative Aufwendungen
=	Ergebnis aus operativer Tätigkeit
+/–	Finanzergebnis
=	**erfolgswirksame Veränderung Nettovermögenswert Anteilseigner (Ergebnis vor Anteil der Eigenkapitalgeber)**
–	Dividenden
+/–	sonstige Transaktionen mit Anteilseigner
+/–	nicht in der GuV erfasste Gewinne
=	**Veränderung Nettovermögenswert Anteilseigner**

Der **bilanzpolitische** „Nutzen" der in IAS 32.18(b) und IAS 32.IE32ff. angebotenen Lösung könnte darin bestehen, dass in die „wirtschaftlichen Eigenkapitalposten" bzw. die „wirtschaftlichen Ergebnisposten" u.U. auch Gesellschafterdarlehen und darauf entfallende Zinsen einzubeziehen sind, da auch diese Posten bzw. deren Veränderungen den Anteilseignern zugerechnet werden müssen.

Die **Bewertung** der kündbaren Anteile regelt IAS 32.23 explizit nur für den   **56**
Zugangs-/Erstbewertungszeitpunkt. Anzusetzen ist der Barwert des potenziellen

Abfindungsbetrags. Inhaltlich entspricht dies einer *fair-value*-Bewertung. Eine **Abzinsung** ist dabei u. E. nur für den gesellschaftsvertraglich bestimmten Zeitversatz zwischen Zeitpunkt des Ausscheidens bzw. Stichtag der Bewertung des Abfindungsanspruchs einerseits und Fälligkeit der Abfindung andererseits geboten.

Praxis-Beispiel[37]
(1) A, B und C gründen am 31.12.01 durch Einbringung ihrer Einzelunternehmen die ABC OHG. Alle Gesellschafter haben gleiche Stimmrechte und sind in gleicher Weise am laufenden Ergebnis beteiligt. Wegen der besonderen Bedeutung des A für die Gesellschaft wird für die Teilung des Liquidationserlöses jedoch ein Verhältnis von 50 % / 25 % / 25 % vereinbart. Folge: Die kündbaren Anteile sind wegen Unterschiedlichkeit der Ausstattung (Rz 36) als Fremdkapital auszuweisen.
(2) Im Fall einer Kündigung scheidet der jeweilige Gesellschafter gegen eine Verkehrswertabfindung aus. Eine Kündigung ist jedoch erstmals mit Wirkung zum 31.12.05 möglich. Ein evtl. Abfindungsguthaben berechnet sich nach dem Verkehrswert zum Zeitpunkt der Wirksamkeit von Kündigung bzw. Ausscheiden, ist jedoch erst ein Jahr nach diesem Zeitpunkt fällig.

Beurteilung
Der potenzielle Abfindungsbetrag ist nach den Wertverhältnissen des jeweiligen Bilanzstichtags zu bestimmen, so als ob die Gesellschafter zu diesem Zeitpunkt ausscheiden würden. Insoweit gibt es keine Notwendigkeit und keine Rechtfertigung, für den Zeitraum 31.12.01 bis 31.12.05 eine Abzinsung vorzunehmen. Eine solche Abzinsung käme nur für den Verkehrswert 31.12.05 infrage. Dieser Betrag ist aber zum einen noch völlig ungewiss und würde zum anderen Wertentwicklungen nach dem Bilanzstichtag 31.12.01 reflektieren, also einer Bilanzierung nach Stichtagsverhältnissen nicht entsprechen.
Eine Abzinsung ist danach nur noch für den Zeitversatz zwischen Wirksamkeit der (fiktiven) Kündigung und Fälligkeit der Abfindung vorzunehmen. Wäre die Kündigung zum 31.12.01 wirksam, würde die Abfindung erst zum 31.12.02 zur Auszahlung gelangen: Der Verkehrswert 31.12.01 ist deshalb um zwölf Monate abzuzinsen.

---

57 Zur Bewertung auf **Folgezeitpunkte** enthält IAS 32.23 lediglich den allgemeinen Verweis, dass die Vorschriften von IAS 39 (bzw. IFRS 9) anzuwenden sind. Das IDW folgert hieraus:[38]
- Da es sich bei der Abfindung nicht um eine erfolgswirksam zum beizulegenden Zeitwert zu bewertende finanzielle Verbindlichkeit handele, sei die Folgebewertung zu **fortgeführten Anschaffungskosten** (*amortised cost*) vorzunehmen.
- Allerdings fehle eine Regelung, wie die fortgeführten Anschaffungskosten im Fall von Abfindungsverpflichtungen zu ermitteln sind. Daher obliege dem **Bilanzierenden** die Festlegung eines **sachgerechten** Verfahrens für die Folgebewertung zu fortgeführten Anschaffungskosten. In Betracht komme bspw. eine Erhöhung des bei der Erstbewertung der Verbindlichkeit angesetzten Betrags

---

[37] Aus LÜDENBACH, PiR 2011, S. 361 ff.
[38] IDW RS HFA 45, Tz. 51 ff.

um die Gewinnanteile der Gesellschafter, soweit diese von den Gesellschaftern entnommen werden können oder deren Abfindungsanspruch erhöhen. Darüber hinaus seien ggf. im sonstigen Ergebnis (*other comprehensive income*) ausgewiesene Beträge in die Bemessung der Verbindlichkeit einzubeziehen.

Die Position des IDW kann sich zwar formal auf den Globalverweis von IAS 32.23 auf IAS 39/IFRS 9 stützen, sie entspricht aber nicht dem Willen des Regelgebers. Der IASB hat die Einführung der kasuistischen Regelungen zur Qualifizierung kündbarer Anteile als Eigenkapital (Rz 32) mit **Bewertungsanomalien** (Rz 31) begründet, die sich ansonsten ergäben. Sie resultieren nach Auffassung des IASB insbesondere daraus, dass für als Verbindlichkeit zu qualifizierende kündbare Anteile Folgendes gilt: „*On an ongoing basis the liability is recognised at not less than the amount payabale on demand*" (IAS 32BC50(a)). Danach soll die Folgebewertung nach den gleichen Grundsätzen erfolgen wie die Erstbewertung, nämlich nach Maßgabe des potenziellen Abfindungsbetrags. Nur eine solche Vorgehensweise entspricht auch der tatsächlichen Wertentwicklung der Abfindungsverpflichtung und ist daher u.E. vorzuziehen.

2.7.6 Wechsel von Eigenkapital zu Fremdkapital und vice versa bei kündbaren Anteilen

Die für eine Eigenkapitalqualifikation maßgeblichen Bedingungen des **Gesellschaftsvertrags** (Rz 33) können im Zeitablauf **geändert** werden. Dadurch können kündbare Anteile sich von Eigen- in Fremdkapital verwandeln oder umgekehrt. Für diese Fälle hält IAS 32.16F Folgendes fest: **58**

- Umqualifizierung von **Eigenkapital in Fremdkapital**: Das Fremdkapital ist mit dem *fair value* zum Zeitpunkt der Umklassifizierung anzusetzen. Eine Buchwertdifferenz zur bisherigen „Bewertung" des Eigenkapitals ist gegen das Eigenkapital selbst zu verrechnen.
- Umqualifizierung von **Fremdkapital in Eigenkapital**: Das Eigenkapital ist mit dem Buchwert des Fremdkapitals zum Umklassifizierungszeitpunkt anzusetzen.

Im zweiten Fall sind daher die für „normale" Fälle der Wandlung von Fremd- in Eigenkapital maßgeblichen Bestimmungen des IFRIC 19 (→ § 28 Rz 142) nicht einschlägig; insbesondere kann aus der Wandlung kein GuV-Erfolg entstehen.

2.8 Umklassifizierung als Eigenkapital in Fremdkapital bei geänderten Umständen oder Vertragsbedingungen

Für die Klassifizierung eines emittierten Finanzinstruments als Eigen- oder Fremdkapital ist auf den **Zugangszeitpunkt** abzustellen (IAS 32.15). Fraglich ist dann, ob und unter welchen Umständen eine **Neubeurteilung** wegen geänderter **59**

- Vertragsbedingungen (Rz 61) oder
- Umstände (Rz 62)

möglich ist.[39]

Detaillierte Regeln enthält IAS 32 hier nur für den Fall **kündbarer Anteile** (*puttable instruments*), also etwa bei Personengesellschaften (Rz 58) gem. IAS 32.16F. **60**

Eine **Anpassung wesentlicher Vertragskonditionen in anderen Fällen** (z.B. ein Genussrecht wird von ewiger Laufzeit auf eine befristete umgestellt oder v.v.) ist gleichzusetzen mit der Beendigung des bestehenden und Abschluss eines neuen Finanzinstruments. Einer Neubeurteilung des bislang erfassten Finanz- **61**

---

[39] Vgl. im Detail FREIBERG, PiR 2014, S. 92ff.

instruments bedarf es daher nicht. Mit Blick auf die bilanziellen Folgen ist nach der Richtung des Wechsels zu unterscheiden:

- Führt eine Änderung der Konditionen einer finanziellen Verbindlichkeit erstmalig zur Erfüllung der Merkmale eines Eigenkapitalinstruments, ist die Verbindlichkeit auszubuchen (IAS 39.39/ IFRS 9.3.3.1) und der Wechsel zu einem Eigenkapitalinstrument als *debt-for-equity swap* mit evtl. Erfolgswirksamkeit abzubilden (IFRIC 19.2; → § 28).
- Beim Wechsel in umgekehrter Richtung erfolgt die Zugangsbewertung der Verbindlichkeit zum *fair value* (IAS 39.43/IFRS 9.5.1.1). Differenzen zum bisherigen Buchwert des Eigenkapitalinstruments sind unmittelbar im Eigenkapital zu verrechnen (IAS 32.33).

62 Die Notwendigkeit der (Re-)Klassifizierung einer Kapitalquelle kann sich auch ohne eine Änderung der vertraglichen Konditionen aus **geänderten Umständen** (etwa Wechsel der funktionalen Währung, Ablauf eines Optionszeitraums usw.) ergeben. Hier gilt: Bei Wechsel von

- Fremd- zu Eigenkapital liegt kein *debt-for-equity swap* vor; es fehlt an einer Neuverhandlung der Konditionen (IFRIC 19.2),
- Eigen- zu Fremdkapital erfolgt die Gegenbuchung für die Zugangsbewertung der Verbindlichkeit zum beizulegenden Zeitwert im Eigenkapital *directly in equity* (IAS 32.33).

Für den ersten Fall ist u. E. – wie bei kündbaren Anteilen (Rz 58) – eine erfolgsneutrale Umbuchung von Fremd- in das Eigenkapital vorzugswürdig.

2.9 Bilanzielles und aufsichtsrechtliches Eigenkapital bei Banken

63 Als Reaktion auf die Finanzmarktkrise hat der Baseler Ausschuss für Bankenaufsicht auch die qualitativen Anforderungen an das aufsichtsrechtliche Kernkapital verschärft. Zielsetzung ist, Eigenkapitalgeber und nachrangige Gläubiger frühzeitig an den Kosten des Krisenmanagements zu beteiligen. In der Finanzmarktkrise blieben nachrangige Gläubiger im Krisenfall oftmals verschont.

Als neuartige Finanzierungsquelle zur Erfüllung der verschärften aufsichtsrechtlichen Kapitalanforderungen dient sog. **bedingtes Kapital** *(contingent capital)*. Das *contingent capital* umfasst als Oberbegriff verschiedene Finanzierungsformen, denen gemein ist, dass bei Eintritt eines risikobasierten Ereignisses (z. B. Absinken der harten Kernkapitalquote unter einen bestimmten Schwellenwert, welcher die Fortführung der Bank bedroht; *non-viability event*) die Zeichner des *contingent capital* an den Kosten der Rettung der Bank beteiligt werden. Zu unterscheiden sind hier:

- **Anleihen mit Herabschreibungswahlrecht** *(write-down bonds)* und
- **bedingte (Pflicht-)Wandelanleihen** (CoCo-Bonds im engeren Sinne), die bei Bedingungseintritt in Eigenkapital gewandelt werden.[40]

Wesentliche Bedingungen für die Anerkennung als zusätzliches Kernkapital (Additional Tier 1 bzw. AT1) sind:

- die Kapitalüberlassung ist zeitlich unbefristet,
- Kündigung, Rückzahlung oder Rückkauf durch den Emittenten ist nur mit vorheriger Erlaubnis der Aufsicht möglich,
- die Zahlung von Zinsen steht im Ermessen des Emittenten.

---

[40] Vgl. FREIBERG, PiR 2015, S. 29 ff.

Da der Emittent keine Verpflichtung zur Rückzahlung und zur Zinszahlung hat, sind die AT1-Anleihen mit Herabschreibungswahlrecht nach IAS 32 als Eigenkapital zu behandeln. Bei AT1-Anleihen in Form von Pflichtwandelanleihen ist i.d.R. ein variables Wandlungsverhältnis vorgesehen. Hinsichtlich der bilanziellen Behandlung beim Emittenten werden v. a. folgende Auffassungen diskutiert:

- Behandlung als *compound instrument*: es erfolgt eine Trennung nach IAS 32.28 in einen Fremdkapitalanteil für die Verpflichtung zur Lieferung einer variablen Anzahl eigener Aktien und einen Eigenkapitalanteil hinsichtlich der im Ermessen des Emittenten liegenden Zinszahlungen. Der Wert der Eigenkapitalkomponente beläuft sich aber bei Anwendung des *split accounting* auf null, da das *non-viability event* sofort eintreten kann.
- Vollständige Behandlung als Fremdkapital nach IAS 32.25 aufgrund der Abwicklung in einer variablen Anzahl an eigenen Aktien (IAS 32.11 (b)).[41]

3 Eigenkapitalspiegel, Angaben zum Eigenkapital

3.1 Grundstruktur: Ursachen der Reinvermögensänderungen

Bezüglich der **Ursachen** der Änderungen des Reinvermögens eines Unternehmens kann zwischen zwei Bereichen unterschieden werden: 64

- Das Eigenkapital kann sich zum einen aufgrund von **realisierten** (in der GuV berücksichtigten) oder **unrealisierten** (direkt im Eigenkapital verbuchten) **Erfolgen** verändern.
- Zum anderen führen **Transaktionen** mit den Anteilseignern in der Form von Kapitalzuführungen und -rückzahlungen und von Dividenden zu einer Veränderung des Eigenkapitals.

Abbildung 1 fasst die relevanten Vorgänge zusammen:

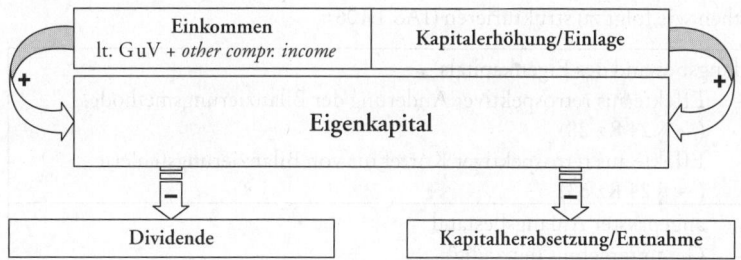

Abb. 1: Quellen der Änderung des Eigenkapitals (bei positivem Einkommen)

Das **direkt im Eigenkapital** berücksichtigte Einkommen („sonstiges Ergebnis" bzw. „*other comprehensive income*") umfasst u. a. (Rz 97):

- Neubewertung von Anlagevermögen (→ § 14 Rz 47),
- GuV-neutrale Wertänderung von veräußerbaren Wertpapieren (→ § 28 Rz 202) und *cash flow hedges* usw. (→ § 28a Rz 49),
- Währungsumrechnungsdifferenzen im Konzern (→ § 27 Rz 56),
- weitere Fälle der „erfolgsneutralen" Eigenkapitalveränderung (Rz 97).

---

[41] Vgl. auch IFRIC Update July 2013, January 2014.

65 Der vorstehenden Unterscheidung folgend sah IAS 1 in der bis 2008 anwendbaren Fassung i.d.R. ein Wahlrecht vor:
- in **einem** Rechenwerk, dem **Eigenkapitalspiegel**, sowohl die Komponenten des Gesamtergebnisses *(comprehensive income)* als auch die Transaktionen mit Gesellschaftern aufzuschlüsseln oder
- im **Eigenkapitalspiegel** nur die **Transaktionen mit Gesellschaftern** aufzuschlüsseln, das (für die Überleitung von Anfangs- zu Endbestand des Eigenkapitals ebenfalls notwendige) Gesamtergebnis hingegen dort nur in einer Summe zu berücksichtigen, um es in einer **gesonderten Gesamtergebnisrechnung** im Einzelnen darzustellen.

66 Die ab 2009 anzuwendende Neufassung von IAS 1 sieht **zwingend** eine **Gesamtergebnisrechnung** vor, war hinsichtlich der Aufschlüsselung des Gesamtergebnisses aber **widersprüchlich**:
- Nach IAS 1.IN13(a) sollte das Gesamtergebnis im Eigenkapitalspiegel nicht nach seinen Komponenten aufgeschlüsselt werden, da durch eine aggregierte Darstellung (bei Aufschlüsselung des Gesamtergebnisses nur in der Gesamtergebnisrechnung) der Eigenkapitalspiegel informativer werde.
- Nach IAS 1.106 sollte hingegen im Eigenkapitalspiegel jede „Komponente" des sonstigen Ergebnisses *(each item of other comprehensive income)* dargestellt werden.

Das *Annual Improvements Project 2010* sieht eine **Abschwächung** dieses Widerspruchs vor. Nach dem neu eingefügten IAS 1.106A können die Angaben zur Entwicklung einzelner Eigenkapitalkategorien und als deren Bestandteil die Angaben zu den Komponenten des sonstigen Ergebnisses wahlweise im Anhang geleistet werden.

Im Eigenkapitalspiegel ist das Gesamtergebnis in einer Zeile zu berücksichtigen. Der Eigenkapitalspiegel ist danach vertikal (in den **Zeilen**) nach den Änderungsursachen wie folgt zu strukturieren (IAS 1.106):

	Anfangsbestand des Eigenkapitals
+/–	Effekte aus retrospektiver Änderung der Bilanzierungsmethode (→ § 24 Rz 28)
+/–	Effekte aus retrospektiver Korrektur von Bilanzierungsfehlern (→ § 24 Rz 53)
=	angepasster Anfangsbestand
+/–	Gesamtergebnis (einzeilig)
+	Einzahlungen von Gesellschaftern (Kapitalerhöhung)
–	Auszahlungen an Gesellschafter (Dividenden, Kapitalherabsetzungen, Erwerb eigener Anteile)
=	Endbestand des Eigenkapitals

Horizontal (in den **Spalten**) sind folgende Vorgaben zu berücksichtigen:
- Die einzelnen Kategorien des Eigenkapitals sind darzustellen (IAS 1.106(d)), also etwa gezeichnetes Kapital, Kapitalrücklage, erwirtschaftetes Ergebnis, Währungsumrechnungsrücklage, Neubewertungsrücklage usw. Je nach Tiefe dieser Staffelung (Rz 68) ergibt sich hierdurch auch die Aufschlüsselung des

sonstigen Ergebnisses. Bei einer aggregierteren Darstellung kann die Aufschlüsselung des sonstigen Ergebnisses aber auch im Anhang erfolgen.

• In der Konzernbilanz stellt auch der Anteil nicht beherrschender Eigenkapitalgeber (*non-controlling interest*) an Untergesellschaften Eigenkapital dar (IAS 1.54(q)).

• Die unter dem ersten Aufzählungspunkt genannten Kategorien beziehen sich auf den Anteil der Gesellschafter der Muttergesellschaft und sind zu einer Zwischensumme zusammenzufassen. Zuzüglich der Spalte „Nicht beherrschende Anteile" ergibt sich die Gesamtsumme des Eigenkapitals.

Die nachfolgenden Tabellen 2 und 3 zeigen den **Aufbau** eines **Eigenkapitalspiegels** mit und ohne Minderheiten (nicht beherrschende Anteile).

Der dargestellte Eigenkapitalspiegel enthält einen Bereich „**Umgliederungen**". In ihm können Vorgänge dargestellt werden, die, wie etwa die Kapitalerhöhung aus Gesellschaftsmitteln (Umwandlung von Rücklagen in gezeichnetes Kapital; Rz 90), nicht zur Veränderung der Summe des Eigenkapitals, sondern nur zur Veränderungen zwischen den Kategorien des Eigenkapitals führen. In diese Gruppe gehört außerdem die Dotierung der Gewinnrücklagen aus dem nicht ausgeschütteten Ergebnis.

EIGENKAPITALSPIEGEL

	Gez. Kap.	Kap.RL	GewinnRL	RL Neubewert.	RL available for sale	RL cash flow hedges	JÜ	Summe
EK 1.1.	xx	xx	xx	xx	xx	xx	xx	zz
+/– Änderung Bilanzierungsmethode			xx					zz
+/– Fehlerkorrektur			xx					zz
= EK 1.1. angepasst	XX	XX	XX	XX	XX	XX	XX	ZZ
+/– = Gesamtergebnis				xx	xx	xx	xx	zz
– Dividende							−xx	−zz
+ effektive Kapitalerhöhung	xx	xx						zz
+/– KapErh aus Gesellschaftsmitteln	xx	−xx	−xx					zz
+/– Zuführung GewinnRL			xx				−xx	
= EK 31.12.	XX	XX	XX	XX	XX	XX	XX	ZZ

Tab. 2: Eigenkapitalspiegel (Einzelabschluss)

Im Konzernabschluss ist der Eigenkapitalspiegel noch um eine Spalte **Minderheitenanteile** zu ergänzen.
Danach ergibt sich folgende Gliederung:

EIGENKAPITALSPIEGEL

	Gez. Kap.	Kap.RL	ähr.diff.	RL Neubewert.	GewinnRL	Summe EK-Geber MU	Nicht beherrsch. Anteile	Summe
EK 1.1.	xx	xx	xx	xx	xx	xy	yz	zz
+/– Änderung Bilanzierungsmethode und Fehlerkorrektur					xx	xy	yz	zz
+/– Fehlerkorrektur					xx	xy	yz	zz
= EK 1.1. angepasst	XX	XX	XX	XX	XX	XY	YZ	ZZ
+/– Gesamtergebnis			xx	xx	xx	xy	yz	zz
– Dividenden						–xx	–yz	–zz
+ effektive Kapitalerhöhung	xx	xx						
+/– KapErh aus Gesellschaftsmitteln		–xx			–xx			
= EK 31.12.	XX	XX	XX	XX	XX	XX	XX	ZZ

Tab. 3: Eigenkapitalspiegel (Konzern)

68 Fraglich ist, wie tief die horizontale Aufgliederung des Eigenkapitalspiegels ausfallen soll und wie viele Kategorien des Eigenkapitals zu berücksichtigen sind. IAS 1.106(d) spricht von Komponenten des Eigenkapitals. Diese umfassen nach IAS 1.108 „zum Beispiel" jede Klasse von Einlagen sowie jede Klasse des kumulierten sonstigen Ergebnisses *(other comprehensive income)* und des erwirtschafteten, nicht ausgeschütteten Erfolgs *(retained earnings)*.

- Als **unterschiedliche Einlagenklassen** sind etwa die auf Stammaktionäre und Vorzugsaktionäre entfallenden Einlagen zu erfassen. Die Differenzierung innerhalb der jeweiligen Einlagenklasse nach gezeichnetem Kapital und Kapitalrücklage ist nicht zwingend im Eigenkapitalspiegel selbst vorzunehmen. Nach IAS 1.79(b) ist aber entweder in der Bilanz oder im Anhang oder im Eigenkapitalspiegel Art und Zweck jeder Form von Rücklagen *(reserves)* offenzulegen. Für die Praxis empfiehlt sich daher – in den Grenzen der Lesbarkeit – eine tiefe **horizontale** Aufgliederung des Eigenkapitalspiegels selbst, da die Anhangerläuterungen zum Eigenkapital ohnedies schon umfangreich genug ausfallen (vgl. dazu Rz 103 ff.).
- Die erwirtschafteten, nicht ausgeschütteten „**Rücklagen**" betreffen satzungsmäßige und gesetzliche Rücklagen, daneben andere Gewinnrücklagen, Gewinn-

vortrag und Jahresüberschuss bzw. Bilanzgewinn. Auch hier ist zwischen der Aufgliederung in Bilanz, Anhang oder Eigenkapitalspiegel zu **wählen** (Rz 96).

• Die maximale Untergliederung des kumulierten **sonstigen Ergebnisses** (Rz 97) ergibt sich aus den Einzelregeln, die eine **erfolgsneutrale** Behandlung bestimmter Bewertungserfolge vorsehen. In der Praxis am wichtigsten sind die Währungsumrechnungsdifferenzen im Konzern (→ § 27 Rz 56), die *fairvalue*-Bewertung von *available-for-sale assets* (→ § 28 Rz 202) und die Bewertung von *cash flow hedges* (→ § 28a Rz 49). Seltener spielt die Neubewertung von Anlagevermögen eine Rolle (→ § 14 Rz 47).

Strittig ist, ob einzelne der oben genannten Kategorien im Eigenkapitalspiegel oder im Anhang noch weiter nach **gesellschaftsrechtlichem** und **technisch-rechnerischem** Inhalt aufzugliedern sind. Ein Beispiel wäre die Aufgliederung der Kapitalrücklage nach Agio aus der Ausgabe von Anteilen (gesellschaftsrechtlicher Teil) und dem nach IFRS 2 als Personalaufwand zu buchendem Wert (→ § 23 Rz 16) gewährter Mitarbeiteroptionen (bilanztechnischer Teil). Nur der gesellschaftsrechtliche Teil kann etwa zur Kapitalerhöhung aus Gesellschaftsmitteln (§ 207 Abs. 1 AktG) oder zum Ausgleich von Verlusten (§ 150 Abs. 3 AktG) verwendet werden. Bei enger Interpretation der Anforderung von IAS 1.79(b), Zweck und Art jeder Rücklage zu beschreiben, müsste im Eigenkapitalspiegel oder Anhang (unter Wesentlichkeitsvorbehalt) zwischen beiden Teilen unterschieden werden.[42] Für zwingend halten wir diese Interpretation aber jedenfalls im Konzernabschluss nicht. Die gesellschaftsrechtlichen Verwendungsmöglichkeiten und -beschränkungen beziehen sich auf den handelsrechtlichen Einzelabschluss, die Möglichkeit der Verwendung von Kapitalrücklagen zum Ausgleich von Verlusten etwa auf den handelsrechtlichen Jahresfehlbetrag oder Verlustvortrag. Im IFRS-Abschluss kommen diese Bezugsgrößen aber gar nicht vor, stattdessen andere nach IFRS berechnete Fehlbeträge oder Verlustvorträge. Mangels Bezugsgrößen hat die gesonderte Angabe des gesellschaftsrechtlichen Teils der Kapitalrücklage im IFRS-Abschluss daher keinen klaren Informationsgehalt und ist deshalb u. E. entbehrlich.

3.2 Korrektur von Fehlern, Änderung der Bilanzierungsmethoden und Bewertungsmethoden

IAS 8 sieht eine Korrektur von **Fehlern aus der Vergangenheit** in der Eröffnungsbilanz des ersten im Abschluss dargestellten Jahres vor (→ § 24 Rz 53). Dabei sind die Eröffnungsbilanzwerte so anzupassen, als ob die Fehler nie passiert wären. Entsprechend ist nach IAS 8 bei der Änderung von Bilanzierungs- und Bewertungsmethoden zu verfahren (→ § 24 Rz 28). Die Eröffnungsbilanzwerte sind so anzupassen, als ob immer schon nach der neuen Methode verfahren worden wäre.   **69**

Als **Gegenkonto** zu den anzupassenden Aktiv- oder Passivposten dient in beiden Fällen die **Gewinnrücklage**. Aus dem ursprünglichen Saldo per 1.1. des aktuellen Jahres resultiert durch Hinzurechnung oder Abzug des Änderungsbetrags der angepasste Saldo per 1.1. Gleichermaßen wie Fehler- und Methodenanpassungen, d. h. als Vortragskorrektur, können behandelt werden: **70**

---

[42] EBELING, BB 2007, S. 1609 ff.

- Anpassungsbuchungen im Zug des **Übergangs** auf die IFRS-Rechnungslegung (→ § 6 Rz 23 f.),
- Erfassung der **Kaufpreiskorrektur** im Rahmen eines Unternehmenszusammenschlusses.

3.3 Kapitaltransaktionen, Kapitalumgliederungen

3.3.1 Barkapitalzuführungen, ausstehende Einlagen, noch fehlende Eintragung der Einlage

71 **Barkapitalzuführungen** sind im Eigenkapitalspiegel in der Spalte gezeichnetes Kapital und, soweit sie über pari erfolgen, zusätzlich in der Spalte Kapitalrücklagen zu berücksichtigen.

72 IAS 1.79(b) verlangt bei den ausgegebenen Anteilen eine Anhangerläuterung, wie viele **voll eingezahlt** sind und wie viele noch **nicht**. Aus dieser Angabepflicht kann i.V.m. der *Framework*-Definition des Vermögenswerts als Ergebnis vergangener Ereignisse (vergangener Geschäftsvorfälle; F.4.13) geschlossen werden, dass **ausstehende Einlagen** (jedenfalls bis zu ihrer Einforderung) nicht als Vermögenswert/Aktivposten zu berücksichtigen sind und demzufolge im Eigenkapital nur die geleisteten (ggf. auch die eingeforderten) Einlagen gezeigt werden. Zulässig dürfte auch eine Darstellung sein, bei der im Eigenkapital zunächst das gesamte ausgegebene Kapital gezeigt wird, daneben aber innerhalb des Eigenkapitals ein Abzugsposten für die ausstehenden Einlagen (ggf. nur für die noch nicht eingeforderten) gebildet wird.

73 Eine **Kapitalerhöhung** wird nicht schon mit Leistung der Einlage, sondern erst mit **Eintragung** in das Handelsregister wirksam (§ 189 AktG; § 54 Abs. 3 GmbHG). Handelsrechtlich soll eine bis zum Stichtag geleistete, aber erst nach dem Stichtag eingetragene Kapitalerhöhung den Charakter einer Schuld haben, die als gesonderter Posten direkt nach dem Eigenkapital auszuweisen ist.[43]
Nach IAS 32.16 und IAS 32.19 setzt eine **Schuld** begrifflich zunächst eine bedingte oder unbedingte **Rückzahlungsverpflichtung** voraus. Die vereinnahmte, aber noch nicht eingetragene Einlage kann eine Rückzahlungsverpflichtung begründen wenn es wegen Eintragungshindernissen endgültig nicht zur Eintragung kommt. Soweit die Einlage zur **freien Verfügung** der Gesellschaft geleistet und diese die Kapitalerhöhung mit entsprechender Versicherung der Geschäftsführung beim Handelsregister angemeldet hat, ist die Eintragung regelmäßig hoch wahrscheinlich. Die Bedingung der Rückzahlung ist damit gem. IAS 32.25(a) *not genuine* und deshalb nicht zu berücksichtigen. Die zur freien Verfügung geleistete Einlage ist als Eigenkapital auszuweisen.[44]
Zum gezeichneten Kapital wird sie jedoch erst mit Eintragung. Soweit bilanziell und im Eigenkapitalspiegel überhaupt eine Aufgliederung in gezeichnetes Kapital, Rücklagen usw. vorgenommen wird, ist die Einlage daher bis zur Eintragung als gesonderter Unterposten des Eigenkapitals zu zeigen. Ansonsten ist eine entsprechende Aufschlüsselung im Anhang vorzunehmen (IAS 1.79).

---

[43] Winkeljohann/Hoffmann, in: Beck'scher Bilanz-Kommentar, 10. Aufl., 2016, § 272 HGB, Tz. 51; a.A. Hoffmann/Lüdenbach, NWB Kommentar Bilanzierung, 7. Aufl., 2016 § 272 HGB, Tz. 10.
[44] A. A. Clemens, in: Beck'sches IFRS-Handbuch, 5. Aufl. 2016, § 12, Rz 47.

3.3.2 Eigenkapitalbeschaffungskosten

Die mit der Ausgabe von Eigenkapital direkt verbundenen Kosten sind gem. **74**
IAS 32.35 **nicht als Aufwand** in der GuV zu berücksichtigen, sondern unmittelbar vom zugegangenen Eigenkapital zu kürzen. Sind die Eigenkapital-Beschaffungskosten steuerlich abziehbar, vermindert sich der Kürzungsbetrag entsprechend (→ § 26 Rz 25).
Hierzu folgendes Beispiel:

> **Praxis-Beispiel** **75**
> 100.000 neue Aktien mit einem Nominalwert von 1 EUR werden zu einem Ausgabebetrag von 5 EUR (Agio 4 EUR) ausgegeben. Die Emissionskosten betragen 50.000 EUR, der Steuersatz ist 40 %.
> 100.000 EUR sind als Zuführung des gezeichneten Kapitals auszuweisen.
> In die Kapitalrücklage fließen nach handelsrechtlicher Betrachtung 400.000 EUR ein.
> Nach IFRS ist die Zuführung um die Emissionskosten nach Steuern zu mindern. Die Emissionskosten nach Steuern betragen 60 % von 50.000 EUR, also 30.000 EUR. Somit sind als Zugang zur Kapitalrücklage 400.000 EUR ./. 30.000 EUR = 370.000 EUR auszuweisen.
> Buchungssätze (inkl. Steuern):

Konto	Soll	Haben
Geld	500.000	
gez. Kapital		100.000
Kapital-RL		400.000
Kapital-RL	30.000	
Steuerforderung	20.000	
Kreditoren		50.000

Zu den **Eigenkapitalbeschaffungskosten** rechnen Registergebühren, Stempel- **76**
steuern, (ausländische) Gesellschaftssteuern, Beurkundungskosten, aber auch Kosten für die rechtliche oder steuerliche Beratung und vom platzierenden Finanzinstitut erhobene **Emissionsgebühren** (IAS 32.37). Nicht zu den Eigenkapital-Beschaffungskosten gehören die **internen Gemeinkosten**, z.B. die Gehälter der mit der Emission betrauten Mitarbeiter.

Ebenso sind Kosten ausgeschlossen, die etwa bei einem **Aktiensplitt** oder bei **77**
einer **Börseneinführung** ohne Ausgabe neuer Aktien nicht im Zusammenhang mit der Beschaffung neuen Eigenkapitals stehen.

Stehen die Kosten nur **teilweise** im Zusammenhang mit der Eigenkapitalbeschaf- **78**
fung, so etwa bei der Ausgabe von **Wandelanleihen** oder bei einer Börsennotierung, die mit der Ausgabe **junger Aktien** einhergeht, so ist eine verursachungsgerechte **Aufteilung** vorzunehmen (IAS 32.38).

Praxis-Beispiel

Nach erfolgreichem Abschluss der Gründungsjahre geht die A AG in 01 an die Börse. Mit dem Börsengang ist eine Kapitalerhöhung um 50 % (nominal 10 Mio. EUR, Agio 40 Mio. EUR) verbunden. Nach Platzierung der neuen Aktien halten die Altaktionäre mithin zwei Drittel der Anteile, die Neuaktionäre ein Drittel.

Für den Börsengang und die Kapitalerhöhung fallen Kosten von 10 Mio. EUR an, davon 4 Mio. EUR für eine „Roadshow", die der Gewinnung neuer, insbesondere institutioneller Aktionäre dient, 3 Mio. EUR für Bankgebühren und die verbleibenden 3 Mio. EUR für diverse Kosten für Rechtsberater, Börsenprospekt usw.

Beurteilung

Nach IAS 32.37 sind Transaktionskosten direkt vom Eigenkapital abzuziehen, wenn die Kosten inkrementalen Charakter haben, d.h. ohne die Eigenkapitalbeschaffung nicht angefallen wären und der Eigenkapitalbeschaffung direkt zurechenbar sind.

Diese Voraussetzungen sind bei der A AG eindeutig nur bzgl. der Kosten der Roadshow erfüllt. Die übrigen Kosten sind zum Teil durch die Kapitalerhöhung, zum Teil aber auch durch das Börsenlisting der Altanteile bedingt. Hier lässt IAS 32.38 jedoch eine Zuordnung der Kosten durch vernünftige Schlüsselung zu. Maßstab könnte bei der A AG etwa das Verhältnis von Alt- zu Neukapital sein. Hieraus ergäbe sich bei pauschaler Betrachtung folgende Behandlung der Transaktionskosten:

	Gesamt	Anteil EK-Beschaffung erfolgsneutral	Anteil Altanteile Aufwand
Roadshow	4	4	
Bank	3	1	2
Sonstige Kosten	3	1	2
Summe	10	6	4

Eine weniger pauschale und deshalb zutreffendere Aufteilung wird jedoch die Bankgebühren nach ihrem Charakter differenzieren. U. U. ist dann von den angefallenen Bankkosten nur noch eine Managementgebühr (anteilig) den Altanteilen zuzuordnen, während die übrigen Gebühren, insbesondere Verkaufsgebühr, Übernahmegebühr, Börseneinführungsgebühr und Erfolgsprämie bei einer marktüblichen Ausgestaltung den Neuanteilen zugeordnet und damit erfolgsneutral behandelt werden können.[45]

79   Im Anhang sind die direkt vom Eigenkapital gekürzten Kosten zu erläutern (IAS 32.39).

3.3.3   Sachkapitalerhöhungen, Anteilstausch

80   Für den **Erwerb** eines anderen **Unternehmens** durch **Ausgabe eigener Anteile** sieht IFRS 3.24 ff. folgendes Verfahren vor (→ § 31 Rz 45):

---

45   Dazu ausführlich EPPINGER/FAUSS/KÖHLE, PiR 2013, S. 284.

- **Regel:** Die Anschaffungskosten des erworbenen (per Sacheinlage eingebrachten) Unternehmens bemessen sich vorzugsweise nach dem *fair value* der **ausgegebenen Anteile.**
- **Ausnahme:** Ist der *fair value* der ausgegebenen Anteile nicht verlässlich bestimmbar, der *fair value* des **erworbenen Unternehmens** hingegen doch, determiniert der Wert des erworbenen Unternehmens die Anschaffungskosten.

Für die Sacheinlage **einzelner** Vermögenswerte trifft IFRS 2.10 eine entgegen-   **81**
gesetzte Bestimmung (→ § 23 Rz 47):

- **Regel:** Vorzugsweise ist der *fair value* des **Einlagegegenstands** anzusetzen. Er determiniert dann die Erhöhung des Eigenkapitals.
- **Ausnahme:** Soweit der *fair value* des Einlagegegenstands nicht zuverlässig ermittelbar ist, bestimmt umgekehrt der *fair value* der gewährten **Anteile** (nicht deren Nominalwert) die Anschaffungskosten der Einlage (IFRS 2.13).

Wegen der Beschränkung des Anwendungsbereichs von IFRS 2 auf nicht finan-   **82**
zielle Vermögenswerte (IFRS 2.5) greift eine wieder **andere** Regelung für die
Einlage von **Finanzinstrumenten.**

- **Regel:** Anzusetzen ist der *fair value* des Vermögenswerts im Zugangszeitpunkt (IAS 39.43) (→ § 28 Rz 298).
- **Differenzierung:** Wenn zwischen obligatorischem und dinglichem Geschäft eine durch externe Notwendigkeiten (z. B. Genehmigungen) bedingte Zeitspanne liegt, hat das Unternehmen ein Wahlrecht zwischen einer Einbuchung zum **Zeitpunkt** und mit den **Wert**verhältnissen (→ § 28 Rz 52) des
  - Vertragsschlusses *(trade date accounting)* oder
  - Erfüllungstages *(settlement date accounting).*

Im zweiten Fall werden Änderungen des *fair value* zwischen den beiden Zeitpunkten nur berücksichtigt, soweit es sich um veräußerbare Werte *(available-for-sale assets)* oder Handelswerte *(trading assets)* handelt, unberücksichtigt bleiben sie hingegen bei Fälligkeitswerten *(held to maturity assets)* oder Forderungen *(loans receivables;* IAS 39.AG56). Vgl. zu diesen Kategorien von Finanzinstrumenten → § 28 Rz 180.

Zu dieser dem Ziel der prinzipienbasierten Rechnungslegung widersprechenden   **83**
extremen **Kasuistik** folgendes Beispiel:

Praxis-Beispiel
Sachverhalt
Durch Kapitalerhöhungsbeschluss vom 1.1. erwirbt E 10 Mio. Aktien an der
B. Der Erwerb vollzieht sich als Sacheinlage, indem E die 10 Mio. B-Aktien
gegen Gewährung von 10 Mio. E-Aktien in die E einbringt. Die Durchführung der Kapitalerhöhung steht unter der aufschiebenden Bedingung der
kartellrechtlichen Genehmigung. Diese erfolgt am 1.4.
Die Kurse der Aktien entwickeln sich wie folgt:
- E-Aktien: am 1.1. 10 EUR, am 1.4. 12 EUR,
- B-Aktien. am 1.1. 10 EUR, am 1.4. 8 EUR.

Zu bestimmen ist der konzernbilanzielle Zugangswert für das eingelegte
Vermögen, wenn die B nach der Kapitalerhöhung insgesamt folgende Aktienzahl im Umlauf hat:

- Variante 1: 15 Mio. Aktien – Anteil E an B daher 10/15, somit Erwerb eines Tochterunternehmens (IFRS 3).
- Variante 2: 40 Mio. Aktien – Anteil E an B daher 10/40 = 25 %, somit Erwerb eines assoziierten Unternehmens (IFRS 3).
- Variante 3: 200 Mio. Aktien – Anteil E an B daher 10/200 = 5 %, somit Erwerb eines Finanzinstruments mit Qualifizierung als *available-for-sale asset*, wenn keine Handelsabsicht (IAS 39).

Beurteilung
Variante 1: Unternehmenserwerb nach IFRS 3
IFRS 2 ist nicht anwendbar (IFRS 2.5). Die Anschaffungskosten (Zugangswert inkl. *goodwill*) ergeben sich aus dem Wert der hingegebenen E-Aktien im Zugangszeitpunkt 1.4. somit 10 Mio. × 12 EUR = 120 Mio. EUR (IFRS 3.24 ff.)
Variante 2: Erwerb eines assoziierten Unternehmens nach IFRS 2
Zugangswert ist der Wert der erworbenen Aktien im Zugangszeitpunkt (IFRS 2.10 und IFRS 2.13)), d. h. der Wert der B-Aktien am 1.4, somit 10 Mio. × 8 EUR = 80 Mio. EUR.
Variante 3: Erwerb eines *available-for-sale asset*
Die Einbuchung erfolgt mit dem *fair value* der erworbenen Aktien (IAS 39.43). Sofern die Transaktion als *regular way purchase* qualifiziert wird, entweder zum 1.1. mit 10 Mio. × 10 EUR = 100 Mio. EUR *(trade date accounting)* oder zum 1.4. mit 10 Mio. × 8 EUR = 80 Mio. EUR *(settlement date accounting)*, mit evtl. Verbuchung eines *impairment*-Verlusts bzgl. der Wertänderung zwischen den Stichtagen in beiden Fällen (IAS 39.AG56) oder falls ein *regular way purchase* verneint wird, ohne *impairment*-Verlust zum 1.4. mit 80 Mio. EUR.

84   Der Gesamtbetrag der Eigenkapitalzuführung ist nach Maßgabe der beschlossenen nominellen Kapitalerhöhung dem **gezeichneten** Kapital und im Übrigen den **Kapitalrücklagen** zuzuführen.

3.3.4   Verdeckte Einlagen

85   Ein (beherrschender) Gesellschafter kann seiner Gesellschaft Vermögenswerte, Nutzungen oder Dienste unentgeltlich gewähren. Fraglich ist dann, ob der Vermögenswert mit seinem fremdüblichen Preis (*fair value*) einzubuchen und insoweit eine Einlage anzunehmen ist. Entsprechend stellt sich bei Nutzungen und Diensten die Frage, ob i. H. d. fremdüblichen Werts Aufwand anzunehmen ist („per Aufwand an Eigenkapital").

- Geregelt sind diese Fragen nur für einen engen Anwendungsbereich, nämlich die Gewährung von Aktienoptionen durch Gesellschafter an die Arbeitnehmer der Gesellschaft. Hier ist gem. IFRS 2.3A ff. eine Buchung „per Aufwand an Eigenkapital" geboten (→ § 23 Rz 168 ff.). Für andere Fälle fehlen entsprechende Regelungen. Teilweise wird hier eine analoge Anwendung von IFRS 2 befürwortet[46], teilweise eine „Korrektur" des Abschlusses um den Effekt fehlender Fremdüblichkeit abgelehnt.[47] Überwiegend wird eine Stellung-

---

[46] LÜDENBACH/FREIBERG, BB 2007, S. 1545 ff.
[47] HEUSER/THEILE, IFRS-Handbuch 2012, Tz. 8154

nahme aber ganz vermieden, lediglich das Problem beschrieben und auf die Schwierigkeit dieser Lösung hingewiesen.[48] U. E. gilt daher Folgendes: Der spezielle Regelungsgehalt von IFRS 2 schließt eine Verallgemeinerung der dort enthaltenen Regelungen zu verdeckten Einlagen zwar nicht aus, zwingt aber auch nicht zu einem solchen Vorgehen.

• Somit besteht in vielen Fällen ein faktisches Wahlrecht, verdeckte Einlagen entweder bilanziell bzw. bzgl. der Erfolgsrechnung unberücksichtigt zu lassen oder i. H. d. fremdüblichen Transaktionswerts einen Einlagevorgang zu fingieren.[49]

Von einem solchen Wahlrecht ist u. E. aber bei Sachlagen, die substanziell klar als (gemischter) Schenkungsvorgang zu werten sind, nicht mehr auszugehen.

Praxis-Beispiel[50]

Um das kränkelnde Tochterunternehmen T zu stärken, veräußerte das Mutterunternehmen M an T ein im Konzern nicht benötigtes Patent (Zeitwert 5 Mio. EUR) für 1 Mio. EUR. Kurz nach dem Erwerb veräußert T den Gegenstand für 5 Mio. EUR an Dritte. Wie ist der Vorgang bei T zu behandeln?

Beurteilung

Bei der Frage der zutreffenden Bilanzierung hat T Rücksicht auf IAS 8.10f. zu nehmen. Danach ist bei Fehlen expliziter Regelungen die Bilanzierungsmethode auszuwählen, die die Ertragslage und den wirtschaftlichen Gehalt der Transaktion unter Berücksichtigung des Rahmenkonzepts zutreffend darstellt. Angewandt auf den Sachverhalt gilt hier:

Die Einbuchung des Patents zu 1 Mio. EUR würde in der Folge zu einem Ertrag von 4 Mio. EUR führen. Dies wäre keine zutreffende Darstellung der Ertragslage, da die 4 Mio. EUR i. S. v. F.4.25 des *Frameworks* kein Einkommen *(income)* darstellen, weil sie nicht auf von T erwirtschafteten Eigenkapitalmehrungen, sondern auf Beiträgen *(contributions)* des Gesellschafters beruhen.

Die Einbuchung zu 1 Mio. EUR würde auch nicht den wirtschaftlichen Gehalt der Transaktion zutreffend darstellen, da bei einer Übertragung zu 20 % des tatsächlichen Werts der Vorgang keine Veräußerung, sondern eine gemischte Schenkung darstellt.

Ergebnis

Angesichts der klaren Sachverhaltslage – große, durch zeitnahe Weiterveräußerung realisierte Differenz von Kaufpreis und Zeitwert – ist ein in anderen Fällen diskussionswürdiges faktisches Wahlrecht vorliegend nicht gegeben. Unter Berücksichtigung von IAS 8 muss vielmehr das Patent zu 5 Mio. EUR eingebucht werden. Weder aus der Zugangsbuchung noch aus der wertidentischen Weiterveräußerung entsteht ein Erfolg.

---

[48] Vgl. Etwa DELOITTE, iGAAP 2016,Ch A4 sCh. 6.4 und Ch. A23 sCh 5.3.6 sowie PWC, Manual of Accounting 2016,Tz. 9.27 ff.

[49] Allgemein zu Behandlung verdeckter Einlagen – auch beim Gesellschafter – FREIBERG, PiR 2014, S. 221 ff.

[50] Nach LÜDENBACH, PiR 2015, S. 362.

3.3.5 Erwerb und Einziehung eigener Anteile *(treasury shares)*

86 Eigene Anteile *(treasury shares)* sind nach IAS 32.33 nicht zu aktivieren, sondern als **Abzug** vom **Eigenkapital** auszuweisen. Der Erwerb solcher Anteile stellt demgemäß eine Veränderung des Eigenkapitals dar. Nach IAS 1.76 sind entweder in der Bilanz selbst oder in den *notes* die vom Unternehmen oder seinem Tochterunternehmen oder seinem assoziierten Unternehmen gehaltenen eigenen Anteile auszuweisen.

87 Das mit Wirkung bis 2004 hierfür in SIC 16 vorgesehene Wahlrecht zwischen drei **Ausweismöglichkeiten** dürfte mangels entgegenstehender Regelung in IAS 32 auch weiterhin bestehen:[51]

- Die gesamten Anschaffungskosten der eigenen Anteile werden in einer Summe vom **Eigenkapital abgezogen** *(one-line adjustment* bzw. *cost method*; Buchungssatz: „per Abzugsposten für eigene Anteile an Geld").
- Der Nominalbetrag der erworbenen eigenen Anteile wird vom **gezeichneten Kapital abgezogen**, darüber hinausgehende Anschaffungskosten werden von den Kapital- oder Gewinn**rücklagen abgezogen** *(par value method)*.
- Die **Aufteilung** der Anschaffungskosten erfolgt nicht nur auf gezeichnetes Kapital und Kapitalrücklage, sondern auf **alle** betroffenen Kategorien des Eigenkapitals. Reflektiert der Kaufpreis z.B. thesaurierte Gewinne, so ist ein entsprechender Abzug von den Gewinnrücklagen geboten (modifizierte *par value method)*.

88 Der Erwerb eigener Anteile kann zu **negativem** Eigenkapital führen, das u.E. passivisch auszuweisen ist.

Praxis-Beispiel

Die X AG hatte während ihrer handelsrechtlichen Zeit umfangreiche Beteiligungen erworben und dabei Firmenwerte konzernbilanziell mit Gewinnrücklagen verrechnet. In Ausübung des Wahlrechts aus IFRS 1.B2 wendet sie in der IFRS-Eröffnungsbilanz IFRS 3 nicht retrospektiv an und belässt es daher bei der Rücklagenverrechnung. Zwei Jahre später kauft sie in erheblichem Umfang eigene Aktien zurück.

Einzelbilanziell entsteht kein Problem, da die Beteiligungen mit hohen Werten (inkl. impliziter Firmenwerte) zu Buche stehen, so dass auch nach Rückkauf und Einzug der Aktien genügend Eigenkapital verbleibt.

Konzernbilanziell weist die AG bereits aufgrund der früheren Rücklagenverrechnungen ein niedriges Eigenkapital aus. Durch den Rückkauf wird es negativ.

Werden erworbene eigene Aktien zu einem späteren Zeitpunkt wieder **veräußert**, so ist dies in den Fällen der (modifizierten) *par value method* (Rz 87) wie eine **Neuemission** zu werten (Buchungssatz: „per Geld an gezeichnetes Kapital und Kapitalrücklage"). Wurde der ursprüngliche Erwerb nach der *cost method* gebucht, ist der Weiterveräußerungserlös zunächst i.H.d. früheren Anschaffungskosten gegen den Abzugsposten im Eigenkapital zu buchen. Ein

---

[51] Die so schon in den Vorauflagen vertretene Auffassung wird jetzt bestätigt durch IDW RS HFA 45, Tz. 41.

über diese Anschaffungskosten hinausgehender Erlös ist in die Kapitalrücklage einzustellen. Bei einem Mindererlös ist die Kapitalrücklage oder die Gewinnrücklage zu kürzen.[52] Wurden eigene Anteile zu unterschiedlichen Zeitpunkten mit unterschiedlichen Kursen erworben, können bei einer (teilweisen) Wiederausgabe die Anschaffungskosten der ausgegebenen Anteile nach der Durchschnittsmethode oder einem sachgerechten Verbrauchsfolgeverfahren ermittelt werden.

Sofern Anteile von Gesellschaftern gegen Abfindung eingezogen werden und dabei auf eine förmliche Anpassung des gezeichneten Kapitals durch Kapitalherabsetzung oder Aufstockung des Nominalbetrags der verbleibenden Anteile verzichtet wird, ergeben sich die Rechtsfolgen für das Eigenkapital u. E. ebenfalls aus IAS 32.33. Die Begründung hierfür ist: 89

- Der eingezogene Anteil bleibt ohne förmliche Kapitalherabsetzung oder Aufstockung des Nominalbetrags der verbleibenden Anteile zunächst bestehen.
- Die Einziehung stellt damit einen Erwerb eigener Anteile dar.[53]

3.3.6 Kapitalerhöhung aus Gesellschaftsmitteln

Die Kapitalerhöhung aus **Gesellschaftsmitteln** stellt keinen Zugang an Eigenkapital dar. Sie ist im Eigenkapitalspiegel lediglich als **Umgliederung** zwischen Rücklagen und gezeichnetem Kapital zu zeigen (Buchungssatz: „per Rücklagen an gezeichnetes Kapital"; Rz 67).   90

3.3.7 Kapitalherabsetzung

Die ordentliche Kapitalherabsetzung stellt eine **Minderung** des gezeichneten Kapitals dar. Die vereinfachte Kapitalherabsetzung dient gesellschaftsrechtlich dem Ausgleich von Verlusten (§ 229 AktG und § 58a GmbHG). Aus Sicht der IFRS-Bilanz darf die vereinfachte Kapitalherabsetzung die **GuV** nicht berühren. Sie ist u. E. als **Umgliederung** zwischen gezeichnetem Kapital und Rücklagen zu berücksichtigen.   91

3.3.8 Dividenden, Ergebnisabführungsverträge

Dividenden bewirken eine Minderung des Eigenkapitals durch „Transaktion mit dem Eigenkapitalgeber" (Rz 64) und sind im Eigenkapitalspiegel in einer besonderen Zeile zu berücksichtigen (Rz 67). Nach IAS 10.12. sind am Bilanzstichtag bereits **beschlossene,** aber noch nicht ausbezahlte Dividenden als Verbindlichkeiten auszuweisen. Ergeht ein Dividendenbeschluss nach dem Bilanzstichtag, ist dies noch nicht als Eigenkapitalminderung (Verbindlichkeit) zu berücksichtigen, und zwar auch dann nicht, wenn der Beschluss im Aufstellungszeitraum fällt, etwa als Beschluss über die Gewinnausschüttung des Vor-Vorjahres (IAS 10.13; → § 4 Rz 40).   92

Führt die Dividende (bei gespaltenen Körperschaftsteuersätzen) bei der ausschüttenden Gesellschaft zu Steuerertrag oder -aufwand, so ist nach der Klarstellung durch das AIP Cycle 2009–11 (anwendbar ab 2013) die Steuer regelmäßig über die GuV (und nicht unmittelbar gegen das Eigenkapital) zu

52 Vgl. im Einzelnen GÖBEL/KORMAIER, PiR 2006, S. 65, sowie IDW RS HFA 45, Tz. 42.
53 BAUMBACH/HUECK, GmbHG, 20. Aufl., § 33, Tz. 17a/b, und § 34, Tz. 20. Dazu auch HOFFMANN, PiR 2010, S. 270 ff.

verbuchen (IAS 32.35B). Eine unmittelbare Verrechnung mit dem Eigenkapital findet aber nach wie vor bei Abzugssteuern (*withholding taxes*), also etwa der Kapitalertragsteuer, statt (IAS 12.65A).

93 Fraglich erscheint, ob die Effekte aus **Ergebnisabführungsverträgen** bei der **Untergesellschaft**

- als Aufwand (Gewinnabführung an Mutterunternehmen) bzw. Ertrag (Verlustübernahme durch Mutterunternehmen) zu qualifizieren sind oder
- eine Transaktion mit Eigenkapitalgebern in Form der Ergebnisverwendung (Gewinnabführung) bzw. der Einlage (Verlustüberahme) darstellen.

Das HGB entscheidet sich in § 277 Abs. 3 Satz 2 HGB für die erste Alternative. Diese Vorschrift wird im handelsrechtlichen Schrifttum aber insoweit als kasuistisch gewertet, als Gewinnabführungen/Verlustübernahmen substanziell der Charakter einer Ergebnisverwendung/Einlage zugesprochen wird[54] bzw. in ihnen in Bezug auf den Unternehmenszweck keine systematisch in das Schema des HGB passenden Aufwendungen und Erträge gesehen werden.[55] Im Umkehrschluss folgt daraus für die auf explizite (kasuistische) Regelungen zu Ergebnisabführungen verzichtenden IFRS eine Qualifikation als Transaktion mit **Eigenkapitalgebern.** Hierfür spricht nicht nur die Veranlassung von Ergebnisabführungen durch das Gesellschaftsverhältnis, sondern auch die in IAS 1.109 in der Abgrenzung zu Transaktionen mit Eigenkapitalgebern vorgenommene Beschränkung von Erträgen und Aufwendungen auf Vorgänge, die durch die wirtschaftlichen Aktivitäten des Unternehmens bedingt sind.[56]

3.3.9 *Stock options*

94 Für die Gewährung von **Aktienoptionen** an Vorstände und Arbeitnehmer sieht IFRS 2 die Erfassung des zugeführten Vorteils als Personalaufwand vor. Die Gegenbuchung erfolgt dann in der Kapitalrücklage (Buchungssatz: „per Personalaufwand an Kapitalrücklage"; → § 23 Rz 16). Ein bei Ausübung der Option vereinnahmter Betrag ist nach normalen Regeln auf das gezeichnete Kapital und die Kapitalrücklage aufzuteilen.

3.4 Gewinnrücklagen, Jahresüberschuss, Bilanzgewinn

95 Die Beispiele in der *Guidance on Implementing* IAS 1 (Bilanz und Eigenkapitalspiegel) sehen die Zusammenfassung aller nicht ausgeschütteten Gewinne *(retained earnings)* in **einer** Kategorie als mögliches Ausweisformat vor. Andererseits verlangt IAS 1.79(b) die **gesonderte** Darstellung verschiedener Rücklagengruppen entweder in Bilanz, Anhang oder Eigenkapitalspiegel. Daneben sind die vollzogenen **Ausschüttungen** anzugeben (IAS 1.107) sowie der Beschluss bzw. Vorschlag über die **Gewinnverwendung** der abgelaufenen Periode (IAS 1.137(a)).

96 Die **Trennung** zwischen Jahresergebnis und Summe der Gewinnrücklagen und Gewinnvorträge kann im **Eigenkapitalspiegel** vorgenommen werden. Für die **weitere Unterteilung** der Rücklagen ist zweckmäßigerweise eher der Anhang zu nutzen. Analog zum handelsrechtlichen Schema der Bilanzierung vor Gewinn-

---

54   Hoffmann/Lüdenbach, NWB Kommentar Bilanzierung, 7. Aufl., 2016, § 277 HGB, Tz. 16.
55   Schmidt/Peun, in: Beck'scher Bilanz-Kommentar, 10. Aufl., 2016, § 277 HGB, Tz. 23.
56   Vgl. Lüdenbach, PiR 2014, S. 225.

verwendung und in Anwendung gesellschaftsrechtlicher Unterscheidungen ergeben sich, soweit einschlägig, folgende Erläuterungspositionen:
- gesetzliche Gewinnrücklagen,
- satzungsmäßige Gewinnrücklagen,
- andere Gewinnrücklagen (inkl. Gewinnvortrag aus alter Rechnung),
- Periodenergebnis (nur soweit nicht schon im Eigenkapitalspiegel von der
  Summe der anderen Positionen getrennt).

Auf die Formulierungsbeispiele in Rz 105 wird verwiesen.

3.5 Sonstiges Ergebnis *(other comprehensive income)*

Der im Zeitablauf kumulierte Betrag jedes Einkommenspostens, der nach dem   97
jeweiligen Standard ohne Berührung der GuV **direkt im Eigenkapital** zu erfas-
sen ist (Rz 68), muss im Eigenkapitalspiegel angegeben werden (IAS 1.106(d)).
Von Bedeutung sind insbesondere:
- Neubewertungen des Anlagevermögens nach IAS 16 und IAS 38 (→ § 14 Rz 47),
- Währungsumrechnungsdifferenzen im Konzern nach IAS 23 (→ § 27 Rz 56),
- Wertänderungen bei veräußerbaren Finanzwerten und *cash flow hedges* gem.
  IAS 39 (→ § 28 Rz 202 und → § 28a Rz 52).

4 Besondere Anwendungsbereiche

4.1 Eigenkapitalausweis im Konzern

Im Eigenkapital des Konzerns ist zu differenzieren zwischen   98
- dem auf die **Gesellschafter** des **Mutter**unternehmens entfallenden Anteil und
- dem Anteil der nicht beherrschenden Gesellschafter am Konzernunternehmen.

Nur der erste Betrag ist im Eigenkapitalspiegel weiter zu untergliedern (Rz 66).

In die vom Konzern erwirtschafteten Gewinne fließen Gewinne von Tochter-   99
unternehmen nur insoweit ein, als sie auf die Dauer der **Konzernzugehörigkeit**
entfallen und nicht an dem Tochterunternehmen beteiligten Minderheiten zuzurechnen sind. Der nicht beherrschende Anteil ist nach der Neufassung von
IAS 1 gem. IAS 1.68 innerhalb des Eigenkapitals auszuweisen (→ § 32 Rz 157).

Minderheitenanteile (nicht beherrschende Anteile) an Personentochterunter-   100
nehmen sind dann nicht als Eigen-, sondern als Fremdkapital auszuweisen,
wenn ein Kündigungsrecht des Minderheitsgesellschafters gegen Abfindung
besteht (Rz 29).

4.2 Zinsschranke *(escape-Klausel)*

Die ab 2008 gültige Zinsabzugsbeschränkung nach § 4h EStG („Zinsschranke")[57]   101
beschränkt unter bestimmten Voraussetzungen die steuerliche Abzugsfähigkeit des
Zinsaufwands eines „Betriebs" – gemeint ist jedes Unternehmen, gleich in welcher
Rechtsform. Für die Abzugsbeschränkung gibt es drei Ausnahmen: Neben der
Freigrenze nach § 4h Abs. 2 Satz 1a EStG sind zwei weitere **IFRS**-relevant:
- Die (Nicht-)**Konzern**zugehörigkeit (→ § 32) nach § 4h Abs. 2 Satz 1b EStG.
- Bei Konzernzugehörigkeit der **Eigenkapitalvergleich** nach § 4h Abs. 2
  Satz 1c EStG.

---

[57] Vgl. die Gesamtdarstellung bei HOFFMANN, in: LITTMANN/BITZ/PUST, Die Zinsschranke 2008.

Diese Ausnahmen gelten aber wiederum nur (Rückausnahme), wenn bei einer Kapitalgesellschaft gem. § 8a Abs. 2 und 3 KStG und bei einer Personengesellschaft mit „vorgeordneter" Körperschaft (§ 4h Abs. 1 Satz 2 EStG) keine **schädliche Gesellschafterfremdfinanzierung** vorliegt.

102   Die Grundstruktur des Eigenkapitalvergleichs ist einfach ausgelegt: Die Zinsabzugsbeschränkung tritt nicht ein, wenn die Eigenkapital**quote** des inländischen „Betriebs" (z. B. eine Kapitalgesellschaft) **nicht kleiner** ist als diejenige des Konzerns; dabei wird eine Toleranzschwelle von 2 % der Eigenkapitalquote des Konzerns „nach unten" gewährt.

Die Eigenkapitalquote ist (selbstverständlich) definiert als **Verhältnis** des Eigenkapitals zur Bilanzsumme. Zur Bestimmung dieser Größe müssen ein Jahres- bzw. Einzelabschluss und ein Konzernabschluss vorliegen, die zur Vermeidung des Vergleichs von Äpfeln und Birnen nach dem gleichen Rechnungslegungsstandard erstellt worden sind.

Die Zinsschrankenregelung richtet sich fiskalpolitisch gegen die ungebührliche Abschöpfung von inländischen Gewinnen durch Gesellschafter-Fremdfinanzierung in das **Ausland.** Notgedrungen muss deshalb bzgl. des anzuwendenden Rechnungslegungssystems auf internationale Rechnungsstandards zurückgegriffen werden. **Primär** hierfür sind nach § 4h Abs. 2 Satz 8 EStG die **IFRS** maßgeblich. Unter bestimmten Voraussetzungen – keine Erstellung und Veröffentlichung von IFRS-Abschlüssen in den letzten fünf Wirtschaftsjahren – kann auch die HGB-Rechnungslegung herangezogen werden und in weiteren Ausnahmefällen solche nach US-GAAP. Wenn ein Jahresabschluss z. B. nach HGB und der Konzernabschluss nach IFRS erstellt worden ist, muss hinsichtlich der Vergleichbarkeit eine **Überleitungsrechnung** mit prüferischer Durchsicht erstellt werden.

Die Eigenkapitalquote als eine Vergleichsgröße ist vom Umfang des **Konsolidierungskreises** abhängig. In diesen sind nicht notwendig alle Konzerngesellschaften einzubeziehen, also insbesondere nicht diejenigen, die aus Wesentlichkeitsgründen nicht konsolidiert werden. Eine „Anpassungsrechnung" – also eine Art fiktiv erweiterter Konzernabschluss – kommt nicht in Betracht. Anders verhält es sich bei der Definition der Konzernzugehörigkeit (→ § 32 Rz 88 ff.), bei der nicht auf die tatsächliche Einbeziehung in den Konzernabschluss abgehoben wird.

Fraglich kann die Einbeziehung von **Zweckgesellschaften** sein *(special purpose entities,* SPE). Diese sollen nach der Gesetzesbegründung zu § 4h EStG in der Form von Verbriefungsgesellschaften **nicht** als **konzernzugehörig** gelten. Umgekehrt unterstellt die Gesetzesbegründung eine Einbeziehungspflicht dieser besonders strukturierten Gesellschaft in den IFRS-Konzernabschluss. Diese Annahme ist recht optimistisch. Die Hypothekenkrise des Jahres 2007 hat gerade die regelmäßige Nichtkonsolidierung solcher Zweckgesellschaften bestätigt. Die auf SIC 12 beruhenden Standardauslegungen sind oft weit genug ausgerichtet, um eine Konsolidierungspflicht zu verhindern. Gleichwohl kommt u. E. eine Art Schattenkonsolidierung im Fall nicht konsolidierter SPE für Zwecke der Zinsschranke nicht in Betracht. U. E. muss der erstellte und testierte Konzernabschluss – mit oder ohne SPE unter Berücksichtigung der effektiv einbezogenen Tochtergesellschaften – als Eigenkapitalvergleichsmaßstab gelten.

Nach § 4h Abs. 2 Satz 4 EStG sind ebenfalls im Interesse der Vergleichbarkeit Bilanzierungs- und Bewertungs**wahlrechte** in beiden Abschlüssen **einheitlich** „auszuüben". U. E. gilt dies nicht nur für explizite Bewertungswahlrechte –

Beispiel: die verschiedenen Methoden zur Abbildung einer Altersversorgungsverpflichtung (→ § 22) – sondern auch für **Ermessensspielräume**, z.B. bei der
Bestimmung von Wertberichtigungen auf Kundenforderungen. Diese Vorgabe
der Vereinheitlichung ist eher selbstverständlich, gilt diese doch auch nach § 300
Abs. 2 HGB bzw. IAS 27.28.

Eine förmliche Vereinheitlichung ist dagegen für den Einzelabschluss für das
Übergangsverfahren auf die IFRS-Rechnungslegung nach IFRS 1 (→ § 6) kaum
möglich. Regelmäßig ist in solchen Fällen zur Herstellung der Vergleichbarkeit
der beiden Rechenwerke der Konzernabschluss schon nach IFRS, der Einzelabschluss aber noch nach HGB erstellt worden. IFRS 1 ist reichlich mit Wahlrechten[58] „gesegnet". Wenn kein gleichzeitiger Übergang im Konzern- und Einzelabschluss erfolgt, kann eine Vereinheitlichung bei der Ausübung dieser
Wahlrechte nicht oder nur unter größter Mühe im Hinblick auf die Daten der
Vergangenheit durchgeführt werden.

5 Angaben

Je nach Gliederungstiefe des Eigenkapitalspiegels enthalten dessen Spalten und   103
Zeilen bereits viele der durch IAS 1 geforderten Angaben. Die verbleibenden
Erläuterungsnotwendigkeiten ergeben sich v. a. aus der Erklärung dessen, was
gesellschaftsrechtlich beschlossen und was davon vollzogen wurde. In diesem
Sinne sind etwa Beschlüsse über die Schaffung von **bedingtem Kapital** im
Zusammenhang mit Wandelanleihen oder Arbeitnehmeroptionen zu erläutern.
Ebenso sind Beschlüsse über zukünftige Kapitalerhöhungsmöglichkeiten durch
Schaffung **genehmigten Kapitals** darzustellen. Die Erläuterungspflicht bezieht
sich nicht nur auf die Beschlüsse der Berichtsperioden, sondern auf alle noch
nicht erledigten Beschlüsse. Soweit also in Vorjahren bedingtes oder genehmigtes
Kapital beschlossen wurde und die Beschlüsse weder vollständig vollzogen sind
noch sich durch Zeitablauf erledigt haben, sind die Beschlüsse und ihr bisheriger
Vollzug/Teilvollzug/Nichtvollzug zu erläutern.

Nach einer Faustregel sind unter Wesentlichkeitsvorbehalt alle das Kapital   104
betreffenden **gesellschaftsrechtlichen Beschlüsse** zu erläutern und über Vollzug, Teilvollzug oder (Noch-)Nichtvollzug zu berichten. In Anwendung dieser
Grundregel wären etwa bei Arbeitnehmeroptionsrechten der Umfang und die
Bedingungen der Ausübung der Option zu erläutern sowie die im jeweiligen Jahr
erfolgten Ausübungen der Option bzw. die bis zum Stichtag kumulierten Ausübungen darzulegen (→ § 23 Rz 249).

Das nachfolgende, bewusst ausführlich gehaltene Formulierungsbeispiel enthält   105
die wichtigsten Varianten. Die in erster Linie nur für AGs relevanten Teile sind
kursiv gedruckt.

Praxis-Beispiel
Gezeichnetes Kapital: Das gezeichnete Kapital der X AG betrug zum
31.12.01 100 Mio. EUR und verteilte sich auf 10 Mio. Stammaktien über je
10 EUR. In der ordentlichen Hauptversammlung vom 20.4.02 wurde die

---

[58] Wegen der damit verbundenen bilanzpolitischen Gestaltungsmöglichkeiten im Hinblick auf die
     Optimierung der Zinsschranke wird verwiesen auf KÖSTER, BB 2007, S. 2282.

Umstellung auf 10 Mio. nennwertlose Aktien mit einem rechnerischen Anteil von je 10 EUR am gezeichneten Kapital beschlossen.

Darüber hinaus wurde mit wirtschaftlicher Wirkung zum 15.6.02 unter Inanspruchnahme des genehmigten Kapitals II eine Kapitalerhöhung durchgeführt, die zu einer Erhöhung des gezeichneten Kapitals um 10 Mio. EUR führte. Die Kapitalerhöhung wurde von Y erbracht, der 1 Mio. stimmberechtigte Vorzugsaktien gegen Einlage der Y-GmbH erhielt. Die an Y ausgegebenen Aktien/Geschäftsanteile sind ebenfalls nennwertlos, besitzen jedoch Vorzugsrechte hinsichtlich der Dividendenausschüttung.

Schließlich wurde mit Beschluss der Hauptversammlung/Gesellschafterversammlung vom ... das Kapital um 1 Mio. EUR aus Gesellschaftsmitteln durch Umwandlung von Gewinnrücklagen erhöht. Der Erhöhung lag die Jahresbilanz zum 31.12.01 zugrunde. An die Gesellschafter wurden 100.000 nennwertlose Aktien ausgegeben.

Die Gesamtzahl der ausgegebenen Aktien hat sich somit zum 31.12.02 auf 11,1 Mio. Stück erhöht.

Kapitalrücklage: Die Kapitalrücklage enthält die bei der Ausgabe von Vorzugs- und Stammaktien/Anteilen über den Nennbetrag hinaus erzielten Beträge. Die Erhöhung der Kapitalrücklage von 60 Mio. EUR zum 1.1.02 auf 80 Mio. EUR zum 31.12.02 resultiert aus der oben dargestellten Kapitalerhöhung.

Kapitalerhöhung aus Gesellschaftsmitteln

Bedingtes Kapital I: Am 1.2.02 wurde eine bedingte Erhöhung des Grundkapitals um 3 Mio. EUR beschlossen (bedingtes Kapital I). Diese bedingte Kapitalerhöhung steht im Zusammenhang mit der Ermächtigung des Vorstands, bis zum 31.12.04 Options- und/oder Wandelschuldverschreibungen im Gesamtbetrag von bis zu 50 Mio. EUR zu begeben und den Inhabern Options- bzw. Wandlungsrechte auf bis zu 300.000 Stück neue Stamm- und/oder Vorzugsaktien der Gesellschaft zu gewähren. Am 1.3.00 wurden Null-Kupon-Inhaber-Teilschuldverschreibungen mit Wandlungsrecht in Inhaber-Vorzugsaktien der X AG begeben. Danach ist jedem Anleihegläubiger das Recht eingeräumt, die Schuldverschreibungen während des Ausübungszeitraums vom 1.3.00 bis 1.2.01 (beide Tage einschließlich) in stimmrechtslose Vorzugsaktien zu wandeln. Die Anleiheschuldnerin ist berechtigt, nach Ausübung des Wandlungsrechts durch einen Anleihegläubiger anstatt der Lieferung von Vorzugsaktien einen bis zu ... Barbetrag zu zahlen. Bisher wurde das Wandlungsrecht nur im Jahre 01 ausgeübt. Das bedingte Kapital verringerte sich dadurch auf 2 Mio. EUR.

Bedingtes Kapital II: Die Hauptversammlung hat am 20.4.00 eine bedingte Erhöhung des Grundkapitals um 1 Mio. EUR durch Ausgabe von bis zu 100.000 Stück Stammaktien beschlossen, um den Aktienoptionsplan bedienen zu können (bedingtes Kapital II). Das bedingte Kapital II dient aufgrund des Aktienoptionsplans der X AG ausschließlich der Gewährung von Bezugsrechten an Mitglieder des Vorstands der Gesellschaft, an Mitglieder der Geschäftsleitungsorgane nachgeordneter verbundener Unternehmen sowie an weitere Führungskräfte der Gesellschaft und ihrer nachgeordneten verbundenen Unternehmen, soweit diese nicht selbst börsennotiert sind. Im

Rahmen des Aktienoptionsplans sind am 1.9.00, am 1.9.01 und am 1.9.02 Aktienoptionen ausgegeben worden, von denen am 31.12.02 insgesamt 12.000 wirksam waren. Diese Aktienoptionen können nach Erfüllung der dazu vorgesehenen Voraussetzungen zur Ausgabe von bis 12.000 Stück Stammaktien führen, was 0,1 % des Grundkapitals entspricht.

Genehmigtes Kapital I: Der Vorstand wurde durch Beschluss der außerordentlichen Hauptversammlung vom 1.10.00 ermächtigt, mit Zustimmung des Aufsichtsrats bis zum 31.12.03 das Grundkapital durch Ausgabe neuer Stamm- bzw. Vorzugsaktien gegen Bareinlagen einmalig oder mehrmals um bis zu 15 Mio. EUR zu erhöhen. In 00 wurde das genehmigte Kapital I mit 10 Mio. EUR teilweise in Anspruch genommen. Danach besteht noch ein genehmigtes Kapital I i.H.v. bis 5 Mio. EUR.

Genehmigtes Kapital II: Die außerordentliche Hauptversammlung am 1.9.00 beschloss, ein genehmigtes Kapital II zu schaffen. Der Vorstand war danach ermächtigt, mit Zustimmung des Aufsichtsrats bis zum 31.12.04 das Grundkapital der Gesellschaft durch Ausgabe neuer auf den Inhaber lautender Stammaktien gegen Sacheinlage einmalig oder mehrmals, höchstens jedoch bis zu 15 Mio. EUR, zu erhöhen (genehmigtes Kapital II). Der Vorstand wurde gleichzeitig ermächtigt, mit Zustimmung des Aufsichtsrats über den Ausschluss des Bezugsrechts zu entscheiden und die weiteren Einzelheiten der Kapitalerhöhung festzulegen.

Durch Sacheinlage der Y-GmbH wurde das genehmigte Kapital II in 02 mit 10 Mio. EUR in Anspruch genommen. Das verbleibende genehmigte Kapital II beträgt danach bis zu 5 Mio. EUR.

Kein Erwerb eigener Aktien: Die Hauptversammlung ermächtigte die Gesellschaft am 20.4.00, bis zum 20.12.03 eigene Aktien bis zu insgesamt 10 % des Grundkapitals zu erwerben. Von dieser Ermächtigung hat weder die Gesellschaft noch ein abhängiges oder in Mehrheitsbesitz der Gesellschaft stehendes Unternehmen oder ein anderer für Rechnung der Gesellschaft oder eines abhängigen oder eines in Mehrheitsbesitz der Gesellschaft stehenden Unternehmens Gebrauch gemacht.

Gewinnrücklagen: Die Gewinnrücklagen enthalten im Geschäftsjahr 02 erstmals sowohl die Effekte aus der Erstanwendung des IAS 39 *(Financial Instruments: Recognition and Measurement)* i.H.v. 1 Mio. EUR als auch die in der Eigenkapitalentwicklung unter „Bewertung IAS 39" ausgewiesenen Bewertungsergebnisse i.H.v. –2 Mio. EUR. Davon entfallen –0,5 Mio. EUR auf *cash flow hedges* und 1,5 Mio. EUR auf Vermögenswerte, die als *„available for sale"* klassifiziert wurden.

Im Übrigen unterteilen sich die Gewinnrücklagen wie folgt:

* gesetzliche Gewinnrücklagen ...
* satzungsmäßige Gewinnrücklagen ...
* andere Gewinnrücklagen (inkl. Gewinnvortrag aus alter Rechnung i.H.v. ...) ...

Die Verpflichtung zur Erläuterung bzw. Aufgliederung der Gewinnrücklagen **106** ergibt sich für Aktiengesellschaften bereits bisher aus den §§ 152ff. AktG. Für GmbHs fehlen entsprechende gesellschaftsrechtliche Vorschriften. Eine Aufgliederung der Gewinnrücklagen wird jedoch für große GmbHs durch § 266 HGB verlangt. Nach IAS 1.79(b) ist im IFRS-Abschluss größen- und rechtsformunabhängig die Aufgliederung und Beschreibung der Rücklagen geboten. Soweit dies nicht schon der Eigenkapitalspiegel (Rz 67) leistet, sind ergänzende Aufstellungen vorzunehmen. Folgende Darstellungen kommen bei Ausklammerung der in der Praxis kaum anzutreffenden Neubewertung gem. IAS 16 oder IAS 38 (→ § 14 Rz 47 ff.) infrage:[59]

Währungsdifferenzen (→ § 27 Rz 5)	Bewertungsergebnisse *available-for-sale assets* und *cash flow hedges* (→ § 28 Rz 202 und → § 28a Rz 54)	allgemeine Gewinnrücklagen
Anfangsbestand	Anfangsbestand	Anfangsbestand
		+/– Auswirkung aus Methodenänderung oder Fehlerkorrektur (jeweils nach Steuern)
		= korrigierter Anfangsbestand
+/– Veränderung aufgrund neuer Umrechnung	+/– Veränderung aufgrund Zeitbewertung *available-for-sale assets*	+/– Periodenergebnis
+/– Abgang durch Veräußerung Tochterunternehmen	– Abgang durch *impairment available-for-sale assets*	– Ausschüttung
	+/– Veränderung aufgrund Zeitbewertung *cash flow hedges*	+/– Umgliederung aus/in Kapitalrücklage und gezeichnetes Kapital
	+/– Abgang durch Beendigung *hedge*-Beziehung, Realisierung Grundgeschäft oder Anpassung AK Grundgeschäft	– Veränderung aus Rückkauf oder Einziehung eigener Aktien
+/– Steuereffekte	+/– Steuereffekte	+/– Steuereffekte
= Endbestand	= Endbestand	= Endbestand

Tab. 4: Darstellung der Gewinnrücklagen

---

59 KIRSCH, StuB 2004, S. 1001 ff., mit im Übrigen auch sehr instruktiven Ausführungen zur Generierung der Angaben aus einem Kontenplan.

Seit 2007 hat ein Unternehmen gem. IAS 1.134 die Ziele und Verfahren des 107
Managements in Bezug auf das Eigenkapital offenzulegen (IAS 1.124A). Anzugeben sind gem. IAS 1.135 insbesondere:

- die **qualitative** Abgrenzung des (wirtschaftlichen) Eigenkapitals (z.B. die
  Einbeziehung nachrangigen Fremdkapitals),
- Art von und Umgang mit unternehmensspezifisch, nicht branchenweit (IAS
  1.BC93) auferlegten externen, **regulatorischen** Eigenkapitalanforderungen
  (z.B. bei Banken; Rz 108),
- **Zielsetzung** hinsichtlich der Entwicklung des Kapitals, der Eigenkapitalquote
  etc. und der Grad der Zielerreichung,
- **quantitative** Daten zur Zusammensetzung und Entwicklung des Kapitals.

Praxis-Beispiel
Ziele unseres Kapitalmanagements sind:
- Sicherstellung der Unternehmensfortführung,
- adäquate Verzinsung des Eigenkapitals.
Zur Umsetzung wird das Kapital ins Verhältnis zum Risiko gesetzt und ggf.
angepasst. Der Anpassung dienen die Dividendenpolitik, Kapitalrückzahlun-
gen, Kapitalerhöhungen, aber auch der Verkauf von Vermögen zwecks
Schuldentilgung.
Das Kapital wird auf Basis des Verhältnisses von Nettoschulden zum wirt-
schaftlichen Eigenkapital überwacht. Nettoschulden sind die mit Zahlungsmitteln saldierten Schulden. Wirtschaftliches Eigenkapital ist das bilanzielle
Eigenkapital, gekürzt um nicht realisierte Erfolge sowie nachrangige Darlehen.
In 01 und 02 war das Ziel, für die vorgenannte Relation einen Wert von 6:1 bis
7:1 zu erhalten und dabei tendenziell eine Minderung der Verhältniszahl zu
erreichen.
Die Ergebnisse waren wie folgt:

	02	01
Schulden	1.000	1.100
Zahlungsmittel	− 90	− 150
Nettoschulden	910	950
Eigenkapital	100	100
nachrangige Darlehen	38	38
wirtschaftliches Kapital	138	138
Ratio	6,6	6,9

Die Minderung der Verhältniszahl ist Folge des Abbaus der Nettoverschul-
dung, die wiederum aus dem Verkauf des Tochterunternehmens X resultiert.
Ergebnis war eine verbesserte Profitabilität, die zu einer höheren Dividende
führt.

Offen ist, ob die Angaben zu externen Eigenkapitalanforderungen nur im Fall 108
regulatorischer Anforderungen (z.B. durch Aufsichtsbehörden) oder auch dann

gelten, wenn sie privatrechtlich, etwa als Bedingung eines Darlehensgebers (*covenants*) auferlegt sind. Für die zweite, weitere Interpretation könnte der Wortlaut von IAS 1.135(a)(ii) sprechen, der nur allgemein und ohne Bezug auf Regulatoren *„externally imposed capital requirements"* anführt. Die unter der Überschrift *„externally imposed capital requirements"* in IAS 1.BC92 – IAS 1.BC97 enthaltenen Ausführungen rechtfertigen jedoch eine einschränkendere Auslegung. Nach IAS 1.BC94 sollen die Angaben den Bilanzadressaten über das *„risk assessment of the regulator"* informieren. IAS 1.BC95(a) – IAS 1.BC95(e) und IAS 1.BC95(g) referieren folgerichtig ausschließlich auf *„regulator's risk assessment"*, *„regulator's ability to impose such requirements"*, *„regulator's tools"*. Nach IAS 1.BC97 ist in diesem Rahmen die Angabe einer evtl. *„temporary non-compliance with regulatory requirements"* das, was Bilanzadressaten interessieren könnte.

109   Bei unter bestimmten Bedingungen ab 2009 wieder möglicher Bilanzierung kündbarer Anteile an Personengesellschaften als Eigenkapital (Rz 31 ff.) entstehen bestimmte Angabepflichten. Dazu gehören gem. IAS 1.136A:

- Gesamtbetrag der als Eigenkapital bilanzierten kündbaren Instrumente;
- Zielsetzungen sowie Methoden und Prozesse bei der Steuerung der Rückzahlungsverpflichtung im Fall der Ausübung der Kündigung einschließlich Veränderung im Vergleich zum Vorjahr;
- bei Rückgabe der Anteile (Kündigung der Mitgliedschaft) erwartete Zahlungsbelastung;
- Information über die Ermittlung der Rückzahlungsverpflichtung.

Insbesondere die Ermittlung des Abfindungsbetrags dürfte oft nur mit unverhältnismäßigem Aufwand möglich sein und insbesondere bei langen Kündigungsfristen zu teilweise wenig aussagekräftigen Ergebnissen führen.[60] An die Genauigkeit der Schätzungen sind dann keine übertriebenen Anforderungen zu stellen.

110   Auf die Checkliste „IFRS-Abschlussangaben" (siehe HI10157883 im Haufe IFRS-Kommentar Online) wird verwiesen (→ § 5 Rz 8).

6   Anwendungszeitpunkt, Rechtsentwicklung

111   Die Regeln von IAS 32 sind für alle Abschlüsse, deren Berichtsperiode ab dem 1.1.2005 beginnt, anzuwenden, die Regeln von IAS 1 für alle Abschlüsse ab 1.1.2009 (→ § 2 Rz 106).

112   Die in 2007 verabschiedete Neufassung von IAS 1 sieht abweichend von IAS 1 (2003) neben der Eigenkapitaländerungsrechnung zwingend eine **Gesamtergebnisrechnung** vor.

113   In der strittigen Frage des kündbaren gesellschaftsrechtlichen Eigenkapitals von **Personengesellschaften** hat das in 2008 vorgelegte, ab 2009 anzuwendende *Amendment* zu IAS 32 im Weg der Kasuistik Möglichkeiten eröffnet, auch bilanziell wieder Eigenkapital auszuweisen.

114   Wegen der Aufschlüsselung des sonstigen Ergebnisses im Eigenkapitalspiegel oder Anhang hat das *Annual Improvements Project 2010* eine Klarstellung vorgenommen (Rz 66).

---

[60]   Vgl. BÖMELBURG/LANDGRAF/LUCE, PiR 2008, S. 145 ff.

Das *Annual Improvements Project 2009–2011* beseitigt mit Wirkung ab 2013 **115**
Redundanzen bzw. Widersprüche bei der Bilanzierung der Steuereffekte aus
Kapitalerhöhungen (Rz 75) und Dividenden (Rz 92).

Der grundlegenden Frage der Abgrenzung zwischen Eigen- und Fremdkapital **116**
(Rz 3 ff.) hat sich der IASB in Section 5 des *„Discussion Paper DP/2013/1 – A
Review of the Conceptual Framework for Financial Reporting"* vom Juli 2013
angenommen. Hier wird ausgehend von Widersprüchen zwischen *Framework*
und IAS 32 (etwa bei der Behandlung kündbarer Anteile; Rz 29 ff.) diskutiert, wie
restriktiv oder großzügig zukünftig der Eigenkapitalbegriff ausfallen soll und
welche Folgerungen sich hieraus für den Eigenkapitalspiegel und die Gesamtergebnisrechnung ergeben könnten. Ein Teil dieser Diskussion wird in
ED/2015/3 *Conceptual Framework for Financial Reporting* fortgeführt. Nach
par. 4.31 des ED soll für die Abgrenzung von Eigen- und Fremdkapital insbesondere die *„practical ability to avoid the transfer of ressources"* sein. Je nach
zukünftiger Konkretisierung dieses Kriteriums könnten etwa auch bislang irre-
levante ökonomische Zwänge zur Kündigung und Rückzahlung einer ewigen
Anleihe (Rz 20) zur Qualifikation als Fremdkapital führen.

§ 21 RÜCKSTELLUNGEN, EVENTUALVERBINDLICHKEITEN UND EVENTUALFORDERUNGEN *(Provisions, Contingent Liabilities and Contingent Assets)*

Schrifttum: ALBRECHT, Interpretation zur bilanziellen Abbildung von staatlich erhobenen Abgaben, KoR 2013, S. 413; ASCHFALK-EVERTZ, Restrukturierungs-rückstellungen, PiR 2013, S. 13; BAETGE/ZÜLCH/BRÜGGEMANN/NELLESSEN, Management's best estimate – Abbildung singulärer Risiken im HGB- und IFRS-

Abschluss, PiR 2007, S. 315; Diemers/Weller, Bewertung „angeschaffter" Rückstellungen, PiR 2015, S. 363; Freiberg/Lüdenbach, Die risiko- und laufzeitäquivalente Diskontierung von sonstigen Rückstellungen nach IAS 37, PiR 2007, S. 329; Hoffmann, Rückstellung für die Aufbewahrung von Geschäftsunterlagen, PiR 2007, S. 145; Homfeldt, Rückstellungsansatz für Abschlussprüfungen kraft Gesellschaftsvertrags, PiR 2015, S. 330; Kleinmann, Erfassung von Rückstellungen nach IFRS für drohende und schwebende Rechtsstreitigkeiten, Das Beispiel US-amerikanischer Massenklagen, PiR 2015, S. 35 ff.; Küting/Kessler/Cassel/Metz, Die bilanzielle Würdigung bestandsunsicherer Schadensersatzverpflichtungen nach IFRS und HGB, WPg 2010, S. 315; Lüdenbach, Rückbauverpflichtungen nach internationaler Rechnungslegung und deutschem Bilanzrecht, BB 2003, S. 835; Lüdenbach, (Erfolgsabhängige) Anwaltskosten im Passivprozess, PiR 2014, S. 157; Lüdenbach, Rückstellung für Rekultivierung bei erwarteten Kippgebühren für Bauschutt, PiR 2014, S. 287; Lüdenbach, Erwartete Stringenz der Rechtsdurchsetzung bei Umweltrückstellungen, PiR 2016, S. 188; Lüdenbach/Freiberg, Die risiko- und laufzeitäquivalente Diskontierung von sonstigen Rückstellungen nach IAS 37, PiR 2007, S. 929; Lüdenbach/Hoffmann, Faktische Verpflichtungen und (verdeckte) Aufwandsrückstellungen nach IFRS und HGB/EStG, BB 2005, S. 2344; Müller/Pedell Regulatory Assets und Regulatory Liabilities in der deutschen Stromwirtschaft, WPg 2014, S. 1132; Theile, Sozialplanverpflichtungen und Restrukturierungen, PiR 2007, S. 297; Urbanczik, Die Bankenabgabe im Licht von IFRIC 21, PiR 2013, S. 338; Zwirner, Rückstellungen für belastende Verträge nach IFRS – am Beispiel der Fortführung eines defizitären Filialbetriebs, IRZ 2012, S. 55.

Vorbemerkung

Die Kommentierung bezieht sich auf IAS 37 in der aktuellen Fassung und berücksichtigt alle Ergänzungen, Änderungen und Interpretationen, die bis zum 1.1.2017 beschlossen wurden. Einen Überblick über diskutierte oder als Änderungsentwurf vorgelegte Regelungen und Folgeänderungen enthalten Rz 184 f.

1   Zielsetzung, Regelungsinhalt, Begriffe

1   Im Mittelpunkt von IAS 37 stehen unsichere Schulden. Wegen des themenbezogenen Aufbaus der IFRS sind wichtige Teilbereiche der Schulden (*liabilities*) in **anderen Standards** geregelt und daher in IAS 37.5 mit einem *scope out* belegt. Betroffen sind:

- als Finanzinstrumente zu qualifizierende Verbindlichkeiten (IAS 37.2);
- Schulden aus Arbeitnehmervergütung, insbesondere im Bereich der Altersversorgung nach IAS 19 (→ § 22);
- laufende und latente Steuerschulden nach IAS 12 (→ § 26);
- Schulden aus Leasingverhältnissen nach IFRS 16, jedoch mit Rückausnahme für Drohverluste , die bereits vor Beginn des Leasingverhältnisses entstehen oder bei einem Leasingverhältnis anfallen, das wegen Kurzfristigkeit bzw. niedrigem Wert nach IFRS 16.6 beim Leasingnehmer nicht zum Ansatz eines *right-of-use asset* führt (→ § 15a Rz 81);

- bedingte Kaufpreisbestandteile aus Unternehmenserwerben in der Bilanz des Erwerbers (→ § 31 Rz 62);
- bis zum Inkrafttreten von IFRS 15 außerdem Drohverluste aus Fertigungsaufträgen nach IAS 11.

Neben den in der Bilanz anzusetzenden unsicheren Schulden (Rückstellungen, *provisions*; Rz 4 ff.) behandelt IAS 37 auch die nicht ansatzfähigen   **2**

- Eventualverbindlichkeiten (*contingent liabilities*; Rz 46 und Rz 113 ff.) und
- Eventualforderungen (Rz 119 ff.).

Zu den vom Anwendungsbereich des IAS 37 ausgeschlossenen „sicheren" Verbindlichkeiten zählen auch „accruals" (Rz 7 und Rz 46) in Form von ausstehenden Abrechnungen für erbrachte Leistungen etc.

Die (weitgehend) **sicheren** Schulden (z. B. aus Lieferungen und Leistungen) werden   **3** als (passives) Finanzinstrument in IAS 39 bzw. IFRS 9 behandelt (→ § 28). Demgegenüber widmet sich IAS 37 den **weniger „sicheren"** Verbindlichkeiten (mit Ausnahme der ebenfalls in IAS 39/IFRS 9 geregelten Finanzderivate und Finanzgarantien; → § 28a).

2 Bilanzansatz

2.1 Begriff der Rückstellungen *(provisions)* und der abgegrenzten Schulden *(accruals)*

IAS 37.10 rekurriert auf die Definitionen in F.4.15 – F.4.19: Als Rückstellung gilt   **4** eine Schuld, die bzgl. Fälligkeit und/oder Höhe ungewiss ist *(uncertain timing or amount)*. Dabei stellt nach F.4.19 die **Unsicherheit** bei der Bewertung keinen Ausschlusstatbestand bzgl. der Annahme und des Bilanzansatzes einer Verbindlichkeit dar (vgl. aber unter Rz 45).

Rückstellungspflichtige Schulden können sich ergeben auf   **5**

- rechtlicher Grundlage *(legal obligations)* oder
- tatsächlicher bzw. faktischer Grundlage (*constructive obligations*).

Faktische Verpflichtungen (*constructive obligations*) können etwa aus Geschäftspraktiken, Veröffentlichungen und anderen geweckten Erwartungshaltungen des Publikums resultieren, inhaltlich z. B. als Kulanzverpflichtung oder regelmäßige Mitarbeitervergütungen ohne Rechtsgrund (Rz 15).

Für **allgemeine Unternehmensrisiken** ist kein Rückstellungsansatz zulässig,   **6** selbst wenn mit einiger Wahrscheinlichkeit damit Verluste verbunden sein sollten (Rz 9). Ein Verlust selbst ist kein *obligating event*.

Praxis-Beispiel[1]
Ein Unternehmen will gem. Ankündigung in neue überseeische Märkte eindringen, womit ein erheblicher Anstieg von Risiken politischer, gesetzlicher und währungsmäßiger Art neben einigen anderen verbunden ist. Obwohl diese Entscheidung öffentlich gemacht worden ist und mit hohem Kostenaufwand verbunden sein wird, lässt sich hierfür kein Rückstellungsansatz rechtfertigen.

---

[1]   Nach KPMG, Insights into IFRS 2015/2016, Tz. 3.12.40.40.

7   Systematisch wenig geglückt ist die Einführung eines **zusätzlichen** mit Unsicherheit behafteten (ansatzpflichtigen) Verbindlichkeits-Typs mit der Bezeichnung *„accruals"* (IAS 37.11; Rz 46f.). Einer einigermaßen griffigen Übersetzung sind diese *accruals* nicht zugänglich (in der amtlichen Übersetzung: „abgegrenzte Schulden"). Sie sollen sich von den *provisions* durch den **geringeren Grad der Unsicherheit** unterscheiden. Als Beispiel werden Verpflichtungen aus erhaltenen, aber noch nicht abgerechneten Leistungen oder Urlaubsverpflichtungen genannt (Rz 2). Aus dieser Sicht sind *accruals* von den *provisions* dahingehend abzugrenzen, dass bei Ersteren die Verbindlichkeit dem Grunde nach unzweifelhaft ist, nur die Höhe oder Fälligkeit noch mit Restunsicherheiten behaftet ist. In der Praxis verschwimmen indes die Unterscheidungskriterien. Auch in der Bilanzierungspraxis werden die *accruals* häufig nicht gesondert ausgewiesen (Rz 47).

8   Die im Schrifttum zum HGB und in der Rechtsprechung des BFH als selbstverständlich erachtete Gegenbuchung zu den Rückstellungen als **Aufwand** gilt nach den IFRS nicht. Hier können Herstellungskosten durchaus als Rückstellungen erfasst werden (Rz 78; → § 14 Rz 30; → § 13 Rz 77).

2.2   Ansatzkriterien

2.2.1   Tatbestandsmerkmale insgesamt

9   IAS 37.14 knüpft bzgl. der Bilanzierung dem Grunde nach an die Definitionsnormen des *Framework* für die Schulden und die sich teilweise überlagernden Definitionsmerkmale in IAS 37.10 (Rz 11) an. Danach verlangt der Ansatz einer Rückstellung das Vorliegen folgender Tatbestandsmerkmale:
- gegenwärtige – gesetzliche oder faktische – **Außenverpflichtung** (*present obligation*),
- begründet durch ein **vorhergegangenes** Ereignis (*past event*, Rz 11ff.),
- mit **wahrscheinlichem** Abfluss von Ressourcen (*outflow of resources*, Rz 42ff.),
- bei **zuverlässiger Schätzungsmöglichkeit** der Verpflichtungshöhe (*measured with sufficient reliability*, Rz 45ff.).

10   Ist ein Abfluss von Ressourcen zwar nicht überwiegend wahrscheinlich, andererseits auch nicht völlig unwahrscheinlich (*remote*) oder ist die Verpflichtungshöhe nicht verlässlich schätzbar, liegt nach IAS 37.10 eine Eventualverbindlichkeit (*contingent liability*) vor. In beiden Fällen sind nach IAS 37.86 Angaben im Anhang erforderlich (Rz 178).

2.2.2   Vergangenheitsereignis – wirtschaftliche Verursachung

11   Ein bei erster Betrachtung unnötig erscheinendes Kriterium ist das in der Definitionsnorm IAS 37.10 ebenso wie in der Ansatznorm IAS 37.14 aufgeführte Tatbestandsmerkmal des Vergangenheitsereignisses *(past event)*. Denn eine (am Bilanzstichtag) **gegenwärtige Verpflichtung** muss notgedrungen in der Vergangenheit verursacht worden sein. Insoweit ist das Merkmal *past event* bereits im Merkmal *present obligation* enthalten. Der Vergangenheitsbezug ist aber in anderer Hinsicht wichtig.

Verpflichtungen aufgrund **künftiger** Geschäftstätigkeit sind **nicht** anzusetzen (Rz 26), aber solche, die in der **Vergangenheit** begründet worden sind. Im Zusammenspiel von Vergangenheit und Zukunft bedeutet dies: Eine Verpflichtung des Unternehmens ist dann nicht rückstellungsfähig, wenn es die Erfüllung „noch in der Hand hat", sie also aus **eigener Kraft vermeiden** kann. Vgl. hierzu die Fälle unter Rz 64 ff. „Umweltschutz". Umgekehrt ausgedrückt: Der Ansatz ist geboten, wenn das Unternehmen **keine realistische Alternative** gegenüber der Erfüllung der Verpflichtung hat (IAS 37.17).

Diese Interpretation von *present obligation* bzw. *past event* kann sich auf die   **12** Erläuterungen in IAS 37.18 f. stützen, die Rückstellungen für die Ausübung der **künftigen** Geschäftstätigkeit ausschließen. Außerdem „passt" diese Interpretation des Vergangenheitsereignisses *(past event)* auf IAS 37.IE Example 6:

Praxis-Beispiel
Die Verpflichtung zum Einbau einer **Rauchfilteranlage** ist erst passivierungsfähig, wenn entsprechende Aufträge („Außenverpflichtung") an leistende Unternehmen erteilt worden sind. Nach IAS 37.19 kann sich das Unternehmen dieser öffentlich-rechtlichen Auflage zum Einbau der Anlage an einem künftigen Bilanzstichtag dadurch entledigen, indem es andere Produktionsverfahren einführt oder den entsprechenden Produktionszweig ganz einstellt. Umgekehrt ist für etwa entstandene Schadensersatzverpflichtungen wegen des unstatthaften Gebrauchs der Fabrikationsanlage ohne den Rauchfilter eine Rückstellung zu bilden, denn diese Verpflichtung resultiert aus der Produktionstätigkeit in der Vergangenheit (Rz 67).

Zeitliche Abgrenzungsprobleme für den Rückstellungsansatz ergeben sich auch   **13** bei **geänderter Rechtslage**. Dadurch kann ein Ereignis, das aktuell noch nicht zur Rückstellungsbildung berechtigt, an einem späteren Stichtag „rückstellungsbedürftig" sein (IAS 37.21).

Praxis-Beispiel[2]
Sachverhalt
- Variante 1: Durch ein neues Gesetz ist ein Automobilproduzent am 31.12.00 zur Rücknahme und Verschrottung aller nach diesem Stichtag verkauften Erzeugnisse verpflichtet.
- Variante 2: Mit Wirkung ab 1.1.01 besteht die Verpflichtung, auch alle vor diesem Stichtag verkauften Fahrzeuge zurückzunehmen und zu verschrotten.
- Variante 3: Nach der am 31.12.00 gültigen Gesetzeslage erhebt die Umweltbehörde vom Autohersteller eine Verschrottungsgebühr für die vor dem 1.1.01 verkauften Fahrzeuge. Grundlage für die Berechnung der Gebühr ist die Marktteilnahme des Herstellers im Jahr 01 ohne Berücksichtigung der zuvor getätigten Verkäufe.

Lösung
- In Variante 1 kann eine Rückstellung zum 31.12.00 nicht gebildet werden, denn das ansatzbegründende Ereignis *(obligating event)* ist der Verkauf von Autos nach dem 31.12.00. Am nächsten Stichtag ist eine Rückstellung für die zwischen dem 1.1.01 und dem betreffenden Stichtag verkauften Fahrzeuge zu bilden.

---

[2]   Nach KPMG, Insights into IFRS 2015/2016, Tz. 3.12.80.10.

- In Variante 2 ist dagegen eine Rückstellung für die bis zum 31.12.00 verkauften Fahrzeuge zu bilden. Der Ansatz muss zu jedem Stichtag nach den bis dahin angefallenen Verkaufszahlen und den tatsächlich durchgeführten Verschrottungen weitergerechnet werden.
- In Variante 3 liegt das Verpflichtungsereignis *(obligating event)* in der Marktteilnahme im Jahr 01. Diese Lösung beruht auf einem Analogieschluss zum speziellen Entsorgungsverfahren für den sog. Elektroschrott (Rz 83).

Wegen der konkreten Bilanzierungsvorgabe nach der EU-**Altauto**richtlinie wird verwiesen auf Rz 85.

14 „Vergangenheitsorientiert" und damit rückstellungspflichtig sollen nicht nur die Verpflichtungen aus verkehrsüblichen **Garantien,** sondern auch die aus **Kulanzen** (Rz 15) bei schadhaften Produkten etc. sein. Hinsichtlich der Gewährleistungen ohne rechtliche Verpflichtungen (Kulanz) ist dies im Vergleich zur oben behandelten Rauchgasfilteranlage (siehe Praxis-Beispiel in Rz 12) nicht immer schlüssig: Den Kulanzerwartungen der Kunden des Produktionszweigs X kann sich das Unternehmen u. U. sanktionslos entziehen; sofern es diesen Zweig ganz einstellt, läge eine entziehbare Verpflichtung vor.

2.2.3   Rechtliche oder faktische Verpflichtung

15 Für die festzustellende Verpflichtung (Rz 9) ist zu unterscheiden zwischen einer
- **rechtlichen** *(legal)* oder
- **faktischen** *(constructive)* Grundlage.

Nach IAS 37.10 (Definitionsnorm) kann „**rechtlich**" beruhen auf
- Vertrag,
- Gesetz,
- anderer Rechtsgrundlage, insbesondere öffentlich-rechtlicher Natur.

Diese Kriterien entsprechen weitestgehend den deutschen Bilanzierungsvorstellungen. Vertragliche und gesetzliche Schuldverhältnisse (z. B. Garantien) gelten ebenso wie die öffentlich-rechtlichen, insbesondere im Fall des Umweltschutzes, als Rechtsgrund und damit als bilanzansatzbegründend. Der Gläubiger muss nicht bekannt sein, so z. B. bei der Produzentenhaftung.[3]

Auch die **faktischen** Verpflichtungen (Musterbeispiel: Kulanz, aber auch bekanntes Geschäftsgebaren) stimmen als Bilanzierungskriterien der IFRS mit denjenigen des HGB und der dieses auslegenden BFH-Rechtsprechung überein. Für den Fall der verjährten Verbindlichkeiten gilt dies ebenfalls (→ § 28).

16 Zweifelhaft kann die Existenz einer rechtlichen Verpflichtung bei den Kosten einer nicht gesetzlich, sondern lediglich durch Gesellschaftsvertrag vorgeschriebenen, sog. **freiwilligen Abschlussprüfung** sein. In dieser Fallkonstellation sieht das IDW für Zwecke der Handelsbilanz in den Gesellschaftern in ihrem Verhältnis zur Gesellschaft ebenfalls Dritte, was zu einer Außenverpflichtung führe. Das werde auch durch die Einklagbarkeit dieser Ansprüche belegt.[4] Der BFH sieht hingegen keine Außenverpflichtung, da Ansprüche auf Durchführung einer Abschlussprüfung nur „innerhalb des Gesellschafterverbunds" geltend gemacht werden können. Daran ändere auch die Einklagbarkeit des Anspruchs nichts.

---

3   Vgl. KPMG, Insights into IFRS 2015/2016, Tz. 3.12.100.10.
4   IDW Rechnungslegungshinweis vom 23.6.2010, IDW-FN 2010, S. 354.

Durch die gesellschaftsvertraglich vereinbarte Abschlussprüfung hätten die Gesellschafter lediglich die Organisationsstruktur für das auf einen gemeinsamen Zweck ausgerichtete Handeln der Gesellschaft festgelegt.[5] U. E. ist für die Würdigung nach IFRS die Interpretation als Außenverpflichtung vorzuziehen, da auch in anderen IFRS-Kontexten (etwa bei der Frage, ob gesellschaftsrechtliches Eigenkapital als Verbindlichkeit zu qualifizieren ist; → § 20 Rz 20) die Gesellschafter als Außenstehende behandelt werden.[6]

Faktische Verpflichtungen sind nach IAS 37.10 wie folgt gekennzeichnet:[7]   17
- Durch **Geschäfts**gebaren oder öffentliche **Ankündigungen**
- ist bei einer anderen Partei, die der „**Gläubiger**" eines Anspruchs ist,
- eine gerechtfertigte **Erwartung** (*valid expectation*) eines bestimmten Verhaltens des Unternehmens geweckt worden.

Zu den vorstehend aufgeführten Begriffen gibt IAS 37.20 folgende **Erläuterung**:
- Die Verpflichtung besteht immer gegenüber einer anderen „**Partei**".
- Diese Partei muss nicht notwendig identifizierbar sein, auch die **Öffentlichkeit** insgesamt zählt darunter.
- Die Verpflichtung setzt eine **Kundgabe** des Managements – die Entscheidung allein genügt nicht – voraus, weil sonst keine Erwartungshaltung der Betroffenen geweckt werden kann.

Dabei müssen die generell gültigen Ansatzkriterien für eine Rückstellung nach IAS 37.14 erfüllt sein (Rz 9).

> **Praxis-Beispiel**[8]
> Ein Unternehmen ist in der Ölaufbereitungsindustrie tätig. Nach seiner Öffentlichkeitsarbeit sieht es sich zur Erneuerung aller verunreinigten Produktionsanlagen verpflichtet und hat sich daran auch in der Vergangenheit gehalten, auch wenn von Gesetzes wegen eine solche Verpflichtung nicht bestanden hatte. Daraus resultiert eine faktische Verpflichtung zur Inkaufnahme der entsprechenden Entsorgungskosten (Rz 65) mit entsprechender Rückstellungsverpflichtung.

Die vorstehend dargestellten Begriffsinhalte sind nicht immer trennscharf in der   18
Abgrenzung zu **Aufwandsrückstellungen**, die „an sich" nicht angesetzt werden dürfen (Rz 26). Dies gilt insbesondere für die Sonderform der faktischen Verpflichtung in Form der **Restrukturierungsaufwendungen** (Rz 87 ff.). Hier sollen ansatzbegründend die berechtigten Erwartungen der freizusetzenden Arbeitnehmer als Gläubiger dienen. Diese haben indes in aller Regel gerade kein Interesse an der Durchführung der Restrukturierungspläne, d.h., im Gegensatz zu anderen Gläubigern fehlt es ihnen am Vollstreckungsinteresse.

In verschiedenen Sitzungen des Board in 2007 wurde die Formulierung in ED   19
IAS 37.15(c) diskutiert, wonach bei fehlender Rechtsverbindlichkeit, also bei einer **faktischen** Verpflichtung, der „Gläubiger" ein **wirtschaftliches Interesse** an der Erfüllung der Verpflichtung durch das Unternehmen haben muss, um

---

5   BFH, Urteil vom 5. 6. 2014, IV R 26/11, DStR 2014, S. 1814.
6   Ebenso HOMFELDT, PiR 2015, S. 330 ff.
7   Vgl. zum Folgenden LÜDENBACH/HOFFMANN, BB 2005, S. 2344.
8   Nach KPMG, Insights into IFRS 2015/2016, Tz. 3.12.60.20.

einen Bilanzansatz zu rechtfertigen: *„The other parties will either benefit from the entity's performance or suffer harm from its non-performance"* (ED IAS 37.15(c)). M. a. W. (bezogen auf die angekündigte Entlassung von Mitarbeitern): Wenn das Unternehmen es sich vor Eingehen der rechtlichen Verpflichtung zur Abfindungszahlung an den jeweiligen Arbeitnehmer anders überlegt und die Entlassungskampagne stoppt, wird kaum ein Mitarbeiter auf Erfüllung klagen, nämlich auf Entlassung.[9]

Unabhängig davon bereitet dem Board die **Unterscheidung** der „normalen" von der faktischen Verpflichtung Schwierigkeiten – eben zur Vermeidung des Ansatzes von künftigen Unternehmensrisiken (Rz 12):[10]

- Einerseits sollen faktische Verpflichtungen nicht (nur) vorliegen, wenn sie *„enforceable"* sind;
- andererseits muss dann der außenstehende Gläubiger das Recht *(right)* haben, vom Unternehmen eine bestimmte Handlungsweise einzufordern.

Diese (scheinbare?) Widersprüchlichkeit könnte sich durch Besonderheiten des angloamerikanischen Rechtssystems auflösen, dem zufolge irgendein öffentlich geäußertes „Versprechen" bereits eine durchsetzbare Verpflichtung (*constructive obligation*) begründen kann (Rz 25). Dann aber ist ein Unterschied zu *„enforceable"* durch förmlichen Rechtsakt schwer ersichtlich.

20   Man kann das Ansatzgebot für faktische Verpflichtungen auch unter dem Aspekt eines **investitionstheoretischen** Kalküls analysieren.[11] Wenn keine Rechtsverbindlichkeit vorliegt, wird der Unternehmer (zusätzliche) Auszahlungen nur vornehmen, wenn er unter Berücksichtigung des Zinseffekts einen höheren Einzahlungsbetrag erwartet. Per Saldo ergibt sich dann aber gerade keine Belastung.

Praxis-Beispiel

Am Bilanzstichtag 01 erwartet der Unternehmer durch Kulanzleistungen künftige Ausgaben von 20 GE. Die mit der Kulanzleistung mittelbar verbundenen Vorteile – stärkere Kundenbindung, dadurch bessere Umsätze und Deckungsbeiträge – werden höher als 20 GE eingeschätzt.

Der nach IAS 37 gebotene Ansatz einer Rückstellung für die Kulanzleistung von 20 GE belastet das Ergebnis des Jahres 01, obwohl der Unternehmer aus der Kulanzleistung insgesamt mit einem Gewinn kalkuliert. Die daraus folgende Verzerrung eines Ergebnisausweises kann man mit dem Imparitätsprinzip oder dem Gläubigerschutz rechtfertigen. Der ökonomische Gehalt der Kulanzentscheidung wird jedoch bilanziell nicht zutreffend abgebildet.

---

21   Dieses Ergebnis wird durch die Bezugnahme auf die Drohverlustrückstellung (Rz 48 ff.) bestätigt. Ein ansatzbegründender, weil verlustbringender Vertrag *(onerous contract)* liegt nur vor, wenn in das Kalkül nicht nur die **feststehenden** Einnahmen und Ausgaben, sondern auch die **erwarteten** Einzahlungsüberschüsse einbezogen werden. Deshalb hat der BFH im berühmten Apotheker-

---

9   So bereits LÜDENBACH/HOFFMANN, BB 2005, S. 2344.
10   IASB plus, Observer Notes July 2007.
11   Vgl. hierzu erstmals THEILE, PiR 2007, S. 302. Dort sind auch die nachfolgenden Beispiele aufgeführt.

fall eine Drohverlustrückstellung für einen Mietvertrag mit (rechtlichem) Auszahlungsüberhang nicht akzeptiert, weil der Apotheker mit Hilfe dieses Mietvertrags zusätzliche, den Auszahlungsüberschuss überkompensierende Einnahmen erwartete.

Diese Lösung trifft auch nach IAS 37 zu. Sie widerspricht indes dem Ansatz einer faktischen Verpflichtung aus der Kulanzzusage im Beispiel unter Rz 20 bei gleichem ökonomischem Gehalt.

Man kann dieses investitionstheoretische Kalkül auch auf **Verlust**fälle anwenden.[12]   **22**

> **Praxis-Beispiel**
> Eine Produktionslinie erzielt jährliche Auszahlungsüberschüsse von 40 GE mit der Folge eines Teil-Unternehmenswerts von –400 GE bei 10 % Zins und ewiger Fortsetzung.
> Eine Rückstellung für diese künftigen Verluste kommt nach IAS 37 nicht in Betracht (Rz 26).

Wenn umgekehrt das Unternehmen eine Stilllegung vornimmt, welche die Definitionskriterien der Restrukturierung erfüllt (Rz 87), kann es die damit verbundenen Auszahlungsüberschüsse von angenommen 150 GE als (faktische) Verpflichtung bilanzieren, obwohl sich diese von 400 GE auf 150 GE vermindert haben.

Alle diese investitionstheoretisch orientierten Überlegungen stellen die Berechtigung des Ansatzes von faktischen Verpflichtungen infrage.   **23**

Unklar kann auch der Begriffsinhalt der *„anderen Partei"* sein, die als Gläubiger zur Begründung einer Verpflichtung erforderlich ist. Hierzu folgendes Beispiel für den Fall der „Öffentlichkeit" als Gläubigerin: **24**

> **Praxis-Beispiel[13]**
> **Sachverhalt**
> Ein Ölförderungsunternehmen steht vor der Alternative, eine Plattform in der Nordsee zu versenken oder umweltgerecht zurückzubauen. Zum Rückbau ist es gesetzlich nicht verpflichtet. Bisher entsprach das „übliche Geschäftsgebaren" dem Versenken in anderen Weltmeeren und bei kleineren Plattformen auch in der Nordsee. Aufgrund umweltorientierter Pressemeldungen erklärt sich das Unternehmen Ende 01 durch seinen Pressesprecher zu einer umweltgerechten Entsorgung bereit.
> Diesen Verlautbarungen „glaubt" ein Teil der Öffentlichkeit, d. h., insoweit sind „gerechtfertigte Erwartungen" *(valid expectations)* geweckt. Ein anderer Teil der Öffentlichkeit glaubt dem Unternehmen nicht. Der Rest ist uninteressiert.
>
> **Beurteilung**
> • Das bisherige Geschäftsgebaren spricht **gegen**, die veröffentlichte Erklärung **für** eine Rückstellung.

---

12 Wie weiter oben Gedanken von THEILE, PiR 2007, S. 302 mit dem folgenden Beispiel.
13 Entnommen LÜDENBACH/HOFFMANN, BB 2005, S. 2345.

> • Die **Öffentlichkeit** als andere Partei ist „gespalten". Welcher **Teil** dieser Öffentlichkeit ist für die Bilanzierung maßgebend? Ist länderspezifisch zu unterscheiden, z. B. wenig Umweltbewusstsein im Vereinigten Königreich und umgekehrt in Deutschland?

Das Beispiel zeigt: Bei faktischen Verpflichtungen fehlt es an dem sonst einem Gläubiger zustehenden **Vollstreckungspotenzial**. Zudem stellt sich die Frage nach der „**realistischen Alternative**" zur Erfüllung der Verpflichtung: Diese kann in der Rufschädigung und ähnlichen nicht quantifizierbaren Größen liegen. Dann ist aber unklar, wie dieser kaum quantifizierbare Schaden bewertet werden muss, um die „realistische Alternative" auszuschließen.

25 Schließlich soll der erforderliche Vergangenheitsbezug (Rz 11) durch die **Unabhängigkeit** von der **künftigen** Geschäftstätigkeit, also der Unternehmensfortführung, hergestellt werden (IAS 37.19). Dadurch werden erst recht die Grenzen zur Aufwandsrückstellung verwischt, wie sich etwa am Beispiel von **Kulanz**leistungen zeigt. Diese haben ökonomisch einen Sinn, wenn durch Kundenbindung, Imagegewinn u. Ä. **künftige** Erlöse und Erträge generiert werden. Deshalb sind faktische Verpflichtungen dieser Art als Opportunitätskosten immer abhängig von der **künftigen** Geschäftstätigkeit. Wenn die *going-concern*-Prämisse entfällt, kommt es nicht mehr auf Rufschädigungen etc. an. Das Unternehmen ist dann an der Erfüllung seines Versprechens gehindert.

Rechtliche und **faktische** Verpflichtungen sind insoweit grundlegend zu **unterscheiden**: Vertragliche Garantieleistungen (z. B.) kann der Gläubiger auch noch im **Liquidationsstadium** vollstrecken, Kulanzforderungen gehen demgegenüber ins Leere. Allerdings kann u. U. auch durch öffentliche Ankündigungen (vgl. das Beispiel zur Ölplattform in Rz 24) eine effektive rechtliche Verpflichtung unter dem Aspekt von Treu und Glauben begründet werden. Nach US-Recht kann ein außervertragliches Versprechen eine rechtlich durchsetzbare Verpflichtung (*„promissory estoppel"*) begründen (Rz 19).

2.2.4   Keine Rückstellung für künftige Verluste und Aufwendungen

26 Die Außenverpflichtung muss „**gegenwärtig**" (*present,* Rz 11), also nicht durch **zukünftige** Tätigkeiten bedingt sein. In der **Zukunft** entstehende **Verluste** aus der Geschäftstätigkeit (*future operating losses)* erfüllen daher nicht das Ansatzkriterium für *liabilities* und sind deshalb nach IAS 37.63 als Rückstellungen nicht bilanzierbar (Rz 58).

> **Praxis-Beispiel**
> Ein Luftfahrtunternehmen muss nach Gesetz alle drei Jahre eine Generalüberholung an den Flugzeugen vornehmen. Das Flugzeug X wird Anfang 01 angeschafft. In den Jahren 01 bis 03 darf keine Rückstellung gebildet werden, selbst wenn Ende 03 schon der Auftrag zur Durchführung der Generalüberholung an ein Drittunternehmen erteilt worden sein sollte.

Der IASB erläutert an diesem Beispiel den Begriff *„present"* wie folgt: Die Fluggesellschaft könnte sich der Überholungsverpflichtung entziehen, z. B. durch Stilllegung oder Veräußerung des Flugzeugs vor Erreichen der Drei-Jahres-Frist. Anders ausgedrückt: Die Überholung dient nicht dem Betrieb der Jahre 01 bis 03, sondern dem Weiterbetrieb in den Jahren 04 bis 06 und ist deshalb durch die zukünftige Nutzung verursacht.

Gleichwohl wird im Beispielfall der Überholungsaufwand ergebnismäßig auf die Jahre 01 bis 03 verteilt, aber nicht durch Dotierung einer Rückstellung, sondern durch Berücksichtigung einer über drei Jahre abzuschreibenden „Generalüberholungskomponente" (→ § 14 Rz 45).

Künftige Aufwendungen zur **Unterhaltung** des Geschäftsbetriebs sind nicht rückstellungsfähig. Dazu folgendes Beispiel:

Praxis-Beispiel[14]
Sachverhalt
H betreibt eine Hotelkette. Die Hotels werden in bestimmtem zeitlichem Rhythmus je nach Saison für drei Monate zur Durchführung von Unterhaltsarbeiten geschlossen. Ohne diese Reparaturmaßnahmen könnte der Hotelbetrieb auf Dauer nicht aufrechterhalten werden.

Lösung
Die betreffenden Reparaturen sind erst bei Anfall im Aufwand zu verrechnen.

Mangels Außenverpflichtung rechtfertigt eine **unterlassene Instandhaltung**   27
i.d.R. keine Rückstellung. Anders kann die Sachlage zu beurteilen sein, wenn aufgrund eines Vertrags (z.B. Mietvertrags) eine überfällige Pflicht zur Instandhaltung besteht. Es gibt dann anders als bei der Aufwandsrückstellung einen Dritten – hier den Vermieter – als Gläubiger.

Eine zu weitgehende Ausdehnung dieses Rückstellungstatbestands hat die DPR aber in 2008 abgelehnt. Sie hat folgende Fehlerfeststellung bei einem Versorgungsunternehmen getroffen (Veröffentlichung Bundesanzeiger vom 21.9.2009): „Im IFRS-Konzernabschluss zum 31.12.2007 wurden Rückstellungen für die Instandhaltung des Gas- und Wasserleitungsnetzes und für die Erhaltung der Versorgungssicherheit mit Wasser um 49,9 Mio. Euro zu hoch bewertet [...]. Die Kosten der Instandhaltung des als Vermögenswert bilanzierten Leitungsnetzes und ähnliche Aufwendungen dürfen gem. IAS 16.12 und IAS 37.14 nicht passiviert werden, da keine Verpflichtung aus einem Ereignis der Vergangenheit besteht, die unabhängig von der zukünftigen Geschäftstätigkeit ist." Dieses gilt auch dann, wenn es aufgrund des öffentlichen Versorgungsauftrags eine Verpflichtung gibt, entsprechende Maßnahmen durchzuführen.

2.2.5 Wahrscheinlichkeit des Bestehens einer Verpflichtung und des Abflusses von Ressourcen

Die Frage nach dem Bestehen oder Nichtbestehen einer Verbindlichkeit ist in der   28
komplizierten Welt der Ökonomie häufig nicht eindeutig zu beantworten. Das **Unsicherheit**smoment steigt noch spürbar, wenn über die Bilanzansatzfähigkeit der potenziellen Verbindlichkeit zu befinden ist. Dies gilt auch, wenn das vergangene Ereignis als Tatbestandsmerkmal (Rz 11) eindeutig erfüllt ist.

Nicht jede denkbare oder befürchtete Verpflichtung kann einen Bilanzansatz   29
rechtfertigen. IAS 37.15 trägt dem durch folgende Regel Rechnung: Ein Bi-

---

14   Nach KPMG, Insights into IFRS 2015/2016, Tz. 3.12.550.10.

lanzansatz für eine unsichere Verpflichtung ist nur dann vorzunehmen, wenn ihr Bestehen **mehr wahrscheinlich als unwahrscheinlich** ist (*„more likely than not"*).

> **Praxis-Beispiel**
> Ein selbst ernannter Umweltschützer verklagt das Energieversorgungsunternehmen auf Schadensersatz wegen Umweltverseuchung durch CO_2-Ausstoß. Eine Verurteilung ist unwahrscheinlich. Eine Rückstellung ist nicht zu bilden.

30 Nach deutschem Sprachgebrauch muss das Unternehmen mit dem Entstehen oder Bestehen der Verpflichtung **ernsthaft** rechnen.[15] Die Verpflichtung muss zwar nicht mit Sicherheit (dann „normale" Verbindlichkeit), aber doch mit einiger **Wahrscheinlichkeit** be- oder entstehen.[16] Und eine solche Wahrscheinlichkeit soll dann tatbestandlich vorliegen, wenn **mehr Gründe für als gegen** das Bestehen oder Entstehen der Verpflichtung am Bilanzstichtag ersichtlich sind. Diese (sog. 51-%-Wahrscheinlichkeit)[17] passt nahtlos zum *„more-likely-than-not"*-Kriterium in IAS 37.15f. (vgl. auch IAS 37.IE Example 10).

31 Abgesehen vom Bewertungsproblem ist die „**Wahrscheinlichkeit**" (nochmals: *more likely than not*) die große Crux der Rückstellungsbildung speziell.[18] In der deutschen Literatur und Rechtsprechung wird in diesem Zusammenhang gerne der ordentliche Kaufmann zitiert, der die objektiven Gegebenheiten am Jahresabschluss mit dem subjektiven Kenntnisstand bei Bilanzerstellung (**Wertaufhellung**) kombinieren muss und dann zur Bilanzierung schreiten kann.

32 Hier beginnen die Unwägbarkeiten, genauer gesagt die Hilflosigkeit des bilanzierenden Kaufmanns genauso wie diejenige der Literatur und der Rechtsprechung, wenn es um die Auslegung der für den Bilanzansatz erforderlichen „**Wahrscheinlichkeit**" bei **singulären** Ereignissen (Rz 130), bei denen keine statistische Berechnungsmöglichkeit besteht, geht: Nach IFRS, BFH und handelsrechtlicher Literatur sollen mehr Gründe für das Bestehen der Verbindlichkeit als dagegen sprechen (**51-%-Regel**). Wörtlich genommen würde dieses Kriterium eine Auflistung der Gründe mit positivem und negativem Vorzeichen und eine anschließende „Errechnung" der Differenz erfordern – eine absurde Vorstellung. Diese wird auch nicht nach einem anderen Vorschlag[19] besser handhabbar, wenn die Gründe für und gegen die Inanspruchnahme **gewichtet** werden.

> **Praxis-Beispiel**
> Ein Kunde im Vorderen Orient verweigert die Zahlung für eine Großproduktionsanlage und macht zusätzlich Schadensersatzansprüche geltend. Wendet

---

15 MOXTER, in: Festschrift Forster, 2001, S. 430. So auch ständige BFH-Rechtsprechung, z.B. BFH, Urteil v. 27.6.2001, I R 45/97, DStR 2001, S. 1384.

16 Z.B. BFH, Urteil v. 2.12.1992, I R 46/91, BStBl II 1993 S. 109.

17 Z.B. BFH, Urteil v. 2.10.1992, III R 54/91, BStBl II 1993 S. 153 („einige Wahrscheinlichkeit"). Siehe hierzu auch die Beispiele bei LÜDENBACH/HOFFMANN, KoR 2003, S. 5.

18 HOFFMANN, in: LITTMANN/BITZ/PUST, EStG-Kommentar, §§ 4, 5 Tz. 873, Stand 12/2015. Zur Quantifizierbarkeit der „Wahrscheinlichkeit" in diesem Zusammenhang vgl. auch OSTERLOH-KONRAD, DStR 2003, S. 1631 f. Die damit verbundenen erheblichen Ermessensspielräume bestätigt WAGENHOFER, IAS/IFRS, 6. Aufl., 2009, S. 265.

19 CHRISTIANSEN, Steuerliche Rückstellungsbildung, 1993, S. 36.

man zu Letzteren die 51-%-Regel an, könnte etwa folgendes Schema als Berechnungsgrundlage dienen:

	Gründe	
für Inanspruchnahme	gegen Inanspruchnahme	Gewicht
1. Kunde kennt den Schaden.		58
2.	Internationales Handelsgericht ist dem Vorderen Orient nicht hold.	21
3. Technischer Mangel.		72
4.	Technischer Mangel möglicherweise durch fehlerhafte Wartung entstanden.	38
5. Erfahrungsgemäß wird Vergleich angestrebt.		81
6.	Die Richterbesetzung gilt als *producer minded*.	37
7. etc.?		x
8.	etc.?	y
	Σ	Nonsens

Eine solche Vorgehensweise kann auch nicht zu eindeutig quantifizierbaren Größen führen. Es verbleibt so die Beurteilung nach dem Maßstab der besseren Argumente.[20] Dabei bleibt ungeklärt, wer über besser und schlechter urteilt. Weder die „reine" Arithmetik noch die „gewichtete" Arithmetik können bei einem solchen **singulären** Ereignis ein „richtiges" Ergebnis liefern. Vgl. hierzu Rz 134 sowie Rz 157.

Die „**Wahrscheinlichkeit**" des Bestehens einer Verbindlichkeit (Rz 11) und ebenso die Wahrscheinlichkeit eines Ressourcenabflusses (Rz 28) sind Ansatzkriterien. Wichtig ist dann, wie *probable* und „*more likely than not*", zu konkretisieren sind, dies auch im Fall singulärer Ereignisse (vgl. auch Rz 131). Dazu zunächst ein kurzer Blick auf die nationale Rechnungslegung: 33

- Der **BFH**[21] betont in diesem Zusammenhang die Notwendigkeit der **Objektivierung** des Bilanzausweises:
  „Die Wahrscheinlichkeit ist nicht nach den subjektiven Erwartungen des Steuerpflichtigen zu prüfen, sondern auf der Grundlage objektiver, am Bilanzstichtag vorliegender und spätestens bei Aufstellung der Bilanz erkennbarer Tatsachen aus der Sicht eines sorgfältigen und gewissenhaften Kaufmanns zu beurteilen."[22]
- Auch im **handelsrechtlichen** Schrifttum herrscht eher **Rätselraten** als eine einigermaßen schlüssige Ableitung. So heißt es im früheren Standardkommentar der Wirtschaftsprüfer:[23]
  „Rückstellungen sind daher weder mit dem ungünstigsten noch mit dem günstigsten Betrag anzusetzen, sondern mit dem Betrag, mit dem das Unternehmen unter Berücksichtigung des Gesichtspunkts der Vorsicht voraussichtlich in Anspruch genommen wird."

---

20 EULER/ENGEL-CIRIC, WPg, Sonderheft 2004, S. 142; EIBELSHÄUSER, BB 1987, S. 863.
21 BFH, Urteil v. 1.8.1984, I R 88/80, BStBl II 1985 S. 44; ähnlich BFH, Urteil v. 2.10.1992, III R 54/91, BStBl II 1993 S. 153.
22 Nach KPMG, Insights into IFRS 2015/2016, Tz. 3.12.550.10.
23 ADS, Rechnungslegung und Prüfung der Unternehmen, 6. Aufl., 2001 ff., § 253 HGB Tz. 192.

Im Zentrum des Ansatzes von Rückstellungen steht also die „**Wahrscheinlichkeit**". Wahrscheinlichkeit kann zweierlei bedeuten:

- eine **mathematisch-statistische** Größe, die dem Gesetz der **großen Zahl** unterliegt (bilanzrechtlich anwendbar bei Gewährleistungsrückstellungen, Rückgabequoten im Versandhandel);
- eine **subjektive Glaubensaussage**: „Lassen sich, wie etwa bei Entscheidungssituationen im Wirtschaftsleben, die Wahrscheinlichkeiten nicht aus Zufallsexperimenten ableiten, so werden sie subjektiv geschätzt; sie stellen damit genau genommen nur vernünftige Glaubensaussagen dar."[24] Dies ist tatbestandlich bei **singulären** Ereignissen der Fall, z. B. bei Produkthaftpflichtfällen (vgl. das Beispiel unter Rz 32).

Die Frage ist dann, wie mit dem so verstandenen Wahrscheinlichkeitsbegriff der Bilanzansatz für die Schadensersatzverpflichtung im Beispielsfall (Rz 32) richtigerweise angesetzt wird. Leffson[25] spricht von einer „intuitiven Wahrscheinlichkeitsermittlung", die man auch als „**Erwartungsgefühl**" interpretieren kann. Die zitierten „Begründungen" für den Rückstellungsansatz kaschieren vor diesem Hintergrund eigentlich nur die systematisch bedingte Unbegründbarkeit i. S. e. exakten Mathematik.[26]

34 Eindeutigkeit wird auch dann nicht hergestellt, wenn mit **gewichteten** Eintrittswahrscheinlichkeiten gerechnet wird. Für den Ausgang eines Passivprozesses angegebene Prozentzahlen, etwa „wir gewinnen zu 70 %", haben jedenfalls mit dem einer mathematischen „Wahrscheinlichkeit" zugrunde liegenden Gesetz der großen Zahl nichts gemein.[27] Eine **Szenariorechnung** mit gewichteten Wahrscheinlichkeiten ändert unter diesen Umständen nichts an der Subjektivität der Einschätzungen. Ein Szenariomodell kann aber zu einer widerspruchsfreien Strukturierung der subjektiven Annahmen beitragen und diese insoweit einer begrenzten Plausibilitätsprüfung zugänglich machen. Hierzu wird im Einzelnen auf Rz 144 verwiesen.

35 Im Fall eines anstehenden **Passivprozesses** wegen Schadensersatzes, Produkthaftpflicht u. Ä.[28] können etwa folgende Beurteilungskriterien relevant sein:

- Art des Rechtsstreits bzw. Anspruchs,
- Stand des Verfahrens,
- Auffassungen der Anwälte,
- Erfahrungen des Unternehmens aus einschlägigen Fällen,
- Erfahrungen anderer Unternehmen,
- beabsichtigte Reaktion des Managements: energisches Bestreiten oder Vergleich.

Ein eindeutig als „richtig" erkanntes Ergebnis wird sich auch daraus meist nicht ableiten lassen. Dabei ist letztlich das **Management** nach IAS 37.38 zur Entscheidung (bei der Bewertung) berufen (Rz 124). Die Beurteilungen Dritter gehen unterstützend in die geforderte Entscheidung des Managements ein. Diese muss **inter-**

---

24 Vahlens großes Wirtschaftslexikon, 2. Aufl., 1993, S. 2310; Wirtschaftslexikon, 2. Aufl., 1993, S. 727; Meyers Enzyklopädisches Lexikon, Bd 24, 1971, S. 773.
25 Leffson, Grundsätze ordnungsmäßiger Buchführung, 7. Aufl., S. 472.
26 Herzig, DB 1990, S. 1347: „… da die Quantifizierung von Wahrscheinlichkeiten nur selten nachprüfbar gelingt".
27 Hoffmann, DStR 1993, S. 125; Hartung, BB 1988, S. 1421; siehe aber Herzig/Köster, BB 1994, Beilage 23, S. 6; Stengel, BB 1993, S. 1406. Wie hier Heuser/Theile, IFRS-Handbuch, 5. Aufl., 2012, Tz. 3431.
28 Küting et al., WPg 2010, S. 320.

subjektiv nachprüfbar in der Verwertung der Argumente pro und contra sein.[29] Vgl. hierzu auch das Beispiel zu Rz 127.

Der Board hat sich auch speziell mit dem Ansatzproblem einer Rückstellung im (anstehenden) Passivprozess – Beispiel: Patentverletzungen – befasst.[30] Es geht um die Frage, ob eine Verbindlichkeit am Stichtag besteht, wenn

- bei einem Prozess mit **Gerichtsurteil** mit überwiegender Wahrscheinlichkeit (vielleicht 70 %) ein Obsiegen indiziert ist, insoweit also keine Rückstellung nach dem *„more-likely-than-not"*-Kriterium in Betracht kommt,
- aus verfahrensökonomischen Gründen ein **Vergleich** angestrebt (und mit überwiegender Wahrscheinlichkeit erwartet) wird, aber bis zum Stichtag noch nicht, sondern erst unmittelbar danach der Beschluss zur Aufnahme von Vergleichsverhandlungen fällt.

Das Problem stellt sich wie folgt dar: Bis zum Bilanzstichtag ist keine Entscheidung für oder gegen Prozess bzw. Vergleich gefallen. Ein Ansatz einer Schuld ist nach Maßgabe des ersten Aufzählungspunkts nicht erforderlich. Hätte das Management hingegen schon vor dem Stichtag die Aufnahme von Vergleichsverhandlungen beschlossen, wäre für den mit überwiegender Wahrscheinlichkeit erwarteten Vergleich eine Rückstellung geboten. Nach Ansicht des Board soll dieses Ergebnis durch zeitliche Verlagerung des formalen Beschlusses über die Aufnahme von Vergleichsverhandlungen nicht vereitelt werden können. Ist zwar am Bilanzstichtag die Verurteilung im Prozess überwiegend unwahrscheinlich, aber zu diesem Zeitpunkt schon eine Vergleichslösung überwiegend wahrscheinlich, muss – jedenfalls nach Überlegung des Boards zum zukünftigem Recht – eine Rückstellung angesetzt werden.

Bei einem Blick in die **Praxis** (vgl. auch Rz 32) stellt sich die Entscheidungsfindung erheblich komplexer dar. In der April-2007-Sitzung des Board[31] haben Vertreter der *Counsel 100 Group* (CG 100) dem Board die Komplexität der Feststellung einer Schuld im Rahmen eines **Passivprozesses** dargestellt und auf die Schwierigkeiten der Abgrenzung vom allgemeinen Geschäftsrisiko (Rz 18) hingewiesen (vgl. das Beispiel unter Rz 29: mit irgendwelchen Schadensersatz- oder ähnlichen Forderungen Dritter muss sich ein großes Unternehmen ständig herumschlagen).

Die Vertreter der CG 100 verwiesen auf die häufig nicht mögliche Feststellung einer gegenwärtigen Verpflichtung aufgrund eines solchen Passivprozesses. „Richtig und falsch" könne wenigstens im frühen Prozessstadium nicht festgestellt werden. Häufig sei eine komplexe Analyse mit Dutzenden gegenseitig abhängigen Parametern zu analysieren. Deshalb können regelmäßig ganze Teams von Rechtsexperten keine Aussage über die künftige Entwicklung allgemein und erst recht nicht zur Schätzung von wahrscheinlichkeitsgewichteten *cash flows* abgeben. Vgl. hierzu auch die Beispiele unter Rz 126 und Rz 127.

Ob dieser realitätsnahen Darstellung der wirtschaftlichen Wirklichkeit war der Board nicht glücklich. Denn dann – so der Board – können Schulden aus Passivprozessen erst gegen Ende des Verfahrens bilanziert werden. Einige Board-Mitglieder wiesen daher auf pragmatische Formen der Wertbestimmung (des Bu-

36

37

38

---

29 So auch KÜTING et al., WPg 2010, S. 320.

30 IASB, Update November 2010.

31 Siehe http://www.ifrs.org/Meetings/MeetingDocs/IASB/Archive/Liabilities/Development%20of% 202nd%20ED/IAS37–0704b08a.pdf, abgerufen am 15.12.2015.

chungsbelegs) einer Verbindlichkeit hin: *„Bring together the controller, the chief accountant and the lawyer and at the end of the day you always have a number."* Dass auf diese Weise irgendeine Zahl *(„a number")* zu Stande kommt, ist sicher richtig. Unberührt bleibt das eigentliche Problem der Unsicherheit, die Frage nach der Qualität dieser Zahl.

39   Nur wenn mit dem **Gesetz der großen Zahl** – etwa bei pauschalen Gewährleistungsverpflichtungen (Rz 33, Rz 130) – gerechnet werden kann, liegt eine Wahrscheinlichkeit im mathematisch-statistischen Sinne vor. Aber selbst bei Vorliegen einer ausreichenden statistischen Grundgesamtheit ist das Wahrscheinlichkeitskriterium **nicht immer eindeutig** definierbar.

Praxis-Beispiel[32]

Ein Fußballclub hat für den Fall der Erringung der Meisterschaft zu Beginn der Saison für jeden Spieler 20.000 EUR pro in der Saison erzielten Punkt „ausgelobt".

Zum Bilanzstichtag bzw. zum Quartalsstichtag ist der Club Herbstmeister. Statistisch gesehen gewinnt in 70 % der Fälle der Herbstmeister auch die Meisterschaft.

Das Gesetz der großen Zahl ist hier verfügbar. Die Erfassung beruht indes auf Vergangenheitswerten, während die Rückstellung zukünftige Entwicklungen berücksichtigen soll.

Eine solche zukunftsorientierte Betrachtung kann aber aus Meinungsumfragen herausgearbeitet werden. Danach prognostizieren 89 % der von einer Boulevardzeitung Befragten einen anderen Verein als den Herbstmeister als späteren Titelträger. Ein Bilanzansatz käme danach nicht in Betracht, denn das *more-likely-than-not*-Kriterium wäre nicht erfüllt.

Möglicherweise muss man allerdings auch nach der Qualifikation der Befragten differenzieren. U. U. sind Akademiker und Frauen mit weniger Fußballverstand gesegnet. Dann wäre die Quote der männlichen Nichtakademiker, die sich an der Umfrage beteiligt haben, von größerer Aussagekraft.

---

40   Die IFRS haben bewusst auf genaue Bestimmungen zur Quantifizierung von Wahrscheinlichkeiten verzichtet[33] und bleiben auch hinsichtlich der Konkretisierung des Verpflichtungsgrunds offen. Demgegenüber sind aus der BFH-Rechtsprechung – insoweit rein handelsrechtlich argumentierend – zwei **feste Regeln** bzgl. der Wahrscheinlichkeit auszumachen:

- Bei Umweltschutzverpflichtungen (Rz 65) muss die zuständige Behörde vom Schadensfall Kenntnis haben; fehlt es daran, ist die Inanspruchnahme des Unternehmens „unwahrscheinlich".[34]

---

[32]   Nach LÜDENBACH/HOFFMANN, DB 2004, S. 1442, 1446. Vgl. zu einem ähnlichen Beispiel HAAKER, KoR 2005, S. 52: Eine Handelskette verspricht eine Kaufpreisermäßigung für den Erwerb neuer Fernsehgeräte bis zum 31.12.01, wenn die deutsche Tischfußball-Nationalmannschaft im Sommer 02 die Europameisterschaft gewinnt.

[33]   EPSTEIN/MIRZA, Interpretation and Application of IAS 2002, S. 536, führen aus: „It is tempting (verführerisch) to express quantitatively the likelihood of the occurence of contingent events (e. g. an 80 % probability), but this exaggerates the precision possible in the estimation process."

[34]   BFH, Urteil v. 11.12.2001, VIII R 34/99, DStRE 2002, S. 541 m.w.N.; nach KPMG, Insights into IFRS 2015/2016, Tz. 3.12.75.10., ist das Entdeckungsrisiko bei der Bewertung zu berücksichtigen.

- Bei anhängigen **Passivprozessen** liegt regelmäßig die ansatzbegründende Wahrscheinlichkeit vor.[35]

Bei der Prozessanhängigkeit ist nach IAS 37.16 (Rz 11) eine weitere Abwägung der Wahrscheinlichkeit einer Inanspruchnahme durchzuführen.

Im erstgenannten Sachverhaltsbereich (Umweltverpflichtungen) stimmen die BFH-Kriterien mit denjenigen nach IFRS bedingt überein. Allerdings kann das Unternehmen nach IAS 37.IE Example 2B durch öffentlich gemachte **Selbstbindung** (veröffentlichter Plan der Dekontaminierung) eine faktische Verbindlichkeit schaffen. Sie soll dann rückstellungsfähig sein, wenn das Unternehmen „bekanntermaßen" entsprechende Ankündigungen auch einhält (Rz 17).

> **Praxis-Beispiel**[36]
> Die Power Car GmbH ist bei den lokalen Behörden und in der örtlichen Presse in die Kritik geraten. Moniert werden vor allem Lärmemissionen, daneben Bodenverunreinigungen. Eine gesetzliche Pflicht zur Sanierung des Bodens besteht nicht. Die Power Car GmbH geht jedoch in die Image-Offensive und erklärt in einer Pressekonferenz ihre Absicht, im Folgejahr ein 1-Mio.-EUR-Programm zur Bodendekontaminierung durchzuführen. Die Aufsichtsbehörde nimmt dies wohlwollend zur Kenntnis, erlässt darüber hinaus eine Verfügung, wonach der Gewerbebetrieb am vorhandenen Ort in zwei Jahren einzustellen ist, sofern bis dahin nicht umfangreiche Lärmschutzvorrichtungen (Volumen von 2 Mio. EUR) eingebaut sind.
> Die Kontaminierung des Bodens hat ihre Ursache in der Vergangenheit. Mangels gesetzlicher Verpflichtung kommt nur eine **faktische** Verpflichtung infrage. Diese könnte sich aus der öffentlich kundgemachten Absicht ergeben. Eine faktische Verpflichtung (mit der Folge der Rückstellungspflicht) bestünde dann, wenn die Power Car GmbH schon bisher veröffentlichte Zusagen auch eingehalten hat. Gibt das bisherige Geschäftsgebaren des Unternehmens zu größerem Zweifel Anlass, ob es die veröffentlichte Politik auch einhält, muss von einer Rückstellung abgesehen werden.
> Der Einbau der Lärmschutzvorrichtungen ist durch die behördliche Verfügung als rechtliche Verpflichtung konkretisiert. Es besteht jedoch kein Zusammenhang mit einem **vergangenen Ereignis**. Die Verpflichtung entsteht nur dann, wenn das Unternehmen seine Geschäftstätigkeit über den Stichtag der Verfügung hinaus am gegebenen Ort fortsetzt. Eine Rückstellung ist deshalb nicht zu bilden.

Im Übrigen spielt für die Wahrscheinlichkeit des Ressourcenabflusses nach IAS 37.IE Example 5 auch die **Stringenz der Rechtsdurchsetzung** (*stringency of the enforcement regime*) eine Rolle.[37]

---

[35] BFH, Urteil v. 30.1.2002, I R 68/00, DStR 2002, S. 713 mit Anm. von HOFFMANN. Dies mit guten Argumenten bezweifelnd KÜTING et al., WPg 2010, S. 326. Detailliert zu den Ansatz- und Bewertungskriterien für Risiken aus Gerichtsverfahren nach HGB/EStG vgl. OSTERLOH-KONRAD, DStR 2003, S. 1631.

[36] Ebenso HOFFMANN, StuB 2013, S. 437 und S. 477, sowie HOFFMANN, PiR 2013, S. 235.

[37] Ausführliches Anwendungsbeispiel in LÜDENBACH, PiR 2016, S. 188.

> **Praxis-Beispiel**
>
> Unternehmen A vertreibt Fahrzeuge im Herkunftsland X und im Export-
> land Y. Beide Länder haben in Tatbestand und Rechtsfolgen substanziell
> gleichartige Umweltschutzgesetze, gegen die U verstoßen hat. Im Land X ist
> aber u. a. wegen der „systemrelevanten Bedeutung" von U nicht mit einer
> Verhängung von Straf- und Bußgeldern zu rechnen, im Land Y hingegen doch.
> Für die gesetzlich vorgesehenen Sanktionen ist nur bzgl. Land Y eine Rück-
> stellung anzusetzen.

41   Der Board hatte 2005 in einem ED zur Revision von IAS 37 (ED IAS 37) den
Wegfall des Wahrscheinlichkeitskriteriums für den **Ansatz** einer Rückstellung
geplant. Die notwendig in diesem Bilanzierungsbereich bestehenden Unsicherheiten wären dann bei der **Bewertung** zu berücksichtigen.[38]

> **Praxis-Beispiel**
>
> Ein Kunde eines Maschinenbauherstellers M macht vor dem Bilanzstichtag
> einen Anspruch auf Nachbesserung innerhalb der Garantiefrist geltend. Der
> Vollkostenbetrag (Rz 125) beläuft sich auf 4.500. M hält dieses Begehren für
> sachlich unberechtigt, da er von einer anweisungswidrigen Bedingung der
> Maschine durch den Kunden ausgeht.
> Deshalb gewichtet M seine Verpflichtung wie folgt:
>
> | | |
> |---|---:|
> | 40 % Wahrscheinlichkeit der Inanspruchnahme von null | 0 |
> | 25 % Wahrscheinlichkeit der vollen Inanspruchnahme aus Kulanzgründen | 1.235 |
> | 35 % Wahrscheinlichkeit einer gütlichen Einigung mit Kostenübernahme des M von 1.000 | 350 |
> | Erwartungswert | 1.475 |
>
> Bei Maßgabe des wahrscheinlichsten Werts (Rz 130) beliefe sich der Bilanz-
> ansatz auf null.

Der Board spricht hier von einer *„stand-ready"*-Verpflichtung, die auch zu
bilanzieren ist, wenn eine Inanspruchnahme mutmaßlich nicht erfolgt. Es genüge
für den Bilanzansatz das **Bestehen** einer Verpflichtung (hier Garantie) überhaupt. Die Wahrscheinlichkeit der Erfüllung wäre im Rahmen der Bewertung
zu berücksichtigen. In seiner November-Sitzung 2010 ist der Board von diesem
Lösungsvorschlag im ED IAS 37 wieder abgerückt (Rz 184).[39]

42   Nach IAS 37.23 setzt der Ansatz einer Rückstellung nicht nur voraus, dass eine
gegenwärtige Verpflichtung *(present obligation)* besteht (Rz 11), sondern auch
dass ein Abfluss von Ressourcen wahrscheinlich *(more likely than not)* ist.
Abweichungen zwischen beiden können sich etwa aus einer mangelnden Stringenz der Rechtsdurchsetzung ergeben (Rz 40).

---

[38] HAAKER, PiR 2005, S. 54; HOMMEL/WICH, WPg 2007, S. 509; KÜTING/WOHLGEMUTH, DStR 2006,
S. 2327.
[39] IASB, Update November 2010.

IAS 37.24 befasst sich noch mit dem Sonderfall einer **Anzahl von gleichartigen** 43 *(similar)* Verpflichtungen, den Produktgarantien *(product warranties)*. Hier ist das Kriterium einer überwiegenden Wahrscheinlichkeit nicht auf Ebene der einzelnen Verpflichtungen aus der Produktlieferung an Kunde X, sondern in einer Gesamtbetrachtung für die Gruppe der (gleichartigen) **Verpflichtungen** *(class of obligations as a whole)* zu beurteilen.

Wichtig bleibt an IAS 37.23, dass in Übereinstimmung mit IAS 37.14(b) der 44 (wahrscheinliche) *outflow* von Geld oder anderen Ressourcen notwendiger Tatbestand des Rückstellungsansatzes ist. Nicht ausreichend ist hingegen die Erwartung eines geminderten *inflow*, etwa bei Mehrerlösabschöpfungen in der Versorgungswirtschaft (Rz 104).

2.2.6 Verlässliche Bewertung, insbesondere bei Rechtsfällen

Das letzte Ansatzkriterium zur Bildung von Rückstellungen (Rz 9) bezieht 45 sich auf die **Bewertungsmöglichkeit** (IAS 37.14(a)). Eine verlässliche Bewertung *(reliable estimate)* muss möglich sein. Aus Sicht des deutschen Bilanzrechts ist dieses Erfordernis ungewohnt. Die strenge Abfolge der Bilanzierungsentscheidung in deutscher bilanzrechtlicher Tradition **vom** Ansatz **zur** Bewertung kennt den umgekehrten Weg nicht.

Da die Vornahme von Schätzungen unter Unsicherheit aber gerade zum Wesen der Rückstellungsbilanzierung gehört (IAS 37.25 Satz 1), sind an die Verlässlichkeit keine zu hohen Anforderungen zu stellen. Es genügt für die Verlässlichkeit der Schätzung und damit für den Bilanzansatz (Bilanzierung dem **Grunde** nach) die Feststellung einer **Bandbreite** *(range)* von möglichen Ergebnissen. Welcher Wert dann anzusetzen ist (Bilanzierung der **Höhe** nach), ergibt sich aus IAS 37.36ff. (Rz 124). Die Ansatzhürde der verlässlichen Schätzung wird auch durch die in IAS 37.25f. zweifach betonte Vorgabe relativiert, der zufolge nur in **sehr seltenen Fällen** *(extremly rare cases)* eine Unzuverlässigkeit der Schätzung angenommen werden darf. Dann muss statt des Bilanzansatzes (lediglich) eine **Anhangangabe** erfolgen (Rz 113). Bei rechtshängigen Fällen kann in Ausnahmesituationen eine verlässliche Schätzbarkeit verneint werden.[40]

Praxis-Beispiel
Die Bayer AG stand aufgrund von kartellrechtlich verbotenen Preisabsprachen am 31.12.2005 in Verhandlungen mit Behörden und potenziell Geschädigten, „die von wesentlicher Bedeutung sein können". Dafür seien die möglichen Aufwendungen nicht beziffer- und deshalb nicht bilanzierbar (FAZ vom 7.12.2005).

Praxis-Beispiel[41]
Die Roche Holding AG berichtet im Finanzbericht 2012:
Die Konzerngesellschaften sind verschiedenen Rechtsangelegenheiten, inklusive Klagen aus Lieferungen und Leistungen, ausgesetzt. Die bedeutendsten Rechtsstreitigkeiten sind in Anmerkung 23 beschrieben. Die Rückstellungen für Rechtsfälle betrugen per 31.12.2012 insgesamt 728 Mio. Franken. Das

---

[40] WOLLMERT/ACHLEITNER, WPg 1997, S. 218; WAGENHOFER, IFRS, 6. Aufl., 2009, S. 269.
[41] Nach PwC, IFRS Manual of Accounting 2016, Tz. 21.224.

Management erachtet die aufgrund der gegenwärtig verfügbaren Informationen für Rechtsangelegenheiten insgesamt gebildeten Rückstellungen als angemessen. Die meisten Rechtsangelegenheiten umfassen hochkomplexe Fragestellungen, die mit erheblichen Unsicherheiten verbunden sind. Die Wahrscheinlichkeit, dass ein Verlust entstehen könnte, und die Höhe eines evtl. Verlusts sind daher schwer exakt einzuschätzen. Da die Kosten hinsichtlich Rechtsfällen nur schwer einschätzbar sind, kann nicht zugesichert werden, dass keine zusätzlichen Kosten entstehen, welche die gebildeten Rückstellungen übersteigen werden. Es könnten weitere Klagen erhoben werden, deren Kosten nicht durch die bestehenden Rückstellungen oder Versicherungen gedeckt sind. Zudem besteht keine Gewissheit darüber, dass das Ausmaß der Rechtsstreitigkeiten nicht zunehmen wird und dass die zukünftigen Rechtsfälle, Klagen, Prozesse und Untersuchungen unbedeutend sein werden. Solche auftretenden Änderungen können Auswirkungen auf die in zukünftigen Berichtsperioden für Rechtsfälle bilanzierten Rückstellungen haben. Bei einer Vielzahl von Rechtsangelegenheiten kann keine verlässliche Schätzung der evtl. zu erwartenden finanziellen Auswirkungen der endgültigen Erledigung der Angelegenheit gemacht werden. In diesen Fällen werden Informationen bez. Art und Umfang der jeweiligen Rechtsangelegenheiten im Anhang offengelegt. Ein getrennter Ausweis der Rechtsfälle, für die Rückstellungen gebildet wurden, sowie jener Rechtsfälle, für die Eventualverbindlichkeiten ausgewiesen wurden, ist nicht vorgenommen worden, da dies unsere Position in diesen Angelegenheiten erheblich beeinträchtigen würde.

Selbst bei einer statistisch mehr als ausreichenden **Grundgesamtheit** können je nach Sachverhaltsgestaltung nur vage geschätzte Beträge ermittelt werden. Dazu folgendes Beispiel:

Praxis-Beispiel[42]

Ein Unternehmen ist wegen Asbestverseuchungen und ähnlichen Verpflichtungen mit Personen- und Sachschäden seit Jahren in eine Fülle von Rechtsstreitigkeiten verstrickt. Überwiegend handelt es sich um Fälle der US-amerikanischen Sammelklagen.[43] Am Bilanzstichtag waren 131.350 Verfahren noch ungeregelt, d.h. gerichtshängig. Unter Berücksichtigung der statistischen Erhebungen in den letzten acht Jahren ist eine Rückstellung von 60 Mio. USD angesetzt worden, allerdings unter Vorbehalt. Dieser bezieht sich auf eine ganze Reihe von Unsicherheitsfaktoren, die in diese Berechnung eingeflossen sind:

- Änderung des bisher festgestellten Trends bzgl. des Eingangs von entsprechenden Ansprüchen,
- Änderung des Trends bzgl. der entstehenden Kosten zur Erfüllung der Forderungen,
- Änderungen in der quotalen Beteiligung von Versicherungen an den Regulierungskosten,
- Änderungen in der Rechtsentwicklung,

42　Nach PwC, IFRS Manual of Accounting 2016, Tz. 21.224.
43　Vgl. dazu im Einzelnen auch KLEINMANNS, PiR 2015, S. 35 ff.

> - Insolvenz von anderen Gesellschaften, die Teile der Schadensquote übernommen haben, mit entsprechender Erhöhung des eigenen Obligos,
> - Unwägbarkeiten der Gerichtsverfahren,
> - Veränderungen in den Krankheitsbildern,
> - mögliche Gesetzesänderungen.
>
> Diese Aufzählung mag auch aufgrund der Vorsorge gegen spätere Vorwürfe wegen unzutreffender Bewertung so ausführlich ausgefallen sein. Jedenfalls liefert sie ein einprägsames Bild über die Unsicherheiten, die in die Beurteilung einfließen müssen mit der notwendigen Folge einer jährlichen Anpassung des Schätzbetrags.

Zur „Wahrscheinlichkeit" bei der **Bewertung** vgl. Rz 129 ff.

2.3   Einzelfälle der Rückstellungen

2.3.1   *Accruals* – noch nicht endgültig abgerechnete Verpflichtungen

In IAS 37.11 wird zwischen „normalen" Rückstellungen *(provisions)* und *accru-*   **46**
als unterschieden (Rz 7).

Dieser Rückstellungstyp fügt sich systematisch kaum in den Ansatzkatalog des IAS 37 ein und lässt sich auch nur mit einigermaßen künstlicher Sprachfindung übersetzen (Rz 7).

Aus den Definitionsansätzen in IAS 37.11 kann jedenfalls folgende „**Unsicherheits-Hierarchie**" hinsichtlich der bilanzansatzpflichtigen **Verbindlichkeiten** abgeleitet werden:

- *trade and other payables* – sicher,
- *accruals* – nur noch mit Restunsicherheit der Höhe nach behaftet oder noch nicht abgerechnet,
- *provisions* – überwiegend wahrscheinlich,
- *contingent liability* – eher unsicher (Anhangangabe),
- „*remote*" – kaum zu erwarten.

Als **Beispiel** für *accruals* nennt IAS 37.11(b): Leistungsverbindlichkeiten, die noch nicht bezahlt (sic!), berechnet oder förmlich vereinbart worden sind; speziell werden Urlaubsrückstände von Mitarbeitern aufgeführt, die indes dem Regelungsbereich von IAS 19 (→ § 22 Rz 11) unterliegen. Weitere Beispiele wären etwa Berufsgenossenschaftsbeiträge oder Steuerberatungshonorare.

Die *accruals* können gliederungsmäßig als Bestandteil der Leistungsverbindlich   **47**
keiten *(trade payables)* oder der anderen Verbindlichkeiten *(other payables)* ausgewiesen werden. Die Veröffentlichungspraxis nimmt oft auch eine Einbeziehung in die *provisions* vor (Rz 119).

2.3.2   Drohverluste *(onerous contracts)*

2.3.2.1   Schwebende Verträge

Unter der Hauptüberschrift „Anwendung von Bilanzierungs- und Bewertungs   **48**
vorschriften", somit systematisch als Erläuterung der allgemeinen Regeln, behandelt IAS 37.66 ff. Rückstellungen für belastende Verträge. Ausgangspunkt der Überlegungen sind die **schwebenden** Verträge, die dem Grunde nach **nicht bilanzierbar** sind (anders allerdings IAS 39 bzw. IFRS 9 für Finanzderivate).

Das betont die Erläuterung in IAS 37.67: Schwebende Verträge *(executory contracts)* ohne drohenden Verlust sind nicht in die Bilanz aufzunehmen.

Die *onerous contracts* sind abzugrenzen von den wirtschaftlich **ungünstigen** Vertragsverhältnissen *(unfavourable contracts)*, die nicht im Einzelabschluss, wohl aber bei der Kaufpreisallokation im Anschluss an einen Unternehmenserwerb ansetzbar sein können (→ § 31 Rz 88).[44]

49   Die IFRS systematisieren in ihren Erläuterungen nicht die verschiedenen Typen von schwebenden Verträgen und die damit möglicherweise verbundenen Verlustpotenziale. Hierzu ersatzweise folgendes Schema:[45]

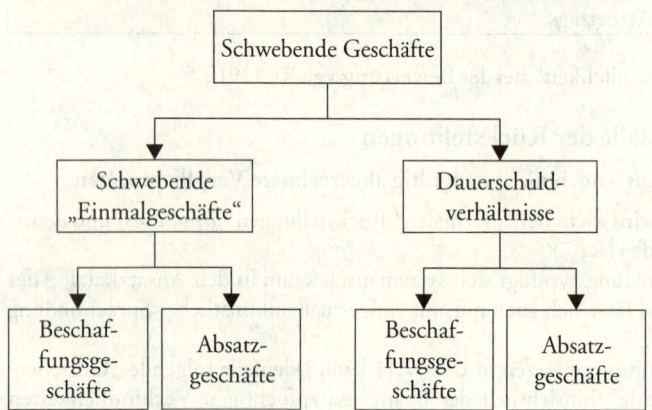

Abb. 1: Typen schwebender Geschäfte

50   **Beschaffungsgeschäfte** können für Anlagegüter, Rohmaterialien und Handelswaren vorliegen. Ein Rückstellungsansatz kann dann in Betracht kommen, wenn die Beschaffungskosten am Markt gegenüber denjenigen aufgrund des noch nicht erfüllten Vertrags gesunken oder gestiegen sind. Dies gilt aber dann nicht, wenn aus dem Produktionsprozess heraus oder durch den Weiterverkauf (Waren) ein Verlust insgesamt nicht droht. Anders ausgedrückt: Ein geringerer Gewinn aufgrund der Änderung der Marktverhältnisse berechtigt nicht zur Rückstellungsbildung.[46]

Im **Produktionsbereich** – Anlagevermögen, Rohmaterial – ist regelmäßig ein möglicher Verlust dem Einzelproduktionsfaktor nicht isoliert zuzuordnen. Deshalb kommt in diesen Fällen eine Drohverlustrückstellung meist nicht in Betracht (vgl. unter Rz 51).

Anders verhält es sich bei schwebenden **einmaligen Absatzgeschäften**. Insbesondere bei der (langfristigen) Auftragsfertigung stellt sich in der Praxis häufig die Frage der **verlustfreien Bewertung**. In diesem Zusammenhang besteht eine Bilanzierungskonkurrenz zwischen der außerplanmäßigen Abschreibung *(impairment loss)* und der Rückstellungsbildung.

Auch bei industrieller **Serienproduktion** im Rahmen von Auftragsfertigungen (Musterfall ist die Automobilzulieferindustrie) wird ein Verlust aus dem betref-

---

44   Einzelheiten bei LÜDENBACH/FREIBERG, KoR 2005, S. 188.
45   Nach HOFFMANN, BB 1997, S. 1195.
46   KPMG, Insights into IFRS 2015/2016, Tz. 3.12.640.20 anhand eines Beispiels für die überhöhte Miete von Liegenschaften, die immer noch einen *„benefit"* gewähren.

fenden Beschaffungskontrakt vorrangig bei der Bewertung der betreffenden Vorräte (z.B. unfertige Erzeugnisse) berücksichtigt. Nur ein darüber hinaus verbleibender Verlust ist zu passivieren. Der praktisch wichtigste Anwendungsbereich der Drohverlustrückstellung sind **51** die **Dauerschuldverhältnisse**. Diese kann man wieder kategorisieren nach Beschaffungs- und Absatzmarkt (entsprechend der Skizze in Rz 49). Der Illustration dienen einige Fälle aus der BFH-Rechtsprechung:

Praxis-Beispiel

- In einem BFH-Urteil[47] ging es um die **Vermietung** eines Heizwerks. Unstreitig waren die dem Eigentümer aus dem Betrieb des Heizwerks entstehenden Kosten höher als die zu erzielende Miete. Der BFH erlaubte die Bildung einer Drohverlustrückstellung wegen der verlustbringenden Vermietung. Die Vermietung war in diesem Fall dem **Absatz**bereich nach Maßgabe der vorstehenden Skizze zuzuordnen. Eine Rückstellung wäre auch nach IAS 37 anzusetzen.

- **Arbeitsverhältnisse** sind generell vom BFH nicht als der Drohverlustrückstellung zugänglich beurteilt worden; Begründung: die menschliche Arbeit als Produktionsfaktor sei nicht bewertbar.[48] Auch nach IAS 37 kann ein Arbeitsverhältnis i.d.R. keine Drohverlustrückstellung begründen. Zu einer Ausnahme bei Altersteilzeit im Blockmodell wird auf § 22 Rz 126f. verwiesen.

- Im berühmten **Apothekerfall**, der die Fachwelt jahrelang in Beschlag hielt, hatte ein Apotheker im Obergeschoss seines gewerblich genutzten Gebäudes eine Arztpraxis gemietet und an einen praktizierenden Arzt untervermietet. Der Mietaufwand überstieg den Mietertrag erheblich. Sowohl nach EStG/HGB als auch nach IAS 37 sind für die Frage, ob ein Verlust droht, auch die mittelbaren Vorteile aus der Vermietung an einen Arzt (Medikamentenumsatz) zu berücksichtigen.

2.3.2.2 Feststellung und Definition des Verlusts

Zum Bilanzansatz einer Rückstellung für belastende Verträge bedarf es der **52** **Feststellung** eines erwarteten Verlusts aus dem schwebenden Geschäft (Rz 48). Der „Verlust" ist notwendig eine **Saldo**größe. Es bedarf also der Bestimmung **53** zweier Werte, die dann – saldiert – ggf. einen Bilanzansatz begründen. Bilanzsystematisch gesehen bestimmt hier ausnahmsweise die **Bewertung** den Ansatz. Dem folgt unsere Kommentierung und verzichtet auf eine gesonderte Darstellung im Bewertungsteil. Die dominierende Saldogröße kann auch „durchschlagen" auf den Ansatz von Rückgriffsansprüchen *(reimbursements)*, vgl. das Beispiel unter Rz 168.
Nach der Definitionsnorm in IAS 37.10 liegt ein „belastender" Vertrag vor, wenn **54** die unvermeidbaren Kosten der Erfüllung des Vertrags höher sind als der erwartete wirtschaftliche Nutzen. Die unvermeidbaren Kosten sind nach IAS 37.68 der **nied-**

---

47 Vom 19.7.1983, VIII R 160/79, BStBl II 1984 S. 56. Zu Drohverlusten aus Mietverhältnissen im sozialen Wohnungsbau vgl. RUTER/MOKLER/SERF, DB 2001, S. 209.

48 So der BFH im „Drucker-Urteil" v. 16.12.1987, II R 68/87, BStBl I 1988 S. 338; zur Verdienstsicherung älterer Arbeitnehmer siehe BFH, Urteil v. 25.2.1986, VIII R 377/83, BStBl II 1986 S. 465.

rigere Betrag aus den bei **Erfüllung** der Verpflichtungen entstehenden Kosten und den Kosten der **Nichterfüllung** (Konventionalstrafen, Schadensersatz) (Rz 59). Dabei dürfen nicht allein die **Rechts**strukturen beachtet werden. Auch faktische Verhältnisse und wirtschaftliche **Interessenlagen** sind zu berücksichtigen – wie generell für den Rückstellungsansatz (Rz 17).

> **Praxis-Beispiel**
> Großhändler G hat bei Kleinbauer B Tomaten der Güteklasse A zu einem Preis bestellt, der angesichts des nach der Bestellung eingetretenen Preisverfalls keine kostendeckende Weiterveräußerung mehr erlaubt.
> G weiß, dass der Gütenachweis schwierig ist, der finanzschwache Bauer an einem gutachten- und kostenintensiven Rechtsstreit kein Interesse hat, im Übrigen auch zur Vermeidung einer Auslistung bei G nach einer „Kündigung" des Vertrags mit an Sicherheit grenzender Wahrscheinlichkeit keine Schadensersatzklage einreichen würde. Die von G erwarteten Kosten eines Ausstiegs durch Vertragsbruch belaufen sich daher auf null.
> G hat allerdings keinerlei Absicht, sich vertragsbrüchig zu verhalten.
> Ein möglicher Vertragsbruch zu Null-Kosten würde nach dem Wortlaut von IAS 37.68 eine Rückstellungsbildung verhindern. Dies kann u.E. jedoch dann nicht gelten, wenn der Vertragsbruch gar nicht beabsichtigt ist.[49]

55 Der belastende Vertrag („*contract*") i.S.d. IAS 37.66 darf u.E. im Verständnis nicht auf den Singular beschränkt sein. **Mehrere** Verträge sind als **Einheit** zu betrachten, wenn einer ohne den anderen keinen wirtschaftlichen Sinn („*economic benefit*") ergibt.

> **Praxis-Beispiel[50]**
> Ein Steuerberatungs- und Treuhandunternehmen erstellt die Steuererklärung eines steuerbegünstigte Eigentumswohnungen herstellenden Bauträgers unter Selbstkosten, wird aber auf Initiative des Bauträgers gleichzeitig gegen ein hoch lukratives Honorar Treuhänder für die Erwerber der noch zu bauenden Wohnungen.

Diese faktische Vertragskoppelung verhindert u.E. die Bildung einer Drohverlustrückstellung für die Steuerberatung des Bauträgers, da die dortigen Verluste bewusst zur Erreichung wirtschaftlicher Vorteile durch korrespondierende Treuhandverträge (mit den Erwerbern) eingegangen werden. Vergleichbar kommt eine Abschreibung von sog. Verlustprodukten im Einzelhandel nicht in Betracht, wenn durch sie der Absatz von gewinnträchtigen anderen Waren gefördert wird (→ § 17 Rz 58).[51]

56 Es kommt zur Bestimmung eines *economic benefit* überhaupt nicht auf das Vorhandensein eines lukrativen Vertragswerks mit **Rechtsanspruch** auf Ein-

---

49   So auch LÜDENBACH/FREIBERG, PiR 2005, S. 42.
50   Nach KESSLER/SCHOLZ-GÖRLACH, PiR 2007, S. 306.
51   HOFFMANN, PiR 2007, S. 204.

nahmen an. Es genügen zur Bestimmung des Saldos (Rz 53) die **gesicherten** Chancen, die den rechtlich fixierten Größen gegenübergestellt werden.

Praxis-Beispiel[52]
Ein Apotheker mietet langfristig zu 100 GE pro Monat Praxisräume neben seiner Apotheke und vermietet sie an einen Arzt zu 60 GE pro Monat. Nach seinem Kalkül wird er daraus wenigstens 50 GE Nettogewinn zusätzlich pro Monat generieren.
Nicht allein die festen Vertragsgrößen sind in die Saldogröße (Rz 53) einzubeziehen, sondern zusätzlich die erwarteten Gewinne (sog. bilanzrechtliches Synallagma). Ein *„onerous contract"* liegt nicht vor.

Eindeutig zu lösen ist allerdings handelsrechtlich der in der Praxis häufig   **57**
vorkommende Fall der langfristig angemieteten, aber mangels Kundeninteresse **nicht genutzten** oder mit **Verlust untervermieteten** Ladengeschäfte. Hier ist handelsbilanziell zwingend eine Drohverlustrückstellung zu bilden. Nach IFRS bilanziert der Mieter/Leasingnehmer bei Vertragsbeginn ein Nutzungsrecht (*right-of-use asset*) und eine Leasingverbindlichkeit. Bei Wegfall der Nutzung, aber Fortbestehen der Zahlungspflicht bleibt die Verbindlichkeit bestehen, während das Nutzungsrecht nach IFRS 16.33 i.V.m. IAS 36 außerplanmäßig abzuschreiben ist (→ § 15a Rz 147)

Umgekehrt dürfen gem. IAS 37.63 für **künftige Verluste** aus der **Geschäfts-**   **58**
tätigkeit (*future operating losses*) keine Rückstellungen gebildet werden (Rz 11 und Rz 26). Diese Vorgabe erfordert eine Abgrenzung zu direkt zurechenbaren Verlusten **einzelner** Verträge.

Praxis-Beispiel[53]
Sachverhalt
Ein Reiseveranstalter bietet Kreuzfahrten an. Dazu verwendet er ein im *Full Service Leasing* für ein Jahr gemietetes Schiff. Wegen starker Konkurrenz können die erzielten Verkaufserlöse die fest vereinbarten monatlichen Leasingraten und die weiteren Kosten nicht mehr decken.

Lösung
Sofern die *cash flows* aus den Kreuzfahrten von denen des übrigen Unternehmens trennbar sind, handelt es sich um einen *onerous contract* mit der Verpflichtung zur Rückstellungsbildung.

Sachverhalt (Abwandlung)
Der Reiseveranstalter bietet Pauschalreisen an, die auch eine Kreuzfahrt umfassen. Dazu hat er ebenfalls ein Schiff im *Full Service Leasing* gemietet. Insgesamt tragen die wegen starken Wettbewerbs „gedrückten" Pauschalangebotspreise die gesamten Kosten der einschlägigen Reiseveranstaltungen nicht mehr.

---

[52] In Anlehnung an den Apotheker-Fall des BFH-Beschlusses vom 26.6.1997, GrS 2/93, BStBl II 1993, S. 855.
[53] KPMG, Insights into IFRS 2015/2016, Tz. 3.12.700.20.

Lösung
Die von den Kunden generierten *cash inflows* können nicht zwischen der Kreuzfahrt und den anderen Bestandteilen der Pauschalreise getrennt werden. Ein *onerous contract* kommt damit nur für die Pauschalreisen als Ganze infrage. Als Rückstellung ist der niedrigere Verlust anzusetzen, der sich in den beiden Alternativen (a) Fortsetzung der Reisen und (b) Ausstieg ergibt. In der Alternative (b) wären u. a. die Kosten aus der Stornierung der Schiffs-, Hotel-, Flugzeugverträge sowie evtl. Schadensersatzleistungen an Kunden zu berücksichtigen.[54]

2.3.2.3 Einbeziehung von Gemeinkosten

59 In der Berechnung des Verlusts als Saldogröße (Rz 53) bedarf wie die Einnahmenseite *(benefits)* auch die **Kosten**seite einer näheren Definition. Fraglich ist die Einbeziehung von (echten) **Gemeinkosten** (→ § 14 Rz 13) in die Vergleichsrechnung nach IAS 37.68 (Rz 54). Gehören die Gemeinkosten zu den *unavoidable costs*?

60
Praxis-Beispiel
Das EDV-Serviceunternehmen E wartet mithilfe seines Personalstamms für den einzelnen Kunden Computer zu einem festen Monatsbetrag bei einer bestimmten Laufzeit des Wartungsvertrags. Der wirtschaftliche Vorteil des Vertrags – die monatlichen Einnahmen – ist fest definiert. Bzgl. der Ausgaben bzw. Aufwendungen als der zweiten Größe des Saldierungsbereichs ist zwischen einer Voll- oder Teilkostenrechnung zu unterscheiden. In der letztgenannten Variante wären bei normaler Auslastung nur direkt zurechenbare variable Kosten *(incremental costs)* – Fahrtkosten und andere Spesen – zu berücksichtigen, also unbedeutende Größen, die nie den Ertrag aus dem Vertrag erreichen können. Anders wäre es, wenn zur Vertragserfüllung ein weiterer Techniker eingestellt oder als Subunternehmer beschäftigt werden müsste.

U. E. ist der **Vollkostenbetrachtung** der Vorzug zu geben[55] mit folgenden Argumenten:
- Auf Basis der direkt zurechenbaren variablen Kosten kann es fast nie zu einer Drohverlustrückstellung kommen.
- Die Bilanzierungsentscheidung kann nicht von der Beschäftigungssituation des Unternehmens abhängen.
- Gemeinkosten sind auch sonst, z.B. bei der Bemessung der Herstellungskosten, zu berücksichtigen.
- Grenzkostenbetrachtungen sind generell für Bilanzierungsentscheidungen nicht geeignet (Rz 162).

2.3.2.4 Verhältnis zur außerplanmäßigen Abschreibung

61 Gem. IAS 37.69 hat die außerplanmäßige Abschreibung *(impairment)* nach IAS 36 (→ § 11) Vorrang vor der Rückstellung für belastende Verträge. **Ausgeschlossen**

---

[54] Pauschal gegen eine Rückstellung hingegen KPMG, Insights into IFRS 2015/2016, Tz. 3.12.700.20.
[55] A. A. KPMG, Insights into IFRS 2015/2016, Tz. 3.12.660.30: keine Einbuchung von Gemeinkosten *(unavoidable costs)*; dagegen ZWIRNER, IRZ 2012, S. 58.

sind in IAS 36.2 (→ § 11 Rz 3) die Spezialvorschriften zur außerplanmäßigen Abschreibung von Vorräten nach IAS 2 (→ § 17) und von zur Veräußerung bestimmten Anlagen nach IFRS 5 (→ § 29). Allerdings kann man IAS 37.69 auch als **allgemeinen Rechtsgedanken** verstehen und generell der außerplanmäßigen Abschreibung Vorrang vor der Drohverlustrückstellung zuerkennen.[56]
In der konkreten Gestaltung der Interaktion von Drohverlust und **außerplanmäßiger Abschreibung** ist zwischen drei Fällen zu unterscheiden:
- Bei verlustträchtigen **Beschaffung**sgeschäften besteht dem Grunde nach ein **Komplementär**verhältnis: Die Drohverlustrückstellung **nimmt** die außerplanmäßige Abschreibung vorweg, die bei bereits vollzogenem Erwerb notwendig gewesen wäre. Allerdings ist die Ermittlung der Wertminderung bei Sachanlangen und immateriellen Anlagen in aller Regel auf einen **großen** Unternehmensbereich, die *cash generating unit* (→ § 11 Rz 101 ff.), ausgerichtet. In diesem großen Saldierungsbereich geht die Wertminderung eines einzelnen Vermögenswerts „unter" (Saldierungskissen; → § 11 Rz 147). U. E. strahlt dies auf die schwebende Beschaffung zurück (Rz 62).
- Bei verlustträchtigen **Absatz**geschäften werden unterschiedliche Regelungsbereiche der IFRS angesprochen. In diesem Fall hat die *impairment*-Abschreibung **Vorrang** vor der Drohverlustrückstellung.
- Bei **Dauerschuldverhältnissen** gilt ebenfalls der Vorrang der außerplanmäßigen Abschreibung vor der Drohverlustrückstellung nach IAS 37.69. Auch hier kann das CGU-Konzept gegen eine Einzelfallbetrachtung des belastenden Vertrags sprechen (Rz 63).

Zur Frage, ob der dem IAS 36 zugrunde liegende Verbundgedanke (CGU) bereits bei schwebenden Beschaffungsgeschäften zu berücksichtigen ist, folgendes Beispiel:

62

Praxis-Beispiel[57]
Der Automobilhersteller AB unterscheidet zwischen zwei zahlungsmittelgenerierenden Einheiten (CGU), nämlich den Produktlinien „General" und „Star". Die CGU „General" ist hoch profitabel, die CGU „Star" erwirtschaftet für absehbare Zeit keine Überschüsse. Für beide CGUs sind bereits vor längerer Zeit Beschaffungsverträge über neue Produktionsstraßen abgeschlossen worden, die zum Bilanzstichtag noch nicht vollzogen sind.
- Der vertraglich fixierte Preis für die Produktionsstraße der CGU „General" liegt erheblich über den am Bilanzstichtag geltenden Marktkonditionen. Aus der Einzelperspektive ist der Vertrag unvorteilhaft, möglicherweise belastend.
- Bei der Produktionsstraße der CGU „Star" verhält es sich umgekehrt. Der Vertragspreis liegt deutlich unter den Marktverhältnissen des Bilanzstichtags. Aus der Einzelperspektive ist der Vertrag günstig.

Wären die Anschaffungen zum Bilanzstichtag bereits getätigt worden, ergäbe sich aus dem ungünstigen Anschaffungspreis der ersten Produktionsstraße keine außerplanmäßige Abschreibung, da die erste CGU insgesamt hoch profitabel ist. Umgekehrt würde der günstige Anschaffungspreis der zweiten Produktionsstraße diese nicht vor einer außerplanmäßigen Abschreibung schützen, da diese CGU keinen positiven Nutzwert aufweist.

---

[56] So LÜDENBACH/FREIBERG, PiR 2005, S. 43.
[57] LÜDENBACH/FREIBERG, PiR 2005, S. 41 ff.

Gegen eine **aggregierte** Betrachtung bereits des schwebenden Geschäfts könnte sprechen: Der bestellte Vermögenswert gehört noch nicht zum Bilanzvermögen und damit zur CGU. Er kann noch einzeln bewertet werden. Allerdings ist eine Einzelbetrachtung nur hinsichtlich seines Wiederbeschaffungs- und Einzelveräußerungswerts möglich, also hinsichtlich solcher Bewertungsmaßstäbe, auf die es nach Vollzug der Anschaffung zur Durchführung des Wertminderungstests nicht mehr ankommt. U. E. müssen diese Bewertungsmaßstäbe schon bei der Bewertung im **Schwebezustand** ausscheiden. Der ökonomische Gehalt der Drohverlustrückstellung als Antizipation einer außerplanmäßigen Abschreibung wäre verletzt, wenn ein einzelner unvorteilhafter Vertrag einer hoch profitablen CGU im Schwebezeitraum zu einer Drohverlustrückstellung führen würde.

Im Übrigen wäre auch die buchungstechnische Auflösung einer einzelbewertungsorientiert gebildeten Rückstellung problematisch. Zwei jeweils nicht überzeugende Varianten kämen infrage:

- ergebnisneutrale Anpassung der Anschaffungskosten zum Erwerbszeitpunkt, d. h. Buchung „per Rückstellung an Anlagevermögen",
- ergebniswirksame Auflösung der Rückstellung bei Vollzug des Erwerbsgeschäfts, d. h. Buchung „per Rückstellung an Ertrag".

Im ersten Fall ergäbe sich im Widerspruch zu IAS 16.15 eine Zugangsbewertung zum *fair value* statt der Anschaffungskosten. Der zweite Fall würde eine wirtschaftlich nicht gerechtfertigte zwischenperiodische Volatilität des Ergebnisses (Aufwand im Schwebestadium, Ertrag im Erwerbszeitpunkt) bewirken. U. E. gilt daher: Sofern ein späteres Abschreibungserfordernis nur auf der Ebene der CGU zu ermitteln ist, wirkt dies u. e. auf das schwebende Beschaffungsgeschäft zurück. Über die Notwendigkeit einer Drohverlustrückstellung entscheiden bei schwebender Beschaffung eines nur im Verbund einer CGU nutzbaren Vermögenswerts daher nicht die Wertverhältnisse des zu beschaffenden Vermögensgegenstands, sondern der Nutzwert der CGU, die ihn beschafft.

63 Auch ein schwebendes **Dauerschuldgeschäft** kann Teil einer CGU sein. Wie im Fall des schwebenden Beschaffungsgeschäfts ist es in die aggregierte Betrachtung einzubeziehen. Unter dieser Prämisse hat der Vorrang der außerplanmäßigen Abschreibung vor der Drohverlustrückstellung zwei Folgen:

- **Defizitäre** CGU: Im Verhältnis zum Buchwert zu geringe Ertragserwartungen für die jeweilige CGU sind zunächst als außerplanmäßige Abschreibung, soweit die Buchwerte auf null abgeschrieben sind, dann ggf. noch als Drohverlustrückstellung zu berücksichtigen.
- **Profitable** CGU: Bei ausreichender Profitabilität der CGU ist eine außerplanmäßige Abschreibung und auch eine Drohverlustrückstellung nicht angezeigt.

Hierzu folgende Variation des Apothekerfalls:

Praxis-Beispiel[58]

Eine Apothekenkette A vermietet in ihr gehörenden Gebäuden, in denen sie Apotheken betreibt, Etagen an Ärzte. Die auf den Quadratmeter umgelegten Kosten der Gebäude (Zinszahlungen, Bewirtschaftung, wirtschaftliche Abschreibung) sind größer als die Einnahmen aus der Vermietung. Aus der Vermietung erhofft sich A wirtschaftliche Vorteile (Umsätze) für die jeweilige Apotheke.

---

[58] LÜDENBACH/FREIBERG, PiR 2005, S. 41 ff.

> Die vermieteten Etagen stellen aus Sicht der Apothekenkette *investment properties* i. S. v. IAS 40 (→ § 16) dar. Sofern diese zu fortgeführten Anschaffungskosten bewertet werden, findet IAS 36 für die außerplanmäßige Abschreibung Anwendung. Hierbei gilt das CGU-Konzept: Das jeweilige Gebäude dient sowohl in seinem eigengenutzten Teil als auch im fremd vermieteten der Erzielung von Einnahmen aus der Apotheke, im fremd vermieteten zusätzlich der Erzielung von Mieteinnahmen. Die *net cash flows* aus dem vermieteten Teil sind wegen des Bezugs zu den Apothekeneinnahmen nicht separierbar. Auch die Frage der außerplanmäßigen Abschreibung des als *investment property* dienenden Gebäudeteils ist daher nicht auf Einzelebene, sondern für den gesamten jeweiligen Apothekenstandort zu prüfen.

Wenn der jeweilige Apothekenstandort (die CGU) hinreichend profitabel ist, somit kein Abschreibungsbedarf festgestellt werden kann, darf nicht anschließend disaggregiert eine Drohverlustrückstellung für einzelne Teile der CGU (vermieteter Gebäudeteil) vorgenommen werden.

Ist ein einzelner Standort defizitär, sind zunächst die Buchwerte auf null abzuschreiben, erst dann kommt eine Drohverlustrückstellung infrage.

2.3.3 Umweltschutz, Entsorgung

In diesem weiteren Feld der Rückstellungsbildung geht es bzgl. des Bilanz- 64
ansatzes entscheidend um

- das **Bestehen** der Verbindlichkeit, d. h. hinreichende Konkretisierung (Rz 28 ff., Rz 65),
- wirtschaftliche **Verursachung** in der Vergangenheit oder Zukunft (Rz 11 ff., Rz 67) und
- die verlässliche **Bewertbarkeit** (Rz 45).

Begrifflich kommt es in Teilbereichen zu **Überschneidungen** mit Verpflichtungen aufgrund von öffentlich-rechtlichen Auflagen im Zusammenhang mit Betriebsgenehmigungen (Regelungsbereich von IFRIC 1; Rz 72 ff.).

Praxis-Beispiel
Der Betrieb eines Atomkraftwerks ist an die Verpflichtung zur Entfernung der gesamten Anlage nach der Laufzeit gebunden (Rz 72). Außerdem sind die im laufenden Betrieb genutzten Kernbrennstäbe zu entsorgen.

Für die **hinreichende Konkretisierung** (Rz 64) soll die überwiegende Wahrschein- 65
lichkeit der Inanspruchnahme als Beurteilungskriterium dienen (Rz 30 ff.). Mit Wahrscheinlichkeitsanalysen sind indes Singularereignisse schlecht zu „greifen" (Rz 33).[59] Nach der einschlägigen BFH-Rechtsprechung[60] muss das Unternehmen mit einer Inanspruchnahme ernsthaft rechnen. Dies ist nur dann der Fall, wenn die Behörde **Kenntnis** von gesetzeswidrigem Verhalten des Unternehmens hat.[61]

---

59 Ähnlich GLASCHKE, StuB 2004, S. 898.
60 BFH, Urteil v. 19.10.1993, VIII R 14/92, BStBl II 1993 S. 891, und BFH, Urteil v. 19.11.2003, I R 77/01, BFH/NV 2004, S. 271.
61 Detailliert dargestellt von SCHMIDT/ROTH, DB 2004, S. 553.

> **Praxis-Beispiel**
> Die X AG in Frankfurt am Main hat bei verschiedenen Grundstücken Kontaminierungsprobleme aufgrund früherer Gasgewinnung. Das Problem ist der Behörde bekannt. Nach dem Hessischen Altlastengesetz (spezialgesetzliche Vorschrift) regeln sich die Vorgehensweise der öffentlichen Hand und die daraus resultierenden Verpflichtungen der X AG. Der Ansatz hierfür ist nach IAS 37.14 (Rz 9) geboten. Diese Lösung entspricht der eben dargestellten BFH-Rechtsprechung.

In Abwandlung des Sachverhalts in obigem Beispiel hat die Behörde noch keine Kenntnis der Bodenverunreinigung. Hier muss die Lösung differenziert ausfallen: Sofern die „Entdeckung" abzusehen ist und die Verunreinigung die Trinkwasserversorgung eines Baugebiets gefährdet, ist u. E. ein Ansatz geboten. So auch der BFH: „... die Entdeckung unmittelbar bevorsteht." Anders kann die Lösung (Nichtansatz) ausfallen, wenn eine anders geartete Verunreinigung in einem weitläufigen Industriegebiet auftritt und nicht unter eine spezialgesetzliche Regel fällt. Das u. U. einschlägige Polizei- und Ordnungsrecht (Inanspruchnahme des Störers) ist für den Sachverhalt und die zu ziehenden Konsequenzen möglicherweise zu wenig konkret, um einen Ansatz zu rechtfertigen.

> **Praxis-Beispiel**
> Eine Bodenkontaminierung durch die Y AG ist bislang unerkannt. Der Vorstand stellt im Gefolge von IAS 37.15 Wahrscheinlichkeitsüberlegungen an (Rz 42) mit dem Ergebnis: Die „Entdeckung" ist zu 25 % wahrscheinlich. Ein Ansatz entfällt, stattdessen ist im Anhang zu berichten (Rz 178). Durch die Anhangangabe erfährt die Behörde von der Verunreinigung, was dann den Ansatz nach Art einer *self fulfilling prophecy* im nächsten Jahresabschluss erzeugt.

> **Praxis-Beispiel**
> Eine Müllverbrennungsanlage in Andalusien stößt seit Jahren ein unzulässiges Quantum von Giftstoffen aus. Der Behörde ist dies seit Langem bekannt. Sie unternimmt gleichwohl nichts, weil die gut organisierten Arbeitnehmer mit einer Besetzung des Verwaltungsgebäudes der Provinzregierung drohen. Eine Rückstellung scheidet wegen der nicht zu erwartenden Rechtsdurchsetzung (Rz 40) aus.

Umgekehrt muss bei Vorliegen eines **Verwaltungsakts** mit entsprechender Verfügung eine Rückstellung gebildet werden, wenn solche Akte tatsächlich auch vollzogen werden.

> **Praxis-Beispiel**
> Die Umweltbehörde entdeckt auf dem Grundstück der chemischen Fabrik eine Gewässerverunreinigung aufgrund der jetzigen Produktionstätigkeit oder derjenigen des Rechtsvorgängers. Sie bescheidet die Fabrik mit der Aufforderung zur Beseitigung der vorhandenen Verunreinigung. Die erforderliche Ernsthaftigkeit des Eintretens der Verpflichtung ist gegeben, ein Rückstellungsansatz somit zwingend.

Im Zusammenhang mit der Verpflichtung aus den **Bodenverunreinigungen** 66
stellt sich auch die Frage der Bilanzierungskonkurrenz zur außerplanmäßigen
(impairment) Abschreibung (→ §11 Rz 13ff.). Durch die Kontaminierung ist
das Grundstück möglicherweise für den Betrieb auf Dauer unbrauchbar, was eine
Abschreibung erforderlich macht. Andererseits würde eine erfolgreiche Sanierung die Nutzungsmöglichkeit wiederherstellen. U. E. scheidet eine „doppelte"
Berücksichtigung des Sanierungserfordernisses in der Bilanz aus. Der Einzelbewertungsgrundsatz[62] steht dem nicht entgegen. Für die Erfassung der Beseiti-
gungskosten als **Rückstellung** sprechen folgende auf eine fiktive Grundstücks-
veräußerung zugeschnittenen Überlegungen:

- Würde ein Grundstück vor Veräußerung saniert, entspräche der Veräußerungserlös demjenigen eines nicht kontaminierten Grundstücks. Diesem
  Erlös müsste auch der Buchwertabgang eines unkontaminierten Grundstücks gegenübergestellt werden. Eine außerplanmäßige Abschreibung widerspräche dem.
- Bei einer Veräußerung des unsanierten Grundstücks ergäbe sich der Veräußerungserlös wirtschaftlich als Summe aus Barzahlung und Schuldübernahme.
  Der übernommenen Schuld entspräche die bis dahin vorgenommene Bilanzierung einer Rückstellung.

Die **wirtschaftliche Verursachung** in der **Vergangenheit** (Rz 64) muss als 67
weiteres Tatbestandsmerkmal des Bilanzansatzes hinzukommen. Gemeint ist:
Verpflichtungen aus der **künftigen** wirtschaftlichen Betätigung erlauben keinen
Bilanzansatz (Rz 11).

Praxis-Beispiel[63]
Die halbjährliche Inspektion einer Fabrik am 30.9.01 durch die zuständige
Behörde stellt bedeutende Verstöße gegen öffentliche Auflagen fest. Darauf
erhält das Unternehmen zwei Handlungsoptionen, die bis zum 30.3.02 aus-
zuführen sind:

- Abstellung der Ursachen für die Verstöße durch umfangreiche Reparatur-
  und Unterhaltungsmaßnahmen, andernfalls sind hohe Strafen zu gewärtigen;
- Schließung der Fabrik ohne weitere Strafen.

Zum 31.12.01 ist seitens des Unternehmens noch nichts unternommen oder
entschieden worden.
Eine Rückstellung kommt nicht in Betracht, da noch die Möglichkeit der
Produktionsverlagerung in eine andere Gemeinde oder der Einstellung der
Tätigkeit besteht.

Eine behördliche Verfügung kann sowohl ansatzbegründende oder auch ansatz- 68
vermeidende Bestandteile enthalten.

Praxis-Beispiel
Im letzten Beispiel unter Rz 65 verlangt die Behörde nicht nur die Beseitigung
der gegebenen Verunreinigung, sondern auch die Abstellung der Ursache wegen
eines fehlenden Klärwerks. Der letztgenannten Auflage – Errichtung der Klär-

---

62 Auf den der BFH im Urteil v. 19.11.2003, I R 77/01, BFH/NV 2004, S. 271, verweist und von
    SCHMIDT/ROTH, DB 2004, S. 553, zustimmend zitiert wird.
63 EPSTEIN/MIRZA, Interpretation and Application of IAS 2002, S. 526.

anlage – kann sich die chemische Fabrik durch Einstellung der fraglichen Produktion entziehen. Eine Rückstellung kommt insoweit nicht in Betracht.

69   Eine **faktische** Verpflichtung zur Aufrechterhaltung der Produktion wird seitens der IFRS in diesem Zusammenhang nicht förmlich diskutiert. Gleichwohl gelten die Definitionsmerkmale der Verpflichtung überhaupt (Rz 15).

Praxis-Beispiel
In Weiterführung des Sachverhalts im vorstehenden Beispiel (Rz 68) hat die chemische Fabrik in der Lokalpresse eine Werksschließung „für absehbare Zeit" ausgeschlossen. Die Verfügung der Umweltbehörde sieht eine Beseitigung der Verschmutzungsursache durch Bau eines Klärwerks innerhalb von 15 Monaten vor. Der zwingende Rückstellungsansatz beruht auf der Quasi-Zusage in der Vergangenheit, der sich die chemische Fabrik nicht entziehen kann.

70   Nicht nur im Hinblick auf die praktischen Überleitungsprozesse von HGB auf IFRS, sondern auch wegen der behaupteten geringeren Bedeutung des Vorsichtsprinzips (in den IFRS gegenüber dem HGB) bietet sich ein **Vergleich** der IFRS-„Philosophie" – bzgl. der unsicheren Verpflichtungen mit den Regelungsansätzen der deutschen Rechnungslegungswelt an. Dabei kennen die IFRS-Regeln, wenigstens im argumentativen Ansatz, keine eindeutige Parallele zu der im deutschen Schrifttum[64] und der BFH-Rechtsprechung so heiß diskutierten Frage, ob

• es einer rechtlichen und/oder – wie auch immer definierten – wirtschaftlichen Verursachung (ähnlich dem Vergangenheitsereignis, *past event;* Rz 11) bedürfe,
• eine eher statisch geprägte Bilanzauffassung über das Vorliegen einer mutmaßlichen Verbindlichkeit befinden solle oder
• eine in Richtung *„matching principle"* gehende Zuordnung von künftigen Aufwendungen (besser Ausgaben) zu künftigen Erträgen Platz zu greifen habe.

Diese mit hohem intellektuellem Einsatz und noch mehr argumentativem Fleiß geführte Auseinandersetzung lässt sich am kürzesten anhand eines vom BFH entschiedenen Falls darstellen, der sich zur Illustration in diesem Kommentar auch wegen der Parallelität eines Beispiels in Appendix IAS 37.IE Example 6 eignet (Rz 11):

Praxis-Beispiel
Es ging vor dem BFH[65] um eine Anpassungsverpflichtung nach dem Bundesimmissionsschutzgesetz für eine Spänetrocknungsanlage. Diese war zur Einhaltung bestimmter Emissionswerte umzurüsten. Das Gewerbeaufsichtsamt hatte am 20.12.1988 eine entsprechende Auflage erlassen, der zufolge bis zum 1.3.1991 die Umrüstung zu erfolgen habe. Vor dem BFH streitig war die von der betreffenden Steuerpflichtigen in der Bilanz zum 30.9.1989 gebildete Rückstellung.

Der BFH sah in dieser Auflage eine (unstreitig vorhandene) **Rechtsverpflichtung** am Bilanzstichtag und ließ diese zur Anerkennung des Bilanzansatzes

---

64   HOMMEL/WICH, KoR 2004, S. 16.
65   BFH, Urteil v. 27.6.2001, I R 45/97, DStR 2001, S. 1698.

genügen. Die Argumentation des BFH ist dabei „klassisch"-handelsrechtlich aufgezogen. Die Gegenauffassung[66] bestreitet eine am Bilanzstichtag bestehende wirtschaftliche Verpflichtung bzw. beruft sich auf eine rückstellungsbegrenzende Wirkung des Realisationsprinzips.[67] Der Anpassungsaufwand für die Spänetrocknungsanlage soll die **künftige Produktion** alimentieren und sei deshalb am fraglichen Bilanzstichtag (1988) nicht rückstellungsfähig. Inzwischen ist der I. BFH-Senat von dieser Rechtsauffassung abgerückt;[68] nunmehr sollen nur am Bilanzstichtag „fällige" Anpassungsverpflichtungen einen Rückstellungsansatz rechtfertigen; dann aber komme es auf eine wirtschaftliche Verursachung nicht an. Schließlich hat sich der IV. BFH-Senat dieser Rechtsansicht im Ergebnis angeschlossen:[69] Bei Vorliegen einer am Bilanzstichtag zu vollziehenden Anpassungsverpflichtung ist auch die wirtschaftliche Verursachung gegeben. Eine Übereinstimmung mit den Ansatzregeln des IAS 37 ist bei Unterschieden im Detail festzustellen. Ergänzend zur IFRS-Regelung folgendes Beispiel:

> **Praxis-Beispiel**
> Von Gesetzes wegen sind an Flugzeugen regelmäßig Überholungsaufwendungen durchzuführen. Eine Rückstellungsbildung wird abgelehnt. Begründung: Das Unternehmen kann sich dieser anstehenden Verpflichtung durch Verkauf des Fluggeräts entziehen.

Im Ergebnis (nicht in der Begründung) stimmen die IFRS mit einem Urteil des BFH überein,[70] das die Rückstellungsbildung für den künftigen Überholungsaufwand eines Hubschraubers ablehnte.

Zu weiteren **Einzelfällen** sei verwiesen auf das „ABC der Rückstellungsbilanzierung" in Rz 183.   71

2.3.4 Entfernungs- und Wiederherstellungsverpflichtungen

Entfernungs- und Wiederherstellungsverpflichtungen ergeben sich i.d.R. aus   72
Errichtung oder Betrieb von Anlagevermögen. Typische Beispiele sind:

- Rückbauverpflichtungen für Mietereinbauten oder Bauten auf fremdem Grundbesitz,
- Entfernungsverpflichtungen für Funkmasten auf fremdem Gebäude u. Ä.,
- Abbruch- bzw. Rückbauverpflichtungen für betriebene Anlagen zur Energiegewinnung (Wasserkraftwerk, Ölplattform, Kernkraftwerk).

Diesen beispielhaft aufgeführten Sachverhalten sind zwei wichtige Aspekte gemeinsam:

---

66 EULER, DB 2001, S. 1849; WEBER-GRELLET, FR 2001, S. 900, und SIEGEL, DB 2002, S. 707, lehnen diese Entscheidung mit vehementen Worten ab. Für sie betrifft die Anpassungsverpflichtung die künftige Produktion – gestützt auf die dem *matching principle* eher verbundene sog. Alimentationsformel von MOXTER, BB 1994, S. 780. Für dieses Urteil sprechen sich die Mitverfasser (Senatsmitglieder) CHRISTIANSEN, DStZ 2002, S. 163, und WASSERMEYER, WPg 2002, S. 10, aus.
67 HERZIG, in: Festschrift Forster, 2001, S. 656; HERZIG, DB 1990, S. 1347.
68 BFH, Urteil v. 6.2.2013, I R 8/12, DB 2013, S. 1087.
69 BFH, Urteil v. 6.2.2013, IV R 7/11, DStR 2013, S. 2745, mit Anm. HOFFMANN.
70 BFH, Urteil v. 19.5.1987, VIII R 327/83, BStBl II 1987 S. 848; so auch BFH, Urteil v. 13.12.2007, IV R 85/05, BStBl II 2008 S. 516.

- die Verpflichtung besteht – rechtlich und wirtschaftlich (Rz 81) – dem Grunde nach zum Zeitpunkt des Nutzungsbeginns (Ölförderung mit einer Ölplattform),
- **Langfristigkeit** in der Abwicklung der betreffenden Vorgänge mit der Folge von erheblichen Schätzungsungenauigkeiten beim Ansatz entsprechender Bilanzposten.

Der Buchungssatz nach IAS 16.16(c) (→ § 14 Rz 30) „per AK/HK an Rückstellungen" (Rz 78) bringt die Langfristigkeit des Engagements stärker zum Ausdruck als die nach HGB/EStG übliche ratierliche Ansammlung des Rückstellungsbetrags zulasten des laufenden Aufwands (Rz 78). Die beiden nach IFRS anzusetzenden Bilanzposten – aktivisch die AK/HK, passivisch die Rückstellungen – bedürfen einer **ständigen Korrektur** im Gefolge der angenommenen Entsorgungskosten, der Schwankungen des Zinssatzes und der Aufzinsung.[71]

73 Dieses Problemkreises nimmt sich ausführlich IFRIC 1 mit folgenden Anwendungsbereichen an:

- Anlagevermögen i. S. d. IAS 16 (→ § 14),
- Rückstellungen i. S. d. IAS 37.

Mit erfasst von IFRIC 1 werden damit auch gem. IAS 16.4 und IAS 16.5

- Vermögenswerte im Rahmen eines Leasingverhältnisses i. S. d. IFRS 16,
- Renditeliegenschaften, bewertet nach dem *cost model* i. S. d. IAS 40 (→ § 16 Rz 49 ff.).

Praxis-Beispiel (zum *finance lease*)
Sachverhalt
Der Energieversorgungskonzern K least ein Kraftwerk vom Hersteller LG. Er setzt ein Nutzungsrecht (*right-of-use asset*) an (→ § 15a). Die Rückbauverpflichtung obliegt (Alternative 1) K oder (Alternative 2) LG.

Lösung
Alternative 1: K hat die Rückbauverpflichtung nach IFRS 16.24(d) als zusätzlichen, über den Barwert der eigentlichen Leasingraten hinausgehenden, Teil der Anschaffungskosten des Nutzungsrechts zu aktivieren („per Nutzungsrecht an Schuld").
Alternative 2: Die Rückbauverpflichtung stellt kein eigenes *asset* i. S. d. IAS 16.5 dar, sondern nur einen Teilbereich der aktivierungspflichtigen Herstellungskosten gem. IAS 16.16(c) (→ § 14 Rz 30). Die Herstellungskosten werden mit Beginn des Leasingverhältnisses zu Aufwand. Die Rückbauverpflichtung bleibt als *liability* i. S. d. IAS 37.14 zu passivieren (Rz 9).

Praxis-Beispiel (zur Renditeliegenschaft)
Sachverhalt
Die Immobiliengesellschaft I errichtet auf einem Erbbaugrundstück einen Supermarkt und verpflichtet sich am Ende der Laufzeit des Vertrags zum Abriss der Gebäulichkeit. I wählt das *fair-value*-Modell (→ § 16 Rz 53).

---

[71] Wegen Einzelheiten hierzu, die anhand von tabellarischen Beispielrechnungen dargestellt werden, sei verwiesen auf KÜTING/KESSLER, PiR 2007, S. 308.

Lösung
Die Zugangsbewertung für die Rückbauverpflichtung erfolgt analog
IAS 16.16(c) mit dem Barwert der Verpflichtung (→ § 16 Rz 39). Für die
Folgebewertung zum *fair value* passen die auf IAS 16 aufbauenden Regeln
des IFRIC 1 nicht (vgl. auch IAS 16.5). Vielmehr sind in die *fair-value*-
Bewertung der Immobilie die aktuell bewerteten Rückbauverpflichtungen
einzubeziehen. Die Verpflichtung ist zum jeweiligen Barwert (laufende
Aufzinsung) zu passivieren.

Die erforderliche Überwachung der beiden Bilanzposten setzt nach IFRIC 1.2   74
bei der **Rückstellungsbewertung** und deren erforderlichen **Änderungen** an
(Rz 149), die auf laufend anzupassenden Schätzelementen beruhen (IFRIC 1.3):
- Bestimmung des Entsorgungs**volumens** (Mengengerüst) und der zugehörigen
  Aufwendungen (Preisgerüst) – *outflow of resources*;
- Änderung der **Abzinsungs**rate – *discount rate*, die nach IAS 37.47 zu
  bestimmen ist;
- **Aufzinsung** nach Maßgabe des Zeitverlaufs – *unwinding of the discount*.
Unproblematisch ist die dritte Anpassungsgröße, also der **Aufzinsungsbetrag**.
Dieser ist nach IFRIC 1.8 ergebniswirksam als Finanzierungskosten bei Anfall zu
erfassen. Eine Aktivierung des Aufzinsungsbetrags bei bestimmten Vermögens-
werten *(qualifying assets)* nach IAS 23.8 f. (→ § 9 Rz 15 ff.) entfällt.
Schwieriger gestaltet sich die Lösung für die beiden übrigen Parameter des
Schätzverfahrens, die in IFRIC 1.5 – IFRIC 1.7 behandelt werden. Eine irgend-
wie festgestellte Änderung der langfristigen Verpflichtung führt zu einer korrespondierenden Folgewirkung auf die Buchwerte der betreffenden Anlagegüter.
Hier unterscheidet IFRIC 1 konsequent nach den beiden Bewertungsmodellen
in IAS 16, dem Verfahren der **fortgeführten AK/HK** (*cost model*; → § 14 Rz 46)
und der **Neubewertungskonzeption** (*revaluation model*; → § 14 Rz 47).
Im *cost model* ist wie folgt zu verfahren (IFRIC 1.5):
- Eine **Erhöhung** des Rückstellungsbetrags aufgrund neuer Diskontierungssätze oder neuer Annahmen bzgl. Zeitpunkt oder Höhe der zu leistenden
  Zahlung – nicht also die Änderung aufgrund des Aufzinsungseffekts – ist als
  Erhöhung des **Buchwerts** des betreffenden Anlageguts zu erfassen (erfolgsneutrale Verbuchung: „per Anlagevermögen an Rückstellung").
- Kommt es zu einer **Verminderung**, ist nur insoweit entsprechend zu verfahren, wie der Minderungsbetrag den Buchwert des Anlagegegenstands nicht
  übersteigt („per Rückstellung an Anlagevermögen"). Eine darüber hinausgehende Minderung der Rückstellung ist unmittelbar erfolgswirksam zu
  behandeln, da sonst ein negativer Buchwert des Anlagegegenstands entstünde.
- Bei einer Erhöhung des Buchwerts muss sich das Unternehmen Gedanken
  darüber machen, ob dieser Betrag nicht überzogen ist, also ein Anzeichen
  für eine erforderliche Abschreibung darstellt. Wenn ein solches Anzeichen
  gegeben ist, ist ein *impairment test* nach Maßgabe von IAS 36 vorzunehmen
  (→ § 11 Rz 13 ff.).

Die entsprechenden Änderungen sind **prospektiv** (erfolgswirksam) als Schätzungsänderungen nach IAS 8.36f. (→ § 24 Rz 34) zu verbuchen.

75

Praxis-Beispiel[72]
Sachverhalt
Das Unternehmen B erwirbt in 00 das Recht zum Aufbau einer Windkraftanlage (WKA) im Wattenmeer unter der Auflage eines Rückbaus nach 25 Jahren. Folgende Informationen liegen vor:
- Die erwartete zukünftige Verpflichtung beträgt 1 Mio. EUR.
- Der marktübliche Diskontierungszins für 25 Jahre beläuft sich auf 5 %.

Bei der Erstaktivierung der WKA wird die zukünftige Verpflichtung zum Barwert *(present value)* bilanzverlängernd (ergebnisneutral) passiviert:
- „per WKA 0,3 Mio. an Rückstellung für Rückbau 0,3 Mio.",

wobei die 0,3 Mio. EUR sich aus der Diskontierung von 1 Mio. EUR über 25 Jahre ergeben.
In der Periode 15 erfolgt eine Anpassung der Rückstellung an bessere Informationen:
- Fall 1: Die Höhe der zukünftigen Verpflichtung wird nun auf 1,2 Mio. EUR geschätzt.
- Fall 2: Der marktübliche Diskontierungszins beträgt nun 6 %.

Lösung
Der Barwert der passivierten Rückstellung ist aufgrund der besseren Erkenntnisse zum Stichtag der Periode 15 anzupassen. Die Anpassung erfolgt in der aktuellen Periode i.d.R. ergebnisneutral durch gleichzeitige Anpassung des Buchwerts der WKA (Bilanzverlängerung oder Bilanzverkürzung). In den Folgeperioden kommt es über Abschreibungen und Finanzierungskosten zu geänderten Aufwendungen.

Fall 1: Erhöhung Erfüllungsbetrag der Rückbauverpflichtung
- „Per WKA 123 TEUR an Rückstellung 123 TEUR",

wobei sich der Betrag von 123 TEUR aus der Diskontierung von 200 TEUR zu 5 % über die Restdauer von zehn Jahren ergibt.

Fall 2: Änderung des Kapitalisierungszinssatzes (Minderung Barwert bei gleichbleibendem Erfüllungsbetrag)
- „Per Rückstellung 56 TEUR an WKA 56 TEUR",

wobei die 56 TEUR sich als Differenz aus einer Diskontierung des Erfüllungsbetrags von 1 Mio. EUR über zehn Jahre mit einerseits 6 %, andererseits 5 % ergeben. Die erfolgsneutrale Buchung ist nur zulässig, wenn der Restbuchwert der WKA mindestens 56 TEUR beträgt. Liegt er etwa bei null, kommt nur eine ertragswirksame Buchung infrage.
Fraglich ist, wie im vorstehenden System der Zinsstrukturkurveneffekt (→ § 11 Rz 70) zu berücksichtigen ist. Bei normalen Verhältnissen sinkt der Zins mit der Laufzeit. Bei unveränderten Marktverhältnissen ergäbe sich also zu jedem Stichtag eine Änderung des Zinssatzes aufgrund der verminderten (Rest-)Laufzeit. Dieser Effekt kann gemindert werden, indem aus *materiali-*

---

[72]   Eine ähnliche Fallstudie liefert POSEWANG, KoR 2012, S. 535.

> *ty*-Gründen für die Zinsbetrachtung der Diskontierungszins stets auf volle
> oder zumindest halbe Prozentpunkte gerundet wird.

Wegen eines weiteren Beispiels, das die Alternativen des **Nominal-** und **Real-**
zinses gegenüberstellt, wird verwiesen auf Rz 142.

Komplizierter stellen sich die erforderlichen Verbuchungen bei Anwendung der   76
Neubewertungskonzeption (*revaluation model*) dar (→ § 14 Rz 47 ff.):

- Die Änderung des Rückstellungsbetrags ändert die Neubewertungsrücklage
  auch im negativen Bereich *(revaluation surplus or deficit)* für den betreffenden
  Vermögenswert wie folgt:
  - Eine Minderung der Rückstellung ist unmittelbar der Neubewertungs-
    rücklage im Eigenkapital zu belasten, es sei denn, zuvor ist eine Neube-
    wertung zulasten des Ergebnisses verbucht worden.
  - Eine Erhöhung der Verpflichtung ist ergebniswirksam zu erfassen, soweit
    die Erhöhung eine vorgängige ergebniswirksame Abschreibung des neu
    bewerteten Vermögenswerts nicht übersteigt; der übersteigende Betrag ist
    dann der Neubewertungsrücklage zuzuführen.
  - Übersteigt die Verminderung der Verpflichtung den fiktiven Buchwert bei
    Anwendung des *cost model*, muss der übersteigende Betrag direkt im
    Aufwand verrechnet werden.
- Eine Veränderung der Rückstellungsverpflichtung indiziert das Erfordernis
  einer erneuten Vornahme des Bewertungsverfahrens, damit der Buchwert
  nicht nennenswert vom *fair value* am Bilanzstichtag abweicht. Sofern eine
  Neubewertung in diesem Fall erforderlich ist, müssen alle Vermögenswerte
  dieser Gruppe *(class* nach IAS 16.36) neu bewertet werden.
- In der Eigenkapitalveränderungsrechnung (→ § 20 Rz 64 ff.) ist die daraus
  resultierende Bewegung der Neubewertungsrücklage gesondert darzustellen
  und zu erläutern.

Die aus den vorstehenden Änderungen sich ergebende neue **Abschreibungsbasis**
(*depreciable amount*; → § 10 Rz 19 ff.) ist über die Nutzungsdauer hinweg
(→ § 11 Rz 42 ff.) abzuschreiben. Nach Ende der Nutzungsdauer (vollständige
Abschreibung) sind Änderungen der dann noch vorhandenen Verpflichtung
unmittelbar ergebniswirksam zu verbuchen (IFRIC 1.7).

Eine nennenswerte **praktische** Bedeutung kommt dem Neubewertungsverfahren in diesem Bereich zumindest in Deutschland vermutlich nicht zu. Gründe:

- Die Neubewertungsmethode wird nur sehr selten und dann auch nur für
  Grundbesitz gewählt.
- Eine einigermaßen zuverlässige Ermittlung des *fair value* eines Kernkraft-
  werks oder einer Antennenanlage etc. (Rz 72) dürfte selten möglich sein.

In **Sonderfällen** kann die Rückbauverpflichtung auch **nach** Aufnahme der Produktionstätigkeit im Gefolge von öffentlich-rechtlichen Auflagen entstehen.
Dann ist das geschätzte Kostenvolumen nachträglich den Anschaffungs-/Her-
stellungskosten der betreffenden Anlage zuzuschlagen und entsprechend den
Vorgaben von IFRIC 1 weiterzubewerten (Rz 73).

Entsprechend sollte verfahren werden, wenn die Auflage erst am **Ende** der Nutzungsdauer des betreffenden Anlageguts entsteht.

Praxis-Beispiel[73]
Sachverhalt
Eine Brauerei wird im Innenstadtbereich betrieben. Durch Gemeinderatsbeschluss wird das Areal als reine Wohngegend ausgewiesen. Entsprechend ergeht die Auflage an die Brauerei, umgehend die Produktion am bisherigen Ort einzustellen und „auf die grüne Wiese" zu verlagern. Mit der Auflage ist der Abriss der gesamten Produktionsanlage mit Gebäude verbunden. Eine entsprechende Abbruchverpflichtung ist bislang nicht bilanziert worden.

Lösung
Diese Entfernungsverpflichtung ist spätestens mit rechtskräftigem Ergehen des entsprechenden Verwaltungsakts anzusetzen. Eine Gegenbuchung auf dem zugehörigen Anlagevermögen ist hier nicht sinnvoll. Vielmehr ist die Rückstellung unmittelbar im Aufwand zu verrechnen.
Vertretbar scheint auch eine Aktivierung der Entsorgungskosten auf der abzureißenden Anlage mit anschließendem Werthaltigkeitstest (→ § 11 Rz 13) und einer darauf beruhenden Wertminderungsabschreibung.
Sofern das Grundstück nach Abriss veräußert werden soll, ist auch die Zugehörigkeit der gesamten abzureißenden Anlage zu einer „Abgangsgruppe" i.S.v. IFRS 5 denkbar (→ § 5 Rz 15). Dann ist ein Wertminderungstest vorzunehmen (→ § 11 Rz 141) und zur Folgebewertung mit dem *fair value* überzugehen (→ § 29 Rz 38).

77   Entsorgungsverpflichtungen können auch von **mehreren** betroffenen Unternehmen „gebündelt" werden. Dieses Thema nimmt sich IFRIC 5 für „**Entsorgungsfonds**" an; es ist in Deutschland mit Ausnahme von Stilllegungs- und Entsorgungsfonds für Atomkraftwerke kaum relevant, kann aber hinsichtlich **ausländischer**, zum Konsolidierungskreis gehörender Gesellschaften oder Betriebsstätten bedeutsam sein. Die **Kernregeln** von IFRIC 5 lassen sich im **Kontrast** zum Entsorgungs- und Pensionsfonds wie folgt darstellen:
Ein **Pensionsfonds** ist kein **Konsolidierungsobjekt**, d.h. weder voll (→ § 31) noch bei von mehreren Arbeitgebern betriebenen Fonds *at equity* (→ § 33) zu konsolidieren. Sofern dieser Fonds als gemeinschaftliche Tätigkeit (*joint operation*) zu qualifizieren ist, erfolgt eine anteilige Bilanzierung von Vermögen, Schulden, Erträgen und Aufwendungen im Einzel- und Konzernabschluss des übergeordneten Unternehmens. Der Entsorgungsfonds kann je nach den Umständen auch als Gemeinschaftsunternehmen (*joint venture*) anzusehen sein; dann ist im Konzernabschluss des übergeordneten Unternehmens die Bilanzierung nach der *equity*-Methode vorzunehmen (→ § 34 Rz 1). Das Unternehmen, dessen Versorgungsverpflichtungen ein Pensionsfonds trägt, bilanziert vielmehr den Saldo aus (ihm zuzurechnenden) Verpflichtungen des Fonds und dem *fair value* des dem gegenüberstehenden Fondsvermögens.

---

[73]   KPMG, Insights into IFRS 2015/2016, Tz. 3.12.450.55.

Entsorgungsfonds unterliegen hingegen den allgemeinen Konsolidierungsvorschriften. Wenn das Unternehmen zumindest subsidiär für die auf den Fonds übertragenen Verpflichtungen haftet, gilt deshalb:

• **Vorrangig** ist zu prüfen, ob der Anteil an dem Entsorgungsfonds **Kontrolle**, gemeinschaftliche Kontrolle oder signifikanten **Einfluss** vermittelt (IFRIC 5.8). Ist dies der Fall, wird der Fonds a) **voll** konsolidiert (IFRS 10), d.h. sein gesamtes Vermögen und seine gesamten Schulden erfasst, oder b) je nach Gestaltung des Fonds (*joint operation* vs. *joint venture*) **quotal** mit den Anteilen am Vermögen und den Schulden oder *at equity* erfasst (IFRS 11) oder c) *at equity* mit dem Anteil am Eigenkapital abgebildet (IAS 28). Im *equity*-Fall sind bestehende Nachschusspflichten zusätzlich zu passivieren.

• Besteht **kein Einfluss**, hat das Unternehmen die Entsorgungsverpflichtungen so zu passivieren und bei AK/HK-Eigenschaft zu aktivieren, als ob der Fonds nicht bestünde (IFRIC 5.7). Daneben sind die Erstattungsansprüche gem. IAS 37.53 ff. zu erfassen, und zwar mit dem niedrigeren Wert aus Anteil am Vermögen des Fonds *(fair value)* oder dem Wert der passivierten Schuld.

Soweit es sich nicht um kontinuierlich entstehende Rekultivierungs- oder ähnliche Verpflichtungen (Rz 81) handelt, bereiten die vorgenannten Verpflichtungen dem traditionellen **deutschen** Bilanzierungsverständnis besondere Schwierigkeiten. „An sich" müssen solche unstreitig vorhandenen Verpflichtungen aufgrund des **Vollständigkeitsgebots** im HGB-Abschluss angesetzt werden. Das Ergebnis wäre jedoch wirtschaftlich höchst unbefriedigend: Die hohen Kosten der Entsorgung eines Kernkraftwerks (z.B.) müssten dann im Jahr der Produktionsaufnahme, wenn nicht schon bei Erteilung der Konzession, in vollem Umfang **zulasten des Ergebnisses** verbucht werden. Die Folge läge in einer bilanzmäßigen Überschuldung des Kernkraftwerkbetreibers zu diesem Zeitpunkt. Letztlich rührt diese Kalamität im handels- und steuerrechtlichen Abschluss deutscher Provenienz in der dort für unzulässig erachteten Gegenbuchung für die Bildung einer Rückstellung auf der Aktivseite; lediglich ein Buchungssatz „per Aufwand an Rückstellungen" wird als zulässig erachtet. Der Definitionsnorm in § 249 Abs. 1 Satz 1 HGB ist dies allerdings nicht zu entnehmen.

Dieses Dilemma versuchen die meisten Autoren durch das Prinzip der **wirtschaftlichen Verursachung** zu ersetzen.[74] Danach sollen die unstreitig vorhandenen Verpflichtungen ratierlich nach der mutmaßlichen Laufzeit der Produktion oder Nutzung als Rückstellung angesammelt werden.

Das Reglement der IFRS hat gem. IAS 37.14 (Rz 9) mit dem **vollen** Ausweis des mutmaßlichen **Verpflichtung**sbetrags aus den genannten Schuldverhältnissen als Passivum bei Eintreten der Verpflichtung kein Problem. Dort ist die Buchung „per AK/HK an Rückstellung" (Rz 8) zulässig (IAS 16.16(c); → § 14 Rz 30). Sieht man einmal von Bewertungsproblemen ab, bestehen die Rechtsfolgen der unterschiedlichen Betrachtungsweise im deutschen Bilanzrecht einerseits und in den IFRS andererseits in der Bilanzsumme, aber nicht im Eigenkapital und auch nicht im Ergebnisausweis (jedenfalls nicht notwendig).

Schon dieser Befund sollte Anlass zu Überlegungen geben, ob die vorstehend kurz dargestellte HGB-Interpretation zwingend ist oder nicht im Interesse der Anglei-

78

---

74 Im Überblick dargestellt durch HOMMEL/WICH, KoR 2004, S. 16, 19; ausführlich WICH, Entfernungsverpflichtungen in der kapitalmarktorientierten Rechnungslegung der IFRS, 2009.

chung an die IFRS auch eine andere Auslegung möglich erscheint. Letzteres könnte in dem **finalen** Charakter des AK/HK-Begriffs gefunden werden.[75]

79 Die IFRS sprechen das Problem von einem eher pragmatischen Standpunkt aus an. In IAS 16.18 i.V.m. IAS 16.BC13ff. werden die einschlägigen Entsorgungs- und Entfernungskosten auch für einen Sonderfall aufgegriffen, der wohl eher selten sein dürfte, der aber entscheidend auf die Aufwandswirksamkeit abhebt. Es geht dort um die Einbeziehung von Entsorgungslasten in die Herstellungs- kosten von **Vorratsvermögen.** Ist deren Produktion mit entsprechenden Ver- pflichtungen verknüpft, müssen Letztere aufwandsmäßig dem einzelnen pro- duzierten Vermögenswert zugeordnet werden, auch wenn für die Produktion kein entsprechender Anlagewert bilanziert ist (Beispiel: Rekultivierungsver- pflichtung für die gepachtete Kiesausbeute).

80 Das **Vergangenheitsereignis** im Ansatzkatalog von IAS 37.14 (Rz 9) wird in der unabdingbaren Verpflichtung zur späteren Entsorgung etc. im Rahmen der erteilten Konzession oder des Beginns der einschlägigen Tätigkeit etc. gesehen. Dieser Verpflichtung kann sich das Unternehmen ab dem genannten Zeitpunkt nicht mehr entziehen (Rz 11).

Praxis-Beispiel in IAS 37.19
Die Installation einer **Erdölbohrung** oder eines **Atomkraftwerks** führt zu Rückbauverpflichtungen u. Ä.; soweit diese am Bilanzstichtag bereits durch Erteilung der Lizenz rechtlich begründet worden sind, muss eine Rückstel- lung gebildet werden.

Praxis-Beispiel Nr. 3 in Appendix 10 zu IAS 37
Die Lizenz zum Betrieb einer Ölplattform verlangt vom Betreiber deren Entfernung nach dem Ausbeutungszeitraum und außerdem die Wiederher- stellung des Meeresbodens, der durch die Ölförderung beschädigt wird. Der Aufwand für die Wiederentfernung der Plattform ist bei Erteilung der Lizenz – noch vor Beginn der Ölförderung – zu passivieren, aber nicht ent- sprechend dem deutschen Bilanzierungsverständnis zulasten des Aufwands, sondern als Bestandteil der Herstellungskosten für die Plattform gem. IAS 16.15 (→ § 14 Rz 30) zu aktivieren. Über die dann zu verrechnenden Abschreibungen ergibt sich in etwa das gleiche Ergebnis wie nach der in Deutschland gebräuch- lichen **Ansammlungsrückstellung.**[76] Dieser Verpflichtung kann sich das Un- ternehmen nach Erteilung der Lizenz nicht mehr entziehen. Anders soll es sich bei den Kosten für die Wiederherstellung des Meeresbodens verhalten. Hier beginnt die Rückstellungsfähigkeit erst mit Aufnahme der Produktion.

IFRIC *Interpretation* 1 (IFRIC 1) hat sich auf der Grundlage der genannten Vorgaben in IAS 16.16(c) und IAS 37.14 (Rz 73) detailliert der Materie ange- nommen. Der Bilanz**ansatz** im Rahmen der Anschaffungs- oder Herstellungs- kosten bzw. die Bildung der Rückstellung wird dabei zutreffenderweise als zwingend unterstellt. Es geht also in IFRIC 1 um die **Bewertung** im Rahmen der Folgebilanzierungen. Auf die Kommentierung in Rz 73 wird verwiesen.

---

[75] So LÜDENBACH, BB 2003, S. 835, 839.
[76] Siehe hierzu FÖRSCHLE/KRONER/HEDDÄUS, WPg 1999, S. 47.

2.3.5 Rekultivierung

Ein typisches Feld der Rückstellungsbilanzierung im Bergbau stellen die **Rekul-** 81
tivierungsverpflichtungen dar. Die Lizenz zum Abbau von Bodenschätzen enthält die Verpflichtung zur Wiederherstellung des Geländes nach Abbau von Braunkohle, Kies etc. oder zur Verfüllung von Bohrlöchern und anderen Hohlräumen. Anders als in den unter Rz 72 genannten Sachverhalten besteht die Verpflichtung wirtschaftlich erst mit **Beginn des Abbaus** (der Produktion); anders beim Kernkraftwerk (Rz 78), das auch ohne Inbetriebnahme nach Konzessionsablauf wieder entfernt werden muss.

Die Rekultivierungsverpflichtung ist dementsprechend nach Maßgabe der Abbaumenge **ratierlich** als Rückstellung einzubuchen, Gegenbuchung als laufender Betriebsaufwand (IAS 37.19 Satz 3: *„damage already caused"*). Mit hoher Sicherheit erwartete kompensatorische Vorteile, insbesondere Kippgebühren sind bei der Bemessung der Rückstellung kürzend zu berücksichtigen (Rz 172).

Speziell im Tagebau, also etwa bei der Braunkohleförderung, fallen vor Beginn 82
des Abbaus Aufwendungen an, deren Bilanzierung fraglich sein kann.

Praxis-Beispiel
Sachverhalt
Die Braunkohle AG hat eine Abbaulizenz für das Gebiet X erhalten. Sie trägt daraufhin die Humusschicht ab und bereitet das Gelände zum Kohleabbau vor.

Lösung
Die vorbereitenden Kosten dienen der Herstellung der Betriebsbereitschaft für die Lizenz (→ § 13 Rz 79) und sind mit dieser als immaterieller Vermögenswert zu aktivieren und nach Abbaubeginn entsprechend der Abbaumenge abzuschreiben (→ § 10 Rz 34). Vgl. auch → § 42 Rz 4.

2.3.6 Rücknahme- und Entsorgungsverpflichtungen (Elektroschrott und Altfahrzeuge)

Der Rücknahme von Elektroschrott widmen sich IFRIC 6 sowie hinsichtlich der 83
Besonderheiten des deutschen (Elektro- und Elektronikgerätegesetzes aus 2005 – ElektroG 2005) RIC 2. Für die Rücknahme von Elektrogeräten gilt die nachstehende **Verpflichtungsstruktur:**[77]

Verpflichtungsstruktur Elektroschrott		
	Haushalte (B2C-Produkte)	**Entsorgungsverpflichteter**
1.	alte Gebrauchtgeräte (vor 23.11.2005 in Verkehr gebracht)	Hersteller im Umlageverfahren nach Maßgabe des Marktanteils im Rücknahmezeitpunkt
2.	neue Gebrauchtgeräte (ab 23.11.2005 in Verkehr gebracht)	Hersteller im Umlageverfahren (jedoch Bringschuld zur Sammelstelle)

---

[77] OSER/ROSS, WPg 2005, S. 1069; SCHREIBER, BB 2006, S. 1842.

Verpflichtungsstruktur Elektroschrott		
	Nicht private Nutzer (B2B-Produkte)	Entsorgungsverpflichteter
3.	neue Gebrauchtgeräte (ab 23.11.2005 in Verkehr gebracht)	Hersteller
4.	alte Gebrauchtgeräte (vor 23.11.2005 in Verkehr gebracht)	Regel: Nutzer

Zu 1. Alte Gebrauchtgeräte, private Haushalte
Ausschließlich mit den alten Gebrauchtgeräten befasst sich IFRIC 6 (IFRIC 6.6).
In diesen Fällen orientiert sich die Rücknahmeverpflichtung bzw. der Kostenanteil an kollektiven Rücknahmesystemen nicht am Anteil der in **Verkehr gebrachten** Geräte, sondern am Marktanteil im **Rücknahmezeitpunkt**. Erst die
künftige Marktteilnahme stellt daher die gegenwärtige Verpflichtung i.S.v.
IAS 37.12(a) (Rz 11) dar.
Die *measurement period* nach IFRIC 6.9 ist das Entsorgungsjahr. Der Rückstellungsansatz ist also erst **nach** Festlegung der **aktuellen** Marktteilnahme bei Rücknahme möglich. Entsprechend hat sich auch das deutsche Rechnungslegungs-Inter-
pretations-Committee (RIC) in RIC 2 geäußert. Ab diesem Zeitpunkt kann sich das
Herstellerunternehmen seiner Verpflichtung **nicht mehr entziehen** (Rz 11) oder
umgekehrt ausgedrückt: Die Rücknahme- und Entsorgungsverpflichtung kann
durch Einstellung der einschlägigen Geschäftätigkeit bis zum genannten Zeitpunkt aus eigener Kraft vermieden werden. Gegen dieses Argument äußert der
HFA des IDW Bedenken:[78] Der Marktaustritt sei höchst unwahrscheinlich, so dass
zumindest eine faktische Entsorgungsverpflichtung vorliege (Rz 11).
Hinsichtlich der anderen drei Fälle verweist IFRIC 6.7 auf IAS 37, hält eine
analoge Anwendung von IFRIC 6 aber für geboten, wenn (für die anderen Fälle)
ein ähnliches Rücknahmeregime wie zu 1. herrscht.

Zu 2. Neue Gebrauchtgeräte, private Haushalte
Hier muss nach der **rechtlichen** Verpflichtung differenziert werden:
Weist der Hersteller seinen Anteil am Abfallstrom nach, wird er nach Maßgabe
dieses Anteils für die Rücknahme in Anspruch genommen. Ohne diesen Nach-
weis folgt die Inanspruchnahme dem aktuellen Marktanteil (wie unter 1.).
• Bei Nachweis des eigenen Anteils gleicht die Rücknahmepflicht derjenigen für
  Altfahrzeuge (Rz 85). Eine Rückstellung ist zum Zeitpunkt des Inverkehr-
  bringens anzusetzen.[79]
• Ohne diesen Nachweis entspricht die Abholverpflichtung derjenigen zu 1.
  (alte Gebrauchtgeräte). Eine Rückstellung kommt dann im Zeitpunkt des
  Inverkehrbringens nicht in Betracht (Anwendungsfall von IFRIC 6.7).[80] Das
  gilt trotz der vom Hersteller zu stellenden insolvenzsicheren Garantie. Der
  Garantiefall ist erst bei Marktaustritt des letzten Marktteilnehmers gegeben.
  Da dieser Fall kaum jemals eintreten wird, verbleibt es im Ergebnis bei der

---

[78] Siehe FN-IDW 2005, S. 781; ähnlich MARX/KÖHLMANN, BB 2005, S. 2010.
[79] So OSER/ROSS, WPg 2005, S. 1074.
[80] So SCHÄFER, BB 2004, S. 2738. Dagegen differenzierend OSER/ROSS, WPg 2005, S. 1074.

Lösung wie vorstehend zu 1. (IFRIC 6.7) – Rückstellung bzw. Aufwand also erst nach Festlegung der aktuellen Marktteilnahme im Rücknahmezeitpunkt.

Zu 3. Neue Gebrauchtgeräte, gewerbliche Nutzer
In diesem Fall trägt der Hersteller die Entsorgungsverpflichtung mit der Folge einer Passivierungspflicht für die Entsorgungsverpflichtung im Zeitpunkt des Inverkehrbringens von Elektrogeräten.

Zu 4. Alte Gebrauchtgeräte, gewerbliche Nutzer
Der deutsche Gesetzgeber hat ein Mitgliedstaatenwahlrecht zugunsten der Hersteller und zulasten der gewerblichen Nutzer ausgeübt. Letztere müssen vollständig die Kosten der Entsorgung tragen. Folglich besteht für den Hersteller kein Rückstellungserfordernis, es sei denn, die beiden „Parteien" treffen eine andere Regelung. Im Juli 2015 ist die Neuordnung des Elektro- und Elektronikgerätegesetzes **84** (ElektroG2 bzw. ElektroG 2015) verabschiedet worden. Das Gesetz tritt stufenweise bis 2018 in Kraft. Wichtigste Änderung ist die Begründung einer Rücknahmepflicht für große Einzelhändler (mit mindestens 400 qm Verkaufsfläche) und große Fernvertreiber (mit mindestens 400 qm Lagerfläche). Der Handel hat drei Möglichkeiten des Umgangs mit den zurückgenommenen Geräten: Er verwertet die Elektro-Altgeräte selbst bei zertifizierten Recyclingunternehmen oder er übergibt sie den Herstellern bzw. den öffentlich-rechtlichen Entsorgungsträgern. Die Kosten sind im Wesentlichen dann zu erfassen, wenn sie anfallen. Rückstellungsrelevante Sachverhalte ergeben sich daraus i.d.R. nicht.

Nach der EU-Altautorichtlinie und der Altfahrzeug-VO vom 21.6.2002[81] sind **85** Hersteller und gewerbliche Importeure bestimmter **Fahrzeuge** zur unentgeltlichen Rücknahme und **Entsorgung** von Altfahrzeugen ihrer Marke verpflichtet, und zwar für
• nach dem 30.6.2002 in Verkehr gebrachte Fahrzeuge generell und
• vor dem 1.7.2002 in Verkehr gebrachte Fahrzeuge ab dem 1.1.2007.

Mit dem Inverkehrbringen der Fahrzeuge liegt das Vergangenheitsereignis *(past event)* vor (Rz 11).

Zur Bewertung können **Erfahrungswerte** bzgl. der Kosten des Fahrzeugrecyclings herangezogen werden (Rz 129). Möglicherweise stehen auch Angebote gewerbsmäßiger Auto-Recycler zur Verfügung, wodurch das Bewertungsverfahren nach IAS 37.37 – **Übertragung** der Verpflichtung auf einen Dritten – eröffnet wird (Rz 125). Wegen der Langfristigkeit der Verpflichtung ist eine **Abzinsung** vorzunehmen.

Das IFRS IC erhielt eine Anfrage zur analogen Anwendung der Regeln von **86** IFRIC 6 (Rz 79) für andere Sachverhalte als Elektroschrott, bei denen die Höhe der Belastung von der Marktteilnahme im jeweiligen Jahr abhängt.[82]
[83] Angesprochen wurden u.a. die Bankenabgaben im Vereinigten Königreich und Abgaben der Pharmahersteller in den USA. Letztlich hat die Anfrage zum Erlass von IFRIC 21 geführt. Hierzu wird auf Rz 107 verwiesen.

---

[81] HUG/ROSS/SEIDLER, Bilanzielle Bewältigung der Rückwirkungsproblematik durch das Altfahrzeuge-Gesetz, DB 2002, S. 1013.

[82]

[83] IFRIC Updates July 2011 und November 2011.

2.3.7 Restrukturierungsrückstellungen[84]

87 Einen weiteren Sonderfall für die Bildung einer *provision* stellen **Restrukturierungsverpflichtungen** dar. **Definiert** ist die Restrukturierung in IAS 37.10 als ein vom Management geplantes und beherrschtes Programm zur wesentlichen Veränderung eines Geschäftsfelds oder des Betriebs dieses Geschäftsfelds. Unter IAS 37.70 wird in Konkretisierung der generell gültigen Ansatzkriterien (Rz 9ff.) zunächst dieser Begriffsinhalt erläutert; als Beispiele für Restrukturierungen werden genannt u. a.:

- die **Aufgabe** bzw. der **Verkauf** ganzer Geschäftsbereiche *(line of business)*;[85]
- **Schließung** bzw. Stilllegung von Standorten *(business locations)* in einem bestimmten Gebiet oder Land *(region or country)*;
- **Verlegung** eines Geschäftsbereichs *(business activity)* in ein anderes Gebiet oder Land;
- „**fundamentale Reorganisationen**" mit wesentlichen Auswirkungen auf den Inhalt *(nature and focus)* der Geschäftstätigkeit;
- Änderungen der **Managementstruktur**, z. B. Verselbstständigung von funktionalen Einheiten oder Aufhebung einer Hierarchiestufe.

Für Rückstellungen aus derartigen Vorgängen kommen nicht nur Abfindungen für das **Personal** infrage, sondern generell direkte, den betreffenden Maßnahmen zuzuordnende Kosten, z. B. Abfindungen für die Entlassung aus Mietverträgen, Generalüberholung von Maschinen, Rückbau- und Sanierungskosten.

88 Eine trennscharfe Abgrenzung von operativen Änderungen der Geschäftsabläufe und strukturellen Neuorientierungen ist oft nicht gegeben. Die Folge sind nennenswerte bilanzpolitische Möglichkeiten. Die Zielsetzung des Managements wird häufig dahin gehen, den anstehenden Aufwand aus diesem Bereich hoch zu schätzen, um dann nicht benötigte Rückstellungen „still" zugunsten des laufenden Ergebnisses aufzulösen. Dieses bilanzpolitische Instrumentarium (*„clean up"* oder *„big bath"*) kommt insbesondere dann zum Einsatz, wenn ein neuer Vorstandsvorsitzender die Bühne betritt und dem bisherigen „Altlasten" anhängt. Später steht der neue Boss nach Auflösung nicht benötigter Rückstellungen glänzend da.[86]

89 Das Schlagwort „Restrukturierung" suggeriert dem Abschlussadressaten die Maßnahme als etwas **Außerordentliches**, also nicht wieder Vorkommendes. Die damit verbundenen Aufwendungen sind „Schnee von gestern", der die **Zukunft** nicht mehr behelligt. Diese Suggestion wird durch Darstellung eines besonderen Aufwandspostens (→ § 2 Rz 77) unterstützt. Dabei stellen laufende Anpassungen der Geschäftstätigkeit an die Änderungen im wirtschaftlichen Umfeld eine wesentliche Aufgabe der Unternehmensführung dar.[87]

90 Gem. IAS 37.71 müssen die Restrukturierungsrückstellungen die **generellen Ansatzkriterien** für *provisions* gem. IAS 37.14 erfüllen (Rz 17). Die Regeln für die Restrukturierung stellen also nach dieser Vorstellung nur Konkretisierun-

---

84 Die nachstehende Darstellung folgt in den Grundzügen den Ausführungen von ERNSTING/VON KEITZ, DB 1998, S. 2480, REINHART, BB 1998, S. 2517, sowie THEILE, PiR 2007, S. 297; siehe auch WENK/JAGOSCH, DStR 2009, S. 1712; ZWIRNER/MUGLER, IZR 2011, S. 505.

85 U. U. zu behandeln als *discontinued operation* gem. IFRS 5 (→ § 29).

86 Ähnlich THEILE, PiR 2007, S. 297.

87 So THEILE, PiR 2007, S. 298.

gen der allgemeinen Vorschriften zum Bilanzansatz dar. Ganz überzeugend ist diese Logik nicht, insbesondere können eigentliche **Aufwandsrückstellungen** im Rahmen von solchen Restrukturierungsmaßnahmen entgegen der generellen Regel (Rz 11) durchaus gebildet werden. IAS 37.72 geht bei der Ansatzvoraussetzung von einer *„constructive obligation"*, also von einer faktischen Verpflichtung aus, der sich das Unternehmen nicht mehr entziehen kann (Rz 17). Ein **rechtliches** Schuldverhältnis wird anders als sonst (Rz 9) nicht verlangt. Notwendig für die Konkretisierung der Verpflichtung ist ein **detaillierter Plan**, der folgende Identifizierungen erlaubt:

- der betroffene **Geschäftsbereich** oder Teilgeschäftsbereich;
- die wesentlichen **Standorte**, die betroffen sind;
- Standort, Funktion und ungefähre Anzahl der **Arbeitnehmer**, die gegen Abfindung ausscheiden werden;
- die (sonst) erforderlichen **Ausgaben**;
- der **Umsetzungszeitpunkt** für den getroffenen Plan.

Weitere Voraussetzung ist die Weckung einer entsprechenden **Erwartungshaltung** bei den betroffenen Personen über die Umsetzung des Restrukturierungsplans. In IAS 37.73 wird die Schaffung der Erwartungshaltung noch weiter umschrieben und insbesondere auf die **öffentliche Ankündigung** abgehoben. Nach IAS 37.74 muss der betreffende Plan **so schnell wie möglich** durchgeführt und innerhalb eines bestimmten Zeitrahmens vollendet werden. Vorbehalte werden an dieser Stelle gegenüber **langfristig** angelegten Plänen angebracht, weil ein solcher Zeitrahmen Gelegenheiten zu Planänderungen eröffnet. Offensichtlich sollen damit bilanzpolitische Gestaltungsspielräume eingeengt werden.   91

Die bloße Entscheidung des Managements zur Durchführung einer Restrukturierungsmaßnahme genügt als Ansatzkriterium nicht. Es bedarf des Beginns der effektiven **Implementierung** des Restrukturierungsplans, mindestens aber dessen öffentlicher **Ankündigung**. Erfolgen die letztgenannten Maßnahmen nach dem Bilanzstichtag, aber vor Bilanzerstellung, ist eine Erläuterung nach IAS 10 (Rz 179) im Anhang vorzunehmen. Als bejahendes Ansatzkriterium wird die Aufnahme von **Verhandlungen mit Arbeitnehmervertretern** in IAS 37.76 genannt. Das Gleiche gilt gem. IAS 37.77, wenn nach Art des deutschen Unternehmensverfassungsrechts Arbeitnehmervertreter im Aufsichtsrat sitzen und diese in die entsprechenden Pläne des Vorstands involviert worden sind. Die vorstehend genannte Einweihung der Arbeitnehmervertreter (Betriebsrat oder Aufsichtsrat) in die Restrukturierungspläne entspricht als Ansatzkriterium in etwa denjenigen gem. R 5.7 (9) EStR 2012. Danach genügt nicht der Plan zur Rückstellungsbildung, es bedarf vielmehr der entsprechenden **Bekanntgabe** noch vor Erstellung oder Feststellung des Jahresabschlusses.   92

Und schließlich wird noch in IAS 37.78 der Restrukturierungsfall des **Verkaufs**   93
eines eigenständigen Geschäftsfelds erwähnt. Danach ist eine Rückstellung für die damit verbundenen Verluste bzw. Aufwendungen erst mit Abschluss des bindenden Vertrags ansetzbar. Möglicherweise ist aus dem Verkauf eines nicht mehr benötigten Produktionsareales oder Lagerhauses mit einem **Gewinn** zu rechnen. Diese Möglichkeit erlaubt keinen Bilanzansatz oder eine Reduktion der zu erwartenden Aufwendungen mit der Stilllegung der genannten Gebäude z.B.

durch Beendigung eines Leasingvertrags (Rz 154).[88] Wegen einer möglichen Kollision mit IFRS 5 vgl. → § 29 Rz 38.

94   Nicht ganz abgestimmt mit den Vorgaben von IAS 37 sind Parallel- oder sich überschneidende Ansatzregeln für **Abfindungsverpflichtungen** (*„termination benefits"*) anlässlich der Aufhebung eines Dienstverhältnisses gem. IAS 19.159 (→ § 22 Rz 139 ff.). Bei kollektiven Maßnahmen ist nach IAS 19 die Bekanntmachung des Plans an die Arbeitnehmer oder deren Vertreter ansatzbegründend. Auf eine Restrukturierung wird dabei nicht abgehoben.[89] Bei Freistellung von der Arbeitsverpflichtung – z. B. für einen Bereichsvorstand – unter Weiterbezahlung der vertraglichen Vergütung und formellem Weiterlaufen des Vertrags ist ggf. eine Rückstellung (Rz 48 ff.) anzusetzen.[90] Ob diese Drohverlustcharakter hat (formell ist das Dauerschuldverhältnis noch nicht beendet) oder eine „einfache" Verbindlichkeitenrückstellung vorliegt (nur formell läuft der Vertrag noch weiter, tatsächlich ist er beendet), ist angesichts gleicher Ansatz- und Bewertungsregeln unerheblich.

95   Beim Ansatz oder bei der Bewertung von **Sachvermögen** kann der Restrukturierungsplan **Folgewirkungen** auslösen:
* Wertminderungsabschreibungen nach IAS 36 (→ § 11 Rz 13 ff.) wegen verminderter oder nicht mehr erfolgender Nutzung von Anlagevermögen;
* Abbruch- und Entsorgungskosten für nicht mehr benötigtes Anlagevermögen (häufig faktische Verpflichtung);
* Aufwendungen interner (Mitarbeiter) und externer (Berater) Art wegen des Restrukturierungsprozesses (ohne Aufbau künftiger Geschäftsmodelle).

96   Nicht rückstellbar sind nach IAS 37.81
* Kosten der Umschulung und Versetzung von Mitarbeitern,
* Marketingaufwendungen für neue Produkte,
* Kosten der Installation neuer Produktlinien und Vertriebswege.

Gewinne aus dem Verkauf nicht mehr benötigter Vermögenswerte sind nicht rückstellungsmindernd zu berücksichtigen (IAS 37.83 i. V. m. IAS 37.50). Wegen des Verhältnisses zu IFRS 5 vgl. → § 29 Rz 38.

97   Für den Bilanzansatz von Restrukturierungsaufwendungen besteht im Hinblick auf die sehr spezifischen Voraussetzungen nach den IFRS nur eher zufällig eine Übereinstimmung mit dem HGB/EStG. Die Information des Betriebsrats als Ansatzkriterium (Rz 92) entspricht allerdings der Rechtslage nach HGB in der Interpretation durch den BFH und die Finanzverwaltung (R 5.7 (6) EStR 2012).
Zum Ansatz von Restrukturierungskosten im Rahmen von **Unternehmenserwerben** vgl. → § 31 Rz 96.

2.3.8   Emissionsrechte

98   Zur Bilanzierung der Rückgabeverpflichtung von **Emissionsrechten** für Treibhausgase wird verwiesen auf → § 13 Rz 47.

---

88   Vgl. KPMG, Insights into IFRS, 2015/2016 Tz. 3.12.170.30.
89   Theile, PiR 2007, S. 289.
90   Aschfalk-Evertz, PiR 2013, S. 15 ff. zu weiteren Sachverhalten, die unter den Restrukturierungsbegriff fallen. Dieser Beitrag informiert empirisch über die Bilanzierungspraxis zur Restrukturierungsrückstellung der DAX-30-Konzerne.

2.3.9 Kosten der Rechtsverfolgung

Rechtsverfolgungskosten können wie folgt systematisiert werden:[91]   **99**
- Außerprozessuale Rechtsverfolgungskosten,
- Prozesskosten
  - Gerichtsgebühren und Auslagen,
  - außergerichtliche Kosten für Rechtsanwälte, Zeugen, Reisekosten u. Ä.

Zu Prozesskostenrückstellungen ist primär der am Rechtsstreit **passiv** Beteiligte „befugt". Es liegt hier ein Vergangenheitsereignis dann vor, wenn die Klage anhängig gemacht worden ist. Der gleiche Ansatzgrund kann auch für den aktiv **Beteiligten** gelten, wenn dieser einen insgesamt relativ aussichtslosen Prozess aus bestimmten Gründen anzettelt. Die gleichen Ansatzkriterien gelten im Rahmen des Instanzenwegs. Erst wenn die **nächste** Instanz förmlich angerufen worden ist, kann für die dann entstehenden weiteren Rechtsverfolgungskosten eine Rückstellung gebildet werden. Bzgl. der **Bewertung** des Prozesskostenrisikos kann sich das Unternehmen am Streitwert orientieren und den Höchstbetrag – abgesehen von unbedeutenden Nebenkosten – in aller Regel zuverlässig ermitteln. Im weiteren Schätzverfahren stellt sich allerdings die Frage nach dem Ausgang des Verfahrens und damit nach der Kostentragung. Hierzu darf auf das Beispiel in Rz 126 und auf den Umgang der Praxis mit der Unsicherheit bei Rechtsverfahren in Rz 128 verwiesen werden.

Eine Besonderheit besteht bei **Passivprozessen mit erfolgsabhängiger Vergütung des Anwalts:**   **100**

Praxis-Beispiel

Wegen Schadens aus angeblicher schuldhafter Vertragsverletzung wird U von K Ende 01 auf 1,0 Mio. USD verklagt. Die Höhe des Schadens ist unstrittig, fraglich ist aber, ob U schuldhaft gehandelt hat.

Mit der Vertretung seiner Interessen beauftragt U unverzüglich ein spezialisiertes Anwaltsbüro. Vereinbart wird (nach ausländischem Recht) ein ausschließlich erfolgsabhängiges Honorar. Danach erhält das Anwaltsbüro
- bei Verurteilung des U zu Schadensersatz kein Honorar,
- bei Nichtverurteilung ein Honorar von 0,2 Mio. USD.

Die eigene Rechtsabteilung der U hält ebenso wie das Anwaltsbüro eine Nichtverurteilung für überwiegend wahrscheinlich. Die Anwälte beginnen mit ihren Arbeiten erst im Januar 02.

Bei **isolierter Beurteilung** von (1) Schadensersatz und (2) erfolgsabhängigen Anwaltskosten gilt:
- keine Rückstellung für Schadensersatz, da Verurteilung nicht *more likely than not* wäre,
- keine Rückstellung für die Anwaltskosten, da Verteidigungsauftrag schwebendes Geschäft (F 4.46) und kein belastender Vertrag (IAS 37.66 ff.).

In **zusammengefasster wirtschaftlicher Betrachtung** beider Vorgänge gilt hingegen:
- Entweder das Unternehmen verliert den Prozess (im Beispiel überwiegend unwahrscheinlich), dann zahlt es Schadensersatz an den Prozessgegner oder

---

91 THIELE, WPg 2004, S. 737; OSTERLOH-KONRAD, DStR 2003, S. 1631.

- das Unternehmen gewinnt ihn (im Beispiel überwiegend wahrscheinlich), dann zahlt es die erfolgsabhängige Vergütung des Anwalts.
- Ein Ressourcenabfluss (im Beispiel von mindestens 0,2 Mio. USD) ist also sicher.

Fraglich ist, ob auch bilanziell eine zusammengefasste Betrachtung geboten ist. Dagegen könnte sprechen, dass keine Identität der Gläubiger der beiden potenziellen Verpflichtungen besteht. U. E. ist dies aber irrelevant. IAS 37.20 hält fest, dass eine zu passivierende Verpflichtung zwar immer eine andere Partei voraussetzt, die Kenntnis oder Identifikation der Partei jedoch nicht notwendig ist. Entscheidend ist, dass (gegen wen auch immer) eine Verpflichtung aus einem vergangenen Ereignis besteht, die wahrscheinlich zum Abfluss von Ressourcen führen wird. Das vergangene Ereignis ist hier die mögliche schuldhafte Vertragsverletzung und als dessen Folge die eingereichte Klage. Dieses Ereignis wird wahrscheinlich (bzw. mindestens) zum Abfluss von Ressourcen i. H. d. Erfolgshonorars führen. Der Grundsatz der Nichtbilanzierung schwebender Geschäfte ist danach nicht auf die Prozesskosten, hier in der Form von Anwaltskosten anzuwenden. Eine Rückstellung ist im Beispiel i. H. d. (überwiegend) wahrscheinlichen Betrags von 0,2 Mio. USD anzusetzen.

2.3.10 Schadensersatz- und ähnliche Verpflichtungen

101 Auf die Kommentierung unter Rz 125 ff. sowie Rz 35 ff. wird verwiesen.

2.3.11 Dokumentationsverpflichtungen, Registrierungskosten

102 Nach den verschiedensten Handels- und öffentlich-rechtlichen Verpflichtungen muss ein Unternehmen Dokumente erstellen und für einen bestimmten Zeitraum in Papier oder elektronisch aufbewahren. Ein typisches Beispiel stellen die **Buchungsbelege** dar. Diese entstehen im laufenden Geschäftsverkehr, so dass am Bilanzstichtag die entsprechende Verpflichtung zur Aufbewahrung besteht. Gläubiger ist die öffentliche Hand in weitem Sinne, das Unternehmen kann sich dieser Verpflichtung auch nicht entziehen. Damit sind die Ansatzkriterien für die Rückstellungsbildung nach IAS 37.14 erfüllt (Rz 9). Zur **Bewertung** wird auf Rz 161 verwiesen.[92] Im Hinblick auf die Langfristigkeit ist eine Abzinsung geboten (Rz 137).

103 Nach der anstehenden EU-Chemikalienverordnung (REACH) setzt die Herstellung bzw. der Import von **Chemikalien** in der bzw. die EU die Einreichung eines Registrierungsdossiers bei der Europäischen Agentur für Chemische Stoffe voraus. Diese Dokumentationspflicht greift bei einer Produktions- oder Einfuhrmenge von einer Tonne und mehr pro Kalenderjahr ein. Die Dokumentationsanforderungen steigen stufenweise mit dem Volumen der hergestellten oder eingeführten Stoffmengen.

In dem Augenblick, in dem die genannte Schwelle von einer Tonne überschritten wird, entsteht rechtlich die Dokumentationspflicht. Zuvor liegt also keine rechtliche Entstehung der Verpflichtung, ebenso wenig eine wirtschaftliche Verursachung (Rz 11) vor, d. h. kein Vergangenheitsereignis (Rz 11). Danach entsteht Aufwand erst mit der Einfuhr bzw. der Herstellung bei Überschreiten der genannten Mindestmenge.[93]

---

[92] HOFFMANN, PiR 2007, S. 145.
[93] So ROSS/DRÖGEMÜLLER, BB 2006, S. 1044.

2.3.12 Mehrerlösabschöpfung in der Versorgungswirtschaft

Für die Betreiber von Strom- und Gasverteilernetzen sowie für Übertragungs-   **104**
netzbetreiber gilt seit 2009, für überregionale Gasfernleitungsnetzbetreiber
(Fernleitungsnetzbetreiber) seit 2010 die Anreizregulierungsverordnung
(ARegV). Diese begrenzt das Entgelt für die Leistungen nach oben. In diesem
Rahmen kann folgendes Problem entstehen: Das Entgelt der (mehrjährigen)
Regulierungsperiode 1 erweist sich in einer Nachkalkulation als zu hoch. Der
entsprechende Mehrerlös ist dann in der mehrjährigen Folgeperiode in der Weise
„abzuführen", indem an die Stelle des eigentlich zulässigen Höchstentgelts der
Folgeperiode ein um den Mehrerlös der Vorperiode vermindertes Entgelt tritt.[94]

Die Frage ist, wie diese anstehende Erlösreduzierung in der Regulierungsperiode   **105**
2 aufgrund des Mehrerlöses im in der Periode 1 bilanziell abgewickelt werden
muss. Der Ansatz einer **Rückstellung** in Periode 1 setzt die kumulative Erfüllung
der vier in Rz 9 genannten Tatbestandsmerkmale voraus. Zweifelhaft ist in
diesem Fall der *outflow of resources*, denn in dem Zeitraum, der sich an die
Erzielung der Übererlöse anschließt, findet keine Rückzahlung (*outflow*) statt, es
wird lediglich der Erlös (*inflow*) gemindert. Aus den Erläuterungen zu den IFRS
geht eine Einbeziehung von geringeren *inflows* in den Begriff *outflows* nicht
hervor. U. E. kommt eine Rückstellungsbildung deshalb nicht in Betracht,
obwohl die drei anderen Tatbestandsmerkmale für den Rückstellungsansatz
hier i. d. R. gegeben sind.

Eine mögliche Lösung könnte sich allenfalls aus IFRS 15.2 ff. ergeben. Danach ist
wie folgt zu differenzieren:

Eine vertragliche Schuld (*contract liability*) ist anzusetzen, wenn der bei Erbringung einer Leistung vereinnahmte Erlös mit zukünftigen Kosten durch Nachbetreuung, erweiterte Gewährleistungen etc. verbunden ist.

Das überhöhte Entgelt der Periode 1 wäre tatsächlich kein Entgelt für die Leistungen der Periode 1, sondern eine „Überzahlung", der die zukünftige Abgabe von
Leistungen gegenübersteht. Der Mehrerlös würde in dieser Sicht zukünftige Leistungen abdecken und wäre deshalb als umsatzkürzender **Abgrenzungsposten**
(vertragliche Schuld) zu passivieren. Im Schrifttum wird eine Passivierung aber
nicht durchgängig für zulässig gehalten. Die Pflichten aus Mehrerlösabschöpfungen, die etwa auch in der Wasserwirtschaft vorkommen, und zahlreiche andere
Pflichten aus regulatorischen Vorkehrungen gegen zu hohe Erlöse werden vielmehr als nicht (oder nur bei IFRS-Erstanwendern, → § 6 Rz 107) passivierungs-
fähige regulatorische Abgrenzungsposten verstanden.[95]

Anders ist die Rechtslage bei individuell vereinbarten Dauerlieferungsbeziehungen.   **106**

Praxis-Beispiel

Kunde A vereinbart mit Lieferant B die Lieferung nach Bedarf in 01 und 02
für einen Preis von 100 EUR pro Stück. Eine zeitversetzte Bonusverein-
barung sieht zusätzlich Folgendes vor: Werden in 01 mindestens 1.000 Stück
gekauft, entsteht ein Bonusanspruch von 20.000 EUR, der jedoch nicht bar,
sondern in der Weise zu erfüllen ist, dass A in 02 bis zu maximal 1.000 Stück
für 80 EUR erwerben kann. Auch hier gilt unter Vernachlässigung evtl.

---

[94] Ausführlich zur Rechtsstruktur HAGEBÖKE, DStR 2011, S. 1480.
[95] Vgl. zum Ganzen für die Stromwirtschaft MÜLLER/PEDELL, WPg 2014, S. 1132 ff.

> Abzinsungseffekte: In 01 ist bei B nur ein Umsatz von 100.000 EUR aus-
> zuweisen, 20.000 EUR sind passiv abzugrenzen. Die Auflösung des passiven
> Abgrenzungspostens führt in 02 bei einer unterstellten Absatzmenge von
> 1.000 ebenfalls zu einem Umsatz von 100.000 EUR.

2.3.13   Bankenabgabe und sonstige öffentliche Abgaben

107   Die Bankenabgabe nach dem Recht einiger Staaten stellt ein Beispiel für das
international feststellbare Bestreben dar, den Finanzsektor an den von ihm
ausgehenden Risiken für die öffentliche Hand bzw. die Gemeinschaft der Steu-
erzahler partizipieren zu lassen.[96] Dieses Thema hat sich das IFRS IC in der
Interpretation IFRIC 21 „Levies" angenommen. Diese ist nicht auf den Finanzsektor begrenzt, sondern **branchenübergreifend** ausgerichtet. IFRIC 21 befasst
sich mit der zeitlichen Erfassung einer Schuld zur Bezahlung einer Abgabe, wenn
diese Schuld in den Regelungsbereich des IAS 37 fällt. Erfasst werden auch
Zahlungsschulden für solche Abgaben, deren Zeitpunkt und Betrag sicher sind
(IFRIC 21.2). Die Kosten der Erfassung dieser Schuld – gemeint ist buchhalterisch gesprochen die Gegenbuchung – werden in IFRIC 21 nicht angesprochen;
dazu ist auf andere Standards zurückzugreifen (IFRIC 21.3). Die Abgabe (*levy*)
wird in IFRIC 21.4 als **Ressourcenabfluss** mit wirtschaftlichem Nutzen definiert, der auf gesetzlicher Grundlage von der öffentlichen Hand veranlasst ist;
ausgeschlossen vom Anwendungsbereich sind **Steuern** vom Einkommen im
Regelungsbereich des IAS 12 (→ § 26), das Gleiche gilt für **Strafen** und **Bußgelder** (IFRIC 21.4). Weiterhin gilt: Zahlungen an die öffentliche Hand zum
Erwerb von Vermögenswerten oder Gestellung von Dienstleistungen auf einer
privatrechtlichen Grundlage werden von IFRIC 21 ebenfalls nicht erfasst
(IFRIC 21.5), ebenso wenig Verpflichtungen, die aus dem Handelssystem für
Emissionsrechte resultieren (IFRIC 21.6; → § 13 Rz 45 ff.).

108   Die an das IFRIC IC gerichtete Frage zielte insbesondere auf eine Klarstellung
zur Bilanzierung, wenn die Abgabe nach Finanzdaten der **Vorperiode** bemessen
ist, sich aber auf Aktivitäten in der aktuellen Rechnungslegungsperiode bezieht
(IFRIC 21.BC2). Es geht also entscheidend um den **Ansatzzeitpunkt** der Abgabeverpflichtung. Unter stillschweigender Bezugnahme auf den Definitionsgehalt von IAS 37.10 (Rz 9) erkennt IFRIC 21.8 das verpflichtende Ereignis zur
Bezahlung der Abgabe in der gesetzlich definierten Betätigung des Unterneh-
mens, welche die Abgabepflicht auslöst. Sobald das Unternehmen eine solche
Tätigkeit aufnimmt, ist die Abgabe zu bilanzieren. Das verpflichtende Ereignis
stellt also nicht die effektive Zahlung bzw. deren Fälligkeit dar, sondern nur den
Eintritt in das die Abgabepflicht auslösende **Betätigungsfeld** (IFRIC 21.BC13).
Die Abgabeverpflichtung ist deshalb in dem Zeitpunkt anzusetzen, in dem die
Abgabepflicht entsteht. Wenn allerdings das verpflichtende Ereignis erst im
Zeitverlauf eintritt, ist die Schuld entsprechend auch nur zeitanteilig anzusetzen.
Es handelt sich ausschließlich um ein **Ansatz**- und nicht um ein Bewertungs-
problem (IFRIC 21.11 i.V.m. IFRIC 21.BC25). Eine ansatzbegründende **fak-
tische** Verpflichtung (Rz 15) zur Entrichtung einer Abgabe im Interesse der

---

[96]   Vgl. hierzu SCHMIDT/SCHREIBER, BB 2012, S. 2359.

(künftigen) Aufrechterhaltung der Geschäftstätigkeit kann nach IFRIC 21.9 nicht angesetzt werden; dazu berechtigt auch nicht die Fortführungsannahme (*going-concern*-Hypothese) nach IFRIC 21.10. Sofern die Abgabepflicht bei Übersteigung eines bestimmten Schwellenwerts (Umsatz oder Absatz) entsteht, ist die Verpflichtung im Augenblick der Erreichung dieses Schwellenwerts anzusetzen. Für den **Zwischenabschluss** nach IAS 34 gelten die dargestellten Ansatzkriterien uneingeschränkt. Das entspricht dem in IAS 34 dominierenden **eigenständigen** Ansatz (*discrete view* bzw. *year to date*; → § 37 Rz 19). Darauf ist speziell im Zusammenhang mit der Bankenabgabe (Rz 112) noch zurückzukommen. Eine **Überzahlung** bzw. Vorauszahlung der Abgabe am Bilanzstichtag ist als Vermögenswert zu aktivieren (IAS 21.14).

Die Gesetzesgrundlage für die Bankenabgabe in Deutschland stellt das Restrukturierungsfondsgesetz dar. Das verpflichtende Ereignis zur Leistung der Bankenabgabe i. S. v. IFRIC 21.8 ist die am 1.1. eines Beitragsjahres bestehende Erlaubnis nach dem KWG (Rz 102). Nach § 2 dieses Gesetzes haben beitragspflichtige Kreditinstitute an den Fonds zum 30.9. eines Kalenderjahres einen Jahresbeitrag zu leisten. Dieser bemisst sich auf der Grundlage des festgestellten Jahresabschlusses für das letzte vor dem 1.3. des jeweiligen Beitragsjahres endende Geschäftsjahr. Schuldner der Abgabe sind Kreditinstitute, für die am 1.1. des Beitragsjahres eine Erlaubnis nach dem KWG bestand. Die Beitragspflicht endet mit Ablauf des Kalenderjahres, in dem die Erlaubnis für das Kreditinstitut aufgehoben oder zurückgegeben worden ist. Der Jahresbeitrag vermindert sich für Kreditinstitute, deren Erlaubnis bis zum 31.3. beendet wird, um 75 % und entsprechend um 50 % bei Erlöschen in der Zeit zwischen dem 1.4. und 30.6. Eindeutig **entsteht** – zur Wiederholung – die Ansatzpflicht mit der am 1.1. des Abgabejahres vorliegenden Genehmigung nach dem KWG.

109

Praxis-Beispiel

Die K AG hat ein kalendergleiches Geschäftsjahr. Am 31.12.01 besitzt sie die Genehmigung nach KWG. Die am 30.9.02 fällige Bankenabgabe wird nach den Zahlen des Jahresabschlusses 01 bemessen.

Beurteilung

Per 31.12.01 ist keine Rückstellung zu bilden, da das verpflichtende Ereignis (Zulassung nach KWG am 1.1.02) erst in der nächsten Periode eintritt.

Zu klären bleibt dann allein noch die Behandlung in den Zwischenabschlüssen des Jahres 02. Fraglich ist, ob die Abgabe voll dem ersten Quartal 02 zu belasten ist oder andere Verteilungen denkbar sind.

Bzgl. der im Beispiel formulierten Frage der Zwischenabschlüsse sind im Schrifttum drei Auffassungen festzustellen:
- Aufwandsbuchung im ersten Quartal (im Beispiel zum 1.1.02), da hier die rechtliche Vollentstehung der Verpflichtung gegeben sei;[97]

---

[97] ALBRECHT, PiR 2013, S. 341.

- Verteilung auf die beiden ersten Quartale, da sich die Verpflichtung bei Erlöschung der Genehmigung im ersten Quartal um 75 %, bei Erlöschen im zweiten Quartal um 50 % reduziert;[98]
- Verteilung auf die drei Quartale bis zur Fälligkeit des Jahresbeitrags.

U. E. ist i. d. R. der ersten Auffassung zu folgen: Im **Zwischenabschluss** sind nach IAS 34.28 Satz 1 die gleichen Bilanzierungs- und Bewertungsmethoden, die auch für den Jahresabschluss zu beachten sind, anzuwenden (→ § 37 Rz 19). Es gilt somit auch für den Zwischenabschluss: Sobald das verpflichtende Ereignis besteht, ist die Bankenabgabe anzusetzen. Diese Standardlesart entspricht dem **eigenständigen** bzw. **diskreten** Ansatz, der dem Konzept des IAS 34 zugrunde liegt (→ § 37 Rz 19). Er wird durch IFRIC 21.13 (Rz 102) bestätigt, wo die Schuld *„to pay a levy"* angesprochen wird, also nicht etwa nur ein Teilbetrag etwa entsprechend den Zeitfortschritten. Will man die Erlassmöglichkeiten bei Rückgabe der Lizenz bis zum 31.3. bzw. 30.6 berücksichtigen, bewegt man sich nicht mehr im Bilanzansatz, sondern in der Bewertung und bei dieser können zukünftige Ereignisse nach IAS 37.48 nur berücksichtigt werden, wenn ausreichend objektive Hinweise auf eine solche Entwicklung vorliegen (Rz 152). Die dritte Lösung ist u. E. in jedem Fall abzulehnen, da sie auf das für den Bilanzansatz unerhebliche Kriterium der Fälligkeit abstellt.

110   Die strikte und wortgetreue Anwendung von IFRIC 21 kann zu schwer nachvollziehbaren Ergebnissen führen, etwa bei der **Grundsteuer:**

Praxis-Beispiel

Ein erheblicher Kostenfaktor bei dem Immobilien verwaltenden Unternehmen U sind die Grundsteuern: Diese entstehen gegenüber dem, der am 1.1. eines Jahres im Grundbuch eingetragener Eigentümer ist. Die Zahlungspflicht wird durch einen unterjährigen Eigentümerwechsel nicht tangiert.

Demzufolge muss U sämtliche Grundsteueraufwendungen dem ersten Quartalsabschluss belasten. Eine Verteilung auf die vier Quartale scheidet aus.[99]

Ein EFRAG Papier aus 2014 diskutiert, ob derartige Ergebnisse sinnvoll sind und schon im bestehenden Recht (eher nicht) oder durch Rechtsänderungen vermieden werden können.[100]

111   Zur weiteren Exemplifizierung der Ansatzkriterien des IFRIC 21 kann auf die in Israel erhobene sog. *betterment levy* Bezug genommen werden (offiziell *enhancement levy*). Diese Abgabe wird von israelischen Grundstücksbesitzern durch die lokale Behörde erhoben, und zwar für die Aufnahme eines Grundstücks in einen Bebauungsplan oder für die Erlaubnis zur Ausweitung oder Verbesserung einer Baugenehmigung, wodurch der Verkehrswert des Grundstücks bzw. Gebäudes erhöht wird. Die Abgabepflicht kann bspw. dann entstehen, wenn für ein Gebäude mit einer bisherigen Bebauungsmöglichkeit von acht Stockwerken nur zwei weitere Stockwerke zulässig sind oder wenn bisher nicht zur Bebauung berechtigende Grundstücke zu Bauland werden.

---

98 BfA des IDW, zitiert von ALBRECHT, PiR 2013, S. 341; außerdem URBANCZIK, KoR 2013, S. 415.
99 Gleiche Lösung SCHURBOHM-EBNETH/OHMEN, IRZ 2015, S. 151 ff.
100 EFRAG *Short Discussion Series, Levies: What would have to be changed in ifrs for a different accounting outcome*, 14.8.2014.

Mit Eintritt der Rechtsänderung **entsteht** jeweils die Abgabepflicht, die Zahlung wird aber erst **fällig**, wenn die betreffenden Rechte genutzt werden, nämlich mit

- Beginn der werterhöhenden Baumaßnahme oder
- Verkauf des betreffenden Grundstücks.

Die Fälligkeit der Abgabe wird bis zum Eintreten künftiger Ereignisse hinausgeschoben. Letztere sind unter der vollständigen **Kontrolle** des Grundstückseigentümers; wenn dieser die bisherige Nutzung weiterführt, entsteht keine Abgabe.

Die Abgabe beträgt 50 % auf die Werterhöhung, die von einem Gutachter unmittelbar nach Erhalt der Genehmigung für die zusätzlichen Verwertungsrechte festgelegt wird. Die Abgabehöhe ist nach dem Konsumentenpreis- oder Baukostenindex inflationiert.

Die *betterment levy* unterliegt eindeutig dem Regelungsbereich von IFRIC 21 (Rz 102):

- Es liegt ein Abfluss von Ressourcen mit ökonomischem Nutzen vor.
- Es handelt sich nicht um eine Einkommensteuer nach IAS 12.
- Es liegen keine Strafen oder Bußgelder vor.
- Die Abgabe ist nicht vertraglich begründet und wird deshalb nicht von IAS 39 erfasst.
- Die Abgabe wird auch nicht unter Hinweis auf IFRIC 21.5 bezahlt zum Erwerb eines Vermögenswerts, sondern wegen der Erlaubnis zur Nutzungsänderung.

Ist also der Anwendungsbereich von IFRIC 21 geklärt, stellt sich die entscheidende Frage nach dem **Zeitpunkt** des Ansatzes der Abgabe. Nach IFRIC 21.8 Satz 1 entsteht die Ansatzpflicht durch die Ausübung der vom Gesetz bestimmten Handlung. Damit ist im vorliegenden Fall nicht die Entstehung der Schuld dem Grunde nach gemeint, sondern die vom Grundstückseigentümer **ausgeübte Tätigkeit**, welche die Zahlungspflicht (durchaus später zu leisten) auslöst. Bildhaft gesprochen: Die Abgabepflicht schwebt so lange in der Luft, wie sich der Eigentümer nicht zu einer abgabepflichtigen Änderung seiner bisherigen Grundstücksnutzung entschließt. Interpretationsbedürftig ist allerdings die Tatbestandserfüllung des IFRIC 21.8, nämlich die *„generation of revenue"* der Vorperiode, die als notwendiges Merkmal bezeichnet wird. Diese Passage ist u. E. als **Bewertungsvorgabe** zu verstehen, weil sonst die „Logik" des Satzes 2 nicht verständlich wäre. Sobald sich der Eigentümer zur abgabepflichtigen Nutzungsänderung entschließt, erfüllt er das Tatbestandsmerkmal der *generation of revenue*.

2.3.14 Kurzfristige Arbeitnehmervergütungen (Erfolgsbeteiligungen)

Der Bereich der **Personalvergütungen** unterliegt nicht IAS 37 (Rz 1), sondern IAS 19 (→ § 22 Rz 5). Die dortigen Ansatzkriterien sind nicht identisch mit denjenigen in IAS 37. Nach IAS 19.19 besteht für Gewinn- und Erfolgsbeteiligungen (→ § 22 Rz 10) eine Ansatzpflicht, wenn

112

- das Unternehmen eine gegenwärtige faktische oder rechtliche Verpflichtung hat und
- eine verlässliche Schätzung der Verpflichtung möglich ist.

Eine überwiegende Wahrscheinlichkeit des Ressourcenabflusses („*more-likely-than-not*"-Kriterium) wird anders als in IAS 37.15 (Rz 28) nicht genannt. Hieraus entsteht die Frage, ob die Wahrscheinlichkeit bei Arbeitnehmervergütungen keine Ansatzhürde, sondern nur noch Bewertungsparameter ist.

> **Praxis-Beispiel**
> Den Arbeitnehmern wird Anfang 01 eine Erfolgsbeteiligung von 30 Mio. EUR zugesagt, wenn das kumulierte Unternehmensergebnis 01 und 02 mindestens 1.000 Mio. EUR beträgt. In 01 beträgt das Ergebnis 400 Mio. EUR. Ein Ergebnis von 600 Mio. EUR oder mehr für 02 (damit kumuliert 1.000 Mio. EUR oder mehr) wird nur mit einer Wahrscheinlichkeit von 10 % für möglich gehalten.
> Wäre die Wahrscheinlichkeit nur Bewertungsparameter, müssten 50 % von 0,1 × 30 Mio. EUR zurückgestellt werden. Gegen eine solche Interpretation könnte aber IAS 19.19 Satz 2 sprechen: Danach liegt die für den Bilanzansatz verlangte gegenwärtige Verpflichtung nur vor, wenn das Unternehmen keine realistische Alternative zur Zahlung hat.

Das Beispiel zeigt das unbefriedigende, rein kasuistisch orientierte Nebeneinander der Ansatzkriterien in IAS 37 einerseits und IAS 19 andererseits.[101]

2.4   Eventualverbindlichkeiten (*contingent liabilities*)

113   IAS 37.10 unterscheidet zwei Arten von Eventualverbindlichkeiten:
- Verpflichtungen, deren Höhe **nicht** ausreichend **verlässlich** geschätzt werden kann;
- Verpflichtungen, für die der Abfluss von Ressourcen zur Regulierung der Verbindlichkeit **nicht wahrscheinlich** (Rz 29 ff.) ist.

114   Es handelt sich bei diesen *contingent liabilities* um zwei Verbindlichkeitskategorien, die nur vor dem Hintergrund der die Rückstellungsbildung generell durchziehenden **Unsicherheiten** (Rz 4 ff.) und **Wahrscheinlichkeiten** (Rz 31 ff.) verständlich sind. Die Unsicherheit bezieht sich im ersten angeführten Punkt auf die Schätzung des Erfüllungsbetrags; im zweiten geht es um die nicht überwiegende Wahrscheinlichkeit des Ressourcenabflusses (das „*more-likely-than-not*"-Kriterium ist nicht verwirklicht). In beiden Fällen muss eine Anhangangabe erfolgen, sofern die Wahrscheinlichkeit eines Ressourcenabflusses nicht ganz gering („*remote*") ist (IAS 37.86; Rz 178).

115   Die unter Rz 113 dargestellten Definitionsnormen beugen einem bei wörtlicher Übersetzung (siehe die Überschrift zu diesem Abschnitt) drohenden **Missverständnis** vor. Die in § 251 HGB genannten Eventualverbindlichkeiten sind ausschließlich als **Ausfallverpflichtungen** definiert; es muss also in jedem Fall ein **Primärschuldner** vorhanden sein, so dass das betreffende bilanzierende Unternehmen erst beim Ausfall dieses Schuldners von dessen Gläubiger in Anspruch genommen werden kann. Solche möglichen Inanspruchnahmen fallen **auch** unter die Definitionsnorm der *contingent liabilities* in IAS 37.10, wie sie oben aufgeführt worden sind (IAS 37.12). Allerdings: diese Definitionsnorm

---

[101]   Mit Beispielen unterlegt von LÜDENBACH/HOFFMANN, DB 2004, S. 1442, 1447.

umfasst **weit mehr** Tatbestandsmerkmale als diejenige in § 251 HGB, nämlich auch **Primärschuldverhältnisse**, aber eben mit niedrigerem Wahrscheinlichkeitsgrad.

Praxis-Beispiel[102]
Bei einer Hochzeitsfeier starb eine Anzahl von Leuten, möglicherweise wegen vergifteter Speisen, die durch das bilanzierende Unternehmen geliefert worden sind. Gerichtsverfahren gegen das Unternehmen sind anhängig, bei denen es um die Schuld des Unternehmens im Rechtssinne geht.
Die Lösung des Falls geht einfach dahin: Schätzt der Rechtsexperte die Verpflichtung des Unternehmens als „wahrscheinlich" ein, ist eine Rückstellung zu bilden; bei geringerer, aber nicht ganz niedriger Wahrscheinlichkeit verbleibt es bei der Angabe im Anhang als Eventualverbindlichkeit i. S. d. IFRS.[103]

Eine Eventualverbindlichkeit liegt auch für die (bedingte) Einzahlungsverpflichtung in einen „Entsorgungsfonds" (Rz 77) vor (IFRIC 5.10). | 116

Keine Eventualverbindlichkeit i. S. v. IAS 37 ist wegen des Anwendungsausschlusses von Finanzinstrumenten (IAS 37.2) gegeben, wenn vertragliche Ansprüche vorliegen, die eine finanzielle Verbindlichkeit begründen. Dies bedeutet etwa: ob und mit welchem Wert ein Schuldner ein gegen **Besserungsschein** laufendes **Nachrangdarlehen** zu passivieren hat, ergibt sich ausschließlich aus IAS 39 bzw. IFRS 9 (vgl. Rz 121 zum Gläubiger). | 117

Die Einschätzung der Wahrscheinlichkeit einer Inanspruchnahme kann sich im **Zeitverlauf ändern**, wenn z. B. der Rechtsberater in einem Fall der Schadensersatzverpflichtung seine Auffassung über das Risiko der Inanspruchnahme ändert und dessen Befund in die Bilanzierungsentscheidung eingeht. Deshalb kann eine im Vorjahr angesetzte Rückstellung u. U. aufgelöst und durch eine Anhangangabe ersetzt werden oder umgekehrt (IAS 37.59). | 118

2.5 Eventualforderungen (*contingent assets*)

Schon die amtliche deutsche Übersetzung für die *contingent assets* in IAS 37.10 ist erklärungsbedürftig. Die Wortwahl erklärt sich aus der Korrespondenz der nach deutschem Sprachgebrauch üblichen Eventualverbindlichkeiten (Rz 113). Es handelt sich also danach um Vermögenswerte (nicht notwendig Forderungen), deren effektives Entstehen (Existenz) von (künftigen) **ungewissen** Ereignissen abhängt, die nicht vollständig unter der Kontrolle des Unternehmens stehen. Hieraus ergibt sich zunächst: Betrifft die Unsicherheit nicht die Existenz des Vermögenswerts, sondern lediglich dessen Wert, liegt keine Eventualforderung vor. Betrifft die Unsicherheit zwar die Existenz des Vermögenswerts, ist ein Zufluss von Ressourcen bzw. Erträgen aber „so gut wie sicher" (*virtually certain*), liegt ebenfalls keine Eventualforderung mehr vor, sondern gem. IAS 37.33 ein „normaler" Vermögenswert. | 119

Eventualforderungen sind nach IAS 37.31 **nicht ansatzfähig**. Voraussetzung für die Anwendung dieser Vorschrift ist gem. IAS 37.1 allerdings, dass der mit | 120

---

102 IAS 37 Appendix C, Beispiel Nr. 10.
103 Zu dem Kriterium der „Wahrscheinlichkeit" als Ansatz-Tatbestandsmerkmal siehe Rz 29 ff.

Unsicherheiten behaftete „Eventualvermögenswert" überhaupt den Vorschriften des **IAS 37** unterliegt. Nicht anwendbar ist IAS 37 insbesondere auf Finanzinstrumente gem. IAS 39/IFRS 9 (IAS 37.2).

121   Zur Beschränkung der Unsicherheit auf die Existenz (Rz 114) und zum Vorrang anderer Standards (Rz 120) folgendes Beispiel:[104]

Praxis-Beispiel

Automobilhersteller G gewährt dem angeschlagenen Zulieferer S zur Aufrechterhaltung und Sanierung des Betriebs ein partiarisches Nachrangdarlehen von 10 Mio. EUR, das nur nach Maßgabe zukünftiger Gewinne, dann aber mit hohem Zinssatz, zu bedienen ist. Nach den Verhältnissen des Bilanzstichtags rechnet G mit überwiegender Wahrscheinlichkeit (*more likely than not*), jedoch nicht mit an Sicherheit grenzender Wahrscheinlichkeit (*virtually certain*) damit, dass die Forderung nicht oder nur zu einem kleinen Teil ausfällt. Eine wahrscheinlichkeitsgewichtete Szenariorechnung ergibt per 31.12.01 einen Zeitwert der Forderung von 8 Mio. EUR.

Die Existenz der Nachrangforderung hängt nicht von ungewissen zukünftigen Ereignissen ab. Die Forderung entsteht sofort und nicht erst, wenn S zukünftig Gewinne erzielt. Die ungewissen zukünftigen Gewinne betreffen lediglich den Wert der Forderung, nicht deren Entstehung. Es liegt also keine Eventualforderung i.S.v. IAS 37.10 vor. Die Ungewissheit ist zwar bewertungs- aber nicht ansatzerheblich. Schon aus diesem Grund würde das Ansatzverbot von IAS 37 gar nicht greifen. Im Übrigen unterliegt die Nachrangforderung auch nicht IAS 37, da sie vertragliche Ansprüche begründet, damit ein Finanzinstrument ist und deshalb gem. IAS 37.2 nach IAS 39 bzw. IFRS 9 zu bilanzieren ist.

122   Eventualforderungen im Anwendungsbereich von IAS 37 sind nur anzusetzen, wenn die betreffende Bedingung **so gut wie sicher** eintreten wird. Bei den Schulden genügt schon der Maßstab der überwiegenden Wahrscheinlichkeit.

Die Eventualforderungen *(contingent assets)* sind von den **Rückgriffsansprüchen** *(reimbursements)* zu unterscheiden. Diese Ansprüche korrespondieren mit angesetzten Rückstellungen und sind bei der Bewertung kompensierend zu berücksichtigen. Hier folgt am Beispiel eines Passivprozesses der Zahlungspflicht aufgrund der Verurteilung zwingend ein Erstattungsanspruch, z.B. gegenüber einer Versicherung (Rz 166). Ein weiteres Beispiel stellen Ansprüche an „Entsorgungsfonds" gem. IFRIC 5.9 dar (Rz 72), die ihren Rechtsgrund in vorgängigen Einzahlungen in das Fondsvermögen haben.

Eine Eventualforderung kann unter Berücksichtigung der vorstehend aufgeführten Ansatzvoraussetzungen auch dem ergebnismäßigen Ausgleich von Einmalaufwendungen dienen.

Praxis-Beispiel

Durch eine große Explosion im Produktionsbereich einer Fabrik mussten viele Gebäude wegen Totalverlusts und Grund und Boden wegen nicht mehr gegebener Nutzbarkeit in vollem Umfang abgeschrieben werden. Am

---

[104]   Nach LÜDENBACH, PiR 2013, S. 329.

Bilanzstichtag waren die Verhandlungen mit den Versicherern über die Schadensleistung nicht abgeschlossen, ein bestimmter Mindestbetrag war aber so gut wie sicher. Dieser so gut wie sichere Betrag ist zu aktivieren und in den betrieblichen Ertrag einzustellen. Insoweit werden die Verluste aus den außerplanmäßigen Abschreibungen, die ebenfalls im betrieblichen Ergebnis ausgewiesen sind, kompensiert.
Durch die Explosion sind erhebliche Produktionsausfälle entstanden, die zu Entschädigungsforderungen von Kunden geführt haben. Für diese sind Rückstellungen gebildet worden, die ebenfalls wenigstens zum Teil durch Versicherungsansprüche „gedeckt" sind. Diese Ansprüche sind als *reimbursement* (Rz 166) zu aktivieren. In beiden Fällen gilt die Vorgabe des unsaldierten Bilanzausweises.
In der GuV ist eine Saldierung nach IAS 1.34(b) möglich (→ § 2 Rz 24), was hinsichtlich des veröffentlichten Jahresabschlusses insoweit unerheblich ist, weil sowohl Aufwand als auch Ertrag im operativen Bereich auszuweisen sind (→ § 2 Rz 58).

Fraglich ist, ob eine nicht ansatzfähige Eventualforderung vorliegt, wenn im 123 Rahmen eines Passivprozesses oder eines öffentlich-rechtlichen Verfahrens zunächst Zahlungen (durch Urteil oder Verwaltungsakt) „festgesetzt" und auch geleistet werden, die Angelegenheit aber noch nicht rechtskräftig ist und ein Obsiegen in der nächsten „Instanz" überwiegend wahrscheinlich (*more likely than not*) ist. Die Parallele zu entsprechenden Ertragsteuerfällen (→ § 26 Rz 38) könnte hier für eine Aktivierung der bereits geleisteten Zahlungen sprechen. Voraussetzung dafür wäre, dass die (vorläufige) Festsetzung der Zahlung und die tatsächlich geleistete Zahlung keine Bilanzierungseinheit (*unit of account*) darstellen, sondern zwei unsaldiert zu würdigende Posten.

3 Bewertung (*measurement*) von Rückstellungen

3.1 Ausgangspunkt: Bestmögliche Schätzung (*best estimate*)

Der Rückstellungsbilanzierung haftet die **Unsicherheit** bzw. Ungewissheit als 124 wesentliches Element an. Dies gilt nicht nur für den Bilanzansatz (Rz 4 ff.), sondern setzt sich bei der Bewertung fort. Die Grundlage der Bilanzierung der Höhe nach soll also die **bestmögliche Schätzung** sein, um den Betrag in die Bilanz einzustellen, mit dem aus Sicht des Bilanzstichtags die gegenwärtige Verpflichtung reguliert werden muss (IAS 37.36). Klarstellend ist der Hinweis in IAS 37.38, dem zufolge dem **Management** diese Schätzung obliegt. Das Management muss selbstverständlich bei der bilanziellen Abbildung eines Sachverhalts auf einschlägige Erfahrungen zurückgreifen und u. U. den Rat von Sachverständigen einholen.
Die bestmöglich zu schätzende **Größe** der Verpflichtung ohne Steuereffekt 125 (IAS 37.41) ist nach IAS 37.37 konzeptionell der Betrag, den das Unternehmen am Stichtag zahlen müsste, und zwar durch

- **Erfüllung** der Verpflichtung (unternehmensspezifischer Wert, *entity specific value*) oder
- **Übertragung** (*transfer*) der Verpflichtung auf einen Dritten (*fair value* bzw. *exit value*).

Eher soll wohl der *entity specific value* maßgeblich sein.

Praxis-Beispiel

Hauseigentümer A (Lehrer) droht dem Bauunternehmer B eine Klage auf Nachbesserung in einem Umfang von 5.000 EUR (gerechnet zu Marktpreisen) bzw. 4.500 EUR (gerechnet zu Vollkosten der B) an. B rechnet nach Erfahrungen in vergleichbaren Fällen zu 60 % mit einer Klage und dann zu 75 % (von 60 %) mit einem Klageausgang i. H. d. vollen, zu 25 % mit einem Ausgang i. H. d. halben Werts.

Ein fiktiver Dritter, der gewerbsmäßig entsprechende Risiken übernimmt, müsste folgende Kalkulation anstellen:

40 % × 0	0
+ 60 % × [(75 % × 5.000 EUR) + (25 % × 2.500 EUR)]	2.625
= Erwartungswert	2.625
+ Risiko- und Gewinnzuschlag (10 %)	262
= *fair value*	2.887

In diesen Wert geht die Wahrscheinlichkeit als Gewichtungsfaktor ein (Erwartungswert, Rz 130). Der wahrscheinlichste Wert des Erfüllungsbetrags würde demgegenüber 4.500 EUR betragen. Aus konzeptioneller Sicht ergibt sich kein eindeutiger Wertmaßstab, nach Maßgabe der Konkretisierungsvorschriften (hier insbesondere IAS 37.40) ist eine Bewertung mit 4.500 EUR jedenfalls dann geboten, wenn die Übernahme des Risikos durch einen Dritten ein rein theoretisches, real gar nicht praktizierbares Verfahren ist.

Anders wäre die Lösung, wenn die Schadensersatzpflicht aus Sicht des Bilanzstichtags dem Grunde nach unstreitig ist. Dann käme auch der *exit value* bzw. *fair value* (Marktwert hier 5.000 EUR) als Bewertungsgröße nach IAS 37.37 in Betracht.

3.2   Stufenweise Abfolge von Unsicherheitsmomenten

126   Die stufenweise Abfolge von **Unsicherheitsmomenten** bei der Lösung eines **praktischen** Bilanzierungsfalls soll in Abwandlung von IAS 37.IE Example 10(Rz 115) wie folgt dargestellt werden:

Praxis-Beispiel (Fortsetzung des Beispiels in Rz 115)

Die Verantwortung des Verpflegungslieferanten für den Tod der Essensgäste ist nach Auffassung des Anwalts[105] der Unternehmung nicht von der Hand zu weisen. Auf die Frage nach der **Wahrscheinlichkeit der Inanspruchnahme** aus dem laufenden Verfahren antwortet er: „Eine Vorhersage über den Prozessausgang ist derzeit zu gewagt. Wenn ich die „Wahrscheinlichkeit" abgreifen soll, ist mir eine einigermaßen klare Einschätzung versagt. So gesehen ist mit wenigstens 50 %iger Wahrscheinlichkeit, vielleicht auch mit mehr, mit der Feststellung einer nennenswerten Schadensersatzverpflichtung durch das

---

[105]   Vgl. hierzu auch THEILE, WPg 2004, S. 742.

Gericht zu rechnen. Die noch nicht abgeschlossene Beweiserhebung kann allerdings noch zu einem anderen Resultat führen."
Diese eher realistische Antwort des Anwalts mit differenzierendem Denkvermögen bringt dem Management keine klare Bilanzentscheidung. Hat es sich dann doch zu einem Bilanzansatz durchgerungen, stellt sich im weiteren Verlauf die Frage nach der **Höhe** des möglichen Schadensersatzes. Dazu wird der Anwalt erst recht keine Aussage machen können, weil es im augenblicklichen Prozessstand nur um den Verpflichtungsgrund als solchen geht, über die Werte wird erst später oder in einem anderen Verfahren zu entscheiden sein. Diesem zusätzlichen Unsicherheitsmoment gesellt sich dann ein drittes dazu, wenn es um den Zeitpunkt der Erfüllung dieser möglicherweise bestehenden Schadensersatzpflicht geht. Denn nach IAS 37.45ff. ist eine **Abzinsung** vorzunehmen. Die Antwort des Anwalts wird diesbezüglich lauten: „Je nach Umfang der erforderlichen Beweiserhebungen und der möglichen Rückverweisung der Revisionsinstanz zur weiteren Beweiserhebung ist mit einem Prozessverlauf zwischen drei und zehn Jahren zu rechnen." Zur **Preisentwicklung** wird der Anwalt gar nicht mehr gefragt werden (vgl. auch Rz 37).
Und schließlich stellt sich die Frage der **Rückgriffsmöglichkeit** (*reimbursement*) gem. IAS 37.53. Danach sind mögliche Rückgriffsrechte gegenüber Dritten – also Versicherern, Mitschuldigen – als Aktivwert aufwandsmindernd zu berücksichtigen. Auch diesbezüglich wird der Anwalt mit den Schultern zucken und irgendeine einen Betrag konkretisierende Antwort vermeiden.

Das vorstehend dargestellte Beispiel und viele andere der Illustration von Bilanzierungssachverhalten im Rückstellungsbereich dienende Beispiele geben ausgesprochen **einfache** Sachverhalte wieder. Die Wirklichkeit liefert demgegenüber häufig weitaus **komplexere** Ereignisse, die nachfolgend angedeutet werden: **127**

Praxis-Beispiel[106]
Sachverhalt
Ein Automobilzulieferer stellt am Jahresende im Rahmen einer Qualitätskontrolle Mängel bei seinen Produkten fest. Davon ist ein Teil der noch auf Lager liegenden Tagesproduktion betroffen. Die Produktion des Vortags ist bereits an die Kunden ausgeliefert worden.
Eine konkretisierte Bilanzansatzverpflichtung (Rz 28) liegt vor. Mit überwiegender Wahrscheinlichkeit (Rz 30) wird der Zulieferer aus diesem Vergangenheitsereignis mit wirtschaftlicher Verursachung vor dem Bilanzstichtag (Rz 11) in Anspruch genommen. Offen ist die Entscheidung über die verlässliche **Bewertbarkeit** (Rz 45) und ggf. die vorzunehmende **Bewertung** selbst.

Bewertungsparameter
• Die mögliche Qualität der Mängel reicht von „Schönheitsfehler" über „unbrauchbar" bis „gefährlich".
• Die laufende Produktion muss bis zur Feststellung der Schadensursache gestoppt werden. Dadurch kann es zu Produktionsausfällen beim Kunden

---

[106] HAAKER, PiR 2005, S. 53.

kommen, auf die reagiert werden muss, z. B. durch zusätzliche Schichten, ungeplanten Einkauf von Material etc.

- Kann ein Produktionsausfall beim Kunden nicht verhindert werden, drohen Vertragsstrafen.
- Wenn sich ein notorischer Fehler herausstellt, kann auch die Produktion früherer Zeiträume betroffen sein. Der Grund dieser Mängel kann in fehlerhaften Fremdbauteilen (von Unterlieferanten), Schlamperei der Mitarbeiter, fehlerhaft arbeitender Maschine oder einem nicht durchsichtigen Durcheinander aller möglichen Faktoren liegen.
- Je nach Ursache für die fehlerhafte Produktion können Produkte aus nicht definierbaren Losen in der Vergangenheit ausgeliefert worden sein. Sind die fehlerhaften Produkte beim Automobilhersteller in noch nicht ausgelieferten Fahrzeugen enthalten, müssen sie ausgebaut und ersetzt werden. Sind Autos schon ausgeliefert worden, kommt es zu einer Rückrufaktion.
- Möglicherweise sind aufgrund der fehlerhaften Teile bereits Unfälle von Nutzern der Autos eingetreten.
- Sind diese Unfälle in den USA passiert, stehen Sammelklagen ins Haus.

Aufgabe
Lässt sich der Aufwand am 10.1.01 (*fast close*, → § 4) zuverlässig schätzen, und wenn ja, in welcher Höhe? Vgl. dazu auch Rz 37.

128   Das Ansatz- und Bewertungs-Prozedere für Rückstellungen *(provisions)* lässt sich auch als „**Unsicherheitsbaum**" *(uncertainty tree)* darstellen:

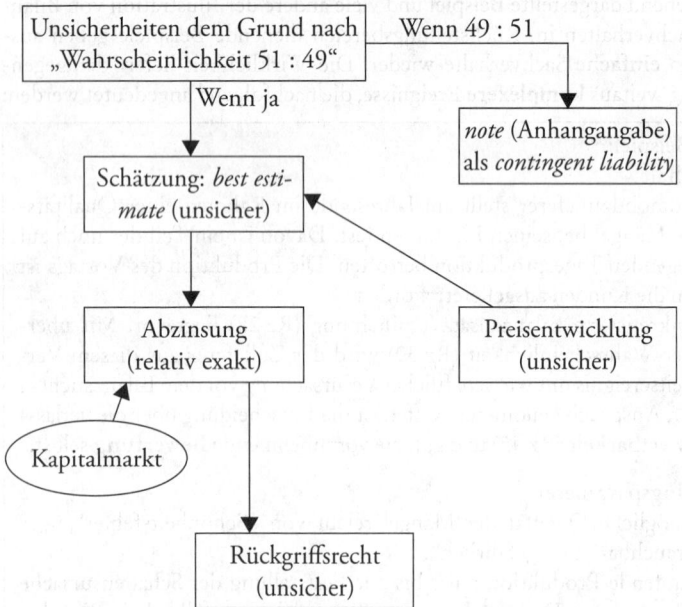

Abb. 2: Unsicherheit für Rückstellungsansatz und -bewertung

Ergebnis wiederum: großer **Ermessensspielraum** des Managements. Die Aufforderung an das Regelwerk geht dann dahin, diesen Spielraum einzuschränken.

3.3 Bewertungsmodell

3.3.1 Ausgangsgrößen

Vergleichbar dem Bilanz**ansatz**problem versuchen die IFRS ebenso wie die vergleichbaren HGB-Kommentierungen dem Unsicherheitsmoment auch bei der Bewertung mit dem **Wahrscheinlichkeitsbegriff** beizukommen (Rz 30, Rz 42, Rz 116).   129

Dies geschieht in dreifacher Ausprägung:[107]

- Bei **statistisch relevanten** Größenmerkmalen (*large population*, Rz 39) hat die Bewertung mit dem **Erwartung**swert (Rz 130) zu erfolgen, also unter Ansatz der Wahrscheinlichkeit für die möglichen Ereignisse (IAS 37.39).
- Bei singulären Ereignissen (Rz 131) ist das Ergebnis mit der höchsten Eintrittswahrscheinlichkeit (*most likely outcome*) anzusetzen, allerdings korrigiert nach unten und oben, wenn die anderen Ereignisse überwiegend in beiden Richtungen abweichen (IAS 37.40). Nach dem einstweilen nicht weiter bearbeiteten ED 2010/1 (Rz 184) sollte die Bewertung stattdessen mit dem Erwartungswert erfolgen (Rz 156).
- Die **Variabilität** der Ergebnisse = Risiko (IAS 37.42) ist durch eine Risikoanpassung (IAS 37.43) zu berücksichtigen (Rz 133).
- Generell gilt eine **Abzinsungspflicht** (Rz 137).

IAS 37.39 und IAS 37.40 befassen sich beide mit der entscheidenden Frage nach der Quantifizierung von Unsicherheiten bzgl. der künftigen Entwicklung. IAS 37.42 wiederholt die Anforderung bzgl. der Behandlung von Risiken in anderer Diktion. Allerdings steht IAS 37.42 unter einer neuen Zwischenüberschrift zur Bewertung von Rückstellungen gegenüber derjenigen nach IAS 37.36. Die Gliederung dieses Standardbereichs lautet:

- Bestmögliche Schätzung (Rz 124, IAS 37.36 – IAS 37.41).
- Risiken und Unsicherheiten (Rz 133, IAS 37.42 – IAS 37.44).
- Barwert, d.h. Diskontierung (Rz 137, IAS 37.45 – IAS 37.47).
- Übrige (IAS 37.48ff.).

Die nachstehende Kommentierung orientiert sich an einer Spezifizierung der erstgenannten Bewertungsgrundlage durch die nachfolgenden drei weiteren.

3.3.2 Erwartungswert

Das Beispiel in IAS 37.39 stützt sich statistisch auf das Gesetz der **großen Zahl** (Rz 39) und ist dementsprechend auf die industrielle Serienproduktion ausgerichtet. Das Berechnungsergebnis wird als Ausfluss gewichteter Wahrscheinlichkeiten über den Ausgang von Ereignissen als **Erwartungswert** (*expected value*) bezeichnet (zur Berechnungsmethode vgl. Rz 156).   130

Praxis-Beispiel

Nach den bisherigen Aufzeichnungen des Unternehmens werden 75 % der produzierten Güter ohne Defekt ausgeliefert, 20 % mit geringen Defekten

---

[107] LÜDENBACH/FREIBERG, PiR 2007, S. 330.

und 5 % mit größeren Defekten. Danach kann die Wahrscheinlichkeit der Inanspruchnahme des Unternehmens für solche Defekte in gewichteter Form errechnet werden. IAS 37.39 spricht von einem statistischen Erwartungswert *(expected value)*. Er resultiert aus den mit den Eintrittswahrscheinlichkeiten gewichteten Beträgen.

Dieses oder ähnliche Berechnungsmodelle können aus Sicht der deutschen Rechnungslegungspraxis in den Fällen „gleichartiger Verpflichtungen" i.S.d. § 6 Abs. 1 Nr. 3a EStG[108] herangezogen werden. Dort ist eine Reihe von häufig anfallenden Rückstellungsposten angesprochen, die nach der – handelsrechtlich orientierten – BFH-Rechtsprechung **statistisch quantifiziert** (Rz 33) werden können:

- Garantie- und Kulanzleistungen,
- Wechselobligo,
- Schadensregulierungen in der Versicherungswirtschaft.

Man kann auch von Sammel- oder **Pauschal**bewertung sprechen.[109] Der Erwartungswert soll **künftig** den alleinigen Bewertungsmaßstab – auch für Einzelverpflichtungen (Rz 131) – darstellen.

3.3.3 Wahrscheinlichstes Ergebnis

131 Bei einer **Einzelverpflichtung** – nochmals der Hinweis auf das abgewandelte Beispiel aus IAS 37.IE Example 10 (Rz 126) – versagt das vorstehende Berechnungsmodell, da das Gesetz der großen Zahl (Rz 130) nicht zur Verfügung steht. Diesem Problem *(single obligation)* widmet sich IAS 37.40 mit dem wenig aussagekräftigen Bewertungsmaßstab: „Das wahrscheinlichste Ergebnis kann das bestmögliche Schätzergebnis darstellen." *(„The individual most likely outcome may be the best estimate of the liability.")* Fraglich ist dann, wie bei gleichen Wahrscheinlichkeitsstrukturen zu verfahren ist.

Praxis-Beispiel
Sachverhalt
Das Unternehmen wird auf Schadensersatz verklagt. Nach einem rechtskräftigen Urteil vor dem Bilanzstichtag ist die Verpflichtung dem Grunde nach bestätigt. Offen ist der weitere Verfahrensgang bzgl. der Höhe des Anspruchs der Gegenpartei.
2 Mio., 4 Mio., 6 Mio. EUR werden vom Anwalt als gleich wahrscheinlich taxiert.

Lösung nach IFRS
Der mittlere Wert (4 Mio. EUR) ist anzusetzen (Analogie zur IAS 37.39 bzgl. der Bewertung von „Sammelrisiken", Rz 130).

Lösung nach HGB
Der höchste Wert von 6 Mio. EUR ist anzusetzen.

---

108 HOFFMANN, in: LITTMANN/BITZ/PUST, EStG-Kommentar, § 6 Tz. 663, Stand 12/2014.
109 BFH, Urteil v. 30.6.1983, IV R 41/81, BStBl II 1984 S. 263, sowie EuGH, Urteil v. 14.9.1999, Rs C-275/97, DB 1999, S. 2035. Detaillierte Beispiele zu den einschlägigen Berechnungserfordernissen bei latenten Gewährleistungsverpflichtungen sind nachzulesen bei KESSLER/RANKER, StuB 2001, S. 325, 425. FUNK/KESSLER schlagen die Einbeziehung von Produzenten- und Produkthaftungsfällen in die Pauschalkategorie vor (BB 2010, S. 2163). U. E. zu weitgehend.

Die unterschiedlichen Lösungen entsprechen dem Gehalt von **Lehrbüchern** der Rechnungslegung. In der **Praxis** lassen sich unschwer Argumente für eine geringfügig höhere Wahrscheinlichkeit für 6 Mio. EUR finden, die dann den Ansatz nach IAS 37.40 bestimmt. Dies gilt auch in umgekehrter Richtung, mit der Folge eines Ansatzes von 4 Mio. EUR nach HGB.

3.4 Anpassungen

3.4.1 Zusammenspiel der Berechnungsgröße

Die nicht eindeutige „Logik" des Zusammenspiels der Ausgangsparameter zur Rückstellungsbewertung (Rz 129) lässt sich wie folgt lösen:[110]   132
- Der Erwartungswert und der wahrscheinlichste Wert gelten als **Ausgangsgröße** der Bewertung.
- Diese sind an den **Risikogehalt** und die **Laufzeit** bis zur Erfüllung der Verbindlichkeit **anzupassen**.

Diese Anpassungsprozesse werden nachstehend (Rz 133 – Rz 143) dargestellt.

3.4.2 Risikoaversion

Die Risikoanpassung muss nicht (zwingend) unter dem **Vorsicht**sgedanken erfolgen. Aus IAS 37.43 lässt sich dies jedenfalls nicht ableiten. Eher scheint der Gesichtspunkt der **Risikoaversion** eine Risikoanpassung zu rechtfertigen.[111] Aus ökonomischer Sicht gilt dabei: 133
- Ein **sicherer** Zahlungs**eingang** von 200 wird einer mit je 50 %iger Wahrscheinlichkeit erwarteten Zahlung von entweder 100 oder 300 vorgezogen, obwohl der Erwartungswert der **unsicheren** Zahlung ebenfalls 200 beträgt. Bei der bilanziellen *fair-value*-Bewertung von Aktiva (also Vermögenswerten), etwa im Rahmen der Erstkonsolidierung, wird dieser als **risikoavers** oder risikoscheu bezeichnete Umstand entweder (nur bei langfristigen Posten) durch Risikozuschläge auf den Diskontierungszins oder wahlweise durch einen Sicherheitsabschlag auf den erwarteten Zahlungsstrom (Methode der Sicherheitsäquivalente) berücksichtigt (Rz 148).   134
- Bei gleicher Prämisse, also insbesondere Risikoaversion, wird ein **sicherer** Zahlungs**ausgang** von 200 einer mit je 50 %iger Wahrscheinlichkeit erwarteten Auszahlung von entweder 100 oder 300 vorgezogen. Die danach notwendige Risikoanpassung hat jedoch ein anderes Vorzeichen als bei einem Zahlungseingang: Eine evtl. Zinsanpassung erfolgt in Form eines **Risikoabschlags** auf den Diskontierungszins, eine evtl. Anpassung auf der Zahlungsstromseite in Form eines **Sicherheitszuschlags** auf die erwartete Auszahlung.

> **Praxis-Beispiel**
> A führt einen Aktivprozess. Das Urteil wird in vier Wochen erwartet. Mit je 50 %iger Wahrscheinlichkeit rechnet A damit, entweder 100 oder 300 zugesprochen zu bekommen.
> B führt einen Passivprozess. Das Urteil wird auch hier in vier Wochen erwartet. Mit je 50 %iger Wahrscheinlichkeit rechnet B damit, entweder 100 oder 300 zahlen zu müssen.

---

110 Nach LÜDENBACH/FREIBERG, PiR 2007, S. 331.
111 So LÜDENBACH/FREIBERG, PiR 2007, S. 331, auch zum folgenden Beispiel.

> Unter der Prämisse der Risikoaversion wird A einem Käufer seinen unsicheren Anspruch nicht erst dann abtreten, wenn dieser 200 bietet, sondern schon mit einem niedrigeren Angebot von z. B. 180 zufrieden sein. Das Sicherheitsäquivalent drückt sich in einem Risikoabschlag von 20 aus. Unter der gleichen Prämisse wird B einem Drittem für die Übernahme des Prozessrisikos mehr als 200, z. B. 220 bieten. Das Sicherheitsäquivalent ergibt sich über einen Risikozuschlag von 20.

Die hier und unter Rz 32 ff. geäußerte Kritik darf nicht den Blick auf die eben angedeutete **bilanzökonomische** Problemsituation verstellen.

* **Einerseits** sind aus Sicht des Bilanzstichtags mögliche Zahlungsabflüsse anzusetzen, weil sonst das Vermögen (Eigenkapital) des Unternehmens zu hoch ausgewiesen würde.

* **Andererseits** ist eine irgendwie definierte objektive Bewertung nicht möglich. Eine eigentliche „Lösung" dazu kann es nicht geben.

135 Die Generalnorm der Rückstellungsbewertung (IAS 37.37) ist der vernünftigerweise *(rationally)* für die Entpflichtung zu zahlende Betrag (Rz 125). Die Risikoaversion entspricht vernünftigem wirtschaftlichem Handeln. Bei der Wahl zwischen einem sicheren und unsicheren Investment wird die **sichere** so lange **vorgezogen,** wie der Erwartungswert nicht über der sicheren Alternative liegt. Entsprechend ist in Auslegung von IAS 37.37 der nach IAS 37.42 f. um das Risiko angepasste Erwartungswert anzusetzen. Diese Vorgehensweise entspricht der Preisbildung auf effizienten Kapitalmärkten.[112]

136 Das **Maß** der Risikoanpassung hängt von der **Varianz** (bzw. Streuung) des Erwartungswerts, also der Breite des Intervalls möglicher Entwicklungen ab.[113]

* Bei **statistisch greifbaren**, in sehr großer Zahl *(large population)* vorkommenden Risiken (Rz 130) sind hohe Variationen nur noch in Bezug auf den Einzelfall gegeben. In der Summe der Einzelrisiken, auf Portfoliobasis also, ist das Ergebnis dagegen in hohem Maße sicher. Ein Risiko**zuschlag** ist **nicht** oder nur in geringem Maße erforderlich.

* Bei **singulären** Risiken (Rz 131) mit einer bekannten Wahrscheinlichkeit für einen *base case* und einen davon jeweils weit abweichenden *best* und *worst case* ist das Ergebnis in hohem Maße unsicher, eine Risiko**anpassung** daher **erforderlich.**

* Das Problem verschärft sich noch, wenn unter realistischen Umständen gerade **keine Wahrscheinlichkeiten** bekannt sind, sondern lediglich subjektive Einschätzungen bestehen. Hier bezieht sich das Risiko nicht nur auf die Ergebnisunterschiede von *base, best* und *worst case*, sondern schon auf die unsichere Einschätzung der Wahrscheinlichkeit dieser Fälle. Der Risikozuschlag muss daher entsprechend höher ausfallen.

3.4.3   Abzinsung

3.4.3.1   Laufzeit- und Risikoäquivalenz

137 Nach IAS 37.45 sind bei Wesentlichkeit des *time-value-of-money*-Effekts, vereinfacht also bei allen **langfristigen** Rückstellungen, die erwarteten Ausgaben

---

112 So LÜDENBACH/FREIBERG, PiR 2007, S. 332 m. w. N.
113 Vgl. LÜDENBACH/FREIBERG, PiR 2007, S. 332 m. w. N.

aus der am Bilanzstichtag bestehenden Verpflichtung diskontiert anzusetzen, da zukünftige Auszahlungen weniger belastend als aktuell fällige sind (IAS 37.46). **Wesentlichkeit** wird mehrheitlich für alle nach mehr als zwölf Monaten fälligen Verpflichtungen angenommen. Daneben können die Höhe des Diskontierungszinssatzes und die Höhe des (nicht diskontierten) Zahlungsstroms zu berücksichtigen sein.[114] D. h., bei größeren Beträgen kann eine kurze Laufzeit wesentlich sein, bei kleineren Beträgen umgekehrt.

Bei der Barwertermittlung ist nach IAS 37.47 ein **Vorsteuerzinssatz** zu verwenden.   138
Er soll aktuelle Markteinschätzungen im Hinblick auf zwei Kriterien widerspiegeln:

* den Zeitwert des Geldes und
* die für die jeweilige Schuld **spezifischen Risiken** (Rz 144).

Risiken dürfen jedoch nur insoweit im **Zinssatz** berücksichtigt werden, als nicht bereits Risikoanpassungen auf der **Zahlungsstrom**seite vorgenommen wurden (Rz 144).[115] Eine Berücksichtigung des Risikos der Nichterfüllung durch den Schuldner (sog. *non-performance risks* bzw. *credit spread*, IFRS 13.42) ist weder verlangt noch üblich.[116]

Nach dem ersten Kriterium ist die Ausgangsbasis des anzuwendenden Zins-   139
satzes der gegenwärtige **Marktzins** für **risikofreie** Anlagen, die in ihrer Laufzeit der Restlaufzeit der zu erfüllenden Verpflichtung entsprechen (**Laufzeitäquivalenz**). Eine Notwendigkeit zur Anpassung dieses Zinssatzes durch eine **Risikokorrektur** ergibt sich nur für nicht auf der Zahlungsstromseite berücksichtigte Risiken. Mangels Erfassung im Zahlungsstrom soll der Zinssatz den Risiken der Schuld entsprechen (Risikoäquivalenz). Alternativ kann das spezifische Risiko berücksichtigt werden, indem der **Zahlungsstrom** durch einen Risikozuschlag in ein Sicherheitsäquivalent überführt wird. Der Barwert ergibt sich dann aus der Diskontierung des Sicherheitsäquivalents mit dem risikolosen Zinssatz.

3.4.3.2 Laufzeitäquivalenter Zins

Ausgangspunkt für die Bestimmung des risikolosen (Vorsteuer-)Zinssatzes, der   140
den Zeitwert des Geldes *(time value of money)* am Bewertungsstichtag widerspiegelt (IAS 37.47), ist i. d. R. die Rendite laufzeitäquivalenter Staatsanleihen am Bewertungsstichtag. Strittig ist, ob hierauf allgemeine *credit spreads* – etwa für den **Bonitätsunterschied** zwischen Staatsanleihen und Industrieanleihen – aufzuschlagen sind.

Argumente lassen sich für beide Meinungen anführen. Bei der nach IAS 37.37   141
fiktiv zu prüfenden Übernahme der Verpflichtung durch einen Dritten wird dieser ein Entgelt fordern, welches den Erwartungswert und die Variabilität des Risikos unter Berücksichtigung des Zeitwerts des Geldes vergütet. Das vereinnahmte Entgelt kann der **Dritte** risikolos anlegen oder zur Substitution sonst notwendiger Fremdfinanzierung verwenden.

* Aus der Perspektive entgehender Anlagemöglichkeiten wäre der risikolose Zins,
* aus der Perspektive der **Fremdfinanzierung** der um den eigenen, **bonitätsabhängigen** *credit spread* erhöhte Zins anzusetzen.

---

[114] Vgl. Heuser/Theile, IFRS-Handbuch, 5. Aufl., 2012, Tz. 3467.
[115] Vgl. zum Folgenden Lüdenbach/Freiberg, PiR 2007, S. 332.
[116] Vgl. IFRIC Update March 2011.

Das **Unternehmen** kann bei der Bestimmung der für eine sofortige Schuldbefreiung bestehenden Zahlungsbereitschaft ein ähnliches Kalkül anwenden: Das gezahlte Entgelt kann nicht mehr risikolos angelegt bzw. muss fremdfinanziert werden.

- Aus der Perspektive entgehender Anlagemöglichkeiten wäre der risikolose Zins,
- aus der Perspektive der **Fremdfinanzierung** der um den eigenen, **bonitätsabhängigen** *credit spread* erhöhte Zins anzusetzen.

U. E. ist die **Nicht**berücksichtigung der Bonität vorzugswürdig,[117] weil

- nur der risikolose Zins zu einem **eindeutigen** Ergebnis führt,
- nach IAS 37.47 nur das **schuldspezifische** Risiko (Rz 144) zu beachten ist, nicht dagegen dasjenige des Schuldners oder desjenigen, der die Schuld übernimmt.

3.4.3.3 Nominal- oder Realzins (Kaufkraftäquivalenz)

142   Eine weitere Ausprägung der Konsistenzforderung ist das Prinzip der **Kaufkraftäquivalenz**.

- Bei Verwendung der am Markt beobachtbaren („quasi") risikolosen **Nominalrendite** von Staatsanleihen als Diskontierungszinssatz ist auch der **Zahlungsstrom nominal**, d.h. unter Berücksichtigung der antizipierten Geldentwertungsrate zu schätzen.
- Wird im Zahlungsstrom hingegen auf die **Preisverhältnisse** am **Bewertungsstichtag** abgestellt, ist der beobachtbare Nominalzins in einen **Realzins** umzurechnen.

Beide Vorgehensweisen sind zulässig. Für die **Bevorzugung** der **Nominalrechnung** sprechen aber neben **praktischen** Gründen, etwa der Einfachheit der Berechnung, auch **theoretische**: Die IAS 37 ergänzenden Vorschriften, insbesondere IFRIC 1 zu Rückbauverpflichtungen, sind auf die Nominalzinsrechnung zugeschnitten. Bei Verwendung des Realzinses ergäben sich hier Unklarheiten. Deutlich wird dies bei der Fortschreibung einer Rückstellung durch Aufzinsung *(unwinding of discount)*.

Praxis-Beispiel

U errichtet am 1.1.01 eine Anlage, die er am 1.1.03 entfernen muss. Nach Preisverhältnissen am 1.1.01 würde der Rückbau 100 kosten. Bei einer Inflationsrate von 2 % wird jedoch für den 1.1.03 mit Kosten von $100 \times 1{,}02 \times 1{,}02 = 104{,}04$ gerechnet. Der Nominalzins beträgt 5 %, der sich daraus bei einer unterstellten künftigen Geldentwertungsrate von 2 % ergebende Realzins 2,94 %. Die Rückstellung entwickelt sich – Konstanz der erwarteten Rückbaukosten unterstellt – wie folgt:

NOMINAL	1.1.	Aufzinsung mit 5,00 %		31.12.
Jahr 01	94,37	4,72		99,09
Jahr 02	99,09	4,95		104,04
REAL	1.1.	Aufzinsung mit 2,94 %	Zuführung wg. Inflation	31.12.
Jahr 01	94,37	2,78	1,94	99,09
Jahr 02	99,09	2,91	2,04	104,04

---

[117] So auch mit der nachfolgenden Begründung LÜDENBACH/FREIBERG, PiR 2007, S. 333.

> Fraglich ist insbesondere das Verhältnis des Realzinsfalls zu der Vorschrift von IFRIC 1, der zufolge nur die Aufzinsung sofort als Erfolg, sonstige Änderungen der Rückstellung jedoch zunächst erfolgsneutral gegen den Anlagegegenstand zu verbuchen sind. Wird die „Zuführung" von 1,94 in 01 als Aufzinsung gedeutet, ergibt sich ein Aufwand in 01. Bei einer Behandlung als sonstige Zuführung würde die Erfolgswirkung hingegen erst in 02 (über die Abschreibung der Anlage) eintreten.

Unter realen Bedingungen – Zinsstrukturkurve nicht flach, Inflationserwartung im Zeitablauf veränderlich – bereitet die Realzinsmethode noch größere Auslegungsprobleme. Von ihr ist u. E. deshalb abzuraten.

3.4.3.4 Steuereffekte

Für die Barwertermittlung ist nach IAS 37.47 ein **Vorsteuer**zinssatz zu verwenden. Diese Vorgabe entspricht dem Prinzip der Verfügbarkeits- oder Steueräquivalenz, da auch die den Ausgangspunkt der Rückstellungsbewertung bildenden Zahlungsstromerwartungen als Vorsteuergrößen bestimmt sind (IAS 37.36 ff.). Wird der Diskontierungszins ausgehend von der („quasi") risikolosen Rendite laufzeitäquivalenter **Staatsanleihen** bestimmt, ergibt sich kein weiterer Anpassungsbedarf, da diese Rendite i. d. R. Bruttoeinnahmen vor Abzug von Steuern unterstellt, also bereits eine Vorsteuergröße ist.

143

3.5 Risikoanpassung in der Modellierung

3.5.1 Ergebnisvariabilität als schuldspezifisches Risiko

Nach IAS 37.47 sind die **schuldspezifischen** Risiken *(risks specific to the liability)* entweder im **Zinssatz** oder in der **Zahlungsreihe** zu berücksichtigen.[118]

144

- Bei einer Anpassung des Diskontierungszinssatzes führt das spezifische Risiko zu einem **Abschlag** auf den risikolosen Zinssatz, der insgesamt auch zu einem negativen Zinssatz führen kann.[119]
- Werden die Zahlungsströme um das bewertungsobjektspezifische Risiko adjustiert, ist ein **Zuschlag** auf den Erwartungswert (der Zahlungsströme) vor Risiko erforderlich.

Der Standard äußert sich nicht dazu, ob in den Diskontierungszinssatz auch die eigene Bonität des Unternehmens einzubeziehen ist *(own credit risk* oder *performance risk)*. In der Praxis wird dies nicht getan.[120]

Die Frage, was unter schuldspezifischem Risiko (Rz 141) zu verstehen ist, sieht das Schrifttum wohl überwiegend als ungeklärt an.[121] U. E. ergibt sich die Antwort aber aus der **Definition** des Risikobegriffs im englischen Originaltext von IAS 37.43: *„Risk describes variability of outcome".*[122] **Risiko** ist danach als

145

---

[118] HOFFMANN, PiR 2006, S. 63.

[119] Vgl. HENSELMANN, KoR 2007, S. 232 ff.: nicht Zuschlag, da sich durch einen solchen der Barwert der Verpflichtung reduzieren würde.

[120] IFRIC Update March 2011.

[121] So z. B. ERNST & YOUNG, International GAAP 2016, Ch 27 sCh 4.3.2.

[122] Abweichend die amtliche deutsche Übersetzung: „Risiko beschreibt die Unsicherheit zukünftiger Entwicklungen."

Ergebnisvariabilität *(variability of outcome)* zu interpretieren. Diese Interpretation ist im Übrigen nicht neu. In anderen IFRS-Bereichen, etwa bei der Risikobestimmung von strukturierten Einheiten *(structured entities)*, folgen ihr weite Teile der Theorie und Praxis, indem sie denjenigen als Hauptrisikoträger einer Zweckgesellschaft ansehen, der die Mehrheit der Ergebnisvariabilität trägt (→ § 32 Rz 77).

146 Aus dem Konzept der Ergebnisvariabilität und unter der Prämisse der Risikoaversion ergibt sich das schuldspezifische Risiko als Maß der **Streuung** der Ergebnisse um den **Erwartungswert.** Bei einer mit der Risikoaversion einhergehenden Präferenz für sichere Zahlungsströme (Rz 133) ist danach idealtypisch wie folgt zu unterscheiden:

- Sicherer Zahlungsausgang → kein Risiko.
- Unsicherer Zahlungsausgang mit **nicht sehr hoher** Abweichung der möglichen Einzelergebnisse vom Erwartungswert → geringe Ergebnisvariabilität, **geringes** Risiko.
- Unsicherer Zahlungsausgang **mit hoher** Abweichung der einzelnen Ergebnisse vom Erwartungswert → hohe Ergebnisvariabilität, **hohes** Risiko.

Die Höhe der möglichen Abweichungen ist, wo immer möglich, noch mit **Wahrscheinlichkeiten** zu gewichten. Theoretisch nicht ausgeschlossene, aber sehr unwahrscheinliche Fälle *(worst-worst* oder *best-best cases)* werden dann nicht bzw. mit geringer Gewichtung in die Betrachtung einbezogen.

3.5.2 Anpassung von Zins oder Zahlungsstrom

147 Die Konsequenzen der vorstehenden Unterscheidungen sind wie folgt:[123]

- Für eine **große Zahl gleichartiger** Einzelrisiken (Rz 129) – etwa Gewährleistungsrisiken bei Massenproduktion – besteht auf Portfoliobasis nur eine **geringe** Ergebnisvariabilität. Bei der Bewertung des Portfolios sind daher **keine** oder nur geringe Risikozuschläge bzw. -abschläge auf den Erwartungswert bzw. Zins vorzunehmen.

- Bei **singulären** Risiken können die argumentativen, statistisch nicht greifbaren Erwartungen nur in subjektive Wahrscheinlichkeiten „übersetzt" werden.[124] Neben die auf Basis dieser Wahrscheinlichkeiten „**modellierte**" **Variabilität** tritt die Unsicherheit über die Wahrscheinlichkeitsannahmen selbst. Eine auf dem subjektiven Erwartungswert beruhende Schätzung ist schon deshalb um Risikozuschläge bzw. -abschläge auf Zahlungsstrom bzw. Zins anzupassen. Die Anpassung fällt umso höher aus, je höher die modellierte Variabilität ist.

148 Eine empirisch begründete **exakte** Quantifizierung der Risikozuschläge bzw. -abschläge auf Einzelrisiken kann kaum gelingen. Nach IAS 37.37 ist die Übertragung von Einzelrisiken nach Eintritt des Risikofalls (also nicht wie im Fall einer im Voraus erfolgten Versicherung) häufig nicht oder nur zu prohibitiven Preisen möglich. Somit bleiben zunächst nur **plausible** Überlegungen im **Einzelfall**, die durch **empirische** Forschungen zur Preisbildung auf Märkten für risikobehaftete Vermögenswerte oder Schulden bestenfalls gestützt werden können.

---

123 Vgl. zum Folgenden LÜDENBACH/FREIBERG, PiR 2007, S. 334.
124 Vgl. LÜDENBACH/HOFFMANN, KoR 2003, S. 5 ff., sowie BAETGE et al., PiR 2007, S. 315 ff.

Praxis-Beispiel

U hat eine in drei Jahren fällige Verpflichtung unsicherer Höhe. Das Management erwartet mit je 33,3 % eine Zahlung von –100, –300 bzw. –500. Der (wahrscheinlichkeitsgewichtete) Erwartungswert der zukünftigen Zahlungsverpflichtung beträgt –300. Das Management unterstellt die Möglichkeit einer sofortigen Übertragung der Verpflichtung auf einen Dritten gegen eine Zahlung von –330, fällig in drei Jahren. Hierbei orientiert es sich an der wahrscheinlichkeitsgewichteten Ergebnisvariabilität. Sie beträgt bezogen auf den Erwartungswert:

- 33 % × +200 = 66 als Chance (gewichtete positive Abweichung vom Erwartungswert),
- 33 % × –200 = –66 als Risiko i.e.S. (gewichtete negative Abweichung vom Erwartungswert).

Das Management hält es für plausibel, bei gleichzeitiger Übertragung der Chance für das Risiko i.e.S. nicht mehr als ½ (= ca. –30) des errechneten Betrags zahlen zu müssen. Bei einem laufzeitäquivalenten risikolosen Zinssatz von 4,00 % beträgt der Barwert dieses Sicherheitsäquivalents ca. –293,37. Den risikoadjustierten Zins kann das Management nicht unmittelbar über Plausibilitätsüberlegungen bestimmen. Nur indirekt ist eine Bestimmung möglich, indem der bereits „bekannte" Barwert des Sicherheitsäquivalents mit dem gesuchten Barwert des Erwartungswerts gleichgesetzt und hieraus der risikoadjustierte Zins mathematisch abgeleitet wird: Umgesetzt in eine Diskontierung des Erwartungswerts führt der Barwert von ca. –293,37 zu einem risikoadjustierten Zins von 0,75 %.

Zugangs- bewertung	Zahlungsstrom	Risiko- adjustierter Zins	Barwert
Sicherheits- äquivalent	– 330	4,00 %	– 293,37
Erwartungswert	– 300	0,75 %	– 293,37

Wie im Beispiel ist i.d.R. nur das **Sicherheitsäquivalent** einer direkten argumentativen **Plausibilisierung** zugänglich,[125] während sich der risikoadjustierte Zins nur als **mathematisches Abfallprodukt** der Betrachtung des Sicherheitsäquivalents ergibt. Die Risikoanpassung über einen Zuschlag zum Zahlungsstrom hat jedenfalls einen höheren Grad der Nachvollziehbarkeit und ist u.E. schon deshalb vorzuziehen.

3.5.3 Fortschreibung von Rückstellungen durch Aufzinsung

Nach IAS 37.60 ist der Buchwert einer abgezinsten künftigen Verpflichtung unter Berücksichtigung des Zeitwerts des Geldes **fortzuschreiben** (*reflect the passage of time*), also aufzuzinsen. Zum Aufzinsungssatz enthält IAS 37 keine Erläuterungen. Infrage kommt

149

---

[125] Ähnlich KPMG, Insights into IFRS 2015/2016, Tz. 3.12.120.20.

- bei Berücksichtigung des schuldspezifischen Risikos in der Zahlungsreihe (Sicherheitsäquivalentmethode) die Aufzinsung mit dem risikolosen Zinssatz,
- bei Abbildung des schuldspezifischen Risikos über den Zinssatz die Aufzinsung mit dem **risikoadjustierten** Zins.

Die Aufzinsung mit **adjustierten** Zinsen kann aber zu **Problemen** führen (Rz 142). Dieser Befund gilt für die Risikoadjustierung entsprechend. Auch bei Verwendung eines risikoadjustierten Zinses würde etwa die nach IFRIC 1 für Rückbaukosten notwendige Unterscheidung zwischen einer sofort erfolgswirksamen Aufzinsung *(unwinding of discount)* und zunächst erfolgsneutralen Änderungen des Zinssatzes oder der Auszahlungserwartung strittige Auslegungsfragen nach sich ziehen.

Bei der Aufzinsung mit einem risikofreien Zins stellen sich diese Probleme nicht.[126] Im Übrigen würde bei einer Aufzinsung mit dem risikoadjustierten Zins dem **schuldspezifischen** Risiko (Rz 141) der Ergebnisvariabilität in der Folgebewertung immer weniger Rechnung getragen, denn je **geringer** die **Restlaufzeit** der Verpflichtung, umso **weniger relevant** ist der verwendete Zinssatz. Bei gleichbleibendem Erwartungswert und im Zeitablauf gleichbleibender Ergebnisvariabilität ist daher der (**ursprüngliche**) risikoadjustierte Zins immer **weniger** in der Lage, das schuldspezifische Risiko abzubilden. Unter Weiterführung des Beispiels unter Rz 148 lässt sich dies wie folgt zeigen:

Praxis-Beispiel
Die Verpflichtung unsicherer Höhe ist zum 31.3.04 fällig. Das Management erwartet mit je 33,3 % eine Zahlung von –100, –300 bzw. –500. Der (wahrscheinlichkeitsgewichtete) Erwartungswert der zukünftigen Zahlungsverpflichtung beträgt –300. Das Management unterstellt die Möglichkeit einer sofortigen Übertragung der Verpflichtung auf einen Dritten gegen eine Zahlung von –330 (Sicherheitsäquivalent). Dem entspricht ein risikoadjustierter Zins von 0,75 %. Die Erwartungen bleiben im Zeitablauf gleich.

Zugangs-bewertung	Zahlungsstrom	Risiko-adjustierter Zins	Barwert 1.4.01
Sicherheits-äquivalent	– 330	4,00 %	– 293,37
Erwartungswert	– 300	0,75 %	– 293,37

Für die Folgebewertung der Rückstellung gilt:

Sicherheits-äquivalent	1.1. (1.4. für Jahr 01)	Aufzinsung mit 4,00 %	31.12. (31.3. für Jahr 04)
Jahr 01	293,37	8,76	302,13
Jahr 02	302,13	12,09	314,21
Jahr 03	314,21	12,57	326,78
Jahr 04	326,78	3,22	330,00

---

[126] Nach LÜDENBACH/FREIBERG, PiR 2007, S. 335; daraus sind auch die nachfolgenden Beispiele und die Abbildung in Rz 151 entnommen.

Risikoadjustierter Zins	1.1. (1.4. für Jahr 01)	Aufzinsung mit 0,75 %	31.12. (31.3. für Jahr 04)
Jahr 01	293,37	1,64	295,01
Jahr 02	295,01	2,21	297,22
Jahr 03	297,22	2,22	299,44
Jahr 04	299,44	0,56	300,00

Bei Verwendung eines gleichbleibenden risikoadjustierten Zinses bewegen sich das nach der Sicherheitsäquivalentmethode und das mit dem risikoadjustierten Zins berechnete Ergebnis immer mehr auseinander. Bei annahmegemäß gleichbleibender Unsicherheit ist das Ergebnis der risikoadjustierten Aufzinsung schon Ende 01, erst recht aber Ende 02 und 03, nicht mehr zu rechtfertigen.

Die Angemessenheit des Rückstellungsbetrags ist zu jedem Stichtag zu überprüfen (IAS 37.59). Je nach Sachverhalt kann sich eine im **Zeitablauf abnehmende Ergebnisvariabilität** ergeben. Ein erstes Beispiel wäre etwa ein **Passivprozess**, bei dem die Gegenseite ihren Antrag stärker konkretisiert hat als zum Vorjahreszeitpunkt oder die vorläufigen Ergebnisse der Beweisaufnahme zu einer verlässlicheren Einschätzung des Prozessausgangs führen. Ein zweites wäre eine ursprünglich in 20 Jahren fällige Rückbauverpflichtung, bei der nach Ablauf von 18 Jahren eine höhere Sicherheit über die inflations- und technologiegetriebene Entwicklung der Rückbaupreise besteht als bei Erstverbuchung.

In Fällen eines im **Zeitablauf ansteigenden Sicherheitsgrads** hinsichtlich des Erwartungswerts, also einer Reduzierung des schuldspezifischen Risikos (Rz 144), ist auch die Rückstellung entsprechend anzupassen. Hier könnte die in der Verwendung eines risikoadjustierten Zinses liegende Anpassungsautomatik oberflächlich als Vorteil erscheinen. IAS 37.59 verlangt jedoch eine **individuelle** Stichtagswürdigung und gerade **keine automatische** Fortschreibung. Die Sicherheitsäquivalentmethode ist u.E. daher eher geeignet, dieser Anforderung zu entsprechen. Hierzu folgende Variation des Beispiels unter Rz 149.

150

151

Praxis-Beispiel[127]
In den Folgeperioden konkretisiert sich das Risiko hinsichtlich der Höhe der künftigen Verpflichtung bei gleichen Eintrittswahrscheinlichkeiten je Szenario. Weiterhin wird eine Zahlung von nicht mehr als ½ der wahrscheinlichkeitsgewichteten Ergebnisvariabilität bei gleichzeitiger Übertragung der Chance für das Risiko i.e.S. für plausibel gehalten.
- Erwartung 1.1.01: –100, –300, –500 (Zahlung für Übertragung des Risikos: ca. –30,0),
- Erwartung 31.12.01: –150, –300, –450 (Zahlung für Übertragung des Risikos: ca. –25,0),
- Erwartung 31.12.02: –200, –300, –450 (Zahlung für Übertragung des Risikos: ca. –15,0),
- Erwartung 31.12.03: –250, –300, –350 (Zahlung für Übertragung des Risikos: ca. –7,5).

---

[127] LÜDENBACH/FREIBERG, PiR 2007, S. 336; dort ist auch die nachfolgende Grafik enthalten.

Der Erwartungswert von 300 bleibt konstant.
Die nachfolgende Tabelle zeigt die am jeweiligen Bilanzstichtag vorzunehmende Aufzinsung der Rückstellung und die erforderliche Risikoadjustierung.

Folge-bewertung	1.1. (1.4. für Jahr 01)	Aufzinsung mit 4 %	Risikoad-justierung	31.12. (31.3. für Jahr 04)
Jahr 01	293,37	8,76	– 4,58	297,55
Jahr 02	297,55	11,90	– 9,52	299,93
Jahr 03	299,93	12,00	– 7,43	304,50
Jahr 04	304,50	3,00		307,50

Systematisch lässt sich dieser Zusammenhang durch folgende Abbildung darstellen:

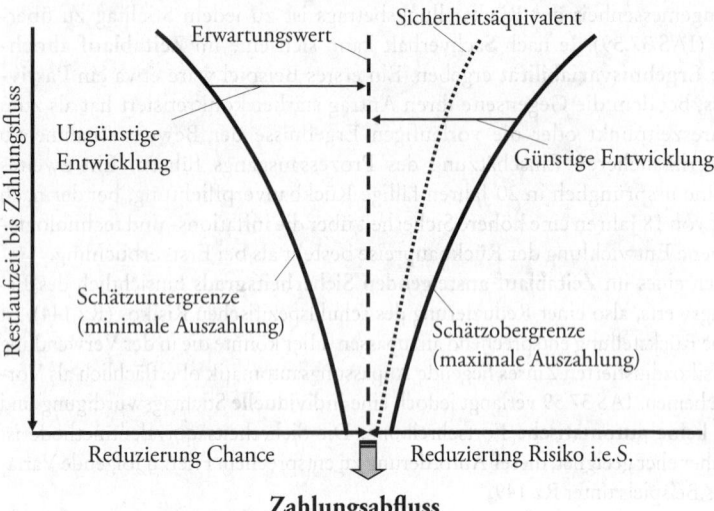

Abb. 3: Ansteigender Sicherheitsgrad hinsichtlich des erwarteten Zahlungsabflusses im Zeitablauf

3.6 Künftige Ereignisse

152   Nach IAS 37.48 und IAS 37.49 sind künftige Ereignisse, die den Erfüllungsbetrag beeinflussen können, bei der **Bewertung** zu berücksichtigen. Angesprochen sind dabei mögliche **Kostensenkungen** infolge **technischer Fortschritte**. Diese Ereignisse müssen aber mit ausreichender Evidenz „bestückt" sein. Eine objektive Einschätzung der technischen Entwicklung wird benötigt. Allerdings sind u. E. auch gegenläufige Entwicklungen außerhalb des technischen Fortschritts zu beachten.

Praxis-Beispiel
Für die Entsorgung von Kernkraftwerken kann eine neue technische Anwendung in Japan zur Zwischenlagerung von Brennelementen beobachtet wer-

den. Angeblich sollen die einschlägigen Kosten um 30 % der bisherigen Kalkulation reduziert werden. Selbst wenn man die japanischen Erkenntnisse als *„evident"* wertet, sind möglicherweise vielfältige zusätzliche Dokumentationserfordernisse zu erfüllen, welche die technisch bedingten Kostenermäßigungen kompensieren.

Nach IAS 37 sind auch künftige **Gesetzesänderungen** in das Bewertungskalkül   153
i. S. e. Minderung des Erfüllungsbetrags einzubeziehen, sofern hierzu ausreichende objektive Evidenz festzustellen ist. U. E. reicht dazu ein Koalitionsvertrag nicht aus, da dieser das Gesetzgebungsverfahren nicht ersetzen kann. Die „objektive Evidenz" wird regelmäßig erst durch das eingeführte (*„enacted"*) Gesetz gewährleistet.

Gewinne aus dem Abgang von Vermögenswerten sind nach IAS 37.51 sowie   154
IAS 37.52 nicht rückstellungsmindernd zu berücksichtigen. Angesprochen sind damit insbesondere Vorgänge im Rahmen von Restrukturierungen (Rz 96).

3.7 Praktische Anwendungshinweise

Die **praktischen** Folgerungen der vorherigen Darstellung sind:[128]   155
• Aus Vereinfachungsgründen sollte statt mit inflationsbereinigten Zahlungsströmen und Realzinsen eine **Nominal**zinsrechnung aufgezogen werden. Auf das Beispiel unter Rz 142 ist zu verweisen.
• Das in der Ergebnisvariabilität enthaltene **Risiko** ist durch Zuschläge in der **Zahlungsreihe** zu berücksichtigen, also ebenfalls ein Nominalzins zu verwenden (Rz 147).
• Bei **statistisch** nach dem Gesetz der großen Zahl erfassbaren Risiken bedarf es keiner Risikoanpassung. Es genügt die Abzinsung des so ermittelten Erwartungswerts mit dem risikolosen Zins (Rz 146).

Bei **singulären** Risiken ist zunächst ein **Erwartungswert** aufgrund der Zuord-   156
nung von Wahrscheinlichkeiten in Form einer Szenariotechnik zu ermitteln.

Praxis-Beispiel[129]	
Eine am Bilanzstichtag dem Grunde nach bestehende Schadensersatzverpflichtung ist der Höhe nach noch nicht bekannt. Die Anwälte und die Rechtsabteilung entwickeln folgendes Szenario (mit dem unter Rz 37 dargestellten Vorbehalt):	
	Mio. EUR
Verurteilung zu 6 Mio. EUR mit 60 % Wahrscheinlichkeit	3.600
Verurteilung zu 13,5 Mio. EUR mit 39 % Wahrscheinlichkeit	5.265
Verurteilung zu 30 Mio. EUR mit 1 % Wahrscheinlichkeit	300
Erwartungswert ohne risikoadäquate Abzinsung	**9.165**

---

[128] LÜDENBACH/FREIBERG, PiR 2007, S. 338.
[129] Ähnlich SCHWEEN, WPg 2007, S. 693.

Nach den vorstehenden Hinweisen unter Rz 144 ff. ist der so ermittelte Erwartungswert (im Beispiel 9.165 Mio. EUR) noch um einen Sicherheitszuschlag zu erhöhen und dieses Sicherheitsäquivalent abzuzinsen.

157 Gegen diesen Lösungsvorschlag lässt sich das Argument der **Ungenauigkeit** anführen, das dem Management erhebliche **Ermessensspielräume** gewährt. Andererseits stellt sich die Frage nach einer **besseren** „Lösung". Bei aller unvermeidlichen **Subjektivität**, die in dem Berechnungsmodell enthalten ist, dürfte die Szenariotechnik – die Gewichtung von Wahrscheinlichkeiten – einen am ehesten „objektiven" Wert ergeben.

Die kaufmännische Rechnungslegung durch Bilanzierung – ob nach HGB, IFRS oder XY-GAAP – ist notwendig ein Ausfluss von **Schätzungen** (→ § 5 Rz 51 ff.). Geschätzte Zahlen sind nie „**richtig**". Sie können sich nur im Zeitverlauf zur „Richtigkeit" hin entwickeln. Durch das hohe Rechtsgut des **Bilanzenzusammenhangs** wird **periodenübergreifend** das „richtige" Ergebnis ermittelt.[130]

Stichtagsbezogen ist das Ziel der **Objektivierung** nie zu erreichen oder umgekehrt: Die Subjektivität des gesamten Schätzungsprozesses ist vom Publikum und den verschiedenen Prüfungsinstanzen zu akzeptieren. Diese Vorgabe gilt nicht nur für den Rückstellungsansatz und die Rückstellungsbewertung.

Verlangt werden kann keine richtige, sondern nur eine **plausible** Schätzung mit einem je nach Sachverhalt sehr breiten Ergebnisspektrum von „richtigen" Werten. Die Plausibilität darf dabei nicht „freischwebend" definiert werden. Sie bedarf vorgegebener Berechnungsregeln (Konventionen), in welche die geschätzten Parameter-Inputs einfließen (Rz 129 ff.). Mehr kann, weniger sollte i. S. d. **Objektivierung** nicht sinnvoll verlangt werden.

158 Gegen diesen pessimistischen – oder doch eher realistischen – Lösungsvorschlag werden zwei Abhilfemaßnahmen vorgeschlagen:

• Verwendung **standardisierter** Berechnungsparameter, etwa nach dem Beispiel des HGB;

• **Offenlegung** der Schätzungsintervalle und der Annahmen, die deren Bestimmung zugrunde gelegt worden sind.[131]

Hierzu folgende Anmerkungen:

• Gegen einen standardisierten (laufzeitabhängigen) Rechnungszins wäre nichts einzuwenden. Fraglich bliebe aber, ob ein geglätteter Zins (wie im HGB) dem Stichtagsprinzip entspricht.

• Die Offenlegung der Modellannahmen etc. verlangt vom Adressaten der Rechnungslegung die Durchführung einer Vielzahl von Rechenprozessen. Auch an anderen Stellen der IFRS-Bilanz muss mit Ungenauigkeiten gelebt werden, die nur durch Berechnungsmodelle und zugehörige Annahmen in einen bilanzierten Wert überführt werden können. Bei detaillierter Offenlegung aller dieser mathematischen Vorgaben mit der Aufforderung zur Ausrechnung entsprechender Variabilitäten wäre auch der tüchtigste Analyst sehr schnell überfordert.

159 Im Ergebnis kann die unvermeidliche und hohe Subjektivität nur durch **Plausibilität**sanforderungen an ein Berechnungs**modell** in vertretbare Bahnen gelenkt werden. Ein solches Modell muss Logik und Konsistenz aufweisen und zur Ermittlung des für die Entpflichtung aus der Verbindlichkeit zu bezahlenden Betrags die

---

130 Hoffmann, PiR 2007, S. 14 ff.
131 Im Einzelnen Baetge/Zülch/Brüggemann/Nellessen, PiR 2007, S. 319 m. w. N.

- Risikoaversion (Rz 134),
- Definition des Risikos in Form der Ergebnisvariabilität (Rz 144),
- Bildung von Sicherheitsäquivalenten, insbesondere im Vergleich zwischen Einzel- und Sammelrisiken (Rz 147),
- im Zeitverlauf geringer werdende Ergebnisvariabilität mit entsprechender Abnahme des Risikozuschlags

als **Rahmen** für die Modellierung vorgeben.[132]

3.8 Einbeziehung von Gemeinkosten

3.8.1 Bewertungsvorgabe

Nach IAS 37.37 richtet sich die Bewertungsvorgabe für Rückstellungen nach der **erwarteten Zahlung** des Unternehmens für   160

- eigene Erfüllung (*settlement*) der Verpflichtung oder
- Übertragung (*transfer*) der Verpflichtung an eine dritte Person.

Die Frage ist, ob diese Bewertungsvorgabe durch **Voll**kosten ausgefüllt werden muss oder ob eine **Grenz**kostenbetrachtung zu erfolgen hat.[133]

3.8.2 Grenzkostenbetrachtung

In der Kommentierung wird die Bewertungsvorgabe so interpretiert:[134]   161
„Provisions are measured based on what an entity rationally would pay to settle or transfer the obligation… In our view, anticipated incremental costs that are related directly to the settlement of a provision should be included in the measurement of the provisions to the extent that a third party who assumes the liability would require compensation…"

Diese Aussage soll am Beispiel des Rückstellungsansatzes für die **Aufbewahrungspflicht** von **Geschäftsunterlagen** beurteilt werden (Rz 102).[135]

Die fiktive Bezahlung an einen „Archivierungsspezialisten" stellt dem vorstehenden Zitat zufolge den **Höchstwert** (*to the extent*) dar, ansonsten sind die **Grenzkosten** (*incremental costs*) des Unternehmens als Bewertungsmaßstab heranzuziehen – so diese Interpretation von IAS 37.37. Sie entspricht einem *make-or-buy*-Konzept: entweder selber erledigen oder die Leistung einkaufen. Nach den theoretischen Grundlagen der Kostenrechnung fällt die Entscheidung zugunsten des Selbermachens, wenn dessen Grenzkosten niedriger sind als der Preis für die einzukaufende Leistung. Es gilt also bei

- Unterbeschäftigung des Unternehmens eher *„make"*,
- Vollbeschäftigung eher *„buy"*.

Dabei ist auch der Angebotspreis des potenziellen Dienstleisters („Einlagerers") von   162
seiner **eigenen** Beschäftigungssituation abhängig. Bei Vollbeschäftigung will er nicht nur die Grenzkosten des potenziellen Auftraggebers als Leistungsvergütung, sondern zusätzlich seine Gemeinkosten gedeckt erhalten. Dazu folgendes Beispielpaar:

---

132 So LÜDENBACH/FREIBERG, PiR 2007, S. 338.
133 Vgl. dazu auch FREIBERG, PiR 2014, S. 385 ff.
134 KPMG, Insights into IFRS 2015/2016, Tz. 3.12.180 ff.; vgl. hierzu auch HOMMEL, PiR 2007, S. 322.
135 Vgl. zum Folgenden HOFFMANN, PiR 2007, S. 146; vgl. auch MARX/BERG, DB 2006, S. 169 nach Maßgabe des BFH, Urteil v. 25.3.2004, IV R 35/02, DB 2004, S. 1645.

Praxis-Beispiel

- U1 hat unkündbares, derzeit unterbeschäftigtes Verwaltungspersonal und leerstehende Räume, die zur Unterbringung der Unterlagen geeignet sind. Seine Grenzkosten sind ausgesprochen gering, umfassen eine kurze Schulung der Mitarbeiter und Heizung, Strom und Reinigung für den Archivraum. An einen fremden Dienstleister würde U1 nicht mehr als diese geringen Grenzkosten bezahlen. Umgekehrt wäre eine Archivierungsfirma nicht zum Angebot für diesen Preis bereit. Die fiktive entgeltliche Vergabe als Bewertungsgröße ist realiter nicht gegeben.
- Das Personal und die Räume des Unternehmens U2 sind voll ausgelastet. Zur Archivierung müssten hohe zusätzliche Kosten für Personal und Raum in Kauf genommen werden. Für diese zusätzlichen Kosten ist es zu einer Outsourcing-Lösung bereit. Möglicherweise bietet das spezialisierte Archivierungsunternehmen A zu einem günstigeren Kostenfaktor an, weil es selbst auf eine Fixkostendegression angewiesen ist.

Ergebnis eines inkrementalen Ansatzes: U1 stellt bezogen auf eine Vollkostenbetrachtung einen (zu) niedrigen Betrag zurück, U2 einen (zu) hohen Betrag. Anders formuliert: Die Bewertung hängt von der **Beschäftigung**ssituation des bilanzierenden Unternehmens ab – eine eher ungewöhnliche Bilanzierungsvorgabe und Bewertungsmaxime.

Ein weiterer Vorbehalt gegen diese Interpretation von IAS 37.37 ergibt sich aus der **Zeit**raumbetrachtung. In längerfristiger Perspektive stellen sich alle Kosten als „zusätzlich" (*incremental*) dar.

Praxis-Beispiel

Das in 01 neu gegründete Unternehmen trifft erstmalig zum 31.12.01 die Aufbewahrungspflicht. Dazu muss es Räumlichkeiten neu bauen und Regale beschaffen oder beides anmieten. Alternativ nimmt ihm ein Dienstleister diese ganzen Aufwendungen ab. Letztere sind zu vergleichen mit den Kosten des Neubaus und der Beschaffung der Regale oder alternativ deren Anmietung auf unbeschränkte Zeit. Aus der Sicht des 31.12.01 liegen jedenfalls insoweit Grenzkosten vor. Die vorzunehmenden Buchungen wären also:

- Zum Bilanz**stichtag**: „per Baukosten und Kosten der Beschaffung der Regale bzw. Mietaufwendungen an Rückstellung".
- Im **Folgejahr**: „per Rückstellung an Geld". Dabei umfasst „Geld" die Baukosten bzw. Kosten für die Beschaffung der Regale oder alternativ die zu bezahlenden Mieten.

Ab 02 entstehen also keine Aufwendungen für die Aufbewahrung mehr, die Grenzkosten sind schon per 31.12.01 „erschöpft".

3.8.3   Vollkostenbetrachtung

163   Das vorstehende Beispiel belegt: Die Grenzkostenbetrachtung eignet sich als Grundlage für unternehmerische **Entscheidungen**, nicht dagegen zur Ermittlung von **Stichtagswerten**. Sie werden auch – vergleichbar – nicht zur Ermittlung von Herstellungskosten herangezogen. Dort geht es vielmehr immer nur um die Frage, inwieweit zu den

Einzelkosten Gemeinkosten der Fertigung heranzuziehen sind. Ausgerichtet auf die Rückstellungsbewertung hieße dies: Die Aufbewahrungsverpflichtung für die Geschäftsunterlagen ist zu bewerten mit den effektiven Einzelkosten des Unternehmens zuzüglich anteiliger Gemeinkosten, also mit den „Vollkosten" nach HGB/EStG.

Die Frage ist deshalb, ob der **Wortlaut** von IAS 37.37 (Rz 125) wirklich zwingend die **Grenz**kostenbetrachtung erfordert oder nicht doch auch eine **Voll**kostenbewertung erlaubt. Dazu könnte an den *transfer* der Verpflichtung zur Archivierung und Aufbewahrung der Belege etc. auf eine dritte Person angeknüpft werden. Ein solcher Archivierungsspezialist böte seine Dienstleistung zumindest auf längere Sicht nach Maßgabe einer Vollkostenkalkulation an. Der *transfer*-Preis umfasst damit die „vollen" Kosten der Aufbewahrung.

Auf der Grundlage der Denkfigur des fiktiven Dienstleisters lässt sich somit eine Vollkostenbewertung aus IAS 37.37 ableiten. Dann ist der Schritt nicht mehr weit, auch die „**Selbsterledigung**" auf der Basis von Vollkosten zu bewerten. Denn schließlich sind die beiden Alternativen nur auf der gleichen Berechnungsbasis als Bilanzierungsalternativen sinnvoll darstellbar. Störend wirkt bei einer solchen Situation der Wortlaut des „*settle*", der auf einen einmaligen Zahlungsvorgang hindeutet. Nun sind aber letztlich alle Aufwendungen – hier also Mieten von Räumen, Datenträger etc. – irgendwann einmal auch mit Erfüllungs- und damit Zahlungsvorgängen verbunden. So gesehen ist auch die erste Bewertungsalternative in IAS 37.37 *(to settle the obligation)* als Vollkostenbewertung interpretierbar.

Im deutschen Rechnungslegungsrecht ist seit jeher bei **Sachleistungs**verpflichtungen das Ob und Wie der Einbeziehung von Gemeinkosten in die Rückstellungsbewertung streitig. Die überwiegende Meinung fordert für die Handelsbilanz den **Vollkostenansatz**; steuerlich ist die Bewertung mit den „angemessenen Teilen der notwendigen Gemeinkosten" durchzuführen (§ 6 Abs. 1 Nr. 3a Buchstabe b) EStG).

Folgende den Vollkostenansatz bestätigende Beispiele der **BFH-Rechtsprechung** können u. E. auch nach IAS 37.37 entsprechend bewertet werden:

Thema	BFH vom	Aktenzeichen	Fundstelle
Einzelgarantiefälle	13.11.1991	I R 129/90	BStBl II 1992, 519
Jahresabschlusserstellung und -prüfung	24.11.1983	IV R 22/81	BStBl II 1984, 301
Erstellung der Jahressteuererklärungen	24.11.1983	IV R 22/81	BStBl II 1984, 301
Abschreibungsverpflichtungen im Baugewerbe	18.1.1995	I R 44/94	BStBl II 1995, 742
Schadensermittlung bei Versicherern	19.1.1972	I R 114/65	BStBl II 1972, 392
Urlaubsverpflichtungen	8.7.1992 10.3.1993 6.12.1995	XI R 50/89 I R 70/91 I R 14/95	BStBl II 1992, 910 BStBl II 1993, 446 BStBl II 1996, 406

Das handelsrechtliche Schrifttum folgt den Entscheidungen des BFH teilweise nicht (ganz). Insbesondere zur Bewertung der Urlaubsrückstellungen differieren

164

die Auffassungen.[136] Nach IFRS-Bilanzierung kann indes jedes betriebswirtschaftlich vertretbare Rechenschema unter Einbeziehung von Gemeinkosten
akzeptiert werden

3.9 Angeschaffte Rückstellungen

165 Übernimmt das Berichtsunternehmen gegen Erhalt einer Zahlung nicht finanzielle
Verbindlichkeiten (insbesondere langfristige Rückstellungen) eines anderen, ergibt
sich das Problem einer möglichen Abweichung zwischen Vereinnahmungsbetrag
(marktüblicher Wert bzw. Zeitwert) und der „Normal"-Bewertung von Rückstellungen nach IAS 37. Eine explizite Regelung zum Umgang mit dieser Diskrepanz
fehlt in den IFRS. Folgende Bewertungsalternativen kommen infrage:[137]

- Die Bewertung der Rückstellung i.H.d. erhaltenen Zahlung. Ein solches
  Vorgehen kommt zwar für den Zugangszeitpunkt infrage, ist aber danach
  nicht durch IAS 37 gedeckt. Möglich wäre dann allenfalls eine Analogie zu
  IFRS 3.56: Danach sind bei einem Unternehmenserwerb entgegen des Ansatzverbots von IAS 37 Eventualverbindlichkeiten mit ihrem *fair value* anzusetzen, in der Folge aber mit dem Höchstwert aus einer Bewertung nach IAS 37
  einerseits und den (evtl. fortgeführten) Zugangswerten anzusetzen.
- Die erfolgswirksame Erfassung eines aus der Bewertungsdivergenz entstehenden Ertrags, wie sie IFRS 3.36 für den negativen Unterschiedsbetrag und
  IFRS 9 für Finanzinstrumente vorsieht, scheidet aus, da es sich jeweils um
  eine unter besonderen Restriktionen bestehende Sonderregelung handelt, die
  nicht analogiefähig ist.
- Denkbar wäre schließlich noch die Einstellung der Differenz in einen Abgrenzungsposten, um der Periodisierung Rechnung zu tragen. Ein Abgrenzungsposten ohne Schuldcharakter ist in den IFRS aber (mit hier nicht interessierenden Ausnahmen, etwa bei öffentlichen Zuwendungen) nicht vorgesehen.

U. E. ist die erste Lösung am besten zu begründen. Sie verletzt einerseits das
elementare Prinzip der Erfolgsneutralität der Zugangsbewertung nicht, und
benötigt andererseits auch keinen systemfremden technischen Schuldposten.

4 Rückgriffsansprüche (*reimbursements*) vs. kompensatorische Vorteile

166 Nach IAS 37.53 ist ein Rückgriffsanspruch (z.B. gegenüber einer Versicherung
oder einem Subunternehmer) für eine zu bilanzierende Verbindlichkeitsrückstellung *(provision)* **getrennt** von der Rückstellung (unsaldiert) zu aktivieren
(Rz 126). Es handelt sich also um einen eigenen Vermögenswert, dessen Bilanzansatz allerdings den Rückstellungsbetrag nicht übersteigen darf.
IAS 37.53 verlangt eine nah an 100 % liegende bedingte Wahrscheinlichkeit: Rückgriffsansprüche sind dann anzusetzen, wenn sie der **Verpflichtung** so gut wie sicher
(virtually certain) folgen.

---

[136] Einzelheiten bei SCHUBERT, in: Beck'scher Bilanzkommentar, 10. Aufl., 2016, § 249 HGB, Tz 100
„Urlaub".
[137] Vgl. DIEMERS/WELLER, PiR 2015, S. 363 ff.

Praxis-Beispiel

Es ist gegenüber dem Unternehmen eine Schadensersatzklage (Passivprozess) wegen (z. B.) Produkthaftung anhängig. Der diesbezügliche Versicherungsschutz ist dem Grunde und der Höhe nach unstreitig, alle Versicherungsprämien sind bezahlt.

- Das Unternehmen rechnet nicht mit einer Verurteilung *(less likely than yes)*: Es ist weder eine Rückstellung zu bilden noch ein Ersatzanspruch zu aktivieren. Es verbleibt bei einer Anhangangabe unter Erwähnung der Versicherungsdeckung (Rz 115).

- Das Unternehmen rechnet eher mit einem negativen Prozessausgang *(more likely than not)*: Hier sind sowohl die Rückstellung als auch der Ersatzanspruch getrennt zu bilanzieren (Rz 29).

Für den **GuV-Ausweis** erlaubt IAS 37.54 in Übereinstimmung mit IAS 1.34(b) eine Saldierung des Aufwands aus der Rückstellungsverpflichtung mit dem Ertrag aus dem Erstattungsanspruch (→ § 2 Rz 23).

Als **Beispiele** für solche Rückgriffsrechte nennt IAS 37.55 Versicherungsverträge,   167
Entschädigungsklauseln in Verträgen und Gewährleistungen von Lieferanten. Dabei soll unerheblich sein, ob sich der Anspruchsberechtigte direkt an den Rückgriffsverpflichteten oder an das Unternehmen hält.

Fraglich kann die Ansatzvorgabe des *virtually certain* im Rahmen von Verlusten   168
aus belastenden Verträgen sein (Rz 52 ff.). Konkret geht es um die Bestimmung des Saldierungsbereichs. Bzgl. des *reimbursement* stellt sich also die Frage: Ist der Rückgriffsanspruch isoliert vom belastenden Vertrag zu beurteilen oder umgekehrt in den Saldierungsbereich einzubeziehen. Dazu folgendes Beispiel:

Praxis-Beispiel[138]

Der kaufmännische Vorstand K versäumt fahrlässigerweise die Kündigung eines Mietvertrags über nicht mehr benötigte Räume. Unstreitig entsteht dadurch dem Unternehmen ein Schaden. Bilanziell ist die Miete für die nicht mehr nutzbaren Räume als lästiger Vertrag zurückzustellen.

Die Gesellschaft hat eine D & O- (Directors & Officers-) Versicherung abgeschlossen. Diese deckt Schäden aus schuldhaftem Verhalten des Managements ab. Die Einstandspflicht der Versicherung setzt allerdings eine rechtskräftige Verurteilung des K zu Schadensersatz voraus. Am Bilanzstichtag ist die Klage eingereicht. Der Rechtsvertreter hält eine Verurteilung für wahrscheinlich, aber nicht für so gut wie sicher.

Bei isolierter Betrachtung des Rückgriffsanspruchs auf die D & O-Versicherung kommt eine Aktivierung nicht in Betracht; es fehlt an dem Kriterium *virtually certain*.

Andererseits stellt sich eine ähnliche Frage nach Einbeziehung dieser Rückgriffsforderung in den Saldierungsbereich zur Bestimmung des Werts der Drohverlustrückstellung. U. E. ist die dortige Lösung auch für die Rückgriffsrechte vorzugswürdig,[139] da vergleichbar eine Drohverlustrückstellung nach IAS 37.65

---

[138] Nach LÜDENBACH, PiR 2007, S. 202.
[139] So auch LÜDENBACH, PiR 2007, S. 204.

(Rz 52 ff.) nur i. H. d. effektiven Belastung gebildet werden kann. Diese ist nach bestmöglicher Erkenntnis zu schätzen (Rz 124). Und in diesen Schätzungsprozess ist die Versicherungserstattung mit ihrer überwiegenden Wahrscheinlichkeit einzubeziehen.

169   Nach IAS 37.29 i. V. m. IAS 37.58 ist der Fall einer **gemeinsamen Verpflichtung** mit einem anderen Unternehmen nicht nach der vorstehenden Regel des getrennten Ansatzes von Rückgriffsrechten zu bilanzieren. Soweit das Unternehmen hilfsweise für die gemeinsame Verpflichtung in Anspruch genommen werden kann, ist dies als Eventualverbindlichkeit zu werten, soweit der andere Verpflichtete erwartungsgemäß der Zahlungspflicht nachkommt.

170   Nach ständiger BFH-Rechtsprechung sind **Rückgriffsrechte** für Verpflichtungen aus dem Rückstellungsbereich in **saldierter** Form bei der Bewertung zu berücksichtigen (also nicht getrennte Aktivierung und Passivierung gem. IAS 37.53; Rz 166).

Thema	BFH u. a. vom	Aktenzeichen	Fundstelle
Rückgriffsrechte gegen Versicherer	FG Nürnberg vom 1.7.1981	V R 160/77	EFG 1982, 15
Rückgriffsforderung des Bauunternehmers gegen Subunternehmer bei Garantieverpflichtungen	17.2.1993	X R 60/89	BStBl II 1993, 437
Forderungsübergang kraft Gesetzes bei Inanspruchnahme durch Bürgschaftsgläubiger	19.3.1975 26.1.1989 15.10.1998	I R 173/73 IV R 86/87 IV R 8/98	BStBl II 1975, 614 BStBl II 1989, 456 BStBl II 1999, 333
Ausgleichsansprüche gegen Urlaubskasse	8.2.1995	I R 72/94	BStBl II 1995, 412
Erstattungsanspruch an die Arbeitsbehörde	BMF vom 11.11.1999		BStBl I 1999, 959

Die Nettobetrachtung bezieht sich nur auf die Fälle mit **Verpflichtungscharakter,** die also einen Rückstellungsansatz im ersten Bilanzierungsschritt erforderlich machen. Deshalb fällt aus den vorstehend aufgelisteten BFH-Streitfällen auch das Rückgriffsrecht gegen Versicherer unter diesen Lösungsvorschlag, sofern der Versicherungsleistung eine Verpflichtung des Unternehmens z. B. aus Unfallverursachung zugrunde liegt. Ebenso ist u. E. das Rückgriffsrecht des Bauunternehmers gegen den Subunternehmer zu beurteilen. Beim Forderungsübergang kraft Gesetzes infolge Bürgschaftsinanspruchnahme ist allerdings nicht der Eingang der Forderung, sondern das Gegenteil *virtually certain,* so dass es hier bei einer Rückstellung ohne Kompensation verbleiben muss.

171   **Nicht** dem Regelungsbereich des IAS 37 unterliegen:[140]
• Finanzgarantien (→ § 28),
• Versicherungsverträge, die einen Ersatz für Wertverluste an Anlagegütern etc. oder für entgangenen Gewinn unabhängig von einer bestehenden Verpflichtung gewähren.

Für die letztgenannten Versicherungen gilt: Sofern am Bilanzstichtag ein quasisicherer Anspruch gegen die Versicherungsgesellschaft besteht, ist ein Bilanzansatz vorzunehmen. IFRS 4 ist nach IFRS 4.4(f) für Versicherungsnehmer bei einem Erstversicherungsvertrag nicht anzuwenden (→ § 39 Rz 5). IAS 37 ist in

---

[140] KPMG, Insights into IFRS, 2015/2016, Tz. 3.12.195.15.

diesen Fällen auch deswegen nicht einschlägig, weil es an einer Verpflichtung nach der Definitionsnorm des IAS 37.14 fehlt (Rz 4).

Praxis-Beispiel[141]
Das Unternehmen P hat einen Versicherungsvertrag mit einer Ersatzleistung, wenn seine wichtigsten Maschinen ausfallen. Dann entsteht ein Anspruch von 10 GE für jeden ausgefallenen Produktionstag. Dieser Betrag ist mit den Ausfalltagen bis zum Bilanzstichtag zu multiplizieren und entsprechend zu bewerten.

Anders stellt sich die Frage des Bilanzansatzes in ungeklärten Versicherungsfällen.

Praxis-Beispiel[142]
Das Unternehmen hat eine Feuerversicherungspolice, die den Wertverlust eines abgebrannten Gebäudes abdeckt. Im betreffenden Geschäftsjahr brennt das Gebäude ab. Am Bilanzstichtag ist indes die Einstandspflicht der Versicherung noch nicht endgültig geklärt, weil in der Police der Fall der Brandstiftung aus der Regulierungspflicht ausgeklammert ist. Die Forderung aus dem Versicherungsvertrag ist nicht *virtually certain*.

Diese Lösungsvorschläge beruhen auf einer **analogen** Anwendung der Rückgriffsansprüche nach IAS 37.53, weil die dargestellten Versicherungsansprüche für Schäden und entgangene Gewinne dem Regelungsbereich des IAS 37.53 sehr naheliegen. Deshalb genügt für den Bilanzansatz der Versicherungsleistung ein sehr hoher Sicherheitsgrad bzgl. der Einstandspflicht der Versicherer. Andererseits verhindert der Analogieschluss auch den Ansatz eines Gewinns aus dem Versicherungsvertrag, wenn die danach zu erwartende Leistung die versicherten Aufwendungen übersteigen sollte; ein Nettogewinn ist also nicht anzusetzen.[143] Umgekehrt darf ein versicherter Wertminderungsaufwand nur insoweit geltend gemacht werden, als die Versicherungsleistung die Wertminderung nicht abdeckt. Das Problem der kompensierenden Bewertung bei Vermögensverlust stellt sich nicht nur im Rahmen von Versicherungserstattungen oder Ansprüchen gegenüber Subunternehmern, sondern etwa auch bei erwarteten **Kippgebühren**.

172

Praxis-Beispiel[144]
Die U GmbH hat den Kiesabbau am Standort X gerade beendet und ist zur Wiederauffüllung des Aushubs und zur Rekultivierung des Geländes verpflichtet. Das Abbauvolumen kann durch Deponierung von Bauschutt aufgefüllt werden.
Die mutmaßlichen Kosten für die Wiederauffüllung und Rekultivierung betragen 100 Mio. EUR, die erwarteten Einnahmen aus der Bauschuttabnahme 60 Mio. EUR. Die Wahrscheinlichkeit der Erzielung entsprechender Einnahmen ist u.a. deshalb sehr hoch, weil es in der Region zu wenige Bauschutt-

---

[141] KPMG, Insights into IFRS, 2015/2016, Tz. 3.12.198.20.
[142] KPMG, Insights into IFRS, 2015/2016, Tz. 3.12.198.30.
[143] So auch KPMG, Insights into IFRS, 2015/2016, Tz. 3.12.199.20; anders allerdings unter Tz. 3.2.370.30.
[144] Nach LÜDENBACH, PiR 2014, S. 287.

> deponien gibt und die Bauunternehmen deshalb bisher in hohem Maße auf deutlich teurere Recycling-Lösungen zurückgreifen müssen. Vor diesem Hintergrund haben einige Bauunternehmen sogar schon den Abschluss von langfristigen Verträgen über die Bauschuttanlieferung angeboten. Im Hinblick auf begründete Preissteigerungserwartungen hat U aber von einer Kontrahierung abgesehen und verlässt sich auf die absehbaren wirtschaftlichen Sachzwänge.

Fraglich ist, ob die erwarteten Kippgebühren kompensierend, sei es als eigener Aktivposten oder als Kürzung der Rückstellung, zu berücksichtigen sind. Nach der Rechtsprechung des BFH[145] waren Einnahmen aus Kippgebühren bei Verpflichtungen zur Wiederauffüllung von Kiesvorkommen nur dann kompensatorisch (d.h. rückstellungskürzend) zu berücksichtigen, wenn sie auf einer eindeutigen Rechtsgrundlage beruhen. Nur mutmaßlich anfallende Kippgebühren rechtfertigten danach keine kompensatorische Bewertung, wohl aber ein am Bilanzstichtag fest vereinbartes Kippvolumen mit entsprechenden Preisen. Dem schließt sich das IDW für das **Handelsrecht** an.[146] Der ab 1999 gültige § 6 Abs. 1 Nr. 3a Buchstabe c EStG sieht hingegen **steuerbilanziell** eine kompensatorische Bewertung (Rückstellungskürzung) schon bei erwarteten Vorteilen vor.

Für die IFRS bieten sich zwei Lösungen an:

- **Prinzipienorientierte Lösung:** Rückstellungen sind nach IAS 37.36 mit dem erwarteten Wert der zur Erfüllung notwendigen Ausgaben anzusetzen. Konzeptionell entspricht dies i.d.R. dem Betrag, der einem Dritten zur Übernahme der Verpflichtung gezahlt werden müsste (IAS 37.37). Ein Dritter würde aber bei der Bemessung des Entgelts für die Übernahme einer Rekultivierungsverpflichtung die mit hoher Sicherheit erwarteten Kippgebühren gegenrechnen. Insoweit müsste im Beispiel die U nach IAS 37 (wie nach EStG) die Rückstellung mit 40 Mio. EUR ansetzen.

- **Analogie zu den *reimbursement*-Regelungen:** Nach IAS 37.53 ff. ist bei mit einer Verpflichtung verbundenen Ansprüchen auf Erstattung (*reimbursement*), etwa gegen Versicherungen oder Subunternehmen, eine Bruttobilanzierung geboten. Da die erwarteten Kippgebühren aber **keine Erstattungsautomatik** begründen, scheidet deren Aktivierung aus. Fraglich wäre dann, ob die Rückstellung gleichwohl in Analogie zu IAS 37.53 ff. mit ihrem ungekürzten Wert anzusetzen wäre. Gegen eine solche Analogie spricht u.E. der kasuistische Charakter der genannten Vorschriften: Diese vertragen sich zunächst nicht mit grundlegenden Anforderungen, die IAS 37.31 ff. an den Ansatz von Eventualforderungen (nur so gut wie sichere) stellt. Sie stehen außerdem im Widerspruch zur grundlegenden Bewertungsprämisse von IAS 37.37, wonach der bestmöglich geschätzte Erfüllungsbetrag und der Preis für die Übertragung der Verpflichtung auf einen Dritten konzeptionell übereinstimmen.

Die Regelungen zum *reimbursement* stellen somit u.E. einen kasuistischen Fremdkörper innerhalb von IAS 37 dar. Andere Kompensationsfälle ohne Erstattungsautomatik sind deshalb ohne Analogie zu den *reimbursement*-Regeln, vielmehr prinzipienorientiert zu lösen.

---

145 Vgl. BFH, Urteil vom 16. 9.1970, I R 184/67, BStBl 1971 II S. 85.
146 IDW RS HFA 34, Tz. 30, unter dem Titel „Nettobilanzierung".

5 Ausweis und Anhangangaben

5.1 Rückstellungen (*provisions*)

In Ergänzung zum Bilanzausweis sind im Anhang zu den Rückstellungen *(provisions)* – ohne Differenzierung nach den *accruals* (Rz 46) – detaillierte Angaben zu machen, die signifikant über die Pflichten in § 285 Nr. 12 HGB hinausgehen. Zunächst verlangt IAS 37.85 folgende **qualitativen** Angaben: 173

* Art der Rückstellung in kurzer Beschreibung,
* Darstellung der Ungewissheit der Höhe und der Zeit nach über den Zahlungsabfluss sowie eine informative Darlegung der wesentlichen Annahme über die künftige Entwicklung,
* mögliche Kompensationen von dritter Seite (*reimbursement*; Rz 166).

Sinnvollerweise sind die Rückstellungen nach **wirtschaftlich definierten Kategorien** zusammenzufassen, also z.B. Gewährleistungsfälle, (anstehende) Passivprozesse, Personalbereich etc.

Die so definierten Rückstellungen sind nach IAS 37.84 von der Anfangsbilanz zur Schlussbilanz zu entwickeln und hinsichtlich bestimmter Kategorien (*„classes"*) aufzugliedern. Der nachstehende **Rückstellungsspiegel** folgt dieser Vorgabe und enthält die nach IAS 37.84 geforderten Angaben.   174

Art der Rückstellung (Beispiele)	Buch- wert 1.1.	+ Zufüh- rung	+/- Zins- effekte	– Inan- spruch- nahme	– Auflö- sung	Buch- wert 31.12.
Gewinnbeteiligungen						
Sonstige Personalver- pflichtungen						
Garantien						
Prozesse						
Umweltverpflichtungen						
Summe						

Tab. 1: Rückstellungsspiegel

Hierzu folgende Erläuterungen: Die Spalte „Zinseffekte" resultiert aus der Bewertungsvorschrift in IAS 37.45 bzw. IAS 37.60, die eine Abzinsung von längerfristig „laufenden" Rückstellungsvorsorgen vorsieht, sowie aus Änderungen des Diskontierungssatzes (IAS 37.84). Eine **Trennung** dieser beiden Zinseffekte ist nicht verlangt. Besonders wichtig ist die **Unterscheidung zwischen Inanspruchnahme** (*utilized*) und **Auflösung** (*unutilized*). Die Spalte „Auflösung" zeigt die gegenüber dem tatsächlichen Bedarf überhöhte Vorsorge in den Vorjahren. Umgekehrt fehlt die korrespondierende Spalte für eine **zusätzliche Inanspruchnahme**, die über die bilanzielle Vorsorge aus dem Vorjahr hinausgeht. Eine solche ließe sich in rechnerisch abstimmbarer Form nicht darstellen, sondern nur als Zusatzangabe. Erstaunlicherweise schreiben die IFRS diese – für einen Bilanzleser interessante – Information nicht vor (ebenso wenig das HGB).   175

Zusätzlich zum Inhalt der Tabelle in Rz 174 erscheinen Angaben zur **Fristigkeit** der Zahlungsverpflichtung erforderlich (IAS 37.85(b)). Üblich ist in der deutschen IFRS-Rechnungslegungspraxis die Aufteilung: bis zu 1 Jahr, 1–5 Jahre, über 5 Jahre. Die Tabelle ist außerdem um **qualitative Angaben** zu den einzelnen Rückstellungsposten zu ergänzen; dazu gehören auch Angaben zu den Abzinsungssätzen bei Verpflichtungen mit längerfristiger Laufzeit.

Die vorstehende Tabelle kann für den Konzernabschluss um zwei Spalten für „Änderungen im Konsolidierungskreis" und für „Währungsumrechnungen" ergänzt werden.

Zweifelhaft kann die Darstellung der **unterjährigen** Bewegungen im Rückstellungsspiegel sein.

> **Praxis-Beispiel**
> Eine Rückstellung für Produktschäden i. H. v. 1.000 muss zum 31.3.01 angesetzt werden. Während des Jahres werden daraus 800 in Anspruch genommen, 200 müssen in das Jahr 02 vorgetragen werden.
> Die Frage ist, ob im Rückstellungsspiegel zum 31.12.01 ein Zugang von 200 (Nettodarstellung) oder von 1.000 mit Inanspruchnahme von 800 (Bruttodarstellung) gezeigt werden muss.

Dazu folgende Überlegungen:

- Der Standard spricht in IAS 37.84(b) von *„additional provisions made in the period"*, was eher auf eine Nettodarstellung hindeutet, die als Zugang (*addition*) nur den Unterschiedsbetrag zwischen Schluss- und Eröffnungsbilanz darstellt.

- Für eine Bruttodarstellung spricht hingegen die Parallele zum **Anlagespiegel** (→ § 14 Rz 68), in dem die unterjährigen Zugänge brutto zu zeigen sind.

- Die Bruttodarstellung erleichtert auch die Abstimmung mit Zwischenabschlüssen. Bei vierteljährlicher **Zwischenberichterstattung** (→ § 37) wäre im obigen Beispiel zum 31.3.01 ein Zugang von 1.000 zu zeigen, der im Jahresabschluss zum 31.12.01 mit einer Nettodarstellung nicht korrespondieren würde.

Insgesamt favorisieren wir deshalb eine **Brutto**darstellung, halten die Nettodarstellung aber nicht für unzulässig.

176 **Nicht mehr benötigte** Rückstellungen einer Kategorie dürfen nicht (erfolgsneutral) auf eine andere Kategorie **übertragen** werden (IAS 37.61).

177 Zur weiteren Verdeutlichung folgendes Beispiel:

> **Praxis-Beispiel**
> Die World Wide AG hat seit Ende 00 einen neuen Vorstand, der die Bilanz 00 in Ausnutzung sämtlicher Ermessensspielräume umfangreich mit Rückstellungen belastet und dadurch das Ergebnis 00 auf 100 Mio. EUR reduziert. U. a. hat er noch im **Dezember 00** die Entlassung sämtlicher Leiter der Übersee-Niederlassungen verkündet und hierfür eine Abfindungsrückstellung von 50 Mio. EUR gebildet. Weiterhin hat er die Garantierückstellungen (durchschnittliche Garantielaufzeit ein Jahr) neu kalkuliert und deshalb von 15 auf 20 Mio. EUR erhöht. Schließlich hat er für einen Ende 02 endenden Pachtvertrag eine bisher nicht berücksichtigte Altlastenbeseitigungspflicht von 12,1 Mio. EUR (Barwert bei Zins von 10 %: 10 Mio. EUR) bilanziert.

In 01 scheiden diverse Country-Manager gegen 24 Mio. EUR Abfindung (davon 12 Mio. EUR Europa) aus. Mit weiteren Abfindungen ist nicht zu rechnen. In 01 kommt es zu Garantiekosten von 13 Mio. EUR. Die Garantierückstellung wird wieder von 20 auf 15 Mio. EUR zurückgeführt. Der Jahresüberschuss hat sich von 00 nach 01 verdoppelt, wofür der Vorstand eine ordentliche Sondervergütung erhält.

Der IFRS-Rückstellungsspiegel 01 stellt sich wie folgt dar (in Mio. EUR):

Art	Buch-wert 1.1.	Zufüh-rung	Aufzin-sung	Inan-spruch-nahme	Auflösung	Buchwert 31.12.
Abfindung	50	15	1	12	38	0
Übersee	20			13	7	15
Garantie	10					11
Altlasten						
Summe	80	15	1	25	45	26

Die Rückstellung Übersee darf nicht für Europa verwendet werden, ihre Auflösung beträgt daher 38 und nicht 26 Mio. EUR. Die Auflösungsspalte ist insgesamt aufschlussreich für den Bilanzleser: Bei angemessener Rückstellungsdotierung wären die Ergebnisse 00 bzw. 01 mit 145 Mio. EUR bzw. 155 Mio. EUR um 45 Mio. EUR höher bzw. niedriger ausgefallen. Aus der Verdoppelung des Jahresüberschusses und der schönen Sondervergütung für den Vorstand wäre nichts geworden.

5.2 Eventualverbindlichkeiten (*contingent liabilities*)

Diese Sonderform der Verbindlichkeiten, die hinsichtlich der Wahrscheinlichkeit des Eintretens zwischen *„more likely than not"* (dann Bilanzansatz als *provision;* Rz 42, Rz 46) einerseits und *remote* (dann überhaupt keine Angabe) angesiedelt sind (Rz 113ff.), müssen nach IAS 37.86 näher erläutert werden. Das Gleiche gilt umgekehrt für die *contingent assets* (Rz 119) gem. IAS 37.89.

178

Zunächst ist auch hier eine **Klassifizierung** nach der Art der Verpflichtung vorzunehmen – entsprechend der deutschen Gewohnheit z.B. in Wechselobligo, Bürgschaften, Schuldbeitritten etc.

Dabei sind folgende Angaben – **soweit wirtschaftlich sinnvoll ermittelbar** – zu machen:

- mögliche finanzielle Auswirkungen,
- Angaben zu den geschätzten Beträgen und dem Zeitpunkt der Bezahlung,
- Möglichkeit einer Kompensation.

Die Formulierungen der IFRS an dieser Stelle sind bewusst vage gehalten, so dass hier weite Interpretationsmöglichkeiten bestehen.

Als weitere Angabe kommen **Verpflichtungen** in Betracht, die **mangels zuverlässiger Bewertbarkeit** nicht bilanziert worden sind (Rz 45), sowie **Restrukturierungsvorhaben**, die **nach** dem Bilanzstichtag, aber **vor** der Bilanzerstellung verkündet wurden (Rz 92). Weiter sind zu nennen bedingte Einzahlungsverpflichtungen in „Entsorgungsfonds" (Rz 72 und Rz 118).

179

Zu den Eventualverbindlichkeiten folgendes **Formulierungsbeispiel:**

180

> **Praxis-Beispiel**
> Ein Mitbewerber hat uns wegen Verstößen auf dem Gebiet des Warenzeichenrechts **verklagt**. Die geltend gemachte Forderung von Y TEUR ist nach Auffassung unserer Rechtsvertreter unbegründet und wurde deshalb nicht als Rückstellung in die Bilanz aufgenommen.
> Für die im Januar vom Vorstand und Aufsichtsrat beschlossene Aufgabe der …-Produktion rechnen wir mit nicht bilanzierten Verpflichtungen von … TEUR.
> Für bestimmte in die USA ausgelieferte Produkte werden seitens amerikanischer Verbraucherschutzvereinigungen ganz erhebliche **Schadensersatzforderungen** geltend gemacht. Diese Forderungen werden dem Grunde nach von uns bestritten, können vor allem aber auch nicht annähernd zuverlässig geschätzt werden (Rz 45). Ein Bilanzansatz erfolgte deshalb nicht.

5.3 Ereignisse nach dem Bilanzstichtag

181 Der Rückstellungsbereich stellt ein Bilanzierungsfeld dar, das in besonderem Umfang **zukunftsbezogen**, d. h. von mangelnden Erkenntnissen des Managements über das Bestehen und/oder die Höhe einer Verpflichtung gekennzeichnet ist. Deshalb kann es hier häufig (zu materiell bedeutenden) **ansatz- oder wertbegründeten** Erkenntnissen nach dem Bilanzstichtag kommen. Nach IAS 10.20 (→ § 4 Rz 54) ist in diesem Fall eine **Anhangangabe** erforderlich.
Beispiele (für Bilanzstichtag 31.12.01):

> **Praxis-Beispiel**
> • Unsere Polyesterfertigungsanlage in Freiburg wurde am 10.1.01 durch Frosteinbrüche erheblich beschädigt. Seitdem liegt diese Produktionslinie still. Inwieweit der Schaden versichert ist, lässt sich derzeit nicht zuverlässig abschätzen.
> • Wir haben am 15.1.01 unseren Entschluss zur Schließung der Glasfaserfabrik in Köln bekannt gemacht. Den damit verbundenen Einmalaufwand von geschätzt X TEUR haben wir nicht im Jahresabschluss zum 31.12.00 berücksichtigt (Rz 91).

6 Latente Steuern

182 Nach IFRS anzusetzende Drohverlustrückstellungen sind steuerbilanziell wegen § 5 Abs. 4a EStG nicht anzusetzen. Hieraus ergibt sich eine aktive Steuerlatenz. Sofern umgekehrt eine Rückstellungsbildung nach IFRS anders als in der Steuerbilanz nicht oder nur in geringer Höhe in Betracht kommt, ist eine Steuerlatenz zu passivieren (→ § 26 Rz 218). Andererseits ist erneut auf die erheblichen **Ermessensspielräume** zu verweisen, die der Bilanzposten „Rückstellungen" dem Management eröffnet. Deshalb werden sich häufig Abweichungen zwischen EStG- und IFRS-Bilanzansatz vermeiden lassen, was auch im Interesse der **Vereinfachung** erwünscht ist. Eine zu akribische Durchleuchtung einzelner Rückstellungssachverhalte bzgl. IFRS- bzw. EStG-Tauglichkeit erscheint auch deshalb unangebracht, weil im Augenblick der Bilanzierungsentscheidung des Managements die erst viel später ergehende Beurteilung der **steuerlichen Außenprüfung** unbekannt ist.

7   Einzelfälle der Rückstellungsbilanzierung (ABC)

Abbruchverpflichtung	Ansatzpflicht, soweit faktische oder rechtliche Außenverpflichtung, s. Rz 72 ff., zur Bewertung Rz 76. Wegen Einbeziehung in die Herstellungskosten eines Neubaus → § 14 Rz 30. S. a. „Entfernungsverpflichtungen" und „Wiederherstellungsverpflichtungen". BFH, Urteil v. 19.2.1975, I R 28/73, BStBl II 1975 S. 480: Ansatzpflicht bejahend.
Abfindungen (für Arbeitnehmer)	Nicht den Bestimmungen von IAS 37 unterliegend, sondern in IAS 19 geregelt (→ § 22 Rz 85 ff.).
Abgabe	„*Levy*"; s. Rz 107.
Abrechnungsverpflichtung (im Baugewerbe)	Vergangenheitsereignis, dem sich das Unternehmen nicht entziehen kann (Rz 11 ff.). Deshalb Ansatzpflicht. BFH, Urteil v. 18.1.1995, I R 44/94, BStBl II 1995 S. 742: Ansatzpflicht bejahend.
Abschlussgebühren (für Bausparverträge)	Rückzahlungsverpflichtung aufgrund eines Vergangenheitsereignisses (Rz 11), das dann eintritt, wenn der Bausparer auf das Darlehen nach der Ansparphase verzichtet: Die Abschlussgebühr ist dem Bausparer zurückzuerstatten. Deshalb Ansatzpflicht. Die Bewertung erfolgt nach statistischen Erhebungen aus der Vergangenheit. BFH, Urteil v. 12.12.1990, I R 18/89, BStBl II 1991 S. 485: Ansatzpflicht bejahend.
Abschlusskosten	S. „Jahresabschlusskosten".
Abzinsung	Langfristige Verpflichtungen sind abgezinst zu bewerten (Rz 137).
Altersteilzeit	→ § 22 Rz 126 ff.
Altersversorgung	→ § 22.
Altfahrzeuge – Rücknahmeverpflichtung	Begründet Rückstellungsansatz mit Bewertung aus Vergangenheitserfahrung (Rz 85).
Arbeitnehmervergütungen	Unterliegen IAS 19 (Rz 47).
Arbeitsbehörden (Erstattungsanspruch)	Kompensationsansprüche gegen die Arbeitsbehörde sind getrennt von der Rückstellung zu aktivieren, s. Rz 166.
Arbeitsfreistellung	→ § 22 Rz 126 ff.

Arzneimittel-registrierung	Keine Ansatzmöglichkeit, da sich das Unternehmen der Verpflichtung durch Verzicht auf die Einführung des Produkts entziehen kann (Rz 11 f.). BFH, Urteil v. 25.8.1999, III R 95/87, BStBl II 1989 S. 893: kein Ansatz.
Aufbewahrungs-pflichten	S. Rz 102.
Aufwandsrück-stellungen	Nicht ansetzbar (Rz 26).
Aufzinsung	Bei der Rückstellungsbewertung, s. Rz 149.
Ausgleichsver-pflichtung	S. „Handelsvertreter".
Bankenabgabe	S. Rz 112.
Belastende Verträge	Rückstellung ist bei drohendem Verlust zu bilden, s. Rz 48.
Berufsgenossen-schaftsbeiträge	Sind bei Zahlungsrückstand anzusetzen.
Bewertungseinheiten	S. Rz 166.
Bohrlochverfüllung	Ratierliche Rückstellungsansammlung mit Beginn des Abbaus, s. Rz 81.
Bonusprogramme	S. Kundenbindungsprogramme.
Bonusvergütungen	S. „Erfolgsprämien Arbeitnehmer".
Buchung laufender Geschäftsvorfälle des Vorjahres	Wie „Jahresabschlusskosten". BFH, Urteil v. 25.3.1992, I R 69/91, BStBl II 1992 S. 1010: Ansatzpflicht.
Bürgschaft	S. Rz 116; → § 28 Rz 15.
Dauerschuldver-hältnisse	Als mögliche *onerous contracts*, s. Rz 50.
Dokumentationsver-pflichtungen	S. Rz 102.
Drohverlustrückstel-lungen	Sind anzusetzen, s. Rz 48 ff.
Einzelgarantiefälle	Sind nach Wahrscheinlichkeitsüberlegungen zu bewerten, s. Rz 130.
Einzelverpflichtung	Bewertung, s. Rz 131.
Elektroschrott	Differenzierende Beurteilung der Ansatzpflicht, s. Rz 83.

Emissionsrechte, Rückgabepflicht	→ § 13 Rz 45.
Entfernungsver-pflichtung	S. Abbruchverpflichtung sowie Rz 72 und Rz 151.
Entsorgung	S. Abbruchverpflichtung sowie Rz 64 ff.
Entsorgungsfonds	S. Rz 72.
Erfolgsprämien Arbeitnehmer	Nicht den Bestimmungen von IAS 37 unterliegend, sondern in IAS 19 geregelt (→ § 22 Rz 10): ansetzbar, soweit zurückliegende Perioden betreffend. Zur Steuerrechtslage: s. a. BFH, Urteil v. 2.12.1992 I R 46/91, BStBl II 1993 S. 109: Ansatzpflicht.
EU-Chemikalien-verordnung	S. Rz 103.
Faktische Verpflichtung	U. U. Ansatzpflicht, s. Rz 17 ff.
Garantien	Sind anzusetzen und nach Erfahrungsgrundsätzen zu bewerten, s. Rz 15, Rz 112.
Gemeinkosten	Sind in die Bewertung einzubeziehen, s. Rz 160.
Gewährleistung	S. „Garantien" und „Einzelgarantiefälle".
Gleitzeitguthaben	→ § 22 Rz 11.
Gratifikationen (an Arbeitnehmer)	Nicht den Bestimmungen von IAS 37 unterliegend, sondern in IAS 19 geregelt, → § 22 Rz 123.
Handelsvertreter	Für die Ausgleichsverpflichtung gegenüber **freien** Handelsvertretern ist IAS 37 einschlägig. Passivierungspflicht besteht erst nach Beendigung des Handelsvertretervertrags. Zuvor liegt kein Vergangenheitsereignis i. S. v. IAS 37.19 vor (Rz 11). Während der Laufzeit des Vertretervertrags kann das Unternehmen den Vertrieb der provisionierten Produkte einstellen (IAS 37.19). Für **angestellte** Handelsvertreter (Arbeitnehmer) ist IAS 19 einschlägig, führt aber nicht zu einer anderen Beurteilung der Ansatzverpflichtung. BFH, Urteil v. 14.3.1986, III R 179/82, BStBl II 1986 S. 669: ebenfalls keine Ansatzmöglichkeit.
Hohlraumverfüllung	S. „Bohrlochverfüllung".
Instandhaltung	S. „Reparaturen".

Jahresabschlusskosten	Ansatzpflicht, da auf einem Vergangenheitsereignis (Ablauf des Geschäftsjahres) beruhend und sich das Unternehmen kraft öffentlich-rechtlicher Bestimmungen (HGB, GenG etc.) der Verpflichtung nicht entziehen kann; Bewertung zu Vollkosten, s. Rz 11. BFH, Urteil v. 25.3.1992, I R 69/91, BStBl 1992 II S. 1010. Kosten der Jahresabschlussprüfung auch bei freiwilliger, lediglich durch den Gesellschaftsvertrag vorgeschriebener Prüfung zurückzustellen (Rz 16).
Jahressteuererklärungen	S. „Jahresabschlusskosten".
Jubiläumsgelder	Abgezinst zu bilanzieren, → § 22 Rz 123.
Kaufkraftäquivalenz	Nominal- oder Realzins, s. Rz 142.
Kreditzusagen	→ § 28 Rz 34.
Kulanzen	Passivierungspflicht, da faktische Verpflichtung, s. Rz 15.
Kundenbindungsprogramme	→ § 25.
Laufzeitäquivalenz	Als Maßstab für die Abzinsung, s. Rz 137.
Leasingverträge	Können *onerous contracts* sein, s. Rz 1.
Levy	S. Rz 107.
Loan Commitments	→ § 28.
Mehrerlösabschöpfung	Rückstellungsansatz zweifelhaft, s. Rz 104.
Nachbetreuungsleistungen (von Optikern und Hörgeräteverkäufern)	→ § 25 Rz 66, BFH, Urteil v. 10.12.1992, XI R 34/91, BStBl II 1994 S. 158.
Netzentgelte (überhöhte)	S. Mehrerlösabschöpfung.
Patentverletzung	Erst rückstellbar, wenn der Patentinhaber Ansprüche geltend macht. Weitere Voraussetzung ist die Fortführung der „verletzenden" Produktionstätigkeit, s. Rz 11.
Pensionen	→ § 22.
Pensionssicherungsverein	→ § 22 Rz 171.

Pfandleergutrückgabe	Die „Einstellung" von Getränkeumschließungen u. Ä. in den sog. Pfandkreislauf begründet eine Rücknahmeverpflichtung und damit verbunden die Rückvergütung des zunächst vereinnahmten Betrags. Es liegt ein ansatzbegründendes Vergangenheitsereignis vor, s. Rz 11.[147]
Produkthaftpflicht	Kann nur auf einem Vergangenheitsereignis beruhen, deshalb Ansatzpflicht, s. Rz 11.
Prozessrisiken	Nach Wahrscheinlichkeitsüberlegungen anzusetzen, s. Rz 40.
Rechtliche Verpflichtung	Tatbestandsvoraussetzung des Bilanzansatzes, s. Rz 15.
Rechtsverfolgungskosten	Stufenweise (instanzenabhängig) ansetzbar, s. Rz 99.
Registrierungskosten (nach der EU-Chemikalienverordnung)	S. Rz 103.
Rekultivierungsverpflichtung	S. Rz 81: ratierliche Ansammlung und abgezinste Bewertung. BFH, Urteil v. 19.5.1983, IV R 205/79, BStBl II 1983 S. 670: Ansatzpflicht.
Reparaturen	Rückständige Reparaturen sind nicht ansetzbar, da keine Außenverpflichtung, s. Rz 11.
Restrukturierung	Bei bestimmten tatbestandlichen Voraussetzungen zu bilanzieren, s. Rz 87.
Rückbau	S. Rz 72: Bei Inbetriebnahme sind die Kosten des Rückbaus anzusetzen.
Rückgriffsansprüche *(reimbursements)*	Sind getrennt von der Rückstellung zu aktivieren, s. Rz 166.
Schadensersatz u. Ä.	S. Rz 35 und Rz 125.
Steuerschulden	→ §26 Rz 1.
Umweltschutz	S. Rz 64 ff. sowie „Entfernungsverpflichtung" und „Abbruchkosten".
Urlaubsverpflichtung	→ §22 Rz 171.
Verluste, künftige	Kein Ansatz möglich, s. Rz 26.
Wiederauffüllverpflichtung	S. Rz 81: ratierliche Rückstellungsansammlung.

---

[147] JAKOB/KOBOR, DStR 2004, S. 1596; HOFFMANN, PiR 2006, S. 95; a. A. möglicherweise BFH, Urteil v. 6.10.2009, I R 36/07, BStBl II 2010 S. 232.

8   Anwendungszeitpunkt, Rechtsentwicklung

184   Der Standard IAS 37 ist anzuwenden auf Jahresabschlüsse für Geschäftsjahre, die am 1.7.1999 oder später beginnen. IFRIC 21 „*Levies*", speziell zur Bankenabgabe, ist für Geschäftsjahre mit Beginn nach dem 31.12.2013 anzuwenden; zulässig ist eine frühere Anwendung unter Anhangangabe (IFRIC 21.A1). Im Rahmen des Projekts „*Business Combinations Phase II*" (→ § 31 Rz 225) und des Konvergenz-Projekts (mit den US-GAAP) hat der IASB am 30.6.2005 einen **Standardentwurf** zur Änderung des bestehenden IAS 37 vorgelegt. Dieser Entwurf ist bzgl. der **Bewertung** am 5.1.2010 durch den *Exposure Draft* ED 2010/1 geändert und ergänzt worden. Beide EDs werden nicht mehr aktiv weiterverfolgt. Zu ihren wichtigsten Inhalten wird daher auf die 11. Auflage des Haufe IFRS-Kommentars unter Rz 184 verwiesen. Im Dezember 2012 hat der Board das Projekt teilweise reaktiviert und will einen neuen Entwurf vorbereiten. Die Ergebnisse der Bearbeitung sollen in Bestandteile und Bewertungsregeln des *Conceptual Framework* (→ § 1 Rz 115) einfließen.

185   Mit Wirkung ab 2017 unterliegen als Folgeänderung von IFRS 15 drohverlustbehaftete Fertigungsaufträge nicht mehr Sonderregeln (bisher in IAS 11 enthalten), sondern IAS 37 (Rz 1).

§ 22 LEISTUNGEN AN ARBEITNEHMER, ALTERSVERSORGUNG

(Employee Benefits, Accounting and Reporting by Retirement Benefit Plans)

Schrifttum: BAUER/GOHDES/LUCIUS/RHIEL, Festlegung des Rechnungszinses bei der internationalen Bewertung von Pensionsverpflichtungen – Ein Verfahrensüberblick, Der Aktuar 2007, S. 86; BEINE/ROSS, Handelsrechtliche Bilanzierung von Altersteilzeitvereinbarungen: Überblick zur Überarbeitung von IDW RS HFA 3 und Vergleich zu DRSC AH 1 (IFRS), WPg 2013, S. 894; BUSCHE/RHIEL, Gestaltung und Bewertung von beitragsorientierten Zusagen, BetrAV 2006, S. 509; FREIBERG, Konsistente Verwendung des Zinssatzes für betriebliche Altersversorgungswerke, PiR 2015, S. 86; FREIBERG, Erfassung von Entgeltumwandlung nach IFRS, PiR 2014, S. 125; FREIBERG, Neuberechnung des betrieblichen Versorgungswerks in der laufenden Periode, PiR 2014, S. 154; FREIBERG, Nettobilanzierung betrieblicher Altersversorgungswerke, PiR 2013, S. 197; FREIBERG, Zweifel an der Saldierungsfähigkeit von Planvermögen nach IFRS, PiR 2010, S. 178; FREIBERG/SCHMIDT, Bilanzierung von Pensionsverpflichtungen in der Niedrigzinsfalle, PiR 2016, S. 244; GEILENKOTHEN/KRÖNUNG/LUCIUS, DRSC AH 1 (IFRS): Einzelfragen zur Bilanzierung von Altersteilzeitverhältnissen nach IFRS – Update zu BB 2012, BB 2013, S. 2103; HAGEMANN/LIEB/NEUMEIER, Altersteilzeitverpflichtungen im IFRS-Jahresabschluss nach dem DRSC Anwendungshinweis 1 (IFRS), KoR 2013, S. 293; HAGEMANN/NEUMEIER/VERHUVEN, Begrenzung des Vermögenswerts für eine Leistungszusage (asset ceiling) in der Rechnungslegung von Versorgungsverpflichtungen nach IFRS und die Klarstellungen von IFRIC 14, KoR 2009, S. 631; LÜDENBACH, Überschuss des Planvermögens über die Pensionsverpflichtung bei Contractual Trust Arrangement, PiR 2008, S. 309; NEUMEIER, Aktuelle Entwicklungen bei IAS 19, PiR 2013, S. 186; RHIEL, Bewertung und Bilanzierung von Rückdeckungsversicherungen bei direkten Pensionszusagen und Unterstützungskassenzusagen, BetrAV 2007, S. 230; RHIEL, Bilanzierung von Arbeitszeitkonten nach IFRS, PiR 2007, S. 183; THAUT, Die Bilanzierung von Aufstockungsleistungen bei Altersteilzeit nach IFRS und HGB, DB 2013, S. 241; THIERER, Bilanzierung von Rückdeckungsversicherungen im Rahmen von

IAS 19, DB 2007, S. 1093; THURNES/RASCH/GEILENKOTHEN, Betriebliche Altersversorgung im Jahresabschluss nach nationalen und internationalen Bilanzierungsgrundsätzen, DB 2015, S. 2945.

Vorbemerkung

Die Kommentierung bezieht sich auf IAS 19 und IAS 26 in der jeweils aktuellen Fassung und berücksichtigt alle bis zum 1.1.2017 neu herausgegebenen oder überarbeiteten Standards, Interpretationen und Entwürfe. Einen Überblick über die Rechtsentwicklung geben Rz 173 ff.

1 Zielsetzung, Regelungsinhalt und Begriffe

Ziel der Vorgaben in IAS 19 ist die realistische Abbildung von Leistungen an Arbeitnehmer (*employee benefits*), die nicht anteilsbasiert (→ § 23) erfolgen, zur Kompensation von empfangenen Leistungen aus dem Arbeitsverhältnis. Orientiert sich die seitens des Arbeitgebers gewährte Vergütung am Wert der (Unternehmens-)Anteile, richtet sich die bilanzielle Abbildung nach den Vorgaben des IFRS 2 (Rz 4). Eine Überschneidung der Anforderungen des IAS 19 kann sich mit den Anforderungen zur Offenlegung von *related-party*-Transaktionen ergeben (→ § 30 Rz 36).[1]   **1**

Der Anwendungsbereich von IAS 19 umfasst alle Verpflichtungen des Unternehmens gegenüber Mitarbeitern, die Leistungen (*services rendered*) erbracht haben (IAS 19.7). Die Erfassung einer Verbindlichkeit ist geboten, wenn das Unternehmen   **2**

- eine **gegenwärtige** (am Bilanzstichtag) bestehende rechtliche oder faktische **Verpflichtung** (*present obligation*)
- als Ergebnis einer **früheren Begebenheit** (*past event*)
- mit erwartetem (künftigem) **Ressourcenabfluss** zur Regulierung (*outflow of resources*)
- bei **zuverlässiger** Möglichkeit zur **Schätzung** der Verpflichtungshöhe (*reliable estimate*)

hat. Die Vorgaben zur Passivierung einer Verbindlichkeit für Leistungen gegenüber Arbeitnehmern orientieren sich an den Ansatzkriterien **nicht finanzieller Verbindlichkeiten** im Anwendungsbereich von IAS 37 (IAS 19.BC4(l)). Die Ansatz- und Bewertungskriterien sind allerdings nur **ähnlich** (*similar*) und nicht identisch (etwa IAS 19.BC93). Für die Bilanzierung ist daher eine **Abgrenzung** zwischen arbeitnehmerbezogenen und sonstigen nicht finanziellen Verbindlichkeiten geboten.

Praxis-Beispiel

B gewährt seinen Mitarbeitern in den unterschiedlichen Unternehmensbereichen regelmäßig als Teil der jährlichen Vergütung Bonuszusagen, die sich an dem Ergebnis des jeweiligen Bereichs orientieren. Im Zug der Finanzmarktkrise ist B aufgrund massiver Verluste im Bereich „strukturierte Verbriefungen" in wirtschaftliche Schieflage geraten und musste staatliche Unterstützung in Anspruch nehmen. Mitarbeiter des Bereichs „strukturierte Verbriefungen" haben wegen der Verlustsituation keinen Anspruch auf einen

---

[1] Vgl. FREIBERG, PiR 2010, S. 180.

Bonus, die Mitarbeiter anderer gewinnbringender Bereiche allerdings schon. Als Folge der Finanzmarktkrise und der nach öffentlichem Empfinden zu hohen Bonuszahlungen beschließt der Staat die Einführung einer besonderen Bonussteuer i. H. v. 50 % auf Bonuszahlungen, die das Unternehmen, nicht der einen Bonus empfangende Mitarbeiter, zu tragen hat. Der Intention der Bonussteuer nach ist diese als „Strafe" gegen das Unternehmen ausgestaltet. Bei Gewährung eines Bonus hat B zwischen der Zahlung an den Mitarbeiter und der Bonussteuer zu differenzieren. Letztere fällt mangels eines unmittelbaren Vorteils für den Mitarbeiter nicht in den Anwendungsbereich von IAS 19 und wäre daher zunächst auf eine Erfassung nach IAS 37 zu beurteilen.

3   Langfristige Leistungsverpflichtungen wie z. B. Jubiläumsrückstellungen werden gem. IAS 19.153 in den Vorgaben des IAS 19 erwähnt, ohne hierfür aber gesondert die Passivierungskriterien anzusprechen. Damit ist fraglich, ob eine zwingende förmliche Rechtsverbindlichkeit dieser Zusage vorliegen muss. Bei Verpflichtungen für Leistungen nach Beendigung des Arbeitsverhältnisses wirken auch faktische Tatbestände als verpflichtungsbegründend (IAS 19.61 i. V. m. IAS 37.10), wenn z. B. die Änderung der betrieblichen Praxis zu einer irreversiblen Schädigung des sozialen betrieblichen Klimas führt.[2] Entsprechend besteht auch ein Komplementärverhältnis zwischen den langfristigen Leistungsverpflichtungen nach IAS 19 und den Rückstellungen nach IAS 37.

4   Hinsichtlich der bilanziellen Erfassung von leistungsabhängigen Vergütungen von Mitarbeitern (*employee benefits*) ist nach IFRS darüber hinaus wie folgt zu unterscheiden (IAS 19.1):

- Im **Regelfall** erfolgt die Bilanzierung sämtlicher Vergütungen, die seitens des Unternehmens gegenüber Arbeitnehmern im Austausch für erbrachte bzw. noch zu erbringende Arbeitsleistung gewährt werden, nach den Vorgaben von IAS 19.

- Ist eine Vergütung von Mitarbeitern allerdings an die Wertentwicklung von Unternehmensanteilen geknüpft oder wird in Unternehmensanteilen beglichen, besteht ein Vorrang des Regelungsbereichs von IFRS 2.

Während IAS 19 allgemein die bilanzielle Behandlung von Leistungen gegenüber Mitarbeitern regelt, umfasst der Regelungsbereich von IFRS 2 als lex specialis alle Formen anteilsbasierter Vergütungen (→ § 23), darunter auch solche, die Mitarbeitern für erbrachte Leistungen gewährt werden. Voraussetzung für das Vorliegen einer anteilsbasierten Vergütung im Anwendungsbereich von IFRS 2 ist die Bezugnahme der gewährten Gegenleistung auf Gesellschaftsanteile. Orientiert sich eine Vergütung (in Anteilen oder durch Barausgleich) nicht an der Wertentwicklung von Gesellschaftsanteilen, scheidet ein Rückgriff auf IFRS 2 aus.

Praxis-Beispiel

Die Arbeitnehmer der A AG erhalten eine erfolgsabhängige Vergütung, abhängig a) vom ausgewiesenen Gewinn und der damit verbundenen Erhöhung des ausgewiesenen bilanziellen Eigenkapitals bzw. b) von der Wertentwicklung der A-Aktie. Bezugspunkt für den Anwendungsbereich von IFRS 2 ist der

---

[2]   Vgl. HOFFMANN, PiR 2007, S. 235.

Wert der Beteiligung am Unternehmen und nicht dessen buchmäßiges Eigen-kapital. Deshalb handelt es sich im Fall a) um eine Vergütung im Anwendungs-bereich von IAS 19 in Form von *employee benefits* und nur im Fall b) um eine anteilsbasierte Vergütung im Anwendungsbereich von IFRS 2.

Im Vordergrund von IAS 19 stehen – als primäres Ziel einer bilanzorientierten   5
Perspektive (*balance sheet approach*) – Vorgaben bzgl. der Erfassung von Ver-pflichtungen für Arbeitnehmerleistungen. Voraussetzung für einen Rückgriff auf IAS 19 ist die **Vergütung** der **Arbeitsleistung** von Mitarbeitern. Der Regelungs-inhalt umfasst
(a) kurzfristig fällige Leistungen (*short-term employee benefits*),
(b) Leistungen nach Beendigung des Arbeitsverhältnisses (*post-employment benefits*),
(c) andere langfristig fällige Vergütungen (*other long-term employee benefits*) sowie
(d) Leistungen anlässlich der Beendigung des Arbeitsverhältnisses (*termination benefits*).
Aufwendungen des Unternehmens, die zwar durch die Beschäftigung von Mit-arbeitern veranlasst sind, diesen aber nicht zufließen, sind vom Anwendungsbereich des IAS 19 ausgeschlossen. Der Begriff des **Mitarbeiters** (*employee*) ist für die Identifizierung des Vergütungsempfängers weit auszulegen (IAS 19.5), auch Leis-tungen an den Ehepartner, Kinder oder sonstige von dem Arbeitnehmer abhängige (*dependant*) Dritte können in den Anwendungsbereich der Vorgaben fallen. Auf die arbeits- bzw. sozialversicherungsrechtliche Qualifikation kommt es nicht an. Auch Vorstandsmitglieder sind daher Arbeitnehmer, jedoch nicht bzw. nicht qua Organ-funktion Aufsichtsratsmitglieder (→ § 30 Rz 31).
Der umfangreiche Regelungsinhalt von IAS 19 lässt sich wie folgt systematisieren: 6
• **Kurzfristig** fällige Leistungen (IAS 19.9 – IAS 19.25)
 – Löhne, Gehälter, Beiträge zur Sozialversicherung,
 – vergütete Abwesenheiten (Urlaub, Krankheit),
 – Erfolgsbeteiligungen, Bonuszahlungen (fällig innerhalb eines Jahres),
 – Sachbezüge (z. B. Dienstwagen).
• Leistungen **nach Beendigung** des Arbeitsverhältnisses (IAS 19.26 – IAS 19.152)
 – betriebliche Altersversorgung,
 – sonstige Leistungen (Lebensversicherung, Krankheitskosten),
 – Beihilfe zu Krankheitskosten von Betriebsrentnern[3] (*post-employment medical care*) und aktiven Mitarbeitern.
• Andere **langfristig** fällige Leistungen (IAS 19.153 – IAS 19.158)
 – Abwesenheitszeiten (*sabbaticals*),
 – Erwerbsunfähigkeit,
 – Erfolgsbeteiligungen (fällig nach einem Zeitraum von mehr als einem Jahr),
 – Arbeitszeitkonten,
 – Jubiläumsgeld,
 – Altersteilzeit.

---

[3] Vom BFH als steuerlich rückstellungsfähig anerkannt (aufgrund Auslegung des HGB), vgl. BFH, Urteil v. 30.1.2002, I R 71/00, DStR 2002, S. 1295.

- Leistungen **anlässlich** der **Beendigung** des Arbeitsverhältnisses (IAS 19.159 – IAS 19.171)
  - Vorruhestand,
  - Freisetzung,
  - Abfindungen, Entlassungsentschädigungen, Abfertigungen,
  - Überbrückungsgelder.

2 Erfassung kurzfristig fälliger Leistungen

7   Für leistungsabhängige Vergütungen von laufenden Arbeitsverhältnissen ist eine Unterscheidung hinsichtlich der Fälligkeit, also kurz- oder langfristig geboten:
- **Kurzfristig** (bzw. kurzzeitig) sind all diejenigen Verpflichtungen aus Arbeitsverhältnissen, die innerhalb von zwölf Monaten nach Ende des Geschäftsjahrs, in dem die Leistung erbracht wurde, erfüllt werden (IAS 19.4(a)).
- Als **langfristig** sind i.S. e. Negativabgrenzung alle Verpflichtungen zu klassifizieren (Rz 113), die im Zeitpunkt des Entstehens erst später als nach zwölf Monaten fällig werden (IAS 19.4(c)).

Die laufenden Leistungen des Unternehmens an Mitarbeiter umfassen neben Löhnen/Gehältern und Sozialleistungen auch die Vergütung von **Abwesenheiten** (*compensated absences*), **Gewinn- und Erfolgsbeteiligungen** (*profit-sharing and bonuses*) sowie andere **geldwerte Vorteile** (*non-monetary benefits*). Für die Erfassung von Löhnen/Gehältern und Sozialbeiträgen ergeben sich keine besonderen Bilanzierungs- und Bewertungsfragen. Laufende Beiträge sind als Aufwand zu verrechnen, ausstehende oder vorfällig geleistete Zahlungen zunächst abzugrenzen. Für erst künftig fällige Verpflichtungen ist zum Bilanzstichtag eine Verpflichtung zu passivieren.

8   Mit der bilanziellen Erfassung von kurzfristigen Verpflichtungen des Unternehmens gegenüber den Mitarbeitern sind keine besonderen Schwierigkeiten verbunden. Sofern zum Bilanzstichtag noch eine Verpflichtung besteht, ist diese **(unabgezinst)** mit dem Erfüllungsbetrag und damit **ohne** Einfluss **versicherungsmathematischer Annahmen** zu passivieren (IAS 19.9).

Praxis-Beispiel
Unternehmen B garantiert eine jährliche Bonuszahlung, die jeweils zum Ende des ersten Quartals der Folgeperiode ausgezahlt wird. Der Bonus beträgt 10 % des (Fest-)Gehalts der abgelaufenen Periode, wenn der Unternehmensbereich ein positives Ergebnis erzielt. Mitarbeiter M hat ein Fixum von 75.000 GE, in der aktuellen Periode wurde ein Gewinn erzielt. B erfasst zum Periodenende eine Rückstellung von 7.500 GE („per Personalaufwand an kurzfristige Rückstellung").

---

9   Die Höhe der durch das Unternehmen als Arbeitgeber und Leistungsempfänger zu passivierenden Verpflichtung bestimmt sich nach dem Umfang der zum Bilanzstichtag erhaltenen Leistung (IAS 19.11). Aus der Pflicht zur Verteilung der Gesamtverpflichtung über die Periode der Leistungserbringung durch den Mitarbeiter (*attributing benefits to periods of service*) ergibt sich u.E. die Notwendigkeit, für die Passivierung der Verbindlichkeit aus *employee benefits* auch auf eine evtl. *vesting period* (i.S. e. Sperrfrist) abzustellen (so, allerdings für

Pensionsverpflichtungen, IAS 19.70f.). Für leistungsabhängige Vergütungen im Anwendungsbereich von IAS 19 ergäben sich somit die gleichen **Verteilungsregeln** wie für anteilsbasierte Vergütungen (dies am Beispiel eines Drei-Jahres-Bonus bestätigend IFRS 2.BC245). Trotz der unterschiedlichen Anwendungsbereiche von IFRS 2 und IAS 19 entsprechen sich in dieser Sichtweise die Vorgaben zur (Aufwands-)Verrechnung mitarbeiterbezogener Vergütungen. Passivierungspflichtig ist der **erdiente** Anspruch des Mitarbeiters zum Bilanzstichtag und nicht der Gesamtbetrag der künftig erwarteten Verpflichtung. Im Einzelfall kann die Abgrenzung zwischen einer *vesting condition* und einer Auszahlungsbedingung allerdings schwierig sein.

Praxis-Beispiel (Fortsetzung zu Rz 8)
Der Anspruch auf Auszahlung des Bonus verfällt, wenn der Mitarbeiter zum Ende des ersten Quartals (dem vorgesehenen Auszahlungszeitpunkt)gekündigt hat. Neben der Arbeitsleistung und dem positiven Ergebnis der abgelaufenen Periode ist die Bonuszahlung damit auch an eine Fortführung des Beschäftigungsverhältnisses des Mitarbeiters über die ersten drei Monate der Folgeperiode geknüpft. Nicht vorausgesetzt wird allerdings eine tatsächliche Tätigkeit im ersten Quartal. Ist der Arbeitnehmer unverschuldet (insbesondere wegen Erkrankung oder Tod) an der Erbringung der Arbeitsleistung verhindert, gelangt der Bonus gleichwohl zur Auszahlung.
Bei Interpretation der Regelung als *vesting condition* ist die Zahlung als Vergütung für nicht nur zwölf Monate, sondern für 15 Monate anzusehen. Zum Bilanzstichtag sind danach nur 12/15 des Gesamtbonus zu erfassen. B erfasst für Mitarbeiter M zum Periodenende eine Rückstellung von 6.000 GE („per Personalaufwand an kurzfristige Rückstellung"), der verbleibende Anspruch von 1.500 GE ist Aufwand der Folgeperiode.
Gegen eine solche Interpretation spricht aber, dass der Bonus in bestimmten Fällen (Tod, Krankheit) auch ohne Arbeitsleistung im ersten Quartal zur Auszahlung gelangt. Vertretbar (und wohl herrschende Praxis) ist daher auch, den Bonus vollständig schon zum Bilanzstichtag zu erfassen.

Bei aus Gewinn- oder Erfolgsbeteiligungsplänen entstehenden Verpflichtungen gelten die allgemeinen Passivierungskriterien (IAS 19.19). Bei Bindung des Anspruchs an eine *service period* erdient der Arbeitnehmer die (Gegen-)Leistung im Lauf der *service period*, weshalb eine gegenwärtige Verpflichtung auf faktischer Basis vorliegt. Ein mögliches Ausscheiden der Mitarbeiter ist bei der Bewertung zu berücksichtigen (IAS 19.20). Eine Berücksichtigung dieser Bedingung im Ansatz ist nicht statthaft, weshalb eine Passivierung erst mit vollständiger Erdienung nicht infrage kommt. Sollte die Gewinn- oder Erfolgsbeteiligung aufschiebend bedingt sein, ist dies bei der Klassifikation als kurz- oder langfristige Leistungsverpflichtung zu beachten (zu langfristigen Leistungen Rz 113). Dies wirkt sich dann auch auf die (Nicht-)Verteilung des Dienstzeitaufwands aus. **10**

Unter den kurz- und langfristigen Leistungen an Arbeitnehmer sind auch **Abwesenheitsvergütungen** (*compensated absences*), z.B. Urlaubsansprüche, Gleitzeitguthaben, zu subsumieren.[4] Nach IAS 19.14 ist zwischen **11**

---

4   Vgl. FREIBERG, PiR 2010, S. 88.

- ansammelbaren (*accumulating*) Ansprüchen, die auf künftige Perioden vorgetragen werden können (IAS 19.13), und
- nicht ansammelbaren (*non-accumulating*) Ansprüchen, bei denen kein Vortrag möglich ist, zu unterscheiden.

Nicht ansammelbare Ansprüche (etwa krankheitsbedingter Ausfall bei Lohnfortzahlung) stehen nicht im Zusammenhang mit der Arbeitsleistung; eine Verpflichtung seitens des Unternehmens entsteht erst mit **Inanspruchnahme**, also Abwesenheit des Mitarbeiters. **Ansammelbare** Ansprüche (etwa Jahresurlaub oder Mehrarbeitsausgleichskonten) sind durch die Leistung des Arbeitnehmers veranlasst. Die Verpflichtung entsteht (laufend) mit der **Beschäftigung** des Mitarbeiters. Für die Vortragbarkeit ist es unschädlich, wenn diese nur über einen bestimmen Zeitraum erfolgen kann.

12 Die bilanzielle Bewertung von ansammelbaren Ansprüchen hängt insbesondere davon ab, ob diese bei Ausscheiden des Mitarbeiters **verfallen** oder ein **Anspruch auf Barausgleich** nicht genommener Vorträge besteht. Die Passivierung der Verpflichtung erfolgt i. H. d. erwarteten Kosten, dem Erfüllungsbetrag mit Leistungserbringung des Mitarbeiters. Eine künftige Verfallbarkeit von Ansprüchen ist analog einer Dienstzeitbedingung (als *vesting condition*) in der Bewertung der Verpflichtung zu berücksichtigen.

13 Zum Teil können Mitarbeiter Güter oder Dienstleistungen zu exklusiven Konditionen vom Arbeitgeber erwerben. Da es sich um keine Geldzusage handelt, ist eine Bewertung der Vergütungskomponente erforderlich. Als alternative Bewertungsmaßstäbe kommen der *fair value* der Leistung oder die eigenen Anschaffungs- oder Herstellungskosten in Betracht. Vorziehungswürdig ist ein Abstellen auf die Kosten. Eine sich ergebende Differenz zu der (monetären) Gegenleistung des Mitarbeiters ist als Ertrag (Preis > Kosten) bzw. Aufwand (Preis < Kosten) zu erfassen.

Praxis-Beispiel

Unternehmen U bietet seinen Mitarbeitern die im Verkaufsshop befindlichen Produkte zu vergünstigten Konditionen an. Dabei wird zwischen Eigen- und Fremdmarken unterschieden, wobei die Preise für Eigenmarkenprodukte unterhalb des Herstellungspreises liegen. Dafür ist der maximale Rabatt pro Mitarbeiter und Jahr allerdings festgelegt, d. h., die Mitarbeiter können nicht unentwegt die rabattierten Eigenmarkenprodukte kaufen. Die Fremdprodukte werden zu Konditionen unterhalb des Drittveräußerungspreises, allerdings über dem Einkaufspreis an die Mitarbeiter verkauft. Ein Mitarbeiter kauft zwei Produkte der Eigenmarke zu einem (Mitarbeiter-)Preis von 300 EUR und damit insgesamt 25 EUR unter den Herstellungskosten sowie 200 EUR unter dem Drittveräußerungspreis. Zudem kauft der Mitarbeiter Fremdmarkenartikel zu einem (Mitarbeiter-)Preis von 200 EUR, welche insgesamt im Einkauf 190 EUR gekostet haben und zu 300 EUR an Dritte verkauft werden. Aus dem Verkauf der Eigenprodukte ergibt sich ein Verlust von 50 EUR und aus der vergünstigten Abgabe der Fremdartikel ein Ertrag von 10 EUR.

---

14 In der Praxis erfolgt die Bewertung von Sachleistungen an Arbeitnehmer (Pkw-Gestellung usw.) häufig mit den lohn- und sozialversicherungsrechtlichen Sachbezugswerten. Unter Wesentlichkeitsgesichtspunkten bestehen i. d. R. keine Bedenken gegen ein solches Vorgehen.

3 Leistungen nach Beendigung des Arbeitsverhältnisses

3.1 Abgrenzung von Beitragszusagen und Leistungszusagen

Eine seitens des Arbeitgebers gegenüber einem Arbeitnehmer – für die durch **15** diesen im Unternehmen erbrachte Leistung – gewährte betriebliche Altersversorgungszusage kann

- direkt durch den Arbeitgeber oder
- indirekt über Dritte, wiederum aber ausgelöst durch den Arbeitgeber, organisiert sein.

Die bilanzielle Abbildung ist abhängig von der Unterscheidung zwischen Leistungs- oder Beitragszusage, somit also davon, welche Partei das versicherungsmathematische Risiko absorbiert.

- Trägt ein externer (Versorgungs-)Träger das versicherungsmathematische Risiko, liegt eine Beitragszusage (*defined contribution plan*) vor.
- Trägt hingegen der Arbeitgeber das Risiko oder behält er ein – auch nur minimales – Risiko zurück, liegt eine Leistungszusage (*defined benefit plan*) vor.

Die Einordnung einer betrieblichen Altersvorsorge in die beiden unterschiedlichen Planarten bestimmt sich in Abhängigkeit von den nationalen Vorgaben und der tatsächlichen vertraglichen Ausgestaltung des Versorgungswerks.

Für die betriebliche Altersversorgung in Deutschland sind verschiedene Durch- **16** führungswege zu unterscheiden, deren konkrete Ausgestaltung die Zurechnung des versicherungsmathematischen Risikos zur einen oder anderen Partei vorgibt und damit über das Vorliegen einer Leistungs- oder Beitragszusage entscheidet. Das deutsche Betriebsrentengesetz sieht verschiedene Wege zur Durchführung der betrieblichen Altersvorsorge vor. Hierzu zählen u. a.

- die Direktzusage,
- die Unterstützungskasse,
- die Direktversicherung,
- die Pensionskasse und
- der Pensionsfonds.

Nachfolgend werden die verschiedenen Charakteristika der deutschen Durchführungswege überblickartig dargestellt:

Durchführungsweg	Form	Ausgestaltung	Unterscheidung Beitrags- oder Leistungszusage
Direktzusage	Direktzusagen bedingen keine rechtsfähigen oder rechtlich selbstständigen Versorgungseinrichtungen, da diese vom Arbeitgeber unmittelbar ohne Beteiligung eines Dritten zugesagt werden. Die Direktzusage ist als Grundform der	Die Direktzusage ist eine vertragliche Zusage des Arbeitgebers zur Erbringung von Leistungen der Alters-, Invaliditäts- oder Hinterbliebenenversorgung. Im Versorgungsfall muss der Arbeitgeber gem. § 16 BetrAVG regelmäßig eine Anpas-	Qualifikation als Leistungszusage unabhängig von der Ausgestaltung, auch wenn eine kongruente Rückdeckungsversicherung besteht. Der Arbeitgeber ist direkt zahlungsverpflichtet i. S. v. IAS 19.46(a).

Durchführungsweg	Form	Ausgestaltung	Unterscheidung Beitrags- oder Leistungszusage
	Durchführung anzusehen.	sungsprüfung durchführen und diese unter Beachtung der Unternehmenslage und des Arbeitnehmerinteresses anpassen. Die Finanzierung der Altersversorgung kann auf verschiedenen Wegen erfolgen.[5]	
Unterstützungskasse	Rechtsfähige und rechtlich selbstständige Versorgungseinrichtungen zur Durchführung betrieblicher Altersversorgung in der Rechtsform e. V., einer GmbH oder Stiftung. Sowohl Einzel- wie auch konzerngebundene Unternehmen können Träger sein.	Die Unterstützungskasse wird durch Zuführungen des Arbeitgebers finanziert, räumt aber keinen Rechtsanspruch auf die Leistung ein (§ 1b BetrAVG) und ist damit von der Versicherungsaufsicht befreit. Mangels Aufsicht unterliegt die Unterstützungskasse keinen besonderen Anlagevorschriften. Die Finanzierung basiert entweder auf einem Reservepolster oder (kongruenter) Rückdeckung. Oftmals wird das Kassenvermögen wieder als Darlehen an den Arbeitgeber ausgereicht. Rückgedeckte Kassen verwenden die Beiträge zum Abschluss von Rückdeckungsversicherungen von Versicherungsunternehmen, wobei die Kasse Versicherungsnehmer und der Arbeitnehmer Bezugsberechtigter ist.	Rückgedeckte Unterstützungskassen könnten als *defined contribution plan* gelten, sofern die Kriterien einer Direktversicherung erfüllt sind und eine (Subsidiaritäts-)Haftung ausgeschlossen ist (Rz 17). Reservepolsterfinanzierte Unterstützungskassen führen generell zu einer Klassifizierung als Leistungszusage.
Direktversicherung	Mittelbare und durch den Arbeitgeber abgeschlossene Pen-	Der begünstigte Arbeitnehmer hat einen rechtlichen Anspruch	Ein *defined contribution plan* könnte vorliegen, wenn – eine

---

[5] Rolfs, in: Blomeyer et al. (Hrsg.), Betriebsrentengesetz, 6. Aufl., 2015, § 1 BetrAVG Rz. 202.

Durchführungsweg	Form	Ausgestaltung	Unterscheidung Beitrags- oder Leistungszusage
	sionsverpflichtungen auf Lebensversicherungsbasis. Es liegen keine rechtsfähigen oder rechtlich selbstständigen Versorgungseinrichtungen vor. Es handelt sich bei dem Geschäft um einen Vertrag, der zugunsten Dritter abgeschlossen wird (§ 328 Abs. 1 BGB).	gegen das Versicherungsunternehmen. Als Versicherungsnehmer leistet der Arbeitgeber die Beiträge für die Direktversicherung. Zu unterscheiden ist zwischen • einem unwiderruflichen Recht bzgl. der Versorgungsleistung und • widerruflichen Rechten, bei denen der Bezugsberechtigte geändert werden kann. Die Möglichkeit zur Änderung des Bezugsberechtigten entfällt mit unverfallbar erdienter Anwartschaft. Der Anpassungspflicht der lfd. Leistungen kann durch Hinzurechnung von Überschussanteilen ab Rentenbeginn genüge getan werden.[6] Bei Ausscheiden eines Arbeitnehmers mit unverfallbarer Anwartschaft gilt für die Berechnung des Anteils an der (Gesamt-)Anwartschaft das sog. Quotierungsprinzip, außer der Arbeitgeber verlangt die Anwendung der sog. versicherungsförmigen Lösung (§ 2 Abs. 2 BetrAVG).	Subsidiärhaftung zunächst ausgeklammert (Rz 17) – die nachfolgenden Kriterien erfüllt sind: • Arbeitgeber ist Versicherungsnehmer und somit zur Entrichtung der Beiträge verpflichtet. • Arbeitnehmer ist versichert und bezugsberechtigt. • Arbeitnehmer hat Anspruch gegen das Versicherungsunternehmen. • Leistungsgarantie durch das Versicherungsunternehmen. • Garantierte Leistungen basieren auf den Arbeitgeberbeiträgen. • Überschüsse werden dem Arbeitnehmer gutgeschrieben. • Es bestehen ausfinanzierte Anwartschaften für unverfallbar ausgeschiedene Arbeitnehmer. • Bestehendes Deckungskapital determiniert Leistung bei vorzeitigem Altersrentenbeginn. • Zusage sieht für Renten entsprechende Anpassungen wegen Überschussbeteiligung vor.

---

6   Mit Wirkung zum Jahreswechsel 31.12.2015 hat der Gesetzgeber die Inflationsanpassungspflicht von Betriebsrenten für Direktversicherungen und jetzt auch Pensionskassen neu geregelt. Hierdurch können u. a. auch retrospektive Auswirkungen bestehen u. a., vgl. DILLER/ZEH, NZA 2016, S. 16.

Durchführungsweg	Form	Ausgestaltung	Unterscheidung Beitrags- oder Leistungszusage
Pensionskasse	Privatrechtliche Kassen gelten als rechtlich selbstständige Versorgungseinrichtungen. Träger können Einzel- als auch eine Gruppe verbundener Unternehmen sein. Der Arbeitnehmer ist Mitglied der Pensionskasse. Regulierte Kassen haben die Rechtsform eines Versicherungsvereins auf Gegenseitigkeit. Die regulierte Kasse (meist Firmenpensionskassen) entsteht auf Beantragung bei der BaFin, wenn verschiedene Kriterien eingehalten werden. Ansonsten sind solche Kassen als dereguliert zu betrachten. Von der Firmenpensionskasse – die individuell auf ein Unternehmen abzielt – sind Wettbewerbspensionskassen abzugrenzen, da diese als Dienstleister am Markt die betriebliche Altersversorgung für grundsätzlich jedes interessierte Unternehmen organisieren.	Die Pensionskasse wird wie bei der Unterstützungskasse durch Zuwendungen des Arbeitgebers finanziert. Die Pensionskasse gewährt jedoch einen Rechtsanspruch auf die Leistung.[7] Der Vorteil gegenüber der Direktzusage liegt in dem möglichen versicherungstechnischen Ausgleich durch ein entsprechendes Kollektiv, wobei in Abgrenzung zur Direktversicherung die Liquiditätsabflüsse nicht weiter wirtschaftlich genutzt (z.B. Beleihung oder Verpfändung) werden können. Deregulierte Kassen stehen in der Pflicht, sowohl Höchstrechnungszins (§ 65 VAG) als auch spezielle Sterbetafeln bei der Tarifkalkulation zu beachten. Firmenpensionskassen sind entsprechend der Vermögens- und Ertragslage in der Wahl des Rechnungszinses und der Sterbetafel frei. Bei einer mangelnden Ausfinanzierung der garantierten Versicherungsleistung ergibt sich die Möglichkeit der Kürzung der Versicherungsleistung oder gem. Satzung die Einforderung eines Nachschusses vom Arbeitgeber. Sollte die Anwartschaft unverfallbar sein, kann wie bei der Direktver-	Regulierte Pensionskassen sind i.d.R. als *defined benefit plan* zu qualifizieren. Nach der individuellen Satzungsregelung können diese sogar die Versicherungsleistung kürzen und damit dem Arbeitgeber eine Kürzung auferlegen. Alternativ kann auch vom Trägerunternehmen ein Nachschuss verlangt werden. Bei deregulierten Pensionskassen besteht das Problem in der Subsidiärhaftung (Rz 17).

---

[7] ROLFS, in: Blomeyer et al. (Hrsg.), Betriebsrentengesetz, 6. Aufl., 2015, § 1 BetrAVG Rz. 221.

Durchführungsweg	Form	Ausgestaltung	Unterscheidung Beitrags- oder Leistungszusage
		sicherung die versicherungsförmige Lösung angewandt werden. Das Vermögen der Pensionskasse darf gem. VAG einem nur äußerst geringen Anlagerisiko unterliegen und muss dem Zugriff des Arbeitgebers entzogen sein. Konsequenterweise bedarf es bei der Pensionskasse keines gesonderten Insolvenzschutzes mehr.	
Pensionsfonds	Der Pensionsfonds ist eine rechtsfähige Versorgungseinrichtung (§ 112 VAG), die (gezwungenermaßen; § 112 VAG) qua Kapitaldeckungsverfahren Leistungen der betrieblichen Altersversorgung für einen oder mehrere Arbeitgeber (bzw. deren Arbeitnehmer) erbringt. Der Pensionsfonds liegt entweder in der Rechtsform der AG (Regelfall) oder des Pensionsfonds auf Gegenseitigkeit vor. Träger können sowohl ein Einzel- als auch eine Gruppe verbundener Unternehmen sein. Dies sind meist Wettbewerbspensionsfonds, betrieben z.B. durch Versicherungsgesellschaften o.ä. Finanzinstitute (Abgrenzung zur Direktversicherung und Pensionskasse).	Der Pensionsfonds räumt den Arbeitnehmern einen rechtlichen Leistungsanspruch ein. Hierbei sind sowohl eine Kapital- als auch eine lebenslange Rentenzahlung möglich. Der Pensionsfonds darf die Leistungen oder die künftigen Beiträge nicht für alle Leistungsfälle durch versicherungsförmige Garantien zusagen (§ 112 VAG). Daher können sicherheitsorientierte oder renditeorientierte Ausgestaltungsformen auftreten. Erstere fallen nicht, Letztere bei Nichterfüllung der Zielrendite auf den Arbeitgeber zurück, da dieser einer Nachschusspflicht unterliegt. Zur Anpassung der Leistungszusagen wird auf die Direktzusagen verwiesen, wobei hier bestimmte Spezifika bestehen (§ 1 Abs. 1 Nr. 2 BetrAVG). Verlassen Mitarbeiter mit un-	Die Beteiligung an einem Pensionsfonds führt zu einem Leistungsplan.

Durchfüh-rungsweg	Form	Ausgestaltung	Unterscheidung Beitrags- oder Leistungszusage
		verfallbarer Anwart-schaft das Unterneh-men, gelten dieselben Regelungen wie bei Direktzusagen. Er-gibt sich eine Bei-tragszusage mit Min-destleistung, ist ein Mindestteil durch den Arbeitgeber auf-recht zu erhalten. Die versicherungsför-mige Lösung schei-det für Pensions-fonds aus.	

Zur Bilanzierung aus der Sicht eines Pensionsfonds und einer Pensionskasse (*accounting and reporting by retirement benefit plans*) sind besondere Vorgaben zu berücksichtigen (Rz 100).

17 Nach deutschem Recht haftet auch bei Einschaltung eines externen Versorgungs-trägers oder einer Versicherungsgesellschaft der Arbeitgeber immer für die zugesagte Leistung (Subsidiärhaftung des Arbeitgebers nach § 1 Abs. 1 Satz 3 BetrAVG). Es besteht somit aus rechtlicher Sicht immer eine Risikoposition für den Arbeitgeber, die eine Klassifizierung als *defined contribution plan* potenziell ausschließt;[8] d. h. die bloße Möglichkeit einer Haftungsinanspruchnahme könnte eine Behandlung als Beitragszusage ausschließen. Nur wenn keine Haftung vorgesehen ist oder diese ausgeschlossen werden kann, ist eine Klassifizierung als *defined contribution plan* möglich. Da in Deutschland bei Direkt- und Unterstützungskassenzusagen aus steuerlichen Gründen (§ 6a EStG und § 4d EStG) stets Leistungen (und nicht Beiträge) zugesagt werden müssen, liegen hier immer *defined benefit plans* vor (Rz 16).

18 Wegen der gesetzlichen Subsidiärhaftung ist ein Unternehmen zu weiterer Zahlungen verpflichtet, wenn die Versorgungseinrichtung, an die die bisherigen Beiträge gezahlt wurden, die Leistungen nicht erbringen kann. Damit verbleibt beim Unternehmen ein gewisses Risiko, weitere Zahlungen vornehmen zu müssen. Nach einer strengen Auslegung könnte in Deutschland keine Pensions-zusage mit Haftungsrückbehalt als *defined contribution plan* klassifiziert werden. Nach anderer Auffassung wird in Deutschland für bestimmte Gestaltungen einer Pensionszusage deren Einordnung als *defined contribution plan* für möglich erachtet.

---

[8] A. A. ARBEITSGRUPPE „RECHNUNGSLEGUNG" DES FACHAUSSCHUSSES ALTERSVERSORGUNG IN DER DAV, DAV-IVS-Richtlinie, S. 6, nach der die Subsidiärhaftung lediglich als Eventualverbindlich-keit anzusehen ist.

Die bestehende Subsidiärhaftung wird lediglich als Eventualverbindlichkeit angesehen, sofern die Inanspruchnahme aus dieser nahezu ausgeschlossen ist.[9] Bislang konnte im Allgemeinen (ungeprüft) unterstellt werden, dass ein Unternehmer aus der Subsidiärhaftung nicht in Anspruch genommen wird. Unter Berufung auf eine – u.E. nicht vorziehungswürdige – nicht strenge Auslegung der Klassifizierungsvorgaben konnte daher eine Einstufung einer Zusage als *defined contribution plan* erfolgen. Mit der (persistierenden) Niedrigzinsphase und den damit verbundenen niedrigen Renditen, die durch (manche) Pensionskassen nur noch erwirtschaftet werden können (vielfach bedingt durch die regulatorischen Anlagebeschränkungen), bestehen allerdings zunehmend Schwierigkeiten, die in der Vergangenheit zugesagten Leistungen zu erfüllen.[10] Da die Herausforderungen der Niedrigzinsphase nicht nur einzelne Pensionsträger betreffen, ist für jede Zusage mit entsprechendem Durchführungsweg zu prüfen, ob die Inanspruchnahme des Arbeitgebers aus der Subsidiärhaftung – auch weiterhin – nahezu ausgeschlossen ist. Im Zweifel ist die Einordnung für die bilanzielle Abbildung der über eine externe Pensionskasse durchgeführten Pensionszusage zu revidieren. Kann eine Nachschusspflicht nicht mehr – insoweit dies bislang unter Berufung auf eine nicht strenge Auslegung unterstellt wurde – nahezu sicher ausgeschlossen werden, ist eine Umklassifizierung von *defined contribution* zu *defined benefit* geboten.

19

Innerhalb von IAS 19 finden sich keine Vorgaben zur bilanziellen Abbildung einer Umklassifizierung von einer *defined-contribution* in eine *defined-benefit-*Zusage.[11] Es gelten daher die allgemeinen Vorgaben für eine Abkehr von einer stetigen Bilanzierung (→ § 24 Rz 5 ff.).

20

3.2 Besonderheiten von Gruppenplänen

Neben Einzelplänen, die isoliert nur für ein einzelnes Unternehmen bestehen, können gemeinschaftliche Pläne mehrerer Arbeitgeber existieren. Der Zusammenschluss mehrerer Arbeitgeber zur Erbringung von Leistungen für Arbeitnehmer nach Beendigung des Arbeitsverhältnisses kann insgesamt betrachtet sowohl einen Beitrags- aber auch einen Leistungsplan darstellen. Die Besonderheit eines Gruppenplans (*multi employer plan*) ist die Zusammenfassung von Vermögenswerten von verschiedenen – nicht unter einer Beherrschung (*common control*) stehenden (→ § 31 Rz 194 ff.) – Unternehmen in einem Plan. Nach Beendigung des Arbeitsverhältnisses bekommen Arbeitnehmer, die einem der teilnehmenden Unternehmen angehören, eine Leistung.

21

---

9 So z.B. DAV, Richtlinie „Anwendung von IAS 19" *Employee Benefis* (2011) auf die betriebliche Altersversorgung in Deutschland, 2015, S. 9; HÖPKEN/TORNER, in: BECK'sches IFRS-Handbuch, 5. Aufl., 2016, § 26, Rn. 26; WOLLMERT/BISCHOF/STASS, in: BAETGE et al., Rechnungslegung nach IFRS, IAS 19, Tz. 94ff., Stand: 19.1.2015.

10 Siehe Presseerklärung der BaFin zur Jahrespressekonferenz vom 10.5.2016, https://www.bafin.de/SharedDocs/Veroeffentlichungen/DE/Pressemitteilung/2016/pm_160510_jahrespressekonferenz.html, abgerufen am 4.1.2017; BaFin, Jahresbericht 2015, S. 214. So auch bspw. IVS, IVS-Positionspapier vom 28.4.2016, S. 1, https://aktuar.de/politik-und-presse/positionen-und-stellungnahmen/Stellungnahmen/2016–04–22-IVS_Position_bAV.pdf, abgerufen am 4.1.2017.

11 Nach einem aktuellen Entwurf des IDW soll sich die Umklassifizierung danach richten, auf welcher Grundlage der Plan bislang als beitragsorientiert eingestuft wurde, vgl. https://www.idw.de/blob/97302/1e6f732f2796dfc23a569a6b9d087f93/idw-rs-50-enwurf-modul-ias-19-m1-data.pdf, abgerufen am 4.1.2017.

22   Grundsätzliche Voraussetzung für solche Pläne ist die gemeinsame unterschieds-
lose Finanzierung von Versorgungsplänen durch konzernfremde Unternehmen.
Hierdurch wird eine Diversifikation der Risiken, biometrischer Art sowie Risiken
aus der Kapitalanlage, der jeweiligen teilnehmenden Unternehmen erreicht. Eine
Einstufung als Beitrags- oder Leistungszusage ist gem. IAS 19.32 vorzunehmen.
Mit Feststellung des Vorliegens eines Beitragsplans (Rz 24) bilanziert jeder betei-
ligte Arbeitgeber seine laufenden Einzahlungen als Aufwand (Rz 28). Sollte ein
Leistungsplan vorliegen, bedarf es einer anteiligen Bestimmung des betrieblichen
Versorgungswerks (Rz 29 ff.).

23   Eine Besonderheit besteht, wenn die Bewertungsparameter und/oder die zur
Bilanzierung notwendigen Informationen für die beteiligten Parteien nicht zugänglich sind (IAS 19.34). Ausnahmsweise kann die Beteiligung an einem *multi
employer plan* dann als Beitragsplan abgebildet werden (Rz 27). Ein Rückgriff auf
die Ausnahmevorgabe kann nicht leichtfertig erfolgen. Sind tatsächlich keine
ausreichenden Informationen verfügbar, bestehen umfangreiche Offenlegungspflichten (Rz 163 ff.). Sofern eine (Über- oder) Unterdeckung des Plans bekannt
ist und zudem ein Aufteilungsmechanismus besteht, ist ein Vermögenswert oder
eine Verbindlichkeit gem. dem eigenen Anteil zu erfassen (IAS 19.37).

24   Das Fehlen von Informationen geht i. d. R. auch mit einer fehlenden Übernahme
versicherungsmathematischer Risiken einher. Der gegenteilige Fall – Übernahme
von Risiken ohne Informationen – stellt eine schwer zu belegende Ausnahme dar.
Merkmal eines als Beitragsplan ausgestalteten *multi employer plan* ist die fehlende Abhängigkeit der Beitrags- und Leistungshöhe von dem Unternehmen des
Empfängers. Der Nachweis eines *defined contribution plan* gelingt am ehesten
für staatliche Pläne, welche per Gesetz für bestimmte Unternehmen (z. B. Branchen) festgelegt und ohne Beeinflussung durch das Unternehmen betrieben
werden. Ist das anteilig beteiligte Unternehmen nur zur Beitragszahlung verpflichtet (IAS 19.45), liegt ein *defined contribution plan* vor (wie z. B. bei den
Beiträgen zur gesetzlichen Rentenversicherung in Deutschland).

25   Lediglich gemeinschaftlich verwaltete Pläne (*group administration plans*) sind
nicht mit Plänen mehrerer Arbeitgeber (*multi employer plans*) gleichzusetzen. Es
handelt sich lediglich um Pläne zur gemeinsamen Kapitalanlage, um eine Kos-
tenreduktion für die Anlage oder Verwaltung zu realisieren. Eine kollektive
Risikotragung zwischen den Teilnehmern am gemeinschaftlich verwaltenden
Plan liegt in diesen Fällen nicht vor (IAS 19.38). Solche Pläne unterliegen daher
in Abhängigkeit von der Übernahme oder Unabhängigkeit von versicherungsmathematischen Risiken den Regelungen für Beitrags- bzw. Leistungspläne.

26   Sollten Leistungspläne verschiedener Unternehmen unter gemeinsamer Beherrschung bestehen (*group plan*), stellen diese keinen gemeinschaftlichen Plan
mehrerer Arbeitgeber dar. In diesen Fällen kann auch keine Ausnahme mangels
vorliegender Informationen (IAS 19.BC47) in Anspruch genommen werden
(Rz 23). Der anteilige (Gruppen-)Plan wird aufgrund der Annahmen für den
gesamten Plan bewertet (IAS 19.41). Es liegt eine Transaktion im Anwendungsbereich von IAS 24 (→ § 30 Rz 1 ff.) vor, die zu bestimmten Anhangangaben
führt (IAS 19.149).

3.3 Laufender Aufwand aus Beitragszusagen

Bei einer Leistungszusage i.S. e. *defined contribution plan* trägt der Arbeitgeber 27
nur das Risiko der Aufbringung der periodisch zu leistenden Zahlungen an den
externen Träger der Versorgungsleistung. Der eingeschaltete externe Versorgungsträger finanziert die Leistungszusage an den Arbeitnehmer durch die Beitrags-
anlage, wobei eine mangelnde Investitionsrendite ausschließlich zulasten des Ver-
sorgungsträgers oder des Anspruchsberechtigten, auf keinen Fall aber zulasten des
Arbeitgebers geht. Eine Nachleistungspflicht des Arbeitgebers muss ausgeschlossen sein (*downside risk*; IAS 19.BC29). Der Arbeitgeber darf folglich weder das
versicherungsmathematische Risiko noch das Risiko der Kapitalanlage übernehmen (IAS 19.28). Anders verhält es sich im Ausnahmefall unverhoffter (zufälliger)
Leistungsübererfüllung durch den externen Versorgungsträger (unerwartete Ver-
billigung als sog. *upside potential* der Versorgungsverpflichtung; IAS 19.BC29).
Die Bilanzierungsfolgen eines *defined contribution plan* zeichnen sich nicht durch 28
besondere Komplexität aus. Periodenaufwand ist stets der periodisch gezahlte
Betrag, der vertraglich geregelt an den externen Versorgungsträger abgeführt
wurde. Ein Bilanzausweis kann sich ausschließlich im Zug der Rechnungsabgrenzung gegenüber dem externen Versorgungsträger, Zahlung vor Leistung (*prepaid
expense*) oder Leistung vor Zahlung, ergeben (IAS 19.51). Die Erfassung der
Beiträge als Personalaufwand wird nur dann durchbrochen, wenn die Beträge
sich den Anschaffungs- oder Herstellungskosten eines Vermögenswerts zurechnen lassen und damit aktivierbar (i.S.v. IAS 2, IAS 16 oder IAS 38) sind. Einmalige
Zusatzzahlungen sind sofort aufwandswirksam in die GuV einzustellen.

3.4 Bilanzierung von Leistungszusagen

3.4.1 Stichtagsbezogene Pflicht zur Bewertung

Gewährt ein Unternehmen (ausgewählten) Mitarbeitern eine Leistungszusage 29
für eine bestimmte (mittel- oder unmittelbare) Versorgungsleistung, sind der
jährliche Versorgungsaufwand und der Wert der zu passivierenden Versorgungsverpflichtung nach versicherungsmathematischen Grundsätzen zu bestimmen.
Der Verpflichtungsumfang (*defined benefit obligation*) bestimmt sich nach dem
Anwartschaftsbarwertverfahren (*projected unit credit method*). Passivierungspflichtig ist – vorgehaltenes Planvermögen (Rz 91) zunächst ausgeklammert –
der Barwert der am Bewertungsstichtag bereits erdienten und realistisch bewerteten Pensionsansprüche. Die Bewertung setzt die Berücksichtigung adäquater
Annahmen voraus hinsichtlich
- ökonomischer, von der Entwicklung des Markts abhängender (*financial*)
  Parameter (Rz 42): Wahrscheinlichkeit künftiger Erhöhungen von Renten
  und Gehältern und
- bestandsspezifischer (*demographic*) Parameter (Rz 39): Sterblichkeit, Fluktuation und Invalidisierung sowie Pensionierungsverhalten der Zusagebegünstigten.

Eine Abzinsung ist für alle bestehenden Pensionsansprüche, auch für diejenigen,
die kurzfristig fällig sind, erforderlich (IAS 19.66). Für die Ausgestaltung des
Barwertkalküls (Rz 34), insbesondere die Auswahl des Diskontierungszinssatzes
(Rz 47), werden detaillierte Anforderungen formuliert (IAS 19.78 – IAS 19.82).

30   Zur Bestimmung der Höhe der zu passivierenden Verpflichtung ist von dem Barwert der Leistungszusage der beizulegende Zeitwert evtl. vorgehaltenen Planvermögens (Rz 91) abzuziehen (IAS 19.128). Für die Bewertung des Planvermögens enthält IAS 19 keine detaillierten Vorgaben, sondern verweist auf die allgemeinen Grundsätze (→ § 8a) zur Bestimmung von beizulegenden Zeitwerten (IAS 19.102).

31   Die Berechnung des Pensionsaufwands für die laufende Periode erfolgt – als hochgerechnete Schätzung – bereits zum Periodenanfang mit der zu diesem Zeitpunkt einschlägigen Datenlage. Hierfür sind zu den jeweiligen Abschlussstichtagen – mindestens für jedes Geschäftsjahr, wahlweise auch für kürzere Berichtsperioden – versicherungsmathematische Berechnungen anzustellen (IAS 19.57). Der zu erfassende Aufwand ist zum Periodenbeginn unter Berücksichtigung der Stichtagsverhältnisse zu bestimmen, allerdings mit Wertstellung zum Periodenende (IAS 19.58). Für den versicherungsmathematischen Teil der Bewertung gilt:

- Der **laufende Dienstzeitaufwand** (*current service cost*) ist unter Berücksichtigung der zeitlichen Verteilung der Vergütung (*attribution of benefits to periods of service*) über eine Bewertung zum Periodenbeginn zu bestimmen (IAS 19.70 – IAS 19.74).
- Für die Bestimmung der (Netto-)**Zinskomponente** ist – für die Bewertung zum Periodenbeginn (IAS 19.123) – auf Markterwartungen zum Ende der Periode abzustellen (IAS 19.83).

Der zu erfassende Pensionsaufwand der laufenden Periode steht somit bereits zu Periodenbeginn fest. Besonderheiten ergeben sich für die **Änderung** des betrieblichen Versorgungswerks (durch *plan amendment* oder *curtailment*) in der laufenden Periode (Rz 79).

3.4.2   Einzelbewertungsgrundsatz

32   Für die Bewertung eines betrieblichen Altersversorgungswerks gilt ein strenges Einzelbewertungsprinzip, sowohl für die Verpflichtung aus der Pensionszusage (*defined benefit obligation*) als auch für das Planvermögen (*plan asset*). Bestehen mehrere, voneinander unabhängige und nicht homogene Versorgungszusagen, scheidet eine Kollektivbewertung aus. Falls mehr als ein Versorgungsplan besteht, ist es aufgrund dessen unzulässig, die Pläne einer kollektiven Bewertung zu unterziehen. Sofern Deckungsüberschüsse – *fair value* einer Rückdeckungsversicherung übersteigt den Wert der entsprechenden *defined benefit obligation* – bei bestimmten direkten Absicherungszusammenhängen bestehen, können diese nicht mit Fehlbeträgen aus anderen direkten Absicherungszusammenhängen saldiert werden. Sollten allerdings unternehmensweit ausgerichtete Treuhandmodelle Verwendung finden, können die der Einzelbewertung unterworfenen *defined benefit obligations* sowie *plan assets* gleichsam aufaddiert und saldiert werden. Sind zwei Versorgungspläne eines Arbeitgebers so stark miteinander verwoben, dass die Leistungen des einen Plans durch die Leistungen oder die Vermögenswerte (*plan assets*) des anderen Plans stark beeinflusst (z.B. durch Anrechnung) werden, liegt materiell nur ein einziger (gemeinsamer) Versorgungsplan vor (IAS 19.57 und IAS 19.131).

Versorgungsordnungen können neben einer Grundversorgung eine erfolgsabhängige Aufbauversorgung – abhängig von der Erreichung bestimmter ergebnis- oder renditeorientierter Performancehürden – vorsehen. Die erwarteten Ressourcenabflüsse (Auszahlungen) aus einer zugesagten Aufbauversorgung sind in den erforderlichen Trendannahmen für die Bestimmung der *defined benefit obligation* zu berücksichtigen, da IAS 19.76 keine abschließende Aufzählung enthält. Eine separate Bewertung der Aufbauversorgung als eigene Komponente scheidet aus; es ist der Gesamtumfang der Verpflichtung aus der Zusage zu bestimmen. Tritt die zu Periodenbeginn prognostizierte Gewährung des zusätzlichen Rentenbausteins für die Aufbauversorgung nicht bzw. nicht in dem erwarteten Umfang ein, so ist die Abweichung von der Schätzung als versicherungsmathematischer Gewinn bzw. Verlust zu behandeln.

33

3.4.3 Bewertung zum Anwartschaftsbarwert über den Erdienungszeitraum

Der zum Bilanzstichtag bestehende Verpflichtungsumfang (*defined benefit obligation*, DBO) ist verpflichtend nach dem **Anwartschaftsbarwertverfahren** (*projected unit credit method*) zu bestimmen (IAS 19.67 i.V.m. IAS 19.BC111). Die DBO ist der Barwert der am Bewertungsstichtag erdienten und realistisch bewerteten Pensionsansprüche, inkl. wahrscheinlicher künftiger Erhöhungen von Renten und Gehältern. Der Verpflichtungsumfang (DBO) für einen aktiven Mitarbeiter erhöht sich alljährlich um die Aufzinsung (*interest cost*) und um den Barwert der im Wirtschaftsjahr neu erdienten Pensionsansprüche (*current service cost*).

34

> **Praxis-Beispiel**
> Wird eine Pension von 0,5 % des Gehalts pro Dienstjahr zugesagt und hat ein Arbeitnehmer 20 Dienstjahre abgeleistet, so hat er einen Pensionsanspruch von 10 % seines Gehalts p.a. erdient. Bei einem Gehalt von z.B. 30.000 GE p.a. ist die DBO der Anwartschaftsbarwert einer Jahresrente von 3.000 GE. Die *current service cost* für das Folgejahr (Aufwand, der auf die im Geschäftsjahr erdienten Ansprüche entfällt) ist der Anwartschaftsbarwert eines jährlichen Rentenanspruchs von 150 GE – also 1/20 der DBO.

Die Verpflichtung aus einem betrieblichen Altersversorgungswerk stellt eine nicht finanzielle Verbindlichkeit dar. Die Ansatz- und Bewertungskriterien sind daher ähnlich (*similar*), aber nicht identisch im Verhältnis zu den Verpflichtungen, die nach IAS 37 zu erfassen sind (Rz 2). Die *defined benefit obligation* ist über ein Barwertkalkül zu bestimmen, welches allerdings folgende Besonderheit aufweist:

35

- Der Diskontierungszinssatz zur Barwertermittlung von (Versorgungs-)Leistungszusagen des Unternehmens gegenüber Mitarbeitern ist als *compensation rate for settlement* zu bestimmen. Eine Anpassung für versicherungsmathematische Risiken scheidet aus, der Zinssatz drückt lediglich die Zeitpräferenz der Anspruchsberechtigten bis zur künftigen Erfüllung der Leistungszusage aus (IAS 19.79).
- Im Zahlungsstrom des Barwertkalküls sind daher alle versicherungsmathematischen Chancen und Risiken zu berücksichtigen.

36 Der Pensionsaufwand der Periode (*current service cost*) bestimmt sich anhand des jährlich notwendigerweise zuzuführenden Aufzinsungsbetrags – multiplikative Verknüpfung der bis dato erdienten *defined benefit obligation* mit dem Rechnungslegungszinssatz – sowie des nach der Planformel erdienten Anwartschaftsbetrags der Periode (IAS 19.70 – IAS 19.74). Dabei sind spezifische Trendannahmen, u. a. zu demografischen Aspekten (Rz 39) wie die Mortalität, sowie die separate Berechnung der Pensionsrückstellung für verschiedene Versorgungsarten (Alters- oder Hinterbliebenenleistungen) unter Verwendung der jeweils einschlägigen Planformel zu beachten. Die *defined benefit obligation* bezieht sich somit auf die Versorgungsleistungen aktiver und mit unverfallbaren Anwartschaften ausgeschiedener Arbeitnehmer oder Rentenbezieher. Mit der Planformel wird der Arbeitsleistung in einer Periode eines Arbeitnehmers der Anwartschaftsbetrag der Periode zugewiesen.

37 Der Erdienungszeitraum eines Arbeitnehmers endet, wenn weitere Arbeitsleistungen die Anwartschaft nicht mehr wesentlich erhöhen (IAS 19.73). Eine vollständige Unverfallbarkeit der Erdienung ist nicht notwendig. Über den Zeitraum der Erdienung des Anspruchs ist eine zeitratierliche Zuführung („m/n-tel"-Regelung) geboten. Eine progressive Zuordnung der Anwartschaftsbeiträge (*backloading*) über die Dienstjahre scheidet aus. Ein nicht zulässiges *backloading* liegt bereits vor, wenn zunehmende Anwartschaften in späteren Jahren auf künftige Gehaltssteigerungen zurückzuführen sind.

38 Das wahrscheinliche Ausscheiden von Arbeitnehmern ist nicht bei der Verteilung auf die Dienstjahre zu berücksichtigen, sondern bei der Bewertung der *defined benefit obligation* (IAS 19.72). Bei Zusagen ohne konkrete Planformel – alle Arbeitnehmer erhalten ab einem bestimmten Alter eine vorbehaltlose Zusage – ist eine zeitratierliche Ansammlung über die vor dem individuellen Arbeitnehmer liegenden Dienstjahre, meist Unternehmenseintritt bis Pensionsantritt, vorzunehmen (IAS 19.73). Alternativ könnten bestimmte Zeiträume nicht zur Erdienung herangezogen werden, z. B. wenn die Formel dies explizit oder implizit festlegt. Solchen Jahren sind keine Anwartschaftsbeträge zuzurechnen (IAS 19.73). Gleichsam deutet dies nicht automatisch auf ein bestehendes *backloading* hin.

3.4.4 Festlegung der Bewertungsparameter

3.4.4.1 Festlegung demografischer Annahmen

39 Zur Berechnung der *defined benefit obligation* sind versicherungsmathematische Annahmen zugrunde zu legen (IAS 19.57). Diese beziehen sich auf verschiedene unsichere Parameter, die die Höhe der Anwartschaft zum Eintrittszeitpunkt der Leistung (z. B. Altersrente) wesentlich beeinflussen. Zu den demografischen Bewertungsparametern gehören u. a.
- die Sterbe- und Invalidisierungswahrscheinlichkeiten,
- Fluktuationsraten aktiver Mitarbeiter sowie
- das Altersrenteneintrittsalter und
- die Wahl der Auszahlungsform (IAS 19.57(a)).

Der Eintritt in die Altersrente wird durch eine festgelegte Altersgrenze markiert. Um einer Wahrscheinlichkeitsgewichtung der Renteneintrittsmöglichkeiten

(IAS 19.76) zu entgehen, kann auf das wahrscheinlichste Pensionierungsalter abgestellt werden, z. B. der angenommene frühestmögliche Eintrittszeitpunkt. Für die demografischen Bewertungsfaktoren liegen regelmäßig spezielle Richttafeln (z. B. in Deutschland die Sterbetafeln von KLAUS HEUBECK) vor. Sterbetafeln stellen eine Ausscheideordnung dar, wobei ein fiktives Kollektiv von Personen sukzessive, entsprechend der Ausscheidewahrscheinlichkeit von Geschlecht, Alter und Geburtsjahrgang (z. B. bei Generationensterbetafeln), verringert wird. Neben der Generationentafel gibt es Perioden- und Kohortensterbetafeln.   **40**

- Periodensterbetafeln beziehen sich auf die Sterblichkeit gleichzeitig lebender Generationen, daher altersabhängig.
- Kohortensterbetafeln beschreiben hingegen das Absterben einer bestimmten Generation.

Sterbetafeln berücksichtigen häufig auch Fluktuations- und Mortalitätswahrscheinlichkeitsverbesserungen (IAS 19.82). Die Sterbewahrscheinlichkeiten können ausgehend von einer anerkannten Sterbetafel an den Unternehmensbestand angepasst werden, dadurch kann einer u. U. bestehenden längeren Lebenserwartung der Arbeitnehmer im Unternehmen Rechnung getragen werden.

Neben den demografischen Aspekten beeinflusst die Form des Anspruchs die Höhe der Pensionsrückstellung. Eine Einmalzahlung direkt bei Renteneintritt führt zu einem höheren Barwert als eine Verteilung des Betrags über den Zeitraum der Altersrente. Ein zwischen den Beteiligten einer betrieblichen Altersversorgung vereinbarter Formwechsel ist im Barwert der *defined benefit obligation* als versicherungsmathematischer Gewinn oder Verlust als Komponente im *other comprehensive income* zu berücksichtigen (Rz 90). Anderes gilt allerdings bei Abgeltungen (IAS 19.111), bei denen ein Unterschiedsbetrag erfolgswirksam zu stellen ist. Ein ausübbares Kapitalwahlrecht des Mitarbeiters führt allerdings nicht zu einer Abgeltung, sondern stellt eine Auszahlungsoption dar, die innerhalb der demografischen Annahmen zu berücksichtigen ist, und daher ein Teil der demografischen Annahmen. Bei Kapitalwahlrechten mit Ausübungsoption des Arbeitgebers (z. B. zur Kapitalabfindung) ist eine Differenzierung zwischen Auszahlungsoption und Abgeltung nicht klar möglich, da eine Einmalzahlung gem. Plan zwar keine Abgeltung ist, allerdings der Arbeitnehmer das Wahlrecht ausübt (IAS 19.76(a)(iv)). Es ist damit fraglich, ob nicht vielmehr doch eine Abgeltung vorliegt. Es ist eine einzelfallabhängige Beurteilung geboten.   **41**

3.4.4.2 Schätzung der ökonomischen Parameter

Mit Gewährung einer betrieblichen Versorgungszusage hat ein Unternehmen den (Bar-)Wert der Versorgungsverpflichtung (*defined benefit obligation*) nach versicherungsmathematischen Grundsätzen (*projected unit credit method*) zu bestimmen (IAS 19.57(a)). Weitere Voraussetzung der Bewertung ist die Festlegung von ökonomischen, von der Marktentwicklung abhängigen (*financial*) Parametern.   **42**

Zur Berechnung der *defined benefit obligation* müssen die Annahmen versicherungsmathematischer Art eine *best estimate* der Beeinflussungsfaktoren darstellen (IAS 19.76), um die Verpflichtung der Höhe nach zum Erfüllungsbetrag – erwartete Zahlungen – abbilden zu können. Deshalb sind Trendannahmen in die Bewertung einzubeziehen. Als Bewertungsgrundlage der Verpflichtung aktiver Berechtigter dient z. B. das Gehalt zum Erfüllungsstichtag (IAS 19.87), vor allem   **43**

Dingen bei gehaltsabhängigen Verpflichtungszusagen. Für die Bemessung der Verpflichtungshöhe kann vertraglich sowohl das letzte Gehalt als auch ein durchschnittliches Gehalt über einen bestimmten Zeitraum herangezogen werden. Dementsprechend sensitiv reagiert die *defined benefit obligation* auf eine Änderung des Gehalts.

44 Für die Schätzung des ökonomischen Trends sind neben inflationsbedingten auch laufbahnbedingte Gehaltsänderungen beachtlich. Sofern die Beitragsbemessungsgrenze ein Bemessungsfaktor für die Verpflichtung sein sollte oder die Höhe der Zusage an andere Referenzgrößen gekoppelt ist (z.b. einen Index oder Besoldungsstufen), sind hierzu ebenfalls Trendannahmen zu machen (Rz 46). Dies gilt zudem für Zusagen, die z.b. von der gesetzlichen Rente abhängen (Gesamtversorgungszusage) oder bei denen Beträge Dritter anrechenbar sind. Bei einer Gesamtversorgungszusage wird vom Arbeitgeber ein Versorgungsziel definiert, welches die gesetzliche Rente – mit bestehendem Schätzungsbedarf – und den vom Arbeitgeber zu erbringenden Auffüllbetrag einbezieht, damit das Versorgungsziel erreicht wird (IAS 19.87). Ähnlich der Gesamtzusage führen anrechenbare Leistungen Dritter zu einer „residualen" Verpflichtung beim Arbeitgeber. Eine Anpassungspflicht der Verpflichtung besteht vertraglich oder faktisch bedingt für Rentenanpassungen bei Anwärtern und Berechtigten laufender Renten (IAS 19.88). Zu den bestehenden Trendannahmen lässt sich derzeit Folgendes festhalten:

- Die Inflation in der gesamten Eurozone befindet sich auf niedrigem Niveau. Insgesamt wird langfristig ein Inflationsziel der EZB bei einer Stabilisierung der Inflationsrate auf knapp unter 2 % erwartet. Hieraus lassen sich wohl Inflationsraten i.H.v. ca. 1,85 % – 1,9 % ableiten. Bei relativ kurzen Laufzeiten könnte ggf. auch eine Bewegung hin zur Wegmarke von 1 % angebracht sein. Zudem zeigt die historische Entwicklung eine schwächere Inflation in Deutschland als in den anderen europäischen Ländern auf, weshalb geringfügige länderspezifische Abschläge notwendig sein können.
- Eine besondere Entwicklung hinsichtlich des Einkommenstrends hat sich in den letzten Jahren nicht ergeben.
- Die niedrige Inflation wirkt sich auf den Rententrend der letzten Jahre aus, auch hier ist ein Rückgang zu verzeichnen.

45 Eine kontinuierliche Anpassung der demografischen Faktoren ist relativ selten erforderlich, so z.B. meist nur bei besonderen Ereignissen oder neu erlangten Erkenntnissen. Um einen möglichen Anpassungsbedarf festzustellen, sind die Zusammensetzung des eigenen Unternehmensbestands und die damit einhergehenden Auswirkungen auf die *defined benefit obligation* zu analysieren. Die Verlängerung der Arbeitszeit oder der frühere Eintritt in das Rentenalter bei gleichzeitigem Rentenabschlag kann u.U. zu einer leichten Reduktion der *defined benefit obligation* führen.

46 Hängen die (erdienten) Pensionsleistungen von der Entwicklung eines Aktienindexes oder eines Rentenindexes oder eines speziellen tatsächlichen oder fiktiven (*notional*) Wertpapierportfolios (sog. **wertpapiergebundene Zusagen**) ab, dann ist die Entwicklung dieses Indexes oder Portfolios bestmöglich zu schätzen, um die wahrscheinlichen (erdienten) Pensionsleistungen zu ermitteln, die dann mit dem (Pensions-)Zinssatz zu diskontieren sind.

3.4.4.3 Anforderungen an demografische und ökonomische Parameter

Manche Bewertungsparameter können von den spezifischen Regelungen des Pensionsplans abhängen bzw. nur im Rahmen der in diesem Plan gesetzten Grenzen (z. B. zwischen einer Unter- und einer Obergrenze) variieren. Die Änderung der Einschätzung solcher Parameter **innerhalb** dieser Grenzen ist nur eine reine Parameteränderung und führt zu versicherungsmathematischen Gewinnen oder Verlusten (Rz 90). Werden hingegen die Bestimmungen des betrieblichen Altersversorgungswerks geändert, liegt eine Planänderung vor, die zu *past service cost* (Rz 78) führen kann, sofern hierdurch effektiv die bestmöglich realistische Wahl des Parameters beeinflusst wird und sich die Bewertung der Pensionsverpflichtung ändert.

47

Die Festlegung der Bewertungsparameter muss realistisch und zutreffend sein (IAS 19.76). Eine **grobe Schätzung** scheidet aus. Geboten ist die Ermittlung im Rahmen eines nachprüfbaren und öffentlich darlegbaren Prozesses (*rigorous assumption setting process*). Die demografischen Parameter Sterblichkeit und Invalidität können schon bei Beständen von weniger als 1.000 Personen unternehmensspezifisch überprüft werden.

48

3.4.4.4 Auswahl des Zinssatzes

Die Bewertung betrieblicher Altersversorgungswerke wird maßgeblich durch den Zeitwert des Geldes (*time value of money*) bestimmt. Der maßgebliche Zinssatz (*discount rate*) für die Bewertung drückt die Zeitpräferenz der Anspruchsberechtigten aus und bestimmt sich i. H. d. Alternativrendite (*compensation rate for settlement*), die bei einer Anlage des am Stichtag bereits erdienten Anspruchs erzielt werden kann. Für die bilanzielle Abbildung ist die Bestimmung der *discount rate* von mehrfacher Bedeutung, der Zinssatz wird benötigt für

49

- die Berechnung des Barwerts der Verpflichtung aus dem betrieblichen Versorgungswerk (IAS 19.57(a)) sowie
- die Festlegung der Höhe des laufenden Dienstzeitaufwands (*current service cost*) und
- die Bestimmung der Nettoverzinsung (*net interest*), die sich aus der Aufzinsung des Barwerts der Verpflichtung abzüglich der (erwarteten) Erträge aus etwaigem Planvermögen ergibt (IAS 19.123 ff.).

Der angemessene Diskontierungszinssatz ist als Stichtagsgröße vorgegeben (IAS 19.78), der Rückgriff auf einen Durchschnittszinssatz nicht zulässig (IAS 19.BC32 ff.). Eine durch Schwankungen des Zinsniveaus verursachte Volatilität der Verpflichtungshöhe, die zu versicherungsmathematischen Gewinnen/Verlusten führt, rechtfertigt im Stichtagsvergleich keine Durchschnittsbildung des Zinssatzes. Da in die Bestimmung des Zahlungsstroms Erwartungen zu Gehalts- und Rententrends eingehen, die u. a. auch von der künftigen Geldentwertung (Inflation) abhängen (Rz 44), ist der Diskontierungszinssatz als Nominalzins zu bestimmen (IAS 19.76). Eine Barwertbestimmung über einen Realzins kann nur erfolgen, wenn der Erklärungsgehalt der Bewertung erhöht wird. Zur Einhaltung der Konsistenz von Zahlungsstrom und Diskontierungszins sind im Barwertkalkül einheitliche Prämissen hinsichtlich (Unternehmens-)Steuern und Währung zugrunde zu legen.

50

Ein gewisser Gestaltungsspielraum ergibt sich aus der fehlenden Präzision der Vorgabe, ob nur ein (!) Zinssatz (*single weighted average*) zu verwenden ist oder verschiedene Zinssätze für die Bewertung eines betrieblichen Versorgungswerks

51

herangezogen werden können bzw. müssen (IAS 19.85). Die Laufzeitäquivalenz des Barwertkalküls ist über den Rückgriff auf die Zinsstruktur (Rz 55) zum Bewertungsstichtag zu gewährleisten. Der (künftige) Ressourcenabfluss aus betrieblichen Altersversorgungszusagen erfolgt zu verschiedenen Zeitpunkten. Zur Abzinsung zeitpunktbezogener Abflüsse sind daher *spot rates* heranzuziehen. Ein einheitlicher (Durchschnitts-)Zins – als gewichtetes Barwertäquivalent (i.S.v. IAS 19.80) – wird dann zur Barwertbestimmung nicht mehr benötigt. Zur Berechnung der (Netto-)Verpflichtung zum Stichtag – nach Abzug etwaiger *plan assets* von der *defined benefit obligation* – ist der (Bar-)Wert des betrieblichen Altersversorgungswerks am Periodenanfang fortzuschreiben. Insbesondere ist die Aufzinsung des Barwerts der (Netto-)Leistungsverpflichtung (*unwinding of discount*) aus dem betrieblichen Altersversorgungswerk zu beachten (*net interest cost*).

52 Anstatt konkreter Vorgaben für die Bestimmung des relevanten Zinssatzes erfolgt innerhalb der Vorgaben lediglich ein Verweis auf die ökonomischen Parameter (IAS 19.123). Der Zinssatz für die Aufzinsung ist u.E. aber zwingend in Einklang mit den Vorgaben für die Abzinsung zu bestimmen. Das Entgelt für die zeitliche Überlassung von Kapital unter Berücksichtigung bestehender Risiken und Unsicherheit drückt sich im Effektivzinssatz (*effective interest rate*) als interner Zinsfuß aus, der als gewogener Durchschnittszinssatz bestimmt werden kann (IAS 19.85). Es besteht für die Bestimmung des Aufzinsungsbetrags (*unwinding of discount*) allerdings keine Verpflichtung zum Abstellen auf laufzeitäquivalente *spot rates*, wenn solche für die Barwertermittlung herangezogen werden.

53 Konzeptioneller Maßstab der Bewertung von leistungsorientierten Pensionszusagen ist die künftige Erfüllung. Die Auswahl des Zinssatzes bestimmt sich aus der Perspektive entgehender Anlagemöglichkeiten. Bei einer (fiktiv) unterstellten Schuldbefreiung am Stichtag kann das Unternehmen den zur Erfüllung notwendigen Betrag nicht mehr „risikolos" anlegen. Der angemessene Zinssatz entspricht daher der Rendite einer nahezu sicheren Alternativanlage. Entsprechendes gilt aus der Perspektive des Anlegers, der bei vorzeitiger Vereinnahmung des ihm zustehenden Betrags eine Rendite aus einer risikolosen Anlage erzielen könnte. Der Rückgriff auf die unternehmensspezifische Bonität oder die Berücksichtigung des allgemeinen Unternehmensrisikos scheidet daher aus (IAS 19.79).

54 Im Einklang mit dem konzeptionellen Maßstab der Bewertung von Verpflichtungen aus betrieblichen Versorgungswerken zum Erfüllungsbetrag aus der Perspektive der Anspruchsberechtigten ist der Zinssatz als *compensation rate for settlement* zu bestimmen.

- Soweit beobachtbar, ist zur Diskontierung am Bewertungsstichtag ein Zinssatz (oder mehrere *spot rates*) heranzuziehen (IAS 19.83), der sich an den Renditen bemisst, die für erstrangige festverzinsliche Industrieanleihen (*high quality corporate bonds*) am Markt erzielt werden.

- Nur bei Fehlen beobachtbarer oder erstrangiger Industrieanleihen (*no deep market*) ist auf die Rendite von Staatsanleihen zurückzugreifen.

High quality corporate bonds sind nach IFRS nicht definiert. An den angemessenen Zinssatz wird die Anforderung gestellt, die Rendite einer Alternativanlage zu duplizieren, deren Zahlungsstromprofil dem der Verpflichtung entspricht. Es gilt: Je höher das Ausfallrisiko (*default*) der Alternativanlage, desto geringer ist die Korrelation der Renditeerwartung aus der Anlage zu dem Zahlungsstrom aus der (Versorgungs-)Verpflichtung. Der Anspruch „*high quality*" ist u.E. daher im

Zusammenhang mit der Renditeerwartung und der Risikopräferenz (dem Maß der Risikoaversion) der Anspruchsberechtigten auszulegen. U. E. ist die Auswahl auf Unternehmensanleihen mit AA- und besserem Rating begrenzt. Eine Begrenzung im Bond-Universum rechtfertigt keine Ausweitung der Menge von „*high quality bonds*".

Der Zusammenhang zwischen Zinsrendite und Anleihenlaufzeit ergibt sich aus der Zinsstruktur zum Stichtag. Für das beobachtbare Bond-Universum kann eine Zinskurve als Mittelweg der Punktwelle (bestimmt als Regressionsgerade) hergeleitet werden. Mit sinkender Anzahl der zur Verfügung stehenden Anleihen nimmt die Sensitivität von Ausschlägen zu. Eine selektive Auswahl oder Vernachlässigung von Unternehmensanleihen zur Beeinflussung der Zinskurve scheidet aus.

55

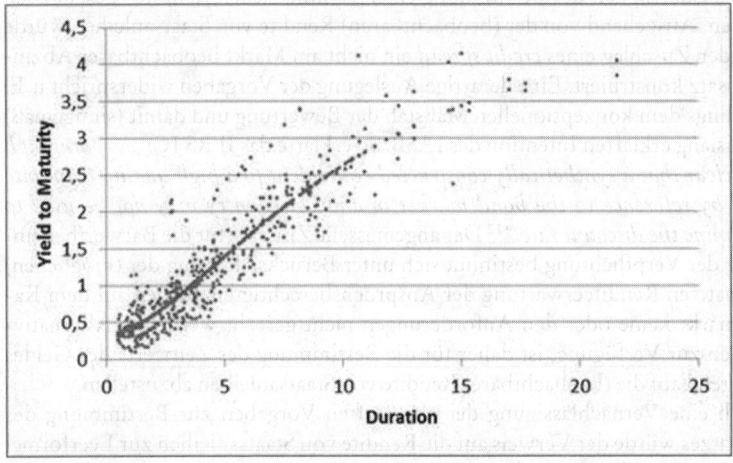

Abb. 1: Ableitung einer Zinsstruktur aus einer Renditewolke

In Abhängigkeit von dem Verlauf der Zinsstrukturkurve ergeben sich mit zunehmender (Rest-)Laufzeit unterschiedliche Auswirkungen auf die Höhe des Zinssatzes:

- Bei einer flachen Zinsstrukturkurve mit geringer bis keiner Steigung sind die Zinssätze unabhängig von der Laufzeit konstant. Für die Barwertermittlung kann daher auf einen einheitlichen Basiszinssatz zurückgegriffen werden, die Anforderung der Laufzeitäquivalenz wird somit (ausnahmsweise) durch einen konstanten Zins erfüllt.
- I. d. R. kann eine steigende (normale) Zinsstrukturkurve beobachtet werden, es gilt: Der langfristige Zins ist höher als der kurzfristige (positive Steigung der Zinsstrukturkurve), beide entwickeln sich parallel, wobei der kurzfristige Zins stärkeren Schwankungen ausgesetzt ist. Allerdings nimmt die Steigung einer normalen Zinsstrukturkurve mit zunehmender Laufzeit ab. Differenziert nach der Laufzeit ergibt sich in der langen Frist auch für eine normale Zinsstruktur i. d. R. eine flache Zinsstrukturkurve.

- Am Kapitalmarkt lassen sich aber auch fallende (inverse) Zinsstrukturkurven beobachten. Mit zunehmender Laufzeit sinkt das Zinsniveau, die kurzfristigen Zinssätze sind höher als die langfristigen. Die Annahme einer (insgesamt) flachen Zinsstrukturkurve entspricht i.d.R. nicht der Realität. Mit zunehmender Laufzeit steigt das Niveau des langfristigen Zinssatzes an. Zahlungen, die zu unterschiedlichen Zeitpunkten anfallen, sind daher mit an die Zinsstruktur angepassten Zinssätzen abzuzinsen.

56   Fehlt es an ausreichenden Anleihen mit vernachlässigbarem Ausfallrisiko, ist für die Bestimmung des Abzinsungssatzes auf die Zinsstruktur von „quasi"-risikolosen Staatsanleihen abzustellen. Stehen zum Bewertungsstichtag keine erstrangigen, festverzinslichen Renditen von beobachtbaren Unternehmensanleihen zur Verfügung, könnte aus der Vorgabe zur Ableitung des Zinssatzes aus Marktdaten auf die Zulässigkeit der Bestimmung einer „synthetischen Rendite" geschlossen werden. Ausgehend von der (beobachtbaren) Rendite von Staatsanleihen würde über den Zuschlag eines *credit spread* ein nicht am Markt beobachtbarer Abzinsungssatz konstruiert. Eine derartige Auslegung der Vorgaben widerspricht u.E. allerdings dem konzeptionellen Maßstab der Bewertung und damit (sinngemäß) der bislang erklärten Intention des IASB. So erklärte das IFRS IC: „*… paragraph 78 is clear that a synthetically constructed equivalent to a high quality corporate bond by reference to the bond market in another country may not be used to determine the discount rate.*"[12] Der angemessene Zinssatz für die Barwertbestimmung der Verpflichtung bestimmt sich unter Berücksichtigung der (möglichen) alternativen Renditeerwartung der Anspruchsberechtigten. Stehen auf dem Kapitalmarkt keine oder den Anforderungen nicht gerecht werdende Alternativanlagen zur Verfügung, ist daher für die Bestimmung des Zeitwerts des Geldes zwingend auf die (beobachtbare) Rendite von Staatsanleihen abzustellen.

57   Durch eine Vernachlässigung der abgestuften Vorgaben zur Bestimmung des Zinssatzes würde der Verweis auf die Rendite von Staatsanleihen zur Leerformel mutieren. Die hier vertretene Lesart der Vorgaben sieht daher einen restriktiven Umgang mit den Vorgaben zur Bestimmung des Abzinsungssatzes (gem. IAS 19.78) vor. Eine Anpassung beobachtbarer Renditen ist nur in Bezug auf die Laufzeit (i.S. e. Extrapolation gem. IAS 19.81) oder die ökonomischen Parameter, die im Zahlungsstrom zugrunde gelegt wurden, zulässig. Stehen keine geeigneten und beobachtbaren Renditen von Alternativanlagen zur Verfügung, ist die laufzeitspezifische Rendite von Staatsanleihen zur Bestimmung des Abzinsungssatzes heranzuziehen.

58   Innerhalb des europäischen Währungsraums lässt sich auch in der **persistierenden Niedrigzinsphase** ein ausreichend breites Bond-Universum feststellen; ein Rückgriff auf die Rendite von als quasi-risikolos anzusehenden Staatsanleihen, welche allerdings bereits auch im langfristigen Bereich negative Renditen aufweisen, scheidet somit aus. Für *high-quality-corporate*-Anleihen lässt sich zumindest im langfristigen Bereich bislang keine **negative Rendite** feststellen. Unter den aktuellen Rahmenbedingungen – weiterhin Bestätigung des Vorliegens eines *deep market* für *corporate bonds* ohne negative Rendite – ist das Risiko eines negativen Zinssatzes für langfristig fällige Pensionszusagen zunächst nicht evident. Eine entsprechende Entwicklung am Kapitalmarkt kann aber nicht

---

12   IFRIC Update June 2005, S. 5.

ausgeschlossen werden. Darüber hinaus ist eine Abzinsung zur Berücksichtigung des Zeitwerts des Geldes (*time value of money*) für alle Zusagen gegenüber Arbeitnehmern (*employee benefits*), die nicht von vornherein kurzfristig ausgestaltet sind, erforderlich.

Für geschlossene Pensionszusagen oder sonstige Leistungsversprechen gegenüber Arbeitnehmern, die nur noch eine kurze (Rest-)Laufzeit bis zur Fälligkeit aufweisen, kann daher aus dem relevanten Bond-Universum – bei Ausstrahlung der negativen Renditen auf *corporate bonds* – ein **negativer Rechnungszins** festgestellt werden. Die Abzinsung einer künftigen Verpflichtung mit einem negativen Zinssatz führt zu einem Übersteigen der künftig fälligen Verpflichtung im Vergleich zum Betrag, der aktuell für die Erfüllung aufzubringen ist. Der *time-value-of-money*-Gedanke wird in das Gegenteil verkehrt.   **59**

> **Praxis-Beispiel**
> Unternehmen U hat eine in fünf Jahren fällige Verpflichtung zur Auszahlung von 100 GE gegenüber der Belegschaft. Zum Stichtag wird ein Diskontierungszinssatz von –2 % festgestellt. Der Barwert der künftigen Verpflichtung beträgt 110,6 GE und übersteigt den Betrag, der für eine sofortige Erfüllung erforderlich wäre.

Gegen die Passivierung einer Verpflichtung, deren Barwert wegen eines negativen Rechnungszinssatzes den aktuellen Erfüllungsbetrag übersteigt, könnte der konzeptionelle Maßstab der Bewertung von *employee benefits* sprechen. Der konzeptionelle Maßstab der Bewertung von *employee benefits* ist die künftige, nicht die aktuelle Erfüllung.[13] Eine Barwertbestimmung ist daher auch bei Feststellung eines negativen Diskontierungs-/Rechnungszinssatzes erforderlich. Der Versorgungsberechtigte verzichtet zum Zeitpunkt des Entstehens eines Anspruchs aus der Anwartschaft auf einen höheren Zufluss. Insoweit aus der Perspektive des Anspruchsberechtigten für eine Alternativanlage nur eine negative Rendite erzielt werden kann, spiegelt sich die Erwartung auch in der für die Barwertbestimmung heranzuziehenden *compensation rate for settlement* wider. In der Folgebewertung stellt sich in konsequenter Fortführung des ins Gegenteil verkehrten *time-value-of-money*-Gedankens ein „Zinsertrag" aus dem *unwinding of discount* ein.   **60**

> **Praxis-Beispiel**
> Die von U im Umfang von 110,6 GE (als Barwert einer in fünf Jahren fälligen Verpflichtung zur Zahlung von 100 GE mit einem Zinssatz von –2 % bestimmt) zunächst zu passivierende Verpflichtung ist in den Folgeperioden fortzuschreiben. Da der künftige Ressourcenabfluss mit 100 GE feststeht, bedarf es der Fortführung mit dem Zinssatz von –2 %. Es ergibt sich ein Ertrag (oder negativer Aufwand) von 2,2 GE und bei unveränderten Annahmen ein Verpflichtungsbetrag von 108,4 GE.

---

[13] Anderes kann für sonstige, nicht unter den *employee benefits* zu subsumierende nicht finanzielle Verpflichtungen gelten. Konzeptioneller Maßstab für die Bewertung nicht finanzieller Verpflichtungen ist der Betrag, der zum aktuellen Stichtag für eine „Entpflichtung" vernünftigerweise (*rationally*) bezahlt werden würde (IAS 37.36).

Für die Darstellung der Entwicklung der Verpflichtung aus dem betrieblichen Altersversorgungswerk ergeben sich dann besondere Anforderungen (IAS 19.140). Eine Saldierung der „Zinserträge" aus der Fortschreibung mit negativen Rechnungszinsen scheidet aus (IAS 19.141(b)).

61 Für die Berechnung des Verpflichtungsumfangs und der Ergebnisbeiträge aus einem betrieblichen Altersversorgungswerk kann folgendes (Standard-)Schema verwendet werden:

- Es bedarf zunächst einer Bestimmung der Zeitpunkte und der Höhe der erwarteten künftigen Auszahlungen für bereits erdiente Leistungen (*past service*) aus dem betrieblichen Versorgungswerk.
- Der Barwert der erwarteten Verpflichtung zum Stichtag ist durch Abzinsung der erwarteten Abflüsse unter Rückgriff auf *spot rates*, die aus einer Zinsstrukturkurve abgeleitet werden, zu bestimmen.
- Ausgehend von dem Barwert der *defined benefit obligation* kann unter Berücksichtigung von Zeitpunkt und Höhe der erwarteten Auszahlungen ein einheitlicher Abzinsungssatz bestimmt werden, der einen gewogenen Durchschnitt der verwendeten *spot rates* darstellt.
- Für die Festlegung des laufenden Dienstzeitaufwands (*current service cost*) und der Nettoverzinsung (*unwinding of discount*) der kommenden Periode kann dann auf den einheitlich bestimmten Zinssatz zurückgegriffen werden.

Da es an konkreten Vorgaben fehlt, stellt ein entsprechendes Vorgehen eine stetig anzuwendende *accounting policy* dar (IAS 8.13).

Praxis-Beispiel

Unternehmen U hat sich gegenüber seinen Mitarbeitern zur Gewährung einer betrieblichen Altersversorgung verpflichtet. Zum aktuellen Bilanzstichtag (t_0) besteht folgende Erwartung der künftigen Zahlungsverpflichtung aus bereits erbrachten Dienstleistungen (jeweils Jahresende):

Past service (t_0) in GE	t_1	t_2	t_3	t_4
Pensionäre		200		
Gruppe 1			100	
Gruppe 2				50
Summe	0	200	100	50

Die Pensionäre erbringen bereits keine Leistungen mehr für das Unternehmen. Die noch aktiven Mitarbeiter lassen sich in zwei Gruppen aufteilen, die in t_3 (Gruppe 1) und t_4 (Gruppe 2) leistungsberechtigt sind. In der Berichtsperiode (t_1) werden weitere Dienstleistungen (jeweils zum Jahresende) erbracht, die den Anspruch aus dem Versorgungswerk erhöhen.

Past service (t_1) in GE	t_1	t_2	t_3	t_4
Gruppe 1			10	
Gruppe 2				25
Summe	0	0	10	25

Für die Bewertung liegen folgende Informationen zur Zinsstruktur vor:				
in %	**t_1**	**t_2**	**t_3**	**t_4**
spot rates t_0	0,5	1	1,5	2
spot rates t_1		1,5	2	2,5

Vereinfachend wird eine Konstanz aller sonstigen aktuarischen Annahmen unterstellt. Der Barwert der *defined benefit obligation* zum Bilanzstichtag (t_0) beträgt 337,9 GE. Es ergibt sich ein einheitlicher (Effektiv-)Zinssatz zum Stichtag (t_0) von 1,38 %. Die *net interest cost* für die Folgeperiode (t_1) betragen demnach 4,7 GE. Der Barwert der (Netto-)Verpflichtung zum Ende der Folgeperiode ist unter Berücksichtigung der erwartungsgemäß zusätzlich erdienten Ansprüche und der aktuellen *spot rates* nach Verschiebung der Zinsstrukturkurve zu bestimmen. Es ergibt sich ein Fortschreibungswert von 372,4 GE. Der laufende Dienstzeitaufwand der Folgeperiode ist durch Abzinsung des zusätzlichen Anspruchs mit dem Effektivzinssatz der Folgeperiode (t_1), der 2,01 % beträgt, i. H. v. 33,2 GE zu bestimmen. Für die Überleitung des Stichtagswerts (t_0) bis zum Wert am Ende der nächsten Periode (t_1) ergibt sich noch ein im sonstigen Gesamtergebnis zu erfassender Ertrag von 3,3 GE.

Wegen der unklaren Regeln zur Bestimmung des Diskontierungszinssatzes für betriebliche Altersversorgungswerke sind auch andere Interpretationen, abweichend vom (Standard-)Schema, denkbar.[14] Die Vorgabe in IAS 19.85 suggeriert den theoretischen Vorzug einer Verwendung mehrerer Zinssätze für die Bestimmung des laufenden Dienstzeitaufwands und der (Netto-)Finanzierungskosten. Die „Verwendung eines einzigen gewichteten Durchschnittszinssatzes" wird als häufige Unternehmenspraxis angesehen, offen bleibt, ob es eine theoretisch bessere Lösung gibt. Der Einheitszinssatz ist aus der *defined benefit obligation* abzuleiten. Gemäß IAS 19.85 ist eine Äquivalenz hinsichtlich der Fälligkeit, Höhe und Währung herzustellen. Das Bewertungsergebnis des Einheitszinses muss nicht mit dem Ergebnis der Zinsstrukturkurve bzw. des Zinsvektors übereinstimmen. Die Bestimmung erfolgt im Weg des sog. modifizierten Durationsverfahrens, wobei Musterbestände bzw. Musterversorgungszusagen so angepasst werden, dass sich eine (MACAULY-)Duration – gewichteter Mittelwert der Auszahlungszeitpunkte – von 10, 15 oder 20 Jahren für den gemischten Anwärter bzw. Bestand an Berechtigten ergibt. Der spezifische Arbeitgeber muss dabei auf seinen eigenen konkreten Bestand abstellen. Die modifizierte Duration gibt den prozentualen Änderungsgrad des Anleihekurses bei einer Marktzinsniveauänderung um einen Prozentpunkt an. Bezogen auf die *defined benefit obligation* gibt diese an, um wie viel Prozent sich diese ändert, wenn sich der Rechnungszins um einen Prozentpunkt ändert. Mit Hilfe der modifizierten Duration wird ein laufzeitabhängiger Zu- oder Abschlag auf den Zinssatz berechnet, so dass aus der explizit gewonnenen konkaven Zinsstrukturkurve ein Zinssatz ermittelt werden kann. Damit

62

---

14 Vgl. KPMG, KPMG's Pension Accounting Survey 2014, April 2014, S. 14, http://kpmg.co.uk/email/04Apr14/OM012725A/PTv2/index.html#1, abgerufen am 4.1.2017.

kann das Ergebnis einer exakteren Bewertung anhand einer Zinsstrukturkurve fast ohne Abweichung approximiert werden.

63   Alle größeren Aktuargesellschaften veröffentlichen standardisierte Rechnungszinsen nach IAS 19. Aufgrund der Unterschiede in der Methodik können die Ergebnisse (Zinssätze) relativ unterschiedlich sein. Dies hängt von der Laufzeit der extrapolierten Renditen, der Datenbasis und dem durationsabhängigen Zinszuschlag oder Zinsabschlag für die Ermittlung des Ersatzzinses ab.[15] Ausgangspunkt für die Ermittlung standardisierter Pensionszinssätze können die zur Verfügung gestellten Renditen von iBoxx EUR Corporates AA, Markit oder anderen Anbietern sein. Insbesondere bei Zeitpunkten am langen Bewertungshorizont werden extrapolierte Werte aus Unternehmensanleihen mit kürzeren Laufzeiten (z. B. AA 10+ Anleihen) gewonnen. Für die Extrapolation wird beim Risikoaufschlag für AA 10+ Anleihen auch der Renditeverlauf heimischer Bundeswertpapiere (AAA-Rating) einbezogen (bis zu 30 Jahre). Danach wird der Zinssatz eingefroren, ggf. auch mit alternativen Methoden vorgegangen. Eine selektive Auswahl/Bereinigung – ohne konzeptionelle Rechtfertigung (denkbar ist eine Bereinigung von Anleihen, die von Finanzinstitutionen begeben werden) – beobachtbarer Bond-Universen scheidet aus. Insbesondere ein „Abschneiden" von (Rendite-)Ausreißern am oberen oder unteren Ende des Bond-Universums scheidet aus.

64   Durch die mögliche Verwendung mehrerer Zinssätze (*split discount rates*), etwa in Abhängigkeit homogener Gruppen von Anspruchsberechtigten oder sogar je Anspruchsberechtigtem, kann ohne Auswirkung auf den Barwert der (Netto-)Verpflichtung zum Bewertungsstichtag – allerdings mit erheblicher Komplexitätserhöhung – eine Verschiebung zwischen den Komponenten der Folgebewertung und somit zwischen einer ergebniswirksamen Erfassung (*current service* und *net interest cost*) und einer Berücksichtigung im sonstigen Gesamtergebnis erzielt werden (Rz 65). Darüber hinaus wird mangels Vorgaben in IAS 19 für die Folgebewertung die Möglichkeit diskutiert, für die Bestimmung der *net interest cost* auf die *forward rate* der aktuellen Periode abzustellen (*vector approach*) und damit den Zusammenhang (und die Konsistenz) der Verwendung des Zinssatzes für betriebliche Altersversorgungswerke aufzugeben (Rz 68). Alle alternativen Berechnungsmethoden weisen folgende Gemeinsamkeit auf: Für die Barwertermittlung und die Folgebewertung werden unterschiedliche Zinssätze verwendet. Der Bilanzadressat erkennt dies nur im Rahmen der Offenlegung (*disclosure*).

65   Alternativ zur Verwendung eines einheitlichen Zinssatzes für ein betriebliches Altersversorgungswerk kann eine disaggregierte Berechnung auf der Ebene einzelner Gruppen von Anspruchsberechtigten erfolgen. Es wird dann nicht ein einheitlicher Zins bestimmt, sondern spezifische Zinssätze je identifizierter Gruppe (*split discount rate*). Im einfachsten Fall erfolgt eine Unterscheidung zwischen aktiven und nicht aktiven Anspruchsberechtigten. In der maximalen Ausprägung wird für jeden einzelnen Anspruchsberechtigten eine separate Kalkulation vorgenommen.

Praxis-Beispiel (Fortsetzung zu Rz 54)
Wird eine Unterscheidung der Anspruchsberechtigten in aktive Mitarbeiter und Pensionäre vorgenommen, ergibt sich ohne Auswirkung auf den Barwert

---

15   Vgl. HAGEMANN, BetrAV 2010, S. 335 ff.

der *defined benefit obligation* am Stichtag (t_0) und in der Folgeperiode (t_1) eine abweichende Verteilung zwischen den erfolgswirksamen und erfolgsneutralen Ergebnisbestandteilen. Der einheitliche Durchschnittszins für die Periode (t_1) der aktiven Mitarbeiter lässt sich mit 2,25 % bestimmen, die *current service cost* in der Folgeperiode (t_1) belaufen sich daher auf 33,0 GE. Der einheitliche Zins zum Stichtag (t_0) beträgt 1,70 % und führt zu einem Zinsaufwand von 4,4 GE. Das sonstige Gesamtergebnis beläuft sich daher nur auf einen Ertrag von 2,8 GE. Der laufende Periodenaufwand in der GuV wird im Verhältnis zur Ausgangsvariante um 0,5 GE entlastet.

Anstatt eines Rückgriffs auf einen einheitlichen Zinssatz für die Festlegung des **66** laufenden Dienstzeitaufwands und der (Netto-)Finanzierungskosten kann eine Bestimmung über die *spot rates* erfolgen, die für die Abzinsung herangezogen wurden (*yield-curve approach*). Im Ergebnis führt die Verwendung von *spot rates* – unter der Prämisse einer gleichmäßigen Verteilung der Vorteile über die (Gesamt-)Leistungsperiode – zum gleichen Resultat wie ein Abstellen auf *split discount rates*, wenn eine ausreichende Granularität der Bewertung sichergestellt ist. Im sonstigen Gesamtergebnis wird – bei ansonsten gleichbleibenden Annahmen – ausschließlich der Effekt aus der Verschiebung der Zinsstruktur erfasst.

Praxis-Beispiel (Fortsetzung zu Rz 54)
Wird für die Folgebewertung an den beobachtbaren *spot rates* festgehalten, wird das laufende Ergebnis im Vergleich zum (Standard-)Schema um 0,7 GE entlastet. Für die Bestimmung der *current service cost* i. H. v. 32,8 GE sind die *spot rates* der Folgeperiode (t_1) heranzuziehen. Die Berechnung der *net interest cost* mit einem Betrag von 4,3 GE erfolgt auf Basis der *spot rates* zum Stichtag (t_0). Der im sonstigen Gesamtergebnis zu erfassende Betrag entspricht mit 2,6 GE dem Effekt aus der Verschiebung der Zinsstrukturkurve. Eine Überleitung zur Berechnung mit *split discount rates* scheitert an der fehlenden Differenzierung der beiden Gruppen aktiver Mitarbeiter.

Im Rahmen der Fortschreibung der Verpflichtung aus einem betrieblichen **67** Altersversorgungswerk bedarf es in Abhängigkeit der Auswahl des Zinssatzes einer Bestimmung der *current service cost* und der *net interest cost*. Eine Kombination der Verfahren kann erreicht werden, wenn alternative Zinssätze ausschließlich für die Bestimmung des laufenden Dienstzeitaufwands herangezogen werden, die *net interest cost* aber nach dem (Standard-)Schema bestimmt werden.

Praxis-Beispiel (Fortsetzung zu Rz 54)
Wird zwar an dem einheitlichen Zinssatz nach dem (Standard-)Schema für die Festlegung der *net interest cost* festgehalten, aber auf die *spot rates* für die Bestimmung des laufenden Dienstzeitaufwands abgestellt, ergibt sich eine GuV-Entlastung zulasten des sonstigen Gesamtergebnisses von 0,3 GE.

Wird für die Bestimmung des Aufzinsungsbetrags (*unwinding of discount*) der **68** (Netto-)Verpflichtung auf die zum (letzten) Stichtag festgestellte *forward rate* für eine Periode abgestellt, kann ein lediglich auf eine Verschiebung der Zinsstruktur zurückzuführendes (aktuarisches) Ergebnis ausgeschlossen werden. Selbst bei konstanten Marktzinsen ändern sich die relevanten Abzinsungsfaktoren wegen der geänderten Fristigkeit. Wird die *defined benefit obligation* allerdings nur mit der letzten *forward rate* für eine Periode fortgeschrieben, wird die geänderte Fristigkeit bereits in den laufenden *net interest cost* erfasst (*vector approach*). Für eine Erfassung im sonstigen Gesamtergebnis besteht dann kein Bedarf mehr.

Praxis-Beispiel (Fortsetzung zu Rz 54)
Das sonstige Gesamtergebnis wird maßgeblich durch die Verschiebung der Zinsstruktur zwischen dem Stichtag (t_0) und der Folgeperiode (t_1) beeinflusst. Erfolgt eine Bestimmung der *net interest cost* nur anhand der *forward rate* am Stichtag (t_0) i. H. v. 0,5 % mit einem Betrag von 1,7 GE, reduziert sich das *other comprehensive income* auf 0 GE. Für die Bestimmung der *current service cost* ist eine unabhängige Festlegung geboten. Wird an dem *yield-curve approach* festgehalten, ergibt sich ein Betrag von 32,8 GE.

---

69   Wegen der fehlenden Vorgaben zur Verwendung des Diskontierungszinssatzes für die Bilanzierung betrieblicher Altersversorgungswerke besteht ein besonderer Gestaltungsspielraum mit erheblichem (*material*) Werteffekt (IAS 19.84). Bei einer normalen Zinsstruktur führen die unterschiedlichen Verfahren zu einer Ergebnisentlastung über die *net interest cost* (NIC) und/oder die *current service cost* (CSC), da der einheitliche Durchschnittszinssatz am Ende höher ist als am Anfang der Periode.

Zusammenfassung
Der größte Ergebnisbeitrag lässt sich mit einem Abstellen auf den *vector approach* einstellen. Bei einer kurzfristig negativen *forward rate* lässt sich sogar ein positiver Zusatzeffekt erzielen.[16]

In GE	*single discount rate*	*split discount rate*	*yield-curve approach*	*mixed approach*	*vector approach*
DBO (t_0)	337,9	337,9	337,9	337,9	337,9
CSC	33,2	33,0	32,8	32,8	32,8
NIC	4,7	4,4	4,3	1,7	4,7
OCI	–3,3	–2,8	–2,6	0	–3,0
DBO (t_1)	372,4	372,4	372,4	372,4	372,4

DBO: *defined benefit obligation*, CSC: *current service cost*, NIC: *net interest cost*, OCI: *other comprehensive income*

---

70   Der Rückgriff auf den *vector approach* ist u. E. aber ausgeschlossen. Der Ansatz verstößt gegen die Bewertungskonzeption, da das *unwinding of discount* nicht den Zeitwert des Geldes, sondern lediglich die Änderung der Fristigkeit durch

---

16   FREIBERG, PiR 2015, S. 89.

Zeitablauf widerspiegelt. Der *mixed approach* überzeugt wegen der fehlenden Konsistenz nicht, die bei Auswahl einer *accounting policy* vorausgesetzt wird (IAS 8.13). Es bleibt somit die Verwendung einer *single discount rate* nach dem (Standard-)Schema oder der Rückgriff auf unterschiedliche Zinssätze (*split discount rate*). Der *yield-curve approach* lässt sich in ein Verfahren mit disaggregierten Zinssätzen überführen. Ein Vorrang des (Standard-)Schemas (*single discount rate*) lässt sich aus der Bestimmung der relevanten Bilanzierungseinheit (*unit of account*) ableiten. Im Rahmen der Überlegungen zum aktuellen Anpassungsprojekt (*narrow scope amendment*) des IAS 19 wird das betriebliche Versorgungswerk („*plan-by-plan basis*") als relevante *unit of account* verstanden. Der Rückgriff auf die einzelne Verpflichtung gegenüber den individuellen Anspruchsberechtigten scheidet damit aus. Es erfolgt keine Bewertung individueller Verpflichtungen, sondern der erwarteten Zahlungsabflüsse bezogen auf das Versorgungswerk als Ganzes. Wird der Abgrenzung der Bewertungseinheit Vorrang gegeben, scheidet die Verwendung unterschiedlicher Zinssätze (*split discount rate*) aus.

Für einen Rückgriff auf unterschiedliche Zinssätze, insbesondere bei der Ermittlung der laufenden Dienstzeitaufwendungen, spricht die Möglichkeit zur genaueren Bestimmung. Im theoretischen Ideal erfolgt die Bestimmung des Verpflichtungsumfangs aus einem betrieblichen Altersversorgungswerk durch Schätzung der erwarteten Auszahlungen und Zeitpunkte für jeden einzelnen Anspruchsberechtigten, Abzinsung der künftigen, individuellen Abflüsse mit der Zinsstrukturkurve und Verteilung der Verpflichtung über den erwarteten Leistungszeitraum je Anspruchsberechtigten. Eine Restriktion ergibt sich bereits aus der fehlenden Verfügbarkeit von bestandsspezifischen Prämissen auf der Ebene des jeweiligen Anspruchsberechtigten (etwa Invalidität und Lebenserwartung). Bei Verwendung allgemeiner (makro-)ökonomischer Daten finden dann doch gewichtete Erwartungen anstatt individueller Eingang in das Barwertkalkül. Es ergibt sich allerdings bereits mit Ausschluss aller nicht aktiven Anspruchsberechtigten der Vorteil einer Bestimmung der *current service cost* ohne Einfluss der Individuen, die keine weiteren Leistungen erbringen. Wird auf eine *single discount rate* abgestellt, die auch unter Berücksichtigung nicht aktiver Anspruchsberechtigter zu bestimmen ist, wird der laufende Dienstzeitaufwand überschätzt. Die *current service cost* entsprechen gerade nicht dem Anstieg des Barwerts der *defined benefit obligation* durch Leistungserbringung in der aktuellen Periode (IAS 19.8). Eine Korrektur erfolgt im sonstigen Gesamtergebnis, also über die versicherungsmathematischen Gewinne/Verluste. **71**

Ein klarer Vorrang der einen (*single discount rate*) oder anderen (*split discount rate*) Methode lässt sich abschließend nicht feststellen. Es besteht daher die Möglichkeit zur Festlegung einer *accounting policy*, die allerdings stetig anzuwenden ist. Nicht notwendigerweise betrifft die getroffene Methode alle betrieblichen Versorgungswerke, die verschiedenen Anspruchsberechtigten angeboten werden. Eine Auswahl *plan-by-plan* (etwa in Abhängigkeit der verfügbaren Informationen) ist daher nicht per se ausgeschlossen. In den Anhang sind geeignete Angaben zu der gewählten Vorgehensweise aufzunehmen. **72**

3.4.5   Unterscheidung der Ergebniskomponenten

73 Das Ergebnis aus betrieblichen Altersversorgungswerken lässt sich in unterschiedliche Komponenten aufteilen. Mit Verpflichtung auf die Erfassung der (Netto-)Pensionsverpflichtung i.H.d. Finanzierungsdefizits am Stichtag ist zu unterscheiden zwischen:

- Dienstzeitkomponente (*service cost*), welche den in der GuV zu berücksichtigenden laufenden als auch den (unmittelbar) nachzuverrechnenden Dienstzeitaufwand (Rz 78) umfasst,
- (Netto-)Zinskomponente, die sich aus Multiplikation des Saldos aus Pensionsverpflichtung und Planvermögen mit dem maßgeblichen Zins ergibt und ebenfalls im Periodenergebnis erfasst wird, sowie
- Neubewertungskomponente, welche versicherungsmathematische Gewinne/Verluste umfasst und im *other comprehensive income* zu verrechnen ist.

Die Dienstzeit- und Zinskomponente werden verpflichtend ergebniswirksam in der GuV, die Neubewertungskomponente im sonstigen Ergebnis berücksichtigt. Keine explizite Vorgabe besteht für die Zuordnung der ergebniswirksamen Bestandteile zum operativen Bereich und der Finanzierungstätigkeit. Die Pensionsverbindlichkeit entwickelt sich vom Periodenanfang zum -ende wie folgt:

	Pensionsverbindlichkeit (*net defined benefit liability*) zum Periodenanfang
+	Pensionsaufwand in der GuV (*defined benefit cost included in P&L*)
+/–	Neubewertungen im OCI (*remeasurements included in OCI*)
+/–	Zahlungen des Unternehmens wie folgt:
	direkte Rentenzahlungen
	ggf. Zahlungen an einen externen Träger
	Abfindungen von Pensionsansprüchen
+/–	Übertragungen von/an andere/n Unternehmen oder Versorgungsträger/n
=	Pensionsverbindlichkeit (*net defined benefit liability*) zum Periodenende

74 Die vom Unternehmen getragenen **Verwaltungskosten**, die im Zusammenhang mit einem betrieblichen Altersversorgungswerk anfallen, werden erst bei Anfall gebucht (IAS 19.BC127), und zwar nicht als Teil der Pensionskosten (*pension expense*), sondern als Teil der Verwaltungskosten im Personalbereich. Die von einem externen Träger (z.B. Unterstützungskasse) getragenen Vermögensverwaltungskosten und Steuern sind nach IAS 19.8 und IAS 19.130 als Minderung des (laufenden) Vermögensertrags (des externen Trägers) zu behandeln. Nach IAS 19.76 sind Steuern und Abgaben auf Beiträge und Leistungen, die auf die bisherige Dienstzeit entfallen, bei der Bewertung der Verpflichtung zu berücksichtigen.

75 Der laufende Dienstzeitaufwand sowie der Nettozinsaufwand werden zu Beginn der Berichtsperiode auf der Grundlage der zu diesem Zeitpunkt bestehenden Bewertungsparameter ermittelt und ergeben somit den Soll-Zuwachs der *defined benefit obligation* der Periode. Unter Auslassung von Effekten aus Erstattungsansprüchen und der Vermögenswertobergrenze gilt:

Defined benefit obligation (Parameterschätzung gem. Periodenbeginn)		Planvermögen zum Periodenbeginn (Parameterschätzung gem. Periodenbeginn)	
zzgl.	laufendem Dienstzeitaufwand	zzgl.	Rendite auf Planvermögen
zzgl.	Nettozinsaufwand	zzgl.	erwartete Planvermögensbeiträge
abzgl.	erwartete Versorgungsleistungen	abzgl.	Leistungen aus Planvermögen
=	erwartete *defined benefit obligation* am Jahresende (Parameterschätzung gem. Periodenbeginn)	=	erwartetes Planvermögen am Jahresende (Parameterschätzung gem. Periodenbeginn)

Die zu Periodenbeginn bestehende Erwartung hinsichtlich der Entwicklung der **76** *defined benefit obligation* und/oder des Planvermögens und die tatsächliche Entwicklung zum Bewertungszeitpunkt am Periodenende stimmen selbst in einer perfekten Welt ohne Informationsbeschränkung nicht überein. Aus der zwangsläufigen Soll-Ist-Abweichung ergeben sich notwendige erfahrungsbedingte Anpassungen. Spätere Änderungen sind i.d.R. als versicherungsmathematischer Gewinn oder Verlust im *other comprehensive income* zu erfassen. Bei Sondereinflüssen, wie z.B. Planänderungen, Abgeltungen oder der Plankürzung (*curtailment*; IAS 19.102) bei erheblicher Reduktion der Mitarbeiterzahl (Betriebsschließung; IAS 19.105), wirken sich die Änderungen aber auf den laufenden Dienstzeitaufwand der Periode (Modifikation des laufenden Dienstzeitaufwands) und damit direkt auf die GuV aus (Rz 73).

Parameter	Periodenende	Entwicklung
Zinssatz	Niedrigerer Zinssatz als am Periodenbeginn angenommen.	DBO ist am Periodenende höher als erwartet, somit muss zur DBO mehr erfolgsneutraler „Aufwand" zugeführt werden.
Mortalität	Höhere Sterbequote am Periodenende als am Periodenbeginn angenommen.	DBO ist am Periodenende niedriger als erwartet, somit kann ein Teil erfolgsneutral aufgelöst werden.
Planvermögensertrag	Tatsächliche Rendite ist niedriger als der Rechnungslegungszins.	Planvermögensertrag der Periode ist zu hoch, d.h., die DBO ist zu niedrig.

In zeitlicher Dimension besteht eine Verpflichtung zu einer regelmäßigen (*with* **77** *sufficient regularity*) Aktualisierung der versicherungsmathematischen Bewertung der (Netto-)Verpflichtung (IAS 19.58). Ausgeschlossen wird eine wesentliche Abweichung (*not differ materially*) zwischen dem Ergebnis der Bewertung und dem Ansatz des betrieblichen Versorgungswerks zum Bilanzierungsstichtag (*end of the reporting period*). Es ist danach zulässig, die – nicht notwendigerweise durch einen Aktuar vorzunehmende (IAS 19.59) – Bewertung auf einen anderen Stichtag als das Periodenende vorzunehmen, wenn dies nicht zu einem wesentlich abweichenden Betrag der (Netto-)Verpflichtung führt. Sicherzustellen ist eine Übereinstimmung der Bewertung der Verpflichtung aus dem betrieblichen Versorgungswerk mit den Stichtagsverhältnissen. Eine Zulässigkeit oder sogar eine Pflicht zu einer kontinuierlichen Neuberechnung mit revidierten (versicherungsmathematischen) Annahmen lässt sich nicht ableiten. Für die Schätzung der ökonomischen Einflussgrößen der Bewertung besteht eine explizite Bindung auf das Ende der Periode (*at the end of the reporting period*) als maßgeblicher (Feststellungs-)Zeitpunkt (IAS 19.83). Betroffen sind sowohl die Dienstzeit als auch die (Netto-)Zinskomponente. Darüber hinaus ist eine zusätzliche Restriktion für die (Netto-)Zinskomponente beachtlich: Eine Revision der zum Periodenbeginn zu treffenden Annahmen für die Ermittlung der (Netto-)Zinskomponente scheidet in der laufenden Periode aus (IAS 19.123), ausgenommen sind lediglich Anpassungen für Zuführungen (*contribution*) und Auszahlungen (*benefit payments*). Die bestehenden (Standard-)Vorgaben lassen – mangels eines expliziten Ausschlusses – allenfalls eine Aktualisierung der Dienstzeitkomponente um bestandsspezifische (versicherungsmathematische) Annahmen zu. Eine wahlweise Neubewertung des zu erfassenden Periodenaufwands über eine aktualisierte Schätzung wird damit ausgeschlossen.

3.4.6 (Nachzuverrechnender) Dienstzeitaufwand

78　Der Dienstzeitaufwand enthält den originär versicherungsmathematisch ermittelten **laufenden Dienstzeitaufwand** (*current service cost*), der den Barwert der im Wirtschaftsjahr neu erdienten Pensionsansprüche misst (IAS 19.66f.). Beiträge der **Arbeitnehmer** mindern die Kosten für den Arbeitgeber und sind je nach Ausgestaltung als negative Leistungen in die Bewertung einzubeziehen, als Abzugsbetrag beim laufenden Dienstzeitaufwand zu berücksichtigen oder als Neubewertungen zu behandeln. Der laufende Dienstzeitaufwand wird bereits am Jahresanfang auf Basis der dann geltenden Prämissen ermittelt und i.d.R. nicht mehr verändert. Sofern Sonderereignisse eintreten, ist u.U. eine Korrektur vorzunehmen.

79　Zum laufenden Dienstzeitaufwand der Periode gehört ebenfalls der nachzuverrechnende Aufwand der aus einer **Plananpassung** (*plan amendment*) oder aus einer Plankürzung (*curtailment*) entstehen kann (IAS 19.102). In Abgrenzung zur Plankürzung wird bei einer Plananpassung der Umfang der Leistungszusage und nicht die Anzahl der Berechtigten, also das Mengengerüst, geändert. Als Planänderung gilt demnach die Einführung oder Einstellung eines Versorgungswerks, aber auch eine Änderung der vertraglich zugesagten Konditionen (IAS 19.104). Nachzuverrechnender (Dienstzeit-)Aufwand liegt vor, wenn
- nachträglich ein Versorgungsplan eingeführt oder
- in ähnlicher Weise die Leistungszusage mit retrospektiver bzw. prospektiver Wirkung freiwillig oder gesetzlich angeordnet erhöht bzw. gesenkt wird.

In beiden Fällen wird eine Änderung der *defined benefit obligation* durch eine Änderung der Leistungszusage bewirkt. Sofern eine nur unwesentliche Reduktion der Anzahl der Mitarbeiter eintritt, führt diese aber weder zu einer Plankürzung noch zu einer Planänderung, sondern ist stattdessen als versicherungsmathematischer Gewinn oder Verlust (Fluktuation) zu behandeln (IAS 19.BC162). Im Einzelfall ist die Identifikation von *past service cost*, insbesondere die Abgrenzung von versicherungsmathematischen Gewinnen/Verlusten (*actuarial gain/loss*) nicht zweifelsfrei. Beachtlich ist ein spezieller Ausschlusskatalog (IAS 19.108).[17]

Praxis-Beispiel

Unternehmen U unterhält für insgesamt 2.000 teilnehmende Mitarbeiter ein leistungsorientiertes, betriebliches Altersversorgungswerk. Das Geschäftsjahr entspricht dem Kalenderjahr, letztmalig zum 31.12.01/1.1.02 erfolgte eine versicherungsmathematische Bewertung. Der Wert der (Netto-)Verpflichtung wurde zum 31.12.01 mit 118 GE bestimmt. Anfang Juni 02 wird eine Restrukturierung beschlossen, die mit einer Entlassung von 1.000 Mitarbeitern einhergeht. Der erwartete Restrukturierungsaufwand wird im Juni nach IAS 37 passiviert. Die mit der Restrukturierung verbundene Reduzierung des Mengengerüsts ist nicht auf bloße Fluktuation zurückzuführen und bedingt die Erfassung von (negativen) *past service cost*, also die Realisation eines Ertrags.

Der nachzuverrechnende Dienstzeitaufwand kann negativ werden, sofern die Leistungszusage im Nachhinein gekürzt wird oder Mitarbeiter – nicht durch bloße Fluktuation bedingt – ausscheiden, somit den bereits abgelaufenen Perioden geringere Beträge zuzurechnen sind oder diese Beträge gleich ganz entfallen. Tritt nachzuverrechnender Dienstzeitaufwand in der Periode auf, ist dieser periodengleich erfolgswirksam in der GuV zu erfassen. Dies wäre z.B. der Fall, wenn das Unternehmen die Anpassung vornimmt oder auch Restrukturierungskosten bzw. *termination benefits* ansetzt (IAS 19.103). Eine zeitliche Verteilung scheidet aus. **80**

Der in der laufenden Periode anfallende, nachzuverrechnende Dienstzeitaufwand ist unter Berücksichtigung der aktuellen Stichtagsverhältnisse zu bestimmen (IAS 19.99). Unter Ausklammerung von etwaigem Planvermögen, Mindestdotierungsvorschriften und Beschränkungen eines Aktivüberhangs auf einen Nutzenbarwert (*asset ceiling*) sind die Stichtagswerte des betrieblichen Versorgungswerks unmittelbar vor und nach dem Ereignis gegenüberzustellen. Bei gleichen versicherungsmathematischen Annahmen sind die *past service cost* durch Änderungen des Mengengerüsts (Anzahl und Bedingung je Teilnehmer) bestimmt.[18] **81**

Praxis-Beispiel (Fortsetzung zu Rz 72)

Zum 31.5.02 beträgt der – unter Beachtung der versicherungsmathematischen Annahmen zum Periodenbeginn – fortgeführte Wert des betrieblichen Versorgungswerks für 2.000 Teilnehmer 120 GE. Der Stichtagswert zum 1.6.02 wird – insbesondere wegen eines Anstiegs des Zinsniveaus – bei gleichem Mengengerüst mit 110 GE bestimmt. Die Neubewertung unter Berücksichtigung der Restrukturierung führt bedingt durch die Altersstruktur zu einem Wert der (Netto-)Verpflichtung von 60 GE. Es sind daher (negative) *past service cost* von 50 GE als Ertrag zu vereinnahmen.

---

[17] Freiberg, PiR 2014, S. 154.
[18] Freiberg, PiR 2014, S. 154.

82 Mit Eintritt eines *plan amendment* oder *curtailment* als *one-off event* geht eine Verpflichtung zur (versicherungsmathematischen) Neubewertung eines betrieblichen Altersversorgungswerks einher. Der Sondereinfluss (*one-off event*) für das betriebliche Versorgungswerk verpflichtet u.E. zu einer isolierten Neubewertung ex ante und ex post. Für die Fortschreibung der (Netto-)Verpflichtung kann daher auf eine aktualisierte Bewertung zurückgegriffen werden. Potenzielle Auswirkungen ergeben sich ex post auf die Höhe des laufenden Dienstzeitaufwands und der (Netto-)Zinskomponente wegen aktualisierter versicherungsmathematischer Annahmen und zusätzlich auf die Höhe der (Netto-)Zinskomponente wegen einer revidierten Ausgangsbasis der (Netto-)Verpflichtung. Für die Aufwandsverteilung der laufenden Periode stellt sich als Konsequenz ebenfalls ein abweichender Verlauf ein. Im Zeitpunkt des *one-off event* ist die (Netto-)Verpflichtung unter Berücksichtigung der Stichtagsverhältnisse neu zu bestimmen und als Ausgangspunkt für die Fortschreibung festzulegen.

> **Praxis-Beispiel (Fortsetzung zu Rz 74)**
> Im Zeitpunkt des *curtailment* beträgt die Abweichung zwischen dem auf Basis der versicherungsmathematischen Annahmen zum Periodenbeginn fortgeführten Wert und dem Stichtagswert der (Netto-)Verpflichtung 10 GE. Die Differenz wäre als *remeasurement* im *other comprehensive income* zu erfassen und für die Fortschreibung wäre auf die aktuellen versicherungsmathematischen Annahmen abzustellen. Als Konsequenz der Berücksichtigung des aktuellen Zinsniveaus ergibt sich für die verbleibende Periode wegen der revidierten Schätzung eine geringere Abweichung, somit eine Auswirkung auf das (Gesamt-)Ergebnis.

83 Im Extremfall einer kontinuierlichen (stetigen) Revision (Rz 84) der versicherungsmathematischen Annahmen ergibt sich überhaupt keine Schätzungsabweichung, somit auch kein *actuarial gain/loss*. Die Verpflichtung zur Erfassung eines periodenbezogenen versicherungsmathematischen Gewinns/Verlusts liefe dann ins Leere (IAS 19.120(c)). Ein Hinweis zum Umgang mit revidierten Annahmen in der Fortschreibung des (Perioden-)Aufwands aus einem betrieblichen Altersversorgungswerk findet sich lediglich in den *Basis for Conclusions* des IAS 19 (IAS 19.BC64). Ungeachtet der Notwendigkeit einer Neubewertung der (Netto-)Verpflichtung bei Eintritt eines *one-off event* scheidet eine Revision der versicherungsmathematischen Annahmen insgesamt aus: *„The calculation of current service cost and net interest are based on the assumptions at the end of the prior financial year.“* Bei einer am Wortlaut orientierten Auslegung entfiele eine Differenzierung zwischen finanziellen und demografischen Einflussgrößen, sowohl die Dienstzeit- als auch die Zinskomponente wären nach einer Planänderung unter Beachtung der ursprünglichen, zu Periodenbeginn getroffenen Schätzung fortzuentwickeln.

84 In einem aktuellen *Exposure Draft* mit Änderungen an IAS 19 bzw. IFRIC 14 (*Remeasurement at a plan amendment, curtailment or settlement / Availability of a refund of a surplus from a defined benefit plan*) wird die Frage der Folgebewertung aufgegriffen. Nach der vorgeschlagenen Anpassung/Ergänzung des (noch) geltenden Rechts ist die Nettoverpflichtung sowohl vor als auch nach dem Sonderereignis zu kalkulieren (Rz 82). Die *past service cost* enthalten dabei weder *current service cost* noch *net interest cost*. Die *past service cost* wären danach anhand

- der Parameter am *settlement date* ohne die Abfindung sowie unter Abzug
- des Werts auf Basis der Parameter am *settlement date* und mit Abfindung zu berechnen.

Nach dem Sonderereignis basiert die Berechnung der *current service cost* auf den geänderten Leistungen und einer angepassten Parameterkonstellation, da fortan die Parameter am *settlement date* für die verbleibenden Zusagen zu berücksichtigen sind. Die *current service cost*, die bis zum Sonderereignis angefallen sind, unterliegen keiner Neuberechnungspflicht. Das gleiche Vorgehen gilt für die *net interest cost*. Im Ergebnis wirkt sich ein Sonderereignis wertmäßig damit nicht nur auf die dadurch direkt betroffenen Zusagen aus, sondern auch auf alle nicht betroffenen Zusagen. Anders ausgedrückt: das *one-off event* zeitigt über den Änderungsrahmen hinaus Relevanz.

Ebenfalls zum laufenden Dienstzeitaufwand zählen Gewinne oder Verluste aus einer Abgeltung (*gain or loss on settlement*). Abfindungen und Übertragungen umfassen (IAS 19.8): **85**

- **Barabfindungen** an die Versorgungsberechtigten, die im Gegenzug auf ihre Pensionsansprüche verzichten,
- **Übertragung** der Pensionsansprüche (Änderung des Durchführungswegs) auf einen Dritten ohne Rückbehalt von Risiken und
- Abfindungen, bei denen die Abfindungsleistung in der Gewährung einer entsprechenden **Beitragszusage** (*defined contribution plan*) besteht (Rz 86).

Die Abfindung oder Übertragung darf allerdings nicht bereits im Plan und nicht in den Annahmen (z.B. bei Wahlrecht Kapital statt Rente) berücksichtigt gewesen sein.

Vereinbarungen über Planabgeltungen mit rechtwirksamer Entpflichtung des Unternehmens führen i.d.R. zu einem Tausch zwischen der Abgeltungsverbindlichkeit und der Pensionsrückstellung (inkl. übertragenem Planvermögen). Die Abfindungszahlungen unterscheiden sich der Höhe nach zumeist von der bereits bilanzierten Pensionsrückstellung mit der Folge einer Erfassung des Differenzbetrags in der GuV. Dies ist u.a. der Neuberechnung der abgefundenen Pensionsrückstellung zum Abgeltungszeitpunkt geschuldet. Hierzu können u.a. beispielhaft die Barabfindung, die Übertragung von Pensionsansprüchen an andere Unternehmen oder an einen Beitragsplan angeführt werden. Abgeltungsgewinne oder -verluste sind in der Periode der Abgeltung zu erfassen (IAS 19.110).[19] **86**

> **Praxis-Beispiel**
> X begleicht zum 30.9.01 die Leistungszusage zur Gänze (Abgeltung) und zahlt dafür 550 GE an die Versorgungsberechtigten. In gleicher Höhe war am 31.12.00 die *defined benefit obligation* ausgewiesen. Zum 30.9.01 führt der Stichtagszinssatz zu einer *defined benefit obligation* von 500 GE, so dass die Abgeltung mit einem Verlust einhergeht.

---

[19] Vgl. HAGEMANN/NEUMEIER, PiR 2015, S. 315.

3.4.7 Nettozinsaufwand

87   Nach IAS 19 ist die Nettozinsmethode (*net interest approach*) verpflichtend, welche das tatsächliche Finanzierungsdefizit des betrieblichen Altersversorgungswerks ausweist. Eine stichtagsbezogene, vollständige Erfassung ist geboten, somit ist die (Netto-)Pensionsverpflichtung als Differenz

- des Barwerts der Leistungszusage (*defined benefit obligation*) und
- etwaigen Planvermögens (*plan assets*)

auszuweisen. Die Finanzierungskosten eines betrieblichen Altersversorgungswerks bestimmen sich als Saldo aus Zinsaufwand (*unwinding of discount*) und dem erwarteten Ertrag aus bestehendem Planvermögen (*return on plan asset*) am Periodenanfang (IAS 19.123). Abzustellen für die periodenbezogene Bestimmung ist auf das Finanzierungsdefizit, die (Netto-)Pensionsverpflichtung ist also mit (nur) einem Zinssatz zu multiplizieren.[20] Über den Ausweis des Finanzierungsdefizits wird die (potenzielle) Risikoposition des Unternehmens transparenter. Die Finanzierungskosten eines betrieblichen Versorgungswerks werden durch den Zinsaufwand der Leistungsverpflichtung (Aufzinsung des Barwerts) und die erwarteten Erträge aus vorgehaltenem Planvermögen bestimmt. Konzeptioneller Maßstab der Bewertung von leistungsorientierten Pensionszusagen ist die künftige Erfüllung.[21] Die Berechnung des Zinsaufwands muss Änderungen der *defined benefit liability* in der Periode reflektieren, so z. B. aufgrund von erwarteten Beiträgen (*contributions*) oder Pensionszahlungen (IAS 19.123).

88   Die Auswahl des für den Aufwand maßgeblichen Zinssatzes bestimmt sich aus der Perspektive entgehender Anlagemöglichkeiten. Heranzuziehen ist daher die erzielbare Rendite einer Alternativanlage, die ein Zusageberechtigter bei eigener Anlage der ihm zustehenden Anwartschaft erzielen könnte (Rz 49). Die erwartete Vermögensrendite aus Anlagen in Planvermögen ist abhängig von der Zusammensetzung des tatsächlichen Portfolios und entspricht typischerweise nicht dem Rechnungszins der Aufwandsbestimmung. Abzustellen für die Bewertung ist aber auf den Saldo von Zinsaufwand und erzielter Rendite der Periode. Bei der Ermittlung des Nettozinsergebnisses wird nur ein Rechnungszins herangezogen. Der Zinssatz der Aufwandsverrechnung wird implizit daher auch für die Renditebestimmung etwaigen Planvermögens herangezogen. Ist der maßgebliche Rechnungszins niedriger als der erwartete Ertrag aus dem Planvermögen, scheidet eine (weitere) Kürzung des ergebniswirksam in der GuV zu erfassenden (Netto-)Aufwands (*defined benefit cost*) aus. Der Nettozins findet aber auch Anwendung, wenn die erwartete Rendite des Planvermögens geringer ist als der maßgebliche Rechnungszins der *defined benefit cost* (etwa bei Rückdeckungsversicherungen mit „vorsichtiger" Vermögensanlage).

Praxis-Beispiel

Unternehmen U hat für bestehende Pensionsverpflichtungen mit einem Betrag von 100 Mio. GE in diverses Planvermögen investiert. Der verantwortliche *asset manager* erwartet für die aktuelle Periode eine Rendite des Portfolios von 7 % p.a., also einen Rückfluss von 7 Mio. GE. Der maßgebliche Rechnungszins der *defined benefit obligation* wird allerdings (nur) mit

---

[20] Freiberg, PiR 2013, S. 197.
[21] Freiberg, Diskontierung in der internationalen Rechnungslegung, 2010, Rz 282.

> 4 % p. a. beziffert. Von den erwarteten 7 Mio. GE sind nur 4 Mio. GE im laufenden GuV-Ergebnis zu erfassen.

Das *asset management* und dessen Qualität wirkt sich daher ausschließlich im Rahmen der Bewertung zum nächsten Stichtag (*remeasurement*) auf das Eigenkapital aus, da Differenzen von normiertem Zinssatz und der tatsächlichen eingetretenen Rendite auf das Planvermögen als Neubewertung erfolgsneutral im sonstigen Ergebnis berücksichtigt werden (IAS 19.120(c)). Aus Ergebnissicht tritt die Relevanz der Anlagenpolitik in den Hintergrund.[22] Die Ergebnisverrechnung der laufenden Periode wird durch das Abstellen auf den Nettozins der Höhe nach begrenzt. Die prognostizierte Rendite des Planvermögens hat daher keine Relevanz für die Bilanzierung. **89**

Praxis-Beispiel
Die tatsächliche Rendite auf das vorgehaltene Planvermögen für die abgelaufene Periode beträgt 6 %. In der GuV wurden bislang 4 Mio. GE erfasst, die verbleibenden 2 Mio. GE sind (als versicherungsmathematischer Gewinn) über das *other comprehensive income* zu verrechnen.

3.4.8 Neubewertungen *(remeasurements)*

Versicherungsmathematische Gewinne und Verluste (*actuarial gains/losses*) entstehen durch Abweichungen im Ist- von dem erwarteten Sollzustand der *defined benefit obligation* zum Periodenende. Auslöser für eine Abweichung von der ursprünglichen Schätzung können Bestandsveränderungen, Gehalts- bzw. Rentenerhöhungen oder am Ende des Wirtschaftsjahres neu festgelegte Berechnungsparameter sein. Planabgeltungen, die von vornherein im Leistungsplan oder in den Prämissen vorgesehen waren, führen ebenfalls zu einem Neubewertungsereignis. Das im *other comprehensive income* zu erfassende Neubewertungsergebnis umfasst **90**
- versicherungsmathematische Gewinne/Verluste,
- den Teil des tatsächlichen Ertrags aus Planvermögen, der die Verzinsung des Planvermögens mit dem Rechnungszins übersteigt oder unterschreitet,
- die Änderung einer Vermögenswertbegrenzung (*asset ceiling*), soweit sie von der unterstellten Verzinsung mit dem Rechnungszins abweicht.

Durch die erfolgsneutrale Berücksichtigung der Neubewertungen wird der bereits zu Beginn des Wirtschaftsjahres ermittelte Periodenaufwand in der GuV nicht mehr verändert. Die erfolgsneutral gebuchten *remeasurements* werden auch nicht nachträglich erfolgswirksam erfasst.

3.4.9 Berücksichtigung von Planvermögen

3.4.9.1 Möglichkeit zur Saldierung

Nach IAS 19 entspricht der als nicht finanzielle Verbindlichkeit aus einem leistungsorientierten Plan (*defined benefit plan*) in der Bilanz eines Unternehmens zu erfassende Betrag (Rückstellungen für Pensionen) dem Saldo (Rz 73) aus **91**

---

[22] Neumeier, PiR 2012, S. 146.

- dem Barwert der leistungsorientierten Verpflichtung am Bilanzstichtag unter Berücksichtigung etwaiger versicherungsmathematischer Gewinne bzw. Verluste und
- dem bisher noch nicht erfassten nachzuverrechnenden Dienstzeitaufwand und
- dem am Bilanzstichtag beizulegenden Zeitwert (*fair value*) derjenigen Vermögenswerte, die der Definition des Planvermögens nach IAS 19 genügen (IAS 19.54).

Das Planvermögen umfasst – neben qualifizierten Versicherungspolicen – insbesondere Vermögen, das durch einen langfristigen externen Träger (Fonds) gehalten wird (IAS 19.7). Als *plan asset* qualifizierendes Vermögen wird im Abschluss mit bestehenden Verpflichtungen verrechnet (*offset*) und ist bilanziell nicht mehr sichtbar. Fraglich ist bei der Übertragung von Vermögen vom Berichts- bzw. Trägerunternehmen auf einen zur Bedienung der Altersvorsorgeverpflichtungen gegründeten externen Träger („Fonds") das Verhältnis von den Saldierungsvorschriften des IAS 19 zu den allgemeinen Ausbuchungsvorschriften, ggf. auch zur Abgrenzung des Konsolidierungskreises. Nachfolgend wird daher auf die bilanzielle Behandlung aus Sicht des übertragenden Unternehmens (Schuldner der Vergütungszusage) eingegangen.

92   Die betriebliche Altersvorsorge ist eng mit der Frage der Finanzierung der gemachten Leistungszusagen verbunden. Die Absicherung der Leistungszusage kann sowohl im Weg der Innenfinanzierung als auch über insolvenzfest ausgelagerte Vermögenswerte (Planvermögen) arrangiert werden. Sofern sich der Arbeitgeber für die Dotierung von Planvermögen (*plan assets*) entscheidet, bedingt dieses Vorgehen die Bewertung der Vermögenswerte zum *fair value* am Bilanzstichtag (→ § 8a).

93   Bei der Berechnung des tatsächlichen Planvermögensertrags sind die Kosten der Verwaltung in Abzug zu bringen (Rz 74). Die Reduktion zeitigt folglich Bedeutung für den festzustellenden Abweichungsbetrag vom Normertrag. Als Teil der Abweichung des tatsächlichen Ertrags vom Normertrag des Planvermögens geht diese in das *other comprehensive income* ein. Von den Verwaltungskosten des Planvermögens (Kontoführungsgebühren, Gebühren für Anlage oder Gebühren für Berater bzw. Kapitalmarktanalysten) sind sonstige Verwaltungskosten (*other administration costs*) zu unterscheiden (IAS 19.130). U. E. sind aber auch die sonstigen Verwaltungskosten in die *defined benefit obligation* einzubeziehen (IAS 19.BC127).

Praxis-Beispiel

Der Arbeitgeber legt einen geschlossenen Pensionsplan bestehend aus mehreren Zerobonds auf. Hierbei fallen unterschiedliche Verwaltungskosten an, z. B. Transaktionskosten für die Vermögensumschichtung zwischen den Anlagealternativen, Kosten für Kapitalmarktanalysen, Gehälter für die Geschäftsführer, die den Fonds verwalten, Kosten für die Erstellung versicherungsmathematischer Gutachten sowie Kosten der Datenverwaltung der bezugsberechtigten Arbeitnehmer. Alle anfallenden Kosten sind in die *defined benefit obligation* einzubeziehen.

Aus einer Vermögenswertbegrenzung (Rz 106) des Planvermögens (*asset ceiling*) ergibt sich ein nur anteiliger Abzug von der *defined benefit obligation*. Die Verzinsung des überschießenden Planvermögens ist zunächst erfolgswirksam zu erfassen.

3.4.9.2 Abschluss von qualifizierten Rückdeckungsversicherungen

Zusagen, die durch qualifizierte Rückdeckungsversicherungen (RDV) in Teilen oder in ihrer Gesamtheit kongruent abgedeckt sind, führen vielfach zur gleich hohen Bewertung des Planvermögens (IAS 19.115). Es ergeben sich aber zumeist nur in Teilen kongruente Rückdeckungsversicherungen, da eine vollumfängliche Kongruenz u.a. wegen notwendiger Rentenanpassungen nicht möglich ist. Daneben kann sich die Rückdeckungsversicherung in der Durchführung von der Leistungszusage (Einmalzahlung vs. ratierliche Rentenzahlung) unterscheiden und somit sogar der Kongruenz zur Gänze entgegenstehen.

94

Praxis-Beispiel

Deckt der Versicherungsvertrag die zugesagten Leistungen kongruent ab, gilt gem. IAS 19.115, *fair value* (RDV) = *fair value* (DBO), Kongruenz: betragsmäßige und zeitliche Übereinstimmung der *cash flows* für jede Leistungsart im Leistungsfall mit der Versorgungszusage.

Fall (A): Zusage Einmalzahlung (E) und Verrentungsoption (R_1–R_3). Nachfolgend liegt keine Kongruenz, aufgrund der divergierenden Zusagen, vor:

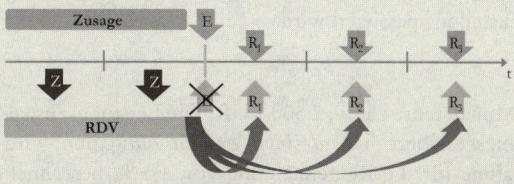

Fall (B): Zusage Einmalzahlung (E) und Verrentungsoption (R_1–R_3). Mangelnde zeitpunktbezogene Kongruenz.

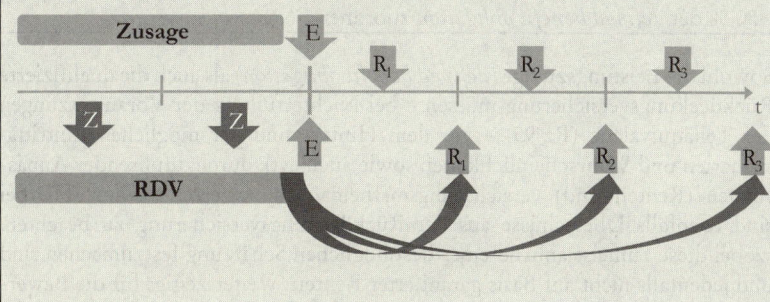

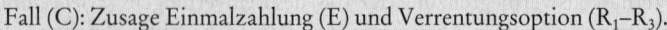

Fall (C): Zusage Einmalzahlung (E) und Verrentungsoption (R_1–R_3).

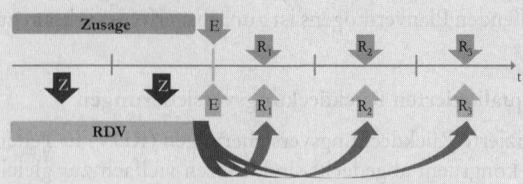

Zeitliche und leistungsartenbezogene Kongruenz zwischen Zusage und Rückdeckungsversicherung: Unter Ausklammerung der hier ungeklärten betragsmäßigen Kongruenz entspricht die Höhe dem Barwert der DBO. Die Behandlung der Zusage entspricht faktisch einem *defined contribution plan*. Eine Vermögenswertbegrenzung kann, aufgrund der speziellen Bewertungszusage, nicht auftreten.

95   Bei einem konsequent verfolgten Absicherungsgedanken wird eine Rückdeckungsversicherung aber zumindest teilweise die Verpflichtung aus der Zusage abdecken, zumal die Rückdeckungsversicherung keine Vermögensanlagefunktion hat. In diesen Fällen ist der *fair value* nach IFRS 13 (→ § 8a) zu ermitteln. Eine (teil-)äquivalente Bewertung der Rückdeckungsversicherung (i. S. e. Nettobewertung) erfordert die komplette oder teilweise Korrespondenz der Zahlungshöhe und der Zahlungszeitpunkte, so dass entweder keine Rückstellung oder nur der nicht abgedeckte Teil als Pensionsrückstellung passiviert wird.

Praxis-Beispiel
Ein Rentner erhält eine Monatsrente i. H. v. 2.500 EUR. Die Leistungszusage ist zu 50 % rückdeckungsgesichert. Die *defined benefit obligation* wird anhand einer Trendannahme für die Rentenzahlung von 1,5 % berechnet. Auch die Rückdeckungsversicherung ist auf versicherungsmathematischer Grundlage zu bestimmen, speziell weil die zugesagten Leistungen vielfach unterschiedliche Abdeckungsgrade aufweisen. Sofern die Leistungszusage in entsprechender Höhe ausfinanziert wird, lässt sich dieser ein *fair value* i. H. v. 50 % der *defined benefit obligation* zuordnen.

96   Sowohl die Leistungszusage (*defined benefit obligation*) als auch die qualifizierte Rückdeckungsversicherung müssen – bei Nichterfüllung der Voraussetzungen der Teiläquivalenz (Rz 95) – vor dem Hintergrund der möglichen Eintrittsszenarien und Wahrscheinlichkeiten sowie auch evtl. durchzuführender Anpassungen (Rententrend) versicherungsmathematisch bewertet werden. Hierbei sind ebenfalls Überschüsse aus der Rückdeckungsversicherung zu beachten, wobei diese zumeist anhand einer bestmöglichen Schätzung festzumachen sind und jedenfalls nicht auf Basis garantierter Renten. Weiter zeigt für die Bewertung der Rückdeckungsversicherung ebenfalls der Finanzierungsverlauf eine gewichtige Rolle. Für konstante Prämienzahlungen an die Versicherung kann

die degressive „m/n-tel-Methode" (Rz 37) Anwendung finden, wobei der Berechnungsbeginn auf die Periode der erstmaligen Prämienzahlung entfällt.

Praxis-Beispiel

Ein Mitarbeiter wird im Alter von 35 Jahren vom Unternehmen angestellt und erhält eine Leistungszusage i. S. d. § 1 Abs. 1 BetrAVG. Im Alter von 55 Jahren hat der Arbeitnehmer 20/30 der Altersleistung (ab Renteneintritt mit 65) erdient. Der Arbeitgeber schließt allerdings erst ab dem 50. Lebensjahr des Arbeitnehmers eine Versicherung gegen laufende Prämienzahlung bis zum Renteneintritt ab. Im 55. Lebensjahr des Arbeitnehmers wurden damit die Prämien für die Versicherung zu 5/15 abgeleistet. Dies spiegelt den Ausfinanzierungsgrad der *defined benefit obligation* durch die Versicherung wider. Sollte die Versicherung irgendwann beitragsfrei gestellt sein, z. B. bei einer Prämieneinzahlung bis zum 60. Lebensjahr des Arbeitnehmers, ist die Versicherungsleistung anhand der erwarteten Überschüsse versicherungsmathematisch zum Barwert zu erfassen.

Die Saldierung einer qualifizierten Rückdeckungsversicherung mit der *defined* 97
benefit obligation steht unter der Bedingung der Insolvenzfestigkeit des Vermögens. Verpfändete Rückdeckungsversicherungen müssen in der Insolvenz einzig dem Ausgleich einer bestimmten Pensionsverpflichtung dienen. Unter Einhaltung des Einzelbewertungsprinzips und der individuellen Saldierung kann faktisch der Status eines *defined contribution plan* erreicht werden. Etwaige Unter- oder Überdeckung ist auf der Passiv- oder Aktivseite der Bilanz auszuweisen. Die Pflicht zur Einzelbewertung (Rz 32) schließt die Kollektivaufrechnung der *fair values* aller Rückdeckungsversicherungen und aller *defined benefit obligations* aus. Ein Unterschiedsbetrag zwischen den Anschaffungskosten und dem *fair value* der Vermögenswerte als äquivalenter Wert zur *defined benefit obligation* stellt – in Abhängigkeit von der Beurteilung im Einzelfall – entweder einen versicherungsmathematischen Gewinn oder Verlust oder einen sofortigen Aufwand dar.

3.4.9.3 Auslagerung von Vermögen auf einen externen Träger

Werden Vermögenswerte vom Berichts- bzw. Trägerunternehmen auf einen zur 98
Bedienung der Altersvorsorgeverpflichtungen gegründeten externen Träger („Fonds") übertragen, bedingt die bilanzielle Aufrechnung (*offset*) mit bestehenden leistungsorientierten Verpflichtungen gegenüber Arbeitnehmern, dass
* das Vermögen von einer rechtlich unabhängigen Einheit (einem Fonds) gehalten wird,
* deren alleiniger Zweck die Bezahlung oder Finanzierung von Leistungen an Arbeitnehmer ist, und
* nur für diesen Zweck verfügbar ist, also nicht zur Befriedigung von Gläubigeransprüchen (auch im Insolvenzfall) herangezogen oder an das übertragende Unternehmen zurückgeführt werden kann.

Die Möglichkeit einer Rückübertragung ist hingegen unschädlich, wenn das verbleibende Vermögen des Fonds zur Erfüllung der Leistungsverpflichtungen ausreicht oder die Rückzahlung eine Erstattung für bereits erbrachte Leistungen darstellt.

99 Nicht zum Planvermögen zählen fällige, aber noch nicht an den Fonds entrichtete Beiträge des berichtenden Unternehmens sowie nicht übertragbare Finanzinstrumente, die vom übertragenden Unternehmen emittiert und vom Fonds gehalten werden (IAS 19.103). Die Abgrenzung von Planvermögen nach IAS 19 ist allerdings nicht eindeutig. Es fehlt insbesondere an einer konkreten Benennung der Vermögenswerte, die sich als Planvermögen qualifizieren. Lediglich eine Einschränkung wird vorgenommen:

- Ist das vom Fonds gehaltene Vermögen wirtschaftlich sinnvoll nur durch das (übertragende) Unternehmen nutzbar,
- scheidet eine Qualifizierung als Planvermögen mangels freier Dispositionsmöglichkeit durch den Fonds aus.

I. d. R. spielt zumindest bei der Erstausstattung eines Fonds die Übertragung von sich nicht in Geld erschöpfenden Vermögenswerten vom Trägerunternehmen auf den Fonds eine wichtige Rolle. Unabhängig von der Art des übertragenen Vermögens müssen für eine Qualifizierung als Planvermögen dann folgende Voraussetzungen erfüllt sein:

- Der Vermögenswert wurde rechtlich übertragen und ist dem Zugriff des übertragenden Unternehmens und dessen Gläubigern entzogen und
- kann jederzeit von dem Erwerber (dem Fonds) ohne Verfügungsbeschränkung weiterveräußert werden, ist also transferierbar.

100 Die Qualifizierung von auf einen Fonds übertragenen Vermögenswerten als Planvermögen kann im Widerspruch zu den allgemeinen Vorgaben der IFRS zur Ausbuchung stehen. Konzeptionell geht es dann um folgende Fragen:

- Führt eine Qualifizierung als Planvermögen automatisch zu einer Ausbuchung des (rechtlich) übertragenen Vermögens oder
- ist umgekehrt die Erfüllung der standardspezifischen Ausbuchungsregeln notwendige (in IAS 19 aber nicht formulierte) Bedingung für eine Qualifizierung als Planvermögen oder
- sind Qualifizierung als Planvermögen und Ausbuchung beim übertragenden Unternehmen unabhängig zu beurteilen?

Die letzte Möglichkeit dürfte ausscheiden, da ansonsten bei einer Nichterfüllung der Ausbuchungsvoraussetzungen bei gleichzeitiger Qualifizierung als Planvermögen Vermögenswerte in der Bilanz des übertragenden Unternehmens doppelt berücksichtigt würden, zum einen als Teil des Saldos aus Pensionsverpflichtung und Planvermögen, zum anderen originär. In den beiden anderen Fällen geht es um die Festlegung, welche Vorschriften Vorrang haben. Von Interesse ist diese Frage nur insoweit, als es überhaupt zu Widersprüchen zwischen den Anforderungen an Planvermögen und der Ausbuchung kommen kann. Eine solche Widerspruchsmöglichkeit ergibt sich einzelbilanziell etwa aus dem Abstellen von IAS 19 auf das rechtliche Eigentum und die Vernachlässigung der mit den übertragenen Vermögenswerten verbundenen Chancen und Risiken. Wird das rechtliche Eigentum auf einen Fonds übertragen, während das wirtschaftliche Eigentum beim übertragenden Unternehmen bleibt, entsteht ein Konflikt zwischen IAS 19 und den für den Vermögenswert geltenden sonstigen IFRS-Regeln. Konzernbilanziell können sich überdies Widersprüche im Verhältnis zu den Konsolidierungsregeln (→ § 31), insbesondere für *structured entities* ergeben.

101 Für finanzielle Vermögenswerte (gem. IAS 32), die sich als Planvermögen qualifizieren, sind die Ausbuchungsregeln von IAS 39/IFRS 9 (→ § 28 Rz 58ff.) wegen eines expliziten *scope out* nicht relevant. Bei Qualifizierung eines finanziellen Vermögenswerts als *plan asset* ist dieser daher beim übertragenden Unternehmen selbst dann auszubuchen, wenn nach den Regeln von IAS 39/IFRS 9 eine Ausbuchung nicht infrage käme. IAS 19 hat somit Vorrang vor IAS 39/IFRS 9. Für materielles und immaterielles Vermögen besteht hingegen keine Ausnahme. Die Anforderungen an die Ausbuchung von materiellen und immateriellen Vermögenswerten gehen insoweit den in IAS 19 gestellten Voraussetzungen für das Vorliegen von Planvermögen vor.[23]

> **Praxis-Beispiel**
> Unternehmen A überträgt das rechtliche Eigentum an einem betrieblich genutzten Grundstück *(fair value* entspricht 10 Mio. GE) zur Sicherung bestehender Versorgungsansprüche auf einen externen Träger (Fonds F). Zur weiteren betriebsinternen Verwendung wird gleichzeitig eine Nutzungsüberlassung vereinbart. A erhält gegen eine jährliche Zahlung ein zeitlich unbefristetes Nutzungsrecht. Wegen des Rückbehalts des wirtschaftlichen Eigentums passiviert A eine Verbindlichkeit i. H. d. Barwerts der künftigen Zahlungsverpflichtung (entsprechend 10 Mio. GE), maximal jedoch i. H. d. *fair value* des Grundstücks. I. H. d. Verbindlichkeit reduziert sich die Rückstellung für Pensionsverpflichtungen.

Wird (im-)materielles Vermögen auf einen externen Träger übertragen, aber weiterhin durch das Unternehmen genutzt, ist die **Marktüblichkeit** der Nutzungsüberlassung nachzuweisen. Eine fehlende Marktüblichkeit steht der Qualifizierung als Planvermögen entgegen, da diese Beleg für eine (verdeckte) Rückgewähr des Vermögens ist. Die Erfassung eines evtl. Veräußerungsgewinns (weil der *fair value* des übertragenen Vermögens den Buchwert übersteigt oder der Vermögenswert aufgrund von Ansatzrestriktionen bislang bilanziell nicht erfasst war) beim übertragenden Unternehmen unterliegt den Vorgaben für *sale-and-lease-back*-Transaktionen (→ § 15a Rz 260 ff.). 102

Über die Einrichtung einer Treuhandkonstruktion (*contractual trust arrangement*) kann regelmäßig eine privatrechtlich insolvenzfeste Ausfinanzierung von Versorgungsverpflichtungen des Arbeitgebers (Treugebers) gegenüber den Anspruchs- bzw. Versorgungsberechtigten erfolgen. Im Interesse der Arbeitnehmer werden Mittel zur Bedienung der (künftigen) Versorgungsverpflichtung auf einen (z.B. als Verein geführten) Fonds ausgelagert, also dem Zugriff von Gläubigern des Arbeitgebers entzogen.[24] Konzernbilanziell stellt sich die Frage, ob sich aus dem *control*-Konzept eine Pflicht zur Konsolidierung des Fonds oder der vom Fonds gehaltenen Beteiligungen ergibt (→ § 32 Rz 6 ff.). 103

Als Treuhandmodell kommt vor allen Dingen die doppelstöckige Treuhand In Betracht, bei welcher zivilrechtlich Vermögen auf den externen Treuhänder übertragen wird. Dabei läuft die Errichtung einer Verwaltungstreuhand (mit dem Arbeitgeber) und Sicherungstreuhand (mit dem Arbeitnehmer) parallel. 104

---

23 FREIBERG, PiR 2010, S. 180.
24 KLEMM, DStR 2005, S. 1291 ff.; KÜPPERS/LOUVEN/SCHRÖDER, BB 2005, S. 763 ff.; KÜPPERS/LOUVEN, BB 2004, S. 337 ff.

Erstere dient der Festlegung der Verwaltung im eigenen Namen und auf fremde Rechnung mit der vereinbarten Zwecksetzung (Pensionssicherung). Letztere regelt die Sicherung der Vermögenswerte zugunsten des Arbeitnehmers (Vertrag zugunsten Dritter i. S. v. § 328 BGB). Im Sicherungsfall überdauert nur die Sicherungstreuhand, d. h., die Verwaltungstreuhand wird aufgelöst. Die Vermögenswerte werden dem Treuhänder zur Befriedigung der Bedürfnisse der Berechtigten (Arbeitnehmer) zugeführt. Ohne Eintritt des Sicherungsfalls leistet der Arbeitgeber fortwährend die Pensionszahlungen an die Arbeitnehmer. Mit dieser Konstruktion wird die in IAS 19.8 postulierte Zweckexklusivität eingehalten. Ebenso im Einklang mit IAS 19.8 werden Rückübertragungen an den Arbeitgeber i. d. R. ausgeschlossen, hingegen sind Erstattungen für bereits geleistete Pensionszahlungen sowie die Auszahlung von Überdotierung an den Arbeitgeber unkritisch. Bei Vorliegen einer insolvenzfesten doppelseitigen Treuhand können die Vermögenswerte mit der Pensionsrückstellung saldiert werden.[25]

Praxis-Beispiel

Der Finanzierung von Pensionsverpflichtungen dienende Wertpapiere hat U treuhänderisch per CTA auf die T-GmbH übertragen. Aus dem durch weitere Zuführungen vermehrten Treuhandvermögen und dessen Erträgen bedient die T die Pensionsverpflichtungen der U. Der vertragliche Anspruch der pensionsberechtigten Arbeitnehmer richtet sich ebenso wie der der Anwärter weiterhin gegen die U. Es wurden sowohl eine Verwaltungstreuhand als auch durch einen echten Vertrag zugunsten Dritter eine Sicherungstreuhand begründet. Die Arbeitnehmer haben bei Eintritt des Sicherungsfalls (Insolvenz der U) einen unmittelbaren Zahlungsanspruch gegen T. Gem. CTA besteht die Sicherungstreuhand bei Erlöschen der Verwaltungstreuhand fort. Per 31.1.01 ergeben sich folgende Werte:

- Treuhandvermögen zu Anschaffungskosten 90 GE,
- Treuhandvermögen zu Börsenkurs 125 GE,
- Pensionsverpflichtung 100 GE.

Der Verwaltungstreuhandvertrag sieht eine Schwankungsreserve von 15 % der Pensionsverpflichtung am jeweiligen Stichtag vor. Nur soweit dieser Betrag überschritten wird, hier also i. H. v. 125–115 = 10 GE, hat U die Möglichkeit, während der Laufzeit des Pensionsplans die Rückübertragung eines entsprechenden Vermögensanteils zu verlangen. Diesem Verlangen ist aber nur insoweit zu entsprechen, als mit dem verbleibenden Treuhandvermögen sämtliche Versorgungsverpflichtungen erfüllt werden können und dies durch einen unabhängigen Wirtschaftsprüfer bestätigt wird. Verbleibt nach Erfüllung sämtlicher Versorgungsansprüche, also bei Beendigung des Pensionsplans, ein Vermögensüberschuss, so steht auch dieser der U zu. Es ist fraglich, ob das CTA die Anforderungen erfüllt, die IAS 19 an ein mit Pensionsverpflichtungen zu saldierendes Planvermögen stellt?

Beurteilung

Nach IAS 19.7 ist der Deckung von Pensionsverpflichtungen dienendes Vermögen unter bestimmten Voraussetzungen als Planvermögen (*plan assets*)

---

[25] LÜDENBACH, PiR 2008, S. 309 ff.

zu qualifizieren und dann gem. IAS 19.54 ff. mit der Pensionsverpflichtung zu saldieren. Die Qualifizierung als Planvermögen setzt kumulativ voraus, dass

- das Vermögen von einer rechtlich (nicht wirtschaftlich) unabhängigen Einheit gehalten wird, deren ausschließlicher Zweck in der Finanzierung und Auszahlung von Leistungen an Arbeitnehmer beruht;
- nur insoweit an das Unternehmen zurückgezahlt werden kann, als das verbleibende Vermögen des Fonds ausreicht, um alle Leistungsverpflichtungen aus dem Pensionsplan zu erfüllen, und
- in der Insolvenz des Unternehmens dessen Gläubigern nicht zur Verfügung steht.

Die beiden ersten Voraussetzungen sind ohne Weiteres erfüllt: Die T-GmbH ist eine eigene juristische Person und damit rechtlich unabhängig. Der Treuhandvertrag erlaubt während der Dauer des Pensionsplans Rückzahlungen nur, wenn mit dem verbleibenden Treuhandvermögen sämtliche Versorgungsverpflichtungen erfüllt werden können. Fraglich ist die Erfüllung der dritten Voraussetzung, also der Insolvenzfestigkeit. U wickelt die Pensionsverpflichtungen über eine Verwaltungstreuhand ab. Die Vermögenswerte sind nur treuhänderisch auf die T-GmbH übertragen, die wiederum nur für Rechnung der U die Pensionsverpflichtungen erfüllt. Die Treuhandlösung hat u. a. den Vorteil, dass nach Maßgabe von § 39 AO steuerbilanziell alles beim Alten bleibt: Der Aufwand aus der Dotierung der Pensionsrückstellung wird weiterhin bei der U erfasst, da die T nur für Rechnung der U an die Arbeitnehmer leistet. Das wirtschaftliche Eigentum an den Vermögenswerten bleibt bei der U als Treugeber. Stille Reserven werden bei der rechtlichen Übertragung auf die T nicht aufgedeckt. Über die einfache Verwaltungstreuhand wird das Vermögen aber noch nicht insolvenzfest auf die T-GmbH übertragen.

Der Treuhandvertrag ist i. d. R. ein Geschäftsbesorgungsvertrag. Mit der Eröffnung des Insolvenzverfahrens erlöschen solche Verträge nach § 116 Satz 1 InsO. Die T als Geschäftsbesorger hätte dann alles, was sie zur Ausführung der Geschäftsbesorgung erlangt hat, insbesondere also das Treuhandvermögen, herauszugeben (§§ 665, 667 BGB). Es fiele der Insolvenzmasse anheim. Für Insolvenzfestigkeit sorgt aber die von U und T durch Vertrag zugunsten Dritter zwischen den Arbeitnehmern und der T begründete Sicherungstreuhand. Die T ist hier Geschäftsbesorger der Arbeitnehmer und nicht der U. In der Insolvenz der U erlischt diese Geschäftsbesorgung nicht. Der im Fall der Insolvenz der U entstehende Rückübertragungsanspruch aus der Verwaltungstreuhand wird daher eingeschränkt; die T hat lediglich den nach Erfüllung aller Arbeitnehmeransprüche evtl. verbleibenden Rest des Treuhandvermögens herauszugeben. Allerdings begründet diese Einschränkung „nur" ein auf vorzugsweise Befriedigung aus dem Treuhandvermögen gerichtetes Absonderungsrecht und kein dingliches Aussonderungsrecht. Unter bestimmten Bedingungen kann daher der Insolvenzverwalter selbst die Verwertung der Wertpapiere vornehmen und muss nur den nach Abzug von Feststellungs- und Verwertungspauschalen verbleibenden Erlös zur Befriedigung des Treuhänders bzw. der Arbeitnehmer verwenden (§ 170 InsO). Zu den Bedingungen gehört der Besitz der Wertpapiere durch den Insolvenzverwalter (§ 166 InsO). Diese Voraussetzung ist nicht erfüllt, so dass die Sicherungstreuhand einen vollwertigen Insolvenzschutz bietet, d.h., das Treuhandvermögen fällt nicht in die Insolvenzmasse. Das Treuhandvermögen ist insolvenzfest und als Planvermögen zu qualifizieren, eine Saldierung mit der Pensionsverpflichtung daher nach IAS 19.54ff. zulässig und geboten.

Bei der Ermittlung des Saldos von Pensionsverpflichtung und Planvermögen ist nach IAS 19.54(d) das Planvermögen mit dem Zeitwert (*fair value*) anzusetzen. Bei börsennotierten Wertpapieren entspricht dies dem Börsenkurs. Die Anschaffungskosten der Wertpapiere (hier 90 GE) sind irrelevant. Es ergibt sich rechnerisch folgender Aktivsaldo:

Wertpapiere (Börsenkurs	125
Pensionsverpflichtung	–100
Aktivsaldo (sog. Überdotierung)	25

Die Vorschriften zur Saldierung von Planvermögen werden für den Fall einer Überdotierung in IAS 19.58(a)(ii) eingeschränkt. Die Aktivierung der Überdotierung ist der Höhe nach begrenzt (*asset ceiling*). Maximal anzusetzen ist „der Barwert eines wirtschaftlichen Nutzens in Form von Rückerstattungen aus dem Plan oder Minderungen künftiger Beitragszahlungen an den Plan". Die Überdotierung gelangt demnach nur voll zum Ansatz, wenn sie als Rückerstattung und/oder zukünftige Beitragsminderung dem Unternehmen zur Verfügung steht. Die nachfolgende Prüfung beschränkt sich auf den Rückerstattungsfall. Die zeitlichen und sachlichen Anforderungen an das Rückerstattungsrecht werden in IFRIC 14.11 konkretisiert. In sachlicher Hinsicht darf die Auszahlung der Überdotierung an keine Bedingung geknüpft sein. Das Unternehmen muss ein unbedingtes Recht (*unconditional right*) haben. In zeitlicher Hinsicht reicht es aus, wenn das Unternehmen an mindestens einem der drei folgenden Zeitpunkte eine Rückerstattung verlangen kann:

- während der Laufzeit des Pensionsplans,
- bei planmäßiger Beendigung des Pensionsplans (etwa Tod des letzten Versorgungsberechtigten),
- Abwicklung des Plans, etwa durch entgeltliche Übertragung der Verpflichtungen an einen Dritten.

Von Interesse sind hier die beiden ersten Fälle. Während der Laufzeit des Plans kann U Rückerstattung nur für den die Schwankungsreserve übersteigenden Betrag verlangen.

Infrage käme danach hier maximal ein Ansatz von 25 GE Überdotierung – 15 GE Schwankungsreserve = 10 GE. Aber auch die nach Abzug der Schwankungsreserve verbleibende Überdotierung steht nur insoweit zur Rückerstattung zur Verfügung, als mit dem verbleibenden Treuhandvermögen sämtliche Versorgungsverpflichtungen erfüllt werden können und dies durch einen unabhängigen Wirtschaftsprüfer bestätigt wird. Diese Bestätigung ist jedenfalls dann bzw. in dem Maße eine Bedingung, wie der Wirtschaftsprüfer einen Beurteilungsspielraum hat. Bei den vorliegenden Zahlen wird man einen Beurteilungsspielraum annehmen können, der den gesamten nach Abzug der Schwankungsreserve verbleibenden Überhang umfasst. Ein Wirtschaftsprüfer kann möglicherweise (nicht zwingend mit Wahrscheinlichkeit) zu dem

Schluss kommen, die gesamte Überdotierung sei angesichts beständig steigender Lebenserwartung usw. zur Erfüllung sämtlicher Verpflichtungen notwendig. Der laufende Rückerstattungsanspruch ist somit bedingt. Ein *pension asset* kann auf dieser Basis nicht angesetzt werden. Nach dem Vertrag über die Verwaltungstreuhand ist ein bei planmäßiger Beendigung des Plans verbleibendes Vermögen an die U zurückzugewähren. Dieser Anspruch ist unbedingt und begründet daher einen Rückerstattungsanspruch i. S. v. IAS 19.58(a)(ii). Der zu aktivierende ökonomische Nutzen aus der Rückerstattung entspricht nach IFRIC 14.13 und IFRIC 14.15 dann der Differenz aus dem Zeitwert des Planvermögens und dem Barwert der Pensionsverpflichtung, wenn vertraglich bei Planende die volle Erstattung eines Überschusses vorgesehen ist. Eine gesonderte Barwertbetrachtung ist nur in den Fällen erforderlich, in denen die Rückzahlung durch einen fixen Betrag limitiert wird. Eine solche Limitierung liegt hier nicht vor. Der als *pension asset* zu bilanzierende Rückerstattungsanspruch entspricht daher dem rechnerischen Aktivsaldo von 125–100 = 25 GE. Die doppelseitige Treuhand, bei der die in der Insolvenz erlöschende Verwaltungstreuhand von einer nicht erlöschenden Sicherungstreuhand überlagert wird, macht das Treuhandvermögen insolvenzfest und qualifiziert es als Planvermögen. Die danach vorzunehmende Saldierung mit der Pensionsverpflichtung führt rechnerisch zu einem Aktivsaldo. Dieser ist in voller Höhe als *pension asset* anzusetzen, da der Überschuss bei Planende dem Unternehmen unbedingt zur Verfügung steht.

Durch Dritte vorgehaltene Erstattungsbeträge (*reimbursements*) stellen ebenfalls (technisches) Planvermögen dar, falls eine nahezu sichere Erstattung garantiert ist. Eine Saldierung mit der Pensionsverpflichtung ist allerdings ausgeschlossen. Ein solcher Fall sind z. B. nicht qualifizierte Rückdeckungsversicherungen (z. B. mangels Insolvenzschutz). Der Vermögenswert ist dann zum *fair value* zu bilanzieren. Sonstige Vorschriften wie die zur versicherungsmathematischen Bewertung z. B. zur Berücksichtigung von Neubewertungen sind beachtlich. Bei auftretender Kongruenz zwischen Erstattungsrecht und Leistungszusage entspricht der *fair value* der Erstattungszusage der Höhe der Pensionsrückstellung (IAS 19.119). Eine auftretende Differenz aus dem Verhältnis von *fair value* der Versicherung (= Höhe *defined benefit obligation*) und den Anschaffungskosten ist wie bei echtem Planvermögen zu behandeln (Rz 97). **105**

3.4.10 Mindestansatz und Höchstansatz der Pensionsrückstellung

Sofern der Barwert der Verpflichtung den beizulegenden Zeitwert des Planvermögens übersteigt, besteht keine Pflicht zur Erfassung einer Mindest- oder Höchstrückstellung. Umgekehrt kann bei einem sehr gut dotierten externen Träger (Pensionskasse oder Pensionsfonds) die Pensionsverbindlichkeit nach Anwendung des Ermittlungsschemas insgesamt auch negativ werden (Rz 73). Es ergibt sich demnach zunächst rechnerisch ein Aktivposten (*net defined benefit asset*), für den besondere Ansatzrestriktionen bestehen (IAS 19.54). Nach IFRS ist die Ansatzfähigkeit eines rechnerischen Aktivpostens auf den Barwert des Nutzens beschränkt (*asset ceiling*), auf den das Unternehmen einen durchsetzbaren Anspruch hat (vgl. Beispiel in Rz 104). Die Beschränkung eines Aktivpostens durch ein *asset ceiling* wird erfolgs- **106** neutral vorgenommen, jedoch ist die Verzinsung des *asset ceiling* eine Komponente des Pensionsaufwands. Die spätere tatsächliche Abweichung der Verzinsung ist dementgegen der Neubewertung unterlegen (Rz 90).

107   Ohne Sicherheit über einen etwaigen Rückfluss der Überdotierung ist die Vermögenswerteigenschaft (→ § 1 Rz 83) zu negieren. Für den Ansatz dem Grunde und der Höhe nach kommt es darauf an, in welcher Höhe durch den Arbeitgeber eine wirtschaftliche Nutzenziehung, u. a. in der Form von Rückvergütungen (*refunds from the plan*) oder potenziell möglichen zukünftigen Beitragsreduktionen (*reductions in future contributions to the plan*), erwartet wird. Zweifelhaft erscheint die Nutzbarkeit der Überdotierung vor allen Dingen dann, wenn diese lediglich auf einem versicherungsmathematischen Gewinn oder Verlust beruht.[26]

108   Zur Bestimmung der Vermögenswertbeschränkung hat der IASB mit IFRIC 14 eine Interpretation zur Klarstellung der Begrifflichkeit des wirtschaftlichen Nutzens veröffentlicht (IFRIC 14.6). Dieser wird u. a. bei bestehendem unbedingten Rechtsanspruch auf Vermögenserstattung als gegeben angesehen (IFRIC 14.11). Insofern darf der Rechtsanspruch nicht von Ereignissen abhängen, die das Unternehmen nicht kontrollieren kann. Aus zeitlicher Sicht kann der Eintritt der Nutzbarkeit während des Plans oder mit Abwicklung des Plans eintreten, ein sofortiger Vorteilseintritt ist nicht erforderlich (IFRIC 14.8). Dem ungeachtet gilt es, u. a. auch gesetzlichen oder vertraglichen Mindestdotierungsvorschriften für Pensionsfonds und andere zur Finanzierung herangezogene Kapitalsammelstellen Folge zu leisten, die in einer evtl. Nachleistungspflicht des Arbeitgebers resultieren können (IFRIC 14.18). Daraus folgt die Reduktion des *net defined benefit asset* bzw. eine Erhöhung der Pensionsrückstellung (IFRIC 14.24).

3.4.11   Behandlung von Entgeltumwandlungen

109   Die Möglichkeit des Anspruchsberechtigten zur Entgeltumwandlung stellt eine spezifische, staatlich geförderte Form der betrieblichen Altersvorsorge dar (in Deutschland etwa über § 1 Abs. 2 Nr. 3 BetrAVG). Entscheidet sich ein Arbeitnehmer für eine Entgeltumwandlung, ergibt sich neben einem Anspruch aus einem betrieblichen Altersversorgungswerk bezogen auf das gewandelte (Brutto-)Entgelt eine wertgleiche Anwartschaft auf Versorgungsleistungen. Der Arbeitgeber ist Versicherungsnehmer und der Arbeitnehmer als versicherte Person unmittelbar selbst bezugsberechtigt.

110   Die bilanzielle Behandlung ist Reflex der Interpretation der Entgeltumwandlung und erfolgt nach der bisherigen Bilanzierungspraxis entweder als Änderung des bestehenden Arbeitsvertrags, die einen Verzicht auf Entgelt gegen einen Anspruch auf Versorgungsleistung bewirkt (arbeitsrechtliche Betrachtung) oder als Beitrag des Mitarbeiters zum betrieblichen Altersversorgungswerk (*contribution from employee*), somit als negativer Dienstzeitaufwand (Rz 80). Relevanz zeitigt die Unterscheidung insbesondere für die Ergebnisrechnung. Die zum Stichtag zu erfassende Verpflichtung des Unternehmens (*defined benefit obligation*) umfasst die arbeitgeber- und arbeitnehmerfinanzierte Altersvorsorge.

111   Bei einer Interpretation der Entgeltumwandlung als bloßen Tausch des Vergütungsbestandteils „laufendes Gehalt" gegen zusätzliche künftige Altersver-

---

[26]   DEITER/SELLHORN, PiR 2008, S. 357.

sorgung erfolgt eine Kürzung des Aufwands für kurzfristige Leistungen aus dem Arbeitsverhältnis (IAS 19.9(a)). Die bilanzielle Abbildung unterstellt eine Übernahme der arbeitnehmerfinanzierten Versorgungsverpflichtung, also eine Erfassung des zusätzlichen Anspruchs aus der Entgeltumwandlung im Ergebnis aus der Altersversorgungsverpflichtung (IAS 19.57(c)). Aus Sicht des Arbeitnehmers wird der künftige Pensionsanspruch mit Kürzung des Entgelts bereits im laufenden Jahr als erdient und vollständig ausfinanziert angesehen.

> **Praxis-Beispiel**
> Arbeitnehmer A (wohnhaft im Beitrittsgebiet) hat einen Anspruch auf ein monatliches Bruttogehalt von 5.000 GE (Jahresbrutto: 60.000 GE). Die monatliche Beitragsbemessungsgrundlage in 01 entspricht genau dem Gehalt (§ 228a Abs. 1 Satz 1 Nr. 2 SGB i.V.m. Anlage 2a SGB VI). A entscheidet sich gem. § 1a BetrAVG für eine Entgeltumwandlung zum maximalen Betrag von monatlich 200 GE (= 4 % x 5.000 GE). Der Aufwand für kurzfristige Leistungen aus dem Arbeitsverhältnis ist in 01 bei arbeitsrechtlicher Interpretation der Entgeltumwandlung um 2.400 GE zu kürzen.

Der besondere Vorteil der arbeitsrechtlichen Interpretation liegt in der daraus folgenden laufenden Verrechnung der arbeitnehmerfinanzierten Altersversorgung. Eine Verteilung über die gesamte Dienstzeit entfällt, da die kurzfristige Vergütungskomponente um den einbehaltenen Entgeltanteil reduziert wird.

Die Entgeltumwandlung steht allerdings im Ermessen des Arbeitnehmers; er entscheidet über die Verwendung des ihm zustehenden (Brutto-)Entgelts. Der Arbeitgeber schuldet (weiterhin) das vereinbarte, laufende Entgelt. Der Aufwand für kurzfristige Leistungen aus dem Arbeitsverhältnis wird danach – in einer Betrachtung als Beitrag des Mitarbeiters zum betrieblichen Altersversorgungswerk – durch die Entgeltumwandlung nicht beeinflusst. Die arbeitnehmerfinanzierte Versorgung führt zu einer Kürzung des laufenden Dienstzeitaufwands, der den Barwert der im Wirtschaftsjahr neu erdienten Ansprüche aus der Anwartschaft beschreibt (IAS 19.70). In der Ergebnisrechnung erfolgt eine Aufnahme in die Dienstzeitkomponente (*service cost*).

112

> **Praxis-Beispiel**
> A hat sich für eine Minderung seines sozialversicherungspflichtigen Einkommens entschieden und Entgeltumwandlung verlangt. Sein Anspruch auf (Brutto-)Gehalt wird dadurch nicht gemindert. Wegen der fehlenden (Schuld-)Befreiung des Arbeitgebers wird auf eine Reduzierung des Aufwands für kurzfristige Leistungen aus dem Arbeitsverhältnis verzichtet. Es erfolgt eine Kürzung des laufenden Dienstzeitaufwands, somit eine Verteilung über die Dienstzeit.

Beiträge von Arbeitnehmern zu einem Versorgungswerk mindern die als Dienstzeitaufwand zu erfassenden Kosten für den Arbeitgeber und sind aus dessen Perspektive als negative Leistungen (*negative benefit*) in die Bewertung einzubeziehen (IAS 19.93), also als Abzugsbetrag beim laufenden Dienstzeitaufwand zu berücksichtigen oder als Neubewertungen zu behandeln.

113 Als Reaktion auf bestehende Zweifelsfragen[27] betreffend die zeitliche Erfassung von Arbeitnehmerbeiträgen (*contributions from employees*) zu leistungsorientierten Versorgungswerken wurde eine begrenzte Änderung an IAS 19 *Employee Benefits* beschlossen (IAS 19.BC150A). Nach der klarstellenden Ergänzung des bestehenden Rechts ist für die Erfassung von Arbeitnehmerbeiträgen zur Altersversorgung – i. S. e. Methodenänderung, also mit retrospektiver Wirkung – folgende Differenzierung vorgesehen (IAS 19.93):

- Ist der Beitrag eines Arbeitnehmers zu einem betrieblichen Versorgungswerk unabhängig von der Anzahl der Dienstjahre, kommt (zulässigerweise) eine Erfassung als Reduzierung des laufenden Dienstzeitaufwands in der Periode in Betracht, in der die entsprechende Dienstzeit erbracht wird.
- Bei einer bestehenden Abhängigkeit des Betrags von der Anzahl der Dienstjahre müssen die Beiträge den Dienstleistungsperioden allerdings nach der Planformel für die (Brutto-)Versorgungsleistung zugerechnet werden (IAS 19.70).

Eine Erleichterung für die bilanzielle Abbildung von *contributions from employees* ergibt sich mit der Aufnahme einer zusätzlichen Befreiung von einer planmäßigen Verteilung über die Dienstzeit. Neben der freiwillig geleisteten (Ein-)Zahlung in das betriebliche Altersversorgungswerk sind künftig auch dienstzeitunabhängige Beteiligungen der Arbeitnehmer (etwa relativ, absolut oder altersabhängig feststehende Gehaltsanteile) als Minderung des laufenden Dienstzeitaufwands zu erfassen. Eine Verteilung über die noch verbleibenden Dienstjahre der Anwartschaft entfällt, wenn die Beteiligung der Höhe nach nicht mit zunehmender Betriebszugehörigkeit schwankt (IAS 19.BC150D).

114 Auch nach der erfolgten Klarstellung fehlt es – mangels einer Anpassung der Unterscheidungsmerkmale (IAS 19.92) – weiterhin an eindeutigen Merkmalen für das Vorliegen einer *contribution from employees*. Es bleibt daher zunächst bei der Unterscheidung zwischen freiwilligen (*discretionary*) und verpflichtenden Beiträgen von Arbeitnehmern (IAS 19.A1). Mit der Ergänzung der Verteilungsnorm geht allerdings eine Begrenzung der nicht über die verbleibende Dienstzeit zu verteilenden Beiträge von Arbeitnehmern einher. Es gilt: Alle arbeitszeitbezogenen *contributions from employees* sind den noch ausstehenden Dienstleistungsperioden als negativer Ertrag zuzurechnen (IAS 19.93(a)); dem entsprechen auch die Ausführungen in den *Basis for Conclusions*: Es besteht eine Verpflichtung zur Verteilung aller arbeitszeitbezogenen Arbeitnehmerbeiträge (*all employee contributions that are linked to service*) über die Dienstzeit als Kürzung des laufenden Dienstzeitaufwands (IAS 19.BC150B). Eine abweichende Erfassung dienstzeitunabhängiger Beiträge stellt eine (restriktiv anzuwendende) Ausnahmevorschrift (*practical expedient*) dar (IAS 19.BC150C).

115 Die Entgeltumwandlung steht zwar – wegen der Möglichkeit einer Beitragsfreistellung – im Ermessen des Arbeitnehmers, erfüllt aber nicht die Merkmale eines dienstzeitunabhängigen Beitrags, da die Höhe der Einzahlung variabel ist. Bei Überschreiten der Beitragsbemessungsgrenze entfällt lediglich die staatliche Förderung. Mit Abschluss der Vereinbarung bewirkt der Arbeitnehmer einen Anspruch auf eine zusätzliche Anwartschaft, somit eine künftige Versorgungsleistung, die an die noch ausstehende Dienstzeit geknüpft ist. Eine Kürzung des Aufwands für kurzfristige Leistungen aus dem Arbeitsverhältnis scheidet daher

---

[27] Vgl. IFRIC Update January 2013 (*Issues recommended for narrow scope amendment*).

aus. Der zusätzliche Beitrag zum Altersversorgungswerk ist als negativer Ertrag über die Dienstleistungszeit zu vereinnahmen.

3.4.12 Besonderheiten von hybriden und *cash-balance*-Plänen

Als besondere Variante einer Beitragszusage gestaltet sich ein *cash-balance*-Plan, bei **116** dem der Arbeitgeber für jeden teilnehmenden Mitarbeiter periodische Beträge auf ein Kapitalkonto einzahlt und diese fest bzw. u. U. auch variabel verzinst. Wegen der Garantie einer Mindestverzinsung scheidet eine Klassifizierung als Leistungszusage aus, der Arbeitgeber übernimmt – unabhängig von der Wahrscheinlichkeit der Notwendigkeit einer Leistung der Mindestverzinsung – ein versicherungsmathematisches Risiko (Rz 15). Bei Festzinszusagen (statische Verpflichtung) wird die Versorgungsleistung auf Basis des Festzinses sowie der zu zahlenden Beiträge berechnet und auf die zu leistenden Dienstjahre, unter Verwendung des einschlägigen Rechnungslegungszinssatzes (IAS 19.83), barwertig verteilt (IAS 19.70). Der weitaus schwierigere Fall bezieht sich auf Versorgungsleistungen mit variabler Verzinsung (dynamische Verpflichtung). Zusagen mit variabler Verzinsung können sowohl tatsächlich als auch virtuell auf einen Vermögenswert oder einen Index referenzieren. Zur Bewertung ist die wahrscheinliche künftige Versorgungsleistung unter bestmöglicher Schätzung zu ermitteln und über die Dienstjahre der Erdienung zu verteilen. Eine variable Verzinsung bedingt demnach eine Schätzung hinsichtlich der Entwicklung der Referenzgröße.

Der IASB hat sich bereits mehrfach mit Ausprägungen von hybriden Pensions- **117** plänen beschäftigt. Ein Beispiel dafür stellt die Befassung mit sog. *contribution-based promises* dar. Für diese Ausgestaltung von Pensionszusagen hatte das IFRIC[28] einen Entwurf einer Interpretation zu IAS 19 (IFRIC D9) verabschiedet, der allerdings nie finalisiert wurde.[29] Konkret wurde in diesem Projekt die Bilanzierung von Pensionszusagen diskutiert, bei denen die Höhe der Versorgungsleistung von tatsächlichen oder fiktiven Beiträgen und

- (i) einer garantierten festen Verzinsung,
- (ii) den zukünftigen Erträgen von Vermögenswerten oder
- einer Kombination aus (i) und (ii)

bestimmt wird (IFRIC D9.2). Nach dem Entwurf ist im Fall einer garantierten festen Verzinsung (Fall (i)) vorgesehen, die methodischen Vorgaben von IAS 19 für *defined-benefit*-Pläne anzuwenden, wobei die Höhe der Versorgungsleistung durch Prognose der (fiktiven) Beiträge und der garantierten festen Verzinsung zu bestimmen ist (IFRIC D9.4–5). Besteht hingegen eine Abhängigkeit (Kopplung) der Versorgungsleistung von den zukünftigen Erträgen der (Plan-)Vermögenswerte (Fall (ii)), wird der Barwert der als nicht finanzielle Verpflichtung zu erfassenden *defined benefit obligation* gleich dem *fair value* der zugrunde liegenden (Plan-)Vermögenswerte gesetzt (IFRIC D9.6). Sofern eine Kombination aus (i) und (ii) vorliegt, wird im Entwurf vorgeschlagen, die Verpflichtung in

---

[28] Das International Financial Reporting Interpretations Committee (IFRIC) war der Vorgänger des International Financial Reporting Standards Interpretations Committee (IFRS IC).

[29] Siehe IFRIC, IFRIC Draft Interpretation D9: Employee Benefit Plans with a Promised Return on Contribution or Notional Contribution, http://www.ifrs.org/Current-Projects/IASB-Projects/Amendments-IAS-19/Documents/141205AP14B%20-%20IAS%2019 %20IFRIC%20Draft%20Interpretation%20D9.pdf, abgerufen am 4.1.2017.

einen fixen und einen variablen Teil zu spalten. Der fixe Teil ist entsprechend den Vorschriften für den Fall (i) und der variable Teil entsprechend den Vorschriften für den Fall (ii) zu bilanzieren (IFRIC D9.12–15).

118   Im Einklang mit den Anforderungen von IAS 19 für Leistungen nach Beendigung des Arbeitsverhältnisses wäre eine barwertige Aufteilung der bestehenden – statischen oder dynamischen – Verpflichtung auf die Erdienungsperioden notwendig. Alternativ wird eine Orientierung an dem nicht umgesetzten Entwurf zur Interpretation IFRIC D9 *Employee Benefit Plans with a Promised Return on Contributions or Notional Contributions* als zulässig erachtet.[30] Unter Beachtung von IFRIC D9.6 entfällt sowohl die Verpflichtungs- und Verzinsungsschätzung als auch die Barwertbetrachtung. Änderungen am *fair value* des Referenzvermögenswerts/-index sind in eine erwartete Rendite sowie eine auftretende Neubewertung aufzuteilen (IFRIC D9.9).

119   Hybride Zusagen mit fester und variabler Verzinsung müssen dem Interpretationsentwurf zufolge auf die Verzinsungskomponenten aufgeteilt werden (IFRIC D9.12). Die fest verzinsliche Komponente ist in Übereinstimmung mit den Vorgaben nach IAS 19 zu bewerten und die variable Komponente einer *fairvalue*-Betrachtung zu unterwerfen (IFRIC D9.14). Ausgehend von dem doppelten Bewertungsmaßstab bemisst sich die Bilanzierung der Höhe nach an dem höheren der vorgenannten Werte. Dies entspricht im Ergebnis auch der Forderung der Arbeitsgruppe Rechnungslegung des Fachausschusses Altersversorgung der Deutschen Aktuarvereinigung.[31]

120   Eine Klarstellung für die bilanzielle Abbildung hybrider Pläne steht allerdings weiterhin aus. Die angedachte und ausformulierte Interpretation wurde nicht final verabschiedet, da insbesondere der Anwendungsbereich nicht klar abgegrenzt werden konnte und der IASB in der Zwischenzeit mit der Überarbeitung von IAS 19 begonnen hatte. Das IFRS IC griff die Abbildung hybrider Pensionspläne nach einer Anfrage[32] im Jahr 2012 zwar wieder auf, stellte das Projekt jedoch nach zwei Jahren Diskussion mit der Begründung des zu weiten Projektumfangs ein.[33] Zumindest hat das IFRS IC Folgendes konstatiert: Die Regelungen des IFRIC D9 werden zur Schließung der bestehenden Regelungslücke gem. IAS 8 in der Praxis herangezogen. Trotz des Entwurfsstadiums werden in der Praxis die Regelungen des IFRIC D9 – gebilligt durch den Standardsetzer – angewendet.[34] Auch unter die Gruppe hybrider Pensionspläne fallen Zusagen, deren Höhe durch die Rendite der zugrunde liegenden Vermögenswerte bestimmt wird. Für die bilanzielle Abbildung von hybriden Pensionszusagen fehlt es somit weiterhin an einer konzeptionellen (und überzeugenden) Lösung. Praktische Relevanz besteht insbesondere für „*higher of*"-Pläne, bei denen die Anspruchsberechtigten den höheren Betrag aus der tatsächlichen Rendite der zugrunde liegenden Vermögenswerte und einer vom Unternehmen garantierten feststehenden (Mindest-)Rendite erhalten.

---

30 Vgl. IFRIC Update April 2005, S. 5.
31 Vgl. DAV/IVS, Richtlinie, S. 32
32 Siehe IFRS IC, Agenda Paper 14, IAS 19 Employee Benefits – accounting for contribution-based promises, May 2012, S. 6 f.
33 Siehe IFRIC Update May 2014, S. 10.
34 Vgl. DRSC, Ergebnisbericht der 24. Sitzung des IFRS-Fachausschusses, 2014, S. 2, http://www.drsc.de/docs/press_releases/2014/24_IFRS-FA_Sitzung_ergebnisbericht.pdf, abgerufen am 4.1.2017.

Praxis-Beispiel

Unternehmen U garantiert den eigenen Mitarbeitern als Anspruchsberechtigte einer Altersvorsorge eine garantierte (Mindest-)Rendite auf bereits geleistete Einzahlungen in eine Pensionskasse von 1,5 %. Für Mitarbeiter A wird die in diesem Jahr aktuell ausgesprochene Pensionszusage in 20 Jahren fällig. Die Pension wird in Form einer Einmalzahlung erbracht. Die in der aktuellen und ersten Periode der Zugehörigkeit zum Versorgungswerk geleisteten Einzahlungen belaufen sich auf einen Betrag von 2.000 GE. Zum aktuellen Stichtag wird eine (variable) Rendite von 2,5 % erwartet, der zugrunde zu legende – den Äquivalenzanforderungen genügende – Diskontierungszinssatz beträgt 2 %. A hat daher in der aktuellen Periode – unterstellt am Periodenende – einen Anspruch von 2.000 GE erdient. In Abhängigkeit von der bilanziellen Abbildung ergeben sich aus der Zusage gegenüber A folgende Konsequenzen:

Abbildung im ersten Jahr der Zusage	Behandlung als *defined-benefit*-Plan	Behandlung nach IFRIC D9
Pensionsanwartschaft in 20 Jahren	3.277,23 (= 2.000 x (1 + 2,5 %)^{20}	2.693,71 (= 2.000 x (1 + 1,5 %)^{20}
Barwert der Verpflichtung	2.205,48 (= 3.277,23 x (1 + 2 %)$^{-20}$	1.812,79 (= 2.693,71 x (1 + 2 %)$^{-20}$
Laufender Dienstzeitaufwand	2.205,48	2.000
Bilanzansatz	205,48 (2.205,48 – 2.000)	0 (1.812,79 < 2.000)
Operativer *cash flow*	–2.000	–2.000

Die nach IFRIC D9 ermittelte Verpflichtung am Bilanzstichtag entspricht dem höheren Wert der Verpflichtung auf Basis der fixen Komponente und der variablen Komponente. Hierbei wird der Wert der variablen Komponente gleich dem *fair value* der zugrunde liegenden Vermögenswerte gesetzt. Im Beispiel übersteigt die fixe Komponente (1.812,79 GE) nicht die variable Komponente (2.000 GE), so dass der Verpflichtungsumfang 2.000 GE beträgt. Nach der Saldierung mit dem Planvermögen (2.000 GE) beträgt der Bilanzansatz 0 GE.

4 Langfristige Leistungsverpflichtungen

4.1 Bestimmung der Verpflichtung zum Anwartschaftsbarwert

Die Passivierung von langfristigen (bzw. erst in späteren Perioden fälligen) Vergütungszusagen erfolgt zum Barwert der erdienten (Teil-)Ansprüche unter Berücksichtigung versicherungsmathematischer Annahmen (insbesondere hinsichtlich Zins und Dynamisierung). Der Verpflichtungsumfang bestimmt sich nach dem **Anwartschaftsbarwertverfahren** (*projected unit credit method*). Pas-

121

sivierungspflichtig ist – vorgehaltenes Planvermögen zunächst ausgeklammert – der Barwert der am Bewertungsstichtag bereits erdienten und realistisch bewerteten Ansprüche. Versicherungsmathematische Gewinne/Verluste sind ebenso wie nachzuverrechnender Dienstzeitaufwand (*past service costs*) sofort erfolgswirksam zu erfassen (IAS 19.129).

Praxis-Beispiel
Unternehmen C sagt eine langfristige Vergütung zu. Die Auszahlung eines kumulierten Bonus i.H.v. 10 % auf das jeweilige (Fest-)Gehalt erfolgt nach drei Jahren, aber nicht bei einer Verlustsituation. Am Ende von Periode 1 geht C von einer Gewinnsituation der folgenden Jahre und einer Steigerung des Festgehalts von 5 % p.a. aus. Die Rendite von laufzeitäquivalenten (*high quality*) Industrieanleihen beträgt 8 %. Der bonusberechtigte Mitarbeiter N erhält ein jährliches Festgehalt von 75.000 GE. Bei unveränderten versicherungsmathematischen Annahmen bestimmt sich die Verpflichtung wie folgt:

(in EUR)	Periode 1	Periode 2	Periode 3
Anspruch des Mitarbeiters			
Bonusanspruch je Periode	7.500	7.875	8.268,80
kumuliert	7.500	15.375	23.643,80
Bilanzielle Erfassung			
Verbindlichkeit Periodenende	6.756,90	14.594,90	23.643,80
Zinsaufwand Periode		540,60	1.167,60
Personalaufwand Periode	6.756,90	7.297,50	7.881,30

Der Personalaufwand der Periode bestimmt sich i.H.d. Barwerts eines Drittels des Gesamtanspruchs. Die passivierte Verpflichtung ist jährlich aufzuzinsen (*unwinding of discount*). Die Zuführung zur Verbindlichkeit i.H.d. jeweiligen Anspruchs je Periode ist nicht zulässig.

122   Die Bindung einer leistungsabhängigen Vergütung von Mitarbeitern an künftige Bedingungen führt u.U. auch zu einer **Qualifizierung** als langfristige Verpflichtung. Besteht für einen Mitarbeiter die Verpflichtung zur Rückzahlung (bzw. der Arbeitgeber hat ein Recht auf Aufrechnung) in Vorperioden bereits empfangener Zahlungen, steht dies u.E. einer Qualifizierung als *short-term employee benefit* entgegen.

Praxis-Beispiel
Der Bonusplan von Unternehmen D ist auf drei Jahre festgelegt. Die Mitarbeiter haben Anspruch auf einen jährlichen Bonus, die Auszahlung erfolgt immer zum Ende des ersten Quartals der Folgeperiode. Scheidet ein Mitarbeiter vor Ablauf von drei Jahren aus dem Unternehmen aus, sind erhaltene Boni zurückzuzahlen bzw. werden mit Gehaltsansprüchen verrechnet.

Unternehmen E gewährt hochqualifizierten Mitarbeitern bei Abschluss eines Einstellungsvertrags eine Einmalzahlung (*sign-on bonus*). Dieser ist zurückzuzahlen, wenn das Beschäftigungsverhältnis nicht mindestens zwei Jahre überdauert. In beiden Fällen qualifiziert die jeweilige Zusage als *other long-term employee benefit*. Die vertraglich vereinbarte Dienstzeitbedingung führt als *vesting condition* zu einer verlängerten Leistungsperiode. Im Fall von Unternehmen D ist der jährliche Bonus zu kumulieren und die Summe über die Laufzeit der Vereinbarung von drei Jahren zu verteilen. Unternehmen E verteilt den *sign-on bonus* über zwei Jahre.

4.2 Jubiläumsverpflichtungen und Arbeitszeitkontenmodelle

Für Jubiläumsverpflichtungen besteht eine nicht finanzielle Verbindlichkeit anlässlich von Dienstjubiläen, für die Mitarbeiter Einmalzahlungen erhalten. Alternativ kann ein zusätzlicher Urlaubstag im Jubiläumsjahr gewährt werden. Auch solche Verpflichtungen werden als langfristige Leistungsverpflichtungen nach IAS 19 nach versicherungsmathematischen Grundsätzen anhand der *projected unit credit method* bewertet und i.d.R. mit Eintritt des Mitarbeiters in das Unternehmen angesammelt (IAS 19.153). Eine Entpflichtung durch eine befreiende Zahlung an Dritte ist nicht möglich. In Fällen, in denen eine spätere Jubiläumszusage erfolgt, kann nachzuverrechnender Dienstzeitaufwand entstehen (Rz 78). Zum Abschlussstichtag berechnet sich der Passivierungsbetrag der Verbindlichkeit unter Berücksichtigung des Umfangs, in dem der Anspruch bereits erdient ist, als Barwert der in zukünftigen Perioden fällig werdenden Abflüsse. Für die Bewertung sind die auch für Leistungszusagen maßgeblichen Bewertungsannahmen zu treffen (Rz 39). Abweichend von den Vorgaben für die bilanzielle Abbildung für Leistungen nach Beendigung des Dienstverhältnisses sind Neubewertungen der Verpflichtungen nicht im *other comprehensive income*, stattdessen in der GuV abzubilden (IAS 19.156). **123**

Sind die Arbeitszeiten innerhalb eines Unternehmens besonders unregelmäßig, werden Arbeitszeitkonten eingerichtet. Als Ausgleich für einen positiven Bestand an Arbeitsstunden kann eine spätere Freistellung oder Auszahlung begehrt werden. Arbeitszeitkonten werden für die folgenden Zwecke eingerichtet:[35] **124**
- kurzfristige Kompensation betrieblicher Auslastungsspitzen,
- kurz-, mittel- und langfristige Urlaubsgewährung,
- Verkürzung der Lebensarbeitszeit im Weg bezahlter Freistellung und
- im Kündigungsfall: Kontoauszahlung z.B. als Abfindung.

Arbeitszeitkonten können in unterschiedlichen Einheiten geführt werden (Zeit oder Geld). Bei einer Kontoführung in Zeiteinheiten ist im Rahmen der Bewertung die Absorption des Wertsteigerungsrisikos durch den Arbeitnehmer zu berücksichtigen. Die spätere Rückzahlung unterliegt dem Risiko eines sich ändernden „Wechselkurses" (Gehaltsstufe), mit einer Beförderung kommt es zu einer Zunahme der Verpflichtung im Zeitablauf.

Grundsätzlich entsteht durch die Einzahlung des Guthabens auf das Arbeitszeitkonto ein Erfüllungsrückstand beim Arbeitgeber, da die erbrachte Arbeitsleistung **125**

---

[35] Vgl. RHIEL, PiR 2007, S. 183.

des Arbeitnehmers bis zur späteren Inanspruchnahme zunächst unvergütet bleibt. Bezogen auf das Arbeitszeitkonto wäre – unter Berücksichtigung der geltenden Rechtslage – auch ein Forderungsausweis möglich, wenn zuerst die Freistellung in Anspruch genommen und das Arbeitszeitkonto erst später ausgeglichen wird, d.h. zukünftig Zahlungen reduziert oder rückerstattet würden. Für Deutschland hat das Bundesarbeitsgericht qua Rechtsprechung folgende Losung ausgegeben: Hängt der Anspruch des Arbeitgebers von der freiwilligen Entscheidung des Arbeitnehmers ab, liegt ein Reduktions- oder Rückerstattungsszenario vor.[36] Sollte das negative Arbeitszeitkonto hingegen auf Veranlassung des Arbeitgebers entstanden sein, bedingt die Aktivierung die Abrede des wirtschaftlichen Risikos aus der Arbeitsleistung bei Annahmeverzug des Arbeitgebers. Insofern darf dieser keine Vergütung schulden, wenn der Arbeitnehmer zwar leistungsfähig wäre, die Arbeitsaufnahme des Arbeitnehmers aber an der fehlenden Mitwirkung des Arbeitgebers scheitert (Lohnausfallprinzip; § 615 BGB).[37]

4.3   Altersteilzeit

4.3.1   Klassifizierung der Verpflichtung

126   Unter den sonstigen langfristig fälligen Leistungen sind auch – in Deutschland durch das AltTZG geregelte – Altersteilzeitverpflichtungen zu subsumieren (DRSC AH 1, Tz. 11). Der – individuelle oder unternehmensweite – Abschluss einer Altersteilzeitvereinbarung (ATZ) soll Arbeitnehmern am Ende des Erwerbslebens einen gleitenden Übergang in die Altersrente ermöglichen. Altersteilzeitvereinbarungen können verschiedentlich ausgestaltet sein, daher ergibt sich in Abhängigkeit von der Betrachtung eine differenzierte bilanzielle Behandlung. Es sind zwei Modelle zu unterscheiden (DRSC AH 1, Tz. 2):

(1) Nach dem Gleichverteilungsmodell reduziert sich die Arbeitszeit des Arbeitnehmers bis zur Pensionierung wöchentlich gegenüber der Arbeitszeit vor Eintritt in die ATZ um 50 %.

(2) Nach dem Blockmodell unterteilt sich die ATZ in zwei Phasen, wobei der Arbeitnehmer in der sog. Aktivphase das Gehalt für die Passivphase anspart. Dabei erbringt der Arbeitnehmer 100 % der wöchentlichen Arbeitszeit. In der Passivphase ist der Arbeitnehmer von der Erbringung einer Arbeitsleistung freigestellt.

127   Im Rahmen der sachlichen Zurechnung des Aufwands zur Verpflichtung besteht die Notwendigkeit zur Bildung verschiedener Rückstellungen. Neben der Rückstellung für zu zahlende Aufstockungsleistungen besteht ebenfalls die Pflicht zur Bildung einer Rückstellung für Erfüllungsrückstände des Arbeitgebers aus dem Angestelltenverhältnis heraus, sofern eine ATZ im Blockmodell angeboten wird. Der Erfüllungsrückstand ist als andere langfristig fällige Leistung gem. IAS 19.8 zu behandeln (DRSC AH 1, Tz. 9) und unter Anwendung der versicherungsmathematischen Berechnungsmethodik (Rz 34) zum Barwert zu erfassen und in der Beschäftigungsphase anzusammeln. Die Rückstellung für den Erfüllungsrückstand verbraucht sich in der Passivphase, in welcher keine Arbeit durch den Arbeitnehmer mehr geleistet wird, dieser jedoch weiterhin eine Vergütung erhält.

---

36   Vgl. BAG, Urteil v. 13.12.2000, DB 2001, S. 1565.
37   Vgl. WEIDENKAFF, in: PALANDT (Hrsg.), Bürgerliches Gesetzbuch, 68. Aufl., 2009, § 315 Rz. 2.

Besteht eine (gesetzliche) Pflicht zur Insolvenzsicherung der Erfüllungsrückstände, **128** ist der *fair value* der (Sicherungs-)Vermögenswerte mit der *defined benefit obligation* zu saldieren (Rz 91). Für das insolvenzsichernde Planvermögen gelten die gleichen Voraussetzungen wie für das Planvermögen bei Leistungen nach Beendigung des Anstellungsverhältnisses (Rz 91). Deshalb hängt die Verrechnungsmöglichkeit im Wesentlichen von der Ausgestaltung der Sicherungsvereinbarung ab. Hierbei sind globale Sicherungsvereinbarungen für die gesamten Erfüllungsrückstände von separaten Absicherungsdepots pro Arbeitnehmer zu unterscheiden. Im ersten Fall kann eine Verrechnung zwischen dem Planvermögen und den einzelbewerteten summierten Erfüllungsrückständen stattfinden, im letzteren Fall sind die arbeitnehmerbezogenen Erfüllungsrückstände mit den Absicherungsdepots individuell zu verrechnen. Sofern die Deckung auf Individualebene zu 100 % zutrifft, entspricht dies einer globalen Sicherungsvereinbarung bei vollständiger Saldierung.

4.3.2 Ansammlungsbeginn der Aufstockungsleistungen

Wie bei Rückstellungen für Erfüllungsrückstände handelt es bei den Rückstellungen für Aufstockungsleistungen ebenfalls um eine Verpflichtung aus langfristig **129** fälligen Leistungen an Arbeitnehmer (IAS 19.8). Eine Behandlung als *termination benefit* scheidet aus, wenn die Gewährung des (zusätzlichen) Anspruchs von der fortgesetzten Beschäftigung abhängt (Rz 79). Eine Klassifizierung einer ATZ als *termination benefit* ist ausgeschlossen, da der Arbeitnehmer in der Passivphase der Altersteilzeit weiterhin beschäftigt bleibt (DRSC AH 1, Tz. 14).[38]

Die bilanziell zu erfassende Verpflichtung entsteht mit rechtlicher oder faktischer Unentziehbarkeit zur Erbringung der Aufstockungsleistungen. Hierbei **130** sind Individual- und Kollektivvereinbarungen zu unterscheiden.

- Während bei der Individualvereinbarung i. d. R. der Zeitpunkt des Vertragsschlusses über den Verpflichtungsbeginn entscheidet,
- ist bei einer Kollektivvereinbarung, d. h. einem bestehenden Tarifvertrag oder einer betriebseigenen Vereinbarung, bereits dann eine Verpflichtung angezeigt, wenn sich das Unternehmen dem späteren Abschluss einer ergänzenden Individualvereinbarung nicht mehr entziehen kann.

Mit dem Beginn der späteren Ansammlung der Rückstellung ist diese unter Berücksichtigung der erdienten Leistungen ratierlich zuzuführen. Eine vollständige barwertige Zuführung direkt bei Rückstellungsbeginn ist ausgeschlossen.

Bei Abschluss von Kollektivvereinbarungen lässt sich der tatsächliche Verpflichtungsumfang erst bei ergänzendem Abschluss einer individuellen Vereinbarung **131** bestimmen, es liegt also eine Unsicherheit betreffend das Mengengerüst (Anzahl der Mitarbeiter, die ATZ in Anspruch nehmen) vor. Bewertungsrelevant kann deshalb auch die Möglichkeit zur Leistungsbeschneidung durch den Arbeitgeber sein, wenn der Neuabschluss einer Altersteilzeitvereinbarung eingeschränkt werden kann (in Deutschland etwa über § 3 Abs. 1 Nr. 3 AltTZG). Entscheidend für den Beginn der Rückstellungsansammlung ist das Erbringen der Gegenleistung zur Erdienung der Aufstockungsleistung gem. Planformel, weshalb eine Ansammlung sowohl vor der rechtlichen bzw. faktischen Verpflichtung als auch danach beginnen kann (IAS 19.73).

---

[38]   IFRIC, Update January 2012, S. 4.

> **Praxis-Beispiel**
> Bei Renteneintritt zahlt der Plan eines Unternehmens eine einmalige Kapital-
> leistung von 15.000 EUR an alle Arbeitnehmer, die mit 55 Jahren auch nach
> fünfzehn Jahren im Unternehmen noch ebenda beschäftigt sind, oder an
> Arbeitnehmer, die ganz unabhängig von der Dienstzeit im Alter von 65 Jahren
> noch im Unternehmen angestellt sind. Tritt ein Arbeitnehmer nach seiner
> Ausbildung mit Anfang 20 in das Unternehmen ein, erlangt er erst mit dem
> 40. Lebensjahr eine Anwartschaft auf die Aufstockungsleistungen für die
> ATZ, wobei die Rückstellung sich erst in den Jahren der zukünftigen Arbeits-
> leistung ansammelt. Laut Planformel der ATZ-Vereinbarung ergibt sich für
> die nach dem 55. Lebensjahr abgeleisteten Arbeitsjahre keine wesentliche
> Erhöhung der Anwartschaft, so dass die Kapitalleistung ratierlich (1.000 EUR
> pro Jahr) bis zum 55. Lebensjahr angesammelt wird.

132 Liegt bislang nur eine Kollektivvereinbarung vor, scheidet der Beginn der Ansammlung erst mit Abschluss einer Individualvereinbarung ohne Beachtung der
vor- oder nachgelagerten Mindestzugehörigkeit aus. Eine Betriebsmindestzuge-
hörigkeit kann sowohl mit direkter Referenz auf den Beginn der ATZ als auch
allgemein ausformuliert sein. Da eine freie Zuordnung der Mindestbetriebszuge-
hörigkeit auf den Dienstzeitraum zu einer willkürlichen Rückstellungsbildung
führt, ist der Ansammlungsbeginn grundsätzlich vom dem Zeitpunkt des Beginns
der ATZ rückwärts gerichtet zu berechnen. Zudem kann eine Mindestzugehörig-
keitsbedingung auch implizit formuliert sein, wenn z.B. zum Unternehmen
hinzukommende Arbeitnehmer vom Anspruch auf ATZ gem. Kollektivvereinbarung ausgeschlossen sind, so dass ein Aus- und Wiedereintritt bei gleichzeitigem Anspruchserhalt nicht möglich ist, demnach mit Abschluss der Kollektivvereinbarung die Rückstellung für Aufstockungsleistung anzusammeln wäre.

4.3.3   Ansammlungsende der Aufstockungsleistungen

133 Die Rückstellung ist bei ATZ im Blockmodell zu dem Zeitpunkt vollständig angesammelt, zu dem gem. Planformel die weitere Diensterbringung keine wesentliche
Erhöhung der Aufstockungsleistung bewirkt, also im Störfall (z.B. Ausscheiden des
Arbeitnehmers) die bereits geflossenen Aufstockungsleistungen mit dem Erfüllungsrückstand verrechnet werden können (IAS 19.73). Ohne Verrechnungsmöglichkeit ergibt sich die Rückstellung unter barwertiger Betrachtung der bereits
erdienten Aufstockungsleistungen gem. degressivem „m/n-tel" (Rz 37). Die in der
Aktivphase zu leistenden Aufstockungszahlungen werden bis zum Zeitpunkt des
jeweiligen Auszahlungsanspruchs angesammelt, die Aufstockungsleistungen werden in der Passivphase bis zum Ende der Aktivphase angesammelt.

> **Praxis-Beispiel**
> Ein Unternehmen schließt in t1 eine Individualvereinbarung mit dem Arbeit-
> nehmer über ATZ im Blockmodell (t3 – t8) ab, wobei Aktivphase (t3 – t5) und
> Passivphase (t6 – t8) jeweils drei Jahre andauern. In den jeweiligen Jahren
> werden jeweils 1.500 GE an Aufstockungsleistungen (nachschüssig) fällig. Es
> besteht der Störfall ohne Verrechnung, d.h., die Aufstockungsbeträge der
> verschiedenen Jahre sind im Jahr der Auszahlung voll zurückgestellt. Die

Höhe der Rückstellung ergibt sich, ohne Betrachtung des Barwerts, aus dem degressiven m/n-tel:[39]

Aufsto-ckung	Erdient bis (n-tel)	t1	t2	t3	t4	t5	t6	t7	t8
		Vorlauf		Aktivphase			Passivphase		
1.500	t3	500	1.000	1.500					
1.500	t4	375	750	1.125	1.500				
1.500	t5	300	600	900	1.200	1.500			
1.500	t5	300	600	900	1.200	1.500	1.500		
1.500	t5	300	600	900	1.200	1.500	1.500	1.500	
1.500	t5	300	600	900	1.200	1.500	1.500	1.500	1.500
9.000	Ver-pflich-tung:	2.075	4.150	6.225	6.300	6.000	4.500	3.000	1.500
	Auszah-lung:	0	0	–1.500	–1.500	–1.500	–1.500	–1.500	–1.500
	Rück-stellung:	2.075	4.150	4.725	4.800	4.500	3.000	1.500	0

Sollten die Aufstockungsleistungen im Störfall (Rz 133) allerdings mit dem Erfüllungsrückstand verrechenbar sein, wären alle Leistungen erst mit Beendigung der Aktivphase vollständig erdient. Bei Möglichkeit zur Verrechnung wird gedanklich dem Mitarbeiter die ATZ „entzogen" und lediglich der aufgelaufene Erfüllungsrückstand mit den ausgezahlten Aufstockungsleistungen ausgeglichen. Theoretische Überlegungen zum Auftreten eines Störfalls bleiben unbeachtlich, die Erdienung erfolgt bis zum Ende der Aktivphase. Es kommt in der Konsequenz zu einer Vorauszahlung von Aufstockungsleistungen über die Aktivphase, da mehr an den Arbeitnehmer ausbezahlt wurde, als dieser in der Periode erdient hat. Damit mindert die in der Periode ausgezahlte Aufstockungsleistung die aufgebaute nicht finanzielle Verbindlichkeit nur teilweise. Für den gegenrechenbaren Störfall bietet IAS 19 kein eindeutiges Bilanzierungsmodell, weshalb eine Wahlmöglichkeit zur Verwendung eines der folgenden Modelle besteht: **134**
- *prepaid*-Modell: Aufstockungszahlungen in der Aktivphase: Erdienung < Aufstockungsleistung (Rz 135);
- *fifo*-Modell: Aufstockungszahlungen in der Passivphase: Erdienung > Aufstockungsleistung (Rz 136).

Unter Zugrundelegung des *prepaid*-Modells werden die Aufstockungsleistungen als selbstständige Leistungen betrachtet, weshalb die Auszahlung vor vollständiger Erdienung als Vorauszahlung zu werten und deshalb auf der Aktivseite abzugrenzen ist (IAS 19.11). Die Aufstockungsleistungen werden damit in einen erdienten (linear ratierliches m/n-tel) und noch zu erdienenden Teil zerlegt. Die aktivische Abgrenzung ist über den Zeitraum bis zur vollständigen Erdienung ratierlich aufzulösen. **135**

---

[39] Aus DRSC AH 1, Anlage 1.

Praxis-Beispiel

Ein Unternehmen schließt in t1 eine Individualvereinbarung mit dem Arbeitnehmer über ATZ im Blockmodell (t3 – t8) ab (wie im vorherigen Beispiel in Rz 133). In der Version Störfall mit Verrechnung werden die Aufstockungsleistungen mit Ende der Aktivphase voll erdient. Unter Anwendung des *prepaid*-Modells ergibt sich die folgende Entwicklung:[40]

Aufstockung	Fällig bis (n-tel)	t1	t2	t3	t4	t5	t6	t7	t8
		Vorlauf			Aktivphase		Passivphase		
1.500	t3	300	600	900					
1.500	t4	300	600	900	1.200				
1.500	t5	300	600	900	1.200	1.500			
1.500	t6	300	600	900	1.200	1.500	1.500		
1.500	t7	300	600	900	1.200	1.500	1.500	1.500	
1.500	t8	300	600	900	1.200	1.500	1.500	1.500	1.500
9.000	Verpflichtung:	1.800	3.600	5.400	6.000	6.000	4.500	3.000	1.500
Beginn:		–	1.800	3.600	3.900	4.200	4.500	3.000	1.500
Aufstockungsleistung:		–	–	1.500	1.500	1.500	1.500	1.500	1.500
Dienstzeitaufwand:		1.800	1.800	1.800	1.800	1.800			
	Rückstellung	1.800	3.600	3.900	4.200	4.500	3.000	1.500	–
prepaid expense		–	–	600	600	–	–	–	–
	Zuführung:	–	–	600	300				
	Auflösung:	–	–	–	300	600			
	prepaid expense	–	–	600	600	–	–	–	–

Die Bewertung der nicht finanziellen Verbindlichkeit erfolgt nach versicherungsmathematischen Methoden unter Berücksichtigung der individuellen Charakteristika (z.B. Lebenserwartung) der Arbeitnehmer. In diese Bewertung ist auch die Wahrscheinlichkeit des Störfalls zum Zeitpunkt der Erdienung einzubeziehen. Bilanziell ist die *prepaid*-Methode im Vergleich zum nicht verrechenbaren Störfall (Rz 133) aufgrund der Pflicht zur Bilanzierung eines *prepaid-expense*-Postens aufwendiger. Erforderlich ist auch das detaillierte Nachhalten des Abgrenzungspostens, eine Vereinfachung scheidet aus.

---

[40] Aus DRSC AH 1, Anlage 1.

Alternativ kann ein *first-in-first-out*-Verfahren *(fifo)* zugrunde gelegt werden, welches allerdings auf einer anderen Basisprämisse aufsetzt. Im *fifo*-Verfahren wird der Grundgedanke eigenständiger Leistungsbausteine fallen gelassen, mithin gibt es daher nur eine einzige Leistung (IAS 19.155 i. V. m. IAS 19.68), insbesondere weil bei Eintritt des Störfalls der Leistungsanspruch komplett entfällt (DRSC AH 1, Tz. 38). Diese einzige Leistung wird über die Perioden bis zum Ende der Aktivphase pro rata verteilt, wobei die angesammelten Beträge die jeweils nächste zu zahlende Tranche von Aufstockungsleistungen alimentieren. Der laufende Dienstzeitaufwand finanziert die nächste Tranche aus und alle Mittel, die nicht dieser Ausfinanzierung dienen, finanzieren die übernächste Tranche.

136

Praxis-Beispiel
Ein Unternehmen schließt in t1 eine Individualvereinbarung mit dem Arbeitnehmer über ATZ im Blockmodell (t3 – t8) ab (wie im Beispiel in Rz 133). In der Version Störfall mit Verrechnung werden die Aufstockungsleistungen mit Ende der Aktivphase voll erdient. Unter Anwendung des *fifo*-Modells ergibt sich die folgende Entwicklung:

Auf-sto-ckung	Fällig bis (n-tel)	t1	t2	t3	t4	t5	t6	t7	t8
		Vorlauf		Aktivphase			Passivphase		
Periodisiert bis t5		1.800	1.800	1.800	1.800	1.800			
1.500	t3	1.500	1.500	–					
1.500	t4	300	1.500	1.500	–				
1.500	t5		600	1.500	1.500	–			
1.500	t6			900	1.500	1.500	–		
1.500	t7			1.200	1.500	1.500	–		
1.500	t8				1.500	1.500	1.500	–	
9.000	Ver-pflich-tung:	1.800	3.600	3.900	4.200	4.500	3.000	1.500	–
Beginn:		–	1.800	3.600	3.900	4.200	4.500	3.000	1.500
Aufstockungs-leistung:		–	–	1.500	1.500	1.500	1.500	1.500	1.500
Dienstzeitauf-wand:		1.800	1.800	1.800	1.800	1.800			
	Rück-stel-lung	1.800	3.600	3.900	4.200	4.500	3.000	1.500	–

Die überschießenden Dienstzeitaufwendungen (300 GE pro Periode) kumulieren sich derartig, dass diese die letzte Tranche im Jahr t5 vollständig ausfinanzieren.

Das *fifo*-Verfahren weist allerdings einige konzeptionelle Schwächen auf. Nach dem *fifo*-Verfahren wird nicht jede Tranche in jeder Periode erdient, weshalb die Berechnung streng genommen nicht im Einklang mit den Vorgaben der IAS 19.57ff. erfolgt, welche ebenfalls Gültigkeit für die Berechnung von anderen langfristig fälligen Leistungen haben. Somit impliziert das *fifo*-Verfahren, dass u.a. die in t8 auszuzah-

137

lenden Aufstockungsleistungen nicht direkt in t1 erdient werden, sondern erst zu einem späteren Zeitpunkt. Daraus folgt u. a. auch die Missachtung der *projected-unit-credit*-Methode im Rahmen der Verpflichtungsaufteilung auf die einzelnen Erdienungsperioden.[41] Zwar wird der Betrag linear auf die Perioden aufgeteilt, allerdings wiederum vollkommen willkürlich heruntergebrochen. Insbesondere kann der in der ersten Periode nicht mehr für die Ausfinanzierung der nächsten Tranche notwendige Betrag der übernächsten oder ebenso gut der allerletzten Tranche zugeteilt werden.[42] Zudem gibt es trotz der ökonomisch gleichen Situation eine unterschiedliche Aufteilung zwischen *service* und *interest cost*, die der Ansammlungsmethodik geschuldet ist. U. E. ist daher das *prepaid-expense*-Verfahren vorzuziehen.

Praxis-Beispiel
Nach dem *fifo*-Verfahren werden die auszuzahlenden 120 GE über die drei Perioden mit jeweils 40 GE pro Periode zugeteilt. Die ersten 40 GE in t1 dienen der Ausfinanzierung der Auszahlung in t2. In den späteren Perioden werden jeweils immer 40 GE zugeteilt. Der damit einhergehende Zinseffekt bei einem Zinssatz von 10 % ergibt sich wie folgt:

Zinseffekt von t1 nach t2	$40 - (40/1,1)$	3,64	
Zinseffekt von t2 nach t3	$20 - (20/1,1)$	1,82	Dienstzeitaufwand
Gesamt		**5,45**	**114,55**

Im *prepaid-expense*-Verfahren werden beide Auszahlungen (sowohl in t2 als auch in t3) bereits in t1 angesammelt. Dabei wird der in t1 erdiente Anteil, der in t3 ausgezahlt wird, zweimal aufgezinst. Im Ergebnis ergibt sich ein höherer Zinsaufwand als nach der Anwendung des *fifo*-Verfahrens.

Zinseffekt von t1 nach t2	$30 - (30/1,1)$	2,72	
	$20 - (20/1,1)$	1,81	
Zinseffekt von t2 nach t3	$20 - (20/1,1)$	1,81	
	$20 - (20/1,1)$	1,81	Dienstzeitaufwand
Gesamt		**8,18**	**111,82**

fifo	t1	t2	t3
	36	60	0
	0	18	60
Auszahlung	0	−60	−60
Rückstellung	36	18	0

41　THAUT, DB 2013, S. 246.
42　GEILENKOTHEN/KRÖNUNG/LUCIUS, BB 2012, S. 2103.

prepaid	t1	t2	t3
	27	60	0
	17	36	60
Auszahlung	0	–60	–60
Rückstellung	44	36	0

Zudem ist erkennbar, dass die Verpflichtung nach dem *fifo*-Verfahren in der ersten Periode wesentlich niedriger ausgewiesen bzw. zu niedrig ausgewiesen wird.[43]

Eine Verrechnungsmöglichkeit im Störfall existiert im Gleichverteilungsmodell nicht. Die Aufstockungsverpflichtung setzt sich beim Gleichverteilungsmodell aus den abgezinsten und erdienten sowie zukünftig anfallenden Aufstockungsleistungen zusammen. Eine Unterscheidung in Aktiv- und Passivphase entfällt in diesem Fall, d.h., die nicht finanzielle Verbindlichkeit aus der Aufstockung ist über den gesamten Zeitraum der ATZ anzusammeln.

138

Praxis-Beispiel
Ein Unternehmen schließt in t1 eine Individualvereinbarung mit dem Arbeitnehmer über ATZ im Gleichverteilungsmodell (t3 – t8) ab. Die Unterteilung in eine Aktiv- und Passivphase entfällt somit. Über die Laufzeit der Gleichverteilungsphase wird jeweils nur die Hälfte der Arbeitszeit pro Periode erbracht. Somit entsteht kein Erfüllungsrückstand, da der gleichzeitig gezahlte hälftige Lohn die erhaltene Leistung äquivalent abdeckt. Allerdings ergibt sich weiterhin eine Verpflichtung für zu erbringende Aufstockungsleistungen, die für die verschiedenen Ansprüche von t3 – t8 jeweils separat angesammelt werden. Somit wird sowohl der Anspruch in t3 als auch der Anspruch in t8 bereits in t1 zu einem gewissen Teil erdient. Mit den jeweils ausgezahlten Aufstockungsleistungen wird die nicht finanzielle Verbindlichkeit im Zeitablauf reduziert.

Aufstockung	Erdient bis (n-tel)	t1	t2	t3	t4	t5	t6	t7	t8
		Vorlauf			Gleichverteilungsphase				
1.500	t3	500	1.000	1.500					
1.500	t4	375	750	1.125	1.500				
1.500	t5	300	600	900	1.200	1.500			
1.500	t5	250	500	750	1.000	1.250	1.500		
1.500	t5	214	429	643	857	1.071	1.286	1.500	
1.500	t5	188	375	563	750	938	1.125	1.313	1.500
9.000	Verpflichtung:	1.827	3.654	5.480	5.307	4.759	3.911	2.813	1.500
	Auszahlung:	0	0	–1.500	–1.500	–1.500	–1.500	–1.500	–1.500
	Rückstellung:	1.827	3.654	3.980	3.807	3.259	2.411	1.313	0

[43] BEINE/ROSS, WPg 2013, S. 902; THAUT, DB 2013, S. 248.

5   Leistungen anlässlich der Beendigung (termination benefits)

139   Leistungen, die anlässlich der Beendigung des Arbeitsverhältnisses des Arbeitnehmers vom Arbeitgeber gewährt werden, können z.b. als Verbesserung der Betriebsrente oder Einmalzahlung ausgestaltet sein. Dies setzt die Bindung der Vergütung an das Ausscheiden eines Arbeitnehmers aus dem Unternehmen voraus. Hierfür spielt die vertraglich gewählte Terminologie keine Rolle (IAS 19.164), da Abfindungen unterschiedlich aufgefasst werden können und nicht fortwährend auch ein damit erfolgtes Ausscheiden aus dem Unternehmen abgegolten wird. Bei Vergütungsdifferenzen zwischen einem veranlassten und einem freiwilligen Ausscheiden stellt der sich ergebende Unterschiedsbetrag einen *termination benefit* dar (IAS 19.160). Für die Abgrenzung von *termination benefits* von anderen Leistungen im Rahmen des Arbeitsverhältnisses lassen sich zwei Indikatoren heranziehen (IAS 19.161). Ein *termination benefit* liegt vor, wenn

* die Leistung nicht von einer zukünftigen Erwerbstätigkeit im Unternehmen abhängt und
* auch nicht aus einem allgemeinen Arbeitnehmerversorgungsplan heraus gewährt wird.

140   Eine ähnliche Differenzierung ist auch bei *stay bonuses* beachtlich. Durch deren Gewährung vom Unternehmen an Arbeitnehmer sollen Mitarbeiter über eine gewisse Periode hinweg im Unternehmen gehalten werden.

Praxis-Beispiel

Eine Unternehmensgruppe betreibt ein diversifiziertes weltweites Geschäft, welches sich sowohl in neuen als auch in alten Industrien engagiert. Mit Blick auf die Ausrichtung der Gruppe möchte das Management verschiedene traditionelle Geschäftsbereiche zum Teil verkaufen oder auch abwickeln, um verstärkt in neuere Industrien zu investieren. Zur Abarbeitung der vorhandenen Aufträge im Bereich Schiffbau, welcher ebenfalls geschlossen werden soll, wird den dort arbeitenden Mitarbeitern ein höherer Bonus gewährt (25 GE), wenn diese bis zur Fertigstellung des letzten Auftrags im Unternehmen bleiben. Scheidet jemand vorher freiwillig aus, besteht nur ein geringerer Bonusanspruch (10 GE). Der Abfindungsbonus, der jedem Mitarbeiter gewährt wird (10 GE), stellt einen *termination benefit* dar. Der zusätzliche Bonusanteil spiegelt ein Entgelt für die fortgesetzte Beschäftigung wider.

---

141   Keinen Einfluss auf die Qualifikation als *termination benefit* hat eine gesetzliche Kündigungsfrist, in welcher weiterhin eine entsprechende Arbeitsleistung erbracht werden muss. In manchen Fällen reichen Unternehmen Leistungen im Rahmen eines Arbeitnehmerversorgungsplans aus, die u.a. eine Einmalzahlung beinhalten, welche die Beendigung des Angestelltenverhältnisses vergütet, jedoch nicht unmittelbar vom Arbeitnehmer angenommen wird bzw. welches ein stehendes, jederzeit annehmbares Angebot darstellt. Diese Angebote lassen Zweifel an ihrer Qualität als *termination benefit* aufkommen (IAS 19.163). Auch hier ist der Zweck der Vergütung zu beurteilen, d.h., ein zeitliches Auseinanderfallen von Angebots- und

Annahmezeitpunkt ist nicht schädlich für die Qualifikation als *termination benefit*, solange die Vergütung nicht an einen Verbleib im Unternehmen gekoppelt ist.

Der Passivierungszeitpunkt eines *termination benefit* lässt sich entweder am Zeitpunkt der Unentziehbarkeit von der Leistungszusage oder (falls früher) am Zeitpunkt der Passivierung einer Restrukturierungsverpflichtung im Einklang mit IAS 37 (→ § 21 Rz 90 ff.) festmachen. Der Anteil von bestehenden Restrukturierungskosten, die einen Abfindungscharakter i.S.v. *termination benefits* haben, sind im Anwendungsbereich von IAS 19. Unmittelbare Konsequenz ist die Notwendigkeit zur Unterscheidung in kurzfristige und langfristige Leistungsverpflichtungen (IAS 19.169). Sollte die Ausgestaltung der *termination benefits* zu einer Verbesserung der betrieblichen Altersrente führen, sind die Vorgaben zur Abbildung von Leistungen nach Beendigung des Arbeitsverhältnisses anzuwenden (IAS 19.169). Eine Anwendung der Verteilungsregelungen auf *termination benefits* (wie z.B. gem. IAS 19.70 – IAS 19.74) scheidet aus, da die Leistungszusage gerade unabhängig von Dienstjahren bzw. einer fortgesetzten Beschäftigung gewährt wird. | **142**

Die Beurteilung der Unentziehbarkeit richtet sich nach besonderen Kriterien (IAS 19.166 und IAS 19.167). Entscheidend ist, wer der Initiator der Auflösung des Angestelltenverhältnisses ist. | **143**

- Sollte eine Vertragsauflösung vom Arbeitnehmer ausgehen, kann sich das Unternehmen selbst dieser Verpflichtung nicht mehr entziehen, wenn die Abfindung bereits angeboten ist oder ein etwaiger Rückzug des Angebots nicht mehr möglich ist. Hierbei können u.a. gesetzliche, vertragliche oder sonstige Einschränkungen zu beachten sein, vor allen Dingen der Begriffsgehalt sonstiger Einschränkungen bleibt dabei unbestimmt.

- Sollte die Auflösung des Angestelltenverhältnisses vom Unternehmen selbst ausgehen, kann das Angebot nicht mehr zurückgezogen werden, wenn folgende Kriterien kumulativ erfüllt sind (IAS 19.167):
  - Die ausstehenden Maßnahmen machen eine wesentliche Änderung des Plans unwahrscheinlich.
  - Der Plan spezifiziert bestimmte Ausprägungen wie z.B. Anzahl der Arbeitnehmer, Standorte oder die Aufgabenbereiche der Arbeitnehmer.
  - Der Plan spezifiziert die Abfindungsleistung der Arbeitnehmer hinreichend detailliert, so dass diese sich selbst einen Eindruck von den zu erhaltenden Leistungen machen können.

Die Vorgaben stehen im Wesentlichen im Einklang mit den Passivierungskriterien für Abfindungsleistungen nach IAS 37 (Rz 2), weshalb u.E. die dort bestehende Konkretisierung der Kriterien vorliegend ebenfalls Anwendung finden kann (→ § 21 Rz 94).

6 Latente Steuern

Die Latenzrechnung bereitet keine besonderen Probleme. Wie in allen sonstigen Fällen gilt: Die Steuerlatenz ergibt sich, indem auf die Differenz von IFRS- und Steuerbuchwert der relevante Steuersatz angewandt wird (→ § 26 Rz 44 ff.). | **144**

Eine (temporäre) Differenz zwischen Bilanzansatz und Steuerwert eines betrieblichen Altersversorgungswerks zieht die Erfassung einer Steuer(-latenz) nach sich. Da die Verbindlichkeit allerdings sowohl erfolgswirksam als auch über das | **145** *other comprehensive income* dotiert wird, ist eine (angemessene) Aufteilung der Steuerwirkung geboten (IAS 12.63). Da tatsächliche und latente Steuern nur ausnahmsweise erfolgsneutral zu erfassen sind (IAS 12.58), gilt:

- Im **Umfang des planmäßig in** profit or loss **erfassten Pensionsaufwands** ist eine erfolgswirksame Behandlung geboten.
- Eine **verbleibende Differenz** ist im *other comprehensive income* zu verrechnen.

Insoweit ein unmittelbarer Bezug einer temporären Differenz zu einem versicherungsmathematischen Gewinn/Verlust nachgewiesen wird, kommt ausnahmsweise eine ausschließliche Erfassung im *other comprehensive income* in Betracht.

7   Ausweis

7.1   Bilanzausweis

146   Die nicht finanzielle Verbindlichkeit aus einer leistungsorientierten Zusage ist in einem separaten Posten zu passivieren. Für den Fall des Bestehens von – zur Aufrechnung geeigneten (Rz 91) – Planvermögenswerten kann die Verbindlichkeit nur in Teilen passivierungspflichtig sein oder sogar ganz entfallen. Werden unterschiedliche Leistungszusagen innerhalb eines (Unternehmens-)Verbunds unterschieden, sind die bestehenden Ansprüche und Verpflichtungen unter Wahrung des Einzelbewertungsprinzips (Rz 32) separat abzuhandeln. Eine Aufrechnung ist nur bei einklagbaren Aufrechnungsansprüchen möglich, wenn der Nettoausgleich verschiedener Pläne auch vorgesehen ist (IAS 19.131).

147   Effekte aus der Neubewertung sind über das *other comprehensive income* im Eigenkapital zu erfassen, jedoch nicht verpflichtend in den Gewinnrücklagen. Vielmehr kann hierfür ein separater Posten im Eigenkapital verwendet werden. Gem. IAS 19.122 besteht auch die Option, erfasste Neubewertungen zwischen Eigenkapitalposten umzugliedern, d.h., anfänglich in einem separaten Posten erfasste Beträge später in die Gewinnrücklagen zu verschieben. Eine Umgliederung könnte u.U. dann angebracht sein, wenn z.B. die Pensionsverpflichtung abgegolten wird und die Eingliederung eine Trennung zwischen aktiven sowie inaktiven Komponenten signalisieren soll.

148   Mangels expliziter Fristigkeitsvorschriften in IAS 19 hat die Aufteilung der Rückstellung in kurz- und langfristig den Vorschriften des IAS 1 zu folgen (→ § 2 Rz 33 ff.). Aufgrund der sich ergebenden Komplexität einer Aufteilung in unterjährige und mehrjährige Positionen – die gesamte Verpflichtung ist abzuzinsen, für einen als kurzfristig auszuweisenden Teil ist auch der Zeitwert des Geldes zu beachten – wird allerdings aus Praktikabilitätsgründen eine Unterteilung als nicht zwingend notwendig angesehen (RIC 1, Tz. 32 f.). Deshalb wird die Pensionsverbindlichkeit unter den langfristigen Posten ausgewiesen. Dem entspricht auch die generelle Pflicht zur Abzinsung (Rz 121). Erfolgt trotz der etwaigen Widrigkeiten eine Aufteilung, so ist die ausgewählte Methodik im Anhang offenzulegen.

7.2   Ausweis in der Gesamtergebnisrechnung

149   Für die Gesamtergebnisrechnung ist zwischen Aufwendungen/Erträgen in der GuV (z.B. laufender Dienstzeitaufwand) und Ergebniskomponenten im *other comprehensive income* (z.B. versicherungsmathematische Gewinne und Verluste) zu unterscheiden. Die im *other comprehensive income* zu erfassenden Neube-

wertungen sind in den späteren Perioden nicht in die GuV umzugliedern (IAS 19.122), ein *recycling* scheidet somit aus.

Ein separater Ausweis der einzelnen Komponenten (nachzuverrechnender Dienstzeitaufwand: Plananpassung, -kürzung und -abgeltung) des Dienstzeit-aufwands in der GuV ist nicht zwingend erforderlich, sofern diese gemeinsam eintreten (IAS 19.100). Für den Ausweis des Nettozinsergebnisses besteht keine Vorgabe, denkbar ist daher – als stetig auszuübende *accounting policy* – eine Behandlung als Personalaufwand, aber auch als Finanzergebnis (IAS 19.134).   150

7.3 Ausweis in der Kapitalflussrechnung

Aus den Vorgaben zur Aufstellung eines *cash flow statement* lässt sich keine eindeutige Regel für den Ausweis von (Ein-/Aus-)Zahlungen für Planvermögen ableiten (→ § 3 Rz 51 f.). Die Fragestellung ist beim IFRS IC nicht abschließend geklärt worden. Es bleibt somit bei der bestehenden Unklarheit.   151

8 Angaben

8.1 Angaben für eine Leistungszusage

Der Standard definiert Mindestangabepflichten zu leistungsorientierten Pensi-onsplänen, die im Zeitablauf ständig ausgeweitet wurden. Damit soll die Risi-kostruktur der betrieblichen Versorgungsverpflichtungen besser umschrieben werden. Folgende Kategorien sind beachtlich: 152

- Erläuterung der Plancharakteristika sowie der Risiken,
- Erläuterung der Bilanz- sowie Gesamtergebnisposten,
- Erläuterung der entstehenden *cash-flow*-Belastung.

Neben einer quantitativen Analyse bedarf es somit einer weitreichenden qualita-tiven Analyse hinsichtlich der Struktur, des regulatorischen Umfelds und der Risikobelastung.

Gefordert ist eine unternehmensindividuelle Beurteilung des erforderlichen De-taillierungsgrads sowie der zu setzenden Angabenschwerpunkte. Der Detaillie-rungsgrad der Offenlegung, der Schwerpunktbereich, die Wahl des Levels von Aggregation und Disaggregation richten sich nach den Anforderungen einer Nachvollziehbarkeit durch einen kundigen Leser. Die Offenlegung freiwilliger Informationen bedingt eine genaue Abwägung des Informationsinteresses der Adressaten unter Beachtung der erforderlichen Mindestangaben. So könnten u. a. weitere Erklärungen zu nicht gesicherten Rentenanpassungspflichten bei extern gedeckten Plänen zu einem besseren Risikoverständnis beitragen.[44] Das Unter-nehmen steht daher in der Pflicht, die Art und Quantität der Angaben (unter Berücksichtigung der freiwilligen und Mindestangabepflichten) geeignet zu wählen. Eine solche Offenlegung bedingt eine tiefgreifende Beschäftigung mit dem vorhandenen Zusagenportfolio. Angaben sind erforderlich zu   153

- Planfinanzierung,
- regulatorischem Umfeld der Pläne,
- Einflüsse Dritter auf den Plan und
- angewandter Risikosteuerungsstrategie.

---

[44] Jungblut/Burg, BB 2011, S. 2992.

Damit sind insbesondere das Verständnis und die Kenntlichmachung von besonderen Risiken wie z. B. Tendenzen zur Konzentration des Planvermögens in bestimmten *asset*-Klassen (IAS 19.139(b)) verbunden.

154 Neben den Plancharakteristika sind speziell auch die damit verbundenen Risiken darzustellen (IAS 19.135(a)). Hierfür muss das Risiko jedoch bisher auch *reviewed* und gemanagt worden sein, ansonsten wird dem Unternehmen wohl keine geeignete Risikolandkarte vorliegen. Das Risikomanagement kann unabhängig von den Bewertungsvorgaben gem. IAS 19 gewählt werden. Das Unternehmen hat ein individuelles Managementkonzept zu erstellen und dieses dem Bilanzadressaten offenzulegen. Hierzu sind folgende Angaben zu tätigen:

- Der Typus von Leistungen, die durch den Plan zur Verfügung gestellt werden (wie etwa ein Leistungsplan auf Endgehaltsbasis oder ein beitragsbasierter Plan, der eine Garantie beinhaltet), sind anzugeben.
- Die gewichtigen rechtlichen Rahmenbedingungen des Plans (z. B. Mindestdotierungsverpflichtungen oder Vermögensobergrenze) müssen aufgeklärt werden.
- Die Zuständigkeiten externer Dritter (bspw. Treuhänder) bzgl. ihrer Plansteuerung müssen dargestellt werden.
- Die Charakterisierung von Planänderungen, -kürzungen und -abgeltungen.

155 In den geforderten Erörterungen des Ergebnisses ist der Periodenverlauf quantitativer Berechnungen zu Planvermögenswerten und Pensionsrückstellungen zu reflektieren. Hierfür sind die entsprechenden Überleitungsrechnungen (*reconciliation*) heranzuziehen (IAS 19.140):

- Überleitung der DBO,
- Überleitung des Planvermögens (*plan assets*),
- Überleitung der Erstattungsleistungen (*reimbursements*),
- Überleitung der bilanzierten Nettoschuld (*net defined benefit obligation*) und
- Überleitung der Vermögenswertobergrenze (*asset ceiling*).

Zudem ist eine explizite Aufteilung der versicherungsmathematischen Gewinne und Verluste in demografische und ökonomische Ursachen vorzunehmen.[45]

156 In der Konsequenz muss sich mit der Zuverlässigkeit der getroffenen Annahmen auseinandergesetzt werden. Dahingehend ist ebenfalls auf die Durchführung von Sensitivitätsanalysen zu verweisen. Zudem sind die Planvermögenswerte den einzelnen *asset*-Klassen zuzuordnen, wobei die Klasseneinteilung nach Risiken und Arten der Vermögenswerte zu erfolgen hat. So kann sich z. B. das Risiko einer *asset*-Klasse, für welche beobachtbare Marktpreise bestehen, von *asset*-Klassen ohne einen aktiven Markt stark unterscheiden.

157 Gleichfalls sind weitere Angaben zu Liquiditätsgefahren zu machen. Die Einschätzung des daraus entstehenden Risikos bedingt eine Angabe der Höhe, des zeitlichen Anfalls sowie möglicher Unsicherheiten. Hierbei ist speziell auch auf investitionstheoretische Kennzahlen (z. B. die *weighted average duration*) einzugehen. Jede der Überleitungsrechnungen hat, sofern einschlägig, nach IAS 19.141 u. a. folgende Posten aufzuführen:

- den laufenden Dienstzeitaufwand,
- die Nettozinsen aus der rechnungsmäßigen Verzinsung der Nettoschuld bzw. des Nettovermögenswerts,

---

[45] GOHDES/STÖCKLER, BB 2012, S. 373.

- die Neubewertungen der Nettoschuld bzw. des Nettovermögenswerts mit separater Angabe
  - der betragsmäßigen Abweichung zwischen tatsächlichem und unterstelltem Planvermögensertrag,
  - der versicherungsmathematischen Gewinne und Verluste gem. demografischer Annahmen,
  - der versicherungsmathematischen Gewinne und Verluste gem. finanzieller Annahmen,
  - erfahrungsbedingter Anpassungen, um eine vollständige Überleitung zu gewährleisten,[46]
  - des nachzuverrechnenden Dienstzeitaufwands zuzüglich des Abgeltungsergebnisses bei gemeinsamem Auftreten,
- Wechselkursänderungseffekte,
- Beiträge zum Versorgungsplan für Arbeitgeber und Arbeitnehmer und
- Leistungszahlungen mit gesondertem Ausweis der Abgeltungsbeträge.

Weitere Angaben sind zum Inhalt des Planvermögens erforderlich und in welchem Ausmaß das Planvermögen übertragbare eigene Finanzinstrumente und vom Unternehmen selbst genutzte Immobilien sowie andere Vermögenswerte beinhaltet (IAS 19.143).

Gem. IAS 19.144 sind die signifikanten versicherungsmathematischen Annahmen zur Berechnung der *defined benefit obligation* in absoluten Werten anzugeben. Hierbei wird i. d. R. wohl auf nachfolgende Parameter abzustellen sein: **158**

- Abzinsungssatz,
- erwartete Lohn-, Gehalts- und Rentensteigerungen,
- bei Krankheitskostenplänen Kostentrends für die medizinische Versorgung.

Werden die Angaben für eine Gruppe von Leistungsplänen zusammengefasst, so können diese in Form gewichteter Durchschnittswerte oder enger Bandbreiten erfolgen.

IAS 19 erfordert zwingend eine Befassung mit der Sensitivität der Pensionsverpflichtung hinsichtlich signifikanter versicherungsmathematischer Annahmen (IAS 19.145). Damit werden die Ausschläge eines Bilanzpostens bei sich ändernden Bewertungsannahmen aufgezeigt. Diese Angabe ist daher zur Risikoanalyse von besonderer Bedeutung.[47] Diese soll jedoch keine Wechselwirkungen der Parameter aufzeigen, sondern vielmehr den Risikobeitrag der einzelnen wesentlichen Annahmen kenntlich machen. Der Parameter ist so zu variieren wie eine Entwicklung vernünftigerweise möglich wäre (*reasonably possible*). U. E. ist auf die Regelungen in IFRS 7 zur Darstellung einer Sensitivitätsanalyse abzustellen. Änderungen sind in dem Umfang zu zeigen, die am nächsten Abschlussstichtag realistischerweise zu erwarten sind. Die Sensitivitätsanalyse kann unter Beachtung der Vorgaben von IFRS 7 unzweifelhaft nur als Parametervariation in beide Richtungen verstanden werden. Umgekehrt würde eine ausschließliche Berücksichtigung einer Steigerung der Pensionsrückstellung eine unausgewogene Parameterwahl andeuten, da nur die Entwicklung in eine Richtung angenommen würde.[48] Nur bei symmetrischem Verhalten der Pensionsverpflichtung **159**

---

[46] SCHARR/FEIGE/BAIER, KoR 2012, S. 16; GOHDES/STÖCKLER, BB 2012, S. 373.
[47] FODOR/GOHDES, BB 2013, S. 1771.
[48] FODOR/GOHDES, BB 2013, S. 1774.

wäre hilfsweise ein Auslassen beider Richtungen im Anhang unter Verweis auf die Symmetrie gerechtfertigt. Mit Blick auf die Variation des Sterblichkeitsparameters ist mindestens aus Risikogesichtspunkten eine Variation „nach oben" absolut notwendig. Auch wenn die Datengrundlage (Sterbetafel) bereits eine abweichende Mortalität berücksichtigt, so vollzieht sich die Parameteränderung doch kontinuierlich über die Perioden hinweg. Eine Abweichung kann daher bereits im Vorfeld der Aktualisierung der Sterbetafel auftreten.

160　Weichen bei Plänen oder Plangruppen die Risiken übermäßig voneinander ab, ist zu bewerten, ob für diese Pläne zusammengefasste oder aufgeteilte Anhangangaben dem Abschlussadressaten wertvollere Auskünfte liefern. Hier können differierende geografische Standorte, Merkmale der Leistungspläne, regulierende Rahmenbedingungen, Geschäftssegmente oder Finanzierungskontrakte (z.B. fondsgedeckte und nicht fondsgedeckte Pläne; IAS 19.138) als Unterscheidungsmerkmale dienen.

8.2　Angaben für eine Beitragszusage

161　Für einen *defined contribution plan* ist nur der im Geschäftsjahr gebuchte Pensionsaufwand anzugeben (IAS 19.53).

8.3　Angaben für kurz- und langfristige Leistungen sowie *termination benefits*

162　Neben den Angabepflichten für Leistungen nach der Beendigung des Arbeitsverhältnisses bestehen für kurzfristig und langfristig fällige Leistungen an Arbeitnehmer i.S.d. IAS 19 keine spezifischen Angabepflichten. Dennoch können sich andere Angabepflichten ergeben (IAS 19.25), z.B. aus der Vergütungsberichterstattung an Managementmitglieder in Schlüsselpositionen gem. IAS 24.

8.4　Angaben für eine Gruppenkasse

163　Entscheidendes Merkmal von *multi-employer*-Plänen ist die Zusammenführung mehrerer Pläne mit einheitlichen Leistungen und Beiträgen mehrerer (unverbundener) Arbeitgeber und gemeinsamer Kapitalanlage. Unterschiedliche Risikoverläufe (Sterblichkeit, Invalidität, vorzeitige Pensionierung etc.) bei Begünstigten einzelner Arbeitgeber werden gemeinsam von allen Arbeitgebern getragen/geteilt. Bei versicherungsförmig ausgestalteten *multi-employer*-Plänen werden die Risiken Tod und Invalidität zwar gemeinsam getragen, aber eine vernünftige Aufteilung der Verpflichtungen und der Vermögenswerte (anhand der Deckungskapitalien) ist möglich. Es erfolgt dann eine anteilige Bilanzierung des betrieblichen Altersversorgungswerks (Rz 29ff.) unter Berücksichtigung der allgemeinen Angabepflichten (Rz 152ff.).

164　Sind ausnahmsweise bei einer als *defined benefit plan* ausgestalteten Gruppenkasse die Informationen für eine entsprechende versicherungsmathematische Bewertung nicht verfügbar (IAS 19.34) bzw. gibt es keine vernünftige Grundlage für die Aufteilung der Verpflichtungen und/oder der Vermögenswerte der Gruppenkasse auf die beteiligten Arbeitgeber (IAS 19.36), ist ein *defined contribution plan* zu bilanzieren (Rz 27). Es besteht aber die Pflicht zu umfassenden

Anhangangaben (IAS 19.148). Zu diesen Anhangangaben für alle als *defined benefit plan* ausgestalteten Gruppenkassen gehören eine Beschreibung

- des Finanzierungsverfahrens einschließlich der Methodik im Hinblick auf die Beitragsfestsetzung und etwaige Mindestdotierungsvorschriften,
- in welchem Umfang das Unternehmen für Verpflichtungen anderer Unternehmen haftet, sowie
- einer evtl. vereinbarten Zuordnung von Über-/Unterdeckungen bei Planbeendigung oder Austritt aus der Gruppenkasse.

Zusätzlich muss erklärt werden, warum für eine Bilanzierung als *defined benefit plan* nicht genügend Informationen verfügbar sind.

Der erwartete Aufwand der nächsten Periode ist offenzulegen. Zusätzlich sind **165** Informationen über eine Unter- oder Überdeckung der Gruppenkasse zu geben, wenn diese Auswirkungen auf die künftigen Beiträge oder Umlagen zur Gruppenkasse hat. Darüber hinaus sollen Informationen zur Einschätzung des Anteils am Plan, also z. B. der Anteil am Gesamtbeitrag oder der Anteil an den aktiven Begünstigten der Gruppenkasse, offengelegt werden.

9 Bilanzierung aus der Perspektive des Trägers einer Altersversorgungsverpflichtung

9.1 Definition

Pensionskassen und Pensionsfonds sind Institutionen, deren wesentlicher Zweck die **166** Durchführung der **betrieblichen Altersversorgung** i. S. d. Betriebsrentengesetzes eines oder mehrerer Unternehmen (Arbeitgeber) im Weg des Kapitaldeckungsverfahrens ist. Sie können in der Rechtsform eines Versicherungs- bzw. Pensionsfondsvereins auf Gegenseitigkeit oder einer Aktiengesellschaft tätig sein. Als Aktiengesellschaft können sie einem **Konzern** angehören, so dass sie ggf. in einen Konzernabschluss einzubeziehen sind.

Von einem *long-term employment benefit fund* gem. IAS 19.8 wird verlangt, dass er **167** einzig und allein zum Zweck der Sicherung oder Finanzierung von Leistungen an Arbeitnehmer (*employee benefits*), wie z. B. betriebliche Altersversorgung, existiert. Eine spezielle Rechtsform wird nicht vorgegeben und auch nicht untersagt. Wenn eine Pensionskassen AG bzw. Pensionsfonds AG von einem Dienstleister (z. B. einem Lebensversicherungsunternehmen oder einer Bank) gegründet wurde, um auch (bzw. in erster Linie) Pensionsverpflichtungen fremder Arbeitgeber **gewerbsmäßig** zum Nutzen der eigenen Anteilseigner zu finanzieren, handelt es sich bei solchen Pensionskassen und Pensionsfonds nicht um *long-term employment benefit funds* gem. IAS 19.8, sondern um gewerbsmäßig tätige Unternehmen (wie Lebensversicherungsunternehmen).

9.2 Berichterstattung nach IAS 26

Für die Berichterstattung einer **Versorgungseinrichtung** (Pensionsfonds, Pensi- **168** onskasse, Unterstützungs- bzw. Versorgungskasse) sind besondere Vorgaben beachtlich (IAS 26.3), wenn diese in ihrer Eigenschaft als *retirement benefit plan* einen eigenständigen Abschluss nach IFRS für die Versorgungsberechtigten erstellt. Die Aufstellungspflicht richtet sich nicht nach IFRS. In **Deutschland** besteht keine entsprechende Pflicht, der **praktische Anwendungsbereich** von IAS 26 tendiert aus nationaler Sicht **gegen null.** Die Informationspflichten eines *retirement benefit plan* gegenüber den Versorgungsberechtigten ergeben sich aus Vorschriften der nationalen Aufsichtsbehörden, des nationalen Betriebsrentenrechts oder auch aus freiwilligen Regelungen (z. B. in einer Satzung) der Versorgungseinrichtung.

169 Wegen seiner **praktischen Bedeutungslosigkeit** ist IAS 26 seit 1994 nicht mehr überarbeitet worden. Das grundlegende Diskussionspapier des englischen ASB und der europäischen EFRAG zum *„Financial Reporting of Pensions"* als Bestandteil der *„Pro-active Accounting Activities in Europe"* (PAAinE) vom 31.1.2008 macht zwar Vorschläge zur Aktualisierung von IAS 26, gibt aber auch keine überzeugenden Gründe, warum und wozu IAS 26 dienen könnte. Eine Darstellung der einzelnen Regelungsinhalte von IAS 26 erübrigt sich somit. Sie betreffen im Wesentlichen die Bewertung der erdienten Altersversorgungsansprüche und der zu deren Deckung angesammelten Vermögenswerte.

170 Wird eine Pensionskasse oder ein Pensionsfonds in einen Konzernabschluss nach IFRS **einbezogen,** ist IAS 19 anzuwenden, sofern die Pensionskasse oder der Pensionsfonds (nicht gewerbsmäßig) nur Mitarbeiter des Konzerns versorgt. Versichert bzw. versorgt die Pensionskassen AG oder die Pensionsfonds AG auch (gewerbsmäßig) Mitarbeiter **fremder** Arbeitgeber, dann ist sie nicht als *long-term employee benefit fund* oder *retirement benefit plan* tätig, so dass für den Konzernabschluss nach IFRS weder IAS 19 noch IAS 26 einschlägig sind, sondern die entsprechenden IFRS für Lebensversicherungsunternehmen. Für eine Pensionskassen AG gilt dies zwingend, da sie auch rechtlich ein (kleineres) Lebensversicherungsunternehmen ist. Für eine Pensionsfonds AG ist ein Analogieschluss geboten. Insoweit eine solche gewerbsmäßig tätige Pensionskassen AG bzw. Pensionsfonds AG auch Mitarbeiter des eigenen Konzerns versorgt, betreibt der Konzern ein Geschäft mit sich selbst bzw. mit nahestehenden Personen (*related party*; → § 30). Ähnliches kann auch bei Lebensversicherungsunternehmen (hinsichtlich Direktversicherungen und Rückdeckungsversicherungen) vorkommen. Die Vermögenswerte (Deckungskapitalien), die auf die versorgten Arbeitnehmer des eigenen Konzerns entfallen, gelten dann nicht als *plan assets* nach IAS 19.8.

10 ABC der Altersversorgung

171

Abfindungen	Abfindungen bei Beendigung des **Arbeitsverhältnisses** (*termination benefits*), u. a. im Rahmen von Personalstrukturmaßnahmen (Rz 139 ff.); Abfindungen im Rahmen von **Altersteilzeitregelungen** (Rz 126 ff.); Abfindungen von **Pensionsverpflichtungen** (*settlements*; Rz 85).
Altersteilzeit	Passivierung geboten: Erfassung eines Erfüllungsrückstands im Blockmodell, jedoch nicht im Gleichverteilungsmodell. In beiden Modellen sind ebenfalls die Rückstellungen für Aufstockungsleistungen zu erfassen, zur Bewertung bzw. den unterschiedlichen Ansammlungsmodellen siehe Rz 126 ff.

Altersversorgung	Unterscheidung zwischen Leistungszusagen (*defined benefit plan*; Rz 29 ff.) und Beitragszusagen (*defined contribution plan*; Rz 15 ff.).
Arbeitsfreistellung	Im Rahmen von Altersteilzeitregelungen (Rz 126 ff.); oder volle Passivierung zum Barwert als Rückstellung (ggf. unabgezinst, wenn kurzfristig).
Beitragszusage	Siehe „*defined contribution plan*" (Rz 8 ff.).
Bonus	Siehe „Gewinnbeteiligungen".
CTA	*Contractual trust arrangements* sind Treuhandlösungen, die Direktzusagen mit *plan assets* unterlegen (Rz 69 ff.).
Direktversicherungen	*Defined contribution plans*, wenn sämtliche Überschüsse an die Arbeitnehmer gehen und die Ansprüche der Arbeitnehmer auch bei deren unverfallbarem Ausscheiden gedeckt sind, ansonsten *defined benefit plans* (Rz 16 ff.).
Direktzusage	Immer *defined benefit plan* (Rz 16 ff.).
Entgeltumwandlung	Arbeitnehmer wandelt Gehalt in wertgleiche Anwartschaften auf Versorgungsleistungen um (Rz 109 ff.).
Gewinnbeteiligungen	Sind als Verbindlichkeit anzusetzen, sofern eine rechtliche oder faktische Verpflichtung des Unternehmens besteht (Rz 84).
Gleitzeitguthaben	Im Rahmen von Arbeitszeitkontenmodellen (Rz 123 ff.).
Gratifikationen	Bilanzierung analog zu „Jubiläumsgeldern" (Rz 123 ff.).
Jubiläumsgelder	Zu erfassen und zum Barwert zu bewerten (Rz 123 ff.).
Krankheitskostenpläne	Arbeitgeber trägt für Betriebsrentner Krankenversicherungsbeiträge (teilweise) oder erstattet Krankheitskosten direkt (teilweise), so dass qualitativ ein Pensionsplan vorliegt, damit Ansammlung der Kosten in der Aktivitätszeit. Trägt der Arbeitgeber solche Kosten für noch tätige Aktive, gelten diese hingegen als laufender Lohn (laufender Personalaufwand; siehe Rz 11 ansammelbare Ansprüche).
Nicht rückgedeckte Unterstützungskasse	Stets *defined benefit plan* (Rz 16 ff.).
Pensionen	Rz 1 ff.

Pensionsfonds	Pensionsfonds als Lebensversicherungsunternehmen und Ausgestaltung des Pensionsplans als Direktversicherung, führt im Ergebnis wirtschaftlich gesehen zur analogen Behandlung zu Direktversicherungen (Rz 16 ff.).
Pensionskasse	Führung der Pensionskasse als Lebensversicherungsunternehmen und Ausgestaltung des Pensionsplans als Direktversicherung, führt im Ergebnis wirtschaftlich gesehen zur analogen Behandlung zu Direktversicherungen (Rz 16 ff.).
Pensionssicherungsverein ("Altlast")	In 2006 wurde das PSV-Finanzierungsverfahren auf Kapitaldeckung geändert (§ 30i BetrAVG). Altlasten werden durch einen gestreckten Sonderbeitrag (15 Jahre) finanziert oder als Einmalzahlung beglichen. Diese Verbindlichkeit ist mit dem Ratenzahlungsbarwert (IAS 37.45 ff.) anzusetzen; höchstens aber mit dem Ablösungsbetrag (so auch IDW vom 29.11.2006).
Plan assets	Rz 91 ff.
Rückgedeckte Direktzusage	Eine verpfändete Versicherung gilt i. d. R. als *qualifying insurance policy*. Durch vollständige Kongruenz (Gleichheit der Ausgestaltungsmerkmale) kann wirtschaftlich ein *defined contribution plan* entstehen (Rz 74, Rz 69). Ohne Verpfändung stellen diese quasi *plan assets* dar (Rz 76), bei denen jedoch die Möglichkeit zur Saldierung entfällt.
Rückgedeckte Unterstützungskasse	Versicherung gilt i. d. R. als *qualifying insurance policy*. Sollte exakte Kongruenz bzgl. der erdienten Ansprüche bestehen, ist in wirtschaftlicher Betrachtung eine Behandlung als *defined contribution plan* gerechtfertigt.
Schriftform der Versorgungszusagen	Nicht zwingend notwendig.
Überbrückungsgelder	Siehe "Übergangszahlungen".
Übergangszahlungen	Zweckgerichtet zu bilanzieren: Ziel ist die Beendigung des Arbeitsverhältnisses, dann Bilanzierung als *termination benefit* (Rz 139 f.); u. a. bei Übergang in die Altersversorgung als betriebliche Altersversorgung.
Urlaubsverpflichtung	Passivierung einer Schuld (Rz 7 ff.).

Verwaltungskosten (der betrieblichen Altersversorgung)	Laufender Aufwand der Periode. Laufende Verwaltungskosten sind als Personalaufwand zu erfassen (Rz 74). Planvermögensverwaltungskosten mindern den Ertrag (Rz 93).
Vorruhestandsregelung	Die Bilanzierung ähnlich zur Altersteilzeit (Rz 126 ff.), hier besteht allerdings bereits formale Beendigung des Arbeitsverhältnisses. Betrifft der Vorruhestand bereits einen potenziellen Ruhestandszeitraum, ist faktisch eine Bilanzierung als Pensionsverpflichtungen notwendig, wobei das Aufsetzen eines solchen Plans zu *past service cost* führt, die sofort voll zu erfassen sind (Rz 55).
Zusatzversorgungskasse	Zusatzversorgungskassen bieten Arbeitern und Angestellten des öffentlichen Dienstes bzw. auch von privatisierten ehemals öffentlichen Arbeitgebern eine Zusatzversorgung und gelten als Pensionskassen, allerdings ohne der Aufsicht der BaFin zu unterstehen. Diese stellen meist *multi-employer plans* dar (Rz 21 ff.).

11   Anwendungszeitpunkt, Rechtsentwicklung

IAS 19 ist generell anzuwenden, wenn ein Jahresabschluss nach IFRS vorgelegt wird. Der Anwendungsbereich der Vorgaben in IAS 26 ist praktisch nicht gegeben (Rz 166). Auf die Checkliste „IFRS-Abschlussangaben" (siehe HI10157883 im Haufe IFRS-Kommentar Online) wird verwiesen (→ § 5 Rz 8). **172**

Zur Diskussion um die Bewertung und Bilanzierung von Hybridzusagen, also von Zusagen mit Charakteristiken von Leistungs- und Beitragszusagen: Die IFRIC *Draft Interpretation* D9 (*Employee Benefit Plans with a Promised Return on Contributions or Notional Contributions*) machte Vorschläge zur geeigneten bilanziellen Behandlung von (meist an Wertpapiere gebundenen) Pensionsverpflichtungen mit garantierten Mindestleistungen. Im Juli 2006 wurde diese Thematik direkt vom IASB übernommen, zunächst unter dem neuen Namen „*mediate risk plans*", seit 2007 unter dem wiederum neuen Namen „*defined return plans*" und seit 27.3.2008 im Diskussionspapier des IASB unter der Terminologie der „*contribution based promises*" (CBP). Aktuell wird das Projekt nicht weiter verfolgt. Im Mai 2014 hat das IFRS IC entschieden, das Thema nicht auf die Agenda zu setzen, weil es zu umfangreich für eine Interpretation ist. Unterdessen hat der IASB ein *research project* gestartet, um weitere Untersuchungen zur Behandlung betroffener Zusagen in der Praxis durchzuführen. **173**

IAS 19 ist in seiner jetzigen Form als IAS 19 (2011) und damit weitestgehende Überarbeitung seit der Berichtsperiode zum 1.1.2013 anzuwenden. Die letztmalig in EU-Recht umgesetzte Änderung an IAS 19 (*Employee Contributions*) trat zum 1.1.2015 in Kraft. Aktuell steht eine Ergänzung (ED/2015/5) bzgl. der Neubewertung von geänderten Plänen nach Abgeltung oder Kürzung (Rz 84) sowie der Rückgewähr von Überschüssen (*refund of surplus*) aus. Dieses Projekt **174** steht allerdings in der Analysephase. Eine abschließende Entscheidung über das weitere Vorgehen steht noch aus (Rz 175). Zudem wertet der IASB die Ergebnisse des Mitarbeiter Review des IAS 19 aus und überlegt, bestimmte damit in Zusammenhang stehende Themen auf die Agenda des künftigen Arbeitsprogramms zu nehmen.

175   In ED/2015/5 werden aktuell zwei Sachverhalte aufgegriffen,[49] die zuvor bereits an das IFRS IC herangetragen wurden, dort aber keiner Klärung zugeführt werden konnten.

- Änderung von IAS 19: Nach Neubewertung eines leistungsorientierten Plans aufgrund einer Änderung, Kürzung oder Erfüllung sollen der künftige laufende Dienstzeitaufwand und die Nettozinsen unter Berücksichtigung der revidierten Erkenntnisse bestimmt werden.

- Änderung von IFRIC 14: Ob eine erwartete Erstattung aus einem leistungsorientierten Plan als Vermögenswert angesetzt werden kann, ist ohne Berücksichtigung der Beträge zu beurteilen, die von Dritten für andere Zwecke auf eigene Veranlassung genutzt werden können (z.B. Verwendung von Überschüssen für neue Investments in den Plan). Eine anteilige (Plan-)Erfüllung i.S.d. IFRIC 14.11(b) ist dann nicht anzunehmen, wenn Dritte ohne Einwirkungsmöglichkeit den Plan abwickeln können. Es bedarf daher einer Abgrenzung der Entscheidungsmacht von Dritten bzgl. Investments in den Plan und betreffend die (Nicht-)Fortführung des Plans.

Die vorgeschlagenen Änderungen sollen rückwirkend angewendet werden.

---

[49]   Ausführlich HAGEMANN/NEUMEIER, PiR 2015, S. 315 ff.

§ 23 ANTEILSBASIERTE VERGÜTUNGSFORMEN
(Share-based Payment)

Schrifttum: Casper, Repricing von Stock Options, DStR 2004, S. 1391; Crasselt, Bewertung indexierter Mitarbeiter-Aktienoptionen im Binomialmodell, KoR 2005, S. 444; Deloitte, Share-based Payment, A guide to IFRS 2, June 2007; Ekkenga, Bilanzierung von Stock Options Plans nach US-GAAP, IFRS und HGB, DB 2004, S. 1897; Freiberg, Earn out-Klauseln beim Unternehmenserwerb, PiR 2008, S. 31; Freiberg, Schwebende Geschäfte über Güter- und Energielieferungen als Finanzinstrumente, PiR 2007, S. 230; Hasbargen/Seta, IAS/IFRS ED 2 – Auswirkungen auf aktienbasierte Vergütung, BB 2003, S. 515; Hasenburg/Seidler, IFRS 2 Anteilsbasierte Vergütungen, Der Konzern 2005, S. 162; Hoffmann/Lüdenbach, Die Bilanzierung aktienorientierter Vergütungsformen nach IFRS 2, DStR 2004, S. 786; Kropp, Aktienoptionen statt finanzielle Gewinnbeteiligung: Wann und in welcher Höhe werden sie aufwandswirksam?, DStR 2002, S. 1919 und S. 1960; Küting/Dürr, IFRS 2 Share-based Payment – ein Schritt zu weltweiter Konvergenz, WPg 2004, S. 609; Lange, Bilanzierung von Stock Options – Kritische Anmerkungen zu ausgewählten Aspekten von E-DRS 11, WPg 2002, S. 354; Lüdenbach, Front loading bei anteilsbasierter Vergütung mit Erfolgsziel?, PiR 2016, S. 362; Oser/Vater, Bilanzierung von Stock Options nach US-GAAP und IAS, DB 2001, S. 1261; Pellens/Crasselt, IFRS 2 „Share-based Payment" – Anwendungsfragen bei nicht börsennotierten Gesellschaften, PiR 2005, S. 35; Rossmanith/Funk/Alber, Stock options, WPg 2006, S. 664; Schildbach, Personalaufwand aus Managerentlohnung mittels realer Aktienoptionen – Reform der IAS im Interesse besserer Informationen?, DB 2003, S. 893; Schmidt, Bilanzierung von Aktienoptionsplänen nach IFRS 2, 2006; Schreiber, IFRS 2 Share-based Payment, KoR 2006, S. 298; Vater, ED zur Ergänzung von IFRS 2, WPg 2006, S. 713; Vater, Bewertung von Stock Options: Berücksichtigung bewertungsrelevanter Besonderheiten, DStR 2004, S. 1715; Vater, Bilanzierung von Stock Options und ähnlichen Vergütungsinstrumenten nach IFRS 2, StuB 2004, S. 801; Vater, Zur Bewertung von Executive Stock Options: Bestimmung und Modifikation der Bewertungsparameter, WPg 2004, S. 1246; Zeimes/Thuy, Aktienoptionen sind als Aufwand zu erfassen, KoR 2003, S. 39.

Vorbemerkung

Die Kommentierung bezieht sich auf IFRS 2 in der aktuellen Fassung und berücksichtigt alle Ergänzungen, Änderungen und Interpretationen, die bis zum 1.1.2017 beschlossen wurden.

Einen Überblick über diskutierte oder schon als Änderungsentwurf vorgelegte zukünftige Regelungen enthalten Rz 253 f.

1 Zielsetzung, Regelungsinhalt, Begriffe

1.1 Schuldrechtlicher Erwerb, gesellschaftsrechtliche Einlage von Gütern und Diensten

IFRS 2 regelt die Bilanzierung des Erwerbs von Gütern oder Diensten durch **1** Ausgabe von Anteilen, Optionen auf Anteile oder an die Wertentwicklung der Anteile geknüpfte Barzahlungen *(share-based payment transactions)*. Entgegen der deutschen Überschrift des Standards („Aktienbasierte Vergütung") umfasst der Anwendungsbereich auch Vergütungen, die an Wert oder Wertentwicklung von GmbH- oder Personengesellschaftsanteilen geknüpft sind. Zutreffender und deshalb in dieser Kommentierung überwiegend verwendet, ist deshalb die Bezeichnung **anteilsbasierte Vergütungen**.

Die Rezeption von IFRS 2 durch die Praxis hat sich auf den Erwerb von Arbeits- **2** leistungen gegen Gewährung virtueller oder realer Optionen (Rz 15) konzentriert. Der Anwendungsbereich des IFRS 2 umfasst aber

- neben der meist auf **schuldrechtlicher** Grundlage erfolgenden anteilsbasierten Vergütung von Arbeits- oder sonstigen Dienstleistungen
- auch die meist auf **gesellschaftsrechtlicher** Basis vorgenommene anteilsbasierte Vergütung von erhaltenen Gütern, somit also **Einlagevorgänge** wie die Kapitalerhöhung gegen Sacheinlage (→ § 20 Rz 80).

Die Kommentierung in diesem Paragrafen behandelt vornehmlich die schuldrechtlichen Fälle. Wegen Sacheinlagen wird auf → § 20 Rz 80 verwiesen.

Anteilsbasierte Vergütungen können weiter unterschieden werden nach **3**

- **Art** der vom Unternehmen empfangenen Leistung (Rz 4), wobei nicht alle Leistungen in den Anwendungsbereich von IFRS 2 fallen (Rz 26 und Rz 32), und
- **Form** der vom Unternehmen als Gegenleistung gewährten Vergütung (Rz 8).

1.2 Art der vom Unternehmen empfangenen Leistung

IFRS 2 **beschränkt** sich **nicht** auf Vergütungen an **Arbeitnehmer** (IFRS 2.3); **4** auch andere „Lieferanten" des Unternehmens können anteilsbasierte Vergütungen erhalten. Überdies fallen zur Förderung des Unternehmensansehens geleistete anteilsbasierte Zuwendungen an karitative oder sonstige gemeinnützige Einrichtungen ebenfalls in den Anwendungsbereich von IFRS 2 (Rz 6).

Die erhaltene **Leistung**, für welche die anteilsbasierte Vergütung gewährt wird, **5** kann in – bilanzierbaren oder nicht bilanzierbaren – **Gütern** *(goods)* oder **Dienstleistungen** *(services)* bestehen. Der Begriff „Güter" umfasst gem. IFRS 2.5:

- Vorräte *(inventories)*,
- Verbrauchsstoffe *(consumables)*,
- Sachanlagen *(property, plant and equipment)*,
- immaterielle Vermögenswerte *(intangibles)* sowie
- andere nicht finanzielle Vermögenswerte *(other non-financial assets)*.

Auch die **nicht bilanzierungsfähige** Stärkung von Image und Ansehen kann als „*good*" oder „*service*" in diesem Sinne gelten (Rz 6).

Ein Anwendungsfall von IFRS 2 liegt hingegen **nicht** vor,

- wenn die erhaltene Leistung ein Finanzinstrument darstellt (Rz 32) oder
- die Leistung im Rahmen eines Unternehmenserwerbs zugegangen ist (Rz 26).

Darüber hinaus erfolgte im Rahmen des *Annual Improvements Project 2009* eine Klarstellung, wonach auch die Gründung von Gemeinschaftsunternehmen (*jointly controlled entities*) sowie *transactions under common control* durch Hingabe eigener Anteile nicht unter IFRS 2 fallen.

6   Eine Anwendung von IFRS 2 wird auch dann nicht ausgeschlossen, wenn sich die erhaltenen Güter oder Dienstleistungen nicht oder zumindest **nicht** vollständig **identifizieren** lassen.[1] Die Gewährung einer anteilsbasierten Vergütung für nicht identifizierbare Güter oder Dienstleistungen (z.B. eine erhoffte Imageverbesserung oder die Vermeidung wirtschaftlicher Nachteile) stellt daher ebenfalls eine *share-based payment transaction* i.S.v. IFRS 2 dar.

Ein Ungleichgewicht zwischen dem *fair value* der identifizierbaren erhaltenen Güter oder Dienstleistungen und dem Wert der gewährten anteilsbasierten Vergütung deutet auf den zusätzlichen Erhalt nicht identifizierbarer Güter oder Dienstleistungen hin. IFRS 2 geht von der Ausgeglichenheit von Leistung und Gegenleistung aus. Daher bestimmt sich der Wert der nicht identifizierbaren Güter oder Dienstleistungen durch die *fair-value*-Differenz zwischen den identifizierbaren erhaltenen Gütern und Dienstleistungen und der gewährten anteilsbasierten Vergütung (IFRS 2.13A).

Bedeutung hat die Identifikation der empfangenen Leistung für die **Erfolgsrechnung**:

- Ist die empfangene Leistung ein **bilanzierungsfähiges Gut**, entsteht Aufwand aus der anteilsbasierten Vergütung erst über die **Abschreibung** oder Weiterveräußerung dieses Guts.
- Ist die empfangene Leistung ein identifizierbarer, sich über eine bestimmte Zeitspanne erstreckender **Dienst**, entsteht Aufwand über diese **Zeitspanne**.
- Liegt eine **nicht bilanzierungsfähige** und/oder nicht identifizierbare **Leistung** vor, entsteht **sofort Aufwand**.

7   Mit der ab 2013 geltenden Verpflichtung auf konzeptionelle Leitlinien zur Bestimmung des beizulegenden Zeitwerts (*fair value*) vor der Klammer der Einzelstandards (→ § 8a) ergibt sich in Abhängigkeit des Bewertungsobjekts die Notwendigkeit einer differenzierten Betrachtung:

- Für die Bewertung der erhaltenen Güter oder Dienstleistungen wird der Bewertungsmaßstab *fair value* durch die einheitlichen Leitlinien als *exit price* konkretisiert (→ § 8a Rz 13).
- Der Bewertungsmaßstab der gewährten anteilsbasierten Vergütung wird zwar ebenfalls als *fair value* bezeichnet, unterliegt aber einem expliziten Ausschluss von den allgemeinen Leitlinien (→ § 8a Rz 9).

Die Bewertungsvorgaben für anteilsbasierte Vergütungen stehen künftig somit neben den allgemeinen Vorgaben; trotz gleicher Bezeichnung als *fair value* ist ein abweichender Bewertungsmaßstab (*measure*) beachtlich. Wesentliche Ursachen für das Auseinanderfallen sind die Verpflichtung auf einen *grant date measurement approach* bei vereinbartem *equity settlement* (Rz 84) und die Unterscheidung in ein Preis- und Mengengerüst der Bewertung (Rz 80).

---

[1]   Vgl. SCHREIBER, KoR 2006, S. 303.

1.3 Form der vom Unternehmen geleisteten Vergütung

1.3.1 Vergütung in Eigenkapital oder bar

Hinsichtlich der für den Erwerb der Güter oder Leistungen vom Unternehmen **8** gewährten Gegenleistung unterscheidet IFRS 2.2 drei Formen anteilsbasierter Vergütung:

- **Vergütungen in Eigenkapitalinstrumenten** (*equity-settled share-based payment transactions*); hierzu gehören z.B. die Kapitalerhöhung gegen Sacheinlage oder die Ausgabe von realen Aktienoptionen an Arbeitnehmer,
- **Barvergütungen,** deren Höhe sich am Wert von Eigenkapitalinstrumenten orientiert *(cash-settled share-based payment transactions)*; wichtigster Anwendungsfall ist die Gewährung virtueller Optionen *(stock* bzw. *share appreciation rights)* an Arbeitnehmer,
- Vergütungen mit **Wahlrecht** des Unternehmens oder des Leistungsempfängers zwischen Erfüllung in Eigenkapitalinstrumenten (Aktien, reale Optionen usw.) oder anteilswertorientierter Barvergütung *(share-based payment transactions with cash alternatives).*

1.3.2 Identität des Leistungserbringers

Hinsichtlich der Identität der **Gegenpartei** (Empfänger der anteilsbasierten Vergütung) ist nach IFRS 2 zwischen Arbeitnehmern und ähnlich Handelnden (*employees and others providing similar services*) einerseits und sonstigen Leistungserbringern (*non-employees*) andererseits zu unterscheiden. Die Differenzierung zeitigt insbesondere für die Richtung (empfangene vs. erbrachte Leistung) und den Zeitpunkt der Bewertung, aber nicht hinsichtlich der Berücksichtigung von Ausübungsbedingungen, Relevanz. Die Unterscheidung ist allerdings nur für Zusagen mit vorgesehenem *equity settlement* von Bedeutung. Für *cash-settled share-based payment transactions* entfällt die Differenzierung (IFRS 2.30).[2]

Für die Bewertung einer durch Ausgabe von Eigenkapitalinstrumenten bewirkten Transaktion mit *non-employees* ist zwischen einer direkten und einer indirekten *fair-value*-Ermittlung zu differenzieren:

- Im Regelfall bestimmt der *fair value* der empfangenen Leistung die Bewertung der Transaktion, somit den ins Eigenkapital einzustellenden Betrag (IFRS 2.13).
- Wenn der *fair value* der empfangenen Leistung ausnahmsweise nicht verlässlich zu ermitteln ist, legt der Wert der gewährten Optionen oder Anteilsrechte den Zugangswert bei bilanzierungsfähigen Vermögenswerten bzw. die Höhe des Aufwands bei nicht bilanzierungsfähigen Vermögenswerten oder Diensten fest (IFRS 2.13A, IFRS 2.BC126, BC128B, BC128C).

Erfolgt eine Transaktion hingegen mit *employees or others providing similar services* ist unwiderlegbar davon auszugehen, dass der Wert der empfangenen Leistung nicht verlässlich bestimmt werden kann und demzufolge der Wert der gewährten Optionen oder Anteilsrechte die Bewertung der Transaktion und damit die Höhe des Personalaufwands bestimmt (IFRS 2.11).

Ein weiterer bedeutsamer Unterschied ergibt sich hinsichtlich des Zeitpunkts der **11** Bewertung. Anteilsbasierte Vergütungen, die mit Arbeitnehmern und als solche Handelnden vereinbart werden, sind zwingend (und nur einmalig) im Zusage-

---

2 Vgl. KPMG, Share-based payments, November 2010, Tz. 11.3.20.20.

zeitpunkt (*grant date*) zu bewerten (IFRS 2.7). Die Vergütung einer Leistungserbringung durch einen *non-employee* erfolgt hingegen zu dem Zeitpunkt, zu
dem die Gesellschaft Güter oder Dienstleistungen empfängt. Eine einzelne
Vereinbarung mit einem *non-employee* kann daher zu einer Vielzahl von Bewer-
tungsstichtagen führen. Eine einmalige Bewertung zu einem bestimmten *grant
date* scheidet aus bzw. ist begrenzt auf Konstellationen, in denen keine konkrete
Gegenleistung des Empfängers der anteilsbasierten Vergütung bzw. keine i. H. d.
ausgegebenen Werts festzustellen ist.

12 Die Typisierung eines Empfängers einer anteilsbasierten Vergütung als *non-employee* erfolgt – mangels Vorgabe einer Definition – ausschließlich residual. Eine
Behandlung als *non-employee* ist somit nur einschlägig für Gegenparteien, die nicht
als *employee or others providing similar services* identifiziert werden (IFRS 2.A).
Als Mitarbeiter und andere, die ähnliche Leistungen erbringen, gelten Personen, die
persönliche Leistungen für die Gesellschaft erbringen und

1. die rechtlich oder steuerlich als Mitarbeiter gelten,
2. für das Unternehmen auf dessen Anweisung tätig sind, wie Personen, die
   steuerlich oder rechtlich als Mitarbeiter gelten, oder
3. ähnliche Leistungen wie Mitarbeiter erbringen.

In den Katalog eingeschlossen sind neben dem gesamten Management einer
Gesellschaft auch alle Personen, die für die Planung, Leitung und Überwachung
der Tätigkeiten der Gesellschaft zuständig und verantwortlich sind, einschließlich *non-executive directors*.

13 Die Abgrenzung von *non-employees* ist bei Nichterfüllung der Bedingungen (a)
oder (b) ermessensbehaftet und daher einzelfallbezogen unter Würdigung des
Sachverhalts vorzunehmen. Für die Abgrenzung kann auf einzelne Indikatoren
zurückgegriffen werden.[3] Die Gegenpartei ist als *employee or others providing
similar services* anzusehen, wenn

- die Gesellschaft bestimmte Individuen und nicht nur das Ergebnis der Leistung unterschiedlicher, nicht spezifizierter Personen vergütet,
- die Gesellschaft eine Leitungs- oder Aufsichtsfunktion über die leistende
  Gegenpartei hat,
- die Erfüllung der Leistung von einer vertraglich spezifizierten Partei abhängt,
- die Gesellschaft nahezu die gesamte (Arbeits-)Leistung der Gegenpartei über
  einen bestimmten Zeitraum abnimmt oder
- die Gegenpartei Leistungen erbringt, die aktuell auch von bestehenden Mitarbeitern erbracht werden.

Der Verweis auf bestehende Mitarbeiter ist restriktiv auszulegen. Die bloße Möglichkeit zur Einstellung von Mitarbeitern, die eine vergleichbare Leistung erbringen,
reicht daher für eine Typisierung einer Gegenpartei als *employee* nicht aus.[4] Eine
Behandlung als *non-employee* ist geboten, wenn die Gegenpartei eine Leistung
erbringt, die von Mitarbeitern der Gesellschaft rechtlich nicht erbracht werden kann
oder die eine Technologie voraussetzt, die für die Gesellschaft nicht verfügbar ist.

14 Auch wenn eine Klassifizierung als *employee* ausscheidet, ist für das Handeln einer
Gegenpartei, die Leistungen erbringt, die denen eines Mitarbeiters entsprechen bzw.
denen ähneln, eine Gleichstellung vorgesehen. Notwendige Bedingung für die

---

3   So auch DELOITTE, Share-based payments, 2007, S. 15.
4   Vgl. ERNST & YOUNG, International GAAP 2016, Ch. 31 sCh. 5.2.1.

Typisierung eines Dritten als *others providing similar services* ist die Möglichkeit des Unternehmens die Leistung selbst *inhouse* mit eigenen Mitarbeitern zu erbringen.

1.3.3 Reale und virtuelle Mitarbeiteroptionen

Auch anteilsbasierte Vergütungsformen gegenüber Arbeitnehmern *(share-based* **15** *payments)* treten regelmäßig in den drei **Grundtypen** auf (Rz 8):

- Als **reale** Aktien**optionen** *(stock* oder *share options),* die den begünstigten Arbeitnehmern das Recht gewähren, zu einem bestimmten Zeitpunkt oder innerhalb eines bestimmten Zeitraums zu einem vorab bestimmten oder bestimmbaren Preis Anteile des Arbeitgebers zu zeichnen bzw. zu erwerben *(equity-settled transaction;* Rz 84 ff.). Der bei Optionsausübung für die zu beziehenden Anteile zu entrichtende Preis (Basis- oder Ausübungspreis, *strike price)* ist entweder fixiert oder ermittelt sich aus der Anwendung eines vorab bestimmten Berechnungsmodus.

- Als **virtuelle** anteilsbezogene **Wertsteigerungsrechte** *(stock* oder *share appreciation rights),* die den begünstigten Arbeitnehmern einen Barvergütungsanspruch i.H.d. positiven Differenz aus dem Kurs der unterliegenden Aktie zum vereinbarten Ausübungszeitpunkt einerseits und vorab vereinbartem Basispreis der Aktien andererseits gewähren – *cash settled transaction* (Rz 107 ff.).

- Dazu gesellen sich **Mischformen**, bei denen der Arbeitgeber oder der Arbeitnehmer die Wahl der Erfüllung in Eigenkapitalinstrumenten oder Geld hat – *cash settlement alternatives* (Rz 124 ff.).

Im Fall von realen Aktienoptionen hat die Gesellschaft die Beschaffung der Aktien zu besorgen, um diese **später** an die Optionsberechtigten weiterleiten zu können. Dies kann entweder durch die Ausgabe neuer Aktien (**Kapitalerhöhung**) oder den **Rückkauf** eigener Aktien am Kapitalmarkt erfolgen (Rz 202 ff.). Bei anteilsbasierter Vergütung in Form einer virtuellen Aktienoption hat die Gesellschaft eine bare Zahlungsverpflichtung gegenüber dem Optionsinhaber. Die Wertentwicklung der Anteile der Gesellschaft ist nur Bewertungsmaßstab der Barvergütung. Auf die Ausgabe von Gesellschaftsanteilen kommt es nicht an.

Unabhängig von ihrer Form führt die anteilsbasierte Vergütung an Arbeitnehmer zu **16** (Personal-)Aufwand bei der eine Option gewährenden Gesellschaft. Unterschiede bestehen jedoch im bilanziellen Gegenkonto und in der Bemessung des Aufwands:

- Bei **realen** Aktienoptionen erfolgt über die Jahre der bis zur Ausübung der Option vereinbarten Wartezeit (Rz 65) jeweils eine Buchung „**per Personalaufwand an Eigenkapital**" (Rz 44 ff.). Die Höhe des insgesamt erfassten Aufwands bemisst sich im Wesentlichen nach dem Wert der Option im Zusagezeitpunkt. Die tatsächliche spätere Wertentwicklung der Aktie (und damit der Option) ist irrelevant, da als zugewendeter „geldwerter Vorteil" die Option und nicht der aus Ausübung/Nichtausübung dieser Option tatsächlich dem Arbeitnehmer zufließende Erfolg gilt *(grant date measurement approach).*

- Bei **virtuellen** Optionen erfolgt über die Jahre der bis zur Ausübung der Option vereinbarten Wartezeit jeweils eine Buchung „**per Personalaufwand an Rückstellung**" (Rz 53 ff.). Die Höhe des insgesamt erfassten Aufwands und der Rückstellung bemisst sich nach der tatsächlichen Wertentwicklung der Aktie. An diese Wertentwicklung ist die Rückstellung während der Wartezeit jeweils anzupassen. Zuwendungsobjekt ist der tatsächlich dem Arbeitnehmer zufließende Geldbetrag.

17   Die Gewährung von Aktienoptionen und anteilsorientierten Wertsteigerungsrechte an **Mitarbeiter** wird als probates Mittel zur Abschwächung des *principal-
agent*-Konflikts angesehen, weil durch die Einbeziehung des Anteilswerts bzw.
etwaiger Wertsteigerungen in die Bemessungsgrundlage der Entlohnung des Managements (Agenten) deren **Motivationslage** und Risikopräferenzen zumindest
teilweise an diejenige der Aktionäre (Prinzipale) angeglichen werden können.[5]
Deshalb richten sich entsprechende Vergütungsformen fast ausschließlich an das
Management, differenziert nach Hierarchiestufen *(executive stock options)*.
Bei Ausgabe von Optionen auf junge Aktien erfahren die **Altaktionäre** infolge
ihres Bezugsrechtsverzichts eine **Verwässerung** ihres Aktienvermögens. Die
Altaktionäre nehmen dies – bewusst oder unbewusst – im Hinblick auf zusätzli-
che Kurssteigerungen infolge der erhöhten Mitarbeitermotivation hin.

18   Anteilsbasierte Vergütungen an Mitarbeiter können zwar auch für **bereits erbrachte** Leistungen erfolgen, in der Praxis werden sie indes zumeist für **künftige**
gewährt. Demzufolge sind sie an **Bedingungen** geknüpft:

- Regelmäßig muss das Dienstverhältnis mindestens während einer Sperr- oder
  Behaltefrist, dem sog. Erdienungszeitraum *(vesting period; Rz 65)*, aufrechterhalten werden.
- Üblicherweise entspricht der Erwerbspreis der künftig zu erwerbenden Aktien in etwa dem im Zusagezeitpunkt *(grant date)* gültigen Kurs (innerer Wert,
  intrinsic value). In diesem Zeitpunkt ist die Option also „am Geld".
- Bei *premium-priced*-Optionsplänen liegt der Ausübungspreis im Ausgabezeitpunkt sogar über dem (aktuellen) Aktienkurs bzw. Anteilswert, die Option ist
  hier „aus dem Geld". Nach der Zielsetzung des Optionsprogramms soll die
  Option im Ausübungszeitpunkt oder -raum „im Geld" sein.

19   Sollten bis zu dem ausstehenden Genehmigungszeitpunkt *(grant date)* bereits
Güter transferiert oder Dienstleistungen erbracht worden sein *(performance
period)*, die anteilsbasiert abgegolten werden, muss i.S.d. zutreffenden Periodisierung eine vorläufige Schätzung des auf die abgelaufene Periode entfallenden
Vergütungsanteils erfolgen (IFRS 2.IG4).

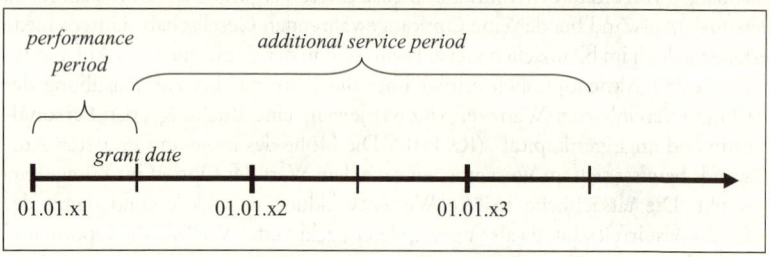

Abb. 1: Einbezug von Leistungen vor dem *grant date*

Wurde keine besondere Dienstzeitbedingung vereinbart, fehlt es an einem festgelegten Zeitpunkt für die Erbringung der *additional services*. Der Zeitraum der
additional service period ist somit variabel und bedarf einer Schätzung (IFRS

---

[5]   Vgl. LANGE, StuW 2001, S. 137 m.w.N.; KROPP, DStR 2002, S. 1919f.

2.15(b)/IFRS 2.IG14).[6] Im Rahmen der Schätzung der *service period* besteht eine Bindung an die Ausübungsbedingung. Die Schätzung ist im Fall einer Ausübungsbedingung, die Teil des Mengengerüsts der Bewertung ist, kontinuierlich zu überprüfen.[7] Besteht hingegen eine Bindung der *service period* an eine Bedingung, die als Teil des Preisgerüsts der Zusage erfasst wurde, ist an der erstmaligen Einschätzung festzuhalten.[8]

Mit dem begünstigten Arbeitnehmer der anteilsbasierten Vergütung ist individuell oder durch Betriebsvereinbarung ein **Vertrag** abzuschließen, der u. a. folgende Bestandteile (entsprechend den wesentlichen Determinanten des Optionswerts; Rz 258) enthalten muss oder sollte:[9]
- Zusagezeitpunkt (*grant date*; Rz 62 ff.),
- Ausübungs- bzw. Basispreis der Aktienoption,
- Wartezeit *(vesting period)*, frühester Ausübungszeitpunkt *(vesting date)*, Ausübungszeitraum (Rz 65),
- Ausübungsbedingungen (*vesting conditions;* Rz 66 ff.),
- Übertragbarkeit, Vererbung sowie
- Verfallkriterien.

Zu unterscheiden ist zwischen der **Zusage** von Optionen am *grant date* und ihrer **Ausgabe** am *vesting date*. Im Zwischenzeitraum *(vesting period)* kann die Zusage wegen Ausscheidens aus dem Dienstverhältnis verfallen *(forfeit)* oder danach (ab dem *vesting date)* wegen wirtschaftlicher Wertlosigkeit erlöschen *(expire)*.

Auf der **Zeitachse** sind mithin folgende Daten beachtlich (IFRS 2 App. A):
- **Zusage- oder Gewährungs**zeitpunkt *(grant date)* ist der Tag, an dem der Arbeitnehmer vertraglich das Recht aus dem Optionsplan erhält.
- **Ausgabe**zeitpunkt *(vesting date)* ist der Zeitpunkt, in dem die mit dem Optionsplan verbundenen Bedingungen (z. B. eine Mindestdauer der Fortführung des Dienstverhältnisses) erfüllt sind und deshalb der Berechtigte tatsächlich Optionsinhaber wird.
- **Ausübungs**zeitpunkt *(exercise date)* oder -zeitraum ist der mit Erfüllung aller Bedingungen gegebene Tag oder Zeitraum, an bzw. in dem die Option ausgeübt werden kann.
- **Bewertungs**zeitpunkt *(measurement date)* ist bei Vergütung in Eigenkapitalinstrumenten (realen Optionen) der Tag, an dem der Wert der Vergütung bestimmt wird. Bei Mitarbeiteroptionen fällt dieser Zeitpunkt mit dem Zusage- oder Gewährungszeitpunkt zusammen *(grant date measurement approach)*.

Der Ausübungspreis der Aktienoption entspricht i. d. R. dem Börsenkurs im Zusagezeitpunkt. Ein Erwerbspreis für die Option selbst wird i. d. R. nicht vereinbart. Der Vertrag kann zusätzlich eine Finanzierungshilfe seitens der Gesellschaft für die Erwerbskosten der Aktien enthalten.

20

---

6   Vgl. KPMG, Share-based payments, November 2010, Tz. 6.4.40.10.
7   Vgl. ERNST & YOUNG, International GAAP 2017, Ch. 32 sCh. 6.2.3.
8   Vgl. ERNST & YOUNG, International GAAP 2017, Ch. 32 sCh. 6.3.4.
9   Einzelheiten mit Vertragsmuster bei BREDOW, DStR 1998, S. 380.

1.4   Anwendungsbereich von IFRS 2

1.4.1   Zusage durch die bilanzierende Gesellschaft

21   IFRS 2 bezieht sich auf **sämtliche** Vergütungsformen *(share-based payment transactions)*, bei denen das Unternehmen bzw. der Konzern *(entity)* erhaltene Güter oder Dienstleistungen *(goods or services)*
- in eigenen Eigenkapitalinstrumenten *(equity-settled transactions)* oder
- in einer wertmäßig am Eigenkapital (des Unternehmens) orientierten Barzahlung *(cash-settled transactions)*

vergütet. Der Anwendungsbereich des IFRS 2 umfasst daher neben der meist auf **schuldrechtlicher** Grundlage erfolgenden anteilsbasierten Vergütung von Arbeits- oder sonstigen Dienstleistungen auch die meist auf **gesellschaftsrechtlicher** Basis vorgenommene anteilsbasierte Vergütung von erhaltenen Gütern, somit also Einlagevorgänge wie die Kapitalerhöhung gegen Sacheinlage. Die in der Praxis wichtigsten Anwendungsbereiche von IFRS 2 sind
- der Erwerb von Gütern oder Diensten gegen Gewährung von Gesellschaftsrechten (Sacheinlage) und/sowie
- die Vergütung von Arbeitnehmern durch reale oder virtuelle Aktienoptionen.

1.4.2   Zusage durch andere Konzernunternehmen oder Gesellschafter

22   Das bilanzierende Unternehmen kann von einem Mitarbeiter, sonstigen Dienstleister oder Lieferanten eine Leistung erhalten, **ohne** eine anteilsbasierte Vergütung **selbst** zu erbringen. Als Vergütungsschuldner kommen auch in Betracht:
- das **Mutterunternehmen**, indem es z.B. seine eigenen Anteile oder darauf lautende Optionsrechte an Vertragspartner des Tochterunternehmens gewährt,
- **sonstige Gesellschafter**/Anteilseigner *(shareholder)* des Unternehmens, indem sie etwa Mitarbeitern zu Vorzugskonditionen Unterbeteiligungen einräumen oder
- **andere** in den **Konzernabschluss** der Unternehmensgruppe einbezogene Unternehmen, indem z.B. ein Schwesterunternehmen seine eigenen Anteile oder darauf lautende Optionsrechte an Vertragspartner des Berichtsunternehmens gewährt.

Im Konzernabschluss ist die Divergenz von Leistungsempfänger und Vergütungsschuldner irrelevant, sofern beide zum gleichen Konsolidierungskreis gehören. Im Einzel- oder Teilkonzernabschluss stellt sich hingegen die Frage, ob bei einer solchen Divergenz gleichwohl IFRS 2 anzuwenden ist. Voraussetzung für eine Erfassung als anteilsbasierte Vergütung ist ein **Zugang der Leistungen** beim rechnungslegungspflichtigen Unternehmen/Konzern.[10] IFRS 2 ist daher nicht einschlägig, wenn die anteilsbasierte Vergütung durch einen anderen Vergütungsschuldner eindeutig *(clearly)* einem **anderen Zweck** als der Bezahlung von an das Unternehmen gelieferten Gütern und Dienstleistungen dient (IFRS 2.3A).

Wegen Einzelheiten wird auf Rz 166 ff. verwiesen.

---

[10]   ZEIMES/THUY, KoR 2003, S. 36.

1.4.3 Auslagerung auf eine *special purpose entity* (SPE) oder einen Trust

U. U. tritt als Vergütungsschuldner einer anteilsbasierten Zusage des bilanzie- **23** renden Unternehmens ein *employee benefit trust* (oder ähnliche *off-balance-*Konstruktionen) auf. Eine Anwendbarkeit von IFRS 2 ergibt sich aus zwei Gründen:

- Übernimmt der Trust eine anteilsbasierte Vergütung mit Ausgleich in Eigenkapitalinstrumenten, wird dieser Gesellschafter Anteilseigner des Unternehmens. Die Zusage erfüllt die in IFRS 2.3A genannten Voraussetzungen.

- Unabhängig von der Ausgestaltung der Vergütungszusage handelt es sich bei *employee benefit trusts* regelmäßig auch um konsolidierungspflichtige Zweckgesellschaften *(special purpose entities)*, da *equity compensation plans* in den Anwendungsbereich des SIC 12 (→ § 32 Rz 56ff.) fallen.

1.4.4 Vergütungen des Managements einer SPAC

Alleiniger (Geschäfts-)Zweck einer SPAC *(special purpose acquisiton company)* **24** als börsennotierter „Mantel" ohne eigene operative Tätigkeit ist der künftige Erwerb eines operativ tätigen Geschäfts.[11] Hinter der Gründung und Börseneinführung sowie der Identifizierung eines geeigneten Investitionsobjekts stehen Personen/Organisationen, die ausreichende Erfahrung und eine Erfolgsgeschichte im Investitionsbereich aufweisen können. Die Aufgabe des SPAC-Managements liegt – nach Vorbereitung eines IPO – demzufolge in der Identifizierung eines geeigneten Erwerbsobjekts und der Überzeugung der Hauptversammlung zum Erwerb dieses Objekts innerhalb der satzungsmäßigen Frist. Als Vergütung für die nach Vorstehendem zu erbringenden Dienstleistungen wird dem Management bereits im Rahmen der Gründung ein Recht auf den späteren Erhalt von (liquiden) Stammaktien *(ordinary shares)* zu besonderen Konditionen eingeräumt. Eine laufende Managementvergütung entfällt regelmäßig. Insoweit bei der Gründung wandelbare Instrumente als Abgeltung für die Erbringung von künftigen Leistungen (Organisation des IPO, Mitteleinwerbung, Identifikation eines Erwerbsobjekts etc.) ausgegeben werden, sind diese – unabhängig von der Klassifizierung als Eigen- oder Fremdkapital nach IAS 32 – daraufhin zu untersuchen, ob sie als anteilsbasierte Vergütung nach IFRS 2 zu erfassen sind.

Die von den Gründungsgesellschaftern gezeichneten Anteile und ggf. weitere **25** Instrumente (i.d.R. wandelbare Instrumente) sind als Gesamtpaket Vergütung für die zu erbringenden Dienstleistungen. Trotz der Ausgestaltung als Gesamtpaket ist für die Beurteilung nach IFRS 2 auf die bestehenden Bedingungen der einzelnen Zusagen abzustellen. Für die bilanzielle Behandlung nach IFRS 2 zeitigt eine evtl. Pflicht zur Synthetisierung verschiedener Finanzinstrumente (→ § 28) daher ebenso wenig Relevanz, wie die Frage der Klassifizierung als Eigen- oder Fremdkapitalfinanzinstrument nach IAS 32. Mit einer Zusage können mehrere separat bilanziell zu erfassende Tranchen *(instalments)* von anteilsbasierten Zusagen verbunden sein (Rz 101). Unabhängig von den vorausgehenden Fragen der Klassifizierung nach IAS 32 als Eigen- oder Fremdkapital ist daher das Vorliegen einer anteilsbasierten Vergütung zu würdigen.

---

[11] Vgl. BOZICEVIC, Going Public, Februar 2010.

1.5　Nichtanwendungsbereiche

1.5.1　Unternehmenszusammenschlüsse

26　**Ausgenommen** von der Anwendung von IFRS 2 ist der Erwerb von Gütern oder Dienstleistungen im Rahmen eines **Unternehmenszusammenschlusses** (→ § 31) gem. IFRS 3 (IFRS 2.5). Im Rahmen des *Annual Improvements Project* 2009 erfolgte eine Änderungen und Klarstellung von IFRS 2.5: Gründungen von Gemeinschaftsunternehmen auch durch Hingabe eigener Anteile fallen danach nicht in den *scope* von IFRS 2 (Rz 20).

Praxis-Beispiel

Unternehmen A erwirbt alle Anteile von Unternehmen B gegen Gewährung von 10 % eigener Anteile. Die Marktkapitalisierung von A beträgt zum Erwerbsstichtag 5.000 GE. Der beizulegende Zeitwert der im Rahmen der *business combination* hingegebenen Leistung beträgt damit 500 GE (→ § 31 Rz 44 ff.).

Das Vermögen des schuldenfreien B (Sachanlagen, Vorräte, Forderungen) beträgt 300 GE zu Buch- und Zeitwerten. Hieraus ergibt sich auf Basis des Zeitwerts des erworbenen Vermögens ein im Rahmen der Erstkonsolidierung anzusetzender *goodwill* von 500 GE – 300 GE = 200 GE.

Nach (dem nicht anzuwendenden) IFRS 2 ergibt sich die gleiche Rechtsfolge nur dann, wenn der *goodwill* als Gut i.S.v. IFRS 2.5 interpretiert wird (Rz 5). Überdies würde sich nach IFRS 2 die Frage stellen, ob der Wert des erworbenen Unternehmens tatsächlich 500 GE beträgt. Würde dies verneint, also ein Fehleinkauf und ein Wert von z.B. nur 300 GE unterstellt, dürfte der *goodwill* ggf. nur mit 300 GE – 200 GE = 100 GE angesetzt werden, während der überhöhte Kaufpreisanteil von 200 GE direkt zu Aufwand werden könnte. Alle derartigen Überlegungen werden durch den Vorrang von IFRS 3 obsolet.

27　Allerdings können sich auch im Rahmen eines **Unternehmenszusammenschlusses** Vorgänge *(transactions)* abspielen, die unter den Regelungsbereich von IFRS 2 fallen.

• So kann der Erwerber eines Unternehmens Eigenkapitalinstrumente zugunsten der Beschäftigten des erworbenen Unternehmens im Interesse von deren künftiger Arbeitsleistung ausgeben (Rz 181 ff.) oder

• der Anteilsverkäufer selbst wird vom erworbenen Unternehmen z.B. als Geschäftsführer weiterbeschäftigt und erhält als Arbeitsanreiz Optionen auf die Anteile des erwerbenden Unternehmens.

Es ergeben sich allerdings Abgrenzungsprobleme. Die Vergütungskomponente „Aktien oder Aktienoptionen am erwerbenden Unternehmen" kann einerseits auf von dem Unternehmenserwerb separierbare Dienste entfallen, andererseits aber auch als nachträgliche Anpassung der Anschaffungskosten *(contingent consideration)* des Unternehmenserwerbs zu interpretieren sein (→ § 31 Rz 54 ff.).

28　Zur Abgrenzung zwischen Kaufpreis und Vergütung für sonstige Leistungen kann auf folgende Faktoren zurückgegriffen werden (→ § 31 Rz 56).

Contingent consideration (IFRS 3)	Share-based payment transaction (IFRS 2)
Bindung an Ergebnisgrößen des erworbenen Unternehmens (i. S. v. earn-out-Vereinbarungen)	Bindung an eine bestimmte Dauer der Fortsetzung des Beschäftigungsverhältnisses (bzw. key personnel)
Entlohnung des Managements ohne anteilsbasierte Vergütung entspricht üblichen Bandbreiten	Übereinstimmung des fixen Kaufpreisbestandteils mit der Bewertungsbandbreite für das erworbene Unternehmen
Höhe der nachträglichen Zahlung bestimmt sich in Abhängigkeit der künftigen Ertragssituation (z. B. 3 × EBIT)	Höhe der Zahlung ist an die Wertentwicklung der Anteile des Erwerbers geknüpft

Praxis-Beispiel (Fortsetzung zu Rz 26)
Neben den fixen Anschaffungskosten mit einem *fair value* von 500 GE vereinbaren die Parteien eine Beschäftigung des Veräußerers im erworbenen Unternehmen. Neben einer laufenden Vergütung erhält der Veräußerer Optionsrechte auf die Anteile von A, die ausübbar werden, wenn in den nächsten 24 Monaten nach der Transaktion
- das Beschäftigungsverhältnis für zwei Jahre fortgesetzt und
- in diesem Zeitraum ein Kursanstieg von 10 % erzielt wird.

Der erste Aspekt spricht für die Anwendung von IFRS 2, der zweite für eine Behandlung als *contingent consideration*. Eine Gesamtwürdigung ist notwendig. Hierbei ist u. E. von Bedeutung, ob der Veräußerer/Arbeitnehmer bereits ohne die Optionen im Fremdvergleich für seine Beschäftigung angemessen vergütet wird und ob der Kaufpreis ohne den Wert der Aktienoptionen angemessen war.

In der ab 2009/2010 geltenden Fassung von IFRS 3 wurde die Behandlung von **29** *contingent considerations* neu konzipiert (→ § 31 Rz 61 ff.).[12] In diesem Zusammenhang wurden die vorstehend geschilderten, bislang nur US-GAAP spezifischen, Regeln zur Abgrenzung gegenüber Mitarbeitervergütungen weitgehend übernommen (IFRS 3.B54 f.).

Überdies enthält der überarbeitete IFRS 3 erstmals Vorgaben zur Behandlung von *share-based payment awards* des erworbenen Unternehmens (IFRS 3.52(b) i. V. m. IFRS 3.B56 ff.). Angesprochen ist der Ersatz bestehender Vergütungspläne gegenüber Arbeitnehmern aufgrund kollektiv- oder einzelvertragsrechtlicher Regeln (Rz 181 ff.). Hiernach sind im Rahmen einer *business combination* auf den Erwerber übergehende *share-based payment awards* mit dem *fair value* zum Erwerbsstichtag anzusetzen. Es ist zu unterscheiden zwischen
- dem Anteil der *fair-value*-Anpassung des bestehenden Plans, der auf erbrachte Dienstleistungen der Anspruchsberechtigten vor dem Unternehmenserwerb entfällt (*pre-combination service*) und als Teil der Anschaffungskosten zu behandeln ist, sowie

---

[12] Vgl. FREIBERG, PiR 2008, S. 31.

- dem Anteil, der künftig noch von dem übernommenen Anspruchsberechtigten erdient wird (*post-combination service*) und Aufwand in der Unternehmensgruppe nach Unternehmenszusammenschluss darstellt.

30 Auch nach den Änderungen an IFRS 3 blieb fraglich, ob die Gründung eines Gemeinschaftsunternehmens i.S.v. IFRS 11 oder eine *transaction under common control* durch Hingabe eigener Anteile in den Anwendungsbereich von IFRS 2 fallen könnte.

- Nach IFRS 3.2 fällt die Gründung eines *joint venture* wie auch eine *transaction under common control* nicht in den Anwendungsbereich von IFRS 3.
- IFRS 2 ist hingegen anzuwenden auf Transaktionen, bei denen ein Unternehmen durch Hingabe einer anteilsbasierten Vergütung *goods or services* empfängt. Mangels Vorliegen einer *business combination* bei Gründung eines Gemeinschaftsunternehmens oder *transactions under common control* könnte die Hingabe eigener Anteile auf einen Anwendungsfall von IFRS 2 deuten (IFRS 2.5). Inzwischen erfolgte eine Klarstellung von IFRS 2.5, nach der „*the contribution of a business*" auch gegen Hingabe eigener Anteile dann nicht in den Anwendungsbereich von IFRS 2 fällt, wenn IFRS 3 einen Ausschluss vom Anwendungsbereich vorsieht. Entscheidend ist das Vorliegen eines *business*. Für den Fall der Übertragung von Vermögenswerten, die kein *integrated set of activities* i.S.v. IFRS 3, also kein *business* konstituieren (→ § 31 Rz 15ff.), bleibt IFRS 2 einschlägig. Für den Fall der Übertragung von Vermögenswerten mit *business*-Qualität gegen Hingabe eigener Anteile scheidet ein Rückgriff auf IFRS 2 auch dann aus, wenn der Erwerb die Gründung eines Gemeinschaftsunternehmens oder eine *transaction under common control* betrifft und deshalb nicht den Regeln von IFRS 3 unterliegt. Für die Bewertung des empfangenen Vermögens besteht im zweiten Fall dann ein Wahlrecht (*accounting policy choice*) gem. IAS 8.10 – IAS 8.12. Infrage kommt u.E. eine Bewertung zum beizulegenden Zeitwert (*fresh start basis*) oder zu fortgeführten Buchwerten (*predecessor basis*).

31 Praktisch relevant ist die Frage des Anwendungsbereichs von IFRS 2 und IFRS 3 auch im Fall der Einbringung einer aktiven Gesellschaft in eine *holding/shell company*, wobei die bisherigen Gesellschafter der eingebrachten Gesellschaft die Mehrheit an der Holding erlangen, somit Letztere nur rechtlich Erwerber, wirtschaftlich aber Erwerbsobjekt ist (*reverse acquisition*). Hier ist bei fehlender *business*-Qualität des rechtlichen Erwerbers eine Behandlung der Transaktion nach IFRS 2 geboten.[13]

> **Praxis-Beispiel**
> Die Holding H-AG ist börsennotiert und konstituiert kein *business* i.S.d. IFRS 3. Im Wege der Sachkapitalerhöhung gibt H eigene Anteile im Tausch für die Einbringung der Anteile an der operativ tätigen, nicht börsennotierten A-AG aus. Nach der Transaktion ist H rechtlich Mutterunternehmen von A. Fraglich ist, ob die Transaktion nicht in den Anwendungsbereich von IFRS 3 fällt, die Vorgaben zur Behandlung von *reverse acquisitions* (→ § 31 Rz 206ff.) daher nicht einschlägig sind, da das wirtschaftliche Erwerbsobjekt kein *business* ist.

---

[13] So IFRIC Update November 2012.

Durch Ausgabe der Anteile der aktiven Gesellschaft (im Beispiel A) zur Übernahme von *goods* der Holding (im Beispiel H) liegt eine Transaktion im Anwendungsbereich des IFRS 2 vor. Bei Fehlen identifizierbarer Vermögenswerte als Gegenleistung der Holding ist eine aufwandswirksame Verrechnung der in Anteilen hingegebenen Leistung der A gem. IFRS 2 erforderlich. Die Auffassung ist u. E. erläuterungsbedürftig.

Da die eingebrachte aktive Gesellschaft überhaupt keine Anteile ausgibt, kann aus ihrer Sicht zunächst kein Anwendungsfall von IFRS 2 vorliegen. Lediglich bei – seitens des IFRS IC verlangter – Umdeutung des rechtlichen Vorgangs in eine Anteilsgewährung durch die bisherigen Gesellschafter der aktiven Gesellschaft an die bisherigen Gesellschafter der Holding kommt die Anwendung von IFRS 2 infrage. Tatsächlich gewähren die bisherigen Gesellschafter der aktiven Gesellschaft aber keine Anteile an die Altgesellschafter der Holding. Sie tauschen lediglich direkte Anteile an der aktiven Gesellschaft in indirekt über die Holding gehaltene um. Auch kennt IFRS 2 das Konzept der *reverse acquisition*, bei der der rechtliche Erwerber (Holding) wirtschaftlich das Erwerbsobjekt ist, nicht. Das Konzept ist ausschließlich in IFRS 3 und nicht an anderen Stellen des IFRS-Regelwerks formuliert. Nach Auffassung des IFRS IC ist aber eine Anwendung im Analogieschluss geboten.

1.5.2 Erwerb von Finanzinstrumenten

Der Anwendungsbereich *(scope)* von IFRS 2 umfasst den Erhalt von **Gütern** oder **Dienstleistungen** gegen anteilsbasierte Vergütung. Der Begriff Güter umfasst Vorräte, Sachanlagen, immaterielle Vermögenswerte sowie „andere nicht-finanzielle Vermögenswerte" (IFRS 2.5; Rz 5). Nicht völlig geklärt ist die (Nicht-)Einbeziehung **finanzieller** Vermögenswerte:

* **Unstrittig** ist nur: Werden in den Anwendungsbereich von IAS 32/IAS 39 bzw. IFRS 9 (→ § 28) fallende originäre oder derivative Finanzinstrumente gegen anteilsbasierte Vergütung (also etwa durch Sacheinlage) erworben, so liegt kein Anwendungsfall von IFRS 2 vor.
* **Unklar** ist, wie der Erwerb von Anteilen zu werten ist, die einen maßgeblichen Einfluss (IAS 28), gemeinschaftliche Kontrolle (IFRS 11) oder Kontrolle (IFRS 10) an einem anderen Unternehmen gewähren. So ist etwa die Beteiligung an einem assoziierten Unternehmen im **Einzelabschluss** des bilanzierenden Unternehmens zwar ein finanzieller Vermögenswert (IAS 32.11), der allerdings nicht zwingend den Bewertungsvorschriften für Finanzinstrumente unterliegt. Im **Konzernabschluss** ist die Beteiligung im Rahmen der *equity*-Bilanzierung eher als ein Konsolidierungsobjekt anzusehen (IAS 28.21). In Bezug auf den Anwendungsbereich von IFRS 2 kann sich daher eine unterschiedliche Behandlung im Einzel- und Konzernabschluss des bilanzierenden Unternehmens ergeben.

Praxis-Beispiel
Durch Kapitalerhöhungsbeschluss vom 1.1. erwirbt die börsennotierte E 10 Mio. Aktien an der nicht notierten B. Der Erwerb vollzieht sich als Sacheinlage.
* 10 Mio. B-Aktien werden in die E eingebracht.
* E gewährt hierfür 10 Mio. E-Aktien.

Die Durchführung der Kapitalerhöhung steht unter der aufschiebenden Bedingung der kartellrechtlichen Genehmigung. Diese erfolgt am 1.4.
Die Werte der Aktien stellen sich wie folgt dar:
- E-Aktien (Börsenkurse) am 1.1. 10 EUR, am 1.4. 12 EUR.
- Die B-Aktien haben nach einer Unternehmensbewertung einen Wert von 10 EUR pro Aktie.

Zu bestimmen ist der Zugangswert des Anteils an B bei E für folgende Varianten:
- Variante 1: Die B hatte vor der Kapitalerhöhung 190 Mio. Aktien. E erwirbt also 10 / 200 Mio. Aktien = 5 % an B, somit Erwerb eines Finanzinstruments.
- Variante 2: Die B hatte vor der Kapitalerhöhung 30 Mio. Aktien. E erwirbt also 10 / 40 Mio. Aktien = 25 %, somit Erwerb eines Anteils an einem assoziierten Unternehmen.

Variante 1
E erwirbt 5 % an B und damit ein in den Anwendungsbereich von IAS 32 und IAS 39/IFRS 9 fallendes Finanzinstrument. Die Einbuchung erfolgt sowohl im Einzel- als auch im Konzernabschluss mit dem *fair value* der hingegebenen E-Aktien. Sofern die Transaktion nicht als *regular way purchase* qualifiziert wird (→ § 28), erfolgt die Einbuchung zum 1.4. mit 10 Mio. × 12 EUR = 120 Mio. EUR.

Variante 2
E erwirbt 25 % an B, somit einen Anteil an einem assoziierten Unternehmen. Im Einzelabschluss der E ist die Beteiligung gem. IAS 32 als finanzieller Vermögenswert zu qualifizieren. Damit scheidet eine Erfassung des Erwerbs als anteilsbasierte Vergütung gem. IFRS 2 aus. Als Zugangswert ist der Wert der hingegebenen Leistung, also der E-Aktien, anzusehen. Die Einbuchung der B-Aktien erfolgt daher auch hier mit 120 Mio. EUR.
Im Konzernabschluss ist der Anteil an einem assoziierten Unternehmen als Konsolidierungsobjekt (*equity*-Konsolidierung) und damit nicht (zwingend) als finanzieller Vermögenswert zu werten. Wird der Anteil an B als nicht finanzieller Vermögenswert angesehen, fällt der Erwerb des Anteils in den Anwendungsbereich von IFRS 2. Die Zugangsbewertung bei E erfolgt daher gem. IFRS 2 mit dem Wert der B-Aktien, also mit 100 Mio. EUR.

33 Der Ausschluss der Finanzinstrumente vom Anwendungsbereich von IFRS 2 bezieht sich auch auf **derivative** Verträge (z.B. Warentermingeschäfte) über nicht finanzielle Werte *(non-financial items)*, die statt durch physische Lieferung bar oder durch Hingabe eines anderen Finanzinstruments ausgeglichen *(net settlement)* werden können (IFRS 2.BC27) und welche die Voraussetzungen eines Finanzderivats (gem. IAS 32.8 – IAS 32.10) erfüllen (→ § 28).[14]

Praxis-Beispiel
Unternehmen A schließt ein Termingeschäft *(forward)* über den Erwerb von 1.000 t Kupfer ab. Der in bar zu entrichtende Kaufpreis bestimmt sich in

---

[14] Vgl. FREIBERG, PiR 2007, S. 230.

Abhängigkeit des Aktienkurses der A-Aktie am vereinbarten Termin. Hintergrund der Transaktion ist eine Spekulation A's auf künftig steigende Kupferpreise, eine physische Lieferung ist nicht intendiert. Der Terminkontrakt sieht daher die Möglichkeit zum *net settlement* vor, A hat im Übrigen in der Vergangenheit mehrfach vergleichbare (Spekulations-)Geschäfte abgewickelt. Der Vertrag fällt insbesondere wegen der Möglichkeit zum *net settlement* in den Anwendungsbereich für Finanzinstrumente und ist daher nicht als *share-based payment transaction* zu behandeln.

Abwandlung des Beispiels
A hat den Terminvertrag mit der Absicht einer physischen Lieferung des Kupfers geschlossen, das für den eigenen Produktionsbedarf benötigt wird. Ein *net settlement* ist nicht vorgesehen, es gibt auch keine entsprechende Historie. Eine Erfassung als Finanzderivat scheitert an der *own use exception* (→ §28 Rz 22). Die empfangene Leistung ist ein *good (inventory)* und wird anteilsbasiert vergütet. Die Transaktion fällt unter den Anwendungsbereich von IFRS 2.

1.5.3 Zweifel in der Abgrenzung zu wandelbaren Instrumenten

Kein unmittelbarer Ausschluss vom Anwendungsbereich des IFRS 2 gilt, wenn die **34** Form der Vergütung – etwa ein in Eigenkapital **wandelbares Instrument** (*convertible*) – neben einer anteilsbasierten Vergütung auch als Finanzinstrument angesehen werden kann.[15] Voraussetzung für die Behandlung als Finanzinstrument ist das Vorliegen eines Vertrags, „der gleichzeitig bei einem Unternehmen zu einem finanziellen Vermögenswert und bei dem anderen Unternehmen [dem Empfänger von Gütern oder Dienstleistungen] zu einer finanziellen Verbindlichkeit oder einem Eigenkapitalinstrument führt" (IAS 32.11). Die Behandlung entweder nach IFRS 2 oder IAS 39/IFRS 9 zeitigt (teilweise mit gegenläufiger Konsequenz) Relevanz
- für die Zugangsbewertung (Rz 35), einen evtl. *day-one*-Ergebniseffekt, aber auch
- für die Folgebewertung (Rz 37), insbesondere wegen unterschiedlicher Vorgaben, eine Bewertung zum beizulegenden Zeitwert (*fair value*).

Neben der Abgrenzung von anteilsbasierten Vergütungen und Finanzinstrumenten können sich noch weitergehende Anwendungsfragen ergeben (Rz 39).

Das Verhältnis der Anwendungsbereiche und somit die Abgrenzung einer an- **35** teilsbasierten Vergütung zu einem Finanzinstrument ist unklar. Der Anwendungsbereich von IFRS 2 ist sehr **weit gefasst** und schließt neben Transaktionen (IFRS 2.4) mit Veranlassung auf Ebene der Gesellschafter (*shareholders in their capacity as a holder of an equity instrument*) nur bestimmte derivative Kontrakte mit vereinbartem *net settlement* aus (IFRS 2.6).

Für ein in Eigenkapitalinstrumente wandelbares Instrument (*convertible*) kommt daher sowohl eine Klassifizierung als anteilsbasierte Vergütung als auch als Finanzinstrument infrage.

---

[15] Zum Ganzen FREIBERG, PiR 2012, S. 28 ff.

- **(Finanz-)Instrumente,** die den Zeichner entweder nach dessen Wahl oder in Abhängigkeit von dem Eintritt eines künftigen Ereignisses zur Wandlung in Eigenkapitalinstrumente des Emittenten berechtigen, sind nach IAS 32 **aufzuteilen** und unterliegen IAS 39/IFRS 9.
- Falls die Wandlung zum Erhalt von Anteilen des Emittenten berechtigt, sind auch die Anwendungsvoraussetzungen des IFRS 2 erfüllt. Es liegt dann eine **anteilsbasierte Vergütung mit Erfüllungswahlrecht** (*cash alternative*) des Empfängers vor (IFRS 2.35).

Aus dem Regelwerk ergibt sich kein eindeutiger Vorrang (Rz 38). Wegen der unterschiedlichen Ausgestaltung der Zugangsbewertung besteht der (negative) Anreiz zur „**bilanzpolitischen Optimierung**".

Praxis-Beispiel

U bezieht eine Sachanlage gegen Hingabe einer Wandelschuldverschreibung (WSV), die jederzeit (amerikanisch ausgestaltete Option) in Anteile des U wandelbar ist. Die WSV steht einem Versprechen zur Begleichung in Anteilen oder einer Barvergütung zum Wert der Anteile gleich. Die WSV erfüllt sowohl die Bedingungen eines Finanzinstruments als auch einer anteilsbasierten Vergütung.

Der Wert (*fair value*) der Sachanlage wird über ein Bewertungsverfahren verlässlich mit 100 GE bestimmt, der beizulegende Zeitwert der WSV beträgt basierend auf ausschließlich beobachtbaren Inputs 105 GE. In Abhängigkeit von der Klassifizierung ergeben sich unterschiedliche Konsequenzen der Zugangsbewertung.

Variante 1: Bei Behandlung der WSV als Finanzinstrument bestimmt sich der Zugangswert des Vermögenswerts über den beizulegenden Zeitwert des emittierten Instruments i. H. v. 105 GE. Die WSV unterliegt den Vorgaben des IAS 32 und ist daher in einen Eigen- und Fremdkapitalanteil aufzuteilen.

Variante 2: Erfolgt eine Klassifizierung als anteilsbasierte Vergütung, ist der Vermögenswert nur i. H. d. *fair value*, also mit 100 GE zu erfassen. Da der Wert der hingegebenen Leistung den der identifizierbaren Güter oder Dienstleistungen übersteigt, ist i. H. d. Differenz der Empfang einer nichtidentifizierbaren Leistung zu fingieren. Eine Aufwandsbuchung i. H. v. 5 GE ist daher angezeigt. Auf der Passivseite ist wegen des Erfüllungswahlrechts eine Aufteilung der Zusage in einen Eigen- und Fremdkapitalanteil geboten.

---

36   Fallen erhaltene und hingegebene Leistung wertmäßig auseinander, zwingt ein Rückgriff auf die Vorgaben zur Behandlung anteilsbasierter Vergütungen zur Erfassung eines Ergebniseffekts (IFRS 2.13A). Bei Klassifizierung der hingegebenen Leistung als Finanzinstrument besteht hingegen die Möglichkeit, einen Ergebniseffekt
- insgesamt zu **vermeiden,** wenn für die empfangene Leistung im Zugangszeitpunkt das Anschaffungskostenprinzip (*at cost*) gilt, oder
- zunächst zu **verhindern,** wenn der Zugangswert der empfangenen Leistung (wegen einer Verpflichtung auf den *fair value*) vom Wert der hingegebenen Leistung abweicht, für die Bestimmung des beizulegenden Zeitwerts aber nicht ausschließlich objektivierbare Inputs verwendet wurden.

Besondere Zweifel stellen sich mit der Ausgabe von (wandelbaren) Instrumenten an spezifische Investoren zu **vergünstigten Konditionen** im Zusammenhang mit der Vorbereitung eines Börsengangs (*initial public offering*, IPO). Bei Behandlung als Finanzinstrument kann ein ansonsten zu erfassender *day one loss* vermieden werden, da mangels bereits bestehender Börsennotierung kein objektiver *fair value* zu bestimmen ist.

Praxis-Beispiel

U plant den Börsengang. Zur Erhöhung des *working capital* (Deckung der IPO-Kosten) werden bereits vor dem IPO an ausgewählte Investoren in Stammaktien wandelbare Vorzüge (*preference shares*) gegen Barzahlung ausgegeben. Der auf Basis einer – auch Fundamentalerkenntnisse berücksichtigenden – Unternehmensbewertung bestimmte Wert der Vorzüge übersteigt den empfangenen Bestand liquider Mittel um einen wesentlichen Betrag. Für eine Behandlung der *preference shares* als anteilsbasierte Vergütung spricht sowohl die Differenz zwischen empfangener und hingegebener Leistung als auch die Zuweisung ausschließlich an ausgewählte Investoren. Als Folge ist für die bilanzielle Abbildung auf den Wert der Vorzüge abzustellen, die Differenz zum Kassenzugang als nichtidentifizierbare Leistung erfolgswirksam zu stellen. Alternativ kann aber auch der Abschluss eines Finanzinstruments unterstellt werden. Mangels Objektivierbarkeit der *fair-value*-Bewertung der Vorzüge (Einstufung als Level-3-Bewertung) bestimmt der Zugangswert der liquiden Mittel den Erstansatz der Vorzüge.

Besteht für den Empfänger einer anteilsbasierten Vergütung ein Erfüllungswahlrecht, ist im Zugangszeitpunkt eine **Aufteilung** in eine Eigen- und eine Fremdkapitalkomponente geboten (IFRS 2.5). Aufgrund abweichender Vorgaben zur Differenzierung von Eigen- und Fremdkapital kann sich auch eine nicht im Einklang mit der dichotomen Kapitalabgrenzung des IAS 32 stehende Trennung einstellen (Rz 53 ff.). So findet insbesondere die *fixed-for-fixed*-Vorgabe der Kapitalabgrenzung auf anteilsbasierte Vergütungen keine Anwendung (→ § 20 Rz 28). Darüber hinaus ist für die Folgebewertung auch ein **abweichender Bewertungsmaßstab** beachtlich. Zwar findet der *fair value* auch für anteilsbasierte Vergütungen Anwendung, allerdings bestehen trotz gleichlautender Etikettierung konzeptionelle Unterschiede (IFRS 2.6A). In Abhängigkeit der vereinbarten Erfüllung besteht bei vorgesehenem

- *equity settlement* eine Verpflichtung zur Bewertung nach dem *grant date measurement approach*; der Betrag der erwarteten Eigenkapitalzuführung ist danach einmalig im Zusagezeitpunkt festzulegen und in künftigen Perioden einzufrieren;
- *cash settlement* die Vorgabe zur *fair-value*-Bewertung (i.S.d. Definition des IFRS 2) der Schuld zum Bilanzierungsstichtag.

Bei Transaktionen ohne Gewährung von Dienstleistungen über einen längeren Zeitraum ist die Aufteilung im Zugangszeitpunkt erforderlich. In Folgeperioden wird nur noch die bestehende Schuld (als Folge eines möglichen *cash settlement*) bewertet, die Eigenkapitalzuführung bleibt nach IFRS 2 unverändert.

37

> **Praxis-Beispiel (Abwandlung zu Rz 35)**
> Die WSV ist in einer Währung, die nicht der funktionalen Währung des U entspricht, denominiert. Für die Behandlung nach IFRS 2 ergeben sich keine weiteren Konsequenzen. Im Zugangszeitpunkt erfolgt eine Aufteilung in Eigen- und Fremdkapital. Der Eigenkapitalanteil ist in Folgeperioden nicht anzupassen, die Verbindlichkeit zum *fair value* zu bewerten.

Anderes gilt bei einer Bilanzierung als zusammengesetztes Finanzinstrument. Nach Aufteilung eines strukturierten Produkts qualifiziert sich das (Basis-)Fremdkapitalinstrument regelmäßig für eine Bewertung zu fortgeführten Anschaffungskosten (*at amortised cost*). Die Folgebewertung des derivativen Teils bestimmt sich in Abhängigkeit der *fixed-for-fixed*-Bedingung. Insoweit diese erfüllt ist, liegt Eigenkapital vor, eine Folgebewertung scheidet aus. Andernfalls liegt ein (Fremdkapital-)Derivat vor, welches erfolgswirksam zum *fair value* fortzuschreiben ist, wenn nicht das Gesamtinstrument (wahlweise) erfolgswirksam zum *fair value* bewertet wird.

> **Praxis-Beispiel (Abwandlung zu Rz 35)**
> Wegen Abschluss der WSV in Fremdwährung ist die *fixed-for-fixed*-Bedingung verletzt, der „Eigenkapitalanteil" daher nach IAS 39/IFRS 9 als Fremdkapitalderivat erfolgswirksam zum *fair value* zu bewerten.

38 Die Unbestimmtheit der Vorgaben zur Abgrenzung einer anteilsbasierten Vergütung von einem Finanzinstrument eröffnet bilanzpolitisches Gestaltungspotential. In Abhängigkeit von dem Betrachtungszeitpunkt gilt für ein *convertible instrument* folgende Differenzierung:

- Erfolgt im Zugangszeitpunkt eine Klassifizierung als Finanzinstrument, kann ein **„drohender" Ergebniseffekt** bei einer Divergenz von Leistung und Gegenleistung vermieden werden.
- Andererseits kann mit Einstufung der hingegebenen Gegenleistung als anteilsbasierte Vergütung ein **Eigenkapitalzugang** erzielt werden, der bei Behandlung als Finanzinstrument nicht möglich ist.

Ohne materielle Änderung der Ausgestaltungsmerkmale könnte daher eine anteilsbasierte Vergütung als Finanzinstrument und ein Finanzinstrument als anteilsbasierte Vergütung **verkleidet** werden.

Auch wenn das Verhältnis der Anwendungsbereiche von IFRS 2 und IAS 39/IFRS 9 auf den ersten Blick nicht eindeutig scheint, besteht u.E. dennoch zunächst ein **Vorrang von IFRS 2**. Eine Nichtberücksichtigung ist nur in restriktiv formulierten Ausnahmesituationen (Transaktionen mit Gesellschaftern, *business combination* oder besondere Finanzinstrumente) vorgesehen. Alle nicht unmittelbar angesprochenen Fälle, bei denen eine Vergütung in eigenen Eigenkapitalinstrumenten oder einer wertmäßig am Eigenkapital orientierten Barzahlung erfolgt, sind somit im Umkehrschluss unter den Vorgaben des IFRS 2 zu subsumieren.

Die vorrangige Erfassung einer hingegebenen Leistung als anteilsbasierte Vergütung **schließt** allerdings eine (spätere) Behandlung als Finanzinstrument **nicht aus**. Wird im Zuge der Gesamttransaktion eine nichtidentifizierbare Leistung (anteilsbasiert) vergütet, ist diese als separate Teilleistung vorgezogen zu beurteilen. Erfolgt der

Leistungsaustausch der Gesamttransaktion **zeitpunkt**bezogen, bedarf es also weder für die hingegebene noch die empfangene Leistung einer zeitraumbezogenen Erfassung, ist die **Transaktion** mit dem gegenseitigen Leistungsaustausch **vollzogen**. Für die weitere bilanzielle Behandlung kann sich daher nach Erfassung einer anteilsbasierten Vergütung als Teil der Gesamttransaktion die Pflicht zur Erfassung der verbleibenden Transaktion als Finanzinstrument ergeben.

Praxis-Beispiel (Fortsetzung zu Rz 35)
Lösung:
Die zugesagte WSV zieht bei ausschließlicher Behandlung als anteilsbasierte Vergütung die Notwendigkeit der Erfassung eines *day one loss* i.H.v. 5 GE nach sich. Ein entsprechender Aufwand wird bei Einstufung als Finanzinstrument vermieden, dafür ist allerdings wegen der Verletzung der *fixed-for-fixed*-Bedingung die Erfassung von Eigenkapital untersagt. U hat dennoch kein Wahlrecht: Die Transaktion ist zunächst als anteilsbasierte Vergütung zu behandeln, somit ein *day one loss* zu erfassen. Sich unmittelbar anschließend ist die WSV nach der hier vertretenen Auffassung als Finanzinstrument zu erfassen und die „Eigenkapitalkomponente" als Fremdkapitalderivat zu erfassen.

Bestehen Zweifel – einen expliziten Ausschlussgrund ausgeklammert – hinsichtlich des Vorliegens einer anteilsbasierten Vergütung oder eines Finanzinstruments ist u. E. folgendes Vorgehen angezeigt:

- **Vorrangig** ist von dem Vorliegen einer **anteilsbasierten Vergütung** auszugehen. Unterschreitet der Wert der empfangenen Leistung die hingegebene Gegenleistung, ist im Zugangszeitpunkt eine Aufwandsbuchung indiziert.
- **Nach Abklärung** einer evtl. Ergebnisauswirkung wegen des Empfangs einer nichtidentifizierbaren Leistung ist dann eine **erneute Klassifizierung** geboten, wenn die anteilsbasierte Vergütung nach einer fiktiven Abspaltung von der Gesamttransaktion bereits gegenseitig erfüllt ist.

Bei Empfang einer nicht aktivierbaren Gegenleistung erfolgt die Gegenbuchung nach den allgemeinen Vorgaben im Periodenergebnis (IFRS 2.8). Eine Ausnahme gilt insoweit die Leistung aber im Zusammenhang mit der Beschaffung von Eigenkapital steht. Eine Aufwandsbuchung scheidet aus (IAS 32.22), da in IAS 32 als lex specialis die spezifischen Fragen der im Zusammenhang eines IPO anfallenden Aufwendungen behandelt werden. Kosten, die im Zusammenhang mit der Ausgabe neuer Eigenkapitalinstrumente stehen, sind unmittelbar vom Zugangswert des Eigenkapitals abzuziehen. 39

Praxis-Beispiel (Fortsetzung zu Rz 36)
Im Zusammenhang mit dem anstehenden Börsengang und der geplanten Emission neuer Anteile werden teilweise *preference shares* an Berater vergeben. Die Differenz zwischen empfangener und hingegebener Leistung wäre als nicht aktivierbare Leistung aufwandswirksam zu erfassen. Insoweit die Aufwendungen allerdings auf die Beschaffung neuer Eigenkapitalinstrumente entfallen, ist eine unmittelbare Verrechnung im Eigenkapital geboten, eine Aufwandserfassung scheidet aus.

Der Vorrang von IAS 32 gilt bei notwendigen Kosten für die Eigenkapitalbeschaffung unabhängig von der Veranlassung, also etwa auch, wenn keine aktivierungsfähige Gegenleistung für eine anteilsbasierte Vergütung empfangen wird.

1.5.4 Weitere Nichtanwendungsfälle

40 Ebenfalls keine *share-based payment transactions* i. S. v. IFRS 2 sind
- Transaktionen zwischen Anteilseignern, denen **kein Vergütungscharakter** für empfangene Güter und Dienste zukommt (Rz 41), und
- Vergütungen, deren Höhe an die buchmäßige **Eigenkapitalvermehrung** des Unternehmens bzw. den ausgewiesenen **(Jahres-)Überschuss** geknüpft sind (Rz 42).

41 Nicht jede Beteiligung der Arbeitnehmer an den Anteilen bzw. der Wertentwicklung der Gesellschaft fällt unter den Anwendungsbereich von IFRS 2. Entscheidend ist, ob gewährte Vorteile ihren Grund in der erbrachten Arbeitsleistung haben oder ob diese gesellschaftsrechtlich veranlasst sind *(causa societas)*. Die Gewährung von Bezugsrechten anlässlich einer Kapitalerhöhung an einen Arbeitnehmer stellt etwa dann keine anteilsbasierte Vergütung dar, wenn er sie in seiner Eigenschaft als **Aktionär** erhält, also so gestellt wird wie alle anderen Aktionäre *(shareholders as a whole)*. Entsprechendes gilt für die Einräumung von Beteiligungen gegen fremdübliche Bedingungen. Werden allerdings Anteile zu günstigen, nicht fremdüblichen Bedingungen ausgegeben *(sweet bzw. sweat equity)*, liegt eine Transaktion im Anwendungsbereich von IFRS 2 vor.

> **Praxis-Beispiel**
> Der neue Finanzvorstand soll am Aktienkapital beteiligt werden. Dazu kauft er eigene Aktien der Gesellschaft zum aktuellen Börsenkurs. Die Valuta wird ihm von der Gesellschaft als Darlehen gewährt, das er in fünf Jahren verzinslich zu tilgen hat.
> Es handelt sich um eine nicht unter IFRS 2 fallende Transaktion.
>
> **Abwandlung des Sachverhalts**
> Der Aktienerwerb erfolgt zu einem gegenüber dem Kurswert ermäßigten Preis *(sweet equity)*.
> Es liegt eine anteilsbasierte Vergütung nach dem Regelungsgehalt von IFRS 2 vor.

42 Ist eine erfolgsabhängige Vergütung von Mitarbeitern nicht an die Entwicklung der Gesellschaftsanteile, sondern an eine **andere Variable** (z. B. Jahresüberschuss) geknüpft, scheidet die Anwendung von IFRS 2 aus.

> **Praxis-Beispiel**
> Die Arbeitnehmer erhalten eine erfolgsabhängige Vergütung, abhängig vom ausgewiesenen Gewinn und der damit verbundenen Erhöhung des ausgewiesenen bilanziellen Eigenkapitals.
> Bezugspunkt für den Anwendungsbereich von IFRS 2 ist der Wert der Beteiligung (Aktien) am Unternehmen und nicht dessen buchmäßiges Eigenkapital. Deshalb handelt es sich im Beispielfall um eine Vergütung im Anwendungsbereich von IAS 19 in Form von *employee benefits* (→ § 22 Rz 4).

Voraussetzung für das Vorliegen einer anteilsbasierten Vergütung im Anwen- **43**
dungsbereich von IFRS 2 ist die Bezugnahme der gewährten Gegenleistung auf
Anteile des die Vergütung gewährenden Unternehmens. Orientiert sich eine
Vergütung wertmäßig nicht an der Wertentwicklung der Anteile bzw. des Eigenkapitals des Vergütungsschuldners, scheidet ein Rückgriff auf IFRS 2 aus. Die
bilanzielle Behandlung der bestehenden Verpflichtung richtet sich dann nach der
Identität des Vergütungsbegünstigten:

* Handelt es sich um einen Mitarbeiter des Vergütungsschuldners, kann die
Verpflichtung in den Anwendungsbereich von IAS 19 fallen (→ § 22 Rz 2).
* Andernfalls ist zu untersuchen, ob es sich bei der Verpflichtung um ein Finanz-
instrument im Anwendungsbereich von IAS 32/IAS 39 bzw. IFRS 9 handelt.

Aufgrund der Bindung der Verpflichtung an die Eigenkapitalentwicklung eines
anderen Unternehmens ist eine Untersuchung hinsichtlich der Abspaltungspflicht eines eingebetteten Derivats erforderlich (→ § 28).

Eine Divergenz von Leistungsempfänger und Vergütungsschuldner führt hingegen nicht unmittelbar zu einem Ausschluss vom Anwendungsbereich des
IFRS 2 (Rz 14).

2 Grundprobleme der Bilanzierung anteilsbasierter Vergütungen

2.1 Abhängigkeit der Bilanzierung von der Vergütungsform

2.1.1 Vergütung durch Eigenkapitalinstrumente

Die im Rahmen einer anteilsbasierten Transaktion erworbenen Güter sind im **44**
Augenblick des **Zugangs** buchmäßig zu erfassen, Dienste über die Dauer von
deren Inanspruchnahme zu verteilen (IFRS 2.7).

Bzgl. der **Gegenbuchung** ist zu differenzieren:

* Bei Vergütung durch Eigenkapitalinstrumente ist die Gegenbuchung im
Eigenkapital vorzunehmen.
* Bei einer Barvergütung sind die **Rückstellungen**/Verbindlichkeiten anzu-
sprechen.

Der IASB verzichtet auf eine Spezifizierung des Eigenkapitalkontos und ermög- **45**
licht so eine Erfassung, die dem rechtlichen Umfeld des Unternehmens entspricht. Die herrschende deutsche Auffassung bevorzugt eine Erfassung in der
Kapitalrücklage.[16] Allerdings wird – aufgrund der Notwendigkeit zur nachträglichen Anpassung bei bestimmten Schätzungsänderungen – auch eine Erfassung
als Teil der Gewinnrücklage als vertretbar angesehen.[17]

Empfangene Güter sind als **Vermögenswerte** (*assets*) auszuweisen, wenn diese **46**
die entsprechenden Ansatzvorschriften erfüllen, empfangene Dienstleistungen
sind als **Aufwand** zu erfassen (IFRS 2.8).

* Das Eigenkapital **erhöht** sich im Fall einer aktivierungspflichtigen Gegen-
leistung (IFRS 2.10).
* Es bleibt bei Aufwandsverbuchung **konstant,** da die GuV ein Unterkonto des
Eigenkapitals ist.

---

[16] Vgl. PELLENS/FÜLBIER/GASSEN, Internationale Rechnungslegung, 8. Aufl., 2011, S. 522; SCHMIDT,
Bilanzierung von Aktienoptionsplänen nach IFRS 2, 2006, S. 126; VATER, WPg 2006, S. 715.
[17] HASENBURG/SEIDLER, Der Konzern 2005, S. 162.

Das **Ansatzproblem** ist nach allgemeinen Regeln (→ § 1 Rz 83 ff.) zu lösen. Als Beispiel werden in IFRS 2.9 Entwicklungskosten für ein neues Produkt genannt, die die Ansatzkriterien nach IAS 38 nicht erfüllen (→ § 13 Rz 25 ff.).

47 In der Bewertung der durch Ausgabe von Eigenkapitalinstrumenten bewirkten Transaktion ist nach IFRS 2.10 f. wie folgt zu differenzieren:

- **Regel:** Der *fair value* der **empfangenen Leistung** bestimmt die Bewertung der Transaktion, die Sollseite des Buchungssatzes also die Habenseite, d. h. den (ohne Berücksichtigung der GuV) ins Eigenkapital einzustellenden Betrag.

- **Allgemeine Ausnahme:** Wenn der *fair value* der empfangenen Leistung nicht verlässlich zu ermitteln ist, ist umgekehrt die Habenseite des Buchungssatzes wertbestimmend. Der **Wert der gewährten Optionen oder Anteilsrechte** legt den Zugangswert bei bilanzierungsfähigen Vermögenswerten bzw. die Höhe des Aufwands bei nicht bilanzierungsfähigen Vermögenswerten oder Diensten fest.

- **Spezielle Ausnahme für Mitarbeiterleistungen:** Hier ist nach IFRS 2.11 unwiderlegbar davon auszugehen, dass der Wert der empfangenen Leistung nicht verlässlich bestimmt werden kann und demzufolge der **Wert der gewährten Optionen oder Anteilsrechte** die Bewertung der Transaktion und damit die Höhe des Personalaufwands bestimmt. Wie Mitarbeiterleistungen sind „ähnliche Leistungen" zu würdigen. Demnach kommt es unter sonst gleichen Voraussetzungen z. B. nicht darauf an, ob ein Handelsvertreter Arbeitnehmer oder selbstständig ist.

Einen weiteren Anwendungsfall von IFRS 2 stellt die Ausgabe von Eigenkapitalinstrumenten an Minderheiten, karitative Organisationen etc. zur Förderung von Ansehen und **Image** des Unternehmens dar. Ein Rückgriff auf IFRS 2 scheidet nicht aus, wenn keine konkrete Gegenleistung des Empfängers der anteilsbasierten Vergütung bzw. keine i. H. d. ausgegebenen Werts festzustellen ist (IFRS 2.2). Nach IFRS 2.2 (früher IFRIC 8.8) besteht für die Klassifizierung einer Transaktion als anteilsbasierte Vergütung beim Leistungsempfänger nicht die Notwendigkeit zur Identifizierung des Empfangs einer Leistung (*whether or not the entity can identify*). Fehle es an einer **identifizierbaren Gegenleistung**, sei dies ein Hinweis für einen bereits erfolgten oder künftigen Empfang einer solchen. Entsprechend gilt die Vermutung des Empfangs einer „vollwertigen" – dem *fair value* des Eigenkapitalinstruments entsprechenden – Gegenleistung. Die Nichtidentifizierbarkeit der Gegenleistung hindert also nicht die Anwendung von IFRS 2 (Rz 6).

Wegen weiterer Einzelheiten, insbesondere zu Mitarbeiteroptionen, wird auf Rz 84 ff. verwiesen.

48 Zentraler Diskussionspunkt bei der Entwicklung des Standards war die offensichtlich nicht nur für die deutsche Betrachtungsweise gewöhnungsbedürftige Buchung von **nicht zu Ausgaben** führenden, **nicht pagatorischen Aufwendungen** mit der Gegenbuchung im **Eigenkapital**. In den *Basis for Conclusions (BC)* setzt sich der Board ausführlich mit den hierzu vorgetragenen **Bedenken** auseinander (IFRS 2.BC29 ff.). Damit werden auch weitgehend die im deutschen Schrifttum gegen diese Art der bilanzmäßigen Darstellung von Aktienoptionsplänen erhobenen Einwendungen[18] abgehandelt.

---

[18] SCHRUFF, in: Festschrift Welf Müller, 2001, S. 235; SCHILDBACH, StuB 2000, S. 1034; LANGE, WPg 2002, S. 354; HERZIG/LOCHMANN, WPg 2002, S. 325.

Die wichtigsten Argumente vom Board gewürdigter Kritikpunkte sind die **49**
folgenden:
- **Die Mitarbeiter des Unternehmens/Konzerns erhalten anteilsorientierte Vergütungen nicht von diesem, sondern von (anderen Personen, nämlich) den Aktionären (IFRS 2.BC34 f.).**
Dem hält der Board entgegen: Das Unternehmen/der Konzern, nicht die Gesellschafter/Anteilseigner legten die entsprechenden Vergütungspläne auf und gäben die Optionen aus. Die Eigenkapitalinstrumente seien als Gegenleistung für die erhaltenen Dienstleistungen für das Unternehmen und nicht für die Gesellschafter/Anteilseigner bestimmt.
- **Die Mitarbeiter erbringen ihre Leistung nicht für die Optionen, sondern werden hierfür in bar oder in anderen Sachwerten vergütet (IFRS 2.BC36 ff.).**
Dem entgegnet der Board: Die Anteile oder Optionen auf diese stellen einen Bestandteil eines Gesamtvergütungspakets dar. Ein solches Paket werde auch sonst nicht in seine Bestandteile (hinsichtlich der Aufwandswirksamkeit) zerlegt.
- **Da bei Vergütungen mit Eigenkapitalinstrumenten das Unternehmen/ der Konzern keine Gegenleistung zu erbringen hat, entstehen ihm auch keine buchmäßig auszuweisenden Aufwendungen (IFRS 2.BC40 ff.).**
Demgegenüber der Board: Auch wenn man keine Ausgaben des Unternehmens feststellen könne, erhalte das Unternehmen/der Konzern gleichwohl wirtschaftliche Ressourcen und verbrauche diese im Produktionszyklus. Im Übrigen gelte unbestritten: Vorräte, Sachanlagen und ähnliche Vermögenswerte, die gegen Aktienausgabe dem Unternehmen zur Verfügung gestellt werden (Sacheinlage), sind zu bilanzieren. Die Nutzung dieser Ressourcen führe aber ebenso zu buchmäßigem Aufwand (durch Verbrauch bzw. Abschreibung) wie die Nutzung von (Arbeitnehmer-)Dienstleistungen.
- **Die zuverlässige Bewertung** *(reliability of measurement)* von anteilsbasierten Vergütungen zum *fair value* ist nur technisch einfach, inhaltlich bzw. in der Festlegung der Prämissen aber anspruchsvoll und verbunden mit reichlichem Schätzungsermessen für das Management.[19]
Der Board diskutiert umfangreich (IFRS 2.BC294 – IFRS 2.BC310) das Bewertungsproblem. Dabei behandelt er der Reihe nach eine ganze Anzahl möglicher Bilanzierungsverfahren, insbesondere den Verzicht auf eine Aufwandsbuchung wegen der Schwierigkeit der Objektivierung der Aufwandshöhe. Der Board verwirft diese Bedenken aber. Fazit des Board: Der *fair value* von *stock options* könne so gut wie immer am Zusagezeitpunkt hinreichend verlässlich ermittelt werden (Rz 275 f.).
Weitere vom Board widerlegte **Bedenken** gegen die genannte Verbuchung „per **50** Aufwand an Eigenkapital" beziehen sich auf die Definition des Aufwands *(expense*; IFRS 2.BC45 ff.) und auf die Beeinträchtigung der Kennzahl „Gewinn pro Aktie" *(earnings per share*; → §35) durch „Doppelerfassung"[20] (IFRS 2.BC54 ff.). Auch diese Argumente lässt der Board in umfangreicher Begründung nicht gelten.
Für die IFRS-Bilanzierung ist daher eine **Erfassung** anteilsbasierter Vergütungen **51** mit Ausgleich in Eigenkapitalinstrumenten mit dem *fair value* zum Zusagezeit-

---

[19] Detailliert vorgetragen von VATER, Stock Options, 2004, S. 9 ff., sowie, VATER, WPg 2004, S. 1246; PELLENS/CRASSELT, PiR 2005, S. 36.
[20] So SCHILDBACH, DB 2003, S. 894; KÜTING/DÜRR, WPg 2004, S. 616.

punkt *(grant date*; Rz 62) geboten und eine Gegenbuchung im **Eigenkapital** vorzunehmen. Ist der Wert der Vergütung nach dieser Vorgabe einmal bestimmt, kann er nicht wieder rückgängig gemacht oder angepasst werden (IFRS 2.23). Das gilt nicht bei Änderungen im Mengengerüst durch Verfall *(forfeit)* innerhalb der Sperrperiode *(vesting period;* Rz 65).

52 Sofern das begebene Eigenkapitalinstrument vom Empfänger sofort nach der Zusage realisiert werden kann, wird eine **bereits erfolgte** Leistungserbringung unterstellt; der Ansatz ist dann in voller Höhe vorzunehmen (IFRS 2.14). In aller Regel erfolgt die Gewährung von solchen Vergütungen (z. B. Aktienoptionen) aber für **künftige** Leistungen; dann ist der Ansatz als **Ansammlungsbetrag** auf die „Wartefrist" *(vesting period*; Rz 65) zu **verteilen** (IFRS 2.15).

2.1.2 Anteilsbasierte Barvergütung

53 Für die vom **Unternehmen/Konzern** in bar zu erbringenden Gegenleistungen, die der Höhe nach auf der Basis eines Aktienkurses bzw. des Anteilswerts bestimmt werden *(stock appreciation rights*; Rz 8), ist die Verbuchung unter den Schulden *(liabilities)* vorzunehmen. Regelmäßig werden derartige Vergütungen nur bei der Inanspruchnahme nicht aktivierungsfähiger Leistungen vereinbart. Die Dotierung der Schuld erfolgt dann zulasten des Aufwands (IFRS 2.30). *Liability* ist dabei als Oberbegriff zu verstehen, der „sichere" Schulden und Rückstellungen umfasst (→ § 21 Rz 1).

54 Für die Bewertung der durch Barvergütung bewirkten Transaktion gilt nach IFRS 2.30: Der *fair value* der gewährten virtuellen Optionen oder sonstigen virtuellen Anteilsrechte, also die Schuld, determiniert den Zugangswert bilanzierungsfähiger Vermögenswerte bzw. die Höhe des für nicht bilanzierungsfähige Vermögenswerte oder Dienste anzusetzenden Aufwands. Wegen Einzelheiten wird auf Rz 107 ff. verwiesen.

55 Der nach IFRS 2 verwendete *liability*-Begriff weicht von der Unterscheidung Eigen- und Fremdkapital nach IAS 32 ab. Das Vorliegen einer Verbindlichkeit nach IAS 32 führt somit nicht notwendigerweise zu einer Klassifizierung einer anteilsbasierten Vergütung als *cash-settled transaction*.

Praxis-Beispiel
Der Vorstand der A-AG erhält eine anteilsbasierte Vergütung mit Ausgleich in Eigenkapitalinstrumenten. Die Ausgabe der angebotenen Anteile hängt von der Erreichung bestimmter *performance*-Ziele ab. Insoweit die Ziele erreicht werden, der Anspruch dem Grunde nach also besteht, hat der Vorstand Anspruch auf eine variable Anzahl an Aktien mit einem Wert von 100 GE, die von dem Aktienkurs am Auszahlungstag abhängt. Weder A noch der Vorstand haben die Möglichkeit zum Barausgleich.
Da die Gesellschaft zur Ausgabe einer variablen Anzahl von wertmäßig finanzierten Anteilen verpflichtet ist, liegt nach IAS 32 eine finanzielle Verbindlichkeit vor (→ § 20 Rz 4). Nach IFRS 2 ist die Transaktion wegen der fehlenden Möglichkeit zum Barausgleich allerdings als *equity-settled* zu behandeln.

Der IASB begründet die konzeptionellen Unterschiede in der **Kapitalabgrenzung** von IAS 32 und der Klassifizierung einer anteilsbasierten Vergütung in den *Basis for Conclusions* (IFRS 2.BC109f.).

• Eine Anwendung der Kapitalabgrenzungskonzeption des IAS 32 – insbesondere hinsichtlich der Klassifizierung von Verpflichtungen zur Leistung einer variablen Anzahl von EK-Instrumenten als Fremdkapital – würde in Bezug auf IFRS 2 zu nicht zu rechtfertigenden Unterschieden, insbesondere der Berücksichtigung der Volatilität, führen.

• Im Übrigen soll die Inkonsistenz zwischen IFRS 2 und IAS 32 im Rahmen der Überarbeitung der Kapitalabgrenzungskonzeption behandelt werden (→ § 20 Rz 113).

Wie bei Vergütung durch Eigenkapitalinstrumente ist der (Personal-)Aufwand **56** auch bei Barvergütung zu realisieren, wenn die entsprechende (Arbeits-)Leistung erbracht worden ist. Sofern die Berechtigung auf die anteilsbasierte Vergütung **sofort** eintritt *(vest immediately)*, ist der Aufwand sofort in voller Höhe zu erfassen. I. d. R. hängt aber die Berechtigung für diese anteilsbasierte Vergütung von der Erbringung einer bestimmten Dauer der (Arbeits-)Leistung ab (Sperrfrist, *vesting period*). In diesem Fall ist die Schuld zeitanteilig über die betreffenden Perioden hin aufzubauen (IFRS 2.32).

Der Ansatz einer Schuld würde sich in Anwendung der allgemeinen Regelung in **57** IAS 37.14 (→ § 21 Rz 11) danach richten, ob eine **gegenwärtige** *(present)* Verpflichtung besteht. Der Board hat bzgl. der Erfüllung dieser Voraussetzung bei *stock appreciation rights* gewisse **Zweifel**, weil während der anstehenden Wartefrist *(vesting period)* noch bestimmte Leistungsmerkmale erfüllt werden müssen. Gleichwohl befürwortet er, gestützt auf den Regelungsgehalt für Arbeitnehmerpensionspläne nach IAS 19 (→ § 22), den ratierlichen Aufbau ab dem Augenblick der Zusage, also mit dem Eintritt der entsprechenden Verpflichtung.

Das Bestehen einer vertraglichen Verpflichtung zur anteilsbasierten Vergütung ist **58** **notwendige Bedingung** für das Vorliegen einer *cash-settled share-based payment transaction*. „Verpflichtungen", deren Entstehung/Nichtentstehung bzw. Erfüllung/Nichterfüllung im Ermessen und in der Handlungsfreiheit des Vergütungsschuldners liegt, stellen so lange bilanziell keine Verpflichtungen dar, bis dieser Freiheitsraum beendet und eine unentziehbare rechtliche oder faktische Verpflichtung entstanden ist.

• Nach IAS 37.19 begründen daher etwa Ausgaben, „die das Unternehmen durch seine künftigen Aktivitäten vermeiden kann", keine gegenwärtige Verpflichtung (→ § 21 Rz 12).

• Speziell für die Entlohnung von Arbeitnehmern durch Pensionszusagen verlangt IAS 19.52 eine rechtliche oder durch betriebliche Übung begründete faktische Verpflichtung (→ § 22 Rz 5 ff.).

Ist weder eine rechtliche noch eine faktische Verpflichtung gegeben, kann sich vielmehr der potenzielle Vergütungsschuldner einseitig und sanktionslos von der (bedingten) Zusage befreien, somit liegt keine bilanziell zu berücksichtigende Verpflichtung vor. Fällt das Zustandekommen der Vergütung allein in den **Entscheidungsbereich des potenziellen Vergütungsschuldners** (Unternehmen, ggf. Gesellschafter), hat der Begünstigte gerade kein Recht auf eine Vergütung. Die Anwendbarkeit von IFRS 2 ist (vor tatsächlicher Vergütung) dann nicht gegeben.

2.1.3 Vergütungspläne mit Erfüllungswahlrecht

59 Die Regulierungsverpflichtung für die empfangenen Güter oder Dienstleistungen kann auch in kombinierter Form als **Wahlrecht** ausgestattet sein (IFRS 2.2). Dabei hat entweder

- der **Leistende** (Arbeitnehmer) ein Wahlrecht auf Begleichung seines Vergütungsanspruches in bar oder durch Entgegennahme eines Eigenkapitalinstruments (Aktienoptionen) oder
- das **Unternehmen**/der Konzern ein Wahlrecht zur Begleichung der Schuld in bar oder durch Ausgabe von Eigenkapitalinstrumenten.

IFRS 2.34 spricht hier von anteilsbasierten Vergütungen mit Bar-Alternativen *(share-based payment with cash alternatives)*. Die Art der Bilanzierung richtet sich danach, **welcher Partei** die Wahl der Vergütung zusteht.

60 Steht dem **Leistenden** (Arbeitnehmer) das Vergütungswahlrecht zu, hat das Unternehmen/der Konzern ein **strukturiertes Finanzinstrument** (*compound financial instrument*) ausgegeben. Er bilanziert

- eine **Schuld**komponente für das Recht der Gegenseite zum Erhalt der Vergütung in bar und
- eine **Eigenkapital**komponente für das Recht der Gegenpartei, die Erfüllung der Verbindlichkeit mit einem Eigenkapitalinstrument zu verlangen (IFRS 2.35).

Diese beiden Komponenten sind zu **identifizieren** und nach den **jeweils geltenden** Regeln anzusetzen. Maßgeblich ist nicht der allgemein gültige Regelungsgehalt des IAS 32 (→ § 20 Rz 6), sondern die spezialgesetzliche Vorgabe in IFRS 2 (Rz 86 ff.). Wegen Einzelheiten wird auf Rz 126 ff. verwiesen.

61 Kann umgekehrt das **Unternehmen**/der Konzern die Vergütungsform auswählen *(share-based payment transaction in which the entity has the choice of settlement)*, muss zunächst (vom Unternehmen/dem Konzern) die **Vergütungsart** bestimmt werden. Eine Aufteilung scheidet aus; es liegt entweder eine *cash-settled* oder eine *equity-settled*-Transaktion vor. Im ersten Fall hat der Ansatz einer Schuld *(liability)* nach den Regeln für die *stock appreciation rights* zu erfolgen. Im zweiten Fall ist der Ansatz des empfangenen aktivierungsfähigen Vermögenswerts oder der nicht aktivierungsfähigen Leistung unter Gegenbuchung im Eigenkapital vorzunehmen. Wegen Einzelheiten wird auf Rz 133 ff. verwiesen.

2.2 Über Bewertung und zeitliche Verteilung der erhaltenen Leistung bestimmende Faktoren

2.2.1 Zusagezeitpunkt

62 Als Zusagezeitpunkt *(grant date)* definiert IFRS 2 den Tag, an dem der Vergütungsschuldner und die anspruchsberechtigte Gegenpartei eine anteilsbasierte Vergütungsvereinbarung treffen, also ein gemeinsames Verständnis über die Vertragsbedingungen der Vereinbarung erlangt haben (IFRS 2.IG3). Der Vergütungsschuldner verleiht der Gegenpartei am *grant date* das (bedingte) Recht auf den Erhalt eines anteilsbasierten Ausgleichs in Form von

- flüssigen Mitteln oder anderen Vermögenswerten *(cash-settled)* oder
- Eigenkapitalinstrumenten *(equity-settled)*.

Unterliegt die Vereinbarung einem Genehmigungsverfahren (z.B. durch die Gesellschafter/Anteilseigner des Vergütungsschuldners), entspricht der *grant date* dem Tag, an dem die Genehmigung erteilt wurde. Sollten bis zu dem ausstehenden Genehmigungszeitpunkt bereits Güter transferiert oder Dienstleistungen erbracht worden sein, die der anteilsbasierten Vergütung unterliegen, muss i. S. d. zutreffenden Periodisierung eine vorläufige Schätzung des auf die abgelaufene Periode entfallenden Vergütungsanteils erfolgen (IFRS 2.IG4).

Ist die Ausübung des Rechts an **Bedingungen** – etwa Wartezeiten oder Erfolgsziele – geknüpft, sind diese Bedingungen teils nur bei der Zugangsbewertung des gewährten Rechts und der evtl. Verteilung des korrespondierenden Aufwands zu berücksichtigen, teils auch bei der Folgebewertung (Rz 80).

Die Bestimmung des Zusagezeitpunkts ist v. a. bei Arbeitnehmervergütungen von praktischer Bedeutung: **63**

- Bei Gewährung realer Optionen ist der Wert der Vergütung gem. IFRS 2.10 auf den Zusagezeitpunkt zu bestimmen.

- Unabhängig davon, ob reale oder virtuelle Optionen gewährt werden, ist der Personalaufwand aus an Wartefristen oder ähnliche Bedingungen gebundene Vergütungen über die Dauer der Wartefrist, d. h. den Zeitraum zwischen Zusagezeitpunkt und Erfüllung der Bedingungen, zu verteilen.

Sichern die Vertragsbedingungen einer anteilsbasierten Vergütung den Anspruchsberechtigten mehrere Tranchen zu, die zeitlich später anfallen (z. B. jede zweite Periode eine neue Tranche), stellt sich die Frage, ob der *grant date* der ersten Tranche gleichermaßen für die später folgenden Tranchen heranzuziehen ist.   **64**

Voraussetzung für die Festlegung des Zusagezeitpunkts ist das gemeinsame Verständnis der Vertragsparteien in Bezug auf die Ausgestaltungsmerkmale der anteilsbasierten Vergütung. Sehen die Vertragsbedingungen eine jederzeitige Anpassung/Modifizierung für noch nicht ausgegebene Tranchen (z. B. Ausübungspreis, Ausübungshürden, Anzahl und/oder Laufzeit der Optionen etc.) durch den Vergütungsschuldner der laufenden Tranchen vor, stellt u. E. jeder Zuteilungszeitpunkt einer Tranche einen **eigenen** *grant date* dar.

Praxis-Beispiel

Die Vertragsbedingungen einer anteilsbasierten Mitarbeitervergütung sichern den teilnahmeberechtigten Mitarbeitern einen Anspruch auf Zuteilung von Optionen in drei aufeinander folgenden Tranchen (jeweils mit einem Jahr Abstand) zu. Erstmaliger Zusagezeitpunkt, mit feststehenden Konditionen, ist der 1.1.01. Fraglich ist in diesem Zusammenhang, ob die drei Zuteilungspunkte jeweils einen eigenen *grant date* i. S. d. IFRS 2 darstellen oder nur ein *grant date* mit drei Zuteilungszeitpunkten zu berücksichtigen ist.

Die Vertragsbedingungen sehen außerdem eine jederzeitige Änderungsmöglichkeit der Vertragskonditionen für zukünftige Tranchen vor, die nicht nur bei Vorliegen eines wichtigen Grunds zum Tragen kommt. Der Vergütungsschuldner kann daher die Konditionen für noch nicht zugeteilte Optionen jederzeit verändern.

Folglich stellt i. S. d. IFRS 2 jeder Zuteilungszeitpunkt einen eigenständigen *grant date* dar. Als Konsequenz sind für die bilanzielle Beurteilung zum 31.12.01 nur die bereits zugeteilten Optionen zu berücksichtigen (erste Tranche). Die anderen Tranchen zeitigen erst nach Zuteilung (und der damit verbundenen Fixierung der Parameter) eine Auswirkung auf die Bilanz und GuV des Vergütungsschuldners.

2.2.2   Wartefrist, Ausübungszeitraum und Laufzeit der Option

65   Sowohl für die Bewertung wie auch für die zeitliche Verteilung anteilsbasierter Vergütungen ist zwischen verschiedenen Zeiträumen zu unterscheiden:

- Die **Warte- bzw. Sperrfrist** *(vesting period)* beschreibt den Zeitraum zwischen dem Zusagezeitpunkt *(grant date)* der anteilsbasierten Vergütung und dem Zeitpunkt der Erfüllung aller Ausübungskonditionen *(vesting conditions)*, d. h. dem Ausgabezeitpunkt *(vesting date)*. Ist die *vesting condition* eine Dienstbedingung *(service condition)*, welche das Ausübungsrecht der Option an die Ableistung einer bestimmten Dienstzeit knüpft, ist der Personal- oder sonstige aus einer Dauerleistung resultierende Serviceaufwand über diese Dienstzeit zu verteilen. In der amtlichen Übersetzung wird die *vesting period* etwas irreführend als Erdienungszeitraum bezeichnet. Die Wartefrist muss sich aber nicht notwendig auf Dienstzeiten richten.
- Der **Ausübungszeitraum** *(exercise period)* beginnt mit dem Zeitpunkt, ab welchem der Begünstigte sein Recht auf Bezug der anteilsbasierten Vergütung erstmals ausüben kann, und endet mit dem Zeitpunkt, an dem das Recht durch Zeitablauf letztmals geltend gemacht werden kann.
- Die vertraglich vereinbarte **Laufzeit** der Option *(life of the option)* umschreibt die Summe aus *vesting* und *exercise period* einer Option.

Die Laufzeit ist bei Gewährung echter Optionen einer der entscheidenden Bewertungsparameter (Rz 265). Die bewertungsrelevante Laufzeit der anteilsbasierten Vergütung umfasst mindestens die vollständige *vesting period* und längstens den zusätzlichen Ausübungszeitraum.

Praxis-Beispiel

Die Vertragsbedingungen einer anteilsbasierten Mitarbeitervergütung sehen für eine Ausübbarkeit zugeteilter Optionen eine Weiterbeschäftigung für die nächsten vier Geschäftsjahre vor *(vesting period)*. Die Option kann in einem zweijährigen Ausübungszeitraum *(excercise period)* nach Erfüllung der Ausübungsbedingung ausgeübt werden. Damit beträgt die maximale (Gesamt-)Laufzeit der Option sechs Jahre.

Die Bedeutung der verschiedenen Zeiträume liegt in Folgendem:

- Bei der Bewertung der Option mit einem Optionspreismodell ist – das Ausübungsverhalten der Anspruchsberechtigten ausgeklammert – von einer sechsjährigen Laufzeit auszugehen. Damit ergibt sich ein höherer Wert als unter sonst gleichen Bedingungen bei einer vierjährigen Option.
- Die Verteilung des auf diese Weise insgesamt ermittelten Personalaufwands erfolgt jedoch über vier Jahre.

2.2.3   Ausübungsbedingungen

2.2.3.1   Dienstbedingungen

66   An Arbeitnehmer gewährte anteilsbasierte Vergütungen werden regelmäßig **Ausübungsbedingungen** *(vesting conditions)* geknüpft. Zu unterscheiden ist zwischen

- **Dienst**bedingungen *(service conditions)*, welche das Ausübungsrecht der Option an die Ableistung einer bestimmten Dienstzeit knüpfen, und
- **Leistungs**bedingungen *(performance conditions)*, welche die Unverfallbarkeit des Anspruchs an die Erfüllung bestimmter – meist unternehmensspezifischer, ggf. auch persönlicher – Erfolgsziele knüpfen.

Die Zuordnung von Vertragsbestandteilen als *vesting conditions* ist nicht immer eindeutig (Rz 74).[21]

Im *Annual Improvements 2010–2012 Cycle* erfolgte daher eine Überarbeitung   **67** der Definitionen von Ausübungsbedingungen *(vesting conditions)*. Präzisiert wird insbesondere das Verhältnis von Leistungs- zu Dienstbedingungen, es gilt:

- Jede Leistungsbedingung umfasst auch – explizit oder implizit – eine Dienstbedingung.
- Das vereinbarte Erfolgsziel muss innerhalb der Dienstzeit erbracht werden (IFRS 2.BC340).

Darüber hinaus werden auch Erfolgsziele, die nicht das die Vergütung unmittelbar schuldende Unternehmen, sondern ein anderes Unternehmen innerhalb einer (wirtschaftlichen) Einheit betreffen, als Leistungsbedingung eines Plans aufgenommen.

Die Dienst- bzw. Dienstzeitbedingungen sind von zweifacher Bedeutung: **68**

- Der insgesamt ermittelte (Personal-)**Aufwand** ergibt sich als **Produkt** aus dem *fair value* des jedem Arbeitnehmer zugewendeten Rechts und der Zahl der Arbeitnehmer, die (voraussichtlich) die Dienstzeitbedingung erfüllen werden. Zu jedem Stichtag sind daher Fluktuationsannahmen zu treffen und fortzuschreiben.
- Der so bestimmte Gesamtaufwand ist über die Dauer der abzuleistenden Dienstzeit zu **verteilen**.

Wird eine *service condition* tatsächlich nicht erfüllt, scheidet eine buchmäßige Erfassung einer anteilsbasierten Vergütung aus, bereits erfasste Beträge sind zu stornieren.

2.2.3.2 Leistungsbedingungen

Leistungsbedingungen *(performance conditions)* knüpfen die Unverfallbarkeit des   **69** Anspruchs an die Erfüllung bestimmter – meist unternehmensspezifischer – Erfolgsziele. Leistungsbedingungen lassen sich weiter differenzieren in **marktabhängige** *(market conditions)* und **andere** Ausübungsbedingungen *(non-market conditions)*.

- Eine Leistungsbedingung ist als marktabhängig anzusehen (IFRS 2.A), wenn das gesetzte Erfolgsziel im Zusammenhang mit dem Börsenkurs bzw. bei fehlender Börsennotierung mit dem *fair value* der Unternehmensanteile steht *(market performance conditions)*.
- Alle anderen Leistungsbedingungen sind entsprechend *non-market performance conditions*. Ein Beispiel wäre die Bindung des Optionsrechts an ein bestimmtes Umsatz- oder Ergebniswachstum.

Ist ein vereinbartes Leistungsziel gleichzeitig an eine marktabhängige und eine marktunabhängige Bedingung geknüpft und eine Trennung nicht möglich, ist die gesamte Leistungsbedingung als *market condition* anzusehen.

Die Bedeutung der Unterscheidung ist v. a. bei **realen Optionen** groß: **70**

---

[21] Dies noch einmal bestätigend IFRIC Update January 2010.

- Marktabhängige Leistungsbedingungen *(market performance conditions)* sind bei der Bewertung der Option zum *grant date* über ein Wahrscheinlichkeitskalkül zu berücksichtigen. Spätere, bessere Erkenntnisse führen nicht zur Anpassung des (Personal-)Aufwands.
- Die erwartete Entwicklung einer *non-market performance condition* ist hingegen (wie auch die der *service conditions*, Rz 66f.) zu jedem Stichtag neu einzuschätzen.

Bei virtuellen Optionen findet ohnehin eine fortlaufende Anpassung an die Stichtagserkenntnisse statt (Rz 120). Die Unterscheidung ist hier daher von geringerer Bedeutung.

71 Im Zusammenhang mit marktunabhängigen Leistungsbedingungen ist fraglich, ob jede von den Parteien einer anteilsbasierten Vergütung vereinbarte Vertragsbedingung notwendigerweise eine *performance condition* darstellt. Mangelt es an einem ausreichenden, mit der anteilsbasierten Vergütung im Zusammenhang stehenden Leistungsbezug, ist u.E. eine entsprechende Vertragsbedingung für die bilanzielle Abbildung einer *share-based payment transaction* unbeachtlich.

Praxis-Beispiel

Die Vertragsbedingungen einer anteilsbasierten Vorstandsvergütung setzen für eine Ausübbarkeit voraus:

- ein kumuliertes EBIT-Wachstum von 25 % über die nächsten vier Jahre oder
- die Installation einer neuen Niederlassung im gleichen Zeitraum.

Die erste Bedingung ist unstrittig eine *non-market performance condition*.

Ob die zweite Bedingung ein Erfolgsziel darstellt, hängt vom konkreten Inhalt ab.

- Gilt die Bedingung schon als erfüllt, wenn eine Lagerhalle angemietet und ein Lagerverwalter eingestellt wird, hat diese keinen hinreichenden Bezug zum Unternehmenserfolg. Es liegt keine *performance condition* vor.
- Muss die Niederlassung bereits eigene Tätigkeiten (Erfolge) nachweisen, sind hingegen die Voraussetzungen einer Leistungsbedingung erfüllt.

2.2.4 Sonstige Bedingungen

72 Anteilsbasierte Vergütungen knüpfen die Ausübungsmöglichkeit einer gewährten Option neben expliziten Ausübungsbedingungen *(vesting conditions)* ggf. auch an sonstige Bedingungen *(non-vesting conditions)*. Non-vesting conditions sind im Rahmen einer Negativdefinition – eine positive Definition wird seitens des IASB abgelehnt (IFRS 2.BC364) – danach alle Bedingungen, welche die Unverfallbarkeit des Anspruchs

- weder an die Erfüllung bestimmter – persönlicher oder unternehmensspezifischer – Erfolgsziele *(performance conditions)*
- noch an die Ableistung einer bestimmten Dienstzeit *(service conditions)* knüpfen.

Unter dem Oberbegriff *non-vesting conditions* lassen sich daher Vertragsbedingungen subsumieren, die

- von keiner der Vertragsparteien allein kontrolliert werden können (z.B. Bindung an die Entwicklung eines Index) oder

- im Ermessen des Anspruchsberechtigten stehen und nicht die Ableistung einer bestimmten Dienstzeit betreffen (z.B. Einzahlen eines bestimmten Betrags während der *vesting period*) oder
- im Ermessen des Vergütungsschuldners stehen (z.B. jederzeitige Beendigung des Optionsplans).

Bedeutung hat die Identifizierung als *non-vesting conditions* wiederum bei realen Optionen. Wie die marktabhängigen Erfolgsbedingungen (Rz 69) sind auch die *non-vesting conditions* nur einmal, nämlich bei der Ermittlung des *fair value* zum Zusagezeitpunkt, zu berücksichtigen. Eine Anpassung an spätere, bessere Erkenntnisse findet nicht statt. Anderes gilt bei der Zuteilung von virtuellen Optionen, die eine Berücksichtigung besserer Erkenntnisse zu jedem Stichtag erfordern.

73

2.2.5 Abgrenzungsschwierigkeiten – *change-of-control*-Klauseln

Die Qualifizierung einer Vertragsbedingung als Ausübungs- oder sonstige Bedingung ist nicht immer eindeutig. Zahlreiche Zweifelsfragen der Abgrenzung werden in einem *Staff Paper* des IASB zusammengefasst.[22]

74

Insbesondere für *change-of-control*-Klauseln stellt sich die Frage, ob diese eine *vesting condition* darstellen oder als *non-vesting condition* zu behandeln sind. Die Differenzierung ist relevant, da von der Zuordnung die Behandlung in der Bewertung, die Berücksichtigung im *grant date fair value*, abhängt (Rz 80).

Die Frage der Zuordnung stellt sich, da sich in Abhängigkeit des Einzelfalls unterschiedliche **Motivationen** zur Aufnahme einer *change-of-control*-Klausel unterscheiden lassen:

- Zum einen kann eine entsprechende Klausel den Anspruchsberechtigten vor dem Verfall einer zugesagten Option schützen (Schutzwirkung), wenn es zu einer Änderung der Kontrollverhältnisse kommt. Die Klausel bewirkt im tatsächlichen *change-of-control*-Fall ein beschleunigtes *vesting*.
- Zum anderen kann die Klausel aber auch eine Hürde für die Ausübbarkeit der Option sein (Motivationswirkung), wenn die erfolgreiche Veräußerung der Gesellschaft Teil der zu erbringenden Leistung ist.

U. E. hängt die Qualifizierung von *change-of-control*-Klauseln entweder als *vesting* oder *non-vesting conditions* von der jeweiligen Vergütungszusage sowie den Anspruchsberechtigten und dem wirtschaftlich Gewollten der Parteien ab. Ist eine *change-of-control*-Klausel vorrangig als Schutz der Anspruchsberechtigten angelegt, erfolgt eine Qualifizierung als *non-vesting condition*, ist diese eher als Motivation gedacht, als *vesting condition*.

2.2.6 Erfolgreiches IPO als Ausübungshürde

Wird die Ausübbarkeit einer – dem als *employee* handelnden Management eingeräumten – anteilsbasierten Vergütung an den erfolgreichen Abschluss eines Börsengangs (IPO) geknüpft, handelt es sich bei der Ausübungshürde um eine *vesting condition*. Eine Klassifizierung als *non-vesting condition* kann sich nur in Ausnahmefällen ergeben und setzt eine Nichtbeeinflussung einer erfolgreichen Umsetzung voraus.

75

---

[22] Vgl. IASB, Staff Paper 3D on IFRS 2, May 2010.

> **Praxis-Beispiel**
> U plant einen Börsengang innerhalb der nächsten drei Jahre. Die Wahrscheinlichkeit des Erfolgs wird mit 75 % unterstellt. Das Management erhält zum Stichtag eine anteilsbasierte Zusage, die als Ausübungsbedingungen eine Dienstperiode von drei Jahren und den erfolgreichen Abschluss eines IPO vorsieht. Die Dienstzeitbedingung ist als *service condition* im Mengengerüst der Bewertung zu erfassen. Eine Aufnahme in den *grant date fair value* der Zusage scheidet aus. Die IPO-Klausel wurde als Erfolgsbedingung aufgenommen. Insoweit liegt eine *performance condition* vor. Wegen der fehlenden Bindung an eine Marktvariable ist eine Erfassung im Mengengerüst geboten.

76   Trotz der Klassifizierung der Ausübungsbedingung „Erfolgreiches IPO" ergeben sich Besonderheiten für die Bewertung der Zusage, wenn ein *equity settlement*, also die Vergütung durch Hingabe von Anteilen, vereinbart worden ist. Für anteilsbasierte Vergütungen mit vorgesehenem *equity settlement* ist ein *modified grant date measurement* geboten. In den *grant date fair value* nach IFRS 2 sind lediglich *market vesting conditions* und *non-vesting conditions* aufzunehmen, nicht marktabhängige Ausübungsbedingungen aber ausgeschlossen (IFRS 2.19). Wird das erfolgreiche IPO als *non-market performance condition* qualifiziert, ist diese **nicht** (!) im Preisgerüst der Bewertung, also dem *grant date fair value* zu erfassen. Wird die Vergütung dem Management der Gesellschaft eingeräumt, gilt der Wert der empfangenen (Dienst-)Leistung unwiderlegbar als nicht verlässlich bestimmbar. Der Wert der gewährten Optionen oder Anteilsrechte determiniert daher die Bewertung (IFRS 2.11). Im Zeitpunkt der Zusage sind die Anteilsrechte – wegen des noch ausstehenden IPOs – allerdings nicht zum Handel an der Börse zugelassen. Im Vergleich zu handelbaren Anteilen weisen diese daher einen Wertabschlag wegen (noch) fehlender Marktgängigkeit (*marketability discount*) auf.

> **Praxis-Beispiel (Fortsetzung zu Rz 75)**
> Zum Stichtag hat U eigene Anteile an einen fremden Dritten übertragen und einen Emissionserlös von 9 GE je Anteil erzielt. Der Wert wurde durch ein Bewertungsgutachten bestätigt, welches die aktuell fehlende Möglichkeit zum öffentlichen Handel, aber auch die 75 %-Wahrscheinlichkeit einer späteren Platzierung, berücksichtigt hat. Im Rahmen einer Szenarioanalyse wurde ein Wert von 10 GE unter der Prämisse eines bereits erfolgten IPO bestimmt. Ohne eine Börsenzulassung ergibt sich allerdings nur ein Wert von 6 GE je Anteil. Der *grant date fair value* der gegenüber dem Management gewährten Zusage muss unter Ausklammerung der Ausübungsbedingung erfolgen. Als Konsequenz bleibt auch ein *marketability discount* unbeachtlich, es ergibt sich daher ein Optionswert von 10 GE je Zusage.

77   Der Forderung nach dem Bewertungsmaßstab *modified grant date fair value* ist durch Ausschluss aller Teile des Mengengerüsts aus der Bewertung Rechnung zu tragen. Abzustellen ist auf das Eigenkapitalinstrument, welches der Anspruchsberechtigte bei tatsächlicher Ausübung auch empfängt. Insoweit die Ausübung eine erfolgreiche Börsenzulassung voraussetzt, kann der Vergütungsberechtigte nur einen handelbaren Anteil empfangen. **Bewertungsobjekt** ist daher der (zum *grant date* bereits fiktiv) zum öffentlichen Handel zugelassene Anteil. Überraschend ist das Ergebnis dennoch, da die Ausübungsbedingung, die i.d.R. nur im Mengengerüst der Bewertung zu erfassen ist, einen höheren *grant date fair value* nach sich zieht, also eine Rückwirkung auf das Preisgerüst zeitigt.

2.2.7 Zustimmung der Gesellschafterversammlung

Das Zustimmungserfordernis von Publikumsaktionären für den Vollzug eines Erwerbs (bzw. einer anderen Transaktion) stellt ebenfalls eine Hürde für die Ausübbarkeit einer gewährten Option durch die Anspruchsberechtigten dar und hat daher primär Motivationswirkung (Rz 24). Die erfolgreiche Umsetzung einer Erwartung der Gesellschafter (etwa die Identifizierung einer Zielgesellschaft mit Wertsteigerungspotential) ist entscheidender Teil der zu erbringenden Leistung. Wegen der vorgesehenen Motivationswirkung ist u.E. daher eine Klassifizierung als *vesting condition* geboten. Dafür spricht auch eine Selbstaufgabe des Erfolgsziels durch die Anspruchsberechtigten – i.S.e. Versprechens gegenüber den Gesellschaftern.

Eine Behandlung als aufschiebende Bedingung (*discretion clause*) wegen der noch ausstehenden Zustimmung der Gesellschafter für die Zusage der anteilsbasierten Vergütung scheidet daher aus. Die Erfüllung der Bedingung steht nicht im Ermessen der Anspruchsberechtigten. Auch die Gesellschaft als Vertragspartei hat keine Kontrolle über die Ausübung, da das Handeln der Publikumsaktionäre wegen des vorherrschenden Investoreninteresses nicht der Gesellschaft zugerechnet werden kann.[23] Eine Klassifizierung als *non-vesting condition* scheidet – auch wenn die Ausübung durch keine der Parteien beeinflusst werden kann – wegen der inhaltlichen Wertung als Motivationswirkung dennoch aus. Als spezielle Ausübungsbedingung (*vesting condition*) ist die erfolgreiche Identifizierung eines Zielobjekts mit besonderem Wertsteigerungspotential eine Leistungsbedingung (*performance condition*). Da die Leistungsbedingung – mangels Bindung an die Entwicklung des Börsenkurses oder den *fair value* der Anteile – nicht als marktabhängig anzusehen ist (IFRS 2.A), ist eine Behandlung als *non-market performance conditions* geboten. Das Erreichen des definierten Erfolgsziels (u.U. des einzigen Geschäftszwecks) der Gesellschaft ist daher als Teil des Mengengerüsts der anteilsbasierten Vergütung zu erfassen. Eine Berücksichtigung im *grant date fair value* der Zusage scheidet aus.

2.2.8 Das Preis- und Mengengerüst der Bewertung

Mit der Aufnahme der überarbeiteten Definitionen von Dienst- (*service conditions*) und Erfolgsbedingungen (*performance conditions*) in den Appendix A von IFRS 2 umfassen *service conditions* nur solche Vereinbarungen, die ausschließlich auf eine bestimmte (Mindest-)Dienstzeit verpflichten. Bei vorzeitiger Beendigung verfällt der Anspruch auf die anteilsbasierte Vergütung. Setzt eine Ausübung – auch neben einer Dienstzeitbedingung – die Erreichung nur eines Erfolgsziels (*performance target*) voraus, ist die *vesting condition* insgesamt als *performance condition* zu klassifizieren.

78

79

---

[23] So KPMG, Share-based payments, November 2010, Tz. 4.6.20.10.

Mit den angepassten Definitionen wird der (einfache) Fall der ausschließlich an den Verbleib im Unternehmen geknüpften Ausübungsbedingung deutlich von anderen Konditionen abgegrenzt. Dem Anwender wird allerdings mit der Anpassung keine besondere Hilfestellung für bestehende praktische Zweifelsfragen (etwa Behandlung von *change-of-control*-Klauseln, IPO-Zielen etc.) geleistet. Eine prinzipienorientierte Kategorisierung von Ausübungsbedingungen ist schlicht nicht möglich. Da der Standardsetter eine kasuistische Festlegung ausschließt, wird auch künftig die Beurteilung und Einstufung von Ausübungsbedingungen ermessensbehaftet bleiben.

80 Die nachfolgende Übersicht verdeutlicht die Berücksichtigung von *vesting conditions* (und ihrer Unterkategorien) sowie von *non-vesting conditions* im Rahmen der Bewertung und der Bilanzierung von anteilsbasierten Vergütungen durch reale oder virtuelle Optionen.

		Vesting Conditions		Non-vesting Conditions		
	Service Conditions	*Performance Conditions*		Erfüllung liegt im Ermessen …		
		Others (non-market conditions)	*Market Conditions*	keiner der Vertragsparteien	des Anspruchsberechtigten	des Vergütungsschuldners*
Berücksichtigung im *fair value* zum *grant date*?	Nein	Ja *) Bei der Bewertung ist von einer Fortführung des Vergütungsplans auszugehen.				
Bilanzielle Behandlung, wenn die vereinbarte Kondition während der *vesting period* nicht erfüllt wird.	Der Vergütungsschuldner passt die Aufwandsschätzung (i. S. e. *best estimate*) der Anzahl der erwarteten Optionen an (IFRS 2.19).		Keine Änderung der bilanziellen Behandlung. Der erwartete Aufwand wird weiter über die verbleibende *vesting period* verteilt (IFRS 2.21).	Beendigung *(cancellation)* mit sofortiger Erfassung des Aufwands, der bis zum Ende der *vesting period* erwartet wurde (IFRS 2.28A).		
	Teil des Mengengerüsts		Teil des Preisgerüsts			

Der insgesamt anzusetzende (Personal-)Aufwand ergibt sich als Produkt aus
- Preiskomponente *(fair value* des gewährten bedingten Rechts) und
- Mengenkomponente (Zahl der ausübbar werdenden Rechte).

81 Die Unterscheidung zwischen einem Mengen- und einem Preisgerüst ist zunächst für die Zugangsbewertung mithilfe von **Optionspreismodellen** von Bedeutung. In die Wertermittlung der gewährten bedingten Rechte fließen ein:
- marktabhängige Leistungsbedingungen *(market performance conditions)* und
- sonstige Bedingungen *(non-vesting conditions)*.

Hingegen sind Teile des Mengengerüsts und damit außerhalb des Optionspreismodells zu berücksichtigen:
- Dienst- bzw. Dienstzeitbedingungen *(service conditions)* und
- marktunabhängige Leistungsbedingungen *(other performance conditions)*.

82 Überdies hat die Unterscheidung Bedeutung je nach **Art** der zugesagten Vergütung:
- Im Fall von *equity-settled transactions* sind im Rahmen der Folgebewertung nur Veränderungen des Mengengerüsts, nicht jedoch Veränderungen des Preisgerüsts zu berücksichtigen.
- Bei *cash-settled transactions* sind im Zug der Folgebewertung sowohl Änderungen des Mengen- als auch des Preisgerüsts zu berücksichtigen.

83 Wegen ausführlicher Beispiele mit kombinierten Bedingungen wird auf Rz 92 f., Rz 94 f., Rz 96 f. und Rz 98 verwiesen.

3 Ausgleich in Eigenkapitalinstrumenten (*equity-settled transactions*)

3.1 Bewertung

Bei der Bewertung einer anteilsbasierten Vergütungstransaktion mit Ausgleich in **84** Eigenkapitalinstrumenten *(equity-settled share-based payment transaction)* ist in Abhängigkeit von der Art der bezogenen Leistung wie folgt zu unterscheiden:

- Werden **Mitarbeiter** oder ähnliche Leistungsanbieter anteilsbasiert (i.d.R. durch echte Aktienoptionen) vergütet,
  - erfolgt die Bewertung im Zusagezeitpunkt *(grant date model)*,
  - wobei der *fair value* des gewährten Eigenkapitalinstruments (i.d.R. also des Optionsrechts) den Bewertungsmaßstab darstellt.
- Ist die anteilsbasierte Vergütung Gegenleistung für **sonstige** Dienstleistungen oder erhaltene **Güter**,
  - erfolgt die Bewertung zum Zeitpunkt des Empfangs der Leistung *(service date model)*,
  - wobei Bewertungsmaßstab regelmäßig der *fair value* der empfangenen Leistung ist.

3.2 Zwischenperiodische Verteilung von Aufwand

Die Erfassung **nicht aktivierungsfähiger** Leistungen in der GuV erfolgt **85**

- bei **zeitpunkt**bezogenen Leistungen (z.B. Einlage nicht aktivierungsfähiger Vorteile) im Zeitpunkt des Empfangs der Leistung,
- bei einer **zeitraum**bezogenen Leistung über die Perioden, in denen die Leistung erbracht wird, bei Vereinbarung von *vesting conditions* (Rz 66ff.) gem. IFRS 2.15 i.d.R. über die *vesting period* (Rz 65).

Praxis-Beispiel

An den Vorstand der A-AG werden Aktienoptionen ausgegeben; einzige Ausübungsbedingung ist ein Verbleib im Unternehmen von mindestens zwei Jahren. Der (Personal-)Aufwand ist über zwei Perioden zu verteilen.

Ausnahmsweise können Aktienoptionen und Gesellschaftsanteile selbst auch für **vergangene** Dienste gewährt werden. In diesem Fall ist im Zusagezeitpunkt eine Verbindlichkeit i.H.d. *fair value* einzubuchen.

Innerhalb von IFRS 2 fehlt es allerdings an einer Vorgabe, nach welchem Muster **86** *(pattern)* zeitraumbezogene Leistungen über die *vesting period* zu verteilen sind. Neben einer linearen Verteilung über die *vesting period* könnte in Abhängigkeit von weiteren Ausübungsbedingungen auch ein degressiver oder sogar progressiver Verlauf unterstellt werden.

Praxis-Beispiel

Eine *equity-settled*-Zusage sieht eine auf einen Zeitraum von drei Jahren ausgerichtete *service condition* vor. Zusätzlich wird eine auf ein Jahr begrenzte *non-market performance condition* – Anstieg des Umsatzes im ersten Jahr nach der Zusage um 25 % – vereinbart, deren Erreichen eine hohe Herausforderung darstellt.

Für die Bestimmung des Verteilungsschlüssels des erwarteten Aufwands ist u. E. nach der von dem Vergütungsschuldner empfangenen Leistung zu differenzieren. Wird als Hauptleistung die (Weiter-)Beschäftigung des Vergütungsberechtigten angesehen, ist eine lineare Verteilung des Gesamtaufwands über die *vesting period* geboten. Trotz der fehlenden Vorgaben in IFRS 2 halten wir eine lineare Aufwandsverteilung über die *service period* für die vorzuziehende Vorgehensweise. Ein Abweichen ist nur in besonderen Ausnahmen möglich.

Praxis-Beispiel
Der erwartete Gesamtaufwand ist über drei Jahre zu verteilen. Die hohe Herausforderung zur Erfüllung der *non-market performance condition* reicht zum Abweichen von einer linearen Aufwandsverrechnung nicht aus. Die Vergütung wird für die Beschäftigung des Anspruchsberechtigten gezahlt, diese soll für drei Jahre aufrecht erhalten bleiben.

3.3 Fallunterscheidungen

3.3.1 Grundfall: Ausschließlich an Dienstbedingungen geknüpfte Mitarbeiteroptionen

87 Ausgegebene Eigenkapitalinstrumente für **künftige** Arbeitsleistungen müssen auf die angenommene Dienstzeit *(service period)* aufwandsmäßig verteilt werden. Die Dienstzeit entspricht in aller Regel der *vesting period*, also dem Zeitraum zwischen der Zusage und der frühestmöglichen Ausübung *(vesting date*; Rz 65). **Nach** Ablauf der *vesting period* sind keine Anpassungen im Hinblick auf verfallene *(forfeit)* oder nicht ausgeübte *(expired)* Optionen vorzunehmen. Lediglich eine Umbuchung von einer zur anderen Eigenkapitalkategorie kommt in Betracht (IFRS 2.23).
- Mithilfe von Bewertungsverfahren (z. B. Optionspreismodell) wird die **Wertkomponente** (i. d. R. der *fair value* der Aktienoption) im Zusagezeitpunkt (Rz 62) auch für die **Folgebewertungen** bis zum Ende der Laufzeit **festgelegt** (wegen Planänderungen vgl. Rz 140 ff.).
- Umgekehrt ist zu jedem Bewertungsstichtag eine Neueinschätzung des zu erwartenden **Ausübungsvolumens** (= Mengengerüst der Bewertung) vorzunehmen, mit der Folge einer entsprechenden Anpassung des Zuführungsbetrags unter Berücksichtigung der bislang schon erfolgten Zuführung.

Praxis-Beispiel (entnommen IFRS 2.IG11)
Die Gesellschaft vereinbart mit 500 Arbeitnehmern die Einräumung von 100 Aktienoptionen je Mitarbeiter. Voraussetzung für die Gewährung ist die Aufrechterhaltung des Dienstverhältnisses über drei Jahre hinweg. Der *fair value* jeder Option wird am *grant date* (Rz 62) auf 15 EUR geschätzt.
Aufgrund eines durchschnittlichen Wahrscheinlichkeitskalküls rechnet das Unternehmen mit einer Ausscheidungsquote von 20 % während der Dreijahresperiode mit der Folge eines entsprechenden Verfalls der zugesagten Optionen.

Planmäßiger Aufwand
Unter der Annahme eines erwartungsgemäßen Verlaufs entwickelt sich die Aufwandsverbuchung (unter Gegenbuchung im Eigenkapital) wie folgt:

Jahr	Berechnung	Vergütungs-aufwand je Periode	kumulierter Vergütungs-aufwand
		EUR	EUR
1	50.000 Optionen × 80 % × 15 EUR × 1/3 Jahre	200.000	200.000
2	(50.000 Optionen × 80 % × 15 EUR × 2/3 Jahre) − 200.000 EUR	200.000	400.000
3	(50.000 Optionen × 80 % × 15 EUR × 3/3 Jahre) − 400.000 EUR	200.000	600.000

Tatsächlicher Aufwand

Im Jahr 1 scheiden tatsächlich 20 Mitarbeiter aus, daraufhin revidiert das Unternehmen seine Schätzung bzgl. des Gesamtausscheidens über die Dreijahresperiode von 20 % (= 100 Arbeitnehmer) auf 15 % (= 75 Arbeitnehmer). Im Jahr 2 scheiden weitere 22 Mitarbeiter aus. Daraufhin revidiert das Unternehmen seine Schätzung über das Gesamtausscheiden während der Dreijahresperiode erneut, und zwar von 15 % auf 12 % (= 60 Mitarbeiter). Im Jahr 3 scheiden weitere 15 Mitarbeiter aus. Insgesamt sind deshalb die zugesagten Aktienoptionen von 57 Mitarbeitern während der Dreijahresperiode verfallen und umgekehrt sind insgesamt 44.300 Optionen für die verbliebenen 443 Mitarbeiter am Ende der *vesting period* definitiv ausgegeben.

Aus der realen Entwicklung ergibt sich folgende tatsächliche Aufwandsverteilung:

Jahr	Berechnung	Vergütungs-aufwand je Periode	kumulierter Vergütungs-aufwand
		EUR	EUR
1	50.000 Optionen × 85 % × 15 EUR × 1/3 Jahre	212.500	212.500
2	(50.000 Optionen × 88 % × 15 EUR × 2/3 Jahre) − 212.500 EUR	227.500	440.000
3	(44.300 × 15 EUR) − 440.000 EUR	224.500	664.500

Der kumulierte Vergütungsaufwand besagt nichts über korrespondierende **pagatorische** Größen, also den Geldabfluss beim Unternehmen. Ohnehin kann im Unterschied zu virtuellen Optionen die Gewährung echter Optionen nur dann zu Zahlungsabflüssen führen, wenn das Unternehmen die Optionen aus am Markt erworbenen eigenen Aktien und nicht aus einer Kapitalerhöhung bedient (Rz 202). Die betreffende Option im vorstehenden Beispiel kann während der ganzen Ausübungsfrist (Rz 65) „aus dem Geld" sein (Rz 256). Dann entsteht beim Unternehmen kein Erfordernis zum Erwerb eigener Aktien und damit auch kein Geldabfluss. Der gebuchte Aufwand bleibt von dieser Entwicklung des Aktienkurses bzw. Anteilswerts unberührt. Umgekehrt wird dieser durch die effektive Personalfluktuation verändert. **88**

Es kann im Einzelfall auch zu einer „**negativen**" Zuführung kommen.

Bei Nichterfüllung einer *service condition* ist nach IFRS 2.19 eine Stornierung (als *forfeiture*) der bislang im Eigenkapital erfassten Aufwendungen vorzunehmen. Die Vorgaben lassen allerdings offen, wann eine Nichterfüllung gegeben ist. So **89** führt etwa auch eine **Beendigung des Arbeitsverhältnisses** durch **Kündigung durch den Arbeitgeber** zu einer Nichterfüllung einer *service condition* (etwa Mindestverbleib im Unternehmen). Bei Kündigung der Zusage durch das Unternehmen liegt gem. IFRS 2.28 eine *cancellation* (Rz 150 ff.) vor, mit der Folge eines *accelerated vesting* anstelle eines *forfeiture*.

U. E. ist die Kündigung des Arbeitsverhältnisses durch den Arbeitgeber analog einer *cancellation* zu behandeln. Mit der Kündigung des Anstellungsverhältnisses wird auch die anteilsbasierte Zusage gekündigt. Die der Modifizierung eines bestehenden Plans gewidmeten Sonderregeln haben Vorrang vor den allgemeinen Folgebewertungsregeln.

90   U. U. sieht eine anteilsbasierte Vergütung eine **ratierliche Zuteilung** von Eigenkapitalinstrumenten über eine vertraglich vereinbarte Laufzeit vor, die nur an den **Verbleib** des begünstigten Mitarbeiters im Unternehmen geknüpft ist *(service condition)*. Dauert das Beschäftigungsverhältnis über die gesamte vertragliche Laufzeit an, können alle (=100 %) der zugesagten Optionen ausgeübt werden. Bei kürzeren Beschäftigungsverhältnissen wird die Anzahl der ausübbaren Optionen anteilig reduziert.

Die einzige Vertragsbedingung – Fortführung des Beschäftigungsverhältnisses – ist als *service condition* Bestandteil des Mengengerüsts. Allerdings muss die Ausübungsbedingung nicht absolut sein. Die betriebliche oder einzelvertragliche Vereinbarung kann etwa vorsehen, dass bei vorzeitiger Beendigung des Beschäftigungsverhältnisses Optionen nach dem Anteil der geleisteten Dienstzeit ausgeübt werden können. Wirtschaftlich betrachtet führt eine derartige Ausgestaltung der einzigen Ausübungsbedingung – Fortführung des Beschäftigungsverhältnisses – zur Möglichkeit einer separaten Ausübung einzelner Optionen, die sich im Wert der Optionen niederschlägt. Die anteilsbasierte Vergütung ist dann in mehrere Teiloptionspläne aufzuteilen. Aus einer vertraglichen Zusage werden somit bilanziell mehrere Einzelzusagen.

Praxis-Beispiel

Die Mitarbeiter erhalten vertraglich eine anteilsbasierte Vergütung, die nur von der Fortführung des Beschäftigungsverhältnisses abhängt. Nach einem Jahr werden 100 Optionen gewährt, nach drei Jahren weitere 300 und schließlich nach einer Fortführung des Beschäftigungsverhältnisses um weitere drei Jahre nochmals 500 Optionen.

Für die bilanzielle Abbildung sind drei einzelne *share-based payment transactions* mit unterschiedlichen *vesting periods* (ein Jahr, drei Jahre und im siebten Jahr) zu berücksichtigen.

3.3.2   Kombinierte Pläne mit nicht marktbasierten Erfolgszielen

91   Die **Konditionen** eines Mitarbeitervergütungsplans auf der Basis von Aktienoptionen – dem Hauptanwendungsfall von IFRS 2 – können auf die vielfältigste Weise **variieren**. Die bilanzielle Abbildung nach IFRS 2 muss dann immer differenzieren zwischen der

- **Wert**komponente (i.d.R. der *fair value* einer Option) im Zusagezeitpunkt *(grant date)* und der
- **Mengen**komponente, die letztlich zur Ausübung gelangen kann.

Der erstgenannte Betrag bleibt über die *vesting period* hinaus unverändert, die letztgenannte Komponente muss laufend **angepasst** werden (Rz 80).

Anteilsbasierte Vergütungen sehen i.d.R. eine **Kombination** mehrerer Ausübungsbedingungen vor. Für jede einzelne Ausübungsbedingung ist dann eine Beurteilung erforderlich, ob diese Teil des Mengen- oder des Preisgerüsts ist. **92**

- Variiert die Anzahl der zugesagten Aktienoptionen in Abhängigkeit einer nicht marktabhängigen **Leistungsbedingung** (z.B. Umsatzanstieg) und
- ist die Gewährung von Optionen außerdem an einen **Mindestverbleib** im Unternehmen *(service condition)* geknüpft,

sind zwei Ausübungsbedingungen zu berücksichtigen. Beide Bedingungen sind keine *market conditions* und damit Bestandteil des Mengengerüsts. Diese werden in der Optionsbewertung nicht berücksichtigt, sind aber dafür zu jedem Stichtag fortzuschreiben.

Praxis-Beispiel

Die Zuteilungsbedingungen sehen einen Mindestverbleib im Unternehmen von zwei Jahren und einen Umsatzanstieg von mindestens 10 % während des Zweijahreszeitraums vor.

Einzelheiten: Bei einem Umsatzanstieg von 10 % werden pro einbezogenen Mitarbeiter 100 Optionen ausgegeben, bei einem Anstieg von 15 % 150 Optionen und bei einem Umsatzanstieg von 20 % 200 Optionen.

Die Fluktuationsannahmen über den Verbleib der Mitarbeiter im Unternehmen sind Teil des Mengengerüsts und zu jedem Stichtag anzupassen. Entsprechendes gilt auch für den erwarteten Umsatz. Die Folgebewertung variiert dann

- mit revidierten Annahmen hinsichtlich der Mitarbeiterzahl und der erwarteten Umsätze,
- nicht dagegen hinsichtlich des ursprünglich festgelegten *fair value*.

Die Unterscheidung zwischen im Mengengerüst fortlaufend zu berücksichtigenden Ausübungsbedingungen und nur einmalig zu bestimmendem Preis versagt dann, wenn neben der Vorgabe eines Mindestverbleibs im Unternehmen *(service condition)* der **Ausübungspreis** der zugesagten Aktienoptionen in Abhängigkeit einer nicht marktabhängigen Leistungsbedingung (z.B. Ergebnisanstieg) variiert. Hier ist u.E. wie folgt zu verfahren: **93**

- Der wahrscheinliche Ausübungspreis ist bei der ursprünglichen *fair-value*-Bewertung der Option zu berücksichtigen.
- Ändert sich die Einschätzung zum Folgestichtag, ist eine Anpassung vorzunehmen.

Praxis-Beispiel

Der Vorstandsvorsitzende erhält – vorausgesetzt, er ist nach Ablauf von drei Jahren noch im Dienst – 100 Aktienoptionen. Der Ausübungspreis beträgt 40 EUR, sinkt allerdings dann auf 30 EUR, wenn der ausgewiesene Jahresüberschuss jährlich mindestens mit einer Durchschnittsrate von 10 % über die Dreijahresperiode hin wächst.

> Der mutmaßliche Aufwand ist auf der Grundlage des wahrscheinlichen Ausübungspreises (30 oder 40 EUR) zu bewerten und in die Ergebnisrechnung des betreffenden Jahres einzubuchen.
>
> Wenn die Einschätzung betreffend Jahresüberschuss und damit Ausübungspreis am Folgestichtag geändert wird, ist eine Anpassung geboten.

3.3.3   Kombinierte Pläne mit marktabhängigen Erfolgszielen

94   Sehen die Vertragskonditionen einer anteilsbasierten Vergütung die Erfüllung einer **marktabhängigen Leistungsbedingung** (*market condition*) vor, ist diese als Bestandteil des Preisgerüsts im Optionspreismodell zu berücksichtigen. Eine Anpassung in der Folgebewertung scheidet, anders als für nicht marktabhängige Leistungsbedingungen, aus. Eine (nachträgliche) Korrektur der vorgängigen Aufwandsverbuchungen darf somit auch dann nicht erfolgen, wenn die Option letztlich nicht zur Ausübung kommt. Wird hingegen eine ebenfalls vereinbarte *service condition* oder *non-market-based performance condition* nicht erfüllt, ist aus der Gesamtvergütung kein Aufwand zu erfassen, in Vorjahren erfasster Aufwand also zu stornieren.

Praxis-Beispiel
Der Vorstandsvorsitzende erhält – vorausgesetzt, er ist drei weitere Jahre im Dienst der Gesellschaft – 100 Aktienoptionen. Diese können aber erst ausgeübt werden, wenn der Börsenkurs von 50 EUR im Ausgabezeitpunkt am Ende des dritten Jahres auf über 65 EUR gestiegen ist. In diesem Fall kann die Option zu jedem Zeitpunkt während der nächsten sieben Jahre, also bis zum Ende des Jahres 10, ausgeübt werden.
Nach Maßgabe eines Binomialmodells zur Optionspreisermittlung (Rz 272) wird die Ausübungsbedingung – Erreichen der 65-EUR-Hürde in der bedungenen Periode – berücksichtigt mit der Folge eines Optionswerts von 24 EUR. Die Bewertung auf dieser Grundlage bleibt während der *vesting period* unverändert.
Allerdings würde das vorzeitige Ausscheiden des Vorstandsvorsitzenden – z.B. im Jahr 3 – zu einer Stornierung des Gesamtaufwands führen, der in den ersten beiden Jahren der *vesting period* verbucht worden ist.

95   Werden marktabhängige Leistungsbedingungen im Zusammenhang mit **variablen Ausübungszeiträumen** vereinbart, kann auch ohne separate zeitliche Einschränkung der Ausübungsmöglichkeit (Voraussetzung ist nur die Beschäftigung bei Erfüllung der *market condition)* nicht auf die Festlegung einer *vesting period* verzichtet werden. Im Rahmen der Bewertung über ein Optionspreismodell ist der wahrscheinlichste Zeitraum der Zielerreichung als Bewertungsparameter zu schätzen. Für die bilanzielle Aufwandsverteilung ist als Folge eine *vesting period* zu berücksichtigen, die aus Konsistenzgründen der Länge des Dienstzeitraums dieser Schätzung entspricht.

Praxis-Beispiel

Zehn leitende Mitarbeiter erhalten je 100 Aktienoptionen mit zehnjähriger Laufzeit. Diese Optionen werden dann fällig (werden ausübbar), sobald der Aktienkurs des Unternehmens von derzeit 50 EUR auf 70 EUR gestiegen ist und der betreffende Mitarbeiter noch in den Diensten der Gesellschaft steht. Auf der Grundlage eines Optionspreismodells (vorzugsweise Binomialmodell; Rz 264 ff.) wird das Erreichen der Zielvorgabe berücksichtigt. Der ermittelte *fair value* beträgt 25 EUR je Option. Dabei wird als wahrscheinlichster Zeitpunkt des Erreichens der Zielvorgabe das Ende des Jahres 5 unterstellt. Deshalb wird die zu erwartende *vesting period* auf das Ende des Jahres 5 gelegt. Auf diesen Zeitraum muss dann auch die mutmaßliche Ausscheidungsquote der betroffenen Mitarbeiter geschätzt werden.

Komplizierte anteilsbasierte Vergütungen verknüpfen mehrere Ausübungs- 96
bedingungen miteinander. Keine Schwierigkeiten bestehen, solange Bedingungen nur das Mengen- oder das Preisgerüst betreffen, da dann entweder keine oder alle *(market conditions)* im Optionspreismodell zu berücksichtigen sind.
Anderes gilt, wenn eine anteilsbasierte Vergütung Ausübungsbedingungen vorsieht, die **sowohl** das Mengen- **als auch** das Preisgerüst betreffen. Es ergibt sich die Notwendigkeit einer Trennung aller *market conditions* (bzw. *non-vesting conditions*) von nicht im Optionspreismodell zu erfassenden Ausübungsbedingungen:
- Soweit eine marktabhängige Ausübungsbedingung nicht erfüllt wird, das Mengengerüst aber einen Wert ungleich null aufweist (die entsprechenden Ausübungsbedingungen erfüllt sind), ist an einer Aufwandsbuchung auch bei Nichtausübbarkeit der Option festzuhalten.
- Ist allerdings eine Ausübungsbedingung, die Bestandteil des Mengengerüsts ist, nicht erfüllt, wird bislang erfasster Aufwand storniert (Rz 51).

Bei mehreren Ausübungsbedingungen ist die **Abgrenzung** von *market conditions* u. U. nicht immer eindeutig möglich.

Praxis-Beispiel

Unternehmen A gewährt dem Vorstand Aktienoptionen, die nur dann ausgeübt werden können, wenn eine geplante Neuemission von Aktien zu einem Mindestpreis von 10 EUR/Aktie innerhalb einer festgelegten Periode von vier Jahren gelingt und der Vorstand dann noch beschäftigt ist.

Fraglich ist, ob
- zwei Ausübungsbedingungen – eine marktabhängige (Neuemission von Aktien zu einem Mindestpreis von 10 EUR/Aktie innerhalb einer festgelegten Periode) und eine nicht marktabhängige Ausübungsbedingung (Weiterbeschäftigung des Vorstands) – bestehen oder
- drei Ausübungsbedingungen – eine marktabhängige (Neuemission von Aktien zu einem Mindestpreis von 10 EUR/Aktie) und zwei nicht marktabhängige (Weiterbeschäftigung des Vorstands; Neuemission von Aktien innerhalb der festgelegten Periode) – vorliegen.

Wird auf eine mitunter aufwendige Isolierung marktabhängiger Konditionen verzichtet, ergibt sich die Notwendigkeit einer Aufwandserfassung – ohne Möglichkeit zur Stornierung, wenn die verbleibenden *service conditions* oder *non-market-based performance conditions* erfüllt werden. U. E. ist der Verzicht auf eine Separierung einzelner Ausübungsbedingungen nicht mit der restriktiven Definition marktabhängiger Leistungsbedingungen vereinbar (Rz 69 ff.). Bei mehreren Ausübungsbedingungen ist daher eine Isolierung von *market conditions* erforderlich.

> **Praxis-Beispiel (Fortsetzung)**
> Es liegen drei unterschiedliche Ausübungsbedingungen vor. Erfolgt keine Neuemission von Aktien innerhalb der nächsten vier Jahre, ist bis dahin erfasster Aufwand zu stornieren.

97   An marktabhängige Erfolgsziele geknüpfte Optionsrechte können die **Zahl** der ausübbaren Optionen am Maß des Erfolgs ausrichten. Der allgemeinen Vorgabe folgend, marktabhängige Konditionen in der Erstbewertung (zum *grant date)* zu berücksichtigen, ist die Wahrscheinlichkeit des unterschiedlichen Grads der Erfolgserreichung in der *fair-value*-Bestimmung des zugesagten Rechts zu ermitteln. Auch wenn ansonsten vereinfacht und i. d. R. zutreffend als Bewertungsobjekt die einzelne Aktienoption angesprochen wird, ist in diesem Fall jedoch zwischen dem Bewertungsobjekt (dem zugesagten Recht) und der Zahl der Optionen zu unterscheiden.

> **Praxis-Beispiel**
> Die Führungskräfte erhalten am 1.1.01 je eine Option mit u. a. folgenden Bedingungen zugesagt: Die Option kann im Januar 03 ausgeübt werden,
> * wenn der Arbeitnehmer sein Dienstverhältnis mindestens bis 31.12.02 fortsetzt *(service condition)* und
> * der Aktienkurs zwischen dem 1.1.01 und dem 31.12.02 sich mindestens so gut entwickelt wie der Branchenindex *(market performance condition I).*
> Entwickelt sich der Aktienkurs um mindestens 10 % besser als der Branchenindex, erhöht sich die Zahl der Optionen von 1 auf 2 *(market performance condition II).*
> Bei der Bestimmung des *fair value* je Optionszusage sind neben Basispreis, Aktienkurs, Laufzeit usw. auch die beiden *market performance conditions* zu berücksichtigen, also nicht nur die Wahrscheinlichkeit, dass der Branchenindex mindestens erreicht, sondern auch die, dass er um mindestens 10 % übertroffen wird. Zwar verdoppelt sich bei Übertreffen des Branchenindex um 10 % die Zahl der ausübungsfähigen Optionen, Bewertungsobjekt sind jedoch die Optionszusagen, nicht die einzelnen Aktienoptionen.
> Nur die *service conditions* sind variabler Bestandteil des Mengengerüsts. Das Unternehmen hat am 1.1.01 Fluktuationsannahmen zu treffen und diese zum 31.12.01 und 31.12.02 fortzuschreiben.

3.3.4   Pläne mit *non-vesting conditions*

98   *Non-vesting conditions* sind wie marktabhängige Erfolgsbedingungen bei der Ermittlung des *fair value* zum *grant date* zu berücksichtigen. Eine Anpassung des so ermittelten Preisgerüsts an spätere, bessere Erkenntnisse findet dann nicht statt, wenn die Erfüllung der *non-vesting conditions* aufgrund eines nicht im Einflussbereich der Vertragsparteien stehenden Ereignisses scheitert. Liegt die Erfüllung der Bedingungen hingegen im Ermessen des Unternehmens oder des Vertragspartners, so ist die Nichterfüllung als *cancellation* zu behandeln (Rz 150f.).

Praxis-Beispiel (in Anlehnung an IFRS 2.IG9A)

An eine Optionszusage sind folgende Bedingungen geknüpft:

- Der Arbeitnehmer setzt sein Dienstverhältnis mindestens drei Jahre fort *(service condition)* und
- er spart einen Teil (20 %) seines monatlichen Gehalts (5.000 EUR) im Unternehmen an *(non-vesting condition)*.

Der beizulegende Wert der Option beträgt – unter Berücksichtigung der *non-vesting condition* – 2.500 EUR (Jahresbasis). Aus Sicht des Unternehmens setzt sich die Vergütungsvereinbarung aus drei Komponenten zusammen:

- Gehalt,
- Einbehalt eines Teils des Gehalts unter der Voraussetzung der Zustimmung des Mitarbeiters und
- anteilsbasierte Vergütung.

Die betroffene Gesellschaft erfasst im Jahr 1 einen Aufwand für alle drei Komponenten:

Jahr 1	Aufwand	Kasse	Fremdkapital	Eigenkapital
Ausgezahltes Gehalt	48.000 (12 × 5.000 × 80 %)	48.000		
Zurückbehaltenes Gehalt	12.000 (12 × 5.000 × 20 %)		12.000	
share-based payment	2.500			2.500
Summe	62.500			

Die Besonderheit der Transaktion liegt in der Einflussnahme des Mitarbeiters auf die Erfüllung des Plans. Entscheidet dieser sich gegen einen Verzicht auf die monatliche Gehaltskomponente, wird die Vergütung annulliert.

3.3.5 Umtausch von Optionen

In IFRS 2 wird noch eine andere Ausprägungsvariante von *stock options* abgehandelt, nämlich solche mit einem *reload feature*.[24] Diese Ausgestaltung der Optionsbedingung berechtigt einen Mitarbeiter zum Empfang zusätzlicher Optionen, wenn dieser den Ausübungspreis für früher erhaltene Optionen nicht in bar, sondern in Aktien der betreffenden Gesellschaft leistet. Im Ergebnis **tauscht** also der begünstigte Arbeitnehmer die (früher) erhaltenen Optionen am Ausübungstag in neue Eigenkapitalinstrumente um. **99**

Die Frage ist nun, wie diese **besondere Optionsbedingung** (der ursprünglich gegebenen Optionen) in die **Bewertung** einfließen muss. Der Board hat die **100**

---

[24] Einzelheiten bei VATER, Stock Options, 2004, S. 40ff.

verschiedenen Methoden zur Berücksichtigung dieses *reload feature* überdacht (IFRS 2.BC188 ff.). Es geht um zwei **Bewertungsvarianten:**

- **Einbeziehung** des *reload feature* in die Bewertung der (ursprünglich) gegebenen Option;
- Ansatz und Bewertung einer **neuen** Option im Zeitpunkt der Ausübung.

Der Board hat sich für die zweite Lösung entschieden (IFRS 2.22). Die ursprüngliche Erfassung des Aufwands nach den Vorgaben von IFRS 2.10 ff. (Rz 52 ff.) bleibt deshalb unverändert.

3.3.6 Langlaufende Optionen, die bei Zusage weit aus dem Geld sind

101 Eine Ausgabe von Optionen mit Ausübungspreisen, die im Zusagezeitpunkt (*grant date*) weit aus dem Geld sind (*deeply out of the money options*), kann dann Sinn ergeben, wenn die *exercise period* sehr lang und daher die Wahrscheinlichkeit, aus der Option gleichwohl einen Vorteil zu realisieren, für den Begünstigten nicht gering ist. In Kombination des weit aus dem Geld liegenden Werts und langer Ausübungsfrist wird dann eine (explizite) *service condition* entbehrlich.[25]

Praxis-Beispiel

A gewährt den leitenden Mitarbeitern eine anteilsbasierte Vergütung ohne Vereinbarung einer Dienstzeitbedingung. Die Mitarbeiter haben jederzeit die Möglichkeit zur Ausübung der Option; die Ausübungsperiode beträgt zehn Jahre nach Zuteilung der Optionen. Der aktuelle Kurs der A-Anteile beträgt 8 EUR am *grant date*. Der Ausübungspreis wird mit 25 EUR festgelegt und ist daher *deeply out of the money*. Bei Beendigung des Arbeitsverhältnisses endet auch der Anspruch auf die Zusage; nicht ausgeübte Optionen verfallen. Über ein Optionspreismodell (hier: Binomialmodell; Rz 272) wird ein *fair value* der Zusage von 2 EUR je Option festgestellt. Fraglich ist, ob die 2 EUR mangels expliziter *vesting period* unmittelbar als Eigenkapitalzuführung zu erfassen sind oder eine implizite *vesting period* zu unterstellen ist.

Nach den Vorgaben der US-GAAP hat A aus dem Optionspreismodell eine implizite *vesting period* abzuleiten und den Aufwand von 2 EUR je Option über die so indirekt bestimmte *vesting period* zu verteilen (ASC Topic 718.10.35–5).

Mangels eindeutiger Vorgaben innerhalb von IFRS 2 bieten sich zwei mögliche Auslegungen zur bilanziellen Behandlung an:

- Bestimmung einer impliziten *vesting period*: Bei Ausgabe einer *share option*, deren Ausübungspreis weit aus dem Geld ist, hängt der Vorteil des Anspruchsberechtigten von dessen weiterer Beschäftigung und der Entwicklung des Aktienkurses (dem inneren Wert der Zusage) ab. Aus der Gestaltung der Zusage folgt implizit daher eine *market condition* als Ausübungsbedingung. Nach IFRS 2.15(b) wäre eine Verteilung des Aufwands aus der Zusage über eine „kalkulierte" *vesting period* geboten (ähnlich in dem Beispiel zu IFRS 2.IG6). Die implizite Sperrfrist wäre über den Rückgriff auf ein Optionspreismodell und den in diesem unterstellten wahrscheinlichen Ausübungszeitpunkt festzulegen.
- Mangels expliziter *vesting period* sofortige Aufwandserfassung: Nach IFRS 2.14 ist eine sofortige Aufwandsverrechnung geboten, wenn keine Verpflichtung zur

---

[25] Dies anerkennend die Vorgaben der US-GAAP (ASC Topic 780.10.35).

Erfüllung einer *service period* besteht. Der Ausübungszeitpunkt steht nach Gewährung nicht mehr im Ermessen der die Zusage gewährenden Gesellschaft, insoweit besteht auch kein Anspruch auf künftige *services*.

Wir halten die zweite Interpretation für besser begründet. Sie entspricht der Forderung von IFRS 2.BC202, einen Aufwand auch dann sofort anzusetzen, wenn etwa bei einem gerade neu eingestellten Mitarbeiter die Gewährung sofort ausübbarer Optionen logisch zwingend nur in Erwartung künftiger *services* erfolgen kann, auf diese zukünftigen Leistungen bzw. den Verbleib im Unternehmen aber weder ein Rechtsanspruch besteht noch das Optionsrecht daran gebunden ist.

Eine unmittelbare Aufwandsverrechnung halten wir auch für geboten, wenn für eine anteilsbasierte Zusage, deren Ausübungspreis *deeply out of the money* ist, eine bislang bestehende Sperrfrist aufgehoben wird. Ein *accelerated vesting* ist als *modification* (Rz 140 ff.) der bestehenden Zusage zu behandeln (IFRS 2.27).

3.3.7 Erfüllung einer Zusage in mehreren Tranchen

Die Warte- bzw. Sperrfrist (*vesting period*) beschreibt den Zeitraum zwischen dem Zusagezeitpunkt und dem Zeitpunkt der Erfüllung aller Ausübungskonditionen (*vesting conditions*), d.h. dem Ausgabezeitpunkt (*vesting date*). U. U. sieht eine Zusage vor, dass jeweils ein prozentualer Teil der erdienten anteilsbasierten Vergütung in mehreren Schritten/Perioden durch Hingabe von Anteilen erfüllt wird. Für die Aufwandsverrechnung einer solchen **Zusage in Tranchen** (*vesting in instalments*) gilt folgende Besonderheit:

- Es liegt nicht eine Zusage vor, die über eine *vesting period* zu verteilen ist, sondern
- mit der Feststellung der erdienten anteilsbasierten Vergütung einer Periode erfolgt für die Aufwandsverrechnung eine Aufteilung in mehrere (x) einzelne Zusagen mit unabhängigen *vesting periods* (1-x Jahre nach Zuteilung).

102

Praxis-Beispiel

Zu jedem Jahresende gewährt die A-AG ausgewählten Mitarbeitern eine *equity-settled* Vergütungszusage. Die Vereinbarung ist lediglich an das Fortbestehen des Beschäftigungsverhältnisses des Zusagebegünstigten für die nächsten vier Jahre gebunden. Es bestehen keine weiteren Ausübungsbedingungen. Nach dem Inhalt der Zusage werden jeweils 25 % des zum Ende eines Geschäftsjahres festgestellten Wertbonus zum 1.12. der nachfolgenden vier Geschäftsjahre ausgezahlt (durch Hingabe von Anteilen). Der zuteilungsfähige Wertbonus ist daher in vier Tranchen aufzuteilen.

Für die Bestimmung des Aufwands aus der Zusage des Wertbonus ist hinsichtlich der Anzahl der zuteilungsfähigen Anteile und dem Zeitpunkt (in Abhängigkeit der *vesting period*) zu unterscheiden. Ein Anspruchsberechtigter erhält

- 25 % des Wertbonus in Anteilen nach einem Jahr weiterer Wartefrist,
- 25 % des Wertbonus in Anteilen nach zwei Jahren weiterer Wartefrist,
- 25 % des Wertbonus in Anteilen nach drei Jahren weiterer Wartefrist,
- 25 % des Wertbonus in Anteilen nach vier Jahren weiterer Wartefrist.

Der für ein Geschäftsjahr festgestellte Wertbonus ist in Abhängigkeit der jeweiligen *vesting period* der Höhe nach über einen Zeitraum von zwei bis fünf Jahren zu verteilen. Da die Vergütung am Ende eines Geschäftsjahres, aber auch für Leistungen, die in diesem Geschäftsjahr erbracht wurden, erfolgt, ist eine aufwandswirksame Verteilung des beizulegenden Zeitwerts je Vergütungszusage unter Berücksichtigung des bereits abgelaufenen Geschäftsjahres geboten (IFRS 2.IG4). Für die aufwandswirksame Verteilung ("per Personalaufwand an Kapitalrücklage") gilt je zugeteiltem Wertbonus eines Jahres:

Verteilungsschlüssel je einzelner Zusage	Relevantes Geschäftsjahr	Jahr 1	Jahr 2	Jahr 3	Jahr 4
Tranche 1	50 %	50 %			
Tranche 2	33,3 %	33,3 %	33,3 %		
Tranche 3	25 %	25 %	25 %	25 %	
Tranche 4	20 %	20 %	20 %	20 %	20 %

In den Folgejahren überlagern sich dann die Zusagen aus unterschiedlichen Geschäftsjahren.

103   In Einzelfällen kann eine Vergütungszusage, die mehrere Tranchen umfasst, an eine (Leistungs-)Bedingung für die tatsächliche Zuteilung (*performance condition*) geknüpft sein (Rz 66 ff.). Kann die vorgesehene Hürde für die Zielerreichung (etwa ein Mindestergebnisziel) für jede Zuteilungsperiode – ohne Möglichkeit zur Beeinflussung durch die Anspruchsberechtigten – festgelegt/verändert werden, fehlt es an dem notwendigen gemeinsamen Verständnis der Vertragsparteien über die Bedingungen (Rz 64). Eine im alleinigen Ermessen des Vergütungsschuldners periodenweise festzulegende Bedingung widerlegt das Vorliegen einer Vergütungszusage mit mehreren Tranchen.

104   Sieht eine anteilsbasierte Vergütung ein *vesting in instalments* vor, stellt sich ein *front loading* des aus der Zusage erwarteten (Gesamt-)Aufwands ein. Einer tatsachengetreuen Darstellung der Vermögens- und Ertragslage ist damit nicht gedient. Eine Ausweitung der (kasuistischen) – in die *Guidance on Implementing* ausgelagerten (IFRS 2.IG11) – Vorgaben auf ähnliche Sachverhalte ist daher nicht erforderlich. Tritt neben eine vereinbarte Dienstzeitbedingung als zusätzliche *vesting condition* ein Erfolgsziel, welches nicht für eine einzelne Periode, sondern kumulativ ausformuliert ist, halten wir eine Gleichverteilung des Aufwands aus der Zusage für vorziehungswürdig.[26]

105   Eine Vergütungszusage mit mehreren Tranchen liegt auch dann nicht vor, wenn der Zeitraum bis zur möglichen Ausübung einer Zusage, somit die Erfüllung der Gegenleistung kürzer bemessen ist als der (Gesamt-)Zeitraum, den die jeweiligen Tranchen umfassen.

Praxis-Beispiel (Abwandlung zu Rz 102)
Die A-AG schließt mit den leitenden Mitarbeitern eine Ergänzung zum Arbeitsvertrag, der für die nächsten vier Jahre ein betragsmäßig feststehendes Gehalt je Periode vorsieht. Die Ergänzung sieht eine Erfüllung des feststehenden Betrags zu 75 % durch Barzahlung und zu 25 % durch Hingabe einer variablen Anzahl Aktien (Aktienkurs zum 31.12. eines jeden Jahres) vor.

---

[26]   Vgl. LÜDENBACH, PiR 2016, S. 362.

Die Aktien stellen aus Sicht des Anspruchsberechtigten lediglich ein Zahlungsmitteläquivalent dar, da die Möglichkeit zum sofortigen Verkauf an einem aktiven Markt (→ § 8a Rz 20ff.) besteht. Da die Aktien nur als Währung dienen, steht der Wert der vereinbarten Leistung i.H.d. garantierten Gehalts je Periode fest. Es liegt zwar eine anteilsbasierte Vergütung im Anwendungsbereich des IFRS 2 vor, aber keine Zusage mit mehreren Tranchen. Bei Beendigung des Arbeitsverhältnisses entfällt auch der Anspruch auf weitere Aktien, daher ist nur eine periodenweise Erfassung der anteilsbasierten Vergütung i.H.v. 25 % des garantierten Gesamtentgelts geboten.

3.4 Ermessensbehaftete Aufwandsverrechnung

Die vorstehenden Beispiele belegen das hohe **Ermessen**, das der verlangten Aufwandsverbuchung zugrunde liegt. Dabei sind die Ermessensspielräume bei der Wahl der Formelinputs in das jeweils gewählte Optionspreismodell noch gar nicht angesprochen (Rz 279).[27] Schätzungsungenauigkeiten stellen einen wesentlichen Bestandteil der Bilanzierung jeglicher Provenienz dar (→ § 5 Rz 51ff.). I. d. R. gleichen sich zwischenperiodisch derlei Ungenauigkeiten aus. Dies gilt allerdings im hier dargestellten Rechnungslegungssystem für Aktienoptionen nur hinsichtlich der Mengenkomponente. Stellt sich dagegen der bei der Erstverbuchung angenommene *fair value* aus rückwirkender Betrachtung als unzutreffend heraus – so gut wie immer der Fall –, kommt es nicht zu einer entsprechenden Aufwandskorrektur (vgl. das Beispiel und die Erläuterung unter Rz 94; weitere Beispiele im vorstehenden Raster). Es kann auch umgekehrt kommen: Der Gegenwert der ausgeübten Optionen kann höher liegen, als die ursprüngliche *fair-value*-Schätzung angezeigt hat. Die ansonsten durch das Doppik-System gewährleistete Ergebniskorrektur im intertemporären Vergleich versagt im Gefolge der Buchung „Aufwand an Eigenkapital". Das scheint möglicherweise deswegen nicht weiter zu stören, weil letztlich das ausgewiesene Eigenkapital so oder so unverändert bleibt (Rz 46). Zum Umgang von „Enforcement"-Behörden, speziell der SEC, mit dem Ermessensproblem wird auf Rz 279 verwiesen.

106

4 Verpflichtung zum Barausgleich – *stock appreciation rights* (SARs)

4.1 Schuldcharakter der Vergütungszusage

Anteilswertorientierte Barvergütungen, d.h. virtuelle Aktien *(cash settled share-based payment transactions = share stock appreciation rights)*, sind als „normale" **Schuld** zulasten des **Aufwands** zu verbuchen (Rz 53). Es handelt sich bei an Mitarbeitern gewährte Optionen um eine besondere Form der **Tantieme** (erfolgsabhängige Vergütung), deren Wert durch die Entwicklung des Aktienkurses bzw. Anteilswerts bestimmt ist (IFRS 2.31). Anders als bei den echten bzw. realen Optionen ist die Vergütung aus Mitteln der **Gesellschaft** selbst zu erbringen (Rz 58).

107

---

[27] Eindrücklich dargestellt von VATER, Stock Options, 2004, S. 52ff.

108   Wird als Gegenleistung für den Erhalt von *goods or services* ein anteilsbasierter Barausgleich vereinbart (IFRS 2.30), entsteht beim Leistungsempfänger eine Verbindlichkeit (*liability*) aus einem **bedingten Termingeschäft**. Wegen der Bindung der Höhe nach an die Entwicklung des Anteilswerts (als *underlying* des Termingeschäfts) scheidet – ungeachtet der Erfüllung aller konstituierenden Merkmale einer finanziellen Verbindlichkeit (IAS 32.11) – eine bilanzielle Behandlung als Finanzinstrument aus (IAS 32.4(f)). Die Passivierung einer Schuld aus einer anteilsbasierten Vergütungszusage erfolgt nur in dem Umfang, in dem eine gegenwärtige Verpflichtung besteht, die Gegenseite also ihrerseits bereits eine **Leistung erbracht** hat. Ist der Anspruch auf die anteilsbasierte Vergütung an die Erbringung einer zeitraumbezogenen Leistung geknüpft, baut sich die zu passivierende Schuld zeitanteilig, also mit Entstehen der Verpflichtung, auf (IFRS 2.BC245).

4.2 Bewertung

109   Die **Zugangsbewertung** hat im Zeitpunkt der Zusage auf der Basis des *fair value* zu erfolgen (IFRS 2.33). Dieser ist wie bei den echten Optionen auf der Grundlage eines Optionspreismodells zu ermitteln (Rz 264). Die am betreffenden Bilanzstichtag auszuweisende Verbindlichkeitsrückstellung (Rz 56) gibt den jeweils neu zu ermittelnden Zeitwert *(fair value)* der virtuellen Optionen wieder, und zwar unter Berücksichtigung der bereits innerhalb der Laufzeit erbrachten zeitanteiligen Arbeitsleistung.

110   Die Bewertung der Verbindlichkeit aus einer anteilsbasierten Vergütung mit vorgesehenem *cash-settlement* erfolgt zum „*fair value*". Trotz des Verweises auf den – **fehletikettierten** (IFRS 13.BC21 f.) – Maßstab ist für die Bewertung anteilsbasierter Vergütung eine abweichende Konzeption beachtlich (IFRS 13.6(a)).[28] Anstatt einer Klarstellung, welche Bewertungsperspektive zugrunde zu legen ist, wurde ohne weitere Erläuterung (über ein *consequential amendment*) die bestehende „*fair value*"-Definition des IFRS 2 unverändert fortgeführt. Es besteht daher keine Verpflichtung zur Bewertung der Verbindlichkeit zum Veräußerungswert (*exit price*), folglich bleibt offen, ob in die Bewertung der Verbindlichkeit, die zu einem Abfluss (finanzieller) Ressourcen führt, das **eigene Bonitätsrisiko** einzubeziehen ist.[29] Erfolgt die Bewertung des künftigen Ressourcenabflusses zum erwarteten Erfüllungsbetrag (*settlement*), kann die eigene Bonität ausgeklammert werden. Der **künftige Erfüllungsbetrag**, und damit der tatsächliche Ressourcenabfluss, entspricht nur dem inneren Wert (*intrinsic value*) eines bedingten Termingeschäfts. Die Bewertung ist dennoch bis zum Zeitpunkt der Erfüllung zum „*fair value*" vorzunehmen (Rz 121), somit ist neben dem inneren Wert auch dem Zeitwert (*time value*) des bedingten Termingeschäfts Rechnung zu tragen (IFRS 2.BC250).

111   Sollten (ausnahmsweise) mit den Optionen **bereits erbrachte** Arbeitsleistungen abgegolten werden, ist sofort in voller Höhe des Zeitwerts eine Rückstellung zu bilden. Für die (in aller Regel) abzugeltenden **künftigen** Arbeitsleistungen ist demgegenüber die Verbindlichkeitsrückstellung **zeitanteilig** verteilt über die Wartefrist hin aufzustocken (IFRS 2.32).

---

[28]   Hierzu kritisch FREIBERG, PiR 2013, S. 267.
[29]   Vgl. FREIBERG, PiR 2012, S. 401.

4.3 Zwischenperiodische Verteilung von Aufwand

Die **erstmalige Bewertung** einer anteilsbasierten Vergütung mit vorgesehenem **112** *cash-settlement* erfolgt zum Zugangszeitpunkt (*grant date*). Das Leistungsverhältnis beginnt erst mit dem Zeitpunkt, in dem die beteiligten Parteien ein gemeinsames Verständnis über die Vereinbarung mit gegenseitig bestehenden Rechten und Pflichten erlangt haben (IFRS 2.IG3). Der *grant date fair value* einer anteilsbasierten Zusage ist **unabhängig** von der vereinbarten **Erfüllung** durch Hingabe von Anteilen oder Barausgleich (IFRS 2.BC252).

> **Praxis-Beispiel**
> Unternehmen U gewährt 100 Mitarbeitern am 01.01.00 eine anteilsbasierte Vergütung mit vorgesehenem Barausgleich (100 SARs). Unter der Voraussetzung einer Fortführung des Beschäftigungsverhältnisses für die nächsten drei Jahre (also bis zum 31.12.02) wird die positive Aktienkursentwicklung (= Ak_{t3}- Ak_{t0}) am 31.01.03 ausgezahlt. Im Zusagezeitpunkt beläuft sich der Aktienkurs auf 10 GE, der innere Wert des bedingten Termingeschäfts beträgt daher 0 GE. Der Zeitwert je Option beläuft sich auf 6 GE und entspricht dem *grant date fair value*. Bestünde ein Anspruch auf Zuteilung einer Aktie zum aktuellen Kurswert (Ak_{t0}), ergäbe sich der gleiche Betrag.

In dem Umfang, in dem die vereinbarte Leistung bereits erbracht wird, ist der *grant* **113** *date fair value* als Verbindlichkeit zu passivieren. Wird die Leistung bereits im Zugangszeitpunkt vereinnahmt oder bezieht sich die Vergütung auf bereits erbrachte Leistungen, ist eine unmittelbare Erfassung der Verbindlichkeit in voller Höhe des *grant date fair value* geboten (IFRS 2.32, IFRS 2.BC243 bis IFRS 2.BC245).

Abweichend von anteilsbasierten Vergütungen mit vereinbartem *equity-sett-* **114** *lement* (Hingabe von Anteilen), ist die Verbindlichkeit aus Zusagen mit Barausgleich **kontinuierlich neu zu bewerten** (*remeasurement*). Die Neubewertung erfolgt zwingend zu jedem Periodenende (IFRS 2.30). Ist der Anspruch aus der anteilsbasierten Vergütung (während der *vesting period*) noch nicht ausübbar (IFRS 2.IG19), wird der Effekt aus der Neubewertung

- erfolgswirksam erfasst, insoweit die (Gegen-)Leistung bereits vereinnahmt ist und
- in dem Umfang über die verbleibende *vesting period* verteilt, in dem das Leistungsverhältnis noch nicht erfüllt ist.

Während des Zeitraums der Leistungserbringung führt das *remeasurement* somit nur zu einer (zeit-)**anteiligen Anpassung** (*catch-up adjustment*) des „*fair value*" der Verbindlichkeit. Mit dem Wegfall vorgesehener Ausübungsbedingungen sind Anpassungen der Verbindlichkeit in vollem Umfang erfolgswirksam zu stellen (IFRS 2.32).

Die (Folge-)Bewertung einer Verpflichtung aus einer anteilsbasierten Vergütung **115** mit vorgesehenem Barausgleich erfolgt zum „*fair value*" (IFRS 2.33). Im Rahmen der Folgebewertung ist die Verbindlichkeit nicht nur (zeit-)anteilig um den erdienten *grant date fair value* aufzustocken, sondern es ist ein kontinuierliches *remeasurement* der Verbindlichkeit geboten.[30] Zu unterscheiden ist – bereits im *grant date* – zwischen einem

---

[30] Zum Ganzen FREIBERG, PiR 2014, S. 350ff.

- *mixed approach*, bei dem zwischen der (Wert-)Entwicklung des Preis- und Mengengerüsts unterschieden wird (Rz 80); nur (Wert-)Auswirkungen aus Änderungen des **Preisgerüsts**, welches *market* und *non-vesting conditions* umfasst, sind als *remeasurement* zu erfassen;
- *full fair value approach*, der ohne Berücksichtigung der Ursache für eine Wertänderung die Periodenänderung der Verbindlichkeit **insgesamt** als *remeasurement* behandelt.

Nur die Anwendung des *mixed approach* trägt der ökonomischen Ähnlichkeit von Zusagen mit *equity-* und *cash-settlement* Rechnung (IFRS 2.BC252). Änderungen des Mengengerüsts – betreffend *service* und *non-market performance conditions* – werden danach als (laufende) **Schätzungsänderung** erfasst.

Beispiel (Fortsetzung zu Rz 112)

Annahmegemäß werden alle 100 SARs nach Ablauf der *vesting period* zur Ausübung gelangen. Es stellen sich also keine Änderungen des Mengengerüsts ein. Bei Abstellen auf den *mixed approach* ergibt sich daher ein konstanter, auf dem *grant date fair value* basierender Periodenaufwand von 200 GE.

in GE	*fair value* je SAR	erw. Erfüllungsbetrag	*liability* der Periode	Periodenaufwand	*remeasurement*
31.12.00	9,00	900	300	300	100
31.12.01	10,20	1.020	680	380	180
31.12.02	11,00	1.100	1.100	420	220
31.01.03	10,00	1.000	1.000	– 100	– 100
Summe				1.000	400

Nur die Änderungen des Preisgerüsts führen daher zu einem *remeasurement*. Der Gesamtaufwand aus der Vergütung beläuft sich auf 1.000 GE, von denen 400 GE auf die kontinuierliche Neubewertung entfallen.

---

116   Mangels eindeutiger Vorgaben besteht ein **Bilanzierungswahlrecht** (*accounting policy choice*) für die Bewertung anteilsbasierter Vergütung mit *cash-settlement*.[31] Die Festlegung ist bereits für die Zugangsbewertung zu treffen und über die Laufzeit beizubehalten. Aus **Konsistenzgründen** – Gleichbehandlung gleicher Sachverhalte – ist eine Anwendung des *mixed approach* vorzuziehen.

117   Hinsichtlich der Konsequenz der gewählten *accounting policy* ist insbesondere auch danach zu unterscheiden, ob die (Gegen-)Leistung zu einem aktivierungsfähigen Vermögenswert führt oder unmittelbar aufwandswirksam verrechnet wird. Scheidet eine Aktivierung der empfangenen Leistung aus, führt die Festlegung der Reichweite der Neubewertung nur zu einer abweichenden Aufwandsverrechnung in den einzelnen Perioden. In einer Totalperiodenbetrachtung entspricht der (Gesamt-)Aufwand dem tatsächlichen Erfüllungsbetrag.

---

[31]   Gl. A. ERNST & YOUNG, International GAAP 2017, Ch. 32 sCh. 9.3.1; DELOITTE, iGAAP 2017, Ch. A16 sCh. 6.3; KPMG, Insights into IFRS 2016/17, Tz. 4.5.930.50.

Praxis-Beispiel
Ein leitender Mitarbeiter erhält eine anteilsbasierte Zusage mit *cash-settlement* über 100 SARs, die lediglich eine zweijährige Dienstperiode voraussetzt. Die Leistung führt nicht zu einem aktivierungsfähigen Vermögenswert. Im Zugangszeitpunkt beträgt der *fair value* je SAR 10 GE. Die Erfüllung der Dienstbedingung (Verbleib im Unternehmen) wird als sehr wahrscheinlich (w=90 %) angesehen. Bei Anwendung des *mixed approach* ergibt sich ein *grant date fair value* von 1.000 GE (=100 × 10), die Unsicherheit bezogen auf die Erfüllung der Dienstbedingung ist im Mengengerüst zu erfassen. Wird hingegen der *full fair value approach* gewählt, ergibt sich ein *grant date fair value* von nur 900 GE (=100 × 90 % × 10).

Besondere Bedeutung hat das Wahlrecht, wenn die erbrachte Leistung zu einem aktivierungsfähigen Vermögenswert führt. Die Aktivierung eines Vermögenswerts ist auf den *grant date fair value* der Verpflichtung begrenzt (IFRS 2.IG19). Änderungen der Verbindlichkeit durch ein *remeasurement* sind zwingend ergebniswirksam zu erfassen. Korrespondierend kann eine Neubewertung auch nicht auf den Wertansatz über den Zeitraum der Leistungserbringung auf den Vermögenswert zurückwirken. 118

Beispiel (Abwandlung zu Rz 117)
Die anteilsbasierte Zusage mit *cash-settlement* über 100 SARs wird gegenüber einem Mitarbeiter ausgesprochen, dessen Arbeitsleistung als (direkte) Herstellungskosten eines (qualifizierten) Vermögenswerts aktivierungsfähig ist (IAS 2.12). Es wird eine Dienstperiode von zwei Jahren vereinbart. Im Zugangszeitpunkt beträgt der *fair value* je SAR 10 GE, über die Laufzeit bleibt der Wert konstant. Die Erfüllung der Dienstbedingung (Verbleib im Unternehmen) wird als sehr wahrscheinlich (w=90 %) angesehen. Überraschend verlässt der Mitarbeiter fünfzehn Monate später auf eigenen Wunsch das Unternehmen.
Bei Anwendung des *mixed approach* ergibt sich ein *grant date fair value* von 1.000 GE (=100 × 10). Im ersten Jahr nach Zuteilung ist die Verbindlichkeit und korrespondierend das Vorratsvermögen mit 500 GE (= 1.000 × ½) zu dotieren. Das Ausscheiden des Mitarbeiters im Jahr 2 berührt das Mengengerüst der Bewertung und ist daher nicht als *remeasurement* zu behandeln. Die Zuführungen zur Verbindlichkeit und zum Vorratsvermögen sind zu stornieren. Die anteilsbasierte Vergütung führt weder zu einem Vermögenswert noch zu einer Ergebnisbelastung.
Nach dem *full fair value approach* beträgt der *grant date fair value* nur 900 GE (=100 × 90 % × 10). Bei unveränderten Annahmen zum Periodenende wird eine Verbindlichkeit und korrespondierend ein Zugang im Vorratsvermögen i.H.v. 450 GE (=900 × ½) erfasst. Die Änderung im Mengengerüst in Periode 2 wird als *remeasurement* erfasst, die bereits erfasste Verbindlichkeit ist ohne Korrektur des bereits erfassten Vermögens ergebniswirksam aufzulösen.

Unabhängig von der Wahlrechtsausübung führt die anteilsbasierte Vergütung über die Totalperiode zu den gleichen (Netto-)Kosten. Der kumulierte Betrag 119 der (Netto-)Kosten – aus der Aktivierung als Vermögenswert und/oder der ergebniswirksamen Vereinnahmung – über den Zeitraum der Leistungserbringung entspricht wegen der Verpflichtung zur kontinuierlichen Bewertung des Mengen- und Preisgerüsts dem Barausgleich bei Erfüllung (IFRS 2.30).

120 Anders als bei der Eigenkapitalzuführung im Fall von „echten" Aktienoptionen ist an jedem Bilanzstichtag eine **Neuermittlung** des *fair value* vorzunehmen und **ergebnismäßig** zu berücksichtigen (IFRS 2.33).

Die Bewertung von gewährten Optionen ist jeweils auf der Grundlage eines **Optionspreismodells** unter Berücksichtigung der Zusagebedingungen vorzunehmen. Für die Ermittlung des Gesamtaufwands ist daneben die Personalfluktuation zu berücksichtigen. Es gehen also – anders als bei „echten" Aktienoptionen – sowohl das Mengen- als auch das Preisgerüst (Rz 80) in die jeweilige Bewertung der Verbindlichkeit ein. Eine Übersicht gibt das nachfolgende Beispiel:

Praxis-Beispiel[32]
500 Führungskräfte erhalten eine Zusage von je 100 *stock appreciation rights* (SARs). Einzige Bedingung ist ein Verbleib in den Diensten der Gesellschaft für wenigstens drei Jahre.
Die Fluktuation entwickelt sich wie folgt:

Jahr	Effektives Ausscheiden	Geschätztes weiteres Aus-scheiden in Folgeperioden	Kalkulierter Gesamtabgang bis zum *vesting date*
1	35	60	95
2	40	25	100
3	22	97	
	97		

- Von den 500 Führungskräften sind bis zum erstmaligen Ausübungszeitpunkt 97 ausgeschieden. Die 403 verbliebenen Führungskräfte üben ihre SARs wie folgt aus:

Jahresende	Anzahl
3	150
4	140
5	113
	403

- Innerer Wert zum Ausübungszeitpunkt:

Jahr		*fair value* EUR	innerer Wert = Geldabfluss EUR
1		14,40	
2		15,50	
3		18,20	15
4		21,40	20
5			25

---

[32] Entnommen IFRS 2.IG19, *Example* 12.

Entwicklung der Buchungen

Jahr	Berechnung	Aufwand EUR	Verbindlichkeit - EUR
1	(500–95) Mitarbeiter × 100 SARs × 14,40 EUR × 1/3	194.400	194.400
2	(500–100) Mitarbeiter × 100 SARs × 15,50 EUR × 2/3 – 194.400 EUR	218.933	413.333
3	(500–97–150) Mitarbeiter × 100 SARs ×		
	18,20 EUR – 413.333 EUR	47.127	460.460
	+ 150 Mitarbeiter × 100 SARs × 15 EUR	225.000	
	insgesamt	272.127	
4	(253–140) Mitarbeiter × 100 SARs × 21,40 EUR – 460.460 EUR	– 218.640	241.820
	+ 140 Mitarbeiter × 100 SARs × 20 EUR	280.000	
	insgesamt	61.360	
5	0 EUR – 241.820 EUR	– 241.820	
	+ 113 Mitarbeiter × 100 SARs × 25 EUR	282.500	
	insgesamt	40.680	
	Endsumme	787.500	

4.4 Behandlung nach Ablauf der *vesting period*

Unabhängig von einer späteren Erfüllung der Verpflichtung zum *intrinsic value* des bedingten Termingeschäfts ist eine laufende Bewertung zum *„fair value"*, also der Summe aus innerem Wert und Zeitwert vorgesehen (IFRS 2.33). Letztmalig im Zeitpunkt der Erfüllung ist eine Bewertung vorgesehen. Der (tatsächliche) Barausgleich erfolgt zum inneren Wert des Termingeschäfts, es stellt sich daher ein Wechsel des Bewertungsmaßstabs von einem *„fair value"* zum *intrinsic value* ein (IFRS 2.BC249). Sehen die Ausübungsbedingungen die mögliche Erfüllung nur zu einem bestimmten Zeitpunkt vor, führen beide Maßstäbe zum gleichen Wert. Hat der Anspruchsberechtigte nach Erfüllung aller Ausübungsbedingungen (*vesting conditions*) ein längeres Fenster zur Geltendmachung seines Anspruches (*exercise period*), entsprechen sich *intrinsic value* und *„fair value"* nur am letztmöglichen Ausübungstag. Wird der Barausgleich vor Ablauf des *exercise period* verlangt, **verzichtet** der Anspruchsberechtigte auf den noch bestehenden **Zeitwert**.

121

Praxis-Beispiel (Abwandlung zu Rz 117)

Unternehmen U gewährt drei Mitarbeitern am 1.1.00 eine anteilsbasierte Vergütung mit vorgesehenem Barausgleich (jeweils 100 SARs). Nach Ablauf einer *vesting period* von drei Jahren sehen die Konditionen ein zweijähriges Ausübungsfenster vor. Einer der Mitarbeiter übt zum frühesten Zeitpunkt, einer nach Ablauf der Hälfte der *exercise period* und einer zum spätestmöglichen Zeitpunkt aus. Der neubewertete *fair value* je SAR zum *vesting date* beläuft sich auf 12 GE. In Abhängigkeit von der Wertentwicklung ab dem frühestmöglichen Ausübungszeitpunkt ergibt sich mangels einer Aktivierbarkeit der Leistung die folgende Aufwandsbelastung:

in GE	*fair value* je SAR	*intrinsic value* je SAR	Ergebniseffekt	Barausgleich
00 – 03	n/a	n/a	– 3.600	n/a
31.12.03	12,00	10,00	+ 200	1.000
31.12.04	13,50	11,50	– 100	1.150
31.1.05	13,00	13,00	+ 50	1.300
Summe			– 3.450	3.450

122 Mit Ablauf der *vesting period* erfolgt die (Folge-)Bewertung der Verbindlichkeit zum „*fair value*" nur noch als *remeasurement*. Da der Zeitwert eines bedingten Termingeschäfts immer einen Wert > null einnimmt, führt die Geltendmachung eines Anspruchs aus einer anteilsbasierten Vergütung – ausgestaltet als bedingtes Termingeschäft – zu einem positiven Ergebnisbeitrag aus der Auflösung der Verbindlichkeit.

4.5 Besonderheiten des Ausweises

123 Die Wahlrechtsausübung bezogen auf die Reichweite des gebotenen *remeasurement* (nur Preis- oder auch Mengengerüst) zeitigt auch Relevanz für den Ausweis der Ergebniseffekte einer anteilsbasierten Vergütung mit Barausgleich, die gegenüber Mitarbeitern gewährt wird. Die ergebniswirksame Erfassung des *grant date fair value* stellt wegen des unmittelbaren Leistungszusammenhangs **Personalaufwand** (*employee cost*) dar, der bei Gewährung der Zusage an das Führungspersonal auch in die *related party*-Angabe einzubeziehen ist (IAS 24.17(e)). Mangels eines unmittelbaren Zusammenhangs des Ergebnisses aus dem *remeasurement* mit der Leistungserbringung ist ein Ausweis als *employee cost* nicht zwingend. Wird der Umfang des *remeasurement* auf Änderungen des Preisgerüsts begrenzt, liegt wegen der Bindung an ein *underlying* ein Ausweis innerhalb des **Finanzergebnisses** (optional im sonstigen Ergebnis) nahe. Für einen getrennten Ausweis spricht auch aus Konsistenzgründen der dann vergleichbare Aufwandverlauf in Abgrenzung zu einer anteilsbasierten Vergütung mit vorgesehenem *equity settlement*. Da es aber überhaupt an spezifischen Vorgaben zum Ausweis fehlt, besteht für den Ausweis ebenfalls ein *accounting policy choice* (IAS 8.13). Eine Aufrechnung gegenläufiger Ergebnisse (*offsetting*) scheidet aus (IAS 1.32).

5 Vergütungsmuster mit Erfüllungswahlrecht

5.1 Grundlagen, insbesondere Abgrenzung zu Planänderungen

124 IFRS 2.2 unterscheidet drei Formen anteilsbasierter Vergütungen (Rz 8):
- Vergütung in **Eigenkapitalinstrumenten** (Aktien, reale Aktienoptionen usw.),

- Vergütung durch **Barausgleich**, der sich der Höhe nach am Wert von Eigenkapitalinstrumenten orientiert (virtuelle Optionen), oder
- Vergütung mit Wahlrecht hinsichtlich der Erfüllungsart, wobei das **Wahlrecht** beim **Unternehmen** oder beim **Leistungsempfänger** liegen kann.

Vereinbaren die Parteien ein Erfüllungswahlrecht, besteht zwar eine Verpflichtung zur Gegenleistung, die Art bzw. Form der Erfüllung liegt allerdings – bereits *at inception* – im Ermessen einer Vertragspartei. Aus Sicht des bilanzierenden Unternehmens ergibt sich für die bilanzielle Abbildung daher die Notwendigkeit einer Festlegung auf eine Vergütungsform. Stellt sich die getroffene Annahme im Nachhinein aufgrund nachträglich besserer Erkenntnis als nicht zutreffend dar, liegt mangels vertraglicher Festlegung der Vergütungsform im Zusagezeitpunkt keine nachträgliche Planänderung vor (Rz 141).

> **Praxis-Beispiel**
> Ein Unternehmen gewährt den leitenden Mitarbeitern eine anteilsbasierte Vergütung. Die Erfüllung erfolgt nach Wahl des Unternehmens (Variante 1) oder der Mitarbeiter (Variante 2) entweder in virtuellen Aktienoptionen *(stock appreciation rights)* oder in realen Aktienoptionen *(stock options)*. In beiden Fällen geht das Unternehmen zunächst von einer Erfüllung in bar aus.
> - In Variante 1 entspricht die Einschätzung dem späteren tatsächlichen Verlauf.
> - In Variante 2 verlangen die Mitarbeiter entgegen der ursprünglichen Einschätzung Aktien und keinen Barausgleich. Zwar hat das Unternehmen der bisherigen Einschätzung folgend eine Gegenbuchung der erhaltenen (Arbeits-)Leistung unter den Rückstellungen vorgenommen, der Ausgleich in bar stellt aber dennoch keine Planänderung dar.

Die Art der Bilanzierung von anteilsbasierten Vergütungen mit Erfüllungsalternativen *(share-based payment with cash alternatives)* richtet sich danach, welcher **Partei** die Wahl der Vergütung zusteht. **125**

- Steht dem **Vertragspartner** (z.B. Arbeitnehmer) das Vergütungswahlrecht zu, hat das Unternehmen ein **strukturiertes Finanzinstrument** *(compound financial instrument)* ausgegeben (→ § 20 Rz 6) mit einer Schuld- und einer Eigenkapitalkomponente (IFRS 2.35). Diese beiden Komponenten sind zu identifizieren und nach den jeweils geltenden Regeln anzusetzen.
- Kann umgekehrt das **Unternehmen** die Vergütungsform auswählen *(share-based payment transaction in which the entity has the choice of settlement)*, muss zunächst (vom Unternehmen) die Vergütungsart bestimmt werden. Es wird **keine Aufteilung** vorgenommen, es liegt entweder eine *cash-settled-* oder eine *equity-settled*-Transaktion vor.

5.2 Wahlrecht des Vertragspartners

Hat der Vertragspartner des Unternehmens – also i.d.R. der **Arbeitnehmer** – das (Wahl-)**Recht** zwischen einer Erfüllung durch Barausgleich oder einer Gewährung echter Anteile (gegen Zahlung des Ausübungspreises), liegt gem. IFRS 2.35 ein **zusammengesetztes** (strukturiertes) **Finanzinstrument** (→ § 28 Rz 263 ff.) mit einer Eigenkapital- und einer Fremdkapitalkomponente (Rz 60) vor. Diese beiden Komponenten sind den entsprechenden Aufwendungen auf der Basis des **126**

Zeitwerts *(fair value)* im Zusagezeitpunkt zuzuordnen und über die Wartezeit *(vesting period)* hinweg zeitanteilig aufzubauen.

In der Wertbestimmung der Transaktion mit Wahlrecht der anderen Vertragspartei sowie der Aufteilung in Eigen- und Fremdkapitalkomponente sind zwei Fälle zu unterscheiden.

127　**Fall 1:** Kann der *fair value* der erhaltenen Güter oder Dienstleistungen bestimmt werden, erfolgt im Zusagezeitpunkt gem. IFRS 2.35 eine Ermittlung der Eigenkapitalkomponente durch die Restwertmethode – vergleichbar dem *split accounting* bei zusammengesetzten Finanzinstrumenten (→ § 20 Rz 6):

	fair value der erhaltenen Leistungen (= *fair value* der Transaktion)
–	*fair value* Schuldkomponente
=	*fair value* Eigenkapitalkomponente

128　**Fall 2:** Fehlt hingegen die Möglichkeit einer verlässlichen *fair-value*-Bewertung der erhaltenen Leistung (so unwiderlegbar bei Arbeitsleistungen), erfolgt die Bewertung der Transaktion zum *fair value* der vom Unternehmen **ausgegebenen Leistungen** (IFRS 2.36).

Zunächst gilt:

	fair value Schuldkomponente
+	*fair value* Eigenkapitalkomponente
=	*fair value* der Transaktion

Mit der endgültigen Entscheidung des Vertragspartners für einen Erfüllungsmodus verfällt die andere Erfüllungsvariante. Insoweit gilt weiter: das Ganze ist weniger als die Summe seiner Teile. Einer der beiden *stand alone* ermittelten Komponentenwerte muss deshalb um den *stand-alone*-Wert der anderen Komponente gemindert werden. Nach IFRS 2.37 ist diese Minderung bei der Eigenkapitalkomponente vorzunehmen. Somit gilt modifiziert:

	fair value Schuldkomponente *(stand alone)*
+	zusätzlicher Wert der Eigenkapitalkomponente
=	*fair value* der Transaktion

129　In der **Praxis** sind nicht selten die *fair values* beider Ausübungsalternativen **gleich**, weil etwa der Basispreis für eine reale Option dem Basispreis der virtuellen Option entspricht und auch die Laufzeiten identisch sind: In diesem „Spezialfall" entspricht der *fair value* der Schuldkomponente dem *fair value* der Transaktion, während die **Eigenkapitalkomponente null** ist. Die anteilsbasierte Vergütung ist in diesem Spezialfall **insgesamt** als *cash-settled transaction* zu behandeln (Rz 107 ff.).

> **Praxis-Beispiel**
> Ein Unternehmen gewährt einem leitenden Mitarbeiter alternativ 2.000 virtuelle Aktienoptionen *(stock appreciation rights)* oder 2.000 reale Aktienoptionen mit dem gleichen Wert. Der *fair value* der Schuldkomponente

entspricht dem Gesamtwert der anteilsbasierten Vergütung, die Eigenkapitalkomponente ist damit null.
Die Vergütung kann wie eine einfache *cash-settled transaction* behandelt werden.

Bei **unterschiedlichen** *fair values* der Ausübungsalternativen ist die anteilsbasierte Vergütung sowohl *equity-settled* als auch *cash-settled*. **130**
- Für die Komponente *equity-settled transaction* ist das Preisgerüst nur einmalig zum *grant date* zu bestimmen und in der Folge nur noch das Mengengerüst an bessere Stichtagserkenntnisse anzupassen.
- Für die Komponente *cash-settled transaction* ist zu jedem Stichtag das Preis- und Mengengerüst anzupassen (Rz 82).

Praxis-Beispiel[33]
Ein Unternehmen gewährt einem leitenden Mitarbeiter 1.000 virtuelle Aktienoptionen *(stock appreciation rights)* und damit das Recht auf einen Barausgleich, der dem Wert von 1.000 Anteilen entspricht, oder alternativ 2.000 reale Aktienoptionen. Ausübungsbedingung ist ein Verbleib im Unternehmen für die nächsten zwei Jahre. Bezieht der Mitarbeiter die realen Optionen, müssen die Anteile für zwei Jahre gehalten werden *(transfer restriction)*.
Unter Berücksichtigung der Haltefrist ergibt sich ein Wert je Option zum Zusagezeitpunkt i.H.v. 40 EUR. Ohne die Transferrestriktion beträgt der *fair value* einer Option 50 EUR zum *grant date* und 60 EUR zum *exercise date*. Zum *grant date* gilt daher:
- Der Gesamtwert der Fremdkapitalkomponente beträgt 50.000 EUR (1.000 Optionen × 50 EUR/Option),
- für die Eigenkapitalkomponente verbleibt ein Wert von 30.000 EUR (2.000 Optionen × 40 EUR/Option − 50.000 EUR).
Für die Folgebewertung gilt (ohne Fluktuation für einen Mitarbeiter):

Jahr	Eigenkapitalkomponente			Fremdkapitalkomponente		
	Mengen- und Preisgerüst	Kumulierter Aufwand	Perioden-aufwand	Mengen- und Preisgerüst	Kumulierter Aufwand	Perioden-aufwand
1	30.000 × 0,5	15.000	15.000	1.000 × 50 × 0,5	25.000	25.000
2	30.000 × 1	30.000	15.000	1.000 × 60	60.000	35.000

Die Vorgaben zur bilanziellen Behandlung von kombinierten Vergütungsmustern mit Erfüllungswahlrecht des Optionsinhabers lassen offen, wie mit Optionszusagen umzugehen ist, welche die Erfüllungsalternativen mit **unterschiedlichen Ausübungsfristen** verknüpfen. **131**

Praxis-Beispiel (Abwandlung zu Rz 121)
Eine Differenzierung zwischen den Ausübungsalternativen soll optional über unterschiedliche *vesting periods* (nicht durch eine Transferrestriktion) erreicht werden. Bei Wahl der Vergütung in Eigenkapitalinstrumenten verlängert sich die *vesting period* entsprechend um ein Jahr.

[33] In Anlehnung an IFRS 2.IG22. In dem illustrierenden Beispiel IG.*Example* 13 wird der *share price* irrtümlich mit dem *fair value* gleichgesetzt; hierbei handelt es sich wohl um ein redaktionelles Versehen.

Die Verlängerung der *vesting period* ist im Rahmen des Optionspreismodells zu berücksichtigen und schlägt sich im Preisgerüst zum *grant date* nieder. Im Übrigen erfolgt die Aufwandsverteilung in der Folgebewertung über unterschiedliche Perioden (Eigenkapitalkomponente drei Jahre/Fremdkapitalkomponente zwei Jahre).

Die Vereinbarung unterschiedlicher Ausübungsfristen beeinflusst auch den Zeitpunkt der Erfüllungswahl. Läuft die *vesting period* einer Erfüllungsalternative aus, fällt das Erfüllungswahlrecht weg.

132 Mit Ausübung der **Erfüllungswahl** durch den Vertragspartner verfällt das Recht auf die andere Erfüllungsmöglichkeit. Im Zeitpunkt der Erfüllung *(date of settlement)* ist die Fremdkapitalkomponente noch einmal zum *fair value* zu bewerten (Aktualisierung des Preis- und Mengengerüsts zum *settlement date*). In Abhängigkeit von der Wahl durch den Erfüllungsberechtigten erfolgt anschließend eine erfolgsneutrale Angleichung zwischen der Eigenkapital- und der Fremdkapitalkomponente.

- Bei **Erfüllung mit Eigenkapital** ist zu diesem Zeitpunkt die Verbindlichkeit in das Eigenkapital **umzubuchen** („per Verbindlichkeit an Eigenkapital").
- Bei **Erfüllung in bar** wird die Fremdkapitalkomponente verbraucht („per Verbindlichkeit an Kasse"). Der zuvor gebuchte Eigenkapitalanteil wird nicht verändert (IFRS 2.40). Allenfalls eine Umbuchung innerhalb der Eigenkapitalkategorien kommt in Betracht („per Kapitalrücklage an Gewinnrücklage").

Praxis-Beispiel (Fortsetzung zu Rz 121)
Zum Zeitpunkt der Ausübung des Wahlrechts durch den Erfüllungsberechtigten zeigt die Bilanz des Erfüllungsschuldners einen Eigenkapitalposten (Kapitalrücklage) i.H.v. 30.000 EUR und eine Rückstellung i.H.v. 60.000 EUR (Fremdkapitalkomponente).

- Bei Ausübung des Wahlrechts durch den Erfüllungsberechtigten in realen Optionen erfolgt eine Umbuchung des Rückstellungsbetrags in das Eigenkapital („per Rückstellung 60.000 EUR an Eigenkapital 60.000 EUR"). Eine Aufteilung auf unterschiedliche Eigenkapitalkonten (gezeichnetes Kapital und Kapitalrücklage) hängt von der konkreten Ausgestaltung der Transaktion und den rechtlichen Rahmenbedingungen ab.
- Bei Ausübung des Wahlrechts durch den Erfüllungsberechtigten in bar wird der Rückstellungsbetrag verbraucht („per Rückstellung 60.000 EUR an Kasse 60.000 EUR"). Die bislang in der Kapitalrücklage aufgestockte Eigenkapitalkomponente kann wahlweise (anteilig) in die Gewinnrücklage umgebucht werden.

5.3 Wahlrecht des Stillhalters (Unternehmens)

133 Bei Bestehen des **Wahlrechtes** zur Erfüllung der anteilsbasierten Vergütung beim **Unternehmen** ist wie folgt zu differenzieren:
- Besteht eine gegenwärtige **Verpflichtung** (*present obligation*) seitens des Unternehmens zur Erfüllung der Vergütung durch Barausgleich entweder aus rechtlichen oder aus faktischen Gründen, ist nach IFRS 2.42 eine *cash-settled transaction* anzunehmen. Die Bilanzierung über die Laufzeit des Kontrakts erfolgt dann i.d.R. nach den Vorgaben für virtuelle Optionen (*share*

appreciation rights; Rz 53 ff.). Kommt es im Erfüllungszeitpunkt abweichend von der ursprünglichen Erwartung zu einer Vergütung durch Hingabe von Eigenkapitalinstrumenten, stellt dieser Wegfall der Verbindlichkeit keine Planänderung dar (Rz 141).

• Besteht rechtlich oder faktisch **keine Verpflichtung** zur Erfüllung in bar, erfolgt die Bilanzierung nach Maßgabe der Vergütung durch Einsatz von Eigenkapitalinstrumenten (Rz 84 ff.; Buchung: „per Aufwand an Eigenkapital").

Das Bestehen einer **gegenwärtigen** Verpflichtung zum *cash-settlement* wird als gegeben unterstellt (IFRS 2.41), wenn $\quad$ **134**

• die Möglichkeit eines Ausgleichs durch Eigenkapitalinstrumente keinen wirtschaftlichen Gehalt hat (z. B. weil dem Unternehmen die Ausgabe von Aktien gesetzlich verboten ist),

• der Barausgleich eine vergangene betriebliche Praxis oder erklärte Richtlinie des Unternehmens war oder

• das Unternehmen im Allgemeinen einen Barausgleich vornimmt, wenn die Gegenpartei diese Form des Ausgleichs wünscht.

Entsprechend hat dann der Ansatz einer Schuld *(liability)* nach den Regeln für die *stock appreciation rights* (Rz 53 ff.) zu erfolgen.

Bemerkenswert ist wiederum der **konzeptionelle Unterschied** zur Abgrenzung von Eigen- und Fremdkapital nach IAS 32 (Rz 39). Die Kapitalklassifizierung vernachlässigt die Intention des bilanzierenden Unternehmens und die dokumentierte Praxis und stellt (gem. IAS 32.16) allein auf das Bestehen einer vertraglichen Verpflichtung *(contractual obligation)* ab (→ § 20 Rz 4 f.). Für die Bestimmung der bilanziellen Behandlung einer anteilsbasierten Vergütung sind hingegen auch die dokumentierte Intention und Praxis des bilanzierenden Unternehmens relevant.

IFRS 2 enthält keine Vorgaben, zu welchem Zeitpunkt die Klassifizierung einer *share-based payment transaction in which the entity has the choice of settlement* vorzunehmen ist. Das Vorliegen einer Verpflichtung zum Barausgleich muss u. E. daher zu jedem Bilanzstichtag einer erneuten Beurteilung unterzogen werden. $\quad$ **135**

Wird im Zugangszeitpunkt eine **Erfüllung in Eigenkapitalinstrumenten** unterstellt, ist je nach tatsächlichem Verlauf wie folgt zu unterscheiden (IFRS 2.43): $\quad$ **136**

• Bei effektiver Vergütung in Eigenkapitalinstrumenten **entsprechend der** ursprünglichen **Absicht** wird nach IFRS 2.43(b) die Höhe des Eigenkapitals nur noch über den evtl. zu zahlenden Bezugspreis berührt. In Höhe dieser Zahlung ist dem Begünstigten kein Vorteil gewährt worden, also aus Sicht der Gesellschaft kein Aufwand **entstanden** („per Kasse an Eigenkapital").

• Wenn **entgegen** der ursprünglichen **Absicht** später dennoch eine Barvergütung gewählt wird, ist diese analog zu einem Rückkauf von Eigenkapitalinstrumenten als Minderung des Eigenkapitals anzusehen („per Eigenkapital an Kasse"; IFRS 2.43(a)). Die ursprünglichen Aufwandsbuchungen (bei unterstelltem Ausgleich in Eigenkapitalinstrumenten), basierend auf dem Preisgerüst zum *grant date* und der Fortschreibung der Mengenkomponente, bleiben unverändert. Die Differenz zwischen dem Preisgerüst des *grant date* und dem des Erfüllungstags wird nicht aufwandswirksam berücksichtigt. Vielmehr gilt: Die ursprünglichen Wertannahmen haben die Dotierung des Eigenkapitals bestimmt, die aktuellen bestimmen über seine Minderung.

Praxis-Beispiel

Die Gesellschaft gewährt ihren Mitarbeitern eine anteilsbasierte Vergütung, behält sich aber vor, ob die Vergütung in Eigenkapitalinstrumenten oder in bar erfolgt. Mangels einer Historie der Erfüllung in bar wird – auch im Hinblick auf die Eigenkapitalquote (Rz 137) – ein Ausgleich in Eigenkapitalinstrumenten unterstellt.

Der kumuliert im Eigenkapital erfasste (Personal-)Aufwand über die *vesting period* beträgt – basierend auf dem Preisgerüst zum *grant date* und dem von Anfang an zutreffend geschätzten Mengengerüst – 1.500.000 EUR. Der *fair value* der Vergütung bei Barausgleich beträgt – basierend auf dem aktuellen Preis- und Mengengerüst – 2.000.000 EUR.

Über die *vesting period* werden kumuliert 1.500.000 EUR in die Kapitalrücklage eingestellt ("per Personalaufwand 1.500.000 an Eigenkapital 1.500.000 EUR").

Erfolgt die Vergütung in Eigenkapitalinstrumenten, ergibt sich keine weitere Buchungsnotwendigkeit. Bei einer Vergütung durch Barausgleich ist hingegen noch zu buchen:

Konto	Soll	Haben
Eigenkapital	2.000.000	
Kasse		2.000.000

137 Besteht bei Zusage der anteilsbasierten Vergütung mit Erfüllungswahlrecht des Unternehmens bereits die Intention einer Erfüllung durch Barausgleich, aber mangels Historie keine Verpflichtung, bietet sich entweder die Behandlung der Transaktion als *equity-settled* oder die Aufnahme eines Wahlrechts zur Erfüllung in Eigenkapitalinstrumenten in die vertragliche Vereinbarung an. Die **Vorteile** liegen auf der Hand:

- Die **Eigenkapitalquote** des Unternehmens wird durch die Vergütungszusage des Unternehmens bis zur Erfüllung nicht berührt (Buchung: "per Aufwand an Eigenkapital"; Rz 46).
- Während der *vesting period* entfällt die Notwendigkeit einer **Anpassung** der *fair-value*-Bewertung der Option, das Preisgerüst zum *grant date* wird fortgeschrieben und nur Veränderungen des Mengengerüsts werden erfasst (Rz 82).
- Selbst bei tatsächlicher Erfüllung durch Barausgleich ist keine **aufwandswirksame** Anpassung des Preisgerüsts erforderlich. Änderungen des Preisgerüsts zwischen *grant date* und Erfüllungstag werden unmittelbar mit dem Eigenkapital verrechnet (Fiktion eines Aktienrückkaufs; Rz 136).

Die einmalige Erfüllung durch Barausgleich einer anteilsbasierten Vergütung mit Erfüllungswahlrecht begründet allerdings eine entsprechende Historie, die für künftige vergleichbare Vergütungszusagen die Unterstellung einer Vergütung in Eigenkapitalinstrumenten erschwert bzw. ggf. ausschließt (Rz 133).

138 Ein Sonderfall ist gegeben, wenn die beiden Erfüllungsalternativen – Hingabe von Eigenkapitalinstrumenten oder Barausgleich – einen unterschiedlichen beizulegenden Zeitwert **im Erfüllungszeitpunkt** haben. Sofern sich das Unternehmen/der Konzern – z.B. in Erwartung weiterer Arbeitnehmerleistungen (IFRS 2.BC268) – zu einer Regulierung der Vergütungszusage durch die Erfüllungsvariante mit dem höheren *fair value* zum Erfüllungszeitpunkt entschließt, ist unabhängig von der

Erfüllungsart ein **zusätzlicher Aufwand** zugunsten des Eigen- bzw. Fremdkapitals zu verbuchen (IFRS 2.43(c)).

Praxis-Beispiel

Die Mitarbeiter erhalten eine anteilsbasierte Vergütung mit Erfüllungswahlrecht seitens der Gesellschaft. Die Gesellschaft unterstellt einen Ausgleich in Eigenkapitalinstrumenten und bildet die Zusage als *equity-settled transaction* ab. Über die *vesting period* wird ein kumulierter Aufwand unter Berücksichtigung des aktuellen Mengen-, aber des ursprünglichen (bei Zusage ermittelten) Preisgerüsts von 1.500.000 EUR im Eigenkapital erfasst.

Das Preisgerüst bei Vergütung durch Eigenkapitalinstrumente weicht allerdings von dem bei Barausgleich ab.

Variante 1

Der *fair value* beträgt bei Vergütung durch Eigenkapitalinstrumente 1.750.000 EUR und bei Barausgleich 2.000.000 EUR.

(1a) Entscheidet sich das bilanzierende Unternehmen zu der günstigeren Eigenkapitalvariante, erfolgt keine Anpassung des bislang erfassten Aufwands an die Stichtagsverhältnisse.

(1b) Wird in Erwartung weiterer Arbeitsleistung oder als zusätzliche Entlohnung auf die aus einer *fair-value*-Perspektive für das Unternehmen ungünstigere Variante zurückgegriffen, also in bar ausgeglichen, ergeben sich folgende Buchungen:

• I. H.d. ursprünglich dotierten Eigenkapitals (1.750.000 EUR) findet jetzt eine Eigenkapitalminderung statt.

• Darüber hinaus ist eine aufwandswirksame Erfassung der *fair-value*-Differenz zwischen den Ausübungsalternativen notwendig.

In Summe also:

Konto	Soll	Haben
Eigenkapital	1.750.000	
(Personal-)Aufwand	250.000	
Kasse		2.000.000

Variante 2

Der *fair value* beträgt bei Barausgleich 2.000.000 EUR und bei Vergütung durch Eigenkapitalinstrumente 2.500.000 EUR.

(2a) Entscheidet sich das Unternehmen für den aus seiner Sicht günstigeren Barausgleich, wird die GuV nicht mehr angesprochen, vielmehr nur eine Minderung des Eigenkapitals wie bei einem Aktienrückkauf gebucht:

Konto	Soll	Haben
Eigenkapital	2.000.000	
Kasse		2.000.000

(2b) Entscheidet sich das Unternehmen für den aus seiner Sicht ungünstigeren Ausgleich in Aktien, ist eine aufwandswirksame Erfassung der *fair-value*-Differenz zwischen den Ausübungsalternativen, die sich aus Unterschieden des Preis- bzw. Mengengerüsts ergeben, notwendig.

Konto	Soll	Haben
(Personal-)Aufwand	500.000	
Eigenkapital		500.000

139   IFRS 2 verweist für die bilanzielle Behandlung einer Vergütungszusage,

- deren Erfüllungsmodus zwar **rechtlich** im **Ermessen** der betroffen Gesellschaft steht,
- bei der allerdings im Zusagezeitpunkt **faktisch** eine **Barausgleichsverpflichtung** vorliegt,

auf die allgemeinen Vorgaben für *cash-settled transactions* (IFRS 2.42). Unklar bleibt, wie eine tatsächlich davon abweichende spätere Vergütung in bar zu erfassen ist. In IFRS 2.43(a) wird für den entgegengesetzten Fall – eine ursprünglich als *equity-settled* qualifizierte Transaktion wird später tatsächlich in bar erfüllt – eine Kapitalrückzahlung (Aktienrückkauf) fingiert.
U. E. ist bei dem hier zu beurteilenden Fall im Umkehrschluss eine Ausgabe von neuen Anteilen gegen Erlöschen der Verpflichtung zum Barausgleich zu fingieren. Eine rückwirkende Anpassung der Höhe der Eigenkapitalzuführung unter der Fiktion einer Vereinbarung der Vergütung durch Eigenkapitalinstrumente bei der Zusage *(grant date measurement approach)* scheidet daher aus.

Praxis-Beispiel

Eine anteilsbasierte Vergütung mit Erfüllungswahlrecht der Gesellschaft wird über die *vesting period* als *cash-settled transaction* behandelt. Im Erfüllungszeitraum ist die Verpflichtung zum *fair value* unter Berücksichtigung des aktuellen Mengen- und Preisgerüsts zu bewerten. Der *fair value* zum *vesting date* beträgt 2.000.000 EUR.

Bei planmäßiger Erfüllung durch Barausgleich ist die erfasste Rückstellung zu verbrauchen („per Rückstellung an Kasse").

Erfolgt die Vergütung hingegen über die Hingabe von Eigenkapitalinstrumenten, ist der *fair value* der Rückstellung gegen Eigenkapital zu buchen (Unterstellung einer Kapitalerhöhung gegen Erlöschen einer Schuld).

Konto	Soll	Haben
Rückstellung	2.000.000	
Eigenkapital		2.000.000

Die Vorgaben für den unter IFRS 2.43(c) erfassten Sonderfall lassen sich – ein Entfallen der Verpflichtung zum Barausgleich während der *vesting period* vorausgesetzt – ebenfalls auf *cash-settled transactions* übertragen. Auf Rz 138 wird deshalb verwiesen.

6   Planänderungen

6.1   Überblick

140   Als Planänderungen gelten alle **Anpassungen der Vertragsbedingungen** einer anteilsbasierten Vergütungszusage. Explizite Vorgaben zur bilanziellen Abbildung enthält IFRS 2 nur für *equity-settled transactions* (IFRS 2.26 – IFRS 2.29). Hierbei wird unterschieden zwischen

- **Modifizierungen** *(modifications)* des Preis- und/oder Mengengerüsts der anteilsbasierten Vergütungszusage (Rz 142 ff.),
- **Widerruf** *(cancellation*; Rz 150) und
- **vorzeitiger Erfüllung** *(early settlement*; Rz 150).

Nicht explizit geregelt sind (bislang) hingegen folgende Fälle:
- Planänderungen bei **Vergütungszusagen mit Barausgleich** (Rz 158) sowie
- **Wechsel in der Erfüllungsform**, also der Barausgleich einer vertraglich die Vergütung durch Eigenkapital vorsehenden Transaktion und der umgekehrte Fall (Rz 159 ff.).

Keine Planänderung liegt vor, wenn bei Vergütungsplänen mit **Erfüllungs-** **141** **wahlrecht** einer Vertragspartei die tatsächliche Erfüllungsform von der im Zuteilungszeitpunkt getroffenen Annahme abweicht. Sahen die Vertragskonditionen schon bei Vertragsschluss *(at inception)* ein Erfüllungswahlrecht vor, ist die spätere Ausübung nicht als Planänderung zu behandeln. Anderes gilt, wenn während der *vesting period* durch Vertragsänderung im Einvernehmen der Vertragsparteien (Vergütungsschuldner und Anspruchsberechtigter) das Erfüllungswahlrecht entfällt, die Vergütung also entweder in Eigenkapitalinstrumenten oder durch Barausgleich erfolgt (Rz 163 ff.).

6.2 Änderungen innerhalb eines Plans

6.2.1 Vergütung mit Eigenkapitalinstrumenten

6.2.1.1 Modifizierung des Ausübungspreises oder der Optionsmenge

Anpassungen des vertraglichen Preis- und/oder Mengengerüsts einer anteils- **142** basierten Vergütung mit Ausgleich in Eigenkapitalinstrumenten sind nur insoweit zu berücksichtigen, als sich der *fair value* der Optionszusage am Tag der Planänderung gegenüber den bisherigen Bedingungen erhöht. Ein rückblickender Vergleich mit dem *fair value* der Optionszusage am Zusagezeitpunkt *(grant date)* scheidet hingegen aus.

Die **Zusatzkosten** errechnen sich aus dem (erhöhten) Wert *(incremental value)* – **143** Differenz zwischen den *fair values* der geänderten und der ursprünglichen Optionen im Änderungszeitpunkt – der noch ausstehenden Optionen.
- Erfolgt die Änderung **nach Ablauf** der *vesting period*, ist die Werterhöhung unmittelbar in vollem Umfang zu verbuchen.
- Erfolgt die Planänderung **während** der *vesting period*, ist neben dem noch zu verteilenden Betrag aus der ursprünglichen Zusage auch der zusätzliche Betrag über die (u. U. neu festgesetzte) Restdauer der *vesting period* zeitanteilig zu erfassen.

Praxis-Beispiel

Eine Gesellschaft gewährt den Mitarbeitern *stock options*, die im Zusagezeitpunkt einen *grant date fair value* von je 240 GE aufweisen und nur an die Fortsetzung des Arbeitsverhältnisses in den nächsten drei Jahren geknüpft sind. Im ersten Jahr wird ein Personalaufwand von 80 GE gebucht. Nach Ablauf des ersten Jahres werden die gewährten Zusagen unter Beibehaltung der Dienstzeitbedingungen modifiziert:

Alternative 1

Der *fair value* der ursprünglichen Aktienoptionen beträgt zum Zeitpunkt der Planänderung 200 GE. Die Änderung führt zu einer **Erhöhung** des *fair value* auf 220 GE. Die Erhöhung um 20 GE zum Zeitpunkt der Planänderung ist über die Restdauer der *vesting period* aufwandswirksam zu erfassen. In 02

(und 03) werden daher jeweils gebucht: 80 (= 240 / 3) Personalaufwand aus der ursprünglichen Zusage, 10 (= 20 / 2) aus der Modifikation.

Alternative 2
Der *fair value* der ursprünglichen Aktienoptionen beträgt zum Zeitpunkt der Planänderung 250 GE. Die Änderung führt zu einer **Minderung** des *fair value* auf 220 GE. Die Anpassung bleibt daher unbeachtlich. In 02 (und 03) werden daher jeweils nur 80 GE (= 240 / 3) Personalaufwand aus der ursprünglichen Zusage gebucht.

144 Eine negative, von der ursprünglichen Erwartung abweichende Entwicklung des Aktienkurses bzw. des Anteilswerts kann das Unternehmen bewegen, während der Sperr- bzw. Wartefrist *(vesting period)* eine **Neufestsetzung** (Ermäßigung) des **Ausübungspreises** für die Optionen *(repricing)* vorzunehmen.[34] Neben Preisänderungen können auch **andere Anpassungen** der Optionsbedingungen erfolgen, die begrifflich unter dem *repricing* zusammengefasst werden (IFRS 2.BC222 ff.). Das *repricing* ist somit nur eine spezielle Form der unter Rz 143 behandelten Anpassung.

Bei einem *repricing* mit einer entsprechenden Erhöhung des *fair value* am Stichtag ist ein neuer bzw. zusätzlicher Vergütungsplan über die dann (u. U. neu verhandelte) verbleibende *vesting period* zu berücksichtigen:
• Das Mengengerüst des neuen Plans entspricht dem ursprünglichen Plan.
• Die Werterhöhung ist zum Zeitpunkt der Modifizierung zu bestimmen.
• Über die Restdauer der *vesting period* sind zu verteilen: der aus der ursprünglichen Bewertung zum *grant date* resultierende Betrag und die (aus der Bewertung zum Änderungszeitpunkt) resultierende Werterhöhung.

Praxis-Beispiel
Die anteilsbasierte Vergütung von 500 Führungskräften sieht die Zusage von 300 *stock options* je Führungskraft mit einem jeweiligen *grant date fair value* von 12 EUR vor. Als einzige Ausübungsbedingung wird ein Mindestverbleib im Unternehmen von drei Jahren vereinbart.
Ein Jahr nach Zusage bricht der Aktienkurs der Gesellschaft ein, es wird ein *repricing* der anteilsbasierten Zusage vereinbart. Der beizulegende Zeitwert der zugesagten *stock options* am Stichtag vor dem *repricing* beträgt 8 EUR/Option. Durch Anpassungen des Preisgerüsts wird der *fair value* am Stichtag auf 10 EUR/Option angehoben, die Differenz am Stichtag beträgt 2 EUR/Option.
Das Mengengerüst entwickelt sich wie folgt:
• 70 Mitarbeiter verlassen das Unternehmen während des ersten Jahres. Am Ende des ersten Jahres wird vom Verlassen weiterer 130 Mitarbeiter ausgegangen. Insgesamt wird von 300 Mitarbeitern ausgegangen, die die Ausübungsbedingung erfüllen werden.
• Während des zweiten Jahres verlassen 60 Mitarbeiter das Unternehmen, die gleiche Anzahl wird für Jahr 3 erwartet, insgesamt wird also nun von

---

[34] Zu Bedenken gegen das *repricing* aus Sicht des deutschen AktG und des Corporate Governance Kodex vgl. CASPER, DStR 2004, S. 1391.

310 Mitarbeitern ausgegangen, die die Ausübungsbedingung voraussichtlich erfüllen werden.

- Im dritten Jahr verlassen tatsächlich nur 40 Mitarbeiter das Unternehmen. 330 erfüllen die Ausübungsbedingungen.

Unter Berücksichtigung der Modifizierung als zusätzliche Zusage ergibt sich Folgendes:

Jahr	Bestimmung des kumulierten Aufwands			Aufwand Periode
	Ursprüngliche Zusage (a)	Modifizierte Zusage (b)	kum. Gesamt-aufw. (c)	kum. Gesamtaufw. Jahr XX – Vorjahr
1	300 × 300 × 12 EUR × 1/3		360.000	360.000
2	310 × 300 × 12 EUR × 2/3	310 × 300 × 2 EUR × 1/2	837.000	477.000
3	330 × 300 × 12 EUR	330 × 300 × 2 EUR	1.386.000	549.000

Änderungen von marktabhängigen Ausübungsbedingungen *(market performance conditions)* während der *vesting period* sind analog zu einem *repricing* zu behandeln.

Wird im Zuge der Modifikation neben anderen Änderungen (Ausübungspreis oder -menge) auch eine **Verlängerung** der *vesting period* für die gesamte Zusage vereinbart, ist diese nur für den „neuen" Vergütungsplan zu berücksichtigen. Der ursprüngliche Plan ist unter Berücksichtigung des zum Zusagezeitpunkt ermittelten Preisgerüsts *(grant date fair value)* und der ursprünglichen Warte- bzw. Sperrfrist fortzuführen. Konsequenz einer Nichtberücksichtigung der Ausdehnung der *vesting period* für die ursprünglich gegebene Vergütungszusage ist u.U., dass Kosten für Anspruchsberechtigte erfasst werden, die vor Ablauf der verlängerten Warte- bzw. Sperrfrist ausscheiden, die *service condition* also nicht erfüllt haben. Somit ist wie folgt zu unterscheiden:

- Für die **ursprüngliche** Vergütungszusage sind die Gesamtkosten auf Basis des Preisgerüsts zum Zusagezeitpunkt und das Mengengerüst zum ursprünglich vereinbarten *vesting date* zu bestimmen.
- Für die „**neue**" Vergütungszusage sind die zusätzlichen Kosten auf Basis des Preisgerüsts (Zusatzwert) zum Zeitpunkt der Modifizierung und des Mengengerüsts zum neu vereinbarten *vesting date* zu bestimmen.

145

Praxis-Beispiel (Abwandlung zu Rz 144)

Das zu einer Werterhöhung von 2 EUR je Option führende, Anfang des zweiten Jahres vorgenommene *repricing* wird an die Bedingung einer Ausweitung der *vesting period* von drei auf vier Jahre geknüpft. Für die zwischenperiodische Aufwandsverrechnung ist daher zwischen dem ursprünglichen Plan und der Modifizierung zu unterscheiden.

Das Mengengerüst entwickelt sich wie folgt:

- 70 Mitarbeiter verlassen das Unternehmen während des ersten Jahres. Am Ende des ersten Jahres wird von der Annahme ausgegangen, dass weitere

130 Mitarbeiter das Unternehmen verlassen, also insgesamt 300 die Ausübungsbedingung erfüllen werden.

- Während des zweiten Jahres verlassen 60 Mitarbeiter das Unternehmen, die gleiche Anzahl wird für Jahr 3 erwartet, insgesamt wird also nun von 310 Mitarbeitern ausgegangen, die die ursprüngliche Ausübungsbedingung erfüllen würden. Allerdings wird für das vierte Jahr mit einem Ausscheiden von weiteren 20 gerechnet, so dass nur 290 die Ausübungsbedingungen des neuen bzw. zusätzlichen Plans erfüllen würden.
- Im dritten Jahr verlassen tatsächlich nur 40 Mitarbeiter das Unternehmen. Insgesamt haben also 330 Mitarbeiter die (vertraglich gar nicht mehr geltende) ursprüngliche Ausübungsbedingung erfüllt. Für das Jahr 4 wird ein Ausscheiden von weiteren 10 Mitarbeitern unterstellt, im Hinblick auf den neuen bzw. zusätzlichen Plan also mit 320 Ausübungsberechtigten gerechnet.
- Tatsächlich verlassen im vierten Jahr genau 10 Mitarbeiter das Unternehmen.

Unter Berücksichtigung der Modifizierung als zusätzliche Zusage ergibt sich Folgendes:

Jahr	Bestimmung des kumulierten Aufwands			Aufwand Periode
	Ursprüngliche Zusage (a)	Modifizierte Zusage (b)	kum. Gesamtaufw. (c)	kum. Gesamtaufw. Jahr XX – Vorjahr
1	300 × 300 × 12 EUR × 1/3		360.000	360.000
2	310 × 300 × 12 EUR × 2/3	290 × 300 × 2 EUR × 1/3	802.000	442.000
3	330 × 300 × 12 EUR	320 × 300 × 2 EUR × 2/3	1.316.000	514.000
4	330 × 300 × 12 EUR	320 × 300 × 2 EUR	1.380.000	64.000

146   Änderungen der Bezugsbedingungen können auch **nach Ablauf** der *vesting period* erforderlich sein, nämlich dann, wenn nach dem Ausgabezeitpunkt die Option „aus dem Geld" ist, also nicht sinnvoll ausgeübt werden kann (der Ausübungspreis ist höher als der Anteilswert; Rz 256). In solchen Fällen wird häufig der **Ausübungspreis reduziert**, mit der Folge eines entsprechenden Wertanstiegs der Kaufoption (IFRS 2.26). Diese Erhöhung des Optionswerts führt auf der Grundlage der indirekten Methode der Ermittlung des Werts der erhaltenen (Arbeits-)Leistung (Rz 47) zu einem gegenüber der bisherigen Annahme **erhöhten (Personal-)Aufwand** (IFRS 2.B43(a)). Dieser ist im Zeitpunkt der Planänderung *(date of repricing)* sofort buchmäßig zu erfassen.

Praxis-Beispiel

Zum Ablauf der *vesting period* ist der Marktkurs der Anteile der A-AG unter den Ausübungskurs einer anteilsbasierten Vergütung für die Vorstände gefallen. Daraufhin wird der Ausübungskurs reduziert. Die Differenz zwischen dem neuen Ausübungspreis und dem aktuellen Kurs ist als Aufwand zu erfassen („per Aufwand an Eigenkapital").

Die Werterhöhung des Optionsplans kann auch durch eine **Erhöhung** der **147**
Options-Stückzahl erfolgen (IFRS 2.B43(b)). Ab dem Zeitpunkt der Modifizierung des Plans ist ebenfalls ein „**neuer**" Vergütungsplan zugrunde zu legen:
- Das **Preis**gerüst bestimmt sich der Höhe nach aus dem beizulegenden Zeitwert der Option am Modifizierungstag und
- dem **Mengen**gerüst in Bezug auf die Erhöhung der Stückzahl unter Berücksichtigung der noch verbleibenden *vesting period*.

Führt die Modifizierung des Vergütungsplans zur Entfernung oder **Abschwä-** **148**
chung einer Dienstbedingung *(service condition)* oder einer nicht marktabhängigen Leistungsbedingung *(non-market performance condition)*, betrifft diese
also aus der Sicht des Vergütungsempfängers positiv das Mengengerüst, ist der
bestehende Plan unter den neuen Voraussetzungen fortzuführen.

Praxis-Beispiel

Eine Unternehmenszusage sieht für 20 Führungskräfte jeweils 500 Aktienoptionen mit einem jeweiligen Wert von 10 EUR/Option bei einem Verbleib
für drei Jahre im Unternehmen und das Erfüllen eines Erfolgsziels vor. Die
Voraussetzung für die Erfüllung der Ausübungsbedingung des *stock option
award* ist das Überschreiten eines Umsatzziels (auf kumulierter Basis) von
1.000 Mio. EUR innerhalb der nächsten drei Jahre.
- Im Jahr 1 der Zusage wird nicht von einem Erreichen des Schwellenwerts
ausgegangen. Entsprechend werden keine Kosten für die Zusage erfasst.
- Im Jahr 2 wird das Erreichen des Umsatzziels nicht mehr als realistisch
angesehen. Zur Motivierung der Mitarbeiter wird das Ziel daher auf
500 Mio. EUR reduziert, deren Erreichen als realistisch eingeschätzt wird.
Erwartungsgemäß werden noch 15 Führungskräfte nach Ablauf der *vesting period* im Unternehmen sein. Es sind daher Kosten von 50.000 EUR
zu erfassen (15 Mitarbeiter × 500 Optionen × 10 EUR/Option × 2/3).
- Am Ende des Jahres 3 beträgt der kumulierte Umsatz 600 Mio. EUR, es
sind allerdings noch 17 Führungskräfte beschäftigt. Die kumuliert über die
Laufzeit zu erfassenden Kosten betragen 85.000 EUR (17 Mitarbeiter ×
500 Optionen × 10 EUR/Option).

6.2.1.2 Verschlechterung der Optionsbedingungen

Sofern die Optionsbedingungen **nachteilig für die Arbeitnehmer** geändert **149**
werden, ist wie folgt zu verfahren (IFRS 2.B44):
- Eine Reduzierung des *fair value* (z. B. durch Erhöhung des Ausübungspreises)
bleibt unbeachtlich.
- Eine Verringerung der zugesagten Options-Anzahl ist als Teil-Widerruf
(Rz 150) zu behandeln.
- Die Verlängerung der Sperrfrist oder die Erhöhung einer Zielvorgabe (z.B.
Gewinnzuwachs 20 % statt 10 %) ist ebenfalls zu ignorieren.

Die bilanzielle Erfassung ist für alle drei Fälle nach der ursprünglichen Vorgabe,
dem ursprünglichen Preis- und Mengengerüst (Rz 80), weiterzuführen.

Praxis-Beispiel

Ausübungsbedingung einer anteilsbasierten Vergütung für den Vorstand ist die Veräußerung von 25.000 Einheiten eines neuen Produkts innerhalb von drei Jahren. Der *grant date fair value* der Option ist 30 EUR/Option, es wurden 100.000 Optionen ausgegeben. Annahmegemäß verbleibt der Vorstand über die *vesting period* im Unternehmen.

- Aufgrund von Produktionsverzögerungen im Jahr 1 wird nicht von einer Erfüllung der Ausübungsbedingung ausgegangen. Es sind keine Kosten zu erfassen.
- Im Jahr 2 wird das definierte Erfolgsziel allerdings nahezu erreicht, da das neue Produkt aufgrund intensiver Werbung besser als erwartet abgesetzt werden kann. Das Unternehmen erhöht daher die für die Ausübung der Option geforderte Mindestvertriebsgrenze auf 30.000 Einheiten in der Erwartung einer Erfüllung auch dieser Menge. Die zu erfassenden Kosten betragen 2.000.000 EUR (100.000 Optionen × 30 EUR/Option × 2/3).
- Am Ende von Jahr 3 beträgt die abgesetzte Menge allerdings nur 27.500 Einheiten. Dennoch ist das ursprünglich gesetzte Ziel von 25.000 Einheiten erfüllt worden. Die kumuliert über die Laufzeit zu erfassenden Kosten betragen daher 3.000.000 EUR (100.000 Optionen × 30 EUR/Option).

Nur für den Fall eines Nichterreichens der ursprünglichen Ausübungsbedingung oder bei Ausscheiden des Vorstands während der *vesting period* wäre insgesamt kein Aufwand zu erfassen, bisher getätigte Buchungen also zu stornieren.

6.2.1.3 Widerruf der Optionszusage

150 Eine besondere Form der Planmodifikation ist der **Widerruf** (*cancellation*) der Option (= Planbeendigung), einerlei, welche Vertragspartei widerruft (so in der Klarstellung durch das *Amendment Vesting Conditions and Cancellations* zu IFRS 2). Für den Fall eines Widerrufs innerhalb der *vesting period* gilt nach IFRS 2.28 Folgendes:

- Die bislang gewählte Bilanzierung mit der zeitanteiligen Zuführung von (Personal-)Aufwand ist aufzugeben, d.h., der **noch nicht zugeführte Aufwand** nach Maßgabe der noch erwarteten Beträge (Rz 152) ist **sofort** zu erfassen.
- Eine **Ausgleichszahlung** zur Annullierung oder Erfüllung der Zusage an die Gegenseite (i.d.R. Arbeitnehmer) gilt als Kapitalrückzahlung, soweit diese Zahlung den *fair value* der Option oder Aktien im Rückzahlungszeitpunkt nicht übersteigt; ein übersteigender Betrag ist im Aufwand zu verbuchen.
- Sofern im Gegenzug zu der Ungültigkeitserklärung der Zusage **neue** Optionen gewährt werden, ist eine Modifizierung des bestehenden Optionsplans zu unterstellen, wenn die neuen Optionen als Ersatz gedacht sind (*replacement options*). In diesem Fall ist nach den unter Rz 142ff. dargestellten Regeln für Modifikationen zu verfahren. Dient die neue Zusage nicht als Ersatz, liegt eine neue Vergütungszusage vor.

Praxis-Beispiel

Am Ende des zweiten Jahres nach dem *grant date* ist eine gewährte Option hoffnungslos aus dem Geld. Die noch verbliebenen Führungskräfte verzichten auf ihre Optionen und erhalten von der Gesellschaft zum Ausgleich je eine Sondervergütung von 10.000 EUR. Die begünstigten Führungskräfte bleiben alle insgesamt im Unternehmen tätig, wovon auch bei der Erstauflage des Optionsplans ausgegangen worden ist. Es gilt:

- Der ursprünglich kalkulierte Personalaufwand ist in den Jahren 1 und 2 (jetzt auch den Rest von Jahr 3 umfassend) in vollem Umfang zugunsten des Eigenkapitals zu buchen.
- Die „Abfindung" an die begünstigten Mitarbeiter ist bis zur Höhe des *fair value* der rückgekauften Optionen am Rückkauftag als Minderung des Eigenkapitals zu erfassen.
- Der darüber hinausgehende Abfindungsbetrag ist als Aufwand zu behandeln.

Enthält die *equity-settled share-based-payment*-Zusage eine Verbindlichkeit des bilanzierenden Unternehmens gegenüber dem Anspruchsberechtigten (z.B. aufgrund einer Einzahlung des Anspruchsberechtigten, die als *non-vesting condition* einzustufen ist), ist diese Verbindlichkeit im Zeitpunkt des Widerrufs zum *fair value* zu bewerten. Zahlungen zur Begleichung der Verbindlichkeit sind als Auflösung zu behandeln.

Werden bei Widerruf einer gewährten anteilsbasierten Vergütung **neue Optionen** zugesagt, stellt sich die Frage, ob die Zusage   **151**

- als Ersatz für den soeben annullierten Optionsplan oder
- unabhängig von der *cancellation* als neue Vergütungszusage

zu behandeln ist.

Im ersten Fall liegt eine **Modifizierung** des bestehenden Optionsplans vor, die Bewertung erfolgt mit der Differenz zwischen den *fair values* der als Ersatz begebenen und der ursprünglichen Optionen im Änderungszeitpunkt *(incremental value*; Rz 143). Besteht kein Zusammenhang zwischen einer gegebenen Vergütungszusage und einem (zeitnahen) Widerruf einer laufenden Zusage, liegt ein **neuer Plan** vor.

Nicht geklärt wird, auf welche Kriterien sich eine Klassifizierung als *replacement options* stützt. Somit muss das Unternehmen eine Einschätzung hinsichtlich der bilanziellen Behandlung treffen, die allerdings für künftige Transaktionen bindend ist (IAS 8.13).

Praxis-Beispiel

Unternehmen A gibt Mitarbeiteroptionen über eine *vesting period* von drei Jahren aus. Der beizulegende Zeitwert der Option für einen Mitarbeiter beträgt 60.000 EUR zum *grant date*. Am Anfang von Jahr 2 werden die Mitarbeiteroptionen annulliert und neue Optionen mit einer *vesting period* von zwei Jahren ausgegeben. Der *fair value* der neu ausgegebenen Optionen beträgt 40.000 EUR, der vergleichbare Wert der widerrufenen Optionen am Stichtag 10.000 EUR. Der bislang erfasste Aufwand für einen Mitarbeiter beträgt 20.000 EUR für Jahr 1 (60.000 × $^1/_3$).

- Wird die Neuzusage nicht als Ersatz für die widerrufene Zusage angesehen, sind insgesamt Kosten i.H.v. 100.000 EUR pro Mitarbeiter zu erfassen. Hierbei wird der bisher noch nicht verrechnete *grant date fair value* der annullierten Zusage noch im Jahr 2 erfasst und die neue Zusage über die mit ihrer Gewährung beginnenden neuen *vesting periods* verteilt.

- Erfolgt eine Behandlung als Ersatzoption, liegt eine Modifizierung des ursprünglichen Plans vor. Dieser ist über die vereinbarte *vesting period* fortzuführen. Die *replacement option* ist i. H. d. Differenz zwischen den *fair values* der als Ersatz begebenen und der ursprünglichen Optionen im Änderungszeitpunkt *(incremental value)* fortzuführen. Die Gesamtkosten pro Mitarbeiter betragen 90.000 EUR (60.000 EUR + (40.000 EUR – 10.000 EUR)).

152 Bei Widerruf einer gegenüber Mitarbeitern gewährten anteilsbasierten Vergütung ist der noch nicht dem Eigenkapital zugeführte (Personal-)Aufwand nach Maßgabe des noch über die Restlaufzeit erwarteten Betrags (*the amount that would have been recognised*) sofort zu erfassen. Dieser Betrag bestimmt sich aus dem *grant date fair value* der Vergütungszusage und dem erwarteten Mengengerüst. Innerhalb von IFRS 2 fehlt es an einer Konkretisierung, welche Schätzung für die Mengenkomponente der Bewertung heranzuziehen ist.

Praxis-Beispiel

Ein anderes Unternehmen erwirbt Unternehmen A. Für ausstehende Vergütungszusagen wird an die Mitarbeiter von A, die anspruchsberechtigt und im Zeitpunkt der Übernahme beschäftigt sind, eine Vergütung als Entschädigung für die Beendigung der Zusage gezahlt. Der Anspruch der Mitarbeiter bei Erfüllung der *vesting conditions* war an die Ergebnisentwicklung der Gesellschaft geknüpft. Im Zeitpunkt der Übernahme sind noch 200 anspruchsberechtigte Mitarbeiter beschäftigt.

A geht davon aus, dass bei Fortlaufen der Zusage bis zur *exercise period* noch 160 anspruchsberechtigte Mitarbeiter beschäftigt wären und nur 90 % des (wegen der Übernahme) gezahlten Betrags als Vergütung fällig gewesen wären.

Für die Höhe der Eigenkapitalzuführung ergeben sich – mangels Konkretisierung in IFRS 2.28(a) – die folgenden Beträge (in Abhängigkeit der Schätzung des Mengengerüsts):

- 200 Mitarbeiter und 100 % des erwarteten Betrags,
- 200 Mitarbeiter und 90 % des erwarteten Betrags,
- 160 Mitarbeiter und 90 % des erwarteten Betrags.

Die Ausgleichszahlung ist geringer als der Wert, der sich aus jedem der vorstehenden Szenarien des Mengengerüsts ergibt. A erfasst den ausgezahlten Betrag daher als Kapitalrückzahlung, ein zusätzlicher Aufwand fällt nicht an. Fraglich ist die Höhe der Eigenkapitalzuführung.

U. E. ist für die Bestimmung des Mengengerüsts von der aktuellen Schätzung vor einer Kündigung einer anteilsbasierten Vergütungszusage auszugehen. Heranzuziehen ist das bei Erfüllung der Zusage erwartete Mengengerüst und nicht der Ist-Bestand im Zeitpunkt der Kündigung.

Praxis-Beispiel (Fortsetzung)

Die Höhe der Eigenkapitalzuführung ist ausgehend von 160 Mitarbeitern und 90 % des erwarteten Betrags zu bestimmen.

6.2.1.4 Sonderfälle bei Planänderungen

In der praktischen Anwendung von IFRS 2 ergeben sich zahlreiche Schwierig- 153
keiten in der Abgrenzung von Planänderungen.

- Wie sind Anpassungen des vertraglichen Preis- und/oder Mengengerüsts von bestehenden Vergütungszusagen zu behandeln, die sowohl zu einer **Erhöhung** als auch gleichzeitig zu einer **Reduzierung** des Werts (*give and take modifications*) der Optionszusage am Tag der Planänderung gegenüber den bisherigen Bedingungen führen (Rz 154)?

- Ist die Ausgabe von **neuen Optionen** (*parallel share options*), die **alternativ** zu bestehenden, aber wegen ungünstiger Marktentwicklungen mit hoher Wahrscheinlichkeit nicht zur Ausübung kommenden (*deeply out of the money share options*) Optionen begeben werden, einer Kündigung (*cancellation*) gleichzusetzen (Rz 156)?

- Sind die Voraussetzungen eines Ersatzes (*replacement)* erfüllt, wenn Mitarbeiter bei fortlaufenden (jährlich neu aufgelegten) Vergütungszusagen wegen einer **Begrenzung der maximal gehaltenen Optionen** von einer alten Zusage in eine neue wechseln (Rz 157)?

Eine besondere Planänderung liegt vor, wenn die Anpassungen der bestehenden 154
Konditionen einer Vergütungszusage im Beurteilungszeitpunkt sowohl eine Wertsteigerung als auch eine Wertminderung bedingen (*give and take modifications*).

Praxis-Beispiel
Der Vorstand der A-AG hat bei ursprünglicher Optionszusage 100.000 *share options* mit einem *grant date fair value* von 10 EUR zugesichert bekommen. Aufgrund schlechter Kapitalmarktverhältnisse sinkt der Wert je Option auf 5 EUR; die Gesellschaft und der Vorstand einigen sich daher auf eine Planänderung.
- Über eine Reduzierung des Ausübungspreises wird der *fair value* je Option nach Rückgriff auf ein Optionspreismodell von 5 EUR auf 12 EUR erhöht,
- gleichzeitig allerdings die Anzahl der ausübbaren Optionen von 100.000 auf 75.000 reduziert.

Fraglich ist, ob die beiden Planänderungen separat voneinander zu erfassen sind oder nur der Nettoeffekt zu beurteilen ist. Folgende Werte lassen sich für die anteilsbasierte Vergütung feststellen:
- Gesamtanspruch des Vorstands bei Zusage: 100.000 Optionen × 10 EUR = 1.000.000 EUR,
- Gesamtanspruch des Vorstands vor Planänderung: 100.000 Optionen × 5 EUR = 500.000 EUR,
- Anspruch bei reduzierten Optionen und altem Ausübungspreis: 75.000 Optionen × 5 EUR = 375.000 EUR,
- Gesamtanspruch nach Planänderung: 75.000 Optionen × 12 EUR = 900.000 EUR.

Eine Besonderheit von *give and take modifications* ist die (simultane) Änderung des Mengen- und Preisgerüsts einer Zusage, wobei eine Änderung aus Sicht des Anspruchsberechtigten günstig und eine andere unvorteilhaft ist. Aus den Vorgaben von IFRS 2 lassen sich zunächst zwei Interpretationen der Behandlung von *give and take modifications* ableiten:

- als separate Plananpassungen: die Reduzierung der Anzahl der Anteile ist als *cancellation* zu erfassen und somit ein *accelerated vesting* für die gekündigten Optionen zu berücksichtigen (IFRS 2.B44(b)); nur die Erhöhung des Werts der verbleibenden Anteile (etwa durch Reduzierung des Ausübungspreises) ist als *modification* zu behandeln (IFRS 2.B43(a));
- als kombinierte/einheitliche Plananpassung: die Planänderungen werden netto betrachtet, nur wenn insgesamt eine Verbesserung der Zusage erfolgt, liegt eine *modification* der bisherigen Zusage i. H. d. Saldos aller Plananpassungen vor.

Praxis-Beispiel (Fortsetzung)

Die *give and take modification* führt auch in kombinierter Betrachtung zu einem Vorteil des Anspruchsberechtigten. Für die Bestimmung des Gesamtvergütungsaufwands folgen daraus je nach Auslegung der Vorgaben von IFRS 2 folgende Alternativen:

- Bei getrennter Behandlung der Plananpassungen ergibt sich ein Gesamtaufwand von 1.525.000 EUR, der sich aus dem *accelerated vesting* der ursprünglichen Optionen i. H. v. 250.000 EUR (25.000 Optionen × 10 EUR/Option), dem verbleibenden Aufwand aus den ausstehenden Optionen von 750.000 EUR (75.000 Optionen × 10 EUR/Option) und dem zusätzlichen Aufwand (*incremental value*) aus der Modifizierung i. H. v. 525.000 EUR (75.000 Optionen × (12 − 5 EUR/Option)) bestimmt.
- Bei Auslegung der Planänderungen als einheitliche Maßnahme ergibt sich hingegen ein Gesamtvergütungsaufwand von 1.325.000 EUR, davon entfallen 1.000.000 EUR (100.000 Optionen × 10 EUR/Option) auf den ursprünglichen Plan und 325.000 EUR (75.000 Optionen × 11 EUR/Option) − (100.000 Optionen × 5 EUR/Option)) auf die Planänderungen in einer Nettobetrachtung.

U. E. ist der zweiten Auslegung – Behandlung als kombinierte Plananpassung – der Vorzug zu geben. Bei zu unterstellendem rationalem Verhalten interessiert die Parteien nur der wirtschaftliche Gesamteffekt der Änderungen. Dies entspricht auch den Vorgaben von IFRS 2.27, wonach bei Modifikationen der Effekt auf den *total fair value* entscheidend ist. Der *total fair value* bzw. der Gesamtwert der Zusage ist gerade das Produkt aus Mengen- und Preisgerüst. Nur wenn zum Zeitpunkt der Plananpassung insgesamt eine Besserstellung des Anspruchsberechtigten erfolgt, liegt eine *modification* vor, die i. H. d. Nettoeffekts zu einer Erhöhung des Gesamtvergütungsaufwands führt.

155   Im Zusammenhang mit der Modifizierung einer anteilsbasierten Vergütung kann eine Schlechterstellung der Anspruchsberechtigten in einem laufenden Programm auch durch Gewährung eines neuen Programms kompensiert werden. Eine Verschlechterung der Optionsbedingungen zeitigt für die bilanzielle Erfassung einer Zusage mit *equity settlement* keine Relevanz (IFRS 2.B44). Es ist eine Fortführung des bestehenden Programms nach Maßgabe des ursprünglichen Mengen- und Preisgerüstes erforderlich (*grant date fair value*). Es bleibt

somit an der notwendigen Fortführung des (planmäßig) erwarteten Aufwands-
verlaufs, eine Reduzierung scheidet aus.

Führt eine Planänderung im Beurteilungszeitpunkt zu einer Verschlechterung
der Konditionen der bestehenden Vergütungszusage, werden die Nachteile aber
durch Gewährung eines weiteren Programms nahezu ausgeglichen, liegt insoweit
auch eine – in den Vorgaben zur bilanziellen Abbildung nicht explizit angesprochene – give and take modification vor. Mangels Besserstellung der Anspruchsberechtigten in einer Nettobetrachtung liegt keine Modifizierung vor, die eine
Änderung der Aufwandserfassung der Höhe nach bedingt. Der basierend auf
dem grant date bestimmte Aufwand aus dem ursprünglichen Programm vor
Änderung ist daher fortzuführen.

Bilanziell ist allerdings neben der fortgeführten (Alt-)Zusage nach Modifizierung
auch die zur Kompensation der wertmäßigen Schlechterstellung eingeräumte
(Neu-)Zusage abzubilden. Da an der ursprünglichen Aufwandsverteilung festzuhalten ist, also zumindest keine isolierte Bestimmung für die (Neu-)Zusage
geboten ist, ergibt sich im (Zusage-)Zeitpunkt die Notwendigkeit einer Aufteilung der (planmäßig) erwarteten Aufwendungen aus dem Erhalt von Dienstleistungen. Die bilanzielle Abbildung ist in analoger Anwendung des Example 9
der Implementation Guidance vorzunehmen (IFRS 2.IG15).

Als eine Variation zur Modifizierung bzw. Kündigung und Austausch bestehen- **156**
der Optionen ist auch die Ausgabe von parallel share options denkbar. Anspruchsberechtigten einer anteilsbasierten Vergütung, deren Optionen deeply
out of the money sind, wird ein Anspruch auf eine gleiche Anzahl von Optionen
zu günstigeren Konditionen (etwa reduzierter Ausübungspreis) eingeräumt. Bei
Ausübung entweder der alten oder der neuen Zusage verfallen entsprechende
Optionen der nicht ausgeübten Vergütungsabrede.

Praxis-Beispiel
Die A-AG hat zum 1.1. 10.000 Optionen mit non-market vesting conditions
und einem Ausübungspreis von 10 EUR/Option bei einem Kurs bei Ausgabe
von 9 EUR ausgegeben. Die vesting period beträgt fünf Jahre. Zwei Jahre nach
Einräumung der Zusage sinkt der Kurs der Anteile auf 2 EUR.
Anstatt einer Anpassung des bestehenden Plans werden neue Optionen mit
identischer non-market vesting condition, aber einer vesting period von drei
Jahren, an die Zusageberechtigten zu einem Ausübungspreis von 3 EUR
ausgegeben. Die Ausübungsbedingungen der neuen Zusage sind flexibler
gestaltet als die der ursprünglichen.
Die Gesamtzusage ist auf eine Ausübung von 10.000 Optionen begrenzt.
Werden Optionen der ursprünglichen oder neuen (parallelen) Zusage aus-
geübt, verfällt eine entsprechende Anzahl der Vergütungsalternative.
Fraglich ist, ob der Wegfall der parallelen Optionen bei Ausübung einer der
Zusagen als cancellation oder die Ausgabe der zusätzlichen Zusage als Modifikation der bestehenden Vergütungsabrede zu behandeln ist.

Aus der Perspektive der Anspruchsberechtigten entspricht die Ausgabe von
parallel share options einer Modifizierung (i. S. e. Verbesserung) des ursprünglichen Plans. Eine Anpassung der ursprünglichen Optionen hinsichtlich der

Ausübungsbedingungen und des -preises zeitigt den gleichen Effekt wie die Ausgabe der *parallel share options*. Da die Bedingungen nur die Ausübbarkeit einer Zusage vorsehen, sind beide Vergütungsalternativen als *linked* anzusehen und als eine „synthetische" Option zu behandeln. Aufgrund der Verknüpfung der beiden Zusagen ist u. E. eine Behandlung als *modification* geboten. Die gegenteilige Auffassung einer Behandlung als separate Zusage führt u. E. zu einer ungerechtfertigten Erhöhung des Gesamtvergütungsaufwands (mit jeder Ausübung wäre auch ein *accelerated vesting* für gekündigte Paralleloptionen zu erfassen) und muss überdies den Nachweis des Empfangs einer Leistung erbringen.

157   Bei fortlaufenden Optionsplänen mit einem jährlich neu aufgelegten Vergütungsplan werden u. U. Begrenzungen der maximal von den Anspruchsberechtigten gehaltenen *share options* vereinbart.[35] In kumulierter Betrachtung über unterschiedliche von der Gesellschaft aufgelegte Pläne darf ein Mitarbeiter nur eine bestimmte Anzahl von *share options* halten. Aufgrund der Begrenzung der *share options* besteht ein Anreiz zum Wechsel von einem Plan zu einem anderen, wenn die Konditionen eines Alternativplans von dem Anspruchsberechtigten als günstiger empfunden werden. Aus den Vorgaben von IFRS 2 geht nicht hervor, ob der Wechsel zwischen alternativen Zusagen

- als Ersatz für den soeben annullierten Optionsplan oder
- unabhängig von der *cancellation* als neue Vergütungszusage

zu behandeln ist (Rz 151). U. E. lässt sich aufgrund der besonderen Ausgestaltung – Begrenzung der maximalen Anzahl der gehaltenen *share options* – ein Zusammenhang zwischen dem Wechsel aus einer bislang in Anspruch genommenen Vergütungszusage und der Teilnahme an dem neuen Plan feststellen. Es erfolgt kein Widerruf einer laufenden Zusage, somit liegt auch ein **kein neuer Plan** vor. Bei Nachweis der Verknüpfung der Zusagen (*linked transactions*) durch die Limitierung der Anzahl der Optionen ist u. E. der Wechsel der Vergütungszusage als *modification* zu behandeln. Es liegt ein *replacement* vor, ein *accelerated vesting* der bisherigen Zusage wegen einer *cancellation* scheidet aus.

6.2.2 Vergütung durch Barausgleich

158   IFRS 2 enthält keine Vorgaben über die Behandlung von Planänderungen bei anteilsbasierten Vergütungen mit Barausgleich. Allerdings sind entsprechende Vorgaben auch entbehrlich, da *cash-settled transactions* ohnehin an die besseren **Stichtagserkenntnisse** anzupassen sind. Somit gilt unter Berücksichtigung der für *equity-settled transactions* getroffenen Unterscheidung Folgendes:

- Modifizierungen des Preis- oder Mengengerüsts der Vergütungszusage sind in der Periode der Anpassung im Wert der Verbindlichkeit zu berücksichtigen.
- Bei Widerruf der Vergütungszusage während der *vesting period* ist die Verbindlichkeit aufzulösen, die Gegenbuchung erfolgt in der GuV („per Verbindlichkeit an Ertrag/Aufwand").
- Bei vorzeitiger Erfüllung des Vergütungsplans ist die Verbindlichkeit zu verbrauchen und jede verbleibende Differenz zwischen Auszahlungsbetrag und Verbindlichkeit ergebniswirksam zu vereinnahmen.

---

[35] Ein Beispiel sind „SAYE" (*save as you earn*)-Pläne, die in UK weit verbreitet sind, bei denen aus steuerlichen Gründen eine Begrenzung des Optionsvolumens besteht. Vgl. https://www.gov.uk/tax-employee-share-schemes/save-as-you-earn-saye, abgerufen am 4.1.2016.

6.3 Wechsel der vereinbarten Vergütungsform

6.3.1 Erfüllung von *equity-settled transactions* in Geld und *cash-settled transactions* in Eigenkapital

Wird nach Ablauf der *vesting period* eine anteilsbasierte Vergütung, deren Erfüllung **ursprünglich** in **Eigenkapitalinstrumenten** (ohne Erfüllungswahlrecht) vorgesehen war, **tatsächlich** durch **Barausgleich** vergütet, ist wie folgt zu verfahren: **159**

- Das Unternehmen hat eine Kürzung des Eigenkapitals bis zur Höhe des *fair value* der Eigenkapitalinstrumente am Tag der Planänderung (= Erfüllungstag) vorzunehmen.
- Für darüber hinausgehende Zahlungen ist eine Aufwandsverrechnung notwendig (IFRS 2.29).
- Für unter dem *fair value* der Eigenkapitalinstrumente liegende Zahlungen ist hingegen kein Ertrag zu buchen.

Für den umgekehrten Fall, eine vertraglich den Barausgleich vorsehende Transaktion wird tatsächlich in Eigenkapital erfüllt, enthält IFRS 2 keine Vorgaben. **160** U. E. sind die unter Rz 159 erläuterten Bestimmungen spiegelbildlich anzuwenden. Die Ausgabe von Eigenkapitalinstrumenten zur Bedienung der Verpflichtung ist daher als **Kapitalerhöhung** anzusehen.

- Entspricht der *fair value* der hingegebenen Eigenkapitalinstrumente am Tag der Planänderung (= Erfüllungstag) dem *fair value* der zum gleichen Stichtag bewerteten Rückstellung, liegt eine Kapitalerhöhung gegen Einlage der dem Arbeitnehmer zustehenden Forderung vor. Unbeachtlich ist der am *grant date* ermittelte *fair value*.
- Übersteigt der *fair value* der hingegebenen Eigenkapitalinstrumente am Tag der Planänderung den *fair value* der zum gleichen Stichtag bewerteten Rückstellung, liegt u.E. insoweit zusätzlicher Aufwand vor („per Aufwand an Eigenkapital").
- Liegt der *fair value* der hingegebenen Eigenkapitalinstrumente am Tag der Planänderung (= Erfüllungstag) unter dem *fair value* der zum gleichen Stichtag bewerteten Rückstellung, scheidet u.E. eine Ertragsbuchung aus.

IFRS 2 enthält keine Vorgaben für den Wechsel der vereinbarten Erfüllungsform **161** **während** der *vesting period*. U. E. ist im Fall des Wechsels von einer *equity-* zu einer *cash-settled transaction* unter analoger Anwendung von IFRS 2.29 wie folgt zu verfahren:

- Die Bildung der Rückstellung ist bis zur Höhe des beizulegenden Zeitwerts der Eigenkapitalinstrumente im Zeitpunkt der Planänderung (damit nicht nach Maßgabe des *grant date fair value*) als Reduzierung des Eigenkapitals zu erfassen.
- Ein darüber hinausgehender Rückstellungsbetrag ist sofort aufwandswirksam zu vereinnahmen (IFRS 2.29).
- Die Rückstellung wird nach den normalen Grundsätzen für *cash-settled transactions* zu den Folgestichtagen fortgeschrieben.

Praxis-Beispiel

Der *fair value* einer anteilsbasierten Zusage mit einer Mindestdienstpflicht von drei Jahren *(service condition)* zum *grant date* beträgt 60.000 EUR. Im ersten Jahr wird ein Aufwand von 20.000 EUR erfasst (60.000 EUR × 1/3). Das

---

Unternehmen beschließt Anfang des zweiten Jahres entgegen der ursprünglichen Vereinbarung eine Umstellung auf Vergütung durch Barausgleich:

Variante 1
Der *fair value* der ursprünglichen Zusage im Zeitpunkt der Planänderung beträgt 75.000 EUR.
Das Unternehmen behandelt die Planänderung i. H. v. 20.000 EUR (60.000 EUR / 3) als Reduzierung des Eigenkapitals („per Eigenkapital an Rückstellung").
5.000 EUR (1/3 × (75.000 EUR – 60.000 EUR) werden sofort als Aufwand erfasst (per Aufwand an Rückstellung).
Die Rückstellung wird nach den normalen Grundsätzen von *cash-settled transactions* zu den Folgestichtagen fortgeschrieben.

Variante 2
Der *fair value* der ursprünglichen Zusage beträgt im Zeitpunkt der Planänderung 30.000 EUR.
Das Eigenkapital wird nur i. H. v. 10.000 EUR (1/3 × 30.000 EUR) reduziert („per Aufwand an Rückstellung"). Die verbleibenden – in der Vorperiode erfassten – 10.000 EUR sind im Eigenkapital „einzufrieren" und werden auch in den Folgeperioden nicht weiter angepasst. Die Rückstellung wird nach den normalen Grundsätzen von *cash-settled transactions* zu den Folgestichtagen fortgeschrieben.

162 Durch eine Ergänzung der Vorgaben zu IFRS 2 (Rz 254) wird die bilanzielle Abbildung eines Wechsels von *cash settlement* hin zu einem Ausgleich in Eigenkapitalinstrumenten **während** der *vesting period* vorgeschrieben. Der Wechsel im Erfüllungsweg ist wie folgt zu erfassen:

- Die anteilsbasierte Vergütung ist mit dem *modification-date fair value* der neu ausgeteilten Ansprüche auf Eigenkapitalinstrumenten zu bewerten.
- Die bislang bestehende Verbindlichkeit aus der gewährten Zusage mit Barausgleich ist auszubuchen und eine Erhöhung im Eigenkapital zu erfassen, die sich am Umfang der bereits bis zum Zeitpunkt der Modifikation erbrachten Leistung orientiert.
- Ein Differenzbetrag zwischen der Zuführung im Eigenkapital und der Auflösung der Verbindlichkeit ist ergebniswirksam zu vereinnahmen.
- Es ist daher keine Kapitalerhöhung gegen Verzicht auf Barausgleich zu fingieren.

6.3.2 Wechsel bei Vergütungsmustern mit Erfüllungswahlrecht

163 Weicht bei Vergütungsmustern mit Erfüllungswahlrecht die tatsächliche Erfüllungsform von der im Zuteilungspunkt getroffenen Annahme ab, liegt ohne Vertragsänderung **keine Planänderung** vor (Rz 141). Es gelten die Regeln für Vergütungsmuster mit Erfüllungswahlrecht (Rz 126 ff. und Rz 133 ff.).
Eine Planänderung liegt nur dann vor, wenn während der *vesting period* durch Vertragsänderung das Erfüllungswahlrecht entfällt, eine Vergütung also entweder in Eigenkapitalinstrumenten oder durch Barausgleich vereinbart wird.

Die bilanzielle Folge ergibt sich dann in Abhängigkeit davon, welche Partei (Vergütungsschuldner (Rz 164) oder Vergütungsempfänger (Rz 165) das Erfüllungswahlrecht hat.

Liegt das **ursprüngliche Erfüllungswahlrecht** bei dem **Unternehmen** (dem Stillhalter) der Optionszusage, erfolgt die bilanzielle Abbildung entweder insgesamt als *cash-settled* oder insgesamt als *equity-settled* (Rz 125). Verzichtet das Unternehmen auf sein Erfüllungswahlrecht, ist die bilanzielle Folge von der Erfüllungsform (Ausgleich in Eigenkapitalinstrumenten oder in bar) abhängig, die im Zusagezeitpunkt der Vergütung *(grant date)* zugrunde gelegt wurde. **164**

Ursprüngliche Behandlung als ...	Die Planänderung bewirkt einen Wechsel hin zu einer ...	
	cash-settled transaction.	*equity-settled transaction.*
equity-settled transaction	Erhöhung der Rückstellung durch Reduzierung des Eigenkapitals bis zur Höhe des *fair value* der Eigenkapitalinstrumente im Zeitpunkt der Planänderung. Ein darüber hinausgehender Betrag ist sofort aufwandswirksam zu erfassen.	Ohne Änderungen des Preis- und Mengengerüsts keine bilanziellen Folgen. Bei Änderungen des Preis- und/oder Mengengerüsts Behandlung als Modifikation (Rz 142ff.) des ursprünglichen Plans.
cash-settled transaction	Aufwandswirksame Anpassung an das Preis- und Mengengerüst nach Planänderung.	(Kapital-)Erhöhung des Eigenkapitals um den *fair value* der Rückstellung. Der Tag der Planänderung ist neuer *grant date*. Änderungen des Preis- und/oder Mengengerüsts sind als Modifizierung (Rz 142ff.) zu behandeln.

Hat umgekehrt der **Vertragspartner ursprünglich** das **Wahlrecht** zwischen einer Erfüllung durch Barausgleich oder Gewährung echter Anteile (gegen Zahlung des Ausübungspreises), liegt regelmäßig ein **zusammengesetztes** Finanzinstrument mit einer **Eigenkapital-** und einer **Fremdkapital**komponente vor (Rz 125). Sind Fremdkapital- und Eigenkapitalkomponente wertmäßig gleich, entspricht der *fair value* der Schuldkomponente dem *fair value* der Transaktion, während die Eigenkapitalkomponente gleich null ist (Rz 129). In Abhängigkeit von der Aufteilung des zusammengesetzten Instruments sind folgende Unterscheidungen geboten: **165**

Ursprüngliche Klassifizierung der Vergütungszusage	Die Planänderung bewirkt einen Wechsel hin zu einer …	
	cash-settled transaction.	*equity-settled transaction.*
Fremdkapital- + Eigenkapital- komponente = *fair value* der Optionszusage	Erhöhung der Rückstellung durch Reduzierung des Eigenkapitals bis zur Höhe des *fair value* der Eigenkapitalinstrumente im Zeitpunkt der Planänderung. Ein darüber hinausgehender Betrag ist sofort aufwandswirksam zu erfassen.	Unter der Fiktion einer Kapitalerhöhung gegen Schuldentilgung ist das Eigenkapital um den *fair value* der Rückstellung zu erhöhen. Der Tag der Planänderung ist neuer *grant date* der *equity-settled-* Zusage. Verbesserungen der Konditionen der Zusage sind als Modifizierung (Rz 142 ff.) zu behandeln.
Fremdkapitalkomponente = *fair value* der Optionszusage und Eigenkapitalkomponente = 0	Aufwandswirksame Anpassung an das Preis- und Mengengerüst nach Planänderung.	

7 Behandlung von anteilsbasierten Vergütungen im Konzernverbund

7.1 Divergenz von Empfänger der Fremdleistung und Schuldner der anteilsbasierten Vergütung

166 Das bilanzierende Unternehmen kann vom Vertragspartner eine Leistung erhalten, ohne die hierfür vereinbarte anteilsbasierte Vergütung selbst zu erbringen. Folgende Fälle sind zu unterscheiden:

- Die **Muttergesellschaft** des bilanzierenden Unternehmens gewährt eigene Anteile oder darauf lautende Optionsrechte an Mitarbeiter (oder sonstige „Lieferanten") des Tochterunternehmens.
- Ein anderes in den Konzernabschluss der Unternehmensgruppe einbezogenes Unternehmen, z. B. ein **Schwesterunternehmen**, gewährt eigene Anteile oder darauf lautende Optionsrechte an Mitarbeiter des Berichtsunternehmens.
- Ein **nicht beherrschender Gesellschafter** des bilanzierenden Unternehmens gewährt dessen Mitarbeitern einen anteilsbasierten Vorteil, etwa durch die Einräumung einer Unterbeteiligung zu Vorzugskonditionen.

Im **Konzernabschluss** ist die Divergenz von Leistungsempfänger und Vergütungsschuldner irrelevant, sofern beide zum gleichen Konsolidierungskreis gehören. Im Einzel- oder Teilkonzernabschluss stellt sich hingegen die Frage, ob bei einer solchen Divergenz gleichwohl IFRS 2 anzuwenden ist. Zu Besonderheiten der Steuerlatenzrechnung – unter der Voraussetzung einer steuerlichen Anrechnungsfähigkeit des Aufwands aus einer Vergütungszusage – siehe die Ausführungen unter Rz 229.

Das bisherige Recht enthielt (im nunmehr gestrichenen IFRS 2.3) nur Vorgaben für die Vergütung in Eigenkapitalinstrumenten durch Gesellschafter. Die Behandlung einer Barvergütung wurde nicht bzw. nicht eindeutig behandelt. Ein Ausschluss von Vergütungen mit Barausgleich ließ sich durch die bisher engere Definition von anteilsbasierten Vergütungen begründen. *Cash-settled share-based payments transactions* waren nach bisherigem Recht nur dann anzusetzen, wenn eine vertragliche Verpflichtung und daraus resultierend eine bilanzielle Schuld zur Leistung einer Zahlung besteht (*by incurring a liability*). Hieran fehlt es aber bei dem Empfänger der Leistung regelmäßig, da das Mutterunternehmen oder ein anderes Konzernunternehmen oder ein (beherrschender) Gesellschafter mit dem Erbringer der Leistung keinen Vertrag zulasten Dritter, also des empfangenden Unternehmens, abschließen kann.

167

7.2 Vergütung durch Gesellschafter, Muttergesellschaft oder ein sonstiges konzernzugehöriges Unternehmen

Als allgemeine Voraussetzung für die Berücksichtigung der vom Mutter- oder Schwesterunternehmen gewährten anteilsbasierten Vergütung fordert IFRS 2 einen **Zugang** von Leistungen beim **bilanzierenden** Unternehmen. IFRS 2 ist daher nicht einschlägig, wenn die anteilsbasierte Vergütung klar (*clearly*) einem anderen Zweck als der Bezahlung der an das Unternehmen gelieferten Güter und Dienstleistungen dient (IFRS 2.3A).

168

In der neuen Fassung von IFRS 2 wird auf eine Differenzierung nach Art der Erfüllung (*cash-* oder *equity-settled*) verzichtet. Eine anteilsbasierte Vergütung liegt vor, wenn ein Unternehmen eine Leistung empfängt und ein Unternehmen desselben Konsolidierungskreises oder ein Anteilseigner (*shareholder*) irgendeines Unternehmens der Gruppe die Verpflichtung zur Erfüllung der anteilsbasierten Vergütung übernimmt (IFRS 2.3A).

169

Mangels Vorliegen einer Vergütungsverpflichtung durch den Leistungsempfänger liegt bei diesem ein unentgeltlicher Zugang der Leistung vor. Er ist als (mittelbare) Einlage des als Vergütungsschuldner auftretenden (Konzern-)Unternehmens bzw. Anteilseigners zu qualifizieren (IFRS 2.B45). Die anteilsbasierte Vergütung ist von dem Leistungsempfänger als *equity-settled* zu klassifizieren.

Der Einlagefiktion trägt die Neufassung von IFRS 2 durch eine erweiterte Definition von *equity-settled share-based payment transactions* Rechnung: Eine anteilsbasierte Vergütung ist als *equity-settled* zu behandeln, wenn das berichtende Unternehmen Güter oder Dienstleistungen für die

170

- Hingabe eigener Anteile oder darauf lautende Optionsrechte erhält (wie bisher) oder

- keine Verpflichtung zur Erbringung einer Gegenleistung hat (Neufassung).

Die Einlagefiktion setzt eine **gesellschaftsrechtliche Veranlassung** der Vergütung voraus. Korrespondierend sieht die Neufassung von IFRS 2 eine erweiterte Definition für das Vorliegen einer anteilsbasierten Vergütung vor, die explizit andere Konzernunternehmen und Anteilseigner der Gruppe als Vergütungsschuldner umfasst.

Bei **Schwestergesellschaften** ist anders als bei einer Übernahme der Verpflichtung durch das Mutterunternehmen eine Einlage nur mittelbar denkbar (Schwestergesellschaft gewährt Vorteil an Muttergesellschaft und diese an das berichtende, die Leistung empfangende Unternehmen). Sind die vom primären Vergütungsschuldner getätigten Aufwendungen durch den Leistungsempfänger zu ersetzen (**Umlage** bzw. *repayment arrangement*), bleibt dies bei der über die Bewertung entscheidenden Klassifizierung einer anteilsbasierten Vergütung unbeachtlich (IFRS 2.43(b)), kann aber Einfluss auf den Bilanzausweis zeitigen.

171 Die bilanzielle Erfassung anteilsbasierter Vergütungen im Konzernverbund ist abhängig von dem Schuldner und der gewählten/vereinbarten Erfüllungsform und gilt unabhängig von dem in der Darstellung unterstellten Mutter-Tochter-Verhältnis analog für eine Übernahme der Verpflichtung durch andere Unternehmen innerhalb einer Gruppe:

Empfänger der Leistungen (*goods or services*)	Schuldner der Gegenleistung	Erfüllung in...	Klassifizierung im...		
			Einzelabschluss (*separate accounts*) TU	Einzelabschluss (*separate accounts*) MU	Konzernabschluss (*group accounts*)
Tochterunternehmen	Mutterunternehmen	Anteilen MU	*equity-settled*	*equity-settled*	*equity-settled*
		Barausgleich	*equity-settled*	*cash-settled*	*cash-settled*
		Anteilen TU	*equity-settled*	*cash-settled*	*equity-settled*

Abb. 2: Bilanzielle Erfassung anteilsbasierter Vergütungen im Konzernverbund

Weiterhin nicht explizit angesprochen wird auch in der Neufassung von IFRS 2 das Gegenkonto für die Übernahme der Verpflichtung aus einer anteilsbasierten Vergütung, deren Leistungsempfänger ein Unternehmen der Gruppe ist, im Einzelabschluss (*separate accounts*) des Vergütungsschuldners.

172 Gewährt die Muttergesellschaft Optionen auf ihre Anteile an Mitarbeiter der Tochtergesellschaft, unterliegt die Transaktion – sowohl im Konzernabschluss des Mutterunternehmens als auch im Einzel-/Teilkonzernabschluss des Tochterunternehmens – dem Anwendungsbereich von IFRS 2. In beiden Abschlüssen ist sie als „*equity-settled*" zu qualifizieren.

173 Gewährt die Tochtergesellschaft ihren Mitarbeitern Optionen auf Anteile der Muttergesellschaft, tritt eine Divergenz von Leistungsempfänger und Vergütungsschuldner gar nicht auf. Das Tochterunternehmen empfängt die Leistung seiner Arbeitnehmer und schuldet die Vergütung. Da es die Vergütung jedoch nicht aus eigenen Anteilen erbringt, liegt aus seiner Sicht eine *cash-settled transaction* vor (IFRS 2.3A). Im **Konzern**abschluss ist die Vergütung hingegen als *equity-settled* zu behandeln: Der Konzern gibt reale Optionen aus.

Besonderheiten ergeben sich im Fall eines **Arbeitsplatzwechsels** von Mitarbeitern **innerhalb** eines Konzerns unter Beibehaltung noch nicht ausübbarer Optionsrechte. Besteht seitens des Gruppenunternehmens keine explizite Verpflichtung zur Erfüllung, ist die Zusage als *equity-settled* zu behandeln. Bei einem Wechsel des Arbeitsplatzes zwischen einzelnen Gruppenunternehmen ohne Verpflichtung zur Erfüllung sind die Bewertungsgrundlagen für den Optionsplan (wegen des *grant date measurement approach*) nicht zu ändern (IFRS 2.B59). Vielmehr gehen diese unverändert unter Berücksichtigung des Zeitablaufs der Wartefrist auf das Konzernunternehmen über, welches die Dienstleistung des Arbeitnehmers übernimmt.

174

Praxis-Beispiel
Zehn Mitarbeiter, die am 1.1.02 zu Tochterunternehmen TU wechseln, haben am 1.1.01 eine Optionszusage vom Mutterunternehmen erhalten. Der Wert je Zusage betrug 100 GE am *grant date*, die *vesting period* drei Jahre. Am 1.1.01 und 31.12.01/1.1.02 wird von einer Erfüllung der Wartefrist durch zehn Mitarbeiter ausgegangen. Am 31.12.02 wird diese Schätzung auf neun revidiert. Tatsächlich sind am 31.12.03 nur noch sieben Mitarbeiter im Konzern.
Der Wechsel der Mitarbeiter zu TU stellt weder einen neuen *grant date* noch eine Nichterfüllung einer *vesting condition* dar, da die Mitarbeiter im Konzern verbleiben. Der zugesagte Optionsplan ist daher aus Konzernsicht fortzuführen:

Jahr	Bestimmung des kumulierten Aufwands		Aufwand Periode
	ursprüngliche Zusage	kum. Gesamtaufw.	kum. Gesamtaufw. Jahr XX – Vorjahr
1	10 × 100 GE × 1/3	333	333
2	9 × 100 GE × 2/3	600	267
3	7 × 100 GE	700	100

Im Teilkonzernabschluss TU sind nur die Aufwendungen aus den Perioden 2 und 3 zu erfassen.

Hat das die Leistung empfangende Unternehmen eine Verpflichtung zur Erfüllung der Zusage in Anteilen eines anderen (Gruppen-)Unternehmens, liegt eine *cash-settled* Zusage vor (Rz 173). In Abhängigkeit der (anteiligen) Dienstzeit des anspruchsberechtigten Mitarbeiters sind der *grant date fair value* der Eigenkapitalinstrumente und deren *fair-value*-Änderung zu erfassen (IFRS 2.B60). Bei Nichterfüllung einer *vesting condition*, die keine *market condition* ist, sind die bislang erfassten Beträge zu stornieren (IFRS 2.B61 i.V.m. IFRS 2.19).

175

7.3 Widerlegung des Vorliegens einer anteilsbasierten Vergütung

IFRS 2 ist nicht einschlägig, wenn die durch ein anderes Konzernunternehmen oder einen Gesellschafter erfolgende Übernahme der anteilsbasierten Vergütungsverpflichtung eindeutig (*clearly*) einem anderen Zweck als der Vergütung von an das bilanzierende Unternehmen gelieferten Gütern und Dienstleistungen dient (IFRS 2.3A). Transaktionen, denen kein Vergütungscharakter

176

für empfangene Güter und Dienste zukommt, fallen daher nicht in den Anwendungsbereich von IFRS 2.

Entscheidend ist, ob gewährte Vorteile ihren Grund in der erbrachten Leistung
haben oder ob diese gesellschaftsrechtlich veranlasst sind (causa societas). Die
Gewährung von Bezugsrechten anlässlich einer Kapitalerhöhung an einen
Dienstleister oder Arbeitnehmer stellt etwa dann keine anteilsbasierte Vergütung
dar, wenn diese Gewährung dem Anspruchsberechtigten in seiner Eigenschaft als
Aktionär gewährt wird (Rz 41), der Berechtigte also so gestellt wird, wie alle
anderen Aktionäre (*shareholders as a whole*). Entsprechendes gilt für die Einräumung von Beteiligungen gegen fremdübliche Bedingungen.

Der Vergütungscharakter ist insbesondere dann fraglich, wenn ein Anteilseigner der Gruppe eine Verpflichtung zur Erfüllung einer (vermeintlich)
anteilsbasierten Vergütung übernimmt. Zu unterscheiden ist insoweit zwischen dem Handeln im Interesse des Leistungsempfängers oder aus **Partikularinteressen** des Anteilseigners.

177   Für die Frage, ob bei Übernahme einer Vergütungsverpflichtung durch den Anteilseigner eine andere Zwecksetzung gegeben ist, muss konzeptionell zwischen

- dem Handeln beherrschender Gesellschafter (Mutterunternehmen) bzw. dem
  Handeln der Gesellschaftermehrheit und
- dem individuellen Handeln nicht beherrschender Gesellschafter

unterschieden werden. Eine solche Unterscheidung scheint auch deshalb gebo-
ten, weil die Trennung zwischen Gesellschafts- und Gesellschaftersphäre ein das
gesamte IFRS-Regelwerk durchdringender und somit zum Prinzip verfestigter
Rechtsgedanke ist. Lediglich das Handeln der Gesellschafter als Mehrheit bzw.
Kollektiv wird in einzelnen Kontexten, etwa bei der Abgrenzung zwischen
Eigen- und Fremdkapital in IAS 32, der Gesellschaft zugerechnet.

178   Vor diesem Hintergrund wären u.E. für die Beurteilung anteilsbasierter Vergütungen bei der Divergenz von Empfänger und Schuldner der Leistung in dem
besonderen Fall der Leistungserbringung durch einen Anteilseigner der Gruppe
folgende Wertungen geboten:

- Wird die anteilsbasierte Verpflichtung vom beherrschenden Gesellschafter
  oder den Gesellschaftern als Kollektiv (durch Mehrheitsentscheidung) begründet, können Gesellschafts- und Gesellschafterebene ausnahmsweise
  gleichgesetzt werden.
- Erfolgt die Zusage hingegen individuell durch einen nicht beherrschenden
  Gesellschafter, bliebe es bei der Trennung der Sphären.

Die Neufassung von IFRS 2 geht allerdings anders vor; eine Trennung zwischen
Gesellschafts- und Gesellschaftersphäre unterbleibt.

179   Aus Sicht des Leistungsempfängers wird sich daher (auch) bei Übernahme der
Verpflichtung zur anteilsbasierten Vergütung durch einen nicht beherrschenden
Gesellschafter i.d.R. nur schwerlich belegen lassen, dass die Übernahme der
Verpflichtung nicht im Zusammenhang mit bereits erbrachten oder künftig zu
erbringenden Gegenleistungen des Gesellschafters steht. Auch die *Basis for
Conclusions* enthalten nur einen wenig zielführenden Hinweis (Fußnote zu
IFRS 2.BC18D), wann eine Transaktion nicht als anteilsbasierte Vergütung
anzusehen ist, und verweisen abstrakt auf das Fehlen von Faktoren, die auf eine
gesellschaftsrechtliche Veranlassung hinweisen. Gelingt der entsprechende

Nachweis nicht, bleibt aus Sicht des Leistungsempfängers somit nur die Behandlung der Transaktion im Anwendungsbereich von IFRS 2.

Praxis-Beispiel
Ein Investor ohne beherrschenden Einfluss gewährt dem Vorstand der A-AG eine befristete Unterbeteiligung an seinen Anteilen. Bei Beendigung des Unterbeteiligungsvertrags durch Fristablauf oder Veräußerung der Anteile erhält der Vorstand eine Beteiligung an der bis dahin eingetretenen Kurssteigerung; an einer Kursminderung ist er nicht beteiligt.
Die Gewährung einer anteilsbasierten Vergütung mit Barausgleich durch einen nicht beherrschenden Gesellschafter rechtfertigt nach der Neufassung von IFRS 2 aus Sicht der A-AG noch keine Nichterfassung der Vergütung. Als Gegenkonto für die empfangene Leistung steht unter der Fiktion einer (verdeckten) Einlage des Gesellschafters das Eigenkapital zur Verfügung. Die Gewährung von Vorteilen an den Vorstand durch einen nicht beherrschenden Gesellschafter allein und nicht durch das Gesellschafterkollektiv oder den beherrschenden Gesellschafter ist zwar konzeptionell ein Indiz für die Verfolgung von Partikularinteressen. Der erforderliche Nachweis, dass die aktienbasierte Leistung eindeutig einem anderen Zweck als der Vergütung vom Unternehmen empfangener Leistungen dient, ist aber regelmäßig nicht zu erbringen.

Der Anwendungsbereich von IFRS 2 bezieht sich auf alle anteilsbasierten Vergütungen, die von Gesellschaftern oder im Konzernverbund gewährt werden. I. S. e. weiten Auslegung sind als Gesellschafter auch Unternehmen mit maßgeblichem Einfluss oder der Möglichkeit zur gemeinschaftlichen Führung über das die Leistung empfangende Unternehmen anzusehen. Auch im folgenden Fall liegt daher eine anteilsbasierte Vergütung vor, wenn die Übernahme der anteilsbasierten Vergütungsverpflichtung nicht eindeutig (*clearly*) einem anderen Zweck als der Vergütung von an das bilanzierende Unternehmen gelieferten Gütern und Dienstleistungen dient: **180**

Praxis-Beispiel
Unternehmen A steht unter gemeinschaftlicher Führung der beiden *venturer* B und C. B und C gewähren den Mitarbeitern von A eine anteilsbasierte Vergütung, die in gleichem Verhältnis (*proportionately*) mit Anteilen an B und C erfüllt wird. Der jeweilige Anteil von B und C in A unterliegt daher keiner Verwässerung (*dilution*).
Unabhängig davon, dass B und C nicht Teil des Konzernverbunds (*group*) sind, handeln sie bei der Gewährung der Vergütung als Gesellschafter. A erfasst – mangels Vorliegen einer Verpflichtung zur Erfüllung der Zusage – einen Eigenkapitalzugang (*capital contribution*), die anteilsbasierte Vergütung also als *equity-settled*. Der Wert der Eigenkapitalzuführung richtet sich aus der Perspektive von A nach dem *grant date fair value* der Optionen auf die *venturer shares*.

8　Anteilsbasierte Vergütungen bei *business combinations*

8.1　Überblick

181　Bei Erwerb der Kontrolle über ein anderes Unternehmen können anteilsbasierte Vergütungen gegenüber den Mitarbeitern des erworbenen Unternehmens in unterschiedlicher Weise eine Rolle spielen. Folgende Grundkonstellationen sind i. d. R. zu unterscheiden:

- **erstmalige Begründung** von anteilsbasierten Vergütungsplänen gegenüber „normalen" Arbeitnehmern oder
- als Arbeitnehmer **übernommene Gesellschafter** des erworbenen Unternehmens;
- **unveränderte Fortgeltung** bestehender Vergütungspläne gegenüber Arbeitnehmern aufgrund kollektiv- oder einzelvertragsrechtlicher Regeln;
- **Ersatz** bestehender Vergütungspläne gegenüber Arbeitnehmern durch Gewährung von auf die Anteile des erwerbenden Unternehmens lautende Vergütungen (*replacement awards*) oder durch Abfindung in Geld.

Im ersten Fall stellt die Vergütungszusage keinen Bestandteil der *business combination* bzw. der Erstkonsolidierung dar und unterliegt den allgemeinen Regeln von IFRS 2.

Im zweiten Fall stellt sich die Frage, ob die Vereinbarung als erfolgsabhängiger Kaufpreisbestandteil gem. IFRS 3 Teil der *business combination* ist oder eine separat zu behandelnde, erstmalig in der logischen Sekunde nach dem Zusammenschluss gem. IFRS 2 zu erfassende Vergütung vorliegt. Hinsichtlich der Abgrenzung gelten hier die in § 31 Rz 54 ff. dargestellten Kriterien.

Im dritten Fall ist u. a. zu fragen, ob und ggf. in welcher Höhe die bestehenden und fortgeltenden Pläne eine ansatzfähige Schuld begründen, die im Rahmen der Erstkonsolidierung anzusetzen ist (Rz 192).

Im vierten Fall stellt sich die Frage, ob die besonderen Regelungen von IFRS 2 zu *replacement awards* (Rz 151) anzuwenden sind oder der Ersatz nur oder daneben als Teil der Anschaffungskosten des Unternehmenserwerbs gem. IFRS 3 zu qualifizieren ist (Rz 182).

Der allgemeinere dritte Fall ist nach Ansicht des IASB – mit Ergänzung von IFRS 3 im Rahmen des *Annual Improvements Project 2010* – nach den gleichen Grundsätzen wie der speziellere vierte Fall zu behandeln (IFRS 3.30).[36] Insoweit werden nachfolgend zunächst die *replacement awards* behandelt, um erst anschließend den allgemeineren Fall der Fortsetzung bestehender Pläne zu behandeln.

Zu Besonderheiten im Zusammenhang mit der Steuerlatenzrechnung – unter der Voraussetzung einer steuerlichen Anrechnungsfähigkeit des Aufwands aus einer Vergütungszusage – wird auf Rz 230 ff. verwiesen.

8.2　Ersatz bestehender Vergütungspläne

182　Anteilsbasierte Vergütungszusagen – sowohl *equity-* als auch *cash-settled* (IFRS 3.B61) – gegenüber Mitarbeitern eines erworbenen Unternehmens sind in Abhängigkeit des Vorliegens einer Verpflichtung zum Ersatz als Teil der

---

[36]　Zur entsprechenden Behandlung vor Umsetzung des *Annual Improvements Project*: IASB, Board Meeting July 2009.

Anschaffungskosten (*consideration transferred*) zu berücksichtigen (→ § 31 Rz 54 ff.). Die besonderen Bewertungsvorgaben für anteilsbasierte Vergütungen (Differenzierung zwischen Preis- und Mengengerüst) sind allerdings auch im Fall einer Mitarbeiterübernahme (von dem erworbenen Unternehmen) im Zuge einer *business combination* beizubehalten. Eine Bewertung zum *fair value* scheidet i. S. e. **Ausnahmeregel** aus (IFRS 3.30).

Auch bei *cash-settled transactions* gilt: Änderungen des Preisgerüsts (*market-based measure*) anteilsbasierter Vergütungen mit Barausgleich sowie Steuereffekte sind nicht als Teil der *business combination* zu erfassen (IFRS 3.B61).

Für die Behandlung von im Rahmen eines Unternehmenszusammenschlusses **183** ersetzten anteilsbasierten Vergütungen, die von dem Erwerbsobjekt zugesagt wurden, ist eine Differenzierung geboten, ob die Zusagen

- eine Vergütung für Dienstleistungen vor dem Erwerbsstichtag (*pre-combination services*) darstellten, Anspruchsberechtigte also Anteilseignern (*in the capacity of shareholders*) gleichgestellt werden, und somit als Teil der Anschaffungskosten der *business combination* zu erfassen sind;
- noch zu erbringende Dienstleistungen (*post-combination services*) der übernommenen Mitarbeiter vergütet und damit separat von der *business combination* zu erfassen, also nicht Teil des Unternehmenserwerbs und damit der *consideration transferred*, sind;
- sowohl *pre-* als auch *post-combination services* vergüten und daher eine Aufteilung geboten ist.

Die Erfassung ersetzter anteilsbasierter Vergütungszusagen als Teil des Unternehmenserwerbs setzt eine **Verpflichtung zum Ersatz** der vorherigen Vergütungsinstrumente voraus. Die Vorgaben in IFRS 3 unterscheiden folgende Konstellationen:

- Der Erwerber (*acquirer*) ist nicht verpflichtet anteilsbasierte Vergütungszusagen des erworbenen Unternehmens (*acquiree*), die aufgrund der *business combination* verfallen, zu ersetzen (*to replace*), macht dies aber freiwillig (Rz 184).
- Der Erwerber ist verpflichtet zum Ersatz anteilsbasierter Vergütungen (Rz 185 ff.).

Analog geregelt ist der Fall einer Fortführung bestehender Zusagen ohne eine Verpflichtung des Erwerbers, diese zu ersetzen (Rz 192).

Bei **freiwilligem** Ersatz von an die Mitarbeiter des erworbenen Unternehmens **184** gewährten anteilsbasierten Zusagen durch den Erwerber ist der Gesamtaufwand der (Ersatz-)Zusage im Ergebnis der zusammengeschlossenen Einheit als *remuneration cost*, also nach dem Erwerbsstichtag (*post-combination expense*) zu erfassen (IFRS 3.B56). Falls keine weiteren Leistungen von den Arbeitnehmern erbracht werden müssen, ist eine sofortige Erfassung als Aufwand geboten, andernfalls eine Verteilung über eine *vesting period* erforderlich.

Die übertragene Gegenleistung (*consideration transferred*) und damit ein evtl. *goodwill* aus dem Unternehmenszusammenschluss sind nicht betroffen.

Bei Vorliegen einer **Verpflichtung** zum Ersatz einer anteilsbasierten Vergütung **185** ist der nach IFRS 2 bestimmte Wert (also nicht der *fair value*) der hingegebenen Zusage als Teil der Gegenleistung (*consideration transferred*) der *business combination* zu berücksichtigen. Eine Verpflichtung ergibt sich aus den Konditionen der Zusage, die seitens des erworbenen Unternehmens gegenüber ausgewählten

Mitarbeitern gewährt wurde, oder aus arbeitsrechtlichen Bestimmungen. Nicht erforderlich ist, dass die Verpflichtung bereits vor dem Vertrag über den Erwerb bestand, sie muss lediglich vor dem Erwerbsstichtag (*change of control*) bestanden haben. Daher sind auch im Rahmen des *sale and purchase agreement* getroffene Vereinbarungen zum Ersatz einer anteilsbasierten Zusage bei der Bestimmung der Höhe der Gegenleistung zu berücksichtigen.

186 Der (verpflichtende) Ersatz einer anteilsbasierten Vergütungszusage übernommener Mitarbeiter ist im Einzelnen wie folgt zu behandeln: Zum Erwerbsstichtag ist der IFRS-2-Wert der bestehenden Zusage und der Ersatzvergütung zu bestimmen. Übersteigt der Wert der als Ersatz gewährten Vergütung den Wert der vor der *business combination* bestehenden Zusage, ist die Differenz – unter Berücksichtigung der Bedingungen für ein evtl. *vesting* – als Aufwand nach dem Unternehmenszusammenschluss *(post-combination expense)* zu erfassen. Hinsichtlich der Behandlung von *post-combination expense* fehlt es innerhalb von IFRS 3 an einer Festlegung, ob *post-combination remuneration cost* als *modification* (Rz 140 ff.) des ursprünglichen Plans oder als *new grant* im Zuge der *business combination* qualifiziert werden. U. E. ist die Referenzierung auf die Vorgaben zum *modification accounting* (IFRS 3.B56 – IFRS 3.B61) allgemeiner Natur. Mit dem vollzogenen Unternehmenszusammenschluss stellt der Austausch der bislang bestehenden Vergütung eine neue Zusage *(new grant date)* dar. Die bestehende Zusage wird allerdings nicht aufgehoben, so dass keine *cancellation* vorliegt. Wird die Zusage als *new grant* behandelt, ist der den Wert der ursprünglichen Zusage übersteigende Wert der *replacement shares* gem. IFRS 2.15 über die nach dem Stichtag der Kontrollerlangung verbleibende *vesting period* gleichmäßig zu verteilen. Für die Behandlung des Beteiligungsansatzes im Einzelabschluss *(separate financial statements)* des Erwerbers, insbesondere der Bestimmung und Abgrenzung der Anschaffungskosten (allgemein → § 32 Rz 175 ff.), ist u. E. – analog zur Behandlung im Gruppenabschluss – eine Aufteilung nach den gleichen Vorgaben einschlägig.

187 Der verbleibende Wert der *replacement shares* (in gleicher Höhe wie die bisherige Zusage) ist auf vor dem Erwerbsstichtag erbrachte und nach dem Erwerbsstichtag noch zu erbringende Leistungen aufzuteilen. Der Anteil, der auf *pre-combination services* entfällt, ist als Bestandteil der Anschaffungskosten der *business combination* zu erfassen, der verbleibende Wert wird *post-combination* aufwandswirksam (für weitere Beispiele wird auf IFRS 3.IE61 – IFRS 3.IE71 verwiesen).

Praxis-Beispiel

Im Zeitpunkt des Unternehmenszusammenschlusses hat die Zusage der anspruchsberechtigten Mitarbeiter des erworbenen Unternehmens einen Wert von 20 EUR/Option. Die ursprünglich vereinbarte *vesting period* beläuft sich auf sechs Jahre, wovon drei Jahre bereits abgelaufen sind.

Der Erwerber gewährt ein Ersatzinstrument (*replacement share*) mit einem entsprechenden Wert von 20 EUR/Option. An der ursprünglichen *vesting period* wird festgehalten.

Auf die übernommene Verpflichtung und damit als Teil der Anschaffungskosten sind 10 EUR/Option zu erfassen. Die Höhe ergibt sich aus dem Wert

---

der Zusage, multipliziert mit dem Anteil der bereits abgelaufenen *vesting period* im Verhältnis zur gesamten *vesting period* (hier 50 %). Die verbleibenden 10 EUR/Option sind als *post-combination*-Aufwand zu erfassen.

Die Vorgaben von IFRS 3 verpflichten (i. S. e. *anti-abuse provision*), für die Aufteilung zwischen dem *pre-* und *post-combination*-Anteil der *replacement shares* die längere *vesting period* im Vergleich der alten und neuen Zusage heranzuziehen (IFRS 3.B58). Eine Verkürzung der *vesting period* der *replacement shares* durch den Erwerber führt daher nicht zu einer Verlagerung von *post-combination expenses* in die Anschaffungskosten der *business combination*.

Praxis-Beispiel (Abwandlung zu Rz 187)
In Variation zu dem Festhalten an der ursprünglichen *vesting period* überlegt der Erwerber diese
• als Alternative 1 auf ein Jahr zu verkürzen bzw.
• als Alternative 2 auf fünf Jahre auszudehnen.
Bei Gestaltung in der Variante 1 ändert sich die Aufteilung des Werts der bereits erdienten bzw. der noch zu erbringenden Leistung nicht. Auf die übernommene Verpflichtung und damit als Teil der Anschaffungskosten sind 10 EUR/Option zu erfassen. Die Höhe ergibt sich aus dem Wert der Zusage, multipliziert mit dem Anteil der bereits abgelaufenen *vesting period* im Verhältnis zur ursprünglichen *vesting period* (hier 50 %). Die verbleibenden 10 EUR/Option sind allerdings als *post-combination*-Aufwand mit Ablauf der geänderten *vesting period* (hier ein Jahr) zu erfassen.
Bei Gestaltung in der Variante 2 kommt es zu einer geänderten Aufteilung des *pre-* und *post-combination*-Anteils der Verpflichtung. Auf die übernommene Verpflichtung und damit als Teil der Anschaffungskosten sind 7,5 EUR/Option zu erfassen. Die Höhe ergibt sich aus dem Wert der Zusage, multipliziert mit dem Anteil der bereits abgelaufenen *vesting period* im Verhältnis zur neu vereinbarten *vesting period* (hier 37,5 %). Die verbleibenden 12,5 EUR/Option sind als *post-combination*-Aufwand mit Ablauf der geänderten *vesting period* (hier fünf Jahre) zu erfassen.

Als Alternative zur Ausgabe von *replacement shares* kann auch ein einmaliger **Barausgleich** (*cash settlement*) der anspruchsberechtigten Mitarbeiter erfolgen. An expliziten Vorgaben zur bilanziellen Behandlung fehlt es in IFRS 3. U. E. sind die Vorgaben für *replacement shares* hinsichtlich der Aufteilung in eine Vergütung von *pre-* und *post-combination services* allerdings analog anzuwenden.

Leistet der Erwerber einen (einmaligen) Barausgleich für bereits ausübbare Optionen (*vested awards*), kann der Betrag, der dem beizulegenden Zeitwert der Vergütungszusage entspricht, als Teil der Anschaffungskosten berücksichtigt werden. Eine verbleibende Differenz ist als Aufwand nach dem Unternehmenszusammenschluss (*compensation cost*) zu erfassen. Erfolgt ein Barausgleich für noch nicht ausübbare Optionen (*unvested awards*) und wird keine weitere Dienstleistung (*service*) nach erfolgtem Unternehmenserwerb mehr verlangt, ist mangels Verpflichtung zur Erbringung von *post-combination services* ein *accelerated vesting* zugrunde zu legen. Als Teil der Anschaf-

188

189

190

fungskosten der *business combination* ist nur der Teil des Aufwands zu erfassen, der sich auf *pre-combination services* bezieht, der verbleibende Anteil wird *post-combination expense*. Sind noch künftig Leistungen von den übernommenen Mitarbeitern zu erbringen, tritt anstelle eines *accelerated vesting* eine *vesting period*. Der bereits für noch zu erbringende Leistungen gezahlte Teil wird über die vereinbarte Sperrfrist aufwandswirksam und ist entsprechend vorher aktivisch abzugrenzen.

191 Wird der Barausgleich noch von dem erworbenen Unternehmen (*acquiree*) geleistet, erfolgt eine Erfassung des Aufwands (*settlement expense*) gem. IFRS 2.28 (analog einer *cancellation*; Rz 150 ff.) in dessen Abschluss (*pre-combination*), wenn dieser nicht als *agent* des Erwerbers handelt. Erfolgt der Ausgleich aber im Auftrag des Erwerbers (*acquirer*), ist der Ausgleich so zu behandeln, als hätte der Erwerber unmittelbar einen Ausgleich gewährt (Rz 190; analog → § 31 Rz 42).

Eine Erstattung (*reimbursement*) der Aufwendungen des erworbenen Unternehmens – entweder direkt oder indirekt über den Kaufpreis – ist ein deutlicher Hinweis für eine Qualifizierung des Barausgleichs als Handeln des Erwerbers.

8.3 Fortführung bestehender Zusagen

192 Für den Fall einer **freiwilligen unveränderten Fortführung** einer bestehenden anteilsbasierten Zusage des *acquiree* gegenüber den übernommenen Mitarbeitern oder bei **freiwilligem Ersatz** sind die gleichen Vorgaben wie für den verpflichtenden Ersatz heranzuziehen. Die vorgesehenen Vorgaben für ein *replacement* (Rz 183) finden Anwendung auf alle anteilsbasierten Vergütungen. Somit gilt:

- Wenn eine fortgeführte, anteilsbasierte Vergütungszusage ein *cash-settlement* vorsieht, ist die Erfassung einer Verbindlichkeit (Rückstellung) zum *fair value* insoweit nicht gerechtfertigt, wie sich die Vergütung auf künftig noch zu empfangende (Dienst-/Arbeits-)Leistungen bezieht. IFRS 2 und damit auch die besondere Bewertungskonzeption (zeitanteilige Erfassung der Verpflichtung) sind einschlägig.

- Bei Fortführung einer zugesagten *equity-settled share-based payment transaction* gelten die gleichen Vorgaben wie für deren Ersatz (*replacement*).

193 Aufgrund der Vergleichbarkeit anteilsbasierter Vergütungszusagen mit sonstigen langfristigen Vergütungszusagen (etwa Pensionszusagen) ist eine zeitanteilige Erfassung konzeptionell vorzuziehen. Im Rahmen einer zeitabhängigen Verteilung stellt die *business combination* dann ein punktuelles Ereignis dar, welches eine Trennung in *pre-combination* und *post-combination services* markiert. U. E. ist daher für unverändert fortgeführte anteilsbasierte Zusagen übernommener Mitarbeiter eine Behandlung in Analogie zum verpflichtenden Ersatz gerechtfertigt.

9 Absicherung von *fair-value*-Schwankungen im Rahmen des *hedge accounting*

9.1 Ökonomische vs. bilanzielle Sicherung (*hedging* vs. *hedge accounting*)

Mit der Zusage einer anteilsbasierten Vergütung mit Barausgleich geht der Vergütungsschuldner eine feste (Zahlungs-)Verpflichtung *(contractual obligation)* ein, deren Höhe von der Wertentwicklung der Anteile des betroffenen Unternehmens abhängt. Mit der Knüpfung der Zahlungsverpflichtung an eine nur bedingt durch das Unternehmen selbst beeinflussbare, im Übrigen aber von externen Einflüssen abhängige Größe, entsteht dem Vergütungsschuldner ein finanzielles Risiko in Bezug auf den sich über die *vesting period* zu verteilenden Gesamtaufwand und die am *vesting date* zu leistende Auszahlung. 194

Zur Absicherung des finanziellen Risikos aus der anteilsbasierten Vergütungszusage (als Grundgeschäft) kann allerdings ein Sicherungsgeschäft zur Risikominimierung *(hedging)* abgeschlossen werden. Ökonomisch (nicht notwendigerweise auch bilanziell) zählt dann nur noch das Gesamtergebnis aus Grund- und Sicherungsgeschäft. Eine ökonomisch effektive Absicherung wird erzielt, wenn dieses Gesamtergebnis weitestgehend immun gegen Schwankungen des Preis-, ggf. auch des Mengengerüsts der anteilsbasierten Zusage ist. 195

Als Sicherungsinstrument kommen ökonomisch folgende Transaktionen infrage:

- Rückkauf eigener Anteile *(treasury shares)* im Zusagezeitpunkt *(grant date)*, um diese Anteile bei Erfüllung der Ausübungsbedingungen wieder zu veräußern.
- Erwerb einer (Kauf-)Option *(call option)* auf die eigenen Aktien-Anteile mit oder ohne Möglichkeit zum Barausgleich *(net cash settlement)* zum *vesting date*.

Im ersten Fall wird das finanzielle Risiko aus der Kursentwicklung aufgehoben, da die Auszahlung für die Vergütung der Zusage vorgezogen wird. Im zweiten Fall wird ein Sicherungsinstrument eingesetzt, dessen Wert wie die Vergütungszusage an die künftige Wertentwicklung der Unternehmensanteile geknüpft ist, diese allerdings mit umgekehrtem Vorzeichen berücksichtigt.

Praxis-Beispiel

Eine anteilsbasierte Vergütung mit Barausgleich sieht als einzige Ausübungsbedingung einen Mindestverbleib der Anspruchsberechtigten im Unternehmen für die nächsten drei Jahre vor. Im Zusagezeitpunkt wird als künftige Vergütung die positive Wertentwicklung der Unternehmensanteile während der Sperr- bzw. Wartefrist *(vesting date fair value – grant date fair value)*, gerechnet auf 5.000 Unternehmensanteile, gewährt.

Folgende alternative Szenarien werden zur ökonomischen Absicherung der Risikoposition (Wertentwicklung der Anteile über drei Jahre) diskutiert:

- Rückkauf von 5.000 eigenen Anteilen *(treasury shares)* im Zusagezeitpunkt, die zum *vesting date* am Markt veräußert werden. Mit dem erzielten Veräußerungserlös soll die Verpflichtung bedient werden.
- Abschluss einer Kaufoption auf 5.000 eigene Anteile im Zusagezeitpunkt zu einem festen Betrag am Ende der Sperr- bzw. Wartefrist. Die durch Ausübung der Option erworbenen Anteile sollen nach Erhalt

---

> unmittelbar am Markt veräußert werden, um den Veräußerungserlös zur Bedienung der Vergütungszusage zu verwenden.
> - Abschluss einer Kaufoption auf 5.000 eigene Anteile im *grant date* zu einem festen Betrag am *vesting date*. Die Kaufoption sieht einen Barausgleich *(net cash settlement)* der Wertdifferenz der Unternehmensanteile vor. Der erwartete Betrag soll zur Bedienung der Vergütungszusage herangezogen werden.

196   Aus **bilanzieller Perspektive** kann nicht ohne Weiteres auf das Gesamtergebnis aus Grund- und Sicherungsgeschäft abgestellt werden (→ § 28a Rz 1 ff.). Die IFRS formulieren **restriktive Anforderungen** an die bilanzielle Berücksichtigung von Sicherungszusammenhängen *(hedge accounting)*. Entscheidend für die Zulässigkeit des Abstellens auf das Gesamtergebnis aus einem Grund- und einem Sicherungsgeschäft ist die Tauglichkeit
- der anteilsbasierten Vergütung als **Grundgeschäft** für das *hedge accounting* unter Berücksichtigung der Art des abzusichernden Risikos und der daraus resultierenden Qualifikation als *fair value* oder *cash flow hedge.*
- des ökonomisch eingesetzten Sicherungsinstruments als **Sicherungsgeschäft** für das *hedge accounting.*

197   Ein Rückgriff auf das *hedge accounting* setzt zusätzlich die Erfüllung der formalen und quantitativen Kriterien voraus, insbesondere die Dokumentation der Sicherungsbeziehung und den Nachweis der Effektivität.

9.2   Keine bilanzielle Sicherung von *equity-settled transactions*

198   Zur bilanziellen Anerkennung einer ökonomischen Sicherungsbeziehung muss das Grundgeschäft *(hedged item)* eine Risikoposition des Unternehmens begründen, die erfolgswirksam Auswirkungen auf die Gesamtergebnisrechnung zeigt. Bei einer anteilsbasierten Vergütung mit Ausgleich in Eigenkapitalinstrumenten liegt kein die GuV berührendes Risiko aus der Wertentwicklung der Aktien vor, da die (kursabhängige) Bewertung der Transaktion zum *grant date* erfolgt. Ein *hedge accounting* für anteilsbasierte Vergütungen mit Ausgleich in Eigenkapitalinstrumenten scheidet somit aus.

Für eine Sicherung besteht andererseits auch kein Bedürfnis. Der durch die Zusage der anteilsbasierten Vergütung bedingte Aufwand steht durch „Einfrieren" des Preisgerüsts bereits am *grant date* fest (Rz 82). Spätere Kursentwicklungen können zwar – je nach Modus der Begebung der Eigenkapitalinstrumente (Erwerb eigener Aktien statt Kapitalerhöhung) – den späteren *cash flow* berühren, nicht aber die GuV.

Entsprechendes gilt für anteilsbasierte Vergütungen mit Erfüllungswahlrecht, die als *equity-settled transactions* behandelt werden.

9.3   *Cash flow hedge* bei *cash-settled transactions*

199   Bei einer anteilsbasierten Vergütung mit Barausgleich führt die Erfüllung der Ausübungsbedingungen bei positivem Wert der virtuellen Optionen zu einem **Ressourcenabfluss**, der nur wertmäßig an Eigenkapitalinstrumente geknüpft ist, bei dem Vergütungsschuldner. Das Preisgerüst der Zusage ist zu jedem Stichtag neu zu

bestimmen. Sich bis zum *vesting date* ergebende Wertentwicklungen berühren den *cash flow* und werden bei virtuellen Mitarbeiteroptionen und ähnlichen Vergütungen als Aufwand in der **GuV** erfasst (IFRS 2.30).

Somit sind Verpflichtungen aus einem als *cash-settled plan* als Grundgeschäfte einem *hedge accounting* im Wege des *cash flow hedge* zugänglich.[37] Für anteilsbasierte Vergütungen mit Erfüllungswahlrecht, die als *cash-settled transactions* behandelt werden, muss allerdings die Möglichkeit, statt einer Barzahlung eine Aktienausgabe zu verlangen (Wahlrecht des Anspruchsberechtigten) oder anzubieten (Wahlrecht des Vergütungsschuldners), so gut wie sicher ausgeschlossen sein. Sollte diese Gewissheit nicht bestehen, würde es an der für einen *cash flow hedge* geforderten hohen Wahrscheinlichkeit des prognostizierten *cash flow* fehlen (IAS 39.88(c)).

Allerdings sind – für Zwecke des *hedge accounting* – auch an das Sicherungsinstrument **besondere Anforderungen** zu stellen. Mit Ausnahme hier nicht einschlägiger Ausnahmen lassen die Vorgaben ein *hedge accounting* nur zu, wenn das Sicherungsinstrument ein **Finanzderivat** ist. Dies setzt u. a. voraus, dass es nicht als Eigenkapitalinstrument zu qualifizieren ist. | 200

Für die verschiedenen Formen der ökonomischen Absicherung des Risikos künftiger Wertschwankungen aus der anteilsbasierten Barvergütung ergibt sich hieraus bilanziell:

- Der **Rückkauf** eigener Anteile *(treasury shares)* zum Zusagezeitpunkt oder der Erwerb einer Kaufoption auf eine feste Anzahl eigener Anteile zu einem festen Preis sind Transaktionen mit Eigenkapitalinstrumenten des Unternehmens. Eine Klassifizierung als Finanzderivat scheidet aus. Damit entfällt auch die Möglichkeit zum *hedge accounting*.
- Der Erwerb einer **Kaufoption** auf eigene Anteile, die durch Barausgleich *(net cash settlement)* erfüllt wird, ist hingegen ein Finanzderivat und damit mögliches Sicherungsinstrument *(hedging instrument)* zum *hedge accounting*.

Sind die Voraussetzungen des *hedge accounting* für anteilsbasierte Vergütungen mit Barausgleich erfüllt, ist in der GuV jeder Periode nur das **Gesamtergebnis** aus Grund- und Sicherungsgeschäft zu erfassen. | 201

Da die anteilsbasierte Barvergütung unter Berücksichtigung des aktuellen Preis- und Mengengerüsts am jeweiligen Stichtag ratierlich über die *vesting period* verteilt wird, bedeutet dies:

- Zu jedem Stichtag erfolgt i. H. d. ratierlich entstandenen (Personal-)Aufwands aus der Vergütungszusage eine (gegenläufige) erfolgswirksame Erfassung der *fair-value*-Änderungen des als Sicherungsinstrument eingesetzten Finanzderivats. Bei vollständiger Sicherung und einer *vesting period* von drei Jahren wäre also etwa nach einem Jahr von der bis dahin eingetretenen *fair-value*-Änderung des Sicherungsinstruments ein Drittel erfolgswirksam zu erfassen.
- Darüber hinausgehende Änderungen des *fair value* sind (für den effektiven Teil der Absicherung) in der Neu- oder Zeitbewertungsrücklage zu parken und in späteren Perioden in die GuV zu übernehmen *(recycling)*.

---

[37] Vgl. DIG 29f-2 der DERIVATIVES IMPLEMENTATION GROUP des FASB (nach *codification* übernommen in ASC Topic 815). So auch PwC, IAS 39 – Achieving hedge accounting in practice, Dezember 2005, S. 40.

10   Anwendungsprobleme nach deutschem Gesellschaftsrecht

202   Der Gesellschaft stehen nach deutschem Aktienrecht insbesondere zwei Wege der Aktienbeschaffung zur Verfügung:

- die **bedingte Kapitalerhöhung**, also die Schaffung junger Aktien sowie
- der **Aktienrückkauf**, also die Verwendung bereits umlaufender Stücke.

203   Zur Gewährung von auf einem **bedingten Kapital** beruhenden *stock options* ist ein Hauptversammlungsbeschluss nach den §§ 192 Abs. 2 Nr. 3, 193 Abs. 2 Nr. 4 AktG herbeizuführen. Dabei müssen **Erfolgsziele** definiert werden; deshalb kommt nur die Ausgestaltung der Optionsrechte in Form von *performance vesting share options* in Betracht. Deren Ausübbarkeit hängt vom Erreichen bestimmter Erfolgskriterien ab (Höhe des Aktienkurses bzw. Anteilswerts, Indexierung betriebswirtschaftlicher Kennzahlen).

204   Zur Begebung von auf einem **Aktienrückkauf** basierenden *stock options* ist ein Hauptversammlungsbeschluss nach § 71 Abs. 1 Nr. 8 AktG herbeizuführen. Dabei müssen ebenfalls **Erfolgsziele** festgestellt werden. Kraft der Verweisung in § 71 Abs. 1 Nr. 8 Satz 5 AktG gelten die in § 193 Abs. 2 Nr. 4 AktG niedergelegten Anforderungen an Beschlüsse nach § 192 Abs. 2 Nr. 3 AktG für den Erwerb eigener Aktien zum Zwecke der Absicherung von *stock options* entsprechend.

205   Zwingende aktienrechtliche Regelungen für *stock appreciation rights* existieren nicht. Im Schrifttum werden freilich Überlegungen angestellt, die aktienrechtlichen Erfordernisse in § 193 Abs. 2 Nr. 4 AktG, insbesondere die **Pflicht** zur Feststellung **von Erfolgszielen**, auch auf *stock appreciation rights* auszudehnen.[38] Mit dem Gesetzeswortlaut ist dies nicht vereinbar. Die *shareholder-value*-Orientierung des KonTraG könnte eine solche entsprechende Anwendung dagegen nahelegen.

206   Ein deutscher IFRS-Anwender ist zwar nach § 315a HGB (→ § 7) von der HGB-Konzernrechnungslegung befreit, unterliegt indes unverändert dem zwingenden Vorgaben des **Gesellschaftsrechts**, hier also in aller Regel dem AktG. Folgerichtig ist die Frage nach der „Verträglichkeit" der Bilanzierungsvorschriften nach IFRS 2 mit den (insbesondere) aktienrechtlichen Vorgaben zu stellen.[39] Zu unterscheiden ist, ob die aktienunterlegte Vergütung (meistens an Mitarbeiter) **schuld**- oder **gesellschafts**rechtlich ausgestaltet ist.

207   Bei den *stock appreciation rights* (Rz 53) ist die Antwort am einfachsten: Die Vergütung erfolgt hier schuldrechtlich durch die **Gesellschaft** selbst, sie hat die Verbindlichkeit und muss entsprechend über die Laufzeit hinweg eine Verbindlichkeitsrückstellung aufbauen.

208   Gerade umgekehrt liegt der bilanzierungsrelevante Sachverhalt, wenn die (spätere) Vergütung aus einem **bedingten Kapital** gem. § 192 Abs. 2 Nr. 3 AktG mit neuen Aktien des Unternehmens erfolgen soll („nackte Aktienoptionen"). Hier hat die Gesellschaft keine eigentliche schuldrechtliche Leistungsverpflichtung. Die Leistungsverpflichtung trifft vielmehr die **Altaktionäre**, die durch den

---

38   So namentlich HIRTE, in: SCHMIDT/RIEGGER (Hrsg.), Gesellschaftsrecht 1999, RWS-Forum 15, Köln 2000, S. 220f.; hierzu auch SCHWARK, in: HOMMELHOFF/LUTTER/SCHMIDT/SCHÖN/ULMER (Hrsg.), Corporate Governance, Beiheft der Zeitschrift für das gesamte Handelsrecht und Wirtschaftsrecht, Heft 71, 2002, S. 96; FREY, in: Großkommentar AktG, 4. Aufl., 2001, § 192 AktG Anm. S. 108; EKKENGA, DB 2004, S. 1897.

39   Vgl. hierzu EKKENGA, DB 2004, S. 1897.

Bezugsrechtsausschluss im Wege der **Kapitalverwässerung** die Vergütung an die Neuaktionäre (Optionsinhaber) erbringen (sollen). Außerdem erhält (umgekehrt) die Gesellschaft eine Vergütung i. H. d. Ausübungspreises. Auf diese Gestaltung nach deutschem Gesellschaftsrecht „passen" die Bilanzierungsregeln von IFRS 2 zu den Eigenkapitalinstrumenten nur bedingt. Die Zulässigkeit der von IFRS 2 vorgesehenen Buchung „per Aufwand an Kapitalrücklage" ist daher nach deutschem Gesellschaftsrecht fraglich. Bestehende Auffassungsunterschiede sind aber insoweit von geringer Relevanz, als die IFRS-Vorschriften nur auf den IFRS-Abschluss, also gerade nicht auf den (gesellschaftsrechtlichen) HGB-Abschluss anzuwenden sind; die Mitgliedschaftsrechte auf Dividenden, Liquidationserlösteilhabe usw., aber auch die Gläubigerrechte richten sich auf den handelsrechtlichen Einzelabschluss und werden von einem „falschen" Kapitalausweis in der IFRS-Einzel- oder -Konzernbilanz nicht berührt.

Als Modus der Bedienung echter Optionsrechte kommt neben der Ausgabe neuer Aktien aus bedingtem Kapital auch der Erwerb eigener **Aktien** nach § 71 Abs. 1 Nr. 8 AktG infrage.   209

Bei Erfüllung echter Optionspläne durch Erwerb eigener **Aktien** sind **drei Schritte** zu unterscheiden: 210

- ergebniswirksame Gewährung der Optionen,
- Erwerb der eigenen Aktien gegen bar (erfolgsneutral) sowie
- „Verkauf" der eigenen Aktien gegen bar (erfolgsneutral).

Aus Erwerb und Verkauf entsteht auch dann kein **Aufwand** oder Ertrag, wenn der Erwerbspreis für die eigenen Aktien vom Ausübungskurs für die Aktienoptionen abweicht. Die Gewährung der Optionen als Gegenleistung für empfangene Dienste ist hingegen **ergebniswirksam** zu verbuchen (Rz 46). Maßgeblich ist der nach Optionspreismodellen ermittelte *fair value* des Optionsrechts am *grant date*.

Die effektiv beim Unternehmen entstehenden **pagatorischen** Aufwendungen in Form von erwarteten Auszahlungsüberschüssen (Erwerbspreis der eigenen Aktien ist größer als der Optionsausübungspreis) sind hingegen nicht aufwandswirksam darzustellen.   211

Praxis-Beispiel

Die Gesellschaft hat sich verpflichtet, leitenden Mitarbeitern unter Beachtung einer Sperrfrist etc. Aktien zu einem Ausübungspreis von 100 GE zu verschaffen. Die erforderlichen Aktien erwirbt sie an der Börse zu 150 GE. Dieser Erwerb ist als Einlagenrückgewähr im Eigenkapital zu kürzen. Nach Ende der Sperrfrist *(vesting period)* üben die begünstigten Mitarbeiter ihr Optionsrecht aus. Der Börsenkurs beträgt in diesem Augenblick für die Aktien 180 GE.

Die Gesellschaft erhält für die abgehenden Aktien einen Kurs von 100 GE (Ausübungskurs), es entsteht in Summe eine Eigenkapitalminderung von 50 GE. Buchungen für den Erwerb:

Konto	Soll	Haben
Eigenkapital	150	
Geld		150

Für die Abgabe:

Konto	Soll	Haben
Geld	100	
Eigenkapital		100

Das Eigenkapital ist insofern um 50 GE gemindert.

Daneben führt der *fair value* der Option im Zusagezeitpunkt zu einem pro rata zu erfassenden Aufwand, der jedoch gegen Kapitalrücklage und somit ohne zusätzliche Änderung des Eigenkapitalbetrags gebucht wird.

Praxis-Beispiel (Abwandlung)

Die Gesellschaft erwirbt während der Haltefrist *(vesting period)* keine eigenen Aktien und muss deshalb ihrer Stillhalterverpflichtung am Ausübungstag auf der Grundlage eines Kurses von 180 GE nachkommen.

Die entstehende Eigenkapitalminderung errechnet sich nunmehr mit 180 GE – 100 GE = 80 GE.

Buchungen:

Konto	Soll	Haben
Eigenkapital	180	
Geld		180
Geld	100	
Eigenkapital		100

Sowie wiederum Aufwand aus dem *fair value* der Option.

Sachverhalt (Abwandlung)

Die Gesellschaft sichert den erforderlichen Aktienerwerb im Rahmen einer ökonomischen Sicherung zum Teil durch eine zeitlich gleichlautende Gegenposition (*call option* mit einem Basispreis von 100 GE). Ein Rückgriff auf die Vorgaben zum *hedge accounting* scheidet aus (Rz 198). Sie zahlt hierfür eine Optionsprämie von 5 GE.

Hier entsteht für die Gesellschaft Aufwand i.H.d. Optionspreises und der evtl. Zusatzaufwendungen wegen nicht identischer Absicherung. Die sich daran anschließende Frage ist auf die Verteilung eines entsprechenden Aufwands über den Zeitraum zwischen der Ausgabe der Optionen *(grant date)* und dem Beginn der Ausübungsfrist *(vesting date)* gerichtet. Hier bietet sich eine analoge Anwendung der Regeln für die *stock appreciation rights* (Rz 107ff.) an. Die nachstehende Tabelle zeigt die buchungstechnischen[40] Zusammenhänge. Die Ergebnisauswirkungen resultieren jeweils aus dem *fair value* der Optionen und dem Ausgabeeffekt.

Buchungsschema:

Prämissen:	Aktienkurs 1.1.	105
	Aktienkurs 31.12.	110
	Basispreis	100
	vesting period ein Jahr (= bis 31.12.01)	
	Optionswert 1.1.	10

				EK-Veränderung
Optionsgewährung	Personalaufwand 10	an KapRL	10	0
Erwerb *call option*	Vermögenswert 5	an Geld	5	0

---

[40] HOFFMANN/LÜDENBACH, DStR 2004, S. 791.

			EK-Veränderung
Aktienkauf (Ausübung *call option*)	Eigenkapital 110	an Geld 105 an Vermögenswert 5	– 110
Aktienverkauf	Geld 100	an Eigenkapital 100	+ 100
			– 10

Unklar ist im handels- und steuerrechtlichen Schrifttum, ob die latente Verpflichtung aus der Stillhalterposition des Unternehmens nach HGB und EStG als **Verbindlichkeits-**[41] oder als **Drohverlust**rückstellung[42] auszuweisen ist. Für die IFRS-Bilanzierung kommt diesem Thema nur indirekt über die Steuerlatenzrechnung (Rz 233) Bedeutung zu.

212

Bei Optionsgewährung an Vorstände ist das am 18.6.2009 im Bundestag verabschiedete Gesetz zur Angemessenheit der Vorstandsvergütung (**VorstAG**) beachtlich. Hiernach besteht ein engerer Rahmen für die Gestaltung der Top-Manager-Vergütung. Mit der gesetzlichen Regulierung erfolgt eine stärkere Ausrichtung der Vorstandsvergütung auf eine langfristig orientierte und nachhaltige Unternehmensführung. Die gesetzliche Neuregelung hat wesentliche Bedeutung für anteilsbasierte Vergütungen des Vorstands, weil die **gesetzliche Sperrfrist** für eine Ausübung von Optionen von zwei auf **vier Jahre** verlängert wird. Die Angemessenheit der Vergütung im Marktvergleich ist einer regelmäßigen Prüfung zu unterziehen. Über eine Erweiterung der Haftung des (gesamten) Aufsichtsrats wird dessen Kontrollfunktion nochmals besonders betont.

213

11 Tatsächliche und latente Steuern

11.1 Betriebsausgabenabzug aus gewährten Optionen

Im Zusammenhang mit anteilsbasierten Vergütungen (insbesondere gegenüber Mitarbeitern) ergeben sich regelmäßig auch steuerliche Konsequenzen. Die Auswirkungen von aktuellen und latenten Steuern bestimmen sich in Abhängigkeit von dem jeweils anwendbaren, länderspezifischen Steuerrecht. Das – die anteilsbasierte Vergütung – gewährende **Unternehmen** kann bei virtuellen Optionen fast immer, bei echten Optionen nur in bestimmten Ländern (z. B. Großbritannien) aus gewährten Zusagen einen Betriebsausgabenabzug geltend machen.

214

11.2 Notwendige Unterscheidung nach Ausgestaltung der Zusage

Aus Sicht des Unternehmens ergeben sich in Abhängigkeit von dem anwendbaren Steuerrecht ggf. Vorteile in Form eines (künftigen) Betriebsausgabenabzugs aus der Zusage von anteilsbasierten Vergütungen (so auch IAS 12.68A). Allerdings weicht i. d. R., insoweit überhaupt eine Anerkennung erfolgt, der steuerlich anrechenbare Betrag hinsichtlich des **Zeitpunkts** des Anfalls und der **Höhe** nach von der im Einklang mit IFRS 2 stehenden Aufwandsbuchung ab. Damit kommt eine Latenzrechnung infrage.

Die Erfassung latenter Steuern (*deferred taxes*) setzt nach allgemeinen Regeln die Identifizierung einer **temporären Differenz**, somit von Buchwertunterschieden

215

---

41 So z.B. HERZIG/LOCHMANN, WPg 2002, S. 325ff. m.w.N.
42 So z.B. LANGE, WPg 2002, S. 354, 362ff. m.w.N.

zwischen IFRS-Bilanz (*carrying amount*) und steuerlichem Wertansatz (*tax base*; → § 26 Rz 44) voraus.

216 Die Buchwertunterschiede müssen sich in späteren Perioden (steuerwirksam) wieder umkehren. Die Erfassung von Steuerlatenzen scheidet aus, wenn dauerhafte (*permanent*) Unterschiede zwischen Wertansätzen nach IFRS und Steuerrecht vorliegen, keine Umkehr im Zeitablauf erfolgt oder eine solche das steuerliche Ergebnis nicht beeinflusst (→ § 26 Rz 46).

217 Für die Erfassung latenter Steuern aus anteilsbasierten Vergütungen beim Empfänger der Leistung (eine Divergenz von Empfänger der Leistung und Vergütungsschuldner ausgeklammert; Rz 166) ist zwischen Vergütungen, die *equity-settled* sind oder so behandelt werden (etwa Zusagen mit Erfüllungswahlrecht; Rz 124), und *cash-settled transactions* zu unterscheiden.

- Bei Gewährung einer Vergütung mit *cash settlement* erfasst das Unternehmen eine nicht finanzielle Verbindlichkeit (Rückstellung) in Abhängigkeit des Preis- und Mengengerüstes am Bilanzstichtag (Rz 44). Aus der vorstehenden Gleichung (Rz 216) lässt sich daher auch ein Ergebnis, somit eine temporäre Differenz, ableiten (Rz 212 f.).

- Bei Zusagen, die als *equity-settled* behandelt werden (Rz 84 ff.), fehlt es – wegen der buchmäßigen Erfassung „per Aufwand an Kapitalrücklage" (Rz 44 f.) – hingegen an einem Buchwert (*carrying amount*) nach IFRS bzw. dieser beträgt null. Für die Bestimmung einer temporären Differenz bedarf es daher eines Steuerwerts (Rz 219). Fehlt es auch an diesem oder ist dieser ebenfalls null, scheidet die Erfassung latenter Steuern aus.

Die IFRS tragen vorstehender Unterscheidung nicht explizit Rechnung. Sie sehen spezielle Vorgaben nur für die Erfassung latenter Steuern aus *equity-settled*-Zusagen vor (IAS 12.68A ff.). Diese Vorgaben haben zum Teil kasuistischen Charakter und können zum Ansatz einer Latenz auch dort führen, wo i.e.S. keine temporäre Differenz vorliegt.

11.2.1 Erfolgswirksame Erfassung latenter Steuern bei Zusagen mit Barausgleich

218 Im Rahmen der bilanziellen Erfassung anteilsbasierter Vergütungen mit Barausgleich (*cash settlement*) ergeben sich für die Steuerlatenzrechnung i.d.R. keine besonderen Probleme (Rz 217). Das Unternehmen als Leistungsempfänger (und Vergütungsschuldner) erfasst nach IFRS eine nichtfinanzielle Verbindlichkeit unter Berücksichtigung des aktuellen Preis- und Mengengerüstes (Rz 80). Veränderungen der Verbindlichkeit und die daraus resultierenden latenten Steuern sind ergebniswirksam zu erfassen (Rz 120). Sofern nach Steuerrecht die Schuld zum gleichen Zeitpunkt und in gleicher Höhe passiviert wird, entsteht keine Latenz; sofern es Divergenzen in Zeitpunkt und/oder der Höhe gibt, ist eine solche anzusetzen.

Praxis-Beispiel (Fortsetzung zu Rz 87)

500 Führungskräfte erhalten eine Zusage von je 100 *stock appreciation rights* (SARs). Einzige Bedingung ist ein Verbleib in den Diensten der Gesellschaft für wenigstens drei Jahre. Steuerlich (unterstellt) kann die Gesellschaft während der Sperrfrist zeitanteilig einen Aufwand i. . d. inneren Werts der erteilten (virtuellen) Optionen zum jeweiligen Stichtag geltend machen (eine

---

Abzinsung entfällt). Für das Mengengerüst ist auch steuerlich auf die erwartete Anzahl der Ansprüche nach Ablauf der Sperrfrist abzustellen. Mit Ausübbarkeit der Optionen ist der Zuwendungsbetrag vollständig steuerlich abzugsfähig. Der relevante (Unternehmens-)Steuersatz beträgt 30 %. Die bilanzielle Behandlung nach IFRS und die steuerliche Abbildung bestimmen sich nach folgenden Prämissen:

Jahr	Ist-Ansprüche	Erwartete Ansprüche nach Sperrfrist	Inanspruchnahme	Optionswert (*fair value* gem. IFRS 2) in EUR	Innerer Wert in EUR
1	46.500	40.500		14,40	5
2	42.500	40.000		15,50	10
3	40.300		15.000	18,20	15
4			14.000	21,40	20
5			11.300	25,00	25

Die Aufwandsbestimmung und die Fortschreibung der Verbindlichkeit nach IFRS ergeben sich in folgender Höhe:

Jahr	Berechnung		Aufwand EUR	Verbindlichkeit EUR
1	(500 – 95) Mitarbeiter × 100 SARs × 14,40 EUR × 1/3		194.400	194.400
2	(500 – 100) Mitarbeiter × 100 SARs × 15,50 EUR × 2/3–194.400 EUR		218.933	413.333
3	(500 – 97 – 150) Mitarbeiter × 100 SARs × 18,20 EUR – 413.333 EUR	47.127		460.460
	+ 150 Mitarbeiter × 100 SARs × 15 EUR	225.000		
	insgesamt		272.127	
4	(253 – 140) Mitarbeiter × 100 SARs × 21,40 EUR – 460.460 EUR	– 218.640		241.820
	+ 140 Mitarbeiter × 100 SARs × 20 EUR	280.000		
	insgesamt		61.360	
5	0 EUR – 241.820 EUR	– 241.820		
	+ 113 Mitarbeiter × 100 SARs × 25 EUR	282.500		
	insgesamt		40.680	
	Endsumme		787.500	

Steuerlich richtet sich die Bestimmung der Verbindlichkeit nach den erwarteten Ansprüchen unter Berücksichtigung des inneren Werts der Zusage zum Bilanzstichtag (eine Abzinsung unterbleibt):

Jahr	Berechnung		Aufwand EUR	Verbind-lichkeit EUR
1	40.500 × 5 EUR × 1/3		67.500	67.500
2	40.000 × 10 EUR × 2/3 − 67.500 EUR		199.167	266.667
3	25.300 × 15 EUR − 266.667 EUR +	112.833		379.500
	15.000 × 15 EUR	225.000		
	Insgesamt		337.833	
4	11.300 × 20 EUR − 379.500 EUR +	− 153.500		226.000
	14.000 × 20 EUR	280.000		
	Insgesamt		126.500	
5	0 EUR − 226.000 EUR	− 226.000		
	+ 11.300 × 25 EUR	282.500		
	Insgesamt		56.500	
	Endsumme		787.500	

Für die Erfassung latenter Steuern (laufende Steuern, insbesondere Umbuchungen zwischen latenten und laufenden Steuern, ausgeklammert) ergibt sich Folgendes:

Jahr	temporary differences EUR	(+) deferred tax asset/ (−) deferred tax liability EUR	(−) Steueraufwand/ (+) Steuerertrag EUR
1	126.900	(+) 38.070	(+) 38.070
2	146.666	(+) 44.000	(+) 5.930
3	80.960	(+) 24.288	(−) 19.712
4	15.820	(+) 4.746	(−) 19.542
5	0	0	(−) 4.746

219   Die Erfassung latenter Steuern auf anteilsbasierte Vergütungen mit Barausgleich führt – unter der Prämisse, dass der bis zum jeweiligen Stichtag kumulierte, steuerlich anrechenbare Aufwand kleiner ist als der entsprechende IFRS-Aufwand und sich diese Divergenz mit Ausübung der Option aber aufhebt – zur Erfassung eines latenten Steueranspruchs (*deferred tax asset*). Nur wenn der kumulierte, steuerlich anrechenbare Aufwand (ausnahmsweise) während der Ausübungsfrist einer anteilsbasierten Vergütung den kumulierten IFRS-Aufwand übersteigt, ist die Bildung einer passiven latenten Steuer (*deferred tax liability*) zulässig (IFRS 2.BC314).

11.2.2   Aufteilung in erfolgswirksame und erfolgsneutrale Steuerabgrenzung bei *equity settlement*

220   Die Erfassung latenter Steuern im Zusammenhang mit *equity settled transactions* setzt das Bestehen einer temporären Differenz voraus (Rz 217). Man-

gels Erfassung eines Vermögenswerts oder einer Schuld fehlt es allerdings an einem IFRS-Buchwert (*carrying amount*). Erfolgt auch in der Steuerbilanz kein Ansatz eines Vermögenswerts oder einer Schuld, würde nach der allgemeinen Definition der *tax base* in IAS 12.5 dann gelten: Es fehlt an einer temporären Differenz und damit an den Voraussetzungen einer Latenzierung. Bestenfalls wäre die spätere steuerliche Abzugsfähigkeit als *tax credit* zu erfassen, IAS 12.67B erweitert jedoch unter Bezugnahme auf IAS 12.9 und IAS 12.26(b) den Begriff der *tax base* über den Stichtagsbuchwert der „Steuerbilanz" hinaus auf einen (nach deutschem Steuerrecht allerdings ausgeschlossenen; Rz 233) Betriebsausgabenabzug, der noch nicht am Stichtag, aber in der Zukunft möglich sein wird. U. E. handelt es sich hierbei um Kasuistik, die den allgemeinen Grundsätzen der Latenzrechnung widerspricht, aber gleichwohl angesichts des klaren Wortlauts von IAS 12.67B zu beachten ist. Die spätere steuerliche Abzugsfähigkeit führt damit i. d. R. zu einer aktiven latenten Steuer.

Der Höhe nach bestimmt sich der Betrag der aktivischen Steuerabgrenzung aus dem erwarteten steuerlichen Anrechnungsbetrag bei unterstellter Ausübung der Vergütung zum Bilanzstichtag und dem Mengengerüst der Zusage, insbesondere einer vereinbarten Sperrfrist (*vesting period*). Der erwartete (Gesamt-)Betrag des künftigen steuerlichen Erstattungsanspruchs ist danach über die Dauer einer *vesting period* zu verteilen (so *Example* 5 in IAS 12.IE). Analog zur Behandlung von zeitraumbezogenen Leistungen gem. IFRS 2.15 halten wir eine **lineare Verteilung** über die *vesting period* für die vorzuziehende Vorgehensweise (Rz 86). **221**

Sollte der steuerliche Erstattungsanspruch (ausnahmsweise) vor der Erfassung der Vergütungszusage im IFRS-Abschluss erfolgen, ist in analoger Anwendung der nachstehenden Ausführungen die Bildung einer passiven latenten Steuer (*deferred tax liability*) geboten (IFRS 2.BC314).

Ist der zukünftige steuerliche Abzugsbetrag zum Bilanzstichtag der Höhe nach unbekannt, muss eine Schätzung auf Basis der am Stichtag verfügbaren Informationen erfolgen (IAS 12.68B). Insoweit die Anrechnungsfähigkeit der Höhe nach an eine zum Stichtag beobachtbare Größe anknüpft (etwa der Marktwert zugesagter Anteile), ist für die Schätzung verpflichtend auf den Stichtagswert abzustellen. Die Höhe der steuerlichen Anrechnungsfähigkeit stellt somit das **Preisgerüst** der Bewertung für die Latenzrechnung dar. Dieses ist in Abhängigkeit des anwendbaren (nationalen) Steuerrechts – abweichend von der Bestimmung des zu verrechnenden Aufwands nach IFRS (Rz 84) – zu jedem Stichtag anzupassen. **222**

Neben dem Preisgerüst ist auch ein **Mengengerüst** der Steuerlatenzrechnung zugrunde zu legen. Nach den Ausführungen von IAS 12 ist ein Abstellen auf das Mengengerüst am Stichtag (*the number of options outstanding at each year-end*) gefordert (so *Example* 5 in IAS 12.IE). Somit ergibt sich ein weiterer Unterschied im Hinblick auf die Vorgaben für die bilanzielle Behandlung der anteilsbasierten Vergütung (Rz 87). Anstelle einer Neueinschätzung des zu erwartenden Ausübungsvolumens (= Mengengerüst), ist – in enger Auslegung der Vorgaben des IAS 12 – auf das Volumen abzustellen, welches sich bei fiktiver Ausübbarkeit am Stichtag ergäbe. Der erwartete (Gesamt-)Vorteil ist zwar über die *vesting period* zu verteilen (Rz 222), Auswirkungen von *vesting conditions* auf das erwartete Mengengerüst der Bewertung wegen einer notwendigen Stichtagsbetrachtung wären jedoch auszublenden.

Die Vorschriften zur Bestimmung des Mengengerüsts stehen bei wörtlicher Auslegung ebenso wie diejenigen des Preisgerüsts nicht im Einklang mit dem *grant date measurement approach* (Rz 87), entsprechen aber den Vorgaben der Steuerlatenzrechnung (IAS 12.68B), die auch in anderen Fällen (etwa bei der Bestimmung des relevanten Steuersatzes, IAS 12.47) ein strenges **Stichtagsprinzip** verfolgt. Insoweit halten wir ein Abstellen auf feststellbare Parameter des Preis- und Mengengerüsts der Bewertung am Stichtag für die Latenzrechnung für vorziehungswürdig, das Abstellen auf erwartete Größen scheidet somit aus.[43]

223 Als Folge der für die *tax base* herangezogenen Fiktion (Rz 220) für die Steuerlatenzrechnung im Rahmen von *equity-settled transactions* ist für jede Periode eine Gegenüberstellung des kumulierten Aufwands nach IFRS und des „Steuerbuchwerts" geboten (IFRS 2.BC326).

- Die Erfassung latenter Steuern erfolgt **ergebniswirksam**, wenn der aktivierungsfähige künftige Erstattungsanspruch kleiner oder gleich dem kumulierten Aufwand aus der Vergütungszusage ist.

- Übersteigt der aktivierungsfähige Steuererstattungsanspruch den kumulierten Aufwand, ist eine erfolgsneutrale Erfassung **unmittelbar im Eigenkapital** (*directly in equity*), somit ohne Beeinflussung des erfolgsneutralen Teils der Gesamtergebnisrechnung (*other comprehensive income*), geboten (IAS 12.68C).

Die Erfassung aktiver latenter Steuern über das Eigenkapital ist Folge eines Abstellens auf den *grant date fair value measurement approach* (Rz 84). Erfolgt die Bestimmung des steuerlich absetzbaren Erstattungsanspruchs mit Ende der Sperrfrist (*exercise date measurement*), ist die Wertdifferenz den Vergütungsberechtigten als Eigenkapitalgebern (*in their capacity as equity participants*) zuzurechnen (IFRS 2.BC318). Ein Übersteigen des steuerlichen Erstattungsanspruchs ist somit analog zu Transaktionen der Gesellschaft mit ihren Gesellschaftern (*transactions with owners in their capacity as owners*) zu behandeln (IAS 1.109) und im *statement of changes in equity* (ggf. in einer gesonderten Zeile) aufzunehmen (→ § 20 Rz 64 ff.).

224 Die Erfolgswirksamkeit der Steuerabgrenzung für *equity-settled transactions* wird für jede Berichtsperiode durch den kumulierten Betrag der im IFRS-Abschluss erfassten Leistung begrenzt. Für einen darüber hinaus bestehenden steuerlichen Erstattungsanspruch (etwa wegen Unterschieden im Bewertungszeitpunkt; Rz 223) greifen die Besonderheiten für die Bestimmung temporärer Differenzen nicht (Rz 220).

Die Unterscheidung in einen ergebniswirksamen und einen ergebnisneutralen Teil der Steuerabgrenzung zeigt auch im Fall einer **Reduzierung** des steuerlichen Vorteils (etwa durch einen Wertverlust der Option und damit geminderten inneren Wert) Relevanz. Bei der Minderung eines *deferred tax asset* ist zunächst ein erfolgsneutral zugeführter Teil zu berücksichtigen und nur eine darüber hinausgehende Minderung erfolgswirksam zu erfassen.[44]

---

[43] Wohl a. A. ERNST & YOUNG, International GAAP 2017, Ch. 31 sCh. 10.8.1, welche die Inkonsistenz in den Vorgaben von IAS 12 (im Vergleich zu IFRS 2) auf ein redaktionelles Versehen reduzieren „We assume that this is simply a drafting slip by the IASB". Ebenfalls a. A. PwC, IFRS Manual of Accounting 2016, Tz 13.205.1.

[44] Gl. A. PwC, IFRS Manual of Accounting 2016, Tz 13.206.6.

Besonderheiten ergeben sich, wenn – abweichend von dem in IAS 12 behandelten Fall (*Example* 5) – unterschiedliche Ausübungszeitpunkte (*exercise dates*) bestehen (Rz 227).

Praxis-Beispiel (Fortsetzung zu Rz 87)
Die Gesellschaft vereinbart mit 500 Arbeitnehmern die Einräumung von 100 Aktienoptionen je Mitarbeiter. Voraussetzung für die Gewährung ist die Aufrechterhaltung des Dienstverhältnisses über drei Jahre hinweg. Der *fair value* jeder Option wird am *grant date* (Rz 62) auf 15 EUR geschätzt. Die Ausübung aller nicht verfallenen Optionen erfolgt im Jahr 5.

Mit Ausübung der Optionen ist der Zuwendungsbetrag (= innerer Wert) nach dem anwendbaren nationalen Steuerrecht auf Ebene des Unternehmens vollständig steuerlich abzugsfähig. Der relevante (Unternehmens-)Steuersatz beträgt 30 %.

Die bilanzielle Behandlung nach IFRS und die steuerliche Abbildung bestimmen sich nach folgenden Prämissen:

Jahr	Ist-Ansprüche in EUR	Erwartete Ansprüche nach Sperrfrist in EUR	Inanspruchnahme in EUR	Innerer Wert in EUR
1	48.000	42.500		5
2	45.800	44.000		10
3	44.300			17
4	44.300			20
5			44.300	25

Die Aufwandsbestimmung und die Bestimmung der Eigenkapitalzuführung nach IFRS ergeben sich in folgender Höhe:

Jahr	Berechnung	Vergütungsaufwand je Periode in EUR	Kumulierter Vergütungsaufwand in EUR
1	50.000 Optionen × 85 % × 15 EUR × 1/3	212.500	212.500
2	(50.000 Optionen × 88 % × 15 EUR × 2/3) – 212.500 EUR	227.500	440.000
3	(44.300 × 15 EUR) – 440.000 EUR	224.500	664.500
4			664.500
5			664.500

Steuerlich richtet sich die Bestimmung der Verbindlichkeit nach dem Mengen- und Preisgerüst zum Bilanzstichtag (Rz 222). Die temporäre Differenz ergibt sich i. H. d. steuerlichen Vorteils (der Anrechnungsfähigkeit, da der IFRS-Buchwert (*carrying amount*) null entspricht (Rz 220)).

Jahr	Mengengerüst = Ist-Ansprüche (vor Inanspruchnahme) in EUR	Preisgerüst = innerer Wert je Option in EUR	Summe innerer Wert in EUR	Verteilungsschlüssel (*vesting period*) in EUR	Temporäre Differenz = *tax base* in EUR
1	48.000	5	240.000	1/3	80.000
2	45.800	10	458.000	2/3	305.333
3	44.300	17	753.100	3/3	753.100
4	44.300	20	886.000	3/3	886.000
5	44.300	25	1.107.500	3/3	1.107.500

Die ergebniswirksame Erfassung der aktiven Steuerlatenz ist auf die temporäre Differenz i. H. d. kumulierten Vergütungsaufwands je Periode begrenzt (maximal 664.500 EUR). Es ergibt sich folgende Aufteilung:

Jahr	Steuerlicher Vorteil (*tax asset*) in EUR	Zuführung erfolgswirksam in EUR	Zuführung direkt im EK in EUR	Kumulierte Obergrenze erfolgswirksame Zuführung in EUR	Kumulierter Vergütungsaufwand in EUR
1	24.000	24.000		63.750	212.500
2	91.600	67.600		132.000	440.000
3	225.930	107.750	26.580	199.350	664.500
4	265.800		39.870	199.350	664.500
5	332.250		66.450	199.350	664.500

* Bis Jahr 4 ist ein Ausweis als *deferred tax asset*, ab Jahr 5 als *current tax asset* geboten. Mit dem Periodenwechsel ist entsprechend eine Umbuchung vorzunehmen.

Im Jahr 5 ist die aktive Steuerlatenz in eine tatsächliche Steuerforderung umzubuchen. Im Jahr 3 ergibt sich die Notwendigkeit einer Aufteilung der Zuführung des *tax asset* in einen erfolgswirksamen Teil (107.750 EUR), der sich aus einer Gegenüberstellung der Obergrenze der erfolgswirksamen Zuführung und den bereits erfassten Zuführungen ergibt, und einen (residual bestimmten) direkt im Eigenkapital zu verrechnenden Teil (26.580 EUR).

225   Für die Steuerlatenzrechnung ist bei Vorliegen mehrerer Vergütungszusagen eine **getrennte Beurteilung** geboten (*on a discrete scheme-by-scheme basis*). Positive Abweichungen zwischen dem Steuervorteil und dem *grant date value* einer Zusage sind den Vergütungsberechtigten in ihrer Stellung als Eigenkapitalgeber (*in their capacity as equity participants*) zuzurechnen (Rz 223), eine erfolgswirksame Erfassung scheidet aus. Somit kann ein steuerlicher Vorteil aus einer Zusage – mit der Absicht einer erfolgswirksamen Erfassung – **nicht** auf eine weitere anteilsbasierte Vergütungszusage **übertragen** werden.

Praxis-Beispiel

Eine Gesellschaft hat zum Stichtag noch zwei ausstehende anteilsbasierte Vergütungszusagen (Zusage A und Zusage B) mit vereinbartem *equity settlement*, die zu unterschiedlichen Zeitpunkten begeben wurden. Mit Ausübung der Optionen ist der Zuwendungsbetrag (= innerer Wert) auf Ebene des Unternehmens vollständig steuerlich abzugsfähig. Der relevante (Unternehmens-)Steuersatz beträgt 30 %.

Zum Bilanzstichtag weisen die beiden *equity-settled share-based payment schemes* folgende Eigenschaften auf (in EUR):

	Zusage A	Zusage B
Kumulierter Vergütungsaufwand gem. IFRS 2	500.000	1.000.000
Innerer Wert gem. IAS 12	0	1.500.000
Kumulierte Obergrenze für eine erfolgswirksame Erfassung latenter Steuern	150.000	300.000
Steuerlicher Vorteil (*tax asset*)	0	450.000

Eine Zusammenlegung beider Zusagen für die Steuerlatenzrechnung scheidet aus. Insgesamt ist zwar ein *deferred tax asset* i. H. v. 450.000 EUR zu erfassen, die erfolgswirksame Zuführung ist allerdings auf 300.000 EUR begrenzt. Für Zusage A ergibt sich kein steuerlicher Vorteil, auch nicht indirekt durch Übertragung der kumulierten Obergrenze für eine erfolgswirksame Erfassung auf Zusage B.

In Abhängigkeit der Ausgestaltung einer anteilsbasierten Vergütung kann ggf. **226** eine **Aufspaltung** für Zwecke der Steuerlatenzrechnung erforderlich sein. Anhaltspunkte für eine separate Beurteilung einer Vergütungszusage mit *equity settlement* sind

- das Bestehen unterschiedlicher *grant date fair values*, da sich entweder die Ausgestaltungsmerkmale in Abhängigkeit der Vergütungsberechtigten unterscheiden (z. B. Ausübungsbedingungen werden in Abhängigkeit der Betriebszugehörigkeit ausformuliert) oder die Zusage unterschiedlichen Mitarbeitern gewährt wird, die sich durch heterogene Ausübungsverhalten auszeichnen (z. B. gehobenes Management vs. Angestellte),
- die Möglichkeit zur Geltendmachung von steuerlichen Vorteilen in unterschiedlichen Rechtskreisen und/oder
- Unterschiede in der steuerlichen Anerkennung einer Vergütungszusage wegen der Beteiligung mehrerer Vergütungsberechtigter in unterschiedlichen Rechtseinheiten innerhalb eines Steuergebietes.

Hinsichtlich der Aufteilung der Steuerabgrenzung in einen erfolgswirksamen **227** und einen erfolgsneutralen Teil ergeben sich Besonderheiten, wenn zwar eine einheitliche Sperrfrist (*vesting period*) besteht und somit eine Aufteilung entfällt (Rz 226), die steuerlich anrechenbare Zusage aber zu unterschiedlichen Zeitpunkten ausgeübt (*exercise date*) wird. Für die Bestimmung der Obergrenze einer erfolgswirksamen Zuführung des *tax asset* sind nur zum Stichtag nicht ausgeübte Optionen beachtlich, der **Gesamtbetrag** also um bereits ausgeübte Optionen zu **reduzieren**. Andernfalls käme es – analog einer Vermengung unterschiedlicher Zusagen (Rz 225) – zu einer Vermischung von steuerlichen

Vorteilen, die sich in Bezug auf den *grant date value* ergeben, und solchen, die den Vergütungsberechtigten in ihrer Stellung als Eigenkapitalgeber (*in their capacity as equity participants*) zustehen (Rz 223).

Praxis-Beispiel (Abwandlung zu Rz 224)
Die Gesellschaft vereinbart mit 500 Arbeitnehmern die Einräumung von 100 Aktienoptionen je Mitarbeiter. Voraussetzung für die Gewährung ist die Aufrechterhaltung des Dienstverhältnisses über drei Jahre hinweg. Der *fair value* jeder Option wird am *grant date* (Rz 62) auf 15 EUR geschätzt. Bereits am Ende von Jahr 3 werden 50 % der bestehenden Ansprüche ausgeübt, obwohl der innere Wert zum Stichtag nur 12 EUR je Option beträgt. Alle verbleibenden Ansprüche werden im Jahr 5 gezogen. Mit Ausübung der Optionen ist der Zuwendungsbetrag (= innerer Wert) auf Ebene des Unternehmens vollständig steuerlich abzugsfähig. Der relevante (Unternehmens-)Steuersatz beträgt 30 %. Die bilanzielle Behandlung nach IFRS und die steuerliche Abbildung bestimmen sich – abweichend vom Ausgangsbeispiel (Rz 224) – nach folgenden Prämissen:

Jahr	Ist-Ansprüche	Erwartete Ansprüche nach Sperrfrist	Inanspruchnahme (abweichend vom Ausgangsfall)	Innerer Wert in EUR (abweichend vom Ausgangsfall)
1	48.000	42.500		5
2	45.800	44.000		10
3	22.150		22.150	12
4	22.150			14
5			22.150	20

Die Aufwandsbestimmung und die Bestimmung der Eigenkapitalzuführung nach IFRS ergeben sich in (gleicher) folgender Höhe:

Jahr	Berechnung	Vergütungsaufwand je Periode EUR	Kumulierter Vergütungsaufwand EUR
1	50.000 Optionen × 85 % × 15 EUR × 1/3	212.500	212.500
2	(50.000 Optionen × 88 % × 15 EUR × 2/3) – 212.500 EUR	227.500	440.000
3	(44.300 × 15 EUR) – 440.000 EUR	224.500	664.500
4			664.500
5			664.500

Steuerlich richtet sich die Bestimmung der Verbindlichkeit nach dem Mengen- und Preisgerüst zum Bilanzstichtag (Rz 222). Die temporäre Differenz ergibt sich i.H.d. steuerlichen Vorteils (der Anrechnungsfähigkeit, da der IFRS-Buchwert (*carrying amount*) null entspricht (Rz 220)).

Jahr	Mengengerüst = Ist-Ansprüche (vor Inanspruchnahme) in EUR	Preisgerüst = innerer Wert je Option in EUR	Summe innerer Wert in EUR	Verteilungsschlüssel (vesting period) in EUR	Temporäre Differenz = tax base in EUR
1	48.000	5	240.000	1/3	80.000
2	45.800	10	458.000	2/3	305.333
3	44.300	12	531.600	3/3	531.600
4	22.150	14	310.100	3/3	310.100
5	22.150	20	443.000	3/3	443.000

Die ergebniswirksame Erfassung der aktiven Steuerlatenz ist auf die temporäre Differenz i.H.d. kumulierten Vergütungsaufwands je Periode begrenzt (maximal 664.500 EUR). Die Grenze ist allerdings bei (teilweiser) Ausübung bestehender Optionen anzupassen. Da im Jahr 3 bereits 22.150 ausgeübt werden, ist für die Folgejahre von einer angepassten Obergrenze i.H.v. 332.250 EUR (= 22.150 × 15 EUR) auszugehen. Es ergibt sich folgende Aufteilung:

Jahr	Steuerlicher Vorteil (tax asset*) in EUR	Zuführung erfolgswirksam in EUR	Zuführung direkt im EK in EUR	Kumulierte Obergrenze erfolgswirksame Zuführung in EUR	Kumulierter Vergütungsaufwand** in EUR
1	24.000	24.000		63.750	212.500
2	91.600	67.600		132.000	440.000
3	159.480	67.880		199.350	664.500
3r***	79.740	79.740		99.675	332.250
4	93.030	13.290		99.675	332.250
5	132.900	6.645	33.225	99.675	332.250

* Bis Jahr 2 ist ein Ausweis als deferred tax asset, im Jahr 3 sind 50 % des tax asset in ein current tax asset umzubuchen und ab Jahr 5 ist auch ein Ausweis des verbleibenden Betrags als current tax asset geboten. Mit dem jeweiligen Periodenwechsel ist entsprechend eine Umbuchung vorzunehmen.
** Angepasst um die Anzahl der bereits ausgeübten Optionen.
*** Anpassung der Aufteilung aufgrund der Ausübung von 22.150 Optionen in Jahr 3 (Jahr 3r = revised).

Im Jahr 3 ist die aktive Steuerlatenz zu 50 % (mit einem Betrag von 79.740 EUR) in eine tatsächliche Steuerforderung umzubuchen. Für die Fortführung der Steuerlatenzrechnung ab Jahr 4 ist von einer reduzierten Anzahl ausstehender Anteile auszugehen. Der als current tax asset umgebuchte Betrag wurde in der Aufteilung ab Jahr 4 ausgeklammert. Erst im Jahr 5 ergibt sich die Notwendigkeit einer Aufteilung der Zuführung des tax asset in einen erfolgswirksamen Teil (6.645 EUR), der sich aus einer Gegenüberstellung der Obergrenze der erfolgswirksamen Zuführung und den bereits erfassten Zu-

> führungen, jeweils angepasst an die Anzahl der noch ausstehenden Optionen, ergibt, und einen (residual bestimmten) direkt im Eigenkapital zu verrechnenden Teil (33.225 EUR).

228 Eine weitere Besonderheit ergibt sich im Hinblick auf das Ausübungsverhalten, wenn entgegen der Erwartung und Ausübungsmöglichkeit nicht alle Optionen in Anspruch genommen werden und somit entfallen. Knüpft der steuerliche Vorteil an eine Ausübung der Option und den inneren Wert bei Ausübung, wird dieser nicht realisiert, wenn ausübbare Optionen verfallen (*lapse*). Der Verfall von Optionen wegen Auslaufens der *exercise period* führt u.E. nicht zu einer Anpassung der erfolgten Zuführung zu einem *deferred tax asset*, sondern ist im Rahmen der Umbuchung auf das *current tax asset* zu erfassen.[45] Im Zeitpunkt der Umbuchung ergibt sich ein Auseinanderfallen der erfolgswirksamen Buchung in Soll (Auflösung *deferred tax asset*) und Haben (Zuführung *current tax asset*).

229 Innerhalb einer Gruppe werden (Konzern-)Unternehmen, die an einem einheitlichen Vergütungsplan partizipieren, regelmäßig per Umlage (*recharge*) an den Aufwendungen beteiligt (zu der Behandlung von Vergütungen im Konzernverbund vgl. Rz 166ff.). Auswirkungen auf die Steuerberechnung können sich ergeben, wenn die Umlage anstelle der Ausübung der gewährten Optionen auf Ebene der einzelnen Konzerneinheit steuerlich abzugsfähig ist. Besteht ein unmittelbarer Zusammenhang zwischen der Umlage und der anteilsbasierten Vergütung, gelten für die Steuerlatenzrechnung auf Ebene der konsolidierten Einheit die Vorgaben aus IAS 12.68A – IAS 12.68C analog (Rz 223).[46]

- Ist der aus der Umlage steuerlich anerkannte Vorteil kleiner oder gleich dem kumulierten Vergütungsaufwand, ist eine **erfolgswirksame** Erfassung geboten.
- Übersteigt der Vorteil aus der Umlage den kumulierten Vergütungsaufwand, ist eine Erfassung **unmittelbar im Eigenkapital** der Gruppe geboten.

Fehlt es an einem Zusammenhang zwischen der steuerlichen Anerkennung der Umlage und dem kumulierten Vergütungsaufwand aus der anteilsbasierten Zusage, ist der (Gesamt-)Betrag des steuerlichen Vorteils erfolgswirksam zu vereinnahmen. Steht die Erhebung einer Umlage allein im Ermessen des Mutterunternehmens einer Gruppe und fehlt es an einer durchsetzbaren Vereinbarung, scheidet die Berücksichtigung des Vorteils aus der steuerlichen Anrechnungsfähigkeit der Umlage auf Ebene einer untergeordneten Einheit mangels Entstehen dem Grunde nach aus. Entsprechendes gilt für die Erfassung eines *deferred tax asset* im Konzernabschluss, die ebenfalls zu unterbleiben hat.

11.2.3 Besonderheiten für anteilsbasierte Vergütungen im Rahmen von *business combinations*

230 Erfolgt im Rahmen einer *business combination* der (verpflichtende) Ersatz einer anteilsbasierten Vergütungszusage übernommener Mitarbeiter (*replacement shares*), die Vergütung für erbrachte Dienstleistungen vor dem Erwerbsstichtag darstellt, ist der Wert der Vergütung als Teil der Anschaffungskosten (*consideration transferred*) zu erfassen (Rz 182). Unter der Voraussetzung einer steuerli-

---

[45]   Gl.A. PwC, IFRS Manual of Accounting 2016, Tz 13.206.7.
[46]   Gl.A. PwC, IFRS Manual of Accounting 2016, Tz 13.206.9.

chen Anrechenfähigkeit der anteilsbasierten Vergütung ist nach Maßgabe des Preis- und Mengengerüsts zum Erwerbsstichtag (Rz 222) eine aktive latente Steuer zu erfassen (so auch *Example* 6 in IAS 12.IE).

> **Praxis-Beispiel**
> Unternehmen A erwirbt zum 31.12. alle Anteile an Unternehmen B. Im Zeitpunkt des Unternehmenszusammenschlusses hat die ausübbare Zusage (*fully vested*) auf Anteile (*equity settlement*) der anspruchsberechtigten Mitarbeiter des erworbenen Unternehmens B einen Wert von 10 Mio. EUR. Im Zuge der *business combination* gewährt der Erwerber Optionen auf Anteile an A mit gleichem Wert (*replacement shares*), die ebenfalls sofort ausübbar sind (*fully vested*). Der innere Wert zum Erwerbsstichtag beträgt 7 Mio. EUR, der relevante Steuersatz 30 %. Eine steuerliche Anrechnungsfähigkeit i.H.d. inneren Werts setzt eine Ausübung der gewährten Optionen voraus.
> Für den steuerlichen Vorteil ist im Rahmen der *business combination* eine aktive latente Steuer i.H.v. 2,1 Mio. EUR (= 7 Mio. EUR × 30 %) zu erfassen (zur erforderlichen Kaufpreisallokation siehe → §31 Rz 131 ff.).

231 Für die **Fortführung** der Steuerlatenzrechnung nach vollzogener *business combination*, also der erfassten aktiven latenten Steuer nach Maßgabe des inneren Werts des Steuervorteils zum Preis- und Mengengerüst am Erwerbsstichtag, fehlt es an konkreten Vorgaben in IAS 12. Unklar ist insbesondere, ob Anpassungen der aktiven latenten Steuer wegen Veränderungen des inneren Werts vor Ausübung erfolgswirksam oder erfolgsneutral zu verrechnen sind. Da der Zugang der anteilsbasierten Vergütung im Rahmen der *business combination* erfolgte, somit – unter der Prämisse der freien Ausübbarkeit im Zugangszeitpunkt – keine Historie für einen kumulierten Vergütungsaufwand besteht, halten wir eine Erfassung der Änderungen des steuerlichen Vorteils unmittelbar im Eigenkapital für geboten (Rz 223). Aus Sicht des Erwerbers erfolgte der Zugang der anteilsbasierten Vergütung als Teil der **Anschaffungskosten** (*consideration transferred*), eine erfolgswirksame Fortführung des *deferred tax asset* scheidet aus.

> **Praxis-Beispiel (Fortsetzung zu Rz 230)**
> Zum 31.12.02 sind die *replacement shares* noch nicht ausgeübt worden. Der innere Wert ist allerdings von 7 Mio. EUR auf 9 Mio. EUR angestiegen. Das *deferred tax asset* ist somit um 0,6 Mio. EUR auf 2,7 Mio. EUR (= 9 Mio. EUR × 30 %) zu erhöhen. Mangels Bestehen der Historie eines kumulierten Vergütungsaufwands ist die Zuführung unmittelbar im Eigenkapital zu erfassen, den Vergütungsberechtigten somit in ihrer Rolle als Eigenkapitalgeber (*in their capacity as equity participants*) zuzurechnen.

232 Stellt ein Teil der *replacement shares* Vergütung für den Zeitraum nach der *business combination* dar, ist eine Aufteilung der (Gesamt-)Zusage in *pre*- und *post-combination services* erforderlich. Der als *post-combination expense* identifizierte Teil stellt u.E. eine **neue Zusage** (*new grant date*) dar (Rz 186). Wird die Ausgabe von *replacement shares* (teilweise) als *new grant* behandelt, ist der den Wert der ursprünglichen Zusage übersteigende Wert der *replacement shares* gem.

IFRS 2.15 über die nach dem Stichtag der Kontrollerlangung verbleibende *vesting period* gleichmäßig zu verteilen. Entsprechendes gilt u. E. für die Bestimmung der Steuerlatenz, auch hier ist (anteilig) eine neue Zusage zu unterstellen.

11.3 Begrenzte Bedeutung für Unternehmen im deutschen Rechtsraum

11.3.1 Aktienoptionen und bedingte Kapitalerhöhung

233 IFRS 2 sieht für die anteilsbasierte Vergütung auf der Grundlage eines **bedingten Kapitals** (*equity settlement*) eine aufwandswirksame Ansammlung der unterstellten Arbeitsleistung unter Gegenbuchung im Eigenkapital vor. Die Übernahme dieser Bilanzierungsregel in das deutsche **HGB** ist umstritten, in die steuerliche Gewinnermittlung nach **EStG** derzeit nicht denkbar.[47] Eine Aufwandsbelastung zugunsten der Kapitalrücklage lässt sich mit dem Einlagetatbestand des deutschen Steuerrechts nicht vereinbaren. Dies bestätigt auch die BFH-Rechtsprechung:[48] Die Ausgabe der Optionen stelle sich dem BFH zufolge allein als Vermögensverlust der Altaktionäre dar, die durch die bedingte Kapitalerhöhung eine **Verwässerung** ihres Aktienwerts in Kauf nehmen müssten. Das aktienrechtliche und auch ertragsteuerliche **Trennungsprinzip** erlaube keinen Transfer des Vermögensnachteils der Aktionäre in die Besteuerungsebene der Gesellschaft. Eine Abweichung von IFRS- und steuerlichem Ergebnis ist deshalb bei Ausgabe von *equity-settled share-based-payment*-Zusagen unvermeidlich.[49] Mangels einer steuerlichen Anrechnungsfähigkeit besteht keine temporäre Differenz, eine Steuerlatenzrechnung scheidet aus (Rz 220). Abweichungen zwischen IFRS-Ergebnis und Steuerergebnis sind im Rahmen der Überleitungsrechnung nach IAS 12.81 (→ § 26 Rz 247) zu erfassen.

234 Allenfalls kann sich die Frage stellen, ob im Zeitpunkt der Optionsausübung mit der Folge einer **Zuflussbesteuerung** beim Arbeitnehmer[50] eine Aufwandsverbuchung bei der Gesellschaft steuerlich wirksam möglich ist. Eine einigermaßen überzeugende Befürwortung des Betriebsausgabenabzugs in diesen Fällen ist weder im Schrifttum[51], geschweige denn bei der Finanzverwaltung oder beim BFH feststellbar. Das dahintersteckende ökonomische Problem liegt in der **Person** des Vergütungsschuldners: Nicht die Gesellschaft, sondern die Altaktionäre erbringen (durch Kapitalverwässerung) die Gegenleistung (Rz 49). Ohne eine steuerliche Anerkennung scheidet eine Steuerlatenzrechnung aber aus.[52]

11.3.2 Aktienoptionen mit Bedienung durch erworbene Aktien

235 Eine Steuerlatenz kann sich aus der Stillhalteverpflichtung ergeben, sofern diese nicht als Drohverlustrückstellung gewertet wird. Nach IFRS 2 ist die **Bewertung** zum *fair value* vorzunehmen, in der deutschen Steuerbilanz muss die Bewertung auf der Grundlage des inneren Werts (*intrinsic value*) erfolgen.

47 HERZIG/LOCHMANN, WPg 2002, S. 255 ff.
48 BFH, Urteil v. 25.8.2010, I R 103/09, DStR 2010, S. 2453.
49 Ausführlich HOFFMANN, PiR 2011, S. 30 ff.
50 BFH, Urteil v. 24.1.2001, I R 100/98, DB 2001, S. 1173, sowie BFH, Urteil v. 24.1.2001, I R 119/98, DB 2001, S. 1176.
51 HERZIG/LOCHMANN, WPg 2002, S. 325 ff.
52 Für eine kritische Auseinandersetzung HOFFMANN, PiR 2011, S. 30 ff.

Es kommt dann zu einer aktiven Steuerlatenz mit der Auflösung im Zuge der Ausübung (→ § 26 Rz 10).

11.3.3 Stock appreciation rights

Zu klären ist zunächst, ob eine Bilanzierung dem Grunde nach analog zu den Vorgaben der IFRS (Rz 53) auch in der Steuerbilanz in Betracht kommt. Vom BFH wurde ein solcher Fall bislang nicht entschieden. In der Auslegung sollte deshalb von einer Analogie zur **erfolgsabhängigen** Vergütung ausgegangen werden, die eine Verbindlichkeitsrückstellung auch steuerlich erforderlich macht. Die zeitanteilige Zuführung kann u.E. in der Steuerbilanz ebenfalls nachvollzogen werden. Es werden damit die in der **Vergangenheit** erbrachten Arbeitsleistungen abgegolten. Die Bewertung ist mit dem *fair value* vorzunehmen (Rz 54). Dem kann das Steuerrecht nicht folgen.[53] Hier ist die Bewertung mit dem innewohnenden Wert (Optionskurs abzüglich aktuellen Aktienkurses bzw. Anteilswerts) vorzunehmen (ausführlich Rz 212f.). In der Haltefrist ist der Steueraufwand deshalb zu hoch ausgewiesen mit der Folge des Ansatzes einer aktiven Steuerlatenz (→ § 26 Rz 110). 236 237

11.4 Übernahme der Besteuerung des Mitarbeiters durch das Unternehmen

11.4.1 Fehlende Vorgaben für die bilanzielle Erfassung

In Abhängigkeit von dem zugrunde liegenden Steuerrecht ergibt sich aus einer anteilsbasierten Vergütungszusage gegenüber Mitarbeitern für den Vergütungsschuldner die Verpflichtung zur Zahlung von Steuern (*employment taxes*) und/oder Sozialleistungen (*social security contributions*). Mangels Vorgaben für die bilanzielle Erfassung besteht zur **Lückenfüllung** (→ § 1 Rz 76) ein Wahlrecht für einen Rückgriff auf Vorgaben in anderen Standards (IAS 8.11(a)), welches allerdings stetig auszuüben ist (IAS 8.14; → § 24 Rz 5ff.). 238

Für die Erfassung von Auszahlungen im Zusammenhang mit gewährten anteilsbasierten Vergütungen, die nicht dem Vergütungsberechtigten, sondern (nachfolgend i.S. e. einheitlichen Begriffsverwendung) dem Fiskus zufließen, kommt eine Behandlung als

- nicht finanzielle Verbindlichkeit (IAS 37),
- zusätzliche Vergütung mit Barausgleich (IFRS 2) oder
- sonstige Leistung an Arbeitnehmer (IAS 19)

infrage. Eine Behandlung als finanzielle Verbindlichkeit scheidet mangels Vorliegen einer vertraglichen Zahlungsverpflichtung (*contractual obligation*) aus (IAS 32.AG12).

U. E. ist die bilanzielle Erfassung einer bestehenden Verpflichtung des Unternehmens zur Zahlung von Steuern und/oder Sozialleistungen vorrangig durch einen **Rückgriff** auf die Vorgaben in **IAS 37** oder **IAS 19** zu lösen. 239

- Gegen einen Rückgriff auf die Vorgaben in IFRS 2 spricht insbesondere das Bestehen der Verpflichtung gegenüber dem Fiskus, der nicht als „*supplier of...* goods or services"* auftritt (IFRS 2.5).

---

[53] HERZIG, DB 1999, S. 1, 10.

- Eine Anwendung von IAS 19 kann zumindest für Sozialleistungen gerechtfertigt werden, da diese in IAS 19 als Teil von kurzfristigen Leistungen an Arbeitnehmer aufgeführt werden (IAS 19.8(a); → § 22 Rz 7). Regelmäßig werden Zahlungsverpflichtungen gegenüber dem Fiskus aber nicht als kurzfristige, sondern als langfristige Mitarbeitervergütungen zu klassifizieren sein.
- Die Vorgaben in IAS 37 greifen lediglich residual (als Auffanglösung), wenn eine Behandlung nach IFRS 2 oder IAS 19 ausgeschlossen wird (IAS 37.5; → § 21 Rz 1).

In der **Totalperiode** ergeben sich in Abhängigkeit von der Wahlrechtsausübung **keine Auswirkungen** auf die Ertragssituation eines Unternehmens. Der Höhe nach entspricht der zu erfassende Aufwand immer der Auszahlung an den Fiskus. Unterschiede ergeben sich allerdings hinsichtlich des Zeitpunkts der Aufwandserfassung und der anschließenden zeitlichen Verteilung.

240 Die Vorgaben zur Passivierung einer Verbindlichkeit für Leistungen gegenüber Arbeitnehmern gem. IAS 19 – anteilsbasierte Zusagen zunächst ausgeklammert (für eine Behandlung analog Zusagen mit Barvergütungen; Rz 107 ff.) – orientieren sich an den **Ansatz**kriterien nicht finanzieller Verbindlichkeiten im Anwendungsbereich von IAS 37 (IAS 19.BC4l). Die Ansatz- und Bewertungskriterien sind allerdings nur ähnlich (*similar*) und nicht identisch (etwa IAS 19.BC93). Die Erfassung einer Verbindlichkeit ist geboten (→ § 21 Rz 9), wenn das Unternehmen

- eine gegenwärtige (am Bilanzstichtag) bestehende rechtliche oder faktische Verpflichtung (*present obligation*)
- als Ergebnis einer früheren Begebenheit (*past event*)
- mit erwartetem (künftigem) Ressourcenabfluss zur Regulierung (*outflow of resources*)
- bei zuverlässiger Möglichkeit zur Schätzung der Verpflichtungshöhe (*reliable estimate*) hat.

Für den **Zeitpunkt** der Passivierung der Verpflichtung ergeben sich daher keine (oder nur marginale und praktisch vernachlässigbare) Unterschiede. U. E. ist auf den Zusagezeitpunkt (*grant date*) der Vergütungszusage abzustellen (Rz 62).

241 Besondere Bedeutung kommt der **zeitlichen Verteilung** des erwarteten Aufwands zu.

- Wird (analog) auf die Vorgaben von IAS 19 abgestellt, bestimmt sich die Höhe der zu passivierenden Verpflichtung nach dem Umfang der zum Bilanzstichtag erhaltenen Leistung (IAS 19.10/128). Aus den Vorgaben zur Verteilung der Gesamtverpflichtung (*attributing benefits to periods of service*) ergibt sich u. e. die Notwendigkeit, für die Passivierung der Verbindlichkeit aus *employee benefits* auch auf eine evtl. *vesting period* (i. S. e. Sperrfrist) abzustellen (IAS 19.69 f.).[54] Erfolgt die Behandlung der Zahlungsverpflichtung gegenüber dem Fiskus (analog) im Anwendungsbereich von IAS 19, ergeben sich somit die gleichen Verteilungsregeln wie für anteilsbasierte Vergütungen (IFRS 2.BC245). Passivierungspflichtig ist nicht der Gesamtbetrag der künftig erwarteten Verpflichtung, sondern der Anteil, der bereits zum Bilanzstichtag durch den vergütungsberechtigten Mitarbeiter „erdient" wurde.

---

[54] Vgl. FREIBERG, PiR 2010, S. 85 ff.

- Wird analog auf die Vorgaben von IAS 37 abgestellt, scheidet ein entsprechendes Vorgehen, also eine zeitliche Aufwandsverteilung, zunächst aus. Mit Erfüllung der Ansatzvoraussetzungen wäre eine Verbindlichkeit für den erwarteten Ressourcenabfluss zu passivieren (→ § 21 Rz 125). Wir halten eine zeitliche Aufwandsverteilung allerdings dennoch für zulässig, sehen diese sogar als vorrangig an. Eine entsprechende Auslegung wird durch eine Interpretation für die UK-GAAP zu FRS 12, als inhaltlich identischer Standard zu den Vorgaben in IAS 37, bestätigt.[55]

Nicht vermeidbare Unterschiede ergeben sich im Hinblick auf den anwendbaren Zinssatz – nach IAS 37 Verpflichtung zum Abstellen auf eine risikolose Alternativanlage, ggf. unter Berücksichtigung eines unternehmensspezifischen *credit spread* (→ § 21 Rz 137 ff.), und nach IAS 19 auf die beobachtbare Rendite erstrangiger, festverzinslicher Industrieanleihen (→ § 22 Rz 54) – für die Barwertbestimmung bei langfristigen (Zahlungs-)Verpflichtungen gegenüber dem Fiskus.[56]

Eine **zeitliche Verteilung** des erwarteten Aufwands aus Verpflichtungen zur Zahlung von Steuern für den Arbeitnehmer oder Sozialleistungen scheidet aus, wenn die Zahlungsverpflichtung (ausnahmsweise) im Zusagezeitpunkt besteht und ein Rückgriffsanspruch gegenüber dem Arbeitnehmer oder dem Fiskus nicht besteht.   **242**

Praxis-Beispiel

Das zugrunde zu legende Steuerrecht des Wirtschaftsraums, in dem anteilsbasierte Vergütungen zugesagt werden, sieht eine Verpflichtung des Unternehmens zur Zahlung von *employment taxes* vor. Für die Bestimmung des abzuführenden Betrags ist auf den inneren Wert zugesagter Optionen bei Ausübung abzustellen; werden Optionen nicht ausgeübt, besteht auch keine Pflicht zur Zahlung von Steuern. Alternativ hat das Unternehmen das Recht, eine Besteuerung im Zusagezeitpunkt der Vergütung zu verlangen. Die Höhe der *employment taxes* richtet sich dann nach Maßgabe des im Zusagezeitpunkt bestehenden (Stichtags-)Werts. Wird das Wahlrecht ausgeübt, scheidet eine Erstattung in späteren Perioden und auch eine zeitliche Verteilung des Steueraufwands aus; dieser ist in voller Höhe im Zusagezeitpunkt der Vergütung zu erfassen.

11.4.2 Abgrenzungsschwierigkeiten bei Aufteilung/Verlagerung der Steuerverpflichtung

Das Bestehen einer Verpflichtung zur Zahlung von Steuern oder Sozialleistungen im Zusammenhang mit gewährten anteilsbasierten Vergütungen schränkt den bestehenden (ökonomischen) Vorteil aus einer Zusage mit vorgesehenem *equity settlement* ein. Zwar stellt die Zusage weiterhin eine Möglichkeit zur liquiditätsschonenden Vergütung von empfangenden Leistungen dar, eine Verpflichtung des Anspruchsberechtigten gegenüber dem Fiskus löst aber dennoch einen Res-   **243**

---

[55] Vgl. Urgent Issues Task Force of United Kingdom Accounting Standards Board, UITF 25 – National Insurance contributions on share option fains, July 2000.

[56] Vgl. FREIBERG, Diskontierung in der Internationalen Rechnungslegung, 2010, Rz 425.

sourcenabfluss aus. Zur (ökonomischen, nichtbilanziellen) Absicherung der Zahlungsverpflichtung kann das Unternehmen als Vergütungsschuldner eigene Vorsorge treffen (Rz 244). Alternativ kommt eine Übertragung der Verpflichtung zur Leistung von Steuerzahlungen und Sozialabgaben auf den Vergütungsberechtigten infrage, indem von diesem entweder die Hingabe

- von liquiden Mitteln durch Bestehen einer direkten Zahlungsverpflichtung bzw. eines (anteiligen) Einbehalts einer in bar geleisteten Gehaltszahlung (Rz 245) oder
- von Anteilen zur Erfüllung der Zahlungsverpflichtung (Rz 246)

verlangt wird.

244 Eine Möglichkeit zur liquiditätsschonenden Erfüllung einer Verpflichtung gegenüber dem Fiskus aus der Zusage von anteilsbasierten Vergütungen für eigene Mitarbeiter ist die Veräußerung von eigenen Anteilen zusätzlich zu den im Rahmen der Optionsausübung gewährten Anteilen. Der Erwerb und die Veräußerung von eigenen Anteilen (*treasury shares*) stellen eine **separate Transaktion** dar und sind unabhängig von der anteilsbasierten Vergütung und der bilanziellen Verpflichtung zur Erfüllung einer bestehenden Steuerverpflichtung zu erfassen (zur bilanziellen Behandlung → § 20 Rz 86 ff.).

Mit Umsetzung der vorgeschlagenen Ergänzung von IFRS 2 (Rz 254) kann für einen Ausnahmefall eine einheitliche Behandlung erfolgen. Für eine Zusage, die in Eigenkapitalinstrumenten erfüllt wird (*equity-settled*) und die eine Begleichung der Steuerlast des Anspruchsberechtigten durch Einbehalt von Anteilen des Unternehmens vorsieht (Rz 246), bedarf es keiner Aufteilung in zwei Transaktionen, wenn

- der Einbehalt von Anteilen ausschließlich der Erfüllung der Steuerverpflichtung des Anspruchsberechtigten dient und
- die anteilsbasierte Vergütung ohne die Vereinbarung zum *net settlement* ebenfalls in Gänze als *equity-settled*-Transaktion zu klassifizieren ist.
- Eine Anwendung auf einen über die Verpflichtung des Anspruchsberechtigten hinaus gehenden Einbehalt scheidet aus.

245 Verlangt das Unternehmen als Vergütungsschuldner vom Anspruchsberechtigten einer anteilsbasierten Vergütung einen Barausgleich (*remuneration*) i.H.d. von dem Unternehmen zu leistenden Steuerzahlungen bzw. Sozialleistungsverpflichtung, ergeben sich in Abhängigkeit von der (vertraglichen) Ausgestaltung Auswirkungen auf die bilanzielle Abbildung der Vergütung. Die Verpflichtung des Vergütungsschuldners zur Leistung von Zahlungen an den Fiskus stellt in jedem Fall eine separat zu erfassende Transaktion dar.

- Wird die Verpflichtung des Anspruchsberechtigten zum Barausgleich als Bestandteil des Ausübungspreises (*exercise price*) der gewährten Zusage behandelt/interpretiert, ergeben sich Auswirkungen auf das Preisgerüst der Option (Rz 80).
- Alternativ kann die Verpflichtung zum Barausgleich auch separat von der anteilsbasierten Vergütung als Rückgriffsanspruch (*reimbursement*) erfasst werden (→ § 21 Rz 166 ff.).

Mindestens für eine erteilte Zusage ist gem. IAS 8.14 eine einheitliche Behandlung geboten (→ § 24 Rz 5 ff.), für unterschiedliche Zusagen besteht u.E. ein separat ausübbares Wahlrecht.

Praxis-Beispiel

An den Vorstand der A werden Aktienoptionen mit einer Sperrfrist (*vesting period*) von (annahmegemäß) zwei Jahren ausgegeben, der Ausübungspreis der Optionen beträgt null. Aufgrund steuerlicher Vorgaben muss A bei Ausübung der Option 15 % des Marktwerts der Anteile (= innerer Wert der Option) als *employment tax* abführen. Im Fall einer Ausübung besteht eine Verpflichtung des Vorstands gegenüber A zur Zahlung eines Betrags, der 15 % des Marktpreises bei Ausübung entspricht.

Im Zusagezeitpunkt beträgt der innere Wert der Optionen 120.000 EUR, im Ausübungszeitpunkt ist der innere Wert auf 300.000 EUR angestiegen. Die Verpflichtung gegenüber dem Fiskus beträgt daher 45.000 EUR, die bei Ausübung unmittelbar nach Ablauf der *vesting period* (noch im Jahr 2) auch von dem Vorstand an die Gesellschaft gezahlt wird.

Alternative 1: Behandlung der Zahlung des Vorstands als Ausübungspreis der Option

Für die bilanzielle Abbildung ist eine anteilsbasierte Vergütung mit einem variablen Ausübungspreis zu unterstellen. Die Zahlungsverpflichtung geht in die Optionsbewertung (*grant date measurement approach*) ein. Wird der Zeitwert der Option vernachlässigt, beträgt der Optionswert im Zusagezeitpunkt 102.000 EUR. Es ergeben sich in kumulierter Betrachtung die folgenden bilanziellen Konsequenzen (den Zu- und Abfluss liquider Mittel ausgeklammert):

	Personalaufwand (IFRS 2) in EUR	Personalaufwand (Steuern) in EUR	Eigenkapitalzuführung (IFRS 2) in EUR	Eigenkapitalzuführung (*remuneration*) in EUR
Σ	102.000	45.000	102.000	45.000
Σ	147.000		147.000	

Der Empfang der Ausgleichszahlung durch den Vorstand wird als Eigenkapitalzuführung behandelt.

Alternative 2: Separate Erfassung der Zahlung als *reimbursement*

Die Zahlungsverpflichtung steht nicht im Zusammenhang mit der Vergütung und beeinflusst auch nicht die Optionsbewertung. Wird der Zeitwert der Option vernachlässigt, beträgt der Optionswert im Zusagezeitpunkt 120.000 EUR. Es ergeben sich in kumulierter Betrachtung die folgenden bilanziellen Konsequenzen (den Zu- und Abfluss liquider Mittel ausgeklammert):

	Personalaufwand (IFRS 2) in EUR	Personalaufwand (Steuern) in EUR	Eigenkapitalzuführung (IFRS 2) in EUR	Eigenkapitalzuführung (*reimbursement*) in EUR
Σ	120.000	0	120.000	0
Σ	120.000		120.000	

> Der Empfang der Ausgleichszahlung durch den Vorstand storniert als *reimbursement* die Aufwandsbuchung aus der Begleichung der Verpflichtung gegenüber dem Fiskus.
> Der zu erfassende Gesamtaufwand beider Alternativen unterscheidet sich i. H. v. 27.000 EUR. Die Differenz erklärt sich für Alternative 2 durch die Nichtberücksichtigung der Ausgleichsverpflichtung in der Bewertung der anteilsbasierten Vergütung (kumuliert + 18.000 EUR) und der Stornierung des Aufwands aus der Begleichung der Steuerverpflichtung (kumuliert – 45.000 EUR).

246 Alternativ zu einem Barausgleich kann auch eine Verpflichtung des Vergütungsberechtigten zur Erstattung der Zahlungsverpflichtung gegenüber dem Fiskus durch Rückgabe von **Anteilen** vereinbart werden. Dann ist u.E. eine Anpassung des Mengengerüsts der Bewertung (Rz 80) geboten. Bereits mit Zusage ist eine Nettobetrachtung geboten (keine Aufwandsverrechnung für zurück zu gewährende Anteile). Durch die angekündigte Ergänzung von IFRS 2 (Rz 254) kann sich ggf. die Pflicht zu einer abweichenden Behandlung ergeben.

> **Praxis-Beispiel (Abwandlung zu Rz 245)**
> An den Vorstand der A werden 1.000 Aktienoptionen mit einer Sperrfrist (*vesting period*) von (annahmegemäß) zwei Jahren ausgegeben, der Ausübungspreis der Optionen beträgt null. Aufgrund steuerlicher Vorgaben muss A bei Ausübung der Option 15 % des Marktwerts der Anteile (= innerer Wert der Option) als *employment tax* abführen. Im Fall einer Ausübung besteht eine Verpflichtung des Vorstands gegenüber A zur Rückerstattung einer Anzahl von Anteilen mit einem Wert, der der Verpflichtung gegenüber dem Fiskus entspricht.
> Im Zusagezeitpunkt beträgt der innere Wert der 1.000 Optionen 120.000 EUR, im Ausübungszeitpunkt ist der innere Wert auf 300.000 EUR angestiegen. Die Verpflichtung gegenüber dem Fiskus beträgt daher 45.000 EUR. Bei Ausübung der Option ist der Vorstand verpflichtet, 150 Anteile ohne Vergütung an A zurück zu gewähren.
> Für die bilanzielle Abbildung ist das Mengengerüst der anteilsbasierten Vergütung anzupassen. Der Vorstand hat keinen Anspruch auf 1.000 Aktien, sondern bei Ausübung nur auf 85 %. Für die Aufwandsverteilung ist daher eine Nettobetrachtung geboten. Das Preisgerüst der Bewertung wird nicht angepasst; wird der Zeitwert vernachlässigt, beträgt der Optionswert 120 EUR. Es ergeben sich in kumulierter Betrachtung die folgenden bilanziellen Konsequenzen (den Zu- und Abfluss liquider Mittel ausgeklammert):
>
> | | Personalaufwand (IFRS 2) in EUR | Personalaufwand (Steuern) in EUR | Eigenkapitalzuführung (IFRS 2) in EUR | Steuerverbindlichkeit in EUR |
> |---|---|---|---|---|
> | Σ | 102.000 | 45.000 | 102.000 | 45.000 |
>
> A erfasst die Verpflichtung zur Steuerzahlung separat von der anteilsbasierten Vergütung.

Für den Fall des Bestehens eines Erfüllungswahlrechts des Anspruchsberechtigten aus der anteilsbasierten Vergütung scheidet eine Anpassung des Mengengerüsts aus. Die Verpflichtung mit Erfüllungswahlrecht ist separat von der anteilsbasierten Vergütung, die in vollem Umfang aufwandswirksam wird, als Rückgriffsanspruch (*reimbursement*) zu erfassen (→ § 21 Rz 166 ff.).

12 Ausweis

Der aus den anteilsorientierten Vergütungsformen resultierende Aufwand ist in der GuV (als Teil der Gesamtergebnisrechnung) nach den Regeln des dafür gewählten Formats – Umsatzkosten- oder Gesamtkostenverfahren (→ § 2 Rz 58 ff.) – auszuweisen. Eine Erfassung im erfolgsneutralen Teil der Gesamtergebnisrechnung (*other comprehensive income*) scheidet aus. | 247

In der **Bilanz** sind entweder das Eigenkapital oder die Verbindlichkeiten als Ausweisposition zu wählen. IFRS 2 macht diesbezüglich keine weiteren Vorgaben. Sinnvollerweise erfolgt der Ausweis im Eigenkapital in der Kapitalrücklage (→ § 20 Rz 94) und bei den Verbindlichkeiten unter den nicht finanziellen Verbindlichkeiten bzw. Rückstellungen (*provisions*; → § 21 Rz 173). Besonderheiten des Ausweises ergeben sich bei anteilsbasierten Vergütungen mit zugesagtem Barausgleich (Rz 123).

13 Angaben

Leitlinie der Angabepflichten (IFRS 2.44) ist die **Offenlegung** von Informationen, die dem Abschlussadressaten ein tieferes Verständnis für die angewandten Bilanzierungs- und Bewertungsmethoden im Zusammenhang mit anteilsorientierten Informationssystemen liefern sollen (*information to enable users*). | 248

Drei **Hauptgliederung**spunkte können geortet werden:
- der **Inhalt** der in der Rechnungslegungsperiode bestehenden Vereinbarungen (*arrangements*; IFRS 2.45).
- die **Methoden** zur Ermittlung der in das Rechenwerk eingebuchten Zeitwerte (*fair values*; IFRS 2.46).
- die Auswirkungen aktienunterlegter Transaktionen auf das **Periodenergebnis** (IFRS 2.50).

Die damit einhergehende **Detaillierung** umfasst u. a. folgende Angabepflichten: | 249
- Art der ausgegebenen Rechte, also z. B. Optionen oder bar zu erbringende Vergütungen (Rz 8),
- Zeitpunkt der Ausgabe,
- begünstigte Personen und Personengruppen,
- vertragliche Laufzeit von Optionen,
- Bestimmung des Ausübungspreises (fix oder variabel),
- Behaltebedingungen einschließlich Leistungsvoraussetzungen,
- Anzahl und durchschnittliche Ausübungspreise für Aktienoptionen, und zwar in Entwicklung vom Beginn der Periode bis zum Ende in folgender Aufgliederung (Rz 20):
  – umlaufende Optionen zu Beginn der Periode,
  – Neuzusagen,
  – Verfall,

- Ausübung,
- Erlöschen,
- Umlauf am Ende der Periode sowie
- ausübbar am Ende der Periode.

- Für die während der Rechnungsperiode ausgeübten Optionen der durchschnittliche Ausübungspreis,
- für die am Periodenende noch offenen Optionen, das Spektrum der Ausübungspreise und die durchschnittliche verbleibende Laufzeit,
- im Fall der indirekten Wertermittlung der erhaltenen Leistungen (Rz 47),
  - der durchschnittlich während der Periode für neu ausgegebene Optionen ermittelte *fair value*,
  - die Inputs in das Optionspreismodell zur Ermittlung des *fair value*,
  - die Vergangenheits-Volatilität, die dem Optionsmodell zugrunde liegt, mit Erläuterung der Unterschiede zur erwarteten Volatilität,
  - Ermittlung des risikofreien Zinssatzes und
  - die in der Sperrfrist zu beachtenden Besonderheiten.
- Bei Ausgabe anderer Eigenkapitalinstrumente als Optionen (z.B. Aktien) Angaben zu Art und Umfang sowie Details zur Ermittlung des *fair value*,
- Einzelheiten zur (Plan-)Änderung von anteilsbasierten Vereinbarungen (Rz 140ff.),
- die Bewertungsgrundlagen zur Ermittlung des *fair value* für Barvergütungen auf der Grundlage von Aktienkursen bzw. Anteilswerten *(stock appreciation rights)*,
- Darlegung der Methode zur Feststellung des direkt ermittelten *fair value* von Gütern und Dienstleistungen, ggf. Widerlegung der dortigen Vermutung,
- das Volumen des (ergebniswirksamen) Aufwands aus anteilsorientierten Vergütungen unter getrennter Angabe der Aufwendungen aufgrund des Einsatzes von Eigenkapitalinstrumenten (IFRS 2.51(a)) sowie
- die Verbindlichkeiten aufgrund anteilswertgestützter Vergütungen (IFRS 2.51(b)),
- der innere Wert *(intrinsic value)* der Verbindlichkeiten, welche die Berechtigten sich am Periodenende in bar oder in anderen Vermögenswerten vergüten lassen können.

250   Die Praxis wird sich mehr als sonst an **Musterlösungen** für die Darstellung orientieren, dazu lieferten die Appendices A bis D verwendbare Muster, die der endgültigen Fassung von IFRS 2 nicht mehr beigefügt worden sind. Die nachstehenden Beispiele beruhen auf denjenigen in den genannten Appendices. Im Übrigen wird auf die Checkliste „IFRS-Abschlussangaben" (siehe HI10157883 im Haufe IFRS-Kommentar Online) wird verwiesen (→ § 5 Rz 8).

Praxis-Beispiel
Share options arrangement 1
Am 15.12.01 hat die Gesellschaft 1.000 Optionen an alle 50 Mitarbeiter der Hierarchiestufe *„senior management"* ausgegeben. Der Ausübungspreis war im Zusagezeitpunkt festgelegt worden und die Optionen hatten eine Vertragslaufzeit von zehn Jahren. Voraussetzung für die Ausübung der Option war das Verbleiben in den Diensten der Gesellschaft für zwei Jahre ab dem

Ausgabezeitpunkt und außerdem ein Anstieg des Börsenkurses der Gesellschaft um 10 % bis zum 15.12.03. Dieses Ziel ist erreicht worden.

Share options arrangement 2
Zum 1.1.03 hat die Gesellschaft 100 Optionen an jeden ihrer 750 Mitarbeiter im Rang unterhalb des Bereichs der *„senior manager"* gewährt. Voraussetzung für die Ausübung des Optionsrechts ist der Verbleib in den Diensten der Gesellschaft für drei Jahre. Der Ausübungspreis ist im Zeitpunkt der Zusage festgelegt worden, die Optionen haben eine Vertragslaufzeit von zehn Jahren. Die Gesellschaft schätzte den *fair value* jeder ausgegebenen Option auf 18,81 EUR. Der *fair value* wurde berechnet auf der Grundlage des Black-Scholes-Optionspreismodells (Rz 271). Den Modellberechnungen liegen als Annahme zugrunde:
- Aktienkurs im Gewährungszeitpunkt = Ausübungspreis 60 EUR,
- erwartete Volatilität des Aktienkurses 40 %,
- erwarteter Dividendenertrag 1 %,
- mutmaßliche Laufzeit fünf Jahre,
- risikofreier Zinssatz von 5 %.

Die Volatilität in der Vergangenheit betrug 45 %, und zwar unter Einbezug der ersten Jahre des Bestehens der Gesellschaft. Sie geht davon aus, dass sich die Volatilität der Aktienkurse im Laufe der Zeit reduziert. Der risikofreie Zinssatz entspricht dem Ertrag eines staatlichen *zero bond* zum Ausgabezeitpunkt mit einer Restlaufzeit von fünf Jahren.

Die Option erlaubt einen Optionsumtausch *(reload feature; Rz 99f.)*, der eine zusätzliche Ausgabe von weiteren Optionen vorsieht für den Fall, dass der Mitarbeiter den Ausübungspreis für die ursprünglich gewährten Optionen statt in bar in Aktien der Gesellschaft erbringt. Der Wert dieses Umtauschprogramms ist nicht in die Berechnung des *fair value* eingegangen. Deshalb werden die im Umtausch ausgegebenen neuen Optionen *(reload options)* als neue Optionen behandelt.

Shares
Am 15.12.03 hat die Gesellschaft 500 Aktien an die zehn Mitglieder der Geschäftsleitung ausgegeben. Voraussetzung zum Erwerb ist das Verbleiben im Unternehmen bis zum 31.12.05 und eine Steigerung des Gewinns je Aktie um 12 % bis zu diesem Zeitpunkt. Die Gesellschaft schätzt den *fair value* jeder ausgegebenen Aktie auf 55,46 EUR. Diese Einschätzung erfolgte unter Anpassung des Börsenkurses von 65 EUR am Ausgabetag aufgrund der erwarteten Dividenden von 1,25 EUR je Aktie und des erwarteten durchschnittlichen Verfalls wegen Verfehlens der Performanceziele. Diese Wahrscheinlichkeit schätzt die Gesellschaft im Rahmen des angewandten Binomialmodells auf 13 % ein.

Share appreciation rights (SARs)
Am 1.1.03 gewährte die Gesellschaft 500 SARs an alle 50 Mitarbeiter in der Hierarchiestufe *„senior management"*. Dadurch werden die Mitarbeiter zu einer Barzahlung entsprechend dem Anstieg des Aktienkurses über 60 EUR berechtigt; vorausgesetzt ist ein Verbleiben in den Diensten der Gesellschaft für drei Jahre ab dem Zusagezeitpunkt. Die SARs haben eine Vertragslaufzeit

von zehn Jahren ab dem Ausgabezeitpunkt. Die Gesellschaft schätzte den *fair value* jedes ausgegebenen SARs auf 19,75 EUR. Diese Einschätzung erfolgte unter Anwendung des Black-Scholes-Optionspreismodells, wobei der errechnete Wert nach Maßgabe des gewichteten Durchschnitts des möglichen Verfalls auf 16 % geschätzt wurde. Die Modell-Inputs sind die gleichen wie vorstehend für die *share options*.

Weitere Angaben sollten in Form eines „Optionsspiegels" erfolgen, der – unter Beifügung der Vorjahreswerte (→ § 2) – etwa wie folgt aufgebaut werden könnte (nach dem Beispiel in IFRS 2.IG23):

	Entwicklung der Aktienoptionen			
	02		03	
	Anzahl der Optionen	Durchschnittlicher Ausübungspreis in EUR	Anzahl der Optionen	Durchschnittlicher Ausübungspreis in EUR
Stand 1.1.	0	–	45.000	40
Zusage	50.000	40	75.000	50
Verfall	(5.000)	40	(8.000)	46
Ausübung	0	–	(4.000)	40
Erlöschen	0	0	0	0
Stand 31.12.	45.000	40	108.000	46
ausübbar am Jahresende	0	40	38.000	40

Der gewichtete Aktienkurs der Ausübung betrug in der Periode 03 42 EUR. Die am Bilanzstichtag 03 noch ausstehenden Optionen haben einen Ausübungspreis von 40 EUR und eine durchschnittliche Laufzeit von 8,63 Jahren. Der *fair value* der in 02 gegebenen Zusagen auf Aktienoptionen ist auf 18,60 EUR und derjenige für die Zusagen in 03 auf 19,50 EUR geschätzt worden. Diese Schätzung erfolgt unter Anwendung eines Binomialmodells (Rz 272). Die Modellannahmen beruhen auf einem Aktienkurs von 50 EUR, einem Ausübungspreis von 50 EUR, einer erwarteten Volatilität von 30 %, keiner Dividendenauszahlung, einer Vertragslaufzeit von zehn Jahren und einem risikofreien Zinssatz von 5 %. Die Vergangenheitsvolatilität betrug 40 %, wir gehen von einer Reduktion dieser Volatilität aus. Bei der Modellpreisermittlung wurde die vorzeitige Ausübung dann unterstellt, wenn der Aktienkurs doppelt so hoch ist wie der Ausübungspreis.

14 ABC der anteilsbasierten Vergütung

		251
Absicherung von *fair-value*-Schwankungen *(hedge accounting)*	GuV-relevante *fair-value*-Schwankungen von Vergütungszusagen mit Barausgleich *(cash- settled transactions)* können durch den Einsatz eines geeigneten Finanzderivats als Grundgeschäft im Rahmen des *hedge accounting* abgesichert werden (Rz 199ff.). *Hedge accounting* ist nur möglich bei anteilsbasierten Barvergütungen. Es scheidet aus bei Vergütungszusagen mit Ausgleich in Eigenkapitalinstrumenten (Rz 198).	
Aktienbeschaffung	Nach deutschem Gesellschaftsrecht stehen für Vergütungszusagen mit Ausgleich in Eigenkapitalinstrumenten zwei Wege der Aktienbeschaffung zur Verfügung: • Bedingte Kapitalerhöhung (Rz 203). • Aktienrückkauf (Rz 204).	
Ausübungsbedingungen *(vesting conditions)*	An anteilsbasierte Vergütungen werden regelmäßig Ausübungsbedingungen geknüpft (Rz 66ff.). Vor Ausübung der zugesagten Optionen sind die Bedingungen zu erfüllen. Es ist zu unterscheiden zwischen • Dienstbedingungen *(service conditions)* und • Leistungsbedingungen *(performance conditions)*. Darüber hinaus sind ggf. noch sonstige Ausübungsbedingungen *(non-vesting conditions)* zu berücksichtigen.	
Ausübungszeitpunkt *(vesting date)*	Bei Erfüllung aller Ausübungsbedingungen können die zugesagten Optionen ausgeübt werden (Rz 65).	
Barvergütungen *(cash-settled transactions)*	Der Wert der gewährten Gegenleistung orientiert sich am Wert der Eigenkapitalinstrumente, wichtigster Anwendungsfall ist die Gewährung virtueller Optionen *(stock appreciation rights)* an Arbeitnehmer (Rz 8, Rz 53ff.).	
Basispreis	Zum Basispreis (bzw. Bezugskurs) kann ein zugesagtes Optionsrecht ausgeübt werden (Rz 256).	
Beizulegender Zeitwert *(fair value)* einer Option	Der beizulegende Zeitwert einer Option setzt sich zusammen aus dem inneren Wert *(intrinsic value)* und dem Zeitwert *(time value)* der Option (Rz 256).	

Bewertungszeitpunkt *(measurement date)*	Der Bewertungszeitpunkt ist bei Vergütung in Eigenkapitalinstrumenten (realen Optionen) der Tag, an dem der Wert der Vergütung bestimmt wird (Rz 20). Bei Mitarbeiteroptionen fällt er mit dem Zusage- oder Gewährungszeitpunkt zusammen *(grant date measurement approach)*.
Bewertung zum inneren Wert *(intrinsic value method)*	Bei objektiver Unmöglichkeit einer *fair-value*-Bewertung einer Optionszusage kann der Zeitwert *(time value)* einer Option vernachlässigt werden und die Bewertung der Option allein auf den inneren Wert *(intrinsic value)* gestützt werden (Rz 275 ff.).
Binomialmodell	Über das Binomialmodell lassen sich die meisten Optionszusagen unter Berücksichtigung der meisten Ausübungsbedingungen bewerten (Rz 272). Ein nennenswerter Nachteil ist die hohe Komplexität.
Black-Scholes-Modell	Einfachstes Modell zur Bestimmung eines Optionswerts. Allerdings ist die Anwendbarkeit des Modells erheblich eingeschränkt (Rz 271).
Dienstbedingungen *(service conditions)*	Dienstbedingungen sind Bestandteil des Mengengerüsts der Bewertung und knüpfen das Ausübungsrecht einer Option an die Ableistung einer bestimmten Dienstzeit (Rz 66). An Dienstbedingungen geknüpfte Aufwendungen werden zeitlich über den Dienstzeitraum verteilt. Hierbei werden Fluktuationsannahmen berücksichtigt.
Dienstleistungen *(services)*	Empfangene Dienstleistungen i. S. v. IFRS 2 sind positive Nutzenvorteile bzw. negative vermiedene Nachteile, die sich aus Dienstverträgen, Nutzungsüberlassungsverträgen usw. ergeben.
Direkte Bewertung	Bei direkter Bewertung, dem Regelfall von IFRS 2, bestimmt der *fair value* der empfangenen Leistung die Bewertung einer anteilsbasierten Vergütung, die Sollseite des Buchungssatzes also die Habenseite (Rz 47). Wichtigste Ausnahme von der Regel ist die anteilsbasierte Vergütung von Mitarbeitern.
Empfangene Leistung	Als empfangene Leistung im Anwendungsbereich von IFRS 2 kommen Güter *(goods)* oder Dienstleistungen *(services)*, aber auch die nicht bilanzierungsfähige Stärkung von Image oder Ansehen infrage (Rz 5).

Erfüllungswahlrecht des Anspruchsberechtigten	Steht dem Anspruchsberechtigten ein Wahlrecht auf Erfüllung in Geld oder Eigenkapitalinstrumenten zu, hat der Vergütungsschuldner ein zusammengesetztes Finanzinstrument ausgegeben (Rz 60, Rz 126 ff.): • eine Schuldkomponente für das Recht auf Barausgleich, • eine Eigenkapitalkomponente für den Anspruch auf Eigenkapitalinstrumente.
Erfüllungswahlrecht des Vergütungsschuldners	Steht dem Vergütungsschuldner ein Erfüllungswahlrecht zu, muss eine Vergütungsart – Ausgleich in bar oder durch Eigenkapitalinstrumente – festgelegt und nach dieser bilanziert werden (Rz 61, Rz 133 ff.).
Ersatz/Fortführung von anteilsbasierten Vergütungen bei *business combinations*	Bei Vorliegen einer Verpflichtung zum Ersatz anteilsbasierter Vergütung übernommener Mitarbeiter ist eine Aufteilung in Anschaffungskosten gem. IFRS 3 als Teil der *business combination* und eine separat zu behandelnde, erstmalig in der logischen Sekunde nach dem Zusammenschluss gem. IFRS 2 zu erfassende, Vergütung vorzunehmen (Rz 181 ff.). Besonderheiten gelten im Fall einer unveränderten Fortführung (Rz 192).
Fehlende Börsennotierung	Die Verpflichtung zur Bewertung anteilsbasierter Vergütungszusagen ist nicht auf börsennotierte Unternehmen beschränkt. Mangels beobachtbarer Marktdaten ergeben sich bei fehlender Börsennotierung erhöhte Bewertungsprobleme (Rz 274). Bei objektiver Unmöglichkeit der Optionsbewertung kann die Bewertung auf den inneren Wert einer Option begrenzt werden.
Finanzinstrumente	Werden Finanzinstrumente gegen anteilsbasierte Vergütung erworben, liegt kein Anwendungsfall von IFRS 2 vor (Rz 32 ff.).
Fluktuation	An Mitarbeiter gewährte Optionen sind regelmäßig an eine Dienstbedingung geknüpft. Nur diejenigen Mitarbeiter, die während der Wartefrist *(vesting period)* das Unternehmen nicht verlassen, haben Anspruch auf Erfüllung der Zusage. Zu jedem Stichtag ist die erwartete Fluktuation bis zum Ausübungszeitpunkt als Teil des Mengengerüsts zu schätzen.

Form der geleisteten Vergütung	Es lassen sich drei Formen der anteilsbasierten Vergütung unterscheiden (Rz 8): • Vergütung in Eigenkapitalinstrumenten, • Ausgleich in bar und • Gegenleistung mit Erfüllungswahlrecht des Leistungsempfängers oder Vergütungsschuldners.
Gegenleistung mit Erfüllungswahlrecht *(cash alternatives)*	Anteilsbasierte Vergütungszusagen, bei denen entweder der Vergütungsschuldner oder der Leistungsempfänger die Form der Vergütung – Ausgleich in bar oder Eigenkapitalinstrumenten – wählen kann (Rz 59ff.).
Güter	Unter dem Begriff Güter sind gem. IFRS 2.5 • Vorräte und Verbrauchsstoffe, • Sach- und immaterielle Anlagen sowie • andere nicht finanzielle Vermögenswerte zu subsumieren (Rz 5).
Indirekte Bewertung	Wenn der *fair value* der für eine anteilsbasierte Vergütung erhaltenen Leistung nicht zuverlässig ermittelbar ist (so unwiderlegbar bei Mitarbeiterleistungen), bestimmt der Wert der gewährten Vergütung den Zugangswert der erhaltenen Leistung (Rz 47).
Innerer Wert *(intrinsic value)*	Der innere Wert einer Option entspricht dem wirtschaftlichen Vorteil bei Ausübung einer Option zum Stichtag, also der Differenz zwischen Basispreis und Stichtagswert des Anteils (Rz 256).
Latente Steuern	Für die Erfassung latenter Steuern ist zwischen der Form der Vergütung und dem Steuersubjekt zu unterscheiden (Rz 233ff.).
Laufzeit der Option	Die Laufzeit der Option ist entscheidender Bewertungsparameter bei Rückgriff auf Optionspreismodelle (Rz 265). Sie umfasst mindestens die *vesting period* und maximal die zusätzliche Ausübungsperiode (Rz 65).
Leistungsbedingungen *(performance conditions)*	Leistungsbedingungen knüpfen die Erfüllung einer anteilsbasierten Zusage an die Erreichung bestimmter Erfolgsziele. Zu unterscheiden ist zwischen marktabhängigen und anderen (nicht marktabhängigen) Konditionen (Rz 69).

Marktabhängige Bedingungen (*market conditions*)	Eine marktabhängige Ausübungsbedingung setzt das Erreichen eines bestimmten Aktienkurses bzw. Anteilswerts absolut oder im Vergleich zu einem Marktindex voraus (Rz 69). Marktabhängige Ausübungsbedingungen sind als Teil des Preisgerüsts im *grant date fair value* zu berücksichtigen (Rz 70). Für ein Beispiel siehe Rz 94 ff.
Mengengerüst	Das Mengengerüst umfasst Dienstbedingungen und nicht marktbasierte Leistungsbedingungen (Rz 80). Im Optionspreismodell bleibt das Mengengerüst unberücksichtigt (Rz 81).
Modifizierung der Vergütungszusage	Eine Modifizierung einer laufenden Vergütungszusage mit Ausgleich in Eigenkapitalinstrumenten i. S. e. Verbesserung ist beginnend mit der Planänderung als Zusatzkosten zu berücksichtigen (Rz 142 ff.). Verschlechterung der Optionsbedingungen bleiben hingegen unbeachtlich (Rz 149). Anderes gilt für zugesagte Barvergütungen, bei denen Modifizierungen in beide Richtungen in die Stichtagsbewertung der Rückstellung eingehen (Rz 158).
Monte-Carlo-Simulation	Die Monte-Carlo-Simulation kann uneingeschränkt zur Bewertung von Optionen selbst mit den kompliziertesten Ausübungsbedingungen herangezogen werden. Der Optionswert ergibt sich als gewichteter Mittelwert einzelner Simulationen (Mindestanzahl: 10.000). Wesentlicher Nachteil ist die Notwendigkeit der Programmierung eines Berechnungsschemas (Rz 273).
Nicht marktabhängige Bedingungen (*non-market conditions*)	Nicht marktabhängige Leistungsbedingungen – wie die Bindung der Optionszusage an die Erzielung eines unternehmensspezifischen Umsatz- oder Ergebnisziels (Rz 69) – sind Teil des Mengengerüsts der Bewertung (Rz 80). Zur Berücksichtigung bei *equity-settled transactions* siehe beispielhaft Rz 91 ff.
Optionsarten	In Abhängigkeit von dem Zeitpunkt der Ausübungsmöglichkeit lassen sich amerikanische (jederzeitige Ausübung) und europäische Optionen (Ausübung nur am Ende einer Sperrfrist) unterscheiden (Rz 259). Mitarbeiteroptionen sind regelmäßig als europäische Optionen ausgestaltet.

Planänderungen	Für anteilsbasierte Zusagen mit Ausgleich in Eigenkapitalinstrumenten sind besondere Vorgaben für die Berücksichtigung von Planänderungen (Modifizierungen, Widerruf oder vorzeitige Erfüllung) zu berücksichtigen (Rz 140 ff.). Erfolgt eine Zusage mit Barvergütung, sind Planänderungen im Rahmen der ohnehin vorzunehmenden Stichtagsbewertung zu berücksichtigen (Rz 158).
Preisgerüst	Das Preisgerüst der Optionsbewertung umfasst neben den wesentlichen Determinanten des Werts einer Option, also dem Basispreis, der Volatilität der Aktie, der Laufzeit der Option usw. (Rz 258), auch marktabhängige Ausübungsbedingungen (Rz 70) und sonstige Bedingungen (Rz 72).
Reale Optionen	Reale Optionen berechtigen den Leistungsempfänger zum Erwerb von Unternehmensanteilen in der Zukunft zu einem festgelegten Basispreis (Rz 15).
Sonstige Bedingungen im Zusammenhang mit Vergütungszusagen *(non-vesting conditions)*	*Non-vesting conditions* liegen i. S. e. Negativabgrenzung vor, wenn die Unverfallbarkeit einer Vergütungszusage neben • der Erfüllung bestimmter Erfolgsziele und • Dienstbedingungen an weitere Bedingungen geknüpft wird (Rz 72). Für ein Beispiel siehe Rz 98.
Umtausch von Optionen *(reload features)*	U. U. berechtigt eine anteilsbasierte Zusage den Anspruchsberechtigten zum Erhalt zusätzlicher Optionen; diese sind als „neue" Optionszusage zu berücksichtigen (Rz 99 f.).
Unternehmenszusammenschluss *(business combination)*	Werden Güter oder Dienstleistungen im Rahmen eines Unternehmenszusammenschlusses *(business combination)* gegen anteilsbasierte Vergütung erworben, liegt kein Anwendungsfall von IFRS 2 vor (Rz 26). Zu Besonderheiten siehe auch Rz 27 ff.
Vergütung in Eigenkapitalinstrumenten *(equity-settled transaction)*	Erfolgt eine anteilsbasierte Vergütung gegen Hingabe von Eigenkapitalinstrumenten, ist die Habenbuchung im Eigenkapital (i. d. R. der Kapitalrücklage) vorzunehmen (Rz 44). Im Fall einer Optionszusage ist für die Bewertung über die Laufzeit das Preisgerüst des Zusagezeitpunkts *(grant date measurement approach)* fortzuführen (Rz 82).
Vergütungsschuldner	Neben dem bilanzierenden Unternehmen kommen auch dessen Mutter- sowie andere Konzernunternehmen (Rz 168 ff.) oder Gesellschafter als Vergütungsschuldner infrage.

Volatilität	Die Volatilität beschreibt die kurzfristige Abweichung des Anteilswerts vom langfristigen Trend und ist – mit Auswirkung auf den Zeitwert einer Option – wesentliche Determinante des Optionswerts (Rz 266).
Wartezeit/Sperrfrist *(vesting period)*	Die *vesting period* beschreibt den Zeitraum zwischen der Zusage einer anteilsbasierten Vergütung und dem Zeitpunkt der Erfüllung aller Ausübungsbedingungen *(vesting conditions*; Rz 65).
Wechsel der Erfüllungszusage	Eine besondere Form der Planänderung ist der Wechsel zwischen den Erfüllungsformen einer anteilsbasierten Vergütung. Zu unterscheiden ist zwischen einem Wechsel nach Ablauf und während der *vesting period* (Rz 159 ff.). Der Wechsel von *equity-* zu *cash-settled* ist als Kapitalherabsetzung und der umgekehrte Fall spiegelbildlich als Kapitalerhöhung zu erfassen.
Widerruf der Zusage *(cancellation)*	Unabhängig davon, welche Vertragspartei widerruft, ist für Zusagen mit • Ausgleich in Eigenkapitalinstrumenten die bislang gewählte Bilanzierung aufzugeben und noch nicht erfasster Aufwand nach Maßgabe der Schätzung am *grant date* sofort zuzuführen (Rz 150), • Barausgleich eine bislang gebildete Rückstellung ergebniswirksam aufzulösen (Rz 158).
Zeitwert *(time value)* einer Option	Der Zeitwert einer Option hängt entscheidend von der Volatilität des der Vergütung zugrunde liegenden Anteils und der Laufzeit der Option ab. Im Zeitwert schlägt sich überdies die asymmetrische Risikostruktur einer Optionszusage nieder (Rz 257).
Zusage durch Konzernunternehmen oder einen beherrschenden Gesellschafter	Unter der Voraussetzung des Zugangs von Gütern oder Dienstleistungen beim bilanzierenden Unternehmen kommt eine Erfassung einer anteilsbasierten Vergütung auch dann in Betracht, wenn der Vergütungsschuldner die Muttergesellschaft oder ein anderes Konzernunternehmen ist (Rz 168 ff.).

Zusage durch nicht be-herrschende Gesell-schafter	Wird eine Vergütungszusage für erhaltene Güter oder Dienstleistungen des bilanzierenden Unternehmens durch einen nicht beherrschenden Gesellschafter übernommen, ist diese bei der Gesellschaft zu erfassen, es sei denn, es gelingt der eindeutige Nachweis, dass die Übernahme auf das Individualinteresse des Gesellschafters zurückzuführen ist (Rz 176 ff.).
Zusagezeitpunkt *(grant date)*	Der *grant date* markiert den Tag, an dem Vergütungsschuldner und Leistungsempfänger Einigkeit über die Bedingungen einer Optionszusage erlangen und eine erste Bewertung der Zusage zum beizulegenden Zeitwert erforderlich ist (Rz 62).

15   Anwendungszeitpunkt, Rechtsentwicklung

252   IFRS 2 ist für Geschäftsjahre ab dem 1.1.2005 anzuwenden.

253   Zu IFRS 2 gab es ein weitreichendes *Amendment* in 2009, welches bestehende IFRIC-Interpretationen aufhebt. Im fünften Zyklus des *Annual Improvements Project* wurden separate Definitionen zur Abgrenzung von Leistungsbedingungen (*performance conditions*) und Dienstbedingungen (*service conditions*) aufgenommen (Rz 67).

254   Aufgrund diverser Anfragen an das IFRS IC wurden in 2016 im Rahmen einer Änderung von IFRS 2 klarstellende Ausführungen für bestimmte Transaktionen beschlossen. Inhaltlich geht es um

- Klarstellungen zur Berücksichtigung von Ausübungsbedingungen (Dienstbedingungen, Marktbedingungen und anderen Leistungsbedingungen) im Rahmen der Bewertung anteilsbasierter Vergütungen mit Barausgleich. Entsprechende Ausübungsbedingungen sollen analog zu anteilsbasierten Zusagen mit *equity settlement* behandelt werden. Auch bei vorgesehenem Barausgleich ist danach zwischen einem Mengen- und Preisgerüst der Bewertung zu unterscheiden (hierzu Rz 109 ff.);
- die Bilanzierung beim Wechsel des Erfüllungswegs (von *cash-settled* zu *equity-settled*). Ab dem Zeitpunkt der Modifikation ist die bisherige Zusage als *equity-settled* zu behandeln, wobei die Bewertung unter Bezugnahme auf ihren *fair value* im Modifikationszeitpunkt stattfindet (neuer *grant date*). Zum Modifikationszeitpunkt ist daher die Verbindlichkeit aus der abgelösten *cash-settled share-based-payment*-Vereinbarung auszubuchen. Eine Differenz zwischen dem Buchwert der „abgelösten" Verbindlichkeit und dem neuen im Eigenkapital erfassten Wert aus der *equity-settled share-based-payment*-Transaktion ist erfolgswirksam zu erfassen (hierzu Rz 162);
- die Klassifizierung von anteilsbasierten Vergütungen, die unter der Berücksichtigung einer persönlichen Steuerbelastung des Empfängers der Zusage einen Nettoausgleich vorsehen. In manchen Rechtskreisen behalten Unternehmen bspw. bei einer *equity-settled share-based-payment*-Zusage einen gewissen Anteil an Eigenkapitalinstrumenten (Anteile) ein, um – durch Ver-

kauf – die Steuerverpflichtung des Anspruchsberechtigten in bar zu erfüllen (Steuereinbehalt bzw. Steueranteil der Vergütung). Die Verpflichtung an den Mitarbeiter wird entsprechend netto, d. h. nach Abzug des Einbehalts für die Steuerschuld, erfüllt. Infolge der Änderung soll die Transaktion (also die Vergütung und die Übernahme der Steuerverpflichtung) einheitlich als *equity-settled* behandelt werden, vorausgesetzt die Einstufung wäre auch ohne das *net settlement feature* so vorgenommen worden (Rz 243 ff.).

16 ANHANG: Rechnerische Bewertung von (Mitarbeiter-)Optionen

16.1 Bilanzielle Grundlagen

Anteilsbasierte Vergütungen an **Mitarbeiter** erfolgen typischerweise in der Form von **echten** oder **virtuellen** Optionen.   255

- Bei Gewährung **echter** Optionen (Rz 8) an Arbeitnehmer ist der Wert der Transaktion von der Optionsseite her zu bestimmen. Der *fair value* der Option im Zusagezeitpunkt (Rz 62) bestimmt den je gewährter Option zu buchenden Personalaufwand (IFRS 2.11), Anpassungen an die spätere Wertentwicklung von Anteil und Option finden nicht statt. Der insgesamt zu buchende Personalaufwand ergibt sich jedoch als Produkt aus Preis (Optionswert) und Menge (Zahl der ausübungsberechtigt werdenden Optionen). Die Mengenkomponente hängt bei einer vereinbarten Mindestdauer der Fortsetzung des Dienstverhältnisses von der Fluktuation ab; die Fluktuationsannahmen sind zu jedem Bilanzstichtag an neue Erkenntnisse anzupassen.
- Bei Gewährung virtueller Optionen (Rz 8) an Arbeitnehmer bestimmt der *fair value* der Verpflichtung *(liability)* die Höhe des Personalaufwands (IFRS 2.33). In die Bewertung der Verpflichtung gehen sowohl die Preis- als auch die Mengenannahmen ein. Beide Annahmen sind über die Optionsdauer jeweils an neue Erkenntnisse anzupassen.

Sieht die anteilsbasierte Vergütung einen **Barausgleich** vor, scheidet eine Bewertung der Verpflichtung des Vergütungsschuldners über den beizulegenden Wert der erhaltenen Güter oder Dienstleistungen aus (IFRS 2.33).

16.2 Ökonomische Grundlagen

Der gesamte **beizulegende Zeitwert (*fair value*)** einer Option setzt sich zusammen aus dem   256

- inneren Wert *(intrinsic value)* und dem
- Zeitwert *(time value)*.

Die Zusammenhänge zwischen beizulegendem Zeitwert, innerem Wert und Zeitwert einer Aktienoption lassen sich wie folgt verdeutlichen:[57]

---

[57] Vgl. PELLENS/FÜLBIER/GASSEN, Internationale Rechnungslegung, 6. Aufl., 2006, S. 489.

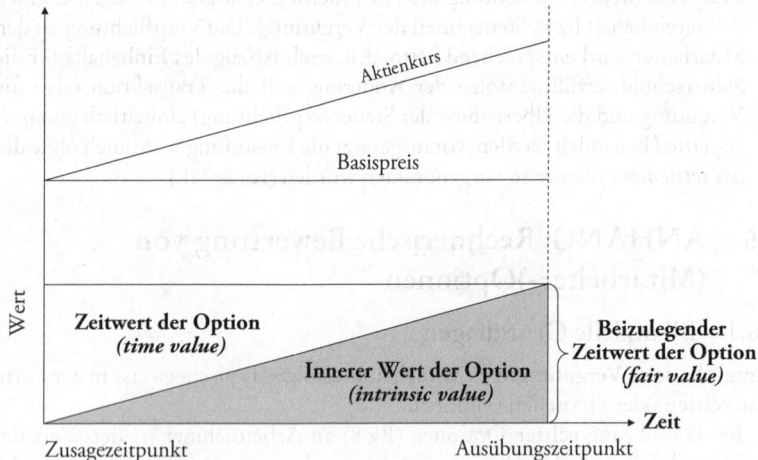

Abb. 3: Komponenten des beizulegenden Zeitwerts bei der Optionsbewertung

Der **innere** Wert entspricht dem wirtschaftlichen Vorteil bei (fiktiver) sofortiger Ausübung der Option im Zusagezeitpunkt. Es handelt sich um die (Stichtags-)Differenz zwischen dem Aktienkurs bzw. Anteilswert und dem Basis- oder Ausübungspreis (auch Bezugskurs genannt), zu dem der Optionsberechtigte eine Aktie erwerben darf. Folgende Fälle sind zu unterscheiden:

- Basispreis < Anteilswert → innerer Wert > 0 (die Option ist „im Geld"),
- Basispreis = Anteilswert → innerer Wert = 0 (die Option ist „am Geld"),
- Basispreis > Anteilswert → innerer Wert < 0 (die Option ist „aus dem Geld").

257 Für die Werthaltigkeit einer anteilsbasierten Vergütung muss der Anteilswert allerdings nicht notwendigerweise über dem Basispreis liegen („im Geld"). Auch eine Option, deren Wert im Zusagezeitpunkt nicht über dem Basispreis bzw. Kurs liegt, kann wegen des Zeitwerts einen positiven Wert haben.

Im **Zeitwert** der Option schlägt sich die **asymmetrische Risikostruktur** nieder. Eine ungünstige Wertentwicklung und damit einen Verlust braucht der aus einer Kaufoption Berechtigte nicht zu fürchten, da er in diesem Fall auf die Ausübung der Kaufoption verzichten würde. Insoweit kann der Optionswert im Zeitablauf nicht negativ werden, während der mögliche positive Wert im Ausübungszeitpunkt nach oben theoretisch unbegrenzt ist.

Diese Asymmetrie wirkt aus Sicht des Zusagezeitpunkts umso stärker, je länger der **Optionszeitraum** und je **volatiler** die Aktie ist. Neben diesen beiden wichtigsten Determinanten des Zeitwerts bestimmt auch der **Zinsgewinn** aufgrund des erst später zu zahlenden Kaufpreises für die Aktien sowie „als Gegenposten" die **entgehende Dividendenrendite** die Höhe des Zeitwerts.[58]

258 Die wesentlichen **Determinanten** des *fair value* einer einfachen Option sind demzufolge

- der Ausübungspreis des Optionsrechts,
- der Aktienkurs bzw. Anteilswert am Bewertungsstichtag,

---

58   Vgl. HASBARGEN/SETA, BB 2003, S. 515, 517.

- die erwartete künftige Volatilität des Aktienkurses (bzw. Anteilswerts),
- das Zeitintervall bis zur letztmaligen Ausübungsmöglichkeit,
- erwartete Dividendenzahlungen während der Laufzeit des Optionsrechts und
- der laufzeitäquivalente, risikolose Zinssatz.

Hierbei gilt: Der *fair value* einer Option ist umso höher,

- je stärker die erwartete Volatilität des Basiswerts ist,
- je länger die Restlaufzeit ist,
- je höher der laufzeitäquivalente, risikolose Zinssatz ist,
- je niedriger die erwarteten Dividendenzahlungen auf die dem Optionsrecht zugrunde liegenden Aktien bzw. Anteile sind.

Bei einfachen Optionen ist zwischen **amerikanischen** und **europäischen Optionen** zu unterscheiden: 259

- Amerikanische Optionen sind während der Laufzeit der Option jederzeit ausübbar,
- europäische Optionen nur am Ende der Laufzeit.

Das jederzeitige Ausübungsrecht bei amerikanischen Optionen führt bei sonst gleichen Bedingungen zu einem höheren *fair value*.

In aller Regel   260

- entsprechen die Konditionen der Mitarbeiteroptionen nicht anderen öffentlich gehandelten Optionen über die gleiche Aktie oder
- es werden überhaupt keine Optionen der betreffenden Gesellschaft am Markt gehandelt.

In beiden Fällen können die Mitarbeiteroptionen mangels Marktpreisen nur auf der Grundlage von **Optionsbewertungsmodellen** ermittelt werden. IFRS 2.B5 befasst sich mit der Frage, welches der gängigen Modelle zu favorisieren ist, legt sich diesbezüglich allerdings nicht fest. Genannt wird expressis verbis außer Binomialmodellen[59] nur das Black-Scholes-Modell, ohne aber dieses gegenüber anderen zu bevorzugen. Darüber hinaus kann auch auf eine Monte-Carlo-Simulation zurückgegriffen werden.

Bei **nicht börsennotierten** Unternehmen ist dem eigentlichen Optionsbewertungsmodell vorgelagert eine Anteils- bzw. **Unternehmensbewertung** vorzunehmen, um eine Ersatzgröße für den fehlenden Aktienkurs zu ermitteln. Zur Problematik fehlender Börsenpreise und Vergangenheits-Volatilitäten bei **nicht** oder **neu notierten** Unternehmen siehe Rz 274.   261

16.3 Mengengerüst und Preisgerüst

Ein Optionspreismodell ermittelt den Wert einer einzelnen Option. Für die Höhe des insgesamt zu buchenden Personalaufwands ist neben dieser Preiskomponente die Mengenkomponente, d.h. die Zahl der voraussichtlich zur Ausübung gebrachten Optionen, von Bedeutung. Hierbei ist wie folgt zu unterscheiden: 262

- Das **Preis**gerüst umfasst die wesentlichen Determinanten des beizulegenden Zeitwerts einer einfachen Option (Rz 80) sowie **marktabhängige** Leistungsbedingungen *(market performance conditions)* und alle *non-vesting conditions* (Rz 72).

---

[59] Vgl. hierzu die mathematischen Grundlagen bei CRASSELT, KoR 2005, S. 444.

- Bestandteil des **Mengen**gerüsts sind hingegen alle **nicht marktabhängigen** Leistungsbedingungen *(non-market performance conditions)* sowie die Dienstbedingungen *(service conditions)*.

> **Praxis-Beispiel**
> Die Führungskräfte erhalten am 1.1.01 je eine Option mit u.a. folgenden Bedingungen zugesagt: Die Optionen können im Januar 03 ausgeübt werden,
> - wenn der Arbeitnehmer sein Dienstverhältnis mindestens bis 31.12.02 fortsetzt *(service condition)* und
> - der Aktienkurs zwischen dem 1.1.01 und dem 31.12.02 sich mindestens so gut entwickelt wie der Branchenindex *(market performance condition I)*.
> - Entwickelt sich der Aktienkurs um mindestens 10 Prozentpunkte besser als der Branchenindex, erhöht sich die Zahl der Optionen von eins auf zwei *(market performance condition II)*.
> - Bei der Bestimmung des *fair value* je Optionszusage sind neben Basispreis, Aktienkurs, Laufzeit usw. auch die *market performance conditions* zu berücksichtigen, also nicht nur die Wahrscheinlichkeit, dass der Branchenindex mindestens erreicht, sondern auch die, dass er um mindestens 10 % übertroffen wird. Zwar verdoppelt sich bei Übertreffen der 10 Prozentpunkte die Zahl der ausübungsfähigen Optionen, Bewertungsobjekt sind jedoch die Optionszusagen. Nur die *service conditions* sind variabler Bestandteil des Mengengerüsts. Das Unternehmen hat am 1.1.01 Fluktuationsannahmen zu treffen und diese zum 31.12.01 und 31.12.02 fortzuschreiben.

263 Die Vorgaben zur **Trennung** der einzelnen Vertragsbedingungen in *non-vesting* und *vesting conditions* (mit weiterer Untergliederung) findet sich innerhalb von IFRS 2 nur in Bezugnahme auf echte Optionen bzw. *equity-settled transactions* (IFRS 2.19 – IFRS 2.21).

Allerdings sind auch virtuelle Optionen *(cash-settled transactions)* regelmäßig ebenfalls an vertraglich spezifizierte Ausübungsbedingungen geknüpft, die sich in *vesting* und *non-vesting conditions* unterscheiden lassen (IFRS 2.IG12). Aus der Erfüllungsform der anteilsbasierten Verpflichtung ergeben sich daher auch keine Unterschiede für die Bewertung der gewährten Option (IFRS 2.33). Im Rahmen der Optionsbewertung ist daher auch bei vereinbartem *cash settlement* zwischen Preis- und Mengengerüst zu unterscheiden. Im Optionspreismodell ist nur das Preisgerüst zu erfassen. Änderungen des Mengengerüsts *(service conditions* und *non-market performance conditions)* fließen nur in die Bewertung der Verpflichtung ein.

Anders als für echte Optionen gilt für virtuelle aber:
- Zu jedem Stichtag ist der *fair value* der Verpflichtung neu zu bestimmen;
- in diese Bestimmung gehen auch die marktabhängigen Ausübungsbedingungen ein;
- wenn eine Ausübungsbedingung (auch eine marktabhängige) nicht erfüllt wird, entstehen dem Vergütungsschuldner keine Aufwendungen.

Nur im Zusagezeitpunkt *(grant date)* entsprechen sich daher der Optionswert einer realen und einer virtuellen Option. Aufgrund der Festschreibung der Bewertungsprämissen bei realen Optionen am *grant date*, im Unterschied zu deren Fortschreibung bei virtuellen Optionen auf jeden Bilanzstichtag, ergeben sich regelmäßig Unterschiede in den Folgeperioden, die sich auf Änderungen der Bewertungsparameter und nicht des Bewertungsmodells zurückführen lassen.

16.4 Bewertungsmodelle

16.4.1 Anforderungen an die Datenbasis

Bei Anwendung eines Optionspreismodells sind gem. IFRS 2.B6 als Preisgerüst mindestens folgende **Faktoren** (Basis-Determinanten einer Option; Rz 258) mit ins Kalkül einzubeziehen:[60]

- Ausübungspreis der Option,
- der augenblickliche Marktwert des Optionsgegenstands (Unternehmensaktien),
- Laufzeit der Option (bzw. Zeitpunkt der Optionsausübung bzw. erwartete Haltedauer),
- die erwartete Volatilität des Marktpreises,
- die zu erwartenden Dividenden auf die Aktien sowie
- der risikofreie Zinssatz für die Laufzeit der Option.

Über die ersten beiden Faktoren wird der **innere Wert** der Option bestimmt; die folgenden – insbesondere der zugrunde gelegte Bewertungshorizont (Rz 265) – beeinflussen die Höhe des sog. **Zeitwerts**. Bei anteilsbasierten Vergütungen mit Ausgleich in Eigenkapitalinstrumenten ist darüber hinaus noch ein Verwässerungs-/Kapitalstruktureffekt zu berücksichtigen.

Schließlich sind neben den Determinanten des Optionswerts im Optionspreismodell auch in den Vertragsbedingungen festgehaltene *non-vesting conditions* und *market performance conditions*, die Teil des Preisgerüsts sind, zu berücksichtigen (Rz 80). Die Festlegung der einzelnen Parameter zeichnet sich in der praktischen Anwendung durch erhebliche Unsicherheiten aus. Dennoch sind die Anforderungen an die zugrunde gelegte Datenbasis für die Bestimmung des Zeitwerts hoch.

Nach empirischer Belegung neigen Optionsberechtigte zu einer frühzeitigen Ausübung einer gewährten Option. Ein gewährter langfristiger **Ausübungszeitraum** wird entsprechend regelmäßig nicht ausgenutzt. Gründe einer frühzeitigen Ausübung können Risikoaversion, Vermögens- oder Liquiditätsbeschränkungen sowie unzureichende Diversifikation des privaten Vermögens sein (IFRS 2.BC158).

Bei der Anwendung eines Optionspreismodells ist

- entweder die **bewertungsrelevante Laufzeit** (erwartete Haltedauer), somit der Zeitraum zwischen der Zusage der Option *(grant date)* und dem erwarteten Zeitpunkt der Optionsausübung, zugrunde zu legen
- oder ein **pfadabhängiges Ausübungsverhalten** abzubilden und somit eine explizite Modellierung des Ausübungsverhaltens vorzunehmen (IFRS 2.BC169).[61]

Regelmäßig wird die bewertungsrelevante Laufzeit der Option über eine **Prognose** des Ausübungsverhaltens bestimmt. Gegen die Modellierung eines pfadabhängigen Ausübungsverhaltens spricht die zusätzliche Modell- und damit Bewertungskomplexität.

264

265

---

60 Vgl. hierzu OSER/VATER, DB 2001, S. 1261.
61 Vgl. zu weiteren Restriktionen VATER, WPg 2005, S. 1275.

Voraussetzung für eine belastbare Prognose der bewertungsrelevanten Laufzeit ist die Berücksichtigung der folgenden Faktoren:

- die Länge der *vesting period*, während der eine Ausübung der Option noch nicht möglich ist;
- das beobachtete tatsächliche Ausübungsverhalten bereits ausgegebener Optionen in der Vergangenheit;
- der Marktpreis des zugrunde liegenden Anteils, da es bei Erreichen bestimmter (Schwellen-)Kurse zu einer verstärkten Ausübung kommen kann;[62]
- die erwartete Volatilität des zugrunde liegenden Anteils; Risikoaversion der Optionsberechtigten unterstellt, werden Optionen bei volatileren Anteilen früher ausgeübt als bei solchen mit geringen Wertschwankungen;
- das individuelle Rendite-Risiko-Profil der Optionsberechtigten (bei Mitarbeiteroptionen die Hierarchiestufe bzw. die Stellung im Unternehmen).

Bilden die Optionsberechtigten eine heterogene Gruppe (z.B. Vorstand und Manager unterer Führungsebenen), sind ggf. durchschnittlich erwartete Haltedauern für einzelne Gruppen festzulegen (IFRS 2.B21), um einer Über- oder Unterschätzung des Optionswerts entgegenzuwirken (IFRS 2.B20). Entsprechende Differenzierungen nach Gruppen innerhalb der (Gesamt-)Anspruchsberechtigten ergeben allerdings nur bei bereits bestehender Kenntnis eines unterschiedlichen Ausübungsverhaltens Sinn (IFRS 2.B19). Empirische Untersuchungen zeigen regelmäßig eine Optionsausübung spätestens ein Jahr nach Ablauf der *vesting period*.[63]

266 Die (Aktienkurs-)**Volatilität** beschreibt die kurzfristige Abweichung des Anteilswerts von der langfristigen Trendentwicklung. Statistisch entspricht diese der Standardabweichung der Zufallsvariablen „Anteilswert". Als Parameter der Optionspreisbewertung drückt die Volatilität die künftig zu erwartenden positiven/negativen Abweichungen – bezogen auf das jährliche Mittel – von dem Anteilswert am Bewertungsstichtag aus (IFRS 2.B24).

Die **künftige** Volatilität steht zum Bilanzstichtag – aufgrund der Abhängigkeit von der Kursentwicklung – freilich noch nicht fest. Aufgrund der **hohen Bedeutung** der Volatilität für den Wert einer Option sind folgende Faktoren bei der Prognose der Volatilität einzubeziehen (IFRS 2.B25):

- die **implizite** Volatilität; sie lässt sich aus beobachtbaren Marktpreisen für gehandelte Optionen des bilanzierenden Unternehmens bestimmen;
- die **historische** Volatilität; sie ergibt sich aus einer Analyse der Veränderung der Aktienkurse in der Vergangenheit über einen Betrachtungshorizont, der der erwarteten Haltedauer der Optionen entspricht;
- der **Zeitraum**, seit dem börsennotierte Preise für Anteile des bilanzierenden Unternehmens beobachtbar sind; ist dieser kurz (z.B. bei neu gegründeten Gesellschaften oder kurz nach einem Börsengang), ist die beobachtbare Volatilität i.d.R. zu hoch und damit nicht repräsentativ für den langfristigen Trend.

Darüber hinaus ist bei der Bestimmung der Volatilität auf konstante Prämissen hinsichtlich des zugrunde gelegten **Zeitintervalls** (Monate/Wochen/Tage), des Beobachtungszeitpunkts (Eröffnungs-/Höchst-/Schlusskurs) und der Währung im Verhältnis zum Ausübungspreis *(exercise price)* zurückzugreifen. Besondere

62 Vgl. PELLENS/FÜLBIER/GASSEN, Internationale Rechnungslegung, 6. Aufl., 2006, S. 494.
63 Vgl. SAUTNER/WEBER, BB 2005, S. 2736f.

Einflüsse auf den beobachtbaren Anteilswert und Tendenzen des langfristigen Mittels sind zu berücksichtigen.

Die historische Volatilität wird als **Trendfortschreibung** vergangenheitsbezogener Daten maßgeblich durch die Länge des Beobachtungszeitraums beeinflusst. Die Aussagefähigkeit der impliziten Volatilität ist hingegen insoweit fraglich, als sich die Volatilität von Finanzmarktoptionen wegen anderer Ausgestaltungsmerkmale (Laufzeit, Ausübungsbedingungen etc.) nicht direkt auf vergütungshalber gewährte Optionen übertragen lässt.

Die Schätzung der Volatilität bietet unabhängig von dem Rückgriff auf implizite oder historische Erkenntnisse erhebliche bilanzpolitische **Ermessensspielräume**. Ein klarer Vorrang der zu verwendenden Datenbasis ist daher auch nicht gegeben.

Partizipieren die Anspruchsberechtigten aus der anteilsbasierten Vergütung zusätzlich zu ihrem Optionsrecht ausnahmsweise schon an künftigen **Dividendenausschüttungen** (IFRS 2.B31), sind diese für das Optionspreismodell unbeachtlich (IFRS 2.B32). Regelmäßig sieht eine anteilsbasierte Vergütung allerdings kein Dividendenbezugsrecht vor. Hierdurch reduziert sich der *fair value* der Option für die Perioden, in denen keine Ausübung der Option möglich ist. Als Schätzung der künftigen Dividendenhöhe kann eine um Einmaleffekte bereinigte Extrapolation beobachtbarer Vergangenheitswerte herangezogen werden.[64] | 267

Als „quasi"-risikoloser Zinssatz ist regelmäßig auf die beobachtbare Rendite von **Staatsanleihen** zurückzugreifen, die in | 268
- der (Rest-)Laufzeit und
- der Währung

der erwarteten Haltedauer der Option entsprechen. Eine Anpassungsnotwendigkeit ergibt sich für Staatsanleihen, die einem gewissen Ausfallrisiko unterliegen (IFRS 2.B37).

Wird eine anteilsbasierte Vergütung mit Ausgleich in Eigenkapitalinstrumenten | 269
(equity-settled transaction) durch die Ausgabe von Anteilen zu einem Bezugspreis unter dem *fair value* bewirkt, erfahren die Gesellschafter/Anteilseigner einen Verwässerungseffekt (**Kapitalstruktureffekt**). Dieser betrifft nicht nur die bestehenden Gesellschafter/Anteilseigner, sondern auch die Optionsberechtigten hinsichtlich ihres Ausübungsgewinns (IFRS 2.B39). Die Höhe des Verwässerungseffektes und damit der *fair value* der Optionen hängen ab von
- dem Bezugsverhältnis von vorhandenen zu neu zugeteilten Aktien und
- dem Grad der Einpreisung des erwarteten Verwässerungseffekts in den beobachtbaren Anteilswert.

Eine Minderung des Optionswerts durch Verwässerungs-/Kapitalstruktureffekte ist im Optionspreismodell zu berücksichtigen. Die Anpassung erfolgt unter Berücksichtigung des Verhältnisses der neu zu emittierenden Anteile zur Anzahl bestehender Anteile (λ). Der Optionswert vor Berücksichtigung des Verwässerungseffekts wird mit dem Wert $1/(1 + \lambda)$ multipliziert.[65]

---

[64] Vgl. VATER, StuB 2004, S. 804.
[65] Vgl. VATER, in: THIELE/KEITZ, VON/BRÜCKS (Hrsg.), Internationales Bilanzrecht 2008, IFRS 2 Tz 253.

270 Unabhängig von der Ausgestaltung der anteilsbasierten Vergütung – *cash-settled* oder *equity-settled transaction* – sind neben evtl. in den Vertragsbedingungen festgehaltenen *non-vesting conditions* auch *market-based performance conditions* als Teil der *vesting conditions* im Optionspreismodell zu berücksichtigen (Rz 80). Mit Ausnahme der marktabhängigen Leistungsbedingungen dürfen *vesting conditions* nicht in die Berechnungsparameter des Optionspreismodells einfließen (IFRS 2.19). Nicht in der *fair-value*-Bewertung der Option zu berücksichtigende Ausübungsbedingungen sind z.B.:

- Beibehaltung der Arbeitnehmerstellung *(service conditions)*,
- Erfüllung einer nicht vom Anteilswert abhängigen Zielvorgabe, z.B. Umsatzvolumen, Gewinnanstieg, Gewinn je Aktie.

Für die Bestimmung des Werts der hingegebenen Leistung über die indirekte Bewertung ist im Zusagezeitpunkt *(grant date = measurement date)* abzuschätzen, wie viele der zugesagten Optionen nach Ablauf der *vesting period* (Rz 65) tatsächlich ausgeübt werden. Insbesondere ist die Einschätzung der Mitarbeiterfluktuation angesprochen, aber auch die übrigen eben genannten Vorgaben, die nicht marktabhängig sind. Diese Ausübungsbedingungen sind also nicht bei der **Bewertung** der einzelnen Option, sondern bei der Abschätzung des **Umfangs** der Vergütungsinstrumente zu berücksichtigen, die letztlich ausgeübt werden (IFRS 2.20). Die letztgenannte Wertermittlungskomponente stellt das – nach deutschem Sprachverständnis – **Mengengerüst** der Bewertung dar, das Optionspreismodell oder – ausnahmsweise – der Markt liefert dazu die **Wertkomponente**.[66]

16.4.2 Black-Scholes-Modell

271 Das Black-Scholes-Modell stellt das einfachste Optionspreismodell dar. Die einfache Anwendung ist Ergebnis einer geschlossenen Bewertungsgleichung, die allerdings die Flexibilität und damit Anwendbarkeit des Modells erheblich einschränkt.[67] Es ist daher fraglich, ob das Black-Scholes-Modell die Merkmale als Vergütung gewährter Optionen zutreffend widerspiegelt (IFRS 2.BC131). Eine Bewertung über das Black-Scholes-Modell ist – abgesehen von den Anforderungen an den Kapitalmarkt – möglich, wenn folgende Annahmen erfüllt sind:

- Es werden keine (wesentlichen) Dividenden während der Optionslaufzeit erwartet,
- die Optionsausübung ist nur am Ende der Laufzeit möglich und
- der erwartete risikolose Zinssatz ist bis zum Fälligkeitszeitpunkt im Wesentlichen konstant.

Bei Nichterfüllung der vorstehenden Annahmen lässt sich das Bewertungsmodell unter Anpassung der Bewertungsgleichung modifizieren. Ebenso ist eine Anpassung erforderlich, wenn Ausübungsbedingungen (hier: *market conditions)* in dem Optionspreismodell zu berücksichtigen sind. Jegliche Anpassung des Bewertungsmodells ist allerdings aufwendig, das Black-Scholes-Modell aus Kosten-Nutzen-Erwägungen somit nur für „einfach" ausgestaltete Optionszusagen heranzuziehen.

---

[66] KÜTING/DÜRR unterscheiden begrifflich zwischen (nicht) marktabhängigen Erfolgszielen (WPg 2004, S. 609, 612 f.).

[67] Vgl. PELLENS/FÜLBIER/GASSEN, Internationale Rechnungslegung, 6. Aufl., 2006, S. 490.

Die **Stärken** und **Schwächen** des Black-Scholes-Modells zur Bewertung von Optionszusagen lassen sich wie folgt zusammenfassen:

Stärken des Modells	Schwächen des Modells
Einfachheit und weite Akzeptanz des Modells	Begrenzter Anwendungsbereich des Modells, da Parameter über die Laufzeit fixiert sind *(closed form solution)*
Optionswertberechnungsprogramme sind bei Kenntnis der Bewertungsparameter im Internet frei verfügbar	Ausübungsbedingungen lassen sich nicht oder nur umständlich in der Bewertung berücksichtigen
Bewertungsergebnisse sind leicht nachvollziehbar	Bewertung nur bei einem festen Ausübungszeitpunkt, keine Anwendung auf amerikanische Optionen (Rz 259)

16.4.3 Binomialmodell

Als vielseitigere und dennoch (verhältnismäßig) „einfache" Alternative bietet sich zur Bewertung von Optionszusagen der Rückgriff auf ein Binomialmodell an. Die Bewertung über das Binomialmodell **unterstellt** einen arbitragefreien Kapitalmarkt und die Möglichkeit zur Reproduktion der sicheren Anlage. Die Bewertung erfolgt als zweistufiger Prozess, bei dem der *fair value* zu diskreten äquidistanten Zeitpunkten betrachtet wird:

- In einem **ersten Schritt** ist die künftige Entwicklung des *fair value* des Optionsobjekts zu modellieren. Mit jeder künftigen Periode kann sich der Wert um einen von der Volatilität abhängigen Faktor erhöhen oder reduzieren. In Abhängigkeit von der Rendite auf risikolose Anlagen und der Schwankungsbandbreite (positive und negative Wertabweichung) ergeben sich risikoneutrale Wahrscheinlichkeiten, die für die Entwicklung eines Zustandsbaums *(decision tree)*, der alle möglichen Ausprägungen der Wertentwicklung widerspiegelt, heranzuziehen sind. Am Ende des Betrachtungszeitraumes sind die Resultate aller Wertentwicklungen einfach zu bestimmen, sie entsprechen dem inneren Wert (Differenz zwischen Ausübungspreis und Endwert). Faktoren, die die Wertentwicklung der Anteile beeinflussen (z.B. Dividendenzahlungen), sind bei der Fortschreibung zu berücksichtigen.
- Ausgehend von den unterschiedlichen Werten am Ende des Beurteilungszeitpunkts kann in einem **zweiten Schritt** der Optionswert zu jedem Zeitpunkt zwischen Zusage- und Ausübungszeitpunkt rekursiv ermittelt werden. Konsistent zu der Entwicklung des Zustandsbaumes, bei der risikoneutrale Wahrscheinlichkeiten unterstellt wurden, sind Risikoneutralität für die Gewichtung der positiven und negativen Abweichungen und eine Abzinsung zu unterstellen. Ausübungsbedingungen können im jeweiligen Zeitpunkt des Zustandsbaumes berücksichtigt werden.

Die Güte des Bewertungsergebnisses bei Rückgriff auf das Binomialmodell hängt von der Anzahl der verwendeten Zwischenschritte (dem Umfang des Zustandsbaumes) ab. Bei einem Bewertungshorizont von drei Jahren sind daher zur Verbesserung der Aussagefähigkeit des Modells auch unterjährige Betrachtungszeiträume zugrunde zu legen. Als Untergrenze sollten mindestens 100 Zwischenschritte gewählt werden. Werden keine marktabhängigen Leistungsbedingungen

272

vereinbart, entsprechen sich die Optionswerte, die mittels Black-Scholes-Modell und Binomialmodell ermittelt werden.

Die **Stärken und Schwächen** des Binomialmodells zur Bewertung von Optionszusagen lassen sich wie folgt zusammenfassen:

Stärken des Modells	Schwächen des Modells
Weiter Anwendungsbereich des Modells, da Parameter über die Laufzeit angepasst werden können *(open form solution)*	Höhere Komplexität, Notwendigkeit zur Erstellung eines optionsspezifischen Modells
Berücksichtigung der meisten Ausübungsbedingungen	

16.4.4   Monte-Carlo-Simulation

273   In Ausnahmefällen kann es notwendig sein, den *fair value* einer Option über eine Monte-Carlo-Simulation zu bestimmen (z. B. komplexe Ausübungsbedingungen, die sich nur schwer über ein Binomialmodell erfassen lassen). Über eine Monte-Carlo-Simulation werden unterschiedliche künftige Wertentwicklungen in Abhängigkeit von identifizierten Treibern per Zufallsgenerator ermittelt. Basierend auf jedem Simulationsergebnis werden die Ausübbarkeit der Option und der Wertzuwachs des Anspruchsberechtigten bestimmt und mit Rückgriff auf den risikolosen Zinssatz auf den Zusagezeitpunkt diskontiert. Über eine kontinuierliche Wiederholung des Simulationsprozesses wird eine Vielzahl von Barwerten ermittelt. Der Erwartungswert aus allen möglichen Barwerten entspricht dem beizulegenden Zeitwert der Option.

Die Aussagefähigkeit des Modells wird entscheidend durch die Anzahl der Simulationen bestimmt. Der resultierende *fair value* ist ein Näherungswert, der sich als Erwartungswert unterschiedlicher Simulationsergebnisse ergibt. Wird nur eine geringe Anzahl von Simulationen ausgeführt, unterliegt der *fair value* der Option ggf. erheblichen Schwankungen von Berechnung zu Berechnung. Als eine Untergrenze wird eine Anzahl von mindestens 10.000 Simulationen (Berechnungsdurchläufen) als angemessen angesehen.[68] Im Einzelfall können aber auch über 1.000.000 Einzelberechnungen erforderlich sein.

Die **Stärken und Schwächen** der Monte-Carlo-Simulation zur Bewertung von Optionszusagen lassen sich wie folgt zusammenfassen:

Stärken des Modells	Schwächen des Modells
Keine Einschränkung des Anwendungsbereichs, jede Vertragsbedingung kann berücksichtigt werden	Hohe Anforderung an die Programmierung der Simulation, einfache Tabellenkalkulationsprogramme müssen erweitert werden
Hoher Grad der Nachvollziehbarkeit, da einzelne Simulationswerte aufgezeigt werden	Aussagefähigkeit hängt von der Anzahl der Simulationen ab, bei einer zu geringen Anzahl schwankt der Erwartungswert mit jeder Berechnung

---

[68]   Vgl. DELOITTE, Share-based payments, A guide to IFRS 2, June 2007, S. 115.

16.4.5 Optionsbewertung bei fehlender oder junger Börsennotierung

Die Verpflichtung zur bilanziellen Abbildung und damit der Bewertung anteils- 274
basierter Vergütungstransaktionen ist **nicht** auf börsennotierte Unternehmen
beschränkt, sondern umfasst mit den gleichen Vorgaben auch Unternehmen, für
deren Eigenkapitalinstrumente weder Marktpreise noch historische Daten verfügbar sind. Werden Optionen als anteilsbasierte Vergütungen ausgegeben,
scheidet eine allein auf den inneren Wert der Option gestützte Bewertung aus.
Für die Bestimmung des Zeitwerts *(time value)* der Optionszusage fehlt bei
fehlender oder junger Börsennotierung insbesondere die **Volatilität** der Unternehmensanteile als wesentlicher Parameter des Optionswerts.
Zur Schätzung der Volatilität stehen folgende Möglichkeiten zur Verfügung:

- Werden durch das bilanzierende Unternehmen regelmäßig Optionszusagen
  getätigt, kann die Preisvolatilität auf einem **internen Markt** (Handel der
  Optionsberechtigten untereinander) herangezogen werden (IFRS 2.B28). I.
  d. R. ist ein interner Markt allerdings nicht verfügbar oder hinreichend liquide,
  ein Rückgriff auf unternehmensspezifische Daten scheidet also aus.

- Alternativ kann eine **Vergleichsgruppe** börsennotierter Unternehmen, die in
  möglichst vielen Charakteristika mit dem bilanzierenden Unternehmen übereinstimmen, herangezogen werden. Stellvertretend für die unternehmensspezifische Volatilität kann dann aus den Preisinformationen für die Vergleichsgruppe *(peer group)* die Volatilität der Anteile abgeleitet werden.

16.5 Objektive Unmöglichkeit der *fair-value*-Bewertung – Rückgriff auf die *intrinsic value method*

Die Bewertungsvorschriften beruhen auf der **unterstellten Möglichkeit**, im 275
Zeitpunkt der Optionsgewährung *(grant date)* den Optionswert zuverlässig zu
bewerten (IFRS 2.BC197). Gleichwohl wird auch die Existenz von unüblichen
und sehr komplex ausgestalteten Anteilen berücksichtigt, die aus Sicht des Board
in **seltenen Fällen** *(rare cases)* eine zuverlässige Schätzung unmöglich machen
(IFRS 2.BC199).
Für den Fall der objektiven Unmöglichkeit einer *fair-value*-Bewertung einer
anteilsbasierten Vergütung mit Ausgleich in Eigenkapitalinstrumenten über ein
Optionspreismodell ist es alternativ zulässig, den Zeitwert *(time value)* einer
Option zu vernachlässigen und die Bewertung allein auf den inneren Wert
(intrinsic value) zu stützen (IFRS 2.24 – IFRS 2.25). Die Folge ist dann eine
Nichterfassung von **Aufwand** im Zusagezeitpunkt, wenn im Zusagezeitpunkt
der Ausübungspreis dem Aktienkurs bzw. Anteilswert entspricht, ein innerer
Wert also nicht vorhanden ist.
Die Wertänderung vom Zusagezeitpunkt *(grant date)* bis zur letztendlichen 276
Ausübung bzw. zum Verfall *(settlement)* ist zu jedem Stichtag erfolgswirksam
zu verbuchen. Der *fair value* als Wertkomponente wird in diesen Fällen durch
den **inneren Wert** *(intrinsic value)* ersetzt. Abweichend von der Regel hat daher
auch bei echten Optionen zu jedem Bilanzstichtag eine erneute Bewertung zu
erfolgen (Rz 82). Die Bewertung über die Laufzeit insgesamt entspricht dann
dem Ausübungsgewinn des Optionsinhabers.[69] Unberührt bleibt indes die Men-

---

[69] Vgl. PELLENS/CRASSELT, PiR 2005, S. 40.

genkomponente der Bewertung gem. IFRS 2.15, also die Einschätzung der letzt-lich ausübbaren Optionen (IFRS 2.24(b)). Die Vorschriften zum *repricing* u. Ä. (Rz 142 ff.) sind dann nicht anzuwenden. Wenn allerdings während der Wartezeit *(vesting period)* eine Ablösung der Optionsverpflichtung *(settlement)* erfolgt, ist der noch nicht erfasste Aufwandteil sofort zu erfassen und etwaige Ausgleichs-zahlungen sind bis zur Höhe des inneren Werts zulasten des Eigenkapitals zu verbuchen (IFRS 2.25); ein übersteigender Betrag ist im Aufwand zu erfassen.

277   Eine Bewertung zum inneren Wert, also der Differenz zwischen dem Ausübungs-preis und dem *fair value* des zugrunde liegenden Anteils am Bewertungsstichtag, ist, anders als eine *fair-value*-Bewertung der Option (innerer Wert + Zeitwert), nicht nur zum *grant date*, sondern zu jedem Periodenende erforderlich.

278   Diese Ausnahmeregel spricht explizit nur echte Optionen an. Die Bewertung von Optionszusagen ist allerdings unabhängig von der Vergütungsform (Rz 263). Somit gilt u. E. auch für virtuelle Optionen *(cash-settled transactions)*: Lässt sich der Optionswert nicht zuverlässig ermitteln, kann vereinfachend auf eine Be-stimmung des Zeitwerts der gewährten Option verzichtet werden.

16.6   Würdigung

279   Die Bewertung von anteilsbasierten Vergütungen über Optionspreismodelle ist äußerst ermessensbehaftet (zur **generellen** Kritik an der Bewertung auf der Grundlage von Optionspreismodellen vgl. → § 28 Rz 358 ff.[70]). Die gesamte Problematik ficht den Board allerdings nicht an (Rz 49): Die Bewertung hat fast ausnahmslos (Rz 275) zum *fair value* zu erfolgen, der auf der Grundlage von Optionspreismodellen zu ermitteln ist. Eine **Unmöglichkeit** der Wertermittlung wird als unwahrscheinlich erachtet (IFRS 2.BC197). Die Bilanzierungspraxis kann dieser optimistischen Einschätzung nicht unbedingt folgen und relativiert daher zum Teil ihre Berechnungen sogleich wieder:

Beispiel aus einem Jahresabschluss[71]
„The Black-Scholes option valuation model was developed for use in estima-ting the fair value of traded options which have no vesting restrictions and are fully transferable. In addition, option valuation models require the input of highly subjective assumptions including the expected stock price volatility. Because the company's stock options have characteristics significantly different from those of traded options and because changes in the subjective input assumptions can materially affect the fair value estimate, in management's opinion, the existing models do not necessarily provide a reliable single measure of the fair value of its employee stock options."

Schätzungen stellen an sich einen notwendigen Bestandteil der Bilanzierung dar (IFRS F.86); sie stellen sich ex post fast immer als „falsch" heraus. Im Fall von echten Optionen sind die Diskrepanzen wegen des Einfrierens der Options-bewertung (des Preisgerüsts) im Zusagezeitpunkt (Rz 82) besonders hoch. Im

---

[70]   Grundlegend zur Kritik an den Optionspreismodellen VATER, Stock Options, 2004, S. 9 ff., sowie VATER, DStR 2004, S. 1715; außerdem PELLENS/CRASSELT, PiR 2005, S. 39 f.

[71]   Aus dem Annual Report 2002 der Wal-Mart INC. (zum ausgewiesenen Pro-forma-Aufwand); zitiert nach VATER, WPg 2004, S. 1258.

Rahmen der US-amerikanischen Börsenaufsicht ist dieses Thema im Hinblick auf die strenge Vorgehensweise der SEC in die Diskussion gelangt und hat die SEC zur Veröffentlichung des SAB 107 veranlasst, wo die einschlägigen Passagen von ASC Topic 718 kommentiert werden.[72]

Zentral geht es um die Frage, ob das Auseinanderklaffen der *fair-value*-Schätzung des Zugangswerts mit seiner später nicht mehr änderbaren Wertkomponente und dem letztlich von den Mitarbeitern realisierten Wert von der SEC beanstandet werden kann. Die Antwort lautet kurz gefasst:

* Selbst eine **bedeutende** Abweichung *(no matter how significant)*
* ist aus Sicht der *faithful presentation* nicht **irreführend** *(materially misleading)*,
* sofern sie sich auf anerkannte und vernünftig angewandte **Bewertungstechniken** stützt.

Eine Präferenz für ein bestimmtes Bewertungsmodell enthält die SEC-Stellungnahme nicht. Letztlich verlangt die SEC die Anwendung eines *good faith fair value estimate*.

SAB 107 erlaubt auch den **Wechsel** von einer Bewertungstechnik zur anderen bei einer späteren Neuausgabe von Vergütungstiteln. Es handle sich nicht um eine Änderung der Bewertungsmethode *(change in accounting policy;* → § 24 Rz 5 ff.). Nur ständiges *(frequently)* Hin- und Herwechseln wird als unzulässig angesehen. Jedenfalls ist eine Offenlegung der Änderung des Bewertungsverfahrens im Anhang geboten. Empirische Studien schreiben wegen der mangelnden Zuverlässigkeit der Optionsbewertung der Erfassung des zugehörigen Personalaufwands fast keine **Entscheidungsrelevanz** für die Abschlussadressaten (→ § 1 Rz 28) zu.[73]

Der Board hat auch **andere** (künftig möglicherweise auftretende) Varianten des *share-based payment* überdacht, allerdings keine weiteren spezifischen Regeln mehr vorgesehen. Er verzichtet auf die Beschreibung ausführlicher Anwendungsvorschriften, die durch die tatsächliche Entwicklung sehr schnell überholt sein könnten. In diesen Fällen sind die zuvor herausgearbeiteten allgemeinen Grundsätze zur bilanziellen Abbildung des *share-based payment* zu beachten (IFRS 2.BC193 ff.).

280

---

[72] Vgl. hierzu VATER, WPg 2005, S. 1269.
[73] VATER, WPg 2005, S. 1269.

Ergebnisrechnung

§ 24 BILANZIERUNGSMETHODEN, ÄNDERUNG VON SCHÄTZUNGEN, BILANZIERUNGSFEHLER *(Accounting Policies, Changes in Accounting Estimates and Errors)*

Schrifttum: ERCHINGER/MELCHER, Fehler in der internationalen Rechnungs-
legung, KoR 2008, S. 616 ff. und S. 679 ff.; FINK/ZEYER, Änderung von Rechnungs-
legungsmethoden und Schätzungen nach IFRS, PiR 2011, S. 181 ff.; HENNRICHS,
Fehlerbegriff und Fehlerbeurteilung im Enforcementverfahren, DStR 2009,
S. 1445 ff.; HENRICHS, Fehlerhafte Bilanzen, Enforcement und Aktienrecht,
ZHR 168/2004, S. 383 ff.; HOFFMANN, Bilanzierungsfehler, BC 2005, S. 1 ff.;
KUMM/MÜLLER, Fehlerveröffentlichung im Enforcementverfahren, IRZ 2009,
S. 77 ff.; KÜTING/WEBER/BOECKER, Fast Close – Beschleunigung der Jahres-
abschlusserstellung: (zu) schnell am Ziel?!, StuB 2004, S. 1 ff.; RUHNKE/BERLICH,
Behandlung von Regelungslücken innerhalb der IFRS, DB 2004, S. 389 ff.; SOR-
GENFREI, Bilanzstrafrecht und IFRS, PiR 2006, S. 38 ff.; VON KEITZ/STOLLE, Feh-
lerfeststellung, -veröffentlichung und -korrektur im Rahmen des deutschen Enfor-
cement, KoR 2008, S. 213 ff.; WEILEP/WEILEP, Nichtigkeit von Jahresabschlüssen,
BB 2006, S. 147 ff.

Vorbemerkung

Die Kommentierung bezieht sich auf IAS 8 in der aktuellen Fassung und
berücksichtigt alle Ergänzungen, Änderungen und Interpretationen, die bis
zum 1.1.2017 beschlossen wurden. Einen Überblick über ältere Fassungen
sowie über diskutierte oder schon als Änderungsentwurf vorgelegte künftige
Regelungen enthalten Rz 64 ff.

1   Zielsetzung, Regelungsinhalt und Begriffe

1.1   Innere und äußere Vergleichbarkeit als Zielsetzung von IAS 8

1   IAS 8 ist in gewisser Weise ein „**Omnibus-Standard**". Eine Reihe ganz ver-
schiedenartiger Themen wird behandelt:

- Anwendung und Auswahl der **Bilanzierungsmethoden** (z.B. nach Maßgabe
  der *materiality* oder bei Regelungslücken),
- die Zulässigkeit von und das buchhalterische Vorgehen bei der Änderung von
  Bilanzierungsmethoden (**Ausnahmen vom Stetigkeitsgebot**),
- das Vorgehen bei der **Revision von Schätzungen**,
- die Buchungs- und Darstellungsweise bei der Bilanzberichtigung (**Korrektur
  von Fehlern** aus Vorperioden).

2   Inhaltliche Klammer dieser Themen soll die **Zielsetzung der inneren und
äußeren Vergleichbarkeit** von Abschlüssen sein (IAS 8.1).

1.2 Verhältnis von IAS 8 zu IAS 1 und zum *Framework*

Als besondere Themenklammer taugt die Vorgabe der inneren und äußeren   **3**
Vergleichbarkeit kaum. Die Vergleichbarkeit ist eine ganz grundlegende
Anforderung an die Rechnungslegung, die über IAS 8 hinaus in vielen anderen
Standards eine Rolle spielt. Betroffen sind v. a. das *Framework* und IAS 1.
Zwischen diesen drei Standards bestehen v. a. in der Frage der Anwendung und
Auswahl von Bilanzierungsmethoden *(application and selection of accounting
policies)* starke **Überlappungen.**

- Welches die auf einen IFRS-Abschluss **anwendbaren Regeln** sind bzw. unter
  welchen Voraussetzungen ein Abschluss als IFRS-Abschluss bezeichnet werden darf, wird sowohl in IAS 1.15 ff. als auch in IAS 8.7 ff. und im *Framework*
  behandelt (→ § 1 Rz 49).
- Wie im Fall **unspezifischer** oder **fehlender Regelung** zu verfahren ist, behandelt vorrangig IAS 8.10 ff., benutzt aber Konzepte (Relevanz, *faithfulness*
  usw.), die nur in IAS 1.15 ff. und im *Framework* erläutert sind (→ § 1 Rz 17).
- Jede (ökonomisch sinnvolle) Regelanwendung steht unter dem **Vorbehalt
  der** *materiality.* Auf unwesentliche Sachverhalte brauchen komplexe Regeln nicht angewendet zu werden. Ausführungen zur *materiality* finden sich
  sowohl in IAS 1.29 ff. als auch in IAS 8.8 und wiederum im *Framework*
  (→ § 1 Rz 59 ff.).
- Die (sinnvolle) Anwendung der Rechnungslegungsregeln unterliegt weiterhin dem **Vorbehalt der** *true and fair presentation.* Bilanzierungsregeln sind
  insoweit nicht anzuwenden, als dies zu einer falschen bzw. verzerrten Darstellung führen würde. Umgekehrt findet auch die Nichtanwendung von
  Regeln unter Verweis auf die *immateriality* ihre Grenzen, wo das Ziel die
  bewusste Verzerrung der Darstellung ist. Ausführungen zu diesen Punkten
  finden sich in IAS 1.15 ff., IAS 8.10 ff. und im *Framework* (→ § 1 Rz 59 ff.).
- Schließlich gibt der Zweck der zeitlichen Vergleichbarkeit der Regelanwendung eine **Stetigkeitsvorgabe.** Regeln sollen konsistent angewendet werden. Dieses Problem wird in IAS 1.45, in IAS 8.14 ff. und erneut im *Framework* behandelt.

Das IFRS-Regelwerk fragmentiert diese Themen, indem es sie an verschiedenen   **4**
Stellen mit teils gleichen, teils unterschiedlichen Aussagen und Schwerpunkten
behandelt. Das kommentierende Schrifttum hat hier die Aufgabe der **Defragmentierung.** Es hat zusammenzuführen, was zusammengehört. In diesem
Sinne behandelt unsere Kommentierung die vorgenannten Punkte einheitlich,
und zwar überwiegend in → § 1. Es wird deshalb verwiesen

- zu den anwendbaren Regeln auf → § 1 Rz 42 ff.,
- zum Vorgehen bei Regelungslücken auf → § 1 Rz 76 ff.,
- zum Vorbehalt der *materiality* auf → § 1 Rz 59 ff.,
- zum Vorbehalt der *true and fair presentation* auf → § 1 Rz 68 ff.

Hingegen werden in diesem Paragrafen behandelt:

- die **Stetigkeit** der Regelanwendung (Rz 5) und
- die **Ausnahmen vom Stetigkeitsgebot** (Rz 18),
- die **Revision von Schätzungen** (Rz 52) und
- die **Korrektur von Fehlern** (Rz 53).

2   Änderung von Ausweis- und Bilanzierungsmethoden

2.1   Grundsatz der Methodenstetigkeit

5   Der Grundsatz der Methodenstetigkeit findet sich im IFRS-Regelwerk u. a. an folgenden Stellen:

- Im *Framework* erfolgt der positive Hinweis auf das Erfordernis der Änderung von Bilanzierungsmethoden *(accounting policies)*, wenn bessere Alternativen existieren (F.QC30).
- **IAS 1.**45 fordert die **Ausweisstetigkeit**, d. h. die Konsistenz in der Klassifizierung von Vorfällen bzw. der Gliederung von Posten, in Bilanz, GuV, Eigenkapitaländerungs- und Kapitalflussrechnung (→ § 2 Rz 17 ff.).
- In **IAS 8.**13 findet sich schließlich das Gebot, Ansatz- und Bewertungsmethoden (kurz: Bilanzierungsmethoden) beizubehalten (**materielle Stetigkeit**).

Die Frage der Ausweis- oder Darstellungsstetigkeit ist vorrangig nicht in IAS 8, sondern in IAS 1 geregelt (→ § 2 Rz 17). IAS 1.44 verweist zwar hinsichtlich der Rechtsfolgen einer geänderten Darstellung auf IAS 8, die in IAS 1.41 f. enthaltenen Regelungen entsprechen jedoch weitgehend den Anforderungen von IAS 8. Der Verweis ist insoweit redundant.

6   Die Stetigkeitsgebote sollen keine „Fortschritte" verhindern. Methodenänderungen sind daher in bestimmten Ausnahmefällen erlaubt. Unter Einbeziehung dieser Ausnahmen stellen sich drei Fragen:

- **Geltungsbereich**: Unterliegt nur die Ausübung echter Methodenwahlrechte dem Stetigkeitsgebot oder gilt das Gebot auch für die sog. **unechten Wahlrechte** durch Ermessensspielräume etc. (Rz 8)?
- **Zulässige Ausnahmen**: Wann darf ausnahmsweise von dem Stetigkeitsgebot abgewichen werden (Rz 18)?
- **Darstellungstechnik**: Welche Buchungen und Darstellungen sind im Fall einer zulässigen Abweichung vom Stetigkeitsgebot zur Wahrung der Vergleichbarkeit geboten (Rz 28)?

2.2   Geltungsbereich des Stetigkeitsgebots

2.2.1   Hinreichende Gleichartigkeit der Sachverhalte

7   Eine einheitliche (**sachlich** stetige) und im Zeitablauf gleichbleibende (**zeitlich** stetige) Bilanzierung kann nur für **hinreichend gleichartige** Sachverhalte gefordert werden. Folgerichtig wird deshalb bspw. in IAS 2.25 festgehalten, dass für alle Vorräte, die „von ähnlicher Beschaffenheit und Verwendung für das Unternehmen sind, das gleiche Kosten-Zuordnungsverfahren" (Verbrauchsfolge usw. → § 17 Rz 48) anzuwenden ist, während umgekehrt bei Unterschiedlichkeit der Vorräte verschiedene Verfahren zum Einsatz gelangen können.

Auch ohne explizite Hinweise gelten entsprechende Überlegungen für andere Standards, etwa für die ermessensbehaftete Festlegung der Nutzungsdauer von Sachanlagen (Rz 14).

2.2.2   Echte und unechte Wahlrechte

8   Die Stetigkeit von Darstellung, Ansatz und Bewertung bedarf dort keiner besonderen Regelung, wo eindeutig **nur eine Bilanzierungsweise zugelassen** ist. Der

Wechsel von einer unzulässigen zu einer zulässigen Bilanzierung stellt demgemäß keinen Methodenwechsel, sondern eine **Bilanzkorrektur** dar (Rz 35 und Rz 53). Soweit aber Wahlrechte bestehen, sollen diese nicht nur am jeweiligen Stichtag einheitlich für alle **Konzernunternehmen** angewendet (IFRS 10.B87), sondern im Interesse der inneren Vergleichbarkeit auch im **Zeitablauf** einheitlich ausgeübt werden. Die **Wahlrechtsausübung** ist daher ein Anwendungsbereich des **Stetigkeitsgebots**. Zur Konkretisierung dieses Anwendungsbereichs ist zwischen **zwei Arten** von Wahlrechten zu unterscheiden:

- **Echte Wahlrechte**: Das Regelsystem lässt ausdrücklich alternative Darstellungen, Ansätze oder Bewertungen zu. **Beispiele** sind:
  - die Anwendung der Fifo-Methode auf Vorräte (→ § 17 Rz 48),
  - die *fair-value*-Bewertung von *investment properties* (→ § 16 Rz 40),
  - die Neubewertung von Sachanlagen (→ § 14 Rz 47 ff.),
  - der passivische Ausweis von Investitionszuschüssen (→ § 12 Rz 30).
- **Unechte oder faktische Wahlrechte**: Das Regelsystem enthält keine ausdrücklichen Alternativen. Die Anwendung der Regeln erfordert aber **Ermessensentscheidungen** in der Form der
  - **Auslegung unbestimmter Begriffe**,
  - Auswahl von **Schätzverfahren** bei Unsicherheit,
  - Auswahl konkreter **Prämissen** für Schätzungen im Einzelfall (individuelle Schätzungen).

Der Begriff des **Schätzverfahrens** ist allerdings u. U. **mehrstufig** zu sehen. Verfahrensentscheidungen auf nachgelagerten Stufen können als Schätzungs-, statt Methodenänderungen angesehen werden.

Praxis-Beispiel[1]

Der *fair value* einer nicht börsennotierten Beteiligung ist für verschiedene Stichtage zu bestimmen.

Infrage kommt eine Bewertung über Multiplikatoren (auf EBITDA etc.) oder eine DCF-Bewertung. Aus IFRS 13 ergibt sich im konkreten Fall kein klarer Vorrang für eines der beiden Verfahren. Das Unternehmen entscheidet sich für die DCF-Bewertung (Verfahrensentscheidung der Stufe 1), wobei es den maßgeblichen Diskontierungszinssatz (bzw. dessen Eigenkapitalkostenanteil) im CAPM-Modell ermittelt (Verfahrensentscheidung der Stufe 2). Zum nächsten Bilanzstichtag ermittelt es den Diskontierungszinssatz nicht mehr nach dem CAPM-Modell, sondern nach dem Realoptionsansatz.

Beurteilung

Es liegt nur eine Schätzungsänderung und keine Methodenänderung vor, da nur die Bestimmung eines Parameters der nachgelagerten Verfahrensstufe betroffen ist.

Noch weitergehend hält IFRS 13.66 fest: *„Revisions resulting from a change in the valuation technique or its application shall be accounted for as a change in accounting estimate.“* U. E. kann dieser Vorgabe auch außerhalb des Anwen-

---

[1] Nach FINK/ZEYER, PiR 2011, S. 181 ff., mit umfangreicher Diskussion zahlreicher weiterer Grenzfälle zwischen Schätzungs- und Methodenänderung.

dungsbereichs von IFRS 13 gefolgt werden. Fraglich ist danach allenfalls noch, ob ein Wechsel des Bewertungsverfahrens nur dann erlaubt ist, wenn die neue Methode zu einer gemessen an Verlässlichkeit und Validität mindestens gleich guten Schätzung führt. Das IFRS IC hat eine solche Auffassung vertreten, eine diesbezügliche Anfrage aber im Übrigen zum Anlass genommen, eine generelle Klärung des Verhältnisses von Methoden- und Schätzungsänderung durch den IASB anzuregen.[2] Hierzu ist für 2017 als Teil der *Disclosure Initiative* ein klarstellender ED angekündigt.

10   Das Stetigkeitsgebot von IAS 8.13 umfasst u.E. sowohl echte als auch unechte Wahlrechte. Dies ergibt sich insbesondere aus IAS 8.IG *Example 3*, in dem folgender Fall behandelt wird:

> **Praxis-Beispiel**
> Die U hat für das jeweilige Anlagegut bisher überwiegend eine einheitliche Nutzungsdauer unterstellt. Eine Aufteilung des Abschreibungsverlaufs nach Maßgabe der unterschiedlichen Nutzungsdauern der Komponenten wurde überwiegend nicht vorgenommen (→ § 10 Rz 6). Zwar verlangt IAS 16.43 eine derartige Abschreibung nach Komponenten *(components approach)*, interpretationsbedürftige Voraussetzung ist aber, dass sich **wesentliche Teile** des Anlagegegenstands **signifikant** in den Nutzungsdauern unterscheiden. Diese unscharfen Voraussetzungen wurden von U bisher auch mangels detaillierter Untersuchungen nicht bejaht. U hat aber nunmehr eine technische Begutachtung vornehmen lassen und entscheidet sich als Ergebnis dieser Begutachtung, den *„components approach more fully"* anzuwenden.

2.2.3   Keine Geltung für individuelle Schätzungen

11   Die in IAS 8 enthaltene Ausdehnung des Stetigkeitsgebotes auf **unechte** Wahlrechte entspricht der herrschenden handelsrechtlichen Auslegung von § 252 Abs. 1 Nr. 6 HGB und § 246 Abs. 3 HGB.

12   Allerdings kann dies nach Handelsrecht wie nach IFRS nicht unterschiedslos für alle Ermessensfälle gelten. Eine erste Grenze ist bei den oben (Rz 9) aufgeführten individuellen Schätzungen zu ziehen. Die konkrete, sich im Zeitablauf ändernde Beurteilung eines **mit Unsicherheiten behafteten Einzelfalls** kann nicht mehr Gegenstand des Stetigkeitsgebots sein:

> **Praxis-Beispiel**
> U hat in 01 eine 10 MWp Großwindkraftanlage errichtet. Die bisher installierten Anlagen hatten eine Leistung von 1 MWp und eine wirtschaftliche Nutzungsdauer von 20 Jahren. U rechnet mit einer höheren Reparaturanfälligkeit der Großanlage, unterstellt aber, dass die Nutzungsdauer sich nicht sehr wesentlich von der der kleinen Anlagen unterscheidet. Er nimmt eine Nutzungsdauer von 16 bis 20 Jahren an und schreibt die Großwindkraftanlage deshalb über 18 Jahre linear ab.

---

[2]   IFRIC Update March 2014.

Bereits im ersten Jahr kommt es bei der Großanlage zu einigen Reparaturen und Stillstandszeiten. Sie häufen sich in 05. U revidiert daraufhin in 05 seine Nutzungsdauerschätzung von 18 auf 10 Jahre (bzw. die Restnutzungsdauer von 13 auf 5 Jahre).

Beurteilung
U muss in der Anwendung des Begriffs der Nutzungsdauer zu Schätzungen greifen. Die ursprüngliche Schätzung ist im Jahre 05 nicht mehr aufrecht-zuhalten. Die Schätzung muss der besseren Erkenntnis angepasst werden.

Soweit im Einzelfall unklar ist, ob eine Methodenänderung oder die Revision   **13** einer Schätzung vorliegt, ist nach IAS 8.35 von der Revision einer Schätzung auszugehen. In der Grenzziehung zu den Schätzungen ist der Begriff der **Methodenänderung** also **eng** auszulegen.

2.2.4   Grenzen des Stetigkeitsgebots bei Schätzverfahren, unbestimmten Rechtsbegriffen und Neuzugängen

Da bei unklarer Abgrenzung im Zweifel nicht von einem Methodenwechsel,   **14** sondern von einer revidierten Schätzung auszugehen ist (Rz 13), stellt sich die Frage, ob neben der individuellen Schätzung des Einzelfalls auch die in Rz 9 aufgeführten **Schätzverfahren** aus dem Anwendungsbereich des Stetigkeits-gebots ausscheiden. Die Frage ist eng verknüpft mit der nach der Ausstrahlung von Bilanzierungsmethoden älterer Zugänge auf **Neuzugänge**. Das handels-rechtliche Schrifttum ist in diesem zweiten Punkt uneinheitlich. Unter Berufung auf den Einzelbewertungsgrundsatz wird zum Teil die Zulässigkeit einer von Jahr zu Jahr wechselnden Bewertungsmethode vertreten.[3]

Praxis-Beispiel (Fortsetzung zu Rz 12)
U errichtet in 02 eine weitere Großwindkraftanlage. Die in 01 errichtete Anlage wurde und wird zu diesem Zeitpunkt noch linear über 18 Jahre abge-schrieben. Die Anlage des Jahres 02 möchte U geometrisch-degressiv ab-schreiben, beginnend mit einem Abschreibungssatz von 10 %.

Beurteilung
IAS 16.50 schreibt vor, die Herstellungskosten auf **systematischer Basis** über die Nutzungsdauer zu verteilen. Die Auswahl zwischen linearer und degres-siver Methode ist kein echtes Wahlrecht, sondern es ist die Methode anzu-wenden, die den Anforderungen von IAS 16.50 am besten entspricht. Ange-sichts der begrifflichen Unbestimmtheit der Voraussetzungen besteht in vielen Fällen ein unechtes bzw. **faktisches Wahlrecht**.
Zu fragen ist aber, ob die in diesem Ermessensrahmen von U getroffene Fest-legung für die Windkraftanlage des Jahres 01 ihn für die Anlage des Jahres 02 bindet.
U. E. ist dies jedenfalls dann nicht der Fall, wenn U willkürfrei handelt. Nach den Reparaturproblemen des Jahres 01 mit der ersten Großanlage kann er (willkürfrei) unterstellen, dass ein schneller Abschreibungsverlauf,

---

[3]   SÖFFING, DB 1987, S. 2598 ff.; a. A. KUPSCH, DB 1998, S. 1101 ff.

also die degressive Abschreibung, angesichts der Unwägbarkeiten ein besseres (Schätz-)Verfahren zur Verteilung der Kosten über die Nutzungsdauer darstellt.

Hinsichtlich der möglichen Rückwirkung auf die lineare Abschreibung der
ersten Anlage ist nun zwischen zwei Fällen zu unterscheiden:

- **Fall 1**: Die Annahme, dass die degressive Abschreibung ein besseres
  Schätzverfahren darstellt, ist plausibel, gleichwohl bleibt auch die lineare
  Abschreibung eine vertretbare Variante. In diesem Fall wird die lineare
  Abschreibung für die Altanlage beibehalten.
- **Fall 2**: Reparaturanfälligkeit und Stillstandszeiten zeigen, dass die gleich-
  mäßige jährliche Wertminderung evident dem tatsächlichen Werteverzehr
  widerspricht. In diesem Fall ist die Abschreibungsmethode für die Alt-
  anlage zu ändern, ggf. retrospektiv in der unter Rz 29 ff. dargestellten
  Technik.

Unter Beachtung des Einzelbewertungsprinzips entfalten u. E. die **Schätzverfahren der vergangenen Perioden** i. d. R. **keine Bindungswirkung für Neuzugänge** der laufenden und zukünftigen Perioden.

15   Diese Auslegung des Stetigkeitsgebots findet jedoch dort ihre Grenze, wo es
weder um konkrete Schätzungen noch um Schätzverfahren, sondern um die
Ausfüllung unbestimmter Rechtsbegriffe, z. B. durch unternehmensinterne
Bilanzierungshandbücher *(accounting manuals)*, geht.

Praxis-Beispiel

U hat als Leasinggeber in 01 bis 03 diverse Leasingverträge abgeschlossen. Das
Verhältnis von Vertragsdauer zur Nutzungsdauer liegt jeweils bei 80 % der
Nutzungsdauer.

IFRS 16 bindet die Zurechnung von Leasinggegenständen u. a. daran, ob die
Vertragsdauer sich über den *„major part"* der Nutzungsdauer erstreckt
(→ § 15a Rz 204). U verfährt im Umgang mit diesem Merkmal wie folgt:

In 01 interpretiert er *„major part"* als 90 % und kommt zu dem Schluss, dass
die Leasingobjekte der Verträge 01 bei ihm zu bilanzieren sind.

In 02 gelangt er nach Lektüre einschlägiger Aufsätze zur Auffassung, dass das
amerikanische Laufzeitkriterium von 75 % (SFAS 13.7) eine sinnvollere
Grenze darstellt. Er bilanziert daher die Zugänge des Jahres 02 nicht.

In 03 besucht U diverse Seminare zur internationalen Rechnungslegung und
erfährt, dass 90 % eine vertretbare und weit verbreitete Auslegung von *„major
part"* darstellen. Er bilanziert deshalb die Objekte der Leasingverträge 03.

Beurteilung

Die unternehmensinterne Konkretisierung des unbestimmten Rechtsbegriffs
fällt in den Anwendungsbereich des Stetigkeitsgebots.

U verstößt also gegen das Stetigkeitsgebot.

Ein Verstoß gegen das Stetigkeitsgebot ist nur dann zulässig, wenn dies
ausnahmsweise, etwa im Interesse der besseren Lagedarstellung, erlaubt ist
(Rz 23). Ein solcher Ausnahmefall liegt nicht vor. U verstößt daher gegen die
IFRS-Regeln.

Die **Neuinterpretation unbestimmter Rechtsbegriffe** (*major part, near future* 16 etc.) stellt u. E. auch dann einen **Verstoß gegen das Stetigkeitsgebot** dar, wenn sie willkürfrei erfolgt und nur auf Neuzugänge angewendet wird. Ein solches Vorgehen ist daher nur dann zulässig, wenn eine gesetzliche Ausnahmevorschrift die Änderung der Bilanzierungsmethode erlaubt (Rz 18). Betroffen ist neben dem behandelten Leasingfall (Rz 15) z.B. die Ausbuchung von Forderungen beim Factoring. Sie setzt nach IAS 39/IFRS 9 im Allgemeinen voraus, dass nicht „so gut wie alle Risiken" (*substantially all of the risks*) beim Forderungsverkäufer verbleiben (→ § 28 Rz 67). In der unternehmensinternen Konkretisierung dieses Begriffs wird man die Grenzziehung nicht von Jahr zu Jahr anders vornehmen können.

Ähnlich ist die Ausübung **echter** Wahlrechte zu beurteilen. Hier ergibt sich i.d.R. schon aus der Wahlrechtsregel selbst die periodenübergreifende Anwendungspflicht:

- Nach IAS 16.36 kann das Wahlrecht der **Neubewertung von Sachanlagen** nur einheitlich für ganze Klassen (*entire classes*) ausgeübt werden (→ § 14 Rz 51). Bei einer Änderung der Bilanzierungsmethode anlässlich von Neuzugängen sind daher auch Altanlagen der gleichen Gruppe umzubewerten.
- Nach IAS 40.30 kann die Entscheidung zwischen Anschaffungskosten- oder *fair-value*-Bewertung nur einheitlich für alle *investment properties* getroffen werden (→ § 16 Rz 43). Auch hier sind bei einer durch Neuzugänge ausgelösten Methodenänderung Altanlagen ebenso umzubewerten.

Eine Ausnahme unter den echten Wahlrechten stellt IFRS 3.19 i.V.m. IFRS 3.32 dar. Danach ist der beim mehrheitlichen, aber nicht 100%igen Erwerb eines Unternehmens *(business combination)* entstehende Minderheitenanteil *(non-controlling interest)* wahlweise mit dem anteiligen Zeitwert des Nettovermögens des Erwerbsobjekts oder mit dem anteiligen Unternehmenswert zu berücksichtigen (→ § 31 Rz 136). Dieses Wahlrecht ist je Unternehmenserwerb *(for each business combination)* frei auszuüben.

Keine Änderung der Bilanzierungsmethoden und damit kein Anwendungsfall 17 von IAS 8 ist die Wahl einer Bilanzierungsmethode für **neue Ereignisse oder Geschäftsvorfälle**, die sich von früheren Ereignissen oder Geschäftsvorfällen unterscheiden (IAS 8.16(a)).

Keinen Methodenwechsel stellt auch der von vornherein **geplante Übergang von der degressiven zur linearen Abschreibung** dar, sobald die lineare Verteilung des Restbuchwerts zu einer höheren Abschreibung führt als die Fortsetzung der degressiven Abschreibung.

2.3 Zulässige Abweichungen vom Stetigkeitsgebot

2.3.1 Überblick

Von den Geboten der Ausweisstetigkeit und der materiellen Stetigkeit gibt es 18 zwei **Ausnahmen**. Eine Änderung der bisher angewandten Bilanzierungsmethoden ist demnach nicht nur zulässig, sondern auch geboten, wenn sie

- **durch Gesetz** oder sonstige **verbindliche Regel verlangt** wird (IAS 1.45(b) und IAS 8.14(a)) oder
- zu einer **angemesseneren** (*more appropriate*) bzw. **relevanteren oder verlässlicheren Darstellung** von Geschäftsvorfällen führt (IAS 1.45(a) und IAS 8.42).

2.3.2   Durch die Rechtsvorschriften verlangte Methodenänderungen

2.3.2.1   Erstmalige Anwendung eines Standards

19   Bilanziert ein Unternehmen bereits nach den IFRS-Vorschriften, so kann es nur um eine **Neufassung** oder erstmalige **Verabschiedung einer IFRS-Regel** gehen. Insbesondere bei erstmaliger Anwendung eines neu oder grundlegend überarbeiteten Standards werden diesem häufig spezifische Übergangs- bzw. Anwendungsvorschriften beigefügt. Nach diesen speziellen Vorschriften ist dann vorzugehen (IAS 8.19(a)). Soweit die spezifischen Übergangsregelungen keine oder nur hinter IAS 8 zurückbleibende Erläuterungspflichten vorsehen, bleiben die allgemeinen Erläuterungspflichten von IAS 8.28 relevant.

20   Fehlt es an speziellen Übergangsvorschriften, so gelten für die Anwendung eines neuen Standards die allgemeinen Regelungen, d.h., i.d.R. ist die Anpassung **retrospektiv** unter Korrektur von Eröffnungsbilanzwerten (IAS 8.19(b)) bzw. unter Anpassung der vorjährigen Klassifizierungen (IAS 1.41) und Aufstellung einer dritten Bilanz (Eröffnungsbilanz des Vorjahres) vorzunehmen (Rz 28).

2.3.2.2   *Non-IFRIC*-Entscheidungen

21   Regelmäßig richtet die Praxis an das *IFRS Interpretations Committee* (IFRS IC, früher: IFRIC) Fragen zur Behandlung tatsächlich oder vermeintlich unklarer Fälle. Soweit das *Committee* die Fragestellung nicht bearbeitet oder nicht auf seine Agenda nimmt, wird diese *„Agenda Rejection"* mit knapper Begründung veröffentlicht. Diesen sog. *Non-IFRICs* wird folgende Bemerkung vorangestellt: *„The following information are published for information only and do not change existing IFRS requirements."* Gleichwohl entfalten die *Non-IFRICs* eine faktische Bindungswirkung (→ § 1 Rz 53) mit der möglichen Folge, an einer bisher für vertretbar gehaltenen Bilanzierungsmethode nicht mehr festhalten zu können. Die Anpassung ist retrospektiv unter Korrektur von Eröffnungsbilanzwerten (IAS 8.19(b); Rz 28) vorzunehmen.

Praxis-Beispiel

Die Auftragsbedingungen von U sehen bei Warenlieferungen ein Zahlungsziel von sechs Wochen sowie Skonti von 2 % bei Zahlungen innerhalb von drei Wochen vor. Lieferungen, bei denen die Skontofrist zum Bilanzstichtag noch nicht abgelaufen war, hat U bisher mit 100 % als Umsatz angesetzt, die tatsächlich gezogenen Skonti erst in neuer Rechnung als Erlösminderung verbucht.

Nach Ergehen eines *Non-IFRIC*[4] ist dieses Vorgehen nicht mehr vertretbar. U muss die Erlösminderung zukünftig noch in alter Rechnung auf geschätzter Basis (bei *fast close* → § 4 Rz 6) oder auf Basis der nach dem Stichtag erlangten „Werterhellung" (→ § 4 Rz 17) berücksichtigen.

2.3.2.3   Übergang auf die IFRS-Rechnungslegung

22   Das Vorgehen bei erstmaliger Aufstellung eines Abschlusses ist in IFRS 1 geregelt. Zum Vorgehen im Einzelnen und zu Ausnahmen von der Retrospektion wird auf → § 6 Rz 28 ff. verwiesen.

---

4   IFRIC Update July 2004.

2.3.3 Methodenänderungen zur Verbesserung der Darstellung

Bilanzierungsmethoden dürfen und sollen trotz des Grundsatzes der Stetigkeit **23** geändert werden, wenn hierdurch bei sachgerechter Beurteilung des Einzelfalls eine **verbesserte Darstellung** der Vermögens-, Finanz- und Ertragslage resultiert (IAS 8.14(b)).

Formell ist der für diese Stetigkeitsausnahme zum Teil verwendete Begriff des *„voluntary change in accounting policy"* irreführend, da bei Vorliegen der Voraussetzungen (verbesserte Darstellung) die Bilanzierungsmethode ggf. zu ändern **ist** und im Übrigen dort, wo wirklich die freie Wahl zwischen zwei Bilanzierungen besteht, wegen des Vorrangs spezifischer Regeln IAS 8 zum Teil überhaupt nicht anwendbar ist. Dies gilt etwa nach IAS 8.17 für den Wechsel von der Anschaffungs-/Herstellungskostenbewertung zur Neubewertung nach IAS 16 oder IAS 38 (→ § 14 Rz 47 ff.).

Tatsächlich aber erfordert die Beurteilung, wann eine Verbesserung der Darstellung vorliegt, die Ausübung von **Ermessen im Einzelfall**. Generelle Regeln, etwa der Art, dass z. B. der Übergang von einer Alternativmethode zu einer *benchmark*-Methode immer die Darstellung verbessern würde, sind durch die Ausführungen in IAS 8 nicht gerechtfertigt. Die Beispiele in der *Guidance on Implementing IAS 8* begnügen sich mit sehr weichen Begründungen:

> **Praxis-Beispiel 1**
> Unternehmen Gamma wechselt bzgl. des Finanzierungsaufwands für Anschaffungs- oder Herstellungskosten von der Aktivierung der Fremdkapitalkosten zur Aufwandsverrechnung (→ § 9 Rz 40). Die in den *notes* zu liefernden Begründungen formuliert IAS 8.IG2 beispielhaft wie folgt:
> Das Management ist der Auffassung, dass die Aufwandsverrechnung **zuverlässigere und relevantere Informationen** liefert, da sie die Finanzierungskosten **transparenter** behandelt und mit der lokalen **Branchenpraxis** konsistent ist.
>
> **Praxis-Beispiel 2**
> Unternehmen Delta schreibt das jeweilige Anlagegut nicht mehr einheitlich, sondern nach der Nutzungsdauer der wichtigsten Komponenten ab (→ § 10 Rz 6). IAS 8.IG3 lässt folgende Begründung in den *notes* genügen:
> Das Management ist der Ansicht, dass der Komponentenansatz **zuverlässigere und relevantere Informationen** liefert, da er sich **akkurater** mit den Komponenten befasst.

Die Illustrationen des IASB lassen folgenden Schluss zu: Die in IAS 8.14(b) **24** vorausgesetzte Verbesserung der Lagedarstellung muss mehr **behauptet** als im Detail **belegt** werden. Ein Verweis auf Zuverlässigkeit, Relevanz, Branchenpraxis, Detailgenauigkeit etc. reicht regelmäßig aus.[5] Nur ausnahmsweise sind strengere Maßstäbe anzulegen, etwa beim Übergang von einer *fair-value*-Bewertung der *investment properties* zu einer Anschaffungskostenbewertung (→ § 16 Rz 43), da eine damit einhergehende Verbesserung der Darstellung nach IAS 40.31 unwahrscheinlich (*highly unlikely*) ist.

Weitere Ermessensspielräume ergeben sich aus der Unbestimmtheit des **Zeit- und** **25** **Sachhorizonts** für die geforderte Verbesserung der Darstellung. Die sachgerechte

---

[5] Ähnlich KPMG, Insights into IFRS 2015/16, Tz. 2.8.50.10.

Ermessensausübung bzgl. einer Methodenänderung kann u. U. **kurz**fristig, also für den aktuellen Jahresabschluss, keinen wesentlichen Informationsgewinn liefern, wohl aber bei **länger**fristiger Betrachtung. Nach unserer Auffassung wäre die langfristige Perspektive ausreichend, um eine Methodenänderung zu rechtfertigen. **Sachlich** kann eine Methodenänderung nicht die Ertrags-, wohl aber die Vermögenslage besser darstellen. Auch hier wäre eine Methodenänderung zulässig. Soweit es zu Zielkonkurrenzen kommt – z. B. kurzfristige Darstellung sogar verschlechtert, langfristige dafür verbessert –, sind Vor- und Nachteile argumentativ (und nicht mathematisch) abzuwägen.

26   Eine „freiwillige" Änderung der Bilanzierungsmethode liegt nach IAS 8.21 auch dort vor, wo der Bilanzierende zur Lückenfüllung auf **anderes** Recht (z. B. US-GAAP) zurückgreift, sich die Vorschriften dieses anderen Rechts aber ändern und der Bilanzierende diese Änderung nachvollzieht.

27   Einer besonderen Begründung bedarf ein **mehrfacher Wechsel** der Bilanzierungsmethode:

Praxis-Beispiel[6]
Immobilien des Sachanlagevermögens bilanziert U bis 05 im Anschaffungskostenmodell. In 06 wird zur Neubewertung (*revaluation*) übergegangen (→ § 14 Rz 47). In 08 erfolgt die „Rückkehr zum Anschaffungskostenmodell", weil U von X erworben ist und nach konzerneinheitlicher Bilanzierungsrichtlinie (auch für Einzel- und Teilkonzernabschlüsse) auf eine Neubewertung verzichtet werden soll.
Da die Änderung der Bilanzierungsmethode Folge geänderter Umstände (Konzernierung) ist, kann sie ausnahmsweise als zulässig gelten.

2.4   Technische Darstellung des Methodenwechsels

2.4.1   Grundsatz: retrospektiv und erfolgsneutral

28   Ein *change in accounting policies* ist nach IAS 8.22 retrospektiv und **erfolgsneutral** durchzuführen:
- Bilanzansatz und Bilanzwert sind so zu ermitteln, als ob immer schon nach der neuen Methode verfahren worden wäre (**retrospektive Anwendung**, IAS 8.22).
- Daraus resultierende Differenzen gegenüber dem bisherigen Ansatz bzw. Wert sind in der **Eröffnungsbilanz** des Vorjahres gegen Gewinnrücklagen **erfolgsneutral** einzubuchen (IAS 8.22). Präsentiert das Unternehmen mehr als eine Vergleichsperiode, ist gleichwohl die Eröffnungsbilanz des Vorjahres und nicht die des frühesten präsentierten Jahres anzupassen (IAS 1.10(f) und IAS 1.40D).
- Alle Vergleichsinformationen **(Vorjahresbeträge)** sind **anzupassen** (IAS 8.26).
- In der Bilanz müssen neben den aktuellen Zahlen und denen des (angepassten) Vorjahres auch die **Eröffnungsbilanzwerte** des **Vorjahres** präsentiert werden (IAS 1.40A; → § 2 Rz 19).
- Für jeden betroffenen Posten der Bilanz, GuV usw. ist der **Anpassungsbetrag offenzulegen**, der Wert vor Anpassung dem Wert nach Anpassung gegenüberzustellen (IAS 8.28(f) und IAS 8.29(c)).

---

6   In Anlehnung an KPMG, Insights into IFRS 2015/16, Tz. 2.8.50.30.

Eine retrospektive Anpassung ist dort nicht notwendig, wo spezifischere Vorschriften hiervon befreien. Dies gilt etwa für die erstmalige Neubewertung von Sachanlagen und immateriellen Anlagen, bei der nach IAS 8.17 nur die Vorschriften von IAS 16 und IAS 38 (→ § 14 Rz 47ff.) anzuwenden sind (Rz 23). Die Werte früherer Perioden sind daher nicht für Vergleichszwecke neu zu ermitteln. Das nachfolgende Beispiel zeigt die Anwendung für den Fall eines Übergangs von der Durchschnitts- zur Fifo-Bewertung von Vorräten (→ § 17 Rz 32):

29

Praxis-Beispiel

Ein Unternehmen hat Vorräte bis einschließlich 01 nach der Durchschnittsmethode bewertet. In 02 wird auf Fifo umgestellt.

Ohne Berücksichtigung der Umstellung hätte das Ergebnis vor Steuern in beiden Perioden 200 betragen. Nachfolgend zunächst die angenommenen Werte für einen Steuersatz von 50 % sowie die Gewinnauswirkung für den Fall, dass schon immer nach Fifo bewertet worden wäre.

Vorräte in Bilanz	Fifo	Durchschnitts-methode	Differenz
1.1.01	100	110	− 10
31.12.01	150	180	− 30
31.12.02	120	140	− 20

Auswirkung auf Gewinn	Vor Steuern	Steuern	Nach Steuern
vor 01	− 10	− 5	− 5
+ auf Gewinn 01	− 20	− 10	− 10
= Summe 1.1.02	− 30	− 15	− 15
+ auf Gewinn 02	+ 10	+ 5	+ 5
= Summe 31.12.02	− 20	− 10	− 10

Nach der retrospektiven Methode ergibt sich in 02 ein um 10 auf 210 erhöhtes Ergebnis vor Steuern, in 01 ein um −20 auf 180 angepasstes Ergebnis. Im Anhang sind die angepassten Posten zu zeigen:

GuV und Gewinnänderung	01 angepasst	01 vorher
Materialaufwand	620	600
Ergebnis vor Steuern	180	200
Steuern	90	100
Periodengewinn	90	100

Im Anhang wäre außerdem folgende Erläuterung geboten:
Die Gesellschaft ist in 02 von der Durchschnittsmethode der Vorratsbewertung zur Fifo-Methode übergegangen, da diese zunehmend den Branchenstandard der Vorratsbewertung darstellt und dadurch auch die Darstellung verbessert wird. Die Auswirkung der Methodenänderung ist retrospektiv berücksichtigt worden. Die Vergleichsbeträge des Jahres 01 sind so angepasst

---

worden, als ob schon in 01 (und den Vorperioden) nach Fifo bewertet worden wäre. Dabei sind die Gewinnrücklagen per 1.1.01 wegen der Anpassungen in den Vorperioden um –5 (nach Berücksichtigung von 5 Steuern) angepasst worden. Zum 1.1.02 beträgt der Anpassungsbetrag –15 (nach 15 Steuern). Der Periodengewinn 01 hat sich um 10 vermindert (nach 10 Steuern). Der Periodengewinn 02 ist um 5 erhöht (nach 5 Steuern). Die angepassten und die ursprünglichen Beträge der GuV 01 ergeben sich aus obiger Tabelle.

2.4.2   Ausnahmen von der retrospektiven Anpassung

30   Eine Änderung der Bilanzierungsmethoden muss ausnahmsweise insoweit nicht retrospektiv durchgeführt werden, als die Ermittlung der kumulierten und/oder periodenbezogenen Anpassungsbeträge nicht durchführbar *(impracticable)* ist (IAS 8.23 ff. bzw. IAS 8.54). In derartigen Fällen kommt es zu einer sog. prospektiven Anpassung.[7]

31   Der **Begriff der** *impracticability* ist nicht in einem theoretischen Szenario zu interpretieren. Er setzt nicht voraus, dass die Beträge objektiv unter keinen denkbaren Umständen ermittelt werden können. Eine Ermittlung ist gem. IAS 8.5 bereits dann *impracticable*, wenn **vernünftige Anstrengungen** *(reasonable efforts)* nicht zum Ziel führen würden (→ § 1 Rz 60).

2.4.3   Steuerfolgen einer Methodenänderung

32   Methodenänderungen (oder Bilanzkorrekturen), die Bilanzansatz oder Bewertung steuerpflichtiger Vermögenswerte und Schulden betreffen, haben mittelbare Auswirkungen auf die Steuerposten. Mit Änderung des IFRS-Buchwerts geht etwa eine Änderung **temporärer** Differenzen einher, die sich auf die Höhe der latenten Steuern in Bilanz und GuV auswirkt (→ § 26 Rz 240). Gem. IAS 8.4 sind derartige Steuerfolgen nach IAS 12 **offenzulegen**.

Zur Offenlegung enthält IAS 12 allerdings nur eine spezielle Vorschrift: Soweit wegen des Praktikabilitätsvorbehalts die Wirkungen von Methodenänderungen (oder Bilanzkorrekturen) nicht retrospektiv, sondern in laufender Rechnung erfasst werden, ist der sich hieraus ergebende Steueraufwand oder Steuerertrag gesondert anzugeben (IAS 12.80(h)). Bei retrospektiver Erfassung sind die **allgemeinen** Angabepflichten von IAS 12 zu beachten. U. U. ist die Steuerüberleitungsrechnung anzupassen (→ § 26 Rz 244).

33   Steuerposten können aber nicht nur mittelbar betroffen, sondern **selbst** Ausgangspunkt der **Methodenänderung** (oder Bilanzkorrektur) sein (→ § 26 Rz 22 und → § 26 Rz 94). In diesen Fällen ist IAS 8 auch auf die Steuern anwendbar.

---

[7]   Vgl. ALEXANDER/ARCHER, Miller International Accounting Standards Guide 2002, IAS 26.10 ff., zur Kritik dieses Begriffs.

3 Revision von Schätzungen, Bilanzkorrektur

3.1 Abgrenzung zwischen Revision von Schätzungen und Bilanzkorrektur

Die Vornahme von **Schätzungen** ist ein elementarer Bestandteil der Rechnungs-   **34**
legung (IAS 8.33). Für die Bemessung von planmäßigen Abschreibungen muss die
voraussichtliche **Nutzungsdauer** des Vermögenswerts, für die **Wertberichtigung**
dubioser Forderungen der voraussichtlich noch zu erwartende Geldeingang eingeschätzt werden. Werden derartige Schätzungen revidiert (*changes in accounting
estimates*), weil der Erkenntnisstand einer späteren Periode sich gegenüber dem der
ursprünglichen Periode verbessert hat (verbesserte **Informationen**) oder weil sich
die Umstände anders als erwartet entwickelt haben (veränderte **Sachlage**), so ist
dieser Effekt normal im Ergebnis zu berücksichtigen (IAS 8.36 f.).

Von der Revision von Schätzungen zu unterscheiden ist die **Korrektur von**   **35**
Fehlern (*correction of errors*), also die **Bilanzkorrektur**. Fehler können gem.
IAS 8.41 den Ausweis (einschließlich Angaben), die Bewertung oder den Ansatz
betreffen. Die Vorschriften zur Korrektur beziehen sich auf jeden dieser Fälle.
IAS 8.41 und IAS 8.8 treffen noch eine weitere Unterscheidung von Fehlerarten.
Abschlüsse sind nicht IFRS-konform, wenn sie

- **wesentliche Fehler** (*material errors*) oder
- **unwesentliche Fehler** (*immaterial errors*) enthalten, die in der Absicht begangen
  wurden, eine bestimmte Lagedarstellung (*particular presentation*) zu bewirken.

Die **technischen Vorschriften** zur Fehlerkorrektur (IAS 8.42) erwähnen nur   **36**
wesentliche Fehler. Die Behandlung absichtlicher **unwesentlicher** Fehler bleibt
unklar. Ohnehin liegt im Begriff des **absichtlichen unwesentlichen Fehlers** ein
gewisser **Widerspruch**. Das absichtliche Abweichen von einer Vorschrift macht
gerade einen Hauptzweck des *materiality*-Prinzips aus. Vorschriften brauchen auf
unwesentliche Sachverhalte nicht angewendet zu werden (IAS 8.8). Insoweit ist
ein immaterieller „Fehler" i.d.R. kein Regelverstoß und damit auch kein Fehler
bzw. führt jedenfalls nicht zur Fehlerhaftigkeit des Abschlusses.[8] Nach IAS 8.8 ist
es jedoch unangemessen (*inappropriate*), unwesentliche Abweichungen von den
Regeln vorzunehmen, um dadurch eine bestimmte Lagedarstellung (*particular
presentation*) zu erreichen. Unter dieser besonderen Voraussetzung ist das *materiality*-Prinzip nicht anwendbar und deshalb auch ein immaterieller „Fehler"
ausnahmsweise tatsächlich ein Fehler. Nach der Definition in IAS 8.5 sind Fehler
wesentlich, wenn sie für sich oder auch nur in Summe die ökonomischen Entscheidungen von Bilanzadressaten beeinflussen könnten. Fehler, die die Lagedarstellung verzerren und deshalb die Entscheidung der Bilanzadressaten beeinflussen könnten, sind daher immer materiell. Ein absichtlicher immaterieller Fehler
müsste also einerseits die Lagedarstellung verzerren, andererseits aber nicht geeignet sein, die Bilanzadressaten zu beeinflussen (sonst: materiell). Es ist schwer
vorstellbar, wie dieses zu bewerkstelligen sein soll.[9] Intendiert ist offenbar etwas
anderes: Prozentual kleine Abweichungen von den Rechnungslegungsvorschriften können bewusst eingesetzt werden, um dadurch eine bestimmte Lagedar-

---

8   Gl. A. HENNRICHS, DStR 2009, S. 1446 ff.
9   Ähnlich ERNST & YOUNG, International GAAP 2016, Ch. 3 sCh 4.6, die das Konzept als *„a little
    curious"* bezeichnen.

stellung zu bewirken, Analystenerwartungen nicht zu enttäuschen usw. Der (in unzutreffender prozentualer Betrachtung) unwesentliche Fehler wird dadurch zu einem wesentlichen, auf den die Korrekturvorschriften von IAS 8 anzuwenden sind. Im Einzelnen wird auf → § 1 Rz 63 verwiesen.

37   Nicht mehr in IAS 8 enthalten ist die noch in IAS 8.31 (1993) vorgenommene Unterscheidung zwischen Fehlern bei der Anwendung von **Bilanzierungsmethoden** sowie der Fehlbeurteilung von **Sachverhalten**. Hierzu folgendes Beispiel:

Praxis-Beispiel
Methodenfehler
Vorratsvermögen wurde nach Hifo oder Lofo bewertet, obwohl als Verbrauchsfolge-Fiktion nur Fifo zulässig ist (→ § 17 Rz 19).
Es handelt sich um einen Fehler bei der Anwendung von Bewertungsmethoden.

Sachverhaltsfehler
Eine Forderung gegenüber dem (geschäftsunfähigen) B wird ausgewiesen, obwohl die Forderung wegen Nichtigkeit des Vertrags (in anderen Fällen aus anderen Gründen) tatsächlich und rechtlich nicht existiert.

---

38   Das Beispiel der nichtigen Forderung zeigt die **Grenzen zwischen Neueinschätzung und Fehlerkorrekturen.** Wenn bei der ursprünglichen Bilanzierung der Forderung auch unter Anwendung aller erforderlichen Sorgfalt von einer Nichtigkeit der Forderung nicht ausgegangen werden konnte, weil die Geschäftsunfähigkeit des Vertragspartners überhaupt nicht erkennbar war, so liegt eine unvermeidliche Fehleinschätzung und kein Fehler vor (Rz 39).
Eine Regel zur Behandlung von Grenzfällen enthält IAS 8 nicht. IAS 8.35 verlangt lediglich, in schwierigen Abgrenzungsfällen zwischen einer Revision von Schätzungen und einer Änderung von Bilanzierungs- oder Bewertungsmethoden von einer **Schätzrevision** auszugehen. Nach unserer Auffassung sollte dieser Grundsatz analog für die Abgrenzung zwischen einer Revision von Schätzungen und einer Korrektur von Fehlern gelten.[10]

3.2   Was sind Bilanzierungsfehler?

3.2.1   Objektiver und subjektiver Fehlertatbestand

39   IAS 8.5. definiert Fehler als
*   „Auslassungen oder fehlerhafte Angaben in den Abschlüssen eines Unternehmens für eine oder mehrere Perioden,
*   die sich aus einer Nicht- oder Fehlanwendung von zuverlässigen Informationen ergeben haben, die a) zu dem Zeitpunkt, an dem die Abschlüsse für die entsprechenden Perioden zur Veröffentlichung genehmigt wurden, zur Verfügung standen; und b) hätten eingeholt und bei der Aufstellung und Darstellung der entsprechenden Abschlüsse berücksichtigt werden können."
Das erste Definitionselement – Auslassung oder fehlerhafte Angabe – betont die **objektive** Tatbestandsseite des Fehlers. Ein Fehler setzt eine im Widerspruch zu den objektiven Verhältnissen stehende **unrichtige Darstellung** voraus. Das

---

[10]   Gl. A. KPMG, Insights into IFRS 2015/16, Tz. 2.8.110.50.

zweite Definitionselement betont die **subjektive** Seite: Die unrichtige Darstellung muss auf eine **vermeidbare** Nicht- oder Fehlanwendung bis zum Ende des Wertaufhellungszeitraums **verfügbarer** Informationen zurückzuführen, i.w.S. also schuldhaft verursacht sein.

IAS 8.5 erfordert die **kumulative** Erfüllung **beider** Voraussetzungen:

- Wenn also etwa das Unternehmen objektiv zu Unrecht eine Forderung ausweist, weil diese rechtsunwirksam (Rz 37) oder nicht werthaltig ist, unter Anwendung aller erforderlichen Sorgfalt hiervon aber nicht ausgehen konnte, liegt kein Fehler vor.
- Der bessere Erkenntnisstand späterer Perioden stellt eine Neueinschätzung dar. Die „Korrektur" erfolgt demgemäß nicht erfolgsneutral und retrospektiv durch Anpassung von Eröffnungsbilanzwerten (Rz 45), sondern erfolgswirksam in laufender Rechnung (Rz 52).

Sorgfaltserfordernis und subjektive Seite des Fehlerbegriffs betreffen nicht nur die Eruierung des Sachverhalts, sondern ebenso die der Auslegung der Rechtsnormen. Besteht zur Zeit der Bilanzerstellung noch keine Rechtsprechung und keine einheitliche Auffassung von Schrifttum, Standardsettern usw. zu einer Bilanzierungsfrage, ist jede vertretbare Bilanzierung als richtig anzusehen. Eine abweichende spätere Entwicklung von Rechtsprechung etc. macht die Bilanzierung nicht nachträglich fehlerhaft. Eine vergleichbare Auffassung hatte der BFH in der Vergangenheit für das Steuerbilanzrecht vertreten. Diese Auffassung wurde aber durch Beschluss des Großen BFH-Senats aufgegeben.[11]

Fraglich ist, welches Maß an Sorgfalt insbesondere in Zeiten der *fast-close*-Abschlüsse (→ § 4) zu verlangen ist. Unkritisch ist der kürzere Werterhellungszeitraum. Ein Widerspruch zu Informationen, die erst nach Ende des Werterhellungszeitraums verfügbar sind, begründet nach IAS 8.5 keinen Fehler. Kritisch zu hinterfragen ist die Sorgfalt im Umgang mit den vorher verfügbaren Informationen. Bei gegebener Personalstärke kann der *„fast closer"* auf die Auswertung und Beschaffung aller schon zum Bilanzstichtag verfügbaren Informationen nicht so viel Sorgfalt aufwenden wie der *„slow closer,"* dem ein bis drei Monate mehr Zeit zur Verfügung stehen. Als Rechtfertigung könnte die im *Framework* (F.QC29 und F.QX34) angesprochene Abwägung zwischen Zeitnähe und Relevanz bzw. Tatsachentreue der Informationen dienen.[12] Ein Freibrief für eine geringe Sorgfalt im *fast close* wird damit nicht erteilt. Gefordert ist eben eine Abwägung. Wenn Zahl und Qualifikation des mit Abschlussarbeiten i.w.S. betrauten Personals nicht ausreichend sind, um zugleich Zeitnähe und hohe Qualität des Abschlusses zu gewährleisten, muss der Erstellungszeitraum ggf. ausgeweitet werden.

Praxis-Beispiel

Die mittelständische U erstellt mit kleiner Mannschaft den Jahresabschluss zum 31.12. Um den großen Vorbildern nachzueifern, wird der Abschluss am 20.1. freigegeben.

Im Februar und März stellen sich einige wesentliche Unrichtigkeiten des Abschlusses heraus:

---

11 BFH, Beschluss vom 31.1.2013, GrS 1/10.
12 Küting/Weber/Boecker, StuB 2004, S. 1.

a) ein kleinerer Teil ist auf erst nach dem 20.1. verfügbare Informationen zurückzuführen,

b) ein größerer Teil auf Informationen, die schon vorher verfügbar waren, in der Kürze der Zeit aber nicht beschafft oder nicht angemessen ausgewertet wurden.

Die Unrichtigkeiten vom Typ a) sind keine Fehler, da die Informationen erst nach dem Werterhellungszeitraum verfügbar waren.

Die Unrichtigkeiten vom Typ b) sind nur dann keine Fehler, wenn bei Beschaffung und Auswertung der Informationen mit der erforderlichen Sorgfalt vorgegangen wurde. Hieran ist bei einer für einen *fast close* zu kleinen Mannschaft zu zweifeln.

40   Wegen des *materiality*-Prinzips setzt ein Fehler im Allgemeinen (zu Ausnahmen Rz 36) objektiv voraus, dass die Fehldarstellung zur **Beeinflussung** der **Entscheidungen** potenzieller Kapitalgeber geeignet ist. Neben der **Größe** des „Fehlers" spielen **qualitative** Aspekte eine Rolle. Tendenziell gilt:

• Bei gleicher Quantität führen Unrichtigkeiten in der Darstellung von Kerngeschäftsaktivitäten eher zu einem wesentlichen Fehler als solche, die einmalige oder „außerordentliche" Effekte betreffen, die der „durchschnittliche" Kapitalgeber bei der Ableitung von Trends ohnehin bereinigen würde.[13]

• Auch prozentual kleine Unrichtigkeiten können aus qualitativer Sicht wesentlich sein, wenn durch sie gerade ein falscher Eindruck von Trends, Erreichung oder Verfehlung von Schwellenwerten usw. erweckt wird (hierzu → § 1 Rz 63).

3.2.2   Ermessensspielräume

41   IAS 8 **unterscheidet** zwischen „Fehlern" bei **Schätzungs**vorgängen *(changes in accounting estimates)* und „**eigentlichen**" Fehlern *(errors*; Rz 34). Daraus erschließt sich zunächst ein wesentlicher Gesichtspunkt: Dem die Erstellung eines IFRS-Abschlusses durchziehenden Erfordernis der Vornahme von Schätzungen wohnt im Kern immer der „Fehler" inne.[14] Im Zeitverlauf wird auch der Bilanzersteller klüger, er erkennt die unzutreffende Einschätzung der Nutzungsdauer eines Anlageguts (→ § 10 Rz 33) oder den endgültigen Betrag der Entsorgungskosten nach jahrelanger Auseinandersetzung mit der zuständigen Behörde und den schlecht kalkulierbaren damit verbundenen Kosten (→ § 21 Rz 124). Solche besseren Erkenntnisse über unsichere Zukunftsgrößen decken keine Fehler bei der früheren Bilanzierung auf, sie stellen lediglich eine **Neueinschätzung** dar.

Mit dieser Erkenntnis ist kein Freibrief für das Schätzungsverfahren allgemein und die diesen zugrunde liegenden Annahmen verbunden. Diese müssen sich innerhalb eines **vernünftigen Ermessens** bewegen. Die Frage ist dann, wo dessen **Grenzen** liegen.

---

[13]   Vgl. ERCHINGER/MELCHER, KoR 2008, S. 679 ff.

[14]   Vgl. hierzu und zu den folgenden Ausführungen HOFFMANN, BC 2005, S. 1.

> **Praxis-Beispiel**
> **Sachverhalt 1**
> Die Bauentwicklungs-AG hat eine Büro-Großimmobilie fertiggestellt. Die Baukosten entsprechen der Planung mit einer Monatsmiete der vermietbaren Fläche von durchschnittlich 25 EUR/m². Die Vermietung verläuft schleppend. Am Bilanzstichtag 01 sind erst 40 % der Fläche vermietet. Aufgrund der langfristig angelegten Prognosen von unabhängigen Agenturen ist in der vergleichbaren Lage mit einem größeren Bedarf von Büroflächen in den nächsten zehn Jahren zu rechnen. Man spricht von erzielbaren Quadratmeter-Mietpreisen zwischen 30 und 35 EUR pro Monat.
>
> **Lösung**
> Der Vorstand verzichtet im Rahmen seines Ermessens auf eine außerplanmäßige Abschreibung.
>
> **Sachverhalt 2**
> Der Großbaukonzern X hat in Berlin ein Bürohochhaus mit luxuriöser Innenausstattung und einer ebensolchen Außenfassade erstellt. Bei der Kalkulation der Baukosten ging man von einer durchschnittlichen Quadratmetermiete von 48 EUR p. m. aus. Diese Annahme beruhte auf den „Gesetzmäßigkeiten" der (im Planungszeitraum) boomenden *bubble economy*. Zum Bilanzstichtag 01 besteht keine nennenswerte Nachfrage nach vergleichbaren Büroimmobilien. Der Vorstand hofft auf eine Änderung dieser Szene wegen der in den nächsten fünf Jahren zu erwartenden Neuansiedlung international tätiger Anwalts- und Beratungskonzerne und rechnet mit dann zu erzielenden Quadratmetermieten von bis zu 75 EUR p. m. Er stützt sich auf einschlägige Marktuntersuchungen zur Büroraumentwicklung in Singapur.
>
> **Lösung**
> In diesem Fall überschreitet der Vorstand seinen Ermessensspielraum. Die „Schätzung" ist unzulässig und schon a priori fehlerhaft.

In der Praxis liegen die Fälle häufig nicht in klar abgrenzbaren Bereichen. Die Unterscheidung zwischen vertretbarer und fehlerhafter Schätzung ist **fließend**. Die IFRS liefern keine nähere Anleitung zu diesem Problem oder eine Definition des *error* bei der Bilanzierung.

Entsprechendes gilt auch für die Handelsbilanz: Das HGB selbst befasst sich nicht mit Bilanzierungsfehlern, es verlangt nur die Erstellung des Jahresabschlusses nach den Grundsätzen ordnungsmäßiger Buchführung (§ 243 HGB) sowie die Beachtung des *true and fair view* im Einzelabschluss von Kapital- und Kap.-&-Co.-Gesellschaften (§ 264 Abs. 2 Satz 1 HGB) und ebenso für den Konzernabschluss (gem. § 297 Abs. 2 Satz 1 HGB). **42**

Aus der (spärlichen) **Rechtsprechung** sind nennenswerte **Definitionen** nicht ersichtlich. Aus dem **Schrifttum** sollen beispielhaft zwei Zitate ausgewählt werden:

„Eine Bilanz ist nur dann fehlerhaft, wenn sie objektiv gegen gesetzliche Vorschriften verstößt und subjektiv ein ordentlicher Kaufmann diesen Verstoß nach den im Zeitpunkt der Bilanzaufstellung (bzw. -feststellung) bestehenden Erkenntnismöglichkeiten über die zum Stichtag gegebenen objektiven Verhältnisse bei pflichtgemäßer und gewissenhafter Prüfung erkennen konnte."[15] Anders ausgedrückt: Der Kaufmann ist kein Hellseher.

IDW RS HFA 6[16] definiert indirekt den fehlerhaften Jahresabschluss als einen solchen, der gegen gesetzliche Vorschriften verstößt (**objektiver** Tatbestand), wobei der Kaufmann den Verstoß spätestens im Zeitpunkt der Feststellung bei pflichtgemäßer und gewissenhafter Prüfung hätte erkennen können (**subjektiver** Tatbestand). Wann dies der Fall ist, wird nicht weiter dargestellt, der Rechtsanwender bleibt insofern auf seine eigenen Ansichten zum Thema der Fehlerhaftigkeit der Bilanz zurückgeworfen.

Eine Fehlerhaftigkeit des Jahresabschlusses ist weiter in § 258 Abs. 1 AktG angesprochen, nämlich die vermutete **Unterbewertung** oder unvollständige Anhangangaben. Vorrangig ist aber § 256 Abs. 5 AktG zu erwähnen: Imparitätisch wird die **Nichtigkeit** des Jahresabschlusses festgelegt als

- Überbewertung oder
- vorsätzliche Unterbewertung.

Bei der Auslegung dieser unbestimmten Rechtsbegriffe vermag die kommentierende Literatur dem Rechtsanwender keine Entscheidungshilfe zu geben. Eindeutig ist nur die **Negativ**aussage: Nicht jede Über- oder Unterbewertung hat die Nichtigkeit zur Folge, deshalb spricht man logisch elegant von Fehlern ober- und unterhalb der **Nichtigkeitsschwelle**.[17]

Schließlich versagt auf der Suche nach einer näheren Definition der fehlerhaften Bilanz bzw. des Bilanzierungsfehlers auch der Griff in einschlägige **Kommentare**. Im umfangreichsten Erläuterungswerk zur kaufmännischen Rechnungslegung[18] findet sich im Registerband auf 222 eng beschriebenen Seiten mit ungefähr 5.000 Einträgen kein Verweis auf die beiden genannten Stichworte. „Bilanzierungsfehler" bzw. „fehlerhafte Abschlüsse" scheint es nicht zu geben, jedenfalls keinen Kommentierungsbedarf.

3.2.3 Strafrechtliche Konsequenzen von Bilanzierungsfehlern

43   Unabhängig von den bilanz- und zivilrechtlichen Konsequenzen kann eine fehlerhafte Bilanzierung strafrechtliche Konsequenzen haben. Infrage kommen u.a.:

- unrichtige Darstellung bzw. Verschleierung der Verhältnisse nach § 331 Nr. 1a und Nr. 2 HGB,
- Betrug nach § 263 StGB (etwa bei Vorlage eines unrichtigen Abschlusses zur Krediterlangung oder zum Unternehmensverkauf),
- Kreditbetrug (ohne Schädigung) nach § 265b Abs. 1 Nr. 1a StGB,
- Bankrott nach § 283 Abs. 1 Abs. 7 StGB.[19]

Die Anforderungen an das Vorliegen eines Straftatbestands sind allerdings hoch. Eine strafrelevante unrichtige Darstellung liegt bei Wahl einer unangemessenen Bilanzierungsmethode erst dann vor, wenn die Methode schlechthin unvertret-

---

[15] HENRICHS, ZHR 168/2004, S. 384 (Fußnote).
[16] IDW RS HFA 6, Tz. 14.
[17] So z.B. HENRICHS, ZHR 168/2004, S. 384 (Fußnote), und MÜLLER, ZHR 168/2004, S. 414 ff.
[18] ADS, Rechnungslegung und Prüfung der Unternehmen, 6. Aufl., 2001 ff.
[19] Vgl. im Einzelnen SORGENFREI, PiR 2006, S. 38 ff., und WEILEP/WEILEP, BB 2006, S. 147 ff.

bar ist; verschiedene Schrifttumsauffassungen (im Rahmen des Vertretbaren) sind daher – so das Kammergericht Berlin – vom Strafrecht zu akzeptieren.[20]

Dem zuletzt zitierten Beschluss lag folgender HGB-Fall zugrunde: Im Zuge der Auflage verschiedener geschlossener Immobilienfonds wurde die prospektierte Miete für die Dauer von i.d.R. 25 Jahren garantiert. Die jeweilige Mietgarantiegebühr wurde für den gesamten vereinbarten Garantiezeitraum vorab als Einmalbetrag gezahlt und von dem Garanten in voller Höhe sofort ertragswirksam verbucht. Die Staatsanwaltschaft beurteilte – u.E. in Übereinstimmung mit der ganz h.M. – diese Art der Bilanzierung als Verstoß gegen die Pflicht zur periodengerechten Erfolgsermittlung, hier durch passive Abgrenzung gem. § 250 HGB. Das Kammergericht Berlin hielt eine sofortige Ertragsrealisierung hingegen nicht für schlechthin unvertretbar.[21] Der Beschluss hinterlässt insgesamt den Eindruck, dass außerhalb der Bilanzfälschung durch frei erfundene Vorgänge (Luftbuchungen) und ähnlich Massives eine strafbare unrichtige Wiedergabe i.S.v. § 331 HGB kaum je zu bejahen ist.

3.2.4 Fehlerfeststellungen im *enforcement*-Verfahren[22]

Zum Zweck der Durchsetzung (*enforcement*) von Rechnungslegungsregeln unterwerfen § 342b HGB und § 37p Abs. 1 Satz 2 Nr. 1 WpHG Jahres-, Konzern- und Zwischenabschlüsse **kapitalmarktorientierter** Unternehmen einer **Prüfung** durch eine von den Bundesministerien der Justiz und der Finanzen anerkannte privatrechtlich organisierte **Prüfstelle (DPR)**. Das *enforcement*-Verfahren ist **zweistufig** organisiert:

44

- Nur bei freiwilliger Mitwirkung des Unternehmens kommt es zu einer Prüfung durch die DPR.
- Verweigert das Unternehmen die Mitwirkung, erfolgt jedoch regelmäßig gem. § 37p Abs. 1 Satz 2 Nr. 1 WpHG eine Prüfung durch die BaFin.

Eine Prüfung findet gem. § 342b Abs. 2 Satz 3 HGB statt bei

- konkreten Anhaltspunkten für Rechnungslegungsverstöße **(Anlassprüfung)**,
- auf **Verlangen der BaFin** oder
- aufgrund einer **Stichprobe**.

Eine Stichprobenprüfung stellt den Regelfall (mehr als 80 %) der Prüfungen der Jahres- und Konzernabschlüsse dar und soll bei den einem DAX-Segment (DAX, MDAX, SDAX und TecDAX) angehörenden Unternehmen im Durchschnitt zu einem Prüfungsturnus von vier bis fünf Jahren, bei den übrigen Unternehmen von acht bis zehn Jahren führen.

Oft erfolgt die Prüfung der DPR durch einen einzigen Fallverantwortlichen. Dies zeigt bereits im Verhältnis zum personellen Aufwand der Abschlussprüfung kapitalmarktorientierter Unternehmen die stärkere Fokussierung der Prüfung durch die DPR. Sie ist **keine zweite Abschlussprüfung**, sondern beschränkt sich vielmehr auf nach den Verhältnissen des jeweiligen Falls ausgewählte **Einzelfragen**. Wegen des eingeschränkten Prüfungsumfangs stellt auch eine DPR-Prüfung, die zu keinen Beanstandungen führte, **kein positives Gesamturteil** über

45

---

20 KG Berlin, 1. Strafsenat, Beschluss vom 11.2.2010, 1 Ws 212/08, wistra 2010, S. 235 ff.
21 Vgl. zur Besprechung des KG-Beschlusses in seinen Einzelheiten EISOLT, StuB 2010, S. 533 ff.
22 Nachfolgende Ausführungen zum Teil entnommen HOFFMANN/LÜDENBACH, NWB Kommentar Bilanzierung, 8. Aufl., 2017, § 342b HGB.

den geprüften Abschluss dar. Hierauf weist die DPR die geprüften Unternehmen ausdrücklich hin, damit diese durch den Verweis auf eine beanstandungsfreie Prüfung keinen falschen Eindruck in der Öffentlichkeit erwecken.

46   Die Prüfung der DPR ist eine **Entsprechensprüfung**. Nach § 342b Abs. 2 Satz 1 HGB prüft die Prüfstelle, ob der Jahresabschluss/Lagebericht, Konzern-abschluss/Konzernlagebericht oder Halbjahresabschluss/Zwischenlagebericht den gesetzlichen Vorschriften einschließlich der GoB bzw. den sonstigen durch Gesetz zugelassenen Rechnungslegungsstandards **entspricht**. Anzuwendende **Rechnungslegungsvorschriften** sind für den Konzernabschluss die IFRS sowie die in § 315a Abs. 1 HGB genannten Vorschriften, für den i.d.R. konsolidierten Zwischenabschluss die IFRS.

47   Nicht jeder Verstoß gegen eine Rechnungslegungsnorm begründet aber eine Fehlerhaftigkeit des Unternehmensberichts als Ganzes. Voraussetzung eines Rechnungslegungsverstoßes ist vielmehr, dass die Abweichung der Ist- von der Soll-Darstellung die Entscheidungen der Berichtsadressaten beeinflussen könn-te, in diesem Sinne also **wesentlich** ist. Es gelten zwar für die Abschlussprüfung und die Prüfung durch die DPR die gleichen Wesentlichkeitskriterien.[23] Sehr häufig wird in der ermessensbehafteten Wesentlichkeitsfrage aber **mehr** als **eine** Beurteilung möglich sein. Das der Fehlerfeststellung immanente Wesentlich-keitsurteil der Prüfstelle (oder BaFin) kann dann von dem des **Abschlussprüfers** abweichen. Deshalb ist aus einer Fehlerfeststellung der DPR zu einem mit uneingeschränktem Bestätigungsvermerk versehenen Abschluss nicht zwingend auf eine nicht gewissenhafte Berufsausübung durch den Abschlussprüfer zu schließen.[24] Wegen Versuchen der Konkretisierung des Wesentlichkeitsbegriffs wird auf → § 1 Rz 59ff. verwiesen.

48   Zeitlich **erster** Adressat des Prüfungsergebnisses ist das **Unternehmen**. Die Prüfstelle teilt ihm nach Beendigung der Prüfung das Ergebnis mit (§ 342b Abs. 5 Satz 1 HGB). Nur im Fall einer fehlerhaften Rechnungslegung hat sie das Ergebnis zu begründen und dem Unternehmen eine angemessene Frist zu geben, das Einverständnis oder Nichteinverständnis zu erklären. Das **Ergebnis** der Prüfung und im Fall der **Fehlerfeststellung** das Einverständnis/Nicht-einverständnis des Unternehmens werden als **Zweites** der **BaFin** mitgeteilt: Bei Nichteinverständnis ordnet die BaFin in aller Regel eine *enforcement*-**Prüfung** auf der zweiten Stufe an (§ 37p Abs. 1 Satz 2 Nr. 1 WpHG). Bei Einverständnis leitet die BaFin das **Veröffentlichungsverfahren** gem. § 3q Abs. 2 WpHG ein.

49   Zum Veröffentlichungsverfahren trifft § 37q Abs. 2 WpHG folgende Regelungen:
   • Die BaFin verlangt keine Veröffentlichung, wenn ein **öffentliches Interesse** fehlt. In aller Regel besteht aber ein öffentliches Interesse. Die BaFin ordnet dann die unverzügliche Bekanntmachung des Fehlers und der wesentlichen Teile der Begründung der Fehlerfeststellung im elektronischen Bundesanzei-ger sowie entweder in einem Börsenpflichtblatt oder über ein weit verbreitetes elektronisches Informationssystem an.

---

[23] Vgl. OLG Frankfurt am Main, Beschluss v. 22.1.2009, WpÜG 1 und 3/08, DB 2009, S. 333ff.; vgl. ZÜLCH/HOFFMANN, StuB 2010, S. 83.
[24] So HENNRICHS, DStR 2009, S. 1446ff.

- Das Unternehmen kann einen Verzicht auf die Veröffentlichungsanordnung beantragen, wenn die Veröffentlichung den berechtigten **Interessen des Unternehmens** schaden kann. Die zwischenzeitliche Vorlage eines neuen Abschlusses mit Korrektur des festgestellten Fehlers lässt das öffentliche Interesse jedoch nicht entfallen. Die Vermeidung eines durch die Fehlerveröffentlichung erwarteten Rückgangs des Aktienkurses ist kein berechtigtes Unternehmensinteresse.[25]

Gegen die Anordnung der BaFin zur Fehlerveröffentlichung kann nach § 37t WpHG bei der BaFin **Widerspruch** eingelegt werden. Gegen eine Ablehnung des Widerspruchs ist die Beschwerde nach § 37u WpHG i. V. m. § 48 Abs. 4 WpÜG beim OLG Frankfurt gegeben. Widerspruch und Beschwerde haben **keine aufschiebende Wirkung** (§§ 37t Abs. 2 bzw. 37u Abs. 1 Satz 2 WpHG). Nach § 37u Abs. 2 WpHG i. V. m. § 50 Abs. 3 WpÜG kann das Beschwerdegericht aber bei „ernsthaften Zweifeln an der Rechtmäßigkeit" der Anordnung der BaFin eine aufschiebende Wirkung anordnen.[26]

Tatsachen, die den Verdacht einer Straftat im Zusammenhang mit der Rechnungslegung eines Unternehmens begründen, hat die Prüfstelle nach § 342b Abs. 8 HGB der **Strafverfolgungsbehörde** (Staatsanwaltschaft) anzuzeigen. Gegenüber der **Wirtschaftsprüferkammer** besteht eine Anzeigepflicht bei Tatsachen, die auf das Vorliegen einer Berufspflichtverletzung durch den Abschlussprüfer schließen lassen. Ein entsprechender „Anfangsverdacht" ist i. d. R. gegeben, wenn die Prüfstelle den Abschluss als fehlerhaft feststellt, der Abschlussprüfer aber einen (insoweit) uneingeschränkten Bestätigungsvermerk erteilt hat.[27]   50

Seit November 2009 beantwortet die DPR einzelne Voranfragen zu konkreten Bilanzierungsproblemen von kapitalmarktorientierten Unternehmen (sog. *pre-clearance*). Anders als entsprechende Institute im Steuer(bilanz)recht hat die Auskunft der DPR **keine verbindliche** Wirkung. Anforderungen an den Antrag auf *pre-clearance* sind u. a. eine Begründung der vom Unternehmen für einen konkreten Sachverhalt erwogenen bilanziellen Behandlung unter Beifügung einer Stellungnahme des **Abschlussprüfers**. Der Nutzen des *pre-clearance* ist im Schrifttum umstritten,[28] die Zahl der bisher vorgelegten Anfragen gering.   51

3.3 Vorgehen bei der Revision von Schätzungen

Zu den Rechtsfolgen der Revision einer Schätzung enthält IAS 8 zwei Regelungen: 52
- Nach **IAS 8.37** ist die Wirkung einer geänderten Schätzung von Vermögens-, Schuld- oder Eigenkapitalposten durch **Buchwertanpassung** des entsprechenden Postens zu berücksichtigen.
- Nach **IAS 8.36** sind die Auswirkungen der Änderung einer Schätzung **ergebniswirksam** zu erfassen, „außer es handelt sich um eine **Änderung i. S. d. Paragrafen 37."**

---

25   OLG Frankfurt am Main, Beschluss v. 14.6.2007, WpÜG 1/07, DB 2007, S. 1913 ff.; vgl. dazu ZÜLCH/PRONOBIS, StuB 2007, S. 863.

26   Einzelheiten zum Rechtsschutz bei GELHAUSEN/HÖNSCH, AG 2007, S. 308 ff.

27   Vgl. THORMANN/ZEMPEL, in: Haufe HGB Bilanz Kommentar, 6. Aufl., Freiburg 2015, § 342b Rz 103, unter Verweis auf BegrRegE BilKog, BT-Drucks. 15/3421, S. 16.

28   Vgl. SCHILDBACH, StuB 2006, S. 924; BERGER, DB 2008, S. 1843 ff., vs. SCHÖN, DB 2008, S. 1027 ff.

Unklar ist das **Verhältnis beider Vorschriften:**[29]

- In erster Betrachtung behandeln sie den **gleichen Tatbestand**, regeln aber **unterschiedliche Rechtsfolgen**, IAS 8.36 die Rechtsfolge für die GuV, IAS 8.37 die Rechtsfolge für die Bilanz. Am Beispiel einer Neueinschätzung des Einzelwertberichtigungsbedarfs einer Forderung ergäbe sich folgendes Zusammenspiel: Ertrag oder Aufwand in der GuV nach IAS 8.36, Erhöhung oder Minderung des Buchwerts der Forderung in der Bilanz.

- Gegen diese Interpretation spricht aber die in IAS 8.36 verwendete Formulierung „außer es handelt sich um eine Änderung i.S.d. Paragrafen 37." Danach müsste es in IAS 8.36 um **erfolgswirksame** Fälle ohne **Anpassung** eines **Bilanzpostens** gehen. Relevante Anwendungsfälle dafür sind kaum erkennbar.

- Eine dritte Lesart ist u.E. schlüssiger: In **Ausnahmefällen** hat die **Bilanzanpassung keine Rückwirkung auf die GuV**. Beispiele hierfür wären etwa die Neueinschätzung von **Rückbaukosten** nach IFRIC 1 (Buchung: „per Anlagenvermögen an Rückstellung"; → § 21 Rz 83) oder die Neubeurteilung des *fair value* eines *available-for-sale asset* (Buchung: „per Finanzinstrument an Eigenkapital"; → § 28 Rz 215). IAS 8.37 betrifft unausgesprochen nur diese Fälle, in denen in der laufenden Periode kein Ergebniseffekt auftritt. Diese Interpretation wird durch die Entstehungsgeschichte bestätigt. Der *Exposure Draft* zu IAS 8 sah ohne Ausnahme eine Berücksichtigung von Schätzungsänderungen in der GuV vor. In den eingehenden Stellungnahmen wurde jedoch darauf hingewiesen, dass manche Änderungen zugleich Vermögenswerte und Schulden betreffen und daher saldiert keinen Eigenkapital- oder Ergebniseffekt haben (Rückbaukostenfall), andere Fälle zwar zur Anpassung eines Vermögenswerts führen würden, diese Anpassung aber nach den allgemein für den Vermögenswert geltenden Regeln erfolgsneutral im Eigenkapital zu verbuchen sei *(available-for-sale-asset*-Fall). Nach IAS 8.BC33 sollte die Einfügung des im *Exposure Draft* noch nicht enthaltenen IAS 8.37 solche Ausnahmefälle abdecken. Insoweit ergibt sich folgendes Verhältnis der Vorschriften:

Die **Revision** von Schätzungen betreffend Vermögenswerte und Schulden ist:

- **i.d.R. erfolgswirksam** in der Periode selbst und, soweit betroffen, zusätzlich in den Folgeperioden vorzunehmen (IAS 8.36),

- es sei denn, die Revision bleibt **ausnahmsweise** saldiert ohne Wirkung auf das Eigenkapital oder die Wirkung auf das Eigenkapital ist nach allgemeinen Grundsätzen erfolgsneutral als *other comprehensive income* zu erfassen.

Zu unterscheiden sind damit **drei Fälle:**

- **GuV der laufenden Periode und Bilanz** betroffen – Beispiel: an der Annahme der Wertlosigkeit einer Forderung wird nicht mehr festgehalten; Buchung: „per Forderung an Ertrag";

- **GuV der laufenden und zukünftiger Perioden sowie Bilanz** betroffen – Beispiel: die Restnutzungsdauer wird niedriger eingeschätzt als im Vorjahr; Buchung: „per (Mehr-)Abschreibung an Anlagen" in laufender Periode, entsprechend in Folgeperioden (IAS 8.38);

- **nur Bilanz** betroffen – Beispiel: Rückbaukosten werden höher als bisher eingeschätzt (Buchung: „per Anlagen an Rückstellung").

---

[29] Zum Ganzen ANTONAKOPOULOS, Gewinnkonzeptionen und Erfolgsdarstellung nach IFRS – Analyse der direkt im Eigenkapital erfassten Erfolgsbestandteile, Wiesbaden 2007.

Bei geänderten Annahmen zur Nutzungsdauer eines Anlagegegenstands ist der lineare Abschreibungssatz anzupassen (→ § 10 Rz 43). Nach IAS 8.38 ist bei Ermittlung der neuen Restnutzungsdauer auf den Periodenanfang abzustellen, ein höherer Abschreibungssatz wird also bereits in der laufenden Periode erfolgs- und bilanzwirksam. Dies gilt nicht, wenn die für die Neueinschätzung der Nutzungsdauer maßgeblichen Umstände erst nach Bilanzstichtag auftreten und somit kein werterhellender, sondern ein wertändernder Umstand vorliegt:

> **Praxis-Beispiel**
> **Sachverhalt**
> Für eine Windkraftanlage wird am 31.12.00 unter Berücksichtigung der Subvention durch Stromeinspeisevergütungen eine wirtschaftliche Restnutzungsdauer von 15 Jahren unterstellt. Der Buchwert beträgt 1.500.
> Alternative 1: Die Subventionsgesetze werden im Dezember 01 geändert. Bestehende Anlagen werden danach nur noch bis 31.12.10 gefördert.
> Alternative 2: Die entsprechende Änderung wird erst im Januar 02 beschlossen.
>
> **Beurteilung**
> In der ersten Alternative ist mit „Rückwirkung" auf den 1.1.01 eine Restnutzungsdauer von zehn Jahren anzunehmen. Die Abschreibung 01 beträgt 150, der Buchwert 31.12.01 1.350.
> In der zweiten Alternative bleibt die Nutzungsdauereinschätzung des Jahres 01 unberührt. Die Abschreibung beträgt 100, der Buchwert per 31.12.01 1.400. Er ist ab 02 mit 1/9 pro Jahr abzuschreiben.

3.4 Technische Darstellung der Korrektur von Fehlern

3.4.1 Grundsatz: retrospektiv und erfolgsneutral

Nach **IAS 8.42** ist anders als im Handelsrecht nur noch die **erfolgsneutrale** Korrektur zulässig. **Folgende Feststellungen und Anpassungen sind erforderlich:**   **53**

- Bilanzansatz und Bilanzwert sind so zu ermitteln, als ob der Fehler nie passiert wäre (**retrospektive Anwendung**; IAS 8.42).
- Daraus resultierende Differenzen gegenüber dem bisherigen Ansatz bzw. Wert sind in der **Eröffnungsbilanz** des betroffenen ersten im Abschluss präsentierten Jahres (bei nur einer Vergleichsperiode also des Vorjahres) gegen Gewinnrücklagen **erfolgsneutral** einzubuchen (IAS 8.42(b)).
- Alle Vergleichsinformationen (**Vorjahresbeträge**) sind anzupassen (IAS 8.42(a)).
- In der Bilanz müssen neben den aktuellen Zahlen und denen des (angepassten) Vorjahres auch die **Eröffnungsbilanzwerte** des Vorjahres präsentiert werden (IAS 1.40A; → § 2 Rz 10 und → § 2 Rz 18).
- Für jeden betroffenen Posten der Bilanz, GuV usw. ist der **Anpassungsbetrag offenzulegen**, der Wert vor Anpassung dem Wert nach Anpassung gegenüberzustellen (IAS 8.49(b)).

> **54**
>
> **Praxis-Beispiel**
> Ein Unternehmen entdeckt in 02, dass in 01 irrtümlich eine lineare Abschreibung von 10 auf ein Verwaltungsgebäude unterblieben ist. Die Vorsteuer-Ge-

winne 01 und 02 vor Aufdeckung des Fehlers betragen 100 (Bruttoergebnis vom Umsatz 120 minus Verwaltungsaufwendungen 20). Der Steuersatz ist 50 %. Die nachfolgende Tabelle zeigt die Auswirkungen:

	02	01 angepasst	01 vorher
Ergebnis vor Steuern	100	90	100
Steuern	50	45	50
Periodengewinn	50	45	50

Im Anhang wären folgende Angaben zu machen:
Das Unternehmen hat in 01 irrtümlich eine Gebäudeabschreibung von 10 unterlassen. Die Vergleichszahlen für das Jahr 01 sind entsprechend angepasst worden (vgl. Tabelle 1).

55   Bei Fehlerkorrekturen sind im Anhang nach IAS 8.49 die **Art** des korrigierten Fehlers sowie die betroffenen Beträge anzugeben. Ziel ist eine verständliche Darstellung des Fehlers und seiner Korrektur. Diesen Vorgaben wird nicht entsprochen, wenn der Fehler nicht einmal **als solcher kenntlich** gemacht, sondern ausschließlich von „Änderung nach IAS 8" oder *„Restatement* nach IAS 8" die Rede ist.

Praxis-Beispiel
Die I Bank hat in 01 Verbriefungsgesellschaften fälschlich nicht konsolidiert. In 02 ändert sie dies retrospektiv und tituliert die Anpassung als „Änderung nach IAS 8", ohne den Begriff „Fehler" oder „Korrektur" zu verwenden.

Beurteilung
Der Abschluss 02 suggeriert, dass die retrospektive Anpassung Folge einer geänderten Ermessensausübung *(accounting policy)* sein könnte, mit der eine zulässige Bilanzierung durch eine andere zulässige ersetzt wird. Wenn die Nichtkonsolidierung in 01 unzulässig, also falsch war, wird mit der fehlenden Offenlegung dieses Umstands in 02 der nächste Fehler begangen.

3.4.2   Ausnahmen von der retrospektiven Korrektur

56   Eine Bilanzkorrektur muss ausnahmsweise nicht retrospektiv durchgeführt werden, soweit die Ermittlung der kumulierten und/oder periodenbezogenen Anpassungsbeträge nicht durchführbar *(impracticable)* ist (IAS 8.43 ff.).
Wie bei der Änderung von Bilanzierungs- und Bewertungsmethoden ist die Praktikabilität periodenbezogen zu beurteilen. Retrospektiv ist also insoweit zu berichtigen, wie es praktikabel ist. Im Einzelnen wird auf Rz 31 verwiesen.

3.4.3   Steuerfolgen einer Bilanzkorrektur

57   Wegen der Steuerfolgen wird auf Rz 32 verwiesen.

3.4.4 Interaktion von IAS 8 mit Gesellschaftsrecht

Für den handelsrechtlichen Jahresabschluss (= **Einzel**abschluss) sieht das AktG **58** verschiedene Sanktionsmechanismen bei (potenziellen) Fehlern vor, insbesondere die Sonderprüfung nach § 258 AktG und die Nichtigkeitsklage auf der Grundlage von § 256 Abs. 5 AktG (Rz 40). Diese Normen kreisen um Probleme des Gläubiger- und Aktionärsschutzes, insbesondere auch von Minderheitsaktionären. Die Frage geht dann u. a. nach den **Rechtsfolgen** eines festgestellten, aber (möglicherweise) fehlerhaften **Jahres**abschlusses.

Diese Probleme stellen sich beim IFRS-**Konzern**abschluss nicht. Gesellschaftsrechtliche Funktionen kommen ihm nicht zu, seine „Werthaltigkeit" beschränkt sich i. d. R. auf die **Informationsfunktion**. Daraus können i. d. R. „nur" Ansprüche auf Schadensersatz fehlgeleiteter Adressaten des Konzernabschlusses gegenüber dem Vorstand oder gegenüber der Konzernmuttergesellschaft erhoben werden. Gleichwohl sind nationale Regeln bzgl. der Korrektur von Konzernabschlüssen u. U. durchaus sinnvoll.[30] Zwar bedarf es keiner materiellen (d. h. bilanzrechtlichen) Vorschriften zur Korrektur von Fehlern aus Vorjahren (*prior period errors*) in Folgeabschlüssen. Die diesbezüglichen Regeln ergeben sich vielmehr aus IAS 8.[31] IAS 8 enthält aber keine expliziten Regeln zur Rückwärtsberichtigung des falschen Abschlusses. Hier kann die Einbindung in ein nationales Rechtssystem relevant werden (Rz 59).[32]

3.4.5 Rückwärtsberichtigungen

IAS 8 behandelt nur die Korrektur von Fehlern früherer Berichtsperioden (*prior* **59** *period errors*) im Abschluss der laufenden Periode. Ausgeklammert ist das Problem der **Rückwärtsberichtigung**, also der Rücknahme des ursprünglichen Abschlusses und des Ersatzes durch einen „geänderten". Zur Frage, unter welchen Voraussetzungen eine solche Rückwärtsberichtigung notwendig ist, trifft IDW RS HFA 6 Regelungen:

- Fehlerhafte Konzernabschlüsse, die auch **schuldrechtliche** Wirkungen (etwa auf die Höhe von Mitarbeitertantiemen oder Gewinnansprüchen stiller Gesellschafter usw.) haben, sind regelmäßig zu korrigieren, einer Nachtragsprüfung zu unterwerfen, den zuständigen Gesellschaftsorganen zum Zweck der Billigung erneut vorzulegen und zu veröffentlichen.[33]
- Bei einem ausschließlich der **Information** dienenden fehlerhaften Konzernabschluss bedarf es einer Rückwärtsberichtigung jedoch nur dann, wenn

---

30 HENRICHS, ZHR 168/2004, S. 395 ff.; → § 7.
31 Demgegenüber war der Entwurf § 37q Abs. 1 WpHG-E im Verhältnis zum materiellen Recht noch undeutlich: Ergibt die Prüfung durch die Bundesanstalt, dass die Rechnungslegung oder die Berichterstattung im Lagebericht fehlerhaft ist, so stellt die Bundesanstalt den Fehler fest. Sie kann im Einklang mit den materiellen Rechnungslegungsvorschriften anordnen, dass der Fehler unter Berücksichtigung der Rechtsauffassung der Bundesanstalt im nächsten Abschluss oder unter Neuaufstellung des Abschlusses für das geprüfte Geschäftsjahr zu berichtigen ist. Die im Dezember 2004 verabschiedete endgültige Fassung lautet demgegenüber kurz: „Ergibt die Prüfung durch die Bundesanstalt, dass die Rechnungslegung fehlerhaft ist, so stellt die Bundesanstalt den Fehler fest."
32 ERCHINGER/MELCHER, KoR 2008, S. 679 ff.
33 IDW RS HFA 6, Tz. 46 i. V. m. Tz. 16.

nicht ohnehin **zeitnah** nach der Entdeckung des Fehlers der Folgeabschluss veröffentlicht wird.[34]

- Eine **freiwillige** Rückwärtsberichtigung ist in jedem Fall zulässig.[35]

Praxis-Beispiel

Nach Veröffentlichung des festgestellten und geprüften Konzernabschlusses 01 wird ein erheblicher Fehler im Abschluss entdeckt.

Variante 1:

Die **Tantiemen** des Vorstands und einiger leitender Mitarbeiter der Konzernmutter sind an das IFRS-Ergebnis gebunden und fallen aufgrund des Fehlers erheblich zu niedrig aus.

Der IFRS-Abschluss hat nicht nur Informations-, sondern auch Zahlungsbemessungsfunktion.

Aufgrund der **materiellen (schuldrechtlichen) Wirkungen** ist der Abschluss 01 zu korrigieren, u. a. einer Nachtragsprüfung zu unterwerfen, den zuständigen Gesellschaftsorganen zum Zweck der Billigung erneut vorzulegen und offenzulegen (IDW RS HFA 6, Tz. 46 i. V. m. Tz. 16).

Variante 2:

Der Konzernabschluss hat **ausschließlich Informationsfunktion**. Der Fehler wird Mitte Mai 02 entdeckt.

Bis zur Veröffentlichung des Abschlusses 02, in dem der Fehler als *prior period error* korrigiert und offengelegt werden könnte, vergeht noch fast ein Jahr. Das Bedürfnis der Abschlussadressaten an/nach einer **zeitnahen Richtigstellung** verlangt eine Korrektur des Abschlusses 01 (IDW RS HFA 6 Tz. 46 i. V. m. Tz. 43 und 17).

Variante 3:

Wie Variante 2, jedoch wird der Fehler erst im Februar 03 im Zuge der Abschlussarbeiten für 02 entdeckt.

Die Feststellung und Offenlegung des Abschlusses 02, der den Fehler 01 korrigieren und offenlegen wird, sind kurzfristig zu erwarten. Eine Rückwärtsberichtigung des Abschlusses 01 ist nicht erforderlich (IDW RS HFA 6, Tz. 46 i. V. m. Tz. 43 und 17), aber zulässig (IDW RS HFA 6, Tz. 46 i. V. m. Tz. 42).

Nimmt U eine erfolgswirksame Korrektur vor oder passt U die Vorjahresbeträge nicht an (obwohl keine Praktikabilitätseinwände bestehen), begeht U den nächsten Fehler, der zum erneuten Eingreifen der BaFin führen kann.

---

4   Angaben

60   Die durch IAS 8 geforderten Anhangangaben wurden im Wesentlichen schon in den o.g. Beispielen behandelt. Auf Rz 29 und Rz 54 sowie auf die **Checkliste „IFRS-Abschlussangaben"** (siehe HI10157883 im Haufe IFRS-Kommentar Online) (→ § 5 Rz 8) wird deshalb verwiesen. An dieser Stelle sollen deshalb nur drei Sonderfragen behandelt werden.

---

[34]   IDW RS HFA 6, Tz. 46 i. V. m. Tz. 43 und 17.
[35]   IDW RS HFA 6, Tz. 46 i. V. m. Tz. 42.

Bei Methodenänderung zur Verbesserung der Lagedarstellung oder infolge der **61**
erstmaligen Anwendung eines Standards sind u. a. die Anpassungsbeträge für alle
im Abschluss dargestellten Jahre (einschließlich des aktuellen Jahres) sowie für
die Eröffnungsbilanz des ersten präsentierten Jahres anzugeben (IAS 8.28). Bei
dem letztgenannten Punkt ist häufig eine Angabe im Eigenkapitalspiegel ausreichend (→ § 20 Rz 65 ff.).
Die Ermittlung der Anpassungsbeträge des laufenden Jahres erfordert eine
Schattenrechnung. Der Anpassungsbetrag ergibt sich aus der Differenz zwischen dem tatsächlich ab Periodenbeginn angewandten neuen Standard und dem
ab Periodenbeginn nicht mehr angewandten alten Standard. Die Bilanzierung
nach alten Regeln muss somit noch über deren eigentliches „Verfallsdatum"
hinaus in einer Parallelrechnung durchgeführt werden. Die damit einhergehenden Aufwendungen können ein solches Maß erreichen, dass der für die Angabe
der Anpassungsbeträge geltende Praktikabilitätsvorbehalt (IAS 8.28) greift:

> **Praxis-Beispiel**
> X wendet ab 1.1.2015 IFRS 9 statt IAS 39 an. Die Ermittlung der Anpassungs-
> beträge für 2015 würde eine duale Buchhaltung, einerseits nach IFRS 9,
> andererseits nach IAS 39, erfordern. Hierbei gilt:
> Haben die Finanzinstrumente eine massenhafte Bedeutung für das Unterneh-
> men (z. B. bei Finanzinstitutionen), wäre eine entsprechende Anhangangabe
> zwar wesentlich, aber nur mit hohem, u. U. nicht mehr vertretbarem Aufwand
> (*impracticability*) zu leisten.
> Ist der Umfang der Finanzinstrumente gering, sind die Anpassungsbeträge
> zwar mit vertretbarem Aufwand zu ermitteln, aber u. U. nicht wesentlich.
> Mit unterschiedlicher Begründung kann eine Angabe in beiden Fällen ent-
> behrlich sein.

Alle Angaben unterliegen dem **Vorbehalt der *materiality*** (→ § 1 Rz 59 ff.). **62**
Diesem kommt insbesondere im Bereich der **Schätzungen** eine hohe Bedeutung
zu. Die Anpassung geschätzter Werte an die besser gewordene Erkenntnis würde
angesichts der Vielzahl betroffener Fälle (Rückstellungen, Wertberichtigungen,
Restnutzungsdauern usw.) zu einer **Inflation von Angaben (*information overload*)** führen. Eine strenge Beurteilung, ob eine Angabe notwendig ist, dient daher
nicht nur den Unternehmen, sondern auch den Bilanzadressaten.
Auch die durch IAS 8.30 ff. geforderten Angaben zu **zukünftig wirksamen** **63**
Standards sind in dieser Hinsicht sorgfältig zu prüfen. Die Verabschiedung von
15 revidierten Standards im Dezember 2003 stellte ein besonders eklatantes
Beispiel dar. Man konnte von den Unternehmen nicht verlangen, die Arbeiten
für die Bilanz 31.12.2003 erst einmal zurückzustellen, um sich mit den revidierten, ab 2005 anwendbaren Regeln zu befassen und deren Folgen abzuschätzen.
Der **Konzernabschluss** ist **kein Proseminar zur Bilanzierung**. Ein derartiges
Bilanzseminar war weder den Unternehmen noch ihren Bilanzadressaten zuzumuten, zumal zum Bilanzerstellungszeitpunkt alle genannten Standards noch
ohne *endorsement* durch die EU waren.

5   Anwendungszeitpunkt, Rechtsentwicklung

64   IAS 8 ist auf alle Abschlüsse anzuwenden, deren Berichtsperiode ab dem 1.1.2005 beginnt.

65   Gegenüber früheren Fassungen von IAS 8 unterscheidet sich die ab 1.1.2005 anzuwendende v. a. durch den Fortfall der **Wahlrechte** zur erfolgswirksamen Behandlung von Methodenänderungen (Rz 28) und Fehlerkorrekturen (Rz 43). Es ist zwingend retrospektiv und erfolgsneutral zu verfahren.

66   Die Frage der Abgrenzung zwischen Methoden- und Schätzungsänderungen ist Gegenstand der *Disclosure Initiative*. Der ED eines *Amendment* zu IAS 8 ist nun für das erste Halbjahr 2017 angekündigt (Rz 9).

§25 ERLÖSE AUS VERTRÄGEN MIT KUNDEN
(Revenue from Contracts with Customers)

Schrifttum: BAETGE/CELIK, Umsatzerlöse nach IFRS 15 – ein inkonsistenter Ansatz, IRZ 2014, S. 365; BARCKOW, IFRS 15 zur Erlöserfassung – Much Ado About Nothing?, BB 2014, S. 1; BAUR/LÜPOLD/WITTE, Ermessensspielräume im Umgang mit IFRS 15, IRZ 2014, S. 469; BEIERSDORFER/SCHMIDT, Umsatzerfassung – Bestimmung von Auftraggeber (Prinzipal) und Vermittler (Agent), IRZ 2014, S. 457; FINK/PILHOFER/KETTERLE, Die Angabe- und Erläuterungspflichten gem. IFRS 15 zur Erlösrealisierung, KoR 2015, S. 333; FISCHER, Bilanzierung von Mehrkomponentenverträgen nach IFRS 15, PiR 2014, S. 217; FISCHER, Umsatzrealisation bei Fertigungsaufträgen nach IFRS 15, PiR 2014, S. 253; HAGEMANN, IFRS 15 – Erfassung von Umsatzerlösen aus Kundenverträgen, PiR 2014, S. 227; ; HOFFMANN, Variable Vergütungen, PiR 2015, S. 34; KIRSCH, Bilanzierung von langfristigen Kundenaufträgen nach IFRS 15, KoR 2014, S. 474; KONOLD/MÜLLER, Umsatzrealisierung bei Mehrkomponentenverträgen nach IFRS 15, IRZ 2015, S. 5; LÜDENBACH, Umsatzrealisierung beim Versicherungsvertreter nach IFRS 15, PiR 2015, S. 33; LÜDENBACH, Misslungene Portfolioregelungen in IFRS 15?, PiR 2016, S. 64; LÜDENBACH, Umsatzrealisierung bei aus zeitpunkt- und zeitraumbezogenen Teilen bestehender Gesamtleistung, PiR 2016, S. 328; LÜDENBACH, Werbekostenzuschüsse und Platzierungsgebühren an Kunden, PiR 2014, S. 319; LÜDENBACH/LUKAT, Vollständig erfolgsabhängige Vergütungen nach IFRS 15, Darstellung anhand von Vermittlungs- und Beratungsleistungen, PiR 2016, S. 159; LÜHN, Bilanzierung von Kundenbindungsprogrammen nach IFRS 15, PiR 2014, S. 261; MORICH, IFRS 15, Neue Regeln zur Erlöserfassung nach IFRS, DB 2014, S. 1997; WALTER, Umsatzrealisierung bei Online-Vermittlungsleistungen, DB 2016, S. 301; WALTER/HOLD, Implementierung von IFRS 15 in der Medien- und Entertainmentbranche, KoR 2016, S. 197; WÜSTEMANN/WÜSTEMANN, Grundsätze für die Erfassung von Umsatzerlösen aus Verträgen mit Kunden – IFRS 15 ‚Revenue from Contracts with Customers‘, WPg 2014, S. 929; ZÜLCH, Die Neuregelungen der Ertragsrealisation nach IFRS 15 – Ein gravierendes Umdenken?, DB 2014, S. 1696.

Vorbemerkung

Die Kommentierung bezieht sich auf IFRS 15 in der aktuellen Fassung und berücksichtigt alle Ergänzungen, Änderungen und Interpretationen, die bis zum 1.1.2017 beschlossen wurden. Einen Überblick über die Rechtsentwicklung und schon als Änderungsentwurf vorgelegte zukünftige Regelungen enthalten Rz 246 ff.

1 Zielsetzung, Regelungsinhalt und Begriffe

1.1 Überblick

1   IFRS 15 ersetzt mit Wirkung ab 2018 die bisherigen Erlösstandards **IAS 11** (Erlöse aus Fertigungsaufträgen) und **IAS 18** (andere Umsatzerlöse). In systematischer Reihenfolge verlangt die Anwendung von IFRS 15 die Beantwortung folgender Fragen:

- Betrifft der potenzielle Ertrag einen Erlös gegenüber Kunden im **Anwendungsbereich** von IFRS 15 (Rz 2)?
- Existiert ein **wirksamer Vertrag** oder eine zusammenzufassende Gruppe von Verträgen **mit wirtschaftlichem Gehalt** (Rz 3)?
- Welche unterscheidbaren **Leistungsverpflichtungen** (Rz 4) und
- welchen **Transaktionspreis** (Rz 5) begründet der Vertrag?
- Wie ist der Transaktionspreis bei mehreren Leistungsverpflichtungen **aufzuteilen** (Rz 5)?
- Zu welchem **Zeitpunkt** oder in welchem **Zeitraum** ist die jeweilige Leistungsverpflichtung erfüllt, der Umsatz also zu realisieren (Rz 5)?

Zunächst ist demnach zu klären, ob überhaupt ein **Umsatzerlös** (Erlös gegenüber Kunden – *revenue from contract with customers*) vorliegt, und falls ja, ob dieser Umsatzerlös nicht vom Anwendungsbereich des IFRS 15 ausgeschlossen ist (*scope out*; Rz 12). In diesem Zusammenhang stellt sich auch die Frage nach der Abgrenzung von IFRS 15 unterliegenden Erlösen gegenüber anderen Erlösen und Erträgen in der GuV (Rz 7). 2

Ausgangspunkt der eigentlichen Bilanzierung nach IFRS 15 ist der **Vertrag** mit einem Kunden. Zu klären ist deshalb, ob ein wirksamer Vertrag vorliegt und dieser wirtschaftlichen Gehalt hat (Rz 20). Bei der Identifikation der vertraglichen Grundlage kann es geboten sein, mehrere gleichzeitig oder in zeitlicher Nähe mit demselben oder nahestehenden Kunden geschlossene Verträge **zusammengefasst** zu betrachten (Rz 40). Besondere Probleme ergeben sich bei der Behandlung (schwebend) unwirksamer bzw. **rechtsmängelbehafteter Verträge** (Rz 26). 3

Der Vertrag setzt den Rahmen für die Bilanzierung, ist aber noch nicht das Bilanzierungsobjekt. Das Unternehmen hat seine **Leistungsverpflichtungen zu identifizieren** (Rz 50). Dabei gilt: Ein Vertrag oder die Summe der zusammengefassten Verträge kann mehrere Leistungsverpflichtungen umfassen, die je eigenen Regelungen hinsichtlich des Realisationszeitpunkts unterliegen. Angesprochen ist damit die Problematik der **Mehrkomponentengeschäfte** (Rz 54). 4

Nach Maßgabe der Erfüllung der Leistungsverpflichtung ist der Transaktionspreis als Erlös zu erfassen. Diese setzt 5

- zunächst die Bestimmung des **Transaktionspreises** (Rz 98),
- sodann bei mehreren Leistungskomponenten seine **Verteilung** auf diese (Rz 128) und
- schließlich die Bestimmung des **Zeitpunkts** bzw. des Maßes der Erfüllung der Leistungsverpflichtung voraus (Rz 134).

Die Bestimmung des **Transaktionspreises** kann dort Probleme bereiten, wo Entgelte vertragsgemäß wesentlich vor oder nach der Leistungserfüllung erbracht werden (**implizites Kreditgeschäft**; Rz 101) oder die Entgelte ganz bzw. in wesentlichen Teilen **variabel** sind (Rz 106).

Umfasst ein Vertrag **mehrere Leistungsverpflichtungen**, so ist der Transaktionspreis auf ebendiese zu **verteilen**. Dies geschieht im Verhältnis der relativen Einzelveräußerungspreise. Probleme können sich nicht nur für die Bestimmung der Einzelveräußerungspreise, sondern auch bei der Aufteilung variabler Vergütungskomponenten und der Aufteilung nachträglicher Preisänderungen ergeben (Rz 128).

Hinsichtlich der **Erfüllung** der Leistungsverpflichtungen ist zwischen **zeitpunktbezogenen** Leistungen (z.B. Verkauf von Standardgütern) und **zeitraumbezogenen** Leistungen (Dienstleistungen, aber auch bestimmte Fertigungsaufträge) zu unterscheiden (Rz 136). Bei zeitraumbezogenen Leistungen ist eine angemessene Methode zur Bestimmung des Leistungsfortschritts anzuwenden (Rz 144).

Je nach Verhältnis von bereits erbrachter Leistung und bereits erhaltenen Zahlungen des Kunden ist ein **vertraglicher Vermögenswert** (*contract asset*) oder eine vertragliche Schuld (*contract liability*) auszuweisen. Unbedingte Zahlungsansprüche sind, auch wenn sie Anzahlungen betreffen, mit Fälligkeit als Forderung (*receivable*) auszuweisen (Rz 233). Vertragliche Vermögenswerte unterliegen den Wertberichtigungsregeln von IFRS 9. 6

Fallen inkrementale Kosten zur **Erlangung des Vertrags** (z. B. Provisionen) an, sind diese als *contract cost assets* zu erfassen und planmäßig sowie bei Bedarf außerplanmäßig abzuschreiben (Rz 224).

1.2 Umsatzerlöse und (andere) Erträge und Erlöse

7   Nicht jede Form von Erträgen (*income*) stellt auch **Erlöse** *(revenues)* dar, nicht jeder Erlös auch einen Erlös mit Kunden (nachfolgend i. d. R. kurz: Umsatzerlös). IFRS 15.A nimmt diesbezüglich folgende Spezifizierungen vor:

- **Ertrag** *(income)* sind Nutzenzugänge der Periode in Form einer nicht auf Beiträgen von Gesellschaftern resultierenden Eigenkapitalmehrung.
- **Erlös** *(revenue)* ist dieser Ertrag dann, wenn er Folge der **gewöhnlichen Geschäftstätigkeit** *(ordinary activities)* des Unternehmens ist.
- **Erlös mit Kunden** (in bisher bewährter Terminologie: **Umsatzerlös**) ist ein solcher Erlös dann, wenn er auf der **Lieferung von Gütern oder der Erbringung von Serviceleistungen** *(services)* an Kunden beruht, wobei die Leistung Output der gewöhnlichen Geschäftstätigkeiten des Unternehmens ist.

Diese Abgrenzung wirft **Probleme** auf:

- Nach den *Basis for Conclusions* (IFRS 15.BC28) begründen Dividenden und (GuV-wirksame) **Wertänderungen** von *investment properties* zwar Erlöse (*revenues*), aber nicht solche gegenüber Kunden. Das *Framework* bestimmt demgegenüber in F.4.29 und F.4.31, dass Dividenden zu Erlösen (*revenues*) führen, Wertsteigerungen langfristiger Vermögenswerte (hier: *investment properties*) hingegen zwar Ertrag in der Form eines *gain* sind, aber kein Erlös. Die bisherige Regel, dass nicht durch Verkauf realisierte Wertsteigerungen kein Erlös sind, ist also durch IFRS 15 hinfällig.
- Nach dem Standard selbst (IFRS 15.5) stellen **Erlöse aus Nutzungsüberlassungen**, Versicherungsverträgen (bei Versicherern) und Finanzinstrumenten zwar Erlöse mit Kunden (Umsatzerlöse) dar, sind aber wegen des Vorrangs spezifischer Vorschriften vom Anwendungsbereich des IFRS 15 ausgeschlossen. Danach ist der **Service-Begriff** des IFRS 15 sehr weit auszulegen und beschränkt sich nicht auf Dienstleistungen, sondern umfasst eben auch Nutzungsüberlassungen oder Kapitalüberlassungen, unabhängig davon, ob der entsprechende Geschäftsvorfall IFRS 15 unterliegt (so z. B. die Lizenzierung von Software als spezifische Form der Nutzungsüberlassung) oder nicht (so z. B. die Nutzungsüberlassung von Sachanlagen).

1.3 Folgerungen für den GuV-Ausweis (sowie Ansatz und Bewertung und Angaben)

8   Die vor BilRUG in § 277 HGB bei der Definition von Umsatzerlösen enthaltene Bezugnahme auf für das Unternehmen „**typische**" Fälle von Lieferungen, Services, Nutzungsüberlassungen fehlt bzgl. des Begriffs der „Erlöse mit Kunden" in IFRS 15. Hieraus folgt etwa:

- Entgelte aus der **Lizenzierung von Know-how** unterliegen IFRS 15, unabhängig davon, ob es sich um ein typisches Geschäft (Softwareunternehmen) oder ein untypisches Geschäft (**Immobilienunternehmen**) handelt.

- Entgelte aus der **Überlassung von Grundstücken** stellen sowohl im typischen Fall **(Immobilienunternehmen)** als auch im untypischen Fall **(Stahlkonzern)** Erlöse mit Kunden (Umsatzerlöse) dar, die jedoch in beiden Fällen wegen des *scope out* in IFRS 15.5 nicht IFRS 15, sondern IFRS 16 unterliegen.

Soweit im ersten Fall IFRS 15 zur Anwendung gelangt, gilt dieser hinsichtlich sämtlicher Inhalte, also Ansatz (Realisationszeitpunkt) und Bewertung sowie Ausweis und Angaben.

Fraglich ist dann, ob für Zwecke des **GuV-Ausweises** der bisherigen Praxis folgend weiterhin eine Differenzierung zwischen **typischen Erlösen (= Umsatzerlösen) und untypischen Erlösen** möglich ist. U. E. ist dies der Fall: IFRS 15.113 verlangt zwar eine Unterscheidung zwischen (IFRS 15 unterliegenden) Erlösen aus Verträgen mit Kunden und anderen Erlösquellen, dies jedoch wahlweise in der GuV bzw. im GuV-Teil der Gesamtergebnisrechnung oder im Anhang. Soweit die Praxis daher auch zukünftig an dem auch analytisch (Umsatzmultiplikatoren zur Unternehmensbewertung usw.) bewährten Begriff „Umsatzerlöse" festhalten und ihn anstelle des sperrigen Begriffs „Erlöse mit Kunden" verwenden sollte, ergäben sich dann diverse **Ausweiswahlrechte**, wie folgende Beispiele zeigen:

Praxis-Beispiel 1

Stahlkonzern S erzielt neben IFRS 15 unterliegenden Erlösen aus Stahl i. H. v. 10 Mrd. EUR auch nicht IFRS 15 unterliegende Erlöse aus Grundstücksverpachtung i. H. v. 1 Mrd. EUR. U. E. bestehen folgende Ausweiswahlrechte:

(1) Jeweils separater Ausweis von Umsatzerlösen (Erlöse mit Kunden) i. H. v. 10 Mrd. EUR und von sonstigen Erträgen/Erlösen i. H. v. 1 Mrd. EUR in der GuV,

(2) Ausweis von Umsatzerlösen i. H. v. 11 Mrd. EUR in der GuV, Angabe des IFRS 15 unterliegenden Teils von 10 Mrd. EUR im Anhang.

Praxis-Beispiel 2

Immobilienunternehmen I erzielt 5 Mrd. EUR aus Vermietung von Grundstücken und 0,2 Mrd. EUR aus der Lizenzierung einer selbst entwickelten Software für die Wohngeldabrechnung. U. E. bestehen folgende Ausweiswahlrechte:

(1) Ausweis von Umsatzerlösen (Erlöse mit Kunden) i. H. v. 5 Mrd. EUR sowie von sonstigen Erträgen/Erlösen i. H. v. 0,2 Mrd. EUR in der GuV. Erläuterung im Anhang, dass 0,2 Mrd. EUR IFRS 15 unterliegen.

(2) Ausweis von Umsatzerlösen (Erlöse mit Kunden) i. H. v. 0,2 Mrd. EUR sowie von sonstigen Erträgen/Erlösen i. H. v. 5 Mrd. EUR in der GuV.

(3) Ausweis von 5,2 Mrd. EUR Umsatzerlösen (Erlöse mit Kunden) in der GuV. Erläuterung im Anhang, dass nur 0,2 Mrd. IFRS 15 unterliegen.

Insbesondere die zweite Alternative in Praxis-Beispiel 2 ist hinsichtlich der Erwartungen der Bilanzadressaten unbefriedigend, u. E. aber durch die „unglücklichen" Unterscheidungen von IFRS 15 gedeckt.

1.4   IFRS 15 – Zwischen Prinzip und Kasuistik

9   Auch wenn IFRS 15 seinem Anspruch und auch seinem tatsächlichen Gehalt
nach stärker **prinzipienorientiert** ist als die Vorgängerstandards, ist die Anwendung der Prinzipien auf komplexe Geschäftsvorfälle nicht in allen Fällen einfach
und evident: Der Standard selbst enthält daher insbesondere in IFRS 15.B und
IFRS 15.IE zahlreiche „Illustrationen" zur Anwendung der Prinzipien auf
typische Fälle. Unsere Kommentierung erweitert diese „Illustrationen" und
enthält außerdem unter Rz 249 ein „ABC der Umsatzerlöse."

1.5   Vergleich zum HGB

10   Der (auch) kasuistische Gehalt von IFRS 15 wird besonders im Vergleich zum
HGB deutlich. Während IFRS 15 inkl. der *Illustrative Examples* und der *Basis for
Conclusions* etwa 350 Seiten umfasst, kommt das Handelsrecht in § 252 Abs. 1
Nr. 4 HGB mit einem dünnen Satz aus: „Gewinne sind nur zu berücksichtigen,
wenn sie am Abschlussstichtag realisiert sind." Mit diesem Satz wird allerdings
nur die Aufgabenstellung – es ist zu bilanzieren, keine Einnahmen-Ausgaben-
Rechnung zu erstellen – hingegen noch keine Lösung formuliert. Wann Gewinne
(und Umsätze) realisiert sind, bleibt offen bzw. vollständig dem kommentierenden Schrifttum und der Rechtsprechung des BFH überlassen. Die IFRS führen
demgegenüber zahlreiche Fälle der Lösung im Standard selbst zu.

1.6   IFRS 15 und US-GAAP

11   Die Regelungen im Vorgängerstandard IAS 18 waren in weiten Bereichen so
rudimentär, dass Bilanzierende unter Berufung auf IAS 8.12 auf Regelungen der
US-GAAP zurückgriffen (→ § 1 Rz 76). In hohem Maß war dies etwa **bisher** bei der
Softwareindustrie oder der Filmindustrie zu beobachten. Mit IFRS 15 ist ein Standard von größerem Volumen und größerer Regelungsdichte an die Stelle von IAS 18
getreten. Gleichwohl kann auch dieser Standard nicht für jedes Geschäfts- und
Vertragsmodell eine explizite Regelung vorsehen. Fraglich ist dann, ob in derartigen
Fällen auch **zukünftig** auf US-GAAP zurückgegriffen werden kann. Dafür könnte
sprechen, dass der IASB bzw. der FASB in 2014 IFRS 15 bzw. Topic 606 *Revenue* als
gemeinsam erstellte Regelungen herausgegeben haben. In der weiteren Entwicklung
ist aber dieser Gleichklang nicht beibehalten worden. Die beiden Boards haben zwar
zusammen die *Transition Resource Group (TRG) for Revenue Recognition* gegründet, um sich Implementierungsfragen der neuen Standards zu widmen, sind in der
Umsetzung der unverbindlichen (Rz 246) Ergebnisse der TRG aber unterschiedliche Wege gegangen. Der IASB hat die sich dabei auftuenden Divergenzen u.a. in den
im April 2016 veröffentlichten „*Clarifications to IFRS 15*" festgehalten.

- Er stellt zunächst allgemein in der *Introduction* des den *Clarifications* zugrunde liegenden ED/2015/6 fest: „*The IASB is of the view that the application of judgement is a necessary and desirable aspect of representing faithfully
an entity's revenue generating transactions.*"
- Er hält sich daher bei der Umsetzung der Diskussionen der Implementierungs-
gruppe in Ergänzungen des Standards deutlich stärker zurück als der FASB.
IFRS 15.BC1A ff. listet daher u.a. neun Bereiche (darunter *sales taxes, shipping*

and handling fees) auf, in denen zwar der FASB an Standardergänzungen arbeitet, der IASB selbst aber von entsprechenden Detailregelungen absieht.

- Erklärend ist, dass eine immer schon an starke Kasuistik gewöhnte *accounting community* in den USA stärker auf die Behandlung von Einzelfällen drängt als Rechnungsleger aus anderen Teilen der Welt.

Vor dem Hintergrund des sich so abzeichnenden **konzeptionellen Auseinanderdriftens** von IFRS und US-GAAP ist es u.E. nicht mehr vertretbar, den im zeitlichen Anwendungsbereich des IAS 18 noch gerechtfertigten weitflächigen Rückgriff auf die US-GAAP auch im Anwendungsbereich des IFRS 15 beizubehalten. Angesichts der Ansage des IASB, Ermessensausübung sei *„necessary and desirable"*, kommen die Unternehmen nicht umhin, die Lösungen in den IFRS selbst zu suchen. Dies schließt nicht aus, dass sie dabei im **Einzelfall** Argumentationen in den US-GAAP finden, die sie nach sorgfältigem Abgleich mit den Anforderungen des IFRS 15 auf den IFRS-Abschluss anwenden. Ein Fortfahren der bisherigen Praxis der weitflächigen und oft auch unreflektierten Übernahme der US-GAAP ist aber zukünftig nicht mehr möglich. Wenn also bspw. die US-GAAP vorsehen, dass bestimmte Transportleistungen (*shipping and handling activities*) nicht daraufhin geprüft werden müssen, ob sie eine von der Lieferung von Gütern separate Leistungsverpflichtung darstellen, kann dem für die IFRS nicht gefolgt werden; vielmehr betont der IASB in IFRS 15.BC116Rff., dass die Frage der Behandlung von Transportleistungen nach den allgemeinen Grundsätzen von IFRS 15 und damit anders als nach US-GAAP ohne kasuistische Ausnahmeregelung zu klären ist. Für andere Fälle gilt dieser Vorbehalt entsprechend.

2 (Nicht-)Anwendungsbereiche von IFRS 15

2.1 Vom Anwendungsbereich ausgeschlossene Transaktionen

IFRS 15 findet nur Anwendung auf Erlöse gegenüber Kunden (*revenue from contracts with customers*). Derartige Erlöse sind nach IFRS 15.A gekennzeichnet, durch   12

- die **Lieferung** von Gütern oder
- die Erbringung von **Serviceleistungen** *(services),* wobei der Service-Begriff weit gefasst ist und z.B. auch **Nutzungsüberlassungen oder Lizenzierungen** einschließt.

Keine Serviceleistung und damit abweichend vom Vorgängerstandard IAS 18 kein Umsatzerlös sind Dividenden.

Zwar als Erlöse gegenüber Kunden anzusehen, aber **explizit** vom Anwendungsbereich des IFRS 15 **ausgenommen** *(scope out)* sind nach IFRS 15.5:   13

- Erlöse aus IAS 17 bzw. IFRS 16 unterliegenden **Leasingverhältnissen**;
- Erlöse aus IFRS 4 unterliegenden **Versicherungsverträgen**;
- Erlöse aus **Finanzinstrumenten** im Anwendungsbereich von IFRS 9 (z.B. Zinsen);
- Erlöse aus dem **Tausch** von nicht monetären Gütern zwischen Unternehmen, die **im gleichen Geschäftsfeld** tätig sind und den Tausch nur zum Zweck der Erleichterung der Kundenbelieferung vornehmen (Rz 14);
- Erlöse aus vertraglichen Rechten im Anwendungsbereich von IFRS 11, IAS 27 „Einzelabschlüsse" und IAS 28.

Die letzte Ausnahme erschließt sich nicht, da Erträge aus der Beteiligung an einem Tochterunternehmen, assoziierten Unternehmen oder Gemeinschaftsunternehmen ohnehin nicht zu Erlösen mit Kunden führen.

2.2 Differenzierte Betrachtungen beim Tausch gleichartiger oder verwandter Güter

14 Ein der **Erleichterung der Kundenbelieferung** dienender Tausch zwischen Unternehmen **gleichen Geschäftsfelds** *(same line of business)* unterliegt nicht IFRS 15 (Rz 13). Reichweite und Bedeutung dieser Tauschausnahme in IFRS 15.5 sind nicht völlig eindeutig. Einerseits begründet auch bei Unternehmen verschiedener Geschäftsfelder nicht jeder Tausch einen Umsatz (Rz 19), andererseits stellt sich hinsichtlich geschäftsfeldidentischer Unternehmen die Frage, wann die Erleichterung der Kundenbelieferung nicht mehr der dominierende Zweck ist und daher doch ein Umsatz vorliegt. Bzgl. dieser Fragen ist zunächst zwischen dem Tausch

- gleichartiger (Rz 15) und
- ungleichartiger Güter (Rz 18)

zu unterscheiden.

15 Beim Tausch **gleichartiger** Güter, insbesondere vertretbarer Sachen *(commodities)*, ist hinsichtlich der Motive wie folgt zu differenzieren:

- Die Transaktion ist ganz überwiegend **bilanzpolitisch motiviert** (Aufblähung der Erlöse). Sie hat, wie sich etwa an der Gleichartigkeit von hingegebenem und erhaltenem Gut zeigt, keinen wirtschaftlichen Gehalt. Eine Umsatzrealisierung ist schon deshalb abzulehnen (Rz 38), und zwar unabhängig davon, ob die Tauschpartner, wie in IFRS 15.5 vorausgesetzt, im gleichen Geschäftsfeld tätig sind.
- Die Transaktion ist **ökonomisch begründet**, sie dient z. B. der Reduktion von Transportkosten oder dem Ausgleich von Unterschieden zwischen der vorrätigen und der von Endkunden nachgefragten Qualität eines Rohstoffs. Erst IFRS 15.5 verhindert bei Tätigkeit **im gleichen Geschäftsfeld** hier den Ausweis eines Umsatzerlöses.

16 Zu **bilanzpolitisch** motivierten Transaktionen folgendes Beispiel:

Praxis-Beispiel
Die Telefonprovider A und B sind börsennotiert. Die Analystenbewertungen fußen zu einem großen Teil auf Umsatzmultiplikatoren. A und B kommen daher auf die Idee, Leitungskapazitätsrechte in der gleichen Region in der Weise zu tauschen, dass B für die Nutzung der Kapazität von A zahlt und umgekehrt. Die vereinbarten Entgelte sollen zusätzlich zum Endkundenumsatz in der GuV als Umsatz ausgewiesen werden.

Zu **wirtschaftlich begründeten** Tauschgeschäften hingegen folgendes Beispiel:

Praxis-Beispiel
Ölgesellschaft T fördert auf einem texanischen Feld Rohöl, das vor Ort raffiniert wird. Der Benzinabsatz erfolgt über ein eigenes Tankstellennetz überwiegend an der Golfküste. Ölgesellschaft G fördert Öl im Golf von Mexiko. Es wird in der Nähe von New Orleans raffiniert. Der Benzinverkauf erfolgt überwiegend über ein texanisches Tankstellennetz.

> T und G tauschen gleiche Benzinmengen derart, dass T das texanische Zentral-lager von G beliefert und G das am Golf gelegene Zentrallager von T. Hierdurch gelingt den Unternehmen eine erhebliche Reduktion ihrer Transportkosten. Trotz wirtschaftlicher Substanz darf wegen IFRS 15.5 kein Umsatz aus dem Tauschgeschäft ausgewiesen werden.

Ist der Tauschgegenstand zwar gleich(artig), werden aber **unterschiedliche Mengen** hingegeben und der übersteigende Betrag durch Geld ausgeglichen, ist hinsichtlich des übersteigenden Betrags eine Anwendung von IFRS 15 gegeben.   **17**

> **Praxis-Beispiel**
> Das Elektrizitätsunternehmen E-1 veräußert Strom in der Region 1 an Wett-bewerber E-2 und erhält im Gegenzug in der Region 2 Strom von E-2. Ein Umsatzerlös ist bei E-1 insoweit auszuweisen, als die Lieferung an E-2 die empfangene Leistung übersteigt.

Die Restriktionen für den Tausch können nicht dadurch umgangen werden, dass mit geringem **Zeitversatz** Geld hin und her gezahlt wird bzw. formal zwei Kaufverträge – statt eines Tauschvertrags – vorliegen. Jedenfalls bei zeitlicher Nähe der beiden Kaufverträge sind diese zusammengefasst zu betrachten und es liegt in zusammengefasster Betrachtung ein Tausch vor.

Tauschgegenstand können auch **ungleichartige**, wenngleich verwandte Güter   **18** sein: IFRS 15.5 schließt nur solche Tauschgeschäfte vom Anwendungsbereich aus, die zwischen Unternehmen des gleichen Geschäftsfelds zustande kommen und (kumulativ) lediglich zur Erleichterung der Belieferung von (potenziellen) Kunden führen. Die zweite Voraussetzung ist i.d.R. bei hinreichend ungleich-artigen Gütern nicht mehr gegeben, so dass hier IFRS 15 zur Anwendung kommt.

> **Praxis-Beispiel**
> Ölgesellschaft T fördert hauptsächlich Leichtöl, in nicht unbedeutendem Um-fang auch Schweröl. Bei Ölgesellschaft G sind die Verhältnisse umgekehrt. T hat aktuell Kaufangebote über Schweröl erhalten, die sie aus eigenem Bestand und eigener Förderung nicht decken kann. Bei G geht umgekehrt die aktuelle Nach-frage nach Leichtöl über Bestand und Förderung hinaus. T und G tauschen daher Schwer- gegen Leichtöl, die Preisdifferenz wird in Geld ausgeglichen.
> Schwer- und Leichtöl sind zwar verwandte, aber u.E. nicht hinreichend gleichartige Produkte. Eine Anwendung von IFRS 15 ist daher sachgerecht.

Auch der Tausch ungleichartiger Güter oder sonstiger Leistungen führt nicht zwangs-   **19** läufig zu einem sofortigen Umsatz. Voraussetzung der Umsatzrealisierung ist die **verlässliche Messbarkeit der Erlöshöhe**. Hieran mangelt es, wenn der *fair value* der anstelle von Geld erhaltenen Leistung nicht zuverlässig bestimmt werden kann.

3 Identifikation von Kundenverträgen

3.1 Wirksamer Vertrag

IFRS 15 gilt nur für jene **Verträge**, bei denen die Gegenpartei ein **Kunde** ist. Bei   **20** einem solchen handelt es sich um eine Partei, die mit dem berichtenden Unternehmen einen Vertrag über den **entgeltlichen** Erhalt von Gütern oder Dienstleistungen – die wiederum ein Resultat der **gewöhnlichen Geschäftstätigkeit** des berichtenden Unternehmens sind – abgeschlossen hat (IFRS 15.6 und IFRS 15.A).

21   Der Standard normiert die folgenden **kumulativen Anforderungen an Verträge** mit Kunden (IFRS 15.9):

- Die Vertragsparteien haben dem Vertrag **zugestimmt** (bspw. in Schriftform) und sind zur Erfüllung der gegenseitigen Leistungen **verpflichtet**.

- **Identifizierbarkeit der Rechte** einer jeden Partei sowie der **Zahlungsbedingungen** hinsichtlich der zu liefernden Güter bzw. der zu erbringenden Dienstleistungen ist gegeben.

- **Der Vertrag hat wirtschaftlichen Gehalt** (*commercial substance*; i. S. e. erwarteten Auswirkung auf die künftigen Geldflüsse des Unternehmens; Rz 38).

- Der **Eingang des Entgelts** beim Unternehmen ist **wahrscheinlich** (Rz 34).

Das **dritte** Merkmal trifft etwa **rein bilanzpolitisch** motivierte Tauschgeschäfte über gleichartige Güter (Rz 15).

Die **beiden ersten** Merkmale halten in nicht ganz gelungener Diktion nur fest, dass es einen wirksamen und bindenden Vertrag geben muss. Dies setzt nach IFRS 15.10 voraus, dass es nach dem jeweils anwendbaren Zivil- bzw. Vertragsrecht **durchsetzbare Rechte und Pflichten** gibt. Kein Vertrag i. S. v. IFRS 15 liegt vor, wenn bzw. solange **beide** Vertragsparteien (also nicht nur eine) über das einseitig durchsetzbare Recht verfügen, einen zur Gänze unerfüllten Vertrag zu beenden (etwa durch Rücktritt oder Kündigung), ohne die andere Vertragspartei entschädigen zu müssen (IFRS 15.12). Ein Rücktrittsrecht oder Kündigungsrecht nur einer Partei (etwa als „Umtauschrecht" im Versandhandel) steht der Anwendung von IFRS 15 nicht entgegen.

Zur Frage, wie mit unwirksamen oder schwebend unwirksamen, allgemeiner mit rechtsmängelbehafteten Geschäften umzugehen ist, wird auf Rz 26 verwiesen.

22   Mit der Beurteilung der Durchsetzbarkeit von Verträgen mit **Kündigungsrechten** hat sich die *Transition Resource Group (TRG) for Revenue Recognition* (Rz 246) im Oktober 2015 (Agenda Paper 10) befasst und folgende Fälle unterschieden:[1]

- Bei einem Dienstleistungsvertrag mit unbestimmter Vertragsdauer haben beide Parteien die Möglichkeit, den Vertrag ohne Entschädigungszahlung zu kündigen: Nach Ansicht der TRG besteht erst ab dem Zeitpunkt ein bilanziell beachtlicher Kundenvertrag, in dem eine Partei vertragsgemäß leistet.

- Einen Dienstleistungsvertrag mit einer Vertragslaufzeit von 24 Monaten können beide Parteien auf den 15. Monat ohne Entschädigungsverpflichtung kündigen: Nach Auffassung der TRG besteht ein durchsetzbarer Kundenvertrag (ex ante) nur über 15 Monate.

- Ein Dienstleistungsvertrag mit einer Vertragslaufzeit von 60 Monaten sieht neben einer Festvergütung einen leistungsabhängigen Bonus, zahlbar am Ende der Vertragslaufzeit vor. Eine Kündigung ist auf den 24. Monat möglich, wobei dann der leistungsabhängige Bonus sofort fällig wird: Nach Meinung der TRG liegt ein durchsetzbarer Kundenvertrag über einen Zeitraum von 60 Monaten vor.

- Ein Dienstleistungsvertrag hat eine Vertragslaufzeit von 24 Monaten. Beide Parteien können auf den Ablauf des 12. Monats kündigen, wobei hierdurch die

---

[1]   Vgl. FISCHER, PiR 2015, S. 323 ff.

Pflicht zur Leistung einer Entschädigungszahlung ausgelöst wird. Das leistende und bilanzierende Unternehmen hat in der Vergangenheit jedoch regelmäßig in derartigen Fällen keine Entschädigungsleistung eingefordert: Nach Auffassung der TRG ist die Bestehensdauer eines durchsetzbaren Kundenvertrags Gegenstand einer rechtlichen Würdigung im jeweiligen Rechtskreis. Wenn die Entschädigungsleistung deshalb nicht eingefordert wird, weil die Rechtswirksamkeit (z. B. aufgrund einschlägiger Rechtsprechung zur Wirksamkeit von AGBs) zweifelhaft ist, beträgt die Vertragslaufzeit nur 12 Monate, ansonsten 24 Monate.

Wird der unter Rz 21 angeführte Kriterienkatalog bei **Vertragsbeginn** erfüllt, so findet in der Folge nur dann eine **erneute Beurteilung** statt, wenn ein Indikator auf eine signifikante Änderung der Fakten und Umstände existiert (z. B. eine signifikante Verschlechterung der Zahlungsfähigkeit des Kunden). Entspricht ein Vertrag hingegen am Anfang nicht dem Kriterienkatalog, so ist umgekehrt zu hinterfragen, ob die Kriterien nicht im Nachhinein erfüllt werden (IFRS 15.13 f.). **23**

Erfüllt ein Vertrag nicht den Kriterienkatalog, erhält das Unternehmen aber gleichwohl ein Entgelt vom Kunden, so darf dieses nur dann als Erlös erfasst werden, wenn einer der folgenden beiden **Ausnahmetatbestände** vorliegt (IFRS 15.15): **24**

- Das Unternehmen hat **keine noch ausstehenden Verpflichtungen** zur Lieferung von Gütern bzw. zur Erbringung von Dienstleistungen an den Kunden. Darüber hinaus muss das Unternehmen die gesamte oder im Wesentlichen die gesamte Gegenleistung vom Kunden **erhalten haben**. Diese darf auch **nicht rückzahlbar** sein.
- Der Vertrag wurde **beendet** und das vom Kunden erhaltene Entgelt ist **nicht rückzahlbar**.

Vom Kunden erhaltene Entgelte sind so lange als Schuld zu erfassen, bis der unter Rz 21 angeführte Kriterienkatalog in der Folge erfüllt wird bzw. bis einer der beiden Ausnahmetatbestände (Rz 24) eintritt (IFRS 15.16). **25**

Unabhängig davon, ob diese Schuld Sachleistungscharakter (Verpflichtung, Güter oder Dienste zu transferieren) oder Geldleistungscharakter (Verpflichtung, das erhaltene Entgelt zurückzuerstatten) hat, ist sie **i. H. d. erhaltenen Entgelts** auszuweisen (IFRS 15.16).

3.2 Nichtige, schwebend unwirksame oder sonst rechtsmängelbehaftete Verträge

3.2.1 Rechtliche Bedingungen der Übertragung des wirtschaftlichen Eigentums: *no substance without form*[2]

Die **zivile Rechtslage** ist für die personale Zurechnung eines Vermögenswerts und damit für den **Realisationszeitpunkt** nicht irrelevant. In diesem Sinne führte die Einleitung des Kapitels „*Sale of Goods*" in IAS 18.IE noch an: „*In particular, the law may determine the point at time at which the entity transfers the significant risks and rewards of ownership.*" **26**

Es gilt somit zwar die Maxime *substance over form*, aber eben nicht *substance without form*. Unabhängig davon, ob das wirtschaftliche Eigentum bzw. der Zeitpunkt seiner Übertragung (Realisation) etwa wie im Steuerrecht tatbestandsseitig an der Sachherrschaft oder an den Chancen und Risiken festgemacht wird,

---

[2] Vgl. zum Ganzen auch LÜDENBACH/HOFFMAN, DB 2009, S. 861 ff.

gilt: Das Zivilrecht entscheidet in vielen Fällen allein, in fast allen Fällen aber mindestens mit über das Innehaben der Sachherrschaft bzw. das Tragen von Risiken und Chancen. Eine „freischwebende" wirtschaftliche Betrachtungsweise kann es in keiner Rechtsordnung geben. Auch die „Wirtschaft" bewegt sich im Gehäuse von Recht und Gesetz.

Entsprechendes hat der BGH für das **Handelsrecht** entschieden und daher einer unkontrollierten wirtschaftlichen Betrachtungsweise eine klare Absage erteilt. Im Urteilsfall ging es um ein auf fremdem Grund und Boden ohne gesicherte Rechtsposition erbautes Gebäude. Der BGH lehnt eine Bilanzierung beim Erbauer des Gebäudes mit folgenden Gründen ab:[3]

> *„Vermögensgegenstände dürfen in der Handelsbilanz des Kaufmanns nur dann aktiviert werden, wenn sie seinem Vermögen (§ 242 Abs. 1 HGB) zugerechnet werden können. Es ist zwar im Grundsatz allgemein anerkannt, dass über die Vermögenszugehörigkeit in diesem Sinne nicht die materiell-rechtliche Zuständigkeit, sondern die wirtschaftliche Zurechenbarkeit entscheidet… Diese … wirtschaftliche Betrachtungsweise darf jedoch nicht den Blick dafür verstellen, dass die Zugehörigkeit eines Gegenstandes zu einem bestimmten Vermögen zumindest in erster Linie von den zivilrechtlichen Regelungen bestimmt wird, die darüber entscheiden, wer einen Gegenstand nutzen, als Kreditunterlage einsetzen und über ihn verfügen kann. Die Vernachlässigung dieses Befundes zugunsten einer unkontrollierten wirtschaftlichen Betrachtungsweise, die auf die notwendige, die Zuordnung zum Vermögen des bilanzierenden Kaufmanns erst rechtfertigende zivilrechtliche Absicherung seiner Position verzichtet, würde zu einer gegen das auch hier geltende Vorsichtsprinzip … verstoßenden irreführenden, weil zu günstigen Darstellung der Vermögenslage führen. Die Bilanzierung von Vermögensgegenständen, die zivilrechtlich einem anderen Rechtssubjekt gehören, unter dem Gesichtspunkt „wirtschaftliches Eigentum" muss deshalb als Ausnahmetatbestand aufgefasst werden, der allenfalls in Betracht kommen kann, wenn das bilanzierende Unternehmen gegenüber dem bürgerlich-rechtlichen Eigentümer eine auch rechtlich abgesicherte Position hat, die es ihm ermöglicht, diesen dauerhaft dergestalt von der Einwirkung auf die betreffenden Vermögensgegenstände auszuschließen, dass seinem Herausgabeanspruch bei typischem Verlauf zumindest tatsächlich keine nennenswerte praktische Bedeutung zukommt. Substanz und Ertrag des Vermögensgegenstandes müssen mithin, und sei es auch nur aufgrund schuldrechtlicher Berechtigungen, vollständig und auf Dauer dem bilanzierenden Unternehmen und nicht dem bürgerlich-rechtlichen Eigentümer zuzuordnen sein. Nur unter dieser Voraussetzung kann von der formalen zivilrechtlichen Eigentumslage abgesehen und der in dem Gegenstand verkörperte Vermögenswert mit den entsprechenden bilanzrechtlichen Folgen dem Vermögen des mit dem Eigentümer nicht identischen bilanzierenden Unternehmens zugerechnet werden."*

Die Chancen, d.h. die Möglichkeiten zur Realisierung von Wertsteigerungen und/oder zur Fruchtziehung, liegen häufig beim rechtlichen Eigentümer. Einem

---

[3]   BGH, Urteil v. 6.11.1995, II ZR 164/94, BB 1996, S. 155ff.; vgl. hierzu die Kommentierung von GROH, BB 1996, S. 1487, in Gegenüberstellung zur einschlägigen BFH-Rechtsprechung.

anderen sind sie zuzurechnen, wenn dieser den rechtlichen Eigentümer auf Dauer davon abhalten kann, seinerseits die Wertsteigerung oder Fruchtziehung zu realisieren. In unserer Rechtsordnung setzt dies das Innehaben entsprechender schuldrechtlicher Ansprüche gegenüber dem Eigentümer voraus. Diese Überlegungen gelten auch für die Risiken. Die Gefahr der Wertminderung liegt regelmäßig beim rechtlichen Eigentümer. Zur Verlagerung auf einen anderen bedarf es schuldrechtlicher Ansprüche, z. B. der Put-Option des Eigentümers bei Wertminderung.

3.2.2 Nichtige Geschäfte

Beim **nichtigen,** weil z. B. **formunwirksamen Geschäft** liegen **Sachherrschaft** 27 *(control)* sowie **Risiken** und Chancen der Wertänderung regelmäßig beim rechtlichen Eigentümer. Für eine abweichende bilanzielle Zuordnung und eine vorzeitige Ertragsrealisierung ist damit i. d. R. kein Raum.

Praxis-Beispiel

Am 30.12.01 vereinbaren die ehrbaren hanseatischen Kaufleute V und K mündlich die Übertragung des Eigentums an der Immobilie X. Die Schlüssel werden sofort übergeben. K nimmt die Immobilie noch am 31.12.01 in Besitz. Am 6.1.02 schließen beide den notariellen und damit wirksamen Kaufvertrag ab.

Beurteilung

Im Zeitraum bis zum 6.1.02 kann V – ähnlich wie der Inhaber einer Call-Option – die Immobilie jederzeit zurückfordern. Umgekehrt kann K – ähnlich wie der Inhaber einer Put-Option – sie jederzeit zurückgeben.

Bei aus Objektvierungsgründen typisiert zu unterstellendem rationalem Verhalten wird V die „Call-Option" ausüben, wenn es vor notariellem Vertag zu überraschenden Wertsteigerungen der Immobile kommt, K umgekehrt die „Put-Option" ausüben, wenn überraschend eine Wertminderung eintritt.

Die Chance der Wertsteigerung und das Risiko der Wertminderung bleiben also bis zum Abschluss des formwirksamen Vertrags bei K. Für die Sachherrschaft gilt Entsprechendes. Der Umsatz darf daher erst in neuer Rechnung erfasst werden.

Verallgemeinert gilt: Haben sich beide Parteien am Stichtag noch nicht endgültig 28 gebunden, ist es also beiden möglich, den Vollzug des Vertrags noch zu verhindern, ließe sich eine gleichwohl vorgenommene Erlösrealisation beim Veräußerer nur mit dem mutmaßlichen Willen der Beteiligten und insofern mit einem subjektiven Moment begründen. Dies widerspräche nicht nur den **Objektivierungserfordernissen** der Rechnungslegung, sondern überdies dem **Stichtagsprinzip**: Die rechtswirksame und bindende Erklärung des Willens im neuen Jahr ist kein ansatzerhellendes, sondern ein **ansatzbegründendes** Ereignis (→ § 4 Rz 17ff.). Der Übergang von der bloßen Absicht zur durchsetzbaren rechtlichen Bindung ist eben kein deklaratorischer, sondern ein konstitutiver Akt: „Drum prüfe (in unserer Rechtsordnung), wer sich (ewig) bindet… Der Wahn ist kurz, die Reue lang."

Diese Überlegungen spiegeln sich auch in IFRS 15.9(a) wider. Solange die Ver- 29 tragsparteien zur Erfüllung der gegenseitigen Leistungen nicht **verpflichtet** sind bzw. nach dem einschlägigen Zivilrecht keine durchsetzbaren Rechte und Pflichten bestehen (IFRS 15.10), können keine Umsatzerlöse i. S. v. IFRS 15 entstehen.

30   Fraglich kann allenfalls sein, ob vorstehende Überlegungen auch für ein **Portfolio rechtsmängelbehafteter Verträge** gelten oder hier u. U. der Erlös auch ohne bzw. bereits vor Rechtswirksamkeit des Geschäfts realisiert werden kann. Für die zweite Möglichkeit könnte die Behandlung eines analogen Problems sprechen: Bei Lieferungen mit Rückgaberecht des Käufers, also bis zum Ablauf der Rücktrittsfrist nicht endgültig wirksame Geschäfte, macht eine handelsrechtliche Meinung in Übereinstimmung mit IFRS 15 (Rz 187) die Aktivierung einer Kaufpreisforderung sowie die Realisation von Umsatz davon abhängig, ob die Rückabwicklungsquote wie etwa im Versandhandel statistisch fassbar ist.[4]
Eine Portfoliobetrachtung verlagert die Bilanzierung von der Ansatzfrage (Ja-Nein-Entscheidung) auf eine statistische Bewertungsfrage (Mehr-oder-Weniger-Entscheidung). Für Fälle einer *„large population"* (Gesetz der großen Zahl; F.4.40) scheint dies bei erster Betrachtung angemessen (→ § 1 Rz 87). **Rechtliche** Mängel eines Aktivportfolios würden dann nicht anders behandelt als **wirtschaftliche** Mängel, die etwa in Bonitätsfällen über pauschale Wertberichtigungen berücksichtigt werden.

> **Praxis-Beispiel**
> Versicherungsmakler X hat in der Vergangenheit Verträge über Lebensversicherungen vermittelt, bei denen die versicherte Person ein unter sieben Jahre altes Kind des Versicherungsnehmers war. Die Verträge enthalten in nicht wenigen Fällen eine Todesfallleistung, die auch bei Tod des Kindes vor der Vollendung des siebten Lebensjahrs den Betrag der gewöhnlichen Beerdigungskosten übersteigt. Derartige Verträge bedürfen gem. § 150 Abs. 3 VVG (Versicherungsvertragsgesetz) der Einwilligung des Kindes qua Einschaltung eines Ergänzungspflegers. Bei den genannten Verträgen wurde diesem Erfordernis häufig nicht Rechnung getragen. Die betreffenden Verträge sind daher rechtlich (noch) nicht wirksam. Soweit die Unwirksamkeit von einem Versicherungsnehmer erfolgreich geltend gemacht wird, hat X die Abschlussprovisionen zu Unrecht erhalten und daher zu erstatten. Bisher ist dieser Fall aber nur in ganz wenigen Fällen (0,1 %) eingetreten. Mit einer wesentlichen Erhöhung dieser Zahl wird nicht gerechnet.
> Da das VVG keine Rechtsfolgenregel trifft, sind die Auswirkungen einer fehlenden Beteiligung eines Ergänzungspflegers zwar strittig, herrschend wird aber von einer Nichtigkeit ausgegangen.

31   Fraglich ist in Fällen wie dem vorstehenden, ob angesichts eines Portfolios mit **verlässlich schätzbarer Quote** der Nichtgeltendmachung der Nichtigkeit eine Erlösrealisierung nach Maßgabe dieser Quote möglich ist. Die Antwort findet sich in IFRS 15.9(a) und IFRS 15.10. Ohne einen wirksamen Vertrag mit durchsetzbaren Rechten und Pflichten darf **kein Umsatzerlös** angesetzt wenden.
Infrage käme allenfalls der Ausweis eines **sonstigen Ertrags/Erlöses**. Hierfür könnte sprechen, dass wegen der Nichtigkeit der Geschäfte nur bereicherungsrechtliche Rückzahlungspflichten und damit keine vertraglichen Verbindlich-

---

4   So z. B. ADS, Rechnungslegung und Prüfung der Unternehmen, 6. Aufl., 2001 ff., § 246, Tz. 57.

keiten i. S. v. IFRS 9 vorliegen, demzufolge also IAS 37 Vorrang vor IFRS 9 hätte und nur für die erwartete Rückzahlungsquote ertragsmindernd eine Rückstellung zu bilden wäre. Einer solchen „Lösung" steht aber IFRS 15.16 entgegen. Danach hat ein Unternehmen das von einem Kunden erhaltene Entgelt so lange als Schuld auszuweisen, bis die Vertragskriterien des IFRS 15.9 erfüllt sind (Rz 21) oder (hier nicht einschlägig) einer der Ausnahmefälle aus IFRS 15.15 vorliegt (Rz 24). Unabhängig von den auf Wahrscheinlichkeiten und im Fall von Portfoliorisiken auf Erwartungswerten abstellenden Regelungen von IAS 37 ist daher nach IFRS 15 eine Schuld anzusetzen, und zwar, wie IFRS 15.16 weiter bestimmt, **in voller Höhe des erhaltenen Entgelts**. Somit ist das vereinnahmte Entgelt erfolgsneutral, ohne Ausweis eines sonstigen Erlöses/Ertrags zu erfassen.

3.2.3 Schwebend unwirksame Geschäfte

Anders als nichtige können **schwebend unwirksame Geschäfte** zu beurteilen sein. **32** Hängt die Wirksamkeit an der Zustimmung eines Dritten, also etwa an **behördlichen Genehmigungen**, verfügt keine der Vertragsparteien über das einseitig durchsetzbare Recht, den Vertrag entschädigungslos zu beenden (IFRS 15.12). Hat das Unternehmen seine Leistung schon erbracht, ist Raum für Wahrscheinlichkeitsbeurteilungen, ob es zur Rückabwicklung kommen wird. Diese Beurteilung ist dann darauf gerichtet, ob objektive Gründe für oder gegen den Erhalt der externen Zustimmung sprechen. Die Absichten und Intentionen der Bilanzierenden (also subjektive Momente) sind nicht tangiert. Das Objektivierungsprinzip wird gewahrt. Ist danach die Erteilung der Zustimmung mit hoher Sicherheit zu erwarten, bestehen bei Erfüllung der übrigen Voraussetzungen, z. B. in Lieferfällen, keine Bedenken gegen die Annahmen eines sofortigen Übergangs des wirtschaftlichen Eigentums und damit einer sofortigen Erlösrealisierung.

Hängt die Wirksamkeit des Geschäfts hingegen noch von der Zustimmung **33** **interner Gremien** der Vertragsparteien ab (Gremienvorbehalt), gilt: Solange diese Zustimmungen nicht vorliegen, fehlt es an durchsetzbaren Rechten und Pflichten i. S. v. IFRS 15.9(a) und damit an der Möglichkeit einer Umsatzrealisierung.

3.3 Kunde nicht notleidend

Der Kunde kann **bereits im Lieferzeitpunkt** von Zahlungsunfähigkeit bedroht **34** oder jedenfalls in erheblichen Zahlungsschwierigkeiten sein. Die Motive für eine dennoch erfolgende Lieferung können vielschichtig sein:
- Unkenntnis über die Liquiditätssituation,
- Spezialanfertigung für den Kunden ohne anderweitige Verwertbarkeit,
- besonderes Interesse am Weiterbestehen der (umfangreichen) Geschäftsbeziehung,
- Überbestand an Waren bzw. Erzeugnissen.

Ein Umsatzerlös darf nach IFRS 15.9(e) zunächst nur dann ausgewiesen werden, **35** wenn bei **Vertragsbeginn** *(contract inception)* wahrscheinlich ist, dass die vereinbarte Vergütung oder ein signifikanter Teil davon auch vereinnahmt wird. Ist davon zwar bei Vertragsbeginn, aber nicht mehr bei späterem tatsächlichem **Beginn der Leistungserfüllung** auszugehen, ist nach IFRS 15.13 eine Umsatzrealisierung gleichwohl unzulässig. Tritt die Schieflage des Kunden hingegen erst

nach erfolgter Leistungserbringung ein, ist dies allein eine Frage der Wertberichtigung der Forderung nach IFRS 9/IAS 39.

Das Berichtsunternehmen muss nicht notwendig den vollen Eingang der vereinbarten Vergütung für wahrscheinlich halten, um einen Vertrag i.S.v. IFRS 15 anzunehmen. Der Fall eines erwarteten Teileingangs kann als Preiskonzession bzw. variable Vergütung zu würdigen sein; tangiert ist dann die Erlöserfassung nicht dem Grunde, sondern nur der Höhe nach (Rz 107).

36 Der nachträglich eintretende Fall der Bonitätsverschlechterung hat besondere Bedeutung bei **Dauerschuldverhältnissen.** Hierzu folgendes Beispiel in Anlehnung an IFRS 15.IE14ff.:

> **Praxis-Beispiel**
> Ein Unternehmen U lizenziert an seinen Kunden K ein Patent auf fünf Jahre gegen jährlich nachschüssige Zahlung von 1 Mio. EUR. In den ersten beiden Jahren kommt der Kunde seinen Zahlungsverpflichtungen nach. Im Verlauf des dritten Jahres geht U weiterhin von einer ordnungsgemäßen Vertragserfüllung aus. Durch unvorhersehbare Ereignisse gerät K aber am Ende des dritten Jahres in finanzielle Schwierigkeiten, so dass U nicht mehr davon ausgehen kann, dass K seinen Zahlungsverpflichtungen nachkommen wird. Mangels alternativer Verwendungsmöglichkeit wird gleichwohl die Weiternutzung für 04 bis 05 zugelassen.
>
> **Beurteilung**
> Für 01 und 02, aber auch für 03 weist U noch einen Umsatz aus. Die daraus resultierende Forderung von 1 Mio. EUR per 31.12.03 wird nach IFRS 9 (bzw. IAS 39) abgeschrieben. Für 04 und 05 wird kein Umsatz mehr ausgewiesen. Insoweit entsteht auch keine Forderung mehr, die auf Wertberichtigungsbedarf zu prüfen wäre.

Verallgemeinert gilt: Die Neueinschätzung eines Kunden als notleidend tangiert nicht den Umsatz, der auf im Zeitpunkt der Erkennbarkeit der finanziellen Schieflage bereits erfüllte Leistungsverpflichtungen entfällt. Betroffen hiervon wären etwa Fertigungsaufträge ohne alternative Verwendungsmöglichkeit, die bei Erkennbarkeit der Schieflage bereits zu einem großen Teil erfüllt sind.

37 IFRS 15.9(e) soll **missbräuchlicher** Umsatzrealisierung entgegenwirken. Prototypisch ist die Auslieferung von anderweitig nicht absetzbaren Überbeständen an dubiose Kunden. U. E. ist die Vorschrift daher nicht auf Fälle anzuwenden, in denen die Zahlungsschwierigkeiten auch bei Anwendung aller erforderlichen Sorgfalt bei Leistungserfüllung noch nicht erkennbar waren.

3.4 Vertrag mit wirtschaftlichem Gehalt

38 Nach IFRS 15.9(d) muss ein **Vertrag wirtschaftlichen Gehalt** (*commercial substance*) i.S. e. erwarteten Auswirkung auf die künftigen Geldflüsse des Unternehmens haben.

Hieran kann es nicht nur beim bilanzpolitisch motivierten **Tausch** gleichartiger Güter zwischen **zwei Parteien** fehlen (Rz 15), sondern auch bei Einschaltung einer **dritten Partei,** sofern die handelnden Parteien „abgestimmt" handeln. Die amerikanische Rechnungslegungspraxis spricht in solchen Fällen von *round trip sales*. Die Struktur ist im einfachsten Fall wie folgt:

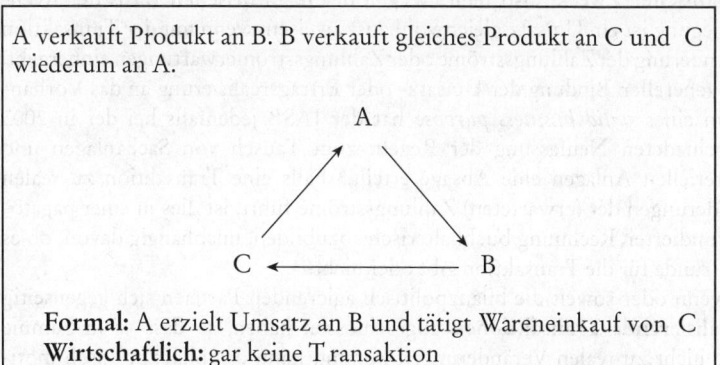

A verkauft Produkt an B. B verkauft gleiches Produkt an C und C wiederum an A.

Formal: A erzielt Umsatz an B und tätigt Wareneinkauf von C
Wirtschaftlich: gar keine Transaktion

Abb. 1: *Round trip sales* – Grundfall

Eine komplexere, von der SEC ebenso beanstandete Variante wurde im Fall *Homestore* angewandt:

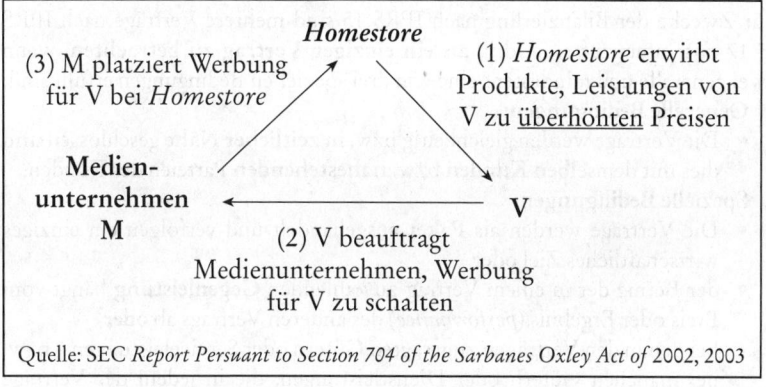

Quelle: SEC *Report Persuant to Section 704 of the Sarbanes Oxley Act of* 2002, 2003

Abb. 2: *Round trip sales* – Variante

Fraglich ist, ob die Voraussetzungen für den Ausweis eines Werbeumsatzes gegenüber M bei *Homestore* vorliegen. Die SEC verneint dies, da dieser „Umsatz" letztlich mit eigenen Geldmitteln (überhöhtes Entgelt an V) gezahlt worden sei. Diese Beurteilung ist Ausfluss des *substance-over-form*-Gedankens und daher dem Grunde nach auf IFRS (und HGB) übertragbar. Der Beurteilung der SEC wird man allerdings nur insoweit folgen können, als das abgestimmte Verhalten aller drei Parteien, im Beispiel insbesondere der Zusammenhang zwischen überhöhten Zahlungen der *Homestore* und Werbeplatzierung bei ihr, evident ist.

39   *Round trip sales* sind Beispiel für den Abschluss von Geschäften, die ausschließlich oder ganz überwiegend bilanzpolitisch motiviert sind, bei denen ein **valider
ökonomischer Zweck**[5] also fehlt. Wegen der **pagatorischen Basis** der Rechnungslegung ist ein Umsatz gleichwohl auszuweisen, wenn mit der Transaktion
eine Änderung der Zahlungsströme oder Zahlungsstromerwartungen einhergeht.
Einer generellen Bindung der Umsatz- oder Ertragsrealisierung an das Vorhandensein eines *valid business purpose* hat der IASB jedenfalls bei der in 2003
verabschiedeten Neufassung der Regeln zum Tausch von Sachanlagen und
immateriellen Anlagen eine Absage erteilt.[6] Falls eine Transaktion zu realen
Veränderungen der (erwarteten) Zahlungsströme führt, ist dies in einer pagatorisch fundierten Rechnung buchhalterisch abzubilden, unabhängig davon, ob es
gute Gründe für die Transaktion gibt oder nicht.
Nur wenn oder soweit die bilanzpolitisch agierenden Parteien sich gegenseitig
neutralisierende Transaktionen abgeschlossen haben, so dass es in Summe
gerade nicht zu realen Veränderungen kommt, kann das bilanzpolitisch motivierte Geschehen ungebucht bleiben. Ein Beispiel sind neben *round trip sales*
bestimmte *lease-and-lease-back*-Geschäfte (→ § 15a Rz 260 ff.). Neutralisieren
sich die bilanzpolitisch motivierten Transaktionen nicht, kann der *substance-
over-form*-Gedanke nur zu einer Umdeutung des Geschäfts führen.

3.5 Zusammenfassung von Verträgen

40   Für Zwecke der Bilanzierung nach IFRS 15 sind mehrere Verträge nach IFRS
15.17 zusammenzufassen, d. h. **als ein einziger Vertrag zu betrachten**, wenn
zwei generelle und mindestens eine von drei speziellen Bedingungen erfüllt sind:
- **Generelle Bedingungen**:
  - Die Verträge werden gleichzeitig bzw. **in zeitlicher Nähe** geschlossen **und**
  - dies mit dem**selben Kunden** bzw. **nahestehenden** Parteien des Kunden.
- **Spezielle Bedingungen**:
  - Die Verträge werden **als Paket** ausgehandelt und verfolgen ein einziges
    wirtschaftliches Ziel **oder**
  - der Betrag der in einem Vertrag zu zahlenden **Gegenleistung** hängt vom
    Preis oder Ergebnis (*performance*) des anderen Vertrags ab **oder**
  - bei den in den Verträgen zugesagten Gütern oder Serviceleistungen – bzw.
    bei manchen Gütern oder Dienstleistungen, die in jedem der Verträge
    zugesagt werden – handelt es sich um **eine einzige Leistungsverpflich-
    tung.**

41   Der **Zweck der zusammengefassten Betrachtung** erschließt sich nicht sofort,
da andererseits Gegenstand der Erlösrealisation nicht Verträge, sondern die
einzelnen in einem oder den zusammengefassten Verträgen enthaltenen Leistungsverpflichtungen sind (Rz 50). Aus dieser Sicht könnte sich die Frage stellen,
warum erst aggregieren (Zusammenfassung von Verträgen), wenn anschließend
in die einzelnen Leistungsverpflichtungen zu disaggregieren ist. Weniger „um-
ständlich" könnte da erscheinen, auf die Aggregation und damit auch auf die

---

[5]   Entsprechend der Begrifflichkeit des *valid* bzw. *legitimate business purpose* in der analogen ame-
      rikanischen Regelung EITF Issue No. 04–13 (ASC 84510–30–5) Accounting for Purchases and Sales
      of Inventory with the Same Counterparty.
[6]   IASB Board Meeting im Oktober 2003 in Toronto, Information for Observers.

Disaggregation zu verzichten und von vornherein die unaggregierten Verträge der Erlöserfassung zugrunde zu legen. Ein solcher *„short cut"* verbietet sich jedoch aus folgendem Grund: Im Hinblick auf bilanzpolitische Zielsetzungen könnten die Parteien versucht sein, das in Summe zweier als Paket verhandelter Verträge zu entrichtende Entgelt willkürlich auf die beiden Verträge aufzuteilen. IFRS 15 sorgt demgegenüber für eine an objektiven Kriterien ausgerichtete **Aufteilung des Transaktionspreises,** indem

- zunächst nach IFRS 15.17 die Verträge zusammenzufassen sind und für sie der zusammengefasste Transaktionspreis festzustellen ist und sodann
- dieser zusammengefasste Transaktionspreis nach den Kriterien von IFRS 15.73 (relativ) willkürfrei den identifizierten Leistungsverpflichtungen zuzuordnen ist (Rz 128 ff.).

Hierzu folgendes Beispiel:

Praxis-Beispiel

Softwareunternehmen S veräußert mit Vertrag 1 vom 28.12.01 eine Lizenz (zeitpunktbezogene Leistung mit sofortiger Umsatzrealisierung) an K und schließt zeitgleich als Vertrag 2 einen dreijährigen Softwarewartungsvertrag (zeitraumbezogene Leistung mit Pro-rata-Umsatzrealisierung). Für Vertrag 1 wird ein Entgelt von 3,5 Mio. EUR, für Vertrag 2 von 1 Mio. EUR vereinbart. Unter Berücksichtigung von üblichen Einzelveräußerungspreisen usw. (Rz 129) wären 1,5 Mio. EUR für Vertrag 1 und 3 Mio. EUR für Vertrag 2 angemessen.

Beurteilung

Ohne Aggregation (Zusammenfassung der Verträge) und anschließende Disaggregation (Aufteilung des Gesamtpreises auf die Leistungsverpflichtungen) würde S in 01 einen Umsatz von 3,5 Mio. EUR und in 02 bis 04 einen Umsatz von je 0,33 Mio. EUR ausweisen. Zutreffend ist hingegen ein Umsatz von 1,5 Mio. EUR in 01 und je 1 Mio. EUR in 02 bis 04.

Generelle Bedingungen der Zusammenfassung von Verträgen sind die zeitliche **42** Nähe sowie Identität des Vertragsgegenübers, als Substitut für die Identität auch, dass das Vertragsgegenüber aus dem einen Vertag dem aus dem anderen nahesteht.

Das Merkmal der **zeitlichen Nähe** ist u. E. nicht eng auszulegen. Bei Abschluss mehrerer sehr lang laufender Verträge kann etwa auch ein Zeitraum von sechs bis zwölf Monaten zwischen den Vertragsschlüssen im Einzelfall noch nah genug sein.

Identität oder Nahestehen der Vertragspartner spricht IFRS 15.17 nur für die Kundenseite an. Mindestens aus Sicht des Konzernabschlusses muss aber auch aufseiten der Sachleistungsverpflichteten keine rechtliche Identität bestehen. Wenn im Beispiel unter Rz 41 das Mutterunternehmen Vertrag 1 abschließen würde und das vollkonsolidierte Tochterunternehmen Vertrag 2, wäre ebenfalls eine Zusammenfassung der Verträge geboten.

Die **speziellen Bedingungen** (Rz 40), die mindestens in einem Punkt erfüllt sein **43** müssen, um Verträge zusammenzufassen, **überlappen** sich in vielen Fällen:

- Wenn etwa der Bau eines Gebäudes in zwei Verträge – Rohbau und Innenausbau – separiert wird, aber der **Preis** für beide Verträge so bestimmt wird, dass er zwar nicht je einzeln, aber in Summe angemessen ist (Bedingung 2), indiziert dies zugleich die Aushandlung als Paket (Bedingung 1).
- Wenn für die Erstellung einer komplexen Industrieanlage einzelne Verträge mit einzelnen Preisen, Zahlungsbedingungen und Abnahmeprozeduren geschlossen werden, die Verträge aber hinsichtlich Minderungsansprüchen, Gewährleistung usw. insgesamt unter dem Vorbehalt des Funktionierens der Anlage als Ganzes stehen **(Gesamtfunktionsrisiko)**, zeigt dies nicht nur, dass die Verträge als Paket ausgehandelt wurden (Bedingung 1), sondern belegt auch, dass eine einzige (Gesamt-)Leistungsverpflichtung vorliegt (Bedingung 2).

44 Von den Regelungen zur Zusammenfassung von Verträgen zu unterscheiden ist der in IFRS 15.4 erlaubte **Portfolioansatz**. Bei Letzterem geht es darum, dass IFRS 15 nicht auf die einzelnen Verträge, sondern auf ein Portfolio gleichartiger Verträge angewandt werden kann, wenn sich hieraus im Vergleich zur Einzelbetrachtung kein wesentlicher Effekt ergibt. Zur Frage, ob eine Portfoliobetrachtung auch dann erlaubt bzw. geboten ist, wenn sie nicht zur gleichen, sondern einer verlässlicheren und valideren Darstellung führt, wird auf Rz 188 verwiesen.

45 Im Übrigen bestehen Regelungen zur Zusammenfassung von Verträgen auch an anderen Stellen des IFRS-Regelwerks, so etwa für Zwecke der Entkonsolidierung in IFRS 10 (→ § 31 Rz 179).

3.6 Vertragsänderungen und Vertragsergänzungen, neue Verträge

46 Die Frage, ob aus bilanzieller Sicht, insbesondere im Hinblick auf den Transaktionspreis (Rz 98), Verträge bzw. vertragliche Regelungen zusammenzufassen sind, stellt sich **nicht nur bei Beginn** einer Kundenbeziehung (Rz 40), sondern auch wenn in zeitlicher Distanz zum ursprünglichen Vertragsschluss **später neue bzw. abändernde Regelungen** getroffen werden. Unabhängig davon, ob die späteren Regelungen zivilrechtlich allein als Abschluss eines neuen Vertrags (kombiniert aus Abschluss eines neuen Vertrags und Aufhebung des bisherigen) oder „nur" als Vertragsänderung anzusehen sind, muss eine bilanzrechtliche Qualifikation vorgenommen werden. Danach sind bei Vertragsmodifikationen (*contract modifications*) gem. IFRS 15.20(f) folgende Differenzierungen notwendig:
- **Keine unterscheidbare Zusatzleistung**: Wenn durch die Vertragsmodifikation keine eigenständige bzw. unterscheidbare (*distinct*) Zusatzleistung vereinbart wird, ist die Modifikation als bloße Ergänzung des ursprünglichen Vertrags anzusehen. Die sich evtl. ergebenden Auswirkungen der Modifikation auf den Transaktionspreis und/oder den Leistungsfortschritt sind als Anpassung der Erlöse (*cumulative catch-up*) zu buchen.
- **Eigenständige bzw. unterscheidbare Zusatzleistungen mit angemessenem** *stand-alone*-**Preis:** Die Vertragsmodifikation führt bilanzrechtlich als separater Vertrag zu einem eigenständigen Erlösstrom, wenn unterscheidbare zusätzliche Leistungen vereinbart werden und der Preis für die Zusatzleistungen im Großen und Ganzen unter Berücksichtigung üblicher Rabatt- und Einspareffekte dem *stand-alone*-Verkaufspreis entspricht (IFRS 15.20).

- **Unterscheidbare Zusatzleistungen ohne angemessenen *stand-alone*-Preis:**
  Die Modifikation ist bilanzrechtlich als Beendigung des bisherigen Vertrags und Abschluss eines neuen Vertrags zu würdigen. Der noch unerfüllten Leistungsverpflichtung ist i.d.R. der noch nicht als Erlös erfasste Teil des bisherigen Transaktionspreises und der Änderungsbetrag aufgrund der Modifikation zuzuordnen.

Zum Merkmal „Unterscheidbarkeit/ Eigenständigkeit" wird auf Rz 54ff. verwiesen. Zu den Differenzierungen im Übrigen folgende Beispiele in Anlehnung an IFRS 15.18IEff.:

Praxis-Beispiel
Unterscheidbare Güter

U vereinbart ursprünglich die Lieferung von 120 Einheiten eines bestimmten Produkts zum Preis von 100 EUR/Stück, in Summe also 12.000 EUR. Als 90 Einheiten ausgeliefert sind, wird eine Vertragsmodifikation vereinbart, die die Gesamtmenge auf 150 Einheiten ausweitet.

Variante 1

Für die 30 zusätzlichen Einheiten wird ein Preis von 95 EUR/Stück, zusammen 2.850 EUR, vereinbart.

Die Zusatzvereinbarung ist als eigener Vertrag (*separate contract*) zu würdigen, da der Preis unter Berücksichtigung ersparter Kosten (etwa für die Vertragsanbahnung) und üblicher Rabatte dem *stand-alone*-Preis entspricht. Die Auslieferung der 30 noch ausstehenden „alten" Einheiten führt mit je 100 EUR zu Umsatz, die der neuen 30 Einheiten mit je 95 EUR.

Variante 2

Die schon gelieferten Einheiten enthalten kleinere Mängel. Die Parteien kommen deshalb überein, 900 EUR im Wege der „stillen" Verrechnung mit den zusätzlichen Einheiten zu erstatten. Für die zusätzlichen Einheiten wird deshalb ein Preis von 2.850 EUR − 900 EUR = 1.950 EUR = 65 EUR/Stück vereinbart, der signifikant vom *stand-alone*-Preis abweicht.

Die Zusatzvereinbarung ist als Beendigung des bisherigen Vertrags über bereits gelieferte 90 Einheiten und als Abschluss eines neuen Vertrags über 60 Einheiten (30 aus dem „Alt-Vertrag" und 30 aus dem Neu-Vertrag) anzusehen. Die „stille" Verrechnung von 900 EUR ist den bereits ausgelieferten Produkten zu belasten, insoweit also eine Minderung bisher gebuchter Erlöse vorzunehmen. Bereits korrigiert um diese 900 EUR wird das Unternehmen für die verbleibenden 60 Einheiten 30 × 100 + 30 × 95 erhalten, zusammen also 5.850 EUR oder 97,5 EUR/Stück. Jede noch gelieferte Einheit führt mit dem letztgenannten Betrag zu Umsatz.

Praxis-Beispiel
Nicht unterscheidbare Leistungen

Ende 01 beginnt U auf dem Grundstück des K mit dem Bau eines schlüsselfertigen Hochhauses für einen Preis von 120 Mio. EUR, bei erwarteten Kosten von 108 Mio. EUR. Ende 02 sind 54 Mio. EUR Kosten angefallen; weiterhin ist mit Gesamtkosten von 108 Mio. EUR zu rechnen. U ermittelt

> den Leistungsfortschritt nach der *cost-to-cost*-Methode und weist daher zunächst einen Umsatz von 54 / 108 × 120 = 60 Mio. EUR für 02 aus. Ende 02 wird jedoch als nicht unterscheidbare Leistung ein umfangreicher Nachtrag für das Gebäude vereinbart für einen Preis von 20 Mio. EUR bei geschätzten Kosten von 12 Mio. EUR.
>
> **Beurteilung**
> Der Gesamterlös erhöht sich auf 140 Mio. EUR, die Gesamtkosten auf 120 Mio. EUR. Der Fertigstellungsgrad ist nun nicht mehr 50 %, sondern 54 / 120 = 45 %. Angewandt auf die 140 Mio. EUR ergibt sich ein Erlös von 0,45 × 140 = 63 Mio. EUR. Da schon 60 Mio. EUR gebucht sind, ist eine Anpassung (*cumulative catch-up*) von 3 Mio. EUR als zusätzlicher Erlös in 02 notwendig.

47   War bereits im ursprünglichen Vertrag eine preislich fixierte **Option des Kunden auf den Folgeauftrag/Nachtrag** enthalten, kommt eine Separierung i.d.R. nur noch dann infrage, wenn sich die Auftragsgegenstände nach Technik, Funktion, Design erheblich unterscheiden oder der ursprüngliche Auftrag bereits vollständig erfolgswirksam erfasst ist. Ohne eine solche Option kann hingegen schon das Kriterium der **losgelösten Preisverhandlung** eine Zusammenfassung der Aufträge verhindern. Allerdings darf dieses Kriterium u.E. **nicht formal** interpretiert werden. Wird etwa im Hochbau zu einem späteren Zeitpunkt eine Zusatzleistung vereinbart und deren Preis separat verhandelt, so wäre zu prüfen, wie frei diese Preisverhandlungen sind. Hat der Auftraggeber wegen der technischen und zeitlichen Abstimmung der Arbeiten keine realistische Alternative, einen neuen Unternehmer zu beauftragen, haben die späteren Verhandlungen wirtschaftlich eher den Charakter von Nachträgen zum ursprünglichen Vertrag und sind deshalb mit diesem als eine Einheit zu sehen.

48   Wird die „Vertragsänderung" erst rechtwirksam, **nachdem** der ursprüngliche Auftrag fertiggestellt wurde, kommt eine Zusammenfassung beider Vertragsteile/Verträge i.d.R. nicht mehr infrage. Ihr steht v. a. entgegen, dass der ursprüngliche Auftrag mit Erledigung den Anwendungsbereich von IFRS 15 schon verlassen hat und nur noch die nach IFRS 9 bzw. IAS 39 auszuweisende Forderung bilanziell besteht. Dieser Qualitätswechsel kann nicht rückwirkend durch eine „Vertragsänderung" ungeschehen gemacht werden.

49   Wird ein **Dauerschuldverhältnis** gegen nachträgliche Vereinbarung einer **Entschädigung** zwar nicht sofort beendet, aber verkürzt (z.B. Vereinbarung Ende 01, dass der ursprünglich bis Ende 05 laufende Vertrag schon Ende 03 endet), so liegt keine Änderung des Transaktionspreises, sondern eine Vertragsmodifikation nach IFRS 15.21(a) vor. Die vereinbarte Entschädigung ist über die Restdauer des Vertrags (im Praxis-Beispiel unter Rz 46 in 02 und 03) zu amortisieren.

4   Identifikation von Leistungsverpflichtungen

4.1 Grundlagen

50   Leistungsverpflichtungen sind bei Vertragsbeginn zu identifizieren (IFRS 15.22). Bei einer Leistungsverpflichtung handelt sich um jede vertragliche Zusage eines

eigenständigen Guts, einer **eigenständigen Serviceleistung** (z.B. Herstellung eines Gegenstands im Auftrag des Kunden) oder eines **eigenständigen Bündels** aus Gütern und Serviceleistungen gegenüber dem Kunden. Auch bei einer **Reihe** eigenständiger Güter bzw. Serviceleistungen kann es sich um eine einzige Leistungsverpflichtung handeln. Letzteres setzt voraus, dass die Güter bzw. Serviceleistungen im Wesentlichen dieselben sind und auch dasselbe Schema der Übertragung an den Kunden aufweisen (IFRS 15.22f., IFRS 15.26(h) und IFRS 15.Anhang A).

Leistungsverpflichtungen umfassen **nicht alle Tätigkeiten** des Leistungserbringers. Nicht zu den Leistungsverpflichtungen gehören etwa **administrative Aktivitäten** zur Vorbereitung eines Geschäfts, bei denen für den Kunden noch kein Nutzenzufluss feststellbar ist. Entscheidend ist stets, dass es zum Transfer von Gütern bzw. Serviceleistungen an den Kunden kommt (IFRS 15.25). Ein solcher Transfer liegt z.B. nicht vor, wenn für den Kunden beim Beitritt zu einem Fitnessclub eine Registrierung (Aufnahme von persönlichen Daten) erfolgt: Eine evtl. hierfür in Rechnung gestellte „**Registrierungsgebühr**" ist vielmehr als Teil des gesamten Transaktionspreises über den Zeitraum der kontrahierten Mitgliedschaft zu verteilen (Rz 207). | 51

Ist ein zugesagtes Gut bzw. eine zugesagte Serviceleistung nicht eigenständig (zum Merkmal Eigenständigkeit vgl. Rz 57), so hat so lange eine Zusammenfassung mit anderen zugesagten Gütern bzw. Serviceleistungen zu erfolgen, bis ein **eigenständiges Bündel** an Gütern bzw. Serviceleistungen identifiziert wird. Dies kann dazu führen, dass der Vertrag für Zwecke der Bilanzierung nur eine einzige Leistungsverpflichtung aufweist (IFRS 15.30).

Der Begriff der Leistungsverpflichtungen beschränkt sich nicht notwendigerweise auf die im Vertrag **explizit** genannten Leistungen *(explicit promises).* Vielmehr können sie sich auch **implizit** ergeben (z.B. aus den üblichen **Geschäftspraktiken** des Unternehmens), sofern bei Vertragsabschluss eine berechtigte Erwartung seitens des Kunden auf Erhalt dieser Leistungen existiert (IFRS 15.24), auch dann, wenn der Kunde diese Erwartung rechtlich nicht durchsetzen kann (IFRS 15.BC87). Ein Beispiel dafür sind etwa die Nachbetreuungsleistungen eines Augenoptikers oder Hörgeräteakustikers. Wenn es übliche Geschäftspraxis ist, bei verkauften Brillen oder Hörgeräten binnen z.B. drei Folgejahren Einstellungen und kleinere Reparaturen kostenlos vorzunehmen, liegt neben der Lieferverpflichtung bzgl. Brille oder Hörgerät eine weitere Leistungsverpflichtung in Form der Nachbetreuung vor (Rz 66). | 52

Auch jenseits des Bereichs der Mehrkomponentengeschäfte ist nicht immer offensichtlich, welche Leistungsverpflichtung dem Unternehmen eigentlich obliegt. Inhalt und Art der Leistungsverpflichtung hängen davon ab, ob das Unternehmen in eigener Sache handelt (als Prinzipal) oder rechtlich – ggf. auch nur wirtschaftlich – als **Agent** für einen anderen. Im zweiten Fall bringt das Unternehmen statt einer Lieferung oder einer anderen originären Leistung lediglich eine Vermittlungsleistung (Rz 82 und Rz 127). | 53

4.2 Mehrkomponentengeschäfte

4.2.1 Problemstellung

54   Die Ansatz- bzw. Realisationskriterien sind auf einzelne Leistungsverpflichtungen anzuwenden. In diesem Kontext ergeben sich zwei spiegelbildliche Probleme:

- **Umdeutung mehrerer zivilrechtlicher Geschäfte in eine einzige Leistungsverpflichtung**: Mehrere zivilrechtliche Verträge können in wirtschaftlicher Betrachtung als ein einziger Geschäftsvorfall zu würdigen sein. Zu denken wäre etwa an den Verkauf einer Maschine mit gleichzeitiger Vereinbarung eines Rückkaufs weit vor Ende seiner Nutzungsdauer. Zivilrechtlich liegen zwei Geschäfte (Ankauf und Rückkauf) vor, bilanzrechtlich möglicherweise nur ein Geschäft, nämlich eine entgeltliche Nutzungsüberlassung (Rz 192), bei der sich aus der Differenz von Verkaufs- und Rücknahmepreis das für die Dauer der Überlassung zu zahlende Nutzungsentgelt ergibt.

- **Mehrkomponentengeschäfte** *(multiple deliverables)*: Ein Vertrag oder eine Gruppe zusammenzufassender Verträge enthält mehrere Leistungsverpflichtungen gegenüber dem gleichen Abnehmer. Bilanzrechtlich stellt sich hier die Frage, ob die Leistungen als Komponenten einer von einheitlichen wirtschaftlichen Motiven getragenen Transaktion separaten Erlösrealisierungskriterien unterliegen oder der Realisationszeitpunkt einheitlich, z. B. nach Maßgabe der Erbringung der letzten Leistungskomponente, zu beurteilen ist. Diese Frage stellt sich unabhängig davon, ob der Vertrag den Gesamtpreis zivilrechtlich in Teilentgelte für die Einzelkomponenten aufteilt oder nicht. Da die Rechnungslegung der wirtschaftlichen Betrachtungsweise *(substance over form)* folgt, können die vertraglichen Vereinbarungen nicht mehr als ein Indiz für das tatsächliche wirtschaftliche Geschehen und damit für die bilanzrechtlich zutreffende Aufteilung des Gesamtentgelts sein.

55   Die Frage nach getrennter oder einheitlicher Erlösrealisierung erlangt praktische Relevanz nur, wenn die identifizierbaren Teilleistungen **unterschiedlichen Erlösrealisierungszeitpunkten** unterliegen. Nur dann ist von Interesse, ob der Erlös nur insgesamt, mit Erbringung der letzten Teilleistung oder separiert nach Maßgabe der jeweiligen Komponente zu realisieren ist. Entsprechen sich hingegen die Erlösrealisierungszeitpunkte der Komponenten, besteht kein Unterschied zwischen zusammengefasster oder komponentenweiser Betrachtung.

Praxis-Beispiel

U liefert am 31.12.01 einen Laserdrucker mit einer speziellen, für 1.000 Normseiten reichenden Erstausstattungsdruckpatrone zum Gesamtpreis von 150 EUR an K. Außerhalb der Erstausstattung veräußert U an diverse Kunden normale, für 3.000 Druckseiten reichende Druckpatronen für 60 EUR.

Beurteilung

Ob der Verkauf des Druckers als Mehrkomponentengeschäft anzusehen ist (Lieferung Patrone für 60 / 3 = 20 EUR, Lieferung Drucker für 150–20 = 130 EUR), ist nicht von praktischem Interesse, da „beide" Umsätze zum gleichen Zeitpunkt getätigt werden, unabhängig von der (Nicht-)Separierung in 01 also 150 EUR Umsatz realisiert werden.

4.2.2 Begriff

Die **Realisationskriterien** des IFRS 15 sind nicht auf einen Vertrag als Ganzes, **56** sondern auf die für diesen identifizierten eigenständigen *(distinct)* **Leistungsverpflichtungen** anzuwenden. Eine **Ausnahme** hiervon besteht nach IFRS 15.22(b) nur dann, wenn eine Reihe *(series)* von zwar eigenständigen, aber gleichartigen Gütern oder Serviceleistungen nach dem gleichen Muster an den Kunden gewährt wird. Das Muster ist nach IFRS 15.23 dann gleich, wenn jede Leistung zeitraumbezogenen Charakter hat (Rz 137) und der Leistungsfortschritt für jede Leistung nach der gleichen Methode bestimmt wird (Rz 144). Ein Anwendungsbeispiel der Ausnahmeregelung wäre etwa ein für ein Jahr abgeschlossener Gebäudereinigungsvertrag mit wöchentlichem Reinigungsintervall. Hier liegen nicht 52 Erlösrealisationstatbestände, sondern ein einziger vor, der pro rata zu Umsätzen führt.

Ein Mehrkomponentengeschäft liegt vor, wenn innerhalb eines Vertrags oder **57** einer Gruppe zusammenzufassender Verträge (Rz 40) mehrere eigenständige bzw. unterscheidbare *(distinct)* Leistungsverpflichtungen (oder – wie die „*Clarifications to IFRS 15*" vom April 2016 klarstellen – Teilmengen von Leistungsverpflichtungen) begründet werden, **Eigenständigkeit** ist gegeben, wenn beide der folgenden Kriterien erfüllt werden (IFRS 15.27):

- **Abstrakte Eigenständigkeit** (IFRS 15.27(a)): Der Kunde kann aus einem Leistungsgegenstand (oder mehreren Gegenständen) unabhängig von anderen Vertragsleistungen **Nutzen** ziehen, indem er ihn verwendet, verbraucht, über seinem Schrottwert verkauft usw. Der Nutzen kann dabei entweder aus dem zu betrachtenden Leistungsgegenstand (oder Gegenständen) allein gezogen werden oder i.V.m. anderen Ressourcen, die der Kunde bereits hat oder die leicht erwerbbar *(readily available)* sind.
- **Konkrete Eigenständigkeit im Vertragskontext** (IFRS 15.27(b)): Die Leistungsverpflichtung (oder mehrere Leistungsverpflichtungen als Teilmenge der Gesamtleistung) ist unterscheidbar von anderen aus dem Vertrag resultierenden Leistungsverpflichtungen, nicht lediglich deren unselbstständiger Bestandteil.

Zum Zusammenwirken beider Kriterien folgendes Beispiel in Anlehnung an **58** IFRS15.IE45 ff.:

Praxis-Beispiel

U schuldet K die schlüsselfertige Erstellung eines Gebäudes. K hat U deshalb beauftragt, um alle Leistungen aus einer Hand zu erhalten, nur einen Ansprechpartner für Abwicklung, Mängelrügen usw. zu haben. Der Bau beinhaltet u. a. folgende Leistungen:

- Bauplanung und Durchführung des Genehmigungsverfahrens,
- Erdarbeiten,
- Rohbau,
- Innenausbau.

Jede dieser Leistungen könnte K auch einzeln kontrahieren und die übrigen Leistungen separat am Markt erwerben. Die **abstrakte** Eigenständigkeit ist gegeben.

Es fehlt aber an der **konkreten** Eigenständigkeit. Die Vereinbarung zwischen U und K ist gerade auf den schlüsselfertigen Bau eines Gebäudes gerichtet.

> Die vorgenannten Leistungen sind lediglich Input dieser eigentlich geschuldeten Leistung.
> U tätigt daher nur eine Leistung.

59   Als beispielhaften Indikator für die Erfüllung des ersten Kriteriums, also **der abstrakten Eigenständigkeit**, nennt IFRS 15.28 die Tatsache, dass das leistende Unternehmen die zu betrachtenden Leistungen **regelmäßig auch separat veräußert** oder erbringt. Hinsichtlich des ersten Kriteriums soll es im Übrigen nach dem Schrifttum[7] auch auf die **Reihenfolge** ankommen, in der der Kunde Leistungen erhält.

> **Praxis-Beispiel**
> U erhält von Zeitungsverlag Z den Auftrag zur Erstellung einer Druckmaschine sowie zur vorsorglichen Erstellung bestimmter Ersatzteile.
> Die Maschine kann wahrscheinlich (auf längere Sicht) ohne die Ersatzteile genutzt werden, die Ersatzteile haben ohne die Maschine keinen Nutzen. Beide Leistungsgegenstände sind nicht leicht am Markt erwerbbar.
>
> **Variante 1: Die Maschine wird zuerst geliefert**
> Es liegen zwei eigenständige/unterscheidbare Leistungen vor, zum einen die Maschine, die allein für sich genutzt werden kann, zum anderen die Ersatzteile, die mit der Maschine (als schon vorhandenem Vermögenswert) genutzt werden können.
>
> **Variante 2: Die Ersatzteile werden zuerst geliefert**
> Die beiden Leistungen sind nicht eigenständig/unterscheidbar. Die Ersatzteile haben ohne die Maschine keinen Nutzen.

Gegen eine Berücksichtigung der Reihenfolge spricht bei erster Betrachtung IFRS 15.22, weil danach die Identifizierung der eigenständigen/unterscheidbaren *(distinct)* Leistungsverpflichtungen **bei Vertragsbeginn** *(inception)*, nicht nach Erbringung von Teilleistungen vorzunehmen ist. Gestützt wird die Schrifttumsauffassung andererseits durch IFRS 15.28. Dort ist festgehalten, dass eine Eigenständigkeit/Unterscheidbarkeit i.S.v. IFRS 15.27(a) durch Nutzung mit anderen leicht verfügbaren Gütern (Rz 57) auch gegeben ist, wenn das andere Gut aus demselben Vertrag stammt: *„A readily available resource is a good or service that is sold separately (by the entity or another entity) or a resource that the customer has already obtained from the entity (including goods or services that the entity will have already transferred to the customer under the contract)…"*

60   Als Indikatoren für das zweite Merkmal, also die **konkrete Eigenständigkeit**, führt IFRS 15.29 folgende Beispiele an:
- Das leistende Unternehmen integriert die betrachtete Leistung (oder Teilmenge der Gesamtleistung) nicht mit anderen Leistungen zu einem Leistungs-

---

[7]   PwC, Revenue from contracts with customers, 2014, Example 3–1; KPMG, Insights into IFRS 2015/16, Tz 4.2A.70.40.

bündel, d.h., die betrachtete Leistung ist **nicht lediglich Input** einer vom Kunden bestellten Gesamtleistung.

- Die betrachtete Leistung (oder Teilmenge der Gesamtleistung) besteht nicht darin, einen anderen Leistungsgegenstand des Vertrags in signifikanter Weise zu **modifizieren** bzw. an die kundenspezifischen Bedürfnisse anzupassen.
- Die betrachtete Leistung (oder Teilmenge der Gesamtleistung) ist nicht in hohem Maß von anderen Leistungen aus dem Vertrag abhängig. Der Kunde könnte die betrachtete Leistung (oder Teilmenge) allein erwerben, ohne dass dies die anderen Leistungen signifikant treffen würde.

Der **erste Indikator** ist nicht sehr scharf. Bei Bestellung mehrerer **komplementärer** Leistungen sind die einzelnen Leistungen stets Input einer Gesamtleistung. Es wird dann darauf ankommen, ob der „Bezug aus einer Hand" gerade ein besonderes Motiv für den Kunden darstellt, wie dies etwa bei schlüsselfertiger Gebäudeerrichtung (Rz 58), aber auch beim Kauf von Geräten mit Anlieferung und Installationsleistung (Rz 63) der Fall sein kann.   **61**

Ein Anwendungsbeispiel zur Erfüllung der anderen Kriterien der konkreten Eigenständigkeit enthält IFRS 15.IE44 ff.

Praxis-Beispiel

Softwareunternehmen S verpflichtet sich gegenüber K

- zur Gewährung einer Softwarelizenz,
- zur Installation der Software auf den Systemen des K,
- zu technischer Unterstützung (Hotline).

Die Software funktioniert auch ohne technische Unterstützung. Die Installation erfordert kein signifikantes *customizing* der lizenzierten Software. Installations- und technische Unterstützungsleistungen können leicht am Markt erworben werden.

Beurteilung

Es liegen drei unterscheidbare Leistungen vor.

Fallvariante

Zur Anpassung an die Systeme des Kunden muss die Software in signifikantem Maß angepasst werden. Entsprechende *customizing*-Leistungen sind leicht am Markt erwerbbar.

Beurteilung

Es liegen zwar möglicherweise aus abstrakter Sicht drei unterscheidbare Leistungen vor, jedoch aus konkreter Sicht nur zwei, nämlich Lizenzierung und technische Unterstützung. Die Softwareanpassung (*customizing*) im Rahmen der Installation ist nur unselbstständiger Inputfaktor einer Gesamtleistung, nämlich des Erwerbs einer funktionierenden integrierten Software.

4.2.3 Wichtige Anwendungsfälle der Mehrkomponentenregelungen

Praktisch besonders relevant sind folgende Fälle von Mehrkomponentengeschäften: **62**

- Verkauf oder Lizenzierung mit **Transport- und Installationsleistung** (Rz 63),

- Verkauf mit **erweiterten Garantien** (Rz 65),
- Verkauf mit sonstigen **Nachbetreuungsleistungen** (Rz 66),
- Verkauf im Rahmen von Kundenbindungs- bzw. **Treueprämienprogrammen** („Miles and More"; Rz 76),
- Verkauf mit Einräumung eines **Rückgaberechts** (Rz 185),
- **verdeckte Leasingverhältnisse** (Rz 194),
- im weiteren Sinne auch **Beitrittsgelder** (*up-front fees*; Rz 207).

63 Zu Transportleistungen (*shipping and handling activities*) hält IFRS 15.BC116S zunächst Folgendes fest: Wenn sich die Leistung auf ein Gut bezieht, über das der Kunde bereits die Verfügungsmacht (Kontrolle) hat, liegt i.d.R. eine eigenständige Leistung vor, im umgekehrten Fall i.d.R. eine unselbstständige Erfüllungshandlung (*fulfillment activity*). Auch im zweiten Fall kann aber im Einzelfall eine andere Beurteilung geboten sein. Hierbei ist Folgendes zu beachten:

Bei Verkauf oder Lizenzierung mit **Transport- oder Installationsleistung** ist notwendige Bedingung der Eigenständigkeit der „Nebenleistungen", dass diese leicht verfügbar sind (Rz 57). Aber auch wenn dies gegeben ist, kann es an der Eigenständigkeit fehlen. Im Bereich der Softwarelizenzierung ist dies etwa dann der Fall, wenn die Installation zur Modifikation der Grundleistung, also zum *customizing* der Software führt. Bei Verkäufen von Waren kommt es unter dem Gesichtspunkt der **konkreten Eigenständigkeit** im Vertragskontext (Rz 57) u.E. darauf an, wie bedeutsam Installation und Transport für den Vertragsschluss sind. Kommt es wie bei der Beauftragung des schlüsselfertigen Baus eines Gebäudes dem Kunden gerade darauf an, **alles aus einer Hand** zu beziehen (Rz 58), liegt nur eine einheitliche Leistung vor. Dies impliziert, dass ein subjektives Moment, nämlich die **Motivlage des Kunden**, für die Bilanzierung relevant sein kann. Es kommt dann darauf an, die Motivlage möglichst weitgehend zu objektivieren.

Praxis-Beispiel

U verkauft Waschmaschinen, die lokale Wettbewerber im Schnitt zu einem Abholpreis von 500 EUR anbieten, für 750 EUR, dies aber als *full service* inkl. Anlieferung, Installation und Mitnahme des Altgeräts. Der Kunde kann die Zusatzleistungen auch abwählen, muss dann aber immer noch 675 EUR für die Waschmaschine zahlen. Ein vornehmlich älterer Kundenkreis entscheidet sich fast ausschließlich für die *full-service*-Variante. Abholverkäufe finden nur in unwesentlichem Umfang statt.

Beurteilung

Liefer-, Installations- und Abholdienste sind leicht verfügbar. Die abstrakte Eigenständigkeit (Rz 57) ist also gegeben.

Waschmaschinenverkauf, Anlieferung, Installation und Mitnahme der Altmaschine sind jedoch komplementäre Leistungen. U.E. ist daher unter dem Aspekt der konkreten Eigenständigkeit (Rz 57) zu prüfen, ob der *full service*, der „Kauf aus einer Hand", gerade ein herausragendes Motiv für den Vertragsschluss ist. Preis und Abnehmerkreis indizierten eine solche Sachlage. Daher sind die abstrakt unterscheidbaren Einzelleistungen konkret als Inputfaktoren eines Leistungsbündels anzusehen. Der Erlös von 750 EUR ist nicht aufzuteilen, sondern mit Erbringung der Installationsleistung und Mitnahme des Altgeräts zu realisieren.

Anders als im vorstehenden Beispiel sind Fälle zu würdigen, bei denen – dokumentiert durch eine relevante Quote der Verkäufe ohne Service und belegt durch die Preisgestaltung (fremdübliche Aufschläge für die Nebenleistungen) – der *full service* kein alles überragendes Interesse der Kundschaft ist. Hier liegen insgesamt eigenständige Leistungen vor, die je eigenen Realisationszeitpunkten unterliegen können.

Im Übrigen stellt sich bei Transportleistungen, für die der Unternehmer einen Spediteur einschaltet, die Frage, ob der Unternehmer überhaupt Leistungserbringer ist oder nicht vielmehr als Agent arbeitet (Rz 82).

Die Anforderungen an die konkrete Eigenständigkeit im **Vertragskontext** **64** (Rz 57) werden durch die im April 2016 veröffentlichten *Clarifications to IFRS 15* aufgeweicht. Sie enthalten den *Illustrative Examples* ein neues, speziell auf **Installationsleistungen** zugeschnittenes Beispiel (IFRS 15.IE58A ff.) und halten hierzu Folgendes fest: *„The entity is not providing a significant integration service. That is, the entity has promised to deliver the equipment and then install it … The entity has not promised to combine the equipment and the installation services in a way that would transform them into a combined output. The entity's installation services will not significantly customise or significantly modify the equipment.“* Unter dieser Voraussetzung soll neben der abstrakten auch die konkrete Eigenständigkeit der Installationsleistung gegeben sein. Offen bleibt aber in dem allzu detailarmen Beispiel etwa, welche Kriterien für die Signifikanz des Installationsservices heranzuziehen sind, ob Signifikanz also etwa nur bei einer Modifikation und Transformation des zu installierenden Gegenstands oder wie im Beispiel unter Rz 63 auch ohne dieses gegeben sein kann. U. E. ist Folgendes zu bedenken: Die Klarstellungen ändern die Vorschriften im Standard selbst nicht. Hier bleibt es insbesondere bei der Regelung von IFRS 15.27(b), wonach die Leistung *„distinct within the context of the contract“* sein muss. Der Vertragskontext kann aber – in Übereinstimmung mit IFRS 15.10 – nicht losgelöst von dem anwendbaren **Zivilrecht** gesehen werden. Hierzu folgende Beispiele aus der deutschen Rechtsprechung:

- Lieferung und Verlegung von **Parkett**: Der BGH[8] hatte zu entscheiden, ob ein Kaufvertrag mit Montageverpflichtung oder ein Werkvertrag vorliegt. Er entschied sich mit folgender Begründung für einen Werkvertrag. „Für die Einordnung eines Vertragsverhältnisses als Kaufvertrag mit Montageverpflichtung oder als Werkvertrag kommt es darauf an, auf welcher der beiden Leistungen bei der gebotenen Gesamtbetrachtung der Schwerpunkt liegt.“ Dabei sei v. a. abzustellen auf die Art des zu liefernden Gegenstands, das Wertverhältnis von Lieferung und Montage sowie auf die Besonderheiten des geschuldeten Ergebnisses. Bei der Herstellung eines Parkettbodens stehe im Vordergrund nicht die Übertragung von Eigentum und Besitz an den zu verlegenden Parkettstäben, sondern die mangelfreie Herstellung des einzubauenden Parkettbodens insgesamt. Die fachgerechte Ausführung der Handwerkerleistung (Zuschnitt und Verlegung der Parkettstäbe nach entsprechender Untergrundbehandlung) sei bei der Herstellung eines Bodenbelags mindestens ebenso wichtig wie das zu verlegende Material.

---

[8] BGH, Urteil v. 16.4.2013, VIII ZR 375/11.

- Lieferung und Installation einer **Einbauküche:** Hier kommt der BGH[9] zu gleichen Ergebnissen.
- Lieferung und Installation einer **Solaranlage:** Hier sieht zwar der BGH[10] einen Anteil der Installationsleistung von 23 % am Gesamtwert als gering genug an, um Kaufvertragsrecht anzuwenden. Das LG Freiburg[11] ergänzt aber wie folgt: „Die Montageverpflichtung ist nach neuem Schuldrecht eine Hauptleistungsverpflichtung. Die Preisgefahr kann vorbehaltlich anderweitiger Regelung, dass der Verkäufer zu Teilleistungen berechtigt sein soll, erst nach Durchführung der Montage auf den Käufer übergehen. Übergabe i.S.v. § 446 BGB ist nämlich die Übergabe zum Zweck der Erfüllung des Kaufvertrages. Nachdem die Klägerin jedoch noch zur Montage verpflichtet war, scheidet eine Übergabe zu diesem Zweck bereits zum Zeitpunkt der Anlieferung auf der Baustelle aus ... Übergabe ist demnach die **Übertragung des Besitzes, also der tatsächlichen Gewalt** über die Sache. Wesentlich ist, dass der Verkäufer die Sachherrschaft vollständig aufgibt und der Käufer sie erlangt ... Diese Voraussetzungen sind im vorliegend zu beurteilenden Fall sämtlich nicht erfüllt. Die Beklagte konnte trotz Anlieferung der Module auf der Baustelle zu jenem frühen Zeitpunkt gerade nicht ungehindert durch die Klägerin auf die Sache einwirken. Auch bestand vor Montage keinerlei Nutzungsmöglichkeit hinsichtlich des Kaufgegenstandes" (Rz 173).

Vor diesem zivilrechtlichen Hintergrund gilt u.E. Folgendes:

- Aus dem neuen Beispiel in IFRS 15(keine amtl. Fassung in DB).IE58A ff. lässt sich zwar positiv der Schluss ziehen, dass bei **Transformation** des Liefergegenstands durch die Installation (Zuschnitt des Parketts im Fußbodenfall) eine einheitliche Leistung vorliegt.
- Der negative Schluss, ohne eine solche Transformation läge nie Einheitlichkeit der Leistung vor, wäre aber verfehlt. Er widerspräche gerade der Tatsache, dass das neue Beispiel eine Separierbarkeit der Leistungen u.a. mit der fehlenden **Signifikanz der Installationsleistung** begründet.
- Bei der Frage, ob *„in the context of the contract"* Eigenständigkeit der Leistungen vorliegt, ist neben anderen Faktoren die **zivilrechtliche Situation** zu berücksichtigen.
- Notwendig bleibt es damit bei der **Beurteilung des Einzelfalls.** Oder mit den Worten von IFRS 15(keine amtl. Fassung in DB).BC166I: *„The boards observed that applying the principle in paragraph 27(b) requires judgement, taking into account facts and circumstances (see paragraph BC105). Even after amending the factors in paragraph 29 of IFRS 15, the boards recognise that judgement will be needed to determine whether promised goods or services are distinct within the context of the contract"*

65 **Gesetzliche** Garantiepflichten begründen i.d.R. keine separaten Leistungsverpflichtungen. Der Umsatz ist mit Verkauf der Güter realisiert, für die Garantieleistungen ist nach IFRS 15.30 eine Rückstellung zu bilden. In einzelnen Branchen, etwa bei Verkauf von Computern, wird dem hohen Interesse des Kunden an der Betriebsbereitschaft des gekauften Guts jedoch durch das An-

---

9   BGH, Urteil v. 15.2.1990, VII ZR 175/89.
10 BGH, Urteil v. 3.3.2004, VIII ZR 76/03.
11 LG Freiburg, Urteil v. 10.3.2014, Az. 12 O 139/13.

gebot **erweiterter Garantien** entsprochen, deren Inhalt (z. B. Austauschgerät für die Dauer der Reparatur, Abholung des Geräts bzw. Vor-Ort-Reparatur) oder Dauer (z. B. Ausdehnung auf 48 Monate) das gesetzlich gebotene Garantievolumen überschreitet. Die erweiterte Garantie stellt regemäßig eine eigenständige Leistungsverpflichtung dar, mit der Folge, dass der auf sie entfallende Teil des Transaktionspreises über den Garantiezeitraum abzugrenzen ist (IFRS 15.B29). Wegen Einzelheiten wird auf Rz 205 verwiesen.

Für den Verkauf mit sonstigen **Nachbetreuungsleistungen** ist aus Sicht der deutschen (Steuerbilanz-)Rechtsprechung klassisch der Fall des **Augenoptikers oder Hörgeräteakustikers** (Rz 52). Nach IFRS 15 gilt: Auch wenn Nachbetreuungsleistungen (Einstellungen, kleinere Reparaturen) ohne vertragliche Bindung erfolgen, aber **übliches Geschäftsgebaren** sind, liegt eine eigenständige Leistung vor, so dass ein Teil des Verkaufspreises für diese Leistung als Schuld anzusetzen und erst über die Nachbetreuungsdauer zu realisieren ist. **66**

Vertragliche Regelungen zur Nachbetreuung führen zum gleichen Ergebnis, so etwa kostenfreie **Inspektion, Service- und Reparaturleistungen im Kfz-Handel.** Im Bereich der **Softwareindustrie** wäre etwa einschlägig der Verkauf von Software i. V. m. Wartungsleistungen sowie Optionen auf Upgrades (Rz 222 ff.).

Bei Verkauf im Rahmen von **Kundenbindungs- bzw. Treueprämienprogrammen** („Miles and More") liegen i. d. R. zwei Leistungsverpflichtungen vor, die jetzige Lieferung/sonstige Leistung sowie die aus dem Bonus resultierende Verpflichtung zu einer zukünftigen Leistung (IFRS 15.B40). Hinsichtlich der zukünftigen Leistung ist der Unternehmer dann nur Agent, wenn die Treueprämien nicht bei ihm, sondern bei einem anderen Unternehmen einzulösen sind. Wegen Details und Anwendungsbeispielen wird auf Rz 76 verwiesen. **67**

Abgabe bzw. **Verkauf von Geräten können mit komplementären Nutzungsbzw. Abonnementverträgen** verbunden sein. Keine eigenständigen Leistungen liegen etwa in folgendem Fall von **Pay-TV** vor: **68**

> **Praxis-Beispiel**
> Ein Pay-TV-Anbieter lieferte Satellitenreceiver, mit denen seine codierten Programme und nur diese für die nächsten zwölf Monate empfangen werden können. Eine über diesen Zeitraum hinausgehende Nutzung des Receivers ist nur möglich, wenn der Kunde das Programmabonnement verlängert und einen ihm zugeteilten Freischaltungscode im Gerät eingibt.

Anders hingegen die übliche Geschäftspraktik in der **Mobilfunkbranche**: Wird etwa bei Abschluss eines 24-monatigen Mobilfunkvertrags ein vertragsunabhängig nutzbares Mobiltelefon geliefert (*stand-alone*-Nutzbarkeit), liegen zwei eigenständige Leistungen vor.

Beim **Verkauf mit Einräumung eines Rückgaberechts** (Umtauschrechts) begründet die Rücknahmeverpflichtung i. d. R. keine (Sach-)Leistungsverpflichtung, sondern lediglich eine Verpflichtung zur Erstattung des Kaufpreises (*refund liability*; IFRS 15.B22). U. U. kann ein eingeräumtes Rückgaberecht oder eine fest vereinbarte Rücknahme aber zur Umdeutung des Verkaufsgeschäfts in eine Konsignationslieferung oder in ein Leasingverhältnis (Rz 194) führen. **69**

In einen Vertrag über die Lieferung von Energie, Zulieferteilen usw. kann je nach den Umständen ein **Leasingvertrag** über die Anlagen **eingebettet** sein, mit denen der Liefergegenstand erstellt wird. Auf → § 15a Rz 50 wird verwiesen.

70   Bei der **Kombination mehrerer Verkäufe** ist zunächst zu fragen, ob nicht ohnehin alle Verkäufe in der gleichen Periode zu realisieren wären und daher die Zerlegung in Komponenten irrelevant ist (Rz 55). Liegt ein relevanter Fall vor, kommt es darauf an, ob der Unternehmer ein **Gesamtfunktionsrisiko** trägt bzw. der Abnehmer zur Wandlung insgesamt berechtigt, wenn nicht sämtliche Anlagen bzw. deren Verbund einwandfrei arbeiten. Bei einem Gesamtfunktionsrisiko liegt regelmäßig nur eine einzige einheitliche Leistung vor, im gegenteiligen Fall i. d. R. mehrere eigenständige Leistungen.

71   Wird im Rahmen eines längerfristigen Vertrags, z. B. einem **Franchisevertrag** oder einer **Mitgliedschaft** in einem Fitnessclub, bei Vertragsbeginn eine besondere, von den laufenden Entgelten rechtlich unterschiedene **Beitritts- oder Aufnahmegebühr** gezahlt, kommt es v. a. darauf an, ob der anfänglichen Gebühr überhaupt eine Leistung an den Kunden gegenübersteht (Rz 51). Ist dies der Fall, muss weiter geprüft werden, ob die Leistung eigenständig ist.

72   Bei einem Zeitvertrag ist zu prüfen, ob er auf eine **echte Zeitraumleistung** gerichtet ist oder ob die Vertragsdauer nur den zeitlichen Rahmen für Einzelleistungen bildet (sog. **Zeitrahmenvertrag**). Im zweiten Fall liegt ein Mehrkomponentengeschäft vor, bei dem Umsatz nach Maßgabe der Erfüllung der einzelnen Leistungen entsteht.

Praxis-Beispiel[12]
Die S AG übernimmt die Steuerberatung eines geschlossenen Immobilienfonds gegen eine im Voraus zu zahlende Pauschalvergütung. Die steuerliche Beratung umfasst insbesondere
- die Erstellung der Steuererklärungen bis zum Abschluss des Kalenderjahres, in dem das Bauvorhaben fertiggestellt ist (01 und 02),
- die Betreuung der abschließenden Außenprüfung (04).

Beurteilung
Es liegen drei Teilleistungen – Erklärungen 01 und 02, Betreuung Außenprüfung – vor. Diese haben für den Auftraggeber einen **eigenständigen Wert**. Wenn, aus welchen Gründen auch immer, der Steuerberatungsvertrag vor Erbringung der Gesamtleistung beendet würde, also etwa nach Erstellung der Steuererklärung 01 oder 02, wäre die empfangene Leistung für den Auftraggeber nicht wertlos. Er könnte vielmehr mit den noch ausstehenden Leistungen einen Dritten beauftragen. Dem entspricht im Übrigen auch die **zivilrechtliche Würdigung,** nach der bei vorzeitiger Beendigung eines Pauschalhonorarberatungsvertrags die schon erbrachten Teilleistungen verdient sind, das Pauschalhonorar lediglich auf einen den bereits erbrachten Teilleistungen entsprechenden Teil herabzusetzen ist.[13]

---

12 Nach LÜDENBACH, PiR 2013, S. 201; vgl. auch FG Berlin, Urteil v. 24.3.2003, 8 K 8572/99, EFG 2003, S. 980 und BFH, Urteil v. 10.9.1998, IV R 80/96, BStBl 1999 II S. 21.
13 Vgl. OLG Düsseldorf, Urteil v. 16.6.1994, 13 U 175/93, GL 1995, S. 80 ff.

4.2.4 Optionen auf zusätzliche Leistungen

Bei Kauf einer Ware oder einer Dienstleistung kann dem Kunden eine **Option** 73
gewährt werden, zukünftig Waren oder Leistungen zu einem rabattierten Preis zu
erwerben. Nach IFRS 15.B39ff. ist bei Optionen zu klären, ob sie eine separate
Leistungsverpflichtung des Unternehmens begründen, also ein Mehrkomponentengeschäft vorliegt. Entscheidend ist hier, ob die Option dem Kunden ein **wesentliches Recht** *(material right)* gewährt (IFRS 15.B40). Dies ist dann nicht der Fall,
wenn die Zusatzleistung ohnehin üblichen Rabatt bzw. Preis erfolgt. Nach
IFRS 15.IE 254ff. liegt etwa bei Abschluss eines Mobilfunkvertrags mit einem
bestimmten Daten- und Gesprächsvolumen pro Monat, aber der Option Volumina
hinzu zu buchen, kein wesentliches Recht vor, wenn der Preis für die Zusatz-
volumina dem Einzelveräußerungspreis entspricht. In anderen Fällen kann die
Beurteilung komplexer sein:

> **Praxis-Beispiel**
> U veräußert zehn speziell konfigurierte Laptops an Kunden K zum Stück-
> preis von 1.000 EUR. K erhält die Option, zwischen dem siebten und zwölf-
> ten Monat nach Vertragsschluss bis zu zehn weitere gleichartige Laptops für
> einen Stückpreis von 850 EUR zu erwerben.
>
> **Beurteilung**
> Geht U begründet davon aus, dass angesichts der Schnelllebigkeit der IT-
> Branche gleich leistungsstarke Laptops in sieben Monaten am Markt 10 –
> 20 % preiswerter sein werden, wird dem Kunden kein werthaltiges Recht
> gewährt. Die Option begründet keine Leistungsverpflichtung. Der Umsatz
> von 10.000 EUR ist in vollem Umfang sofort zu erfassen.

Anders die Sachlage in folgendem an IFRS 15.IE 250ff. angelehnten Fall.

> **Praxis-Beispiel**
> U verkauft das keiner schnellen technologischen Veralterung unterliegende
> Produkt A Ende Dezember 01 für jeweils 100 EUR und gewährt den Kunden
> einen Gutschein, dem zufolge sie im Januar auf Einkäufe bis zu einem Preis
> von 100 EUR einen Rabatt von 40 % erhalten. Der übliche saisonbedingte
> Rabatt im Januar beträgt 10 %, der Einzelveräußerungswert des Rabattgut-
> scheins damit nur 30 %.
> U rechnet damit, dass 80 % der Gutscheine eingelöst werden, jedoch nicht für
> Einkäufe von 100 EUR, sondern im Durchschnitt 50 EUR. Der Einzelver-
> äußerungspreis der Gutscheine wird daher auf 30 % × 50 × 80 % = 12 EUR
> geschätzt. Von je 100 EUR Einnahmen im Dezember
> * sind 100 × 100 / 112 = 89 EUR im Dezember als Umsatz zu realisieren,
> * entfallen auf den erwarteten Januarumsatz (Schuld per 31.12.01) 12 / 112 =
>   11 EUR.

Bei Serviceverträgen wird dem Kunden häufig die **Option auf eine Vertrags-** 74
verlängerung gewährt. Auch hier ist zu klären, ob der Kunde dadurch ein
wesentliches Recht erhält. Dies ist nicht nur dann der Fall, wenn der Preis für
die optionale Verlängerungsperiode niedriger ist als für die Ausgangsperiode.
Hierzu folgendes Beispiel in Anlehnung an IFRS 15.IE 257ff.

> **Praxis-Beispiel**
>
> U übernimmt Wartungen für Solarthermieanlagen und schließt dabei Fünf-
> jahresverträge ab. Die Wartungen beinhalten diverse Prüfverfahren und Ein-
> stellungen im Jahresrhythmus, erforderliche Nachfüllungen von Kühlflüssig-
> keit usw. Die Wartungsgebühr bei einer Anlage von 60 qm beträgt 200 EUR
> p. a. für eine bei Beginn des Vertrags neue Anlage, 450 EUR p. a. für eine fünf
> bis zehn Jahre alte. Die Preisgestaltung reflektiert u. a. den bei zunehmendem
> Alter steigenden Wartungsaufwand. Kunden, die sich bei Installation einer
> Neuanlage für einen Wartungsvertrag entscheiden, gewährt U folgende Kon-
> ditionen: 200 EUR p. a. für die ersten fünf Jahre, Option auf Verlängerung für
> weitere fünf Jahre für 300 EUR p. a.
>
> **Beurteilung**
>
> Da Kunden, die erst nach fünf Jahren einen Wartungsvertrag abschließen,
> einen signifikant höheren Preis (450 EUR statt 300 EUR p. a.) zahlen, gewährt
> die Vertragsverlängerungsoption den Inhabern neuer Anlagen ein wesentli-
> ches Recht. Die Option stellt aus Sicht des Unternehmens daher eine separate
> Leistungsverpflichtung dar.

75 Begründet die Option ein wesentliches Recht und damit eine eigenständige
Leistungsverpflichtung, ist der Transaktionspreis nach den Regelungen für
Mehrkomponentengeschäfte (Rz 128) auf die jetzige Leistung und die gewährte
Option aufzuteilen. IFRS 15.B42 verweist insoweit auf die Regelungen von
IFRS 15.74 betreffend die **relativen Einzelveräußerungspreise** und stellt zu-
sätzlich klar: Die Wahrscheinlichkeit der Optionsausübung ist bei der Schätzung
des Werts der Option zu berücksichtigen.

IFRS 15.B43 schafft eine **Erleichterung**: Ähnelt die optionsgegenständliche
Leistung der ursprünglichen Leistung, kann auf die Schätzung der Einzelveräußerungspreise verzichtet werden und stattdessen als *„practical alternative"* auf
den erwarteten Gesamttransaktionspreis abgestellt werden, der dann nach dem
Leistungsfortschritt zu Umsatz wird. Hierzu folgende Fortsetzung des Beispiels
unter Rz 74.

> **Praxis-Beispiel**
>
> U erwartet, dass 75 % der Kunden von der Verlängerungsoption Gebrauch
> machen werden. Das erwartete gesamte Transaktionsentgelt ist wie folgt:
>
> - 1.000 EUR (= 5 x 200 EUR) für die ersten fünf Jahre,
> - 75 % x (5 x 300 EUR) = 1.125 EUR für die nächsten fünf Jahre,
> - gesamt: 2.125 EUR.
>
> Wichtig für die Realisation des Umsatzes ist der Leistungsfortschritt. Wird
> hier nach der *cost-to-cost*-Methode verfahren (Rz 154), müssen, um Äquiva-
> lenz zur Wahrscheinlichkeitsgewichtung des Entgelts zu erzielen, auch die
> Kosten des Optionszeitraums wahrscheinlichkeitsgewichtet werden. Ange-
> nommen die Kosten betragen 100 EUR p. a. für die ersten fünf Jahre und
> 200 EUR p. a. für die nächsten fünf, ergibt sich folgende Berechnung:

	Jahre 1 – 5	Jahre 6 – 10	Summe
Entgelt	1.000	1.500	
Wahrscheinlichkeit	100 %	75 %	
wahrsch.gewichtetes Entgelt	1.000	1.125	2.125
Kosten	500	1.000	1.500
dito wahrsch.-gewichtet	500	750	1.250
Anteil	40 %	60 %	100 %
Umsatz	850	1.275	2.125
Entgelt	1.000		
abzugrenzen	–150		

Am Ende der ersten fünf Jahre beträgt der Abgrenzungsposten (vertragliche Schuld) also 150 EUR. Bei unterstellt gleichmäßigem Aufbau über die fünf Jahre heißt dies etwa: Für das erste Wartungsjahr werden nicht 200 EUR, sondern 200 EUR – 30 EUR = 170 EUR als Umsatz realisiert. 30 EUR werden abgegrenzt.

4.2.5 Sachboni, Kundenbindungsprogramme

Dem Kunden kann ein sofortiger Sachbonus etwa folgender Art gewährt werden: **76** *„Buy two – get third for free"*. Bei entsprechenden Verkaufsaktionen im Einzelhandel ergeben sich keine besonderen Ausweisprobleme, da Grundlieferung und Bonuslieferung zeitgleich erfolgen, sich die Frage der Umsatzabgrenzung also nicht stellt. Überdies liegt bei substanzieller Betrachtung nicht wirklich ein Sachbonus vor. Der Kunde hat drei Produkte für einen dem doppelten Listenpreis entsprechenden Paketpreis erworben, mithin (bei drei identischen Produkten) einen baren Preisnachlass von 1/3 erhalten.

In anderen Fällen, insbesondere bei Kundenbindungs- bzw. **Treueprämienprogrammen** (Miles & More, Payback usw.), liegt zwischen den bonusbegründenden Verkäufen/Leistungen und der Inanspruchnahme des Bonus ein längerer Zeitraum. Die Treueprämienprogramme stellen eine besondere Form der unter Rz 73 ff. allgemein behandelten Optionen dar. Zu unterscheiden ist dabei nach

- der sachlichen **Reichweite** des Programms: zwischen unternehmensindividuellen Programmen und solchen, bei denen sich mehrere Unternehmen zusammenschließen,
- der Waren-/Produkt**art**: zwischen Eigen- und Fremdwaren/-produkten,
- dem **Freiheitsgrad**: zwischen festgelegten und von Kunden aus einem Katalog wählbaren Produkten.

Das Problem der **zeitlichen Verzögerung** ist in allen Varianten gegeben. Fraglich ist daher, ob

- über einen Schuldposten bilanziell Vorsorge für die zukünftigen Bonusinanspruchnahmen getroffen werden soll und
- der Passivposten **umsatzkürzend** oder **aufwandswirksam** zu bilden ist.

77   IFRS 15.B39ff. entscheidet sich (wie zuvor IFRIC 13) für die **umsatzkürzende** Einbuchung eines Schuldpostens („vertragliche Schuld"). Der Verkauf unter Gewährung von Treuepunkten wird danach wie andere Fällen der Gewährung einer Option auf zusätzliche Leistungen (Rz 73) als **Mehrkomponenten-geschäft** gedeutet. Der Gesamtpreis entfällt mit einem (i.d.R. dem größten) Teil auf die jetzige Leistung/Lieferung, mit einem zweiten (dem i.d.R. geringeren) Teil auf die zukünftige Leistung/Lieferung.

78   Die **Aufteilung** zwischen aktuellem und zukünftigem Umsatz erfolgt unter Berücksichtigung des relativen Einzelveräußerungspreises der beiden Leistungen, für den Bonusteil aber angepasst um die Wahrscheinlichkeit der Inanspruchnahme des Bonus und um eine evtl. Vergünstigung, die der Kunde ohnehin bei Kauf der zukünftigen Leistung erhalten würde (IFRS 15.B42).
Bei **Wahlrechten** der Kunden hinsichtlich des konkreten Bonus und unterschiedlichen Werten der Bonusalternativen sind die wählbaren Ausübungsalternativen u.E. in gewichteter Wahrscheinlichkeit zu berücksichtigen. Lautet der Sachbonus nicht auf eigene, sondern auf **fremde** Leistungen (etwa: Hotel gewährt Punkte für Flugbonusprogramme), stellt der an den Fremden (hier vom Hotel an die Fluglinie) je Bonuspunkt zu zahlende Betrag eine angemessene Ausgangsschätzung des Einzelveräußerungspreises dar, ist jedoch um die im Geschäft des Fremden übliche Profitmarge zu erhöhen.

79   Die Wahrscheinlichkeit von **Verfall/Nichtausübung** des Bonusrechts ist sowohl bei der Zugangs- als auch bei der Folgebewertung der Bonusschuld zu berücksichtigen. Der Auflösungsbetrag der jeweiligen Periode entspricht dem Verhältnis von eingelösten Bonusansprüchen zu insgesamt erwarteten Einlösungen. Wenn die diesbezüglichen Annahmen sich zu einem späteren Zeitpunkt als korrekturbedürftig erweisen, ist der Passivposten anzupassen.

Praxis-Beispiel
Bei einer Einzelhandelskette erhält der Kunde aufgrund eines am 2.1.01 neu aufgelegten Bonusprogramms pro 1 EUR Einkauf einen Treuepunkt. Der Wert eines Treuepunkts beträgt 0,0111 EUR **vor** Berücksichtigung der Einlösungswahrscheinlichkeit. Die Punkte sind unbefristet, aber nur bei Einkauf in den Läden der Kette einlösbar. In 01 wurden 1 Mrd. Punkte ausgegeben und 450 Mio. Punkte eingelöst. Das Management geht von einer Einlösung von insgesamt 90 % der Punkte aus, davon je 225 Mio. in 02 und 03.
In 02 wird die Gesamterwartung bei tatsächlich 150 Mio. eingelösten Punkten auf 75 % revidiert. Nach weiteren 150 Mio. in 03 eingelösten Punkten wird nicht mehr mit weiteren wesentlichen Einlösungen gerechnet.
Der Schuldposten ist mit 1 Mrd. × 0,0111 × 90 % = 10 Mio. einzubuchen. Der Umsatz 01 von 1 Mrd. EUR zunächst um diesen Wert zu kürzen, sodann aber um den Umsatz aus bereits in 01 eingelösten Punkten zu erhöhen. Der Schuldposten entwickelt sich wie folgt:

in 01 ausgegebene Punkte	1.000.000.000
× EUR/Punkt (**nach** Berücksichtigung der Einlösungswahrscheinlichkeit von 90 %)	0,01
= Schuld vor Auflösung	10.000.000 EUR
insgesamt erwartete Einlösung von Punkten	900.000.000
schon in 01 eingelöste Punkte	450.000.000
in % Gesamterwartung	50,00 %
Auflösung in 01	− 5.000.000 EUR
= Schuld 31.12.01	5.000.000 EUR
revidierte Gesamterwartung 31.12.02	750.000.000
in 02 eingelöste Punkte	150.000.000
in % revidierte Gesamterwartung	20,00 %
planmäßige Auflösung in 02	− 2.000.000 EUR
„Nachholung" für 01 50 % × (900 / 750−1)	10,00 % − 1.000.000 EUR
= Schuld 31.12.02	2.000.000 EUR
unveränderte Gesamterwartung 31.12.03	750.000.000
in 03 eingelöste Punkte	150.000.000
in % revidierte Gesamterwartung	20,00 %
Auflösung in 03	− 2.000.000 EUR
= Schuld 31.12.03	0 EUR

Kann der Kunde den **Sachbonus** nur **beim Unternehmen selbst** gegen Waren, die das Unternehmen in seinem regelmäßigen Angebot hat, einlösen, führt dies i.H.d. Auflösung des Schuldpostens zu **Umsatz**. Lautet der Bonus hingegen auf vom Unternehmen selbst nicht angebotene **Leistungen Dritter**, reduziert sich die Rolle des Unternehmens regelmäßig auf die eines Agenten (Rz 82). Ein Umsatz aus den Boni entsteht dann nur i.H.d. Differenz zwischen dem Wert des Bonus und dem für den Bonus vom Unternehmen an den Dritten zu zahlenden Betrag. Sofern Anspruch des Kunden und Zahlungsverpflichtung des Unternehmens gegenüber dem Dritten dem Grunde nach sofort entstehen, ist auch der kommissionsähnliche Umsatz sofort zu vereinnahmen.

80

Praxis-Beispiel
Bei einer Hotelkette erhält der Kunde aufgrund eines am 2.1.01 neu aufgelegten Bonusprogramms pro 1 EUR Übernachtungspreis einen Treuepunkt, der bei einer Fluglinie eingelöst werden kann. Der Zeitwert eines Treuepunkts wird vor Berücksichtigung der Einlösungswahrscheinlichkeit auf 0,01 EUR geschätzt. An die Fluggesellschaft zahlt die Hotelkette 0,006 EUR/Punkt. Die

Differenz von 0,004 EUR/Punkt erklärt sich zum Teil aus der unterstellten Gewinnmarge der Fluggesellschaft, zum Teil aus der einvernehmlichen Schätzung von Hotel und Fluggesellschaft, dass nur 75 % der Punkte eingelöst werden. Die Zahlung an die Fluggesellschaft ist vier Wochen nach Ablauf des Geschäftsjahres fällig. Die Kunden können die Punkte sofort einlösen.
Der Umsatz aus dem Sachbonus ergibt sich wie folgt:

in 01 ausgegebene Punkte	1.000.000.000
× EUR/Punkt (Zeitwert)	0,01
= Bruttoumsatz aus Sachbonus	10.000.000
– Zahlung an den Dritten aus Sachbonus	– 7.500.000
= Nettoumsatz aus Sachbonus	2.500.0070

Hat der Kunde ein Wahlrecht, die Bonuspunkte entweder für Leistungen des Berichtsunternehmens oder für die eines anderen Unternehmens zu verwenden (z. B. bei Hotelübernachtung „verdiente" Punkte können für zukünftige Übernachtungen oder für Flüge verwendet werden), steht bis zur Ausübung der Wahl nicht fest, welche Leistung das Unternehmen erbringt, und kann folgerichtig erst dann ein Umsatz als Prinzipal (in vollem Umfang) oder als Agent (i. H. d. Spanne) ausgewiesen werden (IFRS 15.BC385).

4.2.6 Mehrkomponentengeschäft beim Leistungsbezieher?

81   Die Regelungen zum Mehrkomponentengeschäft in den IFRS betreffen die Umsatzrealisierung beim leistenden Unternehmer. Hinsichtlich des potenziellen Erlösobjekts wird aber bzgl. der Eigenständigkeit der Leistung die Perspektive des Leistungsbeziehers mit einbezogen (Rz 57). Hierin kommt eine logische Zwangsläufigkeit zum Ausdruck: Wenn aus Sicht des Leistenden ein Mehrkomponentengeschäft vorliegt, gilt dies **spiegelbildlich** auch für den **Leistungsempfänger**. Handelt es sich bei dem Empfänger um einen Unternehmer, gilt daher Folgendes:
- Wo der leistende Unternehmer zwar in zivilrechtlicher Sicht nur eine Leistung gegen ein Gesamtentgelt erbringt, wirtschaftlich aber mehrere Leistungen,
- erhält auch das empfangende Unternehmen nicht die eine zivilrechtlich vereinbarte Leistung, sondern wirtschaftlich mehrere Leistungen.

Zu untersuchen ist dann die Bilanzierung beim empfangenden Unternehmer.

Praxis-Beispiel
K erwirbt am 30.6.01 gegen 1.180 EUR bar von U einen Computer mit einer wirtschaftlichen Nutzungsdauer von 60 Monaten.
Der Kaufvertrag sieht eine zeitlich und inhaltlich erweiterte Garantie vor. Mängel, die innerhalb von 42 Monaten auftreten, sind unabhängig vom Nachweis, seit wann der Mangel besteht, zu beheben, und zwar binnen 48 Stunden. Ohne die 48-Stunden-Zusage und mit Begrenzung der vollen Garantie auf gesetzlich nur 6 Monate (weitere 18 Folgemonate nur noch bei Nachweis von Anfang an vorhandenen Mangels) wird das Gerät für 1.000 EUR angeboten.

Beurteilung bei U
Der Gesamterlös von 1.180 EUR ist aufzuteilen.

Beurteilung bei K
Der Gesamterwerbspreis von 1.180 EUR ist wie folgt aufzuteilen:
- 1.000 EUR als Anschaffungskosten des Computers, die über dessen Nutzungsdauer von 60 Monaten als Abschreibung zu verteilen sind, d. h. in 01 mit 6 / 60 Monaten = 100, ab 02 mit 12 / 60 Monaten = 200.
- 180 EUR werden hingegen separiert und erst ab 02 pro Jahr mit 180 / (42–6) × 12 abgeschrieben. Offen ist nur, ob die 180 als Komponente des Sachanlagegegenstands angesehen und mit anderem Abschreibungsbeginn und anderer Nutzungsdauer als der „restliche" Anlagengegenstand abgeschrieben (→ § 10 Rz 6) oder ob sie mit gleicher zeitlicher Wirkung als Anschaffungskosten eines abschreibbaren immateriellen Vermögenswerts verstanden werden.

4.3 Kommissionsgeschäfte und kommissionsähnliche Geschäfte und andere *principal-agent*-Beziehungen

Die zuvor in IAS 18 Appendix Tz 21 enthaltenen Vorschriften zur Abgrenzung   82
zwischen einem Handeln
- in **eigener** Sache (als Prinzipal) oder
- in **fremder** Sache (als Agent)

sind im Kern nach IFRS 15.B34ff. übernommen worden. Der IASB betont in IFRS 15.BC382 aber die unterschiedliche konzeptionelle Einbettung der Vorschriften: Während es nach IAS 18 unvermittelt um die Frage ging, ob Zahlungen von Dritten (in Höher einer Spanne bzw. Provision) netto auszuweisen sind, stellt IFRS 15 zunächst die Frage in den Mittelpunkt, **welche Leistungsverpflichtung** dem Berichtunternehmen eigentlich obliegt, nämlich entweder
- der **Transfer** vom Unternehmen **selbst kontrollierter Güter/Leistungen** an einen Kunden (Handeln als **Prinzipal**) oder
- die Erleichterung des Transfers bzw. die **Vermittlung** einer Leistung, die ein anderes Unternehmen an den Kunden erbringt (Handeln als **Agent**).

Je nachdem, welcher dieser beiden Fälle vorliegt, ergibt sich dann ganz zwangsläufig die **Konsequenz** für den Transaktionspreis und damit für den Umsatz. Der **Agent**
- kann nicht das vom Kunden gezahlte Entgelt für die Ware oder sonstige Leistung als Umsatz ausweisen, da er diese Leistung gar nicht erbringt,
- sondern nur das in Form einer Provision, Kommission oder feststehenden Spanne für die Vermittlungsleistung entstehende Entgelt.

Schaltet der „Produzent" einer Leistung in deren Verkauf Handelsintermediäre   83
ein, ist die Frage, ob der Intermediär Agent des Herstellers ist oder als Prinzipal in eigener Sache handelt, für den Intermediär von höherer Bedeutung als für den Produzenten:
- Der Produzent tätigt in jedem Fall einen Umsatz; fraglich ist nur, ob an den Endkunden oder an den Intermediär (IFRS 15.BC385E), wobei die Beantwortung dieser Frage Rückwirkung auf den Zeitpunkt der Erlösrealisierung haben kann.

- Für den Intermediär geht es hingegen grundlegender darum, ob er in der (Weiter-)Lieferung an den Endkunden überhaupt einen Lieferumsatz erbringt oder sein Tun sich nicht vielmehr auf eine Vermittlungs- bzw. Kommission beschränkt.

84 Ein wichtiger Anwendungsfall des Handelns als Agent ist damit schon angesprochen, die **Verkaufskommission** bzw. ein wirtschaftlich der Verkaufskommission ähnliches Handeln (Rz 90). Der Kommissionär handelt nach § 383 Abs. 1 HGB zwar im **eigenen Namen**, aber **für Rechnung eines Dritten**. Nach IFRS 15 erbringt er keine Warenlieferung, sondern eine Vermittlungsleistung und hat daher nicht den dem Kunden in Rechnung gestellten Betrag, sondern nur seine **Spanne** bzw. **Provision** als Erlös auszuweisen. Der Kommittent darf gem. IFRS 15.B77 die **Konsignationslieferung** an den Kommissionär noch nicht als Umsatz ausweisen. Indikatoren für eine Konsignationslieferung sind gem. IFRS 15.B78 der Verbleib der Verfügungsmacht beim Kommittenten, insbesondere in der Weise, dass er die Rückgabe der Ware verlangen kann.

85 Eine Qualifikation als Vermittlungsleistung kann auch dann geboten sein, wenn zwar rechtlich keine Verkaufskommission vorliegt, aber der Verkäufer **wirtschaftlich wie ein Verkaufskommissionär** handelt. Ob ein Unternehmen in eigener Sache *(as a principal)* oder als Quasi-Kommissionär *(as an agent)* handelt, ist hier eine Sache der Fakten und Umstände des Einzelfalls und ihrer Würdigung. Dabei gilt **konzeptionell**:
- Ein Handeln in eigener Sache ist anzunehmen, wenn das Berichtsunternehmen die dem Kunden versprochenen Güter oder sonstigen Leistungen vor ihrer Übertragung an den Kunden **kontrolliert**. Ein durchleitender Erwerb rechtlichen Eigentums ist für sich genommen weder Beleg noch Widerlegung dieser Kontrolle (IFRS 15.B35).
- Ein Handeln als Agent ist indiziert, wenn die Leistungsverpflichtung des Berichtsunternehmens im Kern darin besteht, die Lieferung von Gütern oder sonstige Leistungen eines anderen Unternehmens zu „arrangieren" (IFRS 15.B35).

86 Dieses Konzept wird durch **Indikatoren** konkretisiert. Folgende Umstände indizieren nach IFRS 15.B37 ein Handeln als Prinzipal:
(1) Das Unternehmen hat die primäre **Verantwortung für die Vertragserfüllung** (ist etwa für deren ordnungs- und vertragsgemäßen Zustand verantwortlich und trägt – mindestens im Innenverhältnis – das **Gewährleistungsrisiko** (Rz 89).
(2) Das Unternehmen trägt vor oder nach Eingang des Kundenauftrags, während des Transports oder bei bzw. hinsichtlich einer Rückgabe das **Bestandsrisiko** *(inventory risk)*.
(3) Das Berichtsunternehmen bestimmt den **Absatzpreis** der Leistung, d.h. dieser wird weder direkt noch durch auf eigene Rechnung gehendes Angebot wesentlicher kostenloser Zusatzleistungen von dem Dritten bestimmt.

87 Bis zur Veröffentlichung der *„Clarifications to IFRS 15"* im April 2016 enthielt IFRS 15.B37 noch zwei weitere Indikatoren:
(4) Das Entgelt des Unternehmens hat die **Form eines Kommissionsentgelts** *(form of a commission)*.
(5) Das Berichtsunternehmen trägt kein auf den Kunden bezogenes Bonitätsrisiko.

Der fünfte Indikator ist v. a. deshalb entfallen, weil er (in der Anwendung des Vorgängerstandards IAS 18) zum Teil missbräuchlich verwendet wurde, indem unter Verweis auf das Kreditrisiko ein sonst klar als Agent zu qualifizierendes Unternehmen als Prinzipal qualifiziert wurde (IFRS 15.BC365J(d)). Die Neufassung betont an gleicher Stelle aber auch, dass das Kreditrisiko zwar häufig wenig relevant ist, gleichwohl in einer Gesamtwürdigung eine (Neben-)Rolle spielen kann. Der **vierte Indikator** verwunderte ohnehin, da er auf die **Form** des Entgelts und nicht auf den wirtschaftlichen Gehalt abstellt. Um Letzteres geht es aber gerade jenseits der einfachen Fälle, die schon rechtlich als Vermittlungs- oder Kommissionsleistung zu würdigen sind. Was gemeint ist, erschloss sich aus IFRS 15.IE231 ff. Verbleibt dem Berichtsunternehmen netto ein **feststehender Prozentsatz** des (von ihm nicht beeinflussbaren) Absatzpreises, so hat sein Entgelt die „Form eines Kommissionsentgelts". Dies impliziert aber umgekehrt: Sofern das Berichtsunternehmen bei feststehenden Einkaufspreisen über die eigene Gestaltung des Verkaufspreises oder umgekehrt bei feststehenden Verkaufspreisen über Verhandlungsspielräume bei der Gestaltung des Einkaufspreises sein „**Nettoentgelt" selbst gestalten** kann, liegt kein Handeln als Agent vor. Insoweit war bzw. ist der (entfallene) vierte Indikator ohnehin implizit im (fortbestehenden) dritten Indikator enthalten. Der Anwendungsbereich der kommissionsähnlichen und sonstigen Agententätigkeiten ist unter diesen Umständen eng gehalten. Hierzu folgendes Beispiel aus dem Kfz-Handel:

Praxis-Beispiel

Kunde K möchte bei Kfz-Händler H einen Neuwagen mit bestimmten Ausstattungsmerkmalen für Motor, Interieur, Exterieur usw. bestellen und über die Bank des Autoherstellers finanzieren. Nach Erteilung der Finanzierungszusage wird der Kaufvertrag unbedingt und gibt H die Bestellung an den Automobilhersteller weiter, von dem er das dann noch herzustellende Fahrzeug zu feststehenden Preiskonditionen erwirbt.

Beurteilung

Der Hersteller übernimmt (mindestens im Innenverhältnis) die Verantwortung für die ordnungsgemäße Herstellung des Fahrzeugs und die Gewährleistung.

Der Händler hat auch kein Bestandsrisiko (und wegen der Bankfinanzierung kein Bonitätsrisiko).

Aber: Er bestimmt in seinen Verhandlungen mit dem Kunden den Absatzpreis. Bei feststehendem Einkaufspreis erhält er daher netto kein Entgelt in Form eines feststehenden Prozentsatzes, sondern erzielt eine von seinem Geschick bei den Preisverhandlungen mit dem Kunden abhängige Marge. Der Händler ist daher nicht Agent des Automobilproduzenten, sondern handelt in eigener Sache.

Das Amendment von April 2016, führt zur Streichung des vierten Indikators in **88** IFRS 15.BC385J(c) Folgendes aus: „*Although that indicator might sometimes be helpful in assessing whether an entity is an agent, the Boards concluded that it would not be helpful in assessing whether an entity is a principal.*" Diese Begründung überzeugt nicht. Die meisten Beurteilungssituationen sind dichotom. Das Unternehmen ist entweder Prinzipal oder Agent. Wenn also der Indikator hilfreich bei der Beurteilung ist, ob das Unternehmen Agent ist (oder nicht), ist er logisch zwingend zugleich hilfreich bei der Beurteilung, ob es Prinzipal ist (oder nicht). Der Indikator bleibt u. E. daher auch zukünftig bedeutsam. Im Übrigen betonen die *Clarifications* stärker als bisher, dass die Indikatoren die nach IFRS 15.B35 maßgebliche Frage der Kontrolle konkretisieren (und nicht die nach dem Vorgängerstandard IAS 18 vorrangig zu behandelnde Frage der Risiken und Chancen), außerdem die u. e. bisher schon unstrittige Tatsache, dass es sich um bei einer Gesamtwürdigung assistierende Indikatoren, nicht um notwendige oder hinreichende Bedingungen für den Status als Agent oder Prinzipal handelt.

89 Zu **Indikator 1** (Rz 86) noch folgende Anmerkung:
- Ob ein „Händler" schon dann Agent ist, wenn er zwar im Außenverhältnis gegenüber dem Kunden das **Gewährleistungsrisiko** trägt, aber im **Innenverhältnis** vollständig auf Produzenten oder Vorlieferanten zurückgreifen kann, erscheint zweifelhaft. Das Beispiel in IFRS 15.IE234 ff. setzt jedenfalls voraus, dass der Händler den Kunden unmittelbar an den Produzenten/Vorlieferanten verweisen kann, also auch im Außenverhältnis nicht für die Gewährleistung geradesteht (IFRS 15.IE236). Möglicherweise ist dies aber nur deshalb im Beispiel enthalten, um die Regelungen des Standards durch einen völlig eindeutigen Fall zu illustrieren. Jedenfalls ist IFRS 15.B37 nicht so formuliert, dass sämtliche Indikatoren vollständig erfüllt sein müssen. U. E. steht im Rahmen einer Gesamtwürdigung die Tragung der Gewährleistung nur im Außenverhältnis gegenüber dem Kunden der Qualifikation als Agent dann nicht entgegen, wenn die anderen Indikatoren umso deutlicher ausgeprägt sind.

90 Zum Ganzen noch folgendes Beispiel aus dem Bereich des **Internethandels** in Anlehnung an IFRS 15.IE231 ff.:

Praxis-Beispiel
U betreibt einen Internethandel. Die Kunden zahlen direkt per Kreditkarte. Die Bestellung wird nach Kreditkartenprüfung an den Produzenten P weitergeleitet, der die Ware unmittelbar an den Kunden ausliefert und im Innenverhältnis P – U für alle Gewährleistungsfälle geradesteht. Nach verbindlicher Absprache mit P kalkuliert U seine Verkaufspreise so, dass sie 150 % des zwischen ihm und P vereinbarten „Einkaufspreises" entsprechen.
Folgende Aspekte weisen auf ein Handeln des U als Agent des P hin:
- U hat keine Risiken aus Vorratsvermögen, deren physischer oder preislicher Wertminderung.
- U bestimmt nicht – jedenfalls nicht allein – den Absatzpreis.
- Angesichts der Kreditkartenzahlung besteht kein relevantes Delkredererisiko (Rz 87).
- Das bei U verbleibende Nettoentgelt entspricht einem festen Prozentsatz des Verkaufspreises und gleicht daher einem Kommissionsentgelt (Rz 87).
- Problematisch bleibt allein, dass U gegenüber dem Kunden die Gewährleistungspflichten obliegen. Zwar trägt er diese im Innenverhältnis, d. h. wirtschaftlich, gerade nicht. IFRS 15.IE236 könnte aber in isolierter Interpretation u. U. so verstanden werden, dass dies für eine Qualifikation als

> Agent nicht ausreicht. U. E. wäre eine solche Interpretation jedoch unangemessen (Rz 89). Angesichts der klaren Ausprägung aller anderen Indikatoren ist U als Agent zu qualifizieren. U handelt deshalb kommissionsähnlich und weist nur die Differenz von Verkaufs- und Einkaufspreis als Erlös aus.

Bei der Tätigkeit eines **Reisebüros** oder einer äquivalenten Internetplattform ist 91
Folgendes beachtlich:
Mit dem Flug- oder Bahnkartenverkauf verpflichtet sich das Reisebüro naturgemäß nicht zu einer Personenbeförderungsleistung. Eine solche scheidet als Leistungsverpflichtung also aus. Hieraus folgt aber noch nicht zwangsläufig, dass das Reisebüro lediglich Agent des Flug- oder Bahnunternehmens ist, also lediglich eine Beförderungsleistung als Quasi-Kommissionär vermittelt.
Nach IFRS 15.IE239ff. i. V. m. IFRS 15.BC381 könnte die „originäre" **Leistung** des Reisebüros im **Verkauf des Rechts auf Beförderung** bestehen. Dies würde aber z. B. voraussetzen, dass das Reisebüro nach Beauftragung durch den Kunden nicht erst die Airline anfragen muss, ob Plätze frei sind, sondern selbstständig einen Platz im Flugzeug vergeben kann.

- Nur wenn das Reisebüro auf eigenes Absatzrisiko bereits Tickets von der Airline erworben hat, um dann mit eigener Preisgestaltung Käufer für diese Tickets zu finden, gibt es mit den Tickets **selbst kontrollierte Leistungen** an seinen Kunden ab (IFRS 15.B35).

- In den meisten **praxisrelevanten Fällen** eines Ticketverkaufs wäre die Tätigkeit des Reisebüros unter diesen Umständen als Tätigkeit eines Agenten anzusehen.
Anders kann aber die Sachlage dann sein, wenn das Reisebüro auch **eigene Reisepakete** schnürt, etwa eine fünftägige Busreise nach Pisa inkl. Übernachtung und Frühstück zu einem vom ihm festgelegten Gesamtpreis anbietet. Es ist dann regelmäßig i. S. v. §§ 651a ff. BGB (und den analogen Umsetzungen der Pauschalreiserichtlinie in anderen EU-Ländern) als **Reiseveranstalter** (Veranstalter einer Pauschalreise) anzusehen und hat das gesamte Entgelt als Umsatzerlös zu erfassen. Auch bei Zusammenstellen eines Reisepakets im **Internet zu einem Gesamtpreis** *(dynamic packaging)*[14] ist das im Internet auftretende Unternehmen i. d. R. Reiseveranstalter und damit Prinzipal.

Sowohl bei Fertigungsleistungen (z. B. Bauwirtschaft) als auch bei Dienstleistungen kann die Erledigung des Kundenauftrags ganz oder in wesentlichen Teilen an einen oder mehrere **Subunternehmer** delegiert werden. Fraglich ist dann, ob der Vertragspartner des Kunden den Umsatz aus der delegierten Leistung noch vollständig ausweisen darf (Prinzipal) oder nur die bei ihm verbleibende Marge Umsatz darstellt (Agent). Nach IFRS 15.BC385V sowie *Examples* 46 und 46A in IFRS 15.IE kommt es abstrakt darauf an, ob das Unternehmen die Leistungen des Subunternehmers vor Weitergabe an den Kunden kontrolliert. Konkret ist deshalb entscheidend, ob das Unternehmen die Subunternehmer selbst frei auswählen kann, ob es selbst die Spezifikation der Leistung und den Modus der Leistungserfüllung vornehmen kann usw. 92

Die Ausführungen in IFRS 15 lassen offen, **wessen Agent** das Berichtsunternehmen im Zweifelsfall ist, oder anders ausgedrückt, wer in der Terminologie von 93

---

[14] Vgl. PALANDT, 74. Aufl., 2015, Einf. vor § 651a BGB Tz 4.

IFRS 15 Kunde des Agenten ist. Im Reisebürofall kann sich diese Frage etwa in folgender Konstellation stellen:

> **Praxis-Beispiel**
> Ein Reisewilliger beauftragt das Reisebüro A, einen möglichst günstigen Flug von Frankfurt nach Singapur zu buchen. A findet für den geplanten Flugtermin die günstigste Möglichkeit bei Emirates und bucht nach Rücksprache mit dem Kunden diesen Flug. Der Kunde bezahlt das Ticket beim Reisebüro, dieses leitet den Betrag an die Airline weiter und erhält von dieser eine Provision.

Die **Provisionsregeln** sprechen dafür, dass das Reisebüro **Verkaufskommissionär** oder Agent der Airline ist. Tatsächlich ist das Reisebüro aber nicht für die Airline auf die Suche nach Reisewilligen gegangen, sondern umgekehrt für den Reisewilligen auf die Suche nach einer möglichst günstigen Airline. Ist nun im Beispiel die Airline der Kunde i.S.v. IFRS 15, da sie das Entgelt in Form einer Provision zahlt? Hiergegen spricht, dass das Reisebüro der Airline gegenüber keine Leistungsverpflichtung *(performance obligation)* hat. Eine **Leistungsverpflichtung** besteht **nur gegenüber dem Reisewilligen**, der auf der Suche nach einem möglichst günstigen Flug war. Der Reisewillige bezahlt andererseits das Reisebüro nicht. Es gilt pointiert:
- Die Airline ist kein Kunde. Sie zahlt zwar, ihr gegenüber besteht aber keine Leistungsverpflichtung.
- Der Reisewillige ist ebenfalls kein Kunde. Er erhält zwar eine Leistung – Vermittlung des preisgünstigsten Flugs –, zahlt aber kein Entgelt an das Reisebüro.

Ein – von uns nicht geteilter – möglicher Schluss wäre, dass auf diesen Vorgang IFRS 15 gar nicht anwendbar ist.

94 Verallgemeinert stellt sich aber folgende Frage: Die Anwendungsbeispiele in IFRS 15 orientieren sich eher an dem einer Verkaufskommission ähnlichen Geschäft. Ob analog auch bei einer **Einkaufskommission** ähnlichen Geschäften Agententätigkeit anzunehmen und der Umsatz nur in **Margenhöhe** auszuweisen ist, wird nicht völlig klar. U.E. ist hier Zurückhaltung geboten. Ein Einkauf (beim Zulieferer) nach Bestellungseingang (vom Handelskunden) stellt im Großhandel längst keinen Ausnahmefall mehr dar. Eine Anwendung des Agentenkonzepts auf solche Fälle ist u.E. nicht nur aus Praktikabilitätsgründen nicht angezeigt. Sie würde auch nicht dem Zweck der Rechnungslegung dienen, interperiodische und zwischenbetriebliche Vergleiche zu ermöglichen, da je nach zeitlichen Abläufen (Bestellung beim Zulieferer vor oder nach Eingang der Kundenbestellung) und Bonitätsrisiken (mit oder ohne Vorkasse) die Umsätze trotz gleicher rechtlicher und tatsächlicher Verhältnisse unterschiedlich ausgewiesen würden.

95 Das **Remissionsrecht im Verlagswesen** führt anders als nach IAS 18[15] nach IFRS 15 i.d.R. nicht mehr zu einem kommissionsähnlichen Handeln der Zeitschriften- und Buchhändler- bzw. Pressegrossisten. Zwar besteht ein Rückgaberecht des Händlers für den Fall, dass er keinen Endabnehmer findet. Anders als bei der

---

15 Zu beiden Aspekten UNKELBACH, PiR 2008, S. 135 ff.

Konsignationslieferung (Rz 84) findet jedoch bei der Lieferung des Verlags an den Händler ein Übergang der Kontrolle statt (IFRS 15.B78(a)) und kann der Verlag das gelieferte Produkt nicht zurückfordern (IFRS 15.B78(b)). Vielmehr liegt ein *sale with a right of return* vor, bei dem der Verlag mit Lieferung an den Handel den Umsatz nach Abzug der verlässlich geschätzten Remissionsquote ausweist (Rz 187).

Als **branchenübergreifend** wichtiger Anwendungsfall der (möglichen) Agen-   **96** tentätigkeit sind **Gütertransportleistungen** anzusehen, die der Lieferant **als „Nebenleistung"** anbietet, aber nicht selbst erbringt, sondern durch Speditionen oder Paketdienste erbringen lässt. Für die Frage, ob das liefernde Unternehmen als Prinzipal und nicht als Einkaufsagent des Kunden oder Verkaufsagent des Transportunternehmens handelt, ist nach der **Preisgestaltung** zu differenzieren:

- Häufig erhält der Kunde die Ware **„versandkostenfrei"** oder gegen eine (oft invers) vom Preis der Ware abhängige **Versandkostenpauschale**. In diesen Fällen ist es allein Sache des Lieferanten, die Spedition auszuwählen und mit ihr den Preis auszuhandeln. Der Lieferant handelt als Prinzipal.
- Der Lieferant ist hingegen im Allgemeinen als Agent anzusehen, wenn dem Kunden nur die (meist volumen- und gewichtsabhängigen) **Versandkosten des Spediteurs weiterbelastet** werden.

Im **Internethandel** kommt meist der erste Fall zum Tragen.

Teilweise werden Überlegungen zur Prinzipal-Agent-Problematik im Schrift-   **97** tum[16] auch für die Beurteilung **durchlaufender Kosten** (*out of pocket expenses*) herangezogen. Betroffen sind etwa **Beratungsunternehmen**, die neben dem eigentlichen Honorar auch **Reisekosten** (Flüge, Bahnfahrten, Pkw-Fahrten, Hotels usw.) in Rechnung stellen. Fraglich ist dann, ob die Erstattung dieser Kosten als Umsatzerlös oder als Reduktion der korrespondierenden Kosten zu verbuchen ist. Dies soll nach dem zitierten Schrifttum davon abhängen, ob das Beratungsunternehmen als Prinzipal Beförderungsmittel und Unterkunft selbst aussucht, die Preise selbst verhandelt und für die Zahlung der Tickets und Unterkünfte selbst verantwortlich ist oder umgekehrt Auswahl des Anbieters der Reiseleistung, Verhandlung des Preises und Bezahlung durch den Kunden des Beratungsunternehmens erfolgen. Unterschlagen wird dabei, dass für den zweiten Fall die Lösung bereits in den Sachverhalt hineingelegt ist: Da der Kunde des Beratungsunternehmens den Reiseanbieter bucht und bezahlt, ergeben sich beim Beratungsunternehmen gar keine durchlaufenden Kosten mehr, deren bilanzielle Behandlung zu beurteilen wäre.

Relevant ist somit nur der erste Fall. U. E. ist die Rechtsfigur des Agenten hier kaum geeignet, das Rechnungslegungsproblem zu lösen. Vielmehr gilt Folgendes: Anders als in IFRS 15.B34 ff. vorausgesetzt, reicht das Beratungsunternehmen die Reiseleistungen **nicht** an seinen Kunden weiter. Der Kunde kommt überhaupt nicht in den Genuss dieser Leistungen. Das Beratungsunternehmen kauft die Tickets und Hotelübernachtungen nicht für den Kunden, sondern nutzt sie wie Arbeitsmittel oder den Firmen-Pkw, mit dem die Dienstreise durchgeführt wird, um seiner eigenen Arbeit nachzugehen. Der gesonderte Ausweis der Reisekosten im Rahmen der Abrechnung dient dann – ähnlich wie Stunden-nachweise bei einem vereinbarten Stundenhonorar – lediglich dem Nachweis,

---

16 Vgl. z.B. PwC, Revenue from contracts with customers, 2014, Kap. 10.4.

dass die Abrechnung auch insoweit berechtigt ist. Unabhängig davon, ob die Reisekosten extern entstehen (Autovermieter) oder intern (Nutzung Firmen-Pkw), sind sie daher bei Einbezug in die Rechnung als **Umsatzerlöse** zu erfassen.

5 Bestimmung und Aufteilung des Transaktionspreises

5.1 Überblick

98   Aus dem Transaktionspreis, d. h. dem vom Kunden für die IFRS 15 unterliegenden Leistungsverpflichtungen zu zahlenden Entgelt, ergibt sich der **insgesamt** aus einem Vertrag resultierende Erlös mit Kunden (Umsatzerlös). Für Zwecke der **Periodisierung** dieses Gesamterlöses ist der Transaktionspreis bei Mehrkomponentengeschäften auf die einzelnen Komponenten aufzuteilen, wenn sich für diese unterschiedliche Realisationszeitpunkte ergeben. Somit bestehen zwei Aufgabenstellungen hinsichtlich des Transaktionspreises:
- Bestimmung (Rz 99) und
- Aufteilung (Rz 100).

99   Bei der **Bestimmung** des Transaktionspreises können sich folgende Probleme stellen:
- Der Zeitpunkt der Leistungserbringung und der vereinbarte Zahlungszeitpunkt weichen signifikant voneinander ab. Der Vertragspreis ist um diese **Finanzierungskomponente** zu bereinigen, um den auf die IFRS 15 unterliegenden Leistungsverpflichtungen entfallenden Transaktionspreis zu bestimmen (Rz 101).
- Die vertragliche Regelung enthält ein ganz oder in Teilen **variables Entgelt**, etwa erfolgs- oder mengenabhängige Preisbestandteile. Hier ist eine Schätzung des voraussichtlich aus der variablen Regelung resultierenden Betrags erforderlich, die besonderen Wahrscheinlichkeitsanforderungen unterliegt (Rz 106).
- Der Vertrag sieht neben Zahlungen des Kunden an das Unternehmen auch Zahlungen in umgekehrter Richtung, etwa als Platzierungsgebühren im Einzelhandel oder Werbekostenzuschüsse, vor. Hier stellt sich die Frage, ob diese **Zahlungen an den Kunden** als Reduktion des Transaktionspreises bzw. Minderung des Umsatzes zu würdigen sind oder Aufwand für eine vom Kunden erbrachte Leistung darstellen (Rz 118).
- Die Gegenleistung des Kunden besteht nicht in Geld, sondern in Sachleistungen (**Tauschgeschäfte**). Zu klären ist, wie der Transaktionspreis in solchen Fällen zu bemessen ist (Rz 122).
- Der Transaktionspreis oder Teile von diesem können Leistungsverpflichtungen zuzuordnen sein, die das Berichtsunternehmen zwar formal schuldet, die aber möglicherweise in substanzieller Betrachtung von einem anderen Unternehmen erbracht und vom Berichtsunternehmen lediglich vermittelt werden. Hier ist eine Unterscheidung notwendig, ob das Unternehmen als **Prinzipal** (in eigener Sache) oder als **Agent** (in fremder Sache) handelt (Rz 127).

100   Bei der **Aufteilung** des Transaktionspreises ist Folgendes beachtlich:
- Maßstab der Aufteilung sind nach IFRS 15 die **relativen Einzelveräußerungspreise**. Nicht in jedem Fall sind diese direkt beobachtbar. Sie müssen dann mit geeigneten Verfahren geschätzt werden (Rz 129).

- Das vertraglich festgelegte Entgelt unterschreitet häufig die Summe der Einzelveräußerungspreise der Güter bzw. Serviceleistungen. Durch die Verteilung des Transaktionspreises auf Basis der relativen Einzelveräußerungspreise wird dieser **Preisnachlass** automatisch auf die Komponenten des Vertrags verteilt. In begründeten – im Standard definierten – Ausnahmefällen ist jedoch eine Zuordnung des Preisnachlasses zu lediglich einer der Leistungsverpflichtungen erforderlich (Rz 131).
- Ähnlich ist bei **variablen Vergütungskomponenten** nicht immer eine Zuordnung zum Gesamtvertrag und damit eine Teilhabe an der relativen Aufteilung des Transaktionspreises geboten. In bestimmten Fällen kann auch die Zuordnung zu einer einzelnen Leistungskomponente notwendig sein (Rz 133).

5.2 Bestimmung des Transaktionspreises

5.2.1 Bereinigung des Entgelts um signifikante Finanzierungskomponenten

Beim **Transaktionspreis** handelt es sich gem. IFRS 15.A um das Entgelt, auf das   101
das Unternehmen – aufgrund der Übertragung der zugesagten Güter bzw.
Serviceleistungen an einen Kunden – erwartungsgemäß Anspruch hat.

Bei der Ermittlung des Transaktionspreises ist der **Zeitwert des Geldes** zu berücksichtigen, sofern der zeitliche Anfall der Zahlungen entweder dem Kunden (Zahlung nach Erhalt der Leistung) oder dem leistenden Unternehmen (Zahlung vor Erbringung der Leistung) einen **signifikanten Finanzierungsvorteil** verschafft. Der vertraglich vereinbarte Preis ist für Zwecke der Bestimmung des Umsatzerlöses dann um die „signifikante Finanzierungskomponente" zu bereinigen (IFRS 15.60). Das Ziel der Berücksichtigung des Zeitwerts des Geldes besteht darin, die Erlöse in einer Höhe zu erfassen, die dem **Barverkaufspreis** *(cash selling price)* entspricht (IFRS 15.61).

Die Bereinigung ist nicht nur dann nötig, wenn die Finanzierungskomponente   102
lediglich **implizit** durch den Zeitversatz zwischen Leistung und Gegenleistung
gegeben ist. Auch Verträge mit **expliziten** Zinsregelungen bedingen Anpassungen, wenn der explizit vereinbarte Zins den tatsächlichen Gegebenheiten nicht entspricht (IFRS 15.60).

Praxis-Beispiel

Implizite Finanzierungskomponente: Ein Anbieter von Unterhaltungselektronik wirbt mit „Null-Prozent-Finanzierung", d.h., ein bar für 480 EUR angebotenes Gerät kann stattdessen auch in 48 Monatsraten à 10 EUR bezahlt werden.

Explizite Finanzierungskomponente: Ein Autohändler bietet Pkws mit einer „1,2 %-Finanzierung" mit 48 Raten an, d.h., ein Fahrzeug mit einem Listenpreis von 48.000 EUR kann mit (gerundet) 48 Monatsraten à 1.025 EUR erworben werden. Berücksichtigt man allerdings, dass Barzahler im Durchschnitt einen Rabatt von 10 % auf den Listenpreis des Fahrzeugs erhalten, also 43.200 EUR bezahlen, entsprechen die 48 Monatsraten von 1.025 EUR einer tatsächlichen Verzinsung von etwa 6,5 %. Nur 43.200 EUR darf der Händler als Verkaufsumsatz erfassen. Der „Rest" ist Zinsertrag.

---

103 Der für die Berechnung des Finanzierungsanteils zu verwendende **Zinssatz** ist **konzeptionell** der Zins, den das Unternehmen dem Kunden in einer separaten Finanzierungsvereinbarung bei Vertragsabschluss unter Berücksichtigung der Bonität und der Sicherheiten – auch der Sicherheit aus dem Liefergegenstand selbst (Eigentumsvorbehalt) – berechnen würde. **Praktisch** darf dieser Zinssatz als **interner Zinsfuß** ermittelt werden. Der interne Zinsfuß ist der Zins, der – angewandt auf die Zahlungsströme – zu einem Barwert führen würde, der dem effektiven Barverkaufspreis unter Berücksichtigung üblicher Rabatte entsprechen würde (IFRS 15.64). Im vorstehenden Kfz-Beispiel (Rz 102) entspricht dies etwa dem rabattierten Preis von 43.200 EUR und nicht dem Listenpreis von 48.000 EUR.

104 IFRS 15.62 normiert einige **Ausnahmetatbestände**, in denen keine signifikante Finanzierungskomponente vorliegt.

- Der Kunde zahlt für den Erhalt von Gütern bereits im Vorhinein, der Zeitpunkt der Erfüllung der Leistungsverpflichtung durch das Unternehmen liegt aber im Ermessen des Kunden (Lieferung auf Abruf).
- Ein wesentlicher Teil der Vergütung ist variabel und hängt von dem Eintritt künftiger, von keiner der Parteien kontrollierbarer Ereignisse ab (z. B. umsatzabhängige Gebühr für den Erwerb einer Lizenz).
- Die Differenz zwischen vereinbarter Vergütung und Barverkaufspreis dient nicht der Finanzierung, sondern anderen Zwecken, z. B. im Fall einer Dauerleistung gegen ein Vorabentgelt der Reduzierung von Kosten des Debitoren-Managements und der Dauerhaftigkeit der Kundenbeziehung (IFRS 15.IE152 ff.) oder bei einem langfristigen Fertigungsauftrag der Absicherung eines hinter dem Leistungsfortschritt zurückbleibenden Zahlungsplans (IFRS 15.IE143 ff.).

Darüber hinaus existiert noch eine **praktische Erleichterung**: Von einer Berücksichtigung des Zeitwerts des Geldes kann abgesehen werden, wenn bei Vertragsbeginn erwartet wird, dass der Zeitraum zwischen Erfüllung der Leistungsverpflichtung und Zahlung **nicht mehr als ein Jahr** beträgt (IFRS 15.63). Diese Ausnahme ist Ausdruck des Wesentlichkeitsprinzips und lässt Rückschlüsse auf die Behandlung anderer Fälle zu. Wenn der Standardsetter selbst bei Verzicht auf jede explizite Verzinsung („Null-Prozent-Finanzierung") Zinseffekte aus einem Zeitversatz von bis zu einem Jahr für unwesentlich erklärt, ist u. E. bei einer expliziten, aber vom angemessenen Zinssatz abweichenden Vereinbarung (z. B. „1 %-Finanzierung" bei einem angemessenen Zins von 3 %) eine von den vertraglichen Vereinbarungen abweichende Diskontierungsrechnung (im Beispiel mit 3 %) u. U. auch dann entbehrlich, wenn der Zeitversatz deutlich mehr als ein Jahr beträgt.

105 Die Effekte der Finanzierung (**Zinsaufwendungen bzw. Zinserträge**) sind in der Gesamtergebnisrechnung **separat** von den Erlösen aus Verträgen mit Kunden auszuweisen (IFRS 15.65, IFRS 15.IE140, IFRS 15.IE143 ff.). Zinsaufwendungen bzw. Zinserträge werden **nur so weit erfasst**, als aus einem Kundenvertrag ein vertraglicher Vermögenswert, eine Forderung (*receivable*) oder eine vertragliche Schuld erfasst wird (IFRS 15.65).

5.2.2 Variable Vergütungen

Ist das vertragliche Entgelt ganz oder in Teilen variabel, wird eine Schätzung des **106** voraussichtlich aus der variablen Regelung resultierenden Betrags erforderlich (IFRS 15.50), die besonderen Wahrscheinlichkeitsanforderungen unterliegt (Rz 110).

Die Variabilität kann bezogen auf den „Grundpreis" nicht nur nach oben, also **erhöhend** ausgestaltet sein, sondern auch **mindernd**, etwa in der Form eines Preisnachlasses, der bei Überschreitung bestimmter Bestellmengen für alle, auch für die schon gelieferten Güter gewährt wird (**mengenabhängige Boni**; Rz 114). Auch Zusatzentgelte für die besonders gelungene Erreichung bestimmter Vertragsziele (z. B. Prämie für das Überschreiten garantierter Mindestleistungsmerkmale oder für die vorzeitige Fertigstellung eines Bauvorhabens) und umgekehrt **Vertragsstrafen** (z. B. für die verzögerte Erbringung einer Leistung) haben den Charakter eines variablen Entgelts (IFRS 15.51).

Der Transaktionspreis ist unter Berücksichtigung des variablen Teils zu jedem Bilanzstichtag **erneut zu schätzen** (IFRS 15.59).

Die Variabilität muss sich nicht explizit aus vertraglichen Rechten und Pflichten **107** ergeben, sondern kann auch die Form von rechtlich nicht geschuldeten, aber nach dem allgemeinen **Geschäftsgebaren** oder den konkreten Vertragszielen erwartbaren **Preiszugeständnissen** haben (IFRS 15.52). Hierzu folgendes Beispiel in Anlehnung an IFRS 15.IE7 ff.:

Praxis-Beispiel

Ein Unternehmen verkauft Kücheneinrichtungen für 2 Mio. EUR an ein neues Möbelhaus in einer noch strukturschwachen Region, erwartet aber angesichts zahlreicher schon genehmigter Ansiedlungsvorhaben von Privaten und Unternehmen einen baldigen Aufschwung der Region. Das Unternehmen geht davon aus, dass der Kunde im Nachhinein wegen noch schleppender Absätze Preiskonzessionen in der Größenordnung von 20 % verlangen wird, und würde diesem angesichts erwarteter mittelfristig lukrativer Geschäftsmöglichkeiten entsprechen.

Die Differenz zwischen dem Vertragspreis und der erwarteten Vergütung stellt einen nicht vertraglich fixierten Preisnachlass dar.

Der praktische Anwendungsbereich dieser besonderen, schon bei Vertragsschluss erwarteten, aber nicht vereinbarten Preiskonzessionen ist nicht allzu groß (vgl. aber Rz 225 zur Softwareindustrie). In vielen Fällen wird sich die Konzessionsfrage erst im Nachhinein angesichts von Absatz- und Zahlungsschwierigkeiten des Kunden stellen und betrifft dann nur die **Wertberichtigung** der Forderungen aus Lieferung und Leistung, nicht den Umsatz. Ist ein signifikant über dem Üblichem liegendes (Teil-)Ausfallrisiko des Kunden bereits bei Vertragsschluss bekannt, stellt sich **einzelfallabhängig** die Frage, ob ein gleichwohl ohne besondere Sicherung geschlossener Vertrag eine normale unternehmerische Risikoentscheidung darstellt oder durch Umstände, Strategien usw. ein Fall der verdeckten Preiskonzession indiziert ist (IFRS 15.BC194).

Formell rechnet IFRS 15 auch aus **Rückgaberechten** resultierende Unsicherhei- **108** ten über den endgültig beim Unternehmen verbleibenden Transaktionspreis zu den variablen Vergütungen (IFRS 15.51), verweist aber für deren Behandlung in IFRS 15.55 auf die besonderen Vorschriften der IFRS 15.B20 ff. (Rz 185).

109 Die **Ermittlung** der variablen Vergütung basiert – je nachdem, welche Methode das Unternehmen für besser geeignet hält – entweder auf dem **Erwartungswert** oder auf dem **wahrscheinlichsten Wert** (IFRS 15.53).

- Der Erwartungswert empfiehlt sich im Fall einer großen Zahl ähnlicher Verträge (IFRS 15.53(a)).
- Der wahrscheinlichste Wert ist im Fall von nur zwei möglichen Ergebnissen (z. B. Erreichung oder Verfehlung einer Leistungsprämie) heranzuziehen (IFRS 15.53(b)).

In einem einzigen Vertrag können beide Schätzverfahren zur Anwendung gelangen, so etwa nach IFRS 15.IE105 ff., wenn beim Bau einer Anlage eine Prämie/Strafe für jeden Tag des Unterschreitens/Überschreitens der vertraglichen Frist anfällt sowie eine Sonderzahlung bei Erreichen bestimmter qualitativer Leistungsziele. Die fristbezogene Zahlung ist dann im Erwartungswertverfahren zu schätzen, die Erlangung/Nichterlangung der Qualitätsprämie mit dem wahrscheinlichsten Wert.

110 Die so vorgenommene „neutrale" Schätzung rechtfertigt allerdings noch nicht den Einbezug in den Transaktionspreis. In Ausformung eines speziellen – im Widerspruch zu den Vorgaben des *Framework* (neutrale Bewertungen) stehenden – **Vorsichtsgedankens**[17] verlangt IFRS 15.46 i. V. m. IFRS 15.56 Folgendes: Der geschätzte variable Betrag darf nur insoweit in den Transaktionspreis einbezogen werden, wie es **hoch wahrscheinlich** *(highly probable)* ist, dass es dadurch bei Auflösung der Unsicherheit zu **keiner signifikanten Umkehr** (Stornierung) der kumulativ bereits erfassten Erlöse kommen wird (IFRS 15.46 i. V. m. IFRS 15.56 f.). **Indikatoren**, die gegen eine ausreichende Wahrscheinlichkeit sprechen, sind gem. IFRS 15.57:

- Die Vergütung hängt von **hoch volatilen Faktoren** außerhalb der Kontrolle des Unternehmens ab.
- Die Unsicherheit über die Vergütungshöhe bleibt während eines **langen Zeitraums** bestehen.
- Das Unternehmen hat nur **geringe Erfahrungen** mit ähnlichen Verträgen bzw. Regelungen oder die Erfahrungen haben (etwa wegen geänderter Umstände oder hoher Varianz der Vergangenheitswerte) nur einen geringen Vorhersagewert.
- Das Unternehmen hat bei vergleichbaren Verträgen häufig und mit unterschiedlichsten Werten **Preiszugeständnisse** und Zugeständnisse bei Zahlungsbedingungen gewährt.
- Der Vertrag weist eine hohe Anzahl möglicher, **weit auseinanderliegender Vergütungshöhen** auf.

111 Die Wahrscheinlichkeitsanforderung bezieht sich von der Wirkungsseite (keine signifikante Umkehr bereits erfasster Erlöse) inhaltlich nicht allein auf den variablen Teil, sondern auf die **insgesamt** bereits erfassten Erlöse. Dabei bleibt allerdings unklar, ob sich die Signifikanz als relative Größe aus dem Verhältnis des potenziellen Umkehrbetrags zum insgesamt aus dem **Vertrag** erfassten Erlös ergibt oder der potenzielle Umkehrbetrag nur in Bezug zu dem auf die **betrof-**

---

[17] Vgl. auch KPMG, Revenue form Contracts with Customers, 2014, S. 40.

fene Leistungsverpflichtung entfallenden Erlös zu setzen ist.[18] U. E. ist die erste Interpretation vorzuziehen, da die Vorschriften des IFRS 15.56 f. im Kapitel *„Determining the transaction price"* und nicht im Kapitel *„Allocating the transaction price to performance obligations"* platziert sind.

Unabhängig von dieser Einschätzung bleibt es aber dabei, dass sich die Signifikanzanforderung nicht nur auf den variablen Vergütungsteil bezieht, sondern der fixe mit einzubeziehen ist.[19] Dies impliziert: **Je geringer der variable Anteil** am Entgelt ist, umso weniger signifikant sind Fehleinschätzungen hinsichtlich des variablen Teils und umso schwächer sind daher die an die Wahrscheinlichkeitsbeurteilung zu stellenden Anforderungen. V. a. bei zeitraumbezogenen Leistungen mit sukzessiver Umsatzrealisierung spielt zusätzlich eine Rolle, ob sich die Unsicherheit ohnehin voraussichtlich erst bei weit **fortgeschrittenem Leistungsstadium** auflösen wird. Je näher der zu erwartende Zeitpunkt dieser Auflösung an die Vollendung der Leistung heranreicht, umso weniger wahrscheinlich ist eine signifikante Umkehr bereits verbuchter Umsatzerlöse.

Praxis-Beispiel

Für den Bau einer kundenspezifischen Anlage erhält U neben dem Festpreis von 2 Mio. EUR eine Prämie von 0,2 Mio. EUR, wenn die Anlage statt zum 30.6.02 schon zum 31.3.02 fertig ist. U ermittelt den Leistungsfortschritt inputorientiert nach der *cost-to-cost*-Methode. Am 31.12.01 ist die Leistung danach zu 75 % erbracht. U hätte danach einen Umsatz von 1,5 Mio. EUR ohne Prämie und von 1,65 Mio. EUR mit Prämie auszuweisen. Angenommen sei, dass U sich aufgrund von positiven Erfahrungen mit ähnlichen Objekten für 1,65 Mio. EUR entscheiden will.

Sofern U nun bis zum 31.3. zwar nicht alle Restarbeiten (25 %), aber doch den größten Teil (20 %) erledigt, wäre der Umsatz per 31.3.02 95 % von 2 Mio. EUR, also 1,9 Mio. EUR. Zu einer Umkehrung der kumulierten bis zum 31.12.01 erfassten Umsatzerlöse käme es nicht.

Variante

Wegen eines massiven Wintereinbruchs ruhen die Arbeiten im Januar und Februar. Bis zum 31.3. wird der Leistungsfortschritt daher nur von 75 % auf 80 % erhöht. Danach wären per 31.3.02 80 % von 2 Mio. EUR, also 1,6 Mio. EUR, als Umsatz auszuweisen. Es käme also zu einer Umkehr (allerdings einer kaum signifikanten).

Im Beispiel wird unterstellt, dass der auf Umkehrgefahren zu prüfende **kumulierte Umsatz** der bis zum Datum des letzten vorhergehenden Abschlusses ist. Dies würde eine unterschiedliche Behandlung von Quartals- und Jahresbilanzierern implizieren. Eine Gleichstellung ergäbe sich nur, wenn nicht auf die kumuliert in Abschlüssen erfassten Umsatzerlöse, sondern auf die in der Buchhaltung erfassten abgestellt würde.

Hängt die variable Vergütung von Umständen ab, die sich erst in Perioden **nach dem Zeitpunkt der Leistungsvollendung** klären, ergibt sich bei zunächst po- **112**

---

[18] Vgl. PwC, Revenue from Contracts with Customers, 2014, Kap. 4.3.
[19] Gl. A. ERNST & YOUNG, International GAAP 2016, Ch 29 sCh 5.1.3.

sitiver Einschätzung der Umstände stets das Risiko einer Umkehrung bereits verbuchter Umsatzerlöse. In diesem Fall sind daher bei Signifikanz des variablen Anteils besonders **hohe Anforderungen** an die Wahrscheinlichkeit eines positiven Ausgangs zu stellen.

Praxis-Beispiel

Medizingerätehersteller U liefert an Krankenhaus K ein besonders innovatives, aber mit 2 Mio. EUR auch besonders teures MRT-Gerät. Der vereinbarte Grundpreis reduziert sich um 0,5 Mio. EUR, wenn das Krankenhaus nicht binnen zwei Jahren nach Inbetriebnahme des Geräts mindestens 2.000 abrechenbare Diagnosen vornimmt. Die Inbetriebnahme erfolgt Ende 01.

Beurteilung

Geht U bei seiner Schätzung des Transaktionspreises von einem Erreichen der Diagnosezahl und damit von einem Transaktionspreis von 2 Mio. EUR aus und bestätigt sich diese Einschätzung später nicht, so kommt es in 03 zu einer signifikanten Umkehrung des zunächst in 01 realisierten Umsatzes. U darf daher nur dann in 01 schon 2 Mio. EUR Umsatz verbuchen, wenn die Erreichung der Fallzahl hoch wahrscheinlich ist. Erfahrungen der Vergangenheit können eine solche Einschätzung möglicherweise nicht belegen, weil das Gerät neu (innovativ) ist.

---

113   Die notwendige Wahrscheinlichkeit kann u. U. nur für einen **Teil des variablen Entgelts** gegeben sein. Dann ist dieser Teil in den Transaktionspreis einzubeziehen. Hierzu das Beispiel eines *contracting*:

Praxis-Beispiel

Contractor C erneuert die Heizungsanlage vom Kunden K und erhält hierfür neben einer fixen Vergütung von 1 Mio. EUR eine Vergütung von 50 TEUR für je 5 % Reduktion der Heizkosten, die im ersten Betriebsjahr der Neuanlage unter Berücksichtigung einer rechnerischen Anpassung an ein klimatisches Normaljahr im Vergleich zur Altanlage erzielt werden.

C rechnet nach Erfahrungen mit ähnlichen Anlagen und Gebäuden mit Folgendem:

Reduktion Verbrauch um	variables Entgelt	Wahrschein- lichkeit	Erwartungs- wert
5 %	50	5 %	2,5
10 %	100	80 %	80,0
15 %	150	5 %	7,5
20 %	200	5 %	10,0
25 %	250	5 %	12,5
		100 %	112,5

C bezieht nicht 112,5 TEUR (den Erwartungswert) in den Transaktionspreis ein, sondern 100 TEUR, weil nur mit einer Wahrscheinlichkeit von 5 % ein schlechteres Ergebnis und damit eine (signifikante) Umkehr von Erlösen denkbar sind.

Der variable Teil des Transaktionspreises muss nicht immer komplex gestaltet **114** sein. Auch „triviale" Anwendungsfälle wie etwa **Skonti** für rechtzeitige Zahlung oder **mengenabhängige Boni** (Rz 116) begründen Variabilität. Hier ist das erwartete Zahlungsverhalten (Skonti) bzw. die erwartete Mengenabnahme (Boni) zu schätzen und zu beurteilen, ob auf Basis des geschätzten Werts eine signifikante Umkehr der Erlöse hoch unwahrscheinlich ist.

Bei **umsatz- oder absatzorientierten Vergütungen für Lizenzen** gilt für den **115** Lizenzgeber gem. IFRS 15.58 die Sonderregelung des IFRS 15.B63. Hiernach führt die variable Vergütung jeweils nur dann und insoweit zu Umsatzerlösen, als die das Lizenzentgelt begründenden Um- oder Absätze des Lizenznehmers stattfinden. Dies bedeutet dem Grunde nach beim Lizenzgeber eine Realisierung erst in den jeweiligen Nutzungsperioden (Rz 215).

5.2.3 Erlösschmälerungen

Nach IAS 1.36 sind bestimmte Erlöse mit gewährten Preisnachlässen und Rabatten **116** zu **saldieren**. Entsprechend ist mit in bar gewährten Boni zu verfahren. Anders kann je nach konkreter Ausgestaltung bei Sachboni, etwa im Fall von Kundenbindungs- bzw. **Treueprämienprogrammen**, umzugehen sein (Rz 76).

Mit **Skonti** ist nach noch zu IAS 18 ergangener Auffassung des IFRS IC[20] wie folgt zu verfahren:

* Bei kurz vor dem Stichtag erfolgten Verkäufen und einer erst nach dem Stichtag endenden Skontofrist ist die Umsatzkürzung noch in **alter Rechnung** und der Höhe nach auf Basis des wahrscheinlichen Zahlungsverhaltens vorzunehmen.
* Nach dem Stichtag erlangte Erkenntnisse sind wie ein werterhellender Tatbestand zu berücksichtigen.

U. E. kann dem wegen der Fundierung dieser Ansicht durch IAS 10 auch für IFRS 15 gefolgt werden.

5.2.4 Nachträgliche Minderung des Rechnungspreises

Kommt es nachträglich zur Anpassung des Rechnungspreises nach unten, sei es **117** nach Fälligkeit der (Teil-)Zahlungen oder vorher, so ist zu prüfen, ob eine bonitätsbedingte Wertberichtigung des vertraglichen Vermögenswerts bzw. der Forderung vorliegt (Behandlung nach IFRS 9) oder eine umsatzkürzende Anpassung des Transaktionspreises.

5.2.5 Zahlungen an den Kunden – Gesonderter Leistungstausch oder Minderung des Transaktionspreises

Der Verkauf kurzfristiger Konsumgüter (Lebensmittel, Kosmetika etc.) konzen- **118** triert sich immer stärker auf wenige Handelsketten. Die dadurch entstehende **Einkaufsmacht** wird u. a. für die Erhebung von **„Einstandsgebühren"** genutzt. Der Produzent zahlt eine Platzierungsgebühr *(slotting oder placement fee)*, um gelistet, d. h. überhaupt oder speziell in die günstiger gelegenen Verkaufsregale aufgenommen zu werden. Drei Varianten der buchmäßigen Behandlung dieser Gebühren sind diskussionswürdig:

* Aktivierung als immaterieller Vermögenswert (Belieferungsrecht),

---

[20] IFRIC Update July 2004, Agenda Rejection („Non-IFRIC").

- Verbuchung als Aufwand (Vertriebskosten),
- Verbuchung als Erlösminderung.

Die erste Lösung scheitert regelmäßig schon am **fehlenden Exklusivrecht**: Die Machtverhältnisse sind hier anders als bei der Einstandszahlung einer Brauerei für den exklusiven Bierbezug einer Gaststätte. Die Handelsketten lassen sich auf Exklusivvereinbarungen kaum ein. Selbst wo dies ausnahmsweise der Fall ist, werden keine Mengenabnahmen und keine längerfristigen Platzierungen garantiert. Der potenzielle Nutzen der Platzierung – Aktivierungsvoraussetzung nach IAS 38.21 (→ § 13 Rz 17) – ist unter diesen Umständen nicht hinreichend verlässlich belegbar.

Eher ist eine Nähe zu den in IAS 38.69(c) mit einem **Aktivierungsverbot** belegten Vertriebs- und Werbekosten erkennbar (→ § 13 Rz 68), bei einem neuen Produkt ggf. auch zu den ebenso zu behandelnden *„pre-operating cost for launching new products"* (IAS 38.69(a)). Jedenfalls dienen die Aufwendungen dem Vertrieb der (neuen) Produkte.

Im Vergleich zu anderen **vertriebsfördernden** Kosten (z.B. Handelsvertreterprovisionen oder Werbeaufwendungen) besteht aber eine Besonderheit: **Empfänger** der Zahlung ist nicht ein Dritter, sondern der **Abnehmer** der Produkte. Wenn der Handel die Produkte nur kauft, sofern ihm der Produzent eine Sonderzahlung leistet, hat die Zahlung den Charakter eines besonderen **Rabatts** oder Bonus. Der Unterschied zu normalen Rabattierungen besteht dann hauptsächlich im **Zeitelement**: Die Platzierungsgebühr entsteht vor dem Verkauf, der normale Rabattanspruch danach. Die Regelungen in IFRS 15 sehen diesen Unterschied als nicht wesentlich an und verlangen daher im **Regelfall** auch die Behandlung von an den Käufer geleisteten Vorabzahlungen (Platzierungsgebühren etc.) als Erlösminderung.

119 Im Einzelnen gilt nach IFRS 15.70 ff. Folgendes:
- Wenn die Gegenleistung des Kunden nicht (ausnahmsweise) eigenständig i.S.v. IFRS 15.26 ff. ist (Rz 57), liegt eine **Minderung des Transaktionspreises** vor.
- Ist die Leistung zwar eigenständig, überschreitet das Entgelt aber den fair value der Leistung, ist der überschießende Teil als Minderung des Transaktionspreises anzusehen.
- Kann der *fair value* **nicht verlässlich** bestimmt werden, mindert das gesamte Entgelt den Transaktionspreis.

120 Hinsichtlich des **Zeitpunkts** der Umsatzkürzung gilt: Eine Minderung des Transaktionspreises ist nicht schon dann anzusetzen, wenn die **Zahlung** an den Kunden **geleistet** oder (i.S.d. Begründung einer rechtlichen oder faktischen Verbindlichkeit) **versprochen** wird, vielmehr muss auch der korrespondierende Umsatz bereits zu erfassen sein (IFRS 15.72(b)).

Zum Ganzen folgendes Beispiel:

> **Praxis-Beispiel**
> Die M AG ist Markenartikelhersteller von Schokolade und erzielt ihren Umsatz hauptsächlich gegenüber Handelsketten. Diese verlangen neben üblichen Preiszugeständnissen (Boni etc.) besondere Zuschüsse und Gebühren. So muss M etwa vorab pro Jahr sog. **Werbekostenzuschüsse** zahlen. Als

„Gegenleistung" wird in den Wochenzeitungen usw. beigelegten Werbeprospekten des Händlers auch für die Produkte der M geworben. M hat keinen Einfluss auf die Größe und Häufigkeit der Werbeanzeige, die Verteilungsreichweite usw. und keinen Rückerstattungsanspruch, wenn die Werbeleistung unbefriedigend ist.

Außerdem verlangen einige Händler **Platzierungsgebühren** dafür, dass die Ware der M in den Verkaufsmärkten in besserer Regalposition (etwa augenhoch statt bodennah) präsentiert wird. Die dafür pro Jahr vorab gezahlte Gebühr wäre zu erstatten, wenn der Händler eine schlechtere Platzierung als abgesprochen vornehmen würde.

Für die Beurteilung der **Werbekostenzuschüsse und Platzierungsgebühren** kommt es darauf an, ob das zahlende Unternehmen hierfür eine eigenständige Leistung erhält. Für die Konkretisierung des Kriteriums eigenständige Leistung *(distinct good or service)* liefert IFRS 15.IE160 nur ein, hier nicht unmittelbar einschlägiges Beispiel. Wichtiger ist ein Hinweis in den *Basis for Conclusions*. *„Previous requirements in US GAAP ... used the term ‚identifiable benefit'... The boards concluded that the principle in IFRS 15 for assessing whether a good or service is distinct is similar to the previous requirements in US GAAP."* Demnach sind die tiefergehenden Konkretisierungen in den (früheren) US-GAAP-Regelungen auch für die IFRS heranzuziehen. Sie sahen in EITF 01–09 Folgendes vor:

- Bei Zahlungen an einen Kunden besteht die Grundvermutung, dass diese erlösmindernden Charakter haben.
- Diese Vermutung lässt sich nur widerlegen, wenn ein **identifizierbarer Nutzen** *(identifiable benefit)* der formell vereinbarten Gegenleistung belegt werden kann.
- Dies setzt u. a. voraus, dass die Leistung auch bei einem Dritten hätte beschafft werden können. Für die Platzierungsgebühren scheidet die **Drittbezugsmöglichkeit** aus. Sie sind erlösmindernd zu buchen. Bei den Werbekostenzuschüssen scheitert eine Widerlegung der Grundvermutung meist am **Fehlen fremdüblicher Konditionen** (Vereinbarung der Intensität der Werbung, Nachweis der Wahrung der Vereinbarung, Rückerstattung bei Nichtwahrung usw.).

Die Regeln von IFRS 15 halten wir für sachgerecht. Die Erfindung immer neuer „Gebühren" (z. B. Delkredereprovision an die Konzernmutter des Abnehmers oder Werbekostenzuschüsse) hat weniger mit substanziell neuen Leistungsspektren zu tun als mit dem Karrierewettbewerb der Einkäufer und der internen Konkurrenz zwischen den Profitcentern der Handelskonzerne. Aus wirtschaftlicher Sicht geht es immer darum, den Einkaufspreis zu mindern – und damit den Erlös der Hersteller zu **schmälern** –, einerlei wie die jeweilige Gebühr oder Erlösminderung nun benannt wird. **121**

5.2.6 Tausch

Ein Unternehmen kann Güter oder Serviceleistungen statt gegen einen Geldanspruch auch gegen einen Anspruch auf Sachleistungen erbringen. Bei derartigen Tauschgeschäften ist zweierlei zu prüfen: **122**

- Erfassung **dem Grunde nach**: Je nach Tauschgegenstand (ähnliche oder unähnliche Güter), Verhältnis der Parteien (gleiche oder unterschiedliche

Branchen) und Zweck des Tauschgeschäfts (Bilanzpolitik oder wirtschaftliche Gründe) führt der Tausch möglicherweise gar nicht zu einem Umsatz. Hierzu wird auf Rz 14 und Rz 21 verwiesen.

- Erfassung **der Höhe nach**: Liegt dem Grunde nach ein Umsatz vor, ist weiter zu prüfen, mit welchem Wert dieser zu erfassen ist.

123   Der zweite Punkt zielt auf die Bestimmung des Transaktionspreises. Er ergibt sich nach IFRS 15.66 aus dem **Zeitwert (*fair value*) der erhaltenen Gegenleistung**, korrigiert um evtl. Barelemente der Transaktion. Eine „Buchwertfortführung", bei der der Buchwert des abgehenden Vermögenswerts den Erlös sowie daneben die Anschaffungskosten des neuen Guts bestimmt, ist nicht zulässig.

Unklar bleibt in IFRS 15, auf welchen **Zeitpunkt** der *fair value* der erhaltenen Gegenleistung zu bestimmen ist. Bei **preisvolatilen Gegenleistungen** (etwa Aktien oder börsennotierte Rohstoffe) kann der Bewertungszeitpunkt eine wichtige Rolle spielen. Infrage kommt der Zeitpunkt des Vertragsschlusses, der Zeitpunkt der Erfüllung der Leistungsverpflichtung des Berichtsunternehmens oder der Zeitpunkt des Erhalts der Gegenleistung oder der frühere der beiden letztgenannten Zeitpunkte. Eine analoge Problematik besteht bei Fakturierung in Fremdwährung (→ § 27). Hier ist der Umsatz mit dem Kurs des eigenen Leistungszeitpunkts einzubuchen. Wechselkursänderungen zwischen Vertragsschluss und Leistungszeitpunkt sind unerheblich, Wechselkursänderungen zwischen Leistungszeitpunkt und Zeitpunkt des Eingangs der Gegenleistung (Zahlungszeitpunkt) berühren die Bewertung der Forderung aus Lieferung und Leistung, aber nicht mehr die Höhe des Umsatzes. Eine analoge Anwendung auf Tauschgeschäfte, d.h. eine Bewertung auf den Zeitpunkt der **Erfüllung der eigenen Leistungsverpflichtungen** halten wir für angemessen (aber nicht zwingend). Sie impliziert, dass bei späterer Erfüllung der Gegenleistungsverpflichtung zunächst eine Sachleistungsforderung eingebucht wird, die dann bis zur Erfüllung der Sachleistung fortzuschreiben ist.

Praxis-Beispiel

B liefert am 1.10.01 Waren an Kunde K und erhält im Gegenzug am 2.1.02 Rohstoffe von K. Die Rohstoffe haben folgenden *fair value*:
- bei Vertragsschluss: 95,
- bei Warenlieferung (1.10.01): 120,
- zum Bilanzstichtag (31.12.01) sowie bei Rohstofflieferung (2.1.02): 105.

Buchungen

1.10.01: „per Sachleistungsforderung 120 an Umsatz 120",
31.12.01: „per Aufwand 15 an Sachleistungsforderung 15",
2.1.02: „per Vorräte 105 an Sachleistungsforderung 105".

Die im April 2016 veröffentlichten „*Clarifications to IFRS 15*" verzichten auf eine Festlegung des Bewertungszeitpunkts und halten stattdessen in IFRS 15.BC254E ein im Anhang offenzulegendes faktisches Wahlrecht (*policy choice*) fest.

124   Kann der *fair value* der erhaltenen Leistung **nicht verlässlich** bestimmt werden, ist **hilfsweise** auf die Einzelveräußerungspreise (*stand alone selling prices*) der vom Berichtsunternehmen selbst erbrachten Leistungen zurückzugreifen, wobei im Fall von nach Art des Kunden (Großhändler, Endverbraucher usw.) differen-

zierenden Preisen der jeweils zutreffende Preis maßgeblich ist (IFRS 15.67, IFRS 15.IE156 ff.). Die früher in SIC 31 enthaltene Regelung, wonach kein Erlös zu erfassen ist, wenn der *fair value* der Gegenleistung nicht verlässlich bestimmt werden kann, ist durch IFRS 15 entfallen. Einer Erlöserfassung kann aber entgegenstehen, dass es der Transaktion an wirtschaftlichem Gehalt *(commercial substance)* mangelt (Rz 38).

Praxis-Beispiel

Eine Zeitung kann ihren Anzeigenraum nicht mehr voll zu „vernünftigen" Preisen veräußern. Einem privaten Radiosender geht es ähnlich mit seinen Werbezeiten. Sie vereinbaren deshalb eine Rundfunkwerbung in der Zeitung im Tausch gegen Werbespots des Rundfunksenders für die Zeitung.

Nach SIC 31 konnte eine Erlösrealisierung bei der Zeitung daran scheitern, dass der *fair value* der empfangenen Gegenleistung nicht verlässlich bestimmbar war, etwa weil Werbezeiten zu völlig unterschiedlichen Preisen (vom Listenpreis bis zu 90 % Abschlag darauf) veräußert wurden.

Nach IFRS 15 muss die Zeitung in einem solchen Fall auf die Preise der eigenen Leistungen (Anzeigen) abstellen, dabei naturgemäß berücksichtigen, wenn wegen schwacher Auftragslage Großinserenten enorme Preisnachlässe gewährt werden. Vorauszusetzen ist dabei, dass der Tausch überhaupt einen realen (nicht nur bilanzpolitischen) Zweck verfolgt, also wirtschaftlichen Gehalt hat; fehlt es daran, kommt es auch nach IFRS 15 nicht zu Umsatz.

Stellt der Kunde dem Berichtsunternehmen Güter oder Dienste zur Verfügung, um die Erfüllung von ihm gegenüber bestehenden Leistungsverpflichtungen des Berichtsunternehmens zu erleichtern (**Beistellung von Material, Arbeit** usw.), liegt ein Tauschgeschäft nur vor, wenn das Berichtsunternehmen ausnahmsweise dauerhaft die Kontrolle über die „beigestellten" Leistungen erhält (IFRS 15.69). **125**

Wegen der Regelungen, die beim Tausch von Anlagevermögen gelten, wird auf IAS 16.24 (→ § 14 Rz 17) und IAS 38.45 (→ § 13 Rz 24 und → § 13 Rz 82) verwiesen. **126**

5.2.7 Prinzipal oder Agent

Soweit das Berichtsunternehmen Leistungen an den Kunden ganz oder teilweise nicht **in eigener Sache**, sondern z.B. wie ein Kommissionär oder wirtschaftlich ähnlich Handelnder für einen Dritten erbringt, ist nicht das vom Kunden entrichtete Bruttoentgelt als Transaktionspreis und Umsatz anzusehen, sondern nur die kommissionsähnliche Provision, also das **netto** beim Berichtsunternehmen verbleibende Entgelt (IFRS 15.B36). Wegen Anwendungsbeispielen wird wie folgt verwiesen: **127**

- **Internethandel** (Rz 90),
- **Reisebüroleistungen** (Rz 91),
- **Transportleistungen als Nebenleistungen** einer Lieferung (Rz 96).

5.3 Aufteilung des Transaktionspreises auf die Leistungsverpflichtungen

5.3.1 Relative Einzelveräußerungspreise

128 Enthält ein Vertrag mit einem Kunden lediglich eine einzige Leistungsverpflichtung oder zwar mehrere, aber zeitgleich erfüllte (Rz 55), so erübrigt sich eine Aufteilung des Transaktionspreises. Umfasst ein Vertrag hingegen mehrere Leistungsverpflichtungen, die nicht synchron erfüllt werden, so ist der Transaktionspreis zu verteilen. Dies geschieht im **Verhältnis der Einzelveräußerungspreise** der Leistungsverpflichtungen zu Vertragsbeginn (IFRS 15.7 ff.). Hierzu folgendes Beispiel aus der **Mobilfunkbranche**:

Praxis-Beispiel

Mobilfunkunternehmen M veräußert Handys vom Typ X für 240 EUR. Schließt der Käufer gleichzeitig einen zweijährigen Mobilfunkvertrag mit monatlicher Zahlung von 25 EUR ab, erhält er das Handy für 60 EUR. Kunden, die einen zweijährigen Mobilfunkvertrag ohne Erwerb eines Handys abschließen, zahlen 20 EUR pro Monat.

(1) Beim Abschluss eines kombinierten Vertrags entsteht ein Gesamtentgelt (Transaktionspreis) von 60 EUR + 24 × 25 EUR = 660 EUR.

(2) Für die Verteilung dieses Betrags sind die relativen Einzelveräußerungspreise maßgeblich. Die Summe der Einzelveräußerungspreise beträgt 240 EUR + 24 × 20 EUR = 720 EUR, der Anteil des Handys 240 / 720 = 33,3 %, der Anteil der Netznutzung somit 67,7 %.

(3) Angewandt auf den tatsächlichen Transaktionspreis von 660 EUR sind 220 EUR dem Handyverkauf zuzuordnen (Umsatz sofort) und 440 EUR der Netznutzung (Verteilung auf 24 Monate).

---

129 Beim **Einzelveräußerungspreis** handelt es sich um jenen Preis, zu dem das Unternehmen ein zugesagtes Gut bzw. eine zugesagte Dienstleistung separat an einen Kunden verkaufen würde. Der beste Nachweis eines Einzelveräußerungspreises ist der bei einem separaten Verkauf – unter ähnlichen Umständen und an ähnliche Kunden – **beobachtbare Preis** des Guts bzw. der Dienstleistung (IFRS 15.77). **Listenpreise** sind nur dann Indikationen für den Einzelveräußerungspreis, wenn unter ähnlichen Umständen und an ähnliche Kunden zu diesem Listenpreis veräußert wird.

Ist der Einzelveräußerungspreis nicht direkt bestimmbar, muss eine **Schätzung** vorgenommen werden. Als nicht abschließende Liste geeigneter Schätzverfahren nennt IFRS 15.79 folgende Methoden:

• **Methode angepasster Marktwerte** (*adjusted market assessment approach*): Durch Analyse des Markts wird die (durchschnittliche) Zahlungsbereitschaft der Kunden für den einzelnen Vertragsgegenstand geschätzt. Dabei sind ggf. auch die Preise der Konkurrenz für ähnliche Vertragsgegenstände zu berücksichtigen. Die so ermittelten Marktwerte sind an die Kosten und Gewinnmargen des Unternehmens anzupassen. Die Methode ist dann wenig geeignet, wenn es sich um eine neu eingeführte, am Markt bisher auch noch nicht von Wettbewerbern angebotene Leistung handelt.

- **Kostenzuschlagsmethode** *(expected cost plus margin approach):* Der Einzelveräußerungspreis ergibt sich, indem auf die erwarteten Kosten zur Erfüllung der einzelnen Leistungsverpflichtung eine realistische (nicht: gewünschte) Gewinnmarge aufgeschlagen wird. Die Methode stößt dort an ihre Grenzen, wo die Erfüllung der Leistungsverpflichtung kaum mit variablen, direkt zurechenbaren Kosten verbunden ist (z. B. in bestimmten Fällen der Softwarelizenzierung).

- **Restwertmethode** *(residual approach):* Voraussetzung für die Anwendung dieser Methode ist, dass einerseits der Einzelveräußerungspreis der zu bewertenden Leistungskomponente in hohem Maß ungewiss ist, andererseits die Einzelveräußerungspreise der anderen Komponenten bestimmt werden können. Die Ungewissheit bzgl. des Bewertungsobjekts kann sich daraus ergeben, dass die Leistung neu eingeführt ist (noch keine etablierten Preise) oder mit höchst unterschiedlichen Preisen an Kunden abgesetzt wird. Bei Erfüllung der vorgenannten Voraussetzung bestimmt sich der Einzelveräußerungspreis aus der Differenz zwischen dem Transaktionspreis und den Einzelveräußerungspreisen der anderen Leistungsverpflichtungen des Vertrags.

Die Schätzung soll **alle verfügbaren Informationen**, insbesondere Marktbedingungen, unternehmensspezifische Faktoren, aber auch Informationen über die Art des Kunden berücksichtigen (IFRS 15.78). Relevant können z. B. sein:
- die Intensität des Wettbewerbs,
- der Marken-/Branchentrend,
- der Lebenszyklus des Markts,
- der geografische Absatzmarkt,
- die eigene Marktstellung, qualitativ (Renommee usw.) und quantitativ (Marktanteil usw.),
- die Preisgestaltung durch Wettbewerber,
- die eigene Kostenstruktur,
- die Art des Kunden (Endverbraucher, Händler usw.).

Enthält ein Vertrag neben Komponenten, die IFRS 15 unterliegen, auch solche, die nach anderen Standards zu bilanzieren und bewerten sind, muss der Transaktionspreis gem. IFRS 15.7(a) zunächst um den nach dem anderen Standard ermittelten Wert bereinigt werden.

130

Praxis-Beispiel

U verkauft zu einem Gesamtpreis von 55 GE an K zwei Rohstoffe X und Y (Einzelveräußerungspreise 20 GE und 30 GE) und gewährt K gleichzeitig eine Option auf weitere Käufe, wobei die Stillhalterposition wegen Verfehlens der *own-use*-Ausnahme (→ § 28a) als Finanzderivat i.S.v. IAS 39/IFRS 9 zu würdigen und daher mit dem *fair value* von 10 einzubuchen ist. Der Transaktionspreis ist wie folgt zu allozieren:

Gesamtpreis	55
abzüglich Finanzderivat *(fair value)*	– 10
= verbleibender Transaktionspreis	45
Anteil X (20 / 50 von 45)	18
Anteil Y (30 / 50 von 45)	27

5.3.2 Aufteilung von Paketabschlägen oder Paketzuschlägen

131 Häufig unterschreitet der Transaktionspreis für ein Bündel an Gütern bzw. Serviceleistungen die Summe der Einzelveräußerungspreise dieser Gegenstände. Der aus dem *„package deal"* (oder anderen Umständen) resultierende Preisnachlass *(discount)* nimmt i.d.R. an der Verteilung des Transaktionspreises auf Basis des Verhältnisses der Einzelveräußerungspreise teil und wird daher automatisch bei allen Leistungsverpflichtungen des Vertrags berücksichtigt (IFRS 15.81). **Ausnahmsweise** ist jedoch eine Zuordnung des Preisnachlasses zu lediglich einem Teil der Leistungsverpflichtungen erforderlich, wenn alle Leistungsverpflichtungen regelmäßig auch einzeln angeboten werden und dabei für eine Teilmenge der Gesamtleistung ein Preisnachlass vereinbart wird, der dem gesamten Preisnachlass des Vertrags entspricht (IFRS 15.82). Hierzu folgendes Beispiel in Anlehnung an IFRS 15.IE167ff.:

Praxis-Beispiel

Ein Unternehmen verkauft regelmäßig die Produkte A, B und C in separaten Transaktionen zu folgenden Einzelveräußerungspreisen:

- Produkt A: 50 EUR,
- Produkt B: 25 EUR,
- Produkt C: 75 EUR,
- Summe: 150 EUR.

Das Unternehmen schließt einen Vertrag über die Lieferung der drei Produkte für insgesamt 100 EUR ab. Die Produkte A und B werden in 01, Produkt C in 02 geliefert.

Beurteilung

Der Anteil am Transaktionspreis beträgt für

- Produkt A: 100 / 150 × 50 EUR = 33,3 EUR (in 01),
- Produkt B: 100 / 150 × 25 EUR = 16,7 EUR (in 01),
- Produkt C: 100 / 150 × 75 EUR = 50 EUR (in 02).

Je 50 EUR Umsatz sind somit in 01 und in 02 zu erfassen.

Variante

B und C werden regelmäßig auch als „kleineres Paket" für 50 EUR veräußert. A wird nicht in kleineren Paketen oder wenn, dann nur ohne Nachlass angeboten.

Beurteilung

Der Preisnachlass ist allein auf B (mit ¼ = 12,50 EUR) und C (mit ¾ = 37,50 EUR) aufzuteilen. Somit ergeben sich folgende Umsätze:

- Produkt A: 50,00 EUR (in 01),
- Produkt B: 12,50 EUR (in 01),
- Produkt C: 37,50 EUR (in 02).

---

132 Liegt der Transaktionspreis ausnahmsweise über der Summe der Einzelveräußerungspreise, kann dies ein Hinweis darauf sein, dass die Einzelveräußerungspreise falsch geschätzt wurden. Infrage kommt aber auch ein **Paketzuschlag**, den der Kunde zahlt, damit er **alles aus einer Hand** hat, sich um die Komptabilität der

Komponenten nicht kümmern muss. Wie bei einem Paketabschlag ist der Transaktionspreis i.d.R. nach dem Verhältnis der Einzelveräußerungspreise aufzuteilen, so dass der Zuschlag anteilig bei allen Komponenten berücksichtigt wird.

5.3.3 Aufteilung variabler Entgelte

Variable Entgelte sind **i.d.R.** dem **gesamten Vertrag** zuzuordnen. Hiervon gibt es nach IFRS 15.84 f. zwei relevante **Ausnahmen:**

133

- Bei Dauerleistungen bzw. einer Serie von Teilleistungen findet eine Anpassung des Preises im Zeitablauf statt (etwa bei einem zweijährigen Gebäudereinigungsvertrag eine Inflationsanpassung in Periode 2).
- Die variable Vergütung ist daran geknüpft, ob, wann oder in welchem Maß eine **einzelne** Leistungsverpflichtung erfüllt wird (z.B. Lieferung von mehreren Anlagen, dabei Sondervergütung, wenn Anlage 1 vor der vertraglichen Frist geliefert wird).

5.3.4 Spätere Änderungen des Transaktionspreises

Spätere Änderungen des Transaktionspreises sind auf dieselbe Art aufzuteilen wie der Transaktionspreis bei Vertragsbeginn. Änderungen, die schon erfüllten Leistungsverpflichtungen zugeordnet werden, sind als Erlös oder Erlösschmälerung zu erfassen (IFRS 15.87 ff.).

134

6 Realisationszeitpunkt

6.1 Grundlagen

6.1.1 Erlösrealisierung mit Erfüllung der Leistungsverpflichtung durch Übergang der Beherrschung

Die **Erlöserfassung** erfolgt **mit Erfüllung einer Leistungsverpflichtung** durch Übertragung des zugesagten Guts oder der sonstigen Leistung *(service)* – als eines Vermögenswerts – an den Kunden. Die **Übertragung** geschieht mit Erlangung der **Beherrschung** über diesen Vermögenswert (IFRS 15.31) bzw. den aus ihm resultierenden Nutzen (IFRS 15.33) durch den Kunden.

135

Gewöhnungsbedürftig ist, dass IFRS 15 auch *services,* die beim Kunden nicht zu einem (aktivierungsfähigen) Vermögenswert werden, als **Vermögenswerte** begreift, also etwa eine Gebäudereinigungs- oder eine Schulungsleistung, die an den Kunden erbracht wird. Begründet wird dies in IFRS 15.33 mit einer Art Konzept der logischen Sekunde: *„Goods and services are assets, even if only momentarily, when they are received and used (as in the case of many services)."* Es mag dahingestellt bleiben, ob es zwischen Erbringung einer Reinigungs- oder Schulungsleistung und deren „Konsum" durch den Kunden eine nicht artifizielle logische Sekunde gibt oder sich nicht vielmehr beides notwendig zeitgleich vollzieht. Selbst mit dem Konstrukt der logischen Sekunde ist nicht erkennbar, wie ein *asset* i.S.v. F.4.4 ff. vorliegen soll. Das Abstellen auf einen Vermögenswert scheint eher dem Bestreben nach theoretischer Eleganz geschuldet, dem Bemühen nämlich, eine einheitliche konzeptionelle Grundlage für alle Leistungstatbestände zu finden. In der Anwendung dieses Konzepts kommt aber schon der Standard selbst nicht ohne Kasuistik aus, wie die vielen Sonderfälle in Appendix B und die *Illustrative Examples* zeigen. Hier ist das vermögenswertbasierte

Konzept zwar nicht immer von Nutzen, richtet andererseits aber auch keinen großen Schaden an. Kurzum: Man muss dieses Konzept nicht durchgängig ernst nehmen, um IFRS 15 anwenden zu können.

136   Der Leistungserbringer hat den Umsatz insoweit zu realisieren, als der Kunde die **Beherrschung** über die Leistung (den „Vermögenswert") erlangt, d.h. er die Fähigkeit zur Bestimmung seiner Verwendung und des Erhalts aller wesentlichen Vorteile im Zusammenhang mit diesem gewinnt, und zwar unter Ausschluss Dritter. Bei den Vorteilen handelt es sich um die Verbesserung der potenziellen Geldflüsse, die – bspw. durch Verkauf des Vermögenswerts oder dessen Verwendung in der Produktion – erzielt werden kann (IFRS 15.33).

137   **Ausnahmsweise** kann ein Erlös auch erfasst werden, obwohl das Unternehmen seine Leistungsverpflichtung nicht erfüllt hat. Betroffen sind Fälle, in denen Kunden schon vorab gezahlt haben, aber ganz **unwahrscheinlich** (*remote*) ist, dass die **Kunden** ihr Recht auf Erhalt der Gegenleistung **ausüben** (IFRS 15.B44 ff.).

Praxis-Beispiel

Eine Parfümeriekette verkauft in 01 für insgesamt 1 Mio. EUR „Geschenkgutscheine" (mit Einzelbeträgen zwischen 5 und 100 EUR), die unbefristet gegen Waren der Kette eingelöst werden können. Das Unternehmen bucht zunächst: „per Geld 1 Mio. EUR an Schuld 1 Mio. EUR". Zum 31.12.01 sind 0,7 Mio. EUR eingelöst. Nach den Erfahrungen der Vergangenheit werden weitere 0,2 Mio. EUR in den Folgejahren eingelöst werden, 0,1 Mio. EUR hingegen mit ganz hoher Wahrscheinlichkeit von den Kunden ungenutzt gelassen. Das Unternehmen bucht in 01:

- „per Schuld 0,7 Mio. EUR an Umsatz 0,7 Mio. EUR" für die eingelösten Gutscheine,
- „per Schuld 0,1 Mio. EUR an Umsatz 0,1 Mio. EUR" für die mit höchster Wahrscheinlichkeit ungenutzten Gutscheine.

6.1.2   Zeitpunkt- vs. zeitraumbezogene Leistungsverpflichtungen, gemischte Leistung

138   Hinsichtlich der für die Erlösrealisation maßgeblichen Frage, wann die erbrachte Leistung in den Herrschaftsbereich des Kunden übergeht, unterscheidet IFRS 15 zwischen

- **zeitraumbezogenen** (Rz 140) und
- **zeitpunktbezogenen** (Rz 165)

Leistungsverpflichtungen (IFRS 15.32 und IFRS 15.B2 – IFRS 15.B13). Diese Differenzierung ist keine Spezifik der IFRS, sondern findet sich z.B. auch in Rechtsprechung und Schrifttum zum HGB/EStG.

Eine Besonderheit von IFRS 15 ist aber, dass der **Begriff der zeitraumbezogenen Leistung** sehr **weit gefasst** ist. Er betrifft in zivilrechtlicher Terminologie nicht nur die meisten Dienstleistungen, sondern auch viele Werkleistungen (etwa Reparaturen) und kundenspezifische Werklieferungen (Fertigungsaufträge), also etwa die Herstellung und Veräußerung eines Gebäudes auf zuvor dem leistenden Unternehmen gehörenden Grund und Boden oder den Bau einer Spezialmaschine. Aus dem Zeitraumbezug der Leistung folgt im Übrigen noch nicht, dass der Erlös pro rata zu erfassen ist. Konzeptionell ist immer eine Erlösrealisierung **nach Leistungsfortschritt** geboten. Dies kann bei über einen längeren Zeitraum geschuldeten Dienstleistungen oder Lizenzierungen auf eine Pro-rata-Realisierung hinauslaufen, nicht aber in den vorgenannten Fällen des Bauunternehmers oder Maschinenbauers. Zur Bestimmung des Leistungsfortschritts bzw. Fertigstellungsgrads wird auf Rz 147 verwiesen.

Komplex ist die Frage der Umsatzrealisation bei **gemischter Leistung**, also dann, wenn eine einheitliche Leistungsverpflichtung mehrere unselbstständige Teilleistungen umfasst, für die bei separater Betrachtung teilweise eine zeitpunktbezogene Erlösrealisierung, teilweise eine zeitraumbezogene vorläge.   **139**

Praxis-Beispiel

U fertigt in Kleinserien innovative Drohnen, die (im Ersatz für bisher durchgeführte Hubschrauberflüge) Netzbetreibern die Luftinspektion von Freileitungen ermöglichen. Wesentliche Komponenten der Drohnen sind von U patentiert worden. Im Hinblick auf den Patentschutz ist Dritten eine Fertigung dieser Komponenten etwa zur Ersatzteilversorgung der Drohnennutzer rechtlich nicht möglich.

An den Kunden K wird eine Drohne zum 31.12.01 gegen einen Festpreis ausgeliefert. U hat sich zugleich verpflichtet, gegen eine jährliche Pauschale für zehn Jahre die Versorgung mit Ersatzteilen zu gewährleisten. Nach der internen Planung erwartet U, dass etwa 25 % der aus dem Vertrag bei ihm entstehenden Gesamtkosten auf die Ersatzteilversorgung, 75 % auf die Drohnen entfallen.

Wegen IFRS 15.27(b) liegt eine einheitliche Leistungsverpflichtung vor, deren unselbstständige Teile bei separater Betrachtung teils zeitpunktbezogen (Drohnenlieferung), teils zeitraumbezogen (Ersatzteilgarantie) sind.

Fraglich ist in derartigen Fällen, ob ein einheitliches Realisationsmodell auf den gesamten Vertrag anzuwenden ist und wenn ja, welches. Mit diesem Problem hat sich hat sich die *Joint Transition Ressource Group for Revenue Recognition* (TRG; Rz 246) im Juli 2015 befasst. Das hierbei veröffentlichte *Staff Paper* (TRG Agenda ref 41) diskutiert u. a. folgende Varianten:

- *final-deliverable*-Modell mit Realisierung der gesamten Leistungsverpflichtung zum Zeitpunkt bzw. dem Zeitraum des zuletzt zu liefernden Bestandteils,
- *slower-of*-Modell mit Realisierung nach Maß der bisher im geringsten Umfang erbrachten Leistung,
- *multiple-attribution*-Modell mit Realisierung so, als wären einzelne Leistungsverpflichtungen zu betrachten,
- *predominant-deliverable*-Modell mit Realisierung nach der vorherrschenden Teilleistung,
- inputorientiertes Modell mit Realisierung nach dem Maß des angefallenen Inputs (z. B. Kosten) (Rz 154),
- *nature-of-the-promise*-Modell mit einer an der Natur der Leistungsverpflichtung orientierten Realisierung.

Die Präferenz des *Staff* für das letzte Modell ist verständlich, da mit der „Natur der Leistungsverpflichtung" implizit die Bedeutung des Einzelfalls hervorgehoben wird. Eine konkrete Lösung für die Praxis bietet das Modell jedoch nicht, da die „Natur der Verpflichtung" selbst ein abstraktes Konzept darstellt. Die folgenden Modelle sind u. E. im Beispielfall abzulehnen:

- das *multiple-attribution*-Modell, da es den Gedanken der einheitlichen Leistungsverpflichtung konterkariert,
- das *final-deliverable*- und *slower-of*-Modell, da sie einen dem IFRS 15 fremden Vorsichtsgedanken reflektieren,
- das *predominant-deliverable*-Modell, da unter Wesentlichkeitsgesichtspunkten der Unterschied zwischen dem dominanten Teil der Leistungsverpflichtung (75 %) und dem anderen (25 %) nicht überragend genug ist.

Das verbleibende **inputorientierte Modell** ist nach dem *Staff Paper* (Tz. 26) am ehesten dann geeignet, wenn mit den Inputteilen jeweils ein Transfer von Leistungsteilen korrespondiert und der zeitlich vorauseilende Teil nicht lediglich den Charakter von Vorbereitungs- bzw. Hilfsleistungen hat. Angewandt auf das obige Beispiel gilt: Mit der Drohnenlieferung und den Ersatzteillieferungen geht jeweils ein Transfer der entsprechenden Leistungsteile einher. Die Drohnenlieferung hat auch nicht lediglich den Charakter einer Vorbereitungs- bzw. Hilfshandlung zur eigentlichen Leistungserbringung. Die inputorientierte Methode (Rz 147) kann daher angewandt werden.

6.2 Zeitraumbezogene Leistungsverpflichtungen

6.2.1 Anwendungsbereich

140   Eine zeitraumbezogene Leistungsverpflichtung liegt vor, wenn eines der folgenden Kriterien erfüllt ist (IFRS 15.35):

(a) Der Kunde zieht **kontinuierlich Nutzen**, d.h., er erhält und konsumiert gleichzeitig die Vorteile aus der Leistungserbringung (Rz 141).

(b) Das Unternehmen erstellt oder verbessert einen **vom Kunden beherrschten Vermögenswert** (Rz 142).

(c) Es existiert nach einer zu Vertragsbeginn vorzunehmenden Beurteilung **aus rechtlichen oder tatsächlichen Gründen keine alternative Nutzungsmöglichkeit** des Vermögenswerts für das leistungserbringende Unternehmen, d.h., der Vermögenswert ist **kundenspezifisch** (IFRS 15.36). Gleichzeitig verfügt das Unternehmen grundsätzlich jederzeit über einen durchsetzbaren Anspruch auf Zahlung für die bereits erbrachten Leistungen, wenn der Vertrag aus nicht von ihm zu vertretenden Gründen vorzeitig beendet würde (IFRS 15.37; Rz 143).

Wichtige Anwendungsfälle dieser Regelungen sind wie folgt:

141   **Ad (a):**

Eine **kontinuierliche Nutzenziehung** durch den Kunden ist etwa bei **klassischen Dienstleistungen** über einen längeren Zeitraum, etwa einem **Schulungs**- oder **Gebäudereinigungs**vertrag über ein Jahr mit täglicher, wöchentlicher oder monatlicher Teilleistung gegeben.

Aber auch *stand-by*-**Leistungen/Bereitschaftsdienste**, etwa ein gegen Pauschalentgelt für eine bestimmte Zeitdauer abgeschlossener **Reparatur- bzw. Wartungsvertrag** mit Arbeiten nur nach Bedarf, fallen hierunter.

Bei **Lizenzierung** von nicht kundenspezifischer Software kommt es auf die Umstände des Einzelfalls an, ob eine zeitpunkt- oder eine zeitraumbezogene Leistung vorliegt (Rz 221).

Ad (b): 142
Die **Erstellung** eines vom Kunden beherrschten **Vermögenswerts** liegt etwa bei **Baumaßnahmen** auf dem **Kundengrundstück** vor, die **Verbesserung** eines solchen Vermögenswerts bei energetischer Sanierung eines Kundengebäudes, **Reparaturen** des Gebäudes usw.

Ad (c): 143
An der **alternativen Nutzungsmöglichkeit** des (herzustellenden) Vermögenswerts fehlt es aus **rechtlichen Gründen** etwa in folgendem Fall des Baus und Verkaufs einer **Eigentumswohnung** (IFRS 15.IE81 ff.):

> **Praxis-Beispiel**
> B errichtet auf eigenem Grundstück ein Wohnhaus, um es in Form von Eigentumswohnungen zu veräußern. Vor Baubeginn (oder jedenfalls vor weitgehender Fertigstellung) veräußert er die Eigentumswohnung Nr. 6 im zweiten Stock links, Gartenseite, an den Käufer K. Die Wohnung unterscheidet sich in Größe, Ausstattung, Raumaufteilung usw. nicht von den Wohnungen Nr. 4 und Nr. 2 im gleichen Gebäude. Gleichwohl ist sie kundenspezifisch i. S. v. IFRS 15.35(c), da der Kaufvertrag B zur Übereignung der konkret lokalisierten Wohnung Nr. 6 (zweiter Stock links, Gartenseite) verpflichtet, also B – abgesehen von einer nach IFRS 15.B6 nicht beurteilungsrelevanten Vertragsauflösung oder Vertragsänderung – selbst dann aus rechtlichen Gründen gehindert ist, die Wohnung an einen anderen zu verkaufen, wenn er eine gleichwertig andere Wohnung anbietet. Im Unterschied zur bisherigen Regelung (IAS 11 und IAS 18 i. V. m. IFRIC 15) ist also ein Bau nach kundenspezifischen, individuell ausgehandelten Vorgaben an Raumaufteilung, Größe usw. nicht mehr Voraussetzung für eine zeitraumbezogene Bauleistung.
>
> **Ergänzung**
> Wird mit dem Bau bereits begonnen, bevor alle Wohnungen veräußert sind, stellen die noch nicht verkauften Wohnungen bis zum Vertragsschluss Vorratsvermögen nach IAS 2 dar. Bei den erst nach Fertigstellung verkauften Wohnungen wird der Umsatz zeitpunktbezogen mit Übergabe realisiert.

Kein substanzielles rechtliches Hindernis liegt nach IFRS 15.B7 vor, wenn der versprochene Vermögenswert austauschbar ist, also an einen anderen gegeben werden könnte und ohne Vertragsbruch dem eigentlichen Kunden der gleichartige Vermögenswert geliefert werden könnte.

Aus **tatsächlichen Gründen** *(practical limitations)* scheidet eine alternative Nutzung nach IFRS 15.B8 aus, wenn der Vermögenswert nach spezifischen Vorgaben des Kunden erstellt wird und ohne **signifikante ökonomische Einbußen** (in der Form von Preisabschlägen oder kostenintensiven Anpassungsarbeiten) nicht an einen anderen Kunden verkauft werden könnte. Das erforderliche Signifikanzurteil ist naturgemäß ermessensbehaftet, wie folgendes Beispiel aus dem **Flugzeugbau** zeigt:

> **Praxis-Beispiel**
> Flugzeugbauer F produziert für die Airline A zehn Flugzeuge. Die wichtigsten Komponenten der Flugzeuge (Turbinen, Fahrwerk, Rumpf, Flügel, Ruder usw.) sind nicht kundenspezifisch. Die Airline hat aber spezielle Anforderungen an die Innenausstattung samt Unterhaltungselektronik, die Außenlackierung usw. Möglicherweise reichen diese Anforderungen so weit, dass bei Veräußerung der fertiggestellten Flugzeuge an einen Dritten eine Kombination von Preisabschlägen und Umbaumaßnahmen zu einem signifikanten Verlust führen würde.

Beim **Maschinen- und Anlagenbau** können ähnliche Ermessensentscheidungen erforderlich sein. Die alternative Nutzungsmöglichkeit durch das Berichtsunternehmen ist dabei umso eher zu verneinen, je mehr der Auftrag auf eine **integrierte Anlage** (sei es mit beim Kunden schon vorhandenen Vermögenswerten oder mit ebenfalls vom Berichtsunternehmen zu liefernden) hinausläuft.

144   Zeitraumbezogen sind auch die meisten Beratungs- und **beratungsnahen Leistungen**, entweder wegen kontinuierlicher Nutzenziehung (IFRS 15.35(a)) oder wegen Kundenspezifität (IFRS 15.35(c)). Betroffen ist etwa die Erstellung von Steuererklärungen durch einen **Steuerberater** oder die Durchführung der Abschlussprüfung durch einen **Wirtschaftsprüfer**. Dabei kommt es – im Unterschied zur Handelsbilanz – nicht entscheidend darauf an, dass der Prüfungsvertrag nach ständiger Rechtsprechung[21] ein Werkvertrag ist, der erst mit Auslieferung des Prüfungsberichts erfüllt ist.

145   Die **Einräumung von Werbemöglichkeiten** kann je nach den Umständen zeitpunktbezogen (z.B. Fernsehspots) oder zeitraumbezogen (z.B. Bannerwerbung im Internet) sein.[22]

146   Bei einem Zeitvertrag ist zu prüfen, ob er auf eine echte Zeitraumleistung gerichtet ist oder die Vertragsdauer nur den zeitlichen Rahmen für Einzelleistungen bildet (sog. **Zeitrahmenvertrag**). Im zweiten Fall liegt ein Mehrkomponentengeschäft vor, bei dem die einzelnen Leistungen auf ihren Charakter – Zeitraum- oder Zeitpunktbezug – zu prüfen sind (Rz 72).

6.2.2 Bestimmung des Leistungsfortschritts

6.2.2.1 Input- und Outputverfahren im Überblick

147   Um die Erlöse aus einer zeitraumbezogenen Leistung den einzelnen Berichtsperioden zuordnen zu können, ist gem. IFRS 15.39 zu jedem Bilanzstichtag (oder Stichtag einer Zwischenberichtsperiode) der **Leistungsfortschritt** bzw. **Fertigstellungsgrad** *(progress towards complete satisfaction of that performance obligation)* zu ermitteln. Für jede Leistungsverpflichtung ist eine einzige Methode anzuwenden. Diese ist auf ähnliche Leistungsverpflichtungen und unter ähnlichen Umständen **konsistent** anzuwenden (IFRS 15.40).

Zur **Ermittlung des Leistungsfortschritts** kommen Einsatz- und Leistungsverfahren, d.h. input- und outputorientierte Verfahren, in Betracht:

---

21   Vgl. u.a. BGH, Urteil v. 1.2.2000, X ZR 198/97, DStR 2000, S. 480, und OLG Hamburg, Urteil v. 26.3.1981, 6 U 63/80, Stbg 1981, S. 188.
22   Vgl. WALTER/HOLD, KoR 2016, S. 301 ff.

- Bei **inputorientierten Verfahren** wird der Fertigstellungsgrad durch das Verhältnis des bis zum Stichtag bereits erfolgten Faktoreinsatzes zum erwarteten gesamten **Faktoreinsatz** gemessen.
- Bei **outputorientierten Verfahren** wird hingegen der dem Kunden bereits durch Erfüllung der Leistungsverpflichtung zugeflossene **Nutzen** zum Gesamtnutzen (in Form von Gütern und sonstigen Leistungen) aus der Leistungsverpflichtung ins Verhältnis gesetzt.

Wichtigstes **Inputverfahren** ist die *cost-to-cost*-**Methode**. Sie bestimmt den 148 Leistungsfortschritt nach dem Verhältnis der bis zum Stichtag angefallenen Auftragskosten zu den geschätzten gesamten Auftragskosten. Andere Inputverfahren bemessen den Faktoreinsatz nicht in Geld, sondern an einem Mengenmaßstab (geleistete Bemühungen bzw. *efforts expended*), also etwa bei lohnintensiver Tätigkeit an der Zahl der geleisteten Arbeitsstunden (im Verhältnis zur geschätzten Gesamtzahl) oder bei anlageintensiver Tätigkeit an der Zahl der Maschinenstunden.

Outputverfahren können bei einem zu erbringenden Gesamtwerk (z.B. Brückenbau) auf **physische Teilleistungen** (z.B. Brückenpfeiler) oder auf vertraglich festgelegte *milestones* abstellen, bei einer Summe von nacheinander erbrachten Einzelleistungen (z.B. zehn Einfamilienhäuser) auf die Zahl der bereits fertiggestellten Einheiten (*units produced*).

Abb. 3 zeigt die Bandbreite der Methoden.

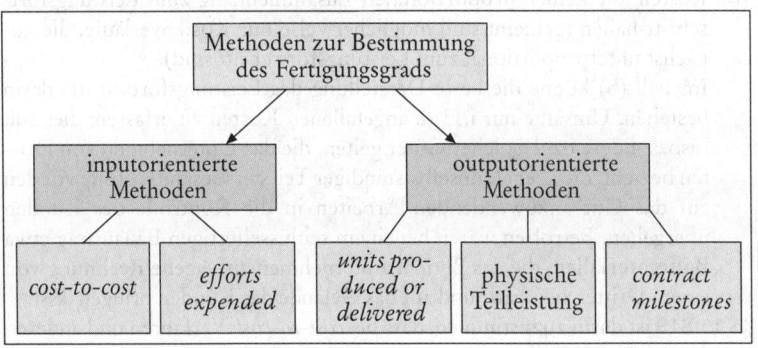

Abb. 3: Methoden zur Bestimmung des Fertigungsgrads

6.2.2.2 Auswahl des angemessenen Verfahrens

Die Wahl des Verfahrens hängt von der Art des Guts bzw. der Dienstleistung ab 149 (IFRS 15.41 und IFRS 15.B14 ff.). Dieser Grundsatz wird im Standard teils für triviale Fälle, teils für komplexere Konstellationen wie folgt **konkretisiert:**

- Eine Methode ist dann angemessen, wenn sie zu einer getreuen Wiedergabe (*faithful depiction*) der Leistung (*performance*) des Unternehmens führt (IFRS 15.B15). Für die **Outputmethode** bedeutet dies: Eine Beurteilung auf Basis der **fertiggestellten oder ausgelieferten Einheiten** (*units produced or units delivered*) würde dann zu einer unangemessenen, nämlich zu geringen Bemessung des Leistungsfortschritts führen, wenn die Leistung des Unternehmens zu einem signifikanten Teil noch in **unfertigen Erzeugnissen** steckt (IFRS 15.B15). Zum umgekehrten Fall einer zu hohen Bemessung des Leistungsfortschritts nach der Outputmethode wird auf Rz 150 verwiesen.

- Wenn sich der Entgeltanspruch proportional zur erbrachten Leistung verhält, etwa bei auf Stundenbasis abzurechnenden **Serviceleistungen mit fixem Stundenhonorar**, kann der Leistungsfortschritt **outputorientiert** einfach an der Zahl der geleisteten Stunden festgemacht werden (IFRS 15.B16). Es bleibt unklar, warum der Standard dies als ein Spezifikum der Outputmethode darstellt. Tatsächlich sind die geleisteten Stunden (zugleich) Faktoreinsatz und damit Inputgröße.

- Wenn die Leistungen des Unternehmens sich **gleichmäßig über die gesamte Vertragsdauer** verteilen (etwa zweijähriger Gebäudereinigungsvertrag mit wöchentlicher Reinigung), führt die Anwendung der Inputmethode (u. E. aber auch der Outputmethode) zu einer Erlösrealisierung **pro rata** (*straight-line basis*; IFRS 15.B18).

- Bei der Inputmethode sollen alle Effekte eliminiert werden, die keinen Zusammenhang mit dem fortschreitenden Transfer der Leistung an den Kunden haben (IFRS 15.B19). Als Beispiel werden für die **kostenbasierte Inputmethode** genannt:

  (a) **signifikante Ineffizienzen** (Material- oder Arbeitszeitverschwendungen),

  (b) Kosten, die keinen **proportionalen** Zusammenhang zum Leistungsfortschritt haben (gemeint sind möglicherweise nur Kostenverläufe, die zunächst unterproportional zum Leistungsfortschritt sind).

  Im Fall (b) könne die beste Darstellung des Leistungsfortschritts darin bestehen, Umsätze nur i. H. d. angefallenen Kosten zu erfassen; dies soll insbesondere bzgl. solcher Güter gelten, die das Unternehmen von Dritten bezieht, die aber als unselbstständiger Teil der Gesamtleistung vor den auf das Gut anzuwendenden Arbeiten in die Kontrolle des Kunden übergehen. Betroffen wären bei einem schlüsselfertigen Bauauftrag etwa **Baumaterialien**, die das Berichtsunternehmen auf eigene Rechnung von einem Dritten beschafft und auf das Gelände des Kunden bringen lässt.

150 IFRS 15.B19 ist darin zuzustimmen, dass bei *cost-to-cost*-Verfahren und anderen inputorientierten Methoden

(1) eine Bereinigung um Ineffizienzen und

(2) eine besondere Berücksichtigung von Dritten bezogener Subleistungen notwendig sein kann.

Der dem zweiten Punkt vorangestellte Hinweis auf die Problematik mangelnder **Proportionalität von Kosten und Leistung** sollte u. E. aber nicht dahingehend übergeneralisiert werden, dass Outputmethoden generell Inputverfahren überlegen seien. Hierzu folgendes Beispiel:

Praxis-Beispiel

Das Tiefbauunternehmen T hat für einen Festpreis von 120 Mio. EUR den Auftrag zum Bau von 6 km Autobahn (inkl. erforderlicher kleinerer Brückenbauwerke) erhalten. In der Periode 1 werden 4,5 km (75 %) fertiggestellt, in der Periode 2 die verbleibenden 1,5 km (25 %). Die Kosten (Personal,

---

Material, Gemeinkosten) von insgesamt 100 Mio. EUR verteilen sich mit je 50 Mio. EUR gleichmäßig auf die beiden Perioden.

Die Verteilung der Kilometerleistungen (75 % zu 25 %) weicht von der der Kosten (50 % zu 50 %) ab, weil im zweiten Streckenabschnitt mehr Brückenbauwerke enthalten sind.

Um einen möglichst hohen Umsatz in Periode 1 auszuweisen, möchte die T den Umsatzanteil der Periode nicht input- bzw. kostenorientiert (mit 50 % von 120 Mio. EUR), sondern output- bzw. kilometerorientiert (mit 75 % von 120 Mio. EUR) bestimmen.

Beurteilung

Die Wahl der Outputmethode würde deshalb zu einem eklatant höheren Umsatzanteil der Periode 1 führen, weil der outputorientiert festgelegte Fertigungsgrad (hier 75 %) deutlich von dem nach der *cost-to-cost*-Methode (hier 50 %) abweicht. Erklärend ist der höhere Anteil an Brückenbauwerken im zweiten Bauabschnitt. Die verbleibenden 25 % der Kilometer sind wegen der vermehrten Brückenbauwerke deutlich aufwendiger als die ersten 75 %. Unter diesen Umständen halten wir eine nur an der Kilometerleistung orientierte Bestimmung des Fertigungsgrads für unzulässig.

Die T schuldet nicht beliebige 6 km Autobahnbau in einer topografisch idealen, brückenfreien Lage, sondern den Bau auf einer örtlich genau bestimmten Strecke, zu der eine genau bestimmte Zahl von Brückenbauwerken gehört. Diese Bauwerke sind Teil der geschuldeten Gesamtleistung. Wenn alle Bauabschnitte eine gleichmäßige Zahl von Brückenbauten aufweisen würden, wäre die Kilometerleistung möglicherweise ein geeigneter Maßstab für den Leistungsfortschritt. Wenn, wie im Fallbeispiel, der zweite Streckenabschnitt mehr Brückenbauwerke fordert, repräsentiert der Kilometermaßstab gerade nicht mehr die ingenieurtechnischen und ökonomischen Verhältnisse. Ggf. müssten die Kilometer unter Berücksichtigung der unterschiedlichen Aufwendungen gewichtet werden, was im Resultat ein Übergehen zur *cost-to-cost*-Methode bedeuten würde.

Dieses Ergebnis lässt sich wie folgt verallgemeinern:

- Nach IFRS 15 ist der Leistungsfortschritt durch das **Verhältnis der erbrachten zur insgesamt geschuldeten Leistung** definiert.
- Da die Erledigung eines Bauauftrags (und vieler anderer Aufträge) eine technische und ökonomische, seine bilanzielle Abbildung eine rein ökonomische Veranstaltung ist, kann mit diesem **Verhältnis nur ein ökonomisches** gemeint sein.
- Eine nach (naiven) physischen Größen vorgehende Outputbemessung des Fertigungsgrads führt nur dann zu dem von IFRS 15 geforderten tatsachengetreuen Ergebnis *(faithful depiction),* wenn eine annähernd **lineare Beziehung** zwischen Kosten und physischem Aufteilungsmaßstab besteht oder eine solche Beziehung über **Gewichtungsfaktoren** hergestellt wird.
- Wo dies der Fall ist, ergeben sich keine wesentlichen Abweichungen zur *cost-to-cost*-Methode. Wo dies nicht der Fall ist, halten wir die Anwendung

der Outputmethode für unzulässig, weil sie nicht das **ökonomische Verhältnis** von erbrachter zur insgesamt geschuldeten Leistung widerspiegelt.

151   Auch in anderen Fällen stoßen outputorientierte Verfahren an ihre Grenzen, so etwa bei einer unreflektierten Anwendung der *milestones*-**Methode** auf **kundenspezifische Softwarefertigung**:

> **Praxis-Beispiel**
> Die S-GmbH hat einen Festpreisauftrag zur Entwicklung einer kundenspezifischen Software angenommen. Der Auftrag definiert 100 logisch aufeinander aufbauende Funktionalitätserfordernisse. Am Bilanzstichtag sind 80 % der Funktionalitäten programmiert. Die S-GmbH entschließt sich daher, auf Basis der *milestones*-Methode 80 % des vereinbarten Festpreises als Erlös auszuweisen, und setzt in der Gewinnermittlung die bisher angefallenen Kosten (hauptsächlich Löhne) dagegen. Der in IT-Angelegenheiten unbewanderte Wirtschaftsprüfer WP fragt nach, wie viele Stunden noch anfallen werden, um die restlichen 20 % zu programmieren. Die Antwort ist: „Ungefähr genauso viele Stunden wie für die 80 %." Der WP ist hier nicht bereit, einem technisch interpretierten Fertigungsgrad von 80 % auch bilanziell zu folgen. Er will vielmehr nur einen „naiven" Fertigungsgrad von 50 % annehmen.

Erneut geht es um folgendes Problem: Outputorientierte Verfahren bemessen den Auftragsfortschritt am **Verhältnis der erreichten Leistung zur Gesamtleistung**. Bei einer über den gesamten Auftrag gleichbleibenden Leistungsart, z.B. Asphaltierung einer bestimmten Straßenkilometerzahl) ist die Anwendung der Methode auf den ersten Blick einfach (im Beispiel: asphaltierte Kilometer/ Gesamtkilometer). In vielen Fällen fehlt es jedoch bei einer zweiten Betrachtung an einfachen, annähernd **linearen Beziehungen**. Bei einem **Tunnelbau** ist etwa das Verhältnis der gebohrten Kilometer zu den Gesamtkilometern dann kein verlässlicher Indikator, wenn wegen unterschiedlicher Gesteinsschichten mit unterschiedlicher Vortriebsgeschwindigkeit zu rechnen ist. Beim **Hochbau** kann nicht unmittelbar aus dem Verhältnis der errichteten Geschosse oder Kubikmeter zur Gesamtzahl der Geschosse oder Kubikmeter auf den Fertigstellungsgrad geschlossen werden, wenn Gründungs- und Erdarbeiten einen relevanten Anteil an der Gesamtleistung haben oder die Herstellung der Geschosse unterschiedlich aufwendig ist. Im Softwarebeispiel ergibt die Zahl der programmierten Funktionalitäten noch nicht den Leistungsfortschritt. In derartigen Fällen muss die einfache **Mengenbetrachtung gewichtet** werden. Geeignete Gewichtungsfaktoren können u.a. die Kosten oder die Arbeitsstunden sein, also typische Inputfaktoren. Die Grenzen zu den inputorientierten Verfahren verwischen sich dann.

152   Ganz grundsätzlich müssen **outputorientierte Verfahren** auf **Erfahrungswerte** zurückgreifen (z.B. Rohbau = × % des schlüsselfertigen Gesamtbaus). Diese Erfahrungsrelationen kommen nicht ohne Blick auf die **in Kosten gewichtete Inputseite** aus. Der Fertigstellungsgrad kann auf Basis eines outputorientierten Verfahrens ermittelt werden. Wenn sich erhebliche Abweichungen von einer *cost-to-cost*-Betrachtung ergeben, stellt dies aber i.d.R. einen Indikator dafür dar, dass das outputorientierte Verfahren den Fertigstellungsgrad nicht tatsachengetreu widerspiegelt.

Im Übrigen ist das in IFRS 15.B19 enthaltene Bedenken, Inputverfahren könnten **153**
bei unerwarteter **Verschlechterung der Effizienz** im Zeitablauf zu einer zu
frühen Umsatzrealisierung führen, zwar zutreffend, aber insoweit irreführend,
als sie nicht spezifisch für inputorientierte Methoden gilt.

> **Praxis-Beispiel**
> Das auf archäologische Grabungen spezialisierte Unternehmen A übernimmt
> für einen Festpreis von 1.000.000 EUR den Auftrag zur Ausgrabung einer am
> Niederrhein entdeckten römischen Siedlung. Das Geschäftsjahr der A endet
> am 31.10. Der Auftrag soll in den Monaten September, Oktober, November
> mit jeweils 5.000 Arbeitsstunden ausgeführt werden. Die dafür kalkulierten
> Kosten belaufen sich auf 900.000 EUR. Wesentliche Material- und Maschi-
> nenkosten entstehen nicht.
> Bis zum Bilanzstichtag sind 10.000 Stunden (= 2/3 der insgesamt geplanten)
> erbracht und das Grabungsfeld ist zu 2/3 freigelegt. Durch einen unerwartet
> frühen Wintereinbruch im November sinkt die Arbeitsproduktivität. Statt
> der geplanten 5.000 Arbeitsstunden (November) fallen nach dem Bilanz-
> stichtag noch 10.000 Arbeitsstunden (Summe November und Dezember) an.
> Wendet A **inputorientiert** die *cost-to-cost*-Methode oder die *efforts-expen-
> ded*-Methode in der Variante *labour hours* an, werden zum Bilanzstichtag 2/3
> der Erlöse, also 667.000 EUR, ausgewiesen. Der realisierte Gewinn der
> Periode beträgt demzufolge 67.000 (667.000–600.000) EUR. Eine rückbli-
> ckende Betrachtung hätte hingegen zu einer Realisierung von nur 1/2 der
> Erlöse (10.000 / 20.000 Stunden), also 500.000 EUR, geführt.
> Die gleiche Fehleinschätzung würde sich jedoch bei **outputorientierter**
> Betrachtung ergeben. Da das Grabungsfeld am Bilanzstichtag zu 2/3 freige-
> legt war, hätte man auch aus dieser Sicht 2/3 der Erlöse, also 667.000 EUR,
> ausgewiesen.

Das Beispiel zeigt, dass, unabhängig von der Art des Verfahrens, eine **fortlaufende Überprüfung** notwendig ist, ob die ursprünglich geschätzten Gesamtgrößen noch zu halten sind. Wo diese Prüfung unterbleibt oder spätere Entwicklungen auch bei bester Prüfung unvorhersehbar sind, können Umsätze und
Gewinne zu früh und drohende Verluste zu spät realisiert werden.

6.2.2.3 Spezifika des *cost-to-cost*-Verfahrens

In der bisherigen Praxis der Anwendung von IAS 11 auf Fertigungsaufträge war **154**
das *cost-to-cost*-Verfahren weit verbreitet. Voraussichtlich wird es auch für die
Anwendung von IFRS 15 eine bedeutende Rolle spielen. Von Interesse ist daher,
welche besonderen Fragen sich bei der Anwendung dieses Verfahrens ergeben.
V. a. geht es darum, **welche Kosten** in die Bemessung des Auftragsfortschritts
einfließen. Betroffen sind im Einzelnen folgende Punkte:
- **vorlaufende Kosten**, Kosten der Auftragserlangung (Rz 155),
- **Ineffizienzen** (Rz 156),
- von Dritten bezogene **Vorleistungen**, die in den Auftrag einfließen (Rz 157).

Für **vorlaufende Kosten** bzw. Kosten der Auftragserlangung ist nach IFRS 15.91 ff. **155**
ein besonderer Vermögenswert anzusetzen und über den Zeitraum der Auftrags-

erfüllung zu amortisieren. Dies impliziert u.E. zugleich, dass die vorlaufenden Kosten bei der Bemessung des Auftragsfortschritts nach der *cost-to-cost*-Formel nichts zu suchen haben. Zu vorlaufenden Kosten wird auch auf Rz 229 verwiesen.

156   **Ineffizienzen** sind bei der Bemessung des Leistungsfortschritts in der Weise zu berücksichtigen, dass sowohl die angefallenen Kosten (also der Zähler) als auch die erwarteten Gesamtkosten (also der Nenner) um die Ineffizienzen bereinigt werden. Diese Bereinigung gilt naturgemäß nur für die Ermittlung des Leistungsfortschritts, nicht für den Ansatz der Kosten in der GuV.

157   Bei **von Dritten bezogenen Vorleistungen**, die im Rahmen der Leistungsverpflichtung des Berichtsunternehmens keine Eigenständigkeit haben (Rz 57 ff.), aber zeitlich vor den eigenen Arbeiten des Berichtsunternehmens auf den Kunden transferiert werden (*uninstalled materials*), soll nach IFRS15.B19 ein Umsatz nur i.H.d. Kosten erfasst werden. Die diesbezüglichen Vorschriften und Anwendungsbeispiele sind jedoch mit Unklarheiten behaftet: Insbesondere ist eine Limitierung des Umsatzes durch die Kosten nur dann vorgesehen, wenn der Übergang der Beherrschung an dem Material **signifikant vor Erhalt der Services** liegt, die sich auf dieses Material **beziehen**. Damit stellen sich zwei Fragen:
• Welche Services „beziehen sich" auf das Material?
• Wann ist der Zeitversatz „signifikant"?
Zu beiden Fragen folgendes Beispiel einer **Bauleistung:**

Praxis-Beispiel
Sanitärunternehmen S baut für einen Festpreis von 60 TEUR Sanitäreinrichtungen (Waschbecken, Whirlpool, Dusche usw.) in das großzügige Badezimmer des Kunden K. Der Festpreis wird dem Kunden nach 45 TEUR für die Sanitäranlagen (Basis: unverbindliche Preisempfehlung des Herstellers) und 15 TEUR Arbeitslohn aufgeschlüsselt. Tatsächlich zahlt S nur 20 TEUR an die Sanitärgroßhändler und rechnet mit Arbeitskosten von 13 TEUR.
Am 22.12.01 werden die Sanitärobjekte auf der „Baustelle" angeliefert und beginnt S mit der Entfernung der Altobjekte. Wegen der Feiertage erfolgt der Einbau der neuen Gegenstände jedoch erst in der ersten Woche des Jahres 02. Zum 31.12.01 sind erst ca. 15 % (2 TEUR) der erwarteten Arbeitskosten angefallen. S möchte aber noch in 01 40 TEUR Umsatz ausweisen und begründet dies wie folgt:
• erwartete Gesamtkosten (20 TEUR für Material + 13 TEUR für Löhne): 33 TEUR
• angefallene Kosten (20 TEUR für Material und 2 TEUR für Löhne): 22 TEUR
• Fertigstellungsgrad: 22 / 33 = 66,7 %
• Umsatz somit: 67 % × 60 TEUR = 40 TEUR
• (nachrichtlich: Umsatzkosten 01 = 22 TEUR, Gewinn 01: 18 TEUR).
Eine andere Beurteilung würde sich nach IFRS 15.B19 i.V.m. IFRS 15.IE95 ff. ergeben, wenn auf die Sanitäranlagen bezogene Arbeiten erst signifikant nach dem Transfer der Anlagen übergegangen sein sollten. Dann dürfte bzgl. der Sanitäranlagen (*uninstalled materials*) ein Umsatz nur i.H.d. Kosten ausgewiesen werden. Die Lösung wäre wie folgt:
• Transaktionspreis: 50 TEUR

- abzüglich Kosten der Sanitäranlagen: 20 TEUR
- = adjustierter Transaktionspreis: 30 TEUR
- davon als Umsatz anzusetzen auf Basis der erledigten Arbeiten 2/13 = 15 % = 4,5 TEUR
- zuzüglich Sanitäranlagen i. H. d. Kosten: 20 TEUR
- = Umsatz 01: 24,5 TEUR
- (nachrichtlich: Umsatzkosten 01: 22 TEUR, Gewinn 01: 2,5 TEUR).

Die im Beispiel von S bevorzugte Lösung kann sich auf zwei Argumente stützen: Zum einen kann der **Abriss der Altanlagen** schon als Teil der auf die Installation der Neuanlagen bezogenen Arbeiten gedeutet werden. Jedenfalls bei dieser Deutung erfolgt der Transfer der Anlagen nicht signifikant vor den darauf bezogenen Arbeiten. Selbst wenn man die Abrissarbeiten nicht gelten lassen wollte, blieb noch das Argument, dass bei einer Installation in der ersten Januarwoche nur zehn Tage und damit ein **insignifikanter Zeitversatz** vorläge. Eine gegenteilige Beurteilung zum zweiten Punkt könnte dahin gehen, dass bei Anlieferung der Drittmaterialien vor dem Bilanzstichtag und Beginn der darauf bezogenen Arbeiten nach dem Bilanzstichtag Signifikanz stets gegeben sei. U. E. wäre eine solche Interpretation aber verfehlt. Wenn der Standardsetter hinsichtlich des Signifikanzkriteriums auf Vor- und Nachlauf zum Bilanzstichtag hätte abstellen wollen, wäre es ein Leichtes gewesen, den Standard oder die Anwendungsbeispiele so zu konkretisieren. Da der IASB dies nicht getan hat, ist das Kriterium signifikanter Zeitversatz im üblichen Wortsinn, also i. S. e. nicht ganz kurzen Zeitspanne, auszulegen, unabhängig davon, ob sich diese Zeitspanne über den Bilanzstichtag erstreckt oder nicht.

Keine expliziten Regelungen enthält IFRS 15 für den Fall, dass nicht als eigenständig, sondern als Teil einer einheitlichen Gesamtleistung anzusehende Materialien oder sonstige **Komponenten** nicht von einem Dritten bezogen, sondern **selbst hergestellt** werden. Zum Verbrauch i. S. d. Kostenrechnung ist es dann bereits im Zug der Herstellung der Komponenten gekommen. Fraglich ist aber, ob damit schon ein hinreichender Zusammenhang mit dem Fertigungsauftrag gegeben ist. Eine Möglichkeit wäre wie folgt zu differenzieren: **158**

- **Spezifisch** für den Auftrag hergestellte Komponenten usw. gehen mit ihrer Erstellung in die Bestimmung des Auftragsfortschritts ein. Mit der Herstellung spezifischer Komponenten beginnt bereits die Erledigung des konkreten Fertigungsauftrags. Die Zuordnung zum Auftrag kann eindeutig und willkürfrei vorgenommen werden.
- **Auftragsunabhängige,** standardisierte Teile finden erst dann Berücksichtigung, wenn sie in den Herrschaftsbereich des Kunden übergehen, also auf die Baustelle verbracht oder eingebaut bzw. installiert werden. Erst dann steht auch die endgültige Verwendung für die Zwecke des Fertigungsauftrags fest.

Praxis-Beispiel

S stellt sowohl standardisierte als auch individuelle Fassadenelemente her, in die Solarmodule integriert sind. Die individuell für besondere Fassadenverhältnisse gefertigten Module werden fast ausschließlich, die standardisierten Module nur teilweise als System angeboten und schlüsselfertig beim Auftragnehmer eingebaut.

Die Kunden K-1 und K-2 haben jeweils einen Auftrag für ein schlüsselfertiges System über 1,1 Mio. EUR erteilt. S kalkuliert in beiden Fällen mit Gesamtkosten von 1 Mio. EUR. Zum Bilanzstichtag sind 20 % der Module eingebaut oder auf der Baustelle der Kunden. Die übrigen Module sind bereits hergestellt. Im Übrigen unterscheiden sich die Aufträge wie folgt:

- Die Fassade von K-1 ist kleiner, verlangt aber den Einbau individuell gefertigter Module. S kalkuliert mit Kosten von 800 TEUR für die Fertigung der Module und 200 TEUR für den Einbau.
- Bei K-2 werden Standardmodule verwendet. S kalkuliert mit Kosten von 600 TEUR für die Module und 400 TEUR für den Einbau.

Beurteilung Auftrag 1: Individuell gefertigte Module
Für die Erledigung des Auftrags von K-1 verwendet S individuell gefertigte Module. Bei erwarteten und am Bilanzstichtag bereits realisierten Modulkosten von 800 TEUR sowie erwarteten Arbeitskosten von 200 TEUR, von denen bis zum Stichtag 20 % = 40 TEUR angefallen sind, ergibt sich folgende Rechnung:

Kosten Module	800 TEUR
Kosten Arbeitsleistung (20 %)	40 TEUR
bis zum Stichtag angefallene, berücksichtigungsfähige Kosten	= 840 TEUR
in % Gesamtkosten (= POC)	84 %
× Auftragswert	× 1.100 TEUR
= Umsatzerlös 01	= 924 TEUR

Das Vorratsvermögen wird nicht mehr angesprochen.

Beurteilung Auftrag 2: Standardmodule
Für die Erledigung des Auftrags von K-2 verwendet S standardisierte Module. Bei erwarteten und bereits realisierten Modulkosten von 600 TEUR bzw. erwarteten Arbeitskosten von 400 TEUR, von denen bis zum Stichtag jeweils 20 % = 40 TEUR angefallen sind, ergibt sich folgende Rechnung:

Kosten Module (20 %)	120 TEUR
Kosten Arbeitsleistung (20 %)	80 TEUR
bis zum Stichtag angefallene, berücksichtigungsfähige Kosten	= 200 TEUR
in % Gesamtkosten (= POC)	20 %
× Auftragswert	× 1.100 TEUR
= Umsatzerlös 01	= 220 TEUR

Die am Bilanzstichtag noch nicht zur Baustelle verbrachten Module (80 % von 600 TEUR = 480 TEUR) werden als Vorratsvermögen ausgewiesen.

Alle Überlegungen zur Einbeziehung von fertiggestellten oder bezogenen, aber **159** noch nicht eingebauten materiellen Teilen in die Ermittlung des Fertigungsfortschritts **erübrigen** sich, wenn es wirtschaftlich von vornherein an der **Einheitlichkeit des Geschäfts** fehlt. Als Beispiel kann ein zu einem Gesamtpreis vereinbarter Auftrag über die Lieferung von Hardware und die Fertigung kundenspezifischer Software dienen. In wirtschaftlicher Sicht liegt – anders als im Fall des Fassadenbaus im obigen Beispiel – ein **Mehrkomponentengeschäft** (Rz 54) vor. Der Gesamtpreis ist in einen Erlös für die Lieferung der Hardware und einen Umsatz aus der Fertigung der Software aufzuteilen. Nur der zweite Teil ist nach Leistungsfortschritt zu realisieren; der erste Teil wird bei Auslieferung als Hardware erfasst.

6.2.2.4 Revidierte Einschätzung des Leistungsfortschritts

Solange ein Auftrag nicht vollständig erledigt ist, muss die Einschätzung des **160** Leistungsfortschritts zu jedem Stichtag unter Berücksichtigung der Stichtagsverhältnisse vorgenommen werden. Soweit frühere Einschätzungen zu revidieren sind, ist dies nach IFRS 15.43 als Schätzungsänderung i. S. v. IAS 8 und damit **prospektiv** zu berücksichtigen (→ § 24 Rz 11). Die revidierte Einschätzung kann dazu führen, dass ursprünglich angenommene und zum Teil bereits realisierte Gewinne zu einem späteren Zeitpunkt tatsächlich nicht mehr erwartet werden. Der notwendige Korrekturbetrag ist **sofort erfolgswirksam** auszuweisen. Eine sog. Reallokation (Verteilung auf den Restzeitraum) ist unzulässig. Das nachfolgende Beispiel zeigt die Wirkungsweise der sofortigen Korrektur:

Praxis-Beispiel
Die Groß-Anlagen GmbH errichtet für ihren Kunden eine Fertigbeton-Misch- und -Verladeanlage zum Festpreis von 10 Mio. EUR und zu geschätzten Kosten von 8 Mio. EUR, die nach Erkenntnisstand 31.12.01 zu je 2 Mio. in 01 und 03 sowie zu 4 Mio. in 02 anfallen.
In 02 fallen tatsächlich aber 6 Mio. EUR Kosten an. Die Gesamtkostenschätzung wird deshalb Ende 02 auf 10 Mio. EUR revidiert:

	01	02	03
a) geschätzte Gesamtkosten	8	10	10
b) Kosten der Periode	2	6	2
c) Kosten per Periodenende, kumuliert	2	8	10
d) dito in % geschätzte Gesamtkosten	25	80	100
e) Festpreis	10	10	10
f) Umsatz per Periodenende, kumul. (= e × d)	2,5	8,0	10,0
g) dito per Ende Vorjahr	0	2,5	8,0
h) Umsatz der Periode (= e – f)	2,5	5,5	2,0
i) Gewinn der Periode (= h – b)	0,5	–0,5	0,0

Schätzungsänderungen können sich nicht nur auf die Kosten-, sondern auch auf die **161** Erlösseite beziehen, insbesondere bei variablen Vergütungen (Rz 106).

6.2.2.5 Folgeaufträge, Anpassungen des Auftragsumfangs

162 Wegen der Frage, ob „Folgeaufträge" lediglich als Anpassung des Auftragsumfangs (mit Anpassung von Transaktionspreis und Leistungsfortschritt) anzusehen sind oder als eigenständige neue Aufträge, wird auf Rz 46 ff. verwiesen.

6.2.2.6 Verlässlichkeit der Schätzung – *zero-profit*-Methode

163 Die Erlöserfassung setzt im Fall einer zeitraumbezogenen Leistungsverpflichtung voraus, dass eine **vernünftige Bewertung** *(reasonable measurement)* des Leistungsfortschritts möglich ist, d. h. verlässliche *(reliable)* Informationen vorliegen (IFRS 15.44). V. a. in den frühen Phasen eines Auftrags und bei mangelnden Erfahrungen mit ähnlichen Aufträgen ist das Ergebnis einer Leistungsverpflichtung ggf. nicht vernünftig bewertbar, obwohl die Wiedererlangung der zur Erfüllung der Leistungsverpflichtung eingegangenen Kosten erwartet wird; dann sind die Erlöse – bis zur Erlangung der Fähigkeit der vernünftigen Bewertung – lediglich **im Ausmaß der eingegangenen Kosten** zu erfassen (sog. *zero-profit*-Methode; IFRS 15.45).

Die diesbezüglichen Ausführungen in IFRS 15 sind **nicht** besonders **schlüssig**. Wenn in einer frühen Phase eines Auftrags noch große Schätzunsicherheiten bestehen, aber ein Null-Ergebnis oder ein Überschuss (in ungewisser Höhe) wahrscheinlich ist, sollen zunächst nur die Kosten und nicht der Gewinn aktiviert werden. Wenn umgekehrt ein negatives Ergebnis wahrscheinlich, aber dessen Höhe ungewiss ist, ist in Höhe dieses annahmegemäß gerade nicht bekannten Betrags eine Drohverlustrückstellung nach IAS 37 geboten. Da andererseits auch IAS 37 als Voraussetzung für den Ansatz einer Rückstellung eine verlässliche Schätzung verlangt, aber nur in extrem seltenen Fällen *(extremely rare cases)* die Verlässlichkeit als nicht gegeben ansieht (IAS 37.25), ergeben sich offensichtlich im Widerspruch zum *Framework* **imparitätische Anforderungen** an eine vernünftige/verlässliche Schätzung: Für die Realisierung eines Gewinns gilt eine höhere Verlässlichkeitshürde als für den Ansatz eines drohenden Verlusts.

164 Im Hinblick auf diese Widersprüchlichkeit und wegen der mangelnden Bestimmung (Bestimmbarkeit) der zentralen Begriffe der Verlässlichkeit und der Wahrscheinlichkeit ergeben sich faktische **Ermessensspielräume**. Bei der Ausübung dieser Spielräume ist allerdings **bilanzpolitische Vorsicht** geboten. Wer sich gegen **Branchenkonventionen** nur für die Kostenaktivierung entscheidet, erweckt beim Bilanzadressaten den Eindruck, über eine weniger verlässliche Auftragskalkulation als die Wettbewerber zu verfügen. In der Bilanzierungspraxis der einschlägigen Branchen (Hochbau, Tiefbau, Anlagenbau usw.) wurde in der Anwendung von IAS 11 der real gegebene Grad der Kalkulationszuverlässigkeit regelmäßig als ausreichend i. S. d. POC-Methode angesehen. **Gegen** die großzügige Annahme eines faktischen Wahlrechts spricht außerdem folgende Überlegung: Die allgemeine Berufung auf fehlende Schätzzuverlässigkeit würde insgesamt die Ordnungsmäßigkeit des Abschlusses infrage stellen.[23]

---

[23] In diesem Sinne in der ehemaligen amerikanische Vorschrift ASC 605–35–25–59: „... *many contractors have informal estimating procedures that may result in poorly documented estimates... However, procedures and systems should not influence the development of accounting principles and should be dealt with by management as internal control, financial reporting and auditing concerns.*"

Der Verweis auf Probleme der verlässlichen Schätzung von Leistungsfortschritt und Leistungserfolg erfolgt unter diesen Umständen nur bei **ungewöhnlichen** oder **seltenen** Fällen, etwa Aufträgen, bei denen es zu unkalkulierbaren rechtlichen Problemen (z. B. drohende Enteignung im Ausland) oder ganz ungewöhnlichen technischen Schwierigkeiten kommt. In diesen Fällen geht es aber ohnehin meist nicht um den Ansatz eines *zero profit*, sondern um die Passivierung eines drohenden Verlusts.

6.3 Zeitpunktbezogene Leistungen

6.3.1 Anwendungsbereich

Wird (bei Vertragsbeginn) keine zeitraumbezogene Erfüllung der Leistungsverpflichtung festgestellt, so liegt i. S. e. **Negativabgrenzung** zwingend eine zeitpunktbezogene Leistungsverpflichtung vor (IFRS 15.32 und IFRS 15.38). Praktisch bedeutsame Anwendungsfälle sind wie folgt: **165**

- **Lieferung von Waren** durch Handelsunternehmen;
- Lieferung **auftragsunabhängig hergestellter Erzeugnisse** durch produzierende Unternehmen;
- Lieferung von Erzeugnissen, die zwar erst nach Eingang des Kundenauftrags produziert werden, aber auch an einen anderen Kunden geliefert werden könnten, und zwar ohne Verstoß gegen den Vertrag mit dem ersten Kunden (dieser erhält ein anderes gleichartiges Gut) und ohne wesentliche ökonomische Einbuße (die Lieferung an einen anderen Kunden würde weder kostenintensive Modifikationen noch besondere Preiskonzessionen verlangen). Angesprochen ist damit v. a. die **Fertigung von Massengütern nach Auftragseingang** wie etwa in der Automobil- oder Möbelindustrie (Rz 166), i. d. R. hingegen nicht die kundenspezifische Fertigung im Anlagen- und Maschinenbau;
- **Makler-, Kommissions-, Handelsvertreterleistungen**, bei denen der Anspruch auf das Entgelt frühestens mit Abschluss eines vermittelten Vertrags entsteht.

Hinsichtlich der Fälle einer **Fertigung nach Eingang des Auftrags** ist Folgendes beachtlich: Der Käufer eines Autos kann i. d. R. zwischen einer Vielzahl von Ausstattungsvarianten wählen, zwischen z. B. mehr als 20 Lackierungen, einer ähnlich großen Anzahl von Polsterstoffen, verschiedenen Radiotypen, verschiedenen Bereifungen, verschiedenen Belüftungssystemen, verschieden teilbaren Rückbänken usw. In der Multiplikation der Möglichkeiten ergibt sich leicht eine Auswahl zwischen einigen tausend Ausstattungsvarianten. Unter diesen Voraussetzungen werden Fahrzeuge in der **Automobilindustrie** kaum noch auf Lager produziert, sondern erst nach Eingang des Kundenauftrags. Ähnliche Verhältnisse finden sich bei nicht ganz so zahlreichen Varianten z. B. in der **Möbelindustrie**, in der ebenfalls der Fertigungsbeginn erst nach Auftragseingang dominiert. Der Kunde kann in beiden Fällen zwar spezielle Ausstattungsvarianten bestimmen, dies jedoch nur nach einem „Menü". Die alternative Nutzungsmöglichkeit durch den Produzenten – Lieferung des bestellten Fahrzeugs an einen anderen Kunden ohne signifikante ökonomische Einbuße, Herstellung eines gleichartigen Fahrzeugs für den ursprünglichen Kunden (IFRS 15.35(c)) – ist gegeben. Es liegt eine zeitpunktbezogene Leistung vor. Zeitraumbezogene Leistungen sind allerdings **166** auch im Fahrzeugbau denkbar, etwa wenn es nicht um Pkws, sondern um Transportfahrzeuge mit besonderen, individualisierten Aufbauten geht.

Der Unterschied zwischen einer Selektion aus einem vorgegebenen Ausstattungsmenü (zeitpunktbezogene Leistungen) und kundenspezifischen Fertigungen i.e.S. (zeitraumbezogene Leistungen) kann im Kontrast von Pkw- zum **Schiff- und Flugzeugbau** verdeutlicht werden: Auch Containerschiffe, erst recht aber Linienflugzeuge sind hinsichtlich ihrer Basiskomponenten ein Serienprodukt. Die Besteller geben aber i.d.R. individuelle Spezifikationen vor, die von der inneren und äußeren Optik über die Ausstattung mit Elektronik bis zu besonderen Anforderungen an schiff- oder flugtechnische Komponenten reichen. Im Vergleich zu einem Serien-Pkw wird ein „Serienschiff" oder „Serienflugzeug" in stärkerem Maß den individuellen Kundenwünschen angepasst. I.d.R. liegt eine kundenspezifische Fertigung vor (Rz 143).

Ähnlich sind die Verhältnisse in weiten Bereichen des **Anlagenbaus.** Hydraulische Großhämmer werden bspw. auf der Basis von Standardtypen hergestellt, die aber je nach Kundenwunsch in erheblichem Maß modifiziert werden. Auch hier sind zumeist zeitraumbezogene Leistungen anzunehmen.

6.3.2   Bestimmung des Leistungszeitpunkts – Grundlagen

167   Die Erlösrealisation erfolgt bei zeitpunktbezogenen Leistungen zu dem Datum, an dem der Kunde die Beherrschung über die Leistung erhält und das Unternehmen eine Leistungsverpflichtung erfüllt. Konzeptionell ist darauf abzustellen, wann der Kunde den Nutzen über die Leistung (den Vermögenswert) erlangt (Rz 135). Als beispielhafte **Indikatoren** für den Übergang der Beherrschung führt IFRS 15.38 Folgendes an:[24]

(a) **Gegenwärtiger Zahlungsanspruch** *(present right to payment)* gegenüber dem Kunden: Das Merkmal zielt offenbar darauf ab, dass das Berichtsunternehmen zivilrechtlich seine Leistungsverpflichtung erfüllt hat und daher der Anspruch auf die Gegenleistung entstanden (nicht notwendig schon fällig) ist. Das Kriterium ist u.a. dann nicht einschlägig, wenn die Parteien Vorkasse vereinbart haben.

(b) **Übergang des rechtlichen Eigentums** auf den Kunden: Der Übergang ist keine notwendige Bedingung für die Umsatzrealisation. Der Standard hält selbst fest, dass bei einem aus Sicherungsgründen noch nicht erfolgten Übergang des Eigentums (Lieferung unter Eigentumsvorbehalt) der Kunde gleichwohl die Beherrschung über den Leistungsgegenstand erlangt haben kann (wirtschaftliches Eigentum) und damit das Berichtsunternehmen seine Leistungsverpflichtung erfüllt und den Umsatz zu realisieren hat.

(c) **Physischer Besitz des Vermögenswerts** durch den Kunden: Physischer Besitz ist weder notwendige noch hinreichende Bedingung für Kontrollübergang und Umsatzrealisation. Auch ohne Erlangung des physischen Besitzes durch den Kunden kann die Leistung erbracht sein (*bill-and-hold*-Geschäfte; Rz 169). Umgekehrt kann trotz Übertragung des Besitzes die Kontrolle über den Vermögenswert beim Unternehmen verblieben sein, etwa bei Konsignationslieferungen (Rz 84 und Rz 95) oder bei Rückforderungsrechten des Unternehmens (Rz 192 ff.).

---

[24] Vgl. HAGEMANN, PiR 2014, S. 233.

(d) Übergang der wesentlichen eigentümertypischen Risiken und Chancen des Vermögenswerts (also des **wirtschaftlichen Eigentums**) auf den Kunden. Besondere Würdigung bedarf dieses Kriterium etwa bei schwimmender oder rollender Ware (Rz 172).

(e) **Abnahme** (*acceptance*) des Vermögenswerts durch den Kunden: Als Abnahme wird – in Übereinstimmung mit § 640 BGB – die Anerkennung der Leistung als im Wesentlichen vertragsgerecht begriffen (IFRS 15.B83). Eine Umsatzrealisation vor vertraglich oder gesetzlich vorgesehener Abnahme bzw. vor Verstreichen der Abnahmefrist (vgl. § 640 Abs. 1 Satz 3 BGB sowie für den Handelskauf § 377 Abs. 2 HGB) ist nach IFRS 15.B84 dann möglich und geboten, wenn die Abnahme sich auf leicht feststellbare Merkmale (z.B. Größe oder Gewicht des Liefergegenstands) bezieht und das Unternehmen selbst durch Ausgangskontrollen, Erfahrungswerte usw. so gut wie sicher ausschließen kann, dass diesbezüglich ein Mangel vorliegen könnte (Rz 175ff.).

6.3.3 Bestimmung des Leistungszeitpunkts – Einzelfälle

6.3.3.1 Übergang der Preisgefahr, Versendungskauf, „bill and hold"-Verkäufe

Der Übergang der wesentlichen eigentümertypischen Risiken und Chancen ist ein Indikator für die Erfüllung der Leistung (Rz 167). Von Bedeutung sind für den Risikoübergang hier die **rechtlichen** Bedingungen, wie sie sich aus Gesetz, vertraglicher Einzelabrede, allgemeinen Auftragsbedingungen oder im internationalen Handel auch aus Incoterms ergeben. Je nach Gesetzes- bzw. Rechtslage können daher (bei **gleichem physischen** Lieferzeitpunkt) unterschiedliche Erlösrealisierungszeitpunkte vorliegen. Wichtig ist u.a. der **Übergang der Preisgefahr**, d.h. der Zeitpunkt, zu dem die Gefahr des zufälligen Untergangs auf den Käufer übergeht. Hier ist etwa zwischen „normalem" und Versendungskauf zu unterscheiden. | **168**

> **Praxis-Beispiel**
> U liefert Waren an K. Die Parteien haben als Erfüllungsort den Sitz des K vereinbart.
> Nach § 446 BGB geht die Preisgefahr mit Übergabe an K auf diesen über. Erst in diesem Zeitpunkt ist auch der Umsatz nach IFRS 15 realisiert.
>
> **Variante**
> Erfüllungsort ist der Sitz des U. U soll jedoch auf Verlangen des K die Ware durch einen Spediteur an K liefern. Am 30.12.01 erfolgt die Übergabe an den Spediteur, der die Ware am 2.1.02 an K übergibt.
> Es liegt ein **Versendungskauf** nach § 447 BGB vor (Versand auf Verlangen des Käufers an anderen Ort als Erfüllungsort). Mit der Übergabe an den Spediteur ist die Preisgefahr auf K übergegangen und hat U seine Pflichten erfüllt. Der Erlös ist deshalb bei U noch in 01 zu realisieren.

Das **Eigentum** an beweglichen Sachen geht im Normalfall durch Einigung und Übergabe über (§ 929 BGB). Die Übergabe kann durch Vereinbarung eines Besitzmittlungsverhältnisses ersetzt werden (§ 930 BGB). IFRS 15.B79 spricht in anderer angelsächsischer Terminologie von „bill and hold"-Verkäufen. Die | **169**

Umsatzerlöse aus solchen Verkäufen sind nach IFRS 15.B81 realisiert, sofern folgende Bedingungen kumulativ erfüllt sind:

- Es gibt **substanzielle Gründe** für das *bill and hold arrangement*, d.h., die Vereinbarung ist nicht allein bilanzpolitisch durch das Bestreben, den Realisationszeitpunkt vorzuverlegen, motiviert. Ein Indikator hierfür sind u.a. übliche Preise und Zahlungsbedingungen. Der substanzielle Grund kann u.a. darin bestehen, dass sich der Kunde im Interesse der Versorgungssicherheit jetzt schon das Eigentum sichern, aber aus logistischen Gründen (Transportkostenoptimierung, verfügbarer Lagerplatz usw.) erst später den physischen Besitz erlangen will.
- Die Ware ist als Eigentum des Kunden **identifiziert** (*identified separately as belonging to the customer*).
- D.h. auch: Das Berichtsunternehmen hat nicht mehr die Möglichkeit, die Ware **anderweitig** zu verwenden.
- Die Ware ist für den **physischen Transfer** (Besitzübergang) **bereit**.

Das Kriterium der **Identifizierung** kann insbesondere bei Gattungsschulden (§ 243 BGB) Schwierigkeiten bereiten.

Praxis-Beispiel
Landwirt L verkauft 10 Tonnen Getreide an Landhändler H mit der Maßgabe, es erst später zu liefern. Folgende Bedingungen sind (alternativ) vereinbart:

Alternative 1
Das für H bestimmte Getreide lagert L in einem 10-Tonnen-Silo. Der Inhalt wird rechtlich auf H übertragen, das Eigentumsrecht des H durch Kennzeichnung am Silo und in der Lagerbuchführung dokumentiert.

Alternative 2
Das für H bestimmte Getreide lagert L mit anderem Getreide in einem 25-Tonnen-Silo. Der gesamte Inhalt des Silos wird rechtlich auf H übertragen. Am Silo und in der Lagerbuchführung wird dokumentiert: 10 Tonnen stehen im Eigentum von H. Nach Vereinbarung zwischen L und H darf der Siloinhalt nie unter 10 Tonnen sinken.
Den rechtlichen Erfordernissen ist in beiden Fällen Genüge getan. Fraglich ist jedoch, ob in der zweiten Alternative das Identifikationserfordernis erfüllt ist.

Zur Konkretisierung des Identifikationserfordernisses finden sich in IFRS 15 **keine Hinweise**. Mit dem Problem haben sich jedoch andere Instanzen, u.a. in Interpretation des deutschen Handels- und Steuerrechts der BFH sowie in Interpretation der US-GAAP die SEC, befasst.

Im **BFH**-Fall[25] ging es um die Bilanzierung **schwimmender Ware** (Rohkaffee). Der dem Erwerber auszuliefernde Rohkaffee war jeweils eine dem Gewicht nach bezeichnete Teilmenge der von dem Veräußerer auf dem Seeweg eingeführten Partien an Rohkaffee gleicher Beschaffenheit. Der BFH lehnte eine Aktivierung beim Käufer mit folgender Begründung ab: „Als nur der Gattung nach und durch das Gewicht als unabgeschiedener Teil einer (dem Käufer) nicht bekannten Menge

---

[25] BFH, Urteil v. 9.2.1972, I R 23/69, BStBl II 1972 S. 563.

gattungsmäßig bezeichneter Ware ist der gekaufte Rohkaffee **nicht hinreichend individualisiert**, um als Gegenstand des wirtschaftlichen Verkehrs Teil des Vermögens der Klägerin zu sein. Dies ist erst in dem Augenblick möglich, in dem der von der Klägerin gekaufte Rohkaffee aus der Gesamtladung Rohkaffee gleicher Beschaffenheit erkennbar ausgesondert wird. Das Finanzgericht hat festgestellt, dass eine solche Aussonderung – die etwa durch **Nummerierung** der einzelnen Säcke oder auf andere Weise sichtbar gemacht worden wäre – nicht erfolgt ist."
Die **SEC**[26] gelangt (allerdings für einen früheren Rechtsstand) zu ähnlichen Ergebnissen: Da eine Umsatzrealisierung **vor** physischer Lieferung eine **Abweichung** von den allgemeinen Regelungen *(departure from the general rules)* sei, müssten die Umstände einer solchen Transaktion besonders belegt *(specially verified)* werden. Hierzu gehöre insbesondere, dass die vertragsgegenständlichen Güter vom sonstigen Inventar des Veräußerers segregiert seien und nicht mehr zur Ausführung anderer Umsätze zur Verfügung stünden. An der letztgenannten Voraussetzung fehlt es bei der lediglich mengenmäßigen Bestimmung des Vertragsobjekts. Plakativ gesprochen hindert eine solche Bestimmung nicht die Auslieferung des einzelnen Getreidekorns oder der einzelnen Kaffeebohnen an einen Dritten und steht daher der Umsatzrealisierung entgegen.

Das *bill-and-hold*-Geschäft kann gem. IFRS 15.B82 zugleich ein **Mehrkomponentengeschäft** sein (Rz 54 ff.), etwa dann, wenn die Lagerung für den Kunden vorrausichtlich einen beträchtlichen Zeitraum einnehmen wird. Neben die (meist zeitpunktbezogene) Lieferleistung tritt dann die zeitraumbezogene Lagerleistung (IFRS15.IE322 ff.).   170

Bei **Ratenzahlungen** kann von vornherein vereinbart sein, dass eine Ware erst geliefert wird, wenn die letzte Rate bezahlt ist. Soweit die Ware bereits vor Auslieferung identifiziert und beiseite gelegt ist *(lay-away sales),* kommt eine Umsatzrealisierung vor der Lieferung infrage. Voraussetzung ist, dass mit dem Eingang der Gegenleistung zu rechnen ist. Dies kann u. a. dadurch belegt werden, dass ein wesentlicher Teil der Raten geleistet wurde und nach Erfahrungswerten mit Leistung der restlichen Zahlungen zu rechnen ist.   171

Die Umsatzrealisierung aus Verkäufen setzt i.d.R. neben dem Übergang der Preisgefahr den Verlust der Verfügungsmacht voraus. Zum **Zusammenwirken** beider Kriterien folgendes Beispiel: 172

Praxis-Beispiel[27]
A verkauft B am 10.12. abessinischen Rohkaffee „FOB Djibuti, netto Verschiffungsgewicht". Die Partie wird am 30.12. verladen. Das darüber ausgestellte Konnossement lautet auf die Commercial Bank of Ethiopia und wurde von dieser blanko indossiert. Das Konnossement wird am gleichen Tag an das Bankhaus Bremen verschickt, bei dem B für die Bezahlung der Warenschuld ein Akkreditiv hatte eröffnen lassen. Der Käufer erhält die Konnossemente erst im neuen Jahr. Erst dadurch erlangt er den Anspruch auf Herausgabe der Ware.
Die Warenpartie wurde schon vor dem Bilanzstichtag verschifft, so dass die Preisgefahr nach der vereinbarten FOB-Klausel mit der Verbringung an Bord

---

26 Im Accounting and Auditing Enforcement Release No. 108 v. 5.8.1986.
27 In Anlehnung an BFH, Urteil v. 3.8.1988, I R 157/84, BStBl II 1988 S. 21.

des Schiffes auf die Klägerin überging. Daraus folgt noch nicht der Verlust der Verfügungsmacht. Verfügungsberechtigt ist der jeweilige berechtigte Inhaber des Konnossements.

Mit der Absendung der Waren und dem Gefahrenübergang ist aber das Schweben des Verkaufsgeschäfts für den Verkäufer beendet, wenn er zugleich das Konnossement abgegeben hat. Ob es andererseits schon beim Käufer angekommen ist und dieser schon wirtschaftliches Eigentum erlangt hat, ist dann nicht mehr entscheidend.

Die Bezugnahme auf **zivilrechtliche** Kriterien der Preisgefahr und des Eigentums kann allerdings dann **versagen**, wenn Garantien, Rücknahmevereinbarungen u. Ä. das zivilrechtliche Veräußerungsgeschäft so überlagern, dass in **wirtschaftlicher** Betrachtung gar keine Veräußerung mehr vorliegt, sondern z. B. Leasing (Rz 194 ff.).

6.3.3.2 Ausstehende Montage und Installation

173   Bei Verkauf oder Lizenzierung mit Montage- oder **Installationsleistung** liegt ein Mehrkomponentengeschäft vor, wenn die Montageleistung leicht verfügbar ist (abstrakte Eigenständigkeit) und es dem Kunden nicht gerade in besonderer Weise darauf ankommt, **alles aus einer Hand** zu beziehen (konkrete Eigenständigkeit). Wegen Einzelheiten wird auf Rz 58 ff. verwiesen.

Bei Eigenständigkeit der Installationsleistung kann der Umsatz in zwei Perioden anfallen, nämlich dann, wenn die Verfügungsmacht am Liefergegenstand noch in alter Rechnung auf den Kunden übergeht, die Montageleistung aber erst nach dem Abschlussstichtag erbracht wird. Zu beachten sind dabei aber die zivilrechtlichen Grundlagen (Rz 167 f.). So kann bspw. ein Vertrag über die Lieferung und Installation einer Solaranlage zwar als Kaufvertrag mit Installationsverpflichtung (und nicht als Werk- oder Werklieferungsvertrag) zu würdigen sein, gleichwohl nach der Rechtsprechung ein Übergang von Sachherrschaft und Preisgefahr erst mit der Installation erfolgen (Rz 64).

6.3.3.3 Kauf auf Probe

174   Der Kauf auf Probe ist **zivilrechtlich** nach § 454 BGB ein Kauf unter der aufschiebenden Bedingung, dass der Käufer den Vertragsgegenstand innerhalb einer vereinbarten oder vom Verkäufer bestimmten angemessenen Frist billigt. Durch Billigung oder unwidersprochenen Ablauf der Billigungsfrist entsteht der Zahlungsanspruch des Verkäufers. Erst mit dessen Entstehen soll der Verkäufer nach IFRS 15.B86 den Umsatz realisieren.

Der Anwendungsbereich dieser – der steuerbilanziellen Behandlung[28] entsprechenden – Regelung ist u. E. eng auszulegen, um jedenfalls bei Massengeschäften nicht in Widerspruch zu den Regeln betreffend eine Lieferung mit Einräumung eines Rückgaberechts (*sale with a right of return*) zu geraten (Rz 187). Wenn Endverbrauchern oder Handelsintermediären ein Rückgaberecht eingeräumt wird, kann es nicht darauf ankommen, ob dieses formal nach den zivilrechtlichen Regeln eines Kaufs auf Probe oder als „einfacher" Kauf mit Rückgaberecht gestaltet wird.

---

28   OFD Münster, DStR 1989, S. 402.

6.3.3.4 Ausstehende Abnahme, Abnahmeverzug

Ist die Abnahme des Liefergegenstands, d. h. die Anerkennung als im Wesentlichen vertragsgemäß bzw. mängelfrei, gesetzlich oder vertraglich vorgesehen, sind der Kontrollübergang und damit der Realisationszeitpunkt i. d. R. erst mit Vollzug der Abnahme gegeben (IFRS 15.B83). Eine erste Ausnahme hiervon ist in IFRS 15.B84 für den Fall vorgesehen, dass nach sehr verlässlicher Einschätzung die Mängelfreiheit so gut wie sicher gegeben ist (Rz 167). Eine **weitere Ausnahme** besteht u. E. beim Abnahmeverzug. Ist der Auftraggeber eines Werkvertrags über unbewegliche Sachen mit der **Abnahme in Verzug**, findet ein Gefahrenübergang bereits mit Eintritt des Verzugs statt (§ 644 BGB). Zum Verzugszeitpunkt kann der Umsatz bereits realisiert werden, wenn der Kunde zu diesem Zeitpunkt bereits die Verfügungsgewalt über den Vertragsgegenstand erlangt hat. Entsprechendes gilt für den Kaufvertrag, wenn die Ware wegen Annahmeverzugs des Käufers nicht übergeben werden kann. Für den Werklieferungsvertrag über bewegliche Sachen gilt nach § 651 BGB das Kaufvertragsrecht; eine Abnahme entfällt. Die Übergabe der Sache bzw. der Zeitpunkt des **Annahmeverzugs** ist i. d. R. entscheidend.

175

6.3.3.5 Vermittlungs-, Makler- und Vertreterprovisionen

Werbeprovisionen sind u. E. abweichend von der bisherigen Regelung (IAS 18.IE12) gem. IFRS 15 nicht erst im Zeitpunkt der Veröffentlichung der vermittelten Werbung, sondern bei Vermittlung der Werbung zu erfassen, da das Berichtsunternehmen zu diesem Zeitpunkt seine Leistung erfüllt hat und es nicht darauf ankommt, wann der Kunde die Leistung nutzt.

176

Entsprechend entstehen auch **Abschlussprovisionen von Versicherungsvertretern** mit Abschluss des Versicherungsvertrags. Sind mit der Provision spätere Leistungsverpflichtungen abgegolten, etwa die sog. **Bestandspflege**, liegt ein Mehrkomponentengeschäft vor (Rz 54 ff.). Das Transaktionsentgelt (Gesamtprovision) ist aufzuteilen und hinsichtlich des Anteils der Bestandspflege über den damit verbundenen Zeitraum zu realisieren. Erhält der Versicherungsvertreter hingegen neben der Abschluss- später jährlich eine angemessene Bestandspflegeprovision, wird die Abschlussprovision mit Beginn des Versicherungszeitraums sofort zu Ertrag.

177

Praxis-Beispiel

Die X GmbH betreibt eine Generalagentur. Anfang Dezember 01 vermittelt sie Y eine Unfallversicherung der Z-Versicherungsgesellschaft. Der Vertrag wird am 30.12.01 (Ablauf der Rücktrittsfrist des Versicherungsnehmers) wirksam. Versicherungsbeginn ist der 1.1.02, Versicherungsablauf der 31.12.04. Der Provisionserlös ist i. H. d. auf den Abschluss entfallenden Entgelts in 01 auszuweisen. Auf den späteren Beginn des Versicherungszeitraums kommt es nicht an.

Ob die Provision in 01 in voller Höhe zu realisieren oder mit einem Teilbetrag auf 02 bis 04 zu verteilen ist, hängt davon ab, ob spätere Leistungen (Schadensabwicklung, Inkasso etc.) gesondert, z. B. über eine Bestandspflegeprovision, vergütet werden.

Wird die Bestandspflegeprovision ohne relevante Leistungspflichten (kein Inkasso usw.) der Sache nach lediglich für den Verbleib des Kunden im Vertrag gezahlt, stellt sich die Frage, ob sie in wahrscheinlicher und diskontierter Höhe bereits mit Vertragsschluss zu Umsatz führt. Das IFRS IC hat diese Frage für IAS 18 in einem vergleichbaren Fall (Vermittlung von Anlegern an einen Fonds, dafür neben Abschlussprovision eine an der Dauer des Verbleibs des Kunden im Fonds geknüpfte „*trailing commission*") nicht beantworten wollen oder können.[29]

178   In der Praxis der Versicherungsvermittlung werden Abschlussprovisionen zwar mit Zahlung der ersten Prämie durch den Versicherungsnehmer fällig, sind jedoch voll „nur in der Höhe verdient", in welcher der Versicherungsnehmer über einen prozentual an der Laufzeit des Versicherungsvertrags orientierten sog. **Provisionshaftungszeitraum** auch tatsächlich seine Prämien zahlt. Zum unter diesen Voraussetzungen zweckmäßigen Vorgehen folgendes Beispiel:[30]

Praxis-Beispiel

Für in 01 getätigte Vermittlungen entstehen Abschlussprovisionen i. H. v. 1.000 EUR. Hiervon werden 10 % als Stornoreserve einbehalten. Nach den Erfahrungen der Vergangenheit ist nur mit einer Inanspruchnahme von 2,5 % zu rechnen. Es ergeben sich für 01 folgende Buchungen:

Konto	Soll	Haben
Geld	900	
Forderung (Stornoreserve)	100	
Erlöse		1.000
Erlöse	25	
Forderung (Stornoreserve)		25

---

179   Die Entstehung des Provisionsanspruchs richtet sich zivilrechtlich nach den zwischen den Versicherungen und dem Versicherungsvertreter geschlossenen Verträgen.
- § 92 Abs. 4 HGB überlässt es der **Vertragsgestaltung**, welche Prämienzahlung zur Entstehung des Provisionsanspruchs führen soll.
- Die Entstehung des Provisionsanspruchs kann vertraglich z. B. von der Zahlung der ersten Prämie durch den Versicherungsnehmer, aber auch von der **Zahlung einer bestimmten Anzahl von Monatsprämien** abhängig gemacht werden.

Im letzten Fall entsteht der Erlös nach Auffassung des BFH[31] **handels- und steuerbilanziell pro rata.** Für die Umsatzrealisierung nach IFRS 15 kommt es hingegen allein darauf an, ob eine zeitpunkt- oder zeitraumbezogene Leistung vorliegt (IFRS 15.32). Bei einer von der Anzahl der Monatsprämien abhängigen Provision könnte sich der Zeitraumbezug nur aus IFRS 15.35(a) ergeben. Danach liegt eine zeitraumbezogene Leistung vor, wenn der Kunde (die Versicherung) den Nutzen **immer dann** erhält, **wenn** der Leistungserbringer leistet.

---

[29]   So auch das IFRIC Update September 2008.
[30]   Ausführlich LÜDENBACH, StuB 2010, S. 670 ff.
[31]   BFH, Urteil v. 17.3.2010, X R 28/08, BFH /NV 2010 S. 2033 N.

> **Praxis-Beispiel**
> Die V GmbH vermittelt u.a. den **Abschluss von zwölf oder mehr Jahre dauernden Lebensversicherungsverträgen**. Die V erhält nicht schon beim Zustandekommen eines Versicherungsvertrags von der Versicherung eine an der Laufzeit und der Versicherungssumme bemessene Provision. Vielmehr sehen die Verträge mit den Versicherungen vor, dass der Provisionsanspruch
> - planmäßig sukzessive über die ersten fünf Versicherungsjahre mit je 1/60 entsteht, wenn die jeweilige Monatsprämie vom Versicherungsnehmer gezahlt wurde,
> - außerplanmäßig i.H.d. noch nicht ausgezahlten 60stel bei Tod des Versicherten innerhalb der fünf Jahre.
>
> Auf dieser Basis wird V nach mehrjährigen Erfahrungen im Durchschnitt 97 % der vollen (60/60) Provision verdienen.

Selbst wenn man im Beispiel als Leistungen des Vermittlers die Vermittlung eines Vertrags mit fünf Jahren ordentlicher Prämienzahlung ansehen würde, wäre die vorgenannte **Simultanitätsbedingung** nicht erfüllt, da der Nutzen der Verträge (Prämienzahlungen) bei planmäßigem Verlauf nicht nur fünf, sondern zwölf oder mehr Jahre anfällt. Es liegt somit eine **zeitpunktbezogene** Leistung vor. Als der Versicherung verschaffter Nutzen ist die Erlangung des Versicherungsvertrags anzusehen. Mit Abschluss des jeweiligen Vertrags ist **dem Grunde nach** ein Umsatz auszuweisen.

Der Provisionsanspruch ist im Beispiel allerdings der Höhe nach wegen der Bindung an die 60 Monate Prämienzahlung mit Unsicherheiten behaftet. Nach IFRS 15.50 ff. liegt ein **variabler Transaktionspreis** vor. Hier ist eine **Schätzung** des erwarteten Entgelts geboten (IFRS 15.53) und der geschätzte Wert insoweit als Erlös zu realisieren, als eine signifikante Stornierung so gebuchter Erlöse **hoch unwahrscheinlich** wäre (IFRS 15.56).

Diese Schätzung kann erfahrungsorientiert auf Portfoliobasis erfolgen (Rz 188) und führt im Beispiel dazu, dass 97 % der Gesamtprovisionsansprüche aus in der jeweiligen Periode neu vermittelten Verträgen sofort als Umsatz ausgewiesen werden.

Bei **Maklertätigkeit** ist u.E. wie folgt zu verfahren: Der Makler hat seine interne Leistung zwar vollendet („fertiggestellt"), wenn er seine Nachweis- oder Vermittlungsleistung erbracht hat. Auf den Leistungserbringungsprozess kommt es jedoch nicht an, da ein Anspruch auf Maklerlohn nur dann entsteht, wenn es tatsächlich zu einem Vertrag über das nachgewiesene oder vermittelte Geschäft kommt (§ 652 BGB). Ist der vermittelte Vertrag und damit indirekt auch die Provision an Bedingungen geknüpft, wird das Provisionsentgelt zu einer variablen Größe und kann erst mit verlässlicher und hoch wahrscheinlicher Einschätzung des Bedingungseintritts erfasst werden (Rz 106 ff.). Bei Betrachtung eines einzelnen Geschäfts könnte dann i.d.R. erst mit Gewissheit über die Bedingung der Erlös realisiert werden. Mit Blick auf das Kriterium der Wahrscheinlichkeit und dessen Behandlung bei Veräußerungen mit Rückgaberecht ist bei Betrachtung eines Portfolios von Geschäften (Rz 188) eine andere Lösung angemessen.

180

> **Praxis-Beispiel**
> M betreibt einen Strukturvertrieb für Immobilien. Die Kunden erwerben Wohneigentum auf der Grundlage eines notariellen Geschäftsbesorgungsvertrags mit dem Treuhänder T, der dann seinerseits unmittelbar Grundstückskaufverträge und zeitlich versetzt (nach Bonitätsprüfung durch die zum Initiatorenkreis gehörende Bank) Finanzierungsverträge für die Kunden abschließt. M erhält mit Abschluss des Geschäftsbesorgungs- und Grundstückskaufvertrags eine Immobilien- und eine Finanzierungsvermittlungsprovision. Beide Provisionen werden unbedingt, sobald die Finanzierungszusage der Bank vorliegt. Finanziert die Bank den Kunden nicht, ist die Provision zurückzuzahlen.
> Ende Dezember kommt es durch Vermittlung von M zu 100 Geschäftsbesorgungs- und Grundstückskaufverträgen. Die Bonitätsprüfung im neuen Jahr führt in fünf Fällen zur Rückabwicklung. Diese Quote entspricht dem langjährigen Mittel.
>
> **Beurteilung**
> M hat seine Arbeit im alten Jahr beendet („fertiggestellt"). Die Wahrscheinlichkeit eines (endgültigen) Erlöses kann er verlässlich einschätzen. Gegen eine Erlösrealisierung im alten Jahr ist daher nichts einzuwenden.

181   Der Provisionsanspruch des **Handelsvertreters** entsteht ebenfalls erst mit Abschluss des Vertrags (§ 87 HGB). Fällig wird der Anspruch mit Ausführung des Geschäfts durch den Prinzipal, bei entsprechender Vereinbarung erst mit Zahlung durch den Dritten (§ 87a Abs. 1 HGB). Evtl. bereits vorher erhaltene Provisionen oder Vorschüsse sind bei Nichtleistung des Dritten zurückzugewähren (§ 87a Abs. 2 HGB). Bei Betrachtung des einzelnen Geschäfts ist der Erlös nach handelsbilanzieller Auffassung erst mit Ausführung des Geschäfts durch den Prinzipal realisiert, im Fall einer entsprechenden Vereinbarung sogar erst mit Leistung durch den Dritten. Nach IFRS ist jedenfalls bei Portfoliobetrachtung (IFRS 15.4) eine frühere Realisierung angezeigt (Rz 188).

> **Praxis-Beispiel**
> H ist als Handelsvertreter ausschließlich für U tätig. Die im Dezember vermittelten und durch Auftragsbestätigungsschreiben rechtsverbindlich zustande gekommenen Geschäfte werden im Januar ausgeführt und erst im Februar von den Kunden bezahlt. Der Handelsvertretervertrag sieht vor, dass der Anspruch auf Provision erst mit Bezahlung durch die Kunden entsteht.
> Kann H aufgrund vergangener Erfahrungen eine zuverlässige Schätzung über die Storno- und die Forderungsausfallquote abgeben, ist der unter Berücksichtigung dieser Quote errechnete Provisionsanspruch noch im alten Jahr realisiert.

182   Im Internet-Business sind maklerähnliche Vergütungsmodelle z.B. bei **Preisvergleichsportalen** zu beobachten. Dem wirtschaftlichen Gehalt nach geht es hierbei aber um die massenhafte Bereitstellung von Daten über potenziell kontrahierungswillige Kunden und nicht um eigentliche Vermittlungsleistungen. Ein Umsatz kann daher i.d.R. schon realisiert werden, bevor das Entgelt unbedingt wird:[32]

---

[32]   Gl. A. Walter, DB 2016, S. 301 ff.; vgl. auch Lüdenbach/Lukat, PiR 2016, S. 159 ff.

Praxis-Beispiel
U betreibt ein Preisvergleichsportal für Stromlieferungen. Willigt ein End-
verbraucher in die Weiterleitung seiner Daten an einen Stromanbieter ein,
erhält U für diese Weiterleitung (sog. *leads*) von dem jeweils ausgewählten
Stromanbieter eine Provision, die jedoch erst dann unbedingt wird, wenn der
Endverbraucher einen Vertrag mit dem Stromlieferanten schließt.

Beurteilung
Die Leistung von U besteht vorrangig in der Bereitstellung von Daten über
kontrahierungswillige Endverbraucher. Bei Portfoliobetrachtung mit verlässlicher Schätzung der Quote der Fälle, in denen ein wirksamer Vertrag mit dem
Endverbraucher zustande kommt (Rz 188), hat U den Umsatz im Zeitpunkt
der Verschaffung der Information zu realisieren.

6.3.3.6 (Andere) vollständig erfolgsabhängige Serviceverträge

Ein vollständig erfolgsabhängiges Entgelt kann nicht nur bei Maklerverträgen **183**
(Rz 180), sondern auch in anderen Konstellationen vereinbart sein. Ein Beispiel
nach angelsächsischem Recht wäre etwa die **anwaltliche Vertretung** eines
Klägers in einem Schadenersatzverfahren gegen ein (als Prozentsatz des erstrit-
tenen Schadenersatzes ausgedrücktes) vollständig erfolgsabhängiges Entgelt.
In derartigen Fällen stellt sich die Frage, ob
- eine zeitraumbezogene Tätigkeit vorliegt (Rz 136), bei der die Erfolgsabhängigkeit „nur" ein Problem eines variablen Transaktionsentgelts ist (Rz 133)
  oder
- vor Erreichen des Erfolgs gar keine Leistung erbracht wurde, insofern eine
  zeitpunktbezogene Leistung vorliegt, die erst mit dem Eintritt des Erfolgs
  verwirklicht ist.

In der Beantwortung dieser Frage kommt es auf die Interpretation von IFRS
15.35(a) an. Danach liegt eine **zeitraumbezogene Leistung** vor, wenn der Kunde
den Nutzen der vom Unternehmen erbrachten Leistungen dann erhält, wenn
diese Leistungen erbracht und verbraucht (*consumed*) werden. Die vom Prozess-
anwalt erbrachten Leistungen könnten darin bestehen, mit Gericht und Gegenseite zu korrespondieren, den Sachverhalt aufzubereiten, die Klageschrift anzufertigen, Zeugen hinzuzuziehen usw. Diese fortlaufenden Tätigkeiten sind u.E.
jedoch kein vom Kunden konsumierter und diesem nutzender Leistungsgegenstand i.S.v. IFRS 15.35(a). Der Klient hat an den für einen Klageerfolg relevanten
Prozeduren kein gesondertes Interesse. Ihn interessiert (anders als etwa bei einem
Mandat auf laufende Rechtsberatung) nur der Ausgang des Verfahrens. Nur
hierfür und nur im Erfolgsfall zahlt er. Wie viel Aufwand der Anwalt vorher
treibt oder treiben muss, zu welchen Zwischenergebnissen er hierbei kommt
usw., ist für den Klienten ohne Relevanz. U.E. liegt daher wie bei erfolgsabhängiger Maklertätigkeit eine **zeitpunktbezogene Leistung** vor.[33]

---

[33] Weitere Einzelheiten bei LÜDENBACH/LUKAT, PiR 2016, S. 159ff.

6.3.3.7 Künstlerische Veranstaltungen

184 Bei **künstlerischen** Veranstaltungen entsteht der Erlös des Veranstalters aus den Eintrittsgeldern mit dem Aufführungszeitpunkt. Vorlaufende Kosten können ggf. zu aktivieren sein.

Praxis-Beispiel
Die Musical AG begibt sich ab 2.1.01 nach dreimonatigen Proben auf eine sechsmonatige Tournee. Alle Aufführenden sind Angestellte der Musical AG.

Variante A
Die Musical AG ist für einen Konzertveranstalter tätig und erhält ein festes Honorar pro Abend.
Die Kosten der Proben sind als Kosten der Erfüllung eines Vertrags mit einem Kunden (IFRS 15.95; Rz 230) im alten Jahr zu aktivieren. Der Umsatz ist erst im neuen Jahr zu realisieren.

Variante B
Das Honorar variiert mit der Höhe der Eintrittsgelder.
Gleiche Lösung wie zuvor.

Variante C
Die Musical AG ist selbst Veranstalter.
Es ist fraglich, ob die Kosten der Probe bereits Kosten der Erfüllung eines Vertrags sind. Da sie sich nicht auf einen einzelnen Vertrag beziehen, liegen u.E. allgemeine Kosten vor, für die eine Aktivierung höchstens nach IAS 38 infrage kommen könnte.

6.4 Sonderfälle

6.4.1 Verkauf mit Einräumung eines Rückgabe- oder Rücknahmerechts

6.4.1.1 Überblick

185 Rückgabe- oder Rücknahmevereinbarungen bzgl. veräußerter Produkte können in verschiedenen Formen auftreten. Nach der **rechtlichen Struktur** ist zu unterscheiden
- zwischen Vereinbarungen **unbedingter** (Forwards) und **bedingter** (Optionen) Art,
- bei den bedingten weiter danach, ob der Veräußerer ein Rückforderungs**recht** (Call-Option) oder eine Rücknahme**pflicht** (geschriebene Put-Option) hat.
Nach dem **Inhalt** der Vereinbarungen ist zu differenzieren,
- einerseits zwischen Vereinbarungen, bei denen die (evtl.) Rücknahme erst nach einem (längeren) Zeitraum der **Nutzung** durch den Kunden erfolgt, und solchen, die nur für das (weitgehend) **ungenutzte** Produkt gelten (z.B. klassische Umtauschrechte),
- andererseits nach dem Verhältnis des **Rücknahmepreises** zum ursprünglichen Verkaufspreis.

186 Entlang dieser Kriterien ergeben sich folgende **Hauptanwendungsfälle** von Rücknahmevereinbarungen:

- Veräußerungen an Endnutzer oder Handelsintermediäre im **Massengeschäft** unter Einräumung eines **Rückgaberechts** (geschriebene Put-Option) zum ursprünglichen Preis und nur binnen einer kurzen Frist. Hier ist i.d.R. ein Umsatz mit Lieferung auszuweisen, aber i.H.d. geschätzten Retourenquote zu kürzen (Rz 187).
- Veräußerungen **einzelner** oder zwar mehrerer, aber keine Portfoliobetrachtung erlaubender Gegenstände **an Handelsintermediäre** unter Einräumung eines Rückgaberechts (geschriebene Put-Option) zum ursprünglichen Preis. Regelmäßig kommt mangels verlässlicher Schätzung der Rückgabequote keine Umsatzrealisierung vor Ablauf der Rückgabefrist infrage (Rz 192).
- Veräußerungen **an Nutzer** unter Einräumung eines Rückgaberechts oder unter unbedingter Vereinbarung einer Rücknahme, wobei der Gegenstand vom Käufer bis zur Rückgabe genutzt wird, Rücknahmeobjekt also nicht ein neuwertiger, sondern ein Gebrauchtgegenstand ist und der Rücknahmepreis dementsprechend signifikant unter dem ursprünglichen Verkaufspreis liegt. Hier ist häufig ein verdecktes Leasing gegeben. In besonderen Fällen kann auch eine Behandlung wie in Fall 1 sachgerecht sein (Rz 194).
- Veräußerungen mit Rückforderungsrecht (Call-Option) oder Rückgaberecht (geschriebene Put-Option) oder unter unbedingter Vereinbarung der Rücknahme (Forward) zu einem Preis, der **über** dem ursprünglichen Veräußerungspreis liegt. Hier ist wirtschaftlich i.d.R. die Aufnahme einer besicherten Finanzierung gegeben (Rz 197).[34]

6.4.1.2 Veräußerungen unter Einräumung eines kurzfristigen Rückgaberechts zum ursprünglichen Preis im Massengeschäft

Im **Versand- und Internethandel**, aber bei langlebigen Produkten (Textilien, Haushaltsgeräte usw.) auch im **Einzelhandel**, wird dem Käufer i.d.R. ein „Umtauschrecht" gewährt, die Ware binnen einer kurzen Frist (z.B. 14 Tage) gegen Erstattung des Kaufpreises oder gegen einen Warengutschein entsprechender Höhe zurückzugeben. Entsprechende Regelungen kommen im Massengeschäft außerdem zwischen Produzenten und Handelsintermediären infrage. IFRS 15.B20ff. bezeichnet solche Fälle als *„sale with a right of return"* und bestimmt folgende Behandlung beim liefernden Unternehmen:

187

- Ausweis eines **Umsatzes** i.H.d. Kaufpreises der gelieferten Produkte, **abzüglich** des nach verlässlicher Schätzung **erwarteten Erstattungs- oder Gutschriftbetrags** (IFRS 15.B21(a)). Aus der Rückgabemöglichkeit ergibt sich die Variabilität des Transaktionspreises. Nach den allgemein für variable Transaktionspreise anzuwendenden Regeln gilt deshalb: Die Retourenquote muss so verlässlich geschätzt werden können, dass eine signifikante Umkehr des unter Berücksichtigung dieser Quote gebuchten Umsatzes hoch unwahrscheinlich ist (Rz 106ff.). Auf Portfoliobasis (Massengeschäft) ist eine solche Schätzung regelmäßig möglich (IFRS 15.4; vgl. aber Rz 188). Kann die Retourenquote **ausnahmsweise** nicht verlässlich geschätzt werden, ist Umsatz erst nach Ablauf der Rückgabefrist auszuweisen.
- Ausweis einer **Erstattungsverbindlichkeit** *(contract liability* oder *refund liability)* für den wahrscheinlichen Erstattungsbetrag (IFRS 15.B21(b) i.V.m. IFRS 15.55).

---

[34] Vgl. zum Ganzen auch LÜDENBACH/FREIBERG, PiR 2015, Heft 4, S. 99ff.

- **Kürzung der Materialaufwendungen** (Gesamtkostenverfahren) bzw. Umsatzkosten (Umsatzkostenverfahren) um die erwarteten Retouren (IFRS 15.B21(c)), dabei Bewertung der Retouren i.H.d. Buchwerte der Produkte bei Auslieferung (Anschaffungs-/Herstellungskosten oder niedrigerer Nettoveräußerungswert; IFRS 15.B25).
- **Ansatz eines Vermögenswerts** für die erwarteten Retouren i.H.d. Buchwerte der Produkte bei Auslieferung, abzüglich evtl. Kosten für die Rücknahme (z.B. Transport; IFRS 15.B25).

Zum Ganzen folgendes Beispiel in Anlehnung an IFRS 15.IE110ff.:

Praxis-Beispiel

Ende Dezember werden 1.000 Produkte für je 100 EUR, also zusammen 100.000 EUR, vom Händler H unter Einräumung eines 30-tägigen Rückgaberechts veräußert. Die Anschaffungskosten jedes Produkts betrugen 60 EUR. Die erwartete Rückgabequote beträgt 3 %. Alle Lieferungen erfolgen gegen erst nach Ablauf der Rückgabefrist fällige Rechnung.

Buchungen per Ende Dezember:

Konto	Soll	Haben
Per Forderung L+L	100.000	
Umsatz		97.000
Erstattungsverbindlichkeit		3.000

Konto	Soll	Haben
Per Umsatzkosten/Materialaufwand	58.200	
Per Vermögenswert	1.800	
Vorräte		60.000

Der Vermögenswert für erwartete Retouren darf nicht im Vorratsvermögen ausgewiesen werden.

Verursacht der Vorgang abweichend vom vorstehenden Fall **Rücknahmekosten** (Porto usw.), ist der Vermögenswert für erwartete Retouren entsprechend niedriger anzusetzen. Als Gegenkonto für die Kosten sollten u.E. nicht der Materialaufwand bzw. die Umsatzkosten, sondern sonstige betriebliche Aufwendungen bzw. Vertriebskosten angesprochen werden.

188   Eine verlässliche Schätzung der Retourenquote und demzufolge eine Umsatzrealisation kommen nach IFRS 15.B23 i.V.m. IFRS 15.B56ff. nur infrage, wenn die (Nicht-)Retourenquote verlässlich, d.h. ohne hohes Fehlerrisiko geschätzt werden kann. Eine verlässliche Schätzung setzt regelmäßig statistische Erfahrungswerte über ein **Portfolio** gleichartiger Fälle voraus. Naheliegend ist deshalb, die um eine Retourenquote gekürzte Umsatzrealisierung im Massengeschäft als Ausfluss der Portfoliobetrachtung von IFRS 15.4 anzusehen. Die *Transition Resource Group (TRG) for Revenue Recognition* (Rz 246) vertritt im *Agenda Paper 38* vom Juli 2015 konzeptionell aber eine andere Ansicht: In der Ermittlung der statistischen Retourenquote auf Basis empirischer Auswertung eines Portfolios vergleichbarer Fälle (*based on historical experience with other, similar contracts*) sieht sie keinen Portfolioansatz i.S.v. IFRS 15.4. Hintergrund dieses wenig

überzeugenden Versuchs, den Portfoliocharakter zu leugnen, ist die misslungene Formulierung von IFRS 15.4. Nach deren Wortlaut wäre eine Portfoliobetrachtung nur erlaubt, wenn sie zu keinen wesentlich anderen Ergebnissen führt als eine Einzelbetrachtung. Eine derartige Unterschiedlichkeit der Ergebnisse wäre aber bei Lieferungen mit Rückgaberecht gerade gegeben, da für ein Portfolio von Geschäften zwar eine verlässliche Schätzung der Retourenquote möglich ist, für ein einzelnes Geschäft aber nicht. Eine sinnvolle Interpretation von IFRS 15.4 bestünde daher darin, eine Portfoliobetrachtung gerade auch dort zu erlauben, wo sie zu besseren, verlässlicheren, valideren Ergebnissen führt als die Einzelbetrachtung. Eine teleologische Auslegung der Vorschrift unter Berücksichtigung der Zielsetzungen des *Framework* käme zu diesem Ergebnis. Der äußerst „zurückhaltende" Umgang der angelsächsischen Praxis mit teleologischen Argumenten lässt eine solche Deutung offenbar nicht zu. Es kann dann nur noch versucht werden, das als richtig erkannte Ergebnis über eine Umwegargumentation zu erreichen, die die Portfolioauswertung zwar zur Basis einer verlässlichen Schätzung des Erwartungswerts macht, aber darin merkwürdigerweise kein Ausfluss der Portfoliobetrachtung sehen will. Dieser Versuch gelingt bei einer nicht insignifikanten Retourenquote gerade nicht.

Praxis-Beispiel
Ein Internetmodeportal liefert Waren mit einmonatigem Rückgaberecht. Die statistisch erwartete Retourenquote beträgt bei geringer Standardabweichung 40 %. Kurz vor Weihnachten werden Waren für 10 Mio. EUR ausgeliefert. Mit Eingang der erwarteten Rückgaben ist wegen der Feiertage erst im Januar zu rechnen.

Beurteilung
Bei von uns vertretener teleologischer Auslegung von IFRS 15.4 kann das Unternehmen einen Umsatz von 6 Mio. EUR für Dezember ausweisen.
Nach dem *Agenda Paper* der TRG (siehe oben) soll IFRS 15.4 nicht anwendbar sein, aber der für jede einzelne Lieferung herangezogene Erwartungswert (hier 60 % des Verkaufspreises) eine ausreichende verlässliche Schätzung darstellen. Tatsächlich erfüllt eine derartige Schätzung die Voraussetzungen von IFRS 15.B23 i. V. m. IFRS 15.56 aber gerade nicht. Nach IFRS 15.56 darf der mit einem Retourenrisiko behaftete Umsatz nämlich nur insoweit erfasst werden, als es mit hoher Sicherheit (*highly probable*) zu keiner Umkehr des so gebuchten Umsatzes kommen wird. Für ein einzelnes Geschäft, nämlich die Lieferung über 100 EUR an Lieschen Müller gilt aber: Unabhängig davon, ob es mit dem Erwartungswert von 60 EUR oder mit 100 EUR eingebucht wird, ist nicht hoch wahrscheinlich, dass es zu keiner Umkehr dieses Umsatzes kommt. Vielmehr beträgt diese Wahrscheinlichkeit nur 60 %, das nicht vernachlässigbare Umkehrrisiko 40 %. Die von der TRG angestrebte Lösung (6 Mio. EUR Umsatz) ist mit den Argumenten der TRG nicht zu erreichen.

Die in Rz 187 dargestellten Regelungen gelten im Massengeschäft nicht nur bei Lieferungen an Endkunden, sondern ebenso bei solchen **an Handelsintermediäre**. **189**

190   Bei einer während des **Bilanzaufstellungszeitraums** erlangten Erkenntnis über die Retourenquote handelt es sich u.E. um **werterhellende** Umstände. Dies ergibt sich daraus, dass IFRS 15 das Rückgaberecht nur als Problem der Schätzung eines variablen Entgelts behandelt. Wie andere Schätzungen sollte aber auch diese die beste Erkenntnis über die Umstände des Stichtags repräsentieren.

Praxis-Beispiel
Die in 01 gegründete Firework AG liefert im Dezember Feuerwerk an den Handel aus. Mit Rücksicht auf die Vorschriften des Sprengstoffgesetzes und der Sprengstofflagerrichtlinie hat sie sich zur Rücknahme aller bis 31.12.01 nicht an Endkunden weiterveräußerten Waren verpflichtet.
Mangels Erfahrungswerten der Vergangenheit kann die Firework AG die Rückgabewahrscheinlichkeit nicht verlässlich einschätzen. Bei erster Betrachtung dürfte sie in 01 keinen Umsatz ausweisen.
Dieses Ergebnis scheint kaum sachgerecht. Die tatsächlich im Januar und Februar 02 erfolgenden Retouren sind u.E. werterhellend i.S.v. IAS 10. Bei Bilanzaufstellung im März 02 sollte daher ein Umsatz für 01 ausgewiesen werden.

Variante
In 05 geht die Firework AG an die Börse. Dem allgemeinen Erwartungsdruck folgend erstellt sie ihre Jahresabschlüsse jetzt im *„fast close"* auf. Die Bücher werden am 10.1. geschlossen, um wenige Tage später bereits das Jahresergebnis zu verkünden.
Die tatsächliche Retourenhöhe ist zu diesem Zeitpunkt noch nicht bekannt.
Die Firework AG kann aber die Retouren der Jahre 01–04 auswerten und auf Basis dieser Erfahrungswerte die wahrscheinliche Retourenhöhe einschätzen.

---

191   Ein Rückgaberecht an einem Teilbereich der Lieferung erhält branchenüblich der Abnehmer von ausreichend werthaltigen Warenumschließungen, typischerweise im Bereich des Getränkehandels (sog. **Pfandkreislauf**). Die dort benutzten Warenumschließungen – Fässer und Kästen – sind im Vergleich zur gehandelten Ware werthaltiger als z.B. Faltkartons und werden deshalb vom Hersteller „verpfändet". Dieser fakturiert an den Abnehmer (hier Getränkehändler) neben dem eigentlichen Warenwert ein sog. Pfandgeld mit der Verpflichtung zur Rückzahlung bei Rückgabe des Pfandguts.
Mit der Lieferung der eigentlichen Getränke ist das Risiko an der Warenumschließung also noch nicht übergegangen. Vielmehr erwirbt der Leistungsempfänger durch Bezahlung des Pfandgeldes eine Option zur Rückgabe. Diese Put-Option bezieht sich auf qualitativ identische Umschließungen, also auf vertretbare Güter. Die Option ist tief im Geld (*deeply in the money*), weil der Optionspreis spürbar höher ist als der Sachwert des Pfandguts. Die Rückgabe des Pfandguts ist wahrscheinlich, wodurch der Abfüller u.E. an der Ausbuchung des Leerguts gehindert ist. Soweit nicht aus *materiality*-Gründen ein anderes Vorgehen zulässig erscheint, ist daher i.H.d. fakturierten Pfandentgelts kein Umsatz auszuweisen.

6.4.1.3 Veräußerungen einzelner Güter an Handelsintermediäre unter Einräumung eines kurzfristigen Rückgaberechts zum ursprünglichen Preis

Bei Veräußerungen einzelner oder einer kleinen Zahl gleichartiger Güter fehlt es i.d.R. an der **verlässlichen Einschätzbarkeit** der Rückgabe und damit gem. IFRS 15.B23 i.V.m. IFRS 15.47 ff. an der Möglichkeit, die variable (nämlich von der Ausübung des Rückgaberechts abhängige) Gegenleistung verlässlich und mit hinreichender Wahrscheinlichkeit einzuschätzen (Rz 106 ff.). **192**

- Ein **Umsatz** ist dann erst mit Ablauf des Optionsrechts einzubuchen.
- Gleichwohl ist regelmäßig die **Verfügungsmacht** über den veräußerten Gegenstand schon früher auf den Erwerber übergegangen, da dieser anders als ein Kommissionär oder Quasikommissionär in der Weiterveräußerung frei ist bzw. umgekehrt das Berichtsunternehmen anders als bei Konsignationslieferungen (Rz 84) nicht die Rückgabe des Gegenstands verlangen kann.

Nach IFRS 15.B21 ff. ist im Zeitpunkt der ursprünglichen Lieferung wie folgt vorzugehen:

- Kein Ausweis von Umsatz, Umsatzkosten und Materialaufwendungen,
- stattdessen **Aktivierung eines Vermögenswerts** i.H.d. Buchwerts des übertragenen Gegenstands und **Passivierung einer Rückerstattungsverbindlichkeit** i.H.d. vereinbarten Kaufpreises.

Praxis-Beispiel **193**

Die Bauprojektentwicklungs-GmbH verkauft in 01 ein für 2 Mio. EUR fertiggestelltes Gebäude mit aufteilbaren Eigentumswohnungen zum Preis von 2,5 Mio. EUR an eine Grundstücksvermarktungs-GmbH. Besitz, Nutzen, Lasten und Gefahren gehen durch notariellen Vertrag im Jahr 01 auf den Erwerber über; das Gleiche gilt für die Eigentumsumschreibung im Grundbuch. Im Kaufvertrag war ein Rücktrittsrecht des Käufers vom Vertrag unter folgenden Voraussetzungen vereinbart worden:

Dem Käufer gelingt nicht bis Ende 02 ein Weiterverkauf des Grundstücks nach Aufteilung in Eigentumswohnungen.

Tatsächlich übt der Käufer in 03 – nach Bilanzerstellung des Verkäufers für 01 – das Rücktrittsrecht aus.

Das Beispiel ist einem BFH-Urteil[35] nachgebildet. Der BFH sieht bei seiner Rechtsfindung den Realisationsvorgang im Zeitpunkt des Übergangs von Besitz, Gefahr, Lasten und Nutzung, stützt sich also auf das traditionelle Beurteilungsraster nach Maßgabe schuldrechtlicher Zuordnungskriterien. Unter Beachtung des wirtschaftlichen Gehalts des Vertragswerks ist das formale verkaufsrechtliche Realisationskriterium des Gefahrübergangs hingegen nicht mehr vorrangig. Der Gefahrübergang als Realisationszeitpunkt wird mit der Risikobeschränkung des Verkäufers auf Gewährleistungsansprüche des Käufers und auf den Zahlungsausfall begründet. Im Beispiel ist indes der Risikogehalt des Verkäufers spürbar höher, genauer: Das **Risiko aus der Vermarktung** des Gebäudes ist bei ihm verblieben. Der Gefahrübergang i.S.d. Schuldrechts führte aufgrund der

---

[35] BFH, Urteil v. 25.1.1996, IV R 114/94, BStBl II 1997 S. 382, mit Anm. HOFFMANN, BB 1996, S. 1821.

Marktzwänge und der daraus abgeleiteten Vertragsgestaltung nicht zu einer Risikominderung beim Verkäufer. Eine unbeeinflusste Nachfrage nach dem entsprechenden Gebäude oder den daraus aufzuteilenden Eigentumswohnungen ist offensichtlich dem veräußernden Bauträger nicht verfügbar gewesen. Dieser wollte mit der Veräußerung ein besonderes Vertriebskonzept in die Welt setzen. Gleichwohl liegt kein Fall der Verkaufskommission oder ein wirtschaftlich gleichwertiges Geschäft vor, so dass der Veräußerer zwar eine Rücknahmepflicht (Stillhalterposition) hat, aber kein Rückforderungsrecht (IFRS 15.B77f.).

Die Unmöglichkeit einer zur verlässlichen Schätzung der Rückgabe führenden Portfoliobetrachtung führt allerdings dazu, dass der variable, weil von der Rückgabeoption abhängige, Kaufpreis unberücksichtigt bleibt. Wenn gleichwohl die Kontrolle (das wirtschaftliche Eigentum) über den Liefergegenstand schon auf den Handelsintermediär übergeht, hat das liefernde Unternehmen eine Erstattungsverbindlichkeit i.H.d. vereinbarten Kaufpreises auszuweisen sowie den Erstattungsanspruch als sonstigen Vermögenswert i.H.d. eigenen Herstellungs-/Anschaffungskosten anzusetzen.

Praxis-Beispiel (Fortsetzung)
Die Grundstücksvermarktungs-GmbH bucht:
- „per Forderungen L+L 2,5 Mio. EUR an Erstattungsverbindlichkeit 2,5 Mio. EUR",
- „per Sonstiger Vermögenswert 2 Mio. EUR an Vorräte 2 Mio. EUR".

6.4.1.4 Veräußerungen an Nutzer mit bedingter oder unbedingter Rücknahmevereinbarung

194 Langlebige Gegenstände (Gebrauchsgüter) können mit der Maßgabe an den Nutzer veräußert werden, dass nach einer bestimmten **Mindestdauer der Nutzung** eine **Rücknahme** entweder zwingend erfolgt oder von einer der Parteien verlangt werden kann, wobei unter Berücksichtigung der zwischenzeitlichen Abnutzung des Gegenstands der Rückgabepreis unter dem ursprünglichen Verkaufspreis liegt sowie bei Einräumung einer Option an den Käufer dieser (z.B. aufgrund der Preisgestaltung) bei typisiertem Verlauf einen signifikanten Anreiz zur Ausübung der Option hat. Hier ist nach IFRS 15.B66(a) und IFRS 15.B70 regelmäßig ein **verdecktes Leasingverhältnis** anzunehmen, das weiter nach IAS 17 zu beurteilen ist.

Praxis-Beispiel
Ein Automobilhersteller H veräußert Anfang 01 10.000 Pkws des Typs X für 100 Mio. EUR an einen Autovermieter V. Gleichzeitig wird eine Rücknahme der Fahrzeuge nach zwei Jahren zu einem jetzt **vereinbarten Preis** (50 Mio. EUR, ggf. angepasst wegen außergewöhnlicher Abnutzung) vereinbart.[36]
Im Beispiel werden zeitgleich der Verkauf und die Rücknahme der Fahrzeuge vereinbart. Das rechtliche Eigentum geht auf das Mietwagenunternehmen über. Vom wirtschaftlichen Eigentum wird man dies nicht behaupten können.

---

[36] Nachgebildet folgendem Sachverhalt: FG Bremen, Urteil v. 26.8.2004, 1 K 99/04 (1), EFG 2004, S. 1588.

Es liegt ein verdecktes Leasingverhältnis vor, das nach IFRS 16 zu bilanzieren ist. I.d.R. führt dies zur Qualifizierung als *operating lease*. Aus der Differenz von Verkaufs- und Rückkaufpreis ergibt sich eine zwischen den Vertragspartnern vereinbarte **Marge**, die dem **wirtschaftlichen Gehalt** nach keinen Kaufpreis, sondern eine **Nutzungsvergütung** darstellt. Diese ist beim *operating lease* über den Nutzungszeitraum hin abzugrenzen.

Der Hersteller bucht – unter Vernachlässigung von Zinseffekten – wie folgt:

Datum	Konto	Soll	Haben
Anfang 01:	Geld	100 Mio.	
	Verbindlichkeit		100 Mio.
Ende 01:	Verbindlichkeit	25 Mio.	
	Erlöse aus Nutzungsüberlassung		25 Mio.
Ende 02:	Verbindlichkeit	25 Mio.	
	Erlöse aus Nutzungsüberlassung		25 Mio.
	Verbindlichkeit	50 Mio.	
	Geld		50 Mio.

Dem vorstehenden Lösungsansatz folgen im Wesentlichen (für IAS 18) die deutsche und die europäische Automobilindustrie. Sofern das verdeckte Leasingverhältnis als *operating lease* zu beurteilen ist, muss die Differenz zwischen Verkaufs- und Rücknahmepreis linear über den Zeitraum zwischen Veräußerung und Rücknahme verteilt werden. In diesem Sinne verfahren die großen bzw. größten europäischen Automobilhersteller.[37] Ausnahmsweise kann auch ein verdecktes *finance lease* vorliegen und damit ein sofortiger Übergang wirtschaftlichen Eigentums auf den Kunden/Nutzer. Dies kommt z.B. infrage, wenn der Zeitraum zwischen Verkauf und Rücknahme (also die vertragliche Nutzungsdauer) im Verhältnis zur wirtschaftlichen Nutzungsdauer des Fahrzeugs sehr groß oder die Rücknahme nur zum Verkehrswert vorgesehen ist.

Gegen den vorstehenden Lösungsansatz wird (handelsrechtlich) eingewandt,[38] der Autovermieter sei nicht zur Rückgabe eines **identischen** (bestimmt durch die Fahrgestellnummer), sondern nur eines **gleichartigen** (hinsichtlich der Ausstattung) Fahrzeugs verpflichtet gewesen. U.E. ist diesem Kriterium jedenfalls nach IFRS keine entscheidende Bedeutung beizumessen. Geboten ist vielmehr eine Portfoliobetrachtung (Rz 31 f.).

Das vorstehende Beispiel unterstellt eine von vornherein feststehende Rückgabe. Im nachstehenden Beispiel wird demgegenüber ein ähnliches „Flottengeschäft" mit Rückgabeoption dargestellt.

195

Praxis-Beispiel
Ein Automobilhersteller veräußert 10.000 Pkws des Typs X an einen Autovermieter. Der Autovermieter hat nach zwei Jahren ein Rückgaberecht zu einem aus Sicht des Vertragsschlusses für ihn **günstigen** Rückgabepreis.

37 WENK/JAGISCH, KoR 2010, S. 33 ff.
38 KOSSOW, StuB 2001, S. 209, mit Kommentierung von HOFFMANN, StuB 2001, S. 550.

Der ursprüngliche Verkauf bezieht sich auf einen Neuwagen, die spätere Rücklieferung auf einen Gebrauchtwagen; es liegt also – anders als bei Wertpapierpensionsgeschäften – kein wirtschaftlich identisches Gut vor. Bei einem unechten Wertpapierpensionsgeschäft mit wahrscheinlicher Ausübung der Put-Option würde die „Kaufpreiszahlung" wirtschaftlich in eine Darlehensgewährung uminterpretiert. Im Beispielsfall ist dies schon wegen der Differenz zwischen dem ursprünglichen Verkaufspreis und dem späteren Rücknahmepreis nicht möglich. Diese Differenz stellt dem wirtschaftlichen Gehalt nach aus Sicht des Autovermieters das Entgelt für Gebrauch bzw. Abnutzung dar. Der **Differenzbetrag** hat also den Charakter einer **Nutzungsvergütung**. I. H. d. ursprünglich vereinbarten Verkaufspreises liegt deshalb kein Umsatzerlös vor, vielmehr ist die Differenz zwischen Verkaufs- und Rücknahmepreis zeitanteilig als Umsatzerlös zu erfassen.

Diese Lösung – **Umdeutung eines zivilrechtlichen Veräußerungsgeschäfts in eine wirtschaftliche Nutzungsüberlassung** – verhält sich spiegelbildlich zum eher geläufigen Fall des *finance lease*. Hier wird eine zivilrechtliche Nutzungsüberlassung unter bestimmten Umständen (z. B. im Fall einer günstigen Kaufoption zugunsten des Leasingnehmers gem. IFRS 16.63(b)) wirtschaftlich als Veräußerung interpretiert (→ § 15a Rz 242 ff.). Nach der gleichen Systematik, allerdings unter gespiegelten Verhältnissen, „verwandelt" sich der Autoverkaufsfall im Beispiel wirtschaftlich in eine Nutzungsüberlassung. Übereinstimmungen und Unterschiede sind in der folgenden Tabelle dargestellt:

Sachverhalt	Options-art	schuld-recht-licher Gehalt	wirt-schaftli-che Sub-stanz	wirt-schaftli-cher Ei-gen-tümer	rechtli-cher Ei-gen-tümer
Autoverkauf mit günstigem Andienungs-recht des Er-werbers	*put*	Verkauf	Nut-zungs-überlas-sung	Verkäu-fer	Käufer
Autoleasing mit günstigem Erwerbsrecht des Leasing-nehmers	*call*	Nut-zungs-überlas-sung	Verkauf	Mieter	Vermie-ter

„Flottengeschäfte" zwischen Automobilherstellern und Autovermietern müssen nicht zwingend im Vorhinein einen **festen** Rücknahmepreis vorsehen.

Praxis-Beispiel[39]
A kauft im Rahmen eines riesigen Flottengeschäfts von G 350.000 Autos in den kommenden fünf Jahren. G nimmt im Durchschnitt nach sechs Monaten die „verkauften" Autos zurück. Ein fester Rücknahmepreis zwischen A und G wird nicht vereinbart. Stattdessen verpflichten sich die Vertragspartner zu einem gemeinsamen Marketing des Wiederverkaufs.

---

[39] FAZ v. 3.11.2003, S. 16.

In diesem Fall schlägt sich die **hohe Marktmacht** des Autovermieters nieder. G kann zwar einen „Verkauf" von Fahrzeugen verbuchen (besser: vermelden). Ob ein wirklicher Realisationsvorgang durch Transfer des wirtschaftlichen Risikos stattgefunden hat, hängt vom Inhalt der Vermarktungsvereinbarungen ab. Eine sofortige Umsatzrealisierung für den vereinbarten „Kaufpreis" kommt z. B. dann nicht in Betracht, wenn die Risiken des Wiederverkaufs wesentlich bei dem Autohersteller verbleiben, der Hersteller also etwa einen aus heutiger Sicht sehr günstigen Wiederverkaufspreis garantiert.

Bei **wörtlicher Auslegung** von IFRS 15.B66(a) wäre eine Leasingvereinbarung auch dann stets anzunehmen, wenn der Verkäufer ein Rückforderungsrecht (Call-Option) zu einem **unter dem ursprünglichen Verkaufspreis** liegenden Preis hat. Verkannt würde dabei die **zwischenzeitliche Abnutzung** des Gegenstands. Für der Abnutzung unterliegende Gegenstände gilt: Bei einem längeren Zeitraum zwischen Verkauf und Ausübbarkeit des Rückforderungsrechts ist eine Rückforderungsoption mit nur leicht unter dem ursprünglichen Verkaufspreis liegendem Ausübungspreis wirtschaftlich bedeutungslos. In gebotener typisierter Betrachtung wird diese Option nie ausgeübt und kann u. E. daher auch nicht zur Umdeutung in ein Leasing führen. Sachgerechter Maßstab für den Rücknahmepreis ist daher der **voraussichtliche Zeitwert** des überlassenen Gegenstands im Zeitpunkt der Optionsausübung. Wenn der Ausübungspreis voraussichtlich deutlich über diesem Zeitwert liegt, kommt u. E. eine Umdeutung in ein Leasing nicht infrage. | 196

Ausnahmsweise kann der Rücknahmepreis auch **über dem ursprünglichen Verkaufspreis** liegen. In diesem Fall liegt nach IFRS 15.B66(b) bei unbedingten Rücknahmevereinbarungen und Call-Optionen eine **Finanzierungsvereinbarung** vor. Der erhaltene Kaufpreis ist als finanzielle Verbindlichkeit zu passivieren. Entsprechendes gilt nach IFRS 15.B73, wenn bei einer geschriebenen Put-Option der Ausübungspreis zugleich höher als der ursprüngliche Kaufpreis und höher als der erwartete Marktwert ist. Wegen eines Beispiels wird auf IFRS15.IE315 ff. verwiesen. | 197

Hat der Käufer keinen signifikanten ökonomischen Anreiz zur Ausübung einer Rückgabeoption, ist der Verkauf nach IFRS 15.B72 und IFRS 15.B73 wie ein *sale with a right of return* (Rz 187) zu behandeln. | 198

6.4.1.5 Faktische Rücknahmeverpflichtungen

Die Kategorien des Schuldrechts beruhen auf einer unterstellten „Vertragsfreiheit" auch im wirtschaftlichen Sinn, also einer einigermaßen **gleichen Marktmacht**. Die Realität des Wirtschaftslebens stellt sich indes häufig ganz anders dar. | 199

Praxis-Beispiel

Der Einzelhandelsriese A bietet wöchentlich umfangreich beworbene Sonderverkaufsaktionen an. Dazu erhält der Elektrowerkzeughersteller F den Auftrag zur Anlieferung von 20.000 Geräten, verteilt auf 1.500 Filialen in Deutschland am Tag X zwischen 14 und 16 Uhr.

Nach Beendigung der Aktion bleiben 5.000 Geräte bei A unverkauft. Eine Rücknahmepflicht des F war nicht vereinbart. Gleichwohl nimmt F die unverkauften Geräte zurück.

Nach Schuldrecht ist ein Rückgaberecht von A aus dem Kaufvertrag nicht abzuleiten. Der sog. Gefahrenübergang ist erfolgt und damit nach herkömmlichem Lösungsmuster der Realisationszeitpunkt spätestens bei Anlieferung in den Filialen gegeben. Bei F verbleiben „nur" das Gewährleistungs- und das Forderungsausfallrisiko. In der Realität kann F allerdings seine Ansprüche aus dem Kaufvertrag nicht durchsetzen. Verweigert er die nicht vereinbarte Rücknahme der unverkauften Geräte, wird er von A nie mehr einen Auftrag erhalten. U. E. ist daher eine **Gleichbehandlung** mit der rechtlichen Rücknahmepflicht geboten.[40] Der Rechnungslegungs**praxis** bereitet die **Identifizierung** faktischer Rücknahmepflichten allerdings ungleich größere Probleme als die entsprechender rechtlicher Vereinbarungen. Die Frage, ob und wie weit sich Machtverhältnisse zu einem Rücknahmezwang verdichtet haben, kann einzelfallabhängig gegen eine Berücksichtigung solcher Verhältnisse sprechen.

6.4.2   Verkauf mit Erlös-, Preis- oder Renditegarantie

200   Garantiert der Verkäufer direkt oder indirekt in wesentlichem Ausmaß die Erlöse oder Renditen des Erwerbers, ist der Kaufpreis insoweit variabel und kann i. H. d. Variabilität ein Umsatz nur dann erfasst werden, wenn eine verlässliche, hoch wahrscheinlich nicht zu Umkehreffekten führende Schätzung des variablen Teils möglich ist (Rz 106 ff.). Die Erlös- oder Renditegarantie kann aber auch eine eigenständige Leistungsverpflichtung begründen, die als vertragliche Schuld abzugrenzen ist.

Praxis-Beispiel

Bauträger A verkauft Ende 01 ein Gebäude zum überhöhten Preis von 4.000 EUR/qm an Erwerber E und übernimmt im Gegenzug bei tatsächlichen Marktmieten von 15 EUR/qm/Monat eine zehnjährige Mietgarantie über 35 EUR/qm/Monat.

Die Mietgarantie „kostet" voraussichtlich 12 × (35–15) = 240 EUR/Jahr/qm. Bei Annahme eines 6 %igen Zinses beträgt der Barwert der zehn Zahlungen 1.766 EUR/qm, also beinahe die Hälfte des Veräußerungserlöses.

A bucht (pro qm):

Konto	Soll	Haben
Per Forderung L+L	4.000	
Umsatz		1.766
Vertragliche Schuld (*contract liability*)		2.237

---

201   Der Verkäufer kann dem Käufer einen **Preisschutz** gewähren *(price protection clause)*. In wettbewerbsintensiven Märkten wird etwa den Endverbrauchern eine nachträgliche Preisminderung garantiert, sofern innerhalb einer bestimmten Zeitspanne das gekaufte Produkt bei einem anderen Händler zu einem niedrigeren Preis angeboten wird (Wettbewerberklausel). Eine andere, eher bei Verkauf an Handelsintermediäre gebräuchliche Klausel sieht eine Gutschrift vor, wenn der Verkäufer in der Garantieperiode seine eigenen Preise senkt (Meistbegünstigungsklausel bzw. *„most favored notion" clause).*

---

[40]   LÜDENBACH, PiR 2005, S. 15 ff.

Bedenken gegen eine volle Erlösrealisierung ergeben sich in solchen Fällen aus der Frage, ob die Höhe des Erlöses **verlässlich und mit hinreichend hoher Wahrscheinlichkeit bestimmt** werden kann, solange ein Risiko der Preisminderung besteht (Rz 106 ff.). Bei einer **Meistbegünstigungsklausel** sind die Bedenken gering, da das Unternehmen selbst den zu einer Gutschrift führenden Tatbestand in der Hand hat. Bei **Wettbewerberklauseln** gilt dies zwar nicht, regelmäßig ist aber der Preisgarantiezeitraum so kurz (14 Tage), dass auch hier i.d.R. eine wesentliche Kürzung des Umsatzbetrags nicht notwendig erscheint.

Wird der **Preisschutz** nicht im Verhältnis Händler zu Endkunde, sondern vom   202
Produzenten gegenüber dem Händler in der Weise gewährt, dass der Produzent einen **Mindestwiederverkaufspreis** absichert, ist unter den allgemeinen Voraussetzungen beim Produzenten nur der hoch wahrscheinlich anfallende Betrag sofort als Umsatz zu erfassen.

Praxis-Beispiel[41]
Ein Computerhersteller vertreibt seine Produkte über Zwischenhändler. Der reguläre Verkaufspreis („Listenpreis") des Computermodells „XPS" beim Verkauf an Zwischenhändler beträgt 1.000 EUR. Auf dieser Basis wird am 31.12.01 an Zwischenhändler Z geliefert.
Angesichts des ständigen Preisverfalls bei den wesentlichen Komponenten (z.B. Monitor, Speicher, Prozessor) räumt der Computerhersteller Z als Zugeständnis bei Lieferung eine *price protection* bei 950 EUR ein, und zwar für die Dauer eines Monats. Er steht also bis maximal 50 EUR für Verluste, bezogen auf den Wareneinstandspreis des Händlers, beim Weiterverkauf an den Endkunden ein. Weitergehende Preiszugeständnisse bzw. Preisverfälle gehen dann zulasten des Händlers.
Am 31.12.01 sind die Umsatzerlöse i.H.v. 950 EUR hinreichend sicher und damit bei Lieferung an den Händler zu realisieren.

Soweit sich eine Verwertungsgarantie auf den Weiterveräußerungspreis bezieht,   203
kommt es u.E. nicht darauf an, ob dem Kunde ein Mindestweiterveräußerungserlös durch „Auffüllung" garantiert oder ein Rückgaberecht eingeräumt wird. In beiden Fällen scheitert der Ausweis eines Umsatzes an der nicht mit hinreichender Wahrscheinlichkeit einschätzbaren Höhe des Erlöses.

Eine **Ertragsgarantie** in Form eines garantierten Weiterveräußerungserlöses   204
ähnelt also wirtschaftlich der Einräumung eines **Rückgaberechts**. Auf die obigen Ausführungen kann deshalb verwiesen werden.

6.4.3 Verkauf mit auf Sachmängel bezogenen Garantien

IFRS 15.B28 ff. unterscheidet zwischen   205
- **Eigenschaftsgarantien** (*assurance type guarantees*), die nur das Versprechen zugesagter Eigenschaften, Qualitäten usw. beinhalten, und
- klassischen, sog. **Servicegarantien**.

Servicegarantien können eigenständige Leistungsverpflichtungen begründen, Eigenschaftsgarantien nicht.

---

41 Beide nachfolgenden Beispiele aus UNKELBACH, PiR 2008, S. 344 ff.

206 In der Abgrenzung beider Fälle differenziert der Standard zwischen zwei Konstellationen:

- Hat der Kunde die **Option**, eine Garantie gegen einen zusätzlichen Preis zu erwerben, liegt eine Servicegarantie vor (IFRS 15.B29).
- Ohne separate Bepreisung (**Inklusivgarantie**) ist eine Einzelfallwürdigung vorzunehmen, welcher Garantietyp vorliegt (IFRS 15.B30). Indikatoren für eine Servicegarantie sind nach IFRS 15.B31 u.a. eine sehr lange Dauer der Garantiezeit sowie ein zeitlich und/oder sachlich wesentlich über die gesetzlichen Vorgaben hinausgehender Inhalt der Garantie. Hierzu führt IFRS 15.B31(a) an, dass gesetzlich verlangte Garantien typischerweise dem Schutz des Kunden vor den Risiken eines Kaufs schon defekter Produkte dienen.

Dies entspricht den Wertungen von §§ 434 ff. BGB, wonach ein Sachmangel u. a. vorliegt, wenn der Gegenstand zum Kaufzeitpunkt nicht die bei gewöhnlicher Verwendung erforderliche Beschaffenheit hat. Entsprechende Mängel können nach § 438 BGB binnen zwei Jahren ab Kauf geltend gemacht werden. Beim u. U. schwierigen Beweis, dass der Mangel schon bei Übergabe vorhanden war, schafft § 475 BGB dem Käufer von Verbrauchsgütern eine Erleichterung: Für binnen sechs Monaten nach Kauf evident werdende Mängel gilt die Vermutung, dass der Mangel schon bei Übergabe vorhanden war.

Zum Ganzen folgendes Beispiel:

Praxis-Beispiel

U betreibt eine Kette von Elektrofachmärkten. U. a. werden Spülmaschinen in einem Preisintervall zwischen 250 EUR für Billigmodelle und ca. 3.000 EUR für Spitzenmodelle angeboten. Das Modell X der Premiummarke M wurde bisher für 2.800 EUR angeboten. Im Angebot enthalten war eine „kostenlose" Garantie für den an die zweijährige gesetzliche Frist anschließenden Drei-Jahres-Zeitraum. Auf je 100 verkaufte Geräte kam es in der Vergangenheit zu einem einzigen Garantiefall in den Jahren 03 bis 05, der im Durchschnitt 200 EUR Kosten verursachte. Wahrscheinlichkeitsgewichtet betrug das Kostenrisiko für U also 1 % x 200 = 2 EUR je verkaufter Premiummaschine.

In Reaktion auf die Preisbildung von Wettbewerbern ändert U seine Preispolitik. Das Modell X wird jetzt für 2.700 EUR verkauft. Dem Kunden wird der Abschluss einer entgeltlichen Anschlussgarantie für 03 bis 05 zu einem Preis von 400 EUR angeboten. Etwa 25 % der Kunden machen von dem Angebot Gebrauch.

Im Beispiel wurde eine Garantie zunächst ohne besonderes Entgelt gewährt (Inklusivgarantie). Hier ist nach IFRS 15.30 f. im Einzelfall zu würdigen, ob eine Servicegarantie oder eine Eigenschaftsgarantie vorliegt. Entscheidend ist u. E. die Stellung von M als Premiummarke. Wenn der Kunde statt 250 EUR für ein Billigmodell mehr als das Zehnfache für das Spitzenmodell ausgibt, dann in der berechtigten, durch Werbung usw. bekräftigten Erwartung, dass die Maschine „ewig" läuft. Die **Langlebigkeit** der Maschinen ist mithin eine implizit **zugesagte Eigenschaft** *(assured quality)*. Hierauf vertraut im Sachverhalt auch die Mehrheit der Kunden (75 %, die bei Separierung keine Garantie kaufen würden).

Dies bestätigt überdies die geringe Zahl von Garantiefällen (1 %). Eine Servicegarantie liegt daher nicht vor. Für erwartete Inanspruchnahmen hat U gem. IFRS 15.30 eine Rückstellung nach IAS 37 zu bilden, keine umsatzkürzende vertragliche Schuld.

Bei der gegen **separates Entgelt** optional angebotenen Garantie ist IFRS 15.B29 zu beachten: Wenn man die dortige Vorgabe mit der wohl h.M. als **Regel** *(rule)* interpretiert, liegt zwingend eine *service-type*-Garantie und damit eine separate Leistungsverpflichtung vor. Der gesamte Transaktionspreis ist dann nach dem (fiktiven) Verhältnis der Einzelveräußerungspreise aufzuteilen (Rz 128). Bei Anwendung der Kostenzuschlagsmethode (IFRS 15.B79) würde im Beispiel allerdings nur ein geringer Betrag auf die Garantie entfallen, bei 100 % Aufschlag auf die erwarteten Kosten von 2 EUR weniger als 5 EUR. Unter Wesentlichkeitsgesichtspunkten kann dann ggf. überhaupt auf eine Umsatzabgrenzung verzichtet und die Bilanzierung auf die Einbeziehung in die Gewährleistungsrückstellungen beschränkt werden.

Zu erwägen ist allerdings auch eine teleologische Reduktion von IFRS 15.B29: Dem prinzipienorientierten Charakter von IFRS 15 widerspricht es, die Qualifizierung einer Garantie kasuistisch an der Frage der separaten Bepreisung festzumachen. Die Bepreisung kann zwar Indiz für das Vorliegen einer *service-type*-Garantie sein. Je nach Ausprägung der sonstigen Fakten und Umstände sollte im Einzelfall gleichwohl eine Qualifizierung als *assurance-type*-Garantie infrage kommen.

6.4.4 Mitgliedschaftsentgelte, *up-front fees*, Franchise

Nicht anrechenbare Gebühren zum **Anfang** einer Vertragsbeziehung *(non-refundable up-front fees)* sind z.B. bei der Gewährung von **Mitgliedschaften** (Aufnahmegebühr), aber auch beim Abschluss von **Telefonverträgen** (Anschlussgebühr bzw. Aktivierungsgebühr) üblich. Nach IFRS 15 ist folgende Differenzierung geboten: **207**

- Erhält der Kunde für die Anfangsgebühr keine besondere Leistung, liegt eine erhaltene Anzahlung *(advance payment)* vor, die zu passivieren und i.d.R. über die vereinbarte Mindestvertragsdauer als Umsatz zu realisieren ist, ausnahmsweise über einen längeren Zeitraum, wenn der Kunde eine günstige Verlängerungsoption hat (IFRS 15.B49).
- Erhält der Kunde eine besondere und eigenständige Leistung (z.B. „kostenlose" Trainerstunden und Gesundheitscheck nur zum Beginn einer Mitgliedschaft im Fitnessclub), sind Beitrittsentgelt und laufende Gebühr der Mindestvertragsdauer zu einem Gesamttransaktionspreis zusammenzufassen und auf die Anfangs- und Folgeleistungen aufzuteilen (IFRS 15.B50; Rz 128ff.)

Up-front fees bzw. *initial fees* sind auch bei Abschluss von **Franchise-Verträgen**   **208** üblich und nach den vorgenannten Kriterien zu würdigen. Häufig erhält der Franchise-Nehmer für die Anfangsgebühr eine Erstausstattung mit Geräten, Mobiliar usw. und zahlt für die laufende Nutzung von Marke, Know-how usw. des Franchise-Gebers eine laufende, umsatzabhängige Gebühr. Nach IFRS 15.IE289ff. liegt ein Mehrkomponentengeschäft mit unterscheidbaren Leistungen vor. Soweit die Anfangsgebühr in einem angemessenen Verhältnis zum Einzelveräußerungspreis der Erstausstattung steht, gilt für den Franchise-Geber Folgendes:

- Realisierung des Anfangsentgelts bei Auslieferung der Erstausstattung (zeit-punktbezogene Leistung);
- Realisierung der laufenden Entgelte gem. IFRS 15.B63, wenn die jeweiligen lizenzbehafteten Umsätze des Franchise-Nehmers anfallen (zeitraumbezo-gene Leistung).

6.4.5 Lizenzierungen

209   IFRS 15.B52 **definiert** die Lizenzierung als die Etablierung des Rechts **eines Kunden am immateriellen Vermögen** *(intellectual property)* des Lizenzgebers und führt als **Beispiele** an:
(a) **Software- und Technologie**-Lizenzen,
(b) **Medien**-Lizenzen (Filme, Musik usw.),
(c) **Franchise**-Verträge (Rz 208) sowie in teilweiser Überlappung zu (a) und (b)
(d) Lizenzen über Patente, Marken, Urheberrechte.

210   Da die Lizenzierung häufig i.V.m. anderen Leistungen (z.B. Wartungsverträge, Hardwarelieferungen usw.) gewährt wird, ist gem. IFRS 15.B53 vorrangig zu prüfen, ob i.S. e. **Mehrkomponentengeschäfts** (Rz 54) die Lizenzierung eine eigenständige Leistung darstellt.
Fehlt es an der Eigenständigkeit, liegt eine **einheitliche Leistung** vor, die ins-gesamt der Umsatzrealisierung zu unterwerfen ist, und zwar je nach Einzelfall **zeitpunkt-** oder **zeitraumbezogen**. Beispiele hierfür sind nach IFRS 15.B54 Lizenzen, die integraler Bestandteil eines physischen Liefergegenstands sind, oder Lizenzen, deren Nutzen der Kunde nur i.V.m. anderen, nicht leicht am Markt beschaffbaren Leistungen (etwa *customizing*) erlangt.

211   Ist die **Eigenständigkeit** der Lizenzierung hingegen zu bejahen (oder liegt über-haupt kein Mehrkomponentengeschäft, sondern nur eine Lizenzierungsleistung vor), muss beurteilt werden, ob die Lizenzierung eine zeitraum- oder zeitpunkt-bezogene Leistung darstellt. Dabei ist nach IFRS 15.B56 zu prüfen, ob der Kunde
- ein **Recht auf Zugang** *(right to access)* zum lizenzierten immateriellen Ver-mögen in der Form hat, wie es während der Lizenzperiode **jeweils** existiert – **zeitraumbezogene Leistung** – oder
- ein **Recht auf Nutzung** *(a right to use)* hat, wie der lizenzierte Gegenstand zum **Zeitpunkt der Lizenzgewährung** existiert – **zeitpunktbezogene** Leistung.

212   Ist nach vertraglicher Vereinbarung gesichert oder wegen Geschäftspraktiken davon auszugehen, dass der **Lizenzierungsgegenstand fortlaufend verändert** wird, und betreffen die Änderungen in signifikantem Maß den Nutzen des Kunden, liegt ein Zugangsrecht, also eine **zeitraumbezogene Leistung** vor (IFRS 15.B58 i.V.m. IFRS 15.B60). Nach der in IFRS15.B58 vorgenommenen Konkre-tisierung dieses Umstands ist ein Zugangsrecht (zeitraumbezogene Leistung) insbesondere dann gegeben, wenn folgende Kriterien kumulativ erfüllt sind:
- Nach Lizenzvertrag oder berechtigter Kundenerwartung wird der Lizenz-geber Aktivitäten unternehmen, die den Lizenzgegenstand signifikant betref-fen, d.h. auch: der Kunde ist direkt den positiven oder negativen Effekten der Aktivitäten des Lizenzgebers ausgesetzt.
- Durch die Aktivitäten des Lizenzgebers werden jedoch keine weiteren Güter oder Dienste übertragen.

Eine **berechtigte Kundenerwartung** kann sich aus Geschäftspraktiken, veröffent- 213
lichter Unternehmenspolitik usw. ergeben, aber auch aus dem gemeinsamen ökonomischen Interesse von Lizenzgeber und Lizenznehmer, insbesondere einer
wesentlich umsatzbasierten Lizenzgebühr (IFRS 15.B59). Als Beispiel für die
berechtigte Kundenerwartung lässt sich in Anlehnung an IFRS 15.IE309ff. folgender Fall der Lizenzvergabe durch einen **Profisportverein** anführen:

Praxis-Beispiel

Ein Erstliga-Fußballverein vergibt in Lizenz an einen Sportbekleidungsher-
steller die Nutzung von Vereinsnamen, Vereinslogo usw. gegen teils umsatzabhängige Gebühr, außerdem die Nutzung des Stadionnamens an einen
Versicherungskonzern gegen eine Gebühr, die sich bei Abstieg in die zweite
Liga reduziert.

Beurteilung

Auf Basis der bisherigen Geschäftspraktiken und des Eigeninteresses des
Vereins, aber auch auf Basis der umsatz- bzw. ligaabhängigen Entgelte,
können die Lizenznehmer berechtigterweise erwarten, dass der Verein Aktivitäten unternehmen wird (den Spielbetrieb fortsetzen, die Wettbewerbs-
fähigkeit des Teams erhalten oder stärken), die den Wert der überlassenen
Rechte und damit auch den Kunden direkt betreffen. Da andererseits durch
diese Aktivitäten keine zusätzliche Leistung auf die Lizenznehmer übertragen
wird, gilt: die Lizenznehmer erhalten eine zeitraumbezogene Leistung.

Im Bereich der **Film- und Fernsehindustrie** kann entsprechend die Gewährung
von Ausstrahlungs- oder Merchandising-Rechten an einer Serie mit der impliziten Verpflichtung verbunden sein, die „Storyline" weiterzuentwickeln, so dass
– im Unterschied zur Gewährung entsprechender Rechte an einem „Blockbus-
ter" – eine zeitraumbezogene Leistung vorliegt.[42]

Die im April 2016 veröffentlichten *„Clarifications to IFRS 15"* sehen Klarstel- 214
lungen bzgl. der Abgrenzung zwischen zeitraum- und zeitpunktbezogenen
Lizenzleistungen vor. IFRS 15.B57 wird gestrichen und durch IFRS 15.B59A
ersetzt. Die neue Regelung stellt klar, dass eine zeitraumbezogene Leistung nicht
nur dann vorliegt, wenn der Lizenznehmer ein Zugangsrecht zu während der
Lizenzperiode zu erwartenden signifikanten Änderungen an **Funktion oder
Design** des Lizenzgegenstands hat (IFRS 15.59A(a)), sondern ebenso dann,
wenn ein (faktischer oder rechtlicher) Anspruch darauf besteht, dass der Lizenzgeber **werterhaltende oder wertsteigernde Maßnahmen** während der Lizenzperiode vornimmt (IFRS 15.59A(b)). Als Anwendungsfall der zweiten Variante
werden spezifisch Markenlizenzen genannt und allgemein Lizenzobjekte, die für
den Lizenznehmer keine signifikante *stand-alone*-Funktionalität haben.

Abweichend von dem allgemeinen Grundsatz, dass erwartete variable (z.B. 215
erfolgsabhängige) Entgeltbestandteile mit ihrem Schätzwert in den Umsatz
eingehen (Rz 106ff.), trifft IFRS 15.B63 eine Sonderregelung für Lizenzen: Bei
umsatz- oder nutzungsabhängiger Lizenzierung (z.B. Stücklizenzen) realisiert der Lizenzgeber seinen Umsatz i.d.R. dann, wenn die gebührenbegründen-

---

42 WALTER/HOLD, KoR 2016, S. 197ff.

den Umsätze bzw. Nutzungen des Kunden anfallen. Voraussetzung ist, dass der Lizenzgeber seine Leistungsverpflichtung zu diesem Zeitpunkt bereits erfüllt hat (IFRS 15.B63). Ist die Lizenzvergütung vollständig umsatz- oder nutzungsabhängig, kommt es daher auf die Unterscheidung zwischen zeitraum- und zeitpunktbezogener Leistung nicht mehr an, da der Umsatz des Lizenzgebers in jedem Fall erst mit den gebührenbegründenden Umsätzen/Nutzungen des Kunden anfällt. Hierzu in Anlehnung an IFRS 15.IE307 f. folgendes Beispiel aus der **Filmindustrie**:

Praxis-Beispiel
Ein Filmunternehmen lizenziert Mitte Dezember 01 einen Film an eine Kinokette. Die Vergütung ist vollständig an den Ticketverkauf geknüpft.

Beurteilung
Unabhängig davon, ob eine zeitraum- oder zeitpunktbezogene Leistung vorliegt, ist der Umsatz des Filmunternehmens nach IFRS 15.B63 erst dann zu realisieren, wenn die Tickets verkauft werden.

Bei **gemischter Vergütung** bleibt die Unterscheidung zwischen zeitraum- und zeitpunktbezogener Leistung von Bedeutung, da der fixe Vergütungsteil hier unabhängig von den Kundenumsätzen/-nutzungen zu realisieren ist.

216 Die im April 2016 veröffentlichten *„Clarifications to IFRS 15"* enthalten in den neuen Paragrafen IFRS 15.B63A und IFRS 15.B63B zwei Klarstellungen bzgl. der erfolgsabhängigen Lizenzentgelte.

- Ist für eine Mehrheit von Leistungen (z.B. Lizenzierung eines Pharmapatents und gleichzeitig Produktion des Arzneimittels) eine erfolgsabhängige Vergütung vereinbart, kommen die Sonderregelungen dann und nur dann zur Anwendung, wenn die Lizenzierung das dominierende Element der erfolgsabhängigen Vereinbarung ist (dies kann etwa daran festgemacht werden, dass die Lizenz aus Kundensicht der wertvollere Teil der Vereinbarung ist).
- Eine Trennung der erfolgsabhängigen Gebühr in einen allgemeinen Regelungen und einen Sonderregelungen unterliegenden Teil ist daher nicht vorzunehmen.

217 Bei einer **zeitpunktbezogenen Leistung**, also dem Recht auf die Nutzung eines immateriellen Vermögenswerts, so wie er bei Lizenzgewährung existiert, ist noch der **konkrete** Realisationszeitpunkt zu bestimmen. Regelmäßig liegt er nicht vor dem Beginn des Lizenzierungszeitraums. Er kann später liegen, wenn der Lizenznehmer erst später die Nutzungsmöglichkeit erlangt, etwa eine Software mit Beginn des Lizenzzeitraums am 31.12.01 erhält, den Code für die Nutzung aber erst am 2.1.02 (IFRS 15.B61).

6.4.6 Softwareindustrie

6.4.6.1 Überblick

218 Für die Umsatzrealisierung in der Softwareindustrie sind v. a. die unter Rz 209 ff. dargestellten Regeln zur **Lizenzierung** von Bedeutung. Sie werden in diesem Kapitel mit spezieller Konkretisierung für die Softwarelizenzierung sowie mit weiteren Aspekten, wie etwa den typischerweise in der Softwareindustrie verwendeten Mehrkomponentengeschäften, behandelt. Im Einzelnen wird Folgendes dargestellt:

- **Auftragsfertigung,** *customizing* (Rz 219),
- Lizenzierung von **Standardsoftware** (Rz 221),
- **Mehrkomponentengeschäfte** (Rz 224),
- erwartbare **Preiskonzessionen** bei lang laufenden Verträgen (Rz 225).[43]

6.4.6.2 Auftragsfertigung, *customizing*

Zu unterscheiden ist zunächst zwischen **kundenspezifischer Softwarefertigung**   219
und Lizenzierung von Standardsoftware. Die kundenspezifische Softwarefertigung ist wie andere kundenspezifische Fertigungen (Rz 140) eine **zeitraumbezogene** Leistung. Als kundenspezifisch gilt nicht nur die Herstellung individueller
Software nach Kundenvorgaben, sondern ebenso das signifikante Modifizieren
oder *customizing* von Standardsoftware. Die Schwelle für die Signifikanz des
customizing ist dabei nicht zu hoch zu legen. Wird etwa die überlassene Software
angepasst, um mit anderen Anwendungen des Kunden interagieren zu können,
stellen Lizenzierung und *customizing* keine eigenständigen Leistungen mehr dar.
Nach IFRS 15.IE54 ff. liegt vielmehr eine einheitliche Leistung – Lieferung einer
Software, die mit den sonstigen Anwendungen des Kunden interagiert – vor und ist
diese Leistung als zeitraumbezogen zu qualifizieren.

Der Umsatz ist bei kundenspezifischer Fertigung und signifikantem *customizing*   220
nach **Leistungsfortschritt** zu realisieren. Die Bestimmung des Leistungsfortschritts
kann **output**orientiert erfolgen, wenn der durch den jeweiligen Fertigungsschritt
hinzugefügte Wert verlässlich bestimmbar ist. An dieser Voraussetzung fehlt es im
Allgemeinen, so dass häufiger **input**orientierte Verfahren, insbesondere die *cost-to-
cost*-Methode, zum Tragen kommen (Rz 147 ff.). Bei ihrer Anwendung dürfen nur
solche Kostenbestandteile zur Bestimmung des Fertigungsgrads eingehen, die spezifisch für den Auftrag anfallen.

Praxis-Beispiel

Der Kunde erhält Software, die in signifikantem Maß für die Kundenbedürfnisse
modifiziert wurde. Die Gesamtkalkulation des Herstellers sieht wie folgt aus:

	Erlös	Kosten
Lizenz	300	0
customizing	500	300
	800	300

Bis zum Stichtag sind Kosten von 60 für das *customizing* angefallen, entsprechend 20 % des kalkulierten Gesamtbetrags. Für die vergebenen Lizenzen
selbst fallen keine Kosten an.

Der Fertigstellungsgrad beträgt daher 60 / 300 = 20 %. Die resultierenden
Umsatzerlöse sind 20 % × 800 = 160.

Die dagegen zu setzenden Kosten betragen 60 für das *customizing*.

Der Nettoertrag der Periode beträgt 160–60 = 100. Dies entspricht 20 % des
erwarteten gesamten Nettoertrags von 500.

---

43   Vgl. zum Ganzen auch LÜDENBACH/FREIBERG, PiR 2015, S. 134 ff.

6.4.6.3   Lizenzierung von Standardsoftware

221   Liegen die Merkmale einer kundenspezifischen Fertigung nicht vor und wird die Software auch nicht im ununterscheidbaren Bündel mit anderen Serviceleistungen lizenziert, so stellt sich gem. IFRS 15.B56 (Rz 211) die Frage, ob der Kunde

- ein **Recht auf Zugang** *(right to access)* zur lizenzierten Software in der Form hat, wie es während der Lizenzperiode jeweils existiert – **zeitraumbezogene** Leistung –, oder
- ein **Recht auf Nutzung** *(right to use)*, wie die Software zum Zeitpunkt der Lizenzgewährung existiert – **zeitpunktbezogene** Leistung.

222   Hierbei sind Rechte oder berechtigte Erwartungen (Rz 213) bzgl. **Updates** von besonderer Relevanz. Zwei Grundfälle sind zu unterscheiden:

- Der Lizenzvertrag sieht für ein einheitliches Entgelt neben der Lizenzierung der Software im jetzigen Zustand (Version 1.0) ein **großes Update** in drei Jahren (auf Version 2.0) vor. Es liegt ein **Mehrkomponentenvertrag** vor. Der Transaktionspreis ist auf die Überlassung der jetzigen Software und auf das Update-Recht aufzuteilen (IFRS 15.IE52). Beide Leistungen sind **zeitpunkt-bezogen**, die erste ist sofort, die zweite nach drei Jahren zu realisieren.
- Ein Update ist vertraglich nicht vorgesehen. Nach der Geschäftspraxis des Lizenzgebers und der daraus resultierenden berechtigten Erwartung der Lizenznehmer (Rz 213) kommt es aber immer wieder zu **kleineren und mittleren Updates** (von Version 1.0 auf 1.1., 1.2 usw.), die kostenlos den Lizenznehmern zur Verfügung gestellt werden. Hier ist nach dem in IFRS 15.B61 niedergelegten Rechtsgedanken zu beurteilen, ob die Updates zu einer wesentlichen Ausweitung der Funktionalität oder hauptsächlich lediglich zu einer Ausmerzung von Fehlern führen. Bei **Ausweitung der Funktionalität** ist der Lizenzvertrag als Recht zum Zugang zur jeweils aktuellen Version der Software zu interpretieren und es liegt daher eine **zeitraumbezogene** Leistung vor; diese ist bei einem fehlenden expliziten Vertragszeitraum über den Zeitraum zu realisieren, über den das Unternehmen gewöhnlich eine derartige „Pflege" seiner Software vornimmt. Bei **sicherheitspflegenden Updates** begründet der Lizenzvertrag eine **zeitpunktbezogene** Leistung.

Praxis-Beispiel

S lizenziert ein Betriebssystem für PCs. Dieses wird in unregelmäßigen Abständen upgedatet, um neu bekannt werdende Sicherheitslücken auszumerzen.

Beurteilung

Der Kunde erwartet ein sicheres Betriebssystem mit bestimmten Funktionalitäten. Die Updates wahren nur die Sicherheit des Systems bei neu bekannt gewordenen Bedrohungen, erweitern aber nicht die Funktionalität. Es liegt ein Recht auf Nutzung der Software vor, wie sie zum Zeitpunkt der Lizenzgewährung versprochen wurde (nämlich als sicher). In erweiterter Auslegung von IFRS 15.56 ist der Lizenzvertrag als Recht zur Nutzung der Software in der ursprünglichen Verfassung anzusehen, die Lizenzierung daher eine zeitpunktbezogene Leistung.

Fallvariante
Neben der Ausmerzung von Sicherheitslücken erweitert der Lizenzgeber in seinen Updates auch ständig die Funktionalitäten der Software, nach durchschnittlich sechs Jahren stellt er den Verkauf des Betriebssystems ein und ersetzt es durch ein neues. Das alte System wird dann noch vier weitere Jahre wegen Sicherheitsmängeln upgedated, danach seine Pflege ganz eingestellt. Es liegt eine zeitraumbezogene Leistung vor, die über den erwarteten Zeitraum bis zur Herausgabe des neuen Betriebssystems zu realisieren ist. Auf den noch längeren Pflegezeitraum (weitere vier Jahre) kommt es nicht an, da hier keine weiteren Funktionalitäten hinzugefügt werden. Die Verteilung auf den Zeitraum bis zum neuen Betriebssystem impliziert, dass das Entgelt für in 01 vergebene Lizenzen über sechs Jahre, für in 04 vergebene Lizenzen nur noch über drei Jahre zu verteilen ist.

Entsprechende Unterscheidungen sind bei expliziter Vereinbarung einer Lizenzierungsdauer angezeigt.[44]

Praxis-Beispiel
Ein Kunde erhält eine Lizenz für zwei Jahre. Die Funktionalität verändernde Updates sind während des Zwei-Jahres-Zeitraums nicht zu erwarten.
Mit Auslieferung der Software ist das komplette Entgelt für die zweijährige Nutzung zu realisieren.

Ob eine oder mehrere zeitpunktbezogene Leistungen vorliegen, ist in folgendem Fall fraglich:

Praxis-Beispiel
Der Kunde erhält eine Standardsoftware für zwei Jahre. Änderungen der Funktionalität während des Zwei-Jahres-Zeitraums sind nicht zu erwarten. Der Kunde zahlt in drei vorschüssigen Jahresraten. Nach Zahlung der ersten Rate erhält er den Freischaltcode für die ersten zwölf Monate des Lizenzierungszeitraums, nach Zahlung der zweiten Rate den für die nächsten zwölf Monate.

Beurteilung
Dient die Befristung des ersten Freischaltcodes auf zwölf Monate lediglich der Absicherung der zweiten Zahlung, kann eine einzige Leistung angenommen werden, die mit Beginn des 24-monatigen Lizenzzeitraums realisiert ist. Eine solche Zweckbindung ist insbesondere dann plausibel, wenn die zweite Zahlung auf jeden Fall, d.h. auch bei Desinteresse der Kunden an der Freischaltung für das zweite Jahr rechtlich durchsetzbar ist.

Sofern eine **zeitpunktbezogene** Lizenzierung vorliegt, stellt sich noch die Frage nach dem genauen Leistungszeitpunkt. Folgende Fälle können unterschieden werden:

223

---

[44] Weitere Einzelheiten bei LÜDENBACH, PiR 2009, S. 314 ff.

- Ist die Software **physisch per CD oder DVD ausgeliefert,** der Kunde jedoch noch nicht in Besitz eines für die Inbetriebnahme notwendigen **Autorisierungsschlüssels/Freischaltcodes,** den er jederzeit über Internet abrufen kann, ist der Erlös realisiert. Der Verkäufer hat seine Leistungsverpflichtungen erfüllt. Der verzögerte Abruf des Autorisierungsschlüssels liegt nicht in seinem Verantwortungsbereich.

- Enthält der Datenträger auch **zusätzliche Software,** für die der Kunde zunächst keine Lizenz erwirbt und sie deshalb erst mit einem weiteren Autorisierungsschlüssel betriebsfähig wird, ist die Erlösrealisierung in dem Zeitpunkt vorzunehmen, in dem der Kunde vertragsgemäß auf diesen Zusatzschlüssel zugreifen **kann.** Auf den tatsächlichen Zugriff kommt es nicht an.

- Umfasst der Softwarevertrag das Recht des Kunden, gegen ein Gesamtentgelt eine bestimmte Maximalzahl von **Kopien** zu beziehen bzw. anzufertigen, ist der gesamte Erlös mit Auslieferung der ersten Kopie bzw. des Produktmasters realisiert. Ist die Lizenzgebühr hingegen eine Funktion der Zahl der Kopien, entsteht der Erlös nur sukzessive mit jeder weiteren Kopie.

- Wird die Software im Rahmen einer *hosting*-Vereinbarung geliefert, die den Betrieb der Software auf der Hardware des Lieferanten vorsieht, kommt es darauf an, ob das *hosting* optional oder verpflichtend ist. Hat der Kunde das Recht und die tatsächliche Möglichkeit, jederzeit unmittelbar die Software in Besitz zu nehmen, ist der auf dieses Recht entfallende Anteil des Erlöses mit Entstehen der Besitznahmemöglichkeit realisiert. An einer ausreichenden Besitznahmemöglichkeit fehlt es dann, wenn die Software nur auf spezialisierter, bei den meisten Kunden nicht vorhandener Hardware läuft oder der Kunde trotz Inbesitznahme noch für eine signifikante Mindestzeit für das *hosting* zahlen muss. In beiden Fällen liegen zeitraumbezogene Leistungen vor.

6.4.6.4   Mehrkomponentengeschäfte über Software

224   Die Lieferung von Software geht häufig mit der Vereinbarung von Serviceleistungen einher. Soweit die **Serviceleistungen** nicht im *customizing* bestehen und damit keine kundenspezifische Fertigung vorliegt, handelt es sich um ein **Mehrkomponentengeschäft.** Dieses ist dann bei Eigenständigkeit der Leistungen in Lizenzlieferung einerseits und Service andererseits zu disaggregieren, und zwar nach dem **Preis,** den das Unternehmen **bei separatem Verkauf** bzw. Leistung erzielt oder erzielen könnte (Rz 128). Preisnachlässe, die aufgrund gleichzeitigen „Verkaufs" mehrerer Elemente vereinbart werden, hindern die Wertaufteilung nicht. Sie sind nach dem Verhältnis der Einzelveräußerungspreise auf die Einzelelemente aufzuteilen. Ist zwar der Einzelveräußerungspreis eines Elements nicht bestimmbar, jedoch der des anderen Elements, so ist eine residuale Wertaufteilung zulässig und geboten (Rz 129).

> **Praxis-Beispiel**
> U vergibt ohne funktionserweiternde Updates die zeitlich unbefristete Lizenz
> L i. V. m. einem als eigenständig zu beurteilenden (auch bei anderen Unternehmen beziehbaren) *post customer support* (PCS) für das erste Jahr. Der
> Gesamtpreis beträgt 80 TEUR. Der Kunde kann den PCS jeweils für ein
> weiteres Jahr für einen Betrag von 15 TEUR verlängern. Der Kunde erhält

außerdem einen 55 %igen Rabatt auf den Listenpreis für alle Produkte, die in den nächsten drei Jahren auf den Markt gelangen.
Der Gesamtpreis von 80 TEUR abzüglich der PCS-Jahresrate von 15 TEUR führt unbereinigt, d. h. vor Rabatt, zu einem Residualwert von 65 TEUR. Bei einem angenommenen Listenpreis von 100 TEUR entspräche dies einem Rabatt von 35 TEUR, zusammengesetzt aus kostenlosem Support des ersten Jahres von 15 TEUR als Naturalkomponente (abzugrenzen) und einer Geldkomponente von 20 TEUR.
Diesem 35 %igen Rabatt steht ein 55 %iger Rabatt auf die zukünftigen Produkte (jeweils bezogen auf den Listenpreis) gegenüber. Die Differenz von 20 % ist auf den dreijährigen Rabattzeitraum abzugrenzen. Es ergeben sich somit folgende Buchungen:

Konto	Soll	Haben
Forderung	80	
Lizenzerlös		45
Abgrenzung PCS		15
Abgrenzung Zusatzrabatt		20

6.4.6.5 Preiskonzessionen bei lang laufenden Vereinbarungen

Sind die übrigen Voraussetzungen einer sofortigen Erlösrealisierung gegeben, sieht die Vereinbarung aber eine über mehr als zwölf Monate gestreckte Zahlung vor *(extended payment term)*, war nach **früherem US-GAAP** der Erlös nur **sukzessive** mit Fälligkeit der Raten *(due date* oder *cash accounting)* zu realisieren. Begründet wurde die hinausgeschobene Realisierung mit der raschen technischen „Verderblichkeit" von Softwareprodukten, mit der im Verlauf einer langfristigen Zahlungsvereinbarung die Wahrscheinlichkeit von Zugeständnissen (Zahlungsnachlässe, Rabatte für Folgeprodukte usw.) einhergehe.
Nach IFRS 15.62 und IFRS 15.IE7 ff. liegt hier ein Fall der **variablen Vergütung** vor (Rz 107). Dies impliziert keine vollständige Verlagerung der Realisation, sondern im Wesentlichen nur eine Reduzierung des sofort auszuweisenden Umsatzes.

225

> **Praxis-Beispiel**
> Ein Unternehmen veräußert Software (zeitlich unbefristete Lizenzierung) an institutionelle Kunden mit Zahlungsvereinbarungen, die sich regelmäßig über fünf Jahre erstrecken. In der Vergangenheit ist als Anreiz des Erwerbs neuer Produkte in einem technologisch schnelllebigen Umfeld regelmäßig die letzte Rate erlassen worden.
> Unter Vernachlässigung der Diskontierung wäre der Erlös in 01 mit 80 % der über die fünf Jahre vereinbarten Raten zu erfassen.

6.4.7 Sukzessivlieferverträge und Serienfertigung, insbesondere in Zulieferindustrien

226 Nach IFRS 15.22(b) ist eine **Serie** substanziell gleichartiger, i.S.v. IFRS 15.26 aber eigenständiger (*distinct*) Güter oder Services als eine einzige Leistungsverpflichtung anzusehen, wenn alle Leistungen

- zeitraumbezogen sind und
- der Leistungsfortschritt nach der gleichen Methode ermittelt wird (IFRS 15.23).

Auf diese Weise können nicht nur eine Serie zeitraumbezogener Dienste zu einem einzigen Bilanzierungsobjekt (*unit of account*) werden, sondern auch Güter, wenn diese kundenspezifisch gefertigt werden (Rz 143). Zum Zusammenwirken der Kriterien folgendes Beispiel:

Praxis-Beispiel

Die neu in den deutschen Markt eintretende Handelskette H beauftragt Bauunternehmen B damit, an insgesamt 20 Standorten nach den Vorgaben der H im wesentlichen baugleiche Outletcenter zu einem alle Objekte zusammen betreffenden Gesamtpreis schlüsselfertig zu errichten. In 01 entstehen B signifikante Kosten für die Bauplanung des einheitlichen Haustyps, für die Planung der späteren Bauabläufe, für die Auswahl von Subunternehmern usw. In 02 wird mit den eigentlichen Baumaßnahmen begonnen.

Beurteilung

(1) Die Outletcenter sind im Wesentlichen baugleich, d.h. substanziell gleichartig.

(2) Die Fertigung jedes Gebäudes ist für sich gesehen eine kundenspezifische Fertigung und damit eine zeitraumbezogene Leistung (Rz 143).

(3) Es gibt keinen Grund (und keine Rechtfertigung), den Leistungsfortschritt bei den Gebäuden nach unterschiedlichen Methoden zu ermitteln.

Bilanzierungsobjekt (*unit of account*) ist damit der Gesamtauftrag, d.h. die ganze „Kleinserie" von 20 Gebäuden.

Rechtsfolge: Die in 01 entstehenden Kosten entfallen auf den Gesamtauftrag und führen nach dem Verhältnis zu den insgesamt erwarteten Kosten in 01 bereits zu Umsatzerlösen.

---

227 Komplexer kann die Bilanzierung in **Zulieferindustrien**, etwa der Automobilbranche, sein, wenn die kundenspezifische und damit zeitraumbezogene Leistung eine Massenfertigung ist. Das nach kundenspezifischen Vorgaben entwickelte Teil wird über eine längere Dauer und in hoher Stückzahl auf Basis von **Sukzessivlieferverträgen** an den Abnehmer geliefert. Folgende Konstellationen können auftreten:

- Die Teile können mit geringem Aufwand so verändert werden, dass sie auch an **andere Abnehmer** geliefert werden; ein solches Vorgehen ist mangels Exklusivitätsvereinbarung rechtlich auch zulässig. Es liegt **keine kundenspezifische Fertigung** und deshalb keine zeitraumbezogene Leistung bzgl. der Teilefertigung vor. Die Entwicklungskosten sind nach IAS 38, die sachlichen Produktionsmittel nach IAS 16 zu bilanzieren. Der Absatz der Teile führt zu zeitpunktbezogenen Verkaufserlösen.

- Das entwickelte Produkt ist aus tatsächlichen oder rechtlichen Gründen **nicht** oder nur mit ökonomisch prohibitiven Modifikationen **an Dritte veräußerbar**. Die Fertigung der Teile stellt insoweit eine Serienleistung dar, als eine Mindestabnahmemenge vertraglich fixiert ist. Fraglich bleibt dann noch, ob die für sich gesehen einheitliche Leistungsverpflichtung (Serienproduktion der Teile) gegenüber der Herstellung der Werkzeuge eine unterscheidbare Leistung darstellt. Hier ist weiter zu differenzieren:

  – Das Werkzeug wird mit Fertigstellung rechtliches und wirtschaftliches Eigentum des Kunden. Der Kunde ist berechtigt, das Werkzeug (inkl. Dokumentation, Schutzrechten usw.) nach einem der Mindestabnahmemenge entsprechenden Zeitraum an sich zu nehmen, um damit etwa einen anderen Zulieferer mit der Teileproduktion zu beauftragen. Rechtsfolge: es liegen zwei eigenständige Leistungsverpflichtungen vor, die Werkzeugherstellung und – als Serie – die Teileproduktion. Das insgesamt vereinbarte Entgelt ist auf die beiden Komponenten aufzuteilen.

  – Das Werkzeug bleibt rechtliches Eigentum des Zulieferers, der es aber nach Ablauf des Mindestabnahmezeitraums aus tatsächlichen Gründen nicht zur Fertigung von Teilen für Dritte verwenden kann. Die Werkzeugnutzung könnte einen *(embedded) lease* i.S.v. IFRS 16.B9 darstellen. Nutzen hat das Werkzeug nur für den Kunden (IFRS 16.B9(a)). Der Kunde hat allerdings i.d.R. nicht das Recht, über die Nutzung des Werkzeugs zu bestimmen, weder direkt noch indirekt über die Vorherbestimmung des Designs des Werkzeugs (IFRS 16.B24). Ein Leasing liegt deshalb nicht vor. Der Zulieferer aktiviert die Werkzeugkosten nach IAS 16 (und IAS 38). Das insgesamt vereinnahmte Entgelt entfällt auf die Teilelieferung. Die Abschreibung der aktivierten Werkzeugkosten führt zu Aufwand in der GuV.

Die Entwicklung und Herstellung der Werkzeuge steht in den vorgenannten Konstellationen am Anfang des Prozesses. Soweit der Auftraggeber nicht ausnahmsweise eine für die Amortisation der Werkzeugkosten hinreichend hohe Mengenabnahme garantiert, können Vereinbarungen getroffen werden, die dem Auftragnehmer das Risiko der Wertloswerdung der Werkzeuge teilweise abnehmen. Derartige Vereinbarungen können neben variablen Vergütungen vorsehen:

- am Anfang zu zahlende **Werkzeugkostenzuschüsse** bzw. -beiträge, die auf Basis der gemeinsamen Teilekalkulation implizit auf den Preis der gelieferten Teile angerechnet werden,
- einen bei Vertragsbeendigung oder dauerhaftem Verfehlen der Mengenziele zu zahlenden **Amortisationsbeitrag**,
- stückzahlenunabhängige, **laufende Amortisationsgebühren**.

Ist mit derartigen Regelungen **ausnahmsweise** ein Recht des Automobilherstellers auf Kontrolle der Werkzeuge verbunden, entsteht ein Leasingverhältnis: Aus Sicht des Zulieferers wäre dies bei Spezifität des Werkzeugs (Spezialleasing) als *finance lease* zu qualifizieren. Bei einem *finance lease* treffen die Regelungen von IFRS 16 einerseits und IFRS 15 andererseits zusammen. Die Vertragskonstruktion kann in diesem Fall als eine besondere Form des **Herstellerleasings** qualifiziert werden (→ §15a Rz 242), die sich von den bekannten Formen (z.B. Kfz- oder EDV-Leasing) nur dadurch unterscheidet, dass das hergestellte und im Wege des *finance lease* wirtschaftlich veräußerte „Produkt" **kundenspezifisch** gefertigt wird. Konsequenzen hieraus sind:

- Der Zulieferer tätigt mit der Entwicklung von Know-how, Werkzeugen usw. eine **Auftragsfertigung**, die als zeitraumbezogene Leistung zu Erlösen und Forderungen führt.
- Soweit der Abnehmer Entwicklungs- oder Werkzeugkostenbeiträge leistet, sind diese (An-)Zahlungen auf die Forderung aus dem Fertigungsauftrag.
- Soweit (nur oder daneben) laufende **Amortisationsbeiträge** gezahlt werden, sind diese als Leasingraten zu interpretieren.
- Soweit keine oder nicht ausreichende „Zuschüsse" oder Amortisationsgebühren vereinbart sind, müssen die Stückentgelte des Abnehmers in eine Leasingrate und einen Kaufpreis für die Teile **aufgegliedert** werden.

Praxis-Beispiel

Zulieferer Z erstellt kundenspezifische Werkzeuge zur Produktion von Autotanks für Autohersteller A.

Die anfallenden Herstellungskosten der Werkzeuge betragen 10 Mio. EUR.

A beteiligt sich in 01 mit einem „Zuschuss" von 4 Mio. EUR an den Werkzeugkosten. Im Übrigen ist Folgendes vereinbart:

- Geplante Teileabnahme: vier Jahre (02 bis 05) à 50.000 Stück = 200.000 Stück.
- Somit ergibt sich ein rechnerischer Anteil der nicht bezuschussten Werkzeugkosten von 6 Mio./200.000 = 30 EUR pro Stück und der bezuschussten Kosten von 4 Mio./200.000 = 20 EUR pro Stück.
- Preis pro Stück vor Werkzeugkostenanteil: 450 EUR.
- Bei Unterschreiten des Mengenziels von 200.000 werden nachträgliche Amortisationszahlungen i. H. v. (200.000 – Ist-Menge) × 30 EUR fällig.

Die Produktion wird wie vereinbart aufgenommen. Sie endet vorzeitig nach 3 Jahren (150.000 Stück).

Z erhält Anfang 05 eine Abschlusszahlung von 1,5 Mio. EUR (50.000 × 30).

Der Vorgang soll – wegen Kontrolle des A über die Werkzeuge – einen *finance lease* darstellen. Unter Vernachlässigung eines Finanzierungsanteils in den verdeckten Leasingraten sowie in den Forderungen ergeben sich die Bilanz- und Kalkulationswerte sowie die Umsätze und Zahlungen beim Zulieferer wie folgt:

		Stückkalkulation	
Ford. aus Werkzeug-fertigung	10.000.000	Fertigungskosten	450
– „Zuschuss"	4.000.000	WK-Beitrag	50
= Forderung 31.12.01	6.000.000	Entgelt kalkulatorisch	500
		bereits geleist. WK-Beitrag	–20
		Restentgelt	480

Jahresumsatz/Jahreszahlung	02	03	04
Teile in Stück	50.000	50.000	50.000
× Stückpreis ohne WK-Beitrag	450	450	450
= Teileumsatz	22.500.000	22.500.000	22.500.000
+ noch nicht geleist. WK-Beitrag (50.000 × 30)	1.500.000	1.500.000	1.500.000
= Zahlung	24.000.000	24.000.000	24.000.000

Hieraus ergeben sich folgende **Buchungssätze:**

Datum	Konto	Soll	Haben
01	Forderung (aus Werkzeug)	10 Mio.	
			10 Mio.
	Geld	4 Mio	
	Forderung (aus Werkzeug)		4 Mio.
02 – 04 jeweils	Geld	24 Mio.	
	Teileumsatz		22,5 Mio.
	Forderung (aus Werkzeug)		1,5 Mio.
05	Geld	1,5 Mio.	
	Forderung aus Werkzeug)		1,5 Mio.

Wäre das verdeckte Leasingverhältnis als *operating lease* zu beurteilen, ergäben sich folgende Wirkungen:
- Das Werkzeug ist als **aktivierte Eigenleistung** beim Zulieferer zu bilanzieren und über die Laufzeit (entsprechend dem *matching principle* nicht pro rata, sondern stück- bzw. leistungsabhängig) **abzuschreiben.**
- Die (operativen) Leasingzahlungen setzen sich zusammen aus
  - einem „Werkzeugkostenzuschuss", der als Leasing**anfangs**zahlung passivisch **abzugrenzen** ist und nicht sofort, sondern über die Vertragsdauer **ertragswirksam** wird (Auflösung auch hier entsprechend dem *matching principle* stück- bzw. leistungsabhängig),
  - einem Leasinganteil in den **laufenden** Stückentgelten,
  - einer evtl. **Schlusszahlung,** die erst mit Entstehen der betreffenden Forderung Ertrag wird.

Die vorstehenden Überlegungen laufen ins Leere, wenn der Hersteller dem Zulieferer keinerlei Amortisationsgarantien gibt, weder direkt noch indirekt über einen Serienliefervertrag mit zureichendem Volumen, sondern jeweils einzelne Lose in Auftrag gegeben werden. Zwar kann das Interesse an einer langfristigen Zusammenarbeit auch hier zu „faktischen Amortisationsgarantien" führen, indem dem Zulieferer etwa in Aussicht gestellt wird, im Fall einer unbefriedigenden Stückzahlabnahme für den laufenden Vertrag durch höhere Preise bei zukünftigen

228

Verträgen über andere Modelle indirekt eine Kompensation zu erhalten. Derartige Abreden sind aber kaum zu objektivieren.

7 Vertragskosten

7.1 Kosten für den Erhalt eines Vertrags

229   Die **zusätzlichen Kosten** für den Erhalt eines Vertrags mit einem Kunden – d. h. jene Kosten, welche ohne Erhalt des Vertrags nicht angefallen wären – sind zu **aktivieren**, wenn das Unternehmen deren **Wiedererlangung** erwartet. Betroffen sind etwa Provisionen, die zur Erlangung des Auftrags an Dritte gezahlt werden. Als **praktische Erleichterung** darf von einer Aktivierung abgesehen werden, wenn die Laufzeit des Vermögenswerts (Rz 245) nicht mehr als ein Jahr betragen würde (IFRS 15.91 f. und IFRS 15.94). **Andere Kosten** des Erhalts eines Vertrags – d. h. jene Kosten, die unabhängig vom Erhalt des Vertrags angefallen sind – dürfen hingegen nicht aktiviert werden, es sei denn, diese sind explizit – unabhängig vom Erhalt des Vertrags – an den Kunden verrechenbar (IFRS 15.93).

7.2 Kosten der Vertragserfüllung

230   Kosten der Erfüllung eines Vertrags mit einem Kunden, welche (IFRS 15.95 – IFRS 15.97 und IFRS 15.8)
- sich im Anwendungsbereich eines **anderen Standards** befinden (z. B. IAS 2 „Vorräte", IAS 16 „Sachanlagen" oder IAS 38 „Immaterielle Vermögenswerte"), sind nach dem jeweiligen anderen Standard zu behandeln;
- **nicht** in den Anwendungsbereich eines **anderen Standards** fallen, sind zu aktivieren, wenn die folgenden drei Kriterien kumulativ erfüllt werden:
  - Die Kosten beziehen sich **direkt** auf einen Vertrag bzw. auf einen erwarteten Vertrag, den das Unternehmen spezifisch identifizieren kann. Direkte Kosten umfassen u. a. das Fertigungsmaterial, die Fertigungslöhne, die planmäßige Abschreibung der zur Auftragsdurchführung benötigten Maschinen, Zahlungen an Subunternehmer und laut Vertrag explizit an den Kunden verrechenbare Kosten. Ein weiteres Beispiel sind Kosten für den Entwurf eines Vermögenswerts, der nach einem noch nicht fixierten spezifischen Vertrag auf den Kunden übertragen wird.
  - Die Kosten **schaffen oder erhöhen Ressourcen** des Unternehmens, welche bei der künftigen Erfüllung – bzw. Fortsetzung der Erfüllung – von Leistungsverpflichtungen verwendet werden.
  - Die **Wiedererlangung der Kosten** wird erwartet.

231   Der Sache nach sind Kosten für solche Ressourcen betroffen, die nicht bereits als Leistung an den Kunden übergehen. Die Kosten müssen sich also einerseits auf noch nicht erfüllte Leistungsverpflichtungen beziehen, dürfen andererseits nicht im Anwendungsbereich anderer Standards (Vorräte, Sachanlagen) liegen. Hierzu zwei Beispiele:

Praxis-Beispiel 1
Ein niederländisches Unternehmen erhält den Auftrag, ein vor der italienischen Küste gekentertes Schiff zu bergen.

> Bergungsschiff und sonstige Ausrüstungen müssen von Rotterdam durch den Kanal, die Biskaya und die Straße von Gibraltar erst nach Italien gebracht werden. Während dieser Zeit fallen Kosten für die Abnutzung der Schiffe, Treibstoff, Personal usw. an, ohne dass der Kunde bereits einen Teil der Leistung erhalten hat. Diese Kosten sind unter den vorgenannten Voraussetzungen zu aktivieren.
>
> **Praxis-Beispiel 2**
> U erhält den Auftrag eines Mobilfunkunternehmens, für dieses ein Call-Center über mindestens drei Jahre ab dem 1.1.02 gegen eine monatliche Vergütung zu betreiben. Die Leistungserfüllung gegenüber dem Kunden beginnt erst mit dem 1.1.02. In Vorbereitung der Aufgabe fallen jedoch in 01 bereits Kosten für die Einstellung und Schulung von Personal, für Büroeinrichtung usw. an. Ein Teil der Kosten ist nach anderen Standards zu aktivieren, etwa die Büroeinrichtung nach IAS 16. Der nach anderen Standards nicht aktivierbare Teil (z.B. Einstellung und Schulung Personal) wird nach IFRS 15 aktiviert.

Ein **Aktivierungsverbot** gilt u.a. für die folgenden Kosten (IFRS 15.98): 232
- nicht an den Kunden verrechenbare Verwaltungs- und allgemeine Kosten;
- Kosten für Ausschuss und Fehlarbeiten, welche nicht im Preis enthalten sind;
- Kosten, welche sich auf bereits erfüllte (Teile von) Leistungsverpflichtungen beziehen;
- Kosten, bei denen das Unternehmen nicht unterscheiden kann, ob sie sich auf erfüllte oder noch nicht erfüllte Leistungsverpflichtungen beziehen.

7.3 Abschreibungen auf Vermögenswerte für Kosten des Erhalts und der Erfüllung eines Vertrags

Als Vermögenswerte aktivierte Kosten für den Erhalt eines Vertrags sowie die   233
Vertragserfüllung sind auf einer systematischen Grundlage **planmäßig abzuschreiben**, die mit der Übertragung der Güter bzw. Dienstleistungen – auf die sich der Vermögenswert bezieht – auf den Kunden konsistent ist (IFRS 15.99f.). Bei einer zeitraumbezogenen Leistung entspricht der Abschreibungszeitraum der erwarteten Dauer der Leistungserbringung. Im Call-Center-Beispiel unter Rz 231 sind dies etwa zwei Jahre. Ein **Wertminderungsverlust** ist in jenem Ausmaß in der GuV zu erfassen, in dem der **Buchwert** eines solchen Vermögenswerts **größer ist als** (IFRS 15.101f.):
- die restliche – um das Kreditrisiko des Kunden angepasste – **Gegenleistung**, welche für die Güter bzw. Dienstleistungen, auf die sich der Vermögenswert bezieht, erwartet wird, abzüglich
- der **Kosten**, welche einen **direkten** Bezug zur Bereitstellung dieser Güter bzw. Dienstleistungen aufweisen und die noch nicht GuV-wirksam erfasst wurden.

Beim **Wertminderungstest** wird genau genommen in **drei Schritten** vorgegangen (IFRS 15.103):   234
(1) Zunächst sind etwaige Wertminderungsverluste für mit dem Vertrag in Zusammenhang stehende Vermögenswerte zu erfassen, welche nach einem anderen Standard (z.B. IAS 2, IAS 16 und IAS 38) zu erfassen sind.

(2) Danach erfolgt erst der Vergleich des Buchwerts des für Kosten des Erhalts und der Erfüllung eines Vertrags angesetzten Vermögenswerts mit der angepassten Gegenleistung, abzüglich direkter Kosten.

(3) Schließlich ist der aus Schritt (2) resultierende Buchwert des Vermögenswerts in den Buchwert jener zahlungsmittelgenerierenden Einheit einzubeziehen, zu der er – für Zwecke der Anwendung von IAS 36 – gehört.

Im Fall des Wegfalls der Wertminderungsumstände bzw. deren Milderung ist in der GuV – in Bezug auf eine in Schritt (2) in der Vergangenheit erfasste Wertminderung – ein **Wertaufholungsgewinn** zu erfassen. Allerdings darf nicht über jenen fiktiven Buchwert (nach Abzug planmäßiger Abschreibungen) hinaus aufgewertet werden, welcher existieren würde, wenn an vorherigen Bilanzstichtagen kein Wertminderungsverlust erfasst worden wäre (IFRS 15.104).

8 Ausweis

235 Im Zeitpunkt des Vertragsabschlusses entstehen dem berichtenden Unternehmen einerseits eine Leistungsverpflichtung und andererseits ein Anspruch auf Gegenleistung. Diese sind saldiert auszuweisen. Hat im Zeitpunkt des Vertragsabschlusses noch keine der Parteien ihre Leistung erbracht, so entsprechen sich beide Posten und es bleibt daher bei der **Nichtbilanzierung schwebender Geschäfte.**[45]

236 Das berichtende Unternehmen hat eine *contract liability* bzw. **vertragliche Schuld** (Vertragsschuld) auszuweisen, wenn

* ein Kunde eine Gegenleistung entrichtet hat (erhaltene Anzahlungen usw.) oder
* das Unternehmen ein unbedingtes Recht auf Gegenleistung hat (d.h. eine Forderung und sei es auch nur auf eine Anzahlungsrate) besitzt,

bevor das Unternehmen an den Kunden ein Gut bzw. eine Dienstleistung überträgt. Der Ausweis erfolgt im Zahlungs- bzw. im Fälligkeitszeitpunkt, je nachdem, welcher der beiden der frühere ist (IFRS 15.106 und IFRS 15.Anhang A). In der Bezeichnung des Postens ist das Unternehmen nicht an den Begriff „Vertragsschuld" gebunden (IFRS 15.109).

237 Ein *contract asset* bzw. **vertraglicher Vermögenswert** (Vertragsvermögenswert) repräsentiert das Recht des Unternehmens auf Gegenleistung – für Güter bzw. Dienstleistungen, welche das Unternehmen an einen Kunden übertragen hat –, wenn dieses Recht noch von etwas anderem abhängt als dem Ablauf von Zeit. Ein Vertragsvermögenswert ist auszuweisen, wenn das Unternehmen Güter bzw. Dienstleistungen an einen Kunden überträgt, und zwar

* vor der Zahlung durch den Kunden oder
* vor Fälligkeit der Zahlung.

Für **vertragliche Vermögenswerte** gelten im Hinblick auf **Wertminderungen** die Vorschriften von **IFRS 9** (IFRS 15.107 i.V.m. IFRS 9.2.2).

Vertragliche Vermögenswerte sind separat von den Vermögenswerten auszuweisen, die aus Kosten für Erlangung und Erfüllung des Vertrags entstehen.[46] In der Bezeichnung des Postens ist das Unternehmen nicht an den Begriff „Vertragsvermögenswert" gebunden (IFRS 15.109).

---

[45] Vgl. HAGEMANN, PiR 2014, S. 228.
[46] Gl. A. ERNST & YOUNG, International GAAP 2016, Ch 29, sCh 9.1.

Ein **unbedingtes Recht** auf Gegenleistung ist allerdings separat als **Forderung** auszuweisen. Bei Letzteren handelt es sich nicht mehr um vertragliche Vermögenswerte. **Unbedingtheit** liegt vor, wenn lediglich der Ablauf von Zeit erforderlich ist, bevor die Zahlung der Gegenleistung fällig wird. Unterliegt der Betrag einer evtl. künftigen Rückerstattung, so ändert dies nichts an der Qualifizierung als unbedingt. Forderungen sind nach **IFRS 9** zu behandeln. Bei **Ersterfassung** einer Forderung aus einem Vertrag mit einem Kunden ist eine Differenz zwischen dem Wert der Forderung gem. IFRS 9 und dem korrespondierenden erfassten Erlös als Aufwand (z.B. als Wertminderungsverlust) auszuweisen (IFRS 15.105, IFRS 15.107f. und IFRS 15.Anhang A).

238

Zum Ganzen drei Beispiele:

239

Praxis-Beispiel 1

U liefert an einen Einzelkunden unter Einräumung eines Rückgaberechts, dessen Ausübung nicht verlässlich und hoch wahrscheinlich eingeschätzt werden kann. Der Kunde zahlt sofort. Die Rückgabefrist endet erst im neuen Jahr.
U bucht:
„per Geld an Vertragliche Schuld".

Praxis-Beispiel 2

Vereinbarungsgemäß hat der Kunde eine Anzahlung zu leisten. Diese ist per 31.12.01 fällig, wird aber tatsächlich erst im neuen Jahr geleistet. Erst im neuen Jahr erbringt auch das Unternehmen seine Leistung.
Buchung zum 31.12.01:
„per Forderung L+L an Vertragliche Schuld".

Praxis-Beispiel 3

Am 1.1.01 schließt die X-AG mit ihrem Kunden K einen nicht kündbaren Vertrag über die Lieferung eines Produkts an Letzteren ab. Laut Vertrag muss die X-AG ihre Leistungsverpflichtung am 31.3.01 erfüllen. Die Gegenleistung von 50 GE ist von K bereits am 31.1.01 im Vorhinein zu entrichten. Am 15.1.01 wird die Rechnung an K übermittelt. K zahlt schlussendlich erst am 1.3.01. Am 31.3.01 liefert die X-AG vereinbarungsgemäß das Produkt.

Am Tag der Fälligkeit der Gegenleistung (31.1.01) ist eine Forderung zu erfassen, da die X-AG ab diesem Zeitpunkt ein unbedingtes Recht auf Gegenleistung hat. Gleichzeitig ist eine Vertragsverbindlichkeit anzusetzen.

31.1.01		Forderung L+L	50	
	an	Vertragliche Schuld		50

Am 1.3.01 erhält die X-AG die Zahlung von K:

1.3.01		Geld	50	
	an	Forderung		50

Am 31.3.01 erfüllt die X-AG ihre Leistungsverpflichtung und erfasst daher die Umsatzerlöse:

31.3.01		Vertragsverbindlichkeit	50	
	an	Vertragliche Schuld		50

---

240 Wegen des Ausweises in der **GuV** wird allgemein auf Rz 8, Rz 243 (Separierung Kundenerlöse von anderen Erträgen) und Rz 105 (Separierung Kundenerlöse von Zinselementen) verwiesen.

241 Ein **spezielles Ausweisproblem** für die GuV ergibt sich, wenn der Leistungsfortschritt nicht nach Maßgabe des *cost-to-cost*-Verfahrens (Rz 154), sondern nach anderen Maßstäben, insbesondere outputorientiert (Rz 147), bestimmt wird und sich eine Divergenz zwischen den tatsächlich angefallenen Kosten und den zur Ermittlung des anteiligen Gewinns heranzuziehenden Kosten ergibt. Hierzu folgendes Beispiel:

> **Praxis-Beispiel**
> Ein Auftrag wird über zwei Perioden abgewickelt. Die Gesamtkosten betragen 100, der Gesamterlös beträgt 110. Der Fertigungsgrad per 31.12.01 wird outputorientiert mit 50 % bestimmt. Die Kosten verteilen sich mit 45 auf Periode 01 und mit 55 auf Periode 02.
> Unzulässig wäre ein Ansatz von 50 % der Erlöse (55) und 45 % der Kosten (45) in Periode 01. Dadurch käme es zur Erfassung des gesamten Gewinns in 01. Eine solche Verteilung vertrüge sich nicht mit dem *matching principle*, der gleichzeitigen und gemeinsamen Erfassung von Erlösen und Aufwendungen, die unmittelbar und gemeinsam aus denselben Geschäftsvorfällen oder anderen Ereignissen resultieren. Infrage kommen deshalb nur folgende Ausweisalternativen für die GuV 01:
> Alternative 1:
> Erlöse 55 (= 50 % von 110), Kosten 50 (= 50 % von 100),
> Anpassungsbuchung: „per Aufwendungen (GuV) 5 an vertraglichen Vermögenswert oder Forderung aus Fertigungsauftrag (Bilanz) 5".
> Alternative 2:
> Kosten 45, Erlöse 50.

Zu einem vergleichbaren Problem bei IAS 11 wurde vom IDW die Auffassung vertreten, dass Alternative 2 – also eine Anpassung der Auftragserlöse zur Ermittlung des zutreffenden Periodenergebnisses bei unverändertem Ausweis der als Aufwand erfassten Auftragskosten – unzulässig sei.[47] Nicht zu vernachlässigen ist aber, dass bei Alternative 1 zur Ermittlung des zutreffenden Ertrags Kosten bzw. Aufwendungen eingebucht werden müssen, die tatsächlich noch gar nicht angefallen sind. Alternative 2 kommt ohne eine solche die Kosten betreffende Anpassungsbuchung aus, zeigt dafür aber Erlöse, die (vermeintlich) nicht dem Leistungsfortschritt entsprechen.

242 Zum großen Teil handelt es sich beim Für und Wider der Alternativen allerdings um ein **Scheinproblem**. Soweit der outputorientierte Fertigstellungsgrad wesentlich von dem nach der *cost-to-cost*-Methode ermittelten abweicht, beruht die Outputmethode nämlich regelmäßig auf falschen Prämissen. Auf das Beispiel und die Ausführungen unter Rz 150 wird verwiesen.

---

[47] IDW, RS HFA 2, Tz. 9.

9 Anhang

IFRS 15.110 ff. enthält umfangreiche Angabepflichten, die allerdings mit der **243** Maßgabe versehen sind, nützliche Informationen **nicht** durch ein **Übermaß** an unbedeutenden Detaildarstellungen zu verdecken (IFRS 15.111). Im Wesentlichen geht es um folgende Angaben:[48]

- **Erlöse mit Kunden** sind von **anderen Erträgen** zu unterscheiden, sofern nicht schon in der GuV geschehen (IFRS 15.113; Rz 8).
- Erlöse mit Kunden sind so zu **disaggregieren**, dass **Art, Timing, Grad der Gewissheit** usw. deutlich werden (IFRS 15.114).
- Die kundenbezogenen **Bilanzposten** (Forderungen, vertragliche Vermögenswerte und Schulden) sind in ihrer Entwicklung darzustellen (IFRS 15.116).
- Angaben zum **Realisationszeitpunkt, d.h. Angabe, wann die Leistungsverpflichtung typischerweise erfüllt ist** (*for example, upon shipment, upon delivery, as services are rendered or upon completion of service*; IFRS 15.119).
- Angaben zur Beurteilung des Leistungsfortschritts bei zeitraumbezogenen Leistungen und zur Bestimmung des Leistungszeitpunkts bei zeitpunktbezogenen Leistungen (IFRS 15.124 f.).
- Angabe zur **Schätzung** der **Transaktionspreise** und zu deren **Aufteilung** bei Mehrkomponentengeschäften (IFRS 15.126).

Je komplexer das Geschäftsmodell, umso umfangreicher sind die Erfordernisse **244** der Erläuterung. Standardformulierungen, die im Grunde nicht mehr besagen als „Umsatz realisiert, wenn Leistung erbracht", aber gerade offenlassen, wann die Leistungen genau erbracht sind, reichen nicht mehr.

Praxis-Beispiel[49]

Wir erzielen Erlöse aus

(a) der **Veräußerung** von Spielautomaten und der **Fertigung** und Lieferung von Lotteriesystemen,

(b) dem **Betreiben von Casino-Spielen** und **Spielautomaten** sowie

(c) der **Platzierung** von allein stehenden und vernetzten Spielautomaten.

(a) Erlöse aus der **Veräußerung** von Spielautomaten, Lotteriesystemausstattungen usw. werden im Allgemeinen bei Auslieferung an den Kunden realisiert, Erlöse aus kundenspezifischer **Fertigung** von Lotteriesystemen nach Maßgabe der *percentage-of-completion*-Methode.

(b) In Übereinstimmung mit der Branchenpraxis werden Erlöse aus dem **Betreiben von Casino-Spielen und Spielautomaten** als Nettobetrag aus Wetteinsatz der Spieler und Auszahlung an diese ausgewiesen. Erlöse werden zusätzlich um die den Vielspielern gewährten Rabatte und die allen Spielern gewährten Gratisgetränke und -speisen gekürzt. Als Kürzungsbetrag wird der im Einzelhandel erzielbare Verkaufspreis der Getränke und Speisen angesetzt.

(c) Wir **platzieren Spielautomaten** in Casinos nach einem breiten Spektrum von Preis- und Vertragsgestaltungen, darunter **(c1) Einzelverträge** zu *flat fees* oder mit Gewinnpartizipation, **(c2)** Verträge über elektronisch **vernetzte**

---

48 Vgl. zu Details auch FINK/PILHOFER/KETTERLE, KoR 2015, S. 333 ff.
49 In Anlehnung an einen Geschäftsbericht der International Game Technology Inc., Reno (Nevada).

Automaten, bei denen sich der Jackpot aus den Einzahlungen aller vernetzten Automaten aufbaut, **(c3)** hybride bzw. **strukturierte** Verträge, die gleichzeitig ein Veräußerungs- und ein laufendes Entgelt enthalten:

(c1) Die Erlöse aus **Einzelverträgen** werden bei einer *flat fee* pro rata, bei einer Gewinnbeteiligung auf Basis unseres Anteils an den Nettoeinnahmen (Spieleinsätze minus Spielgewinne) realisiert.

(c2) Abhängig vom jeweiligen Bundesstaatenrecht führen die Casinos aus den Nettoeinnahmen der **vernetzten Automaten** i. d. R. einen Prozentanteil an einen Trust ab, der hieraus den Jackpot finanziert. Die Abwicklung von Zahlungs- und Anlagenverkehr wird i. d. R. von uns gegen eine *cash-flow*-abhängige Gebühr übernommen. Diese Gebühren werden nach Maßgabe der geschätzten Einbringlichkeit als Erlös realisiert. Soweit die anteiligen Nettoeinnahmen uns selbst zustehen, werden diese ohne Abzug der Jackpotdotierung oder Jackpotauszahlung realisiert; die den Jackpot betreffenden Beträge werden als Aufwand erfasst.

(c3) Wenn **strukturierte** Verträge insgesamt den Charakter eines *operating-lease*-Vertrags haben, wird die Gesamtvergütung verteilt über die Laufzeit realisiert; soweit nach den Regeln für Mehrkomponentengeschäfte eine Aufteilung in Veräußerung und eine Serviceleistung möglich und geboten ist, wird der Veräußerungserlös mit Auslieferung realisiert, der Serviceerlös mit Erbringung der Dienstleistung.

245 Im Übrigen wird auf die Checkliste „IFRS-Abschlussangaben" (siehe HI10157883 im Haufe IFRS-Kommentar Online) verwiesen.

10 Anwendungszeitpunkt, Rechtsentwicklung

246 Der Pflichtanwendungszeitpunkt von IFRS 15 ist aufgrund eines *Amendment* vom September 2015 um ein Jahr auf den 1.1.2018 verschoben worden (IFRS 15.C1). Die Anwendung kann **wahlweise**
- **voll retrospektiv** mit einigen Erleichterungsmöglichkeiten erfolgen (IFRS 15.C3(a) und IFRS 15.C5), so dass insbesondere die GuV des Vorjahres bereits nach den neuen Regeln abgebildet wird, oder
- **modifiziert retrospektiv** in der Weise, dass (bei kalendergleichem Geschäftsjahr) die kumulierten Unterschiede zwischen der Erfassung nicht vollendeter Verträge nach altem und neuem Recht per 1.1.2018 gegen Gewinnrücklagen gebucht werden (IFRS 15.C3(b) und IFRS 15.C7).

Auf neue Verträge mit Beginn der Leistungserfüllung ab dem 1.1.2018 ist IFRS 15 auch bei Entscheidung für die zweite Alternative anzuwenden. Für (bei kalendergleichem Geschäftsjahr) zum 1.1.2018 noch nicht vollendete Verträge ist bei modifizierter Retrospektion IFRS 15 ab dem 1.1.2018 anzuwenden. Nach dem im April 2016 eingefügten IFRS 15.C7A gelten hier weitere Erleichterungen.

247 Die im April 2016 veröffentlichten „*Clarifications to IFRS 15*" enthalten im Übrigen Klarstellungen in folgenden Punkten:
- Eigenständigkeit der Leistungen beim Mehrkomponentengeschäft (Rz 64);
- Abgrenzung zwischen Handeln in eigener Sache (Prinzipal) und in fremder Sache (Agent; Rz 88);

- Unterscheidung zeitpunkt- und zeitraumbezogene Lizenzierungen (Rz 214);
- Erlösrealisation bei erfolgsabhängigen Lizenzentgelten (Rz 216).

Die Änderungen sind Ausfluss der Diskussion der vom IASB mit dem FASB betriebenen *Transition Resource Group (TRG) for Revenue Recognition*, die sich Implementierungsfragen der Neuregelungen widmet. Die TRG kann Klarstellungen und Ergänzungen der Standards durch den IASB anregen, selbst aber keine rechtlich bindenden Ergebnisse produzieren. Der IASB hält hier fest: „*The TRG does not issue guidance. After each meeting, the IASB and the FASB will determine what action, if any, will be taken on each issue.*"[50]

Mit Anwendung von IFRS 15 gelten folgende Standards nicht mehr: **248**

- IAS 11 *Construction Contracts;*
- IAS 18 *Revenue;*
- IFRIC 13 *Customer Loyalty Programmes;*
- IFRIC 15 *Agreements for the Construction of Real Estate;*
- IFRIC 18 *Transfers of Assets from Customers;* und
- SIC 31 *Revenue – Barter Transactions Involving Advertising Services.*

11   ABC der Umsatzerlöse

249

---

50   http://www.ifrs.org/About-us/IASB/Advisory-bodies/Joint-Revenue-Transition-Resource-Group/Pages/Home.aspx, abgerufen am 15.6.2016.

§26 STEUERN VOM EINKOMMEN *(Income Taxes)*

Schrifttum: DAHLKE/VON EITZEN, Steuerliche Überleitungsrechnung im Rahmen der Bilanzierung latenter Steuern nach IAS 12, DB 2003, S. 2207 ff.; ERNSTING/LOITZ, Zur Bilanzierung latenter Steuern bei Personengesellschaften nach IAS 12, DB 2004, S. 1053 ff.; FREIBERG, Bedeutung der Zeitkongruenz für aktive latente Steuern, PiR 2013, S. 132; FREIF.BERG, Verbot der Steuerlatenzierung bei ergebnisneutraler Zugangsbewertung, PiR 2016, S. 358 ff.; HEUSER/THEILE/PAWELZIK, Die Auswirkung von Betriebsprüfungen auf IFRS-Abschlüsse, DStR 2006, S. 717 ff.; HIRSCHLER/SCHINDLER, Die österreichische Gruppenbesteuerung als Vorbild für Europa?, IStR 2006, S. 505 ff.; LIENAU, Bilanzierung latenter Steuern im Konzernabschluss nach IFRS, 2006; LIENAU/ERDMANN/ZÜLCH, Bilanzierung latenter Steuern auf Verlustvorträge nach IAS 12, DStR 2007,

S. 1094ff.; LOITZ, Latente Steuern für Outside Basis Differences, WPg 2008, S. 1110ff.; LÜDENBACH, Latenzierung des goodwill im Konzernabschluss, StuB 2013, S. 146ff.; LÜDENBACH, Latente Steuern auf konsolidierte Fondsanteile, PiR 2012, S. 267ff.; LÜDENBACH, Aktivierung von Vorteilen aus taxholidays, Passivierung von Nachteilen aus Nachversteuerung ausländischer Verluste, PiR 2008, S. 101ff.; LÜDENBACH/FREIBERG, Möglichkeiten und Grenzen des Werthaltigkeitsnachweises für aktive latente Steuern nach IFRS und HGB, BB 2011, S. 2603ff.; LÜHN, Konzeption und Aussagekraft der tax reconciliation in IFRS-Konzernabschlüssen, KoR 2009, S. 235ff.; MEYER, Berücksichtigung von Steuergestaltungen in der internationalen Rechnungslegung, DStR 2013, S. 2019ff.; MEYER/BORNHOFEN/HOMRIGHAUSEN, Anteile an Personengesellschaften nach Steuerrecht und IFRS, KoR 2005, S. 285ff. und S. 504ff.; RUBERG, Neues zur Bilanzierung von Steuerrisiken nach IAS 12, PiR 2016, S. 10ff.; RUBERG, Bilanzierung latenter Steuern auf passive Abgrenzungsposten, PiR 2014, S. 9ff.; RUBERG, Bilanzierung aktiver latenter Steuern auf unrealisierte Verluste von Schuldinstrumenten, PiR 2016, S. 129ff.; SCHÄFER/SUERMANN, Ansatz aktiver latenter Steuern nach IAS 12, DB 2010, S. 2742ff.; SENGER/BRUNE/HOEHNE, Steuerunsicherheiten in der internationalen Rechnungslegung, WPg 2010, S. 673ff.

Vorbemerkung

Die Kommentierung bezieht sich auf IAS 12 in der aktuellen Fassung und berücksichtigt alle Ergänzungen, Änderungen und Interpretationen, die bis zum 1.1.2017 beschlossen wurden. Einen Überblick über ältere Fassungen sowie über diskutierte oder schon als Änderungsentwurf vorgelegte künftige Regelungen enthalten Rz 256ff.

1 Zielsetzung, Regelungsinhalt, Begriffe

1.1 Tatsächliche und latente Steuern

1 IAS 12 befasst sich nach seiner Zielsetzung mit der buchmäßigen Behandlung der Steuern (in deutscher Terminologie) vom Einkommen und Ertrag (kurz **Ertragsteuern**, *income taxes*). Substanz- und Verbrauchsteuern sind nicht Gegenstand von IAS 12 und daher auch getrennt von diesen zu erfassen (zum Ausweis in der Ergebnisrechnung → § 2 Rz 64). In Deutschland umfasst der Anwendungsbereich die Körperschaftsteuer mit Solidaritätszuschlag bei Kapitalgesellschaften sowie bei allen Rechtsformen die Gewerbesteuer (Rz 6).
Inhaltlich geht es in IAS 12 um
- die **tatsächlichen** Steuerforderungen und Steuerschulden nach IAS 12.12 für das laufende und frühere Geschäftsjahre (*current tax for current and prior periods*; Rz 20ff.);
- **künftige,** deshalb **latente** Steuerwirkungen, die sich aus der Weiterentwicklung von Bilanzansätzen aktiver und passiver Art oder aus Verlustvorträgen ergeben (*deferred tax liability or asset;* Rz 44ff.).

2 Das dem IAS 12 zugrunde liegende Konzept umfasst also nach IAS 12.6:
- die bis **zum Bilanzstichtag entstandenen** Erstattungsansprüche (*current tax assets*) und Schulden (*current tax liabilities*) für Steuern vom Einkommen (**tatsächlicher** Steueraufwand; Rz 20);

- die **noch nicht entstandenen** (latenten) Ansprüche (*deferred tax assets,* IAS 12.24) und Schulden (*deferred tax liabilities,* IAS 12.15) für solche Steuern aufgrund unterschiedlicher Buchwerte in der IFRS-Bilanz einerseits und der Steuerbilanz andererseits (latente Steuerbe- und -entlastungen). Dabei kommt es für Zwecke der Bilanzierung nicht darauf an, ob der Buchwertunterschied erfolgswirksam oder erfolgsneutral (Rz 218) entstanden ist;
- **künftige** Steuererstattungsansprüche aus bislang ungenutzten **Verlustvorträgen** (*carry forward of unused tax losses* nach IAS 12.13; Rz 125) sowie **Zinsvorträge** nach der nationalen Zinsschrankenregelung sowie bislang nicht beanspruchte **Steuergutschriften** (*unused tax credits*; Rz 16) – Letztere nicht nach deutschem Steuerrecht.

Außerdem behandelt IAS 12

- den **Ausweis** in Bilanz und GuV (*financial statement;* Rz 218ff.),
- die zugehörigen Erläuterungen im **Anhang** (Rz 239ff.).

Insbesondere in den **Buchwertunterschieden** und deren künftiger Realisierung kommt der Kerngedanke der (auch sog.) **Steuerabgrenzung** zum Ausdruck. Ihr liegt das bilanzorientierte *temporary*-Konzept zugrunde. Die Buchwertunterschiede umfassen auch solche aus Konsolidierungsvorgängen.   3

Die Buchwertunterschiede (Differenzen) können sein (Rz 46):

- zeitlich begrenzt („*temporary*"),
- quasi-permanent (Auflösungszeitpunkt nicht ersichtlich, z. B. für das selbst genutzte Fabrikgrundstück).

Dagegen führen **permanente** Differenzen aufgrund z. B. nicht abzugsfähiger Betriebsausgaben, steuerfreier Einnahmen nicht zur Latenzierung (Rz 46). Die dem *temporary*-Konzept zugrunde liegende *liability*-Methode erfasst jeden **einzelnen** Buchwertunterschied im Gegensatz zum früher gültigen *timing*-Konzept, das **zusammenfassend** GuV-orientiert ausgerichtet war.   4

Bei folgenden Vorgängen muss nach derzeitiger Rechtslage als kasuistische Ausnahme der Ansatz eines Steuerlatenzpostens **unterbleiben**:   5

- nach IAS 12.15(a): erstmaliger Ansatz eines *goodwill* (Rz 92);
- nach IAS 12.15(b) und IAS 12.24: erfolgsneutraler Zugang eines Vermögenswerts oder einer Schuld außerhalb eines Unternehmenserwerbs (Rz 90);
- nach IAS 12.39: bei Kontrolle des Dividendenverhaltens einer Tochtergesellschaft, sofern in absehbarer Zeit keine Ausschüttung oder Veräußerung geplant ist (Rz 93).

1.2 Anwendungsbereich von IAS 12 *(Scope)*

1.2.1 Einkommensteuern vs. sonstige Steuern und Abgaben

Betroffen sind nach IAS 12.2 nach deutschem Recht die **Körperschaftsteuer mit Solidaritätszuschlag** und die **Gewerbesteuer** und vergleichbare ausländische Steuern, Letztere im deutschen IFRS-Einzelabschluss für Gewinne aus ausländischen Betriebsstätten oder aufgrund von einbehaltener Quellensteuer. Im **Konzern**abschluss schlagen sich auch die bei konsolidierten Beteiligungen anfallenden ausländischen Steuern vom Einkommen als laufender oder latenter Steueraufwand nieder. Bemessungsgrundlage (*basis*) muss jeweils ein **taxable** *profit* sein.   6

In anderen Steuerhoheiten kommen auch sog. **hybride** Steuern zur Anwendung. Die Bemessungsgrundlage setzt sich aus zwei Elementen zusammen: 7

- einem steuerlichen Einkommen (*profit*), definiert als **Netto**größe (Saldo aus bestimmten, nicht notwendigerweise aus allen Erträgen und Aufwendungen),
- einer **Bruttoerfolgs**größe (Umsätze etc.) oder einer gar nicht auf den Erfolg bezogenen Größe wie die Aktivwerte in der Bilanz, das Eigenkapital oder andere Kennzahlen.

Beispielhaft sind folgende Ausgestaltungen der hybriden Steuern möglich:
- Die Steuer beträgt 9 % des steuerlichen Gewinns, mindestens aber 3 % des Eigenkapitals.
- Die Steuer beträgt 9 % des steuerlichen Gewinns, mindestens aber 1 % des Aktivvermögens.

In beiden Fällen errechnet sich die Steuerschuld aus dem **höheren** Betrag. Die Komponente „Eigenkapital" oder „Aktivvermögen" stellt eine Mindeststeuer dar. Ein Ausweis als **Steueraufwand** in der GuV kommt nur für den gewinnabhängigen Teil in Betracht; der Restbetrag ist im sonstigen betrieblichen Aufwand darzustellen. In einer steuerlichen Verlustperiode, in der sich nach dem Gewinn keine Steuer ergäbe, ist daher nur ein sonstiger betrieblicher Aufwand zu zeigen. Zur Steuerlatenzierung in diesen Fällen vgl. Rz 124.

8   In bestimmten Ländern wird eine Steuer auf eine irgendwie definierte Nettomarge erhoben, berechnet nach den Einnahmen abzüglich bestimmter Aufwendungen (*taxable margin*). Diesen Abgaben (*margin taxes*) liegt die Struktur einer Steuer vom Einkommen zugrunde. IAS 12 ist anzuwenden. Anders sind Steuern zu würdigen, deren Bemessungsgrundlage Verkäufe oder andere Bruttoerfolgsgrößen sind (Rz 7). In diesem Fall ist IAS 12 nicht anwendbar,[1] auch dann nicht, wenn die bruttoerfolgsbezogene Besteuerung formalrechtlich (wie etwa bei der Tonnagesteuer nach § 5a EStG[2]) als Einkommensteuer gilt. Ein Ausweis von entsprechenden Abgaben als Steuern vom Einkommen bzw. eine Vermischung mit solchen scheidet aus.

9   Ein weiteres Beispiel für eine **Nichtsteuer** stellt eine Abgabe in Neuseeland auf die Erdölförderung dar.

Praxis-Beispiel

In Neuseeland bedarf die Erdölförderung der Entrichtung einer laufenden Lizenzgebühr in zweierlei Ausgestaltungen der Bemessungsgrundlage:
- entweder 5 % auf die erzielten Erlöse
- oder 20 % des Buchgewinns im Gefolge der Erdölproduktion.

Dabei ist der höhere der beiden Beträge geschuldet. Für die Erhebung dieser Abgabe ist nicht die Finanzbehörde, sondern eine andere Abteilung des Verwaltungsapparats zuständig. Die Abgabe ist bei der Einkommensbesteuerung abzugsfähig.

Lösung

U. E. handelt es sich bei dieser Abgabe nicht um eine Steuer i.S.v. IAS 12, sondern um einen Kostenbestandteil der Erdölförderung. Der Abgabebetrag beläuft sich mindestens auf die Bemessungsgrundlage der Umsatzerlöse. Selbst wenn man die zweite Alternative als „Margensteuer" ansieht, verbleibt es

---

[1] So auch PwC, IFRS Manual of Accounting 2016, Tz. 13.10; KPMG Insights into IFRS 2015/2016, Tz. 3.13.40.10.
[2] IFRIC Update May 2009.

immer noch bei der Brutto-Bemessungsgrundlage in der ersten Alternative. U. E. ist der Anwendungsbereich von IAS 12 nicht eröffnet.

Zu einem ähnlichen Sachverhalt hat sich das IFRS IC in einer „Non IFRIC"-Entscheidung geäußert.[3] Die Anfrage betraf eine Lizenzabgabe (*„royalty payments"*) an eine steuererhebungsberechtigte Instanz. Die Lizenzabgabe wird nach einer Produktionsmenge erhoben. Diese Zahlung ist bei der Ermittlung der Bemessungsgrundlage für die Besteuerung vom Einkommen – zu zahlen an eine andere Behörde – **abzugsfähig** (etwa wie früher die deutsche Gewerbesteuer). Nach Auffassung des IFRS IC sollte diese Lizenzabgabe wie andere bei der Ermittlung des steuerpflichtigen Einkommens abzugsfähige Betriebsausgaben behandelt werden. Der Ausweis als Steuer vom Einkommen scheidet für die Lizenzabgaben nach dem Definitionsmerkmal in Rz 1 aus.

Nicht unter den Regelungsbereich von IAS 12 fällt nach IFRIC 21 *„Levies"* die **Bankenabgabe** in Deutschland und vergleichbare öffentlich-rechtliche Belastungen in anderen Ländern (→ § 21 Rz 107ff.), weil die Bemessungsgrundlage nicht an einen *„profit"* anknüpft.

1.2.2 Zinsen und steuerliche Nebenleistungen

Auf Steuerschulden oder Steuerguthaben werden unter bestimmten Voraussetzungen **Zinsen** erhoben oder gewährt (in Deutschland nach § 233a AO). Dazu können sich **Säumnis-** und **Straf**zuschläge gesellen. Die Bemessungsgrundlage beruht jeweils nicht auf einem *taxable profit* (Rz 7), weshalb hierfür u.E. der Anwendungsbereich von IAS 12 nicht geöffnet ist.[4] Bilanziell sind keine Ertragsteuerschulden, sondern sonstige Schulden, in der GuV keine Ertragsteueraufwendungen, sondern Zins- oder sonstige betriebliche Aufwendungen zu zeigen. Nach anderer Auffassung[5] wird unterschieden bzgl. der steuerlichen **Abzugsfähigkeit**: Sofern Zinsen und Strafzuschläge bei der steuerlichen Einkommensermittlung

- nicht abzugsfähig sind, soll eine Behandlung als Steuerbestandteil zulässig sein,
- abzugsfähig sind, sollen sie zwingend als nicht steuerlicher Aufwand zu erfassen sein.

Wenn entsprechend unserer Auffassung kein Ausweis im Steuerbereich der GuV erfolgt, sind Zinsen als **Finanzerträge** oder **Finanzaufwendungen** auszuweisen. Dies mag auch für Säumniszuschläge wegen des impliziten Zinscharakters zutreffen. Für Letztere kommt aber auch ein Ausweis im sonstigen betrieblichen Aufwand in Betracht. Bei Verspätungszuschlägen und Strafzahlungen (*penalties*) kommt nur der sonstige betriebliche Aufwand infrage. Erfolgswirksame **Beratungshonorare**, die sich an Steuerersparniseffekten orientieren, fallen nicht unter IAS 12.

1.2.3 Kapitalertrag-, Abzug- und Quellensteuern *(withholding taxes)*

Für die Bilanzierung der zugunsten der Steuerschuld des Anteilseigners einbehaltenen **Kapitalertragsteuer** beim ausschüttenden Unternehmen sieht IAS 12.65A

10

11

---

3 IFRIC Update July 2012.
4 So auch PwC, IFRS Manual of Accounting 2016, Tz. 13.82.
5 So ERNST & YOUNG, International GAAP 2015, Ch 30 sCh 4.4.

die gleiche Behandlung wie nach deutschem Bilanzrecht vor, nämlich eine erfolgsneutrale Verrechnung mit dem **Eigenkapital** mit der Buchung:

Konto	Soll	Haben
Eigenkapital (Bilanzgewinn)	100	
Nettodividende (Bank)		80
Kapitalertragsteuer (Verbindlichkeit Finanzamt)		20

Der Dividendenempfänger bucht spiegelbildlich – allerdings nicht periodengleich (→ § 4 Rz 40):

per Dividendenanspruch (Bank)   an Beteiligungsertrag

per Steueranrechnungsguthaben
(Forderung an Finanzamt)

Entsprechend sind **Zins-** oder **Lizenzerträge**, für die das vergütende Unternehmen Quellensteuer zugunsten des Ausschüttungsempfängers einbehalten hat, zu verbuchen.

Eine ähnliche Verpflichtungsstruktur mit der Ausweisfolge für die Kapitalertragsteuer weist die **Bauabzugsteuer** nach § 48 EStG auf.

12 Aus internationaler Sicht muss die Belastung einer **Gewinnausschüttung** durch die Kapitalgesellschaft nicht unbedingt den Charakter einer **Kapitalertragsteuer** (*withholding tax*) einnehmen.

Praxis-Beispiel

In Indien wird eine *Dividend Distribution Tax* (DDT) erhoben. Der Steuersatz beträgt 15 % der Ausschüttung. Für inländische (indische) Aktionäre ist im Gefolge die Dividende steuerfrei, wirkt insoweit wie die deutsche Abgeltungsteuer. Entsprechend erhält der Anteilseigner mit der abgeführten DDT keine Anrechnungsmöglichkeit gegenüber sonst entstandenen Einkommensteuerschulden. Technisch wird die Dividende in vollem Umfang ausgeschüttet und löst einen zusätzlichen Aufwand bei der Gesellschaft i.H.d. genannten 15 % aus.

U. E. ist auch auf diese besondere Form der Ausschüttungsbesteuerung IAS 12.65 anzuwenden, d.h., die DDT ist zulasten des Eigenkapitals zu verbuchen. Andererseits scheint auch eine Wertung als gespaltener Körperschaftsteuertarif wie in früheren deutschen Körperschaftsteuerregimen möglich; dann wäre die DDT als Aufwand zu verrechnen. Zweifel an der Anwendbarkeit von IAS 12.65 auf diesen Sachverhalt ergeben sich aus der nicht möglichen Anrechnung der einbehaltenen Steuer auf die persönliche Steuerschuld des Dividendenempfängers (*„on behalf of shareholders"*).

1.2.4 Steuerliche Fördermaßnahmen

13 Vor der bilanziellen Abbildung von steuerlichen Förderungsmaßnahmen bedarf es einer Differenzierung nach Maßnahmen, die wirken auf
• die Bemessungsgrundlage,
• den Tarif.

An den **Tarif** knüpfen an:
- zeitweise Steuerverzicht bzw. Steuersatzminderung *(tax holidays;* Rz 14),
- Steuergutschriften *(tax credits;* Rz 15),
- steuerliche Investitionsförderungen *(investment tax credits;* Rz 16).

Der **zeitweise Verzicht** auf Steuererhebung *(tax holidays)* oder eine generelle   14
Tarifermäßigung kommt in Deutschland allenfalls gewerbesteuerlich in Sonderfällen kommunaler Wirtschaftsförderung in Betracht, kann aber im Konzernabschluss für ausländische Tochterunternehmen eine Rolle spielen.

Praxis-Beispiel[6]
MU-D hat am 31.12.01 eine Tochtergesellschaft im EU-Beitrittsland X gegründet. Abweichend vom normalen Steuersatz von 35 % in X muss die Tochtergesellschaft auf die Gewinne der nächsten fünf Jahre nur 5 % Steuern zahlen.

Beurteilung
(1) Kein tatsächlicher Steueranspruch: Nach IAS 12.12 ist als tatsächlicher
    Steueranspruch eine für die laufende und frühere Perioden erwartete
    Steuererstattung aufgrund von überhöhten Vorauszahlungen oder Ver-
    lustrückträgen anzusetzen. Die *tax holidays* erfüllen diese Voraussetzun-
    gen nicht. Sie sind weder dem Jahr 01 noch einem früheren Jahr zuzu-
    ordnen.
(2) Kein latenter Steueranspruch: Ein latenter Steueranspruch wegen Verlust-
    vorträgen oder temporärer Differenzen liegt offensichtlich nicht vor. Nach
    IAS 12.34 sind latente Steueransprüche aber auch für Steuergutschriften
    (tax credits) anzusetzen. IAS 12.34 und IAS 12.5 beschreiben den *tax credit*
    als einen noch nicht genutzten, vortragsfähigen Steuervorteil. Angespro-
    chen sind damit Fälle, in denen etwa Investitionen für Forschung oder
    Umweltschutz primär zu einer Reduzierung der Steuern der aktuellen
    Periode führen, bei fehlendem Gewinn der Periode aber vortragsfähig sind.
    Der sofortige Abzug oder Vortrag hat in Abhängigkeit von der Höhe der
    Investition und der Höhe des Gewinns Auswirkung auf den effektiven
    Steuersatz. Bei der gewährten Tarifermäßigung kommt es hingegen zu
    einer zeitlich befristeten Reduzierung des nominellen Steuersatzes, die
    auch wegen fehlender Vortragsfähigkeit keinen *tax credit* darstellt, daher
    in der jeweiligen Gewinnperiode zu berücksichtigen und nicht abzugren-
    zen ist. Die Minderbelastung des zukünftigen Einkommens ist somit auch
    nicht als latenter Steueranspruch aktivierungsfähig.

Steuergutschriften *(tax credits)* werden in manchen Ländern zur Förderung   15
bestimmter unternehmerischer Verhaltensweisen erteilt.

Praxis-Beispiel
Die Einstellung von X Arbeitslosen p. a. führt bei Verzicht auf Entlassungen
zu einer Ermäßigung der Steuerschuld X × 1.000 EUR.

Diese Gutschriften sind bei ausreichender Steuerschuld im Rahmen der **Überleitungsrechnung** (Rz 244) zu berücksichtigen. Sofern sie die Steuerschuld

---

6   Nach LÜDENBACH, PiR 2008, S. 101 ff.

übersteigen, aber in Folgeperioden genutzt werden können, sind sie wie ein **Verlustvortrag** (Rz 125) zu behandeln (IAS 12.34).

16   Steuerliche **Investitionsförderungen** (*investment tax credits*) sind vom Anwendungsbereich des IAS 12 ausgeschlossen (IAS 12.4), allerdings auch von IAS 20 (→ § 12 Rz 3). IAS 12 soll dagegen in Form des (einfachen) *tax credit* anwendbar sein, wenn **zusätzliche** Förderungsbedingungen neben der eigentlichen Investition zu beachten sind.[7]

> **Praxis-Beispiel**
> Das mit leicht wachsenden Umsätzen für die nächsten Jahre rechnende Unternehmen U beschäftigt 750 (alternativ 1.000) Arbeitnehmer. Es erhält eine Investitionsförderung i.H.v. 20 % des investierten Betrags in Form des Abzugs von der Steuerschuld. Voraussetzung ist der Erhalt von wenigstens 750 Arbeitsplätzen auf drei Jahre.
> In der Grundvariante kann ein *tax credit* unterstellt werden, da neben der Investition noch andere (gewichtige) Auflagen zu beachten sind; umgekehrt in der Alternativvariante, da die Auflagen das Unternehmen kaum einschränken, vielmehr nach den Umsatzplanungen ohnehin mit mehr als 750 Arbeitnehmern geplant wird (dann *government grant*).

Ist ein *investment tax credit* anzunehmen, kann die bilanzielle Behandlung mangels Regelung in einem Standard nur durch **Analogie**schlüsse beurteilt werden. Im Schrifttum werden dazu folgende Vorschläge unterbreitet:[8]

- Anwendung von IAS 12 trotz des Ausschlusses nach IAS 12.4, also Abzug der Förderung bei den laufenden Steuern oder Vortrag in Jahre mit (mutmaßlich) höherem Steuersubstrat;
- Anwendung von IAS 20 mit Einbuchung des Förder- oder Ermäßigungsbetrags als *deferred income* oder als Kürzung von den Anschaffungs- oder Herstellungskosten (→ § 12 Rz 30). Der Passivposten ist analog zum Abschreibungsverlauf aufzulösen.

Beide Alternativen erscheinen als Hilfslösungen akzeptabel.

17   Anders stellt sich die Entscheidungssituation dar, wenn die öffentliche Förderung den Charakter eines **Aufwands**- oder **Ertrags**zuschusses (→ § 12 Rz 9) aufweist, also nicht für eine Investition in Sachanlagen oder immaterielle Anlagewerte gewährt wird.

> **Praxis-Beispiel**
> In Kanada erhalten Unternehmen bei Einhaltung bestimmter Bedingungen für Forschungs- und Entwicklungsausgaben einen Steuernachlass (bezogen auf die Steuern vom Einkommen) von 20 % dieser Ausgaben im Besteuerungszeitraum. Soweit für diesen Zeitraum keine ausreichende Steuerschuld zur Verrechnung vorliegt, besteht die Möglichkeit eines zeitlich unbeschränkten Vortrags des Förderungsbetrags. Die Abzugsfähigkeit des geförderten Aufwands bei der Gewinnermittlung bleibt unberührt.

---

[7]   So PwC, IFRS Manual of Accounting 2016, Tz. 13.275.9.
[8]   Vgl. PwC, IFRS Manual of Accounting 2016, Tz. 13.275.9; ähnlich KPMG, Insights into IFRS 2015/2016, Tz. 3.13.680.

Soweit mit dieser Förderung von FuE keine Sachinvestitionen verbunden sind, sie   18
also nur Personal- und andere Verwaltungskosten betrifft, liegt ein *tax credit* vor, der
nicht unter den Anwendungsbereich von IAS 20 (→ § 12 Rz 3) fällt, wohl aber von
IAS 12 erfasst wird (Rz 16). IAS 12.4 schließt lediglich die *investment tax credits*,
nicht aber die *tax credits* aus seinem Regelungsbereich aus. Bei Inanspruchnahme des
tax credit in künftigen Besteuerungszeiträumen durch Vortrag liegt ein *deferred tax
asset* nach IAS 12.34 vor. Die dann zu beachtenden Ansatzvoraussetzungen sind in
Rz 125 ff. kommentiert. Der Ertrag aus dem Steuernachlass ist in der GuV bzw. im
GuV-Teil der Gesamtergebnisrechnung beim Steueraufwand zu kürzen.

Möglicherweise umfassen die steuerlichen Förderungsmaßnahmen aber **sowohl**   19
investment tax credits **als auch** *tax credits*.

> **Praxis-Beispiel**
> Die im Beispiel unter Rz 17 dargestellten Zuwendungen der öffentlichen
> Hand in Kanada für Forschungs- und Entwicklungstätigkeiten differenzieren
> nicht zwischen Aufwands- und Investitionszuwendungen (→ § 12 Rz 9). Die
> Förderung kann sich dann bspw. auf laufende Forschungsaufwendungen
> zusammen mit dem Neubau eines Labors erstrecken.

U. E. ist in diesem Fall die Förderung einheitlich nach IAS 12 zu behandeln, teils
im Wege der Analogie, teils durch „Direktzugriff".

2 Tatsächliche (laufende) Steuern

2.1 Überblick

Die laufenden Steuern werden in IAS 12 gegenüber den latenten eher stiefmüt-   20
terlich behandelt. Beherrscht wird das insoweit recht „offene" Regelwerk vom
Gedanken der zutreffenden **Periodisierung**. Dabei stellt sich mit der Darstellung
der laufenden Steuern im gesamten IFRS-Rechenwerk samt der *notes* eine ganze
Reihe von Problembereichen:

* Bilanzansatz für Steuerforderungen und Steuerverbindlichkeiten (Rz 21),
* Bewertung von Steuerguthaben und Steuerverbindlichkeiten (Rz 200 ff.),
* Darstellung in der Bilanz (Rz 236),
* Darstellung in der Ergebnisrechnung und im Eigenkapital (Rz 218 ff.),
* Behandlung von Quellensteuer auf Dividenden, Zinsen (Rz 11),
* Behandlung der Erträge und Aufwendungen bei gespaltenen Steuersätzen (Rz 24),
* Behandlung von Steuern auf bei Eigenkapitalbeschaffungen entstehende Transaktionskosten (Rz 25),
* Ansatz (Rz 30 ff.) und Berücksichtigung der Wahrscheinlichkeit (Rz 81) unsicherer Steuerposten,
* Angaben und Erläuterung (Rz 239 ff.).

2.2 Ansatz

Regelmäßig sind die Ertragsteuern Jahressteuern. Bei Übereinstimmung von   21
Geschäftsjahr und steuerlichem Wirtschaftsjahr sind die Steuerverbindlichkeiten

bzw. Steuerforderungen mit Ablauf des Jahres anzusetzen. Bei Abweichungen der Perioden kommt es auf die steuerrechtlichen Zurechnungsregeln an.

> **Praxis-Beispiel**
> **1. Alternative**
> Die inländische Ostereier GmbH stellt ihr bisher kalendergleiches Geschäftsjahr auf den 1.4. bis 31.3. um. In 02 bildet sie deshalb ein Rumpfgeschäftsjahr (1.1. bis 31.3.02).
>
> **2. Alternative**
> Das bisher am 31.3. endende Wirtschaftsjahr wird auf den 31.12.02 umgestellt.

Nach § 4a Abs. 1 Nr. 2 EStG, § 7 Abs. 4 KStG, § 7 Abs. 1 Satz 1 GewStG ist der in der handelsrechtlichen Bilanz ermittelte Gewinn der Besteuerung zu unterwerfen.
Im Beispiel die 1. Alternative:
Der Gewinn des Rumpfgeschäftsjahres ist der Besteuerung zu unterwerfen. Die Umstellung des Wirtschaftsjahres bedarf der Zustimmung des Finanzamts.
Im Beispiel die 2. Alternative:
Im Jahr 02 ist der Gewinn des Wirtschaftsjahres 1.4.01 bis 31.3.02 und des Rumpfgeschäftsjahres 1.4.02 bis 31.12.02 zu versteuern. Die Umstellung auf das Kalenderjahr bedarf nicht der Zustimmung des Finanzamts.

22 Der Bilanzansatz für (laufende) Steuerguthaben und Steuerverbindlichkeiten entspricht im Allgemeinen den Ergebnissen der später einzureichenden **Steuererklärung**. Dabei kann sich ausnahmsweise ein wesentlicher Fehler (*material error*) einschleichen, der im Folgejahr nach IAS 8.42 retrospektiv korrigiert werden muss (→ § 24 Rz 36). Üblicherweise sind Korrekturen des ausgewiesenen Steueraufwands aber als Neueinschätzung zu behandeln (→ § 24 Rz 52) mit Korrektur im laufenden Geschäftsjahr. Anzusetzen im laufenden Jahr sind auch Steuererstattungsansprüche aufgrund von Verlust**rück**trägen.

23 Hinsichtlich des Ansatzzeitpunkts von durch Dividenden bedingten Steuerminderungen bei gespaltenen Steuersätzen wird auf Rz 24 verwiesen, zu Körperschaftsteuerguthaben aus dem Übergang auf das Teileinkünfteverfahren auf Rz 26.

2.3 Transaktionen mit Gesellschaftern

2.3.1 Gespaltener Steuersatz bei Ausschüttungen

24 Die Höhe der Steuerbelastung einer Gesellschaft kann vom Umfang der getätigten Gewinnausschüttung für das betreffende Geschäftsjahr abhängen. Dieser sog. gespaltene Steuersatz galt in Deutschland bis 2000 im **Anrechnungsverfahren**. Dadurch kam es zu einem **Steuerguthaben** beim Dividendenempfänger, das durch die **Vorbelastung** bei ausschüttenden Unternehmen gespeist wurde. Diese in einigen Ländern noch geltende Spaltung des Steuertarifs ist streng von der Kapitalertragsteuer auf Dividenden etc. zu unterscheiden (Rz 13).
In der Vergangenheit war unklar, wie mit aufgrund der Ausschüttung entstehenden Steuerminderungen umzugehen ist. IAS 32.35 a.F. bestimmte hier: *„Distributions to holders of an equity instrument shall be debited by the entity directly to equity, net of any related income tax benefit."* Die Steuerminderung war

demnach erfolgsneutral unmittelbar im Eigenkapital zu verbuchen. Dies stand im Widerspruch zu IAS 12.52B, wonach die Steuerminderung im Jahr der Fassung des Dividendenbeschlusses – regelmäßig also im Folgejahr – *„in profit or loss"*, also in der GuV anzusetzen ist. Dieser Widerspruch ist durch die *Annual Improvements 2009–2011 Cycle* beseitigt worden. Die bisher in IAS 32.35 a.F. enthaltene Bezugnahme auf Steuern ist entfallen und stattdessen mit IAS 32.35A folgende Bestimmung eingefügt: *„Income tax relating to distributions to holders of an equity instrument and to transaction costs of an equity transaction shall be accounted for in accordance with IAS 12."* Danach gilt nur noch IAS 12 mit der Folge einer erfolgswirksamen Behandlung.

2.3.2 Eigenkapitalbeschaffung

Durch die *Annual Improvements 2009–2011 Cycle* sollte mit Einfügung des IAS 32.35A (Rz 24) noch eine weitere vermeintliche Inkonsistenz zwischen IAS 32 und IAS 12 beseitigt werden. Nach dem (neuen) Paragrafen sind nicht nur Ertragsteuereffekte aufgrund von Ausschüttungen an Anteilseigner, sondern auch solche infolge von Transaktionskosten auf Eigenkapitalzuführungen (*income tax relating to distributions to transaction costs of an equity transaction*) nach den Regeln des IAS 12 zu bilanzieren. Hieraus ergibt sich aber keine materielle Rechtsänderung, da die bisher in IAS 32.35 a.F. enthaltene Vorgabe der erfolgsneutralen Verrechnung mit dem Eigenkapital ohnehin schon den (nicht geänderten) Vorgaben von IAS 12.65A entsprach.

25

Praxis-Beispiel

Die nicht gelistete A AG nimmt eine Kapitalerhöhung um 5 Mio. EUR zuzüglich 500 TEUR Agio vor. Es fallen direkt zurechenbare Kosten für Beratung, Notariat und Handelsregister i.H.v. 50 TEUR an. Der Steuersatz beträgt 30 %. Nach IAS 12.61A(b) sind Steuern auf direkt im Eigenkapital erfasste Grundsachverhalte ebenfalls direkt im Eigenkapital zu erfassen (Rz 223). Es ist zu buchen:

	Soll	Haben
1. KAPITALERHÖHUNG		
Geld	5.500.000	
Gezeichnetes Kapital		5.000.000
Kapitalrücklage		500.000
2. TRANSAKTIONSKOSTEN		
Kapitalrücklage	50.000	
Geld		50.000
3. STEUERMINDERUNG DURCH ABZIEHBARKEIT TRANSAKTIONSKOSTEN		
Steuerforderung	15.000	
Kapitalrücklage		15.000

Auf → §20 Rz 74 zu den Eigenkapitalbeschaffungskosten wird verwiesen; wegen des **Ausweises** auf Rz 223 und wegen der Latenzierung bei Verlustvorträgen auf Rz 233.

2.4 Steuerguthaben und Steuerschulden aus dem Übergang zum Halbeinkünfteverfahren

26 Die aus dem Übergang vom Anrechnungs- zum Halbeinkünfteverfahren verbliebenen Körperschaftsteuerguthaben waren gem. § 37 Abs. 4 KStG zum 31.12.2006 verbindlich festzustellen und in zehn gleichen Jahresbeträgen ab dem 30.9.2008 auszuzahlen. Eine Verzinsung unterbleibt. Der **Erstattungsanspruch** entstand unabhängig (unbedingt) von irgendwelchen Ausschüttungsbeschlüssen mit Ablauf des 31.12.2006 und war somit in der IFRS-Bilanz zu diesem Stichtag zu aktivieren (bei abweichendem Wirtschaftsjahr zum nächst nachfolgenden Bilanzstichtag). Die Zugangsbewertung hatte abgezinst zum Barwert zu erfolgen (→ § 28 Rz 329). Der Aufzinsungsertrag in der Folgebewertung ist steuerfrei. Das Steuerguthaben kann veräußert/abgetreten werden (Rz 28).

27 Ebenfalls aus dem Anrechnungsverfahren können gem. § 38 Abs. 4 KStG noch Bestände an sog. EK 02 in den Akten des Unternehmens schlummern. Diese wurden nach dem Jahressteuergesetz 2008 in eine Körperschaftsteuerschuld von 3/100 des EK 02-Betrags umgewandelt. Diese Schuld ist ab 30.9.2008 in zehn gleichen Jahresraten zu tilgen. Ein Antrag auf sofortige Zahlung war bis zum 30.9.2015 möglich. Die dann noch bestehende Schuld ist abgezinst mit 5,5 % zu entrichten.

Die abgezinste Schuld nach Steuerrecht ist mit dem entsprechenden Betrag unter Anwendung des fristadäquaten, risikolosen Zinses zu vergleichen (Rz 26). Die Bewertung muss mit dem niedrigeren der beiden so ermittelten Beträge erfolgen, da das Unternehmen nur insoweit belastet ist. Das Abzinsungsverbot gem. IAS 12.53 gilt **nur** für Steuer**latenz**posten, also nicht für sonstige Steuerguthaben.

2.5 Abtretung von Steuerguthaben

28 Bestehende **Steuerguthaben** können u.U. abgetreten (verkauft) werden. Das ist z.B. in den USA für einige der unter Rz 16 dargestellten *investment tax credits* möglich. Einen vergleichbaren Fall im deutschen Steuerrecht stellt das per 31.12.2006 festzustellende **Körperschaftsteuerguthaben** aufgrund des früheren Anrechnungsverfahrens dar. Diese Forderung gegen den Fiskus ist ab dem 30.9.2008 in zehn gleichen Jahresbeträgen auszubezahlen. Sie kann (zu einem marktgerecht abgezinsten) Betrag verkauft und abgetreten werden. Das Körperschaftsteuerguthaben war erstmals im Jahresabschluss zum 31.12.2006 (abgezinst) zu aktivieren.

29 Der Forderungsbetrag kann im Einzelfall noch von einem **Betriebsprüfungsrisiko** begleitet sein. Nach IAS 12.46 sind Guthaben außerhalb der Steuerlatenzrechnung mit dem erwarteten Erstattungsbetrag (Rz 200) zu bewerten. Fraglich ist dann weiter die Behandlung des Betriebsprüfungsrisikos.[9] Dazu bedarf es eines erneuten Analogieschlusses unter Heranziehung von IAS 9 Dieser definiert in IFRS 9.A für Impairment-Zwecke den *credit loss* nur als **Bonitäts**risiko, nicht aber das **Veritäts**risiko (→ § 28 Rz 76). Das erstgenannte Risiko ist beim Schuldner BRD kein Problem, wohl aber die Verität, die weder in IAS 12 noch in IFRS 9 behandelt ist. Wenn nun dieses Guthaben an eine **Bank verkauft** wird, muss die Frage der Ausbuchung des Guthabens wiederum in Analogie zu IFRS 9 behandelt werden, da IAS 12 nur die Vereinnahmung eines Steuerguthabens, nicht aber die Abtre-

---

[9]   Vgl. hierzu im Einzelnen LÜDENBACH, PiR 2008, S. 276.

tung der Forderung regelt. Nach IFRS 9..3.2.3 ff. ist bzgl. der Ausbuchbarkeit nur auf die Bonität des Schuldners zu achten, nicht auf die Verität und deren Risiko. Deshalb steht einer Ausbuchung der abgetretenen Forderung nichts im Weg.

2.6 Unsichere Steuerposten

2.6.1 Lösungshinweise nach US-GAAP

Die Unsicherheit der Besteuerung findet im Regelwerk von IAS 12 keine explizite Beachtung. Dabei ist jeder Steuerbilanzposten wenigstens aus Sicht der deutschen Erhebungspraxis bis zum Vorliegen einer endgültigen Veranlagung „unsicher" (Rz 39). In FIN 48 (ASC Topic 740) nahm sich der FASB für die US-GAAP des Themas an.[10] Betroffen sind sowohl die **tatsächlichen** Steuern (*current taxes*), deren Bemessungsgrundlage der Steuerbuchwert ist, als auch die **latenten** Steuern, die sich aus der Differenz von Steuerwert und US-GAAP-Buchwert ergeben (Rz 44).

30

Der FASB stellt auf den **Wahrscheinlichkeitsgrad** (→ § 21 Rz 30 ff.) der Anerkennung eines abzugsfähigen Steuerpostens durch die Finanzverwaltung ab. Die Einschätzung der Wahrscheinlichkeit beruht auf folgenden Kriterien (ASC Topic 740–25–7):

- Eine vollständige Prüfung durch die zuständige Behörde ist zu unterstellen.
- Eine gründliche Prüfung der Rechtslage hat zu erfolgen.
- Erfahrungen mit der Vorgehensweise der Verwaltung bei der Beurteilung eines ähnlichen Sachverhalts sind zu berücksichtigen.
- Kompensationsmöglichkeiten mit anderen denkbaren Streitpunkten bleiben außer Betracht.

Bis auf den letzten Punkt stimmt dies mit den im Oktober 2015 vom IFRS IC in DI/2015/1 „*Uncertainty over Income Tax Treatments*" unterbreiteten Vorschlägen überein. Zum letzten Punkt führt *par.* 11 der DI an: „*An entity shall determine whether each uncertain tax treatment should be considered separately, or whether some uncertain tax treatments should be considered together as a group, based on which approach provides better predictions of the resolution of the uncertainty.*" Diese Erweiterung der „*unit of account*" legitimiert zwar die Zusammenfassung inhaltlich verbundener Positionen, nicht aber die generelle Berufung auf einen „Erfahrungssatz", nach dem im Rahmen einer Betriebsprüfung häufig Paketlösungen geschnürt werden, bei denen in ermessensabhängigen Rechts- und Schätzfragen Konzessionen des Steuerpflichtigen auf der einen Seite mit Konzessionen des Finanzamts auf der anderen Seite einhergehen. M. a. W., die *unit of account* ist jedenfalls nicht die gesamte (Jahres-)Steuererklärung.[11]

Das Management kann nach den US-GAAP-Regeln aus als abzugsfähig deklarierten Posten nur insoweit eine Steuerentlastung bilanzieren, als von der Anerkennung mit einer **überwiegenden** Wahrscheinlichkeit (*more likely than not*) auszugehen ist. Nach *par.* 15 der DI/2015/1 gilt im Wesentlichen das Gleiche: Wenn die Anerkennung der deklarierten oder zur Deklarierung geplanten steuerlichen Handhabung wahrscheinlich (*probable*) ist, hat das Unternehmen laufende und tatsächliche Steuern auf Basis der (geplanten) Deklaration anzusetzen. Ist die Anerkennung hingegen unsicher (*not probable*), ist nach *par.* 16 von

31

---

10 Vgl. hierzu umfassend DAHLKE, KoR 2007, S. 311.
11 So auch RUBERG, PiR 2016, S. 10 ff.

DI/2015/1 entweder der wahrscheinlichste Betrag anzusetzen, der steuerlich zur Anerkennung gelangen wird, oder der Erwartungswert der unterschiedlichen Szenarien, je nachdem, welche Schätzung angemessener ist (bei überwiegend gleichverteilten Werten etwa eher der Erwartungswert).
Nach ASC Topic 740–10–30–7 hat die Bewertung hingegen mit dem höchsten Betrag der Steuerentlastung zu erfolgen, die mit einer mehr als 50 %igen Wahrscheinlichkeit eintreten wird.

Praxis-Beispiel
Das Unternehmen bildet eine Rückstellung für einen Einzelgewährleistungsfall i.H.v. 250 und fertigt entsprechend die Steuererklärung auf dieser Grundlage. Daraus errechnet sich eine **maximale** Steuerermäßigung von 100 (Steuersatz 40).

Mögliche Steuerermäßigung	Wahrscheinlichkeit der Anerkennung durch Finanzverwaltung	Kumulierte Wahrscheinlichkeit
100	5 %	5 %
80	25 %	30 %
60	25 %	**55 %**
50	20 %	75 %
40	10 %	85 %
20	10 %	95 %
0	5 %	100 %

60 ist der höchste Betrag der Steuerermäßigung mit einer 50 % übersteigenden Wahrscheinlichkeit des Eintretens. Dieser Betrag ist als Steuerguthaben oder Reduzierung der Steuerschuld zu bilanzieren.

---

32   Zu jedem Stichtag sind die Wahrscheinlichkeitsüberlegungen zu überprüfen, mit der evtl. Folge einer Anpassung der bilanzierten Steuern.

33   In der Praxis ist in vielen Fällen (Rückstellung, Wertberichtigung usw.) „nur" die Periode ungewiss, in der der betreffende Aufwand auch steuerlich zu berücksichtigen ist. Eine durch FASB ASC Topic 740 und DI/2015/1 gebotene vorsichtige Einschätzung der sofortigen steuerlichen Anerkennung mindert/ erhöht damit zwar laufende Steuerforderungen/Steuerschulden, erhöht/mindert aber zugleich den Aktiv-/Passivsaldo latenter Steuern. Von bestimmten Ausnahmefällen – Steuersatzsenkung in zukünftigen Perioden, Zweifel an der Realisierbarkeit aktiver latenter Steuern – abgesehen, ergibt sich dann ein **Nullsummenspiel** (Rz 39).

2.6.2   Lösungsansätze in IAS 37

34   Problematisch ist das Verhältnis von IAS 12 und IAS 37:[12]
   • Für die alleinige Anwendung von IAS 12 auf Steuerrisiken könnte IAS 37.5(b) sprechen. Danach haben Standards, die sich mit spezifischen Fällen von Rückstellungen oder ungewissen Forderungen beschäftigen, Vorrang vor IAS 37. Als einer der vorrangigen Standards wird IAS 12 benannt.

---

[12] Vgl. hierzu LÜDENBACH, PiR 2008, S. 242; SENGER/BRUNE/HOEHNE, WPg 2010, S. 674.

- Tatsächlich enthält IAS 12 keine (hinreichend) spezifischen Regeln für den Bilanzansatz und die Bewertung von Steuerrisiken aus möglichen Betriebsprüfungen, Rechtsbehelfsverfahren und Prozessen; daher greift der abstrakt formulierte Vorrang im konkreten Fall kaum.

Dieses Ergebnis wird durch IAS 12.88 bestätigt (Rz 241), wonach auch für die Offenlegung rechtsstrittiger Steueransprüche oder Steuerverbindlichkeiten die Vorschriften von IAS 37 und nicht von IAS 12 gelten.

Die Regelungen in IAS 37 sehen folgende **Differenzierung** vor:

- **Forderungen** dürfen nach IAS 37.33 nur angesetzt werden, wenn sie so gut wie sicher (*virtually certain*) sind (→ § 21 Rz 119).
- **Verbindlichkeiten** sind nach IAS 37.23 bereits dann anzusetzen, wenn sie *more likely than not* sind (→ § 21 Rz 42).

Auf die Verhältnisse des Steuerverfahrens passt diese Unterscheidung nur **bedingt.** **35** Ob eine Forderung oder eine Verbindlichkeit besteht, hängt nicht allein davon ab, ob die Finanzverwaltung die Steuer wie erklärt veranlagt, sondern davon, in welchem Verhältnis die sich aus der Erklärung ergebende Steuer zu den geleisteten **Vorauszahlungen** steht. Hinsichtlich der Vorauszahlungen besteht aber keine Unsicherheit. Die Risiken beziehen sich nur auf die Übereinstimmung von erklärter und festgesetzter Steuer. Von theoretischen Fällen abgesehen geht dieses Risiko immer in **eine** Richtung: Die festgesetzte Steuer kann über der erklärten liegen. Zerlegt man daher die aus der Jahreserklärung resultierende Steuerschuld oder Steuerforderung in die Vorauszahlungskomponente einerseits und die festgesetzte Steuer andererseits und beschränkt die Risikobetrachtung auf den zweiten Aspekt, so geht es **stets** um eine ungewisse **Verbindlichkeit** und **nie** um eine ungewisse **Forderung**. Da ungewisse Verbindlichkeiten nach IAS 37 anzusetzen sind, wenn sie sich als *more likely than not* darstellen, wird eine Betrachtung notwendig (→ § 21 Rz 29), welche Abweichung von der erklärten Steuer zu mehr als 50 % wahrscheinlich ist.

Praxis-Beispiel

U erklärt ein zu versteuerndes Einkommen von 10 Mio. EUR. Darin sind enthalten problematische Wertberichtigungen von 1 Mio. EUR und ebensolche Rückstellungen gleicher Höhe.

Nach seinen bisherigen Erfahrungen werden in einer Betriebsprüfung beide Posten von der Betriebsprüfung aufgegriffen. Nach den gleichen Erfahrungen kommt es zu einer Einigung mit einem zu versteuernden Einkommen von 11 Mio. EUR. Dabei werden folgende Wahrscheinlichkeiten angenommen:

- Keine Steuernachforderung 10 %
- Steuernachforderung von 1 Mio. EUR × 40 % = 0,4 Mio. EUR 80 %
- Steuernachforderung von 2 Mio. EUR × 40 % = 0,8 Mio. EUR 10 %

Eine Steuernachforderung überhaupt ist überwiegend wahrscheinlich und damit als (zusätzliche) Verbindlichkeit oder bei übersteigenden Vorauszahlungen als Kürzung der Forderung zu berücksichtigen.

Nach IAS 37.40 kann der wahrscheinlichste Wert, hier 0,4 Mio. EUR, angesetzt werden (→ § 21 Rz 131).

Das Beispiel unterstreicht die **zweistufige** Wahrscheinlichkeit im Ansatz und in der Bewertung nach IAS 37 (→ § 21 Rz 126). Bei **singulären** Risiken – wie im

Beispiel die Steuernachforderung aus den zwei Sachverhalten – ist regelmäßig der **wahrscheinlichste** Wert anzusetzen. Die Bildung einer **kumulierten** Wahrscheinlichkeit ist nicht erforderlich.

36 Der Anwendung von IAS 37 auf Ansatz und Bewertung von Steuern hat zunächst eine Agenda-Entscheidung des IFRS IC (Rz 38) eine Absage erteilt. Auch DI/2015/1 (Rz 30) spricht IAS 37 Relevanz ausschließlich für die Offenlegung von Steuerrisiken zu.

2.6.3   Unsichere Forderungen vs. unsichere Verbindlichkeiten

37 Für unsichere **Forderungen** auf laufende Steuern gilt keine **höhere Ansatzschwelle** als für unsichere Verbindlichkeiten aus laufenden Steuern (anders bei latenten Steuer Rz 110).
Zum daraus resultierenden Problem folgendes Beispiel:

Praxis-Beispiel

Das Finanzamt erkennt im Rahmen der Steuererklärung für 01 geltend gemachte Betriebsausgaben von 3.000 TEUR wegen angeblicher privater Veranlassung nicht an. Die entsprechende Veranlagung mit einer Nachzahlung von 1.000 TEUR steht am Bilanzstichtag 31.12.01 noch aus. Der Vorstand bildet hierfür keine Rückstellung, da er im Rechtsmittelverfahren von der überwiegenden Wahrscheinlichkeit der Durchsetzung des eigenen Standpunkts ausgeht. Das Gutachten eines Steuerexperten bestätigt ihn in dieser Ansicht.
Ende 02 ergeht der Bescheid. Das Unternehmen legt Einspruch ein. Wegen der Zinseffekte beantragt der Vorstand jedoch keine Aussetzung der Vollziehung, sondern bezahlt die festgesetzte Schuld.

Lösung

Die buchmäßige Erfassung zum 31.12.02 hängt von der Beurteilung der Ansatzkriterien für Steuerguthaben und Steuerschulden (Rz 35) ab. Zum 31.12.01 war der Nichtansatz wegen Unterschreitens der Wahrscheinlichkeitsschwelle *„probable"* zutreffend. Zum 31.12.02 hat sich scheinbar die Rechtslage geändert: Da es nun um den Ansatz einer Forderung geht (strittiger Betrag nicht ausgesetzt, sondern bezahlt), käme es bei (analoger) Anwendung der (Ansatz-)Vorgaben des IAS 37 darauf an, ob diese *„virtually certain"* ist. Dieser Effekt beruht allerdings lediglich auf einem Zahlungsvorgang. Wenn dies eine Veränderung bzgl. des erforderlichen Wahrscheinlichkeitsgrads für den Bilanzansatz bewirken soll, dann u.a. im Widerspruch zum für die Bilanzierung konstitutiven *accrual principle* (Erfassung von Aufwand/Ertrag, nicht von Einzahlungen/Auszahlungen), da ein Aufwand nur im Zahlungsfall („per Aufwand an Geld"), nicht hingegen im Aussetzungsfall zu buchen wäre.

---

38 In seiner Sitzung im Mai 2014[13] stellte das IFRS IC unterschiedliche Ansichten in der Praxis bzgl. unsicherer Steuerforderungen und Steuerverbindlichkeiten und bzgl. des Verhältnisses **von IAS 37 gegenüber IAS 12** in dem Kontext des Ansatzes unsicherer Steueransprüche (*current income tax on uncertain tax position*) fest. Entsprechend beschloss das IFRS IC vorläufig, dieses Thema für eine

---

[13] IFRIC Update May 2014.

Interpretation aufzubereiten. Davon abweichend wurde bereits in der Sitzung im Juli 2014[14] die **Ansatzfrage zugunsten der Vorgaben in IAS 12** abschließend beantwortet. Der Ansatz eines unsicheren Steueranspruchs ergibt sich nach Auffassung des IFRS IC nach IAS 12.12:

- Eine Steuerverbindlichkeit ist in dem Umfang zu passivieren, in dem diese entstanden, aber noch nicht bezahlt ist.
- Eine Steuerforderung ist zu erfassen, wenn der bereits gezahlte Betrag die Steuerverbindlichkeit vorheriger Perioden übersteigt.

Wenn Steuern vorausgezahlt werden und der bereits entrichtete Betrag, der der Höhe nach feststeht (*certain amount*), die erwartete Steuerverbindlichkeit (*uncertain amount*) übersteigt, ist daher ein Vermögenswert anzusetzen. Der Verweis in IAS 12.88 hinsichtlich der Offenlegung von *tax-related contingent assets/liabilities* rechtfertigt keine Beurteilung der Ansatzfähigkeit unsicherer Steuerwerte nach IAS 37. Es besteht daher für den Ansatz keine Verpflichtung eines Nachweises einer überwiegenden Wahrscheinlichkeit (*virtually certain*) eines (Ressourcen-)Zuflusses. Nach Auffassung des IFRS IC in der Sitzung im Juli 2014 sind die Vorgaben in IAS 12 ausreichend.

2.6.4 Betriebsprüfungsrisiko

Die Erhebung der Steuern vom Einkommen und Ertrag ist wenigstens im Bereich von mittleren und großen Unternehmen durch das Merkmal der **Vorläufigkeit** gekennzeichnet. Regelmäßig werden eingereichte Steuererklärungen ohne materielle Prüfung unter dem Vorbehalt der Nachprüfung nach § 164 AO veranlagt. Erst durch die im Anschluss daran – oft einige Jahre später – erfolgende steuerliche Außenprüfung (umgangssprachlich Betriebsprüfung) kommt es dann zu einer endgültigen Veranlagung, möglicherweise mit noch offenen, gerichtlich zu entscheidenden Streitfragen. Bis zu deren Klärung, die sich durchaus auf 15 Jahre nach dem Bilanzstichtag hin erstrecken kann, besteht also ein **Steuerrisiko** in abgestufter Form.

Dieses Steuerrisiko kann sich im Rahmen der Ermittlung der Besteuerungsgrundlage beziehen auf:[15]

- Steuer**bilanz**werte,
- Bestimmung der steuer**freien** Erträge,
- Umfang der steuerlichen **Zurechnungen** „außerhalb der Bilanz",
- **verdeckte** Gewinnausschüttungen, Zurechnungen nach § 1 AStG,
- **Anrechnung** ausländischer Quellensteuern.

Die vier letztgenannten Sachverhaltskonstellationen stellen **permanente** Differenzen dar (Rz 46); etwaige Risiken betreffend die Nichtanerkennung oder abweichende Beurteilung durch die Betriebsprüfung können auf der Grundlage von Wahrscheinlichkeitsüberlegungen bzgl. der mutmaßlichen Akzeptanz durch die Verwaltung bilanziell abgebildet werden.

Der erste Fall betrifft das Risiko der **Nichtanerkennung** eines Bilanzpostens dem Grunde oder der Höhe nach (z.B. einer Rückstellung oder einer Wertminderung auf Aktiva), also aus Sicht der IFRS-Bilanzierung die *tax base* (Rz 48). Behält in solchen Streitfällen das Finanzamt die Oberhand, **erhöht** dies die **tatsächliche** (aktuelle) Steuerschuld; bei unveränderter Bilanzierung in der

39

---

14 IFRIC Update July 2014.
15 Vgl. DAHLKE, KoR 2006, S. 582.

IFRS-Bilanz resultiert zugleich ein temporärer Unterschiedsbetrag, mit der Folge einer (zusätzlichen) **aktiven** Steuerlatenz. Der erhöhte laufende Steueraufwand wird durch den Ertrag aus der Steuerlatenz **kompensiert**.[16]

Praxis-Beispiel

Sachverhalt

Durch eine Betriebsprüfung in 02 wird für das letzte geprüfte Wirtschaftsjahr 01 eine Abschreibung auf ein an einen notleidenden Kunden vergebenes Darlehen (→ § 28 Rz 460) aufgegriffen (Darlehensbetrag 100, Abschreibung/Wertberichtigung 50). Die Betriebsprüfung erkennt die Abschreibung nicht an. Die Steuerabteilung akzeptiert die Prüfungsfeststellung. Zwei Fallvarianten sind zu unterscheiden:

- Variante 1: Die Forderung ist auch per 31.12.02 noch offen und wird in der IFRS-Bilanz weiter mit 50 geführt.
- Variante 2: Die Forderung ist bereits erledigt. Sie ist in 02 zu 100 eingegangen.

Lösung

In beiden Fällen gilt: Für das Jahr der „Aufdeckung" des – aus Sicht der steuerlichen Bilanzierung – Fehlers entsteht tatsächlicher zusätzlicher Steueraufwand mit folgender Buchung in der IFRS-Bilanz (die zeitliche Abfolge vernachlässigt):

„per laufender Steueraufwand an Steuerschuld 20" (40 % von 50).

Variante 1

Am Bilanzstichtag des Aufdeckungsjahres beträgt die *tax base* 100 und der IFRS-Buchwert 50. Folge ist eine aktive Steuerlatenz.

Buchung: „per aktive Steuerlatenz an Steueraufwand/-ertrag 20".

Tatsächlicher Steueraufwand und latenter Steuerertrag saldieren sich zu null.

Variante 2

Die Forderung ist erledigt. Es besteht keine temporäre Differenz, damit auch kein latenter Steuerertrag, der den tatsächlichen Steueraufwand ausgleichen würde. Die Erledigung der Forderung ist in der Steuerbilanz 02 erfolgsneutral („per Geld 100 an Forderung 100"). In der IFRS-Bilanz 02 führt sie zu einem Ertrag („per Geld 100 an Forderung 50 und Ertrag 50"). Diesem Ertrag entspricht der tatsächliche Steueraufwand quantitativ, lediglich die zeitliche Zuordnung ist im Anhang zu erläutern (Steueraufwand aus Nachforderung für 01, korrespondierender Bruttoertrag in IFRS-Bilanz in 02).

---

40   Im Rahmen einer Betriebsprüfung können auch Sachverhalte aufgedeckt werden, die in früheren Zeiträumen **sowohl** nach IFRS **als auch** nach Steuerrecht **falsch** behandelt worden sind.

Praxis-Beispiel

Sachverhalt

Im Jahr 04 stellt der Betriebsprüfer Umbaumaßnahmen in einer Fabrikhalle im Jahr 03 fest, die eine spürbar effizientere Ausnutzung des Maschinenpotenzials erlauben. Die Umbaumaßnahmen wurden sowohl nach IFRS als auch in der

---

[16]   Vgl. hierzu SENGER/BRUNE/HOEHNE, WPg 2010, S. 673.

Steuerbilanz als Aufwand behandelt. Der Betriebsprüfer sieht darin Herstellungsaufwand, dem die Steuerabteilung und auch die IFRS-Bilanzabteilung folgen. Fraglich ist die Behandlung im IFRS-Abschluss 03.

Lösung
Es handelt sich im vorliegenden Fall um einen Bilanzierungsfehler (*error*), mit der Folge einer erfolgsneutralen Bilanzberichtigung gem. IAS 8.42 (→ § 24 Rz 53). Die Korrektur ist auch durchführbar, d.h. nicht *impracticable* nach IAS 8.43 ff. Eine erfolgswirksame Korrektur in 04 könnte nur ausnahmsweise unter dem *materiality*-Gesichtspunkt (→ § 1 Rz 59) infrage kommen.

Eine Berichtigung in **laufender** Rechnung aufgrund von Betriebsprüfungsfeststellungen kommt dagegen im Fall von **Schätzungsänderungen** (*changes in accounting estimates*) in Betracht (→ § 24 Rz 41).   **41**

Praxis-Beispiel
Sachverhalt
Die Bauentwicklungs-AG hat eine Büro-Großimmobilie fertiggestellt (vgl. Beispiel in → § 24 Rz 41). Am Bilanzstichtag 01 sind 40 % der Nutzfläche vermietet. Die Kostenplanungen beruhen auf einer erzielbaren Quadratmetermiete von 35 bis 40 EUR. Im Augenblick ist eine Vermietung, wenn überhaupt, nur auf der Basis von 25 EUR/qm möglich. Entsprechend wird eine außerplanmäßige bzw. *impairment*-Abschreibung (→ § 11 Rz 19) auf das Bürohaus im Umfang von 20 % der Herstellungskosten vorgenommen. Im Prüfungszeitraum haben sich die Mietverhältnisse aus Sicht der Vermieter verbessert. Nach Feststellungen des Betriebsprüfers im Jahr 03 ist mit Mieterträgen in vergleichbarer Lage zwischen 30 und 35 EUR/qm zu rechnen, die Betriebsprüfung sieht auch eine weiter steigende Tendenz.

Lösung
Die Steuer- und die Bilanzabteilung akzeptieren die Prüfungsfeststellungen, weil ihnen ein Rechtsstreit über die Erkenntnismöglichkeit im Jahr 01 nicht sinnvoll erscheint. Die – in deutscher Terminologie – Anpassung des Buchwerts der Immobilie und der laufenden Steuerschuld an die Prüferbilanz im IFRS-Abschluss erfolgt dann erfolgswirksam in 03. Eine Steuerlatenzrechnung ist entbehrlich, da Ende 03 *tax base* und *carrying amount* (Rz 44) übereinstimmen.

Zur Frage, ob erfahrungsbasiert davon ausgegangen werden kann, dass im Rahmen einer Betriebsprüfung Konzessionen des Steuerpflichtigen an einer Stelle zu Konzessionen der Finanzverwaltung an anderen Stellen führen (Paketlösung), wird auf Rz 38 verwiesen.   **42**

Zur Behandlung von Nachzahlungs**zinsen** und **Straf**zuschlägen aufgrund von Betriebsprüfungsfeststellungen wird verwiesen auf Rz 10.   **43**

3   Latente Steuern *(deferred taxes)*

3.1   Grundlagen *(temporary differences)*

44   Steuerlatenzen entstehen durch **Unterschiedsbeträge** zwischen IFRS-Wert *(carrying amount)* und Steuerwert *(tax base)* eines Vermögenswerts oder einer Schuld, sofern daraus in künftigen Perioden steuerlich abzugsfähige oder steuerpflichtige Beträge bei Realisation dieser Posten entstehen. Zumindest in der Perspektive des deutschen Steuerrechts entspricht der Steuerwert regelmäßig, aber nicht immer dem Buchwert in der Steuerbilanz (Rz 48). Die Berechnung der Steuerlatenz beruht deshalb auf Vermögensunterschieden (IAS 12.5), also einer **bilanzorientierten** Betrachtung, und nicht auf Differenzen zwischen IFRS- und steuerlichem **Ergebnis** *(timing*-Konzept). Entsprechend soll sich der Steuereffekt von solchen Differenzen nicht erst im Zeitraum der steuerlichen Effektuierung, sondern bereits in dem Wirtschaftsjahr niederschlagen, in dem die Ursache gelegt worden ist. „*Temporary*" beruht auf der letztlich immer eintretenden Umkehrung *(reverse)* des Buchwertunterschieds. *Taxable temporary differences* (IAS 12.15) sind Buchwertunterschiede, die sich in späterer Periode im steuerlichen Ergebnis niederschlagen. Grundlegend für diese Bilanzierungsmethode ist aktivisch die Unterstellung eines wirtschaftlichen Vorteils durch einen bilanzierten Vermögenswert (IAS 12.16); dieser Vorteil wird sich sofort (laufende Steuern) oder eben später *(deferred tax)* im steuerlichen Gewinn niederschlagen.

> **Praxis-Beispiel**
> Die vorausgezahlten Ertragsteuern der Tax Base GmbH entsprechen der veranlagten Steuer. Zwischen der IFRS-Bilanz und der Steuerbilanz besteht jedoch folgender Unterschied: Aufgrund von Sonderabschreibungen in der Vergangenheit hat ein Gebäude in der Steuerbilanz einen Wert von 500 TEUR und in der IFRS-Bilanz einen Wert von 900 TEUR. Der Ertragsteuersatz beträgt 40 %.
> Die IFRS-Bilanz weist eine **Schuld für latente Steuern** von 120 TEUR (30 % von 400 TEUR) aus. Dies ist der Betrag, den die GmbH in zukünftigen Perioden auf die **Wertdifferenz** zahlen muss, weil die zukünftigen steuerlichen Abschreibungen hinter der IFRS-Abschreibung zurückbleiben (→ § 10) und/oder der zukünftige steuerliche Veräußerungsgewinn höher ausfällt als der nach IFRS.

Allgemein gilt:
für Vermögenswerte

IFRS-Buchwert höher als Steuerwert:	→ latente Steuerschuld[17]
IFRS-Buchwert niedriger als Steuerwert:	→ latentes Steuerguthaben

für Schulden

IFRS-Buchwert niedriger als Steuerwert:	→ latente Steuerschuld
IFRS-Buchwert höher als Steuerwert:	→ latentes Steuerguthaben

---

[17]   Beispiel in IAS 12.16.

Bzgl. der Begriffswahl gilt:

- *taxable temporary differences* (zu versteuernde temporäre Differenzen) begründen künftige Steuer**belastungen**,
- *deductible temporary differences* (abzugsfähige temporäre Differenzen) führen zu künftigen Steuer**entlastungen**.

In IAS 12 wird bzgl. der Ansatzpflicht nicht nach Aktiv- und Passivlatenz 45
unterschieden (generelle Ansatzpflicht).

Praxis-Beispiele für Wertunterschiede beim Zugang
- Eine Rückstellung für Maschinenanpassungen im Umweltschutzbereich ist nach IFRS im Jahr 01 anzusetzen, nach EStG erst im Jahr 04 (Aktivlatenz).
- Forschungsaufwand ist nach Steuergesetz bei Anfall sofort abzugsfähig, nach IFRS (*tax base* null) muss der Aufwand kapitalisiert werden (Passivlatenz).
- Identifizierbare Vermögenswerte sind im Rahmen einer Unternehmensakquisition durch *share deal* im IFRS-Konzernabschluss zum *fair value* angesetzt (→ § 31 Rz 215; Passivlatenz).
- Die Gewährleistungsverpflichtung ist im IFRS-Abschluss mit X EUR angesetzt, steuerlich besteht ein Ansatzverbot (Aktivlatenz).

Der **Zeitpunkt** der Realisierung eines Wertunterschieds (zwischen IFRS-Buch- 46
wert und Steuerwert) ist ohne Bedeutung. Es kann eine **zeitliche Begrenzung**
vorliegen (*temporary*) – z.B. bei unterschiedlichen Abschreibungsverläufen –
oder ein nicht bekannter Zeitpunkt (*quasi-permanent*; Rz 3) – z.B. der Verkauf
des Fabrikgrundstücks. Eine Barwertbetrachtung ist ausgeschlossen; Steuerlatenzen sind **unabgezinst** zu bewerten (Rz 214).

Permanente Unterschiede aufgrund außerbilanzieller Zu- und Abrechnungen
zur steuerlichen Gewinnermittlung werden nicht latenziert (Rz 4), sondern
gehen nur in die Steuersatzüberleitungsrechnung (Rz 244) ein.

Schematisch lassen sich die einschlägigen Begriffe wie folgt strukturieren:[18] 47

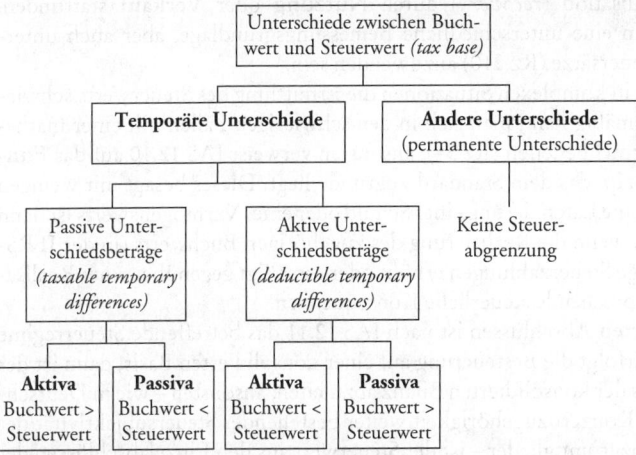

Abb. 1: Typen von Buchwertunterschieden

---

[18] Nach WAGENHOFER, IAS, 5. Aufl., 2005, S. 324.

3.2 Steuerwert *(tax base)*

3.2.1 Steuerwert als Vergleichsgröße zum IFRS-Buchwert

48   Nach der konzeptionellen Definition in IAS 12.5 entspricht der Steuerwert eines nach IFRS bilanzierten Vermögenswerts oder einer Schuld dem diesen für Zwecke der Besteuerung beizulegenden Betrag. Nach deutschem Steuerrecht entspricht der Steuerwert i.d.R. dem **Steuerbuchwert**, in anderen Steuersystemen ist dies nicht zwingend der Fall. Deshalb umschreibt IAS 12.7 für Vermögenswerte und IAS 12.8 für Schulden den Inhalt des Steuer**werts** näher und verdeutlicht dies durch eine Reihe von Beispielen (Rz 54ff.).

- Der Steuerwert eines **Vermögenswerts** ist der steuerlich abzugsfähige Betrag, der gegen die Steuerbemessungsgrundlage bei Nutzung oder Abgang verrechnet werden kann (IAS 12.7).
- Der Steuerwert einer **Schuld** entspricht dem IFRS-Buchwert, abzüglich des Betrags, der für diese Schuld später bei der Ermittlung der Steuerbemessungsgrundlage abzugsfähig ist (IAS 12.8).

Dem Steuerwert ist ein **weiterer** Inhalt zuzuordnen, als er sich gewöhnlich im Steuerbilanzbuchwert niederschlägt. Anders ausgedrückt: der Steuerbilanzbuchwert stellt nur eine – allerdings große – **Teilmenge** des Steuerwerts, der *tax base*, dar. In einem ausländischen Steuersystem erfolgt die Gewinnermittlung möglicherweise auf einer *cash-flow*-Basis. Dann stünde zur Ermittlung der *tax base* gar kein Steuerbilanzbuchwert zur Verfügung.

49   Der Steuerwert und damit der Steuerbuchwert sind auch nach deutschem Recht nicht immer eindeutig zu bestimmen. Ein Grund liegt in der möglicherweise vom deklarierten Wert abweichenden Auffassung eines Finanzamts oder eines Finanzgerichts über den richtigen Ansatz (Rz 39).

50   In anderen Steuerregimen kann einem Vermögenswert oder einer Schuld **mehr als ein** Steuerwert zugeordnet werden; das kann von der **Art** der Realisation des Vermögenswerts oder der Tilgung der Schuld abhängen. Beim Vermögenswert kann die Realisation *(recovery)* durch **Nutzung** oder **Verkauf** stattfinden. Darauf können eine unterschiedliche Bemessungsgrundlage, aber auch unterschiedliche Steuersätze (Rz 210) anzuwenden sein.

51   Generell kann in komplexen Situationen die Ermittlung des Steuerwerts schwierig sein. Regelmäßig kann man sich in den schwierigen Fällen mit einer mathematischen **Formel** behelfen (Rz 54), ansonsten verweist IAS 12.10 auf das **Fundamentalprinzip**, das dem Standard zugrunde liegt. Dieses besagt mit wenigen Ausnahmen: Eine Latenzierung einer Schuld oder eines Vermögenswerts ist dann vorzunehmen, wenn die Realisierung des zugehörigen Buchwerts (in der IFRS-Bilanz) künftige Steuerzahlungen erhöht oder ermäßigt gegenüber einer Realisation ohne entsprechende steuerliche Konsequenzen.

52   In **konsolidierten** Abschlüssen ist nach IAS 12.11 das betreffende Steuerregime maßgeblich: Erfolgt die Besteuerung auf einer konsolidierten Basis, dann ist der Steuerwert aus der konsolidierten Bilanz abzuleiten, ansonsten – wie in Deutschland bei trotz Konzernzugehörigkeit weiter bestehender Steuersubjektivität der einzelnen Konzernmitglieder – ist der Steuerwert aus den Einzelabschlüssen der Gruppenunternehmen abzuleiten.

3.2.2 Steuerwert von Vermögenswerten

Aus der unter Rz 48 wiedergegebenen Definition des Steuerwerts von Ver- **53**
mögenswerten in IAS 12.7 lässt sich folgende Grund**formel** ableiten:

Künftig steuerlich abzugsfähiger Betrag

= Steuerwert

Diese Grundformel steht aber in gewissem Widerspruch zur Definition von IAS
12.5, nach der der Steuerwert der für Steuerzwecke maßgebliche Wert ist. Reicht
etwa U ein Darlehen von 100 GE aus, aus dem bei planmäßigem Verlauf (Rückzahlung des Darlehens) überhaupt keine abzugsfähigen Beträge entstehen, wäre der
Steuerwert nach IAS 12.7 Satz 1 null, nach IAS 12.5 hingegen 100 GE. Der Lösung
von IAS 12.5 folgt paradoxerweise auch das in IAS 12.7 enthaltene Beispiel 5: *„The
repayment of the loan will have no tax consequences. The tax base is 100."*
U. E. ist daher (in Analogie zu den Regeln von IAS 12.8 für Schulden; Rz 56) **54**
folgender modifizierter Formelansatz geboten:

Buchwert nach IFRS-Bilanz

– darin enthaltener, steuerlich aber schon abgezogener Betrag

– darin enthaltener, aber (bei entsprechender Wertentwicklung) erst künftig steuerpflichtiger Betrag

+ darin nicht enthaltener, aber (bei entsprechender Wertentwicklung)
künftig abzugsfähiger Betrag

+ darin nicht enthaltener, aber schon versteuerter Betrag

= Steuerwert

I. d. R. sind nicht alle Posten der Formel mit von null abweichenden Werten zu **55**
besetzen.

Praxis-Beispiele aus IAS 12.7
Eine Maschine mit Anschaffungskosten von 1.000 GE ist nach IFRS mit
kumuliert 200 GE abgeschrieben. Der IFRS-Buchwert ist also 800 GE.
Steuerlich beträgt die kumulierte Abschreibung 300 GE. Der Steuerwert
errechnet sich nach obiger Formel wie folgt:

+ Buchwert nach IFRS-Bilanz	+ 800
– darin enthaltener, steuerlich aber schon abgezogener Betrag	– 100
= Steuerwert	+ 700

temporary difference = 100 [800–700]

Eine Forderung von 1.100 GE enthält aufgelaufene Zinsen von 100 GE. Die
Zinsen werden steuerlich erst bei Geldeingang (*cash base*) erfasst:

Buchwert nach IFRS-Bilanz	+ 1.100
– darin enthaltener, aber erst künftig steuerpflichtiger Betrag	– 100
= Steuerwert	1.000

temporary difference = 100 [1.100–1.000]

Eine Forderung von 1.000 GE ist nach IFRS auf 600 GE wertberichtigt. Steuerlich wird die Abschreibung mangels Nachweis der Dauerhaftigkeit des Wertverlusts noch nicht anerkannt:

Buchwert nach IFRS-Bilanz	+ 600
– darin nicht enthaltener, aber bei entsprechender Wertentwicklung künftig abzugsfähiger Betrag	+ 400
= Steuerwert	**1.000**

temporary difference = – 400 [600–1.000]

Ein unbebautes Grundstück hat einen IFRS-Buchwert zu Beginn des Wirtschaftsjahres von 1.000 GE. Zum Bilanzstichtag erfolgte eine Neubewertung (→ § 14 Rz 47) um 500 GE. Für Steuerzwecke beträgt der (durch Abschreibung oder Buchwertabgang abziehbare) Buchwert infolge einer Indexierung (Rz 64) 1.100 GE.

Buchwert nach IFRS-Bilanz	+ 1.500
– darin enthaltener, aber (bei entsprechender Wertentwicklung) künftig steuerpflichtiger Betrag	– 400
= Steuerwert	**+ 1.100**

temporary difference = 400 [1.500–1.100]

3.2.3 Steuerwert von Schulden

56   Für Schulden liefert IAS 12.8 zwei Definitionen des Steuerwerts.
- **Grundvariante** (Rz 57):
Der Steuerwert der Schuld entspricht dem IFRS-Buchwert abzüglich aller steuerlich abzugsfähigen Beträge für diese Schuld in künftigen Perioden.
- **Sonderfall** (Rz 58):
Für im Voraus erhaltene Erträge (nach HGB und EStG passive Abgrenzung) ist der Steuerwert der entsprechenden Verbindlichkeit gleich dem IFRS-Buchwert abzüglich der in den Folgeperioden nicht zu versteuernden Beträge aus diesen Erlösen.

57   Die etwas umständliche Formulierung der Grundvariante meint Folgendes: Sofern im IFRS-Buchwert Beträge enthalten sind, die steuerlich erst in Folgeperioden als Betriebsausgaben wirksam werden (*deductible in future periods*), fällt der Steuerwert um diesen Betrag niedriger aus.

Praxis-Beispiel
Eine Darlehensschuld beträgt 1.100 GE, davon aufgelaufene Zinsen von 100 GE, die steuerlich erst bei Zahlung abzugsfähig sind:

Buchwert nach IFRS-Bilanz	1.100
– steuerlich erst zukünftig abzugsfähige Beträge	– 100
= Steuerwert	1.000

temporary difference = 100 [1.100–1.000]

Der umgekehrte Fall – der IFRS-Buchwert enthält Beträge, die steuerlich schon **58**
abgezogen wurden – ist in der Definition von IAS 12.8 nicht berücksichtigt. In
spiegelbildlicher Handhabung ist der unterscheidende Betrag dem IFRS-Buchwert hinzuzurechnen (statt abzuziehen).

> **Praxis-Beispiel**
> Kreditbeschaffungskosten von 50 GE für einen am 31.12.01 aufgenommenen
> Kredit von 1.000 GE wurden steuerlich sofort abgezogen, nach IFRS sind sie
> über die Laufzeit des Kredits zu verteilen:
>
> | | |
> |---|---:|
> | Buchwert nach IFRS-Bilanz (31.12.01) | 950 |
> | + steuerlich schon abgezogene Beträge | + 50 |
> | = Steuerwert | 1.000 |
>
> *temporary difference* = – 50 [950–1.000]

Die Grunddefinition kann also wie folgt **formelmäßig** dargestellt werden:
Buchwert nach IFRS-Bilanz
– steuerlich erst künftig abzugsfähige Beträge
+ steuerlich schon abgezogene Beträge
= Steuerwert

Häufig beträgt der steuerlich erst künftig abziehbare oder der steuerlich schon **59**
abgezogene Betrag einer Finanzverbindlichkeit null, da Schulden üblicherweise
bei der Rückzahlung nicht abzugsfähig sind. Der IFRS-Buchwert entspricht
dann dem Steuerwert, die temporäre Differenz ist null.

> **Praxis-Beispiel**
> Eine Darlehensschuld weist einen IFRS-Buchwert von –1.000 GE aus. Die
> Rückzahlung wird ohne steuerliche Konsequenzen erfolgen:
>
> | | |
> |---|---:|
> | Buchwert nach IFRS-Bilanz | 1.000 |
> | – künftig steuerlich abzugsfähige Beträge | – 0 |
> | + steuerlich schon abgezogene Beträge | + 0 |
> | = Steuerwert | – 1.000 |
>
> *temporary difference* = 0 [1.000–1.000]

Mit dem formelmäßigen Zusammenhang lassen sich auch Fälle erfassen, bei **60**
denen der IFRS-Buchwert Beträge enthält, die steuerlich nie (weder in der
Zukunft noch in der Vergangenheit) abziehbar sind.

> **Praxis-Beispiel**
> Für steuerlich nicht abzugsfähige Strafzahlungen sind in der IFRS-Bilanz
> 1.000 GE bilanziert:
>
> | | |
> |---|---:|
> | Buchwert nach IFRS-Bilanz | – 1.000 |
> | + künftig steuerlich abzugsfähige Beträge | + 0 |
> | – künftige steuerpflichtige Beträge | – 0 |
> | = Steuerwert | – 1.000 |
>
> *temporary difference* = 0 [1.000–1.000]

Das Ergebnis lässt sich auch anders darstellen: Bei einer angenommenen *tax base* von null läge zwar eine temporäre Differenz von 1.000 GE vor, diese hätte aber permanenten Charakter und wäre daher nicht zu latenzieren.

61 Für den Ausnahmefall der im Voraus erhaltenen Erlöse (Rz 55) definiert IAS 12.8 den Steuerwert als Differenz von IFRS-Buchwert und dem (auch) darin enthaltenen, in Zukunft nicht steuerpflichtigen Teil. Hier lautet die Formel also:

Buchwert nach IFRS-Bilanz

– darin enthaltene, künftig nicht zu versteuernde Beträge

= Steuerwert

Praxis-Beispiel

Eine Investitionszuwendung von 1.000 GE ist in der IFRS-Bilanz passiv abgegrenzt worden (→ § 12 Rz 30), in der Steuerbilanz hingegen sofort als Ertrag verbucht. Die Investitionszuwendung ist (Alt. 1) steuerfrei, (Alt. 2) steuerpflichtig:

	Alt. 1	Alt. 2
Buchwert nach IFRS-Bilanz	1.000	1.000
– darin enthaltene, künftig nicht zu versteuernde Beträge	1.000	– 1.000
= Steuerwert	0	0

temporary difference = 1.000 [1.000–0]

Variante von Alt. 2: Die steuerpflichtige Zuwendung ist auch steuerbilanziell abgegrenzt worden, d. h., sie wird zukünftig steuerpflichtig (Alt. 2a):

	Alt. 2a
Buchwert nach IFRS-Bilanz	1.000
– darin enthaltene, künftig nicht zu versteuernde Beträge	– 0
= Steuerwert	1.000

temporary difference = 0 [1.000–1.000]

3.2.4 Steuerwerte ohne Posten in der IFRS-Bilanz und/oder Steuerbilanz

62 IAS 12.9 erwähnt bestimmte Geschäftsvorfälle, die zwar einen Steuerwert haben, aber nicht als Vermögenswert oder Schuld in der IFRS-Bilanz angesetzt sind.

Praxis-Beispiel

Forschungsaufwendungen von 500 GE werden nach IFRS bei Anfall ergebniswirksam verbucht, aber erst in einer späteren Periode zum Steuerabzug zugelassen.

Ausgedrückt in der Formel aus Rz 58 gilt:

Buchwert nach IFRS-Bilanz	0
+ darin nicht enthaltene, steuerlich aber künftig abzugsfähige Beträge	+ 500
= Steuerwert	+ 500

temporary difference = – 500 [0–500]

Für deutsche Unternehmen führt die Bildung einer steuermindernden **Reinves-titionsrücklage** zu einem Steuerwert, dem kein Wertansatz in der IFRS-Bilanz gegenübersteht.

Praxis-Beispiel

Das deutsche Unternehmen bildet eine steuermindernde Rücklage von 100 GE nach § 6b EStG oder § 5 Abs. 7 EStG:

+	Buchwert nach IFRS-Bilanz	0
+	darin nicht enthaltene, künftig aber steuerpflichtige Beträge	+ 100
=	Steuerwert	+ 100

temporary difference = – 100 [0–100]

Neben den vorstehend behandelten Fällen, in denen zwar in der IFRS-Bilanz   63
kein Posten enthalten ist, aber in der Steuerbilanz, ist noch von Interesse, wie mit **außerbilanziellen Hinzurechnungs- oder Abzugsbeträgen** umzugehen ist, die sich weder in der IFRS-Bilanz noch in der Steuerbilanz widerspiegeln.

Als Beispiel hierfür kann der **Investitionsabzugsbetrag** nach § 7g EStG für später geplante Anlagenzugänge herangezogen werden, der wegen der Anwendungsbeschränkung nach § 7g Abs. 1 Satz 2 EStG zwar bei IFRS-Bilanzierern wenig praxisrelevant ist, aber besonders einfach die auch konzeptionelle Frage verdeutlicht, ob temporäre Differenzen auch dort entstehen können, wo es in beiden Bilanzen keinen Buchwert gibt.

Praxis-Beispiel

Unternehmen U bildet in 01 einen Investitionsabzugsbetrag nach § 7g EStG für später geplante Anlagenzugänge. Dieser Abzugsbetrag mindert das steuerpflichtige Einkommen von 01 und erhöht die Steuerbelastung im späteren Jahr der Anschaffung/Herstellung von 1.000 GE. Ein Buchwert ist weder in der IFRS-Bilanz noch in der Steuerbilanz vorhanden:

+/–	Buchwert nach IFRS-Bilanz	0
+	künftiger zu versteuernder Betrag	+ 1.000
=	Steuerwert	+ 1.000

temporary difference = – 1.000 [0–1.000]

Während im Handelsrecht umstritten ist, ob außerbilanzielle Posten zu Latenzen führen können, ist dies für die IFRS also klar zu bejahen.

Bei **Sonderbetriebsvermögen** ergibt sich eine ähnliche Sachlage insoweit, als das   64
Sonderbetriebsvermögen weder in der IFRS-Bilanz noch in der Steuerbilanz der Gesamthand enthalten ist. Gleichwohl generiert es etwa im Fall von Sachanlagen steuerlich abzugsfähige Aufwendungen durch planmäßige oder außerplanmäßige Abschreibungen.

Praxis-Beispiel

Ein vom Gesellschafter an die Personengesellschaft überlassenes Gebäude hat einen Buchwert von 1.000 GE (in der Sonderbilanz). Es ergibt sich folgende Rechnung:

Buchwert nach IFRS-Bilanz	0
+ darin nicht enthaltener, künftig aber abzugsfähiger Betrag	+ 1.000
= Steuerwert	+ 1.000
temporary difference = –1.000 [0–1.000]	

Dieses systematisch aus der Formel (Rz 54) abgeleitete Ergebnis widerspricht allerdings der Mehrheitsmeinung zur Latenzierung von Sonderbetriebsvermögen (Rz 67).

3.3   Besonderheiten bei Personenhandelsgesellschaften

3.3.1   Steuerarten und Steuertarife

65   Bei deutschen Personengesellschaften bezieht sich die IFRS-Steuerlatenzrechnung nach Maßgabe des Kriteriums der Steuerschuldnerschaft nur auf die **Gewerbesteuer** (Rz 1). Der effektive **Steuersatz** schwankt nach Maßgabe der Hebesätze und der Zuordnung von Arbeitslöhnen auf die hebeberechtigte Gemeinde (Zerlegung). Eine eher großzügig ausgestaltete **Durchschnittsrechnung** zur Ermittlung des anzuwendenden Steuersatzes erscheint angebracht (Rz 223). Der Progressionseffekt durch § 11 Abs. 1 Satz 2 Nr. 1 GewStG im Gefolge des Freibetrags kann u. E. aus Wesentlichkeitsgesichtspunkten (→ § 1 Rz 61 ff.) vernachlässigt werden.[19] Im IFRS-**Konzernabschluss** einer Personengesellschaft mit Beteiligungen an Kapitalgesellschaften ist neben der Gewerbesteuer auch die (in- oder ausländische) Körperschaftsteuer zu berücksichtigen.

Die **zwischenbetriebliche** Vergleichbarkeit mit Kapitalgesellschaften ist mangels körperschaftsteuerlicher Rechtssubjektivität der Personengesellschaft nicht gegeben. Die Einbeziehung einer **fiktiven** Körperschaftsteuerbelastung in das IFRS-Rechenwerk soll diesem Mangel de lege ferenda abhelfen.[20] U. E. kann dieses Problem nur unter umfassender Berücksichtigung der gesellschaftsrechtlichen Struktur und deren Abbildung im Abschluss gefunden werden. Wir befürworten eine Zusatzangabe in der Überleitungsrechnung (Rz 244).

3.3.2   Sonder- und Ergänzungsbilanzen

66   Eine Besonderheit der Besteuerung mitunternehmerischer Personengesellschaften stellt das Institut des positiven oder negativen **Sonderbetriebsvermögens** dar, insbesondere

• Vermögenswerte im Eigentum des Gesellschafters, genutzt von der Gesellschaft,

• Verbindlichkeiten des Gesellschafters zur Finanzierung des Erwerbs der Beteiligung.

IAS 12 befasst sich nicht mit dieser Besonderheit der deutschen **Mitunternehmerbesteuerung**. Eine Steuerlatenzrechnung unter Einbeziehung des **Sonderbetriebsvermögens** wird im Schrifttum nur vereinzelt für vertretbar gehal-

---

[19]   A. A. möglicherweise KIRSCH, DStR 2002, S. 1875. Wie hier ERNSTING/LOITZ, DB 2004, S. 1055.
[20]   Befürwortet von DAHLKE/VON EITZEN, DB 2003, S. 2237, S. 2239; LIENAU, Bilanzierung latenter Steuern im Konzernabschluss nach IFRS 2006, S. 237.

ten.[21] Dagegen spricht scheinbar die Konzeption der Steuerlatenzrechnung in IAS 12, die in der Praxis auf dem **Vergleich der Buchwerte** in der IFRS-Bilanz und der Steuerbilanz (der Gesamthand) beruht (Rz 44). Wenn aber in beiden Bilanzen kein Buchwert vorliegt, kann auch kein Buchwertunterschied und damit scheinbar keine Latenz ermittelt werden.[22] Die Effekte des Sonderbetriebsvermögens auf den ausgewiesenen Steueraufwand der Personengesellschaft sind dann im Rahmen der **Überleitungsrechnung** (Rz 244) zu berücksichtigen.

Die Herausnahme des **Sonderbetriebsvermögens** aus der Steuerlatenzierung entspricht der absolut herrschenden Meinung im Schrifttum[23] und wurde von uns bis zur 11. Auflage des Haufe IFRS-Kommentars uneingeschränkt vertreten. Aus der Systematik zur Ermittlung der *tax base* können hierzu Zweifel auftauchen. Diese sind in dem auf IAS 12.7 beruhenden Rechenschema (Rz 54), das in Rz 64 auf das Sonderbetriebsvermögen angewendet ist, begründet.   67

Für **Ergänzungsbilanzen** gelten diese Vorbehalte nicht. Sie bilden Wertkorrekturen zu den Steuerbilanzwerten der **Gesellschaft** und sind deshalb zur Latenzierung den entsprechenden IFRS-Buchwerten gegenüberzustellen (Rz 87). Hier liegt der Unterschied zu den Sonderbilanzen, die **kein Pendant** in der IFRS-Bilanz aufweisen.   68

Eine *tax base* des **Sonderbetriebsvermögens** besteht unzweifelhaft dann, wenn dieses **seinerseits** in einer IFRS-Bilanz geführt wird (z. B. Mutter-Personen- oder -Kapitalgesellschaft). Dann liegt eine *„mixed"* *tax base* vor, die zur **gesplitteten** Latenzrechnung (Rz 232) führt.   69

3.4 Besonderheiten der transparenten Besteuerung

3.4.1 Grundlagen, Anwendungsbereiche

Unter transparenter Besteuerung versteht man im internationalen Steuerjargon eine Besteuerungssituation, bei der ein Unternehmen selbst mit seinen Gewinnen nicht der Ertragsbesteuerung unterliegt, sondern die dort entstandenen Besteuerungsmerkmale bei einem übergeordneten Steuersubjekt in dessen Bemessungsgrundlage eingehen. Den typischen Anwendungsbereich nach deutschem Recht stellt die **Personenhandelsgesellschaft** dar, deren Gewinne (auch negative) **festgestellt** werden, um sie dann den Anteilseignern „hinaufzureichen". Das kann sich über mehrere Stufen hinweg vollziehen (sog. doppel- oder mehrstöckige Personengesellschaft). Am Ende der Beteiligungskette nach oben wird das Steuersubstrat aus der untergeordneten Personenhandelsgesellschaft (bzw. auf der untersten nachgelagerten Einheit) den „obersten" Gesellschaftern zugerechnet, z. B. einer Kapitalgesellschaft oder natürlichen Personen.   70

Die Steuertransparenz der Personenhandelsgesellschaft gilt allerdings nicht für die **Gewerbesteuer**, da die Personenhandelsgesellschaft als eigenständiges Gewerbesteuersubjekt gilt. Im Rahmen der Kommentierungen zu den *inside* und *outside basis differences* in Rz 139ff. wird diese Besteuerungssituation angesprochen.

---

21 So möglicherweise KIRSCH, DStR 2003, S. 1875, S. 1877.
22 So RING, FR 2003, S. 1054; a. A. ohne Begründung ERNSTING/LOITZ, DB 2004, S. 1060.
23 Vgl. SCHULZ-DANSO, in: BECK'sches IFRS-Handbuch 5. Aufl., 2016, § 25, Tz. 90, m. w. N.

71   Transparent besteuert werden auch Anteile an **Investmentgesellschaften** auf der Grundlage des Investmentsteuergesetzes (InvStG). Dort ist allerdings die Situation einfacher, weil die Gewerbesteuer nicht als Störfaktor auftaucht. Inländische Investmentanteile sind nach § 11 Abs. 1 Satz 2 InvStG von der Gewerbe- und Körperschaftsteuer befreit, weil nach der Systematik des InvStG die (Fonds-)Inhaber so besteuert werden sollen, als wenn sie die betreffenden Vermögenswerte (Aktien etc.) **direkt** hielten. Diese Art der transparenten Besteuerung bezieht sich auf

- die sog. **ausschüttungsgleichen** Erträge (§ 2 Abs. 1 Satz 2 InvStG), die per Fiktion zum Stichtag des Fondswirtschaftsjahres beim Fondsanteilseigner als zugeflossen gelten. Zur Vermeidung einer Doppelbesteuerung bei der späteren effektiven Ausschüttung oder bei der Veräußerung der Anteile wird in der Steuerbilanz des oder der Investoren ein aktiver Ausgleichsposten gebildet, gegen den die dann entstehenden Erträge verrechnet werden können. Ausschüttungsgleiche Erträge bestehen aus Dividenden, Zinsen und Grundstückserträgen;

- den **besitzanteiligen** Ertrag (§ 8 InvStG), der erst bei Veräußerung der Investmentanteile entsteht. Soweit der bei der Veräußerung der Anteile entstehende Gewinn auf während der Besitzdauer entstandene Kursgewinne in den Anteilen an einer (Investment-)Kapitalgesellschaft entfällt, gelten für den Investor das Teileinkünfteverfahren (§ 3 Nr. 40 EStG) bzw. eine Steuerfreiheit von 95 % des Gewinns (§ 8b KStG). Der Besteuerungstatbestand tritt beim Fondsinhaber erst mit der Vereinnahmung durch Veräußerung von Fondsanteilen in Kraft.

72   Eine Besonderheit ergibt sich, wenn die Steuerbefreiung einer (Investment-)Gesellschaft unter Vorbehalt der Erfüllung bestimmter Auflagen gewährt wurde. Die Steuerbefreiung einer deutschen **REIT-Aktiengesellschaft** ist nach § 16 REITG (i.V.m. §§ 8–15 REITG) an zahlreiche Auflagen (Anmeldung, Sitz, Börsenzulassung, Mindeststreuung der Aktien, Vermögens- und Ertragsanforderungen, Mindestausschüttung, Ausschluss Immobilienhandel, Mindesteigenkapital) geknüpft. Zum Bilanzstichtag liegt die Erfüllung der Auflagen mit Ausnahme der Ausschüttung einer Mindestdividende von 90 % des ausschüttungsfähigen Betrags nach § 13 Abs. 1 REITG im Ermessen der Gesellschaft und bereitet regelmäßig keine besonderen Probleme.

Die Steuerbefreiung könnte allerdings an der zum Stichtag noch nicht erfolgten Ausschüttung der Mindestdividende scheitern. Nach IAS 12.52B sind steuerliche Konsequenzen von Dividendenzahlungen erst dann berücksichtigungsfähig, wenn eine Verbindlichkeit passiviert wird. Der Ansatz einer Verbindlichkeit setzt allerdings den Beschluss zur Gewinnverwendung voraus, der zum Bilanzstichtag noch nicht vorliegt und nach IAS 10.12f. als *non-adjusting event* anzusehen ist (→ § 4 Rz 40). Der Status der Steuerbefreiung lässt sich für die Bilanzierung einer REIT-Aktiengesellschaft nur aufrechterhalten, wenn, bezogen auf die Verpflichtung zur Ausschüttung einer Mindestdividende, keine restriktive formale Position bezogen wird. Ein möglicher Ausweg zur Erhaltung der Steuerbefreiung trotz fehlenden Ausschüttungsbeschlusses am Stichtag ist das Abstellen auf das Bestehen einer faktischen/ökonomischen Verpflichtung (etwa wegen der Festsetzung einer Zahlung durch das Finanzamt nach § 16 Abs. 5 REITG). Eine REIT-Aktiengesellschaft wäre danach faktisch steuerbefreit (*in substance tax exempt*).

3.4.2 Investment- und Spezialfonds

Aus der unter Rz 71 dargestellten transparenten Besteuerung folgt für die Latenzierung von Anteilen an offenen Publikumsfonds, die von einer Kapitalgesellschaft gehalten werden: **73**

- Die Transparenz der Besteuerung führt im Rahmen des Teileinkünfteverfahrens zu einer permanenten Differenz, soweit der potenzielle Ertrag aus dem Anteil aus Dividenden von Kapitalgesellschaften im In- und Ausland gespeist wird.
- Anders verhält es sich für die übrigen Ertragsquellen des Anteils, also insbesondere Zinsen oder Mieteinkünfte. Diese sind bei der Inhaberin des Fondsanteils „normal" zu besteuern.

Dazu folgendes Beispiel:[24]

Praxis-Beispiel

Die A-GmbH kauft am 1.1.01 einen Investmentanteil (Nebenkosten = Ausgabeaufschlag vernachlässigt) zu	**100**

Der (anteilige) Fondsinhalt bezieht sich zu diesem Zeitpunkt auf

– Aktien zu	50
– Anleihen zu	50

Am 31.12.01 beträgt das Wertverhältnis

– Aktien	0
– Anleihen	100

Wie ist die Latenzierung bei der A-GmbH vorzunehmen?

Lösung

- Bzgl. der Aktien liegt eine nicht latenzierbare permanente Differenz vor.
- Im Zugangszeitpunkt ist (nur die Anleihen betreffend) kein Buchwertunterschied zwischen IFRS- und Steuerbilanz gegeben.
- Am 31.12.01 stellt sich die Latenzierungsgrundlage wie folgt dar:

– IFRS-Buchwert des Investmentanteils	100
– Steuerbilanzwert, soweit steuerbelastungsrelevant, also nur Anleihenanteil	50

- Passiv zu latenzieren ist die Differenz aus der Höherbewertung der Anleihen um 50 GE mit einem kombinierten Steuersatz von ca. 30 %.
- Der Wertverlust des Aktienanteils ist wegen der permanenten Differenz nicht in die Latenzierung einzubeziehen.
- Ökonomisch lässt sich die Passivlatenz wie folgt erklären: Bei der zu unterstellenden Veräußerung des Investmentanteils entsteht in der Stichtagsperspektive kein Gewinn/Verlust in der IFRS-Bilanz, wohl aber ein steuerwirksamer Veräußerungsgewinn von 50 GE, da die Wertsteigerung des Anleihenanteils noch unversteuert ist. Keine Kompensation liefert der Wertverlust aus dem Aktienanteil wegen der permanenten Differenz (nach § 8b Abs. 3 Satz 3 KStG).

---

[24]   Nach HOFFMANN, PiR 2010, S. 30.

74 Im Gegensatz zu den Publikumsfonds (Rz 73) sind **Spezialfonds** auf die Belange einiger **weniger** Investoren ausgerichtet, häufig auch nur auf **einen** Investor. Das kann z. B. im Fall der Verwaltung von Wertpapiervermögen zur Sicherung der betrieblichen Altersversorgung (→ § 22 Rz 98 ff.) oder aber zur vorübergehenden Anlage von überschüssiger Liquidität einer Aktiengesellschaft nach förmlicher Kapitalerhöhung in Betracht kommen. Es ist daher regelmäßig der Einbezug eines Spezialfonds in den **Konsolidierungskreis** eines Investors bzw. einer Gruppe von Investoren zu prüfen. Die Beschränkung des Anlegerkreises auf einige wenige oder nur einen Investor ist den Ausnahmebestimmungen von IAS 12.44 und IAS 12.39 unterworfen (Rz 93). Bei nur **einem** Investor oder bei einigen **wenigen** mit gleichgerichtetem Interesse kann das Kriterium des Abbaus der temporären Differenzen gegenstandslos sein, weil die Kontrolle über den Zeitpunkt des Umkehreffekts in der Hand des oder der Investoren liegt und außerdem eine Ausschüttung aus dem Fonds nicht beabsichtigt ist.

75 Wurde ein offener Spezialfonds mit festgelegter Anlagestrategie (etwa Investition in inländische Finanzinstrumente) zugunsten nur **eines einzigen Investors** aufgesetzt, ist der Fonds als *structured entity* im Wege der Vollkonsolidierung in den Konsolidierungskreis des Investors einzubeziehen. Die Steuerbefreiung der Investmentgesellschaften (Rz 71) führt zu *permanent differences* (Rz 44) beim Fonds selbst. Aus Konzernperspektive ist zwischen *inside* und *outside basis differences* zu unterscheiden (Rz 139). Uneingeschränkt latenzierungspflichtig sind nur *inside-basis*-Differenzen zwischen dem Konzernbuchwert des konsolidierten Vermögens und dem Steuerwert auf der Ebene des einbezogenen Tochterunternehmens. Mangels eines eigenen Steuerwerts auf der Ebene des Fonds können *inside basis differences* (Rz 139) bei einem Investor in einen Spezialfonds allerdings nicht vorliegen.

Es bliebe **formal** somit nur eine Behandlung identifizierter Differenzen als *outside*-basiert. Für Differenzen zwischen dem konsolidierten Vermögen und dem Beteiligungsbuchwert des Fonds in der Steuerbilanz des Mutterunternehmens (des Investors) unterbleibt jedoch eine Latenzierung, wenn sich die Differenz in absehbarer Zeit nicht umkehren wird (Rz 93).

Gegen eine rein formale Betrachtung und damit einen Verzicht auf eine Steuerlatenzrechnung spricht aber das **Transparenzprinzip**. Die fiktive Zurechnung des Fondsvermögens mit all seinen Aufwendungen und Erträgen beim Investor verlagert das Problem der Steuerlatenzierung und damit auch die *inside basis differences* vom Fonds auf den Fondsinhaber.

76 Die **Konzern**perspektive des Problems soll anhand des folgenden Beispiels[25] dargestellt werden:

Praxis-Beispiel

Am 2.1.01 wird zugunsten von U als alleinigem Investor ein nur in inländische Aktien investierender, thesaurierender Spezialfonds mit einem Startvolumen von 10 Mio. EUR aufgelegt. Bei der Gründung vorgegebene Anlagerichtlinien und ein von U beherrschter Anlageausschuss sorgen dafür, dass die Investitionspolitik des Fonds den Vorstellungen des U entspricht. In 01 erzielt der Fonds einen sofort reinvestierten Gewinn aus Dividenden i. H. v.

---

[25] Nach LÜDENBACH, PiR 2012, S. 267.

1 Mio. EUR und einen unrealisierten Gewinn aus Kurssteigerungen i.H.v. 2 Mio. EUR. Die 1 Mio. EUR gelten U gem. § 2 Abs. 1 Satz 2 InvStG am 31.12.01 als steuerlich zugeflossen. Nach § 8b KStG ist dieser Gewinn nur i.H.v. 5 % steuerpflichtig. Es entsteht bei einem Steuersatz von 30 % eine tatsächliche Steuer von 15 TEUR. Für den fiktiv zugeflossenen Gewinn ist ein Ausgleichsposten in der Steuerbilanz des U zu bilden. U beabsichtigt nicht, den Fonds in absehbarer Zeit aufzulösen bzw. die Anteilsscheine zurück-zugeben. Der Steuersatz des U beträgt 30 %.

Nach IFRS 10 (→ § 32) handelt es sich beim Spezialfonds um eine Zweck-gesellschaft (*structured entity*), deren Chancen und Risiken allein von U getragen werden. Er ist im Konzernabschluss der U voll zu konsolidieren. Das Vermögen des Fonds (hier Aktien) ist mit dem *fair value* nach IAS 39 bzw. IFRS 9 anzusetzen (→ § 31 Rz 71).

Die temporäre Differenz errechnet sich wie folgt (in TEUR):

Buchwert Aktien IFRS-Konzernabschluss des U:		13.000
Buchwert Fonds in Steuerbilanz des U:		
a) Anteile	10.000	
b) Ausgleichsposten	1.000	11.000
Differenz		2.000

- Unter Berücksichtigung von § 8b KStG könnte sich hieraus eine passive latente Steuer von 30 % × 5 % × 2 Mio. EUR = 30 TEUR ergeben. Die Dividenden von 1 Mio. EUR führen hingegen zu keiner temporären Differenz, da sie steuerbilanziell per Zuflussfiktion und im IFRS-Abschluss per Reinvestment berücksichtigt sind.
- **Formal** ist die oben ermittelte Differenz *outside*-basiert. Latente Steuern fielen nicht an. Gegen eine formale Sichtweise spricht aber das **Transparenzprinzip**. Der Verlagerung der Besteuerung vom Fonds auf die Ebene des Anteilseigners entspricht es, alle damit verbundenen Differenzen als *inside*-basiert anzusehen. Die zu erfassende Passivlatenz beträgt nach dieser Auffassung 30 TEUR.

3.4.3 Mitunternehmerische Personengesellschaft

Im Rahmen der üblicherweise angewendeten **Spiegelbildmethode** (Rz 164) kann die transparente Besteuerung ebenfalls zur Beachtung permanenter Differenzen zwingen.   77

Dazu folgendes Beispiel auf der Datengrundlage des Beispiels unter Rz 73:

Praxis-Beispiel
Eine GmbH & Co. KG hat ein Eigenkapital von 100 GE, das der Finanzie-rung von Aktien und Anleihen im Wert von jeweils 50 GE dient. Der dauer-hafte Wertverlust des Aktienanteils im Jahr 01 erfordert eine Teilwert-abschreibung zum 31.12.01 von 50 GE. Die Werterhöhung bei den Anleihen um 50 GE erlaubt wegen der Deckelung auf die Anschaffungskosten keine entsprechende Zuschreibung.

Die Auswirkungen der transparenten Besteuerung und damit des Teileinkünfteverfahrens auf die Steuerlatenzierung einer Personenhandelsgesellschaft lassen sich anhand der Datenkonstellation im Beispiel unter Rz 73
veranschaulichen.

Praxis-Beispiel

IFRS-Buchwert		100
31.12.01		
tax base		
– Aktien	0	
– Anleihen	– 50	– 50
Unterschiedsbetrag		50
(„Buchwertunter-		
schied")		

Die daraus entstehende Passivlatenz für den Anleihenanteil erklärt sich ökonomisch genauso wie im obigen Beispiel zum Investmentanteil.
Die Latenzierung bezieht sich auf **zwei** verschiedene **Besteuerungsebenen:**[26]
- mit einem Steuersatz von ca. 14 % (GewSt) auf die Personenhandelsgesellschaft,
- mit einem Steuersatz von ca. 16 % (KSt/SolZ) auf die Mutter-Kapitalgesellschaft.

Für die Latenzierung von Personengesellschaftsanteilen ergibt sich aus dem
vorstehenden Beispiel das Erfordernis, etwa vorhandene Buchwertunterschiede
auf das Vorhandensein von permanenten Unterschieden hin zu analysieren.
I. H. d. permanenten Differenz ist eine Berechnungskorrektur einzufügen, die
allerdings bei geringem Aktienbesitz im Hinblick auf den *cost-benefit*-Gedan-
ken (→ § 1 Rz 67) im Einzelfall auch wieder unterbleiben kann.

3.5 Unsichere Steuerwerte (Betriebsprüfungsrisiko)

78 Unter Rz 30 ff. ist das Problem der unsicheren Steuerbuchwerte insbesondere in
der Perspektive des deutschen Steuersystems aus Sicht der **laufenden** Besteuerung dargestellt worden. Dabei fehlte nicht der Hinweis auf die bisher wenig
konkreten Vorgaben des IAS 12 zu diesem Thema. Einem Rückgriff auf den
Inhalt von IAS 37 (→ § 21) steht eine *Agenda Rejection* des IFRS IC entgegen
(Rz 38). Unklar ist mangels eigenständiger Vorgaben innerhalb der IFRS, ob
nach Maßgabe des IAS 8.10 (→ § 1 Rz 78) auf US-GAAP-Regeln zurückgegriffen werden kann.

79 Recht praxisnah liefert der ASC Topic 740 ein Beispiel für die Latenzrechnung
bei „**steuertaktischem**" Vorgehen.

Praxis-Beispiel
Zu Beginn des Jahres 01 erwirbt das Unternehmen einen nach IFRS/US-
GAAP nicht planmäßig abschreibbaren immateriellen Vermögenswert mit

---

[26] Vgl. z.B. ERNSTING/LOITZ, DB 2004, S. 1055.

unbestimmter Nutzungsdauer (→ § 13 Rz 93 ff.) zu 15 Mio. EUR. Im Hinblick auf die bestehende Unsicherheit in der steuerlichen Wertung behandelt das Unternehmen den Erwerb in der Steuererklärung als sofort abzugsfähige Betriebsausgabe. Die Anerkennung dieser Behandlung durch die Verwaltung ist allerdings nicht wahrscheinlich; vielmehr rechnet man eher mit einer „Nachaktivierung" durch die Außenprüfung und dann mit einer steuerlichen Nutzungsdauer von 15 Jahren. Der Steuersatz beträgt 40 %.

Lösung

Nach Auffassung des FASB soll in diesem Fall – nicht ausreichende Wahrscheinlichkeit der Anerkennung – eine laufende Steuerschuld ausgewiesen werden, soweit am Bilanzstichtag noch ein potenzieller Buchwertunterschied vorliegt. Anzusetzen sind daher auf der Basis der wahrscheinlichen Veranlagung:

- passive Steuerlatenz 40 % × (15 Mio. IFRS-Buchwert – 14 Mio. wahrscheinlicher Steuerbuchwert) = 0,4 Mio. EUR,
- tatsächliche Steuerverbindlichkeit 40 % × (15 Mio. – 1 Mio.) = 5,6 Mio. EUR,
- in Summe also 6 Mio. EUR.

Auf Basis der Steuererklärung, d.h. unter Ausklammerung des Nichtanerkennungsrisikos wäre ebenfalls ein Betrag von 6 Mio. EUR anzusetzen. Der Betrag würde aber ausschließlich eine passive Steuerlatenz darstellen: 40 % × (15 Mio. IFRS-Buchwert – 0 deklarierter Steuerbuchwert) = 6 Mio. EUR. Dieser Ausweis ist unzulässig, weil eine Nichtanerkennung des sofortigen Betriebsausgabenabzugs, also des deklarierten Steuerbuchwerts von 0, wahrscheinlich ist.

Die vorstehenden Überlegungen aus ASC Topic 740 sind mit den IFRS verträglich (vgl. auch Rz 39). Das Problem der Wechselwirkung zwischen tatsächlichen und latenten Steuern, die sich ergibt, wenn die Betriebsprüfung bzw. das Finanzamt zu von der Deklaration abweichenden Steuerbuchwerten kommt, wird auch in *par.* 17 der DI/2015/1 (Rz 30) angesprochen. Verlangt wird dort ein konsistenter Umgang mit dem Unsicherheitsproblem, also eine Bilanzierung von aktiver und latenter Steuer aus dem gleichen Sachverhalt nach identischen Wahrscheinlichkeitsprämissen. **80**

Die Frage des Ansatzes eines unsicheren Steuerwerts dem Grunde nach richtet sich nach Auffassung des IFRS IC nach den Vorgaben des IAS 12.12 (Rz 38). Eine Steuerforderung ist daher zu aktivieren, wenn mit überwiegender Wahrscheinlichkeit (*probable recognition threshold*) ein (Ressourcen-)Zufluss erwartet wird, ein Rückgriff auf die Ansatzschwelle *virtually certain* scheidet aus. In der Abgrenzung der Unsicherheit ist das (Nicht-)Entdeckungsrisiko (*detection risk*) der steuerlichen Betriebsprüfung nach Auffassung des IFRS IC auszublenden.[27] Eine vollständige Information und Zugriff auf alle Unterlagen der Steuerprüfung sind zu unterstellen. Dem entsprechen auch die Vorgaben in DI/2015/1 (Rz 30). **81**

Hinsichtlich der Berücksichtigung der Wahrscheinlichkeit/Unsicherheit in der Bewertung (ohne *detection risk*), also der Erfassung unsicherer Steuerwerte der Höhe nach, erkennt das IFRS IC allerdings das Fehlen konkreter Vorgaben an.[28] Ergebnis war die Veröffentlichung von DI/2015/1 (Rz 30). Danach gilt: **82**

---

[27] IFRIC Update September 2014.
[28] IFRIC Update November 2014.

- Die Abgrenzung des Bilanzierungsobjekts (*unit of account*) erfordert eine Ermessensentscheidung (Rz 30).
- Für die Berücksichtigung der Wahrscheinlichkeit soll ein bedingtes, nach den Umständen des Einzelfalls auszuübendes Wahlrecht eingeräumt werden, nach dem entweder auf den Modalwert (*most likely amount*) oder den Erwartungswert (*expected value*) zurückgegriffen werden kann (Rz 31).

3.6 Isolierte Änderungen des Steuerwerts

3.6.1 Gesellschafterwechsel

83   Die *tax base* (Rz 48) kann ohne Berührung des IFRS-Rechenwerks und damit des IFRS-Buchwerts (*carrying amount*) geändert werden. Musterfälle dafür sind:[29]
- der Ein- oder Austritt der Gesellschafter von **Personen**gesellschaften,
- **konzerninterne** Umstrukturierungen.

84   Beim Ein- oder Austritt von Gesellschaftern einer Personengesellschaft oder bei der Übertragung sämtlicher Anteile an neue Gesellschafter entstehen für steuerliche Zwecke regelmäßig **Ergänzungsbilanzen**[30] (Rz 66) mit dem Inhalt einer Wertkorrektur gegenüber den Bilanzausweisen in der steuerlichen Gesamthandsbilanz. Solche Transaktionsvorgänge bewegen sich außerhalb der **Gesellschafts**-Sphäre und tangieren damit auch nicht die IFRS-Bilanz der Gesellschaft. Es entstehen Anschaffungskosten für den **Gesellschafter** und damit – i.d.R. – erhöhte steuerliche Buchwerte der Wirtschaftsgüter durch Aufdeckung der stillen Reserven und Ansatz eines *goodwill*. Indirekt ergeben sich wegen des Folgeeffekts für die **Gewerbesteuer** allerdings auch Auswirkungen auf die Besteuerungssituation der Gesellschaft.

Daran schließt sich die Frage an, ob im Zeitpunkt der Veränderung der *tax base* durch den Beteiligungserwerb (Gesellschafterwechsel) auf die dann entstehende Differenz zum *carrying amount* eine Steuerlatenz zu bilden ist. **Abzugrenzen** ist dieser Tatbestand von dem Regelungsbereich des IAS 12.15 bzw. IAS 12.24. An diesen Stellen wird die Bildung von Steuerlatenzen auf Differenzen, die schon beim **Zugang** von **Vermögenswerten** entstehen, untersagt (Rz 90). Im hier behandelten Fall gehen der Gesellschaft (dem Bilanzierungssubjekt) aber gerade keine Vermögenswerte zu. Eine Latenzrechnung für die Gewerbesteuer ist damit geboten. Hierzu folgendes Beispiel:

Praxis-Beispiel[31] • Beteiligt an der XYZ OHG sind		
	Kapital	**Teilwert**
X mit	500	700
Y mit	250	350
Z mit	250	350
	1.000	1.400

---

29   Vgl. zu beiden Fällen Freiberg, PiR 2006, S. 205.
30   Vgl. hierzu im Einzelnen Lienau, Bilanzierung latenter Steuern im Konzernabschluss nach IFRS 2006, S. 233.
31   In Anlehnung an Freiberg, PiR 2006, S. 205.

- Verkehrswert der bilanzierten Vermögenswerte: 1.400 GE.
- X erwirbt den Anteil von Y zu 500 GE.
- Die Buchwerte in der IFRS-Gesamthandsbilanz werden durch den Beteiligungserwerb nicht berührt.
- Der von X bezahlte Mehrwert von 250 GE gegenüber dem erworbenen Kapitalanteil von 250 GE entfällt auf:

stille Reserven (25 % von 400)	100
goodwill	150
	250

- Die Erhöhung der Steuerlatenzwerte in der Ergänzungsbilanz gegenüber den IFRS-Werten in der Gesamthandsbilanz führt bei einem Steuersatz von 14 % zu einer Aktivlatenz von 35 GE.
- Der Steuersatz berücksichtigt nur die Gewerbesteuer, für welche die OHG Steuerschuldnerin ist.

3.6.2 Konzerninterne Umstrukturierungen

Bei **konzerninternen** Umstrukturierungen in Form von Verschmelzungen, Spaltungen, Umhängungen von Beteiligungen etc. werden für Steuerbilanzzwecke u. U. stille Reserven und *goodwill* aufgedeckt. In diesen Fällen kommt es nach IFRS regelmäßig nicht zur Aufdeckung stiller Reserven, die Buchwerte der abgebenden Gesellschaft sind von der aufnehmenden fortzuführen (→ § 31 Rz 191). Wie im vorstehenden Fall der steuerlichen Ergänzungsbilanz (Rz 68) ist das Verbot zur Bildung einer Steuerlatenz nach IAS 12.15 und IAS 12.24 – bestätigt durch das IFRS IC[32] – nicht einschlägig (Rz 90).   **85**

Praxis-Beispiel[33]
Im Rahmen eines *sidestream merger* wird die Tochter A der MU AG auf die Tochter B verschmolzen. Es entsteht ein steuerlicher *goodwill* i.H.v. 15 Mio. EUR. Die Erfassung eines korrespondierenden *goodwill* im IFRS-Konzernabschluss der MU scheidet aus. Unter Berücksichtigung des Konzernsteuersatzes von 30 % ergibt sich eine aktive Steuerlatenz i.H.v. 4,5 Mio. EUR. Der steuerliche *goodwill* wird linear über 15 Jahre abgeschrieben (§ 7 Abs. 1 Satz 3 EStG). Der Steuerlatenzposten ist daher jährlich um 0,3 Mio. EUR zu reduzieren.

Fraglich ist, ob der aus dem Gesellschafterwechsel (Rz 84) oder der Umstrukturierung (Rz 85) resultierende Steuerlatenzposten **erfolgswirksam** einzubuchen und in den Folgejahren zu reduzieren ist. Für die Beantwortung ist IAS 12.58 nicht relevant, da es dort um Geschäftsvorfälle oder Bewertungsmaßnahmen geht, die nicht nur die Steuerbilanz, sondern auch die IFRS-Bilanz betreffen. Bei den hier betrachteten Wechseln von Gesellschaftern bzw. Umstrukturierungen   **86**

---

[32] IFRIC Update May 2014.
[33] In Anlehnung an FREIBERG, PiR 2006, S. 206.

sind die Wertansätze der IFRS-Bilanz hingegen überhaupt nicht berührt. Eine Regelung findet sich aber insofern in IAS 12.65. Danach ist bei Änderungen der Steuerbasis durch steuerliche „Neubewertung" zu unterscheiden, ob

- diese zeitversetzt – früher oder später – mit einer Neubewertung nach IFRS korreliert – dann erfolgs**neutrale** Buchung der Steuerlatenz, oder
- die IFRS-Bilanz überhaupt nicht betroffen ist – dann erfolgs**wirksame** Buchung.

U. E. entspricht der Gesellschafterwechsel regelmäßig dem zweiten Fall. Die Steuerlatenzbuchung ist daher erfolgswirksam.[34] Dies bestätigt auch das IFRS IC in einer Agenda-Entscheidung.[35]

Die gegenteilige Ansicht schließt aus der Nichtanwendbarkeit von IAS 12.15(a) und IAS 12.66 (Differenzen im Anschaffungszeitpunkt) auf eine erfolgsneutrale Buchung. Die Nichtanwendung der genannten Vorschriften ist unbestritten. Eine Rechtsfolge lässt sich hieraus aber nicht ableiten. Sie ergibt sich im oben dargestellten Sinne aus IAS 12.65.

3.6.3 Indexierter Steuerbuchwert für Veräußerungen

87 In manchen Ländern ist es erlaubt, den Veräußerungsgewinn für einen Vermögenswert steuerlich auf der Basis eines indexierten Buchwerts zu ermitteln. Diese Indexierung kann auf einem Inflationsindex beruhen oder auf einem festen jährlichen Betrag (Buchwert zu Beginn der Periode plus 5 % p.a.) oder auf einem auf sonstiger Basis beruhenden Index. Dabei stellt sich die Frage, ob die *tax base* (Rz 48) einen indexierten (Steuer-)Wert in der Zukunft berücksichtigen muss/kann oder unverändert auf der Basis (z.B.) der Anschaffungskosten bestehen bleibt. U. E. ist für die Steuerlatenzrechnung auf den indexierten Steuerwert zum Stichtag abzustellen.

Praxis-Beispiel

Die Gesellschaft hat ein betrieblich genutztes Grundstück mit den Anschaffungskosten von 2.000 GE bilanziert, Abschreibungen werden hierauf nicht vorgenommen. Nach gültiger Steuerrechtslage kann ein allfälliger Veräußerungsgewinn in der Zukunft auf der Basis einer indexierten Preisveränderung errechnet werden. Am Ende des Jahres beträgt der Inflationsindex 125 und ändert somit den Steuerwert von 2.000 GE auf 2.500 GE. Der *fair value* des Grundstücks beträgt am Jahresende 2.800 GE, der IFRS-Buchwert weiterhin 2.000 GE. Auf längere Sicht wird diese Konstellation – höherer *fair value* als indexierter Steuerbuchwert – erhalten bleiben. Eine Veräußerung des Grundstücks ist nicht geplant. Dargestellt in der Rechenformel zur Ermittlung der *tax base* (Rz 46) ergibt sich Folgendes:

Buchwert nach IFRS-Bilanz	+ 2.000
– darin nicht enthaltener, künftig aber steuerlich abzugsfähiger Betrag	+ 500
= Steuerwert	+ 2.500

temporary difference = 500 [2.500–2.000]

---

[34] FREIBERG, PiR 2006, S. 206.
[35] IFRIC Update May 2014.

Die Frage ist, ob auf die zum Stichtag bereits entstandene temporäre Differenz eine Aktivlatenz zu bilden ist. Dagegen könnte die Anweisung in IAS 12.51 sprechen, wonach die Bewertung der Steuerlatenz auf der erwarteten Verwertung des Grundstücks beruhen muss (Rz 209). Daraus ließe sich ein Verzicht auf die Latenzierung ableiten, da ein Verkauf des Grundstücks nicht geplant ist. Allerdings ist der Regelungsgehalt von IAS 12.51 auf unterschiedliche Steuertarife für Gewinne im laufenden Geschäft einerseits und Veräußerungen andererseits gerichtet. Unter dem Vorbehalt der Werthaltigkeit (Erwartung zukünftig zu versteuernden Einkommens) ist daher eine aktive latente Steuer zu erfassen.

Dagegen geht IAS 12.25 von einer beliebigen Verwertung – sei es durch Verkauf **88** oder durch Nutzung – aus (*„combined basis"*), auch wenn einstweilen nur die Nutzung in Betracht kommt. Das Erfordernis einer Verwertungs- bzw. Steuerplanung ist jedenfalls in diesem Kontext nicht gegeben. Im spiegelbildlichen Fall einer Neubewertung nur in der IFRS-Bilanz (→ § 14 Rz 47) wäre eine Passivlatenz zu bilden. Dem entspräche im Fall der Indexierung des steuerlichen Buchwerts eine Aktivlatenz. Insgesamt präferieren wir den Ansatz einer aktiven Steuerlatenz bei diesen Sachverhalten (Rz 65).

3.6.4 Erhöhte steuerliche Abschreibungsbasis

Unter manchen Steuerregimen wird die Abschreibungsbasis (z.B. zur Inflations- **89** anpassung) **über** die (fortgeführten) Anschaffungskosten erhöht, z.B. durch Ansatz eines Marktwerts. Diese stellt dann die *tax base* (Rz 48) dar, die dem IFRS-Buchwert gegenüberzustellen ist. Aus dieser ist i.d.R. (Ausnahme z.B. bei Neubewertung nach IAS 16.31) eine Aktivlatenz abzuleiten.[36] Die Darstellung in der Formel entspricht derjenigen im vorstehenden Fall (Rz 87) des indexierten Steuerwerts.

3.7 Beim Zugang entstehende temporäre Differenzen

Bei der Zugangsbewertung von Vermögenswerten und Schulden entstehende **90** Wertdifferenzen zwischen IFRS- und Steuerbilanz führen nicht in allen Fällen zu einer Steuerlatenz. Zu unterscheiden ist zwischen **einfachen** Zugängen und solchen, die sich aus einem **Unternehmenszusammenschluss** ergeben. Für Bewertungsdifferenzen bei einfachen Zugängen ist keine Steuerlatenz zu bilden, wenn – wie im Regelfall – der Zugang selbst weder nach IFRS noch nach Steuerrecht beim Erwerber erfolgswirksam ist. Begründet wird die Ausnahmeregel damit, dass sonst der **Zugangsbetrag selbst verändert** würde (IAS 12.22(c) sowie IAS 12.15(b), IAS 12.24(b) sowie IAS 12.33). Der Board plant seit Längerem eine **Abschaffung** dieser Ausnahme von der Steuerlatenzrechnung. Die weitere Entwicklung ist derzeit nicht absehbar (Rz 257).

Die Ausnahmeregel für Zugänge kommt etwa in folgenden Fällen zum Tragen:
* **Einlagen** von Vermögenswerten zum Buchwert (des Einbringenden) in der IFRS-Bilanz und zum Verkehrswert in der Steuerbilanz nach § 6 Abs. 6 Satz 2 EStG;

---

[36] IFRIC Update July 2012.

- abweichende Qualifikation des **Leasingvertrags**;[37]
- sofortige (steuerfreie) Vereinnahmung von **Investitionszulagen** in der Steuerbilanz, Kürzung von Anschaffungs-, Herstellungskosten in der IFRS-Bilanz (→ § 12 Rz 30);
- Anschaffung eines Grundstücks, auf das eine 6b-Rücklage übertragen wird;
- nicht als Unternehmenserwerb zu qualifizierender Erwerb einer Ein-Objekt-Grundstücksgesellschaft im *share deal.*

Insbesondere beim Leasing kann es zu zwei inhaltlich zusammenhängenden, sich gegenseitig neutralisierenden Zugangsdifferenzen kommen, wenn etwa nach IFRS aktivisch ein Nutzungsrecht und passivisch eine Leasingverbindlichkeit zugeht, der Vorgang steuerlich aber als *operating lease* zu qualifizieren ist. Hier ist eine saldierte Betrachtung zulässig und diese führt dazu, dass im Zugangszeitpunkt gar keine Differenz gegeben ist.

91   Die bei der **Zugangs**bewertung nicht latenzierte temporäre Differenz wird für die Folgebewertung eingefroren. Vergrößert sich etwa die temporäre Differenz nach Zugangsbewertung, so ist auf den eingefrorenen Zugangsbetrag weiterhin keine Latenzierung vorzunehmen, hingegen doch auf die zusätzliche, neu entstehende Differenz. Entsprechend sind Verringerungen der Ausgangsdifferenz bis null nicht latenzwirksam, während darüber hinausgehende Wertänderungen latenzierungspflichtig sind.[38]

Praxis-Beispiel

Ein Grundstück wird in 01 mit 100 GE nach IFRS und 90 GE in der Steuerbilanz eingebucht. Der Steuersatz beträgt 30 %.

- Ausgangssituation: In 02 erfolgt nach IFRS eine Neubewertung auf 150 GE. Die temporäre Differenz von 60 GE ist nun mit einem Teil von 50 GE zu latenzieren. Die passive latente Steuer beträgt 30 % davon, also 15 GE. I. H. d. ursprünglichen, mit einem Ansatzverbot belegten temporären (Zugangs-)Differenz von 10 GE ist weiterhin keine Steuerlatenzrechnung vorzunehmen.
- Zwei Jahre später erfolgt nach IFRS eine außerplanmäßige Abschreibung des Grundstücks um 80 GE auf 70 GE ohne korrespondierende steuerliche Behandlung. Es ist zunächst die passive latente Steuer von 15 GE aufzulösen. Die jetzt vorliegende Differenz von 20 GE mit umgekehrtem Vorzeichen ist zu latenzieren und führt zu einer aktiven latenten Steuer von 6 GE. Nach a. A.[39] wäre der Abschreibungsbetrag von 80 GE zunächst in einen Anteil von 50 GE (Wiederherstellung des ursprüngliche IFRS-Buchwerts und damit der ursprünglichen Differenz zur Steuerbilanz) und einen Anteil von 30 GE aufzuteilen Die 30 GE wären dann nach dem Verhältnis der ursprünglichen Differenz zum ursprünglichen IFRS-Buchwert aufzuteilen. 1/10, also 3 GE, entfielen danach auf die steuerneutrale Verringerung der Ausgangsdifferenz, 27 GE wären steuerwirksam. Die aktive latente Steuer betrüge 8,1 GE.

---

37 Vgl. IFRIC Update April 2005.
38 Vgl. zum Ganzen FREIBERG, PiR 2016, S. 358 ff.
39 PwC, Manual of Accounting 2016, Tz. 13.164.2.

Im Ausnahmefall einer nach IFRS und/oder Steuerrecht **erfolgswirksam** ent- 92
stehenden Zugangsdifferenz kommt es gem. IAS 12.22(b) schon im Zugangszeitpunkt zu einer Steuerlatenz. Einschlägig wäre z.B. ein **Investitionszuschuss**, der nach dem steuerlichen Wahlrecht sofort erfolgswirksam
vereinnahmt, in der IFRS-Bilanz hingegen von den Anschaffungs-/Herstel-
lungskosten abgezogen wird (→ § 12 Rz 29 und → § 12 Rz 38).

Praxis-Beispiel
U erwirbt am 1.1.01 eine Anlage, Nutzungsdauer zehn Jahre, zu Anschaffungskosten von 1.000 GE. Hierauf erhält er eine steuerfreie Investitionszulage
von 100 GE sowie einen steuerpflichtigen Investitionszuschuss von 200 GE.
U realisiert die Zuwendungen in der Steuerbilanz über die GuV, während er sie
in der IFRS-Bilanz passivisch abgrenzt. Der Steuersatz beträgt 30 %.

Lösung

	IFRS- Buchwert	*tax base*	zu verst. temp. Diff.
Anlage	1.000	1.000	0
passiv. Posten InvZusch	– 200	0	– 200
passiv. Posten InvZul	– 100	100	0
Summe			– 200
passive latente Steuer			60

IAS 12.15(b) verbietet den Ansatz einer latenten Steuerschuld auf die Investitionszulage, da sie auf die Differenz bei der Erstbewertung/Zugangsbewer-
tung entstanden ist und weder das IFRS-Ergebnis (nicht über GuV vereinnahmt) noch das zu versteuernde Einkommen (steuerfrei) beeinflusst hat. Es
entsteht allerdings auch überhaupt keine temporäre Differenz. Für den Investitionszuschuss gilt diese Vorschrift nicht, da die Differenz das zu versteuernde Einkommen beeinflusst hat.

3.8 Investments in Beteiligungen u. Ä.

Eine **Sonderregelung** zur Passivlatenzierung enthält IAS 12.39 für Investments 93
in Tochtergesellschaften (→ § 32 Rz 21 ff.), Zweigniederlassungen, assoziierte
Unternehmen (→ § 33 Rz 7) und Unternehmen unter gemeinsamer Vereinbarung (→ § 34 Rz 8). Hier sind **passive** Steuerabgrenzungen dann nicht vorzunehmen, wenn
- der Investor (z.B. Muttergesellschaft) den Zeitpunkt der Umkehrung der
  temporary difference **bestimmen** (*control*) kann und
- diese Umkehrung voraussichtlich (*probable*) auf absehbare Zeit (*foreseeable
  future*) **nicht erfolgen** wird.
Häufige Ursachen entsprechender Differenzen sind (IAS 12.38):
- Der Gewinn der Tochtergesellschaft etc. wird **thesauriert**; es kommt zu einer
  outside basis difference, wenn sich der IFRS-Buchwert anders als der Steuerwert erhöht.

- **Wechselkursschwankungen** liegen vor, wenn Mutter und Tochter mit unterschiedlicher funktionaler Währung in unterschiedlichen Währungshoheiten operieren.
- Eine **Wertminderungsabschreibung** (*impairment*) erfolgt nach IFRS, aber nicht nach Steuerrecht (dann Aktivlatenz).

Die Buchwertdifferenzen können sich durch Ausschüttung der Tochter etc. oder Beteiligungsverkauf auflösen. Das Latenzierungsverbot ist aufgehoben, wenn sich die Auflösung in absehbarer Zeit (*foreseeable future*) vollzieht.

94   Die **absehbare Zukunft** (*foreseeable future*) ist als Zeitraum in IAS 12 nicht definiert. Innerhalb des Regelwerks findet der Begriff *foreseeable future* auch im Zusammenhang mit der Beurteilung der *going-concern*-Annahme Verwendung (F.4.1). Eine analoge Interpretation ist daher naheliegend. Im Schrifttum wird von 12 bis 18 Monaten ausgegangen.[40]

95   Fraglich ist, ob die Ausnahmebestimmung des IAS 12.39 nur für *outside-basis*-Differenzen im **Konzernabschluss** oder auch für die Beteiligungsbewertung im **Einzelabschluss** gilt. Hierzu wird auf Rz 75 verwiesen.

96   Die weiter zu beantwortende Frage richtet sich nach dem Einfluss des Investors auf die Vornahme von **Ausschüttungen** oder den **Beteiligungsverkauf**:

- Bei den **Tochtergesellschaften** und den **Zweigniederlassungen** ist die Kontrolle regelmäßig gegeben, also besteht ein Latenzierungsverbot.
- Bei Investments in **assoziierte** Gesellschaften hat der Investor zwar signifikanten Einfluss auf die Geschäftstätigkeit, doch eine Kontrolle kann nur bei einer entsprechenden Vereinbarung unter den Investoren – einstweilen keine Ausschüttung oder Beteiligungsverkauf – vorliegen, also Latenzierungsgebot ohne eine solche Vereinbarung (IAS 12.42).
- Bei Unternehmen unter **gemeinsamer Vereinbarung** verhält es sich ähnlich wie bei assoziierten Unternehmen – also Latenzierungsgebot.

97   Die Auflösung einer temporären Differenz kann bei freier Entscheidungsbefugnis über die Ausschüttungspolitik vom Unternehmen gesteuert werden, wenn also keine Bindung hinsichtlich der Verwendung erzielter Überschüsse vorliegt. Hinsichtlich der Auslegung der Vorgaben besteht mangels Konkretisierung durch den Standardsetter allerdings eine Unklarheit. Für die Anforderungen von IAS 12.39 lassen sich in Bezug auf die Steuerung des künftigen Ausschüttungsverhaltens zwei Lesarten anführen:

- **1. Lesart**: Eine Latenzierung unterbleibt zumindest so lange, wie das Management mangels einer Bindung den zeitlichen Verlauf der Auflösung steuern kann. Die Passivierung latenter Steuern scheidet daher aus, wenn die Umkehr einer bestehenden temporären *outside basis difference* im **Ermessen** des Managements steht (bzw. ist nur geboten, wenn z.B. eine Bindung durch Ausschüttungsbeschluss oder Veräußerung besteht).
- **2. Lesart**: Der Nichtansatz latenter Steuern setzt eine **Dokumentation** der Verwendungsabsicht von erwirtschafteten Überschüssen voraus, da andernfalls eine Ausschüttung zu unterstellen ist.

Nach einer Literaturmeinung setzt der Nichtansatz latenter Steuern auf *outside-basis*-Differenzen „ausreichend Nachweise" (*sufficient evidence*)[41] voraus, die

---

40   So z.B. KPMG, Insights into IFRS 2015/2016, Tz. 3.13.280.10.
41   Vgl. PwC, IFRS Manual of Accounting 2016, Tz. 13.258.

die Intention des Managements zur Reinvestition der kumulierten Ergebnisse belegen. Ohne den Gegenbeweis über eine fehlende Absicht zur Umkehr soll also gerade eine solche unterstellt werden.[42] Aus dem Standard (und auch im Hinblick auf analog heranzuziehende Vorgaben) lässt sich eine solche Lesart u. E. allerdings nicht herleiten. Die Ausführungen von IAS 12.39 sind nicht zweifelsfrei. Daher ist in gewissem Umfang in der Auslegung ein (eingeschränkter) Ermessensspielraum festzustellen. Dieser ist durch Festlegung einer Bilanzierungsmethode (*accounting policy*) zu schließen, die dem Grundsatz der Methodenstetigkeit unterliegt (IAS 1.45 und IAS 8.13).

Eine **Aktivlatenz** bei Investments ohne Vereinbarung einer Nichtausschüttung (IAS 12.43 identisch mit IAS 12.39) ist nach IAS 12.44 anzusetzen, wenn wahrscheinlich (Rz 114) **98**

- der Umkehreffekt in absehbarer Zeit (*foreseeable future*) vonstattengeht und
- dann steuerliches Einkommen zur Absorption der Aktivabgrenzung zur Verfügung steht.

Nicht monetäre Vermögenswerte und Schulden einer **ausländischen** Betriebsstätte sind steuerlich in der Fremdwährung, konzernbilanziell in der funktionalen Währung des Konzerns bzw. der Konzernmutter und damit nach Maßgabe der Wechselkurse bei Anschaffung/Herstellung zu erfassen (→ § 27 Rz 14). In der Folge können das steuerliche Einkommen und auch der Steuerwert dieser Vermögenswerte und Schulden vom Wert in der IFRS-Bilanz abweichen. Daraus resultieren ergebniswirksam zu erfassende Latenzen (IAS 12.41).[43] **99**

Kapitalanlagegesellschaften (*investment entities*) konsolidieren ihre Tochtergesellschaften nicht (→ § 32 Rz 101). Die Beteiligung wird, abgesehen von Ausnahmefällen, zum *fair value* erfolgswirksam (über die GuV) bewertet (IFRS 10.31). Die Frage ist, wie diese *investments* im Regelungsbereich des IAS 12.38ff. zu orten sind. Folgende Lösungen sind diskussionswürdig: **100**

- IAS 12.38 befasst sich mit konsolidierten Tochtergesellschaften („*net assets*"). Die Ausnahmen des IAS 12.39 und IAS 12.44 gelten nicht; es ist „**normal**" zu latenzieren.
- Man kann IAS 12.38 auch anders lesen: Tochtergesellschaften sind **generell** erfasst, einerlei ob sie konsolidiert oder zum *fair value* erfolgswirksam bilanziert werden. Allerdings kann das Kriterium der Nichtumkehrung der Buchwertdifferenzen in absehbarer Zeit (Rz 94) nicht erfüllt werden, weil Kapitalgesellschaften nach IFRS 10.B85F eine **Ausstiegsstrategie** für die Beteiligungen mit festem Zeitrahmen dokumentieren müssen. Auch diese Interpretation von IAS 12.39 führt zum Ergebnis einer „normalen" Latenzierung.
- Die *foreseeable future* muss **nicht** mit den Vorgaben des IFRS 10.B85F identifiziert werden; sie kann kürzer angesetzt werden als der Zeitrahmen für die *exit*-Strategie. Nach dieser Interpretation würde die Latenzierung unterbleiben.

Wir präferieren die erste Lösung, können aber auch die zweite akzeptieren. Die dritte Variante eröffnet ein Quasi-Wahlrecht, dem wir uns nicht anschließen.

---

[42] Konkreter DELOITTE, die auf „*active plans for the undistributed profits to be reinvested*" abstellen, iGAAP 2016, Ch A13 sCh 4.4.7.4 , *Example* 4.4.7.4A.
[43] Vgl. auch IFRIC Update July 2015.

3.9 Temporäre Differenzen auf den *goodwill*

3.9.1 *Initial recognition exception*

101 Regelmäßig sind nach IAS 12.66 temporäre Differenzen, die bei einer *business combination* durch Aufdeckung stiller Reserven (→ § 31 Rz 15) entstehen, zu latenzieren (Rz 104). Als kasuistische **Ausnahme** in IAS 12.15(a) sowie IAS 12.21 muss die Latenzierung temporärer **passiver** Differenzen im Gefolge eines Unternehmenserwerbs (*business combination*) bzgl. des *goodwill* unterbleiben (*initial recognition exception*).

102 Eine **Rückausnahme** gilt nach IAS 12.32A, wenn der Steuer-*goodwill* den IFRS-*goodwill* übersteigt, aber nur für den **Differenzbetrag**. Im Einzelnen ist für die *business combination* bzgl. des „Höhenunterschieds" zwischen IFRS- und Steuerbilanz wie folgt zu differenzieren:
*   *Goodwill* entsteht nach IFRS, nicht aber nach Steuerrecht (z. B. *share deal* mit Kapitalgesellschaften): keine Passivlatenz (IAS 12.15(a)).
*   *Goodwill* entsteht nach IFRS und nach Steuerrecht, Letzterer ist aber kleiner: keine Passivlatenz (IAS 12.15(a)).
*   Beide *goodwills* sind gleich hoch: keine Latenzierung, da es an einer temporären Differenz fehlt.
*   *Goodwill* nach Steuerrecht ist höher als IFRS-*goodwill*: Auf den Unterschiedsbetrag ist eine Aktivlatenz zu bilden (IAS 12.32A).

    Gründe für unterschiedliche *goodwills* können in der differenzierenden Bestimmung der Anschaffungskosten und in unterschiedlicher Bewertung des Zugangsvermögens (→ § 31 Rz 40 ff.) liegen.

103 Eine weitere Rückausnahme vom Latenzierungsverbot gilt nach IAS 12.21B, wenn sich Buchwertunterschiede **nach** der Ersterfassung des *goodwill* ergeben. Typisches Fallbeispiel nach deutschem Steuerrecht stellt der *share deal* von Personenhandelsgesellschaften dar.

Praxis-Beispiel 1
Der *goodwill* ist nach IFRS nicht abschreibbar, steuerlich auf 15 Jahre; Steuersatz 30 %.

	IFRS-Bilanz	Steuerbilanz	Unterschied	Passivlatenz
Zugang 31.12.00	15.000	15.000		
Abschreibung 01	0	1.000		
Buchwert 31.12.01	15.000	14.000	1.000	900

Praxis-Beispiel 2
Sachverhalt wie zuvor, allerdings außerplanmäßige Abschreibung auf den *goodwill* in der IFRS-Bilanz, nicht in der Steuerbilanz:

	IFRS-Bilanz	Steuerbilanz	Unterschied	Passivlatenz
Zugang 31.12.00	15.000	15.000		
Abschreibung 01	5.000	1.000		
Buchwert 31.12.01	10.000	14.000	4.000	1.200

3.9.2 Konzerninterne Umstrukturierungen

Ein steuerlicher *goodwill* kann im Gefolge konzerninterner Umstrukturierungen **104** entstehen, z.B. im Rahmen eines *asset deal* oder eines *share deal* mit einer Personenhandelsgesellschaft. Die dabei aufgedeckten stillen Reserven einschließlich eines *goodwill* sind aus **Konzernsicht** als konzerninterne Transaktion ohne Belang. Allerdings verändert die Transaktion die **Steuerwerte**. Dies führt einerseits im einfachsten Fall zu deren Anpassung an die Konzernbuchwerte, andererseits zur Entstehung eines steuerlichen Abschreibungsvorteils gegenüber der Ausgangssituation. Fraglich ist, ob dann keine Latenzen zu bilden sind (Übereinstimmung Konzern- und Steuerwerte) oder doch (Vorteil im Vergleich zur Ausgangssituation).[44]

> **Praxis-Beispiel[45]**
> Die von MU erworbene TU1 verkauft ihr Geschäft im *asset deal* an TU2, die ebenfalls Tochter von MU ist. Dem (neu entstehenden) steuerlichen *goodwill* von 100 GE steht (aus Erwerb TU1) ein IFRS-*goodwill* von ebenfalls 100 GE gegenüber.
> Die Umstrukturierung verschafft einen steuerlichen Vorteil. Fraglich ist, ob dieser zu bilanzieren ist, da die bisherige, mit einem passiven Latenzierungsverbot belegte temporäre Differenz lediglich beseitigt wird, so dass aus Konzernsicht nach dem *asset deal* keine temporäre Differenz mehr besteht.

Zu einer bilanziellen Erfassung des steuerlichen Vorteils kann man nur gelangen, **105** wenn der steuerliche *goodwill* und der IFRS-*goodwill* als zwei unterschiedliche Vermögenswerte/Wirtschaftsgüter angesehen würden. Dann stünden sich im Beispiel Vermögenswert bzw. Wirtschaftsgut aus Erwerb der TU1 im *share deal* (*goodwill* I) mit Werten von 100 GE (IFRS) und 0 GE (Steuerbilanz) gegenüber, Vermögenswert bzw. Wirtschaftsgut aus Verkauf TU1 an TU2 im *asset deal* (*goodwill* II) mit Werten von 0 GE (IFRS) und 100 GE (Steuerbilanz). Die erste Differenz wäre wegen des speziellen Ansatzverbots aus IAS 12.15(a) nicht (passiv) zu latenzieren, die zweite hingegen (aktiv) doch.

Gegen eine solche Theorie der **zwei** Vermögenswerte/Wirtschaftsgüter in Gestalt des *goodwill* spricht u.E. aber: Der *goodwill* ist immer nur ein Konstrukt, nämlich ein **Residuum** aus Kaufpreis und erworbenem Vermögen. Ein derartiges Residuum ist eine reine Rechengröße. Es fehlt also am konkreten physischen oder immateriellen Gehalt, der sonst die Unterscheidung zwischen Gut I und Gut II erlaubt. In der Praxis ließe sich der zweigeteilte *goodwill* nur durch höchst artifizielle Berechnungen darstellen.

Nach einer *Agenda Rejection*[46] des IFRS IC ist für die Beurteilung der Aus- **106** wirkungen konzerninterner Umstrukturierungen auf Steuerwerte zwischen der Perspektive der Gruppe (*consolidated group*) und der der rechtlichen Einheit (*each entity* i.d.R. = Steuersubjekt) zu unterscheiden. Das spezielle Ansatzverbot im Zugangszeitpunkt (*initial recognition exception*) ist danach zunächst aus Sicht der konsolidierten Gruppe beachtlich (Rz 90). Eine konzerninterne Umstruktu-

---

44 Vgl. auch MELCHER/WATERSCHEK-CUSHMAN, DB 2012, S. 1396.
45 Nach LÜDENBACH, StuB 2013, S. 146.
46 Vgl. IFRIC Update May 2014.

rierung (Transfer von *goodwill* zwischen rechtlichen Einheiten) fällt nicht unter das spezielle Ansatzverbot. Die Bestimmung etwaiger temporärer Differenzen erfolgt auf Ebene der einzelnen rechtlichen Einheiten, die Teil der konsolidierten Gruppe sind. In der Konsequenz sind daher latente Steuern zu erfassen.

107 Eine steuermotivierte Umstrukturierung (oder äquivalente Maßnahme) kann mit einer *business combination* eine einheitliche Maßnahme (*linked transaction*) bilden. Ein solcher Zusammenhang ist insbesondere dann indiziert, wenn die steuerliche Maßnahme als Teil eines **Gesamtplans zeitnah** nach der *business combination* vollzogen wird.

> **Praxis-Beispiel**
> MU möchte TU2 im *asset deal* erwerben. Steuerliche Interessen des Veräuße-rers und/oder zivilrechtliche Restriktionen stehen dem jedoch entgegen. MU erwirbt TU2 daher im *share deal*, um sogleich nach Erwerb durch eine Verschmelzung von TU2 auf TU1 *goodwill* und stille Reserven auch steuer-lich aufzudecken. U. E. stellt sich die unter Rz 103 diskutierte Frage, wie mit einem durch Umstrukturierung entstehenden steuerlichen *goodwill* umzuge-hen ist, hier überhaupt nicht. Die Umstrukturierung ist wirtschaftlich **Teil** des Unternehmenserwerbs.

Nicht immer ist der einheitliche Gestaltungsplan so deutlich ersichtlich wie im vorigen Beispiel. Ein wichtiges Beurteilungskriterium stellt das **Zeit**element dar: Je dichter (im Zeitablauf) die erforderlichen Gestaltungsschritte (*transactions*) vorgenommen werden, desto eher ist von einem Gesamtplan (so die steuerliche Terminologie) auszugehen.[47] Wenn ein Jahr nach erfolgter Akquisition wegen geänderter Steuerrechtslage oder umgestellter Konzernstrategie eine Umhän-gung der zuvor erworbenen Tochtergesellschaft im *asset deal* erfolgt, kann keine *linked transaction* angenommen werden (anders als im Beispiel oben). Das zeitliche Beurteilungskriterium erfährt eine notwendige Ergänzung durch **quali-tative** Merkmale.

108 Das Problem der „Trennung" eines *goodwill* stellt sich dann nicht, wenn dem durch die konzerninterne Umstrukturierung entstehenden Steuer-*goodwill* kein akquisitionsbedingter in der IFRS-Bilanz gegenübersteht.

> **Praxis-Beispiel**
> Die von MU gegründete TU1 verkauft ihr Geschäft nach einigen Jahren im *asset deal* an TU2. Dem (neu entstehenden) steuerlichen *goodwill* steht (da TU1 gegründet und nicht erworben) kein IFRS-*goodwill* gegenüber. Die temporäre Differenz ist aktiv zu latenzieren. Die Latenzierungsverbote von IAS 12.15(a) und IAS 12.21 greifen nicht unmittelbar, da sie passive Latenzen betreffen, können aber auch nicht analog angewendet werden, da nach IFRS gar keine *business combination* vorliegt.

109 Nach **österreichischem** Steuerrecht kann der im Rahmen des Erwerbs einer (österreichischen) Kapitalgesellschaft im Kaufpreis abgegoltene *goodwill* bei bestehender oder im Zug des Erwerbs begründeter **Gruppenbesteuerung**

---

[47] MELCHER/WATERSCHEK-CUSHMAN, DB 2012, S. 1398.

(Rz 190) vom Beteiligungsbuchwert auf 15 Jahre abgeschrieben werden. Allerdings gilt dieser *goodwill* nach § 9 Abs. 7 ÖKStG nicht als Wirtschaftsgut. Die Abschreibung stellt sich als auf 15 Jahre zu verteilende Betriebsausgabe dar, der zwingend eine entsprechende Minderung des steuerlichen Buchwerts der Beteiligung gegenübersteht.

Wenn nach einem Unternehmenserwerb das Mutterunternehmen sofort die zur Begründung der Gruppenbesteuerung erforderlichen Maßnahmen ergreift (z. B. Antragstellung bei der Finanzbehörde), soll es sich nach Ansicht des österreichischen Standardsetters (AFRAC) gleichwohl nicht um eine *linked transaction* handeln. Die Aufdeckung des steuerlichen *goodwill* folge nicht den Regeln des IAS 12.15(a), IAS 12.21 und IAS 12.32A, da sie nicht im Zusammenhang mit der *business combination* stehe. Stattdessen erwägt das AFRAC eine Erfassung des Steuervorteils als *tax credit* (Rz 15).

3.10 Besondere Anforderungen für den Ansatz einer aktiven Steuerlatenz

3.10.1 Abzugsfähige temporäre Differenzen

Der Ansatz der aktiven Steuerlatenz (*deductible temporary difference*) nach IAS 12.24 setzt gegenüber der passiven **zusätzlich** die **Wahrscheinlichkeit**[48] („*more-likely-than-not*"-Kriterium mit einer Eintrittswahrscheinlichkeit von mehr als 50 %; → § 21 Rz 29 ff.) eines künftig ausreichend vorhandenen Einkommens voraus, um einen steuerwirksamen Abzug des Verrechnungspotenzials vornehmen zu können (IAS 12.27). Die Wahrscheinlichkeit der künftigen Verrechnungsmöglichkeit (*deductible*) der aktiven Steuerlatenz wird (als Ansatz- und Bewertungskriterium) in IAS 12.28, IAS 12.29 und IAS 12.30 näher **spezifiziert**. Danach sind ausreichende steuerliche Gewinne zu **unterstellen**, wenn und soweit den (zu aktiven Latenzen führenden) abzugsfähigen temporären Differenzen entsprechend hohe (zu passiven Latenzen führende) steuerpflichtige temporäre Differenzen gegenüberstehen (Rz 113), die sich auf die **gleiche** Steuerbehörde beziehen und **die steuerpflichtigen Differenzen** entweder

- **zeitkongruent** anfallen (IAS 12.28(a)) oder
- in Perioden anfallen, in die der Aufwand (Verlust) aus der Auflösung der abzugsfähigen temporären Differenzen **vor- oder rückgetragen** werden kann (IAS 12.28(b)).

Sofern die vorstehenden Kriterien nicht erfüllt sind, gelten **hilfsweise** folgende alternative Ansatzkriterien für die aktive Steuerlatenz:

- Für den **Zeitraum** (Rz 113) des Wirksamwerdens des Steuererstattungsanspruchs liegen beim gleichen **Steuerschuldner** (Konzerngesichtspunkt: keine Verrechnungsmöglichkeit zwischen verschiedenen Steuersubjekten) gegenüber der gleichen **Steuerbehörde** „wahrscheinlich" (*probable*) ausreichend steuerpflichtige **Gewinne** vor (IAS 12.29(a)).
- Es stehen **steuerplanerische** Ansätze zur Generierung von steuerpflichtigem Einkommen zur Verfügung (IAS 12.29(b); Rz 100).

Nach keineswegs einhelliger Schrifttumsauffassung soll den erforderlichen Planungsrechnungen in Analogie zu IAS 36.33 (→ § 11 Rz 52) ein Zeitraum von

110

---

[48] LÜDENBACH/HOFFMANN, KoR 2003, S. 5.

maximal **fünf Jahren** zugrunde gelegt werden (Rz 127).[49] Bei *start-up*-Unternehmen wird dann höchst selten eine Verlustaktivierung möglich sein.

Zusammengefasst setzt die Aktivierung einer Steuerlatenz voraus:
- entweder ausreichende passive Latenzen beim gleichen Steuersubjekt und der gleichen Fiskalinstanz oder
- ausreichende Wahrscheinlichkeit des künftigen Entstehens steuerpflichtiger Gewinne.

111 Voraussetzung für den Ansatz einer aktiven latenten Steuer ist die Erwartung eines zukünftig zu versteuernden Gewinns. Der bei späterer Umkehr der temporären Differenzen anzunehmende Gewinn ist (wie IAS 12.29(a)(i) klarstellt; Rz 122) **vor** Berücksichtigung des Umkehreffekts anzusetzen und so der Buchwertdifferenz gegenüberzustellen.

> **Praxis-Beispiel**[50]
> Der Steuerwert eines Wirtschaftsguts beträgt 150 GE, der korrespondierende Wertansatz in der IFRS-Bilanz beläuft sich auf 100 GE. Zum Stichtag besteht daher eine temporäre Differenz von 50 GE, die sich über die planmäßige Abschreibung oder einen Verkauf des Vermögenswerts auflöst. Ein steuerlicher Gewinn im Zeitpunkt der Umkehr wird erwartet, die Werthaltigkeit einer aktiven latenten Steuer ist damit belegt.
>
> | Steuerbilanzwert | 150 | Steuerlicher Gewinn bei Umkehr (angenommen) | 200 |
> |---|---|---|---|
> | IFRS-Buchwert | 100 | temporäre Differenz × Steuersatz 30 % = 15 | |
> | temporäre Differenz | 50 | | |
>
> Es ist bei einem unterstellten Steuersatz von 30 % eine aktive latente Steuer von 15 GE anzusetzen.

112 Für Beteiligungen an **Gesellschaften** u. Ä. (Rz 93) setzt der Ansatz einer aktiven Steuerlatenz die Umkehrung der Buchwertdifferenzen in absehbarer Zeit (*foreseeable future*) voraus (IAS 12.44).[51]

113 Besondere Beachtung verlangt in allen Fällen die **Zeitkongruenz**[52] (Rz 110).

> **Praxis-Beispiel**
> Die steuerpflichtige temporäre Differenz aus einer steuerlichen Sonderabschreibung zum 31.12.01 löst sich in den nächsten zwei Jahren jeweils hälftig auf. Die abzugsfähige temporäre Differenz aufgrund einer steuerlich nicht bilanzierten Drohverlustrückstellung wird durch Berücksichtigung des Verlusts im Jahr 05 steuerwirksam.
> Die steuerpflichtige temporäre Differenz ist bereits nach zwei Jahren „verbraucht" und steht für die Verrechnung mit der abzugsfähigen nicht (mehr) zur

[49] BERGER, DB 2006, S. 2474.
[50] Nach REINHOLDT/ZWIRNER, KoR 2012, S. 440.
[51] Zur Konkretisierung ziehen MEYER/BORNHOFEN/HOMRIGHAUSEN (KoR 2005, S. 506) einen Analogieschluss zu IAS 36.33(b) und plädieren für eine Fünf-Jahres-Frist.
[52] FREIBERG, PiR 2013, S. 132.

Verfügung. Deren Aktivierung setzt das Vorhandensein ausreichenden steuerlichen Einkommens im Jahr 05 voraus. Etwas anderes würde nur dann gelten, wenn Verluste des Jahres 05 nach 02 und 03 zurückgetragen werden könnten.

Bei einer **Vielzahl** von latenzierten Bilanzposten lässt sich eine Analyse wie im vorstehenden Beispiel kaum durchführen. Das wird von IAS 12 auch nicht gefordert. Insbesondere bei **quasi-permanenten** Differenzen (Rz 3) erscheint eine Ermittlung des Umkehrzeitpunkts als unmöglich.

Unterstellt man modellhaft eine langfristige IFRS-Ergebniserwartung von null, gilt bei zeitlich unbegrenzter Verlustvortrags- und nur begrenzter Rücktragsmöglichkeit Folgendes:[53]

- Die abzugsfähigen temporären Differenzen sind voll werthaltig, wenn sich mindestens gleich hohe zu versteuernde temporäre Differenzen **zeitgleich** oder bei **unbegrenztem Verlustvortrag später** auflösen.
- Lösen sich die zu versteuernden temporären Differenzen hingegen **früher** auf, sind die abzugsfähigen Differenzen nur mit dem Teil werthaltig, der sich im gleichen Zeitraum umkehrt oder bei späterer Umkehrung als Verlustrücktrag in diesen Zeitraum zurückgetragen werden kann.

Die Umkehrung steuerpflichtiger temporärer Differenzen **zeitgleich** mit der Umkehrung abzugsfähiger temporärer Differenzen **allein** berechtigt nicht zur aktiven Latenzierung. Entsprechendes gilt für die aktive Latenzierung von Verlustvorträgen. Gefordert ist in beiden Fällen eine Verminderung der voraussichtlichen Steuerzahllast (vgl. aber Rz 116). **114**
Dazu folgendes Beispiel:

Praxis-Beispiel
1. Variante
Das nachhaltig zu erwartende IFRS-Ergebnis ist null. Es liegen am Stichtag 31.12.01 steuerpflichtige temporäre Differenzen i. H. v. 100 GE vor, die sich in 02 und 03 mit jeweils 50 GE auflösen. Daraus entsteht ein steuerlicher Gewinn in dieser Höhe. Unbeschränkt vortragsfähige Verluste können in diesem Umfang aktiv latenziert werden.

2. Variante
In 02 und 03 sind negative IFRS-Ergebnisse von 50 GE (oder noch schlechter) zu erwarten. Die Auflösung der Passivlatenz um jeweils 50 GE lässt keinen zu versteuernden Gewinn entstehen. Der Ansatz einer Aktivlatenz scheidet aus.

Für die Ansatzberechtigung einer Aktivlatenz (aus Verlustvorträgen oder abzugsfähigen temporären Differenzen) sind **zwei Quellen** zu beachten: **115**
- das IFRS-Ergebnis,
- die zeitkongruente Auflösung von temporären Differenzen.
Die **Summe** aus diesen beiden Posten muss zu einem **steuerlichen Gewinn** führen, der insoweit die Aktivlatenzierung erlaubt (IAS 12.27).

---

[53] LÜDENBACH, StuB 2013, S. 305.

Praxis-Beispiel[54]
Das Unternehmen weist steuerpflichtige temporäre Differenzen zu Beginn des Betrachtungszeitraums von 60.000 GE aus. Diese sollen sich jährlich mit 20.000 GE im steuerpflichtigen Einkommen niederschlagen. Eine Drohverlustrückstellung (abzugsfähige Zeitdifferenz) von 40.000 GE löst sich im Jahr 02 auf. Es liegen Verlustvorträge von 40.000 GE vor.

Vorgang	Jahr 01	Jahr 02	Jahr 03
Erwartete Entwicklung des Umkehreffekts der steuerpflichtigen Buchwertdifferenz Stand 1.1.	60.000	40.000	20.000
erfasst im steuerlichen Einkommen	– 20.000	– 20.000	– 20.000
Stand 31.12.	40.000	20.000	0
Erwartete Entwicklung der abzugsfähigen Buchwertdifferenz Stand 1.1.	40.000	40.000	
abgezogen vom steuerlichen Einkommen		– 40.000	
Stand 31.12.	40.000	0	
Steuerlicher Verlustvortrag	40.000	50.000	40.000
+ Zunahme / – Nutzung	+ 10.000	– 10.000	– 20.000
Stand 31.12.	50.000	40.000	20.000
Σ abzugsfähige Differenz	90.000	40.000	20.000
Möglicher Ansatz einer Aktivlatenz, begrenzt auf den jeweiligen Stand der steuerpflichtigen Buchwertdifferenz	40.000	20.000	0

116 Eine andere Standardinterpretation (als die in Rz 115 dargestellte) kann sich auf die apodiktische Aussage in IAS 12.28 stützen, indem sie die vorhergehende Aussage in IAS 12.27 erweiternd interpretiert: Die Bedingung des IAS 12.27 ist bei (nur) vorhandenen passiven Buchwertdifferenzen erfüllt. Diese Betrachtungsweise differenziert zwischen den tatbestandlichen Voraussetzungen in IAS 12.28 einerseits und IAS 12.36 andererseits bzgl. des Merkmals *„sufficient probable future taxable profit"*. Mit dieser Sicht ist auch eine unterschiedliche Inhaltsinterpretation von abzugsfähigen Buchwertdifferenzen einerseits und ungenutzten Verlustvorträgen andererseits verbunden.
Diese Standardauslegung widerspricht u. E. der Aussage von IAS 12.35 Satz 1. Andererseits kann der Terminus *„considers"* als nachgiebiger interpretiert wer-

---

[54]   Vereinfacht nach PwC, IFRS Manual of Accounting 2016, Tz. 13.134.

den als die Aussage in IAS 12.35 Satz 3 „*only to the extent*". Lässt man eine zeitkongruent sich auflösende Passivlatenz als Aktivierungskriterium genügen, bedarf es **keines** dann vorhandenen **steuerlichen Einkommens**, gegen das die Aktivlatenz aus Verlustvorträgen verrechnet werden kann.[55] Künftig (nach dem Stichtag) entstehende Aktivlatenzen dürfen nach IAS 12.29(a) Satz 2 jedoch in keinem Fall in die Werthaltigkeitsprüfung der am Stichtag vorhandenen Aktivlatenzen einbezogen werden.[56]

Mit diesem Themenbereich hat sich das IFRS IC befasst und eine Nichtaufnahme in seine Bearbeitungsliste beschlossen.[57] Seine Begründungen lauten: **117**

- Bei Bestehen ausreichender **Passivlatenzen** müssen Aktivlatenzen aufgrund von Verlustvorträgen angesetzt werden, sofern der „Verlusttyp" (die Besteuerungsart) identisch mit den Passivlatenzen ist und die Buchwertumkehrung zeitkongruent erfolgt. Dadurch können dem IFRS IC zufolge ungenutzte steuerliche Verlustvorträge genutzt werden. Das steuerliche Ergebnis in der Zukunft ist unerheblich.
- In Steuersystemen mit **Mindestbesteuerung** (wie in Deutschland) kann die Minderung der Passivlatenzen nur eingeschränkt eine Verlustnutzung erlauben. Die Passivlatenzen können deshalb nur bedingt als Werthaltigkeitsnachweis für eine Aktivlatenzierung aufgrund von Verlustvorträgen dienen. Auch in dieser Konstellation kommt es auf das künftige steuerliche Ergebnis nicht an.
- Liegen in den beiden genannten Konstellationen nicht genügend Passivlatenzen in Bezug auf vorhandene steuerliche Verlustvorträge vor, kommt der Ansatz von Aktivlatenzen nur im Rahmen von IAS 12.29 und IAS 12.36 in Betracht: also genügend steuerliches Einkommen in der Abbauperiode (Rz 110) oder Vorliegen von Steuerplanungen (Rz 134 ff.).

Für Steuersysteme, bei denen steuerliche Gewinne lediglich in bestimmter Höhe für die Verrechnung mit vorgetragenen Verlusten verwendet werden dürfen (sog. Mindestbesteuerung), sind laut IFRS IC die folgenden Besonderheiten zu beachten: **118**

- Verrechenbare zu versteuernde temporäre Differenzen sind zwar zum **Werthaltigkeitsnachweis** für den Ansatz aktiver Steuerlatenzen heranzuziehen,
- jedoch nur im Umfang der **steuerrechtlichen Beschränkung** des jeweiligen Rechtskreises.

In Deutschland gilt (nach § 10d EStG) folgende Mindestbesteuerungsregelung: Verluste aus Vorjahren können nur bis zu einem Sockelbetrag des laufenden Gewinns von 1 Mio. EUR unbeschränkt verrechnet werden. Eine darüber hinausgehende Verrechnung ist auf 60 % beschränkt. Als Konsequenz kann daher auch nur eine anteilig reduzierte, aktive Steuerlatenz als Folge der erwarteten Nutzung steuerlicher Verlustvorträge angesetzt werden. Dient hingegen ein passiver Überhang an Latenzen dem Nachweis der Werthaltigkeit von aktiven latenten Steuern, besteht nach IAS 12.36(a) eine mengenmäßige Beschränkung. Entsteht bei Umkehr der zu versteuernden temporären Differenz ein steuerlicher Ertrag, kann dieser – nach Berücksichtigung des freigestellten Sockelbetrags – wegen der Mindestbesteuerung nur zu 60 % einer

---

55 Ähnlich MEYER, DStR 2013, S. 2020.
56 Zweifelnd hierzu RUHKAMP, DStR 2013, S. 2589.
57 Non-IFRIC-Entscheidung May 2014; vgl. hierzu RUBERG, PiR 2014, S. 234.

tatsächlichen Verlustnutzung für eine Verlustnutzung herangezogen werden. Als Konsequenz kann eine passive Steuerlatenz auch nur zu 60 % (in Deutschland nach Erfassung des Sockelbetrags) die Werthaltigkeit der aktiven latenten Steuern auf einen bislang nicht genutzten Verlustvortrag belegen.

> **Praxis-Beispiel**
> Im Abschluss des Unternehmens U (in Deutschland ansässig) stehen sich am Bilanzstichtag eine zu versteuernde temporäre Differenz und in gleicher Höhe ein steuerlicher Verlustvortrag i.H.v. 5 Mio. EUR gegenüber. Der Steuersatz liegt bei 30 %. U passiviert aufgrund der zu versteuernden temporären Differenz passive Latenzen i.H.v. 1,5 Mio. EUR (5 Mio. × 30 %), die sich zu einem bestimmten Zeitpunkt innerhalb einer Verlustphase umkehren werden. Aufgrund der Mindestbesteuerungsregelung in Deutschland darf U aber lediglich 1,02 Mio. EUR aktive Latenzen auf die Verlustvorträge ansetzen. Folgende Berechnung liegt dem zugrunde:
> Schritt 1: 5 Mio. – 1 Mio. = 4 Mio. EUR,
> Schritt 2:4 Mio. × 60 % = 2,4 Mio. EUR,
> Schritt 3: (2,4 Mio. + 1 Mio.) × 30 % = 1,02 Mio. EUR.

119 Kehrt sich eine temporäre Differenz, für die eine passive Steuerlatenz erfasst wurde, in einer **Gewinnphase** des Unternehmens um, entfaltet die Mindestbesteuerung auch tatsächlich eine Wirkung. Werden aber künftig keine Gewinne, sondern Verluste erwartet, besteht nach der Auffassung des IFRS IC ebenfalls eine Verpflichtung zur Berücksichtigung der Mindestbesteuerung. Ungeachtet der fehlenden Wirkung (kein zu versteuerndes Einkommen) sollen passive (Steuer-)Latenzen auch bei einer erwarteten **Verlustsituation** nur eine durch die Mindestbesteuerung eingeschränkte Werthaltigkeit aktiver latenter Steuern belegen.

120 Trotz **konzeptioneller Bedenken** besteht eine Verpflichtung zur Berücksichtigung der Non-IFRIC-Entscheidung (so auch bestätigt durch den IFRS-Fachausschuss). Zwar stellen Non-IFRIC-Entscheidungen – auch nach Ansicht des IASB – lediglich **nicht autoritative Stellungnahmen** dar, die nicht in EU-Recht übernommen werden (→ § 1 Rz 53), dennoch wird die Berücksichtigung solcher Entscheidungen bei der Bilanzierung explizit erwartet (etwa von der ESMA). Bei einer Abkehr von der bisherigen Bilanzierungspraxis ist daher eine retrospektive Anpassung gem. IAS 8 erforderlich (→ § 24).

121 Ein spezielles Problem der Aktivlatenzierung behandelt das im Januar 2016 veröffentlichte *Amendment* zu IAS 12 *„Recognition of Deferred Tax Assets for Unrealised Losses"*. Es geht dabei um den Ansatz von Aktivlatenzen auf **festverzinsliche Wertpapiere** oder Ausleihungen, die nach IFRS zum beizulegenden Zeitwert (*fair value*) und steuerlich zu Anschaffungskosten bilanziert werden. Wenn nun infolge einer Marktzinserhöhung der *fair value* sinkt, es aber steuerlich beim Ansatz zu Anschaffungskosten bleibt, entsteht eine abzugsfähige temporäre Differenz. In der Beurteilung der Werthaltigkeit der Aktivlatenz schafft IAS 12.29A eine Erleichterung: Sofern die Absicht des Unternehmens darauf gerichtet ist, den Vermögenswert bis zur Fälligkeit zu halten und Zweifel an der Bonität des Schuldners nicht bestehen, kann das Unternehmen unterstel-

len, dass es aus der Verwertung des Vermögenswerts mehr als den *fair value*, nämlich in der vorgenannten Konstellation den nominellen Rückzahlungsbetrag, realisiert. Ausreichende steuerliche Ergebnisse zur Verwertung der Umkehr der temporären Differenz und somit die Werthaltigkeit der Aktivlatenz sind damit belegt. Diese Erkenntnis stärkt allgemein die Standardauslegung (Rz 116), wonach ein Steuerminderungseffekt nicht zwingend für den Ansatz einer Aktivlatenz vorauszusetzen ist.

- Im Übrigen trifft das *Amendment* noch zwei Klarstellungen: Die Beurteilung, ob im Zeitpunkt der Umkehr der abzugsfähigen temporären Differenz genügend steuerliches Einkommen zur Verrechnung des Umkehreffekts zur Verfügung steht, wird durch die Art des Steuersystems beeinflusst. Kann der Umkehreffekt in einem „Schedulen-System" (z. B. mit *capital gains tax*) nur gegen Gewinne aus der gleichen Einkommensart verrechnet werden, kommt es auf die erwarteten steuerlichen Ergebnisse aus dieser Einkommensart an, ohne eine solche Beschränkung auf das insgesamt erwartete steuerliche Ergebnis (IAS 12.27A). 122

- Mit den zu prognostizierenden steuerlichen Ergebnissen sind (anders als IAS 12.24 nahelegen könnte) die Ergebnisse vor Abbau der auf ihre Werthaltigkeit zu überprüfenden abzugsfähigen temporären Differenzen gemeint. Auf diese Weise werden eine Doppelerfassung der Abzüge und damit eine Unterschätzung des tatsächlich zu erwartenden Verrechnungspotenzials vermieden (IAS 12.29(a)(i)).

Eine **getrennte** Verlustverrechnungsmöglichkeit je nach Einkommenskategorie – z. B. Sondertarif für Veräußerungsgewinne – erfordert eine entsprechend eigenständige Latenzierung der jeweiligen Kategorie (IAS 12.27A).

Auch eine – abhängig vom nationalen Steuerrecht – vorgesehene **Mindestbesteuerung** (Rz 129) kann Einfluss auf die Zeitkongruenz ausüben. Trotz der zeitlich unbeschränkten Vortragsfähigkeit kann die Verrechenbarkeit einer abzugsfähigen Differenz in einen Zeitraum fallen, in dem keine Passivlatenz mehr zur Verfügung steht. Ohne ausreichendes steuerliches Ergebnis in diesem Zeitraum scheidet eine Aktivlatenzierung aus. 123

Besondere Aspekte wirft die Latenzierung **hybrider Steuern** auf (Rz 7). Diese sind geprägt als Mindeststeuer auf der Basis des Aktivvermögens, des Eigenkapitals, der Verkaufserlöse etc. Diese Komponente der Besteuerung unterliegt nicht dem Regelungsbereich des IAS 12 (Rz 7). Dazu gesellt sich als zweite Komponente eine (eigentliche) Einkommensteuer, sofern das steuerliche Ergebnis nicht ohnehin null ist. Diese zweite Komponente unterliegt als Teilmenge der gesamten Steuerlast der Latenzierung nach IAS 12. Auf deren Grundlage ist die einer *temporary difference* (Rz 44) zuzurechnende künftige Steuerbe- oder -entlastung zu errechnen. Nur insoweit liegt eine Verrechnungsmöglichkeit für ein latentes Steuerguthaben (Rz 110) vor. 124

3.10.2 Verlustvorträge

3.10.2.1 Wahrscheinlichkeit der Verlustnutzung als Ansatzkriterium

Nach IAS 12.34 ist der Steuereffekt aus einem am Bilanzstichtag **vorhandenen** **Verlustvortrag** (laut Steuerbilanz) zu aktivieren, wenn mit ausreichender Wahrscheinlichkeit[58] (*probable*) künftig genügend steuerlicher Gewinn zur 125

---

[58] In Anlehnung an FREIBERG, PiR 2006, S. 206.

Verlustverrechnung verfügbar ist. Die Beurteilung des Wahrscheinlichkeits-
maßstabs erfolgt gem. IAS 12.35 dem Grunde nach nach **denselben** Kriterien,
die auch für die aktive Steuerlatenz aus Buchwertunterschieden (Rz 110)
Gültigkeit haben. Diese Kriterien werden in IAS 12.36 in weitgehender Übereinstimmung mit den Ausführungen zu abzugsfähigen temporären Differenzen in IAS 12.28 und IAS 12.39 aufgelistet.

126   Danach gelten folgende Kriterien zur Bestimmung der **Wahrscheinlichkeit** einer
entsprechenden Verlustnutzung:[59]

- Es liegen ausreichend **passive Latenzen** vor, gegen die bislang ungenutzte
  Verlustvorträge vor ihrem Verfall beim selben Unternehmen und der gleichen
  Steuerbehörde geltend gemacht werden können (Rz 110).
- Mit Wahrscheinlichkeit (*probable*) – nachgewiesen durch entsprechende **Pla-
  nungsrechnungen** – erzielt das Unternehmen ausreichend Gewinne zur
  Verrechnung mit Verlustvorträgen vor deren Verfall (Rz 127).
- Die Verlustvorträge sind aus **Ereignissen** entstanden, die sich voraussichtlich
  nicht mehr wiederholen (Rz 131).
- Es liegen steuerliche **Gestaltungsmöglichkeiten** zur Verlustnutzung inner-
  halb eines evtl. Verfallzeitraums vor (Rz 135).

Bei der Ermittlung der wahrscheinlichen künftigen Gewinne sind Verlustverrech-
nungsbeschränkungen[60] zu beachten[61] (IAS 12.27A; Rz 122). Nach deutschem Steuerrecht ist einschlägig die Verlustnutzung durch Gewinne aus der gleichen Quelle,
z. B. Begrenzung nach § 15a Abs. 1 EStG, oder bei Steuerstundungsmodellen.[62]

127   Bei allem ist unabhängig von der Gefahr des Untergangs von Verlustvorträgen zu
fragen, über welchen **Zeitraum verlässliche Prognosen** überhaupt erstellt werden können. Als Grenze für die Prognose von künftigen Gewinnen werden im
Schrifttum fünf Jahre befürwortet;[63] andererseits wird wohl mehrheitlich eine
feste Grenze zeitlicher Art abgelehnt[64] und auf die individuellen Verhältnisse des
Unternehmens/Konzerns abgestellt. Der Zeithorizont kann nur als Teilmenge
zur Bestimmung der Überzeugungskraft der Planungsrechnung und nicht der
überwiegenden Wahrscheinlichkeit des Eintretens gewertet werden. Es bedarf
jedenfalls einer ausreichend evidenten Planung, die intersubjektiv nachprüfbar
und willkürfrei ist (Rz 133).[65] § 274 HGB sieht für das deutsche Handelsrecht
eine Beschränkung auf einen Zeitraum von fünf Jahren vor.

> **Praxis-Beispiel**
> Nach Verlustjahren hat die Biotechnik AG die verlustbringende Sparte
> „Tiermedizin" geschlossen und die zugehörigen Kosten zurückgestellt. Die
> Planungsrechnungen für den verbleibenden Humanbereich liefern für die
> nächsten fünf Jahre nennenswert positive Ergebnisse und sind durch die

---

59   Vgl. auch MEYER, DStR 2013, S. 2020.
60   HOFFMANN, PiR 2012, S. 335.
61   AIP, Cycle 2010–2012.
62   REINHOLD/ZWIRNER, KoR 2012, S. 439; LÜDENBACH, PiR 2012, S. 333.
63   So BERGER, DB 2006, S. 2473, dagegen das DRSC in einer Verlautbarung vom 15.1.2007. Indizien
    für und wider das Vorliegen künftiger Gewinne zur Verlustkompensation bei LIENAU, Bilanzierung
    latenter Steuern im Konzernabschluss nach IFRS, 2006, S. 139. Die DPR scheint eher auf dem
    Fünf-Jahres-Zeitraum zu bestehen.
64   PwC, IFRS Manual of Accounting 2016, Tz. 13.135.4: *„no arbitrary cut off"*.
65   LIENAU/ERDMANN/ZÜLCH, DStR 2007, S. 1095 f.

Ist-Zahlen der vergangenen Jahre eindeutig verifizierbar. Die Verrechnung der Verluste mit künftigen Gewinnen ist plausibel (wahrscheinlich). Die daraus resultierende Steuerlatenz ist aktivierbar.

Abwandlung
Die Biotechnik AG sieht nach vier Verlustjahren ihr Heil unter den Fittichen eines Pharmakonzerns. Realistischerweise kommt nur eine Vollübernahme in Betracht, die die Verrechenbarkeit der Verlustvorträge nach § 8c KStG, § 10a GewStG unter den dort festgelegten Tatbestandsmerkmalen gefährdet. Eine Aktivierung der Steuerlatenz ist unzulässig (→ § 29 Rz 78).

Zwischen diesen beiden Extremsachverhalten (in den Beispielen) verbleiben reichlich Fälle mit **hoher Ermessensabhängigkeit** bei der Bilanzierung von Steuerlatenzen aus Verlustvorträgen[66] und entsprechendem Gestaltungspotenzial, dem weder das Stetigkeitsprinzip noch Offenlegungspflichten entgegenstehen.[67] Jedenfalls **verwandeln** sich **Verluste** aufgrund von positiven Ertragserwartungen in aktivierbare **Vermögenswerte**, die dann bei Nichteintreten der Gewinne aufwandswirksam abzuschreiben sind und dadurch die wider Erwarten eingetretenen Verluste noch erhöhen.[68]

Auch eine Berufung auf entgegenstehende **Passivlatenzen** muss u. U. eine **zeitliche** Komponente beachten (Rz 113). Eindeutig gilt dies dort, wo (anders als in Deutschland) Verlustvorträge in ihrer Verrechenbarkeit im Zeitverlauf **verfallen**. **128**

Praxis-Beispiel[69]
U weist Passivlatenzen aus für:
- betriebsnotwendigen Grund und Boden und
- auf fünf Jahre abzuschreibende Maschinen.

Der Umkehreffekt für Grund und Boden ist zeitlich ungewiss, für die Maschinen auf fünf Jahre geplant. Sofern der Verlustvortragszeitraum sich z.B. auf zehn Jahre beschränkt, ist die (durch keine anderen Umstände gerechtfertigte) Aktivierung eines Steuerguthabens auf die Passivlatenz für die Maschinen begrenzt, diejenige für den Grund und Boden scheidet aufgrund des beschränkten Verlustvortragszeitraums aus. Diese Vorgabe der Zeitkongruenz kann sich auf eine Erweiterungsanalogie zur zeitlichen Vorgabe in IAS 12.28 stützen und entspricht dann ASC Topic 740.

Eine weitere Aktivierungsbeschränkung für verlustbedingte Steuerlatenzen kann **129** die Verlustverrechnungsschranke der **Mindestbesteuerung** (Rz 123) darstellen. Schon die zeitliche Streckung der Verlustverrechnungsmöglichkeit kann wegen der zunehmenden Unsicherheit über künftige Gewinnentwicklungen den Ansatz einer Verlustlatenz verhindern.[70] Auch der „sichere Hafen" des Bestehens ausreichender (im Umfang des Verlustvortrags) passiver Latenzen berechtigt nur

---

66 So auch KÜTING/ZWIRNER, WPg 2003, S. 301, S. 312. Sie sprechen von einem „faktischen Ansatzwahlrecht". Vgl. hierzu auch WAGENHOFER, IAS, 5. Aufl., 2005, S. 329.
67 ENGEL-CIRIC, DStR 2002, S. 781.
68 KÜTING/ZWIRNER, WPg 2003, S. 301, S. 312, bezeichnen diesen Effekt als „paradox".
69 In Anlehnung an ASC Topic 740 (US-GAAP); ein ähnliches Beispiel bei FREIBERG, PiR 2013, S. 132.
70 LÜDENBACH, PiR 2012, S. 333.

zu einem begrenzten Ansatz (von z.B. 60 % nach deutschem Recht), sofern in den Folgeperioden nicht mit ausreichenden steuerlichen Gewinnen zuzüglich passiver Buchwertdifferenzen zu rechnen ist (Rz 114).

130   Durch einen **Unternehmenszusammenschluss** können sich Änderungen bzgl. der Verlustverrechnungsmöglichkeiten gem. IAS 12.67 im Zeitpunkt des Erwerbs ergeben und gem. IAS 12.68 danach. Auf die Kommentierung in → § 31 Rz 116 wird verwiesen.

Zur Aktivierung von Steuerlatenzen aufgrund von Verlustvorträgen im **Konzernabschluss** vgl. → § 32 Rz 188, zur Organschaft (Gruppenbesteuerung) im **Einzel**abschluss vgl. Rz 195. Zur **grenzüberschreitenden** Verlustnutzung vgl. Rz 188. Wegen der **Anhangangaben** vgl. Rz 241.

3.10.2.2   Erhöhte Anforderungen bei Verlusthistorie

131   IAS 12.35 behandelt die **negative Beweiskraft** von bestehenden Verlustvorträgen. Eine Folge steuerlicher Verluste in der näheren Vergangenheit, etwa in den letzten drei Jahren (*history of recent losses*), begründet für sich allein starke **Zweifel** an der Realisierbarkeit des Verlustvortrags durch zukünftige Gewinne. Sollen gleichwohl aktive Steuerlatenzen angesetzt werden, bedarf es einer klaren **Widerlegung** dieser Zweifel durch ausreichend passive Steuerlatenzen oder andere überzeugende Gründe (*convincing other evidence*).

132   Der Katalog des IAS 12.36 dient der Konkretisierung der grundlegenden Ansatzkriterien in IAS 12.35. Somit sind bei Verlusten in der jüngeren Vergangenheit (*history of recent losses*) Verlustvorträge i.d.R. **nur insoweit** zu aktivieren, als
- ausreichende passive Latenzen existieren und/oder
- überzeugende andere Belege (*convincing other evidence*) für hinreichendes zukünftiges positives Einkommen bestehen.

133   IAS 12.34 – IAS 12.36 lassen sich in eine logische Struktur einbinden:
- IAS 12.34 normiert allgemeine Anforderungen: Latenzierung der Verlustnutzung nur bei **Wahrscheinlichkeit** der Nutzung (Rz 125).
- IAS 12.35 stellt besondere Anforderungen bei einer **Verlusthistorie** (Rz 131): Latenzierung von Verlustvorträgen nur bei überzeugenden substanziellen Hinweisen, also bei hohem Wahrscheinlichkeitsgrad der Nutzung.
- IAS 12.36 listet die **Beurteilungskriterien** für die Beurteilung des Wahrscheinlichkeitsgrads auf (Rz 126).

Der **Aussagegehalt** dieser drei Paragrafen lässt sich danach wie folgt zusammenfassen:[71]
- Es genügt nicht, wenn nach Planungs- oder Gestaltungsüberlegungen in der Zukunft nur **Verlustvorträge reduziert** werden. Vielmehr muss insoweit **steuerpflichtiges Einkommen** zur Verfügung stehen.
- Die Tatsache der **Verlustsituation allein** spricht gegen die Möglichkeit der Verlustnutzung. Die entstandenen Verluste müssen zur Begründung der Aktivierung auf früheren Ereignissen (*identifiable causes*) beruhen, die voraussichtlich **nicht mehr eintreffen**, z.B. deshalb, weil die verlustbringende Zweigniederlassung geschlossen worden ist (Verlusthistorie beendet), und umgekehrt, wenn das bisherige verlustbringende Geschäftsfeld weitergeführt wird.

---

[71]   Eher verstärkend bzgl. der Ansatzberechtigung lauten die Vorgaben im nicht weiter verfolgten ED/2009/2 B16–25 (Rz 257); vgl. SIMLACHER/SCHURBOHM-EBNETH, KoR 2009, S. 395.

- Waltet diese Verlusthistorie unverändert am Bilanzstichtag – also kein davor liegendes Gewinnjahr bei noch bestehenden Verlustvorträgen –, bedarf es der zum Bilanzansatz **überzeugenden** Belege (*convincing evidence*) für die mögliche Verlustnutzung.
- Die entsprechenden Planungen – auch zu Steuergestaltungen – müssen „**überzeugend**" sein, d. h., es genügt nicht die (überwiegende) Wahrscheinlichkeit des *more likely than not*; vielmehr muss der Gegenbeweis gegen die Verlusthistorie mit höherer Wahrscheinlichkeitsstufe (z. B. 90 %) gegenüber dem üblichen Wahrscheinlichkeitsgrad von 51 % für eine zutreffende Budgetierung geführt werden.[72]
- Dieser Nachweis wird mit **zunehmendem Zeithorizont** immer schwieriger zu führen sein; so gesehen stellt der Fünf-Jahres-Zeitraum u. E. oft eine Grenze für die Überzeugungskraft der Planung dar (Rz 133). Der Fünf-Jahres-Zeitraum darf aber nicht als **feste Größe** (*bright line*) interpretiert werden, dessen sich der Standard „prinzipienorientiert" bewusst enthält (Rz 127).[73]

Die (am Bilanzstichtag) bestehende Verlusthistorie deutet auf eine erforderliche **Umstrukturierung** der Geschäftätigkeit mit frischem Kapital hin; in der Folge steigt die Wahrscheinlichkeit eines Verfalls des Verlustvortrags nach § 8c KStG, § 10a GewStG.

Deshalb verfängt das häufig verwendete **Argument** nicht: Ohne Aktivierung von Steuerlatenzen aus Verlustvorträgen werde dem Abschlussadressaten suggeriert, das Management selbst halte eine positive Ergebnisentwicklung für unrealistisch. Dieses Argument ist deswegen **unzutreffend**,[74] weil die budgetierten Gewinne (nur) wahrscheinlich sein müssen, die *„convincing evidence"* einen (vgl. zuvor) sehr viel höheren Wahrscheinlichkeitsgrad des Eintretens der Gewinne verlangt. Der **Realitätsgehalt** der **Budgetierung** wird also durch die Nichtaktivierung von Steuerlatenzen aus Verlustvorträgen **nicht** widerlegt.

3.10.2.3 Berufung auf Steuergestaltungsmöglichkeiten

Die bei einer *history of losses* geforderte überzeugende Evidenz für eine zukünftige Verlustnutzung ist durch **Planungsrechnungen** und **passive Latenzen** allein häufig nicht zu erbringen. Als „Ausweg" bleibt dann nur die Berufung auf **Steuergestaltungsmöglichkeiten**.   134

U. E. sind an Steuergestaltungen folgende **Anforderungen** zu stellen: 135
- Nach IAS 12.36(b) müssen solche Gestaltungsmöglichkeiten **objektiv** vorhanden sein.[75]
- Nach IAS 12.36 hängt die Beurteilung der Wahrscheinlichkeit möglicher künftiger Verlustnutzungen zusätzlich vom **Willen** zu deren Nutzung ab. Entsprechend heißt es in IAS 12.30 *„would take"* und nicht *„could take"*.[76] **Abstrakt** vorhandene Steuergestaltungsmöglichkeiten zur Verlustnutzung erfüllen dann nicht das Kriterium der *convincing evidence*, wenn solche (wie dies regemäßig der Fall ist) mit Kosten und Risiken verbunden sind und das Management bis zur Bilanzerstellung keine spezifizierte Planung unter Be-

---

72 A. A. Schäfer/Suermann, DB 2010, S. 2745.
73 Ähnlich PwC, IFRS Manual of Accounting 2016, Tz. 13.135.4: *no arbitrary cut off*.
74 Ähnlich Berger, DB 2006, S. 2474.
75 Loitz, WPg 2007, S. 785.
76 Ernst & Young, International GAAP 2015, Ch 30.7.4.3.

rücksichtigung der Vor- und Nachteile einer entsprechenden Gestaltung vorgenommen hat und demzufolge auch noch keinen konkretisierten Willen zur Durchsetzung haben kann.[77] Ein „In-Erwägung-Ziehen" reicht u. E. nicht aus,[78] ebenso wenig die Durchführung als „ultima ratio".[79]

- Die Verfügbarkeit des Steuergestaltungspotenzials am Stichtag verlangt die Möglichkeit unmittelbarer Umsetzung. Hängt umgekehrt die Vorteilhaftigkeit von künftig eintretenden **gestaltungsunabhängigen** Faktoren ab, kann dadurch die *convincing evidence* nicht begründet werden.[80]
- Die mit der Gestaltung verbundenen **Kosten** sind vom ggf. zu aktivierenden Betrag abzuziehen.[81]

136 Eine Maßnahme, die lediglich eine Umkehr abzugsfähiger temporärer Differenzen, aber keine steuerlichen Gewinne bewirkt, stellt u. E. keine Steuergestaltungsmaßnahme nach IAS 12.30 und IAS 12.36 dar.[82]

Praxis-Beispiel

Die X AG kauft eine Anleihe und bewertet sie zum beizulegenden Zeitwert: Anschaffungskosten 100 GE, Kurswert am Bilanzstichtag 80 GE, ergebniswirksamer Verlust 20 GE. Üblicherweise hält die X AG Anleihen nicht bis zur Endfälligkeit, tut dies gelegentlich aber doch zur Vermeidung einer Verlustrealisierung. Andere Latenzierungsposten liegen nicht vor; mit künftigen steuerlichen Gewinnen rechnet die X AG nicht. Das Halten der Anleihe stellt kein Steuergestaltungspotenzial dar, da es keine Gewinne generiert, sondern die Verlustrealisierung verhindert.

---

137 Eine Steuergestaltung zur Verlustnutzung kann auch auf die **Aufdeckung stiller Reserven** durch Veräußerungen von Vermögenswerten an andere **Konzern**gesellschaften gerichtet sein. Nach den Regeln der IFRS (Einheitstheorie) ist innerhalb des Konzerns eine Buchwertfortführung geboten. Eine Steuergestaltung kann darauf zielen, Verluste zu nutzen, indem stille Reserven steuerbilanziell durch Veräußerung von Vermögenswerten an andere Gesellschaften des gleichen Konsolidierungskreises (und damit nach IFRS unter Buchwertführung) aufgedeckt werden. Hierbei gilt aus Konzernsicht:

- Hinsichtlich der aufgedeckten stillen Reserven in der Steuerbilanz **wandelt** sich der Verlustvortrag in abzugsfähige temporäre Differenzen.
- Für diese gelten nach IAS 12.31 im Fall einer **Verlusthistorie** IAS 12.35 und IAS 12.36 entsprechend (Rz 131).

Eine derartige Steuergestaltung ist daher objektiv zur Belegung der Werthaltigkeit von Verlustvorträgen ungeeignet, wenn das erwerbende Unternehmen eine **neu gegründete** Gesellschaft ist, welche die bisherigen Geschäfte lediglich als anderes Rechtssubjekt fortsetzt. In substanzieller Betrachtung gilt dann: Die Verlusthis-

---

[77] LÜDENBACH/FREIBERG, BB 2011, S. 2603. Auf die erforderliche Abwägung der mit der Durchführung der Maßnahme verbundenen Nachteile verweist KPMG, Insights into IFRS 2015/2016, Tz. 3.13.270.20.

[78] So aber SCHULZ-DANSO, in: BECK'sches IFRS-Handbuch, 5. Aufl., 2016, § 25, Tz. 75: „ernsthafte Erwägung" reicht aus.

[79] So PAWELZIK, in: HEUSER/THEILE, IFRS-Handbuch, 5. Aufl., Tz. 4031.

[80] LOITZ, WPg 2007, S. 785.

[81] SCHÄFER/SUERMANN, DB 2010, S. 2749.

[82] REINHOLDT/ZWIRNER, KoR 2012, S. 440.

torie der veräußernden Gesellschaft **mutiert** zur Verlusthistorie der erwerbenden. Eine *convincing evidence* i. S. d. IAS 12.35 liegt nicht vor.

3.10.3 Zinsvorträge

Ab 2008 gesellt sich nach deutschem Steuerrecht zum Verlustvortrag auch der **138** **Zinsvortrag** nach § 4h EStG (sog. Zinsschranke). Der Zinsvortrag resultiert aus einem in einem Veranlagungszeitraum nicht abzugsfähigen Zinsaufwand nach folgendem beispielhaftem Berechnungsschema:

Steuerlicher Gewinn/Einkommen	100	100
+ Zinsaufwand / – Zinsertrag	30	60
+ Abschreibungen ohne Teilwertabschreibung	50	20
EBITDA	180	180
davon höchstens 30 % des Zinsüberhangs abziehbar	30	54
Zinsvortrag	0	6

Der Zinsvortrag kann in späteren Jahren im Rahmen des dann anfallenden Gesamt-Zinsaufwands abgezogen werden. Die Abzugsfähigkeit des Zinsaufwands hängt neben der Ertragskomponente entscheidend von der Finanzierungsstruktur ab: Je höher das zinstragende Fremdkapital, desto eher droht die Zinsschranke mit dem Zinsvortrag und umgekehrt. Einen weiteren Berechnungsparameter stellt die Abschreibung dar.

Der Zinsvortrag führt bei (späterer) Verrechnungsmöglichkeit zu einer **Steuerermäßigung**, vergleichbar dem Verlustvortrag. Er ist aber von den weiteren dargestellten Berechnungsgrößen abhängig. Die Aktivierung eines im Zinsvortrag schlummernden Steuerermäßigungsbetrags verlangt eine spürbar detailliertere Ergebnisplanung als diejenige, die „nur" den Verlustvortrag belegen muss.[83] Insgesamt ist die Realisierung der Steuerermäßigung aus dem Zinsvortrag gegenüber dem Verlustvortrag[84] mit einer **geringeren Wahrscheinlichkeitsquote** behaftet.

4 Steuerlatenz im Unternehmensverbund

4.1 Überblick: *inside and outside basis differences*

Im **systematischen** Vorgehen zur Ermittlung von Steuerlatenzen aus der Ver- **139** bundsituation (von zwei oder mehreren Unternehmen) darf nicht im ersten Schritt auf die möglichen steuerrechtlichen Befreiungsvorschriften abgehoben werden. Vielmehr ist von **rechnungslegungsspezifischen** Grundlagen auszugehen. Danach können im Unternehmensverbund folgende **Quellen** von Steuerlatenzen festgestellt werden:[85]

- Buchwerte der IFRS-Bilanz I vs. Steuerwerte der Tochter: *inside basis differences I*;[86]

---

[83] Vgl. KIRSCH, PiR 2007, S. 237.
[84] Vgl. HOFFMANN, Die Zinsschranke, 2008, S. 251; ähnlich LOITZ/NEUKAMM, WPg 2008, S. 196; BRÄHLER/BRUNE/HEERDT, KoR 2008, S. 289.
[85] Ausführlich hierzu LIENAU, Bilanzierung latenter Steuern im Konzernabschluss nach IFRS, 2006, S. 93 ff.
[86] Zur Begriffsbildung im Sprachgebrauch, der ebenfalls aus den USA übernommen worden ist (*basis* statt *base*), vgl. ERNSTING, WPg 2001, S. 19.

- Buchwerte der IFRS-Bilanz II (aus Neubewertung etc.) vs. Steuerwerte der Tochter (→ § 31 Rz 71 ff.): *inside basis differences II;*
- Buchwerte der (konsolidierten) IFRS-Bilanz vs. Steuerwert des Beteiligungsansatzes: *outside basis differences.*

Die *inside basis differences* sind bereits bei der **Erst**konsolidierung beachtlich (Rz 144), die *outside basis differences* erst bei der **Folge**konsolidierung (Rz 154).

140   Ob insbesondere die *outside basis differences* tatsächlich zu Steuerlatenzen führen, hängt dann u. a. vom **spezifischen Steuerrecht** (Befreiungsvorschriften) ab. Danach sind z. B. bei einer Beteiligung einer deutschen Kapital- an einer anderen Kapitalgesellschaft wegen der Befreiungsvorschriften die *outside basis differences* unter Wesentlichkeitsgesichtspunkten häufig gegenstandslos. Die Systematik des Steuerrechts ist aber auch **unabhängig** von evtl. Befreiungsvorschriften beachtlich.

- *Outside basis differences* im Konzernabschluss reflektieren bei der Beteiligung an einer **Kapitalgesellschaft** den Systemunterschied zwischen dem konzernbilanziellen und dem steuerrechtlichen **Abgang** der Tochter-Kapitalgesellschaft. Das Konzernrecht fingiert die Einzelveräußerung des Nettovermögens, steuerrechtlich geht hingegen die Beteiligung ab. Die (vorbehaltlich einer Steuerbefreiung) entstehende Differenz zwischen abgehendem Nettovermögen (IFRS) und abgehendem Beteiligungsbuchwert (Steuerbilanz der Mutter) ist in der *inside*-Perspektive noch nicht enthalten und daher zusätzlich zu berücksichtigen.
- Anders bei der Beteiligung an einer **Personengesellschaft**: Sie ist auch steuerrechtlich als Anteil an deren Nettovermögen (Aktiva und Passiva) konzipiert. Im Fall der Gewinnrealisierung durch Veräußerung ergibt sich daher kein Systemunterschied zwischen IFRS-(Konzern-)Bilanz und Steuer(einzel)bilanz des Mutterunternehmens. Sowohl konzernbilanziell (Entkonsolidierung) als auch steuerbilanziell geht nicht eine Beteiligung, sondern das Nettovermögen der Tochter-Personengesellschaft ab (→ § 31 Rz 167).

141   Die Relevanz der unterschiedlichen Arten von Buchwertdifferenzen ist also abhängig von der (rechtlichen) Beteiligungs- und Konzern**struktur**. Hieran orientiert sich die nachfolgende Darstellung. Zusätzlich ist nach **Konzern**abschluss (Rz 102) und **Einzel**abschluss (Rz 168) zu differenzieren. Dazu folgendes Schema:

Inside und *outside basis differences* im Konzern- und Einzelabschluss nach Beteiligungsstruktur[87]		Mutter KapG Tochter KapG	Mutter KapG Tochter PersG	Mutter PersG Tochter KapG	Mutter PersG Tochter PersG
KONZERN-BILANZ	*inside basis difference* I + II	Buchwertdifferenz TU-Vermögen in IFRS-Bilanz II und Steuerbilanz (Latenzierung, soweit keine permanente Differenz und/oder keine aus erfolgsneutraler Zugangsbewertung)			
	outside basis difference	Differenz EK TU IFRS II zu Beteiligungs-BW TU in StB MU (Einzelveräußerungsfiktion in IFRS-Konzern vs. Abgang Beteiligung in StB)	**keine** Differenz, da Veräußerungsszenario TU konzeptionell gleich (Einzelveräußerungsfiktion in IFRS-Konzernbilanz und StB der MU)	Differenz EK TU IFRS II zu Beteiligungs-BW TU in StB MU (Einzelveräußerungsfiktion in IFRS-Konzernbilanz vs. Abgang Beteiligung in StB)	**keine** Differenz, da Veräußerungsszenario TU konzeptionell gleich (Einzelveräußerungsfiktion in IFRS-Konzernbilanz und StB der MU)

---

[87]   Im Konzernabschluss nur für den Fall der Erstkonsolidierung.

Inside und outside basis differences im Konzern- und Einzelabschluss nach Beteiligungsstruktur[88]					
		Mutter KapG Tochter KapG	Mutter KapG Tochter PersG	Mutter PersG Tochter KapG	Mutter PersG Tochter PersG
EINZEL-BILANZ	inside basis difference I + II	irrelevant, da im Veräußerungsszenario nach IFRS nicht Nettovermögen TU abgeht, sondern Beteiligungsbuchwert TU in MU-Bilanz (IFRS-Buchwerte TU somit ohne Bedeutung)			
	outside basis difference	Beteiligungs-BW TU in IFRS-Bilanz MU – StB MU	Beteiligungs-BW TU in IFRS-Bilanz MU-EK der TU lt. StB TU (da Einzelveräußerungsfiktion in StB MU)	Beteiligungs-BW TU in IFRS-Bilanz MU- StB MU	Beteiligungs-BW TU in IFRS-Bilanz MU- EK TU lt. StB TU (da Einzelveräußerungsfiktion in StB MU)

Nicht in der vorstehenden Tabelle berücksichtigt sind **konsolidierungstechnisch** veränderte Buchwerte bei Tochter-Personengesellschaften, z. B. aus Zwischengewinneliminierung und Schuldenkonsolidierungen.[89] Diese sind im Rahmen der Folgekonsolidierung zusätzlich den *outside basis differences* zuzuordnen, da der Steuerbilanz-Buchwert der Beteiligung beim Mutterunternehmen nach Maßgabe der Spiegelbildmethode (Rz 164) nur unkonsolidierte Bilanzwerte abbilden kann. Die **steuerökonomischen** Grundlagen für die erforderliche Differenzierung sind in Rz 154, die anzuwendenden **Buchungstechniken** in Rz 155 dargestellt.

4.2 Steuerlatenz im Konzernabschluss

4.2.1 Zugangsbewertung beim Unternehmenserwerb, insbesondere Behandlung des *goodwill*

4.2.1.1 Grundfall

Bei einem Unternehmenserwerb (*business combination*) sind folgende **Grundfälle** zu unterscheiden (→ § 31 Rz 1):   **142**
- Erwerb der Anteile (Aktien oder GmbH-Anteile): *share deal*;
- Erwerb der Unternehmenssubstanz: sog. *asset deal*;
- Fusion (*legal merger*).

Im Fall des *asset deal* sind Steuerlatenzen immer dann zu berücksichtigen, wenn   **143** die erworbenen Vermögenswerte und die übernommenen Schulden infolge des Unternehmenszusammenschlusses nach IFRS **anders bewertet** werden als nach der Steuerbilanz. Dieser Fall ist jedoch eher selten, da beim *asset deal* sowohl nach IFRS als auch nach Steuerrecht eine neue Bewertungsbasis (Aufteilung des Kaufpreises nach Maßgabe der Zeit- bzw. Teilwerte) an die Stelle der alten tritt.

Bei einem *share deal* ist nach IAS 12.66 i.V.m. IAS 12.19, IAS 12.21 und   **144** IAS 12.26(c) **differenziert** vorzugehen: Im Rahmen der **Erstkonsolidierung** (→ § 31 Rz 215) ist der Kaufpreis für die *shares* den (anteiligen) Buchwerten der erworbenen Vermögenswerte und Schulden gegenüberzustellen. Alsdann sind der IFRS-Bilanz II die stillen Reserven und Lasten in den bilanzierten und nicht bilanzierten Vermögenswerten aufzudecken. Der verbleibende Betrag ist als *goodwill* anzusetzen. In der Steuerbilanz können diese Aufwertungen bei Erwerb einer Kapitalgesellschaft wegen deren eigener Steuerrechtssubjektivität nicht

---

88 Im Konzernabschluss nur für den Fall der Erstkonsolidierung.
89 Diese Erkenntnis verdanken wir einem Hinweis von ROLF UWE FÜLBIER.

nachvollzogen werden. Insoweit entstehen Steuerlatenzen zwischen den neuen Buchwerten des Vermögens der erworbenen Kapitalgesellschaft in der IFRS-Konzernbilanz und den fortgeführten Buchwerten in der Steuerbilanz. Hierzu folgendes Beispiel (vgl. auch → § 31 Rz 216):

Praxis-Beispiel
Steuerlatenz beim *share deal* bei der Zugangsbewertung
Erwerb aller Anteile an einer Tochter-AG; Anschaffungspreis 1.000 GE, übernommenes EK 100 GE. Der Kaufpreis entfällt auf:

Kaufpreisallokation vor Steuerlatenz	Steuerlatenz bei Tarif 40 %	Kaufpreisallokation nach Steuerlatenz	Bilanzposten
100	0		Eigenkapital (Buchwert der Aktiva abzüglich der Passiva) des erworbenen Unternehmens
200	80 pass.		stille Reserven im Grund und Boden
500	200 pass.		nicht bilanziertes Warenzeichen
−200	80 akt.		höherer Ansatz der Pensionsrückstellung
	− 280	− 280	passive Latenz
	80	80	aktive Latenz
400	0	600	Firmenwert
1.000	200	1.000	Summe

IAS 12.15(a) und IAS 12.66 **verbieten** die **Zuordnung** einer **Steuerlatenz** zu dem steuerlich nicht abschreibbaren **erworbenen** (positiven oder negativen) *goodwill*, weil eine solche Zuordnung den Firmenwert selbst wieder erhöhen würde (Iteration; vgl. auch Rz 101). Der *goodwill* anlässlich des Unternehmenserwerbs behält also seinen Charakter als **Residualgröße** (→ § 31 Rz 217).

145 Nach IFRS 3.B6 ist auch eine förmliche **Fusion** (*legal merger*) als Anschaffungsvorgang unter Aufdeckung der stillen Reserven des als erworben geltenden Unternehmens zu werten (→ § 31 Rz 2). Die Abbildung in der IFRS-Bilanz erfolgt nach den Regeln des *share deal*.

146 Im Rahmen eines Unternehmenszusammenschlusses darf der Erwerber nach IAS 12.67 Überlegungen anstellen, ob bisher in seinem (*stand-alone-*)Abschluss nicht aktivierbare Steuerlatenzen nunmehr aufgrund der „gekauften Gewinne" im erworbenen Unternehmen eine **Verrechnungsmöglichkeit** eröffnen (→ § 31 Rz 115). Die Behandlung erfolgt – anders als für erworbene Verrechnungsmöglichkeiten des *acquiree* – außerhalb der *business combination*. Das ist allerdings nach deutschem Steuerrecht in Fällen des *share deal* wegen der fehlenden Konzernbesteuerung allenfalls beim Erwerb von Anteilen an Personengesellschaften möglich.

147 Im Konzernabschluss kann ein im Rahmen der Erstkonsolidierung nicht identifizierbarer Erstattungsanspruch auf latente Steuern, begründet durch Verrechnungsmöglichkeiten des *acquiree*, bei der **Folgekonsolidierung** eingebucht werden, sofern die weiteren Voraussetzungen (Rz 126) erfüllt sind.

Nach IAS 12.68 ist wie folgt zu differenzieren (→ § 31 Rz 129):

- **Innerhalb** der speziellen Bewertungsperiode (*measurement period*, zwölf Monate ab dem Erstkonsolidierungszeitpunkt; → § 31 Rz 127; → § 4 Rz 17) ergeben sich ansatz- und wertaufhellende Informationen über am **Erwerbszeitpunkt vorhandene** Tatsachen und Umstände. Die Wertanpassung führt zum Buchungssatz: „per aktive latente Steuern an *goodwill*".
- **Innerhalb** der *measurement period* ergeben sich geänderte Umstände, die am Erwerbszeitpunkt **noch nicht** vorlagen. Die Wertanpassung ist wie folgt zu verbuchen: „per aktive latente Steuern an Steuerertrag"; in Sonderfällen direkt im Eigenkapital (Rz 223).
- Erforderliche Anpassungen **nach** der *measurement period* sind zu buchen: „per aktive latente Steuern an Steuerertrag".

Ergänzend ist in der ersten Variante eine Ertragsbuchung vorzunehmen, wenn die zu aktivierende aktive latente Steuer größer ist als der *goodwill*.

Zur Unterscheidung der beiden erstgenannten Sachverhaltsvarianten folgendes Beispiel:

Praxis-Beispiel

Die Holdinggesellschaft H GmbH hat zum 31.12.01 alle Anteile an dem Tochterunternehmen TU übernommen. Die Kaufpreisallokation zum 31.12.01 erfolgte vorläufig, insbesondere die *fair-value*-Bewertung des übernommenen Vermögens war noch nicht abgeschlossen. Aktive latente Steuern wurden im Rahmen der vorläufigen Kaufpreisallokation nur in dem Umfang angesetzt, in dem passive latente Steuern gebildet wurden.

Mit Abschluss der Bewertung und nachträglicher Anpassung des Zugangswerts des erworbenen immateriellen Vermögens wurden zusätzliche passive latente Steuern von 100 GE erfasst. Ausgehend von dem erhöhten Bestand passiver latenter Steuern wurden auch aktive latente Steuern nachaktiviert. Als Gegenkonto dient innerhalb der *measurement period* der *goodwill*. Bei späterer Anpassung erfolgt eine ergebniswirksame Erfassung.

4.2.1.2 Unternehmenserwerb mit anschließender Verschmelzung des erworbenen Unternehmens

Einem isoliert betrachtet zu temporären Differenzen führenden *share deal* kann mit mehr oder minder großem Zeitversatz ein konzerninterner *asset deal* folgen, um die stillen Reserven auch steuerlich aufzudecken. Die Frage ist dann, ob die **beiden** rechtlichen Schritte jeweils **getrennt** zu würdigen oder als wirtschaftliche **Einheit** anzusehen sind (Rz 107).

148

Praxis-Beispiel

Die Muttergesellschaft M erwirbt die Tochtergesellschaft T im *share deal*. Im Rahmen der Kaufpreisallokation (→ § 31 Rz 71) werden die erworbenen immateriellen Vermögenswerte zum *fair value* angesetzt. Diesen neuen Buchwerten stehen steuerliche Buchwerte von null gegenüber. Daraus wird eine passive Latenz im Konzernabschluss ausgewiesen.

Ein Jahr später wird die T auf die M verschmolzen; steuerlich können dadurch die für die stillen Reserven bei den immateriellen Vermögenswerten bezahlten Anschaffungskosten bei der verbleibenden Muttergesellschaft abgezogen werden. Die Berechnungsbasis bezieht sich auf die einzelnen identifizierten immateriellen Vermögenswerte.

Lösung
Bei getrennter Betrachtung liegen Buchwertunterschiede mit entsprechender passiver Latenzierungspflicht vor; diese entfiele im Gefolge des zweiten Rechtsschritts (der Fusion), weil dann keine Buchwertunterschiede mehr bestünden. Die Passivlatenz wäre nach IAS 12.58 erfolgswirksam aufzulösen (Rz 218). Wertet man umgekehrt die beiden Rechtsschritte als **wirtschaftliche Einheit**, so wird im ersten Schritt bei der Kaufpreisallokation keine passive Latenz erfasst, entsprechend kommt es bei der späteren Fusion nicht zu einer Auflösung dieses Passivpostens.

Das Problem ähnelt demjenigen, das nach deutschem Steuerrecht unter dem Stichwort „Gesamtplan" diskutiert wird. Die Lösung hängt hier wie da von verschiedenen Faktoren ab, u. a. vom Zeitablauf zwischen den beiden Transaktionen: Je länger die Frist, desto eher sind zwei Vorgänge bilanziell abzubilden und umgekehrt. Dazu muss die Absicht des Managements zum späteren *asset deal* schon beim Unternehmenserwerb vorliegen und entsprechend dokumentiert sein. Ein weiterer Gesichtspunkt geht dahin, ob solche Muster eines Unternehmenserwerbs in der betreffenden Branche üblich sind. Ein wichtiges Merkmal ist sodann darin zu sehen, inwieweit die Parteien bei den Kaufpreisverhandlungen den Steuereffekt dieser Gestaltung in ihr Kalkül einbezogen haben. Wegen entsprechender Überlegungen für den *goodwill* wird auf Rz 107 verwiesen.

4.2.1.3   Anschaffungsnebenkosten beim Unternehmenserwerb

149   Anschaffungsnebenkosten sind nach IFRS 3.53 als Aufwand zu behandeln (→ § 31 Rz 41). Steuerlich ist eine Aktivierung geboten, beim *asset deal* bezogen auf die erworbenen Einzelwirtschaftsgüter, beim *share deal* über eine Kapitalgesellschaft bezogen auf die Beteiligung. Hieraus entstehen beim *asset deal inside basis differences*, beim *share deal outside basis differences*.

Praxis-Beispiel
Die M-GmbH erwirbt im *asset deal* das Vermögen der Y in folgender Konstellation:

Kaufpreis	1.000 GE
neu bewertete Vermögenswerte und Schulden (inkl. Steuerlatenz)	750 GE
goodwill	250 GE
Erwerbskosten	130 GE

> Die Erwerbskosten sind nach IFRS 3.53 als Aufwand zu behandeln (→ § 31 Rz 41). Die *tax base* (Rz 48) der Erwerbskosten beträgt 130 GE und deren *carrying amount* (Rz 44) 0 GE. Eine Latenzierung ist geboten.

Wenn abweichend vom Beispiel (Rz 109) ein *share deal* über ein Personen-unternehmen vorliegt, stellt sich die Frage, ob die *temporary difference* als *outside basis difference* (Rz 101) zu behandeln ist. Dagegen könnte die beispielhafte Aufzählung in IAS 12.38 sprechen, weil dort nur Buchwertdifferenzen genannt sind, die **nach** einem Unternehmenserwerb entstehen. U. E. ist diese Bezug-nahme auf IAS 12.38 nicht zwingend; wir favorisieren eine Behandlung der aus Erwerbsnebenkosten resultierenden Differenz als *outside basis difference*. Diese ist allerdings nicht als separater Vermögenswert zu betrachten, sondern „hängt" an den erworbenen Wirtschaftsgütern. Die Abschreibung bestimmt auch den (fortgeschriebenen) Wert der Erwerbsnebenkosten. Diese steuerliche Buchwert-entwicklung ändert auch den Unterschiedsbetrag zum *carrying amount*. In der Folge ist die Steuerlatenzänderung in der GuV oder im GuV-Teil der Gesamt-ergebnisrechnung zu erfassen, sofern die weiteren Voraussetzungen des IAS 12.44 (Rz 90) erfüllt sind.

150

Die vorstehende Lösung hängt vom Steuerstatut ab. Beim Unternehmens-erwerb im *share deal* (Erwerb von Kapitalgesellschaftsanteilen) käme es nach deutschem Recht nach § 8b Abs. 2 KStG i. V. m. Abs. 5 KStG zu einem Steuer-effekt von lediglich 5 %.

4.2.2 Kontrollwahrende Abstockung einer Beteiligung

Die kontrollwahrende Abstockung einer Beteiligung ist nach IFRS ein erfolgs-neutraler Vorgang (→ § 31 Rz 177). Fraglich ist, ob auch die Latenzeffekte erfolgsneutral sind.

151

Praxis-Beispiel
Die Muttergesellschaft MU war bisher zu 100 % an TU beteiligt. Sie verkauft 49 % der Anteile an fremde Dritte. Bis dahin waren die Ausnahmeregeln in IAS 12.39 (Rz 70) erfüllt. Nun besteht – trotz Fortbestands des beherrschen-den Einflusses auf die Geschäftsaktivitäten der TU – nach Maßgabe der gesellschaftsvertraglichen Regelungen die Wahrscheinlichkeit eines Umkehr-effekts für die Buchwertdifferenzen in der absehbaren Zukunft und eine Kontrolle über den Umkehreffekt entfällt. Annahmegemäß liegen Buchwert-unterschiede aufgrund nicht ausgeschütteter Gewinne der TU vor, die zur Latenzierung anstehen. Die Frage ist nun, ob der Latenzierungseffekt anläss-lich des Anteilsverkaufs direkt im **Eigenkapital** (→ § 31 Rz 177) oder in der **Ergebnisrechnung** zu erfassen ist.

Lösung
Nach IAS 12.61A (Rz 210) folgt die Steuerlatenzierung der Behandlung der zugrunde liegenden Transaktion (*item*). Im vorliegenden Fall könnte der Anteilsverkauf das *item* darstellen. Konsequenterweise müsste die vorzuneh-mende Steuerlatenzierung direkt im Eigenkapital erfolgen, weil das zugrunde liegende Geschäft nach IFRS 10.23 als erfolgsneutrale Transaktion zwischen

den Eigenkapitalgebern (hier MU) und den (neuen) Minderheitsgesellschaftern zu werten ist (→ § 31 Rz 177).

Es ist allerdings auf die Ursachen für die vorhandenen *temporary differences* abzustellen, hier auf die einbehaltenen Gewinne der Tochtergesellschaft. Der Verkauf der Anteile und die daraus folgende Einschränkung, bezogen auf die (fortgesetzte) Thesaurierung erzielter Gewinne, ist danach nicht anders zu behandeln als eine geänderte Festlegung von MU bezogen auf die Dividendenpolitik. Mit der Transaktion stellt sich auch eine andere Situation bezogen auf die *outside basis differences* ein. Die Steuerlatenzrechnung ist daher auf die Ursache für das Entstehen der Differenz zu beziehen (*backward tracing approach*). Insoweit die *outside basis difference* auf die Thesaurierung ausschüttungsfähiger Gewinne zurückzuführen ist, besteht eine Verpflichtung zur erfolgswirksamen Erfassung (IAS 12.B52).

4.2.3 Inside und outside basis differences bei der Folgekonsolidierung

4.2.3.1 Systematische Grundlegung

152 Bei der Folgekonsolidierung (von erworbenen Kapitalgesellschaften) sind **zwei Arten** von Differenzen zu unterscheiden:
- *inside basis differences* aus dem Unterschied zwischen den Buchwerten, mit denen das **Vermögen** des Tochterunternehmens im Konzernabschluss (in der IFRS-Bilanz II) erfasst wird, zu den Buchwerten in der eigenen Steuerbilanz des Tochterunternehmens;
- *outside basis differences* aus dem Unterschied zwischen dem in der Konzernbilanz erfassten Nettovermögen des Tochterunternehmens und dem **Beteiligungs**buchwert, mit dem es in der Steuerbilanz der Mutter erfasst wird.

Die latente Steuer auf *inside basis differences* spiegelt in einem **Veräußerungsszenario** die steuerliche Mehr- oder Minderbelastung wider, die sich beim Verkauf von **einzelnen** Vermögenswerten durch das Tochterunternehmen ergibt, wenn aus der IFRS-Konzernbilanz ein anderer Buchwert abgeht als aus der Steuerbilanz der Tochter. Diese Differenz wird bereits bei der Erstkonsolidierung berücksichtigt. Sie ist in dem Maße, in dem sich die Differenzen bei der Folgekonsolidierung (z.B. durch Abschreibung aufgedeckter stiller Reserven) verändern, erfolgswirksam fortzuschreiben.

153 Die latente Steuer auf *outside basis differences* spiegelt in einem auf die **vollständige Veräußerung** des Tochterunternehmens gerichteten Szenario den evtl. konzeptionellen Unterschied zwischen IFRS-Konzernabschluss und Steuerbilanz wider: Zur Ermittlung des Veräußerungserfolgs ist dem Veräußerungserlös in der IFRS-Bilanz das IFRS-II-Vermögen des TU gegenüberzustellen, da die Entkonsolidierung als Einzelveräußerung fingiert wird. Steuerlich geht hingegen (bei einem Tochterunternehmen in der Rechtsform einer Kapitalgesellschaft) eine Beteiligung ab. Aus der Differenz von abgehendem Nettovermögen (laut IFRS II) und abgehendem Beteiligungsbuchwert (laut Steuerbilanz) können sich Steuerbe- oder -entlastungen ergeben.

154 Steuerökonomisch resultiert das *outside-basis*-Problem aus der – vereinfacht angenommenen – **wirtschaftlichen Einheit** des Verbunds, die im Gegensatz zum an der **Rechtsperson** anknüpfenden Besteuerungssystem steht. Diese unabgestimmte Konstellation birgt immer die latente Gefahr einer doppelten oder gar mehrfachen Besteuerung ein und desselben Gewinns in wirtschaftlicher Betrachtung in sich.

> **Praxis-Beispiel**
> Die Tochtergesellschaft[90] hat Gewinne thesauriert. Der spätere Transfer dieser gespeicherten Gewinne an die Mutter durch Dividenden oder eine Fusion löst (möglicherweise) dort eine weitere Besteuerung aus.
> Dividenden einer Auslandstochter unterliegen einer Quellensteuer, die nicht (voll) auf die deutsche Steuerschuld der Mutter angerechnet werden kann.
> Die Muttergesellschaft hat eine außerplanmäßige (*impairment*) Abschreibung (→ § 11 Rz 13 ff.) und eine steuerliche Teilwertabschreibung auf die Tochtergesellschaft vorgenommen. Möglicherweise sind damit Steuerlasten in der Zukunft verbunden (z. B. nach § 8b Abs. 2 Satz 4 KStG, § 12 Abs. 2 Satz 2 UmwStG).

Die nationalen Steuersysteme bedienen sich der verschiedensten Instrumente zur **Vermeidung** von derlei Mehrfachbelastungen des wirtschaftlich identischen Steuersubstrats. In Deutschland sind hierzu das frühere Anrechnungs- und jetzige Teileinkünfteverfahren sowie die Organschaft zu nennen. Einen durchgehenden „Schutz" gegen Doppelbelastungen liefern diese Instrumente indes nicht; Beispiele bieten die Regeln über einbringungsgeborene Anteile gem. § 8b Abs. 4 KStG oder die tatbestandlichen Voraussetzungen zur Gewährung der Schachtelbefreiung bei der Gewerbesteuer (§ 9 Nr. 2a GewStG).

4.2.3.2 Buchungstechnik

Das Zusammenwirken der verschiedenen Arten von Differenzen, insbesondere aber die bei der Folgekonsolidierung auftauchende Problematik der Ermittlung von *outside basis differences*, lassen sich sinnvoll anhand der einzelnen Buchungsvorgänge des **Vollkonsolidierungs**verfahrens darstellen. Es geht dabei um den **Unterschiedsbetrag** zwischen dem Beteiligungsbuchwert in der Steuerbilanz der Mutter und dem Eigenkapital in der IFRS-Bilanz II der Tochter. Die nachstehende Darstellung dient der Systematik. Im Rahmen der Vollkonsolidierung auf Konzernebene lösen sich im Ergebnis die systematischen Unterschiede von *inside* und *outside basis differences* auf. Umgekehrt verhält es sich im Einzelabschluss (vgl. insbesondere unter Rz 168 ff.).

155

> **Praxis-Beispiel**
> Die Anschaffungskosten der Beteiligung an TU betragen 1.500 GE (*tax base*). In der Steuerbilanz steht den Anschaffungskosten ein Nettovermögen (= Eigenkapital) von 1.000 GE gegenüber. Die Abweichungen nach IFRS zur Steuerbilanz sind nachfolgend aufgeführt:
> • Die in der nachfolgenden Tabelle in (2) – (4) dargestellten Werte haben sich in der ersten Periode (01) nach der Erstkonsolidierung nicht verändert.

---

[90] „Muttergesellschaft" und „Tochtergesellschaft" sind hier zu verstehen als „Obergesellschaft" und „Untergesellschaft".

- Die Tochter erzielt in 01 einen Gewinn vor Steuern von 100 GE, bei einem Steuersatz von 40 % somit einen Gewinn nach Steuern von 60 GE.

Vorgang	IFRS I	IFRS II	Latente Steuern „inside"	IFRS II nach Steuern
(1)	(2)	(3)	(4)	(5)
EK Steuerbilanz	1.000			1.000
POC-Mehrwert	70		– 28	42
Drohverlustrückstellung	– 40		16	– 24
Warenzeichen		80	– 32	48
	1.030	80	– 44	1.066
goodwill				434
AK Beteiligung = tax base				1.500

Per Ende 01 stellt sich bei Annahme einer ansonsten unverändert fortbestehenden Differenz von Steuerbilanz und IFRS-Bilanz (keine Abschreibung stiller Reserven im Warenzeichen, Fortbestehen der Drohverlustrückstellung) unter Berücksichtigung des Gewinns nach Steuern von 60 GE das Konsolidierungsergebnis wie folgt dar:

Beteiligung – tax base	1.500
EK Tochter – parents book basis	– 1.126
goodwill	– 434
Gewinnrücklage = outside basis difference	60

156 Eine aus Sicht der Vollkonsolidierung durch den (versteuerten) Gewinn bei der Tochter für die Mutter bestehende Differenz kann zu einer **späteren** (deshalb jetzt latenten) Steuerbelastung bei der Mutter führen.

Praxis-Beispiel
Es gelten die Ausgangswerte wie im Beispiel unter Rz 155. Die Tochter wird per Ende 01 (fiktiv) zu 1.800 GE verkauft. Die Einzelvermögenswerte mit goodwill bei der Tochter betragen 1.500 GE (wie zuvor) zuzüglich 60 GE Gewinn in 01 (= 1.560 GE).

Lösung

	StB	IFRS-Bilanz	Δ
Verkaufspreis	1.800	1.800	0
Buchwert(e)	1.500	1.560	60
Gewinn	300	240	60

Für die IFRS-Bilanz gilt die Einzelveräußerungsfiktion (Entkonsolidierung; → § 31 Rz 167), für die Steuerbilanz hingegen nur bei Tochter-Personenge-

> sellschaften (Rz 164), sonst aber die Gesamtbetrachtung in Form der Beteiligung. Der Unterschiedsbetrag von 60 GE begründet (im Fall der Tochter-Kapitalgesellschaft) eine latente (passive) Steuerlatenz, also eine *temporary difference* ohne Berücksichtigung von Befreiungsvorschriften etc. Bezugspunkt dafür ist eine künftige Veräußerung der Beteiligung (*reversal*).

Eine bestehende (passive) Steuerlatenz, die aus einer *outside basis difference* herrührt, kann durch eine spätere **Dividendenpolitik** (teilweise) zurückgebildet werden. Auch eine **außerplanmäßige Abschreibung** (*impairment*; → §11 Rz 13 ff.) kann die *outside basis difference* beeinflussen. **157**

Praxis-Beispiel (Fortsetzung zu Rz 156)
Sachverhalt 1

EK Tochter IFRS II am 31.12.01	1.126
Dividende in 02 (keine andere EK-Bewegung)	– 50
EK 31.12.02	1.076
Konsolidierung	
Beteiligung	1.500
– *goodwill*	– 434
– EK Tochter	– 1.076
Gewinnvortrag = *outside basis difference*	– 10

Sachverhalt 2
Im Jahr 03 erzielt die Tochter ein Ergebnis von 0 GE. Die Mutter nimmt eine außerplanmäßige Abschreibung von 700 GE (nur) in der IFRS-Bilanz (nicht in der konsolidierten Bilanz) vor. In der Steuerbilanz ist keine Teilwertabschreibung möglich.

Lösung

Buchwertbeteiligung in der IFRS-Bilanz 31.12.03	800
EK Tochter	– 1.076
outside basis difference (führt zur aktiven Latenz)	– 276

4.2.3.3 Anwendungsbeschränkungen der *outside basis differences*

Eine **aktive** Steuerlatenzrechnung auf die *outside basis differences* ist nach IAS 12.44 vorgesehen für die **Beteiligung** an **158**
- Tochterunternehmen (→ §32 Rz 6 ff.),
- assoziierten Unternehmen (→ §33 Rz 129),
- *joint ventures* (→ §34 Rz 57).

Voraussetzungen für den Ansatz sind (Rz 110):
- Die *temporary*-Differenz wird sich in der absehbaren Zukunft **umkehren**.
- **Ausreichendes steuerliches Einkommen** wird zur Nutzung dieser Steuerlatenzen verfügbar sein.

159   Eine **passive** Steuerlatenzrechnung auf *outside basis differences* ist nach IAS 12.39ff.
für den gleichen Unternehmenskreis vorgesehen, wenn *temporary*-Differenzen
vorliegen, es sei denn,

- die Obergesellschaft kann den Zeitpunkt der Umkehrung bestimmen – i.d.R.
  nur bei Mehrheitsstimmrecht denkbar – **und**
- voraussichtlich (*probable*) wird sich die *temporary*-Differenz in der absehbaren Zukunft nicht umkehren.

Damit wird eine vom Mutterunternehmen **kontrollierbare** *permanent difference*
unterstellt. Entsprechendes gilt für aktive Steuerlatenzen gem. IAS 12.44.

160   Im derzeit nicht weiter verfolgten ED/2009/2 (Rz 257) war die Übernahme der
einschlägigen US-GAAP-Regeln vorgesehen, wonach Beteiligungen an Auslandsgesellschaften von der Latenzierung unter den bislang gültigen Voraussetzungen befreit sind. Für Inlandsbeteiligungen sollte die Ausnahmeregelung
dagegen entfallen.

Angesprochen sind damit die Fälle einer **nachhaltigen Thesaurierung** von
Gewinnen beim Beteiligungsunternehmen. Sobald für die Tochtergesellschaft
eine Veräußerungsabsicht besteht, entfallen diese Voraussetzungen für den Nichtansatz latenter Steuern (Rz 96).

Praxis-Beispiel

Das deutsche Mutterunternehmen hält 100 % der Aktien und der Stimmrechte
an einer niederländischen Kapitalgesellschaft. Diese fungiert seit Neuestem als
Zwischenholding für eine ganze Reihe neu aufzubauender ausländischer Vertriebsgesellschaften. Zur Stärkung der Eigenkapitalbasis ist nach den Ge-
schäftsplänen in den nächsten sechs Jahren eine Ausschüttung nicht geplant.

Lösung

Wegen der Kontrolle über das Ausschüttungsverhalten (IAS 12.40) entfällt
die passive Latenz auf eine *outside basis difference* (Rz 96).

Sind keine Ausschüttungen (oder Veräußerungen) geplant, daher *outside basis
differences* nicht zu erfassen, erstreckt sich die Nichtbilanzierung auch auf die
erfolgsneutral zu erfassenden Währungsumrechnungsdifferenzen (→ § 27 Rz 86).
Ändert sich der Ausschüttungsplan (oder die Veräußerungsabsicht) derart, dass in
absehbarer Zeit mit einer Umkehrung der Differenzen zu rechnen ist, muss nach
IAS 12.61 und IAS 12.63 die nun zu bilanzierende latente Steuer in einen erfolgsneutral zu erfassenden Teil (Währungsumrechnungsdifferenz) und einen über die
GuV zu erfassenden Teil gesplittet werden.

161   Auf die zeitliche Steuerung der Dividendenpolitik nach IAS 12.39ff. kommt es
allerdings nicht an, soweit die Beteiligungserträge (und -aufwendungen) **mangels
Steuerbarkeit** in Deutschland zu dauerhaften Differenzen (*permanent differences*) führen (Rz 46). Deshalb ist die **Struktur** der (deutschen) Unternehmensbesteuerung als weiteres Beurteilungskriterium heranzuziehen.

Beim Tochterunternehmen ist entsprechend dem jeweiligen Steuer**statut** – Kapitalgesellschaft Körperschaft- und Gewerbesteuer, Personengesellschaft nur
Gewerbesteuer – eine Steuerlatenzrechnung auf die individuellen *temporary
differences* vorzunehmen (sog. *inside basis differences;* Rz 139). Die Folgewir-

kung für die Steuerlatenz beim Mutterunternehmen aufgrund von *outside basis differences* (Rz 139) richtet sich an der jeweiligen Steuer**art** aus.

Für die Passivlatenzierung kann sich im Einzelfall die Frage stellen, ob die beiden Ausnahmeregeln gegenüber der Latenzierungspflicht in IAS 12.39 auch auf einen **Teilbereich** einer *outside basis difference* anzuwenden sind. Dazu folgendes Beispiel:[91]

162

Praxis-Beispiel

Ein Investor eines (aus seiner Perspektive) assoziierten Unternehmens nimmt nicht an einer Kapitalerhöhung teil. Die Zeichner der neuen Anteile zahlen ein hohes Agio, womit sich der *equity*-Buchwert des Investors erhöht (→ § 33 Rz 122). Steuerlich entsteht ein Gewinn aus dem Wertzuwachs erst mit Veräußerung des Anteils oder der Liquidation des assoziierten Unternehmens. Das Agio ist nach der gesetzlichen Vorgabe in eine Kapitalrücklage einzustellen und darf nur durch die Liquidation der Gesellschaft dem Investor zugeführt werden. Eine Liquidation der Gesellschaft ist aktuell nicht geplant und stellt auch strategisch keine Option dar. Ebenso ist keine Veräußerung der Anteile beabsichtigt.

Das zweite Tatbestandsmerkmal zur Begründung der Nichtlatenzierung in IAS 12.39(b) ist damit erfüllt. Das erste Tatbestandsmerkmal für den Ausschlussgrund (IAS 12.39(b)) ist bei einer assoziierten Beteiligung üblicherweise nicht gegeben, da der Minderheitsgesellschafter die Ausschüttungspolitik nicht kontrollieren kann. Die Besonderheit der Nichtausschüttbarkeit des vereinnahmten Agios (Kapitalrücklage) bis hin zur Liquidation macht jedoch das Erfordernis der gesellschaftsrechtlichen Kontrolle über die Realisierung des Agios überflüssig. Das gesetzliche Ausschüttungsverbot ersetzt das Tatbestandsmerkmal der gesellschaftsrechtlichen Kontrolle.

Eine *outside basis difference* kann aber auch durch thesaurierte Gewinne der Beteiligungsgesellschaft generiert werden (Rz 155), für die das Latenzierungsgebot zweifellos gilt. Daraus ergibt sich die Frage, ob zur Steuerlatenzierung eine **gesplittete** *outside basis difference* zu beachten ist. Die zwei möglichen Antworten lauten:

- Es gibt nur **eine** *outside basis difference*, hier das Agio aus der Anteilsreduktion und thesaurierten Gewinnen bei der Tochtergesellschaft. Diese kann der Minderheitsgesellschafter nicht (bzw. nicht im Ganzen) kontrollieren. Die Rückführung des Agios im Zeitpunkt der Liquidation ist als „ultimative" Gewinnausschüttung zu würdigen. Der Ausnahmetatbestand in IAS 12.39(a) ist nicht erfüllt, eine Passivlatenzierung hat zu erfolgen.

- Die *outside basis difference* ist **gesplittet** zu beurteilen. Das Agio stellt eine separate Komponente dieser Differenz dar, die durch spätere Dividendenausschüttungen keinem Umkehreffekt unterliegt. Nur durch die Liquidation oder den Verkauf der Beteiligung kann der Unterschiedsbetrag zur Steuerbilanz korrigiert werden. Deshalb ist der Ausnahmetatbestand des IAS 12.39(a) erfüllt, IAS 12.39(b) ist ohnehin unproblematisch. Auf eine Latenzierung kann verzichtet werden.

---

[91] Vgl. LÜDENBACH, PiR 2012, S. 66.

Wir favorisieren den ersten Lösungsansatz, schon um nicht die ohnehin extreme Komplexität der Steuerlatenzierung mit der Folge der Überleitungsrechnung (Rz 244) noch weiter anzureichern. Andererseits hat die zweite Lösung Aufhänger im Wortlaut von IAS 12.39, in dem das **Ausmaß** (*extent*) der Erfüllung der beiden Ausnahmetatbestände angesprochen ist. Diese Formulierung könnte als Erlaubnis zum Splitting der Steuerlatenzierung in diesen Fällen herangezogen werden.

4.2.4 Abhängigkeit der *outside basis differences* von der Rechtsformkonstellation

4.2.4.1 Mutter und Tochter: Kapitalgesellschaft

163 Dem Grunde nach können in der Konstellation Mutter- und Tochterunternehmen in der Rechtsform einer Kapitalgesellschaft *outside basis differences* entstehen (Rz 153). Deren „Wirkung" wird allerdings aus Sicht einer deutschen Mutterunternehmung infolge der Befreiungsvorschriften des § 8b KStG bzw. des § 9 Nr. 2a GewStG weitgehend neutralisiert. Die *outside basis differences* sind deshalb im Konzernabschluss irrelevant. Für die *inside basis differences* gelten die allgemeinen Regeln (Rz 152).

Spezifische **Besonderheiten** der deutschen Unternehmensbesteuerung sind nicht berücksichtigt, z.B. die Pauschalzurechnung von 5 % der Dividende bzw. des Veräußerungsgewinns (§ 8b Abs. 3 KStG).

4.2.4.2 Mutter: Kapitalgesellschaft, Tochter: Personengesellschaft

164 Eine Beteiligungsstruktur Mutterunternehmen als Kapitalgesellschaft und Tochterunternehmen in der Rechtsform einer Personengesellschaft wird in der IFRS-Konzernbilanz und in der Steuereinzelbilanz der Mutter konzeptionell **gleich** behandelt: Sowohl aus IFRS-Konzernsicht als auch steuerlich tritt an die Stelle des Vermögenswerts/Wirtschaftsguts „Beteiligung" der Anteil an den zum Gesellschaftsvermögen gehörenden (aktiven und passiven) Vermögenswerten/Wirtschaftsgütern. In der Steuerbilanz der Mutterunternehmung wird entsprechend auch nicht eine eigentliche Gewinnermittlung für den Bilanzposten **„Beteiligung"** an der Personengesellschaft durchgeführt, vielmehr geht der beim Tochterunternehmen festgestellte Gewinn in die Besteuerungssphäre des Mutterunternehmens ein. Umgangssprachlich wird diese Bilanzierung als **Spiegelbildmethode** bezeichnet.

165 Bzgl. der *outside basis differences* gilt demnach im Rahmen der Spiegelbildmethode:

- Der **laufende** Gewinn der Tochter-Personengesellschaft ist in beiden Rechenwerken unabhängig von einer förmlichen Ausschüttung dem Mutterunternehmen zuzurechnen.
- Der Gewinn aus einem Verkauf der Tochter-Personengesellschaft ist sowohl in der IFRS-Bilanz als auch in der Steuerbilanz nach Maßgabe der **Einzelveräußerungsfiktion** abzubilden; dem Verkaufserlös ist in beiden Fällen das abgehende Nettovermögen gegenüberzustellen.
- Die **Bewertungsunterschiede** dieses Nettovermögens der Tochter sind bereits als *inside basis differences* berücksichtigt.

- Steuerbefreiungsvorschriften (Rz 163) und IFRS-spezifische Beschränkungen (Rz 161) für die Steuerlatenzierung können **unberücksichtigt** bleiben.

Outside basis differences können also nur bei Verzicht auf die Spiegelbildmethode entstehen.

Bzgl. der *inside basis differences* ergeben sich konsolidierungstechnisch keine Unterschiede gegenüber dem Fall „Tochter-Kapitalgesellschaft". Allerdings sind die **unterschiedlichen Steuersätze** zu berücksichtigten. Dazu folgendes Beispiel:

Praxis-Beispiel

	TEUR
Steuerlich nicht ansetzbare Drohverlustrückstellung bei der Tochter-Personengesellschaft (PersG)	– 200
14 % latente Gewerbesteuer bei PersG (aktiv)	+ 28
Gesamtes IFRS-Eigenkapital der PersG	
vor der Latenzrechnung	+ 3.000
nach der Latenzrechnung	**3.028**

Die laufende Gewerbesteuer aus der Drohverlustrückstellung ist beim Eigenkapital der Personengesellschaft bereits gekürzt.

Daraus folgt die

IFRS-Bilanz der PersG (HB II)

Aktive Latenz GewSt	28	EK	3.028
Sonstiges	3.000		
	3.028		3.028

Steuerbilanz der PersG (HB I)

Sonstiges	3.200	EK IFRS-Bilanz	3.000
		Drohverlustrückstellung (nicht passiviert)	200
	3.200	Gesamtes EK	3.200

Für den Eigenkapitalunterschied von 172 GE (= 3200–3028) ist keine weitere Latenzrechnung aufgrund einer *outside basis difference* bei der Mutter durchzuführen. Dort ist nur die Körperschaftsteuer zu berücksichtigen. Der zur Vereinfachung häufig verwendete Steuersatz von 30 % kann mit 14 % auf GewSt und 16 % auf KSt verteilt werden (angenommener Gewerbesteuerhebesatz 400).

Konsolidierungstechnisch ist die Körperschaftsteuerlatenz sinnvollerweise bereits bei der **Neubewertung** für die Tochter-Personengesellschaft zu erfassen. Nach Maßgabe des weitergeführten Beispiels unter dieser Randziffer stellt sich diese wie folgt dar (16 % von 200):

IFRS-Bilanz II der PersG			
Aktive Latenz KSt	32	EK	32

4.2.4.3 Mutter: Personengesellschaft, Tochter: Kapitalgesellschaft

166 Die Beurteilung bzgl. einer konsolidierungstechnisch möglichen *outside basis difference* (nur für Gewerbesteuer) ist **nicht eindeutig**, weil
* einerseits Gewinnanteile im Rahmen der Schachtelbefreiung (§ 9 Nr. 2a GewStG) nicht,
* andererseits Veräußerungsgewinne doch (GewStH H 9.3 zu § 9 GewStG) der Besteuerung unterliegen.

Wir befürworten eine Orientierung an der **Verwendungsabsicht**. Soll die Beteiligung in absehbarer Zeit verkauft werden, muss die *outside basis difference* als Latenzgrundlage berücksichtigt werden, umgekehrt bei Halteabsicht. Die *inside basis differences* (Rz 152) bei der Tochter-Kapitalgesellschaft sind mit Körperschaft- und Gewerbesteuer belegt in den Konzernabschluss einzubeziehen.

4.2.4.4 Mutter und Tochter: Personengesellschaft

167 Die *outside basis differences* sind unbeachtlich, da in beiden Rechenwerken die Einzelveräußerungsfiktion gilt (Rz 165).

4.3 Verbundbeziehungen im Einzelabschluss

4.3.1 Tochter: Kapitalgesellschaft

168 Bei Tochter-Kapitalgesellschaften können (z.B. aufgrund steuerlich nicht anerkannter außerplanmäßiger Abschreibungen) Differenzen zwischen den Beteiligungsansätzen in der IFRS-Einzelbilanz der Mutter und in der Steuerbilanz der Mutter entstehen. Diese Differenzen begründen nur dann eine Latenz, wenn aus der Beteiligung steuerpflichtige Erträge entstehen können.

Bei Beteiligung einer **Kapitalgesellschaft** an einer in- oder ausländischen **Kapitalgesellschaft** liegt aus Sicht der deutschen Besteuerung i.d.R. wegen § 8b KStG i.V.m. § 7 GewStG im Umfang der Steuerbefreiung eine *permanent (outside basis) difference* vor (Rz 46). Die Steuerlatenzierung entfällt. Diese Feststellung gilt unabhängig davon, ob die Beteiligung beim Mutterunternehmen im Einzelabschluss *at cost* oder *at fair value* geführt wird (→ § 32 Rz 176).

169 Schwieriger ist die Beurteilung der Beteiligung einer **Mutter-Personengesellschaft** an einer Tochter-Kapitalgesellschaft. Eine Differenz der Beteiligungsansätze **kann**, aber **muss nicht** Gewerbesteuer auslösen,
* weil einerseits Gewinnanteile im Rahmen der Schachtelbefreiung (§ 9 Nr. 2a GewStG) steuerbefreit sind,
* andererseits Veräußerungsgewinne der Besteuerung unterliegen.

Die Latenzierung könnte sich an der Verwendungsabsicht orientieren. Bei Verkaufsabsicht in absehbarer Zeit muss die *outside basis difference* als Latenzgrundlage berücksichtigt werden, umgekehrt bei Halteabsicht.

4.3.2 Mutter: Kapitalgesellschaft, Tochter: Personenhandelsgesellschaft

Eine Beteiligung einer deutschen **Kapitalgesellschaft** an einer deutschen **Personenhandelsgesellschaft** stellt in der IFRS-Bilanz (und in der Handelsbilanz) einen Vermögenswert dar, nicht dagegen in der Steuerbilanz.[92] Aus steuerlicher Sicht tritt an die Stelle des Wirtschaftsguts „Beteiligungen" die Summe aller Anteile an den zum Gesellschaftsvermögen gehörenden (aktiven und passiven) Wirtschaftsgütern (Spiegelbildmethode). In der Steuerbilanz der Mutterunternehmung wird entsprechend auch nicht eine eigentliche Gewinnermittlung betreffend die Beteiligung an der Personengesellschaft durchgeführt, vielmehr geht der beim Tochterunternehmen festgestellte Gewinn in die Besteuerungssphäre des Mutterunternehmens ein, und zwar unabhängig davon, ob dort in der IFRS-Bilanz eine Wertveränderung vorgenommen worden ist. **170**

Diese rechtsdogmatische Konstellation bereitet seit jeher im nationalen Abschluss **Schwierigkeiten**. Die Verfasser der IFRS haben sie nicht erkennbar in ihre Überlegungen einbezogen. Die bilanzielle Abbildung muss deshalb dem allgemeinen Regelungsgehalt des IAS 12 entsprechen. Wegen der Kompliziertheit der Materie – in Teilbereichen nachfolgend dargestellt – ist dem *cost-benefit*-Aspekt (→ §1 Rz 67) gebührend Beachtung zu schenken.

Weitere Schwierigkeiten bereitet das (möglicherweise) Fehlen von Eigenkapital im IFRS-Abschluss **von** Personenhandelsgesellschaften mit der Qualifizierungsfolge für die Beteiligung an Personenhandelsgesellschaften. Im Folgenden wird der Beteiligungscharakter gleichwohl unterstellt.

Eine denkbare Lösung aufgrund eines **formalistischen** Ansatzes könnte sich auf das **Nichtvorhandensein** einer Beteiligung (im eigentlichen Sinn) in der Steuerbilanz stützen mit der Folge, dass ein Steuerwert (*tax base*; Rz 48) nicht bestünde. Als mögliche Konsequenz entfiele wegen der dann anzunehmenden permanenten Differenz eine Steuerlatenzrechnung oder die Steuerlatenz wäre auf die wechselnden Differenzen des IFRS-Beteiligungsansatzes zum steuerbilanziellen Null-Ansatz zu bilden. Diese Lösung ist u. E. nicht sachgerecht, abzustellen ist auf den Steuerwert. **171**

Sinnvollerweise sollte man sich durch das von IAS 12 gewählte *temporary concept* (Rz 34) leiten lassen. Im Gegensatz zur Behandlung der Personen-Tochtergesellschaft im Konzernabschluss – **keine** *outside basis differences* (Rz 165) – ist die Steuerlatenzrechnung (hinsichtlich der IFRS-Einzelbilanz) dann **ausschließlich** auf die *outside basis difference* gerichtet, was sich auf den Wortlaut von IAS 12.39 stützen kann (*associated with investments*). Hinzu kommt die unterschiedliche Besteuerungshoheit für Körperschaft- und Gewerbesteuer. **172**

Der **Beteiligungsbuchwert** der Mutter-Kapitalgesellschaft ist mit dem (anteiligen) **Steuerbilanzkapital** samt Ergänzungsbilanzen (Rz 68; zur Sonderbilanz vgl. Rz 67) der Tochter-Personengesellschaft zu vergleichen. Letzteres stellt die *tax base* (Rz 48) der Beteiligung dar. Ein Unterschiedsbetrag entspricht der *outside basis difference*.[93] Diese ist bei der Mutter-Kapitalgesellschaft mit dem vollen (kombinierten) Steuertarif zu belegen (Rz 161). Das folgt aus der fiktiven Veräußerung der Beteiligung als Tatbestand des *reversal* (Rz 34) wegen §7 Satz 2 Nr. 1 GewStG.

---

[92] So ständige BFH-Rechtsprechung, z. B. BFH, Beschluss v. 25.2.1991, GrS 7/89, BStBl II 1991 S. 691.
[93] ERNSTING/LOITZ, DB 2004, S. 1054.

173 Wegen der **zeitlichen Beschränkung** betreffend die Umkehrung wird auf Rz 113 verwiesen.

174 Insbesondere, aber nicht nur, die *outside basis differences* (Rz 46) hängen in ihrer Entstehung und Entwicklung entscheidend von der **Bilanzierungsmethode** für die **Beteiligung** an der Tochter-Personengesellschaft nach den IFRS (→ § 32 Rz 4) ab. Hierzu folgendes Beispiel[94] zu typischen Sachverhalten:

Praxis-Beispiel

Die K-AG erwirbt 100 % der Anteile an der V-GmbH & Co. KG. Der Erwerbspreis beträgt 1.000 GE, das anteilige Eigenkapital der KG 600 GE. Der Differenzbetrag wird als *goodwill* identifiziert und bei der KG in einer steuerlichen Ergänzungsbilanz aktiviert und auf 15 Jahre mit 27 GE p.a. abgeschrieben. Die nachstehend genannten Sachverhalte führen als Ceteris-paribus-Betrachtung jeweils zu einer Veränderung des steuerlichen Eigenkapitals der KG.

Lösung bei Beteiligungsbilanzierung in der IFRS-Bilanz *at cost*
Zum Anschaffungszeitpunkt besteht keine Differenz. Bei der Folgebilanzierung ist zu differenzieren:
- Abschreibung auf *goodwill* oder andere aufgedeckte stille Reserven in der Steuerbilanz, nicht in der IFRS-Bilanz
  – → passive Latenz,
- vorläufig thesaurierter Gewinn der KG
  – → aktive Latenz,
- außerplanmäßige Abschreibung auf die Beteiligung in der IFRS-Bilanz, nicht in der Steuerbilanz
  – → aktive Latenz,
- laufender Verlust der KG (ohne Verlustübernahmeverpflichtung)
  – → passive Latenz (es liegt keine *liability* vor),
- Gewinnvereinnahmung
  – → passive Latenz.[95]

Lösung bei der Folgebilanzierung in der IFRS-Bilanz *at equity* (wieder zulässig)
- Abschreibung auf *goodwill* in der Steuerbilanz mit 27, in der IFRS-Bilanz mit 20
  – → passive Latenz,
- vorläufig thesaurierter Gewinn der KG
  – → keine Latenz (Differenz fehlt),
- außerplanmäßige Abschreibung auf die Beteiligung in der IFRS-Bilanz, nicht in der Steuerbilanz
  – → aktive Latenz,
- laufender Verlust der KG
  – → keine Latenz (Differenz fehlt).

---

94 Weiterführend MEYER/BORNHOFEN/HOMRIGHAUSEN, KoR 2005, S. 287.
95 Nach IDW RS HFA 18 bedarf es einer Feststellung des Jahresabschlusses, also nur phasenverschobene Vereinnahmung in der IFRS-Bilanz möglich (→ § 4 Rz 40). Wie hier MEYER/BORNHOFEN/HOMRIGHAUSEN, KoR 2005, S. 290; IDW RS HFA 18, Tz 12.

> **Lösung bei der Folgebilanzierung in der IFRS-Bilanz *at fair value*** > Keine eindeutige Regel möglich. Eine Steuerlatenz errechnet sich zu jedem
> Bilanzstichtag aus dem Unterschiedsbetrag (*difference*) zwischen IFRS-*fair-*
> *value* und anteiligem steuerlichen Eigenkapital (ohne *inside basis differences*)
> der Tochter-KG.

Die **Ergänzungsbilanz** (Rz 68; zu den Sonderbilanzen vgl. Rz 67) bildet systema-   **175**
tisch die Neubewertung einschließlich *goodwill*-Ermittlung im Rahmen der Erstkonsolidierung (→ §31 Rz 11 ff. für die Vollkonsolidierung) ab. Inhaltlich entspricht die Ergänzungsbilanz der IFRS-Bilanz II (ohne die dortige Steuerlatenz aus
inside basis differences). Gleichwohl kann es im Rahmen der **Folgekonsolidierung**
zu *inside basis differences* kommen.

> **Praxis-Beispiel**
> Der Mehrwert von 400 GE (Beispiel in Rz 174) ist in der Steuerbilanz auf
> 15 Jahre mit jährlich 27 GE abzuschreiben. In der IFRS-Bilanz der KG
> erfolgt keine Abschreibung. Die im Zugangsjahr bei der Tochter-Personen-
> gesellschaft zu passivierende Steuerlatenz (bei der KG) beträgt bei einem
> Steuersatz von 14 % für die Gewerbesteuer 56 GE. Die Steuerlatenz ist
> jährlich mit 3,7 GE zugunsten des Steueraufwands der KG aufzulösen.
> Bei der Mutter-Kapitalgesellschaft ist derselbe Latenzeffekt mit einem Steu-
> ersatz von 16 % für die Körperschaftsteuer zu belegen.

Die **Veränderung** der **Anteilsquote** einer Kapital- an einer Personengesellschaft   **176**
kann bei der erstgenannten (Mutter-)Gesellschaft zur Änderung eines Steuerlatenzpostens aus dem Körperschaftsteuerbereich führen. Die Gewerbesteuer bleibt
dabei wegen der insoweit bestehenden Steuerrechtssubjektivität der Personengesellschaft unberührt. Die Körperschaftsteuerbelastung aus laufenden und latenten
Steuern geht mit der Beteiligungsquote der Muttergesellschaft in ihren Einzel-
und in den Konzernabschluss ein.

Die persönlichen Steuerverhältnisse der **Minderheitsbeteiligten** an der Personengesellschaft können im Konzernabschluss der beherrschenden Mutter-Kapitalgesellschaft nicht berücksichtigt werden. Die wirtschaftliche Einheit des
Konzerns ist davon nicht betroffen.

Für den Körperschaftsteueranteil an den Latenzen ergeben sich daraus im Fall   **177**
der Änderung der Beteiligungsquote durch Kauf oder Verkauf von Teilanteilen
an der Personengesellschaft ohne Kontrollverlust (→ §31 Rz 177 ff.) Bewertungsänderungen: z.B. ist die bisher zu 60 % bewertete Steuerlatenz auf 80 %
zu erhöhen oder auf 55 % zu reduzieren.

Dann stellt sich die Frage,[96] ob diese Veränderung
- die Aufstockung oder Abstockung der Beteiligung sozusagen begleitet, also
  als **Teil**bestandteil des Vorgangs bei der Erstkonsolidierung **erfolgsneutral**
  oder
- als **Folge**effekt des Vorgangs **erfolgswirksam**
zu erfassen ist.

---

[96] Vgl. hierzu FREIBERG, PiR 2008, S 380.

178 Eine spezifische Lösung findet sich weder in IFRS 10 noch in IFRS 3 (→ § 31). Deshalb ist auf einen **Analogie**schluss zurückzugreifen.

- Nach IAS 12.66 sind die bei der Erstkonsolidierung entstehenden Latenzen **erfolgsneutral** als Zugang zu buchen. Allerdings wird die Bewertungsänderung der Steuerlatenzen durch die Buchwertauf- oder -abstockung und nicht durch den Erwerb von Vermögenswerten und Schulden ausgelöst.
- Nach IAS 12.67 kann sich die bisherige Bewertung von **aktiven** Latenzen wegen „gekaufter Gewinne" verändern mit der Folge einer **ergebniswirksamen** Behandlung des Unterschiedsbetrags. Allerdings „passt" die Beschränkung auf die Aktivseite nicht zur alternativen Situation der Auf- **und** Abstockung.

Beide Analogieschlüsse „hinken" also, ein anderer ist im Standardgeflecht nicht auszumachen. Beide Lösungen sind vertretbar mit der Folge eines **faktischen** Wahlrechts.

4.3.3   Mutter und Tochter: Personengesellschaft

179 In **mehrstöckigen** Personengesellschaftsstrukturen entfällt auf der oberen Konzernebene die vom Tochterunternehmen induzierte Steuerlatenzrechnung „mangels Masse" (kein Steuersubstrat aus der Beteiligung nach § 9 Nr. 2 bzw. § 8 Nr. 8 GewStG). Erst wenn in der Beteiligungskette nach oben eine Kapitalgesellschaft erscheint, wird aus der unteren Beteiligungsebene (von Personengesellschaften) u. U. eine Steuerlatenzrechnung „hinaufgereicht" und wirkt sich dort (nur) bei der Körperschaftsteuer aus.

4.4   Gruppenbesteuerungssysteme

4.4.1   Überblick über die Organisationsstrukturen

180 Die nationalen Steuersysteme versuchen auf unterschiedliche Weise eine doppelte oder mehrfache Belastung **eines** ökonomischen Gewinns im Zug von Gewinntransfers innerhalb des Konzerns und dann weiter an die Anteilseigner zu vermeiden. Beispiele sind das in Deutschland aufgegebene Anrechnungs- oder das gültige Teileinkünfteverfahren. Gleichwohl verbleibt die latente Gefahr einer mehrfachen Besteuerung **eines** wirtschaftlich verstandenen Gewinns innerhalb eines Konzerns. Der systematische Grund liegt in der Rechtssubjektivität der einzelnen Konzerngesellschaften für Zwecke der Ertragsbesteuerung, die dem einheitlichen und wirtschaftlichen Gebilde „Konzern" widerspricht.

Diesem Problem wollen sog. **Gruppenbesteuerungssysteme** zu Leibe rücken, die wir in Deutschland in langer Tradition in Form einer sog. **Organschaft** kennen. Im europäischen Bereich sind u. a. in folgenden Ländern grenzüberschreitende Gruppenbesteuerungssysteme gesetzlich eingerichtet und wie folgt strukturiert:[97]

---

[97] Vgl. KESSLER, in: WIESNER/KIRCHMAYR/MAYR, Gruppenbesteuerung, 2. Aufl., 2008. Wegen der Voraussetzungen zur Einrichtung einer solchen Gruppenbesteuerung und Ausprägung im Einzelnen wird verwiesen auf HIRSCHLER/SCHINDLER, IStR 2006, S. 505.

Voraussetzungen	Dänemark	Italien	Frankreich	Österreich	Deutschland
Beteiligungsquote	50 %	> 50 %	50 %	> 50 %	> 50 %
EAV	nein	nein	nein	nein	ja
Gruppenvertrag	Steuerausgleich	nein	nein	Steuerausgleich	nein
Mindestdauer	zehn Jahre*	fünf Jahre, danach drei	fünf Jahre	drei Jahre	fünf Jahre
Verlustausgleich Ausland	ja	ja	ja	ja	nein

* mit Ausnahmen

Für Zwecke der Steuerlatenzrechnung sind folgende **Struktur**merkmale der **181** Gruppenbesteuerungssysteme von besonderem Interesse:
- ausschließliche **Zurechnung** zum **Gruppenträger** oder **Verteilung** des gesamten steuerlichen Ergebnisses nach bestimmten Schlüsseln auf die **Gruppengesellschaften** (Steuerumlage; Rz 186);
- Behandlung bestehender **Verlustvorträge** beim **Eintritt** in die Gruppe (Rz 188);
- **Abwicklung** der temporären Differenzen in- und außerhalb des Gruppenbesteuerungszeit**raums** (Rz 187);
- Möglichkeit der Verlustübernahme von **ausländischen** Gruppenunternehmen (Rz 182).

4.4.2 Transnationale Verlustzurechnung

Der Aspekt der Verlustübernahme von ausländischen Gruppenunternehmen ist **182** von besonderer fiskalischer Brisanz, da kein nationaler Fiskus „bestrebt" ist, im **Ausland** angefallene Verluste zur Minderung des **inländischen** Steueraufkommens anzuerkennen. Andererseits können gegen eine Abschottung ausländischer Verluste von der inländischen Steuerbemessungsgrundlage europarechtliche Bedenken bestehen, wenn nämlich die Verlustübernahme aus nationalen Gruppenmitgliedern möglich, aus ausländischen Gruppengesellschaften in der EU dagegen unzulässig ist. Dieses Thema ist vom EuGH im Fall MARKS & SPENCER beurteilt worden.[98] Aus diesem EuGH-Urteil folgt generell für die „Verlustübernahme" von ausländischen Kapitalgesellschaften auf inländische Muttergesellschaften Folgendes:
- **Primär** müssen die von den ausländischen Tochtergesellschaften eines Konzerns ermittelten Verluste bei **diesen** Rechtsträgern selbst steuerlich geltend gemacht werden.
- Nur wenn die ausländische Tochtergesellschaft im Sitzstaat alle Möglichkeiten einer Berücksichtigung von Verlusten **ausgeschöpft** hat und dort keine Möglichkeit einer Verlustverrechnung in irgendeiner Form besteht, ist die Muttergesellschaft zur „Übernahme" der ausländischen Verluste in die eigene Bemessungsgrundlage berechtigt.

Die anschließende Frage geht nach der Definition von solchen Möglichkeiten **183** oder Nichtmöglichkeiten der Verlustnutzungen dieser ausländischen Gesellschaft in deren Jurisdiktionsbereich. Im „Normalfall" **scheidet** eine Verlustüber

---

[98] EuGH, Urteil v. 13.12.2005, C-446/03, IStR 2006, S. 19; die Rechtslage ist allerdings durch weitere EuGH-Urteile eher infrage gestellt worden.

nahme von ausländischen Tochtergesellschaften **aus**. **Ausnahmen** können in folgender Konstellation in Betracht kommen:[99]

- Im Staat der Tochtergesellschaft erfolgt überhaupt **keine** Unternehmensbesteuerung – besteuert wird nur die Ausschüttung –, weshalb auch eine Verlustberücksichtigung entfällt.
- Die Verlustvortragsmöglichkeit ist **zeitlich** beschränkt.[100]
- Die ausländische Gruppengesellschaft wird **liquidiert**.
- Die ausländische Gruppengesellschaft wird auf einen **anderen** Rechtsträger **verschmolzen** oder **verkauft** mit der Folge eines zwingenden oder möglichen Untergangs des Verlustvortrags, vergleichbar § 12 Abs. 3 Satz 2 UmwStG oder § 8 Abs. 4 KStG.

Daraus folgt für Zwecke der Steuerlatenzrechnung im **Einzel**abschluss:

- Verlustvorträge können nur zu einer aktiven Steuerlatenz beim **verlusterzielenden** Tochterunternehmen führen, solange dessen Ergebnis nicht in die Bemessungsgrundlage der (ausländischen) Muttergesellschaft übergeht. Dies entspricht der nationalen Rechtslage, weil in diesen Fällen ohnehin die aktive Steuerlatenz aus Verlustvorträgen ausgebucht werden muss.
- Wenn (in Ausnahmefällen s. o.) ein Verlustübergang auf die Gruppenträgerin möglich ist, kann die Steuerlatenz aus dem Verlustvortrag der Tochtergesellschaft bei der **Mutter**gesellschaft **eingebucht** werden.
- Die Aus- und Einbuchung haben mit dem jeweiligen **nationalen** Steuer**satz** zu erfolgen mit der in Rz 159 dargestellten Folge.

184   Unabhängig von der **europarechtlich** vorgegebenen „ultimativen" transnationalen Verlustübertragung im Konzernsteuerbereich besteht in einigen EU-Mitgliedstaaten (Rz 179) nach **nationaler Gesetzesvorgabe** die Möglichkeit eines Verlusttransfers von ausländischen Tochterunternehmen eines Konzerns in die Bemessungsgrundlage der inländischen Konzernmutter. Dazu dienen spezifische **Gruppenbesteuerungssysteme** in unterschiedlicher Ausprägung.

185   Im **österreichischen** Gruppenbesteuerungssystem führen **spätere** Gewinne der ausländischen Gruppengesellschaft zu einer **Nach**versteuerung beim sog. Gruppenträger, auf den die steuerlichen Ergebnisse ausschließlich zugerechnet werden. Im Zusammenspiel von tatsächlichem Steueraufwand und demjenigen aus der Steuerlatenzrechnung ergibt sich in diesen Fällen eine **besondere Konstellation**, die systematisch auf einer zwischenstaatlich nicht abgestimmten Zuordnung der Steuerbemessungsgrundlage begründet ist:

- Der Verlust einer (angenommen) deutschen Tochter-Kapitalgesellschaft bleibt der **deutschen** „Steuerhoheit" als Vortragspotenzial erhalten.
- Der (gleiche) Verlust – identische Gewinnermittlung unterstellt – wird in die Bemessungsgrundlage der angenommenen **österreichischen** „Gruppe" übernommen (Rz 144).

Danach folgt für den IFRS-**Einzel**abschluss der

- deutschen Gruppen-Tochtergesellschaft mit (nationalem) Verlustvortrag: Aktivierung einer Steuerlatenz (bei Vorliegen der spezifischen Voraussetzungen; Rz 142),

---

[99] SCHEUNEMANN, IStR 2006, S. 145.
[100] Vgl. hierzu die Auflistung für den EU-Bereich bei SCHEUNEMANN, IStR 2006, S. 148.

- österreichischen Gruppenträgerin: Minderung des laufenden (nationalen) Steueraufwands.

Im IFRS-**Konzern**abschluss der österreichischen Gruppenträgerin ist dieser Effekt zu **konsolidieren**. Aus der Einheitsperspektive, der zufolge der Konzernabschluss so aufzustellen ist, als ob die Mitglieder des Konsolidierungskreises eine *„single economic unity"* wären (IFRS 10.A), besteht kein Verlustvortrag der deutschen Tochtergesellschaft, also muss im Rahmen der Konsolidierungsbuchungen die darauf gebildete aktive Steuerlatenz storniert werden. Genau umgekehrt ist bei einem späteren Gewinn der deutschen Tochtergesellschaft vorzugehen, der beim österreichischen Gruppenträger zu einer Nachversteuerung führt.

4.4.3   Ergebniszurechnung innerhalb der Gruppe

Weiter stellt sich für die Steuerlatenzrechnung die Frage nach der **ergebnismäßigen Zuordnung** des in der Gruppe **insgesamt** erzielten Ergebnisses auf die einzelnen Gruppengesellschaften. In der steuerlichen **Organschaft** nach deutschem Recht werden die Ergebnisse der Organschaften der (obersten) **Gruppenträgerin** zugerechnet. Dann müsste konsequent die Steuerlatenzrechnung auch auf deren Einzelabschluss ausgerichtet werden. Das Ergebnis dieser Anknüpfung an das nationale Steuerrecht erscheint wenig sachgerecht.

Eher bietet sich ein Analogieschluss auf der Grundlage von IAS 8.10ff. (→ § 1 Rz 76) nach Maßgabe von ASC Topic 740–25–7 (US-GAAP) an.[101] Danach ist das gruppenweit erzielte Ergebnis den einzelnen Gruppenunternehmen nach einer wirtschaftlich vernünftigen **Schlüsselung** zuzuordnen. Diese Anweisung entspricht in großen Zügen der in **Deutschland** üblichen Vorgehensweise bei der Körperschaft- und Gewerbesteuer**umlage** im Organschaftskonzern. Dabei sind für Zwecke der IFRS-Rechnungslegung sowohl die *stand-alone*-Methode als auch die Verteilungsmethode zulässig.[102] Im **österreichischen** Gruppenbesteuerungssystem wird vergleichbar vorgegangen mit der Folge einer Bilanzierung der Steuerlatenzen bei den einzelnen Gruppenunternehmen. Diese Umlage „ersetzt" den nach österreichischem Gruppenbesteuerungssystem nicht erforderlichen **Gewinnabführungsvertrag,** der nach deutschem Organschaftsrecht ein zwingendes tatbestandliches Erfordernis darstellt. In diesen Fällen einer Steuerumlage auf Gruppenunternehmen unabhängig von der rechtlich bestehenden Steuersubjektivität kann u.E. die Steuerlatenzrechnung im IFRS-Einzelabschluss des jeweiligen Gruppenmitglieds angesiedelt werden.

186

4.4.4   Zeitliche Abwicklung der temporären Differenzen

Einen weiteren Problembereich stellt die Frage nach dem **zeitlichen** Abspiel der Begründung bzw. Entstehung von temporären Differenzen und deren Umkehr **innerhalb** der **Gruppenbesteuerungsperiode** oder **außerhalb** dar. Nach deutschem Körperschaftsteuerrecht spricht man von **vor**- und **nach**organschaftlichen Ergebnissen und solchen **innerhalb** der Organperiode.[103] U. E. kommt diesem Problem der zeitlichen Zuordnung der Differenzumkehr dann keine Bedeutung

187

---

101 So auch LIENAU, Bilanzierung latenter Steuern im Konzernabschluss nach IFRS, 2006, S. 227.
102 Zur gesellschaftsrechtlichen Zulässigkeit nur der Verteilungsmethode vgl. BGH, Urteil v. 1.3.1999, II ZR 312/97.
103 Zur Unterscheidung von vier möglichen „Umkehr-Perioden" für die temporären Differenzen vgl. LIENAU, Bilanzierung latenter Steuern im Konzernabschluss nach IFRS, 2006, S. 225.

zu, wenn nach dem vorigen Vorschlag (Rz 186) das einzelne Gruppenunternehmen in eine *stand-alone*-Situation für Zwecke der Ergebniszuordnung gebracht wird. Sie wird dann bzgl. des Steueraufwands so behandelt, als ob sie nicht der Gruppe angehört, weshalb nach Beendigung der Gruppenbesteuerung die temporären Differenzen unverändert weitergeführt werden können.

4.4.5 Behandlung von Verlustvorträgen bei Eintritt in die Gruppe

188 Unterschiedliche Regeln bestehen in den unter Rz 180 aufgeführten EU-Staaten zur Behandlung der beim Eintritt in die Besteuerungsgruppe vorhandenen Verlustvorträge der betreffenden Gesellschaft. Nach **deutschem** Recht spricht man von „**vororganschaftlichen** Verlusten". Diese können während des Bestehens der Organschaftsstruktur nicht verwertet werden, bleiben allerdings bei dem betreffenden Gruppenunternehmen (Organgesellschaft) erhalten. Aus der Perspektive dessen Einzelabschlusses ist im Zeitpunkt des Eintretens die **Werthaltigkeit** des Verlustvortrags nicht mehr gegeben. Eine darauf gebildete aktive Steuerlatenz ist ergebniswirksam auszubuchen. Steuergestalterisch besteht deshalb ein Interesse, eine „verlusttragende" Gesellschaft als Gruppenträgerin zu installieren, weil deren Verluste nicht von der Neutralisierungswirkung der Organschaft betroffen sind. Dadurch kann eine zuvor verlorene Werthaltigkeit eines Verlustvortrags bei der Organträgerin durch Eintritt eines gewinnträchtigen Tochterunternehmens in die Gruppe wieder an Werthaltigkeit gewinnen. Das gilt im Übrigen unabhängig vom Gruppenbesteuerungsstatut (→ § 32 Rz 188).

189 Das **österreichische** und das **dänische** Gruppenbesteuerungssystem regeln die „Vorgruppenverluste" anders als das deutsche Organschaftsrecht: Diese Verluste sind zuvörderst mit späteren – nach Eintreten in die Gruppe – anfallenden Gewinnen zu verrechnen (vergleichbar der Regelung im früheren gewerbesteuerlichen Organschaftsrecht in Deutschland). In diesen Fällen sind die bei Eintritt in die Gruppenbesteuerung ggf. vorhandenen Steuerlatenzen im IFRS-Einzelabschluss dieser Gesellschaft unverändert weiterzuführen.

4.4.6 Aufdeckung von Firmenwerten bei Begründung der Gruppe

190 Nach österreichischem Recht ist der für den Erwerb einer Kapitalgesellschaft gezahlte Kaufpreis über die Gruppenbesteuerung zum Teil in einen steuerlich abschreibbaren **Firmenwert** transformierbar (Rz 109). Zu den Folgen für die Latenzrechnung wird auf Rz 102 verwiesen.

4.5 Speziell deutsche Organschaft

191 Die Steuerlatenzrechnung im Fall einer ertragsteuerlichen Organschaft nach §§ 14 ff. KStG und § 2 Abs. 2 GewStG wirft bzgl. der Steuerlatenzrechnung insbesondere folgende Fragen auf:

- Sind die Steuerlatenzen beim Organ**träger** oder bei der Organ**gesellschaft** anzusetzen?
- Wie hat die **Bewertung** der Latenzen zu erfolgen?
- Wie ist beim **Ein-** und **Austritt** in und bei **Beginn** und **Beendigung** der Organschaft zu verfahren?
- Wie sind Konzernsteuer**umlagen** zu behandeln?

Die wesentlichen **Strukturmerkmale** einer ertragsteuerlichen Organschaft sind: **192**
- Der Organ**träger** muss unbeschränkt steuerpflichtig im Inland sein; die Rechtsform ist nicht auf die Körperschaften beschränkt, auch eine Personenhandelsgesellschaft kommt als Organträgerin infrage.
- Umgekehrt muss die **Organgesellschaft** eine Kapitalgesellschaft mit unbeschränkter Steuerpflicht und Sitz im Inland sein.
- Die Organschaft kann **mehrstufig** ausgerichtet sein, d. h., ein Organträger ist dann gleichzeitig Organgesellschaft.
- Gesellschaftsrechtlich ist die **finanzielle** Eingliederung mit der Stimmrechtsmehrheit der Tochter- in die Muttergesellschaft erforderlich, zusätzlich der Abschluss eines **Gewinnabführungs**vertrags mit einer Mindestlaufzeit von fünf Jahren.

Die steuerlichen Folgen für die laufende Besteuerung sind: **193**
- Gewerbeertrag und Einkommen der Organgesellschaft werden dem **Organträger** unbeschadet der dem Grunde nach weiterbestehenden Steuerpflicht der Organgesellschaft zur Versteuerung **zugerechnet**.
- Effektiver **Steuerschuldner** ist im Regelfall (Ausnahme Garantiedividende) der Organträger.
- Beim Organträger erfolgt eine Ergebnis**verrechnung** von positiven und negativen Ergebnissen der Organgesellschaften.
- **Vororganschaftliche** Verluste der **Organ**gesellschaft werden während des Bestehens der Organschaft „eingefroren".
- Umgekehrt beim Organ**träger**: hier bleiben die **vororganschaftlichen** Verluste in der üblichen Form fungibel.

In der **Zeitschiene** sind folgende Stadien zu unterscheiden: **194**
- vororganschaftlicher Zeitraum,
- Organschaftszeitraum,
- Nachorganschaftszeitraum.

Auf die Steuerlatenzrechnung hat diese Rechtskonstruktion folgende Auswirkungen: **195**
- Mangels effektiver Steuerschuldnerschaft sind nach herrschender Meinung aktive und passive Bilanzansätze auf temporäre Differenzen **nicht** bei der Organ**gesellschaft**, sondern beim Organ**träger** anzusetzen (sog. „**formale Betrachtungsweise**"). Es wird auch in der Minderheit eine „**wirtschaftliche Betrachtungsweise**" vertreten, der zufolge die Latenzierung bei der verursachenden Gesellschaft erfolgen soll.
- **Verluste** in organschaftlicher Zeit wirken sich bei der Organgesellschaft nicht aus, sie werden im Ergebnis des Organträgers **verrechnet** und können bei einem Gesamtverlust aus dem Organbereich beim Organträger unter den weiteren Voraussetzungen latenziert werden.
- Die **Bewertung** der Latenzposten muss mit dem Steuersatz des Organträgers erfolgen, im Fall von Personenhandelsgesellschaften also mit dem Gewerbesteuersatz.

Im Übergang vom **Vor**organschafts- zum Organschafts**zeitraum** ergeben sich folgende Auswirkungen:
- Die Organgesellschaft verliert ihren effektiven (nicht rechtlichen) Status als Steuerschuldnerin mit der Folge einer **Auflösung** der Bilanzansätze für temporäre Differenzen und **Übertragung** dieser auf den Organträger.

- Dabei ist eine **Neubewertung** erforderlich, z. B. wegen nicht mehr bestehender oder neu eintretender Wahrscheinlichkeit des Ausgleichs aktiver Latenzen in der Zukunft.
- (Fast) zwingende Auflösung einer aktivierten Steuerlatenz aus **Verlustvorträgen** bei der Organgesellschaft wegen des mindestens fünfjährigen Zeitraums der fehlenden steuerlichen Nutzungsmöglichkeit; beim Organträger ist dieser Verlustvortrag nicht verwendbar, deshalb keine Übertragung von der Organgesellschaft auf den Organträger.

Die voraussichtliche **Beendigung** der Organschaft führt zu folgenden Effekten:

- Ist ein Ende der Organschaft abzusehen, sind Latenzen wieder bei der **Organ**gesellschaft als „eigene" zu bilden, sofern die Umkehr der temporären Differenzen im nachorganschaftlichen Zeitraum zu erwarten ist.
- Deren **Bewertung** richtet sich nach dem künftigen Steuersatz der Organgesellschaft.
- Wird eine **Verlustverrechnungsmöglichkeit** der Organgesellschaft im nachorganschaftlichen Zeitraum (wieder) wahrscheinlich, ist eine entsprechende Latenzierung vorzunehmen.

196   Die aus betriebswirtschaftlichen Erwägungen bzgl. des Einblicks in die Ertragslage der Organgesellschaften für sinnvoll erachteten und häufig praktizierten **Steuerumlagen** (für Körperschaft- und Gewerbesteuer) mindern den ausgewiesenen Abführungsbetrag. Hieraus folgt:

- Bei der Organgesellschaft erscheinen in der **GuV** Steuern vom Einkommen und Ertrag.
- Entsprechend sind latente Steuern auf temporäre Differenzen der **Organ**gesellschaft bei dieser im Steueraufwand auszuweisen.
- In der Bilanz sind die entsprechenden **Schulden** oder **Forderungen** auszuweisen, im **kurz**fristigen Bereich z. B. als „Forderungen/Verbindlichkeiten aus der Umlage tatsächlicher Steuern", im **lang**fristigen z. B. als „Umlage latente Steuern".
- Beim Organträger erscheinen die Steuerumlagen als **negativer Steueraufwand**.

Die Latenzierung temporärer Differenzen bei der Organgesellschaft erscheint im Abschluss des Organträgers nicht.

197   Aus **Praktikabilitätsgründen** werden im Einzelabschluss der Organgesellschaft häufig auch ohne das Vorliegen von Steuerumlageverträgen latente Steuern auf temporäre Differenzen gezeigt, auch wenn eine Umkehr im nachorganschaftlichen Zeitraum nicht zu erwarten ist. Die Bewertung erfolgt mit dem Steuersatz des Organträgers.

Diese Handhabung ist arbeitsökonomisch bedingt, weil bei der Organgesellschaft die erforderlichen Daten vorliegen und nicht eigens in das Rechenwerk des Organträgers transferiert werden müssen. Eine Rechtfertigung für diese nicht der Gesetzeslage entsprechende Handhabung liegt in der geringen Relevanz des IFRS-Einzelabschlusses der Organgesellschaft.

4.6   Kapitalgesellschaften mit einem einzigen Vermögenswert (*corporate wrapper*)

198   Ungeklärt ist, ob der Wertansatz der Steuerlatenz für Tochtergesellschaften, denen lediglich ein einziger Vermögenswert zuzurechnen ist, sich am Beteiligungswert oder demjenigen der einzelnen Vermögenswerte und Schulden ausrichten muss.

Das IFRS IC hat sich dieses Themas am Sachverhalt einer Kapitalgesellschaft angenommen, deren Vermögen sich auf einen einzigen Gegenstand (z.B. Bürogebäude) beschränkt (*„corporate wrapper"*). Im Rahmen einer Agenda-Entscheidung wurde beschlossen, das Thema nicht weiter zu verfolgen, da die Vorgaben des IAS 12 abschließend seien. Eine weitere Beschäftigung ist dem IASB in dem *research project* zur bilanziellen Abbildung von *income taxes* vorbehalten.[104]

Das IFRS IC kommt zu folgender Einschätzung: Aus **Konzernsicht** werden die Vermögenswerte und Schulden und nicht der Beteiligungsanteil bilanziert. Dies spricht für eine Latenzierung auf der Basis des Buchwerts im Konzernabschluss. Eine Bezugnahme auf die künftige Art einer Verwertung – *share deal* oder *asset deal* – scheidet daher aus. Folgendes differenziertes Vorgehen ist geboten: **199**

- Für die Latenzierung ist zunächst der IFRS-Buchwert des Vermögenswerts im konsolidierten Abschluss dem Steuerwert gegenüberzustellen (IAS 12.11).
- Zusätzlich ist die Erfassung einer (latenten) Steuerwirkung aufgrund einer bestehenden *outside basis difference* (Rz 152ff.) zu beurteilen.

5 Bewertung tatsächlicher und latenter Steuern

5.1 Anzuwendende Steuersätze

Die Bewertung der **aktuellen** (*current*) Steuerguthaben und Steuerverbindlichkeiten (Rz 20) für das laufende und frühere Wirtschaftsjahre ist nach IAS 12.46 mit den zum Ende der Periode gültigen Tarifen vorzunehmen. Sofern eine Gesetzesänderung bis dahin als *substantively enacted* gilt, so ist der neue Tarif bei gesetzlicher Rückwirkung für dieses Geschäftsjahr anzuwenden. Die künftigen Steuersätze sind hier nach IAS 12.12 irrelevant. Anders ist die Sachlage hingegen bei **latenten** Steuern. **200**

> **Praxis-Beispiel**
> Der Vermittlungsausschuss von Bundestag und Bundesrat einigt sich im Dezember 03 auf einen ab 04 geltenden neuen Steuersatz. Die Verkündung im BGBl (Inkrafttreten) erfolgt im Januar 04. Bereits zum 31.12.03 ist für die Latenzierung mit den neuen Steuersätzen zu rechnen.[105]

Der Board will die Deutungshoheit über die Interpretation der Verbindlichkeit einer Gesetzesankündigung nicht verlieren und lehnt deren „Abgabe" an die nationalen Standardsetter ausdrücklich ab.[106] U. E. ist dadurch keine optimale **Arbeitsteilung** zwischen IASB/IFRS IC einerseits und den nationalen Standardsettern gewährleistet. Die Umsetzung einer prinzipienorientierten Regel wie das *„substantive enactment"* in die nationale Rechtsstruktur von 100 oder mehr Staaten kann länderübergreifend nicht gelingen. **201**

Scheinbar dem *deferral*-Konzept verpflichtet, schreibt IAS 12.47 (Satz 1) zunächst eine Bewertung der Steueransprüche und Steuerverbindlichkeiten aus Steuerlatenzen mit den **mutmaßlichen Steuersätzen** im Zeitraum der ange- **202**

---

[104] IFRIC Update July 2014.
[105] So bestätigt im *Board Meeting* vom Januar 2005 (IASB Update February 2005). Dort sind auch vergleichbare Fälle anderer Länder dargestellt.
[106] IASB Update July 2008.

nommenen Realisierung vor. Im Folgesatz wird diese Anweisung allerdings gleich wieder aufgehoben; es sollen die am Bilanzstichtag gültigen oder angekündigten **Steuersätze** angewendet werden. Dem *deferral*-Konzept wird somit tatsächlich nicht Rechnung getragen.

5.2 Steuersatzänderung

203 Die Realisation bzw. Erledigung eines latenzierten Vermögenswerts bzw. einer Schuld kann sich über **längere Zeiträume** hinziehen. Dazwischen ändert sich möglicherweise der anzuwendende Tarif gegenüber demjenigen, der bei der Erstlatenzierung anzuwenden war. Die Bewertung der Latenz ist nach IAS 12.46 mit dem am betreffenden Stichtag gültigen bzw. *„substantively enacted"* (Rz 200) Tarif vorzunehmen. Künftig – nach dem Stichtag – erwartete Steuersatzänderungen sind nicht zu berücksichtigen.[107]

> **Praxis-Beispiel**
> Eine Ermäßigung des Tarifs von 30 % auf 28 % ist am 26.6.01 mit Wirkung ab 1.4.02 eingeführt. Bis zum 1.4.02 ist die Tarifänderung für die Bewertung der laufenden Steuern ohne Bedeutung. Für die Bewertung latenter Steuern ist dagegen die Rechtslage nach dem 25.6.01 beachtlich.
> Dabei sind der Zeitpunkt des Umkehreffekts (*reversal*; Rz 34) und der dann gültige Tarif anzuwenden. Liegt der Umkehreffekt vor dem 1.4.02, hat dies keine Auswirkung auf die Bewertung der Latenz, umgekehrt bei Umkehreffekten in Bilanzen mit Stichtag nach dem 31.3.02. Für Berichtsperioden, die vor dem 26.6.01 enden, ist über die Änderung des Tarifs nach IAS 10.22(h) als *„non-adjusting post balance sheet event"* zu berichten (→ § 4 Rz 17).

204 Eine Steuersatz**änderung** hat nach IAS 12.60(a) Einfluss auf die Bewertung der **Latenz**posten. Die Anpassung des Latenzpostens folgt der früheren Einbuchung (i. S. e. *backwards tracing*) als erfolgs**wirksam** bzw. erfolgs**neutral** (Rz 218).

> **Praxis-Beispiel**[108]
> Die A-AG hält in ihrem Portfolio sowohl Wertpapiere der Kategorien *„held for trading"* (erfolgswirksame Bewertung) als auch *„available for sale"* (afs, erfolgsneutrale Bewertung). Der *fair value* der Wertpapiere lag bereits zum Periodenbeginn über den Anschaffungskosten und hat sich seitdem nicht wesentlich verändert. Eine für das Unternehmen relevante Steuersatzänderung von 40 % auf 25 % wird am 30.12. beschlossen. Folgende Anpassungen sind vorzunehmen:
>
> | in TEUR | Ansatz IFRS | Ansatz Steuerbilanz | Temporäre Differenz | Latente Steuer 1.1. $s = 40\ \%$ | Latente Steuer 31.12. $s = 25\ \%$ | Steuersatzbedingte Änderung |
> |---|---|---|---|---|---|---|
> | *trading securities* | 100.000 | 90.000 | 10.000 | 4.000 | 2.500 | 1.500 |
> | *afs securities* | 80.000 | 60.000 | 20.000 | 8.000 | 5.000 | 3.000 |
>
> Die Reduzierung der Steuerlatenzposten aus den Wertpapieren der Kategorie *„held for trading"* ist zum Stichtag erfolgswirksam („per Steuerrückstellung

---

[107] PwC, IFRS Manual of Accounting 2016, Tz. 13.166.1, dort auch das nachfolgende Beispiel.
[108] Nach FREIBERG, PiR 2006, S. 177.

an Steuerertrag 1.500") und die der Kategorie *available for sale* erfolgs-neutral ("per Steuerrückstellung an Neubewertungsrücklage afs 3.000") zu erfassen.

5.3 Änderungen im Steuerstatut (Rechtsformwechsel)

Die Steuerlatenzrechnung kann der Höhe nach durch **Umwandlung** aus dem 205 Statut der Kapitalgesellschaft heraus in das der Personenhandelsgesellschaft hinein und umgekehrt beeinflusst werden. Die **Personenhandels**gesellschaft unterliegt nur der Gewerbesteuer, die **Kapital**gesellschaft zusätzlich der Körperschaftsteuer mit Solidaritätszuschlag. Dabei gilt:[109]

Der Wechsel von

- einer Personenhandels- in eine Kapitalgesellschaft **erhöht,**
- einer Kapital- in eine Personenhandelsgesellschaft **vermindert**

die Steuerlatenzposten. Die daraus entstehenden Bewertungsänderungen sind nach SIC 25.4 **ergebniswirksam** zu erfassen, soweit sie nicht zuvor auf direkt im Eigenkapital erfassten Latenzposten beruhen.

Praxis-Beispiel
Die A-OHG wurde zum 31.12. formwechselnd in eine AG umgewandelt. Der anzuwendende Unternehmenssteuersatz erhöht sich aufgrund der zusätzlichen Körperschaftsteuerpflicht von 14 % (nur Gewerbeertragsteuer) auf 30 %. Zum Stichtag hat die A aktive Buchwertdifferenzen, die sich später umkehren, i.H.v. 1.000 GE. Die Bewertung erhöht sich durch die Einbeziehung der Körperschaftsteuer von 140 auf 300 GE. Buchung: "per aktive Latenzen an Steuerertrag".

5.4 Steuersätze national und international

Sofern das Unternehmen/der Konzern in der Rechtsform der **Kapitalgesell-** 206 **schaft (als Muttergesellschaft)** sich weitaus überwiegend im **Inland** betätigt, kommt bei Kapitalgesellschaften sinnvollerweise für die Latenzrechnung die **zusammengefasste Tarifbelastung** von Körperschaft- und Gewerbesteuer sowie Solidaritätszuschlag zur Anwendung (Rz 1). Der Gewerbesteuersatz ist wegen der Zerlegung auf Gemeinden mit unterschiedlichen Hebesätzen meistens nur überschlägig zu ermitteln.

Bei nennenswerter **Auslandsaktivität** ist im Konzernabschluss die Anwendung 207 **eines Durchschnittssteuersatzes** nach IAS 12.49 geboten. Dem widerspricht auch IAS 12.11 (für den Konzernabschluss) nicht. Dort ist nur von der länderspezifischen *tax base* die Rede, nicht dagegen von dem zugehörigen Steuersatz. Eine entsprechende Konsolidierung bei einer Vielzahl von Steuersystemen wäre auch nicht praktikabel und würde im Hinblick auf andere erhebliche Bewertungsunsicherheiten – z.B. wegen des künftigen Steuersatzes (Rz 202) – nur eine tatsächlich nicht existierende Genauigkeit suggerieren. Ein ähnliches Problem entsteht bei progressiver Tarifgestaltung.

---

109 Vgl. hierzu und zum folgenden Beispiel FREIBERG, PiR 2006, S. 178.

208　Die Vorgabe des Durchschnittssteuersatzes wird allerdings durch IAS 12.85 relativiert, wonach im Rahmen der **Überleitungsrechnung** (Rz 244) der **am meisten aussagekräftige** Steuersatz herangezogen werden soll.[110] Vielfach wird in der deutschen IFRS-Praxis auch bei nennenswerten Auslandsaktivitäten der in den USA übliche *home-based approach* angewendet, also der **inländische** Steuersatz. Diese Lösung birgt den Vorteil einer längerfristigen Stabilität und fördert die zwischenperiodische Vergleichbarkeit im Gegensatz zum jährlich neu zu bestimmenden **gewichteten Durchschnittssteuersatz.**[111] Beide Varianten – *home-based approach* und Mischsteuersatz – erscheinen als zulässig (Rz 245). Dem *materiality*-Gedanken (→ § 1 Rz 61 ff.) ist gebührend Rechnung zu tragen. Bei Personengesellschaften ist zwischen Einzel- und Konzernabschluss zu unterscheiden (Rz 170 und Rz 164).

5.5　Realisationsabhängige Steuersätze oder Steuerbuchwerte

209　Die Bewertung muss auch die **Art** der Besteuerung berücksichtigen, die bei **Realisierung** der mit einer Steuerlatenzrechnung behafteten Vermögenswerte entsteht (IAS 12.51). Angesprochen sind damit primär die Fälle, in denen nach ausländischem Steuerrecht der Steuersatz für laufendes Einkommen von demjenigen für Gewinne aus der Veräußerung einzelner Vermögenswerte differiert. Fraglich ist, ob dies aus Sicht der deutschen Besteuerung nur unter der *going-concern*-Prämisse oder auch für Betriebsveräußerungen gilt.

Praxis-Beispiel
Steuerlatenz bei geplanter Unternehmensveräußerung
Der Einzelunternehmer will in fünf Jahren das Unternehmen (bzw. einen Teilbetrieb) verkaufen. Folgende Steuerlatenzen bestehen unter Berücksichtigung eines (angenommenen) ermäßigten Tarifs von 20 % für die Veräußerung:

Bilanzposten	IFRS-Buchwert	Steuerbilanzwert	Steuersatz 20 %
Grund und Boden	400	100	– 60
selbst erstellte immaterielle Vermögenswerte	500	0	– 100
Pensionsrückstellungen	700	500	+ 40
Steuerlatenz (passiv) (aktiv)			– 160 + 40

Die Lösung verträgt sich höchstens dann mit dem *going-concern*-Gedanken, wenn von der Veräußerung eines Teilbetriebs ausgegangen wird.

210　Die in ausländischen Steuerhoheiten mitunter anzutreffenden Differenzierungen des Steuertarifs und des Steuer(buch)werts (Rz 65) zwischen laufender Nutzung eines Vermögenswerts und dessen Veräußerung sind in IAS 12.51A, IAS 12.51B, IAS 12.51C, IAS 12.51D und IAS 12.51E behandelt.

---

[110] Vgl. Dahlke/von Eitzen, DB 2003, S. 2238.
[111] Vgl. Herzig, WPg 2003, Sonderheft S. 80, S. 91.

Ein nationales Steuerregime kann die Steuerbemessungsgrundlage je nach Art der Realisation eines Vermögenswerts oder der Erledigung einer Schuld festlegen (nicht nach deutschem Steuerrecht). Ein Vermögenswert kann durch **Nutzung**, durch **Verkauf** oder durch **beides** realisiert werden. Ein typisches Beispiel stellt die ermäßigte Besteuerung beim Verkauf eines Vermögenswerts (*capital gain*) dar. Zwei Varianten der differenzierenden steuerlichen Behandlung kommen nach IAS 12.51A in Betracht:

- **Veränderung der *tax base* des Vermögenswerts oder der Schulden,**
- **Veränderung des Tarifs.**

Z.B. kann die Variation der Bemessungsgrundlage durch **Indexierung** des steuerlichen Abzugsbetrags (Rz 87) erfolgen. Bei unterschiedlicher Besteuerung von Nutzung und Verkauf ist die am Bilanzstichtag erwartete (künftige) Realisation zugrunde zu legen.

> **Praxis-Beispiel (nach IAS 12.51 Beispiel A)**
> Der Steuersatz für die Erträge aus laufender Nutzung eines Vermögenswerts beträgt 30 %, aus der Veräußerung 20 %. Die *tax base* beträgt 60 GE, der Buchwert nach IFRS-Bilanz 100 GE.
> Die Passivlatenz beläuft sich auf
> 20 % von 40 GE = 8 GE bei erwarteter Realisation durch Verkauf,
> 30 % von 40 GE = 12 GE bei erwarteter Realisation durch Nutzung.

211 Die Unterschiede beim Steuer**tarif** oder bei der **Bemessungsgrundlage** für die Steuer aus der **Veräußerung** sind auch anzuwenden auf

- **nicht abnutzbare Anlagegüter** unter dem **Neubewertungsmodell** nach IAS 16 (→ § 14 Rz 47), also Grund und Boden: Die Steuerlatenz ist mit dem auf den Veräußerungsgewinn anwendbaren Steuersatz bzw. nach der Bemessungsgrundlage für Veräußerungsgewinne zu bewerten (IAS 12.51B);
- als **Finanzinvestitionen** gehaltene Immobilien nach IAS 40, die nach dem *fair-value*-Modell (→ § 16 Rz 40ff.) bewertet werden: Widerlegbar ist die **Veräußerung** der Steuerlatenzierung zugrunde zu legen, es sei denn, das Geschäftsmodell ist auf **dauerhafte Nutzung** ausgelegt. Die Widerlegung ist einzelfallabhängig nach konsistent angewandten Prinzipien durchführbar.[112] Dies gilt auch bei der Bewertung im Rahmen eines Unternehmenserwerbs (IAS 12.51C).

Immaterielle Vermögenswerte unbestimmter Nutzungsdauer (*indefinite life*) bleiben abnutzbare Anlagegüter. IAS 12.51B ist daher nicht einschlägig. Das Unternehmen bleibt in der Pflicht zu würdigen, ob die temporäre Differenz sich (a) durch Veräußerung oder (b) durch außerplanmäßige Abschreibung bzw. Übergang zur planmäßigen Abschreibung realisieren wird.[113]

212 Die Methoden zur Latenzierung bei unterschiedlichen Steuersätzen oder Bemessungsgrundlagen für die Veräußerungsgewinne von Anlagegütern können nicht alle nationalen steuerlichen Besonderheiten beachten. Nach **belgischem** Steuerrecht ist etwa eine Einstellung der Veräußerungsgewinne von Anlagevermögen bei Kapitalgesellschaften in eine **steuerfreie Rücklage** zulässig. Die Besteuerung

---

112 IFRIC Update November 2011.
113 Agenda-Entscheidung, IFRIC Update November 2016.

erfolgt bei Auflösung dieser Rücklage oder bei Liquidation der Gesellschaft. Dabei kommt praktisch eine Auflösung der Rücklage nur dann in Betracht, wenn diese zur Generierung von **Ausschüttungspotenzial** benötigt wird. Das wird nur in Sonderfällen gegeben sein, wenn ein Verfall von Verlustvorträgen droht oder ausländische Quellensteuern mangels genügend vorhandenen Gewinns nicht oder unzulänglich angerechnet werden können. Verschiedene Lösungen sind erwägenswert:

- **Lösung 1:** Orientiert man sich streng am *temporary*-Konzept (Rz 44), kann die steuerfreie Rücklage als Steuerwert beurteilt werden. Dann weist die IFRS-Bilanz, die keinen entsprechenden Buchwert kennt, ein Mehrvermögen gegenüber der Steuerbilanz aus mit der Folge einer passiven Steuerlatenz (Rz 48). Diese Situation entspricht der nach deutschem Recht erfolgten Einstellung eines Veräußerungsgewinns in eine 6b-Rücklage. Die Bewertung der so definierten Buchwertdifferenz hat mit dem normalen Steuertarif zu erfolgen.

- **Lösung 2:** Die Bildung der steuerfreien Rücklage entspricht einem Steuersatz von 0 %. Da die Rücklage fast ausschließlich zur Bestreitung einer Dividende aufgelöst wird, führt dieser Mechanismus in praxi im Ergebnis zu unterschiedlichen Steuersätzen für zurückbehaltene und ausgeschüttete Gewinne. Diese Aussage gilt allerdings nur, wenn tatsächlich nach den Steuerplanungen der Gesellschaft die steuerfreie Rücklage nur zur Bestreitung einer Dividende aufgelöst wird. Die Dividende kann im Normalfall auch aus laufendem Gewinn ohne Veräußerungsgewinne von Anlagevermögen finanziert werden, so dass insoweit kein Unterschied im Steuertarif zwischen ausgeschüttetem und thesauriertem Gewinn besteht.

Wir favorisieren die Lösung 1 wegen der unmittelbaren Anwendbarkeit des *temporary*-Konzepts.

213   Sofern die Steuersätze für **einbehaltene** und **ausgeschüttete** Gewinne divergieren (Rz 24), ist derjenige für einbehaltene bei der Steuerlatenzrechnung anzuwenden,[114] es sei denn, für die Ausschüttung ist eine Verbindlichkeit passiviert.

5.6 Abzinsung

214   Guthaben und Verbindlichkeiten aus Steuer**latenzen** sind **nicht abzuzinsen** (IAS 12.53). Begründung: Häufig sei eine detaillierte Berechnung des Zeitpunkts für die Realisierung der Latenzen nicht möglich (IAS 12.54). Dieses Argument steht bei den ohnehin höchst ermessensbehafteten Ansatzregeln auf schwachen Füßen. Das Abzinsungsverbot bezieht sich nicht auf **laufende** Steuern. Sofern aktive oder passive Posten für laufende Steuern erst zwölf Monate oder später nach dem Bilanzstichtag fällig sind, ist bei Wesentlichkeit eine Abzinsung geboten.[115] Die Ab- und Aufzinsungen sind im Finanzergebnis (→ § 2 Rz 80) auszuweisen. Die Abzinsung ist mit dem fristenadäquaten risikolosen Zinssatz vorzunehmen (→ § 21 Rz 139).

Eine systematisch zutreffende Begründung für die Nichtabzinsung der latenten Steuern lässt sich für Buchwertunterschiede dann feststellen, wenn Letztere auf

---

[114] IASB Update April 2005.
[115] Vgl. im Einzelnen LÜDENBACH, PiR 2008, S. 276.

einem Vergleich von **Zeitwerten** mit steuerlichen Buchwerten beruhen. Zeitwerte stellen im **Barwertkalkül** eine abgezinste Größe dar; deshalb enthält auch der Differenzbetrag zwischen Buchwert (Zeitwert) und Steuerwert eine Abzinsungskomponente. Eine Diskontierung der sich daraus ergebenden Steuerlatenz käme einem *double counting* gleich.[116]

5.7 Kontinuierliche Nachprüfung bzw. Werthaltigkeitsprüfung

Nach IAS 12.56 ist eine **Nachprüfung** *(review)* der Bewertung von **aktivier-**   215
ten Ansprüchen aus Steuerlatenzen vorzunehmen, ggf. hat eine **Abwertung** zu erfolgen, sofern die Wahrscheinlichkeit der Realisierung des bisherigen Buchwerts nicht mehr besteht. Abwertungserfordernisse nach deutschem Recht können sich z. B. durch einen geplanten Unternehmensverkauf (beim Verkaufsobjekt) wegen eines dann drohenden **Untergangs** des Verlustvortrags nach § 8c KStG und § 10a GewStG, ebenso bei einer Verschmelzung ergeben. Ein weiteres Beispiel für die notwendige Abschreibung auf eine aktivierte Steuerlatenz wegen Verlustvortrags ist die Einbeziehung in ein steuerliches **Gruppenbesteuerungssystem** (Rz 188). In ausländischen Steuerhoheiten ist u. U. der zeitliche **Verfall** von Verlustvorträgen zu beachten.

Eine **Zuschreibung** ist in späteren Zeiträumen bei Umkehrung der Vorausset-   216
zungen geboten (IAS 12.56). Dabei ist der Zuschreibungsbetrag auf die Höhe des ursprünglichen Buchwerts „gedeckelt". Als Beispiel für die Wiedergewinnung der Werthaltigkeit eines Verlustvortrags kann die Implementierung der (Verlust-)Gesellschaft als Organträgerin dienen, wenn aus dem Organkreis Gewinnzuweisungen zu erwarten sind (Rz 188).

Die Bilanzierung einer Aktivlatenz ist mit dem **werthaltigen** Teil vorzunehmen.   217
Nach dem einstweilen nicht mehr verfolgten Entwurf des ED/2009/2 (Rz 257) sollte entsprechend den Vorgaben in den US-GAAP in zwei Schritten vorgegangen werden: zunächst Ermittlung des gesamten potenziellen Aktivierungsvolumens, dann Wertberichtigung auf den mutmaßlichen Ertrag in der Zukunft. Das Ergebnis unterscheidet sich nicht von der bisherigen Vorgehensweise.

6 Ausweis

6.1 GuV, Gesamtergebnisrechnung und Eigenkapitalspiegel

6.1.1 Regel-Ausnahme-Verhältnis

IAS 12.58 bestimmt Folgendes: 218
- Die tatsächlichen und latenten Steuern sind als Ertrag oder Aufwand zu erfassen und in den Gewinn oder Verlust einzubeziehen,
- ausgenommen in dem Umfang, in dem die Steuer herrührt
  - aus Geschäftsvorfällen, die im sonstigen Ergebnis (IAS 12.62; Rz 220) oder
  - direkt im Eigenkapital (IAS 12.62A) angesetzt werden (Rz 223) oder
  - aus einem Unternehmenszusammenschluss (allgemeine Erfolgsneutralität der Erstkonsolidierung).

---

116 Vgl. hierzu mit einem Beispiel FREIBERG, Diskontierung in der internationalen Rechnungslegung 2010, Tz. 379.

Damit ist eine
- erfolgswirksame Erfassung die **Regel,**
- eine erfolgsneutrale Erfassung die **Ausnahme.**

219 Eine Saldierung der Steuereffekte zwischen den verschiedenen Kategorien ist unzulässig.[117]

> **Praxis-Beispiel**
> Unternehmen U erzielt ein steuerbares Ergebnis von 40.000 GE, welches bei einem Steuersatz von 30 % zu einer Steuerverbindlichkeit von 12.000 GE führt. Das Periodenergebnis ist zurückzuführen auf einen operativen Gewinn von 60.000 GE und einen im OCI erfassten Verlust von 20.000 GE. Im Gesamtergebnis ist ein erfolgswirksamer Effekt von –18.000 GE (als Aufwand) und eine erfolgsneutrale Erfassung im OCI von +6.000 GE geboten, eine Verrechnung und ein Nettoausweis von –12.000 GE in der GuV scheiden aus.

6.1.2 Erfassung im sonstigen Gesamtergebnis

220 Für die nicht im GuV-Bereich der Gesamtergebnisrechnung, sondern als *other comprehensive income* (OCI) auszuweisenden Geschäftsvorfälle ist auch der Steuereffekt Teil des OCI (IAS 12.61A). Relevant sind folgende Beispiele:
- **Neubewertung** für Sach- und Immaterialanlagevermögen nach IAS 16.31 und IAS 38.75.
- **Versicherungsmathematische Gewinne oder Verluste** sind bei einer leistungsorientierten Pensionszusage nach IAS 19.120(c) im OCI zu erfassen und nicht zu *recyceln*. Die Pensionsverpflichtung wird aber zum anderen Teil auch über die GuV dotiert, deshalb ist nach IAS 12.63 eine Aufteilung geboten (Rz 233).
- Der Bewertungserfolg aus bestimmten **Finanzinstrumenten** sowie aus *cash flow hedges*.
- Die **Währungsumrechnung im Konzernabschluss.**

In den beiden letztgenannten Fällen gilt: Nach Realisation der Wertänderung verwandelt sich die Passivlatenz in eine effektive Steuerschuld.[118] Letztere ist erfolgswirksam einzubuchen, die Latenz im OCI auszubuchen. Eine Saldierung ist nicht möglich.

Zu den Buchungen im Fall eines *available-for-sale*-Finanzinstruments folgendes Beispiel:

> **Praxis-Beispiel**
> Die Anschaffungskosten eines Wertpapiers belaufen sich auf 100 GE. Der beizulegende Zeitwert zum 31.12.01 beträgt 150 GE, am 2.1.02 erfolgt ein Verkauf zu 150 GE. Das *recycling* wird – bei einem Steuersatz von 40 % – wie folgt verbucht:
>
> | | | | |
> |---|---|---|---|
> | Wertpapiere | 50 | an OCI | 50 |
> | OCI für Steuern | 20 | an Passivlatenz | 20 |

[117] FREIBERG, PiR 2012, S. 294, dort auch das nachstehende Beispiel.
[118] Nach FREIBERG, PiR 2013, S. 295.

Bei Verkauf ergeben sich folgende Buchungen:			
Geld	150	Wertpapiere	150
OCI	50	Sonstiger betriebl. Ertrag	50
Passivlatenz	20	OCI für Steuern	20
Steueraufwand	20	Steuerschuld	20

Wird ein Vermögenswert im Zug der Folgebewertung nach dem **Neubewertungsmodell** bilanziert (IAS 16.31/IAS 38.75) und liegt der Neubewertungswert über dem Steuerwert (*tax base*), ergibt sich eine (steuerbare) temporäre Differenz. Die Neubewertung von (im)materiellem Vermögen wird i.d.R. im OCI erfasst und gegen eine Neubewertungsrücklage (*revaluation surplus*) verrechnet. Wegen der Bindung an den für die temporäre Differenz ursächlichen Sachverhalt wird auch die Steuerlatenz entsprechend behandelt (IAS 16.39/IAS 38.85). Die **Realisierung des Neubewertungsbetrags** erfolgt entweder durch Werteverzehr oder Veräußerung. Im Fall einer Veräußerung (eines Abgangs) ist ein in der Neubewertungsrücklage fortgeführter Betrag nicht erfolgswirksam zu stellen (*recyceln*), sondern *net of tax* in die Gewinnrücklage (*retained earnings*) umzubuchen (IAS 12.64). An die Stelle der latenten Steuerschuld tritt durch Realisation eine tatsächliche Steuerpflicht. Wird das neu bewertete Vermögen im Unternehmen genutzt, unterliegt es einem (planmäßigen) Werteverzehr. Als Konsequenz der Aufwandsverrechnung des Werteverzehrs erfolgt auch die Auflösung der Steuerlatenz erfolgswirksam.[119] Eine Umbuchung der Neubewertungs- in die Gewinnrücklage ist, bezogen auf die gebotene Mehrabschreibung, nach erfolgter *revaluation* zulässig, aber – als Ausnahme von dem Wahlrecht zur Bruttoerfassung – auf einen Betrag nach Steuern begrenzt (IAS 12.64).

221

Für bestehende (leistungsorientierte) betriebliche **Pensionsverpflichtungen** besteht eine Pflicht zur stichtagsbezogenen Bilanzierung des tatsächlichen Finanzierungsdefizits (IAS 19.57). Für die Berechnung der Verpflichtung ist das Anwartschaftsbarwertverfahren (*projected unit credit method*) beachtlich, welches eine kontinuierliche (periodenbezogene) Schätzung ökonomischer und bestandsspezifischer Annahmen voraussetzt. Eine Revision führt zu einem versicherungsmathematischen Gewinn/Verlust, welcher zum Stichtag im sonstigen Gesamtergebnis (*other comprehensive income*) zu erfassen ist (IAS 19.120). Eine (temporäre) Differenz zwischen Bilanzansatz und Steuerwert zieht die Erfassung einer Steuer(latenz) nach sich. Da die **Pensionsverpflichtung** allerdings sowohl erfolgswirksam als auch über das OCI dotiert wird, ist eine (angemessene) Aufteilung der Steuerwirkung geboten (IAS 12.63). Da tatsächliche und latente Steuern nur ausnahmsweise erfolgsneutral zu erfassen sind (IAS 12.58), gilt:[120]

222

- Im Umfang des **planmäßigen**, in der GuV erfassten Pensionsaufwands ist eine erfolgswirksame Behandlung der latenten Steuern geboten.
- Eine **verbleibende Differenz** ist im OCI zu verrechnen.

---

119 Vgl. DELOITTE, iGAAP 2016, Ch A13 sCh 4.7.3.5 Example 4.7.3.5,.
120 So auch KPMG, Insights into IFRS 2015/2016, Tz. 3.13.580.10; PwC, IFRS Manual of Accounting 2016, Tz. 13.203.8.

6.1.3   Erfassung unmittelbar im Eigenkapital

223   Die Ausgabe/Platzierung und der (Rück-)Erwerb eigener (nicht kündbarer) Anteile sind als Transaktion der Gesellschaft mit den Gesellschaftern **unmittelbar im Eigenkapital** zu erfassen (IAS 32.16, IAS 32.35). Auch die Kosten einer Eigenkapitalbeschaffungsmaßnahme sind direkt mit dem Eigenkapital zu verrechnen (IAS 32.37; Rz 25). Die Erfassung von Steuereffekten folgt der Behandlung des Grundsachverhalts. Daher sind auch Steuerkonsequenzen direkt im Eigenkapital zu erfassen (IAS 12.61A).

> **Praxis-Beispiel**
> Im Zusammenhang mit der Platzierung neuer Anteile fallen im Unternehmen U Transaktionskosten von 100 GE an, die steuerlich (Steuersatz: 40 %) abzugsfähig sind. Das Unternehmen macht allerdings derzeit steuerlich keine Gewinne. Infrage kommt der Ansatz einer aktiven Steuerlatenz, wenn die Nutzbarkeit des durch die Transaktionskosten entstandenen oder erhöhten Verlusts durch Verrechnung mit künftigen positiven Steuerergebnissen nachgewiesen ist. Zum Stichtag erwartet U eine Nutzbarkeit von nur 50 % bestehender künftiger Steuerforderungen. Daher ist nur eine aktive latente Steuer i. H. v. 20 GE (= 100 × 50 % × 40 %) – unmittelbar gegen das Eigenkapital verrechnet – anzusetzen (IAS 12.63). Wird in künftigen Perioden die Erwartung hinsichtlich der Nutzbarkeit geändert, sind Anpassungen der erfassten Steuerlatenz ebenfalls direkt im Eigenkapital zu erfassen.

224   Hinsichtlich der Erfassung von Steuereffekten ist bei Auskehrungen an die Gesellschafter eine Differenzierung zwischen Dividendenzahlungen und sonstigen Ausschüttungen geboten (IAS 12.52A/IAS 12.52B). Bedeutung hat die Unterscheidung allerdings nur, wenn eine Ausschüttung andere Steuerkonsequenzen als eine Thesaurierung zeitigt, also für Jurisdiktionen, in denen die Besteuerung in Abhängigkeit von der Gewinnverwendung erfolgt (IAS 12.52B *Example*). Ein an die Ausschüttung einer Dividende geknüpfter Steuereffekt ist erst mit **Passivierung der Dividendenverbindlichkeit** zu erfassen. Insoweit eine Dividendenzahlung im Zusammenhang mit Geschäftsvorfällen/Ereignissen der Vergangenheit steht, determiniert deren bilanzielle Erfassung die Steuerdotierung (IAS 12.52B). Die Steuerwirkung ist – losgelöst von der Erfassung der Ausschüttung als Transaktion mit Gesellschaftern, die unmittelbar im Eigenkapital erfolgt – Reflex der Behandlung der Quelle für die vorgenommene Ausschüttung. Ist die Dividende auf das operative Ergebnis zurückzuführen, sind Steuerkonsequenzen *in profit or loss* zu erfassen. Eine Ausnahme gilt nur, wenn die Ausschüttung auf einen (direkt oder über das OCI) erfolgsneutral erfassten Sachverhalt zurückzuführen ist.

225   Verpflichtet ein Staat bei Zahlung von Dividenden zum Einbehalt von **(Quellen-)Steuern** (*withholding tax*) und zur Abführung an die Steuerbehörde im Namen der Gesellschafter, ist die Steuer direkt im Eigenkapital zu erfassen (IAS 12.65A; Rz 11). Die Behandlung weicht somit von der Erfassung einer zusätzlichen Ertragsteuer ab, die bei Ausschüttung anfällt.

Praxis-Beispiel
Im Staat 1 entfällt auf Dividendenzahlungen im Vergleich zu einer Thesaurierung eine zusätzliche Steuerbelastung von 10 %. Mit Passivierung der Verbindlichkeit zur Ausschüttung ist eine erfolgswirksame Erfassung des Steuereffekts geboten, wenn die Ausschüttung sich nicht aus einer erfolgsneutral erfassten (Eigenkapital-)Zuführung speist.
Im Staat 2 ist eine Quellensteuer von 10 % auf alle Dividendenzahlungen einzubehalten und im Namen der Gesellschafter durch die Gesellschaft abzuführen. Die Steuerwirkung ist wie die Dividendenzahlung selbst direkt im Eigenkapital zu dotieren.

Die bilanzielle Behandlung hängt davon ab, ob die Gesellschaft die Steuerlast im Namen der Gesellschafter, somit als Agent, übernimmt oder selbst Steuerschuldnerin ist.

Werden die bislang angewandten Bilanzierungs- und Bewertungsmethoden wegen **226** Anwendung eines neuen Standards (IAS 8.14(a)) oder freiwillig (IAS 8.14(b)) geändert, ist eine **retrospektive Anpassung** in der Eröffnungsbilanz geboten (IAS 8.22; → § 24 Rz 28). Entsprechendes gilt für die Korrektur eines (wesentlichen) Fehlers in vorherigen Perioden (IAS 8.42; → § 24 Rz 35). Die Anpassung erfolgt unmittelbar im Eigenkapital. Die Erfassung von Auswirkungen auf tatsächliche und latente Steuern folgt der Anpassungsbuchung. Jegliche Steuerwirkung ist somit im Anpassungszeitpunkt ebenfalls im Eigenkapital (*directly in equity*) zu dotieren.

Ein entsprechendes Vorgehen gilt für die Erstanwendung der IFRS nach IFRS 1 **227** (→ § 6) und die retrospektive Ermittlung der Eröffnungsbilanzwerte.

6.1.4 Sonderfragen bei mezzaninen Finanzinstrumenten

Bei hybriden/mezzaninen Finanzierungen ist nach IFRS häufig eine Aufteilung **228** in eine Schuld- und Eigenkapitalkomponente (*split accounting*) geboten (IAS 32.28f.; → § 20 Rz 11). In Jurisdiktionen, in denen steuerlich keine Aufteilung des Emissionsbetrags, sondern eine vollständige Erfassung als Verbindlichkeit erfolgt, stellt sich eine temporäre Differenz i. H. d. nach IFRS residual zu bestimmenden Eigenkapitalkomponente ein. Als Folge ist eine passive latente Steuer anzusetzen, die direkt gegen das Eigenkapital zu dotieren ist (IAS 12.23). Die Umkehr der temporären Differenz erfolgt mit der (erfolgswirksamen) Aufzinsung der Schuldkomponente, korrespondierend sind Steuereffekte der planmäßigen Fortschreibung in der GuV zu erfassen (IAS 12.IE *Example* 4).

Fehlt es neben einer Rückzahlungsverpflichtung auch an einer Pflicht zur Er- **229** bringung eines Kapitaldienstes oder steht diese im Ermessen des Emittenten (IAS 32.AG26), ist ein Finanzinstrument – unabhängig von der rechtlichen Qualität – bilanziell als Eigenkapital zu klassifizieren. Eine besondere Relevanz besteht für **ewige Anleihen** (*perpetual bonds*), deren Zinszahlung im ausschließlichen Ermessen des Emittenten steht (→ § 20 Rz 20).

Die bilanzielle Behandlung richtet sich nach der Klassifizierung der Zahlung an die **230** Anleihezeichner. Sehen die Konditionen eines nur bilanziell als Eigenkapital erfassten Finanzinstruments eine – im Ermessen des Emittenten stehende – Zahlung vor, die substanziell den **Charakter einer Dividende** aufweist, sind Steuerwirkungen analog zu denen aus Ausschüttungen bei gespaltenem Körperschaftsteuersatz ergebniswirksam zu verrechnen. Ein substanzieller Dividendencharakter ist zu unterstellen, wenn die Zahlung an die Anleihengläubiger in einem relativen Verhältnis zum erzielten Ergebnis und/oder zur Ausschüttung an die Aktionäre steht.

Praxis-Beispiel

Unternehmen U hat eine ewige Anleihe begeben, bei der auch die Leistung des Kapitaldienstes im Ermessen – in Abhängigkeit einer Dividendenausschüttung an Stammaktionäre – der U steht. Der Höhe nach sind die Zahlungen an das Ergebnis der abgelaufenen Periode geknüpft. Nach IFRS erfolgt eine Klassifizierung der Anleihe als Eigenkapital (IAS 32.15.AG26). Steuerlich sind „Zinszahlungen" auf die Anleihe zu einem Steuersatz von 40 % abzugsfähig, nach IFRS erfolgt eine Erfassung direkt im Eigenkapital. Die steuerliche Abzugsfähigkeit der Zahlungen rechtfertigt den Ansatz eines (tatsächlichen/künftigen) Steuervorteils.

Im laufenden Jahr leistet U eine Zahlung von 100 GE an die Anleihengläubiger. Nach aktuellem Recht ist die Steuerwirkung u. E. bevorzugt erfolgswirksam zu erfassen (IAS 32.35A i. V. m. IAS 12.52A/IAS 12.52B).

Eigenkapital	100	an Zahlungsmittel	100
Steuerforderung	40	an Steuern E+E	40

---

231   Sind Zahlungen an Gläubiger einer bilanziell als Eigenkapital klassifizierten Anleihe substanziell nicht als Dividende anzusehen, müssen etwaige Steuerwirkungen direkt im Eigenkapital verrechnet werden.

Praxis-Beispiel

Eine im Ermessen der U stehende Zahlung (nicht nur Dividende, sondern auch andere Ereignisse) an die Zeichner der ewigen Anleihe ist der Höhe nach vorherbestimmt. Erfolgt eine „Ausschüttung", besteht ein (Verzinsungs-)Anspruch i. H. v. 10 % des Nominalbetrags der gezeichneten Anleihen. Da sich der Dividendencharakter verneinen lässt, kommt auch nach aktuellem Recht eine Erfassung der Steuerwirkung direkt im Eigenkapital in Betracht.

6.1.5 Aufteilung und Darstellung des Steuerergebnisses

232   Die Erfassung von Steuerwirkungen ist in **drei Posten** möglich (Rz 218):
- erfolgswirksam,
- im sonstigen Gesamtergebnis (OCI),
- direkt im Eigenkapital.

Der Ansatz von aktiven latenten Steuern auf abzugsfähige temporäre Differenzen setzt deren künftige Nutzbarkeit voraus, ist dem Umfang nach daher **begrenzt**. Sind abzugsfähige temporäre Differenzen sowohl auf erfolgs**wirksame** als auch erfolgs**neutrale** Transaktionen zurückzuführen, kann aber nicht für alle vorhandenen abzugsfähigen temporären Differenzen ein Aktivposten erfasst werden, ist eine Aufteilung vorzunehmen.

Sind zum Stichtag vorhandene abzugsfähige temporäre Differenzen **sowohl** erfolgswirksam **als auch** erfolgsneutral entstanden, kann eine Pro-rata-**Aufteilung** vorgenommen werden, wenn keine andere Vorgehensweise eine sachgerechte Verteilung ermöglicht (IAS 12.63). Nur ausnahmsweise – etwa bei einer detaillierten Steuerplanung der Umkehr der bestehenden temporären Differenzen – kann u. E. von dieser Aufteilungsmethode abgewichen werden.

Bei dem Ansatz eines aktiven Latenzpostens ist nach der Zusammensetzung der **233** zugrunde liegenden Berechnungsgrößen zu fragen. Sofern zum Stichtag der Umfang der vorhandenen abzugsfähigen temporären Differenzen das Aktivierungsvolumen übersteigt, ist zu klären, welcher Ausweismöglichkeit die Sollbuchungen zuzuordnen sind. IAS 12 liefert hierzu keine Antwort, wohl aber US-GAAP zur vergleichbaren Frage der Wertberichtigung einer bilanzierten aktiven Steuerlatenz in ASC Topic 740–10–30–5. Nach IAS 8.12 (→ § 1 Rz 78) kann dies u. E. für IFRS analog herangezogen werden.[121] Die Lösung besteht danach in einer **ratierlichen Aufteilung** des Wertberichtigungsaufwands auf die drei möglichen Ausweiskategorien.

Praxis-Beispiel			
Im Jahr 01 sind folgende Latenzen neu entstanden:			
– aus Verlustvortrag	100		
– aus OCI-wirksamer Differenz	100		
– aus GuV-wirksamer Differenz	20		
	220		
erforderliche Wertberichtigung	70		
Bilanzansatz Aktivlatenz	150		
Wertberichtigung in % der Summe vor Wertberichtigung	31,82 %		
Verteilung der Wertberichtigung (WB)	vor WB	WB	nach WB
aus Verlustvortrag	100	31,82	68,18
aus OCI-wirksamer Differenz	100	31,82	68,18
aus GuV-wirksamer Differenz	20	6,36	13,64
	220	70,00	150,00

Für die Darstellung in der Stromgrößenrechnung gilt (für die GuV nach **234** IAS 12.58) kein Saldierungsgebot. Es gilt:

- Im **erfolgswirksamen** Teil der Gesamtergebnisrechnung sind – gesondert in einer Zeile (IAS 1.82(d)) – Gewinnsteuern auszuweisen, eine Aufnahme ergebniswirksamer sonstiger Steuern scheidet aus (→ § 2 Rz 63).
- Die **erfolgsneutral** im OCI erfassten Steuererträge und Steueraufwendungen können wahlweise in der Gesamtergebnisrechnung selbst oder im Anhang ausgewiesen werden (→ § 2 Rz 101). Für die unmittelbar im Eigenkapital erfassten Steuerwirkungen besteht ein Wahlrecht zur Erfassung.

Die nicht erfolgswirksame Erfassung eines – eine Steuerwirkung auslösenden – **235** Geschäftsvorfalls kann entweder **vor oder nach** (*gross or net of tax*) **Steuerlatenz**

---

[121] So auch RIEDL/GÖTZE, PiR 2012, S. 309. Dort auch das nachstehende Beispiel in abgeänderter Form.

erfolgen. Für Bestandteile des OCI ergibt sich das Ausweiswahlrecht aus den allgemeinen Gliederungsvorschriften (IAS 1.91). Eine zuvor bestehende Pflicht zum Nettoausweis von Steuern aus (temporären) Differenzen als Folge der Kapitalabgrenzung und somit eine Inkonsistenz zu den Vorgaben der Steuer(latenz)rechnung ist durch Aufnahme eines Verweises (IAS 32.35A) und Streichung spezifischer Vorgaben (IAS 32.35 sowie IAS 32.37) im Zug des *Annual Improvements to IFRSs 2009–2011 Cycle* entfallen. Auch in der Eigenkapitalveränderungsrechnung (*statement of changes in equity*) ist daher ein **Bruttoausweis** der ursächlichen Transaktion einerseits und einer separaten Zeile für Steuern andererseits **zulässig**.

6.2 Bilanz

236 Für den Bilanzausweis gelten die Regelungen in IAS 1.68 (→ § 2 Rz 46 ff.) mit folgendem **Inhalt**:

- Aktiva und Passiva aus laufenden und latenten Steuern sind **getrennt** von den übrigen Vermögenswerten und Schulden zu zeigen.
- Die Erstattungsansprüche und die Verpflichtungen aus **tatsächlichen** Steuerschulden sind **getrennt** von denjenigen aus der **Steuerlatenz** auszuweisen.
- Die Aktiv- und Passivposten aus der Steuerlatenz dürfen gem. IAS 1.70 **nicht als laufende** (kurzfristige, *current*) Vermögenswerte oder Schulden im Gliederungsschema erscheinen (→ § 2 Rz 48), sind also den langfristigen Vermögenswerten/Schulden zuzuordnen.
- Die **tatsächlichen** Steueransprüche sind (ausnahmsweise) mit Schulden **saldiert** auszuweisen, wenn eine Aufrechnung oder zeitgleiche Erledigung möglich und beabsichtigt ist (IAS 12.71).
- Die Aktiv- und Passivposten aus **latenten** Steuern sind **saldiert** auszuweisen, wenn sie aufrechenbar (für das betreffende Steuersubjekt) gegenüber der gleichen Steuerbehörde bestehen, sonst getrennter Ausweis (IAS 12.74).

237 Der in IAS 12.74 genannten Saldierungsmöglichkeit für verschiedene rechtliche Einheiten (im Konzern) kommt aus Sicht der deutschen Besteuerung nur eingeschränkte Bedeutung zu, da die Voraussetzungen der **identischen Steuereinheit** (*same taxable entity*) bzw. der innerkonzernlichen Steuerverrechnung nicht vorliegen.

Eine Aufrechnungsmöglichkeit fehlt im deutschen Steuersystem auch zwischen der Körperschaftsteuer und der Gewerbesteuer wegen der **unterschiedlichen Verwaltungshoheit** über die beiden Steuerarten.

238 Hinsichtlich des **Fristigkeitskriteriums** (*current/non current*; → § 2 Rz 30 ff.) sind die Ausweisregeln der IFRS **nicht konsistent**. Die Aktiva und Passiva aus der Steuerlatenz dürfen auch insoweit nicht als kurzfristig ausgewiesen werden, wie sie sich binnen zwölf Monaten auflösen. Vielmehr sind die Posten in vollem Umfang im langfristigen Bereich der Bilanz auszuweisen (→ § 2 Rz 33 ff.). Der einstweilen nicht mehr verfolgte Standardänderungsentwurf ED/2009/2 (Rz 257) wollte entsprechend den Gliederungsvorgaben von ASC Topic 740 (US-GAAP) nach „*current/non-current*" (→ § 2 Rz 33 ff.) unterscheiden.

7 Angaben

7.1 Allgemein

Für den Anhang sind nach IAS 12.79 die wesentlichen Bestandteile des Steuer- **239** aufwands bzw. Steuerertrags (*major components*) offenzulegen. Eine exemplarische Erläuterung zur Unterscheidung von *major components* findet sich in IAS 12.80. Weitere Pflichtangaben werden in IAS 12.81 konkretisiert.

Nach IAS 12.79 sind die Hauptkomponenten des Steueraufwands offenzulegen. **240** Als mögliche Komponenten identifiziert IAS 12.80:

- Aufwand aus laufenden Steuern,
- Aufwand/Ertrag aus Korrektur laufender Steuern (z.B. nach Betriebsprüfung),
- Aufwand bzw. Ertrag aus der Latenzrechnung infolge der **Entstehung** oder **Umkehrung** von temporären Unterschieden,
- **Minderung** des tatsächlichen oder latenten Steueraufwands aufgrund bislang nicht berücksichtigter **Verlustvorträge** bzw. bislang nicht berücksichtigter temporärer Differenzen,
- Aufwand bzw. Ertrag aus **Abwertungen** von aktiven Latenzen oder deren **Rückgängigmachung**,
- Ertragsteueraufwand bzw. -ertrag aus **Änderungen** der Bilanzierungs- und Bewertungs**methoden** nach IAS 8, soweit erfolgswirksam erfasst (→ § 24 Rz 30).

Weitere Angabepflichten ergeben sich aus IAS 12.81: **241**

- Die Posten für laufende Steuern sowie Steuerlatenzposten, die unmittelbar im **Eigenkapital** verbucht worden sind (Rz 223);
- die **Überleitungsrechnung** vom anzuwendenden (nominellen) Steuersatz (oder dem sich daraus fiktiv ergebenden Steueraufwand) zum effektiven Steuersatz (oder effektiven Steueraufwand; Rz 245);
- Aufwand für latente Steuern aufgrund von **Änderungen** der Steuersätze oder Erhebung neuer Steuern (Rz 203);
- **Gesamtbetrag** der *temporary differences* im Zusammenhang mit Anteilen an **Tochtergesellschaften, assoziierten und Gemeinschaftsunternehmen**, für die in der Bilanz keine latenten Steuern angesetzt sind (Rz 93);
- Steuereffekte aus der **Stilllegung** von Unternehmensbereichen (→ § 29 Rz 77);
- Steuereffekte von **Ausschüttungen** (nicht mehr in Deutschland) wegen gespaltenen Steuertarifs (Rz 24);
- Erklärung der **Änderung** des anzusetzenden **Steuersatzes** (Rz 203), ggf. unter Darstellung der damit verbundenen Ergebnisauswirkungen;
- der Betrag und ggf. das Verfalldatum für **nicht aktivierte** Latenzen aus steuerlichen Verlustvorträgen (Rz 125) und *temporary differences* (Rz 110);
- **Einzelheiten** zu allen temporären Differenzen, die zu aktiven und passiven Steuerlatenzposten geführt haben, sowie der zugehörige Aufwand bzw. Ertrag, soweit diese Beträge nicht aus der Bilanz oder GuV ersichtlich sind (vgl. das Beispiel unter Rz 242);
- der Betrag der **aktiven** Steuerlatenz und eine **Begründung** für den Ansatz, sofern (Rz 126)
  - der Betrag die passiven Latenzen übersteigt und
  - das Unternehmen in der laufenden und der vorherigen Periode einen Verlust erzielt hat (IAS 12.82);
- offene **Streitpunkte** mit den Steuerbehörden (nach IAS 12.88; Rz 34).

242 Die **Herkunft** der Steuerlatenzposten ist sinnvollerweise tabellarisch darzustellen. Als Beispiel dient ein Auszug aus dem Anhang zum Konzernabschluss des Schweizer Bucher-Konzerns.

Praxis-Beispiel
Latente Ertragsteuern

CHF Mio.	Aktiven	Passiven	Aktiven	Passiven
	2012		2011	
Sachanlagen	0,5	22.6	1.8	20.7
Finanzanlagen und übriges Anlagevermögen	2.4	20.8	2.5	22.4
Vorräte	30.6	3.4	26.7	3.8
Übriges Umlaufvermögen	1.9	10.3	2.2	7.9
Rückstellungen	3.6	3.3	4.0	10.0
Übrige Verbindlichkeiten	11.1	2.4	10.1	2.1
Verlustvorträge	4.6	–	7.2	–
Latente Ertragsteuern inkl. Anrechnungen	**54.7**	**62.8**	**54.5**	**66.9**
Verrechnung	– 19.1	– 19.1	– 20.4	– 20.4
Latente Ertragsteuerforderungen	**35.6**		**34.1**	
Latente Ertragsteuerverbindlichkeiten		**43.7**		**46.5**

Zuzüglich werden die Veränderungen der latenten Steuern aufgelistet:
Veränderung latente Ertragsteuern

CHF Mio.	Aktiven	Passiven	Aktiven	Passiven
	2012		2011	
Bestand per 1.1.	34.1	46.5	25.6	38.7
Bildung/Auflösung über Erfolgsrechnung	2.2	– 3.9	4.1	– 0.6
Bildung/Auflösung über Gesamtergebnisrechnung	– 0.2	1.3	–	0.3
Konsolidierungskreisänderungen	–	0.1	5.2	8.4
Währungsdifferenzen	– 0.5	– 0.3	– 0.8	– 0.3
Bestand per 31.12.	**35.6**	**43.7**	**34.1**	**46.5**

Sodann wird die Entwicklung der Verlustvorträge wiedergegeben: **Steuerliche Verlustvorträge CHF Mio.**		
	2012	2011
Total steuerliche Verlustvorträge	99.8	114.7
Davon unter latenten Ertragsteuern berücksichtigte Verlustvorträge	38.2	40.0
Unberücksichtigte steuerliche Verlustvorträge	**61.6**	**74.7**
Davon verfallen:		
Innerhalb eines Jahres	2.4	–
In 1–5 Jahren	26.0	31.4
In mehr als 5 Jahren	5.9	8.1
Unbeschränkt anrechenbar	27.3	35.2
Steuereffekt auf unberücksichtigte Verlustvorträge	12.2	17.7

DI/2015/1 *„Uncertainty over Income Tax Treatments"* sieht spezielle Angabepflichten zur Ermessensausübung bei der Bilanzierung unsicherer Steuerposten vor (Rz 30ff.)   **243**

7.2 Überleitungsrechnung, Konzernsteuerquote

Die größten Probleme bereitet in der Praxis die **Überleitungsrechnung** vom **anzuwendenden** (nominellen) zum **effektiven** Steuersatz/Steueraufwand. Das Steuerabgrenzungskonzept in IAS 12 gewährleistet keine unmittelbare Ableitbarkeit des ausgewiesenen Steueraufwands aus dem Ergebnis vor Steuern. Mit der Überleitungsrechnung nach IAS 12.81(c) wird dargestellt, welche Einflussgrößen vom **erwarteten** Steueraufwand (Multiplikation des gesetzlichen Steuersatzes mit dem Ergebnis der gewöhnlichen Geschäftstätigkeit) zum **tatsächlichen** Steueraufwand führen.[122] Die Einflussfaktoren auf die ausgewiesene **Konzernsteuerquote**[123] (Rz 255) sollen dem Abschlussadressaten Anhaltspunkte über die Bilanz- und Steuerpolitik verschaffen. Ein nachweislicher Zusammenhang zwischen der Konzernsteuerquote und der Aktienkursentwicklung konnte empirisch nicht festgestellt werden.[124]   **244**

Am Beginn der Überleitungsrechnung steht bei **relativer** Betrachtung der nominelle Steuersatz, bei **absoluter** der entsprechende Steueraufwand. Als anzuwendender nomineller Steuersatz wird in der Praxis der deutschen Kapitalgesellschaften mehrheitlich der kumulierte Ertragsteuersatz aus Körperschaft- und Gewerbesteuer von 30 % ab 2008, zuvor z.B. 37,5 % gewählt. Die amerikanische   **245**

---

122 Vgl. hierzu DAHLKE/VON EITZEN, DB 2003, S. 2237.
123 HERZIG, WPg 2003, S. 80; einschränkend zur Aussagefähigkeit der IFRS-Konzernsteuerquote HANNEMANN/PFEFFERMANN, BB 2003, S. 727; zum internationalen Vergleich siehe SPENGEL, in: ÖSTERREICHER (Hrsg.), Internationale Steuerplanung, 2005, S. 89ff. Zum Aufbau einer solchen Rechnung vgl. LÜHR, KoR 2009, S. 235.
124 GÖTTSCHE/BRÄHLER, WPg 2009, S. 924.

US-GAAP-Praxis nimmt hingegen nur den Körperschaftsteuersatz (*corporate tax*) als Ausgangspunkt und behandelt der deutschen Gewerbesteuer vergleichbare lokale und Bundesstaatensteuern bereits als Überleitungsgrößen. Zurückbezogen auf deutsche Verhältnisse macht die Verwendung des inländischen **kumulierten Ertragsteuersatzes** (*home-based approach* – Rz 147 – nach ASC Topic 740, nach IAS 12.85 Satz 2 favorisiert) u. U. dann keinen Sinn, wenn eine inländische Mutter reine Holdingfunktion ausübt und alle wesentlichen Erträge in einem ausländischen Staat anfallen. Entsprechendes gilt für eine Schweizer Muttergesellschaft, die unter dem Holding-Privileg mit einem Steuersatz von unter 10 % belastet wird. Die Verwendung eines konzernweiten **Mischsteuersatzes** (Rz 208) nach Maßgabe des Gewichts der Aktivitäten in den verschiedenen Staaten gem. IAS 12.85 Satz 4[125] würde dann zu zutreffenderen Ergebnissen führen. Ähnliche Probleme ergeben sich im Fall eines rein inländischen Konzerns, wenn die Holdinggesellschaft eine Personengesellschaft und die Tochtergesellschaften Kapitalgesellschaften sind. Der ansonsten bei Personengesellschaften gebotene Ausgang vom Gewerbesteuersatz führt dann nicht zu sinnvollen Überleitungen. Zutreffend wäre die Wahl des kombinierten Ertragsteuersatzes (Rz 208). Generell entfällt in der Überleitungsrechnung der Posten „Steuersatzunterschiede" bei Verwendung eines kombinierten (in- und ausländischen) Steuersatzes, anders beim *home-based approach*.

246   In IAS 12.84 sind einige – nicht vollständige – Posten wiedergegeben, die in eine Überleitungsrechnung einfließen können. Eine ausführlichere[126] Überleitungsrechnung wird nachstehend entwickelt.

Praxis-Beispiel		
Steuerliche Überleitungsrechnung (*tax reconciliation*)	00	01
Ergebnis der gewöhnlichen Geschäftstätigkeit		
Anzuwendender (gesetzlicher) Steuersatz		
Erwarteter Steueraufwand		
Steuersatzabweichungen		
a) Auswirkungen von Steuersatzänderungen	(+/–)	(+/–)
b) *foreign tax rate differential* (Effekt aus Steuersatz-differenzen ausländischer Steuerhoheiten)	(+/–)	(+/–)
c) Abweichungen aus unterschiedlichen Gewerbesteuer-hebesätzen	(+/–)	(+/–)
d) Latente Steuern aus Zurechnungen nach § 8b Abs. 5 KStG oder Gewerbesteuer nach § 7 Satz 2 GewStG auf Anteile an konsolidierten oder *at equity* einbezogenen Unternehmen und laufende Steuern nach diesen Vorschriften auf Gewinne aus anderen Unternehmen		

125 Vgl. dazu AKTAY/RIES, WPg 2008, S. 761.
126 Nach DAHLKE/VON EITZEN, DB 2003, S. 2237f.; ein anderes Beispiel gibt KIRSCH, DStR 2003, S. 706.

Steuerliche Überleitungsrechnung (*tax reconciliation*)	00	01
Steuereffekte aus Abweichungen in der steuerlichen Bemessungsgrundlage		
a) Abschreibung eines steuerlich nicht absetzbaren *goodwill*	(+)	(+)
b) Steuerfreie Beteiligungserträge und Veräußerungsgewinne	(–)	(–)
c) Nicht abziehbare Aufwendungen, z.B. wegen Zinsschranke	(+)	(+)
d) Sonstige steuerfreie Erträge	(–)	(–)
Ansatz und Bewertung aktiver latenter Steuern		
a) Vornahme einer Wertberichtigung/Nichtansatz von aktiven latenten Steuern	(+)	(+)
b) Zuschreibung/nachträglicher Ansatz latenter Steuern	(–)	(–)
Aperiodische Effekte		
a) Laufende und latente Steuern Vorjahre (z.B. aus einer Betriebsprüfung)	(+/–)	(+/–)
b) KSt-Erhöhungen bzw. KSt-Minderungen wegen Ausschüttungen	(–)	(–)
c) Nicht abzugsfähige/anrechenbare Quellensteuer oder Steuer nach § 8b Abs. 5 KStG bzw. *capital gains tax* oder GewSt. Nach § 7 Satz 2 GewStG bei Ausschüttung durch bzw. Veräußerung von konsolidierten oder *at equity* einbezogenen Unternehmen (soweit nicht durch die Auflösung einer latenten Steuer kompensiert)	(+)	(+)
d) Steuererstattungen aus einem Verlustrücktrag	(–)	(–)
e) Andere aperiodische Steueraufwendungen bzw. Steuererträge	(+/–)	(+/–)
Sonstige		
...		
Tatsächlicher Steueraufwand (Gesamtsteueraufwand)		
Steuerquote bzw. Konzernsteuerquote	%	%

Drei wesentliche **Abweichungsfaktoren** sind die folgenden: **247**
- Aufwendungen sind steuerlich **nicht absetzbar** (Beispiel Bußgelder).
- Erträge sind **steuerfrei** (Beispiel Investitionszulagen).
- Der Konzern ist in **verschiedenen Steuerrechtskreisen** mit unterschiedlichen Steuersätzen tätig.

Das nachfolgende **Beispiel kombiniert** diese drei Positionen.

Praxis-Beispiel
Überleitungsrechnung effektiver Steuersatz und Steueraufwand
Der Konzern hat ein Ergebnis vor Steuern von 2.000 GE erwirtschaftet. Davon entfallen 1.500 GE auf die inländische Mutter und 500 GE auf die ausländische Tochter. Der inländische Steuersatz (KSt + SolZ + GewSt) beträgt 30 %, der ausländische 20 %.
Im inländischen Ergebnis sind ein Betrag von 300 GE aus Investitionszulage sowie eine nicht abzugsfähige Betriebsausgabe von 50 GE enthalten.
Der effektive Steueraufwand beträgt 475 GE und ergibt sich wie folgt:
inländisch: 30 % von (1.500 − 300 + 50) = 375 GE,
ausländisch: 20 % von 500 = 100 GE.
Nachfolgend die Überleitungsrechnung in **absoluten** Beträgen und in **Prozent**. Im Anhang muss nur eines dieser Formate gezeigt werden (Wahlrecht).

Überleitungsrechnung Steuersatz

Anzuwendender Steuersatz 30 %	30 %
Steuerbefreiung Investitionszulage (300 / 2.000 × 30 %)	− 4,5 %
Nicht abziehbare Betriebsausgaben (50 / 2.000 × 30 %)	+ 0,75 %
Niedrigere ausländische Steuer (30 % − 20 %) × (500 / 2.000)	− 2,5 %
Effektiver Steuersatz (Konzernsteuerquote)	23,75 %
Überleitungsrechnung Steueraufwand	
Steuern zum anzuwendenden Steuersatz von 30 %	600
Steuerbefreiung Investitionszulage (30 % × 300)	− 90
Nicht abziehbare Betriebsausgaben (30 % × 50)	+ 15
Niedrigere ausländische Steuer [(30 % − 20 %) × 500]	− 50
Effektiver Steueraufwand	475

248   In der deutschen IFRS-Rechnungslegungspraxis wird fast ausschließlich die Überleitungsrechnung in **absoluten** Zahlen gewählt, im Ausland dominiert das **relative** Format (Überleitung auf den effektiven Steuersatz). Bei der „absoluten" Methode muss noch durch Division mit dem Ergebnis vor Steuern die Konzernsteuerquote errechnet werden.

249   Auswirkungen von **Steuersatzabweichungen** seien anhand des nachfolgenden Beispiels[127] dargestellt:

Praxis-Beispiel
In Periode 1 wird eine Steuersatzsenkung von 50 % auf 40 % verabschiedet, die in der nachfolgenden Periode wirksam wird (1. Fall) bzw. zu einer Senkung des Steuersatzes in Periode 1 von 50 % auf 40 % führt (2. Fall). Der Bestand an passiven latenten Steuern aufgrund einer temporären Differenz von 200 GE beträgt zu Beginn der Periode 100 GE und ist in beiden Fällen aufgrund der

[127] Nach DAHLKE/VON EITZEN, DB 2003, S. 2239f.

Steuersatzänderung mit 20 GE aufzulösen (10 % von 200 GE). Das Ergebnis in Periode 1 beträgt 1.000 GE. Ein steuerliches Mehreinkommen aufgrund der Umkehrung temporärer Differenzen von 40 GE führt zu einem zu versteuernden Einkommen von 1.040 GE und damit zu laufenden Steueraufwendungen i.H.v. 520 GE (50 % von 1.040 GE) und latenten Steuererträgen i.H.v. 16 GE (40 % von 40 GE). Im 1. Fall ist die Überleitungsposition aus der Steuersatzänderung mit 4 GE zu korrigieren, da sich die passiven latenten Steuern wegen der Umkehrung der temporären Differenzen in Periode 1 mit einem Steuersatz i.H.v. 50 % realisieren.

	Bestand zum Beginn der Periode 1	Auflösung (+) / Zuführung (–)		Bestand zum Ende der Periode 1	
		1. Fall	2. Fall	1. Fall	2. Fall
Passive latente Steuern	– 100	20 16	20 16	– 64	– 64
Rückstellung laufende Steuern Periode 1	0	– 520	– 416	– 520	– 416
Summe der Steuerpositionen	– 100	– 484	– 380	– 584	– 480

Steuerliche Überleitungsrechnung	1. Fall	2. Fall
Ergebnis nach IFRS vor Steuern	1.000	1.000
Anzuwendender Steuersatz	× 50 %	× 40 %
Erwarteter Steueraufwand	– 500	– 400
Steuereffekt aus der Änderung des Steuersatzes	20	20
Korrektur des Steuereffekts aus der Änderung des Steuersatzes wegen der Umkehrung temporärer Differenzen zum Steuersatz der Periode 1	– 4	0
Tatsächlicher Steueraufwand	– 484	– 380

Ein weiterer Effekt auf die Überleitungsrechnung kann sich aus den **Besonderheiten für die aktive** Steuerlatenz ergeben. Es geht dabei um eine evtl. geänderte Einschätzung der Wahrscheinlichkeit über die künftige **Verlustverrechnungsmöglichkeit** – z.B. wegen der in Deutschland gültigen sog. Mindestbesteuerung – oder einen drohenden zeitlichen Verfall (Rz 125 ff.). Auch eine geänderte positive Einschätzung bzgl. der möglichen Verlustnutzungen ist denkbar. **250**

Sodann sind auch **aperiodische** Effekte denkbar, insbesondere aus Nachbelastungen aufgrund steuerlicher Betriebsprüfungen.

Ungeklärt nach IAS 12 ist der Grad der erforderlichen **Detaillierung** hinsichtlich der vorstehenden Berechnungsgrößen. Nach US-GAAP gilt ein Größenmerkmal von 5 % der Abweichung der tatsächlichen von der erwarteten Steuer als Aufgliederungskriterium. IAS 12 kennt keine solche Darstellungsgrenze (*bright line*). Deshalb kann eine Entscheidung nur unter Berücksichtigung der **251**

Verhältnisse des Einzelfalls unter Beachtung der allgemeinen Wesentlichkeitseinschätzung getroffen werden.[128]

252   Als Muster einer Überleitungsrechnung ist diejenige des Schweizer Bucher-Konzerns für das Geschäftsjahr 2012 dargestellt.

Praxis-Beispiel
Laufende Ertragsteuern

CHF Mio.

	2012	2011
Ordentliche Ertragsteuern	68.4	49.1
Latente Ertragsteuern	– 6.1	– 4.7
Ertragsteuern	**62.3**	**44.4**
Überleitungsrechnung:		
Ergebnis vor Steuern	216.5	171.8
Gewichteter Durchschnittssteuersatz	33.5 %	29.3 %
Theoretische Ertragsteuerbelastung	**72.5**	**50.4**
Verwendung von nicht aktivierten Verlustvorträgen	– 4.1	– 2.8
Neubeurteilung von Verlustvorträgen mit Änderung Steueraktiven	2.4	– 1.2
Wertberichtigung von Verlusten sowie auf latente Steueraktiven	0.5	0.2
Steuerlich nicht anerkannte Aufwendungen/steuerbefreie Erträge	– 3.7	0.3
Periodenfremder Steueraufwand/-ertrag	– 1.9	– 0.5
Übrige Differenzen	– 3.4	– 2.0
Effektive Ertragsteuern	**62.3**	**44.4**
Effektiver Steuersatz	28.8 %	25.8 %

253   Die Überleitungsrechnung ist auch erforderlich ohne Vorliegen von latenten Steuern.

Im Übrigen wird auf die **Checkliste „IFRS-Abschlussangaben"** (siehe HI10157883 im Haufe IFRS-Kommentar Online) verwiesen (→ § 5 Rz 8).

254   Wenigstens in drei Fällen können wesentliche Einflussfaktoren auf die Konzernsteuerquote im Zeitverlauf **nicht** in der Überleitungsrechnung dargestellt werden:[129]

- Änderungen der **Rechnungslegungsstandards,** soweit sie sich auf den Steueraufwand auswirken;

---

[128] A. A. DAHLKE/VON EITZEN, DB 2003, S. 2243, die für eine Anwendung der US-GAAP-Regel auf IFRS plädieren.

[129] Vgl. LÜHN, KoR 2009, S. 244 f. Das von LÜHN gewählte Beispiel der ab 2005 nicht mehr zulässigen planmäßigen Abschreibung auf den *goodwill* erscheint nicht passend, da daraus eine (zusätzliche) Steuerlatenzierung entsteht, ein Überleitungsposten also gar nicht benötigt wird.

- Steuerrechtsänderungen mit der Auswirkung auf **laufende** Steuern, da keine fiktiven Vorjahreszahlen unter Anwendung des geänderten Rechts anzugeben sind;
- Änderungen des **Konsolidierungskreises**.

Die Überleitungsrechnung stellt einen unverzichtbaren Bestandteil zur Darstel- **255** lung und Erläuterung der **Konzernsteuerquote** dar. Diese steht im Mittelpunkt der Bilanzanalyse internationaler Konzerne. Unabdingbare Voraussetzung für die Sinnhaftigkeit der Überleitung ist eine ausgeprägte Steuerlatenzrechnung, weil diese die Steuereffekte der Geschäftstätigkeit tendenziell zutreffend periodisiert. Besonderes Gewicht kommt in der Überleitungsrechnung der Darstellung steuerneutraler Sondereffekte – Superdividenden, Unternehmensverkäufe im *share deal*, hohe Geldbußen – zu. Diese Effekte schlagen sich insbesondere auch in der Zwischenberichterstattung nieder (→ § 37 Rz 26).

Die Konzernsteuerquote ist **definiert** als der Quotient aus Konzernsteueraufwand (tatsächlich und latent) und Konzernergebnis vor Ertragsteuern. In der Folge beeinflusst sie insbesondere das Ergebnis je Aktie (→ § 35 Rz 9 ff.) als wichtige bilanzanalytische Kennzahl.

8 Anwendungszeitpunkt, Rechtsentwicklung

IAS 12 ist für Geschäftsjahre, die am 1.1.2001 oder später beginnen, anzuwenden. **256** Durch *Amendments* von anderen geänderten oder neu herausgegebenen Standards haben sich **Veränderungen** bei einzelnen Paragrafen gegenüber der ab 1.1.2001 gültigen Version ergeben, im Wesentlichen betreffend die **Anhangangaben**.

Am 31.3.2009 hatte der IASB einen Standardentwurf ED/2009/2 *Income Taxes* **257** veröffentlicht, der den IAS 12 ablösen sollte. Dieser Entwurf war zusammen mit dem FASB im Rahmen des kurzfristigen Konvergenzprojekts erarbeitet worden. Der FASB hat allerdings seine Bearbeitung eingestellt, um die Auswertungen der zum ED/2009/2 eingegangenen Stellungnahmen abzuwarten. Diese waren zu Händen des IASB ausgesprochen negativ ausgefallen. Der Entwurf wird nicht mehr weiter verfolgt.

Die *Amendments* zu IAS 12 betreffend *Deferred Tax: Recovery of Underlying* **258** *Assets*, erschienen im Dezember 2010, behandeln eine Spezifizierung der zu berücksichtigenden Verwertung des mit einer Steuerlatenzierung behafteten Vermögenswerts und des dann anzuwendenden Steuer**tarifs** (Rz 69). Anzuwenden sind diese *Amendments* auf nach dem 31.12.2011 beginnende Geschäftsjahre.

Im *AIP 2009–2011 Cycle* wurden Klarstellungen zu Transaktionen von Gesell- **259** schaftern zur Gesellschaft (Rz 25) und Änderungen zur steuerlichen Erfassung von Ausschüttungen (Rz 24) verfasst, die auf ab dem 1.1.2013 beginnende Geschäftsjahre anzuwenden sind.

Der Stillstand in der Neubearbeitung des IAS 12 durch den IASB hat offensicht- **260** lich die EFRAG (*European Financial Reporting Advisory Group*) zusammen mit dem UK-Standardsetter ASB (*UK-Accounting Standards Board*), zur Verabschiedung eines Diskussionspapiers im Dezember 2011 veranlasst. Mitverfasser dieses Diskussionspapiers ist auch das DRSC. In dem Papier werden insbesondere die Bedürfnisse der Anwender, aber auch der Ersteller von IFRS-Abschlüssen betont. Beanstandet wird teilweise die Fehlerhaftigkeit des zugrunde liegenden Prinzipienansatzes, konkret aber v. a. der Verzicht auf die **Abzinsung** der Steuerlatenzposten (Rz 214), sowie das Fehlen von Anweisungen zur Behandlung **unsicherer** Steuerbuchwerte (Rz 30). Die Anwender der IFRS-Rechnungslegung (*users*) beanstanden insbesondere auch die häufig völlig undurchsichtige Darstellung der **Überleitungsrechnung** vom anzuwendenden nominellen zum effektiven Steuersatz bzw. Steueraufwand (Rz 246).

261   Im Januar 2016 wurde als *Amendment* zu IAS 12 *„Recognition of Deferred Tax Assets for Unrealised Losses"* veröffentlicht. Es ist ab 2017 anzuwenden und enthält folgende Klarstellungen (Rz 121 ff.):[130]

- Im IFRS-Abschluss unrealisierte Verluste durch eine Bewertung von Fremd-kapital-Finanzinstrumenten zum (niedrigeren) *fair value*, die steuerrechtlich zu Anschaffungskosten erfasst werden, begründen eine abzugsfähige tempo-räre Differenz.
- Die Absicht, das Finanzinstrument zu halten oder zu veräußern, ist dabei nicht von Relevanz (*Illustrative Example* zu IAS 12.26(d)).
- Für Zwecke der Werthaltigkeitsprüfung der Aktivlatenz bemisst sich die obere Grenze der zu erwartenden steuerlichen Gewinne nicht am Buchwert des Vermögenswerts nach IFRS. Besteht die Absicht, den Vermögenswert bis zur Fälligkeit zu halten, und gibt es keine Zweifel an der Bonität des Schuld-ners, kann der höhere Rückzahlungsbetrag angesetzt werden (IAS 12.29A).
- Die zur Werthaltigkeitsprüfung der Aktivlatenz heranzuziehenden steuerli-chen Gewinne sind bei einer Schedulen-Besteuerung nur die der jeweiligen Einkommensart, ansonsten die insgesamt erwarteten Gewinne (IAS 12.27A),
- beides aber vor dem Effekt aus der Auflösung der abzugsfähigen temporären Differenz (IAS 12.29(a)(i)).

262   Im Oktober 2015 wurde vom IFRS IC der Entwurf DI/2015/1 *„Uncertainty over Income Tax Treatments"* zur Frage der Bilanzierung unsicherer Steuerpositionen veröffentlicht (Rz 30 ff., Rz 81 ff. und Rz 243). Er soll im ersten Halbjahr 2017 finalisiert werden.

---

[130] Vgl. zum Ganzen RUBERG, PiR 2016, S. 129 ff.

ÜBERGREIFENDE FRAGEN

§ 27 WÄHRUNGSUMRECHNUNG, HYPERINFLATION *(The Effects of Changes in Foreign Exchange Rates, and Financial Reporting in Hyperinflationary Economies)*

Schrifttum: BEIERSDORF/DRIESCH/RAMSCHEID, Behandlung des Währungsausgleichspostens bei Liquidation des ausländischen Tochterunternehmens, IRZ 2014, S. 89 ff.; BRENDLE, Währungsumrechnung des goodwill aus der Kapitalkonsolidierung nach IAS 21, IRZ 2010, S. 215 ff.; BRUNE, Abbildung von Vorjahres-Vergleichswerten im IFRS-Abschluss bei gleichzeitigem Wechsel sowohl der funktionalen als auch der Berichtswährung, IRZ 2013, S. 317 ff.; FREIBERG, Ausweis von Umrechnungsdifferenzen als Umsatzerlös?, PiR 2012, S. 63 ff.; FREIBERG, Recycling von Währungsumrechnungsdifferenzen, PiR 2009, S. 343 ff.; GASSEN/DAVARCIOGLU/FISCHKIN/KÜTING, Währungsumrechnung nach IFRS im Rahmen des Konzernabschlusses, KoR 2007, S. 171 ff.; LIENAU, Die Bilanzierung latenter Steuern bei der Währungsumrechnung nach IFRS, PiR 2008, S. 7 ff.; LINGNER, Währungsumrechnung selbstständiger ausländischer Einheiten bei der Erst- und Folgekonsolidierung, PiR 2005, S. 99 ff.; LÜDENBACH, Berichtswährung und funktionale Währung bei einer Holding-Struktur,

PiR 2010, S. 182 ff.; LÜDENBACH, Währungsdifferenzen und Währungssicherung im mehrstufigen Konzern, PiR 2008, S. 292 ff.; PLEIN, Die Eliminierung von Effekten aus Wechselkursänderungen bei indirekt erstellten Kapitalflussrechnungen, WPg 1998, S. 10 ff.

Vorbemerkung

Die Kommentierung bezieht sich auf IAS 21 und IAS 29 in der aktuellen Fassung und berücksichtigt alle Ergänzungen, Änderungen und Interpretationen, die bis zum 1.1.2017 beschlossen wurden. Einen Überblick über ältere Fassungen sowie über diskutierte oder schon als Änderungsentwurf vorgelegte künftige Regelungen enthält Rz 96.

1 Zielsetzung, Regelungsinhalt und Begriffe

1.1 Ziel und Inhalt von IAS 21, Verhältnis zu IAS 39/IFRS 9 und IAS 29

IAS 21 regelt die **Umrechnung** von   1
- Geschäftsvorfällen in fremder Währung im **Einzelabschluss** (Rz 15 ff.) sowie
- ausländischen Abschlüssen im Rahmen der Konsolidierung für den **Konzernabschluss** (Rz 31 ff.).

Fragen der Währungsumrechnung werden daneben in IAS 39/**IFRS 9** unter dem   2
Gesichtspunkt der Bilanzierung von **Fremdwährungsderivaten** sowie der Berücksichtigung von **Sicherungszusammenhängen** *(hedge accounting)* behandelt. Beide Aspekte sind aus dem Anwendungsbereich von IAS 21 ausgenommen (IAS 21.3(a)). Sofern ein Sicherungszusammenhang vorliegt, berührt dieser im Allgemeinen die Umrechnung des Grundgeschäfts (z.B. Fremdwährungsforderungen) nicht. Ggf. können sich Auswirkungen auf die erfolgswirksame oder erfolgsneutrale Behandlung von Umrechnungsdifferenzen ergeben (→ § 28a Rz 43). Für die Umrechnung konsolidierungsbedingter Währungsdifferenzen wird auf Rz 71 verwiesen. Die Umrechnung von *cash flows* in fremder Währung für Zwecke der Kapitalflussrechnung unterliegt ebenfalls nicht IAS 21 (IAS 21.7), sie ist in IAS 7.25 ff. geregelt (→ § 3 Rz 98).

IAS 29 behandelt die kaufkraftorientierte Rechnungslegung in Ländern mit   3
Hochinflation (bzw. Hyperinflation) mit dem Ziel der **Scheingewinneliminie-**
rung. Aus der Sicht des deutschen Anwenders sind diese Regelungen nur insoweit relevant, als es um zu konsolidierende Beteiligungsunternehmen in Hochinflations-Ländern geht. In derartigen Fällen ist die Bilanz des Beteiligungsunternehmens zunächst um die Inflationseffekte zu bereinigen und erst anschließend die Währungsumrechnung durchzuführen (Rz 79 ff.).

1.2 Anwendungsbereiche von IAS 21

1.2.1 Umrechnung von Geschäften in fremder Währung

Erster Anwendungsbereich von IAS 21 ist die Umrechnung von **Geschäften** in   4
fremder Währung. Es geht hierbei um Fälle, in denen Ein- oder Ausgangsleistungen in fremder Währung fakturiert sind, sowie um Fälle der Aufnahme oder Gewährung von Darlehen in fremder Währung usw. Bei derartigen Geschäfts-

vorfällen stellt sich die Frage, wie Wechselkursänderungen nach dem Erstverbuchungszeitpunkt in Bilanz und GuV zu erfassen sind.

5   Als **Grundregel** gilt (Rz 15 ff.):

- Umrechnung **nicht monetärer** Bilanzposten (z. B. Sachanlagevermögen) zum **Erstverbuchungskurs**;
- Umrechnung **monetärer** Bilanzposten (z. B. Forderungen) zum **Kurs** des jeweiligen **Bilanz**stichtags mit **erfolgswirksamer** Verbuchung der Kursdifferenzen.

Wichtige **Ausnahmen** sind unter Rz 24 ff. dargestellt.

1.2.2 Umrechnung von Abschlüssen ausländischer Beteiligungsunternehmen, Niederlassungen usw.

6   Zweiter Anwendungsbereich von IAS 21 ist die **Konsolidierung** von ausländischen Tochterunternehmen, Gemeinschaftsunternehmen oder assoziierten Unternehmen. Bei der Einbeziehung dieser Unternehmen in den Konzernabschluss (aber auch bei der Übernahme der Buchhaltungszahlen einer selbstständigen ausländischen Niederlassung) müssen Bilanz- und GuV-Zahlen in die **Berichtswährung des Konzerns** „übersetzt" werden (Rz 31 ff.).

7   • Die Umrechnung von **monetären** Posten erfolgt dabei zu Stichtagskursen.

- Die Umrechnung **nicht monetärer** Posten sowie die Behandlung von Umrechnungsergebnissen (GuV-wirksam oder erfolgsneutral) folgt hingegen der sog. **funktionalen Theorie der Währungsumrechnung** (Rz 8 ff. und Rz 31 ff.). Hiernach hängt die Währungsumrechnung davon ab, ob die ausländische Einheit weitgehend selbstständig oder lediglich „verlängerter Arm" der Konzernmutter ist, ob ihre funktionale Währung die eigene Landeswährung oder die des Mutterunternehmens ist.

1.3 Darstellungswährung und funktionale Währung

8   IAS 21.8 definiert zwei Währungsbegriffe:

- **funktionale Währung** (*functional currency*) als Währung der primären operativen Umwelt des Unternehmens/Konzerns;
- **Berichts- oder Darstellungswährung** (*presentation currency*) als Währung, in der der Einzel- oder Konzernabschluss präsentiert wird.

Bei einem deutschen Unternehmen oder einem Konzern mit deutschem Mutterunternehmen ist der **Euro** regelmäßig sowohl funktionale als auch Berichtswährung. Eine Pflicht zur Wahl des Euro als Berichtswährung ergibt sich aus IAS 21 nicht (IAS 21.19 und IAS 21.38 sowie IAS 21.BC13). Allerdings schreibt § 315a Abs. 1 HGB i. V. m. § 298 Abs. 1 und § 244 HGB für die Erfüllung der inländischen gesetzlichen Bilanzierungspflicht den **Euro als Berichtswährung** vor. Ein Unternehmen/Konzern kann aber daneben freiwillig (z. B. für *benchmarking*-Zwecke) oder aus rechtlichen Gründen (z. B. für die Berichterstattung an ausländischen Börsen oder für ausländische Emissionsprospekte) seinen Abschluss in einer anderen Währung (z. B. USD) präsentieren. Die in diesem Fall erforderliche Umrechnung von funktionaler Währung (EUR) in Berichtswährung (z. B. USD) folgt gem. IAS 21.38 ff. den Regelungen zur Umrechnung selbstständiger ausländischer Einheiten und ist deshalb insbesondere erfolgsneutral (Rz 51 ff.).

Ausnahmsweise kann auch bei einem **deutschen** Unternehmen oder einem 9
Konzern mit **deutschem Mutterunternehmen** als **funktionale Währung**
insgesamt eine **ausländische** anzusehen sein. Die Darstellung in der gesetzlich
vorgesehenen Berichtswährung „Euro" ist dann den Regeln der Fremdwäh-
rungsumrechnung unterworfen. Betroffen sind vor allem **Holdingstrukturen.**

Praxis-Beispiel[1]
Die China Tea and Food AG (C) mit Sitz und Börsennotierung (amtlicher
Markt) in Frankfurt hat zwei chinesische Tochtergesellschaften. Diese produzieren in China auf gepachtetem Land mit örtlichen Arbeitskräften und
einheimischen Maschinen und Werkzeugen Tee, Kräuter und diverse andere
als gesund geltende Lebensmittel.
Der Verkauf erfolgt überwiegend nach Europa. Fakturiert wird nicht nur in
chinesischer Währung (RMB), sondern zu einem nicht unwesentlichen Teil
auch in Euro. Basis ist aber jeweils die Preisliste in RMB, die unter Berücksichtigung der Produktionskosten, aber auch der chinesischen Wettbewerber
aufgestellt ist. Bei Fakturierung in Euro wird der (um Mengenrabatte etc.
adjustierte) Betrag gem. RMB-Preisliste nach den Verhältnissen des Wechselkurses zum Auftragszeitpunkt in Euro umgerechnet. Die Funktion der C für
den Konzern beschränkt sich auf die Finanzierung. Ihr satzungsmäßiger
Zweck ist Erwerb/Gründung, Halten und Veräußern von Beteiligungen.
Durch den Börsengang und die Emission einer Euro-Anleihe beschaffte
Mittel wurden in die chinesischen Tochterunternehmen investiert. Sowohl
die Produktion als auch der Vertrieb werden ausschließlich von den Tochterunternehmen organisiert.
Börsengang, Anleihenemission und Investition in die Tochterunternehmen
fanden Ende 01 statt. Seitdem hat sich der Kurs des Euro gegenüber dem
chinesischen Währung (RMB) deutlich verschlechtert.

Beurteilung
- Der **Euro** ist **Darstellungswährung** des Konzernabschlusses nach § 315a
  Abs. 1 HGB i. V. m. § 244 HGB.
- Die Bestimmung der funktionalen Währung erfolgt **nicht aggregiert** für
  den Konzern als Ganzes, sondern **jeweils einzeln** für das Mutterunterneh-
  men und seine ausländischen Einheiten (*foreign operations*, IAS 21.17 und
  IAS 21.11). Der RMB ist funktionale Währung der Tochterunternehmen
  der C, weil die relevanten **Beschaffungskosten** (Personal, Pachten usw.) in
  RMB anfallen, die **Ausgangsleistungen** zwar in Euro fakturiert werden,
  die Kalkulation aber auf Basis der **Wettbewerbslage** (*competitive forces*)
  im RMB-Währungsraum erfolgt (IAS 21.9(a)).
- Funktionale Währung der C ist wegen des in IAS 21.12 bestimmten
  Vorrangs von IAS 21.9 von IAS 21.10 ebenfalls der RMB, da die von der
  C erwarteten Einnahmen ausschließlich von der Entwicklung der chi-
  nesischen Töchter abhängen, die Qualifikation des RMB als für die
  Töchter relevante Währung somit durchschlägt.

---

[1] Nach LÜDENBACH, PiR 2010, S. 182 ff.

> • Folgerung: **Monetäre Euro-Posten** sind daher auf Ebene der für die Konsolidierung benötigten Einzelbilanzen nach den Regeln zur Umrechnung von Fremdwährungsgeschäften **erfolgswirksam** in RMB umzurechnen (Rz 8). Ein sinkender Kurs des Euro führt hier bei den Euro-Anleihen der C AG zu Kursgewinnen. Die Umrechnung aus dem RMB als funktionaler Währung der C und ihrer Töchter in den Euro als Darstellungswährung ist erfolgsneutral vorzunehmen (IAS 21.39). Die zuvor im RMB-Abschluss enthaltenen Kursgewinne (oder -verluste) aus Geschäftsvorfällen in Euro werden dadurch nicht storniert, sondern lediglich in **anderer Währungseinheit ausgedrückt.**

10 Besondere Fragen wirft die Divergenz von funktionaler und Darstellungs- bzw. lokaler Währung bei **Pensionsverpflichtungen** auf. Derartige Verpflichtungen haben monetären Charakter (Rz 16) und sind daher mit dem jeweils aktuellen Stichtagskurs umzurechnen. Dies wirkt sich auch auf das in Verpflichtungen enthaltene Deckungsvermögen aus.

> **Praxis-Beispiel**
> Die in Deutschland ansässige M hat auf Euro lautende Pensionspläne für die Vorstände. Die funktionale Währung der U lautet jedoch auf RMB. Die Pensionsverpflichtungen sind zum Teil, durch Planvermögen gedeckt. Dieses beinhaltet auch auf RMB lautende monetäre und nicht monetäre Vermögenswerte.

U. E. ist hier die zunächst in Euro zu ermittelnde Nettopensionsverpflichtung *(net defined benfit liability)* erfolgswirksam in die funktionale Währung RMB umzurechnen. Die nicht monetären Gegenstände des Planvermögens nehmen damit abweichend von sonst auf nicht monetäres anzuwendenden Regeln (Rz 18 ff.) indirekt an der erfolgswirksamen Währungsumrechnung teil. Sodann ist die erfolgsneutrale „Rückrechnung" in die Darstellungswährung Euro vorzunehmen.

11 Bei einem Wechsel der Darstellungswährung sind Bilanz, GuV usw. so darzustellen, als ob immer schon die neue Darstellungswährung angewendet worden wäre. Dies betrifft auch die Vorjahresvergleichszahlen, Besonderheiten hinsichtlich der Vorjahreszahlen bestehen, wenn sich gleichzeitig die funktionale Währung ändert (Rz 39).

12 Anders als im Fallbeispiel unter Rz 9 lässt sich die funktionale Währung einer Holding dann nicht unmittelbar aus den Verhältnissen der Tochterunternehmen ableiten, wenn diese selbst in **unterschiedlichen** Ländern tätig sind und untereinander unterschiedliche funktionale Währungen haben. Die Bestimmung der funktionalen Währung der Holding bleibt dann hoch ermessensbehaftet.[2]

13 Tochterunternehmen in **Hochinflationsländern** (Rz 79 ff.) dürfen ihren Abschluss i.d.R. nicht in der Hartwährung des Mutterunternehmens (oder einer anderen Hartwährung) aufstellen, sondern haben zunächst eine Inflationsbereinigung in eigener Währung durchzuführen, bevor die normale Währungsumrechnung im Rahmen der Konsolidierung vorgenommen wird (IAS 21.IN8).

---

[2] Vgl. IFRIC Update March 2010.

1.4 Währungsumrechnung in der Terminologie der funktionalen Theorie, ein Vergleich mit IAS 21 (1993)

IAS 21 (1993) (Rz 96) unterschied die Umrechnung von   14
- Fremdwährungsgeschäften (erfolgswirksam),
- integrierten ausländischen Einheiten (erfolgswirksam),
- selbstständigen ausländischen Einheiten (erfolgsneutral).

Die Umrechnung **integrierter** ausländischer Einheiten ist in der ab 2005 geltenden Neufassung von IAS 21 nicht mehr erwähnt, aber gleichwohl ohne materiellen Unterschied gegenüber IAS 21 (1993) geregelt. Die scheinbare Abweichung beruht lediglich auf einer **terminologischen Neupositionierung** in IAS 21, deren Fixpunkt der Begriff der **funktionalen Währung** ist.

Danach gilt als Fremdwährung nur noch die Währung, die mit der funktionalen Währung nicht identisch ist (IAS 21.8). Regelungsinhalt von IAS 21 (2005) ist dann gem. IAS 21.3:
- die erfolgswirksame Umrechnung von Geschäften und Salden in fremder Währung in die funktionale Währung sowie
- die erfolgsneutrale Umrechnung ausländischer Einheiten für den Konzernabschluss,
- daneben die Umrechnung in eine abweichende Berichtswährung.

Die **integrierte** ausländische Einheit ist dadurch charakterisiert, dass ihre **funktionale Währung** diejenige des Mutterunternehmens ist. Umgekehrt stellt die **lokale Währung** der integrierten ausländischen Einheit aus funktionaler Sicht eine **Fremdwährung** dar. Alle in lokaler Währung getätigten Geschäfte gelten deshalb als Fremdwährungsgeschäfte. Nach IAS 21.17 muss folglich die integrierte ausländische Einheit bereits vor der eigentlichen Konsolidierungsphase, technisch gesprochen schon in der IFRS-Bilanz II (in der die Anpassung an konzerneinheitliche Bilanzierungsvorschriften erfolgt), die Umrechnung in die funktionale Währung nach den Grundsätzen der Umrechnung von Fremdwährungsgeschäften vornehmen. Eine Umrechnung für Konsolidierungszwecke (d.h. eine in der Konzernwährung erstellte IFRS-Bilanz III) ist dann nicht mehr erforderlich:[3]

Praxis-Beispiel

Die Software GmbH hält 100 % der Anteile an einer unselbstständigen **indischen Softwareentwicklungsgesellschaft**. Die indische Gesellschaft ist ausschließlich für die GmbH tätig und in deren Cash Pool eingebunden. Entwicklungsleistungen werden in Euro fakturiert. In Rupien fallen die örtlichen Löhne und Mieten an. Funktionale Währung der indischen Gesellschaft ist der Euro.

- Mit der Zahlung der Löhne und Mieten in Rupien tätigt die indische Gesellschaft Fremdwährungsgeschäfte(!). Verbindlichkeiten aus Löhnen, Lohnsteuern, Sozialabgaben usw. sind Fremdwährungsverbindlichkeiten(!).
- Die Fakturierung der Entwicklungsleistungen gilt hingegen nicht als Fremdwährungsgeschäft. Die daraus resultierenden Euro-Forderungen sind **keine** Fremdwährungsforderungen.

---

[3] *„It follows, that it is not necessary, to translate the results and financial position of an integral foreign operation when incorporating them into the financial statements of the parent – they will already be measured in the parents functional currency"* (IAS 21.BC7).

Die Währungsumrechnungsaufgabe kann nun **auf zwei** Arten bewältigt werden:

1. Theoretisch bevorzugtes Vorgehen
Stellt die indische Gesellschaft ihren IFRS-Einzelabschluss II bereits in der funktionalen Währung Euro auf, ist eine Umrechnung für Konsolidierungszwecke nicht mehr erforderlich.
Fremdwährungsverbindlichkeiten (Löhne, Lohnsteuer usw. in Rupie) werden einzelbilanziell erfolgswirksam zum Stichtagskurs umgerechnet. Die Umrechnung des korrespondierenden Aufwands erfolgt zum Kurs des Entstehungstags oder zu Durchschnittskursen.

2. Praktisch dominierendes Vorgehen
Die indische Gesellschaft bilanziert in Rupie.
Bei der Umrechnung des Einzelabschlusses für Konsolidierungszwecke werden die Verbindlichkeiten aus Löhnen, Lohnsteuer usw. erfolgswirksam zum Stichtagskurs in Euro umgerechnet (wie oben). Die Umrechnung des entsprechenden Aufwands erfolgt zu Transaktions-, ggf. zu Durchschnittskursen (ebenfalls wie oben).

Eine konzernbilanzielle Umrechnung von der IFRS-Bilanz II zur IFRS-Bilanz III ist nur noch für selbstständige ausländische Einheiten notwendig, deren funktionale Währung sich von der des Konzerns unterscheidet. Da die Vorschriften zur Umrechnung von Fremdwährungsgeschäften schon bisher inhaltlich den Vorschriften für die Umrechnung integrierter Einheiten entsprachen, führt die terminologische Neuorientierung zu **keinen materiellen Änderungen**. Die Neufassung von IAS 21 behält den zutreffenden Aussagen des IASB in IAS 21.IN3 zufolge den Grundansatz *(fundamental approach)* des Vorgängerstandards bei.
Die Neukonzeption zeichnet eine gewisse theoretische Eleganz aus, da sie mit weniger Fallunterscheidungen und weniger Redundanzen auskommt. Der Praxis wird aber nicht immer leicht zu vermitteln sein, dass eine integrierte Tochtergesellschaft in den USA, die ihre Löhne in USD zahlt, damit ein Fremdwährungsgeschäft tätigt, da nunmehr der Euro und nicht der USD ihre funktionale Währung darstellt. Die Praxis sieht eine Umrechnung in den Euro eher als eine konzernbilanzielle Aufgabe (IFRS-Bilanz III) an. Die **nachfolgende Kommentierung** orientiert sich daher gliederungstechnisch (nicht in den behandelten Einzelregelungen) an den bisherigen praxistauglichen und dem Sprachgebrauch entsprechenden Unterscheidungen.[4]

2   Umrechnung von Geschäften in fremder Währung

2.1   Erstverbuchung

15   Bei der Fakturierung von Umsätzen in fremder Währung, dem Erwerb von Gütern oder Dienstleistungen in fremder Währung, der Gewährung oder Aufnahme von Darlehen in fremder Währung usw. erfolgt die **Erstverbuchung** in der funktionalen Währung durch Umrechnung mit dem **Wechselkurs am Tag** der Transaktion

---

[4]   Ausführlich zur funktionalen Theorie und zur Frage, ob bereits IAS 21 (1993) diesem Konzept verpflichtet war: KÜTING/WIRTH, KoR 2003, S. 376 ff.

(IAS 21.21). Die Verwendung eines Wochen- oder Monats-**Durchschnittskurses** für alle Transaktionen der betreffenden Periode ist zulässig, sofern der Wechselkurs nicht in signifikanter Weise schwankt (IAS 21.22). Aus praktischen Gründen ist bei nicht zu großen Schwankungen auch gegen die Verwendung des **Endkurses** der **Vorperiode** (Woche oder Monat) für die Buchungen der laufenden Periode nichts einzuwenden.

Tag der Transaktion ist nicht das Datum der Rechnungsstellung, sondern bei erhaltenen oder geleisteten Warenlieferungen oder Diensten der Tag der **Leistungserbringung**, bei Warenlieferungen also i.d.R. etwa der Tag des Übergangs des wirtschaftlichen Eigentums.

Wegen der Besonderheiten bei **Parallelkursen** wird auf Rz 52 verwiesen.

2.2 Folgebewertung monetärer Bilanzposten zum Stichtagskurs

Monetäre Bilanzposten, d.h. neben Zahlungsmitteln und Zahlungsmitteläquiva- **16** lenten alle Vermögenswerte und Schulden, die zu einem festen oder bestimmbaren Geldeingang oder Geldausgang führen (IAS 21.8), sind zu jedem Bilanzstichtag unter Verwendung des **Stichtagskurses** umzurechnen (IAS 21.23(a)). Eine Begrenzung nach oben auf die Anschaffungskosten (Aktiva) bzw. nach unten auf den Rückzahlungsbetrag (Passiva) besteht nicht.

Praxis-Beispiel
Aufnahme eines Darlehens von 90 USD beim Kurs USD/EUR von 0,9. Der Stichtagskurs beträgt 1,0 USD/EUR. Die (nur handelsrechtlich wegen § 256a HGB relevante) Restlaufzeit am Stichtag beträgt mehr als ein Jahr.
Erstverbuchung: 90/0,9 = 100 EUR.
Stichtagsumrechnung: 90/1,0 = 90 EUR (handelsrechtlich: weiterhin 100 EUR, da Höchstwertprinzip für Verbindlichkeiten).
Variante
Vergabe eines Darlehens von 90 USD beim Kurs USD/EUR von 0,9. Der Stichtagskurs beträgt 0,8 USD/EUR, die Restlaufzeit mehr als ein Jahr.
Erstverbuchung: 90/0,9 = 100 EUR.
Stichtagsumrechnung: 90/0,8 = 112,5 EUR (handelsrechtlich: weiterhin 100 EUR, da Niederstwertprinzip für Forderungen).

Bei als **veräußerbare Werte** (*available-for-sale assets*) qualifizierten Fremdkapitalinstrumenten ist das Umrechnungsergebnis nur zum Teil erfolgswirksam:

- Soweit die Wertänderung in fremder Währung auf die Amortisation von Disagien, Anschaffungsnebenkosten etc. entfällt und somit erfolgswirksamen Zinscharakter hat, ist der entsprechende Umrechnungserfolg ebenfalls in der GuV zu berücksichtigen.
- Soweit die Wertänderung in fremder Währung auf die Änderung der Bonitätseinschätzung, des Marktzinsniveaus etc. entfällt und damit erfolgsneutral behandelt wird, ist der entsprechende Umrechnungserfolg ebenfalls erfolgsneutral (IAS 39.AG83).

Bei als veräußerbare Werte qualifizierten Eigenkapitalinstrumenten (nicht monetärer Posten) ist eine derartige Differenzierung nicht notwendig (Rz 25).

Als monetäre Posten sind i.d.R. auch Rückstellungen (Rz 20) und latente Steuern **17** (Rz 21) zu qualifizieren.

2.3 Folgebewertung nicht monetärer Bilanzposten

2.3.1 Abgrenzung von monetären Posten

18   Zu den nicht monetären Posten rechnen neben einfach zu qualifizierenden Fällen wie **Sachanlagen, immateriellen Vermögenswerten,** *goodwills* und **Vorräten** auch folgende Posten:

- erhaltene und geleistete Vorauszahlungen bzw. **Anzahlungen** (IAS 21.16), es sei denn, sie befinden sich wegen Leistungsstörung im Rückabwicklungsstadium und sind daher nicht mehr Sachverbindlichkeit bzw. Sachforderung, sondern Geldverbindlichkeit bzw. Geldforderung (Rz 19); ein monetärer Posten liegt überdies vor, wenn Vorauszahlungen leidglich sicherungshalber geleistet bzw. vereinnahmt werden,
- sonstige **Sachleistungsforderungen** und sonstige **Sachleistungsverbindlichkeiten,**
- **Abgrenzungsposten,** z.B. für vorausbezahlte Mieten (IAS 21.16) einschließlich der Abgrenzungsposten für erhaltene Investitionszuwendungen,
- **Eigenkapital.**

19   Zur Behandlung **geleisteter oder erhaltener Vorauszahlungen** hat der IASB im Dezember 2016 IFRIC 22 *Foreign Currency Transactions and Advance Consideration* veröffentlicht. Er gilt für den Regelfall, dass entsprechende Zahlungen zu einem nicht monetären Posten führen, und behandelt für diese Konstellation die Frage, mit welchem Wert der Vermögenswert, Umsatz oder Aufwand einzubuchen ist, für den die Vorauszahlung geleistet wird. Im Hinblick auf die Vorgabe von IAS 21.21, Fremdwährungstransaktionen mit dem Kurs des Transaktionstags einzubuchen, geht es damit um die Frage, welcher Tag der **Transaktionstag** ist. IFRIC 22.8 sieht hier Folgendes vor: *„Applying paragraphs 21–22 of IAS 21, the date of the transaction for the purpose of determining the exchange rate to use on initial recognition of the related asset, expense or income (or part of it) is the date on which an entity initially recognises the non-monetary asset or non-monetary liability arising from the payment or receipt of advance consideration.“* Im Fall einer 100 %-igen Vorauszahlung bedeutet dies etwa:

- ein in Fremdwährung beschaffter Vermögenswert ist mit dem Umrechnungskurs zum Zeitpunkt der Leistung der Vorauszahlung einzubuchen;
- ein in Fremdwährung getätigter Umsatz ist mit dem Umrechnungskurs zum Zeitpunkt der Vereinnahmung der Vorauszahlung einzubuchen.

Zur Begründung führt der IFRIC 22.BC25 an, dass nach Zahlung/Vereinnahmung des Fremdwährungsbetrags kein Währungsrisiko mehr besteht *(natural hedge).*

IFRIC 22.9 regelt ergänzend die Behandlung von Fällen, in denen mehrere Vorauszahlungen zu unterschiedlichen Zeitpunkten geleistet bzw. empfangen werden. Hier ergeben sich unterschiedliche Transaktionskurse je nach den Zahlungszeitpunkten der Teilbeträge.

IFRIC 22.IE behandelt in *Example* 3 und 4 Vorauszahlungen, die sich auf zeitraumbezogene Leistungen oder Mehrkomponentengeschäfte beziehen. In derartigen Fällen kommen kein einheitlicher, sondern unterschiedliche Umrechnungskurse zur Anwendung.

Praxis-Beispiel

Gegen einen Gesamtpreis von 1.000 USD liefert U zwei Produkte an X, und zwar P1 am 1.4. und P2 am 1.7. Der Transaktionspreis entfällt mit 400 USD auf P1 und mit 600 USD auf P2. X leistet am 1.1. eine Vorauszahlung von 200 USD und am 1.7. die restliche Zahlung.

Beurteilung

Die am 1.1. vereinnahmte Vorauszahlung ist mit dem Kurs dieses Tages einzubuchen. Der Passivposten (vertragliche Schuld) wird nicht an nachfolgende Änderungen des Wechselkurses angepasst.
Am 1.4. erzielt U einen Umsatz i. H. v. 400 USD, der zur einen Hälfte (bereits erhaltene Vorauszahlung) mit dem Kurs des 1.1. zu Umsatz in EUR führt, zur anderen Hälfte mit dem aktuellen Kurs.

Rückstellungen sind im Allgemeinen als monetärer Posten zu qualifizieren. **20** Überwiegt der Sachleistungscharakter (Gewährleistungen usw.), ist eine andere Beurteilung geboten (IAS 21.16).

Aktien, GmbH-Anteile usw. gelten gem. IAS 39.IGE.3.3. als nicht monetäre Posten (Rz 23 und Rz 24). Es besteht, anders als in IAS 21.16 für monetäre Posten gefordert, **kein Recht auf Erfüllung** in Geld oder in *assets* mit einem bestimmbaren *fair value*.

Latente Steuern repräsentieren zukünftige Mehr- oder Minderzahlungen an **21** Steuern und stellen daher u. E. monetäre Posten dar. Bei Latenzen auf quasi-permanente Differenzen (z. B. betriebsnotwendiger Grund und Boden) wird auch eine Qualifizierung als nicht monetär für zulässig gehalten.[5]

2.3.2 Regelfall: keine Stichtagsumrechnung nicht monetärer Posten

Nicht monetäre Posten, die zu (fortgeführten) Anschaffungs- oder Herstel- **22** lungskosten zu bewerten sind, werden zum Stichtag nicht umgerechnet. Maßgeblich bleibt der Kurs am Tag der **Erstverbuchung** (IAS 21.23(b)). Die wörtliche Bestimmung, dass die Umrechnung zu Einstandskursen erfolge, ist formal richtig, aber inhaltlich irreführend. Tatsächlich findet z. B. bei Maschinen, die in fremder Währung angeschafft wurden, nur eine einzige Umrechnung zum Erwerbszeitpunkt statt. Zum späteren Bilanzstichtag wird nicht mehr umgerechnet.

Für Eigenkapitalinstrumente (Aktien usw.) ist der Kurs der Erstverbuchung **23** jedoch nur dann maßgeblich, wenn der *fair value* nicht bestimmbar ist und deshalb die Bewertung nach IAS 39 hilfsweise zu Anschaffungskosten erfolgt.

2.3.3 Sonderfall: *fair-value*-Ansatz (Finanzinstrumente usw.), Zweifelsfall Niederstwertansatz (Anlagen, Vorräte)

Für nicht monetäre Posten, die mit ihrem **beizulegenden Zeitwert** (*fair value*) **24** bewertet werden, sieht IAS 21.23(c) eine Umrechnung zum **Stichtagskurs** vor. Bedeutung hat diese Regel vor allem für **Anteile** und **Beteiligungen** (Rz 20), daneben für zum *fair value* angesetzte Renditeliegenschaften (*investment properties*; → § 16 Rz 40). Zu Anteilen folgendes Beispiel:

---

5   KPMG, Insights into IFRS 2015/16, Tz. 2.7.120.30.

> **Praxis-Beispiel**
> Ein Unternehmen hat im Januar 01 100 US-Aktien zu einem Börsenkurs von
> 9 USD je Aktie erworben. Der USD/EUR-Kurs zum Anschaffungszeitpunkt
> betrug 0,9. Die Anschaffungskosten von 100 × 9 USD = 9.000 USD entspre-
> chen somit zum Erstverbuchungszeitpunkt 9.000/0,9 = 10.000 EUR.
> Zum Bilanzstichtag notiert die Aktie mit 9,5 USD. Der USD/EUR-Kurs
> beträgt nun 1,0. Die Aktien sind gem. IAS 39/IFRS 9 zum Stichtag mit dem
> *fair value* anzusetzen (→ § 28). Er beträgt 9.500 USD. Die Umrechnung
> erfolgt zum Stichtagskurs, also mit 9.500/1,0 = 9.500 EUR.

25   Die Wertänderung in fremder Währung nominierter Eigenkapitalinstrumente ist
erfolgsmäßig einheitlich zu behandeln. Bei als veräußerbare Werte *(available-
for-sale assets)* qualifizierten Anteilen ist daher **keine** Unterscheidung in Kurs-
und Währungsergebnis notwendig. Die saldierte Wertänderung ist erfolgsneutral
in das Eigenkapital einzustellen (IAS 39.AG83). Zur abweichenden Behandlung
bei Fremdkapitalinstrumenten vgl. Rz 16.

26   Fraglich könnte sein, wie Fälle zu behandeln sind, in denen **Anlagevermögen** oder
Vorräte außerplanmäßig abgeschrieben werden. Einerseits sind nicht mehr die
Anschaffungs- bzw. Herstellungskosten maßgeblich (keine Anwendung von
IAS 21.23(b)). Andererseits entspricht der unter den Anschaffungskosten liegende
erzielbare Betrag von Sachanlagen nach IAS 36 (→ § 11 Rz 32 ff.) bzw. der unter
den Anschaffungskosten liegende Netto-Veräußerungswert von Vorräten nach
IAS 2 (→ § 17 Rz 56) nicht oder nur zufällig dem beizulegenden Zeitwert (keine
wörtliche Anwendung von IAS 21.11(c)). Eine Regelungslücke entsteht hieraus
jedoch nicht; denn nach IAS 21.25 ist der **Niederstwert** wie folgt zu bestimmen:

- Umrechnung der (fortgeführten) Anschaffungs- bzw. Herstellungskosten mit
  dem Erstverbuchungskurs,
- Umrechnung des erzielbaren Betrags bzw. Nettoveräußerungswerts mit dem
  aktuellen Kurs,
- Ansatz des niedrigeren der beiden Werte.

Diese Regelung macht nur Sinn, wenn der Erlös oder sonstige Nutzen aus dem
Vermögenswert in der fremden Währung anfällt.

> **Praxis-Beispiel**
> Das Handelsunternehmen H hat Edelmetalle für 1.000.000 USD =
> 1.000.000 EUR erworben und beabsichtigt, sie nach dem Stichtag für
> 1.050.000 USD zu veräußern. Zwischen Transaktionstag und Stichtag hat
> der Dollar 10 % gegenüber dem Euro verloren.
> Historische Kosten: 1.000.000 USD = 1.000.000 EUR.
> Nettoveräußerungswert: 1.050.000 USD = 945.000 EUR.
> Ansatz: 945.000 EUR.
>
> **Variante**
> Die Weiterveräußerung soll zu 975.000 EUR erfolgen.
> Der Nettoveräußerungswert ist originär in Euro bestimmt. Eine Umrech-
> nung ist weder notwendig noch sinnvoll.
> Ansatz: 975.000 EUR.

Wenn, wie bei **Sachanlagen** der Regelfall, die Niederstwerte primär **absatz-** **27** **marktorientiert** zu ermitteln sind und deshalb der Fremdwährungs-(Beschaf- fungs-)Markt irrelevant ist, kommt dem Stichtagskurs und damit den Regelungen von IAS 21.23(c) und IAS 21.25 keine Bedeutung zu.

Praxis-Beispiel

Eine regionale deutsche Fluggesellschaft hat im Januar 01 ein Flugzeug in den USA für 900.000 USD = 900.000 EUR erworben und schreibt es auf fünf Jahre linear ab. Zum Bilanzstichtag 31.12.02 ist wegen einer Krise der Luft- fahrtindustrie eine mögliche außerplanmäßige Abschreibung indiziert. Die Abschreibung kann nur dann unterbleiben, wenn Nettoveräußerungswert und/oder Nutzungswert nicht unter dem Buchwert von 800.000 EUR liegen.
- Der **Nettoveräußerungswert** *(fair value less costs of disposal)* bestimmt sich aus den Preisen des Gebrauchtflugzeugmarkts. Gibt es einen europä- ischen Markt, in dem Gebrauchtflugzeuge in Euro fakturiert werden, ist der Dollar-Stichtagskurs nicht unmittelbar relevant, da der Nettoveräuße- rungspreis i.S.v. IAS 36 auf den Absatzmarkt (für Gebrauchtflugzeuge) und nicht auf den Beschaffungsmarkt (für Neuflugzeuge) abstellt.
- Der **Nutzungswert** *(value in use)* ergibt sich aus den abgezinsten zukünf- tigen Erträgen des Flugzeugs. Der Nutzungswert könnte zufällig mit dem Dollarkurs im Zusammenhang stehen, wenn die Erträge und laufenden Kosten überwiegend in Dollar anfielen. In diesem Fall würde aber der zukünftige und nicht der stichtagsbezogene Dollarkurs interessieren.
Eine Umrechnung eines „Dollar-Niederstwerts" in Euro findet somit über- haupt nicht statt.

Wie der Niederstwert von Anlagevermögen wird auch der Niederstwert von **28** Vorräten nach IFRS i.d.R. nicht beschaffungsmarktorientiert ermittelt. Nur zufällig, wenn die in fremder Währung angeschafften Vorräte auch in dieser fremden Währung (nach oder ohne Weiterverarbeitung) weiterveräußert werden sollen, ist der Stichtagskurs der fremden Währung von Bedeutung.

2.3.4 Behandlung der Umrechnungsdifferenzen

2.3.4.1 Grundregel: erfolgswirksame Behandlung

Umrechnungsdifferenzen zwischen Erst- und Folgebewertung sowie zwischen vor- **29** herigem und jetzigem Bilanzstichtag sind **erfolgswirksam** zu erfassen (IAS 21.15). Wird z.B. eine Maschine auf Ziel in Dollar angeschafft und ist die Verbindlichkeit zum Stichtag noch nicht beglichen, so ist die sich bei der Verbindlichkeit ergebende Umrechnungsdifferenz nicht etwa als Änderung der Anschaffungskosten des An- lagevermögens zu behandeln, sondern als Aufwand oder Ertrag in der GuV.

2.3.4.2 Sonderfall: Umrechnung bei erfolgsneutraler Neubewertung und Zeitbewertung

Bestimmte Bewertungsergebnisse sind nach IAS 16 und IAS 38 sowie nach IAS 39 **30** **erfolgsneutral** in das Eigenkapital einzustellen, und zwar Ergebnisse aus der
- **Neubewertung von Sachanlagen** *(revaluation;* → § 14 Rz 47) und
- **Zeitbewertung von veräußerbaren Werten** *(available-for-sale assets;* IAS 39.55(b)).

Nach IAS 21.22(c) sind in diesen Fällen auch nicht monetäre Vermögenswerte nicht mehr mit dem Einstandskurs fortzuführen, sondern mit dem Kurs zum Zeitpunkt der Feststellung des Neu- bzw. Zeitwerts. Die dabei entstehende Differenz zum bisherigen Umrechnungskurs teilt nach IAS 21.30 das Schicksal der Grundbewertung. Da das Ergebnis der Grundbewertung erfolgsneutral im Eigenkapital zu berücksichtigen ist, muss auch die **Umrechnungsdifferenz erfolgsneutral** dort eingestellt werden (Rz 16).

3 Umrechnung von ausländischen Abschlüssen im Konzernabschluss

3.1 Theorie und Praxis der Währungsumrechnung

3.1.1 Funktionale Theorie

31 Für Zwecke eines in Euro aufzustellenden Konzernabschlusses müssen die Abschlüsse konsolidierungspflichtiger ausländischer Tochterunternehmen, assoziierter Unternehmen, Gemeinschaftsunternehmen *(joint ventures)* oder Niederlassungen mit Einzelabschlüssen in fremder Währung in Euro umgerechnet werden. Die Art der Umrechnung und ihre erfolgsmäßige Behandlung hängen gem. der **funktionalen Theorie** von der wirtschaftlichen Selbstständigkeit des konsolidierungspflichtigen Teils ab. Zu unterscheiden ist

- zwischen wirtschaftlich **selbstständigen** Einheiten, deren Geschäftstätigkeit kein **integrierter Bestandteil** der Tätigkeit des Konzerns ist, und
- **unselbstständigen** ausländischen Einheiten, die in den Geschäftsbetrieb des Konzerns **integriert** sind.

32 Nach der **funktionalen Theorie der Währungsumrechnung** rechtfertigt sich die Unterscheidung wie folgt: Ist die ausländische Einheit überwiegend in lokaler Währung (oder sonstiger Drittwährung) tätig und finanziert sie sich überwiegend aus eigenen Mitteln oder jedenfalls nicht aus Fremdkapitalaufnahmen in Konzernwährung, so reagiert der operative *cash flow* dieser Einheit nur wenig auf Währungsschwankungen. Die ausländische Einheit gilt dann als **selbstständige Teileinheit** und wird zum Stichtagskurs erfolgsneutral konsolidiert, d. h. von ihrer eigenen funktionalen Währung (lokaler Währung) in die abweichende funktionale Währung des Mutterunternehmens (i. d. R. zugleich Berichtswährung des Konzerns) umgerechnet. Im umgekehrten Fall, wenn die ausländische Einheit nur ein „**verlängerter Arm**" ist, d. h. ihre lokale Währung nicht ihre funktionale Währung darstellt, wird entsprechend der Behandlung eigener Fremdwährungsgeschäfte der Mutter eine **erfolgswirksame** Umrechnung in die funktionale Währung des Mutterunternehmens vorgenommen (Währungsumrechnung als Bewertungsvorgang).

33 Zur Bestimmung der funktionalen Währung und damit aus Sicht der Praxis (Rz 35) zur Abgrenzung zwischen selbstständigen und unselbstständigen, d. h. integrierten Einheiten enthält IAS 21.9 zwei Primär**indikatoren**. Soweit sie nicht zu einer eindeutigen Qualifizierung führen, sind ergänzend die in IAS 21.10 und IAS 21.11 genannten weiteren sechs Indikatoren heranzuziehen (IAS 21.12). Eine Zusammenstellung der Indikatoren liefert die nachstehende Tabelle.

Kriterien zur Bestimmung der funktionalen Währung	selbstständige Einheit (funktionale Währung ≠ Konzernwährung)	integrierte Einheit (funktionale Währung = Konzernwährung)
Absatzpreise/ Umsatz IAS 21.9(a)	Preise vorwiegend durch lokale Währung* determiniert/Umsatz vorwiegend so fakturiert	Preise vorwiegend durch Konzernwährung determiniert/Umsatz vorwiegend so fakturiert
Personal-, Material-, sonstiger Aufwand IAS 21.9(b)	vorwiegend durch lokale Währung* determiniert	vorwiegend durch Konzernwährung determiniert
Finanzierung IAS 21.10(a)	vorwiegend aus lokalem Kapital*	vorwiegend aus Kapital in Konzernwährung
operative cash inflows IAS 21.10(b)	vorwiegend in lokaler Währung*	vorwiegend in Konzernwährung
Führung der Geschäfte IAS 21.11(a)	weitgehend unabhängig von denen des Konzerns	weitgehend abhängig von denen des Konzerns
Geschäftsvorfälle (Umsätze usw.) mit Konzern IAS 21.11(b)	kein großes Gewicht relativ zu Drittgeschäften (z. B. reine Vertriebsgesellschaft)	großes Gewicht von Konzerngeschäften
direkter Einfluss *cash flows* auf Konzern-*cash-flows* IAS 21.11(c)	nicht gegeben	gegeben
cash in Relation zu Verpflichtungen IAS 21.11(d)	eigene *cash flows* ausreichend, um Verpflichtungen selbst zu erfüllen	Verpflichtungen nur mit Rückgriff auf Konzernmittel erfüllbar
* oder Drittwährung		

Tab. 1: Bestimmung der funktionalen Währung, Abgrenzung selbstständiger von integrierter Einheit

Schon die **primären** Bestimmungsfaktoren – determinierende Währung auf der Umsatz- und Kostenseite – lassen einigen Interpretationsspielraum: **34**

Praxis-Beispiel[6]
Die inländische Mutter hat eine amerikanische Tochter, die Metalle in US-Dollar von Dritten einkauft und nach Weiterverarbeitung in Dollar weiterverkauft.
Auf den ersten Blick liegt ein klarer Fall einer selbstständigen Tochter mit funktionaler Währung US-Dollar vor.
Bei zweiter Betrachtung ist auch eine andere Beurteilung vertretbar: Ist es international wie bei vielen anderen Commodities üblich, die Metalle in US-Dollar zu fakturieren, weil der Metallmarkt ein globaler Markt und der

---

6 In Anlehnung an KPMG, Insights into IFRS 2015/16, Tz. 2.7.70.80.

> Dollar die für globale Transaktionen notwendige liquide Währung ist, werden die Einstands- und Absatzpreise weniger durch den Dollar determiniert als durch das globale Verhältnis von Angebot und Nachfrage nach Metall. Der Dollar wäre in dieser Beurteilung nicht die funktionale Währung.

Noch offensichtlicher sind die Interpretationsspielräume in den Fällen, in denen einige Indikatoren in Richtung **Selbstständigkeit** und andere in Richtung **Integration** weisen. Eine ermessensbehaftete Gesamtwürdigung der Verhältnisse ist dann geboten (IAS 21.12). In der **Praxis** fällt sie wegen der leichteren Handhabung der Stichtagsumrechnung bisher fast immer **zugunsten der Selbstständigkeit** aus (Rz 35 ff.). Die funktionale Währung einer Zweckgesellschaft/strukturierten Einheit (→ § 32) stimmt meist mit der des Mutterunternehmens überein.[7]

3.1.2 Funktionslose Theorie? Währungsumrechnung in der Praxis

35   Die funktionale Theorie unterscheidet bei der Umrechnung ausländischer Abschlüsse zwischen **selbstständigen** und **integrierten** ausländischen Einheiten. Die Abgrenzung beider Fälle ist meist eine Frage des **Ermessens** (IAS 21.12). Von Interesse ist, wie dieses Ermessen in der **Praxis** ausgeübt wird. Die Umrechnung **selbstständiger** ausländischer Einheiten bereitet **wenig Aufwand**, da sie zu Stichtags- bzw. Jahresdurchschnittskursen erfolgt. Außerordentlich aufwendig wäre hingegen die Umrechnung unselbstständiger ausländischer Einheiten, da alle nicht monetären Positionen, also insbesondere Sach- und immaterielle Anlagen, zu Einstandskursen umzurechnen sind. Bei einem Anlagevermögen, das aus Hunderten von Positionen mit unterschiedlichen Anschaffungszeitpunkten besteht, wären entsprechend Hunderte von Wechselkursen für die Umrechnung heranzuziehen. Untersucht man in dieser Hinsicht die IFRS-Rechnungslegungs**praxis großer (deutscher) Konzerne**, so ist Folgendes festzustellen: Umrechnungen zu individuellen Einstandskursen werden nicht vorgenommen. Durchweg findet sich in den Abschlüssen die Behauptung, dass „**sämtliche Tochterunternehmen** ihre Geschäfte **selbstständig** in ihrer Landeswährung betreiben.“[8] Etwas seltener findet sich der Hinweis, dass dies nur für die wesentlichen Auslandsgesellschaften gelte, wobei dann die Frage offenbleibt, warum auch die weniger wesentlichen mit der Stichtagsmethode umgerechnet wurden.

Der Bilanzadressat muss annehmen, dass kaum ein deutscher Großkonzern in seinem durchweg umfangreichen Auslandsportfolio **unselbstständige** Vertriebs-, Einkaufs- oder Zuliefergesellschaften hält. Er mag sich aber, wie der zuweilen zu findende Hinweis auf die wesentlichen Auslandsgesellschaften nahelegt, in dieser Beurteilung auch täuschen: Das IFRS-*Framework* sieht (jedenfalls für das Standardsetting) die Abwägung von **Nutzen** und **Kosten** vor (→ § 1 Rz 60). Der aus einer Information abzuleitende Nutzen muss höher sein als die Kosten für die Bereitstellung der Informationen. Die Abschätzung von Nutzen und Kosten ist jedoch im Wesentlichen eine Ermessensfrage (F.QC39). Dieses **Ermessen** könnte der Grund dafür sein, dass hervorragende akademische Arbeiten zur tatsachengetreuen und

---

7   KPMG, Insights into IFRS 2015/16, Tz. 2.7.210.10.
8   Vgl. hierzu auch VON KEITZ, Praxis der IASB-Rechnungslegung, 2003, S. 190.

funktionsgerechten Währungsumrechnung in der Praxis ebenso wenig Widerhall finden wie die theoretisch überzeugenden Überlegungen des IASB. Schon die ermessensbehaftete Prüfung, ob eine ausländische Einheit eher selbstständig oder unselbstständig ist (Rz 34), erfolgt offenbar eher nach der pragmatischen Regel „im Zweifel für die Selbstständigkeit". Nur für unselbstständige Einheiten, die auf dieser ersten Stufe nicht erledigt wurden, ist dann auf einer zweiten Stufe kritisch zu fragen, ob sie für den Konzern wesentlich sind und/oder ob den deutlich erhöhten Kosten der Umrechnung mit früheren Kursen ein noch höherer Nutzen gegenübersteht.

Die Beispiele der großen Konzerne zeigen, dass die Antwort recht gleichmäßig ausfällt, und erwecken den Eindruck, dass man weder sich noch dem Publikum die Anwendung unterschiedlicher Methoden zumuten möchte. Den mittelständischen IFRS-Anwender könnte diese herrschende Praxis der IFRS-Rechnungslegung ermuntern, die vermeintliche Unselbstständigkeit ausländischer Einheiten kritisch zu hinterfragen und, wo dies nicht hilft, ebenso kritisch Nutzen und Kosten einer Umrechnung zu Anschaffungskursen abzuwägen, um zu ähnlichen Resultaten zu gelangen wie die größeren Vorbilder.

Man mag – und muss aus theoretischer Sicht – ein solches Vorgehen tadeln. In der Praxis eines zeitnahen Jahresabschlusses *(fast close)* bleibt indes häufig keine realistische Alternative. Damit stellt sich aber die Frage, ob es nicht besser wäre, die praktischen Notwendigkeiten und die Nutzen-Kosten-Abwägung von der Anwender- auf die Regelungsebene zu befördern. Einer einheitlichen und ehrlichen Rechnungslegung könnte mehr gedient sein, wenn IAS 21 die Umrechnung zu Einstandskursen auf Ausnahmefälle erhöhter Inflationen und erhöhter Abwertungen begrenzte, statt Praktikabilität und Kosten-Nutzen-Abwägung in die Hände des einzelnen Anwenders zu legen. Bis es so weit kommt, wird die Praxis fortfahren, IAS 21 nur zu 50 % zu verstehen und nur zur praktikablen Hälfte anzuwenden.

Die handelsrechtliche Rechnungslegung erfolgt seit dem BilMoG dem von uns vertretenen pragmatischen Ansatz. § 308a HGB sieht die Umrechnung von Eigenkapital zu historischen, aller sonstigen Bilanzpositionen zu Stichtagskursen vor. Die nach der funktionalen Theorie geforderte Differenzierung zwischen selbstständigen und unselbstständigen Einheiten wird abgelehnt. Zur Begründung wurde im Gesetzgebungsprozess darauf verwiesen, dass in der bisherigen IFRS-Praxis die Beurteilung der ausländischen Einheit aus Praktikabilitätsgründen fast immer zugunsten der Selbstständigkeit ausfällt. **36**

3.2 Umrechnung von Abschlüssen integrierter ausländischer Einheiten

3.2.1 Abgrenzung gegenüber selbstständigen Einheiten

Für die Abgrenzung integrierter gegenüber selbstständigen Einheiten wird auf Rz 31 ff. verwiesen. **37**

3.2.2 Umrechnung der Bilanz

Die Bilanz einer ausländischen integrierten Einheit ist so umzurechnen, als wären die Geschäftsvorfälle beim berichtenden Unternehmen (Konzern) selbst angefal- **38** len, da die lokale Währung der integrierten Einheit schon für diese selbst als Fremdwährung gilt (Rz 14). Anzuwenden sind somit die oben unter Rz 1 für Einzelabschlüsse genannten Grundsätze, d. h. insbesondere:

- Umrechnung aller **monetären** Werte zum **Stichtags**kurs,
- Umrechnung **nicht monetärer Posten** regelmäßig zum Kurs des **Erstverbuchungszeitpunkts** (Rz 22), jedoch **ausnahmsweise** zum Stichtagskurs, wenn der nicht monetäre Posten zum beizulegenden Zeitwert anzusetzen ist (z. B. Anteile, Rz 24).

39   Ein Grundstück wird deshalb bspw. zu dem im Anschaffungszeitpunkt geltenden Wechselkurs umgerechnet, während börsennotierte Anteile (beizulegender Zeitwert) mit dem Stichtagskurs umgerechnet werden (Rz 24).

Der Stichtagskurs ist darüber hinaus i. d. R. bei wertberichtigten Anlagegegenständen und Vorräten heranzuziehen (Rz 26). Der konzernbilanzielle Anwendungsbereich ist (theoretisch) größer als derjenige entsprechender Wertberichtigungsfälle in der Einzelbilanz (Rz 26 f.).

Die in der **Vorjahresspalte** für Vergleichszwecke anzugebenden Zahlen (→ § 2; *comparative amounts)* werden durch Kursänderungen in der aktuellen Berichtsperiode nicht tangiert. Es bleibt insoweit bei den im Vorjahresabschluss verwendeten Umrechnungskursen (IAS 21.39(a)).

3.2.3   Umrechnung der GuV

40   Die Posten der GuV einer ausländischen integrierten Einheit werden regelmäßig zu **Jahresdurchschnittskursen** umgerechnet. Bei stärkeren **Schwankungen** und/oder **saisonalem** Verlauf der Geschäfte ist der Kurs des Transaktionstags oder der Durchschnittskurs eines kleineren Zeitintervalls (z. B. Wochendurchschnittskurs) zu nehmen (Rz 15). Die **Vorjahresvergleichszahlen** (→ § 2) werden nicht neu errechnet, sondern zu den im Vorjahr verwendeten Kursen (i. d. R. Durchschnittskurs des Vorjahres) geführt.

41   Die Umrechnung zu Jahresdurchschnittskursen würde bei planmäßigen **Abschreibungen** zu unangemessenen Ergebnissen führen. Wird der abzuschreibende Vermögenswert bzw. die Bemessungsgrundlage der Abschreibung zu Kursen des Erstverbuchungszeitpunkts umgerechnet, ist es sachgerecht, auch auf die Abschreibungen diesen Kurs anzuwenden, um so Anschaffungskosten, kumulierte Abschreibungen und Buchwert in Übereinstimmung zu bringen.

42   Ob aus ähnlichen Gründen der Betrag einer nicht (mehr) benötigten **Rückstellung** mit dem Kurs bei Bildung der Rückstellung umzurechnen ist,[9] scheint fraglich. Man müsste dann ggf. bei über mehrere Perioden laufenden Rückstellungen weiter zwischen ursprünglichem Kurs und letztem Stichtagskurs differenzieren. Die sich hieraus ergebenden Komplizierungen sind unter *materiality-* und *cost-benefit*-Gesichtspunkten (→ § 1 Rz 59 ff.) nur ausnahmsweise gerechtfertigt.

43   Aus Vereinfachungs- und Kostengedanken werden regelmäßig auch **Vorräte** (nicht monetäre Güter) bilanziell zum Stichtagskurs erfasst, so dass dann auch gegen eine Umrechnung des **Materialaufwands** mit dem Jahresdurchschnittskurs nichts einzuwenden ist.

---

[9]   Mujkanovic/Hehn, WPg 1996, S. 605 ff.

3.2.4 Erfolgswirksame Berücksichtigung der Umrechnungsdifferenzen, Buchungstechnik

Da **Bilanz**- und **GuV**-Positionen einer ausländischen integrierten Einheit **nicht** 44
mit einem **einheitlichen** Stichtagskurs, sondern mit unterschiedlichen Kursen
umgerechnet werden, entsteht eine **Umrechnungsdifferenz**, die **erfolgswirksam**
zu berücksichtigen ist. Technisch ist folgendes Vorgehen angezeigt:

- **Schritt 1**: Alle Salden werden mit dem für sie maßgeblichen Kurs umgerechnet,
  d.h. monetäre Positionen mit dem Stichtagskurs, nicht monetäre Salden i.d.R.
  mit dem Anschaffungskurs und GuV-Salden i.d.R. mit dem Durchschnittskurs.
- Hierbei ist die Zusammensetzung eines Bilanzpostens bzw. eines Saldos zu
  beachten. Anlagevermögen, das zu unterschiedlichen Zeitpunkten angeschafft
  wurde, ist mit dem jeweiligen Einstandskurs umzurechnen. Entsprechend ist
  das Eigenkapital (ohne Jahresüberschuss, der sich aus der GuV ergibt) darauf
  zu untersuchen, zu welchen Kursen es entstanden ist. Bei Gewinnrücklagen
  und Gewinnvorträgen sind je nach Entstehungszeitpunkt unterschiedliche
  Umrechnungskurse zugrunde zu legen.
- **Schritt 2**: Die sich aus der Anwendung unterschiedlicher Umrechnungskurse
  ergebende Differenz von Soll- und Haben-Salden ist als Aufwand oder Ertrag
  in der GuV zu berücksichtigen.
- **Schritt 3**: Der sich auf diese Weise (nach Währungsaufwand, Währungsertrag) ergebende Jahresüberschuss ist in die Bilanz einzustellen.

Zum Ganzen folgendes Beispiel: 45

Praxis-Beispiel

Ein deutsches Unternehmen erwirbt zum 1.1.01 100 % der Anteile an einer
amerikanischen Gesellschaft. Die Kurse betragen

- zum 1.1.01: 1,2 EUR/USD;
- zum 31.12.01: 1,4 EUR/USD, im Durchschnitt 01: 1,3 EUR/USD;
- zum 31.12.02: 1,6 EUR/USD, im Durchschnitt 02: 1,5 EUR/USD.

Nachfolgend zunächst die Bilanz zum 1.1.01 in USD und EUR.

Aktiva			1.1.01		Passiva
	USD	EUR		USD	EUR
Maschinen	150	180	gez. Kapital	200	240
Forderungen	90	108	RL	40	48
	240	288		240	288

In 01 wird bei Umsätzen von 75 und Abschreibungen von 50 ein Jahresüberschuss von 25 USD erzielt. Die Saldenliste ergibt sich danach wie folgt:

	USD		× Kurs =	EUR	
	S	H		S	H
Maschinen	100		× 1,2	120,0	
Forderungen	165		× 1,4	231,0	
gez. Kapital		200	× 1,2		240,0

	USD		× Kurs =	EUR	
	S	H		S	H
Rücklagen		40	× 1,2		48,0
Umsatz		75	× 1,3		97,5
Abschreibung	50		× 1,2	60,0	
Summe I	**315**	**315**		**411,0**	**385,5**
Differenz (Ertrag, da Haben-Saldo)					**25,5**
Summe II				**411,0**	**411,0**

Hieraus ergeben sich GuV 01 und Bilanz 31.12.01 wie folgt:

	USD		EUR
Umsatz	75	× 1,3	97,5
Abschreibung	− 50	× 1,2	− 60,0
Ertrag aus Umrechnung			25,5
Jahresüberschuss	**25**		**63,0**

Aktiva			**31.12.01**		**Passiva**
Maschinen	USD 100	EUR 120	gez. Kapital	USD 200	EUR 240
Forderungen	165	231	Rücklagen	40	48
			JÜ	25	63
	265	351		265	351

In 02 wird bei Umsätzen von 130 und Abschreibungen von 50 ein Jahresüberschuss von 80 USD erzielt. Bei der Umrechnung des Eigenkapitals ist nunmehr als neue Komponente der Gewinnvortrag aus dem Jahresüberschuss des Vorjahres zu beachten. Er ist mit seinem ursprünglichen Euro-Wert, d.h. mit 63 EUR zu erfassen. Auf dieser Grundlage ergibt sich folgende Bilanz per 31.12.02:

Aktiva			**31.12.02**		**Passiva**
Maschinen	USD 50	EUR 60	gez. Kapital	USD 200	EUR 240
Forderungen	295	472	Rücklagen	40	48
			Gewinnvortrag	25	63
			JÜ*	80	181
	345	532		345	532

* im Jahresüberschuss enthalten: 46 EUR Umrechnungsertrag

3.2.5 Sonderfall I: Wertminderungen auf Anlagen und Vorräte

Wertminderungen auf Anlagen und Vorräte sind für Zwecke des Konzern-   46
abschlusses aus der **Perspektive des Konzerns** zu beurteilen. Möglicherweise sind
dann zuvor im Abschluss der integrierten ausländischen Einheit berücksichtigte
Verluste rückgängig zu machen. Umgekehrt können Wertminderungen auch im
Rahmen der Konsolidierung erstmals zu berücksichtigen sein, da sie zwar aus
Konzernperspektive, aber nicht aus Perspektive des ausländischen Geschäftsbetriebs eingetreten sind.

Nach IAS 21.25 sind **Anlagewerte**, die zum niedrigeren erzielbaren Betrag, und   47
Vorräte, die zum Netto-Veräußerungswert angesetzt werden, nicht mit den
bisherigen Kursen, sondern i.d.R. mit Kursen des Abwertungszeitpunkts anzusetzen. Ist die Abwertung währungsbedingt, ergibt sich hier die aus Konzernsicht
zutreffende Beurteilung tendenziell schon von alleine.

Hierzu folgendes Beispiel: 48

Praxis-Beispiel

Das ausländische Tochterunternehmen TU hat zum Jahresanfang Vorräte
in EUR erworben, die überwiegend auch in EUR weiterveräußert werden. Die
eigene Währung des TU wird in 01 erheblich gegenüber dem EUR aufgewertet.
Der Nettoveräußerungspreis der Vorräte in EUR bleibt konstant. Der Nettoveräußerungspreis in TU-Währung sinkt demzufolge. Das TU nimmt deshalb
im Einzelabschluss eine außerplanmäßige Abschreibung auf die Vorräte vor.

Die Umrechnung des Einzelabschlusses in EUR erfolgt hinsichtlich der abgeschriebenen Vorräte nicht zum Einstands-, sondern zum Stichtagskurs. Hierdurch hebt
sich die Abwertung, die aus Konzernsicht (EUR) nicht gegeben ist, tendenziell auf.

Zahlenbeispiel:

- Anschaffung für 100 EUR beim Kurs 1 EUR/1 TU,
- Stichtagskurs 1 EUR/2 TU,
- deshalb Abwertung in TU-Währungsabschluss auf 50 TU.
- Umrechnung TU-Abschluss in EUR: 50 × 2 = 100 EUR. Hieraus ergibt sich
  ein „Umrechnungsgewinn" von 50 EUR, der aber tatsächlich aufgrund des
  aus Konzernsicht nicht gegebenen Abwertungsbedarfs zu neutralisieren ist.
- Sachgerechte Umbuchung: „per Umrechnungsertrag an Abschreibung Vorräte".

3.2.6 Sonderfall II: Währungsverluste auf konzerninterne Forderungen und Schulden

In der Einzelbilanz der integrierten ausländischen Einheit oder der inländischen   49
Mutter können währungsbedingte Verluste oder Gewinne auch aus **konzerninternen Forderungen und Verbindlichkeiten** entstehen. Derartige Umrechnungsdifferenzen gleichen sich im Rahmen der Konsolidierung aus:

Praxis-Beispiel (vgl. Rz 64)

Die inländische Mutter MU gewährt der integrierten amerikanischen Tochter
TU Ende 01 zum Erwerb eines Grundstücks ein Darlehen von 1 Mio. EUR
bei einem Wechselkurs von 1/1. Zum Bilanzstichtag 02 hat sich der Kurs des

---

Dollars auf 1,1 USD/1,0 EUR verschlechtert, so dass TU in ihrer USD-Bilanz eine Verbindlichkeit von nunmehr 1,1 Mio. USD und in der GuV einen korrespondierenden Verlust von 0,1 Mio. USD ausweist. In der GuV der MU ist bei unveränderter Forderung von 1 Mio. EUR kein Ertrag entstanden. Der USD-Abschluss der TU ist für Konzernzwecke in Euro umzurechnen. Bei Ausklammerung übriger Bilanz- und GuV-Positionen entsteht folgende Umrechnungsdifferenz:

a) Die Bilanz weist im hier zu betrachtenden Ausschnitt keine Vermögens-änderung aus.

- Das Grundstück wird unverändert mit dem Einstandskurs von 1/1, d.h. mit 1 Mio. EUR angesetzt.
- Die Verbindlichkeit von 1,1 Mio. USD hat mit dem aktuellen Kurs von 1,0 USD/1,1 EUR unverändert einen Umrechnungswert von 1 Mio. EUR.

b) Dem unveränderten Vermögen – Gewinn aus Sicht der Vermögensver-gleichsrechnung = null – steht im Einzelabschluss ein GuV-Verlust von 100 TUSD bzw. bei einem Durchschnittskurs von 1,05/1,00 von 100 TUSD/1,05 = 95 TEUR gegenüber. In entsprechender Höhe entsteht eine Differenz zwischen Soll- und Haben-Salden, die durch Ansatz eines Umrechnungs-ertrags auszugleichen ist (Rz 44 ff.). Somit:

Währungsverlust Einzelbilanz TU	95.000
Ertrag Umrechnung für Konzern	95.000
Summe	0

Begründet ist dieses Ergebnis in der funktionalen Währung der US-Tochter. Da sie unselbstständig ist, ist der Euro ihre funktionale Währung. Einzel-bilanziell tritt ein Umrechnungserfolg aus Euro-Darlehen nur in dem in US-Dollar, also „falscher" Währung, erstellten Einzelabschluss auf. Bei Er-stellung des Abschlusses in der funktional „richtigen" Währung, nämlich in Euro, wäre schon einzelbilanziell kein Umrechnungsverlust entstanden.

Für die Behandlung konzerninterner Differenzen bei **selbstständigen** auslän-dischen Einheiten wird auf Rz 64 verwiesen.

3.2.7 Umklassifizierung in selbstständige Einheit, Wechsel der funktionalen Währung

50   Wird eine bisher integrierte ausländische Einheit zu einer selbstständigen Ein-heit, so ändert sich die Methode der Währungsumrechnung. Alle Posten, auch die nicht monetären, sind zum Wechselkurs des Änderungszeitpunkts umzurech-nen. Die resultierenden Beträge gelten als neue historische Kostenbasis. Eine Einstellung aufgelaufener Differenzbeträge in das Eigenkapital, wie bei Umrech-nung einer selbstständigen Einheit, erfolgt jedoch nicht. Die Regeln zur Umrech-nung selbstständiger Einheiten sind nur **prospektiv**, ab dem Datum des Wechsels der funktionalen Währung anzuwenden (IAS 21.35).

3.3 Umrechnung von Abschlüssen selbstständiger ausländischer Einheiten

3.3.1 Abgrenzung zu integrierten Einheiten

Für die Abgrenzung der selbstständigen Teileinheit gegenüber der integrierten 51 ausländischen Einheit wird auf Rz 31 ff. verwiesen.

3.3.2 Umrechnung der Bilanz

Bei der Umrechnung der Bilanzposten selbstständiger Einheiten ist nicht zwischen 52 monetären und nicht monetären Posten zu differenzieren. Vielmehr sind **sämtliche Vermögenswerte und Schulden zum Stichtagskurs** umzurechnen (IAS 21.39(a)). Bestehen z.B. in Ländern mit Devisenbewirtschaftung **Parallelkurse** *(dual exchange rates)*, etwa ein offizieller und ein inoffizieller Kurs, oder nach Art der Transaktion unterscheidende offizielle Kurse, gilt abstrakt Folgendes: Da das inländische Mutterunternehmen sein ausländisches Investment primär durch Dividenden, Kapitalrückzahlungen und Liquidationserlöse amortisieren kann, ist der für diese Transaktionen geltende Kurs maßgeblich. Konkret hatte die ESMA in 2016 eine *Enforcement*-Entscheidung zu Parallelkursen veröffentlicht:[10]

> **Praxis-Beispiel**
> Ein Konzern ist u.a. in Venezuela tätig. Am Stichtag existierten drei extrem unterschiedliche Wechselkurse:
> - SICAD (Sistema Complementario de Administración de Divisas; 1 USD = 12,8 VEF),
> - SIMADI (Sistema Marginal de Divisas; 1 USD = 197 VEF) und
> - CENCOEX (offizieller Kurs des Centro Nacional de Comercio Exterior; 1 USD = 6,3 VEF).
>
> Der SIMADI-Kurs bzw. -Mechanismus erlaubt im Vergleich zu den übrigen Kursen einen leichteren Umtausch von VEF in Devisen. Für diesen Vorteil ist ein nachteiliger Wechselkurs in Kauf zu nehmen.
> Das bilanzierende Unternehmen ist im ersten Halbjahr 2015 vom SICAD-Kurs zum SIMADI-Kurs gewechselt, da dieser denjenigen Kurs reflektiere, zu dem nach bestem Ermessen der wirtschaftliche Erfolg des venezolanischen Tochterunternehmens z.B. in Form von Gewinnausschüttungen nutzbar gemacht werden könne. Hieraus resultierte auf Konzernebene eine Verminderung der liquiden Mittel und des Eigenkapitals in Konzernwährung.
> **Beurteilung**
> Die betreffende Enforcement-Institution hatte keine Einwendungen gegen das Vorgehen des bilanzierenden Unternehmens. Nach IAS 21.26 ist bei Vorliegen mehrerer Wechselkurse diejenige Rate zu verwenden, zu der die künftigen Zahlungsströme, wie sie durch die umzurechnenden Posten repräsentiert werden, realisiert würden, wenn diese bereits am Bewertungsstichtag anfielen. Dies impliziert Ermessensspielräume, die nicht überschritten wurden.

Ausgenommen von der Stichtagsbewertung ist lediglich das Eigenkapital. Der 53 Eigenkapital-Anfangsbestand, d.h. das **Eigenkapital der Vorjahre**, wird weiter

---

[10] EECS/0116-03.

mit seinen jeweiligen **Einstandskursen** fortgeführt. Es muss nicht erneut umgerechnet werden. Der Jahresüberschuss des laufenden Jahres ergibt sich aus der GuV. Als **Einstandskurse** der Eigenkapitalvorträge gelten:

- für das bereits bei Erstkonsolidierung **vorhandene** Eigenkapital die Kurse des Erstkonsolidierungszeitpunkts;
- für die **Kapitalzuführungen späterer Jahre** die Kurse der Zuführungszeitpunkte;
- für die nach **Erstkonsolidierung** thesaurierten Gewinne die Stichtagskurse des jeweiligen Gewinnentstehungsjahres;
- für die in das *other comprehensive income* eingestellten **Ergebnisse** aus Neubewertung, *available-for-sale assets* usw. die Stichtagskurse des Einstellungszeitpunkts.

Eine Umrechnung des Eigenkapitals mit aktuellen Stichtagskursen wird ebenfalls für zulässig gehalten, sofern die Differenz zum Einstandskurs nicht in die Währungsumrechnungsrücklage, sondern in die allgemeinen Gewinnrücklagen eingestellt wird.[11] Eine Vereinfachung bringt ein solches Vorgehen nicht, da für Zwecke der Differenzfeststellung auch hier in einer (Neben-)Rechnung die ursprünglich gültigen Kurse zu berücksichtigen sind.

54   Die in der **Vorjahresspalte** für Vergleichszwecke (→ § 2) anzugebenden Zahlen *(comparative amounts)* werden durch Kursänderungen in der aktuellen Berichtsperiode nicht tangiert. Es bleibt insoweit bei den im Vorjahresabschluss verwendeten Umrechnungskursen (IAS 21.39(a)). Ausnahmen bestehen für den Fall, dass sowohl die funktionale Währung der selbstständigen Einheit als auch die des Konzerns hyperinflationär sind (IAS 21.42(a)).

3.3.3   Umrechnung der GuV

55   Sämtliche Ertrags- und Aufwandsposten sind zu den Kursen des Transaktionszeitpunkts, bei nicht zu großen Währungsschwankungen aus Vereinfachungsgründen mit **Durchschnittskursen** (Rz 15) umzurechnen (IAS 21.39(b) i.V.m. IAS 21.40). Hinsichtlich der **Vorjahresvergleichszahlen** (→ § 2) bleibt es i.d.R. bei der Umrechnung zum Vorjahresdurchschnittskurs (IAS 21.39(b)). Zu Ausnahmen wird auf Rz 54 verwiesen.

3.3.4   Ermittlung der Umrechnungsdifferenzen, Einstellung in das Eigenkapital

56   Auch bei der Umrechnung selbstständiger Teileinheiten nach der Stichtagsmethode ergeben sich im System der Doppelten Buchführung Umrechnungsdifferenzen, da nicht sämtliche Soll- und Haben-Salden zum Stichtagskurs umgerechnet werden, sondern abweichend davon das Alteigenkapital mit Einstandskursen und die GuV mit Durchschnittskursen. Es entsteht eine buchhalterische **Umrechnungsdifferenz**, die **erfolgsneutral** in das Eigenkapital einzustellen ist (IAS 21.39(c)). Die Umrechnungsdifferenz wird dort unter geeigneter Bezeichnung, z.B. als „Währungsumrechnungsrücklage" oder als „Differenz aus der Währungsumrechnung" separat festgehalten. Soweit Minderheiten (nicht beherrschende Gesellschafter) an der selbstständigen ausländischen Einheit beteiligt sind, ist der entsprechende Teil der Umrechnungsdifferenz mit dem Minderheitenanteil zu verrechnen (IAS 21.41).

---

[11]   Vgl. ERNST & YOUNG, International GAAP 2015, Ch 15 sCh 6.2.

Technisch ermittelt sich die Umrechnungsdifferenz als Summe aus folgenden **57**
Beträgen:
- **Wertänderung des Eigenkapitals**: Eigenkapitalanfangsbestand, multipliziert mit der Differenz aus neuem und alten Stichtagskurs;
- **Differenz GuV**: Jahresergebnis, multipliziert mit der Differenz aus Stichtagskurs und Durchschnittskurs (bzw. Transaktionskurs).

Wegen der Besonderheiten der Ermittlung und Zuordnung der Währungsdifferenz in mehrstufigen, auf den einzelnen Stufen unterschiedliche Fremdwährungen umfassenden Konzernstrukturen, wird auf Rz 72 verwiesen.

Änderungen des Kapitals durch **Ausschüttung, Kapitalherabsetzungen, Kapi-** **58**
talzuführungen usw. sind zusätzlich zu berücksichtigen. Wird etwa ein Jahresergebnis in 01 von 100 USD zum Durchschnittskurs 01 von 1,2 in EUR umgerechnet (120 EUR), aber in 02 bei einem Kurs von 1,4 ausgeschüttet (140 EUR), so ergibt sich eine zu berücksichtigende Differenz i. H. v. 20.

Zum Ganzen folgendes Beispiel: **59**

Praxis-Beispiel
Im nachfolgenden Beispiel werden die genannten Grundsätze auf das unter Rz 45 wiedergegebene Beispiel angewendet:
- Kurs bis 1.1.01: 1,2 EUR/USD,
- Kurs 31.12.01: 1,4 EUR/USD,
- Kurs 31.12.02: 1,6 EUR/USD.

Vereinfacht wird angenommen, dass der Wechselkurs bis zum 1.1.01 konstant war, es also in der Bilanz 1.1.01 keine Währungsdifferenz gibt (bei einer realistischen Annahme würde das Währungsdifferenzkonto bereits per 1.1.01 einen Saldo ausweisen; im Gegenzug würde das Eigenkapital per 1.1.01 andere Einstandskurse ausweisen).
Unterschiede zu der unter Rz 45 vorgenommenen Umrechnung ergeben sich also erst zum 31.12.01, und zwar dort bei den Positionen „Maschinen" und „Jahresüberschuss" sowie bei der Position „Währungsdifferenz".

Aktiva	1.1.01			Passiva	
	USD	EUR		USD	EUR
Maschinen	150	180	gez. Kapital	200	240
Forderungen	90	108	RL	40	48
	240	288		240	288

- Das **Eigenkapital** ist mit den Einstandskursen fortzuführen.
- Alle Aufwendungen und Erträge 01 und damit einfacher der **Jahresüberschuss** 01 sind zum Jahresdurchschnittskurs umzurechnen. Der Jahresüberschuss in EUR beträgt demnach: 25 × 1,3 = 32,5.

Die **Umrechnungsdifferenz** 01 ergibt sich wie folgt:

EK Jahresanfang × (neuer – alter Stichtagskurs) = 240 × 0,2	48,0
JÜ × (Stichtagskurs – Durchschnittskurs) = 25 × 0,1	2,5
Dividende × (Entstehungskurs – Transaktionskurs)	0
Summe =	50,5

Hieraus resultiert bei Umrechnung der übrigen Bilanzposten zum Stichtagskurs folgende Bilanz per 31.12.01:

Aktiva			31.12.01		Passiva
	USD	**EUR**		**USD**	**EUR**
Maschinen	100	**140**	gez. Kapital	200	240
Forderungen	165	231	Rücklagen	40	48
			Währungsdiff.		**50,5**
			JÜ	25	**32,5**
	265	371		265	371

Bei Abschreibungen in 02 auf die Maschinen von 50 USD, einem Jahresüberschuss 02 von 80 USD ergibt sich Folgendes per 31.12.02:

- Das **Eigenkapital** ist mit den Einstandskursen fortzuführen, d. h. das schon
  per 1.1.01 vorhandene Eigenkapital (gezeichnetes Kapital und Rücklagen)
  weiter mit 1,2, der thesaurierte Gewinn 01 (nun Gewinnvortrag) weiter mit
  dem Jahresdurchschnittskurs 01 von 1,3.
- Alle Aufwendungen und Erträge 02 und damit (einfacher) der **Jahresüberschuss 02** sind zum Jahresdurchschnittskurs umzurechnen. Der Jahresüberschuss in Euro beträgt demnach: 80 × 1,5 = 120.

Die neu zu berücksichtigende **Umrechnungsdifferenz** ergibt sich technisch
wie folgt:

EK Jahresanfang × (neuer − alter Stichtagskurs) = 265 × 0,2 =	53,0
JÜ × (Stichtagskurs − Durchschnittskurs) = 80 × 0,1 =	8,0
Dividende × (Entstehungskurs − Transaktionskurs) =	0
Summe Zuführung	61,0
+ Vortrag Währungsdifferenzkonto	50,5
= Währungsdifferenzkonto per 31.12.02	111,5

Dass es sich bei dem Betrag von 61 nur um den **Zuführungsbetrag** (nicht um
den Endbestand) handelt, ergibt sich u. a. daraus, dass die Eigenkapitalum-
rechnungsdifferenz von 53,0 nur die Wertänderung zwischen 1.1.02 und
31.12.02 (nicht die Wertänderung in 01) wiedergibt.

Hieraus resultiert insgesamt folgende Bilanz per 31.12.02:

Aktiva			31.12.02		Passiva
	USD	**EUR**		**USD**	**EUR**
Maschinen	50	80	gez. Kapital	200	240
Forderungen	295	472	Rücklagen	40	48
			Gewinnvortrag	25	32,5
			Währungsdiff.		111,5
			JÜ	80	120
	345	552		345	552

3.3.5 Erfolgsrealisierung beim (Teil-)Abgang der Einheit

Die Währungsdifferenzen können **nicht auf „ewig"** erfolgsneutral im Eigen-   60
kapital verbleiben. Beim Abgang einer wirtschaftlich selbstständigen Einheit sind
die bis dahin aufgelaufenen Umrechnungsdifferenzen in den **Abgangserfolg** mit
einzubeziehen (IAS 21.48). Als Abgang gelten nicht nur der **Verkauf** und die
Liquidation, sondern auch die **Kapitalrückzahlung** (IAS 21.48f.).
In der bis 2008 anwendbaren Fassung von IAS 21 sind auch Dividenden dann als
Kapitalrückzahlungen und Abgang („**Superdividende**") zu qualifizieren, wenn
sie wirtschaftlich eine (Teil-)Rückzahlung des Investments darstellen. Dies war
etwa der Fall, wenn ein mit erheblichem thesaurierten Gewinn erworbenes
Tochterunternehmen diese Altrücklagen auskehrte. Mit Wirkung ab 2009 ist
IAS 21.49 neu gefasst worden, so dass ab 2009 Dividendenzahlungen nicht mehr
als Abgang gelten. Für die Frage, ob die Rückführung von Forderungen/Ver-
bindlichkeiten, die in das Investment einbezogen wurden, als **Teilabgang** *(partial
disposal)* zur Auflösung von Teilen der Umrechnungsrücklage führt, wird auf
Rz 64 ff. verwiesen.
Mit Wirkung ab 2009 ist der Realisationszeitpunkt erfolgsneutral gebildeter   61
Umrechnungsrücklagen neu geregelt worden.

* Nach IAS 21.48A ist der Verlust der Kontrolle über ein Tochterunternehmen
als dessen vollständige Aufgabe *(net disposal)* anzusehen, mit der Folge: die
gesamte auf das Tochterunternehmen entfallende Umrechnungsrücklage ist
aufzulösen, der davon auf die Minderheit entfallende Teil erfolgsneutral
(IAS 21.48B).
* Nach IFRS 10.23 und IAS 21.48C sind bei Abstockung einer Mehrheitsbeteiligung ohne Kontrollverlust *(partial disposal)* der Minderheitenanteil und das
den Gesellschaftern des Mutterunternehmens zuzurechnende Eigenkapital
erfolgsneutral anzupassen. Der dem veräußerten Anteil entsprechende Teil
der Umrechnungsrücklage ist daher erfolgsneutral dem Minderheitenanteil
gutzuschreiben/zu belasten.
* Der Verlust des maßgeblichen Einflusses auf ein assoziiertes Unternehmen
bzw. ein *joint venture* gilt ebenfalls als vollständiger Abgang (IAS 21.48A). Bei
Veräußerung eines Teils der Anteile an einem assoziierten Unternehmen unter
Wahrung des maßgeblichen Einflusses ist nur der dem veräußerten Anteil
entsprechende Teil der Umrechnungsrücklage erfolgswirksam aufzulösen.

Hierzu folgende Anwendungsfälle:

Praxis-Beispiel
1. Abstockung einer Mehrheitsbeteiligung
MU hält 80 % an TU und veräußert weitere 20 % an Dritte. Der Minderheitenanteil *(non-controllig interest)* erhöht sich von 20 % auf 40 %. MU behält die
Beherrschung über TU. Die Währungsumrechnungsdifferenz beträgt vor der
Transaktion 100, davon 80 als Rücklage ausgewiesen, 20 im Minderheitenanteil
berücksichtigt.
Beurteilung
Nach IAS 21.48C wird die Währungsumrechnungsdifferenz (WUD) bei
einer Abstockung nicht erfolgswirksam. Sie ist lediglich neu auf Mehrheit
und Minderheit zu verteilen (per WUD Rücklage 20 an Minderheit 20).

> **2. Kontrollverlust**
> MU hält 80 % an TU und veräußert weitere 40 % an Dritte. Der Anteil der MU verringert sich von 80 % auf 40 %. MU verliert die Beherrschung über TU. Es kommt zur erfolgswirksamen Entkonsolidierung. Die Währungsumrechnungsdifferenz beträgt vor der Transaktion 100, davon 80 als Rücklage ausgewiesen, 20 im Minderheitenanteil berücksichtigt.
> **Beurteilung**
> Nach IAS 21.48A und IAS 21.48B ist die Währungsumrechnungsdifferenz aufzulösen. Der separat ausgewiesene, MU zuzuordnende Teil von 80 wird GuV-wirksam, der der (bisherigen) Minderheit zuzurechnende Teil von 20 beeinflusst den Abgangserfolg nicht.
> **3. Abstockung einer *equity*-Beteiligung**
> MU hält 30 % an aU und hat signifikanten Einfluss auf aU. 5 % der Anteile werden an einen Dritten veräußert. MU behält den signifikanten Einfluss. Der Anteil an der aU ist weiterhin *at equity* zu bilanzieren. Die Rücklage für Währungsumrechnungsdifferenz beträgt vor der Transaktion 30.
> **Beurteilung**
> Nach IAS 21.48(c) wird die Währungsumrechnungsdifferenz mit 5 erfolgswirksam.

62 Fraglich ist die Behandlung der **Liquidation** eines Tochterunternehmens.

> **Praxis-Beispiel**
> MU hält 100 % an der schuldenfreien TU und beschließt im Oktober 01 deren Liquidation. Die werbende Tätigkeit wird daraufhin eingestellt. Die Liquidation vollzieht sich wie folgt:
> - Noch in 01 werden alle Vorratsbestände und beweglichen Anlagen, zusammen (in Zeitwerten) 50 % des Vermögens, „versilbert". Der Erlös wird am 30.12. an MU ausgeschüttet.
> - In 02 werden fast alle Immobilien, zusammen also weitere 45 % des ursprünglichen Vermögens, liquidiert und auch dieser Erlös an MU ausgeschüttet.
> - Die Verwertung eines letzten Grundstücks gestaltet sich schwieriger und gelingt erst in 03.

Offen ist im vorstehenden Beispiel, ob die Liquidation des Tochterunternehmens schon **fortlaufend**, im Maß der realisierten und ausgeschütteten Liquidationserlöse oder erst mit Versilberung des letzten Vermögenswerts zu einem **(Teil-)Abgang** der ausländischen Einheit i. S. v. IAS 21 und damit zur (Teil-)Realisierung der Umrechnungsdifferenz führt. Für das **Handelsrecht** wird die Auffassung vertreten, Teile der Umrechnungsrücklage können bereits in dem Maß erfolgswirksam aufgelöst werden, wie der Liquidationsprozess durch Versilberung (Umwandlung Sach- in Nominalwerte) vorangeschritten ist.[12] Gegen eine entsprechende Behandlung nach IFRS könnte sprechen, dass IAS 21.48D als „*partial disposal*" nur „*reductions in ownership interest*" anspricht. Wird „*owner-*

---

[12] HOFFMANN/LÜDENBACH, NWB Kommentar Bilanzierung, 8. Aufl., 2017, § 308a HGB.

ship interest" i. S. d. amtlichen deutschen Übersetzungen als „Beteiligungsquote", also **prozentual** verstanden, liegt kein Teilabgang vor, da sich der Prozentsatz der Beteiligung nicht ändert. Allerdings hat das IFRS *Interpretations Committee* in einer *Agenda Rejection* vom September 2010 offengelassen, ob *„reduction in owner ship interest"* absolut oder prozentual zu interpretieren ist. Selbst wenn der Begriff **absolut** aufgefasst wird, würde je nach Interpretation des IAS 21.48C (Rz 63 ff.) eine fortlaufende Realisierung aber ausscheiden.

U. E. liegt die Lösung an einer anderen Stelle. Der Begriff der *foreign operation* setzt nach IAS 21.8 Aktivitäten *(activities)* voraus. Diese können schon mit Aufgabe der werbenden Tätigkeit zu verneinen sein, bestehen aber spätestens bei sehr weit fortgeschrittenem Liquidationsprozess nicht mehr. Der damit einhergehende Verlust des Status *foreign operation* stellt u. E. bereits ein *disposal* dar. Bei einer entsprechenden Vorabauskehrung des Liquidationserlöses in Raten ist eine erfolgswirksame Realisierung der in der Währungsumrechnungsrücklage angesammelten Beträge daher mindestens dann geboten, wenn der Liquidationsprozess im Wesentlichen vollzogen ist und nur noch ein unbedeutender Teil des Liquidationsanfangsvermögens der Verwertung harrt (im Beispiel am Ende der Periode 2).[13]

Entsprechend lässt sich eine (Teil-)Realisierung u. U. dann vertreten, wenn eine ausländische Tochter mehrere ganz unterschiedliche Aktivitäten *(operations)* unter einem rechtlichen Mantel vereint und einen dieser „Teilbetriebe" liquidiert. Mit Aufgabe oder Veräußerung der Aktivitäten eines bedeutenden Teilbetriebs liegt möglicherweise ein Abgang *(disposal)* und nicht lediglich ein Teilabgang einer *foreign operation* vor. Ein *recycling* wäre daher geboten. Hat der Konzern die Währungsumrechnung in der Vergangenheit einheitlich für ein Tochterunternehmen ohne Differenzierung nach Teilbetrieben vorgenommen, ist als Aufteilungsmaßstab für bestehende Umrechnungsdifferenzen auf das relative, dem Teilbetrieb buchmäßig zuzuordnende Eigenkapital abzustellen.

3.3.6 Sonderfall I: *goodwill* und nicht beherrschende Anteile

Der beim Erwerb einer selbstständigen Einheit entstehende *goodwill* sowie die dabei aufgedeckten stillen Reserven konnten nach IAS 21.33 (1993) für Zwecke der Währungsumrechnung wahlweise der **Teileinheit oder dem berichtenden Konzern** zugeordnet werden. Im zweiten Fall wurden die Einstandskurse fortgeführt. Die Fortschreibung von *goodwill* und stillen Reserven blieb von Wechselkursänderungen unberührt. Im ersten Fall war/ist eine jährliche Neuberechnung zu Stichtagskursen vorzunehmen. Die entstehenden Umrechnungsdifferenzen waren/sind erfolgsneutral zu behandeln.

Mit der Neufassung von IAS 21 im Dezember 2003 ist das **Wahlrecht entfallen**. Der *goodwill* sowie die aufgedeckten stillen Reserven und Lasten *(fair value adjustments)* sind als Vermögenswerte bzw. Schulden der ausländischen Einheit zu betrachten (IAS 21.47). Die Neufassung ist nur prospektiv anzuwenden, d. h. auf Unternehmenserwerbe, die ab der Periode der erstmaligen Anwendung von der Neufassung von IAS 21 (d. h. ab 2005) getätigt werden (IAS 21.59).

63

---

13 Gl. A. FREIBERG, PiR 2009, S. 343 ff ; ähnlich BEIERSDORF/DRIESCH/RAMSCHEID, IRZ 2014, S. 89 ff.

Folgende Konsequenzen ergeben sich für die **Erst-** und **Folge**konsolidierung:

- Der Kaufpreis muss im Rahmen der **Erstkonsolidierung** zum Kurs des Erwerbszeitpunkts in die funktionale Währung des ausländischen Geschäftsbetriebs umgerechnet werden. Nach Bewertung der übernommenen Vermögenswerte und Schulden zum beizulegenden Zeitwert (Aufdeckung stiller Reserven) wird der verbleibende Unterschiedsbetrag *(goodwill)* ebenfalls in der funktionalen Währung des ausländischen Geschäftsbetriebs in dessen Bilanz eingestellt. Hierdurch erhöht sich dessen konsolidierungstechnisches Eigenkapital. Erst danach wird die Währungsumrechnung wie gewohnt durchgeführt. Bei der Erstkonsolidierung entspricht dadurch der Wert des konsolidierungstechnischen Eigenkapitals der Tochter in Berichtswährung (bei einer deutschen Konzernspitze Euro) der bei der Muttergesellschaft bilanzierten Beteiligung. Differenzen bei der Kapitalkonsolidierung entstehen nicht.

- Bei der **Folgekonsolidierung** wird der nun in der funktionalen Währung des ausländischen Geschäftsbetriebs bilanzierte *goodwill* jeweils zum Kurs des Bilanzstichtags umgerechnet. Dadurch verändert sich der ausgewiesene Wert des *goodwill* zu jedem Bilanzstichtag. Bei den sehr großen *goodwill*-Beträgen in den Bilanzen vieler Konzerne kann es bei entsprechenden Währungsschwankungen zu erheblichen Abweichungen beim Ansatz des *goodwill* zwischen den Bilanzstichtagen kommen.

Der **Effekt** der Währungsumrechnung des *goodwill* ist nicht zu unterschätzen. Nach einer empirischen Untersuchung stellt sie etwa für die Jahre 2005 bis 2008 bei den 30 DAX-Unternehmen die zweitwichtigste Veränderungsgröße des *goodwill* (nach den Zugängen) dar.[14]

Eine Währungsumrechnung des *goodwill* kann nicht durch eine komplette oder überwiegende Zuordnung zum inländischen Teil des erwerbenden Konzerns vermieden werden, selbst wenn die erwarteten Synergien eine solche Zuordnung nahelegen. Eine solche Zuordnung zu bereits vor Erwerb bestehenden Einheiten ist zwar für Zwecke des *impairment*-Tests (IAS 36) möglich und ggf. geboten, jedoch für die **Währungsumrechnung** unzulässig (IAS 21.BC32). Zur Aufteilung des *goodwill* für Währungszwecke kommt es nur dann, wenn bei **Erwerb** eines **Teilkonzerns** dessen Einheiten untereinander unterschiedliche funktionale Währungen haben (IAS 21.BC32).

Wenn das Mutterunternehmen nicht zu 100 % an seinem zu konsolidierenden Tochterunternehmen beteiligt ist, müssen im Konzernabschluss **Minderheitenanteile** (nicht beherrschende Anteile) ausgewiesen werden, wobei in der Praxis regelmäßig auf die *full-goodwill*-Methode verzichtet, der Minderheit daher kein *goodwill* zugerechnet wird. Der *goodwill* ist in der funktionalen Währung der Tochtergesellschaft in deren (IFRS II-)Abschluss einzustellen. Erst danach wird die Währungsumrechnung durchgeführt. Die bei der Folgekonsolidierung entstehenden Währungsdifferenzen auf den *goodwill* sind jedoch (bei Verzicht auf die *full-goodwill*-Methode) ausschließlich dem Mehrheitsgesellschafter zuzurechnen, da die Minderheit zwar am Vermögen inkl. der stillen Reserven, i.d.R. nicht aber am *goodwill* beteiligt ist (→ § 31 Rz 126). Der auf die Minderheiten entfallende Anteil der Währungsdifferenzen muss daher in einer Nebenrechnung

---

[14] BRENDLE, IRZ 2010, S. 215 ff.

ermittelt werden. Hierzu nachfolgend ein **Beispiel** unter der Annahme eines 20 %igen Minderheitenanteils und eines Erstkonsolidierungskurses von 1,2 sowie eines Stichtagskurses von 1,4.

	USD	Kurs	100 %	80 %	20 %
EK IFRS zum Stichtag	100	1,4	140		
dito bei Erstkonsolidierung	100	1,2	120		
Kursdifferenz			20	16	4
Stille Reserven zum Stichtag	500	1,4	700		
dito bei Erstkonsolidierung	500	1,2	600		
Kursdifferenz			100	80	20
goodwill zum Stichtag	1.520	1,4	2.128		
dito bei Erstkonsolidierung	1.520	1,2	1.824		
Kursdifferenz			304	304	0
Gesamte Kursdifferenzen			424	400	24

Tab. 2: Beispiel zur Zuordnung von Umrechnungsdifferenzen auf den Minderheitenanteil[15]

3.3.7 Sonderfall II: Währungsverluste auf konzerninterne Forderungen und Schulden

In der Einzelbilanz der ausländischen Tochter oder der inländischen Mutter können währungsbedingte Verluste oder Gewinne auch aus konzerninternen **Forderungen und Verbindlichkeiten** entstehen. Derartige **Umrechnungsdifferenzen** sind im Rahmen der Konsolidierung **nicht zu neutralisieren** (IAS 21.45).   64

> **Praxis-Beispiel (vgl. Rz 49)**
> Die inländische Mutter MU gewährt der selbstständigen amerikanischen Tochter TU Ende 01 zum Erwerb eines Grundstücks ein Darlehen von 1 Mio. EUR bei einem Wechselkurs von 1 USD/1 EUR. Zum Bilanzstichtag 02 hat sich der Kurs des Dollars auf 1,1 USD/1,0 EUR verschlechtert, so dass TU in ihrer USD-Bilanz eine Verbindlichkeit von 1,1 Mio. USD und in der GuV einen korrespondierenden Verlust von 0,1 Mio. USD ausweist. In der GuV der MU ist bei unveränderter Forderung von 1 Mio. EUR kein Ertrag entstanden.
> Der US-Dollar-Abschluss der TU ist für Konzernzwecke in EUR umzurechnen.
> - Das **Grundstück** ist mit dem aktuellen Kurs von 1,1 USD/1 EUR, d.h. mit 909 TEUR anzusetzen.
> - Die **Verbindlichkeit** von 1,1 Mio. USD hat mit dem aktuellen Kurs von 1,1 USD/1,0 EUR unverändert einen Umrechnungswert von 1 Mio. EUR
> - Aus Sicht der **Vermögensvergleichsrechnung** (Nettovermögen Periodenende minus Nettovermögen Periodenanfang) ist ein Verlust von 91 TEUR entstanden.
> - Dem steht ein **GuV**-Verlust von 100 TUSD entsprechend 95 TEUR bei einem angenommenen Durchschnittskurs von 1,05/1,00 gegenüber.

---

15 Nach LINGNER, PiR 2005, S. 99ff.

> Nur die Differenz von 4 TEUR zwischen zum Durchschnittskurs ermitteltem
> GuV-Verlust und zum Stichtagskurs ermitteltem Vermögensvergleichsverlust
> stellt eine konsolidierungstechnische Umrechnungsdifferenz dar und ist damit
> erfolgsneutral in die Rücklage für Währungsdifferenzen einzustellen.
>
> | | |
> |---|---:|
> | Jahresfehlbetrag zum Durchschnittskurs (= 100/1,05) | 95.000 |
> | – Jahresfehlbetrag zum Stichtagskurs (= 100/1,1) | – 91.000 |
> | = erfolgsneutrale Umrechnungsdifferenz (Rz 56) | 4.000 |
>
> Der Währungsverlust von 100 TUSD/1,1 = 91 TEUR geht hingegen in das
> Konzernergebnis ein.

Dass (einzelbilanzielle) Währungsverluste oder -gewinne aus konzerninternen
Forderungen und Schulden im Rahmen der Konsolidierung **nicht eliminiert**
werden, mag aus Sicht der **Einheitstheorie** befremden: Die wirtschaftliche
Einheit Konzern verleiht das Geld nur an sich selbst und scheint hieraus kein
Währungsergebnis erzielen zu können. Die Nichteliminierung der einzelbilanziellen Ergebnisse ist aber Konsequenz der wirtschaftlichen Selbstständigkeit
der ausländischen Einheit (Rz 33). Die ausländische Einheit ist dann als selbstständig zu qualifizieren, wenn sie ihre *cash flows* überwiegend in lokaler
Währung generiert.

Aus dieser Sicht lässt sich das obige Beispiel ökonomisch wie folgt interpretieren:
Um das mit 1 Mio. EUR = 1 Mio. USD aufgenommene Darlehen zurückzuzahlen, hätte die amerikanische Tochter bei unveränderten Wechselkursen einen *cash
flow* von 1 Mio. USD erwirtschaften müssen. Bei auf 1,1/1,0 verschlechtertem
Dollarkurs muss sie 1,1 Mio. USD, d.h. zusätzlich 100 TUSD bzw. 91 TEUR für
die Rückzahlung erwirtschaften. Dieses Zusatzerfordernis hat auch aus der
einheitstheoretischen Sicht des Konzerns Bestand: Der Konzern muss (durch
seine ausländische Tochter) zusätzliche 100 TUSD erzielen, um die mit der
Finanzierung bewirkte Investition zu amortisieren.

65 Währungserfolge aus konzerninternen Forderungen/Schulden gegenüber einer
selbstständigen ausländischen Einheit können einerseits durch *hedge accounting*
vermieden werden. Abweichend von der allgemeinen Regelung, dass konzerninterne Vermögenswerte/Schulden nicht *hedge*-tauglich sind (IFRS 9.6.3.5),
bestimmt IFRS 9.6.3.6: „*However, as an exception to paragraph 6.3.5, the foreign
currency risk of an intragroup monetary item (for example, a payable/receivable
between two subsidiaries) may qualify as a hedged item in the consolidated
financial statements if it results in an exposure to foreign exchange rate gains or
losses that are not fully eliminated on consolidation in accordance with IAS 21...*“.
Eine zweite Möglichkeit, Währungserfolge zu vermeiden, besteht darin, nur die
konzerninterne **Forderung/Schuld als Teil des Nettoinvestments** (*net investments*) in die ausländische Einheit, d.h. als Quasi-Eigenkapital, zu qualifizieren.
IAS 21.32 bestimmt, dass in diesem Fall die **Umrechnungsdifferenz erfolgsneutral** im Eigenkapital zu erfassen ist. Sie ist von dort in dem Zeitpunkt
erfolgswirksam umzubuchen, indem die selbstständige ausländische Einheit
ganz oder teilweise veräußert wird. Als Teilveräußerung (*partial disposal*) ist
u.E. auch die Tilgung der als *net investment* behandelten Forderung/Verbind-
lichkeit anzusehen. Zum Ganzen folgendes Beispiel:

Praxis-Beispiel

MU gründet Anfang 01 gegen eine Bareinlage von 10 TEUR die amerikanische Tochter TU. TU gewährt 5 TUSD sofort als Darlehen zurück. TU erzielt in allen Perioden Ergebnisse von 0. Der Dollarkurs fällt kontinuierlich. MU erzielt Währungsgewinne aus dem Kursverlust des Dollars, weil der für die (fiktive) Tilgung aufzuwendende Euro-Betrag entsprechend sinkt. Ende 02 wird das Darlehen tatsächlich zurückgezahlt, Anfang 03 wird TU zu 8,34 TEUR veräußert. Zunächst die Bilanzen und Konzernerfolge (Angaben in Tausend) für den Fall, dass das Darlehen nicht als (negativer) Teil des *net investment* betrachtet wird, dann für den umgekehrten Fall:

Gründung
1.1.01   1,00   USD/EUR

Bilanz TU

	USD	EUR		USD	EUR
Vorräte	5,00	5,00	StKap	10,00	10,00
Forderung	5,00	5,00			
	10,00	10,00		10,00	10,00

FALL 1: FORDERUNG KEIN TEIL DES *NET INVESTMENT* (Rz 64)

31.12.01   1,10   USD/EUR

Bilanz TU

	USD	EUR		USD	EUR
Vorräte	5,00	4,55	StKap	10,00	10,00
Forderung	5,00	4,55	JÜ	0,00	0,00
			WUD		− 0,91
	10,00	9,09		10,00	9,09

Berechnung WUD
(Rz 61 ff.):

EK neuer Kurs	9,09
EK alter Kurs	−10,00
WUD 31.12.01	− 0,91

31.12.02   1,20   USD/EUR

Bilanz TU

	USD	EUR		USD	EUR
Vorräte	5,00	4,17	StKap	10,00	10,00
Forderung	0,00	0,00	GewinnV	0,00	0,00
Bank	5,00	4,17	JÜ	0,00	0,00
			WUD		−1,66
	10,00	8,34		10,00	8,34

Berechnung WUD:

EK neuer Kurs	8,34
EK alter Kurs	−9,09
Zuführ. WUD	−0,75
Vortrag WUD	−0,91
WUD 31.12.02	−1,66

Veräußerung Anfang 03 für 8,34 TEUR

Mit der Veräußerung gehen die Vermögenswerte der TU (Vorräte und Bank) gegen Geld ab.

Außerdem ist die Währungsumrechnungsdifferenz erfolgswirksam aufzulösen, daher folgende **Entkonsolidierungsbuchungen:**

Soll		Haben	
Geld	8,34	Vorräte	4,17
Aufwand	1,66	Bank	4,17
		WUD	1,66
	10,00		10,00

Der Erfolg des Konzerns (der jeweiligen Periode) ermittelt sich aus
(a) dem Ergebnis der TU (jeweils 0),
(b) dem Ergebnis der MU (jeweils Währungsertrag) und
(c) Konsolidierungsbuchungen. Derartige Konsolidierungsbuchungen sind in 01 und 02 nicht erforderlich, da der Währungsertrag **nicht** eliminiert wird. In Periode 03 entsteht der oben ermittelte Entkonsolidierungsaufwand aus der Auflösung der WUD. Somit folgender **Erfolg des Konzerns:**

Periode	TU	MU	Konsoli-dierung	Summe
1	0,00	0,45	0,00	0,45
2	0,00	0,38	0,00	0,38
3			−1,66	−1,66
Summe				−0,83

Im Vergleich: Erfolg Einzelbilanz MU

Periode		
1		0,45
2		0,38
3	8,34	
	−10,00	−1,66
Summe		−0,83

Fazit

Da TU in allen Perioden ein Ergebnis von null erwirtschaftet, muss das einzel- und das konzernbilanzielle Ergebnis der MU gleich sein. Dieser Gleichklang wird gerade durch Nichteliminierung der Währungserträge aus konzerninternen Salden bewirkt.

FALL 2: FORDERUNG ALS TEIL DES *NET INVESTMENT* (Rz 65)

Bilanzen TU wie im Fall 1.

Aber: Neben WUD I (Bilanz TU) ist eine WUD II (für das Darlehen) im Rahmen der Konsolidierung zu berücksichtigen. Sie neutralisiert die einzelbilanziell bei MU entstandenen Währungserträge.

Veräußerung Anfang 03 für 8,34 TEUR

Entkonsolidierungsbuchungen

Soll		Haben	
Geld	8,34	Vorräte	4,17
Aufwand	0,83	Bank	4,17
WUD II	0,83	WUD I	1,66
	10,00		10,00

Erfolg Konzern

Periode	TU	MU	Konsolidierung	Summe
1	0,00	0,45	−0,45	0,00
2	0,00	0,38	−0,38	0,00
Zwischensumme				0,00
3			−0,83	−0,83
Summe				−0,83

Erfolg Einzelbilanz MU

Periode		
1		0,45
2		0,38
Zwischensumme		0,83
3	8,34	
	−10,00	−1,66
Summe		−0,83

Fazit

Ein Gleichklang von einzel- und konzernbilanziellem Ergebnis wird nur in Summe erreicht. Die konzernbilanzielle Eliminierung der Währungserträge führt hingegen in 01 und 02 zu Abweichungen. Sie ließen sich nur dann vermeiden, wenn die Verbindlichkeit der MU auch einzelbilanziell als (negativer) Teil der Beteiligung qualifiziert und damit in der Einzelbilanz der MU kein Währungsertrag angesetzt würde.

Das Beispiel zeigt insgesamt, dass die Behandlung konzerninterner Forderungen/Verbindlichkeiten als eigenständig oder als Teil des *net investment* zwar **66** nicht den Gesamterfolg, wohl aber die Periodenerfolge beeinflusst. Bei Behandlung der **Forderung/Verbindlichkeit als Teil des** *net investment* sind die **Periodenerfolge** der Konzern- und der Einzelbilanz des Mutterunternehmens **nicht mehr identisch.** Erklärend ist im Beispiel, dass einzelbilanziell ein Währungsertrag des Mutterunternehmens angesetzt wird, weil einzelbilanziell die Verbindlichkeit der Mutter als Verbindlichkeit und nicht als (Minderung der) Beteiligung gilt, während der gleiche Ertrag konzernbilanziell neutralisiert wird (WUD II). Zur Frage, ob die Tilgung des Darlehens als *partial disposal* des *net investment* anzusehen ist, wird auf Rz 68 verwiesen.

67   Da die Qualifizierung von Forderungen/Verbindlichkeiten als *net investment* oder als eigenständiger Posten den Periodenerfolg prägt, kommt der Abgrenzung beider Fälle eine hohe Bedeutung zu. IAS 21.15 gibt für die monetären Posten, die Teil des **Nettoinvestments** sind, folgende **Definition:**

- Eine Tilgung oder sonstige Begleichung *(settlement)* darf für die absehbare Zukunft *(forseeable future)* weder geplant noch wahrscheinlich *(likely)* sein.
- Langfristige Forderungen (Erhöhung des Investments) und langfristige Verbindlichkeiten (Minderung des Investments) des Mutterunternehmens können *(may)* diese Bedingung erfüllen.
- Forderungen und Verbindlichkeiten aus Lieferungen und Leistungen sind jedoch nicht als Teil des Nettoinvestments anzusehen.

Unklar ist die Bedeutung des Begriffs „absehbare Zukunft". U. E. ist für die Qualifizierung von Darlehen ohne bereits fixierten Tilgungstermin als *net investment* mindestens ein erwarteter Zeitraum von mehr als einem Jahr, in der Terminologie von IAS 1.57 die Grenze zwischen kurz- und langfristig, zu fordern. Steht hingegen die Tilgung des Darlehens zu einem bestimmten Zeitpunkt bereits fest, kommt eine Qualifizierung als *net investment* auch dann nicht infrage, wenn die Laufzeit deutlich mehr als ein Jahr, z. B. fünf Jahre beträgt.[16] Darüber hinaus bestehen Ermessensspielräume. Gestaltungsmöglichkeiten gibt es bei der Behandlung der Forderungen und Verbindlichkeiten aus Lieferungen und Leistungen. Da die allgemeine Definition des *net investment* zukunftsgerichtet ist, kann die Genese einer Forderung oder Verbindlichkeit u. E. dann keine Rolle mehr spielen, wenn durch Novation in ein Darlehen ein neuer Schuldgrund geschaffen wird. Bei sog. Verrechnungskonten zwischen den verbundenen Unternehmen ist entsprechend danach zu differenzieren, ob sie als Kontokorrent gegenseitige Ansprüche saldieren (kein Teil des *net investment*) oder sich Verpflichtungen zulasten der einen Seite kumulieren (dann ggf. *net investment*).[17]

In IAS 21.8 ist das *net investment* definiert als *„the amount of the reporting entity's interest in the net assets of that operation".* Wie in der Verwendung des *„net"*-Begriffs bereits angelegt, ist damit eine **Saldobetrachtung** gefordert. Hieraus folgt: Gewährt zunächst das Mutterunternehmen dem Tochterunternehmen ein Darlehen (positiver Teil des *net investment*) und später zusätzlich die Tochter der Mutter Darlehensmittel, so sind beide Vorgänge zu saldieren. Folge der zweiten Darlehensvergabe ist daher eine **Rückführung** des *net investment* und damit ggf. (Rz 68) eine Teilrealisierung der Währungsumrechnungsdifferenz.

---

16 Vgl. PwC, IFRS Manual of Accounting 2016, Tz. 7.95.
17 Vgl. ERNST & YOUNG, International GAAP 2016, Ch. 15 sCh 6.3.

> **Praxis-Beispiel**
> In 01 gründet MU die ausländische TU. Die Finanzierung erfolgt bis auf eine vernachlässigbare Einlage über ein Darlehen.
> In 02 bis 05 erwirtschaftet TU hohe Gewinne, die aus steuerlichen Gründen aber weder ausgeschüttet noch zur Darlehensrückzahlung verwendet werden. Vielmehr verwendet TU die thesaurierten Gewinne am 1.1.06 zur Gewährung eines Darlehens an MU, das der Höhe nach die Hälfte des weiter bestehenden Darlehens umgekehrter Richtung beträgt.
> Zum 31.12.05 weist die Währungsumrechnungsrücklage einen hohen negativen Betrag aus.
> **Beurteilung**
> Am 1.1.06 wird durch das neue Darlehen das bisherige *net investment* zur Hälfte zurückgeführt. Zur Frage, ob dadurch die Hälfte der Umrechnungsdifferenz erfolgswirksam wird, kann auf die Ausführungen unter Rz 68 verwiesen werden.

Eine **erfolgsneutrale Einbeziehung** des dem Tochterunternehmen gewährten oder von diesem erhaltenen **Darlehens** in das *net investment* war nach alter Fassung von IAS 21.33 nicht zulässig, wenn das Darlehen in einer anderen als der funktionalen Währung des berichtenden Unternehmens oder des ausländischen Geschäftsbetriebs valutiert, also etwa ein deutsches Mutterunternehmen seiner amerikanischen Tochter ein Darlehen in Britischen Pfund gewährt. Kursdifferenzen aus diesen Posten verblieben vormals im Ergebnis des Konzerns und durften nicht als separater Bestandteil des Eigenkapitals umgegliedert werden.[18] Das im Dezember 2005 verabschiedete *Amendment* zu IAS 21 *„Net Investments in a Foreign Operation"* hat diese Einschränkung aufgehoben (IAS 21.33). Es stellt im Übrigen auch klar, dass die zu einem *net investment* führende Schuldbeziehung nicht notwendig zwischen Mutter- und Tochterunternehmen bestehen muss. Auch das Darlehen des Tochterunternehmens 2 an das Tochterunternehmen 1 ist bei Erfüllung der übrigen Voraussetzungen als *net investment* des Mutterunternehmens anzusehen (IAS 21.15A).

Für die Behandlung konzerninterner Differenzen bei integrierten ausländischen Einheiten wird auf Rz 49 verwiesen, für die Möglichkeit des *hedging* konzerninterner Transaktionen auf Rz 69.

Bei Einbeziehung von Darlehen in das *net investment* stellt sich in besonderer Weise die Frage nach dem **Realisationszeitpunkt** zunächst erfolgsneutral behandelter Differenzen (Rz 60). Nach IAS 21.32 ist für die erfolgs**wirksame** Realisierung von bisher erfolgs**neutral** behandelten Umrechnungsdifferenzen eine Rückführung des *net investment* (*„disposal"*) erforderlich. Die Bestimmung wird durch IAS 21.49 konkretisiert. Danach gilt:

- Das *net investment* muss nicht vollständig aufgegeben werden, eine **teilweise** Rückführung *(partial disposal)* berechtigt zur teilweisen Auflösung der Umrechnungsdifferenz.

68

---

18 Vgl. LINGNER, PiR 2005, S. 99 ff.

- Ein *disposal* verlangt **keine Veräußerung (*sale*)** der Beteiligung oder von Teilen der Beteiligung. Auch die Rückzahlung von Eigenkapital *(repayment of share capital)* erfüllt den Tatbestand.
- Nicht erwähnt wird die **Rückführung** von Forderungen oder Verbindlichkeiten. IAS 21.15 stellt diese schuldrechtlichen Kapitalüberlassungen aber unter bestimmten Umständen dem gesellschaftsrechtlichen Eigenkapitalinvestment gleich und verweist hinsichtlich der Rechtsfolgen beider Formen einheitlich auf IAS 21.32. Damit ist die Darlehensrückführung, auch wenn sie in der beispielhaften (nicht abschließend aufzählenden) Regelung in IAS 21.49 nicht erwähnt wird, möglicherweise als Teilabgang des *net investment* zu würdigen. Allerdings widerspricht dem die Definition des Teilabgangs in IAS 21.48D. Die danach notwendige *„reduction of ownership interest"* ist jedenfalls in der amtlichen deutschen Übersetzung prozentual (als Verringerung der „Beteiligungsquote") beschrieben und nicht absolut (als Verringerung des Betrags des Investments, Rz 62). Bei prozentualer Interpretation würde somit gelten: Schon mangels (Teil-)Abgang könnte die Rückführung eines Darlehens nicht zur Auflösung von Teilen der Umrechnungsrücklage führen.

Selbst bei absoluter Interpretation bestünden aber noch Zweifel an einer Auflösungsmöglichkeit. Entscheidend ist hier die Auslegung von IAS 21.48C. Die Vorschrift lautet vollständig wie folgt:

„Bei einem teilweisen Abgang eines Tochterunternehmens, zu dem ein ausländischer Geschäftsbetrieb gehört, ist der entsprechende Anteil an den kumulierten Umrechnungsdifferenzen, die im sonstigen Gesamtergebnis erfasst sind, den nicht beherrschenden Anteilen an diesem ausländischen Geschäftsbetrieb wieder zuzuordnen. Bei allen anderen teilweisen Abgängen eines ausländischen Geschäftsbetriebs hat das Unternehmen nur den entsprechenden Anteil der kumulierten Umrechnungsdifferenzen ins Ergebnis umzugliedern, der im sonstigen Gesamtergebnis erfasst war."

Die Vorschrift ist als *Consequential Amendment* zur Neufassung von IAS 27 in 2008 in IAS 21 eingefügt worden. Da IAS 27 rev. 2008 (wie IFRS 10) Abstockungsfälle (mehrheitswahrende Anteilsveräußerungen) als erfolgsneutrale Transaktion zwischen Eigenkapitalgebern (Mehrheit und Minderheit) qualifiziert, war aus Konsistenzgründen auch eine erfolgsneutrale Behandlung der vor der Abstockung bestehenden Umrechnungsdifferenzen erforderlich. In dieser historischen Perspektive würde der Bezug von „alle anderen teilweisen Abgänge" auch die Rückführung von als Teil des Nettoinvestments qualifizierten Darlehen einschließen. Die Rückführung würde daher zur erfolgswirksamen Auflösung eines Teils der Umrechnungsrücklage führen. In den historischen Kontext unberücksichtigt lassender anderer Lesart sind „alle anderen teilweisen Abgänge" nur solche, die nicht Tochterunternehmen (sondern z.B. *equity*-Beteiligungen) betreffen.[19] Die Rückführung eines Darlehens hätte danach keine Auswirkungen auf die Umrechnungsrücklage.

Angesichts des starken doppelten Zweifels, ob überhaupt ein Teilabgang vorliegt (IAS 21.48D) und, falls ja, ob dieser zur Auflösung der Rücklage berechtigt (IAS 21.48D), halten wir die Auflösung der Umrechnungsrücklage bei Rückführung eines Darlehens ab 2010 nicht mehr für angemessen.

---

[19] Vgl z.B. ERNST & YOUNG, International GAAP 2016, Ch 15 sCh 6.6.

3.3.8 Cash flow hedge antizipierter konzerninterner Transaktionen

Für die bis 2004 anwendbare Fassung von IAS 39 hatte der *Guidance on Imple-*   69
mentation (IGC 137–13) ein erfolgsneutrales *cash flow hedging* (→ § 28a Rz 49)
auf konzerninterne Transaktionen zugelassen.

Praxis-Beispiel
Das inländische Mutterunternehmen der Automobilindustrie plant in 02 eine
Veräußerung von Fahrzeugen an seine selbstständige amerikanische Tochter,
damit diese sie wiederum in den USA absetzen kann. Die konzerninternen
Lieferungen werden in Dollar fakturiert. Ein in 01 abgeschlossener Dollar-
Terminverkauf kann nach IAS 39 (2000) als *cash flow hedge* der konzern-
internen Transaktion mit der Wirkung der Erfolgsneutralität des Sicherungs-
geschäfts per 31.12.01 designiert werden.

In der im Dezember 2003 verabschiedeten, ab 2005 geltenden Fassung von IAS 39
war diese Regelung nicht mehr enthalten. Eine in 2005 verabschiedete Ergänzung
zu IAS 39 – „*Cash Flow Hedge Accounting of Forecast Intragroup Transactions*"
führt aber eine funktional gleichwertige Lösung ein (IAS 39.AG99(a)). Diese ist
2014 in IFRS 9 übernommen worden (IFRS 9.B6.3.5).

Praxis-Beispiel
Ein inländisches Mutterunternehmen MU hat zwei Tochterunternehmen:
- die inländische Produktionstochter PTU mit funktionaler Währung Euro,
- die amerikanische Vertriebstochter VTU mit funktionaler Währung Dollar.
PTU fakturiert Lieferungen an VTU (Innenumsätze) in Dollar. VTU tätigt
hieraus zeitnah Außenumsätze in Dollar, wobei der Aufschlag gegenüber
dem konzerninternen Einkaufspreis 20 % beträgt. Die wichtigsten Aufwendungen des Konzerns, insbesondere die inländischen Produktionskosten,
fallen in Euro an.
Eine Änderung der Euro-Dollar-Parität hat deshalb folgende Wirkungen auf
den Konzern:
- die Umsatzerlöse variieren,
- die konsolidierten Herstellungskosten bleiben unverändert.
Zur Absicherung des Währungsrisikos auf die voraussichtlichen Lieferungen
02 von PTU an VTU (Volumen: 100) schließt der Konzern in 01 einen
Dollar-Terminverkauf (Volumen: 100) mit Fälligkeit 02 ab.
Nach IAS 39 kann ein konzerninterner Vorgang kein gesichertes Grundgeschäft im Rahmen eines *cash flow hedge* sein. IAS 39.AG99(a) sieht aber
folgende Möglichkeit vor:
- Der Konzern bestimmt (designiert) den erwarteten externen Umsatz (120)
  mit einem Anteil von 100 als gesichertes Grundgeschäft.
- Der Erfolg aus dem Dollar-Terminverkauf kann daher per 31.12.01 gegen
  Eigenkapital gebucht werden.
- Er ist erst dann in der GuV zu berücksichtigen, wenn auch das Grund-
  geschäft (Außenumsatz) Berücksichtigung findet.

3.3.9 *Hedge* eines Nettoinvestments

70   Nach IAS 39.86(c) bzw. IFRS 9.6.5.2(c) besteht die Möglichkeit, das Währungsrisiko aus einem *net investment* in eine selbstständige ausländische Einheit den
Regeln des *hedge accounting* zu unterwerfen (→ § 28a Rz 42). Taugliche Sicherungsinstrumente sind neben Derivaten auch originäre finanzielle Vermögenswerte oder Verbindlichkeiten. Durch das *hedging* wird im Umfang der Siche-
rungseffektivität das Währungsergebnis aus dem Sicherungsinstrument ebenso
erfolgsneutral behandelt wie das Ergebnis aus der Umrechnung der Einheit
(IAS 39.102 bzw. IFRS 9.6.5.13 und IFRS 9.6.5.14).

Praxis-Beispiel

M-D ist seit einigen Jahren Alleingesellschafter der T-US. Das Eigenkapital
(*net assets*) der T beträgt per 1.1.01 9 Mio. USD. Zu diesem Zeitpunkt nimmt
M-D eine US-Anleihe i. H. v. 15 Mio. USD auf. In 01 erhöht sich der Kurs des
USD von 1,5 USD/1,0 EUR auf 1/1.

Ohne Widmung der Anleihe als *hedge* resultiert aus der Kurserhöhung des
USD ein Währungsverlust von 5 Mio. EUR (15/1,0–15/1,5).

M-D hat jedoch die Möglichkeit, 60 % der Anleihe (9 Mio. USD) als Sicherungsinstrument zu bestimmen. Der darauf entfallende Kursverlust (3 Mio.
USD) wird dann erfolgsneutral behandelt und im Eigenkapital mit dem
entgegenstehenden Kursgewinn aus der Umrechnung der T-US saldiert.

Das anteilige Kursergebnis der Anleihe (3 Mio. EUR) wird nicht schon mit
Tilgung der Anleihe, sondern erst mit (Teil-)Veräußerung der ausländischen
Einheit erfolgswirksam (IAS 39.102 bzw. IFRS 9.6.5.14).

Das Eigenkapital der ausländischen Einheit limitiert den *hedge*-fähigen Anteil
des Sicherungsinstruments. Bei starken Änderungen des Eigenkapitals innerhalb der Periode wird man daher ggf. gewichtete Durchschnittsbetrachtungen
vornehmen müssen.

71   Der in 2008 verabschiedete IFRIC 16 *Hedges of a Net Investment in a Foreign
Operation* klärt Zweifelsfragen beim *hedge* eines Nettoinvestments. Zwei Aspekte
stehen im Mittelpunkt von IFRIC 16:

- Was ist als *hedge*-taugliches Risiko, d. h. a) als Nettoinvestition und b) als
  dafür relevante Wechselkursbeziehung anzusehen?
- Wo innerhalb einer mehrstufigen Unternehmensgruppe kann das Sicherungsinstrument zur Minderung dieses Risikos gehalten werden?

Hinsichtlich des zweiten Punkts – Währungssicherung im mehrstufigen Konzern
– wird auf Rz 72 verwiesen. Die Antworten des IFRIC 16 zum ersten Punkt sind
wie folgt:

- Sicherungsfähig ist das Wechselkursrisiko aus in den Abschluss des Konzerns
  einbezogenem **Nettovermögen** eines ausländischen Geschäftsbetriebs. Eine
  derartige Einbeziehung ist nicht nur bei vollkonsolidierten Unternehmen,
  sondern ebenso bei quotal oder *equity*-konsolidierten gegeben (IFRIC 16.7).
- **Quantitative** Beschränkung: Tauglich für das *hedge accounting* ist ein Betrag,
  der nicht höher als der **Buchwert** der einbezogenen **Nettovermögen** des
  ausländischen Geschäftsbetriebs ist (IFRIC 16.11).

- **Qualitative** Beschränkung: *Hedge-accounting*-fähig ist nur das Risiko aus der Umrechnung der **funktionalen Währung** des ausländischen Geschäftsbetriebs in die abweichende funktionale Währung eines Mutterunternehmens, hingegen nicht das der Umrechnung in eine abweichende Präsentationswährung eines Mutterunternehmens (IFRIC 16.9 und IFRIC 16.19).

Zur quantitativen Beschränkung wird auf das Beispiel unter Rz 70 verwiesen, zur **qualitativen Beschränkung** folgender Fall:

Praxis-Beispiel
Funktionale Währung der M ist der EUR.
M hat diverse Tochterunternehmen in Neuseeland, deren funktionale Währung der neuseeländische Dollar (NZD) ist.
Für Zwecke amerikanischer Investoren stellt M den Konzernabschluss in USD auf.

Beurteilung
Dem *hedge accounting* der neuseeländischen Investments ist nur die Umrechnungsdifferenz zwischen dem NZD und dem EUR zugänglich, hingegen nicht die zwischen USD und NZD oder USD und EUR.

3.3.10 Währungsumrechnung und Währungssicherung im mehrstufigen Konzern

Neben den unter Rz 70 f. dargestellten allgemeinen Regeln für ein *hedge accounting* einer Investition in eine selbstständige ausländische Einheit gelten nach IFRIC 16 für den mehrstufigen Konzern folgende Besonderheiten: **72**
- Absicherungsfähig ist das Wechselkursrisiko, das zwischen der funktionalen Währung des ausländischen Geschäftsbetriebs und der funktionalen Währung **irgendeines Mutterunternehmens** (unmittelbares, mittelbares oder oberstes Mutterunternehmen) entsteht (IFRIC 16.12).
- Im **dreistufigen Konzern** ist somit nicht nur das Wechselkursrisiko zwischen funktionaler Währung des Enkelunternehmens und funktionaler Währung des Mutterunternehmens *hedge*-tauglich, sondern ebenso das Wechselkursrisiko zwischen funktionaler Währung von Enkel- und Tochterunternehmen oder Tochter- und Mutterunternehmen. Die Stufe innerhalb des Konzerns, auf der das Sicherungsinstrument gehalten werden kann, ist insoweit unerheblich.
- Nach Änderung von IFRIC 16.14 durch das *Annual Improvements Project* 2009 kann das Sicherungsinstrument auch von der ausländischen Einheit gehalten werden, deren Risiko abzusichern ist, also etwa vom Enkelunternehmen.
- Das aus einer Nettoinvestition in einem ausländischen Geschäftsbetrieb entstehende Währungsrisiko kann jedoch nur **einmal** als *hedge accounting* abgebildet werden (IFRIC 16.13). Wird dasselbe Risiko von mehr als einem Mutterunternehmen (z.B. unmittelbares und mittelbares Mutterunternehmen) innerhalb des Konzerns gesichert, ist nur eine Sicherungsbeziehung für das *hedge accounting* im Konzernabschluss zulässig (IFRIC 16.13).

Praxis-Beispiel
Die Struktur eines Konzerns ist wie folgt:

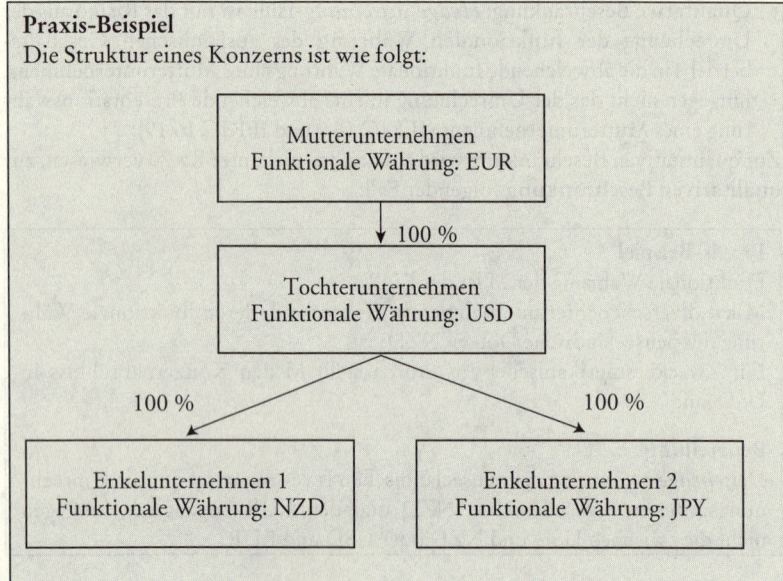

Beurteilung Teilkonzernabschluss T
Wenn T einen Teilkonzernabschluss aufstellt, kann es *hedge accounting* auf das Währungsrisiko mit E1 (USD/NZD) und E2 (USD/Yen) anwenden.

Beurteilung Konzernabschluss M
Im Konzernabschluss von M darf eine von T abgeschlossene Sicherungs-beziehung USD/NZD nur dann berücksichtigt werden, wenn M das Währungsrisiko EUR/NZD nicht selbst gesichert hat. Hat M das Risiko EUR/NZD gesichert, ist die von T vorgenommene Sicherung USD/NZD im Konzernabschluss zu neutralisieren.
Hat T das Währungsrisiko USD/NZD gesichert, kann M das Währungs-risiko EUR/USD sichern.
Nicht *hedge*-tauglich ist das Risiko NZD/Yen zwischen Enkelunternehmen E1 und E2.

73   Unabhängig davon, ob die Risiken *gehedged* werden, bestehen in einem mehr-stufigen Konzern noch folgende Besonderheiten:[20]
  • Die Konsolidierung kann **stufenweise** oder nach der **direkten** Methode erfolgen.
  • Nach der **direkten Methode** werden die direkten Tochterunternehmen mit den indirekten (Enkelunternehmen usw.) in einer Summenbilanz zusammen-geführt, um sodann die Beteiligungen der unterschiedlichen Ebenen gegen das jeweilige Kapital des untergeordneten Unternehmens zu verrechnen.
  • Nach der **Stufenmethode (*step-by-step method*)** werden zunächst Teilkon-zernabschlüsse gebildet, also etwa die Enkelunternehmen mit ihrer jeweiligen

---

20   Nachfolgende Ausführungen entnommen LÜDENBACH, PiR 2008, S. 292 ff.

Mutter zu einem Teilkonzern konsolidiert, um sodann die Teilkonzerne mit der obersten Mutter zum Gesamtkonzern zusammenzufassen.

Das **Konsolidierungsergebnis** ist **unabhängig** von der gewählten Methode. Haben die Unternehmen der verschiedenen Stufen jedoch unterschiedliche funktionale Währungen, kann die Konsolidierungsmethode Einfluss auf die **Zusammensetzung** (nicht hingegen die Gesamthöhe) der Währungsumrechnungsdifferenz haben. Diese Zusammensetzung erlangt Relevanz, wenn nicht ein gesamter Teilkonzern veräußert wird, sondern nur ein Enkelunternehmen abgeht. IFRIC 16 befasst sich mit der Frage, ob insoweit der Abgangserfolg abhängig von der Konsolidierungsmethode ist. Hierzu folgendes Beispiel:

Praxis-Beispiel
Das deutsche Mutterunternehmen M gründet am 1.1.01 eine amerikanische Tochter T per Bareinlage von 1.800 USD. Das Vermögen der amerikanischen Tochter von anfänglich 1.800 USD besteht zur Hälfte aus sonstigen Vermögenswerten, im Übrigen aus einer Beteiligung an dem zeitgleich mit der Gründung der amerikanischen Tochter von dieser gegründeten neuseeländischen Enkelunternehmen E. T erzielt einen Jahresüberschuss von 300 USD, E einen von 300 NZD. Ausschüttungen werden nicht vorgenommen. Nachfolgend die Erst- und die Folgekonsolidierung
Die Kurse am 1.1.01 (Erstkonsolidierung) sowie am 31.12.01 sind wie folgt:

Kurse	1.1.	31.12.	Mittel
EUR/USD	1	0,8	0,9
EUR/NZD	0,8	0,6	0,7
USD/NZD	0,8	0,75	0,775

Im Geschäftsjahr hat sich danach an dem Umrechnungskurs USD/NZD wenig, an den Umrechnungskursen beider Währungen gegenüber dem Euro viel verändert.

1. Direkte Methode
Bei Anwendung der direkten Methode wird das Umrechnungsverhältnis USD/NZD nicht benötigt. Entscheidend sind nur die Kursänderungen gegenüber dem Euro.

Lösung
Siehe unten Tabelle „Direkte Methode" in Rz 74.

2. Stufenmethode
Nach der Stufenmethode ist die neuseeländische Tochter zunächst auf ihre amerikanische Mutter zu konsolidieren, um sodann den Teilkonzern mit der Konzernmutter zum Gesamtkonzern zusammenzufassen. Im ersten Konsolidierungsschritt entsteht für E nur eine Währungsumrechnungsdifferenz auf die Veränderung zwischen USD und NZD. Da diese gering ist, fällt auch die Währungsumrechnungsdifferenz gering aus.
Im zweiten Konsolidierungsschritt ist der Teilkonzernabschluss mit dem Mutterunternehmen zu konsolidieren. Hierbei entsteht eine Währungsumrechnungsdifferenz auf die Veränderung zwischen EUR und USD. Diese wird allein der amerikanischen Tochter als Spitze des Teilkonzerns zugerechnet.

Lösung
Siehe unten Tabelle „Stufenmethode" in Rz 74.

74   Die Wirkung von direkter und indirekter Methode im vorstehenden Beispiel
zeigt im Vergleich:

- Bis auf eine (durch die Verwendung von Durchschnittskursen für die GuV
  bedingte) Rundungsdifferenz fällt die **Gesamthöhe** der Währungsumrechnungsdifferenz nach beiden Methoden **gleich** aus.
- Die **Aufteilung** nach Enkel- und Tochterunternehmen ist aber eklatant
  unterschiedlich. Da sich der Umrechnungskurs USD/NZD nur wenig geändert hat, wird dem Enkelunternehmen nach der Stufenmethode nur ein
  geringer Anteil an der Gesamtdifferenz zugeordnet, nach der direkten Methode hingegen mehr als die Hälfte.
- Solange T und E im **Konzernverbund** bleiben, ist dieser Unterschied **ohne
  Relevanz.** Auch wenn beide Unternehmen gleichzeitig entkonsolidiert werden, etwa bei einer Veräußerung von T inkl. E, spielt die Zusammensetzung
  keine Rolle, da dann ohnehin der gesamte auf T und E entfallende Teil der
  Umrechnungsrücklage erfolgswirksam aufzulösen ist.
- **Relevanz** entsteht in einer dritten Konstellation: Wird **nur E veräußert,** die
  Beteiligung an T hingegen beibehalten, ist bei der Ermittlung des Entkonsolidierungsergebnisses die auf E entfallende Umrechnungsrücklage erfolgswirksam aufzulösen. Bei einer Veräußerung am 1.1.01 würde hieraus nach der
  direkten Methode eine Minderung des Abgangserfolgs von 225, bei der
  Stufenmethode hingegen nur von 51 eintreten.

Direkte Methode

1.1.01	M-EUR	T-USD	Kurs	T-EUR	E-NZD	Kurs	E-EUR	Summe EUR	Soll	Haben	Konzern
Bet an T	1.800,00	900,00	1,00	900,00				1.800,00		1.800,00	0
Bet an E	10.000,00	900,00	1,00	900,00	1.125,00	0,80	900,00	900,00		900,00	–
so. Vermögensw.								11.800,00			11.800,00
Summe	11.800,00	1.800,00	1,00	1.800,00	1.125,00		900,00	14.500,00			11.800,00
diverses EK	11.800,00	1.800,00	1,00	1.800,00	1.125,00	0,80	900,00	14.500,00	2.700,00		11.800,00
Summe	11.800,00	1.800,00	1,00	1.800,00	1.125,00		900,00	14.500,00	2.700,00	2.700,00	11.800,00
31.12.01											
Bet an T	1.800,00	900,00	0,80	720,00				1.800,00		1.800,00	–
Bet an E	10.000,00	1.200,00	0,80	960,00	1.425,00	0,60	855,00	720,00		720,00	–
so. Vermögensw.				–				11.815,00	–		11.815,00
Summe	11.800,00	2.100,00		1.680,00	1.425,00		855,00	14.335,00			11.815,00
diverses EK	11.800,00	1.800,00		1.800,00	1.125,00	0,80	900,00	14.500,00	2.700,00		11.800,00
Summe	11.800,00	2.100,00	1,00	1.800,00	1.125,00		900,00	14.500,00	2.700,00		11.800,00
WUD T				– 390,00				– 390,00		180,00	– 210,00
WUD E							– 255,00	– 255,00			– 255,00
JÜ		300,00	0,90	270,00	300,00	0,70	210,00	480,00			480,00
Summe	11.800,00	2.100,00		1.680,00	1.425,00		855,00	14.335,00	2.700,00	2.700,00	11.815,00

WUD T

	USD	abw. Sticht.k.	EUR
div. EK kons.	900,00	– 0,2	– 180,00
JÜ	300,00	– 0,1	– 30,00
			– 210,00

WUD E

	NZD	abw. Sticht.k.	EUR
div. EK	1.125,00	– 0,2	– 225,00
JÜ	300,00	– 0,1	– 30,00
			– 255,00

Stufenmethode

1. TK US 31.12.01

	T-USD	E-NZD	Kurs	E-USD	Summe-USD	Soll	Haben	TK-USD
Bet an T	900,00			–	900,00			900,00
Bet an E	1.200,00			–	1.200,00		900,00	300,00
so. Vermögensw.		1.425,00	0,75	1.068,75	1.068,75			1.068,75
Summe	2.100,00	1.425,00		1.068,75	3.168,75			2.268,75
diverses EK	1.800,00	1.125,00	0,80	900,00	2.700,00	900,00		1.800,00
WUD T	–			–	–			–
WUD E	–			– 63,75	– 63,75			– 63,75
JÜ	532,50	300,00	0,775	232,50	532,50			532,50
Summe	2.100,00	1.425,00		1.068,75	3.168,75	900,00	900,00	2.268,75

2. GK EUR 31.12.01

	TK-USD	Kurs	TK-EUR	MU-EUR	Summe EUR	Soll	Haben	Konzern
Bet an T	–			1.800,00	1.800,00		1.800,00	–
Bet an E	–				–			–
so. Vermögensw.	2.268,75	0,80	1.815,00	10.000,00	11.815,00			11.815,00
Summe	2.268,75		1.815,00	11.800,00	13.615,00			11.815,00
diverses EK	1.800,00	1,00	1.800,00	11.800,00	13.600,00	1.800,00		11.800,00
WUD T	–		– 413,25		– 413,25			– 413,25
WUD E	– 63,75	0,80	– 51,00		– 51,00			– 51,00
JÜ	532,50	0,90	479,25		479,25			479,25
Summe	2.268,75		1.815,00	11.800,00	13.615,00	1.800,00		11.815,00

abw. Sticht.k.

WUD T	USD	Kurs	EUR
div. EK TK	1.800,00	– 0,2	– 360,00
JÜ TK	532,50	– 0,1	– 53,25
			– 413,25

Das Schrifttum hatte vor Erlass von IFRIC 16 zum Teil die Ansicht vertreten, nur die Berücksichtigung der nach der direkten Methode ermittelten Differenz sei in einem solchen Veräußerungsszenario angemessen.

- IFRIC 16.17 und IFRIC 16.IE5 schließt sich dem nicht an, sondern lässt dem nach der **Stufenmethode** bilanzierenden Unternehmen ein nach IFRIC 16.BC28 stetig auszuübendes **Wahlrecht** (*policy choice*): Es kann die Umrechnungsdifferenz bei Abgang so ermitteln, als ob stets die direkte Methode angewendet worden wäre.

- Im umgekehrten Fall, bei ursprünglicher Anwendung der **direkten Methode**, besteht **kein Wahlrecht**, da die direkte Methode die Ökonomie der Umrechnungsrisiken besser reflektiert (IFRIC 16.BC38) und keine Rechtfertigung besteht, bei Entkonsolidierung bilanzpolitisch motiviert auf eine ökonomisch weniger angemessene Methode umzustellen.

Ist das Währungsrisiko eines Konzernunternehmens unterer Ebene (Enkelunternehmen usw.) im Konzern gegen die Währungsdifferenz zur obersten Ebene gesichert, ergibt sich ein (weitgehender) Ausgleich von *hedge*-Rücklage und Währungsumrechnungsrücklage nur bei der Verwendung der direkten Methode. Mittelbar wird dadurch auch die von IFRIC 16.BC38 für die direkte Methode angenommene bessere Widerspiegelung des ökonomischen Risikos bestätigt. Hierzu folgende Fortsetzung des Beispiels aus Rz 73:

75

Praxis-Beispiel (Fortsetzung zu Rz 73)
M hat per 1.1.01 beim Kurs EUR/NZD von 0,8/1,0 eine Anleihe über 1.125 NZD (= 900 EUR) emittiert und diese als *hedge* des Investments in das neuseeländische Enkelunternehmen designiert.
Am 31.12. beträgt der Kurs EUR/NZD nur noch 0,6/1,0. Die Anleihe ist daher mit 675 EUR zu bewerten. Der Währungsgewinn von 225 EUR wird erfolgsneutral in das Eigenkapital eingestellt.
Wird nun am 1.1.02 das Enkelunternehmen veräußert, ist die *hedge*-Rücklage von 225 EUR ertragswirksam aufzulösen.
Gleichzeitig ist nach IAS 21 die auf E entfallende Währungsumrechnungsrücklage aufwandswirksam aufzulösen. Sofern von vornherein die direkte Methode angewendet wurde oder vom Wahlrecht der rückwirkenden Anwendung Gebrauch gemacht wird, beträgt der Aufwand 255 EUR, davon 225 auf das ursprüngliche Investment, 30 auf den Jahresüberschuss 01. Den Jahresüberschuss 01 ausgeklammert, gleichen sich also beide Effekte aus.
Bei Anwendung der Stufenmethode entsteht hingegen eine hohe Differenz zwischen der Auflösung der *hedge*-Rücklage und der Währungsumrechnungsrücklage.

3.3.11 Umklassifizierung in integrierte Einheit, Wechsel der funktionalen Währung

Wird aus einer zuvor selbstständigen eine integrierte Einheit, d.h. ändert sich die funktionale Währung der Einheit, so findet zugleich ein **Wechsel** von der **erfolgsneutralen** zur **erfolgswirksamen** Behandlung von Umrechnungsdifferenzen statt. Die Umklassifizierung erfolgt **prospektiv** (IAS 21.35). Die bis zum

76

Zeitpunkt der Umklassifizierung aufgelaufenen und ins Eigenkapital eingestellten Umrechnungsdifferenzen werden nicht aufgelöst. Sie werden nach
allgemeinen Grundsätzen erst im Zeitpunkt des (Teil-)Abgangs erfolgswirksam
(IAS 21.37).

77   Ob im eher seltenen Fall eines **gleichzeitigen Wechsels von Darstellungs- und
funktionaler Währung**[21] eine prospektive Behandlung ebenfalls zulässig ist,
scheint fraglich.

- Der Wechsel der Darstellungswährung ist ein Wechsel der Bilanzierungsmethode (*accounting policy*) und daher nach IAS 8.14ff. retrospektiv darzustellen.
- Der Wechsel der funktionalen Währung ist hingegen nach IAS 21.35 prospektiv abzubilden.

Zu untersuchen ist dann, ob wegen der Einbindung des (freiwilligen) Wechsels
der Darstellungswährung in den (durch die Umstände gebotenen) Wechsel der
funktionalen Währung auch für die Darstellungsseite auf eine Retrospektion
verzichtet werden kann. U. E. ist dies nicht der Fall, d.h., es ist so zu bilanzieren,
als ob die neue Darstellungswährung schon immer angewendet worden wäre.
Die Vorjahresbeträge sind anzupassen, alle Vermögenswerte und Schulden von
der funktionalen in die neue Darstellungswährung mit dem Wechselkurs zu
Beginn des Vorjahres und sodann mit dem Schlusskurs des Vorjahres umzurechnen.

78   Keine expliziten Regeln bestehen für die Auswirkung einer Änderung der funktionalen Währung auf die Bilanzierung zusammengesetzter Finanzinstrumente:

> **Praxis-Beispiel**
> M gibt in 01 eine Wandelanleihe in Euro aus. Zum Ausgabezeitpunkt ist der
> Euro auch die funktionale Währung der TU. Der Emissionserlös wird nach
> den Regeln des *split accounting* (→ § 20 Rz 6ff.) teils in das Eigenkapital, teils
> in das Fremdkapital eingestellt.
> In 03 ändert sich die funktionale Währung der M in USD. Wäre die auf Euro
> lautende Wandelanleihe erst zu diesem Zeitpunkt ausgegeben worden, hätte
> wegen Nichtwahrung der *fixed-to-fixed*-Bedingung (→ § 20 Rz 23) kein Teil
> des Emissionserlöses dem Eigenkapital zugerechnet werden können. Unklar
> ist nun, ob in 03 eine Umklassifizierung des bisherigen Eigenkapitalanteils in
> Fremdkapital stattfindet oder es mangels Vorschriften für ein *reassessment* bei
> der ursprünglichen Klassifizierung bleibt. U. E. besteht hier ein faktisches
> Wahlrecht.

4 Hyperinflation

4.1 Ziel und Anwendungsbereich von IAS 29

79   Ein Rechnungslegungssystem, das Anlagevermögen, Vorräte usw. zu Anschaf-
fungs- oder Herstellungskosten ansetzt, verliert seine Aussagekraft in Zeiten
einer Hyperinflation. Hierzu folgendes Beispiel:

---

[21] Vgl. dazu Brune, IRZ 2013, S. 317ff.

Praxis-Beispiel

Ein Tochterunternehmen in einem Land mit einer Inflationsrate von 100 %
ist am 1.1.01 mit einer Bareinlage von 100 in Landeswährung (LW) gegründet
worden. Die operative Tätigkeit beginnt erst Anfang 02. Bis dahin bestehen
folgende Investitionsalternativen:

- A) Kauf von Vorräten für 100 LW,
- B) Kauf eines mit 60 % verzinsten Wertpapiers für 100 LW.

Ohne Inflationsbereinigung, d.h. in Nominalwerten, sieht die Bilanz per
31.12. wie folgt aus:

Fall A: Vorräte 100 LW, Kapital 100 LW, Jahresüberschuss 0 LW.

**Fall B: Wertpapiere und Geld 160 LW, Kapital 100 LW, Jahresüberschuss
60 LW.**

Im Fall B werden Anfang Januar 02 die Wertpapiere liquidiert, um die gleiche
Menge Vorräte für jetzt 200 LW zu beschaffen. Die Bilanz Anfang Januar
zeigt Vorräte von 200 LW, Eigenkapital von 160 LW und erstmalig **Verbindlichkeiten von 40 LW.**

- Bei real gleichem Vorratsvermögen wie im Fall A ist das Unternehmen im
  Fall B im **Januar** 02 mit 40 LW verschuldet. Seine Vermögens- und
  Finanzlage ist schlechter als im Fall A, weil die 60 LW Zinsertrag aus 01
  nicht ausreichten, um den Kaufkraftverlust von 100 LW zu decken.
- Per **31.12.01** täuschten die nicht inflationsbereinigten Zahlen hingegen im
  Fall B eine bessere Lage als im Fall A vor.

Bei Hochinflationsländern schreibt daher IAS 29 bestimmte **Anpassungen** vor.   80
Insbesondere sind nicht monetäre Posten (Anlagevermögen, Vorräte usw.) mit
dem Kaufkraftindex fortzuschreiben (IAS 29.11). Außerdem sind Gläubigerver-
luste und Schuldnergewinne aus monetären Posten im Periodenergebnis zu
berücksichtigen (IAS 29.28).

Für den deutschen Anwender ist IAS 29 insoweit interessant, als es um die Bilan-   81
zierung ausländischer Einheiten (Tochterunternehmen usw.) in Hochinflationsländern geht. Praktisch können die Kaufkraftanpassungen i.d.R. nur **vor Ort** und
nicht in der Konzernzentrale vorgenommen werden. Die deutsche Konzernzentrale
und der deutsche Abschlussprüfer sollten aber die Grundzüge der kaufkraftange-
passten Bilanzierung verstehen, um die Schlüssigkeit entsprechender Bilanzen beurteilen zu können oder z.B. Bilanzplanung und Bilanzpolitik nicht auf falschen
Prämissen aufzubauen. Die nachfolgende Kommentierung ist für diesen eingeschränkten Anwendungsbereich auf Grundzüge von IAS 29 beschränkt.

4.2 Anwendung bei Beteiligungsunternehmen: Sieben-Stufen-Ansatz

Die Anwendung der Vorschriften über die Hyperinflation vollzieht sich in   82
sieben Schritten:

Schritt 1: Vorliegen einer Hyperinflation?
Damit IAS 29 zur Anwendung gelangt, muss eine Hyperinflation vorliegen. Eine
Inflationsrate, die kumuliert über drei Jahre in der Nähe von 100 % liegt, ist
nicht notwendigerweise, aber regelmäßig der härteste Indikator (IAS 29.3(e)).

Eine über 50 % liegende, aber stark steigende Inflationsrate kann ebenfalls für eine Hyperinflation sprechen.

Schritt 2: Auswahl eines Preisindexes
Für die Kaufkraftanpassung ist **ein** allgemeiner **Preisindex** anzuwenden. Existieren mehrere Preisindizes (z. B. Industriegüter, Konsumgüter usw.), ist die Auswahl des zutreffenden Index eine Frage des sachgerechten Ermessens (IAS 29.11 und IAS 29.17).

Schritt 3: Anpassung nicht monetärer Bilanzposten
Nicht monetäre Bilanzposten, d. h. insbesondere Vorräte, Sachanlagen und immaterielle Anlagewerte, sind durch Anwendung des **Preisindex** auf die Anschaffungs- oder Herstellungskosten (und die kumulierten Abschreibungen) anzupassen. Maßgeblich ist nicht die Entwicklung des Index in der Periode, sondern die Entwicklung vom Anschaffungszeitpunkt bis zum Bilanzstichtag (IAS 29.15).

Schritt 4: Anpassung der GuV
Alle Posten der **GuV** sind mit der Kaufkraft des Bilanzstichtags auszudrücken. Bei Erträgen und Aufwendungen, die sich relativ gleichmäßig über das Jahr verteilen (kein Saisongeschäft usw.), und bei einer Inflationsrate, die ebenfalls relativ gleichmäßig über das Jahr verteilt ist, kann die Umrechnung ggf. mit der halben Inflationsrate der Periode erfolgen (IAS 29.26).

Schritt 5: Ermittlung Schuldnergewinn/Gläubigerverlust
Ist ein Unternehmen in einer Netto-Gläubigerposition (mehr Guthaben und Forderungen als Schulden), so erleidet es durch die Entwertung dieser Position einen **Gläubigerverlust**. Umgekehrt erzielt ein Netto-Schuldner einen **Schuldnergewinn** aus der Inflation. Der Gewinn oder Verlust ist in der GuV zu berücksichtigen (IAS 29.27). Seine Berechnung wird im nachfolgenden Beispiel unter Rz 84 erläutert.

Schritt 6: Anpassung Vorjahreszahlen
Die **Vorjahreszahlen** werden i. d. R. mit dem alten Preisindex und bei Umrechnung in Euro mit dem alten Wechselkurs, d. h. auf Konzernebene mit den ursprünglichen Werten, dargestellt (IAS 29.34 i. V. m. IAS 21.42(b)).

Schritt 7: Umrechnung in Berichtswährung Euro
Erst nach Inflationsanpassung erfolgt mit den normalen Regeln der Währungsumrechnung die Umrechnung in die Berichtswährung des Konzerns (IAS 29.35).

83 Zur Qualifikation verschiedener Länder hinsichtlich Hyperinflation (Schritt 1) nachfolgende Übersicht auf Basis von Daten des Internationalen Währungsfonds (IMF), Stand Juni 2016:

Hyperinflationäre Länder:
- Südsudan,
- Syrien,
- Venezuela.

Möglicherweise hyperinflationäre Länder *(watch list)*:
- Iran,
- Malawi,
- Surinam,
- Ukraine,
- Weißrussland.

Die Aussagekraft kumulierter Inflationsraten ist begrenzt, da eine zunehmende Zahl von Ländern (u. a. Kongo, Libyen, Sudan, Vanuatu, Zimbabwe) keine Inflationsraten mehr an den IMF meldet. Teilweise wird daher versucht, die letztverfügbaren Daten aufgrund von Wechselkursentwicklungen (implizite Prämisse; Kaufkraftparität) zu extrapolieren. In einigen Ländern (so etwa in Argentinien mindestens bis 2013) bestehen Zweifel an der offiziellen Statistik. Von privaten Institutionen erstellte Indizes zeigen höhere Inflationsraten als die amtliche Statistik.

Das nachfolgende Beispiel zeigt die Anwendung der Schritte 3 bis 5: **84**

Praxis-Beispiel

Für Zwecke des Konzernabschlusses ist der Einzelabschluss einer Hyperinflationstochter auf den 31.12.02 an die Kaufkraft anzupassen.

Im Vorjahr wurde bereits eine entsprechende Indizierung vorgenommen. Aus ihr ergeben sich folgende Werte per **31.12.01**:

Aktiva	Bilanz 31.12.01		Passiva
Masch. (alt)	100	gez. Kap. + KapRL	100
Vorräte (alt)	80	GewinnRL	60
Ford./Bank	20	Verbindl.	40
Index 01	200	Index 01	200

In 02 ereignen sich bei einer Inflationsrate von 50 % u.a. folgende Geschäftsvorfälle:

- **Abschreibung alte Maschinen** (Restnutzungsdauer fünf Jahre) mit 20 (auf den per 31.12.01 indizierten Wert).
- **Anschaffung neuer Maschinen** am 1.7. für 100. Abschreibung 20 bei Restnutzungsdauer von 2,5 Jahren.
- **Anschaffung neuer Vorräte** zur Jahresmitte für 240. Davon zur Hälfte in 02 verbraucht.
- Außerdem werden **alle alten Vorräte** in 02 **verbraucht.**

Hieraus ergibt sich bei einem angenommenen Jahresüberschuss von 40 folgende Bilanz per 31.12.02 (Maschinen alt und Eigenkapital alt noch zu Indexwerten 1.1.02, d.h. ohne 50 % Aufschlag):

S	vorläufige Bilanz 31.12.02		H
Masch. (alt)	80	gez. Kap. + KapRL	100
Masch. (neu)	80	GewinnRL	60
Vorräte (alt)	0	JÜ	40
Vorräte (neu)	120		
Ford./Bank	60	Verbindl.	140
	340		340

Bei der Kaufkraftanpassung der Bilanzposten auf den 31.12.02 ist wie folgt vorzugehen:

- **monetäre Posten** (Forderungen, Verbindlichkeiten, Geld): **keine Anpassung,**

- **EK,** d.h. gezeichnetes Kapital, Kapitalrücklage und Gewinnrücklagen: jeweils × 150 %,
- **Vorräte und Maschinen**: laut nachfolgenden Konten (jeweils links nominale bzw. bei alten Maschinen und alten Vorräten alte Indexwerte, jeweils rechts inkl. Anpassung an 50 % Inflation).

Erläuterung Vorräte: Per 31.12.02 sind alle alten Vorräte verbraucht und die neuen noch zur Hälfte vorhanden. Die Anschaffungskosten dieser Hälfte betrugen 120. Wegen Anschaffung zur Jahresmitte ist dieser Wert nur mit 25 % zu indizieren. Der Endbestand ergibt sich daher mit 120 × 125 % = 150. Für die Ermittlung des Verbrauchs ist der Anfangsbestand mit 50 %, der Zugang der Jahresmitte mit 25 % zu indizieren. Der Verbrauch beträgt somit 80 × 150 % + 240 × 125 % – 150 = 270. Die Differenz von 70 zum nominellen Verbrauch entfällt mit 40 (= 80 × 50 %) auf die alten und mit 30 (=120 × 25 %) auf die zugegangenen Vorräte:

S		Vorräte 31.12.02		H
AB	80	80	Verbrauch	200	200
Anpassung		40	Anpass. Verbr.		70
Zugang	240	240	EB	120	150
Anpassung		60			
	320	420		320	420

Bei den Maschinen ist ebenfalls zu beachten, dass die Altbestände und ihre Abschreibung für ein ganzes Jahr (50 %), die Neuzugänge und ihre Abschreibungen nur für ein halbes Jahr (25 %) zu indizieren sind.

S		Maschinen 31.12.02		H
AB (M. alt)	100	100	AfA (M. alt)	20	20
Anpass. (M. alt)		50	Anpassung		10
Zugang (M. neu)	100	100	AfA (M. neu)	20	20
Anpass. (M. neu)		25	Anpassung		5
			EB	160	220
	200	275		200	275

Zur Erstellung der indizierten Bilanz fehlen nun noch GuV und Schuldnergewinn. Die nominalen GuV-Werte sind wie folgt zu indizieren:

- **Umsätze und sonstige Aufwendungen** mit 25 % (Unterstellung: gleichmäßiger Anfall über das Jahr),
- **Materialverbrauch alt** und **Abschreibung alt** mit 50 %,
- **Materialverbrauch neu** und **Abschreibung neu** mit 25 %, da Anschaffung zur Jahresmitte.

Die GuV zeigt jeweils links die alten Werte und rechts die neu indexierten Werte:

S		GuV 02		H
Material alt	80	120	Umsatz	320	400
			Schuldnergewinn		25
Material neu	120	150			
AfA alt	20	30			
Afa neu	20	25			
Sonstiges	40	50			
JÜ	40	50			
	320	425		320	425

Der **Schuldnergewinn** kann im Rahmen der Doppik über ein **Kaufkraftausgleichskonto** ermittelt werden. Es enthält die Anpassung aller Anfangsbestände und Zugänge der nicht monetären Bilanzposten (Buchungen: „per Kaufkraftkonto an gezeichnetes Kapital", „per Maschinen an Kaufkraftkonto" usw.).

- Der Saldo des Kaufkraftkontos sollte ungefähr dem rechnerischen Schuldnergewinn entsprechen.
- Die Nettoschuldnerposition (Verbindlichkeit – Forderungen/Bank) beträgt 80 (= 140–60) per Jahresende und 20 (= 40–20) per Jahresanfang. Die Veränderung ist also 60, gemittelt über das Jahr somit 60/2 = 30.
- Das Kaufkraftkonto weist mit einem Saldo von 25 in etwa den gleichen Wert aus.
- In die Bilanz geht der Kontenwert, nicht der rechnerische Wert ein.

S		Kto. Kaufkraftausgleich	H
gezKap/kapRL	50	Masch. alt	50
GewinnRL	30	Masch. neu	25
Umsatz	80	Vorräte (AB + Zugang)	100
SALDO	25	sonstige Aufw.	10
	185		185

Somit stehen alle Werte für die angepasste Bilanz per 31.12.02 zur Verfügung:

S		Bilanz 31.12.02		H
Masch. (alt)	120	gez. Kap. + KapRL		150
Masch. (neu)	100	GewinnRL		90
Vorräte (alt)	0	JÜ		50
Vorräte (neu)	150			
Ford./Bank	60	Verbindl.		140
	Index 02	430	Index 02	430

> Diese Werte in Landeswährung sind nun nach den allgemeinen Grundsätzen der Währungsumrechnung in die Berichtswährung des Konzerns (Euro) umzurechnen.

85   Der im November 2005 verabschiedete IFRIC 7 *„Applying the Restatement Approach IAS 29 Financial Reporting in Hyperinflationary Economies for the first time"* enthält u. a. besondere Regelungen für das Jahr der erstmaligen Feststellung einer Hyperinflation. IAS 29 ist retrospektiv, d. h. so anzuwenden, als ob die Hyperinflation immer schon bestanden hätte. Ausgangspunkt der Preisindexierung von Sachanlagen wäre dann etwa der u. U. sehr weit zurückliegende Zeitpunkt der Anschaffung/Herstellung. Daneben trifft IFRIC 7 Regelungen zu latenten Steuern sowie zur Umrechnung der Vorjahresvergleichszahlen indexierter Posten. Anzuwenden ist danach z. B. auf das Sachanlagevermögen des Vorjahres der Index des aktuellen Jahres. IFRIC 7 ist auf Geschäftsjahre anzuwenden, die ab 1.3.2006 beginnen.

5   Latente Steuern

86   Sowohl bei der Umrechnung von Fremdwährungsgeschäftsfällen als auch bei der Währungsumrechnung für Konzernzwecke kann es zu Abweichungen von Bilanzposten zwischen dem **Steuer- und** dem **IFRS-Wert** kommen. Die sich hieraus ergebenden Steuereffekte sind gem. IAS 21.50 nach den Regeln von IAS 12 zu bilanzieren (→ § 26 Rz 220). Deshalb ist z. B. bei erfolgsneutraler Erfassung der Differenz im *other comprehensive income* (OCI) auch der Steuereffekt erfolgsneutral zu erfassen.

87   Abweichungen zur Steuerbilanz und damit latente Steuern ergeben sich bei **Fremdwährungsgeschäften** aus dem **Realisationsprinzip**. Wird der Euro aufgewertet, so sinkt der Euro-Wert einer Fremdwährungsverbindlichkeit. Nach derzeitigem deutschem Steuerrecht bleibt es hingegen in der Steuerbilanz beim Ansatz des höheren Rückzahlungsbetrags. Auf den Differenzbetrag sind passive latente Steuern zu bilden. Ebenfalls sind passive latente Steuern zu bilden, wenn der Euro abgewertet wird und deshalb der Euro-Wert einer Fremdwährungsforderung in der IFRS-Bilanz steigt, während in der Steuerbilanz die Euro-Anschaffungskosten nicht überschritten werden dürfen (Rz 16).
Die Bilanzierung der latenten Steuern aus Umrechnungsdifferenzen bei Fremdwährungsgeschäften ist im Allgemeinen **erfolgswirksam** vorzunehmen. Eine Ausnahme besteht nach IAS 12.61 für Neu- und Zeitbewertungsfälle, in denen die Umrechnungsdifferenz selbst erfolgsneutral erfasst wird (Rz 30).
Ebenfalls unmittelbar im Eigenkapital erfasst werden die Differenzen aus der Umrechnung **selbstständiger Einheiten im Konzern**. Auch hier ist daher die korrespondierende latente Steuer **erfolgsneutral** zu bilanzieren (IAS 21.61(c)).

88   Bei der Währungsumrechnung selbstständiger ausländischer Tochterunternehmen für Konzernzwecke sind latente Steuern zum einen als **Objekt** der Währungsumrechnung zu betrachten, zum andern als deren **Folge**. Im Fall der Beteiligung einer inländischen an einer selbstständigen ausländischen Kapitalgesellschaft stellen sich diese beiden Dimensionen wie folgt dar:

- Das ausländische Tochterunternehmen ermittelt in seiner Währung die abziehbaren oder steuerpflichtigen temporären Differenzen zwischen IFRS- und Steuerbuchwert der Vermögenswerte und Schulden. Die aus diesen sog. *inside basis differences* (→ §26 Rz 139) entstehende latente Steuer erfasst die steuerlichen Konsequenzen, die aus einem Verkauf der Vermögenswerte bzw. der Ablösung der Schuld resultieren würden. Die Latenzposten sind auf Basis der Steuersätze der Tochtergesellschaft und zunächst in deren Währung zu berechnen. Wie alle anderen Vermögenswerte und Schulden sind die aktiven und passiven latenten Steuern sodann mit dem Stichtagskurs in die Konzernwährung umzurechnen (Rz 87).
- Zusätzlich sind als sog. *outside basis differences* (→ §26 Rz 139) die steuerlichen Konsequenzen einer Veräußerung der Beteiligung zu erfassen. Aus Konzernsicht ergäbe sich der Veräußerungsgewinn als Differenz von Veräußerungserlös und über die Entkonsolidierung abgehendem Nettovermögen des Tochterunternehmens zu Konzernbuchwerten. Aus steuerlicher Sicht ist dem Veräußerungserlös der Abgang des Beteiligungsbuchwerts gegenüberzustellen. Sofern Nettovermögen und Beteiligungsbuchwert nicht übereinstimmen, entsteht bei der Mutter eine latente Steuer nach Maßgabe inländischer Steuersätze und Vorschriften. Im Fall einer deutschen Muttergesellschaft sind wegen §8b Abs. 2, 3 und 5 KStG sowie §9 Nr. 7 GewStG nur 5 % des Veräußerungsgewinns zur Steuer heranzuziehen, woraus nach Maßgabe eines allgemeinen Steuersatzes von 30 % eine effektive Besteuerung von $0{,}3 \times 5\,\% = 1{,}5\,\%$ resultiert. Wird in absehbarer Zeit *(forseeable future)* weder eine Ausschüttung noch eine Veräußerung des Tochterunternehmens geplant, sind nach IAS 12.39 und IAS 12.40 keine latenten Steuern auf die *outside basis differences* anzusetzen.[22]

Praxis-Beispiel
Die inländische Kapitalgesellschaft erwirbt am 1.1.01 bei einem Kurs von 1 EUR/1 FW eine 100 %ige Beteiligung an einer schuldenfreien ausländischen Kapitalgesellschaft zu einem Preis von 1.000 TFW = 1.000 TEUR.
Bei der Erstkonsolidierung werden stille Reserven i.H.v. insgesamt 625 TEUR im Anlage und Umlaufvermögen aufgedeckt.
Zum 31.12.01 hat sich der Kurs der Fremdwährung auf 2 EUR/1 FW erhöht. Am 2.1.02 wird der ausländische Geschäftsbetrieb zum Konzernbuchwert des Nettovermögens veräußert, der Gewinn ausgeschüttet und die ausländische Gesellschaft liquidiert.
Der ausländische Steuersatz beträgt 20 %, der inländische 30 %. Dividenden und Veräußerungsgewinne sind im Inland nur zu 5 % zur Steuer heranzuziehen.

1.1.01	IFRS	StBil	stpfl. temp. Differenz		passive lat. St.
Anlagevermögen	525	100	425	×20 % =	85
+ Umlaufvermögen	600	400	200	×20 % =	40
	1.125				125
− passive lat. St.	−125				
= Nettovermögen (FW)	1.000	500			

---

[22] Vgl. zum Ganzen auch LIENAU, PiR 2008, S. 7ff.

1.1.01	IFRS	StBil	stpfl. temp. Differenz			passive lat. St.
× Umrechnungskurs	× 1,0					
Nettoverm. (FW)/StBW Bet.	1.000	1.000	0	× 1,5 % =		0
						125

31.12.01	IFRS	StBil	stpfl. temp. Differenz			passive lat. St.
Anlagevermögen	410	110	300	× 20 % =		60,0
+ Umlaufvermögen	400	400	0	× 20 % =		0,0
	810					60,0
– passive lat. St.	–60					× 2,0
= Nettovermögen (FW)	750	510				120,0
× Umrechnungskurs	× 2,0					
Nettoverm. (EUR)/StBW Bet.	1.500	1.000	500	× 1,5 % =		7,5
						127,5

2.1.02	Gewinn USA	Gewinn D			Steuer
VP Nettovermögen	810	810			
– StBW Nettovermögen	–510				
= zu versteuern im Ausland	300				
× Steuersatz darauf	× 20 % =				
= Steuer Ausland	60	–60	× 2,0		120,0
Ausschüttung Div. (FW)		750			
× Umrechnungskurs		× 2			
= Ausschüttung Div. (EUR)		1.500			
– Ausbuchung BetBW StBil		-1.000			
= Gewinn Inland		500			
× Steuersatz darauf		× 1,5 %			
= Steuer Inland		7,5			7,5
Steuer gesamt					127,5

89   Im vorstehenden Beispiel nicht explizit berücksichtigt sind Währungsdifferenzen, die aus der Verwendung unterschiedlicher Kurse (Durchschnitt für die GuV, Stichtag für die Bilanz) bei der Umrechnung des ausländischen Abschlusses in die inländische Währung entstehen können (Rz 56). Diese Währungsdifferenz ist **erfolgsneutral** zu bilden, ebenso die korrespondierende Steuerlatenz (IAS 21.44 i.V.m. IAS 21.44 sowie IAS 12.62(c) i.V.m. IAS 12.41). Die Währungsumrechnungsrücklage ist nichts anderes als ein Teil des Eigenkapitals. An der Höhe des Nettovermögens und an der Höhe der latenten Steuern ändert dies nichts.

Wird der Steuerwert *(tax base)* nicht monetären Vermögens in einer anderen   90
Währung bestimmt als der funktionalen Währung des Unternehmens, führt dies zu
temporären Differenzen (IAS 12.41), die nach IAS 12.58 GuV-wirksam werden.[23]

6 Ausweis Währungsumrechnungsdifferenzen

Folgende **besondere** Ausweisvorschriften sind zu beachten: 91
* **Konzernbilanz:** Die **erfolgsneutralen** Umrechnungsdifferenzen aus **selbstständigen** ausländischen Teileinheiten sind als **separater** Posten im Eigenkapital oder im Anhang zu zeigen (IAS 21.42(b)).
* **GuV:** Für den Ausweis **erfolgswirksamer** Umrechnungsdifferenzen in der
  GuV enthält IAS 21 **keine Vorschriften.** Die Einbeziehung in die sonstigen
  Erträge/Aufwendungen kommt ebenso infrage wie die Bildung eines besonderen Postens. Eine Berücksichtigung im Finanzergebnis ist u. E. insoweit vorzuziehen, als die Differenzen Finanzinstrumente betreffen und sich
  daher von anderen Erfolgen aus Finanzinstrumenten (insbesondere Zu- und
  Abschreibungen) nicht grundlegend unterscheiden. Bei Umrechnungs-
  erfolgen aus kurzfristigen, durch Umsatzleistungen entstandenen Forderungen ist ein Ausweis im operativen Ergebnis vorzuziehen.[24] Die **Saldierung** von Umrechnungsgewinnen und -verlusten ist nach IAS 1.34 und
  IAS 1.37 zulässig, ggf. geboten (→ § 2 Rz 25).
* **Anlagespiegel:** Bei der Anwendung der **Stichtagsmethode** geht die Überleitung der Anschaffungskosten und der kumulierten Abschreibungen vom
  1.1. auf den 31.12. sowie die Überleitung beider Größen auf den Buchwert
  nicht auf. Die Anschaffungskosten und kumulierten Abschreibungen per 1.1.
  sind vom alten Stichtagskurs auf den neuen Stichtagskurs (31.12.) **anzupassen,**
  z. B. durch Einfügung von **Währungsdifferenzspalten** in den Anlagespiegel
  (→ § 14 Rz 69).

7 Angaben

IAS 21 verlangt die Vornahme folgender Angaben auf aggregierter Basis: 92
* **Betrag** der **im Periodenergebnis** erfassten **Umrechnungsdifferenzen** mit
  Ausnahme derer, die bei nach IAS 39 erfolgswirksam zum *fair value* bilanzierten Finanzinstrumenten entstehen (IAS 21.52(a)),
* **Betrag und Entwicklung** der **als Eigenkapitaländerung** behandelten **Umrechnungsdifferenzen** (IAS 21.52(b)),
* bei **Abweichung** zwischen **Berichts- und funktionaler Währung:** Angabe
  und Begründung dieser Tatsache (IAS 21.53),
* bei **Änderung der funktionalen Währung** des Unternehmens bzw. Konzerns oder einer wesentlichen *(significant)* ausländischen Einheit: Angabe und
  Begründung dieser Tatsache.

Die **erste** Angabe ist Teil der Erläuterungen der **GuV**-Posten (z. B. Zusammen-   93
setzung sonstiger Erträge bzw. Aufwendungen). Die zweite Angabe ergibt sich
unmittelbar aus der **Eigenkapitaländerungsrechnung** (Eigenkapitalspiegel),

---

[23] Agenda-Entscheidung, IFRIC Update January 2016.
[24] Vgl. FREIBERG, PiR 2012, S. 63 ff.

wenn in dieser eine besondere Spalte für die Umrechnungsdifferenz geführt wird (→ § 20 Rz 67). Die dritte Angabe betrifft einen nach Maßgabe von § 315a Abs. 1 HGB seltenen Fall (Rz 8). Die vierte Angabe hat angesichts einer Bilanzpraxis, die sämtliche signifikanten Einheiten als selbstständig qualifiziert (Rz 35), ebenfalls eine geringe Relevanz.

94 Darüber hinaus ist die **Methode** der **Währungsumrechnung** im Rahmen der allgemeinen Beschreibung der Bilanzierungs- und Bewertungsmethoden mit zu erläutern (IAS 1.97 und IAS 1.99(p); → § 5 Rz 24 ff.).

95 Nachfolgend ein **Formulierungsbeispiel**, das auch die Angaben zur Hyperinflation berücksichtigt:

Formulierungsbeispiel Währungsumrechnung

In den Einzelabschlüssen der Gesellschaften werden Geschäftsvorfälle in fremder Währung mit dem Kurs zum Zeitpunkt der Erstverbuchung bewertet. Kursgewinne und -verluste werden ergebniswirksam berücksichtigt.

Im Konzernabschluss werden die Jahresabschlüsse ausländischer Tochterunternehmen gem. IAS 21 nach dem Konzept der funktionalen Währung in Euro umgerechnet. **Da sämtliche Tochterunternehmen ihre Geschäfte selbstständig betreiben, ist die jeweilige Landeswährung die funktionale Währung.** Bei der Umrechnung der Eigenkapitalfortschreibung von ausländischen Unternehmen, die nach der *equity*-Methode bilanziert werden, wird entsprechend vorgegangen. Die Umrechnung der Vermögensgegenstände und Schulden erfolgt zum Mittelkurs am Bilanzstichtag, während die GuV mit dem Jahresdurchschnittskurs und das übrige Eigenkapital mit ursprünglichen Kursen umgerechnet werden. Umrechnungsdifferenzen werden ergebnisneutral im Eigenkapital verrechnet. Zum Zeitpunkt der Entkonsolidierung von Konzerngesellschaften werden die jeweiligen kumulierten Umrechnungsdifferenzen erfolgswirksam aufgelöst.

Die Jahresabschlüsse von Tochterunternehmen in Hochinflationsländern werden gem. IAS 29 (*financial reporting in hyperinflationary economies*) umgerechnet. Dies betrifft Konzernunternehmen mit Sitz in R und T. Dabei werden die den geänderten Kaufkraftverhältnissen entsprechenden Aufwands- und Ertragsposten einschließlich des Jahresergebnisses zum jeweiligen Stichtagskurs umgerechnet. Die Buchwerte der nicht monetären Bilanzposten dieser Gesellschaften wurden vor einer Umrechnung in Euro auf Grundlage geeigneter Indizes zur Messung der Kaufkraft an die im Geschäftsjahr eingetretenen Preisänderungen angepasst. Die sich aus der Indizierung ergebenden Kaufkraftgewinne oder -verluste werden erfolgswirksam in den sonstigen finanziellen Erträgen/Aufwendungen im übrigen Finanzergebnis erfasst.

Für die Währungsumrechnung wurden hinsichtlich der für den Konzern wichtigsten Währungen der Länder, die nicht an der Europäischen Währungsunion teilnehmen, folgende Wechselkurse zugrunde gelegt: (es folgt die Angabe von Stichtags- und Jahresdurchschnittskursen).

Auf die **Checkliste „IFRS-Abschlussangaben"** (siehe HI10157883 im Haufe IFRS-Kommentar Online) wird verwiesen (→ § 5 Rz 8).

8 Anwendungszeitpunkt, Rechtsentwicklung

IAS 21 bzw. IAS 29 sind für alle Berichtsperioden anzuwenden, die ab dem **96** 1.1.2005 bzw. 1990 beginnen. Die Unterschiede von IAS 21 (1993) zu IAS 21 stellen sich wie folgt dar:

- Redaktionelle Änderungen: IAS 21 differenziert begrifflich nicht mehr zwischen selbstständigen und integrierten ausländischen Einheiten. Konzernbilanzielle Umrechnungsregeln für integrierte Einheiten sind theoretisch entbehrlich, weil die Währung der inländischen Mutter als funktionale Währung der Einheit gilt und damit theoretisch bei der Tochter bereits einzelbilanziell (in der Vorkonsolidierungsphase) zugrunde zu legen ist (Rz 15).
- Fremdwährungsderivate und Fremdwährungs-*hedging* waren zum Teil in IAS 21 (1993) geregelt. Nach IAS 21 ist für diesen Bereich nur noch IAS 39 einschlägig (Rz 2).
- IAS 21 (1993) sah Wahlrechte zur Behandlung von Umrechnungsdifferenzen beim Verfall der eigenen Währung (Rz 29) und bei der Behandlung des *goodwill* (Rz 63) vor. Diese Wahlrechte sind durch IAS 21 entfallen.
- IAS 21 enthält ausdrückliche Regelungen zur Umrechnung der Vorjahresvergleichszahlen (Rz 53 f.).

Die in 2005 verabschiedete Ergänzung zu IAS 39 sieht die Möglichkeit des *cash flow hedging* konzerninterner Transaktionen vor (Rz 69).

Die in 2006 verabschiedete Ergänzung zu IAS 21 sieht Erleichterungen bei der Einbeziehung von Darlehensverhältnissen zwischen Mutter und Tochter in das „*net investment*" vor (Rz 65 ff.).

Der in 2008 vorgelegte IFRIC 16 *Hedges of a Net Investment in a Foreign Operation* bringt vor allem Klarstellungen zur Sicherung im mehrstufigen Konzern (Rz 71 ff.).

Das im Mai 2008 verabschiedete *Amendment* zu IFRS 1 und IAS 27 veränderte den die einzelbilanzielle Bewertung von Tochterunternehmen betreffenden Anschaffungskostenbegriff. Ausschüttungen von Altrücklagen gelten ab 2009 nicht mehr als Rückzahlung des Investments. IAS 21.49 ist entsprechend angepasst worden (Rz 60).

Der im Dezember 2016 vorgelegte IFRIC 22 *Foreign Currency Transactions and Advance Consideration* enthält Klarstellungen bzgl. der Währungsumrechnung bei geleisteten oder erhaltenen Anzahlungen (Rz 19).

§ 28   FINANZINSTRUMENTE *(Financial Instruments)*

Schrifttum: BISCHOFF, Latente Steuern nach IFRS bei festen, noch nicht bilanzierten Verpflichtungen und erwarteten Transaktionen in Sicherungsbeziehungen, PiR 2007, S. 68 ff.; FREIBERG, Behandlung von dinglichen und personellen Sicherungen von at amortised cost bewerteten Finanzinstrumenten nach IFRS, PiR 2010, S. 256 ff.; FREIBERG, Berücksichtigung von Kreditsicherheiten im Rahmen der Risikovorsorge, PiR 2015, S. 176 ff.; FREIBERG, Fair value-Bewertung von Finanzinstrumenten bei illiquiden Märkten, PiR 2007, S. 361 ff.; FREIBERG/LUKAT, Saldierung von Finanzinstrumenten, PiR 2013, S. 113 ff.; GRÜNBERGER, Bilanzierung von Finanzgarantien nach der Neufassung von IAS 39, KoR 2006, S. 81 ff.; HEINTGES/URBANCZIK, Debt for Equity Swaps und die Auswirkungen auf die Vermögens-, Finanz- und Ertragslage, DB 2010, S. 1469 ff.; HOFFMANN, Der Forderungsverzicht mit Besserungsvereinbarung, PiR 2009, S. 214 ff.; KIRSCH/EWELT-KNAUER, Die unsichtbare Finanzgarantie, KoR 2011, S. 337 ff.; LÜDENBACH, Ausbuchung von Forderungen bei Abtretungsverbot, PiR 2013, S. 234 ff.; LÜDENBACH, Abtretung bundesgedeckter Forderungen (preinsured assets), PiR 2009, S. 56 ff.; LÜDENBACH, Bilanzierung einer Verbindlichkeit aus partiarischem Darlehen, PiR 2009, S. 248 ff.; LÜDENBACH, Zusammenfassung einer Verbindlichkeit und eines Swap zu einem einzigen Bilanzierungsobjekt, PiR 2005, S. 95 ff.; LÜDENBACH/FREIBERG, Strittige Fragen der IFRS-Bürgschafts-bilanzierung beim Garanten, BB 2007, S. 650 ff.; SCHREIBER/SCHMIDT, Beglei-chung finanzieller Verbindlichkeiten durch Eigenkapitalinstrumente nach IFRS, WPg 2010, S. 637 ff.; STRUFFERT/NAGELSCHMITT, Darlehenskonditionen im Lichte von IFRS 9, WPg 2012, S. 924 ff.; WIECHENS/KROPP, Bilanzierung finan-zieller Verbindlichkeiten nach IFRS 9, KoR 2011, S. 225 ff.

Vorbemerkung
Die Kommentierung bezieht sich sowohl auf IAS 39 als auch auf den Nachfolge-standard IFRS 9. Soweit sich die Regelungen nicht entsprechen, so insbesondere bei der Kategorisierung von finanziellen Vermögenswerten und bei deren außer-planmäßiger Wertberichtigung (*impairment*), wird jeweils zunächst IFRS 9 dar-gestellt und sodann vergleichend IAS 39. Neben den beiden genannten Standards berücksichtigt die Kommentierung die Vorgaben aus IAS 32 und IFRS 7, auch hier jeweils mit allen Ergänzungen, Änderungen und Interpretationen, die bis zum 1.1.2017 beschlossen wurden. Einen produktbezogenen Zugang zur Kom-mentierung liefert das unter Rz 563 wiedergegebene ABC der Finanzprodukte. Die Regelungen zum *hedge accounting* werden in § 28a kommentiert.

1   Zielsetzung, Regelungsinhalt und Begriffe

1.1   Arbeitsteilung der IFRS

1   Für die bilanzielle Abbildung von Finanzinstrumenten sehen die IFRS nicht einen, sondern mehrere arbeitsteilige Standards vor. Die relevanten Vorgaben zur Bilan-zierung und Offenlegung von Finanzinstrumenten finden sich in:

- IAS 32 „Finanzinstrumente: Darstellung": In IAS 32 werden Finanzinstru-mente (finanzielle Vermögenswerte, finanzielle Verbindlichkeiten und Eigen-kapital) definiert (IAS 32.11). Vornehmlich finden sich in IAS 32 die Vor-gaben zur (dichotomen) Abgrenzung von Eigen- und Fremdkapital (→ § 20 Rz 3 ff.), aber auch zur Saldierung (*offsetting*) finanzieller Vermögenswerte und Verbindlichkeiten (Rz 491).

- IFRS 9/IAS 39 „Finanzinstrumente: Ansatz und Bewertung": Die umfang-reichsten Vorgaben zur bilanziellen Abbildung von Finanzinstrumenten sind den Bereichen Ansatz (*recognition*), Ausbuchung (*derecognition*) und Bewer-tung (*measurement*) gewidmet. Darüber hinaus werden die Vorgaben zur Bilanzierung von Sicherungsbeziehungen in IFRS 9/IAS 39 abgehandelt.

- IFRS 7 „Finanzinstrumente: Angaben": Die Offenlegungspflichten im Zu-sammenhang mit Finanzinstrumenten werden – ausgenommen Angaben zum beizulegenden Zeitwert (*fair value*), die in IFRS 13 angesprochen werden (→ § 8a Rz 142) – gänzlich in IFRS 7 geregelt.

Die Grundsätze zur Währungsumrechnung von Finanzinstrumenten sind in IAS 21 niedergelegt (und werden auch in diesem Zusammenhang kommentiert; → § 27).

2   Für die bilanzielle Abbildung eines Geschäftsvorfalls und somit auch von Finanz-instrumenten ist zwischen Vorgaben betreffend den Ansatz (*recognition*), die Be-wertung (*measurement*), die Darstellung (*presentation*) und die Offenlegung (*disclo-sure*) zu unterscheiden. Ausgeklammert werden daher an dieser Stelle die Vorgaben zur Abgrenzung von Eigen- und Fremdkapital (→ § 20 Rz 3 ff.) und die Anforde-

rungen an die Offenlegung bei einer Bewertung zum beizulegenden Zeitwert (→ § 8a Rz 142ff.). Die Vorgaben zur bilanziellen Abbildung von Sicherungszusammenhängen (*hedge accounting*) sind in → § 28a zusammengefasst.

1.2 Definition und Differenzierung des Finanzinstruments

Ein **Finanzinstrument** ist „ein Vertrag, der gleichzeitig bei einem Unternehmen   **3** zu einem finanziellen Vermögenswert und bei dem anderen Unternehmen zu einer finanziellen Verbindlichkeit oder einem Eigenkapitalinstrument führt" (IAS 32.11). Als Finanzinstrumente gelten somit alle auf rechtsgeschäftlicher Grundlage stehenden vertraglichen Ansprüche und Verpflichtungen (Rz 48), die unmittelbar oder mittelbar auf den Austausch von Zahlungsströmen gerichtet sind (IAS 32.AG3 – IAS 32.AG10).

Die deutsche Rezeption von IFRS 9/IAS 39 wird außerhalb der Fachkreise durch den Begriff des **Finanzinstruments** etwas erschwert. Der allgemeine Sprachgebrauch sieht in Finanzinstrumenten eher **Wertpapiere** (analog § 2b WpHG) oder komplexe, innovative **Finanzprodukte** (analog den Erlassen zu § 20 Abs. 2 Nr. 2ff. EStG). Zwar ist der Begriff durch das Bilanzrechtsreformgesetz erstmalig und dies in seiner weiten Fassung in das HGB eingegangen (§ 285 Nr. 18f. HGB und § 289 Abs. 2 Nr. 2 HGB); gleichwohl tut sich ein Teil der Praxis noch nicht leicht, z.B. Debitoren oder Kreditoren als „Finanzinstrumente" wahrzunehmen und die sie betreffenden Regelungen in den Vorgaben des IFRS 9/IAS 39 zu suchen, der genau dieser weiten Interpretation folgt.

Unter den (Ober-)Begriff des finanziellen Vermögenswerts sind zu subsumieren   **4**

- **flüssige Mittel**, also Zahlungsmittel und Zahlungsmitteläquivalente, Bankguthaben und Einlagen (IAS 32.AG3),
- als Aktivum **gehaltene Eigenkapitalinstrumente** anderer Unternehmen (also Anteile an anderen Unternehmen),
- das **vertragliche Recht**,
  - (i) flüssige Mittel oder andere finanzielle Vermögenswerte von einem anderen Unternehmen (oder einer Privatperson) zu erhalten (insbesondere alle Forderungen gem. IAS 32.AG4) oder
  - (ii) finanzielle Vermögenswerte oder Verbindlichkeiten mit einem anderen Unternehmen unter potenziell vorteilhaften Bedingungen austauschen zu können (hierzu gehören Finanzderivate, deren *fair value* zum Bilanzstichtag positiv ist),
- jede Art von Vertrag, der in den **eigenen Eigenkapitalinstrumenten** des Unternehmens erfüllt werden wird oder werden muss – somit also als „Währung" eingesetzt wird – und der
  - (i) ein nicht derivatives Finanzinstrument ist, welches das Unternehmen verpflichtet oder verpflichten könnte, eine variable Zahl eigener Eigenkapitalinstrumente zu erwerben, oder
  - (ii) ein derivatives Finanzinstrument ist, das anders erfüllt werden kann oder muss als durch den Austausch eines festen Geldbetrags oder einer festen Zahl anderer finanzieller Vermögenswerte gegen eine feste Zahl eigener Eigenkapitalinstrumente.

Die angesprochenen eigenen Eigenkapitalinstrumente umfassen keine Instrumente, die selbst Verträge über den zukünftigen Erwerb oder die zukünftige Lieferung eigener Eigenkapitalinstrumente darstellen.

5   Eine **finanzielle Verbindlichkeit** umfasst Schulden – spiegelbildlich zu den finanziellen Vermögenswerten – aus
- einer **vertraglichen Verpflichtung,**
  - flüssige Mittel oder einen anderen finanziellen Vermögenswert an ein anderes Unternehmen (oder eine Privatperson) abzugeben oder
  - finanzielle Vermögenswerte oder Verbindlichkeiten mit einem anderen Unternehmen unter potenziell nachteiligen Bedingungen austauschen zu müssen (hierzu gehören Finanzderivate, deren *fair value* zum Bilanzstichtag negativ ist);
- jeder Art von Vertrag, der in den **eigenen Eigenkapitalinstrumenten** des Unternehmens (als „Währung") erfüllt werden wird oder muss und der
  - (i) ein nicht derivatives Finanzinstrument ist, das das Unternehmen verpflichtet oder verpflichten könnte, eine variable Zahl eigener Eigenkapitalinstrumente zu liefern, oder
  - (ii) ein derivatives Finanzinstrument ist, das anders erfüllt werden kann oder muss als durch den Austausch eines festen Geldbetrags oder einer festen Zahl anderer finanzieller Vermögenswerte gegen eine feste Zahl eigener Eigenkapitalinstrumente.

Die eigenen Eigenkapitalinstrumente umfassen keine Instrumente, die selbst Verträge über den zukünftigen Erwerb oder die zukünftige Lieferung eigener Eigenkapitalinstrumente darstellen.

6   Ein **Eigenkapitalinstrument** ist ein Vertrag, der einen Residualanspruch an den Vermögenswerten eines Unternehmens nach Abzug aller dazugehörigen Schulden begründet. Für die bilanzielle Behandlung von Eigenkapitalinstrumenten ist zwischen Emittent und Zeichner zu unterscheiden:
- Aus Sicht des **Emittenten** bedarf es wegen der Verpflichtung auf eine dichotome Kapitalstruktur einer Abgrenzung von Eigen- und Fremdkapital (IAS 32.15), somit einer Unterscheidung nach den Kapitalquellen des Unternehmens (→ § 20 Rz 3 ff.). Die einzelnen Finanzierungsquellen sind in Abhängigkeit des Vorliegens einer vertraglichen Verpflichtung (*contractual obligation* gem. IAS 32.16 f.) in Eigen- oder Fremdkapital zu klassifizieren. Eine **Folgebewertung** von als Eigenkapital klassifizierten Finanzinstrumenten **scheidet aus.**
- Aus Sicht des **Zeichners** liegt ein finanzieller Vermögenswert vor, der wegen Nichterfüllung der Voraussetzungen für eine **Bewertung** zu fortgeführten Anschaffungskosten (*at amortised cost*) zum **beizulegenden Zeitwert** (*fair value*) fortzuführen ist.

7   Der **Definitionskatalog** des IAS 32 ist nicht nur wegen seines hohen Abstraktionsgrades und der verwendeten Begriffe **nicht sehr geglückt.** Insbesondere entspricht die Bindung an einen Vertrag und an ein anderes Unternehmen nicht durchweg herrschender Praxis. Nach diesen Kriterien fielen etwa nicht nur – wie beabsichtigt – Steuerschulden und -forderungen aus dem Anwendungsbereich von IAS 39 bzw. IFRS 9 (kein Vertrag, kein anderes Unternehmen), sondern z.B. auch Kundenforderungen gegenüber Privatpersonen (kein anderes Unterneh-

men). Bei rechtskräftig festgestellten Schadensersatzansprüchen oder -forderungen wäre etwa nach der Grundlage des Schadensersatzes (z. B. Vertragsrecht oder unerlaubte Handlung) und dem Status der anderen Partei (Privatperson oder Unternehmen) zu unterscheiden.

Es bietet sich praktisch daher eher eine Negativabgrenzung eines Finanzinstruments an. Als Finanzinstrument gelten danach   **8**

- **aktivisch** alle Positionen, die nicht immaterielles Vermögen, Sachanlagevermögen, Vorratsvermögen, Steueransprüche, Sachleistungsforderung oder Abgrenzungsposten sind;
- **passivisch** alle Positionen, die nicht Eigenkapital, Sachleistungsverpflichtung, Abgrenzungsposten oder Rückstellung sind.

Dieser Praxis entsprechen im Übrigen die Erläuterungen, die der IASB selbst in IAS 32.AG6ff. zu seinen Definitionen gibt.

Positivbeispiele	Negativbeispiele
• Kundenforderungen	• (im-)materielle Vermögenswerte (IAS 32.AG10)
• Anleihen beim Inhaber (aktivisch) bzw. Emittenten (passivisch)	• abgegrenzte, im Voraus erhaltene bzw. bezahlte Einnahmen bzw. Ausgaben (Anzahlungen), deren
• Darlehen beim Darlehensgeber (aktivisch) bzw. Darlehensnehmer (passivisch)	Gegenleistung in zukünftigen Güterlieferungen, Dienstleistungen usw. besteht, sowie nicht finanzielle Garantieverpflichtungen
• finanzielle Garantien (Bürgschaften usw.) beim Garantiegeber bzw. Garantienehmer	(IAS 32.AG11)
• Forderungen und Verbindlichkeiten aus *finance leases*	• Steuern und faktische Verpflichtungen (IAS 32.AG12)
• Eigenkapitalinstrumente, d. h. Anteile an anderen Gesellschaften	

Ein expliziter Ausschluss von Verpflichtungen zur Lieferung von Geld oder   **9**
anderen Vermögenswerten vom Anwendungsbereich der bilanziellen Vorgaben für Finanzinstrumente gilt nur im **Ausnahmefall** (IAS 32.AG12).

- Nicht als Finanzinstrumente zu erfassen sind gesetzlich begründete Verpflichtungen (*statutory requirement*). Angesprochen sind **Steuerverbindlichkeiten**, die von der öffentlichen Hand auf Grundlage gesetzlicher Vorschriften erhoben werden (→ § 26 Rz 21).
- Ein weiterer Ausschluss besteht wegen der fehlenden rechtlichen Verpflichtung für **faktische Verpflichtungen** (*constructive obligations*), die – bei Erfüllung der Ansatzvoraussetzungen (IAS 37.14ff.) – als nicht finanzielle Verbindlichkeiten zu erfassen sind (→ § 21 Rz 5).

Im Fall der *constructive obligation* fehlt es überhaupt an einem durchsetzbaren Anspruch einer anderen Partei. Eine Klassifizierung als Finanzinstrument scheidet daher aus. Die bilanzielle Behandlung von Steuerverbindlichkeiten richtet sich nach separaten Vorgaben (IAS 12), insoweit ist die Nichtbehandlung als Finanzinstrument gerechtfertigt.

10   Unklar ist die Reichweite des Ausschlusses gesetzlich begründeter Verpflichtun-
      gen (*statutory requirement*). So beruhen rechtlich begründete Ansprüche/Ver-
      pflichtungen auf Schadensersatz, bereicherungsrechtlicher Ausgleich usw. nicht
      oder nicht notwendigerweise auf einem Vertrag zwischen zwei oder mehreren
      Parteien (Rz 7). Da das Vorliegen eines Finanzinstruments allerdings auch durch
      eine Kette von Rechten und Verpflichtungen begründet werden kann, solange es
      letztlich zu einem Ausgleich in Zahlungsmitteln/Zahlungsmitteläquivalenten
      oder anderen finanziellen Vermögenswerten kommt (IAS 32.AG7) und daher
      andere Standards zur Regelung der vorgenannten Fälle fehlen, ist u.E. auch in
      derartigen Fällen eine Behandlung als Finanzinstrument vorziehungswürdig.

11   Nicht als Finanzinstrument zu behandeln sind auch erhaltene/geleistete Anzah-
      lungen (IAS 32.AG11). Solange sie nicht wegen Leistungsstörung in ein Rück-
      abwicklungsstadium eingetreten sind, fehlt es an der Verpflichtung zur Lie-
      ferung/dem Anspruch auf den Erhalt von Geld oder anderen finanziellen
      Vermögenswerten. Entsprechendes gilt für Rechnungsabgrenzungsposten.

1.3   Anwendungsbereich der Vorgaben (*scope* und *scope out*)

12   Der Anwendungsbereich für die bilanzielle Abbildung von finanziellen Ver-
      mögenswerten und Schulden **umfasst** weder **jedes** Finanzinstrument, noch ist
      jeder nicht finanzielle Vermögenswert bzw. jede nicht finanzielle Schuld aus dem
      Anwendungsbereich **ausgeschlossen**. So sind Anteile an einem anderen Unter-
      nehmen zwar stets Finanzinstrumente, unterliegen i.d.R. im konsolidierten
      Abschluss (*consolidated financial statement*) jedoch nur dann den spezifischen
      Vorgaben, wenn die Beteiligungsschwelle für mindestens maßgeblichen Einfluss
      nicht erreicht ist. Umgekehrt sind bestimmte Verträge über den Kauf nicht
      finanzieller Vermögenswerte, etwa nicht auf die Deckung eigenen Bedarfs ge-
      richtete Warenterminkontrakte, so zu behandeln, *as if the contracts were finan-
      cial instruments* (IAS 32.8).

13   Die Vorgaben betreffend Ansatz, Bewertung und Ausweis enthalten eine Liste
      von Finanzinstrumenten, deren Rechnungslegung ausdrücklich nach anderen
      Vorgaben der IFRS erfolgen soll. Im Wesentlichen geht es um folgende Fälle:

      • Anteile an **Tochterunternehmen** (IAS 27; → § 32), **assoziierten Unterneh-
        men** (IAS 28; → § 33) und joint ventures (IFRS 11; → § 34) im Einzelabschluss
        (*separate financial statement*); in den Anwendungsbereich fallen jedoch be-
        stimmte derivative Kontrakte über diese Anteile, etwa der Verkauf eines
        Anteils an einem assoziierten Unternehmen auf Termin, hingegen aber nicht
        unbedingte Terminkontrakte über den Kauf oder Verkauf eines Tochterunter-
        nehmens, bei denen die Zeitspanne zwischen Vertragsschluss und Vertrags-
        erfüllung nicht länger dauert, als für die Erlangung von Genehmigungen und
        die Durchführungshandlungen vernünftigerweise gebraucht wird.

      • Rechte und Pflichten aus **Leasing**verträgen (IAS 17/IFRS 16; → § 15a Rz 12).
        Eine generelle Rückausnahme gilt für in den Leasingvertrag eingebettete
        Derivate. Spezielle Rückausnahmen bestehen für Leasingforderungen (An-
        wendung der allgemeinen Vorgaben für Finanzinstrumente auf Ausbuchung
        und *impairment)* sowie für Verbindlichkeiten des Leasingnehmers (Anwen-
        dung der Ausbuchungs-, jedoch nicht der Bewertungsvorgaben).

- Vermögenswerte und Verpflichtungen aus **Altersversorgungsplänen** (IAS 19; → § 22).
- Vom Unternehmen **selbst emittierte** Aktien, Optionen und sonstige **Eigenkapitalinstrumente** gem. IAS 32.
- Kaufverträge im Rahmen eines **Unternehmenszusammenschlusses**, die den Kauf bzw. Verkauf eines Unternehmens zu einem **künftigen Zeitpunkt** vorsehen und bei denen die Zeitspanne zwischen Vertragsschluss und -erfüllung nicht länger dauert, als für die Erlangung von Genehmigungen und die Durchführungshandlungen vernünftigerweise gebraucht wird.
- **Darlehenszusagen** *(loan commitments)*, für die keine Möglichkeit eines Barausgleichs besteht. Eine (freiwillige) Rückausnahme besteht, wenn das Unternehmen die Zusage gem. der *fair value option* als ein zum *fair value* zu erfassendes Finanzinstrument gewillkürt hat. Eine (verpflichtende) Rückausnahme gilt für den Fall, dass das Unternehmen in der Vergangenheit wiederholt die aus einer Zusage resultierenden Darlehen kurzfristig weiterveräußert hat. Mit Umsetzung der Vorgaben des IFRS 9 fallen Darlehenszusagen unter die Wertberichtigungsvorgaben; es ist daher ein *expected credit loss* zu erfassen.
- Finanzinstrumente, Verträge und Verpflichtungen im Rahmen **anteilsbasierter Vergütungen**, die unter IFRS 2 (→ § 23) fallen (insbesondere Mitarbeiter-Aktienoptionen). Eine Rückausnahme gilt allerdings für aktienbezogene Vergütungen für den Erwerb von Waren. Damit sind Warentermingeschäfte mit einem vom Aktienkurs des Käufers abhängigen Kaufpreis angesprochen; Voraussetzung für die Rückausnahme ist allerdings die Möglichkeit eines Barausgleichs, wenn vom Gebrauch dieser Möglichkeit auszugehen ist (IFRS 2.2, IFRS 2.BC25 ff.).

In Bezug auf den Anwendungsbereich des **IFRS 4** zur bilanziellen Abbildung von Versicherungsverträgen ergeben sich folgende **Abgrenzungen**: 14

- Rechte und Verpflichtungen aus **Versicherungsverträgen** und anderen Verträgen, die unter IFRS 4 fallen (→ § 39 Rz 8 ff.), sind nicht nach den allgemeinen Vorgaben für Finanzinstrumente zu bilanzieren. In solche Verträge eingebettete Derivate fallen allerdings unter die allgemeinen Vorgaben (Rückausnahme), sofern die Derivate nicht selbst wiederum unter IFRS 4 fallen (Rückausnahme von der Rückausnahme).
- **Wetterderivate:** Bestimmte Wetterereignisse sind Gegenstand von Versicherungsverträgen, so etwa bei der Sturm- und Hagelversicherung. Andere klimatische Faktoren, etwa die Sonnenscheindauer im Sommerhalbjahr oder die Zahl der Hitzetage, sind nicht Gegenstand von üblichen Versicherungen, obwohl sie z.B. für Energieanbieter eine wichtige Rolle spielen können. Wegen der Schwierigkeiten bei der Abgrenzung zwischen ausgeklammerten Versicherungsverträgen und derivativen Wetterinstrumenten wurde in den Vorgaben für Finanzinstrumente zunächst generell auf die Einbeziehung von Wetterderivaten verzichtet. Angesichts der Unzahl sonstiger Abgrenzungsprobleme war diese Entscheidung von Anfang an nicht unbedingt konsequent. Mit der Einführung des IFRS 4 zur Bilanzierung von Versicherungsverträgen (→ § 39) ist die Bilanzierung von Wetterderivaten weitergehend geklärt worden. Danach gehören sie dann in den Anwendungsbereich der allgemeinen Vorgaben für Finanzinstrumente, wenn sie nicht unter IFRS 4 fallen. Dies ist insbesondere der Fall, wenn aufseiten des Sicherungsnehmers kein tatsäch-

liches eigenes Risiko besteht (IFRS 4.Appendix B.18(l)). Wetterderivate werden daher regelmäßig als Derivate zu bilanzieren sein.

15 Bei **finanziellen Garantien** (unabhängig davon, ob sie als Bürgschaft, Akkreditiv, Kreditderivat oder anders ausgestaltet sind) ist zu differenzieren:

- Finanzielle **Garantien, die bei Übertragung eines Finanzinstruments** abgeschlossen (oder zurückbehalten) wurden, fallen stets in den Anwendungsbereich der Finanzinstrumente. Diese Vorschrift steht im Zusammenhang mit den Regeln zur Ausbuchung von Finanzinstrumenten.

- **Nicht bei Übertragung** eines Finanzinstruments **abgegebene Finanzgarantien**, die den Ersatz eines Verlusts vorsehen, wenn ein Schuldner seinen Zahlungsverpflichtungen nicht nachkommt (z.B. Bürgschaften), unterliegen den Vorgaben für die bilanzielle Abbildung von Finanzinstrumenten.

16 Neben normalen Garantien (Bürgschaften etc.) gibt es **exotische Konstruktionen**, die z.B. eine Zahlung bei einer Änderung eines Bonitätsratings, ggf. eines Zinssatzes, eines Wertpapierkurses, eines Rohstoffpreises, eines Wechselkurses, eines Kurs- oder Zinsindexes oder einer anderen Variablen, vorsehen. Sie haben eher den Charakter von Derivaten und fallen deshalb ausnahmsweise in den Anwendungsbereich der Finanzinstrumente.

Praxis-Beispiel

X hält 10 Mio. EUR-Anleihen des UMTS-Anbieters Y. Y wird von den Ratingagenturen mit B bewertet. X befürchtet eine Verschlechterung des Ratings und in der Folge einen Kursverlust bei den Anleihen. X schließt deshalb mit der Bank Z einen Vertrag ab, der eine Zahlung für den Fall garantiert, dass es innerhalb einer spezifizierten Zeitspanne zu einer Verschlechterung des Ratings kommt. Nach der ökonomischen Substanz handelt es sich nicht um eine Bürgschaft, die bei Zahlungsunvermögen von Y greift, sondern um eine Kursabsicherung der Anleihe. Diese Absicherung wird wie andere Absicherungen (z.B. über Verkaufsoptionen) als Derivat behandelt.

1.4 Bilanzierung von derivativen Finanzinstrumenten

17 Zu den Finanzinstrumenten zählen **originäre und derivative Instrumente** (IAS 32.AG15). Derivative Finanzinstrumente leiten ihren Wert aus der Entwicklung eines bestimmten Basisobjekts ab, werden erst in Zukunft erfüllt und weisen kein festes oder bestimmbares Zahlungsstromprofil auf. Zu unterscheiden ist zwischen

- unbedingten Termingeschäften (Festtermingeschäfte): in der Gegenwart vereinbarte Konditionen führen in der Zukunft zu unbedingter Ausübung;
- bedingten Termingeschäften (optionsartige Termingeschäfte): in der Gegenwart vereinbarte Konditionen werden nach Wahl eines der Vertragspartner in der Zukunft ausgeübt, der andere Vertragspartner ist Stillhalter.

Beispielhaft sind folgende Derivate voneinander zu unterscheiden:

Vertragsart	Basisobjekt
Zinsswap (unbedingtes Termingeschäft)	Zinssatz
Währungsswap (unbedingtes Termingeschäft)	Wechselkurs

Vertragsart	Basisobjekt
Kreditswap (unbedingtes Termingeschäft)	Kreditrating, Kreditindex
Optionen auf Anleihen (bedingtes Termingeschäft)	Zinssatz, Zinsindex
Optionen auf Rohstoffe (bedingtes Termingeschäft)	Rohstoffpreis
Optionen auf Aktien (bedingtes Termingeschäft)	Aktienkurs, Aktienindex

In den Anwendungsbereich von IAS 39/IFRS 9 fallen alle Finanzderivate. Dies **18** sind insbesondere unbedingte **Termingeschäfte** (*forwards, futures, Swaps*) und **Optionen** (als bedingte Termingeschäfte) auf Fremdkapitalinstrumente (Anleihen), Fremdwährungen, Eigenkapitalinstrumente (Aktien) oder auf entsprechende Indizes. Options- und Bezugsrechte auf **Eigenkapitalinstrumente** gelten nur beim Rechtsinhaber als Derivat. Beim Emittenten werden sie – in Abhängigkeit von den Ausgestaltungsmerkmalen des derivativen Finanzinstruments – entweder als Bestandteil des Eigenkapitals oder des Fremdkapitals eingestuft (IAS 32.16). Von den *freestanding*-Derivaten sind eingebettete Derivate, die Bestandteil hybrider Finanzinstrumente sind, zu unterscheiden. Hierzu wird auf Rz 263 verwiesen.

Ein derivatives Finanzinstrument zeichnet sich durch **drei Definitionselemente** **19** aus:

- Der Wert des Finanzinstruments reagiert auf **Änderungen des Werts eines Basisobjekts**. Basisobjekte können sein: Zinssätze, Wertpapierkurse, Rohstoffpreise, Wechselkurse, Preis- oder Zinsindizes, Bonitätsratings oder Kreditindizes und ähnliche Variablen. Mit IFRS 4 wurde – zur Abgrenzung von Derivaten gegenüber Versicherungsverträgen – dieses Definitionselement erweitert: Für den Fall, dass sich der Vertrag auf eine **nicht finanzielle Variable** bezieht (z. B. Wetterbedingungen), liegt ein Derivat nur dann vor, wenn keine Vertragspartei bzgl. dieser Variablen einem tatsächlichen Risiko ausgesetzt ist und der Vertrag insofern keinen Versicherungscharakter besitzt (Rz 14).
- Eine **anfängliche Netto-Investition entfällt** oder ist, verglichen mit ähnlich reagierenden Verträgen, **niedrig** (*no or smaller initial net investment*).
- Das Geschäft wird erst in **Zukunft** erfüllt (Termingeschäft).

Finanzderivate können **spekulativ** oder zu **Sicherungszwecken** eingesetzt wer- **20** den. Eine Verkaufsoption auf den Dollar kann etwa erworben worden sein, um eine erwartete Dollarabwertung spekulativ auszunutzen. Erwerbsmotiv mag aber auch die Absicherung einer in Dollar valutierenden Kundenforderung sein, die gegen Wertverluste geschützt werden soll. Nicht Sicherungszwecken dienende Finanzderivate sind erfolgswirksam zum *fair value* zu bilanzieren. Im Spekulationsfall führt die Bewertung **nicht** zu **Inkonsistenzen**, da die in der GuV abgebildete Volatilität Ausdruck des eingegangenen Risikos ist. Im Sicherungsfall würde sich hingegen ein **Widerspruch** ergeben, wenn der zu sichernde Wert zu Anschaffungskosten oder erfolgs**neutral** zum *fair value*, das Derivat hingegen erfolgs**wirksam** zum *fair value* erfasst wird.

> **Praxis-Beispiel**
> Unternehmen A hält einige Anteile an der börsennotierten Gesellschaft B.
> Eine unmittelbare Verkaufsabsicht besteht nicht. Die Anteile werden erfolgs-
> neutral zum *fair value* bewertet, die Wertänderungen erfolgsneutral im
> Eigenkapital berücksichtigt. A hat jedoch eine Verkaufsoption auf die Aktien
> der B erworben. Der Kurs der Aktien fällt, wodurch der Wert der Option
> steigt. Diese Steigerung ist erfolgswirksam in der GuV zu erfassen. Die
> Behandlung der Kurswirkung nach den Normalregeln ist inkonsistent. Die
> positive Wirkung auf die Option wird erfolgswirksam, die negative Wirkung
> auf die Anteile bliebe erfolgsneutral. Bei Bestehen eines dokumentierten und
> effektiven Sicherungszusammenhangs werden daher die Normalregeln durch
> Sonderregeln für das *hedge accounting* substituiert. Dies geschieht im vor-
> liegenden Fall (sog. *fair value hedge*) dadurch, dass die erfolgsneutrale Be-
> handlung der Anteile nicht fortgeführt wird.

Die Regeln zum *hedge accounting* dienen der Bewältigung solcher, sich aus dem
mixed model ergebenden Widersprüche. Im Beispiel – *fair value hedge* – wird in
die Bilanzierungsregeln für das gesicherte Grundgeschäft eingegriffen, in anderen
Fällen – *cash flow hedge* oder seltener *hedge of a net investment in a foreign entity*
– erfolgt der Eingriff bei den Bilanzierungsregeln für die Derivate, deren Wertänderung dann nicht mehr erfolgswirksam, sondern erfolgsneutral zu behandeln
ist. Zu Einzelheiten wird auf → § 28a verwiesen.

1.5 Warentermingeschäfte – *own use exemption*

21   Finanzderivate sind auch bei erwartetem Gewinn anzusetzen, während für schwebende nicht finanzielle Geschäfte das Imparitätsprinzip gilt (Ansatz nur bei
drohendem Verlust). Deshalb ist für den Bilanzansatz in Gewinnfällen von
Bedeutung, wann ein schwebendes Geschäft als **Finanzderivat** zu qualifizieren
ist. Die Differenzierung ist nach wirtschaftlichen Kriterien vorzunehmen. Auch
ein **Warentermingeschäft** kann deshalb in den Anwendungsbereich von
IAS 39/IFRS 9 fallen (IAS 32.8). Im Einzelnen ist bei Termingeschäften über
Waren oder Rohstoffe wie folgt zu unterscheiden:
* Soweit die Geschäfte auf die **physische Lieferung** des Vertragsgegenstands in
  der Zukunft und die anschließende Verwendung im Unternehmen des Erwerbers gerichtet sind, fallen sie i. d. R. **nicht** in den Anwendungsbereich der
  Vorgaben für Finanzinstrumente (IAS 32.8).
* **Finanzderivate** sind hingegen solche Warentermingeschäfte, die von vorn-
  herein nicht auf die physische Lieferung gerichtet sind. Infrage kommen
  folgende Fälle:
  – Der Vertrag sieht für mindestens eine der beiden Parteien eine **Option** zum
    Barausgleich (*net settlement*) von vereinbartem Terminkurs und Kassa-
    kurs am Erfüllungstag vor (IAS 32.9(a)).
  – Der Vermögenswert aus dem Termingeschäft kann jederzeit am **Markt** in
    Geld umgesetzt werden (IAS 32.9(d)).
  – Der Vertrag enthält zwar keine explizite Option zum *net settlement*, das
    Unternehmen hat aber in der **Vergangenheit** entsprechende Verträge
    regelmäßig in **bar** erledigt, sei es durch Einigung mit dem Vertragspartner,

durch Abschluss eines gegenläufigen Kontrakts oder durch Veräußerung des Kontrakts an einen Dritten (IAS 32.9(b)).

– Das Unternehmen hat in der Vergangenheit Vermögenswerte aus vergleichbaren Termingeschäften unmittelbar nach ihrer Lieferung regelmäßig veräußert, um einen **kurzfristigen Veräußerungsgewinn** zu erzielen (IAS 32.9(c)).

Die vorgenannten Bedingungen führen **nicht zwingend** zu einem Finanzderivat. **22** Zu prüfen ist, ob der der Kontrakt nach Maßgabe der erwarteten Einkaufs-, Verkaufs- oder Verbrauchsnotwendigkeiten *(own use)* des Unternehmens für Zwecke des tatsächlichen Einkaufs oder Verkaufs der Ware bzw. des Rohstoffs abgeschlossen wurde. Ist dies der Fall, scheidet eine Qualifizierung als Finanzderivat aus *(own use exemption)*, es sei denn, das Unternehmen nutzt die *fair value option* (Rz 150) und designiert den Vertrag entsprechend (IFRS 9.2.4). Zu deren Beurteilung ist wie folgt zu differenzieren:

• Die in IAS 32.9(b) und IAS 32.9(c) formulierten Kriterien stellen bereits auf das tatsächliche Verhalten in der Vergangenheit ab. Nur wenn Verträge ohne *net-settlement*-Option oder ohne leichte Umsetzbarkeit in Geld in der Vergangenheit tatsächlich regelmäßig in Geld erledigt wurden oder das Vertragsobjekt kurz nach Erhalt ohne güterwirtschaftliche Wertschöpfung tatsächlich regelmäßig weiterveräußert wurde, liegt ein Finanzderivat vor. Fehlt es an einer solchen Praxis, liegt von vornherein kein Finanzderivat vor; ist hingegen eine entsprechende Historie gegeben, kann die *own use exemption* nach IAS 32.9(b) generell nicht mehr und nach IAS 32.9(c) nur dann zum Tragen kommen, wenn die Weiterveräußerung nicht spekulativ, sondern operationell (etwa überraschender Rückgang des operativen Bedarfs) bedingt ist (IAS 32.9 Satz 3). Ein potenziell zum Finanzderivat führender Weiterveräußerungsfall liegt im Übrigen nur vor, wenn die Weiterveräußerung ohne güterwirtschaftliche Wertschöpfung erfolgt. Als güterwirtschaftliche Wertschöpfung gilt u. U. bereits die Größen-, Raum- oder Zeittransformation.

• In den beiden anderen Fällen – explizite *net-settlement*-Option (IAS 32.9(a)) oder leicht in Geld umsetzbarer Vermögenswert (IAS 32.9(d)) – verlangt IAS 32.9 eine Würdigung, ob ein *own-use*-Fall vorliegt. Eine derartige Würdigung hat u. a. zu berücksichtigen:

– bei expliziter *net-settlement*-Option das **Verhalten in der Vergangenheit** sowie das Verhältnis von optionalem Bestellvolumen bzw. Liefervolumen zum eigenen Bedarf bzw. zur eigenen Lieferkapazität (Rz 23);

– bei der Frage, ob der Vermögenswert leicht in Geld umzusetzen ist, die Art des Vermögenswerts (Lagerfähigkeit usw.), der Zugang des Terminkäufers zu Absatzmärkten für das Gut (Rz 24).

Die Beurteilung des Verhaltens in der Vergangenheit ist dann problematisch, wenn **23** Verträge von vornherein zu unterschiedlichen Zwecken abgeschlossen wurden.

> **Praxis-Beispiel**
> Ein Unternehmen schließt neben Terminkontrakten zur Eigenbedarfsdeckung gleichzeitig solche zur Abdeckung von Preisrisiken. Die Bedarfsdeckungsverträge werden physisch erfüllt, die Sicherungsverträge durch Glattstellung ausgeglichen.

Fraglich ist in solchen Fällen, ob der Abschluss und die Glattstellung von Sicherungsverträgen auf die Bedarfsdeckungsverträge zurückwirken und hier die Inanspruchnahme der *own use exemption* unmöglich macht. U. E. ist dies dann nicht der Fall, wenn das Unternehmen eine sog. Buchstruktur schafft, also im Zeitpunkt des Vertragsschlusses Sicherungsverträge einem „Handelsbuch" und die Bedarfsdeckungsverträge einem „Eigenbedarfsbuch" zuordnet. Wird diese Buchstruktur nicht nur formal dargestellt, sondern findet im Rahmen des Risikomanagements eine (organisatorische) Trennung beider Bereiche statt, werden die Bedarfsdeckungsverträge nicht vom Barausgleich der Sicherungsverträge infiziert. Die Untersuchung des *own-use*-Verhaltens in der Vergangenheit kann sich dann auf die Bedarfsdeckungsverträge beschränken. Werden Verträge, die ursprünglich dem Eigenbedarf dienten und dem entsprechenden Buch zugeordnet wurden, aufgrund veränderter Umstände verkauft oder geschlossen, kann in diesem Buch regelmäßig nicht länger von einer physischen Erfüllung der Verträge ausgegangen werden, es sei denn, die Änderung sei Folge unvorhergesehener außerordentlicher Umstände.

24 Der Leistungsempfänger wird sich bei überhaupt nicht oder nur kurzfristig lagerfähigen Gütern wie Strom regelmäßig ausbedingen, den über den Eigenbedarf hinausgehenden Lieferanspruch an Dritte weiterreichen zu dürfen. Diese Drittverwertungsoption führt allerdings nur dann zu einem Finanzderivat, wenn das Unternehmen Zugang zu einem relevanten (Weiterveräußerungs-)Markt hat **und** durch die Historie sich nicht der Zweck der Sicherung des Eigenbedarfs nachweisen lässt.

25 Ob die *own use exemption* greift, ist für den Gesamtvertrag zu prüfen. Eine teilweise Qualifizierung eines Warentermingeschäfts als *own use contract* ist nicht zulässig. Eine Verringerung des Eigenbedarfs über die Vertragslaufzeit kann daher bei Möglichkeit einer Umsetzung der Überschussmenge in Zahlungsmittel zu einer Behandlung des ganzen Vertrags als Finanzderivat führen.

Praxis-Beispiel

Der in 01 über eine in 03 zu liefernde Strommenge geschlossene Vertrag zwischen Aluminiumhersteller X und Energieversorger Y sieht die Möglichkeit einer Weiterveräußerung/Abtretung nicht benötigter Strommengen an andere Unternehmen vor. Ende 01 geht X noch davon aus, den gesamten Strom zu benötigen. Nach einem Konjunktureinbruch in 02 wird diese Annahme revidiert. X benötigt dann nach eigener Einschätzung nur noch 75 % des kontrahierten Stroms. Ende 02 wird daher der Anspruch auf 25 % der kontrahierten Strommenge an ein anderes Unternehmen veräußert. Spätestens mit der Veräußerung verliert das gesamte Termingeschäft die *own-use*-Qualität und ist daher insgesamt (zu 100 %) als Finanzinstrument zu behandeln.

---

26 Die vorstehend aus der Perspektive des Termin**käufers** dargestellten Überlegungen gelten sinngemäß auch für den Termin**verkäufer**. Eine Besonderheit für den Terminverkäufer ergibt sich jedoch dann, wenn er eine Stillhalterposition einnimmt (IAS 32.10). Hat er sich gegenüber dem Terminkäufer zur Bereitstellung einer bestimmte Maximalmenge zu einem fixierten Preis verpflichtet, scheidet der Rückgriff auf die *own use exemption* aus, wenn der Empfänger die rechtliche oder tatsächliche Möglichkeit zum *net settlement* hat.

In der Praxis weisen entsprechende Verträge häufig eine Kombination von **27**
Mindestabnahmemenge und maximalem Zusatzvolumen auf (sog. **Volumenoption**), wobei keine rechtliche, ggf. aber eine faktische Möglichkeit zum *net
settlement* besteht. Zu fragen ist dann, ob

- der gesamte Vertrag einheitlich als Finanzinstrument oder schwebendes nicht
  finanzielles Geschäft zu würdigen ist oder
- u. U. die dem Abnehmer eingeräumte Option auf Mehrmenge als trennungs-
  pflichtiges eingebettetes Finanzderivat *(embedded derivative)* zu identifizieren sowie zu behandeln ist, während für den (nach Abspaltung) verbleibenden
  Teil (Mindestmenge) bei entsprechender Sachlage die *own use exemption* in
  Anspruch genommen werden kann.

In der Beantwortung dieser Frage ist nach Art des **Empfängers** und dem **Gegenstand** des Kontrakts zu differenzieren:

- Handelt es sich bei dem Empfänger der Leistung um einen **Endabnehmer** und ist
  die Leistung **nicht** oder nur kurze Zeit **lagerfähig** (z. B. Strom), scheidet für ihn
  die Möglichkeit eines faktischen *net settlement* regelmäßig aus. Der Endabnehmer hätte zwar die theoretische Möglichkeit zum Bezug einer über den Eigenbedarf hinausgehenden Menge, im Gegenzug aber mangels Zugangs zu einem
  Absatzmarkt keine praktische Möglichkeit der Verwertung. Ökonomische
  Rechtfertigung für den Abschluss des Termingeschäfts ist aus Endverbraucher-
  sicht gerade eine Absicherung des eigenen Warenbedarfs und nicht die Mitnahme
  kurzfristiger Spekulationsgewinne. In diesem Fall ist der Vertrag auch beim
  Lieferanten einheitlich, und zwar als nicht finanzieller Vertrag zu behandeln.
- Hat der Empfänger hingegen eine **eigene Absatzmöglichkeit** und kann daher
  das Vertragsobjekt leicht in Geld umwandeln, ist mindestens die eingeräumte
  Volumenoption, ggf. sogar der ganze Vertrag, einheitlich als Finanzinstrument zu behandeln.

U. E. ist in der zweiten Konstellation nicht der gesamte Vertrag betroffen, **28**
vielmehr eine **getrennte** Behandlung geboten oder zulässig. Die Gründe hierfür
sind wie folgt:

- IAS 32.10 untersagt für den Stillhalter bedingter (optionaler) Termingeschäfte die
  Berufung auf die *own use exemption*, während IAS 32.9 sie für das unbedingte
  Termingeschäft vorschreibt. Ein Vorrang der einen oder anderen Regel ist nicht
  zu erkennen. Die zusammengefasste Würdigung eines Vertrags, der beide Elemente enthält, hinsichtlich der Mindestmenge unbedingtes, hinsichtlich der
  Volumenoption bedingtes Termingeschäft ist, begäbe sich daher in das Dilemma,
  entweder nach IAS 32.10 (unter Verstoß gegen IAS 32.9) oder nach IAS 32.9
  (unter Verstoß gegen IAS 32.10) vorgehen zu müssen. Vorzuziehen ist demgegenüber eine Interpretation, die nicht zu Widersprüchen führt. Dem wird
  entsprochen, wenn ein Vertrag, der beide Elemente enthält, hinsichtlich des einen
  Elements nach IAS 32.10, hinsichtlich des anderen nach IAS 32.9 beurteilt wird.
- Eine derartige Trennung eines Vertrags in verschiedene Elemente entspricht
  überdies dem allgemeinen „*substance over form*"-Gedanken (→ § 1 Rz 80),
  wonach es nicht darauf ankommen darf, ob unterscheidbare Leistungsbeziehungen in einem oder in mehreren Verträgen festgehalten werden. Gerade für die
  Bilanzierung von Finanzinstrumenten wird diesem Gedanken eine besondere
  Rolle zugewiesen, indem etwa die Aufteilung des durch einen Vertrag begründeten strukturierten Finanzprodukts in Basisinstrument und eingebettetes Deri-

vat verlangt wird oder bei bestimmten mezzaninen Finanzierungen die Aufteilung der vertraglichen Pflichten in eine Fremd- und in eine Eigenkapitalkomponente vorgesehen ist (IAS 32.28 ff.; → § 20 Rz 6 ff.) oder ein zivilrechtlich
einheitlicher Verkauf eines finanziellen Vermögenswerts über Aus- und Einbuchung verschiedener Vermögenswerte und Schulden abzubilden ist. Diese
Ausrichtung muss bei der Grundfrage, ob einzelne Vertragselemente überhaupt
in den Anwendungsbereich von IAS 32 fallen, umso mehr beachtet werden.

29   U. E. hat daher die Qualifizierung einer Volumenoption als Finanzinstrument
keine Ausstrahlung auf die anderen Vertragsbestandteile.

> **Praxis-Beispiel**
> Terminkäufer K verpflichtet sich gegenüber Stromproduzent P zur Abnahme
> von mindestens 75 MWh und ist zur Anforderung weiterer 25 MWh zum
> gleichen Festpreis berechtigt.
> (1) Sofern K weder rechtlich noch tatsächlich die Möglichkeit zum *net settlement*
>   hat, unterliegt der Vertrag auch aus Sicht von P insgesamt nicht IAS 32.
> (2) Hat K die Möglichkeit zur Veräußerung nicht benötigter Abnahmemen-
>   gen an Dritte, ist der Vertrag u. E. aus Sicht von P zu splitten. Für die
>   25 MWh ist wegen des Vorliegens einer Stillhalterposition IAS 32 anzu-
>   wenden, für die 75 MWh bei *own-use*-Nachweis jedoch nicht.

Das IFRS IC hat im Übrigen im März 2007 bekräftigt, dass für Stromliefer-
verträge an Endverbraucher regelmäßig die *own use exemption* greift.[1]

30   Die Nachhaltigkeit unternehmerischen Handelns gewinnt in der (Unterneh-
mens-)Kommunikation an Bedeutung. Vor dem Hintergrund der globalen Kli-
maziele besteht daher eine zunehmende Nachfrage nach „grünem" Strom
(*green power*). Ein Unternehmen gilt als besonders umweltbewusst, wenn der
eigene Energiebedarf weitgehend oder sogar ausschließlich durch Rückgriff auf
erneuerbare Energiequellen (Wind, Sonne, Wasser etc.) gedeckt wird. Wird mit
Abschluss eines Vertrags über den Bezug von Strom aus erneuerbaren Energien
ein „virtuelles Kraftwerk" erworben, kann zwar hinsichtlich des Preisgerüsts des
künftigen Bezugs eine Festlegung erfolgen, das **Mengengerüst** lässt sich aber
nicht determinieren. Der Wert des Warentermingeschäfts schwankt in Abhängigkeit der künftigen Menge an erzeugtem Strom, die wiederum von der Intensität der Energiequelle abhängig ist. Ein Stromliefervertrag zum Festpreis weist
die notwendigen Merkmale eines (Finanz-)Derivats auf. Fehlt es an einer Festlegung des Mengengerüsts, hängt die Wertentwicklung allerdings von einer
zusätzlichen Variablen ab, die unabhängig von dem Basiswert (notional amount)
des Energieliefervertrags ist. Der Nachweis des Vorliegens eines Finanzderivats
setzt allerdings keine Festlegung eines *notional amount* voraus. Wird ein (langfristiger) Vertrag zum Bezug von „grünem" Strom vorrangig aus Gründen der
Unternehmenskommunikation vereinbart, somit nicht für den Eigenbedarf, ist
bilanziell eine Abbildung als derivatives Finanzinstrument geboten.

> **Praxis-Beispiel**
> Unternehmen U deckt den eigenen Energiebedarf bislang durch einen Strom-
> bezug zum Marktpreis bei dem lokalen Energieversorger. Die Wettbewerber

---

[1]   IFRIC Update March 2007.

der energieintensiven Branche weisen in ihrer externen Unternehmenskommunikation auf den besonders nachhaltigen Bezug von ausschließlich „grünem" Strom und einen daraus abgeleiteten grünen CO2-Footprint hin. U schließt daher im laufenden Geschäftsjahr einen langfristigen und nicht kündbaren Vertrag zum Bezug von Strom aus einem Solarpark zu einem Festpreis, aber mit variabler Menge ab. Die tatsächliche Abnahme hängt insbesondere von den Sonnenstunden der nächsten Perioden ab. Der Solarpark wird auch von dem lokalen Energieversorger betrieben, wurde allerdings in einer anderen Region errichtet. Der lokale Energieversorger erklärt sich aber bereit, den für U produzierten Strom des Solarparks zum Marktpreis zu erwerben. Der Vertrag über das virtuelle (Solar-)Kraftwerk stellt ein Finanzderivat dar, welches erfolgswirksam zum *fair value* zu bewerten ist. Mangels Eigenbedarf greift die *own use exemption* daher nicht. Zwar besteht aus Sicht des U eine Identität der Vertragspartei für den Verkauf von „grünem" Strom aus dem Solarpark und dem Bezug des laufenden Energiebedarfs, eine Synthetisierung von Verkauf und Ankauf scheitert aber an den unterschiedlichen Vertragsbedingungen.

Vorrangig vor der Qualifikation von Warenterminverträgen nach IAS 32.9 ist u.E. **31** zu klären, ob die Verträge überhaupt dem Berichtsunternehmen **bilanziell zuzurechnen** sind. Im Schrifttum ist diesbezüglich anerkannt: Erfolgt der Terminverkauf von X an Y nicht unmittelbar, sondern durch Zwischenschaltung eines Intermediärs, der mit X einen Terminkaufvertrag und mit Y einen nach Zeit, Menge usw. abgestimmten Terminverkaufsvertrag abschließt, so ist vorrangig zu prüfen, ob der Intermediär in wirtschaftlicher Betrachtung für sich selbst (als Prinzipal) oder für Lieferant und Abnehmer (als deren Agent) handelt.[2] Die Kriterien für die Abgrenzung von **Prinzipal und Agent** sind in den Vorgaben für die Erlösrealisation niedergelegt (→ § 25). Hiernach ist eine ermessensabhängige Gesamtwürdigung geboten. Diese Würdigung kann sich an Indikatoren orientieren, wobei es im Wesen des Indikatorenkonzepts und der gebotenen Gesamtwürdigung liegt, dass nicht alle Indikatoren in die gleiche Richtung weisen müssen. Folgende Indikatoren indizieren danach im Allgemeinen ein Handeln in eigener Sache:

• Verantwortlichkeit für die Akzeptabilität der Leistung,
• Tragung eines Vorratsrisikos,
• signifikante eigene preispolitische Entscheidungsspielräume und
• Tragung des Bonitätsrisikos für den vom Kunden zu erhaltenden Betrag (*amounts receivable*).

Praxis-Beispiel
B schließt zeitgleich Terminverträge über den Kauf von Rohöl mit dem Lieferanten L und über den Verkauf mit Kunden K ab. Beide Verträge entsprechen sich nach Ölqualität, Abnahmemengen, Abnahmezeitpunkten usw. Der Kauf erfolgt zum jeweiligen Marktpreis, der Verkauf zum Marktpreis zuzüglich einer mengenabhängigen marktüblichen Marge. K holt das Öl zum jeweiligen Liefertermin mit eigenen Schiffen unmittelbar bei L ab. B nimmt es demzufolge zu keinem Zeitpunkt in Besitz. Für etwaige Ansprüche des K wegen Mängeln in der

[2] Vgl. u.a. KPMG, Insights into IFRS 2016/17, Tz. 7.1.160.90.

Qualität hat im Innenverhältnis L einzustehen. Vor Belieferung hat K jeweils einen *letter of credit* einer angesehenen Großbank vorzulegen.

Beurteilung aus Sicht des B

Eine Anwendung der oben genannten Indikatoren auf den vorliegenden Sachverhalt ergibt Folgendes:

- Dem Merkmal der Akzeptabilität der Leistung kommt keine ausgeprägte Bedeutung zu, da es sich um ein fungibles bzw. standardmäßig erzeugtes Produkt handelt. Bei ausnahmsweise doch auftretenden Mängeln würde überdies deren Kosten im Innenverhältnis L tragen. Ein Handeln als Prinzipal ist dadurch nicht indiziert.
- B trägt kein Vorratsrisiko, da das Öl physisch unmittelbar von L an K übergeht. Dies weist auf ein Handeln als Agent hin.
- B erzielt in der Gesamtschau beider Verträge eine im Verhältnis zum Kontraktpreis geringe mengenabhängige Marge, die für die gesamte Dauer des Vertrags im Wesentlichen fixiert ist. Auch dies indiziert ein Handeln als Agent.
- B hat bezogen auf den vom Kunden zu erhaltenden Betrag *(amounts receivable)* kein relevantes Bonitätsrisiko, da Lieferungen an K jeweils erst nach Vorliegen eines *letter of credit* erfolgen. Auch dies weist auf ein Handeln als Agent hin.

Insgesamt ist damit eher eine Agentenstellung als eine Rolle als Prinzipal indiziert. Ein Handeln als Agent ist regelmäßig dann gegeben, wenn der vom Unternehmen verdiente Betrag im Wesentlichen vorherbestimmt ist, also durch Änderungen im Marktgeschehen, Angebots- und Nachfrageverhältnis nicht signifikant beeinflusst wird. Diese Voraussetzung ist bei B gegeben.

Folge der Agentenstellung von B ist:

- Die Terminkontrakte sind B in wirtschaftlicher Betrachtung nicht zuzurechnen. Die Anwendung von IAS 32.9 scheidet deshalb aus.
- B hat ab Beginn der Erfüllung der Terminkontrakte die Marge aus den beiden Verträgen als Erlös auszuweisen (Nettobetrachtung). Eine Bruttobetrachtung (Umsatz gegenüber K, Umsatzkosten gegenüber L) scheidet aus.

32   Die **Bewertung** eines Warentermingeschäfts hängt von den vorstehend beschriebenen Klassifizierungen ab:

- Fällt der gesamte Vertrag aus dem Anwendungsbereich von IAS 32, kommt eine Bewertung wegen des Grundsatzes der Nichtbilanzierung schwebender Geschäfte nur bei einem drohenden Verlust gem. IAS 37.68 infrage (→ § 21 Rz 48 ff.). Beim Lieferanten droht ein Verlust nicht schon dann, wenn der vereinbarte Verkaufspreis unter dem Marktpreis liegt, entscheidend ist vielmehr, ob er die Herstellungs- bzw. Einstandskosten (jeweils erhöht um Verkaufskosten) unterschreitet. Beim Abnehmer ist hingegen das Verhältnis von Kontraktpreis zum Marktpreis entscheidend. Sofern nicht ausnahmsweise schon gegenläufige Verkaufskontrakte zu ebenfalls (aus Stichtagssicht) überhöhten Preisen abgeschlossen wurden, führt ein über dem Marktpreis des Stichtags liegender Kontraktpreis zu einem drohenden Verlust. Für schwebende Geschäfte muss dennoch untersucht werden, ob diese Verträge trennungspflichtige eingebettete Derivate enthalten. Ist dies der Fall, darf die *fair value option* (Rz 150) auf den jeweiligen Gesamtvertrag angewendet werden (zu den Voraussetzungen vgl. IFRS 9.4.3.5)

- Unterliegt der gesamte Vertrag oder ein Vertragsteil IAS 32, ist das Termingeschäft insoweit erfolgswirksam zum *fair value* zu bewerten. Hat der Lieferant das Recht zur kurzfristigen Anpassung des Preisniveaus und der Empfänger das Recht zur kurzfristigen Kündigung, ist i.d.R. allerdings von einem geringen *fair value* auszugehen.

In IFRS 9 werden die Vorgaben zur Behandlung von Warentermingeschäften, **33** insbesondere die *own use exemption*, unverändert fortgeführt. Allerdings besteht wahlweise die Möglichkeit, ein Warentermingeschäft über die Ausübung der *fair value option* (Rz 210) – allerdings nur zum Vertragsbeginn – für eine erfolgswirksame Bewertung zum *fair value* zu designieren (IFRS 9.2.5), wenn damit ein *accounting mismatch* (Rz 183) beseitigt wird.

1.6 Kreditzusagen *(loan commitments)*

Unwiderrufliche Kreditzusagen *(loan commitments)* kommen in zwei öko- **34** nomischen Grundvarianten vor:

- bei **konditionsfixierenden** Kreditzusagen schreiben Kreditgeber und Kreditnehmer zu einem frühen Zeitpunkt die Kreditkonditionen, insbesondere den Zins, fest, die Kreditmittel werden jedoch erst später benötigt und ausgereicht (Rz 35);
- **sicherungshalber** gegebene Kreditzusagen in der Form von Patronatserklärungen, Kreditfazilitäten, *letter of credit* usw. stellen im Interesse von Gläubigern die Zahlungsfähigkeit eines Schuldners sicher (Rz 39).

Bei **konditionsfixierenden** Kreditzusagen hat der Schwebezustand zwischen **35** Vertrags- und Erfüllungstag den Charakter eines Finanzderivats. Der Schwebezustand muss dann nicht als Derivat bilanziert werden, wenn er von kurzer Dauer ist, insbesondere den Zeitraum nicht übersteigt, der gewöhnlich gebraucht wird, um die Auszahlungsvoraussetzungen zu schaffen, etwa ein Gutachten für Besicherungsobjekte zu erstellen und die Bonität des Kreditnehmers zu beurteilen (sog. *regular way contracts*; Rz 52).

Geht der Schwebezustand über diesen Zeitraum hinaus, wäre nach den allgemei- **36** nen Regeln für Finanzinstrumente die erfolgswirksame Bilanzierung eines Derivats geboten. Für ein Festzinsdarlehen würde dies etwa bedeuten:

- Bei im Schwebezeitraum ansteigendem Marktzins hätte der Kreditgeber einen Passivposten (negativer *fair value*), der Kreditnehmer einen Aktivposten (positiver *fair value)* anzusetzen.
- Bei sinkendem Marktzins ergibt sich wegen des optionalen Charakters der Kreditzusagen keine direkt umgekehrte Entwicklung.

Anstatt der allgemeinen Regeln gelten jedoch **Sondervorschriften**. Hiernach **37** sind als Finanzderivate beim Kreditgeber nur Kreditzusagen zu behandeln, die

- als Teil eines Portfolios zum *fair value* gemanagt werden und deshalb der *fair-value*-Option (Rz 150) unterworfen werden oder
- routinemäßig kurz nach Begründung weiterveräußert werden oder
- einen Barausgleich zulassen, bei denen also etwa bei Veränderung der Marktzinsen die hierdurch benachteiligte Partei gegen Zahlung des Barwerts der Differenz von Markt- und Vertragszins das Kreditverhältnis vor Auszahlung beenden kann, oder
- von Anfang an eine Kreditvergabe unter Marktzins vorsehen.

In allen Fällen erfolgt die Erstbewertung zum *fair value*. Bei der Folgebewertung ist wie folgt zu differenzieren:

- In den drei ersten Fällen ist eine erfolgswirksame Folgebewertung zum *fair value* vorgesehen.

- Bei Kreditvergabe unter Marktzins ist von den beiden folgenden Werten der höhere Wert anzusetzen:
  - der sich nach IAS 37 ergebende drohende Verlust;
  - der sich aus Fortschreibung des Zugangswerts *(fair value)* um bereits anteilig realisierte Erträge reduzierte Betrag.

Alle weiteren Fälle, also insbesondere nicht zur Veräußerung bestimmte marktkonforme Zusagen von Festzinskrediten, hat der Kreditgeber nach IAS 37 zu bilanzieren. Ein Aktivposten kommt hiernach erst mit tatsächlicher Kreditausreichung infrage, eine Passivierung im Schwebezustand erfolgt nur, wenn ein belastender Vertrag *(onerous contract)* vorliegt (→ § 21 Rz 48 ff.), also die vereinbarten Zinsen unter den Refinanzierungskosten des Kreditgebers liegen.

38 Begründet eine Kreditzusage eine zum *fair value* zu bilanzierende derivative Verbindlichkeit, stellt sich für **ohne besonderes Entgelt** gewährte Zusagen noch die Frage, ob die Verbindlichkeit aufwandswirksam oder gegen Bildung eines Abgrenzungspostens *(deferred charges)* erfolgsneutral zu buchen ist.

> **Praxis-Beispiel**
> B erteilt K eine Kreditzusage, wonach K binnen 180 Tagen einen Kredit aufnehmen kann. Entsprechend den Marktverhältnissen bei Erteilung der Kreditzusage ist der maximale Darlehenszins festgelegt worden. Steigende Marktzinsen bis zur Aufnahme des Kredits gehen zulasten der Bank, sinkende führen zu einer Anpassung des Kreditzinses. Eine Darlehensaufnahme ist so gut wie gewiss. Die Bank ist in einer Stillhalterposition und bucht eine derivative Verbindlichkeit mit dem *fair value* ein. Als Soll-Buchung kommt Aufwand, aber auch die Bildung eines Abgrenzungspostens infrage. Eine aufwandswirksame Behandlung entspricht der Annahme, Darlehenszusage und spätere Darlehensaufnahme seien zwei getrennte Geschäftsvorfälle. Jedenfalls bei sehr hoher Wahrscheinlichkeit der Kreditaufnahme liegt u. E. aber ein **zusammenhängender Geschäftsvorfall** vor. Die abgegrenzten Kosten werden mit Ausreichung des Darlehens in die Effektivverzinsung einbezogen und erst über die Darlehenslaufzeit erfolgswirksam.

39 **Sicherungshalber gegebene Kreditzusagen** (Fazilitäten, Patronatserklärungen, *letter of credit* etc.) sind ökonomisch mit Finanzgarantien (Rz 231) vergleichbar. In beiden Fällen geht es um die Absicherung von Gläubigern gegen Zahlungsschwierigkeiten des Schuldners. Ein Unterschied besteht nur im Empfänger des Sicherungsversprechens. Bei Finanzgarantien ist dies der Gläubiger, bei Fazilitäten und Patronatserklärungen dessen Schuldner.

> **Praxis-Beispiel**
> Die in Irland residierende Zweckgesellschaft Z erwirbt langfristige amerikanische Hypothekenkredite (Aktivgeschäft) und refinanziert sich durch die Ausgabe kurzfristiger Wertpapiere *(commerical papers)* an institutionelle Anleger. Im Hinblick auf den häufigen Wechsel der Anleger ist die Abdeckung von deren Risiken durch Finanzgarantien nicht praktikabel. Statt-

> dessen werden sog. Kreditfazilitäten vereinbart. Hiernach ist die deutsche Bank B bei Liquiditätsproblemen der Z, also insbesondere, wenn die revolvierende Ausgabe der Wertpapiere nicht gelingt, verpflichtet, 10 Mrd. EUR Kredit an die Z zu geben und hieraus u.a. die Rückzahlung der fälligen Wertpapiere zu leisten. Aus der Sicherungsperspektive der Anleger ist die Fazilität ökonomisch gleichwertig mit einer Bürgschaft.

Trotz dieser Parallelen unterliegen die sicherungshalber gegebenen Kreditzusagen nach noch geltendem Recht (IAS 39.2(h)), aber nicht mehr nach IFRS 9, anders als die Finanzgarantien, ausschließlich den Regelungen von IAS 37.   **40**

> **Praxis-Beispiel**
> Die B unterstellt bei Einräumung der Kreditfazilität von 10 Mrd. EUR in 06, dass diese mit einer Wahrscheinlichkeit von 2 % in Anspruch genommen wird und dann die Hälfte der gewährten Kreditsumme nicht wiedererlangt werden kann. Im Frühjahr 07 ziehen Wolken am amerikanischen Hypothekenhimmel auf. Die Wahrscheinlichkeitseinschätzung wird von 2 % auf 20 % erhöht. Im Rahmen einer Erwartungswertbilanzierung nach IAS 39 i.V.m. IAS 37 hätte die B in 06 2 % × ½ × 10 Mrd. = 100 Mio. EUR zu passivieren gehabt und diesen Betrag zum ersten oder zweiten Quartal 07 auf 1 Mrd. EUR erhöhen müssen. Nach den anzuwendenden Vorschriften von IAS 37 ist die Kreditzusage jedoch nur zu passivieren, wenn aus ihr mit überwiegender Wahrscheinlichkeit ein Verlust droht. Dies ist weder in 06 noch im ersten Halbjahr 07 der Fall. Die Bank passiviert daher nichts.

Rechtskritisch ist bezogen auf das geltende Recht zu fragen, warum sicherungshalber gegebene *loan commitments* anders als in der ursprünglichen Fassung von IAS 39 und anders als Finanzgarantien nicht als Finanzinstrumente behandelt werden. Gute Gründe hierfür sind nicht erkennbar. Auch in den US-GAAP sind Kreditzusagen Gegenstand zahlreicher kasuistischer Ausnahmen.[3]   **41**

Mit dem Wechsel auf die Vorgaben des IFRS 9 sind *loan commitments* künftig ausschließlich als Finanzinstrument zu bilanzieren (IFRS 9.2.1(g)). Auch für bloße Darlehenszusagen findet das Wertberichtigungsmodell des *expected credit loss* Anwendung (Rz 394). Ein Verweis auf die Vorgaben des IAS 37 zur Erfassung als *onerous contract* wird aufgehoben. In den *Basis for Conclusions* wird die Änderung zur bisherigen Bilanzierung (*previously accounted for in accordance with IAS 37*) besonders hervorgehoben (IFRS 9.BC5.125). Für *loan commitments*, die nicht erfolgswirksam zum *fair value* bewertet werden, sind daher künftig lediglich die Wertberichtigungsvorgaben des IFRS 9 beachtlich, eine Behandlung als *onerous contract* scheidet aus.   **42**

1.7 *Substance over form* – Synthetisierung von Finanzinstrumenten

Ein Vertrag über ein Finanzinstrument ist als Derivat zu beurteilen, wenn er die „*no or smaller initial net investment*"-Bedingung erfüllt (Rz 19). Ob dies der Fall ist, muss unter *substance-over-form*-Gesichtspunkten beurteilt werden. Auf die zivilrechtliche Form kommt es demzufolge nicht an. Aus **formaler Sicht** können z.B. **zwei Verträge** zwischen den gleichen Parteien vorliegen, mit jeweils bedeut-   **43**

---

[3] Dazu HOFFMANN/LÜDENBACH, DB 2007, S. 2217.

samen Anfangsinvestments der einen Seite, die aber **wirtschaftlich eine Einheit** bilden, wobei sich in substanzieller Betrachtung die Anfangsinvestitionen der Parteien gegen null neutralisieren.

> **Praxis-Beispiel**
> **Zinsswap mit Bruttoausgleich**
> A tritt in einen Swap mit B ein. A zahlt fix 8 % und erhält variabel EURIBOR + 2 %, jeweils bezogen auf 10 Mio. GE bei Quartalszahlung. Die Parteien vereinbaren eine Bruttoregelung. A zahlt zu Anfang (und Ende) 10 Mio. GE an B und B die gleiche Summe an A. Auch Quartalszinsen werden nicht netto (i.H.d. Zinsdifferenz), sondern brutto (in beide Richtungen) entrichtet. Trotz Bruttoregelungen ist die *„no or smaller initial net investment"*-Bedingung erfüllt. Durch das Hin- und Herzahlen des Geldes wird bei substanzieller Betrachtung keine Nettoinvestition getätigt. Es liegt ein Derivat vor (IAS 39.IG.B.3).

44   Notwendige, aber nicht hinreichende Voraussetzung für die Zusammenfassung von Verträgen zu einem Finanzinstrument ist die **Identität der Vertragspartner**.

> **Praxis-Beispiel[4]**
> U schließt mit der Bank B zeitgleich und fristenkonform einen ersten Vertrag über ein variabel verzinsliches Yen-Darlehen und einen zweiten über einen *cross-currency*-Swap ab. In der wirtschaftlichen Gesamtwirkung stellen die Verträge U so, als ob er ein festverzinsliches Euro-Darlehen aufgenommen hätte. Fraglich ist, ob die Bilanzierung dieser wirtschaftlichen Betrachtungsweise folgen kann, also statt zwei Finanzinstrumenten (nach komplizierten Regeln) eines (nach einfachen Regeln) zu erfassen ist.

45   Ein Lösungshinweis ergibt sich aus dem Vergleich von IAS 39.IG.B.6 mit IAS 39.IG.C.6: In IAS 39.IG.B6 ist Unternehmen A Gläubiger eines an B gewährten Euro-Festzinsdarlehens und Schuldner eines von B gewährten variabel verzinslichen Darlehens mit jeweils gleicher Laufzeit und gleichen Beträgen, wobei zugleich eine Aufrechnungsabrede getroffen wird. Der IASB erkennt in dieser Konstruktion **nicht zwei Geschäftsvorfälle** (zwei Darlehensverträge), **sondern einen Geschäftsvorfall** (Swapvertrag). Als Begründung führt er an:
- **inhaltliche Abstimmung** der Verträge (nach Frist, Betrag usw.),
- **Identität der Vertragspartner**,
- **Fehlen einer substanziellen Geschäftsnotwendigkeit** *(substantive business purpose)* für die Aufteilung der Transaktion auf zwei Verträge.

46   In IAS 39.IG.C6 vergibt Unternehmen A ein variabel verzinsliches Darlehen an Unternehmen B und schließt gleichzeitig sowie betrags- und fristenkongruent einen Swap mit C ab, der A zum Erhalt fixer und zur Zahlung variabler Zinsen berechtigt bzw. verpflichtet. In der wirtschaftlichen Gesamtwirkung scheint U so gestellt, als ob er ein Festzinsdarlehen an B begeben hätte. Indessen unterliegt jeder Vertrag eigenen Bewertungsrisiken, insbesondere Ausfallrisiken. Wird etwa B insolvent und fällt daher das Darlehen wirtschaftlich weg, bleibt U gleichwohl gegenüber C aus dem Swapvertrag verpflichtet. Eine **Synthetisierung scheidet aus**, da

---

[4]   Entnommen aus LÜDENBACH, PiR 2005, S. 95ff.

- **keine Identität der Vertragspartner** besteht und
- **daher jeder Vertrag eigenen Risiken** unterliegt.

Die Anwendung dieser Kriterien auf das obige Beispiel ergibt:

- Darlehens- und Swapvertrag werden gleichzeitig und abgestimmt abgeschlossen.
- Die Vertragspartner beider Geschäfte sind identisch.
- Bei Aufrechenbarkeit sind die Risiken der Verträge gemeinsam zu würdigen.
- Das wirtschaftliche Ergebnis – Festzinsdarlehen in Euro – hätte auch durch Abschluss nur eines Geschäfts erreicht werden können.
- Der wirtschaftlichen Betrachtungsweise folgend ist daher ein Euro-Festzinsdarlehen zu bilanzieren.

Eine wirtschaftliche Betrachtungsweise ist nicht nur zulässig, sondern immer dort, wo die Möglichkeit der Abweichung des formalrechtlichen vom wirtschaftlichen Gehalt besteht, **zwingend**. Hierbei kann es zur Zusammenfassung (Synthetisierung) von Finanzinstrumenten kommen. Die Identität der Vertragspartner ist hierfür eine notwendige, aber nicht hinreichende Bedingung. Es bleibt Aufgabe des bilanzierenden Unternehmens, die ökonomische Wirkungsweise der vertraglichen Vereinbarungen zu beurteilen und mit normalen Verträgen zu vergleichen. Wegen der Begründung des *substance-over-form*-Gedankens wird allgemein auf → § 1 Rz 80 verwiesen. **47**

2 Ansatz und Ausbuchung von Finanzinstrumenten

2.1 Zugang bei Abschluss der vertragsähnlichen Vereinbarung

2.1.1 Zeitpunkt der Erbringung der (Gegen-)Leistung

Ein finanzieller Vermögenswert und/oder eine finanzielle Schuld sind anzusetzen, wenn das **Unternehmen Partei eines entsprechenden Vertrags** (bzw. einer vertragsähnlichen Vereinbarung) wird (IFRS 9.3.1.1). Diesem Grundsatz folgend hat ein Unternehmen auch sämtliche vertraglichen Rechte oder Verpflichtungen aus derivativen Finanzinstrumenten als Vermögenswerte oder Schulden zu bilanzieren. **48**

Auch unbedingte Termingeschäfte und Optionen sind mit **Abschluss** des entsprechenden Vertrags anzusetzen. Als Zugangswert gilt der *fair value*, d.h. der zwischen fremden Dritten *(at arm's length)* erzielbare **Transaktionspreis** (Rz 300). **49**

- Zum Zeitpunkt des marktkonformen Abschlusses eines unbedingten **Termingeschäfts** zwischen fremden Dritten stehen sich aber Rechte und Pflichten gleichwertig gegenüber, so dass der *fair value* null ist und kein Einbuchungsbetrag anfällt (IAS 39.AG35(c) bzw. IFRS 9.B3.1.2(c)).
- Beim marktkonformen **Optionsgeschäft** – als bedingtes Termingeschäft – ist die gezahlte/erhaltene Optionsprämie die beste Schätzgröße für den positiven/negativen *fair value* der erworbenen Option/Stillhalterposition.

Unterschiede entstehen erst bei der **Folgebewertung** (Rz 312). Hat etwa das unbedingte Termingeschäft zum Bilanzstichtag einen positiven *fair value*, d.h., überwiegt aus der Perspektive des Bilanzierenden der Anspruch aus dem Geschäft die Verpflichtung, ist dieser Wert nach IFRS zu erfassen.

Der Grundsatz, einen finanziellen Vermögenswert oder eine finanzielle Schuld bereits mit Vertragsschluss anzusetzen, bleibt praktisch auf **Finanzderivate beschränkt**, da er für die originären Finanzinstrumente (Forderungen und Verbindlichkeiten) mehrfach eingeschränkt wird. Es wird bestimmt (IAS 39.AG35(b) bzw. **50**

IFRS 9.B.3.1.2(b)), dass „als Folge einer **festen Verpflichtung** zum An- oder Verkauf von Waren oder Dienstleistungen zu erwerbende Vermögenswerte oder einzugehende Schulden … im Allgemeinen erst dann angesetzt werden, wenn mindestens eine der Vertragsparteien im Rahmen der vertraglichen Vereinbarungen zugesagte Leistungen erbracht hat" (für Forderungen aus Lieferung und Leistung → § 25).

51 Etwas anderes gilt, wenn ein Vertrag eine Möglichkeit zum Barausgleich *(net settlement)* vorsieht und voraussichtlich von dieser Möglichkeit Gebrauch gemacht wird (IAS 32.8). Derartige Verträge zum An- bzw. Verkauf von Waren oder Dienstleistungen werden als Finanzderivate qualifiziert. Darüber hinaus kann insbesondere bei Transaktionen über finanzielle Vermögenswerte oder bei Kreditgeschäften im Einzelfall der Schwebezustand zwischen Vertrags- und Erfüllungstag als Finanzderivat zu deuten sein.

2.1.2 Divergenz von Vertragstag und Erfüllungstag – *regular way contracts*

52 Bei einer Divergenz von Vertragstag (IFRS 9.B3.1.5) und Erfüllungstag (IFRS 9.B3.1.6) bei Finanzinstrumenten stellt sich die Frage, ob der zwischen beiden Tagen liegende Schwebezustand als Finanzderivat zu erfassen ist. Für sog. **marktübliche Verträge** *(regular way contracts)*, bei denen sich die Zeitdifferenz aus Marktvorschriften oder Marktkonventionen ergibt, wird dies in IAS 39.AG12 bzw. IFRS 9.BA.4 verneint: Die Festpreisverpflichtung zwischen Handelstag und Erfüllungstag erfüllt zwar die Definition eines derivativen Finanzinstruments (Termingeschäft), aufgrund der kurzen Dauer wird der Schwebezustand jedoch nicht als derivatives Finanzinstrument erfasst.

53 Ein *regular-way*-Vertragsverhältnis ist ohne Weiteres zu bejahen, wenn **börsennotierte Finanzinstrumente** im Rahmen der vom Börsenregelwerk vorgesehenen Zeitspanne nach dem Geschäftsabschluss übertragen werden. Bei anderen nicht börsennotierten Finanzinstrumenten fehlt es hingegen an einem scharfen Beurteilungsmaßstab. Die Vorgaben etablieren lediglich einen „**weichen**" **Zeitbegriff**, der nicht mehr nur auf präzise Marktvorschriften und Konventionen rekurriert, sondern auf den *acceptable time frame* bzw. die *period customarily required*. Voraussetzung ist aber, dass sich der Schwebezustand aus objektiven und nicht aus willkürlichen Gründen ergibt.

54 Objektive Gründe können sich aus technisch notwendigen Abwicklungsschritten (z. B. Prüfung der Besicherung als Auszahlungsvoraussetzung) ergeben. In anderen Fällen können z. B. auch **gesellschafts- oder kartellrechtliche Genehmigungsvorbehalte** objektiv einen Schwebezustand bedingen. Hierzu folgendes Beispiel:

Praxis-Beispiel
Ein Unternehmen schließt am 21.12. Kaufverträge über
(1) das Unternehmen X, Eigentumsübergang bei Genehmigung der Kartellbehörden,
(2) nicht Mehrheit verschaffende vinkulierte Namensaktien des Unternehmens Y, Eigentumsübergang bei Genehmigung durch den Vorstand der Y AG.
Die Kaufpreise werden sofort entrichtet. Zum Stichtag stehen die Genehmigungen noch aus.
Beurteilung
Nur der Fall (2) unterliegt IAS 39/IFRS 9. Fall (1) ist hingegen als Unternehmenserwerb nach den Regeln von IFRS 3 zu beurteilen. Bei Fall (2) ist fraglich,

ob zum Stichtag ein Derivat auszuweisen ist. Dagegen spricht zunächst schon die Kaufpreiszahlung, die im Widerspruch zur *„no or small initial net investment"*-Regel steht. Dagegen spricht außerdem, dass die zehn Tage bis zum Bilanzstichtag noch im üblichen Rahmen *(acceptable time frame)* liegen.

In den Fällen eines *regular way contract* hat der Bilanzierende gem. IAS 39.38 bzw. IFRS 9.3.1.2 ein **Wahlrecht**. Er kann den Kauf oder Verkauf entweder zum **Handels**tag *(trade date)* oder zum **Erfüllungs**tag *(settlement date)* bilanzieren. Die gewählte Methode ist innerhalb einer Kategorie von finanziellen Vermögenswerten einheitlich auszuüben. **55**

Die praktische Bedeutung des Wahlrechts liegt primär **nicht** in der GuV-Behandlung der zwischenzeitlich eingetretenen Wertänderungen. Diese ergibt sich vielmehr aus der (Bewertungs-)Kategorie des erworbenen Vermögenswerts. Die Relevanz des Wahlrechts liegt auf der Bilanz**ansatz**ebene. Der Vermögenswert wird beim *trade date accounting* schon früher erfasst als beim *settlement date accounting*. Die nachfolgende Tabelle zeigt an einem **Beispiel** die Unterschiede. Das Beispiel berücksichtigt, dass bei zu fortgeführten Anschaffungskosten *(at amortised cost)* geführten Vermögenswerten der Wert des *trade date* auch dann maßgeblich bleibt, wenn die Einbuchung zum *settlement date* erfolgt. **56**

Praxis-Beispiel

(1) Kauf eines Wertpapiers (WP) mit folgenden Daten:
(2) Handelstag: 29.12.01, Kurs 100,
(3) Bilanzstichtag: 31.12.01, Kurs 102,
(4) Erfüllungstag: 4.1.02; Kurs 105.

Kategorie	Einbuchung zum Handelstag *(trade date)*			Einbuchung zum Erfüllungstag *(settlement date)*			
	Buchungstag bzw. Buchungssatz a) 29.12.01 b) 31.12.01 c) 4.1.02			Buchungstag bzw. Buchungssatz b) 31.12.01 c) 4.1.02			
at amortised cost	a) WP b) entfällt c) entfällt	100	an Verb.	100	b) entfällt c) WP	100	an Verb.	100
fair value through profit/ loss	a) WP b) WP c) WP	100 2 3	an Verb. an Ertrag an Ertrag	100 2 3	b) Ford. c) WP	2 105	an Ertrag an Verb. an Ertrag an Ford.	2 100 3 2
veräußerbarer Wert	a) WP b) WP c) WP	100 2 3	an Verb. an EK an EK	100 2 3	b) Ford. c) WP	2 105	an EK an Verb. an EK an Ford.	2 100 3 2

57 Das zeitliche Buchungswahlrecht zwischen Handelstag und Erfüllungstag gilt entsprechend für die **Ausbuchungen** von finanziellen Vermögenswerten. Wählt der Veräußerer den Erfüllungstag und der Erwerber den Handelstag, kann die Situation eintreten, dass ein Vermögenswert zum Bilanzstichtag noch in der Bilanz des Veräußerers und schon in der Bilanz des Erwerbers, also **zweimal** erfasst ist.

2.2 Ausbuchung *(derecognition)*

2.2.1 Konzeptionelle Grundlagen

58 Die Vorgaben für Finanzinstrumente unterscheiden hinsichtlich der Ausbuchung in IAS 39.17 ff. bzw. IFRS 9.3.2.3 ff. **zwei** Grundfälle. Bei finanziellen Verbindlichkeiten ist i. d. R. nur der erste Fall einschlägig:

- **Fall 1 – Erledigung:** Das (vertragliche) Recht zum Erhalt oder die (vertragliche) Verpflichtung zur Lieferung von Geld oder einem anderen finanziellen Vermögenswert existiert nicht mehr. Es hat sich durch Zahlung, Erlass, Verjährung, Aufrechnung oder in sonstiger Weise erledigt.
- **Fall 2 – Übertragung:**
  - Das (vertragliche) Recht zum Erhalt von Geld oder einem anderen finanziellen Vermögenswert ist noch existent, aber auf eine andere Person übertragen worden und (kumulativ)
  - die relevanten Risiken sind ganz oder teilweise auf den Erwerber übergegangen.

Zu einer Ausbuchung eines Finanzinstruments kann es auch durch Modifikation der vertraglichen Bedingungen kommen (Rz 124).

59 Die **Erledigungsfälle** werden allerdings nur unscharf und unvollständig behandelt. Während finanzielle Vermögenswerte nach der Grunddefinition in IAS 32.11 durch Rechte auf *cash flows* oder sonstige finanzielle Vermögenswerte bestimmt sind, sieht die korrespondierende Vorgabe zur Ausbuchung nur den Fall der Erledigung des Rechts auf *cash flows* vor, berücksichtigt also nicht etwaige Rechte auf sonstige finanzielle Vermögenswerte. Überdies müssen, wie das Beispiel rechtskräftig festgestellter Schadensersatzforderungen aus unerlaubten Handlungen zeigt, einen finanziellen Vermögenswert begründende Rechte auch nicht unbedingt eine **vertragliche Grundlage** haben. Im Übrigen bereitet der erste Fall aber in der Praxis nur selten Probleme. Folgende Grenzfälle sind relevant:

- **Umschuldung:** Ist die alte Verbindlichkeit/Forderung wirtschaftlich fortzuführen oder gegen Ansatz des neuen Vertrags auszubuchen (Rz 124)?
- **Verjährung:** Ist eine Verbindlichkeit mit der rechtlichen Verjährung auch wirtschaftlich erledigt (Rz 122)?
- **Rückkauf von Anleihen:** Ist bei Absicht einer erneuten Platzierung am Markt eine Ausbuchung vorzunehmen (Rz 129)?

60 Die Vorgaben zur Ausbuchung unterscheiden zwischen finanziellen Vermögenswerten und Verbindlichkeiten. Für unbedingte Termingeschäfte (Rz 17), die – in Abhängigkeit der Entwicklung des *underlying* – sowohl eine Vermögens- aber auch eine Verbindlichkeitsposition begründen können, sind die Anforderungen an den Abgang sowohl für Vermögenswerte (Rz 61 ff.) als auch Verbindlichkeiten (Rz 122 ff.) heranzuziehen.[5]

---

[5] Vgl. IFRIC Update March 2009.

2.2.2 Ausbuchung von finanziellen Vermögenswerten

Für die Ausbuchung eines Finanzinstruments im Rahmen der Übertragung ist eine 61
Kombination von **formalrechtlichem** und **ökonomischem** Konzept beachtlich.

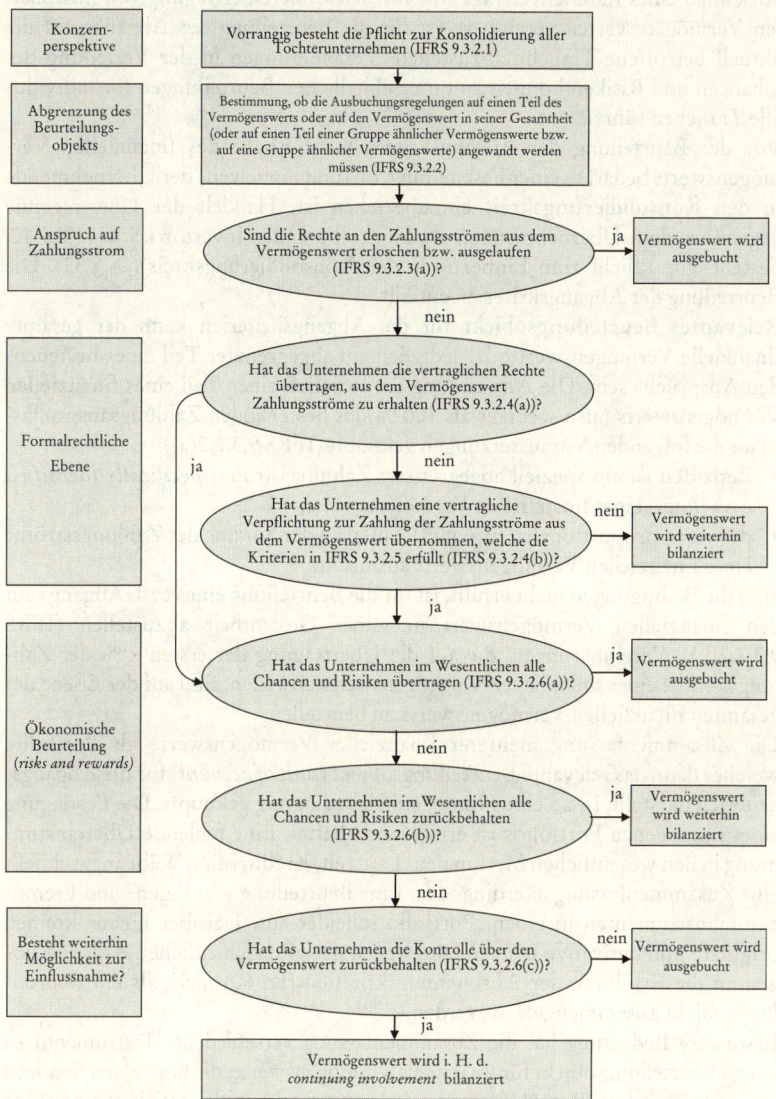

Abb. 1: Ausbuchung finanzieller Vermögenswerte im Überblick

62 Die Beurteilung ist auf Ebene des individuellen Vermögenswerts vorzunehmen. Für ein homogenes Portfolio, also in den relevanten Merkmalen identische Vermögenswerte, kann auch eine aggregierte Beurteilung erfolgen. Wird durch Abschluss eines Rahmenvertrags eine revolvierende Übertragung von finanziellen Vermögenswerten vereinbart, ist für die Beurteilung des Abgangs auf die aktuell betroffene Tranche abzustellen. Veränderungen in der Verteilung der Chancen und Risiken können zu unterschiedlichen Beurteilungen für individuelle Tranchen führen.

63 Vor der Beurteilung der Abgangskriterien auf Ebene des finanziellen Vermögenswerts bedarf es einer Feststellung, ob (und inwieweit) der Übernehmende in den **Konsolidierungskreis** einzubeziehen ist. Handelt der Übertragende gegenüber dem Übernehmenden als kontrollierender Investor i.S.d. IFRS 10, besteht eine Pflicht zum Einbezug in den Konsolidierungskreis (→ § 32). Die Beurteilung der Abgangskriterien entfällt.

64 **Relevantes Beurteilungsobjekt** für die Abgangskriterien kann der gesamte finanzielle Vermögenswert oder lediglich ein abgegrenzter Teil eines bestehenden Anspruchs sein. Die Anwendung auf lediglich einen Teil eines finanziellen Vermögenswerts (also weniger als 100 % des bestehenden Zahlungsanspruchs) ist an die folgenden Voraussetzungen geknüpft (IFRS 9.3.2.2(a)):

- Betroffen ist ein speziell abgegrenzter Zahlungsstrom (*specifically identified cash flows*) eines finanziellen Vermögenswerts,
- der einen proportionalen (pro rata) Anteil an der Summe der Zahlungsströme eines finanziellen Vermögenswerts ausmacht.

Sind die Bedingungen nicht erfüllt, ist für die Beurteilung eines evtl. Abgangs auf den finanziellen Vermögenswert in seiner Gesamtheit abzustellen (IFRS 9.3.2.2(b)). Vereinbarungen, die auf die Übertragung der ersten x % der Zahlungsströme eines finanziellen Vermögenswerts abstellen, sind auf der Ebene des gesamten finanziellen Vermögenswerts zu beurteilen.

65 Die Zusammenfassung mehrerer finanzieller Vermögenswerte als Portfolio, welches dann das relevante Beurteilungsobjekt (*unit of account*) für die Abgangskriterien darstellt, ist an eine Homogenitätsbedingung geknüpft. Die Festlegung eines homogenen Portfolios ist ermessensbehaftet. Eine fehlende Übereinstimmung in den wesentlichen Merkmalen (Laufzeit, Kreditrisiko, Währung) schließt eine Zusammenfassung allerdings aus. Eine Beurteilung von Eigen- und Fremdkapitalinstrumenten in einem Portfolio scheidet aus. Darüber hinaus können originäre und derivative Instrumente wegen der unterschiedlichen Anforderungen an die Erfüllung der Ausbuchungskriterien (Rz 60) nicht als ein Beurteilungsobjekt zusammengefasst werden.

66 Besondere Bedeutung hat die Zusammenfassung verschiedener Instrumente zu einem Beurteilungsobjekt für finanzielle Vermögenswerte, die über einen *financial guarantee contract* (Rz 231 ff.) gegen einen (Kredit-)Ausfall versichert sind. Eine (personale) Garantie/Kreditversicherung weist ähnliche Merkmale wie ein derivatives Finanzinstrument auf (Rz 233). Die zusammengefasste Beurteilung der Abgangskriterien für (kredit-)versicherte finanzielle Vermögenswerte könnte somit gegen die Homogenitätsanforderung einer Portfoliobeurteilung verstoßen. Dagegen spricht u.E. aber Folgendes: Aus Sicht des Begünstigten liegen im Regelfall – bis zum Eintritt des Garantiefalls – für einen (kredit-)versicherten finanziellen Vermögenswert nicht zwei bilanzierungsfähige Vermögenswerte vor (Rz 250).

Eine zusammengefasste Behandlung von (originären) finanziellen Vermögenswerten und nicht als eigenes Bilanzierungsobjekt ansatzfähigen Garantien/Kreditversicherungen ist u. E. vorziehungswürdig (zu den Auswirkungen für die Beurteilung der Chancen und Risiken Rz 83).

Mit Ausnahme der Sonderregelungen zu Durchleitungsvereinbarungen (Rz 71) fordern die Vorgaben von IAS 39.18 ff. bzw. IFRS 9.3.2.4 ff. für die Ausbuchung von Forderungen, Anteilen usw. in Veräußerungsfällen kumulativ: **67**

- den **rechtswirksamen** Vollzug des dinglichen Geschäfts (**Abtretung**) und
- die Übertragung von **Chancen und Risiken.**

Fehlt es an der Abtretung, ist das Finanzinstrument weiter zu bilanzieren, auch wenn die Risiken und Chancen durch Festschreibung des Veräußerungspreises, Ausschluss von Bonitätsgarantien etc. schon vollständig übergegangen sind. Ist die rechtwirksame Abtretung erfolgt, kommt es gem. IAS 39.20 bzw. IFRS 9.3.2.6 auf die **Risiken und Chancen** an. Sind diese

- so gut wie vollständig beim **Veräußerer** verblieben, darf er das Finanzinstrument **nicht ausbuchen** (Beispiel: **unechtes Factoring**, bei dem der Forderungskäufer den Forderungsverkäufer für alle Ausfälle voll in Regress nehmen kann);
- so gut wie vollständig **übertragen**, ist das Finanzinstrument auszubuchen (Beispiel: **echtes Factoring**);
- **teils** beim Forderungsverkäufer verblieben, **teils** auf den Forderungskäufer übergegangen, gelten komplexe **Sonderregeln.**

Die Regelungen für die Ausbuchung eines Finanzinstruments im Übertragungsfall in IAS 39/IFRS 9 fallen entsprechend komplex aus. Drei Fragen stehen im Mittelpunkt: **68**

(1) **Innen- und Außenverhältnis:** Muss die Übertragung der Rechte auch das Außenverhältnis betreffen oder reicht (wie in Fällen der stillen Abtretung einer Forderung) eine Übertragung im Innenverhältnis aus (Rz 69)?

(2) **Tatsächliche Risikofeststellung:** Welche Ausfall-, Wertänderungs- oder sonstigen Risiken markieren den tatsächlichen Übergang des Risikos (Rz 74)?

(3) **Risikoteilung:** Wie ist in Fällen zu verfahren, in denen die relevanten Risiken teilweise auf den Erwerber übergehen, teilweise beim Veräußerer verbleiben (Rz 84)?

Eine **Übertragung** *(transfer)* der vertraglichen Rechte auf den *cash flow* ist gem. IAS 39.17 f. bzw. IFRS 9.3.2.4 Grundvoraussetzung für die Ausbuchung eines finanziellen Vermögenswerts. Fehlt es an ihr, führt auch die Übertragung aller Chancen und Risiken nicht zur Ausbuchung. Ein *transfer* ist nach IAS 39.19 bzw. IFRS 9.3.2.5 auch dann gegeben, wenn das Recht zum Einzug/Erhalt der *cash flows* zwar beim Veräußerer verbleibt (**Außenverhältnis**), dieser aber aufgrund der Vereinbarungen mit dem Erwerber (Innenverhältnis) den Vermögenswert nicht mehr weiterveräußern oder beleihen darf und verpflichtet ist, die eingehenden Zahlungen (und nur diese) unverzüglich an den Erwerber weiterzuleiten *(pass-through arrangements).* Als Durch- oder Weiterleitungsvereinbarung gilt nicht die stille Forderungsabtretung mit Recht des Käufers, ggf., insbesondere bei Vertragsverletzungen des Abtretenden, die Umwandlung in eine offene zu verlangen. Diese außerhalb von Verbriefungsstrukturen dominierende Form der stillen Abtretung wird vielmehr der offenen gleichgestellt. **69**

Eine Möglichkeit des (Forderungs-)Verkäufers zur Einschränkung der Rechtsposition des Übernehmenden betreffend die Ansprüche auf künftige Zahlungs- **70** ströme kann einem Transfer entgegenstehen. Verbleiben wesentliche Entscheidungsbefugnisse (etwa betreffend das Servicing oder Inkasso-Maßnahmen) beim Verkäufer, liegt keine wirksame rechtliche Übertragung vor.

71   In besonderen Fällen kann es zum Zusammenwirken des Grundfalls des Transfers durch Übertragung vertraglicher Rechte (Abtretung) und dem Erweiterungsfall des Transfers per Durchleitungsvereinbarung kommen. Betroffen sind etwa Globalabtretungen von Forderungen, bei denen für den Fall eines wirksamen **Abtretungsverbots** ersatzweise die treuhänderische Vereinnahmung durch den Forderungsverkäufer vereinbart ist.

> **Praxis-Beispiel[6]**
> Das stark in die Schweiz exportierende Produktionsunternehmen P schließt mit der Factoringbank F einen Vertrag ab, dem zufolge P verpflichtet ist, alle zukünftig entstehenden Forderungen aus Lieferungen und Leistungen gegen Schweizer Debitoren zum Kauf anzubieten, und F verpflichtet ist, diese Forderungen anzukaufen. Forderungen, deren Abtretung nicht wirksam ist, hält der Kunde als Treuhänder für den Factor und leitet die eingehenden Gelder unverzüglich an den Factor weiter.
> Nach Art. 164 Abs. 1 des Schweizer Obligationenrechts ist für die Wirksamkeit der Abtretung zwar die Zustimmung des Primärschuldners nicht erforderlich, jedoch kann dieser mangels einer § 354a HGB entsprechenden Schweizer Regelung (z.B. auch durch AGBs) ein Abtretungsverbot aussprechen. Entsprechende Abtretungsverbote berühren jedoch nur die Wirksamkeit der Abtretung (Verfügungsgeschäft), nicht hingegen die Gültigkeit des zwischen P und F geschlossenen Kaufvertrags (Verpflichtungsgeschäft). Der Factoringvertrag sieht demzufolge für Fälle des Abtretungsverbots nur eine Auffanglösung für das Verfügungsgeschäft (Treuhandschaft) vor. Eine derartige Lösung genügt den Voraussetzungen für *pass-through arrangements*. Die nicht mit einem Abtretungsverbot belegten Forderungen werden hingegen transferiert.

72   Fehlt es an einer Übertragung der vertraglichen Rechte auf die Zahlungsströme aus einem übertragenen finanziellen Vermögenswert (IFRS 9.3.2.4), ist die Vereinbarung einer Durchleitungsvereinbarung (*pass-through arrangement*) notwendige Voraussetzung für die weitere Beurteilung eines möglichen (Teil-)Abgangs des finanziellen Vermögenswerts. Der Nachweis einer die Anforderungen für eine Ausbuchung erfüllenden Durchleitungsvereinbarung setzt Folgendes voraus: Es besteht

- kein Recht, den finanziellen Vermögenswert, dessen vertragliche Rechte nicht übertragen wurden, an Dritte zu veräußern oder zu verpfänden;
- eine Pflicht zur Weiterleitung tatsächlich eingehender Zahlungen. Unschädlich ist die Leistung kurzfristiger Vorauszahlungen, wenn diese marktgerecht verzinst sind und im Fall eines Nichteingangs aus dem finanziellen Vermögenswert ein Rückforderungsanspruch besteht;
- die Notwendigkeit zur Weiterleitung der eingehenden und dem Übernehmenden zustehenden Zahlungen ohne wesentliche Verzögerung (*without material delay*). Eine kurzfristige Anlage als Zahlungsmittel oder Zahlungs-

---

6   Nach Lüdenbach, PiR 2013, S. 234.

mitteläquivalente ist unschädlich. Eine mittlere/durchschnittliche Verzögerung der Weiterleitung von bis zu 45 Tagen ist u. E. unschädlich.

Der Übertragende darf nicht mehr weiterleiten, als aus den Forderungen vereinnahmt wird (IFRS 9.3.2.5(a)).

Besonderheiten für den Nachweis einer (für die positive Beurteilung der Abgangskriterien) wirksamen *pass-through*-Vereinbarung ergeben sich für den Fall revolvierender Übertragungen. Sieht die (Rahmen-)Vereinbarung eine Neuinvestition eingegangener Zahlungen durch den (Forderungs-)Ankäufer vor, sind die folgenden Konstellationen zu unterscheiden: Eingehende Zahlungen 73

(1) werden ohne weitere Entscheidung der Parteien und damit zwingend für den Erwerb neuer Forderungen im Rahmen des Programms verwendet;

(2) werden zwar zunächst weitergeleitet, fließen aber aufgrund einer bereits abgeschlossenen Vereinbarung zur Neuinvestition wieder zurück;

(3) werden nur dann zum Erwerb neuer Forderungen verwendet, sofern kein Widerspruch erfolgt;

(4) werden ohne wesentliche Verzögerungen weitergeleitet. Über die weitere Verwendung ist erst eine Entscheidung zu treffen.

Die Anforderungen an eine Durchleitungsvereinbarung sind in den ersten beiden Konstellationen (1) und (2) nicht eingehalten, da die Neuinvestition kein Zahlungsmittel oder Zahlungsmitteläquivalent i. S. v. IAS 7 darstellt. Lediglich in den Fällen (3) und (4) liegt eine wirksame Durchleitungsvereinbarung vor.

Die tatsächliche Feststellung, ob die relevanten Risiken übertragen oder beim Veräußerer verblieben sind, ist in der Form eines **Vorher-Nachher-Vergleichs** durchzuführen. Zu beurteilen ist, ob sich die **Schwankungsrisiken des Barwerts** der erwarteten Einnahmen vor und nach dem Transfer wesentlich unterscheiden. 74

- Bei **Wertpapieren** (Eigenkapitalinstrumenten) besteht das relevante Risiko in der **Kursschwankung**. Eine Risikoübertragung hat daher nicht stattgefunden, wenn im Rahmen eines echten Pensionsgeschäfts ein Rückkauf zu einem bei der Veräußerung bereits festgelegten Preis vereinbart ist. Der Erwerber trägt dann kein Kursschwankungsrisiko. Dieses verbleibt vielmehr beim Veräußerer, der seine Position am Rückerwerbstag nicht durch sofortige Weiterveräußerung erfolgsneutral glattstellen kann. Anders soll demzufolge der Fall eines Rückerwerbs zum *fair value* des Rückerwerbstags zu beurteilen sein (IAS 39.AG39(b) bzw. IFRS 9.B3.2.4(b)).

- Bei **Forderungen** (Fremdkapitalinstrumenten) besteht das relevante Risiko hingegen im Zahlungsverzug bzw. **Ausfall**. Demgemäß hat eine Risikoübertragung regelmäßig nicht stattgefunden, wenn das Risiko beim Veräußerer verbleibt. Eine Ausnahme soll nach IAS 39.AG40(e) bzw. IFRS 9.B3.2.5(e) für den Fall gelten, dass ein Ausfall nicht wahrscheinlich *(likely)* ist.

- In die Beurteilung sind nur Chancen und Risiken einzubeziehen, die unmittelbar mit dem finanziellen Vermögenswert verbunden sind. Erfolgt eine Übertragung an eine (nicht konsolidierungspflichtige) strukturierte Einheit, bleibt die der strukturierten Einheit zuzurechnende Variabilität, die nur für die Beurteilung der Konsolidierungspflicht Relevanz hat, unbeachtlich.

Werden Fremdkapitalinstrumente (also Forderungen) übertragen, ist nicht ausschließlich auf das Risiko eines Ausfalls abzustellen. In den erforderlichen Vorher-Nachher-Vergleich sind alle Einflüsse einzubeziehen, die zu einer Varia- 75

bilität der erwarteten Zahlungsströme führen können. Neben dem Risiko eines Ausfalls sind daher noch beachtlich das Risiko
- einer verspäteten Zahlung, wenn kein marktgerechter Zinsausgleich oder eine Fälligkeitsentschädigung vereinbart ist, und
- einer Zinsänderung, wenn variable Zinsen oder Zinskonversionszeitpunkte vereinbart sind.

Besondere Relevanz hat das **Spätzahlerrisiko** (*late-payment risk*), also die Begleichung einer Forderung erst nach deren Fälligkeit.

> **Praxis-Beispiel**
> Ein Forderungsportfolio wird unter Berücksichtigung eines festen Kaufpreisabschlags für erwartete Ausfälle verkauft. Der Verkäufer behält kein Ausfallrisiko zurück. Auf den Kaufpreis zahlt der Verkäufer aber Zinsen i.H.d. 3-Monats-EURIBOR zuzüglich einer Marge ausgehend vom Fälligkeitszeitpunkt der übertragenen Forderungen bis zur Weiterleitung der Zahlungseingänge aus den Forderungen, maximal bis zum Eintritt des Delkrederefalls (im Vertrag definiert als 90 Tage nach Fälligkeit). Nach bisherigen Erfahrungen fallen alle Forderungen, die nicht innerhalb der ersten 90 Tage nach Fälligkeit beglichen sind, auch aus. Das Ausfallrisiko wurde zwar übertragen, der Verkäufer behält aber das Spätzahlerrisiko zurück. Das zurückbehaltene Risiko bestimmt sich (maximal) i.H.d. garantierten Zinszahlungen.

76   Der Rückbehalt des Veritätsrisikos – Bestehen des finanziellen Vermögenswerts dem Grunde nach –zeitigt für die Ausbuchung finanzieller Vermögenswerte keine Relevanz. Entsprechendes gilt für einen vereinbarten Ausgleich, den das übertragende Unternehmen für mögliche Rabatte/Nachlässe auf einen übertragenen finanziellen Vermögenswert leisten muss.

> **Praxis-Beispiel**
> Unternehmen U will ein Portfolio von Forderungen aus Kundenverträgen übertragen. Zur Intensivierung der bestehenden Kundenbeziehungen gewährt U auf ausstehende Forderungen nachträgliche Rabatte, wenn bestimmte (Mindest-)Mengen an Produkten/Dienstleistungen seitens eines Kunden bezogen wurden. Der Kunde hat das Recht, den nachträglichen Rabatt mit bestehenden Verpflichtungen gegenüber U aufzurechnen. Für die geplante Übertragung des Forderungsportfolios will U das „Risiko" eines nachträglichen Rabatts nicht übertragen, dennoch die bestehenden Forderungen zum Nominalwert vergütet haben. Im Gegenzug steht U für Reduzierungen der Zahlungen auf die übertragenen Vermögenswerte ein. Das „Risiko" einer evtl. Ausgleichszahlung durch U bleibt für die Beurteilung der Ausbuchung in der ökonomischen Beurteilung unbeachtlich.

Der Rückbehalt eines (anteiligen) Veritätsrisikos betrifft die Abgrenzung des Beurteilungsobjekts. Die Ausbuchungsbeurteilung für einen finanziellen Vermögenswert ist nur in dem Umfang vorzunehmen, in dem ein Anspruch auf Zahlungen besteht. Der Rückbehalt eines (anteiligen) Veritätsrisikos steht u.E. aber dem Übergang der Verfügungsmacht entgegen (Rz 87).

Für ein (homogenes) Portfolio von finanziellen Vermögenswerten, die zu Zahlungen führen, die nicht in der funktionalen Währung des Unternehmens vorgesehen sind, kann auch ein **Fremdwährungsrisiko** festgestellt werden. Gerade wegen der hohen Volatilität von Wechselkursen kann das Fremdwährungsrisiko die höchste Relevanz für den Vorher-Nachher-Vergleich innehaben. Gegen einen Einbezug des Fremdwährungsrisikos spricht allerdings der fehlende Bezug zu dem finanziellen Vermögenswert. Die funktionale Währung ist spezifisch für die Berichtseinheit, nicht für ein Finanzinstrument (IAS 21.8). Vorziehungswürdig ist u. E. daher eine Ausklammerung des Fremdwährungsrisikos im Vorher-Nachher-Vergleich.

77

Die Beurteilung der Verteilung der Chancen und Risiken hat vorrangig qualitativ zu erfolgen (IFRS 9.B3.2.4 f.). Kann eine eindeutige Entscheidung getroffen werden, scheidet eine Berechnung der Verteilung der Chancen und Risiken aus. In den folgenden Fällen verbleiben die Chancen und Risiken bereits qualitativ beim Veräußerer:

78

- Der Verkauf ist mit einer Vereinbarung zum Rückkauf kombiniert und der Rückkaufspreis steht bereits fest. Ein *wash sale* (Verkauf vor dem Bilanzstichtag und Rückkauf nach dem Bilanzstichtag) führt nicht zu einer Ausbuchung, wenn die Rückübertragung und deren Konditionen bereits im Zeitpunkt des Verkaufs feststehen. Ist ein Rückkauf zum *fair value* (also einem variablen Kaufpreis) vorgesehen, kommt ein Abgang nur in Betracht, wenn realistischerweise mit wesentlichen Schwankungen *des fair value* zu rechnen ist.
- Ein Verkauf eines Vermögenswerts mit gleichzeitigem Abschluss eines *total return swap* (Rz 233) führt ebenfalls – mangels Übertragung der Risiken – nicht zu einem Abgang.
- Sehen die Bedingungen einer Übertragung das Recht auf einen Rückerwerb (*clean-up call*) vor, scheidet eine Ausbuchung in dem Umfang aus, in dem die finanziellen Vermögenswerte von dem Recht zum Rückerwerb betroffen sind. In die Beurteilung sind auch faktische Zwänge, die zur Ausübung eines Rückkaufsrechts führen können, einzubeziehen.

Wird eine quantitative Beurteilung angestellt, sind für verschiedene denkbare, zukünftige (Umwelt-)Zustände die Zahlungsströme eines finanziellen Vermögenswerts zu schätzen und die einzelnen Zustände mit Eintrittswahrscheinlichkeiten zu belegen. Aus Konsistenzgründen sind hierbei die gleichen Erwartungen heranzuziehen, die auch für die Bestimmung eines *expected credit loss* (Rz 434) genutzt werden. U. U. kann es erforderlich sein, die denkbaren künftigen Szenarien durch eine Simulationsrechnung (etwa eine Monte-Carlo-Simulation) zu bestimmen. Zu jedem Stichtag sind die Erwartungen zu aktualisieren.

79

Innerhalb des Standards fehlt es an einer spezifischen Vorgabe des Schwellenwerts für die Beurteilung der Übertragung oder des Rückbehalts der wesentlichen Chancen und Risiken. Für die quantitative Beurteilung ist der Begriff *substantially all* u. E. mit einem Schwellenwert von 90 % oder mehr auszulegen.

80

Für den notwendigen Vorher-Nachher-Vergleich kann als Risikomaß einer quantitativen Beurteilung etwa die Summe der wahrscheinlichkeitsgewichteten positiven und negativen Abweichungen vom Erwartungswert oder die Standardabweichung gewählt werden (IFRS 9.3.2.7). In beiden Varianten ist nicht entscheidend, wer im *worst case* die höhere Belastung hat, sondern wer die realistisch erwartbaren Risiken trägt. Besonders deutlich zeigt sich dies, wenn bei der Forderungsabtretung ein *first loss piece* vereinbart ist, nach dem nur ein geringer

81

prozentualer Anteil des denkbaren Gesamtausfalls beim Forderungsverkäufer bleibt, Ausfälle aber zunächst gegen diesen Anteil und erst bei Überschreiten zulasten des Forderungskäufers gehen.

Praxis-Beispiel

Ein Forderungsportfolio von nominal 1.000 TEUR wird verkauft. Der Verkäufer trägt nur die ersten 3,5 % (35 TEUR) evtl. Ausfälle. Nach den Erfahrungen der Vergangenheit sind Geldeingänge von 1.000 und 950 mit je 5 % wahrscheinlich und ein Geldeingang von 970 mit 90 %. Der Vorher-Nachher-Vergleich im Weg der wahrscheinlichkeitsgewichteten Abweichungen fällt wie folgt aus:

Vorher

Erwarteter Geldeingang	Wahrscheinlichkeit	Geldeingang wahrscheinlichkeitsgewichtet	Abweichung vom Erwartungswert	Positive Abw. gewichtet	Negative Abw. gewichtet
1.000	5 %	50,00	29,50	1,475	
970	90 %	873,00	− 0,50		− 0,45
950	5 %	47,50	− 20,50		− 1,025
Erwartungs-wert (EW)		970,50		1,475	− 1,475

Nachher

1.000	5 %	50,00	28,75	1,4375	
970	90 %	873,00	− 1,25		− 1,125
965	5 %	48,25	− 6,25		− 0,3125
Erwartungs-wert (EW)		971,25		1,4375	− 1,4375

Nachher-Risiko im Vergleich zum Vorher-Risiko				97,5 %	

Damit bleiben so gut wie alle realistischen Risiken beim Forderungsverkäufer. Eine (Teil-)Ausbuchung der Forderungen kommt nicht infrage.

---

82 Mangels der Vorgabe einer konkreten Methode für die quantitative Beurteilung der Verteilung der Chancen und Risiken besteht eine (Aus-)Wahlmöglichkeit. Eine als *accounting policy* festgelegte Methode ist stetig anzuwenden. Der Vorrang der qualitativen Beurteilung schränkt die Möglichkeit einer „hingerechneten" Übertragung der wesentlichen Chancen und Risiken ein.

83 Besondere Probleme bereitet der Vorher-Nachher-Vergleich bei versicherten Forderungen *(preinsured assets).*[7]

Praxis-Beispiel

U hat Forderungen aus Exportgeschäften, die zu 80 % durch eine Ausfallgarantie von H gedeckt sind. U verkauft die so gesicherten Forderungen an eine Bank. H erteilt die Zustimmung zum Verkauf. Ein Forderungsausfall geht nach der Abtretung zu 80 % zulasten der Bank, die sich aber insoweit an

---

[7] Ausführlich LÜDENBACH, PiR 2009, S. 56 ff.

H wenden kann, und zu 20 % zulasten des U. Durch den Forderungsverkauf hat sich an der Risikosituation von U (vorher und nachher maximal 20 %) nichts geändert. Fraglich ist, ob bei Erfüllung der übrigen Voraussetzungen trotzdem ein Forderungsabgang vorliegt.

Nach der von uns als vorziehungswürdig anzusehenden Auslegung ist eine zusammengefasste Beurteilung (kredit-)versicherter finanzieller Vermögenswerte geboten (Rz 66). Im Umfang der Versicherung findet somit keine Übertragung von Chancen und Risiken statt.

Der Transfer eines Vermögenswerts unter **Übertragung** so gut wie aller relevanten Risiken *(substantially all)* führt gem. IAS 39.20(a) bzw. IFRS 9.3.2.6(a) zur Ausbuchung, wobei „so gut wie alle" u. E. quantitativ als 90 % oder mehr interpretiert werden kann (Rz 80). Ein Transfer unter **Rückbehalt** so gut wie **aller** relevanten Risiken verhindert gem. IAS 39.20(a) bzw. IFRS 9.3.2.6(a) den Abgang des Vermögenswerts; ein ggf. bereits erhaltener Kaufpreis ist zu passivieren, der Vorgang wie eine besicherte Darlehensaufnahme zu behandeln (IAS 39.29 bzw. IFRS 9.3.2.15). 84

Im Fall der **Risikoteilung** (es werden mehr als 10 %, aber weniger als 90 % der Chancen und Risiken übertragen) ist eine weitere Differenzierung erforderlich. Primär ist nach IAS 39.20(c) bzw. IFRS 9.3.2.6(c) zu prüfen, ob das weiterhin in einen Teil des Risikos involvierte Unternehmen die **Kontrolle** (Verfügungsmacht) über den Vermögenswert aufgegeben hat. 85

- Wurde die Verfügungsmacht aufgegeben, ist der Vermögenswert vollständig auszubuchen. Darüber hinaus sind die im Zug der Übertragung zurückbehaltenen oder neu begründeten Rechte bzw. Pflichten bilanziell zu erfassen; d.h., ein verbleibendes Risiko ist separat auf seine Passivierungspflicht zu prüfen und mit dem *fair value* anzusetzen (IAS 39.25 bzw. IFRS 9.3.2.11).

- Hat der Veräußerer hingegen die Verfügungsmacht behalten, führt er den Vermögenswert insoweit fort, als er weiterhin in das Risiko involviert ist (IAS 39.20(c)(ii) bzw. IFRS 9.3.2.6(c)(ii)). Bei einer Wert- oder Ausfallgarantie ergibt sich der als sog. verbundene Verbindlichkeit *(associated liability)* zu passivierende Betrag als Summe aus der maximal zu leistenden Garantiezahlung einerseits und dem *fair value* der Garantie andererseits (IAS 39.30 bzw. IFRS 9.3.2.16).

Praxis-Beispiel
A veräußert eine Forderung von 100 für 95 an ein Factoringunternehmen. 50 % eines evtl. Forderungsausfalls gehen zulasten von A **(Risikoteilung).** Die Wahrscheinlichkeit eines Forderungsausfalls wird mit 4 % eingeschätzt.

Variante 1: A gibt die Kontrolle über die Forderung auf
A bucht die Forderung aus:

Konto	Soll	Haben
Geld	95	
Forderung		100
Aufwand	7	
Garantieverbindlichkeit		2

Variante 2: A behält die Kontrolle über die Forderung
A führt die Forderung in Höhe seines Risikoanteils (50 %) fort:

Konto	Soll	Haben
Geld	95	
Verbundene Verbindlichkeit		52
Aufwand	7	
Forderung		50

86   Wer die **Verfügungsmacht** hat, beurteilt sich nach der praktischen Fähigkeit *(practical ability)* des Erwerbers, das Vertragsobjekt ohne Auferlegung besonderer Restriktionen an einen Dritten zu veräußern (IAS 39.23 bzw. IFRS 9.3.2.9). Dabei kommt es gem. IAS 39.AG42 bzw. IFRS 9.B3.2.7 nicht nur auf die vertraglichen Rechte oder Pflichten *(contractual rights or prohibitions)*, sondern auch auf die praktische Fähigkeit zur Ausübung an. Wurde zwischen den Parteien eine Durchleitungsvereinbarung geschlossen, da die vertraglichen Rechte nicht übertragen wurden, bleibt die Verfügungsmacht beim (Forderungs-)Verkäufer. Ein solcher Fall liegt auch dann vor, wenn der Erwerber eine günstige Put-Option zur Rückveräußerung hat. In diesem Fall wird er nicht oder nur unter restriktiven Bedingungen, die den Wert seiner Put-Option sichern, an einen Dritten veräußern. Auch das Vorliegen einer Kreditversicherung/Garantie kann zu einer Verfügungsbeschränkung des (An-)Käufers führen (Rz 256). Nicht anders ist der Fall zu beurteilen, in dem ein Forderungsabtretungsvertrag (offen oder still) ein **Verbot jeder Weiterveräußerung** vorsieht. Ausgeblendet wird in allen Betrachtungen die Frage der Verfügungsmacht des ersten Veräußerers. Ob er ebenfalls vertraglichen oder faktischen Restriktionen unterliegt, ist nach dem Wortlaut der Vorschriften unerheblich. Wenn also keine der Parteien ohne die andere verfügen kann, erfolgt die Zurechnung zum Veräußerer. Dieser kann aufgrund dieser Fiktion **Verfügungsmacht** haben, **ohne tatsächlich verfügen zu können.**

87   Die Verfügungsmacht geht auch dann nicht auf den Erwerber über, wenn es für den übertragenen finanziellen Vermögenswert, dessen Chancen und Risiken zwischen den Parteien geteilt werden, keinen relevanten (Weiterveräußerungs-)Markt gibt. Entfallen dem (Forderungs-)Käufer eingeräumte wirtschaftliche Vorteile (neben Garantien auch ein kostenloses oder vergünstigtes Servicing) bei einer Weiterveräußerung, hindert dies faktisch eine Veräußerung.

88   Überträgt ein Unternehmen einen finanziellen Vermögenswert, behält aber das Recht bzw. die Pflicht zum Servicing (Eintreiben der Zahlungen, Mahnungen, Inkasso etc.) zurück, besteht zwischen den Parteien der Übertragung eine gesonderte Leistungsverpflichtung. Für die Leistungsverpflichtung ist entweder ein Vermögenswert *(servicing asset)* oder eine Verbindlichkeit *(servicing liability)* zu erfassen (IFRS 9.3.2.10), wenn die vereinbarte Gebühr für die Verwaltung kein angemessenes Entgelt darstellt, Leistung und Gegenleistung also nicht ausgeglichen sind. Eine *servicing liability* ist zu erfassen, sofern keine Gebühr vereinbart wurde oder die vereinbarte Gebühr geringer ausfällt als ein angemessenes Verwaltungsentgelt (IFRS 9.B3.2.10).

Das Verhältnis der vorgenannten Kriterien lässt sich beispielhaft am Fall der **89**
stillen Abtretung einer Forderung darstellen:
- Eine stille Abtretung **ohne Risikobehalt** führt, unabhängig davon, ob ein
Transfer i.S.v. IAS 39.18(a) oder i.S.v. IAS 39.18(b) (bzw. IFRS 9.3.2.4(a)
oder IFRS 9.3.2.4(b)) vorliegt, zur Ausbuchung.
- Bei **stiller** Abtretung ohne Anspruch auf Umwandlung in eine offene scheidet
ein Transfer nach IAS 39.18(a) bzw. IFSR 9.3.2.4(a) aus. Erfolgt die Abtretung
unter **Behalt eines Teilrisikos**, wäre bei enger Interpretation aber **auch ein
spezieller Transfer** i.S. e. Durchleitungsvereinbarung zu verneinen, da ein
solcher Transfer voraussetzt, dass der Veräußerer ausschließlich zur Weiterleitung der vereinnahmten Beträge und zu keinen anderen Zahlungen verpflichtet
ist. Die Forderung wäre daher in vollem Umfang fortzuführen. Möglicherweise sind die Vorgaben von IAS 39.18(b) bzw. IFRS 9.3.2.4(b) aber auch
extensiv auszulegen und ein **Transfer** zu bejahen. Die Forderung wäre dann
ganz oder nach Maßgabe des übertragenen Risikos auszubuchen. In der Entscheidung zwischen diesen beiden Alternativen käme es auf die Kontrolle an.
  - Kann der Erwerber die Forderung ohne Einschränkungen weiterveräußern, verpfänden usw., ist die Forderung beim Veräußerer **zu 100 %
auszubuchen**.
  - Ist dies nicht der Fall, erfolgt eine Fortführung nach Maßgabe des verbleibenden Risikos.
Sämtliche für die Variante 2 diskutierten Lösungen stehen allerdings unter dem
Vorbehalt, dass es überhaupt ein **relevantes Ausfallrisiko** gibt. Ist ein Forderungsausfall unwahrscheinlich, etwa bei Forderungen gegen die öffentliche Hand,
laufen die Risikokriterien ins Leere (IAS 39.20(c)(ii) bzw. IFRS 9.3.2.6(c)(ii)), mit
der Folge einer Vollausbuchung in jeder Variante.

Unabhängig davon, ob man das vorstehend beschriebene und in nachfolgender **90**
Abbildung zusammengefasste System als zu kompliziert betrachtet, leidet das
Konzept an der **Unschärfe der zentralen Konzepte**. Nicht oder nur kasuistisch
wird klar,
- was ein **Transfer** ist,
- wann ein **Risiko** irrelevant, weil **unwahrscheinlich** ist,
- wo die Messlatte für *substantially all of the risks* liegt,
- wie sich **Kontrolle als praktische Fähigkeit** definiert.

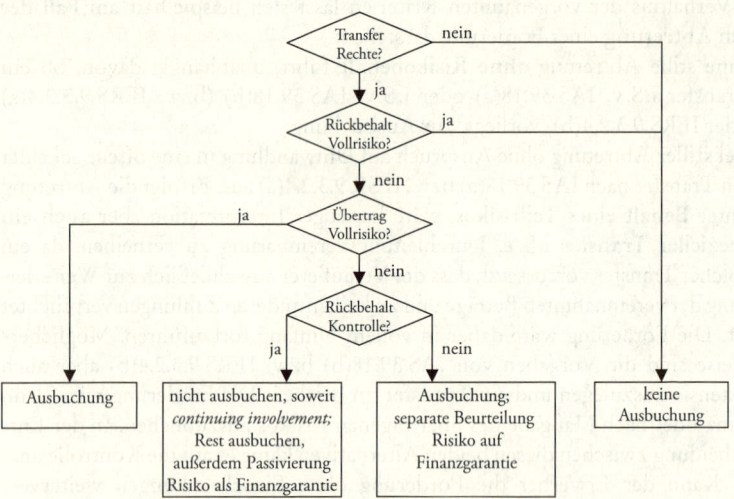

Abb. 2: Konzeptionelle Betrachtung der Ausbuchung von Finanzinstrumenten

2.2.3   Bilanzierung eines *continuing involvement*

91   Besondere Komplexität ist mit der bilanziellen Abbildung eines *continuing involvement* in den übertragenen Vermögenswerten verbunden. Werden weder im Wesentlichen alle (Grenzwert: 90 %) Chancen und Risiken zurückbehalten oder übertragen und verbleibt auch die Verfügungsmacht beim Übertragenden, ist ein Teilabgang zu bilanzieren (IFRS 9.3.2.6(c)(ii)):

- Der (zumindest teilweise übertragene) finanzielle Vermögenswert wird i.H.d. *continuing involvement* weiterhin bilanziert. Das *continuing involvement* beschreibt den Umfang, in dem der (Forderungs-)Verkäufer weiterhin an Wertänderungen des übertragenen finanziellen Vermögenswerts teilnimmt, also den Rückbehalt der Chancen und Risiken (IFRS 9.3.2.16ff., IFRS 9.B3.2.13).

- Zusätzlich zu dem weiterhin zu erfassenden Vermögenswert aus dem *continuing involvement* ist eine korrespondierende Verbindlichkeit (*associated liability*) zu passivieren (IFRS 9.3.2.17).

Der zurückbehaltene finanzielle Vermögenswert und die korrespondierende Verbindlichkeit sind bei erstmaliger Erfassung unter Berücksichtigung der verbliebenen Rechte und Verpflichtungen zu bewerten.

92   Ist das *continuing involvement* auf eine (anteilige) Garantie der Werthaltigkeit des übertragenen finanziellen Vermögenswerts zurückzuführen, ist die Ausbuchung durch den niedrigeren Betrag aus

- dem bislang erfassten Buchwert (*amount of the asset*) des finanziellen Vermögenswerts und

- dem maximalen Betrag der empfangenen Gegenleistung, für den eine Verpflichtung zur Rückzahlung/Rückerstattung besteht (*guarantee amount*),

begrenzt (IFRS 9.3.2.16(a)). Die Abgabe einer unbegrenzten Garantie oder einer Verpflichtung zum Rückkauf in bestimmten Fällen hindert eine Ausbuchung überhaupt (allerdings scheitert dann eigentlich auch der Nachweis einer Übertragung wesentlicher Chancen und Risiken). Wird die Teilung der Chancen und Risiken durch die Einnahme einer Stillhalterposition bezogen auf die (Rück-)Andienung (*written put option*) des finanziellen Vermögenswerts begründet und der Vermögenswert zum beizulegenden Zeitwert bewertet, bestimmt sich der Umfang des nicht ausbuchbaren Anteils des Vermögenswerts durch den niedrigeren Betrag aus dessen *fair value* und dem Ausübungspreis der Option (IFRS 9.3.2.16(b)).

> **Praxis-Beispiel**
> Der Buchwert einer Forderung (Nominalbetrag 1.000 GE) beträgt – nach Erfassung einer Risikovorsorge i.H.d. *expected credit loss* i.H.v. 80 GE – 920 GE. Im Zug einer geplanten Veräußerung ist zwar eine rechtliche Übertragung vorgesehen, wegen des Rückbehalts wesentlicher Risiken durch Gewährung einer werthaltigen Garantie für Zahlungsausfälle bis zu einer Höhe von 100 GE werden aber weder im Wesentlichen alle Chancen und Risiken übertragen noch zurückbehalten. I. H. d. *continuing involvement* ist die Forderung fortzuführen. Abzustellen ist auf den maximalen Rückzahlungsbetrag eines empfangenen Entgelts i.H.v. 100 GE.

Wird für den für eine Übertragung vorgesehenen finanziellen Vermögenswert bislang eine Risikovorsorge i.H.d. *expected credit loss* berücksichtigt (Rz 382), kann diese – finanzielle Vermögenswerte der Kategorie *fair value through OCI* (Rz 497) ausgeklammert – den Buchwert vor der Ausbuchung mindern. Der maximale Betrag der empfangenen Gegenleistung, für den eine Verpflichtung zur Rückzahlung besteht, ist hingegen unabhängig von einer bislang erfassten Risikovorsorge. Wird der zurückbehaltene Vermögenswert zum *guarantee amount* bewertet, ist eine bislang nach IFRS 9 für den finanziellen Vermögenswert erfasste Risikovorsorge (*expected credit loss*) im Rahmen der Abbildung des *continuing involvement* zunächst unbeachtlich (siehe aber Rz 97). **93**

Die notwendige Zugangsbewertung der *associated liability* hängt – wegen der Korrespondenz – von dem zugrunde gelegten Bewertungsmaßstab des finanziellen Vermögenswerts, für den nur ein Teilabgang zulässig ist, ab. Der Höhe nach bestimmt sich die Bewertung der korrespondierenden Verbindlichkeit in Abhängigkeit des Nettowerts aus dem übertragenen Vermögenswert und der *associated liability*. Der Zugangswert der korrespondierenden Verbindlichkeit muss **94**
- den fortgeführten Anschaffungskosten der zurückbehaltenen Rechte und Verpflichtungen entsprechen, falls der übertragene Vermögenswert *at amortised cost* bewertet wird, bzw.
- dem *fair value* der zurückbehaltenen Rechte und Verpflichtungen entsprechen (wenn diese eigenständig bewertet würden), falls der übertragene Vermögenswert zum *fair value* bewertet wird (IFRS 9.3.2.17).

> **Praxis-Beispiel (Fortsetzung zu Rz 92)**
> Das *continuing involvement* entspricht dem maximalen Betrag, für den – wegen der Zusage einer Ausfallgarantie – eine Rückzahlungsverpflichtung besteht. Da eine Verpflichtung zur Übernahme von Zahlungsausfällen bis zu 100 GE vereinbart wurde, ist die Ausbuchung des finanziellen Vermögenswerts auf

einen Restbetrag von 100 GE begrenzt und in gleicher Höhe eine korrespondierende Verpflichtung zu passivieren. Da das *continuing involvement* auf die
Vereinbarung eines *financial guarantee contract* zurückzuführen ist, besteht
zusätzlich die Pflicht zur Passivierung einer (unselbstständig begebenen) Finanzgarantie mit deren beizulegendem Zeitwert von 80 GE (Rz 231).

95 Die im Zusammenhang mit der Übertragung spezifischen (zurückbehaltenen)
Aktivposten und (zusätzlich passivierten) Passivposten sind Konsequenz der
Anwendung der besonderen Vorgaben zum *continuing involvement*. Für den
Vermögenswert ist keine neue Klassifizierung (Rz 148 ff.) zulässig, da der bisherige Vermögenswert nach einem Teilabgang fortgeführt wird. Die Klassifizierung der Verbindlichkeit richtet sich nach bestehenden Bewertungsregeln für den
anteilig zurückbehaltenen Vermögenswert. Eine Ausübung der *fair-value*-Op-
tion für die *associated liability* im Zugangszeitpunkt (Rz 222) scheidet aus, wenn
der übertragene Vermögenswert zu fortgeführten Anschaffungskosten bewertet
wird (IFRS 9.3.2.21). Eine bilanzielle Aufrechnung (*offsetting*) des Vermögenswerts und der Verbindlichkeit ist nicht zulässig (IFRS 9.3.2.19).

Praxis-Beispiel

Unternehmen U verkauft ein bislang *at amortised cost* bilanziertes Portfolio
homogener Forderungen mit einem Nominalbetrag von 1.000 GE, welches
nach Berücksichtigung einer Risikovorsorge einen Buchwert von 920 GE
aufweist. Als fester Kaufpreis wird ein Betrag von 1.000 GE vereinbart. Im
Gegenzug verpflichtet sich U zur Abgabe einer Garantie für Forderungsausfälle mit einem maximalen Betrag von 100 GE. Der beizulegende Zeitwert
der Garantie wird mit einem Betrag von 80 GE bestimmt (und entspricht
vereinfachend der bisherigen Risikovorsorge). Da nicht im Wesentlichen alle
Chancen und Risiken übertragen bzw. zurückbehalten wurden, bilanziert U
den Abgang unter Berücksichtigung seines *continuing involvement*. Es ergeben sich (in einer Nettobetrachtung) die folgenden Buchungssätze (vereinfachend werden Zinsen, somit der *time value of money*, ausgeklammert):

Konto	Soll	Haben
Kasse	1.000	
Forderungen		820
associated liability		100 + 80

Unmittelbar nach der Transaktion verbleibt ein Restbetrag der Forderungen
von 100 GE (= 920–820). Der Wertansatz des finanziellen Vermögenswerts
ergibt sich als der niedrigere Betrag aus dem bisherigen Buchwert der verkauften Forderungen und dem maximalen Garantiebetrag (100 GE). Der
Zugangswert für die *associated liability* ergibt sich durch Addition des maximalen Garantiebetrags (100 GE) und der zum *fair value* im Zugangszeitpunkt
bewerteten Garantie (80 GE). Der finanzielle Vermögenswert ist bislang ohne
eine Risikovorsorge erfasst. Da der *fair value* der Garantie betragsmäßig der
bisherigen Risikovorsorge entspricht, stellt sich bei erstmaliger Erfassung des
continuing involvement zunächst kein Ergebniseffekt ein.

Im Rahmen der Folgebewertung ist der übertragene Vermögenswert weiterhin im Umfang des *continuing involvement* zu erfassen. Der übertragene Vermögenswert ist in dem Umfang, in dem von einer Pflicht zur Rückzahlung/ Rückerstattung der empfangenen Gegenleistung auszugehen ist, durch eine Abwertung erfolgswirksam anzupassen. Die *associated liability* ist unabhängig von dem übertragenen Vermögenswert zu bewerten: **96**

- I. H. d. Betrags der empfangenen Gegenleistung, für den weiterhin eine Verpflichtung zur Rückzahlung/Rückerstattung besteht (*guarantee amount*), ist die Verbindlichkeit fortzuführen.
- Eine im Rahmen der Zugangsbewertung zum *fair value* passivierte Garantieverbindlichkeit ist nach den Grundsätzen von IFRS 15 über die Laufzeit aufzulösen.

Der Nettobetrag aus dem übertragenen Vermögenswert und der *associated liability* entspricht – in Abhängigkeit des zugrunde gelegten Wertmaßstabs für den übertragenen Vermögenswert – entweder den fortgeführten Anschaffungskosten oder dem *fair value* der beim Übertragenden verbliebenen Rechte und Verpflichtungen.

Die besonderen Vorgaben zur Wertberichtigung bleiben trotz der spezifischen Regeln des *continuing involvement* (Rz 94) dennoch beachtlich. Für den anteilig zurückbehaltenen finanziellen Vermögenswert ist im Zeitpunkt der erstmaligen Erfassung daher eine Risikovorsorge (*loss allowance*) zu bestimmen (IFRS 9.B3.2.13(a)), die der Höhe nach dem *expected credit loss* entspricht. Aus Konsistenzgründen ist für die Bestimmung der Höhe nach von der Einschätzung, die (unmittelbar) vor der Vereinbarung der Übertragung bestand, auszugehen (Rz 92). **97**

Praxis-Beispiel (Fortsetzung zu Rz 94)
Bei erstmaliger Erfassung ist für den zurückbehaltenen finanziellen Vermögenswert eine Risikovorsorge zu bilden. Erwartungsgemäß fallen bezogen auf das gesamte Portfolio Zahlungen mit einem Betrag von 80 GE aus. Diese gehen vorrangig zulasten von U. In der Konsequenz ist eine Wertberichtigung von 80 GE zu erfassen:

Konto	Soll	Haben
Wertberichtigung	80	
Forderungen		80

Die zurückbehaltenen Forderungen stehen somit nur noch mit einem Betrag von 20 GE in den Büchern des U. Änderungen der Erwartung in der Folgebilanzierung führen zu einer weiteren Anpassung des noch verbleibenden Buchwerts der übertragenen Forderungen.
Für die Verbindlichkeit (*associated liability*) ist eine Folgebewertung in Abhängigkeit der einzelnen Bestandteile erforderlich. Der maximale Garantiebetrag von 100 GE ist in unveränderter Höhe fortzuführen und verringert sich nur durch Inanspruchnahme. Fallen tatsächlich weniger als die von U zu tragenden Zahlungen (100 GE) aus, sind mit Fälligkeit der Forderungen der Restbuchwert von Forderungen und Verbindlichkeit gegeneinander aus-

---

> zubuchen. Der auf die Garantie entfallende Anteil der Verbindlichkeit (80 GE) ist über die Laufzeit ergebniserhöhend aufzulösen. Die Erfassung der Risikovorsorge führt zu einer vorweggenommenen Aufwandsverrechnung.

98 Wird im Rahmen der Übertragung eines finanziellen Vermögenswerts, der im Umfang des *continuing involvement* weiter bilanziert wird, durch den Übernehmenden ein variabler Kaufpreisabschlag i. H. e. (anteiligen) Garantiebetrags einbehalten, ist ein zusätzlicher finanzieller Vermögenswert (Forderung auf Auszahlung des (Rest-)Kaufpreises) zu erfassen. Die Zugangsbewertung für den zusätzlichen Vermögenswert, der einen Anspruch gegenüber dem (An-)Käufer begründet und nicht mit dem zur Übertragung vorgesehenen Vermögenswert vermengt werden darf, erfolgt nach den allgemeinen Vorgaben (IFRS 9.5.1.1). Für die Folgebewertung der Forderung auf den Kaufpreisabschlag gilt Folgendes:

- Der übertragene Vermögenswert ist unabhängig von dem zusätzlich zu erfassenden finanziellen Vermögenswert fortzuführen. Reduziert sich der Wert des erwarteten Anspruchs aus dem zurückbehaltenen Aktivposten, ist der übertragene Vermögenswert erfolgswirksam anzupassen.
- Der zusätzliche finanzielle Vermögenswert ist in korrespondierender Höhe anzupassen. Insoweit der maximale Garantiebetrag durch den Übernehmenden (anteilig) einbehalten worden ist, besteht keine Verpflichtung zur Rückzahlung/Rückerstattung. Die erfasste *associated liability* ist daher in entsprechender Höhe anzupassen.

Im Saldo stellt sich somit zunächst der gleiche Ergebniseffekt ein, der ohne Einbehalt eines Kaufpreisabschlags zu erfassen ist. Der zusätzliche finanzielle Vermögenswert ist allerdings kein Posten sui generis, es gelten daher auch nicht die besonderen Bewertungsvorgaben.

2.2.4 Einzelfälle der Ausbuchung von finanziellen Vermögenswerten

2.2.4.1 Factoring, *asset-backed securities* (ABS), *off-balance*-Finanzierungen

99 Die Ausbuchung einer Forderung kommt – mit der hier zunächst nicht interessierenden Ausnahme der Durchleitungsvereinbarung – nur infrage, wenn der Forderungsverkäufer seine Rechte gegenüber dem Schuldner mit Wirksamkeit nach außen übertragen hat, durch

- **offene** Forderungsabtretung mit Anweisung an den Schuldner, nur noch an den Käufer zu zahlen, oder
- dem Schuldner nicht angezeigte **stille Abtretung**, die der Forderungskäufer spätestens bei Vertragsverletzung des Abtretenden in eine offene Abtretung **wandeln** kann.

Damit sind nur die rechtlichen Voraussetzungen der Ausbuchung, aber noch nicht die kumulativ zu erfüllenden ökonomischen angesprochen: Die **Risiken** aus der Forderung müssen zusätzlich ganz oder in wesentlichen Teilen auf den Forderungskäufer übergehen. Hierbei gilt:

- Übernimmt der Factor (Forderungskäufer) das ganze Ausfallrisiko (**echtes** Factoring), ist die Forderung beim **abtretenden Unternehmen auszubuchen** und beim Factor zu bilanzieren (IAS 39.20(a) bzw. IFRS 9.3.2.6(a)).

- Verbleibt das ganze Ausfallrisiko beim abtretenden Unternehmen (**unechtes Factoring**), ist die Forderung weiter beim **abtretenden Unternehmen** zu bilanzieren, da sie nur rechtlich, nicht jedoch wirtschaftlich übertragen ist (IAS 39.20(b) vzw. IFRS 9.3.2.6(b)). Ein gleichwohl schon vom Factor gezahltes Entgelt ist daher nicht gegen die Kundenforderung zu buchen, sondern wie ein empfangenes Darlehen oder eine erhaltene Anzahlung zu passivieren (per Geld an Verbindlichkeit gegen Factor).
- Im Fall der **Risikoteilung** ist nach IAS 39.20(c) bzw. IFRS 9.3.2.6(c) primär zu prüfen, ob der weiterhin in einen Teil des Risikos involvierte ursprüngliche Forderungsinhaber die **Kontrolle** (Verfügungsmacht) über den Vermögenswert aufgegeben hat.
  - Wurde die **Verfügungsmacht aufgegeben**, ist der Vermögenswert **vollständig auszubuchen**, daneben das verbleibende Risiko separat mit seinem *fair value* zu passivieren.
  - Hat der Veräußerer hingegen die **Verfügungsmacht behalten**, führt er den Vermögenswert insoweit fort, als er weiterhin in das Risiko involviert ist (*continuing involvement*). Bei einer Ausfallgarantie ergibt sich der fortzuführende Betrag aus der maximal zu leistenden Garantiesumme. Daneben ist eine Verbindlichkeit anzusetzen, deren Höhe sich als Summe aus Maximalgarantie und dem *fair value* der Garantie ergibt.

Praxis-Beispiel

U veräußert eine Forderung mit einem Buchwert (nach Risikovorsorge) von 100 GE für 95 GE an ein Factoringunternehmen F. 50 % eines evtl. Forderungsausfalls gehen zulasten von U (**Risikoteilung**). Die Wahrscheinlichkeit eines Forderungsausfalls wird mit 4 % eingeschätzt.

Variante 1: Abtretung ohne Einschränkungen für den Forderungskäufer

Der Forderungskäufer ist berechtigt, die Forderung weiterzuveräußern, sie zu verpfänden usw. U bucht die Forderung aus:

Konto	Soll	Haben
Geld	95	
Aufwand	5	
Forderung		100

Die Vereinbarung, 50 % eines Forderungsausfalls zu übernehmen, ist eine Finanzgarantie. Anzusetzen ist deren *fair value*, hier 50 % × 4 % × 100 = 2. Somit ist zusätzlich wie folgt zu buchen:

Konto	Soll	Haben
Aufwand	2	
Garantieverbindlichkeit		2

Variante 2: Abtretung mit Einschränkungen für den Forderungskäufer

Darf der Forderungskäufer keine Weiterveräußerungen oder Beleihungen der Forderung vornehmen oder ist er faktisch daran gehindert (etwa weil er die

Umwandlung einer stillen Abtretung in eine offene unter keinen Umständen verlangen darf), verbleibt die Kontrolle über die Forderung beim Forderungsverkäufer. Damit greift das Konzept des *continuing involvement*. U führt die Forderung in Höhe seines Maximalrisikos (50 GE) fort. Da dem vereinnahmten Geld in gleicher Höhe noch keine Forderungsveräußerung gegenübersteht, ist der Maximalbetrag zu passivieren. Zusätzlich hat U den *fair value* der Garantie, d.h. 50 % × 4 % × 100 = 2 anzusetzen. Er bucht daher:

Konto	Soll	Haben
Geld	95	
Verbindlichkeiten (50 + 2)		52
Aufwand	7	
Forderung		50

100 Der Fall des **Rückbehalts des Servicerechts** (Einzug, Verwaltung der Forderung) hindert u.U. den Abgang der Forderung (Rz 87). Erhält der Forderungsverkäufer für seine Dienste keine Gebühr oder eine Gebühr, die den Dienstaufwand nicht kompensiert, so ist eine entsprechende **Schuld** einzubuchen (Rz 88). Wird umgekehrt der Aufwand überkompensiert, ist ein Servicerecht zu **aktivieren** (IAS 39.24 bzw. IFRS 9.3.2.10).

101 Für den Fall des Rückbehalts so gut wie aller Risiken beim Forderungsverkäufer ist ein für den Verkauf **erhaltenes Entgelt** *(consideration received)* zu passivieren (IAS 39.29 bzw. IFRS 9.3.2.15). Erfolgt die Bezahlung nicht sofort, sondern wird die Fälligkeit des Kaufpreises in × Tagen vereinbart, stellt sich die Frage, ob schon die Begründung der Kaufpreisforderung oder erst deren Bezahlung als *consideration received* zu qualifizieren ist. Je nach Beantwortung ist der Vorgang brutto oder netto zu buchen.

Praxis-Beispiel
V verkauft und überträgt still am 31.12.01 eine in drei Monaten fällige Forderung mit einem Buchwert von 100 GE (nach Risikovorsorge) zum Preis von 98 GE, fällig in einem Monat, an Factor F. So gut wie alle Risiken der verkauften Forderung bleiben bei V.

Nettobetrachtung

Datum	Konto	Soll	Haben
31.12.01:	keine Buchung		
31.1.02:	Geld	98	
	Verbindlichkeit gegen F		98

Datum	Konto	Soll	Haben
31.3.02:	Geld	100	
	Debitor		100
	Verbindlichkeit gegen F	98	

Datum	Konto	Soll	Haben
	Aufwand	2	
	Geld		100

Bruttobetrachtung

Datum	Konto	Soll	Haben
31.12.01:	Forderung gegen F	98	
	Verbindlichkeit gegen F		98
31.1.02:	Geld	98	
	Forderung gegen F		98
31.3.02:	Geld	100	
	Debitor		100
	Verbindlichkeit gegen F	98	
	Aufwand	2	
	Geld		100

Für eine Bruttobetrachtung spricht, dass der Forderungsverkäufer im Zeitpunkt der Abtretung der Kundenforderung einen vertraglichen Zahlungsanspruch gegen den Factor und damit zwar kein Geld, aber einen finanziellen Vermögenswert erwirbt. Eine Nettobetrachtung wird hingegen durch die Vorgaben für die Ausbuchung von Rechten, die den Charakter derivativer Instrumente haben, gestützt. Für den Fall einer Übertragung, die nicht zur Ausbuchung führt, ist eine Doppelerfassung von Rechten und Pflichten (Bruttobetrachtung) explizit untersagt, wenn die Rechte den Charakter **derivativer** Finanzinstrumente haben. Es sind keine Gründe ersichtlich, warum bei **originären** Finanzinstrumenten (hier Forderungen an den Factor) etwas anderes gelten soll. Die Nettobetrachtung ist daher u. E. vorzuziehen.

102

ABS-Transaktionen *(asset-backed securities)* sind eine besondere Form des Factoring. Die Forderungen werden von einem Unternehmen (Originator) an eine eigens gegründete Zweckgesellschaft (SPE = *special purpose entity* bzw. *structured entity*) verkauft. Die Zweckgesellschaft finanziert sich durch die Ausgabe von Wertpapieren an externe, vor allem institutionelle Investoren. Die Wertpapiere werden aus dem Zahlungsstrom (Zins- und Tilgungszahlungen) der Forderungen bedient. Üblicherweise verbleibt ein Teil des Forderungsausfallrisikos beim Veräußerer, sei es durch die direkte Abgabe von Garantien, sei es durch die Finanzierung der Zweckgesellschaft durch zwei Klassen von Wertpapieren. Im zweiten Fall halten die Externen die Senior-Papiere, die vorrangig bedient werden, und der Forderungsverkäufer die Junior-Papiere, die nur nachrangige Rechte enthalten. Der Forderungsverkauf selbst unterliegt im Wesentlichen den allgemeinen oben genannten Regeln (Abgang, Teilabgang usw.).

103

104 Bilanzneutrale Finanzierungen (*off-balance-sheet*-Finanzierungen) sind im Gefolge des Enron-Skandals (US-GAAP!)[8] in Verruf geraten. Hierbei ist zwischen
zwei Problemkreisen zu unterscheiden:

- Einerseits geht es um die **allgemeinen Regeln zur Ausbuchung** von Forderungen (Factoring), aber auch von Anlagegegenständen *(sale and lease back)*.
- Zum anderen geht bzw. ging es um die mögliche **Eliminierung** von Vermögenswerten aus dem Konzernabschluss ohne Übertragung an Fremde,
weil die Regelungen zur Konsolidierung von Zweckgesellschaften entweder
kasuistisch umgangen werden können (US-GAAP) oder zu stark ermessensbehaftet sind (→ § 31).

105 Forderungen dürfen im Wesentlichen nur dann oder insoweit ausgebucht werden,
als der Veräußerer nicht für die Werthaltigkeit garantiert. Darüber hinaus werden
besondere Anforderungen für den zur Ausbuchung erforderlichen Transfer formuliert: Die vertraglichen Rechte zum Erhalt der Zahlungsströme aus den Forderungen (Forderungstilgung) müssen auf den Erwerber übergehen. Sofern es sich um
eine **stille Zession** ohne Recht der Umwandlung in eine offene handelt, ist zu
prüfen, ob eine Weiterleitung der Zahlungseingänge aus den transferierten Forderungen an den Erwerber vereinbart wurde. Weiterleitungsvereinbarungen werden
als *pass-through arrangements* bezeichnet. Sie stellen in der Praxis von ABS-Transaktionen die dominierende Strukturierungsvariante dar. An Weiterleitungsvereinbarungen sind allerdings restriktive Anforderungen gestellt. Eine Übertragung ist
nur anzunehmen, wenn der Veräußerer verpflichtet ist (Rz 73),

- die eingehenden Zahlungen (und nur diese) **weiterzuleiten**, und zwar
- **ohne wesentliche Verzögerung** *(without material delay)*.

Hiernach sind insbesondere revolvierende Forderungsankäufe problematisch.

> **Praxis-Beispiel**
> Zwischen dem Forderungsverkäufer und einer Zweckgesellschaft werden ein
> Transfer von Forderungen auf revolvierender Basis sowie eine stille Zession
> vereinbart. Um Kosten zu sparen, werden die wechselseitigen Zahlungs-
> ansprüche aus dem Verkauf der Forderungen und der Weiterleitung der
> eingehenden Zahlung von Schuldnerseite aufgerechnet. Abrechnungstermin
> ist jeweils der letzte Werktag im Quartal.

106 Bei revolvierenden Forderungsankäufen erfolgt grundsätzlich keine Weiterleitung der eingehenden Tilgungsbeträge aus den Forderungen an den Erwerber.
Stattdessen werden die eingehenden Zahlungen *(collections)* zum Kauf der nächsten Tranche von Forderungen genutzt. Ob eine wirksame Durchleitungsvereinbarung vorliegt, ist im Einzelfall zu prüfen (Rz 73).

107 Sofern sich eine direkte oder indirekte Übertragung der Rechte zum Erhalt der
cash flows aus den Forderungen ergibt, schließt sich die Beurteilung der Chan-
cen- und Risikoverteilung und ggf. der Kontrolle an. Üblicherweise verbleibt
bei ABS-Transaktionen ein Teil des Forderungsausfallrisikos beim Veräußerer.
Dies geschieht durch

- die Abgabe von **Garantien** *(financial guarantees)*,

---

[8] Vgl. dazu HOFFMANN/LÜDENBACH, StuB 2002, S. 541, und LÜDENBACH/HOFFMANN, DB 2002,
S. 1169.

- die Finanzierung der Zweckgesellschaft durch zwei **Klassen von Wertpapieren** *(subordination)* oder
- andere Sicherungsmechanismen *(credit enhancements)*, wie z. B. **Rückkaufzusagen** *(recourse obligation)*, **Patronatserklärungen** *(letter of comfort)*, **Übersicherung** *(overcollateralization)* und **Reservefonds** *(excess spread)*.

Bei einer derartigen **Risikoteilung** ist zu prüfen, ob der Erwerber die **Kontrolle** über die Forderung hat (Rz 84).

Eine **Konsolidierungspflicht** der die Forderungen erwerbenden **Zweckgesellschaft** beim Originator hätte zur Konsequenz, dass die Forderungen nur einzelbilanziell, jedoch nicht aus Konzernsicht auszubuchen wären (Rz 63). Die Beurteilung der Konsolidierungspflicht erfolgt nach IFRS 10, hier insbesondere nach dem Kriterium der Risikotragung (→ § 32). Alle mit der Zweckgesellschaft in Verbindung stehenden Personen sind auf den Umfang ihrer individuellen Risikotragung hin zu untersuchen. Ein Kontrollverhältnis ist dann zu vermuten, wenn eine Partei verpflichtet ist, mehrheitlich die **eigentümertypischen Risiken** aus der Unternehmenstätigkeit der Zweckgesellschaft zu übernehmen. | 108

Eine Zweckgesellschaft kann zugunsten mehrerer Unternehmen tätig sein *(multiseller*-Modelle). Eine oberflächliche Betrachtung ergäbe dann Folgendes: | 109

- Der einzelne Originator hat nur das Recht, einen Teil der Nutzen der Zweckgesellschaft zu ziehen, und
- trägt auch nur einen Teil der Risiken der Zweckgesellschaft.

Die Konsolidierung wird durch eine derartige **zellulare Strukturierung** der Zweckgesellschaft jedoch i.d.R. nicht vermieden. Trägt der Originator nur die Risiken und Chancen aus dem von ihm veräußerten Forderungspool, gewährleisten die gesellschaftsvertraglichen, schuldrechtlichen und wertpapierrechtlichen Vertragsbedingungen eine Immunisierung gegen die Wertentwicklung der von anderen Originatoren veräußerten Forderungen, werden der eigene Forderungspool und die für seinen Kauf von der Zweckgesellschaft ausgegebenen Wertpapiere zu einem selbstständigen Konsolidierungsobjekt (→ § 32 Rz 77).

2.2.4.2 *Bondstripping* und sonstige Teilveräußerungen

Unter *bondstripping* versteht man das Trennen des Zinscoupons vom Mantel einer Anleihe mit dem Ziel, die einzelnen Zinscoupons separat behandeln zu können *(strip = separate trading of interest and principal)*. Die Anleihe ist gem. IAS 39.27 bzw. IFRS 9.3.2.13 nur **teilweise**, nach dem Verhältnis der Zeitwerte des verkauften und des zurückbehaltenen Teils, auszubuchen. | 110

Praxis-Beispiel

Eine Anleihe im Nominalwert von 100 und mit einem Nominalzins von 10 % hat noch eine Restlaufzeit von einem Jahr. Der Zinscoupon wird abgetrennt und für 9,30 veräußert. Die Anleihe ist mit 100 bilanziert. Die aktuelle Marktrendite der Anleihe beträgt 8 %. Der Kurswert der Anleihe ist 101,86. Die Aufteilung des Buchwerts ergibt sich auf Basis der Marktrendite von 8 % wie folgt:

- Marktwert Stammrecht: $100/1{,}08 = 92{,}6 = 90{,}9\,\%$,
- Marktwert Zinscoupon: $10/1{,}08 = 9{,}26 = 9{,}1\,\%$.

Von den 100 Buchwert sind 9,1 % = 9,10 als Abgang des Zinscoupons zu buchen. Somit ergibt sich folgende Buchung:

Konto	Soll	Haben
Geld	9,30	
Wertpapier (Zinscoupon)		9,10
Ertrag		0,20

Der Ertrag von 0,20 erklärt sich wie folgt: Der Marktwert des Zinscoupons (9,26) liegt um 0,16 über seinem (anteilig im Wertpapier enthaltenen) Buchwert. Außerdem ist der Kaufpreis (9,30) um 0,04 höher als der Marktwert.

111   Maßstab für die Aufteilung des Buchwerts in abgehenden und verbleibenden Teil ist das **Verhältnis der Marktwerte**. Dieses ergibt sich im Beispiel aus der Marktrendite von 8 % und nicht aus der Buchwertrendite. Die vorstehenden Regelungen sind nicht auf den Fall des *bondstripping* beschränkt. Sie gelten in gleicher Weise für den Teilabgang sonstiger Vermögenswerte.

2.2.4.3   Rückübertragungsregelungen, insbesondere Wertpapierpension und Wertpapierleihe, *total-return*-Swaps

112   Ein Vermögenswert kann unter gleichzeitiger Vereinbarung einer (evtl.) Rückübertragung veräußert werden. Zum Abgang eines Vermögenswerts beim Übertragenden führen derartige Vereinbarungen nur, wenn
* alle wesentlichen Risiken und Erwerbschancen auf den Erwerber übergehen oder
* bei Teilverbleib der Risiken die Verfügungsmacht aufgegeben wird.
Risikotragung und Kontrolle variieren mit
* der **Art des Rückübertragungsrechts:**
  – Rückerwerbsrecht des Veräußerers *(call option),*
  – Rückgaberecht des Erwerbers *(written put option),*
  – unbedingter Rückübertragungsvertrag;
* der **Art des Vermögenswerts:**
  – jederzeit am Markt verfügbar (insbesondere notierte Wertpapiere),
  – sonstiger Vermögenswert;
* dem vereinbarten **Rücknahmepreis:**
  – fester Preis oder Veräußerungspreis plus zinsähnlicher Aufschlag,
  – Zeitwert am Tag der Rücknahme.

113   Bei **unbedingten Rücknahmevereinbarungen** (echte Pensionsgeschäfte) kommt es auf den Rückübertragungs**preis** an:
* Rückübertragungen zu einem festen Preis hindern die Ausbuchung, weil die Wertänderungsrisiken beim Veräußerer verbleiben (IAS 39.AG51(a) bzw. IFRS 9.B3.2.16(a)).
* Rückübertragungen zum *fair value* des Rückübertragungstags führen zur Ausbuchung, weil die Wertänderungsrisiken übergehen (IAS 39.AG51(a) bzw. IFRS 9.B3.2.16(a)).
Wie unbedingte Geschäfte sind u.E. **wechselseitig eingeräumte Optionen** zu würdigen, bei denen die Call-Option des ursprünglichen Verkäufers und die Put-Option des Käufers auf den gleichen Ausübungspreis lauten.

114   Wird bei einer auf einen festen Preis lautenden Rücknahmevereinbarung das ursprüngliche Veräußerungsentgelt *(consideration received)* in bar entrichtet, ist der

Vorgang als besicherte Darlehensaufnahme zu buchen („per Geld an Verbindlichkeit gegenüber Wertpapierkäufer"). Besteht das Entgelt darin, dass der Wertpapierverkäufer seinerseits andere Wertpapiere unter äquivalenten Vereinbarungen erwirbt, stellt sich die Frage, wie *consideration received* zu interpretieren ist, ob also eine Netto- oder eine Bruttobetrachtung angezeigt ist.

Praxis-Beispiel

A verkauft am 31.12.01 in echter Pension Wertpapiere X zu einem Veräußerungspreis von 100 an B. Der vereinbarte Rücknahmepreis beträgt ebenfalls 100. B veräußert gleichzeitig Wertpapiere Y mit gleicher Kondition an A. Am 31.3.02 veräußert A die Wertpapiere Y zu 120 am Markt. Am 31.12.02 beschafft er sie am Markt wieder zu 115. Der Wert der Papiere X bleibt während des gesamten Betrachtungszeitraums konstant bei 100. Bei A ergeben sich folgende Buchungen:

Nettobetrachtung

Datum	Konto	Soll	Haben
31.12.01:	keine Buchung		
31.3.02:	Geld	120	
	Verbindlichkeit gegen B		100
	Ertrag		20
31.12.02:	Verbindlichkeit gegen B	100	
	Aufwand	15	
	Geld		115

Bruttobetrachtung

Datum	Konto	Soll	Haben
31.12.01:	Wertpapiere Y	100	
	Verbindlichkeit gegen B		100
31.3.02:	Geld	120	
	Wertpapiere Y		100
	Ertrag		20
31.12.02:	Wertpapiere Y	115	
	Geld		115
	Verbindlichkeit gegen B	100	
	Aufwand	15	
	Wertpapiere Y		115

Call- und Put-**Optionen**, die ein **Rückübertragungsrecht** zum *fair value* vorsehen, führen zur Ausbuchung des Vermögenswerts (IAS 39.AG51(j) bzw. IFRS 9.B3.2.16(j)), wenn auch Chancen und Risiken übertragen werden (Rz 78). **115**

Bei Rücknahme-/Rückgabe**optionen zu einem vorher vereinbarten Preis** ist
zunächst auf die Konditionen der Optionen, sodann ggf. auf die Art des Vermögenswerts abzustellen:

- Ein besonders **günstiger Ausübungspreis** (*option deeply in the money*)
  hindert die Risikoübertragung und damit die Ausbuchung beim Veräußerer,
  weil die Ausübung der Option durch den Erwerber, d.h. die Rückübertragung, wahrscheinlich ist (IAS 39.AG51(g) bzw. IFRS 9.B3.2.16(g)).
- Besonders **ungünstige Ausübungspreise** (*option deeply out of the money*)
  führen umgekehrt zur Ausbuchung.
- Ist der Ausübungspreis weder besonders günstig noch besonders ungünstig
  (*option at the money*), liegen Wertänderungsrisiken und -chancen teils beim
  Veräußerer, teils beim Erwerber. Unter diesen Umständen kommt es darauf
  an, ob der Veräußerer die **Verfügungsmacht** aufgegeben hat. Dies hängt von
  der **Art** des Vermögenswerts ab:
  - Eine Call-Option auf einen **jederzeit am Markt verfügbaren** Vermögens-
    wert führt zur Ausbuchung beim Veräußerer: Der Erwerber kann den
    Vermögenswert ohne Rücksicht auf die Call-Option weiterveräußern, da er
    ihn bei Ausübung der Call-Option jederzeit wieder beschaffen kann
    (IAS 39.AG51(h) bzw. IFRS 9.B3.2.16(h)).
  - Eine Call-Option auf einen **nicht jederzeit am Markt verfügbaren** Wert
    führt nicht zur Ausbuchung beim Veräußerer: Der Erwerber kann den
    Vermögenswert nicht frei weiterveräußern, da er mit der Rückforderung
    durch den Veräußerer rechnen muss.
  - Eine dem Erwerber gewährte Put-Option (*written put option*) auf einen
    jederzeit am Markt verfügbaren Vermögenswert führt zur Ausbuchung
    beim Veräußerer: Der Erwerber kann den Vermögenswert ohne Rück-
    sicht darauf, ob er die Put-Option ggf. ausüben möchte, weiterveräußern
    (IAS 39.AG51(h) bzw. IFRS 9.B3.2.16(h)).
  - Bei einer gewährten Put-Option auf einen **nicht jederzeit am Markt
    verfügbaren Vermögenswert** soll es darauf ankommen, dass die Option
    hinreichend wertvoll (*sufficiently valuable*) ist, um den Erwerber von der
    Weiterveräußerung abzuhalten; dann kein Kontrollübergang und keine
    Ausbuchung beim Veräußerer (IAS 39.AG51(i) bzw. IFRS 9.B3.2.16(i)).

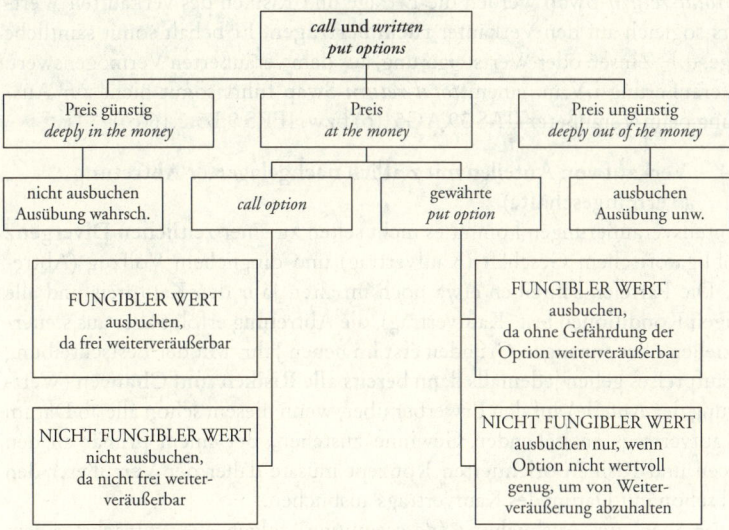

Abb. 3: Ausbuchung von Finanzinstrumenten mit Optionen

Die Bedingung der jederzeitigen Verfügbarkeit am Markt ist insbesondere bei börsengängigen **Wertpapieren** gegeben. In diesem Bereich sind deshalb wegen der leichten Wiederbeschaffbarkeit, aber auch wegen der leichten Bewertbarkeit, **Pensionsgeschäfte** üblich. Die nachfolgende Tabelle zeigt den Regelausweis des Pensionsguts beim Pensionsgeber, so dass dann der Geldfluss bei Veräußerung als **Kredithingabe** und der spätere Rückfluss als **Kreditrückzahlung** zu behandeln ist. 116

Art	Rechte/Pflichten	Bilanzierung bei
echte Pension	bindender Rücküber-tragungsvertrag	Pensionsgeber
	Rückerwerbsrecht des Pensionsgebers	Pensionsnehmer (jedoch Pensionsgeber, wenn Ausübungspreis *deeply in the money*)
unechte Pension	Andienungsrecht des Pensionsnehmers	Pensionsnehmer
gemischte Pension	Rückerwerbsrecht PG + Andienungsrecht PN	Pensionsgeber
Wertpapierleihe	wie echtes Pensionsgeschäft	wie echtes Pensionsgeschäft
total-return-Swap	Marktrisiko und Erträge bleiben beim Veräußerer	Veräußerer

117   Beim *total-return*-Swap werden die Erträge und Risiken des verkauften Wertpapiers sogleich auf den Verkäufer **rückübertragen**. Er behält somit sämtliche Erträge, d. h. Zinsen oder Wertsteigerung, aus dem veräußerten Vermögenswert. Die Veräußerung i. V. m. einem *total-return*-Swap führt somit nicht zur Ausbuchung beim Veräußerer (IAS 39.AG51(o) bzw. IFRS 9.B3.2.16(o)).

2.2.4.4 Verkauf von Anteilen mit zeitlich nachgelagerter Abtretung (Termingeschäfte)

118   Bei Anteilsveräußerungen kommt es nicht selten zu einer **zeitlichen Divergenz** von obligatorischem Geschäft (Kaufvertrag) und dinglichem Vollzug (Abtretung). Die Parteien schreiben etwa noch im alten Jahr den Kaufpreis und alle sonstigen Konditionen fest (Kaufvertrag), die Abtretung erfolgt aber aus steuerbilanziellen oder sonstigen Gründen erst im neuen Jahr. Mit der Festschreibung des Kaufpreises gehen jedenfalls dann bereits **alle Risiken und Chancen** (Wertänderung der Anteile) auf den Erwerber über, wenn diesem schon alle ab Datum des Kaufvertrags entstehenden Gewinne zustehen. Bei einem primär an den Chancen und Risiken orientierten Konzept müsste daher der Veräußerer den Anteil schon mit Datum des Kaufvertrags ausbuchen.

119   Die Vorgaben zur Ausbuchung (*derecognition*) folgen aber zunächst einem **formalen Ansatz**. Solange die Rechte aus den Anteilen zivilrechtlich noch nicht übertragen (abgetreten) sind, hat der Veräußerer diese **weiter zu bilanzieren** (IAS 39.18(a) bzw. IFRS 9.3.2.4(a)). Die Chancen und Risiken finden dann in anderer Weise Berücksichtigung. Die zeitliche Divergenz von obligatorischem und dinglichem Geschäft stellt einen Terminkontrakt und damit ein Finanzderivat dar (IAS 39.AG9 bzw. IFRS 9.BA1). Dieses Derivat unterliegt den Regelungen zur bilanziellen Abbildung von Finanzinstrumenten, da IAS 39.2(a) bzw. IFRS 9.2.1(a) zwar Anteile an Tochterunternehmen, assoziierten Unternehmen und Gemeinschaftsunternehmen vom Anwendungsbereich ausschließen, aber eine Rückausnahme für Derivate über diese Anteile enthalten.

120   Eine Rückausnahme von der Rückausnahme besteht nach IAS 39.2(g) bzw. IFRS 9.2.1(f) für Kontrakte über eine zukünftige *business combination*. Danach sind unbedingte Terminkontrakte *(forward contracts)* über den Erwerb oder die Veräußerung von Tochterunternehmen nicht als Finanzderivate zu behandeln, sofern die Laufzeit (Differenz von Vertrags- und Erfüllungsdatum) nicht die vernünftige Zeitspanne (*reasonable period*) überschreitet, die normalerweise zum Vollzug, Erhalt von Genehmigungen etc. benötigt wird. Bedingte Kontrakte unterliegen (als Finanzderivate) hingegen den Regelungen von IAS 39 bzw. IFRS 9.

121   Alle (bedingten und unbedingten) Terminkontrakte über Anteile an assoziierten Unternehmen und Gemeinschaftsunternehmen sind zum Bilanzstichtag mit dem *fair value* anzusetzen. Der *fair value* entspricht i. d. R. der Wertänderung zwischen Kaufvertrag und Bilanzstichtag. Ein sich daraus ergebender GuV-Effekt kann ggf. durch *hedge accounting* (→ § 28a) verhindert werden.

Praxis-Beispiel

Zum 1.10.01 veräußert A die Anteile an der assoziierten X-AG zu 100 an B. Der Gewinn des Jahres 01, mit dessen Ausschüttung nicht vor März 02 gerechnet wird, steht bereits B zu. Der Übergang von Besitz, Nutzen und Lasten soll jedoch erst am 2.1.02 erfolgen. Erst zu diesem Datum werden daher die Anteile

---

abgetreten. Zwischen dem 1.10.01 und dem 31.12.01 erhält die X-AG überraschend viele Neuaufträge. Der Wert der zur Übertragung bestimmten Anteile wird daher zum 31.12.01 auf 120 geschätzt. Alle (Vermögens-)Rechte gegenüber der X-AG bleiben bis zur Abtretung bei A. Eine Ausbuchung im alten Jahr kommt daher auch dann nicht infrage, wenn schon alle Chancen und Risiken übergegangen sind. Die Divergenz von Vertrags- und Erfüllungstag führt jedoch zu einem mit dem *fair value* anzusetzenden Finanzderivat. Zum 1.10.01 ist dessen Wert angesichts der zu vermutenden Ausgeglichenheit von Leistung (Anteilsübertragung) und Gegenleistung (Kaufpreis) null. Zum 31.12.02 liegt diese Ausgeglichenheit nicht mehr vor. Aus Sicht von A beträgt der Wert des Derivats –20. Eine finanzielle Verbindlichkeit in entsprechender Höhe ist aufwandswirksam einzubuchen. Der Aufwand kann ggf. durch eine ertragswirksame Zuschreibung bei den Anteilen ausgeglichen werden.

2.2.5 Ausbuchung von Verbindlichkeiten

2.2.5.1 Verjährung, Umschuldung, Rückkauf von Anleihen

Die Ausbuchung von Verbindlichkeiten setzt deren Erlöschen voraus (IAS 39.39 bzw. IFRS 9.3.3.1). Wichtige Formen des Erlöschens sind neben der Bezahlung die Entlassung aus der Schuld durch den Gläubiger (**Erlass**) oder durch Gesetz (**Verjährung**; IAS 39.AG57 bzw. IFRS 9.B3.3.1). Eine verjährte Verbindlichkeit ist in Analogie zu IAS 37.14 (faktische Verpflichtungen aus üblichem Geschäftsgebaren) ausnahmsweise weiter zu passivieren, wenn der Kaufmann aus faktischen Gründen (Erhalt der Geschäftsbeziehung etc.) von der Einrede der Verjährung keinen Gebrauch machen kann. **122**

Verschlechtert sich die wirtschaftliche Lage eines Schuldners derart, dass Zinsen und Tilgungen nicht mehr bedient werden können, und kommt es in diesem Zusammenhang zur **Restrukturierung des Schuldverhältnisses** durch Prolongationen, Verminderungen des Zinssatzes, Verminderung des Tilgungsbetrags usw., stellt sich die Frage nach der buchmäßigen Behandlung beim **Schuldner**. **123**

Die Antwort betrifft zunächst den Bilanz**ansatz** und nicht die Bewertung. Bei der **Umschuldung von Krediten** oder der Modifizierung der Konditionen eines Kredits (hierzu auch Rz 332 ff.) stellt sich die Frage, ob ein **Abgang** der **alten** und ein **Zugang** einer **neuen** Verbindlichkeit anzunehmen ist oder die alte Verbindlichkeit zu geänderten Bedingungen fortgeführt wird. Die Grenzlinie ist gem. IAS 39.40 bzw. IFRS 9.3.3.2 anhand der **Vertragsbedingungen** zu ziehen. Unterscheiden sich diese **substanziell** – etwa quantitativ durch Abweichung des Barwerts der neuen Verpflichtung um mindestens 10 % gegenüber der alten Verpflichtung –, ist ein Abgang der alten und ein Zugang der neuen Verpflichtung anzunehmen (IAS 39.AG62 bzw. IFRS 9.B3.3.6). Für die Barwertberechnung ist die Effektivverzinsung des alten Kredits maßgeblich. Als wesentlich gelten Änderungen, die zu einer mindestens **10 %igen Barwertabweichung** führen. Auch qualitative Änderungen können als substanziell einzustufen sein, ohne dass eine 10-%-Änderung des Barwerts vorliegt (z. B. Wechsel in der Nachrangigkeit oder in der Währung). Weitere wesentliche Änderungen sind:[9] **124**

---

9   Vgl. FLICK/KRAKUHN/THEISS, IRZ 2013, S. 37 ff.

- Änderungen der Laufzeit,
- Änderungen der Währung, in der die Verbindlichkeit zu bedienen ist,
- Wechsel von einer „normalen" zu einer erfolgsabhängigen Verzinsung,
- Änderungen bzgl. eingebetteter Derivate.

Das nachfolgende Beispiel zeigt die Vorgehensweise bei Überschreiten der 10-%-Grenze.

Praxis-Beispiel

Eine Verbindlichkeit wurde am 1.1.01 zu pari begründet. Die Zinsen von 10 % sind jährlich nachschüssig fällig. Die Verbindlichkeit ist am 31.12.06 zurückzuzahlen. Angesichts einer wirtschaftlichen Notlage des Schuldners wird am 1.1.04 eine Anpassung des Zinses auf 5 % vereinbart. Die mit dem alten Effektivzins berechneten Barwerte betragen 100 für das alte Darlehen und 87,57 für das neue Darlehen. Die Abweichung beträgt mehr als 10 %. Die Barwertdifferenz von 12,43 kann per 1.1.04 als Ertrag gebucht werden:

Konto	Soll	Haben
Verbindlichkeit alt	100	
Verbindlichkeit neu		87,57
Ertrag		12,43

Die neue Verbindlichkeit mit Anschaffungskosten von 87,57 ist mit der alten Effektivverzinsung aufzuzinsen. Somit:
- 31.12.04: $87,57 \times 1,1 - 5,00 = 91,32$,
- 31.12.05: $91,32 \times 1,1 - 5,00 = 95,45$,
- 31.12.06: $95,45 \times 1,1 - 5,00 - 100 = 0$.

Eine Ausbuchung ist u.E. nicht vorzunehmen, wenn bei unverändertem Inhalt des Schuldverhältnisses ein neuer Gläubiger an die Stelle des alten tritt, etwa weil der alte seine Forderung verkauft und abgetreten hat.

125 Für den erforderlichen Vergleich ist der Barwert der (Aus-)Zahlungen, die auf die geänderte Verpflichtung zurückzuführen sind, zu bestimmen (IFRS 9.3.3.2). Einzubeziehen ist als Nettogröße auch der Betrag eines seitens des ursprünglichen Schuldners gezahlten Entgelts (*any fees paid net of any fees received*), etwa für die Zustimmung zur Vertragsanpassung. Unklar ist allerdings der Umfang der in die quantitative Beurteilung einzubeziehenden Entgelte. Neben Zahlungen, die zwischen den unmittelbar beteiligten Parteien vereinbart werden, fallen auch Gebühren/Kosten für externe Berater an (rechtliche Beratung, Due Diligence etc.). U. E. sind ausschließlich Zahlungen zu berücksichtigen, die das Zahlungsstromprofil der geänderten Verbindlichkeit betreffen. Zahlungen an externe Dritte sind daher nicht in den Barwerttest einzubeziehen. Eine Ausnahme besteht, wenn der Schuldner Zahlungen im Auftrag der Gegenpartei (*on behalf of*) an externe Parteien leistet, also ein Anhaltspunkt für einen verkürzten Zahlungsweg besteht.

> **Praxis-Beispiel**
> - Unternehmen U begehrt als Schuldner eine Neuverhandlung der Konditionen einer bestehenden langfristigen Finanzierung. Die bisherigen Gläubiger sind einer Anpassung nicht abgeneigt. U soll allerdings alle Kosten ausgleichen, die den bisherigen Gläubigern entstehen. Das Entgelt, welches U zu leisten hat, ist in den Barwertvergleich einzubeziehen. Nichts anderes gilt, wenn U unmittelbar Zahlungen an Parteien richtet, die seitens der Gläubiger im Zusammenhang mit der Beratung zur Umschuldung beauftragt waren.
> - Gebühren des U, die an eigene Berater zu entrichten sind, können nicht berücksichtigt werden. Eine Erfassung im Barwerttest ist auch ausgeschlossen, wenn U die Zahlung für eigene Beratung an die Gläubiger richtet und diese im Auftrag des U dessen offene Rechnungen begleichen.

Als *troubled debt restructuring* werden allgemein Änderungsvereinbarungen bezeichnet, mit denen durch Fristverlängerung, Stundung, Zins- und Tilgungsreduzierungen oder eine Kombination dieser und anderer Elemente den finanziellen Schwierigkeiten eines Schuldners Rechnung getragen wird. Neben der Rettung der Forderung („Besser später bzw. weniger als nie bzw. gar nichts") können auch **Sanierungsabsichten** eine wichtige Rolle spielen. Die **allgemeinen** Regeln für die Aus- und Einbuchung von Forderungen und Verbindlichkeiten (Rz 58) gelten auch für Umschuldungsfälle. Dies bedeutet etwa: Auch wenn zivilrechtlich kein neuer Vertrag an die Stelle des alten tritt, sondern „nur" eine Vertragsänderung vorliegt, kann unter Anwendung der 10-%-Regel (Rz 124) ein Abgang der „alten" Forderung und Zugang einer „neuen" zu verbuchen sein. Die Abgangsbuchung führt dann zur Verlustrealisation, die Zugangsbuchung erfolgt zu Anschaffungskosten (Rz 224). **126**

Bei der Umschuldung entstehende Gebühren und sonstige Kosten sind bei Ausbuchung der Altverbindlichkeit sofort erfolgswirksam zu erfassen. Wird die 10-%-Grenze nicht überschritten und liegt auch qualitativ kein neues Darlehensverhältnis vor, sind die Kosten vom fortgeführten Altdarlehen abzuziehen und über die Restlaufzeit zu amortisieren. **127**

Vorstehende Regelungen sind auch bei einem **Forderungsverzicht gegen Besserungsschein** anzuwenden.[10] Zum Zeitpunkt des Forderungsverzichts ist **128**
- eine Umschuldung (Novation) von der unbedingten in eine bedingte Verbindlichkeit zu fingieren,
- bei der die alte (unbedingte) Verbindlichkeit mit ihrem Buchwert (fortgeführte Anschaffungskosten) ausgebucht und
- die neue mit dem (regelmäßig sehr niedrigen) *fair value* eingebucht wird,
- wobei i. H. d. Differenz ein Ertrag entsteht.

Die Wahrscheinlichkeit der Besserung bestimmt die Höhe des *fair value* (und des Ertrags). Erhöht sie sich in den Folgejahren, ist die Verbindlichkeit bei Fortführung nach der Effektivzinsmethode erfolgswirksam zu erhöhen (IAS 39.AG8 bzw. IFRS 9.B5.4.6).

Bei einem **Rückkauf von Anleihen** mit der Absicht der erneuten Platzierung am Markt ist gem. IAS 39.AG58 bzw. IFRS 9.B3.3.2 wie folgt zu verfahren: Die **129**

---

10 Ausführlich HOFFMANN, PiR 2009, S. 214 ff., und GAHLEN, BB 2009, S. 2079 ff.

Verbindlichkeit erlischt, da die Gesellschaft keine Verbindlichkeit gegen sich selbst haben kann (Konfusion). Eine evtl. Differenz zwischen Rückkaufswert und Buchwert ist erfolgswirksam zu behandeln. Die erneute Platzierung begründet eine neue Schuld.

2.2.5.2 Abbildung von *reverse-factoring*-Vereinbarungen

130 Neben dem klassischen Factoring – Übertragung von Forderungen vor Fälligkeit (Rz 99 ff.) – haben auch *reverse-factoring*-Vereinbarungen (auch *supply-chain-finance*-Abreden) besondere Bedeutung für die Liquiditätssituation und -planung von Unternehmen. Motivation für die Vereinbarung eines „umgekehrten" Factoring ist aus der Perspektive des Abnehmers, der Waren oder Dienstleistungen von einem Lieferanten empfängt, die Sicherstellung längerer Zahlungsziele durch Beteiligung eines (externen) Finanzierers. Im Zusammenhang mit dem Abschluss einer entsprechenden Vereinbarung ist aus Sicht des Abnehmers fraglich,

- ob die mit dem Lieferanten begründete Verbindlichkeit aus Lieferung und Leistung fortzuführen und/oder eine „neue" Verbindlichkeit gegenüber dem Finanzierer zu erfassen ist,
- ob eine weiterhin zu erfassende Verbindlichkeit des Abnehmers als finanzielle Verbindlichkeit auszuweisen ist und
- wie die künftigen Zahlungsmittelabflüsse zur Bedienung der Verbindlichkeit gegenüber dem Finanzierer in der Kapitalflussrechnung (*cash flow statement*) zu zeigen sind (→ § 3 Rz 160 ff.).

Die bilanzielle Abbildung ist abhängig von *„all the facts and circumstances specific to the individual transaction"*.[11]

131 Zur Optimierung der eigenen Finanzkennzahlen (Senkung des Bestands an *working capital*) besteht bei Abnehmern von Lieferungen und Leistungen ein Anreiz zur Verlängerung der eigenen Zahlungsziele. In einer Kette von Zulieferern kann nicht auf jeder Vorstufe der Leistungsbeziehung die seitens des Abnehmers gewünschte Zahlungskondition durchgereicht werden. Zur Vermeidung der Notwendigkeit des Vorhaltens von ausreichender Liquidität zum Auffangen langer Zahlungsziele bei einem Lieferanten kann auf das Instrument *reverse factoring* (*supply chain financing*) zurückgegriffen werden. Der Abnehmer, der seitens seines Lieferanten die Einräumung langfristiger Zahlungsziele erwartet, aber dennoch das Risiko einer Störung des Leistungsprozesses durch eine finanzielle Belastung vermeiden will, kann mit einem externen Finanzierer eine Vereinbarung zum „umgekehrten" Factoring schließen. Der Abnehmer (als Initiator) und der Finanzierer vereinbaren einen Rahmenvertrag, nach dem durch Begründung eines eigenen schuldrechtlichen Verhältnisses eine Vorfinanzierung der Forderungen des Lieferanten erfolgt. Zwischen Factor und Lieferant kommt i. d. R. ein ergänzender Vertrag zustande, der – nach erteilter Zustimmung – die Übertragung der Forderungen des Abnehmers zum Gegenstand hat. Eine *reverse-factoring*-Vereinbarung kann sowohl für bereits bestehende als auch (revolvierend) für künftig entstehende Verpflichtungen aus Leistungsbeziehungen geschlossen werden.

---

[11] So auch *Comerford*, Professional Accounting Fellow of the Chief Accountant for the U.S. Securities and Exchange Commission, AICPA National Conference on Current SEC Developments, vom 6.12.2004.

Für alle beteiligten Parteien ergeben sich aus dem Abschluss einer *reverse-facto-* 132
ring-Vereinbarung Vorteile. Der Abnehmer bezieht Waren oder Dienstleistungen liquiditätsschonend mit verlängertem Zahlungsziel. Der Lieferant hat die Vorteile einer klassischen Factoringvereinbarung durch den Verkauf der Forderung an den Finanzierer. Für den Factor besteht – anders als beim klassischen Factoring – kein Veritätsrisiko, der rechtliche Bestand der Forderung ist sicher und diese ist auch gegen den Abnehmer durchsetzbar. Das von der Bonität des Abnehmers abhängige (Debitoren-)Risiko eines Ausfalls ist versicherbar.

Die Ausgestaltung der Verträge zeigt insbesondere für die bilanzielle Abbildung 133
beim Abnehmer Relevanz. In Abhängigkeit der vereinbarten Konditionen kann es zu einer Modifikation der seitens des Abnehmers erfassten Verbindlichkeit aus Lieferung und Leistung (*trade payable*) kommen, die auch zum Abgang der alten und Zugang einer neuen Verbindlichkeit (*bank debt*) führen kann. Anhaltspunkte für eine zunächst den Bilanzansatz betreffende Ausbuchung der bisherigen Verpflichtung und den Ansatz einer neuen (Finanz-)Verbindlichkeit sind

- eine Veränderung des Zahlungsziels (i.d.R. über die bisherige Laufzeit hinaus),
- Vereinbarung von Zinszahlungen und Vermittlungsprovisionen zugunsten des Factors und/oder
- Anpassungen der (Bezugs-)Preise für die empfangenen Waren oder Dienstleistungen und damit Anpassung des Finanzierungsbetrags.

In Abhängigkeit von der vertraglichen Ausgestaltung sind verschiedene Szenarien der bilanziellen Abbildung zu unterscheiden.

Eine nach einem Erlass aus der Verpflichtung gegenüber dem Lieferanten zu 134
erfassende Verbindlichkeit des Abnehmers gegenüber dem Factor, deren Bedingungen wesentlich von der bisherigen Verpflichtung abweichen, ist nicht als *trade payable* auszuweisen. Wird die gegenüber dem Lieferanten bestehende Verpflichtung wegen einer Entlassung aus der Schuld durch den Gläubiger ausgebucht, ist in der Bilanz (*statement of financial position*) eine (Um-)Klassifizierung von *trade payables* (IAS 1.54(k)) in sonstige *financial liabilities* (IAS 1.54(m)) geboten. Für die Bilanzierung ist ein Passivtausch zu unterstellen, eine Ergebniswirkung stellt sich nur ein, wenn der über den *fair value* bestimmte Zugangswert der neuen Verbindlichkeit von dem Buchwert der erlassenen Verpflichtung abweicht.

Auch ohne einen rechtlichen Erlass aus der Verpflichtung kann eine Ausbuchung 135
aufgrund einer Modifizierung der Bedingungen geboten sein. Bei einer substanziellen Änderung der Konditionen der Verbindlichkeit aus Lieferung und Leistung ist diese vom Abnehmer auszubuchen und eine neue Verbindlichkeit zu erfassen, die allerdings als sonstige (Finanz-)Verbindlichkeit auszuweisen ist. Wenn die Rechte aus der Verbindlichkeit gegenüber dem Lieferanten auf den Finanzierer übertragen werden, ist anhand der Vertragsbedingungen zu entscheiden, ob ein Abgang der alten und ein Zugang einer neuen Verbindlichkeit zu geänderten Konditionen erfolgt (IFRS 9.3.3.2/IAS 39.40).

Abzustellen ist sowohl auf eine quantitative als auch eine qualitative Beurteilung 136
der Vertragsbedingungen. Für die quantitative Wertung ist – ausgehend von der Effektivverzinsung der bestehenden Verbindlichkeit – auf einen Vergleich der Barwerte der alten und neuen Verpflichtung abzustellen. Eine substanzielle Modifikation liegt vor, wenn der Barwert der neuen Verpflichtung um mindestens

10 % gegenüber der alten Verpflichtung abweicht (IFRS 9.B3.3.6/IAS 39.AG62). Da die gegenüber dem Lieferanten bestehende Verbindlichkeit aufgrund der kurzen Laufzeit regelmäßig unverzinslich ist, also keine wesentliche Effektivverzinsung aufweist, führt die quantitative Beurteilung nicht (oder nur ausnahmsweise) zu einem abschließenden Ergebnis. Besondere Bedeutung hat daher die qualitative Beurteilung. Für eine etwaige Umwidmung von einer *trade payable* in *bank debt* ist eine niedrige Hürde heranzuziehen. Bereits das Vorliegen eines der Anhaltspunkte (Verlängerung, zusätzliche Zahlung oder Anpassung der Konditionen) zieht den Abgang der bisherigen und den Zugang einer neuen Verbindlichkeit nach sich. Die bilanzielle Abbildung erfolgt als Passivtausch, eine etwaige Differenz zwischen dem Zugangswert der neuen Verbindlichkeit und dem Buchwert der abgehenden Verpflichtung ist erfolgswirksam zu vereinnahmen.

> **Praxis-Beispiel**
> Aus einer Lieferung von L hat Abnehmer A eine Verpflichtung zur Zahlung von 100 GE, fällig in 90 Tagen. Finanzierer F übernimmt die Forderung des L gegen Zahlung von 100 GE und räumt A ein Zahlungsziel von 18 Monaten zuzüglich quartalsweise zu entrichtender Zinsen von 6 % p.a. ein. A hat die Verbindlichkeit aus Lieferung und Leistung auszubuchen und eine sonstige langfristige (Bank-)Verbindlichkeit einzubuchen („per Verbindlichkeit L+L an Bankverbindlichkeit 100 GE").

137   Eine Ausbuchung der bestehenden Verbindlichkeit ist allerdings nicht erforderlich, wenn bei unveränderten Konditionen ein neuer Gläubiger anstelle des bisherigen Anspruchsberechtigten tritt. Der bloße Verkauf einer Forderung mit Abtretung des Anspruchs zieht somit keine bilanziellen Konsequenzen nach sich.

138   Vereinbart der Factor mit dem Lieferanten gegen einen Abschlag (*early payment discount*) einen Ankauf der bestehenden Forderungen vor deren Fälligkeit, kann der Charakter einer klassischen Factoringvereinbarung überwiegen. Die Zahlung des Finanzierers führt nicht zu einer Entbindung des Abnehmers von seiner Verpflichtung gegenüber dem Lieferanten. Mit Vereinnahmung der ausstehenden Forderung begleicht der Lieferant eine seinerseits begründete Verpflichtung gegenüber dem Finanzierer. Der Abnehmer übernimmt gegen eine Provision eine neue (Garantie-)Verpflichtung gegenüber dem Factor für den Fall eines (Zahlungs-)Ausfalls des Lieferanten. Im Ergebnis teilen sich der Finanzierer und der Abnehmer anteilig den Vorteil aus dem Abschlag, den der Lieferant für eine vorzeitige Begleichung seiner Forderung in Kauf nimmt. Mangels eines rechtlichen Erlasses aus der Verpflichtung hat der Abnehmer weiterhin ein *trade payable* auszuweisen, eine Ausbuchung scheidet aus. Die Garantiezusage gegenüber dem Factor, sofern eine solche gegeben wird, ist als *financial guarantee contract* mit dem *fair value* als Verbindlichkeit zu passivieren (IFRS 9.5.1.1/IAS 39.43). Die bilanzielle Abbildung als klassisches Factoring scheidet allerdings aus, wenn Lieferant und Abnehmer vor dem Hintergrund eines Gesamtplans (*linked transaction*) sich auf Konditionen des Schuldverhältnisses aus der Leistungserbringung einigen, die durch die Beteiligung des Factors geprägt sind.

> **Praxis-Beispiel**
> Seit mehreren Perioden bezieht Abnehmer A von Lieferant L Waren. Für die Erfüllung der Verpflichtung wurde ein Zahlungsziel von 90 Tagen eingeräumt. Zur Verbesserung der eigenen Liquiditätssituation schlägt A vor, Finanzierer F einzuschalten, und schließt mit diesem eine Rahmenvereinbarung zum *reverse factoring* ab. F sichert A ein Zahlungsziel von 18 Monaten für Verpflichtungen aus dem Bezug von Lieferungen und Leistungen zu und bietet L den Ankauf mit sofortiger Begleichung der korrespondierenden Forderungen an. Zur Vermeidung einer Anpassung der Konditionen durch F vereinbaren bereits A und L ein Zahlungsziel von 18 Monaten für den künftigen Leistungsbezug. Eine Behandlung als klassisches Factoring scheidet aus, die Verbindlichkeit des A hat nicht mehr den Charakter einer *trade payable* und kann daher auch nicht als solche fortgeführt werden.

Sieht die Vereinbarung zwischen Initiator und Finanzierer nicht nur die Übertragung bestehender, sondern auch künftiger Verpflichtungen vor, ist in Abhängigkeit von dem vertraglichen Zahlungsziel für einzelne Inanspruchnahmen eine lang- oder kurzfristige Kreditlinie zu erfassen. Für die künftig entstehenden Verbindlichkeiten aus dem Leistungsbezug scheidet die Erfassung als *trade payable* und eine anschließende Beurteilung einer *derecognition* aus. Bilanzierungsobjekt ist die Darlehensbeziehung (*bank debt*) zum Finanzierer. **139**

In Ausnahmefällen kann eine *reverse-factoring*-Vereinbarung aus Sicht des Abnehmers ein neues Schuldverhältnis begründen (etwa durch Schuldanerkenntnis). Da der Abnehmer erwartungsgemäß – einen Ausfall des Factors ausgeschlossen – allerdings nur aufgrund einer Verpflichtung in Anspruch genommen werden kann, gilt für die bilanzielle Abbildung: Der Abnehmer zeigt eine Verbindlichkeit gegenüber dem Factor. Das weiterhin gegenüber dem Lieferanten bestehende Schuldverhältnis stellt eine (Garantie-)Verbindlichkeit dar. Wenn das bestehende Schuldverhältnis zwischen Lieferant und Abnehmer erhalten bleibt und der Abnehmer (ausnahmsweise) eine neue Verbindlichkeit gegenüber dem Factor begründet, ist der Posten *trade payable* auszubuchen und eine *bank debt* zu erfassen. Das Schuldverhältnis gegenüber dem Lieferanten ist als *financial guarantee contract* mit dem *fair value* zu erfassen, der bei einer ausreichenden Bonität des Factors nahe null sein wird. **140**

Eine Alternative zum Abschluss einer *reverse-factoring*-Vereinbarung stellt das als Streckengeschäft fungierende „Finetrading" dar. Nach Absprache mit dem (End-)Abnehmer erwirbt ein – als Finanzierer handelnder – Finetrader Güter beim Hersteller und verkauft diese seinerseits an den (End-)Abnehmer. Der Finetrader gewährt dem (End-)Abnehmer ein längeres Zahlungsziel und verlangt dafür einen Aufschlag auf den Kaufpreis. Anders als beim *reverse factoring* sind die Gewährleistungsrechte beim Finetrading beschränkt, der (End-)Abnehmer kann nur aus abgetretenem Recht auf den Hersteller zugehen. Aus Sicht des (End-)Abnehmers handelt es sich auch beim Finetrading um eine Einkaufsfinanzierung. Es sind daher von dem (End-)Abnehmer die gleichen Beurteilungsmaßstäbe wie beim *reverse factoring* betreffend den Ausweis der Verbindlichkeit heranzuziehen. **141**

2.2.5.3 Umwandlung in Eigenkapital (*debt-for-equity*-Swap)

142   Zur Tilgung einer (i.d.R. notleidenden) Verbindlichkeit durch Umwandlung in **Eigenkapital** (*debt-for-equity*-Swap) hat das IFRS IC im November 2009 die Interpretation **IFRIC 19** verabschiedet. Sie ist nur aus Sicht des Schuldners, nicht auch aus der des Gläubigers anzuwenden (IFRIC 19.2) und nur insoweit, als der Verzicht auf die Rückzahlung in Geld nicht im Gesellschaftsverhältnis begründet ist (IFRIC 19.3(a)). Die Beurteilung, ob eine **gesellschaftsrechtliche Veranlassung** vorliegt, charakterisiert IFRIC 19.BC7 zutreffend als *a matter of judgement depending on the facts and circumstances.*

Praxis-Beispiel

Der X droht die Überschuldung. Wesentliche Gläubiger sind zu etwa gleichen Teilen der Gesellschafter A sowie die Banken B und C. Gegen Gewährung von Anteilen verzichtet nur A auf seine Forderung. Eine Veranlassung durch das Gesellschaftsverhältnis ist anzunehmen. Ein Gewinn aus der Transaktion entsteht nicht.

Variante 1

A, B und C verzichten in gleichem Maße. Eine Veranlassung durch das Gesellschaftsverhältnis ist nicht anzunehmen, Differenzen zwischen Verbindlichkeiten und Zeitwert der gewährten Anteile sind Erfolg.

Variante 2

Einziger Darlehensgläubiger ist A. Er verzichtet auf seine Forderung. Der erste Anschein spricht für eine gesellschaftsrechtliche Veranlassung. Dieser Anschein kann im Einzelfall widerlegt werden, etwa wenn X ein nicht oder nur schwer zu substituierender Zulieferer von A ist.

---

143   Ebenfalls vom Anwendungsbereich des IFRIC 19 ausgenommen sind Transaktionen zwischen **Gesellschaften unter gemeinschaftlicher Kontrolle** (z.B. Schwestergesellschaften), sofern die Transaktion wirtschaftlich *(in substance)* eine Kapitaleinlage darstellt (IFRIC 19.3(b)). Nach dem Wortlaut wäre die Zusatzbedingung stets erfüllt, da der *debt-for-equity*-Swap immer mit einer Eigenkapitalzuführung verbunden ist. Gemeint ist offensichtlich etwas anderes: Die Frage der zum Ausschluss von IFRIC 19 führenden gesellschaftsrechtlichen Veranlassung ist auch dort zu prüfen, wo nicht der beherrschende Gesellschafter auf eine Forderung verzichtet, sondern ein anderer von diesem ebenfalls beherrschter Gläubiger, also insbesondere ein **Schwesterunternehmen**. In steuerrechtlicher Terminologie würde man von mittelbaren verdeckten Einlagen sprechen.

144   Liegt ein Anwendungsfall von IFRIC 19 vor, gilt:

- Die Ausgabe der Anteile ist als **Entgelt** für die Tilgung der Verbindlichkeit zu werten (IFRIC 19.5).
- Das Entgelt wird vorrangig nach dem beizulegenden *fair value* der **Anteile** im Zeitpunkt der Tilgung der Verbindlichkeit bestimmt (IFRIC 19.6), **hilfsweise** nach dem beizulegenden Zeitwert der **Verbindlichkeit**, wenn der Wert der ausgegebenen Anteile ausnahmsweise nicht verlässlich bestimmt werden kann (IFRIC 19.7).

- Die Differenz zwischen dem Tilgungsentgelt und dem Buchwert der Verbindlichkeit ist **erfolgswirksam** zu behandeln (IFRIC 19.9) und in der GuV (bzw. dem GuV-Teil der Gesamtergebnisrechnung) oder im Anhang gesondert auszuweisen.

Wird nur ein **Teil** der Verbindlichkeit durch die Ausgabe von Anteilen getilgt und werden gleichzeitig die Bedingungen der verbleibenden Verbindlichkeit (insbesondere Laufzeit und Zinsen) verbessert, ist das in Form der Anteilsausgabe gewährte Entgelt auf die Tilgung des einen Teils und die Modifikation des anderen Teils zu verteilen (IFRIC 19.8). Das auf den verbleibenden Teil entfallende Entgelt ist Bestandteil der Beurteilung, ob diesbezüglich die Fortsetzung eines Schuldverhältnisses oder ein erfolgswirksamer Austausch der alten gegen eine neue Verbindlichkeit vorliegt (IFRIC 19.10). **145**

Anfallende **Transaktionskosten** sind nicht in IFRIC 19 behandelt. Es kommen drei Vorgehensweisen infrage: **146**

(1) **Abzug** vom **Emissionserlös** der ausgegebenen Eigenkapitalinstrumente (IAS 32.33);

(2) **Erfassung** als **Teil** des **Abgangserfolgs** aus der Tilgung von Verbindlichkeiten oder aus einer der Tilgung gleichstehenden substanziellen Änderung von Vertragsbedingungen (IAS 39.AG62 bzw. IFRS 9.B3.3.6);

(3) **Anpassung** des Buchwerts einer **Verbindlichkeit**, deren Bedingungen nicht substanziell geändert wurden (IAS 39.AG62 bzw. IFRS 9.B3.3.6).

Im Fall einer **vollständigen Tilgung** durch die Ausgabe von Anteilen treffen die beiden ersten Möglichkeiten zusammen und erfordern eine (ermessensbehaftete) Aufteilung der Transaktionskosten.[12]

Praxis-Beispiel

Eine Verbindlichkeit mit einem Nominalwert und fortgeführten Anschaffungskosten von 1.000 TEUR wird gegen Ausgabe von Anteilen mit einem Zeitwert von 800 TEUR getilgt. Transaktionskosten fallen i. H. v. 12 TEUR an, davon geschätzt 6 TEUR für die Ausgabe der Anteile (Änderung Gesellschaftsvertrag, Beachtung der Vorschriften zur Sachkapitalerhöhung usw.), 3 TEUR für die Tilgung der Verbindlichkeit (Freigabe Grundpfandrechte etc.), 3 TEUR für nicht zurechenbare Teile. Wird der nicht zurechenbare Teil nach dem Verhältnis der zurechenbaren aufgeteilt, entfallen Transaktionskosten von 8 TEUR auf die Ausgabe der Anteile und von 4 TEUR auf die Tilgung. Die Buchungen sind dann wie folgt:

1. Vor Transaktionskosten

Konto	Soll	Haben
Verbindlichkeit	1.000	
Eigenkapital		800
Ertrag aus Abgang Verbindlichkeit		200

---

[12] Vgl. SCHREIBER/SCHMIDT, WPg 2010, S. 637ff., sowie GRÜNE/BURKARD, IRZ 2012, S: 277ff., dort jeweils auch Beispiele zur Verbuchung von Transaktionskosten.

2. Transaktionskosten

Konto	Soll	Haben
Eigenkapital	8	
Ertrag aus Abgang Verbindlichkeit	4	
Geld		12

147 Wird nur ein **Teil** der **Verbindlichkeit** getilgt und der **verbleibende** Teil nicht substanziell geändert, treffen alle drei oben genannten Möglichkeiten zusammen.

Praxis-Beispiel
Eine Verbindlichkeit mit einem Nominalwert und fortgeführten Anschaffungskosten von 1.000 TEUR wird gegen Ausgabe von Anteilen mit einem Zeitwert von 400 TEUR zur Hälfte getilgt. Transaktionskosten i.H.v. insgesamt 12 TEUR entfallen zu 8 TEUR auf die Ausgabe der Eigenkapitalinstrumente, mit je 2 TEUR auf die anteilige Tilgung sowie die anteilige Fortführung der Verbindlichkeit. Die Buchungen sind wie folgt:

1. Vor Transaktionskosten

Konto	Soll	Haben
Verbindlichkeit	500	
Eigenkapital		400
Ertrag aus Teilabgang Verbindlichkeit		100

2. Transaktionskosten

Konto	Soll	Haben
Eigenkapital	8	
Ertrag aus Teilabgang Verbindlichkeit	2	
Verbindlichkeit (fortgeführter Teil)	2	
Geld		12

Die auf den fortgeführten Teil entfallenden Transaktionskosten werden in den Folgejahren über die Effektivzinsmethode erfolgswirksam.

Fallvariante
Werden die Bedingungen der verbleibenden Verbindlichkeit substanziell verändert, ist wie folgt zu buchen:

1. Vor Transaktionskosten

Konto	Soll	Haben
Verbindlichkeit alt	1.000	
Eigenkapital		400
Ertrag		100
Verbindlichkeit neu		500

2. Transaktionskosten		
Konto	Soll	Haben
Eigenkapital	8	
Ertrag aus Abgang Verbindlichkeit alt	4	
Geld		12

Sofern die Transaktionskosten (zur Definition Rz 314) insgesamt (Ausnahmefall) oder in Teilen nicht zugeordnet werden können, ist eine erfolgswirksame Behandlung des nicht zugeordneten Betrags vertretbar.[13]

3 Bewertung finanzieller Vermögenswerte

3.1 Erst klassifizieren, dann bewerten

Die Bewertung der finanziellen Vermögenswerte erfolgt in drei Schritten: **148**
(1) Erste Aufgabe ist die **Klassifizierung** des Finanzinstruments.
(2) Abhängig von dieser Klassifizierung erfolgt die **Bewertung** entweder zu fortgeführten (amortisierten) Anschaffungskosten oder zum *fair value*.
(3) Im *fair-value*-Fall ist ggf. noch zu entscheiden, ob Wertänderungen **erfolgswirksam** (über die GuV) oder **erfolgsneutral** (innerhalb des *other comprehensive income*) zu verbuchen sind.

Dieser logische Vorrang der Klassifizierung gilt sowohl für IFRS 9 wie für IAS 39. Nachfolgend werden jedoch zunächst nur die Regelungen von IFRS 9 dargestellt. Wegen IAS 39 wird auf Rz 180 verwiesen.

Finanzielle Vermögenswerte müssen im Zeitpunkt des **erstmaligen** Ansatzes in die **149** für die Folgebewertung maßgeblichen Kategorien fortgeführte Anschaffungskosten (*at amortised cost*) bzw. beizulegender Zeitwert (*fair value*) klassifiziert werden (IFRS 9.4.1.1 und IFRS 9.5.1 ff.). Die Klassifizierung in die (Bewertungs-)Kategorie **fortgeführte Anschaffungskosten** erfolgt nur dann, wenn kumulativ **beide** der folgenden Kriterien erfüllt werden (IFRS 9.4.1.2):

* **Subjektive** Bedingung: Das Ziel des Geschäftsmodells für die Gruppe der Vermögenswerte, zu welcher der betreffende Vermögenswert gehört, besteht im Halten der Vermögenswerte zur Realisierung der vertraglichen Geldflüsse.
* **Objektive** Bedingung: Die vertraglichen Bestimmungen für den finanziellen Vermögenswert führen zu Geldflüssen an festgelegten Zeitpunkten, welche ausschließlich Zins und Tilgung (*solely payments of principal and interest*) auf die ausstehende Kapitalsumme darstellen.

Sofern ein finanzieller Vermögenswert keines oder nur eines dieser Kriterien erfüllt, ist er zum **beizulegenden Zeitwert** zu bilanzieren (IFRS 9.4.4). Betroffen hiervon sind in jedem Fall Eigenkapitalinstrumente (Anteile an anderen Unternehmen), da diese nicht zu Zins- und Tilgungsflüssen führen.

Ungeachtet der Abgrenzungskriterien zwischen den Bewertungskategorien für die **150** Folgebewertung kann gem. IFRS 9.4.1.5 ein finanzieller Vermögenswert beim Zugang **wahlweise** in die Kategorie *fair value through profit or loss* designiert

---

[13] HEINTGES/URBANCZIK, DB 2010, S. 1469 ff.

werden (*fair value option*). Voraussetzung dafür ist, dass dadurch eine Bewertungs-
oder Ansatzinkonsistenz beseitigt oder signifikant reduziert wird. Eine nach
IAS 39 noch zulässige Zeitwertoption für ein nach Zeitwerten gemanagtes Portfolio sowie für ein strukturiertes Instrument mit eingebetteten Derivaten wird
aufgrund der Systematik von IFRS 9 nicht mehr benötigt:

- Im Fall des nach Zeitwerten gemanagten Portfolios erschöpft sich die Investi-
  tionsabsicht gerade nicht in der Vereinnahmung vertraglicher Zuflüsse, weshalb
  schon pflichtweise zum *fair value* zu bilanzieren ist (subjektive Bedingung).
- Im Fall strukturierter Finanzinstrumente gilt Entsprechendes wegen Nichtwahrung der objektiven Bedingung, da i.d.R. nicht sämtliche Zahlungen in
  Tilgung oder Zins bestehen.

151   In IFRS 9 sind drei Kategorien zur Klassifizierung und Folgebewertung von
finanziellen Vermögenswerten vorgesehen. Infrage kommen:

- eine Bewertung zu fortgeführten Anschaffungskosten (*at amortised costs*;
  IFRS 9.4.1.2),
- eine Bewertung zum beizulegenden Zeitwert im sonstigen (Gesamt-)Ergebnis
  (*fair value through* OCI; IFRS 9.4.1.2A) und
- eine Bewertung erfolgswirksam zum beizulegenden Zeitwert (*fair value
  through profit or loss*; IFRS 9.4.1.4).

Unter Berücksichtigung der *fair value option* ergibt sich folgendes Klassifizie-
rungsschema für finanzielle Vermögenswerte:

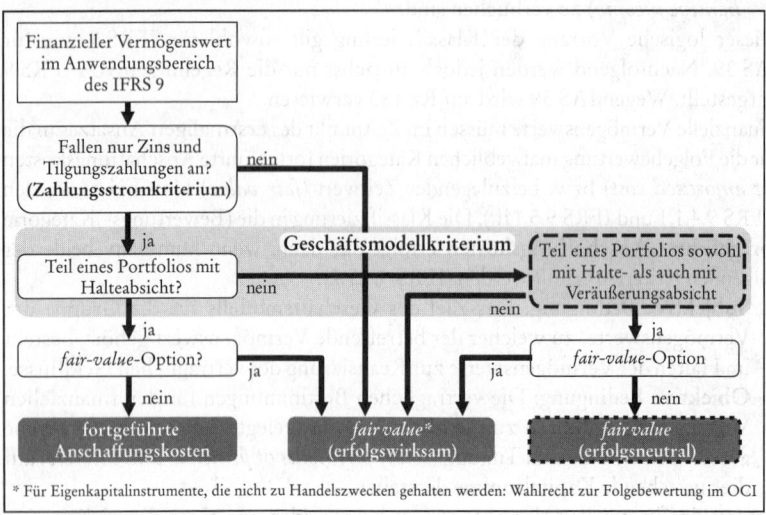

Abb. 4: Klassifizierung finanzieller Vermögenswerte nach IFRS 9

152   Die Zuordnung eines finanziellen Vermögenswerts zu der (Bewertungs-)Kate-
gorie **fortgeführte Anschaffungskosten** (*at amortised costs*) erfolgt, sofern er
kumulativ das Geschäftsmodell- und das Zahlungsstromkriterium erfüllt und
kein Wahlrecht für eine *fair-value*-Bewertung in Anspruch genommen wurde.
Die Folgebewertung erfolgt *at amortised costs* unter Anwendung der Effektivzinsmethode (Rz 320). Die Durchführung von Verkäufen einzelner Instrumente

vor (End-)Fälligkeit scheidet nach diesem Geschäftsmodell aus. Werden gleichwohl vereinzelt Vermögenswerte verkauft, führt dies nicht per se zu einer
abweichenden Klassifikation des Restbestands. Durchgeführte Verkäufe in der
Vergangenheit bestimmen nicht das künftige Geschäftsmodell und dürfen daher
nicht isoliert beurteilt werden (IFRS 9.B4.1.2C). Unabhängig von ihrer Häufigkeit und ihrem Wert können Verkäufe infolge einer Erhöhung des Kreditausfallrisikos der Vermögenswerte mit einem Geschäftsmodell vereinbar sein, dessen
Ziel darin besteht, finanzielle Vermögenswerte zur Vereinnahmung der vertraglichen Zahlungen zu halten (IFRS 9.B4.1.3(a)).

Das Geschäftsmodell ist aber erneut zu beurteilen, wenn man unter Berücksichti-   **153**
gung von Häufigkeit, Volumen (Produkt aus Menge und Einzelveräußerungspreis)
und zeitlichem Anfall der Verkäufe zu dem Schluss gelangt, dass die Zahlungsströme
nicht in der Art realisiert werden, wie es zur Zeit der Klassifizierung antizipiert war.
Beachtlich sind auch die Gründe für einen Verkauf vor Fälligkeit. Unschädlich sind
Transaktionen der finanziellen Vermögenswerte, wenn sie kurz vor deren Fälligkeit
stattfinden. Solche Transaktionen können als Fortsetzung der Vereinnahmung der
vertraglichen Zahlungsströme betrachtet werden. In IFRS 9 selbst werden keine
Konsequenzen für eine Änderung im Geschäftsmodell angeführt. Insbesondere
kennt der Standard keine „Strafe", wie sie IAS 39 in Form der *tainting rule* bei
Verkäufen aus der Kategorie *held to maturity* vorsah (Rz 192).

Die Ziele des Geschäftsmodells können sowohl die Vereinnahmung der vertrag-   **154**
lichen Zahlungsströme aus den finanziellen Vermögenswerten als auch die
Generierung von Erträgen aus deren Veräußerung vorsehen. Eine solche auf den
ersten Blick divergente Zielsetzung ergibt sich u. a. zur Aufrechterhaltung einer
bestimmten Liquidität oder zur Anpassung der zeitlichen Struktur von Aktiv-
und Passivseite. Sofern die finanziellen Vermögenswerte auch das Zahlungsstromkriterium erfüllen, erfolgt die Bilanzierung innerhalb der Kategorie *fair
value through OCI*. Eine Beurteilung der Verkäufe – analog der Kategorie *at
amortised costs* – muss nicht vorgenommen werden, da das Geschäftsmodell auch
die Realisierung von Erträgen aus Veräußerungen der finanziellen Vermögenswerte beinhaltet. Die Folgebewertung erfolgt zum beizulegenden Zeitwert.
Zinsen werden erfolgswirksam anhand der Effektivzinsmethode vereinnahmt.
Über die Anschaffungskosten hinausgehende Änderungen des *fair value* werden
erfolgsneutral im OCI erfasst. Bei Erfüllung der Voraussetzungen ist ein ergebniswirksames *recycling* der im OCI erfassten und fortentwickelten *fair-value*-
Schwankungen in die GuV vorzunehmen.

Besteht das Ziel des jeweiligen Geschäftsmodells nicht darin, die finanziellen   **155**
Vermögenswerte zu halten oder zu halten und zu veräußern, sind die finanziellen
Vermögenswerte in der Kategorie *fair value through profit or loss* zu erfassen.
Dies gilt unabhängig von der Einhaltung des Zahlungsstromkriteriums. Zu
diesen finanziellen Vermögenswerten gehören solche, die zu Handelszwecken
gehalten werden. Ein finanzieller Vermögenswert wird zu Handelszwecken
gehalten, sofern dieser
- primär mit dem Ziel des kurzfristigen Verkaufs/Zurückkaufs erworben wurde,
- bei Erstansatz Bestandteil eines gemeinsam verwalteten Portfolios ist und es
  innerhalb dieses Portfolios in der näheren Vergangenheit kurzfristige Gewinn-
  entnahmen gab oder
- die Merkmale eines Derivats erfüllt.

Allerdings sind Derivate auszunehmen, die entweder als finanzielle Garantie oder wirksames Sicherungsinstrument klassifiziert werden. Auch wenn mit der Absicht bspw. einer kurzfristigen Veräußerung die Vereinnahmung vertraglicher Zahlungsströme einhergehen kann, ist jedoch die primäre Absicht zur Verwendung maßgeblich. Die Folgebewertung innerhalb dieser Kategorie geschieht zum *fair value*, dessen Änderungen ergebniswirksam erfasst werden. Besteht das Ziel des Geschäftsmodells für ein Portfolio finanzieller Vermögenswerte im Halten der Vermögenswerte zur Vereinnahmung der vertraglichen Zahlungen, wird dieses Geschäftsmodell allerdings nicht allein dadurch geändert, dass der Bilanzierende Termingeschäfte erwirbt, um die Zahlungen aus dem Portfolio zu modifizieren (IFRS 9.B4.1.4, *Example 2*).

156 Abweichend von der Klassifizierung in Abhängigkeit des Zahlungsstroms (objektives Merkmal) und des Geschäftsmodells (subjektives Merkmal) ist auch eine **gewillkürte Festlegung** einer Bewertung zum *fair value* möglich.

- *Fair-value*-**Option:** Zwecks Vermeidung eines *accounting mismatch* besteht die Möglichkeit, einmalig und ausschließlich bei Erstansatz finanzielle Vermögenswerte der Kategorie *fair value through profit or loss* zuzuordnen. Die gewählte Bilanzierungsweise ist beizubehalten.

- *Fair-value-through-OCI*-**Option**: Sofern bei Eigenkapitaltiteln kein vertraglicher Zinsanspruch, sondern lediglich ein Residualanspruch besteht, ist das Zahlungsstromkriterium nicht erfüllt und die Zuordnung zur Kategorie *financial assets through profit or loss* die Folge. Sofern ein Eigenkapitaltitel jedoch nicht im Handelsbestand gehalten wird, darf er durch Ausübung der *fair-value*-Option innerhalb der Kategorie *fair value through OCI* bilanziert werden (Rz 363). Nur Dividenden werden nach wie vor erfolgswirksam erfasst.

3.2   Geschäftsmodellkriterium (subjektive Bedingung)

157 Der Begriff „Geschäftsmodell" bezieht sich auf die Art und Weise, nach der das Unternehmen bzw. die berichtende Einheit finanzielle Vermögenswerte für Zwecke der Vereinnahmung von Zahlungsströmen steuert (IFRS 9.B4.1.2A). Finanzielle Vermögenswerte können im Konzernabschluss und im Einzelabschluss unterschiedlichen Geschäftsmodellen zuzuordnen sein (IFRS 9.B4.1.4, *Example 3*). Das aus **subjektiver** Sicht klassifizierungsrelevante **Geschäftsmodell** wird vom **Management** in Schlüsselpositionen i. S. v. IAS 24 (→ § 30 Rz 11) festgelegt (IFRS 9.B4.1.1). Dabei sind nicht die Absichten in Bezug auf einen **einzelnen** finanziellen Vermögenswert ausschlaggebend. Es ist vielmehr auf höhere Aggregationsebenen (**Gruppen**) abzustellen (IFRS 9.B4.1.2). Innerhalb eines Unternehmens können zahlreiche unterschiedliche Portfolios mit abweichenden Geschäftsmodellen geführt werden. Folgende Geschäftsmodelle sind für die Klassifizierung von Finanzinstrumenten zu unterscheiden:

- **Halten** zur Vereinnahmung von Zins- und Tilgungsleistung (*held to collect*): Vereinnahmung vertraglicher *cash flows* mit nur seltenen (*infrequent*) oder im Wert unbedeutenden Verkaufsaktivitäten.

- **Halten und Verkaufen** (*both held to collect and for sale*): Vereinnahmung von *cash flows* sowohl durch Bestandshaltung als auch durch Verkäufe.

- **Andere** als Residualkategorie (*other business models*): Insbesondere Handelsportfolios mit Steuerung auf *fair-value*-Basis, Vereinnahmung vertraglich vereinbarter *cash flows* ist nebensächlich, Hauptziel ist die Maximierung von *cash flows* durch kurzfristige Käufe und Verkäufe.

Wenn Vermögenswerte einer zum Halten bestimmten Gruppe **vor Fälligkeit** 158
verkauft werden, widerlegt dies das Geschäftsmodell nicht, sofern der Verkauf Folge bestimmter Anforderungen an die Gruppe (etwa Mindestbonität) ist oder sich aus einem Finanzierungsbedarf für Erweiterungsinvestitionen ergibt.[14] Erfolgen solche Verkäufe allerdings mit einer bestimmten Häufigkeit (*more than infrequent*), ergeben sich **Zweifel** am behaupteten Geschäftsmodell (IFRS 9.B4.3 f.). Somit gilt folgende praktische Differenzierung für das **Geschäftsmodell Halten:**
- Erfolgen Verkäufe nur selten, widerlegt dies das Geschäftsmodell nicht.
- Erfolgen Verkäufe häufig, muss substanziiert dargelegt werden, warum gleichwohl das Geschäftsmodell bestehen bleibt.[15]

Der Bezug auf Gruppen von Vermögenswerten impliziert auch, dass innerhalb 159
eines Unternehmens oder Konzerns verschiedene Geschäftsmodelle betrieben werden können.[16] Die **beabsichtigte Veräußerung eines Geschäftsbereichs,** der auf Halten von Vermögenswerten angelegt ist, führt daher auch aus Konzernsicht nicht zur Umqualifizierung der Vermögenswerte dieses Bereichs.

Praxis-Beispiel

Zum Finanzkonzern F gehört als Tochtergesellschaft das Verbraucherkreditunternehmen V. F beabsichtigt die Trennung von dieser Sparte und beginnt mit der aktiven Suche nach einem Käufer. Das Tochterunternehmen bzw. die ihm zuzurechnenden Vermögenswerte und Schulden sind daher für den Ausweis im Konzernabschluss nach IFRS 5 umzuklassifizieren. Die Bewertung der Finanzinstrumente unterliegt jedoch weiterhin den Regeln von IFRS 9 (IFRS 5.5(c)). Hierbei gilt: Zwar werden je nach Verhältnis von Fälligkeit der Verbraucherkredite und Zeitpunkt der Veräußerung der V einzelne Verbraucherkredite aus Konzernsicht nicht mehr durch Einzug, sondern durch Veräußerung (Einzelveräußerungsfiktion) erledigt. Veräußerungsobjekt sind jedoch nicht die betroffenen Forderungen, sondern das gesamte Geschäft der V. Diese wird wiederum unter anderer Herrschaft ihr Geschäftsmodell voraussichtlich unverändert fortführen. Durch die beabsichtigte Veräußerung ist jedenfalls noch keine Änderung des maßgeblichen Geschäftsmodells gegeben.

Für die Bilanzierung zu Anschaffungskosten schädliche Veräußerungen liegen 160
nicht vor, wenn finanzielle Vermögenswerte lediglich rechtlich übertragen werden, wegen Risikorückbehalt (unechtes Factoring) oder Rückkaufvereinbarung (Wertpapierpension) aber bilanziell weiter dem Veräußerer zuzurechnen sind. Führen die für die Zukunft geplanten Verkäufe/Transfers von finanziellen Vermögenswerten aber zu einem Abgang i.S.v. IFRS 9, werden die zur Veräußerung vorgesehenen Vermögenswerte im Zeitpunkt der Klassifizierung nicht gehalten, um die vertraglichen Zahlungen zu vereinnahmen. Werden etwa regelmäßig Forderungen im

---

[14] Vgl. HALLPAP/LELLMANN, WPg 2011, S. 722 ff., und ERNST & YOUNG, International GAAP 2017, Ch 47 sCh 5.2.1.
[15] HALLPAP/LELLMANN, WPg 2011, S. 722 ff.
[16] Gl. A. ERNST & YOUNG, International GAAP 2017, Ch 47 sCh 5.1.

Rahmen einer Factoringvereinbarung veräußert und führt die Veräußerung/Verein-barung auch zu einem Abgang, besteht das Geschäftsmodell für das betroffene Portfolio nicht im Halten der finanziellen Vermögenswerte zur Vereinnahmung der vertraglichen Zahlungen. Entsprechendes gilt, wenn aus den geplanten Verkäu-fen/Transfers nur ein Teilabgang der finanziellen Vermögenswerte unter Berück-sichtigung des verbleibenden *continuing involvement* (Rz 91) resultiert.

161   Die Festlegung des zugrunde liegenden Geschäftsmodells eines Portfolios stellt kein Wahlrecht dar und kann auch nicht auf bloße Behauptungen/Erklärungen *(assertion)* des Managements gestützt werden. Die Festlegung erfolgt anhand der beobachtbaren Aktivitäten des Unternehmens zur Erreichung des Ziels des Geschäftsmodells (IFRS 9.B4.1.2B, IFRS 9.BC4.20). Bei der Bestimmung des Geschäftsmodells sind daher alle relevanten und zum Zeitpunkt der Beurteilung verfügbaren Informationen zu berücksichtigen. Anhand folgender Informatio-nen kann die Festlegung getroffen werden:

- die Art und Weise der Messung und internen Berichterstattung an Personen in Schlüsselpositionen über die Performance eines Geschäftsmodells und die zugehörigen finanziellen Vermögenswerte (IFRS 9.B4.1.2B(a), IFRS 9.B4.1.6, IFRS 9.BC4.20);
- die bestehenden Risiken und die Art, diese zu steuern, bezogen auf ein Geschäfts-modell und die dazugehörigen finanziellen Vermögenswerte (IFRS 9.B4.1.2B(b));
- die Ausgestaltung der bestehenden Vergütungsmodelle für die zuständigen Manager (IFRS 9.B4.1.2B(c));
- dokumentierte Investitions- bzw. Anlagerichtlinien für einzelne Portfolios.

Die Bestimmung der Aggregationsebene für die Einstufung des Geschäfts-modells hat u. a. folgende Aspekte zu berücksichtigen:[17]

- Aufbauorganisation,
- internes Berichtswesen,
- Gestaltung unternehmens-/konzerninterner Geschäfte,
- Investitions- und Anlagerichtlinien und
- Vergütungssysteme der Geschäftsmodellverantwortlichen.

Innerhalb eines Unternehmens kann es eine Vielzahl von unterschiedlichen Portfolios geben, die nicht dem gleichen Geschäftsmodell unterliegen. Eine Aufteilung eines Portfolios in mehrere Subportfolios ist ebenfalls zulässig, wenn die Steuerung auf der Subebene erfolgt (IFRS 9.B4.1.2, IFRS 9.BC4.19(b)).

162   Die konkreten Ausführungen des IASB zum Geschäftsmodell haben den Finanz- und Versicherungssektor im Fokus. Beispielhaft wird im Standard selbst nur auf Investmentbanken (IFRS 9.BC41) und Versicherungen (IFRS 9.B4.1.3(b)) einge-gangen, wiederholt thematisiert, wie ein *portfolio of investments* (IFRS 9.B4.1.2) bzw. ein *portfolio of financial assets* (IFRS 9.B4.1.4 – IFRS 9.B4.1.6) gemanagt wird. Die tatsächliche Sachlage bei den meisten Industrie-, Handels- und Dienstleistungs-unternehmen treffen diese Beispiele und Konkretisierungen nicht. Auch das Schrift-tum zur Geschäftsmodellthematik konzentriert sich auf Banken.[18]

163   Fraglich bleibt damit, welche praktische Bedeutung die Geschäftsmodellbedin-gung für **Industrie, Handel und Dienstleistung** hat. Im Wesentlichen gilt hier u. E. Folgendes:

---

[17] HALLPAP/LELLMANN, WPg 2011, S. 722 ff.
[18] Vgl. z. B. HALLPAP/LELLMANN, WPg 2011, S. 722 ff.

- **Kundenforderungen** sind ebenso wie **Forderungen an nahestehende**/verbundene Unternehmen, Arbeitnehmerdarlehen usw. regelmäßig nicht zur Veräußerung bestimmt. Geschäftsmodell ist **i.d.R.** das **Halten**. Die Bewertung erfolgt zu fortgeführten **Anschaffungskosten**.

- Soweit das Unternehmen **Kundenforderungen** an Banken oder Factoringunternehmen **veräußert**, die Forderungen aber wegen Risikorückbehalt nicht ausgebucht werden, bleibt es bei der vorstehenden Beurteilung (Rz 160). Führt das Factoring hingegen zeitgleich/-nah zum Zeitpunkt der Entstehung der Forderungen zu deren Ausbuchung, stellt sich die Frage der Klassifizierung mangels Bilanzansatz nicht. Werden aus einem Pool von Kundenforderungen solche, die bestimmte Kriterien erfüllen, bilanzwirksam veräußert, andere, die diese Bedingungen nicht erfüllen, weiter bilanziert, liegen i.S.v. IFRS 9 zwei Portfolios vor (Rz 157). Die Veräußerungen im ersten Portfolio berühren die Qualifizierung des zweiten Portfolios als zum Halten bestimmt nicht.

- Werden überschüssige Mittel in Fremdkapitalinstrumente **(Anleihen usw.)** investiert, kommt es darauf an, ob nach der (dokumentierten) **Anlagepolitik** die Realisierung von Wertsteigerungen im Vordergrund steht. Erfolgen Verkäufe der Fremdkapitalinstrumente nicht oder nur selten vor Fälligkeit, kann ohne Weiteres von einem Geschäftsmodell „Halten" ausgegangen werden. Bei häufiger vorkommenden Veräußerungen vor Fälligkeit ist zu untersuchen, ob die Veräußerungen Folge bestimmter Umstände, etwa eines Finanzbedarfs für Erweiterungsinvestitionen, sind.

Die größte Änderung gegenüber IAS 39 ergibt sich für Industrie, Handel und Dienstleistung demzufolge nicht aus der Geschäftsmodellbedingung, sondern aus der Frage, ob das Finanzinstrument nur zu Zahlungsströmen aus Tilgung und (nicht gehebelten) Zinsen führt, sowie hinsichtlich der Behandlung von Eigenkapitalinstrumenten (Anteilen).

3.3 Zahlungsstromkriterium (objektive Bedingung)

3.3.1 Ausschließlich Zins und Tilgung

Die Klassifizierung eines finanziellen Vermögenswerts in die Kategorie fortgeführte Anschaffungskosten setzt aus **objektiver** Sicht auch voraus, dass die vertraglichen Bestimmungen für den finanziellen Vermögenswert zu Geldflüssen zu festgelegten Zeitpunkten führen, welche **ausschließlich Zins** und **Tilgung** auf die ausstehende Kapitalsumme darstellen. Die Beurteilung der vertraglichen Zahlungsmerkmale ist anhand der bei Zugang geltenden Vertragsbedingungen für jedes einzelne Finanzinstrument durchzuführen (*instrument by instrument*). **164**

Zinsen i.S.v. IFRS 9 sind ein (ggf. auch negatives) Entgelt für die Bereitstellung von Geld über einen bestimmten Zeitraum unter Berücksichtigung des Kreditrisikos (IFRS 9.4.1.3 und IFRS 9.B4.1.7) und eines evtl. Liquiditätsrisikos (IFRS 9.BC29). Zinsen sind definiert als Entgelt für **165**

- den Zeitwert des Geldes (Geldüberlassung),
- das Kreditausfallrisiko, das mit dem ausstehenden Kapital verbunden ist,
- andere Risiken der grundlegenden/einfachen Kreditgewährung *(other basic lending risks)*, z.B. das Liquiditätsrisiko,

- andere Kosten der grundlegenden/einfachen Kreditgewährung *(other basic lending costs)*, z.B. die Verwaltungskosten, sowie
- eine Gewinnmarge, die mit einer grundlegenden/einfachen Kreditvereinbarung konsistent ist (IFRS 9.4.1.3(b), IFRS 9.B4.1.7A).

In außergewöhnlichen ökonomischen Situationen kann das vereinbarte Entgelt für die Kapitalüberlassung auch negativ sein (zu den Besonderheiten des GuV-Ausweises Rz 495), falls der Inhaber eines finanziellen Vermögenswerts bspw. explizit oder implizit für die Verwahrung seines Geldes zahlt und die hierfür anfallende Gebühr das Entgelt für den Zeitwert des Geldes, das Kreditausfallrisiko und die anderen Risiken und Kosten der Kreditgewährung übersteigt (IFRS 9.B4.1.7A). Es handelt sich bei dem vereinbarten Entgelt in diesen Ausnahmefällen dennoch um Zinsen (IFRS 9.4.1.3(b)).

166   Die Erfüllung der objektiven Bedingung setzt keine explizite Verzinsungsabrede voraus. Die Vertragsbedingungen einer **Nullkuponanleihe** *(zero coupon bond)* sehen regelmäßig keine laufenden Zinszahlungen vor. Das vereinbarte Entgelt für die Kapitalüberlassung ergibt sich durch die Gegenüberstellung von Erwerbs- und Rückzahlungswert der Anleihe. Der Zeitpunkt der (Zins-)Zahlung bleibt für die Klassifizierung unbeachtlich, auch die Vereinbarung einer endfälligen Zinszahlung steht daher im Einklang mit der objektiven Bedingung für eine Klassifizierung zur Bewertung zu fortgeführten Anschaffungskosten.

167   Ein in den Konditionen der Kapitalüberlassung vorgesehener **Hebeleffekt** *(leverage)* stellt keinen Zins mehr dar (IFRS 9.B4.1.9). Eine variable Verzinsung ist – auch in Kombination mit Zinsober- und Zinsuntergrenzen – unschädlich, wenn die Variabilität ausschließlich den Zeitwert des Geldes darstellt (IFRS 9.B4.1.12). Die Zeitwertbedingung kann auch bei Vereinbarung einer **Inflationsindexierung** gewahrt sein. Wenn hier kein Hebeleffekt besteht, dient die Indexierung nur der Überleitung eines vereinbarten Realzinses auf einen Nominalzins.

Praxis-Beispiel

Es wird für eine Kapitalüberlassung eine Klausel vereinbart, welche die Anpassung der Zins- (und ggf. Tilgungs-)Zahlungen an die Inflationsrate vorsieht. Die Inflationsanpassung bezieht sich auf die Währung, in der das Instrument emittiert wurde, und sie ist nicht mit einem Hebeleffekt verbunden. In diesem Fall liegen ausschließlich Zins- und Tilgungszahlungen auf die ausstehende Kapitalsumme i.S.v. IFRS 9.B4.1.13 vor.

Variante

Die Zahlungen sind an die Entwicklung des Goldpreises gebunden. Sie stellen nicht mehr ausschließlich Zins (und Tilgung) dar.

---

168   Derivative Finanzinstrumente – bedingte oder unbedingte Termingeschäfte (Rz 17) – zeichnen sich generell durch eine Hebelwirkung aus, da die Anschaffungsauszahlung kleiner ist als die Auszahlung für einen anderen Kontrakt, der in gleicher Weise auf Veränderungen der Wertbestimmungsfaktoren reagiert. Eine Bewertung zu fortgeführten Anschaffungskosten oder erfolgsneutral (im OCI) zum beizulegenden Zeitwert scheidet für freistehende Derivate aus (IFRS 9.B4.1.9).

169   Fraglich ist, ob eine inflationsindexierte und/oder an einen Referenzzinssatz gebundene Anleihe oder Forderung dann noch zu amortisierten Kosten bewertet

werden darf, wenn **zeitliche Divergenzen** zwischen Zinszahlung und zugrunde
liegendem Index/Referenzzins bestehen. IFRS 9.B4.1.13 *Example* B enthält hier
für den Referenzzins folgende Einschränkung: Die Laufzeit des Referenzzinses
darf die Restlaufzeit der Forderung nicht überschreiten.

Praxis-Beispiel

A erwirbt eine Anleihe mit einer Laufzeit von fünf Jahren und jährlichen
Zinszahlungen. Vereinbart ist ein variabler Zins, der jährlich neu nach einem
Referenzzinssatz bestimmt wird, jedoch stets auf Basis eines Referenzzinssatzes
für eine fünfjährige Laufzeit. Außer bei der Zeichnung der Anleihe besteht eine
Divergenz zwischen Restlaufzeit der Anleihe (weniger als fünf Jahre) und
Laufzeit des Referenzzinses. Die Anleihe ist daher zum *fair value* zu bewerten.

Bei Inflationsindexierung können sich zeitliche Verwerfungen in anderer Hin-   **170**
sicht ergeben. Von Relevanz ist insbesondere der **Zeitversatz** zwischen Veröffentlichung von Inflationsdaten und dem Zeitraum, auf den sich diese beziehen.
U. E. liegen hier (bei Erfüllung der übrigen Voraussetzungen) noch Finanzinstrumente mit ausschließlich Zins und Tilgungen vor, wenn der Zeitversatz über die
praktischen Notwendigkeiten nicht hinausgeht und auch bei der Bestimmung des
Basisindexwerts berücksichtigt wird.

Praxis-Beispiel

A erwirbt am 1.1.02 eine Anleihe mit Indexierung von Zins und Tilgung.
Zinsen sind jährlich zum 31.12. fällig. Als Basiszeitpunkt für die vereinbarte
Indexierung wird der 31.10.01 zugrunde gelegt, als Maßstab für die aktuelle
Inflation der Indexwert für den 31.10. des jeweiligen Jahres. Die Indexwir-
kung auf die Zinsen für das erste Jahr (02) ergibt sich z. B. durch Veränderung
der Inflationsrate vom 31.10.01 bis zum 31.10.02, also genau für zwölf Monate
(entsprechend dem Zinszeitraum). Der Zeitversatz von zwei Monaten zwischen Indexwert und Zinszahlung entspricht praktischen Notwendigkeiten.
Die Anleihe kann daher bei Erfüllung der übrigen Voraussetzungen zu
amortisierten Kosten bilanziert werden.

Die Beurteilung, ob vertragliche Zahlungen *solely payments of principal and*   **171**
interest (SPPI) auf das ausstehende Kapital darstellen, erfolgt in der **Währung**,
die für den finanziellen Vermögenswert vertraglich vereinbart wurde
(IFRS 9.B4.1.8). Ein Abweichen der Währung des Finanzinstruments von der
funktionalen Währung des Emittenten oder Zeichners führt nicht automatisch zu
einer Verletzung der objektiven Bedingung, eine Klassifizierung als zu fortgeführten Anschaffungskosten bewertet bleibt daher zulässig. Sieht der finanzielle Vermögenswert allerdings eine Fremdwährungsoption vor (z.B. *dual
redemption bond*), bei denen der Wechselkurs bereits zum Ausgabezeitpunkt
des Instruments festgelegt wurde, scheidet eine Bewertung zu fortgeführten
Anschaffungskosten aus, die Zahlungen dienen nicht ausschließlich der Abgeltung von Tilgungs- und Zinsleistung auf das ausstehende Kapital.

Bestimmbar bleiben Zinsen auch dann, wenn sie bei **Bonitätsänderungen** des   **172**
Schuldners angepasst werden können und die Anpassung in vernünftiger Relation

zur Bonitätsänderung steht, also insbesondere nicht gehebelt ist.[19] Keine bestimmbaren Zinsen und Tilgungen ergeben sich aus **Geldmarktfondsanteilen, stillen Beteiligungen** und i.d.R. auch nicht aus **partiarischen Darlehen**. Diese sind daher erfolgswirksam zum *fair value* zu bewerten. Bei **ewig laufenden Anleihen** (*perpetual bonds*) kommt es auf die Ausgestaltung an (Rz 165). An bestimmbaren *cash flows* fehlt es jedenfalls dann, wenn die Höhe der Zinszahlungen vom Ergebnis oder dem Dividendenbeschluss des Emittenten abhängig ist.

173   Nach IFRS 9.4.1.3 qualifiziert sich ein finanzieller Vermögenswert nur dann für die Kategorie *at amortised cost*, wenn der Zins die Gegenleistung (*consideration*) für den Zeitwert des Geldes *(time value of money)* und das Bonitätsrisiko darstellt. Nicht vorausgesetzt wird in dieser Vorgabe, dass die Gegenleistung angemessen ist. Deshalb kann auch ein **zinsgünstiges Darlehen** (etwa an Arbeitnehmer) *at amortised cost* bilanziert werden. Im Rahmen der Zugangsbewertung ist allerdings der *fair value* anzusetzen. Aus der Differenz von Vertragszins und angemessenem Zins resultiert ein *day one loss risk*. Bei zinsgünstigen Darlehen im Verhältnis Mutter zu Tochter kann die Differenz auch als verdeckte Einlage bzw. verdeckte Ausschüttung interpretiert werden.

174   Gewährte Kredite bzw. gehaltene Schuldinstrumente können **vorzeitige Rückzahlungsrechte** vorsehen. Solche Rückzahlungsrechte sind für die Klassifizierung zu fortgeführten Anschaffungskosten unschädlich, wenn sie die folgenden Kriterien kumulativ erfüllen (IFRS 9.B4.10):

*   Sie dienen dem Schutz des Gläubigers gegen eine Bonitätsverschlechterung des Emittenten (z.B. Kündigungsoptionen bei Verletzung von Kreditvereinbarungen) oder einer Änderung der Beherrschung des Emittenten oder dem Schutz einer Partei gegen Änderungen des anzuwendenden (Steuer-)Rechts.
*   Der Betrag, zu dem die vorzeitige Zahlung erfolgt, muss im Wesentlichen ungezahlte Beträge an Zinsen und Tilgung auf das ausstehende Kapital darstellen. Eine angemessene zusätzliche Entschädigung für die vorzeitige Vertragsbeendigung ist unschädlich.

Fraglich ist, ob die erste der beiden vorgenannten Bedingungen auch bei anderen außergewöhnliche Fälle betreffenden Vorfälligkeitsklauseln greift.

Praxis-Beispiel
B gibt an Technologiehersteller T ein Darlehen. Die Darlehensbedingungen gewähren U ein außerordentliches Kündigungsrecht für den Fall, dass T eine fundamentale Veränderung seines Geschäfts vornimmt, etwa vom Hersteller zum Händler wird.

Beurteilung
U. E. kann B unter Bezugnahme auf IFRS 9.B4.1.18 – *contractual cash flow characteristic that are not genuine* – diese Bedingung ignorieren und das Instrument dennoch in der Bewertungskategorie *at amortised cost* fortführen.

175   Anstatt einer Vorfälligkeitsentschädigung kann das Recht zur vorzeitigen Kündigung auch durch einen angemessenen Zinsaufschlag abgegolten werden. Ein Zinsaufschlag stellt zwar ein Entgelt für die Einräumung der (Kündigungs-)Op-

---

[19] Gl. A. KPMG, Insights into IFRS 2017, Tz. 7.A.4.200.

tion dar, solange allerdings der Zinscharakter überwiegt, der Aufschlag also angemessen ist, verletzt dies nicht die objektive Bedingung. Für **Verlängerungsoptionen** gelten ähnliche bzw. teils identische Kriterien (IFRS 9.B4.1.11).[20]

Für die Erfüllung der Zahlungsstrombedingung aus der Perspektive des Halters eines Finanzinstruments sind potenzielle Zahlungsausfälle auszuklammern, die als Reflex der Befugnis einer Aufsichtsbehörde zur Auferlegung von Verlusten entstehen *(resolving authority's power to impose losses)*. Angesprochen sind Finanzinstrumente, die von regulierten Emittenten begeben werden (insbesondere Banken und Versicherungen). Die Möglichkeit eines Ausfalls (Abschreibung des Nominalbetrags oder eine Wandlung in eine feste Anzahl von Stammaktien des Emittenten auf Weisung des Regulators), der nicht auf eine Bonitätsverschlechterung zurückzuführen ist, bleibt unbeachtlich, wenn die Instrumente sonst als Standardkreditverträge ausgestaltet sind (IFRS 9.B4.1.7A). Rechtfertigung für die Ausnahmeregel ist die Nichtaufnahme der Befugnis des Regulators in die Vertragsbedingungen (IFRS 9.B4.1.13, Instrument E, *bail-in instrument*). Selbst wenn die Möglichkeit eines regulatorischen Eingriffs in die Vertragsbedingungen repliziert wird, ist dies für die Beurteilung nicht schädlich, solange ein dynamischer Verweis besteht, sich Änderungen der regulatorischen Einwirkung also auf das Instrument durchschlagen. **176**

Die Zahlungsstrombedingung ist hingegen verletzt, wenn die Aufnahme regulatorischer Begrenzungen lediglich eine grenzüberschreitende Durchsetzbarkeit sicherstellen soll. Schädlich ist also das Bestehen einer Klausel, die im Rechtsraum der Emission keine Relevanz hat, aber im Interesse des Emittenten ist. Entsprechend sind freiwillige Anforderungen *(non-viability-*Klauseln) für die Beurteilung der Zahlungsstrombedingung zu beachten. **177**

3.3.2 Verbriefungen und strukturierte Instrumente

Bei **ABS-Papieren (Verbriefungen)**, die eine Zahlung an den Gläubiger nur insoweit vorsehen, wie *cash flows* aus dem zugrunde liegenden *asset pool* anfallen, kommt es für die Qualifizierung der ABS-Papiere als Finanzinstrumente *at amortised cost* auf die Struktur des Pools an (sog. *looking through*). Er darf im Wesentlichen nur Instrumente mit Zins und Tilgungen enthalten, zusätzlich ggf. Derivate zur Anpassung der Zahlungsstromvariabilität der Grundinstrumente, z.B. Zinsswaps (IFRS 9.B4.1.20ff.).[21] Schematisch gilt folgender Zusammenhang: **178**

20 Vgl. im Einzelnen STRUFFERT/NAGELSCHMITT, WPg 2012, S. 924ff.
21 Im Detail LOTZ/GRYSHCHENKO, PiR 2011, S. 149ff.

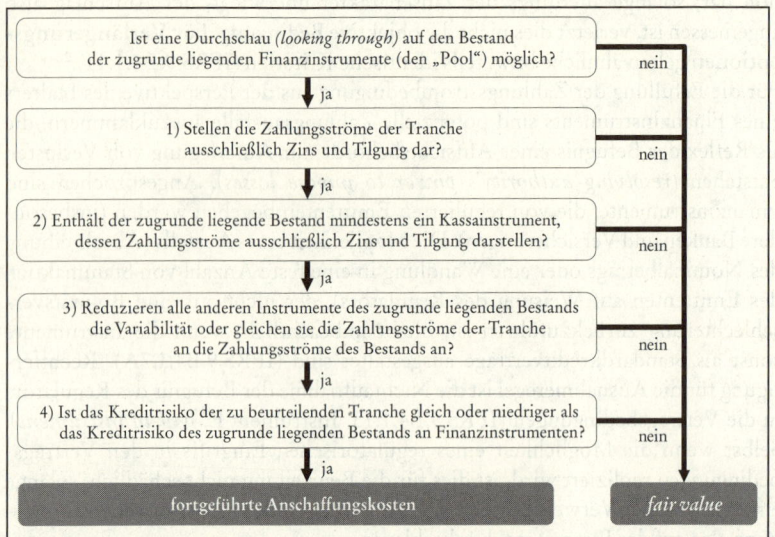

Abb. 5: Klassifizierung von Portfolien nach IFRS 9

179   Bei **strukturierten Produkten** ist nach dem nicht derivativen Grundelement wie folgt zu differenzieren:

- Das Grundelement ist ein finanzieller Vermögenswert im Anwendungsbereich von IFRS 9. Die Vorschriften von IFRS 9 sind auf den gesamten hybriden Vertrag anzuwenden (IFRS 9.4.3.2), mit der Folge, dass i.d.R. wegen nicht feststehender Zinsen und Tilgungen eine erfolgswirksame Bilanzierung zum *fair value* erfolgt (z.B. Wandelschuldverschreibungen).

- Das Grundelement ist eine **finanzielle Verbindlichkeit**. In diesem Fall ist wie bisher (IAS 39) zu beurteilen, ob das Derivat trennungspflichtig ist (IFRS 9.3.3). Hier kommt es darauf an, ob das Derivat *„closely related"* ist. Die Konkretisierung dieses Kriteriums in IFRS 9.B4.3.1 ff. entspricht der bisherigen Konkretisierung in IAS 39 (IFRS 9.BC4.91). Darüber hinaus wurden die Regeln von IFRIC 9 in IFRS 9 integriert: Die Beurteilung, ob ein eingebettetes Derivat und der Basisvertrag separat voneinander zu bilanzieren sind, erfolgt daher zu dem Zeitpunkt, zu dem das Unternehmen erstmals Vertragspartei wird; eine spätere Neubeurteilung ist nur im Fall einer Vertragsänderung, die eine signifikante Änderung der Geldflüsse bewirkt, vorzunehmen (IFRS 9.7.3.1, IFRS 9.B4.3.11 – IFRS 9.B4.3.12 und IFRS 9.BC4.98). Falls eine Trennungspflicht bejaht wird, ist das Grundelement gem. IFRS 9.4.3.4 i.V.m. IFRS 9.4.2.1 i.d.R. zu fortgeführten Anschaffungskosten zu bilanzieren, das Derivat entweder als Eigenkapital (z.B. bei Wandelschuldverschreibungen) oder als derivative Verbindlichkeit erfolgswirksam zum *fair value* (IFRS 9.4.2.1(a)). Ist keine Trennung vorzunehmen, erfolgt die Bilanzierung insgesamt zu fortgeführten Anschaffungskosten. In beiden Fällen kann u.U. von der *fair value option* Gebrauch gemacht werden.

• Das Grundelement unterliegt dem Anwendungsbereich eines anderen Standards. Ein Beispiel ist ein **Leasingvertrag**, bei dem die Leasingzahlungen inflationsabhängig sind (→ § 15a Rz 200). Die Basis ist nach den für sie relevanten Standards (z.B. IAS 17) zu bilanzieren, bei dem Derivat ist wiederum zu differenzieren, ob es einen Vermögenswert oder eine Verbindlichkeit begründet.

3.4 Verhältnis zu den Bewertungskategorien des IAS 39

3.4.1 Vier Kategorien und eine Option

Auch die Vorgaben des bisherigen Rechts sehen ein dreistufiges (Bewertungs-)System vor, nach dem zwischen einer Bewertung zu fortgeführten Anschaffungskosten sowie erfolgswirksam oder erfolgsneutral zum beizulegenden Zeitwert zu unterscheiden ist (Rz 148). Anders als die Vorgaben des IFRS 9, welche die Klassifizierung von einer objektiven (Rz 163 ff.) und einer subjektiven (Rz 156 ff.) Bedingung abhängig machen, ist aktivisch zwischen vier Arten von Finanzinstrumenten zu unterscheiden: 180

• „normale", nicht an einer Börse oder einem anderen aktiven Markt notierte **Ausleihungen** und **Forderungen** (*loans and receivables* bzw. LaR) bzw. **Verbindlichkeiten**, die zu (fortgeführten) Anschaffungskosten bewertet werden (Rz 184);

• bis zur Endfälligkeit zu haltende, börsennotierte **Finanzinvestitionen** in Fremdkapitaltiteln (*held-to-maturity investments* bzw. HTM bzw. **Fälligkeitswerte**), die ebenfalls zu (fortgeführten) Anschaffungskosten erfasst werden (Rz 188);

• zu **Handels-** bzw. **Spekulations**zwecken gehaltene finanzielle Vermögenswerte (*trading assets* bzw. *financial assets at fair value through profit or loss* bzw. FVTPL bzw. **Handelswerte**) oder **Schulden** (*trading liabilities* bzw. *financial liabilities at fair value through profit or loss*) und Finanzderivate, die zum *fair value* erfasst werden (Rz 196), und

• zur **Veräußerung** verfügbare finanzielle Vermögenswerte (*available-for-sale financial assets* bzw. AfS bzw. **veräußerbare Werte**), die in keine der drei ersten Kategorien (Rz 200) fallen und ebenfalls zum *fair value* erfasst werden, wobei die Wertänderungen zwischen den Stichtagen im Gegensatz zu den Handelswerten nicht erfolgswirksam zu erfassen, sondern erfolgsneutral gegen Eigenkapital zu buchen sind.

Die nachfolgende Tabelle fasst die **Grundregeln der Bewertung von aktiven Finanzinstrumenten** zusammen. Wegen der Regeln zur Umklassifizierung wird auf Rz 211 verwiesen. 181

	Fälligkeitswerte ebenso Darlehen/ Forderungen	veräußerbare Werte *(available for sale)*	Handelswerte *(trading)* (einschließlich gewillkürter Handelswerte gem. *fair value option)*
bei Empfänger	FK	FK oder EK	EK oder FK
Funktion	Absicht und Fähigkeit, bis Fälligkeit zu halten	Negativdefinition: keine der anderen Klassen	Spekulationsabsicht, kurzfristige Gewinne
Erstbewertung	AK (nom. *fair value)*	AK (nom. *fair value)*	AK (nom. *fair value)*
Folgebewertung	fortgeführte AK (Effektivzinsmethode)	*fair value*	*fair value*
Erfolg aus Änderung *fair value*	entfällt	erfolgsneutral	Aufwand/Ertrag
außerplanmäßige Abschreibung	Aufwand	zuvor in EK berücksichtigten Verlust in GuV übernehmen	entfällt
Zuschreibung nach außerplanmäßiger Abschreibung	Ertrag	Ertrag bzw. Eigenkapital	entfällt

Nicht ausdrücklich dargestellt sind in der Tabelle sog. **hybride Produkte.** Hierbei sind in ein Basisinstrument (meist Anleihe) bestimmte Rechte oder Pflichten eingebettet, die bei isolierter Betrachtung als Derivate gelten würden. Neben dem klassischen Instrument der **Wandelschuldverschreibung** (Schuldverschreibung als Basisinstrument, Option zur Umwandlung in Aktien als eingebettetes Derivat) gibt es inzwischen eine Unzahl sinnvoller, aber auch überaus exotischer Varianten hybrider bzw. strukturierter Produkte (Rz 269).

182 Diese nach **tatsächlichen** Merkmalen und Verwendungsabsichten zu unterscheidenden Grundkategorien werden ergänzt um einen **gewillkürten** Fall: Finanzielle Vermögenswerte (und auch Verbindlichkeiten) können durch entsprechende Widmung bei der Zugangsbuchung als *„financial asset or financial liability at fair value through profit or loss"*, kurz als **Handelswerte (FVTPL)**, **gewillkürt** werden (sog. *fair value option).* Eine Ausübung ist allerdings nur in zwei Fällen zulässig: Die Ausübung der Option

- führt zu relevanteren Informationen (IAS 39.9(b)) oder
- reduziert die Komplexität oder erhöht die Verlässlichkeit der Bewertung (IAS 39.11A – IAS 39.13).

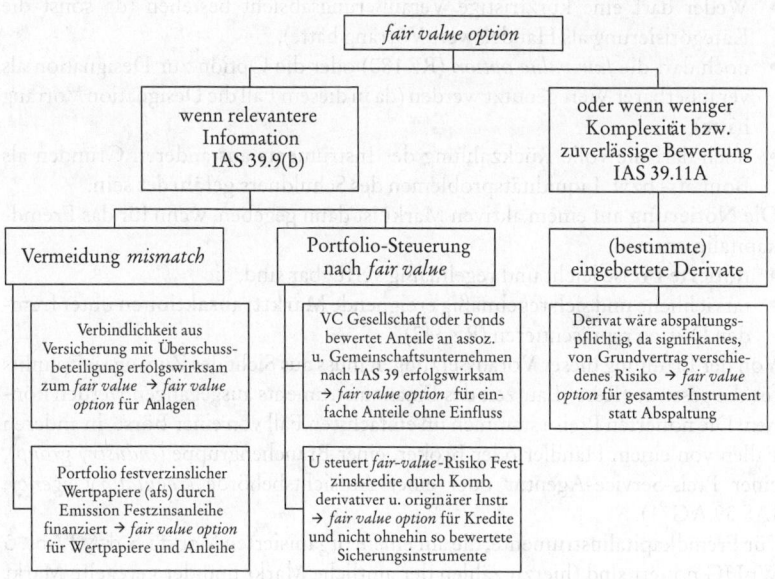

Abb. 6: Voraussetzung der Klassifizierung eines Finanzinstruments als *fair value option*

Die *fair value option* kann eine Alternative zum *fair value hedge accounting* sein (→ § 28a Rz 110). Bei Sicherungszusammenhängen können die unterschiedlichen Bewertungs- und/oder Ertragsrealisierungsvorschriften für das Sicherungsinstrument einerseits (erfolgswirksame *fair-value*-Bewertung) und das gesicherte Geschäft andererseits (erfolgsneutrale *fair-value*-Bewertung oder Anschaffungskostenbewertung) in Summe zu einem GuV-Erfolg aus Änderungen von Zinssätzen, Börsenkursen etc. führen, obwohl in der Gesamtbetrachtung beider sich insoweit wirtschaftlich saldierender Geschäfte das Unternehmen gerade nicht mehr von den Änderungen der gesicherten Variablen tangiert ist. Der Vermeidung solcher künstlichen Ergebnisse *(accounting mismatches)* dienen die Regeln des *hedge accounting*. Ihre Anwendung unterliegt jedoch hohen formellen Hürden i.S.d. Dokumentation des Sicherungszusammenhangs, dem Nachweis der Sicherungseffizienz usw. Die durch Option bewirkte erfolgswirksame *fair-value*-Bewertung des Grundgeschäfts kann hier zu einer **äquivalenten Lösung** führen, ohne dass ähnlich strenge Anforderungen erfüllt sein müssen. 183

3.4.2 Kredite und Forderungen (*loans and receivables*)

Die Kategorie Kredite und (andere) Forderungen *(loans and receivables* – LaR) ist nicht zivilrechtlich definiert. Verbriefte, an einem aktiven Markt gehandelte Forderungen (Rentenpapiere, Anleihen) sind vielmehr ausgeschlossen. **Notwendige** Voraussetzung für die Qualifizierung als *loans and receivables* ist somit die fehlende Notierung an einem **aktiven Markt** (IAS 39.9). **Hinreichend** ist dies noch nicht. Drei weitere Voraussetzungen sind gefordert: 184

- Weder darf eine kurzfristige Veräußerungsabsicht bestehen (da sonst die Kategorisierung als Handelswert Vorrang hätte),
- noch darf die *fair value option* (Rz 180) oder die Option zur Designation als veräußerbarer Wert genutzt werden (da in diesem Fall die Designation Vorrang hätte),
- noch darf die volle Rückzahlung des Instruments aus anderen Gründen als Bonitäts- bzw. Liquiditätsproblemen des Schuldners **gefährdet sein.**

Die **Notierung** auf einem aktiven Markt ist dann gegeben, wenn für das Fremdkapitalinstrument

- **notierte Preise** leicht und regelmäßig verfügbar sind, die
- tatsächliche und sich regelmäßig ereignende **Markttransaktionen** unter fremden Dritten repräsentieren (Rz 342).

Von der Erfüllung dieser Voraussetzungen muss aus Sicht des Zugangszeitpunkts für die gesamte (Rest-)Laufzeit des Finanzinstruments ausgegangen werden können. Die notierten Preise stammen im einfachsten Fall von einer Börse, in anderen Fällen von einem Händler oder Broker, einer Branchengruppe *(industry group)*, einer Preis-Service-Agentur oder einer Aufsichtsbehörde *(regulatory agency*; IAS 39.AG71).

185   Für Fremdkapitalinstrumente, die auf einem organisierten Markt i. S. d. § 2 Abs. 5 WpHG notiert sind (hierzu zählen der amtliche Markt und der geregelte Markt der deutschen Wertpapierbörsen), kann im Regelfall von einem aktiven Markt ausgegangen werden. Bei Preisnotierungen aus anderen Quellen ist eine Einzelfallbetrachtung notwendig. Aus **produktbezogener** Sicht lässt sich Folgendes festhalten:[22]

- Vom Unternehmen **ausgereichte Darlehen** (Ausleihungen) und **Kundenforderungen** sind in Ermangelung einer Notierung als *loans and receivables* zu kategorisieren.
- Für **Schuldscheindarlehen** gilt im Regelfall Entsprechendes.
- Für *asset-backed securities* (ABS) wird häufig der über die gesamte Laufzeit geforderte aktive Markt nicht vorliegen.
- Auch bei **Sekundärmarktkrediten** ist im Zweifel nicht von einem aktiven Markt auszugehen.
- Bei **Pfandbriefen** kommt es auf den Einzelfall an.
- Für **Jumbo-Pfandbriefe** (großvolumige, bestimmten Standards genügende Pfandbriefe) liegt hingegen regelmäßig ein aktiver Markt vor.

Im Fall eines aktiven Markts kommt für das Fremdkapitalinstrument eine Kategorisierung als *loans and receivables* nicht infrage; stattdessen ist es als Fälligkeitswert (HTM; Rz 188 ff.), Handelswert (FVTPL; Rz 196) oder veräußerbarer Wert (AfS; Rz 200 ff.) einzuordnen. Falls für ein als *loans and receivables* kategorisiertes Finanzinstrument später ein aktiver Markt entsteht, ist es nachträglich als Fälligkeitswert oder veräußerbarer Wert umzuklassifizieren.

186   Die Voraussetzung, dass die volle Rückzahlung des Instruments aus keinen anderen Gründen als aus Bonitäts- bzw. Liquiditätsproblemen des Schuldners gefährdet sein darf, ist z. B. bei eine Verlustteilhabe vorsehenden **Genussrechten** oder **stillen Beteiligungen** nicht erfüllt. Wegen Einzelheiten zu diesen Produkten wird auf Rz 289 verwiesen.

---

[22]   IDW RS HFA 9, Tz. 90 ff.

Die **Einbuchung** von Darlehen und anderen Forderungen erfolgt nominell zum *fair value*, tatsächlich i.d.R. zu Anschaffungskosten. Anschaffungsnebenkosten sind im Zugangswert zu berücksichtigen (IAS 39.43). Bei der Bewertung zu fortgeführten Anschaffungskosten bleibt es auch dann, wenn diese wegen Disagien usw. vom nominellen Darlehensbetrag abweichen. Eine Differenz zum Nominalbetrag ist im Rahmen der **Effektivzinsmethode** zu berücksichtigen (Rz 320). Aus der Verteilung des Differenzbetrags über die Laufzeit ergeben sich die zum jeweiligen Stichtag anzusetzenden **fortgeführten Anschaffungskosten**. **187**

3.4.3 Fälligkeitswerte (*held-to-maturity assets*)

An einem aktiven Markt (Rz 342) notierte – aus Sicht des Emittenten – Fremdkapitalinstrumente können als Fälligkeitswert *(held-to-maturity asset)* klassifiziert werden (IAS 39.9), sofern **188**
- sie **objektiv** eine **feste** Laufzeit (Endfälligkeit) aufweisen und
- die Rückzahlung des Investments außer in Fällen der Bonitäts- oder Liquiditätsprobleme des Emittenten **nicht gefährdet** ist sowie
- **subjektiv** die **Absicht** und die **Fähigkeit** des Unternehmens bestehen, den Wert bis zur **Endfälligkeit** zu halten.

Anlagen, die eine Verlustbeteiligung vorsehen, etwa bestimmte Genussrechte (Rz 289), oder die im Fall einer bestimmten Entwicklung externer Variablen (Aktienkurs etc.) vertraglich nicht die volle Rückzahlung gewährleisten, sind keine Fälligkeitsinvestments.

Ebenso können Eigenkapitalinstrumente (Aktien usw.) in Ermangelung einer Endfälligkeit nicht als *held to maturity* klassifiziert werden. Aber auch für **Fremd**kapitalinstrumente, die die oben genannten Kategoriemerkmale erfüllen, kommt die Kategorisierung als Fälligkeitswert nicht infrage, falls im Zugangszeitpunkt **189**
- eine kurzfristige Veräußerungsabsicht besteht (Handelswert – FVTPL; Rz 196);
- die *fair value option* (Rz 182) oder die Option zur Designation als veräußerbarer Wert (AfS) genutzt wird (gewillkürter Handelswert oder veräußerbarer Wert; Rz 156).

Darüber hinaus ist die Abgrenzung zur Kategorie *loans and receivables* (Rz 182) zu beachten. So sind Fremdkapitalinstrumente, die alle vorgenannten Voraussetzungen zur Kategorisierung eines Fälligkeitswerts erfüllen, aber nicht auf einem aktiven Markt notiert sind, als *loans and receivables* zu bilanzieren. Zur Frage, bei welchen Fremdkapitalinstrumenten ein aktiver Markt vorliegt, wird auf Rz 342 verwiesen.

Das Kriterium der festen Laufzeit kann bei **vorzeitiger Kündigungsmöglichkeit** zu verneinen sein: Kann der **Emittent** einer Anleihe vorzeitig kündigen, ist dies allerdings regelmäßig irrelevant. **Ausnahmsweise** schädlich für eine Klassifizierung als Fälligkeitswert beim Gläubiger ist ein Kündigungsrecht des Emittenten dann, wenn bei seiner Ausübung wesentlich weniger als die fortgeführten Anschaffungskosten zu vergüten sind (IAS 39.AG18). **190**

Wenn der **Gläubiger** einer Anleihe vorzeitig kündigen kann, soll eine Klassifizierung als Fälligkeitswert hingegen nicht infrage kommen (IAS 39.AG19). Als Begründung wird angeführt, dass es inkonsistent sei, einerseits eine Optionsprämie für die vorzeitige Rückgabemöglichkeit des Finanzwerts *(put option)* zu zahlen, andererseits eine Absicht zu behaupten, den Wert bis zur Fälligkeit halten zu wollen. Die **191**

Begründung muss jedenfalls in den Fällen nicht einschlägig sein, in denen beide Parteien nach einer Mindestlaufzeit kündigen können und auch implizit über Zinsdifferenzbetrachtungen keine Put-Optionsprämie bestimmbar ist.

192   Die Absicht, einen Vermögenswert bis zur Endfälligkeit zu halten, bedarf als subjektive Tatsache der **Objektivierung** durch Umstände oder Verhalten. IAS 39.9 bestimmt hierzu Folgendes: Hat ein Unternehmen im laufenden Geschäftsjahr oder während der vorangegangenen zwei Geschäftsjahre mehr als einen unwesentlichen Teil der Fälligkeitswerte vor Endfälligkeit verkauft, darf es keine Vermögenswerte mehr als *held to maturity* klassifizieren (Rz 150). Das nachfolgende Beispiel zeigt die Bedeutung dieser als **Sperre** wirkenden *tainting rule*.

Praxis-Beispiel
Ein Unternehmen hat in 01 Anleihen als *held to maturity* qualifiziert, sie aber in 02 veräußert. Das Unternehmen erwirbt in 02 bis 04 neue Anleihen mit der Absicht, diese bis zur Fälligkeit zu halten. In 03 bis 05 werden keine Verkäufe getätigt. Das Unternehmen darf Anleihen erstmals wieder in 05 als *held to maturity* qualifizieren, da erst aus Sicht des Jahres 05 die Bedingung „keine Verkäufe in laufendem Jahr (05) und in den zwei Vorjahren (03 und 04)" erfüllt ist.

---

193   **Keine Sperre** tritt ein bei Verkäufen **nahe am Fälligkeitstag** sowie bei Verkäufen, die einem **isolierten Sachverhalt** zuzurechnen sind, der sich der Kontrolle des Unternehmens entzieht, von einmaliger Natur ist und von diesem praktisch nicht vorhergesehen werden konnte (IAS 39.9). Als beispielhafte Kriterien für Verkäufe infolge eines **isolierten** Sachverhalts nennt IAS 36.AG22:
- eine wesentliche Verschlechterung der **Bonität** des Emittenten (Beispiel: Verkauf von griechischen Staatsanleihen nach Bonitätsherabstufung durch Moody's im Mai 2010),
- Änderungen der **Steuergesetzgebung** mit wesentlicher Auswirkung auf die Rentabilität der Anlage,
- **aufsichtsrechtliche** Veräußerungszwänge (bei Banken),
- Unternehmens**zusammenschlüsse** und Unternehmens**umstrukturierungen**, bei denen zur Erhaltung der vorherigen Risikoposition Teilveräußerungen des Portfolios notwendig sind.

194   Greift die Sperre von IAS 39.9 (noch) nicht, so führt die **Aufgabe** der ursprünglichen Halteabsicht bzw. ihre **Umwandlung** in eine Veräußerungsabsicht nicht zur Umklassifizierung in einen Handelswert. Zulässig – und bei Eintritt der Sperre oder Aufgabe der Halteabsicht geboten – ist nur die Umklassifizierung in einen veräußerbaren Wert (IAS 39.51). Wie Darlehen und Forderungen können auch Fälligkeitswerte durch Widmung im Zugangszeitpunkt als Handelswerte oder veräußerbare Werte **gewillkürt** und damit den Regeln der *fair-value*-Bewertung unterworfen werden (IAS 39.9; Rz 180 und Rz 182).

195   Wie bei Darlehens- und Kundenforderungen erfolgt die **Erstbewertung** von Fälligkeitswerten formell zum *fair value*, faktisch regelmäßig zu Anschaffungskosten (inkl. Nebenkosten; Rz 298), die **Folgebewertung** zu fortgeführten Anschaffungskosten (nach Maßgabe der Effektivzinsmethode). Wegen der Einzelheiten wird auf Rz 320ff. verwiesen.

3.4.4 Handelswerte (FVTPL)

Ein finanzieller Vermögenswert wird als Handelswert (*asset held for trading* oder **196**
kurz: *trading asset*) klassifiziert, wenn er hauptsächlich zum Zweck der kurzfristigen *(near term)* Weiterveräußerung erworben wurde. Abzustellen ist – wie bei
allen Klassifizierungen – primär auf die ursprüngliche, beim Erwerb gegebene
Absicht. Unabhängig von der Erwerbsabsicht ist eine Klassifizierung als Handelswert erforderlich, wenn der Vermögenswert Teil eines Portfolios gemeinsam ver-
walteter *(managed)* Finanzinstrumente ist, das bisher mit Handelsabsicht gesteuert
wurde (IAS 39.9). Das im Mai 2008 verabschiedete *Annual Improvements Project
2008* hat hierzu in IAS 39.9(a)(ii) eine Klarstellung eingefügt, wonach die Zugehörigkeit zu dem Portfolio im Zeitpunkt des Zugangs des finanziellen Vermögenswerts bestehen muss. Eine spätere Klassifizierung als Handelswert kommt daher
auch nach diesem Kriterium nicht infrage.

Daneben dürfen aktive Finanzinstrumente der Kategorien *loans and receivables,
held-to-maturity* und *available-for-sale financial assets* unter bestimmten Voraussetzungen durch Widmung im Zugangszeitpunkt der erfolgswirksamen *fair-
value*-Bewertung unterworfen werden *(fair value option)*.

Eine Umgliederung gewillkürter Handelswerte *(fair value option)* oder von **197**
Derivaten ist unzulässig.

Eine **nachträgliche** Zuordnung eines finanziellen Vermögenswerts in die Kategorie Handelswerte ist ebenfalls nicht zulässig (IAS 39.50). Hieran hat auch das
Amendment zu IAS 39 aus Oktober 2008 nichts geändert. Nach IAS 39.50A liegt
allerdings dann keine unzulässige Umklassifizierung vor, wenn

* ein Derivat erst nach seinem Zugang als Sicherungsinstrument im Rahmen des
  hedge accounting designiert wird und somit ab diesem Zeitpunkt die bisherige
  Klassifizierung als Handelswert beendet wird oder
* für ein Derivat die Designation als Sicherungsinstrument im Rahmen des
  hedge accounting vorzeitig beendet (z.B. weil die Voraussetzungen entfallen
  sind) und es ab diesem Zeitpunkt als Handelswert klassifiziert wird.

Ein Handelswert ist bei der **erstmaligen Erfassung** nominell mit dem *fair* **198**
value, tatsächlich i.d.R. mit seinen **Anschaffungskosten** anzusetzen (Rz 300).
Transaktionskosten und sonstige Anschaffungsnebenkosten sind im Gegensatz
zu den anderen (Bewertungs-)Kategorien nicht anzusetzen, sondern sofort
aufwandswirksam zu vereinnahmen (IAS 39.43).

Praxis-Beispiel
Wertpapiere werden am 29.12. zu einem Kurs von 100, bei Anschaffungsnebenkosten von 2 erworben. Zum 31.12. beträgt der Kurs 102. Es ergeben
sich folgende Buchungen:

Datum	Konto	Soll	Haben
29.12.:	Wertpapiere	100	
	Aufwand	2	
	Geld		102
31.12.:	Wertpapiere	2	
	Ertrag		2

199   Die **Folgebewertung** ist zum *fair value* (beizulegender Zeitwert) vorzunehmen (IAS 39.46). Im Fall von Eigenkapitalinstrumenten ist der Ansatz der Anschaffungskosten dann auch bei der Folgebewertung maßgeblich, wenn der *fair value* – im absoluten Ausnahmefall – nicht mit hinreichender Sicherheit bestimmt werden kann (IAS 39.46(c); Rz 375 ff.). **Wertänderungen** zwischen Zugangs- und Folgebewertung sowie Veränderungen zwischen verschiedenen Folgebewertungen sind als **Erfolg** in der GuV zu erfassen.

3.4.5   Veräußerbare Werte (AfS)

200   Veräußerbare Werte (AfS) stellen eine **Restkategorie** dar. Alle aktiven Finanzinstrumente, die weder Darlehen/Forderungen (LaR) noch Fälligkeitswerte (HTM) noch notwendige oder gewillkürte Handelswerte (FVTPL) sind, also alle Werte, die keiner der anderen bisher erläuterten Klassen angehören, fallen in die Kategorie **veräußerbare** Werte. Für die Abgrenzung zu den anderen Bewertungskategorien ist die **ursprüngliche** Verwendungsabsicht maßgeblich. Ein ursprünglich ohne kurzfristige Veräußerungsabsicht erworbenes Eigenkapitalinstrument wird daher auch dann nicht zum Bilanzstichtag umklassifiziert, wenn die Veräußerung alsbald nach dem Stichtag geplant ist.

201   In allen Fällen erfolgt die **Erstbewertung** der veräußerbaren Werte nominell zum *fair value*, tatsächlich zu **Anschaffungskosten**. Anschaffungsnebenkosten sind zu aktivieren. Für die Folgebewertung in der Bilanz gelten die gleichen Regelungen wie bei den **Handelswerten** (Rz 196 ff.). Primärer Bewertungsmaßstab ist der *fair value*. Ist der *fair value* nicht hinreichend sicher bestimmbar, kommen hilfsweise die Anschaffungskosten (Bewertung *at cost*) zum Ansatz.

202   Die Änderungen des *fair value* gegenüber den (fortgeführten) Anschaffungskosten bzw. gegenüber dem *fair value* zum letzten Bewertungsstichtag sind gem. IAS 39.55(b) **erfolgsneutral** im sonstigen Gesamtergebnis zu erfassen (*other comprehensive income*; IAS 39.55(b)).

Praxis-Beispiel

Aktien werden ohne eine Spekulationsabsicht bei einem Kurs von 100 und Anschaffungsnebenkosten von 3 erworben. Zum ersten Stichtag notieren die Aktien mit 98, zum zweiten mit 108. Zu diesem Wert werden sie kurz nach dem zweiten Stichtag auch veräußert. Die Wertänderungen werden zunächst in einer **Rücklage für Zeitbewertung** (RLZBW) erfasst, die bei Veräußerung erfolgswirksam aufzulösen ist (Buchungen bei Steuerfreiheit von Veräußerungsgewinnen und Abschreibungen auf Aktien):

Datum	Konto	Soll	Haben
Erwerb:	Aktien	103	
	Geld		103
1. Stichtag:	Sonstiges Gesamtergebnis	5	
	Aktien		5
2. Stichtag:	Aktien	10	
	Sonstiges Gesamtergebnis		10

Datum	Konto	Soll	Haben
Verkauf:	Geld	108	
	Aktien		108
	Sonstiges Gesamtergebnis	5	
	Ertrag		5

Die aus dem sonstigen Gesamtergebnis gespeiste **Rücklage für Zeitbewertung** muss nicht notwendigerweise als **eigene Kategorie** innerhalb der Bilanz und/oder der Eigenkapitalveränderungsrechnung aufgeführt werden. Eine Zusammenfassung mit anderen reyclingfähigen Rücklagen ist zulässig. Jedoch muss durch eine Gesamtergebnisrechnung erkennbar sein, welcher Wertänderungsbetrag bei veräußerbaren Werten unmittelbar im Eigenkapital erfasst ist (→ § 2 Rz 96). **203**

Bei Anleihen oder anderen Fremdkapitalinstrumenten mit fester Laufzeit kann nicht unberücksichtigt bleiben, dass **Transaktionskosten, Agien** usw. den Charakter von **Effektivzinsminderungen** haben, die als solche auch erfolgswirksam **im Zinsergebnis** berücksichtigt werden sollten. IAS 39.55(b) sieht daher für Fremdkapitalinstrumente mit fester (Mindest-)Laufzeit die zeitliche **Verteilung der Transaktionskosten** und sonstigen Unterschiedsbeträge vor. Das Instrument hierzu ist die **Effektivzinsmethode** (Rz 320). Im einfachsten Fall einer unverzinslichen Anleihe (Zerobond) lässt sich aus der Differenz von Anschaffungskosten (inkl. Nebenkosten) und Rückzahlungen der Effektivzins ermitteln. Dessen Anwendung auf die (fortgeführten) Anschaffungskosten ergibt den in jeder Periode erfolgswirksam zu berücksichtigenden Betrag. Bei verzinslichen Anleihen ist zusätzlich die Nominalverzinsung zu berücksichtigen. Ist die (Mindest-)Laufzeit des Fremdkapitalinstruments nicht bestimmbar, kann die Effektivzinsmethode nicht zur Anwendung gelangen. Anschaffungsnebenkosten und sonstige Unterschiedsbeträge sind dann erst bei Veräußerung zu berücksichtigen (IAS 39.AG67). **204**

Praxis-Beispiel
Ein Unternehmen behandelt alle Anleihen als veräußerbare Werte. Zum 1.1.01 erwirbt es auf dem Primärmarkt eine Anleihe zu folgenden Konditionen:
* Laufzeit fünf Jahre,
* Nominalbetrag = 100, Ausgabebetrag = 102 (d.h. Prämie 2),
* Verzinsung 6 % (marktüblich weniger, deshalb höherer Ausgabebetrag),
* Anschaffungsnebenkosten 3,
* der Zeitwert der Anleihe per 31.12.01 soll bei geändertem Marktzins 106 betragen.

Bei unveränderten Marktbedingungen wären per 31.12.01 auszuweisen:
100 + (2 Prämie + 3 ANK) − **1 Auflösung Prämie und ANK** = 104.
In das Eigenkapital ist demnach nicht die Differenz von Zeitwert und gesamten Anschaffungskosten (106 − 105 = 1) einzustellen. Die im Zinsergebnis zu berücksichtigende Auflösung von Prämie und Anschaffungsnebenkosten ist zu berücksichtigen. Einzustellen sind daher 106 − (105 − 1) = 2.
Per 31.12.01 sind (unter Vernachlässigung der Zinseszinseffekte und bei linearer Amortisierung) folgende Buchungen vorzunehmen:

Konto	Soll	Haben
Anleihe	2	
Eigenkapital (über das sonstige Ergebnis)		2*
Geld	6	
Zinsertrag		6
Zinsertrag	1	
Anleihe		1**
* (wegen Zeitwertänderung		
** wegen Amortisierung Prämie und Anschaffungsnebenkosten		

4   Umklassifizierung finanzieller Vermögenswerte

4.1   Änderung des Geschäftsmodells nach IFRS 9

205   Eine Umklassifizierung eines finanziellen Vermögenswerts innerhalb der Bewertungskategorien des IFRS 9 setzt eine Änderung des Geschäftsmodells (der subjektiven Klassifizierungsbedingung) voraus (IFRS 9.4.4.1). Der tatsächliche Eintritt einer solchen Änderung ist nach Auffassung des IASB sehr selten und muss

- durch das *senior management* als Ergebnis externer oder interner Änderungen festgelegt werden,
- signifikant sein für die operative Tätigkeit des Bilanzierenden und
- nachweisbar sein gegenüber externen Parteien (IFRS 9.B4.4.1).

Abzustellen ist nach IFRS 9.B4.4.1 auf eine Entscheidung des *senior management*, nicht des für die Bestimmung des Geschäftsmodells heranzuziehenden „*key management personnel*" i.S.v. IAS 24 (Rz 157). Es bedarf daher keiner Übereinstimmung der Management-Ebenen, die Umklassifizierung ist von einer höheren Ebene auszulösen.

206   Ändert das Unternehmen sein **Geschäftsmodell** für das Management einer Gruppe finanzieller Vermögenswerte, so ist eine Umklassifizierung der betroffenen finanziellen Vermögenswerte jedenfalls dann geboten, wenn die Änderung sich nicht graduell (schleichend) vollzieht (IFRS 9.4.4.1). Die Neuklassifizierung erfolgt nach den allgemeinen Klassifizierungsvorschriften, d.h. gem. IFRS 9.4.1.1 – IFRS 9.4.1.4.

207   Der Umklassifizierungstag ist der **erste Tag der ersten Berichtsperiode** im Anschluss an die Änderung des Geschäftsmodells, welche zur Umklassifizierung finanzieller Vermögenswerte geführt hat (IFRS 9 Anhang A). Werden finanzielle Vermögenswerte (gem. IFRS 9.4.9) umklassifiziert, so erfolgt dies **prospektiv** ab dem Umklassifizierungstag. Somit sind bis dahin erfasste Gewinne, Verluste bzw. Zinsen nicht anzupassen (IFRS 9.5.6.1). Nach IFRS 9 sind **zwei Arten** von Umklassifizierungen denkbar (IFRS 9.5.6.2 f.):

- Bei Umklassifizierung von der Kategorie „fortgeführte Anschaffungskosten" in die Kategorie „beizulegender Zeitwert" muss der beizulegende Zeitwert des finanziellen Vermögenswerts zum Umklassifizierungstag festgestellt werden. Die Differenz zum bisherigen Buchwert ist erfolgswirksam zu erfassen.

- Bei Umklassifizierung in umgekehrter Richtung verwandelt sich der beizulegende Zeitwert am Umklassifizierungstag zum neuen Buchwert des finanziellen Vermögenswerts.

Eine Änderung des Geschäftsmodells setzt belastbare Nachweise voraus, es besteht nur ein geringer Ermessensspielraum. Keine Änderung des Geschäftsmodells liegt daher vor, wenn

- für einzelne finanzielle Vermögenswerte, nicht aber für ein gesamtes Portfolio sich eine Änderung der Verwertungsabsicht einstellt (auch bei wesentlichen Änderungen der Marktbedingungen),
- kurzzeitig für einzelne finanzielle Vermögenswerte ein illiquider Markt festgestellt wird oder
- einzelne finanzielle Vermögenswerte zwischen Unternehmensteilen mit unterschiedlichen Geschäftsmodellen übertragen werden (IFRS 9.B4.4.3).
- Das dauerhafte Verschwinden eines aktiven Markts kann allerdings den Wechsel eines zuvor unter der Erwartung eines liquiden Handels ausgewählten Geschäftsmodells auslösen.

208

Für die Beurteilung, ob ein Wechsel des Geschäftsmodells vollzogen wurde, ist zwischen den einzelnen Steuerungsebenen des Managements zu unterscheiden:

209

- Besteht für ein Geschäftsfeld, in welchem finanzielle Vermögenswerte zur Vereinnahmung der vertraglichen Zahlungen geführt wurden, eine Entscheidung zur Einstellung, die Aufgabe jeglichen Neugeschäfts und die Absicht, das bestehende Portfolio am Markt zum Verkauf anzubieten, liegt eine Änderung des Geschäftsmodells vor (IFRS 9.B4.4.1(b)).
- Wird die Entscheidung getroffen, das gesamte Geschäftsfeld zu veräußern, ohne allerdings vorher die laufenden Aktivitäten zu ändern, ist das bestehende Geschäftsmodell bis zum Verkauf/Abgang fortzuführen (Rz 159).

Wurde für einen finanziellen Vermögenswert eine gewillkürte Klassifizierung *at fair value through profit or loss* vorgenommen, scheidet eine Umklassifizierung aus. Die Entscheidung zur *fair value option* ist endgültig (IFRS 9.4.1.5). Eine Umklassifizierung scheidet ebenfalls aus, wenn ein vertragliches Merkmal eines finanziellen Vermögenswerts, welches die Bewertung zu fortgeführten Anschaffungskosten oder zum *fair value* mit Wertänderungen im sonstigen Ergebnis bei erstmaliger Erfassung verhindert hatte, im Zeitablauf wegfällt bzw. ausläuft (IFRS 9.3.1.1, IFRS 9.4.4.1).

210

Praxis-Beispiel

Ein Unternehmen hat in 01 eine Wandelanleihe gezeichnet. Das Wandlungsrecht ist auf drei Jahre befristet, läuft also in 04 aus. Die Anleihe hat insgesamt eine Laufzeit von zehn Jahren. Wird also nicht innerhalb der ersten drei Jahre gewandelt, besteht nur noch ein Anspruch auf Zins und Tilgung. Im Zugangszeitpunkt scheidet eine Klassifizierung als *at amortised cost* aus, die objektive Bedingung ist verletzt. Eine Umklassifizierung in 04 scheidet ebenfalls aus, wenn es an einer Änderung des Geschäftsmodells fehlt.

4.2   Umklassifizierung nach IAS 39

211 Hinsichtlich der Umklassifizierung von Finanzinstrumenten ist zu unterscheiden zwischen

- allgemein notwendigen oder zulässigen Fällen (Rz 210) und
- speziellen, nur ganz ausnahmsweise zulässigen Fällen.

212 Als **allgemeine Anlässe** für die Umklassifizierung von Finanzinstrumenten nach IAS 39 sind im Wesentlichen folgende Fälle zu unterscheiden:

- Ein Fälligkeitswert (HTM) darf nicht mehr als solcher ausgewiesen werden, weil entweder die Halteabsicht freiwillig **aufgegeben** wird (Einzelbetrachtung) oder weil wegen Veräußerung anderer *held-to-maturity*-Werte (Gesamtbetrachtung) eine **Sperrwirkung eintritt** (IAS 39.51 und IAS 39.52). Der Fälligkeitswert wird zu einem veräußerbaren Wert (IAS 39.51).
- Wegen **Zeitablaufs** entfällt die Sperrwirkung. Zuvor zwangsweise als *available for sale* ausgewiesene Finanzinstrumente können entsprechend der individuellen Halteabsicht in *held-to-maturity*-Werte um- bzw. rückklassifiziert werden (IAS 39.54).
- Eine nicht marktnotierte Forderung (LaR) ist wegen Handelsabsicht im Zugangszeitpunkt als *held for trading* (FVTPL) klassifiziert worden, die Handelsabsicht ist entfallen, die Forderung soll für die absehbare Zukunft *(foreseeable future)* oder bis zur Fälligkeit im Bestand bleiben (IAS 39.50D). Die Forderung kann (Wahlrecht) nach LaR umklassifiziert werden.
- Eine nicht marktnotierte Forderung ist im Zugangszeitpunkt als AfS designiert worden, die Forderung soll für die absehbare Zukunft *(foreseeable future)* oder bis zur Fälligkeit im Bestand bleiben (IAS 39.50E). Sie kann (Wahlrecht) nach LaR umklassifiziert werden.

Zulässig ist damit in beide Richtungen der **Wechsel zwischen** Fälligkeitswerten und veräußerbaren Werten, einseitig der Wechsel aus der Kategorie Handelswerte (FVTPL) bzw. veräußerbare Werte (AfS) in die Kategorie Forderungen und Ausleihungen (LaR). Unzulässig bleibt eine Umklassifizierung in die Kategorie FVTPL. Auch die bevorstehende Veräußerung eines bisher ohne oder mit bedingter Veräußerungsabsicht gehaltenen Finanzinstruments klassifiziert diesen z.B. nicht in einen Handelswert um.

213 Darüber hinaus kann in seltenen Ausnahmefällen *(rare circumstances)* ein Finanzinstrument aus der Kategorie Handelswerte (FVTPL) in die Kategorie Fälligkeitswerte (HTM) bzw. veräußerbare Werte (AfS) umklassifiziert werden. Als solche Ausnahmefälle gelten ausweislich einer Presseerklärung des IASB vom 13.10.2008 die Finanzmarktkrise sowie der drastische Preisverfall des russischen Rubels Anfang 2015. Neben der **objektiven** Bedingung – *rare circumstances* – setzt die Umklassifizierung **subjektiv** einen Wegfall der Handelsabsicht voraus, entweder für einzelne finanzielle Vermögenswerte oder für ein Portfolio, bei Umkategorisierung in die Kategorie HTM außerdem die Erfüllung der für die Kategorie in IAS 39.9 geforderten Voraussetzungen zum Zeitpunkt der Umkategorisierung.[23]

214 Fraglich ist das Verhältnis von IAS 39.50B zu IAS 39.50D. Nach der wohl herrschenden Meinung ist die letztgenannte Vorschrift als abschließende Regelung für die Umklassifizierung nach LaR anzusehen; daher hat IAS 39.50B für diese

---

[23]   IDW RS HFA 26, Tz. 14 f.

Zielkategorie keine Relevanz. Würden für LaR IAS 39.50B und IAS 39.50D nebeneinander gelten, läge der Vorteil von IAS 39.50B darin, dass hier nicht positiv das Verbleiben der Forderung für die absehbare Zukunft im Bestand vorausgesetzt wird, sondern das aktuelle Fehlen einer Handelsabsicht ausreichend wäre. Aus dem Wortlaut des Standards ergibt sich nicht unbedingt der abschließende Charakter von IAS 39.50D. Nach der Auffassung des IDW soll hiervon aber auszugehen sein.[24] Eine Umklassifizierung von FVTP oder AfS in LaR setzt danach voraus:

- Fortfall der kurzfristigen Verkaufs- oder Rückkaufabsicht (nur bei Umklassifizierung aus FTPL);
- Erfüllung der Voraussetzungen für eine LaR zum Zeitpunkt der Umkategorisierung;
- Absicht und Fähigkeit, den Vermögenswert auf absehbare Zeit oder bis zur Endfälligkeit zu halten (IAS 39.50E).

Mit der Umklassifizierung von Fälligkeitswerten (HTM) in veräußerbare Werte (AfS) oder umgekehrt bzw. von Handelswerten (FTPL) oder veräußerbaren Werten (AfS) in Fälligkeitswerte (HTM) oder Forderungen (LAR) ist ein **Wechsel der Bewertungsmethode** verbunden. Findet der Wechsel **von der Anschaffungskostenbewertung zur Zeitbewertung** statt, so ist die Differenz zwischen fortgeführten Anschaffungskosten und beizulegendem Zeitwert des Umwidmungszeitpunkts regelmäßig erfolgsneutral gegen **Eigenkapital** zu **buchen**. **215**

Im umgekehrten Fall des Übergangs **von der Zeitbewertung zu den Anschaffungskosten** ergibt sich die neue Anschaffungskostenbasis (als Grundlage für die Effektivzinsmethode) aus dem Zeitwert des Umwidmungszeitpunkts. Die Behandlung von vor dem Umwidmungszeitpunkt liegenden, bisher erfolgsneutral im Eigenkapital berücksichtigten Wertänderungen bei AfS hängt davon ab, ob das fragliche Aktivum eine bestimmbare **Restlaufzeit** hat. Ist dies nicht der Fall, so wird die im Eigenkapital aufgelaufene Wertänderung erst dann in die GuV umgebucht, wenn der Vermögenswert **abgeht** (IAS 39.54(b)). Hat der Vermögenswert hingegen eine **feste** Laufzeit, so ist der im Eigenkapital aufgelaufene Betrag über die Restlaufzeit zu amortisieren. Eine Differenz zwischen der neuen Anschaffungskostenbasis und dem bei Endfälligkeit rückzahlbaren Betrag wird wie jedes „normale" Agio oder Disagio ebenfalls über die Laufzeit amortisiert (IAS 39.54(a)). In beiden Fällen ist der im Eigenkapital aufgelaufene Betrag außerdem im Fall einer Abschreibung aufzulösen und in der GuV zu erfassen. **216**

Die nachfolgende Tabelle fasst **Anlässe und Behandlung** der Umklassifizierung nach den Regeln von IAS 39 zusammen. Die davon abweichenden Regelungen von IFRS 5 kommen auch dann nicht zur Anwendung, wenn Finanzinstrumente im Paket mit anderen Vermögenswerten veräußert werden sollen (→ § 29 Rz 4). **217**

---

[24] IDW RS HFA 26, Tz. 17 ff.

Umwidmung in die Bewertungskategorie ...					
Ursprungs-kategorie	*held for trading*	*designated at fair value*	*loans and receivables*	*held to maturity*	*available for sale*
held for trading		Nein	**Ja***	**Ja***	**Ja***
designated at fair value	Nein		Nein	Nein	Nein
loans and receivables	Nein	Nein		Nein	Nein
held to maturity	Nein	Nein	Nein		Ja
available for sale	Nein	Nein	**Ja***	Ja	
*) Änderung durch das *Amendment* zu IAS 39 vom Oktober 2008					

218 Buchungsmäßig **komplex** ist insbesondere die Umwidmung von veräußerbaren Werten *(available for sale)* in Fälligkeitswerte *(held to maturity)*. Neben der Amortisierung des Eigenkapitalbetrags und der Differenz zwischen neuer Anschaffungskostenbasis und späterem Rückzahlungsbetrag sind auch ursprüngliche Agien und Disagien zu berücksichtigen. Das nachfolgende Beispiel fasst die relevanten Komplizierungen zusammen.

Praxis-Beispiel

Wegen Ablauf der Sperrfrist kann eine zum 31.12.01 mit einem Agio von 3 erworbene Anleihe (nominal 100, Zins 5 %, AK 103) zum 1.1.03 von *available for sale* nach *held to maturity* umklassifiziert werden. Die Anleihe läuft bis zum 1.1.05. Der Zeitwert zum Umklassifizierungszeitpunkt beträgt 96. Die Zinsen sind zum 31.12.02 usw. fällig.

Folgende Probleme sind zu unterscheiden:

- Die Auflösung des Agios von 3 war im Gegensatz zu anderen Wertänderungen nicht im Eigenkapital, sondern über die Laufzeit im Zinsergebnis zu erfassen (IAS 39.55(b); Rz 204). Mit Übergang zur Anschaffungskostenbewertung (Effektivzinsmethode) entfällt die gesonderte Betrachtung.
- Zum 31.12.02 sind daher nicht 103 – 96 = 7, sondern nur 6 (7 – 1 Auflösung Agio) als Zeitwertänderung im Eigenkapital zu erfassen. Diese 6 sind mit Umwidmung, d. h. ab 03, über die (Rest-)Laufzeit zu verteilen.
- Die neue Anschaffungskostenbasis von 96 liegt um 4 unter dem Nominalbetrag von 100. Dieser Differenzbetrag ist wie ein „normales" Disagio über die (Rest-) Laufzeit zu amortisieren.

Somit ergeben sich am 31.12.02 folgende Buchungssätze:

Konto	Soll	Haben
Geld	5	
Zinsertrag		5

Konto	Soll	Haben
Zinsertrag	1	
Wertpapier (wegen Amortisierung Agio)		1
EK	6	
Wertpapier (wegen Wertänderung 7–1)		6

31.12.03 und 31.12.04 jeweils

Konto	Soll	Haben
Geld	5	
Zinsertrag		5
Zinsertrag	3	
EK (wegen Amortisierung 6 EK auf zwei Jahre)		3
Wertpapier	2	
Zinsertrag (wegen Amortisierung 100 nominal – 96 neue AK)		2

Als Ergebnis aller Buchungen beträgt per 31.12.04

- die EK-Rücklage: $0 = -6 + 3 + 3$
- das Wertpapier: $100 = 103 - 1 - 6 + 2 + 2$
- der Gesamtertrag 03 und 04: $8 = 2 \times 5 - 2 \times 3 + 2 \times 2 = (2 \times 5) - 2$

Ähnliche Probleme wie bei der Umklassifizierung stellen sich, wenn der *fair value* nicht mehr feststellbar ist und deshalb **hilfsweise** zum **Anschaffungskostenmodell** gewechselt werden muss (IAS 39.54) oder umgekehrt der *fair value* erstmalig festgestellt werden kann und deshalb vom hilfsweisen Anschaffungskostenansatz zum *fair value* zu wechseln ist (IAS 39.53). **219**

Praxis-Beispiel

Eine erfolgswirksam als Handelswert *(trading)* qualifizierte Aktie wird Anfang 01 zu 100 angeschafft. Am Ende 01 notiert sie mit 60. In 02 wird die Aktiengesellschaft wegen finanzieller Schwierigkeiten aus der Börsennotierung entfernt *(delisted)*. Mangels Börsennotierung und sonstiger Informationen ist danach kein *fair value* mehr bestimmbar. Ende 03 erhält die bilanzierende Gesellschaft jedoch zwei Kaufangebote, eines über 100, eines über 200. Die Angebote werden nicht angenommen. Die GuV-Ergebnisse sind wie folgt:

- in 01: –40,
- in 02: 0,
- in 03: 0 (oder +90).

Der Wert zum *delisting*-Zeitpunkt gilt gem. IAS 39.54 per Fiktion als Anschaffungskosten. Die Kaufangebote in 03 liefern Hinweise auf eine Werterholung von mindestens 40. Angesichts der Differenz der Angebote bzw. der Breite des

Intervalls wird man die Angebote jedoch kaum als hinreichend zuverlässigen Indikator für den *fair value* nehmen können (IAS 39.AG80). Die Bilanzierung bleibt im Anschaffungskostenmodell. Eine Zuschreibung über die fiktiven (!) Anschaffungskosten hinaus auf (die ursprünglichen Anschaffungskosten von) 100 kommt daher nicht infrage. Sähe man jedoch die Kaufangebote bzw. deren Mittelwert (150) als hinreichend zuverlässige *fair-value*-Indikation an, wäre ein Rückwechsel zur *fair-value*-Bewertung vorzunehmen (IAS 39.53). Der Rückwechsel würde zu einem Erfolg von 150–60 = 90 führen.

Variante
Die Aktie wird in bedingter Veräußerungsabsicht als *available for sale* gehalten. Die GuV-Ergebnisse sind wie folgt:
- in 01: 0,
- in 02: –40 (wegen objektiver Evidenz *impairment*),
- in 03: 0.
In 03 entsteht wegen IAS 39.53 i. V. m. IAS 39.55(b) nunmehr auch bei einem Rückwechsel zur *fair-value*-Bewertung kein Erfolg.

5   Klassifizierung finanzieller Verbindlichkeiten

5.1   Abgrenzungen zum Eigenkapital

220   Den Bewertungsüberlegungen vorauszuschalten ist in Grenzfällen die Frage, ob ein Finanzinstrument aus Sicht des Unternehmens überhaupt Fremdkapitalcharakter hat (d.h. Finanzverbindlichkeit ist) oder als Eigenkapital eingestuft werden muss. Die Abgrenzungskriterien sind in IAS 32 enthalten und werden in → § 20 im Einzelnen erläutert. An dieser Stelle erfolgt daher nur ein kurzer Überblick:
- **Mezzanine Finanzierungen:** Eine schuldrechtliche Kapitalüberlassung bleibt auch dann Finanzverbindlichkeit, wenn sie wie bei bestimmten Genussrechten, stillen Beteiligungen usw. durch Verlustbeteiligung, Insolvenznachrang etc. dem Eigenkapital wirtschaftlich nahekommt (→ § 20 Rz 20).
- **Leistungsbezug gegen Gewährung von Anteilsrechten:** Ist ein Vertrag über den „Einkauf" von Leistungen statt mit Geld durch die Ausgabe bzw. Hingabe von Eigenkapital zu vergüten, führt die bereits „vereinnahmte", aber noch nicht „bezahlte" Leistung nur dann schon zu Eigenkapital, wenn die Zahl der zu gewährenden Aktien feststeht. Ist die Aktienzahl variabel (insbesondere umgekehrt proportional zur Kursentwicklung), liegt vorübergehend Fremdkapital vor (→ § 20 Rz 23).
- **Derivative Kontrakte in eigenen Aktien:** Gibt die Gesellschaft ein bindendes Angebot auf den Erwerb oder die Lieferung eigener Aktien ab, ist der am Bilanzstichtag bestehende Schwebezustand als Finanzverbindlichkeit auszuweisen. Ein wichtiger Anwendungsfall sind freiwillige Erwerbsangebote nach WpÜG (→ § 20 Rz 26 f.).
- **Abfindungen bei Ausscheiden von Gesellschaftern:** Wird bei Personengesellschaften oder Genossenschaften gesetzlich oder in den Statuten vorgesehen, dass Kündigung oder Tod zum Ausscheiden aus der Gesellschaft gegen Abfindung führt, können diese Abfindungspflichten bereits abstrakt, d. h. vor

Eintritt des auslösenden Ereignisses, zur Umqualifizierung des gesellschaftsrechtlichen Eigenkapitals in bilanzielles Fremdkapital führen.

5.2 Nur geringfügige Änderungen durch IFRS 9

Verbindlichkeiten sind nach IFRS 9.4.2.1 entweder in die **Kategorie** 221
- fortgeführte Anschaffungskosten (*amortised cost*) oder
- erfolgswirksame *fair-value*-Bewertung (*fair value through profit or loss*)

einzustufen. Besondere, gegenüber IAS 39 unveränderte Regelungen bestehen für Verbindlichkeiten, die auf
- einer nicht zur (vollständigen) Ausbuchung führenden Übertragung von finanziellen Vermögenswerten (Rz 99),
- Finanzgarantien (Rz 231) oder
- Kreditzusagen (Rz 34)

beruhen.

Der **Normalfall** ist die Bewertung von finanziellen Verbindlichkeiten zu fortgeführten Anschaffungskosten. Die *fair-value*-Kategorisierung kommt pflichtweise (siehe zur *fair-value*-Option Rz 150 und Rz 182) wie bisher nur bei derivativen Verbindlichkeiten und Verbindlichkeiten des Handelsbestands (etwa aus spekulativen Leerverkäufen) zum Tragen. Abweichend von IAS 39 gilt: Derivative Verbindlichkeiten, die an nicht börsennotierte Eigenkapitalinstrumente gebunden und durch diese zu erfüllen sind, dürfen nicht mehr unter Berufung auf mangelnde verlässliche Bewertbarkeit zu Anschaffungskosten bewertet werden (IFRS 9.BC5.20). Sie sind zwingend zum *fair value* zu bewerten.[25] 222

Bei **zusammengesetzten Finanzinstrumenten** mit Charakteristika von Eigen- und Fremdkapital (z.B. Wandelschuldverschreibungen) ist wie bisher eine Aufteilung des Emissionserlöses geboten (*split accounting*). Das durch IFRS 9 eingeführte Trennungsverbot für entsprechende finanzielle Vermögenswerte (Rz 264) wird nicht auf die Verbindlichkeiten übertragen. 223

5.3 Regelbewertung von Finanzverbindlichkeiten

Sämtliche Finanzverbindlichkeiten (dazu gehören **auch solche aus Lieferungen und Leistungen**) sind im **Zugangszeitpunkt** nominell zum *fair value*, tatsächlich i.d.R. **zu Anschaffungskosten**, zu bewerten (IAS 39.43). Die Anschaffungskosten ergeben sich i.d.R. aus dem vereinnahmten Betrag. In der **Folgezeit** ist nach Maßgabe der Effektivzinsmethode eine Aufzinsung vorzunehmen (**fortgeführte Anschaffungskosten**), so dass sich zum Ende der Laufzeit der Rückzahlungsbetrag ergibt. Hierzu folgendes Beispiel: 224

Praxis-Beispiel

Ein Darlehen von 100 wird zum 1.1.01 aufgenommen. Das Disagio beträgt 5 %. Der Nominalzins von 7,12 % ist jeweils zum 31.12. fällig. Das Darlehen ist zum 1.1.03 zurückzuzahlen.

Rechnerisch ergibt sich ein Effektivzins von 10 %. Hieraus leiten sich fortgeführte Anschaffungskosten von 97,38 zum 31.12.01 und von 100 zum 31.12.02 ab.

---

[25] Vgl. auch WIECHENS/KROPP, KoR 2011, S. 225 ff.

	1.1.	+ 10 % effektiv	– 7,12 % Zahlung	31.12.
01	95,00	+ 9,50	– 7,12	= 97,38
02	97,38	+ 9,74	– 7,12	= 100

Die Folgebewertung zu fortgeführten Anschaffungskosten ist die **Regelbewertung**. Sie gilt für alle finanziellen Schulden, außer für Schulden, die zu **Handelszwecken** gehalten werden, und für **derivative Schulden**.

225 Soweit Verbindlichkeiten **objektiv** zu Handelszwecken gehalten *(trading liabilities)* oder entsprechend **gewillkürt** werden, hat die Folgebewertung zum *fair value* zu erfolgen. Das Anwendungsfeld der objektiv zu Handelszwecken gehaltenen originären Finanzverbindlichkeiten ist außerhalb des Finanzdienstleistungsbereichs gering. Infrage kommen insbesondere Verbindlichkeiten aus **Wertpapierleerverkäufen** und mit der Absicht eines kurzfristigen Rückerwerbs begebene Verbindlichkeiten (u. U. Anleihen).

226 Eine Verbindlichkeit kann unter restriktiven Voraussetzungen durch Widmung im Zugangszeitpunkt als **Handelsverbindlichkeit** gewillkürt und damit der erfolgswirksamen *fair-value*-Bewertung zugeführt werden. Durch eine solche Widmung führt der mit einer Verschlechterung der Bonität einhergehende Verfall eines **Anleihekurses beim Schuldnerunternehmen zu einer** (gem. IAS 39 in der GuV, gem. IFRS 9 im OCI oder in der GuV) zu berücksichtigenden (Rz 227) **Gewinnerhöhung** (!) im Gefolge der Minderung des Verbindlichkeitswerts, es sei denn, der Zinssatz der vom Unternehmen ausgegebenen Anleihe ist selbst bonitätsabhängig. Die nachfolgende Tabelle zeigt Zusammenhänge zwischen Marktzins und Bonität.

	Anleihentyp	
Ereignis	**festverzinslich**	**variabel (z. B. EURIBOR + X %)**
Marktzins sinkt	Kurs steigt	Kurs konstant
Bonität sinkt	Kurs sinkt	Kurs sinkt (es sei denn, X ist bonitätsabhängig)

227 Mit der Widmung einer Schuld als Handelsverbindlichkeit erfolgt die Bewertung in der Bilanz des Schuldners – u. E. systematisch unzutreffend – aus der Sicht des Gläubigers. Der Schuldner zeigt in seinem Vermögensausweis dann nicht mehr, wie viel er schuldet. Je schlechter die Bonitätsbeurteilung des Schuldnerunternehmens ausfällt, desto mehr Erträge werden bei ihm generiert – aus überkommener deutscher Betrachtung ein gewöhnungsbedürftiges Ergebnis. Zusätzliche Erläuterungen sind deshalb geboten.[26] Anzugeben sind:

- der Betrag der Änderung des *fair value*, der nicht durch Zinsänderungen (sondern insbesondere durch Bonitätsänderungen) hervorgerufen wurde;
- der Unterschied zwischen dem Buchwert (= *fair value*) und dem Rückzahlungsbetrag (IAS 32.94 f.).

---

[26] STARBATTY, WPg 2001, S. 543, 548.

Praxis-Beispiel

Unternehmen U rechnet nach internen Planungen kurz- bis mittelfristig mit einer Verschlechterung seiner Bonität. Es gelingt ihm, einen größeren Finanzierungsbedarf noch durch Platzierung einer Festzins-Anleihe zu Konditionen erster Bonität zu decken. Die Verbindlichkeit aus der Anleihe wird als Handelsverbindlichkeit gewillkürt. Einige Zeit nach der Anleihenplatzierung verschlechtert sich die Bonität von U. Neue Fremdmittel würden nur mit einem erheblich höheren Zinssatz aufgenommen werden können. Das verschlechterte Rating senkt den Marktwert der Anleihe. U erzielt einen Bewertungsgewinn aus der verschlechterten Bonität und bucht demzufolge: „**per Verbindlichkeit an Ertrag oder OCI**" (wegen gesunkener Bonität).

5.4 Verbindlichkeiten aus stillen Beteiligungen oder partiarischen Darlehen

Die bilanzielle Behandlung erfolgsabhängig verzinslicher Verbindlichkeiten (partiarische Darlehen) oder vergleichbarer Schulden (stille Beteiligungen ohne Verlustteilhabe) hängt wesentlich davon ab, ob der erfolgsabhängige Zins als **separierungspflichtiges eingebettetes Derivat** zu qualifizieren ist. Dies setzt zunächst voraus, dass eine entsprechende *stand alone* vereinbarte Erfolgsbeteiligung überhaupt als Derivat gelten würde. Nach der Definition von Derivaten in IAS 39.9 wäre dies dann nicht der Fall, wenn der Wert des eingebetteten Vertragselements von einer nicht finanziellen Variablen abhängt, die spezifisch für eine Partei des Vertrags ist. Das IFRS IC hat bisher allerdings offengelassen, ob die Bindung an Erfolgsgrößen des Emittenten (EBT, EBITDA etc.) als finanzielles oder nicht finanzielles *underlying* anzusehen ist und eine i. d. R. liegende Unklarheit bestätigt (Rz 290). Insoweit besteht zunächst ein **faktisches Wahlrecht**:

228

* Wird die Erfolgsbeteiligung als nicht finanzielle Variable qualifiziert, fällt sie nicht unter die Definition eines Derivats. Die gesamte Verbindlichkeit stellt ein **einheitliches Bilanzierungsobjekt** dar.
* Wird die Erfolgsbeteiligung hingegen als finanzielle Variable gewürdigt, so stellt sie ein eingebettetes Derivat dar, das **separat** zu bilanzieren ist, wenn Derivat und Basisvertrag nicht eng verbunden (*closely related*) sind. In der Beurteilung der engen Verbundenheit kann IAS 39.AG33(a) analog zu berücksichtigen sein. Danach besteht bei Zinshebelprodukten keine Trennungspflicht, wenn der Hebel nicht zu einem Zins führen kann, der den anfänglichen und den Marktzins des Grundvertrags zumindest verdoppeln kann. Innerhalb dieses Intervalls gilt die für ein nicht strukturiertes Darlehensprodukt typische Bindung der Zahlungen an Laufzeit, Kapital und Marktzins noch als hinreichend gewahrt. Diesem Gedanken folgend kann u. E. auch der erfolgsabhängige Zins aus partiarischen Darlehen oder stillen Beteiligungen dann als eng verbunden angesehen werden, wenn die Verzinsung weniger als das Doppelte des ursprünglich erwarteten Zinses sowie des für ein laufzeitäquivalentes Festzinsdarlehen zu zahlenden Marktzinses begrenzt ist.

Bei **einheitlicher Bewertung** erfolgt die Zugangsbuchung nominell zum *fair value*, tatsächlich zum vereinnahmten Betrag (sog. Anschaffungskosten), da dieser als beste Schätzung des *fair value* gilt. Für die **Folgebewertung** gilt:

229

- Bei **planmäßigem Verlauf** ergeben sich die fortgeführten Anschaffungskosten aus Erhöhung der Verbindlichkeit um den **Effektivzins** und Minderung um Zins- oder Tilgungszahlungen. Der Effektivzins ist aus den ursprünglichen Erwartungen zur Höhe des erfolgsabhängigen Zinses abzuleiten.
- Sind die Zinserwartungen in Folgejahren nach unten zu **revidieren**, gelten die Regelungen für Schätzungsänderungen der Effektivzinsmethode. Danach ist bei revidierten *cash-flow*-Erwartungen (hier *cash outflow* aus Zinszahlungen) der Buchwert der Verbindlichkeit **erfolgswirksam** anzupassen. Der neue Buchwert ergibt sich, indem die revidierten *cash-flow*-Erwartungen mit dem ursprünglichen Effektivzins diskontiert werden. Auf diese Weise ergeben sich ähnliche Effekte wie bei Nutzung der *fair-value*-Option (Rz 226).

Praxis-Beispiel

In einem Nischenmarkt produziert die U Edelstahlflanschen. Ende 05 muss sie einige auslaufende mittelfristige Darlehen refinanzieren. Sie tut dies einerseits über ein Fälligkeitsdarlehen mit einer Laufzeit von fünf Jahren mit markt- und bonitätsgerechter Verzinsung von 5,7 %, andererseits über ein partiarisches Darlehen gleicher Laufzeit. Beide Darlehensbeträge werden am 1.1.06 vereinnahmt.

Das partiarische Darlehen sieht eine vom Ergebnis vor Steuern (EBT) abhängige Verzinsung nach folgender Staffel vor:

EBT $\geq$ 150 TEUR → Zins 0 %,

150 TEUR < EBT < 500 TEUR → Zins 6 %,

EBT $\geq$ 500 TEUR → Zins 10 %.

In den Jahren 01 bis 05 lag das Ergebnis der U vor Steuern jeweils zwischen 275 TEUR und 375 TEUR. Die U und der Gläubiger des partiarischen Darlehens erwarten deshalb übereinstimmend eine Verzinsung von 6 %.

In 06 tritt ein kapitalstarker Wettbewerber in den Nischenmarkt und sorgt mit aggressiven Preisen für Umsatz- und Margenrückgänge bei der U. Das Ergebnis 06 beträgt daher nur 50 TEUR, der Zins nur 0 %. Bei der Bilanzaufstellung 06 wird mit keiner Besserung für die nächsten vier Jahre (= Restlaufzeit) gerechnet.

Beurteilung

Der auf Basis der Ausgangserwartungen ermittelte ursprüngliche Effektivzins beträgt 6 %. Bei **planmäßigem**, den ursprünglichen Erwartungen entsprechendem Verlauf würde sich daher die Verbindlichkeit in 06 wie folgt entwickeln:

Verbindlichkeit 1.1.06	100
+ Effektivzins 06 (6 %)	+ 6
– Zinszahlung 06	– 6
Fortgeführte Anschaffungskosten 31.12.06	100

Tatsächlich wird für 06 **kein Zins** gezahlt und für die Folgejahre nach revidierter Einschätzung auch keine Zinszahlung mehr erwartet. Der neue Buchwert per 31.12.06 ergibt sich, indem die revidierten *cash-flow*-Erwartun gen mit dem **ursprünglichen** Effektivzins (*original effective interest rate*) diskontiert werden.

	Zins	Erwartete Zahlungen		Diskontiert mit 6 %
		Tilgung	Summe	
für 07	0		0	0
für 08	0		0	0
für 09	0		0	0
für 10	0	100	100	79,2
		Barwert 31.12.06		79,2

Die Differenz zum bisherigen Buchwert von 100 ist **erfolgswirksam** zu buchen:

Konto	Soll	Haben
Darlehen	21,8	
Ertrag		21,8

Bei nicht weiter veränderten Erwartungen ist das Darlehen in der Folgezeit mit dem Effektivzins 6 % fortzuschreiben, d.h. bis zur Fälligkeit auf 100 **aufzuzinsen**.

Nach im Schrifttum vertretener Ansicht[27] sind die vorstehenden Überlegungen analog auf stille Beteiligungen mit Verlustteilhabe anzuwenden. Die Neuberechnung nach IAS 39.AG8 umfasst dann neben den revidierten Zins- die revidierten Tilgungserwartungen. **230**

6 Bürgschaften und andere Finanzgarantien

6.1 Selbstständige und unselbstständige Garantien

Als Finanzgarantien definieren IAS 39.9 bzw. IFRS 9.A Verträge, nach denen der Garant den Begünstigten für den (Teil-)Ausfall einer Forderung zu entschädigen hat. Unabhängig davon, ob die Finanzgarantie rechtlich als Bürgschaft, Garantie, Akkreditiv, Kreditderivat oder anders ausgestaltet ist, muss in der Behandlung beim Garanten (zur Behandlung beim Sicherungsnehmer Rz 470) unterschieden werden zwischen **231**

- **unselbstständig**, im Rahmen der **Veräußerung einer Forderung** gegenüber dem Forderungskäufer abgegebenen Garantien,
- **selbstständig** begründeten Garantien.

Unselbstständig begründete Garantien sind im Zusammenhang mit den Ausbuchungsregeln für Forderungen, insbesondere dem *risks-and-rewards*-Konzept, zu würdigen (Rz 99).

Für **selbstständig** begründete Garantien kommt wegen ihres **Versicherungscharakters** eine Anwendung von IFRS 4 (→ § 39) konzeptionell ebenso infrage **232**

---

[27] GAHLEN, BB 2009, S. 2079 ff.

wie eine Anwendung der Vorgaben zur bilanziellen Abbildung von Finanz-instrumenten. Demgemäß sehen IAS 39.2(e) bzw. IFRS 9.2(e) ein bedingtes Wahlrecht vor:

- Hat der Garant in früheren Fällen abgegebene Garantien explizit in **Vorjahres-berichten** oder gegenüber **Aufsichtsbehörden** oder in **Vertragsunterlagen** als Versicherungsverträge behandelt, kann er die jetzt abgegebenen Garantien **wahlweise** nach IFRS 4 oder IAS 39 bzw. IFRS 9 bilanzieren.
- Fehlt es, wie regelmäßig bei Industrie- und Handelsunternehmen, an einer derartigen Historie, ist **zwingend** IAS 39 bzw. IFRS 9 anzuwenden.

Die Darstellung unter Rz 233 ff. beschränkt sich auf den zweiten Fall, zu IFRS 4 wird auf → § 39 verwiesen.

6.2 Abgrenzung gegenüber *credit-default*-Swaps und anderen Kreditderivaten

233 Kreditderivate lassen sich zum Handel eines Ausfall- oder Bonitätsrisikos ein-setzen. Der Sicherungsnehmer überträgt über ein Kreditderivat Risiken, die sich aus einem anderen Finanzinstrument ergeben, auf einen Sicherungsgeber. Drei Grundtypen sind zu unterscheiden:

- *Credit-default*-Swaps transferieren das **Verzugs-** und **Ausfallrisiko** (*default risk*) eines Finanzinstruments.
- *Credit-spread*-Produkte (etwa *credit spread options*) decken das **gesamte Bonitätsrisiko** eines Finanzinstruments, also neben dem Ausfallrisiko auch das Bonitätsänderungsrisiko.
- *Total-return*-Swaps übertragen neben dem **Bonitätsrisiko** auch **Marktpreis-risiken**.

In der Abgrenzung zu Finanzgarantien gilt Folgendes: Eine Finanzgarantie liegt vor, wenn der Sicherungsnehmer von dem Sicherungsgeber für einen tatsächlich eingetretenen Verlust – eine zugesagte Zahlung erfolgt nicht oder nicht fristgerecht – entschädigt wird (IAS 39.AG4(b) bzw. IFRS 9.B2.5(b)). Von den vorgenannten Produkten kann daher nur für *credit-default*-Swaps – wegen der Begrenzung auf das Ausfallrisiko *(default risk)* – eine Behandlung als Finanzgarantie infrage kom-men. *Credit- spread-* und *total-return*-Produkte sind hingegen derivative Finanz-instrumente. Voraussetzung für die tatsächliche Behandlung eines *credit-default*-Produkts als Finanzinstrument ist, dass der Sicherungsnehmer das gegen das Ausfallrisiko abzusichernde (Schuld-)Instrument *(underlying)* in seinem Bestand hält. Ohne diese **Bestandsbedingung** ist auch ein *credit-default*-Swap als derivati-ves Finanzinstrument zu qualifizieren.[28] Die nachstehende Abbildung fasst vor-stehende Unterscheidungen zusammen.

---

[28] Vgl. ausführlich BURKHARDT/WEIS, IRZ 2007, S. 37 ff.

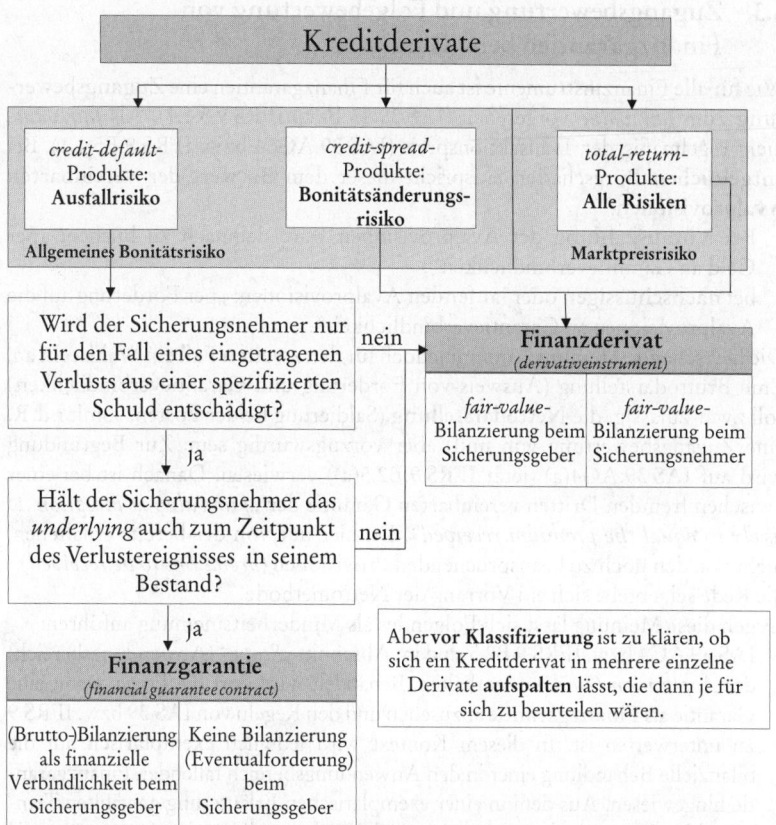

Abb. 7: Abgrenzung der Charakteristika von Kreditderivaten gegenüber *credit default swaps*

Die Frage nach der Abgrenzung zu Derivaten stellt sich außerdem, wenn ein Sicherungsvertrag die Übernahme der gesamten gesicherten Forderung durch den „Garanten" schon für den Fall der **Überfälligkeit** einzelner Leistungsraten vorsieht. U. E. liegt hier eine Finanzgarantie nur dann vor, wenn der Gläubiger bei Überfälligkeit der Rate das Recht zur Fälligstellung der gesamten Forderung innehat. Ohne diese Zusatzbedingung kompensiert die Übernahme durch den Garanten nicht, wie in IAS 39.9 bzw. IFRS 9.A verlangt, ausschließlich für eingetretene Verluste *(incurred losses)*, sondern eher für Bonitätsverschlechterungen.

234

> **Praxis-Beispiel**
> A hat an B ein in zehn gleichmäßigen Raten zu tilgendes Darlehen gegeben. Der „Garant" G muss die Forderung zum Nominalwert übernehmen, wenn eine Leistungsrate mehr als 60 Tage überfällig ist.
> Abhängig davon, ob A das Darlehen bei Überfälligkeit einer Leistungsrate insgesamt fällig stellen kann, stellt der Vertrag mit G eine Finanzgarantie oder ein Derivat dar.

6.3 Zugangsbewertung und Folgebewertung von Finanzgarantien beim Garanten

235 Wie für alle Finanzinstrumente ist auch für Finanzgarantien eine **Zugangsbewertung** zum *fair value* vorgesehen (IAS 39.43 bzw. IFRS 9.5.1.1). Als *fair value* dient regelmäßig der Transaktionspreis (IAS 39.AG64 bzw. IFRS 9.B5.1.1). Bei **entgeltlichen** Bürgschaften entspricht dieser dem **Barwert der vereinbarten Avalprovisionen.**

- Bei **Vorauszahlung** der Avalprovisionen wäre demnach zu buchen: „per Geld an Garantieverbindlichkeit";
- bei **nachschüssigen** oder **laufenden** Avalprovisionen: „per Forderung auf die Avalprovisionen an Garantieverbindlichkeit".

Die herrschende Meinung[29] nimmt jedoch für den **zweiten Fall** ein Wahlrecht an. Eine Bruttodarstellung (Ausweis von Forderung und Garantieverbindlichkeit) soll zwar zulässig, die **Nettodarstellung** (Saldierung beider Posten, somit i.d.R. eine Zugangsbewertung von null) aber vorzugswürdig sein. Zur Begründung wird auf IAS 39.AG4(a) (jetzt IFRS 9.B2.5(a)) verwiesen. Danach ist bei einer zwischen fremden Dritten vereinbarten Garantie der *„fair value at inception ... likely to equal the premium received"*. Da hier nur von der bereits erhaltenen, nicht von den noch zu beanspruchenden Provisionen (*premiums to be received*) die Rede sei, ergebe sich ein Vorrang der Nettomethode.

236 Gegen diese Meinung lässt sich Folgendes als Minderheitsmeinung anführen:

- IAS 39.AG4 bzw. IFRS 9.B2.5 sind im Abschnitt *„Scope"* (Anwendungsbereich) der *Application Guidance* enthalten. Behandelt wird dort die Frage, wann eine Garantie als **Finanzgarantie** anzusehen und den Regeln von IAS 39 bzw. IFRS 9 zu unterwerfen ist. In diesem Kontext wird lediglich **exemplarisch** auf die bilanzielle Behandlung einer in den Anwendungsbereich fallenden Finanzgarantie hingewiesen. Aus dem in einer exemplarischen Erläuterung gewählten Tempus – hier: Vergangenheitsform – lässt sich u.E. keine allgemeine Aussage über die Bilanzierungsfolgen ableiten.
- Wie **alle Finanzinstrumente** sind Finanzgarantien im Zugangszeitpunkt mit dem *fair value* (plus evtl. Transaktionskosten) anzusetzen. Auch für diesen *fair value* formuliert IAS 39.AG64 bzw. IFRS 9.B5.1.1 die Vermutung, dass er i.d.R. der gegebenen oder erhaltenen Gegenleistung (*consideration given or received*) entspreche. In der Literatur wird aus der auch hier gewählten Vergangenheitsform aber nicht geschlossen, der *fair value* hänge (abgesehen von evtl. Diskontierungseffekten) vom Zahlungszeitpunkt ab. Eine solche Auffassung wird auch deshalb nicht vertreten, weil sie dem Basisprinzip der Periodenabgrenzung (*accrual basis of accounting*) widerspräche (IAS 1.27).
- Das Ergebnis ist **inkonsequent.** Aus der Verwendung der Vergangenheitsform im explizit der Zugangsbewertung gewidmeten IAS 39.AG64 bzw. IFRS 9.B5.1.1 wird (zu Recht) kein Wahlrecht zwischen Brutto- und Nettodarstellung abgeleitet, aus der Verwendung der Vergangenheitsform im überhaupt nicht der Bewertung gewidmeten IAS 39.AG4 bzw. IFRS 9.B2.5 werden aber solche weitreichenden Folgen gezogen.

---

[29] Vgl. z.B. SCHARPF/WEIGEL/LÖW, WPg 2006, S. 1492 ff.

- Schließlich widerspräche die Nettodarstellung dem **Saldierungsverbot** von IAS 32.42. Hiernach dürfen finanzielle Vermögenswerte (hier: Provisionsanspruch) und finanzielle Verbindlichkeiten (Garantieverpflichtung) nur bei einer Aufrechnungslage saldiert werden. Diese Voraussetzung ist bei einer Bürgschaft regelmäßig nicht gegeben, da die Vertragspartner nicht übereinstimmen, der Provisionsanspruch gegenüber dem Schuldner, die Garantieverpflichtung gegenüber dem Gläubiger der Hauptforderung besteht.[30]

Bei **unentgeltlichen Bürgschaften** gegenüber Fremden kann der Zugangswert nicht durch den Transaktionspreis bestimmt werden. Der *fair value* der Garantieverbindlichkeit ist vielmehr auf Basis von **Bürgschaftsbetrag** und **erwarteter Ausfallwahrscheinlichkeit** zu schätzen. Soweit die unentgeltliche Bürgschaft dem Bürgen nicht ausnahmsweise einen aktivierungsfähigen Vorteil verschafft, ist bei Begebung der Bürgschaft zu buchen: „per Aufwand an Garantieverbindlichkeit". Ökonomisch können derartige Bürgschaftszusagen durch die Erwartung nicht aktivierungsfähiger **Vorteile** motiviert sein, etwa die Sicherung der eigenen Produktion durch Stützung eines notleidenden, kurzfristig nicht substituierbaren Lieferanten. Die aufwandswirksame Einbuchung entspricht dem in IFRS 2 für die Vergabe von Anteilen oder Optionen ohne unmittelbare Gegenleistung vorgeschriebenen Vorgehen, im Übrigen den vergleichbaren Vorgaben für die Bilanzierung von Bürgschaften innerhalb der US-GAAP (FIN 45.11(e)). **237**

Bei gegebenem Betrag von Bürgschaft und Hauptschuld zum Zeitpunkt des Vertragsabschlusses hängt der *fair value* der Garantieverbindlichkeit entscheidend von dem Risiko des **Zahlungsausfalls** ab. Wird nicht ein „normales" Kreditrisiko abgesichert, sondern etwa eine **Stützungsbürgschaft** zur Abwendung von ernsthaften Zahlungsschwierigkeiten oder drohender Insolvenz des Schuldners gewährt, kann als Untergrenze für das Bürgschaftsrisiko der Zinssatz für nachrangigste Darlehen bzw. bonitätsgefährdete Anleihen *(junk bonds)* herangezogen werden. **238**

Praxis-Beispiel

Ein Hauptlieferant H des U informiert diesen zum Jahresanfang über die drohende Zahlungsunfähigkeit. Da U kurzfristig keine alternative Bezugsquelle für die von H bezogenen Produkte hat, bürgt er unentgeltlich für ein Darlehen (Nominalbetrag 2.000 TEUR) des H. Risikokapitalgeber verlangen bei der Darlehensfinanzierung vergleichbarer Fälle eine Rendite von 35 %, also etwa 30 % Aufschlag auf den quasi sicheren Basiszins. Für die Ermittlung des *fair value* der Garantieverbindlichkeit wird ein Zinssatz von 30 % herangezogen. Der Basiszins bleibt unberücksichtigt, da mangels Zahlungsmittelabflusses keine Opportunitätskosten aus entgehenden Zinserträgen entstehen. Somit ergibt sich der *fair value* als 30 % von 2.000 TEUR = 600 TEUR. Da U keine aktivierungsfähige Gegenleistung erhält, ist zu buchen: „per Aufwand 600 TEUR an Verbindlichkeit 600 TEUR".

Wird zwar ein Entgelt für die Bürgschaft vereinbart, bleibt dieses aber deutlich hinter dem unter Risikogesichtspunkten angemessenen zurück, ist die Transaktion in eine entgeltliche und eine unentgeltliche Komponente zu zerlegen. **239**

---

[30] Vgl. zum Ganzen auch Kirsch/Ewelt-Knauer, KoR 2011, S. 337 ff., die (abgesehen von speziellen Ausnahmefällen) ebenfalls die Bruttobilanzierung für geboten halten.

Hinsichtlich des vereinbarten Betrags gelten die Grundsätze entgeltlicher Bürgschaften, bzgl. des darüber hinausgehenden angemessenen Betrags die vorstehend erläuterten Regeln.

240   Bei unentgeltlicher Verbürgung für Verbindlichkeiten einer **Tochtergesellschaft** wird zum Teil eine Aktivierung des *fair value* der Garantie auf dem Beteiligungskonto in der Einzelbilanz der Mutter für zulässig gehalten („per Beteiligung an Garantieverbindlichkeit").[31] U. E. ist dies nicht sachgerecht. Die Beteiligung ist gem. IAS 27.10 entweder zu Anschaffungskosten, *at equity* oder zum *fair value* zu bilanzieren. Anschaffungskosten scheiden aus, da ein (nachträglicher) Anschaffungsvorgang nicht vorliegt. Der Bürgschaft kann auch keine isolierbare *fair-value*-Wirkung zugesprochen werden. Soweit sie mit anderen Faktoren den *fair value* tatsächlich erhöht, ist der Gesamtbetrag der Erhöhung nach den Grundsätzen für *available-for-sale assets* zum Bilanzstichtag erfolgsneutral zu buchen. Im Zusagezeitpunkt bleibt es hingegen bei der Aufwandsbuchung.

241   Die Folgebewertung von Finanzgarantien kann ausnahmsweise dann zum *fair value* erfolgen, wenn Bürgschaften geschäftsmäßig in großer Zahl begeben werden und das Unternehmen das resultierende Portfolio unter *fair-value*-Gesichtspunkten managt (IAS 39.9(b) bzw. IFRS 9.A(b)). In diesem Fall erfolgt zu jedem Bilanzstichtag eine erfolgswirksame Neubewertung der Bürgschaft (IAS 39.47(a) bzw. IFRS 9.4.2.1(a)). Da es regelmäßig an beobachtbaren Marktpreisen fehlt, ist der *fair value* über Bewertungstechniken zu bestimmen (IAS 39.AG76 bzw. IFRS 9.B5.1.2A). Im Fall der Anwendung der Bruttomethode gilt: Bei konstant bleibender Bonität des Hauptschuldners ist für ein Fälligkeitsdarlehen die Restdauer der Bürgschaft der wichtigste Bewertungsparameter. Der *fair value* nimmt im Zeitablauf ab, korrespondierend entstehen in der GuV zeitlich verteilt Erträge.

242   In allen anderen Fällen erfolgt die **Folgebewertung** von Finanzgarantien nach dem in IAS 39.47(c) bzw. IFRS 9.4.2.1(c) vorgesehenen **Höchstwerttest**.

- Anzusetzen ist mindestens der **fortgeführte Zugangswert**, d. h. entweder der Zugangswert selbst oder, soweit die Provision nach IFRS 15/IAS 18 ratierlich zu vereinnahmen ist, der um den Vereinnahmungsbetrag geminderte Wert.
- Soweit sich jedoch in Anwendung der für Rückstellungen geltenden Regeln von **IAS 37** ein höherer Wert ergibt, ist dieser Betrag anzusetzen.

IAS 37 (→ § 21) ist nur dann von Bedeutung, wenn ein **Verlust** aus der Bürgschaft droht, die Inanspruchnahme also überwiegend wahrscheinlich wird. Unterhalb dieser Schwelle besagt der Verweis auf IFRS 15/IAS 18 implizit: Der **Realisationszeitpunkt** der Avalprovision bestimmt die Fortschreibung der Garantieverbindlichkeit.

243   Zur Bestimmung des Realisationszeitpunkts ist entscheidend, ob Avalprovisionen

- Entgelte für die Erbringung von Diensten (IAS 18.20 ff.) sind oder
- Zinscharakter haben (IAS 18.29 ff.).

In der Abgrenzung beider Fälle trifft IAS 18.Appendix 14 **Unterscheidungen** zwischen im Umfeld einer Darlehensbeziehung anfallenden **Entgelten**:

- Die bei der Begründung einer Forderung zugunsten des Gläubigers vereinbarten Entgelte *(origination fees)*, etwa für die Bonitätsprüfung, die Begut-

---

[31]   KPMG, Insights into IFRS 2016/17, Tz. 7.1.70.30.

achtung von Beleihungsgegenständen, die Strukturierung der Finanzierung usw., sind als **Zinsbestandteil** anzusehen.

- Demgegenüber sind aus der Kreditvermittlung, Kreditverwaltung etc. entstehende Entgelte als **Serviceentgelte** zu werten.

Das zwischen Hauptschuldner und Bürgen vereinbarte Entgelt ist trotz geläufiger Bezeichnung als „Avalzins" (gem. §§ 13–18 KWG) kein Bestandteil der Effektivverzinsung, da der Schuldner es nicht dem Gläubiger, sondern einem **Dritten** (dem Bürgen) schuldet. Aus dem Bürgschaftsverhältnis erbringt der Bürge mithin eine Serviceleistung. Erträge aus Serviceleistungen sind nach dem erbrachten **Leistungsgrad** *(stage of completion)* zu realisieren. Bei einer **zeitraumbezogenen**, über einen bestimmten Zeitraum geschuldeten Leistung ergibt sich hieraus eine **ratierliche** Realisierung, bei einer **zeitpunkt**bezogenen Hauptleistung (bei Kreditvermittlung etwa der Abschluss des vermittelten Vertrags) eine Realisation mit **Erbringung** dieser Hauptleistung. Beim **Bürgschafts**verhältnis fehlt es an einer herausragenden zeitpunktbezogenen Hauptleistung. Gegenstand des Verhältnisses ist daher die Erbringung einer zeitraumbezogenen Serviceleistung. Daher ist die Provision unabhängig von dem zeitlichen Anfall (Zahlung vorschüssig oder laufend) über die Dauer des Bürgschaftsvertrags zu realisieren.

Da das Zahlungsausfallrisiko der Höhe nach bis zum letzten Tag erhalten bleibt, könnte jedenfalls bei Fälligkeitsdarlehen eine ertragswirksame Vereinnahmung der Garantieprämie erst mit Tilgung der vollständigen Zahlungsverpflichtung angemessen erscheinen. **Gegen** eine solche Verschiebung der Ertragsrealisierung bis zum Ablauf des Bürgschaftszeitraums sprechen aber systematische Gründe:

- Zunächst **nimmt** bei normaler geschäftlicher Entwicklung des Schuldners das Risiko der Bürgschaftsinanspruchnahme im **Zeitablauf ab**, da etwa die kumulierte Wahrscheinlichkeit, durch unvorhergesehene externe Ereignisse insolvent zu werden, über den Gesamtzeitraum höher ist als über einen geringeren verbleibenden Restzeitraum. Dem entspricht das Verhalten der Marktteilnehmer, die Provisionen regelmäßig laufzeitabhängig ausgestalten (bspw. beträgt die Provision für die Verbürgung eines einjährigen Darlehens 1 % der Darlehenssumme und wird bei zweijährigen Darlehen verdoppelt). Eine lineare Vereinnahmung der Provisionen mit entsprechender Minderung des fortgeführten Zugangswerts entspricht somit der als rational zu unterstellenden Marktpreisbildung am besten.
- Weiterhin ist die **Saldierungsfrage** zu beachten. Das ökonomische Gesamtergebnis einer eingegangenen Bürgschaft steht in der Tat erst mit dem Ablauf der Bürgschaft fest, da vereinnahmte Provisionen bis zum letzten Tag jederzeit durch den Eintritt des Haftungsfalls überkompensiert werden können. Dieses Ergebnis ist aber nicht spezifisch für den Bürgschaftsvertrag. Bei Ausreichung eines zweijährigen kalenderjahrgleichen Darlehens ist etwa der Zins der ersten Periode unstrittig mit Ablauf dieser Periode zu vereinnahmen. Zu diesem Zeitpunkt steht aber noch nicht fest, ob das ökonomische Gesamtergebnis der Darlehensvergabe positiv sein wird. Der Darlehensnehmer kann in den verbleibenden zwölf Monaten insolvent werden, die Tilgung daher ausfallen. Gleichwohl ist nicht mit der Realisierung der Darlehenszinsen bis zur Tilgung des Darlehens zu warten. Der systematische Grund für die „vorgezogene" Realisierung besteht im **Stichtagsprinzip** und im Saldierungsverbot. Jedenfalls in den Fällen, in denen aus Sicht des Bilanzstichtags mit einem Ausfall des

244

245

Darlehens nicht zu rechnen ist, wird ein Zinsertrag ausgewiesen, ein evtl. späterer Ausfall des Darlehens nicht als nachträgliche Minderung dieses Ertrags, sondern unsaldiert als Aufwand ausgewiesen. Übertragen auf den Bürgschaftsfall sprechen auch hier Stichtagsprinzip und Saldierungsverbot dagegen, mit der Ertragsrealisierung so lange zu warten, bis in zukünftigen Perioden feststeht, ob der Ertrag nicht durch einen Aufwand überkompensiert wird.

246   Bei einer Bürgschaft über ein laufenden Tilgungen unterliegendes **Ratendarlehen mindert** sich der Zugangswert mindestens entsprechend der Tilgung des verbürgten Darlehens. Im Unterschied zu anderen Stimmen in der Literatur halten wir daher die ratierliche Vereinnahmung des Ertrags aus den Provisionen für angemessen und geboten.[32] Bei einer Bürgschaft über ein planmäßig verlaufendes Ratendarlehen ist daneben das durch die Ratenzahlungen abnehmende Risiko zu berücksichtigen. Durch die Tilgungen mindert sich kontinuierlich die Höhe des potenziellen Zahlungsausfalls, damit die Höhe der möglichen Leistungsverpflichtung des Bürgen und somit bei rationaler Preisbildung auch die als Prozentsatz des verbürgten Betrags ausgedrückte laufende Provision.

247   Bei **lang laufenden** Bürgschaften ist neben dem Ertrag aus der Erbringung der Serviceleistung zusätzlich ein **Zinseffekt** zu berücksichtigen. Wird die Provision für eine lange Garantieperiode bereits vorschüssig gezahlt, entspricht sie bei rationalem Verhalten der Parteien gerade dem Barwert laufender Zahlungen. Der implizite Effektivzinsanteil ist daher in den Folgeperioden durch Aufzinsung der Garantieverbindlichkeit zu berücksichtigen: Wird die Provision laufend gezahlt, ist neben der Verbindlichkeit auch die zunächst diskontiert eingebuchte Forderung auf die Provisionen um die Zinsanteile zu erhöhen.

Praxis-Beispiel

U bürgt am 1.1.01 für ein in zwei gleichen Raten zu tilgendes Darlehen des X (Nominalbetrag: 1 Mio. EUR, Laufzeit: zwei Jahre). X zahlt eine laufende Provision von 12,1 TEUR am Ende des ersten und 6,05 TEUR am Ende des zweiten Jahres. Bei einem risikoäquivalenten Zinssatz von 10 % beträgt der Barwert der laufenden Zahlung 16 TEUR. Im Fall einer über die Laufzeit unveränderten Einschätzung des Ausfallrisikos wird die Transaktion wie folgt erfasst (Bruttomethode):

(1) Zugangsbewertung

Zu passivieren ist der *fair value*, dessen beste Schätzung der Transaktionspreis, d.h. der Barwert der Avalprovisionen, ist, somit $12,1/1,1 + 6,05/1,21 = 11 + 5 = 16$ TEUR.

Datum	Konto	Soll	Haben
1.1.01:	Forderung auf Avalprovisionen	16	
	Garantieverbindlichkeit		16

---

[32]   Vgl. GRÜNBERGER, KoR 2006, S. 81 ff.

(2) Aufzinsung und Tilgung Forderung

Datum	Konto	Soll	Haben
31.12.01:	Forderung	1,6	
	Zinsertrag		1,6
	Geld	12,1	
	Forderung		12,1
31.12.02:	Forderung	0,55	
	Zinsertrag		0,55
	Geld	6,05	
	Forderung		6,05

(3) Aufzinsung und planmäßige Auflösung Passivposten

Datum	Konto	Soll	Haben
31.12.01:	Zinsaufwand	1,6	
	Verbindlichkeit		1,6
	Verbindlichkeit	12,1	
	Provisionsertrag		12,1
31.12.02:	Zinsaufwand	0,55	
	Verbindlichkeit		0,55
	Verbindlichkeit	6,05	
	Provisionsertrag		6,05

Erhöht sich im Rahmen der Folgebewertung die Risikoeinschätzung und ergibt **248** sich dadurch nach IAS 37 (→ § 21) ein höherer Ansatz der Garantieverbindlichkeit als nach Maßgabe des um die Ertragsvereinnahmung fortgeführten Zugangswerts, ist dieser höhere Wert anzusetzen. Die Reichweite des Verweises auf IAS 37 ist allerdings unklar. Nach herrschender Meinung[33] sind damit sowohl die Ansatzbestimmungen des IAS 37.15 (wonach Risiken zu berücksichtigen sind, soweit sie *„more likely than not"* sind) als auch die Bewertungsvorschriften des IAS 37.36 *(best estimate)* relevant. Gleichwohl kommt auch eine Bezugnahme allein auf die Bewertungsvorschriften von IAS 37 mit dem Argument in Betracht, dass die Ansatzfrage bereits durch IAS 39 bzw. IFRS 9 beantwortet ist. Danach wäre abweichend von den Regeln des IAS 37, die einen Ansatz bei Risiken, die nicht *„more likely than not"* sind, ausschließen (→ § 21 Rz 45), auch bei einem Ausfallrisiko von unter 50 % für Zwecke der Finanzgarantie die in IAS 37 vorgesehene Bewertung mit dem besten Schätzwert *(best estimate)* vorzunehmen (→ § 21 Rz 124). Sie entspricht dem Produkt aus Ausfallwahrscheinlichkeit und verbürgtem Betrag. Hierzu das folgende Beispiel:

---

[33] Vgl. SCHARPF/WEIGEL/LÖW, WPg 2006, S. 1499; GRÜNBERGER, KoR 2006, S. 89.

Praxis-Beispiel (Fortsetzung zu Rz 247)

Das Risiko einer Inanspruchnahme aus der Bürgschaft für das Ratendarlehen des Y hat sich zum 31.12.01 erhöht. Y hat zwar laufende Raten und Zins in 01 gezahlt. Angesichts rückläufiger Geschäfte besteht jedoch ein erhöhtes Risiko für 02. U rechnet mit einer Wahrscheinlichkeit von 10 % mit einer Inanspruchnahme für den am 31.12.01 valutierenden Restdarlehensbetrag von 500 TEUR.

Herrschende Meinung: Da trotz gestiegener Ausfallwahrscheinlichkeit die Inanspruchnahme nicht *more likely than not* ist, bleibt es bei der Lösung gem. Rz 247. U passt die Garantieverbindlichkeit auf den höheren Erwartungswert von 50 TEUR an. Buchungen (in TEUR):

Datum	Konto	Soll	Haben
31.12.01:	Zinsaufwand	1,6	
	Verbindlichkeit		1,6
	Verbindlichkeit	12,1	
	Provisionsertrag		12,1
	Garantieaufwand	44,5	
	Verbindlichkeit		44,5

Falls die weitere Tilgung des Darlehens in 02 planmäßig verläuft, ist zu buchen:

Datum	Konto	Soll	Haben
31.12.02:	Zinsaufwand	5	
	Verbindlichkeit		5
	Verbindlichkeit	55	
	Ertrag		55

Der neue Buchwert ist in den Folgeperioden gem. IFRS 15/IAS 18 fortzuschreiben bzw. bei steigendem Risiko einer Inanspruchnahme gem. IAS 37 entsprechend auf den Erwartungswert zu erhöhen.

6.4 Behandlung von Kreditsicherheiten beim Begünstigten

6.4.1 Ein oder zwei Bilanzierungsobjekte?

249 Die Absicherung des bestehenden **Kreditrisikos** einer (Kapital-)Forderung kann durch Zusage einer **dinglichen** (*collateral*) oder **personalen** (*other credit enhancement*) **Sicherheit** erfolgen. Wird eine personale Sicherheit – über eine Haftungserklärung eines Dritten – vereinbart, ergibt sich für den Gläubiger bei Zahlungsstörungen des Schuldners ein weiterer Anspruch gegenüber dem Sicherungsgeber. Die ursprünglich bestehende (Kapital-)Forderung bleibt bestehen, richtet sich aber (zusätzlich auch) gegen eine weitere Partei. Anderes gilt bei der Vereinbarung einer dinglichen Sicherung: Die **Ansprüche des Gläubigers** werden durch Verfügung über ein vereinbartes Sicherungsobjekt gedeckt. Für eine wirksame Absicherung eines bestehenden Kreditrisikos muss eine dingliche Sicherheit (Sach- oder Realsicherheit)

- nur geringen künftigen Wertschwankungen ausgesetzt sein,
- sich kurzfristig liquidieren lassen,
- unabhängig von der wirtschaftlichen Lage des Schuldners sein und
- über eine Insolvenzfestigkeit gegenüber der wirtschaftlichen Situation des Schuldners verfügen.

Die Vereinbarung eines *collateral* zeitigt nicht nur Relevanz für die Beurteilung der Werthaltigkeit einer (Kapital-)Forderung. Besonderheiten ergeben sich – in Abhängigkeit von der Ausgestaltung als personale oder dingliche Sicherheit – auch für die Klassifizierung (*classification*) und die Beurteilung eines Abgangs (*derecognition*), insbesondere hinsichtlich des Rückbehalts der Verfügungsmacht (*control*).

Die bilanzielle Erfassung einer (dinglichen) Kreditsicherheit als eigenständiges Bilanzierungsobjekt (*unit of account*) des Sicherungsnehmers setzt die Erfüllung der Ansatzkriterien eines Vermögenswerts voraus. Liegen die Voraussetzungen für einen separaten Ansatz ausnahmsweise – etwa bei Gewährung von Barsicherheiten (IFRS 9.D.1.1) – vor, sind **zwei Bilanzierungsobjekte** zu erfassen. Andernfalls scheidet eine separate Bilanzierung bis frühestens zum Zeitpunkt einer (Zwangs-)Vollstreckung (*foreclosure*) mit Übernahme der Sicherheit aus. | 250

Die Vorgaben zur bilanziellen Abbildung von Finanzinstrumenten sehen keine Klarstellung vor, ob eine Differenzierung zwischen dinglicher und personaler Sicherung erforderlich ist. Nach den der Bestimmung des erwarteten Kreditausfalls (*expected credit loss*) gewidmeten Vorgaben sind für die Bewertung auch die Zahlungsströme zu berücksichtigen, die aus dinglichen Kreditsicherheiten (*collateral*) und anderen Kreditbesicherungen (*credit enhancement*) vereinnahmbar sind (Rz 434), wenn diese Gegenstand der **vertraglichen Vereinbarung** (*part of the contractual terms*) und nicht separat als eigenständiges Bilanzierungsobjekt erfasst sind (IFRS 9.B5.5.55). Wird eine – insbesondere personale – Kreditsicherheit unabhängig von der (vertragsähnlichen) Vereinbarung des besicherten Finanzinstruments geschlossen (IAS 32.11), scheidet eine Nichterfassung und Berücksichtigung im Zusammenhang mit der besicherten (Kapital-)Forderung aus, eine separate Bilanzierung ist geboten. Mangels Vorgaben zur bilanziellen Abbildung besteht ein stetig auszuübendes **Bilanzierungswahlrecht** (*accounting policy*) zur analogen Behandlung als | 251

- Eventualforderung (*contingent asset*) mit einer hohen (*virtually certain*) Ansatzschwelle (IAS 37.5(e)) oder
- derivatives Finanzinstrument (*credit default swap*) ohne eine Ansatzschwelle (IFRS 9.BA.1).

Wegen der erforderlichen Trennung von (Kapital-)Forderung und Kreditbesicherung in zwei Bilanzierungsobjekte ist ein *expected credit loss* ohne Besicherung zu bestimmen. Ob überhaupt, zu welchem Zeitpunkt und in welcher Höhe ein Ertrag aus der (personalen) Sicherung erfasst werden kann, bestimmt sich in Abhängigkeit der Wahlrechtsausübung. | 252

Praxis-Beispiel

Für eine langfristig ausstehende Forderung gegenüber dem Unternehmen U hat Bank B mit einer dritten Partei P eine personale Sicherung vereinbart. Im Fall einer Zahlungsstörung des U übernimmt P unmittelbar die ausstehende Zahlungsverpflichtung. Am Ende der Periode 01 erwartet B einen Zahlungsausfall des U bezogen auf 50 % des noch ausstehenden Forderungsbestands. Der erwartete Ausfall (*expected credit loss*) ergibt sich als Barwert der künftigen *cash shortfalls* (Abzinsung mit dem ursprünglichen Effektivzinssatz) und beträgt wegen der noch verbleibenden Laufzeit 40 % des aktuellen Buchwerts:

- Insofern die personale Sicherheit mit P Gegenstand der ursprünglichen (Kredit-)Vereinbarung mit U ist (etwa weil P und U *related parties* sind), sind die durchsetzbaren Ansprüche gegenüber P bei der Schätzung der künftigen *cash shortfalls* zu berücksichtigen. Der zu erfassende *expected credit loss* ist daher im Umfang der personalen Sicherheit, die unmittelbar dem Schuldinstrument zwischen U und B zuzurechnen ist, zu reduzieren.
- Ist hingegen die personale Sicherheit separat und ohne Bezug zu der (schuldrechtlichen) Vereinbarung zwischen U und B geschlossen worden, hat B zunächst einen *expected credit loss* von 40 % des ausstehenden Buchwerts zu erfassen. Da die personale Sicherung nicht als Surrogat der vertraglich vereinbarten Zahlungsströme herangezogen werden kann, bedarf es einer separaten Beurteilung der Ansatzfähigkeit eines Anspruchs gegen P.

In ökonomischer Betrachtung ist die Situation des B unabhängig von der Art der Vertragsgestaltung mit U und P. Wird der Anspruch aus der personalen Sicherheit als *contingent asset* angesehen, scheidet eine kompensatorische Erfassung wegen der hohen Ansatzschwelle ggf. aus.

253   Die Entscheidung, ob eine personale oder dingliche Sicherheit Teil der vertraglichen Vereinbarung (*integral to the contractual terms*) ist, bleibt ermessensbehaftet. Auch wenn eine Sicherheit nicht explizit in der vertraglichen Vereinbarung betreffend das gesicherte (Finanz-)Instrument erwähnt wird, kann diese dennoch als integraler Teil angesehen werden und in die Bewertung des *expected credit loss* der Höhe nach einbezogen werden. Lediglich eine Doppelerfassung – Ansatz eines separaten Vermögenswerts und Einbezug in die Bewertung des *expected credit loss* – scheidet aus.[34]

6.4.2   Rückwirkungen für die Klassifizierung

254   Die Klassifizierung eines Finanzinstruments in die (Bewertungs-)Kategorie *at amortised cost* setzt als **objektive Bedingung** die Vereinbarung eines Kapitaldiensts voraus (Rz 149), der ausschließlich **Zins und Tilgung** (*solely payments of principal and interest*) auf die ausstehende Kapitalsumme darstellt (IFRS 9.4.1.2(b)). Bei der Beurteilung der objektiven Bedingung bleiben vereinbarte Sicherheiten unbeachtlich (IFRS 9.B4.1.13/IFRS 9.B4.1.19).

---

[34]   Vgl. IASB, Staff Paper – ITG *meeting, Paper topic: Collateral and other credit enhancements and the measurement of expected credit losses*, vom 11.12.2015, http://www.ifrs.org/Meetings/Meeting-Docs/Other%20Meeting/2015/December/ITG/AP5-Collateral-and-other-credit-enhancements.pdf, abgerufen am 4.1.2017.

> **Praxis-Beispiel**
> Eine Forderung mit vollem Rückgriffsrecht ist durch eine Kreditsicherheit
> abgesichert. Für die Beurteilung der Zahlungsstrombedingung bleibt die
> Möglichkeit zur Zwangsvollstreckung der Kreditsicherheit unbeachtlich.

Entsprechendes gilt auch für die – im Rahmen der möglichen **Durchschau**   **255**
(*looking through*) – Beurteilung von Verbriefungen (Rz 178), die eine Zahlung
an den Gläubiger nur insoweit vorsehen, wie *cash flows* aus dem innerhalb einer
Struktur zusammengefassten Vermögen (*asset pool*) anfallen. Die bloße Möglichkeit einer (schädlichen) Änderung des Vermögens im Fall einer Vollstreckung ist für die Beurteilung der objektiven Bedingung auszuklammern
(IFRS 9.B4.1.26). Anderes gilt allerdings, wenn für Teile des *asset pool* bereits
die Vollstreckung in Vermögenswerte, deren Zahlungsstromprofil nicht nur
Zins und Tilgung abdeckt (etwa Eigenkapitalinstrumente oder andere dingliche
Sicherheiten), beabsichtigt war. Schädlich kann ausnahmsweise daher ausschließlich die Vereinbarung einer dinglichen Sicherheit sein. Bei einer personalen Sicherheit bleibt das Zahlungsstromprofil unverändert, es tritt lediglich
ein anderer Schuldner zur Befriedigung der Ansprüche ein.

6.4.3 Keine Aufgabe von Kontrolle bei Ausbuchung versicherter Forderungen

Für die Beurteilung der Zulässigkeit der Ausbuchung finanzieller Vermögens-   **256**
werte (Rz 68 ff.) ist auf die Verteilung der Chancen und Risiken (*risks and
rewards*), ergänzt um die Verfügungsmacht (*control*) abzustellen (IFRS 9.B3.2.1).
Werden die Chancen und Risiken weder im Wesentlichen (*substantially all*) – als
quantitativer Schwellenwert 90 % (IFRS 9.B3.3.6) – übertragen noch zurückbehalten, richtet sich die bilanzielle Abbildung nach der Zurechnung der Verfügungsmacht (IFRS 9.3.2.6(c)). Wird *control* an dem Finanzinstrument zurückbehalten, ist der Bilanzansatz im Umfang des anhaltenden Engagements
(*continuing involvement*) fortzuführen (IFRS 9.3.2.16). Entscheidend ist, ob und
inwieweit der Empfänger des Finanzinstruments die faktische Möglichkeit
(*practical ability*) zur Veräußerung hat (IFRS 9.3.2.9). Fehlt es überhaupt an einem
Markt für den übertragenen Vermögenswert, ist eine Veräußerung also ausgeschlossen, geht auch *control* nicht auf den Empfänger über (IFRS 9.B3.2.8(a)).
Besteht allerdings die jederzeitige, einseitig ausübbare und nicht mit sonstigen
(wirtschaftlichen) Nachteilen belegte Möglichkeit zur Veräußerung, ist diese
allerdings lediglich nicht wahrscheinlich, gilt die Verfügungsmacht als übertragen
(IFRS 9.B3.2.9). Ein gegenüber dem Empfänger des finanziellen Vermögenswerts
eingeräumter wirtschaftlicher Vorteil (etwa eine dingliche oder personale Kreditbesicherung) schließt einen Übergang von *control* aus. Eine potenzielle Veräußerung des erhaltenen Finanzinstruments wird nur erfolgen,

- wenn der Empfänger einen Kaufpreis erzielt, der dem erwarteten Zufluss aus
  Finanzinstrument und eingeräumtem wirtschaftlichem Vorteil entspricht
  oder
- der wirtschaftliche Vorteil auch ohne den empfangenen Vermögenswert nutzbar ist.

Entfällt der eingeräumte Vorteil bei einer Veräußerung, ist der Übergang von *control* ausgeschlossen (IFRS 9.B3.2.9). Entsprechendes gilt, wenn der wirtschaftliche Vorteil zwar übertragen werden kann, es aber einer expliziten Verhandlung mit einem potenziellen Erwerber bedarf, der Empfänger also faktisch von einer jederzeitigen – ohne Bestehen besonderer Einschränkungen – Veräußerung ausgeschlossen ist.

6.4.4   Bedeutung für die Beurteilung der Werthaltigkeit

257   Für ein *at amortised cost* bewertetes Schuldinstrument ist eine nicht als separates Bilanzierungsobjekt zu erfassende Kreditsicherheit als Bestandteil in die Beurteilung des Kreditrisikos der Höhe nach, nicht aber dem Grunde nach einzubeziehen (Rz 417). Kommt es zu einer Zahlungsstörung hinsichtlich des vereinbarten Kapitaldiensts des Schuldinstruments kann bei
- dinglicher Sicherung der Gläubiger seine ausstehenden Ansprüche durch Verfügung über ein vereinbartes Sicherungsobjekt decken;
- Vereinbarung einer personalen Sicherheit ein Anspruch gegenüber dem Sicherungsgeber geltend gemacht werden.

258   Eine Kreditsicherheit ist daher für die Bestimmung der Risikovorsorge über den *expected credit loss* der Höhe nach zu berücksichtigen (IFRS 9.B5.5.55). Ein Abstellen auf die Kreditsicherheit für die Beurteilung des Eintritts eines signifikanten Anstiegs des Kreditrisikos des Schuldinstruments, also ein Wechsel von einer Bewertung zum *12-month expected loss* (Rz 397) zum *lifetime expected loss* (Rz 417), ist ausgeschlossen (IFRS 9.B5.5.22), zumindest insofern die Sicherheiten nicht unmittelbar die Ausfallwahrscheinlichkeit des besicherten Finanzinstruments betreffen.[35] Bei dinglicher, aber auch im Fall einer personalen Sicherung ist daher für die Beurteilung eines signifikanten Anstiegs des Kreditrisikos **ausschließlich** auf das **Schuldinstrument** abzustellen. Personale und dingliche Sicherung sind somit für die Beurteilung eines *significant increase in credit risk* konsistent zu behandeln, also auszuklammern.

Praxis-Beispiel
Bank B gibt ein Darlehen an TU. Wegen bestehender Zweifel an der Bonität besteht B auf eine Bürgschaft (§§ 765 ff. BGB) durch das TU beherrschende Unternehmen MU. In der Folgeperiode verschlechtert sich die Bonität der TU weiter, die Inanspruchnahme der Bürgschaft wird wahrscheinlicher, es droht aber noch kein Ausfall (*default*). Die Bonität von MU ist unverändert sehr positiv, ein Ausfall wird daher nicht erwartet. Das gewährte Darlehen ist dennoch der Stufe 2 der Risikovorsorge zuzuordnen und der *lifetime expected credit loss* zu bestimmen. In die Bestimmung des wahrscheinlichen Ausfalls (*cash shortfall*) sind aber die Zahlungen seitens MU einzubeziehen, also nur in gering(er)em Umfang eine Risikovorsorge zu bilden.

---

259   Potenzielle Regresserlöse aus der Verwertung einer Sicherheit bleiben bei der Beurteilung des möglichen Anstiegs eines Kreditrisikos unbeachtlich (IFRS 9.IE23).

---

[35] So auch IASB, Staff Paper – ITG *meeting, Assessment of significant increase in credit risk for guaranteed debt instruments*, vom 22.4.2015, http://www.ifrs.org/Meetings/MeetingDocs/Other%20Meeting/2015/April/AP5.final.pdf, abgerufen am 4.1.2017.

Die Verschlechterung einer Besicherung stellt aber einen zusätzlichen Hinweis für einen Anstieg des *credit risk* dar (IFRS 9.B5.5.17(j) – (l)). Eine Besonderheit gilt für eine Kreditsicherheit, die eine **personelle Änderung** des Schuldverhältnisses bedingt. Durch Vereinbarung (über einen atypischen Vertrag) eines Schuldbeitritts/ einer Schuldmitübernahme haftet ein neu hinzutretender Schuldner neben dem bisherigen Schuldner als Gesamtschuldner für eine eigene Schuld. Es kommt also anders als bei einer Bürgschaft (*financial guarantee contract*) nicht zur subsidiären und akzessorischen Haftung für eine fremde Schuld. Führt die Kreditbesicherung zu einer personellen Änderung des Schuldverhältnisses, ergibt sich eine Rückwirkung auf die Beurteilung eines möglichen, wesentlichen Anstiegs des Kreditrisikos.

> **Praxis-Beispiel**
> Bank B besteht im Rahmen der Darlehensvergabe an TU auf einen Schuldbeitritt von MU. B hat für die Darlehensforderung zwei Hauptschuldner, von denen nach freier Wahl Erfüllung verlangt werden kann. Eine Inanspruchnahme eines der beiden (Gesamt-)Schuldner kann unabhängig vom Ausfall der TU als ursprünglicher Schuldner erfolgen. Wegen der unverändert sehr guten Bonität von MU besteht keine Pflicht zur Umwidmung der Darlehensforderung von Stufe 1 in Stufe 2, auch wenn die Bonität von TU sich deutlich verschlechtert.

Bei der Bestimmung der zu erwartenden Verluste für die Risikovorsorge sind – unter Beachtung aller verfügbarer Informationen (IFRS 9.B5.5.49) – die diskontierten Erwartungswerte zu berechnen. Für die Bestimmung des *expected loss* der Höhe nach ist auf den Betrag abzustellen (*cash shortfall*), der aufgrund des erwarteten Ausfalls des Schuldners nicht vereinnahmt werden kann (IFRS 9.B5.5.28). Potenzielle Erlöse aus der Verwertung von Sicherheiten sind in die Bestimmung eines etwaigen *cash shortfall* einzubeziehen (IFRS 9.B5.5.55). Der Höhe nach ergibt sich die erforderliche Risikovorsorge somit als Summe der **positiven aber auch negativen Abweichungen** der unter Berücksichtigung von Sicherheiten erwarteten von den vertraglichen (bzw. ursprünglich erwarteten) Rückflüssen. Bei der Bewertung eines *lifetime expected credit loss* ist dem Zeitwert des Geldes (*time value of money*) Rechnung zu tragen (IFRS 9.B5.5.44). **260**

In Abhängigkeit der Art der vereinbarten Sicherungen ergeben sich unterschiedliche Konsequenzen für die Bestimmung des *expected credit loss*: **261**

- Im Fall einer personalen Sicherung ist für die Bewertung auf die Rückflüsse abzustellen, die – zeitlich nachgelagert – von dem Sicherungsgeber vereinnahmt werden.
- Bei Vereinbarung einer dinglichen Sicherung ist der potenzielle Erlös aus der Verwertung unter Berücksichtigung der Kosten einer (Zwangs-)Vollstreckung (*foreclosure*) anzusetzen (IFRS 9.B5.5.55). Bewertungsmaßstab eines *collateral* ist daher – mangels Zustandekommen in einer *orderly transaction* (IFRS 13.9) – nicht der *fair value*, der gleichwohl Ausgangspunkt der Bewertung ist, sondern der Erlös aus einer Verwertung.

Bestehen Anhaltspunkte für die Möglichkeit eines Eintritts mehrerer unterschiedlicher Szenarien, ist der erforderliche Betrag der Risikovorsorge als wahrscheinlichkeitsgewichteter Erwartungswert zu bestimmen.

Praxis-Beispiel

B reicht an Unternehmen U zum 1.1.01 ein endfälliges Darlehen mit einer Laufzeit von vier Jahren mit einem Nominalbetrag von 100 GE aus, für welches jährlich Zinszahlungen von 5 GE vorgesehen sind. Zur Absicherung eines Kreditrisikos der Forderung vereinbaren B und U eine Sicherungsgrundschuld über eine Immobilie des U. Zum 31.12.01 bestimmt B wegen eines signifikanten Anstiegs des *credit risk* den erwarteten *lifetime expected loss* für die verbleibenden drei Jahre der Laufzeit der Forderung. B rechnet mit den folgenden Rückflüssen (vor Abzinsung mit dem ursprünglichen Effektivzinssatz), die auch von der Verwertung der Immobilie als dingliche Sicherheit (*fair value* 50 GE, Kosten der Vollstreckung 5 GE) abhängen:

Datum	Vertraglicher Rückfluss	Erwarteter Rückfluss	*cash shortfall*
31.12.02	5	4	1
31.12.03	5	2,5	2,5
31.12.04	105	− 5 (*foreclosure*)	110
31.3.05	0	50 (*collateral*)	− 50

Der für die Risikovorsorge relevante *cash shortfall* beträgt (vor Abzinsung) 63,5 GE. Wird die als Sicherheit zur Verfügung gestellte Immobilie einem Dritten zur Nutzung überlassen, kann als alternatives Szenario auf die (von U an B abzutretenden) Zuflüsse, die aus dem Nutzungsverhältnis eingehen, abgestellt werden. Kosten der Vollstreckung fallen nicht oder nur in dem Zeitpunkt an, in dem der *lease* endet. In die Bestimmung des *cash shortfall* kann dann der Barwert der noch erwarteten Zuflüsse aus der Abtretung einbezogen werden.

6.4.5 Ansatz der Kreditsicherheit im Sicherungsfall

262 Wenn die vereinbarte Kreditsicherheit nicht bereits im Zeitpunkt des Abschlusses der (vertragsähnlichen) Vereinbarung als separates Bilanzierungsobjekt zu erfassen ist, ergibt sich im Sicherungsfall die Notwendigkeit einer erneuten Beurteilung der Ansatzfähigkeit (*recognition*) einer dinglichen Sicherheit. In Abhängigkeit der Risikoposition des Sicherungsnehmers kommt auch eine Ausbuchung der (Kapital-)Forderung gegen Erfassung der dinglichen Sicherheit als Vermögenswert in Betracht. Hat der Sicherungsnehmer

- lediglich einen Anspruch auf eine Befriedigung des ursprünglichen Kapitaldiensts und gehen etwaige Mehrerlöse aus einer Verwertung der Sicherheit an den Schuldner sowie bleibt dieser im Obligo bei evtl. Mindererlösen, trägt der Gläubiger kein Verwertungsrisiko. Die bestehende (Kapital-)Forderung ist bilanziell fortzuführen, das wirtschaftliche Eigentum an der Sicherheit verbleibt beim Schuldner;

- (ausnahmsweise) einen Herausgabeanspruch auf die Sicherheit, der zu einer Erfüllung der (Kapital-)Forderung führt, übernimmt der Gläubiger das Verwertungsrisiko und somit das (wirtschaftliche) Eigentum am Sicherungsobjekt. Die bestehende (Kapital-)Forderung ist auszubuchen und die Sicherheit als Vermögenswert, der bei angestrebter Verwertung als *asset held for sale* zu klassifizieren ist (IFRS 5.6), zu erfassen (→ § 29).

Die Erfassung eines Ertrags aus der Verwertung einer Sicherheit, deren *fair value* die fortgeführte Darlehensvaluta übersteigt, scheidet aus, es sei denn, es besteht eine explizite Vereinbarung, die dann aber nicht Ausfluss des Sicherungsgedankens ist.

7 Behandlung strukturierter Produkte

7.1 Eingebettete Derivate und das *mixed model*

Strukturierte oder **hybride Produkte** zeichnen sich durch eine besondere Kombination von Rechten und Pflichten aus: **263**

- Ein Basisinstrument (meist Anleihe oder sonstiges Fremdkapitalinstrument, ggf. auch ein Vertrag, der kein Finanzinstrument, z.B. Kaufvertrag über Waren oder Leasingvertrag, ist) ist
- mit zusätzlichen Rechten und Pflichten versehen, die bei isolierter Betrachtung als Derivat gelten würden.

Neben dem klassischen Instrument der **Wandelschuldverschreibung** (Schuldverschreibung als Basisinstrument, Option zur Umwandlung in Aktien als eingebettetes Derivat) gibt es eine Unzahl weiterer, zum Teil überaus exotischer Strukturierungen.

Für die Klassifizierung finanzieller Vermögenswerte nach IFRS 9 scheidet eine   **264** Aufteilung eines strukturierten Produkts in einen Basisvertrag (*host contract*) und ein eingebettetes Derivat aus. Für hybride Instrumente ist daher eine erfolgswirksame *fair-value*-Bilanzierung geboten, die objektive Klassifizierungsbedingung ist verletzt. Anderes gilt für zusammengesetzte finanzielle Verbindlichkeiten. Eine Aufteilung des Emissionserlöses ist geboten (*split accounting*). Nach IAS 39 galt die Trennungspflicht noch gleichermaßen für finanzielle Vermögenswerte und Verbindlichkeiten. Darüber hinaus bleibt eine Trennungspflicht für eingebettete Derivate bestehen, die nicht in den Anwendungsbereich des IFRS 9/IAS 39 fallen.

Ein Bewertungsproblem ergibt sich aus dem *mixed model* für Finanzinstrumente.   **265**

- Derivate sind erfolgswirksam zum *fair value* zu erfassen,
- Fremdkapitalinstrumente hingegen zu fortgeführten Anschaffungskosten oder erfolgsneutral zum *fair value*, es sei denn, sie würden ausnahmsweise Handelszwecken dienen.

Eine einheitliche Bilanzierung des strukturierten Produkts zu Anschaffungskosten oder erfolgsneutral zum *fair value* würde die Wertänderung des eingebetteten Derivats nicht oder nicht erfolgswirksam wiedergeben und zu einem anderen bilanziellen Ergebnis führen als die Abbildung eines wirtschaftlich gleichwertigen separaten Erwerbs von Basisinstrument und Derivat.

266   Die Analyse und bilanzielle Zerlegung hybrider Finanzinstrumente in das
            Trägerinstrument und das eingebettete Derivat können im Einzelfall sehr
            aufwendig sein. Zur Vermeidung dieser Problematik erlaubt das geltende
            Recht (IAS 39.11A) daher, hybride Produkte – unter bestimmten Voraussetzungen
            – **insgesamt erfolgswirksam** zum *fair value* zu bewerten. Durch
            entsprechende Widmung als Handelswert *(fair value option)* wird die Separierung
            des eingebetteten Derivats überflüssig und unzulässig (IAS 39.11(c)). Für
            strukturierte Produkte, deren Basisvertrag kein Finanzinstrument ist, besteht
            diese Möglichkeit jedoch nicht.

267   Falls ein Finanzinstrument **eingebettete Derivate** aufweist, sind diese gem.
            IAS 39.11 unter den folgenden kumulativen Voraussetzungen bilanziell von dem
            Basisinstrument **abzutrennen** und **separat** zu bilanzieren:

- Das strukturierte Produkt wird **nicht erfolgswirksam** zum *fair value* erfasst.
- Es besteht **keine enge Verbindung** zwischen den wirtschaftlichen Merkmalen
  und Risiken des eingebetteten Derivats einerseits und des Basisvertrags andererseits.
- Bei **isolierter Betrachtung** würde das eingebettete Instrument die Definitionskriterien
  eines Derivats erfüllen.

In der **ersten** Voraussetzung ist der Bewertungszweck der **Separierung** eingebetteter
Derivate angesprochen: Derivate unterliegen – mit bestimmten Ausnahmen
beim *hedge accounting* – der erfolgswirksamen *fair-value*-Bewertung. Eine Gesamtbewertung
des strukturierten Produkts stellt diese Bewertung nur dann sicher,
wenn das gesamte hybride Instrument erfolgswirksam zum *fair value* bewertet, im
Fall eines Finanzinstruments also als Handelswert *(trading asset)* geführt wird.

Die **zweite** Voraussetzung soll eine künstliche Trennung von gleichartigen und
zusammengehörigen Merkmalen und Risiken verhindern. An einer **engen Verbindung**
fehlt es z. B. regelmäßig, wenn der Basisvertrag ein Fremdkapitalinstrument
(Anleihe, Forderung, sonstiges Gläubigerrecht) ist, das eingebettete Derivat
hingegen den Charakter eines Eigenkapitalinstruments hat.

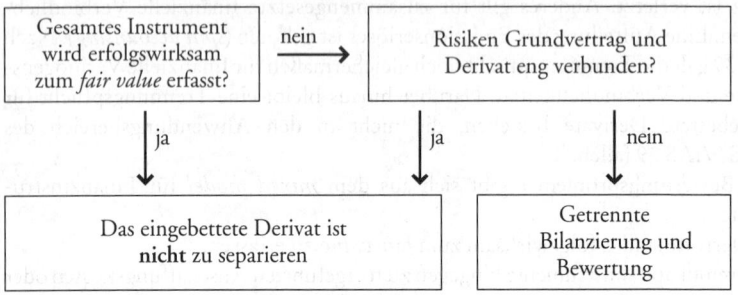

Abb. 8: Bilanzierung eingebetteter Derivate und Trennungspflicht

268   Der im März 2006 verabschiedete IFRIC 9 *Reassessment of Embedded Derivatives*,
            der in den Regelungsinhalt von IFRS 9 übernommen wurde, stellt klar: Die
            Beurteilung, ob ein abspaltungspflichtiges eingebettetes Derivat vorliegt, ist aus
            Sicht des Vertragsbeginns zu treffen. Eine spätere Neubeurteilung *(reassessment)*
            ist nur zulässig (und dann auch geboten), wenn die Vertragsbedingungen und

dadurch die *cash flows* signifikant geändert wurden. Nach dem im März 2009 verabschiedeten *Amendment* zu IFRIC 9 ist eine Neubeurteilung der Separierung außerdem erforderlich, wenn (etwa als Folge der Finanzmarktkrise) ein bisher erfolgswirksam zum *fair value* bilanziertes Finanzinstrument in eine Kategorie umgewidmet wird.

7.2 Strukturierte Anleihen

Zum gesamten Komplex der **eingebetteten Derivate** gibt es eine umfangreiche 269
Kasuistik, die teils in IAS 39.AG30ff., teils in IAS 39.IG.C.1ff. enthalten ist. Die nachfolgende Tabelle bietet einige Beispiele strukturierter Anleihen:

Typ	Analytische Beurteilung aus Anlegersicht	Zu separieren? N = Nein J = Ja
Bonitäts-Anleihe; Verzinsung/Tilgung steigt, wenn Rating sinkt *(credit sensitive bond)*	Anleihe + Verkaufsoption auf Rating	N
Anleihe mit Gläubigerkündigungsrecht *(puttable bond)*	Anleihe + Verkaufsoption auf Anleihe	N
Indexanleihe mit variabler Rückzahlung *(variable principal redemption bond)*	Anleihe + Stillhalter aus Option auf einen Index (Währung, Aktien, Rohstoff usw.)	i.d.R. J
knock-in- oder *knock-out-*Anleihen; Rückzahlungsoption (Art/Höhe) entsteht/verfällt, wenn Index, Währung usw. bestimmten Wert erreicht	Festzinsanleihe + Stillhalter aus *knock-in-* oder *knock-out*-Option	i.d.R. J
Stufenzinsanleihe *(step-up/step-down bond)*	Festzinsanleihe + Zinstermingeschäft	N
Anleihe mit Schuldnerkündigungsrecht *(callable bond)*	Anleihe + Stillhalter aus einer Kaufoption	N
super floater, leveraged/ bear floater: z × Basiszins – × % (nicht negativ)	Variable Anleihe + Aufnahme Festzinskredit + *floor*	N, wegen *floor*
Umgekehrter *floater, reverse/bull floater* x % – Basiszins	Festzinsanleihe + variable Kreditaufnahme + i.d.R. *cap* (sonst Negativzins)	N, es sei denn ohne *cap*
Variabel verzinsliche Anleihe mit Mindestzins *(floored floating rate note – FRN)*	Variable Anleihe + *floor* (d.h. Optionen auf Zins)	N
Variabel verzinsliche Anleihe mit Maximalzins *(capped FRN)*	Variable Anleihe + *cap* (d.h. Stillhalter aus Zinsoption)	N

Typ	Analytische Beurteilung aus Anlegersicht	Zu separieren? N = Nein J = Ja
Variabel verzinsliche Anleihe mit Mindest- und Höchstzins (collared FRN)	Variable Anleihe + floor (Optionsinhaber) + cap (Stillhalter)	N
Wandelanleihe (convertible bond)	Festzinsanleihe + Wandlungsoption	J

270 Auch **aktienindizierte** Anleihen, bei denen die Höhe der Zinsen oder der Rückzahlung (Fremdkapital) an den Wert von Aktien (Eigenkapital) geknüpft ist, erfordern regelmäßig eine Separierung des Derivats, da das Derivat Eigenkapitalcharakter, der Basisvertrag hingegen Fremdkapitalcharakter hat (IAS 39.AG30(d)). Bei einem mit **Laufzeitoptionen, Kauf-** oder **Verkaufs**optionen ausgegebenem Schuldinstrument kommt es auf die Konditionen der Optionsausübung an. Findet zum Zeitpunkt der Ausübung einer Verlängerungsoption keine Anpassung an den herrschenden Marktzins statt oder erfolgt bei vorzeitiger Kündigung oder Ausübung einer Kauf- oder Verkaufsoption weder eine Erledigung zum ab- oder aufgezinsten Betrag noch ein Ersatz des Vorfälligkeitsschadens, so fehlt es an einem engen Zusammenhang. Eine **getrennte** Bilanzierung ist i.d.R. erforderlich (IAS 39.AG30(c) und IAS 39.AG30(g)).

271 In eine Anleihe eingebettete **Kreditderivate**, die dem Schuldner des originären Schuldinstruments die Möglichkeit der Übertragung des Ausfallrisikos einer Referenzadresse auf den Gläubiger einräumen, sind i.d.R. nicht eng mit dem originären Schuldinstrument verbunden (IAS 39.AG30(h)).[36] Dagegen ist bei Bindung der Zinszahlungen an einen **Zinsindex** ein enger Zusammenhang regelmäßig zu bejahen, es sei denn, das Derivat habe eine so ausgeprägte Hebelwirkung, dass der Zins je nach Indexentwicklung das Doppelte oder mehr des Marktzinses erreichen bzw. der eingesetzte Kapitalbetrag nicht vollständig zurückerlangt werden könnte (IAS 39.AG33(a)).

272 Ein vertragliches Recht des Schuldners, die **Laufzeit zu verlängern**, stellt ein eingebettetes Derivat dar.
- Dieses ist gem. IAS 39.AG30(c) eng mit dem Grundvertrag verbunden und daher nicht separat zu bilanzieren, wenn bei Ausübung der Verlängerungsoption eine Anpassung an den bonitätsgerechten Marktzins stattfindet.
- Ist eine solche Anpassung nicht vorgesehen, fehlt es an der engen Verbindung zum Grundvertrag und das Derivat wäre getrennt zum *fair value* zu bilanzieren.

Im Schrifttum wird für den zweiten Fall aber noch eine **alternative Bilanzierungsmöglichkeit** (faktisches Wahlrecht) befürwortet:[37] Die Verlängerungsoption kann als *loan commitment* bzw. Kreditzusage (der Gegenseite) und damit unter Berufung auf IAS 39.4 als vom Anwendungsbereich des IAS 39 ausgeschlossen angesehen werden. Bei Ausübung dieses Wahlrechts unterbleibt eine Bilanzierung der Verlängerungsoption während der Grundlaufzeit: Es stellt sich aber die

---

[36] Vgl. zu Kreditderivaten auch IDW RS BFA 1.
[37] Deloitte, iGAAP 2017, Ch C5, sCh 7.2.

Frage, wie bei Ausübung der Option zu verfahren ist, wenn der Zins für den Verlängerungszeitraum von dem des Basiszeitraums abweicht. Hier ist u. E. gem. IAS 39.AG8 eine erfolgsneutrale Anpassung des Buchwerts der Verbindlichkeit vorzuziehen. Vertretbar erscheint auch, die Verlängerung als Tilgung des „Altdarlehens" und Zugang eines Neudarlehens anzusehen.

7.3 Eingebettete Zinssicherungsinstrumente

Zur Absicherung gegen das Risiko von Zinsänderungen – als Alternative zum *hedge accounting* (→ § 28a) – können variabel verzinsliche (Basis-)Instrumente (*host*) mit zusätzlichen Rechten und Pflichten (*cap, floor oder collar*) versehen werden, die bei separater Betrachtung als **Derivate** anzusehen sind. Eine dem *mixed model* der Bewertung Rechnung tragende bilanzielle Zerlegung eines hybriden Finanzinstruments ist – trotz Nachweises eines Derivats und fehlender erfolgswirksamer *fair-value*-Bewertung des (Gesamt-)Instruments – nicht erforderlich, wenn die Chancen und Risiken aus Grundvertrag und Derivat eng miteinander verbunden (*closely related*) sind (**IFRS 9.4.3.3(a)/IAS 39.11(a)**). Eine **enge Verbindung der wirtschaftlichen Merkmale** von (Basis-)Instrument und eingebettetem Derivat ist für die Absicherung des Risikos von Zinsänderungen belegt (**IFRS 9.**B4.3.8(b)/**IAS 39**.AG33(b)), wenn 273

• zum Zeitpunkt des Abschlusses eines Vertrags ein vereinbarter *cap (floor)* gleich oder höher (niedriger) als der aktuelle Marktzins, somit *out of the money* ist, und
• das eingebettete Derivat im Verhältnis zum *host* keine Hebelwirkung bedingt.

Der **Nachweis** der *closely-related*-Beziehung ist unabhängig von der aktuellen makroökonomischen Situation, gilt also auch in einem Negativzinsumfeld (*negative interest rate environment*), wenn in einem Darlehensvertrag negative Zinsen, also eine Gebühr für die „Verwahrung" von Zahlungsmitteln, vereinbart werden.

Mit Abschluss eines variabel verzinslichen (Finanz-)Instruments kann zur **Begrenzung des Risikos** einer Zinsänderung für eine bestimmte Periode eine Zinsobergrenze (*cap*) oder Zinsuntergrenze (*floor*) bzw. eine Kombination aus beiden (*collar*) vereinbart werden: 274

• Der Käufer einer Zinsobergrenze (*cap*) erwirbt gegen die Zahlung einer Optionsprämie das Recht auf eine Ausgleichszahlung, wenn zu einem festgelegten künftigen Zeitpunkt bzw. für einen vereinbarten Zeitraum der Referenzzinssatz über der vereinbarten Zinsobergrenze (Basiszins) liegt. Ein *cap* eignet sich zur Absicherung von Zinszahlungsverpflichtungen aus variabel verzinslichen Verbindlichkeiten. Der maximale Verlust entspricht der gezahlten Optionsprämie; übersteigt der Referenzzins den Basiszins und die gezahlte Optionsprämie wird insgesamt ein Gewinn erzielt.
• Eine Zinsuntergrenze (*floor*) ist ebenfalls ein bedingtes Termingeschäft und das exakte Gegenstück. Gegen die Zahlung einer Optionsprämie wird der Erhalt einer Mindestverzinsung aus einem variabel verzinslichen finanziellen Vermögenswert abgesichert. Solange die Differenz zwischen Referenz- und Basiszinssatz die gezahlte Optionsprämie nicht übersteigt, resultiert ein Teilverlust.
• Denkbar ist auch der Abschluss einer Kombination aus Zinsober- und -untergrenze (*collar*). Bei symmetrischen Konditionen entfällt dann die Zahlung

einer Optionsprämie, es liegt ein *zero cost collar* vor, da die beteiligten Parteien Optionsinhaber und Stillhalter sind.

Die Gegenpartei einer Absicherung gegen das Risiko von Zinsänderungen nimmt gegen den Empfang einer Vergütung eine **Stillhalterposition** ein (Rz 17). Die Höhe der künftigen (Netto-)Zahlungsverpflichtung aus einem variabel verzinslichen (Finanz-)Instrument wird somit effektiv begrenzt.

Praxis-Beispiel
U nimmt ein variabel verzinsliches Darlehen auf. Vereinbart wurde eine Zahlung i. H. d. am Markt beobachtbaren Referenzzinssatzes (aktuell 3 %) zuzüglich eines Aufschlags von 2 %. Maximal muss U wegen eines *cap* allerdings einen Zins von 7 % zahlen. Der aktuelle Marktzins ist bei Vertragsabschluss geringer als der maximal von U zu entrichtende Zins, der *cap* ist daher *out of the money*. Es besteht keine Pflicht zur Abspaltung eines eingebetteten Derivats.

Mit separatem Abschluss einer Zinsbegrenzungsvereinbarung liegt als bedingtes Termingeschäft ein derivatives (Finanz-)Instrument vor, welches – insoweit keine Designation als Sicherungsinstrument (hedging instrument) erfolgt (→ § 28a) – erfolgswirksam zum fair value zu bilanzieren ist.

275 Eine einheitliche, nicht erfolgswirksame *fair-value*-Bilanzierung eines strukturierten Produkts spiegelt die Wertänderung eines eingebetteten derivativen Anteils nicht wider und führt zu einem anderen bilanziellen Ergebnis als die Abbildung eines wirtschaftlich gleichwertigen separaten Erwerbs von (Basis-)Instrument und Derivat:

- Nach den – noch geltenden – Vorgaben von **IAS 39** besteht daher unabhängig von dem (Basis-)Instrument eine **Abspaltungspflicht** (*split accounting*) für ein eingebettetes Derivat, wenn die *closely-related*-Bedingung nicht erfüllt ist.
- Mit **(Erst-)Anwendung von IFRS 9** ist eine Differenzierung erforderlich. Für die bilanzielle Abbildung finanzieller Vermögenswerte nach **IFRS 9** scheidet eine Aufteilung eines strukturierten Produkts in einen *host* und ein eingebettetes Derivat aus; dem derivativen Element ist im Rahmen der Klassifizierung Rechnung zu tragen. Für finanzielle Verbindlichkeiten und nicht in den Anwendungsbereich von **IFRS 9** fallende Finanzinstrumente werden die Vorgaben zum *split accounting* fortgeführt.

276 Der Nachweis der engen Verbindung der wirtschaftlichen Merkmale von (Basis-)Instrument und eingebettetem Derivat ist nicht deckungsgleich mit den Anforderungen für die Klassifizierung eines finanziellen Vermögenswerts in die (Bewertungs-)Kategorie *at amortised cost* (Rz 149). Es gilt: der Nachweis einer *closely-related*-Beziehung ist nicht gleichzeitig ein Beleg für die Erfüllung der (objektiven) Zahlungsstrombedingung (Rz 164 ff.). Auch ein (Finanz-)Instrument mit einer Zinsbegrenzung kann daher zu Zahlungsflüssen führen, die ausschließlich Zins und Tilgung auf das ausstehende Kapital darstellen (*solely payments of principal and interest*), also im Einklang mit der objektiven Bedingung stehen (Instrument C, **IFRS 9**.B4.1.13). Unter den Zinsen ist auch die Prämie für den Stillhalter einer Zinsbegrenzungsvereinbarung zu fassen, solange diese für das (Gesamt-)Instrument keine Hebelwirkung entfaltet (**IFRS 9**.B4.7A). Wenn die objektive Bedingung verletzt ist, scheidet eine Abspaltung

aus, das (Gesamt-)Instrument ist erfolgswirksam zum *fair value* zu bilanzieren (Rz 148ff.). Für die **bilanzielle Abbildung** gilt:

- Für finanzielle Vermögenswerte, die nach **IFRS 9** abgebildet werden, scheidet eine Abspaltung eines eingebetteten derivativen Elements aus. Ist die Zahlungsstrombedingung nicht verletzt, braucht das (Gesamt-)Instrument nicht erfolgswirksam zum *fair value* bewertet zu werden (Rz 149).
- Alle anderen (Finanz-)Instrumente sind darauf hin zu untersuchen, ob und inwieweit eine enge Verbindung der wirtschaftlichen Merkmale derivativer und originärer Komponenten besteht. Eine Aufteilung eines Emissionserlöses ist geboten (*split accounting*), wenn die *closely-related*-Beziehung nicht nachgewiesen wird.

Die Chancen- und Risikoprofile eines *host* und eines eingebetteten Derivats gelten im Fall einer Zinsbegrenzungsvereinbarung als eng miteinander verbunden, wenn im Zeitpunkt des Vertragsschlusses **277**

- eine Zinsuntergrenze (*floor*) den aktuellen Marktzinssatz unterschreitet,
- eine Zinsobergrenze (*cap*) den aktuellen Marktzinssatz übersteigt und

das derivative Element keine Hebelwirkung für das (Gesamt-)Instrument entfaltet. Der Wert einer Zinsbegrenzungsvereinbarung als bedingtes Termingeschäft setzt sich aus dem **inneren Wert** (*intrinsic value*) und einer **Zeitwertkomponente** (*time value*) zusammen (Rz 357). Notwendige Voraussetzung für die Beibehaltung der „Bewertungseinheit" für die bilanzielle Abbildung ist der Nachweis eines fehlenden inneren Werts des derivativen Elements *at inception*. Eine künftige positive Wertentwicklung, also das Bestehen eines positiven Zeitwerts, ist nicht schädlich, wenn für diesen eine Vergütung erfolgt.

> **Praxis-Beispiel**
> U bekommt eine variabel verzinsliche Darlehensgewährung bei einem aktuellen Marktzinssatz von 3 % zu einem Aufschlag von 2 % angeboten. Für die Absicherung eines künftigen Zinsanstiegs möchte U eine Zinsbegrenzung bei einem Maximalzins (*cap*) von 7 % vereinbaren. Hierfür wird die Gegenpartei einen zusätzlichen Aufschlag für die Überlassung des Kapitals verlangen.

Die erforderliche Beurteilung ist **zeitpunktbezogen** bei Vertragsabschluss (*at inception*) vorzunehmen. Eine spätere Neubeurteilung (*reassessment*) ist nur zulässig (und dann auch geboten), wenn die Vertragsbedingungen und dadurch die *cash flows* des (Gesamt-)Instruments signifikant geändert wurden. Notwendige Referenzgröße für den Nachweis *der closely-related*-Beziehung ist der **aktuelle Marktzinssatz** (*market rate of interest*). Der Marktzinssatz ist – unabhängig von dem makroökonomischen Umfeld – als Rendite eines alternativen (Finanz-)Instruments, das in allen Konditionen identisch ist, aber keine Zinsbegrenzungsvereinbarung vorsieht, zu bestimmen. Abzustellen ist somit auf den Marktzins „für ein ähnliches Instrument (vergleichbar im Hinblick auf Währung, Laufzeit, Art des Zinssatzes und sonstigen Faktoren) mit vergleichbarer Bonität".[38] Für die Herleitung des Marktzinssatzes besteht daher keine Freiheit; die Konditionen des hybriden (Finanz-)Instruments wirken auf den aktuellen Marktzinssatz als Refe- **278**

---

[38] Vgl. FREIBERG, PiR 2016, S. 186.

renzgröße zurück. Wegen der Abhängigkeit des für den Nachweis der *closely-related*-Beziehung heranzuziehenden Marktzinssatzes von den Konditionen des (Finanz-)Instruments gelingt diese nur ausnahmsweise nicht.

Praxis-Beispiel

U nimmt ein variabel verzinsliches Darlehen auf. Der aktuelle Referenzzinssatz ohne Berücksichtigung eines Aufschlags beträgt 3 %. Vereinbart wird ein Aufschlag von 2 %, dafür wird eine Zinsuntergrenze, also eine Mindestzinszahlung i. H. v. 4 %, vereinbart. Würde für den Vergleich der wirtschaftlichen Bedingungen auf den Referenzzinssatz ohne einen Aufschlag abgestellt, wäre der *floor* mutmaßlich *in the money* und daher abspaltungspflichtig. Der Vergleich ist allerdings nicht aussagefähig; der Referenzzinssatz von 3 % ist für U nicht einschlägig, da kein Kreditgeber mit U zu diesen Konditionen einen Vertrag schließen würde. Ohne einen *floor*, der eine Stillhalterposition seitens U begründet und für den U demnach eine Prämie verlangen würde, wäre – bei nicht separater Vergütung – der Aufschlag auf den Referenzzinssatz höher als 2 % ausgefallen. Der als Referenzgröße heranzuziehende Referenzzinssatz ist daher höher als 5 % (3 % + 2 %) und deutlich über der Zinsuntergrenze, die somit *out of the money* ist.

279   Nur ausnahmsweise – etwa wenn aus besonderen Erwägungen nicht marktgerechte Konditionen vereinbart werden – kann sich daher eine Pflicht zur Abspaltung eines eingebetteten Derivats, welches der Absicherung des Risikos einer Zinsänderung dient, ergeben. Durch den Verweis auf die Rendite eines ähnlichen (Finanz-)Instruments, welches sich lediglich hinsichtlich der fehlenden Zinsbegrenzungsvereinbarung von dem Beurteilungsobjekt unterscheidet, weist ein eingebettetes Derivat *at inception* keinen inneren Wert auf. Wird nicht auf eine angemessene Prämie verzichtet, ist das bedingte Termingeschäft somit **out of the money** (Rz 273).

280   Eine Zinsbegrenzungsvereinbarung lässt sich in mehrere einzelne Transaktionen aufteilen, wenn sich die (Gesamt-)Laufzeit über mehrere Zinsanpassungstermine (*roll-over dates*) erstreckt.

Praxis-Beispiel

U vereinbart einen *cap* für eine Darlehensgewährung zum Drei-Monats-EU-RIBOR zuzüglich eines Aufschlags über einen Zeitraum von vier Jahren. Als Käufer eines *cap* hat U in Abhängigkeit der Laufzeit und der Länge der Absicherungsperiode (Zeitraum bis zum *roll-over date*) mehrere Optionsrechte. Es ergeben sich über den Zeitraum der Darlehensgewährung 16 Teilperioden; anstatt einer Zinsbegrenzungsvereinbarung liegen 16 *caplets* vor. Mit Ablauf jeder einzelnen Absicherungsperiode besteht die Möglichkeit für den Empfang einer Ausgleichszahlung, die jeweils zu Beginn einer Periode (hier: alle drei Monate) festgelegt wird. Der Höhe nach entspricht die Ausgleichszahlung für eine Drei-Monats-Zinsperiode der Differenz zwischen dem Marktzins am Tag der Festsetzung (Beginn der Zinsperiode) und dem gesicherten Basiszins. Für die erste Periode ist ausnahmsweise keine Ausgleichszahlung fällig, diese ist deterministisch, wenn die Laufzeit der Zinsbegrenzung zum

> gleichen Zeitpunkt wie das (Basis-)Instrument beginnt. Unter der Bedingung einer arbitragefreien Bewertung haben beide Zahlungen einen Barwert von null und entfallen. Für die (Folge-)Perioden ergeben sich Ausgleichszahlungen in Abhängigkeit einer positiven Differenz zwischen Referenz- und Basiszinssatz.

Für die **Bewertung** einer Kombination mehrerer Zinsbegrenzungsvereinbarungen über einen Zeitraum ist auf die Summe der (diskreten) Einzelwerte abzustellen. Aus dem (Bilanzierungs-)Regelwerk lässt sich nicht entnehmen, ob die Zerlegung eines *cap* (*floor*) in mehrere *caplets* (*floorlets*) für die Bewertung auch auf die bilanzielle Abbildung durchschlägt. Die Pflicht zur Beurteilung der *closely-related*-Beziehung stellt ab auf ein einzelnes Derivat (**IFRS 9.4.3.3(a)/ IAS 39.11(a)**). Allerdings besteht die Möglichkeit, mehrere in ein (Basis-)Instrument eingebettete Derivate als ein einziges eingebettetes Derivat zu behandeln (**IFRS 9.B4.3.4/IAS 39.AG29**). Beachtlich ist allerdings eine unmittelbare Rückausnahme, wenn die innerhalb eines *host* enthaltenen Derivate einem „unterschiedlichen Risiko ausgesetzt sind und jederzeit getrennt werden können und unabhängig voneinander sind."(IFRS 9.B4.3.4). Für eine Zusammenfassung von *caplets* (*floorlets*) zu einem *cap* (*floor*) spricht die gemeinsame Abhängigkeit von dem Risiko einer Zinsänderung. Die separate Bepreisung und das diskrete Verhältnis zueinander sprechen hingegen für eine – u. E. auch vorziehungswürdige – **getrennte Beurteilung**. Letztlich sind die Vorgaben zur bilanziellen Abbildung unbestimmt. Es besteht daher die Notwendigkeit zur Festlegung einer stetig anzuwendenden *accounting-policy*-**Entscheidung (IAS 8.13)**. Die Reichweite des Ermessensspielraums ist allerdings auf (Finanz-)Instrumente, für die die Vorgaben zur Abspaltung eingebetteter Derivate Anwendung finden, begrenzt. Die Beurteilung der Einhaltung der objektiven Zahlungsstrombedingung für die Klassifizierung nach **IFRS 9** bewerteter finanzieller Vermögenswerte bestimmt sich in Abhängigkeit der (Gesamt-)Laufzeit des (Finanz-)Instruments. Eine separate Beurteilung einzelner derivativer Elemente scheidet aus. | **281**

Wird eine Serie von mehreren Zinsbegrenzungsvereinbarungen, die einheitlich als Paket geschlossen wurden, als ein Bilanzierungsobjekt (*unit of account*) angesehen, ist nur eine einzige Beurteilung der *closely-related*-Bedingung erforderlich, die dann aber für alle Einzeltransaktionen bindend ist. Für den Nachweis ist auf eine Gegenüberstellung des vertraglich vereinbarten Basiszinssatzes mit dem aktuellen Marktzinssatz für eine äquivalente Alternativanlage ohne Zinsbegrenzung abzustellen. Alternativ besteht auch die – u. E. vorzuziehende – Möglichkeit einer individuellen Behandlung einzelner (diskreter) Zinsbegrenzungen, die Teil einer Serie für einen bestimmten Zeitraum sind. In der Konsequenz zeigt die Beurteilung auch nur für eine individuelle Zinsabgrenzung Relevanz; es kommt nicht zu einer „Infektion" anderer derivativer Elemente des einheitlich vertraglich vereinbarten Pakets. Der jeweilige Referenzzinssatz ist durch Rückgriff auf die *forward rate* für eine Alternativanlage zu substituieren. | **282**

Aus Konsistenzgründen ist die Festlegung des relevanten Bilanzierungsobjekts **stetig** fortzuführen. Wird die Beurteilung einer Abspaltungspflicht auf Ebene einer Serie von als Paket vereinbarten Zinsbegrenzungen vorgenommen, scheidet eine spätere Separierung einzelner derivativer Elemente (etwa für Zwecke des *hedge accounting*) aus. Die *policy*-Entscheidung zeigt auch Relevanz für den | **283**

Ausweis (*presentation*) abspaltungspflichtiger eingebetteter derivativer Elemente. Eine gebotene Separierung einer Zinsbegrenzung, die im Zeitpunkt des Vertragsschlusses *in the money* ist, zieht einen (Bilanz-)Ausweis unter Berücksichtigung der individuellen Fristigkeit nach sich (**IAS 1.61**). Vermögenswerte und Schulden sind in Abhängigkeit von dem verbleibenden Zeitraum bis zur Realisierung bzw. Fälligkeit in kurzfristig (*current*) und langfristig (*non-current*) zu unterscheiden (**IAS 1.60**). Allerdings gilt bei Feststellung einer Abspaltungspflicht noch folgende Besonderheit für die *presentation* im Abschluss: Konsequenz der Identifizierung eines trennungspflichtigen, eingebetteten Derivats ist zwar eine vom (Basis-)Instrument abweichende Bilanzierung, nicht notwendigerweise aber auch ein separater bilanzieller Ausweis. Unabhängig von der Feststellung einer Trennungspflicht kann – als unabhängige *accounting policy* (**IAS 8.13**) – ein eingebettetes Derivat (oder eine Serie) wahlweise zusammen mit dem (Basis-)Instrument ausgewiesen werden.

7.4 Zugangsbewertung nach *split accounting*

284 Bei der **Zugangsbewertung** strukturierter Anleihen sind die Anschaffungskosten wie folgt auf den Basisvertrag und das separierungspflichtige Derivat zu verteilen:

- Zunächst ist das eingebettete Derivat zum *fair value* zu bewerten.
- Die Erstbewertung des Basisinstruments ergibt sich residual aus der Differenz von gesamten Anschaffungskosten zum *fair value* des eingebetteten Derivats. Ist der *fair value* des Basisinstruments verlässlicher bestimmbar als derjenige des Derivats, wird umgekehrt verfahren (IAS 39.13).

285 Hat das eingebettete Derivat keinen Optionscharakter, sondern den eines unbedingten Termingeschäfts, d.h., verkörpert es nicht nur Rechte, sondern auch Pflichten, z.B. neben dem Recht auf Gewinnbeteiligung auch die Pflicht zur Verlustteilhabe, ist der Zeitwert des Derivats im Zugangszeitpunkt mit null anzusetzen (IAS 39.AG28). Die gesamten Anschaffungskosten entfallen auf das Basisinstrument.

286 Die Methodik der Zuordnung der Anschaffungskosten zur Anleihe und zu einem Eigenkapital verkörpernden Options- oder Wandlungsrecht unterscheidet sich bei dem Emittenten und dem Erwerber. Während der Inhaber, wie dargestellt, den Wert des Basisvertrags residual ermittelt, muss der Emittent nach IAS 32.32 gerade umgekehrt vorgehen:

- Schritt 1: Ermittlung des **Zeitwerts** der Anleihe durch Diskontierung der Zahlungen und
- Schritt 2: Ermittlung des Optionswerts als **Restwert**.

287 Wenn für ein abtrennungspflichtiges **eingebettetes Derivat** im Einzelfall eine **Bewertung** zum *fair value* nicht möglich ist (sei es bei Erwerb der Anleihe oder später), gilt für die gesamte Anleihe zwingend der *fair-value*-Ansatz (IAS 39.12). Damit werden im Ergebnis nicht nur die abtrennungspflichtigen eingebetteten Derivate, sondern auch alle anderen Bestandteile der strukturierten Anleihe (insbesondere das Trägerinstrument) zum *fair value* bewertet.

Praxis-Beispiel
Ein Unternehmen hat bei einem Marktzins von 10 % Wandelanleihen mit einem Zins von 6 % platzieren können. Der vergleichsweise niedrige Zinssatz

---

resultiert daraus, dass die Anleihe zu Bedingungen in Aktien umgewandelt werden kann, die nach Einschätzung der Marktteilnehmer als vorteilhaft gelten. Einige Zeit nach der Platzierung hat sich der Aktienkurs wider Erwarten drastisch verschlechtert. Der Kurs der Anleihe sinkt, nicht wegen verschlechterten Bonitätsratings (dieses ist nach wie vor gut), sondern weil sich der Aktienmarkt in einer Baisse befindet und dadurch eine Entwertung des Umtauschrechts eingetreten ist.

Unternehmen A hat Teile der Anleihe bei Emission erworben und will sie bis zur Fälligkeit halten. Würde der Ausweis insgesamt zu fortgeführten Anschaffungskosten erfolgen, hätte der Kursrückgang keine Bewertungsrelevanz. Hätte A dagegen eine normale Anleihe mit 6 % Nominalverzinsung zu einem beträchtlichen Disagio (zum Ausgleich der unter Marktniveau liegenden Verzinsung) erworben und aus dem Disagiobetrag Aktienoptionen gekauft, so wären die Optionen jetzt abzuwerten. Erst die Separierung des eingebetteten Derivats und die Bewertung zum *fair value* führen zur Gleichbehandlung beider Fälle.

Unternehmen B hat ebenfalls Teile der Anleihe erworben, will aber mit ihnen handeln. Erfolgt der Ausweis insgesamt zum *fair value*, besteht keine Notwendigkeit (und nach IAS 39.11(c) auch kein Recht) zur Separierung des Derivats.

Umgekehrt ist es aufgrund des Aufwands, der mit der Analyse und ggf. erforderlichen bilanziellen Zerlegung strukturierter Anleihen in das Trägerinstrument und das eingebettete Derivat verbunden ist, gem. IAS 39.11A auch erlaubt, auf eine solche Aufteilung zu verzichten und stattdessen freiwillig die Anleihe insgesamt erfolgswirksam zum *fair value* zu bewerten *(fair value option)*. Die Anwendung der *fair value option* ist allerdings dann unzulässig, wenn **288**

- das eingebettete Derivat nicht signifikant ist (IAS 39.11A(a)) oder
- ohne weitere Analyse klar ist, dass eine Abtrennung des eingebetteten Derivats gem. IAS 39.11 nicht zulässig ist (IAS 39.11A(b)). Ein Beispiel hierfür wäre eine Anleihe, die ein Kündigungsrecht aufweist.

Insgesamt rechtfertigt damit das Vorliegen (mindestens) eines wesentlichen eingebetteten Derivats die Anwendung der *fair-value*-Option für strukturierte Anleihen, es sei denn, die Unzulässigkeit einer Abtrennung des eingebetteten Derivats ist ohne Weiteres erkennbar.

7.5 Stille Beteiligungen, Genussrechte, partiarische Darlehen nach IAS 39

7.5.1 Separierung des Derivats oder einheitliche Bilanzierung – faktisches Wahlrecht

In der Unternehmenspraxis spielen folgende erfolgsabhängig ausgestaltete Finanzinstrumente eine wichtige Rolle: **289**

- partiarische Darlehen, d.h. Darlehen mit **erfolgsabhängiger** Verzinsung,
- typische oder atypische stille Beteiligungen mit oder ohne Verlustteilnahme,
- unechte (keine Beteiligung an stillen Reserven vorsehende) oder echte Genussrechte mit oder ohne Verlustbeteiligung.

Im Normalfall sehen atypische stille Beteiligungen und echte Genussrechte eine **Verlustbeteiligung** vor. Die nachfolgenden Erläuterungen erfolgen unter dieser Prämisse.

290   Die Behandlung der vorgenannten Anlagen nach dem noch geltenden Recht hängt wesentlich davon ab, ob die Erfolgsbeteiligung als separierungspflichtiges eingebettetes Derivat zu qualifizieren ist. Dies setzt zunächst voraus, dass eine entsprechende *stand alone* vereinbarte Erfolgsbeteiligung überhaupt als Derivat gelten würde. Nach der Definition von Derivaten in IAS 39.9 wäre dies dann nicht der Fall, wenn der Wert des eingebetteten Vertragselements von einer nicht finanziellen Variablen abhängt, die spezifisch für eine Partei des Vertrags ist. Das IFRS IC hat bisher allerdings offengelassen, ob die Bindung an Gewinn oder andere Erfolgsgrößen des Emittenten (*revenues*, EBITDA etc.) als finanzielles oder nicht finanzielles *underlying* anzusehen ist und eine i. d. R.ung liegende Unklarheit bestätigt.[39] Entsprechend uneinheitlich ist die Praxis. Insoweit hat der Inhaber eines mit Erfolgsbeteiligung versehenen Investments ein **faktisches Wahlrecht**:

* Qualifiziert er die Erfolgsbeteiligung als nicht finanzielle Variable, so fällt sie nicht unter die Definition eines Derivats. Das gesamte Investment stellt ein einheitliches Bilanzierungsobjekt dar.
* Qualifiziert er die Erfolgsbeteiligung als finanzielle Variable, so stellt sie ein eingebettetes Derivat dar, das separat zu bilanzieren ist, es sei denn, Derivat und Basisvertrag seien ausnahmsweise eng verbunden oder das gesamte Investment würde erfolgswirksam zum *fair value* bilanziert.

7.5.2   Bewertung und Ertragsrealisierung bei einheitlicher Bilanzierung

291   Bei einheitlicher Behandlung des gesamten Investments ist über dessen Kategorisierung zu entscheiden. Sofern das Investment weder Handelszwecken dient noch der *fair-value*-Option oder der *available-for-sale*-Option unterworfen wird, gilt: Eine Behandlung als **Kredit** oder **Forderung** (loans and receivables) kommt nur infrage, wenn das Finanzinstrument weder börsennotiert ist noch die volle Rückzahlung des Investments aus anderen Gründen als Zahlungsunfähigkeit usw. des Emittenten unterbleiben kann. Als Kredit oder Forderung können daher nur gelten:

* partiarische Darlehen (keine Verlustbeteiligung),
* typische stille Beteiligungen ohne Verlustbeteiligung,
* unechte Genussrechte ohne Verlustbeteiligung und ohne Börsennotierung.

Die Bilanzierung erfolgt zu **fortgeführten Anschaffungskosten**. Für die Realisierung von **Erträgen** gilt:

* Setzt der Anspruch auf die Erfolgsbeteiligung einen Beschluss der Gesellschafterversammlung des Emittenten voraus, etwa bei Abhängigkeit der Erfolgsbeteiligung vom Gewinnausschüttungsbeschluss, kann der Inhaber den Ertrag erst mit der Beschlussfassung erfassen. Die Erfolgsbeteiligung hat **dividendenähnlichen** Charakter (→ § 4 Rz 40 ff.) und kann auch unter Berufung auf die wirtschaftliche Betrachtungsweise oder das Wertaufhellungsprinzip nicht schon mit Ablauf des Geschäftsjahres oder von Zwischenperioden (IAS 34.38; → § 37) realisiert werden. Der Anspruch auf einen unabhängig vom Erfolg des Unternehmens bestehenden Mindestzins ist jedoch abzugrenzen.

---

[39]   IFRIC Update July 2006.

- Entsteht der Rechtsanspruch dem Grunde nach mit Ablauf des Geschäftsjahres des Emittenten (Bindung an Jahresüberschuss, EBIT usw., jedoch nicht an Dividende), bedarf aber zur Konkretisierung noch der Aufstellung und Feststellung des Jahresabschlusses, haben diese Rechtsakte demgegenüber nur wertaufhellenden Charakter, so dass (bei Identität der Geschäftsjahre von Inhaber und Emittent) eine phasengleiche Realisierung zulässig ist.

Eine Behandlung eines Finanzinstruments als **Fälligkeits**investment *(held-to-maturity asset)* setzt voraus: 292

- Notierung an einem aktiven Markt (Börse);
- Halteabsicht bis zur Fälligkeit;
- die volle Rückzahlung des Investments kann aus anderen Gründen als der Zahlungsunfähigkeit usw. des Emittenten unterbleiben

Als *held-to-maturity assets* kommen daher nur börsennotierte Genussrechte ohne Verlustbeteiligung mit Halteabsicht bis zur Fälligkeit in Betracht. Die Bilanzierung erfolgt zu fortgeführten Anschaffungskosten.

Sofern weder Handelszwecke noch die *fair-value*-Option einschlägig sind, werden alle anderen Anlagen als *available-for-sale assets* qualifiziert. Betroffen sind: 293

- typische oder atypische stille Beteiligungen mit Verlustbeteiligung,
- echte oder unechte Genussrechte mit Verlustbeteiligung,
- börsennotierte unechte Genussrechte ohne Verlustbeteiligung, sofern keine unbedingte Halteabsicht besteht.

Die Bewertung hat erfolgsneutral zum *fair value* zu erfolgen. Zins und Gewinnbeteiligung werden jedoch erfolgswirksam erfasst. Verluste bedingen ggf. den Übergang von erfolgsneutraler zu erfolgswirksamer *fair-value*-Bewertung.

7.5.3 Bewertung und Ertragsrealisierung bei Behandlung der Erfolgsbeteiligung als Derivat

Wird die Erfolgsbeteiligung als Derivat gewertet, ist das Derivat **separat** zu bilanzieren, sofern es nicht ausnahmsweise eng mit dem Basisvertrag verbunden ist oder das gesamte Instrument erfolgswirksam zum *fair value* bilanziert wird. Eine **enge Verbindung** zwischen Derivat und Basisvertrag kann gem. IAS 39.AG27 nicht angenommen werden, wenn der Grundvertrag kein residuales Interesse am Nettovermögen des Kapitalnehmers repräsentiert, das eingebettete Derivat aber Charakteristika von Eigenkapital aufweist. Ein hauptsächlich am Gewinn oder Verlust orientierter laufender Anspruch des Kapitalgebers gibt dem Derivat i.d.R. Eigenkapitalcharakter. Eine enge Verbindung setzt daher voraus, dass auch der Basisvertrag Eigenkapitalcharakter hat, d.h. mindestens eine Beteiligung an den stillen Reserven, ggf. auch eine unbegrenzte Laufzeit vorsieht. Angewandt auf die hier zu behandelnden Instrumente trifft dies nur zu auf 294

- echte Genussrechte und
- atypische stille Beteiligungen.

Bei ihnen ist das eingebettete Derivat nicht abzuspalten. Bei begrenzter Laufzeit ist auch eine Qualifizierung des Basisvertrags als Fremdkapitalinstrument vertretbar mit der Folge einer Abtrennungspflicht des Derivats.

Eine Abspaltungspflicht besteht hingegen (immer unter der Prämisse, die Erfolgsbeteiligung sei überhaupt ein Derivat) bei 295

- typischen stillen Beteiligungen,

- unechten Genussrechten,
- ggf. bei partiarischen Darlehen.

Bei partiarischen Darlehen kommt es nicht darauf an, ob die Zinsobergrenze das Doppelte oder mehr des für ein einfaches Darlehen angemessenen Zinses beträgt. Die entsprechende Differenzierung in IAS 39.AG33(a) betrifft nur hebelartig an Marktzinssätze oder Zinsindizes gebundene Zinsvereinbarungen.

296   Im Fall der Trennungspflicht gelten die Regeln des *split accounting*:
- Hiernach ist i.d.R. zunächst das eingebettete Derivat zum *fair value* zu bewerten,
- während sich die Erstbewertung des Basisinstruments residual aus der Differenz von gesamten Anschaffungskosten zum *fair value* des eingebetteten Derivats ergibt.

Verkörpert das eingebettete Derivat neben dem Recht auf Gewinnbeteiligung auch die Pflicht zur Verlustteilhabe, ist der Zeitwert des Derivats im Zugangszeitpunkt mit null anzusetzen (IAS 39.AG28). Die gesamten Anschaffungskosten entfallen auf das Basisinstrument. Bezogen auf die hier zu beurteilenden Produkte ergeben sich folgende **Unterscheidungen**:
- Bei typischen stillen Beteiligungen **mit** Verlustbeteiligung und
- bei unechten Genussrechten **mit** Verlustbeteiligung

ist der Zugangswert des Derivats null. Der Basisvertrag ist mit 100 % der Anschaffungskosten einzubuchen. Soweit sich die Erfolgsaussichten im Zeitablauf verschlechtern, wird der Wert negativ, bei steigenden Erfolgsaussichten positiv. Jede Wertänderung des Derivats ist erfolgswirksam zu behandeln. Für den Grundvertrag kommt wegen der Verlustbeteiligung eine Qualifizierung unter *held-to-maturity assets* oder *loans and receivables* nicht infrage. Die Zuordnung erfolgt zur Kategorie *available-for-sale assets* mit erfolgsneutraler Behandlung von Wertänderungen, es sei denn, eingetretene Verluste führen zu einer Wertminderung.

297   Im Fall von
- typischen stillen Beteiligungen **ohne** Verlustbeteiligung,
- unechten Genussrechten **ohne** Verlustbeteiligung sowie von
- partiarischen Darlehen

hat das abzuspaltende (bei partiarischen Darlehen evtl. abzuspaltende) Derivat optionalen Charakter. Der Zugangswert des Derivats ist größer null. Soweit sich die Erfolgsaussichten im Zeitablauf verbessern, kann der Wert steigen, soweit sie sich verschlechtern, maximal auf null sinken. Bei begrenzter Laufzeit ergibt sich im Übrigen auch im Fall gleichbleibender Gewinnerwartungen eine Wertänderung des Derivats durch Zeitfortschritt. Jede Wertänderung des Derivats ist erfolgswirksam zu behandeln. Das Grundinstrument wird unter *loans and receivables* (partiarische Darlehen, typische stille Beteiligung, nicht börsennotiertes unechtes Genussrecht) oder unter *held-to-maturity* bzw. *available-for-sale assets* (je nach Halteabsicht bei börsennotiertem unechtem Genussrecht) ausgewiesen. Die Bilanzierung erfolgt somit regelmäßig zu fortgeführten Anschaffungskosten, bei als *available-for-sale assets* qualifizierten börsennotierten Genussrechten erfolgsneutral zum *fair value*.

8 Zugangsbewertung von Finanzinstrumenten

8.1 *Fair value* als nomineller Bewertungsmaßstab

Bei der **erstmaligen Erfassung** eines Finanzinstruments ist dieses gem. IAS 39.43 **298** bzw. IFRS 9.5.1.1 mit dem *fair value*, ggf. zuzüglich Transaktionskosten, anzusetzen. Nach IAS 39.IG.E.1.1 bzw. IFRS 9.IG.E.1.1 sind neben Transaktionskosten auch alle anderen **Anschaffungsnebenkosten** zu erfassen, sofern sie nur den Charakter von der Anschaffung zuzurechnenden Einzelkosten *(incremental cost directly attributable to the acquisition)* haben (→ § 14 Rz 10 ff.). Zu den Anschaffungsnebenkosten gehören z. B. Verkehrs- oder Stempelsteuern sowie alle Arten von Gebühren, Provisionen usw., daneben auch Beraterhonorare. Unzulässig ist die Aktivierung von Anschaffungsnebenkosten bei Handelswerten (FVTPL). In den übrigen Fällen hat der Zugangswert teils *fair-value*-Charakter, teils (nämlich in den Nebenkosten) Anschaffungskostencharakter und vermengt somit zwei im IFRS-Regelwerk ansonsten fein getrennte **Bewertungsmaßstäbe**.

Der für den Zugang verwendete Bewertungsmaßstab entscheidet darüber, ob ein **299** Anschaffungsvorgang erfolgsneutral oder erfolgswirksam ist. Das **Anschaffungskostenprinzip** stellt die **Erfolgsneutralität des Erwerbsvorgangs** sicher. Buchungstechnisch drückt sich diese in einem Aktivtausch („Wertpapiere an Geld") oder in einer einfachen Bilanzverlängerung („Wertpapiere an Verbindlichkeit") aus (→ § 17 Rz 2). Beim Ansatz des *fair value* kann es hingegen zur Divergenz von Zugangswert *(fair value)* und Erwerbspreis kommen. Die Folge wäre ein **sofortiger Ertrag** bei einem günstigen bzw. ein **sofortiger Aufwand** bei einem ungünstigen Erwerbspreis. Konsequenterweise müsste dann jeder Anschaffungsvorgang auf das **Verhältnis** von **Erwerbspreis** und **erhaltener Leistung** geprüft werden. Folgende Fragen wären etwa zu stellen:

- Hat die für 100 angeschaffte, nicht börsennotierte Aktie einen *fair value* von 90 (dann 10 Aufwand) oder von 110 (dann 10 Ertrag)?
- Ist die Verzinsung der mit 100 ausgezahlten Darlehensforderung bonitäts- und marktgerecht (dann Einbuchung mit 100) oder zu niedrig (dann Aufwand und Einbuchung mit einem niedrigeren Betrag) oder zu hoch (dann Ertrag und Einbuchung mit einem höheren Betrag)?
- Beträgt der *fair value* der Kundenforderung von 100 wegen des jeder Forderung anhaftenden und hier nicht durch Zinsen kompensierten Ausfallrisikos 98 (dann Einbuchung mit 98 und sofort Aufwand von 2 erfassen)?

Die Dauerbeschäftigung mit solchen Fragestellungen könnte ein Unternehmen **300** in ein Labor für *fair-value*-Untersuchungen verwandeln und jede operative Tätigkeit zum Erliegen bringen. Solchen **praktischen Bedenken** tragen zwei Hinweise in IAS 39 bzw. IFRS 9 Rechnung:

- Nach IAS 39.AG64 bzw. IFRS 9.B5.1.1 ist der *fair value* eines Finanzinstruments im Zugangszeitpunkt „**normalerweise der Transaktionspreis**" (d.h. der *fair value* der hingegebenen Leistung). Ein unvoreingenommener Betrachter wird diesen Wert als Anschaffungskosten bezeichnen: Ein Gegenstand, der gegen die Hingabe einer Geldsumme von 100 erworben wird, ist nach erprobtem Sprachgebrauch und bewährten Regeln mit Anschaffungskosten von 100 zu aktivieren. Nach den Regeln von IAS 39 bzw. IFRS 9 erfolgt die Aktivierung zwar mit dem *fair value*, dieser wird jedoch in IAS 39.AG64 bzw.

IFRS 9.B5.1.1 mit dem *fair value* des hingegebenen Geldes und daher ebenfalls mit den Anschaffungskosten gleichgesetzt.

- IAS 39.AG76 und IFRS 9.B5.1.2A bestätigen und konkretisieren diese Feststellungen:
  - „Die **beste Evidenz** des *fair value* eines Finanzinstruments beim Zugang ist der **Transaktionspreis** (d. h. der *fair value* der hingegebenen Leistung …), es sei denn,
  - der *fair value* des Instruments lässt sich aus einem Vergleich mit anderen **beobachtbaren aktuellen Markttransaktionen im gleichen Instrument** … ableiten oder
  - er basiert auf einer Bewertungstechnik, deren Variablen **ausschließlich beobachtbare Marktdaten** enthalten."

301 Die in diesem Hinweis enthaltenen Anforderungen an den *fair value* führen zu einer **Zweiteilung** des *fair-value*-Begriffs:
- Der *fair value* der Folgebewertungen kann ggf. auch aus **nicht aktuellen Transaktionen** oder aus Transaktionen über zwar ähnliche, aber **nicht gleiche Instrumente** abgeleitet werden; soweit es an Transaktionen überhaupt fehlt und deshalb eine DCF-Bewertung durchzuführen ist, muss dieser maximal, aber nicht ausschließlich **marktbasierte** Inputdaten nutzen.
- Für den *fair value* der Zugangsbewertung *(fair value at initial recognition)* sind hingegen **nur beobachtbare, aktuelle Preise des gleichen Instruments** zugelassen oder Bewertungsverfahren, die **ausschließlich beobachtbare Marktdaten** verarbeiten.

302 Die gebotene **pragmatische Interpretation** dieser besonderen Bedingungen für den *fair value* der Zugangsbewertung führt zu folgendem Ergebnis:
- Bewertungsregel für den Normalfall: **Zugangswert = Anschaffungskosten** (d. h. *fair value* der hingegebenen Leistung), evtl. zuzüglich Anschaffungsnebenkosten;
- Bewertungsregel für **Sonderfälle** (nur bei offensichtlicher, ausschließlich aus beobachtbaren Marktdaten bestimmbarer Divergenz von Anschaffungskosten und *fair value* des erworbenen Vermögenswerts): **Zugangswert =** *fair value* des erworbenen Vermögenswerts.

8.2 Restriktionen einer Zugangsbewertung zum *fair value*

303 Im Fall einer **wertmäßigen Ausgeglichenheit** von Leistung und Gegenleistung entspricht der *fair value* dem Transaktionspreis (IAS 39.AG64/IFRS 9.B5.1.1). Da allerdings auf den *fair value* als Bewertungsmaßstab abzustellen ist, kann es zu einer **Divergenz** zwischen Zugangswert und hingegebener Leistung kommen. Ist eine festgestellte Abweichung nicht separat bilanzierungsfähig, bliebe nur eine **ergebniswirksame Erfassung** als *day1 gain/loss.* Ein solcher wird aber ausgeschlossen (IAS 39.AG76(a)/IFRS 9.B5.1.2A(a)), wenn der beizulegende Zeitwert eines Finanzinstruments
- durch Vergleich mit anderen beobachtbaren aktuellen Markttransaktionen belegt wird oder
- Ergebnis eines Bewertungsverfahrens ist, welches ausschließlich auf beobachtbaren Marktdaten basiert.

Die Erfassung einer **nicht objektivierbaren** Divergenz des Zugangswerts scheidet – auch für die Folgebewertung (*day2*) – aus, wenn diese nicht auf die Änderung einer auch von Marktteilnehmern beachteten Prämisse zurückzuführen ist (IAS 39.AG76(b)/IFRS 9.B5.1.2A(b)).

Der beizulegende Zeitwert ist definiert als der *„price that would be received to sell an asset or paid to transfer a liability in an orderly transaction between market participants at the measurement date"* (IFRS 13.9), somit als Veräußerungswert (*exit price*). Der im Zugangszeitpunkt aufgewendete (Transaktions-)Preis für ein Finanzinstrument stellt hingegen einen *entry price* dar (IFRS 13.57), entspricht also streng genommen nicht dem geforderten Bewertungsmaßstab, soll mit diesem aber gleichzusetzen sein (IFRS 13.58). **304**

Als dennoch mögliche (aber widerlegbare) **Anhaltspunkte** für eine Divergenz zwischen (Transaktions-)Preis und *fair value* im Zugangszeitpunkt gelten (IFRS 13.B4):

• Transaktionen zwischen nahestehenden Personen,
• Handeln mindestens einer der beteiligten Parteien unter (ökonomischem) Zwang,
• Differenz der Wertdimension (*unit of account*) einer beobachtbaren Preisstellung und dem Bewertungsobjekt und/oder
• Stattfinden der Transaktion auf einem Markt, der nicht hauptsächlich in Anspruch genommen wird bzw. am vorteilhaftesten ist.

Für die Behandlung einer begründeten Divergenz erfolgt ein Verweis auf das allgemeine Regelwerk (IFRS 13.60). Für Finanzinstrumente sind – anders als etwa nach IFRS 3/IAS 41 – besondere Restriktionen beachtlich.

Wird der beizulegende Zeitwert im Zugangszeitpunkt über ein Bewertungsverfahren bestimmt (*mark-to-model*) und weicht der Modellwert von dem als beizulegenden Zeitwert zu verwendenden (Transaktions-)Preis ab, ist eine Anpassung der unterstellten Prämissen geboten (IFRS 13.64). Im Rahmen einer Kalibrierung ist eine **Übereinstimmung von Modellwert und Transaktionspreis** sicherzustellen. **305**

Praxis-Beispiel
U erwirbt 10 % der Anteile an der nicht börsennotierten A AG für 100 GE. Es liegen keine Anhaltspunkte für ein Auseinanderfallen von Transaktionspreis und *fair value* vor. Das Ergebnis einer Modellbewertung beträgt für die 10 %ige Beteiligung an A 120 GE. Für die Bewertung der A wurde ein nachhaltiges (Jahres-)Ergebnis von 75 GE geschätzt und auf einen marktbasiert bestimmten Diskontierungszins von 6,25 % (= Ergebnismultiplikator von 16) zurückgegriffen. Für die Kalibrierung der Modellbewertung ist das nachhaltige Ergebnis auf einen Betrag von 62,5 GE zu korrigieren.

Die im Zugangszeitpunkt durch Kalibrierung angepassten Parameter sind für die **Folgebewertung fortzuführen**. Eine spätere Anpassung

• ist für beobachtbare und damit objektivierbare (Bewertungs-)Parameter verpflichtend,
• scheidet für nicht objektivierbare Annahmen aus, wenn diese nicht aus der Perspektive beliebiger Marktteilnehmer bedeutsam sind.

306 Bei einer festgestellten Abweichung zwischen (Transaktions-)Preis und beizulegendem Zeitwert im Zugangszeitpunkt ist die ergebniswirksame Erfassung eines
day1 gain/loss lediglich ultima ratio (IFRS 13.60). Die bilanzielle Abbildung
einer Divergenz richtet sich allgemein nach der Motivationslage der an einer
Transaktion beteiligten Parteien. Mögliche Gründe für ein Auseinanderfallen
von Preis und (beizulegendem Zeit-)Wert sind
- ein **Handeln zwischen Gesellschafter und Gesellschaft** (*transactions with
  owners in their capacity as owners*), welches keine Auswirkung auf das Gesamtergebnis zeitigt (IAS 1.106(d)(iii)) oder
- ein Ausgleich für den **Austausch weiterer Güter oder Dienstleistungen**
  neben der identifizierten (Haupt-)Leistung.

Im ersten Fall liegt die causa für eine bestehende Divergenz außerhalb der Sphäre
der Gesellschaft. Eine ergebniswirksame Erfassung scheidet daher aus, geboten
ist eine Verrechnung unmittelbar im Eigenkapital (*directly in equity*).[40] Im
zweiten Fall ist ein Mehrkomponentengeschäft (*multiple-element arrangement*)
ursächlich für das Auseinanderfallen von Preis und Wert einer (Teil-)Leistung,
daher eine Aufteilung der Vereinbarung geboten.

Praxis-Beispiel

A gewährt dem langjährigen und wichtigen Kunden B am 31.12.01 ein zinsloses,
am 31.12.03 rückzahlbares Darlehen über 121. Der beobachtbare Marktzins für
zweijährige Ausleihungen an Schuldner mit gleicher Bonität wie B beträgt
10 %. Eine Diskontierungsrechnung ergibt per 31.12.01 einen Barwert (*fair
value*) von 100. Sofern die Differenz von 21 zum verausgabten Betrag keinen
bilanzierungspflichtigen sonstigen Vermögenswert darstellt, ist zu buchen:

Konto	Soll	Haben
Forderung *(fair value)*	100	
Aufwand	21	
Geld		121

---

307 Die Reichweite der Restriktion für die Erfassung eines *day1 gain/loss* im Zugangszeitpunkt eines Finanzinstruments ist nicht zweifelsfrei.[41] Nach den Ausführungen der *Application Guidance* scheidet die Erfassung eines Zugangsergebnisses aus, wenn ein vom Transaktionspreis abweichender *fair value* über eine
beobachtbare Preisstellung objektiviert wird (IAS 39.AG76/IFRS 9.B5.1.2A).
Unklar ist, ob eine (vom kontrahierten Transaktionspreis) abweichende ergebniswirksame Zugangsbewertung auch bei einem **offensichtlichen Missverhältnis** zwischen Leistung und Gegenleistung ausscheidet.
Die zur Rechtfertigung einer Wertdivergenz angeführten Anhaltspunkte suchen
den Grund für ein Auseinanderfallen immer nur bezogen auf den Zugang des
Finanzinstruments selbst (IFRS 13.B4), klammern also das Vorliegen eines *multiple element arrangement* aus. Werden im Zusammenhang mit der Vereinbarung
über den Zugang eines Finanzinstruments andere Güter oder Dienstleistungen

---

[40] Gl. A. DELOITTE, iGAAP 2017, C5, sCh 7.3.
[41] Dies anerkennend ERNST & YOUNG, International GAAP 2017, Ch 48, sCh 3.2.

(*goods or services*) abgegolten, ist – bei vorrangiger Bewertung des Finanzinstruments – die Gegenleistung (*consideration given or received*) auf die einzelnen Bestandteile auzuteilen. Ist eine zusätzliche Leistung ansatzfähig (regelmäßig bei *goods*), verbleibt keine ergebniswirksam zu erfassende Differenz. Entsprechendes gilt für die Erbringung sonstiger Dienstleistungen (*services*), die ihren Ursprung im Gesellschafterverhältnis haben und daher unmittelbar im Eigenkapital zu verrechnen sind. Ein offensichtliches Missverhältnis zwischen Leistung und Gegenleistung kann auch auf sonstige Leistungen (*services*) zurückzuführen sein, die nicht ansatzfähig sind und auch nicht aus dem Gesellschafterverhältnis erwachsen. Liegen Anhaltspunkte für die Abgeltung einer sonstigen Leistung vor, wird eine erfolgswirksame Vereinnahmung nicht durch die Restriktionen für einen *day1 gain/loss* eines Finanzinstruments ausgeschlossen. Nur eine **nicht durch die Motivationslage** der beteiligten Parteien erklärbare Divergenz zwischen (Transaktions-)Preis und (beizulegendem Zeit-)Wert unterliegt danach dem Verbot einer ergebniswirksamen Verrechnung.

Bei Vorliegen eines Anhaltspunkts für eine fehlende wertmäßige Ausgeglichenheit von Leistung und Gegenleistung ist der Zugangswert eines Finanzinstruments über ein Bewertungsverfahren (*mark-to-model*) zu bestimmen (IAS 39.AG64/IFRS 9.B5.1.1). Eine verbleibende Differenz ist nach **allgemeinen Ansatzkriterien** zu beurteilen. Ist eine identifizierte Divergenz von (Transaktions-)Preis und Wert durch das Gesellschafterverhältnis (etwa eine *common control transaction*) veranlasst, ist der residual zu bestimmende (*off-market*) Teil der Vereinbarung als (verdeckte[42]) **Einlage im Eigenkapital** zu erfassen. Ist eine Differenz auf eine Bezuschussung durch die öffentliche Hand zurückzuführen (etwa ein *below-market rate loan* nach IAS 20.10A), wird der residual bestimmte Teil als *government grant* erfasst. Denkbar ist ebenfalls die explizite (aber auch implizite) Vereinbarung eines Ausgleichs für eine *off-market*-Komponente, die eine Divergenz zwischen Transaktionspreis und *fair value* eines Finanzinstruments erklärt (IAS 39.AG65/IFRS 9.B5.1.2). Vorbehalte bestehen bezogen auf die ergebniswirksame Vereinnahmung einer Divergenz im Zugangszeitpunkt. **308**

Die ergebniswirksame Erfassung eines *day1 gain/loss* im Zugangszeitpunkt eines Finanzinstruments scheidet aus,[43] wenn ein vom (Transaktions-)Preis abweichender *fair value* nicht **309**

- auf einem beobachtbaren Marktpreis basiert oder
- Ergebnis einer Modellbewertung mit ausschließlich beobachtbaren Parametern ist.

Zur Vermeidung eines zu restriktiven Umgangs mit der Einschränkung bedarf es der Festlegung einer **Wesentlichkeitsgrenze** (*materiality treshold*), nach der nicht jede Anpassung beobachtbarer Parameter bereits die Erfassung eines Zugangsergebnisses ausschließt.

Praxis-Beispiel

U kontrahiert mit Bank B außerbörslich (*over the counter*) ein derivatives Finanzinstrument zur ökonomischen Sicherung bestehender Risikopositionen. Bank C bietet ein vergleichbares Instrument an der Börse an. Der beobachtbare

---

[42] Vgl. Lüdenbach/Freiberg, BB 2007, S. 1545 ff.
[43] Wohl a. A. in der praktischen Anwendung KPMG, Insights into IFRS 2016/17, Tz. 7.6.25.60.

Marktpreis für das Produkt von C markiert den *fair value* für das mit B kontrahierte OTC-Derivat. Ein Rückgriff wäre nur dann nicht zulässig, wenn in wesentlichen Parametern (etwa Kontrahentenrisiko) keine Übereinstimmung vorliegen würde. Nur unwesentliche Unterschiede bleiben hingegen unbeachtlich, stehen also auch der Erfassung eines Zugangsergebnisses nicht entgegen.

310 Steht zum (Bewertungs-)Stichtag ein beobachtbarer Marktwert (*level 1 measure* nach IFRS 13.76) zur Verfügung, markiert dieser zwingend den Zugangswert. Eine Divergenz zum Transaktionspreis führt daher zu einem *day1 gain/loss*, und zwar unabhängig von den Gründen für die beobachtbare Preisbildung. Reaktionen des Markts auf eine Transaktion, aber auch eine hohe Volatilität bleiben unbeachtlich.

Praxis-Beispiel
U erwirbt mit Halteabsicht eine strategische Beteiligung von 6 % an der börsennotierten B AG für einen Preis je Aktie von 7,5 GE von einem bisherigen Gesellschafter. Für die *fair-value*-Bewertung ist auf die einzelne Aktie als *unit of account* abzustellen. Der beobachtbare Marktpreis je Aktie beläuft sich allerdings auf 5 GE im Zugangszeitpunkt. Mangels Widerlegbarkeit eines *fair value* von 5 GE je Aktie hat U je Aktie einen Verlust von 2,5 GE ergebniswirksam zu vereinnahmen, wenn dieser nicht als Transaktionskosten interpretiert und in die Zugangsbewertung des Finanzinstruments einbezogen werden kann.

8.3 Abgrenzung eines nicht objektivierbaren Zugangsergebnisses

311 Fehlt es an einer objektivierbaren Preisstellung für ein Finanzinstrument, ist – aus Gründen einer *reasonable assurance* und Konvergenz mit US-GAAP (IAS 39.BC104/IFRS 9BCZ5.10) – eine identifizierte Divergenz zwischen *fair value* und Transaktionspreis im Zugangszeitpunkt abzugrenzen (*deferred difference*). Der abzugrenzende, nicht ergebniswirksame Betrag ist nicht Teil des bilanziell zu erfassenden beizulegenden Zeitwerts, sondern in einer **Nebenbuchhaltung** als eigene (Kalibrierungs-)Größe separat zu erfassen.

Praxis-Beispiel (Fortsetzung zu Rz 305)
Die auf eine Schätzung des nachhaltigen Ergebnisses zurückzuführende Differenz zwischen Transaktionspreis und Modellwert i.H.v. 20 GE ist im Zugangszeitpunkt abzugrenzen, eine bilanzielle Erfassung scheidet aus. Bei alternativer Börsennotierung der A AG und einem Marktwert der 10 %igen Beteiligung von 120 GE (basierend auf „pxq") wäre der Differenzbetrag von 20 GE als *day1 gain* ergebniswirksam zu vereinnahmen.

312 Eine im Zugangszeitpunkt wegen fehlender objektivierbarer Preisstellung nicht erfasste Differenz zwischen Transaktionspreis und *fair value* unterliegt auch in der Folgebewertung besonderen Restriktionen. Eine unmittelbare Verrechnung im Ergebnis nach erfolgtem Zugang (also *day2*) scheidet aus.[44] Im Rahmen der

---

[44] Vgl. ERNST & YOUNG, International GAAP 2017, Ch 48, sCh 3.2.

Folgebewertung ist eine *deferred difference* nur in dem Umfang erfolgswirksam zu stellen, der auf eine Änderung eines Bewertungsparameters (inkl. Zeitablauf) zurückzuführen ist, die auch Marktteilnehmer bei der Preisstellung berücksichtigen (IAS 39.AG76(b)/IFRS 9.B5.1.2A(b)). Eine ergebniswirksame Erfassung ist im Zeitpunkt einer möglichen Bewertung über eine objektivierbare Preisstellung, spätestens aber mit Auslaufen der Vereinbarung geboten.

Mangels einer weiteren Konkretisierung der gebotenen Folgebewertung bedarf es der Festlegung einer *accounting policy* (IAS 8.10).[45] Das Bestehen einer **echten Regelungslücke** wird durch besondere Offenlegungsvorschriften bestätigt (IFRS 7.28(a)). Vorbehalte bestehen lediglich bezogen auf eine linearisierte Verteilung einer *deferred difference*, die nur ausnahmsweise als zulässig erachtet wird (IAS 39.BC222(v)(ii)). Als Bilanzierungmethode zur Auswahl stehen 313

- eine Kalibrierung der Modellbewertung auf den Transaktionspreis über eine Anpassung nicht beobachtbarer Parameter und Erfassung der *deferred difference* im Ergebnis bei objektivierter Änderung der angepassten Parameter;
- eine systematische (ggf. lineare) Verteilung der *deferred difference* über die Laufzeit des Finanzinstruments.

Neben der festgelegten *accounting policy* ist auch die festgestellte *deferred difference* im Zugangszeitpunkt und deren Fortentwicklung offenzulegen (IFRS 7.28(b)/IFRS 7.IG14).

Praxis-Beispiel

U vereinbart mit dem beherrschenden Gesellschafter der A AG ein Andienungsrecht für die gehaltenen Anteile an A gegen Zahlung von 5 GE. Das Andienungsrecht ist als Derivat erfolgswirksam zum beizulegenden Zeitwert zu bewerten. Basierend auf einem Optionspreismodell bestimmt U einen *fair value* im Zugangszeitpunkt von 7 GE. Der vereinbarte Transaktionspreis von 5 GE stellt den Zugangswert dar, es entsteht somit eine *deferred difference* von 2 GE.

Für die Folgebewertung steht nur eine Modellbewertung zur Verfügung, es bedarf daher der Festlegung einer *accounting policy* in Abhängigkeit der Entwicklung des Modellwerts. Steigt der Modellwert etwa auf 8 GE, scheidet die Erfassung eines Ertrags von 3 GE aus, wenn bezogen auf die *deferred difference* weiterhin keine objektivierbaren Parameter vorliegen. Im umgekehrten Fall, einem Modellwert von nur noch 2 GE, bedarf es ebenfalls einer Validierung, ob die ergebniswirksame Abwertung des Andienungsrechts auf 3 GE (ausgehend vom Zugangswert) begrenzt ist oder vollumfänglich mit 5 GE zu vereinnahmen ist. Da das Andienungsrecht ein bedingtes Termingeschäft darstellt, scheidet die Erfassung einer Verbindlichkeit des U aus, ist eine bilanzielle Abwertung also auf 5 GE begrenzt.

8.4 Bestimmung und Abgrenzung von Transaktionskosten

Unter den Transaktionskosten sind alle zusätzlich angefallenen Gebühren/Kosten zu subsumieren, die dem Erwerb, der Emission oder der Veräußerung eines Finanzinstruments unmittelbar zugerechnet werden können. Entscheidend ist 314

---

[45] So auch PwC, Manual of Accounting IFRS 2016, Tz. 6.7.149.

die Verursachung der Kosten (*incremental cost*) im Zusammenhang mit einem Finanzinstrument. Die bilanzielle Behandlung der Transaktionskosten erfolgt gem. IAS 39.IG.E.1.1 bzw. IFRS 9.IG.E.1.1 in Abhängigkeit von der Klassifizierung des Finanzinstruments:

- Bei einer erfolgswirksamen Bewertung zum beizulegenden Zeitwert sind Transaktionskosten im Zugangszeitpunkt ebenfalls ergebniswirksam zu stellen.
- Andernfalls sind die Transaktionskosten in den Zugangswert einzubeziehen und über die Effektivzinsmethode fortzuschreiben.

Sind Transaktionskosten unterschiedlichen Finanzinstrumenten zuzurechnen, fehlt es an einer Vorgabe für die Aufteilung. U. E. ist eine Aufteilung im Verhältnis der relativen Anteile (nicht notwendigerweise *fair values*) geboten.

315 Von den Transaktionskosten abzugrenzen sind „sonstige Entgelte", die im Zusammenhang mit Finanzinstrumenten zwischen zwei Vertragsparteien vereinbart werden. Zu unterscheiden ist zwischen Entgelten,

- die das Unternehmen über den Zeitraum der Leistungserstellung hinweg verdient und
- die mit der Ausführung einer bestimmten Tätigkeit verdient werden.

Zeitraumbezogen werden etwa kreditbegleitende Bearbeitungs- und Abwicklungsleistungen oder Bereitstellungs- bzw. Zusageentgelte im Zusammenhang mit der Vergabe von Kapital verdient. Ebenso sind Entgelte für die Verwaltung von Kapitalanlagen oder für die Bereitstellung von Finanzgarantien zeitraumbezogen. Provision und Vermittlungsentgelte sind Entlohnung für die Ausführung bestimmter Tätigkeiten.

316 Besondere Bedeutung haben Bereitstellungsgebühren für Darlehen und Kreditlinien für den Fall einer noch nicht erfolgten Inanspruchnahme eines bereits ausgehandelten/vereinbarten Gesamtvolumens. Ein im Kontext einer in mehreren Tranchen ziehbaren Kreditlinie vereinbartes Bereitstellungsentgelt ist zunächst in dem Umfang, in dem dieses inkremental der Darlehensaufnahme zuzurechnen ist und noch keine Inanspruchnahme erfolgt, abzugrenzen.

> **Praxis-Beispiel**
> U vereinbart mit einem Konsortium die Gewährung eines in drei Tranchen ziehbaren (Gesamt-)Darlehens von insgesamt 100 Mio. GE. Die erste Tranche beläuft sich auf 20 Mio. GE, die beiden weiteren lauten jeweils auf 40 Mio. GE. Für den Gesamtbetrag von 100 Mio. GE wird eine vorfällig zu zahlende Gebühr von 2 Mio. GE vereinbart. In 05 ruft U zunächst die erste Tranche ab und leistet die vorfällige Gebühr von 2 Mio. GE. Die vorfällig zu leistende Gebühr stellt *incremental cost* dar, die allerdings nur insoweit als Transaktionskosten zu berücksichtigen ist, als die Kreditlinie gezogen wird. In 05 sind lediglich 20 % der Gebühr als Transaktionskosten im Zugangswert der Verbindlichkeit zu erfassen, die Bewertung erfolgt mit 19,6 Mio. GE (= 20 − 20 % × 2). Die verbleibende Auszahlung von 1,6 Mio. GE ist zunächst abzugrenzen und als Transaktionskosten bei Inanspruchnahme der weiteren Tranchen zu erfassen oder erfolgswirksam aufzulösen, wenn nicht mehr mit einer Kreditaufnahme gerechnet wird.

317 Gebühren, die unabhängig von der Inanspruchnahme eines Kreditrahmens zu zahlen sind, können nicht, auch nicht zu einem späteren Zeitpunkt, in die

Zugangsbewertung einbezogen werden. So sind Vertragsanbahnungskosten, die eben nicht mit der Entstehung einer finanziellen Verbindlichkeit zusammenhängen (keine *incremental costs*), als sonstiges Entgelt mit Empfang/Erbringung der Leistung erfolgswirksam zu erfassen. (Vertragsanbahnungs-)Kosten stehen im Zusammenhang mit der Schaffung einer Kreditlinie (= Rahmenvereinbarung). Die nachgelagerte Emission einer finanziellen Verbindlichkeit (neue Transaktion) ist davon losgelöst zu betrachten.

9 Folgebewertung von Finanzinstrumenten

9.1 Realisation von Zins- und Dividendenerträgen

Aus Finanzinstrumenten resultierende **Zinserträge** sind nach Zeitablauf unter Berücksichtigung der Effektivverzinsung zu erfassen (Rz 322). Die Realisation von **Ansprüchen auf Dividenden** setzt als notwendige Voraussetzung das Bestehen eines Gläubigerrechts voraus. Es muss daher über einen Ausschüttungsbeschluss eine (Um-)Wandlung von einem Mitgliedschafts- in ein Gläubigerrecht stattgefunden haben. Eine phasengleiche Realisation scheidet aus (→ § 4 Rz 40). Weitere Voraussetzungen – neben dem Entstehen des Anspruchs überhaupt – für die Erfassung eines Dividendenertrags sind (IFRS 9.5.7.1A):   **318**
- die Wahrscheinlichkeit eines Zuflusses der ökonomischen Vorteile (also der Anspruch dem Grunde nach) und
- eine verlässliche Bewertbarkeit der erwarteten Dividende (Anspruch der Höhe nach).

Ein Anspruch auf Dividendenzahlung ist ausnahmsweise dann nicht ertragswirksam zu vereinnahmen, wenn für eine strategische (Eigenkapital-)Beteiligung wahlweise eine erfolgsneutrale Bewertung zum *fair value* erfolgt (Rz 156 und Rz 363). Nach IFRS 9.B5.7.1 letzter Satz sind Dividenden ausnahmsweise dann nicht in der GuV zu erfassen, wenn sie eindeutig eine **Rückführung** *(recovery)* eines Teils der Kosten des Investments darstellen. **Zweck** dieser Ausnahmeregelung ist die **Vermeidung einer Inkonsistenz**. Ohne die Ausnahme wäre es möglich, die mit der Ausschüttung von Altrücklagen einhergehende Minderung des *fair value* (ex- vs. cum-Wert) erfolgsneutral, die Dividende selbst aber erfolgswirksam zu erfassen.   **319**

9.2 Bewertung zu fortgeführten Anschaffungskosten

9.2.1 Grundlagen der Effektivzinsmethode

Als Stichtagswert bestimmter Finanzinstrumente sind die fortgeführten Anschaffungskosten *(amortised cost)* anzusetzen. Eine Bewertung zu fortgeführten Anschaffungskosten kommt   **320**
- aktivisch (wahlweise) für alle nicht in Veräußerungsabsicht gehaltenen Finanzinstrumente mit festen oder bestimmbaren Zahlungsströmen und
- passivisch für alle nicht zum beizulegenden Zeitwert bewerteten Verbindlichkeiten infrage.

Der Wert des Finanzinstruments im Zugangszeitpunkt ist danach unter Berücksichtigung von Disagien, Anschaffungsnebenkosten etc., aber ohne bereits im Kaufpreis enthaltene Stückzinsen mit dem Effektivzinssatz (= interner Zinsfuß) fortzuführen.

321 Der interne Zinsfuß ist finanzmathematisch der Zinssatz, mit dem die künftig erwarteten Zahlungen (*estimated cash flows*) aus dem vertraglich vereinbarten Kapitaldienst (Zins und Tilgung) diskontiert in der Summe dem Zugangswert entsprechen (IAS 39.9 bzw. IFRS 9.A). Er spiegelt somit implizit das Risiko eines Zahlungsausfalls (*default risk*), das in die Zinsforderung eingeht, als auch die Inflationserwartung des Gläubigers wider. Die Anwendung der **Effektivzins-methode** erfolgt **zweistufig**:
- im ersten Schritt ist der **Effektivzins** zu bestimmen, wie er sich unter Beachtung von Nominalzins, Disagio etc. ergibt;
- im zweiten Schritt sind aus den Anschaffungskosten (ausgereichter Betrag, d.h. nicht Nominalbetrag, sondern Summe nach Disagio), der effektiven Verzinsung und den tatsächlichen Zahlungseingängen die **fortgeführten Anschaffungskosten** zu bestimmen.

Praxis-Beispiel
Unternehmen U begibt ein Fälligkeitsdarlehen mit dreijähriger Laufzeit mit einem Nominalbetrag von 100, einem Disagio von 10, Anschaffungsnebenkosten von 0,05 und einem Nominalzins von 6 %.

(1) Effektivzinsermittlung

AK	Zins 01	Zins 02	Zins + Tilg. 03	Effektivzins
– 90,05	6	6	106	10 %

(2) Buchwertberechnung

Jahr	a amort. AK 1.1.	$b = a \times 10 \%$ eff. Zinsertrag	c *cash flow*	$d = a + b + c$ amort. AK 31.12.
01	90,05	9,01	– 6	93,06
02	93,06	9,31	– 6	96,36
03	96,36	9,64	– 106	0

---

322 In Abhängigkeit des Effektivzinses bestimmt sich die Höhe des periodenspezifischen Aufzinsungsbetrags (*unwinding of discount*). Für finanzielle Vermögenswerte, deren Bewertung zu fortgeführten Anschaffungskosten erfolgt, ist der Effektivzinssatz auch für die Bestimmung des abgezinsten erwarteten Zahlungsstroms im Fall einer Wertberichtigung (*impairment*) als *catch-up adjustment* maßgebend. Der ursprünglich festgelegte Effektivzinssatz ist daher zunächst für die Folgeperioden bindend.

9.2.2 Variabel verzinsliche Finanzinstrumente

323 Keine Schwierigkeiten bei der Bestimmung des Effektivzinses und somit der Anwendung der Effektivzinsmethode ergeben sich, wenn die Zahlungsströme eines Finanzinstruments der Höhe und dem zeitlichen Anfall nach vertraglich feststehen und so auch erwartet werden. Anderes gilt bei Unsicherheit in Bezug auf die erwarteten Zahlungsströme, insbesondere bei Finanzinstrumenten, die von vornherein mit einer variablen bzw. der Höhe nach nicht festen, aber wegen

einer Bindung an einen Marktzinssatz dennoch bestimmbaren Zahlung abgeschlossen werden.

Bei variabel verzinslichen Finanzinstrumenten i.e.S. (*floating rate instruments*) steht die absolute Höhe der künftigen Zahlungsströme im Zeitpunkt des Zugangs nicht fest. Die Höhe der Verzinsung wird regelmäßig an die Entwicklung eines Marktzinssatzes, die vertraglich festgelegte Zinsstruktur, angepasst. Trotz Unsicherheiten hinsichtlich der Höhe der erwarteten Zahlungsströme sind die vertraglichen Konditionen des Finanzinstruments i.d.R. eindeutig. Vertraglich fixiert werden

324

- der relevante Marktzins (Bezugsgröße),
- der Risikoaufschlag (*credit spread*) auf diesen Marktzins und
- der Zeitraum bis zur nächsten Anpassung des Zinssatzes.

Eine Unterscheidung ist geboten für variabel verzinsliche Instrumente i.w.S., deren Zinszahlung nicht an die Entwicklung eines Marktzinssatzes, sondern einer sonstigen Bezugsgröße geknüpft ist. Wird die objektive Bedingung der Klassifizierung (Rz 164) verletzt, scheidet nach IFRS 9 eine Bewertung *at amortised cost* aus. Darüber hinaus ist die Pflicht zur Abspaltung eines eingebetteten Derivats zu prüfen.

Mit einer Änderung des Marktzinssatzes ist der Effektivzinssatz eines variabel verzinslichen Finanzinstruments neu zu bestimmen. Der (Effektiv-)Zins gilt immer für die aktuelle Periode bis zum vertraglich vereinbarten Zeitpunkt der nächsten Anpassung. Sind weder Disagien noch Anschaffungsneben-/Transaktionskosten angefallen – entsprechen also die Anschaffungskosten des Finanzinstruments dem festgelegten Rückzahlungsbetrag –, zeitigt eine Neukalkulation des Effektivzinssatzes keine Auswirkung auf den Buchwert des Finanzinstruments (IAS 39.AG7 bzw. IFRS 9.B5.4.5).

325

Für eine Beurteilung der Werthaltigkeit von finanziellen Vermögenswerten ist der jeweilige Effektivzinssatz der Periode heranzuziehen (IAS 39.AG84 bzw. IFRS 9.B5.4.6). Aufgrund der Unsicherheiten hinsichtlich der erwarteten künftigen Zahlungsströme bestimmt sich der Effektivzinssatz einer *floating rate note* daher immer nur unter Berücksichtigung des aktuellen Kupons; künftige Erwartungen über Zahlungsströme, die aus *forward rates* geschätzt werden könnten, bleiben unbeachtlich.

326

Praxis-Beispiel

Am 1.1.00 zum Periodenanfang (PA) erwirbt A einen variabel verzinslichen Bond zu einem Preis (= *fair value*) von 100 GE. Transaktionskosten fallen nicht an. Die Verzinsung erfolgt jährlich zum Periodenende (PE) und bestimmt sich nach dem 12-Monats-LIBOR zu Beginn des Jahres. Eine Rückzahlung erfolgt nach drei Jahren zum Nominalbetrag von 100 GE. Im Zugangszeitpunkt beträgt der 12-Monats-LIBOR 4 %. Anhand von aktuell verfügbaren *forward rates* geht A von einem Anstieg von 50 Basispunkten pro Jahr aus. Ein geschätzter Effektivzins betrüge daher 4,5 %. Unterstellt, die tatsächliche Entwicklung des 12-Monats-LIBOR entspricht exakt den Erwartungen des A, gilt:

in GE		Geschätzter (Effektiv-)Zins			Variabler (Markt-)Zins		
Jahr	Zah-lung	Buch-wert PA	Zinser-trag (ef-fektiv)	Buch-wert PE	Buch-wert PA	Zinser-trag (varia-bel)	Buch-wert PE
00	4,0	100,0	4,5	100,5	100	4,0	100
01	4,5	100,5	4,5	100,5	100	4,5	100
02	5,0	100,5	4,5	0	100	5,0	0
		Nicht zulässig			Gebotene Behandlung		

Der Effektivzins des Bonds variiert von Periode zu Periode und entspricht dem Verhältnis von Zahlungsstrom zu Buchwert. Eine Verwendung des geschätzten Effektivzinssatzes scheidet aus, da sich andernfalls nicht zulässige Schwankungen im Buchwert des Finanzinstruments ergäben.

327 Für Finanzinstrumente, deren Zinszahlungen der Höhe nach ungewiss, Schwankungen des Kapitaldiensts der Höhe nach aber nicht marktindiziert sind, ist – insoweit eine Bewertung *at amortised cost* weiterhin zulässig bleibt – nach IFRS 9 einmalig im Rahmen der Zugangsbewertung eine Schätzung der erwarteten Zinsentwicklung, also die Bestimmung eines „festen" Effektivzinssatzes, erforderlich.

Weicht die tatsächliche Zinszahlung in späteren Perioden von der Erwartung ab bzw. ändern sich die Erwartungen, ergeben sich durch die Abzinsung einer veränderten Zahlungsreihe mit dem ursprünglichen „festen" Effektivzinssatz Auswirkungen auf den Buchwert des Finanzinstruments, die ergebniswirksam zu vereinnahmen sind (IFRS 9.B5.4.6).

Praxis-Beispiel
Am 1.1.00 begibt A ein Darlehen mit einem Nominalwert von 1.000 GE und einer Laufzeit von drei Jahren (Vereinnahmungsbetrag = Rückzahlungsbetrag). Das Darlehen sieht eine ergebnisabhängige Verzinsung vor:
- Weicht die künftige Ertragslage von A während der Laufzeit nicht wesentlich von der Ergebnissituation der letzten Perioden ab, ist am Jahresende ein Zins von 5 % zu zahlen.
- Bei wesentlicher Verbesserung verpflichtet sich A zur Zahlung von 7,5 %, bei Verschlechterung entfällt eine Zinspflicht.

A und der Gläubiger des Darlehens erwarten wegen guter Prognosen anhand des Business Plans übereinstimmend eine Verzinsung von 5 %. Das Darlehen wird *at amortised cost* bewertet und mit 1.000 GE passiviert, der Effektivzinssatz mit 5 % bestimmt. Noch in der gleichen Periode tritt ein kapitalstarker Wettbewerber in den Markt und sorgt mit aggressiven Preisen für Umsatz- und Margenrückgänge bei A. Das Ergebnis verschlechtert sich signifikant, der Zins für das Darlehen reduziert sich auf 0 %. Es wird mit keiner Besserung für die Restlaufzeit gerechnet. Der neue Buchwert am Ende der ersten Periode ergibt sich, indem die revidierten Zahlungsstromerwartungen mit dem ursprünglichen Effektivzins (*original effective interest rate*) diskontiert werden.

	01	02	Summe
Erwartete Zinszahlung	0	0	0
Erwartete Tilgung	n/a	1.000	1.000
Kapitaldienst	0	1.000	1.000
Diskontierungsfaktor gem. Effektivzinssatz	0,95	0,91	
Barwert der Verbindlichkeit	907		

A erfasst daher einen Gewinn von 93 GE. Bei nicht weiter veränderten Erwartungen ist das Darlehen in der Folgezeit mit dem Effektivzins von 5 % fortzuschreiben, also bis zur Fälligkeit auf 1.000 GE aufzuzinsen.

9.2.3 Unverzinsliche und unterverzinsliche Instrumente

Für eine zu niedrige Verzinsung von Finanzinstrumenten, die einer Bewertung *at* 328 *amortised cost* zugänglich sind (i. d. R. Forderungen), kommen im Wesentlichen zwei Gründe infrage:

- **Impliziter Zins:** Der Einkaufspreis unter Fremden wird von vornherein auf längere Zeit gestundet. Bei wirtschaftlicher Betrachtung enthält die Kaufpreisforderung einen impliziten Zins.
- **Besondere Beziehungen:** Ein zinsloses oder unterverzinsliches Darlehen wird z. B. an eine nahestehende Person vergeben.

Zur Behandlung unverzinslich geleisteter (oder erhaltener) Anzahlungen wird auf → § 17 Rz 22 verwiesen.[46]

Bei **unverzinslichen Forderungen** entsteht im Zugangszeitpunkt eine Differenz 329 zwischen Anschaffungskosten und *fair value* (= marktgerecht ermittelter Barwert), anzusetzen ist aber der *fair value* (Rz 303). Bei **kurzfristigen** Forderungen *(short-term receivables)* kann mangels Wesentlichkeit regelmäßig auf eine Abzinsung verzichtet werden. Bei einer Stundung von **mehr als einem Jahr** dürfte der Effekt hingegen regelmäßig wesentlich sein. Die Abzinsung führt dann zu einer Reduzierung des Veräußerungserlöses und einer Verminderung des Veräußerungserfolgs (→ § 25). Der Erfolgsausgleich findet in den Folgeperioden über den Zinsertrag statt.

Der zweiten Kategorie können **zinslose Darlehensvergaben** zugerechnet werden, 330 aus denen der Darlehensgeber andere zukünftige Vorteile wie eine bessere oder preisgünstigere Belieferung oder einen Einfluss auf die Aktivitäten des anderen Unternehmens erwartet. In diesem Fall kann von **zwei Vermögenswerten** auszugehen sein. Das **Darlehen** als erster Vermögenswert ist mit dem marktüblichen Zinssatz zu diskontieren. Beim zweiten Vermögenswert, den **erwarteten** Vorteilen, ist zu prüfen, ob er die Ansatzvoraussetzungen des *Framework* (→ § 1 Rz 83 ff.) erfüllt. Ist dies nicht der Fall, führt die Differenz zwischen Nominal- und Barwert zu sofortigem Aufwand. Hierzu folgendes Beispiel:

---

[46] Ausführliches Beispiel bei LÜDENBACH, PiR 2009, S. 346 ff.

Praxis-Beispiel

Unternehmen A gibt Unternehmen B am 31.12.01 ein zinsloses Darlehen von 1.331 GE, fällig zum 31.12.04. Bei einem marktüblichen Zins beträgt der Barwert $1.331 / (1{,}1)^3 = 1.000$ GE. Das Darlehen ist mit 1.000 GE anzusetzen. Sofern die Differenz sich nicht als bilanzierungsfähiger Vermögenswert qualifiziert (bloße Erwartung allgemeiner Vorteile), führt sie zu sofortigem Aufwand. Der Buchungssatz wäre dann:

Konto	Soll	Haben
Forderung	1.000	
Aufwand	331	
Geld		1.331

Die Beurteilung ist aus der Sicht der zutreffenden Darstellung der Vermögenslage angemessen. Aus der Sicht der zutreffenden Darstellung der Ertragslage wäre ggf. auch eine andere Beurteilung (Verteilung der Differenz auf die Jahre der Unverzinslichkeit, somit Verzicht auf Abzinsung) denkbar.

331 Es erscheint theoretisch sachgerecht, eine Forderung, die eine nur ganz minimale Verzinsung aufweist, nicht anders zu behandeln als eine Forderung, die völlig unverzinslich ist. Andererseits würde eine generelle Abzinsung unterverzinslicher Forderungen zu **schwierigen praktischen** Beurteilungsfragen darüber führen, was der für den Darlehensnehmer, seine Bonitätsklasse usw. angemessene Marktzins ist, wann und in welchem Maß also überhaupt eine Unterverzinslichkeit vorliegt. Insoweit spricht aus praktischer Sicht, aber auch unter dem Gesichtspunkt der *materiality* (→ § 1 Rz 59 ff.), alles dafür, Abzinsungen nur dort vorzunehmen, wo der fremdübliche Zins ganz erheblich und ganz unzweifelhaft unterschritten wird.

9.2.4 Modifizierung der vertraglichen Konditionen

332 Mit Anwendung von IFRS 9 sind (erstmalig) Vorgaben zur Behandlung von **Anpassungen** der vertraglichen Konditionen betreffend die erwarteten Rückflüsse in der Bewertung finanzieller Vermögenswerte *at amortised cost* zu beachten (IFRS 9.5.4.3). Wenn der vertragliche Anspruch auf den Erhalt von Zahlungsflüssen ausläuft (*expire*), ist ein finanzieller Vermögenswert auszubuchen (Rz 58). Mit einer wesentlichen Veränderung (*substantial modification*) der vertraglichen Konditionen eines Finanzinstruments ist eine Ausbuchung erforderlich. Keine wesentliche Anpassung soll allerdings vorliegen, wenn der Buchwert des modifizierten finanziellen Vermögenswerts um 30 % von dem bisherigen Bilanzansatz abweicht (IFRS 9.IE68 – IE69). U. E. können die Vorgaben für die Beurteilung finanzieller Verbindlichkeiten spiegelbildlich herangezogen werden (Rz 124).

333 Führt eine Modifizierung nicht zu einer Ausbuchung (*derecognition*), ist eine Anpassung des Buchwerts durch Bestimmung des Barwerts der modifizierten (erwarteten) Zahlungsströme mit dem ursprünglichen Effektivzinssatz erforderlich (Rz 327). Eine bestehende Differenz zum bisherigen Buchwert ist erfolgswirksam zu vereinnahmen. Ein gegenläufiger (Ergebnis-)Effekt stellt sich durch die erforderliche Anpassung der vorgenommenen Risikovorsorge (Rz 394) ein. Durch die Modifizierung der vertraglichen Vereinbarung ändern sich auch das Zahlungsstromprofil und damit der Umfang eines *expected loss* (Rz 434).

> **Praxis-Beispiel**
> Unternehmen A hat aufgrund einer positiven Geschäftsentwicklung sein Kreditrating signifikant verbessern können und tritt mit der Bank B, die wesentliche Teile der Fremdfinanzierung stellt, zur Nachverhandlung der Kreditkonditionen in Kontakt. Zur Fortführung der guten Geschäftsbeziehung stimmt B einer Reduzierung der Kreditkosten für die bestehenden Verbindlichkeiten zu. Die Modifizierung führt nicht zu einer wesentlichen Änderung der Kreditbedingungen, B erfasst daher einen Verlust, der auf die reduzierte Zahlungsstromerwartung (Barwert mit dem ursprünglichen Effektivzinssatz) zurückzuführen ist. Da B von geringeren Zahlungsströmen ausgeht, ist eine Revision der vorgenommenen Risikovorsorge erforderlich. Wurde der *expected loss* als relativer Anteil der Zahlungsstromerwartung bestimmt, ist wegen der Anpassung des Erwartungswerts nach unten eine teilweise Auflösung der Risikovorsorge erforderlich.

Transaktionskosten, die im Zusammenhang mit der Modifizierung anfallen, sind über die Restlaufzeit zu verteilen. Da die Kosten zu einer Anpassung des Buchwerts des finanziellen Vermögenswerts führen, ist eine Adjusierung des Effektivzinssatzes nach der Modifizierung erforderlich, da andernfalls die Fortschreibung zu (nicht auflösbaren) Differenzen führt (Rz 320). **334**

Führt eine Modifizierung hingegen wegen einer substanziellen Änderung der Bedingungen zu einer Ausbuchung (*derecognition*), ist ein neuer finanzieller Vermögenswert unter Beachtung der Zugangsvorgaben (Rz 48) zu erfassen (IFRS 9.B5.5.25). Anders als für die Ausbuchung einer finanziellen Verbindlichkeit (Rz 122) fehlen Vorgaben zur Behandlung von (Transaktions-)Kosten, eine Zurechnung kann daher sowohl bezogen auf den neuen finanziellen Vermögenswert als auch in der Bestimmung des Abgangsergebnisses des bisherigen Vermögenswerts erfolgen. **335**

Die Vorgaben betreffend die Modifizierung von Finanzinstrumenten sind zunächst nur auf die Anwendung auf finanzielle Vermögenswerte ausgerichtet. Die korrespondierende Behandlung einer Modifizierung bei der Gegenpartei (dem Schuldner) ist somit nicht explizit angesprochen. Wegen einer Anpassung der allgemeinen Vorgaben zum Umgang mit geänderten Schätzungen (Rz 327) sind u. E. die Vorgaben analog auf finanzielle Verbindlichkeiten zu übertragen. **336**

Für die Feststellung des Vorliegens einer substanziellen Änderung der Konditionen eines finanziellen Vermögenswerts sind daher die qualitativen und quantitativen Anhaltspunkte heranzuziehen, die für die Beurteilung von finanziellen Verbindlichkeiten vorgegeben sind. Eine substanzielle Änderung ist belegt, wenn Änderungen der Konditionen zu einer 10 %igen Barwertabweichung führen oder weitreichende qualitative Anpassungen vereinbart wurden (Rz 124). **337**

Wird auf einen quantitativen Nachweis einer substanziellen Änderung der Konditionen abgestellt, stellt das ursprüngliche (Finanz-)Instrument und dessen Zahlungsstromprofil das Referenzobjekt für den Barwerttest dar (IFRS 9.B3.3.6). Gegenüberzustellen sind daher die ursprüngliche und die aktuelle Erwartung der künftigen Zahlungen. **338**

Praxis-Beispiel
Für ein endfälliges Finanzinstrument mit einem Nominalbetrag von 100 GE und einem (Effektiv-)Zinssatz von 5 % p. a. (endfällige Zahlung) wird zwei Jahre nach der Emission (Anfang 01) erstmals eine Modifizierung der Zahlungskonditionen vereinbart. Bei einer Restlaufzeit von drei Jahren wird eine Reduzierung der Zinszahlungspflicht von 5 GE p. a. auf 2 GE vereinbart. Vier Jahre nach der Emission erfolgt eine zweite Modifizierung der Konditionen, die noch ausstehende Zinszahlung sowie 5 % des Nominalbetrags werden erlassen.

	Ende 01	Ende 02	Ende 03	Ende 04	Ende 05
Erwartete Zahlungen bei Emission	5	5	5	5	105
Erwartete Zahlungen Ende 02			2	2	102
Barwertänderung Ende 02		*8,17*	*< 10 % Emission*		
Buchwert Finanzinstrument Periodenende	100	91,83	94,42	97,14	0
Erwartete Zahlungen Ende 04					95
Barwertänderung Ende 04		*10 % Emission >*		*6,67*	
Buchwert Finanzinstrument Periodenende				90,48	

Beide Modifikationen führen – bezogen auf die ursprüngliche Erwartung – nicht zu einer substanziellen Änderung der (quantitativen) Konditionen.

Werden die Konditionen eines Instruments allerdings mehrfach (mindestens zweimal) in kürzeren Intervallen – innerhalb von zwölf Monaten[47], in analoger Anwendung gem. IAS 8.12 der spezifischen Vorgaben der US-GAAP (ASC Topic 470–50) – angepasst, ist eine kumulative Beurteilung der Auswirkungen der quantitativen Beurteilung geboten.

Praxis-Beispiel
Für ein endfälliges Finanzinstrument mit einem Nominalbetrag von 100 GE und einem (Effektiv-)Zinssatz von 5 % p. a. (endfällige Zahlung) wird zwei Jahre nach der Emission (Anfang 01) erstmals eine Modifizierung der Zahlungskonditionen vereinbart. Bei einer Restlaufzeit von drei Jahren wird eine Reduzierung der Zinszahlungspflicht von 5 GE p. a. auf 2 GE vereinbart. Nur sechs Monate später erfolgt eine weitere Modifikation, die zu einem Verzicht auf die noch ausstehenden Zinszahlungen führt.

---

47 Gl. A. DELOITTE, iGAAP 2017, C5, S. 561 ff.

	Ende 01	Ende 02	Ende 03	Ende 04	Ende 05
Erwartete Zahlungen bei Emission	5	5	5	5	105
Erwartete Zahlungen Ende 02			2	2	102
Barwertänderung Ende 02		*8,17*	*< 10 % Emission*		
Buchwert Finanzinstrument Periodenende	100,0-0	91,83	94,42	97,14	0
Erwartete Zahlungen Mitte 03			0	0	100
Barwertänderung Mitte 03			5,58	*< 10 % Emission*	
Buchwert Finanzinstrument Periodenende			90,70	95,24	0
Zusammengefasste Änderung					

Zusammengefasst liegt innerhalb eines Zeitraums von sechs Monaten eine Modifikation > 10 % der Bedingungen im Emissionszeitpunkt, somit eine substanzielle Änderung vor.

9.2.5 Fremdwährungsinstrumente

In Fremdwährung notierende Finanzinstrumente, die sich für eine Bewertung *at amortised cost* qualifizieren, werden zum Stichtagskurs umgerechnet. Wechselkursbedingte Wertänderungen der Forderungen sind erfolgswirksam zu erfassen (IAS 21.28; → § 27 Rz 29). **339**

9.3 Erfolgswirksame Bewertung zum beizulegenden Zeitwert

9.3.1 Begriff des *fair value* und Methodik der Bestimmung

Eine erfolgswirksame Bewertung zum *fair value* ist geboten für **Handelswerte** (FVTPL) und damit für **340**
- **alle Derivate** sowie
- bestimmte, in Handelsabsicht erworbene oder entsprechend gewillkürte **Fremdkapitalinstrumente** (Rz 156).

Wegen der erfolgswirksamen Fortschreibung entfallen außerplanmäßige Zuschreibungen, aber auch Abschreibungen. Zu jedem Stichtag ist eine erfolgswirksame Anpassung des Bilanzansatzes erforderlich.

Die Hierarchie der *fair-value*-Ermittlung richtet sich nach den allgemeinen Vorgaben des IFRS 13 und ist wie folgt: **341**
- Bei Notierung an aktiven Märkten (Rz 342) ist als *fair value* zwingend der **notierte Marktpreis** am Bewertungsstichtag anzusetzen.

- Wenn zwar am Stichtag keine entsprechenden Marktpreise existieren, sich jedoch **zeitnahe Markt- oder Transaktionspreise** für (im Wesentlichen) gleiche Vermögenswerte beobachten lassen, sind Letztere zugrunde zu legen. Falls sich die wirtschaftlichen Umstände seit der letzten Transaktion/Notierung signifikant geändert haben, ist der letzte verfügbare Preis sachgerecht anzupassen. Infrage kommen z.B. Zu- und Abschläge in Abhängigkeit von der Entwicklung eines Referenzindex oder dem Bewertungsobjekt ähnlicher Vermögenswerte. Eine Preisanpassung ist außerdem geboten, wenn das Unternehmen nachweisen kann *(can demonstrate)*, dass die beobachteten Transaktionspreise aus erzwungenen Verkäufen *(forced transactions, distressed sales)* resultieren und daher nicht den *fair value* repräsentieren (Rz 343).
- Wenn (seit Längerem) kein aktiver Markt für ein Finanzinstrument besteht und zeitnahe Transaktionspreise ebenfalls fehlen, ist der *fair value* mit Hilfe einer **Bewertungsmethode** zu ermitteln. Infrage kommt der Vergleich mit aktuellen **Transaktionspreisen ähnlicher Vermögenswerte** oder ein **DCF-Modell**. Bei der Ermittlung des *fair value* mittels Bewertungsmethoden sind im größtmöglichen Umfang beobachtbare Marktdaten und möglichst wenig unternehmensspezifische Daten zu verwenden (Rz 347).

9.3.2   Vorliegen eines (in-)aktiven Markts

342   Die Bestimmung des *fair value* ist einfach, wenn, wie insbesondere bei Wertpapieren, **notierte Marktpreise** vorliegen. Notierte Preise in aktiven Märkten gelten als beste Schätzung für den *fair value* (Rz 310). Ein **aktiver Markt** setzt das Vorliegen folgender Tatbestandsmerkmale voraus:
- Notierte Preise sind leicht und regelmäßig *(readily and regularly)* verfügbar und
- repräsentieren tatsächliche und sich regelmäßig *(actual and regularly)* ereignende Markttransaktionen auf *arm's-length*-Basis.

Bei nur noch sporadisch vorliegenden Transaktionen liegt kein aktiver Markt mehr vor. Das Vorliegen eines aktiven Markts ist aus quantitativer und qualitativer Sicht zu prüfen. Aus **quantitativer** Sicht gilt: Ein im Verhältnis zum Marktvolumen und zu früheren Transaktionsmengen stark herabgesetztes Transaktionsvolumen impliziert ein geringeres Aktivitätsniveau als zuvor, aber noch nicht notwendigerweise die Inaktivität des Markts.

Praxis-Beispiel

Ein offener Fonds ist in *collaterized debt obligations* (CDOs) investiert. Das Investitionsvolumen beträgt 10 Mrd. EUR. Vor der Hypothekenkrise wurden börsentäglich Fondsanteilsscheine im Wert von 300 bis 500 Mio. EUR (= 3 bis 5 % des Gesamtvolumens) gehandelt. Mit Eintritt der Krise verringert sich dieses Volumen auf 50 bis 100 Mio. (= 0,5 % bis 1 %). Der Markt ist weiterhin als aktiv anzusehen, da auch ein absolut zwischen 50 und 100 Mio. EUR und relativ zwischen 0,5 % und 1 % liegendes Volumen noch tatsächliche und sich regelmäßig ereignende Transaktionen repräsentiert.

---

343   Aus **qualitativer** Sicht ist für die Abgrenzung von aktiven zu inaktiven Märkten zwischen **Schwankungen** der Angebots- und Nachfragekurve und **Notverkäufen** *(forced transactions)* zu unterscheiden.

- Der Notverkauf unterstellt durch singuläre Umstände erzwungene Transaktionen, die nicht repräsentativ für den Betrag sind, zu dem regulär ein Finanzinstrument gehandelt werden könnte. Repräsentieren die notierten Preise überwiegend Notverkäufe, kommt ihnen kein besonderer Aussagewert zu.
- Wenn im Fall einer Kredit- und Liquiditätskrise jedoch der gesamte Markt für ein Finanzinstrument betroffen ist und auch die Parteien, die ohne Not einen Käufer suchen, diesen nur zu niedrigen Preisen finden, stellen diese Preise kein singuläres Ereignis dar, sondern reflektieren eine für den Gesamtmarkt von unabhängigen Marktteilnehmern zugrunde gelegte Einschätzung. Derartige Preise repräsentieren den *fair value* und keine Notverkäufe.

In einem anlässlich des Ausbruchs der Subprime-Krise herausgegebenen Positionspaper des IDW[48] aus 2007 wird auf die Untauglichkeit von **Notverkaufspreisen** und Abwehrpreisen eingegangen. Das Papier hält zum ersten Punkt zutreffend fest: „Solange auf einem Markt Transaktionen stattfinden, wenn auch in stark verringertem Volumen, ist der Verweis auf erzwungene Geschäfte, zwangsweise Liquidationen und Notverkäufe nur selten sachgerecht." Hinweise darauf, wann ausnahmsweise von Notverkäufen ausgegangen werden kann, finden sich nicht. Hier liefert das als *Educational Guidance* vom IASB veröffentlichte Papier *„Expert Advisory Panel: Measuring and disclosing the fair value of financial instruments in markets that are no longer active"* mehr Klarheit. Nach Tz 24 f. und 41 des Papiers kann eine *forced transaction* im Allgemeinen dann nicht mehr angenommen werden, wenn Verkäufer genügend Zeit *(reasonable amount of time)* zur Veräußerung des Vermögenswerts hatten und/oder mehr als ein Subjekt als potenzieller Käufer infrage kam. **344**

Im IDW-Papier sowie einem zeitgleich erschienenen Papier des DRSC[49] wird im Übrigen auf **Abwehrpreise** eingegangen, zu denen etwa eine sponsernde Bank Fondszeichnern die Rückgabe von Fondsanteilen anbieten könnte. Abwehrpreise werden generell als ungeeignete Bewertungsgrundlage angesehen. Sprachlich auffällig ist, dass in diesem Zusammenhang immer nur von **„sogenannten** Abwehrpreisen" die Rede ist. Zum Ausdruck kommt darin die Unsicherheit, was unter einem Abwehrpreis eigentlich zu verstehen ist. U. E. ist den Ausführungen von DRSC und IDW nur dann zuzustimmen, wenn eine **enge Definition** etwa folgender Art zugrunde gelegt wird: „Abwehrpreis ist das jeden potenziellen Verkäufer abschreckende Preisangebot eines potenziellen Käufers, der den fraglichen Kaufgegenstand in keinem Fall erwerben möchte." Hier ist die Grenze zum Scheinangebot erreicht. Will ein potenzieller Käufer hingegen eine Finanzkrise nur nutzen, um die Finanzinstrumente vom pessimistischeren Teil der potenziellen Anbieter zu einem (aus seiner Sicht) günstigen Preis einzukaufen, liegt kein Abwehrpreis, sondern ein Kaufkalkül vor. Hat dieses Erfolg und kommt es zeitnah zum Bilanzstichtag zu Transaktionen auf Basis der niedrigen Angebotspreise, bestimmen diese den *fair value*. Kommt es nicht zu Transaktionen, markiert der Angebotspreis nur die Untergrenze der *fair-value*-Schätzung. **345**

---

[48] Positionspapier des IDW zu Bilanzierungs- und Bewertungsfragen im Zusammenhang mit der Subprime-Krise.
[49] DRSC, Bewertung von Finanzinstrumenten – Questions and Answers (Q&A), http://www.drsc.de/docs/press_releases/071210_RIC_QA_Impairment%20FI_FV.pdf, abgerufen am 4.1.2017.

346 Letztlich kommt es bei der Prüfung der quantitativen und qualitativen Kriterien für das Vorliegen eines aktiven Markts auf die individuellen Verhältnisse im Einzelfall (Produkt, Markt usw.) an. So stellt auch das *Expert Advisory Panel* in Par. 17 seiner im November 2008 veröffentlichten *Educational Guidance* (Rz 154) fest: *„There is no bright line between active and inactive markets."* Liegt nach den vorgenannten Kriterien ein aktiver Marktpreis vor, ist die Wertentwicklung nach dem Bilanzstichtag irrelevant. Darüber hinaus ist die *fair-value*-Entwicklung im „Werterhellungszeitraum" (→ § 4 Rz 17) regelmäßig irrelevant. Die *fair-value*-Bewertung ist eine strenge Anwendungsform des Stichtagsprinzips. Der *fair value* ist demnach der (fiktive) Preis, zu dem ein Finanzinstrument am Stichtag (und nicht einige Wochen danach) erworben oder veräußert werden könnte.

> **Praxis-Beispiel**
> Unternehmen U hält Anteile an diversen börsennotierten Fondsgesellschaften, die in CDOs investiert sind. U hat die Fondsanteile als *trading assets* qualifiziert. Kurz vor dem Stichtag sind die Börsenkurse um mehr als 50 % gegenüber den Anschaffungskosten und dem vorherigen Kurs gesunken. Zwei Wochen nach dem Bilanzstichtag hat allerdings eine Stabilisierung der Kurse eingesetzt. Sechs Wochen nach dem Bilanzstichtag und damit noch im „Werterhellungszeitraum" beträgt der Wert 80 % des vorherigen Buchwerts. U möchte an dem Buchwert vor dem Bilanzstichtag festhalten, mindestens aber den des Werterhellungszeitraums ansetzen und verweist auf die außerordentliche Marktsituation zum Bilanzstichtag. Im Übrigen sei langfristig von einer vollständigen Werterholung auszugehen. Die *fair-value*-Bewertung ist eine Stichtagsbewertung, die Berufung auf eine „Werterhellung" daher unzulässig.

347 **Fehlt** es an aktiven Marktpreisen, ist auf etablierte **Bewertungstechniken** zurückzugreifen. Zu diesen zählt:
- der **Vergleich** mit aktuellen Transaktionspreisen von identischen oder im Wesentlichen identischen Finanzinstrumenten,
- die Analyse von **diskontierten** cash flows (DCF-Bewertung) sowie
- **Optionspreismodelle.**

Dieser Regelungsrahmen ist nach Ausbruch der Finanzmarktkrise von der Praxis unterschiedlich interpretiert worden. Zuweilen sind z.B. bei der DCF-Methode nicht marktgerechte Stichtagswerte als Inputparameter verwandt worden, sondern von psychologischen Überzeichnungen des Markts bereinigte Parameter, die man als fundamental richtig erachtet. Solchen „Missverständnissen" begegnet das *„Expert Advisory Panel".* Es hält Folgendes fest:
- Par. 7 – **Markt- und Stichtagsbezug:** *„To meet the objective of a fair value measurement (that is, to arrive the price at which an orderly transaction would take place between market participants at the measurement date), an entity measures the fair value of financial instruments by considering all relevant market information that is available."*
- Par. 8 und 19 – **Relevanz der Transaktionspreise ähnlicher Finanzinstrumente:** *„A thorough understanding of the instrument being valued allows an entity to identify and evaluate the relevant market information available about identical or similar instruments. Such information to be considered*

includes, for example, prices from recent transactions in the same or a similar instrument ..." The valuation „technique chosen should reflect current market conditions. Therefore, a transaction price in the same or a similar instrument should be considered in the assessment of fair value as a current transaction price is likely to reflect current market conditions."

- Par. 8 – **Kalibrierung der DCF-Werte am Markt:** *„When using a valuation technique, an entity periodically calibrates the valuation model to observable market information to ensure that the model reflects current market conditions ..."*

Eine „freihändige", auf Fundamentalwertüberlegungen ruhende DCF-Bewertung ist danach unzulässig. Entsprechend dem zeitlichen Bezug der *fair-value*-Ermittlung (strenges Stichtagsprinzip) und der sachlichen Zielsetzung (Bestimmung des Werts, zu dem das Finanzinstrument am Markt gehandelt werden könnte) ist auch in einer Finanzkrise gerade nicht von der „Irrationalität" aktueller Marktentwicklungen zu abstrahieren. Mindestens zur Plausibilisierung *(calibration)* einer DCF-Bewertung sind deshalb zeitnahe Transaktionspreise in gleichen oder ähnlichen Instrumenten heranzuziehen, es sei denn, diese könnten ganz ausnahmsweise als Notverkaufspreise qualifiziert werden. Eine DCF-gestützte Ermittlung des *fair value* muss im Übrigen mit adäquaten Diskontierungszinsen erfolgen. Hier ergibt sich aus dem *Expert Advisory Panel* (Rz 347), dass neben dem allgemeinen Zuschlag für das Bonitätsrisiko bei illiquiden Märkten und komplexen Instrumenten auch Illiquiditäts- und Komplexitätszuschläge zu berücksichtigen sind. 348

Die einheitliche Verwendung des *fair value* verwischt die tatsächlichen **Unterschiede zwischen Marktpreisen und Modellwerten.** Aus dem vordergründigen Doppelmix des *mixed model approach* für Finanzinstrumente von (fortgeführten) Anschaffungskosten und Marktpreisen wird ein **Dreifachmix**, wie nachfolgende Tabelle zeigt: 349

	Zeitdimension	Wertgeber	Ermessen
AK	Vergangenheit	extern, Transaktionspreis	gering
Marktpreis	Gegenwart	extern, Marktpreis	gering
DCF-Wert	Zukunft	intern, Modellwert, Management	hoch

Eine Bewertung *at amortised cost* und die Marktpreisbewertung unterscheiden sich im Wesentlichen nur im **Vergangenheits- oder Gegenwartsbezug.** In beiden Fällen ergeben sich die Preise extern (als Transaktions- oder Marktpreis) und sind ohne oder mit geringem Ermessen zu bestimmen. **Finanzmathematische Modellwerte**, wie etwa der diskontierte *cash flow* (DCF), sind hingegen wesentliche **Zukunftswerte**, die sich aus Annahmen über zukünftige Entwicklungen (von *cash flows*, bei Optionspreismodellen z.B. von zukünftigen Volatilitäten) ergeben. Derartige Zukunftseinschätzungen sind notwendig **subjektiv und ermessensbehaftet.** Das Management ist aufgerufen, Annahmen über zukünftige *cash flows*, risikoangemessene Diskontierungszinssätze, Fortgeltung der Volatilitäten der Vergangenheit für die Zukunft usw. festzulegen, aus denen sich dann die Modellwerte ergeben. Hierbei kann sowohl der nicht lineare Zusammenhang zwischen einer einzelnen Modellprämisse und dem Modellwert 350 als auch die multiplikative Verknüpfung verschiedener Modellparameter dazu führen, dass kleinste Änderungen in den Prämissen zu größten Abweichungen beim Berechnungsergebnis führen. Die **kapitalmarkt**orientierte Rechnungslegung kann sich dadurch in eine **management**orientierte Rechnungslegung verwandeln. Diese verliert unter Umständen auch ihre **dienende** Funktion der Abbildung von Realitäten und **schafft** selbst Realitäten, indem das Management vermehrt in solche Werte investiert, deren Bilanzierungserfolg (kurz- und mittelfristig) manipulierbar ist.[50]

9.3.3 Erfolgswirksame *fair-value*-Bewertung von Verbindlichkeiten

351   Werden finanzielle Verbindlichkeiten ausnahmsweise – als Konsequenz einer Anwendung der *fair value option* (Rz 226) – erfolgswirksam zum *fair value* bewertet, sind nach IAS 39 alle Wertänderungen erfolgswirksam zu erfassen, während nach IFRS 9 vorrangig eine Aufspaltung der Wertänderung erforderlich ist:

- Erträge und Aufwendungen, die sich aus einer Änderung des Kreditausfallrisikos *(changes in the credit risk)* bzw. des Preises für das Kreditausfallrisiko ergeben, sind im sonstigen Ergebnis *(other comprehensive income)* zu erfassen.
- Der verbleibende Betrag der Änderung des beizulegenden Zeitwerts der Verbindlichkeit muss im Periodenergebnis *(profit or loss)* ausgewiesen werden (IFRS 9.5.7.1(c), IFRS 9.5.7.7f.).

Auf eine Aufspaltung kann allerdings verzichtet werden, wenn die Erfassung der Änderungen des Kreditausfallrisikos der Verbindlichkeit im sonstigen Ergebnis *(other comprehensive income)* einen *accounting mismatch* im Periodenergebnis *(profit or loss)* verursacht oder verstärkt. Bei der *fair-value*-Option für **Kreditzusagen** oder **Finanzgarantien** ist eine Aufteilung nicht vorzunehmen, vielmehr der gesamte Bewertungserfolg in der GuV zu erfassen (IFRS 9.5.7.9).

352   Die i. d. R. als sonstiges Ergebnis *(other comprehensive income)* zu erfassende kreditrisikobedingte Wertänderung betrifft die Veränderung des Risikos, dass wegen Nichterfüllung der Vertragspflichten beim Vertragspartner ein finanzieller Verlust entsteht (IFRS 7.Anhang A). Der Ausdruck Kreditrisiko bezieht sich auf genau jene Verbindlichkeit, für die die Zeitwertoption ausgeübt wurde, und nicht notwendigerweise auf die Bonität des Emittenten (IFRS 9.B5.7.13).

Praxis-Beispiel

Die X-AG emittiert sowohl eine dinglich besicherte *(collaterised)* Verbindlichkeit als auch eine nicht dinglich besicherte Verbindlichkeit. Beide Verbindlichkeiten sind ansonsten identisch. In diesem Fall wird dennoch das Kreditrisiko der besicherten Verbindlichkeiten anders, nämlich geringer, sein als jenes der nicht besicherten. Das Kreditrisiko einer dinglich besicherten Verbindlichkeit kann in der Nähe von null liegen. Dessen ungeachtet ist die Bonität der X-AG in beiden Fällen stets dieselbe.

---

353   Das Kreditrisiko ist vom vermögenswertspezifischen (Abschneidens-)Risiko *(asset-specific performance risk)* zu unterscheiden. Bei Letzterem geht es nicht

---

[50] Vgl. zu den Problemen des *fair value accounting*, insbesondere bei Fehlen von Marktpreisen BALLWIESER/KÜTING/SCHILDBACH, BFuP 2004, S. 529 ff.; HOMMEL/HERMANN, DB 2003, S. 2501 ff.; HOFFMANN/LÜDENBACH, StuB 2002, S. 541 ff.; LÜDENBACH/HOFFMANN, DB 2002, S. 1169; LÜDENBACH/HOFFMANN, DStR 2002, S. 231.

um das Risiko, dass ein Unternehmen einer bestimmten Verpflichtung nicht nachkommen wird. Vielmehr geht es um das Risiko, dass ein Vermögenswert oder eine Gruppe von Vermögenswerten schlecht abschneidet, d. h. einen nicht zufriedenstellenden oder gar keinen Nutzen erwirtschaftet (IFRS 9.B5.7.14 – IFRS 9.B5.7.15).

Die **Ermittlung kreditrisikobedingter Zeitwertänderungen** kann sich als **354** schwierig erweisen (IFRS 9.BC4.49(e)). Die im sonstigen Gesamtergebnis aus- zuweisende kreditrisikobedingte Zeitwertänderung ist nach einer der folgenden Methoden zu ermitteln (IFRS 9.B5.7.16 ff.):

- Als Betrag der Zeitwertänderung, die nicht auf Änderungen der Marktbedin- gungen zurückzuführen ist, welche zu Marktrisiken führen (**Restwertmetho- de**). Änderungen der Marktbedingungen, die zu Marktrisiken führen, umfas- sen u. a. Änderungen eines Referenzzinssatzes und eines Wechselkurses.
- Nach einer **alternativen Methode**, die nach Ansicht des Unternehmens zu einer getreueren Ermittlung der kreditrisikobedingten Zeitwertänderung führt.

Der Standard erläutert die Berechnung für den einfachen Fall, dass Zeitwert- änderungen, welche aus anderen Faktoren resultieren, als Änderungen des Kre- ditrisikos des Instruments oder Änderungen eines beobachteten (Referenz-)Zins- satzes nicht signifikant sind. Diese Methode stellt in der Praxis in vielen Fällen eine hinreichend gute Annäherung dar (IFRS 9.B5.7.18 f., IFRS 9.BC5.58 f. und IFRS 9.BC5.62). Sind jedoch Zeitwertänderungen aus diesen anderen Faktoren signifikant, so ist die Anwendung einer alternativen Methode erforderlich. Ent- hält das Instrument etwa ein eingebettetes Derivat, so darf die Änderung des beizulegenden Zeitwerts von diesem Derivat nicht in den im sonstigen Gesamt- ergebnis zu erfassenden Betrag einbezogen werden (IFRS 9.B5.7.19). Bei der Ermittlung der kreditrisikobedingten Wertänderung ist im Übrigen soweit wie möglich auf Marktparameter zurückzugreifen (IFRS 9.B5.7.20).

Praxis-Beispiel

Die X-AG emittiert am 1.1.01 eine Schuldverschreibung zu den folgenden marktüblichen Konditionen:

Fixe Verzinsung:	8 % p. a. (zahlbar im Nachhinein)
Nennwert:	150.000 EUR
Laufzeit:	10 Jahre

Das Unternehmen verwendet den EURIBOR als beobachtbaren Referenzzins- satz, welcher im Emissionszeitpunkt 5 % beträgt. Am 31.12.01 ist der EURI- BOR auf 4,75 % gesunken. Der notierte Marktwert der Schuldverschreibung beträgt 154.000 EUR. Die Veränderung des EURIBOR ist die einzig relevante Veränderung der Marktkonditionen. Der interne Zinssatz der Verbindlichkeit beträgt am 1.1.01 8 %, d. h., der Nominalzins entspricht dem Effektivzins. Der EURIBOR zu Jahresbeginn beträgt 5 %. Auf dieser Grundlage kann die ursprüngliche Kreditmarge (*credit spread*) von 3 % ermittelt werden. Zum 31.12.01 ergibt sich auf Basis dieser usprünglichen Kreditmarge, aber des aktuellen EURIBOR, d. h. diskontiert mit 7,75 % ein Barwert von 152.367 EUR. Die Differenz dieses Barwerts zum Marktwert (1.633 EUR) ergibt den im sonstigen Ergebnis zu erfassenden Betrag.

355 In **seltenen Fällen** könnte der Ausweis der kreditrisikobedingten Zeitwertänderungen nach der Restwertmethode zur Entstehung bzw. Vergrößerung einer
Inkonsistenz im Periodenerfolg (d.h. in der GuV) führen, mit der Folge, dass
sämtliche Zeitwertänderungen in die GuV einfließen (IFRS 9.B5.7.5). Bei dieser
Beurteilung kommt es darauf an, ob das Unternehmen bereits im Zugangszeitpunkt erwartet, dass die Auswirkungen der Änderung des Kreditrisikos der
Schuld im Periodenerfolg durch eine Änderung des beizulegenden Zeitwerts
eines anderen Finanzinstruments ausgeglichen werden, das ebenfalls erfolgswirksam zum beizulegenden Zeitwert bilanziert wird. Eine solche Erwartung
muss auf einer wirtschaftlichen Beziehung zwischen den Eigenschaften der
Verbindlichkeit, für die die Zeitwertoption ausgeübt wird, und den Eigenschaften des anderen Finanzinstruments basieren (IFRS 9.B5.7.6, IFRS 9.B5.7.11,
IFRS 9.BC5.37 und IFRS 9.BC5.40). Eine solche wirtschaftliche Beziehung
wird in vielen Fällen auf einer vertraglichen Verbindung (*contractual linkage*)
zwischen den betroffenen Finanzinstrumenten beruhen. Dies muss allerdings
nicht immer der Fall sein (IFRS 9.B5.7.10 – IFRS 9.B5.7.11 und IFRS 9.BC5.41).
Ein Beispiel für die Inanspruchnahme der Ausnahmeregel ist der Fall, dass ein
Unternehmen große Portfolios finanzieller Vermögenswerte erfolgswirksam
zum beizulegenden Zeitwert bilanziert und eine (oben beschriebene) wirtschaftliche Beziehung zu den Verbindlichkeiten, für die die Zeitwertoption ausgeübt
wird, besteht (IFRS 9.BC5.37). Für Zwecke dieser Beurteilung sind nur solche
Inkonsistenzen anerkannt, welche auf der beschriebenen ausgleichenden wirtschaftlichen Beziehung basieren, und nicht solche, welche einzig und allein auf
Messungenauigkeiten zurückzuführen sind (IFRS 9.B5.7.12).

9.3.4 Folgebewertung von nicht für Sicherungszwecke verwendeten Derivaten

356 Nicht zur Sicherung gehaltene Derivate fallen gem. IAS 39.9 bzw. IFRS 9.A stets
in die Kategorie der zu Handelszwecken gehaltenen Vermögenswerte oder
Schulden *(held for trading)*. Die **Erstbewertung** erfolgt nominell zum *fair value*,
faktisch häufig zu Anschaffungskosten (Rz 224). Dabei lassen sich hinsichtlich
der **Höhe** der Anschaffungskosten zwei Konstellationen unterscheiden:

- Anschaffungskosten sind **null**: Insbesondere bei Termingeschäften und Zins-
swaps entstehen i.d.R. keine Anschaffungskosten, weil bei diesen Geschäften
die Risiken zwischen den beiden Vertragsparteien gleichmäßig verteilt sind.
Nur bei nicht marktgerechten Vertragsparametern (z.B. weil der in einem
Devisentermingeschäft festgelegte Kurs nicht dem aktuellen Terminkurs am
Devisenmarkt entspricht) ist der Marktwert eines Termingeschäfts oder Swaps
bei Begründung ungleich null.
- Anschaffungskosten sind **ungleich null**: Derivate, die eine asymmetrische
Risikoverteilung zwischen den Vertragsparteien aufweisen (insbesondere
Optionen), haben bei ihrer Begründung einen von null verschiedenen Markt-
wert. Der Marktwert einer Option ist im Zeitpunkt ihrer Begründung beim
Optionsinhaber positiv (und damit zu aktivieren), hingegen beim Stillhalter
negativ (und somit zu passivieren).

357 Die **Folgebewertung** von derivativen Instrumenten, die nicht als Sicherungsinstrument innerhalb eines *cash flow hedge* eingesetzt werden, ist erfolgswirksam

zum *fair value* vorzunehmen (IAS 39.46 bzw. IFRS 9.5.2.1(c)): Der *fair value* am Stichtag ist in der Bilanz auszuweisen; Änderungen des *fair value* gegenüber dem letzten Stichtag sind in der GuV zu erfassen. Auch hier bestehen **wesentliche** Unterschiede zwischen Termingeschäften und Optionen:

- Der *fair value* eines Termingeschäfts kann für den Terminverkäufer oder den Terminkäufer positiv oder negativ sein. Die Höhe des *fair value* hängt maßgeblich vom Verhältnis zwischen dem im Termingeschäft fixierten Kurs bzw. Preis und dem aktuellen, für entsprechende Restlaufzeiten geltenden Terminkurs bzw. -preis ab.
- Der *fair value* eines Optionsgeschäfts ist für den Optionsinhaber nie negativ und für den Stillhalter nie positiv. Die Höhe des *fair value* hängt nicht nur von dem Verhältnis zwischen dem in der Option fixierten Kurs bzw. Preis und dem aktuellen Marktkurs bzw. -preis ab (= innerer Wert der Option). Bestandteil des *fair value* ist darüber hinaus der sog. Zeitwert der Option, der – vereinfacht – Ausdruck der Möglichkeit ist, dass sich der innere Wert der Option in der Zukunft erhöht (→ § 23 Rz 256 ff.).

Praxis-Beispiel
Aktienderivatgeschäft: Käufer **darf** (Option)/**muss** *(forward)* für 99 kaufen.
Kurse:
(1) bei Vertragsschluss 100,
(2) in t-1: 120,
(3) in t-2: 80.
Optionsprämie 1 = innerer Wert bei Vertragsabschluss (Vernachlässigung Zeitwert, Beschränkung auf inneren Wert).

	Optionsgeschäft		Termingeschäft	
	Bilanz	GuV	Bilanz	GuV
a) Erstbewertung				
Käufer	1		1	
Verkäufer	– 1		– 1	
b) Folgebewertung t-1: Kurs von 100 auf 120				
Käufer	21	20	21	20
Verkäufer	– 21	– 20	– 21	– 20
c) Folgebewertung t-2: Kurs von 120 auf 80				
Käufer	0	– 21	– 19	– 40
Verkäufer	0	21	19	+ 40
d) Gesamterfolg				
Käufer		– 1		– 20
Verkäufer		+ 1		+ 20

In der Mehrzahl der Fälle treten Bewertungsmodelle an die Stelle von Marktpreisen.

358 Es stellt sich die Frage, wie verlässlich eine Wertermittlung sein muss, um zur verlässlichen *fair-value*-Bewertung zu führen. Würdigt man in dieser Hinsicht etwa das gängige **Black-Scholes-Modell** zur Bewertung von Optionen, so könnten sich Zweifel an der Angemessenheit des Modells aus der Verwendung realitätsfremder Prämissen ergeben. Hierzu gehört etwa die Annahme einer über die Laufzeit konstanten Volatilität des Basiswerts, eines über die Laufzeit risikolosen Zinssatzes, die Geltung des *law of one price* (Fehlen von Arbitrage-Chancen), das Fehlen von Transaktionskosten und Steuern, die beliebig hohe Aufnahme von Fremdmitteln, die Öffnung des Markts zu jeder Stunde und Minute (Fehlen von Kurssprüngen). Einem derartigen grundlegenden **Zweifel** wird man bei der Bilanzierung jedoch nicht folgen können, da Optionspreis-modelle ausdrücklich als an den Finanzmärkten etablierte Verfahren gelten.

359 Ein weiterer **Zweifel** ergibt sich aus der Verlässlichkeit der Anwendung im Einzelfall (→ § 23 Rz 271). Das Ergebnis einer Optionspreisbewertung nach *Black-Scholes* hängt wesentlich von den **Volatilitätsannahmen** ab. Ein **erster Mangel** an Verlässlichkeit entsteht dann, wenn für den der Option zugrunde liegenden **Basiswert selbst keine** aus Börsenkursen ableitbaren Volatilitäten vorliegen und deshalb ersatzweise auf Branchenvolatilitäten, Volatilitäten ähnlicher börsennotierter Unternehmen usw. zurückgegriffen werden muss. Ein **zweiter Mangel** an Verlässlichkeit ergibt sich aus dem **Vergangenheitscharakter**, während die richtige Bestimmung des Optionspreises Zukunftsvolatilitäten voraussetzen würde. Die Zulässigkeit einer Zukunfts-Extrapolation von Vergangenheitswerten ist Sache des Einzelfalls.

9.4 Erfolgsneutrale Bewertung zum beizulegenden Zeitwert

9.4.1 Ausnahmecharakter

360 Innerhalb des *mixed model approach* für Finanzinstrumente stellt die erfolgsneutrale Bewertung zum beizulegenden Zeitwert eine Ausnahme dar. Die Änderungen des *fair value* gegenüber dem Bilanzansatz zum letzten Bewertungsstichtag sind über das *other comprehensive income* (OCI) **erfolgsneutral** im Eigenkapital zu erfassen (IAS 39.55(b) bzw. IFRS 9.5.7.1(d)). Hierin liegt ein wesentlicher **Unterschied** zu der **erfolgswirksamen** Erfassung von *fair-value*-Änderungen.

361 Die **Rücklage für Zeitbewertung** muss nicht notwendigerweise als **eigene Kategorie** innerhalb der Bilanz und/oder der Eigenkapitalveränderungsrechnung aufgeführt werden. Eine Zusammenfassung mit anderen Rücklagen ist zulässig. Jedoch muss durch eine Gesamtergebnisrechnung erkennbar sein, welcher Wertänderungsbetrag bei veräußerbaren Werten unmittelbar im Eigenkapital erfasst ist (→ § 2 Rz 96).

362 Für die erfolgsneutrale Bewertung zum beizulegenden Zeitwert gelten ansonsten die gleichen Restriktionen wie bei einer erfolgswirksamen Erfassung (Rz 340). Durch die Erfassung im sonstigen Gesamtergebnis (OCI) wird allerdings eine Volatilität der GuV (zunächst) ausgeschlossen. Hinsichtlich der Folgebilanzierung ist danach zu unterscheiden, ob

- die *fair-value*-Änderungen nur im Eigenkapital „geparkt" und anlassbezogen in die GuV umklassifiziert (*recycling*) werden oder
- es bei einer erfolgsneutralen Folgebewertung bleibt, die *fair-value*-Änderung also in keiner späteren Periode erfolgswirksam wird.

Es fehlt im geltenden Recht an einer konzeptionellen Auseinandersetzung mit dem sonstigen Gesamtergebnis (*other comprehensive income*). Eine grundlegende Vorgabe ist dem laufenden Projekt zur Neufassung des Rahmenkonzepts (*conceptual framework*) vorbehalten.

9.4.2 Unwiderufliche Designation von Eigenkapitalinstrumenten nach IFRS 9

Im Zugangszeitpunkt besteht für Investitionen in Eigenkapitalinstrumente **363** (*equity instruments*), die in den Anwendungsbereich von IFRS 9 fallen und weder zu Handelszwecken (*held for trading*) gehalten werden, noch eine vom Erwerber bilanzierte bedingte Gegenleistung (*contingent consideration*) im Rahmen eines Unternehmenszusammenschlusses nach IFRS 3 darstellen (→ § 31 Rz 63), ein unwiderrufliches Wahlrecht, alle Änderungen des beizulegenden Zeitwerts im sonstigen Ergebnis (*other comprehensive income) zu erfassen (IFRS 9.5.7.1(b) und IFRS 9.5.7.5). Das Wahlrecht kann für jedes einzelne Finanzinstrument (*instrument-by-instrument approach*) gesondert ausgeübt werden (IFRS 9.B5.7.1). Werden mehrere (Eigenkapital-)Anteile an einem Unternehmen erworben, besteht die Möglichkeit zur teilweisen Designation über die OCI-Option und zwar unabhängig davon, ob die Anteile zum gleichen oder zu unterschiedlichen Zeitpunkten erworben wurden.

Wird das Wahlrecht ausgeübt, sind sämtliche Änderungen des beizulegenden **364** Zeitwerts im sonstigen Gesamtergebnis zu erfassen. Auch bei Abgang des Finanzinstruments erfolgt kein *recycling*. Bei Ausübung des Wahlrechts zur erfolgsneutralen Bilanzierung von Eigenkapitalinstrumenten sind Dividenden aus solchen Anteilen aber weiterhin **erfolgswirksam** zu erfassen. Eine erfolgswirksame Erfassung ist allerdings ausgeschlossen, wenn die Dividende eindeutig eine Rückerlangung eines Teils der Anschaffungskosten des Instruments darstellt (IFRS 9.5.7.6 und IFRS 9.B5.7.1). Nach IFRS 9 ist deshalb nur bei eindeutiger Zuordnung eine erfolgsneutrale Behandlung geboten. Ein solcher eindeutiger Fall liegt vor allem bei Ausschüttungen unmittelbar nach Erwerb vor, bei späteren Ausschüttungen nur insoweit, als die Höhe der Ausschüttung das kumulierte Ergebnis seit Erwerb übersteigt. Beträge, die danach im sonstigen Gesamtergebnis enthalten sind, dürfen nicht in die GuV umgebucht werden (IFRS 9.B5.7.1 und IFRS 9.BC86(b)).

Für Zwecke des IFRS 9 ist die Definition des Begriffs „Eigenkapitalinstrument" **365** aus IAS 32 heranzuziehen (IFRS 9, Appendix A). Die OCI-Option besteht daher – nach einem **Korrespondenzprinzip** – nur für Finanzinstrumente, die beim Emittenten als Eigenkapital zu klassifizieren sind. Nicht einschlägig ist die OCI-Option für Finanzinstrumente, die beim Emittenten als finanzielle Verbindlichkeit i. S. v. IAS 32 zu definieren sind, ausnahmsweise aber dennoch als Eigenkapitalinstrumente klassifiziert werden (→ § 20 Rz 32), weil sie über alle in IAS 32.16A – IAS 32.16D beschriebenen Merkmale verfügen und die dort genannten Bedingungen erfüllen (IFRS 9.BC5.21). Betroffen sind kündbare Finanzinstrumente (*puttable financial instruments*) und Instrumente, die den Bilanzierenden dazu verpflichten, einer anderen Partei einen proportionalen Anteil seines Nettovermögens (nur) im Fall der Liquidation abzugeben. Somit ist die OCI-Option auf Einlagen in deutsche Personenhandelsgesellschaften und auf

Anteile an offenen Investmentfonds regelmäßig nicht anwendbar. Verbleiben Zweifel, ob ein Finanzinstrument beim Emittenten der Eigenkapitaldefinition in IAS 32 entspricht, darf die OCI-Option ebenfalls nicht angewendet werden.

366 Bei **hybriden Instrumenten** mit Eigenkapitalkomponente (etwa Wandelschuldverschreibungen) ist die Option zur GuV-neutralen Erfassung nicht gegeben. IFRS 9.4.3.2 verbietet (anders als beim Emittenten) eine Aufteilung des Finanzinstruments. Dies ist vielmehr als Ganzes zu qualifizieren, stellt als Ganzes aber kein Eigenkapitalinstrument dar. Da es sich andererseits wegen der Eigenkapitalkomponenten auch nicht in Zins- und Tilgungsströmen erschöpft, ist es erfolgswirksam zum *fair value* zu erfassen. Auch derivative Finanzinstrumente, die beim Emittenten wegen der Erfüllung der *fixed-for-fixed*-Bedingung als Eigenkapital ausgewiesen werden, qualifizieren sich nicht für die OCI-Option.

367 Wenig konsistent ist die Behandlung von **Transaktionskosten** bei GuV-neutral behandelten Eigenkapitalinstrumenten. Beim Erwerb entstehende Transaktionskosten sind gem. IFRS 9.5.1.1 erfolgsneutral zu behandeln, eine entsprechende Möglichkeit ist für bei Veräußerung anfallende Transaktionskosten jedoch nicht vorgesehen, Letztere sind daher erfolgswirksam zu behandeln.[51]

Praxis-Beispiel

Am 30.12.01 erwirbt U (ohne Handelsabsicht) Aktien für 100 + Transaktionskosten von 3. Der Börsenkurs am 31.12.01 beträgt ebenfalls 100. Am 1.7.02 werden die Aktien entgegen der ursprünglichen Absicht veräußert, und zwar für 110, wobei Transaktionskosten von 2 anfallen.

Datum	Konto	Soll	Haben
30.12.01:	Aktien	100	
	Geld		100
	Aktien	3	
	Geld		3
31.12.01:	Eigenkapital	3	
	Aktien		3
1.7.02:	Geld	110	
	Aktien		100
	Eigenkapital		10
	Aufwand	2	
	Geld		2

9.4.3 Schuldinstrumente mit divergenter Zielsetzung nach IFRS 9

368 Die Ziele des Geschäftsmodells eines Unternehmens können sowohl die Vereinnahmung der vertraglichen Zahlungsströme aus den finanziellen Vermögenswerten als auch die Generierung von Erträgen aus deren Veräußerung vorsehen (Rz 157).

---

[51] Gl. A. KPMG, Insights into IFRS 2016/17, Tz. 7B.1.320.10.

Eine solche, auf den ersten Blick divergente Zielsetzung ergibt sich u.a. zur Aufrechterhaltung einer bestimmten Liquidität oder zur Anpassung der zeitlichen Struktur von Aktiv- und Passivseite. Sofern die finanziellen Vermögenswerte auch das Zahlungsstromkriterium erfüllen, erfolgt die Bilanzierung innerhalb der zusätzlichen Kategorie *fair value through OCI* (Rz 360), für die ein *recycling* zunächst im Eigenkapital zu parkender *fair-value*-Änderungen vorgesehen ist.

Eine Beurteilung etwaiger Verkäufe aus dem Bestand – analog der Kategorie *at amortised costs* – muss nicht vorgenommen werden, da das Geschäftsmodell auch die Realisierung von Erträgen aus Veräußerungen der finanziellen Vermögenswerte beinhaltet. Die Folgebewertung erfolgt zunächst erfolgsneutral zum beizulegenden Zeitwert. Zinsen werden erfolgswirksam anhand der Effektivzinsmethode vereinnahmt. Über die Anschaffungskosten hinausgehende Änderungen des *fair value* werden erfolgsneutral im OCI erfasst. Bei Abgang des Finanzinstruments ist ein ergebniswirksames *recycling* der im OCI erfassten und fortentwickelten *fair-value*-Schwankungen in die GuV vorzunehmen. **369**

Die Bewertung von Schuldinstrumenten in der Kategorie *fair value through other comprehensive income* wurde erst nachträglich in den Katalog der Bewertungsvorschriften des IFRS 9 aufgenommen. Die Vorgaben entsprechen weitgehend der bilanziellen Behandlung von Schuldinstrumenten, die nach IAS 39 als *available-for-sale instruments* klassifiziert wurden. Eine Abweichung ergibt sich allerdings durch den geforderten Nachweis des Geschäftsmodells. Eine residuale Einstufung als erfolgsneutral zum *fair value* bewertet scheidet aus. **370**

9.4.4 Veräußerbare Werte als Restkategorie nach IAS 39

Veräußerbare Werte (AfS) stellen nach den noch geltenden Vorgaben des IAS 39 eine **Restkategorie** dar. Alle aktiven Finanzinstrumente, die weder Darlehen/Forderungen (LaR) noch Fälligkeitswerte (HTM) noch notwendige oder gewillkürte Handelswerte (FVTPL) sind, also alle Werte, die keiner der anderen bisher erläuterten Klassen angehören, fallen in die Kategorie **veräußerbare** Werte. Für die Abgrenzung zu den anderen Bewertungskategorien ist die **ursprüngliche** Verwendungsabsicht maßgeblich. Ein ursprünglich ohne kurzfristige Veräußerungsabsicht erworbenes Eigenkapitalinstrument wird daher auch dann nicht zum Bilanzstichtag umklassifiziert, wenn nunmehr die Veräußerung alsbald nach dem Stichtag geplant ist. Durch das im Oktober 2008 verabschiedete *Amendment* zu IAS 39 ist es jedoch zu Erleichterungen bei der Umklassifizierung von AfS nach Darlehen/Forderungen (LaR) oder in Fälligkeitswerte (HTM) gekommen (Rz 217). **371**

Für die Folgebewertung von *available-for-sale instruments* gilt gem. IAS 39.55(b) im Fall von Wertänderungen in der Folgeperiode: **372**

- Die GuV bleibt von normalen Wertschwankungen (Volatilitäten) zunächst unberührt. Das **Bewertungsergebnis** wird **im Eigenkapital „geparkt".**
- Erst mit tatsächlicher Realisation der Wertänderung durch **Veräußerung** oder bei **gravierender Wertminderung** (außerplanmäßige Abschreibung) erfolgt eine Umbuchung aus der *available-for-sale*-Rücklage in die GuV (*recycling*).

Hinsichtlich der Folgebewertung, insbesondere nach Erfassung einer erfolgswirksamen Abwertung (*impairment*) ist eine Differenzierung zwischen Eigenkapital- und Schuldinstrumenten erforderlich (Rz 201).

373   Notiert ein als *available for sale* qualifiziertes Finanzinstrument in **fremder Währung,** ist bzgl. der Behandlung des Währungsumrechnungserfolgs gem. IAS 39.AG83 wie folgt zu differenzieren:

- Bei **monetären** *available-for-sale-assets* (z. B. Rentenpapiere) ist der Umrechnungseffekt in einen erfolgswirksamen Teil (soweit auf Amortisierung der Anschaffungsnebenkosten etc. entfallend) und ein erfolgsneutrales Element (soweit auf Änderungen von Marktbedingungen etc. entfallend) zu splitten.
- Bei **nicht monetären** *available-for-sale assets* (z. B. Aktien und sonstige Anteile) ist auch der Umrechnungseffekt wie jede andere Wertänderung erfolgsneutral zu behandeln (→ § 27 Rz 25).

9.5   Ausnahmsweise Bewertung *at cost*

374   Im Anwendungsbereich von IFRS 9 gilt: Die Anschaffungskosten eines Finanzinstruments können in begrenzten Umständen ausnahmsweise eine geeignete Schätzung des beizulegenden Zeitwerts darstellen. Dies ist möglicherweise der Fall, wenn unzureichende aktuelle Informationen zur Ermittlung des Zeitwerts verfügbar sind oder wenn eine weite Bandbreite möglicher Zeitwerte existiert und die Anschaffungskosten die beste Schätzung des Zeitwerts in dieser Bandbreite darstellen. Treten nach Anschaffung signifikante und zum Anschaffungszeitpunkt nicht antizipierte Veränderungen in externen Umständen (z. B. wirtschaftliche Entwicklung der Branche, Änderung branchentypischer Bewertungsmultiplikatoren) oder internen Bedingungen (z. B. grundlegende Revision der Businesspläne) auf, sind die Anschaffungskosten kein geeigneter Schätzungsmaßstab.[52] Für Anteile, die von bestimmten Unternehmen wie Finanzinstitutionen und Investmentfonds gehalten werden, ist die Ausnahmeregelung unabhängig von solchen Veränderungen nie anwendbar.

375   IAS 39 konzediert demgegenüber, dass in einzelnen Fällen eine verlässliche *fair-value*-Ermittlung unmöglich sein kann, generell gilt: Die **Bewertungstechniken** müssen eine **verlässliche Bestimmung** des *fair value* ermöglichen. Diese Möglichkeit wird für Fremdkapitalinstrumente generell bejaht (IAS 39.AG77). Eine DCF-Bewertung von Fremdkapitalinstrumenten kann danach durch den Vergleich der Marktkonditionen bei der Anschaffung des Instruments mit den aktuellen Marktkonditionen (oder Zinsen aktueller vom Unternehmen begebener Fremdkapitalinstrumente) immer eine hinreichende Zuverlässigkeit erreichen. Für **nicht notierte Eigenkapitalinstrumente** wird hingegen die nicht verlässliche Bestimmbarkeit des *fair value* als – wenn auch seltene (IAS 39.AG80 f.) – Möglichkeit eingeräumt. Der Ansatz solcher Instrumente erfolgt dann **hilfsweise zu Anschaffungskosten** (IAS 39.46(c)).

376   Eine *fair-value*-(Folge-)Bewertung scheidet nur aus, wenn bei fehlender Möglichkeit zur Beobachtung eines objektivierbaren Werts der Rückgriff auf Bewertungstechniken zu einer Vielzahl unterschiedlicher Ergebnisse führt, denen keine Eintrittswahrscheinlichkeit zugewiesen werden kann. Die Zulässigkeit einer Bewertung zu Anschaffungskosten setzt kumulativ voraus, dass

---

[52] Vgl. KPMG, Insights into IFRS 2016/17, Tz. 7B.1.270.20.

- über den Einsatz einer oder mehrerer unterschiedlicher Bewertungstechniken nur ein breites Intervall möglicher Werte festgestellt wird,
- welches nicht über eine Einschätzung der Eintrittswahrscheinlichkeit verschiedener Ausgänge begrenzt werden kann.

Hinsichtlich der ersten Bedingung ist allerdings eine Beschränkung auf *„reasonable fair value estimates"* beachtlich (IAS 39.AG80), eine willkürliche Auswahl unterschiedlicher Annahmen und Prämissen zur Erreichung eines breiten Intervalls möglicher Werte also ausgeschlossen.

Damit stellt sich die Frage, wie **hoch die Anforderungen an die Verlässlichkeit** der *fair-value*-Bestimmung sein müssen, um den hilfsweisen Anschaffungskostenansatz auszuschließen. Die Antwort erfolgt konzeptionell (nicht begrifflich) in der Form einer **widerlegbaren Vermutung**:   377

- Nach der **Grundannahme** ist **auch der** fair value **von Eigenkapitalinstrumenten normalerweise verlässlich bestimmbar** (IAS 39.AG81).
- Liefert die Anwendung einer Bewertungsmethode kein eindeutiges Ergebnis, sondern ein Intervall möglicher Werte, ist dies unschädlich, sofern das **Intervall keine signifikante Breite** aufweist **und/oder** den Werten innerhalb des Intervalls **begründete Wahrscheinlichkeiten** zur Gewichtung zugeordnet werden können (IAS 39.AG80).
- Nur wenn beide Voraussetzungen nicht erfüllt sind, d.h. die **Varianz der Werte weder insignifikant noch über Wahrscheinlichkeiten gewichtungsfähig** ist, fehlt es an der nötigen Verlässlichkeit der *fair-value*-Bestimmung (IAS 39.AG81).

Die Folgebewertung hat dann **hilfsweise zu Anschaffungskosten** (*at cost*) zu erfolgen (IAS 39.46(c) i.V.m. IAS 39.AG80 – IAS 39.AG81). Für die Rechtfertigung einer außerplanmäßigen Abschreibung (auf den Barwert der zukünftig erwarteten Rückflüsse) gelten ebenfalls die Kriterien aus IAS 39.59 (Rz 460). Eine spätere Wertaufholung ist hier allerdings generell unzulässig (IAS 39.66).

10 Erfassung von Wertberichtigungen

10.1 Berücksichtigung des erwarteten Verlusts (*expected loss*) nach IFRS 9

10.1.1 Komplexität in Abhängigkeit des Geschäftsmodells

Das neu konzipierte Wertminderungsmodell, welches eine Risikovorsorge   378
i.H.d. erwarteten (Kredit-)Risikos (*expected credit loss*) vorsieht, führt zu einer früheren und insgesamt höheren Wertberichtigung für finanzielle Vermögenswerte. Die Vorgaben betreffen – mit einem besonderen Anwendungsbereich (Rz 382ff.) – einzelne Finanzinstrumente, differenzieren aber nicht nach dem Geschäftsmodell des bilanzierenden Unternehmens, entfalten also branchenunabhängig Geltung. Ein Ausweg aus den komplizierten Vorgaben, der insbesondere **Nicht-Banken** eröffnet wird, bietet zahlreiche Ausnahmen und Erleichterungen. Folgende Vereinfachungen (Ausnahmen vom allgemeinen Wertminderungsmodell) können in Anspruch genommen werden:

Art des Finanzinstruments	Erleichterung	Verweis (Rz)
Forderungen aus Lieferung und Leistung mit Finanzierungselement	Wahlweise Zuordnung der Finanzinstrumente bei Zugang in Stufe 2 des Wertberichtigungsmodells und damit Möglichkeit zur ausschließlichen Erfassung des *lifetime expected credit loss*.	Rz 387
Aktive Vertragsposten mit Finanzierungselement		
Leasingforderungen		
Forderungen aus Lieferung und Leistung ohne Finanzierungselement	Pflichtweise Zuordnung der Finanzinstrumente bei Zugang in Stufe 2 des Wertberichtigungsmodells und Notwendigkeit zur Erfassung des *lifetime expected credit loss*. Bei Feststellung eines Ausfalls (*default*) ist eine Umwidmung in Stufe 3 erforderlich.	Rz 388
Aktive Vertragsposten ohne Finanzierungselement		
Finanzinstrumente mit nur einem geringen Ausfallrisiko (*low credit risk*)	Für Finanzinstrumente, die im Zugangszeitpunkt nur ein geringes (Ausfall-)Risiko aufweisen (*investment grade*), kann wahlweise eine unwiderrufliche Zuordnung in die Stufe 1 des Wertberichtigungsmodells erfolgen. Es entfällt die Notwendigkeit zur fortlaufenden Risikobeurteilung.	Rz 391
Finanzinstrumente, die bereits im Zugangszeitpunkt objektiv wertgemindert sind	Verzicht auf eine Risikovorsorge im Zugangszeitpunkt durch Bestimmung eines ausfallrisikoadjustierten (Effektiv-)Zinssatzes. Es erfolgt eine Zuordnung in Stufe 3 des Wertberichtigungsmodells.	Rz 390

379 Neben den Ausnahmen/Erleichterungen für bestimmte Finanzinstrumente sieht das neu konzipierte Wertberichtigungsmodell „prozessuale" Vereinfachungen vor. Eine Komplexitätsreduktion kann auch durch die folgenden Erleichterungen, die allerdings durch regulatorische Vorgaben für international tätige Banken eingeschränkt werden (Rz 380), erreicht werden:

Prozessuale Ausnahme	Erleichterung	Verweis (Rz)
Anstieg des Ausfallrisikos über die Zwölf-Monats-Ausfallwahrscheinlichkeit	Für die Feststellung eines signifikanten Anstiegs des (Ausfall-)Risikos seit der Zugangszeitbewertung darf auf die Zwölf-Monats-Ausfallwahrscheinlichkeit – anstatt der Ausfallwahrscheinlichkeit für die gesamte Restlaufzeit – zurückgegriffen werden, wenn keine Kontraindikation besteht.	Rz 390
Nachweis eines signifikanten Anstiegs des Kreditrisikos seit Zugang bei Zahlungsverzug > 30 Tage	Ein signifikanter Anstieg des (Ausfall-)Risikos ist widerlegbar eingetreten, wenn ein Zahlungsverzug für mehr als 30 Tage festgestellt wird. Geboten ist eine Migration in Stufe 2 des Wertberichtigungsmodells.	Rz 429
Beleg für einen Zahlungsausfall bei Zahlungsverzug > 90 Tage	Finanzinstrumente, die mehr als 90 Tage überfällig sind, gelten widerlegbar als „ausgefallen" und sind der Stufe 3 des Wertberichtigungsmodells zuzurechnen.	Rz 401

Insbesondere für Nicht-Banken stellen die zeitraumbezogenen Kriterien für die Stufenzuordnung (30/90 Tage) eine praktische Erleichterung dar. Es bleibt allerdings bei der Notwendigkeit zur Bestimmung der Risikovorsorge der Höhe nach. In Abhängigkeit von der Bedeutung der Risikovorsorge für die Geschäftsaktivität bleibt als Ausweg nur eine Skalierung der Komplexität der methodischen Vorgehensweise (Rz 410).

Die bereits umfangreichen – nicht branchenabhängigen – Ausführungen zum Wertberichtigungsmodell i. H. d. *expected credit loss* werden durch regulatorische Vorgaben erweitert und eingeschränkt. Zunächst ausschließlich für **international tätige Banken** sind die – ausweislich der Einleitung nicht im Konflikt mit den Anforderungen der IFRS stehenden – Ausführungen des *Basel Committee on Banking Supervision* (BCBS) zu berücksichtigen.[53] Wir erwarten eine Ausstrahlungswirkung auch auf nicht unmittelbar im Anwendungsbereich genannte (Finanz-)Institute. Die Ausführungen konzentrieren sich auf

380

- die Anwendung der Konzepte Wesentlichkeit (*materiality*), Verhältnismäßigkeit (*proportionality*) und Übereinstimmung (*compliance*) mit den allgemeinen Bilanzierungsanforderungen;
- die Notwendigkeit zur Berücksichtigung von künftigen Umweltzuständen (*forward-looking information*), eine ausschließlich vergangenheitsorientierte Beurteilung scheidet danach aus;

---

[53] Vgl. BASEL COMMITTEE ON BANKING SUPERVISION, *Guidance on credit risk and accounting for expected credit losses* (G-CRAECL), Dezember 2015, http://www.bis.org/bcbs/publ/d350.pdf, abgerufen am 4.1.2017.

- die Anforderungen an die Genauigkeit (*adequate*) der Bestimmung der Risikovorsorge;
- eine generelle Begrenzung der Verwendung von Erleichterungen (*practical expedients*);
- die Symmetrie des Wertberichtigungsmodells, also den Wechsel zwischen den einzelnen Stufen;
- die zusätzlichen Offenlegungspflichten, allerdings ohne eigene, über den Standard hinausgehende Angabepflichten zu verlangen.

381   Ergänzend zu den bereits umfangreichen Offenlegungsvorschriften betreffend die Risikovorsorge i. H. d. *expected credit loss* nach IFRS 9 wurden seitens der *Enhanced Disclosure Task Force* (EDTF) weitergehende Anforderungen für **international agierende Banken** formuliert. Die zusätzlichen Angabepflichten konzentrieren sich auf

- Informationen für die erstmalige Anwendung der Vorgaben und die Effekte aus der Umstellung von dem bisherigen System sowie
- *best-practice*-Empfehlungen von Anhangangaben für die laufende Bilanzierung.

Der im November 2015 neu veröffentlichte Vorschlag ergänzt den bereits in 2012 veröffentlichten Katalog von 32 zusätzlichen Empfehlungen.[54]

10.1.2   Anwendungsbereich und vereinfachtes Modell

382   In den Anwendungsbereich der Wertminderungsvorschriften des IFRS 9 fallen gem. IFRS 9.5.5.1 die finanziellen Vermögenswerte folgender Kategorien:

- *at amortised costs,*
- *fair value through OCI* (für die allerdings besondere Ausweisvorschriften bei der Bildung der Risikovorsorge beachtlich sind; Rz 497).

Zudem umfasst der Anwendungsbereich die nach IFRS 15 aktivierten Vertragskosten (→ § 25) und Leasingforderungen gem. IAS 17/IFRS 16 (→ § 15a Rz 12). Auf diese Weise soll die Bilanzierungspraxis an die interne Steuerung der finanziellen Vermögenswerte angenähert werden. Ausgeschlossen sind Eigenkapitalinstrumente und finanzielle Vermögenswerte, die erfolgswirksam zum *fair value* bewertet werden. Eine Gruppierung von finanziellen Vermögenswerten als ein Bilanzierungsobjekt (*unit of account*) ist unter Beachtung einer Homogenitätsanforderung zulässig.

383   Die Bestimmung einer Risikovorsorge i. H. d. erwarteten Kreditausfalls (*expected credit loss*) ist zu jedem (Bilanzierungs-)Stichtag erforderlich. Der Bewertungsstichtag entspricht daher dem Bilanzstichtag. Erstmalig ist eine Risikovorsorge im Zugangszeitpunkt (*at initial recognition*) zu erfassen. Die erste Wertberichtigung erfolgt aber zeitlich erst nach der Zugangsbewertung. Letztmalig ist eine Bestimmung der Risikovorsorge im Zeitpunkt des Abgangs (*derecognition*) eines Finanzinstruments erforderlich.[55] Hinsichtlich der Frequenz der zwischenperiodischen Ermittlung fehlt es an spezifischen Vorgaben. Eine Neueinschätzung ist

---

[54]   Beide Veröffentlichungen der EDTF sind verfügbar unter http://www.fsb.org/publications/, abgerufen am 4.1.2017.

[55]   Vgl. IASB, Staff Paper – ITG *meeting, Paper topic: Expected credit losses – measurement date*, vom 22.4.2015, http://www.ifrs.org/Meetings/MeetingDocs/Other%20Meeting/2015/April/AP%207. final.pdf, abgerufen am 4.1.2017.

u. E. erforderlich, wenn sich die Marktbedingungen und/oder die Konditionen eines Schuldners signifikant ändern.

Eine Erfassung von Kreditzusagen (*loan committments*; Rz 34) und Finanzgarantien (Rz 231) ist gleichfalls innerhalb des Wertminderungsmodells vorgesehen (Rz 42). Abzustellen ist nicht auf den Zeitpunkt der bilanziellen Erfassung, sondern auf den Zeitpunkt des Zustandekommens der vertragsähnlichen (Rz 48) Vereinbarung. **384**

Für die Abgrenzung des Anwendungsbereichs der besonderen Vorschriften zur Risikovorsorge i. H. d. *expected credit loss* ist eine restriktive Auslegung des Umfangs der betroffenen Kreditzusagen (*loan commitments*) geboten.[56] Der *scope* ist begrenzt auf Finanzinstrumente. Mit Abschluss eines Leasingverhältnisses liegt für den Zeitraum zwischen Vertragsschluss (*at inception*) und bilanzieller Abbildung (*commencement date*) kein *loan commitment* im Anwendungsbereich der Wertberichtigungsvorgaben vor. Entsprechend gilt die Zusage eines Kredits für den künftigen Erwerb von Gütern oder Dienstleistungen (*goods or services*) nicht als *loan commitment*. **385**

Für ausgegebene Finanzgarantien (*financial guarantee contract*) ist ebenfalls eine Risikovorsorge i. H. d. *expected credit loss* erforderlich. In die Bewertung der Höhe nach sind allerdings nicht die erwarteten Zahlungen, die Gegenleistung für die Zusage der Finanzgarantie sind, einzubeziehen.[57] Werden die (Prämien-)Zahlungen nicht mehr geleistet, entfällt auch die Einstandspflicht aus der Zusage. **386**

Das allgemeine Wertminderungsmodell von IFRS 9 sieht drei Stufen der Risikovorsorge vor (Rz 394). Es besteht nach IFRS 9.5.5.15 f. ein Wahlrecht, für bestimmte Vermögenswerte statt diesem allgemeinen ein vereinfachtes Modell anzuwenden (Rz 378). Betroffen von dem Wahlrecht sind **387**

* Forderungen aus Lieferungen und Leistungen,
* Forderungen aus Leasingverhältnissen und
* gemäß IFRS 15 aktivierte Vertragskosten.

Bei Ausübung des Wahlrechts sind die betroffenen finanziellen Vermögenswerte ausschließlich den (Wertberichtigungs-)Stufen 2 und 3 zuzuordnen. Dies ergibt sich dadurch, dass hier eine Pflicht zur Berücksichtigung der kumulierten Ausfallwahrscheinlichkeiten über die Restlaufzeit besteht.

Das Wahlrecht wird für Forderungen aus Lieferungen und Leistungen und nach IFRS 15 aktivierten Vertragskosten allerdings eingeschränkt. Weisen diese kein Finanzierungselement auf (→ § 25 Rz 101 ff.), erfolgt pflichtweise eine Risikovorsorge i. H. d. *lifetime expected loss*. Eine Zuordnung in die Stufe 1 des Wertberichtigungsmodells scheidet aus. **388**

Für die Bestimmung der erforderlichen Risikovorsorge für Forderungen aus Lieferung und Leistung (*trade receivables*) kann als Vereinfachung auf eine Wertminderungsmatrix/Risikovorsorgematrix (*provision matrix*) abgestellt werden, die in Abhängigkeit der (Über-)Fälligkeit homogener Portfolios von finanziellen Vermögenswerten unterschiedliche Abschläge als *lifetime expected loss* **389**

---

[56] Vgl. IASB, Staff Paper – ITG *meeting, Paper topic: Loan Commitments – Scope,* vom 22.4.2015, http://www.ifrs.org/Meetings/MeetingDocs/Other%20Meeting/2015/April/AP%203.final.pdf, abgerufen am 4.1.2017.

[57] Vgl. IASB, Staff Paper – ITG *meeting, Paper topic: Measurement of expected credit losses for an issued financial guarantee contract,* vom 22.4.2015, http://www.ifrs.org/Meetings/MeetingDocs/Other%20Meeting/2015/April/AP%206.final.pdf, abgerufen am 4.1.2017.

vorsieht (IFRS 9.B5.5.35). Für die Herleitung der *provision matrix* sind Erfahrungswerte aus der Vergangenheit und aktuelle (auch makroökonomische) Erwartungen heranzuziehen, die allerdings fortlaufend auf ihre Aktualität zu überprüfen sind.

Praxis-Beispiel

Unternehmen U hat diverse Forderungen aus der Veräußerung eigener Produkte mit einem Gesamtvolumen von 100.000 GE gegenüber einer Vielzahl, einzeln nicht wesentlicher Kunden in der gleichen Region, die alle keine wesentliche Finanzierungskomponente aufweisen. Für die Bestimmung der erforderlichen Risikovorsorge (in Ausübung des Wahlrechts basierend auf dem *lifetime expected loss*) verwendet U eine Matrix in Abhängigkeit der (Über-)Fälligkeit der einzelnen Forderungen. Die *provision matrix* wurde basierend auf historischen Erfahrungswerten und aktuellen Erwartungen aufgestellt und wird zu jedem Stichtag aktualisiert. Für den aktuellen Stichtag ergibt sich folgende Risikovorsorge:

	expected credit loss	*trade receivables*	Risikovorsorge
Nicht fällig	0,25 %	40.000	100
1–30 Tage überfällig	1,5 %	25.000	375
31–60 Tage überfällig	3,5 %	20.000	700
61–90 Tage überfällig	6,5 %	10.000	650
Über 90 Tage überfällig	10,5 %	5.000	525
Summe		100.000	2.350

---

390 Sollten bereits bei Erstansatz des finanziellen Vermögenswerts (*POCI-assets, purchased or originated credit impaired*) objektive Hinweise auf eine Wertminderung vorliegen, gelten besondere Bilanzierungsregeln (IFRS 9.5.5.13f.). Bei Anwendung der Effektivzinsmethode ist dann anstatt der vertraglichen auf die erwarteten Zahlungsströme zurückzugreifen. Diese Zahlungsströme sind bereits um erwartete Verluste gemindert. Alle Verluste (aus der Veränderung des *expected credit loss*) werden mit dem so berechneten Effektivzins errechnet und erfolgswirksam erfasst. Bei der Berechnung von Zins- und Tilgungsanteil ist der bereits um die zu erwartenden Verluste geminderte Buchwert des finanziellen Vermögenswerts anzuwenden (Stufe 3). Die Erfassung eines *expected loss* scheidet aus. Die Klassifizierung eines Finanzinstruments im Zugangszeitpunkt als bereits *credit impaired* stellt aber eine absolute Ausnahme dar (IFRS 9.B5.5.26).

391 Von den Vorgaben zur pflichtweisen Erfassung einer Risikovorsorge i.H.d. *lifetime expected loss* im Zugangszeitpunkt und der Folgebewertung sind finanzielle Vermögenswerte mit einem nur geringen Ausfallrisiko (*low credit risk exception*) ausgenommen. Für die (Folge-)Bilanzierung kann auf die Untersuchung eines signifikanten Anstiegs des (Kredit-)Risikos verzichtet werden. Die Risikovorsorge ist auf den Zwölf-Monats *expected loss* begrenzt. Es besteht eine Pflicht zur Anwendung der Ausnahme für einzelne Finanzinstrumente (*instrument by instrument*). Als Beispiel für ein Finanzinstrument mit geringem Ausfallrisiko wird eine externe Krediteinschätzung (*rating*) als *investment grade* angesehen (IFRS 9.B5.5.23). Die Klassifizierung von finanziellen Vermögenswerten als solche mit geringem Ausfallrisiko kann nur ausnahmsweise (etwa für quasi-risikolose Staatsanleihen, die nahezu kein Ausfallrisiko aufweisen) in Anspruch genommen werden.

Für die Abgrenzung des Anwendungsbereichs der Vermögenswerte, für die eine   392
Wertberichtigung nach dem *expected loss model* vorgesehen ist, kann auf folgenden Entscheidungsbaum zurückgegriffen werden:

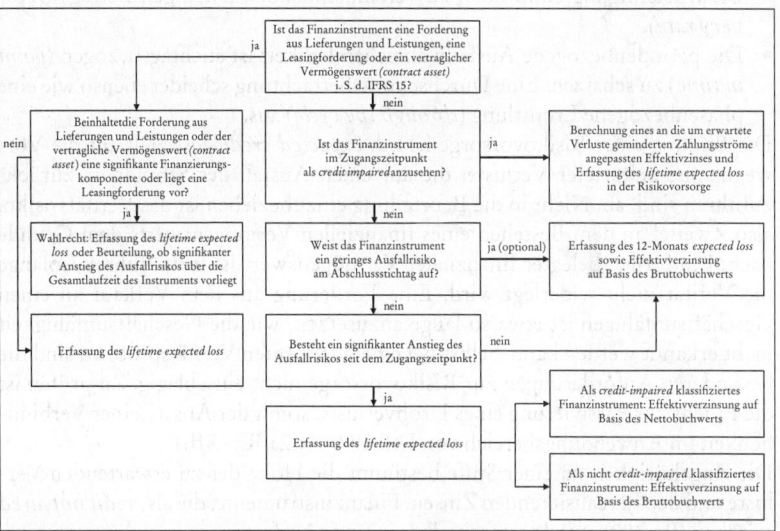

Abb. 9: Anwendungsbereich des *expected loss model*

Unklar ist das Verhältnis der Vorgaben von IFRS 9 zu den Vorschriften der   393
Zugangsbewertung eines finanziellen Vermögenswerts im Rahmen einer *business combination*. Wir halten die Erfassung einer Risikovorsorge im Zugangszeitpunkt für den erwarteten Verlust innerhalb der nächsten zwölf Monate unabhängig von einer *fair-value*-Bewertung der finanziellen Vermögenswerte zum Erstkonsolidierungszeitpunkt (→ § 31 Rz 101) für geboten.

10.1.3 Einführung eines dreistufigen Modells

In Abkehr von dem *incurred loss model* aus IAS 39 (Rz 397) sind nach IFRS 9   394
erwartete Verluste (*expected losses*) zu erfassen, auch wenn zum Zeitpunkt der Bilanzierung noch keine konkreten Hinweise für einen Zahlungsausfall vorliegen. Das neue Wertminderungsmodell sieht eine Gliederung der finanziellen Vermögenswerte in drei Stufen der Wertberichtigung vor. Für die Bestimmung des erforderlichen Umfangs der Risikovorsorge ist auf die *loan loss provisioning methodology* zurückzugreifen. Für die Bestimmung des *expected credit loss* (ECL) bedarf es einer Bestimmung des Produkts aus

- dem **erwarteten** (Netto-)**Anspruch** (*exposure at default*, EAD) aus dem Finanzinstrument, der i.d.R. dem vereinbarten Kapitaldienst, somit der Summe aus Zins- und Tilgungsleistungen entspricht,
- der **periodenbezogenen Ausfallwahrscheinlichkeit** (*probability of default*, PD), die in Abhängigkeit von der Verfügbarkeit von Informationen aus historischen Erkenntnissen (*actual historic default rates*) oder impliziten aktuellen Erwartungen (*implied current market default rates*) abzuleiten ist, und
- dem **Verlust bei tatsächlichem Ausfall** (*loss given default*, LGD) unter Berücksichtigung eines noch zu vereinnahmenden anteiligen Betrags (*recovery rate*).
- Die periodenbezogene Ausfallwahrscheinlichkeit ist stichtagsbezogen (*point in time*) zu schätzen. Eine Durchschnittsbetrachtung scheidet ebenso wie eine phasenbezogene Ermittlung (*through the cycle*) aus.

395   Die Bildung einer Risikovorsorge i.H.d. *expected credit loss* zielt auf die Vorwegnahme erwarteter Verluste, die auf einen Ausfall des Schuldners zurückzuführen sind, ab. Nicht in die Beurteilung einzubeziehen ist das Veritätsrisiko, also Zweifel an dem Bestehen eines finanziellen Vermögenswerts dem Grunde nach. Ein formal belegter finanzieller Vermögenswert ist fortzuführen, solange die Verität nicht widerlegt wird. Eine Forderung aus dem Verkauf an einen Geschäftsunfähigen ist etwa so lange anzusetzen, wie die Geschäftsunfähigkeit nicht erkannt werden kann. Selbst bei einem evidenten Veritätsproblem sind die besonderen Anforderungen zur Risikovorsorge nicht einschlägig. Zu prüfen ist die Pflicht zur Passivierung eines Drohverlusts, somit der Ansatz einer Verbindlichkeit im Anwendungsbereich von IAS 37 (→ § 21 Rz 48ff.).

396   Die Zugehörigkeit zu einer Stufe bestimmt die Höhe der zu erwartenden Verluste und der zu realisierenden Zinsen. Finanzinstrumente, die als *credit impaired* zugehen (Rz 390), werden unmittelbar in Stufe 3 erfasst.

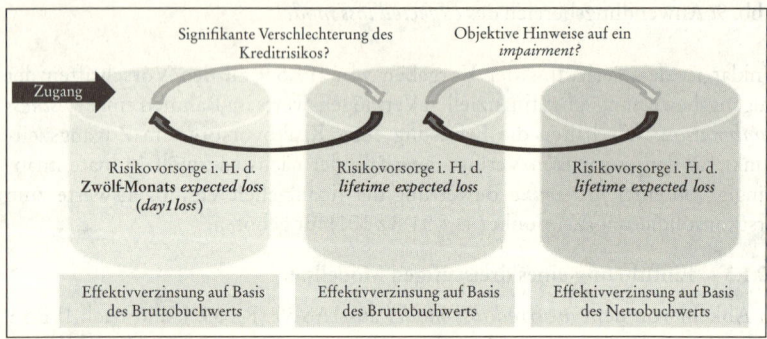

Abb. 10: Darstellung des *expected loss model*

397   In der Regel werden unter Stufe 1 bei Erstansatz alle finanziellen Vermögenswerte subsumiert. Die Höhe der innerhalb von zwölf Monaten nach Zugangszeitpunkt zu erwartenden Verluste muss bestimmt werden. Zur Berechnung der Verluste werden die erwarteten Zahlungsströme gem. IFRS 9.5.5.17 mit der Wahrscheinlichkeit eines Ausfalls innerhalb der zwölf auf den Abschlussstichtag folgenden

Monate multipliziert. Für die Berechnung der erwarteten Verluste sind – entgegen der Bezeichnung des *„12-month expected credit loss"* – die für die Gesamtlaufzeit erwarteten Zahlungsströme zugrunde zu legen. Die Erfassung der Wertminderung erfolgt gem. IFRS 9.5.5.8 ergebniswirksam. Im Hinblick auf die Anwendung der Effektivzinsmethode ist jedoch nach IFRS 9.B5.5.33 weiterhin der Wert des finanziellen Vermögenswerts vor Wertminderung maßgeblich.

Praxis-Beispiel

Bank B reicht am 1.1.01 ein Darlehen mit einem Nominalbetrag von 1.000 GE und einer Laufzeit von fünf Jahren aus. Unter Berücksichtigung aller verfügbaren, auch makroökonomischen Informationen und Erwartungen geht B von einer Ausfallwahrscheinlichkeit (*probability of default*, PD) von 0,25 % innerhalb der nächsten zwölf Monate aus. Eine Änderung der Zwölf-Monats-PD wird als Anhaltspunkt für eine Verschlechterung des Kreditrisikos für die Gesamtlaufzeit des Darlehens angesehen, somit ein Zusammenhang unterstellt. Es gilt daher: Änderungen der Zwölf-Monats-Ausfallwahrscheinlichkeit stellen eine zulässige Approximation der Veränderungen des (Gesamt-)Kreditrisikos dar. Im Zugangszeitpunkt geht B – unter Berücksichtigung bestehender Sicherheiten – von einem Verlust im Umfang von 20 % des Nominalbetrags (*loss given default*, LGD) bei Ausfall des Schuldners aus. Für die Berechnung der erforderlichen Risikovorsorge wendet B folgende Formel an: ECL = LGD × PD (zwölf Monate) × Nominalbetrag (= *exposure at default*). Die notwendige Risikovorsorge ergibt sich somit mit einem Betrag von 0,5 GE. Die Zwölf-Monats-Ausfallwahrscheinlichkeit wird auf den gesamten Nominalbetrag und nicht nur die Zahlungen der nächsten zwölf Monate bezogen.

Die Risikovorsorge i. H. d. Zwölf-Monats *expected loss* ist – entgegen der Neutralitätsanforderung des Rahmenkonzepts (F.QC12) – als besondere Ausprägung des Vorsichtsprinzips (*asymmetric prudence*[58]) anzusehen. Die zu bestimmende Risikovorsorge entspricht weder dem erwarteten Ausfall der nächsten zwölf Monate noch dem Risiko bezogen auf die (verbleibende) Gesamtlaufzeit eines Finanzinstruments. Nur ausnahmsweise ist – wegen der asymmetrischen Vorsicht – für bereits im Zugangszeitpunkt objektiv wertgeminderte Finanzinstrumente auf die Erfassung zu verzichten (Rz 390). Erst mit einem signifikanten Anstieg des (Ausfall-)Risikos oder Nachweis eines bereits erfolgten Ausfalls entspricht die Risikovorsorge dem tatsächlich erwarteten Ausfall (*cash shortfall*), allerdings bezogen auf die (verbleibende) Restlaufzeit des Bilanzierungs-/Wertberichtigungsobjekts. **398**

Sofern das Ausfallrisiko eines finanziellen Vermögenswerts signifikant ansteigt, ist dieser gem. IFRS 9.5.5.9 der Stufe 2 zuzuordnen. Was als **signifikante** Erhöhung des Kreditrisikos aufgefasst wird, ist durch den Bilanzierenden individuell festzulegen. Maßgeblich ist das Risiko am Abschlussstichtag. Geboten ist eine Gegenüberstellung des relativen Ausfallrisikos zum aktuellen und zum vorangegangenen Stichtag. Unbeachtlich bleibt die Höhe des absoluten Ausfallrisikos (*loss given default*). Entscheidend ist der relative Anstieg in der Wahrscheinlichkeit eines Ausfalls (*probability of default*). **399**

---

[58] Vgl. FREIBERG, PiR 2015, S. 290 ff.

Praxis-Beispiel

Unternehmen B klassifiziert ausgereichte Darlehen in unterschiedliche Gruppen nach einem eigenen internen Ratingsystem, welches auf einem Punktesystem basiert. Die höchste Ausfallwahrscheinlichkeit wird mit 20 Punkten beziffert, das geringste Kreditrisiko weisen finanzielle Vermögenswerte mit nur einem Punkt auf. Bei einer Kategorisierung in einer Gruppe mit maximal fünf Punkten liegt nach Auffassung von B ein geringes Ausfallrisiko vor. Als signifikanter Anstieg wird intern eine absolute Steigerung innerhalb der Kategorisierung um fünf Punkte festgelegt. Zum 1.1.01 gibt B zwei Darlehen aus, die ein unterschiedliches Kreditrisiko aufweisen. Für beide Darlehen wird im Zugangszeitpunkt der Zwölf-Monats *expected loss* erfasst.

- Das Ausfallrisiko des Darlehens 1 wird im Zugangszeitpunkt mit zwei Punkten bewertet. Nach Ablauf einer Periode erfolgt wegen einer Bonitätsverschlechterung des Schuldners eine Bewertung mit acht Punkten.
- Das Risiko eines Ausfalls für Darlehen 2 wird im Zugangszeitpunkt bereits mit fünf Punkten bewertet. Bis zum nächsten Stichtag erfolgt eine Anpassung auf ebenfalls acht Punkte.

Beide Darlehen weisen zum nächsten Stichtag ein vergleichbares Ausfallrisiko auf. Allerdings liegt nur für Darlehen 1 ein signifikanter Anstieg vor und ist daher ein Wechsel von einer Ausweitung der Risikovorsorge von dem Zwölf-Monats *expected loss* auf den *lifetime expected loss* geboten. Für Darlehen 2 scheidet eine Umwidmung innerhalb der „Töpfe" der Risikovorsorge aus.

---

400   Für die Bestimmung der erforderlichen Risikovorsorge bei einer Zuordnung eines Finanzinstruments in die Stufe 2 ist gem. IFRS 9.B5.5.33 der Barwert aller innerhalb der Restlaufzeit zu erwartenden Verluste ergebniswirksam zu erfassen. Im Unterschied zur Stufe 1 werden zusätzlich solche Ausfälle berücksichtigt, deren Eintritt für den über zwölf Monate hinausgehenden Zeitraum erwartet werden.

Praxis-Beispiel (Fortsetzung zu Rz 397)

Zum nächsten Stichtag (31.12.01) stellt B einen Anstieg in der erwarteten Zwölf-Monats-Ausfallwahrscheinlichkeit von 0,25 % auf 1 % fest und stuft die eingetretene Vervierfachung der Ausgangserwartung als wesentlichen Anstieg ein. Die Ausfallwahrscheinlichkeit für die Gesamtlaufzeit (*lifetime probability of default*) wird mit 2,5 % bestimmt. Mit Verschiebung des Darlehens in die Stufe 2 der Risikovorsorge ergibt sich bei einer unveränderten Erwartung bezogen auf den Verlust bei einem tatsächlichen Ausfall ein *expected credit loss* von 5 GE (= 2,5 % × 20 % × 1.000).

---

401   Innerhalb der Vorgaben des IFRS 9 fehlt eine Definition des Begriffs „Ausfall" (*default*). Es obliegt damit dem bilanzierenden Unternehmen, eine einheitliche Definition festzulegen und stetig anzuwenden. Als widerlegbare Vermutung wird ein *default* angenommen, wenn ein Finanzinstrument mehr als 90 Tage überfällig (*past due*) ist (IFRS 9.B5.5.37).

402   Sollte zu dem Kriterium der Stufe 2 zusätzlich ein objektiver Indikator für eine Wertminderung vorliegen, ist der finanzielle Vermögenswert gem. IFRS 9.5.5.3 der Stufe 3 zuzuordnen. Die Wertminderung erfolgt analog der Stufe 2. Da

bereits der erwartete Verlust für die verbleibende (Gesamt-)Restlaufzeit mit Widmung in die Stufe 2 der Risikovorsorge erfasst wurde, stellt sich nicht zwangsläufig auch noch ein zusätzlicher Risikovorsorgebedarf ein. Bei der Effektivzinsmethode ist jedoch gem. IFRS 9.5.5.14 der bereits geminderte Buchwert des finanziellen Vermögenswerts anzuwenden.

Ob ein signifikanter Anstieg des Ausfallrisikos auf Basis des einzelnen Instruments besteht, muss zu jedem Abschlussstichtag überprüft werden. Sofern an einem Abschlussstichtag kein signifikantes Ausfallrisiko mehr besteht, muss ein finanzieller Vermögenswert von Stufe 2 zurück nach Stufe 1 gegliedert werden.   **403**

Praxis-Beispiel (Fortsetzung zu Rz 400)

Zum Ende der nächsten Periode (31.12.02) korrigiert B die Erwartung bezogen auf einen Ausfall des Schuldners zurück auf die ursprüngliche Erwartung, die Zwölf-Monats-PD beträgt nur noch 0,25 %. Es ist eine Umgliederung zurück in Stufe 1 der Risikovorsorge erforderlich. Die Risikovorsorge ist bei einer unveränderten Erwartung hinsichtlich des Umfangs des *loss given default* auf 0,5 GE zu reduzieren (= 0,25 % × 20 % × 1.000).

Wenn ein signifikanter Anstieg des Ausfallrisikos nicht umgehend einem einzelnen finanziellen Vermögenswert zugeordnet werden kann, muss die Prüfung auf aggregierter Basis stattfinden (IFRS 9.5.5.4). Indikatoren für einen signifikanten Anstieg des Ausfallrisikos können u. a. sein: **404**

• Änderungen der Konditionen bei einem fiktiven erneuten Abschluss,
• Änderungen der Werte, die im Zusammenhang mit dem Verlustrisiko stehen (z. B. *credit spread* o. Ä.),
• Zahlungsverzug des Schuldners,
• Verringerung der Unterstützung des Schuldners durch das Mutterunternehmen.

Bei der Bestimmung der Risikovorsorge der Höhe nach sind gem. IFRS 9.B5.5.55 Sicherungen (*collateral*) zu berücksichtigen (Rz 434).

Praxis-Beispiel

Bank B gibt ein Portfolio von zahlreichen vergleichbaren Hypothekendarlehen (*mortgage loans*) an unterschiedliche Schuldner aus. Für vergleichbare Portfolios wurde in der Vergangenheit zur Feststellung einer erforderlichen kollektiven Risikovorsorge (*collective provisioning*) auf einen Anstieg des Zinssatzes für Hypothekendarlehen abgestellt. Basierend auf den Erfahrungswerten aus der Vergangenheit leitet B das Vorliegen eines signifikanten Anstiegs des Ausfallrisikos bezogen auf das Gesamtportfolio bei einem Anstieg des Zinssatzes um 1 % ab. Betroffen sind dann allerdings nur 10 % des *mortgage-loan*-Portfolios. Als Konsequenz eines erwarteten Zinsanstiegs um 1 % ergibt sich daher die Notwendigkeit zur Bestimmung einer Risikovorsorge, die sich zusammensetzt aus

• einem *lifetime expected loss* für 10 % des Darlehensportfolios und
• einem erwarteten Zwölf-Monats-Ausfall für 90 % des Portfolios.

Aus Gründen der Praktikabilität sieht der Standard Ausnahmen bei der Prüfung der Zugehörigkeit der finanziellen Vermögenswerte zu den drei Stufen vor: **405**

- Ein finanzieller Vermögenswert kann ohne Prüfung des signifikanten Anstiegs des Ausfallrisikos der Stufe 1 zugeordnet werden, wenn dieser ein geringes Ausfallrisiko aufweist (IFRS 9.5.5.10). Ein geringes Ausfallrisiko lässt sich bspw. unterstellen, wenn das Finanzinstrument als *„investment grade"* bewertet wurde.
- Die Prüfung eines Anstiegs des Ausfallrisikos darf mittels der Ausfallwahrscheinlichkeit innerhalb der kommenden zwölf Monate (sog. Zwölf-Monats-Ausfallwahrscheinlichkeit) gemessen werden, sofern keine Betrachtung der über die gesamte Laufzeit kumulierten Ausfallwahrscheinlichkeit angezeigt ist.
- Sofern ein Zahlungsverzug von mehr als 30 Tagen besteht, gilt nach IFRS 9.5.5.11 die widerlegbare Vermutung, dass eine Zuteilung von Stufe 1 zu Stufe 2 vorgenommen werden muss. Dies muss jedoch dann nicht geschehen, wenn der Anstieg des Ausfallrisikos bei einem Zahlungsverzug von mehr als 30 Tagen nicht signifikant ist.

Maßgeblich für die Umgliederung von finanziellen Vermögenswerten in die Stufe 3 ist gem. IFRS 9.5.5.3 das Vorliegen eines objektiven Indikators für eine Wertminderung. Die Hinweise für das Vorliegen eines objektiven Indikators für eine Wertminderung entsprechen teilweise den bereits aus IAS 39 bekannten Indikatoren (Rz 460).

406   Das Stufenmodell sieht nur eine begrenzte Anzahl von Ausnahmen vor. Auch wenn ein (Finanz-)Instrument nur eine (Rest-)Laufzeit von insgesamt zwölf Monaten oder weniger aufweist, besteht eine Pflicht zur Beurteilung, in welcher Stufe die Zuordnung zu erfolgen hat. Die Übereinstimmung von Zwölf-Monats *expected loss* und *lifetime expected loss* befreit nicht von der Stufenfeststellung.[59] Die Identifizierung der relevanten Stufe hat insbesondere Bedeutung für die Offenlegung (Rz 542).

10.1.4   Anforderungen an die Bestimmung des *expected credit loss*

10.1.4.1   Skalierte Anforderungen

407   Für die kontinuierlich vorzunehmende Beurteilung einer signifikanten Erhöhung des Ausfallrisikos und der Ermittlung des erwarteten Verlusts sind sämtliche plausiblen (*reasonable*) und belegbaren (*supportable*) Informationen für ein spezifisches Finanzinstrument zu verwenden, sofern diese ohne unangemessenen Aufwand sowie Kosten verfügbar sind (*without undue cost and effort*). Dabei haben sämtliche vergangenen und aktuellen Informationen, insbesondere auch solche, die in die Zukunft gerichtet sind (*forward looking information*), Berücksichtigung zu finden (IFRS 9.5.5.17(c), IFRS 9.5.5.4, IFRS 9.5.5.11 und IFRS 9.B5.5.15).

408   Im Periodenvergleich sind gem. IFRS 9.B5.5.52 die gewählten Methoden und getroffenen Annahmen zur Ermittlung der erwarteten Verluste zu überprüfen und die Ursachen der Differenzen zwischen tatsächlichen und erwarteten Ausfällen zu identifizieren (*backtesting*) . Laufen der Umfang fälliger Zahlungsansprüche und die in vorherigen Perioden gebildete Risikovorsorge auseinander, ist dies ein Hinweis auf einen bestehenden Mangel im methodischen Vorgehen

---

[59] Vgl. IASB, Staff Paper – ITG meeting, *Paper topic: Assessing for significant increases in credit risk in respect of financial assets with a maturity of less than 12 months*, vom 11.12.2015, http://www.ifrs.org/Meetings/MeetingDocs/Other%20Meeting/2015/December/ITG/ AP8-Assessing-for-SICR-for-short-term-financial-assets.pdf, abgerufen am 4.1.2017.

(IFRS 9.B5.5.2). Im Fall des Nachweises systematischer Fehleinschätzung ist eine Revision des Vorgehens erforderlich (IFRS 9.B5.5.52).

Hinsichtlich der konkreten Anforderungen bestehen **Mindestanforderungen der Komplexität** (zu Einschränkungen Rz 432). Steht das Kreditrisiko finanzieller Vermögenswerte im Vordergrund der Geschäftsaktivität, sind darüber hinausgehende Anforderungen zu beachten: 409

	Minimalanforderung	Möglicher Sollzustand
Makroökonomische/zukunftsorientierte Daten	Abstellen auf ein einzelnes ökonomisches Grundszenario mit skalierenden Faktoren zur Anpassung vergangenheitsorientierter Erfahrungen an unverzerrte Schätzungen über die Zukunft	• Berücksichtigung mehrerer ökonomischer Szenarien (mindestens drei Szenarien) • Entwicklung eines Rahmenkonzepts zur Bestimmung einer *overlay*-Lösung für nicht modellierte Risiken • Festlegung einer Auswahl an *key performance indicators* (KPIs) zum Abgleich der Angemessenheit von Szenarien und ECL-Korrelation
Methodische Ausgestaltung der *expected-credit-loss*-Bestimmung	• Zahlungsverzugs-/Bonitätstest überlagert mit qualitativen Indikatoren • Migrationsbasierte Analyse zwischen Zahlungsverzug/Bonitätseinstufung mit skalierenden Faktoren zur Anpassung vergangenheitsorientierter Erfahrungen an unverzerrte Schätzungen über die Zukunft • Ausfall (*default*) aufgrund von Zahlungsverzug/Bonitätseinstufung ergänzt mit qualitativen Erweiterungen • Inanspruchnahme von praktischen Ausnahmen (*practical expedients*)	• Konsistente Verwendung der *loan loss provisioning methodology*: *probality of default* (PD) × *exposure at default* (EAD) × *loss given default* (LGD) • Ermittlung der PD/EAD/LGD über die Gesamtlaufzeit (d. h. variierend nach Zeitfenster) • PD/EAD/LGD variieren mit ökonomischem Szenario • Ausfall (*default*) angepasst an regulatorische Anforderungen und Einstufungsmechanismus

	Minimalanforderung	Möglicher Sollzustand
Bestimmung der relevanten Stufe innerhalb des Wertminderungs-modells	• Quantitative Tests basierend auf Übergangs-risiko zwischen Zahlungsverzug/Bonität • Qualitativer *overlay* zur Erfassung von Posten, die beim quantitativen Test nicht erfasst wurden • Verwendung einer Verschlechterung der Kreditwürdigkeit (*credit deterioration*) außerhalb der ursprünglichen Parameter für Portfolios homogener Kredite, die quantitative Tests überlagern • KPIs, um die Effektivität der Einstufung zu überwachen und weiterzuentwickeln	• Drei-Stufen-Test: abgestellt wird auf quantitative und qualitative Kriterien, darüber hinaus gibt es Ausschlusskriterien (*backstops*) • Quantitative Tests basierend auf einem Vergleich der PDs über die restliche Gesamtlaufzeit • Quantitative Tests werden mit Wahrscheinlichkeiten für mehrere ökonomische Szenarien gewichtet • Auswahl von KPIs, um die Effektivität der Einstufung zu überwachen und weiterzuentwickeln
Berechnung des *expected credit loss*	• In Stufe 1 und 2 kann eine Modellierung stattfinden, in Stufe 3 sind die Vermögenswerte einzeln zu berechnen • ECL diskontiert mit vertraglichem Zins (sofern eine angemessene Annäherung an den Effektivzins gegeben ist) • Anpassungen auf Portfoliobasis, um Einnahmen aus Stufe-3-Vermögenswerten auf Nettobasis zu erfassen	• Einheitliche Berechnung von EAD und LGD, ohne Berücksichtigung der Einstufung • ECL diskontiert auf der Grundlage des effektiven Diskontierungszinses/ Effektivzinses

410 Die Festlegung der Komplexität der Berechnungsmethodik hängt von mehreren Faktoren ab. Allgemein gilt: Je bedeutsamer die Bestimmung eines *expected credit loss* für die Geschäftsaktivitäten ist, desto ausgefeilter muss das interne Kontrollsystem und die Berechnungsmethodik sowie die Offenlegung ausfallen (Rz 433). Folgende Faktoren sind – insbesondere aus der Perspektive von Finanzdienstleistern – für die Beurteilung heranzuziehen:

• Bedeutung des *expected credit loss* auf Unternehmensebene (*entity level*),
• systematische Relevanz/Systemrelevanz des Unternehmens,
• Unternehmensgröße in Relation zum Markt,
• Marktanteil des Unternehmens,
• Faktoren auf Portfoliobasis (*portfolio level*) und Portfoliogröße in Relation zum Unternehmen,
• Komplexität der eingesetzten Finanzprodukte,

- Ermittlungsweise/Methodik zur Bestimmung der regulatorischen Kapitalanforderungen,
- Umfang der relevanten Daten, die möglicherweise für das Portfolio verfügbar sind,
- Höhe der bisher angefallenen Verluste,
- Höhe und Volatilität möglicher künftiger Verluste sowie
- andere portfolio-spezifische Faktoren.

10.1.4.2 Eingang makroökonomischer Faktoren und zukunftsgerichteter Daten

Für die Bestimmung der notwendigen Risikovorsorge für einen finanziellen Vermögenswert sind globale Einflussfaktoren (Konjunktur, Entwicklung der Aktienmärkte, geldpolitische Rahmenbedingungen etc.) zu berücksichtigen, wenn ein Einfluss nicht generell ausgeschlossen werden kann. Nicht jede makroökonomische Entwicklung führt – insbesondere in isolierter Betrachtung – zu einer notwendigen Änderung der erforderlichen Risikovorsorge. In Abhängigkeit der spezifischen Charakteristika eines Finanzinstruments sind potenzielle Einflussfaktoren zu identifizieren und hinsichtlich ihrer Relevanz zu gewichten.

411

Praxis-Beispiel
Unternehmen B greift für die Bestimmung der erforderlichen Risikovorsorge auf das *loan-loss-provisioning*-Modell zurück. Für ein Segment homogener finanzieller Vermögenswerte wird ein PD-Modell (*probability of default*) verwendet. Es liegt eine ausreichend lange Zeitreihe historischer Informationen vor. Die relevante PD im Zeitraum t0 wird auf Ebene des Portfolios unter Berücksichtigung der Punktzahl aus dem Rating im Zugangszeitpunkt (tn) und der beobachtbaren Ausfallrate – unterschieden nach drei verschiedenen Klassifizierungen (*low, medium, high*) aus aktuellen Informationen des Vorjahres (t-1) bestimmt. Aus der Zeitreihenanalyse ergibt sich ein stabiler Verlauf der historischen Ausfallraten. Eine signifikante Veränderung hat sich allerdings eingestellt, als in der Vergangenheit (t-10) die Arbeitslosenquote von sonst nahezu 5 % auf 8 % angestiegen ist. Über statistische Verfahren wird eine (ausreichende) Korrelation zwischen der Ausfallwahrscheinlichkeit und der Entwicklung der Arbeitslosenquote nachgewiesen. Der Zusammenhang ist aber nicht linear. Angewendet auf die aktuelle Struktur des Portfolios ergibt sich bei einer aktuellen Arbeitslosenquote von wiederum nahezu 5 % eine Ausfallwahrscheinlichkeit für das Portfolio im Zeitpunkt t-1 von 0,24 % und zurückbetrachtet auf die Periode mit dem Anstieg der Arbeitslosenquote (t-10) von 0,82 %.

Ratingstufe	Zusammensetzung des Portfolios (t0)	Beobachteter Ausfall (t-1)	Beobachteter Ausfall (t-10)
high	70 %	0,09 %	0,19 %
medium	25 %	0,22 %	0,85 %
low	5 %	2,50 %	9,50 %
Durchschnitt		0,24 %	0,82 %

Unternehmen B erwartet ausgehend von aktuellen makroökonomischen Einschätzungen einen erneuten signifikanten Anstieg der Arbeitslosenquote. Es wird mit einem Anstieg auf 7,2 % gerechnet, der hinter dem „Schock" in t-10 zurückbleibt, aber noch nicht in der PD im Zeitpunkt t-1 berücksichtigt ist. Ausgehend von den historischen (Zeitreihen-)Daten ist der nicht lineare Zusammenhang zwischen Ausfallwahrscheinlichkeit und Arbeitslosenquote zu modellieren und eine Anpassung der PD (*uplift*) erforderlich.

412 Makroökonomische Faktoren und zukunftsgerichtete Daten zeitigen nicht notwendigerweise die gleiche Relevanz für unterschiedliche Finanzinstrumente und Portfolios. Es besteht daher die Notwendigkeit einer individuellen Berücksichtigung von *forward-looking information*.[60] Ausgangspunkt für die Festlegung der relevanten zukunftsgerichteten Daten für einzelne Finanzinstrumente und Portfolios sind die sensitiven Einflussfaktoren der Bewertung.

Praxis-Beispiel
Bank B ist international tätig und hat Forderungsportfolios in jeder größeren Volkswirtschaft. Für die Bestimmung der erforderlichen Risikovorsorge kann nicht ausschließlich auf die erwartete globale Entwicklung abgestellt werden, für die einzelnen Portfolios sind auch länderspezifische Besonderheiten zu berücksichtigen.

413 Für die Bestimmung der erforderlichen Risikovorsorge relevante Erwartungen betreffend die künftige Entwicklung sind nur insoweit zu berücksichtigen, wie diese das Qualitätsmerkmal *reasonable and supportable* tragen (IFRS 9.5.5.4). Das Wertminderungsmodell verlangt eine Risikovorsorge i.H.d. Erwartungswerts, somit also eine wahrscheinlichkeitsgewichtete Schätzung der künftigen Entwicklung ausgehend von verschiedenen (denkbaren) Szenarien/Umweltzuständen. Als *reasonable and supportable* gelten alle Informationen, die einen materiellen Einfluss auf die Höhe der Risikovorsorge haben. Der wahrscheinlichkeitsgewichtete Erwartungswert ist ausgehend von allen künftig denkbaren Szenarien zu bestimmen, ein genereller Verzicht auf unwahrscheinliche (*remote*) Umweltzustände scheidet aus. Die Ermittlung der erforderlichen Risikovorsorge bleibt damit in hohem Maß subjektiv, eine unternehmensübergreifende Vergleichbarkeit nur eingeschränkt oder nicht möglich. Entscheidend ist daher unternehmensindividuell eine konsistente Vorgehensweise.[61] Liegen nicht ausreichende oder nicht belastbare Informationen vor (etwa für Ereignisse, die in der Vergangenheit nicht aufgetreten sind), kann auf einen Einbezug in die Ermittlung des Erwartungswerts verzichtet werden.,

Praxis-Beispiel
Bank B hat Anleihen, deren Kreditqualität nach Erwartungen zum Stichtag von einem Austritt Großbritanniens aus der EU (sog. Brexit) negativ beein-

60 Vgl. IASB, Staff Paper – ITG *meeting, Paper topic: Forward-looking information*, vom 16.9.2015, http://www.ifrs.org/Meetings/MeetingDocs/Other%20Meeting/2015/September/ AP4-forward-looking-information.pdf, abgerufen am 4.1.2017.
61 Vgl. IASB, Staff Paper – ITG *meeting, Paper topic: Forward-looking information*, vom 16.9.2015, http://www.ifrs.org/Meetings/MeetingDocs/Other%20Meeting/2015/September/ AP4-forward-looking-information.pdf, abgerufen am 4.1.2017.

flusst werden würden. Zum 31.12.15 war für das verantwortliche Management von B keine belastbare Schätzung der Wahrscheinlichkeit eines Brexit möglich. Auch aus beobachtbaren Markttransaktionen ließ sich keine hinreichend sichere Einschätzung ableiten. Darüber hinaus bestanden keine belastbaren Anhaltspunkte betreffend den Umfang der Auswirkungen eines möglichen Austritts Großbritanniens. Auf ein Brexit-Szenario wurde daher zulässigerweise verzichtet.

Die Nichtberücksichtigung von denkbaren künftigen Entwicklungen erfordert zumindest den Versuch einer Schätzung. Eine Klassifizierung eines künftigen Umweltzustands als nicht *reasonable and supportable* nur wegen einer höheren Komplexität der Modellierung scheidet aus.

Die Historie verfügbarer Informationen ist ein **relevanter Ausgangspunkt** für die Ermittlung der erforderlichen Risikovorsorge für künftige Verluste. Es bedarf aber zum jeweiligen Beurteilungszeitpunkt einer Anpassung/Kalibrierung an aktuelle Entwicklungen und künftige Erwartungen/Trends (IFRS 9.B5.5.52). Besondere Berücksichtigung haben verfügbare Marktinformationen für einen spezifischen oder einen ähnlichen Vermögenswert (IFRS 9.B5.5.54). Trotz einer Berücksichtigung von öffentlich zugänglichen und Marktinformationen ist die Bestimmung des *expected credit loss* nicht mit einer *fair-value*-Bewertung gleichzusetzen. Maßgeblich sind die individuellen Einschätzungen des bilanzierenden Unternehmens. Eine Vergleichbarkeit verschiedener Unternehmen ist daher nicht oder nur eingeschränkt möglich. Es besteht aber eine Konsistenzanforderung innerhalb eines Unternehmens. Informationen, die im Zusammenhang mit der Bestimmung der erforderlichen Risikovorsorge herangezogen werden, müssen im Einklang mit sonstigen zukunftsgerichteten Annahmen stehen.

Am Markt **beobachtbare Einschätzungen**, welche die subjektiven Einschätzungen verschiedener Individuen umfassen (*consensus forecasts*) können nicht ohne Plausibilisierung übernommen werden.[62] Wenn auf öffentlich zugängliche makroökonomische Schätzungen und zukunftsgerichtete Daten abgestellt wird, ist Folgendes zu berücksichtigen:

- Eine am Markt beobachtbare Schätzung beruht auf den individuellen Erwartungen einzelner Marktteilnehmer,
- die sowohl positive als auch negative Abweichungen von einem *base-case*-Szenario, aber auch nicht modellierbare Erwartungen umfassen und
- die wahrscheinlichkeitsgewichtet auf ein Prognoseergebnis verdichtet werden.

Werden *consensus forecasts* für die eigene Prognose zukünftiger Umweltzustände herangezogen, besteht das Risiko einer Doppelerfassung (*double counting*) oder Nichterfassung (*omission*) von relevanten Zukunftserwartungen. Es bedarf daher einer Plausibilisierung der in die eigene Modellierung übernommenen *consensus forecasts*. Ereignissen, die erst nach Veröffentlichung der *consensus forecasts* bekannt werden, aber die eigene Prognose beeinflussen (*late breaking information*), ist entsprechend Rechnung zu tragen.

---

[62] Vgl. BRITISH BANKING ASSOCIATION (BBA), Discussion Paper: Incorporating forward looking information into IFRS 9 ECL Measurement, November 2015, Tz. 27f.

416 Für die Ermittlung des *expected credit loss* – Stufenzuordnung und Bewertung der Höhe nach – sind künftige Erwartungen (*foreward-looking information*) zu berücksichtigen (Rz 411). Abzustellen ist auf die Informationen, die zum (Bilanzierungs-)Stichtag vorliegen. Zu unterscheiden ist zwischen Erkenntnissen,

- die bekannt werden, nachdem eine Einschätzung zur künftigen Entwicklung getroffen wurde und die Modellierung stattfindet, und
- die erst nach dem Berichtsstichtag bekannt werden.

Zwingend zu berücksichtigen sind Ereignisse, die Relevanz für die Risikovorsorge dem Grunde und/oder der Höhe nach haben und vor dem Zeitpunkt der Bemessung des *expected credit loss* bekannt sind. Erkenntnisse, die nachträglich – nach dem *reporting date* – gewonnen werden, sind danach zu unterscheiden,[63]

- ob sie werterhellenden (*adjusting event*) oder wertbegründenden (*non-adjusting event*) Charakter haben (→ § 4 Rz 17 ff.) und
- ob und inwieweit diese bereits im *economic forecast* berücksichtigt worden sind.

> **Praxis-Beispiel**
> Unternehmen U mit einem Berichtsjahr, welches dem Kalenderjahr entspricht, hat ein Darlehen an Unternehmen B ausgereicht. Die Geschäftsaktivität des B ist wesentlich durch die Geschäftsbeziehung zu Unternehmen C geprägt, ein wesentlicher Anteil der Umsätze des B wird mit C realisiert. Im vierten Quartal 01 lassen sich in der Öffentlichkeit negative Ausblicke hinsichtlich der Vermögens-, Finanz- und Ertragslage des C feststellen. Am 31.01.02 wird ein Insolvenzverfahren über das Vermögen des C eröffnet. Die Insolvenz des C stellt ein *adjusting event* für die Bestimmung des *expected credit loss* betreffend das Darlehen des U gegenüber B dar.

Die notwendige Differenzierung neuer Erkenntnisse nach ihrem Charakter als werterhellend oder wertbegründend erfordert eine einzelfallabhängige und ermessensbehaftete Beurteilung. Eine Nichtanpassung der zukünftig erwarteten Szenarien setzt den Nachweis der Berücksichtigung einer nachträglichen Information voraus.

10.1.4.3 Bestimmung der relevanten Stufe

417 Die Zuordnung eines finanziellen Vermögenswerts, für den eine Risikovorsorge i. H. d. *expected credit loss* zu bestimmen ist, in eine der drei Stufen des Wertberichtigungsmodells (Rz 396) entscheidet über die Höhe der Wertberichtigung, die Erfassung von Zinserträgen nach erfolgter Wertberichtigung und den Umfang der Informationen, die offenzulegen sind. Für die Festlegung der relevanten Stufe für die aktuelle (Berichts-)Periode sind insbesondere drei Anforderungen zu berücksichtigen:

- Der Wesentlichkeitstest für die Beurteilung eines signifikanten Anstiegs des Kreditrisikos basiert auf relativen und nicht auf absoluten Werten. Es ist auf den Anstieg des (Kredit-)Risikos seit dem Zugang der Position (IFRS 9.5.5.4), also dem – originären oder derivativen – Erwerb des Finanzinstruments, für das eine Risikovorsorge zu bilden ist, abzustellen.

---

[63] So auch IASB, Staff Paper – ITG *meeting, Paper topic: Forecasts of future economic conditions*, vom 22.4.2015, http://www.ifrs.org/Meetings/MeetingDocs/Other%20Meeting/2015/April/AP%202.final.pdf, abgerufen am 4.1.2017.

- Für die Beurteilung eines signifikanten Anstiegs des (Kredit-)Risikos ist auf das Delkredererisiko (*risk of default*) und nicht den erwarteten Ausfall (*amount of expected credit losses*) aus einem möglichen Verlust abzustellen (IFRS 9.5.5.9). Daher kann weder die Beurteilung der Transfernotwendigkeit noch der Transfer eines Finanzinstruments in Stufe 2 oder Stufe 3 selbst durch in ausreichender Höhe gehaltene Sicherheiten (*collateral* oder *other credit enhancement*) vermieden werden. Nichtsdestotrotz können bestehende Sicherheiten die Ausfallwahrscheinlichkeit eines Schuldners beeinflussen.
- Die Beurteilung eines signifikanten Anstiegs des Kreditrisikos bezieht sich zwingend auf die einzelne (Finanz-)Anlage bzw. den Kredit und nicht auf die Gegenpartei (*counterparty*), da diverse Schuldpositionen gegenüber einem Schuldner zu verschiedenen Zeitpunkten eingegangen werden können. Trotz der Identität des Schuldners (der Gegenpartei) können somit Unterschiede im anfänglichen Ausfallrisiko bestehen und in der Konsequenz auf der Ebene des einzelnen Finanzinstruments ein unterschiedlicher relativer Anstieg des Kreditrisikos zu verzeichnen sein.[64]

Der erforderliche Beurteilungsprozess betreffend die Entwicklung des (Kredit-)Risikos umfasst u.E. drei spezifizierte Beurteilungsbereiche, welche die im Standard verankerte Notwendigkeit zur umfassenden Multifaktor-Analyse (*multi-factor and holistic*) widerspiegeln (IFRS 9.B5.5.16). Neben quantitativen Kriterien sind auch qualitative Einschätzungen erforderlich. Darüber hinaus gibt es Kriterien, die zu einem eindeutigen Ergebnis (i.S. e. *bright line*) führen (*back-stops*).

Die **quantitative Beurteilung** ist im Idealfall auf der Grundlage von Veränderungen des Ausfallrisikos über die gesamte Laufzeit (*lifetime* PDs) vorzunehmen (hinsichtlich einer zulässigen Vereinfachung Rz 430). Die erwarteten Ausfallrisiken am Periodenende sind vorwärtsgerichtet, mit Blick auf die künftige Entwicklung zu bestimmen (IFRS 9.5.5.11). Seitens des Unternehmens ist es somit erforderlich, die Haupttreiber des (Kredit-)Risikos für die verschiedenen Portfolios zu bestimmen, deren Entwicklung zu prognostizieren sowie die daraus gewonnenen Ergebnisse in die Berechnung der Änderung des Risikos einfließen zu lassen. Haupttreiber können u. a. sein: 418

- die Arbeitslosenquote,
- der Zinssatz,
- das Wachstum des Bruttoinlandsprodukts,
- die Leerstandsquoten bei gewerblich genutzten Immobilien sowie
- Immobilien- und Rohstoffpreise.

Die individuell zu wählende Vorgehensweise für die Beurteilung der Veränderung des (Kredit-)Risikos ist aus Konsistenzgründen auch für die Beurteilung des erwarteten Verlusts aus Kreditausfällen zu beachten (zu einer potenziellen Wechselwirkung Rz 453). Erforderlich sind eine umfassende Analyse vergangener Erfahrungen und aktueller Trends sowie der sachkundige Umgang mit den jeweiligen finanziellen Vermögenswerten.

---

[64] So auch BASEL COMMITTEE ON BANKING SUPERVISION, Guidance on credit risk and accounting for expected credit losses (G-CRAECL), Dezember 2015, Tz. A31, http://www.bis.org/bcbs/publ/d350.pdf, abgerufen am 4.1.2017.

419 Es fehlt allerdings die Vorgabe eines quantitativen Maßstabs für die Beurteilung eines signifikanten Anstiegs des (Ausfall-)Risikos. Es bedarf daher einer (ermessensbehafteten) Auslegung des – durchgängig im Regelsystem der IFRS verwendeten – Adjektivs „signifikant" über eine einheitliche und stetig anzuwendende Bilanzierungsentscheidung (*accounting policy*, IAS 8.13). U. E. liegt im Rahmen der quantitativen Beurteilung – unter Rückgriff auf den Schwellenwert für *significant influence* (IAS 28.5) – ein *significant increase* vor, wenn eine Verschlechterung des Kreditausfallrisikos von mehr als 20 % seit Zugang nachgewiesen wird.

420 Für die Beurteilung eines signifikanten Anstiegs des Kreditrisikos ist auf unterschiedliche Szenarien/Umweltzustände der künftigen Entwicklung abzustellen (so auch für die Bewertung der Höhe nach, Rz 436 f.). Ein Abstellen auf nur eine – die wahrscheinlichste – denkbare Entwicklung scheidet aus.[65] Mangels Vorgabe einer spezifischen Vorgehensweise verbleibt allerdings ein Ermessensspielraum. Erfolgt die Beurteilung für ein Portfolio von Finanzinstrumenten, sind Szenarien mit unterschiedlicher Eintrittswahrscheinlichkeit auf entsprechende (An-)Teile des Portfolios anzuwenden.

> **Praxis-Beispiel**
> Für die Einschätzung eines signifikanten Anstiegs des Kreditrisikos eines Forderungsportfolios werden unterschiedliche Szenarien bestimmt (Rz 435). Nur in einem Szenario, welches eine Eintrittswahrscheinlichkeit von 30 % hat, liegt ein signifikanter Anstieg des Kreditrisikos vor. Für das gesamte Portfolio werden 30 % der einbezogenen Finanzinstrumente in Stufe 2 des Wertberichtigungsmodells verschoben. Bei Anwendung auf nur ein Finanzinstrument erfolgt keine Migration in Stufe 2 (Rz 454).

421 Ein bloßer Vergleich der absoluten Änderungen der Ausfallwahrscheinlichkeit seit **Zugang des finanziellen Vermögenswerts** (bzw. dem Zeitpunkt der Vereinbarung) ist nicht ausreichend (IFRS 9.B5.5.11), da das Ausfallrisiko eines Finanzinstruments mit begrenzter Laufzeit (*maturity*) im Zeitablauf bzw. mit Erreichen des Laufzeitendes abnimmt. Das bilanzierende Unternehmen hat daher die Grenzausfallwahrscheinlichkeit zum Bilanzstichtag mit der Grenzausfallwahrscheinlichkeit bei Zugang für die gleichen Risikozeiträume zu vergleichen. Ein wesentlicher Anstieg des (Kredit-)Risikos kann auch bereits dann vorliegen, wenn die Ausfallwahrscheinlichkeit für die verbleibende Laufzeit
- geringer ist als bei Zugang des Finanzinstruments,
- jedoch höher als im Vorhinein zu diesem Zeitpunkt erwartet.

Alternativ können annualisierte Ausfallwahrscheinlichkeiten miteinander verglichen werden. Die Einschätzung der Ausfallwahrscheinlichkeit über den Restzeitraum hat den evtl. nicht linearen Auswirkungen einer Änderung makroökonomischer Faktoren Rechnung zu tragen. Die erwarteten wahrscheinlichkeitsgewichteten möglichen Szenarien können zu einem Effekt verdichtet werden, der die entsprechenden nicht linearen Auswirkungen ebenfalls umfasst.

---

[65] Vgl. IASB, Staff Paper – ITG *meeting, Paper topic: Incorporation of forward-looking scenarios*, vom 11.12.2015, http://www.ifrs.org/Meetings/MeetingDocs/Other%20Meeting/2015/December/ITG/AP1-Forward-looking-scenarios.pdf, abgerufen am 4.1.2017.

Für ein homogenes Portfolio von Finanzinstrumenten kann eine vereinfachte **422**
Beurteilung erfolgen (IFRS 9.BC5.161). Unter der Voraussetzung nahezu identischer Risikoprofile im Zugangszeitpunkt kann für eine Gruppe von Finanzinstrumenten die Feststellung eines signifikanten Anstiegs nach folgendem Prozess erfolgen:

- Im Zugangszeitpunkt ist das maximale (Kredit-)Risiko, welches (gerade) noch
  als niedrig akzeptiert wird, also keinen signifikanten Anstieg belegt, festzulegen.
- Zu jedem späteren Beurteilungszeitpunkt ist das aktuelle (Kredit-)Risiko mit
  dem im Zugangszeitpunkt festgelegten Schwellenwert zu vergleichen.

Es ist aber nicht zulässig, einen (absoluten) Schwellenwert zu bestimmen, der für
alle Finanzinstrumente herangezogen wird.[66] Interne Ratingmodelle können
dennoch als Ausgangspunkt genutzt werden, wenn diese den Veränderungen
des (Ausfall-)Risikos über die Gesamtlaufzeit (*lifetime risk of default*) eines
Finanzinstruments Rechnung tragen.

Praxis-Beispiel

Bank B nutzt für diverse Portfolios homogener Finanzinstrumente ein inter-
nes Ratingmodell mit zehn Stufen zur kontinuierlichen Beurteilung des
Kreditrisikos. Das Risiko eines Kreditausfalls steigt von Stufe 1 (geringstes
Risiko) bis Stufe 10 (akuter Ausfall) exponenziell an, wobei die einzelnen
Stufen zunehmend „breiter" werden.

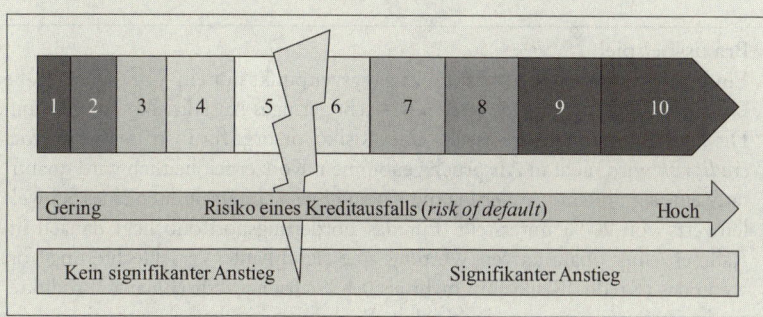

Das maximale Kreditrisiko für ein (Finanz-)Produkt, welches gegenüber
einer Vielzahl von Schuldnern ausgegeben wird, entspricht einer Zuordnung
zur Stufe 5. Erst mit Feststellung einer Migration in Stufe 6 soll nach Auffassung von B ein signifikanter Anstieg des Kreditrisikos belegt sein. Im
Zugangszeitpunkt kann – nach den internen Geschäftsbedingungen – das
individuelle Risiko des (Finanz-)Produkts alle Stufen von Stufe 1 bis Stufe 5
annehmen.

Das interne Ratingmodell von B kann nicht allgemein für die notwendige
bilanzielle Beurteilung eines signifikanten Anstiegs des Kreditrisikos verwen-

---

[66] So IASB, Staff Paper – ITG *meeting, Paper topic: Significant increases in credit risk*, vom 16.9.2015,
http://www.ifrs.org/Meetings/MeetingDocs/Other%20Meeting/2015/September/
AP1-Significant-increases-in-credit-risk.pdf, abgerufen am 4.1.2017.

det werden. Voraussetzung für den Rückgriff auf einen absoluten Schwellenwert für eine Gruppe von Finanzinstrumenten ist ein identisches Risikoprofil im Zugangszeitpunkt. Gleiche Konditionen alleine rechtfertigen keine Zusammenfassung für eine vereinfachte Beurteilung. Für (Finanz-)Produkte, die im Zugangszeitpunkt der Stufe 1 zuzurechnen sind, ist überdies eine signifikante Veränderung des Kreditrisikos bereits vor einer Verschlechterung um fünf Stufen anzunehmen. Anderes kann für Finanzinstrumente gelten, die bereits im Zugangszeitpunkt der Stufe 5 oder Stufe 4 zugeordnet werden. Darüber hinaus birgt das seitens B verwendete interne Risikoratingmodell die Gefahr eines negativen Anreizes (*adverse selection*) für den Abschluss von (Finanz-)Produkten. Da erst mit einer Migration in Stufe 6 als absoluter Schwellenwert ein signifikantes Ausfallrisiko unterstellt wird und entsprechende Reaktionen erfolgen, kann es zu einer Konzentration von Instrumenten in Stufe 5 kommen.

423 Für das interne Risikomanagement verwendete Ratingmodelle können als Ausgangspunkt für die Beurteilung eines *significant increase in credit risk* verwendet werden. Voraussetzung ist allerdings eine Einstufung der (Finanz-)Produkte nach relativen, nicht absoluten Schwellenwerten. Für Finanzinstrumente, die im Zugangszeitpunkt nur ein sehr geringes (Ausfall-)Risiko aufweisen und sich nicht für die *low credit risk exception* qualifizieren (Rz 391), ist bereits ein Anstieg des *credit risk* um einen absoluten Wert bedeutsam.

Praxis-Beispiel
Ein Forderungsportfolio weist im Zugangszeitpunkt nur ein – bezogen auf die Gesamtlaufzeit (*lifetime expected loss*) – sehr geringes Ausfallrisiko von 2 % auf. Die Ausnahme von der Erfassung einer Risikovorsorge für Instrumente mit *low credit risk* wird nicht in Anspruch genommen. Konzerneinheitlich wird quantitativ eine signifikante Änderung mit einem Über-/Unterschreiten eines Schwellenwerts von 20 % unterstellt. Für das Forderungsportfolio liegt danach im Rahmen einer quantitativen Wertung eine signifikante Verschlechterung vor, wenn das (Kredit-)Risiko um mehr als 0,4 % ansteigt. Für (Finanz-)Produkte, die im Zugangszeitpunkt ein (Ausfall-)Risiko von bereits 5 % aufweisen, liegt ein *significant increase* erst ab einer Verschlechterung um 100 Basispunkte vor.

Wird auf ein internes Ratingmodell mit unterschiedlichen (Risiko-)Stufen abgestellt, entscheidet die Ausgestaltung, insbesondere die Definition der einzelnen Stufen, über die Eignung für die notwendige bilanzielle Beurteilung.

- Liegt den einzelnen Stufen des internen Modells ein exponenzieller Anstieg des (Ausfall-)Risikos zugrunde (zunehmendes Intervall je Stufe), kann unabhängig von dem Risiko unterschiedlicher Finanzinstrumente im Zugangszeitpunkt ein signifikanter Anstieg des *credit risk* durch eine Verschlechterung um eine feste Anzahl von Stufen nachgewiesen werden.
- Erfolgt die Abgrenzung der einzelnen Stufen des internen Modells anhand eines linearen Zusammenhangs (festes Risikointervall je Stufe), liegt ein signifikanter Anstieg des (Kredit-)Risikos für Instrumente, die im Zugangszeitpunkt nur ein geringes Ausfallrisiko aufweisen, bereits bei einem geringen Stufenanstieg vor.

Im Zweifelsfall ist ein intern verwendetes Ratingmodell für die Beurteilung eines *significant increase in credit risk* (neu) zu kalibrieren.

Zur Beurteilung der Höhe einer signifikanten Verschlechterung hat das bilanzierende Unternehmen die in IFRS 9.B5.5.15 aufgeführten **qualitativen Indikatoren** zur Anpassung der angewendeten Kriterien zu beachten. Sowohl für eine quantitative als auch eine qualitative Beurteilung ist auf eine Reihe verschiedener Informationen zurückzugreifen, welche nicht zwingend schuldnerspezifisch sein müssen und daher auch makroökonomische, branchen- und regionenspezifische Daten beinhalten, insofern diese relevant für den Schuldner sind.[67] Die Beurteilung kann sowohl quantitative als auch qualitative Ansätze beinhalten. Dementsprechend sollte ein Unternehmen sich, mit Blick auf eine Verwendung multipler prognostischer Szenarien, nicht selbst durch die ausschließliche Verwendung quantitativer Ansätze einschränken.[68]   **424**

Falls der signifikante Anstieg des Kreditrisikos nicht mit prognostischen Informationen auf Ebene eines einzelnen Finanzinstruments und zudem ohne übermäßige Kosten und Anstrengungen (*undue cost and efforts*) bestimmt werden kann (z.B. bei Privatkundenkrediten), hat die Beurteilung auf Grundlage eines **Kollektivs von Finanzinstrumenten** unter Verwendung aller relevanten Kreditsowie prognostischen makroökonomischen Informationen zu erfolgen (IFRS 9.5.5.11). Zu diesem Zweck hat das Unternehmen die Finanzinstrumente anhand gemeinsamer Eigenschaften der Kreditrisiken, also unter Berücksichtigung einer Homogenität zu gruppieren. Die Gruppenbildung hat überdies auf einem ausreichend aussagekräftigen Level zu erfolgen, damit der Anstieg des (Kredit-)Risikos bei bestimmten Finanzinstrumenten nicht durch gesunkene Risiken bei anderen Finanzinstrumenten des Portfolios ausgeglichen wird. Die Überprüfung der Zusammensetzung der Gruppen hat mindestens jährlich oder ausgelöst durch neu zur Verfügung stehende Informationen zu erfolgen.   **425**

Die **qualitative Beurteilung** sollte in den Bewertungs- und Überwachungsprozess der Kreditrisiken eingebettet sein (etwa unter Verwendung von Beobachtungslisten für Warenkredite). Der Bewertungs- und Überwachungsprozess ist Teil des unternehmensindividuellen (Risiko-)Managements; es besteht daher keine Notwendigkeit einer Übereinstimmung mit den in IFRS 9 vorgesehenen Kriterien, die zu einer Zuordnung zur Stufe 2 der Risikovorsorge führen. Anders als für die quantitative Beurteilung kann daher auch   **426**

- auf Kreditrisiko der Gegenpartei (Rz 417) abgestellt oder
- die Veränderung des (Kredit-)Risikos über die absolute anstatt der relativen Veränderung bestimmt werden.

Der unternehmensindividuelle Bewertungs- und Überwachungsprozess ist wegen der besonderen **Informationssensitivität** – unmittelbare oder schnelle Reaktion auf neu zur Verfügung stehende Informationen – dennoch geeigneter Ausgangspunkt für die qualitative Einschätzung.

---

[67] BASEL COMMITTEE ON BANKING SUPERVISION, Guidance on credit risk and accounting for expected credit losses (G-CRAECL), Dezember 2015, Tz. A17, http://www.bis.org/bcbs/publ/d350.pdf, abgerufen am 4.1.2017.

[68] So auch die ITG im Dezember 2015, Meeting Summary 11 December 2015, Tz. 60, http://www.ifrs.org/Meetings/MeetingDocs/Other%20Meeting/2015/December/ITG/ITG-meeting-summary-11-December-final.pdf, abgerufen am 4.1.2017.

427 Die Beurteilung für ein bestimmtes Produkt sollte auch die verfügbaren Informationen in Betracht ziehen, die sich auf **andere Produkte** beziehen bzw. aus diesen generieren lassen. So könnte z. B. die Beurteilung des Anstiegs des (Kredit-)Risikos eines Hypothekenkunden auch anhand des Verhaltens des gleichen Kunden speziell mit Hinsicht auf seine bankkonto- und kreditkartenspezifischen Aktivitäten erfolgen bzw. diese Erkenntnisse zumindest ebenfalls herangezogen werden. Die erforderliche ganzheitliche Beurteilung hat unter Beachtung der folgenden Indikatoren zu erfolgen (IFRS 9.B5.5.17):[69]

- Preisänderungen, die in Rechnung gestellt worden wären, oder wesentliche Änderungen der Kreditbedingungen, die am Bilanzstichtag aufgetreten sind,
- wesentliche Änderungen der externen Marktindikatoren wie z. B. *spreads* von Anleihen oder Informationen über *credit default swaps* (CDS) aber auch Kreditratings,
- Herabstufungen in internen Kreditratings oder anderen Kreditwürdigkeitstabellen,
- tatsächliche oder prognostizierte Änderungen der Geschäfts-, finanziellen und der ökonomischen Bedingungen sowie der regulatorischen oder technologischen Aspekte oder insbesondere auch der betrieblichen Leistung bzw. der betrieblichen Ergebnisse des Schuldners,
- wesentliche Wertänderungen der erhaltenen Sicherheiten oder der Qualität der erhaltenen Garantien bzw. der Unterstützung von verbundenen oder sonstigen Unternehmen, welche der Reduktion des Ausfallrisikos dienen sollten,
- erwartete Vertragsbrüche,
- Veränderungen des Risikomanagements und
- erwarteter bzw. tatsächlicher Zahlungsverzug (*delinquency*).

428 Das Beurteilungsmodell von IFRS 9 unterliegt einer **symmetrischen Sichtweise**, weshalb mögliche Risikopositionen z. B. auch von Stufe 2 in Stufe 1 zurückgestuft werden können, sofern kein signifikanter Anstieg des Kreditrisikos gegenüber dem Zugangszeitpunkt mehr vorliegt. Die Beweisführung steht allerdings unter dem Vorbehalt einer Beachtung der ursprünglichen Begründung der Herabstufung in Stufe 2. Sollten die zugrunde liegenden Umstände oder makroökonomischen Bedingungen, die zur Herabstufung geführt haben, entfallen sein, ist eine Umwidmung des *exposure* in Stufe 1 gerechtfertigt. In Fällen, in denen die Herabstufung eines Finanzinstruments in Stufe 2 durch Zahlungsschwierigkeiten oder Stundung verursacht war, ist eine Besserungsperiode (sog. *cure period*) beachtlich. Eine Umwidmung scheidet aus, wenn nicht belegt werden kann, dass sich die Situation des Schuldners ganz offensichtlich und insbesondere auch nachhaltig wesentlich verbessert hat.

429 Finanzinstrumente, die bereits **überfällig** (*30 days past due*) sind oder für die ein **Zahlungsaufschub** gewährt wurde, sind durch einen gebotenen *backstop* (Rz 417) als Finanzinstrumente mit signifikant angestiegenem Ausfallrisiko anzusehen. Eine dennoch eingehende Fortsetzung der Zahlung (trotz Überfälligkeit oder nach Gewährung eines Aufschubs) deutet nicht automatisch auf eine Umkehr des Kreditrisikos zum Ausgangwert bei Zugang hin. Diese Finanz-

---

[69] Darüber hinaus sind auch die Vorgaben in G-CRAECL, Tz. A24, beachtlich, BASEL COMMITTEE ON BANKING SUPERVISION, Guidance on credit risk and accounting for expected credit losses (G-CRAECL), Dezember 2015, http://www.bis.org/bcbs/publ/d350.pdf, abgerufen am 4.1.2017.

instrumente sind vielmehr nur dann wieder in Stufe 1 umzuwidmen, wenn eine ausreichend lange *cure period* abgelaufen ist, in welcher der Schuldner ein normales Zahlungsverhalten aufgezeigt hat. Ein Verzicht auf die Beachtung einer *cure period* ist ausnahmsweise dann möglich, wenn vernünftige und haltbare Beweise für eine nachhaltige Verbesserung der Kredit-/Risikosituation vorliegen. Nach einmaligem Eintritt einer Überfälligkeit scheidet u.E. eine Umwidmung in Stufe 1 der Risikovorsorge aus.

Unter Berücksichtigung von **Kosten-Nutzen-Überlegungen** – gefordert ist nicht mehr als *undue cost and effort* verlangen (IFRS 9.BC5.175) – sind Vereinfachungen betreffend die Bestimmung der relevanten Stufe eines finanziellen Vermögenswerts zulässig. Eine Vernachlässigung makroökonomischer Einflussfaktoren und/oder zukunftsgerichteter Informationen überhaupt scheidet aber aus (Rz 433). Folgende Vereinfachungen sind u.E. unter *materiality*-Erwägungen zulässig: **430**

- Abstellen auf Zwölf-Monats-PDs: Die Veränderungen der **zwölfmonatigen Ausfallwahrscheinlichkeiten** (Zwölf-Monats-PD) kann als Approximation der Entwicklung von *lifetime* PDs (Rz 417) herangezogen werden (IFRS 9.B5.514). Die verfügbaren Zwölf-Monats-Ausfallwahrscheinlichkeiten müssen allerdings an die längerfristigen ökonomischen Aussichten angepasst werden. Eine regelmäßige Überprüfung der Zwölf-Monats-Ausfallwahrscheinlichkeiten ist nicht notwendig, eine Revision wird aber bei Eintritt bestimmter Fakten und Umständen erforderlich. Folgender Ansatz kann herangezogen werden:[70]
  - Seitens des bilanzierenden Unternehmens sind die Faktoren zu identifizieren, die die Angemessenheit der Anwendung der Zwölf-Monats-Ausfallwahrscheinlichkeit am ehesten beeinflussen.
  - Anstatt einer kontinuierlichen Neubeurteilung der Zwölf-Monats-PD ist für die Beurteilung der fortgesetzten Angemessenheit lediglich auf die Veränderung der identifizierten Faktoren abzustellen.
  - Sofern die Anwendung der Zwölf-Monats-Ausfallwahrscheinlichkeit nicht mehr angemessen erscheint bzw. keinen vernünftigen Schätzer für die Verwendung von Restlaufzeitausfallwahrscheinlichkeiten mehr darstellt, ist ein adäquater Ansatz für die Erfassung der Veränderungen in den Restlaufzeitausfallwahrscheinlichkeiten zu finden.
- Verzicht auf **mehrere, künftige Szenarien**: Eine konzeptionell anspruchsvolle Umsetzung hat einem nicht linearen Zusammenhang der (künftigen) Veränderung des (Kredit-)Risikos Rechnung zu tragen. Die Nicht-Linearität der künftigen Entwicklung kann durch Rückgriff auf eine Vielzahl von wahrscheinlichkeitsgewichteten Szenarien in der quantitativen Modellierung zum jeweiligen Bilanzstichtag erfolgen. Alternativ kann (vereinfachend) ein Anpassungsfaktor bezogen auf die bestimmten Ausfallwahrscheinlichkeiten angewendet werden, wenn dessen Angemessenheit regelmäßig bestätigt wird.

Ebenfalls zulässig ist die (ergänzende) Berücksichtigung von **Verhaltensindikatoren** (*behavioural indicators*) als Schätzer für die Beurteilung eines signifikanten   **431**

---

[70] Vgl. ITG im September 2015, Meeting Summary 16 September 2015, Tz. 31 f., http://www.ifrs.org/ Meetings/MeetingDocs/Other%20Meeting/2015/September/ITG-meeting-summary-16-September-2015.pdf, abgerufen am 4.1.2017.

Anstiegs des (Kredit-)Risikos seit dem Zugang des Finanzinstruments. Bei Verwendung von relevanten Verhaltensindikatoren hat das bilanzierende Unternehmen Folgendes zu beachten:[71]

- Vorrangig ist auf vor einem bereits realisierten Zahlungsausfall feststellbare Verhaltensindikatoren abzustellen (z.B. erhöhte Auslastungsraten oder Barabhebungen für bestimmte Güter).
- Der Zusammenhang zwischen den ausgewählten Verhaltensindikatoren und dem erwarteten Anstieg des (Kredit-)Risikos ist nachzuweisen.
- Die begrenzte Aussagefähigkeit von Verhaltensindikatoren ist zu berücksichtigen. Es besteht zwar die Möglichkeit einer einigermaßen verlässlichen Abschätzung eines zeitnahen Ausfalls, die Aussagekraft für zeitlich später eintretende Ereignisse ist aber begrenzt.
- Die Auswahl von Verhaltensindikatoren hat auch dem spezifischen Finanzinstrument Rechnung zu tragen. Erkenntnisse lassen sich nur für homogene Portfolios anwenden (insbesondere bei endfälligen Instrumenten ist der Aussagegehalt von Verhaltensindikatoren begrenzt).

432   Die erforderliche **holistische Beurteilung** ist an dem individuellen Risikoüberwachungssystem des bilanzierenden Unternehmens auszurichten. Das Risikoüberwachungssystem muss nicht zwingend deckungsgleich mit den Anforderungen des IFRS 9 sein. Als Konsequenz wird die unternehmensübergreifende Beurteilung eingeschränkt bzw. ist diese nicht gegeben. Jedes Unternehmen hat aber kontinuierlich – Verpflichtung auf ein *backtesting* (Rz 408) – festzustellen, ob das Kreditrating

- in ausreichender Regelmäßigkeit *reviewed* wird,
- alle vernünftigen und haltbaren Informationen, auch prognostische Informationen beinhaltet und
- das Ausfallrisiko über die erwartete Laufzeit des Finanzinstruments widerspiegelt.[72]

Im Einzelfall besteht daher die Notwendigkeit der Entwicklung zusätzlicher Prozesse, um eine (Mindest-)Konformität mit dem Standard herzustellen.

433   Es ist allerdings nicht zulässig, ein zu einfaches Modell für die Stufenzuordnung zugrunde zu legen. Beachtlich sind die folgenden **Restriktionen für die Bestimmung** eines signifikanten Anstiegs des Kreditrisikos:

- Ein ausschließliches Abstellen auf die Überfälligkeit eines finanziellen Vermögenswerts als Nachweis eines signifikanten Anstiegs des (Kredit-)Risikos (*delinquency*-Test) scheidet aus. Ein gegenteiliges Vorgehen setzt das Fehlen vernünftiger und vertretbarer prognostischer Informationen überhaupt voraus (IFRS 9.5.5.11).
- Der Rückzug auf die Ausnahmeklausel einer vereinfachten Vorgehensweise wegen übermäßigen Kosten und Anstrengungen (*undue cost and effort*) ist mit einer hohen Hürde belegt (Rz 430).

---

[71] Vgl. ITG im September 2015, Meeting Summary 16 September 2015, Tz. 19ff., http://www.ifrs.org/Meetings/MeetingDocs/Other%20Meeting/2015/September/ITG-meeting-summary-16-September-2015.pdf, abgerufen am 4.1.2017.
[72] Vgl. ITG im September 2015, Meeting Summary 16 September 2015, Tz. 17, http://www.ifrs.org/Meetings/MeetingDocs/Other%20Meeting/2015/September/ITG-meeting-summary-16-September-2015.pdf, abgerufen am 4.1.2017.

- Die Widerlegung eines *backstop*-Kriteriums (Rz 429) setzt vernünftige und vertretbare Nachweise voraus (etwa betreffend das *30-days-past-due*-Kriterium, IFRS 9.B5.5.20).
- Die Ausnahmeregel betreffend Finanzinstrumente, die nur ein geringes Risikoprofil ausweisen (Rz 391), ist ebenfalls restriktiv anzuwenden.

Eine wirksame Einschränkung der Anforderungen an die Beurteilung ergibt sich nur aus dem **allgemeinen Wesentlichkeitsgrundsatz** (→ § 1 Rz 60). Die Komplexität der zugrunde gelegten Modelle ist proportional zu der Bedeutung der Risikovorsorge für einzelne finanzielle Vermögenswerte und/oder homogene Portfolios festzulegen.[73]

10.1.4.4 Bewertung des *expected credit loss*

Bei der Schätzung der zu erwartenden Verluste sind die **diskontierten Erwartungswerte** zu berechnen. Dabei ist gem. IFRS 9.B5.5.49 Folgendes zu beachten: Sämtliche dem Unternehmen zugänglichen Informationen sind zu würdigen. Darunter fallen Erfahrungswerte aus der Vergangenheit, Informationen zum derzeitigen wirtschaftlichen Stand und erwartete wirtschaftliche Entwicklungen. Die Informationen sollen den Schuldner an sich betreffen, aber auch die allgemeinen wirtschaftlichen Entwicklungen berücksichtigen. In die Bestimmung des Erwartungswerts sind auch Erlöse aus der Verwertung von dinglichen Sicherheiten (*collateral*) einzubeziehen (IFRS 9.B5.5.55). Die Berücksichtigung personaler Sicherungen ist nicht explizit geregelt (Rz 469). **434**

Der Rückgriff auf nur ein – das wahrscheinlichste – Szenario der künftigen Entwicklung ohne Anpassung über ein *overlay* scheidet aus. Der erwartete *expected credit loss* kann zwar über verschiedene methodische Herangehensweisen bestimmt werden; da aber ein wahrscheinlichkeitsgewichteter Wert für die Risikovorsorge der Höhe nach heranzuziehen ist (Rz 434), scheidet ein Abstellen auf den wahrscheinlichsten Wert ohne weitere Anpassung aus.[74] **435**

Praxis-Beispiel

Für die Bewertung der erforderlichen Risikovorsorge wird eine Abhängigkeit von der Entwicklung der Arbeitslosenrate festgestellt. Nach aktuell vorliegenden Einschätzungen von Analysten wird die folgende Entwicklung – es wird nur die Risikovorsorge auf Stufe 1 betrachtet (hinsichtlich der Konsequenzen für den *lifetime expected loss* wird auf Rz 454 verwiesen) – erwartet:

- Mit einer Wahrscheinlichkeit von 20 % wird die zukünftige Arbeitslosenrate auf 4 % geschätzt, der *expected credit loss* ergäbe sich mit 30 GE.

---

[73] Hierzu hält die ergänzende Auslegung des BASEL COMMITTEE ON BANKING SUPERVISION Folgendes fest: „*The use of properly designed proportionate approaches should not jeopardise the high-quality implementation of the ECL accounting frameworks; rather, their use should enable banks to adopt sound allowance methodologies commensurate with the size, complexity, structure, economic significance, risk profile and, more generally, all other relevant facts and circumstances of the bank and the group (if any) to which it belongs.*"; BASEL COMMITTEE ON BANKING SUPERVISION, Guidance on credit risk and accounting for expected credit losses (G-CRAECL), Dezember 2015, Tz. 15, http://www.bis.org/bcbs/publ/d350.pdf, abgerufen am 4.1.2017.

[74] Vgl. IASB, Staff Paper – ITG *meeting, Paper topic: Incorporation of forward-looking scenarios*, vom 11.12.2015, http://www.ifrs.org/Meetings/MeetingDocs/Other%20Meeting/2015/December/ITG/AP1-Forward-looking-scenarios.pdf, abgerufen am 4.1.2017.

- Mit der höchsten Wahrscheinlichkeit i.H.v. 50 % wird eine künftige Arbeitslosigkeit von 5 % erwartet, der *expected credit loss* würde 70 GE betragen.
- Mit der verbleibenden Wahrscheinlichkeit von 30 % soll die künftige Arbeitslosigkeit 6 % betragen, es wäre eine Risikovorsorge von 110 GE zu erfassen.

Ein Abstellen auf den wahrscheinlichsten Betrag von 70 GE scheidet aus. Ohne Berücksichtigung eines *overlay* ergibt sich ein *expected credit loss* von 74 GE (= 30 x 20 % + 70 x 50 % + 110 x 30 %). Wenn von dem wahrscheinlichsten Betrag ausgegangen wird, beträgt die *overlay*-Anpassung mindestens 4 GE (= 74–70). Alternativ kann der Erwartungswert der abhängigen Variablen (Arbeitslosenquote) bestimmt werden (5,1 %). Wenn aber kein linearer Zusammenhang zwischen der Variablen und dem *expected credit loss* in den unterschiedlichen Szenarien besteht, gelingt keine Bestimmung der zutreffenden Risikovorsorge. Ausgehend von dem wahrscheinlichsten Szenario ergäbe sich – ohne Bestimmung eines neues Szenarios durch einfache Hochrechnung – ein nicht angemessener *expected credit loss* von 71,4 GE (= 70 / 5,0 x 5,1).

Die Bestimmung eines wahrscheinlichkeitsgewichteten künftigen Szenarios, für welches dann der erwartete (Kredit-)Ausfall bestimmt wird, scheidet aus, wenn keine lineare Beziehung zwischen den Annahmen der Szenarien und dem sich jeweils ergebenden *expected credit loss* besteht.

436 Für die **methodische Bestimmung** der erforderlichen Risikovorsorge i.H.d. *expected credit loss* lassen sich zwei grundlegende Vorgehensweisen unterscheiden:

- Verwendung des gewichteten Durchschnitts der Verluste aus dem Finanzinstrument für jedes der ausgewählten Szenarien, gewichtet mit der jeweiligen Eintrittswahrscheinlichkeit[75] sowie unter Beachtung der Überlagerung aufgrund nicht im Modell berücksichtigter Faktoren (*overlay*-Anpassung) oder
- Verwendung des erwarteten (Kredit-)Verlusts im Basisszenario (entsprechend dem Erwartungswert) zuzüglich der Anpassung aufgrund der Überlagerung (*overlay*-Anpassung), um den Einfluss weniger wahrscheinlicher Szenarien widerzuspiegeln,[76] sowie unter Beachtung der Überlagerung aufgrund nicht im Modell berücksichtigter Faktoren.

Die nicht in das (Bewertungs-)Modell aufgenommenen Faktoren (*unmodelled factors*) umfassen Ereignisse und alternative Szenarien, die wegen der geringen Eintrittswahrscheinlichkeit nicht explizit in die Berechnung einbezogen wurden wie z.B. ganz extreme oder sehr eigentümliche Szenarien (*more extreme or idiosyncratic events*).

---

[75] Vgl. IASB, Staff Paper – ITG *meeting*, *Paper topic: Incorporation of forward-looking scenarios*, Methode 3 gem. Tz. 32(c), vom 11.12.2015, http://www.ifrs.org/Meetings/MeetingDocs/Other%20Meeting/2015/December/ITG/AP1-Forward-looking-scenarios.pdf, abgerufen am 4.1.2017.

[76] Vgl. IASB, Staff Paper – ITG *meeting*, *Paper topic: Incorporation of forward-looking scenarios*, Methode 4 als Annährung gem. Tz. 32(d), vom 11.12.2015, http://www.ifrs.org/Meetings/MeetingDocs/Other%20Meeting/2015/December/ITG/AP1-Forward-looking-scenarios.pdf, abgerufen am 4.1.2017.

In den Anwendungsbereich des besonderen Wertberichtigungsmodells fallen auch – unabhängig von einer Erfassung als finanzieller Vermögenswert – Kreditzusagen und Finanzgarantien. Für die Bestimmung des *expected credit loss* der Höhe nach sind aber Sondervorschriften beachtlich (zum Ausweis Rz 455). **437**

- Für noch nicht gezogene Kreditzusagen bemisst sich die erforderliche Risikovorsorge über die Differenz zwischen dem Barwert der vertraglich vereinbarten Zahlungsströme und dem Barwert der zum Stichtag (noch) erwarteten Zahlungsströme bei Inanspruchnahme. Hinsichtlich der erwarteten Zahlungsströme ist zeitraumbezogen zwischen Zwölf-Monats *expected loss* (nur der Betrag, der in den nächsten zwölf Monaten gezogen wird) und *lifetime expected loss* (alle Beträge über die Restlaufzeit der Zusage) zu unterscheiden. Für revolvierende Kreditzusagen besteht eine Ausnahme betreffend die zeitliche Dimension der Bewertung (Rz 442).
- Eine Zahlungspflicht für den Garantiegeber eines *financial guarantee contract* gegenüber dem Garantienehmer setzt einen Ausfall des personal gesicherten Schuldners voraus (Rz 249 ff.). Der erwartete Zahlungsausfall des Garantiegebers entspricht der Zahlungsverpflichtung, die noch um eigene Ansprüche gegenüber dem Schuldner – insoweit einbringbar – zu reduzieren ist.

Für die Berücksichtigung des Zeitwerts des Geldes (*time value of money*) bestehen besondere Anforderungen an den Diskontierungszinssatz (Rz 451). Die notwendige Risikovorsorge ist als Passivposten auszuweisen (Rz 455).

Die gewählte methodische Vorgehensweise der Bestimmung der Risikovorsorge hat keinen Einfluss auf die Pflicht zur Berücksichtigung der folgenden **Mindestanforderungen** (IFRS 9.5.5.17): **438**

- Der *expected credit loss* für einen finanziellen Vermögenswert stellt einen unverzerrten (*unbiased*) und wahrscheinlichkeitsgewichteten Betrag dar, der durch die Bewertung über eine Bandbreite (*multiple scenarios*) möglicher Ergebnisse zustande kommt (IFRS 9.5.5.(a)).
- Für die Bestimmung wurde der Zeitwert des Geldes (*time value of money*) berücksichtigt (IFRS 9.5.5.17(b)).
- In die Methodik wurden angemessene und relevante sowie vertretbare Informationen, die ohne unverhältnismäßig hohe(n) Kosten und Arbeitsaufwand (*undue cost and effort*) verfügbar sind, einbezogen. Darüber hinaus wurden Erkenntnisse/Erfahrungen aus vergangenen Ereignissen, gegenwärtigen Umständen sowie Prognosen zur künftigen Wirtschaftslage zum Stichtag berücksichtigt (IFRS 9.5.5.17(c)).

Als *unbiased* gelten Annahmen, wenn diese unter Beachtung der *neutrality*-Anforderung der *faithful representation* (F.QC12) bestimmt wurden.[77]

Erfahrungswerte sind stets auf ihre Aussagekraft zu prüfen. Insbesondere ist zu untersuchen, ob die Verlustschätzungen des Modells mit den tatsächlich eingetretenen Verlusten übereinstimmen. Der zu erwartende Verlust wird in IFRS 9.B5.5.29 als Differenz zwischen den vertraglich vereinbarten und den zu erwartenden Zahlungsströmen definiert. Dabei sind die Barwerte beider Zahlungsströme zu errechnen. Als Diskontierungszinssatz ist der (ursprüngliche) Effektivzins anzuwenden (IFRS 9.B5.5.44). **439**

---

[77] Vgl. zur neutralen Bilanzierung FREIBERG, PiR 2015, S. 290 ff.

440   In **zeitlicher Dimension** ist für die Ermittlung der erwarteten (Kredit-)Verluste auf die maximale vertragliche Laufzeit des zu beurteilenden finanziellen Vermögenswerts abzustellen (IFRS 9.5.5.19 i.V.m. IFRS 9.B5.5.38), für die ein (Kredit-)Risiko für das bilanzierende Unternehmen besteht. Bestehende Verlängerungsoptionen sind in die Begrenzung der maximalen vertraglichen Laufzeit einzubeziehen (IFRS 9.5.5.19). Die Ausnahme gilt nicht nur für revolvierende Kreditzusagen. Für alle Instrumente, die sowohl eine Darlehenskomponente als auch eine Zusagenkomponente betreffend eine Verlängerung enthalten, ist das (Kredit-)Risiko nicht auf die vorgesehene Kündigungsfrist begrenzt (IFRS 9.5.5.20). Für revolvierende Kreditfazilitäten ist daher ein ggf. längerer Zeitraum zugrunde zu legen.

441   Der maximale Zeitraum, der für die Bestimmung des erwarteten Kreditausfalls heranzuziehen ist, wird unter Berücksichtigung von bestehenden Verlängerungsoptionen durch die vertragliche Laufzeit (*contractual period*) begrenzt. Ein darüber hinausgehender Zeitraum bleibt unbeachtlich, auch wenn üblicherweise eine Verlängerung ausstehender (Finanz-)Instrumente bei deren Fälligkeit erfolgt.[78]

> **Praxis-Beispiel**
> Unternehmen U hat einen wesentlichen Bestand der liquiden Mittel als Sichteinlage (*demand deposits*) bei einer Depotbank angelegt. Die Einlagen sind jederzeit kündbar, also innerhalb eines Werktags. Die Depotbank hat kein Recht, das Einlagenkonto aufzukündigen. Der Bestand an Sichteinlagen schwankt täglich, kann aber nur einen positiven Saldo aufweisen. Der Zeitraum für die Ermittlung des erwarteten *credit loss* ist auf einen Tag begrenzt, auch wenn tatsächlich keine Kündigung des Einlagenkontos erfolgt. Dem entspricht die Beurteilung aus der Perspektive der Depotbank (IFRS 13.BCZ102 f.).

Nur ausnahmsweise ist auf einen längeren, über die vertraglich vereinbarte Laufzeit hinausgehenden Zeitraum abzustellen (Rz 440).

442   Für revolvierende Kreditzusagen erstreckt sich ausnahmsweise (Rz 440) der Zeitraum, für den eine Risikovorsorge i.H.d. *expected credit loss* zu bestimmen ist, über die vertragliche Laufzeit hinaus. Hinsichtlich der zugrunde zu legenden zeitlichen Dimension fehlt es allerdings an spezifischen Vorgaben.[79] Abzustellen ist u.E. auf den Zeitraum, für den eine Risikoposition besteht, also keine Handlung zur Risikokorrektur/-vermeidung möglich ist (Rz 444). Darüber hinaus ergibt sich für die Beurteilung revolvierender Kreditzusagen eine weitere Herausforderung. Für die Feststellung eines signifikanten Anstiegs im Kreditrisiko (*significant increase in credit risk*) ist ein Vergleich der aktuellen Risikosituation mit derjenigen bei erstmaliger Erfassung geboten (Rz 417). Eine wesentliche Modifizierung der Konditionen – nachgewiesen durch eine qualitative oder

---

[78]   So IASB, Staff Paper – ITG *meeting*, *Paper topic: The maximum period to consider when measuring expected credit losses*, vom 22.4.2015, http://www.ifrs.org/Meetings/MeetingDocs/Other%20Meeting/2015/April/AP%201.final.pdf, abgerufen am 4.1.2017.

[79]   Vgl. IASB, Staff Paper – ITG *meeting*, *Paper topic: Revolving credit facilities (Issue 1)*, vom 22.4.2015, http://www.ifrs.org/Meetings/MeetingDocs/Other%20Meeting/2015/April/AP%204.final.pdf, abgerufen am 4.1.2017.

quantitative Analyse (Rz 332) – einer revolvierenden Kreditzusage führt zu einer Ausbuchung (*derecognition*) des alten und Erfassung eines neuen (Finanz-)Instruments, somit also zu einem neuen Zugangszeitpunkt (*initial recognition*).[80]

Die Ausweitung der Beurteilung von revolvierenden Kreditzusagen in zeitlicher **443** Dimension auch über die vertraglich vereinbarte Laufzeit hinaus ist eine Ausnahmevorschrift und lässt sich nicht auf andere Anwendungsfragen bzw. andere (Finanz-)Instrumente übertragen. Nicht unter die Ausnahmevorschrift fallen etwa Zahlungs-/Kreditkarten mit Guthaben (*charge cards*), die kein absolutes Limit aufweisen, für jede Transaktion aber einer Zustimmung des Kreditinstituts bedürfen.[81] Voraussetzung für den Rückgriff auf einen über die vertragliche Laufzeit hinausgehenden Beurteilungszeitraum ist der Nachweis der besonderen Charakteristika revolvierender Kreditzusagen (IFRS 9.B5.5.39). Entscheidendes Merkmal ist das Nebeneinander einer bereits erfolgten Darlehensgewährung und einer noch nicht in Anspruch genommenen Zusage (*both a loan and an undrawn commitment*), die miteinander verknüpft sind und im Rahmen des Risikomanagements nicht differenziert werden.[82] Für die Bewertung eines *expected credit loss* der Höhe nach sind die sonstigen vertraglichen Konditionen bindend. Insbesondere bleiben erwartete Überziehungen vertraglich festgelegter Kreditlimits unberücksichtigt, auch wenn diese in der Vergangenheit bereits zugelassen wurden.[83] Die Bedeutung von vertraglichen Bedingungen (*contractual term*) ist einzelfallabhängig unter Berücksichtigung des spezifischen Rechtsraums vorzunehmen.

Für revolvierende Kreditzusagen, welche die Merkmale in IFRS 9.B5.5.39 erfül- **444** len, ist der Zeitraum für die Bestimmung des *expected credit loss* über die vertragliche Laufzeit hinaus auszudehnen. Der relevante Zeitraum beginnt ausgehend von dem aktuellen (Bilanz-)Stichtag. Er endet, wenn – nach Erwartung des Gläubigers – die bestehende Risikoposition durch eine zulässige Änderung der Bedingungen geändert wird.[84]

Die folgenden Anforderungen sind für die Bestimmung des *expected credit loss* **445** der Höhe nach zu berücksichtigen:

---

[80] So auch IASB, Staff Paper – ITG *meeting, Paper topic: Revolving credit facilities (Issue 2)*, vom 22.4.2015, http://www.ifrs.org/Meetings/MeetingDocs/Other%20Meeting/2015/April/AP%204.final.pdf, abgerufen am 4.1.2017.

[81] Vgl. IASB, Staff Paper – ITG *meeting, Paper topic: Measurement of expected credit losses for charge cards*, vom 11.12.2015, http://www.ifrs.org/Meetings/MeetingDocs/Other%20Meeting/2015/December/ITG/AP3-Measurement-of-ECL-for-charge-cards.pdf, abgerufen am 4.1.2017.

[82] Klarstellend IASB, Staff Paper – ITG *meeting, Paper topic: Scope of paragraph 5.5.20 of IFRS 9*, vom 11.12.2015, http://www.ifrs.org/Meetings/MeetingDocs/Other%20Meeting/2015/December/ITG/AP2-Scope-of-paragraph-5520-of-IFRS-9.pdf, abgerufen am 4.1.2017.

[83] Vgl. IASB, Staff Paper – ITG *meeting, Paper topic: Measurement of expected credit losses for revolving credit facilities*, vom 16.9.2015, http://www.ifrs.org/Meetings/MeetingDocs/Other%20Meeting/2015/September/AP3-Measurement-of-expected-credit-losses-for-revolving-credit-facilities.pdf, abgerufen am 4.1.2017.

[84] Ergänzend IASB, Staff Paper – ITG *meeting, Paper topic: Measurement of expected credit losses for charge cards*, vom 11.12.2015, http://www.ifrs.org/Meetings/MeetingDocs/Other%20Meeting/2015/December/ITG/AP3-Measurement-of-ECL-for-charge-cards.pdf. Teilweise aber im Widerspruch zu der Entscheidung aus dem April: IASB, Staff Paper – ITG *meeting, Paper topic: Revolving credit facilities (Issue 1)*, vom 22.4.2015, http://www.ifrs.org/Meetings/MeetingDocs/Other%20Meeting/2015/April/AP%204.final.pdf, jeweils abgerufen am 4.1.2017.

Anforderung	Vorgehensweise
Anzahl zu betrachten-der wirtschaftlicher Szenarien	Es sind mindestens drei Szenarien (*base case*, *upside* und *downside scenario*) heranzuziehen. Die Verwendung nur eines *base-case*-Szenarios scheidet aus, wenn die gesamtheitliche (holistische) Sichtweise durch ausschließliche Berücksichtigung nur einer Entwicklungsrichtung verzerrt wird.
Bestimmung alternativ-er wirtschaftlicher Szenarien	Unter Berücksichtigung von Kosten- und Nutzenaspekten (*undue-cost-and-effort*-Restriktion) sind alle zur Verfügung stehenden Informationen heranzuziehen, wobei sowohl eigene Prognosen als auch Prognosen Dritter verwendet werden können, solange der Grenznutzen zusätzlicher Information nicht nur geringfügig ist. Bei der Aufstellung und Verwendung interner Prognosen sind Abweichungen gegenüber den Prognosen Dritter zu beachten und zu erläutern.
Kombination von Szenarien	Sofern ausreichend repräsentative Prognoseszenarien ausgewählt sind, bedarf es keiner weiteren Anreicherung des Szenariomodells durch die Verwendung von Mischszenarien.
Extremszenarien	Die verwendeten *upside*- und *downside*-Szenarien müssen realistische Ausprägungen der künftigen Entwicklung widerspiegeln und dürfen keine Extreme darstellen (IFRS 9.BC5.265). Insbesondere aufsichtsrechtliche Stress-Szenarien sind unbeachtlich.
Sensitivitäten und Asymmetrien	Die herangezogenen, repräsentativen Szenarien haben die Haupttreiber des erwarteten Verlusts und insbesondere auch nicht lineare sowie asymmetrische Sensitivitäten innerhalb eines Portfolios einzubeziehen. In eine Sensitivitätsanalyse des erwarteten Ausfallverlusts sind die prognostisch relevanten Parameter einzubeziehen, die der Berechnung des wahrscheinlichkeitsgewichteten erwarteten Verlusts zugrunde lagen.
Parameterabhängig-keiten (*parameter correlation*)	Bei der Entwicklung von Szenarien ist evtl. Parameterkorrelationen (Prognose der Entwicklung des Bruttoinlandsprodukts, der Arbeitslosigkeit, der Zinssätze usw.) in den jeweiligen Szenarien Rechnung zu tragen.

Anforderung	Vorgehensweise
Nicht modellierte Szenarien	Sofern vorstellbare Szenarien mit betragsmäßig hoher Relevanz, aber nur geringer Eintrittswahrscheinlichkeit nicht in die Szenarioanalyse aufgenommen werden, sind diese zu dokumentieren, sofern eine zukünftige Zunahme der Eintrittswahrscheinlichkeit plausibel ist. Für nicht im Szenariomodell berücksichtigte Ereignisse ist am Bilanzstichtag über eine Anpassung des erwarteten Verlusts aus dem Ausfall zu entscheiden. Bestimmte Faktoren, z .B. geografische oder andere Unsicherheiten, sind bei vielen Parametern oder auch historischen Ausfallwahrscheinlichkeiten schätzungsinhärent. Eine Doppelzählung (*double counting*) von Unsicherheiten über eine *overlay*-Anpassung ist zu vermeiden. Wird keine Anpassung des modellierten erwarteten Verlusts über ein *overlay* für nicht modellierte Szenarien vorgenommen, sind die Überlegungen hierzu zu dokumentieren und ggf. offenzulegen.
Granularität der Überlagerung (*overlay*)	Die Berechnung einer erforderlichen Überlagerung (*overlay*-Anpassung) sollte auf einem ausreichend geringen Granularitätsniveau stattfinden und für unterschiedliche Portfolios auch qualitativ unterschiedliche Risikocharakteristiken einbeziehen. Die Verwendung evtl. – nicht durch eine eigene Analyse gestützter – Expertenmeinungen ist so gering wie möglich zu halten.

Das subjektive Element der Bestimmung des *expected credit loss* schränkt eine unternehmensübergreifende Plausibilisierung ein. Im Extremfall sind sogar bezogen auf künftige Szenarien gegenläufige Einschätzungen denkbar (der *worst case* von Unternehmen A kann zum *best case* des Unternehmens B führen).

Auch nach der Modifizierung der Konditionen eines Finanzinstruments ist eine Risikovorsorge i. H. d. *expected credit loss* zu bestimmen (Rz 333).[85] Scheidet eine Ausbuchung trotz Modifizierung aus, ist eine Differenz des (Brutto-)Buchwerts (*gross carrying amount*) ergebniswirksam zu vereinnahmen. Das revidierte Zahlungsstromprofil spiegelt zwar die aktuellen Erwartungen der Zahlungsfähigkeit des Schuldners wider, ist dennoch nicht risikofrei. Da die Modifizierung nicht zur Ausbuchung des bestehenden und Erfassung eines neuen (Finanz-)Instruments führt, ist für die Beurteilung, ob es zu einem signifikanten Anstieg des Kreditrisikos gekommen ist, weiterhin auf das ursprüngliche, im Zugangszeitpunkt festgestellte Risikoprofil abzustellen. Es bleibt daher bei der Notwendig-

446

---

[85] Vgl. IASB, Staff Paper – ITG *meeting, Paper topic: Measurement of expected credit losses in respect of a modified financial asset*, vom 22.4.2015, http://www.ifrs.org/Meetings/MeetingDocs/Other%20Meeting/2015/April/AP%208.final.pdf, abgerufen am 4.1.2017.

keit der Erfassung einer Risikovorsorge. Hinsichtlich des Ausweises sind der Ergebniseffekt aus der Modifizierung und der Betrag der Risikovorsorge zu trennen (IAS 1.82(ba)). Beachtlich sind auch die besonderen Offenlegungsanforderungen (Rz 548).

447 Es bleibt als Kernproblem der **unvermeidbaren Subjektivität** der erforderlichen Schätzung die nur eingeschränkte Objektivierbarkeit. Als Gegeninstrument bleiben nur die Verpflichtung auf ein *backtesting* (Rz 408) und eine kontinuierliche Weiterentwicklung der Modelle. Der hohe Subjektivitätsgrad wird sich aber auch dadurch nicht ausschließen lassen. Die Schätzung eines *expected credit loss* wird daher maximal plausibel, niemals aber zutreffend sein. Anders ausgedrückt:[86] *„No single forecaster is „right". In the absence of perfect foresight, a forecast, by construction, must be wrong. "*

448 Für die Bestimmung des *expected loss* der Höhe nach ist auf den Betrag abzustellen, der aufgrund des erwarteten Ausfalls des Schuldners nicht vereinnahmt werden kann (*cash shortfall*, IFRS 9.B5.5.28). In die Bestimmung einzubeziehen sind sowohl **positive als auch negative Abweichungen** der erwarteten von den vertraglichen (bzw. ursprünglich erwarteten) Rückflüssen. Bei der Bewertung ist dem Zeitwert des Geldes (*time value of money*) Rechnung zu tragen (IFRS 9.B5.5.44).

Praxis-Beispiel

Unternehmen U vergibt zum Periodenanfang 1.1.01 ein Darlehen mit einer Laufzeit von vier Jahren mit einem Nominalbetrag von 100 GE, für welches jährlich endfällige Zinszahlungen von 5 GE vorgesehen sind. Das Darlehen wird zum Ablauf der vier Jahre in einer Summe getilgt. Im Fall eines Ausfalls des Schuldners rechnet U mit folgenden Rückflüssen, die auch von der Verwertung bestehender Sicherheiten abhängen:

Datum	Vertraglicher Rückfluss	Erwarteter Rückfluss bei Ausfall	*cash shortfall*
31.12.01	5	4	1
31.12.02	5	2	3
31.3.03	n/a	2	−2
31.12.03	5	0	5
31.12.04	105	65	40
31.3.05		20	−20

Für die Bestimmung der Risikovorsorge sind sämtliche Abweichungen (positive als auch negative) der erwarteten Zahlungsströme bei Ausfall von der vertraglichen Vereinbarung zu berücksichtigen.

449 Für die Bestimmung des *expected credit loss* sind alle Zahlungsströme, die aus einem (Finanz-)Instrument noch erwartet werden, einzubeziehen. Besteht die

---

[86] Vgl. BRITISH BANKING ASSOCIATION (BBA), *Discussion Paper: Incorporating forward looking information into IFRS 9 ECL Measurement*, November 2015, Appendix 2 Tz. 5.

Absicht, ausfallgefährdete oder bereits ausgefallene Gläubigeransprüche zu veräußern, sind die erwarteten Erlöse aus dem Verkauf der (Finanz-)Instrumente in die Bestimmung des relevanten *cash shortfall* einzubeziehen.[87]

10.1.4.5 Berücksichtigung des Zeitwerts des Geldes (*time value of money*)

Im Rahmen der Bestimmung der Risikovorsorge ist dem Zeitwert des Geldes Rechnung zu tragen, der erwartete Ausfall an künftigen Zahlungsströmen (*cash shortfall*) ist auf den (Bilanz-)Stichtag abzuzinsen (IFRS 9.5.5.17(b)). Eine Abzinsung nur zurück auf den Zeitpunkt des Ausfallereignisses ist nicht zulässig (IFRS 9.B5.5.44). $\qquad$ 450

* Für festverzinsliche Finanzinstrumente ist auf den Effektivzinssatz, der im Zugangszeitpunkt festgestellt wurde, zurückzugreifen.
* Für variabel verzinsliche Finanzinstrumente ist der jeweils aktuelle (Markt-)Zinssatz der Periode zu verwenden (Rz 324).

Eine Abzinsung ist nicht nur für die Bestimmung des *lifetime expected loss*, sondern auch für den Zwölf-Monats *expected loss* erforderlich.

Der Anwendungsbereich der Vorgaben für die Erfassung von Wertberichtigungen ist nicht auf festverzinsliche und variabel verzinsliche Finanzinstrumente begrenzt (Rz 382f.). Der erforderliche Betrag der Risikovorsorge ist dennoch unter Berücksichtigung des Zeitwerts des Geldes zu bestimmen. Hinsichtlich des Diskontierungszinssatzes bestehen die folgenden Anforderungen: $\qquad$ 451

* Für Forderungen aus Leasingverhältnisses ist auf den ursprünglichen Effektivzinssatz abzustellen (IFRS 9.B5.5.46).
* Für finanzielle Vermögenswerte, die bereits im Zugangszeitpunkt nach objektiven Kriterien als wertgemindert anzusehen waren (Rz 390), ist der kreditrisikoadjustierte Effektivzinssatz des Zugangszeitpunkts heranzuziehen (IFRS 9.B5.5.45).
* Für Kreditzusagen ist auf den Effektivzinssatz abzustellen, der sich ergeben hätte, wäre die Zusage bereits in Anspruch genommen worden (IFRS 9.B5.5.47). Die Bemessung der Risikovorsorge erfolgt unter der Prämisse einer bereits erfolgten Kreditvergabe im ursprünglichen Zusagezeitpunkt (also einem Nichtentstehen des Schwebezustands). Der „fiktive" Effektivzinssatz ist unter Berücksichtigung des (Kredit-)Risikos des potenziellen Schuldners im Zeitpunkt der Zusage (*irrevocable commitment*) zu bestimmen.
* Für Finanzgarantien – ausnahmsweise auch für Kreditzusagen, für die kein „fiktiver" Effektivzinssatz im Zusagezeitpunkt bestimmt werden kann – ist auf einen Zinssatz abzustellen, der die aktuellen Markterwartungen hinsichtlich des Zeitwerts des Geldes, also der risikolosen Komponente und den spezifischen Risiken der Zahlungsströme, insoweit diese nicht bereits im Erwartungswert berücksichtigt sind, Rechnung trägt (IFRS 9.B5.5.48). Der heranzuziehende Zinssatz entspricht den Anforderungen an die Barwertermittlung nicht finanzieller Verbindlichkeiten (→ § 21 Rz 144ff.).

---

[87] Vgl. IASB, Staff Paper – ITG *meeting, Paper topic: Inclusion of cash flows expected from the sale on default of a loan in the measurement of expected credit losses*, vom 11.12.2015, http://www.ifrs.org/Meetings/MeetingDocs/Other%20Meeting/2015/December/ITG/AP6-Cash-flows-from-sale-on-default-of-a-loan.pdf, abgerufen am 4.1.2017.

452 Bei variabel verzinslichen (Finanz-)Instrumenten, welche die objektive Bedingung für eine Klassifizierung als bewertet *at amortised cost* erfüllen (Rz 164 ff.), steht die absolute Höhe der künftigen Zahlungsströme weder im Zugangszeitpunkt noch zu einem späteren Zeitpunkt fest. Die Höhe der Verzinsung schwankt – bezogen auf das *underlying* – in Abhängigkeit der Marktentwicklung. Als Konsequenz eines geänderten Marktzinssatzes ist der Effektivzinssatz des variabel verzinslichen Finanzinstruments neu zu bestimmen. Dieser gilt immer für die aktuelle Periode bis zum vertraglich vereinbarten Zeitpunkt der nächsten Anpassung (Rz 325). Aus Konsistenzgründen[88] sind die zukünftig erwarteten Zahlungsströme – bezogen auf das variable (Markt-)Element des Zinssatzes – über den aktuellen Effektivzinssatz, der die aktuellen Markterwartungen widerspiegelt, zu bestimmen. Die Verwendung einer von dem aktuellen Effektivzinssatz abweichenden Erwartung des Marktzinssatzes scheidet aus. Für die Bestimmung der Risikovorsorge – ausgehend von unterschiedlichen künftigen Szenarien – ist eine Variabilität der Zahlungsströme ausschließlich auf andere Einflussfaktoren zurückzuführen.

> **Praxis-Beispiel**
> Für eine variabel verzinsliche Forderung (EURIBOR + 3 %) wird in der aktuellen Periode ein EURIBOR von 1 % festgestellt. Der relevante Effektivzinssatz ergibt sich mit 4 %, für die erwarteten Zahlungen vor Risikovorsorge ist ein EURIBOR von 1 % zu unterstellen. Die Höhe der Risikovorsorge hängt davon ab, mit welcher Wahrscheinlichkeit ausgehend von künftigen Szenarien der Schuldner nicht in der Lage sein wird, EURIBOR + 3 %, also einen Kapitaldienst von 4 % zu leisten. Es ist keine Variabilität des EURIBOR zu unterstellen, wenn etwaige *cash shortfalls* mit einem Effektivzinssatz von 4 % abgezinst werden.

10.1.4.6 Wechselwirkung zwischen der Stufeneinordnung und der Bewertung der Höhe nach

453 Aus den Vorgaben für die Bestimmung der Risikovorsorge i. H. d. *expected credit loss* lässt sich keine Reihenfolge der Anwendung der Anforderungen betreffend die Einordnung in eine (Risiko-)Stufe (Rz 396) und die Bewertung der Höhe nach ableiten. Die Einordnung eines finanziellen Vermögenswerts im Anwendungsbereich der *expected-credit-loss*-Bestimmung (Rz 382) in eine Stufe hat u. E. Vorrang vor der Bestimmung der Höhe der Risikovorsorge. Wurde für ein Finanzinstrument eine Stufenzuordnung vorgenommen, ist diese auch für die Bewertung heranzuziehen.

454 Besondere Bedeutung hat die Klärung des (Vorrang-)Verhältnisses der Stufenzuordnung und Bewertung der erforderlichen Risikovorsorge für finanzielle Vermögenswerte, für die mangels eines signifikanten Anstiegs des Kreditrisikos eine Zuordnung in Stufe 1 erfolgt (Rz 397), also lediglich ein *12-month expected credit loss* zu bestimmen ist. Vorrangig ist die Stufenzuordnung, die bei Vorliegen

---

[88] Vgl. IASB, Staff Paper – ITG *meeting, Paper topic: Meaning of „current effective interest rate"*, vom 11.12.2015, http://www.ifrs.org/Meetings/MeetingDocs/Other%20Meeting/2015/December/ITG/AP7-Meaning-of-current-effective-interest-rate.pdf, abgerufen am 4.1.2017.

mehrerer Szenarien über den Erwartungswert der denkbaren Umweltzustände festzulegen ist. Für die Bestimmung der Risikovorsorge ist – nach einer Festlegung der Stufe – in den als realistisch angesehenen Szenarien jeweils nur auf die Zwölf-Monats-PD oder die *lifetime* PD abzustellen, auch wenn sich für (mindestens) ein Szenario ein abweichendes Ergebnis ergibt.

Praxis-Beispiel[89]

Unternehmen U greift für die Stufeneinordnung und die Bestimmung des *expected credit loss* für einen finanziellen Vermögenswert auf drei Szenarien zurück. Die Entwicklung der Arbeitslosenquote wird als relevanter makroökonomischer Faktor (mit signifikanter Korrelation) angesehen. In Abhängigkeit von der erwarteten Entwicklung der Arbeitslosenquote (A) und den jeweiligen Eintrittswahrscheinlichkeiten (B) für den erwarteten Umweltzustand ergeben sich Auswirkungen auf die Zwölf-Monats-PD (C) und *lifetime* PD (D). Die Höhe von LGD (E) und EAD (F) werden von der Entwicklung der Arbeitslosenquote nicht beeinflusst. Wenn die *lifetime* PD den Schwellenwert von 30 % übersteigt, ist nach Einschätzung von U ein signifikanter Anstieg im Kreditrisiko belegt, somit ein Transfer des finanziellen Vermögenswerts von Stufe 1 in Stufe 2 erforderlich.

A	B	C	D	E	F	G = C × E × F	H = D × E × F	I = B × G / H
Arbeits-losen-quote	Wahr-schein-lichkeit	12M PD	LT PD	LGD	EAD	12M ECL	LT ECL	Gewich-teter ECL
4 %	20 %	6 %	10 %	60 %	800 GE	30 GE	46 GE	6 GE
5 %	50 %	15 %	23 %	60 %	800 GE	70 GE	108 GE	35 GE
6 %	30 %	23 %	35 %	60 %	800 GE	110 GE	170 GE	51 GE
								92 GE

PD: *probability of default*
LGD: *loss given default*
EAD: *exposure at default*
ECL: *expected credit loss*

Steigt die Arbeitslosenquote auf einen Prozentsatz von mindestens 6 %, was mit einer erwarteten Wahrscheinlichkeit von 30 % nicht ausgeschlossen ist, wird ein Transfer in Stufe 2 erforderlich. Die wahrscheinlichkeitsgewichtete *lifetime* PD ergibt sich mit 24 % (B × D) und liegt daher unter dem Schwellenwert. Der finanzielle Vermögenswert ist in Stufe 1 fortzuführen.

Für die Bestimmung des *expected credit loss* ist daher im Rahmen der Anwendung der Vorgaben des *loan loss provisioning* durchgängig auf die Zwölf-Monats-PD abzustellen. Die zu erfassende Risikovorsorge beträgt 74 GE (B × G). Eine Erfassung einer Risikovorsorge i.H.v. 92 GE scheidet aus, da hier Stufenallokation und Berechnung des *expected credit loss* vermischt werden.

---

[89] Vgl. für die Zahlen IASB, Staff Paper – ITG *meeting, Paper topic: Incorporation of forward-looking scenarios,* vom 11.12.2015, http://www.ifrs.org/Meetings/MeetingDocs/Other%20Meeting/2015/December/ITG/AP1-Forward-looking-scenarios.pdf, abgerufen am 4.1.2017.

10.1.4.7 Ausweis des *expected credit loss*

455 Für den als Risikovorsorge zu erfassenden *expected credit loss* sind besondere Ausweisvorschriften beachtlich. Notwendig ist eine Differenzierung in Abhängigkeit von der Art des Finanzinstruments und der Stufe des Wertberichtigungsmodells, der ein Finanzinstrument zugeordnet ist.

- Der erwartete Kreditausfall für Kreditzusagen und Finanzgarantien ist als Passivposten auszuweisen (Rz 384).
- Für finanzielle Vermögenswerte, für die (ausnahmsweise) bereits im Zugangszeitpunkt objektive Hinweise auf eine Wertminderung bestehen (Rz 390), ist der *expected credit loss* Teil der Effektivverzinsung, also in den Zinssatz eingepreist. Im Zugangszeitpunkt entfällt ein gesonderter Ausweis einer Wertberichtigung. Lediglich für Veränderungen seit Zugang ist eine gesonderte Risikovorsorge erforderlich.
- Für finanzielle Vermögenswerte, die zwar *at fair value through OCI* bewertet werden, aber dennoch dem besonderen Wertberichtigungsmodell unterliegen (Rz 382), ist ein Ausweis des *expected credit loss* im sonstigen Gesamtergebnis vorgesehen.
- Für alle anderen finanziellen Vermögenswerte, für die ein *expected credit loss* vorgesehen ist, wird ebenfalls eine Risikovorsorge als separater Posten gebildet.

Der separate Posten „Risikovorsorge" ist fortzuführen, solange keine teilweise oder gänzliche Uneinbringlichkeit erwartet wird, also ein *default* nachgewiesen ist (Rz 401). Bei Ausfall erfolgt für finanzielle Vermögenswerte eine Aufrechnung der Risikovorsorge mit dem Buchwert (*write-off*). Auf Stufe 3 des Wertberichtigungsmodells ist auf den Nettobuchwert als Ausgangspunkt der Fortschreibung nach der Effektivzinsmethode abzustellen (Rz 402).

456 Die Höhe der Risikovorsorge – erfasst als separater Posten, Passivposten oder direkt abgesetzt vom Buchwert – ist kontinuierlich neu zu bestimmen (Rz 383). In der Ergebnisrechnung ist ein getrennter Ausweis erforderlich.

457 Die Folgebewertung eines (Finanz-)Instruments nach der Effektivzinsmethode hängt nach erfasster Risikovorsorge gem. IFRS 9.5.4.1 von der Stufenzuordnung ab (Rz 396).

- Liegt noch kein Ausfall (*default*) vor (Rz 401), ist für die Fortführung die Effektivverzinsung auf Basis des Bruttobuchwerts vorzunehmen.
- Nach Vornahme eines *write-off* (Rz 455) ist die Effektivverzinsung ausgehend von dem sich dann ergebenden Nettobuchwert vorzunehmen.

Bis zu dem Zeitpunkt eines tatsächlichen Ausfalls, insofern dieser überhaupt eintritt, zeigt die Erfassung einer Risikovorsorge – als separater Posten (Rz 459) – keine Relevanz für die Folgebewertung eines (Finanz-)Instruments nach der Effektivzinsmethode.

Praxis-Beispiel

Unternehmen U ist Gläubiger einer endfälligen, festverzinslichen Forderung (i: 10 %) mit einem ausstehenden Nominal von 100 GE. Unmittelbar nach Zugang wurde ein Zwölf-Monats *expected credit loss* von 5 GE ermittelt. In den künftigen Perioden erfolgt eine Fortführung mit dem Effektivzinssatz von 10 % ausgehend von dem Bruttobuchwert von 100 GE. Der Zinsertrag der (Folge-)Periode beträgt 10 GE.

Nach Feststellung eines Ausfalls (*default*) erfolgt die Folgebewertung ausgehend **458** von dem sich – nach *write-off* – ergebenden Nettobuchwert. Es bleibt aber bei der Pflicht zur Bestimmung des Bruttobuchwerts und der zum (Bilanz-)Stichtag erforderlichen Risikovorsorge.[90] In einer „Nebenrechnung" sind daher der Bruttobuchwert und die Risikovorsorge fortzuführen. Betroffen sind nicht nur der ausstehende Darlehensbetrag, sondern auch ausstehende Zinsforderungen.

> **Praxis-Beispiel**
> Für eine endfällige, festverzinsliche Forderung (i: 10 %) mit einem ausstehenden Nominal von 100 GE wird am 31.12.01 ein Ausfallereignis festgestellt. Es erfolgt eine Zuordnung des Instruments in Stufe 3 des Wertberichtigungsmodells und eine Wertberichtigung (*write-off*) i. H. v. 60 GE. Im Verlauf der aktuellen Periode erfolgen keine Zahlungen, insbesondere wird kein laufender Zins vereinnahmt. Zum Periodenende bestehen aber weiterhin die gleichen Erwartungen hinsichtlich der Vereinnahmung künftiger Zahlungen. Die fortgeführten Anschaffungskosten (*amortised cost*) zum 31.12.02 betragen 44 GE (= 40 GE x 10 %). Der Bruttobuchwert der Forderung beläuft sich auf 110 GE, die Risikovorsorge entspricht somit einem Betrag von 66 GE. Ein „Einfrieren" der Risikovorsorge im Umfang von 60 GE oder sogar eine Reduzierung auf 56 GE – entsprechend einer Festsetzung des Bruttobuchwerts mit dem Nominalbetrag – scheidet aus.

Für Finanzinstrumente, die *at amortised cost* bewertet werden, besteht keine **459** Pflicht eines separaten Ausweises der Risikovorsorge.[91] Die Risikovorsorge kann daher für den Bilanzausweis (*on the face of the statement of financial position*) auch unmittelbar von dem betroffenen (Finanz-)Instrument abgezogen werden. Die Anforderungen der Offenlegung werden von dem Bilanzausweis nicht berührt (Rz 542). Für *at fair value through OCI* bewertete Finanzinstrumente ist ein separater Ausweis der Risikovorsorge nicht zulässig (IFRS 7.16A), beachtlich sind die besonderen Ausweisvorgaben (Rz 455).

10.2 Wertberichtigung und Zuschreibung bei *incurred loss* nach IAS 39

10.2.1 Erfassung eines *impairment* dem Grunde nach

Für die Wertminderung von IAS 39 unterliegenden finanziellen Vermögens- **460** werten gelten nicht die Regelungen von IAS 36 (→ § 11 Rz 3). Die Vorschriften in IAS 39.58 ff. stimmen jedoch weitgehend mit IAS 36 überein. Der *impairment*-Test erfolgt in zwei Schritten:

---

[90] Vgl. IASB, Staff Paper – ITG *meeting, Paper topic: Measurement of the loss allowance for credit-impaired financial assets*, vom 11.12.2015, http://www.ifrs.org/Meetings/MeetingDocs/Other%20Meeting/2015/December/ITG/AP9-Loss-allowance-for-credit-impaired-assets.pdf, abgerufen am 4.1.2017.

[91] Vgl. IASB, Staff Paper – ITG *meeting, Paper topic: Presentation of the loss allowance for financial assets measured at amortised cost*, vom 11.12.2015, http://www.ifrs.org/Meetings/MeetingDocs/Other%20Meeting/2015/December/ITG/AP10-Presentation-of-the-loss-allowance.pdf, abgerufen am 4.1.2017.

- **Erstens** ist mithilfe von internen Indizien (z. B. Verzug von Zahlungen) oder externen Hinweisen (Informationen über erhebliche finanzielle Schwierigkeiten des Vertragspartners) zu beurteilen, ob objektive substanzielle **Hinweise** auf eine Wertminderung schließen lassen (IAS 39.59).
- Liegt ein solcher Tatbestand vor, ist **zweitens** der **Barwert** der noch erwarteten künftigen *cash flows* auf der Basis des ursprünglichen effektiven Zinssatzes zu ermitteln (IAS 39.63). Liegt der Barwert *(present value)* unter dem Buchwert *(carrying amount)* des Vermögenswerts, so ist eine außerplanmäßige Abschreibung vorzunehmen (IAS 39.63).

461 Für Finanzinstrumente, die nicht erfolgswirksam zum beizulegenden Zeitwert *(fair value)* bewertet werden, ergibt sich die Notwendigkeit einer fortlaufenden Werthaltigkeitsprüfung. Nach Maßgabe des *incurred loss model* sind Wertberichtigungen nur bei bereits eingetretenen Wertminderungen zulässig. Eine Abwertung eines Finanzinstruments für erwartete Verluste *(expected losses)* sowie eine pauschale Wertberichtigung ohne objektive Evidenz sind somit ausgeschlossen (IAS 39.59/IAS 39.E.4.6).

10.2.2 Wertberichtigung bei einer Bewertung *at amortised cost*

462 Vorrang haben **Einzelwertberichtigungen** (IAS 39.AG87). Nicht einzelwertberichtigte Forderungen sind, soweit sie gleichwohl einem statistischen Ausfallrisiko unterliegen, auf Portfoliobasis (Gesamtbewertung) zu berichtigen (IAS 39.AG87). Die Ermittlung der Höhe einer Wertminderung muss daher nicht verpflichtend für jedes Finanzinstrument einzeln, sondern kann (bei einer Folgebewertung *at amortised cost*) auch für eine Gruppe von Finanzinstrumenten erfolgen. Die Einzelwertberichtigung hat allerdings Vorrang vor einer Portfoliowertberichtigung (IAS 39.64). Der Rückgriff auf eine Gruppenbewertung ist nur für Finanzinstrumente von untergeordneter *(not individually significant)* Bedeutung zulässig, die im Rahmen einer Einzelbetrachtung nicht wertzuberichtigen waren. Eine Portfoliowertberichtigung scheidet überdies für nicht homogene Gruppen von Finanzinstrumenten aus (IAS 39.BC122).

463 Für den Ausnahmefall eines beobachtbaren Marktpreises für ein *at amortised cost* bewertetes Finanzinstrument kann eine Wertberichtigung auf den beizulegenden Zeitwert erfolgen (IAS 39.AG84). An einer systematischen Begründung für den Bruch mit der Bewertungssystematik fehlt es ebenso wie an einer Erläuterung, warum zwar der *fair value* als beobachtbarer Marktpreis, nicht aber als Ergebnis eines Bewertungsverfahrens maßgeblich ist. Es fehlt innerhalb der IFRS an einer konzeptionellen Begründung für die Ausnahme; einzige Rechtfertigung ist eine Annäherung an Vorgaben der US-GAAP (IAS 39.BC221(f)). Wird für die Feststellung einer Wertminderung auf einen beobachtbaren Marktpreis abgestellt, ist nach erfolgter Wertberichtigung ein „neuer" Effektivzinssatz aus einer Gegenüberstellung des Marktpreises und des erwarteten künftigen Zahlungsstroms erforderlich.

464 Bei individuell signifikanten Fremdkapitalinstrumenten ergibt sich die Höhe einer evtl. Wertberichtigung aus einem Vergleich des Buchwerts mit dem abgezinsten Wert der erwarteten künftigen Zahlungsströme. Die Erfassung einer Wertminderung erfolgt unter der Prämisse einer Fortführung des Zugangswerts als *catch-up adjustment*.

- Der Zahlungsstrom des Finanzinstruments ist – unter Berücksichtigung evtl. Erlöse aus Sicherheiten (IAS 39.AG84) – an geänderte Zins- und Tilgungserwartungen (also an ein geändertes Adressenausfallrisiko) anzupassen.
- Als Diskontierungszinssatz ist auf den Effektivzinssatz des Finanzinstruments zurückzugreifen, aktuelle Marktzinssätze bleiben unbeachtlich (IAS 39.63).

Führt die im Rahmen einer **Einzelwertberichtigung** durchgeführte Berechnung zu einem Intervall von Barwerten, ist der beste Schätzwert *(best estimate)* innerhalb dieses Intervalls anzusetzen (IAS 39.AG86).

Die Abzinsung zur Bestimmung eines Wertberichtigungsbedarfs vernachlässigt die Stichtagsverhältnisse. Das Kalkül vermischt aktuelle Erwartungen hinsichtlich der erzielbaren Zahlungsströme mit einem fixierten, nicht aktuellen Zinssatz. Im Zeitablauf gestiegene Risikozuschläge für Bonität, Intransparenz, Illiquidität des Markts etc. spielen bei der Barwertberechnung keine Rolle. Der aktuelle Zins kann aber für die Kalibrierung der *cash-flow*-Erwartungen von Bedeutung sein.

465

Praxis-Beispiel

U hat am 31.12.01 für 100 eine von E emittierte nicht börsennotierte Anleihe, Laufzeit zehn Jahre, Ausgabe zu pari, Nominal- und Effektivzins 6 %, gezeichnet. E hat ein AAA-Rating. Das Ausfallrisiko ist vernachlässigbar. Eine Wertberichtigung wird deshalb bestenfalls auf Portfolioebene vorgenommen. In 02 wird E auf BB herabgestuft. U kann neuen Kapitalbedarf nur durch Emission einer neunjährigen Anleihe zu einem Zinssatz von 12 % decken. Das Marktzinsniveau von fristengleichen AAA-Anleihen beträgt 7 %. Der Kurs der ersten Anleihe bricht im außerbörslichen Handel von 100 auf 68 ein. Die Herabstufung des Ratings und der wesentlich über den allgemeinen Anstieg des Marktzinsniveaus hinausgehende Zinsanstieg der neuen Anleihe indizieren ernste Bonitätsprobleme. Die Vernachlässigung des Ausfallrisikos in der Zahlungsreihe ist unter diesen Umständen nicht mehr angemessen.

Liegt der Barwert *(present value)* unter dem Buchwert *(carrying amount)* des Vermögenswerts, so ist eine außerplanmäßige Abschreibung vorzunehmen (IAS 39.63). Nach durchgeführter Einzelwertberichtigung sind **zinstragende Forderungen** mit dem ursprünglichen Effektivzinssatz **aufzuzinsen**. Ein **Zinsertrag** ist somit auch dann auszuweisen, wenn keine Zinszahlungen mehr eingehen bzw. bei Annuitätendarlehen eingehende unzureichende Raten nach zivilrechtlichen Vorschriften (z.B. § 497 BGB für Verbraucherkredite) vorrangig als Tilgung und nicht als Zins anzurechnen sind.

466

Praxis-Beispiel

Am 1.1.01 gewährt A an B ein Darlehen über nominal 1.000 GE mit Laufzeit bis zum 1.1.06, einem zum Jahresultimo fälligen Nominalzins von 7 % und einem Disagio von 10 %. Die erste Zinszahlung wird ordnungsgemäß von B geleistet, die zweite kann A nur durch Aufrechnung mit einer gegenüber B bestehenden Lieferantenverbindlichkeit sichern. Per 31.12.03 erwartet A daher keine weiteren Zinszahlungen mehr, im Hinblick auf eine entsprechende Sicherheit aber eine Endzahlung von etwa ½ des geschuldeten Nominalbetrags.

	1.1.01	31.12.02	31.12.03	31.12.04	31.12.05	1.1.06
Vertragliche Zahlungsreihe	−900	70	70	70	70	1.000
daraus errechneter Effektivzins	10,2 %					
Planmäßiger Bilanzansatz	900	922	945	970	1.000	0
Erwartete Zahlungen 31.12.03				0	0	500
Barwert erwarteter Zahlungen (zuzüglich Bilanzansatz)			412	454	500	0
Wertberichtigung			945−412 = 533			
Zinsertrag		900×10,2 % = 92	922×10,2 % = 93	412×10,2 % = 42	454×10,2 % = 46	

467 Bei Forderungen von untergeordneter Bedeutung ist eine **Wertberichtigung auf Portfoliobasis** (Gesamtbewertung) zulässig, bei keinem erkennbaren Einzelrisiko, aber statistischen Risiken unterliegenden Forderungen geboten (IAS 39.64 und IAS 39.AG87). Diese **pauschalen Wertberichtigungen** müssen sich der Höhe nach an Erfahrungswerten orientieren. Spezifische Informationen über einen Einzelwertberichtigungsbedarf haben jedoch Vorrang und bedingen die Aussonderung der betreffenden Forderung aus dem pauschaliert wertberichtigten Portfolio (IAS 39.AG88).[92] Üblich ist die Einteilung der nicht einzelwertberichtigten Forderungen in **mehrere Portfolios**, um so der **Homogenitätsanforderung** von IAS 39.AG87 zu genügen:

> **Praxis-Beispiel**
> U fakturiert seine Leistungen mit einem Zahlungsziel von zwei Wochen. Angesichts der Wettbewerbsintensität des Markts toleriert U ohne Mahnung auch Zahlungen erst in der dritten und vierten Woche. Nach Ablauf der vierten Woche ergeht die erste Mahnung, nach Ablauf weiterer zwei Wochen die zweite, nach weiteren zwei Wochen erfolgt die Einschaltung eines Inkassounternehmens. Zum Bilanzstichtag unterteilt U die Debitoren nach der Altersstruktur *(aging method)*. Nach statistischer Auswertung der letzten Jahre ergeben sich folgende Wertberichtigungssätze. Für Forderungen mit einem Alter von
> - bis zu zwei Wochen (noch nicht fällige) − 0,25 %,
> - drei bis vier Wochen − 0,5 %,
> - bis sechs Wochen (Mahnstufe 1) − 5 %,
> - bis acht Wochen (Mahnstufe 2) − 50 %,
> - mehr als acht Wochen (Inkasso) − 100 %.
>
> In den drei letzten Klassen werden nur Forderungen von untergeordneter Bedeutung berücksichtigt. Größere Forderungen mit einem Alter von mehr als vier Wochen werden auf Einzelwertberichtigungsbedarf untersucht.

468 Ist ein Darlehen oder eine andere Forderung **dinglich besichert** *(collaterised),* ist der aus einer Verwertung der Sicherheit erwartete Erlös (abzüglich Kosten) bei der Barwertermittlung zu berücksichtigen (IAS 39.AG84). Die Berücksichtigung **personaler Sicherungen** (Bürgschaften etc.) ist nicht ausdrücklich geregelt. U. E.

---

[92] Zu Einzelheiten HACKENBERGER, PiR 2007, S. 38 ff.

sind sie nicht bei den *cash-flow*-Erwartungen bzw. Barwertermittlungen zu berücksichtigen.[93]

Die Bilanzierung personaler Sicherheiten (Finanzgarantien) wird in IAS 39 und IFRS 9 **nur** für den **Sicherungsgeber** (Rz 231), nicht für den Sicherungsnehmer geregelt. Die Sicherung stellt für den Sicherungsnehmer zunächst ein **derivatives Finanzinstrument** i. S. v. IAS 39.9 dar, weil **469**

* für die Übertragung des Ausfall- bzw. Bonitätsrisikos eine Risikoprämie gezahlt wird, die im Verhältnis zum Sicherungsbetrag *(underlying)* nur eine geringe Investition darstellt *(little or no initial investment)*,
* die Erfüllung des Sicherungsgeschäfts *(settlement)* zeitlich nicht (eng) mit dem Abschluss des Vertrags zusammenfällt und
* das zugrunde liegende Risiko keine nicht finanzielle Variable ist, die für eine der beiden Parteien des Sicherungsverhältnisses spezifisch wäre.

Andererseits sind Finanzgarantien i. S. d. Definitionen von IFRS 4 auch Versicherungsverträge (IFRS 4.B18(g) und IFRS 4.B18(f)) und deshalb gem. IAS 39.2(e) vom Anwendungsbereich des IAS 39 ausgenommen. Trotz der Einstufung als Versicherungsvertrag findet allerdings auch IFRS 4 keine Anwendung, da die Bilanzierung beim Sicherungsnehmer – *reinsurance contracts* ausgeklammert – in IFRS 4 nicht behandelt wird (IFRS 4.4(f)).

Da somit **weder IAS 39 (bzw. IFRS 9) noch IFRS 4** für die bilanzielle Abbildung beim Sicherungsnehmer einschlägig sind (IFRS 4.IG2 *Example* 1.11), besteht für den Sicherungsnehmer als faktisches **Bilanzierungswahlrecht** die Möglichkeit zur Behandlung wie **470**

* eine **Eventualforderung** *(contingent asset)* nach den Vorgaben von IAS 37 (IAS 37.5(e)) oder
* ein **derivatives Finanzinstrument** nach den Vorgaben von IAS 39.

Nach der möglicherweise noch herrschenden Meinung ist eine Behandlung als *contingent asset* geboten.[94] Wegen der Ähnlichkeit von personalen Sicherungen mit (Kredit-)Derivaten ist u. E. eine Behandlung nach IAS 39 bzw. IFRS 9 vorzuziehen.[95] In Abhängigkeit von der Wahlrechtsausübung gilt Folgendes:

* Bei einer Behandlung als *contingent asset* sind die restriktiven Ansatzvoraussetzungen beachtlich. Ist der Zufluss nicht so gut wie sicher *(virtually certain)*, scheidet ein Ansatz nach IAS 37.33 aus (→ § 21 Rz 122), auch wenn ggf. eine Wertberichtigung auf das besicherte Finanzinstrument zu erfassen ist.
* Bei Behandlung als derivatives Finanzinstrument sind eine Einbuchung zum *fair value* und dessen erfolgswirksame Fortschreibung geboten.

Eine außerplanmäßige Abschreibung ist **rückgängig** zu machen, wenn sich die Wertminderung verringert und „diese Verringerung objektiv auf einen nach der außerplanmäßigen Abschreibung aufgetretenen Sachverhalt zurückgeführt werden" kann (IAS 39.65). Es kommt für das **Zuschreibungsgebot** nicht darauf an, ob die ursprünglichen Gründe entfallen sind. Eine Kompensation durch andere Gründe reicht aus. **471**

---

93 Gl. A. FREIBERG, PiR 2010, S. 256 ff.; ähnlich ERNST & YOUNG, International GAAP 2017, Ch 49 sCh 4.2.2; a. A. GRÜNBERGER, KoR 2006, S. 81 ff.; SCHARPF/WEIGEL/LÖW, WPg 2006, S. 1492 ff.
94 Vgl. GRÜNBERGER, KoR 2006, S. 81 ff.; SCHARPF/WEIGEL/LÖW, WPg 2006, S. 1492 ff.; KUHN/SCHARPF, Rechnungslegung von Financial Instruments nach IFRS, 3. Aufl., 2006, Tz. 1315/1700.
95 FREIBERG, PiR 2010, S. 256 ff.

10.2.3   Wertberichtigung für veräußerbare Werte

472   Durch das „**Parken**" **von Wertänderungen** im Eigenkapital soll die GuV von **Volatilitäten** freigehalten werden (Rz 372). Diese Rechtfertigung für eine erfolgsneutrale Behandlung besteht **nicht** mehr, wenn ein **Abwärtstrend** eingetreten ist, mit dessen Umkehr nicht oder nicht kurzfristig zu rechnen ist. Nach IAS 39.59 sind Anhaltspunkte für eine erfolgswirksame Wertminderung z.B. signifikante Schwierigkeiten des Beteiligungsunternehmens, volkswirtschaftliche Entwicklungen, mit denen ein Verfall des Werts einhergeht usw. Angesprochen sind damit vor allem Fälle, in denen keine kurzfristige Wertschwankung (Volatilität) mehr vorliegt, sondern ein voraussichtlich dauerhafter Wertverfall eingetreten ist. Gem. IAS 39.61 ist eine erfolgswirksame Wertminderung bei Eigenkapitalinstrumenten (Anteilen) spätestens dann vorzunehmen, wenn der beizulegende Zeitwert signifikant und/oder anhaltend *(significant or prolonged decline)* unter dem Buchwert der Anteile liegt (IAS 39.61).

473   Der Veräußerungszeitpunkt ist der **späteste** Zeitpunkt, zu dem zuvor im Eigenkapital berücksichtigte Wertänderungen Eingang in die GuV finden. Eine Berücksichtigung in der GuV bereits zu einem früheren Zeitpunkt ist bei einer sich **ankündigenden außerplanmäßigen Abschreibung** erforderlich. IAS 39.58 bestimmt hierzu Folgendes:

(1) An jedem Bilanzstichtag ist zu **prüfen**, ob es objektive Hinweise *(objective evidence)* für die Wertminderung *(impairment)* gibt (IAS 39.58).

(2) **Objektive Hinweise** sind
  - **für alle Finanzinstrumente**
    (a) signifikante finanzielle Schwierigkeiten des Emittenten (Schuldners),
    (b) das aus finanziellen Schwierigkeiten resultierende Verschwinden eines aktiven Markts,
    (c) beobachtbare Daten, die eine messbare Verschlechterung der Aussichten eines Segments (Markts/Branche usw.) indizieren, dem das *asset* zuzurechnen ist,
    (d) der Eintritt von Ereignissen, die einen zuverlässig messbaren negativen Einfluss auf die Aussichten des Segments oder *assets* haben;
  - **für Fremdkapitalinstrumente zusätzlich:**
    (e) Vertragsbruch und
    (f) drohende Insolvenz des Schuldners *(borrower*; IAS 39.59);
  - **für Eigenkapitalinstrumente zusätzlich:**
    (g) ein signifikanter oder anhaltender Rückgang des *fair value* gegenüber den Anschaffungskosten (IAS 39.61).

(3) Gibt es derartige **Evidenzen**, ist die Differenz zwischen den Anschaffungskosten und dem niedrigeren *fair value* erfolgswirksam zu behandeln (IAS 39.68). Evtl. bisher **erfolgsneutral** behandelte Wertminderungen sind aus dem Eigenkapital auszubuchen (IAS 39.67).

474   Ein signifikanter oder anhaltender *(prolonged)* Rückgang des *fair value* eines Eigenkapitalinstruments unter seine Kosten begründet eine objektive Evidenz eines *impairment*. Vergleichsmaßstab für die Signifikanz sind die Anschaffungskosten, nicht der Wert nach letzter Abschreibung.[96] Mithin ist nach dem

---

[96]   IFRIC Update June 2005.

ersten *impairment* jeder weitere noch so kleine Wertrückgang ebenfalls als *impairment* anzusehen. Weitere Auslegungshinweise werden nicht gegeben. Insbesondere hat das IFRS IC in einer *Agenda Decision (Non-IFRIC)* vom Juli 2009 die Interpretation des Signifikanz- und Dauerhaftigkeitskriteriums offengelassen. Als signifikant gilt jeder Rückgang von mindestens 20 % gegenüber den Anschaffungskosten, als anhaltend ein Unterschreiten der Anschaffungskosten für mehr als neun Monate.[97] In pragmatischer Betrachtung gilt daher: Je länger und je größer eine Wertbewegung nach unten ist, umso eher ist eine außerplanmäßige Abschreibung geboten. Zur buchungsmäßigen Behandlung nach IFRS gilt Folgendes:

Praxis-Beispiel[98]
Die X-GmbH hat 10 % der Anteile an der börsennotierten Z-AG zum 1.1.00 erworben. Die Anschaffungskosten betragen 100 GE, zum 31.12.00 ist ein leichter Kursrückgang um 5 % zu verzeichnen. Am 31.12.01 notiert die Aktie bei nur noch 30 % des initialen Anschaffungspreises. Folgende Buchungen sind vorzunehmen:

Datum	Konto	Soll	Haben
1.1.00	einfache Anteile	100	
	Geld		100
31.12.00	AfS-Rücklage	5	
	einfache Anteile		5
31.12.01	*impairment*	70	
	einfache Anteile		65
	AfS-Rücklage		5

Vom Umstieg auf die erfolgswirksame Abschreibung ist nicht nur die Wertminderung des Jahres 01 (65 GE), sondern auch der zuvor im Eigenkapital geparkte Betrag (5 GE) betroffen.

Für den **Wegfall der Wertminderung**, d. h. für die Wertaufholung bei veräußerbaren Werten, gilt Folgendes: **475**
- Zuschreibungen auf **Eigen**kapitalinstrumente (Aktien, Anteile) sind erfolgsneutral vorzunehmen (IAS 39.69).
- Zuschreibungen auf **Fremd**kapitalinstrumente sind insoweit erfolgswirksam vorzunehmen, als der Zeitwert objektiv aufgrund eines nach Erfassung der Wertminderung im Periodenergebnis stattfindenden Ereignisses ansteigt (IAS 39.70). Die fortgeführten Anschaffungskosten bestimmen die Obergrenze der Wertaufholung.

---

[97] KPMG, Insights into IFRS 2016/17, Tz. 7.6.430.35.
[98] Entnommen aus FREIBERG, PiR 2006, S. 12 ff.

11   Latente Steuern auf Finanzinstrumente

476   Soweit eine Kapitalgesellschaft Anteile an einer anderen Kapitalgesellschaft hält, sind nach deutschem Steuerrecht Veräußerungsgewinne, Veräußerungsverluste und Abschreibungen auf diesen Anteil i.d.R. durch § 8b Abs. 3 KStG zu 95 % von der Körperschaftsteuer freigestellt. Bei einer bilanzierenden Kapitalgesellschaft führen deshalb Abweichungen zwischen dem Anteilswert laut IFRS-Bilanz (z.B. *fair value* über Anschaffungskosten) und dem Anteilswert laut Steuerbilanz *(tax base)* nur i.H.d. Steuersatzes × 5 % (also etwa bei einem Steuersatz von 30 % nur mit 1,5 % der temporären Differenz) zu latenten Steuern, da die Differenz im Übrigen nicht zu versteuern bzw. steuerlich nicht abzugsfähig ist (IAS 12.5ff.). Unter Wesentlichkeitsgesichtspunkten ist der verbleibende Betrag (z.B. 1,5 %) ggf. vernachlässigbar.

477   Handelt es sich bei dem Berichtsunternehmen um eine **Personengesellschaft**, so führen Abweichungen zwischen dem steuerlichen und dem IFRS-Anteilswert (wie andere Abweichungen) i.H.d. **Gewerbesteuersatzes** zu einer Steuerlatenz. Zur Behandlung von Anteilen an Personengesellschaften wird auf → § 26 Rz 170ff. verwiesen.

478   Werden Fremdkapitalinstrumente, insbesondere Anleihen, aufgrund des *fair-value*-Ansatzes über Anschaffungskosten angesetzt (Rz 298), so steht dies im Widerspruch zu § 6 EStG; auf die Differenz ist eine passive latente Steuer zu bilden. Im Fall von erfolgsneutral bewerteten Finanzinstrumenten erfolgt die Bildung des steuerlichen Abgrenzungspostens über das sonstige Gesamtergebnis im Eigenkapital (Rz 362 sowie → § 26 Rz 231). Liegt der nach IFRS anzusetzende *fair value* unter den Anschaffungskosten, so ist nach § 6 Abs. 1 EStG zu prüfen, ob die Wertminderung voraussichtlich von Dauer ist. Soweit dies verneint wird, sind aktive latente Steuern zu bilden.[99]

479   Pauschalwertberichtigungen werden von der Finanzverwaltung i.d.R. anerkannt, wenn sie den Betrag von 1 % nicht überschreiten (Nichtbeanstandungsgrenze). Ein höherer Ansatz muss durch die Historie der Forderungsausfälle (Statistik) begründet werden.[100] In diesem Fall bestehen keine besonderen Unterschiede zu IAS 39, wo für portfolioorientierte Wertberichtigungen (Pauschalwertberichtigungen im weiteren Sinne) ebenfalls die Orientierung an Erfahrungssätzen vorgesehen ist (Rz 434).

480   Nach IAS 21 sind Vermögenswerte und Schulden in fremder Währung i.d.R. zum Stichtagskurs umzurechnen (→ § 27 Rz 16). Eine Begrenzung nach oben auf die Anschaffungskosten (Vermögenswerte; Rz 339) bzw. nach unten durch den Rückzahlungsbetrag (Verbindlichkeiten; Rz 224) besteht nicht. Führt die Umrechnung einer Forderung demnach zu einem über den Anschaffungskosten liegenden Wert, so entstehen passive latente Steuern. Der währungsbedingte Ansatz von Verbindlichkeiten unter dem Rückzahlungsbetrag führt ebenfalls zu einer passiven Steuerlatenz.

481   Droht aus Derivaten ein Verlust, so ist dieser Verlust im Regelfall gem. § 5 Abs. 4a EStG steuerbilanziell nicht zu berücksichtigen. I. H. d. negativen *fair value* der IFRS-Bilanz liegt eine temporäre Differenz vor, die zu aktiven latenten

---

99   Vgl. LÜDENBACH/HOFFMANN, DB 2004, S. 85.
100   Vgl. BFH, Urteil v. 16.07.1981, IV R 89/80, BStBl 1981 II S. 766.

Steuern führt. Passive latente Steuern ergeben sich, wenn in der IFRS-Bilanz ein positiver *fair value (asset)* anzusetzen ist, hingegen in der Steuerbilanz nach den Grundsätzen schwebender Geschäfte ein Ansatz unterbleibt. Mit der seit 2006 geltenden Einfügung des § 5 Abs. 1a EStG kann es in bestimmten Ausnahmefällen zur Angleichung von Steuer- und IFRS-Bilanz kommen. Nach § 5 Abs. 1a EStG sind die Ergebnisse der in der Handelsbilanz gebildeten Bewertungseinheiten auch für die Steuerbilanz maßgeblich. Das steuerbilanzielle Passivierungsverbot für Drohverluste gilt insoweit nicht (§ 5 Abs. 4a Satz 2 EStG). Soweit daher ein Sicherungsderivat einen negativen *fair value* hat und dieser Verlustsaldo wegen der handelsrechtlichen Bildung einer Bewertungseinheit auch in der Steuerbilanz zu berücksichtigen ist, entstehen hier keine temporären Differenzen mehr. Zu beachten bleibt aber: Die handelsrechtliche Bildung von Bewertungseinheiten erfolgt lediglich kompensatorisch, d.h., übersteigt die positive Wertänderung des Sicherungsgeschäfts die negative des Grundgeschäfts, ist der verbleibende positive Saldo als unrealisierter Gewinn nicht ansatzfähig. Hier bleibt es bei der Differenz zur IFRS-Bilanz.[101]

12 Ausweis

12.1 Bilanz und Gesamtergebnisrechnung

12.1.1 Allgemeine Anforderungen

Das Finanzvermögen bereitet auf der Ebene der Bilanz selbst keine besonderen Ausweisprobleme.   **482**

- **Finanzanlagen:** Die Position Finanzanlagen wird in der (deutschen) IFRS-Praxis entweder gar nicht – oder wie von IAS 1.54(d) und IAS 1.54(e) verlangt (→ § 2 Rz 46) – lediglich in *at-equity*-Beteiligungen einerseits und übrige Finanzanlagen andererseits unterteilt.
- **Kurzfristiges Vermögen:** Im Umlaufvermögen sieht IAS 1.54 i.V.m. IAS 1.60 eine Mindestuntergliederung in Forderungen *(trade and other receivables)*, Zahlungsmittel *(cash and cash equivalents)* und sonstige kurzfristige finanzielle Vermögenswerte vor (→ § 2 Rz 46). Die Forderungen *(receivables)* sind wahlweise in der Bilanz oder im Anhang weiter zu untergliedern in Forderungen aus Lieferung und Leistung, Forderungen gegen nahestehende Personen, Vorauszahlungen und sonstige Forderungen (IAS 1.78(b)).

Die relevanten Erläuterungen und Untergliederungen des Finanzvermögens finden sich demgemäß nicht auf der Ebene der Bilanz, sondern in den *notes*. Insoweit wird auf Rz 326ff. und → § 5 verwiesen.   **483**

Für Verbindlichkeiten sieht IAS 1.54 mindestens den gesonderten Ausweis folgender Posten in der Bilanz selbst vor (→ § 2 Rz 46):   **484**

- **Verbindlichkeiten aus Lieferung und Leistung und sonstige Verbindlichkeiten,**
- **Finanzschulden.**

Soweit in diesen Kategorien jeweils sowohl kurzfristige als auch langfristige Teile enthalten sind, müssen diese separiert werden (IAS 1.60).

---

[101] Vgl. zum Ganzen BISCHOFF, PiR 2007, S. 68ff.

485 Zusätzliche Posten sind auszuweisen, wenn sie notwendig sind, um die Vermögens- und Finanzlage des Unternehmens den tatsächlichen Verhältnissen entsprechend darzustellen (IAS 1.57f.; → § 2 Rz 55). Diese Formulierung lässt viele **Spielräume** offen und führt zu einer **uneinheitlichen** Bilanzierungspraxis: Teils werden nur die Posten Verbindlichkeiten und latente Steuern in der Bilanz selbst ausgewiesen und alle anderen Angaben in den Anhang verlagert. Teils wird die Passivseite in langfristiges und kurzfristiges Fremdkapital untergliedert, wobei im langfristigen Fremdkapital langfristige Finanzschulden und übrige langfristige Verbindlichkeiten ausgewiesen werden, im kurzfristigen Fremdkapital kurzfristige Finanzschulden, Verbindlichkeiten aus Lieferungen und Leistungen und übrige kurzfristige Verbindlichkeiten. Die erste Lösung führt nicht wirklich zu einem geringeren Aufstellungsaufwand, da ohnehin für den Anhang eine Aufgliederung nach Fristigkeiten gefordert ist.

486 Besonderer Berücksichtigung in der Gesamtergebnisrechnung bedürfen erfolgsneutrale *fair-value*-Änderungen. Wegen Einzelheiten wird auf → § 2 Rz 98 verwiesen.

12.1.2 Aufspaltung von Derivaten in kurzfristig und langfristig?

487 Innerhalb der IFRS fehlt es an konkreten Vorgaben hinsichtlich des Ausweises von **derivativen Finanzinstrumenten** in der Bilanz (*statement of financial position*). Abzustellen ist daher auf die allgemeinen (Gliederungs-)Vorgaben gem. IAS 1. Der (Bilanz-)Ausweis von derivativen Finanzinstrumenten bestimmt sich – Finanzinstitute ausgeklammert – danach insbesondere in Abhängigkeit von der **Fristigkeit**. Vermögenswerte und Schulden sind in Abhängigkeit von dem verbleibenden Zeitraum bis zur Realisierung bzw. Fälligkeit in **kurzfristig** (*current*) **und langfristig** (*non-current*) zu unterscheiden. Für eine Klassifizierung eines Derivats als *non-current* ist auf den **Erfüllungstag** (*basis of its settlement*) und die erwartete **Restlaufzeit** (*maturity*) abzustellen (IAS 1.BC38C). Die Ausführungen in den *Basis for Conclusions* geben allerdings Anlass zu Zweifeln hinsichtlich des Ausweises, da sie über Abstellen auf den **Singular** implizieren, ein derivatives Finanzinstrument hätte nur einen (!) Erfüllungstag bzw. eine einheitliche (!) Restlaufzeit.

488 Hinsichtlich des Zahlungsstromprofils eines derivativen Finanzinstruments ergibt sich bei restriktiver Lesart der Gliederungsvorgaben folgende notwendige **Differenzierung**: Sieht die vertragliche Vereinbarung

- nur **einen Erfüllungstag** vor (etwa bei Termingeschäften) und ist die Restlaufzeit zum Stichtag länger als zwölf Monate, ist ein Ausweis als *non-current* geboten;
- **mehrere Erfüllungstage** und somit unterschiedliche Fälligkeiten (etwa bei Zinsswaps oder Zinsbegrenzungsvereinbarungen, also *caps* oder *floors*) vor, ist eine Aufteilung des *fair value* für das (Gesamt-)Instrument in Abhängigkeit der Restlaufzeiten der einzelnen Zahlungsströme geboten.

Nur eine Aufteilung eines derivativen Finanzinstruments in kurz- und langfristig steht bei restriktiver Lesart im Einklang mit den Vorgaben von IAS 1.

489 Die in IAS 1 formulierten Anforderungen an den (Bilanz-)Ausweis finden Anwendung auf alle derivativen Finanzinstrumente. Setzt sich ein Derivat aus mehreren einzelnen Zahlungsströmen mit unterschiedlicher Fälligkeit (teils kurz-, teils langfristiger Restlaufzeit) zusammen, ist für den Ausweis im *statement of financial position* **dem Grunde nach** eine **Aufteilung** in *current* und *non-current* geboten. Es fehlt allerdings an Vorgaben seitens des Standardsetters hinsichtlich der Aufteilung der Höhe nach. Das IFRS IC fühlt sich nicht zuständig, da jede Aussage eher Anwendungshilfe (*application guidance*), damit allgemeiner Natur und somit nicht eine in den Verantwortungsbereich des IFRS IC fallende Interpretation ist. Auch eine Klarstellung im Rahmen eines *Annual Improvements Project* wird ausgeschlossen.[102] Wegen der Unklarheit der Vorgaben halten wir es daher auch vertretbar, auf eine Aufteilung eines derivativen Finanzinstruments in einen kurz- und einen langfristigen Anteil zu verzichten. Wird dennoch eine Aufteilung für einen Ausweis in Abhängigkeit der Fristigkeit vorgenommen, ist für die Aufteilung eines derivativen Finanzinstruments mit mehreren Fälligkeitszeitpunkten (*settlement dates*) in *current* und *non-current* zwischen **bedingten und unbedingten** Termingeschäften zu unterscheiden:[103]

- Optionsgeschäfte räumen als bedingte Termingeschäfte einer Partei das Recht gegenüber dem Kontraktpartner auf die Erfüllung des Vertragsgegenstands (diverse Basisobjekte) innerhalb einer bestimmten Frist ein. Der beizulegende Zeitwert eines bedingten Termingeschäfts ist – den Fall beobachtbarer Marktpreise ausgeklammert – über den Rückgriff auf ein Optionspreismodell zu bestimmen. Bündelt ein Derivat mehrere bedingte Termingeschäfte (etwa ein *cap* oder *floor*), erfolgt eine Aufteilung des Gesamtwerts über eine Bewertung jedes einzelnen Geschäfts.

- Unbedingte Termingeschäfte verpflichten die Kontraktpartner auf den künftigen Austausch eines spezifischen Basiswerts zu einem bereits bei Vertragsschluss definierten Preis. Der beizulegende Zeitwert ergibt sich aus einem Vergleich des Barwerts des (Zahlungs-)Anspruchs (*receiver leg*) und der (Zahlungs-)Verpflichtung (*payer leg*). Sieht ein kontrahiertes Derivat mehrere Austauschzeitpunkte in einem festgelegten Zeitraum vor (etwa ein Zinsswap), erfolgt die Bestimmung des kurzfristigen Anteils über eine Barwertbestimmung der Austauschrelationen während der nächsten zwölf Monate.

490

12.1.3 Saldierung von finanziellen Vermögenswerten und Verbindlichkeiten

Nach IAS 1.32 sind Vermögenswerte und Schulden nur dann saldierungsfähig, wenn die **Saldierung** durch einen IFRS-Standard erlaubt oder vorgeschrieben wird. Von Interesse ist hier IAS 32.42, mit dem Gebot, finanzielle Vermögenswerte und Verbindlichkeiten zu saldieren, wenn

- aus **objektiver Sicht** ein gegenwärtig (*currently*) durchsetzbares **Recht auf Aufrechnung** besteht (IAS 32.42(a)) und
- aus **subjektiver** Sicht das Unternehmen entweder eine Aufrechnung oder die zeitgleiche Realisierung von Vermögenswert und Verbindlichkeit **beabsichtigt** (IAS 32.42(b)).

491

---

[102] Vgl. IFRIC/IASB, Information for Observers, March 2007; sowie IASB, Information for Observers, March 2008.
[103] Hierzu ausführlich FREIBERG, Diskontierung in der Internationalen Rechnungslegung, 2010, Rz 239 ff.

492 Uneinheitliche Auslegungen dieser Kriterien in der Praxis waren für den IASB Anlass, im Dezember 2011 „*Amendments to IAS 32 Offsetting Financial Assets and Financial Liabilities*" zu verabschieden. Die ab 2014 anzuwendenden Regelungen (IAS 32.97(l)) ersetzen die bisherigen Anwendungsleitlinien von IAS 39.AG38 durch konkretere Bestimmungen (IAS 39.AG38B – IAS 39.AG38E). Im Einzelnen gilt danach:

- Die **objektive** Anforderung des IAS 32.43(a) ist nur erfüllt, wenn die Aufrechnungsmöglichkeit nicht von zukünftigen **Bedingungen** (etwa Vertragsverletzungen der anderen Seite) abhängt. Schädlich ist deshalb etwa eine Vereinbarung, nach der es nur bei Zahlungsausfall einer Partei zur (dann automatischen) Aufrechnung kommt.[104] Eine Saldierung ist ebenfalls ausgeschlossen, wenn im Umkehrfall die Aufrechnung zwar unter normalen Bedingungen, jedoch nicht in Sonderfällen, etwa bei Insolvenz einer Partei, möglich ist. Nach deutscher Rechtslage gilt: Ist die Aufrechnung in der Insolvenz durch § 187 Abs. 1 InsO i. V. m. § 29 Abs. 1 Nr. 2 InsO bis zum allgemeinen Prüfungstermin gehemmt, scheidet eine Saldierung bilanziell aus, und zwar auch dann, wenn keinerlei Anzeichen für eine drohende Insolvenz einer der beiden Parteien bestehen. Aus ähnlichen Gründen eignen sich **Nachrangverbindlichkeiten** generell nicht für eine Saldierung. Bei Teilnahme an einem **Clearing-System mit Margenkonten** (etwa im Handel mit Futures) kommt eine Saldierung dann nicht infrage, wenn über die Margenkonten nur bei Vertragsverletzung, also nur bedingt verfügt werden kann.[105] U. E. kommt es in allen Fällen nur auf die Aufrechnungsmöglichkeit durch das Berichtsunternehmen an. Der Hinweis in IAS 32.BC80, alle Parteien (also auch die Gegenseite) müssten aufrechnungsberechtigt sein, widerspricht dem Wortlaut des Standards.

- Aus **subjektiver** Sicht kommt es hinsichtlich der Aufrechnungsabsicht auf die bisherige **Praxis** des Unternehmens im Umgang mit gleichartigen Vermögenswerten und Verbindlichkeiten an. Für die zeitgleiche Erledigung gilt: Clearing-Systeme im Derivatehandel sorgen zwar im Allgemeinen für eine der Aufrechnung äquivalente zeitgleiche Erledigung, erfüllen aber, wie im vorherigen Punkt dargestellt, u. U. nicht die objektiven Voraussetzungen.

Als Folge der *Amendments* zu IAS 32 sind auch die **Anhangvorschriften** von IFRS 7 erweitert worden (IFRS 7.13C). Bei Saldierung ist eine Überleitung von Brutto- zu Nettopositionen vorzunehmen. Zusätzlich sind bestimmte Angaben zu (bedingt) zurechnungsfähigen, aber nicht saldierten Positionen zu leisten.

493 Die Notwendigkeit einer kumulativen Erfüllung der Bedingungen für eine Aufrechnung wurden seitens des IFRS IC auch für *cash-pooling*-Vereinbarungen bestätigt.[106] Wird lediglich (abrechnungs-)technisch eine fortlaufende Aufrechnung von Guthaben- und Darlehensbeständen vorgenommen, fehlt es aber an einer dokumentierten Absicht zur Aufrechnung, scheidet ein *offsetting* aus.

---

[104] Vgl. FREIBERG/LUKAT, PiR 2013, S. 113 ff.
[105] Vgl. GEISEL/BERGER, WPg 2011, S. 1120 ff.
[106] Vgl. IFRIC Update March 2016.

12.2 GuV und Kapitalflussrechnung

Das Mindestschema der **GuV** aus IAS 1.82 sieht **zwei** Angaben für die Ergebnisse   **494**
aus Finanzinstrumenten vor:

*   das *equity*-Ergebnis aus assoziierten und Gemeinschaftsunternehmen sowie
*   das Zinsergebnis *(financial cost)*.

In der Praxis wird häufig wie folgt verfahren (→ § 2 Rz 69ff.):

*   Gewinne und Verluste aus dem Abgang von Finanzinstrumenten werden im
    Posten **sonstige betriebliche Erträge** oder **sonstige betriebliche Aufwen-**
    dungen erfasst. Das Gleiche gilt für Abschreibungen und Zuschreibungen auf
    Forderungen sowie Währungsgewinne und Währungsverluste.

*   In der Position **übriges Finanzergebnis** (nach den Posten Beteiligungsergeb-
    nis und Zinsergebnis) werden Abschreibungen und Zuschreibungen auf Fi-
    nanzanlagen sowie Ergebnisse aus der Marktbewertung von Derivaten und
    anderen *trading assets* (Rz 196) erfasst. Hierbei dürfen im Allgemeinen Ge-
    winne und Verluste aus zu Handelszwecken gehaltenen Finanzinstrumenten
    saldiert werden, d.h., auch im Anhang ist nicht zwischen Gewinn- und
    Verlustfällen zu differenzieren (IAS 1.35).

Eine Besonderheit für den GuV-Ausweis ergibt sich für negative Zinserträge.   **495**
Nach einer langen Debatte seitens des IFRS IC wurde Folgendes beschlossen:[107]
Zinszahlungen eines Gläubigers an den Schuldner (somit negative Zinsen) dürfen
nicht als **negativer Bestandteil des Zinsertrags** erfasst werden. Hauptargument
für die Versagung eines Einbezugs negativer Zinsen in den Zinsertrag ist der
Anfall eines Abflusses, der kein Ertrag sei. Im Ergebnis sollen negative Zinsen
weder als Zinsertrag noch als Zinsaufwand erfasst werden. Da allerdings eine
Pflicht zum Einbezug in die Saldogröße Zinsergebnis besteht, ist der Ausweis in
gesonderter Zeile *(line item)* erforderlich.[108]

Mit Anwendung von IFRS 9 ergeben sich Folgeänderungen *(consequential*   **496**
amendment) betreffend den Ausweis in der Gesamtergebnisrechnung. Die folgenden Posten sind – unter dem Vorbehalt der Wesentlichkeit – gesondert
auszuweisen:

*   Erlöse aus Finanzinstrumenten, mit separater Angabe der unter Verwendung
    der Effektivzinsmethode ermittelten Zinserträge;

*   aus der Ausbuchung von zu fortgeführten Anschaffungskosten folgebewerte-
    ten finanziellen Vermögenswerten resultierende Gewinne oder Verluste;

*   in Übereinstimmung mit IFRS 9 ermittelte Wertminderungen (inkl. Wert-
    aufholungen);

*   aus der Umklassifizierung eines finanziellen Vermögenswerts aus der Kate-
    gorie *at amortised cost* in die Kategorie *fair value through profit or loss*
    (FVTPL) resultierende Gewinne oder Verluste; und

*   sofern ein finanzieller Vermögenswert in die Kategorie FVTPL umgewidmet
    wird, Gewinne bzw. Verluste, die sich aus einer Differenz zwischen Buchwert
    und beizulegendem Zeitwert zum Zeitpunkt der Umwidmung ergeben.

Besondere Ausweisvorschriften ergeben sich nach IFRS 9 für die Erfassung einer   **497**
Risikovorsorge i.H.d. *expected loss* (Rz 434) für Fremdkapitalinstrumente

---

[107] Vgl. IFRIC Update January 2015.
[108] Kritisch GROSSE, PiR 2015, S. 153ff.

(Rz 156), die erfolgsneutral zum beizulegenden Zeitwert (*at fair value through OCI*) bewertet werden (IFRS 9.5.5.2). Die Erfassung eines separaten Postens für die Risikovorsorge (*loss allowance*) scheidet aus, da eine bilanzielle Abbildung zum beizulegenden Zeitwert vorgesehen ist. Es bedarf aber gesonderter Angaben zum Umfang der erfassten Risikovorsorge (IFRS 7.16A).

Praxis-Beispiel
Zum 1.1.01 erwirbt Unternehmen U für einen Betrag von 1.000 GE ein Fremdkapitalinstrument, welches sich für eine Klassifizierung als *at fair value through OCI* qualifiziert (Rz 368) und entsprechend auch gewidmet wird. Im Zugangszeitpunkt ist das Finanzinstrument nicht bereits als *credit impaired* (Rz 390) anzusehen. Der nach Stufe 1 der Risikovorsorge zu bestimmende Zwölf-Monatsausfall (Rz 397) wird mit 10 GE bestimmt. Es ergeben sich (ohne Berücksichtigung latenter Steuern) folgende Buchungen:

Konto	Soll	Haben
Finanzieller Vermögenswert	1.000	
Kasse		1.000
Wertberichtigung (*impairment*)	10	
Other comprehensive income		10

Da der beizulegende Zeitwert des Finanzinstruments im Zugangszeitpunkt 1.000 GE beträgt, scheidet eine Anpassung des Bilanzansatzes für die Risikovorsorge aus.
Zum Periodenende (31.12.01) sinkt der beizulegende Zeitwert des Finanzinstruments auf einen Betrag von nur noch 950 GE. U sieht keine Anhaltspunkte für einen signifikanten Anstieg des Kreditrisikos (Rz 399) und bestimmt eine Risikovorsorge anhand des erwarteten Zwölf-Monatsausfalls von 30 GE. Folgende Buchungen sind (wiederum ohne latente Steuern) erforderlich:

Konto	Soll	Haben
Other comprehensive income	30	
Wertberichtigung (*impairment*)	20	
Finanzieller Vermögenswert		50

Der Bilanzansatz des Fremdkapitalinstruments ist auf den *fair value* von 950 GE zu reduzieren. Erfolgswirksam ist die zusätzliche Erhöhung der Risikovorsorge von 20 GE (= 30 GE – 10 GE) zu erfassen, ein Betrag von 10 GE wurde bereits im Zugangszeitpunkt erfasst. Zur gesamten (kumulierten) Risikovorsorge sind Angaben zu machen. Ein Betrag von 30 GE ist im OCI zu erfassen und erklärt die Differenz zwischen der *fair-value*-Änderung und der zum Stichtag zusätzlich zu erfassenden Risikovorsorge.

498 In der **Kapitalflussrechnung** sind neben den allgemeinen Regelungen (z.B. Darlehensaufnahme und Darlehensrückzahlung im Finanzierungsbereich) folgende besonderen Bestimmungen zu beachten:

- Wertpapiere und Anleihen, die zu **Handelszwecken** gehalten werden, sollen gem. IAS 7.15 den zur Weiterveräußerung bestimmten Vorräten ähneln. *Cash flows* aus dem Erwerb und Verkauf derartiger Wertpapiere sind deshalb im operativen Bereich der *cash-flow*-Rechnung zu berücksichtigen. Entsprechendes gilt für Derivate, die zu Handelszwecken gehalten werden (→ § 3 Rz 53).
- Bei Auszahlungen für **Derivate**, die als *hedges* verwendet werden, ist zu differenzieren: Beziehen sie sich auf ein bestimmtes Sicherungsgeschäft (z.B. Kundenforderungen in Fremdwährung), so ist der *cash flow* des Derivats so zu behandeln wie der des Grundgeschäfts (im Beispiel operativ). Fehlt es an einem solchen besonderen Bezug, so können nicht als *trading* zu qualifizierende Derivate je nach den Umständen der Investitions- oder Finanzierungstätigkeit zugerechnet werden (IAS 7.16(g); → § 3 Rz 53).
- Auszahlungen für *available-for-sale*-**Werte** sind im Allgemeinen im Investitionsbereich zu berücksichtigen.
- Bei großer **Umschlaghäufigkeit**, d.h. vorrangig in der Kategorie *trading*, können Ein- und Auszahlungen auch **saldiert** dargestellt werden (IAS 7.22(b)).

13 Angaben

13.1 Überblick

Die Angabepflichten des IFRS 7 lassen sich in zwei Blöcke aufteilen: **499**
- **Bedeutung** von Finanzinstrumenten für das Unternehmen (IFRS 7.7 – IFRS 7.30) und
- Art und Umfang der aus den eingesetzten Finanzinstrumenten resultierenden **Risiken** (IFRS 7.31 – IFRS 7.44).

Bei den die **Bedeutung** der eingesetzten Finanzinstrumente betreffenden Angaben verlangt IFRS 7 von Finanzinstrumenten teils eine Aufschlüsselung nach „*classes*", teils nach „*categories*". **500**
- **Kategorien** sind die in IFRS 7.8 unterschiedenen Bewertungskategorien.
- Eine **Klasse** ist eine Zusammenfassung von Finanzinstrumenten zu einer Gruppe, die in Abhängigkeit von der Art der nach IFRS 7 geforderten Angaben sowie der Merkmale der im Unternehmen eingesetzten Finanzinstrumente vorgenommen wird. Daher sind die Klassen durch das Unternehmen individuell festzulegen. Dabei muss die Klassenbildung mindestens zwischen zu fortgeführten Anschaffungskosten und zum *fair value* bilanzierten Finanzinstrumenten unterscheiden (IFRS 7.B2). Im einfachsten Fall (bei fehlender unternehmensspezifischer Untergliederung) ergäben sich also zwei Klassen, zum einen zu fortgeführten Anschaffungskosten bilanzierte Finanzinstrumente, zum anderen zum *fair value* bilanzierte.

Die Erläuterung der Finanzinstrumente nach **Klassen** steht **im Vordergrund** von IFRS 7. Die Bewertungskategorien haben keine so hohe Bedeutung. Wichtigste Ausnahmen sind IFRS 7.8 mit der Überleitung von Bewertungskategorien auf Bilanzposten (Rz 512) sowie IFRS 7.20(a) mit einer Aufgliederung von Nettogewinnen oder -verlusten aus Finanzinstrumenten nach Bewertungskategorien (Rz 514).

Im Einzelnen sind zur Bedeutung von Finanzinstrumenten Angaben zu folgenden Punkten gefordert: **501**

- **Bilanzierungs- und Bewertungsmethoden** (Rz 506),
- **Überleitung** der Bewertungskategorien auf die Bilanz- und GuV-Positionen, Umgliederungen zwischen den Kategorien (Rz 512),
- Aufschlüsselung der **Nettogewinne und -verluste** nach Bewertungskategorien (Rz 514), Angabe des Wertminderungsaufwands je Klasse (Rz 516),
- **Zinserträge und Zinsaufwendungen** für nicht erfolgswirksam zum *fair value* erfasste Finanzinstrumente (Rz 509) sowie der Zinsertrag aus wertgeminderten finanziellen Vermögenswerten (sog. *unwinding*; Rz 516),
- Höhe von **Zeitwerten** (fair values) nach Klassen, soweit der Zeitwert nicht bereits aus der Bilanz ersichtlich ist, Ermittlung der Zeitwerte, Nutzung der *fair value option* (Rz 517),
- *hedge accounting* (→ § 28a Rz 148ff.),
- **sonstige** Angaben zur Bedeutung von Finanzinstrumenten (Rz 522).

502 Zur Kennzeichnung der **Risiken** aus den eingesetzten Finanzinstrumenten sind Angaben zu

- Ausfallrisiken (Rz 524),
- Liquiditätsrisiken (Rz 525) und
- Markt(preis)risiken (Rz 530)

erforderlich (Rz 523). Diese können aber statt im Anhang in einem **Lagebericht** gemacht werden, der mit den *financial statements* offengelegt wird (IFRS 7.B6). Hierdurch lassen sich Redundanzen vermindern.

13.2 *Materiality*-Überlegungen

503 Betrachtet man den Anhang von Großunternehmen aus Luftfahrt, Versorgung, Handel usw., fällt der wesentlich größere **Umfang** der Erläuterungen der Finanzinstrumente im Verhältnis zum Sach- und immateriellen Anlagevermögen und zu den Vorräten auf. Ein unvoreingenommener Betrachter könnte angesichts dieser Schwerpunktsetzung den Eindruck gewinnen, dass die betroffenen Unternehmen nicht vor allem Passagiere befördern, Energie produzieren bzw. Warenhandel betreiben, sondern sich eher auf finanzielle als auf operative Tätigkeiten konzentrieren würden. Wer als mittelständischer Anwender einen solchen Eindruck nicht vermitteln will bzw. auch den mit manchen Angaben verbundenen Aufwand scheut, muss den *materiality*-Grundsatz (→ § 1 Rz 61ff.) extensiv auslegen.

504 Wie alle IFRS-Regelungen unterliegen auch die Bestimmungen von IFRS 7 dem Vorbehalt der Nichtanwendung auf **unwesentliche** Sachverhalte (→ § 1 Rz 62). Daneben finden sich aber noch spezielle Hinweise:

- „Ein Unternehmen entscheidet angesichts der individuellen Umstände, wie viele Details es angibt, um den Anforderungen dieses IFRS gerecht zu werden, wie viel Gewicht es auf verschiedene Aspekte dieser Anforderungen legt und wie es Informationen zusammenfasst, um das Gesamtbild darzustellen" (IFRS 7.B3).
- „Der Umfang der Angabepflichten hängt vom Umfang des Einsatzes von Finanzinstrumenten und der betreffenden Risikoexposition ab" (IFRS 7.IN4).
- „Zur Erfüllung der Anforderungen muss ein Unternehmen nicht alle in der *Implementation Guidance* empfohlenen Informationen angeben" (IFRS 7.IG5).

505 Im Vergleich zu anderen Standards ist der wiederholte Hinweis auf den *materiality*-Grundsatz auffällig. Erklärend ist offenbar ein gewisses Unbehagen damit, den bankspezifischen Standard IAS 30 abgeschafft und seine Inhalte in IFRS 7

integriert zu haben. Als Folge dieser Entscheidung unterliegt die Elektro Müller GmbH vor Berücksichtigung des *materiality*-Gedankens den gleichen Offenlegungsvorschriften für Finanzinstrumente wie die Deutsche Bank AG. Da dies im Ergebnis nicht richtig sein kann, muss der *materiality*-Grundsatz bei IFRS 7 besonders betont werden. Von praktischer Bedeutung ist dann die Interpretation des Grundsatzes. Würde er rein quantitativ, etwa als Anteil der Finanzinstrumente an der Bilanzsumme verstanden, wäre dem **mittelständischen** Unternehmen nur halb (u. a. kaum auf der Passivseite) geholfen. Bei qualitativer Betrachtung sind aber Informationen nur dann als wesentlich anzusehen, wenn sie für die Beurteilung der Lage des Unternehmens wichtig sind. Für ein überwiegend im Euroraum tätiges und überwiegend festverzinslich finanziertes mittelständisches Unternehmen werden Währungs- und Zinsentwicklungen etwa qualitativ unwesentlich, Sensitivitätsanalysen zu diesen Größen daher entbehrlich sein. Bei konsequenter Anwendung des *materiality*-Grundsatzes kann der Mittelständler mit verhältnismäßig wenigen, zumeist aus dem Handelsrecht bekannten Angaben (Laufzeiten usw.) auskommen und so – im Interesse des *true and fair view* – seine Berichterstattung vom **finanziellen Kopf** auf die **operativen Füße** stellen.

13.3 Angaben zu Bilanzierungs- und Bewertungsmethoden

Bezüglich der Angabepflichten zu den Bilanzierungs- und Bewertungsmethoden verweist IFRS 7.21 lediglich auf die diesbezüglich allgemeine Angabepflicht in IAS 1.117. Für Finanzinstrumente dürfte danach im Wesentlichen eine Angabe **506**
* der Bewertungsmethoden,
* der Kriterien für die Ein- und Ausbuchung sowie für die Realisation der Erträge und Aufwendungen
relevant sein.

Zum **Einbuchungszeitpunkt** ist anzugeben, ob Finanzinstrumente am Erfüllungs- oder Handelstag erfasst werden (Rz 58). **507**

Besondere Angabepflichten bestehen für Finanzinstrumente, die trotz Übertragung *(transfer)* **nicht ausgebucht** wurden oder bei denen nach Übertragung ein *continuing involvement* existiert (IFRS 7.42A). Ein *continuing involvement* im Sinne dieser Anhangvorschriften ist gem. IFRS 7.42C gegeben, wenn auf den übertragenen Vermögenswert bezogene Rechte oder Pflichten zurückbehalten oder neu begründet wurden. Kein *continuing involvement* liegt jedoch vor bei Verbleib des Veritätsrisikos, bedingten oder unbedingten Termingeschäften, die eine Rücknahme des übertragenen Vermögenswerts zum *fair value* vorsehen, sowie Durchleitungsverpflichtungen. Für finanzielle Vermögenswerte, die bei Übertragung **nicht vollständig ausgebucht** worden sind, müssen im Einzelnen folgende Angaben geleistet werden (IFRS 7.42D): **508**
* Art der übertragenen Vermögenswerte,
* Art der beim Unternehmen verbleibenden Chancen und Risiken,
* Art der Beziehung zwischen dem übertragenen Vermögenswert und damit verbundenen Verbindlichkeiten (*associated liabilities*), etwa Beschreibung der Restriktionen, die sich aufgrund der Übertragung für die Verwertung des Vermögenswerts beim Unternehmen ergeben,

- falls die Gegenpartei wegen evtl. Ansprüche nur Rückgriff auf die übertragenen Vermögenswerte nehmen kann, Angaben zum *fair value* von Vermögenswerten, verbundenen Verbindlichkeiten und der Differenz von beidem.

Für finanzielle Vermögenswerte, die nach Übertragung **vollständig weiter bilanziert** werden, sind Angaben zum Buchwert von Vermögenswert und verbundenen Verbindlichkeiten gefordert.

Falls das Unternehmen den Vermögenswert nach Übertragung gem. IAS 39.20(c)(ii) im Maße des *continuing involvement* weiter bilanziert, müssen Angaben zum Buchwert der Vermögenswerte vor und nach Übertragung sowie der verbundenen Verbindlichkeiten geleistet werden. Für alle Vermögenswerte, die bei Übertragung **vollständig ausgebucht** wurden, bei denen aber ein *continuing involvement* im oben genannten Sinne vorliegt, bestehen folgende, nach IFRS 7.42F ggf. aggregiert erfüllbare, Angabepflichten (IFRS 7.42E und IFRS 7.42G):

- Buchwert und *fair value* der für das *continuing involvement* relevanten Vermögenswerte und/oder Verbindlichkeiten,
- maximales Risiko aus dem *continuing involvement,*
- undiskontierter *cash flow,* der für den Rückkauf des übertragenen Vermögenswerts benötigt würde, sowie eine an den Restlaufzeiten des *continuing involvement* orientierte Fälligkeitsanalyse dieser *cash flows,*
- Angabe der Erträge oder Aufwendungen die a) bei Übertragung, b) in der Berichtsperiode, c) seit Übertragung erzielt wurden,
- besondere Angaben, wenn Ergebnisse aus der Übertragung von Vermögenswerten nicht relativ gleichmäßig über die Berichtsperiode, sondern konzentriert, insbesondere zeitnah zum Bilanzstichtag, angefallen sind.

509   Die Erläuterung der Ertrags- und Aufwandsrealisierung kann beispielhaft wie folgt aussehen:

Praxis-Beispiel

Erträge und Aufwendungen aus Finanzinstrumenten

Dividendenerträge werden erfasst, wenn der Rechtsanspruch auf Zahlung entstanden ist.

Zinserträge werden mittels des maßgeblichen Effektivzinssatzes zeitlich abgegrenzt. Davon ausgenommen sind Finanzinstrumente, die erfolgswirksam zum Zeitwert erfasst werden, der rechtlich noch nicht verselbstständigte Zinsanspruch ist hier Teil der Zeitbewertung.

Zinsaufwendungen aus Verbindlichkeiten werden ebenfalls auf Basis des Effektivzinssatzes abgegrenzt. Im Zinsergebnis ist außerdem der Zinsanteil in den Zuführungen zu Rückstellungen berücksichtigt.

Wertminderungen auf finanzielle Vermögenswerte, die nicht erfolgswirksam zum beizulegenden Zeitwert erfasst sind, werden aufwandswirksam erfasst.

Gewinne und Verluste aus der **Veräußerung** von Finanzinstrumenten werden in voller Höhe erfasst, wenn alle wesentlichen Risiken und Chancen übertragen sind. Bei teilweiser Übertragung der Chancen und Risiken ist danach zu differenzieren, ob die Kontrolle beim Unternehmen verbleibt oder übertragen wird.

Über diese allgemeinen Angaben hinaus sieht IFRS 7.B5 eine Reihe von **spezifischen Angaben** vor. Von besonderer Bedeutung ist die in IFRS 7.B5f geforderte Angabe der Kriterien, anhand derer über die Notwendigkeit einer **Wertminderung** (*impairment*) entschieden wird. Unternehmen werden sich bzgl. dieser Angabepflicht nicht mit einer Wiedergabe der Indikatoren begnügen können. Vielmehr sind hierzu weitere unternehmensindividuelle Konkretisierungen erforderlich (z.B. durch Bezugnahme auf Mahnstufen). In dem Zusammenhang ist auch anzugeben, inwieweit Wertberichtigungen direkt von Forderungen abgesetzt werden oder ob ein separates Wertberichtigungskonto verwendet wird und – in letzterem Fall – nach welchen Kriterien das Konto ausgebucht und die Forderung direkt abgeschrieben wird (IFRS 7.B5(d)).

510

Bei Nutzung der *fair value option* bestehen besondere Angabepflichten (IFRS 7.B5(a)).

511

13.4 Überleitung von Bewertungskategorien auf Bilanzposten

IFRS 7.8 sieht eine **Aufgliederung der bilanziellen Buchwerte nach den Bewertungskategorien** vor, sofern sich diese nicht ausnahmsweise bereits aus der Bilanz ergeben. Für die **Aktivseite** verlangt dies eine Aufgliederung der Bilanzposten. In analoger Weise erfolgt die Aufgliederung der **Passivposten**.

512

13.5 Angaben zur Umklassifizierung von Finanzinstrumenten

Im Zusammenhang mit den in der Bilanz verwendeten Bewertungskategorien sind Angaben dann erforderlich, wenn ein finanzieller Vermögenswert **umklassifiziert** wurde. Dabei unterscheiden die von IFRS 7 geforderten Angaben danach, ob es sich um eine Umklassifizierung handelt (Rz 205), die

513

- erst durch die im Oktober 2008 erweiterten Umklassifizierungswahlrechte neu geschaffen wurde (Angaben gem. IFRS 7.12A) oder
- bereits vor Oktober 2008 zulässig bzw. verpflichtend war (Angaben gem. IFRS 7.12).

Unklarheit besteht über eine Angabepflicht, wenn für ein bisher zu Anschaffungskosten bewertetes Eigenkapitalinstrument nunmehr ein verlässlicher *fair value* verfügbar ist. Zwar ändert sich der Bewertungsmaßstab (*fair value* statt *cost*), jedoch findet kein Wechsel der Bewertungskategorie statt (weiterhin AfS). Im Zweifel sollte eine Angabe vorgenommen werden.

13.6 Angaben zur GuV

Wie für die Bilanz wird auch für die **GuV** eine **Aufgliederung der Nettogewinne und -verluste** nach **Kategorien** gefordert (IFRS 7.20(a)). Unter **Nettogewinnen und -verlusten** (*gains and losses*) sind alle in der GuV der Periode erfassten Bewertungs- und Abgangserfolge zu verstehen. Hierunter fallen für Finanzinstrumente, die **zu (fortgeführten) Anschaffungskosten** oder **erfolgsneutral zum** *fair value* bewertet werden, nicht die laufenden Zinsen oder Dividenden, hingegen:

514

- **Wertberichtigungen, Zuschreibungen** sowie Eingänge aus abgeschriebenen Forderungen,
- Gewinne bzw. Verluste aus der **Veräußerung** von Vermögenswerten und
- Gewinne bzw. Verluste aus dem **Rückkauf** von Verbindlichkeiten.

Im Fall von erfolgsneutral zum beizulegenden Zeitwert bewerteten Instrumenten ist auch anzugeben, welcher Betrag unmittelbar in der **Zeitbewertungsrücklage** erfasst wurde und welcher Betrag (aufgrund von Bewertungs- und Veräußerungseffekten) aus der Zeitbewertungsrücklage in die GuV gebucht wurde (IFRS 7.20a(i)). Für **erfolgswirksam zum** fair value bewertete Finanzinstrumente sind alle Effekte aus der laufenden Bewertung einzubeziehen. Darüber hinaus werden hier Gewinne bzw. Verluste aus der Veräußerung bzw. dem Rückkauf ausgewiesen (Unterschiedsbetrag zwischen der letzten Bewertung zum *fair value* und dem Transaktionspreis). Die gesamten Nettogewinne und -verluste können für jede Kategorie **in einer Zahl** angegeben werden; weitergehende Aufgliederungen sind nicht erforderlich.

515 Im Anwendungsbereich von IFRS 9 bestehen analoge Vorschriften nach der an IFRS 9 angepassten Version von IFRS 7.20, wobei hier aktivisch nur zwischen zwei Kategorien zu unterscheiden ist (Rz 148). Gem. IFRS 7.B5(e) dürfen in das Nettoergebnis aus Handelsbeständen auch Zinsen und Dividenden einbezogen werden. Für Nicht-Handelsbestände ist dies unzulässig. IFRS 7.20(b) verlangt vielmehr eine separate Angabe der Gesamtzinserträge und der Gesamtzinsaufwendungen für Finanzinstrumente, die zu (fortgeführten) Anschaffungskosten oder erfolgsneutral zum *fair value* bewertet werden. Eine Aufgliederung nach Kategorien (oder Klassen) ist – anders als bei den Nettogewinnen/-verlusten – nicht notwendig.

13.7 Angaben zur Wertberichtigung

516 Im Zusammenhang mit **Wertberichtigungen** bzw. **Abschreibungen** werden Angaben sowohl zur Bilanz wie zur GuV verlangt. Regelmäßig werden **portfolio**orientierte Wertberichtigungen, teilweise aber auch **Einzel**wertberichtigungen über eigene Konten geführt. In diesem Fall verlangt IFRS 7.16 eine nach Klassen (Rz 500) gegliederte Entwicklung der Wertberichtigungen („Wertberichtigungsspiegel"). Bei Nicht-Banken sind meist nur die Forderungen aus Lieferungen und Leistungen betroffen. Anzugeben sind außerdem

- der Betrag der in der Periode in der GuV erfassten **Wertminderungen**. Die Angabe ist für jede Klasse finanzieller Vermögenswerte erforderlich, die nicht erfolgswirksam zum *fair value* bewertet wird;
- der Betrag des im Rahmen der Ermittlung von Wertberichtigungen ermittelten *unwinding* (IFRS 7.20(d); Rz 170, Rz 185). Die Angabe kann in einer Zahl erfolgen.

13.8 Angaben zu Zeitwerten (*fair values*) und zur Nutzung der *fair value option*

517 Nach IFRS 7.25 ist für **jede Klasse** von finanziellen Vermögenswerten und finanziellen Schulden der beizulegende **Zeitwert** (*fair value*) anzugeben und mit dem korrespondierenden Buchwert in der Bilanz zu vergleichen. Die sich daraus ergebende Differenz stellt den Betrag der stillen Reserven (oder Lasten) in den Finanzinstrumenten dar, der z.B. im Zug eines Verkaufs realisiert werden könnte (oder müsste). Eine Angabe der *fair values* ist dann nicht erforderlich, wenn der Buchwert (wie etwa bei kurzfristigen Kundenforderungen) eine vernünftige Ap-

proximation des *fair value* darstellt (IFRS 7.29). Die Angabe von *fair values* ist nur für Finanzinstrumente erforderlich, die nicht bereits zum *fair value* bilanziert werden. Zu einem vom Buchwert abweichenden *fair value* kann es vor allem bei festverzinslichen Finanzinstrumenten im Fall einer wesentlichen Zinsänderung kommen. Dabei ist die Auswirkung einer Marktzinsänderung umso größer, je länger die Restlaufzeit des Geschäfts ist. Die Ermittlung und Angabe des *fair value* ist daher für Finanzinstrumente mit einer nur kurzen Laufzeit nicht erforderlich. Es genügt bei kurzen Restlaufzeiten (oder kleinen Marktzinsänderungen) regelmäßig die Angabe, dass die Buchwerte im Wesentlichen den Marktwerten entsprechen (IFRS 7.29(a)). Eine entsprechende „**Negativangabe**" reicht auch für alle variabel verzinslichen Forderungen, Wertpapiere und Schulden.

Abgesehen von den vorgenannten Ausnahmen muss für alle Finanzinstrumente **518** der *fair value* ermittelt werden, sei es für die Bilanz oder für die Angabe im Anhang. Hierzu sehen IFRS 7.27ff. umfangreiche Angaben zu den **Ermittlungsmethoden** der *fair values* vor. Sie entsprechen im Wesentlichen den mit Ablösung von IAS 39 durch IFRS 9 anstelle von IFRS 7.27ff. tretenden Regelungen in IFRS 13 (→ § 8a).

Weiterhin sind Angaben zu sog. *day one profits/losses* vorzunehmen (IFRS 7.28, **519** IFRS 7.IG14).

Hat ein Unternehmen die *fair value option* (Rz 150) genutzt, sind – zusätzlich zu **520** den Ausführungen über die Bilanzierungs- und Bewertungsmethoden (Rz 506) sowie zu den diesbezüglichen Buchwerten (Rz 512) und GuV-Auswirkungen (Rz 514) – weitere quantitative Angaben für den Fall vorzunehmen, dass die *fair value option* für Darlehen und Forderungen oder Finanzverbindlichkeiten gezogen wurde:

- Bei Anwendung der *fair value option* ist das maximale Ausfallrisiko anzugeben. Hinsichtlich der in der GuV erfassten Bewertungsgewinne bzw. -verluste ist der Teil anzugeben, der aus einer Änderung des Ausfallrisikos des Schuldners (und nicht aus Zinseffekten) resultiert. Wurden zur Absicherung Kreditsicherungsinstrumente (z. B. Garantien oder Kreditderivate) eingesetzt, ist anzugeben, inwieweit diese das Ausfallrisiko reduzieren und welche GuV-Wirkung sich daraus ergeben hat (IFRS 7.9).

- Bei Anwendung der *fair value option* auf **Finanzverbindlichkeiten** ist der Teil der in der GuV erfassten Bewertungsgewinne bzw. -verluste anzugeben, der aus einer Änderung des Ausfallrisikos des Emittenten (und nicht aus Zinseffekten) resultiert. Da es sich bei dem Emittenten um das bilanzierende Unternehmen handelt, sind die GuV-Effekte anzugeben, die sich aus der eigenen Bonitätsänderung ergeben. In dem Zusammenhang ergibt sich das nicht intuitive Ergebnis, dass eine Verschlechterung der eigenen Bonität einen Gewinnausweis bewirkt und umgekehrt. Weiterhin ist der Unterschiedsbetrag zwischen dem Buchwert (= *fair value)* und dem vertraglichen Rückzahlungsbetrag der Verbindlichkeit im Anhang anzugeben (IFRS 7.10).

13.9 Angaben zum *hedge accounting*

Hierzu wird auf → § 28a verwiesen. **521**

13.10   Sonstige Angaben

522   IFRS 7 verlangt Angaben zu **Sicherheiten**, und zwar sowohl für die Sicherungs-
gestellung (als Sicherungs**geber**) als auch für die Hereinnahme von Sicherheiten (als
Sicherungs**nehmer**). Als **Sicherungsgeber** hat das Unternehmen gem. IFRS 7.14(a)
den Buchwert aller als Sicherheit gestellten finanziellen Vermögenswerte anzugeben.
Hierzu zählen auch solche Sicherheiten, die das Unternehmen in seiner Bilanz
getrennt ausweist, weil der Sicherungsnehmer diese weiterveräußern oder verpfänden
darf. Bei Gestellung von Sicherheiten durch nicht finanzielle Vermögenswerte (z. B.
Grundpfandrechte) ist eine Angabe nicht erforderlich. Barmittel (z. B. gezahlte Kautionen) stellen finanzielle Sicherheiten dar und begründen daher eine Angabepflicht.
Weiterhin sind Angaben zu den **Konditionen** der Sicherheitenstellung zu machen
(IFRS 7.14(b)), wie z. B. Ausführungen zur Laufzeit oder der Frage, ob die Sicherheiten vom Sicherungsnehmer veräußert werden dürfen. Ist das Unternehmen in der
Position des **Sicherungsnehmers**, beziehen sich die Angabepflichten des IFRS 7.15 –
abweichend von IFRS 7.14 –

- weitergehend auf finanzielle und auf nicht finanzielle Sicherheiten (wie z. B.
  Grundschulden),
- einschränkender nur auf solche Sicherheiten, die unabhängig vom Ausfall
  des Schuldners (= Sicherungsgeber) durch das bilanzierende Unternehmen
  (= Sicherungsnehmer) verwertet werden dürfen. Dies wird im Regelfall nur
  auf finanzielle Sicherheiten (wie z. B. im Rahmen einer Wertpapieranleihe
  gestellte Wertpapiersicherheiten oder erhaltene Kautionen) zutreffen, nicht
  aber auf nicht finanzielle Sicherheiten (wie eine Grundschuld).

Der Sicherungsnehmer hat hierzu den *fair value* der erhaltenen Sicherheiten, den
fair value der weiterveräußerten bzw. verpfändeten Sicherheiten und die Konditionen der Sicherheitenstellung anzugeben.

13.11   Angaben zu Risiken und Risikomanagement

523   IFRS 7.31 ff. unterscheidet drei **berichtspflichtige Arten von Risiken**, die sich
aus Finanzinstrumenten ergeben können:

- **Marktrisiken**: Der Wert (*fair value* oder die künftigen Zahlungen *cash flows*)
  eines Finanzinstruments ändert sich infolge der Änderung von Wechselkursen, Zinsen oder anderen Marktpreisen (z. B. Aktienkursen).
- **Kreditrisiken**: Vertragspartner kommen ihren Verpflichtungen aus Finanzinstrumenten nicht nach, z. B. bei Kundenforderungen (Wertberichtigungen)
  oder Wertpapieren.
- **Liquiditätsrisiken**: Ein Unternehmen kann seine aus Finanzinstrumenten
  resultierenden Zahlungsverpflichtungen nicht termingerecht erfüllen.

Ein Unternehmen hat für jede Risikoart **qualitative** Angaben zum Ausmaß und
den Ursachen der Risiken sowie zu den Zielen und zum Prozess des Risikomanagements, einschließlich der Methoden zur Risikomessung, zu machen (IFRS 7.33).
Für die **quantitativen** Angabepflichten nach IFRS 7.34(a) ist jedoch (anders als
noch nach IAS 32) ausdrücklich vorgeschrieben, dass sie auf dem internen Ma-
nagementinformationssystem (*management approach*) basieren sollen. Allerdings
wird dieser Grundsatz durch sog. Mindestanforderungen an die Berichterstattung
über Kredit-, Liquiditäts- und Marktrisiken durchbrochen (IFRS 7.34(b)). Im
Rahmen des *Annual Improvements Project 2010* ist durch Einführung von

IFRS 7.32A klargestellt worden, dass qualitative und quantitative Informationen, da sie in der Ableitung eines Gesamtbilds durch die Bilanzadressaten interagieren, auch vom Bilanzersteller entsprechend, also etwa mit gegenseitiger Bezugnahme oder durch Behandlung an gleicher Stelle, präsentiert werden sollen.

Bezüglich der **Kreditrisiken** ist für jede Klasse von finanziellen Vermögenswerten die Angabe des maximalen Ausfallrisikos (ohne Berücksichtigung von Sicherheiten) erforderlich. Da dieses typischerweise am besten durch den Buchwert (nach Abzug ggf. erforderlicher Wertberichtigungen) repräsentiert wird, genügt nach der bis 2010 anwendbaren Fassung im Regelfall ein entsprechender globaler Hinweis (IFRS 7.36(a) und IFRS 7.B9). Aufgrund der Änderung durch das *Annual Improvements Project 2010* entfällt bei Vermögenswerten, deren maximales Ausfallrisiko dem Buchwert entspricht, ab 2011 die Angabepflicht überhaupt. Zur Beurteilung der Kreditrisiken sind auch Angaben zu erhaltenen Sicherheiten zu machen (IFRS 7.36(b)). Mit IFRS 7 neu eingeführt wurden die Verpflichtungen, für finanzielle Vermögenswerte, **524**

- die weder Zahlungsstörungen aufweisen noch wertberichtigt sind, Angaben zur **Kreditqualität** zu machen. Dabei ist der Inhalt der Angaben bewusst in das Ermessen des Unternehmens gestellt; infrage kommt z. B. die Angabe zur Art der Vertragspartner, zu historischen Ausfallraten oder internen oder externen Ratings (IFRS 7.36(c), IFRS 7.IG23);
- deren Zahlungsbedingungen mit dem Schuldner **neu verhandelt** wurden, weil sie ansonsten in Zahlungsverzug geraten wären, die Buchwerte anzugeben (IFRS 7.36(d));
- die **Zahlungsstörungen** ohne Wertberichtigungen aufweisen (Verzug), eine Analyse der Dauer des Zahlungsverzugs vorzunehmen (IFRS 7.37(a)). Dabei hängt die Anzahl der für die Analyse verwendeten Laufzeitbänder von den individuellen Verhältnissen des Unternehmens ab. IFRS 7.IG28 empfiehlt vier Laufzeitbänder (bis drei Monate, drei bis sechs Monate, sechs Monate bis ein Jahr und über ein Jahr);
- die **bereits wertberichtigt** sind, weitere Angaben zu machen (z. B. Angabe des Buchwerts vor Wertberichtigung und der Betrag der Wertberichtigung).

Für die beiden letztgenannten Fälle sind darüber hinaus bis 2010 (Änderung durch das *Annual Improvements Project 2010*) eine Beschreibung vorhandener **Sicherheiten** sowie eine **Schätzung** von deren *fair value* (sofern mit vertretbarem Aufwand möglich) vorzunehmen (IFRS 7.37(c)).

Nicht geregelt ist in IFRS 7 die Frage, wann von einem Zahlungsverzug auszugehen ist. Ein sehr kurzer Zahlungsverzug (wenige Tage) kann jedenfalls der Intention der Offenlegungspflichten unter *materiality*-Gesichtspunkten nicht gerecht werden. Bei Banken könnte die im Kontext von den Basel-Vorgaben verwendete 90-Tage-Frist (Rz 401) einen Anhaltspunkt darstellen. Letztlich kommt es aber auf die individuellen Verhältnisse des Unternehmens an. Hat ein Unternehmen während der Berichtsperiode im Rahmen der Sicherheitenverwertung Vermögenswerte übernommen, die die Ansatzvoraussetzungen in der Bilanz erfüllen, so ist hierüber zu berichten. Dies gilt unabhängig davon, ob es sich um einen finanziellen oder nicht finanziellen Vermögenswert handelt. Anzugeben sind (IFRS 7.38):

- Art und Buchwert der übernommenen Vermögenswerte und
- für nicht marktgängige Vermögenswerte *(assets not readily convertible to cash)* die vorgesehene Form der Verwertung bzw. Nutzung im Unternehmen.

525 Die Angabepflichten zu **Liquiditätsrisiken** (IFRS 7.39) erfordern

- eine Restlaufzeitengliederung für nicht derivative finanzielle Verbindlichkeiten einschließlich Finanzgarantien (IFRS 7.39(a)),
- eine Fälligkeitsanalyse für derivative finanzielle Verbindlichkeiten, die allerdings nur in bestimmten Fällen (etwa nach IFRS 7.B11B bei Zinsswaps und Kreditzusagen) auf die vertraglichen Laufzeiten, im Übrigen auf die verwendeten Risikomanagementmethoden abstellt (IFRS 7.39(b)), und
- eine Beschreibung der Steuerung des sich aus der Restlaufzeitengliederung ergebenden Liquiditätsrisikos (IFRS 7.39(b)).

526 In die Restlaufzeitengliederung sind die künftigen **vertraglichen Zahlungs**verpflichtungen aufzunehmen (IFRS 7.B14). Einzubeziehen sind

(a) nicht (nur) die Buchwerte der Passivseite, sondern weitergehend alle mit den Verbindlichkeiten verbundenen **künftigen** Zahlungen und

(b) vertraglich vereinbarte Zahlungstermine und nicht (ggf. später) **erwartete** Zahlungstermine.

Aus (a) ergibt sich Folgendes:

- Für „**klassische**" Verbindlichkeiten (aufgenommene Bankdarlehen, emittierte Anleihen, Verbindlichkeiten aus Lieferung und Leistung usw.) sind die vertraglichen **Rückzahlungsbeträge** sowie die **Zinsen** zu berücksichtigen. Dabei ist – im Unterschied zur Bilanz – von undiskontierten künftigen Zahlungsflüssen auszugehen.
- Für **Derivate** kommt es nicht auf die Aufgliederung des in der Bilanz ausgewiesenen *fair value*, sondern auf die aus dem Derivat resultierenden **Zahlungsverpflichtungen** an (z.B. den in einem Termingeschäft über Finanzinstrumente festgelegten Kaufpreis). Sofern Derivate (z.B. Zinsswap) eine Nettozahlung vorsehen, ist bei der Beurteilung der Angabepflicht darauf abzustellen (IFRS 7.B11D).
- Für **Kreditzusagen** ist – obwohl sie im Regelfall nicht bilanziell erfasst werden (Rz 288) – der zugesagte Kreditbetrag anzugeben.

Hinsichtlich der unter (b) angesprochenen Zahlungstermine

- ist – i.S.e. *worst-case*-Betrachtung – auf den (vertraglich festgelegten) **frühestmöglichen** Rückzahlungstermin abzustellen. Hierin wird die Zielsetzung der Angabe im Anhang deutlich: Liquiditätsrisiko = Risiko, dass ein Unternehmen Schwierigkeiten bei der Erfüllung seiner aus finanziellen Verbindlichkeiten resultierenden Verpflichtungen hat (IFRS 7.B12, IFRS 7.BC57);
- darf nicht auf das erwartete **Gläubigerverhalten** abgestellt werden. So müssen Banken etwa für Sicht- und Spareinlagen der Kunden auf das vertragliche Kündigungsrecht (z.B. täglich oder in drei Monaten) abstellen, obwohl fundierte Erfahrungen über das tatsächliche Kundenverhalten vorliegen, wonach Kundengelder regelmäßig länger zur Verfügung stehen (sog. Bodensatztheorien). In gleicher Weise müssen Unternehmen im Fall einer Kontokorrent-Verbindlichkeit bei einer Bank auf die (regelmäßig kurzfristigen) vertraglichen Möglichkeiten der Bank, eine Rückzahlung einzufordern, abstellen (IFRS 7.12). Das mit dieser Angabe gezeichnete *worst-case*-Szenario müsste dann ggf. im Zug der (gem. IFRS 7.39(b) verpflichtenden) Angaben zum Management der Liquiditätsrisiken wieder ins rechte Licht gerückt werden.

527 Die Struktur der Laufzeitbänder (Anzahl und Länge) ist dem Unternehmen überlassen. Zweckmäßig ist ein **Verbindlichkeitenspiegel**. Weiterhin sind Angaben darüber vorzunehmen, wie das aus dem Verbindlichkeitsspiegel ersichtliche Liquiditätsrisiko **gesteuert** wird (IFRS 7.39(b)). Hierzu bieten sich Angaben darüber an, inwieweit das Unternehmen

- Vermögenswerte vorhält, die der Absicherung dieses Liquiditätsrisikos dienen (**Liquiditätsreserve**). Dabei wird es sich in erster Linie um Wertpapiere handeln; da die Papiere ihre Funktion als Liquiditätsreserve nur erfüllen können, wenn sie auf einem aktiven Markt gehandelt und daher jederzeit kurzfristig veräußerbar sein müssen, kann ein entsprechender Vermerk über die Verwertbarkeit vorgenommen werden;
- über **weitere Finanzierungsmöglichkeiten** verfügt; dies können z.B. ungenutzte Kreditlinien oder andere Kreditfazilitäten oder nicht ausgenutzte Emissionsprogramme sein, die eine kurzfristige Begebung von Anleihen ermöglichen;
- mit einer von den vertraglichen Bedingungen (wie im Verbindlichkeitsspiegel dargestellt) abweichenden **späteren Rückzahlung** rechnet. In diesem Zusammenhang verweist IFRS 7.IG30 auf die Möglichkeit der Aufstellung einer auf erwarteten Rückzahlungsterminen basierenden Laufzeitengliederung zusätzlich zum oben genannten Verbindlichkeitsspiegel. Dabei sollten die Unterschiede zwischen den beiden Tabellen erläutert werden.

Im Zusammenhang mit der Berichterstattung über Liquiditätsrisiken bietet es sich auch an, auf die von IFRS 7.18 geforderten Angaben zu **Zahlungsstörungen** und **Vertragsverletzungen** einzugehen. Danach besteht eine Angabepflicht immer dann, wenn das Unternehmen in der abgelaufenen Periode seinen Zahlungsverpflichtungen aus Darlehensverbindlichkeiten *(loans payable)* nicht nachkommen konnte. Dabei kann es sich um Zins- oder Tilgungsverpflichtungen handeln. Nicht betroffen von der Angabepflicht sind Zahlungsstörungen, die sich bei Verbindlichkeiten aus Lieferung und Leistung mit marktüblichen Laufzeiten ergeben. Ausdrücklich ausgenommen von der Angabepflicht sind auch Zahlungsstörungen aus Verbindlichkeiten, die am Bilanzstichtag nicht mehr bilanziert werden (weil das Unternehmen sie in der Zwischenzeit getilgt hat oder sie von dem Gläubiger erlassen wurden). **528**

Liegen die vorgenannten Bedingungen zur Angabepflicht vor, so muss das Unternehmen angeben:

- Einzelheiten zu den Zahlungsstörungen,
- Buchwert der Verbindlichkeit und
- ob die Zahlungsstörung bis zum Zeitpunkt der Freigabe des Abschlusses zur Veröffentlichung beseitigt wurde.

IFRS 7.19 verlangt analoge Angaben, wenn andere Vertragsbestandteile einer Verbindlichkeit verletzt wurden und sich daraus vorzeitige Kündigungsrechte des Gläubigers ergeben. Angesprochen sind sog. covenants, die als Voraussetzung für den Fortbestand des Darlehens Bedingungen vorsehen (z.B. ein bestimmtes Rating des Unternehmens oder eine bestimmte Eigenkapitalquote). Bereits vor Verletzung der *covenants* können sich Angabepflichten nach IFRS 7.31 ergeben. **529**

Praxis-Beispiel

„Verträge im Zusammenhang mit Fremdkapitalmitteln i.H.v. XXX Mio. EUR enthalten jedoch Regelungen, die den Gläubigern das Recht einräumen, im Fall der Nichteinhaltung bestimmter Unternehmenskennzahlen, die vorzeitige

> Rückzahlung der Darlehen zu verlangen. Die hierfür relevanten Kennzahlen werden laufend überwacht und an den Vorstand berichtet. Bei den Kennzahlen handelt es sich im Wesentlichen um Kennzahlen zum Verschuldungsgrad und zum Eigenkapital. Diese Kennzahlen haben sich im Geschäftsjahr aufgrund der angespannten Ertragslage deutlich verschlechtert. Dadurch besteht eine erhöhte Gefahr, dass die Kennzahlen überschritten werden."

Analoge Angabenotwendigkeiten können für den Risikoteil des (Konzern-)**Lageberichts** bestehen.

530   Bezüglich der **Marktrisiken** wird für jede relevante Form – Währungs-, Zins- und sonstige Preisrisiken (Kursrisiken etc.) – eine **Sensitivitätsanalyse** verlangt. Diese soll die Auswirkungen einer hypothetischen Änderung der Marktrisikofaktoren (Wechselkurse, Zinssätze, Kurse usw.) auf

- die GuV und
- das Eigenkapital

angeben. Angaben zum Marktrisiko (= Angaben zum Risiko einer Änderung des Werts *(fair value)* oder der künftigen Zahlungsströme *(cash flows))* eines Finanzinstruments sind daher nur insoweit erforderlich, als diese sich **bilanziell** niederschlagen. Insofern ist der Umfang der Angabe nicht nur abhängig vom **Umfang** der im **Unternehmen** eingesetzten – ein Marktrisiko begründenden – Finanzinstrumente; vielmehr kommt es auch auf die für die Finanzinstrumente angewendeten **Bilanzierungsregeln** an. Darüber hinaus sind in die Sensitivitätsanalyse nur am Bilanzstichtag im **Bestand** befindliche Finanzinstrumente einzubeziehen. Hypothetische Änderungen der GuV bzw. des Eigenkapitals aus in der Berichtsperiode abgegangenen bzw. ausgelaufenen Finanzinstrumenten bleiben somit unberücksichtigt (IFRS 7.40.B18(a)). Für die **Sensitivitätsanalyse** sollen sinnvolle *(reasonable)* Änderungen der Risikofaktoren verwendet werden, wobei das ökonomische Umfeld des berichtenden Unternehmens bis zum nächsten Berichtstermin zugrunde zu legen ist. Ausdrücklich nicht gefordert sind *worst-case*-Analysen oder *stress tests* (IFRS 7.40(a).B19). Angaben zur Sensitivität sind für jede (relevante) **Marktrisikoart** getrennt vorzunehmen. Dabei ist nach den Auswirkungen auf die **GuV** und das **Eigenkapital** zu unterscheiden.

531   Daraus ergibt sich für das **Zinsrisiko** Folgendes: Aus einer Änderung des Zinsniveaus resultiert bei einem **festverzinslichen** Finanzinstrument eine Änderung seines *fair value*. Eine Berichtspflicht hierüber besteht aber nur, sofern Geschäfte zum *fair value* bilanziert werden, da *fair-value*-Änderungen andernfalls weder das Eigenkapital noch das GuV-Ergebnis berühren. Anzugeben ist die aus der hypothetischen Zinsänderung resultierende *fair-value*-Änderung des Finanzinstruments, bei **variabel verzinslichem** Finanzinstrument eine Änderung seiner *cash flows*. Nach herrschender Meinung sollen die Auswirkungen einer hypothetischen Zinsänderung auf die GuV (Zinsergebnis) offenlegungspflichtig sein (IFRS 7.B18(a)). Die konkreten Anforderungen an die **quantitative** Analyse sind in IFRS 7 allerdings unklar formuliert. Eine mögliche Auslegung wäre wie folgt: Zum Bilanzstichtag erfolgt ein Abgleich des effektiven Ergebnisses aus variabel verzinslichen Finanzinstrumenten mit einem in absoluter Höhe geänderten Zinssatz. Die Auswirkungen einer solchen Zinsänderung entsprechen dann dem Produkt aus hypothetischer Zinsänderung und dem Nennbetrag der variabel verzinslichen Finanzinstrumente. Allerdings sind auch andere Auslegungen vertretbar. Diese wohl herrschende Auslegung verträgt sich schwer mit dem **Stichtagsprinzip**. Die Sensitivitätsanalyse soll zeigen, wie Eigenkapital und Ergebnis ausgefallen wären, wenn die Risikovariable einen anderen Wert angenommen hätte. Diese Betrachtung ist gem. IFRS 7.40 zum Bilanzstichtag vorzunehmen. Für Positionen, die sich unterjährig erledigt haben (etwa eine am 1.11. getätigte Lieferung in die USA, aus der die USD-Forderung am 1.12. eingegangen ist) sind daher keine Angaben gefordert. Für variabel verzinsliche Finanzinstrumente wäre nach dem auf Auswirkungen der Änderung von Stichtagsparametern abstellenden Wortlaut von IFRS 7.40 daher eine hypothetische Änderung der während der abgelaufenen Periode geltenden Zinsen irrelevant.

Die herrschende Meinung interpretiert IFRS aber i.S. e. solchen Angabepflicht. Das Ergebnis ist inkonsequent: Für am Stichtag noch vorhandene variabel verzinsliche Positionen ist danach eine hypothetische Zinsänderung über die gesamte Periode anzunehmen, für kurz vor dem Stichtag erledigte Positionen aber unter Berufung auf das Stichtagsprinzip von jeder Sensitivitätsanalyse abzusehen. Nach der hier vertretenen Minderheitsauffassung ist in beiden Fällen keine Angabe notwendig.[109]

533 Für Zins**derivate** (insbesondere Zinsswaps, *-caps* und *-floors)* ist eine Änderung des *fair value* darzustellen. Derivate werden unabhängig davon, ob sie als *held for trading* kategorisiert sind oder im (*fair value* oder *cash flow) hedge accounting* verwendet werden, zum *fair value* bilanziert. Sie sind daher mit der aus der hypothetischen Zinsänderung resultierenden *fair-value*-Änderung in die Sensitivitätsanalyse einzubeziehen.

534 Angaben zum **Währungsrisiko** sind nur erforderlich für monetäre Finanzinstrumente, die nicht in der funktionalen Währung des Unternehmens denominiert sind (IFRS 7.B23; zum Begriff monetärer Posten → § 27 Rz 16). Daher müssen bspw. Eigenkapitalpapiere in fremder Währung nicht in die Angabe einbezogen werden. Hingegen muss ein Unternehmen, das in erheblichem Umfang über angabepflichtige Finanzinstrumente in verschiedenen Währungen verfügt, hierzu separate Sensitivitätsangaben machen (IFRS 7.B24).

535 Als Regel sieht IFRS 7 eine **separate** Sensitivitätsanalyse für jede Risikoart vor. Für Unternehmen, die zum Risikomanagement eine Sensitivitätsanalyse verwenden, die die **wechselseitigen Abhängigkeiten** der Risikoparameter berücksichtigt (z.B. eine *value-at-risk*-Analyse), besteht allerdings die Möglichkeit, die Angaben zum Marktrisiko auf dieser Grundlage vorzunehmen (IFRS 7.41). Dies gilt selbst für den (Regel-)Fall, dass sich aus einer solchen Analyse keine Angaben über die potenziellen Auswirkungen auf GuV bzw. Eigenkapital ergeben. Unabhängig davon, wie die Angabe zum Marktrisiko ermittelt wurde, sind erläuternde Angaben zu der **Berechnungsmethodik** und den dabei **verwendeten Annahmen** und **Parametern** vorzunehmen. Wenn nach Ansicht des Unternehmens die Angaben das Marktrisiko nicht angemessen widerspiegeln, ist dies unter Angabe der Gründe darzulegen. Das ist möglicherweise der Fall, wenn das anzugebende Zinsrisiko für ein Zinsderivat faktisch nicht besteht, weil es zur Absicherung einer Verbindlichkeit dient, jedoch die komplexen Regelungen des *hedge accounting*

---

[109] Zum Ganzen FREIBERG, PiR 2007, S. 290.

nicht angewandt wurden. Insgesamt stellen die von IFRS 7 geforderten Angaben zu den Marktrisiken für viele Unternehmen eine erhebliche Herausforderung dar, da sie regelmäßig nicht über die dafür erforderlichen **Analyseinstrumente** verfügen. Es ist daher im Rahmen des *materiality*-Grundsatzes (Rz 503) zu entscheiden, ob und in welchem Umfang im Einzelfall diesbezügliche Angaben erforderlich sind.

13.12   Ausweitung der Angabepflichten nach IFRS 9

536   Die Anwendung von IFRS 9 bedingt weitreichende – in eine Ausweitung der bereits bestehenden Angabepflichten mündende – Änderungen der Anforderungen von IFRS 7 und führt umfangreiche neue und geänderte Angabepflichten ein. Für den Zeitpunkt der erstmaligen Anwendung von IFRS 9 (*transition*) bestehen einmalige Angabepflichten, die durch eine Veröffentlichung der *Enhanced Disclosure Task Force* (EDTF) des *Financial Stability Board* noch weitergehend ergänzt werden.[110] Die Angabepflichten für das *hedge accounting* werden in → § 28a behandelt. Nachfolgend erfolgt keine Auflistung sämtlicher durch IFRS 7 geforderter Anhangangaben, sondern Erläuterungen zu den zentralen Aspekten der mit IFRS 9 einhergehenden Änderungen. Auf die Checkliste „IFRS-Abschlussangaben" (siehe HI10157883 im Haufe IFRS-Kommentar Online) (→ § 5) wird verwiesen.

537   Ähnlich wie bereits bislang gefordert (Rz 500), verpflichten die durch IFRS 9 eingeführten Änderungen die Unternehmen dazu, die **Buchwerte für jede Bewertungskategorie** von Finanzinstrumenten entweder in der Bilanz oder im Anhang anzugeben (IFRS 7.8). Anzugeben sind die Buchwerte getrennt nach folgenden Instrumenten:

- Finanzielle Vermögenswerte und (hiervon getrennt) finanzielle Verbindlichkeiten, die erfolgswirksam zum beizulegenden Zeitwert (FVTPL) folgebewertet werden. Innerhalb dieser Gruppe ist eine weitere Unterscheidung erforderlich nach Instrumenten,
    - die beim erstmaligen Ansatz über die Ausübung der *fair-value*-Option entsprechend designiert wurden (Rz 150) und
    - die verpflichtend in der Kategorie FVTPL fortzuführen sind.
- Finanzielle Vermögenswerte und (hiervon getrennt) finanzielle Verbindlichkeiten, die zu fortgeführten Anschaffungskosten (*at amortised cost*) bewertet werden.
- Finanzielle Vermögenswerte, die über das sonstige Gesamtergebnis (*other comprehensive income*) zum beizulegenden Zeitwert (FVOCI) bewertet werden (Rz 151), wiederum unterschieden nach
    - finanziellen Vermögenswerten, die verpflichtend in der Kategorie FVOCI fortgeführt werden (Rz 155) und
    - (strategischen, nicht mindestens maßgeblichen Einfluss begründenden) Investitionen in Eigenkapitalinstrumente, die bei der erstmaligen Erfassung als solche designiert wurden.

In die (Bewertungs-)Kategorie als FVTPL designierte Finanzinstrumente sind finanzielle Vermögenswerte, die bei der erstmaligen Erfassung designiert wur-

---

[110] Vgl. EDTF, *Impact of expected credit loss approaches on bank risk disclosures*, vom 30.11.2015, http://www.fsb.org/wp-content/uploads/Impact-of-expected-credit-loss-approaches-on-bank-risk-disclosures.pdf, abgerufen am 4.1.2017.

den, aber auch *credit exposures*, die bei der erstmaligen Erfassung oder später – als Konsequenz einer *fair-value-hedge*-Beziehung (→ § 28a Rz 50 ff.) – designiert wurden, aufzunehmen.

Für **FVTPL designierte finanzielle Vermögenswerte** besteht eine Verpflichtung, die gleichen Informationen zum Ausfallrisiko anzugeben (Rz 524), wie dies auch nach dem aktuell gültigen IFRS 7 für als FVTPL designierte Kredite und Forderungen gefordert wird (IFRS 7.9). IFRS 9 führt aber zu einer Ausweitung der Angabepflichten für als **FVTPL designierte finanzielle Verbindlichkeiten** (IFRS 7.10 – IFRS 7.10A). Ist die Erfassung der Effekte einer Änderung des (Kredit-)Risikos im OCI erforderlich (Rz 154), sind folgende zusätzliche Angaben verlangt:

- unter Berücksichtigung der Gründe sämtliche Umbuchungen (*transfer*) der kumulierten Gewinne und Verluste innerhalb des Eigenkapitals während der Periode und
- im Fall der Ausbuchung (*derecognition*) der Verbindlichkeit während der Periode der im OCI ausgewiesene Betrag, der bei der Ausbuchung realisiert wurde.

IFRS 9 führt zudem zu einer Ausweitung der Angabepflichten für als FVTPL designierte finanzielle Verbindlichkeiten in Bezug auf die folgenden Informationen (IFRS 7.11):

- Eine ausführliche Beschreibung der verwendeten Methoden zur Bestimmung, ob eine Darstellung der Effekte der Änderungen des Ausfallrisikos im OCI ein *accounting mismatch* hervorrufen oder vergrößern würde und
- falls ein Unternehmen die Effekte einer Änderung des Ausfallrisikos einer Verbindlichkeit erfolgswirksam erfasst, eine ausführliche Beschreibung der (kompensatorischen) ökonomischen Beziehung, die dazu führt, dass die Effekte der Änderung des Ausfallrisikos einer Verbindlichkeit durch eine Änderung des beizulegenden Zeitwerts bei einem anderen, zum FVTPL folgebewerteten finanziellen Vermögenswert sich ausgleichen.

Hat ein Unternehmen Finanzinvestitionen in **Eigenkapitalinstrumente** in die Bewertungskategorie **FVOCI** designiert, ergeben sich die folgenden Angabepflichten (IFRS 7.11A):

- Welche Instrumente wurden
- aus welchem Grund in die Kategorie designiert?
- Wie ist der beizulegende Zeitwert der Instrumente zum Stichtag und
- in welchem Umfang wurden während der Periode Dividenden vereinnahmt (separat für während der Periode bereits ausgebuchte und noch gehaltene Finanzinstrumente)?
- Darüber hinaus besteht eine Pflicht zur Erläuterung von Umbuchungen (*transfer*) kumulierter Gewinne oder Verluste innerhalb des Eigenkapitals während der Periode unter Berücksichtigung der Gründe.

Für während der Berichtsperiode ausgebuchte, bislang in der Bewertungskategorie FVOCI geführte Finanzinvestitionen in Eigenkapitalinstrumente sind anzugeben:

- die Gründe für die Ausbuchung der Finanzinvestitionen und
- der beizulegende Zeitwert zum Zeitpunkt der Ausbuchung sowie
- die kumulierten Gewinne oder Verluste aus der Ausbuchung.

540 Mit IFRS 9 werden neue Angabepflichten für die **Umklassifizierung von finanziellen Vermögenswerten** (Rz 205 ff.) eingeführt (IFRS 7.12B – IFRS 7.12D):

Art der Umklassifizierung	Periode, während der die Angaben erforderlich sind	Erforderliche Angaben
Alle Umklassifizierungen in der laufenden oder vorherigen Berichtsperiode	Betroffene und Folgeperiode	• Zeitpunkt • Erläuterung der Änderung des Geschäftsmodells und quantitative Erläuterung der Effekte auf den Abschluss • Auswirkungen auf die Kategorien
Von FVTPL zu FVOCI oder *at amortised cost*		• (Neuer) Effektivzinssatz • Erfasste Zinserträge
Von FVOCI zu *at amortised cost* oder von FVTPL zu *at amortised cost* oder FVOCI	Aktuelle Berichtsperiode	• Beizulegender Zeitwert am Abschlussstichtag • Ergebnis aus der Veränderung des beizulegenden Zeitwerts, der bei unterbliebener Umklassifizierung erfasst worden wäre

541 Die Angabepflicht für Aufwand und Ertrag sowie die Erfassung in der Ergebnisrechnung hat im **Einklang mit den Bewertungskategorien** des IFRS 9 zu erfolgen (IFRS 7.20). Zusätzlich wird eine Angabepflicht im Zusammenhang mit der Ausbuchung finanzieller Vermögenswerte aufgenommen (IFRS 7.20A). Offenzulegen sind
• eine Analyse der durch die Ausbuchung von *at amortised cost* bewerteten finanziellen Vermögenswerten in der GuV und im OCI erfassten – und separat auszuweisenden – Gewinne und Verluste und
• die Gründe für die Ausbuchung dieser finanziellen Vermögenswerte.

542 Für Finanzinstrumente, die in den Anwendungsbereich einer **Risikovorsorge** i.H.d. *expected credit loss* fallen (Rz 382), werden zusätzliche Angaben für das (Ausfall-)Risiko kodifiziert (IFRS 7.35B). Sind die explizit vorgegebenen Anforderungen an die Offenlegung (IFRS 7.35F – IFRS 7.35N) für ein Verständnis der Auswirkung auf den Betrag, den Zeitpunkt und die Unsicherheit zukünftiger *cash flows* notwendig, sind – über eine **Auffangklausel** – zusätzliche, nicht weiter konkretisierte Angaben zur Erreichung dieses Ziels erforderlich. Angabepflichtig sind:
• Informationen zum Ausfallrisikomanagement und wie es sich auf die Erfassung und Bemessung des *expected credit loss* auswirkt – inkl. der Methoden, Annahmen und Informationen, die zur Bemessung des *expected credit loss* verwendet werden,
• quantitative und qualitative Informationen zu den Beträgen, die auf die Erfassung eines *expected credit loss* zurückzuführen sind – inkl. der Änderungen des Betrags und der Gründe für die Änderungen und
• Informationen zum bestehenden Risiko eines Unternehmens bei einem potenziellen Ausfall – inkl. signifikanter Ausfallrisikokonzentrationen.

Hinsichtlich des Detaillierungsgrads bleibt ein Ermessensspielraum, der in Abhängigkeit von der Bedeutung der Risikovorsorge für die (Gesamt-)Aktivität zu beurteilen ist. Eine Entscheidung ist herbeizuführen betreffend
- wie viel Details anzugeben sind,
- inwieweit die jeweiligen Angabepflichten zu betonen sind,
- des angebrachten Levels an Aggregation bzw. Disaggregation und
- ob Jahresabschlussadressaten zusätzliche Erläuterungen zur Einschätzung der angegebenen quantitativen Informationen benötigen.

Durch IFRS 9 werden zahlreiche neue Angabepflichten bzgl. des Ausfallrisikos und des *expected credit loss* eingeführt, die mit großem Aufwand einhergehen. Manche dieser Angaben sind auch auf einer sehr granularen Ebene gefordert.

543 Für Forderungen aus Lieferungen und Leistungen, *contract assets* und Leasingforderungen, für welche die Wertminderung – nach dem **vereinfachten Modell** (Rz 387) – immer dem *lifetime expected loss* entspricht, sind reduzierte Angabepflichten zu beachten (IFRS 7.35A). Angabepflichtig sind insbesondere:
- Änderungen der Risikovorsorge, die auf der Grundlage des *lifetime expected credit loss* gebildet worden ist (Rz 547);
- Erläuterungen der Modifizierungen, wenn diese für mehr als 30 Tage überfällige Finanzinstrumente erfolgen (Rz 548);
- Angaben zum bestehenden Ausfallrisiko, welchem das Unternehmen ausgesetzt ist, und zu signifikanten Risikokonzentrationen (Rz 553), für die auf eine Wertminderungsmatrix zurückgegriffen werden kann (Rz 389).

Die Bestimmungen des IFRS 15 verlangen (→ §25), dass Unternehmen Wertminderungen für Forderungen aus Lieferungen und Leistungen oder für *contract assets* aus Verträgen mit Kunden getrennt von den sonstigen Wertminderungen ausweisen.

544 Hinsichtlich des **Orts der Offenlegung** der erforderlichen Angaben zur Risikovorsorge besteht ebenfalls Flexibilität. Die geforderten Angaben können getätigt werden entweder:
- im Abschluss selbst als Teil des Anhangs oder
- in einem anderen Bericht, der unter gleichen Bedingungen und zum gleichen Zeitpunkt verfügbar ist wie der Abschluss und auf den im Anhang über einen Querverweis referenziert wird.

In den *Illustrative Examples* finden sich umfangreiche erläuternde Beispiele, die als Anhaltspunkt für die geforderte Darstellung der Überleitung der Veränderungen der Wertberichtigungen, der Erläuterung der wesentlichen Änderungen der Buchwerte und den Informationen zu Ausfallrisiken und Ausfallrisikokonzentrationen genutzt werden können (IFRS 7.IG20A – IFRS 7.IG20D).

545 Das unternehmensindividuell **installierte** (Ausfall-)**Risikomanagement** ist in dem Umfang zu erläutern und darzustellen, wie es sich auf die Erfassung eines *expected credit loss* dem Grunde und der Höhe nach auswirkt. Für den Abschlussadressaten sind die folgenden Zusammenhänge zu erläutern (IFRS 7.35F/IFRS 7.B8A – IFRS 7.B8B):
- Wie wird seitens des Unternehmens festgelegt, ob sich das Ausfallrisiko der Finanzinstrumente seit der erstmaligen Erfassung signifikant erhöht hat, einschließlich der Angabe ob und inwiefern
  - das Ausfallrisiko als gering einzustufen ist, einschließlich der Klassen der Finanzinstrumente, auf welche dies zutrifft, und

- die Vermutung, dass es seit der erstmaligen Erfassung zu einem wesentlichen Anstieg des Ausfallrisikos für mehr als 30 Tage überfällige (*30 days past due*) finanzielle Vermögenswerte kam (Rz 429), widerlegt werden konnte;
- die unternehmensspezifische Definition von „Ausfallereignis" (*default*) inkl. Begründung für die Auswahl dieser Definition (Rz 401);
- wie die Zusammenfassung von Finanzinstrumenten erfolgt, sofern der *expected credit loss* nicht für ein individuelles Instrument, sondern ein homogenes Portfolio (Rz 425) bewertet wurde;
- auf welche Weise ermittelt wurde, dass finanzielle Vermögenswerte wertgemindert sind;
- die der Bestimmung der Risikovorsorge der Höhe nach zugrunde liegenden Grundsätze, inkl. der Indikatoren dafür, dass es keine begründeten Rückzahlungserwartungen gibt;
- wie die Änderungsanforderungen – betreffend einen Transfer zwischen den einzelnen Stufen (insbesondere Stufe 1 und Stufe 2) der Risikovorsorge angewandt wurden, konkret wie ein Unternehmen
  - ermittelt, auf welche Weise sich das Ausfallrisiko aus einem Vermögenswert, der modifiziert wurde (Rz 332ff.), während die Risikovorsorge auf der Basis der *expected-credit-loss*-Gesamtlaufzeit bemessen wurde, in der Weise verbessert hat, dass die Risikovorsorge wieder auf dem Zwölf-Monats *expected credit loss* beruht; und
  - überwacht, in welchem Ausmaß die Risikovorsorge in Bezug auf finanzielle Vermögenswerte bei der Folgebewertung wieder auf Basis des *lifetime expected credit loss* erfolgt.

546   Im Zusammenhang mit der **Berechnung des *expected credit loss*** hat ein Unternehmen qualitativ die Inputs, Annahmen und Schätzverfahren zu erläutern (IFRS 7.35G/IFRS 7.B8C), auf die es zurückgreift, zur Ermittlung
- des Zwölf-Monats *expected credit loss* und des *lifetime expected credit loss*,
- einer signifikanten Erhöhung des (Ausfall-)Risikos für ein Finanzinstrument seit der erstmaligen Erfassung und
- ob eine Wertminderung eines finanziellen Vermögenswerts vorliegt.

Die notwendigen Anhangangaben umfassen die Erläuterung von
- Grundlagen der Inputs und Annahmen,
- der Art und Weise, wie auf die Zukunft bezogene Informationen bei der Festlegung des *expected credit loss* Berücksichtigung finden (inkl. der Verwendung von makroökonomischen Informationen) und
- Änderungen von Schätzverfahren oder signifikanten Annahmen während der Berichtsperiode und die Gründe für diese Änderungen.

547   Die berichtspflichtigen Unternehmen haben für jede Klasse von Finanzinstrumenten, ausgehend von den Eröffnungsbilanzwerten, eine **Überleitungsrechnung** – ausgestaltet als Bruttorechnung, nur ausnahmsweise als Nettobewegung für Instrumente mit kurzfristiger Laufzeit – auf die (Referenz-)Beträge der Schlussbilanz aufzunehmen, welche die Entwicklung der Änderung der Risikovorsorge innerhalb einer Berichtsperiode darstellt. Eine tabellarische Darstellung der Entwicklung wird zwar nicht explizit gefordert, ist aber aus praktischen Gründen zu empfehlen. Aus der Überleitungsrechnung müssen die folgenden Informationen hervorgehen (IFRS 7.35H/IFRS 7.B8E):

- Änderungen der Risikovorsorge für jede relevante Klasse, die auf der Grundlage des Zwölf-Monats *expected credit loss* gebildet worden ist;
- Änderungen der Risikovorsorge, die auf der Grundlage des *lifetime expected credit loss* gebildet worden ist, getrennt für die folgenden Klassen von finanziellen Vermögenswerten:
  - nicht wertgeminderte finanzielle Vermögenswerte;
  - finanzielle Vermögenswerte, die zwar zum Ende der Berichtsperiode wertgemindert sind, aber nicht bereits bei Zugang wertgemindert waren (*purchased or originated credit* bzw. *POCI*);
  - Forderungen aus Lieferungen und Leistungen, Leasingforderungen und *contract assets*, deren Risikovorsorge nach einem vereinfachten Ansatz auf der Grundlage des *lifetime expected credit loss* gebildet worden ist;
- finanzielle Vermögenswerte (Rz 390), die bereits bei Zugang wertgemindert waren (*POCI-assets*).

Darüber hinaus sind gem. IFRS 7.B8D weiterführende Erläuterungen zu den während einer Berichtsperiode eingetretenen Änderungen bei der Risikovorsorge in einem gesonderten Absatz aufzunehmen, wenn dies zum Verständnis erforderlich ist. Für die in der Überleitungsrechnung dargestellten Finanzinstrumente, für die eine Risikovorsorge erfasst worden ist, müssen zusätzlich quantitative und qualitative Angaben erfolgen (IFRS 7.35(I)). Eine vollständige Überleitung der Buchwerte ist nicht erforderlich, aber zulässig (IFRS 7.IG20B, IFRS 7.BC48Q – S). Denkbare Beispiele für signifikante Veränderungen im Buchwert sind z. B.:

- Änderungen aufgrund der Anschaffung oder der Ausbuchung von Finanzinstrumenten (einschließlich abgeschriebener Finanzinstrumente),
- Modifizierung vertraglich vereinbarter *cash flows*, ohne dass ein Abgang erfasst wird und
- Änderungen der Risikovorsorge, die sich durch eine Umstellung der Ermittlung auf Basis des Zwölf-Monats *expected credit loss* auf *lifetime expected credit loss* ergeben und vice versa.

Neben den im Rahmen einer Überleitungsrechnung zur Risikovorsorge bereitzustellenden Informationen sollen auch **Erläuterungen zur Modifizierung** vertraglich vereinbarter *cash flows* erfolgen. Die Erläuterungen sollen ein Verständnis über die Art und Auswirkung einer Modifizierung vertraglich vereinbarter *cash flows* auf die Bemessung der Kreditausfälle ermöglichen. Insbesondere sind folgende Angaben zu machen (IFRS 7.35J): **548**

- Für die Periode, in der die Modifizierung erfolgt, sind die *amortised cost* vor der Modifizeurng sowie die resultierenden Nettogewinne oder -verluste anzugeben.
- In den Folgeperioden bis zu einem evtl. Abgang ist der Bruttobuchwert der finanziellen Vermögenswerte, für die während der Berichtsperiode ein Wechsel zur Bewertung auf der Grundlage des Zwölf-Monats *expected credit loss* vorgenommen wurde, angabepflichtig.

Korrespondierende Angaben sind erforderlich für Forderungen aus Lieferungen und Leistungen, Leasingforderungen und *contract assets*, wenn kumulativ folgende Voraussetzungen erfüllt sind (IFRS 7.35A):

- die Risikovorsorge wird nach einem vereinfachten Ansatz auf der Grundlage des *lifetime expected credit loss* gebildet,
- die finanziellen Vermögenswerte sind zum Zeitpunkt der Modifikation mehr als 30 Tage überfällig.

Es fehlt allerdings an einer Konkretisierung, wie der Nettogewinn oder -verlust aus der Modifizierung vertraglich vereinbarter *cash flows* zu bestimmen ist. Alternativ zu einer Angabe der durch die Modifikation ausgelösten Änderung des Umfangs der Risikovorsorge kann auch auf den (undiskontierten) Unterschied zwischen den vertraglichen Zahlungen und den Rückflüssen ohne Modifizierung abgestellt werden.

549 Angabepflichtig sind auch Informationen zu bestehenden Sicherheiten (Rz 249 ff.). Hinsichtlich der Anforderung ist aber zwischen finanziellen Vermögenswerten, auf die die Wertminderungsbestimmungen des IFRS 9 anzuwenden sind, und solchen finanziellen Vermögenswerten, für die die Wertminderungsbestimmungen des IFRS 9 nicht gelten, wie z.B. finanzielle Vermögenswerte, die zum FVTPL folgebewertet werden, zu differenzieren. Für Sicherheiten betreffend Finanzinstrumente, die keine Risikovorsorge zum *expected credit loss* verlangen, ergeben sich keine Änderungen (IFRS 7.36(a) – IFRS 7.36(b)). Für den Vorgaben einer Risikovorsorge zum *expected credit loss* unterliegende Finanzinstrumente sind für jede Klasse quantitative und qualitative Angaben zu Sicherheiten und anderen Kreditbesicherungen vorgesehen (IFRS 7.35A, IFRS 7.35K):

Quantitative Angaben	Qualitative Angaben
• Angaben zu den für finanzielle Vermögenswerte gehaltenen Sicherheiten oder anderen Kreditbesicherungen, die zum Ende der Berichtsperiode wertgemindert sind (z.B. die Quantifizierung des Risikominimierungspotenzials dieser Sicherheiten). • Der beste Schätzwert für das maximale Kreditrisiko zum Ende der Berichtsperiode. Das maximale Kreditrisiko darf nicht mit selbst gehaltenen Sicherheiten oder anderen Kreditbesicherungen saldiert werden, soweit die Aufrechnungskriterien des IAS 32 nicht erfüllt sind.	• Mit Ausnahme von Leasingforderungen hat für gehaltene Sicherheiten oder andere Kreditbesicherungen eine Beschreibung zu erfolgen, die insbesondere auf folgende Punkte eingehen soll: – Erläuterungen zu Art und Qualität der gehaltenen Sicherheiten; – Informationen zu den Finanzinstrumenten, für welche das Unternehmen aufgrund der Sicherheiten keine Risikovorsorge gebildet hat; – Beschreibung sämtlicher wesentlicher Änderungen der Qualität der gehaltenen Sicherheiten oder andere Kreditbesicherungen, die auf eine Änderung der Bilanzierungsmethoden zurückzuführen sind.

Nicht vorgesehen ist eine Verpflichtung zur Offenlegung des beizulegenden Zeitwerts einer personalen oder dinglichen Sicherheit, die Angabe der Bedeutung für die Höhe eines erwarteten *cash shortfalls* (Rz 434) entfällt ebenfalls (IFRS 7.B8F). Die qualitativen Angaben können um folgende Informationen ergänzt werden (IFRS 7.B8G):

- Eine Klassifizierung der gehaltenen Sicherheiten und anderen Kreditbesicherungen (z.B. nach Garantien, Kreditderivaten oder anderen vertraglichen Vereinbarungen);
- Informationen darüber, in welchem Umfang diese Sicherheiten gehalten werden, einschließlich Angaben zu den wesentlichen vertraglichen Merkmalen;
- Bilanzierungs- und Bewertungsmethoden im Umgang mit solchen Sicherheiten;
- bedeutsame Geschäftspartner einschließlich einer Einschätzung zu deren Bonität;
- Informationen zur Risikokonzentration bei gehaltenen Sicherheiten und anderen Kreditbesicherungen.

Nach den Ausführungen in IFRS 7 müssen für sämtliche finanziellen Vermögenswerte, die den Wertminderungsvorschriften des IFRS 9 unterliegen, qualitative Erläuterungen zu bestehenden Sicherheiten erfolgen. Darüber hinausgehende quantitative Angaben sind regelmäßig nur bei denjenigen finanziellen Vermögenswerten erforderlich, die zum Ende der Berichtsperiode wertgemindert sind.

Die **Angaben zum maximalen Kreditrisiko** sind für sämtliche finanziellen Vermögenswerte erforderlich, die den Wertminderungsbestimmungen i.H.d. Risikovorsorge zum *expected credit loss* des IFRS 9 unterliegen (IFRS 7.35K(a)). Sie werden dagegen nicht gefordert für solche finanziellen Vermögenswerte, die nicht den Wertminderungsbestimmungen des IFRS 9 unterliegen, sowie für solche finanziellen Vermögenswerte, deren Buchwert der beste Schätzer für das maximale Kreditrisiko ist (IFRS 7.36(a)).   **550**

IFRS 7 fordert die Angabe des (vertraglich vereinbarten) Nominalwerts von während der Berichtsperiode abgeschriebenen finanziellen Vermögenswerten, für die noch eine **Durchsetzung des Anspruchs** betrieben wird (IFRS 7.35L). Die Angabepflicht entfällt erst mit endgültiger Feststellung der Uneinbringlichkeit.   **551**

Für finanzielle Vermögenswerte, die zwar zum Ende der Berichtsperiode wertgemindert sind, die aber nicht bereits bei Zugang wertgemindert waren (*POCI-assets*), müssen Unternehmen in Ergänzung zur Überleitungsrechnung für die in der Berichtsperiode erstmals erfassten finanziellen Vermögenswerte den undiskontierten Gesamtbetrag des *expected credit loss* im Zugangszeitpunkt angeben (IFRS 7.35H(c)).   **552**

Damit das zum Stichtag **bestehende Ausfallrisiko**, welchem das Unternehmen ausgesetzt ist, eingeschätzt werden kann und die **signifikanten Risikokonzentrationen** transparent werden, sind folgende Angaben – gegliedert nach der graduellen Einstufung (*credit risk rating grades*) des Ausfallrisikos – zu machen (IFRS 7.35M):   **553**

- Buchwert der finanziellen Vermögenswerte und
- Ausfallrisiko in Bezug auf Kreditzusagen und Finanzgarantien.

Diese Angaben sind getrennt aufzuführen für:

- solche Finanzinstrumente, für welche die Bemessung der Risikovorsorge auf Basis des Zwölf-Monats *expected credit loss* erfolgt,
- solche Finanzinstrumente, für welche die Bemessung der Risikovorsorge auf Basis des *lifetime expected credit loss* erfolgt, die aber nicht als wertgemindert gelten,
- solche Finanzinstrumente, die zwar zum Berichtszeitpunkt wertgemindert sind, aber keine *POCI-assets* darstellen,

- *POCI-assets* (Rz 390) und
- Forderungen aus Lieferungen und Leistungen, *contract assets* und Leasingforderungen, für welche die Risikovorsorge immer nach dem *lifetime expected credit loss* gebildet wird.

Die Anzahl der Ausfallrisikostufen (*credit risk rating grades*), die für die Erfüllung der Angabepflicht verwendet werden, muss mit der Anzahl der Stufen übereinstimmen, die in der Unternehmensberichterstattung an Personen in Schlüsselpositionen für Zwecke des Ausfallrisikomanagements verwendet werden (IFRS 7.B8(I)). Eine Konzentration von Ausfallrisiken liegt vor, sofern mehrere Geschäftspartner in der gleichen geografischen Region ansässig sind oder ähnliche Geschäftstätigkeiten aufweisen und gleiche wirtschaftliche Charakteristika aufweisen, so dass die Fähigkeit zur Erfüllung ihrer vertraglichen Verpflichtungen im Fall einer Änderung der wirtschaftlichen, politischen oder sonstigen Rahmenbedingungen in vergleichbarer Weise beeinflusst wird (IFRS 7.B8H). Werden *expected credit losses* auf Portfolioebene bemessen (Rz 425), kann ein Unternehmen ggf. nicht in der Lage dazu sein, die Buchwerte (dieser finanziellen Vermögenswerte) den Ausfallrisikoeinstufungen zuzuordnen, für die *lifetime expected credit losses* erfasst werden. In diesen Fällen hat das Unternehmen (IFRS 7.B8J):

- die Angabepflichten für die Finanzinstrumente anzuwenden, die unmittelbar einer Ausfallrisikostufe zugeordnet werden; und
- eine separate Angabe für den Buchwert der Finanzinstrumente, für welche der *lifetime expected credit loss* auf Portfolioebene ermittelt wurde, vorzunehmen.

13.13   Verhältnis zum Lagebericht

554   Spezifische Informationen zu den Finanzinstrumenten werden nach HGB (und damit auch für alle gem. § 315a HGB nach IFRS bilanzierenden Konzerne) im **Lagebericht** bzw. **Konzernlagebericht** verlangt. In Bezug auf die Verwendung von Finanzinstrumenten durch die Gesellschaft bzw. den Konzern sind, sofern dies für die Beurteilung der Lage und Entwicklung von Belang ist, u. a. anzugeben:

- die **Risikomanagementziele und -methoden** der Gesellschaft bzw. des Konzerns einschließlich der Methoden zur Absicherung (§§ 289 Abs. 1 Nr. 2a und 315 Abs. 2 Nr. 2a HGB) sowie
- die **Preisänderungs-, Ausfall-, Liquiditäts- und Zahlungsstromschwankungsrisiken**, denen die Gesellschaft bzw. der Konzern ausgesetzt ist (§§ 289 Abs. 1 Nr. 2b und 315 Abs. 2 Nr. 2b HGB; Rz 357).[111]

555   Überlappungen von IFRS-Anhang und nach § 315a HGB gefordertem **Konzernlagebericht** können sich insbesondere bei Risiko- und Risikomanagementangaben zu Finanzinstrumenten ergeben.

- Die drohende Redundanz kann nicht durch einen Verweis des Konzernlageberichts auf den Anhang vermieden werden, da nach DRS 20 der Konzernlagebericht ohne Rückgriff auf den Konzernabschluss verständlich sein muss.
- Durch IFRS 7.BG ist jedoch umgekehrt ein Verweis vom Anhang auf den Lagebericht erlaubt.

---

[111] Vgl. zum Ganzen HOFFMANN/LÜDENBACH, GmbHR 2004, S. 145 ff., sowie PFITZER/OSER/ORTH, DB 2004, S. 2593 ff.

14 Anwendungszeitpunkt, Rechtsentwicklung

Kein anderer Standard des IASB hat eine derartige Vielzahl von Änderungen **556** erfahren wie IAS 39 (und damit im Zusammenhang stehend IAS 32 bzw. IFRS 7). Wegen der Rechtsentwicklung von IAS 39 (rev. 2000) und IFRS 7 wird auf die Vorauflagen verwiesen.

Durch den in 2011 verabschiedeten IFRS 13 sind die bisher in IFRS 9 (bzw. **557** IAS 39) enthaltenen Vorschriften zur Ermittlung des *fair value* vor die Klammer der Einzelstandards gezogen worden (→ § 8a).[112]

Die Veröffentlichung von IFRS 9 *Financial Instruments* in 2014 stellt den letzten **558** Baustein der Reaktion des IASB auf die Finanzmarktkrise dar. Die Zielsetzung mit Aufnahme des „Meilenstein"-Projekts bestand zunächst darin, die hohe Komplexität und die Vielzahl von Sonderregelungen unter IAS 39 in einem neuen Standard zu beseitigen. So sagte der ehemalige Vorsitzende des IASB, SIR DAVID PHILIP TWEEDIE, über IAS 39: *„If you understand it, you haven't read it properly."* Im Rahmen der Verabschiedung des IFRS 9 wurden die Regelungen zur Klassifikation von Finanzinstrumenten, der Bildung von Wertberichtigungen sowie zum *hedge accounting* (→ § 28a) inhaltlich grundlegend überarbeitet. Noch ausgeklammert sind spezielle Vorgaben zur Bilanzierung von *macro-hedge*-Beziehungen.

Im April 2015 fand zum ersten Mal (insgesamt erfolgten bislang drei Treffen) ein **559** Austausch der seitens des IASB neu gegründeten *IFRS Transition Resource Group for Impairment of Financial Instruments* (ITG) statt. Aufgabe der ITG ist es, Fragen, die sich bei der Implementierung der IFRS-9-Anforderungen an die Risikovorsorge i.H.d. *expected credit loss* ergeben, in einem öffentlichen Forum zu analysieren und zu diskutieren. Die ITG hat keine Entscheidungsbefugnis, soll aber den IASB informieren, ob eine Standardsetzungsaktivität erforderlich ist.

Aktuell sind keine weiteren Diskussionen der ITG geplant. Die Gruppe ist aber **560** nicht aufgelöst, sondern zunächst – bis zum Eingang weiterer Fachfragen zur Implementierung des *impairment*-Modells – nur in einer Warteschleife. Die bislang diskutierten Fragestellungen inkl. der Diskussionspapiere bleiben öffentlich verfügbar. Bislang diskutiert wurden die folgenden Themen:

22.4.2015		
ITG Referenz	Thema	Verweis
1	*The maximum period to consider when measuring expected credit losses*	Rz 441
2	*Forecasts of future economic conditions*	Rz 416
3	*Loan Commitments – Scope*	Rz 385
4	*Revolving credit facilities*	

---

[112] Vgl. dazu auch SCHWAMBORN/GEHRER/PFEIL, IRZ 2011, S. 428 ff., sowie FLICK/GEHRER/MEYER, IRZ 2011, S. 387 ff.

22.4.2015

ITG Referenz	Thema	Verweis
4.1	Revolving credit facilities (Issue 1) Measurement of expected credit losses for charge cards	Rz 442, Rz 444
4.2	Revolving credit facilities (Issue 2)	Rz 442
5	Assessment of significant increase in credit risk for guaranteed debt instruments	Rz 417, Rz 258
6	Measurement of expected credit losses for an issued financial guarantee contract	Rz 386
7	Expected credit losses – measurement date	Rz 383
8	Measurement of expected credit losses in respect of a modified financial asset	Rz 446

16.9.2015

ITG Referenz	Thema	Verweis
1	Significant increases in credit risk	
1.1	Methods of assessing changes in credit risk where loans are priced within broad credit quality bands	Rz 422
1.2	Whether behavioural indicators can be used to identify significant increases in credit risk	Rz 431
2	Use of changes in the risk of default occurring over the next 12 months when assessing for significant increases in credit risk	Rz 417 ff.
3	Measurement of expected credit losses for revolving credit facilities	Rz 443
4	Forward-looking information	
4.1	Differentiating forward-looking information	Rz 412
4.2	Determining what is „reasonable and supportable"	Rz 413

11.12.2015

ITG Referenz	Thema	Verweis
1	Incorporation of forward-looking scenarios	

11.12.2015		
ITG Referenz	**Thema**	**Verweis**
1.1	*When measuring expected credit losses can entities use one single forward-looking economic scenario, or do they need to incorporate more than one forward-looking economic scenario and, if so, how?*	Rz 435
1.2	*How should an entity take into account forward-looking economic scenarios when determining whether there has been a significant increase in credit risk?*	Rz 420
2	*Scope of paragraph 5.5.20 of IFRS 9*	Rz 443
3	*Measurement of expected credit losses for charge cards*	Rz 443, Rz 444
4	*Period over which to measure expected credit losses for revolving credit facilities Measurement of expected credit losses for charge cards*	Rz 444
5	*Collateral and other credit enhancements and the measurement of expected credit losses*	Rz 253
6	*Inclusion of cash flows expected from the sale on default of a loan in the measurement of expected credit losses*	Rz 449
7	*Meaning of „current effective interest rate"*	Rz 452
8	*Assessing for significant increases in credit risk in respect of financial assets with a maturity of less than 12 months*	Rz 406
9	*Measurement of the loss allowance for credit-impaired financial assets*	Rz 458
10	*Presentation of the loss allowance for financial assets measured at amortised cost*	Rz 459

561 Die Anwendung der neuen Vorgaben ist verpflichtend für Geschäftsjahre vorgesehen, die nach dem 1.1.2018 beginnen. Eine wahlweise frühzeitige Anwendung ist zulässig. Die Vorschriften des IFRS 9 zu Kategorisierung und Bewertung (IFRS 9.7.2.1) sowie zum *impairment* (IFRS 9.7.2.17) sind grundsätzlich retrospektiv anzuwenden.

562 Im Rahmen dieser retrospektiven Anwendung ist im konkreten Fall von IFRS 9 jedoch keine Anpassung der Vergleichsperioden notwendig (IFRS 9.7.2.15). Zur Entlastung der Anwender wurde auf die verpflichtende Angabe verzichtet.

15   ABC der Finanzprodukte

563

16   APPENDIX – Berechnung des *expected credit loss*

16.1   Rückgriff auf (bank)aufsichtsrechtliche Risikoparameter

564 Innerhalb von IFRS 9 wird keine konkrete Methode für die Bestimmung der Risikovorsorge i. H. d. erwarteten (Kredit-)Ausfalls (*expected credit loss*) vorgegeben. Aus den umfangreichen Ausführungen lassen sich allenfalls Anhaltspunkte für das heranzuziehende Schätzverfahren ableiten. Für die Berechnung des erwarteten Verlusts sind alle zum Stichtag verfügbaren Informationen, auch betreffend das mikro- und makroökonomische Umfeld, einzubeziehen (Rz 411). Für eine „genaue" Schätzung des *expected credit loss* (EL) bietet es sich an, auf die Vorgaben zum *loan loss provisioning* zurückzugreifen (Rz 566).

565 Mangels einer spezifischen Vorgabe kann auch auf ein **vereinfachtes Modell** zur Bestimmung der Risikovorsorge i. H. d. *lifetime expected loss* zurückgegriffen werden. Die erforderliche Wertberichtigung kann durch eine direkte Schätzung ausgehend von einer Verhältnisbildung historischer Risikokosten zur historischen makroökonomischen Entwicklung (etwa BIP, Arbeitslosenquote etc.) bemessen werden. Aus der Prognose der künftigen makroökonomischen Lage kann dann der auf das Verhältnis zurückzuführende Umfang der künftigen Risikokosten abgeleitet werden. Das vereinfachte Modell klammert allerdings Auswirkungen von etwaigen Sicherheiten und Veränderungen des ausstehenden (Forderungs-)Volumens aus.

566 Als Ausgangspunkt für die „exakte" Ermittlung der erforderlichen Risikovorsorge kann auf die – in Europa verpflichtend zu berücksichtigenden – (bank)aufsichtsrechtlichen Parameter zur Messung von Kreditrisiken zurückgegriffen werden (RL 2013/575/EU). Die Definition des erwarteten Verlusts bezieht sich (zunächst) auf einen Betrachtungshorizont von einem Jahr und ergibt sich als Produkt aus

- einjähriger Ausfallwahrscheinlichkeit (*probability of default*; PD),
- Verlustquote bei Ausfall (*loss given default*; LGD) und
- tatsächlicher Inanspruchnahme bei Ausfall (*exposure at default*; EAD).

Für die Bestimmung der Risikovorsorge nach IFRS 9 ist eine Anpassung der einzelnen Parameter erforderlich, lediglich die (multiplikative) Verknüpfung kann für die bilanzielle Bewertung übernommen werden. Für den Betrachtungshorizont von einem Jahr, der für die Bestimmung des Zwölf-Monats *expected loss* heranzuziehen ist (Rz 397), gilt: EL = PD x LGD x EAD, wobei die drei Ausgangsgrößen der Berechnung hypothetischer Natur sind und auf einer stochastischen Wahrscheinlichkeitsverteilung beruhen.

Im aufsichtsrechtlichen Sinne ist die Ausfallwahrscheinlichkeit (PD) definiert als die **567** „Wahrscheinlichkeit des Ausfalls einer Gegenpartei im Laufe eines Jahres" (Art. 4 Abs. 1 Nr. 54 CRR). Als Gegenpartei gilt der Schuldner – als natürliche oder juristische Person –, mit dem eine Finanztransaktion getätigt wurde. Bezugsobjekt für die Ausfallwahrscheinlichkeit ist der Schuldner, nicht das einzelne Finanzinstrument. Zwischen dem schuldnerspezifischen Kreditrisiko und der Ausfallwahrscheinlichkeit besteht ein Zusammenhang (je besser das Rating, desto geringer die PD), der für eine Zuordnung von PDs zu einzelnen Ratingstufen genutzt werden kann.

Für die Bestimmung der Ausfallwahrscheinlichkeit lassen sich zwei Ansätze unterscheiden:

- *Through-the-cycle*-PD: Zur Vermeidung konjunktureller Einflüsse wird über eine mehrperiodige Durchschnittsbetrachtung auf eine strukturelle Ausfallwahrscheinlichkeit eines Schuldners abgestellt. Über die Ermittlung einer durchschnittlichen PD wird eine Volatilität abgeschwächt.

- *Point-in-time*-PD: Das tatsächliche Kreditrisiko am Stichtag wird bestimmt.

Für die bilanzielle Risikovorsorge nach IFRS 9 ist auf eine *point-in-time*-Bestimmung abzustellen. Ausgehend von einer Durchschnittsbetrachtung lässt sich kein Erwartungswert zukünftiger Verlustereignisse ermitteln.

Die Verlustquote bei einem tatsächlichen Ausfall (LGD) einer (Finanz-)Forderung **568** ist aufsichtsrechtlich definiert als „die Höhe des Verlusts an fälligen Risikopositionen bei Ausfall der Gegenpartei, gemessen am Betrag der zum Zeitpunkt des Ausfalls ausstehenden Risikopositionen" (Art. 4 Abs. 1 Nr. 55 CRR). Im Zeitpunkt der Bildung der Risikovorsorge ist der „wirtschaftliche Verlust" (Art. 5 Abs. 2 CRR), der neben dem Zeitwert des Geldes (*time value of money*) auch (in-)direkte Kosten der Beitreibung umfasst, noch nicht eingetreten. Erforderlich ist daher eine Prognose unter Unsicherheit betreffend Zeitpunkt und Höhe des hypothetischen (Forderungs-)Ausfalls. Für die Bestimmung der LGD sind die erwarteten Erlöse aus der Verwertung vereinbarter Kreditsicherheiten sowie sonstige Erlöse (etwa andere Zahlungen des Kreditnehmers oder aus der Insolvenzquote) nach Berücksichtigung von externen und internen Kosten der Sicherheitenverwertung zu berücksichtigen.

Für die notwendige Prognose der LGD kann auf Erfahrungswerte aus der Vergangenheit oder aktuell beobachtbare (Ausfall-)Daten zurückgegriffen werden:

- Wird auf Erfahrungswerte aus der Vergangenheit als Ausgangspunkt für die Schätzung der künftigen LGD abgestellt, erfolgt eine Bestimmung für einzelne Ratingstufen. Der LGD ist hinsichtlich der Definition des Ausfallereignisses (*default*) in Konsistenz zur Prognose der PD abzuleiten. In Abhängigkeit von den einzelnen Ratingstufen ergibt sich ein LGD zwischen 0 % (bestes Rating, kein Ausfall) und 100 % (schlechtestes Rating, erwarteter Totalausfall).

- Wird alternativ auf beobachtbare (Ausfall-)Daten zurückgegriffen (Market-LGD), bestimmt sich der LGD als Quotient aus dem beobachtbaren Verlust (L) und der tatsächlichen Inanspruchnahme bei Ausfall (LGD = L / EAD), somit also als der bei tatsächlichem Ausfall nicht zurückfließende prozentuale Anteil des *exposure*.

Der LGD entspricht dem uneinbringlichen Anteil bei tatsächlicher Inanspruchnahme. Anders als die PD ist der LGD nicht schuldnerspezifisch. Für einen

Schuldner lässt sich zwar eine Ausfallwahrscheinlichkeit, aber – wegen der Abhängigkeit von der Besicherung – kein einheitlicher LGD bestimmen. Für die Risikovorsorge nach IFRS 9 ist der Zeitabhängigkeit von LGD-Schätzungen Rechnung zu tragen. Wegen der notwendigen Konsistenz im Zusammenhang mit der Bestimmung von über einen Zwölf-Monats-Horizont hinausgehenden Ausfallwahrscheinlichkeiten bedarf es einer Anpassung der aufsichtsrechtlich genutzten Prognose.

569 Die tatsächliche Inanspruchnahme bei Ausfall entspricht aufsichtsrechtlich der „Forderungshöhe sämtlicher auf den … Schuldner bezogener Risikopositionen" (Art. 261 Abs. 1 CRR). Das *exposure at default* umfasst das erwartete (Kredit-)Volumen, das wahrscheinlich im Zeitpunkt des Ausfalls eines Kreditnehmers noch aussteht, somit von dem Schuldner noch zurückzuzahlen ist. Eine Gleichsetzung mit dem Nominal-/Buchwert zum aktuellen (Bilanz-)Stichtag, an dem die Risikovorsorge zu bestimmen ist, scheidet aus, da die ausstehende Position zum Zeitpunkt des Ausfalls, also für eine künftige Periode zu ermitteln ist. Die Herleitung des EAD hängt von der Ausgestaltung einer Kreditvergabe (Raten- oder Annuitätendarlehen) ab. Relevante Bezugsgröße sind alle ausstehenden Ansprüche gegenüber einem Schuldner und nicht einzelne Finanzinstrumente.

16.2 Ausweitung des (Bewertungs-)Horizonts

570 Für die Bestimmung des *lifetime expected loss* bedarf es einer zeitlichen Ausweitung des Betrachtungszeitraums über ein Jahr hinaus (Rz 565). Abzustellen ist auf den erwarteten Ausfall, der ausgehend vom (Bewertungs-)Stichtag (t_0) über die verbleibende (Rest-)Laufzeit (T) eines Finanzinstruments eintreten kann. Formelmäßig gilt: $EL_{t_0,T} = \Sigma^T_{t=1} PD_t \times LGD_t \times EAD_t$, wobei t = 1…T den zukünftigen Perioden bis Fälligkeit entsprechen.

Hinsichtlich der Parameter gilt:

- PD_t entspricht der unbedingten Ausfallwahrscheinlichkeit in t, also der Wahrscheinlichkeit eines Nicht-Ausfalls in den Jahren 1, …, t −1 und eines daraus bedingten Ausfalls in Jahr t.
- LGD_t und EAD_t sind über eine zeitabhängige (mehrperiodige) Schätzung in Abhängigkeit makroökonomischer Erwartungen, die sich in unterschiedlichen Szenarien niederschlagen, als Erwartungswerte zum Zeitpunkt des erwarteten Ausfalls zu bestimmen.

Für die Bestimmung der künftigen Verlustquote (LGD) – durch Modellierung der Wertentwicklung bestehender Sicherheiten – und des *exposure at default* (EAD) – durch Annahmen zur Tilgung und weiterer Inanspruchnahme – kann die zeitabhängige Schätzung durch eine Fortschreibung der Kenntnisse am (Bilanz-)Stichtag erfolgen. Die Herleitung der Ausfallwahrscheinlichkeit für die noch verbleibende (Rest-)Laufzeit eines Finanzinstruments hat allerdings der bedingten Wahrscheinlichkeit Rechnung zu tragen, verlangt also eine kumulierte Betrachtung.

571 Für die Bestimmung der Ausfallwahrscheinlichkeit PD_t – Eintritt eines Kreditereignisses zu einem bestimmten Zeitpunkt während der (Rest-)Laufzeit eines Finanzinstruments – ist eine Kumulation periodenbezogener Erwartungen notwendig. Die Festlegung des Zeitpunkts des erwarteten Ausfalls ist aus Konsistenzgründen auch für die Modellierung der zeitabhängigen Verlustquote (LGD) und das *exposure at default* (EAD) bindend.

Praxis-Beispiel
Die Wahrscheinlichkeit eines Ausfalls des Schuldners S wird (vereinfachend) für jede Periode mit 0,5 % bestimmt. Die einjährige Ausfallwahrscheinlichkeit (PD_1) beträgt daher 0,5 %. S nimmt einen Kredit mit einer Laufzeit von sechs Jahren auf. Die kumulierte Wahrscheinlichkeit eines Ausfalls über die Gesamtlaufzeit ergibt sich nach folgender Formel $PD_t = (1-PD)^t$ und für die Gesamtlaufzeit daher mit 2,96 %. Die Potenzierung der Zwölf-Monats-PD ignoriert allerdings die Möglichkeit einer Ratingänderung.

Für die Bestimmung mehrperiodiger, unbedingter (*point in time*) Ausfallwahrscheinlichkeiten kann auf verschiedene Methoden zurückgegriffen werden. Entscheidend ist die Berücksichtigung der Möglichkeit einer periodenbezogenen Änderung, also eine Migration eines Schuldners zwischen den ermittelten Ratingstufen im Zeitablauf (Rz 567). Eine direkte Schätzung einer mehrperiodigen PD kann durch Erweiterung eines bestehenden Ratingmodells, also der Aggregation von Ausfallwahrscheinlichkeit für einzelne Stufen um zusätzliche – noch nicht berücksichtigte – prognostizierbare konjunkturabhängige makroökonomische Inputfaktoren (BIP, Arbeitslosenquote etc.) erweitert werden. Ausgehend von der künftig erwarteten makroökonomischen Lage lassen sich dann zeitpunktbezogene Ausfallwahrscheinlichkeiten schätzen. **572**

Alternativ besteht auch die Möglichkeit einer Bestimmung von PD_t durch Potenzierung einperiodiger (Rating-)Migrationsmatrizen, die neben ratingbezogenen Ausfallwahrscheinlichkeiten auch *point-in-time*-Migrationen künftiger Perioden beinhalten. Als (Haupt-)Ursachen für die Veränderung einer Ratingstufe sind zu unterscheiden: **573**
- Ereignisse in der Sphäre des Kreditnehmers (Finanzkennzahlen, Zukunftsaussichten etc.),
- Erkenntnisse über Branchen (makroökonomische Daten) und
- Änderungen des Ratingverfahrens (Neuschätzung, Rekalibrierung etc.).

In einer Migrationsmatrix kann – auf der horizontalen Achse – für eine bestimmte Ratingstufe neben der *probability of default* auch die Wahrscheinlichkeit einer Ratingänderung erfasst werden. Unter der Annahme zeitkonstanter Migrationsvorgänge lassen sich über eine Potenzierung Migrationsbewegungen über mehrere Jahre ermitteln.

Praxis-Beispiel
1. Für ein (Annuitäten-)Darlehen – Tilgung jeweils zum Periodenende (PE) – mit einer Restlaufzeit von drei Jahren und einem ausstehenden Nominal von 100 GE am Periodenanfang (PA) in t_0 sowie einem Effektivzins von 5 % ist eine Risikovorsorge i.H.d. *lifetime expected loss* zu bilden. Zum Stichtag erfolgt eine Ratingeinstufung in Klasse C, ein Ausfall (D) ist nicht ausgeschlossen. Für die noch verbleibende Laufzeit wird – vor Risikovorsorge – folgende bilanzielle Abbildung erwartet:

Periode (t)	Buchwert (PA)	Zins	Tilgung	CF_t	Buchwert (PE)
1	100,0	5,0	33,3	38,3	66,7
2	66,7	3,3	33,3	36,7	33,3
3	33,3	1,7	33,3	35,0	0

Für die Ermittlung der periodenabhängigen PD_t wird (vereinfachend) auf eine konstante 4 x 4-Migrationsmatrix (PD_{12}) zurückgegriffen.

Rating	PD_{t2}	A	B	C	D	PD_{t1}	A	B	C	D	$PD_{12,t1}$
A	A	90 %	3 %	1,8 %	5,2 %	A	90 %	3 %	1,8 %	5,2 %	5,20 %
B	B	1,5 %	80 %	7,7 %	10,8 %	B	1,5 %	80 %	7,7 %	10,8 %	10,77 %
C	C	2 %	3,1 %	60 %	34,9 %	C	2 %	3,1 %	60,0 %	34,9 %	34,9 %
D	D	0 %	0 %	0 %	100 %	D	0 %	0 %	0 %	100 %	100 %

PD_{t2}	A	B	C	D	PD_{t2}	A	B	C	D	Rating	$PD_{12,t2}$
A	90 %	3 %	1,8 %	5,2 %	A	81,1 %	5,2 %	2,9 %	10,8 %	A	5,63 %
B	1,5 %	80 %	7,7 %	10,8 %	B	2,7 %	64,3 %	10,9 %	22,2 %	B	11,39 %
C	2 %	3,1 %	60 %	34,9 %	C	3,1 %	4,4 %	36,3 %	56,3 %	C	21,38 %
D	0 %	0 %	0 %	100 %	D	0 %	0 %	0 %	100 %	D	0 %

PD_{t2}	A	B	C	D	PD_{t3}	A	B	C	D	Rating	$PD_{12,t3}$
A	90 %	3 %	1,8 %	5,2 %	A	73,1 %	6,7 %	3,6 %	16,6 %	A	5,79 %
B	1,5 %	80 %	7,7 %	10,8 %	B	3,6 %	51,9 %	11,5 %	33 %	B	10,85 %
C	2 %	3,1 %	60 %	34,9 %	C	3,5 %	4,7 %	22,2 %	69,6 %	C	13,29 %
D	0 %	0 %	0 %	100 %	D	0 %	0 %	0 %	100 %	D	0 %

Die durch die Matrizenmultiplikation erhaltenen *lifetime*-Migrationsmatrizen (PD_{t1}, PD_{t2} und PD_{t3}) geben in den Zeilen für das jeweilige Anfangsrating die Wahrscheinlichkeit eines künftigen Ausfalls an. Die Ausfallwahrscheinlichkeiten für einzelne Perioden ($PD_{12,t1}$, $PD_{12,t2}$ und $PD_{12,t3}$) ergeben sich durch Subtraktion der *lifetime*-Matrizen. Ausgehend von Ratingklasse C erfolgt ein *default* in Periode 1 mit einer Wahrscheinlichkeit von 34,9 %. Für die Bestimmung der Ausfallwahrscheinlichkeit in Periode 2 (und respektive in Periode 3) ist eine Multiplikation der ratingabhängigen PD mit der Wahrscheinlichkeit einer Migration erforderlich. Für die Ratingklasse C ergibt sich in Periode 2 eine kumulierte Ausfallwahrscheinlichkeit von 56,3 % (= 2 % x 5,2 % + 3,1 % x 10,77 % + 60 % x 34,9 % + 34,9 % x 100 %). Die $PD_{12,t2}$ ergibt sich durch Subtraktion für Ratingklasse C mit 21,38 % (= 56,3 % - 34,9 %). Die *lifetime* PD_{t3} für die Ratingklasse C ergibt sich schließlich mit 69,6 %.

Für die Bestimmung der erforderlichen Risikovorsorge i. H. d. *lifetime expected loss* ist eine kumulierte Betrachtung der einzelnen Perioden erforderlich. Für das *exposure at default* wird auf den noch ausstehenden Darlehensbetrag am Periodenende, unmittelbar vor Zins und Tilgung, abgestellt. Der Wert der Sicherheit beträgt konstant (vereinfachend über alle Perioden) 40 GE. Die Abzinsung erfolgt unter Rückgriff auf den Effektivzinssatz von 5 %.

Periode (t)	EAD_t	LGD_t	PD_t	EAD x LGD x PD	BW_{EL}
1	105	62 %	34,9 %	22,7	21,6
2	70	43 %	21,38 %	6,4	5,8
3	35	0 %	13,29 %	0	0
				Σ	27,4

Die Risikovorsorge ist mit einem Umfang von 27,4 GE zu bilden.

Aus historischen Erkenntnissen abgeleitete Migrationsmatrizen sind unter Berücksichtigung der Erwartung der künftigen makroökonomischen Lage – über eine Verhältnisbildung (etwa multivariate Regressionsanalysen) mit verschiedenen Einflussfaktoren – zu adjustieren.

Zur Plausibilisierung der mehrperiodigen PD kann – ausgehend von dem Zusammenhang zwischen Ausfallwahrscheinlichkeit und Kreditrisiko (Rz 567) – auch auf implizite Ausfallwahrscheinlichkeiten (*implied* PD), die aus beobachtbaren Preisen und Konditionen für Instrumente abgeleitet werden können, zurückgegriffen werden. Die *implied* PD (PD_i) bezieht sich auf die eingepreiste Risikokorrektur eines (Finanz-)Instruments und entspricht dem rechnerischen *break even* der Kreditposition bezogen auf die Ausfallwahrscheinlichkeit. Die implizite Ausfallwahrscheinlichkeit beschreibt also, bei welcher Ausfallwahrscheinlichkeit der erwartete Ertrag eines Instruments genau dem Ertrag einer risikolosen Anlagealternative entspricht.

574

Als Formel ausgedrückt gilt:

$$PD_i = ((\Sigma^T_{t=1} CF_t) - P_0) / (\Sigma^T_{t=1} d_t \times CF_t \times t) - (1\text{-}LGD) \times \Sigma^T_{t=1} d_t), \text{ wobei}$$

CF_t: erwartete Zahlungen aus dem (Finanz-)Instrument;

P_0: beobachtbarer Preis zum (Bilanzierungs-)Stichtag;

d_t: Diskontierungsfaktor abgeleitet aus dem risikolosen Zinssatz;

t: Periode 1...T.

Als Ergebnis wird die annualisierte implizite Ausfallwahrscheinlichkeit eines (Finanz-)Instruments bestimmt. Wegen der fehlenden Gleichverteilung der *probability of default* über die (Gesamt-)Laufzeit ist über ein „*bootstrapping*"[113] die implizite PD_i für einzelne Perioden zu bestimmen. Ein Gleichsetzen mit der erwarteten PD scheidet aus, da die PD_i den Zustand einer Renditegleichheit der beobachtbaren Anleihe mit einem risikolosen Investment beschreibt. Die implizite Ausfallwahrscheinlichkeit kann aber als am Markt beobachtbare Referenz herangezogen werden.

Praxis-Beispiel

Für eine Anleihe mit einer noch verbleibenden (Rest-)Laufzeit von vier Jahren sind jährliche Zinszahlungen von 5 % auf den Nominalbetrag zu leisten. Im Fall eines Ausfalls wird eine Verlustquote (vereinfachend konstant) von 60 % erwartet, es können also nur 40 % des erwarteten Rückflusses vereinnahmt werden. Zum Bilanzstichtag liegt der Marktpreis der Anleihe bei 95 % des Nominalbetrags. Die PD_i lässt sich wie folgt bestimmen:

Periode (t)	Risikoloser Zins	(d_t)	Erwarteter CF (CF_t)	Barwert CF $(\Sigma^T_{t=1} CF_t)$	Barwert CF als Periodenprodukt $(\Sigma^T_{t=1} d_t \times CF_t \times t)$	Barwert Rückfluss bei Ausfall $((1\text{-}LGD) \times \Sigma^T_{t=1} d_t)$
1	5,10 %	0,95	0,05	0,05	0,05	0,38
2	4,75 %	0,91	0,05	0,05	0,09	0,36
3	4,80 %	0,87	0,05	0,04	0,13	0,35
4	4,90 %	0,83	1,05	0,87	3,47	0,33
			Σ	1	3,74	1,42

Die annualisierte PD_i ergibt sich i. H. v. 2,23 % (= (1–0,95) / (3,74–1,42)).

---

113 Vgl. FREIBERG, Diskontierung in der Internationalen Rechnungslegung, 2010, Rz 106.

§ 28a BILANZIERUNG VON SICHERUNGSBEZIEHUNGEN
(Hedge Accounting)

Schrifttum: BERGER/GEISEL/BARZ/GARZ/GERLACH/HARTENBERGER/KUHN, Praxisfragen des Hedge-Accounting-Modells in IFRS 9, WPG 2016, S. 964 ff.; DAUER/KLEIN/LORENZ, Treasury-orientierte Umsetzung des portfolio fair value hedge accounting von Zinsänderungsrisiken bei multikurvenkonformer Bewertung, KoR 2017, S. 14 ff.; FRANZ/BAUERFEIND, Spannungsfeld hedge accounting: IFRS 9 versus IAS 39 – Eine Analyse der Regelungen zur bilanziellen Abbildung von Sicherungsbeziehungen, PiR 2016, S. 143 ff.; FREIBERG, Ausweis des Ergebnisses aus Sicherungszusammenhängen, PiR 2015, S. 326 ff.; FREIBERG, Behandlung eingebetteter Zinssicherungsinstrumente, PiR 2016, S. 184 ff.; FREIBERG, Beurteilung mehrerer eingebetteter Derivate, PiR 2017, S. 32 f.; FREIBERG, Kasuistik beim hedge accounting von Teilrisiken (portions), PiR 2011, S. 206 ff.; FREIBERG, Vorzeitige Beendigung der Bilanzierung von Sicherungsbeziehungen (hedge accounting), PiR 2010, S. 264 ff.; FREIBERG, Hedging vs. hedge accounting – Sicherungsgeschäfte aus ökonomischer und bilanzieller Perspektive, PiR 2007, S. 54 ff.; GARZ/WIESE, IFRS 9 Financial Instruments, Der Standard zum hedge accounting und die Auswirkungen

auf die Praxis, PiR 2014, S. 71 ff.; GROSSE, Erstanwendung von IFRS 9 – Was noch
geklärt werden muss(te), PiR 2016, S. 204 ff.; HEISE/KOELEN/DÖRSCHELL, Bilan-
zielle Abbildung von Sicherungsbeziehungen nach IFRS bei Vorliegen einer Late
Designation, WPg 2013, S. 310 ff.; HERRMANN/LACHMANN/BURKHARDT, Hedge-
Accounting: Umstellung von IAS 39 auf IFRS 9 – Auswirkungen am Beispiel der
Automobilindustrie, KoR 2016, S. 525 ff.; HOFFMANN/LAHMANN, Negative Zinsen
in der Fair-Value-Bewertung derivativer Finanzinstrumente, WPG 2016, S. 1274 ff.;
KNAPPSTEIN/SCHMIDT, Anwendung und Ergebniseffekt des hedge accounting nach
IAS 39 in der Unternehmenspraxis, KoR 2015, S. 577 ff.

Vorbemerkung

Die Kommentierung bezieht sich auf IAS 39, IAS 32 und IFRS 7 und berücksichtigt
alle Ergänzungen, Änderungen und Interpretationen, die bis zum 1.1.2017 beschlossen wurden. Die Regelungen von IFRS 9 werden unter Rz 154 ff. dargestellt.

1   Zielsetzung, Regelungsinhalt und Begriffe

1   Zur Absicherung finanzieller Risiken können Unternehmen die Risiken eines
     Grundgeschäfts durch Abschluss eines gegenläufigen Sicherungsgeschäfts mini-
     mieren (*hedgen*). Aus **ökonomischer Sicht** zählt nur das Gesamtergebnis aus
     Grund- und Sicherungsgeschäft. Das *hedging* ist effektiv und erfolgreich, wenn
     dieses Gesamtergebnis weitgehend immun gegen die Änderung der Risikovari-
     ablen ist. Aus **bilanzieller Perspektive** kann nicht ohne Weiteres auf das Gesamt-
     ergebnis abgestellt werden. Ein solches Vorgehen könnte nicht nur dem Einzel-
     bewertungsprinzip widersprechen, sondern außerdem gegen das Stichtagsprinzip
     verstoßen, wenn etwa das Sicherungsgeschäft bereits jetzt bilanzwirksam ist, das
     Grundgeschäft aber erst in Folgeperioden. In den IFRS finden sich daher res-
     triktive Anforderungen an die bilanzielle Berücksichtigung von Sicherungs-
     zusammenhängen (*hedge accounting*).

2   Die Notwendigkeit für spezielle Regelungen zum *hedge accounting* resultiert
     auch aus dem *mixed model approach* des IAS 39/IFRS 9 (→ § 28). So schreiben
     die allgemeinen Bewertungsvorschriften des IAS 39/IFRS 9 regelmäßig eine
     unterschiedliche Bewertung für die gesicherten Grundgeschäfte und die Siche-
     rungsderivate vor. Während Derivate (einschließlich Sicherungsderivate) erfolgs-
     wirksam zum *fair value* zu bewerten sind, ist für die Grundgeschäfte (abgesehen
     von Handelswerten) eine andere Bewertung vorgeschrieben.

     Infolge dieser unterschiedlichen Bewertungsvorschriften würden sich die (gegen-
     läufigen) Risiken aus Grund- und Sicherungsgeschäft bei isolierter Betrachtung in
     unterschiedlicher Weise im Abschluss niederschlagen: Während die Änderungen
     des *fair value* des Derivats erfolgswirksam in der GuV zu berücksichtigen wären,
     würden die gegenläufigen Effekte aus der erfolgsneutralen Bewertung im Eigen-
     kapital verrechnet und blieben bei der Bewertung zu fortgeführten Anschaf-
     fungskosten sowie bei schwebenden Geschäften unberücksichtigt.[1] Konsequenz
     einer solchen unterschiedlichen Behandlung zusammengehöriger Effekte wäre
     eine ökonomisch nicht gerechtfertigte Volatilität der Ergebnisse.

---

[1]   Dies gilt nicht für Wechselkurseffekte, die gem. IAS 21 regelmäßig in der GuV erfasst werden.

Keine Notwendigkeit für ein *hedge accounting* besteht demgemäß, sofern für das **3** Grund- und das Sicherungsgeschäft keine unterschiedlichen Bewertungsregeln bestehen. Dies gilt insbesondere für Fälle, in denen Grundgeschäfte, die als Handelswerte klassifiziert oder entsprechend gewillkürt sind *(fair value option)*, mit Derivaten abgesichert wurden. Da Grund- und Sicherungsgeschäfte erfolgswirksam zum *fair value* bewertet werden, fehlt es an Verwerfungen in der GuV, die durch Anwendung von *hedge-accounting*-Regeln zu beseitigen wären.

In der Unternehmenspraxis werden derivative Finanzinstrumente gewöhnlich **4** nicht mit spekulativen Absichten, sondern zur **Absicherung von Risiken** abgeschlossen. Mit dem Abschluss eines unbedingten oder bedingten Termingeschäfts wird daher keine Risikoposition begründet, sondern eine aus anderen Geschäften des Unternehmens resultierende Risikoposition geschlossen. Typische Beispiele sind in diesem Zusammenhang:

- Eine variabel verzinsliche Schuld, z.B. eine Anleihe, unterliegt dem Risiko eines Anstiegs des Zinsniveaus und einer damit verbundenen Erhöhung der Zinsaufwendungen **(Zinsrisiko)**. Zur Absicherung wird ein Zinsswap abgeschlossen.
- Eine Fremdwährungsverbindlichkeit unterliegt dem Risiko einer Aufwertung der Fremdwährung und einer damit verbundenen Zunahme des Rückzahlungsbetrags in der Berichtswährung **(Wechselkursrisiko)**. Zur Absicherung wird ein Devisenterminkauf getätigt. Ein geplanter Warenverkauf in Fremdwährung unterliegt dem Risiko einer Abwertung der Fremdwährung und eines damit verbundenen Rückgangs des Umsatzerlöses in der Berichtswährung (Wechselkursrisiko). Zur Absicherung wird ein Devisenterminverkauf getätigt.
- Ein Aktienbestand unterliegt dem Risiko eines Rückgangs des Aktienkurses **(Aktienkursrisiko)**. Zur Absicherung wird eine Verkaufsoption erworben.

Schließt das Unternehmen Derivate in der Absicht ab, Risiken zu beseitigen bzw. zu reduzieren, handelt es sich um **Sicherungsderivate**, die im Verhältnis zu dem gesicherten Grundgeschäft einen Sicherungszusammenhang begründen.

Aufgabe der Regelungen des *hedge accounting* ist es, die Schwäche des *mixed* **5** *model* zu beseitigen, indem die allgemeinen Bilanzierungs- und Bewertungsregelungen durch besondere Regelungen für die bilanzielle Abbildung von Sicherungsbeziehungen überlagert werden. Hierzu wird geklärt,

- welche **Sicherungsinstrumente** für das *hedge accounting* anerkannt werden (Rz 7 ff.);
- welche **Grundgeschäfte** für das *hedge accounting* anerkannt werden (Rz 22 ff.);
- welche **Methoden des *hedge accounting*** zur Verfügung stehen, nach welchen Regeln also das Grund- und das Sicherungsgeschäft zu bilanzieren sind, um die vorgenannten Verwerfungen in der GuV zu vermeiden (Rz 41 ff.), und
- unter welchen weiteren **Voraussetzungen** das *hedge accounting* angewendet werden darf (Rz 56).

Die Regelungen des *hedge accounting* sind **komplex** und ihre Umsetzung im Einzelfall (insbesondere für die Unternehmen, die ansonsten nur in geringem Umfang mit Finanzinstrumenten zu tun haben) sehr aufwändig. Als praktische Alternative zum *hedge accounting* bietet sich daher (zumindest im Bereich des *fair value hedge accounting*) die Nutzung der *fair value option* an (Rz 110 ff.). Zu den Besonderheiten des *hedge accounting* im Bereich von **Kreditinstituten** wird verwiesen auf Rz 113 ff.

6 *Hedging* und *hedge accounting* sind keine Synonyme. Das *hedging* ist die ökonomische (erfolgreiche) Minimierung der Risiken durch gegenläufige Geschäfte, das *hedge accounting* die bilanzielle Abbildung des Sicherungszusammenhangs in Abweichung von den allgemeinen durch *mixed model* und Stichtagsprinzip geprägten Regeln. Das erfolgreiche *hedging* ist notwendige, aber nicht hinreichende Bedingung für ein *hedge accounting*.

- Die Anwendung der Regeln des *hedge accounting* innerhalb der IFRS erfolgt freiwillig. Ein Unternehmen kann identifizierte Risiken *hedgen*, braucht den ökonomisch gewählten Sicherungszusammenhang mit der Folge von Ergebnisvolatilitäten aber nicht bilanziell darzustellen.
- Ein ökonomisch effektives *hedging* belegt noch nicht, dass die Anwendung des *hedge accounting* notwendig oder möglich ist. An der Notwendigkeit fehlt es, wenn die gesicherte Grundposition selbst der erfolgswirksamen *fair-value*-Bewertung unterliegt, sich also die gegenläufigen Wertentwicklungen schon nach den Allgemeinregeln in der GuV ausgleichen. Die Möglichkeit besteht dann nicht, wenn das Sicherungsinstrument zwar ökonomisch funktioniert, innerhalb der IFRS aber als Sicherungsinstrument nicht anerkannt wird, etwa weil es kein Finanzderivat ist.
- Die Regeln zum *hedge accounting* treffen keine Aussagen über ökonomischen Sinn und Effektivität einer Risikomanagementstrategie. Sie beschreiben lediglich die Regelungen zur Bilanzierung. Das Verhältnis von primärem Sachverhalt (*hedging*) und sekundärer bilanzieller Darstellung (*hedge accounting*) kann sich in der Realität aber auch umkehren. Aus den zum Teil sehr restriktiven *hedge-accounting*-Regeln (z.B. Anforderungen an die Effektivität und Dokumentation einer Sicherungsbeziehung) ergeben sich faktisch Rückwirkungen auf die Ausgestaltung des Risikomanagements. Das bilanzpolitische Interesse, keine Ergebnisvolatilitäten zu zeigen, kann zum Abschluss *hedge-accounting*-tauglicher Sicherungsgeschäfte „zwingen", deren ökonomische Effektivität hinter anderen, nicht *hedge-accounting*-tauglichen Geschäften zurückbleibt.

2   *Hedge-accounting*-taugliche Sicherungsinstrumente

2.1   Regelsicherung durch Finanzderivate, Ausnahmen bei Währungsrisiken

7 Als *hedge-accounting*-taugliche **Sicherungsinstrumente** kommen infrage:
- für alle Risiken **derivative Finanzinstrumente**,
- für **Währungsrisiken** zusätzlich **originäre Finanzinstrumente**.

Finanzderivate (→ § 28 Rz 18) zeichnen sich durch Folgendes aus:
- Rechtlich sind sie bedingte Termingeschäfte (etwa Optionen) oder unbedingte Termingeschäfte (Forwards, Futures, Swaps), d.h., zwischen Vertragsschluss und Erfüllung liegt ein mehr oder weniger langer Zeitraum.
- Sie reagieren auf Änderungen des Werts einer Risikovariablen (*underlying*), z.B. des Wechselkurses, der Zinsen, der Aktienkurse usw. (IAS 39.IG.B2).
- Sie erfordern keine oder im Vergleich zur künftigen möglichen Wertentwicklung kleine Anfangsinvestitionen (*no or smaller initial net-investment*).

Reagieren der Wert des Sicherungsinstruments und des Grundgeschäfts mit gleichem Betrag, aber umgekehrten Vorzeichen auf eine Änderung der Risikovariablen, begründet der Abschluss daher kein neues Risiko, sondern schließt eine aus dem Grundgeschäft resultierende Risikoposition. Hierzu folgende Beispiele:

Praxis-Beispiel 1
Unternehmen A erwirbt ein festverzinsliches Wertpapier *(available-for-sale)* mit einem Nominalbetrag von 1 Mio. EUR und einer (Rest-)Laufzeit von fünf Jahren. A möchte sich gegen das Risiko eines – durch eine Zinserhöhung hervorgerufenen – Marktwertrückgangs des Wertpapiers absichern und erwägt hierzu zwei Alternativen:
- Abschluss eines Zinsswaps über 1 Mio. EUR, bei dem die festen Zinsen gegen variable Zinsen getauscht werden. Marktwertänderungen des Wertpapiers werden durch gegenläufige Änderungen des *fair value* des Zinsswaps kompensiert.
- Refinanzierung des Wertpapiers mit einer fristenkongruenten, festverzinslichen Verbindlichkeit über 1 Mio. EUR. Auch hier gleichen sich die Marktwertänderungen des Wertpapiers und der Verbindlichkeit aus.

Obwohl die Alternativen 1 und 2 aus ökonomischer Sicht (weitgehend) identisch zu beurteilen sind, erkennt IAS 39 nur den Zinsswap (derivatives Finanzinstrument), nicht hingegen die Verbindlichkeit (originäres Finanzinstrument) für Zwecke des *hedge accounting* an.

Praxis-Beispiel 2
Unternehmen B kauft eine Maschine für 10 Mio. USD; die Lieferung und Bezahlung finden in drei Monaten statt (schwebendes Geschäft). Um das Risiko einer Abwertung des EUR gegenüber dem US-Dollar (und damit eines höheren Kaufpreises in EUR in drei Monaten) abzusichern, erwägt B zwei Alternativen:
- Abschluss eines Termingeschäfts zum Kauf von 10 Mio. USD in drei Monaten zu einem festen Kurs in EUR (Devisenterminkauf). Im Fall einer Abwertung des EUR wird der gestiegene Kaufpreis der Maschine in EUR durch einen gegenläufigen Gewinn aus dem Termingeschäft ausgeglichen.
- Einsatz einer Forderung über 10 Mio. USD mit einer (Rest-)Laufzeit von drei Monaten. Im Fall einer Abwertung des EUR wird der gestiegene Kaufpreis der Maschine in EUR durch einen gegenläufigen Gewinn aus der Rückzahlung der Forderung ausgeglichen.

IAS 39 erkennt – neben dem Termingeschäft (derivatives Finanzinstrument) – auch die Forderung (originäres Finanzinstrument) als Sicherungsinstrument an, da es sich um die Absicherung eines Wechselkursrisikos handelt.

Ein Rückgriff auf **Kassainstrumente** (also keine derivativen Finanzinstrumente) als *hedging instrument* (inkl. bis zur Fälligkeit gehaltene Instrumente, IAS 39.AG95) ist ausnahmsweise für die Absicherung von Währungsrisiken zulässig. Rechtfertigung für die Restriktion ist der Ausschluss der Möglichkeit einer Änderung des Bewertungsmaßstabs als Folge einer Designation als Sicherungsinstrument. Die Zulässigkeit für die Absicherung von Währungsrisiken

(IAS 39.IG.F.1.1/2) folgt der pflichtweisen Bewertung unter Berücksichtigung von Währungsrisiken monetärer Posten nach IAS 21 (→ § 27 Rz 29).

9   Als Sicherungsinstrument scheiden (eigene) Eigenkapitalinstrumente aus (IAS 39.AG96). Der Ausschluss ist konsequent, da für eigenkapitalklassifizierte Instrumente keine (Folge-)Bewertung vorgesehen ist und der Einsatz als *hedging instrument* somit eine – im Ermessen des Bilanzierers stehende – Änderung des Bewertungsmaßstabs bedingen würde.

2.2   Untauglichkeit interner Sicherungsgeschäfte

10   Nicht für das *hedge accounting* anerkannt sind gem. IAS 39.73 interne Sicherungsgeschäfte, also Derivate, die zwischen Vertragspartnern innerhalb eines Unternehmens bzw. Konzerns abgeschlossen werden. Solche internen Geschäfte werden – insbesondere in größeren Unternehmen – verwendet, um die Risiken in einer zentralen Organisationseinheit (z. B. dem *Treasury Center)* zu sammeln, die dann verantwortlich für das Management dieser Risiken und den damit verbundenen Abschluss von (unternehmens- bzw. konzern-)externen Sicherungsgeschäften ist. Gem. IAS 39.73.IG.F.1.4 können interne Geschäfte keine Sicherungsderivate im Rahmen des *hedge accounting* sein, da diese im Zug der Abschlusserstellung eliminiert werden. Es findet über interne Geschäfte lediglich eine Risikoverlagerung von einer Einheit auf eine andere statt, im Konzern bleibt das Risiko aber erhalten (IAS 39.BC170).

> **Praxis-Beispiel**
> Unternehmen C ist Tochterunternehmen von D und möchte das Zinsrisiko aus einem festverzinslichen Wertpapier (in EUR) mit einem Zinsswap absichern. Gem. Konzernvorgabe von D darf C hierzu nicht selbstständig den Swap am Markt abschließen, sondern muss diesen mit der zentralen *Group Treasury* von D kontrahieren. C wendet in seinem Einzelabschluss für den Zinsswap und das Wertpapier *fair value hedge accounting* an (unterstellt, dass alle Voraussetzungen hierzu erfüllt sind). Bei Erstellung des Konzernabschlusses ist der interne Swap zu eliminieren und damit entfallen auch – auf Konzernebene – die Voraussetzungen für die Anwendung des *hedge accounting*.

11   Die Vorgaben zur bilanziellen Abbildung von Sicherungszusammenhängen folgen somit einem Grundsatz, nach dem nur solche Sicherungsinstrumente im Rahmen des *hedge accounting* designiert werden können, die mit einer aus Sicht des berichtenden Unternehmens **externen** Partei abgeschlossen wurden. Daraus folgt zweierlei:
* Das Designationsverbot gilt **nicht für untergeordnete Abschlüsse**. So stellt in dem obigen Beispiel der Zinsswap auf der Ebene des Einzelabschlusses von C ein zulässiges Sicherungsinstrument dar.
* Um das *hedge accounting* auf Konzernebene anwenden zu können, muss der Konzern ein Sicherungsinstrument mit einem konzernexternen Vertragspartner abschließen. Für Banken bedeutet dies z. B.: Es ist auf Konzernebene eine (unternehmensübergreifende) Sicherungsbeziehung zwischen dem Grundgeschäft von C und einem konzernexternen Sicherungsderivat des *Treasury Center* in D herzustellen. Dies scheitert aber häufig daran, dass das *Treasury*

Center Risikopositionen aus internen Geschäften zunächst gegeneinander aufrechnet und nur die verbleibende Nettorisikoposition mit Derivaten extern am Markt schließt. Damit ist die Designation einer den Anforderungen des IAS 39 genügenden Sicherungsbeziehung auf Konzernebene kaum mehr möglich.

2.3 Kombinationsoptionen und geschriebene Optionen

Obgleich es sich um Finanzderivate handelt, werden **geschriebene Optionen** *(written options)*, also **Stillhalterpositionen**, als Sicherungsinstrumente **nicht anerkannt**, da ein möglicher Verlust erheblich höher ausfallen kann als ein möglicher Wertzuwachs aus dem damit gesicherten Grundgeschäft. Ein für das *hedge accounting* anzuerkennendes wirksames Mittel zur Risikoreduzierung liegt daher nicht vor. Hiervon besteht jedoch wiederum eine **Rückausnahme** für eine geschriebene Option, die zur Absicherung einer gekauften Option (bspw. ein Kündigungsrecht des Unternehmens in einer Anleihe) eingesetzt wird (IAS 39.AG94).

12

Von geschriebenen Optionen sind zusammengesetzte Optionen (**Kombinationsoptionen**) zu unterscheiden, bei denen das Unternehmen teils in der Stillhalterposition, teils in der Optionsinhaberposition ist. Derartige Produkte bietet der Finanzsektor etwa im Bereich der **Währungs- oder Zinssicherung** an, indem eine Währungs- bzw. Zinsobergrenze mit einer Untergrenze verknüpft wird.

13

Praxis-Beispiel

Zur Absicherung eines variabel verzinslichen Darlehens (Zinssatz Libor) schließt U bei einem aktuellen Libor von 4,5 % eine Zinsbegrenzungsvereinbarung *(collar)* mit einer Bank. Die Vereinbarung sieht vor:

- eine Zahlung der Bank i. H. v. Libor – 6 %, wenn der Libor über 6 % steigt. Hierdurch wird die effektive Zinsbelastung des Unternehmens nach oben auf 6 % begrenzt *(cap)*. Beispiel: Bei einem Libor von 6,5 % zahlt die Bank 0,5 % an das Unternehmen und reduziert dessen Nettobelastung auf 6,5 % – 0,5 % = 6 %;
- eine Zahlung des Unternehmens i. H. v. 3 % – Libor, wenn der Libor unter 3 % fällt. Hierdurch wird die effektive Zinsbelastung des Unternehmens nach unten auf 3 % begrenzt *(floor)*. Beispiel: Bei einem Libor von 2,5 % zahlt das Unternehmen an die Bank 0,5 % und erhöht seine Belastung auf 2,5 % + 0,5 % = 3 %.

Hinsichtlich der Zinsobergrenze ist das Unternehmen Optionsinhaber, hinsichtlich der Zinsuntergrenze Stillhalter.

Eine **Kombinationsoption** ist nur dann *hedge-accounting*-tauglich, wenn in einer **Nettobetrachtung** aus Sicht des Unternehmens keine geschriebene Option vorliegt, also die Risikoübernahme gegenüber dem Kontraktpartner nicht die Risikoübertragung auf ihn überwiegt (IAS 39.77). Die Risikoübernahme überwiegt, wenn das Unternehmen in Nettobetrachtung eine **Optionsprämie** erhält, denn rational handelnde Parteien werden für die Übernahme eines (größeren) Risikos eine Prämie verlangen.

14

Praxis-Beispiel (Abwandlung zu Rz 13)

Zur Absicherung eines variabel verzinslichen Darlehens (Zinssatz Libor, aktuell 4,5 %) schließt U eine Zinsbegrenzungsvereinbarung *(collar)* mit einer Bank. Die Vereinbarung sieht vor:

- eine Zahlung der Bank i. H. v. Libor – 5 %, wenn der Libor über 5 % steigt *(cap* 5 %);
- eine Zahlung des Unternehmens i. H. v. 5 % – Libor, wenn der Libor unter 3 % fällt *(floor* 3 %). In dieser Variante ist die sich aus dem *cap* ergebende Stillhalterposition digital gestaltet. Das Unternehmen profitiert wie im Ausgangsbeispiel von einem Rückgang des Libor auf 3 % durch einen entsprechenden Rückgang seiner Darlehenszinsen. Ein weiterer Rückgang bringt ihm aber im Unterschied zum Ausgangsbeispiel nicht nur keinen Vorteil mehr, sondern verschlechtert seine Situation. Sänke der Libor etwa von 3,0 auf 2,9 %, muss das Unternehmen 5 % – 2,9 % = 2,1 % an die Bank zahlen, mit den Zahlungen an die Darlehensgläubiger also in Summe 2,1 % + 2,9 % = 5 %.

Für diese Verschlechterung gegenüber dem Ausgangsbeispiel (einfacher *floor* von 3 %) wird das Unternehmen indirekt entschädigt. Bei einem aktuellen Libor von 4,5 % betrug

- im Ausgangsbeispiel die Zinsobergrenze 6 % (4,5 % + 1,5 %) und die Zinsuntergrenze 3 % (4,5 % – 1,5 %);
- nunmehr beträgt die Zinsobergrenze nur 5 % (4,5 % + 0,5 %), als Entschädigung für die zwar nach wie vor bei 3 % (4,5 % – 1,5 %) liegende, aber jetzt digital und somit risikoreicher ausgestaltete Zinsuntergrenze.

15 Fraglich ist, ob im vorstehenden Beispiel (Rz 14) das Vorliegen einer **Nettostill-halterposition** noch verneint werden kann.

- Gegen eine **Nettostillhalterposition** spricht **vordergründig** das Fehlen einer **Optionsprämienzahlung** an das Unternehmen.
- Bei rationalem Verhalten wird das Unternehmen die risikoreiche digitale Position aber nicht ohne eine Entschädigung (Prämie) eingegangen sein. Es fehlt zwar an einer **Geldzahlung** an das Unternehmen,
- die Bank hat dem Unternehmen aber durch die **Herabsetzung des Cap** einen Vorteil eingeräumt. Dieser **indirekte Vorteil** ist als „**verdeckte" Prämien-zahlung** zu würdigen. Aus Sicht des Unternehmens ist die Kombinations-option daher netto als geschriebene Option anzusehen. Ein *hedge accounting* scheidet daher gem. IAS 39.77 aus.

Die verdeckte Nettoprämie besteht in der Abweichung von dem Normalfall, im Beispiel in der Vereinbarung eines *cap* bei 5 % statt „normal" 6 %.

16 In der Praxis ist die **Identifikation des Normalfalls** und damit der verdeckten Prämie naturgemäß schwierig und ermessensbehaftet. Die analogen **US-GAAP**-Vorschriften sehen deshalb zur Objektivierung einen **speziellen Symmetrietest** vor. *„That test is met if all possible percentage favorable changes in the underlying (from zero percent to 100 percent) would provide at least as much favorable cash flows as* *the unfavorable cash flows that would be incurred from an unfavorable change in the underlying of the same percentage.*"[2] Für das vorstehende Beispiel würde dieser Test wie folgt ausfallen: Ausgehend von einem aktuellen Libor von 4,5 %, bedeutet

- ein Rückgang des Libor um 100 % auf 0 % eine Zahlung an die Bank *(unfavorable cash flow)* von 5 %;
- ein Anstieg des Libor um 100 % auf 9 % eine Einnahme *(favorable cash flow)* von nur 4 %.
- Der Symmetrietest ist nicht erfüllt. Die Kombinationsoption ist netto als geschriebene Option anzusehen.

Eine **analoge Anwendung** der amerikanischen Vorschriften erscheint **sachgerecht**. Die ihnen zugrunde liegende Logik, dass die eingegangenen Risiken nicht überproportional zu den Chancen sein dürfen, liegt auch IAS 39.77 zugrunde. Die analoge Anwendung liegt bei Produkten der beschriebenen Art im Übrigen auch im Interesse des Unternehmens. Sie vermeidet aufwändige, prospektive Effektivitätstests, die angesichts der Disproportionalität von Risiko und Chance bei realistischen Prämissen ohnehin nicht bestehen würden.

2.4 Umfang der Designation des Sicherungsinstruments

Nach den allgemeinen Vorgaben zur bilanziellen Abbildung von Sicherungsbeziehungen darf ein (derivatives) Sicherungsinstrument **inhaltlich und zeitlich nur im Ganzen** designiert werden. Es bestehen allerdings drei Ausnahmen:

17

- Für **Optionen** (bedingte Termingeschäfte) ist eine Designation allein des inneren Werts *(intrinsic value)* und damit eine Ausklammerung der Zeitwertkomponente (IAS 39.74(a)) möglich. Wird die Zeitwertkomponente *(time value)* aus der Sicherungsbilanzierung ausgeklammert, sind Wertänderungen unmittelbar im *profit or loss* zu erfassen (IAS 39.IG.F.1.10). Die Ausklammerung der Zeitwertkomponente ist aber nicht zwingend; bei einer deltaneutralen Absicherungsstrategie wird das bedingte Termingeschäft in Gänze als *hedging instrument* designiert (IAS 39.IG.F.1.9).
- Für unbedingte **Termingeschäfte** sind allein eine Designation der Kassakomponente und damit eine Ausklammerung der Zinskomponente (IAS 39.74(b)) erlaubt. Nur Veränderungen des Spotkurses (Kassakomponente) werden innerhalb des Sicherungszusammenhangs erfasst, der Swapsatz (Terminkurs) wird unmittelbar im Periodenergebnis gezeigt.
- Darüber hinaus ist es zulässig, nur einen **prozentualen Anteil** *(proportion)* am Volumen des (derivativen) Finanzinstruments als *hedging instrument* zu designieren (IAS 39.75).

Die Ausnahmen sind abschließend, weitere Möglichkeiten zur Aufspaltung (derivativer) Finanzinstrumente sind ausgeschlossen.[3] Gerechtfertigt wird die Zulässigkeit, aber auch das Verbot weiterer Ausnahmen mit der Möglichkeit einer objektiven Bemessung der auf einen Teil des *hedging instrument* entfallenden Wertänderungen. Das Verbot gilt auch unabhängig von der tatsächlichen

---

[2] FASB Staff Implementation Guide, A Guide to Implementation of Statement 133 on Accounting for Derivative Instruments and Hedging Activities (DIG Issues), Question E 5; vgl. auch Sangiulo/Seidman, Miller Financial Instruments, 2006, Tz. 14.10.

[3] So auch IFRIC Update March 2007.

Möglichkeit einer wertmäßigen Differenzierung einzelner Komponenten eines (derivativen) Finanzinstruments (IAS 39.IG.F.1.8).

18 Ein Unternehmen kann sich bei Abschluss eines bedingten Termingeschäfts entscheiden, als Sicherungsinstrument im Rahmen des *hedge accounting*
- nur den inneren Wert der Option zu designieren; die Zeitwertkomponente wird dann als Handelswert klassifiziert (IAS 39.74(a)) und kann damit zu einer Volatilität in der GuV führen;
- die gesamte Option (innerer Wert und Zeitwert) zu designieren.

Mit der Ausklammerung des Zeitwerts bzw. der Zinskomponente eines Termingeschäfts kann im Regelfall die Effektivität des Sicherungszusammenhangs erhöht werden. Der ausgeklammerte Teil des Sicherungsderivats wird dann wie ein Handelswert *(trading)* bilanziert (→ § 28 Rz 196ff.). Bei der Absicherung einseitiger Risiken *(one-sided risks)*, also in Fällen, in denen nur der Anstieg eines Preises, Zinses usw. oder nur dessen Rückgang durch eine gekaufte Option gesichert wird (Rz 33), ist die *hedge*-Beziehung zwingend auf den inneren Wert der gekauften Option beschränkt (IAS 39.AG99BA).

19 Es ist nicht erlaubt, ein Sicherungsinstrument nur für einen Teil seiner **Restlaufzeit** zu designieren (IAS 39.75). Ein (derivatives) Finanzinstrument mit einer Restlaufzeit von n Jahren kann für die Designation als *hedging instrument* daher nicht (artifiziell) in mehrere Instrumente, deren kumulierte Laufzeit n Jahre beträgt, aufgeteilt werden (IAS 39.IG.F.1.11). Keine Probleme bereitet hingegen der Einsatz eines (derivativen) Sicherungsinstruments mit einer (Rest-)Laufzeit von n Jahren für ein Grundgeschäft mit einer verbleibenden Laufzeit von n + m Jahren.

20 Auch die Designation nur **eines** Risikobestandteils eines Derivats (z.B. lediglich der Währungskomponente bei einem kombinierten Zins-/Währungs-Swap) ist i.d.R. unzulässig. Nicht ausgeschlossen ist aber die Absicherung von mehr als nur einem Risiko durch ein (derivatives) Instrument (etwa durch einen Zins-Währungs-Swap). Der Einsatz eines Sicherungsinstruments zur **Absicherung mehrerer Risiken** steht allerdings unter dem Vorbehalt der Erfüllung folgender kumulativer Bedingungen (IAS 39.IG.F.1.12f. und IAS 39.IG.F.2.18):
- Die abgesicherten Risiken lassen sich eindeutig abgrenzen.
- Die Wirksamkeit des Sicherungszusammenhangs *(effectiveness)* kann für jede Risikoart gesondert nachgewiesen werden.
- Eine gesonderte Designation des (einheitlichen) Sicherungsinstruments auf die verschiedenen Risiken ist gewährleistet.

Für die Bemessung der auf die Einzelrisiken entfallenden Wertänderungen des Gesamtinstruments sind – analog der Erweiterung bei einer Bruchrechnung – dem Zahlungsstromprofil des *hedging instrument* zwei fiktive, gegeneinander aufrechenbare Zahlungsströme hinzuzufügen (IAS 39.IG.F.1.13).[4] Die Erweiterung des Zahlungsstromprofils ist nur für die Bemessung und Verteilung der Wertänderung zulässig, ein Ansatz der fiktiven Zahlungen scheidet aus (IAS 39.IG.C.1).

21 Eine bilanzielle Sicherungsbeziehung kann auch durch gleichzeitigen und gemeinsamen Einsatz **mehrerer separater Sicherungsinstrumente** begründet werden. Auch Instrumente mit gegenläufigen Risiken können gemeinsam als *hedging instrument* designiert werden, insoweit in einer Nettobetrachtung aus der Kombination keine geschriebene Option resultiert (Rz 14). Besondere Be-

---

[4]   Vgl. IFRIC Update July 2007.

deutung hat die Kombination mehrerer (derivativer) Sicherungsinstrumente für **dynamische Absicherungsstrategien**, bei denen ein bestehender Sicherungszusammenhang trotz einer (im Zeitablauf) veränderten Risikoposition nicht aufgelöst wird, sondern nur für das (Risiko-)Delta ein Neugeschäft kontrahiert wird. Die Absicherung einer (Risiko-)Spitze stellt eine auch für die bilanzielle Abbildung zulässige Strategie dar (IAS 39.BC214f.).

Bei Einsatz einer dynamischen Absicherung besteht allerdings kein unmittelbarer Bezug mehr zu einem Grundgeschäft (*hedged item*), da nur eine Deltaposition abgesichert wird. Im Einzelfall wird daher eine Kombination des ursprünglichen (risikoverursachenden) Kassageschäfts – als allein zulässiges Grundgeschäft eines bilanziell zulässigen Sicherungszusammenhangs (Rz 22) – und bereits designierter derivativer Sicherungsgeschäfte als neues *hedged item* designiert.

3 Sicherungsfähige vs. sicherungsuntaugliche Grundgeschäfte und Risiken

3.1 Zulässige Grundgeschäfte

Folgende **Grundgeschäfte** (*hedged item*) kommen gem. IAS 39.78 und IAS 39.86 für ein *hedge accounting* infrage, sofern sich aus dem abgesicherten Risiko Auswirkungen auf die GuV des Unternehmens ergeben können: | 22

- **Bilanzierte Vermögenswerte** und **Finanzverbindlichkeiten:** Absicherung von in der Bilanz erfassten finanziellen Vermögenswerten bzw. Verbindlichkeiten (insbesondere Forderungen, Kredite, Aktien oder Anleihen), aber auch nicht finanziellen Vermögenswerten (z. B. Vorräte).
- **Schwebende Geschäfte:** Absicherung von Ansprüchen und Verpflichtungen aus Verträgen, die bisher von keiner Vertragsseite erfüllt und daher bilanziell noch nicht erfasst wurden (insbesondere Liefer- bzw. Kaufverpflichtungen zu einem festgelegten Preis).
- **Erwartete künftige Transaktionen:** Absicherung von künftigen Transaktionen, für die das Unternehmen (anders als bei schwebenden Geschäften) noch keine rechtliche Verpflichtung eingegangen ist (insbesondere künftig erwarteter Verkauf von Produkten oder Kauf von Rohstoffen), deren Eintritt aber mit hoher Wahrscheinlichkeit erwartet wird (IAS 39.IG.F.2.2/4).
- **Netto-Investition** in eine wirtschaftlich selbstständige **ausländische Teileinheit** (Niederlassung, Betriebsstätte usw.), mit besonderen Vorgaben nach IFRIC 16 *Hedges of a Net Investment in a Foreign Operation*.

Die eingeräumte Freiheit bei der Auswahl der designationsfähigen Grundgeschäfte wird allerdings durch spezielle Restriktionen eingeschränkt.

3.2 Absicherung erwarteter Transaktionen

Handelt es sich bei dem gesicherten Geschäft nicht um eine vertraglich fixierte, sondern um eine von dem Unternehmen **erwartete Transaktion** (*forecasted transaction*), kann diese nur dann als zulässiges Grundgeschäft im Rahmen des *hedge accounting* (als *cash flow hedge*) verwendet werden, wenn eine **hohe Wahrscheinlichkeit** für den tatsächlichen Eintritt dieser Transaktion nachgewiesen wird. Dieser Nachweis ist nicht nur bei Beginn, sondern über die gesamte Laufzeit | 23 des Sicherungszusammenhangs zu erbringen. Dabei stellt IAS 39.IG.F.3.7 deutlich klar, dass eine Wahrscheinlichkeit von mehr als 50 % *(more likely than not)* nicht ausreichend ist, die Transaktion muss vielmehr als quasi-sicher gelten. Allgemein ist u.E. daher eine Eintrittswahrscheinlichkeit von mehr als 90 % zu fordern.

24   Für den Nachweis der hohen Wahrscheinlichkeit sind bloße Absichtserklärungen des Unternehmens allerdings nicht ausreichend. Vielmehr sind diese durch nachprüfbare Fakten und die Rahmenbedingungen des Unternehmens im Einzelnen zu unterlegen (IAS 39.IG.F.3.7). Ein solcher Nachweis kann u.a. dadurch erbracht werden, dass

- in der Vergangenheit vergleichbare Transaktionen stattgefunden haben,
- der Eintritt der Transaktion durch aktuelle Business-Pläne des Unternehmens untermauert wird,
- die Güte vergleichbarer früherer Pläne mittels vergangenheitsbezogener Plan-Ist-Analysen belegt wird,
- das wirtschaftliche Umfeld des Unternehmens (gesamtwirtschaftliche Rahmenbedingungen, Konkurrenzsituation usw.) angemessen berücksichtigt wurde,
- das Unternehmen aufgrund seiner finanziellen und operativen Kapazitäten in der Lage sein wird, die Transaktion umzusetzen,
- die Nichtdurchführung der Transaktion erhebliche negative Auswirkungen auf das Unternehmen haben wird.

25   Grundsätzlich wird der Nachweis einer hohen Wahrscheinlichkeit umso besser zu erbringen sein, je kürzer der Prognosezeitraum ist. Auch wird sich die hohe Wahrscheinlichkeit besser nachweisen lassen für eine Vielzahl – als Portfolio (Rz 26 ff.) – gleichartiger künftiger Transaktionen (z.B. erwartete Fremdwährungserlöse aus Verkäufen im Ausland) als für eine einzelne Transaktion (z.B. wenn das Unternehmen an einem Bieterwettbewerb für einen Großauftrag im Ausland teilnimmt). Dabei lässt sich die Wahrscheinlichkeit dadurch erhöhen, dass lediglich ein **Prozentsatz** der künftig erwarteten Transaktionen als Grundgeschäft in einer Sicherungsbeziehung designiert wird (Rz 31 ff.). Geht ein Unternehmen bspw. – gestützt durch entsprechende Planungen und Erfahrungen aus der Vergangenheit – von einem Verkaufsvolumen von 100.000 Stück aus, so lässt sich die geforderte hohe Eintrittswahrscheinlichkeit dadurch erreichen, dass lediglich 80.000 Stück davon als Grundgeschäft im Rahmen der Sicherungsbeziehung designiert werden. In diesem Zusammenhang ist es ratsam, keine aggressive Auslegung des Wahrscheinlichkeitskriteriums vorzunehmen, da das wiederholte Ausbleiben erwarteter Transaktionen die Möglichkeit zur Nutzung des *cash flow hedge accounting* in der Zukunft einschränken wird. Zudem ist zu bedenken, dass gem. IFRS 7.23(b) hierüber im Anhang zu berichten ist. Letztlich kommt es aber auf die Gesamtheit der Umstände im Einzelfall an, ob die für das *cash flow hedge accounting* erforderliche hohe Wahrscheinlichkeit der erwarteten Transaktion gegeben ist.

3.3 Zusammenfassung von Grundgeschäften zu einem Portfolio

26   Jedes der vorgenannten Geschäfte (Rz 22) kann entweder einzeln oder als **Gruppe** von untereinander im Risiko ähnlichen Geschäften als Grundgeschäft designiert werden (IAS 39.78). Voraussetzung für die Anerkennung einer solchen Gruppe als Grundgeschäft im Rahmen des *hedge accounting* ist allerdings, dass die in der Gruppe zusammengefassten Geschäfte die gleichen **Risikocharakteristika** aufweisen und sich die **Sensitivität** jedes einzelnen Geschäfts im Hinblick auf das abgesicherte Risiko annähernd proportional zur Sensitivität der gesamten Gruppe verhält (IAS 39.83). Hiervon kann ausgegangen werden, wenn sich das Verhältnis der Sensitivitäten in einer Spanne zwischen 90 % bis 110 % bewegt.

Praxis-Beispiel

Unternehmen C hat Kaufverträge über Rohstoffe mit zwei Lieferanten in den USA i. H. v. jeweils 50 Mio. USD fest abgeschlossen. Die Lieferung soll jeweils in drei Monaten erfolgen. Um sich gegen das Risiko einer Aufwertung des USD und damit eines Anstiegs des Kaufpreises in EUR abzusichern, hat C folgende Optionen:

- Abschluss zweier separater Termingeschäfte über den Kauf von USD in drei Monaten i. H. v. jeweils 50 Mio. USD und damit Begründung von zwei Sicherungsbeziehungen;
- Abschluss eines Termingeschäfts zum Kauf von USD in drei Monaten i. H. v. 100 Mio. USD und damit Begründung einer Sicherungsbeziehung für die beiden schwebenden Kaufverträge.

IAS 39.78 erkennt beide Alternativen an. Die Alternative 2 (Portfolio-*hedge*) wird zugelassen, da sich die aus einer Änderung des Wechselkurses resultierenden Änderungen des *fair value* jedes Grundgeschäfts proportional zur Änderung des *fair value* des Portfolios verhalten.

Nicht zulässig ist die Designation einer (globalen) Nettoposition aus Geschäften, die ein gegenläufiges Chancen-Risiko-Profil aufweisen (IAS 39.84). **Netto-Risikopositionen** können zwar für Zwecke des betrieblichen Risikomanagements festgestellt und gesteuert (IAS 39.AG101, IAS 39.IG.F.6.1), also gehedgt werden (Rz 1), eine Designation als bilanzieller Sicherungszusammenhang, also das *hedge accounting*, wird aber untersagt (IAS 39.IG.F.2.21). Ein Aktien- oder Indexportefeuille (etwa eine Nachbildung des DAX oder EURO STOXX durch Erwerb einzelner Werte) kann daher nicht als Grundgeschäft einer bilanziellen Sicherung designiert werden (IAS 39.IG.F.2.20).

27

Im Fall des *portfolio hedge* von **Zinsrisiken** (*portfolio hedge of interest rate risk*, IAS 39.81A) – als Ausnahme vom Verbot einer Zusammenfassung unterschiedlicher Geschäfte – kann als Grundgeschäft ein Teil eines Portfolios von finanziellen Vermögenswerten oder von finanziellen Verbindlichkeiten, die demselben Risiko unterliegen, als Stellvertreter einer Nettoposition, die als *hedged item* ausscheidet, designiert werden (IAS 39.78). Der *portfolio hedge* von Zinsrisiken ist eine Form des *hedge accounting*, die für sog. *macro-hedging*-Strategien entwickelt wurde. Hierzu das folgende Beispiel:

28

Praxis-Beispiel

Ein Unternehmen verfügt über festverzinsliche Vermögenswerte von 100 Mio. EUR und festverzinsliche Verbindlichkeiten von 90 Mio. EUR mit identischen (Rest-)Laufzeiten von drei Jahren. Soll das Festzinsrisiko aus diesen Geschäften abgesichert werden (also durch Tausch einer festen Verzinsung in eine variable), so ist es aus ökonomischer Sicht sinnvoll, lediglich für das verbleibende Netto-Risikovolumen von 10 Mio. EUR einen Zinsswap über 10 Mio. EUR abzuschließen. Dies würde die „automatische" Absiche-

rung i. H. v. 90 Mio. EUR zwischen den Vermögenswerten und den Verbindlichkeiten berücksichtigen. Das gesicherte Grundgeschäft im Rahmen eines
solchen *macro hedging* ist somit die sich aus den Vermögenswerten und
Verbindlichkeiten ergebende Netto-Position.

Zu Einzelheiten des *portfolio hedge* von Zinsrisiken wird auf Rz 113ff. verwiesen.

3.4   Konzerninterne Transaktionen als Grundgeschäft?

29   Als gesicherte Grundgeschäfte kommen regelmäßig nur Geschäfte mit (konzern)**externen** Vertragspartnern infrage (IAS 39.80), da interne Geschäfte im
Rahmen der Konsolidierung eliminiert werden. Hier gelten analoge Überlegungen wie bei internen Sicherungsgeschäften (Rz 10f.).

30   Von dem Grundsatz eines Ausschlusses konzerninterner Grundgeschäfte bestehen zwei Ausnahme für
- die Absicherung des **Wechselkursrisikos** aus **konzerninternen monetären**
  Geschäften (insbesondere Forderungen und Verbindlichkeiten) im Konzernabschluss, falls sich die Wechselkursgewinne und -verluste – aufgrund der
  Umrechnungsvorschriften des IAS 21.45 – im Rahmen der Konsolidierung nicht
  vollständig eliminieren und insofern auf das Konzernergebnis auswirken; dies ist
  dann der Fall, wenn das konzerninterne Geschäft zwischen zwei Konzernein-
  heiten unterschiedlicher funktionaler Währungen besteht (→ § 27 Rz 64);
- Geschäfte, die der **Währungssicherung erwarteter konzerninterner Umsätze** dienen, **indirekt** dem *cash flow hedge accounting* unterworfen werden,
  indem der konzernexterne Anschlussumsatz als Grundgeschäft designiert
  wird. Wegen eines Beispiels wird auf → § 27 Rz 69 verwiesen.[5]

Eine ausnahmsweise Designation als Grundgeschäft setzt eine Erfüllung aller
Voraussetzungen der jeweiligen Alternative voraus. Entscheidend ist der Nach-
weis einer Auswirkung der zunächst konzerninternen Transaktion auf das
Periodenergebnis nach Durchführung der Konsolidierungsmaßnahmen.

3.5   Absicherung einzelner Risikokomponenten

31   Es bedarf keiner Absicherung des Grundgeschäfts **insgesamt**. IAS 39 erlaubt
vielmehr auch die Absicherung von Teilen eines Grundgeschäfts. Die Möglichkeiten hierzu unterscheiden jedoch wesentlich zwischen finanziellen und nicht
finanziellen Grundgeschäften.[6]

32   Bei **finanziellen Grundgeschäften** gilt der allgemeine Grundsatz, wonach sich die
Absicherung auf Risiken beziehen darf, denen nur ein Teil der *cash flows* bzw. des *fair
value* des Geschäfts ausgesetzt ist (sog. *portion* gem. IAS 39.81), sofern die Effektivität
hierfür gemessen werden kann. Dies erlauben z. B. folgende Absicherungen:
- Bestimmte Risikokomponenten; ein verzinsliches Finanzinstrument unterliegt z. B. verschiedenen Risiken (Zins-, Währungs- und Ausfallrisiko), die
  jeweils einzeln abgesichert werden können; so kann bspw. eine separierbare
  und messbare Komponente des Zinsrisikos (wie der risikofreie Zins oder ein
  Benchmark-Zins (z. B. EURIBOR) als gesichertes Risiko designiert werden.

---

5   Zum Überblick über die betriebswirtschaftlichen und bilanziellen Probleme der Steuerung von
    Fremdwährungsrisiken im Konzern vgl. WÜSTEMANN/DUHR, BB 2003, S. 2501ff.
6   Ausführlich FREIBERG, PiR 2011, S. 206ff.

- Prozentuale Anteile des gesamten Finanzinstruments (wenn sich die Absicherung z.B. nur auf 50 % des Marktwerts eines Wertpapiers bezieht).
- Einzelne vertragliche *cash flows* eines Finanzinstruments (z.B. die ersten drei Zins-*cash-flows* einer variabel verzinslichen Verbindlichkeit).
- Ein Grundgeschäft nur für einen Teil seiner (Rest-)Laufzeit *(partial term hedge;* IAS 39.IG.F.2.17).

Gleichwohl wird der Begriff der *portion* in IAS 39.81 nicht abschließend konkretisiert. Hieraus haben sich in der Praxis verschiedene Auslegungsfragen ergeben. Der IASB hat daher in einem im September 2007 veröffentlichten *Exposure Draft „Exposures Qualifying for Hedge Accounting"* einen Vorschlag vorgelegt, der alle als *portion* designierbaren Teile bzw. Teilrisiken eines Grundgeschäfts abschließend aufführt. In dem hierzu im Juli 2008 verabschiedeten IAS 39 *Amendment „Eligible Hedged Items"* hat sich der IASB jedoch entschieden, den bestehenden prinzipienbasierten Ansatz des IAS 39.81 beizubehalten und stattdessen ergänzend klarzustellen, dass sich die Teilabsicherung entweder auf 33

- einzelne Risiken des Geschäfts *(some – but not all – risks)* oder
- einzelne *cash flows* des Geschäfts *(some – but not all – cash flows)*

beziehen kann. Es muss sich allerdings um eine separat identifizierbare Komponente des Geschäfts handeln, die verlässlich messbar ist (IAS 39.AG99E, IAS 39.AG99F). Danach gilt z.B.:

- Bei einem festverzinslichen Finanzinstrument erfüllt der risikofreie oder ein Benchmark-Zins im Allgemeinen diese Voraussetzung (IAS 39.AG99F(a)).
- Hingegen erfüllt das Inflationsrisiko (Nominal- vs. Realzins) diese Voraussetzung nicht, es sei denn, der Zins des Grundgeschäfts sei wie bei einem *inflation-linked bond* vertraglich zu einem expliziten Teil an die Inflationsentwicklung gebunden (IAS 39.AG99F(b)).

Im Zusammenhang mit der Absicherung eines Teilrisikos ist auch das *carve-out* für die innerhalb der EU anzuwendende – dem *endorsement*-Prozess unterliegende – Fassung des IAS 39 beachtlich. So wurde IAS 39.AG99C, welcher vorsieht, dass der designierte Teil eines *hedge in portions* kleiner sein muss als die insgesamt zu leistenden/empfangenen Zahlungen, nicht in EU-Recht übernommen.

Für **nicht finanzielle Grundgeschäfte** (z.B. Vorräte) bestehen nur eingeschränkte Möglichkeiten zur Absicherung von Teilrisiken. So ist es nur zulässig, entweder die Gesamtheit **aller** Risiken gleichzeitig abzusichern oder die Absicherung auf ein vorhandenes **Währungs**risiko zu beschränken (IAS 39.82). Dies wird damit begründet, dass eine Abspaltung und separate Bewertung einzelner Risikofaktoren bei nicht finanziellen Geschäften nur beim Währungsrisiko zuverlässig möglich sind (IAS 39.BC.137f.).[7] 34

Praxis-Beispiel

Unternehmen D möchte den für das nächste Quartal geplanten Kauf von Kerosin gegen den Teil der Preisrisiken absichern, der aus Änderungen des Marktpreises für Rohöl resultiert. Hierzu schließt es ein Termingeschäft auf Rohöl als Sicherungsgeschäft ab. Wenn D die durch Änderungen des Rohölpreises induzierten Preisänderungen des Kerosins als Grundgeschäft (= gesichertes Risiko) designiert, kommt die Anwendung des *hedge accounting* für

---

[7] Dies bestätigend IFRIC Update October 2004.

das Termingeschäft nicht infrage. D kann allenfalls alle Risiken des geplanten Kerosinkaufs designieren. In diesem Fall wird das *hedge accounting* aber wahrscheinlich an mangelnder Effektivität scheitern, da der Kerosinpreis nicht nur vom Preis des Rohöls abhängt (ggf. keine hinreichende Korrelation).

Zulässig bleibt damit für nicht finanzielle Grundgeschäfte eine (Teil-)Absicherung, die sich lediglich auf einen
* **prozentualen** Anteil eines nicht finanziellen Grundgeschäfts oder
* Teil der (Rest-)**Laufzeit** (*partial term hedge*) eines Instruments

bezieht (IAS 39.AG100). So kann (wahlweise) auf die Vorgaben zum *hedge accounting* zurückgegriffen werden, wenn eine prozentuale oder zeitanteilige Begrenzung des Gesamtrisikos den Nachweis eines effektiven Sicherungszusammenhangs gewährleistet.

35   Die Separierung von (Teil-)Risiken eines nicht finanziellen Grundgeschäfts wird auf das Währungsrisiko begrenzt. Bei einer engen Auslegung der Vorgabe scheidet eine Ausweitung der Separierbarkeit auf die **Teilmenge** aller Nicht-Währungsrisiken aus. Rechtfertigung für die Restriktionen hinsichtlich der Aufteilung nicht finanzieller Grundgeschäfte ist die nur für das Währungsrisiko für möglich gehaltene zuverlässige Trenn- und Bewertbarkeit von dem Gesamtrisiko. Mit der Anerkennung einer zuverlässigen Abspaltung und separaten Bewertung des Währungsrisikos ist logisch notwendig aber zugleich die zuverlässige Abspaltung und Bewertung aller Nicht-Währungsrisiken (sog. **Residualrisiko**) verbunden. Implizit ist die Einschränkung aus IAS 39.82 u. E. daher i.S.d. Mengenlehre erweitert auszulegen:
* Neben der Designation des **Gesamtrisikos** eines Grundgeschäfts und
* einer Beschränkung des Sicherungszusammenhangs auf das **Währungsrisikos**
* kann auch das gesamte **Nicht-Währungsrisiko** (als Teil- bzw. Untermenge) designiert werden.

Lediglich eine weitere Unterteilung in einzelne Komponenten des Residualrisikos (wie für finanzielle Vermögenswerte oder Verbindlichkeiten), bleibt bei nicht finanziellen Grundgeschäften danach unzulässig.

Praxis-Beispiel
Die funktionale Währung des D ist der EUR. Innerhalb der kommenden Periode besteht ein erwarteter Bedarf an Rohöl für Produktionszwecke. Der künftige Einkaufspreis ist in USD zu zahlen. Zur Absicherung des Beschaffungspreises schließt D einen Forward mit Barausgleich (*cash settlement*) auf Rohöl ab. Der Ausübungspreis (*strike price*) des Forwards ist in USD denominiert, ein Abschluss in EUR war mangels Bestehen eines Alternativmarkts nicht möglich. Gem. der Risikomanagementstrategie des D erfolgt eine Sicherung des USD-Beschaffungspreises. Das Wechselkursrisiko EUR zu USD wird bewusst nicht gesichert. Die Effektivität des Sicherungszusammenhangs kann bilanziell nur dargestellt werden, wenn das Währungsrisiko separiert wird, somit nur eine Sicherung aller Risiken des Grundgeschäfts exklusiv der Wechselkursentwicklung erfolgt. Als Grundgeschäft für Zwecke des *hedge accounting* kann D – im Einklang mit der Risikomanagementstrategie – nur das Warenpreisrisiko als gesichertes Risiko (i. S. e. residualen Gesamtrisikos) designieren. Wäre das Grundgeschäft allerdings auf den Erwerb von Kerosin (Beispiel Rz 31) anstatt

> auf Rohöl ausgerichtet, schiede eine Teil-Designation des Warenpreisrisikos nur bezogen auf den Rohölpreis aus, das gesamte auf den Erwerb von Kerosin gerichtete Grundgeschäft wäre mit der Folge von Ineffektivität zu designieren.

Voraussetzung für eine Designation des gesamten Nicht-Währungsrisikos eines Grundgeschäfts ist allerdings das Vorliegen einer identifizierbaren und separierbaren **Währungskomponente**. Entspricht die Währung des Grundgeschäfts der funktionalen Währung des Unternehmens, scheidet – mangels Fremdwährungsbelastung – eine Separierung des Währungsrisikos aus, auch wenn das Sicherungsgeschäft in einer abweichenden Währung denominiert ist (IAS 39.F.6.5).

Unabhängig davon, ob das gesicherte Grundgeschäft finanzieller oder nicht finanzieller Natur ist, kann es gegen **einseitige** Risiken (also die Änderungen der *cash flows* oder des *fair value* des Grundgeschäfts über oder unter eine bestimmte Schwelle) abgesichert werden (Rz 18). So kann bspw. der erwartete Kauf von Rohstoffen (= Grundgeschäft) lediglich gegen das Risiko eines Anstiegs des Rohstoffpreises (bei Identität der Risikoposition) abgesichert werden. Zur Absicherung eines solchen *one-sided risk* werden insbesondere **Optionen** als Sicherungsinstrumente eingesetzt. Der *fair value* einer Option setzt sich zusammen aus dem

- **inneren Wert** = der Betrag, um den der aktuelle Preis bzw. Kurs besser als der Ausübungskurs/-preis der Option ist, und dem
- **Zeitwert** = der Wert, der sich (vereinfacht) aus der Möglichkeit ergibt, dass der innere Wert der Option in der Zukunft zunimmt. Der Zeitwert nimmt mit abnehmender Restlaufzeit der Option ab und beträgt bei Fälligkeit der Option null.

36

3.6 Unzulässige und begrenzt zulässige Grundgeschäfte

Für ausgewählte Transaktionen ist ein expliziter Ausschluss als zulässiges Grundgeschäft einer bilanziellen Sicherungsbeziehung zu beachten. Das Verbot einer Designation als *hedged item* bezieht sich allerdings nicht – i.S. e. kasuistischen Ausschlusses – auf eine bestimmte Gruppe von Transaktionen, sondern ist auf das Fehlen eines absicherungsfähigen (identifizierbaren und bestimmbaren) Risikos zurückzuführen. Die Absicherung allgemeiner Geschäftsrisiken (IAS 39.AG110), aber auch ein ökonomischer *hedge* gegen das Risiko eines Nichteintritts einer Transaktion (IAS 39.IG.F.2.8) im Rahmen des *hedge accounting* scheiden daher aus.

37

Fälligkeitswerte (*held-to-maturity assets*) kommen als Grundgeschäfte nur eingeschränkt infrage. IAS 39 erkennt eine Absicherung nur solcher Risiken an, die auch bei einem Halten des Geschäfts bis zu seiner Fälligkeit bestehen. Daher wird eine Absicherung von Fälligkeitswerten gegen

38

- **Zins**risiken nicht anerkannt, weil das Risiko zum Laufzeitende nicht mehr besteht;
- das Risiko einer **vorzeitigen Kündigung** nicht anerkannt, weil es der Intention der Kategorie widerspricht (IAS 39.79, IAS 39.IG.F.2.9).

Anerkannt wird hingegen die Absicherung gegen

- das **Wechselkurs**risiko, weil dieses Risiko am Laufzeitende noch besteht;
- das **Ausfall**risiko, weil auch dieses Risiko unabhängig von der Halteabsicht besteht (IAS 39.73).

Für Finanzinstrumente der Kategorie Darlehen und Forderungen (→ § 28 Rz 184) gelten hingegen keine vergleichbaren Einschränkungen, da IAS 39.9 für diese Geschäfte keine Absicht des Haltens bis zur Fälligkeit vorschreibt.

39   Einschränkungen, bezogen auf die Möglichkeit einer Designation als Grundgeschäft, sind auch bezogen auf einen vertraglich bereits fixierten (und damit hoch wahrscheinlichen) Unternehmenserwerb (*business combination*) beachtlich (IAS 39.AG98). Abgesichert werden kann im Rahmen des *hedge accounting* – analog zu nicht finanziellen Grundgeschäften (Rz 31) – lediglich ein bestehendes Fremdwährungsrisiko.

40   Darüber hinaus können die folgenden Geschäfte nicht als Grundgeschäfte im Rahmen des *hedge accounting* designiert werden:

- Derivate, unabhängig davon, ob es sich um freistehende Derivate oder um abtrennungspflichtige, eingebettete Derivate handelt (IAS 39.IG.F.2.1). Eine Rückausnahme besteht für erworbene Optionen, die dann als Grundgeschäft designiert werden dürfen, wenn sie mittels einer geschriebenen Option abgesichert werden (IAS 39.AG94);
- als Eigenkapital klassifizierte Instrumente des Unternehmens sowie Transaktionen, die sich im Eigenkapital des Unternehmens niederschlagen, da hier kein Risiko vorliegt, welches sich in der GuV niederschlagen kann (IAS 39.IG.F.2.7). Dies betrifft z. B. einen erwarteten Kauf von Unternehmensanteilen. Besonderheiten sind für anteilsbasierte Vergütungen mit vereinbartem *cash settlement* beachtlich (→ § 23 Rz 194 ff.);
- Anteile an assoziierten Unternehmen und an Tochtergesellschaften (IAS 39.AG99), da es wegen der vorgesehenen Vorgaben zur Folgebewertung (*at equity* oder Vollkonsolidierung) an Auswirkungen von *fair-value*-Wertänderungen im (Konzern-)Abschluss fehlt.

4   Vornahme der Sicherungsbilanzierung

4.1   Abgrenzung *cash flow hedge*, *fair value hedge* und Währungs-*hedge*

41   Aufgabe der Regelungen des *hedge accounting* ist eine **Synchronisierung** von Grund- und Sicherungsgeschäft bezogen auf die Behandlung im Periodenergebnis. IAS 39.86 unterscheidet drei Arten von Sicherungsbeziehungen:
- *fair value hedge*,
- *cash flow hedge*,
- *hedge of a net investment in a foreign operation* (Währungs-*hedge*).

42   Die Zuordnung einer Sicherungsbeziehung zu einer bestimmten (Sicherungs-)Form hängt von der Art des gesicherten Risikos ab. Ein Unternehmen muss daher zunächst eine Klassifizierung des *hedge* nach Maßgabe des gesicherten Risikos vornehmen. Dabei gelten die folgenden Regeln:
Dient das Sicherungsgeschäft dazu,
- das Risiko einer Änderung des *fair value* eines bilanzierten oder schwebenden Geschäfts (genauer einer spezifischen faktorinduzierten Änderung) abzusichern, handelt es sich um einen *fair value hedge*;
- das Risiko einer Schwankung der künftigen Zahlungsströme *(cash flows)* eines bilanzierten oder erwarteten Geschäfts abzusichern, handelt es sich um einen *cash flow hedge*;

- das Wechselkursrisiko einer Nettoinvestition in eine wirtschaftlich selbstständige Teileinheit (ausländisches Tochterunternehmen, assoziiertes Unternehmen oder *joint venture* oder Filiale) abzusichern, liegt ein sog. *hedge of a net investment in a foreign operation* vor.

Der Währungs-*hedge* ist – mit Blick auf das abgesicherte Risiko – keine eigenständige dritte Sicherungsform, sondern faktisch ein *cash flow hedge*. Der Währungs-*hedge* ist im Übrigen nicht mit IAS 39 eingeführt worden, sondern war schon vor der erstmaligen Verabschiedung von IAS 39 in IAS 21 geregelt. Umrechnungsdifferenzen aus Nettoinvestitionen in ausländische Einheiten sind erfolgsneutral im Eigenkapital zu verrechnen (IAS 21.32; → § 27 Rz 56). Sichert sich ein Unternehmen gegen das Wechselkursrisiko aus einer solchen Investition ab (z.B. mit einer Refinanzierung in der gleichen Währung), dürfen die Umrechnungsgewinne oder -verluste aus dem Sicherungsgeschäft ebenfalls im Eigenkapital verrechnet werden. Mit der Neufassung von IAS 21 sind die Regelungen zum *hedge* eines *net-investment* in eine ausländische Einheit aus IAS 21 entfernt worden und nur noch in IAS 39 enthalten. Die Aufnahme in den Katalog der Sicherungsbeziehungen in IAS 39.86 dient dem Zweck, die in IAS 39.88 geregelten Voraussetzungen für die Anerkennung der Sicherungsbeziehung für das *hedge accounting* (Effektivität usw.; Rz 64) sicherzustellen. Für die weitere Behandlung kann daher auf die Ausführungen zum *cash flow hedge* verwiesen werden. **43**

Bei einem *fair value hedge* wird nicht notwendigerweise der (gesamte) beizulegende Zeitwert eines Grundgeschäfts gesichert. Gegenstand des bilanziellen Sicherungszusammenhangs kann auch nur eine Teiländerung des beizulegenden Zeitwerts sein, die auf einen speziellen Risikofaktor, auf den der *fair value* reagiert (etwa Zins-, Wechselkurs- und Bonitätsänderungen einer Fremdwährungsanleihe), zurückzuführen ist (IAS 39.86(a)). **44**

Die Unterscheidung zwischen dem *fair value hedge* (unter der Prämisse einer Sicherung des gesamten Marktwerts und Ausklammerung weiterer Komponenten) und dem *cash flow hedge* lässt sich an dem folgenden Beispiel der Absicherung von Zinsrisiken erläutern: **45**

Praxis-Beispiel
(1) Absicherung Festzinsanleihe durch Swap
Unternehmen A erwirbt eine dreijährige Anleihe über 100 Mio. EUR mit einem festen Zinscoupon von 6 %. Aufgrund der fixen Zinsen unterliegt die Anleihe dem Risiko einer Marktwertänderung (*fair-value*-Risiko): Im Fall steigender (sinkender) Zinsen nimmt der Marktwert ab (zu). Um dieses Risiko einer Marktwertänderung abzusichern, tritt A in einen Zinsswap ein, der die fixen Zinsen aus der Anleihe gegen variable Zinsen (z.B. den 3-Monats-EURIBOR) austauscht. Der Zinsswap macht aus der festverzinslichen eine variabel verzinsliche Anleihe, die keinem *fair-value*-Risiko mehr unterliegt.[8]
Ergebnis: Die Sicherungsbeziehung ist ein *fair value hedge*.

(2) Absicherung variabel verzinslicher Anleihe
Unternehmen B erwirbt eine dreijährige Anleihe über 100 Mio. EUR mit einem variablen Zinscoupon (3-Monats-EURIBOR). Aufgrund der variablen

---

8 Genauer unterliegt die Anleihe nach Absicherung durch den Zinsswap noch einem *fair-value*-Risiko bis zum jeweils nächsten Zinsanpassungstermin des EURIBOR im Swap.

> Zinsen unterliegt die Anleihe nicht dem Risiko einer Marktwertänderung (*fair-value*-Risiko), sondern dem Risiko einer Änderung der künftigen Zinszahlungsströme (*cash-flow*-Risiko): Im Fall steigender (sinkender) Zinsen nehmen die künftigen Zinszahlungen zu (ab). Um dieses Risiko einer Änderung der künftigen Zinszahlungen abzusichern, tritt A in einen Zinsswap ein, der die variablen Zinsen aus der Anleihe gegen feste Zinsen austauscht. Der Zinsswap macht aus der variabel verzinslichen eine festverzinsliche Anleihe, die keinem *cash-flow*-Risiko mehr unterliegt.
>
> **Ergebnis:** Die Sicherungsbeziehung ist ein *cash flow hedge*.

Die Zuordnung zu einer bestimmten Sicherungsform bestimmt sich aus der Perspektive der gesicherten Grundgeschäfte.

46 Für die **Absicherung bilanzierter Geschäfte** gilt: In Abhängigkeit von der Art des bilanzierten Grundgeschäfts und des gesicherten Risikos kann es sich um einen *fair value hedge* oder einen *cash flow hedge* handeln, z. B.:

- Absicherung eines **festverzinslichen Wertpapiers** gegen Änderungen des Marktwerts mit einem Zinsswap (= *fair value hedge*);
- Absicherung eines **Aktienbestands** gegen Änderungen des Aktienkurses mit einem Aktientermingeschäft oder einer Aktienoption (= *fair value hedge*);
- Absicherung einer **Forderung in Fremdwährung** gegen das Wechselkursrisiko mit einem Devisenterminverkauf oder einer Devisenverkaufsoption (= *fair value hedge*);
- Absicherung einer begebenen **Anleihe mit variabler Verzinsung** gegen das Risiko steigender Zinsaufwendungen mit einem Zinsswap (= *cash flow hedge*).

47 Für die **Absicherung schwebender Geschäfte** besteht ein Wahlrecht: Im Grundsatz stellt die Absicherung schwebender Geschäfte einen *fair value hedge* dar. Die Absicherung des Wechselkursrisikos eines schwebenden Geschäfts kann alternativ auch als *cash flow hedge* behandelt werden (IAS 39.87). Typische Beispiele sind:

- Absicherung eines **schwebenden Vorratskaufs in Fremdwährung** gegen das Wechselkursrisiko mit einem Devisenterminkauf oder einer Devisenkaufoption (= *fair value hedge*, ggf. nach IAS 39.87 **optional** auch *cash flow hedge*);
- Absicherung eines **schwebenden Warenverkaufsgeschäfts in Fremdwährung** gegen das Wechselkursrisiko mit einem Devisenterminverkauf oder einer Devisenkaufoption (= *fair value hedge*, ggf. nach IAS 39.87 **optional** auch *cash flow hedge*);
- Absicherung eines **schwebenden Rohstoffkaufs** gegen das Preisrisiko mit einem Terminverkaufsgeschäft oder einer Verkaufsoption auf den Rohstoff oder einen Rohstoffindex (= *fair value hedge*).

48 Die **Absicherung erwarteter Transaktionen** stellt **stets** einen *cash flow hedge* dar, z. B.:

- Absicherung eines erwarteten Kaufs von Rohstoffen oder Anlagen in Fremdwährung gegen das Wechselkursrisiko mit einem Devisenterminkauf oder einer Devisenkaufoption;
- Absicherung eines erwarteten Verkaufs von Produkten in Fremdwährung gegen das Wechselkursrisiko mit einem Devisenterminverkauf oder einer Devisenverkaufsoption;

- Absicherung eines erwarteten Kaufs von Rohstoffen (z.B. Öl) in Berichtswährung gegen das Preisrisiko mit einem Terminverkaufsgeschäft oder einer Verkaufsoption auf das Öl;
- Absicherung einer erwarteten Emission einer Anleihe gegen einen Zinsanstieg mit einem Forward-Zinsswap.

4.2 Bilanzierungs- und Buchungstechnik bei *hedges*

4.2.1 Synchronisierung in Abhängigkeit des Grundgeschäfts

Aufgabe des *hedge accounting* ist es, eine **Synchronisierung der Wirkungen aus dem Grundgeschäft und dem Sicherungsderivat** in der GuV herzustellen, wo die allgemeinen Bewertungsregeln eine solche Synchronisierung nicht gewährleisten (IAS 39.85). In Abhängigkeit von der Art der Sicherungsbeziehung wird diese Synchronisierung bewirkt   49

- entweder durch Unterwerfung des gesicherten Geschäfts, abweichend von den normalen Regeln, unter eine erfolgswirksame *fair-value*-Bewertung
- oder durch zunächst nicht erfolgswirksame Erfassung des *fair value* des (derivativen) Sicherungsgeschäfts (abweichend von den normalen Regeln).

Eine zusammenfassende Darstellung der Behandlung des *hedge accounting* gibt Abb. 1.

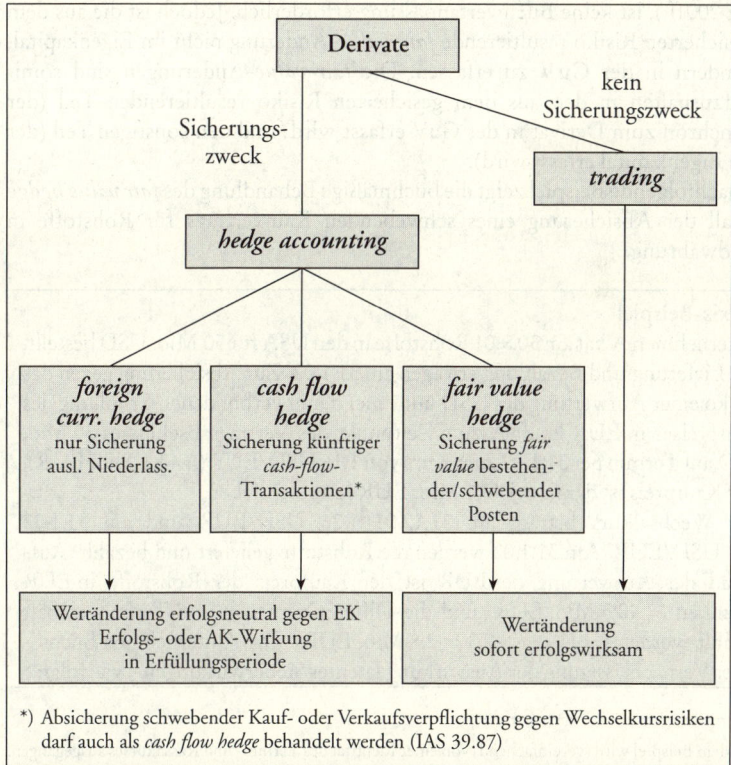

Abb. 1: Derivate und *hedge accounting*

Zusammenfassend gilt: Während das *fair value hedge accounting* eine Abweichung von den allgemeinen Bewertungsregeln aufseiten des gesicherten Grundgeschäfts vorsieht, erfolgt die Abweichung beim *cash flow hedge accounting* aufseiten des Sicherungsderivats.

4.2.2 Fair-value-hedge-Beziehungen

50   Beim *fair value hedge* werden – zusätzlich zu den Änderungen des *fair value* des Sicherungsderivats – auch die Änderungen des *fair value* **des gesicherten Grundgeschäfts** (soweit sie aus dem gesicherten Risiko resultieren; Rz 41) in der **GuV** erfasst. Damit kompensieren sich die Effekte aus dem Grund- und dem Sicherungsgeschäft in der GuV. Soweit sich in der GuV kein vollständiger Ausgleich ergibt, ist dies Ausdruck einer nicht perfekten Effektivität des *hedge* (obwohl der *hedge* sich noch innerhalb der geforderten Effektivitätsgrenze von 80 % – 125 % befindet; hierzu Rz 66). Die Synchronisierung wird im Übrigen **technisch** wie folgt bewirkt:

- **Forderungen oder Verbindlichkeiten**: Die (fortgeführten) Anschaffungskosten (→ § 28 Rz 298 ff.) werden um die aus dem gesicherten Risiko resultierenden *fair-value*-Änderungen angepasst **(Buchwertanpassung)**. Die Anpassung ist erfolgswirksam.

- **Wertpapiere** (*available-for-sale*): Da *available-for-sale assets* bereits nach den allgemeinen Bewertungsregeln zum *fair value* bilanziert werden (→ § 28 Rz 200 ff.), ist keine Buchwertanpassung erforderlich. Jedoch ist die aus dem gesicherten Risiko resultierende *fair-value*-Änderung nicht im Eigenkapital, sondern in der **GuV** zu erfassen. Die *fair-value*-Änderungen sind somit aufzuspalten in den aus dem gesicherten Risiko resultierenden Teil (der synchron zum Derivat in der GuV erfasst wird) und den sonstigen Teil (der im Eigenkapital erfasst wird).

51   Das nachfolgende Beispiel zeigt die buchmäßige Behandlung des *fair value hedge* im Fall der Absicherung eines schwebenden Kaufvertrags für Rohstoffe in Fremdwährung.

Praxis-Beispiel[9]

Unternehmen A hat am 30.9.01 Rohstoffe in den USA für 50 Mio. USD bestellt. Die Lieferung und Bezahlung erfolgen am 31.1.02. Zur Absicherung gegen das Risiko einer Aufwertung des USD und einer damit verbundenen Erhöhung des Kaufpreises in EUR kauft A zum Zeitpunkt des Vertragsabschlusses 50 Mio. USD auf Termin per 31.1.02 zum Kurs von 1,16 USD/EUR (= 43,1 Mio. EUR). Der Kaufpreis ist damit bei 43,1 Mio. EUR festgeschrieben.

Der Wechselkurs beträgt am 31.12.01 1,26 USD/EUR und am 31.1.02 1,24 USD/EUR. Am 31.1.02 werden die Rohstoffe geliefert und bezahlt. Aufgrund der Aufwertung des EUR ist der Kaufpreis der Rohstoffe in EUR gesunken (= 40,3 Mio. EUR) und die Differenz muss in das Termingeschäft gezahlt werden (= 43,1 ./. 40,3 = 2,8 Mio. EUR). Das Unternehmen bucht – unter Vernachlässigung der Auswirkung latenter Steuerwirkungen – wie folgt:[10]

---

9   In dem Beispiel wird (vereinfachend) von einer Identität des Termin- und Kassakurses ausgegangen.
10   Unter der Annahme, dass das Unternehmen das Wahlrecht des IAS 39.87, die Absicherung von schwebenden Geschäften gegen Wechselkursrisiken als *cash flow hedges* zu behandeln, nicht ausübt (siehe aber Abwandlung in Rz 54).

Datum	Konto	Soll	Haben
30.9.01:	–		
31.12.01:	Aufwand	3,4 Mio.	
	Derivat		3,4 Mio.
	Vermögenswert	3,4 Mio.	
	Ertrag		3,4 Mio.
31.1.02:	Derivat	0,6 Mio.	
	Ertrag		0,6 Mio.
	Derivat	2,8 Mio.	
	Geld		2,8 Mio.
	Aufwand	0,6 Mio.	
	Vermögenswert		0,6 Mio.
	Rohstoffe	40,3 Mio.	
	Geld		40,3 Mio.
	Rohstoffe	2,8 Mio.	
	Vermögenswert		2,8 Mio.

Erläuterung

Zum 30.9.01 wird das Devisentermingeschäft (DTG) buchungstechnisch erfasst, weist aber einen *fair value* von null aus. Das schwebende Kaufgeschäft bleibt bilanziell unberücksichtigt. Zum 31.12.01 wird der (durch die Abwertung des USD verursachte) negative *fair value* des DTG aufwandswirksam bilanziert. Der aus der Abwertung des USD resultierende positive Bewertungseffekt auf das schwebende Kaufgeschäft wird als sonstiger Vermögenswert ertragswirksam aktiviert. Aufgrund des perfekten *hedge* gleichen sich die GuV-Effekte vollständig aus. Bis zum 31.1.02 hat sich der Wert des USD wieder leicht erholt. Der negative *fair value* des DTG reduziert sich um 0,6 Mio. EUR zugunsten der GuV auf –2,8 Mio. EUR, die dann von A an die Bank zu zahlen sind.

Die korrespondierende Abnahme des *fair value* des schwebenden Geschäfts wird aufwandswirksam bilanziert. Die Rohstoffe werden zu 50 Mio. USD gekauft und mit dem aktuellen Kurs zu 40,3 Mio. EUR aktiviert. Der negative *fair value* des schwebenden Geschäfts von –2,8 Mio. EUR wird zur Anpassung der Anschaffungskosten der Rohstoffe ausgebucht *(basis adjustment)*. Die Rohstoffe werden somit zu dem am 30.9.01 gesicherten Kurs von 43,1 Mio. EUR eingebucht.

4.2.3 *Cash-flow-hedge*-Beziehungen

Beim *cash flow hedge* werden hingegen die *fair-value*-Änderungen des Sicherungsderivats – abweichend von den allgemeinen Bewertungsvorschriften für Derivate – über das *other comprehensive income* im **Eigenkapital** erfasst und dort „geparkt" (bis zu einem späteren *recycling*). Sofern der *cash flow hedge* keine 100 % Effektivität aufweist (sich gleichwohl noch innerhalb der geforderten 52

Effektivitätsgrenze von 80 % – 125 % befindet; vgl. hierzu Rz 66), wird der ineffektive Teil des *fair value* des Sicherungsderivats nicht im *other comprehensive income*, sondern unmittelbar in der GuV berücksichtigt. Die Aufteilung der *fair-value*-Änderungen des Sicherungsgeschäfts in den im Eigenkapital bzw. in der GuV zu erfassenden Teil wird nach folgender Regel vorgenommen (IAS 39.96):

- Im Eigenkapital wird der kleinere Betrag der kumulierten *fair-value*-Änderung des Sicherungsgeschäfts und der kumulierten *fair-value*-Änderung der gesicherten *cash flows* erfasst.
- Soweit die kumulierte *fair-value*-Änderung des Sicherungsgeschäfts größer als die kumulierte *fair-value*-Änderung der gesicherten *cash flows* ist *(over-hedge)*, ist die Differenz in der GuV zu erfassen.
- Soweit die kumulierte *fair-value*-Änderung des Sicherungsgeschäfts hingegen kleiner ist als die kumulierte *fair-value*-Änderung der gesicherten *cash flows (underhedge)*, ergibt sich keine Auswirkung auf die GuV.

53 Hinsichtlich des **effektiven** Teils wird mit den zunächst im Eigenkapital **geparkten** Wertänderungen bei Durchführung des gesicherten Grundgeschäfts wie folgt verfahren:

- Führt die gesicherte Transaktion unmittelbar zu einem Aufwand oder Ertrag (z. B. weil variable Zinsrisiken gesichert wurden), ist der im Eigenkapital erfasste Betrag zum gleichen Zeitpunkt auszubuchen und in der GuV zu erfassen.
- Resultiert die gesicherte Transaktion in der Erfassung eines **Vermögenswerts** (z. B. weil ein erwarteter Rohstoffkauf in Fremdwährung gegen Wechselkurs-risiken gesichert wurde) oder einer Verbindlichkeit, so ist wie folgt zu differenzieren:
  - Handelt es sich um einen **finanziellen Vermögenswert** oder eine **finanzielle Verbindlichkeit**, so wird der im Eigenkapital erfasste Betrag erst dann ausgebucht, wenn der gesicherte *cash flow* (etwa durch einen Swap abgesicherte Zinszahlungen) sich in der GuV niederschlägt (IAS 39.97).
  - Handelt es sich hingegen um einen **nicht finanziellen Vermögenswert**, so besteht ein Wahlrecht. Der im Eigenkapital erfasste Betrag kann im Zeitpunkt des Zugangs des gesicherten Gegenstands ausgebucht und als Anpassung der Anschaffungskosten erfasst werden (IAS 39.98(b); sog. *basis adjustment*) oder er kann zunächst fortgeführt und erst dann erfolgswirksam dem Eigenkapital entnommen werden, wenn das gesicherte Grundgeschäft selbst erfolgswirksam wird (IAS 39.98(a)). Im Fall der Absicherung eines erwarteten Kaufs einer Maschine würde die erste Alternative zu einer Anpassung der Anschaffungskosten (und damit der Abschreibungs-bemessungsgrundlage) führen, die zweite zu einer Auflösung der Eigenkapitalposition parallel zu den Abschreibungen.

54 Das nachfolgende Beispiel ist eine Abwandlung des exemplarischen Falls einer *fair-value-hedge*-Beziehung (Rz 51) und zeigt die buchmäßige Behandlung des *cash flow hedge* im Fall der Absicherung eines erwarteten Kaufs (anstelle einer festen Bestellung) von Rohstoffen in Fremdwährung.

Praxis-Beispiel (Abwandlung zu Rz 51)[11]

Am 30.9.01 geht Unternehmen A mit einer hohen Wahrscheinlichkeit von einem Kauf von Rohstoffen in den USA für 50 Mio. USD am 31.1.02 aus. Ein Kaufvertrag wurde noch nicht abgeschlossen (erwartete Transaktion). Zur Absicherung des Währungsrisikos aus dem erwarteten Rohstofferwerb kauft A am 30.9.01 50 Mio. USD auf Termin per 31.1.02 zum Kurs von 1,16 USD/EUR (= 43,1 Mio. EUR). Der erwartete Kaufpreis für die Rohstoffe ist damit bei 43,1 Mio. EUR festgeschrieben.

Der Wechselkurs beträgt am 31.12.01 1,26 USD/EUR und am 31.1.02 1,24 USD/EUR. Am 31.1.02 werden die Rohstoffe wie erwartet gekauft, geliefert und bezahlt. Aufgrund der Aufwertung des EUR ist der Kaufpreis der Rohstoffe in EUR gesunken (= 40,3 Mio. EUR) und die Differenz muss in das Termingeschäft gezahlt werden (= 43,1 ./. 40,3 = 2,8 Mio. EUR). Das Unternehmen bucht – wiederum unter Vernachlässigung von latenten Steuerwirkungen – wie folgt:

Datum	Konto	Soll	Haben
30.9.01:	–		
31.12.01:	Eigenkapital	3,4 Mio.	
	Derivat		3,4 Mio.
31.1.02:	Derivat	0,6 Mio.	
	Eigenkapital		0,6 Mio.
	Derivat	2,8 Mio.	
	Geld		2,8 Mio.
	Rohstoffe	40,3 Mio.	
	Geld		40,3 Mio.
	Rohstoffe	2,8 Mio.	
	Eigenkapital		2,8 Mio.

Erläuterung

Zum 30.9.01 wird das Devisentermingeschäft (DTG) buchungstechnisch erfasst, weist aber einen *fair value* von null aus. Die erwartete Transaktion bleibt bilanziell unberücksichtigt. Zum 31.12.01 wird der (durch die Abwertung des USD verursachte) negative *fair value* des DTG zu Lasten des Eigenkapitals bilanziert (es wird ein perfekter *hedge* und daher keine in der GuV zu erfassende Ineffektivität unterstellt). Die erwartete Transaktion bleibt weiterhin unberücksichtigt. Bis zum 31.1.02 hat sich der Wert des USD wieder leicht erholt. Der negative *fair value* des DTG reduziert sich um 0,6 Mio. EUR zugunsten des Eigenkapitals auf –2,8 Mio. EUR, die dann von A an die Bank zu zahlen sind.

Die Rohstoffe werden zu 50 Mio. USD gekauft und mit dem aktuellen Kurs zu 40,3 Mio. EUR aktiviert. Der im Eigenkapital „geparkte" Betrag von –2,8 Mio. EUR wird zur Anpassung der Anschaffungskosten der Rohstoffe ausgebucht *(basis adjustment)*. Die Rohstoffe werden somit insgesamt zu dem am 30.9.01 gesicherten Kurs von 43,1 Mio. EUR eingebucht.

[11] In dem Beispiel wird (vereinfachend) davon ausgegangen, dass der Terminkurs stets dem Kassakurs entspricht.

> **Alternative Behandlung (ohne *basis adjustment*)**
> Das Unternehmen kann auf die Anpassung der Anschaffungskosten *(basis adjustment)* verzichten, die Eigenkapitalposition zunächst fortführen und erst dann erfolgswirksam auflösen, wenn das Grundgeschäft erfolgswirksam wird, es also zum Verbrauch der Rohstoffe kommt (IAS 39.98(a)).

55   Aus bilanzpraktischer Sicht stellt das *basis adjustment* (Rz 52) für die Beendigung einer *cash-flow-hedge*-Beziehung, bei der künftige (Aus-)Zahlungen für ein nicht finanzielles Grundgeschäft gesichert werden, die einfachere Alternative dar. Jedenfalls bei der wiederholten Anschaffung von langlebigen Anlagegütern in Fremdwährung ist sie eindeutig zu bevorzugen, da andernfalls viele Eigenkapitalpositionen über Jahre (nämlich die jeweilige Nutzungsdauer) nachgehalten werden müssen.

5   Formale Voraussetzungen des *hedge accounting*: Dokumentation und Effektivitätsnachweis

5.1   Überblick

56   Ob ein Unternehmen die (wahlweise zur Verfügung stehenden) Regelungen des *hedge accounting* anwenden darf, kann angesichts der Bedeutung des *hedge accounting* für die Volatilität der Unternehmensergebnisse nicht ins Belieben des Bilanzierenden gestellt werden. **Objektive** Anwendungsvoraussetzungen sind für die Vornahme des *hedge accounting* erforderlich. Nach IAS 39.98 müssen folgende Voraussetzungen sämtlich erfüllt sein:

- Formale **Dokumentation** des Sicherungszusammenhangs sowie der damit verfolgten Zielsetzung zu Beginn der Sicherung (IAS 39.88(a));
- hohe **Effektivität** des Sicherungszusammenhangs und verlässliche Messung der Effektivität (IAS 39.88(b) und IAS 39.88(d));
- im Fall der Absicherung von künftig erwarteten Transaktionen (als *cash flow hedges)* muss eine **hohe Wahrscheinlichkeit** für den tatsächlichen Eintritt dieser Transaktionen bestehen (IAS 39.88(c)).

Diese Voraussetzungen müssen bei Begründung der Sicherungsbeziehung kumulativ vorliegen, sonst darf das *hedge accounting* nicht begonnen werden. Wird eine der Voraussetzungen während des Bestehens der Sicherungsbeziehung nicht mehr erfüllt, so ist die Anwendung des *hedge accounting* zu beenden. Letzteres ist insbesondere der Fall, wenn

- sich die Sicherungsbeziehung **retrospektiv** als nicht hinreichend effizient erwiesen hat;
- für die Sicherungsbeziehung **zukünftig** nicht mehr von einer hohen Effizienz ausgegangen werden kann;
- eine abgesicherte Transaktion nicht mehr oder nicht mehr mit hoher Wahrscheinlichkeit **erwartet** wird (z.B. weil Umsatzerwartungen deutlich reduziert werden müssen oder die Wahrscheinlichkeit für die Berücksichtigung in einer Ausschreibung im Ausland gesunken ist).

5.2 Dokumentationserfordernisse

Die **Dokumentation** eines Sicherungszusammenhangs ist ausnahmslos zu Beginn der Sicherungsbeziehung vorzunehmen und kann nicht nachgeholt werden (z.B. im Zug der Erstellung des Abschlusses, in dem für die Sicherungsbeziehung erstmals *hedge accounting* angewendet werden soll, oder infolge der Feststellung des Abschlussprüfers). Sie muss die folgenden Bestandteile aufweisen: **57**

- eindeutige Designation des Grund- und des Sicherungsgeschäfts (also der Sicherungsbeziehung),
- mit der Absicherung verfolgte Ziele und Strategien,
- Art des abgesicherten Risikos und
- Methoden zur Messung der Effektivität der Sicherungsbeziehung.

Wenn die Sicherungsstrategie eine Anschlusssicherung (*roll-over*-Strategie oder Prolongation) vorsieht, ist diese ebenfalls in die formale Dokumentation, die den Ausgangspunkt der Sicherungsbeziehung markiert, aufzunehmen.

Die Identifizierung des **Grundgeschäfts** bezieht sich auf den abgesicherten bilanzierten Vermögenswert bzw. die (Finanz-)Verbindlichkeit, das schwebende Geschäft oder die erwartete künftige Transaktion (Rz 23 ff.). Im Fall eines Vermögenswerts, einer Verbindlichkeit oder eines schwebenden Geschäfts kann die Identifizierung vergleichsweise einfach (z.B. über eine Geschäftsnummer) erfolgen, weil hierzu ein vertraglich festgelegtes Geschäft vorliegt. Die Dokumentation sollte darüber hinaus eine inhaltliche Kennzeichnung des Grundgeschäfts vornehmen. Im Fall der Absicherung einer künftig erwarteten Transaktion ist der Umfang der erforderlichen Dokumentationsarbeiten regelmäßig größer. Die Dokumentation bezieht sich insbesondere auf: **58**

- Art und Gegenstand der erwarteten Transaktion, die erwartete Menge bzw. den Währungsbetrag sowie den Zeitpunkt bzw. Zeitraum des Eintritts der erwarteten Transaktion und die
- Eintrittswahrscheinlichkeit der erwarteten Transaktion mit entsprechenden Nachweisen (Rz 24).

Auch die **Identifizierung** des **Sicherungsgeschäfts** kann vergleichsweise einfach (z.B. über eine Geschäftsnummer) erfolgen und sollte um eine Kennzeichnung des Geschäfts ergänzt werden.   **59**

Die Aufnahme eines nur (prozentualen) **Anteils** eines Grund- und/oder Sicherungsgeschäfts in die Sicherungsbeziehung (Rz 17 f.) ist entsprechend zu dokumentieren. Gleiches gilt für die Sicherung nur eines Teils der Restlaufzeit eines Grundgeschäfts (Rz 19) oder wenn mehrere Grundgeschäfte Bestandteil einer Sicherungsbeziehung sind (Rz 26).

Aufbauend auf der dokumentierten Sicherungsbeziehung ist die **Art** des gesicherten Risikos zu beschreiben. Hierzu ist darzulegen, welches aus dem Grundgeschäft resultierende Risiko Gegenstand der Absicherung ist. Hierzu gehört, ob es sich um   **60**

- ein Zins-, Wechselkurs-, Aktien-, Kredit- oder ein nicht finanzielles Preisrisiko (z.B. Ölpreis) handelt. Damit wird für Grundgeschäfte mit mehreren Risiken geklärt, welches der Risiken Gegenstand der Absicherung ist. So kann z.B. ein erwarteter Kauf von Öl in Fremdwährung allein gegen das Preisrisiko für Öl abgesichert werden oder sich die Absicherung eines Wertpapiers in Fremdwährung allein auf das Wechselkursrisiko beziehen;

- ein *fair-value*-Risiko (also das Risiko einer Änderung des Werts des Grundgeschäfts) oder ein *cash-flow*-Risiko (also das Risiko der Änderung künftiger *cash flows*) handelt. So stellt z. B. das Ölpreisrisiko aus dem erwarteten Kauf von Öl in Fremdwährung ein *cash-flow*-Risiko, umgekehrt das Wechselkursrisiko aus einem Wertpapier in Fremdwährung ein *fair-value*-Risiko dar.

61 Auf dieser Grundlage ist die mit der Absicherung verfolgte **Strategie** des **Risikomanagements** zu beschreiben. Es ist zu erläutern, in welcher Weise das in der Sicherungsbeziehung gekennzeichnete Sicherungsgeschäft das vorab darzustellende Risiko aus dem Grundgeschäft absichert. Dabei wird auch dargelegt, um welche Form des *hedge accounting* es sich bei der Absicherungsstrategie handelt: *fair value hedge, cash flow hedge* oder *hedge of a net investment*. Weiterhin ist hier festzulegen, ob der gesamte Wert des Sicherungsderivats zur Absicherung designiert oder ein Teil (insbesondere der Zeitwert einer Option oder die Zinskomponente eines Termingeschäfts) ausgeklammert wird (Rz 18).

62 Schließlich ist darzulegen, mit welcher **Methode** das Unternehmen die **Effektivität** messen möchte (Rz 72). Die Messmethode muss bereits zu Beginn des Sicherungszusammenhangs festgelegt und dokumentiert werden. So kann z. B. die Frage, ob die Messung auf der Basis der *fair-value*-Änderungen der Periode oder der kumulierten seit Sicherungsbeginn erfolgt (Rz 73), nicht erst im Zeitpunkt der Messung beantwortet werden.

63 Die genaue Ausgestaltung der Dokumentation ist dem Unternehmen überlassen. IAS 39 macht hierzu keine Vorgaben. Letztlich wird die Ausgestaltung von dem Umfang und der Art der Sicherungsbeziehungen abhängen. Mit zunehmender Anzahl an gleichartigen *hedges* lässt sich die Dokumentation vermehrt standardisieren und in der EDV unterlegen. Bei nur vereinzelten Abschlüssen von Sicherungsgeschäften wird die Dokumentation stark individuell auf den einzelnen *hedge* zugeschnitten sein. Folgendes Beispiel beschreibt die Dokumentation bei einer Absicherung einer variabel verzinslichen Darlehensverbindlichkeit gegen das Zinsrisiko:

Praxis-Beispiel
U nimmt am 1.7.01 ein variabel verzinsliches Darlehen über 10 Mio. EUR mit Fälligkeit zum 30.6.03 auf, für das er den 6-Monats-EURIBOR zahlt. Da U mit einer Erhöhung der EUR-Zinsen und dadurch mit einem Anstieg der Zinskosten aus dem Darlehen rechnet, schließt er mit seiner Bank gleichzeitig einen marktgerechten *payer*-Zinsswap über nominal 10 Mio. EUR mit Laufzeit ebenfalls bis zum 30.6.03 ab, aus dem er einen Festzinssatz von 3 % zahlt und den 6-Monats-EURIBOR erhält. Bei Abschluss der Geschäfte beträgt der 6-Monats-EURIBOR 3 %; die nächste Zinsanpassung erfolgt am 1.1.02. Die Dokumentation könnte wie folgt aussehen:
Hedge Nr. x/01, Datum 1.7.01
(a) **Grundgeschäft:** Künftige variable Zins-*cash-flows* des variabel zum 6-Monats-EURIBOR (anfänglich 3 %) verzinslichen Darlehens über 10 Mio. EUR für die gesamte Laufzeit vom 1.7.01 bis 30.6.03. Das gesicherte Risiko ist der 6-Monats-EURIBOR-Zins.
(b) **Sicherungsinstrument:** *Payer*-Zinsswap (Referenznummer 0277–01) über 10 Mio. EUR mit einer Laufzeit vom 1.7.01 bis 30.6.03, aus dem U den festen Zins von 3 % zahlt und den 6-Monats-EURIBOR (anfänglich 3 %) erhält.

(c) **Risikomanagementstrategie:** Absicherung gegen das Risiko einer Veränderung der variablen künftigen Zinszahlungen aus dem Darlehen. Nach Absicherung durch den Zinsswap ergibt sich aus dem Darlehen (synthetisch) ein fester Zinssatz von 3 %.

(d) **Prospektive Effektivität:** Beurteilung auf qualitativer Basis *(critical term match)* zum Vertragsschluss und zum Bilanzstichtag, da die wesentlichen Ausstattungsmerkmale (Nominale, Laufzeit, Referenzzins, Zinsanpassungstermine) des Darlehens und des Zinsswaps identisch sind.

(e) **Retrospektive Effektivität:** Messung nach der *dollar-offset*-Methode, in der Form der *hypothetical-derivative*-Methode. Dabei wird zum Bilanzstichtag getestet, ob die kumulierte Änderung des *fair value* des Zinsswaps im Verhältnis zu der kumulierten Änderung des *fair value* eines hypothetischen Derivats (das stellvertretend für das gesicherte Grundgeschäft verwendet wird und alle wesentlichen Ausstattungsmerkmale des Grundgeschäfts aufweist) in einer Bandbreite von 80 % – 125 % liegt (vgl. zur retrospektiven Effektivitätsmessung mit der *hypothetical-derivative*-Methode Rz 76).

Erstellt von: XX, geprüft von: NN

5.3 Notwendiger Nachweis der Effektivität

5.3.1 Allgemeine Anforderungen

Effektivität bezeichnet allgemein die **Güte** der Sicherungsbeziehung und ist in Abhängigkeit von der Art der Sicherungsbeziehung wie folgt definiert (IAS 39.9): 64

- *fair value hedge:* Grad, zu dem die *fair-value*-Änderungen des gesicherten Grundgeschäfts, soweit sie aus dem gesicherten Risiko resultieren, durch *fair-value*-Änderungen des Sicherungsinstruments ausgeglichen werden;
- *cash flow hedge:* Grad, zu dem die *cash-flow*-Änderungen der gesicherten Transaktion, soweit sie aus dem gesicherten Risiko resultieren, durch *cash-flow*-Änderungen aus dem Sicherungsinstrument ausgeglichen werden.

Der **Nachweis** der Effektivität ist die zentrale Voraussetzung für die Anwendung des *hedge accounting* und muss in zweierlei Weise erbracht werden: 65

- **Prospektive** Effektivität: Auf die Zukunft gerichtet muss für die gesamte (verbleibende) Laufzeit der Sicherungsbeziehung eine hohe Effektivität erwartet werden (IAS 39.88(b)/IAS 39.AG105(a)).
- **Retrospektive** Effektivität: Auf die Vergangenheit gerichtet muss sich die Sicherungsbeziehung als hocheffektiv erwiesen haben (IAS 39.88(e)/IAS 39.AG105(b)).

Deshalb muss im Zeitpunkt der Begründung der Sicherungsbeziehung der erste (prospektive) Effektivitätstest durchgeführt werden. Nur bei Bestehen dieses Tests darf das *hedge accounting* begonnen werden. Während der Laufzeit der Sicherungsbeziehung sind jeweils ein prospektiver und ein retrospektiver Effektivitätstest durchzuführen. Wenn einer der beiden Tests nicht bestanden wird, ist das *hedge accounting* zu beenden.

Eine Sicherungsbeziehung gilt als **hoch effektiv** *(highly effective)*, wenn die Effektivität innerhalb der Spanne von **80 % – 125 %** liegt. Danach wäre z.B. ein *fair value hedge* mit einer *fair-value*-Änderung für das Grundgeschäft von –50 66 und für das Sicherungsgeschäft von +55 effektiv, da die Effektivität bei 110 % (= 55/50) bzw. 91 % (= 50/55) liegt. Bei einer *fair-value*-Änderung des Sicherungsgeschäfts von +62 wäre die Sicherungsbeziehung mit einer Effektivität von 126 % (= 63/50) bzw. 79 % (= 50/63) hingegen nicht hinreichend effektiv. Obwohl die vorgenannte Effektivitätsspanne in IAS 39 ausdrücklich nur für die retrospektive Effektivitätsmessung geregelt ist (IAS 39.AG105), wird allgemein von der Gültigkeit auch für den prospektiven Test ausgegangen.

67   Eine bestimmte Methode zur Effektivitätsmessung wird in IAS 39 nicht vorgeschrieben. Allerdings richtet sich die gewählte Methode nach der dokumentierten Risikomanagementstrategie (Rz 57) für die Sicherungsbeziehung. So wird die Effektivitätsmessung z.B. für den Fall, dass **einzelne** Komponenten des Sicherungsderivats nicht designiert wurden (Rz 17), allein auf der Grundlage der **verbleibenden** Bestandteile des Derivats vorgenommen. Daher wird die Effektivität

- bei einer Option, für die die Zeitwertkomponente aus der Designation ausgeklammert wurde, auf Grundlage des inneren Werts, bzw.
- bei einem Termingeschäft, für das die Zinskomponente ausgeklammert wurde, auf Grundlage der Kassakomponente vorgenommen.

Durch die Ausklammerung der Zeitwertkomponente bzw. Zinskomponente lässt sich regelmäßig die Effektivität der Sicherungsbeziehung verbessern. Die ausgeklammerte Komponente ist unmittelbar in der GuV zu erfassen.

68   Eine einmal gewählte Methode zur Effektivitätsmessung ist (von begründeten Ausnahmen abgesehen) über die Laufzeit beizubehalten und konsistent für vergleichbare Geschäfte anzuwenden (IAS 39.AG107, IAS 39.IG.F.4.4). Es gilt somit eine Verpflichtung auf eine Berücksichtigung des allgemeinen Stetigkeitsgebots (→ § 24 Rz 8 ff.). Unter Berücksichtigung des Stetigkeitsgebots (IAS 8.13) ist es allerdings möglich, für unterschiedliche Sicherungszusammenhänge verschiedene Methoden zum Nachweis der Effektivität anzuwenden (IAS 39.AG107).

5.3.2   Prospektiver Nachweis

69   Für die **prospektive** Effektivitätsmessung sieht IAS 39 eine aus praktischer Sicht wesentliche Erleichterung in Form des sog. *critical term match* vor. Danach kann auf eine quantitative Berechnung der prospektiven Effektivität verzichtet werden, wenn die wesentlichen Ausgestaltungsmerkmale des Grund- und des Sicherungsgeschäfts (also insbesondere Betrag, Laufzeit, Zinstermine usw.) identisch sind. Im Fall solcher perfekten Sicherungsbeziehungen kann eine hohe Effektivität unterstellt werden (IAS 39.AG108). Dies gilt unabhängig davon, welche Form des *hedge accounting* vorliegt (*fair value hedge, cash flow hedge* oder *hedge of a net investment*). Hierzu die folgenden Beispiele:

- Absicherung des **Zins**risikos einer variabel verzinslichen Verbindlichkeit mit einem marktgerecht abgeschlossenen Zinsswap (= *cash flow hedge*), wenn die Nominalbeträge, Laufzeiten, Zinsanpassungstermine, Termine für Zins- und Tilgungszahlungen sowie der Referenzzins für die Bemessung der Zinszahlungen (z.B. EURIBOR) für die Verbindlichkeit und den Zinsswap identisch sind;
- Absicherung des **Wechsel**kursrisikos aus erwarteten Verkaufserlösen in Fremdwährung mit einem marktgerecht abgeschlossenen Devisentermingeschäft (= *cash flow hedge*), sofern die Währung, das Volumen und die Laufzeit der Geschäfte identisch sind;

- Absicherung eines **festverzinslichen** Wertpapiers mit einem marktgerecht abgeschlossenen Termingeschäft auf das gleiche Wertpapier (= *fair value hedge)*, falls die Nominalbeträge, Laufzeiten und Währungen des Wertpapiers und des Termingeschäfts identisch sind.

Ein *critical term match* muss, solange sich die Ausstattungsmerkmale der Geschäfte nicht verändern, nur zu Beginn der Sicherungsbeziehung durchgeführt werden. Eine perfekte Sicherungsbeziehung kann allerdings auch ein Hinweis auf eine Pflicht zur Synthetisierung von Grund- und Sicherungsgeschäft erfordern (→ § 28 Rz 43 ff.), die eine getrennte Bilanzierung und damit auch die Anwendung der Vorgaben zum *hedge accounting* ausschließt.

Liegen die Bedingungen für die Anwendung des *critical term match* hingegen   70
nicht vor, ist die prospektive Effektivität rechnerisch zu ermitteln. Hierzu nennt
IAS 39.AG105(a) beispielhaft zwei Methoden:

- **Historische *dollar-offset*-Methode:** dabei werden *fair-value-* bzw. *cash-flow-*
  Änderungen des Grund- und Sicherungsgeschäfts aus der Vergangenheit
  verglichen und die Einhaltung der Effektivitätsspanne von 80 % – 125 %
  geprüft. Methodisch entspricht dies der auch im Rahmen der retrospektiven
  Effektivitätsmessung verwendeten *dollar-offset*-Methode (Rz 73), mit dem
  Unterschied, dass beim prospektiven Test auf Wertänderungen zurückgegriffen wird, die vor Bestehen der Sicherungsbeziehung entstanden sind.
- **Statistische Verfahren:** dabei werden ebenfalls historische *fair-value-* bzw.
  cash-flow-Änderungen des Grund- und Sicherungsgeschäfts in der Vergangenheit herangezogen. Dazu bedarf es allerdings der Heranziehung umfangreichen historischen Datenmaterials, um daraus die Effektivität z.B. mithilfe
  einer Regressionsanalyse nachzuweisen (Rz 80 ff.).

Daneben kann die prospektive Effektivität auch mittels **Sensitivitätsanalysen**
nachgewiesen werden. Anders als bei den vorgenannten – auf historischen Daten
basierenden – Methoden wird bei der Sensitivitätsmethode eine fiktive Änderung
eines Risikofaktors unterstellt und ermittelt, welche *fair-value-* bzw. *cash-flow-*
Änderungen sich für das Grund- und Sicherungsgeschäft ergeben. So wird bspw.
im Fall der Absicherung von Zinsrisiken eine Änderung der Zinskurve (z.B. um
100 Basispunkte) und im Fall der Absicherung von Wechselkursrisiken eine
fiktive Änderung der Wechselkurse (z.B. um 20 %) unterstellt.[12]

5.3.3 Retrospektiver Nachweis

5.3.3.1 Freie, aber stetig auszuübende Methodenwahl

Für die **retrospektive** Effektivitätsmessung sieht IAS 39 – anders als für den   71
prospektiven Effektivitätstest – kein *critical term match* für perfekte Sicherungsbeziehungen vor (IAS 39.BC134). Hier besteht ein Unterschied zu den Regelungen der US-GAAP, die mit der sog. *short-cut*-Methode den Verzicht auf einen
rechnerischen Test auch für den retrospektiven Effektivitätsnachweis zulassen.
Begründet wird die Unzulässigkeit der *short-cut*-Methode insbesondere mit den
potenziellen Auswirkungen einer Verschlechterung des Ausfallrisikos des Vertragspartners des Sicherungsderivats und den damit einhergehenden negativen

---

[12] Zu den Vor- und Nachteilen der Methoden sowie zu Methodenvarianten vgl. CORTEZ/SCHÖN, IRZ
2010, S. 171 ff.

Auswirkungen auf die Effektivität der Sicherungsbeziehung (IAS 39.AG109, IAS 39.IG.F.4.7, IAS 39.IG.F.5.2). Eine rechnerische Messung der retrospektiven Effektivität ist daher verpflichtend.

72   Für die gebotene quantitative Messung der retrospektiven Effektivität lassen sich mehrere (sowohl mathematische als auch statistische) Methoden unterscheiden (IAS 39.IG.F.5.5). Es wird aber keine bestimmte Methode vorgeschrieben (IAS 39.IG.F.4.4). Zum Nachweis der geforderten retrospektiven Effektivität lassen sich drei Methoden mit unterschiedlichen Vor- und Nachteilen unterscheiden:

- Die *dollar-offset-Methode* vergleicht die Wertänderungen des zu sichernden Grundgeschäfts mit den Wertänderungen des Sicherungsinstruments innerhalb eines bestimmten Zeitraums, wobei die Effektivität bei einer Verhältniszahl innerhalb der Bandbreite 80 % – 125 % als Verhältniszahl gegeben ist.
- Im Rahmen der **Varianz-Reduktionsmethode** wird durch eine Gegenüberstellung der *fair-value*-Schwankungen des isolierten Grundgeschäfts und der gesamten Sicherungsbeziehung untersucht, ob die Sicherungsbeziehung insgesamt zu einer Verringerung der *fair-value*-Schwankungen führt. Die Effektivität wird über die Varianz der Schwankung ausgedrückt.
- Die **Regressionsanalyse** ermöglicht eine Aussage über das Verhältnis einer abhängigen (der Regressand) und einer bzw. mehrerer unabhängigen Variablen (die Regressoren) bei Vorliegen einer metrisch skalierten Grundgesamtheit von Daten.[13] Die Effektivität ergibt sich über die Erklärung der *fair-value*-Änderung des Sicherungsgeschäfts durch die Änderung des *hedge fair value* des Grundgeschäfts.

Zusammenfassend lassen sich bzgl. der einzelnen Methoden folgende Vor- und Nachteile festhalten:

	dollar-offset-Methode	Varianz-Reduktionsmethode	Regressionsanalyse
Vorteil	Einfache Berechnung, gute Verständlichkeit	Effektivität kann auch bei Ausreißern und der Verwendung kleiner Zahlen nachgewiesen werden	
Nachteil	Bei kleinen Änderungen misslingt der Nachweis der Effektivität	Notwendige und komplexe Ermittlung, die überdies wenig anschaulich ist	Verlässliche Messung verlangt Vorhandensein mehrerer Datenpunkte

Tab. 1: Vor- und Nachteile der Methoden zum Effektivitätsnachweis

Für den Nachweis der retrospektiven Effektivität kommen insbesondere die *dollar-offset*-Methode und die Regressionsanalyse zur Anwendung.

---

[13] Ausführlich BACKHAUS/ERICHSON/PLINKE/WEIBER, Multivariate Analysemethoden, 9. Aufl., 2000, Kapitel 1, S. 1 ff.

5.3.3.2 Anwendung der *dollar-offset*-Methode

Die *dollar-offset*-Methode leitet sich unmittelbar aus der Definition der Effekti- 73
vität nach IAS 39.9 ab und ist die einfachste rechnerische Methode zur Effektivitätsmessung. Danach wird die Effektivität wie folgt bestimmt:

- bei *fair value hedges* als das Verhältnis der *fair-value*-Änderungen des Grundgeschäfts zu den *fair-value*-Änderungen des Sicherungsgeschäfts;
- bei *cash flow hedges* als das Verhältnis der *fair-value*-Änderungen der künftig
  erwarteten *cash flows* der gesicherten Transaktion zu den *fair-value*-Ände-
  rungen des Sicherungsgeschäfts.

Der Effektivitätstest kann auf **kumulierter Basis** vorgenommen werden, indem alle
fair-value-Änderungen seit Beginn des Sicherungszusammenhangs in der Messung
berücksichtigt werden. Auch eine **periodenbezogene** Durchführung kommt in
Betracht, indem nur *fair-value*-Änderungen in der abgelaufenen Periode berücksichtigt werden (IAS 39.IG.F.4.2.). Regelmäßig führt die kumulierte Messung allerdings zu besseren Ergebnissen. So ist die Fortführung des *hedge accounting* auch
dann möglich, wenn der *hedge* für die abgelaufene Periode aufgrund eines Ausreißers
ineffektiv war, bei kumulierter Betrachtung allerdings weiterhin als effektiv gilt.

Praxis-Beispiel

A begründet am 1.1. eines Jahres eine Sicherungsbeziehung, die am 31.12. des
Jahres endet. Die Effektivität wird zu jedem Quartalsende gemessen. Dabei
ergeben sich für das Grund- und das Sicherungsgeschäft die folgenden periodenbezogenen bzw. kumulierten *fair-value*-Änderungen, die zur Effektivitätsmessung mittels der *dollar-offset*-Methode verwendet werden.

Periodenbezogen	31.3.	30.6.	30.9.
– Grundgeschäft	100	50	-70
– Sicherungsgeschäft	-90	-65	70
– Effektivität *dollar-offset*	111 %	77 %	100 %
Kumuliert	31.3.	30.6.	30.9.
– Grundgeschäft	100	150	80
– Sicherungsgeschäft	– 90	– 155	– 85
– Effektivität *dollar-offset*	111 %	96 %	94 %

Bei einer periodenbezogenen Betrachtung muss das *hedge accounting* am
30.6. beendet werden (77 % Effektivität). Bei kumulierter Betrachtung kann
das *hedge accounting* hingegen weitergeführt werden (96 % Effektivität).

Die *dollar-offset*-Methode ist für *fair value hedges* uneingeschränkt anwendbar. 74
Schwierigkeiten können sich hingegen im Fall bestimmter *cash flow hedges*
ergeben. So wird sich im Fall der Absicherung von Zahlungsstromrisiken u. U.
auch bei perfekten Sicherungsbeziehungen eine nicht hinreichende retrospektive
Effektivität ergeben. Die Ursache hierfür liegt in der Logik der *dollar-offset*-
Methode: Sie sieht den Vergleich der *fair-value*-Änderungen aus dem Grund-
und dem Sicherungsgeschäft vor, obwohl das Ziel eines *cash flow hedge* nicht in
der Absicherung von *fair-value*-Änderungen, sondern von *cash-flow*-Änderun-

gen besteht. Bei genauerer Betrachtung des Effektivitätstests nach der *dollar-offset*-Methode ergibt sich folgendes Bild:

Praxis-Beispiel

Die variablen Zinsrisiken eines Darlehens (Grundgeschäft) werden mittels eines Zinsswaps (Sicherungsgeschäft) gegen feste Zinszahlungen getauscht.

- Das Grundgeschäft weist lediglich **eine** Zahlungsstruktur auf: die künftig **variablen** Zins-*cash-flows*. Für diese ist der *fair value* zu berechnen. Die (kumulierten) Änderungen dieser *fair values* fließen in den Effektivitätstest ein.
- Der Zinsswap weist hingegen **zwei** Zahlungsstrukturen auf:
  - die künftigen variablen Zins-*cash-flows* (der sog. *floating leg*) des Zinsswaps, der die variablen Zins-*cash-flows* des Grundgeschäfts kompensiert und
  - die fixen Zins-*cash-flows* (der sog. *fixed leg*) des Zinsswaps.

Für **beide** Zahlungsstrukturen ist der *fair value* zu berechnen. Die (kumulierten) Änderungen dieser beiden *fair values* fließen in den Effektivitätstest ein. Bei perfekter Absicherung werden sich die *fair-value*-Effekte aus dem variablen *leg* des Zinsswaps und aus dem Grundgeschäft entsprechen. Bei ausschließlicher Einbeziehung dieser beiden Effekte in die Effektivitätsmessung ergäbe sich eine Effektivität von 100 %. Probleme ergeben sich nun daraus, dass aufseiten des Zinsswaps zusätzlich die *fair-value*-Änderung des *fixed leg* hinzukommt. Hieraus kann sich bei Anwendung der *dollar-offset*-Methode für den (ökonomisch perfekten) *cash flow hedge* zweierlei ergeben:

- Die Effektivität liegt infolge des Störeffekts des *fixed leg* außerhalb des zulässigen Bands 80 % – 125 %. In diesem Fall darf das *cash flow hedge accounting* nicht genutzt werden; der Zinsswap ist vollständig als Handelswert erfolgswirksam zum *fair value* zu verbuchen.
- Die Effektivität liegt trotz des Störeffekts des *fixed leg* innerhalb des zulässigen Bands 80 % – 125 %. Im Zug der Anwendung der Bilanzierungsregeln des *cash flow hedge accounting* kann sich aber eine in der GuV zu erfassende Ineffektivität dann ergeben, wenn die kumulierten *fair-value*-Änderungen des Zinsswaps betragsmäßig größer als die kumulierten *fair-value*-Änderungen der gesicherten *cash flows* aus dem Grundgeschäft sind.

---

75 Für den Effektivitätsnachweis von *fair-value-hedge*-Beziehungen, bei denen Zinsswaps als Sicherungsinstrument für festverzinsliche Grundgeschäfte eingesetzt werden, kann – über eine Festlegung in der formalen Dokumentation – wahlweise auf einen *clean price* oder *dirty price* für die Bestimmung der Wertänderung von Grund- und Sicherungsgeschäft abgestellt werden. Bei zulässiger Erfassung von Wertänderungen des Zinsswaps auf Basis des *clean price* – vorherrschende kontinentaleuropäische Buchungssystematik – sind die anteiligen Zinsen in der Effektivitätsbestimmung herauszurechnen. Eine ausschließlich auf abweichende Zinsanpassungstermine (*roll over dates*) entfallende Ineffektivität kann so für *fair-value-hedge*-Beziehungen ausgeschlossen werden.

Die Konsequenz einer Ausklammerung von Zinsabgrenzungen (Differenz zwischen *dirty price* und *clean price*) ist allerdings eine ergebniswirksame Erfassung dieser Komponente für das Sicherungsgeschäft, bei gleichzeitig nicht erfolgs-wirksamer Bewertung des nur in Bezug des *clean-price*-gesicherten Grund-geschäfts. Im laufenden Ergebnis wird daher ein Teil der *fair-value*-Änderung des als Sicherungsinstrument eingesetzten Derivats erfasst, dem keine ausglei-chende Wertbewegung des Grundgeschäfts gegenübersteht.

5.3.3.3 Rückgriff auf ein hypothetisches Derivat

Zur Vermeidung derartiger Effekte erlaubt IAS 39 die Durchführung der *dollar-offset*-Methode in anderer Form. Statt der oben beschriebenen sog. *change-in-fair-value*-Methode kann – ausschließlich für *cash-flow-hedge*-Beziehungen – die **hypothetical-derivative-Methode** verwendet werden (IAS 39.IG.F.5.5). Da-bei wird die Berechnung der in den Effektivitätstest eingehenden *fair-value*-Än-derung der gesicherten *cash flows* mithilfe eines hypothetischen Derivats ermit-telt, das als Stellvertreter für die gesicherten *cash flows* fungiert. Da dieses Derivat ebenfalls einen *fixed leg* aufweist (wie das Sicherungsderivat), wird ein evtl. Störeffekt (Beispiel Rz 74 aus dem *fixed leg* des Zinsswaps) ausgeglichen. Für die Effektivitätsmessung wird der *clean fair value* des hypothetischen Derivats (also der *fair value* ohne die Zinsabgrenzung) verwendet. **76**

Das **hypothetische Derivat** ist so auszugestalten, dass es alle relevanten Parameter des gesicherten Grundgeschäfts (Nominale, Laufzeit, Referenzzins, Zinsanpas-sungstermine usw.) aufweist. Die Anwendung der *hypothetical-derivative*-Me-thode ist nicht auf **Zinsswaps** beschränkt, sondern kommt auch für **andere Ter-mingeschäfte** (Devisen-, Aktientermingeschäfte usw.) infrage (IAS 39.IG.F.5.6.). **77**

Nachfolgendes Beispiel illustriert die Anwendung der *dollar-offset*-Methode in der Untervariante der hypothetischen Derivate-Methode für die Absicherung eines aufgenommenen variabel verzinslichen Darlehens mittels eines *payer*-Zinsswaps:

Praxis-Beispiel

Das für die Messung der retrospektiven Effektivität erforderliche *hypothetical derivative* weist die folgenden Merkmale auf: *receiver swap* über 10 Mio. EUR mit einer Laufzeit vom 1.7.01 bis 30.6.03, aus dem (hypothetisch) ein fester Zins von 3 % empfangen und der 6-Monats-EURIBOR gezahlt wird.

Im Weiteren werden die folgenden Zinsentwicklungen (bei flacher Zinskur-ve) unterstellt:

1.7.01	31.12.01	30.6.02	31.12.02	30.6.03
3 %	3,5 %	4 %	4,5 %	5 %

Zahlungen für das Darlehen (ungesichert) in EUR:

1.7.01	31.12.01	30.6.02	31.12.02	30.6.03
–	– 150.000	– 175.000	– 200.000	– 225.000

Zahlungen aus dem *payer*-Zinsswap in EUR:

1.7.01	31.12.01	30.6.02	31.12.02	30.6.03
–	0	+25.000	+50.000	+75.000

Zahlungen für das synthetische (gesicherte) Darlehen in EUR:

1.7.01	31.12.01	30.6.02	31.12.02	30.6.03
–	– 150.000	– 150.000	– 150.000	– 150.000

Fair value payer-Zinsswap – *clean price*, d.h. ohne Zinsabgrenzung (verein-facht) in EUR:

1.7.01	31.12.01	30.6.02	31.12.02	30.6.03
–	75.000	100.000	75.000	0

Fair value hypothetisches Derivat für den Effektivitätstest – *clean price* (vereinfacht) in EUR:

1.7.01	31.12.01	30.6.02	31.12.02	30.6.03
–	– 75.000	– 100.000	– 75.000	0

Buchungen zum 1.7.01:
Das Darlehen wird eingebucht, der *payer*-Zinsswap (*fair value* = 0) wird in einem Nebenbuch erfasst:

Konto	Soll	Haben
Geld	10 Mio.	
Derivat	0	
Verbindlichkeit		10 Mio.

Buchungen zum 31.12.01:
Prospektiver Effektivitätstest gem. *critical term match*.
Retrospektiver Effektivitätstest gem. *hypothetical-derivative*-Methode:
Effektivität = absolute kumulierte *fair-value*-Änderungen *payer swap* / ab-solute kumulierte *fair-value*-Änderungen *hypothetical receiver swap* = 75.000 EUR / 75.000 EUR = 100 %. Der *hedge* ist somit voll effektiv.
Buchung der Zinsabgrenzungen (die am Periodenende gezahlt werden) für *payer swap* und Darlehen:

Konto	Soll	Haben
Zinsaufwand aus Dar-lehen	0,15 Mio.	
Geld		0,15 Mio.
Geld	0	
Zinsertrag aus Derivat		0

Zinsaufwand gesamt = 0,15 Mio. EUR. Dies entspricht dem gesicherten Zins-niveau von 3 %.

Buchung Änderung *clean price payer swap* vollständig im Eigenkapital, da der *hedge* voll effektiv ist:

Konto	Soll	Haben
Derivat	0,75 Mio.	
Eigenkapital		0,75 Mio.

Buchungen zum 30.6.02:
Retrospektive Effektivität = 100.000 EUR / 100.000 EUR = 100 %. Der *hedge* ist somit voll effektiv.
Buchung der Zinsabgrenzungen (die am Periodenende gezahlt werden) für *payer swap* und Darlehen:

Konto	Soll	Haben
Zinsaufwand aus Darlehen	0,175 Mio.	
Geld		0,175 Mio.
Geld	0,25 Mio.	
Zinsertrag aus Derivat		0,25 Mio.

Zinsaufwand gesamt = 0,15 Mio. EUR. Dies entspricht dem gesicherten Zinsniveau von 3 %.
Buchung Änderung *clean price payer swap* vollständig im Eigenkapital, da der *hedge* voll effektiv ist:

Konto	Soll	Haben
Derivat	0,25 Mio.	
Eigenkapital		0,25 Mio.

Buchungen zum 31.12.02:
Retrospektive Effektivität = 75.000 EUR / 75.000 EUR = 100 %. Der *hedge* ist somit voll effektiv.
Buchung der Zinsabgrenzungen (die am Periodenende gezahlt werden) für *payer swap* und Darlehen:

Konto	Soll	Haben
Zinsaufwand aus Darlehen	0,2 Mio.	
Geld		0,2 Mio.
Geld	0,05 Mio.	
Zinsertrag aus Derivat		0,05 Mio.

Zinsaufwand gesamt = 0,15 Mio. EUR. Dies entspricht dem gesicherten Zinsniveau von 3 %.

Buchung Änderung *clean price payer swap* vollständig im Eigenkapital, da der *hedge* voll effektiv ist:

Konto	Soll	Haben
Eigenkapital	0,25 Mio.	
Derivat		0,25 Mio.

Buchungen zum 30.6.02 (Fälligkeit Darlehen und Derivat):
Retrospektive Effektivität ist gegeben. Der *hedge* ist somit voll effektiv, da sich die Wertänderungen genau in gleicher Höhe gegenüberstehen.
Buchung der Zinsabgrenzungen (die am Periodenende gezahlt werden) für *payer swap* und Darlehen:

Konto	Soll	Haben
Zinsaufwand aus Darlehen	0,225 Mio.	
Geld		0,225 Mio.
Geld	0,075 Mio.	
Zinsertrag aus Derivat		0,075 Mio.

Zinsaufwand gesamt = 0,15 Mio. EUR. Dies entspricht dem gesicherten Zinsniveau von 3 %.
Buchung Änderung *clean price payer swap* vollständig im Eigenkapital, da der *hedge* voll effektiv ist:

Konto	Soll	Haben
Eigenkapital	0,75 Mio.	
Derivat		0,75 Mio.

78 Die hypothetische Derivate-Methode bildet das Grundgeschäft als ein (hypothetisches) Derivat nach. Im Rahmen der *dollar-offset*-Methode werden die *fair-value*-Änderungen des Sicherungsinstruments und des hypothetischen Derivats – Letzteres als Stellvertreter für das Grundgeschäft (die erwarteten Zahlungsströme) – gegenübergestellt. Unter Beachtung der weiteren Voraussetzung für *cash flow hedge accounting* ist bei vollständiger (100 %iger) Effektivität die gesamte *fair-value*-Änderung des Sicherungsinstruments bis zum Eintritt des Grundgeschäfts über das sonstige Gesamtergebnis (*other comprehensive income*) zu erfassen.
Das hypothetische Derivat als Nachbildung des Grundgeschäfts hat im Zugangszeitpunkt zwingend einen *fair value* von null. Die aus dem Grundgeschäft erwarteten zukünftigen Zahlungsströme – bei Zinsswaps der Festzinsseite – sind mit einer im Zugangszeitpunkt einmalig festzulegenden Zinskurve (*historical forward rate*) zu diskontieren und der Kurs (bei Währungssicherung) bzw. der Preis zu bestimmen, der bei unterstelltem Abschluss eines (tatsächlichen) Derivats erzielt worden wäre.

79 Mit der hypothetischen Derivate-Methode geht in einigen Fällen eine Scheinquantifizierung einher, die lediglich deshalb „notwendig" wird, weil IAS 39 die qualitative Beurteilung (*critical terms match*) nur für den prospektiven, nicht aber für den retrospektiven Effektivitätstest zulässt.

Die logische Struktur der hypothetischen Derivate-Methode ist bei perfekten Sicherungsbeziehungen dann nur bei oberflächlicher Betrachtung wie folgt:

I. Das hypothetische Derivat entspricht, bezogen auf das Zahlungsstromprofil, dem Grundgeschäft.

II. Der Zusammenhang von hypothetischem Derivat und Sicherungsgeschäft ist (vollständig) effektiv.

Folgerung aus I. und II.:

III. Der Zusammenhang von Grundgeschäft und Sicherungsgeschäft ist (vollständig) effektiv.

Bei näherer Betrachtung sind die in den einzelnen Sätzen angenommenen Relationen aber zu spezifizieren. Die unter Punkt I. angenommene Entsprechung von hypothetischem Derivat und Grundgeschäft ist qualitativ auf Basis von *critical terms*, die in Punkt II. ermittelte Effektivität hingegen quantitativ. Aus der Verknüpfung einer qualitativen und einer quantitativen Aussage folgt aber keine quantitative Aussage. Es gilt nach den Regeln der Aussagen- und Messlogik vielmehr: Das niedrigste Skalenniveau im Prämissenzusammenhang determiniert das Skalenniveau des Gesamtergebnisses. Insoweit ist die logische Struktur wie folgt anzupassen:

I. Das hypothetische Derivat entspricht in qualitativer Betrachtung dem Grundgeschäft.

II. Der Zusammenhang von hypothetischem Derivat und Sicherungsgeschäft ist in quantitativer Betrachtung vollständig effektiv.

Folgerung aus I. und II.:

III. Der Zusammenhang von Grundgeschäft und Sicherungsgeschäft ist in qualitativer Betrachtung vollständig effektiv.

Die hypothetische Derivate-Methode ist im Fall qualitativ perfekter Sicherungen daher gewissermaßen ein Griff in die Trickkiste. Mit erheblichem Dokumentations- und Rechenaufwand wird der Eindruck erweckt, die von den IFRS (u. E. überflüssigerweise auch für perfekte Sicherungen) geforderte quantitative Bestimmung der retrospektiven Effektivität sei erbracht.[14]

5.3.3.4 Nachweis mittels Regressionsanalyse

Bei der **Regressionsanalyse** wird die Effektivitätsmessung am Stichtag nicht nur anhand eines Datenpaares (*fair-value*-Änderungen aus Grund- und Sicherungsgeschäft am Stichtag) durchgeführt, sondern es werden die bisher gemessenen Datenpaare der Sicherungsbeziehung ebenfalls berücksichtigt, indem (vereinfacht ausgedrückt) eine durchschnittliche Effektivität über alle bisherigen Messungen ermittelt wird. Dies geschieht mathematisch dadurch, dass alle Datenpunkte in einer Grafik abgetragen (X-Achse: *fair-value*-Änderungen aus Grundgeschäft, Y-Achse: *fair-value*-Änderungen aus Sicherungsgeschäft) werden und dann mithilfe statistischer Verfahren eine Gerade ermittelt wird, die die vorhandenen Datenpunkte am besten repräsentiert. **80**

Die (Mindest-)Voraussetzung der (linearen) Einfach-Regressionsrechnung ist ein konstantes Verhältnis zwischen einer abhängigen (der *fair-value*-Änderung **81**

---

[14] Vgl. wegen weiterer Einzelheiten dieser Kritik HOFFMANN/LÜDENBACH, NWB Kommentar Bilanzierung, 8. Aufl., 2017, § 254 HGB, Rz 77.

des Sicherungsgeschäfts) und einer unabhängigen (Änderung des *hedge fair value* des Grundgeschäfts) Variablen. Für den Nachweis einer retrospektiven Effektivität einer Sicherungsbeziehung sind, ausgehend von den beobachteten *fair-value*-Änderungen, im Wesentlichen zwei (Berechnungs-)Schritte erforderlich:

- Zunächst wird über die Bestimmung eines Korrelationskoeffizienten das Verhältnis zwischen der *fair-value*-Änderung des Sicherungsgeschäfts und der Änderung des *hedge fair values* des Grundgeschäfts ermittelt.
- In einem zweiten Schritt ist über die Ermittlung des Bestimmtheitsmaßes eine Prüfung vorzunehmen, inwieweit die Regressionsfunktion als Ganzes die abhängige Variable (den Regressand) erklärt.

Weitere Berechnungen (Maße zur Prüfung der Regressionsfunktion oder des Korrelationskoeffizienten) können für den Nachweis der retrospektiven Effektivität i.d.R. vernachlässigt werden, da es sich annahmegemäß um eine lineare Einfach-Regression handelt.

82   Ausgehend von dem Vorliegen einer Sicherungsbeziehung gilt annahmegemäß folgender linearer Zusammenhang zwischen den beobachtbaren *fair-value*-Änderungen:

$$Y = b_0 + b_1 * X$$

mit: Y: Änderung des *fair value* des Sicherungsderivats

        X: Änderung des *hedge fair value* des Grundgeschäfts

        b_0: konstantes Glied, welches den X-Wert für Y = 0 angibt

        b_1: Steigung der Geraden, ausgedrückt durch $^{\Delta Y}/_{\Delta X}$

Unbekannte der Gleichung ist der Korrelationskoeffizient b_1, das Maß der Steigung der Regressionsgeraden. Da nur eine erklärende Variable herangezogen wird und somit nur ein Koeffizient zu bestimmen ist, lässt sich die Regressionsanalyse mathematisch lösen,[15] aber auch grafisch darstellen. Ausgehend von einem linearen Zusammenhang zwischen den *fair-value*-Änderungen kann eine Gerade ermittelt werden, die eine Punkteverteilung in einem XY-Koordinatensystem erklärt. Die Gerade, die in das Koordinatensystem übertragen wird, minimiert die Summe aller quadrierten Punktabstände.

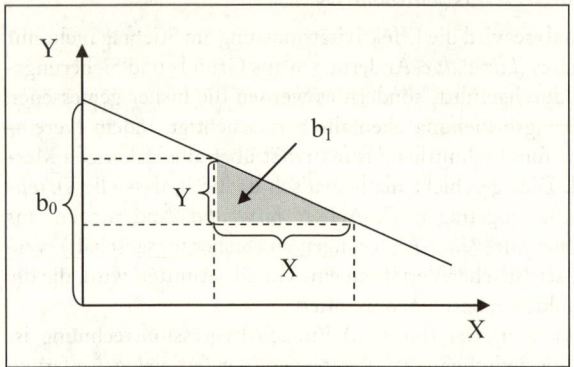

Abb. 2: Grafische Regressionsanalyse

---

[15]   Beispielhaft bei Anwendung von Excel über die Steigungsfunktion: Steigung(Y_Werte;X_Werte).

Aufgrund der vergleichenden Gegenüberstellung der *fair-value*-Änderungen des Sicherungs- und des Grundgeschäfts ist der Verlauf der Regressionsgeraden zwingend negativ. Bei steigendem Marktwert des Derivats sinkt der Marktwert des Grundgeschäfts (und vice versa). Folgende Ergebnisse aus der Bestimmung der Regressionsgeraden weisen auf eine retrospektive Effektivität der untersuchten Sicherungsbeziehung hin:

- Die Steigung (b_1) der Regressionsgeraden muss in einem Intervall zwischen –0,8 und –1 liegen und
- der Achsenabschnitt (b_0), welcher als nicht erklärende Restgröße anzusehen ist, muss hinreichend gering sein.

83 Bei Anwendung der Regressionsanalyse zum Nachweis der retrospektiven Effektivität einer Sicherungsbeziehung ist neben der Ermittlung der Steigung auch eine Beurteilung des Erklärungsgehalts der Regressionsgeraden in Bezug auf die zugrunde gelegten Werte notwendig. Das Bestimmtheitsmaß (als quadrierte Korrelation) gibt den Erklärungsgehalt der Regressionsfunktion für die Änderung des *fair value* des Sicherungsderivats an.[16] Die Güte der Regressionsgeraden drückt sich in dem Verhältnis der erklärten Streuung zu der nicht erklärten Streuung aus und kann nur Werte zwischen 0 bis 1 annehmen.

Je größer das Bestimmtheitsmaß ist, desto größer ist der Anteil der erklärten Abweichungen und desto geringer die Auswirkungen anderer Variablen, die nicht in der Regressionsfunktion berücksichtigt worden sind. Von Relevanz für den angenommenen Verwerfungsbereich der Regressionsanalyse sind insbesondere die Größe der zur Verfügung stehenden Datenmenge, der Beobachtungszeitraum, deren Skalierung und Komplexität.

84 Im Vergleich zur *dollar-offset*-Methode führt die Regressionsmethode häufig zu besseren Ergebnissen bei der Effektivitätsmessung, weil sich einzelne Ausreißer weniger auswirken. Sie kann allerdings erst angewendet werden, wenn eine hinreichende Anzahl an Messwerten vorliegt; so ist eine Mindestanzahl von 25 Werten heranzuziehen. Die Regressionsmethode ist komplexer und daher nur bei einer höheren Anzahl (komplexer) *hedges* sinnvoll anwendbar. Sofern lediglich eine überschaubare Anzahl perfekter oder annähernd perfekter Sicherungsbeziehungen abgeschlossen wird, dürfte die *dollar-offset*-Methode vollkommen ausreichend sein.

5.3.3.5 Quellen für Ineffektivität

85 Bei den Effektivitätsmessungen sind auch die infolge der Finanzmarktkrise möglicherweise gestiegenen Ausfallrisiken der Gegenpartei zu berücksichtigen (IAS 39.IG.F.4.3). Hiernach gilt:

- Ein *cash flow hedge* wird ineffektiv, wenn der Ausfall der anderen Vertragspartei des Sicherungsinstruments wahrscheinlich (*probable*) wird.
- Beim *fair value hedge* beeinflusst jede Änderung der Bonität der anderen Partei den *fair value* des Sicherungsinstruments und damit das Ergebnis der Effektivitätsmessung.

86 Aktuell sind – insbesondere seit der Finanzmarktkrise – an den Märkten wesentliche Abweichungen bei den vereinbarten Zinssätzen in Abhängigkeit vom **Tenor** (der **Zahlungsfrequenz**) zu beobachten. Auch bei der Bepreisung (somit

---

16 Bei Ermittlung über Excel über die Funktion: Bestimmtheitsmass(Y_Werte;X_Werte).

Bewertung) von Derivaten ist neben den allgemeinen Risikokomponenten der Tenor beachtlich (→ § 8a Rz 82 ff.).[17] Als revidierte Marktkonvention sind Zahlungsströme eines Derivats mit OIS-Diskontierungskurven abzuzinsen (in 2010 war der LCH.Clearnet Ltd. das erste Clearinghouse, das OIS-Kurven für Handelsgeschäfte in ausgewählten Währungen nutzte). Für die Bewertung von Derivaten – unabhängig davon, ob diese als Sicherungsinstrument designiert wurden – ist daher auf tenorspezifische Strukturkurven abzustellen (etwa OIS-Kurven, *European OverNight Index Average*).

Für *fair-value-hedge*-Beziehungen kann die Umstellung von einem *single-curve*-auf einen *multi-curve*-Ansatz Ursache für eine nur begrenzte prospektive und retrospektive Effektivität der Sicherungszusammenhänge sein. Für *cash-flow-hedge*-Beziehungen stellen sich – bei Rückgriff auf ein hypothetisches Derivat – keine Auswirkungen auf die Effektivität des Sicherungszusammenhangs ein.

87   Im Rahmen der *fair-value*-Bewertung von Derivaten ist dem **Kontrahentenrisiko** (Anpassung um CVA oder DVA) Rechnung zu tragen (→ § 8a Rz 85). Änderungen des Risikos eines Ausfalls (*default*) einer Kontraktpartei können eine Ineffektivität des Sicherungszusammenhangs begründen, wenn sich diese nicht gleichermaßen im *fair value* von Grund- und Sicherungsgeschäft niederschlagen. Wird für den Nachweis der Effektivität eines Sicherungszusammenhangs – einer *cash-flow-hedge*-Beziehung – auf ein hypothetisches Derivat zurückgegriffen, kann u. E. nicht auf eine Erfassung des Kontrahentenrisikos in der *fair-value*-Bewertung von Grund- und Sicherungsgeschäft verzichtet werden.[18]

6   Entstehen und Wegfall einer Sicherungsbeziehung

6.1   Beginn des Sicherungszusammenhangs

88   Hinsichtlich des **Zeitpunkts**, zu dem eine Sicherungsbeziehung begründet werden kann, sieht IAS 39 keine wesentlichen Begrenzungen vor. Danach sind die folgenden Konstellationen möglich:

- **Grund- und Sicherungsgeschäft** werden **gleichzeitig** begründet und von Beginn an als Sicherungsbeziehung dokumentiert (Beispiel: eine variabel verzinsliche Verbindlichkeit wird in t_0 begründet und durch den gleichzeitigen Abschluss eines Zinsswaps gegen das *cash-flow*-Risiko abgesichert).
- Ein Grundgeschäft wird begründet, aber **erst später** durch Abschluss eines *hedge*-Geschäfts abgesichert (Beispiel: eine Aktie wird in t_0 erworben und erst in t_1 mit einem Aktientermingeschäft gegen Verluste gesichert).
- Ein Derivat wird begründet, aber erst zu einem späteren Zeitpunkt als Sicherungsgeschäft für ein **neu begründetes Grundgeschäft** designiert (Beispiel: in t_0 wird ein Devisentermingeschäft abgeschlossen, aber erst in t_1 als Sicherungsgeschäft für eine zu diesem Zeitpunkt abgeschlossene Bestellung von Rohstoffen in USD designiert).

---

[17] Vgl. KPMG, *IFRS Practice. Issues for Banks: Fair value measurement of derivatives – the basics*, September 2012, S. 12.
[18] Wohl a. A. (allerdings nach US-GAAP) ERNST & YOUNG, *Derivative instruments and hedging activities*, Revised September 2011, S. 186, die zwischen einem *„financial concept"* und der Effektivitätsmessung als *„accounting construct"* unterscheiden und für Letzteres eine Kürzung um das Kontrahentenrisiko für vertretbar halten.

- Ein Unternehmen verfügt in t_0 über ein Grund- und ein Sicherungsgeschäft, die **Sicherungsbeziehung** – zwecks Anwendung der Regelungen des *hedge accounting* – wird erst **später**, d.h. in t_1, begründet (retroaktive Widmung).

In allen Fällen werden die Regeln des *hedge accounting* erst ab Beginn der Dokumentation des Sicherungszusammenhangs angewendet. In dem dritten und vierten oben genannten Fall wird ein zur Absicherung eingesetztes Derivat bis zu diesem Zeitpunkt als Handelswert und erst danach als Sicherungsderivat klassifiziert. Dies stellt jedoch keine unzulässige Umklassifizierung i.S.v. IAS 39.50 dar (vgl. die Klarstellung in IAS 39.50A, die mit dem im Mai 2008 verabschiedeten *Annual Improvements Project 2008* neu eingefügt wurde). Bis zu diesem Zeitpunkt eingetretene Wertänderungen sind nach den allgemeinen Regelungen zu behandeln (zu Besonderheiten für den Effektivitätsnachweis vgl. Rz 95ff.). **Unzulässig** ist eine **retrospektive Designation** eines Sicherungszusammenhangs (IAS 39.IG.F.3.8), indem bspw. ein am Beginn eines Quartals abgeschlossenes Grund- und Sicherungsgeschäft erst zum Ende des Quartals rückwirkend für die abgelaufene Periode als Sicherungszusammenhang dokumentiert wird. **89**

6.2 Beendigung des Sicherungszusammenhangs

Die Anwendung der Regeln des *hedge accounting* ist unter den folgenden Bedingungen zu **beenden**: **90**
- das **Grundgeschäft fällt weg** (Veräußerung, Abschreibung etc.) oder läuft aus;
- das **Sicherungsgeschäft fällt weg** (Veräußerung, Glattstellung etc.) oder läuft aus;
- die Sicherungsbeziehung erfüllt die **Voraussetzungen** für die Anwendung des *hedge accounting* nicht mehr (insbesondere aufgrund mangelnder Effektivität oder weil im Fall des *cash flow hedge* die Erwartung einer künftigen Transaktion nicht mehr hinreichend sicher ist);
- das **Unternehmen beendet die Designation** des Sicherungsgeschäfts und damit die Sicherungsbeziehung, obwohl das Grund- und das Sicherungsgeschäft noch bestehen („De-Designation").

Für die **buchmäßige** Behandlung bei einer **Beendigung** der Sicherungsbeziehung ist zwischen *fair value hedges* (Rz 92) und *cash flow hedges* (Rz 93) zu differenzieren.

Keine Beendigung des *cash flow hedge* ist u.E. geboten, wenn die Sicherungsbeziehung ein Tochterunternehmen betrifft, auf Ebene des Tochterunternehmens der Eintritt der gesicherten Transaktion nach wie vor hochwahrscheinlich oder sicher ist, das Tochterunternehmen aber voraussichtlich veräußert wird und daher nach IFRS 5 ($\rightarrow$ §29) zu qualifizieren ist. **91**

> **Praxis-Beispiel**
> Tochterunternehmen TU hat die Risiken aus einem langfristigen, variabel verzinslichen Darlehen durch einen Zinsswap abgesichert. Zum Bilanzstichtag wird mit hoher Wahrscheinlichkeit mit einer Veräußerung des TU in den nächsten zwölf Monaten gerechnet. Große Teile des abgesicherten *cash flow* werden daher nicht mehr während der Dauer der Konzernzugehörigkeit anfallen. U.E. ist die Frage der Wahrscheinlichkeit des Eintritts des gesicherten Geschäfts auf Ebene des Tochterunternehmens zu beurteilen und daher auch für Zwecke des Konzernabschlusses unverändert gegeben.

92   Wenn im Fall eines *fair value hedge*
- das Sicherungsgeschäft wegfällt oder
- die Sicherungsbeziehung die Voraussetzung für das *hedge accounting* nicht mehr erfüllt oder
- die Sicherungsbeziehung „de-designiert" wird,

werden für das Grundgeschäft keine weiteren Buchwertanpassungen mehr vorgenommen. Der bis zu diesem Zeitpunkt aufgelaufene Anpassungsbetrag wird vielmehr wie folgt behandelt:

- Im Fall eines zinstragenden Grundgeschäfts wird der Anpassungsbetrag bis zu dessen Fälligkeit amortisiert (unter Verwendung der Effektivzinsmethode, wobei der Effektivzins zum Zeitpunkt der Beendigung des *hedge accounting* neu berechnet wird). Anwendungsbereiche sind Darlehen und Verbindlichkeiten, aber auch zinstragende *available-for-sale*-Wertpapiere.
- Bei allen anderen Geschäften wird der Anpassungsbetrag nicht amortisiert, sondern verbleibt bis zur Veräußerung oder Abschreibung in der Bilanz.

Zur Amortisation folgendes Beispiel:

Praxis-Beispiel

Unternehmen A hat ein in der Bewertungskategorie *„loans and receivables"* erfasstes festverzinsliches Finanzinstrument im Rahmen eines *fair value hedge* gegen Zinsänderungsrisiken abgesichert. Der ursprüngliche Effektivzins beträgt 7 %. Nach zwei Jahren wird der Sicherungszusammenhang aufgelöst. Für das Grundgeschäft wird die Buchwertanpassung gestoppt und es wird der Normalbewertung *at amortised cost* zugeführt. Unter Berücksichtigung der aktuellen Buchwertanpassung ist ein neuer Effektivzinssatz zu bestimmen (IAS 39.AG8).

Fällt hingegen das **Grundgeschäft weg,** ist dessen Buchwert (einschließlich des Anpassungsbetrags aus dem *fair value hedge accounting*) auszubuchen.

93   Wenn im Fall eines *cash flow hedge*
- das Sicherungsderivat wegfällt,
- die Sicherungsbeziehung nicht mehr effektiv ist,
- der Eintritt des Grundgeschäfts nicht mehr zu erwarten ist oder
- die Designation der Beziehung entfällt,

werden keine weiteren Anpassungen im Eigenkapital mehr vorgenommen. Der bis zu diesem Zeitpunkt im Eigenkapital aufgelaufene Betrag wird – den allgemeinen Regeln des *cash flow hedge accounting* folgend (Rz 53) – ausgebucht, wenn die gesicherte Transaktion eintritt oder mit deren Eintritt nicht mehr zu rechnen ist (IAS 39.101). Ab dem Zeitpunkt der Beendigung der *hedge*-Beziehung wird das Sicherungsinstrument nach den allgemeinen Regeln behandelt; im Fall eines Derivats folgt daraus eine Behandlung als Handelsgeschäft *(trading)* mit einer Erfassung der *fair-value*-Änderung in der GuV (→ § 28 Rz 199). Zur Absicherung eingesetzte Derivate sind (sofern sie nicht weggefallen sind) ab dem Zeitpunkt der Beendigung des *hedge accounting* nicht mehr als Sicherungsderivat, sondern als Handelswert zu klassifizieren. Dies stellt jedoch keine unzulässige Umklassifizierung i.S.v. IAS 39.50 dar, wie der mit dem im Mai 2008 verabschiedeten *Annual Improvements Project 2008* neu eingefügte IAS 39.50A klarstellt.

Tabelle 2[19] fasst die Konsequenzen der Beendigung von *hedge*-Beziehungen 94
zusammen.

Grund der Beendigung	*fair value hedge*	*cash flow hedge*
Das *hedging*-Instrument ist ausgelaufen, wurde verkauft, beendet oder ausgeübt.	Aussetzen der erfolgswirksamen *fair-value*-Bewertung des Grundgeschäfts. Buchwertanpassungen des *hedged item* unterliegen den allgemeinen Vorgaben zur Folgebewertung.	Bislang erfolgsneutrale Ergebnisse verbleiben bis zum Anfall der erwarteten Transaktion im Eigenkapital.
Effektivitätsnachweis misslingt.		
Freiwillige Beendigung (De-Designation).		
Der Eintritt des Grundgeschäfts ist nicht mehr hochwahrscheinlich, wird aber noch erwartet.	Nicht anwendbar.	
Der Eintritt des Grundgeschäfts wird nicht mehr erwartet.	Nicht anwendbar.	Realisation der bislang erfolgsneutral erfassten *fair-value*-Änderungen (*recycling*).

Tab. 2: Beendigung des *hedge accounting*

6.3 Nachträgliches Entstehen eines Sicherungszusammenhangs

6.3.1 Ineffektivität bei Rückgriff auf bestehende Derivate

Ein Unternehmen muss nicht mit jedem neuen Grundgeschäft, das es absichern 95
möchte, ein neues Derivat als Sicherungsgeschäft kontrahieren. Werden die
sonstigen, allgemeinen Kriterien für ein *hedge accounting* erfüllt, kann auch ein
bereits bestehendes Derivat als *hedging instrument* designiert werden. Dies gilt
nicht nur für bisher als *held for trading* klassifizierte Derivate, sondern ebenso für
Derivate, die vormals als Sicherungsinstrumente in einer *hedge*-Beziehung designiert wurden, sich jedoch nicht mehr (etwa weil das ursprüngliche Grundgeschäft
nicht mehr eintritt) für die ursprünglich vorgesehene *hedge*-Beziehung qualifizieren. Allerdings ergeben sich Rückwirkungen für den Nachweis der Effektivität des vorgesehenen Sicherungszusammenhangs, wenn das Grundgeschäft und
das Sicherungsgeschäft im Designationszeitpunkt unterschiedliche Werte aufweisen, da der Formelnachweis eines perfekten Sicherungszusammenhangs über
Δ *fair value hedged item* = Δ *fair value hedging instrument* nicht gelingt.

Ein bereits vor Begründung eines Sicherungszusammenhangs kontrahiertes oder 96
mit einem *upfront payment* geschlossenes Derivat (unbedingtes Termingeschäft)
weist bereits im **Designationszeitpunkt** einen von null abweichenden *fair value* auf.
Im Verhältnis zu den (Markt-)Bedingungen im Designationszeitpunkt eines *hedge*
zeichnet sich das *hedging instrument* daher durch „*off market terms*" aus. Besondere
Einschränkungen für die Effektivität ergeben sich für *cash-flow-hedge*-Beziehun-

---

19 Entnommen FREIBERG, PiR 2009, S. 264ff.

gen, bei denen für die quantitative Analyse auf ein hypothetisches Derivat zurück-gegriffen wird. Wegen des Auseinanderfallens der Bedingungen – das hypothetische Derivat weist im Designationszeitpunkt zwingend einen *fair value* von null auf – entsprechen sich der *fair value* von Sicherungsgeschäft und hypothetischem Derivat im Designationszeitpunkt nicht, der (neue) *hedge* wird nicht in hohem Maß effektiv sein. Für einen *fair value hedge* ergeben sich nicht zwangsläufig die gleichen Einschränkungen. Wenn das zur Designation vorgesehene Grundgeschäft eine gegenläufige *off-market*-Komponente aufweist, kann anders als für einen *cash flow hedge* u. U. ein effektiver Sicherungszusammenhang nachgewiesen werden.

97 Ein festgestellter *off-market*-Charakter des (Sicherungs-)Derivats kann (öko-nomisch) als eine **eingebettete Finanzierungs-/Kreditkomponente** (*embedded loan*) beschrieben werden, die unabhängig von einer ökonomisch perfekten Sicherung eine Quelle von Ineffektivität für die bilanzielle Abbildung bereits im Designationszeitpunkt darstellen kann. Wird ein bereits kontrahiertes (unbe-dingtes) Termingeschäft als Sicherungsinstrument eingesetzt, ist dieses zu einem bestimmten Stichtag ökonomisch äquivalent zu der Kombination aus

- einem *zero fair value* (unbedingten) Termingeschäft, welches zu aktuellen Marktbedingungen geschlossen wird, und
- der barwertigen Summe von den über die Laufzeit noch ausstehenden Zah-lungen aus der eingebetteten Finanzierungs-/Kreditkomponente, die aus der Differenz der Marktbedingungen folgen.

Der Grad der Ineffektivität eines designierten Sicherungszusammenhangs be-stimmt sich in Abhängigkeit der Finanzierungskomponente, insbesondere der Anzahl der noch ausstehenden Zahlungszeitpunkte.

98 Wird im Rahmen einer Absicherung künftiger Zahlungsströme (*cash flow hedge*) auf ein bereits vor Designation des Sicherungszusammenhangs kontrahiertes (unbedingtes) Termingeschäft abgestellt, weist das Sicherungsgeschäft einen von null abweichenden *fair value* auf, der eine Ineffektivität des Sicherungszusam-menhangs begründet. Die Designation einer *hedge*-Beziehung ist insgesamt ausgeschlossen, wenn die retrospektive Effektivität nicht in einer Bandbreite zwischen 80 % – 125 % liegt (Rz 66).

Praxis-Beispiel[20]

U designiert mit Abschluss der formalen Dokumentation am 6.2.04 einen ursprünglich seit dem 15.3.02 vertraglich laufenden Zinsswap (*pay fixed, receive variable*) mit einem *fair value* ungleich null als *hedging instrument* für halbjährlich fällige Termin-Zinszahlungen (*hedged item*) bis zum 15.3.07. Ein zum Designationszeitpunkt abgeschlossener Zinsswap würde abwei-chend von dem bereits kontrahierten Swap andere Konditionen für die Verpflichtungsseite (*fixed leg terms*) aufweisen. In der Gegenüberstellung ergeben sich die folgenden Konditionen:

	Bestehender Swap	Aktueller Swap
Entstehungsdatum	15.3.02	6.2.04
Endfälligkeit	15.3.07	15.3.07
Nominalbetrag	2.000.000 EUR	2.000.000 EUR

---

[20] Entnommen FREIBERG, PiR 2012, S. 130 ff.

	Bestehender Swap	Aktueller Swap
Fixed leg terms	2,5 % halbjährlich	1,5 % halbjährlich
Floating leg terms	LIBOR	LIBOR

Bei Abschluss eines Swaps zu aktuellen Konditionen hätte U nur noch feste Zinszahlungen (*fixed rate*) von 1,5 % anstatt 2,5 % halbjährlich zu leisten. Daher hat der alte *pay-fixed swap* zum ursprünglichen Entstehungsdatum (6.2.04) einen negativen *fair value* (Datum der Re-Designation). Anhand des fixen Zinsteils (*fixed rate leg*) des hypothetischen, perfekten Swaps kann angenommen werden, dass die erwarteten zukünftigen variablen Zahlungen (*floating rates*) – wie ursprünglich aus der *forward curve* vom 6.2.04 abgeleitet – niedriger sein werden. Aufgrund des Auseinanderfalls der ursprünglichen (höheren) und der nun beobachtbaren (niedrigeren) Zinskurve resultiert für den hypothetischen Swap eine niedrigere fixe Zinszahlung und entsprechend ein anderer *fair value*.

Der ursprünglich seit dem 15.3.02 vertraglich laufende Zinsswap lässt sich ökonomisch, aber nicht für Zwecke der bilanziellen Abbildung zerlegen in

- einen aktuellen Zinsswap, endfällig am 15.3.07 mit fixen halbjährlichen Zahlungsverpflichtungen von 30.000 EUR (1,5 % × 2.000.000 EUR) und variablen Zahlungen i. H. v. LIBOR × 2.000.000 EUR und
- sieben Zahlungen i. H. v. 20.000 EUR, die der fixen Zinszahlungsdifferenz ((2,5 % – 1,5 %) × 2.000.000 EUR) entsprechen.

Der negative *fair value* des Zinsswaps beträgt im Designationszeitpunkt unter Berücksichtigung der aktuellen Zinsstruktur (ohne *credit valuation adjustment*), somit zum 6.2.04 –133.120 EUR. Der beizulegende Zeitwert des bestehenden Zinsswaps im Designationszeitpunkt entspricht gerade dem Barwert der Finanzierungskomponente:

		in EUR
(1)	*pay 1,5 % fixed/receive LIBOR* Zinsswap, endfällig am 15.3.07; halbjährliche Zahlungen	0
(2a)	Zahlung: 20.000 EUR am 15.3.04 (*zero-coupon-discount*-Faktor = 0,998)	– 19.960
(2b)	Zahlung: 20.000 EUR am 15.9.04 (*zero-coupon-discount*-Faktor = 0,985)	– 19.700
(2c)	Zahlung: 20.000 EUR am 15.3.05 (*zero-coupon-discount*-Faktor = 0,970)	– 19.400
(2d)	Zahlung: 20.000 EUR am 15.9.05 (*zero-coupon-discount*-Faktor = 0,954)	– 19.080
(2e)	Zahlung: 20.000 EUR am 15.3.06 (*zero-coupon-discount*-Faktor = 0,936)	– 18.720
(2f)	Zahlung: 20.000 EUR am 15.9.06 (*zero-coupon-discount*-Faktor = 0,917)	– 18.340
(2g)	Zahlung: 20.000 EUR am 15.3.07 (*zero-coupon-discount*-Faktor = 0,896)	– 17.920
Summe		**– 133.120**

Da Komponente (1) das (perfekte) hypothetische Äquivalent eines aktuellen, zu Marktkonditionen am 6.2.04 kontrahierten Swaps darstellt, ist jegliche Ineffektivität des Sicherungszusammenhangs der eingebetteten Finanzierungskomponente (2a) – (2g) zuzurechnen. Der negative *fair value* des bestehenden Zinsswaps lässt sich auf die sieben eingebetteten Finanzierungskomponenten (*loan payables*) zurückführen. Im Rahmen eines quantitativen Tests stellt U hinsichtlich der erwarteten Auswirkungen der sieben *loan payables* auf die *hedge*-Effektivität als Minimum eine Ineffektivität von 6.880 EUR fest. Diese resultiert im Designationszeitpunkt aus dem kumulierten Zuwachs an Zinszahlungen auf den (Bar-)Wert von Komponente (2) i.H.v. 133.120 EUR zu der Gesamtzahlung der sieben Einzelzahlungen i.H.v. je 20.000 EUR, in Summe somit 140.000 EUR.

99   Die Veränderung des Marktwerts des Sicherungsinstruments weist ab dem nachträglichen Designationszeitpunkt bis Laufzeitende einen **Restlaufzeiteneffekt** (*pull-to-par*-Effekt) auf, der unabhängig von zukünftigen Marktzinsbewegungen und allein durch Zeitablauf beeinflusst ist. Ein im Designationszeitpunkt festgestellter von null abweichender Ausgangswert des Sicherungsderivats wird über die (Rest-)Laufzeit unabhängig von der Zinsentwicklung des Markts – wegen des *pull-to-par*-Effekts – auf null zurückgehen.

100   Durch Rückgriff auf einen Sensitivitätstest hinsichtlich der Auswirkungen von geänderten Marktbedingungen auf den *fair value* der Finanzierungs-/Kreditkomponente lässt sich beurteilen, ob die Ineffektivität möglicherweise einer Designation für die Gesamtlaufzeit entgegensteht. Der (retrospektive) Effektivitätskorridor ist hinsichtlich der *fair-value*-Differenz zu einem hypothetischen Derivat, welches keine Finanzierungskomponente aufweist, auf 80 % – 125 % begrenzt. Mit Ablauf der Laufzeit reduziert sich allerdings auch eine potenzielle Auswirkung auf den *fair value*. Mit jeder erfolgten Zahlung auf die Finanzierungskomponente wird ein Teil (*portion*) der *off-market*-Bedingungen ausgeglichen und der im Startzeitpunkt (*design*) angelegte Grund für Ineffektivität behoben.

101   Die nach geltendem Recht bestehenden Restriktionen für die bilanzielle Abbildung einer Sicherungsbeziehung bei Rückgriff auf ein Sicherungsinstrument mit *off-market*-Eigenschaften wird im Zusammenhang mit einer vorgenommenen Anpassung zu IAS 39, betreffend die **Novation von Derivaten**, nochmals bestätigt.[21] In den *Basis for Conclusions* rechtfertigt der IASB die Anpassung der Vorgaben zum *hedge accounting* wie folgt (IAS 39.BC220G): *„The IASB noted … that although an entity could designate the new derivative as the hedging instrument in a new hedging relationship, this could result in more hedge ineffectiveness, especially for cash flow hedges, compared to a continuing hedging relationship. This is because the derivative that would be newly designated as the hedging instrument would be on terms that would be different from a new derivative, ie it was unlikely to be „at-market" (for example, a non-option derivative such as a swap or forward might have a significant fair value) at the time of the novation."*

---

[21]   IASB, *Amendments to IAS 39: Novation of Derivatives and Continuation of Hedge Accounting*, June 2013.

6.3.2 Unzulässigkeit der Abspaltung einer *off-market*-Komponente

Ein von null abweichender *fair value* eines vorgesehenen Sicherungsgeschäfts **102** wirkt sich auf das Design der Sicherungsbeziehung aus. Bei Begründung einer *cash-flow-hedge*-Beziehung weist das als Stellvertreter des Grundgeschäfts vorgesehene hypothetische Derivat zwingend einen *fair value* von null auf. Der Wert des für Sicherungszwecke vorgesehenen Derivats im gleichen Zeitpunkt entspricht bei Rückgriff auf ein unbedingtes Termingeschäft abweichend vom Zugangszeitpunkt **nicht** (oder nur zufällig) null. Es kommt somit zwangsläufig zu einer – nicht vermeidbaren (Rz 95 ff.) – Ineffektivität des Sicherungszusammenhangs (IAS 39.AG108(b)).

Der von null abweichende beizulegende Zeitwert eines Derivats kann bei der **103** Bestimmung der Effektivität des Sicherungszusammenhangs nicht ausgeklammert werden. Eine Abspaltung – des beizulegenden Zeitwerts des Sicherungsderivats, der dem *pull-to-par*-Effekt entspricht (Rz 99) – für Zwecke des *hedge accounting* verstößt gegen IAS 39.74 i.V.m. IAS 39.IG.F.5.5 und steht daher nicht im Einklang mit den IFRS. Die Aufzählung in IAS 39.74 hinsichtlich der möglichen Separierung einzelner Komponenten eines *hedging instrument* ist abschließend. Dies bestätigt auch das IFRS IC, bezogen auf eine Anfrage aus 2007, bzgl. einer Effektivitätsmessung für einen als Sicherungsinstrument designierten Zinsswap im Rahmen eines *cash flow hedge*:[22] *„IAS 39 paragraph 74 does not allow the bifurcation of the fair value of a derivative hedging instrument for hedge designation purposes, unless the derivative hedging instrument is an option or a forward contract. The only exceptions permitted in IAS 39 paragraph 74 are separating the intrinsic value and time value of an option and separating the interest element and the spot price of a forward contract.“*

In den begleitenden *Information for Observers* findet sich eine Konkretisierung **104** der Anfrage an das IFRS IC aus 2007.[23] Die Anfrage betraf den Nachweis eines effektiven Sicherungszusammenhangs für einen *cash flow hedge* bei Rückgriff auf einen *interest rate swap with a non-zero fair value* im Designationszeitpunkt als Sicherungsinstrument. Im Ergebnis wurde die Zulässigkeit einer Aufspaltung eines derivativen Finanzinstruments für Zwecke des *hedge accounting* abgelehnt.

- Nach IAS 39.74 und IAS 39.IG.F.5.5 scheidet eine Aufspaltung eines Derivats aus, *„IAS 39 does not permit the bifurcation of a derivative for the purpose of assessing effectiveness“*.
- Die Ausführungen in IAS 39.AG107 beziehen sich lediglich auf die Dokumentationsanforderungen einer Sicherungsbeziehung und sind keine Rechtfertigung für eine Ausklammerung des Zeitwerts des Geldes im Effektivitätsnachweis, *„IAS 39 only requires the hedge documentation to state clearly whether the time value of money is included in assessing hedge effectiveness“*.

Gegen die Zulässigkeit der Aufspaltung eines als Sicherungsinstrument einge- **105** setzten Derivats – Vernachlässigung einer *off-market*-Komponente – spricht auch die Ergänzung der bestehenden Vorgaben zum *hedge accounting* für regulatorisch verpflichtende De- und Re-Designationen bei Einsatz einer *clea-*

---

[22] Vgl. IFRIC Update March 2007.
[23] Vgl. IAS, Information for Observers, January 2007. *Project: IAS 39 Financial Instruments: Recognition and Measurement – Assessing Hedge Effectiveness of an Interest Rate Swap in a Cash Flow Hedge (Agenda Paper 14(v))*.

ring-Stelle (Rz 106). Durch das *Amendment Novation of derivatives and continuation of hedge accounting* sollten für einen spezifischen Sachverhalt die Konsequenzen für den Effektivitätsnachweis von Sicherungsbeziehungen ausgeschlossen werden (IAS 39.BC220G). Bestünde de lege lata die Möglichkeit zur Vernachlässigung einer *off-market*-Komponente – explizit verneint durch den IASB in IAS 39.BC220G – hätte keine, zumindest aber keine so dringliche Notwendigkeit zur Ergänzung der Vorgaben zum *hedge accounting* bestanden.

6.3.3 Ausnahme für die Novation von Derivaten

106   Als Reaktion auf die Vorgaben der *European Market Infrastructure Regulation* (EMIR), nach der bei Überschreitung bestimmter Volumina kontrahierter **OTC-Derivate** ein *clearing* über eine zentrale Gegenpartei erforderlich wird, hat der IASB eine begrenzte Änderung an IAS 39 verabschiedet. Zur Vermeidung einer Ineffektivität, bezogen auf bestehende Sicherungsbeziehungen durch eine bloße Novation bestehender Termingeschäfte über eine zentrale Gegenpartei, wurde eine eng gefasste Erweiterung veröffentlicht, die verpflichtend für in 2014 beginnende Geschäftsjahre, aber freiwillig auch vorher anzuwenden ist. Eine bestehende Sicherungsbeziehung ist danach trotz formaler De- und anschließender Re-Designation des Sicherungszusammenhangs fortzuführen, wenn

- eine Novation eingesetzter Sicherungsinstrumente ausschließlich als Folge bestehender oder neuer gesetzlicher Anforderungen und nicht bereits in deren Erwartung stattfindet;
- durch die Novation ein Zentralkontrahent Gegenpartei für die beiden ursprünglichen Vertragsparteien wird;
- sich eine Änderung der Vertragskonditionen allein auf solche Änderungen (Besicherungsanforderungen, Aufrechnungslagen, erhobene Gebühren) beschränkt, die wegen der Übertragung auf die zentrale Gegenpartei erforderlich werden.

Die vorgesehenen Ergänzungen sind als Methodenwechsel retrospektiv anzuwenden. Bestehende Sicherungsbeziehungen können daher fortgeführt werden.

6.4 Diskrepanz zwischen Erwartung und tatsächlicher Realisation

6.4.1 Zeitliches Auseinanderfallen von Grund- und Sicherungsgeschäft

107   Ergeben sich während eines Sicherungszusammenhangs **geänderte Erwartungen** hinsichtlich des Eintritts einer geplanten Transaktion, sind diese hinreichender Beleg für eine fehlende Effektivität, rechtfertigen aber keinen Widerruf einer beschlossenen Designation (IAS 39.IG.F.5.4). Auf der Zeitachse sind zwei Fälle zu unterscheiden:

- Fällt ein Grundgeschäft **früher** als erwartet an, fehlt es an einer Sicherungsbeziehung für die Fortführung des Sicherungsinstruments. Wegen der nicht gegebenen Zulässigkeit eines *part time hedge* (IAS 39.75/IAS 39.IG.F.1.11) kann (und wird regelmäßig) der notwendige Effektivitätsnachweis scheitern. Ein Derivat ist für die (Gesamt-)Laufzeit als Sicherungsinstrument zu designieren, muss also für den geforderten Nachweis der Effektivität eine Restlaufzeit aufweisen, die nicht größer ist als die des Grundgeschäfts. Zwar ist bei

De-Designation eines bestehenden Sicherungszusammenhangs eine erneute (Re-)Designation eines *hedging instrument* zulässig (IAS 39.IG.F.5.4), insbesondere bei Einsatz unbedingter Termingeschäfte (*non-optional derivatives*) ergeben sich allerdings besondere Schwierigkeiten hinsichtlich des geforderten Effektivitätsnachweises (Rz 95 ff.).

- Läuft ein Sicherungsinstrument vor Eintritt der erwarteten Transaktion, deren Eintritt sich **zeitlich verzögert**, aus, besteht für das Unternehmen die Möglichkeit der Prolongation des bestehenden Sicherungsinstruments oder optional die Designation eines bestehenden oder neu abgeschlossenen Sicherungsinstruments. War die Absicht einer **Anschlusssicherung (roll over)** bereits in der ursprünglichen Dokumentation des Sicherungszusammenhangs (*is part of the entity's documented hedging strategy*) festgehalten, führt die Umsetzung nicht zur Unterbrechung des Sicherungszusammenhangs (IAS 39.91(a)/ IAS 39.101(a)).

6.4.2 Prolongation eines bestehenden Sicherungszusammenhangs

Insbesondere im Rahmen des *cash flow hedge accounting* kann die **Prolongation** oder Anschlusssicherung (***roll over strategy***) eines bestehenden Sicherungszusammenhangs im Fall eines verzögerten (aber bereits bei Abschluss antizipierten) Eintritts des Grundgeschäfts (geeigneter) Bestandteil der Risikomanagementstrategie sein. Vorteil einer *roll over strategy* ist die Möglichkeit zur Designation von Sicherungsinstrumenten mit kurzer Restlaufzeit zusammen mit Grundgeschäften mit längerfristigem Risiko (*partial term hedging*). Besondere Relevanz zeitigt eine entsprechende Sicherungsstrategie für nicht finanzielle Grundgeschäfte, für die – anders als für finanzielle Grundgeschäfte (IAS 39.IG.F.2.17) – eine zeitanteilige Absicherung ausscheidet. Im Rahmen von *roll-over*-Strategien zur Absicherung von langfristigen nicht finanziellen Grundgeschäften ergeben sich allerdings nicht perfekte (von 100 % abweichende) Sicherungszusammenhänge. **108**

> **Praxis-Beispiel**
> A sichert einen erwarteten Zufluss von USD in zehn Monaten mit zwei aufeinanderfolgenden USD-Terminverkäufen gleichen Volumens mit einer Laufzeit von sechs Monaten (Forward 1) und bei vorgesehenem *roll over* einer Restlaufzeit von noch vier Monaten (Forward 2) ab. Die Sicherung steht im Einklang mit der dokumentierten Risikomanagementstrategie. Unabhängig von der möglichen Designation des Risikos (*spot rate* oder *forward rate risk*), welches sich in Bezug auf die (wechselkursbedingte) Wertentwicklung der erwarteten Transaktion ergibt, zeigt die Sicherung wegen der unterschiedlichen Fristigkeiten des Grundgeschäfts und der Sicherungsinstrumente keine perfekte Effektivität. Eine gewisse Ineffektivität ergibt sich auch, wenn A Forward 1 durch ein nicht derivatives Sicherungsinstrument (Aufnahme einer USD-Verbindlichkeit bei Fälligkeit von Forward 1) überführen würde. Als nicht derivatives Finanzinstrument unterliegt eine Fremdwährungsverbindlichkeit gem. IAS 21 nur einer Umrechnung zur *spot rate*.

Sollen Grund- und Sicherungsgeschäft in der gleichen Periode abgerechnet werden, ist im Fall eines – bei Designation eines Sicherungszusammenhangs nicht antizipier- **109** ten – verspäteten Zuflusses/Abflusses von Zahlungsströmen des Grundgeschäfts das **Sicherungsinstrument** zu **prolongieren**. Für die Prolongation kann (etwa bei Devisengeschäften) wahlweise auf eine aktuelle oder historische (bei ursprünglicher Designation der Sicherung bestehende) Kursbasis abgestellt werden. Eine Prolongation auf historischer Kursbasis unterliegt besonderen bankaufsichtsrechtlichen Restriktionen, eine Abwicklung auf aktueller Basis ist daher häufig vorziehungswürdig.[24] Hauptargument gegen ein Abstellen auf aktuelle Kursverhältnisse ist allerdings die Notwendigkeit zur bilanziellen Erfassung eines (Schein-)Ergebnisses aus der Erfassung eines Korrekturpostens zur Anschlusssicherung. Dieser kann erst mit Endabwicklung des Grundgeschäfts aufgelöst werden.

Praxis-Beispiel

A erhält Anfang 01 einen Auftrag zur Lieferung von Produkten zum Preis von 10.000 USD, die Zahlung ist zum Zeitpunkt der erwarteten Lieferung für Mitte 01 (nach sechs Monaten) vereinbart. Funktionale Währung des A ist der EUR, zur Absicherung der USD-EUR-Parität vereinbart A daher mit Bank B einen USD-Terminverkauf zum erwarteten Zeitpunkt des USD-Zuflusses (Laufzeit sechs Monate). Der Kassakurs Anfang 01 beträgt 1,2000 USD/EUR, der Aufschlag für den Terminverkauf 0,0060. Der für A gesicherte Wert aus dem Terminverkauf beträgt daher 8.291,87 EUR. Aufgrund eines von A zu verantwortenden Lieferverzugs ist erst Anfang 02 (somit sechs Monate später) von einer Zahlung, somit dem Devisenzufluss auszugehen. A vereinbart daher mit Bank B eine Prolongation des Termingeschäfts um weitere sechs Monate. Der Kassakurs beträgt Mitte 01 wegen eines Anstiegs des USD 1,1000 USD/EUR, der Aufschlag für einen Terminverkauf für weitere sechs Monate 0,0040.

Bei einer Prolongation auf aktueller Basis kauft A zur Erfüllung der Verpflichtung aus dem Sicherungsgeschäft 10.000 USD am Kassamarkt an (alternativ kann auch ein USD-Darlehen bei B aufgenommen werden). Auf Basis des Kassakurses sind hierfür seitens A 9.090,91 EUR zu zahlen. Im Rahmen der Erfüllung des Terminverkaufs entsteht zunächst ein (Schein-)Ergebnis von –799,04 EUR (= 8.291,87–9.090,91), insoweit also ein Verlust, welcher zunächst als Korrekturposten zur Kurssicherung anzusetzen ist.

Auf aktueller Kursbasis ist ein neuer Terminverkauf (unter Berücksichtigung des Aufschlags) abzuschließen, da wegen des verzögerten Eintritts des Grundgeschäfts weiterhin ein Sicherungsbedarf besteht. Die nach der Prolongation bestehende Kurssicherung (Terminverkauf zu 1,1040 USD/EUR) ist aus Sicht von A „günstig". Der Budgetkurs zur Deckung der EUR-Ausgaben im Zusammenhang mit der erwarteten Transaktion beträgt 1,2060 USD/EUR. Der Unterschiedsbetrag von 799,04 EUR entspricht einer aktiven Wertberichtigung der Terminverkaufssicherung von 1,1040 USD/EUR. Mit Endabwicklung des Auftragsverhältnisses und Begleichung des prolongierten Terminverkaufs mit dem Devisenzufluss in USD ergibt sich in entsprechender Höhe ein Gewinn, der eine erfolgsneutrale Ausbuchung des Korrekturpostens ermöglicht.

---

[24]   Vgl. PwC, Derivative Finanzinstrumente in Industrieunternehmen, 4. Aufl., 2008, S. 136 ff.

7 *Fair value option* als Alternative zum *hedge accounting*

Zur Anwendung der Regeln des *hedge accounting* müssen Unternehmen eine **110** Reihe von **Voraussetzungen** erfüllen (Rz 56):

- Designation und **Dokumentation** der Sicherungsbeziehung,
- prospektive und retrospektive **Messung der Effektivität** der Sicherungsbeziehung,
- Durchführung von *hedge-accounting*-**spezifischen** Bewertungen und
- Anwendung der **Buchungsregeln** des *hedge accounting*.

Gerade für Unternehmen, die nur im geringen Umfang Finanzinstrumente einsetzen, bedeutet dies einen nicht unerheblichen Aufwand, u. U. sogar die Unmöglichkeit der Nutzung des *hedge accounting* überhaupt. Als praktische Alternative zu den Regelungen des *hedge accounting* bietet sich in solchen Fällen u. U. die *fair value option* (IAS 39.9) an. Diese erlaubt die Designation eines Finanzinstruments im Zugangszeitpunkt als gewillkürten Handelsbestand (→ § 28 Rz 109) und damit eine erfolgswirksame Bewertung zum *fair value*, wenn dadurch Bilanzierungs- bzw. Bewertungsdifferenzen (sog. *accounting mismatch*) vermieden werden können und sich insofern die Aussagekraft des Abschlusses erhöht (IAS 39.9(b)).

Diese Voraussetzungen werden typischerweise bei den Anwendungsfällen des **111** *fair value hedge accounting* erfüllt: Ein originäres Finanzinstrument (*loan and receivable, held-to-maturity investment, available-for-sale financial asset* oder finanzielle Verbindlichkeit) wird mit einem Derivat gegen Änderung seines *fair value* abgesichert:

- Bewertungs**differenzen** resultieren in solchen Fällen aus dem *mixed model*, da das Sicherungsderivat erfolgs**wirksam** zum *fair value* bewertet wird, wohingegen das gesicherte originäre Finanzinstrument entweder erfolgs**neutral** zum *fair value (available-for-sale financial asset)* oder zu fortgeführten Anschaffungskosten (*loan and receivable, held-to-maturity investment* oder finanzielle Verbindlichkeit) bewertet wird. Durch Anwendung der *fair value option* auf das originäre Finanzinstrument wird die Bewertungsdifferenz ohne Anwendung des *fair value hedge accounting* beseitigt.
- Die Aussagekraft des Abschlusses wird dadurch erhöht, dass der Risikozusammenhang zwischen dem Grund- und dem Sicherungsgeschäft adäquat in der Bilanz und der GuV abgebildet und nicht durch unterschiedliche Bewertungskonzepte verzerrt wird.

Die *fair value option* kann aber nicht nur als Alternative zum *fair value hedge* **112** *accounting* genutzt werden, sondern auch für die Bilanzierung solcher Sicherungsbeziehungen, für die IAS 39 die Anwendung des *fair value hedge accounting* nicht erlaubt. Dies gilt insbesondere für solche Fälle, in denen das Sicherungsgeschäft kein Derivat, sondern ein originäres Finanzinstrument ist (Rz 8). Ein typischer Anwendungsfall ist eine als *available-for-sale financial asset* klassifizierte festverzinsliche Anleihe, die mit einer laufzeitkongruenten festverzinslichen Verbindlichkeit gegen Zinsrisiken abgesichert wird. Da das *fair value hedge accounting* in diesem Fall nicht angewendet werden darf (IAS 39.72), kommt es infolge der einseitigen Bewertung der Anleihe zum *fair value* zu einer Bewertungsdifferenz im Eigenkapital. Mit der Anwendung der *fair value option* für beide Geschäfte lässt sich diese Bewertungsdifferenz beseitigen, weil beide Geschäfte erfolgswirksam zum *fair value* bewertet werden.

Als Alternative zum *cash flow hedge accounting* **scheidet** die *fair value option* hingegen **aus**.

8   *Portfolio hedge* von Zinsrisiken

113   Die bestehenden Vorgaben zum *fair value hedge accounting* lassen sich auch auf die Absicherung eines Portfolios von Zinsrisiken auf einer Nettorisikobasis *(macro hedging)* übertragen. Die Designation einer Nettoposition bleibt hingegen weiterhin untersagt (IAS 39.81A). Im Resultat kann aber der zulässige *portfolio hedge* von Risiken aus Zinsänderungen einer Nettoposition gleichkommen. Eine ähnliche Absicherung für andere Risikokomponenten ist ausgeschlossen (IAS 39.AG115). Zur Schaffung der Zinsausnahme wurden die Voraussetzungen für das *fair value hedge accounting* von Zinsrisiken um *portfolio hedges* ausgeweitet (IAS 39.AG114) und somit eine Annäherung an die Praxis bzw. die dort durchgeführten Risikomanagementmethoden geschaffen. Die Anwendung der Ausnahmeregelung setzt das folgende Vorgehen voraus (IAS 39.AG114):

(1) Zunächst bedarf es einer Identifizierung der Grundgeschäfte (Vermögenswerte und Verbindlichkeiten), deren Zinsrisiko das Unternehmen absichern möchte (Rz 114).

(2) Die Geschäfte des Portfolios werden nach Maßgabe ihrer Zinsrisiken Bändern zugeordnet (Rz 115 – Rz 116).

(3) Für jedes Laufzeitband ist der Anteil des abzusichernden Betrags festzulegen (Rz 117 – Rz 119).

(4) Es bedarf einer Bestimmung des gesicherten Risikos (Rz 120).

(5) Für jedes (Laufzeit-)Band ist ein oder sind mehrere Sicherungsgeschäfte festzulegen (Rz 121).

(6) Die Effektivität des Sicherungszusammenhangs ist nachzuweisen (Rz 122).

(7) Zu jedem Stichtag sind die *fair-value*-Änderungen für die designierten Grundgeschäfte zu bestimmen (Rz 124 – Rz 127).

(8) Korrespondierend sind auch die *fair-value*-Änderungen der Sicherungsgeschäfte zu erfassen (Rz 128).

(9) Einer verbleibenden Ineffektivität ist Rechnung zu tragen (Rz 130 – Rz 133).

114   Voraussetzung für die Designation eines *portfolio hedge* von Zinsrisiken ist die Identifizierung der vorgesehenen Grundgeschäfte (IAS 39.AG114(a), IAS 39.116). Die Bestimmung hat im Einklang mit dem unternehmensindividuellen Risikomanagement zu erfolgen (IAS 39.AG114(a)). In das Portfolio können entweder sowohl Vermögenswerte als auch Verbindlichkeiten als auch die jeweiligen Positionen alleine einbezogen werden. Schritt 1 (Identifikation des Portfolios) führt nicht zur Designation des Grundgeschäfts im *hedge accounting* (IAS 39.AG116). Am Anfang soll lediglich eine Einschätzung der Höhe der abzusichernden Positionen vorgenommen werden. Hierbei ist es für ein Gelingen des *hedge accounting* entscheidend, dass das Grundgeschäft zulässig i. S. d. Regelungen des *hedge accounting* gem. IAS 39.78 ff. ist (Rz 22). Bei der Zuordnung der Portfolien ist der Grundsatz der Stetigkeit zu beachten (IAS 8.13).

115   Für das ausgewählte Portfolio von Finanzinstrumenten, für die ein Zinsrisiko besteht, sind Laufzeitbänder für die jeweils zugeordneten Geschäfte des Portfolios zu bilden (IAS 39.AG114(b), IAS 39.117). Vergleichbare Zinsrisiken, wie z. B. bei ähnlichen Sensitivitäten, sind zusammenzufassen. Für jedes Laufzeitband ist dann unter Berücksichtigung der erwarteten Zinsanpassungstermine – früherer Zeitpunkt aus Fälligkeit und Zinsanpassungstermin – eine Nettozinsrisikoposition zu bestimmen. Bei vorzeitigen Rückzahlungen (Kredittilgungen), ohne vereinbartes Recht zur Kündigung, aber mit vereinbarter Vorfälligkeitsentschädigung, steht es dem Bilanzersteller frei, keine Zuordnung vorzunehmen. Bei kompensatorischer Wirkung der Vorfälligkeitsentschädigung bezogen auf das Zinsrisiko ist die Rückzahlung nicht zinsinduziert (IAS 39.AG121). Täglich oder kurzfristig kündbare Sicht- und Spareinlagen können nach Maßgabe einer im Risikomanagement verwendeten „Bodensatzannahme" in die Laufzeitbänder einbezogen werden, scheiden aber als zulässige Grundgeschäfte aus (Rz 118).

Zur Zuordnung der Transaktionsbeträge auf die Laufzeitbänder lassen sich **116** verschiedene Vorgehensweisen identifizieren. IAS 39.AG114(b) führt (exemplarisch) u. a. auf:

- die *cash flows* der Transaktion als auch
- die Nominalbeträge der Transaktion mit Einstellung in alle Laufzeitbänder bis zum Ende der Zinsbindung.

Die gewählte Festlegung ist auch bei der Zuordnung der Sicherungsinstrumente zugrunde zu legen. Die Entscheidung wird nicht durch eine Begrenzung der (zeitlichen) Breite der Laufzeitbänder eingeschränkt. Die *hedge*-Effektivität kann anhand verkürzter Laufzeitbänder steigen (IAS 39.AG125(c)).

Für jedes Laufzeitband ist die Nettorisikoposition mit der Konsequenz eines **117** Aktiv- oder Passivüberhangs zu bestimmen (IAS 39.AG114(c), IAS 39.118).

Ausgehend von der Nettorisikoposition – ohne Bezugnahme auf die einzelnen Finanzinstrumente – ist dann im Rahmen der Dokumentation der Umfang (als prozentualer Anteil) des abzusichernden Grundgeschäfts zu bestimmen. Bei der Bestimmung des abgesicherten Betrags dürfen nach IAS 39.AG118(a), IAS 39.AG118(b) nur solche Geschäfte mit einem *fair-value*-Risiko bzgl. des gesicherten Risikos berücksichtigt werden, die auch einzeln als Grundgeschäft des *fair value hedge* fungieren könnten, somit IAS 39.72 ff. genügen.

Als Konsequenz aus der vorgenannten Bedingung qualifizieren sich Sicht- und **118** Spareinlagen in keinem Fall als Grundgeschäft (Rz 115). Deren *fair value* darf den Barwert des Rückzahlungsbetrags zum frühesten Tilgungszeitpunkt nicht wertmäßig unterbieten (IAS 39.49). Folglich bleiben beim *fair value hedge accounting* Sicht- und Spareinlagen für spätere Zeiträume nach frühestmöglicher Kündigung unberücksichtigt (IAS 39.AG118(b)).

Die absolute betragsmäßige Designation begrenzt sich keineswegs auf die jewei- **119** lige Nettorisikoposition der Laufzeitbänder. Jede sich als Grundgeschäft qualifizierende Vermögenswert- oder Verbindlichkeitsportion zwischen 0 und 100 % ist designierbar (IAS 39.AG118).

Praxis-Beispiel

Die B-AG ordnet einem Laufzeitband ein Aktivgeschäft von 50 GE zu sowie ein Passivgeschäft von 80 GE. Letzteres kombiniert festverzinsliche Verbindlichkeiten (60 GE) und Sichteinlagen (20 GE). Wegen der passivischen Nettoposition ist ein Grundgeschäft als absoluter Betrag oder Prozentsatz der Passiva festzulegen. Sichteinlagen sind ausgeschlossen, deshalb kann jeder

---

> Betrag bis 60 GE designiert werden. Bei einer Absicherung einer Nettorisiko-
> position i .H .v. 30 GE designiert B 50 % der festverzinslichen Verbindlich-
> keiten als Grundgeschäft. Eine stärkere Beschränkung der Sicherung läge
> dann vor, wenn sich die Größenbeträge der Passivpositionen umkehren
> würden. Dies würde eine mögliche Sicherung von 50 % (30 GE) auf nur
> 20 GE beschränken.

120   Bezogen auf die Nettorisikoposition, die ein Zinsrisiko aufweist, bedarf es einer
      Festlegung, welche Art des Risikos abgesichert werden soll (IAS 39.AG114(d)).
      Das Zinsrisiko kann vollständig sowie auch nur in Teilen designiert werden
      (IAS 39.81, IAS 39.AG99C, IAS 39.AG99D).

121   Die vorgesehenen Sicherungsinstrumente sind den Laufzeitbändern im Einklang
      mit deren Abgrenzung (Rz 116) zuzuordnen (IAS 39.AG114(e), IAS 39.AG120).
      Die Auswahl eines Sicherungsinstruments bedingt dessen Erfüllung der grund-
      legenden Zulässigkeitskriterien für Sicherungsgeschäfte (Rz 7ff.). Laufzeitbän-
      der können sowohl einzelne als auch kollektive Derivate aufnehmen. Hierbei
      ergibt sich die Möglichkeit aus den *portfolio-hedge*-Regelungen heraus, ebenfalls
      Derivate mit gegenläufiger Wertentwicklung zu designieren.

122   Der prospektive Effektivitätstest der Sicherungsbeziehung erfolgt je Laufzeit-
      band (IAS 39.AG114(f)) und umfasst den Designationszeitraum der Sicherungs-
      beziehung. Aufgrund der dynamischen Absicherungsstrategie des *portfolio hedge*
      (laufende Adjustierung der Sicherungskomponente an das Grundgeschäft) kann
      sich der Effektivitätstest nur auf einzelne Teile des Laufzeitbands beziehen. Auch
      kann der Testzeitraum sich nur bis zur nächsten Anpassung des *hedge* erstrecken
      (IAS 39.AG107). Hinsichtlich der Relation sind die allgemeinen Anforderungen
      zu berücksichtigen (Rz 69).

123   Die eine Sicherungsbeziehung konstituierende Dokumentation muss vor Beginn
      der Sicherungsperiode erfolgen (IAS 39.88(a); Rz 57). Diese soll folgende Infor-
      mationen umfassen (IAS 39.AG119):
      • Beschreibung der Vermögenswerte und Verbindlichkeiten im *portfolio hedge*
        und deren „*exit*"-Strategie;
      • Beschreibung der Bestimmungsverfahren erwarteter Zinsanpassungstermine
        sowie Methodik der Bestimmung des erwarteten Kündigungsverhaltens und
        Angabe der verwendeten Zinsannahmen;
      • die Anzahl und Breite der Laufzeitbänder;
      • Häufigkeit und Methodik zur Effektivitätsmessung;
      • die Methodik zur Bestimmung des Grundgeschäfts;
      • bei der Messung der retrospektiven Effektivität ist anzugeben,
        – wie sich der Prozentsatz der gesicherten Vermögenswerte bzw. Verbind-
          lichkeiten bestimmt und
        – ob der Effektivitätstest für die einzelnen Laufzeitbänder separat, für alle
          Laufzeitbänder zusammen oder als Kombination der beiden Varianten
          durchgeführt wird.

124   Auch für den retrospektiven Effektivitätstest gelten die allgemeinen Anforderun-
      gen (IAS 39.88(e), IAS 39.AG105(b)). Dieser bedingt nachfolgende Kalkulation:
      • *fair-value*-Änderung des gesicherten Zinsrisikos der Sicherungstransaktion
        der Sicherungsperiode (Rz 125);

- *fair-value*-Änderung designierter Sicherungsderivate der Sicherungsperiode sowie das prozentuale Verhältnis der ermittelten *fair values*.

Die Berechnung der *fair-value*-Änderung des abgesicherten Zinsrisikos unter- **125**
liegt keiner bestimmten Methodik. Eine genaue, aber nicht vorgeschriebene Möglichkeit stellt die separate Bewertung der einzelnen (Netto-)Risikopositionen dar mit anschließender nach dem jeweiligen Designationsanteil gewichteten Aggregation zu einem Gesamtbetrag. Es sind aber – unter dem Vorbehalt einer Approximation der genauen Berechnung – ebenfalls vereinfachte Verfahren zulässig. So können u. a. zugeteilte Geschäfte innerhalb eines Laufzeitbands mit der jeweiligen Durchschnittslaufzeit berechnet und ganzheitlich bewertet werden. Keine Anwendung findet hingegen die *short cut method*, welche die *fair-value*-Änderung des Grundgeschäfts mit der *fair-value*-Änderung des Sicherungsgeschäfts gleichstellt (IAS 39.AG122).

Änderungen des Zinsniveaus bewirken nicht nur eine Änderung des beizulegen- **126**
den Zeitwerts, sondern beeinflussen auch die Wahrscheinlichkeit der Ausübung eines vertraglich vereinbarten Kündigungsrechts. Es besteht die Notwendigkeit zur Berücksichtigung aus Zinsänderungen resultierender Auswirkungen auf die erwarteten Rückzahlungstermine in einem Laufzeitband. Dies kann erfolgen durch eine Umgliederung zwischen den Laufzeitbändern bei einer Änderung der erwarteten Rückzahlungstermine bzw. -volumina. Sollten in einem Laufzeitband zinsinduzierte Zahlungsterminverschiebungen gegenüber dem erwarteten Zahlungstermin bzw. faktische Abweichungen (Zeitpunkt der erwarteten und der tatsächlichen Zahlung) auftreten, müssen sich diese in der *fair-value*-Änderung des gesicherten Betrags widerspiegeln. Sollte die Ursache der Änderung unklar sein, ist automatisch die zinsbedingte Änderung anzunehmen und unter Beachtung der Konsequenzen für die *fair-value*-Berechnung des gesicherten Betrags vorzunehmen (IAS 39.AG121).

Veränderungen in der Zusammensetzung eines Laufzeitbands können sich auch **127**
in den folgenden beiden Situationen ergeben:

- Werden Geschäfte ohne Kündigungsrecht gegen Zahlung einer Vorfälligkeitsentschädigung beendet, ist der Abgang als nicht zinsinduziert einzustufen. Der Abgang bleibt bei der Berechnung der *fair-value*-Änderungen des abgesicherten Betrags außen vor.
- Das während der abgelaufenen Sicherungsperiode neu in einem Laufzeitband aufgenommene Neugeschäft bleibt ebenfalls unbeachtlich (IAS 39.AG127).

Die Ermittlung der Änderungen im *fair value* des gesicherten Betrags je Laufzeitband setzt auf der Gesamtheit der designierbaren Geschäfte zu Periodenbeginn auf und ist schließlich um zinsinduzierte Änderungen anzupassen.

	Gesamtbetrag designierbarer Aktiv- bzw. Passivgeschäfte des Laufzeitbands am Periodenbeginn
./.	Abgang (bedingt durch Zinsänderung)
./.	Wechsel in ein anderes Laufzeitband (bedingt durch Zinsänderung)
+	Wechsel aus einem anderen Laufzeitband (bedingt durch Zinsänderung)
=	Gesamtbetrag designierbarer Aktiv- bzw. Passivgeschäfte des Laufzeitbands am Periodenende

Ausgehend von dem Gesamtbetrag erfolgt die Berechnung der *fair-value*-Änderung des abgesicherten Betrags in folgenden Schritten (IAS 39.AG126(b)):

- Bestimmung des Prozentsatzes von gesichertem Betrag zum Betrag des einschlägigen Laufzeitbands, zu Periodenbeginn;
- Anwendung des Prozentsatzes auf den bestandsmäßig angepassten Betrag des einschlägigen Laufzeitbands zur Ermittlung des korrigierten gesicherten Betrags am Ende der Periode;
- die zinsinduzierte *fair-value*-Änderung wird bezogen auf diesen gesicherten Betrag berechnet.

128   Die *fair-value*-Änderung des *hedge*-Geschäfts ermittelt sich im Vergleich der *fair values* am Periodenende und -beginn. Die Berechnung berücksichtigt den *fair value*, der sich ohne Zinsabgrenzungen ergibt.

129   Die Effektivität kalkuliert sich anhand der *fair-value*-Änderungen von Sicherungsbetrag und Sicherungsderivat. Die Messung retrospektiver Effektivität kann auf den bereits bekannten Verfahren des *micro fair value hedge* erfolgen (Rz 71; speziell *dollar-offset*-Verfahren). Für die Bilanzierung ist das Ergebnis des Effektivitätstests ausschlaggebend: Effektive Sicherungsbeziehungen unterliegen in der abgelaufenen Periode den *fair-value-hedge-accounting*-Vorschriften. Uneffektive Sicherungsbeziehungen unterliegen nicht den Sonderregelungen des *hedge accounting*. Ursächlich für eine mangelnde Effektivität kann u.a. Folgendes sein (IAS 39.AG124):

- Tatsächlicher Rückzahlungstermin bei bestehendem Kündigungsrecht unterscheidet sich von dem erwarteten;
- Rückzahlungstermine für Geschäfte mit bestehendem Kündigungsrecht wurden zinsbedingt mit entsprechenden Adjustierungen zwischen den Laufzeitbändern angepasst;
- Wertberichtigung oder Ausbuchung von Portfoliovermögenswerten;
- Zahlungsterminabweichungen zwischen *hedge* und *hedged item*.

130   Bei einer, auch unter Beachtung des retrospektiven Effektivitätstests, bestehenden Effektivität sind die ermittelten *fair-value*-Änderungen wie beim *micro fair value hedge* in der GuV als Ergebnis aus Sicherungszusammenhängen auszuweisen. Die *fair-value*-Änderungen des *hedge* und *hedged item* beeinflussen die Auswirkung der Ineffektivität in der Ergebnisrechnung (IAS 39.AG114(i)).

131   Da sich das erforderliche *fair value adjustment* der Nettorisikoposition nicht einzelnen Vermögenswerten oder Verbindlichkeiten zuordnen lässt, wird das *fair value adjustment* in einem separaten Bilanzposten (*separate line item*) ausgewiesen (IAS 39.89A, IAS 39.AG114(g)). Dabei ist wie folgt vorzugehen (IAS 39.AG123):

- Handelt es sich bei dem Grundgeschäft um einen Aktivposten, ist das diesbezügliche *fair value adjustment* gesondert auf der Aktivseite auszuweisen.
- Stellt das Grundgeschäft dagegen eine Verbindlichkeit dar, wird das *fair value adjustment* gesondert auf der Passivseite ausgewiesen.

Für ein Portfolio können sich damit separate *fair value adjustments* auf beiden Bilanzseiten ergeben, eine Saldierung kommt nicht infrage.

132   Beim *portfolio hedge* von Zinsrisiken erfolgt die Folgebewertung gem. IAS 39.92 (Amortisation von *fair-value*-Anpassungen). Die Amortisation ist zu beginnen, wenn weitere *fair-value*-Anpassungen für das *hedged item* entfallen. Alternativ kann auch eine laufende Amortisation vorgenommen werden. Beim *portfolio hedge* von Zinsrisiken erfolgt die Amortisation erst bei einer Reduktion des

gesicherten Betrags eines Laufzeitbands, sofern die *fair-value*-Anpassungen auch entfallen. Der *fair-value*-Anteil, der auf die Reduktion entfällt, ist gem. Restlaufzeit zu amortisieren. Bei konstanten oder ansteigenden Beträgen wird nicht amortisiert. Hiermit ist jedoch eine stringente Überwachung der Teilamortisationsbeträge notwendig, weshalb die zum Sicherungsperiodenende stehenden *fair value adjustments* in der Amortisation zu berücksichtigen sind. Hierfür kann auch eine lineare Amortisation herangezogen werden, sofern eine effektivzinskonstante Amortisation aus praktischen Gründen ausscheidet (IAS 39.92, IAS 39.BC212).

Die Komposition des Portfolios kann sich während der Periode ändern (z.B. Wertberichtigungen). Daraus folgt die proportionale bilanzielle Anpassung aufgrund der separat ausgewiesenen *fair value adjustments*. Dafür wird in der GuV der gleiche Posten, der zur Erfassung des Abgangsergebnisses dient, verwendet. Zur Vereinfachung der Berechnung sieht IAS 39.AG128 bestimmte Erleichterungen vor, da sich die Ermittlung des Betrags zur Anpassung kompliziert gestalten kann: **133**

- Im Rahmen vorzeitiger Rückzahlungen ist eine Ausbuchung aus dem *fair value adjustment* des frühesten Laufzeitbands möglich.
- Verkäufe oder dauerhafte Wertminderungen können aus den *fair value adjustments* der betroffenen Laufzeitbänder ausgebucht werden. Eine Aufteilung könnte anhand von Nominalbeträgen vorgenommen werden.

Bei auslaufenden Laufzeitbändern ist eine erfolgswirksame Ausbuchung vorzunehmen (IAS 39.AG129, IAS 39.AG89A).

Erfüllt die Absicherung eines Laufzeitbands die retrospektive Effektivität nicht, sind die jeweiligen Bilanzierungsvorschriften für Positionen außerhalb des *hedge accounting* einschlägig. Dies kann sich allerdings in der Folgeperiode ändern, sofern die Effektivität der Sicherungsbeziehung belegt werden kann. **134**

Die Umsetzung der *portfolio-hedge*-Vorschriften des IASB für Zinsrisiken in die Regelungen der EU-IFRS (IAS 39) wurde aufgrund eines durch die EU-Kommission in 2004 veranlassten *carve out* angepasst. Dies stand i.V.m. der aufkommenden Kritik an den Regelungen (Rz 33). **135**

Die Regelungen wurden zunächst auch nicht in IFRS 9 übernommen, um die zeitnah geplante Veröffentlichung des IFRS 9 sicherzustellen. Die Vorschriften zum *portfolio hedge* wurden daher aus dem *hedge-accounting*-Projekt des IFRS 9 ausgenommen, um diese *hedge*-Regelungen in einem separaten Projekt fertigzustellen.

9 Latente Steuern

Wird als Sicherungsinstrument auf ein Derivat zurückgegriffen, führt die verpflichtende *fair-value*-Bewertung regelmäßig zu einer temporären Differenz, die Ausgangspunkt einer Steuerlatenzrechnung ist. **136**

- Weist ein derivatives Finanzinstrument einen negativen beizulegenden Zeitwert auf, droht also ein Verlust, so ist dieser im Regelfall gem. § 5 Abs. 4a EStG steuerbilanziell nicht zu berücksichtigen. I. H. d. negativen *fair value* der IFRS-Bilanz liegt eine temporäre Differenz vor, die – insoweit die Ansatzkriterien erfüllt sind (→ § 26 Rz 110) – zu aktiven latenten Steuern führt.
- Passive latente Steuern ergeben sich, wenn in der IFRS-Bilanz ein positiver *fair value (asset)* anzusetzen ist, hingegen in der Steuerbilanz nach den Grundsätzen schwebender Geschäfte ein Ansatz unterbleibt.

Die bilanzielle Erfassung einer aktiven/passiven Steuerlatenz richtet sich nach der Art der Sicherungsbeziehung (Rz 49). Ist die temporäre Differenz auf einen *fair value hedge* zurückzuführen, ist die Steuerlatenzrechnung erfolgswirksam vorzunehmen. Für temporäre Differenzen aus *cash-flow-hedge*-Beziehungen ist eine Unterscheidung zwischen erfolgsneutraler (*other comprehensive income*) und erfolgswirksamer (*profit and loss*) Erfassung geboten (→ § 26 Rz 218 und → § 26 Rz 220).

137   Mit der seit 2006 geltenden Einfügung des § 5 Abs. 1a EStG kann es in bestimmten Ausnahmefällen zur Angleichung von Steuer- und IFRS-Bilanz kommen. Nach § 5 Abs. 1a EStG sind die Ergebnisse der in der Handelsbilanz gebildeten Bewertungseinheiten auch für die Steuerbilanz maßgeblich. Das steuerbilanzielle Passivierungsverbot für Drohverluste gilt insoweit nicht (§ 5 Abs. 4a Satz 2 EStG). Soweit daher ein Sicherungsderivat einen negativen *fair value* hat und dieser Verlustsaldo wegen der handelsrechtlichen Bildung einer Bewertungseinheit auch in der Steuerbilanz zu berücksichtigen ist, entstehen hier keine temporären Differenzen mehr. Zu beachten bleibt aber: Die handelsrechtliche Bildung von Bewertungseinheiten erfolgt lediglich kompensatorisch,[25] d. h., übersteigt die positive Wertänderung des Sicherungsgeschäfts die negative des Grundgeschäfts, ist der verbleibende positive Saldo als unrealisierter Gewinn nicht ansatzfähig. Hier bleibt es bei der Differenz zur IFRS-Bilanz.[26]

10   Ausweis des Ergebnisses aus Sicherungszusammenhängen

10.1   Fehlende Vorgaben im Regelwerk

138   Die bilanzielle Abbildung von Sicherungszusammenhängen (*hedge accounting*) knüpft an die Risikomanagementstrategie, also die ökonomische Absicht des Unternehmens an. Die Realisation des Ergebnisses aus einem zur Absicherung einer bestehenden Risikoposition – aus Marktpreis-, Fremdwährungs- und/oder Zinsrisiken – gegenläufig geschlossenen Sicherungsinstrument (*hedging instrument*) erfolgt für den effektiven Teil (*effective portion*) synchron mit dem Grundgeschäft (*hedged item*). Durch die Synchronisierung der Auswirkungen soll/kann eine Volatilität in der Ergebnisrechnung – insbesondere ausgelöst durch eine (Regel-)Bewertung von Derivaten erfolgswirksam zum beizulegenden Zeitwert (*fair value*) – ausgeschlossen werden.

139   Trotz umfassender Ausführungen zum *hedge accounting* fehlt es an Vorgaben zum Ausweis (*presentation*) der Wertänderungen aus dem Sicherungsinstrument. Wird als *hedging instrument* ein (derivatives) Finanzinstrument eingesetzt, kommt zunächst ein unsaldierter Ausweis der Ergebniswirkungen im Finanzergebnis in Betracht (Bruttodarstellung). Dem Grundgedanken der Vorgaben zum *hedge accounting* entspricht aber eine Saldierung der gegenläufigen Wertentwicklungen, somit also eine Aufrechnung von Grund- und Sicherungsgeschäft in einer Zeile (*line item*) im Periodenergebnis (Nettodarstellung).

---

25   Ausführlich HOFFMANN/LÜDENBACH, NWB Kommentar Bilanzierung, 8. Aufl., 2017, § 254 HGB.
26   Vgl. zum Ganzen BISCHOFF, PiR 2007, S. 68 ff.

Unabhängig von dem Einsatz als *hedging instrument* stellt ein Derivat ein **140** Finanzinstrument dar. Mangels einer Inhaltsbeschreibung des Postens Finanzergebnis (*finance cost*) als Teil der Ergebnisrechnung fehlt es an Vorgaben zum Ausweis der Wertentwicklung (IAS 1.82(a)). Es ist daher – das Bestehen einer Verpflichtung zur Aufrechnung ausgeklammert – zumindest zulässig, den Ergebniseffekt eines Sicherungsgeschäfts in einer separaten Zeile als Teil des Finanzergebnisses auszuweisen. Ein separater Ausweis im Finanzergebnis entspricht allerdings nicht dem Konzept der Synchronisierung des *hedge accounting*. Gegenläufige Wertentwicklungen von Grund- und Sicherungsgeschäft sollen ausgeschlossen werden. Erfolgt keine Aufrechnung (*offsetting*) in dem (Ergebnis-)Posten, in dem sich auch das Grundgeschäft niederschlägt, wird zwar eine Volatilität ausgeschlossen, ein Ausgleich erfolgt aber nur für das Ergebnis (*profit or loss*) insgesamt. Eine wahlweise oder verpflichtende Saldierung der gegenläufigen Ergebniseffekte von *hedged item* und *hedging instrument* bestimmt sich in Abhängigkeit des Verhältnisses der allgemeinen Vorgaben (lex generalis) in IAS 1 und den besonderen Anforderungen zum *hedge accounting* betreffend den Ausweis.

10.2 Auslegung des bestehenden Ermessensspielraums

Die Saldierung (*offsetting*) von Vermögenswerten und Schulden sowie Erträgen **141** und Aufwendungen ist in den lex generalis generell ausgeschlossen, es sei denn, es besteht für eine Transaktion ein explizites Wahlrecht oder ein Gebot (IAS 1.32). Für Finanzinstrumente besteht ein spezielles Saldierungsgebot für Vermögenswerte und Schulden, welches eine rechtlich durchsetzbare Aufrechnungslage voraussetzt (IAS 32.42). Bilanziell scheidet eine Saldierung mangels Erfüllung der Voraussetzungen aus. Es fehlt an gesonderten Vorgaben zum *offsetting* von Finanzinstrumenten in der Ergebnisrechnung. Die allgemeinen Ausführungen zur Aufrechnung im Ergebnis tragen ebenfalls nicht zu einer Klärung bei (IAS 1.34 f.). Aus den Vorgaben zur Zusammenfassung und Untergliederung von einzelnen Posten des Abschlusses lässt sich auch keine eindeutige Vorgabe ableiten (IAS 1.29). Wesentliche Geschäftsvorfälle, die sich nach Art oder Funktion unterscheiden, sind im Abschluss gesondert auszuweisen. Die besonderen Eigenschaften von derivativen Finanzinstrumenten stehen einer Zusammenfassung mit anderen Posten der Ergebnisrechnung entgegen.

> **Praxis-Beispiel**
> Unternehmen U hat als funktionale Währung den EUR. Im Oktober 05 wird der Verkauf von Gütern zahlbar in USD zum März 06 vereinbart (Grundgeschäft). Zur Absicherung des Fremdwährungsrisikos schließt U einen mit dem erwarteten Zahlungseingang fristäquivalenten USD-Terminverkauf ab (Sicherungsgeschäft). Für die bilanzielle Abbildung wird eine effektive *cash-flow-hedge*-Beziehung designiert. Im März 06 realisiert U den Umsatz aus dem Verkauf der Güter zum Kassakurs in EUR („per Kasse an Umsatzerlös 120 EUR"). Bis zum Transaktionsstichtag ist im *other comprehensive income* ein Verlust von 25 EUR aus dem USD-Terminverkauf geparkt worden, der nun im Periodenergebnis der Pflicht zum *recycling* unterliegt. Aus beiden Transaktionen ergibt sich nach Synchronisierung ein Periodenergebnis von

> 95 EUR. Unklar ist, ob der Umsatz ebenfalls um einen Betrag von 25 EUR zu
> kürzen ist oder das Ergebnis aus dem Sicherungsgeschäft unsaldiert – entwe-
> der in einer separaten Zeile oder zusammengefasst mit anderen Aufwendun-
> gen aus Fremdwährungsgeschäften – auszuweisen ist.

142 Die speziellen Vorgaben zum Ausweis von Finanzinstrumenten (*presentation*)
sprechen lediglich die Aufrechnung von finanziellen Vermögenswerten und
Schulden an. Die mittlerweile aufgehobenen Vorgaben zur Offenlegung von
Informationen von Finanzinstituten sahen allerdings die Möglichkeit zur Aufrechnung vor (IAS 30.13). Es galt: Aufwendungen und Erträge *„shall not be offset
except for those relating to hedges"*. Dem entsprechen die vage formulierten
Vorgaben im geltenden Recht zur bilanziellen Abbildung von Sicherungsbeziehungen (IAS 39.85), nach denen *„accounting recognises the offsetting effects on
profit or loss"*. Für die Zulässigkeit einer Aufrechnung sprechen schließlich auch
die Offenlegungsanforderungen in IFRS 7, die eine Angabe des *line item* in der
Ergebnisrechnung vorsehen (IFRS 7.24C), welches von dem Sicherungszusammenhang betroffen ist. Eine Verpflichtung zur Aufrechnung lässt sich aus den
Vorgaben des geltenden Rechts nicht ableiten.

143 Anderes gilt für die Vorgaben des künftigen Rechts, die spezifische Ausführungen zum Ausweis der Wertentwicklung von Sicherungsgeschäften vorsehen,
wenn eine Gruppe von Transaktionen (*group of items*) als Grundgeschäft zusammengefasst wird (IFRS 9.B6.6.13). Folgende Unterscheidung ist geboten:

- Weist eine zusammengefasste Gruppe von Grundgeschäften keine gegenläufigen Risiken auf, findet also nicht bereits durch Zusammenfassung der
einzelnen Transaktionen eine Risikokompensation statt, ist der Ergebnisbeitrag aus dem Sicherungsgeschäft an gleicher Stelle wie der aus dem Grundgeschäft zu erfassen. Soweit mehrere (Ergebnis-)Posten betroffen sind, ist das
Ergebnis aus dem Sicherungsinstrument anteilig aufzuteilen. Es besteht somit
eine Pflicht zur Saldierung in der Ergebnisrechnung (IFRS 9.B6.6.14), die
Bruttodarstellung (*grossing-up*) ist untersagt.

- Eine Ausnahme besteht für eine Gruppe von Grundgeschäften, wenn durch die
Zusammenfassung bereits eine Risikokompensation erfolgt, also eine Nettoposition als *hedged item* designiert wird. Das Ergebnis aus dem Sicherungsinstrument ist zwingend in einer separaten Zeile auszuweisen, eine Aufrech-
nung/Saldierung scheidet aus (IFRS 9.B6.6.15).

Es besteht somit aus den Vorgaben zum *hedge accounting* – unabhängig von der
Art des Sicherungszusammenhangs – eine Pflicht zur Aufrechnung des Ergeb-
nisbeitrags eines *hedging instrument*, wenn dieses nicht zur Sicherung einer
Nettoposition eingesetzt wird.

> **Praxis-Beispiel (Fortsetzung zu Rz 141)**
> Sichert U lediglich den erwarteten Zufluss von USD gegen Fremdwährungs-
> risiken, ist der Ergebnisbeitrag aus dem Sicherungsgeschäft im Zeitpunkt des
> *recycling* in derselben Zeile wie das Grundgeschäft zu erfassen. U weist daher
> im März 06 nur einen Umsatz von 95 EUR (= 120–25) aus. Bezieht sich das
> Sicherungsgeschäft abweichend auf eine Nettoposition, wird also neben dem
> erwarteten Zahlungszufluss aus dem Verkauf der Güter auch ein Mittel-

> abfluss aus der Beschaffung von Roh-, Hilfs- und Betriebsstoffen in USD,
> somit ein Differenzbetrag abgesichert, ist der Ergebnisbeitrag aus dem Siche-
> rungsgeschäft i.H.v. 25 EUR in einer separaten Zeile zu erfassen.

Im Anhang ist der Ergebnisbeitrag aus dem Sicherungszusammenhang, der im **144**
statement of profit or loss nicht erscheint, separat offenzulegen (IFRS 7.24C). Die
Klassifizierung von Ein- und Auszahlungen für ein *hedging instrument* im *statement of cash flows* (→ § 3 Rz 76) folgt dem Ausweis des Grundgeschäfts
(IAS 7.16).

Wird als Sicherungsgeschäft auf ein derivatives Finanzinstrument zurückgegrif- **145**
fen, ist nicht die gesamte *fair-value*-Änderung der *hedge*-Beziehung zuzurechnen. Die Wertänderung lässt sich unterscheiden in

- den effektiven Teil (*effective portion*), der als Kompensation zu den Wertänderungen der Risikovariablen des Grundgeschäfts bestimmt wurde,
- einen Teil (*ineffective portion*), der nicht mit Änderungen der zu sichernden
  Risikovariablen korrespondiert und
- einen Anteil (*excluded portion*), der bei Designation überhaupt nicht dem
  Sicherungszusammenhang zugeordnet wurde.

Für den Ausweis in der Ergebnisrechnung ist nur auf die *effective portion*
abzustellen. Die verbleibenden Änderungen des beizulegenden Zeitwerts sind
separat zu erfassen. Eine Erfassung der gesamten, aber auch des ineffektiven Teils
der *fair-value*-Änderung des *hedging instrument* in der gleichen Zeile, in der das
Ergebnis aus dem Grundgeschäft erfasst wird, widerspricht dem Kompensati-
onsgedanken der Vorgaben. Die Nutzung der Vorgaben zum *hedge accounting*
ist als Wahlrecht ausgestaltet. Nicht jede ökonomisch sinnvolle Absicherung
gegen Risikovariablen muss oder darf auch bilanziell als Sicherungszusammenhang ausgewiesen werden. Die *fair-value*-Änderungen eines nicht als *hedging
instrument* eingesetzten Derivats sind in der Ergebnisrechnung nicht zu saldieren, sondern in einer separaten Zeile zu erfassen.

> **Praxis-Beispiel (Fortsetzung zu Rz 141 und Rz 143)**
> U verzichtet auf eine formale Designation eines Sicherungszusammenhangs
> zwischen dem erwarteten Verkauf von Gütern und dem Termingeschäft. Für
> das derivative Finanzinstrument besteht eine Pflicht zur Regelbewertung
> erfolgswirksam zum beizulegenden Zeitwert. Mangels eines Sicherungs-
> zusammenhangs ist die Wertentwicklung (*fair-value*-Änderung) im Finanz-
> ergebnis auszuweisen.

10.3 Wechselwirkung mit anderen Vorgaben

In begrenzten Ausnahmen qualifizieren sich anteilsbasierte (Vergütungs-)Zusa- **146**
gen mit vorgesehenem *cash settlement* – anders als bei *equity settlement* – als
Grundgeschäft (*hedged item*) einer bilanziellen Sicherung (→ § 23 Rz 194 ff.).
Erfolgt eine Zusage an der anteilsbasierten Vergütung an Mitarbeiter des Unter-
nehmens (*employees*) führt die Synchronisierung der Ergebniswirkung aus
Grund- und Sicherungsgeschäft zu einer Aufrechnungslage im Personalaufwand.
Insoweit auch das Management in Schlüsselpositionen (*key management per-
sonnel*) begünstigt wird, bleibt trotz der Aufrechnung in der Ergebnisrechnung

eine Angabepflicht im Gesamtbetrag der geleisteten Vergütungen bestehen (IAS 24.17(e)). Die fehlende Überleitbarkeit der im Ergebnis erfassten Aufwendungen zum Vergütungsbericht ist gesondert zu erläutern.

147 Einer Saldierung von Ergebnisbeiträgen (die auf den effektiven Teil eines Sicherungszusammenhangs entfallen) im *line item* Umsatzerlös, kann die Restriktion einer ausschließlichen Anwendung der Vorgaben auf Verträge mit Kunden entgegenstehen (IFRS 15.A). Die Vorgaben finden nur Anwendung auf Erlöse gegenüber Kunden (*revenue from contracts with customers*), die gekennzeichnet sind durch

- die Lieferung von Gütern oder
- die Erbringung von Serviceleistungen, wobei der Service-Begriff allerdings weit gefasst ist (→ § 25).

Der Erlös aus einem Vertrag mit einem Kunden entspricht dem Transaktionspreis (IFRS 15.46), auf den als Gegenleistung für die Lieferung von Gütern oder Erbringung von Dienstleistungen ein Anspruch besteht. Der Anspruch aus dem Vertrag mit dem Kunden besteht dem Grunde und der Höhe nach unabhängig von der Absicherung einer Risikovariablen. Eine Saldierung des effektiven Bewertungsergebnisses aus einem *hedging instrument* mit *revenues from customers* scheidet daher aus. Eine Kompensation kann allenfalls erzielt werden, wenn im *statement of profit or loss* als *line item* unspezifisch Umsatzerlöse ausgewiesen werden, die Angabe der Höhe der Erlöse mit Kunden also entweder in separater Zeile oder ausschließlich im Anhang erfolgt (IFRS 15.113).

11   Angaben zum *hedge accounting*

148 Wenn ein Unternehmen über Sicherungsbeziehungen (insbesondere unter Verwendung von Derivaten) verfügt und es dafür die Regeln des *hedge accounting* anwendet, ist eine Reihe von Angaben im Anhang erforderlich (IFRS 7.22 ff.).
Auf die **Checkliste „IFRS-Abschlussangaben"** (siehe HI10157883 im Haufe IFRS-Kommentar Online) wird daher verwiesen (→ § 5 Rz 8).

149 Werden die Vorgaben des *hedge accounting* angewendet, ist getrennt nach den vom Unternehmen im Einzelnen genutzten Formen des *hedge accounting* (*fair value hedge, cash flow hedge* und *hedge of a net investment in a foreign operation*) anzugeben (IFRS 7.22):

- eine Beschreibung jeder **Art von Sicherungsbeziehungen,**
- eine Kennzeichnung der **Art der gesicherten Risiken** und
- eine Beschreibung der dabei als **Sicherungsinstrumente** eingesetzten und designierten Finanzinstrumente, einschließlich ihrer *fair values*.

Dabei ist nicht jede einzelne Sicherungsbeziehung anzugeben. Vielmehr kann die Angabe zu gleichartigen Sicherungszusammenhängen zusammengefasst werden. Dies gilt z. B., wenn ein Unternehmen erwartete Umsatzerlöse in Fremdwährung über verschiedene Zeiträume mit einer Vielzahl von Devisentermingeschäften absichert.

150 Verwendet das Unternehmen *cash flow hedge accounting*, sind zusätzlich Angaben erforderlich (IFRS 7.23):

- zu den Perioden, in denen die gesicherten *cash flows* erwartet werden und in denen sie sich voraussichtlich auf die GuV auswirken,

- eine Beschreibung jeder erwarteten Transaktion, für die bisher *cash flow hedge accounting* angewendet wurde, das aber aufgrund der Tatsache, dass mit dem Eintritt der Transaktion nicht mehr gerechnet wird, gem. IAS 39.101(c) beendet werden musste,
- zum Betrag, der in der Periode in das Eigenkapital eingestellt wurde,
- zum Betrag der Entnahmen aus dem Eigenkapital, hinsichtlich der Gegenbuchung unterschieden nach Berücksichtigung in der GuV oder als bilanzielle Anpassung in der Zugangsbewertung abgesicherter Vermögenswerte oder Schulden.

Zur Erläuterung des in der **GuV** berücksichtigten Erfolgs aus der Anwendung des *hedge accounting* sind die folgenden Angaben nötig (IFRS 7.24): **151**
- Gewinne/Verluste aus *fair value hedges*, getrennt nach dem Erfolg beim Sicherungsinstrument und beim Grundgeschäft,
- Gewinne/Verluste aus der Ineffektivität von *cash flow hedges*,
- Gewinne/Verluste aus der Ineffektivität von *net investment hedges*.

12 Anwendungszeitpunkt, Rechtsentwicklung

Abweichend von den sonstigen in IAS 39 und IFRS 7 angesprochenen Vorgaben zur Bilanzierung und Offenlegung von Finanzinstrumenten unterlagen die Regeln zum *hedge accounting* nur geringfügigen Anpassungen im Zeitablauf. **152**

Mit Abschluss des *Annual Improvements Project 2009 Cycle* wurde der Zeitpunkt des *recycling* des im Eigenkapital geparkten *fair value* des Sicherungsgeschäfts für die Absicherung einer erwarteten Transaktion im Rahmen des *cash flow hedge* spezifiziert. Führt der Eintritt der erwarteten Transaktion zur Erfassung eines finanziellen Vermögenswerts bzw. einer finanziellen Verbindlichkeit, erfolgt die Verrechnung in der GuV, wenn der gesicherte *cash flow* (und nicht etwa der gesamte finanzielle Vermögenswert bzw. die finanzielle Verbindlichkeit) in der GuV erfasst wird.

Als Reaktion auf die am 4.7.2012 verabschiedete Verordnung (EU) Nr. 648/2012 des Europäischen Parlaments und des Rates über OTC-Derivate, zentrale Gegenparteien und Transaktionsregister (EMIR) wurde am 27.6.2013 – in einem beschleunigten Verfahren, mit einer auf 30 Tage begrenzten Kommentierungsfrist – eine Ergänzung zu IAS 39 veröffentlicht. Danach können bestehende Sicherungsbeziehungen unter restriktiven Voraussetzungen auch nach einer Novation der Gegenpartei fortgesetzt werden (Rz 106). **153**

13 Überarbeitetes *hedge-accounting*-Modell des IFRS 9

13.1 Überblick

Am 19.11.2013 wurde mit der Veröffentlichung von neuen Regeln zur bilanziellen Abbildung von Sicherungsbeziehungen eine weitere Phase (Phase 3) des IFRS 9 abgeschlossen.[27] Das – bereits im ED/2010/13 angelegte und im Entwurf 2012 bestätigte – vorgesehene allgemeine Modell zur bilanziellen Abbildung von Sicherungszusammenhängen trägt dem Risikomanagementgedanken, also der ökonomischen Entscheidung des bilanzierenden Unternehmens, stärker Rechnung **154**

---

[27] Vgl. LÜDENBACH/FREIBERG, BB 2013, S. 3115 ff.

als die bisherigen Vorgaben in IAS 39. Die Vorschriften klammern allerdings den Themenkomplex *„macro hedge accounting"*, für den ein eigenes Diskussionspapier vorgesehen ist, zunächst aus.[28]

155 Ausgangspunkt für die bilanzielle Abbildung von Sicherungsinstrumenten ist nach dem überarbeiteten *hedge-accounting*-Modell das **unternehmensspezifische Risikomanagement**. Die Bilanzierung von Sicherungszusammenhängen (*hedge accounting*) ist danach Reflex der getroffenen Entscheidung auf der Sachverhaltsebene (*hedging*). Durch Reduzierung der quantitativen und qualitativen Anforderungen für die Abbildungsebene wird der Anwendungsbereich des *hedge accounting* ausgeweitet. Als Restriktionen einer bilanziellen Abbildung von Sicherungsbeziehungen bleiben allerdings

- Begrenzungen der zulässigen Grund- und Sicherungsgeschäfte,
- die Pflicht zur formalen Designation und Dokumentation des Zusammenhangs mit Erläuterung der Risikomanagementstrategie und -zielsetzung und
- ein (gemilderter) Nachweis der Effektivität des Sicherungszusammenhangs.

13.2 Ausweitung des Portfolios möglicher Sicherungsinstrumente

156 Hinsichtlich des Umfangs der einsetzbaren Sicherungsinstrumente sind die neuen Vorgaben weniger restriktiv als das bisherige Recht. Keine Änderung stellt sich für die folgenden Anforderungen an ein Sicherungsinstrument ein:

- Es können weiterhin nur extern geschlossene Vereinbarungen als Sicherungsinstrument herangezogen werden (Rz 10 und Rz 29),
- die in einer Nettobetrachtung keine geschriebene Option (Ausnahme zur Sicherung einer gegenläufigen, gekauften Option) darstellen, somit keine Risikoposition begründen (Rz 12). In die Zusammenfassung kann allerdings eine geschriebene Option aufgenommen werden.

Der Kreis zulässiger (Finanz-)Instrumente umfasst nach dem neuen Modell aber all diejenigen, die erfolgswirksam zum beizulegenden Zeitwert bewertet werden, somit nicht nur derivative, sondern auch **originäre** Instrumente.

157 Eine Änderung zu den bisherigen Vorgaben ergibt sich für die Interpretation der Zeitwertkomponente von bedingten sowie der Terminkomponente von unbedingten derivativen Finanzinstrumenten, die nicht in den (bilanziellen) Sicherungszusammenhang einbezogen werden müssen. Nach dem neuen Modell zur Bilanzierung von Sicherungsbeziehungen ist ein im Designationszeitpunkt festgestellter Zeitwert – sowohl für bedingte als auch unbedingte Termingeschäfte – gem. IFRS 9.6.5.15 bzw. IFRS 9.6.5.16 als **(Anschaffungs-)Kosten der Absicherung** anzusehen (*cost of hedging*). Der Ausschluss – zwingend für Optionsprämien, wahlweise für Terminpunkte – für das *hedge accounting* erhöht die Effektivität des Sicherungszusammenhangs. Als Versicherungsprämie wird die abgetrennte Komponente, begrenzt auf den hypothetischen Wert einer perfekten Abstimmung zu den Konditionen des Grundgeschäfts, in einer gesonderten Position des sonstigen Gesamtergebnisses fortgeführt (IFRS 9.B6.5.33 bzw. IFRS 9.B6.5.38). Eine verbleibende Differenz ist erfolgswirksam zu erfassen.

---

[28] Vgl. DP/2014/1 „Bilanzierung dynamischer Risikomanagementtätigkeiten ein Neubewertungsansatz für Portfolien bei Macro Hedging" bzw. „Accounting for Dynamic Risk Manangement: a Portfolio Revaluation Approach to Macro Hedging" vom 17. April 2014.

Der zunächst im sonstigen Ergebnis erfasste Betrag ist in Abhängigkeit der Sicherung transaktions- oder zeitraumbezogen (IFRS 9.B6.5.29 und IFRS 9.B6.5.34) in das laufende Ergebnis umzugliedern (*recycling*).

Die Möglichkeit zur Abspaltung einer Komponente eines Sicherungsinstruments wird auch auf ein Währungsbasisrisiko (keine arbitragefreie Möglichkeit zum Tausch einer Zinskomponente zwischen unterschiedlichen Währungen) ausgedehnt. Relevanz hat dies insbesondere bei Zins-Währungsswaps. Eine Ausdehnung auf andere Basisrisiken, insbesondere solchen aus unterschiedlichen Zahlungsfrequenzen (sog. Tenorrisiko; Rz 86), scheidet aus. Die Ausklammerung von Basisrisiken ist insbesondere für den Effektivitätsnachweis von *cashflow-hedge*-Beziehungen relevant. Die Berücksichtigung von Währungsbasisrisiken wird in der Konstruktion eines hypothetischen Derivats als Stellvertreter für ein Grundgeschäft explizit ausgeschlossen (IFRS 9.B6.5.5). Zur Vermeidung von Ineffektivität sind daher Währungsbasisrisiken außerhalb eines designierten Sicherungszusammenhangs fortzuführen. **158**

13.3 Erleichterungen für die Festlegung von Grundgeschäften

Die in IFRS 9 angelegten Vorgaben sehen weniger Begrenzungen für qualifizierende Grund- und Sicherungsgeschäfte als die bisherigen Regeln vor. So kann auch für die bilanzielle Sicherung die Absicherung auf einzelne **(Risiko-)Komponenten nicht finanzieller Grundgeschäfte** erfolgen (IFRS 9.6.3.7), solange diese eigenständig identifizierbar und verlässlich bewertbar sind (IFRS 9.B6.3.10). **159**

Praxis-Beispiel (Abwandlung zu Rz 34)
Unternehmen D möchte den für das nächste Quartal geplanten Kauf von Kerosin gegen den Teil der Preisrisiken absichern, der aus Änderungen des Marktpreises für Rohöl resultiert. Hierzu schließt es ein Termingeschäft auf Rohöl als Sicherungsgeschäft ab. Die im Kerosinpreis enthaltene Rohölkomponente kann als Grundgeschäft designiert werden.

Trotz der gewollten Bindung der bilanziellen Anforderungen an Sicherungszusammenhänge sieht das überarbeite Modell zur bilanziellen Abbildung von Sicherungsbeziehungen kasuistische Ausnahmen für die Designation von Risikokomponenten vor. So soll **160**

- das **Inflationsrisiko** nur im Fall einer vertraglichen Spezifizierung als Risikokomponente designierbar sein (IFRS 9.B6.3.13 – IFRS 9.B6.3.14) und
- die Designation des **Kreditrisikos** finanzieller Posten wegen der praktisch schwierigen bzw. unmöglichen Isolier- und Bewertbarkeit ausscheiden (IFRS 9.BC6.42).

Nach dem neuen *hedge-accounting*-Modell gelten Derivate sowie Gruppen (IFRS 9.6.3.4) von Geschäften (etwa bereits geschlossene und mit hoher Wahrscheinlichkeit erwartete Transaktionen) und **Nettopositionen** (keine Notwendigkeit zur Identifizierung eines Stellvertretergeschäfts) künftig als zulässige Grundgeschäfte (IFRS 9.6.6.1), wenn das unternehmensspezifische Risikomanagement eine entsprechende Strategie vorsieht und diese praktiziert wird.[29] **161**

---

[29] Vgl. GARZ/HELKE, WPg 2012, S. 1211 f.; WIESE/SPINDLER, PiR 2012, S. 348.

Auch die Designation einer Null-Nettoposition, bei der sich die (gegenläufigen) Risiken verschiedener Grundgeschäfte ohne Rückgriff auf ein Sicherungsinstrument ausgleichen, ist zulässig (IFRS 9.6.6.6). Für den Ausweis in der Ergebnisrechnung ist ein separater Posten vorgesehen (IFRS 9.6.6.4).

162   Mit den neuen, am Risikomanagement ausgerichteten Vorgaben zum *hedge accounting* ist es auch zulässig, einzelne Teilbereiche (*layer*) eines größeren Portfolios von (homogenen) Grundgeschäften als *hedged item* zu designieren (IFRS 9.B6.3.18). Explizit erlaubt ist künftig auch die Designation eines **Bodensatzes** (*bottom layer*) als Teilbereich eines Portfolios. Allerdings wurde trotz intensiver Diskussion keine Ausweitung der zulässigen Grundgeschäfte für Bodensätze von Sichteinlagen oder *sub-benchmark*-Risiken[30] in die neuen Vorgaben aufgenommen. Die auf zulässige Grundgeschäfte bezogenen Einschränkungen, die zum *carve out* des IAS 39 beim *endorsement* geführt haben (Rz 33), bleiben somit erhalten.

163   Es bleibt weiterhin unzulässig, nur (konzern)interne Geschäfte als Sicherungsinstrument zu designieren (Rz 10 und Rz 29). Innerhalb einer Gruppe zur Risikoverlagerung kontrahierte derivative Sicherungsinstrumente stellen daher keine zulässigen *hedging instruments* dar. Im Rahmen der (externen) Absicherung einer Nettoposition werden aber auch (konzern)interne Derivate, die Risiken bündeln und verlagern, mit abgesichert.

13.4   Gemilderter Effektivitätstest

164   Die bilanzielle Abbildung einer ökonomischen Sicherungsentscheidung setzt die Effektivität, also einen wirksamen Risikoausgleich, voraus. Im Vordergrund des erforderlichen Effektivitätsnachweises steht nur noch der Nachweis der Anbindung der Abbildungsebene an das Risikomanagement und die dort eingesetzten Methoden (IFRS 9.B6.4.18). Das neue Modell formuliert daher nur noch drei Anforderungen für den erfolgreichen Nachweis (IFRS 9.6.4.1(c)):
- Es besteht überhaupt ein wirtschaftlicher Zusammenhang zwischen Grund- und Sicherungsgeschäft.
- Ein Risikoausgleich ist auf gegenläufige Wertentwicklungen, die nicht rein zufällig sind, zurückzuführen.
- Die sich aus der Sicherungsbeziehung ergebenden Wertänderungen sind nicht im Wesentlichen durch ein geändertes, den Zusammenhang störendes Ausfallrisiko bedingt.

Die Wirksamkeit des Risikoausgleichs ist im Zeitpunkt der Designation, aber auch fortlaufend für die Zukunft nachzuweisen. Es bleibt damit bei einem zwingenden **prospektiven** Effektivitätsnachweis (Rz 69). Es entfällt die Verpflichtung zum retrospektiven Effektivitätsnachweis (Rz 71). Gestrichen werden aber auch die bisherigen quantitativen Schwellenwerte (Bandbreite von 80 % – 125 %).

165   Die gewählte Sicherungsquote (*hedge ratio*) für Grund- und Sicherungsgeschäft entspricht der ökonomischen Ausgangssituation. Die bilanzielle Abbildung ist also Reflex der Sicherungsstrategie. Rein bilanzpolitisch motivierte Designationen scheiden daher aus. Da eine auf Ineffektivität zurückzuführende Wertänderung

---

[30]   Siehe hierzu v. a. das *Agenda Paper* 9A vom September 2011, http://www.ifrs.org/Meetings/Pages/ IASB-Meeting-September-2011.aspx, abgerufen am 4.1.2017.

des Sicherungsinstruments weiterhin unmittelbar in der GuV zu erfassen ist, besteht allerdings unverändert die Notwendigkeit der Berechnung der Effektivität.

13.5 Keine freiwillige De-Designation, Pflicht zum *rebalancing*

Nach erfolgter Designation können geänderte Rahmenbedingungen eine Anpassung des ökonomischen Sicherungszusammenhangs erforderlich machen. Das neue Modell sieht bilanziell eine Fortführung bei (Re-)Kalibrierung (*rebalancing*) der Bedingungen vor, verpflichtet also nicht auf eine Beendigung des bestehenden und Begründung eines neuen Sicherungszusammenhangs (IFRS 9.B6.5.7). Die Auswirkungen des *rebalancing* sind abhängig von der Art der Anpassung der Sicherungsquote (mit komplizierten Nebenwirkungen; IFRS 9.B6.5.16 – IFRS 9.B6.5.20). Adjustiert werden kann **166**

- das Volumen der Sicherungsinstrumente, mit der Folge eines Ausschlusses oder einer Einbindung in den Sicherungszusammenhang, aber auch
- das Volumen der Grundgeschäfte, was wegen der notwendigen *layer*-Bildung und Nachverfolgung (Rz 162) die kompliziertere Variante darstellt.

Es gelten dieselben Kriterien wie für die Beendigung eines *hedge accounting*. Durch eine Adjustierung der Sicherungsquote, aber auch durch das Entfallen der Verpflichtung zum retrospektiven Effektivitätsnachweis wird das Problem der Ineffektivität bei einer nachträglichen Designation eines Sicherungszusammenhangs vermieden (Rz 95 ff.).

Eine Aufhebung einer bilanziellen Sicherung steht nicht mehr im freien Ermessen des Unternehmens (IFRS 9.B6.5.23), sondern setzt **167**

- den Aus-/Wegfall des Grund- bzw. Sicherungsgeschäfts (IFRS 9.6.5.6) oder
- eine Änderung der Risikomanagementzielsetzung voraus (IFRS 9.B6.5.23).

Ermöglicht wird eine kontinuierliche Neu-Designation (*proxy hedging*) von bestehenden Sicherungsbeziehungen als Reflex geänderter Risikomanagementziele.

13.6 Zusätzlicher Katalog von Anhangangaben

Die weitreichende Flexibilität des neuen *hedge-accounting*-Modells geht einher mit einer Ausweitung der Anhangangaben. Offenzulegen sind insbesondere die Risikomanagementstrategie des Unternehmens und die Auswirkungen der Sicherungsbilanzierung auf den Abschluss.[31] Bereitgestellt werden sollen nach IFRS 7.21A Informationen **168**

- zur übergreifenden Risikomanagementstrategie des Unternehmens und zum Umgang mit den vorliegenden Risiken,
- zum Einfluss der getroffenen Absicherungsmaßnahmen auf zukünftige *cash flows* (Höhe, Zeitpunkt und Unsicherheit) und
- zu den Effekten, die sich aufgrund von *hedge accounting* auf Bilanz, GuV und Eigenkapitalveränderungsrechnung ergeben.

13.7 Wahlrecht bezogen auf die Anwendung des neuen Modells

Die Anwendung der Vorgaben zum *hedge accounting* steht auch weiterhin im Ermessen des Bilanzierers. Alternativ ermöglicht IFRS 9, Kreditrisikopositionen **169**

---

[31] Vgl. WIESE/SPINDLER, PiR 2012, S. 351 f.

erfolgswirksam zum *fair value* zu bewerten, wenn das Risiko mit einem Kreditderivat gesteuert wird.

170   Bis zum Abschluss des (Gesamt-)Projekts Bilanzierung von Finanzinstrumenten besteht darüber hinaus ein einmalig ausübbares Wahlrecht zum Rückgriff auf die bestehenden Vorgaben nach **IAS 39** insgesamt (IFRS 9.7.2.16) oder nur bezogen auf die Absicherung offener Portfolien (*macro hedge accounting*). Als zeitlich begrenzte Zwischenlösung – zur Vermeidung von Inkonsistenzen – können die bestehenden Vorgaben des IAS 39 zum *hedge accounting* bis zum Abschluss des nunmehr eigenständigen Projekts *macro hedge accounting* fortgeführt werden.

171   Der verpflichtende Erstanwendungszeitpunkt von IFRS 9 wurde auf den 1.1.2018 verschoben. Eine vorzeitige Anwendung bleibt zulässig.

14   ABC des *hedge accounting*

172

Ausgeschlossene Grundgeschäfte	Die restriktiven Vorgaben zum *hedge accounting* schließen einige Transaktionen als Grundgeschäfte aus (Rz 37 ff.).
cash flow hedge	Absicherung zukünftiger Zahlungsströme gegen einzelne Risiken (Rz 52).
Dokumentation	Der Sicherungszusammenhang ist für die bilanzielle Anerkennung zu dokumentieren, der Zeitpunkt der Dokumentation markiert den Beginn der Zulässigkeit des *hedge accounting* (Rz 57).
*dollar-offset-*Methode	Einfache Berechnung der relativen Wertänderung von Grund- und Sicherungsgeschäft für den Effektivitätsnachweis, allerdings misslingt der Nachweis bei kleinen Änderungen (Rz 73).
Effektivitätsnachweis	Die Fortführung einer Sicherungsbeziehung setzt den Nachweis einer gegenläufigen Entwicklung von Grund- und Sicherungsgeschäft, bezogen auf die identifizierte Risikoposition, voraus (Rz 65), andernfalls ist der Zusammenhang aufzulösen (Rz 90).
Einseitige Risiken	Die Absicherung gegen *one-sided risks* kann über bedingte Termingeschäfte erfolgen (Rz 36).
Erwartete Transaktionen	Die Eignung als Grundgeschäft setzt eine hohe Wahrscheinlichkeit für den tatsächlichen Eintritt voraus (Rz 23).
fair value hedge	Absicherung einer auf eine Risikokomponente zurückzuführenden Änderung des beizulegenden Zeitwerts (Rz 50).
fair value option	Anstatt der Begründung einer *fair-value-hedge*-Beziehung bietet sich u.U. auch der Rückgriff auf eine gewillkürte *fair-value*-Bewertung an (Rz 110).

Geschriebene Optionen	Ausschluss als Sicherungsinstrument, da diese eine Risikoposition begründen (Rz 12).
Grundgeschäft	Als zulässige Grundgeschäfte gelten alle originären Finanzinstrumente, ausgeschlossen sind alle derivativen Finanzinstrumente (Rz 22 ff.).
Hoch effektiver Sicherungs-zusammenhang	Eine Sicherungsbeziehung gilt als *highly effective* und die Anwendung des *hedge accounting* ist erlaubt, wenn die Wertänderungen von Grund- und Sicherungsgeschäft sich in einer relativen Bandbreite von 80 % – 125 % bewegen (Rz 66).
Hypothetisches Derivat	Konstruktion eines fiktiven Derivats, welches das Zahlungsstromprofil eines Grundgeschäfts erlaubt, damit die *dollar-offset*-Methode zum Effektivitätsnachweis angewendet werden kann. Das hypothetische Derivat kann nur für *cash-flow-hedge*-Beziehungen angewendet werden und hat im Designationszeitpunkt zwingend einen Wert von null (Rz 76).
Ineffektivität	Der Begriff hat eine zweifache Bedeutung, eine Ineffektivität außerhalb der Bandbreite von 80 % – 125 % führt zur Beendigung des bilanziellen Sicherungszusammen-hangs. Eine Ineffektivität innerhalb der Bandbreite bedingt eine anteilige Erfassung von Wertänderungen außerhalb des fortzuführenden Sicherungszusammenhangs.
Interne Geschäfte	Keine Designation als Grundgeschäft (Rz 29) oder Sicherungsgeschäft (Rz 10).
Nachträgliche Designation	Werden bestehende (unbedingte) Termingeschäfte als Sicherungsinstrumente eingesetzt, entsteht zwangsläufig eine Ineffektivität des Sicherungszusammenhangs.
Portfolio-sicherung	Homogene Grundgeschäfte können zusammen als ein *hedged item* designiert werden (Rz 26).
Prolongation	Fallen Grund- und Sicherungsgeschäft zeitlich nicht synchron an, kann eine bestehende Sicherungsbeziehung verlängert werden, wenn das Grundgeschäft später anfällt (Rz 108).
Prospektive Effektivität	Stimmen die *critical terms* von Grund- und Sicherungsgeschäft überein, kann die Effektivität qualitativ nachgewiesen werden (Rz 69), andernfalls ist ein quantitativer Nachweis nach einer im Ermessen des Bilanzierers stehenden Methode zu verifizieren (Rz 70).
Regressions-analyse	Statistisch-mathematischer Nachweis der Effektivität eines Sicherungszusammenhangs, die auch bei geringen Datenpunkten verlässlich ist (Rz 80).

Retrospektive Effektivität	Die retrospektive Effektivität ist zwingend quantitativ nachzuweisen, ein qualitativer Beleg (vergleichbar einer nach US-GAAP zulässigen *short-cut*-Methode) scheidet aus (Rz 71).
Risiko-komponenten	Für die Teil-Designation der Risiken eines Grund-geschäfts ist zwischen finanziellen und nicht finanziellen Transaktionen zu unterscheiden (Rz 31 ff.).
Sicherungs-geschäft	Für alle Risiken können derivative Finanzinstrumente eingesetzt werden, für Währungsrisiken zusätzlich Kas-sainstrumente (Rz 7).
Teil-Designation (*hedging in proportions*)	Sicherungsinstrumente dürfen – zur Erhöhung der Effek-tivität des Sicherungszusammenhangs – i.H. e. prozen-tualen Anteils ihres Gesamtvolumens designiert werden (Rz 17).
Währungs-absicherung	Die Absicherung einer Nettoinvestition in eine wirt-schaftlich selbstständige Teileinheit folgt den Regeln für *cash flow hedge accounting* (Rz 43).

§29 ZU VERÄUSSERNDES LANGFRISTIGES VERMÖGEN UND AUFGEGEBENE GESCHÄFTSBEREICHE *(Non-current Assets Held for Sale and Discontinued Operations)*

Schrifttum: ALBRECHT, Bewertung einer Veräußerungsgruppe nach IFRS 5, PiR 2015, S. 128 ff.; DOBLER/DOBLER, Zweifelsfälle der Bewertung von zur Veräußerung gehaltenen Abgangsgruppen nach IFRS 5, KoR 2010, S. 353 ff.; FREIBERG, Aktuelle Anwendungsfragen der Bilanzierung nach IFRS 5, PiR 2011, S. 142 ff.; KÜTING/REUTER, Bilanz- und Ertragsausweis nach IFRS 5, Gefahr der Fehlinterpretation in der Bilanzanalyse, BB 2007, S. 1942 ff.; LÜDENBACH, Discontinued operations im Segmentbericht, PiR 2012, S. 164 ff.; LÜDENBACH, Bewertung von Anteilen an assoziierten Unternehmen bei Veräußerungsabsicht, PiR 2006, S. 45 ff.; MEYER, Einzelfragen zur Darstellung von Ertragsteuern im Anwendungsbereich von IFRS 5, PiR 2013, S. 277 ff.; MEYER, Bedeutung des IFRS 5 für den Ansatz und die Bewertung latenter Steuern, PiR 2013, S. 307 ff.; ROGLER/TETTENBORN/STRAUB, Bilanzierungsprobleme und -praxis von zur Veräußerung gehaltenen langfristigen Vermögenswerten und Veräußerungsgruppen, KoR 2012, S. 381 ff.

Vorbemerkung
Die Kommentierung beruht auf IFRS 5 in der aktuellen Fassung und berücksichtigt alle Änderungen, Ergänzungen und Interpretationen, die bis zum 1.1.2017 beschlossen wurden. Abweichungen zu früheren Regelungen sowie diskutierte oder schon als Änderungsentwurf vorgelegte zukünftige Regelungen sind unter Rz 80 f. dargestellt.

1 Zielsetzung, Regelungsinhalt, Begriffe

1.1 Prognoserelevante Abgrenzung fortzuführender gegenüber auslaufenden Aktivitäten

1 IFRS 5 enthält **besondere Bewertungs- und Ausweisvorschriften** für
- zur Aufgabe vorgesehene, nicht fortgeführte Bereiche (*discontinued operations*) und
- zur Veräußerung gehaltenes langfristiges Vermögen (*non-current assets held for sale*).

Die Sondervorschriften sollen den Bilanzadressaten ermöglichen, die finanzielle Wirkung von **Einstellungs- und Veräußerungsplänen** zu beurteilen (IFRS 5.30). Der Separierung aufgegebener von fortzuführenden Bereichen wird **Prognoserelevanz** zugesprochen (IFRS 5.BC62). Die Abschlussadressaten sollen zwischen auch zukünftig zu **erwartenden** und zukünftig **nicht mehr gegebenen** Aktivitäten unterscheiden können, um dies in ihren Prognosen, Extrapolationen usw. zu berücksichtigen.

1.2 Ersatz allgemeiner Ausweis- und Bewertungsvorschriften

Der Vorgängerstandard IAS 35 enthielt nur Regelungen zu **Ausweis und Anhang**. IFRS 5 erweitert den Bereich der Sondervorschriften auf die **Bewertung**. Nur der Ansatz, d. h. insbesondere der **Ausbuchungszeitpunkt** von Anlagevermögen, unterliegt den allgemeinen Vorschriften von IAS 16 (→ § 14 Rz 61) und IAS 38 (→ § 13 Rz 97; IFRS 5.24). Für Ausweis und Bewertung gelten hingegen im Kern folgende Regeln: **2**

- **Bewertungsmaßstab:** Zur Veräußerung bestimmtes Anlagevermögen ist mit dem **Nettozeitwert** (*fair value less costs to sell*), jedoch maximal mit dem bisherigen Buchwert (*carrying amount*) anzusetzen (Rz 37).
- **Bilanzausweis:** In der Bilanz ist das zur Veräußerung bestimmte langfristige Vermögen (Anlagen), bei Veräußerung einer Sachgesamtheit (Veräußerungsgruppe bzw. *disposal group)* auch das zugehörige kurzfristige Vermögen (Umlaufvermögen), separat auszuweisen, ggf. auch zugehörige Verbindlichkeiten (Rz 53).
- **GuV-Ausweis:** Soweit die zur Aufgabe bestimmte Sachgesamtheit (*disposal group)* ein bedeutendes sachliches oder geografisches Geschäftsfeld repräsentiert (*discontinued operation),* ist überdies eine Separierung in der GuV (→ § 2 Rz 58) und in der Kapitalflussrechnung (→ § 3 Rz 144) geboten, und zwar abweichend vom Anwendungsbereich der vorstehenden Sonderregeln auch bei der Stilllegung (*abandonment;* Rz 56).

Auf Abbildung 1 sowie die Tabelle in Rz 5 wird verwiesen.

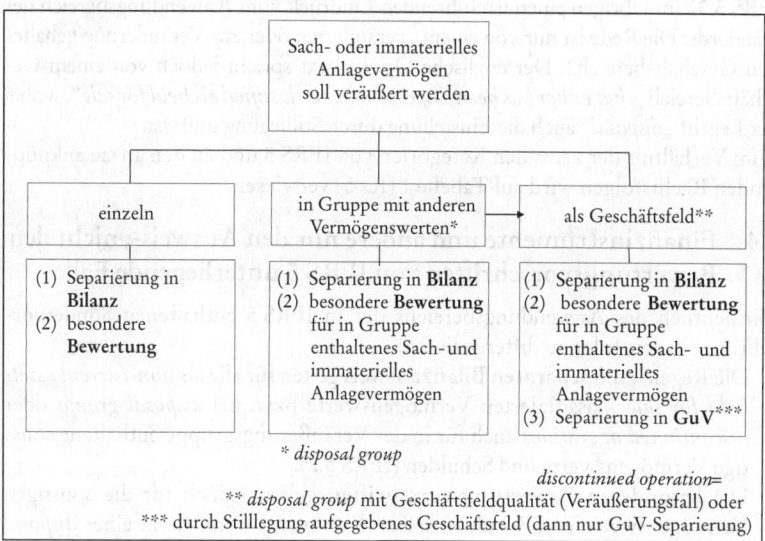

Abb. 1: Überblick über IFRS 5

1.3   Abgrenzung zwischen zur Veräußerung bestimmtem Anlagevermögen und aufgegebenen Bereichen

3   Zur **Veräußerung** vorgesehen und damit als *held for sale* kann zu qualifizieren sein:

- ein einzelner **Anlagegegenstand** (*non-current asset held for sale*),
- eine **Sachgesamtheit**, d. h. eine Veräußerungsgruppe, die neben Anlagegegenständen auch Umlaufvermögen und Verbindlichkeiten enthalten kann *(disposal group)*, oder
- ein bedeutender sachlicher oder geografischer **Geschäftsbereich** (*discontinued operation*).

Bei Beschränkung der Betrachtung auf **Veräußerungsfälle** würden sich die *discontinued operations* nur durch ihr größeres Gewicht und ihre Eigenständigkeit (Geschäftsfeldqualität) von der *disposal group* unterscheiden.

Der Begriff der *discontinued operations* berücksichtigt jedoch im Unterschied zu dem der *disposal group* auch Einstellungen eines Bereichs, die sich nicht durch Verkauf, sondern durch **Stilllegung (*abandonment*)** vollziehen. Auch in diesem Fall ist eine Separierung des Erfolgs in der GuV (Rz 56) und des *cash flow* im Anhang oder in der Kapitalflussrechnung (jedoch nicht des Vermögens in der Bilanz) geboten (Rz 2). Anders als bei der Veräußerung beginnt die Separierung jedoch nicht mit dem Einstellungs**beschluss**, sondern erst im Jahr des tatsächlichen **Vollzugs** der Einstellung (Rz 36). In dieser Hinsicht vermittelt die amtliche Übersetzung von IFRS 5.32 im Übrigen einen irreführenden Eindruck vom Anwendungsbereich des Standards: Die Rede ist nur von einem „veräußerten oder zur Veräußerung gehaltenen Geschäftsbereich". Der englische Originaltext spricht jedoch von einem Geschäftsbereich *„that either has been disposed of, or is classified als held for sale"*, wobei der Begriff *„disposal"* auch die Einstellung durch Stilllegung umfasst.

Zum Verhältnis der zentralen Kategorien von IFRS 5 und zu den an sie anknüpfenden Rechtsfolgen wird auf Tabelle 1 (Rz 5) verwiesen.

1.4   Finanzinstrumente und andere nur den Ausweis-, nicht den Bewertungsvorschriften von IFRS 5 unterliegende Fälle

4   Hinsichtlich des Anwendungsbereichs der in IFRS 5 enthaltenen Sondervorschriften ist wie folgt zu differenzieren:

- Die Regeln zum **separaten Bilanzausweis** gelten für alle als *non-current assets held for sale* klassifizierten Vermögenswerte bzw. bei *disposal groups* oder *discontinued operations* auch für in der Veräußerungsgruppe enthaltene sonstige Vermögenswerte und Schulden (IFRS 5.2).
- Die **besonderen Bewertungsvorschriften** gelten jedoch für die sonstigen Vermögenswerte und Schulden selbst dann nicht, wenn sie in einer *disposal group/discontinued operation* enthalten sind. Betroffen von der **Ausnahme** sind neben dem Umlaufvermögen *(non-current assets)* gem. IFRS 5.5 noch folgende langfristige Vermögenswerte:
  - latente Steuern nach IAS 12 (→ § 26);
  - Vermögenswerte aus Versorgungsplänen *(plan assets)* i. S. v. IAS 19 (→ § 23);
  - Finanzinstrumente i. S. v. IAS 39/IFRS 9 (→ § 28);
  - im *fair-value*-Modell bewertete *investment properties* gem. IAS 40 (→ § 16 Rz 54);

- im *fair-value*-Modell bewertete Anlagen des Agrarbereichs nach IAS 41;
- Vertragsrechte aus Versicherungsverträgen nach IFRS 4 (→ § 39).
- Kurz gefasst gelten die besonderen Bewertungsvorschriften somit nur für **Sachanlagen** und **immaterielle Anlagen.**

1.5 Überblick über die in IFRS 5 enthaltenen Qualifizierungen und deren Rechtsfolgen

Nachstehende Tabelle 1 gibt einen Überblick über die nach IFRS vorzunehmenden **Qualifizierungen** als   **5**

- zur Veräußerung gehaltenes langfristiges Vermögen *(non-current assets held for sale*; Rz 6 ff.),
- Veräußerungsgruppe *(disposal group*; Rz 6 ff.) und
- aufgegebener Geschäftsbereich *(discontinued operation*; Rz 19)

sowie die damit verbundenen **Rechtsfolgen** für

- Bewertung (Rz 37),
- Bilanzausweis (Rz 53) und
- GuV-Ausweis (Rz 56)

in Abhängigkeit von der **Art**

- des zur Veräußerung bestimmten Anlagegegenstands bzw.
- Vermögenswerts (Rz 38).

	besond. Bewertung	sep. Bilanzausweis	sep. GuV-Ausweis	Beispiel
zu veräußerndes langfristiges Vermögen *(non-current assets held for sale)*, jedoch nicht Finanzinstrumente etc.	++	++	–	Veräußerung Lagerhalle
zur Veräußerung bestimmte Sachgesamtheit *(disposal group)* ohne Geschäftsfeldqualität	+/–**	++	–	Veräußerung Lagerhalle inkl. Maschinen und Rohstoffe
zur Veräußerung bestimmte Sachgesamtheit mit Geschäftsfeldqualität *(discontinued operations)*	+/–**	++	++	Veräußerung Produktionslinie Agrarchemie
zur Stilllegung bestimmtes Geschäftsfeld	–	–	++	Rückzug aus Südostasien
** besondere Bewertung nicht für in der *disposal group/discontinued operation* enthaltenes Umlaufvermögen, außerdem nicht für bestimmte Anlagen (Finanzanlagen, zum *fair value* erfasste *investment properties* etc.), vgl. Rz 4				

Tab. 1: Grundbegriffe und ihre Rechtsfolgen

2 Definition der zur Veräußerung bestimmten langfristigen Vermögenswerte und der Veräußerungsgruppe

2.1 Abgrenzung zum Umlaufvermögen

6   Soweit es um die Veräußerung eines einzelnen Vermögenswerts geht, findet IFRS 5 nur auf langfristiges Vermögen *(non-current assets)* Anwendung. In *disposal groups* bzw. *discontinued operations* kann hingegen auch kurzfristiges Vermögen enthalten sein, für das dann – jedenfalls auf Einzelbewertungsebene – nur die besonderen Bilanzausweisvorschriften gelten (Rz 38).

In der **Abgrenzung** zwischen langfristigem und kurzfristigem Vermögen verfährt IFRS 5.A wie folgt:

- Der Begriff des *non-current asset* wird negativ und tautologisch definiert als ein Vermögenswert, der kein *current asset* ist.
- Der Begriff des *current asset* wird in Übereinstimmung mit IAS 1 (→ § 2 Rz 46) durch das Vorliegen von mindestens einem der folgenden Merkmale definiert: Umlaufvermögen *(current assets)* sind
  - zur Realisierung durch Verbrauch oder Veräußerung innerhalb des Geschäftszyklus *(operation cycle)* vorgesehene Vermögenswerte (z.B. Rohstoffe und Erzeugnisse),
  - zu Handelszwecken gehaltenes Vermögen (z.B. Waren sowie Wertpapiere des Handelsbestands),
  - Zahlungsmittel sowie
  - zur Realisierung innerhalb von zwölf Monaten (gerechnet vom Bilanzstichtag) vorgesehene Vermögenswerte.

V. a. das letzte Kriterium gibt im Verhältnis zur Definition der *non-current assets held for sale* Rätsel auf, da diese in IFRS 5.6 als *non-current assets* definiert sind, deren Buchwert gerade nicht durch fortgesetzte Nutzung, sondern durch Verkauf binnen i.d.R. zwölf Monaten (IFRS 5.8) realisiert werden soll.[1] **Zwei Lesarten** zum Verhältnis von langfristigem Vermögen und *non-current assets held for sale* bieten sich an:

- Eine eng am **Wortlaut** orientierte Interpretation sähe wie folgt aus:
  - Den Sondervorschriften von IFRS 5.6 ff. unterliegen nur solche langfristigen Vermögenswerte, die innerhalb von i.d.R. zwölf Monaten veräußert werden sollen.
  - Gem. IAS 1 und IFRS 5.A sind langfristige Vermögen nur solche Vermögenswerte, die nicht zur Veräußerung oder zum Verbrauch innerhalb von zwölf Monaten bestimmt sind.
  - Die Vorschriften von IFRS 5.6 ff. zu den *non-current assets held for sale* laufen demzufolge ins **Leere**. Sie gelten einerseits nicht für Vermögenswerte, die zur Veräußerung innerhalb von zwölf Monaten bestimmt und daher *current assets* sind. Sie gelten andererseits nicht für *non-current assets*, die nicht zur Veräußerung innerhalb von zwölf Monaten bestimmt und daher keine *held-for-sale assets* sind.

---

[1]   Ähnlich SCHILDBACH, WPg 2005, S. 554.

- Eine über die definitorischen Schwächen von IFRS 5 hinwegsehende, den Absichten des IASB entgegenkommende **geltungserhaltende** Interpretation sieht demgegenüber wie folgt aus:[2]
  - Den Sondervorschriften von IFRS 5.6 ff. unterliegen nur solche langfristige Vermögenswerte, die **innerhalb von i.d.R. zwölf Monaten veräußert** werden sollen.
  - Gegen den Wortlaut von IFRS 5.A sind als langfristig solche Vermögenswerte anzusehen, die entweder (a) **ursprünglich mit Dauerverwendungsabsicht**, d.h. ursprünglich ohne Absicht der Veräußerung oder des Verbrauchs innerhalb von zwölf Monaten, beschafft oder hergestellt wurden oder die (b) beim Unternehmen **typischerweise Anlagevermögen** sind.
  - **Entfällt** bei Vermögenswerten des Typs (a) zu einem späteren Zeitpunkt die Weiterverwendungsabsicht und tritt an ihre Stelle eine Veräußerungsabsicht, so sind sie ab diesem Zeitpunkt nicht mehr als normale *non-current assets*, sondern als *non-current assets held for sale* zu qualifizieren.

Die nachfolgenden Ausführungen folgen der zweiten, geltungserhaltenden Lesart. Sie hat den Vorzug, die umfangreichen Ausführungen des IASB in IFRS 5 nicht ohne Anwendungsbereich stehen zu lassen. Als ein Nachteil mag die gewisse Unschärfe angesehen werden, die im Begriff des „**typischen langfristigen Vermögens**" enthalten ist. Diese Kategorie ist jedoch notwendig, um einen bereits mit Veräußerungsabsicht erworbenen Vermögenswert gem. IFRS 5.11 ebenfalls als *non-current asset held for sale* qualifizieren zu können. 7

Praxis-Beispiel

Das Unternehmen U baut und veräußert Gebäude. Aus der Insolvenzmasse eines Wettbewerbers konnte U einige Baumaschinen erwerben. Für einen Teil der nur im Paket erwerbbaren Maschinen bestand von vornherein eine Veräußerungsabsicht.

Nach IAS 1 und IFRS 5.A wären die mit Veräußerungsabsicht erworbenen Maschinen Umlaufvermögen. Gem. IFRS 5.11 sowie IFRS 5.IG.E3 sind sie jedoch als *non-current assets held for sale* zu qualifizieren. Diese Zuordnung kann nur durch Verwendung eines **Typusbegriffs** gerechtfertigt werden. Da U kein Baumaschinenhändler, sondern Bauunternehmer ist und daher Baumaschinen bei ihm typischerweise Anlagevermögen sind, hat er die von vornherein zur Veräußerung bestimmten Maschinen als *non-current assets held for sale* zu klassifizieren und sie entsprechend auszuweisen und zu bewerten.

Fallvariante

U erwirbt aus der Insolvenzmasse Immobilien mit der Absicht der Weiterveräußerung. Da die Veräußerung von Immobilien typischer Geschäftszweck von U ist, kommt nur eine Qualifizierung als Vorratsvermögen infrage.

Die Notwendigkeit einer Typusbetrachtung wird auch durch IAS 16.68A unterstrichen. Hiernach sind Sachanlagen, die nach Vermietung an Dritte routine-

---

[2]   Mit ähnlicher Kritik und etwas anderem Lösungsansatz (Berufung auf lex specialis) ZÜLCH/LIENAU, KoR 2004, S. 442 ff.

mäßig im Rahmen des Geschäftsmodells veräußert werden (Beispiel: Autovermieter) mit Beendigung der Vermietung in das Vorratsvermögen umzugliedern. IFRS 5 wird hier nicht einschlägig (→ § 14 Rz 62).

Bei einer mit Veräußerungsabsicht erworbenen Veräußerungsgruppe *(disposal group*; Rz 5), die typisches Anlagevermögen und Umlaufvermögen enthält, teilt u. E. das Umlaufvermögen das Schicksal des Anlagevermögens, wenn es in einem Akt mit diesem, d. h. i. d. R. an den gleichen Erwerber veräußert werden soll.

Im Übrigen ist der Begriff der Veräußerungsgruppe **unscharf**. IFRS 5.4 stellt im Wesentlichen nur auf die Intention ab, mehrere Vermögenswerte in einer Transaktion zu veräußern. Dabei könne es sich um eine zahlungsmittelgenerierende Einheit (CGU) i. S. v. IAS 36 (→ § 11 Rz 101ff.) handeln, aber auch höher aggregiert um Gruppen von CGUs oder weniger aggregiert um Teile von CGUs.[3]

2.2 Verfügbarkeit zur sofortigen Veräußerung im gegenwärtigen Zustand

8 Ein langfristiger Vermögenswert *(non-current asset)* qualifiziert sich gem. IFRS 5.7 nur dann als zur Veräußerung bestimmt *(held for sale)*, wenn er **zur sofortigen Veräußerung im gegenwärtigen Zustand verfügbar** ist *(available for immediate sale in its present condition)*. In Anlehnung an die *Guidance on Implementing IFRS 5* lässt sich dieses Merkmal an folgenden Beispielen erläutern (IFRS 5.IG1 und IFRS 5.IG3):

Praxis-Beispiel

U plant die Veräußerung der drei folgenden Gebäude:

1) ein nicht mehr genutztes Produktionsgebäude nach **Räumung und Reinigung,**

2) ein leer stehendes Lagergebäude nach – zur Anhebung des Veräußerungspreises – **umfassender Renovierung,**

3) ein altes Verwaltungsgebäude nach Herstellung eines neuen **Ersatzgebäudes.**

Beurteilung

1) Das Produktionsgebäude steht zur sofortigen Veräußerung im gegenwärtigen Zustand zur Verfügung. Räumungs- und Reinigungsarbeiten zur Übergabe im besenreinen Zustand sind bei der Veräußerung solcher Anlagen üblich und hindern die Klassifizierung als *non-current asset held for sale* nicht.

2) Das Lagergebäude soll nicht in seinem gegenwärtigen Zustand, sondern nach Renovierung, d. h. als ein Gut anderer Marktgängigkeit, veräußert werden. Erst mit Abschluss der Renovierungsarbeiten kommt eine Qualifizierung als *non-current asset held for sale* infrage.

3) Das Verwaltungsgebäude soll bis zur Fertigstellung des neuen Gebäudes weiter genutzt werden. Selbst wenn bereits vor Baubeginn des neuen Gebäudes ein Kaufvertrag über das alte Gebäude geschlossen wird, kommt eine sofortige Klassifizierung als *non-current asset held for sale* nicht infrage. Hierzu muss erst das neue Gebäude fertig gestellt sein.

---

[3] Kritisch hierzu VÖLKNER, PiR 2005, S. 78.

Die Voraussetzung der sofortigen Veräußerbarkeit im gegenwärtigen Zustand muss auch bei einer *disposal group* oder *discontinued operation* (Rz 5) erfüllt sein. Zur Erfüllung des Merkmals der **sofortigen Veräußerbarkeit bei Auftragsbeständen** enthält IFRS 5.IG2 folgendes Beispiel:

> **Praxis-Beispiel**
> U will die Produktionsstätte C veräußern. Der Veräußerungsplan sieht die Veräußerung der entsprechenden Produktionslinie (d.h. mit Arbeitnehmern, Auftragsbeständen, Vorräten usw.) vor.
> Unerledigte Bestellungen (Auftragsbestände) hindern die Qualifizierung als *non-current asset held for sale* nicht, da die Auftragsbestände mit veräußert werden sollen.
>
> **Fallvariante**
> Nur die Produktionsstätte soll veräußert werden. Dies setzt die Erfüllung aller noch unerledigten Aufträge voraus.
> Eine Qualifizierung als *non-current asset held for sale* kommt erst mit Einstellung der Produktion infrage. Hieran ändert auch ein bereits vorher geschlossener Kaufvertrag nichts.

2.3 Veräußerung und Sachdividenden

Mit begrenzten Ausnahmen für *discontinued operations* (Rz 3) gelangen die Regelungen von IFRS 5 nur bei (beabsichtigter) **Veräußerung** langfristigen Vermögens oder einer Veräußerung gleichgestellten **Sachdividenden** zur Anwendung. **9**

Grundfall der Veräußerung ist die Übertragung durch **Kaufvertrag**, und zwar unabhängig davon, ob der Veräußerer ein Entgelt erzielt oder wegen der Übertragung höherer Lasten als Vermögenswerte umgekehrt selbst ein Entgelt zahlen muss **(negativer Kaufpreis)**. **Weitere Fälle** sind wie folgt zu beurteilen:

- Ein beabsichtigter *sale and lease back*, der nach IFRS 16.99 nicht als *(true) sale* zu qualifizieren ist, stellt keine Veräußerung dar (IFRS 5.IG *Example* 4; → § 15a Rz 260ff.).
- Ein **Tausch** langfristiger Vermögenswerte gegen andere langfristige Vermögenswerte gilt nur dann als Veräußerung, wenn der Tauschvorgang wirtschaftliche Substanz hat, insbesondere die erwarteten *cash flows* verändert (IFRS 5.10 i.V.m. IAS 16.24(f) und IAS 38.45(g); → § 14 Rz 17).

Als Folgeänderung zur Verabschiedung von IFRIC 17 werden für Geschäftsjahre ab 1.6.2009 auch auf langfristige Vermögenswerte bezogene **Sachdividenden**, etwa in der Form von Abspaltungen nach § 123 Abs. 2 UmwG, Veräußerungen gleichgestellt (IFRS 5.5A). Terminologisch wird zwar eine Unterscheidung gegenüber dem Grundfall der „zur Veräußerung gehaltenen langfristigen Vermögenswerte" *(non-current assets held for sale)* vorgenommen, indem von „zur Ausschüttung an Eigentümer gehaltenen langfristigen Vermögenswerten" *(non-current assets held for distribution to owners)* die Rede ist; hinsichtlich Darstellungs- und Bewertungsvorschriften von IFRS 5 werden aber beide Fälle gleichgestellt. Die Nichtanwendung von IFRIC 17 auf Fälle, in denen der Gegenstand der Sachdividende vor und nach der Verteilung unter gleicher Kontrolle liegt (IFRIC 17.5), ist ohne Auswirkung auf IFRS 5. Auch in solchen Fällen sind die Ausweis-, Anhang- und Bewertungsvorschriften von IFRS 5 zu beachten.[4] Zum Ausweis einer Ausschüttungsverbindlichkeit aus der Sachdividende kommt es erst mit Beschlussfassung der Gesellschafter (→ § 4 Rz 40); der separate Ausweis des zur Ausschüttung vorgesehenen langfristigen Vermögens und dessen besondere Bewertung nach IFRS 5 erfolgen jedoch i.d.R. schon mit der Entscheidung des Vorstands, den Gesellschaftern die Sachdividende vorzuschlagen.[5] Wegen weiterer Einzelheiten der Sachdividende wird auf Rz 72 sowie auf → § 31 Rz 201 verwiesen.

10 Als Veräußerung gilt auch die Abgabe eines langfristigen Vermögenswerts oder einer Veräußerungsgruppe zu einem **negativen Kaufpreis**.

11 Ob neben Veräußerungen und Sachdividenden auch andere Konstellationen, in denen es zum Verlust der Beherrschung über ein Tochterunternehmen kommen wird, IFRS 5 unterliegen, hat das IFRS IC offen gelassen. Betroffen ist etwa der Verlust der Beherrschung durch Satzungsänderung, Kapitalerhöhung und Ausübung von Dritten gehaltener Call-Optionen.[6]

2.4 Hohe Wahrscheinlichkeit der Veräußerung

12 Gem. IFRS 5.7 muss eine Veräußerung als hoch wahrscheinlich *(highly probable)* anzusehen sein, um die *held-for-sale*-Qualifizierung zu bewirken.

Den Begriff der **hohen Wahrscheinlichkeit** definiert Appendix A zu IFRS 5 in zwei Schritten, aus denen sich ein dritter Schritt ableiten lässt:

- *probable = more likely than not* (= 51 % Wahrscheinlichkeit);
- *highly probable = significantly more likely than probable;*
- somit: hohe Wahrscheinlichkeit = signifikant über 51 % liegende Wahrscheinlichkeit.

Die **Grenzen** einer solchen Quantifizierung singulärer Ereignisse haben wir an anderer Stelle dargelegt (→ § 21 Rz 30). Wichtiger als derartige Zahlenspiele sind daher die **Bedingungen**, die IFRS 5.8 zur Beurteilung der hohen Wahrscheinlichkeit formuliert. Danach soll eine Veräußerung hoch wahrscheinlich sein, wenn am Bilanzstichtag (IFRS 5.12) folgende Voraussetzungen kumulativ erfüllt sind:

A) Die angemessene **Hierarchieebene** (*appropriate level of management*) hat sich auf einen Plan zur Veräußerung der Anlagen **verpflichtet**.

B) Ein **aktives Programm** zur Suche eines Käufers und zur Umsetzung des Plans ist initiiert worden.

C) Die Anlagen (oder die *disposal group* bzw. *discontinued operations)* werden **aktiv vermarktet** zu einem im Verhältnis zum gegenwärtigen *fair value* vernünftigen Preis.

D) Der Vermögensabgang binnen **zwölf Monaten** wird erwartet; eine Ausdehnung dieses Zeitraums ist ggf. zulässig (Rz 16).

E) Eine Stornierung oder **signifikante Veränderung** des Plans ist **unwahrscheinlich** (*unlikely*).

Die Kriterien sind **unscharf** und dienen deshalb der Objektivierung der Rechnungslegung nicht. Interpretationsfähig ist z.B., was unter aktiver Käufersu-

---

4   Gl. A. KPMG, Insights into IFRS 2015/16, Tz. 5.4.35.10.
5   Heintges/Kroner/Unbanczik, KoR 2009, S. 494ff.
6   IFRIC Update January 2016.

che, aktiver Vermarktung und vernünftigem Preis zu verstehen ist. Auch die Kriterien der Verpflichtung des Managements bzw. der Unzulässigkeit von Planänderungen bleiben unbestimmt. Möglicherweise ist an ein Management gedacht, das – den Empfehlungen der präskriptiven Entscheidungslehre und seinen Sorgfaltspflichten entgegenlaufend – immer nur starre Pläne formuliert, flexible Planungsstrategien daher vermeidet und Verwertungsalternativen (Verpachtung etc.) von vornherein ausblendet, in diesem Sinne also Veräußerungen immer nur ohne Wenn und Aber beschließt.

Praxis-Beispiel

Die U verfügt an verschiedenen Standorten, u.a. im Grenzgebiet zu Tschechien, über ungenutzte Lager. Vor dem Bilanzstichtag wird ein Vorstandsbeschluss gefasst, überflüssige Immobilien optimal zu verwerten, d.h. bevorzugt zu veräußern, wo dies binnen zwölf Monaten nicht zu einem fairen Wert möglich ist, bestmöglich zu vermieten. Mit der Umsetzung ist der Bereich „Immobilien" beauftragt. Er inseriert in einem örtlichen Anzeigenblatt für einen Preis von „100.000 EUR Verhandlungsbasis" in der Erwartung, diesen Preis im Verhandlungswege um bis zu 50 % nachzulassen.

Beurteilung der Kriterien

A) und E): Unklar ist, ob der Vorstand oder der Bereich „Immobilien" die **angemessene Hierarchieebene** ist. Im ersten Fall könnte eine Qualifizierung als *held for sale* schon an der bedingten Formulierung scheitern. In diesem Zusammenhang ist nicht deutlich, wem gegenüber der Vorstand eine **Verpflichtung** eingegangen sein muss. Nach IFRS 5.9 ist an eine Art **Selbstverpflichtung** gedacht, wie sie in einem unflexiblen Planungssystem ohne in die Planung eingebaute Änderungsoptionen zu finden ist. Bei einer flexiblen Planung, die von vornherein Optionen für den Fall formuliert, dass bestimmte Erwartungen nicht eintreten, wäre danach die erforderliche Selbstverpflichtung nicht gegeben. Für eine solche Interpretation spricht auch, dass signifikante Planänderungen sanktioniert werden. Da bei einer flexiblen Planung Änderungsoptionen Teil der Planung selbst sind, würde die Sanktionsvorschrift ansonsten ins Leere laufen.

B) und C): Ob die Inserierung in einem örtlichen Anzeigenblatt eine **aktive Käufersuche** und eine **aktive Vermarktung** darstellt oder mehr getan, z.B. ein Makler beauftragt werden muss, ist ebenso zweifelhaft wie die Qualifizierung des Preisangebots. Wenn die Immobilienabteilung von einem Zeitwert von 50.000 EUR ausgeht, angesichts regionaltypischer Verhandlungsverläufe aber mit 100.000 EUR inseriert, wäre in formaler Betrachtung gerade keine Vermarktung mit einem im Verhältnis zum **Zeitwert vernünftigen Preis** dokumentiert. U.E. ist allerdings eine solche formale Betrachtung nicht sachgerecht.[7]

D): Der Veräußerungsplan sieht eine Veräußerung binnen zwölf Monaten, genauer maximal über zwölf Monate laufende Veräußerungsbemühungen vor. Ob diese **bedingte Zwölf-Monats-Erwartung** – wenn Veräußerung, dann in zwölf Monaten – den Anforderungen von IFRS 5.8 genügt, ist unklar.

---

[7] Gl. A. PWC, IFRS Manual of Accounting 2016 Tz. 26.48.

13   Bedarf der spätere Vollzug der geplanten Veräußerung der Zustimmung des Auf-
     sichtsrats oder sonstiger **Gremien**, kommt es darauf an, ob eine Zustimmung ohne
     wesentliche Eingriffe in den ursprünglichen Plan hochwahrscheinlich ist. Ansonsten
     sind, anders als in IFRS 5.8 gefordert, Pländerungen nicht (sehr) unwahrscheinlich.

14   Bei schon in Veräußerungsabsicht erworbenen langfristigen Vermögenswerten
     (praktisch bedeutsam: erworbene Tochterunternehmen; Rz 32) reicht es nach
     IFRS 5.11 aus, wenn aktive Käufersuche und Vermarktung spätestens drei Monate
     nach Erwerb gegeben sind.

2.5   Zwölf-Monats-Kriterium

15   Eine Veräußerung gilt nur dann als hoch wahrscheinlich (Rz 9), wenn ein Abgang
     des Vermögenswerts binnen zwölf Monaten ab Klassifizierung als *held for sale*
     erwartet wird (IFRS 5.8). Ob unter **Beginn** der Zwölf-Monats-Frist die Erfül-
     lung der übrigen Voraussetzungen (Verabschiedung eines Veräußerungsplans,
     der Beginn der aktiven Vermarktung etc.) oder der erste Bilanzstichtag nach
     Erfüllung der Voraussetzungen zu verstehen ist, bleibt im Standard offen. Der
     ersten Interpretation ist u. E. der Vorzug zu geben (Rz 18).

> **Praxis-Beispiel**
> Das Management von U verabschiedet im März 01 einen Plan zur Veräuße-
> rung diverser Verwaltungsgebäude und Produktionsgebäude. Es rechnet mit
> Vollzug des Plans in den nächsten zwölf Monaten (Verwaltungsgebäude)
> bzw. 18 Monaten (Produktionsgebäude). Nach zunächst vergeblichen Bemü-
> hungen findet sich im März 02, unmittelbar vor Feststellung des Jahres-
> abschlusses für 02, doch noch ein Käufer, der die Gebäude mit wirtschaftli-
> chem Eigentumsübergang 1.7.02 erwirbt.
> Bezogen auf den Bilanzstichtag 31.12.01 ist eine Veräußerung innerhalb von
> zwölf Monaten sicher. Eine Qualifizierung als *held for sale* käme für beide
> Gebäudearten infrage. Konsequenz wäre nicht nur ein separater Bilanzaus-
> weis. Die Gebäude dürften außerdem in 02 nicht mehr planmäßig abge-
> schrieben werden (Rz 38).
> Wird demgegenüber der März 01 als maßgebliches Datum angesehen, unter-
> bleibt schon in 01 die planmäßige Abschreibung für die Gebäude. Die tatsäch-
> lich eintretende Überschreitung der Zwölf-Monats-Frist ist unter bestimm-
> ten Umständen unschädlich (Rz 16).

16   Eine **Ausdehnung** der Zwölf-Monats-Frist ist gem. IFRS 5.9 i. V. m. Appendix B
     sowie IFRS 5.IG.E5 bis IFRS 5.IG.E7 zulässig, wenn vom Unternehmen nicht
     zu vertretende Verzögerungen auftreten, das Unternehmen aber gleichwohl
     seinem Veräußerungsplan verpflichtet bleibt. Drei **unschädliche** Verzögerungs-
     tatbestände sind zu unterscheiden:
     • Die Veräußerung bedarf der **Genehmigung** durch eine außen stehende,
       insbesondere kartell- oder aufsichtsrechtliche Instanz. Diese Genehmigung
       kann erst nach Abschluss des binnen zwölf Monaten zustande gekommenen
       Verkaufsvertrags beantragt werden.
     • Der Erwerber verweigert die Eigentumsübertragung unter Hinweis auf nach
       dem Vertragsschluss entdeckte **Mängel**, z.B. Umweltschäden. Mit deren

Beseitigung wird unverzüglich begonnen. Die Nachbesserungsarbeiten führen aber zu einem Überschreiten der Zwölf-Monats-Frist.

- Externe Umstände, insbesondere **Marktpreise,** ändern sich überraschend während der ursprünglichen zwölf Monate. Die Unternehmung reagiert darauf, passt insbesondere ihre Preisforderung an die geänderten Umstände an.

Keine Rechtfertigung für eine Ausdehnung der Zwölf-Monats-Frist ist eine mangelnde Marktliquidität. **17**

Praxis-Beispiel

Eine Reihe vor der Finanzkrise von der Bank B gegen Gewährung von Sicherheiten in Form von Mehrheitsanteilen an den jeweils darlehensnehmenden Gesellschaften vergebenen Darlehen wird notleidend. B bedient sich der Sicherheiten und wird dadurch selbst Mutterunternehmen von diversen branchenfremden Gesellschaften. Beabsichtigt ist eine schnellstmögliche Veräußerung der Anteile. Angesichts wenig liquider Märkte ist jedoch eine Realisierung binnen zwölf Monaten nicht wahrscheinlich.

Beurteilung

Die unfreiwillig erworbenen Tochterunternehmen sind (vorbehaltlich Unwesentlichkeit) zu konsolidieren. Die für den Erwerb mit wahrscheinlicher Weiterveräußerung binnen zwölf Monaten bestehenden Erleichterungen (Rz 32) greifen nicht.

2.6 Zeitpunkt der erstmaligen Klassifizierung

Zur Veräußerung bestimmte Anlagen und Sachgesamtheiten einschließlich zur Veräußerung bestimmte *discontinued operations* sind ab dem Zeitpunkt gesondert zu bewerten (Rz 37) sowie bilanziell separat auszuweisen (Rz 53), ab dem die vorstehend genannten Voraussetzungen erfüllt sind, d.h. insbesondere ein Veräußerungsbeschluss gefasst und das Vermögen in veräußerungsbereitem Zustand ist. Abweichend von IAS 35.29 ist die erstmalige Erfüllung der Voraussetzungen **nach Ende des Geschäftsjahres** aber vor der formellen Freigabe bzw. Genehmigung des Abschlusses **nicht ausreichend.** Sie führt nicht zur Anwendung der Sondervorschriften (IFRS 5.15). Ein separater **Bilanzausweis** ist erst im Folgejahr zulässig. **18**

Praxis-Beispiel

Die Geschäftsführung beschließt im Februar 02 die Veräußerung bestimmter veräußerungsbereiter Anlagen. Der Jahresabschluss 01 wird im März festgestellt und veröffentlicht.

Das Vermögen aus dem einzustellenden Bereich ist im Abschluss 01 noch nicht zu separieren.

Eine Separierung ist jedoch in der Bilanz 02 vorzunehmen, soweit das Vermögen bis dahin noch nicht veräußert ist, aber weiterhin die Veräußerungsabsicht besteht und aktiv umgesetzt wird.

Soweit Quartalsberichte erstellt werden (→ § 37), ist im Beispiel schon ein Sonderausweis zum 31.3.02 geboten.

Während sich die Frage des Bilanzausweises ohnehin nur am Bilanzstichtag (oder Quartalsstichtag) stellt, ist hinsichtlich der **Bewertung** von Bedeutung, wie bei erstmals **unterjähriger** Erfüllung aller Voraussetzungen zur Qualifizierung als *held for sale* zu verfahren ist. Alle einschlägigen Vorschriften beziehen sich auf das Datum *(date)* der Qualifizierung (vgl. z. B. IFRS 5.IN6, IFRS 5.11, IFRS 5.13 und IFRS 5.27). Mithin ist bei unterjähriger Erfüllung der Voraussetzungen für Bewertungszwecke wie folgt zu verfahren:

- Abnutzbares Anlagevermögen ist bis zu diesem Zeitpunkt noch planmäßig abzuschreiben,
- ab diesem Zeitpunkt jedoch nicht mehr.
- Auf den unterjährigen Umklassifizierungszeitpunkt ist eine evtl. außerplanmäßige Abschreibung durchzuführen (Rz 38).
- Auch die Zwölf-Monats-Frist für die Veräußerung (Rz 15) läuft u. E. ab dem unterjährigen Zeitpunkt.[8]

Für den gesonderten Ausweis in **GuV** und Kapitalflussrechnung bestehen abweichende Regeln (Rz 35).

3   Definition des aufgegebenen Bereichs

3.1   Stilllegung oder Veräußerung nach einheitlichem Plan

19   Einen **aufgegebenen, nicht fortgeführten Bereich** *(discontinued operation)* können nach IFRS 5.32(a) und IFRS 5.32(b) nur solche Bestandteile eines Unternehmens bilden, die

- im Rahmen eines einzelnen (einheitlichen) Plans *(single-coordinated plan)* als Gesamtheit oder stückweise **veräußert** oder
- ebenfalls im Rahmen eines einzelnen (einheitlichen) Plans durch **Stilllegung** eingestellt werden.

20   Unter die Kategorie der **Veräußerung** fallen nach Folgeänderung durch IFRIC 17 auch Sachdividenden, z. B. im Rahmen von Spaltungen. Auf Rz 9 und → § 31 Rz 201 ff. wird verwiesen.

21   Beim **stückweisen Verkauf** erlangt das Kriterium des **einheitlichen Plans** besondere Bedeutung. Nur über die Klammer des einheitlichen Plans können einzelne Verkaufsfälle einer isolierten Betrachtung entzogen und einer Gesamtperspektive zugeführt werden. Die Problematik ähnelt insoweit der steuerlichen Rechtslage zur Betriebs- bzw. Teilbetriebsaufgabe (§ 16 Abs. 3 EStG). Steuerlich ist die durch Freibeträge und Steuersatzermäßigungen begünstigte (Teil-)Betriebsaufgabe von der nicht begünstigten allmählichen Liquidierung einzelner Vermögensteile zu unterscheiden. In IFRS 5 geht es darum, nicht mehr prognoserelevante und damit in der Berichterstattung zu separierende Auslaufbereiche von solchen Vermögensteilen zu **trennen**, deren außerplanmäßige Abschreibung oder deren Abgangserfolg Bestandteil des normalen Ergebnisses aus *continued operations* ist (Rz 1).

3.2   Abgrenzbarer geschäftlicher oder geografischer Bereich (CGU-Qualität)

22   Damit die besonderen Ausweis- bzw. Angabevorschriften für einzustellende Bereiche, also insbesondere die Separierung in GuV und Kapitalflussrechnung, greifen, muss der zu veräußernde oder aufzugebende Bereich identifizierbar und

---

[8]   Jetzt auch IDW RS HFA 2, Tz. 93.

von den fortzuführenden Bereichen unterscheidbar sein. **Einzelne** Vermögenswerte oder Aktivitäten erfüllen diese Voraussetzung regelmäßig nicht. IFRS 5.32(a) und IFRS 5.31 verlangen vielmehr

- das Vorliegen eines **wesentlichen** Geschäftszweigs oder **geografischen** Bereichs *(major line of business or geographical area of operations)*,
- der operativ und für Zwecke der Rechnungslegung **abgrenzbar** ist, d.h. vor Einstellungsbeschluss regelmäßig eine (oder mehrere) zahlungsmittelgenerierende Einheit (CGU) dargestellt hat (→ § 11 Rz 101).

Ein sachliches oder geografisches **Segment** i.S.v. IFRS 8 (→ § 36 Rz 14ff.) erfüllt **23** normalerweise die Kriterien. Eine zu enge Anlehnung an IFRS 8 erschien jedoch bisher nicht sinnvoll. Auch **Teile** eines Segments oder etwa eine größere Produktlinie eines überhaupt nicht segmentierten Unternehmens können als gesonderter wesentlicher Geschäftszweig oder geografischer Bereich und damit als aufgegebener Bereich gelten (IFRS 5.BC71; zu vorgesehenen Änderungen siehe Rz 31).

Das Kriterium der **betrieblichen und rechnungsmäßigen Abgrenzung** ist erfüllt, **24** wenn einem Bereich *cash inflows* direkt zugerechnet werden können. Es muss **klar** sein, welche *cash inflows* entfallen werden (IFRS 5.BC70). Wo dies nicht klar ist, z.B. wenn im Rahmen eines plakativen Programms der „Kernkompetenzfokussierung und Kostensenkung" nur prozentuale Hoffnungen gehandelt werden, ohne konkret wegfallende Aufwendungen benennen zu können, fehlt ein Definitionskriterium des einzustellenden Bereichs. Da alle Kriterien kumulativ erfüllt sein müssen, greifen dann die Vorschriften von IFRS 5 nicht.

Zur Frage, ob alle relevanten *cash flows* entfallen, enthält der analoge amerikanische Standard u.a. folgende Beispiele:[9]

Praxis-Beispiel

Fall 1

U stellt unter eigener Marke Sportfahrräder und andere Sportartikel her.
Die Fahrradproduktion soll veräußert (outgesourct) werden, der Vertrieb von Rädern unter der eigenen Marke aber bestehen bleiben.

Beurteilung nach US-GAAP

Das Unternehmen gibt das Geschäftsfeld Fahrräder nicht auf. Es bleibt, wenngleich nicht als Hersteller, im *bicycle business*. Eine *discontinued operation* liegt nicht vor.

Fall 2

U ist Franchisegeber für Schnellrestaurants, betreibt in nicht unbedeutendem Umfang aber auch eigene Restaurants. Die eigenen Restaurants sollen nun an den wichtigsten Franchisenehmer veräußert werden.

Beurteilung nach US-GAAP

Durch das Franchising bleibt U mittelbar in das Management (Marketing, Einkauf usw.) der veräußerten Restaurants involviert. Eine *discontinued operation* liegt nicht vor.

---

[9]   ASC 205–20–55–27 ff., früher SFAS 144 Appendix A, Beispiele 12–15.

Die amerikanischen Vorschriften bzw. ihre Konkretisierungen sind jedoch nur bedingt auf IFRS übertragbar. Nach IFRS 5.31 darf eine *discontinued operation* nicht kleiner als eine zahlungsmittelgenerierende Einheit (CGU) sein:

- In einem vertikal integrierten Konzern (Fall 1 des obigen Beispiels) können die vorgelagerte Stufe (hier die Produktion der Fahrräder) und die nachgelagerte (hier: deren Vertrieb und Verkauf) durchaus eigene CGUs sein. Die Veräußerung nur einer der vertikalen Stufen schließt somit eine *discontinued operation* nicht aus.
- In einem horizontal integrierten Konzern (Fall 2 des obigen Beispiels) sprechen die Verwandtschaft und die Berührungspunkte der nebeneinander betriebenen Geschäfte (hier: eigene Restaurants und Franchising) nicht gegen selbstständige CGUs und selbstständige *operations*.

3.3 Negativabgrenzungen, Grenzfälle, Ermessensspielräume

25 Als Beispiel für Tätigkeiten, die **„nicht unbedingt"** die Kriterien des einzustellenden Bereichs erfüllen, nannte IAS 35.8 u. a.:
- Auslaufenlassen einer Produktionslinie,
- Einstellung mehrerer Produkte eines weitergeführten Geschäftszweigs,
- Standortverlagerung einiger Produktionsaktivitäten,
- Stilllegung einer Produktionsstätte *(facility)* zur Erzielung von Einsparungen.

26 Im Gegensatz zu diesen (möglichen) Negativfällen sollte andererseits die Einstellung einer größeren Produktlinie bei einem nicht segmentierten Unternehmen die Kriterien des einzustellenden Bereichs erfüllen **„können"** (IAS 35.9). Die gesamte **Abgrenzungsproblematik** war in IAS 35 in einer **vorsichtigen** und **weichen** Terminologie behandelt worden. Es war nicht von Fällen die Rede, die außerhalb des Anwendungsbereichs liegen, sondern von Fällen, die *„nicht unbedingt"* im Anwendungsbereich liegen. Es war ebenso nicht die Rede von Fällen, die innerhalb des Anwendungsbereichs zu lokalisieren *sind*, sondern von Fällen, die so zu lokalisieren *„sein können"*. Einzig erkennbar war das Bemühen.

27 IFRS 5 setzt diese Linie fort. Auf die Angabe von **Beispielen**, die konkretisieren könnten, wann ein aufgegebener Bereich (nicht) vorliegt, wird von vornherein verzichtet. Die Ausführungen beschränken sich auf abstrakte Hinweise. Für den zentralen Begriff der *„major line of business or geographical area"* fehlt eine Definition. Aus IFRS 5.31 wird lediglich klar, dass der abgehende Geschäftsbereich nicht kleiner als eine zahlungsmittelgenerierende Einheit (CGU) sein soll. Er kann aber mehrere CGUs umfassen.[10]

Deshalb besteht bei der Beantwortung der Frage, ob Aktivitäten als aufgegebener Bereich zu qualifizieren sind, ein **weiter Ermessensspielraum**, der vom Management „öffentlichkeitspolitisch" genutzt werden kann.

Praxis-Beispiel

Ein Unternehmen produziert unter einheitlicher Marke
- Körpercremes,
- Haarpflege- und Haartönungsmittel,
- Deos,
- Parfüms und Duftwässer.

Die Deo-„Sparte" soll eingestellt werden.

---

10 Im Einzelnen HEUSER/THEILE, IFRS-Handbuch, 5. Aufl., 2012, Tz. 4221 ff.

Alternative A: Aus dem Verkauf wird ein **Gewinn** erwartet.
Der Deobereich wird weiter als fortzuführende Tätigkeit ausgewiesen mit dem Argument, dass es sich lediglich um eine dem fortzuführenden Parfum- und Duftwasserbereich ähnelnde Produktlinie handelt. In beiden Fällen dienen Duftstoffe als Rohmaterial. In beiden Fällen werden Spraybehälter als Primärverpackung benötigt. In beiden Fällen werden gleiche Vertriebswege genutzt.
Alternative B: Aus dem Verkauf wird ein **Verlust** erwartet.
Der Deobereich wird als aufgegebener Bereich behandelt mit dem Argument gegenüber dem Duft- und Parfumbereich unterschiedlicher Endkunden (Geschlecht, Alter, Einkommen), unterschiedlicher Konkurrenzlagen (Deos gegen Eigenmarken des Handels, Parfums gegen Marken von Modefabrikanten) und unterschiedlicher Duftträgerrohstoffe (Duftwässer und Parfums alkoholbasiert, eigene Deoserie alkoholfrei).

Eine sachgerechte Anwendung des Begriffs der *discontinued operation* hat u. E. **28** die Größe und Vielfalt der Tätigkeit des Unternehmens zu berücksichtigen. Bei horizontal oder konglomeral diversifizierten **Großunternehmen** stellt die Aufnahme neuer und Einstellung alter Tätigkeiten einen normalen Aspekt der Geschäftsentwicklung dar. Nur bei **Wesentlichkeit**, festzumachen etwa daran, ob der betroffene Bereich ein berichtspflichtiges Segment i. S. v. IFRS 8 ist, liegt daher u. E. eine *discontinued operation* vor.

Praxis-Beispiel
Der Energiegroßkonzern U hat einige Jahre Solarmodule produziert und hieraus, gemessen am Konzernumsatz, Umsatzanteile im niedrigen einstelligen Prozentbereich erzielt. In einem turbulent wachsenden, überdies durch Fördergesetze national sehr unterschiedlichen Markt war U im Vergleich zu flexibler und in flacheren Hierarchien agierenden mittelgroßen Unternehmen wenig erfolgreich. U beschließt daher die Veräußerung des Bereichs. Erwartet wird ein Abgangsverlust. Als vorzugswürdig gilt der Ausweis als *discontinued operation*.

Beurteilung
Für den Großkonzern war die „Sparte" nicht wesentlich. Ein Ausweis als *discontinued operation* wäre nicht sachgerecht.

Verkauf oder Schließung einzelner **Standorte oder Filialen** sind dann nicht als **29** *discontinued operation* zu qualifizieren, wenn die Tätigkeit im betreffenden Geschäftsbereich oder der betreffenden Region nicht komplett eingestellt wird.

Praxis-Beispiel
Der Mischkonzern M betreibt u. a. Baumärkte auf der iberischen Halbinsel. Angesichts eines schwierigen Marktumfelds sollen die meisten Filialen veräußert oder geschlossen, einige lukrativere aber fortgeführt werden.

Beurteilung
Es liegt keine *discontinued operation* vor, da die Tätigkeit in der Region, wenn auch auf niedrigerem Niveau, fortgeführt werden soll.

30 Anteile an **assoziierten Unternehmen** sind nur ganz ausnahmsweise als *discontinued operation* zu qualifizieren.

31 Der Subjektivität der bisherigen Regelungen (Rz 27) und ihrem unklaren Bezug zum Wesentlichkeitskriterium (Rz 28) sollte durch den im September 2008 vorgelegten **ED eines *Amendment* zu IFRS 5** begegnet werden:

- Eine *discontinued operation* sollte nach ED IFRS 5.32 nicht mehr als wesentlicher Geschäftszweig oder geografischer Bereich *(major line of business or geographical area of operations)* definiert werden (Rz 22),
- sondern als **operatives Segment** bzw. berichtspflichtiges operatives Segment[11] i.S.v. IFRS 8 (Rz 24).

Damit sollte nur noch im Rahmen einer **strategischen Neuorientierung** des Unternehmens *(strategic shift in its operations)* eine *discontinued operation* angenommen werden. Da die Abgrenzung operativer Segmente nach IFRS 8 darauf abstellt, wie das Unternehmen auf Führungsebene gesteuert wird, geht mit der Veräußerung eines (berichtspflichtigen) operativen Segments i.d.R. ein Strategiewechsel einher (ED IFRS 5.BC7). Ein Nachteil der vorgesehenen Neuregelung lag darin, dass auch nicht börsennotierte, nicht zur Segmentberichterstattung verpflichtete Unternehmen operative Segmente hätten identifizieren, also Teile von IFRS 8 anwenden müssen. Der Entwurf liegt seit längerer Zeit auf Eis.[12]

3.4 Mit Veräußerungsabsicht erworbene Tochtergesellschaft

32 Eine ausschließlich mit Veräußerungsabsicht erworbene Tochtergesellschaft ist gem. IFRS 5.32(a) bei Erfüllung der übrigen Voraussetzungen (Veräußerung binnen zwölf Monaten usw.; Rz 12) als *discontinued operation* zu qualifizieren. Für den Erwerb einer Tochtergesellschaft in Veräußerungsabsicht bestehen folgende Erleichterungen gegenüber einer normalen *discontinued operation*:

- Die aktivisch und passivisch jeweils nur in einem Betrag auszuweisenden Vermögenswerte sind auch im Anhang nicht aufzuschlüsseln (IFRS 5.39).
- Die Aufschlüsselung des Ergebnisses aus der *discontinued operation* nach Erträgen, Aufwendungen und Steuern ist auch im Anhang nicht nötig (IFRS 5.33(b)).
- Entsprechendes gilt für die *cash flows* (IFRS 5.33(c)).

Im Einzelnen wird auf → § 32 Rz 98 verwiesen.

Nach IFRS 5.IG *Example* 13 ist abweichend von IFRS 3 eine vollständige Kaufpreisallokation für die mit Veräußerungsabsicht erworbenen Tochterunternehmen nicht erforderlich. Vielmehr kann vereinfacht unterstellt werden, dass sich der Gesamtwert der erworbenen Vermögenswerte als Summe aus *fair value* des Tochterunternehmens und *fair value* der Schulden ergibt. Dies bedeutet etwa, dass die erworbenen, beim Erwerbsobjekt selbst nicht aktivierten immateriellen Vermögenswerte nicht identifiziert und bewertet werden müssen.

33 Soll ein ursprünglich ohne Veräußerungsabsicht erworbenes Tochterunternehmen später veräußert werden, ist nach den allgemeinen Kriterien zu beurteilen, ob es die Qualität eines Geschäftsfelds *(discontinued operation)* hat. Unabhängig davon sind die Vermögenswerte und Schulden daraufhin zu würdigen, ob sie als *non-current assets held for sale* oder *disposal group* zu qualifizieren sind.

---

[11] IASB Update July 2009.
[12] IASB Update March 2011.

Durch den im September 2008 vorgelegten Entwurf eines *Amendment* zu IFRS 5 **34** sollte von der rechtlichen Form des Erwerbsobjekts bzw. -vorgangs (*share deal*, d.h. Erwerb einer Tochtergesellschaft, vs. *asset deal*, d.h. Erwerb einer Sachgesamtheit) abstrahiert werden. Das Erwerbsobjekt sollte „nur" noch die Qualität eines *business* haben müssen (→ § 31 Rz 15). Der Entwurf liegt seit längerer Zeit auf Eis (Rz 31).

3.5 Zeitpunkt der erstmaligen Klassifizierung

Für **Bilanzausweis und Bewertung zur Veräußerung bestimmter** *discontinued* **35** *operations* gelten die unter Rz 18 dargestellten zeitlichen Regeln (IFRS 5.32). Insbesondere ist danach bei erstmaliger unterjähriger Erfüllung der Voraussetzungen zur Qualifizierung einer *discontinued operation* als *held for sale* bis zu diesem Zeitpunkt noch planmäßig abzuschreiben, ab diesem Zeitpunkt jedoch nicht mehr (Rz 38).

Eigenen Regeln unterliegt jedoch der separate Ausweis der *discontinued operations* in **GuV und Kapitalflussrechnung.** Bei unterjähriger Klassifizierung als *held for sale* ist wie folgt zu verfahren:

- Das gesamte Periodenergebnis, nicht nur der Zeitanteil nach Klassifizierung als *discontinued operation* ist separat in der **GuV** (→ § 2 Rz 58 ff.) auszuweisen (IFRS 5.33).
- Entsprechend ist mit allen für **Vergleichszwecke** präsentierten Vorjahren zu verfahren (IFRS 5.34; → § 2 Rz 28 ff.).
- Mit den wahlweise in der Kapitalflussrechnung selbst oder im Anhang (→ § 3 Rz 144) vorzunehmenden besonderen Angaben zu den *cash flows* aus der *discontinued operation* ist entsprechend zu verfahren (IFRS 5.33(c) und IFRS 5.34).

> **Praxis-Beispiel**
> Im Juni 03 wird die Veräußerung der Produktionsstätte C beschlossen. Ab Juli 03 befindet sich die Produktionsstätte in einem veräußerungsbereiten Zustand. Die Veräußerung wird Mitte 04 vollzogen.
> Das abnutzbare Anlagevermögen der Produktionsstätte ist bis einschließlich Juni 03 abzuschreiben.
> Zum 1.7.03 erfolgt die Bewertung zum niedrigeren Wert aus Buchwert und Nettozeitwert, d.h., im Fall eines niedrigeren Nettozeitwerts ist eine außerplanmäßige Abschreibung geboten (Rz 38).
> In der GuV 03 wird das gesamte Ergebnis der Produktionsstätte einschließlich der evtl. außerplanmäßigen Abschreibung als Ergebnis aus *discontinued operations* ausgewiesen.
> Entsprechend wird mit den Vorjahresvergleichszahlen 02 (und, sofern zwei Vergleichsjahre präsentiert werden, auch mit 01) verfahren.
> In der GuV 04 wird ebenfalls das gesamte Ergebnis der Produktionsstätte, einschließlich des Abgangserfolgs, separat dargestellt.
> In der Bilanz per 31.12.03 werden Vermögen und Schulden separiert. Eine Anpassung des Vorjahresausweises findet nicht statt.

Bei Einstellung eines Geschäftsfelds durch **Stilllegung** (*abandonment*) ist die **36** Qualifizierung als *discontinued operation* erst in der Periode zulässig, in der die Stilllegung vollzogen worden ist (IFRS 5.32).

> **Praxis-Beispiel**
> In 05 wird der Stilllegungsbeschluss über eine größere Produktionslinie gefasst. In 06 wird die Produktionslinie tatsächlich eingestellt.
> Der Ausweis in der GuV ist wie folgt:
> * in 05 als *continued operation*,
> * in 06 als *discontinued operation* (retrospektiv, d.h. unter Anpassung der Vorjahresvergleichszahlen).

4 Bewertung

4.1 Bewertung zum niedrigeren Nettozeitwert

37 IAS 35.17 bestimmte noch ausdrücklich, dass für den Ansatz und die Bewertung von Posten der Bilanz, der GuV und der Kapitalflussrechnung „die in anderen International Accounting Standards enthaltenen Ansatz- und Bewertungsgrundsätze anzuwenden" seien und demgemäß IAS 35 keinerlei Ansatz- und Bewertungsgrundsätze aufstelle (IAS 35.18). Tatsächlich wurde in IAS 35 teilweise gegen diese Vorgabe verstoßen. Hierzu wird auf Rz 52 und Rz 47 der 1. Auflage des Haufe IFRS-Kommentars verwiesen.

38 IFRS 5 enthält hingegen besondere Bewertungsregeln. Zur **Einzel**veräußerung bestimmte Anlagen bzw. zur Veräußerung im Rahmen einer **Sachgesamtheit** (*disposal group*) bestimmte Anlagen sind gem. IFRS 5.15 im Umqualifizierungszeitpunkt mit dem **niedrigeren** der beiden folgenden Werte anzusetzen:
* **Buchwert** vor Klassifizierung des Anlageguts oder der Sachgesamtheit als *held for sale*,
* **Nettozeitwert,** d.h. *fair value* minus Veräußerungskosten,
und sodann **nicht mehr planmäßig abzuschreiben.**
IFRS 5 schreibt also eine besondere Form **imparitätischer** Bilanzierung vor (→ § 1 Rz 21 f.), bei der in die Bestimmung des Niederstwerts die **Veräußerungskosten** (*costs to sell*) eingehen. Diese umfassen nach IFRS 5.A alle inkrementalen und direkt der Veräußerung zurechenbaren Kosten mit Ausnahme von Steuern und Finanzierungskosten (z.B. auch solche aus erwarteten Vorfälligkeitsentschädigungen). Fraglich ist, ob hierzu auch Arbeitnehmerabfindungen (Rz 56 f.) und andere rückstellungspflichtige Vorgänge gehören, die anlässlich der Veräußerung entstehen. Angesprochen ist damit das Verhältnis der Vorschriften von IAS 37 bzgl. Restrukturierungsrückstellungen (→ § 21 Rz 87 ff.) zu den Regelungen von IFRS 5. Hierzu folgendes Beispiel:

> **Praxis-Beispiel**
> U beschließt Ende 01 die Veräußerung von Geschäftsfeld A.
> Der Buchwert des schuldenfreien Geschäftsfelds beträgt 100.
> Aus der Veräußerung wird ein Erlös von 100 erwartet. Mit der Geschäftsfeldveräußerung sind Arbeitnehmerabfindungen i.H.v. 10 verbunden. Die Voraussetzungen einer Restrukturierungsrückstellung und die Anwendungsbedingungen von IFRS 5 sind erfüllt.
> Bei isolierter Anwendung von IFRS 5 und IAS 37 würde die Abfindung zweimal bilanz- und GuV-wirksam, zum einen als Rückstellung/Rückstel-

lungsdotierung, zum anderen in dem Nettozeitwert/der außerplanmäßigen Abschreibung.

Sachgerecht ist u. E. die erste Lösung (linke Spalte der nachfolgenden Tabelle).

	costs to sell ohne Abfindung	Abfindung als costs to sell
fair value	100	100
– *costs to sell*	0	– 10
= Nettozeitwert	100	90
– Buchwert	100	100
= Abschreibung	0	10
BILANZ 01	100	90
Aktiva	– 10	– 10
– Rückstellung Abfindung		
= „Nettovermögen" IFRS 5/IAS 37	90	80
– Nettovermögen nach Veräußerung	90	90
= Differenz	0	– 10
GuV 01	0	– 10
– Abschreibung	– 10	– 10
– Dotierung Rückstellung		
= Ergebnis	– 10	– 20

Die Einbeziehung rückstellungspflichtiger Veräußerungskosten in die Nettozeitwertermittlung würde zur Doppelberücksichtigung von Aufwand führen. Sachgerecht ist es daher, den Begriff der Veräußerungskosten enger auszulegen. Nicht mehr Veräußerungs**kosten** sind dann solche erwarteten Zahlungen, die durch Rückstellungsbildung bereits unabhängig von IFRS 5 als Kosten verbucht sind. Dies entspricht auch der Forderung, notwendige Buchwertanpassungen (hier Einbuchung einer Rückstellung) der Anwendung von IFRS 5 vorzuschalten (Rz 41). Vermieden wird damit „nur" die Doppelberücksichtigung von Aufwand; hingegen werden keine Kompensationsmöglichkeiten eröffnet. Eine Restrukturierungsrückstellung wäre demnach auch dann zu bilden, wenn der erwartete Veräußerungserlös selbst nach Abzug dieser Rückstellungen den Buchwert noch überschreiten würde.

Falls ein Vermögenswert bereits mit Veräußerungsabsicht **erworben** wird und – nach Maßgabe der übrigen Voraussetzungen – schon im Erstverbuchungszeitpunkt als *held for sale* (Rz 3) zu klassifizieren ist, muss der Nettozeitwert mit dem fiktiven Buchwert, d. h. i. d. R. mit den Anschaffungskosten, verglichen werden. Durch die „Niederstwertregel" wird ein *„day-one profit"*, jedoch nicht ein *„day-one loss"* verhindert.

Praxis-Beispiel

Der ahnungslose Tiefbauunternehmer T erwirbt von seinem etwas liquiditätsschwachen Kunden P einen Oldtimer-Porsche mit Weiterveräußerungsabsicht. In dem Glauben, es handele sich um ein homologisiertes Sondermodell, das mindestens 80.000 EUR wert sei, bezahlt U (durch Aufrechnung) 50.000 EUR. Der Marktpreis beträgt jedoch nur 30.000 EUR.

Unter der Prämisse, dass ein Anwendungsfall von IFRS 5 vorliegt (Rz 7), vergleicht der Buchhalter von U den fiktiven Buchwert (Anschaffungskosten) mit dem Nettozeitwert. Anzusetzen als Zugangswert ist der niedrigere Betrag. B bucht daher:

Konto	Soll	Haben
zur Veräußerung bestimmtes AV	30.000	
außerplanmäßige Abschreibung	20.000	
Forderung		50.000

Variante
Es handelt sich tatsächlich um ein homologisiertes Raritätenmodell. Der Marktwert ist 80.000 EUR. B vergleicht diesen mit dem (fiktiven) Buchwert (Anschaffungskosten) und setzt den niedrigeren Betrag an. B bucht daher:

Konto	Soll	Haben
zur Veräußerung bestimmtes AV	50.000	
Forderung		50.000

Unabhängig davon, ob anlässlich der erwarteten Veräußerung entstehende Kosten bei der Bemessung des *fair value less costs to sell* zu berücksichtigen sind, müssen sie im Fall einer *discontinued operation* regelmäßig als Teil des Ergebnisses aus dem aufgegebenen Bereich qualifiziert werden.

39   Eine **planmäßige Abschreibung** (→ § 10) ist nach Klassifizierung als *held for sale* auch dann nicht mehr zulässig, wenn der abnutzbare Anlagegegenstand bis zum Vollzug der Veräußerung noch weiter genutzt wird (IFRS 5.25). Die planmäßige Abschreibung wird als Bewertungsmaßnahme ausgesetzt bzw. durch den Niederstwerttest ersetzt. Hierin liegt ein konzeptioneller Widerspruch zu IAS 16.50, der die planmäßige Abschreibung nicht als Bewertungsverfahren, sondern in erster Linie als Allozierung der Investitionsausgaben auf die Nutzungsperioden versteht.[13]

Soweit der Nettozeitwert bei der Erstklassifizierung oder später unter dem Buchwert liegt, ist die Wertminderung als **außerplanmäßige Abschreibung** (*impairment loss*) erfolgswirksam zu buchen (IFRS 5.20). Eine **Zuschreibung** ist nur nach dem Maße der vorherigen außerplanmäßigen Abschreibung zulässig (→ § 11).

40   Sind dem zur Veräußerung bestimmten Gegenstand bzw. der Veräußerungsgruppe kumulierte erfolgsneutrale Beträge (*other comprehensive income*, OCI; → § 20 Rz 97) zuzuordnen, die nur bei Veräußerung erfolgswirksam werden (so etwa Währungsumrechnungsdifferenzen aus selbstständigen Tochterunternehmen; → § 27 Rz 56), gilt: In den als Vergleichsgröße des Nettozeitwerts anzusetzenden Buchwert ist das kumulierte OCI nicht einzubeziehen.[14]

---

13 SCHILDBACH, WPg 2005, S. 554.
14 Gl. A. PWC, IFRS Manual of Accounting 2016, Tz. 26.90.

Bei Anwendung der vorstehenden Regeln auf eine *disposal group* ergibt sich ein **41** komplexes **Zusammenspiel von Einzel- und Gruppenbewertung**:

- Einerseits ist nach IFRS 5.15 auch eine *disposal group* (insgesamt) mit dem niedrigeren Wert aus Buchwert und Nettozeitwert anzusetzen.
- Andererseits nimmt IFRS 5.4(f) in der *disposal group* enthaltenes Umlaufvermögen sowie bestimmte in ihr enthaltene Anlagen (insbesondere Finanzanlagen und zum *fair value* bewertete *investment properties*) von den besonderen Bewertungsvorschriften aus.

Der drohende **Widerspruch** zwischen beiden Vorgaben ist wie folgt zu lösen:

- Unmittelbar vor Klassifizierung einer Sachgesamtheit als *disposal group* sind die darin enthaltenen Vermögenswerte und Schulden nach Maßgabe der für sie geltenden allgemeinen Regeln zu bewerten (**Einzel**bewertung) (IFRS 5.18). Ein nach allgemeinen Vorschriften (z.B. IAS 36, IAS 2 oder IAS 39) regelmäßig nur auf den Bilanzstichtag vorzunehmender **Wertminderungstest** ist daher zum **unterjährigen** Umklassifizierungszeitpunkt zwingend durchzuführen.[15]
- Dem sich daraus ergebenden Buchwert der *disposal group* (Vermögen minus Schulden) ist deren Nettozeitwert gegenüberzustellen (**Gruppen**bewertung; IFRS 5.4).
- Soweit auf Gruppenebene ein außerplanmäßiger **Abschreibungs**bedarf festgestellt wird, ist er gem. IFRS 5.23 auf die Sach- und immateriellen Anlagen in der **Reihenfolge** von IAS 36 zu verteilen, d.h. vorrangig einem eventuell enthaltenen derivativen *goodwill* zu belasten, danach den Sach- und immateriellen Anlagen (→ §11 Rz 182). Da IFRS 5 nicht auf IAS 36.105 verweist, besteht auf dieser Stufe auch keine Begrenzung durch die *fair values* der langfristigen Vermögenswerte. Die Gruppenabschreibung ist auch insoweit den langfristigen Vermögenswerten zu belasten, als diese dadurch unter ihrem Zeitwert abzüglich Veräußerungskosten angesetzt werden.[16] In Ausnahmefällen kann der gesamte Gruppenabwertungsbedarf aber auch den Buchwert der langfristigen Vermögenswerte übersteigen. Offen ist dann aber, ob der Mehrbetrag von den kurzfristigen Vermögenswerten abzusetzen ist (Rz 43).
- Bei späterer **Werterholung** ist die Zuschreibung auf den Buchwert vor Klassifizierung als *disposal group* beschränkt. Soweit die ursprüngliche außerplanmäßige Abschreibung zum Teil auf den *goodwill* entfiel, ist strittig, ob insoweit auch dem *goodwill* wieder zugeschrieben werden darf. Für eine solche Zuschreibung spricht u.E. der fehlende Verweis von IFRS 5.22 und IFRS 5.23 auf das Zuschreibungsverbot von IAS 36.124. Auch das IFRS IC hält daher eine Zuschreibung nicht für unzulässig.[17] Nach anderer Auffassung muss eine Zuschreibung auf den *goodwill* zwar unterbleiben, ohne jedoch dadurch den Gesamtbetrag zu kürzen, andere langfristige Vermögenswerte können vielmehr über ihrem Buchwert vor Anwendung von IFRS 5 angesetzt werden.[18]

Da es bei der Ermittlung der Gruppenabschreibung nur auf den Vergleich von Gruppenzeitwert und Gruppenbuchwert ankommt, ist die Aufteilung des Zeit-

---

15 So auch IDW RS HFA 2, Tz. 98; mit beachtlichen Argumenten a.A. DOBLER/DOBLER, KoR 2010, S. 353 ff.
16 Agenda-Entscheidung IFRIC Update January 2016.
17 IFRIC Update May 2010.
18 IDW RS HFA 2, Tz. 103; vgl. insgesamt zum Zuschreibungsproblem auch FREIBERG, PiR 2011, S. 142 ff.

werts auf bilanzierungsfähiges und nicht bilanzierungsfähiges Vermögen irrelevant. Soweit man sie doch vornähme, würde z. B. ein implizit im Gruppenwert enthaltener originärer *goodwill* die Abschreibung der Sach- und immateriellen Anlagen vermindern oder verhindern.[19]

Praxis-Beispiel

U beabsichtigt die Veräußerung des Geschäftsfelds X ohne die zugehörigen Verbindlichkeiten, jedoch inkl. der enthaltenen Forderungen. Die Forderungen haben aufgrund von Ereignissen nach dem letzten Bilanzstichtag drei Viertel ihres Werts verloren.

Der Veräußerungspreis für das Geschäftsfeld soll dem *fair value* entsprechen. Dieser wird ertragswertorientiert mit Hilfe des DCF-Verfahrens ermittelt. Der errechnete Wert beträgt 375. Mit wesentlichen Veräußerungskosten wird nicht gerechnet.

In der nachfolgenden Tabelle sind die Buchwerte und Zeitwerte sowie die Abschreibungen auf Einzel- und Gesamtbewertungsbasis dargestellt. Auf Folgendes ist besonders hinzuweisen:

Unmittelbar vor Umklassifizierung ist der Buchwert der einzelnen Vermögenswerte festzustellen. Betroffen sind im Beispiel die Forderungen, für die zum letzten Abschlussstichtag noch keine Wertberichtigung notwendig war, auf den Umklassifizierungstag aber nach IAS 39 eine Abschreibung vorzunehmen ist.

Die wiederbeschaffungsorientiert ermittelten niedrigeren Zeitwerte des nicht monetären Vermögens führen vor Anwendung von IFRS 5 nicht zu Abwertungen, da die Wiederbeschaffungswerte sowohl nach IAS 36 (Anlagen) als auch nach IAS 2 (Vorräte) nicht relevant sind.

Der nach IFRS in Gruppenbetrachtung zu ermittelnde Abschreibungsbetrag ergibt sich durch Gegenüberstellung der um Einzelabschreibungen korrigierten Buchwerte (betroffen im Beispiel nur die Forderungen) mit dem *fair value* der gesamten Gruppe. Die Abschreibung ist entsprechend IAS 36 nach dem Verhältnis der Buchwerte aufzuteilen (→ § 11 Rz 182), wobei u. E. Vermögenswerte, die nicht den Vorschriften von IAS 36 unterliegen (z. B. Vorräte), ebenso wenig in die Verteilung einzubeziehen sind wie diejenigen, die nicht den Bewertungsvorschriften von IFRS 5 unterliegen (Rz 4).

Der so insgesamt verbleibende Buchwert liegt über den Zeitwerten der einzelbilanzierungsfähigen Vermögenswerte. Im Beispiel kann dies auf den **Kompensationseffekt** des nicht bilanzierungsfähigen Vermögens (originäre Marken, Kunden, *goodwill*) zurückgeführt werden. Eine Ermittlung des Zeitwerts dieses Vermögens oder gar keine Aufteilung ist aber nicht nötig, da es sich dem Grunde nach nur um einen rechnerischen Ausgleichsposten zur Ableitung des *fair value* der Gruppe handelt. Aus dieser Gesamtgröße ergibt sich ein Ansatz der Sachanlagen mit 105 (statt mit 75), der Patente mit 70 (statt mit 50) und der Vorräte mit 150 (statt mit 100).

---

[19] A. A. möglicherweise ZÜLCH/LIENAU, KoR 2004, S. 432 ff., mit dem Hinweis, dass ein originärer *goodwill* eine Abwertung einzelner Vermögenswerte nicht verhindern dürfe.

	Buch-wert	Zeitwert	Einzelbe-wertung (vor IFRS 5)	Verteilung Gruppen-abschrei-bung	Wert nach Um-klass.
Sachanlagen	150	75 (Wieder-beschaffungs-kosten)	150	45	105
erworbene Patente	100	50	100	30	70
Rohstoffe	150	100 (Wieder-beschaffungs-kosten)	150		150
Forderungen	200	50 (Wertberich-tigung)	50		50
goodwill	0	100	0		0
Summe	600	375	450		375
fair value group			375		
Gruppen-abschreibung			75	75	

Beim Zugang von *non-current assets held for sale* im Rahmen eines **Unternehmenserwerbs** ist abweichend von den Normalregeln von IFRS 3 (→ § 31 Rz 41 ff.) nicht der Zeitwert, sondern der Nettozeitwert anzusetzen (IFRS 5.16). Die eventuelle Differenz wird nicht als außerplanmäßige Abschreibung erfasst.

Besteht eine Veräußerungsgruppe vollständig aus Finanzinstrumenten, gilt: Da 42 Finanzinstrumente von den Bewertungsvorschriften des IFRS 5 ausgenommen sind, geht die Anforderung des IFRS 5.15, eine Veräußerungsgruppe zum niedrigeren Nettoveräußerungspreis zu bewerten, in diesem Fall ins Leere. Der Buchwert der Gruppe ergibt sich vielmehr aus der Bewertung der Finanzinstrumente nach IAS 39/IFRS 9.[20]

Übersteigt der Wertminderungsbedarf einer Veräußerungsgruppe den Buchwert 43 der den Bewertungsvorschriften des IFRS 5 unterliegenden Vermögenswerte *(scope-in assets;* Rz 5), ist das Vorgehen unklar.[21] U. E. sind die **sonstigen** Vermögenswerte *(scope-out assets)* in diesem Fall aus folgenden Gründen **nicht abzustocken**: Der IASB hat kurzfristige Vermögenswerte (z.B. Vorräte), aber auch bestimmte Vermögenswerte langfristiger Art (z.B. bestimmte Finanzinstrumente, aktive latente Steuern oder zum *fair value* bewertete *investment properties*) bewusst aus dem Anwendungsbereich der Bewertungsvorschriften von IFRS 5 ausgenommen, u.a. deshalb, weil das IFRS 5 prägende besondere Imparitätsprinzip (Rz 38) auf latente

---

[20] Vgl. dazu ALBRECHT, PiR 2015, S. 128 ff.
[21] IFRIC Update January 2016.

Steuern oder auf zum *fair value* erfasste Vermögenswerte konzeptionell nicht passen würde. Hätte er gleichwohl unter Inkaufnahme konzeptioneller Brüche im Fall einer *disposal group* auch für diese Vermögenswerte eine Bewertung nach IFRS 5 zulassen wollen, so wäre hierzu eine ausdrückliche kasuistische Bestimmung erforderlich gewesen. Diese gibt es aber in IFRS 5 nicht. U. E. kann daher auch nicht über die Hintertür der Gruppenbewertung der Ausschluss bestimmter Vermögenswerte von den Bewertungsvorgaben des IFRS 5 rückgängig gemacht werden. Überdies würde eine Abstockung in vielen Fällen, etwa bei monetären Gütern (z.B. Bankguthaben), zu unvertretbaren Ergebnissen führen. U. E. muss eine Verteilung eines verbleibenden Wertminderungsbetrags auf nicht den Bewertungsvorgaben von IFRS 5 unterliegende Vermögenswerte daher unterbleiben.[22] Auch einen Ansatz negativer Buchwerte oder eines technischen Schuldpostens, der tatsächlich weder nach IFRS 9/IAS 39 noch nach IAS 37 als Schuld zu qualifizieren ist, halten wir nicht für gerechtfertigt.[23] In Kauf zu nehmen ist dann, dass der überschießende Gruppenwertberichtigungsbedarf unerfasst bleibt.

44 Der Übergang zur Niederstbewertung nach IFRS 5 stellt noch keinen veräußerungsgleichen Vorgang dar und führt daher nicht zum *recycling* von Währungsumrechnungsdifferenzen und anderen Formen des kumulierten sonstigen Ergebnisses *(other comprehensive income).*[24]

45 Kommt es nach ursprünglicher Niederstwertabschreibung zu einem Anstieg des *fair value less costs to sell*, ist dieser bei Veräußerungsgruppen bilanziell wie folgt nachzuvollziehen:

- Zunächst sind Zuschreibungen bei nicht den Bewertungsregeln von IFRS 5 unterliegenden Vermögenswerten vorzunehmen, wenn die jeweils einschlägigen Standards dies zulassen oder gebieten (z.B. IAS 39/IFRS 9 für bestimmte Finanzinstrumente).
- Sodann sind die anderen Vermögenswerte bis zum Buchwert unmittelbar vor Anwendung von IFRS 5 zuschreibungsfähig.
- Ein danach eventuell noch verbleibender Wertanstieg muss unberücksichtigt bleiben.

Strittig ist, ob nach diesem Vorgehen auch ein *goodwill* bis zu seinem früheren Buchwert zuschreibungsfähig ist. U. E. ist dies durch IFRS 5.22 gestattet (Rz 48).

4.2 Bewertung nach Änderungen eines Veräußerungsplans

46 Wird die Veräußerungsabsicht aufgegeben, ist gem. IFRS 5.27 zu diesem Zeitpunkt der niedrigere der beiden folgenden Werte anzusetzen:

- fortgeführter ursprünglicher Buchwert,
- erzielbarer Betrag i. S. v. IAS 36.

Ein durch die Reklassifizierung entstehender **Bewertungsunterschied** ist **erfolgswirksam** zu verbuchen.

47 **Praxis-Beispiel**
Eine Maschine wird am 30.6.01 als *held for sale* qualifiziert. Der Buchwert beträgt zu diesem Zeitpunkt 100, die Restnutzungsdauer fünf Jahre. Der

---

22 Gl. A. Freiberg, PiR 2011, S. 142 ff.
23 Gl. A. PWC, IFRS Manual of Accounting 2016, Tz. 26.121 ff.
24 Dobler/Dobler, KoR 2010, S. 353 ff.

Nettozeitwert zu allen Zeitpunkten ist 60. Mitte 02 steht fest, dass die Maschine weiter genutzt werden soll. Folgende Buchungen sind notwendig:

Datum	Konto	Soll	Haben
30.6.01:	1. per *non-current assets held for sale*	100	
	an Anlagevermögen		100
	2. per Aufwand	40	
	an *non-current assets held for sale*		40
30.6.02:	3. per Anlagevermögen	60	
	an *non-current assets held for sale*		60
	4. per Anlagevermögen	20	
	an Ertrag		20

Buchung Nr. 4 führt zu dem Wert, zu dem die Maschine per 30.6.02 anzusetzen gewesen wäre, wenn es keine Umqualifizierung gegeben hätte (100 per 30.6.01 minus ein Fünftel lineare Abschreibung = 80 per 30.6.02). Die Buchung ist nur dann zulässig, wenn per 30.6.01 mit Blick auf IAS 36 *(impairment)* kein Ansatz von 60 notwendig ist. Die Zugehörigkeit zu einer profitablen CGU kann z.B. den Wertansatz von 80 nach IAS 36 rechtfertigen.

Datum	Konto	Soll	Haben
31.12.02:	5. per planmäßige Abschreibung	10	
	an Anlagevermögen		10

48 Bei Aufgabe der Veräußerungsabsicht kann es abweichend von der Regelung des IAS 36.124 auch zu einer **Zuschreibung** auf den *goodwill* kommen, limitiert aber auf den Betrag, der vor dem Zeitpunkt der Klassifizierung als zur Veräußerung gehaltenes langfristiges Vermögen gültig war.[25]

49 Die ab 2016 anzuwendenden *Annual Improvements to IFRSs 2012–2014 Cycle* stellen durch Einführung von IFRS 5.26B klar, dass der Übergang von einer Veräußerungsabsicht zur Absicht, den Vermögenswert als Sachdividende auszukehren (Rz 9), oder ein Übergang in umgekehrter Richtung keine Folgen für Ausweis und Bewertung haben.

5 Ausweis und Angaben

5.1 Beschreibende Angaben

50 An verbalen Angaben verlangt IFRS 5.41:
- eine **Beschreibung** der zur Veräußerung bestimmten **Anlagen** und *disposal groups* bzw. einzustellenden **Bereiche**,
- die Nennung des oder der **Segmente**, zu denen der einzustellende Bereich gehört,
- die Angabe von Fakten und Umständen, die **Zeitablauf** und **Art** der Veräußerung betreffen.

[25] IDW RS HFA 2, Tz. 105.

51   Eine kurze Musterformulierung könnte wie folgt aussehen:

> **Praxis-Beispiel**
> Am 15.11.01 hat die Geschäftsführung nach Genehmigung durch den Aufsichtsrat den Plan zur Veräußerung des Segments „Damenoberbekleidung" bekannt gegeben. Die geplante Veräußerung entspricht der **langfristigen Strategie** des Unternehmens, sich auf die Bereiche „Herrenoberbekleidung" und „Sportbekleidung" zu **konzentrieren** und sich von damit nicht in Zusammenhang stehenden Tätigkeiten zu trennen. Das Unternehmen bemüht sich aktiv um einen Käufer für das Segment „Damenoberbekleidung" und hofft, den Verkauf bis Ende 02/Anfang 03 abschließen zu können.

52   Bei der gleichzeitigen Veräußerung **verschiedener** Bereiche sind die geforderten Angaben für jeden wesentlichen Bereich zu machen. Auf die **Checkliste „IFRS-Abschlussangaben"** (siehe HI10157883 im Haufe IFRS-Kommentar Online) wird verwiesen (→ § 5 Rz 8).

5.2 Separierung Vermögen und Schulden in der Bilanz und im Anhang

53   Zu jedem Bilanzstichtag, zu dem das zur Veräußerung bestimmte Vermögen tatsächlich noch nicht veräußert ist, sind die Vermögenswerte und im Fall der *disposal group* (Rz 6)/*discontinued operation* (Rz 19) auch die damit verbundenen Schulden gesondert anzugeben. Gefordert sind damit **eine** Aktiv- und **eine** Passivangabe je einzustellenden Bereich:

- auf der Aktivseite als **„zur Veräußerung bestimmtes langfristiges Vermögen"** (*non-current assets qualified as held for sale*) und
- auf der Passivseite ein **Posten „Schulden aus zur Veräußerung bestimmtes langfristiges Vermögen"** (*liabilities associated directly with non-current assets qualified as held for sale*).

Die Darstellung der **Bilanz** ist dementsprechend wie folgt:

Langfristiges Vermögen	Eigenkapital
Kurzfristiges Vermögen	Langfristige Schulden
	Kurzfristige Schulden
Zur Veräußerung bestimmtes langfristiges Vermögen	**Schulden im Zusammenhang mit zur Veräußerung bestimmten Anlagen**

Alternativ kann, wie vom DRSC in RIC 1 empfohlen, die Summe der abgehenden Vermögenswerte bzw. Schulden als Unterposition der kurzfristigen Vermögenswerte bzw. Schulden dargestellt werden. Für die weitere Aufschlüsselung des Aktiv- und Passiv(unter)postens reicht in jedem Fall der **Anhang**.

Die bilanziellen Anforderungen gelten **nicht retrospektiv**. Vorjahresvergleichszahlen sind daher nicht umzuklassifizieren (IFRS 5.IE12). In IFRS 5.4 sind u.a. **latente Steuern** und **Finanzinstrumente** vom Anwendungsbereich der **Bewertungs**vorschriften des IFRS 5 ausgenommen. Für den **Ausweis** bleibt IFRS 5 hingegen anwendbar. Zu den sich hieraus ergebenden Folgen am Beispiel der Steuerlatenz wird auf Rz 77 verwiesen.

Im Anhang oder in der Bilanz ist eine **Aufschlüsselung** des Aktiv- und Passivbetrags nach den wesentlichen Gruppen *(major classes of assets and liabilities)* vorzunehmen (IFRS 5.38). Eine Aufschlüsselung nach unterschiedlichen *disposal groups/discontinued operations* ist nicht unbedingt erforderlich, kann sich aber bei nicht zu vielen Fällen empfehlen. Danach könnte eine Aufschlüsselung wie folgt aussehen:

Praxis-Beispiel	Diverse	Geschäftsfeld Südpazifik	Gesamt
Sachanlagen	5.000	10.000	15.000
Immaterielle Anlagen	1.000	2.000	3.000
available-for-sale-Finanzinstrumente	1.000	2.000	3.000*
kurzfristiges Vermögen		1.000	1.000
Summe Vermögenswerte	7.000	15.000	22.000
Finanzverbindlichkeiten		2.000	2.000
Sonstige Verbindlichkeiten		1.000	1.000
Schulden		3.000	3.000
* davon erfolgsneutral im Eigenkapital erfasster Erfolg: 500			

Ein in den zur Veräußerung bestimmten Vermögenswerten enthaltener, direkt im **Eigenkapital** erfasster **Bewertungserfolg** ist nach IFRS 5.38 zu vermerken. Vermögenswerte und Schulden eines mit Veräußerungsabsicht erworbenen **Tochterunternehmens**[26] (Rz 32) sind zwar in die besonderen Aktiv- und Passivposten einzubeziehen, jedoch weder im Anhang noch in der Bilanz nach den darin enthaltenen Klassen von Vermögen/Schulden aufzugliedern (IFRS 5.39).

54

Der Inhalt der Position „**Schulden aus zur Veräußerung bestimmtes langfristiges Vermögen**" *(liabilities associated directly with non-current assets qualified as held for sale)* ist restriktiv auszulegen. Schulden sind etwa nur dann Teil einer Abgangsgruppe *(disposal group;* Rz 6), wenn sie bei der Veräußerung der Vermögenswerte mit übertragen werden (IFRS 5.A). Die Passivposition umfasst daher **nur die Schulden, die der Erwerber übernimmt**, regelmäßig also nicht die mit einem abgehenden Vermögenswert durch dingliche Sicherung verbundenen Schulden, ebenso wenig die passiven latenten Steuern (Rz 77).

55

Praxis-Beispiel
U qualifiziert Bürogrundstücke als zur Veräußerung bestimmt. Die Grundstücke sind mit Grundschulddarlehen belastet. Die Bank wird nur gegen Tilgung der Darlehen die wirtschaftlich für eine Veräußerung erforderliche dingliche Freigabe erteilen.
Die Grundschuldarlehen sind keine „Schulden aus zur Veräußerung bestimmten langfristigen Vermögenswerten" i.S.v. IFRS 5, da sie nicht auf den Erwerber übergehen werden.

[26] Dazu KÜTUNG/KESSLER/WIRTH, KoR 2003, S. 533ff.

Bedeutung erlangt die Passivposition in zwei Fällen: Bei der

- **Veräußerung von Tochterunternehmen** im *share deal*, wo (mit der evtl. Ausnahme von passiven latenten Steuern; Rz 77) sämtliche Schulden des Tochterunternehmens aus Konzernsicht auf den Erwerber übertragen werden,
- bei **Verkauf von Anlagen**, mit denen eine **Rückbauverpflichtung** verbunden ist, die der Erwerber regelmäßig übernimmt.

5.3 Separierung von Ergebnis und *cash flows* in GuV und Kapitalflussrechnung

56   Im Fall eines durch Veräußerung oder Stilllegung **aufgegebenen** (bzw. aufzugebenden) **Bereichs** (*discontinued operation*) ist in der GuV der **separate** Ausweis des Gesamterfolgs aus den Einstellungen (*post-tax profit or loss of discontinued operations*) geboten (IFRS 5.33(a)). Das Vorjahr ist anzupassen (Rz 35 f.). Wahlweise in der GuV oder im Anhang ist eine **Aufschlüsselung dieses Erfolgs** vorzunehmen (IFRS 5.33(b)) nach:

- Erträgen (*revenues*),
- laufenden Aufwendungen,
- Ergebnis vor Steuern,
- Steuern,
- Anteil des Umbewertungs- und Abgangserfolgs an dem Ergebnis vor Steuern und an den Steuern.

Nachfolgend ein Beispiel für eine Separierung innerhalb der GuV:

Praxis-Beispiel

- Im Januar 02 genehmigt der Aufsichtsrat der Core Clothes AG den **Plan** des Vorstands, das Segment Damenoberbekleidung (DOB) zu veräußern. Mit der aktiven Suche nach einem Käufer wird sofort begonnen. Der erzielbare Veräußerungspreis wird auf ca. 60 Mio. EUR geschätzt.
- Zum **Vertragsschluss** kommt es im **September 02**. Der Vertrag sieht für ein übergehendes Buchvermögen von (aktuell) 70 Mio. EUR einen Veräußerungspreis von 60 Mio. EUR vor.
- Der Vertrag wird Ende **Januar 03** vollzogen.

Nicht übernommene Arbeitnehmer werden von der AG mit 30 Mio. EUR abgefunden. Der Gewinn nach Steuern aus den fortgeführten Geschäftsbereichen beträgt in allen Jahren 100 Mio. EUR. Der abgehende Geschäftsbereich hat vor Steuern und Einmalaufwendungen ein operatives Ergebnis von 5 Mio. EUR in 01 und jeweils –5 Mio. EUR in 02 und 03.

Die erwartete Arbeitnehmerabfindung ist direkt der Veräußerung zuzuordnen, gleichwohl nicht als *costs to sell* zu qualifizieren, da bereits als Rückstellung berücksichtigt (Rz 38). Somit ergibt sich ein erwarteter Nettozeitwert von 60 Mio. EUR minus 30 Mio. EUR = 30 Mio. EUR.

Ihm steht ein Buchvermögen von 70 Mio. EUR gegenüber, so dass es zu einer außerplanmäßigen Abschreibung von 10 Mio. EUR kommt.

Die GuV der drei Jahre (01 als Vergleichsjahr im Abschluss 02 rückwirkend angepasst) ergibt sich bei einem Steuersatz von 40 % wie folgt (in Mio. EUR):

GuV-Untergliederung nach Fortführung/Einstellung (Staffelformat)			
	03	02	01 angepasst
FORTZUFÜHRENDE BEREICHE			
....	...	...	...
Gewinn	100	100	100
AUFGEGEBENER BEREICH			
Umsatz	5	30	40
– betriebliche Aufwendungen	– 10	– 35	– 35
= Zwischensumme	– 5	– 5	5
– Abfindungen	0	– 30	0
– außerplanm. Abschreibungen	0	–10	0
= Ergebnis vor Steuern	– 5	– 45	5
– Steuern	2	18	– 2
= Verlust/Gewinn	– 3	– 27	3
UNTERNEHMENSGEWINN GESAMT	97	73	103

Für die Erläuterung des Ergebnisses aus aufgegebenen Bereichen in der GuV kommt 57 statt der vorstehenden vertikalen Darstellung (Staffelformat) auch eine horizontale Aufteilung (Drei-Spalten- bzw. Matrix-Format) infrage. Sie ist wie folgt aufgebaut:

GuV-Untergliederung nach Fortführung/Einstellung (Matrixformat)			
	fortge-führte Aktivitä-ten	aufgege-bene Aktivitäten	Konzern
Umsatzerlöse	400	5	405
– Umsatzkosten	– 200	– 5	– 205
= Bruttoergebnis vom Umsatz	200	0	200
– Vertriebskosten	– 25	0	– 25
– Verwaltungskosten	– 25	– 5	– 30
+ sonstige Erträge	+ 10	0	+ 10
– sonstige Aufwendungen	– 10	0	– 10

GuV-Untergliederung nach Fortführung/Einstellung (Matrixformat)			
	fortge-führte Aktivitä-ten	aufgege-bene Aktivitäten	Konzern
+ Finanzerträge	+ 20	0	+ 20
– Finanzaufwendungen	– 20	0	– 20
= Ergebnis vor Steuern	150	– 5	145
– Steuern	– 50	2	– 52
= Verlust/Gewinn	100	– 3	97

Das Matrixformat ist in der Praxis nur wenig verbreitet.[27]

58   Als Folge der Neufassung von IAS 27 in 2008 ist auch IFRS 5 geändert worden. IFRS. 5.33(d) sieht vor, dass entweder
- im Anhang oder
- in der GuV (bzw. im GuV-Teil der Gesamtergebnisrechnung) selbst

der Anteil der Eigenkapitalgeber der Muttergesellschaft am Konzernergebnis aufzuschlüsseln ist nach
- dem Anteil an fortgeführten Bereichen und
- dem Anteil an aufgegebenen Bereichen.

59   Während ein anlässlich der Einstellung zu erwartender **Verlust** ggf. bereits im Wege der **außerplanmäßigen Abschreibung** zu berücksichtigen ist, kann ein aus der Einstellung zu erwartender **Gewinn** erst im **Realisierungszeitpunkt** ausgewiesen werden. Hierzu folgendes Beispiel:

Praxis-Beispiel

Das Beispiel unter Rz 56 wird dahingehend variiert, dass der Veräußerungs-preis nicht 60 Mio. EUR, sondern 120 Mio. EUR beträgt.

Eine außerplanmäßige Abschreibung in 02 ist nicht mehr erforderlich, da der Nettozeitwert (Veräußerungspreis minus Veräußerungskosten) über dem Buchwert liegt.

Fraglich ist, ob die Arbeitnehmerabfindung gesondert in 02 zurückzustellen ist. U. E. ist das der Fall. Rückstellungspflichtige „Veräußerungskosten" sind auch dann zu passivieren, wenn sie durch einen erwarteten Veräußerungsgewinn über-kompensiert werden. Ökonomisch sinnvoll ist dieses Resultat nicht, der Wortlaut der Vorschriften lässt aber u.E. nicht zu, die Abfindung in einer derartigen Kon-stellation wie andere Veräußerungskosten erst im Abgangszeitpunkt anzusetzen.

Aus dem aufgegebenen Bereich wird auf der Grundlage unserer Auffassung im Vergleich zum Ursprungsbeispiel ausgewiesen:
- in 02 ein um 6 Mio. EUR besseres Ergebnis (außerplanmäßige Abschreibung von 10 Mio. EUR entfällt, Steuermehraufwand von 4 Mio. EUR entsteht);

---

[27]   Vgl. KÜTING/REUTER, BB 2007, S. 1942ff.

> - in 03 ein um 30 Mio. EUR besseres Ergebnis (Ertrag aus Segmentveräuße-
>   rung 120 Mio. EUR minus 70 Mio. EUR = 50 Mio. EUR, Steuermehrauf-
>   wand 20 Mio. EUR);
> - in der Summe beider Jahre ist das Ergebnis vor Steuern um 60 Mio. EUR
>   höher als im Ausgangsbeispiel. Dies entspricht dem um 60 Mio. EUR höhe-
>   ren Veräußerungspreis.

Auch in den Jahren nach vollzogener Aufgabe eines Geschäftsbereichs kann diese **60**
noch **Erfolgswirkungen** zeigen. Als Beispiele führt IFRS 5.35 u. a. an:
- Auflösung von Unsicherheiten, die durch die Bedingungen des Veräußerungs-
  geschäfts entstehen (Kaufpreisanpassungen etc.);
- beim Verkäufer verbliebene Verpflichtungen aus Umwelt- und Produkthaftung.
Entsprechende Effekte sind nach IFRS 5.35 als Ergebnisse aus aufgegebenen Ge-
schäftsbereichen anzugeben *(shall be disclosed)*. Hierzu reicht eine Anhangangabe aus.
Entsprechend der GuV ist auch für die **Kapitalflussrechnung** (→ §3 Rz 144, → §3 **61**
Rz 170) eine Separierung von fortlaufenden *cash flows* und dem aufgegebenen
Bereich zuzuordnenden *cash flows* nach den vier Bereichen der Kapitalflussrechnung
(operativ, investiv, finanziell, Finanzmittelfonds) geboten (IFRS 5.33(c)). Wie für die
GuV ist auch eine Anpassung der **Vorjahresbeträge** vorzunehmen (IFRS 5.34).
Für die Separierung der *cash flows* kommen drei Formate infrage:
- **Davon-Vermerke** zu den aufgegebenen Bereichen in den vier Teilen der
  Kapitalflussrechnung,
- **Dreispaltendarstellung** mit einer Spalte für die fortgeführten *cash flows*, einer
  weiteren für die aus aufgegebenen Bereichen und einer Summenspalte,
- Aufschlüsselung der vier Teile der Kapitalflussrechnung nach fortgeführten
  Bereichen und aufgegebenen im **Anhang**.[28]
Der aufgegebene Geschäftsbereich kann bis zum Abgang weiterhin Investitions-
und Finanzierungstätigkeiten ausüben (IFRS 5.33(c)).

5.4 Angabe von Umbewertungserfolgen

Soweit nicht ohnehin, wie bei aufgegebenen Bereichen, der Umbewertungserfolg **62**
in der GuV oder im Anhang separat auszuweisen ist, ergibt sich eine Anhang-
angabepflicht aus IFRS 5.41(c).
Auf die **Checkliste „IFRS-Abschlussangaben"** (siehe HI10157883 im Haufe
IFRS-Kommentar Online) wird verwiesen (→ §5 Rz 8).

5.5 Verhältnis zu den Angabevorschriften nach IFRS 7, IFRS 8, IFRS 12 usw.

Fraglich war in der Vergangenheit, ob mit Umklassifizierung von Vermögens- **63**
werten und Schulden als zur Veräußerung bestimmt neben den **Angabevorschrif-**
ten von IFRS 5 auch die **anderer Standards** weiterhin gelten, etwa für die in einer
Abgangsgruppe enthaltenen Sachanlagen die Vorschriften von IAS 16.73 oder für
Finanzinstrumente IFRS 7. In der Beantwortung dieser Frage ist wie folgt zu
differenzieren:

---

[28] IDW RS HFA 2, Tz. 120.

- IAS 16.3(a), IAS 38.3(h) und IAS 36.3 formulieren eine explizite **Nichtanwendung** (*scope out*) für IFRS 5 unterliegende Vermögenswerte. Die allgemein für Sachanlagen und immaterielle Vermögenswerte bzw. für außerplanmäßige Abschreibungen geforderten Angaben sind mithin bei Umklassifizierung „in zur Veräußerung bestimmt" nicht mehr anzuwenden.

- Andere Standards, etwa **IAS 2 (Vorräte)** oder **IFRS 7 (Finanzinstrumente)** schließen (als Teil einer Veräußerungsgruppe) nach IFRS 5 qualifizierte Vermögenswerte und Schulden **nicht** von ihrem Anwendungsbereich aus. Formal wären daher hier neben allen Angaben nach IFRS 5 **zusätzlich** diejenigen nach dem jeweiligen Standard geforderten zu leisten.

Dem **Sinn** und **Zweck** von IFRS 5 entspricht die Ergänzung um allgemeine Angaben aber **nicht**. Mit der Umqualifizierung nach IFRS 5 sollen Vermögenswerte und Schulden gerade nicht mehr den allgemeinen Ausweis- und Angabeprozeduren unterworfen, sondern im Interesse prognose- und entscheidungsnützlicher Information gesondert behandelt werden (Rz 1). Eine Fortführung der allgemeinen Angaben würde diesem Ziel widersprechen.

Angesichts dieses Widerspruchs ist im Rahmen des *Annual Improvements Project 2009* eine Ergänzung von IFRS 5 erfolgt. Nach IFRS 5.5B gelten **Angabepflichten** anderer Standards nur noch in folgenden Fällen:

- Der andere Standard sieht ausdrücklich Angaben für zur Veräußerung bestimmtes langfristiges Vermögen, Abgangsgruppen oder aufgegebene Geschäftsbereiche vor (z. B. IAS 33.68 eine Angabe des auf aufgegebene Geschäftsbereiche entfallenden Ergebnisses pro Aktie; → § 35 Rz 54).

- Der andere Standard enthält Vorschriften zur Offenlegung der Bewertung (Methoden, Prämissen etc.) von Vermögenswerten und Schulden, wobei die betreffenden Vermögenswerte und Schulden in einer Abgangsgruppe enthalten sind, aber – z. B. als Finanzinstrumente oder Pensionsverpflichtungen – nicht den Bewertungsvorschriften von IFRS 5 unterliegen.

- Es sind Angaben notwendig, um eine tatsachengetreue Darstellung zu erzielen (IAS 1.15) oder wesentliche Schätzunsicherheiten offenzulegen (IAS 1.125).

Praxis-Beispiel

MU beabsichtigt die Veräußerung der TU. TU stellt eine Veräußerungsgruppe dar. Die TU hat u. a. Finanzinstrumente und Pensionsverpflichtungen, die auf den Erwerber übergehen sollen.

Beurteilung

a) Finanzinstrumente

Angaben zur Bewertung der Finanzinstrumente sind erforderlich (etwa IFRS 7.27), hingegen keine Angaben zu Kredit-, Markt- und Liquiditätsrisiken (IFRS 7.34 ff.).

b) Pensionsverpflichtungen

Angaben zu den versicherungsmathematischen Annahmen und zum *fair value* des Planvermögens sind in jedem Fall erforderlich (IAS 19.120A(k) und IAS 19.120A(n)). Hinsichtlich weiterer Angaben (etwa Aufteilung des Aufwands in der GuV – IAS 19.120A(g)) ist zu differenzieren:

- Stellt die Veräußerungsgruppe keinen aufgegebenen Bereich dar und fließt daher ihr „Pensionsergebnis" allgemein in die GuV ein, setzt eine ver-

---

ständliche und nachvollziehbare Erläuterung der Zusammensetzung des Aufwands die Einbeziehung auch der aus der Abgangsgruppe stammenden Teile voraus.

- Ist die Veräußerungsgruppe hingegen ein aufgegebener Bereich und daher eine Zweiteilung der GuV nach fortgeführter und aufgegebener Tätigkeit geboten, besteht keine Pflicht zur Erläuterung der auf die aufgegebene Tätigkeit entfallenden Komponenten des Pensionsaufwands.

Nicht eindeutig ist das Verhältnis von IFRS 5 zu IFRS 8. **64**

Praxis-Beispiel

Der Konzern K hat bisher nach den Segmenten A, B, C und Sonstige (unwesentliche) berichtet. C ist nunmehr zur Veräußerung bestimmt und stellt eine *discontinued operation* dar. C erfüllt weiterhin die nach IFRS 8 für die Identifizierung eines berichtspflichtigen Segments maßgeblichen quantitativen Kriterien (→ § 36 Rz 39ff.).

Alternative 1: Unter Berufung auf IFRS 5.5B werden die Angabepflichten nach IFRS 8 nicht mehr für einschlägig gehalten. Ergebnisse und Vermögen/ Schulden des Bereichs C werden mit denen der sonstigen Segmente zusammengefasst (→ § 36 Rz 48).

Alternative 2: IFRS 5 wird nicht für einschlägig erachtet, da IFRS 8 keine spezifische Regelung für einzelne Angaben, sondern solche für einen gesamten Berichtsteil enthält. Es bleibt bei der bisherigen Segmentierung (→ § 36 Rz 34).

U. E. ist die erste Auffassung vorzuziehen.[29]

IFRS 12 verlangt bestimmte **Angaben zu konsolidierten Unternehmen**. Dabei **65** hält IFRS 12.B17 fest, dass die Angabe zusammengefasster finanzieller Informationen über die konsolidierten Unternehmen nicht erforderlich ist, wenn die Beteiligung an diesen Unternehmen gem. IFRS 5 als Veräußerungsgruppe qualifiziert ist. In diesem Zusammenhang könnte fraglich erscheinen, ob die sonstigen nach IFRS 12 verlangten Angaben für ein nach IFRS 5 qualifiziertes untergeordnetes Unternehmen gleichwohl gefordert sind. U. E. ist dies nicht der Fall. Es bleibt bei der Regelung von IFRS 5.5B, wonach Angaben sonstiger Standards für IFRS 5 unterliegende Veräußerungsgruppen nur gefordert sind, wenn der andere Standard dies explizit fordert. Eine solche explizite Bestimmung enthielt IFRS 12 bisher nicht. IFRS 12.B17 war daher lediglich als Bekräftigung von IFRS 5.5B anzusehen. Einer sich dadurch möglicherweise ergebenden Informationslücke widmet sich der *Annual Improvements to IFRSs 2014–2016 Cycle* vom Dezember 2016. Ein neuer Paragraph IFRS 12.5A sieht vor, dass die Vorschriften von IFRS 12 auf die in IFRS 12.5 genannten Beteiligungen eines Unternehmens auch dann anzuwenden sind, wenn diese nach IFRS 5 klassifiziert werden. Ausgenommen hiervon sind nach IFRS 12.B17 aber die Vorschriften von IFRS 12.B10 – IFRS 12.B16.

---

[29] Nach LÜDENBACH, PiR 2012, S. 164.

5.6   Besonderheiten im Konzern

5.6.1   Transaktionen der zu veräußernden Einheit mit anderen Konzerneinheiten – IFRS 5 vs. IFRS 10

66 Soweit das durch Veräußerung aufgegebene Vermögen eine *discontinued operation* darstellt, entsteht ein **potenzieller Konflikt** zwischen den Ausweis- und Bewertungsvorschriften von IFRS 5 und den Konsolidierungsvorschriften von IFRS 10.

- **IFRS 10** liegt die **Einheitstheorie** zugrunde. Forderungen und Schulden, Aufwendungen und Erträge zwischen den (rechtlich selbstständigen) Teileinheiten des Konzerns sind zu saldieren.
- **IFRS 5** verlangt demgegenüber tendenziell eine *stand-alone*-Betrachtung. Der Abschlussadressat soll darüber informiert werden, mit welchen Ergebnis- und Vermögensbestandteilen er auch zukünftig rechnen kann (Erträge und Aufwendungen aus *continued operations*, nicht umqualifizierte Vermögenswerte und Schulden) und mit welchen nicht mehr zu rechnen ist (Erträge und Aufwendungen aus *discontinued operation*, zur Veräußerung bestimmtes Anlagevermögen und damit zusammenhängende Schulden).
- Hieraus ergeben sich **Konfliktpotenziale** bei der Behandlung von konzerninternen Erträgen und Aufwendungen bzw. Forderungen und Schulden. Wird etwa in einer vertikalen Leistungskette die oberste am Markt tätige Einheit veräußert, stellt sich die Frage, ob die bisher allein von ihr getätigten Außenumsätze im aufgegebenen Bereich auszuweisen sind, mit der Folge, bei den fortgeführten Bereichen nur noch Aufwendungen und keine Umsätze zu zeigen.

Die Lösung solcher Fragen sollte sich u. E. am alles **überragenden Regelungsziel** von IFRS 5 orientieren. Der Bilanzadressat soll informiert werden, mit welchen Erträgen, Aufwendungen, Vermögens- und Schuldpositionen er zukünftig weiterhin rechnen kann und mit welchen nicht. Würden Beträge nach Konsolidierung der Innenbeziehungen aufgeführt, wäre dieser Informationszweck verfehlt. Andererseits würde aber eine *stand-alone*-Betrachtung zu Doppelzählungen von Umsatz und Aufwendungen führen. Eine vermittelnde Lösung ist daher angezeigt. Sie weist dem *discontinued*-Bereich die (Grenz-)Erlöse und (Grenz-)Aufwendungen zu, die durch die Aufgabe des Bereichs entfallen.

67 Zu dieser **Grenzbetrachtung** (*incremental approach*) im Vergleich zu den beiden anderen Möglichkeiten folgendes Beispiel:

Praxis-Beispiel

Der Kapitalanlagen- und Bau-Konzern besteht u. a. aus einer Bau-AG sowie einer Vertriebs-GmbH. Die von der Bau-AG erstellten Eigentumswohnungen erwirbt die Vertriebs-GmbH zu fremdüblichen Preisen und veräußert sie mit einem Aufschlag von 20 % an Kapitalanleger.

- Die Bau-AG erwirtschaftet einen Umsatz von 1.000 gegenüber der Vertriebs-GmbH, der bei ausschließlich externen Kosten von 900 zu einem Ergebnis von 100 führt.
- Die Vertriebs-GmbH veräußert die Wohnungen für 1.200. Bei konzerninternen Kosten von 1.000 und externen Kosten von 100 erwirtschaftet auch sie ein Ergebnis von 100.

Die Vertriebs-GmbH soll im Management-Buy-out veräußert werden. Der Erwerber wird voraussichtlich zu unveränderten Konditionen weiterhin für die Bau-AG tätig sein.

Nachfolgend die Konsolidierungstabelle sowie die drei Alternativen für die Darstellung von aufgegebenem und fortgeführtem Bereich:

Konsolidierungstabelle		continued	disconti-nued	Summe	Konsoli-dierung	Konzern
	Umsatz	1.000	1.200	2.200	−1.000	1.200
	Aufwand	−900	−1.100	−2.000	1.000	−1.000
	Ergebnis	100	100	200		200

Darstellungsalternativen		stand alone		incremental		konsolidiert
	Continued					
	Umsatz	1.000		1.000		0
	Aufwand	−900		−900		−900
	Ergebnis	100		100		−900
	Discontinued					
	Umsatz	1.200		200		1.200
	Aufwand	−1.100		−100		−100
	Ergebnis	100		100		1.100
	Konzern-ergebnis	200		200		200

Die **Grenzbetrachtung** (*incremental approach*) ist aus konzeptioneller Sicht klar **68** vorzuziehen. Sie zeigt zutreffend, mit welchen Umsätzen und Aufwendungen nach Vollzug der Veräußerung weiterhin bzw. nicht mehr zu rechnen ist. Unangemessen erscheint diesbezüglich der konsolidierte Ansatz. Sein absurder Aussagegehalt wäre, dass zukünftig nur noch Aufwendungen und keine Umsätze zu erwarten sind. Abzulehnen ist auch der *stand-alone*-Ansatz, da er zwar jeden Bereich für sich gesehen zutreffend darstellt, in der Summe aber ein falsches Bild vermittelt, weil Umsätze und Aufwendungen doppelt gezählt werden.

Mit der Frage des Verhältnisses von Vorschriften zur Eliminierung von konzern-internen Transaktionen (IFRS 10) zu den Vorschriften und Zielsetzungen von IFRS 5 hat sich neuerdings auch das IFRS IC befasst. Seine Agenda-Entscheidung geht dahin, IFRS 10 den unbedingten Vorrang einzuräumen, d.h. nur die konsolidierte Darstellung zuzulassen.[30] Die Schwächen dieser Lösung werden aber indirekt zugestanden: *„The Interpretations Committee also noted that paragraph 30 of IFRS 5 requires an entity to present and disclose information that enables users of the financial statements to evaluate the financial effects of discontinued operations and disposal activity. In the light of this objective, the Interpretations Committee observed that, depending on the particular facts and*

---

[30] IFRIC Update January 2016.

circumstances, an entity may have to provide additional disclosures in order to enable users to evaluate the financial effects of discontinued operations."

Anders ausgedrückt: Wenn die mit IFRS 5 eigentlich angestrebte Erhöhung der Prognosequalität der GuV durch Unterscheidung zwischen Erträgen und Aufwendungen, die fortfallen werden, und solchen, die auch zukünftig anfallen, wegen des (angeblichen) Vorrangs von IFRS 10 gerade verfehlt wird, soll der Anhang dies heilen. Konzeptionell überzeugender ist hier der oben dargestellte inkrementale Ansatz. Auch nach Erlass der Agenda-Entscheidung des IFRS IC kann er in extremen Fällen (wie dem Beispiel unter Rz 67) jedenfalls unter Berufung auf IAS 1.19 *(principle override)* weiter zulässig sein, wobei dann die vom IFRS IC bevorzugte Darstellung nach IAS 1.20(d) in den Anhang wechseln würde. Bei näherer Betrachtung ist die Agenda-Entscheidung des IFRS IC aber nicht völlig eindeutig und deshalb meist auch ohne Berufung auf IAS 1.19 eine inkrementale Darstellung weiter zulässig. Der in Reaktion auf die IFRS IC Entscheidung in 2016 veröffentlichte Entwurf einer Fortsetzung von IDW RS HFA 2 lässt deshalb neben der konsolidierten Lösung auch eine Lösung nach wirtschaftlicher Betrachtungsweise zu. Die Eliminierungsbuchungen werden dabei unter Berücksichtigung der zukünftigen Leistungsbeziehungen einem der beiden Bereiche zugeordnet.[31] Im Bespiel entspräche dies im Wesentlichen dem inkrementalen Ansatz.

Wenn in Ausübung des entsprechenden Wahlrechts (Rz 56) der aufgegebene Bereich in der GuV nicht in seinen Einzelpositionen dargestellt wird, sondern in der **GuV nur** sein (dann im Anhang) zu erläuternder **Saldo** präsentiert wird, stellt sich das Problem der Doppelzählung der Umsätze nicht. **Inkrementaler und** *stand-alone*-**Ansatz entsprechen** sich auf Saldo- und somit GuV-Ebene. In diesem Fall ist eine Angabe der unkonsolidierten Umsätze und Aufwendungen des aufgegebenen Bereichs im Anhang und damit eine implizite „Doppelangabe" der Umsätze und Aufwendungen zulässig.[32]

Unabhängig von der Darstellungsalternative darf das Gesamtergebnis des Unternehmens nicht verändert werden. **Zwischenergebniseliminierungen** sind daher vorzunehmen, und zwar beim die Leistungen empfangenden Bereich.[33]

69   Die Frage nach dem Verhältnis von IFRS 10 und IFRS 5 stellt sich nicht nur aus **GuV-Sicht**, sondern auch hinsichtlich der **Bilanz** bzw. der **Schulden**konsolidierung.

Praxis-Beispiel

Der Kapitalanlagen- und Bau-Konzern besteht aus einer als Holding fungierenden GmbH, diversen Tochter-GmbHs für den Vertrieb von Kapitalanlagen sowie einer Bau-AG, deren Erzeugnisse von den Schwestergesellschaften gegen fremdübliche Strukturvertriebsprovisionen veräußert werden. Die Bau-AG erwirtschaftet gerade ein ausgeglichenes Ergebnis und soll daher veräußert werden. Sie hat gegenüber Schwester-GmbHs Schulden von 25. Da die AG ertraglos ist, orientiert sich der voraussichtliche Veräußerungspreis am Substanzwert. Die Bilanz der Bau-AG ist vereinfacht wie folgt:

---

31   IDW ERS HFA 2 Fortsetzung, Tz. 112.
32   IDW RS HFA 2, Tz. 110 ff.
33   IDW RS HFA 2, Tz. 115.

Bilanz (im Staffelformat):   *stand alone*   konsolidiert

	stand alone	konsolidiert
Anlagevermögen	100	100
– Diverse Schulden	– 30	– 0
– Verbindlichkeiten gegen Schwester-GmbHs	– 25	0
= Eigenkapital/Nettovermögen	45	70

Beurteilung

Der **außerplanmäßige Abschreibungsbedarf** ermittelt sich aus einer Gegenüberstellung von Buchwert und Zeitwert des Nettovermögens der abgehenden *disposal group*. Er beträgt 45–45 = 0, und nicht 70–45 = 25. Ein außerplanmäßiger Abschreibungsbedarf ist gerade nicht gegeben, da der voraussichtliche Veräußerungspreis dem Buchwert entspricht.

Das **zum Abgang bestimmte Vermögen** ist daher wie folgt darzustellen:

Zum Abgang bestimmte Anlagen	100
Damit zusammenhängende Schulden	– 55

Ein Ansatz der Schulden nur i. H. v. 30 wäre unzutreffend. Der Bilanzadressat müsste davon ausgehen, dass sich das Nettovermögen des Konzerns durch den bevorstehenden Abgang nur um 70 (= 100–30) und nicht um 45 (= 100–55) mindert.

Unsere Auffassung hat Konsequenzen auch für das nicht zur Veräußerung bestimmte Vermögen und die *discontinued operation*.

Wenn das als zum Abgang bestimmte Vermögen die Forderungen/Schulden der *discontinued operation* gegenüber dem fortgeführten Bereich enthält, müssen andererseits die Schulden/Forderungen des fortgeführten Bereichs gegenüber der *discontinued operation* unter geeigneter Bezeichnung ausgewiesen werden.

5.6.2 Beabsichtigte Teilveräußerung eines Tochterunternehmens (Abwärtskonsolidierung)

Sollen Anteile an einem Tochterunternehmen veräußert und dadurch die Kontrolle aufgegeben werden, stellen aus Konzernsicht die Vermögenswerte und Schulden des Tochterunternehmens das zum Abgang bestimmte Vermögen dar. Soweit im Vermögen Anlagengegenstände enthalten sind, die einer **planmäßigen Abschreibung** unterliegen, ist diese Abschreibung mit dem Zeitpunkt der Umqualifizierung in zur Veräußerung bestimmte Anlagen nicht mehr fortzuführen (Rz 38).   70

Stehen nicht sämtliche Anteile am Tochterunternehmen zur Veräußerung, sondern soll ein nicht die Kontrolle vermittelnder Anteil beibehalten werden, stellt sich die Frage, ob die Abschreibungen mit dem Zeitpunkt der Umqualifizierung nach IFRS 5 **insgesamt** oder nur nach dem beabsichtigten **Veräußerungsanteil** zu stoppen sind.

Für die Zulässigkeit eines Splits in den Abschreibungen fand sich schon in IFRS 5 kein Hinweis. Eine endgültige Klarstellung ist im Rahmen des *Annual Improvements Project 2008* durch Einfügung von IFRS 5.8A erfolgt. Danach müssen auch bei geplantem Rückbehalt eines Minderheitenanteils am bisherigen Tochterunternehmen dessen Vermögenswerte und Schulden mit Veräußerungsabsicht vollständig und nicht nur quotal als zur Veräußerung bestimmt qualifiziert werden. Unerheblich ist, ob der verbleibende Anteil ein Finanzinstrument oder eine *equity*-Beteiligung darstellt.

71   Unklar ist, ob als beabsichtigte Veräußerung eines Tochterunternehmens auch die Zustimmung zu einer Kapitalerhöhung gilt, an der das Berichtsunternehmen nicht teilnehmen und durch die es daher die Beherrschung über das Tochterunternehmen verlieren wird (Rz 11).

5.6.3   Übergang von *equity*-Methode zu IFRS 5

72   Solange keine Veräußerungsabsicht besteht, müssen Anteile an assoziierten Unternehmen (IAS 28) konzernbilanziell *at equity* konsolidiert werden. Bei Anteilen an Gemeinschaftsunternehmen ist die *equity*-Methode bis 2012 wahlweise (IAS 31), ab 2013/2014 pflichtweise (IFRS 11) anzuwenden. Sobald die Beteiligung insgesamt zur Veräußerung bestimmt wird (vgl. zur Teilveräußerung Rz 75), ist jedoch von der *equity*-Methode zur Bewertung nach IFRS 5 zu wechseln (IAS 28.20). Ob Entsprechendes auch für die Auskehrung einer *equity*-Beteiligung im Wege einer Sachdividende (*non-current asset held for distribution* statt *held for sale*) gilt, ist fraglich. Zwar werden Sachdividenden in IFRS 5.5A mit Veräußerungen gleichgestellt (Rz 9); IAS 28.20 belässt es aber bei dem Begriff der Veräußerung (*held for sale*) und sieht selbst keine Gleichstellung mit Ausschüttungsfällen (*held for distribution*) vor.

Eine beabsichtigte Veräußerung ändert den Bilanz- und GuV-Ausweis. An die Stelle der Beteiligung (Bilanz) bzw. des Ergebnisses (GuV) aus *equity*-konsolidierten Unternehmen tritt der Ausweis als zur Veräußerung bestimmtes langfristiges Vermögen bzw. des Bewertungserfolgs als sonstiger betrieblicher oder finanzieller Ertrag.

73   Im Umwidmungszeitpunkt ist der bisherige *equity*-Wert oder der niedrigere Nettoveräußerungswert (*fair value less costs to sell*) anzusetzen (IFRS 5.15).

In dem Zwischenzeitraum zwischen Umwidmung und Veräußerung kommt nach den Regeln von IFRS 5 eine Zuschreibung nicht, eine Abschreibung nur dann infrage, wenn eine Wertminderung (*impairment*) vorliegt (IFRS 5.20). Eine planmäßige Fortschreibung des Vermögenswerts ist nicht mehr zulässig (IFRS 5.25). Für Beteiligungen an Personenunternehmen kann sich hieraus ein Problem wegen solcher Entnahmen, Gewinne oder Verluste ergeben, die im Zwischenzeitraum anfallen:

- Bei (unzulässiger) Fortführung der *equity*-Methode hätten die Entnahmen und anteiligen Verluste den Buchwert gemindert, die Gewinne ihn erhöht.
- Mit Anwendung von IFRS 5 können Verluste und Entnahmen insoweit gegen den Buchwert erfasst werden, als sie eine Wertminderung in entsprechender Höhe begründen. Für Gewinne entfällt wegen des Verbots der Zuschreibung eine solche Möglichkeit von vornherein, für Verluste und Entnahmen, die keine Wertminderung begründen, ist sie zweifelhaft.

Praxis-Beispiel[34]

U hält eine 20 %ige Beteiligung an der X KG. Zum 30.9.01 liegen erstmals alle Voraussetzungen zur Qualifizierung des Anteils nach IFRS 5 vor. Zu diesem Zeitpunkt beträgt der *equity*-Wert 100. Der erwartete Nettoveräußerungserlös 130 oder 150, abhängig davon, ob der erwartete Gewinnanteil des Jahres 01 i. H. v. 20 schon dem Erwerber zustehen soll oder nicht. Der Gewinn der ersten drei Quartale beträgt 15, der erwartete Gewinn des vierten Quartals 5 (jeweils anteilig für U).

Ein Kaufvertrag wird erst Anfang 02 abgeschlossen und vollzogen. U hat noch im November 01 einen Betrag von 15 als „Vorschuss" auf den erwarteten Jahresgewinn entnommen. In 02, kurz vor der Veräußerung, entnimmt er den verbleibenden Teil.

Da der Nettoveräußerungswert höher als der *equity*-Buchwert ist, findet per 30.9. keine Umbewertung, sondern lediglich eine Umgliederung von „*equity*-Beteiligung (Finanzanlagen)" in „zur Veräußerung bestimmte langfristige Vermögenswerte" statt.

Probleme bereitet die Entwicklung im vierten Quartal. Hier ist zunächst ein Blick auf die fiktive Fortsetzung der *equity*-Methode instruktiv. Nach diesem (im vierten Quartal nicht mehr zulässigen) Verfahren hätte sich der Anteil (Abschreibungen auf stille Reserven vernachlässigt) bis zum Jahresende wie folgt entwickelt:

equity-Anteil 30.9.:	100
Entnahme November:	– 15 (Buchung: „per Geld an Anteil")
Gewinn viertes Quartal:	5 (Buchung: „per Beteiligung an Ertrag")
equity-Anteil 31.12.:	90

Mit dem Fortfall der *equity*-Methode stellt sich v. a. die Frage nach der Verbuchung der im November getätigten Entnahme. Bei den gegebenen Zahlen wird eine Entnahme den voraussichtlichen Nettoveräußerungswert nicht unter 100 reduzieren. Diskussionswürdig sind daher zunächst folgende Varianten:

- vorgezogene Realisierung eines Gewinnanteils aus der Aufgabe der Beteiligung:
  „per Geld 15 an Ertrag 15";
- Deutung der Entnahme als Teilabgang der Beteiligung:
  „per Geld 15 an Beteiligung 15";
- Deutung der Entnahme als Teilabgang der Beteiligung nur insoweit, als die Entnahme aus „Altgewinnen" entnommen und nicht durch „Neugewinne" gedeckt ist:
  „per Geld 15 an Beteiligung 10 und Ertrag 5."

Zusätzlich ist in allen Alternativen der aus dem Ergebnis des vierten Quartals entstehende Gewinnanspruch zu berücksichtigen, einschlägig ist IAS 18.30(c). Danach sind Dividenden erst dann als Ertrag zu vereinnahmen, wenn sie durch Beschluss oder Gesellschaftsvertrag entnahmefähig, also vom Mitgliedschafts-

---

[34] Entnommen LÜDENBACH, PiR 2006, S. 45 ff.

> zum Gläubigerrecht geworden sind. Sofern der Gesellschaftsvertrag einer KG
> nichts anderes vorsieht, ist diese Voraussetzung gem. § 167 Abs. 2 HGB mit dem
> Ablauf des jeweiligen Jahres erfüllt. Da unterjährig schon 15 entnommen wur-
> den, bleibt insofern nur noch zu buchen: „per Forderung 5 (20–15) an Ertrag 5".

Gegen die erste Alternative – Verbuchung der Entnahme als Ertrag – spricht die
Totalgewinnbetrachtung. Der entnommene „Altgewinn" ist bereits während der
equity-Konsolidierung als Ertrag behandelt worden, er darf nicht ein zweites Mal
berücksichtigt werden.

Gegen die zweite Alternative – Deutung der Entnahme als Teilabgang – spricht,
dass der Entnahme der Altgewinne ein Zugang entnahmefähigen Neugewinns
gegenübersteht. Bestenfalls der Saldo könnte als Teilabgang interpretiert werden.
Diesem letzten Gedanken trägt die dritte Variante Rechnung. Sie leidet aber (wie
die zweite) daran, dass der Beteiligungsbuchwert vermindert wird, obwohl
weder eine Wertminderung *(impairment)* noch ein wirklicher Abgang vorliegt.

Die Lösung liegt u. E. daher in einer vierten Variante, die bereits zum Zeitpunkt
der Umqualifizierung in einem zur Veräußerung bestimmten Vermögenswert
ansetzt. Zu diesem Datum wird im Vorgriff auf die spätere Entnahmefähigkeit
des aufgelaufenen, anteiligen Jahresgewinns der Buchwert gesplittet. In obigem
Beispiel würden 15 als sonstiger Vermögenswert ausgewiesen, 85 als Anteil. Die
spätere Entnahme ist dann einfach als Aktivtausch zu buchen („per Geld an
Sonstiger Vermögenswert"). Für den nach Umqualifizierung entstehenden Gewinn (im Beispiel 5) und den insoweit per 31.12. gegebenen zusätzlichen Ent-
nahmespruch bleibt es bei der Buchung „per Forderung an Ertrag".

Soweit im vierten Quartal ein Verlust entstünde und der nach Ablauf der ersten
drei Quartale bereits entnommene Betrag insoweit zum Teil zurückzuzahlen
wäre, ergäbe sich für den Verlust folgende Buchung: „per Aufwand an Verbindlichkeit". Die Beteiligung würde noch nicht bzw. erst dann über eine Abschreibung angesprochen, wenn der Verlust so hoch wäre, dass zugleich der Nettoveräußerungswert unter den bisherigen Buchwert sinken würde.

Diese Lösung hat u. E. den Vorzug, die in IFRS 5 enthaltenen Bewertungsregeln
ernst zu nehmen, die Beteiligung also nur dann zu mindern, wenn der Nettoveräußerungswert unter den Buchwert sinkt.

74 Der für den Anteil an einem assoziierten Unternehmen entscheidende maßgebliche Einfluss kann bereits mit Veräußerungsvertrag (obligatorisches Geschäft),
aber vor Abgang der Anteile (dingliches Geschäft) verloren gehen. Die **Beteiligung mutiert in ein Finanzinstrument**, das nicht den Bewertungsregeln von
IFRS 5 unterliegt. Wegen Einzelheiten wird auf → § 28 verwiesen.

75 Im Rahmen des ED 2009/11 *Improvements to IFRSs* war folgende Regelung
zur Teilveräußerung von Anteilen an **assoziierten Unternehmen** vorgesehen
(Rz 71):

- Führt die beabsichtigte Teilveräußerung zu einem Verlust des maßgeblichen
  Einflusses, sollte insgesamt von der *equity*-Bewertung auf IFRS 5 überzuge-
  hen sein.
- Wird der maßgebliche Einfluss auch nach Teilveräußerung bestehen bleiben,
  sollte insgesamt weiterhin die *equity*-Methode anzuwenden sein.
- Eine prozentuale Aufteilung sollte nicht stattfinden.

In den im Mai 2010 verabschiedeten endgültigen Standard (*Improvements to IFRSs 2010*) ist dies jedoch nicht aufgenommen worden. Stattdessen ist im Mai 2011 in Abstimmung mit den neuen Standards zu Tochter- und Gemeinschaftsunternehmen (IFRS 10 und IFRS 11) eine **revidierte Fassung von IAS 28** verabschiedet worden. Sie enthält in IAS 28.29 folgende Regelungen zu bisher *at equity* konsolidierten assoziierten und Gemeinschaftsunternehmen.

- Unabhängig davon, ob die beabsichtigte Teilveräußerung zu einem Verlust des maßgeblichen Einflusses/der gemeinschaftlichen Kontrolle führt oder nicht, ist nur für den zur **Veräußerung vorgesehenen** Teil von der *equity*-Bewertung auf IFRS 5 überzugehen, während für den anderen Teil weiterhin eine *equity*-Bewertung erfolgt.

- Erst mit **tatsächlichem Vollzug** der geplanten Teilveräußerung ist zu differenzieren: Gewährt der verbleibende Teil weiterhin einen maßgeblichen Einfluss oder gemeinschaftliche Kontrolle, bleibt es für ihn auch in der Folge bei der *equity*-Bewertung. Sichert der verbleibende Teil keinen maßgeblichen Einfluss mehr, so ist er zum Zeitpunkt des Einflussverlusts (= Abgang des anderen Teils) in ein Finanzinstrument umzuqualifizieren; dabei ist der *fair value* zum Umqualifizierungszeitpunkt anzusetzen und eine evtl. Differenz zum bisherigen *equity*-Wert erfolgswirksam auszubuchen (IAS 28.22).

Entstehen beim assoziierten Unternehmen selbst Ergebnisse, die nach IFRS 5 **76** als solche aus aufgegebenen Bereichen zu qualifizieren sind, hat der Investor seinen *at equity* erfassten Ergebnisanteil entsprechend nach fortgeführten und aufgegebenen Bereichen aufzuschlüsseln.[35]

6 Latente Steuern sowie Steueraufwand

Zum Umklassifizierungszeitpunkt sind zur Veräußerung bestimmte langfristige **77** Vermögenswerte sowie *disposal groups* mit dem Buchwert oder dem niedrigeren Nettozeitwert anzusetzen (Rz 37). Durch den Zeitwertansatz können sich **Differenzen** zu den Steuerbuchwerten verändern oder erstmals ergeben. Latente Steuern sind dann mit geänderten Werten oder erstmalig anzusetzen.

> **Praxis-Beispiel**
> Ein Gebäude soll veräußert werden. Steuerbuchwert 100, IFRS-Buchwert bisher 175, nach Umklassifizierung 150.
> Die passive latente Steuer verringert sich von 30 (40 % von 75) auf 20 (40 % von 50).

Auch in anderen Fällen kann die beabsichtigte Veräußerung die Höhe der latenten Steuern beeinflussen. Dies gilt etwa, wenn bei nicht steuerbefreiter Beteiligung an einer Tochtergesellschaft wegen IAS 12.39 bisher keine latenten Steuern auf *outside-basis*-Differenzen angesetzt wurden, weil Ausschüttung und Veräußerung bisher nicht geplant und damit mit einer Umkehr der Differenzen nicht zu rechnen war. Mit Aufnahme der Veräußerungsabsicht ändert sich diese Einschätzung. Latente Steuern sind dann erstmals zu bilden.

---

[35] Zu den denkbaren Ausweisformaten SCHMIDT, PiR 2010, S. 61 ff.

Für den **Ausweis** der latenten Steuern in der Bilanz gelten die Vorschriften von IFRS 5, da IFRS 5.5 die latenten Steuern nur aus dem Anwendungsbereich der besonderen Bewertungsvorschriften von IFRS 5, nicht dagegen der Ausweisvorschriften ausnimmt (Rz 4). Fraglich ist deshalb, ob latente Steuern auch nach Klassifizierung der zugrunde liegenden Vermögenswerte als *held for sale* noch IAS 1.56 folgend in den langfristigen Vermögenswerten und Schulden (→ § 2 Rz 48) oder gem. IFRS 5.38 unter den zur Veräußerung bestimmten langfristigen Vermögenswerten (aktive latente Steuern) bzw. den mit der Veräußerung von langfristigen Vermögenswerten verbundenen Schulden (passive latente Steuern) auszuweisen sind (Rz 53).

U. E. kann es (mit einer unten dargestellten Ausnahme) bei der Anwendung von IAS 1.56 bleiben, d.h. dem **einheitlichen Ausweis aller** aktiven oder passiven latenten Steuern, unabhängig davon, ob sie im Zusammenhang mit zu veräußernden langfristigen Vermögenswerten oder Veräußerungsgruppen stehen oder nicht. Dies ergibt sich aus folgender Überlegung:

- Als *non-current assets held for sale* definieren IFRS 5.6ff. (zuvor) langfristige Vermögenswerte, die zur Veräußerung bestimmt sind. Diese Vermögenswerte müssen in einem veräußerungsfähigen Zustand sein (IFRS 5.7) und bestimmte weitere Voraussetzungen erfüllen. Auf die aktiven latenten Steuern treffen die Merkmale nicht zu. Zwar erledigen sie sich mit Vollzug der Veräußerung. Dies ist aber nur Reflex der Veräußerung und macht die latenten **Steuern nicht** selbst zum **Veräußerungsgegenstand**. Demzufolge können die aktiven latenten Steuern keinen veräußerungsfähigen Zustand haben und verfehlen auch die sonstigen in IFRS 5.6ff. genannten Bedingungen.

- Infrage käme damit nur noch die Einbeziehung der aktiven latenten Steuern in eine Veräußerungsgruppe *(disposal group)* und die Berücksichtigung der passiven latenten Steuern als Schulden aus zur Veräußerung bestimmten Anlagen *(liabilities associated directly with non-current assets qualified as held for sale)*. Als **Veräußerungsgruppe** definiert IFRS 5.A aber eine Gruppe von Vermögenswerten, die gemeinsam in einer einzigen Transaktion durch Verkauf oder auf andere Weise **veräußert** werden sollen. Gemeinsame Klammer ist auch hier der Abgang durch Veräußerung. Diese Klammer umfasst nicht die aktiven latenten Steuern, da diese nicht durch Veräußerung abgehen (übertragen werden), sondern sich lediglich anlässlich der Veräußerung erledigen. Entsprechendes gilt für die passiven latenten Steuern, da Schulden gem. IFRS 5.A nur dann als Teil einer Veräußerungsgruppe anzusehen sind, wenn sie bei der Veräußerung der Vermögenswerte **mit übertragen** werden. Die passiven Steuern werden aber nicht vom Erwerber übernommen. Er hat neue Anschaffungskosten, die zu neuen temporären Differenzen führen. Für den Veräußerer gilt lediglich, dass sich seine passiven latenten Steuern mit Vollzug der Veräußerung erledigen. Eine solche Erledigung stellt nicht die von IFRS 5 geforderte Übertragung auf einen neuen Schuldner dar.

Als Anwendungsbereich der in IFRS 5.5(a) vorgesehenen Geltung der Ausweisvorschriften für (aktive) latente Steuern bleibt damit nur die **Steuerlatenz aus Verlustvorträgen**. Soweit Mantelkaufvorschriften dem nicht entgegenstehen, wird bei der Veräußerung eines Tochterunternehmens die in den aktiven latenten Steuern verkörperte vermögenswerte Eigenschaft der Verlustvorträge auf den

Erwerber übertragen, also veräußert. Nur für diese Steuerlatenzen ist u. E. eine Einbeziehung in die Veräußerungsgruppe möglich.

Im Schrifttum wird vorstehender, am Wortlaut der Vorschriften orientierter Auslegung zum Teil die Teleologie entgegengehalten. Das „Institut" der Veräußerungsgruppe diene gerade dazu, den geplanten Nettovermögensabgang transparent darzustellen. Diese Darstellung sei aber unvollständig, wenn nicht mindestens bei einer geplanten Veräußerung im Wege des *share deals* die latenten Steuern in den Sonderausweis mit einbezogen würden.[36] Gegen eine solche Argumentation lässt sich u. a. einwenden, dass die auf den Bilanzausweis bezogenen Vorschriften des IFRS 5 nicht alle Abgänge, sondern lediglich solche in der Form einer Veräußerung betreffen. Eine über diese Begrenzung hinwegsehende, also überschießende teleologische Interpretation halten wir nicht für angemessen.

Bei Aufgabe eines Geschäftsbereichs ist das Ergebnis der *discontinued operation* gem. IFRS 5.33 in der **GuV** nach Steuern darzustellen. Dies setzt eine **Aufteilung** der insgesamt anfallenden **Steueraufwendungen** auf den fortgeführten Bereich einerseits und den aufgegebenen andererseits voraus. Dem aufgegebenen Geschäftsbereich sind folgende Ertragsteuern zuzuordnen:

78

- Ertragsteuern, die das **bis** zum Vollzug der Veräußerung anfallende Ergebnis des aufgegebenen Geschäftsbereichs betreffen;
- Ertragsteuern, die **auf** den **Veräußerungsgewinn** anfallen, sei es bei dem eine eigene Gesellschaft bildenden Geschäftsbereich oder bei der Muttergesellschaft; dies gilt etwa auch für die Körperschaftsteuer, die aus der Veräußerung einer als *discontinued operation* zu qualifizierenden Tochterpersonengesellschaft resultiert;[37]
- neben den tatsächlichen Steuern sind auch die **latenten** Steuern zu berücksichtigen; diese können sich etwa aus dem Übergang von der Regelbewertung zum *fair value less costs to sell* (Rz 77) oder aus der Nichtvornahme planmäßiger Abschreibungen (Rz 38) ergeben.[38]

Praxis-Beispiel

Der Konzern X hatte bisher aktive latente Steuern auf die Verluste des Tochterunternehmens T angesetzt. Nunmehr soll dieses veräußert werden. Mit einer Realisierung der Vorteile aus den Verlustvorträgen im Konzern wird nicht mehr gerechnet, mit einer Vergütung durch den Erwerber angesichts restriktiver Mantelkaufvorschriften ebenso wenig. Die latente Steuer wird daher auf null wertberichtigt.

Der entstehende Aufwand ist dem aufgegebenen Bereich zuzuordnen.

Fallvariante

Der Verlustvortrag ist beim Mutterunternehmen entstanden. Seine Werthaltigkeit wurde bisher im Hinblick auf Steuerplanungsoptionen (Aufdeckung stiller Reserven in Sachanlagen durch Veräußerung an die Tochter) positiv beurteilt. Mit Veräußerungsabsicht für die Tochter entfallen diese Planungsoptionen. Der Aufwand aus der Wertberichtigung der aktiven latenten Steuern ist dem fortgeführten Bereich zuzuordnen.

---

[36] MEYER, PiR 2013, S. 277 ff.
[37] Vgl. IDW RS HFA 2, Tz. 117.
[38] Darstellung von Einzelfällen bei MEYER, PiR 2013, S. 277 ff.

79   Obwohl die latenten Steuern selbst nicht den Bewertungen von IFRS 5 unterliegen (Rz 4), kann die Umqualifizierung von Vermögenswerten (und bei Veräußerungsgruppen zugehörigen Schulden) in „zur Veräußerung bestimmte" Folgen für die Bewertung der Latenzen haben. Von besonderer Bedeutung sind zwei Effekte:

- Die Voraussetzungen für einen Nichtansatz latenter Steuern auf *outside basis differences* (→ § 26 Rz 139) für Anteile an Tochterunternehmen (IAS 12.39 und IAS 12.44) entfallen mit Veräußerungsabsicht. Der entstehende Ertrag oder Aufwand ist dem aufgegebenen Bereich zuzuordnen.
- Die Werthaltigkeit aktiver Latenzen, insbesondere solche auf Verlustvorträge, kann neu zu beurteilen sein. Bei Verlustvorträgen gilt etwa: Sie sind nur noch in dem Umfang werthaltig, wie ihre Nutzung bis einschließlich zur Veräußerung nachgewiesen werden kann. Dies wirkt wie der Übergang von einem (rechtlich) unbegrenzten Verlustvortragszeitraum zu einer (wirtschaftlich) begrenzten Vortragsmöglichkeit.[39]

7   Anwendungszeitpunkt, Rechtsentwicklung

80   IFRS 5 ist für alle Berichtszeiträume ab dem 1.1.2005 anzuwenden. Der Vorgängerstandard IAS 35 unterscheidet sich von IFRS 5 wie folgt: Er enthielt

- keine besonderen Bewertungsvorschriften und
- besondere Bilanzausweisvorschriften nur für *discontinued operations.*
- Die GuV-bezogenen Vorschriften waren nicht zwingend in der GuV zu erfüllen, Anhangangaben reichten aus.
- Anwendungsbereich von IAS 35 waren nur *discontinued operations*, d.h. weder einzelne zur Veräußerung bestimmte Anlagen noch zur Veräußerung bestimmte Sachgesamtheiten ohne Geschäftsfeldqualität (Rz 19).

81   Im Rahmen des *Annual Improvements Project 2008* ist klargestellt worden, wie bei Veräußerung der Mehrheit an einem Tochterunternehmen bei Rückbehalt eines Minderheitenanteils zu verfahren ist. Wegen Einzelheiten wird auf Rz 70 verwiesen. Eine entsprechende Klarstellung für Teilveräußerung der Anteile an assoziierten und Gemeinschaftsunternehmen ist durch die Neufassung von IAS 28 in 2011 erfolgt (IFRS 11.28; Rz 75).

Der bislang unbefriedigenden, weil hoch subjektiven Definition von *discontinued operations* wollte der im September 2008 vorgelegte ED eines *Amendment* zu IFRS 5 durch eine Anlehnung an IFRS 8 und den dort verwandten Begriff des operativen Segments begegnen.[40] Das Projekt wird aktuell nicht mehr aktiv verfolgt.

Nach dem *Annual Improvements Project 2009* gelten Angabepflichten anderer Standards nur noch in Ausnahmen für IFRS 5 unterliegende Fälle (Rz 63).

Die ab 2016 anzuwendenden *Annual Improvements to IFRSs 2012–2014 Cycle* stellen durch Einfügung von IFRS 5.26B klar, dass der Übergang von einer Veräußerungsabsicht zur Absicht, den Vermögenswert als Sachdividende auszukehren, oder ein Übergang in umgekehrter Richtung keine Folgen für Ausweis und Bewertung hat (Rz 49).

---

[39]   Vgl. MEYER, PiR 2013, S. 307 ff.
[40]   IASB Update January 2010.

Die im Dezember 2016 veröffentlichten *Annual Improvements to IFRSs 2014–2016* enthalten Klarstellungen zum Verhältnis von IFRS 12 zu IFRS 5 (Rz 65).

Verschiedene offene Fragen zur Anwendung von IFRS 5 hat das IFRS IC vorläufig nicht auf die Agenda genommen.[41] Betroffen ist u. a. der Fall, in dem der Abschreibungsbedarf einer Veräußerungsgruppe den Buchwert der in dieser Gruppe enthaltenen, den Bewertungsvorgaben von IFRS 5 unterliegenden Vermögenswerte überschreitet (Rz 43).

---

[41] IFRIC Update September 2015.

§ 30　ANGABEN ÜBER BEZIEHUNGEN ZU NAHESTEHENDEN UNTERNEHMEN UND PERSONEN *(Related Party Disclosure)*

Schrifttum: BÖCKEM, Die Reform von IAS 24, WPg 2009, S. 644; BÖMELBURG/ LANDGRAF/LUCE, Angaben zu nahestehenden Unternehmen und Personen vor dem Hintergrund der geplanten Änderung durch ED IAS 24, PiR 2007, S. 243; KÜTING/GATTUNG, Nahe stehende Unternehmen und Personen nach IAS 24, WPg 2005, S. 1065 und S. 1105; KÜTING/SEEL, Die Berichterstattung über Beziehungen zu related parties, KoR 2008, S. 227; LÜDENBACH/FREIBERG, Organvergütungen im IFRS-Konzernabschluss im Spannungsfeld zwischen Berichtspflicht nach § 315a HGB und originären IFRS-Angaben, BB 2013, S. 2539.

Vorbemerkung
Die Kommentierung bezieht sich auf IAS 24 und berücksichtigt alle Ergänzungen, Änderungen und Interpretationen, die bis zum 1.1.2017 beschlossen wurden.

1 Zielsetzung und Regelungsinhalt

1.1 Zweck, Inhalt und Anwendungsbereich von IAS 24

Der Regelungsgehalt von IAS 24 *(related party disclosures)* beruht auf der allgemein gültigen Erkenntnis, dass Geschäftsbeziehungen zwischen verbundenen Unternehmen und anderen nahestehenden Personen **mangels wirtschaftlicher Interessengegensätze** durch außerunternehmerische Zielsetzungen beeinflusst werden und sich deshalb von Geschäftsvorfällen zwischen **unabhängigen Parteien** unterscheiden können (IAS 24.1). Nach dem Standard sind deshalb offenzulegen (IAS 24.2 und IAS 24.13 ff.):

- das Bestehen von **Beziehungen** zu nahestehenden Parteien und
- **Geschäftsvorfällen** sowie
- **offene Posten** und Eventualverbindlichkeiten aus dem Geschäftsverkehr mit nahestehenden Parteien.

Die Berichterstattung zu den nahestehenden Parteien hat auf **europarechtlicher** Grundlage (Transparenzrichtlinie) an Gewicht gewonnen. Im **Zwischenbericht** börsengelisteter Unternehmen sind die Angabepflichten zu den *related parties* besonders hervorgehoben (→ § 37 Rz 5). Seit dem BilMoG ist nach § 285 Nr. 21 HGB unter bestimmten Umständen auch handelsrechtlich über Beziehungen zu nahestehenden Parteien zu berichten.

Als Anwendungsbereich der Berichterstattung erwähnt IAS 24.3 den
- **Konzern- und Teilkonzernabschluss** eines Mutterunternehmens und
- separate Abschlüsse (**Einzelabschlüsse;** § 32 Rz 175).

Im Konzernabschluss sind naturgemäß keine Angaben zu vollkonsolidierten Tochterunternehmen erforderlich, da die mit diesen getätigten Transaktionen ohnehin als konzerninterne Vorgänge zu eliminieren sind (IAS 24.4). Bzgl. assoziierten und Gemeinschaftsunternehmen greifende Angabepflichten gelten hingegen gleichermaßen für Konzern- und Einzelabschluss.

Bzgl. Gemeinschaftsunternehmen ergibt sich folgendes Problem: In der *related parties* definierenden Norm des IAS 24.9(b)(ii) ist auch nach Ersatz von IAS 31 durch IFRS 11 unverändert von *„joint venture"* die Rede, obwohl sich der Inhalt dieses Begriffs durch IFRS 11 geändert hat. Nach dem Vorgängerstandard IAS 31 umfasste der Begriff neben Gemeinschaftsunternehmen auch gemeinsam kontrollierte Vermögenswerte und Geschäftstätigkeiten; nach IFRS 11 betrifft er nur noch Gemeinschaftsunternehmen. Fraglich könnte nun sein, ob entsprechend der „alten", umfassenderen Bedeutung von *joint venture* auch nicht als Gemeinschaftsunternehmen betriebene gemeinschaftliche Vereinbarungen *(joint operations* bzw. *assets)* Angabepflichten nach IAS 24 begründen oder ob nach Erlass von IFRS 11 *joint operations* (und *assets)* nicht mehr erfasst sind.

Für die zweite Lesart spricht u.a. IFRS 12.BC52. Dort heißt es: *„Assets and liabilities arising from joint operations are an entity's assets and liabilities and* *consequently are recognised in the entity's financial statements.*" Die *joint operation* ist daher aus Sicht der Rechnungslegung ein **Teil des Unternehmens selbst**. Es fehlt daher an dem Dritten, zu dem *related-party*-Beziehungen bestehen könnten.[1]

4   IAS 24 geht von einem recht **weiten** „Beeinflussungshorizont" aus. So unterliegen nicht nur **erfolgte** Transaktionen mit Nahestehenden dem Regelungsgehalt von IAS 24, sondern auch das „**reine**" **Nahestehen** als solches *(the mere existence of the relationship)*, Letzteres aber **nur** im Mutter-Tochter-Verhältnis (Rz 25). Dieses kann zur Aufnahme oder zur Unterlassung von Geschäftsvorfällen *(transactions)* führen, die ohne das Nahestehen nicht denkbar gewesen wären (IAS 24.7).

Praxis-Beispiel
Eine Muttergesellschaft erwirbt eine (neue) Tochter, die in einem bestimmten Geschäftsbereich tätig ist. Die vorher schon vorhandene Tochtergesellschaft (Schwester der neu erworbenen) ist im selben Geschäftsbereich tätig. Aufgrund der Neuakquisition gibt die Alt-Tochtergesellschaft ihren entsprechenden Tätigkeitsbereich auf und beendet damit die Leistungen an die Mutter.

Praxis-Beispiel
Eine Muttergesellschaft weist ihre Tochter an, künftig nicht mehr im Bereich der Forschung und Entwicklung zu agieren, etwa weil diese Aktivität künftig allein von der Muttergesellschaft ausgeübt werden soll.

Auch gewinnorientierte Unternehmen unter staatlichem Einfluss (Rz 12) unterliegen dem Regelwerk von IAS 24, allerdings mit bestimmten Erleichterungen (Rz 46).

5   Der **Anwendungsbereich** von IAS 24 ist an einer entscheidenden Stelle **eingeschränkt**: Anzugeben sind lediglich die Verbundbeziehungen als solche und deren Folgen in Form von Transaktionen oder Unterlassungen; dagegen ist **keine wertende** Darlegung dahingehend erforderlich, wie der Jahresabschluss ausgesehen hätte, wenn die Geschäftsbeziehungen mit den nahestehenden Personen durchgehend mit fremden Dritten erfolgt wären *(at arm's length)*. Es wird also **keine Stellungnahme zur Angemessenheit** verlangt (weder vom Management noch vom Abschlussprüfer). Der in Geschäftsberichten deutscher IFRS-Anwender häufig zu findende Hinweis auf die allseits vorliegende *arm's-length*-Bedingung ist also aus Sicht der Regeln überflüssig,[2] kommunikationspolitisch aber erklärlich, da eine Unterlassung dieser Aussage bei Abschlussadressaten die Vermutung von Nicht-*arm's-length*-Bedingungen auslösen könnte (Rz 29).

6   Das deutsche Handels- und Gesellschaftsrecht hatte vor Verabschiedung des BilMoG das persönliche „Nahestehen" bei der Rechnungslegung nur in Sonderfällen berücksichtigt:

- im **Abhängigkeitsbericht** gem. §§ 311 – 313 AktG zu Händen des Aufsichtsrats;
- Offenlegung von **Verbundbeziehungen** nach § 271 HGB in Bilanz und GuV;
- **Organbezüge** nach § 285 Nrn. 9 und 10 HGB.

---

[1]   Im Ergebnis wohl gleicher Auffassung DELOITTE iGAAP 2016 unter A28 7.3.3.
[2]   Das IDW (WPg 2006, S. 741) wehrt sich dementsprechend auch vehement gegen entsprechende Prüfungsanforderungen in dem Standard-Entwurf 550 des IASB.

Die durch das BilMoG in das HGB eingefügten Angabepflichten nach § 285 Nr. 21 HGB für den Einzelabschluss und nach § 314 Nr. 13 HGB für den Konzernabschluss entsprechen bzgl. des Inhalts von „Nahestehen" und den betroffenen Personen und Unternehmen der konzeptionellen Vorgabe des IAS 24. Allerdings ist eine Berichterstattung nach HGB nur **zwingend** bei Geschäften zu markt**un**üblichen Bedingungen und das auch nur bei **Wesentlichkeit**.[3]

1.2 Bedeutung des Nahestehens für Ansatz, Bewertung und Konsolidierungskreis

IAS 24 ist ein **reiner Anhang-Standard,** beschränkt sich also auf die aus einem Näheverhältnis resultierenden Angabepflichten und klammert mögliche Konsequenzen des Nahestehens für Ansatz, Bewertung und Konsolidierungskreis vollständig aus. Derartige Konsequenzen können sich aber aus expliziten und impliziten **Regelungen in anderen Standards** ergeben.   7

Hinsichtlich der **expliziten Regelungen in anderen Standards** ist auf Folgendes zu verweisen: 8

- Nach den Definitionen in IFRS 16.A spielen bei den für die Klassifizierung eines **Leasingverhältnisses** als *operating* oder *finance lease* (**Bilanzansatz**) relevanten Größen –Leasingzahlungen, garantierter und ungarantierter Restwert – Beträge eine Rolle, die von nahestehenden Parteien des Leasingnehmers garantiert werden (→ § 15a Rz 182).
- Nach IFRS 10.B75 kann für die Frage, ob ein Unternehmen T als **Tochterunternehmen** des Berichtsunternehmens M anzusehen ist, auch die Einflussmöglichkeit der *related parties* von M von Bedeutung sein. *Related-party*-Beziehungen erlangen auf diese Weise Relevanz für die Bestimmung des **Konsolidierungskreises** (→ § 32 Rz 64).
- Nach IFRS 2.3A liegen aktienbasierte Vergütungen mit entsprechenden Auswirkungen für **Ansatz und Bewertung** auch dann vor, wenn das Berichtsunternehmen Güter oder Leistungen im Austausch für eine aktienbasierte Vergütung erhält, diese Vergütung aber nicht vom Berichtsunternehmen selbst, sondern von seinem Gesellschafter, Schwester-, Tochter- oder Mutterunternehmen erbracht wird (→ § 23 Rz 168 ff.).

Hinsichtlich der **impliziten Bedeutung** von *related-party*-Beziehungen stellt sich das Problem der **verdeckten Einlage** oder spiegelbildlich der verdeckten Ausschüttung (→ § 20 Rz 85 ff.). Inhaltlich geht es um Transaktionen, die im Hinblick auf das Näheverhältnis zu Preisen oder sonstigen Bedingungen getätigt werden, die eindeutig und signifikant von fremdüblichen Bedingungen abweichen. Hier stellt sich etwa die Frage, ob die Transaktion zu fremdüblichen Preisen abzubilden und i. H. d. Differenz zum vereinbarten Preis eine Einlage oder Ausschüttung anzunehmen ist. Eine Antwort lässt sich nur aus allgemeinen Grundsätzen und Konzepten wie etwa dem der **wirtschaftlichen Betrachtungsweise** oder der Differenzierung zwischen **erwirtschafteter (Ertrag) und zugewendeter Vermögensmehrung (Einlage)** ableiten. Angesichts des hohen Abstraktionsgehalts dieser Konzepte ist eine Um-   9

---

[3] Vgl. hierzu HOFFMANN/LÜDENBACH, NWB Kommentar Bilanzierung, 8. Aufl., 2017, § 285 HGB.

deutung des (scheinbar) vereinbarten in ein „real" getätigtes Geschäft meist nur in sehr deutlichen Fällen notwendig bzw. gerechtfertigt:

Praxis-Beispiel

MU verkauft an das Tochterunternehmen TU eine Immobilie mit einem Zeitwert von 10 Mio. EUR zu einem Preis von 1 Mio. EUR. Zeitnah zu dieser Transaktion veräußert TU die Immobilie für 10 Mio. EUR an einen Dritten weiter und weist in der GuV einen sonstigen betrieblichen Ertrag von 1 Mio. EUR aus.

Beurteilung

Der zwischen MU und TU vereinbarte Veräußerungspreis ist nur durch das Nahestehen erklärbar. Wirtschaftlich (und i.d.R. auch zivilrechtlich[4]) liegt bei der Übertragung des Grundstücks auf TU eine gemischte Schenkung vor. Folgerichtig ist das Grundstück mit 10 Mio. EUR bei TU einzubuchen und i.H.d. Differenz von 9 Mio. EUR zum „Kaufpreis" eine Einlage anzunehmen. Aus der Weiterveräußerung des Grundstücks an den Dritten resultiert dann kein Ertrag bei TU, was insofern konsequent ist, als keine TU bzw. der Besitzzeit von TU zurechenbare Wertsteigerung realisiert wird.

Weniger offensichtlich als in derartigen, häufig schon zivilrechtlich umzudeutenden Fällen ist die Situation z.B. dann, wenn **Nutzungsvorteile** ohne Vereinbarung eines angemessenen Nutzungsentgelts gewährt werden. Hier ist es i.d.R. vertretbar, die Transaktion zu dem Preis abzubilden, der vereinbart wurde.

Praxis-Beispiel

MU überlässt Teile des Verwaltungsgebäudes zu einem deutlich unter dem Marktpreis liegenden Pachtzins an das Tochterunternehmen TU.

Beurteilung

Es ist vertretbar, wenn nicht sogar vorzugswürdig, wenn TU nur den vereinbarten Pachtzins als Aufwand bucht.

---

2   Nahestehende „Parteien" (*related parties*)

2.1   Überblick

10 Die „Partei" (*party*) erscheint zu Beginn des Definitionskatalogs in IAS 24.9 als **Oberbegriff** für

- **natürliche Personen** (*person*) und
- **Unternehmen** (*entities*).

Unter Letzteren kann man subsumieren:

- ein Einzelunternehmen,
- einen Konzern,
- eine öffentliche Hand (*government*; Rz 12).

Das „Nahestehen" (*„related"*) bezieht sich auf die **berichtspflichtige** Unternehmenseinheit (*reporting entity*). Dabei sind beide betroffenen Unternehmen **wechselseitig** (*„by symmetry"*) nahestehend (IAS 24.BC19(e)).

---

[4]   BGH, Urteil vom 15.5.2012, X ZR 5/11, ZEV 2013, S. 213.

Die nachfolgenden Darstellungen (Rz 11 bis Rz 17) erfolgen vorrangig aus der Perspektive des Einzelabschlusses des Berichtsunternehmens. Im Konzernabschluss entfallen Angaben zu Beziehungen und Geschäften zwischen den **vollkonsolidierten** Unternehmen (IAS 24.4). Bei *equity*-konsolidierten Gemeinschafts- oder assoziierten Unternehmen sind hingegen Angaben erforderlich.

Das „Nahestehen" einer „Partei" (*party*) kann in **gerader** Linie (Rz 11) oder in der „**Seiten**linie" (Rz 13) und in **Sonderfällen** (Rz 15) gegeben sein.

2.2 Nahestehende Parteien in gerader Linie

Related-party-Beziehungen in **gerader** Linie umfassen nach IAS 24.9(a): **11**

- **Beherrschung** (*control*; → § 32 Rz 6): Herr Müller oder die Müller AG halten 100 % oder 70 % der Aktien an der Tochter AG; diese wiederum 80 % der Anteile an der Enkel GmbH. Nach IAS 24.9b(i) sind alle Konzernunternehmen untereinander nahestehend. Steht an der Spitze nicht die Müller AG, sondern Herr Müller, ist dieser gem. IAS 24.9(a)(i) aus Sicht der Tochter AG nahestehend und gem. IAS 24.9(b)(vi) i.V.m. IAS 24.9(a) auch aus Sicht der Enkel GmbH. Eine Beherrschung kann u.E. auch bei gesicherter Präsenzmehrheit bei der Tochter AG vorliegen (→ § 32 Rz 15).
- **Gemeinsame Beherrschung** (→ § 34 Rz 62ff.): Herr Müller oder die Müller AG halten jeweils 50 % der Kapitalanteile an der Venture OHG, ein Dritter die anderen 50 %. Nach IAS 24.9(b)(ii) sind die Müller AG (sowie ihre Tochtergesellschaften) und die Venture OHG untereinander nahestehend. Tritt an die Stelle der Müller AG Herr Müller, ist dieser nach IAS 24.9(a)(i) nahestehend aus Sicht der Venture OHG.
- **Signifikanter Einfluss** (→ § 33 Rz 7): Herr Müller oder die Müller AG sind zu 25 % an der aU GmbH beteiligt. Nach IAS 24.9(b)(ii) sind die Müller AG und die aU GmbH einander nahestehend. Tritt an die Stelle der Müller AG Herr Müller, ist dieser nach IAS 24.9(a)(ii) nahestehend zur aU GmbH.
- Die Stellung als Mitglied des zentralen **Managements** (*key management personnel;* Rz 36) der Berichtseinheit oder deren Muttergesellschaft (IAS 24.9(a)(iii)).
- Als **Sonderfall** wird in IAS 24.9(b)(v) ein **Pensionsfonds** genannt, der als nahestehend mit dem berichtenden Trägerunternehmen oder mit einem diesem wiederum nahestehenden Unternehmen gilt. Bei mehrfacher Trägerschaft des Pensionsfonds sind die Trägerunternehmen ebenfalls mit dem berichtenden Unternehmen verbunden. Außer Pensionsfonds sind nach deutschem Recht Pensionskassen (→ § 22 Rz 16), Unterstützungskassen (→ § 22 Rz 16) und *Contractual Trust Arrangements* (→ § 22 Rz 103) betroffen.

Auch **öffentliche Stellen** (*governments*) können dem Berichtsunternehmen nahestehen. Als öffentliche Stelle gelten Regierungsbehörden, Institutionen mit hoheitlichen Aufgaben und ähnliche Körperschaften, unabhängig davon, ob auf nationaler, regionaler oder internationaler Ebene (IAS 24.9). Ein Nahestehen ist gegeben, wenn die öffentliche Stelle Kontrolle, gemeinsame Kontrolle oder signifikanten Einfluss auf das Berichtsunternehmen ausübt. Für die Berichterstattung dieser öffentlich beherrschten Unternehmen/Konzerne stellt der Standard aber Erleichterungen zur Verfügung (Rz 47). **12**

2.3   Nahestehende Parteien in Seitenlinie

13   Die Beziehungen in der **Seitenlinie** setzen zunächst einen Bezug in **gerader** Linie voraus (Rz 11), der durch eine **Seitwärts**beziehung ergänzt wird. Dazu folgende Beispiele nach den Definitionen in IAS 24.9(b):

- Die Müller AG hält 70 % der Anteile an der T AG. Gleichzeitig hält die Müller AG 50 % der Anteile an der Venture OHG und 25 % der Anteile an der assoziierten aU GmbH. Die T AG und die Venture OHG bzw. die T AG und die aU GmbH sind nahestehend nach IAS 24.9b(ii). Die Venture OHG und die aU GmbH sind **untereinander** nahestehend (IAS 24.9(b)(iv)). Tritt an die Stelle der Müller AG Herr Müller, ergibt sich das Nahestehen zwischen der Venture OHG und der aU GmbH aus IAS 24.9(vi) oder IAS 24.9(vii) i.V.m. IAS 24.9(a). Nach IAS 24.12 sind in beiden Konstellationen auch Tochtergesellschaften der Venture OHG bzw. der aU GmbH in den Definitionsbereich von „nahestehend" einbezogen (Teilkonzernbetrachtung).[5] Vorstehendes Ergebnis gilt auch, wenn die Müller AG nur 40 % der Anteile an der T AG hält, aber dort über eine gesicherte Präsenzmehrheit verfügt (Rz 11). Damit ist für die Venture OHG und die aU GmbH die praktische Schwierigkeit verbunden, die Präsenzqualität der Müller AG zu beurteilen.
- Herr Müller oder die Müller AG sind zu je 50 % an der Venture GmbH und der Venture SA beteiligt: In gerader Linie sind Herr Müller oder die Müller AG im Verhältnis zur GmbH und der SA als „nahestehend" definiert (Rz 11). In der Seitenlinie sind die beiden Venture-Gesellschaften **untereinander** nahestehend, entweder nach IAS 24.9(b)(iii), wenn an der Spitze die Müller AG steht, oder nach IAS 14.9(b)(vi) i.V.m. IAS 24.9(a), wenn an der Spitze Herr Müller steht.
- Herr Müller oder die Müller AG sind zu 50 % an der Venture GmbH und zu 25 % an der aU GmbH beteiligt. Nach derselben Struktur wie im vorhergehenden Aufzählungspunkt sind die Venture GmbH und die aU als **untereinander** nahestehend definiert, und zwar gem. IAS 24.9(b)(iv), wenn an der Spitze die Müller AG steht, nach IAS 24.9(b)(vii) i.V.m. IAS 24.9(a), wenn an der Spitze Herr Müller steht.
- Herr Müller oder die Müller AG üben signifikanten Einfluss auf die aU1 und die aU2 aus. Die beiden aU stehen Herrn Müller oder der Müller AG nahe, **nicht** dagegen die beiden aU einander (IAS 24.BC19(d)).
- Herr Müller oder die Müller AG beherrscht allein oder gemeinsam mit einer dritten Einheit oder hat signifikanten Einfluss auf die M GmbH oder gehört ihrem zentralen Management an. Daneben kontrollieren Herr Müller oder die Müller AG allein oder gemeinsam mit einem Partner die Müller Rechtsanwalts-GmbH (IAS 24.9(b)(vi)): Die Müller AG **steht** der Müller Rechtsanwalts-GmbH **nahe** und **umgekehrt** (IAS 24.BC19(c)).
- Herr Müller kontrolliert allein oder gemeinsam mit einer dritten Partei die Müller AG. Herr Müller ist signifikant (mit 20 %) an der Müller Rechtsanwalts-GmbH beteiligt. Die Müller AG **steht** gem. IAS 24.9(b)(vii) i.V.m. IAS 24.9(a)(i) der Müller GmbH **nahe**.
- Herr Müller ist Aufsichtsratsvorsitzender der Müller AG und/oder mit 30 % an der Müller AG beteiligt und ist außerdem signifikant (mit 20 %) an der

---

5   Vgl. ZÜLCH/POPP, PiR 2011, S. 92.

Müller Rechtsanwalts-GmbH beteiligt oder ist deren Geschäftsführer. Die Müller AG steht gem. IAS 24.9(b)(vii) der Müller Rechtsanwalts-GmbH **nicht** nahe, da der Verweis in IAS 24.9(b)(vii) nicht auf IAS 24.9(a)(iii) gerichtet ist (anders als im vorstehenden Aufzählungspunkt).

- Herr Müller oder die Müller AG sind zu 25 % an der aU1 GmbH und zu 35 % an der aU2 SA beteiligt. In der geraden Linie ist Herr Müller oder die Müller AG den beiden aU nahestehend, **nicht** die beiden aU einander (IAS 24.BC25).

Die vorstehende Aufzählung ist zum besseren Verständnis in ihrer **Systematik** 14 näher zu erläutern.

- Im Ausgangspunkt werden natürliche Personen (*person*) und Unternehmen bzw. (Teil-)Konzerne (*entities*) **unterschieden** (IAS 24.9(a) vs. IAS 24.9(b)).
- Bei Nahestehen in **gerader** Linie (Rz 10) ist die Unterscheidung nach natürlicher Person (IAS 24.9(a)) und Unternehmen (IAS 24.9(b)) unerheblich.
- Bei Nahestehen in der **Seitenlinie** gilt der vorstehende Befund mit den Ausnahmen in den beiden letzten Aufzählungspunkten unter Rz 13.
- Das Nahestehen zweier Parteien besteht immer **wechselseitig** (IAS 24.BC19(e); Rz 10).

2.4 Managementgesellschaften sowie Komplementär-GmbHs

Durch *AIP 2010–2012 Cycle* ist der Umfang der nahestehenden „Parteien" um 15 einen weiteren Tatbestand erweitert worden. Dabei geht es um höhere Managementaufgaben („*key management*"), die das Berichtsunternehmen (oder dessen Mutterunternehmen) durch eine andere Gesellschaft (*management entity*) ausführen lässt. Die **Managementgesellschaft** selbst und darüber hinaus deren Gruppenmitglieder gelten nach IAS 24.9(b)(viii) als nahestehende Parteien des Berichtsunternehmens (IAS 24.9). Als Rechtsfolge ist eine gesonderte Anhangangabe der vom Berichtsunternehmen an die Managementgesellschaft erbrachten Vergütung (IAS 24.18A) vorgesehen. Dagegen sollen die Vergütungen der Managementgesellschaft an die natürlichen Personen, die letztlich die Managementaufgabe beim berichtenden Unternehmen ausführen, nicht erwähnt werden.

Aus deutscher Rechtssicht berührt die Änderung von IAS 24 insbesondere auch 16 die Komplementär-GmbH bei der typischen **GmbH & Co. KG**.[6] Die Vergütung der KG an die geschäftsführende GmbH ist bei der Berichterstattung der KG zu berücksichtigen. Die Definitionserweiterung der *related party* begründet darüber hinaus z.B. auch eine Angabepflicht für von der Komplementär-GmbH der KG ausgereichte Darlehen im Anhang der KG.

Im Übrigen lassen sich bei der GmbH & Co. KG mit Geschäftsführungsfunktion der GmbH beispielhaft folgende Sachverhaltskonstellationen unterscheiden:

- Mehrere natürliche Personen sind zu gleichen Teilen sowohl an der GmbH als auch der KG beteiligt. Die beiden Gesellschaften sind einander nahestehend nach IAS 24.9(b)(viii), die Gesellschafter sind nahestehend zu beiden Gesellschaften nach IAS 24.9(a)(ii). Irrelevant ist, ob das Geschäftsführeramt durch die natürlichen Personen oder Dritte ausgeübt wird.
- Die Meyer AG ist zu 100 % an der Meyer Komplementär GmbH und der Meyer KG beteiligt: Die Meyer AG (IAS 24.9(b)(i)) ist der Meyer Komple-

---

6 So auch Luce, PiR 2012, S. 241.

mentär GmbH und der Meyer KG nahestehend, die beiden letztgenannten Gesellschaften einander ebenfalls (IAS 24.9(b)(i)).

- Frau Meyer ist zu 100 % an der Meyer Komplementär GmbH und der Meyer KG beteiligt. Frau Meyer ist der Meyer GmbH und der Meyer KG nahestehend (IAS 24.9(a)(i)), die beiden Gesellschaften einander ebenfalls (IAS 24.9(b)(vi)).
- Die Meyer KG ist alleinige Gesellschafterin der Meyer Komplementär GmbH (sog. Einheitsgesellschaft). An der Meyer KG sind vier natürliche Personen zu gleichen Teilen beteiligt: Die vier Personen sind der KG nahestehend (IAS 24.9(a)(i)), ebenso der GmbH (IAS 24.9(b)(i)). Die KG und die GmbH sind ebenfalls nahestehend (IAS 24.9(b)(i)).
- Die Bank AG ist an der Komplementär GmbH, die Investor AG an der Immobilien KG mit jeweils 100 % beteiligt. Die Bank AG und die Komplementär GmbH sowie die Müller AG und die Immobilien KG sind einander nahestehend (IAS 24.9(b)(i)). Die Komplementär GmbH und die Immobilien KG sind einander nahestehend nach IAS 24.9(b)(viii).

2.5 Nahe Familienangehörige

17 Der natürlichen Person (*person*) in IAS 24.9(a) werden tatbestandlich **nahe Familienmitglieder** (*close members of family*) gleichgestellt. In den vorherigen Erläuterungen (Rz 11 und Rz 13) kann deshalb i.d.R. Herr Müller durch den Herrn Schwiegersohn Schmitz oder die Mutter Herta Müller „ersetzt" werden. **Abstrakt** definiert IAS 24.9 nahe Familienangehörige als

- Familienmitglieder der primär nahestehenden Person,
- von denen angenommen werden kann,
- dass sie bei ihren Transaktionen mit dem Unternehmen auf die primär nahestehende Person Einfluss nehmen können oder umgekehrt von dieser beeinflusst werden können.

Danach muss es sich überhaupt um ein Familienmitglied handeln (siehe Rz 18) und eine Einflussmöglichkeit anzunehmen sein (Rz 19).

18 **Konkret** listet IAS 24.9 als zum Kreis der *related parties* gehörende nahe Familienmitglieder auf:

- eigene Kinder des primär Nahestehenden,
- seinen Ehe- oder sonstige Lebenspartner,
- sonstige von ihm oder seinem Ehegatten/Lebenspartner abhängige Personen,
- Kinder des Ehegatten oder Lebenspartners (zusätzlich zu den eigenen Kindern),
- sonstige abhängige Personen, auch des Lebenspartners.

19 Fraglich ist das Verhältnis von abstrakter Definition (Rz 17) und konkreter Aufzählung (Rz 18). Eine erste Lesart ist wie folgt: Ein konkret genanntes Familienverhältnis führt nur dann zum Nahestehen, wenn vernünftigerweise eine **Beeinflussung** des Familienmitglieds durch die primär nahestehende Person oder umgekehrt eine Beeinflussung der primär nahestehenden Person durch das Familienmitglied **angenommen** werden kann.

Folgende **Differenzierung** wäre dann sinnvoll:

- Bei wirtschaftlicher Abhängigkeit, etwa minderjährige oder in Ausbildung befindliche Kinder, und/oder gemeinsamer Haushaltsführung (Ehegatten), ist eine Beeinflussung **fast immer** gegeben.

- Bei nicht haushaltszugehörigen, wirtschaftlich **selbstständigen** Angehörigen spricht der erste Anschein **gegen** ein Nahestehen.

Dieser Lesart hat das **IFRS IC** allerdings in 2015 eine Absage erteilt:

> *„The Interpretations Committee observed that the definition of close members of the family of a person in paragraph 9 of IAS 24:*
> *a. is expressed in a principle-based manner and involves the use of judgement to determine whether members of the family of a person (including that person's parents) are related parties or not; and b. includes a list of family members that are always considered close members of the family of a person.*[7]*"*

Danach würde die abstrakte Definition zwar zu einer Ausweitung des Kreises führen können – etwa Einbezug der Eltern oder Großeltern des primär Nahestehenden – aber niemals zu einer Einschränkung. Diese „Entscheidung" des IFRS IC ist insofern formal bemerkenswert, als der *Staff* vier Monate zuvor noch festgehalten hatte, die in IAS 24.9 enthaltene Liste sei *„intended to include only examples of members that would typically be considered close members."*[8] Auch inhaltlich ist sie erstaunlich, weil das vom IFRS IC explizit angenommene Nebeneinander von *principle* und *rule* nicht oder nur unter Verstoß gegen elementare Grundsätze des IAS 24, insbesondere des in IAS 24.BC19(e) betonten Grundsatzes der Symmetrie funktioniert.

Praxis-Beispiel[9]

Der 70-jährige X kontrolliert die X AG, sein 40-jähriger Stiefsohn die Y GmbH. Beide Unternehmen haben ihren Sitz in der Region Z. Die X AG betreibt ein sehr großes Tagungs- und Wellness-Hotel mit umfangreicher Gartenanlage. Die Y GmbH ist das einzige große Gartenbauunternehmen in dieser Region. Der Geschäftsführer der X AG beauftragt daher ohne weitere Rücksprache mit X und zu fremdüblichen Bedingungen die Y GmbH mit der Gartenpflege. X und Y leben weder in einem gemeinsamen Haushalt noch haben sie irgendwelche wirtschaftlichen oder engen persönlichen Beziehungen, die einen Interessengleichklang annehmen lassen könnten.

Beurteilung aus Sicht der X AG

Die Y GmbH wird vom Sohn der Ehefrau des X somit in **regelbasierter Auslegung** von einem nahen Familienangehörigen des Y beherrscht. Die Y GmbH ist daher nahestehendes Unternehmen. Die X AG hat die Gartenpflegeleistungen als Transaktionen mit nahestehenden Personen anzugeben.

Beurteilung aus Sicht der Y GmbH

Die X AG wird vom Stiefvater des Y beherrscht. Ob der Stiefvater ein naher Familienangehöriger des Y ist, ist **prinzipienbasiert** daran festzumachen, ob ein Einfluss des Familienverhältnisses auf die Transaktion anzunehmen ist: Dies ist nach dem Sachverhalt nicht der Fall. Die X AG ist daher aus Sicht der Y GmbH keine nahestehende Person, Berichtspflichten ergeben sich bei der Y GmbH nicht.

---

[7] IFRIC Update May 2015.
[8] http://www.ifrs.org/Meetings/MeetingDocs/Interpretations%20Committee/2015/January/AP13%20-%20IAS%2024%20Definition%20of%20close%20members%20family%20of-%20a%20person.pdf, abgerufen am 4.1.2017.
[9] Nach LÜDENBACH, PiR 2016, S. 29.

Das laut IFRS IC angeblich in IAS 24.9 bestehende Nebeneinander von Prinzip- und Regel-Auslegung führt im Beispiel dazu, dass zwar die Y GmbH aus Sicht der X AG nahestehende Person ist, nicht aber die X AG aus Sicht der Y GmbH. Dies widerspricht der Vorgabe von IAS 24.BC19, wonach gilt: *„If the … definition treats one party as related to a second party, the definition should also treat the second party as related to the first party by symmetry."* Asymmetrien ergeben sich aber, wenn angeblich in der einen Richtung – Eltern zu (Stief-)Kindern – regelbasiert immer, in der anderen Richtung – Kinder zu (Stief-)Eltern – prinzipienbasiert nur bei anzunehmender Beeinflussungsmöglichkeit ein Nahestehen anzunehmen ist. M. a. W., das vom IFRS IC angenommene Nebeneinander von Prinzip und Regel **funktioniert nicht.** Hieraus folgt allgemein, dass die (Fehl-)Interpretation des IFRS IC abzulehnen ist. Der Anwender kann sich insofern darauf berufen, dass Non-IFRICs kein autoritativer Bestandteil der IFRS sind (→ § 1 Rz 53).

Will er diesbezügliche Diskussionen mit Abschlussprüfern oder Enforcern ganz vermeiden, bleibt praktisch noch ein anderer Weg: Die in der Liste von IAS 24.9 enthaltenen Beziehungen – Kind, Kind des Ehegatten oder Lebenspartners – sind selbst interpretationsfähig. Der Begriff „Kind" steht allgemeinsprachlich sowohl für ein Abstammungsverhältnis als auch für den Status eines Minderjährigen. Mit „Kind" in IAS 24.9 muss also nicht notwendigerweise jedes Abstammungs- oder Stiefverhältnis gemeint sein. Denkbar ist auch, dass nur die Abstammungs- und Stiefverhältnisse zu **minderjährigen**, also noch nicht erwachsenen Personen betroffen sind. Im obigen Beispiel wäre dann der 40-Jährige zwar Stiefsohn, aber nicht mehr Stiefkind, daher auch kein naher Familienangehöriger.

2.6 Kein Nahestehen durch Personalunion, Hausbankfunktion usw.

20 Explizit **ausgeschlossen** aus dem Definitionsgehalt von *„related"* sind nach IAS 24.11:

- zwei Unternehmen, die lediglich eine gleiche Person als Organmitglied haben (Personalunion); zwei Unternehmen, bei denen die gleiche Person Organmitglied des einen Unternehmens und Gesellschafter mit signifikantem Einfluss auf das andere Unternehmen ist;
- zwei Unternehmen *(two venturers),* die ein Gemeinschaftsunternehmen betreiben, im Verhältnis zueinander;
- Kapitalgeber (Banken);
- Gewerkschaften;
- öffentliche Versorgungsunternehmen;
- Behörden und andere Verwaltungsinstanzen, die das Berichtunternehmen weder allein noch gemeinsam beherrschen noch signifikant beeinflussen;
- Hauptlieferanten, -kunden o. Ä.

Der sicher häufig bestehende bedeutende Einfluss von **Hausbanken, Großlieferanten** und **Hauptabnehmern** auf ein Unternehmen ist also für den Normalfall – wohl aus Praktikabilitätsgründen – aus dem Anwendungsbereich von IAS 24 ausgenommen. Dieser Befund nach IAS 24.11 ist aber nicht zwingend *(not necessarily).* Anders kann es sich verhalten, wenn in einer Liquiditätskrise ein Konzern alle wichtigen unternehmerischen Entscheidungen nur im Einvernehmen mit der Hausbank, die eine ungesicherte Kreditlinie zu verwalten hat, treffen kann.

2.7 Konzertiertes Handeln und Nahestehen qua wirtschaftlichen Gehalts

Die Grundregel der *substance over form* (→ § 1 Rz 80) gewinnt im Fall der **21** *related-party*-Beziehungen besonderes Gewicht. Dies wird durch die Hervorhebung in IAS 24.10 untermauert, wonach auf den wirtschaftlichen Gehalt der Beziehung und nicht allein auf die rechtliche Gestaltung abzustellen ist. Nach dieser Maßgabe kann u. U. trotz Zwischenschaltung einer (scheinbar) *unrelated party* ein berichtpflichtiger Vorgang vorliegen, wenn die Beteiligten konzertiert handeln *(acting in concert)*.

> **Praxis-Beispiel**
> Unternehmen A verkauft ein Patent mit einem Zeitwert von 500 für 50 an Unternehmen B. B verkauft es zu 50 weiter an Unternehmen C.
> Die X AG hat signifikanten Einfluss auf A und C, jedoch nicht auf B. Die B hat im Hinblick auf die guten und langfristigen Geschäftsbeziehungen zu A in ihre Einschaltung eingewilligt.
> B wirkt im Gesamtgeschehen als Agent für den Transfer, da er daraus weder Gewinn noch Verlust zieht. A und C müssen daher in ihren Abschlüssen über dieses Geschäft berichten, u. a. durch Hinweis auf die beidseits vorliegende Beherrschung durch die X AG.

Konzertiertes Handeln kann auch **auf rechtlicher** Basis geschehen, etwa über **22** **Stimmrechtsbindungsverträge** zwischen Gesellschaftergruppen, die z. B. durch generationenübergreifende Familienbande und Erbgänge entstanden sind und ihre Interessen am Unternehmen in speziellen Gesellschaften bündeln.
In derartigen Fällen ist v. a. zu fragen, ob ein Nahestehen zu einer beherrschenden natürlichen Person i. S. v. IAS 24.9(a)(i) außerhalb enger Familienbeziehung (Rz 17) nur bei **einer einzigen** Person oder auch bei **mehreren** natürlichen Personen möglich ist.

> **Praxis-Beispiel**
> Die natürlichen Personen A bis F halten je 10 % (zusammen 60 %) an der X GmbH und an der Y GmbH. A bis F haben bzgl. beider Gesellschaften Stimmrechtsbindungsvereinbarungen geschlossen.
> Würde A allein an beiden Gesellschaften jeweils 60 % halten, wären X und Y nach IAS 24.9(b)(vi) i. V. m. IAS 24.9(a)(i) nahestehend. Fraglich ist, ob dies auch in der tatsächlich gegebenen Konstellation mit 6 x 10 % als Stimmrechtsbindung gilt.

Nach dem Erstkonsolidierungsfragen betreffenden Standard IFRS 3 führt die Existenz von Stimmrechtsbindungsverträgen im Beispiel zunächst dazu, dass X und Y jeweils von der aus A bis F bestehenden Gruppe von Personen beherrscht werden und diese **Gruppe** jeweils als *ultimate controlling party* anzusehen ist. Nach IAS 24.13 besteht eine der Angabepflichten betreffend nahestehende Personen gerade darin, den Namen der *ultimate controlling party* anzugeben. Diese Pflicht liefe ins Leere, wenn eine vertraglich abgestimmt handelnde Gruppe von natürlichen Personen gar keine nahestehende Partei sein könnte. U. E. sind im vorgenannten Fall daher X und Y nahestehende Personen, weil sie die gleiche *ultimate controlling party* haben.

2.8 Nahestehen in zeitlicher Hinsicht

23 Das Berichtspflichten auslösende „Nahestehen" muss nicht während des **gesamten** Berichtszeitraums (Geschäftsjahr oder Zwischenberichtsperiode) bestanden haben. Daraus entsteht die Frage nach der Berücksichtigung eines **unterjährigen** Wechsels. Dazu muss zwischen **Dauersachverhalt** und **Einzelgeschäften** differenziert werden.

> **Praxis-Beispiel**
> A wird ausgestattet mit einem Dienstvertrag vom 15.1.01, ab 1.5.01 zum Vorstandsvorsitzenden der A AG bestellt. Zur Erleichterung des Umzugs in die neue Region verkauft ihm die A mit Vertrag vom 31.3.01 eine repräsentative Villa zur Eigennutzung zum gutachterlich ermittelten Kaufpreis von 1.000.
> U. E. ist der Erwerb der Villa nach dem Sinngehalt von IAS 24.5 (Rz 1) angabepflichtig, auch wenn förmlich im Zeitpunkt der Transaktion (31.3.01) der Tatbestand des Nahestehens noch nicht erfüllt war.[10]

> **Praxis-Beispiel**
> Die M AG erwirbt am 28.2.01 die assoziierte aU (Rz 11) und verkauft sie am 30.10.01. Während des gesamten Geschäftsjahres 01 liefert aU wichtige Rohmaterialien an M.
> Die Lieferungen zwischen dem 28.2.01 und dem 30.10.01 sind im Anhang für 01 angabepflichtig; Entsprechendes gilt für die Zwischenberichterstattung (→ § 37) aller vier betroffenen Quartale.

> **Praxis-Beispiel**
> Der leitende Angestellte L erhält am 5.2.01 nach den internen Richtlinien der H GmbH ein Darlehen zur Finanzierung seines Einfamilienhauses. Am 1.4.02 wird L zum Geschäftsführer bestellt.
> Die Berichtspflicht im Geschäftsjahr 02 könnte im Hinblick auf den Regelungszweck des Standards nach IAS 24.5 (Rz 1) zu verneinen sein, denn die Darlehensbeziehung entspringt dem Grunde nach nicht der *related-party*-Beziehung. Folgt man diesem Gedanken nicht, sind der Darlehenssaldo zum 31.12.02 und der Zinsertrag für die Zeit vom 1.4.02 bis zum 31.12.02 im Jahresbericht der H für das Jahr 02 anzugeben.
> Wenn L am 30.9.05 in Pension geht, erlischt die Angabepflicht ab diesem Zeitpunkt (Rz 43).

24 Nicht geklärt ist in allen Fällen des unterjährigen Wechsels das **Verhältnis** zwischen der Standard-Zielsetzung (Rz 1) und den Einzelnormen.[11]

> **Praxis-Beispiel**
> Die (spätere) Muttergesellschaft M schließt mit der T GmbH am 1.2.01 einen Mietvertrag. Am 1.7.01 wird die T GmbH Tochtergesellschaft der M.

---

[10] So vergleichbar BFH, Urteil v. 24.1.1989, VIII R 74/84, BStBl II 1989 S. 419.
[11] Vgl. hierzu auch DELOITTE, iGAAP 2016, A 23.3.4.

- Bei **wortgetreuer** Auslegung (Rz 27) ist das Mietverhältnis ab 1.7.01 anzugeben.
- Nach der „**ratio legis**" entfällt die Angabepflicht in den Einzelabschlüssen von M und T, weil bei Vertragsabschluss noch kein Nahestehen vorlag und deshalb keine **Möglichkeit** zur Beeinflussung des Jahresabschlusses gegeben war (Rz 1).

Praxis-Beispiel

Zwischen der Muttergesellschaft M und der Tochtergesellschaft T GmbH (Stand 1.1.01) besteht ein Dauerbelieferungsvertrag für Komponenten. Aus diesem resultieren am 31.12.01 offene Posten. Am 30.12.01 wird die T GmbH verkauft, womit das Nahestehen der beiden Gesellschaften endet.

- Eindeutig ist die Angabepflicht für die **Stromgrößen** (Umsatz bzw. Warenbezug) im Zeitraum bis 30.12.01.
- Bei **wortgetreuer** Auslegung (Rz 28) ist hingegen in den Einzelabschlüssen der M und T der **Saldo** der offenen Posten zum 31.12.01 **nicht** offenzulegen.
- Nach der „ratio legis" (Rz 1) muss der **Saldo** zum 31.12.01 angegeben werden, denn in diesem **können** Verbundbeziehungen enthalten sein.

---

3   Offenzulegende Informationen

3.1   Nahestehen „an sich"

Nach IAS 24.13f. ist im Fall einer *related-party*-Beziehung durch **Kontrolle** die Tatsache des „**Nahestehens**" *(related party relationship)* als solche anzugeben (IAS 24.14), auch wenn **keinerlei Geschäftsvorfälle** *(transactions)* zwischen dem berichtenden und dem kontrollierten Unternehmen vorgekommen sind.   **25**

Dieser Angabepflicht kann im Einzelabschluss eines **Mutterunternehmens** durch einen „**Beteiligungsspiegel**" entsprochen werden.

Für den Einzel- oder (Teil-)Konzernabschluss eines **untergeordneten Unternehmens** gilt nach IAS 24.13: Anzugeben ist der Name des Mutterunternehmens *(parent)* und, falls abweichend, der Name der **obersten beherrschenden Partei** *(ultimate controlling party)*. Nur die amtliche deutsche Fassung spricht vom obersten „Unternehmen". Nach der u. E. maßgeblichen englischen Originalfassung kommt es auf die Unternehmenseigenschaft der beherrschenden Partei hingegen nicht an. Die „*(ultimate) controlling party*" kann daher auch eine natürliche Person oder Gemeinschaft natürlicher Personen (Rz 22), ebenso eine nicht als Unternehmen zu qualifizierende Stiftung sein.   **26**

Sofern das „Mutterunternehmen" bzw. die oberste kontrollierende Einheit *(the ultimate controlling party)* keine Jahresabschlüsse offenlegt, ist zusätzlich das oberste „Unternehmen" zu nennen, das Jahresabschlüsse veröffentlicht (IAS 24.13).

3.2   Angaben zu Art, Volumen und Salden aus Transaktionen

Sind Geschäfte *(transactions)* zwischen nahestehenden Parteien getätigt worden, dann hat das Unternehmen/der Konzern in seinem Jahresabschluss darüber zu berichten. Zu den – auch unentgeltlichen – **Geschäftsvorfällen** wird außer der   **27**

Definition in IAS 24.9 in IAS 24.21 eine ganze Reihe von **Positivbeispielen** aufgeführt, welche den weit gefassten Inhalt der Definitionsnorm unterstreicht:

- Kauf oder Verkauf von fertigen oder unfertigen Gütern,
- Kauf oder Verkauf von Grundstücken und anderen Vermögenswerten,
- Gewährung oder Erhalt von Dienstleistungen,
- Leasingverträge,
- Übertragung von Forschungs- und Entwicklungsergebnissen,
- Vergütungen *(transfers)* aufgrund von Lizenzverträgen,
- Vergütungen für Finanzierungsvereinbarungen (Darlehen, Bar- und Sacheinlagen in das Eigenkapital),
- Vergütungen für Avale und sonstige Garantien,
- Tilgung von Verbindlichkeiten zugunsten des Unternehmens (durch nahestehende Personen) oder umgekehrt durch das Unternehmen Tilgung von Verbindlichkeiten einer nahestehenden Person,
- vom Eintritt bestimmter Bedingungen abhängige Tätigkeiten einschließlich schwebender Verträge *(executory contracts;* → § 21 Rz 48).

28   Zu berichten ist nach IAS 24.18 nicht nur über die Art und das Transaktionsvolumen der Geschäftsvorfälle, sondern auch über die daraus resultierenden noch **offenen Posten** in der Bilanz *(outstanding balances).* Dieses ausgesprochen **weit** angelegte Volumen von potenziellen Angabepflichten wird in IAS 24.18 wie folgt **systematisiert:**

- **Art** der Beziehung;
- **Strom**größen:
  alle in Währung (absoluten Zahlen) auszudrückenden Geschäftsvorfälle *(transactions),* die mindestens aufzuführen sind (Rz 29);
- **Bestands**größen:
  – die Beträge **offener Posten** (Forderungen oder Verbindlichkeiten) sowie **Haftungsverhältnisse** aus diesen Transaktionen in Ausweitung der Darstellungspflichten nach IAS 1 (→ § 2 Rz 50 ff.; IAS 24.20),
  – deren **Vertragsbedingungen** einschließlich der gegebenen Sicherheiten und der vorgesehenen Tilgung,
  – entsprechende Angaben zu gegebenen oder erhaltenen **Garantien,**
  – **Abschreibungen** auf entsprechende Forderungen,
  – **Aufwendungen** (Verluste) aufgrund von Forderungen an nahestehende Personen.

Der unterschiedliche **Detaillierungsgrad** zwischen Strom- und Bestandsgrößen ist auffallend. U. E. ist daraus – trotz der „Mindestregel" *(at a minimum)* – ein **Verzicht** auf die zusätzliche Angabe von Bestandsgrößen herauszulesen (z. B. noch nicht verbrauchtes Rohmaterial aus Lieferungen einer nahestehenden Partei).

Zur Darstellungstechnik, insbesondere des Ausmaßes der **Aggregierung,** vgl. Rz 44. Zur **personellen** Struktur der Angabepflichten nach IAS 24.19 vgl. Rz 42.

3.3   Speziell die *arm's-length*-Bedingung

29   Mysteriös klingt die bedingte Angabepflicht des IAS 24.13 über die Einhaltung der *arm's-length*-Konditionen für die Geschäftsbeziehungen. Solche Angaben sollen nur erfolgen, wenn die Fremdüblichkeit **substanziiert** werden kann. Eine – offenzulegende – „Substanziierung" im eigentlichen Sinn würde im Grunde

eine Dokumentation wenigstens über die Preisfindung etwa nach Maßgabe des § 90 Abs. 3 AO erforderlich machen. Eine solche „Darstellungstiefe" kann indes für Zwecke der kaufmännischen Rechnungslegung und der *fair presentation* derselben nicht sinnvoll sein, schon deswegen nicht, weil dabei sehr schnell die Grenze der Offenlegung von **Geschäftsgeheimnissen** erreicht würde. Hinzu kommt die dem Inhalt von IAS 24 generell zugrunde liegende **Beschränkung** auf die **Offenlegung** der Geschäftsbeziehungen mit nahestehenden Parteien, die gerade eine **Angemessenheitsbeurteilung** ausschließt (Rz 4).

U. E. kann deshalb im Anhang auf die eher floskelhafte Versicherung der Angemessenheit aller vereinbarten Transaktionen mit nahestehenden Parteien überhaupt **verzichtet** werden. IAS 24 verlangt keine Angabe über die Preispolitik. Wenn gleichwohl eine entsprechende Angabe gemacht werden soll, gilt u. E. Folgendes: Der **Ort** der substanziierten Dokumentation lässt sich nicht eindeutig interpretieren. Möglich erscheint auch ein **internes Arbeitspapier**, dann allerdings mit der Angabepflicht im Anhang: „Der Leistungsaustausch erfolgt zu fremdüblichen Bedingungen. Die Fremdüblichkeit wird laufend dokumentiert und überwacht; ggf. erforderliche Anpassungen werden zeitnah vorgenommen." Für die letztgenannte Interpretation von IAS 24.23 spricht auch folgende – praktische – Überlegung: Wer den Hinweis auf die Fremdüblichkeit unterlässt, kann im Vergleich zu Mitbewerbern den Eindruck erwecken, er habe gerade nicht zu *arm's-length*-Konditionen mit Nahestehenden gehandelt. Wird aber tatsächlich mit fremdüblichen Preisen agiert, ohne dass dies im Detail im Anhang dargelegt werden kann, spricht das Interesse an der Vermeidung eines gegenteiligen falschen Eindrucks auch aus Sicht der *true and fair presentation* (→ § 1 Rz 68 ff.) für einen verkürzten Hinweis auf Fremdüblichkeit und deren externe Dokumentation und Kontrolle.

Empirisch für Deutschland erfolgt ein ähnlicher Hinweis in 73 % der einbezogenen Untersuchungsmenge.[12]

3.4 Organbezüge und andere Transaktionen mit Organen

Für das Management in Schlüsselpositionen *(key management personnel*, Rz 11) ist der **Gesamtbetrag** der geleisteten Vergütungen *(compensation)* in einer **sachlichen** Aufgliederung folgenden Inhalts anzugeben (IAS 24.17):

30

- **laufende** Bezüge fester und variabler Art *(short-term employee benefits)*;
- Vorsorgen für (spätere) **Ruhestandsbezüge** *(post employment benefits)*, z. B. **Einzahlungen** in einen Pensionsfonds oder den **Aufwand** bei Direktzusagen nach deutschem Recht *(current service cost;* → § 22 Rz 31);
- sonstige Bezüge **längerfristig** ausgerichteter Art, z. B. *deferred compensation,* Jubiläumszahlungen, Arbeitsfreistellungen *(other long-term benefits)*;
- **Abfindungen** *(termination benefits)*;
- **aktienkursorientierte** Vergütungen *(equity compensation benefits)*.

Beim Aufwand aus Direktzusagen reicht u. E. die Angabe des Dienstzeitaufwands *(service cost)* aus. Zins- und zinssatzbedingte Aufwendungen sind nicht zwingend anzugeben.[13]

---

12 Küting/Seel, KoR 2008, S. 234.
13 Vgl. Ernst & Young, International GAAP 2016, Ch. 36 sCh. 2.6.3.

Die vorstehende Aufzählung gibt den Inhalt des Definitionskatalogs von IAS 24.9 nur **verkürzt** wieder. Dessen Inhalt ist **umfassend** (IAS 24.17: *„in total"*). Jede Art der Vergütung des betroffenen Personenkreises (Rz 36) ist anzugeben. Definitionsvariationen und Begriffsneubildungen sollen kein Entkommen aus der Angabepflicht erlauben. Der Wesentlichkeitsgesichtspunkt (Rz 53) muss hier mit großer Zurückhaltung angewendet werden. Dominierend ist dabei nicht so sehr die Perspektive des Unternehmens, sondern diejenige der betroffenen Person.[14]

31   Fraglich ist allerdings, ob in einem dualistischen System deutscher Prägung die Aufsichtsratmitglieder überhaupt eine *„compensation"* i.S.v. IAS 24.17 beziehen. Hiergegen spricht u.E. Folgendes: Sowohl in IAS 24.17(a) und IAS 24.17(b) selbst als auch bei der Definition von *compensation* in IAS 24.9 werden *employee benefits*, also Leistungen an Arbeitnehmer vorausgesetzt. Als Arbeitnehmer können (trotz anderer arbeitsrechtlicher Wertung) in der gebotenen wirtschaftlichen Betrachtung zwar Vorstände angesehen werden, u.E. aber nicht Aufsichtsratmitglieder, die nur unregelmäßig und ohne jede Eingliederung in den Betrieb tätig sind[15] (→ § 7 Rz 17). U.E. sind Vergütungen an Aufsichtsräte deshalb zwar nach den allgemeinen Vorgaben von IAS 24.13 und IAS 24.18, jedoch ohne Subsumtion unter die spezifische Untergliederung nach IAS 24.17 anzugeben. Die h.M. und Praxis setzt sich über diese Bedenken allerdings hinweg; sie unterstellt eine Angabepflicht auch für Aufsichtsratmitglieder und fragt dann nur noch, ob für die **Arbeitnehmervertreter** im Aufsichtsrat **auch** die laufenden Tätigkeitsvergütungen in ihrer Eigenschaft als Arbeitnehmer anzugeben sind. Hierzu wird auf → § 7 Rz 17 verwiesen.

32   Zusätzlich zu den Vergütungen für die Organtätigkeit sind die **sonstigen Transaktionen** des Unternehmens mit den Mitgliedern des **Top-Managements** anzugeben, z.B. Warenbezüge, Wohnraumnutzung etc. Dies gilt nach IAS 24.18 etwa auch, wenn ein Aufsichtsratmitglied, das zugleich Rechtsanwalt ist, für die Vertretung der Gesellschaft in einem Gerichtsverfahren, ein anderes Mitglied, das Steuerberater ist, für die Steuererklärungen der Gesellschaft ein Honorar erhält.

Hierin unterscheidet sich IAS 24 von § 314 Abs. 1 Nr. 6a HGB. Handelsrechtlich sind für die Organmitglieder nur diejenigen Bezüge anzugeben, die „für die Wahrnehmung ihrer Aufgaben" gewährt werden (DRS 17.17). Auch nach IAS 24 spielt die Differenzierung zwischen Organvergütung und sonstiger Vergütung gleichwohl einer Rolle:

- Die *„key management personell compensation"* nach IAS 24.17 ist auf die Organtätigkeit beschränkt.
- Angaben über weitere Geschäfte mit Organen sind nach IAS 24.18 angabepflichtig.
- Ergänzend fordert IAS 24.19 eine Aufgliederung der nach IAS 24.18 anzugebenden Transaktionen nach der Art der nahestehenden Partei, also eine zusammengefasste Darstellung der Transaktionen mit Mitgliedern des Managements in Schlüsselpositionen, dies aber ohne Unterdifferenzierung nach Vorstand und Aufsichtsrat.

Bei **Arbeitnehmervertretern im Aufsichtsrat**, die außerhalb der Aufsichtsrattätigkeit Bezüge (Gehälter) erhalten, die nicht nach § 314 Abs. 1 Nr. 6a HGB,

---

14   „Gleichgewichtig" nach PwC, IFRS Manual of Accounting 2016, Tz. 29.93.
15   Vgl. LÜDENBACH/FREIBERG, BB 2013, S. 2539ff.

wohl aber nach IAS 24 angabepflichtig sind, ergeben sich hier drei Darstellungsalternativen:

- Verzicht auf Berücksichtigung der Gehälter,
- Einbezug der Gehälter in die Vergütung für Mitglieder des Managements in
  Schlüsselpositionen (IAS 24.19),
- Einbezug der Gehälter in die für sonstige Transaktionen an Mitglieder des
  Schlüsselmanagements gewährte Vergütung (IAS 24.19(f)).

Die erste Alternative ist zwar in der Praxis vorzufinden, aber nicht gerechtfertigt.
Das zuweilen angeführte Argument einer sonst drohenden Verletzung der Privatsphäre oder sonstiger Rechte der Arbeitnehmer ist unzutreffend, da nach IAS 24
keine Individualisierung der Bezüge, nicht einmal eine Trennung nach Organen,
verlangt wird.

Gegen die zweite Alternative spricht allgemein, dass die Aufsichtsräte keine
Vergütung i.S.v. IAS 19 *(compensation)* erhalten (Rz 31), speziell, dass die Vergütung nicht für die Organtätigkeit, sondern aus einem anderen Grund gewährt
wird. Zutreffend ist daher die dritte Alternative.

Anders als nach § 314 Abs. 1 Nr. 6b HGB sind Bezüge **ehemaliger** Vorstände
oder Aufsichtsräte nach IAS 24 nicht angabepflichtig. **33**

Bei **Personalunion** der Geschäftsführertätigkeit in mehreren Gesellschaften, **34**
z.B. Mutter- und Tochtergesellschaft, und „nur" einmaliger Vergütung des
Geschäftsführers ist zu differenzieren:

- Belastet die Mutter die Vergütung anteilig an die Tochter weiter, ergibt sich
  eine Angabepflicht auch beim Tochterunternehmen aus dem Rechtsgedanken
  des IAS 24.18A.
- Unterbleibt eine Weiterbelastung, hat nur der Vergütungsschuldner (regelmäßig Muttergesellschaft) die Vergütung offenzulegen.

Nicht eindeutig geklärt ist der **zeitliche** Bezug der „*compensation*" (Vergütung) **35**
in IAS 24.17 für besondere längerfristig orientierte Entlohnungsformen, die
gerade für das *key management personnel* (Rz 36) vorkommen können.

Praxis-Beispiel

Der Geschäftsführer einer GmbH erhält im Jahre 00 eine Zusage über einen
Bonus von 300 TEUR, sofern in den folgenden drei Geschäftsjahren kumuliert bestimmte betriebswirtschaftliche Kennzahlen erreicht werden. Weitere
Voraussetzung ist der Verbleib im Unternehmen wenigstens bis zum Ende
des Jahres 03. In die Bilanz zum 31.12.01 wird ein Betrag von 100 TEUR
zurückgestellt, nachdem in 01 die Kennzahlen erreicht wurden und auch in 02
und 03 mit überwiegender Wahrscheinlichkeit erreicht werden können.

Wider Erwarten bricht das Geschäft in 02 ein. Mit einer Wiederbelebung vor
04 wird nicht gerechnet. Zum 31.12.02 wird deshalb die Rückstellung aufgelöst. Überraschenderweise bessert sich die Lage schon in 03 so stark, dass
die kumulierten Erfolgsziele erreicht werden. Zum 31.12.03 wird deshalb die
Rückstellung mit 300 TEUR eingebucht.

Die Anhangangabe zur „*compensation*" kann zeitlich

- dem Jahr des „**Erdienens**", hier 01 mit 100 TEUR und 03 mit 200 TEUR, oder
- der **GuV-wirksamen** Verbuchung, hier 01 mit 100 TEUR Aufwand, 02 mit
  100 TEUR Ertrag und 03 mit 300 TEUR Aufwand,

zugeordnet werden. Der Standard äußert sich dazu nicht, u.E. ist die zweite Variante vorzugswürdig, weil dem Adressaten des (aktuellen) Jahresabschlusses nach IAS 24.18 Satz 1 die Ertrags- und Vermögensauswirkungen dieser Vergütungsformen dargelegt werden sollen. Die Anhangangabe würde dann dem *matching* oder *accrual principle* folgen. Dieser Gedanke kommt in anderem Zusammenhang in IAS 24.18(d) zum Ausdruck, wonach für zweifelhafte Forderungen gegen nahestehende Personen/Unternehmen der Periodenaufwand (-ertrag) aus der Dotierung oder Auflösung von Wertberichtigungen anzugeben ist. In der Konsequenz dieses Lösungsvorschlags muss im Beispiel in 02 der Ergebniseffekt durch Auflösung der Rückstellung um 100 TEUR in der Anhangangabe nachvollzogen werden. Das kann durch eine entsprechende Saldierung innerhalb der insgesamt anzugebenden Bezüge erfolgen.

So müsste u.E. auch vorgegangen werden, wenn der Geschäftsführer Ende 02 nicht mehr dem *key management personnel* angehört, denn die Angabe des Aufwands in 01 und dessen Kürzung in 02 ist Ausfluss der Geschäftsführerstellung. Demgegenüber verlangt DRS 17.A18 in Auslegung von § 314 Abs. 1 Nr. 6 HGB eine Berichterstattung nach Maßgabe der definitiven Vermögensmehrung; eine Vergütung gilt gem. DRS 17.29 dann als bezogen, „wenn die der Zusage zugrunde liegende Tätigkeit erbracht wurde. Etwaige aufschiebende Bedingungen müssen erfüllt bzw. auflösende Bedingungen weggefallen sein." Bei längerfristigen, periodenübergreifenden Tätigkeiten wird damit eine zeitanteilige Verteilung der Bezüge ausgeschlossen. Die Angabe im Lagebericht korrespondiert dann (anders als die Angabe nach IAS 24) nicht mit der Erfassung der Vergütung in der GuV. Daraus könnte man auch folgern: Die nicht gegebene Konsistenz widerspricht dem Einklangsgebot zwischen Jahresabschluss und Lagebericht nach DRS 20.5. Das DRSC ist sich dieses Problems bewusst (DRS 17.A34) und verlangt deshalb als Reaktion darauf zusätzliche Angaben nach DRS 17.A35.

36 Schwierig kann auch die Abgrenzung in **persönlicher** Hinsicht sein. Eindeutig ist jedenfalls das Nichterfordernis der **Aufgliederung** auf die jeweilige der Geschäftsleitung angehörende natürliche Person. Es genügt die Angabe eines **Gesamtbetrags**. Die entscheidende Frage ist dann aber, welcher Personenkreis unter die Definition des Managements in Schlüsselpositionen *(key management personnel)* fällt. IAS 24.9 nennt als Definitionskriterium die Berechtigung und Verantwortung für die Planung, Leitung und Kontrolle der Unternehmenstätigkeit, und zwar in direkter oder indirekter Form. Spezifisch aufgeführt wird die aktive oder passive „Direktorenstellung" bei dem betreffenden Unternehmen.

Der letztgenannte Begriff gibt einen Anhaltspunkt zur sinnvollen Interpretation der Definitionsvorgaben in IAS 24.9 im **deutschen** Rechtskreis. Dieser ist durch das **duale** System der Unternehmensleitung – Vorstand und Aufsichtsrat – gekennzeichnet. Demgegenüber ist der Definitionskatalog in IAS 24.9 eher auf die **monistische** Struktur (Board-System) nach angelsächsischem Vorbild ausgerichtet, zählt dabei aber geschäftsführende „Direktoren" *(executives)* ebenso zum *„key management personnel"* wie „Direktoren in Aufsichtsfunktion" *(„whether executive or not").* Daraus folgt, dass neben Angaben zum **geschäftsführenden** Organ auch solche zum **Aufsichtsrat** geboten sind.

37 Die anschließende Frage ist, bis zu welcher **Ebene** der Unternehmenshierarchie das Definitionskriterium der Berechtigung und Verantwortlichkeit für die Unternehmensplanung etc. herunterzubrechen ist (Rz 36). Die Antwort muss auf

der Grundlage der sonstigen Standardvorgaben gefunden werden. Entscheidend ist die Angabepflicht für den **Gesamt**betrag der betreffenden Vergütungen, also **ohne Aufgliederung** auf Einzelpersonen (Rz 36). Je mehr Unternehmenshierarchien – nach dem Vorstand auch der Generalbevollmächtigte, der Generaldirektor, der Bereichsvorstand etc. – in die Angabepflicht einbezogen werden, desto geringer ist die **Aussagekraft** dieses Gesamtbetrags. Außerdem würde die **zwischenbetriebliche** Vergleichbarkeit durch die Auffächerung auf die jeweils individuell definierten Hierarchieebenen abhandenkommen.

Praxis-Beispiel
Die Deutsche Post World Net differenziert in ihrem Geschäftsbericht 2008 zwischen Vorstand und Aufsichtsrat einerseits und der zweiten Führungsebene andererseits. Für den letztgenannten Bereich werden Geschäftsbeziehungen unter Einschluss der jeweiligen Familienangehörigen aufgeführt.
Die Deutsche Bahn AG erläutert im Geschäftsbericht 2008 nur die Beziehungen zum Vorstand und Aufsichtsrat.

U. E. ist eine (§ 314 Abs. 1 Nr. 6 HGB entsprechende) Beschränkung der Angabepflicht auf die **förmliche Organstellung** – Vorstand bzw. Geschäftsführer sowie Aufsichtsrat – die sinnvollere Interpretation der personellen Vorgaben nach IAS 24. Allerdings umfasst diese Angabepflicht auch die sog. **faktische Geschäftsführung**, also Fälle, in denen eine Person zwar nicht förmlich im Handelsregister als Geschäftsführer (oder Vorstand) eingetragen ist, in Wirklichkeit aber das eigentliche Exekutivorgan darstellt. Wenn demgegenüber die Einbeziehung weiterer Zonen außerhalb des eigentlichen Vorstands in die Angabepflicht für richtig erachtet wird, müssen u.E. diese Personen (neben dem Vorstand) **namentlich** im „offiziellen" Teil des Jahresabschlusses, also im Anhang, genannt werden.

Interpretationsbedürftig ist im Rechtsvergleich zum HGB auch der Inhalt der **38** *post employment benefits* gem. IAS 24.17. Dabei handelt es sich nicht um Angaben für **ehemalige** Organmitglieder und deren Hinterbliebene nach der Vorgabe in § 314 Abs. 1 Nr. 6b HGB. Diese Auffassung erschließt sich aus dem Definitionsgehalt des betroffenen Personenkreises *(key management personnel)*, der – in welcher Hierarchiestufe auch immer – mit der Unternehmens**leitung** betraut ist (Rz 36). Ruheständler und deren Witwen und Waisen üben keine geschäftsleitende Tätigkeit aus. Die handelsrechtliche Angabepflicht für „Ehemalige" besteht deshalb unter dem Regime der IFRS nicht. Stattdessen sind altersversorgungsbezogene Vergütungsbestandteile der **aktiven** *„key manager"* anzugeben (Rz 30).

Für den handelsrechtlichen Konzernabschluss sieht § 314 Abs. 1 Nr. 6 HGB **39** Angaben zu Organbezügen teils im Anhang, teils im Konzernlagebericht vor. Dabei erlaubt DRS 17.12, die Angaben nach § 314 Abs. 1 Nr. 6a Sätze 5 – 8 HGB und § 315 Abs. 2 Nr. 4 HGB sowie ggf. weitergehendere Angaben zur Vergütung, die aufgrund des Deutschen Corporate Governance Kodex gemacht werden, in einem Vergütungsbericht zusammenzufassen, der Teil des Konzernlageberichts ist. Die Angaben nach § 314 Abs. 1 Nr. 6a Sätze 1 – 4, 6b und 6c HGB können zusätzlich zu der verpflichtenden Darstellung im Konzernanhang auch in diesen Vergütungsbericht aufgenommen werden. Alternativ darf im Vergütungsbericht auf diese Angaben im Konzernanhang verwiesen werden.

Für den zur Erfüllung der inländischen Konzernrechnungslegungspflicht erstellten IFRS-Konzernabschluss sind die vorgenannten Vorschriften durch Verweis in § 315a Abs. 1 HGB ebenfalls zu beachten. Von Bedeutung ist dann der Umgang mit der Schnittmenge der Angabepflichten, also den Angaben, die zugleich nach (1) IAS 24 und (2) § 314 Abs. 1 Nr. 6 und § 315 Abs. 2 Nr. 4 i.V.m. § 315a HGB gefordert werden. Systematisch kommen v. a. die folgenden Lösungen in Betracht:

- Im IFRS-Konzernanhang werden neben den Angaben nach IAS 24 darüber hinausgehende Angaben nach § 314 HGB aufgeführt, im Konzernlagebericht die Angaben nach § 315 HGB.
- Alle Angaben werden im IFRS-Konzernanhang aufgeführt. Der Konzernlagebericht verweist darauf.
- Alle Angaben werden im Konzernlagebericht zusammengefasst. Der Konzernanhang verweist darauf.

Die erste Variante ist gesetzeskonform, wegen der Aufsplittung einer einheitlichen Materie aber wenig leserfreundlich. Für die beiden anderen Varianten gilt das Gegenteil: Der Lagebericht muss nach DRS 20.13 aus sich heraus verständlich sein; dem genügt die zweite Variante nicht. Die dritte Variante führt wiederum aus Sicht der IFRS zu einem unvollständigen Konzernabschluss, weil durch IAS 24 für den Abschluss (Anhang) geforderte Angaben dort nicht geleistet werden. Wegen Einzelheiten wird auch auf → § 7 Rz 15 ff. verwiesen.

3.5 Dividenden an nahestehende Personen

40   Nach der weitgefassten Begriffsdefinition des „Geschäftsvorfalls mit nahestehenden Unternehmen und Personen" (*related party transaction*) in IAS 24.9 zeichnet sich ein solcher durch die „Übertragung von Ressourcen" zwischen Berichtsunternehmen und nahestehender Person aus. Auch die „gewöhnliche" Dividende, die vom Berichtsunternehmen etwa an eine signifikant beteiligte (IAS 24.9(a)(ii)) oder im Vorstand oder Aufsichtsrat vertretene (IAS 24.9(a)(iii)) natürliche Person ausgeschüttet wird, würde in formaler Lesart diese Bedingung erfüllen.

> **Praxis-Beispiel**
> Der Vorstand NN der G-AG ist mit 40 % an dieser beteiligt. Die restlichen 60 % stehen im Eigentum von Kleinaktionären. Die Angabepflicht nach IAS 24 umfasst unzweifelhaft die (angemessene) Vorstandsvergütung von 200 TEUR. Daneben erhält NN je Aktie die gleiche Dividende wie die Kleinaktionäre; bei einer Gesamtausschüttung von 5 Mio. EUR also einen Betrag von 2 Mio. EUR. Sind als „Ressourcenübertragung" an NN 200 TEUR oder 2,2 Mio. EUR anzugeben?

Gegen eine Ausdehnung der Angabepflicht auf die Dividenden spricht, dass es sich bei der Dividende im engeren Sinne nicht um den Vorfall eines Geschäfts zwischen der Gesellschaft und ihrem Gesellschafter-Geschäftsführer handelt, sondern um einen rein gesellschaftsrechtlich begründeten Vorgang, nämlich die Wandlung eines Mitgliedschaftsrechts in ein Gläubigerrecht. Zudem ist über Dividenden bereits nach IAS 1.137(a) im Anhang (ohne Personenbezug) zu berichten. U. E. kann daher in o. g. Beispiel auf eine *related-party*-Angabe zu den Dividenden verzichtet werden.

3.6 Zwischenberichterstattung

Wegen der Besonderheit bei der Zwischenberichterstattung nach IAS 34 wird verwiesen auf → § 37 Rz 40. Bemerkenswert an dieser Stelle ist das **Gewicht**, das in IAS 34 der Berichterstattung über die Beziehungen zu Nahestehenden beigemessen wird. 41

4 Berichtsformat

4.1 Aufgliederung nach nahestehenden Parteien

Die Angaben nach IAS 24.18 (Rz 22) sind gem. IAS 24.19 nach folgenden Gruppen nahestehender **Parteien aufzugliedern**: 42

- das **Mutterunternehmen** des Berichtsunternehmens,
- die Unternehmen, die eine **gemeinsame Kontrolle** oder einen **wesentlichen Einfluss** auf das Berichtsunternehmen ausüben,
- **Tochterunternehmen** des Berichtsunternehmens,
- **assoziierte** Unternehmen,
- Gemeinschaftsunternehmen, bei denen das Berichtsunternehmen ein Partnerunternehmen ist,
- **Managementmitglieder** in Schlüsselpositionen des Unternehmens oder dessen Mutterunternehmung (Rz 43),
- **sonstige** nahestehende Personen (Rz 17).

Im **Konzernabschluss** entfallen Angaben zu Beziehungen zwischen vollkonsolidierten Unternehmen (IAS 24.4), aus der vorstehenden Liste also die Angaben zu Mutter- und Tochterunternehmen. Soweit **assoziierte** Unternehmen (→ § 33) oder **Gemeinschafts**unternehmen (→ § 34) nach der *equity*-Methode und damit ohne Schulden- und Ertrags-/Aufwandseliminierung konsolidiert werden, bleiben die Posten aus den Geschäftsbeziehungen auch im Konzernabschluss enthalten und sind dann nach IAS 24 offenzulegen.

Die Berücksichtigung von **Managementmitgliedern** beschränkt sich nach dem Standard-Wortlaut von IAS 24.9 und IAS 24.19(f) auf das **berichtende** Unternehmen selbst und das **Mutterunternehmen**. Bei tiefer gegliederten Konzernstrukturen kann entgegen dem Wortlaut auch ein Managementmitglied einer „höher" angesiedelten Einheit als nahestehend zu berücksichtigen sein.[16] 43

4.2 Aggregierung und *materiality*

Nach IAS 24.24 können **sachliche** Vorgänge (Rz 28) vergleichbarer Art *(items of a similar nature)* in **aggregierter** Form dargestellt werden, sofern nicht eine besondere Erläuterung im Interesse des besseren Verständnisses über die Einflüsse der betreffenden Geschäftsbeziehungen auf den Jahresabschluss erforderlich erscheint. 44

---

[16] So auch ERNST & YOUNG, International GAAP, 2016, Ch 36 sCh. 2.2.1.D.

Die Aggregationsmöglichkeit entspricht den Kommentarmeinungen zu § 312 AktG über das Erfordernis von Zusammenfassungen im Abhängigkeitsbericht.[17]

45   Wo die **Grenzlinie** einer sinnvollen **Aggregierung** der sachlichen Angabepflichten zu ziehen ist, kann allgemein nicht bestimmt werden. Bei laufenden Geschäftsbeziehungen zwischen zwei Unternehmen wäre es schlichtweg unsinnig, jede einzelne Transaktion im Anhang aufzulisten (Rz 51). Hier muss die Angabe des Gesamtvolumens je Transaktionsart genügen. Anders ist die Situation bei der Übernahme einer Kreditgarantie, etwa der Holding zugunsten eines oder mehrerer Tochterunternehmen. Hier wird in aller Regel eine Einzelangabe erforderlich sein. Allerdings muss an dieser Stelle nochmals auf den allgemein gültigen *materiality*-Grundsatz verwiesen werden (→ § 1 Rz 61 ff.); denn ohne sinnvolle Beschränkung der Angaben würde der Adressat des Jahresabschlusses in den gegebenen Informationen über die Beziehungen zu nahestehenden Parteien geradezu ertrinken (*information overload*).

4.3   Erleichterungen bei Geschäftsbeziehungen zur öffentlichen Hand (*government related entities*)

4.3.1   Ausnahmen von Angabepflichten

46   Das *materiality*-Problem (Rz 45) stellt sich aber nicht nur bei der Frage, **wie**, d. h. in welchem Aggregierungsgrad, berichtet werden soll; vorgelagert geht es darum, ob **überhaupt** zu berichten ist. Die Frage nach dem „Überhaupt" ist besonders virulent bei **staatlich beherrschten** Unternehmen (Rz 12). In Fällen der Post-, Bahn- oder Telekom-Unternehmen kann die Zahl der nahestehenden Einheiten leicht eine fünf- oder sechsstellige Größenordnung annehmen. Dann ist eine Entscheidung darüber zu treffen, ob im Bericht des Bahnunternehmens in die Posten „Umsätze mit nahestehenden Unternehmen" auch die Fahrkartenverkäufe an das Postunternehmen (aggregiert oder nicht) einzubeziehen sind und umgekehrt in die Posten „bezogene Leistungen" die Briefmarkenkäufe.

47   Die Neufassung von IAS 24 in 2009 hat sich dieses Themas besonders angenommen (Rz 57). Auslöser waren die dem Board vorgebrachten Bedenken gegen den Umfang der Angabepflichten und der Möglichkeiten zur Datenerhebung in Staaten mit großem Einfluss der Regierungen auf das Wirtschaftsleben (IAS 24.BC34).

48   Betroffen von den Erleichterungen sind Berichtsunternehmen, die unter Kontrolle, gemeinschaftlicher Führung oder signifikantem Einfluss einer öffentlichen Stelle (*government*) stehen. Tätigt eine solche *government related entity*
- Transaktionen mit der **öffentlichen Stelle** selbst (IAS 24.25(a)) oder
- Transaktionen mit **anderen** *government related entities*, die von der **gleichen** öffentlichen Stelle beherrscht, gemeinschaftlich geführt oder signifikant beeinflusst werden (IAS 24.25(b)),

greifen dafür die Erleichterungen.

49   Vorrangig vor Berufung auf die Erleichterungsvorschrift ist zu prüfen, ob überhaupt eine *related-party*-Beziehung vorliegt. Dies ist z. B. im Verhältnis zweier Unternehmen, die beide von der gleichen öffentlichen Stelle signifikant beein-

---

[17]   ADLER/DÜRING/SCHMALTZ, 6. Aufl., 2001 ff., § 312 AktG, Tz. 69.

flusst werden, also beide assoziierte Unternehmen der gleichen öffentlichen Stelle sind, gem. IAS 24.9 nicht der Fall.

Praxis-Beispiel

Der kommunale Energieversorger E als Berichtsunternehmen liefert Strom an die an ihm mit 25 % maßgeblich beteiligte Stadt S sowie an das kommunale Abfallentsorgungsunternehmen A, auf das S ebenfalls signifikanten Einfluss ausübt.

Beurteilung aus Sicht des Berichtsunternehmens E

Nur die Stadt S ist nahestehende Partei der E, nicht hingegen A. Über die Beziehungen mit A ist daher gar nicht zu berichten, für die Beziehungen zu S hingegen doch, dies aber unter Berücksichtigung der Erleichterungen aus IAS 24.25 ff.

Nach IAS 24.25(b) sind Unternehmen **untereinander** nur dann nahestehend, wenn sie von der **gleichen** öffentlichen Stelle (*same government*) beherrscht etc. werden. **50**

Praxis-Beispiel

Die Landesbank Baden-Württemberg steht der Bayern LB nicht nahe, da die beiden Landesbanken von einer je verschiedenen Landesregierung beherrscht bzw. wesentlich beeinflusst werden.

4.3.2 Angabepflichten bei Inanspruchnahme der Erleichterungen

Bei Inanspruchnahme der Befreiung nach IAS 24.25 (Rz 43) treten an die Stelle **51** der Angabepflichten nach IAS 24.18 (Rz 28) solche nach IAS 24.26. Anzugeben sind danach:

* der **Name** der öffentlichen Stelle und deren **Beziehung** zum Berichtsunternehmen (Beherrschung, gemeinsame Beherrschung, signifikanter Einfluss),
* Art und Umfang für sich genommen **signifikanter Geschäftsvorfälle**,
* qualitativer oder quantitativer Umfang in ihrer **Gesamtheit** signifikanter Geschäftsvorfälle.

Die Angaben zu den Geschäftsvorfällen müssen umso konkreter und detaillierter **52** ausfallen, je signifikanter die Vorfälle sind. Zur **Beurteilung der Signifikanz** sind nach IAS 24.27 **allgemein** heranzuziehen:

* der Grad des Nahestehens und
* der Umfang der Transaktion(en).

Speziell gilt Folgendes:

* marktunübliche,
* außerhalb des regulären Tagesgeschäfts anzusiedelnde und
* genehmigungs- oder meldepflichtige

Vorgänge sind von größerer Signifikanz.

Zur Anwendung der Kriterien folgende Beispiele:

Praxis-Beispiel

(1) Die Stadt F bringt die Müllentsorgungs-GmbH in die Wasser und Abwasser AG gegen Gewährung von Gesellschaftsrechten ein: Berichtspflicht der AG, da Vorgang außerhalb des Tagesgeschäfts.

---

(2) An der Fußballarena AG ist die Stadt G mit 35 % beteiligt. Die Fußballarena AG hat größte Schwierigkeiten, sich zu refinanzieren. Sie erhält deshalb von der Energieversorgungs GmbH, die vollständig im Eigentum der Stadt G steht, ein Darlehen: Berichtspflicht der AG und der GmbH wegen Zweifeln an der Fremdüblichkeit, außerdem wegen Ansiedlung außerhalb des Tagesgeschäfts.

(3) Die Verkehrs-AG der Stadt F bezieht den Strom zum Betrieb der Straßenbahn von der Stadtwerke-GmbH zu fremdüblichen Preisen. Für die Materialaufwendungen der AG ist der Strom ein bedeutsamer Posten, am Umsatz der Stadtwerke-GmbH hat die Stromlieferung nur einen unbedeutenden Anteil: Berichtspflicht der AG wegen Umfang des Geschäfts, keine Berichtspflicht der GmbH.

4.3.3 Besondere Ausprägung des Wesentlichkeitsgrundsatzes?

53 Die bedingte Befreiung der unter der Beherrschung oder dem signifikanten Einfluss einer öffentlichen Hand operierenden Unternehmen und Konzerne von einer detaillierten Berichterstattung nach Maßgabe der allgemeinen Regeln des IAS 24 stellt eine spezifische Ausprägung des **Wesentlichkeitsgrundsatzes** dar (Rz 46). Nochmals zur Erinnerung: Eine staatlich beherrschte Bahn AG soll nicht über das Volumen der Briefmarkeneinkäufe bei der ebenfalls staatlich beherrschten Post AG berichten. Ein vergleichbares Berichterstattungsproblem kann sich auch außerhalb des Einflusses der öffentlichen Hand ergeben.

Praxis-Beispiel
Der Kraftsackpapierhersteller, die W GmbH, mit einem außerkonzernlichen Jahresumsatz von 500 Mio. EUR kauft bei einem assoziierten Unternehmen der Muttergesellschaft Briefpapier i. H. v. jährlich 900 EUR ein.

Praxis-Beispiel
Herr Meier ist Vorstandsvorsitzender der X AG, die einen Weltkonzern beherrscht. Herr Meier wohnt in der Villa seiner Gattin. Zur Unterstellung seiner Dienstlimousine vergütet die X AG seiner Ehefrau einen Monatsbetrag von 50 EUR.

Auf diese Beispiele zu **privatwirtschaftlich** beherrschten Unternehmen/Konzernen folgt die Frage, ob die besondere *materiality*-Qualifikation für öffentlich beherrschte etc. Unternehmen nach IAS 24.25 (Rz 43) Einfluss auf die Auslegung im Rahmen des IAS 24 **allgemein** hat. Zwei Lesarten des Standards kommen in Betracht:

- Wenn es zur Auslegung des *materiality*-Konzepts einer besonderen Ausnahmeregelung bedarf, gibt es in anderen Fällen (hier außerhalb der öffentlich beherrschten Unternehmen) **keinen Raum** für *materiality*-Überlegungen. Daraus würde folgen: Ihrer Art nach sind die *related-party*-Beziehungen immer materiell; im vorherstehenden Beispiel müssten beide genannten Gruppenunternehmen den Einkauf von Briefpapier über einen Jahresbetrag von

900 EUR im Anhang erwähnen bzw. der Großkonzern im Konzernabschluss die Garagenmiete von 600 EUR pro Jahr.

- Nach einer anderen Lesart des IAS 24 soll das allgemein gültige Wesentlichkeitskriterium nach dem *Framework* (→ § 1 Rz 61) durch die Ausnahmeregelungen in IAS 24.25 und IAS 24.26 **nicht ausgehebelt** werden. Es kann innerhalb der IFRS nur ein **einziger** Wesentlichkeitsbegriff Gültigkeit besitzen. Die genannten Sonderregeln in IAS 24 sollen die **Ermessensentscheidungen** des Managements über die Wesentlichkeit nach Möglichkeit **willkürfrei** gestalten, also mehr **Rechtssicherheit** gewähren. Einen Sonderstatus außerhalb des Regelungsbereichs des *Framework* kann IAS 24 bzgl. des *materiality*-Prinzips nicht gewähren. Wesentlich kann auch nach IAS 24 nur das sein, was einen potenziellen Anleger oder einen anderen Adressaten des Jahresabschlusses in seinen Entscheidungen beeinflussen könnte. In IAS 24.25 und IAS 24.26 ist auch durchgehend von *„significant"* und nicht von *„material"* (bei gleichem Inhalt) die Rede; dadurch könnte die standardübergreifende *materiality* sprachlich als von den Sondervorschriften unberührt dargestellt werden.

Nach der von uns für zutreffend erachteten zweiten Lesart des Standards **muss** ein Unternehmen (außerhalb der Beherrschung durch die öffentliche Hand) den Einkauf des Briefpapiers bzw. die Garagenmiete in den beiden vorstehenden Beispielen nicht angeben. U. E. **darf** sie das gar **nicht**, um nicht dem überall lauernden Problem des *information overload* Vorschub zu leisten (→ § 5 Rz 67 ff.). Der vor die Klammer der Einzelvorschriften gezogene *materiality*-Vorbehalt in IAS 8.8 (→ § 1 Rz 62) ist aber offenbar in der Rechtspraxis nicht stark genug, um Prüfungs- und „Enforcement"-Stellen von einer **radikalen Beschränkung** der Angaben auf das Wesentliche zu überzeugen. In der Praxis der Jahresabschlüsse finden sich daher z. B. noch Angaben zu Darlehens- oder Dienstbeziehungen, deren Wert sich im Vergleich zu gleichartigen Kontrakten mit Fremden im Promillebereich bewegt. Möglicherweise wird durch IAS 24.25 und IAS 24.26 eine solche Praxis sogar weiter zementiert (Rz 53). Wenn die Ausnahmen für staatliche Unternehmen nicht lediglich als die bloße Konkretisierung **allgemeiner** Wesentlichkeitsüberlegungen interpretiert werden, sondern als ein **Sonderrecht**, wird man im Umkehrschluss privaten Unternehmen jede ähnliche Erleichterung verweigern. **54**

Systematischer und prinzipientreuer wäre es, mit Wirkung für alle Unternehmen noch nachdrücklicher als bisher den *materiality*-Gedanken zu betonen (→ § 1 Rz 62),

- nicht nur als **Recht** des Unternehmens, zur Entlastung des Bilanzerstellungsprozesses bestimmte Angaben wegzulassen,
- sondern als **Pflicht**, im Interesse der Verständlichkeit für den Bilanzadressaten die Angaben auf das Wesentliche zu beschränken.

Eine Beschränkung der Angaben auf solche Geschäfte, die möglichen Einfluss auf die Beurteilung der Vermögens-, Finanz- und Ertragslage haben und damit entscheidungserheblich und somit wesentlich i. S. v. IAS 8.8 (→ § 1 Rz 62) sind, würde nicht nur zu **quantitativen**, sondern auch zu **qualitativen** Unterscheidungen führen. Gerade im Fall von Anhangangaben kann es für die Beurteilung der Wesentlichkeit nicht (allein) auf absolute oder relative Beträge ankommen. Zwar besteht ceteris paribus zwischen dem Betrag eines Geschäfts und der vorrangig qualitativen Frage nach der Entscheidungserheblichkeit der Information ein Zusammenhang, dies aber nur unter sonst **gleichen Bedingungen**. Auf diese Bedin- **55** gungen kommt es jedoch in diesem Zusammenhang gerade an. Hier ist etwa zwischen umsatz- oder ertragswirksamen Geschäften einerseits („kollektiven", Rz 51) und Anschaffungsgeschäften andererseits („individuellen", Rz 51) zu unterscheiden. Stammt ein hoher Anteil der Umsätze oder Erträge aus Geschäften mit nahestehenden Parteien, so berührt dies die prognostische Beurteilung darüber, wie sehr das Unternehmen aus sich selbst heraus (Drittgeschäft) lebensfähig und wie sehr es andererseits von der *related-party*-Beziehung abhängig ist. Wird umgekehrt von einer nahestehenden Person in einer einmaligen Transaktion ein Vermögenswert zu fremdüblichen Bedingungen erworben, so mag zwar die Tatsache des Zugangs des Vermögenswerts sowie der Kaufpreis prognose- und beurteilungsrelevant sein, die Identifizierung des Kontraktpartners als nahestehend und damit die Einbeziehung in den *related-party*-Bericht ist es aber häufig nicht.

4.4 Darstellungsmuster

56   Sinnvollerweise wird eine aggregierte Darstellung in **tabellarischer Form** („Spiegel") vorgenommen:

Praxis-Beispiel
Zusammengefasste Geschäftsbeziehungen eines Mutterunternehmens mit nahestehenden Parteien*

Personengruppe/ Geschäftsbeziehung	Tochterge-sellschaften	Assoziierte Gesellschaften	*joint ventures*	Organ-mitglieder	Andere naheste-hende Personen
Waren- und Dienstleistungsverkehr (TEUR)**	5.370	3.280	370	–	7.100
Ausstehende Forderungen (TEUR)	332	180	–	835	3.205
– Zinssatz p.a.	–	–	–	3	0–4
– Erhaltene Garantien (TEUR)	–	35	–	–	500
– Laufzeiten	Kurzfristig	Kurzfristig	–	1–8 Jahre	1–10 Jahre
Gegebene Garantien (TEUR)	2.000	30	80	2.500	–
Erhaltene Garantien für Kreditlinien	–	10	–	–	1.825
Forderungsabschreibung	–	10	–	–	760

* Die Vorjahresvergleichszahlen (→ § 2) sind sinnvollerweise in einer formal identischen Tabelle gegenüberzustellen. Möglich ist auch eine Angabe mit „i. V." jeweils unter oder neben der Zahl für das aktuelle Jahr.
** Eine Trennung nach gegebenen und erhaltenen Leistungen wird nicht verlangt. Der Angabepflicht wird dann mit einer kumulierten Zahl Genüge getan.

---

5 Anwendungszeitpunkt, Rechtsentwicklung

Die im November 2009 verabschiedete Standardversion (Zitat IAS 24) hat diejenige des IAS 24 (2003) abgelöst und ist dieser Kommentierung zugrunde gelegt. Wegen der Kommentierung von IAS 24 (2003) wird auf die 8. Auflage des Haufe IFRS-Kommentars verwiesen. Im *AIP 2010–2012 Cycle* wurde mit Wirkung für Geschäftsjahre, die am oder nach dem 1.7.2014 beginnen, eine Erweiterung der Angabepflichten für durch externe Gesellschaften erbrachte Managementleistungen eingeführt (Rz 15).

57

G

Konzernabschluss

§ 31 UNTERNEHMENSZUSAMMENSCHLÜSSE
(Business Combinations)

Schrifttum: ANDREJEWSKY, Bilanzierung der Zusammenschlüsse von Unternehmen unter gemeinsamer Beherrschung als rein rechtliche Umgestaltung, BB 2005, S. 1436; CASTEDELLO/KLINGBEIL/SCHRÖDER, IDW RS HFA 16: Bewertungen bei der Abbildung von Unternehmenserwerben und bei Werthaltigkeitsprüfungen nach IFRS, WPg 2006, S. 1028 ff.; DIETRICH/STOEK, Immobilienerwerbe als Unternehmenszusammenschluss, IRZ 2013, S. 227 ff.; DIEMERS/WELLER, Bewertung „angeschaffter" Rückstellungen, PiR 2015, S. 363 ff.; FREIBERG, Identifizierung des Erwerbers bei (umgekehrtem) Erwerb, PiR 2011, S. 116 ff.; FREIBERG, Was ist ein business i. S. von IFRS 3?, PiR 2010, S. 114 ff.; FREIBERG, Anschaffungsnebenkosten beim Beteiligungserwerb im Konzern- und Einzelabschluss, PiR 2009, S. 311 ff.; FREIBERG, Earn out-Klauseln beim Unternehmenserwerb, PiR 2008, S. 31 ff.; GIMPEL-HENNIG, Die Interpretation eines Goodwill aus stufenweisen Unternehmenserwerben nach IFRS 3, KoR 2016, S. 217 ff.; HAAKER, Das Wahlrecht zur Anwendung der full goodwill method nach IFRS 3 (2008), PiR 2008, S. 188 ff.; HEINTGES/BOGGEL/URBANCZIK, Entkonsolidierung mit Rückbehalt von Anteilen nach IAS 27 (rev. 2008), PiR 2010, S. 221 ff.; HUSMANN/HETTICH, Aufkauf von Minderheitenanteilen im IFRS-Konzernabschluss, PiR 2008, S. 150 ff.; KASPERZAK/ NESTLER, Zur Berücksichtigung des Tax Amortisation Benefit bei der Fair-Value-Ermittlung immaterieller Vermögenswerte, DB 2007, S. 473 ff.; KESSLER/BECK/ CAPPELL/MOHR, Identifizierung des Unterschiedsbetrags nach IFRS 3.51 ff. beim Erwerb mehrerer businesses in einer einheitlichen Transaktion, PiR 2007, S. 125 ff.; KÜTING/LEINEN, Die Kapitalkonsolidierung bei Erwerb eines Teilkonzerns, Anmerkungen zum Beitrag von Fröhlich, WPg 2004, S. 70 ff.; KÜTING/METZ, Variable Kaufpreisvereinbarungen bei Unternehmenszusammenschlüssen nach IFRS 3 – Gestaltungsformen und Abgrenzungsfragen, KoR 2012, S. 394 ff.; KÜTING/WEBER/ WIRTH, Kapitalkonsolidierung im mehrstufigen Konzern, KoR 2013, S. 43 ff.; KÜTING/WIRTH, Controlerlangung über Tochterunternehmen mittels sukzessiven Anteilserwerbs, KoR 2010, S. 362 ff. und S. 455 ff.; LANDGRAF/RATTLER/ROOS, Zweifelsfragen der erstmaligen Konsolidierung bis dato nicht einbezogener Tochterunternehmen, KoR 2012, S. 335 ff.; LIECK, Bilanzierung von Umwandlungen nach IFRS, 2011; LÜDENBACH, Pensionsverpflichtungen bei Unternehmenserwerb im asset deal, PiR 2014, S. 127; LÜDENBACH, Kontrollerlangung und nachfolgender Resterwerb als einheitliche Maßnahme, PiR 2012, S. 300 ff.; LÜDENBACH, Other comprehensive income und eliminierte Zwischengewinne bei Abwärtskonsolidierung eines Tochterunternehmens, PiR 2010, S. 28 ff.; LÜDENBACH, Erwerb eines Konkurrenten in Stilllegungsabsicht, PiR 2008, S. 411 ff.; LÜDENBACH, Erlangung von Kontrolle ohne Erwerb (weiterer) Anteile, PiR 2008, S. 70 ff.; LÜDENBACH, Erstmalige Einbeziehung eines bisher aus Wesentlichkeitsgründen nicht konsolidierten Unternehmens, PiR 2006, S. 121 ff.; LÜDENBACH/FREIBERG, Zweifelhafter Objektivierungsbeitrag des Fair Value Measurement-Projekts, KoR 2006, S. 437 ff.; LÜDENBACH/HOFFMANN, Beziehungen zum erworbenen Unternehmen (preexisting relationships) bei der Erstkonsolidierung nach IFRS 3, BB 2005, S. 651 ff.; LÜDENBACH/PRUSACZYK, Bilanzierung von Kundenbeziehungen, KoR 2004,

S. 204 ff.; LÜDENBACH/VÖLKNER, Abgrenzung des Kaufpreises von sonstigen Vergütungen bei der Erst- und Entkonsolidierung, BB 2006, S. 1435 ff.; MELCHER/WATERSCHEK-CUSHMAN, Auswirkungen eines (fehlenden) ökonomischen Zusammenhangs zwischen steuerlichem Firmenwert und konsolidierungsbedingtem Goodwill auf latente Steuern, DB 2012, S. 1393 ff.; OSER, Auf- und Abstockung von Mehrheitsbeteiligungen nach IAS 27, IRZ 2012, S. 325 ff.; PELLENS/BASCHE/SELLHORN, Full Goowill Method, KoR 2003, S. 1 ff.; RÖMGENS, Behandlung des auf die Minderheiten entfallenden Goodwills im mehrstufigen Konzern, BB-Special 19 (Beil. zu Heft 39) 2005, S. 21 ff.; ROOS, Bilanzierung bei Verlust der Beherrschung, Übergang von IFRS 10 auf IFRS 11, PiR 2016, S. 189 ff.; WATRIN/HÖHNE/RIEGER, Übergangskonsolidierung nach IAS 27 (2008), IRZ 2009, S. 307 ff. und S. 359 ff.; WEBER/WIRTH, Goodwillbehandlung einer teilweisen Endkonsolidierung ohne Wechsel der Konsolidierungsmethode (Teilabgang), KoR 2014, S. 18 ff.; WEISER, Earn-out-Unternehmenserwerbe im Konzernabschluss nach US-GAAP, IFRS und HGB/DRS, WPg 2005, S. 269 ff.; ZÜLCH/WÜNSCH, Indikative Kaufpreisallokation bei der Bilanzierung von Business Combinations nach IFRS 3, KoR 2008, S. 474 ff.

Vorbemerkung
Die Kommentierung bezieht sich auf IFRS 3 und IFRS 10 in der aktuellen Fassung und berücksichtigt alle Ergänzungen, Änderungen oder Interpretationen, die bis zum 1.1.2017 beschlossen wurden. Einen Überblick über ältere Fassungen sowie über diskutierte oder schon als Änderungsentwurf vorgelegte künftige Regelungen enthalten Rz 224 ff.

1 Zielsetzung, Regelungsinhalt und Begriffe

1.1 Formen von Unternehmenszusammenschlüssen: *share deal, asset deal, legal merger*

IFRS 3 gilt für **alle** rechtlichen Formen von Unternehmenszusammenschlüssen. Im Wesentlichen sind gem. IFRS 3.B6 zu unterscheiden:
- **Anteilserwerbe** (*share deals*), die zu einer Mutter-Tochter-Beziehung führen. Die Vorschriften von IFRS 3 gelten in diesem Fall nur für den **Konzernabschluss** (Aufdeckung eines *goodwill* usw.). Die Bilanzierung erworbener Anteile an einem Tochterunternehmen im **Einzelabschluss** des Mutterunternehmens erfolgt hingegen nach IAS 27.10 wahlweise zu Anschaffungskosten oder zum beizulegenden Zeitwert (→ § 32).
- **Unternehmenskäufe** (*asset deals*), bei denen ein Unternehmen ein anderes Unternehmen (oder wesentliche Teile des anderen Unternehmens inkl. Firmenwert) erwirbt, ohne dass es zum Anteilserwerb und zu einer Mutter-Tochter-Beziehung kommt. In diesem Fall wendet der Erwerber IFRS 3 sowohl in seinem **Einzelabschluss** als auch in einem evtl. **Konzernabschluss** an.
- Unternehmenszusammenschlüsse durch **Fusionen** (*legal mergers*) im Weg der Verschmelzung des einen auf das andere Unternehmen. Auch in diesem Fall ist IFRS 3 sowohl auf den **Einzelabschluss** als auch auf einen evtl. **Konzernabschluss** anzuwenden. Erfolgt die Verschmelzung von zwei (oder mehr) Unternehmen auf ein dadurch **neu gegründetes** Unternehmen, liegt keine *business combination* mit dem neu gegründeten Unternehmen, sondern nur eine der beiden verschmolzenen vor (Rz 2).

- Die Erlangung von Kontrolle ohne Erwerb von (zusätzlichen) Anteilen durch **Änderung vertraglicher Grundlagen,** also etwa durch den Abschluss eines Beherrschungsvertrags oder die Ersetzung qualifizierter durch einfache Mehrheitserfordernisse im Gesellschaftsvertrag (Rz 181).

1.2 Unternehmenserwerb, umgekehrter Erwerb, Transaktionen unter gemeinsamer Kontrolle

2 Unternehmenszusammenschlüsse sind **zwingend** nach der **Erwerbsmethode** *(acquisition method)* (IFRS 3.14), d. h. unter Aufdeckung von *goodwill* und stillen Reserven, zu bilanzieren.

In jedem Fall eines Unternehmenszusammenschlusses ist somit **eine Partei** als **Erwerber** zu identifizieren, d. h. als derjenige, der die Kontrolle über die zusammengeführten Einheiten oder Geschäfte *(entities or businesses)* erlangt (IFRS 3.6). Zum Begriff der **Kontrolle** verweist IFRS 3.7 auf IFRS 10 (→ § 32 Rz 6 ff.). Danach gilt:
- Die **Mehrheit der Stimmrechte** begründet i. d. R. die Vermutung der Kontrolle.
- **Ohne** Stimmrechtsmehrheit kann gleichwohl ein Kontrollverhältnis bestehen, aufgrund
  - vertraglicher Abreden mit anderen Anteilseignern (**Stimmrechtsbindungsverträge**),
  - **Beherrschungsverträgen,**
  - der Möglichkeit, die **Mehrheit** der Mitglieder des **Geschäftsführungs-** und/oder **Aufsichtsorgans** zu bestimmen.

Ist die Identifikation des Kontrollinhabers und damit des Erwerbers im Einzelfall schwierig, sollen nach IFRS 3.B14 f. folgende **Indikatoren** auf eine Stellung als Erwerber hinweisen:
- ein **signifikanter Größenvorsprung** einer der zusammengeschlossenen Einheiten,
- die **Zahlung von Geld** durch eine der Einheiten, während die andere nur in Aktien zahlt,
- die Fähigkeit, die **Auswahl des Managements** der zusammengeschlossenen Einheit zu dominieren.

Die **relative Größe** der zusammengefassten Einheiten ist nach IFRS 3.B16 „**zum Beispiel** in Vermögenswerten, Erlösen oder Gewinnen" zu messen. Ein einseitiges Abstellen auf solche auf den Jahresabschluss bezogene Größen ist u. E. jedenfalls dann nicht angemessen, wenn die Verhältnisse des Werts beider Unternehmen sich gerade umgekehrt verhalten. Hierzu folgende Beispiele:
- Ein **ertragsschwächeres, anlageintensives** Unternehmen fusioniert mit einem **ertragsstärkeren Dienstleistungs**unternehmen. Ein Abstellen auf die relative Größe der bilanzierten Vermögenswerte wäre unangemessen.
- Ein aktuell noch ertragsstärkeres, aber **stagnierendes Unternehmen** fusioniert mit einem **Wachstumsunternehmen,** dessen Ertrag zwar aktuell noch leicht niedriger ist, angesichts der erwarteten Wachstumsrate aber schon bald den des ersten Unternehmens übertreffen wird. Ein Abstellen auf die relative Größe der Umsätze und Erträge wäre unangemessen.

U. E. sollte in derartigen Fällen eher auf den Unternehmenswert abgestellt werden. Zur Anwendung auch der anderen Indikatoren folgendes Beispiel:

Praxis-Beispiel

Die Unternehmen A und B werden zu einem neuen Unternehmen NewCo verschmolzen. Die Alt-Anteilseigner von A und B erhalten je 50 % der Anteile an NewCo, obwohl der Unternehmenswert von A als signifikant höher bewertet wurde als der von B. Als „Ausgleich" erhalten die Gesellschafter der A mehr Einfluss bei der Auswahl des Managements der NewCo.

A ist als Erwerber zu identifizieren, da A den signifikant höheren Unternehmenswert und die Gesellschafter der A mehr Einfluss auf die Zusammensetzung des Managements der NewCo haben.

Werden im Rahmen einer **Umstrukturierung** bestehende Unternehmen in einer **neu gegründeten Holding** zusammengefasst – durch Sachgründung der Holding oder Verschmelzung im Weg der Neugründung (§ 2 Nr. 2 UmwG) –, ist nicht die Holding als Erwerber anzusehen, sondern

- bei Einbringung eines Unternehmens (oder Konzerns) das eingebrachte Unternehmen (Rz 3 und Rz 191 ff.),
- bei Einbringung oder Verschmelzung mehrerer Unternehmen eines dieser Unternehmen (IFRS 3.B18).[1]

Anders können Fälle zu würdigen sein, in denen die neu gegründete Holding die bestehenden Unternehmen gegen Geld erwirbt.[2] Hier ist die NewCo regelmäßig Erwerber (IFRS 3.B18). Dies gilt u. E. aber nicht, wenn nach Art einer **verdeckten Sacheinlage** die bisherigen Gesellschafter der erworbenen operativen Einheiten, zugleich neue Gesellschafter der NewCo, Letztere mit Geld ausstatten, um sich dieses sogleich für den Verkauf der operativen Gesellschaften wieder zurückgeben zu lassen.

Als Erwerb gilt auch ein **umgekehrter Unternehmenserwerb** (*reverse acquisition*). In diesem Fall ist das Unternehmen, das formell erworben wurde, in wirtschaftlicher Betrachtung tatsächlich der Erwerber. Hinsichtlich der Bestimmung des *goodwill* und der aufzulösenden stillen Reserven ist dem wirtschaftlichen Sachverhalt zu folgen (IFRS 3.B19). Zum umgekehrten Unternehmenserwerb folgendes Beispiel:

3

Praxis-Beispiel

Die börsennotierte Online AG **O erwirbt** sämtliche Anteile der Verlags GmbH V. Die Transaktion wird als Kapitalerhöhung gegen Einlage in der Weise durchgeführt, dass die Gesellschafter der V neue Aktien der O erhalten. Nach der Kapitalerhöhung halten die **Gesellschafter der V** die **Mehrheit** an der O-AG.

- O ist nur formell Erwerber.
- In wirtschaftlicher Betrachtung erfolgt der Erwerb durch V.
- Gemäß IFRS 3.B19 liegt daher ein umgekehrter Unternehmenserwerb vor, bei dem die V als Erwerber zu identifizieren ist.

Beträgt bspw. (unter Vernachlässigung stiller Reserven) der Unternehmenswert der O 100, bei einem buchmäßigen Eigenkapital von 50, und der Unter-

---

[1] A. A. BALZER, KoR 2013, S. 43 ff., mit der klar im Widerspruch zu IFRS 3.B18 stehenden Behauptung, bei einer Verschmelzung von zwei selbstständigen Unternehmen auf eine NewCo sei „die neu gegründete Gesellschaft stets als Erwerber zu identifizieren."

[2] Vgl. IFRIC Update March 2006.

nehmenswert der V 200, bei einem buchmäßigen Eigenkapital von 120, so ist wie folgt zu verfahren:
- Die Buchwerte der V und nicht der O sind fortzuführen.
- Der als stille Reserven und *goodwill* aufzudeckende Unterschiedsbetrag beträgt nicht 80 (200 ./. 120; nach Maßgabe der Werte von V), sondern 50 (100 ./. 50; nach Maßgabe der Werte von O).

Zu den **buchungs-** und **bewertungs**technischen Besonderheiten des umgekehrten Unternehmenserwerbs wird auf Rz 206 verwiesen.

4 IFRS 3 ist nicht auf *business combinations* anwendbar, die Unternehmen unter **gemeinsamer Kontrolle** betreffen (IFRS 3.2(c)). Derartige Transaktionen sind dadurch gekennzeichnet, dass die ultimative Kontrolle über die beteiligten Unternehmen vor und nach der Transaktion bei den gleichen Personen liegt (IFRS 3.B1). Sie kommen insbesondere bei Umstrukturierungen von Konzernen vor. Wegen Einzelheiten wird auf Rz 191 ff. verwiesen.

1.3 Regelungen, die gleichermaßen Einzel- und Konzernabschluss betreffen: *goodwill* usw.

5 IFRS 3 enthält u. a. Regelungen zu folgenden Bereichen eines Unternehmenserwerbs:
- Bestimmung und Verteilung der **Anschaffungskosten** eines Unternehmenserwerbs,
- Bestimmung des **beizulegenden Zeitwerts** des erworbenen Vermögens,
- Bestimmung des *goodwill*,
- **Fortschreibung** von stillen Reserven und *goodwill*.

6 Diese Regelungen gelten im Konzernabschluss in gleicher Weise für *asset deal* und *share deal*, im Einzelabschluss nur für den *asset deal* (Rz 1).

1.4 Regelungen, die nur den Konzernabschluss betreffen: nicht beherrschende Anteile (Minderheiten)

7 In geringem Umfang enthält IFRS 3 Regelungen, die nur die Abbildung des Unternehmenserwerbs im Konzernabschluss betreffen. Dies gilt v. a. für nicht beherrschende Anteile (Minderheiten). Im Einzelnen wird hierzu auf Rz 126 und Rz 136 verwiesen.

1.5 Verhältnis von IFRS 3 zu IFRS 10

8 Für den Konzernabschluss bzw. die Konsolidierung von Tochterunternehmen sind sowohl IFRS 3 als auch IFRS 10 von Bedeutung. Hierbei behandelt
- **IFRS 10** Fragen des **Konsolidierungskreises**, des **Konzernbilanzstichtags**, der **Einheitlichkeit der Bilanzierungsmethoden**, der **Zwischenergebniseliminierung**, der **Schulden- und Aufwandskonsolidierung** usw., während
- **IFRS 3** die **Kapitalkonsolidierung** (Unterschiedsbeträge, insbesondere *goodwill*) regelt.

9 Undeutliche Zuständigkeiten ergeben sich insbesondere bei den komplexen Kapitalkonsolidierungsfragen im Rahmen der Übergangskonsolidierung. Von einer

Übergangskonsolidierung wird dann gesprochen, wenn sich der Status einer Beteiligung ändert:

- im Rahmen einer **Aufwärtskonsolidierung,** wenn schon vor dem Hinzuerwerb Anteile gehalten wurden (z. B. einfache Beteiligung oder ein assoziiertes Unternehmen wird durch Hinzuerwerb Tochterunternehmen),
- im Rahmen einer **Abwärtskonsolidierung,** wenn die Anteilsquote durch eine Teilveräußerung unter 50 % sinkt (Tochterunternehmen wird assoziiertes Unternehmen oder einfache Beteiligung).

Die Behandlung dieser Fragen erfolgt mit unterschiedlichen Schwerpunkten und Perspektiven teils in IFRS 3 (Aufwärtskonsolidierung), teils in IFRS 10 (Abwärtskonsolidierung), teils in IAS 28. Schwerpunktmäßig werden in diesem Paragrafen des Kommentars behandelt: **10**

- die **Aufwärtskonsolidierung zum Tochterunternehmen** in Rz 155;
- die **Abwärtskonsolidierung von Tochterunternehmen** in Rz 173;
- die **Aufstockung und Abstockung** einer Mehrheitsbeteiligung (ohne Änderung des Kontrollstatus) in Rz 162 und Rz 175.

2 Erstkonsolidierung nach der Erwerbsmethode

2.1 Grundlagen der Erstkonsolidierungstechnik

Kernproblem eines Unternehmenserwerbs ist die sog. **Kaufpreisallokation** (*purchase price allocation*). Beim *asset deal* ist für Einzel- oder Konzernabschluss ohne Weiteres klar, dass die Buchwerte des Veräußerers nicht fortgeführt werden dürfen. Über den Bilanzansatz beim Erwerber entscheiden vielmehr dessen Anschaffungskosten, die unter Aufdeckung stiller Reserven auf die einzelnen Vermögenswerte und Schulden zu verteilen sind, wobei ein evtl. verbleibender positiver Unterschiedsbetrag zu *goodwill*, ein negativer zu Ertrag führt.   **11**

Beim *share deal* in Form des Erwerbs einer Tochtergesellschaft ist im Konzernabschluss entsprechend zu verfahren, da im Konzernabschluss nicht ein Vermögenswert „Beteiligung an Tochterunternehmen" ausgewiesen wird. Fingiert wird vielmehr der Erwerb der dahinter stehenden Vermögenswerte und Schulden sowie eines evtl. *goodwill* (**Einzelerwerbsfiktion**).   **12**

Der Kaufpreisallokation vorgelagert ist die Frage nach dem Vorliegen eines Unternehmenserwerbs überhaupt sowie die Bestimmung von Erwerber, Erwerbszeitpunkt und Anschaffungskosten. In einfachen Fällen beantworten sich diese Punkte von selbst. In anderen Fällen kann unklar sein,   **13**

- ob überhaupt ein **Unternehmenserwerb** vorliegt und damit IFRS 3 zur Anwendung gelangt oder die erworbenen Anteile bzw. Gegenstände gar kein Unternehmen (*business*) repräsentieren (Rz 15),
- wer der **Erwerber** ist (umgekehrter Erwerb bzw. *reverse acquisition*; Rz 3),
- auf welches Datum der **Erwerbszeitpunkt** zu bestimmen ist (Rz 30 ff.) oder
- wie nicht in Geld bestehende **Anschaffungskosten** (Tauschvorgänge) zu bewerten sind (Rz 41 ff.).

In **zeitlich** und **logisch** gestaffelter Betrachtung stellen sich somit folgende **Aufgaben** bei der Erstkonsolidierung: **14**

1. Vorab ist zu klären, ob erworbene Gesellschaft (*share deal*) bzw. erworbene Gegenstände (*asset deal*) überhaupt ein **Unternehmen** (*business*) bilden

(Rz 15). Nur wenn dies bejaht wird, gelangt IFRS 3 zur Anwendung und kann es zum Ansatz eines *goodwill* kommen.

2. Der **Erwerber** ist nicht nach rechtlichen, sondern **wirtschaftlichen** Gesichtspunkten, d.h. unter Beachtung der Regeln zum umgekehrten Erwerb, zu identifizieren (Rz 3 und Rz 206).

3. Der **Erwerbszeitpunkt (= Stichtag der Erstkonsolidierung)** ist zu bestimmen, um u.a. gekaufte Ergebnisse des erworbenen Unternehmens (bis zum Stichtag angefallen, daher Teil der Erstkonsolidierung) von nach dem Unternehmenszusammenschluss anfallenden Ergebnissen abzugrenzen (Rz 30).

4. Die **Anschaffungskosten** des Erwerbs sind zu berechnen unter Beachtung der Bewertungsregeln für nicht in Geld bestehende Kostenbestandteile (z.B. beim **Anteilstausch**; Rz 44 ff.) und unter Beachtung ungewisser Anschaffungskosten (z.B. aus ergebnisabhängigen *earn-out*-Vereinbarungen; Rz 60 ff.). Bei Kontrollerlangungen ohne Erwerb (zusätzlicher) Anteile, etwa durch Abschluss eines Beherrschungsvertrags (Rz 1), tritt an die Stelle pagatorisch fundierter Anschaffungskosten der *fair value* evtl. bisher schon gehaltener Anteile. Gibt es weder Alt- noch Neuanteile (alle Anteile gehören den nicht beherrschenden Gesellschaftern), ist der *goodwill* wahlweise mit null anzusetzen oder als Differenz von Unternehmenswert und *fair value* des erworbenen Nettovermögens (Rz 181).

5. Die **Aufteilung** der Anschaffungskosten ist vorzunehmen. Diese **Kaufpreisallokation** erfordert Folgendes:

5a) Die beizulegenden **Zeitwerte** der Vermögenswerte und Schulden sind zu bestimmen, d.h., stille Reserven und stille Lasten sind aufzudecken. Auch bei nicht 100 %iger Beteiligung sind zwingend 100 % der stillen Reserven und Lasten darzustellen (Rz 126).

5b) Die **latenten Steuern** (→ § 26) sind zu ermitteln. Sie erfahren durch die Aufdeckung der stillen Reserven und stillen Lasten eine Änderung gegenüber dem Ansatz beim Veräußerer (Rz 115 und Rz 214).

5c) Schließlich ist der **Unterschiedsbetrag** von Anschaffungskosten einerseits und Zeitwert des erworbenen Nettovermögens sowie latenten Steuern andererseits zu bestimmen. Die **Residualgröße** ist bei **positivem** Unterschiedsbetrag ohne Weiteres als *goodwill* zu bilanzieren (Rz 131). Bei **negativem** Unterschiedsbetrag sind die zur Residualgröße führenden Ausgangswerte (Kaufpreis, Zeitwert des Nettovermögens) erneut zu untersuchen *(reassessment)*. Ein nach dem *reassessment* verbleibender Negativbetrag ist sofort als Ertrag zu buchen (Rz 144). Für den *goodwill* besteht ein Wahlrecht, ihn nur nach Maßgabe des Mehrheitenanteils oder unter Einbeziehung der Minderheit (sog. *full-goodwill*-Methode) anzusetzen (Rz 136).

2.2 Erwerbsobjekt: Unternehmen oder Gruppe von Vermögenswerten?

15   Nach IFRS 3.3 gelangen die Regelungen zur *business combination* nur zur Anwendung, wenn das Erwerbsobjekt ein Geschäftsbetrieb bzw. **Unternehmen** *(business)* und nicht lediglich eine Gruppe von Vermögenswerten *(collection of assets)* ist. Wird eine **Sachgesamtheit** ohne Unternehmensqualität erworben, sind die Anschaffungskosten nach Maßgabe der relativen *fair values* auf das

erworbene Vermögen aufzuteilen (IFRS 3.2(b)). Dies steht bei Erwerb von **Finanzinstrumenten** im Konflikt zu der in IAS 39/IFRS 9 vorgesehenen Erstbewertung zum *fair value*.

Praxis-Beispiel

Für einen Kaufpreis von 125 Mio. EUR erwirbt Bank K von Bank V einen „Geschäftsbereich" ohne Unternehmensqualität. Neben einigen unwesentlichen Sachanlagen geht v. a. ein Pool von Finanzinstrumenten mit einem marktbestimmten *fair value* von 150 Mio. EUR über:

1. **Buchung nach IFRS 3:**
   „per Finanzinstrumente 125 an Geld 125".
2. **Buchung nach IAS 39/IFRS 9:**
   „per Finanzinstrumente 150 an Geld 125 und Eigenkapital/Ertrag 25".

U. E. besteht hier ein faktisches Wahlrecht, wobei in der zweiten Lösung noch unklar ist, ob der Differenzbetrag von 25 Mio. EUR unmittelbar gegen Eigenkapital oder als *day-one gain* ertragswirksam zu buchen ist.

Vergleichbare Konflikte ergeben sich im Verhältnis von IFRS 3 zu IFRS 2, wenn **nicht finanzielle Vermögenswerte** ohne *business*-Qualität gegen Ausgabe von Anteile erworben werden. Da der Erwerb nicht finanzieller Vermögenswerte aber anders als der finanzieller (IFRS 2.6) nicht vom Anwendungsbereich des IFRS 2 ausgeschlossen ist, hat hier IFRS 2 Vorrang.

Praxis-Beispiel

Gegen Ausgabe von Eigenkaptalinstrumenten mit einem *fair value* von 125 TEUR werden Sachanlagen usw. mit einem *fair value* von 150 TEUR erworben:

1. **Bei unzutreffender Berufung auf IFRS 3 wäre die Buchung:**
   „per Sachanlagen 125 an Eigenkapital 125".
2. **Zutreffende Buchung nach IFRS 2.10:**
   „per Sachanlagen 150 an Eigenkapital 150".

Zur Unterscheidung zwischen Unternehmenserwerb und Erwerb eines sonstigen Vermögens ist weder auf die rechtliche Form des Erwerbsobjekts noch auf seine Verwendung beim Erwerber abzustellen.[3]

16

Praxis-Beispiel

U benötigt zur Arrondierung seines Betriebsareals bestimmte brachliegende Grundstücke des Nachbarn A. Der Nachbar hält diese aus steuerlichen Gründen in einer A-GmbH, die keine Schulden und außer den Grundstücken keine Vermögenswerte hat. U erwirbt die GmbH-Anteile. Wegen des Arrondierungsinteresses zahlt U einen Preis von 10 Mio. EUR, obwohl der Zeitwert der Grundstücke (und damit der GmbH) nur 3 Mio. EUR beträgt. Der steuerliche Buchwert der Grundstücke beträgt 0,5 Mio. EUR, der relevante Steuersatz 40 %. Würde der Vorgang als eine *business combination* gewertet, hätte U die Grundstücke mit 3 Mio. EUR anzusetzen, eine latente Steuer von 1 Mio. EUR (40 %

---

[3] Vgl. HOMMEL/BENKEL/WICH, BB 2004, S. 1267 ff., sowie LÜDENBACH, PiR 2005, S. 48 ff.

> von 2,5 Mio.) zu passivieren und i.H.d. Differenz zum Kaufpreis einen *goodwill* von 8 Mio. EUR (10 Mio. – 3 Mio. Grundstück + 1 Mio. latente Steuer) auszuweisen.
> Das erworbene Vermögen (brachliegende Grundstücke) repräsentiert jedoch kein *business*. Als erworben gelten deshalb die Grundstücke. Sie sind bei U mit ihren Anschaffungskosten von 10 Mio. EUR anzusetzen. Eine Steuerlatenz ist wegen der Sondervorschrift von IAS 12.22(c) (Buchwertdifferenz entsteht bei Zugangsbewertung) nicht zu bilden (→ § 26 Rz 90). Ob die Grundstücke zum Folgestichtag außerplanmäßig abzuschreiben sind, hängt von den Erträgen der zahlungsmittelgenerierenden Einheit ab, der sie beim Erwerber zuzuordnen sind (→ § 11 Rz 101ff.).

17   Gesellschaften, die sich im Wesentlichen auf das Halten von einzelnen Vermögenswerten (Grundstücke, Marken, Lizenzen) beschränken bzw. deren Wert sich darin erschöpft, fehlt auch dann i.d.R. die Unternehmensqualität, wenn sie durch dieses Halten Erträge (Mieten, Lizenzentgelte usw.) erzielen, da es an den für ein Unternehmen geforderten **Prozessen** (Rz 20) fehlt. Wird hingegen ein Portfolio von Vermögenswerten aktiv verwaltet bzw. vermarktet, ist die Unternehmensqualität eher zu bejahen. Bei Vermietung von Vermögenswerten kommt es auf die Umstände (Zahl der Mietverträge, Häufigkeit des Mieterwechsels usw.) an. Die *Annual Improvements to IFRSs 2011–2013 Cycle* betonen die Bedeutung der Einzelfallwürdigung im neu eingefügten IAS 40.14A.

18   In Präzisierung der vorstehenden Überlegungen hält der im Juni 2016 veröffentlichte *Exposure Draft* ED/2016/1 „*Definition of a Business and Accounting for Previously Held Interests*" in Par. B.8A Folgendes fest: „*... an entity first assesses whether substantially all of the fair value of the gross assets acquired are concentrated in a single asset or group of similar assets. If the fair value is concentrated in this way then the transaction is not the acquisition of a business.*" Notwendige – wenngleich nicht hinreichende – Bedingung für das Vorliegen eines *business* ist danach, dass der Zeitwert des Erwerbsobjekts sich nicht so gut wie vollständig im Zeitwert eines einzelnen oder einer Gruppe ähnlicher Vermögenswerte erschöpft:

> **Praxis-Beispiel**
> U erwirbt eine Gesellschaft, die zehn vermietete Einfamilienhäuser hält. Andere Vermögenswerte oder Arbeitnehmer gehen nicht über.
> **Beurteilung nach ED/2016/1 IFRS 3.IE.74 ff,**
> • Jedes Haus ist mit dem zugehörigen Grundstück und Mietvertrag nach ED/2016/1 IFRS 3.B11B für Zwecke der Würdigung der *business*-Qualität als ein Vermögenswert anzusehen – Grundstück und Haus, weil sie nicht ohne signifikante Kosten von einander trennbar sind, Immobilie und Mietvertrag, weil sie nach IFRS 3.B42 bei einer Erstkonsolidierung zusammen zu erfassen wären.
> • Die zehn Vermögenswerte sind ähnlich.
> • Der *fair value* der erworbenen Vermögenswerte ist daher so gut wie vollständig in einer Gruppe ähnlicher Vermögenswerte konzentriert.
> • Das Erwerbsobjekt ist daher kein *business*.

Praxis-Beispiel
Ein Unternehmen erwirbt ein Forschungs- und Entwicklungsprojekt in seiner finalen Testphase. Das erworbene Projekt schließt Fachwissen, Protokolle, Pläne und Verfahren ein, die voraussichtlich für den Abschluss der Testphase benötigt werden. Andere Vermögenswerte, Tätigkeiten oder Angestellte werden nicht übertragen.
Beurteilung nach ED/2016/1 IFRS 3.IE77ff.
Das Forschungs- und Entwicklungsprojekt ist ein identifizierbarer immaterieller Vermögenswert, der bei einem Unternehmenszusammenschluss als einzelner Vermögenswert bilanziert werden würde. Da der beizulegende Zeitwert der erworbenen Bruttovermögenswerte im Wesentlichen auf diesen Vermögenswert entfällt, stellt das Erwerbsobjekt keinen Geschäftsbetrieb dar.

IFRS 3 gibt weder in **zeitlicher** (Verhältnisse bei Vertragsschluss oder bei dinglichem Vollzug?) noch in **inhaltlicher** Hinsicht (wodurch zeichnet sich ein *business* aus?) konkrete Vorgaben für die Bestimmung der Unternehmensqualität. 19
Zu den **zeitlichen** Kriterien folgende Abwandlung des Beispiels in Rz 16:

Praxis-Beispiel
Auf den von U benötigten Grundstücken betrieb die A-GmbH unter Beschäftigung von Aushilfskräften einen Parkplatz. Im Anteilskaufvertrag mit A ist geregelt, dass die Anteile erst übergehen, wenn mit den Aushilfskräften und Dauerparkern Aufhebungsvereinbarungen getroffen und vollzogen worden sind.
Beim Vertragsabschluss betrieb die GmbH noch ein Unternehmen, nämlich den Betrieb eines Parkplatzes. An diesem Unternehmen hat der Erwerber aber gerade kein Interesse. Deshalb wird das Unternehmen bis zum dinglichen Vollzug der Anteilsübertragung „liquidiert". Fraglich ist nun, ob auf die Verhältnisse bei Vertragsabschluss (dann Unternehmenserwerb) oder die bei Vollzug (dann Erwerb von Grundstücken) abzustellen ist.

Nach IFRS 3.3 kommt es aber nicht auf die Verwendung des Erwerbsobjekts beim Erwerber (Fortsetzung des Unternehmens), sondern auf die **Qualität** des Erwerbsobjekts **vor** dem Erwerb an. Der Erwerber, der das Zielobjekt dinglich noch im Unternehmenszustand erwirbt, den bisherigen „Betrieb" aber sogleich danach einstellt, tätigt noch einen Unternehmenserwerb. U. E. gilt dies entsprechend, wenn die Einstellung der unternehmerischen Tätigkeit zwar schon zwischen Vertragsabschluss und dinglichem Vollzug geschieht, aber bereits durch das Verwendungsinteresse des Erwerbers bedingt ist.
Inhaltliche Kriterien für die Abgrenzung von *business* und Vermögen sind in IFRS 3.B7ff. enthalten. Danach besteht ein *business* im Allgemeinen aus 20
- **Inputfaktoren** (z.B. Anlagevermögen, Know-how, Angestellte),
- **Prozessen**, in denen diese Faktoren eingesetzt werden, um daraus
- Leistungen (*outputs*) zu produzieren, die zu **Erträgen** oder anderen ökonomischen Vorteilen (z.B. Kosteneinsparungen) bei den Eignern führen.
Irrelevant ist, wie der Erwerber mit erworbenen Vermögen und Prozessen umgehen wird (IFRS 3.B11).

- Kein *business* liegt daher vor, wenn das Zielobjekt noch **keine Erträge** erwirtschaftet und sich dies in absehbarer Zeit nicht ändern kann. Bei einer noch im Aufbau befindlichen *development stage entity* kommt es demzufolge v. a. darauf an, ob mit der Vorbereitung von Produktions- und Vermarktungsaktivitäten bereits begonnen wurde und deshalb in absehbarer Zeit mit Erlösen zu rechnen ist (IFRS 3.B10).[4]
- Umgekehrt ist es unschädlich, wenn der Erwerber das Zielobjekt stilllegt und **keine Erlöse mehr** hieraus generieren wird.

Praxis-Beispiel
Im Rahmen eines *resourcing-* bzw. *insourcing-*Programms erwirbt U die Mehrheit an der vor einigen Jahren outgesourcten und an das Bereichsmanagement veräußerten IT-GmbH zurück. Einziger wesentlicher Kunde von IT ist U. Entscheidend ist u. E. der abstrakte Zustand von IT vor Rückerwerb. Beliefert IT U zu im Wesentlichen marktüblichen Preisen, ist IT ein *business*. Ist umgekehrt IT nur deshalb überlebensfähig, weil U es durch überhöhte Preise subventioniert, fehlt es an einem eigenständigen Erlösstrom. IT ist kein *business*.[5]

Praxis-Beispiel
U erwirbt 100 % der Anteile an der Z-GmbH. Das Zielobjekt Z ist in der fortgeschrittenen Phase der Entwicklung eines biotechnischen Patents. Umsätze werden noch nicht erzielt.
Für die Beurteilung kommt es darauf an, ob in absehbarer Zeit mit Erlösen zu rechnen ist.
Ist die Entwicklung des Patents im Wesentlichen abgeschlossen und mit der Vorbereitung der Vermarktung begonnen worden (Entwicklung eines Vertriebskonzepts, Einstellung des zukünftigen Produktionsleiters usw.), liegt in jedem Fall ein *business* vor. Ein über den Wert der Patente (und des sonstigen Nettovermögens) hinausgehender Kaufpreis ist *goodwill*.
Ist die Erzielung von Erlösen noch völlig ungewiss, stellt das Zielobjekt kein *business* dar. Ein etwa aus Synergiegründen über dem Wert der Patente liegender Kaufpreis ist als dessen Anschaffungskosten zu aktivieren.

Praxis-Beispiel
Um eine monopolähnliche Stellung zu erlangen, erwirbt U den einzigen Wettbewerber Z. Erwerbsmotiv ist die Einstellung des Unternehmens Z, Entlassung der Mitarbeiter und Liquidation der Vermögenswerte.
U erwirbt ein *business* und damit bei entsprechendem Kaufpreis einen *goodwill*. Je nach Zuordnung des *goodwill* geht dieser nicht mit der Veräußerung der Vermögenswerte ab, sondern bleibt bestehen.

Praxis-Beispiel
U erwirbt eine Immobiliengesellschaft im Ausland im strategischen Interesse eines Eintritts in den dortigen Markt.

---

4 Vgl. auch KMPG, Insights into IFRS 2015/16, Tz. 2.6.30.10 ff.
5 Vgl. im Übrigen zum Thema „Insourcing" Rz 119 ff.

> Die strategisch begründete Erwerbsabsicht ist – wie alle Absichten des Erwerbers – unerheblich.[6] Es kommt allein auf die Qualität des Erwerbsobjekts vor Erwerb an.

Der Kauf eines Objekts kann unabhängig davon, ob dieses rechtlich verselbstständigt (Gesellschaft) ist oder nicht, nur dann als Erwerb eines *business* qualifiziert werden, wenn **21**

- das Erwerbsobjekt überhaupt über relevante **Produktionsfaktoren** verfügt,
- die Faktoren als **integriertes** *set* gemanagt werden, d.h. mehr als eine bloße Sammlung von Vermögenswerten darstellen,
- es mithin relevante **Prozesse** gibt, die einen integrierten Umgang mit den Vermögenswerten gewährleisten.

Auch **Nutzungsrechte** können **Inputfaktoren** begründen. Voraussetzung ist aber eine nachhaltige Möglichkeit zur Nutzung der vertraglich eingeräumten Rechte. Die Qualifizierung einer Gruppe von Vermögenswerten als *business* scheitert, wenn die einzelnen Teile nicht oder nur mit größeren Ergänzungen in der Lage sind, nachhaltig Erträge zu generieren. Entsprechend der – die gesamte Erstkonsolidierung beherrschenden – *fair-value*-Konzeption ist die Verwertungsmöglichkeit aus Sicht eines Marktteilnehmers, nicht aus der des Veräußerers oder Erwerbers zu entscheiden. Kann ein fiktiver Dritterwerber durch den Erwerb selbst kein *set* von Inputfaktoren, sondern nur einen einzigen (möglicherweise) relevanten Vermögenswert erhalten und ein integriertes *set* lediglich durch den Abschluss von Nutzungsverträgen mit dem Erwerber oder Dritten herstellen, ist die *business*-Qualität widerlegt. Der Abschluss solcher Verträge ist nicht das automatische Ergebnis des Anteilserwerbs, sondern Folge zusätzlicher Handlungen.

Das Vorliegen eines *business* setzt das Zusammenwirken einer Gruppe von Vermögenswerten in dem Erwerbsobjekt voraus, die aufgrund implementierter **Prozesse** in Gesamtheit zur Erzielung eines Umsatzes oder zwecks Kosteneinsparungen genutzt werden können. Stärkster Beleg für das Vorliegen eines integrierten *set* von Vermögenswerten und Schulden ist die Beschäftigung von qualifizierten Mitarbeitern *(organised workforce)*, welche die Vermögenswerte zur Erzielung von *outputs* nutzen und in deren Know-how sich die Prozesse verkörpern. Haben übernommene Mitarbeiter des Erwerbsobjekts lediglich Koordinationsaufgaben außerhalb des Kernbereichs, stellen diese gerade nicht eine Arbeitnehmerschaft dar, die die notwendigen Kenntnisse und Verfahrensregeln zur Bereitstellung der notwendigen Inputfaktoren und Prozesse beherrscht.

Unter Berufung auf IFRS 3.B8 wird zum Teil die Auffassung vertreten, der Unternehmenskäufer müsse gar keine Inputfaktoren und/oder Prozesse erwerben, da es ausreiche, wenn diese Inputs und/oder Prozesse von einem typischen Erwerber am Markt hinzuerworben werden könnten.[7] Eine so weit gehende Interpretation lässt IFRS.B8 u.E. aber nicht zu. Dort wird lediglich Folgendes festgehalten: *„However, a business need not include all of the inputs or processes that the seller used in operating that business"*. Die Betonung ist hier auf *„all"* zu setzen. U.E. muss der

---

6   A. A. Loitz/van Delden, WPg 2009, S. 502 ff.
7   Vgl. Dietrich/Stoeck, IRS 2013, S. 227 ff.

Erwerber somit zwar nicht alle Inputfaktoren und/oder Prozesse, aber doch die **wesentlichen** übernehmen.

Die wesentlichen Prozesse müssen nicht notwendig von Mitarbeitern betrieben werden. Auch bei einer Auslagerung an Dritte in Form von Geschäftsbesorgungsverträgen oder Ähnlichem kann ein Unternehmenserwerb vorliegen. Hierzu folgendes Beispiel in Anlehnung an eine von der ESMA veröffentlichte *enforcement*-Entscheidung.[8]

> **Praxis-Beispiel**
> M erwirbt alle Anteile an der Holding H, die wiederum zu 100 % an diversen Zweckgesellschaften beteiligt ist, die jeweils ein Frachtschiff besitzen. Weder die Holding noch die Zweckgesellschaften haben Arbeitnehmer. Dritte erledigen als Geschäftsbesorger vielmehr den Abschluss von Charterverträgen, Wartungsverträgen usw.
> Jedenfalls dann, wenn wesentliche Verträge mit Dritten automatisch als Folge des Kaufs auf den Erwerber übergingen, liegt ein Unternehmenserwerb vor.

22 Deutlicher als bisher hebt ED/2016/1 (Rz 18) den Zusammenhang von Inputfaktoren, Prozessen und Outputs hervor. Hiernach gilt folgende **Stufenbeurteilung**:
- (Stufe 1) Sofern der Zeitwert des Erwerbsobjekts sich nicht so gut wie vollständig im Wert eines einzelnen oder einer Gruppe ähnlicher Vermögenswerte erschöpft (notwendige Bedingung für ein *business;* Rz 18), ist
- (Stufe 2) danach zu differenzieren, ob das Erwerbsobjekt bereits Erträge erwirtschaftet bzw. Leistungen, also Outputs bringt (Fall A) oder noch nicht (Fall B).
  - Im Fall A liegt ein Geschäftsbetrieb bereits vor, wenn entweder die Arbeitnehmerschaft *(organised workforce)* mit übernommen wird oder bei fehlender Übernahme der Arbeitnehmer besondere, nicht leicht ersetzbare Verfahren zur Generierung von Output übergehen (ED/2016/1 IFRS 3.B12B). Zu den „Verfahren" können auch Verträge mit Dienstleistern gehören. Wenn diese keinen spezialisierten Inhalt haben, liegt aber i.d.R. ein eher leicht ersetzbares Verfahren und damit kein *business* vor.
  - Im Fall B (kein Output) liegt ein *business* nur vor, wenn neben dem wissens- bzw. prozessrelevanten Teil der Arbeitnehmerschaft auch Inputs (Ressourcen), aus denen diese Arbeitnehmerschaft zukünftig (wahrscheinlich) Leistungen generieren kann, übernommen werden. Als Inputs gelten hier auch Technologie und *in-process research and development*, z.B. aber nicht (stillgelegte) Sachanlagen (ED/2016/1 IFRS 3.2A).

> **Praxis-Beispiel**
> Erwerbsobjekt ist ein Produktionsgrundstück mit Gebäude und Fertigungsanlage. Der Produktionsstandort ist insolvenzbedingt seit einigen Monaten stillgelegt. Wesentliche Arbeitnehmer werden vom Erwerber aber übernommen.
> **Beurteilung nach ED/2016/1 Par. IE83ff.**
> Trotz Übernahme einer organisierten Belegschaft liegt kein Unternehmenserwerb vor, da abgesehen von den insoweit irrelevanten Sachanlagen keine

---

[8] ESMA, Decision ref. 0113–07.

> Inputs übernommen werden, die von der Belegschaft in Outputs transformiert werden könnten.

Soweit ein nach den vorstehenden Kriterien nicht als *business* zu qualifizierendes   **23**
Zielobjekt zu 100 % erworben wird, ergeben sich für den Konzernabschluss des
Erwerbers die in Rz 15 beschriebenen **Rechtsfolgen**:

- Das zugehende Vermögen ist mit den Anschaffungskosten, d.h. ggf. über *fair value* anzusetzen;
- ein *goodwill* und latente Steuern sind nicht auszuweisen.

Werden **mehrere Vermögenswerte**, daneben evtl. auch Schulden erworben, so
sollen die Anschaffungskosten nach IFRS 3.2(b) entsprechend der **relativen *fair
values*** auf die Erwerbsobjekte aufgeteilt werden. Diese Vorgabe macht u. a. dann
keinen Sinn, wenn im erworbenen Nettovermögen auch nominale bzw. **monetäre Vermögenswerte** und Schulden enthalten sind. Diesen kann sinnvollerweise kein Anteil an einem Unterschiedsbetrag alloziert werden.

Praxis-Beispiel

U erwirbt die Bio-startup-GmbH, deren Vermögen im Wesentlichen aus
Know-how und Patenten (*fair value* 100) besteht. Mit dem Erwerb übernimmt U diverse, kurzfristig nicht kündbare Festgeldkonten (5) und eine
Umsatzsteuer-Forderung gegenüber dem Finanzamt (15). Sonstige Vermögenswerte oder Schulden bestehen nicht. Der aus Synergieerwartungen
getriebene Erwerbspreis beträgt 240.

Beurteilung

U zahlt das Doppelte des *fair value*. Eine Aufteilung des Unterschiedsbetrags von
240–120 = 120 auf alle Vermögenswerte nach dem Verhältnis ihrer *fair values*
würde eine Aufwertung der Geldkonten von 5 auf 10 und der Umsatzsteuer-
Forderung von 15 auf 30 implizieren. Dieses Ergebnis wäre sinnwidrig. Angemessener ist folgende Interpretation: „Eigentlicher" Erwerbsgegenstand war nur
das immaterielle Vermögen. Der Erwerb der Festgeldkonten und der Umsatz-
steuer-Forderung wurde lediglich in Kauf genommen und im Rahmen der Kaufverhandlungen adjustierend berücksichtigt. Die Anschaffungskosten des eigentlichen Erwerbsobjekts betragen damit 220 und sind den einzelnen Komponenten
des immateriellen Vermögens nach dem Verhältnis von deren *fair values* zuzuordnen. Die darüber hinaus angefallenen Anschaffungskosten von 20 sind den
Geldkonten mit 5 und der Umsatzsteuer-Forderung mit 15 zuzurechnen.

Entstehen bei der Anschaffung mehrerer Vermögenswerte **Anschaffungsnebenkosten**, so sind diese auf die nicht monetären Vermögenswerte aufzuteilen,
sinnvollerweis nach den relativen *fair values*. Die anschließende Behandlung der
Anschaffungsnebenkosten (Aktivierung oder Aufwand) ergibt sich aus dem auf
den jeweiligen Vermögenswert anwendbaren Standard.

Nicht völlig eindeutig sind die Rechtsfolgen eines *share deal* über ein „Nicht-Un-
ternehmen", bei dem **weniger als 100 %** der Anteile übergehen. Die in IFRS 3
enthaltenen Vorschriften über nicht beherrschende Anteile (Minderheiten;
Rz 126ff.) sind nicht anwendbar, da gerade keine *business combination* vorliegt.

Bruchteilseigentum an den Vermögenswerten der Zielgesellschaft ist ebenfalls nicht gegeben. Anwendbar sind aber möglicherweise die Vorschriften von IFRS 10, die Vollkonsolidierung von Töchtern *(subsidiaries)* mit Minderheitenausweis vorsehen, wobei eine Tochter als *„entity controlled by another entity"* definiert ist (IFRS 10.A), ohne explizit eine Unternehmensqualität der Tochter zu verlangen. Die amtliche deutsche Übersetzung spricht allerdings von Tochter**unternehmen** und definiert auch den nicht beherrschenden Anteil als Minderheitenanteil an einem Tochterunternehmen. U. E. sind daher neben einer **Netto**darstellung in Analogie zum Bruchteilseigentum (Ansatz des Vermögens nach der Quote) zwei **Brutto**-darstellungen vertretbar: Ansatz von 100 % des Vermögens unter

- Bildung eines im Anhang zu erläuternden passiven Ausgleichspostens, der anders als ein Minderheitenanteil an einem Unternehmen aber nicht im Eigenkapital auszuweisen wäre,
- Ausweis eines Minderheitenpostens im Konzerneigenkapital.[9]

Unabhängig von der Erwerbsquote ergeben sich die Rechtsfolgen eines als *share deal* vollzogenen „Nicht-Unternehmens-Erwerbs" im **Einzelabschluss des Anteilseigners**. Da der Einzelabschluss die rechtliche Hülle nicht ignoriert, vielmehr auch die gesellschaftsrechtliche Beteiligung an einem *business* als Anteil (und nicht als hinter diesem Anteil liegendes Nettovermögen) zeigt, sollte u. E. entsprechend der gesellschaftsrechtlichen Beteiligung an einem „Nicht-*business*" verfahren werden. Auf → § 32 wird deshalb verwiesen.

24 Werden 100 % an dem kein *business* darstellenden Zielobjekt nicht in einem einzigen, sondern in **mehreren Erwerbsschritten** erworben, kommt u. E. eine analoge Anwendung der Regelungen zum sukzessiven Unternehmenserwerb (Rz 155) nicht infrage. Vielmehr ergeben sich die Anschaffungskosten aus der Summe der Erwerbsschritte unter Berücksichtigung evtl. zwischenzeitlicher Abschreibungen.

Praxis-Beispiel

Ende 01 beteiligt sich M mit 20 % bzw. 2 Mio. an der Gründung einer nur eine einzige Immobile haltenden Gesellschaft I. Die Immobilie wird auf 20 Jahre abgeschrieben. I erzielt in 02 ein ausgeglichenes Ergebnis. Per 1.1.03 erwirbt M die verbleibenden 80 % nicht entsprechend der Hochrechnung der bisherigen Anschaffungskosten für 4 × 2 = 8 Mio., sondern für 12 Mio. Der höhere Kaufpreis erklärt sich aus einem Ende 02 neu abgeschlossenen Mietvertrag mit wesentlich besseren Konditionen.

Beurteilung

Per 31.12.02 weist U seinen Anteil an der Immobilie mit 1,9 Mio. (2 Mio. minus 1/20 Abschreibung) aus.

Per 1.1.03 erhöht sich der Buchwert der nun mit 100 % auszuweisenden Immobilie um 12 Mio. auf 13.9 Mio. Eine analoge Anwendung von IFRS 3 würde hingegen zu einem Ansatz von 15 Mio. und zu einem Veräußerungsgewinn von 1,1 Mio. bezogen auf die Altanteile führen. Die entsprechenden Regelungen in IFRS 3 stellen jedoch spezifisch auf die tauschähnliche Trans-

---

[9] Für die zweite Lösung THEILE/PAWELZIK, in: HEUSER/THEILE, IFRS-Handbuch, 5. Aufl., 2012, Tz. 3213.

> formation eines nicht mehrheitsverschaffenden Anteils an einem Unternehmen in eine Mehrheit (Übergang zu Vollkonsolidierung) ab und sind auf andere Fälle u. E. nicht übertragbar.

Wird ein **mehr als 50 %iger Anteil** in einem zweiten Schritt auf 100 % **aufgestockt,** so hängt die Behandlung u. E. von der Bilanzierung des ursprünglichen Anteils (Rz 23) ab. **25**

- Wurde zunächst Quasi-Bruchteilseigentum ausgewiesen **(Nettodarstellung)**, sind nun zusätzliche Anschaffungskosten zu aktivieren.
- Bei ursprünglicher **Bruttodarstellung** ist der Kaufpreis für den zweiten Erwerbsschritt gegen den passiven Ausgleichsposten bzw. das Minderheitenkapital zu verrechnen und ein evtl. darüber hinausgehender Betrag u. E. analog der Vorgehensweise bei Aufstockungen (Rz 162) gegen Eigenkapital zu verrechnen.

Wird beim *asset deal* ein Unternehmen nicht komplett, sondern nur in Teilen erworben **(Teilerwerb)**, sind zwei Fälle zu unterscheiden: **26**

- Die erworbenen Teile sind schon in ihrer Beschaffenheit bei Übergabe oder jedenfalls mit jederzeit am Markt leicht beschaffbaren Ergänzungen in der Lage, eigene Erträge zu generieren. Das Erwerbsobjekt ist daher ein *business*.
- Die erworbenen Teile sind nicht oder nur mit größeren, nicht sofort und leicht am Markt beschaffbaren Ergänzungen in der Lage, Erträge zu generieren. Das Erwerbsobjekt ist daher eine Gruppe von Vermögenswerten und kein *business*.

Entscheidend kommt es darauf an, ob die für die Generierung von *outputs* im Einzelfall **funktional wesentlichen** Betriebsgrundlagen (*inputs* und Prozesse) übertragen werden. Nicht notwendig ist daher eine Übertragung sämtlicher Produktionsfaktoren und Prozesse. Umgekehrt ist es schädlich, wenn die zentralen Elemente nicht übertragen werden. Es reicht also nicht aus, wenn irgendwelche Produktionsfaktoren (z. B. auch Nutzungsrechte oder Kundenlisten) und Prozesse (z. B. auch in Form von Mitarbeiter-Know-how) übertragen werden. Unter Beachtung der Definition des *business* als *integrated set of activities and assets* (IFRS 3.A) ist für das Verhältnis von Prozessen (*activities*) zu Inputfaktoren und Leistungen (*outputs*) Folgendes zu beachten:

- Die Prozesse müssen sich eindeutig auf die Faktoren beziehen, sonst liegt nur eine *„collection of assets"* vor.
- Es werden die wesentlichen Prozesse zur Erzielung/Produktion der Leistungen übertragen.

Notwendig ist immer eine Einzelfallbeurteilung. Hierzu folgendes Beispiel in Anlehnung an den amerikanischen EITF 98–13: **27**

Praxis-Beispiel
U betreibt eine europäische Hotelkette, die in den großen Städten gut im Luxussegment, aber schwach im Economy-Segment vertreten ist. Deshalb erwirbt U 50 Economy-Hotels von Z. Übernommen werden die Mitarbeiter, die Verträge mit Zulieferern sowie aus wirtschaftlicher Sicht auch wesentliche Teile der Stammkundenbeziehungen, da sich diese zum Teil aus den Standorten (Hotellagen) ergeben. Nicht übernommen werden die Marke, unter der Z die Economy-Hotels betrieb, sowie das Reservierungs-, Buchungs-, Rechnungs- und Mahnsystem.

> Die Übernahme stellt einen Grenzfall dar. **Wesentlich** für ein Unternehmen sind neben den Input-Faktoren (Anlagen und Mitarbeiter) die Kundenbeziehungen und die Prozesse.
>
> - Die Kundenbeziehungen sind teilweise, soweit sie standortinduziert sind, übergegangen, teilweise, soweit sie markeninduziert sind, jedoch nicht übertragen worden. Soweit man den Standortfaktor für deutlich wichtiger hält, ist die Nichtübertragung der Marke unwichtig.
> - Die Abrechnungsprozesse sind nicht übertragen worden. Auf diese kommt es nach IFRS 3.B7(b) nicht an, da Systeme der Rechnungslegung, Fakturierung, Gehaltsabrechnung und andere allgemeine Verwaltungsprozesse i. d. R. nicht als notwendige Prozesse gelten.
> - Hinsichtlich des Reservierungssystems ist zu differenzieren: Soweit man die Kosten und Schwierigkeiten der Implementierung solcher Prozesse als gering einstuft, ist die Nichtübertragung unerheblich. Hierbei kommt es nicht auf die spezielle Perspektive des Erwerbers an. Ob er bereits über entsprechende Prozesse verfügt, ist unerheblich. Wichtig ist, ob die genannten Prozesse auf dem Markt leicht und kostengünstig zu beschaffen wären, das übertragene Vermögen also auch ohne die spezielle Beziehung zum Erwerber ohne erheblichen Aufwand Erlöse generieren könnte.

28   Entscheidend ist danach, ob die **funktional wesentlichen Betriebsgrundlagen** und **Prozesse** übertragen wurden. Je nach Einzelfall können unterschiedliche Faktoren wesentlich sein.

- Bei einem **Beratungsunternehmen** ist etwa der Übergang der Arbeitsverträge mit den Beratern sowie der Kundenlisten und Kundenbeziehungen wesentlich, der Übergang von Sachanlagen (Schreibtische, Hardware) hingegen regelmäßig irrelevant.[10]
- Bei **Immobilien verwaltenden Gesellschaften** wird man als wesentliche Prozesse im Allgemeinen das Mietmanagement (Auswahl der Mieter, Aushandlung der Konditionen usw.) sowie im Portfoliofall Investment- und Desinvestmententscheidungen ansehen, bei bestimmten Immobilien (etwa Shopping-Centern) auch das Marketing und die Bewirtschaftung von Gemeinflächen. Bei sich im Zeitablauf wenig änderndem Mieterbestand ist eine Gesellschaft mit einer oder wenigen Wohnimmobilien dann regelmäßig kein Unternehmen.

29   Für den Umgang mit **Zweifelsfällen** gibt IFRS 3.B12 einen Hinweis. Danach begründet ein in einer Gruppe von Vermögenswerten enthaltener *goodwill* die Vermutung eines *business*. Diese schon in IFRS 3 rev. 2004 enthaltene Vorgabe ist in formaler Hinsicht wegen ihres zirkulären Charakters kritisiert worden.[11] Der IASB hat gleichwohl an dieser Vorgabe festgehalten, weil er die Kritik zwar wahrgenommen hat, sie aber u. E. zu Recht nicht teilt (IFRS 3.BC19). Hinsichtlich des Zirkularitätsproblems ist nämlich eine Unterscheidung der verschiedenen **Spielarten** des *goodwill* geboten:

- Der *goodwill* ist einerseits Residualgröße (Kaufpreis eines Unternehmens abzüglich erworbenes Vermögen). In dieser Hinsicht besteht das Zirkularitäts-

---

10   Ausführliches Beispiel bei LÜDENBACH, PiR 2008, S. 411.
11   So die Kritik von HOMMEL/BENKEL/WICH, BB 2004, S. 1267 ff.

problem: Der **residuale** *goodwill* kann nur beim Unternehmenserwerb entstehen, setzt also die Unternehmensqualität des Erwerbsobjekts bereits voraus und kann deshalb seinerseits kein Kriterium für diese Qualität sein.

- Der *goodwill* ist andererseits aber als *core goodwill* oder *going concern goodwill* auch der von Kauf und Kaufpreis unabhängige Mehrwert einer integrierten Gruppe von Vermögenswerten gegenüber der Summe von deren Zeitwerten (IFRS 3.BC313). In dieser Hinsicht geht es nicht um den subjektiven Wert, den ein Erwerber einer Gruppe von Vermögenswerten im Hinblick auf u.U. nur von ihm erzielbare sog. echte Synergien zurechnet, sondern um die Differenz zwischen objektiviertem Zeitwert des Ganzen (Ertragswert) und Summe der objektivierten Einzelwerte. Hinsichtlich dieser sog. unechten Synergien stellt sich das Zirkularitätsproblem nicht: Wenn der Ertragswert der erworbenen Sachgesamtheit deutlich höher ist als die Summe der Einzelwerte, deutet diese auf einen signifikanten *core* oder *going concern goodwill* und damit auf die Unternehmensqualität des Erwerbsobjekts hin.

Aus IFRS 3.B12 lässt sich so eine **pragmatische Regel** zur Behandlung von Zweifelsfällen (nicht von vornherein klar als *business* oder als Gruppe von Vermögenswerten zu qualifizierende Fälle) formulieren.

- Ein deutlich **über** dem Zeitwert des erworbenen Vermögens liegender Kaufpreis begründet die Vermutung eines *core* oder *going concern goodwill* und damit einer *business combination*.
- Diese Vermutung kann durch ein **spezielles** Interesse des Erwerbers am erworbenen Vermögen widerlegt werden, z.B. durch ein Grundstücksarrondierungsinteresse bei Erwerb der Anteile an einer inaktiven Grundstücksgesellschaft (Rz 15).
- **Fehlt** es an einem solchen speziellen Interesse, ist im Zweifel von einer *business combination* auszugehen.

2.3 Bestimmung des Erwerbs-/Erstkonsolidierungszeitpunkts

Die Bestimmung des **Erwerbszeitpunkts** (*acquisition date*) ist **von mehrfacher Bedeutung:**[12] **30**

- Der Erwerbszeitpunkt grenzt die mitgekauften **alten Gewinne** von selbst erwirtschafteten **neuen Gewinnen** ab. Die alten Gewinne gehen in die Erstkonsolidierung ein. Die ab dem Tag des Unternehmenserwerbs entstehenden Gewinne sind Bestandteil der GuV des Erwerbers.
- Bei einem Erwerb in einem Schritt sind auf den Erwerbszeitpunkt die Werte der nicht in Geld bestehenden Bestandteile des **Kaufpreises** (insbesondere hingegebene Anteile) zu bestimmen (IFRS 3.43 und IFRS 3.32).
- Auf den Erwerbszeitpunkt werden die beizulegenden **Zeitwerte** bestimmt und dementsprechend die erworbenen Vermögenswerte und Schulden einschließlich stiller Reserven sowie der *goodwill* (IFRS 3.18).
- Der Erwerbszeitpunkt ist somit zugleich **Erstkonsolidierungszeitpunkt.**

Der **Erwerbszeitpunkt** (*acquisition date*) ist nach IFRS 3.8 der Tag, an dem die **31**
Beherrschung des erworbenen Unternehmens auf den Erwerber übergeht, dieser also die Möglichkeit erlangt, die relevanten Aktivitäten des erworbenen Unternehmens zu bestimmen (→ §32 Rz 12). Der dingliche Abschluss einer

---

12 Vgl. zum Nachfolgenden auch VÖLKNER, PiR 2005, S. 30ff.

Transaktion ist nicht erforderlich. Der Standard nennt als Beispiel eine schriftliche Vereinbarung, die dem Erwerber schon vor dem *closing* (im Innenverhältnis) eine Kontrolle über das Erwerbsobjekt ermöglicht (IFRS 3.9).

32   Die Bestimmungen von IFRS 3 bleiben allerdings in dieser Hinsicht allgemein. Eine praxisorientierte Konkretisierung hat u. E. folgende **Fallunterscheidungen** vorzunehmen:

- Vereinbarungen, nach denen dem Erwerber abweichend von der dispositiven gesetzlichen Ausgangslage (§ 101 BGB) das **Gewinnbezugsrecht** bereits ab einem Zeitpunkt vor Erwerb zusteht (Rz 33).
- **Vertragliche Rückwirkungen**, bei denen die Parteien bspw. in der notariellen Urkunde vom 10.1. einen Eigentumsübergang am 1.1. vereinbaren (Rz 34).
- **Genehmigungsvorbehalte**, insbesondere gesellschaftsrechtlicher (z. B. bei vinkulierten Namensaktien) oder kartellrechtlicher Art als Voraussetzung für die Rechtswirksamkeit des Unternehmens- oder Anteilserwerbs (Rz 35).

33   Regelungen über die **Aufteilung des (unterjährigen) Gewinns** zwischen Erwerber und Veräußerer beeinflussen i. d. R. den Erwerbszeitpunkt nicht. Nach § 101 BGB (Verteilung der Früchte nach der Besitzzeit) ist der Veräußerer bei unterjährigem Verkauf berechtigt, die bis dahin erwirtschafteten Gewinne zu beziehen. Diese Regelung wird in der Praxis häufig abbedungen. Bei Vertragsschluss am Ende eines Geschäftsjahrs wird etwa dem Erwerber das Gewinnbezugsrecht für das gesamte Geschäftsjahr gewährt. Eine solche Abrede beeinflusst nur die Höhe des erworbenen Vermögens.

Praxis-Beispiel

Am 30.6. erwirbt MU jeweils 100 % der Anteile an der TU-1 und der TU-2. In den Kauf- und Abtretungsverträgen ist Folgendes bestimmt:

- Vertrag über TU-1: Der Kaufpreis beträgt 1.060, das Eigenkapital der TU (Buchwert = Zeitwert) 260 per 30.6. Darin enthalten ist ein Betrag von 60 aus dem Gewinn des ersten Halbjahres. Gewinne der TU-1 stehen MU bereits ab Jahresanfang zu.
- Vertrag über TU-2: Der Kaufpreis beträgt 1.000, das Eigenkapital der TU (Buchwert = Zeitwert) 260 per 30.6. Die Gewinne des ersten Halbjahres stehen noch dem Veräußerer zu, an den ein entsprechender Betrag nach Erwerb noch auszuschütten ist.

Die Konsequenzen sind wie folgt:

- Im Fall der TU-1 beträgt das erworbene Vermögen 260, der *goodwill* somit 800 (= 1.060–260).
- Im Fall der TU-2 erwirbt MU ein mit einer Ausschüttungsverpflichtung zugunsten des Altgesellschafters belastetes Vermögen. Unter Berücksichtigung dieser bereits bei der Erstkonsolidierung zu passivierenden Schuld beträgt das erworbene Nettovermögen nur 200, der *goodwill* wie in Fall 1 also 800 (= 1.000–260–60).

Eine Vereinbarung, wonach dem Erwerber auch die „Altgewinne" zustehen, führt somit nicht zu einer Vorverlagerung des Erwerbszeitpunkts. Die „Altgewinne" bleiben **vorkonzernliche** Gewinne, die nicht in die Konzern-GuV eingehen. Lediglich der Umfang des Erstkonsolidierungs**vermögens** sowie ggf. der **Kaufpreis** werden beeinflusst. Wird die Gewinnbezugsabrede zutreffend im

Kaufpreis berücksichtigt, bleibt der *goodwill* unberührt. Ist der Kaufpreis ohne Rücksicht auf die Gewinnbezugsrechte zustande gekommen, variiert mit dem Erstkonsolidierungsvermögen die Höhe des *goodwill*.

Im Fall **vertraglicher Rückwirkungen** ist u.E. der frühere vereinbarte Eigen- 34
tumsübergangszeitpunkt ohne Weiteres dann heranzuziehen, wenn zu diesem Zeitpunkt tatsächlich **Besitz, Kontrolle, Fruchtziehungsrecht** usw. übergegangen sind. Hingegen wird man Fälle ohne tatsächlichen früheren Besitzübergang unter dem Gesichtspunkt früherer **faktischer Übertragungsverpflichtung** und faktischen Geschäftsgebarens im Zwischenzeitraum im Einzelfall würdigen müssen (Rz 37). Eine kurze Rückwirkung kann daneben unter *materiality*-Gesichtspunkten zulässig sein. So wird man bspw. bei einer Einigung am 10.1. mit Rückwirkung auf den 1.1. das frühere Datum schon deshalb als Erstkonsolidierungszeitpunkt wählen, weil sich dadurch die Aufstellung eines Zwischenabschlusses auf das spätere Datum erübrigt.

Im Fall **gesellschaftsrechtlicher Gremienvorbehalte** gilt Folgendes: 35

- Bedarf die Wirksamkeit der Anteilsübertragung einer Zustimmung durch Aufsichtsrat oder Gesellschafterversammlung des **Veräußerers,** ist bis zur Erteilung dieser Zustimmung aus Sicht des Erwerbers völlig unsicher, ob der Vertrag wirksam wird. Der beherrschende Einfluss geht noch nicht über.
- Besteht der Gremienvorbehalt hingegen nur noch zugunsten eines Organs des **Erwerbers,** liegt der Einfluss über das Erwerbsobjekt bereits in seiner Sphäre.

Bei **kartellrechtlichen Genehmigungsvorbehalten** ist zunächst auf die Wahrscheinlichkeit der Genehmigung abzustellen. Ist das Ermessen der Behörde eher gering und muss sie die Genehmigung mit hoher Wahrscheinlichkeit erteilen, kann ein Kontrollübergang bereits vor Genehmigung infrage kommen.

Ist der Veräußerer gehalten, im Schwebezeitraum **(quasi-)treuhänderisch** zu handeln, wesentliche Investitions-, Personalentscheidungen usw. nicht oder nur in Absprache mit dem Erwerber zu treffen, kann auch bei ermessensbehaftetem Genehmigungsverfahren ein Übergang bereits **vor** dem Genehmigungsdatum denkbar sein.

Verallgemeinert stellt sich hier die Frage, welches Datum als Erwerbszeitpunkt 36
infrage kommt, wenn zwischen Verhandlung über und dinglichem Vollzug des Erwerbs eine Reihe von Zwischenschritten liegt. Zur Veranschaulichung dieses Problems ist in Abb. 1 der **Erwerbsprozess als Zeitstrahl** wiedergegeben. Entscheidend sind die wirtschaftlichen Wirkungen der einzelnen Erwerbsschritte, die mit ihrer rechtlichen Qualität zwar tendenziell, aber nicht als 1:1-Beziehung zusammenhängen.

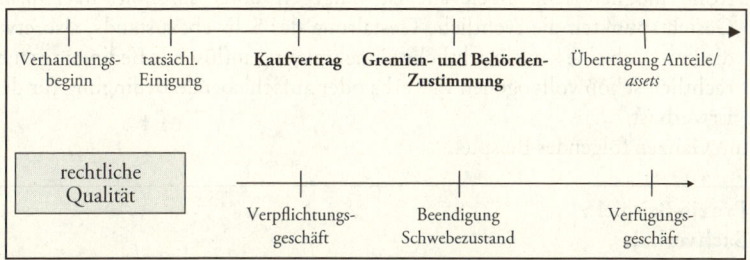

Abb. 1: Erwerbsprozess als Zeitstrahl

- **Frühester Erwerbszeitpunkt** ist i.d.R. die **Unterzeichnung** des Kaufvertrags, mit dem nicht oder nur noch eingeschränkt umkehrbare Erwerbsansprüche entstanden sind. Als noch früherer Erwerbszeitpunkt können/kann ausnahmsweise die tatsächliche Einigung und/oder ein *Memo of Understanding* infrage kommen, wenn dadurch faktische Erwerbszwänge (z.B. Rufschädigung durch Rücknahme einer den Kauf ankündigenden Ad-hoc-Meldung) oder rechtliche Pflichten (Schadenersatzpflicht bei Abbruch der Verhandlung) entstehen.

- **Spätester Erwerbszeitpunkt** ist der endgültige **dingliche Vollzug** des Erwerbs durch Abtretung der Anteile *(share deal)* oder Übertragung des Eigentums am vertragsgegenständlichen Vermögen *(asset deal)*. Eine evtl. noch spätere Zahlung des Kaufpreises ist unerheblich. Soweit die Abtretung/Eigentumsübertragung zwar sofort, aber zunächst schwebend unwirksam erfolgt und zur Erlangung der Wirksamkeit noch bestimmter Genehmigungen bedarf, ist als spätester Erwerbszeitpunkt das Vorliegen aller Genehmigungen anzunehmen. Stellen Behördengenehmigungen nur eine Formalität dar, d.h., ist mit an Sicherheit grenzender Wahrscheinlichkeit eine auflagenfreie Genehmigung zu erwarten, erfolgt der Erwerb bereits mit Vereinbarung der Abtretung.

- Die Entscheidung zwischen Kaufvertragszeitpunkt (Verpflichtungsgeschäft) oder dem Zeitpunkt seines wirksamen Vollzugs (dingliches Geschäft) bereitet dann Probleme, wenn die **Rechte des Veräußerers im Zwischenzeitraum beschränkt** sind. Soweit der **Veräußerer** wesentliche Investitions-, Kredit-, Personalentscheidungen nur noch in Absprache mit dem Erwerber treffen darf, hat er i.d.R. die alleinige Kontrolle verloren, da er über die Geschäfts- und Finanzpolitik nicht mehr allein entscheiden kann. Andererseits kann auch der Erwerber in diesem Zwischenzeitraum noch keine neuen Strategien, riskanten Geschäftsmodelle etc. etablieren. Der **Erwerber** hat eher ein **Vetorecht** als Gestaltungsbefugnisse. Aus formaler, rechtlich orientierter Sicht würde daher der Zwischenzeitraum häufig als ein Zustand **gemeinsamer** Kontrolle zu kennzeichnen sein. Der Begriff der Kontrolle hat jedoch zwei Dimensionen. Die Beherrschung über ein Unternehmen übt nicht schon derjenige aus, der die Geschicke des Unternehmens bestimmt, also Verfügungsgewalt *(power)* hat, es kommt ebenso darauf an, in wessen Interesse bzw. zu wessen Nutzen *(returns)* sie bestimmt werden (→ § 32 Rz 6). Aus dieser Sicht ist der Zwischenzeitraum zwischen Vertrag und Vollzug einer **Einzelfallwürdigung** zu unterziehen. Soweit dabei schon die Interessen des Erwerbers im Vordergrund stehen, kann eine frühere Erlangung der Kontrolle möglich sein. Irrelevant ist hingegen unter *substance-over-form-*Gesichtspunkten die rechtliche Gestaltung des Schwebezustands, also etwa die Frage, ob eine kartellrechtliche Genehmigung auflösende Bedingung eines rechtlich schon vollzogenen Erwerbs oder aufschiebende Bedingung für den Erwerb ist.

37   Zum Ganzen folgendes Beispiel:

Praxis-Beispiel
Sachverhalt
Die M AG erwirbt mit notarieller Urkunde vom 10.8.01 100 % der Anteile an der T GmbH von der A AG. Die Urkunde sieht Folgendes vor:

- Übergang von **Besitz, Nutzen und Lasten zum 1.8.01.** Alle Ergebnisse bis zum 31.7.01 stehen noch der A AG zu (Ende Juli 01 haben M und A abgestimmte Ad-hoc-Meldungen über den bevorstehenden Verkauf veröffentlicht).
- Rechtswirksamkeit der Anteilsübertragung mit **kartellrechtlicher Genehmigung** (diese erfolgt im November 01).
- Im **Zwischenzeitraum** bis zur kartellrechtlichen Genehmigung hat die A AG die Geschäfte der T GmbH mit der Sorgfalt eines ordentlichen Kaufmanns **im Interesse der M GmbH** so zu führen, dass das Anlagevermögen in einem ordentlichen und betriebsbereiten Zustand verbleibt. Größere Investitionen, Neueinstellungen, Entlassungen usw. sollen ebenso wie Änderungen von Produktionsverfahren, der Abschluss von Risikogeschäften, die Umschuldung von Darlehen usw. unterbleiben oder nur nach vorheriger Zustimmung der M AG vorgenommen werden dürfen. Die M AG hat ein Initiativrecht für solche Geschäfte, d.h., sie darf die A AG innerhalb bestimmter Grenzen entsprechend anweisen, muss die A AG aber im Fall eines von ihr nicht verschuldeten Scheiterns der Anteilsübertragung so stellen, als ob dieses Geschäft nicht getätigt worden wäre. Als Sicherheit dient der A AG eine erhebliche Anzahlung auf den Kaufpreis.

Beurteilung

Die A AG verliert spätestens am 10.8.01 die Kontrolle über die T GmbH, da sie im Zeitraum bis zur kartellrechtlichen Genehmigung nur formell die Geschicke der T GmbH bestimmen kann, tatsächlich aber wie ein **uneigennütziger Treuhänder** die Geschäfte im Interesse der M AG führen muss. Schon vor der rechtlichen Wirksamkeit der Anteilsübertragung geht daher bei wirtschaftlicher Betrachtung die Kontrolle auf die M AG über.

Möglicherweise ist der Kontrollübergang sogar bereits auf den 1.8.01 erfolgt. Zu diesem Zeitpunkt bestanden im Hinblick auf die öffentliche Bekanntmachung (Ad-hoc-Meldung) bereits **faktische Verpflichtungen.** In analoger Anwendung des Rechtsgedankens aus IAS 37.14(a) und IAS 37.72(b) sowie nach dem Grundsatz *substance over form* wird daher nicht auf die Rechtsverbindlichkeit der Anteilsübertragungsverpflichtung durch Beurkundung, sondern auf die frühere faktische Einigung abgestellt werden können. Unter dem Gesichtspunkt der *materiality* ist dies mindestens bei einem verhältnismäßig kurzen Zeitraum zwischen früher vereinbartem Übergang und Beurkundung vertretbar.

Variante

Das Kartellamt verweigert im November endgültig die Genehmigung. Zur Anteilsübertragung kommt es nicht.

Die A AG hat bei rückwirkender Betrachtung nicht wirklich in der Art einer uneigennützigen Treuhand gehandelt, da sie die Erfolge des Zwischenzeitraums anders als im Fall der Genehmigung nicht an die M AG abführen muss. Eine Erstkonsolidierung zum August und Entkonsolidierung im November würde bei nachträglicher Betrachtung den Gesamtvorgang nicht zutreffend wiedergeben (und wäre überdies aufwändig und wenig praxisgerecht). Falls Quartalsabschlüsse (→ § 37) erstellt wurden und deshalb tatsächlich schon eine Erstkonsolidierung erfolgt ist, scheint ein „fehlerkorrigierendes" *restatement* sachgerecht (→ § 24 Rz 17).

38   Die Auswirkungen, die eine unterschiedliche Bestimmung des Erwerbs- und Transaktionszeitpunkts für die Höhe der Anschaffungskosten haben kann, werden unter Rz 48 dargestellt.

39   Im (üblichen) Fall einer zeitlichen Divergenz von Vertragsschluss und Erlangung der Kontrolle bzw. der dinglichen Rechte an den kontrollvermittelnden Anteilen, stellt sich die weitere Frage, wie **Wertänderungen** im **Zwischenzeitraum** zu würdigen sind. Wie bei anderen Geschäften über Finanzinstrumente mit Divergenz von Vertrags- und Erfüllungsdatum (Termingeschäften) könnte ein erfolgswirksam zu erfassendes **Finanzderivat** vorliegen. IAS 39.2(g) bzw. IFRS 9.2.1(f) schließen eine entsprechende Behandlung jedoch aus, wenn der Zeitraum zwischen Vertragsschluss und Kontrollerlangung nicht länger ist, als vernünftigerweise für die Abwicklung der Transaktion und die Erlangung von Genehmigungen benötigt wird (→ § 28 Rz 52).

> **Praxis-Beispiel**
> Am 1.11.01 schließen K als Käufer und der nicht nahestehende B als Verkäufer einen Kaufvertrag über 100 % der Anteile an der TU. Der Kaufpreis wird mit 100 fixiert und entspricht nach Einschätzung der Parteien dem Unternehmens-/Anteilswert.
> Die Übertragung des Eigentums an den Anteilen findet planmäßig am 2.1.02 statt. Per 31.12.01/1.1.02 ist der Wert der Anteile durch nicht vorhersehbare Ereignisse auf 80 gesunken. Fraglich ist, ob K per 31.12.01 eine derivative Verbindlichkeit von 20 aufwandswirksam einzubuchen und V einen derivativen Vermögenswert gleichen Betrags ertragswirksam zu erfassen hat.
> **Beurteilung**
> Nach IAS 39.2(g) ist bei beiden Parteien kein Derivat zu erfassen.

Die Nichtanwendung von IAS 39/IFRS 9 gilt, wie durch das *Annual Improvements Project 2009* klargestellt, nur für **unbedingte Termingeschäfte** (über mehrheitsvermittelnde Anteile), hingegen nicht für bedingte Kontrakte (**Optionen**). Zu Optionen wird auf → § 32 Rz 166 ff. verwiesen.

2.4   Bestimmung der Anschaffungskosten

2.4.1   Kaufpreisstundung

40   Der Kaufpreis für den Unternehmenserwerb ergibt sich in erster Linie aus dem *fair value* der hingegebenen Vermögenswerte (IFRS 3.37). Erfolgt die Kaufpreiszahlung in Geld; ist der Geldbetrag aber erst deutlich nach dem Erwerbszeitpunkt zu entrichten, ist eine **Abzinsung** vorzunehmen. Als Abzinsungssatz können die Grenzfremdkapitalkosten des Erwerbers dienen.

2.4.2   Anschaffungsnebenkosten und Emissionskosten

41   In der Behandlung von Anschaffungsnebenkosten unterscheiden sich die ältere, bis 2008 anwendbare und die heutige Fassung von IFRS 3.
- Nach IFRS 3.29 rev. 2004 sind **direkt zurechenbare Kosten** des Unternehmenserwerbs in die Anschaffungskosten einzubeziehen. Beispielhaft werden **Honorare** für Wirtschaftsprüfer, Rechtsberater, Gutachter und andere im Zusammenhang mit dem Unternehmenserwerb tätige Berater genannt. Somit

gehören z. B. auch Kosten einer *due diligence* zu den Anschaffungskosten ebenso Grunderwerbsteuern. Nicht einzubeziehen sind hingegen **Verwaltungsgemeinkosten**, die z. B. als Personalkosten in einer Abteilung *mergers and acquisitions* entstehen; sie sind **aufwandswirksam** zu verbuchen.

- Nach IFRS 3.53 sind anschaffungsbezogene Kosten *(acquisition related costs)* hingegen immer als **Aufwand** zu behandeln, unabhängig davon, ob sie direkt zurechenbar sind oder nicht.

Die Aufwandsverrechnung von Anschaffungsnebenkosten kann nicht dadurch umgangen werden, dass die Transaktionskosten dem **Veräußerer** auferlegt und im Rahmen des Kaufpreises vergütet werden (IFRS 3.52). Als tatsächlicher Kaufpreis gilt dann nur der nach Abzug dieser Kosten verbleibende Betrag. Ebenso ist u. E. eine Aufwandsverrechnung geboten, wenn sich der Veräußerer die im Rahmen einer *vendor due diligence* entstandenen Kosten vom späteren Käufer ersetzen lässt.

42

Die unterschiedliche Behandlung anschaffungsbezogener direkter Kosten nach IFRS 3 – Aufwand – und nach Steuerrecht – Aktivierung als Nebenkosten des Beteiligungserwerbs – kann bereits zum Erstkonsolidierungszeitpunkt zu einer **Steuerlatenzierung** wegen *outside basis differences* führen (→ § 26 Rz 139).

Wegen der bei **Aufstockungen** anfallenden Anschaffungsnebenkosten wird auf Rz 164 verwiesen.

Kosten der Eigenkapitalausgabe (**Emissionskosten**) beim Erwerb durch Anteilstausch, Kapitalerhöhung usw. sind nicht als Aufwand zu behandeln (IFRS 3.53), sondern vielmehr vom **Eigenkapital abzuziehen**.

43

Die **Abgrenzung** von anschaffungsbezogenen und Emissionskosten kann im Einzelfall schwierig sein. Auch aus *materiality*-Gründen sind dann pragmatische Entscheidungen zu treffen.

Praxis-Beispiel

Die TU GmbH wird gegen Kapitalerhöhung in die MU AG eingebracht. Im Rahmen der Einbringung entstehen u. a. Kosten für die aktienrechtliche Prüfung der Werthaltigkeit der eingebrachten Anteile, für die notarielle Beurkundung der Abtretung der GmbH-Anteile und deren Registeranmeldung, für die Ausgabe der neuen Aktien und für Grunderwerbsteuer.

Beurteilung

- **Grunderwerbsteuer**, Notar- und (die GmbH betreffende) Handelsregisterkosten wären auch entstanden, wenn der Erwerb der GmbH-Anteile gegen Geld und nicht durch Ausgabe junger Aktien erfolgt wäre. Sie sind daher als anschaffungsbezogene Kosten zu berücksichtigen.
- Die Kosten für die **Ausgabe** der neuen Aktien sind demgegenüber gegen den Kapitalerhöhungsbetrag zu verrechnen.
- Pragmatisch ist hinsichtlich der Kosten der **Werthaltigkeitsprüfung** zu entscheiden: Einerseits ist sie aktienrechtlich durch die Ausgabe der jungen Aktien veranlasst, andererseits sind Wertfeststellungen auch unabhängig von dieser Vorgabe notwendig *(due diligence)*. Tritt die Werthaltigkeitsprüfung neben eine *due diligence*, können die Kosten gegen Eigenkapital verrechnet werden. Trägt die Prüfung Züge einer ansonsten nicht stattfindenden *due diligence*, ist eine Behandlung als anschaffungsbezogene Kosten sachgerecht.

2.4.3 Anschaffung gegen Tausch von Anteilen oder anderen Vermögenswerten

44 Die Anschaffungskosten bestimmen sich im einfachsten Fall aus den hingegebenen Zahlungsmitteln oder Zahlungsmitteläquivalenten. Wird der Erwerb (teilweise) durch den **Tausch** von Anteilen oder anderen Vermögenswerten abgewickelt, ist deren beizulegender **Zeitwert** zum Erwerbszeitpunkt *(acquisition date)* maßgeblich.

45 Bei **Ausgabe eigener börsengängiger Wertpapiere** ergeben sich die Anschaffungskosten aus dem Börsenkurs zum Transaktionszeitpunkt, es sei denn, der Börsenkurs sei ein unzuverlässiger Indikator, etwa wegen eines engen Markts *(thinness of the market*; IFRS 3.33).

46 Gilt der Kursverlauf des Wertpapiers in der Vergangenheit trotz Marktenge als zuverlässiger Wertindikator, ist es in der Nähe des Transaktionszeitpunkts aber zu **außergewöhnlichen Kursschwankungen** gekommen, können die Preise während einer angemessenen Zeit vor oder nach der Veröffentlichung der Bedingungen des Unternehmenserwerbs heranzuziehen sein.

47 Gilt der Kursverlauf wegen der Marktenge generell als nicht hinreichend zuverlässig oder **fehlt** es überhaupt an einer **Börsennotierung,** ist der Zeitwert der ausgegebenen Anteile zu schätzen. Hierbei kommt auch eine **umgekehrte Wertermittlung** infrage. Ist der Wert der vom Erwerber hingegebenen Anteile nicht verlässlich bestimmbar, der der erworbenen Anteile hingegen doch, determiniert der letztgenannte Wert den Kaufpreis (IFRS 3.33). Dies gilt auch für den Erwerb von assoziierten Unternehmen (→ § 33 Rz 51).

Zum Ganzen Abbildung 2 und das nachfolgende Beispiel:

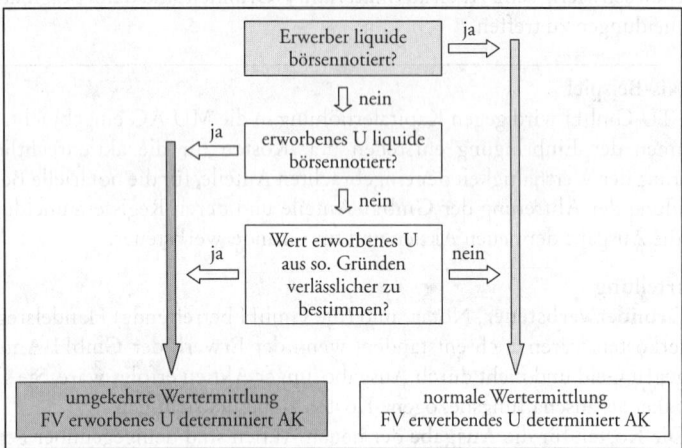

Abb. 2: Wertermittlung bei Anteilstausch

Praxis-Beispiel
Die größere börsennotierte **A AG**, schon länger im Besitz von 46 % der Anteile der kleineren B AG, erwirbt gegen Anteilstausch (Kapitalerhöhung

bei der A AG) weitere 5 % der Aktien der B AG von einer Investorengruppe. Beide Gesellschaften sind börsennotiert.

Wegen eines geringen *free floats* sind die börsentäglichen Umsätze in der A-Aktie absolut etwa gleich groß wie die in der B-Aktie, relativ zur jeweiligen Gesamtkapitalisierung aber sehr viel kleiner.

Der Kurs der A-Aktie ist v. a. an Tagen mit überdurchschnittlichen Umsätzen volatiler als der der B-Aktie.

Die A AG muss mit Erwerb der Mehrheit eine Erstkonsolidierung durchführen. Für die alten Anteile an der B AG (46 %) sind nicht deren **Anschaffungskosten**, sondern deren aktueller *fair value* maßgeblich (Rz 40).

Für die neuen Anteile sind die jetzigen Anschaffungskosten maßgeblich, und zwar vorbehaltlich einer abweichenden Gesamtwürdigung eher der **Kurs der B-Aktie**. Beträgt der Gesamtkurswert der neu erworbenen B-Aktien bspw. 1 Mio., der der neu geschaffenen A-Anteile hingegen 1,1 Mio., so sind 1 Mio. und nicht 1,1 Mio. Anschaffungskosten die Basis für die Kaufpreisallokation. Entsprechendes gilt dann auch für den Beteiligungsansatz im Einzelabschluss, sofern dieser überhaupt zu Anschaffungskosten erfolgt.

Anschaffungskosten sind auf den Erwerbsstichtag (*acquisition date*; Rz 30) zu bestimmen. Auf diesen Stichtag ist auch die Bewertung hingegebener Anteile vorzunehmen, **es sei denn**, der **Stichtagswert** ist wegen Marktenge **kein zuverlässiger Indikator**. Dies kann insbesondere der Fall sein, wenn die vorhergehende Veröffentlichung der anstehenden Transaktionen den Kurswert der vom Erwerber hingegebenen Anteile stark beeinflusst. In diesem Fall ist es sachgerecht, die Kurse vor und nach der Veröffentlichung zu analysieren.

Zum Ganzen folgendes Beispiel in Fortsetzung zu Rz 37: **49**

48

Praxis-Beispiel (Fortsetzung zu Rz 37)

Die börsennotierte M AG erwirbt mit notarieller Urkunde vom 10.8.01 100 % der Anteile an der T GmbH von der A AG. Die Urkunde sieht Folgendes vor:

- Übergang von Besitz, Nutzen und Lasten zum 1.8.01. Alle Ergebnisse bis zum 31.7.01 stehen noch der A AG zu. Am 20.7.01 haben M und A abgestimmte Ad-hoc-Meldungen über den bevorstehenden Verkauf veröffentlicht.
- Rechtswirksamkeit der Anteilsübertragung mit kartellrechtlicher Genehmigung (diese erfolgt am 20.11.01).
- Im Zeitraum bis zur kartellrechtlichen Genehmigung hat A AG die Geschäfte der T GmbH mit der Sorgfalt eines ordentlichen Kaufmanns im Interesse der M AG und bei allen wesentlichen Entscheidungen nur mit vorheriger Zustimmungen der M AG zu führen. Die M AG hat ein Initiativrecht für solche Geschäfte, d.h., sie darf die A AG innerhalb bestimmter Grenzen entsprechend anweisen, muss die A AG aber im Fall eines von ihr nicht verschuldeten Scheiterns der Anteilsübertragung so stellen, als ob dieses Geschäft nicht getätigt worden wäre.
- Der Kaufpreis wird durch Hingabe von 1 Mio. M-Aktien entrichtet. Die M-Aktie notiert wie folgt:

- am 17.7. mit 47,
- am 18.7. mit 48,
- am 19.7. mit 50,
- am 20.7. (Ad-hoc-Meldung) mit 60 (u. a. weil nach Investoren- und Analystenmeinung der Erwerb der T GmbH die strategischen Aussichten der M AG entscheidend verbessert),
- am 1.8. (Rückwirkungsdatum) mit 55 (der ersten Euphorie folgt erste Ernüchterung),
- am 10.8. (Vertrag) mit 58 (erneute Euphorie),
- am 20.11. (Rechtswirksamkeit) mit 40 (allgemeine Baisse).

Die Anschaffungskosten sind auf den Transaktionstag, d. h. den Tag des Übergangs der Kontrolle, zu bestimmen. Wegen des treuhandähnlichen Verhältnisses bis zur kartellrechtlichen Genehmigung ist dies u. E. spätestens der 10.8. Auch der 1.8. ist u. E. vertretbar (Rz 37).

Wird als **Erwerbsstichtag** der 10.8. bestimmt, stellt sich noch die Frage, ob als Anschaffungskosten und damit als Grundlage für die *goodwill*-Ermittlung usw. nach dem Kurs dieses Tages 58 Mio. anzusetzen sind oder ob der Kurs vom 19.7. (**letzter Kurs vor Ad-hoc-Veröffentlichung**) ein besserer Indikator für die Bemessungsgrundlage der Anschaffungskosten ist.

Beide Lösungen sind **vertretbar, soweit** eine **Enge des Markts** für die Aktie *(thinness of the market)* begründet werden kann:

Für die 58 Mio. spricht die Kurstendenz nach oben schon vor der Ad-hoc-Mitteilung (Kursentwicklung 17. bis 19.7.). Eine positive Entwicklung des gesamten Aktienmarkts (oder der Branche) in der Zeit zwischen Mitte Juli und 10.8. würde diese Argumentation zusätzlich stützen.

Für die 50 Mio. spricht, dass dies der letzte von dem Erwerb noch nicht beeinflusste Kurs war. In diesem Fall ist die Abweichung von 8 Mio. im Anhang anzugeben und zu begründen.

Wird als Erwerbsstichtag der 1.8. bestimmt, kann entsprechend zwischen 55 Mio. und 50 Mio. gewählt werden.

50 Wie das Beispiel zeigt, verlangt die Anschaffungskostenbestimmung bei der Hingabe von eigenen Anteilen eine Einzelfall- und Gesamtwürdigung.

51 Unklar ist, wie Restriktionen zu berücksichtigen sind, die der Erwerber dem Veräußerer bzgl. der hingegebenen Aktien auferlegt. In erster Linie kommen hier Veräußerungsbeschränkungen infrage, etwa Vereinbarungen, nach denen der Veräußerer von den als Entgelt erhaltenen börsennotierten Aktien des Unternehmenserwerbers binnen 24 Monaten nicht mehr als 10 % veräußern darf. Nach allein auf den Börsenwert der einzelnen Aktien abstellender Perspektive von IFRS 13 (→ § 8a) würde gelten: Börsenkurs / Aktien × Anzahl der Aktien = Zeitwert des Aktienpakets. Ein Wertabschlag auf das Paket wäre nicht zu berücksichtigen. Dem Zweck von IFRS 3.37 entspräche es jedoch eher, auf die hingegebene Gesamtleistung, hier also das Aktienpaket mit seinen Restriktionen, abzustellen. Die erste Variante wird durch (den bislang noch nicht finalisierten) ED/2014/4 gestützt. Dort ist für andere Zwecke, insbesondere die Bewertung von Anteilen an Tochter-, assoziierten oder Gemeinschaftsunternehmen, festgehalten: Der *fair value* einer Beteiligung (Paket) an einem börsennotierten Unternehmen ist das Produkt von

Kurs der einzelnen Aktien und Zahl der Aktien, ohne Aufschlag für den Mehrwert der Beteiligung. Bei analoger Anwendung auf den hier betrachteten Fall wären die Veräußerungsrestriktionen für die Bewertung unerheblich.

2.4.4 Anschaffungskosten in (gesicherter oder ungesicherter) Fremdwährung

Insbesondere beim Erwerb ausländischer Unternehmen kann der **Kaufpreis** in 52 **Fremdwährung** festgesetzt sein. **Ohne Absicherung** des den Zeitraum zwischen Vertragsschluss und Erlangung der Kontrolle betreffenden Kursänderungsrisikos gilt hier: Maßgeblich für die Höhe der Anschaffungskosten ist der Kurs zum Zeitpunkt der Erlangung der Kontrolle (IFRS 3.32(a)(i) i.V.m. IAS 21.21).

Nimmt der Erwerber nach IAS 39.AG98 bzw. IFRS 9.B6.3.1 eine **Absicherung** 53 des Kursänderungsrisikos (z.B. durch Währungstermingeschäfte oder Währungsoptionsgeschäfte) vor und sind die Voraussetzungen des *hedge accounting* im Übrigen erfüllt, sind drei Vorgehensweisen diskussionswürdig:

- Die **Anschaffungskosten** ergeben sich aus dem Sicherungskurs. Das Sicherungsgeschäft beeinflusst daher die Höhe des *goodwill*.
- Das Sicherungsgeschäft beeinflusst die Zugangswerte aller (oder alternativ nur der nicht monetären) **Vermögenswerte und Schulden**. Der „Erfolg" aus dem Sicherungsgeschäft wird als Anpassung der vorgenannten Zugangswerte verrechnet.
- Das Sicherungsgeschäft ist mit Vollzug des Unternehmenszusammenschlusses **erfolgswirksam** in der GuV zu berücksichtigen.

Gegen die dritte Variante spricht, dass sie den tatsächlich gegebenen Sicherungszusammenhang ignoriert, den Unternehmenszusammenschluss vielmehr so bilanziert, als ob es keine Sicherung gegeben hätte. Die zweite Lösung fingiert umgekehrt Sicherungszusammenhänge auf einer Ebene, auf der sie tatsächlich gar nicht bestehen, da nicht der Kaufpreis einzelner Vermögenswerte oder Schulden, sondern der einer unternehmerischen Sachgesamtheit abgesichert wird. Die **erste Lösung** ist deshalb **vorzuziehen.** Sie entspricht dem auf den Gesamtkaufpreis, also die Anschaffungskosten, gerichteten ökonomischen Sicherungskalkül.

2.4.5 Abgrenzung eines *earn-out*-Kaufpreises von Vergütungen für Geschäftsführungs- oder sonstige Leistungen

Bei Unternehmenstransaktionen wird neben einer fixen Basiszahlung häufig eine 54 **erfolgsabhängige** Zusatzzahlung vereinbart (*earn-out*-**Klausel**). IFRS 3.39f. enthält Regelungen, wann und wie solche Zusatzzahlungen in die Erstkonsolidierung einzubeziehen sind (Rz 60).[13]

Logisch vorgeschaltet ist aber die Frage, ob die erfolgsabhängigen Zahlungen tatsächlich einen *earn out* bzw. Kaufpreisbestandteil darstellen. Sie stellt sich insbesondere dann, wenn der Veräußerer zu fortgesetzten Leistungen verpflichtet wird, etwa für eine längere Übergangszeit als Geschäftsführer des veräußerten Unternehmens tätig ist.[14]

---

[13] Die nachfolgenden Überlegungen sind überwiegend entnommen LÜDENBACH/VÖLKNER, BB 2006, S. 1435ff.
[14] Vgl. auch WEISER, WPg 2005, S. 269.

Praxis-Beispiel

Die V-AG veräußert 100 % der Anteile an dem Beratungsunternehmen T-GmbH an die K-AG zu einem festen Kaufpreis von 1.000. Da das Geschäft der T-GmbH stark personenabhängig ist, vereinbaren die Parteien, dass der bisherige Geschäftsführer GF, der aus dem V-Konzern nicht ausscheiden soll und möchte, für zwei Jahre in der T-GmbH tätig bleibt. Die K-AG hat der V-AG für diese „Personalgestellung" die fixe Jahresvergütung des GF i. H. v. 200 zu erstatten. Darüber hinaus erhält die V-AG eine ergebnisabhängige Vergütung i. H. v. 300, falls über die zwei Jahre ein definiertes Ergebnisziel erreicht wird.

Unklar ist, ob die erfolgsabhängige Zahlung Kaufpreisbestandteil oder als Geschäftsführungsvergütung zu qualifizieren ist. Folgendes ist beurteilungs-erheblich:

- Die Vergütung des Geschäftsführers ist, wenn nur der fixe Teil betrachtet wird, im Fremdvergleich unangemessen niedrig.
- Eine DCF-Bewertung verschiedener Szenarien führt zu Unternehmens-werten zwischen 800 und 1.100.

Bilanzielle Folgen hat die Qualifikation der erfolgsabhängigen Zahlung sowohl beim Erwerber wie beim Veräußerer:

- **Erwerber:** Werden die variablen Zahlungen als Teil der Anschaffungskosten qualifiziert, erhöhen sie den anzusetzenden *goodwill;* erfolgt umgekehrt eine Beurteilung als Vergütung für Geschäftsführung, Personalgestellung usw., sind sie als Aufwand zu buchen.
- **Veräußerer:** Werden die variablen Zahlungen als Teil des Veräußerungs-erlöses angesehen, erhöhen sie den Entkonsolidierungsgewinn, bei Interpreta-tion als Entgelt für Personalgestellung etc. sind sie hingegen sonstiger Ertrag.

55   Nach allgemeinen (u. a. in IAS 18.13 und IFRS 15 festgehaltenen) Grundsätzen kann es unter *substance-over-form*-Gesichtspunkten erforderlich sein,

- ein **formal** (zivilrechtlich) **einheitliches** Geschäft bilanzrechtlich als eine Mehr-zahl von Transaktionen (*multi-element transaction* bzw. **Mehrkomponenten-geschäft**) oder
- umgekehrt **formal getrennte** Geschäfte bilanzrechtlich als einen **einheitli-chen** Geschäftsvorfall zu würdigen.

56   Diese Grundsätze werden in IFRS 3.51 und IFRS 3.B50 ff. für den Unterneh-menserwerb konkretisiert. Hiernach sind u. a. folgende Faktoren bei der Abgren-zung zwischen Kaufpreis und Vergütung für sonstige Leistungen zu beachten:

- **Angemessenheit** der nicht erfolgswirksamen Vergütung der **sonstige Leis-tungen,**
- Höhe der fixen Kaufpreiszahlung im Verhältnis zur **Bewertungsbandbreite** für das **erworbene Unternehmen.**

Im Beispiel unter Rz 54 kommt es danach u. a. darauf an, ob die Vergütung für die Geschäftsführungsleistung ohne Einbeziehung der variablen Komponente im Fremdvergleich zu niedrig ist und ob der fixe Kaufpreis schon am oberen Ende des Intervalls möglicher Unternehmenswerte liegt. Wird beides bejaht, ergibt sich ein eindeutiges Ergebnis: Die erfolgsabhängige Vergütung ist kein *earn-out*, sondern Geschäftsführungsvergütung. In vielen Fällen ist die Würdigung unter

Mehrkomponentengesichtspunkten jedoch nicht so eindeutig, sondern „a *matter of judgement that depends on the relevant facts and circumstances*".[15]

Probleme bereitet in Fällen der fortgesetzten Beschäftigung (*continuing employment*) des Veräußerers (*selling shareholder*) oder anderer bei Veräußerung verbleibender Beschäftigten (vgl. Beispiel unter Rz 54) die Auslegung von IFRS 3.B55 bei bedingten, an eine **Mindestbeschäftigungsdauer** geknüpften Zahlungen:

57

- Nach IFRS 3.B55(a) Satz 3 gilt: „*A contingent consideration arrangement in which the payments are automatically forfeited is remuneration for post-combination services.*" Hiernach wäre bei einer bedungenen Mindestbeschäftigungsdauer die variable Vergütung **immer** Personalaufwand bzw. nie Kaufpreis.
- Nach IFRS 3.B55 Satz 1 sind die in den Buchstaben (a) – (h) genannten Umstände hingegen lediglich **Indikatoren**, die einer Einzelfallwürdigung zugrunde zu legen sind.

Das IFRS IC hat mit einer Entscheidung vom Januar 2013 zum Verhältnis beider Regelbestandteile wie folgt Stellung genommen. „*An arrangement in which contingent payments are automatically forfeited if employment terminates would lead to a conclusion that the arrangement is compensation for post-combination services rather than additional consideration for an acquisition, unless the service condition is not substantive.*" Danach ist IFRS 3.B55(a) Satz 3 zwar im Normalfall als „*rule*" zu verstehen, die weitere Untersuchungen erübrigt. Dies gilt jedoch dann nicht, wenn die variable Vergütung im Verhältnis zu im Gegenzug erwarteten Diensten so unangemessen hoch ist, dass die Grenze zu einem Scheinvertrag erreicht ist.

Praxis-Beispiel

Während eines langen und erfolgreichen Berufslebens hat X eine Drogeriemarktkette aufgebaut. Diese verkauft der inzwischen 90-Jährige, von diversen Krankheiten geplagte X an K. Der Kaufvertag enthält erhebliche variable Bestandteile, die daran geknüpft sind, dass X mindestens drei Jahre weiterhin im Unternehmen tätig bleibt: Ein früheres Ausscheiden ist nur dann unschädlich, wenn es nicht von X zu verschulden ist (z.B. todes- oder krankheitsbedingt).

Der Weiterbeschäftigungsvereinbarung allein kann man wenig Substanz zusprechen. Eine Würdigung weiterer Umstände (Rz 56) ist daher notwendig.

Einen Grenzfall stellt folgende Zeitbedingung dar.

Praxis-Beispiel

Anteilseigener der ABCDE Beratungs-GmbH waren bisher mit je 1/5 die Gesellschaftergeschäftsführer A bis E. X erwirbt die GmbH gegen einen Kaufpreis von 20 Mio. (4 Mio. je Anteilsveräußerer), dem ein Nettovermögen von 8 Mio. gegenübersteht. Der Kaufvertrag sieht eine Fortsetzung der Geschäftsführungstätigkeit der Veräußerer für mindestens drei Jahre vor. Scheidet einer der Veräußerer vor Ablauf der drei Jahre als Geschäftsführer aus, so verfällt sein Kaufpreisanspruch und erhöht sich gleichzeitig der der verbleibenden. Scheiden alle aus, reduziert sich der Kaufpreis auf null. Ein solcher Fall gilt aber als extrem unwahrscheinlich, da der letzte Verbliebene mit seinem Ausscheiden auf eine ihm sonst allein zustehende Zahlung von 20 Mio. verzichten würde.

---

[15] EITF 95–8, EITF Discussion.

> **Beurteilung**
> Bei wörtlicher Anwendung von IFRS 3.B55(a) sind die 20 Mio. insgesamt als Personalaufwand zu qualifizieren. Beim Unternehmenserwerb entstünde somit ein sofort ertragswirksamer negativer Unterschiedsbetrag von 8 Mio. (Kaufpreis null minus Nettovermögen von 8 Mio.).
> Unter Berücksichtigung des Einleitungssatzes zu IFRS 3.B55 scheint es aber nicht völlig unvertretbar, im Hinblick auf die extreme Unwahrscheinlichkeit eines Ausscheidens aller fünf Veräußerer einen fixen Kaufpreis von 20 Mio. anzunehmen, somit keinen Personalaufwand anzusetzen und einen *goodwill* von 12 Mio. zu erfassen.

58   Auch **außerhalb** des Geschäftsführungsfalls können sich Abgrenzungsprobleme zum Kaufpreis ergeben. Dazu folgendes Beispiel:

> **Praxis-Beispiel**
> Die V-AG ist hauptsächlich Kapitalanlagevermittler. In der Vergangenheit hat sie in geringem Umfang auch durch die eigene Tochtergesellschaft B-GmbH errichtete Immobilien vertrieben. Im Rahmen der Fokussierung auf die Kapitalanlagevermittlung veräußert die V-AG ihre Bausparte an das Bauunternehmen K-AG. Die Parteien vereinbaren im Kaufvertrag einen Gesamtkaufpreis, der in einem Teilbetrag unbedingt und sofort zahlbar ist, in einem weiteren davon abhängt, dass die V-AG für einen Zeitraum von drei Jahren ab dem *closing date* weiterhin in einem bestimmten Mindestumfang (die Hälfte des bisherigen Vermittlungsvolumens) von der B-GmbH errichtete Immobilien an Kapitalanleger vermittelt. Unabhängig von der Erreichung dieses Gesamtziels erhält die V-AG auf Basis eines Maklerrahmenvertrags für jede einzelne Vermittlungsleistung den branchenüblichen Provisionssatz.

Die zivilrechtliche Bezeichnung und Behandlung der variablen Zahlung ist nach dem Grundsatz *substance over form* unerheblich. Eine wirtschaftliche Betrachtung ist notwendig. Sie steht vor folgendem **Abwägungsproblem:**

- Dass die V-AG für ihre Vermittlungstätigkeit bereits eine Einzelvergütung erhält, die für sich betrachtet ein marktübliches Niveau erreicht, spricht **gegen** die Qualifizierung der erfolgsabhängigen Vergütung als Vermittlungsentgelt und für einen Kaufpreisbestandteil *(earn-out)*.
- Dieser Qualifizierung steht allerdings entgegen, dass *earn-out*-Klauseln i.d.R. an Erfolgsgrößen des Veräußerungsobjekts wie z.B. den Umsatz oder das EBIT anknüpfen. Die bedingte Zahlung im Beispiel ist hingegen von der eigenen Vermittlungsleistung des Veräußerers abhängig und insbesondere nicht mit Gesamtgrößen saldierungsfähig. Bleibt etwa der Gesamtumsatz des Veräußerungsobjekts hinter den Erwartungen der Parteien zurück, vermittelt aber der Veräußerer die Hälfte des bisherigen Durchschnittsumsatzes, hat er Anspruch auf seine Zusatzvergütung: Übertrifft der Gesamtumsatz alle Erwartungen, hat aber der Veräußerer weniger beigetragen als vereinbart, verfällt sein Anspruch.

Da somit Gründe für wie gegen das Vorliegen eines *earn-out* sprechen, ist nach der **ökonomischen Zielsetzung** der Regelung, also danach zu fragen, warum die Parteien keine Abhängigkeit vom Gesamtumsatz vereinbart haben. Erklärend könnte sein, dass der Veräußerer Gesamtgrößen wie Umsatz oder EBIT nicht beeinflussen kann. Eine entsprechende Regelung würde daher den Zweck von *earn-out*-Klauseln, Informationsasymmetrien zwischen Veräußerer und Erwerber abzubauen sowie gleichzeitig dem Vertragsgeist nicht entsprechende Handlungen des Erwerbers zu vermeiden, nur unzureichend erfüllen. Dies könnte erklären, warum eine spezifischere *(earn-out-)*Klausel zur Anwendung gelangt. Allerdings ist zuzugestehen, dass die **Grenzen** zwischen als Kaufpreis zu wertenden *earn-out*-Klauseln und Vergütungen für sonstige Leistungen wie in vielen Fällen auch hier **nicht eindeutig** zu ziehen sind, Abgrenzungsentscheidungen also stark **einzelfall**- und **ermessens**abhängig sind.

Wegen der Qualifizierung beim Unternehmenserwerb gewährter Anteilsvergütungen an Arbeitnehmer **(Aktienoptionen)** wird auf → § 23 Rz 181 verwiesen.   **59**

2.4.6   Bedingte Kaufpreisbestandteile: Erfolgs-, Kurs- und Bilanzgarantien

2.4.6.1   Anschaffungskosten nach tatsächlichen Zahlbeträgen oder nach *fair value* der Garantie?

Ein Vertrag über einen Anteils- oder Unternehmenserwerb kann eine Anpassung   **60**
des Kaufpreises vorsehen, wenn

- das erworbene Unternehmen in einem bestimmten Zeitraum nach dem Erwerb bestimmte Erfolgsziele unter- oder überschreitet (*earn-out*-Modelle; **Erfolgs-„Garantie")** oder
- die als Kaufpreis(bestandteil) hingegebenen Anteile innerhalb einer bestimmten Frist bestimmte Kurswerte unterschreiten (**Kursgarantie des Erwerbers**);
- die Höhe des Eigenkapitals oder einzelner Bilanzposten einen garantierten Betrag nicht erreicht (**Bilanzgarantie des Veräußerers**).

Bei *earn-out*-Regelungen ist vorab zu klären, ob tatsächlich ein erfolgsabhängiger Kaufpreis vorliegt oder ein Mehrkomponentengeschäft (Rz 54), in dem der Veräußerer neben der Übertragung des Erwerbsobjekts auch **unterscheidbare** sonstige Leistungen **verspricht** und dafür ein **Entgelt erhält**.

Fraglich ist, ob bei der Einbeziehung bedingter Kaufpreisbestandteile in die   **61**
Konsolidierung

- auf den nach Beseitigung der Unsicherheit tatsächlichen gezahlten/nicht gezahlten Wert abzustellen ist oder
- der *fair value* zum Erstkonsolidierungszeitpunkt maßgeblich ist und Abweichungen des tatsächlichen Verlaufs von diesem Wert die Konsolidierung nicht mehr betreffen.

Dem ersten Ansatz folgte IFRS 3 rev. 2004. Ungewisse Anschaffungskosten *(cost contingent on future events)* waren im Erwerbszeitpunkt nur insoweit zu berücksichtigen, als sie **verlässlich bestimmbar** und **wahrscheinlich** waren. Bei einer späteren Revision der ursprünglichen Annahmen waren die Anschaffungskosten gegen *goodwill* (*earn*-out), Eigenkapital (Kursgarantie) anzupassen (IFRS 3.33 f. rev. 2004).

IFRS 3 rev. 2008 folgt dem zweiten Ansatz: Gewährte Garantien sind im Rahmen der Erstkonsolidierung mit ihrem *fair value* anzusetzen (IFRS 3.39). Der so bestimmte Wert der Garantie ist Bestandteil der Anschaffungskosten. Die davon abweichende spätere tatsächliche Entwicklung führt hingegen

- bei *earn-out*-Klauseln zu Ertrag oder Aufwand (IFRS 3.58(b)),

- bei Kursgarantien immer dann zu Ertrag oder Aufwand, wenn die Garantie in bar geleistet und deshalb als finanzielle Verbindlichkeit zu qualifizieren ist; dann nicht immer zu Ertrag oder Aufwand, wenn die Garantie durch Ausgabe weiterer Aktien erfüllt wird und deshalb ggf. als Eigenkapitalinstrument gilt (IFRS 3.58(a)).

Eine Anpassung der Erstkonsolidierung findet nur für die binnen zwölf Monaten nach dem Erwerbsstichtag erlangte bessere Erkenntnis statt (IFRS 3.45).

62   Die Abgrenzung zwischen einer finanziellen **Verbindlichkeit** und **Eigenkapital** ist dann nicht immer eindeutig, wenn **mehrere Bedingungen** in der Vereinbarung enthalten sind. U. E. ist jedenfalls eine getrennte Behandlung gefordert, wenn die Bedingungen sich auf leicht unterscheidbare und voneinander unabhängige Risiken beziehen.

Praxis-Beispiel

MU erwirbt 100 % an TU. Der Kaufpreis wird in Aktien der MU entrichtet, ist aber zugleich von der Erreichung nicht kumulativer Jahreserfolge abhängig. Der Veräußerer erhält 1 Mio. Aktien, wenn TU im ersten Geschäftsjahr nach Erwerb einen Gewinn von mindestens 10 Mio. erzielt. Entsprechendes gilt für das zweite Geschäftsjahr. Eine kumulierte Betrachtung des Ergebnisses beider Geschäftsjahre findet nicht statt.

Lösung 1

Wegen der nicht kumulativen Gestaltung liegen zwei unabhängige Vereinbarungen vor, die bei MU jeweils als Eigenkapital zu qualifizieren sind.

Lösung 2

Das Risikoprofil der Vereinbarung hängt einerseits von der Erfolgsentwicklung der TU, andererseits von der Wertentwicklung der Aktien der MU ab. Beide Effekte sind nicht leicht zu separieren. Die Vereinbarung führt insgesamt zu einer finanziellen Verbindlichkeit.

---

63   Die Neuregelung in IFRS 3 bedingte eine Abstimmung mit IAS 39 (jetzt IFRS 9). Zuvor unterlagen im Rahmen eines Unternehmenserwerbs vereinbarte *contingent considerations* aus Sicht des Erwerbers nicht den Regelungen für Finanzinstrumente (IAS 39.2(f)). Als Folgeänderung von IFRS 3 rev. 2008 ist diese Ausnahme vom Anwendungsbereich des IAS 39 (bzw. jetzt IFRS 9) gestrichen worden. Die *Annual Improvements to IFRSs 2010–2012 Cycle* stellen durch eine Änderung von IFRS 3.40 und IFRS 3.58 klar: Ein **bedingter** Kaufpreisbestandteil kann nur Eigenkapital oder finanzielle Verbindlichkeit sein, weshalb nur IAS 32 oder IAS 39/IFRS 9 einschlägig sind; ein anderer Standard kommt nicht in Betracht.

2.4.6.2   *Earn-out*-Klauseln

64   Nach IFRS 3.39 ff. sind **bedingte Anschaffungskosten** (*contingent consideration*) wie folgt zu erfassen:

- Sie sind bei der Erstkonsolidierung mit ihrem *fair value* zu berücksichtigen (IFRS 3.39).
- Soweit die bedingten Anschaffungskosten zu einer bedingten finanziellen Verbindlichkeit führen – wovon bei *earn-out*-Klauseln regelmäßig auszuge-

hen ist –, erfolgt auch die Folgebewertung zum *fair value*, wobei dessen
Änderung erfolgswirksam zu buchen ist (IFRS 3.58(a)(i)).

- Eine Ausnahme besteht lediglich für Anpassungen binnen zwölf Monaten
  nach Erwerb. Sie führen zu einer Anpassung der Anschaffungskosten und
  damit des *goodwill* (IFRS 3.45), sofern sie wertaufhellenden Charakter haben
  und nicht aus nacherwerblichen (wertändernden) Ereignissen (*post combination events*) resultieren.

Praxis-Beispiel

Erwerber E verhandelt mit Veräußerer V über den Erwerb der zu 100 % von
V gehaltenen C. Der Buchwert des Vermögens (= Zeitwert) entspricht 1.000
GE. Aufgrund einer vorsichtigen Einschätzung des künftigen Ertragspotenzials ist E bereit, 1.200 GE für die Anteile zu zahlen. V verlangt allerdings
1.500 GE.

Zur Beschleunigung des Verhandlungsprozesses und Vermeidung einer zu
kosten- und zeitintensiven *due diligence* vereinbaren die Parteien neben einer
festen Zahlung von 1.200 GE eine erfolgsabhängige Zahlung. Sie beträgt
150 GE, wenn das EBITDA der C in den drei Jahren nach Erwerb kumuliert
mindestens 400 GE beträgt, 300 GE, wenn kumuliert mindestens 450 GE
erreicht werden.

A hat zum Erwerbszeitpunkt 31.12.00 folgende Erwartungen:

EBITDA	bedingter Kaufpreis K	Wahrscheinlichkeit p	K × p
< 400	0	20 %	0
< 400, aber < 450	150	30 %	45
>= 450	300	50 %	150
		fair value:	195

U bucht per 31.12.00:

Konto	Soll	Haben
Vermögen C	1.000	
Geld		1.200
goodwill	395	
Kaufpreisverbindlichkeit		195

Das erste Jahr nach Erwerb entwickelt sich nicht ganz so gut wie erwartet. Per
31.12.01 korrigiert U daher seine Wahrscheinlichkeitseinschätzungen und
berechnet den *fair value* der bedingten Kaufpreisverbindlichkeit neu mit
100 GE. Die Anpassung erfolgt binnen zwölf Monaten und ist daher als
Korrektur des *goodwill* vorzunehmen, wenn die revidierte Ergebniserwartung Folge besserer Erkenntnisse (Wertaufhellung) und nicht Folge geänderter Verhältnisse (Wertänderung) ist:

Konto	Soll	Haben
Kaufpreisverbindlichkeit	95	
goodwill		95

Das zweite Jahr entwickelt sich sehr viel besser. Insgesamt entspricht die Entwicklung nunmehr den ursprünglichen Erwartungen. U erhöht die Kaufpreisverbindlichkeit wieder auf 195 GE, diesmal jedoch erfolgswirksam.

Konto	Soll	Haben
Aufwand	95	
Kaufpreisverbindlichkeit		95

Im dritten Jahr gibt es einen Konjunktureinbruch. Das untere Erfolgsziel der drei Jahre wird knapp verpasst. Per 31.12.03 bucht U daher:

Konto	Soll	Haben
Kaufpreisverbindlichkeit	195	
Ertrag		195

Aus der Folgebewertung von *contingent considerations* nach IFRS 3 ergeben sich **Fehlanreize** für die hoch subjektive *fair-value*-Bewertung im Erwerbszeitpunkt. Aus der Sicht des Erwerbers besteht ein Anreiz zur **Überschätzung** der künftigen Verpflichtung im Erwerbszeitpunkt. Diese führt

- im Erwerbszeitpunkt c. p. zu einem **höheren Unterschiedsbetrag** und zeitigt daher keine Ergebniswirkung,
- in der Folgebewertung zu einem **Ertrag aus der Auflösung** der zu hoch angesetzten Verbindlichkeit.

Dabei befindet sich der Erwerber nur vordergründig in einer Zwickmühle. Während der Kaufverhandlungen wird er im taktischen Interesse eines niedrigen Kaufpreises tendenziell Pessimist, nach dem Erwerb im bilanzpolitischen Interesse eher Optimist sein. Diesen Optimismus kann ihm auch im Blick auf eine dokumentierte gegenteilige Haltung während der Verhandlungen niemand verwehren, da er immer behaupten kann, der vorherige Pessimismus sei nur Verhandlungstaktik gewesen.

2.4.6.3   Kursgarantien

65   Auch Kursgarantien sind im Erstkonsolidierungszeitpunkt mit dem *fair value* zu berücksichtigen (IFRS 3.39). Sofern die Garantie in bar zu erfüllen ist und deshalb keinen Eigenkapitalcharakter hat, sind spätere Wertänderungen erfolgswirksam zu buchen (IFRS 3.58(b)(i)), es sei denn, binnen zwölf Monaten nach dem Erwerb wird eine bessere Erkenntnis über den Wert erlangt (IFRS 3.45 ff.).

> **Praxis-Beispiel**
> MU erwirbt Anfang 01 TU durch Hingabe von Aktien. Die Aktien haben per Erstkonsolidierung einen Wert von zusammen 175. MU garantiert diesen

Wert für zwei Jahre. Soweit der Aktienwert am Ende der zwei Jahre unter 175 liegt, hat U den Differenzbetrag in bar zu zahlen.

a) In die Anschaffungskosten ist der *fair value* der dem Veräußerer eingeräumten Garantie einzubeziehen. Diese hat den Charakter einer Option, bei der MU Stillhalter ist. Zum Erwerbsstichtag sind Ausübungspreis und Aktienkurs identisch, der innere Wert der Stillhalterposition beträgt somit null. Der *fair value* hängt dann wesentlich von der Laufzeit der Option und der Volatilität des Aktienkurses ab. Angenommen sei ein Wert von zunächst 5. MU bucht daher (Abzinsungen vernachlässigt):

Konto	Soll	Haben
Vermögen TU	100	
Eigenkapital		175
goodwill	80	
Verbindlichkeit		5

b) In 01 reduziert sich der Wert der Aktien um 12,5 auf 162,5. Die Wahrscheinlichkeit für eine Kurserholung in 02 ist gering. Der Wert der Stillhalterverpflichtung steigt auf 16. Obwohl die Anpassung innerhalb von zwölf Monaten vorgenommen wird, kann sie nicht gem. IFRS 3.45 ff. gegen *goodwill* erfasst werden, da sie Folge von Marktwertentwicklungen **nach** dem Erwerbsstichtag (werterhöhend) ist. MU bucht daher zum 31.12.01:

Konto	Soll	Haben
Aufwand	11	
Kaufpreisverbindlichkeit		11

c) Das Jahr 02 verläuft besser als erwartet. Die Aktien erreichen mit 170 beinahe wieder den ursprünglichen Kurs. Der Wert der Option sinkt auf 5. MU bucht daher zum 31.12.02:

Konto	Soll	Haben
Kaufpreisverbindlichkeit	11	
Ertrag		11

d) Anfang 03 kommt die verbleibende Kursdifferenz von 5 zur Regulierung. MU bucht:

Konto	Soll	Haben
Kaufpreisverbindlichkeit	5	
Geld		5

66 Eine Kursgarantie, die sich auf die Wertentwicklung zwischen Abschluss und Vollzug des Kaufvertrags richtet, führt aus Sicht des Erwerbsstichtags nicht zu bedingten Anschaffungskosten.

> **Praxis-Beispiel**
> Die börsennotierte A erwirbt B gegen Hingabe von 10.000 neuen (eigenen) Anteilen an die Gesellschafter von B. Der Kaufvertrag wird am 1.4. bei einem Kurs der A-Aktien von 100 (= 1 Mio. in Summe) abgeschlossen. Dieser Kurs ist bis zum dinglichen Vollzug (Erwerbsstichtag) garantiert. Bei Unterschreiten ist ein entsprechender Ausgleich in bar zu leisten. Die neuen Anteile haben einen Nominalwert von je 10, d.h. von 0,1 Mio. in Summe.
> Die Anschaffungskosten sind auf den Erwerbsstichtag zu bestimmen. Sie betragen von vornherein 1 Mio. (0,9 Mio. Aktien zum Wert 1.7. + 0,1 Mio. als Barausgleichsverpflichtung).
> Ein Anwendungsfall von IFRS 3.56 liegt nicht vor.
> Zum 1.7. ist zu buchen:
>
> | Konto | Soll | Haben |
> |---|---|---|
> | Vermögenswerte/Schulden/*goodwill* | 1 Mio. | |
> | gezeichnetes Kapital | | 0,1 Mio. |
> | Kapitalrücklage | | 0,8 Mio. |
> | Verbindlichkeit | | 0,1 Mio. |

2.4.6.4 Eigenkapitalgarantien oder Garantien einzelner Posten

67 Nur rudimentär werden in IFRS 3 Fälle der Bilanz- bzw. **Eigenkapitalgarantie** des Verkäufers für das übertragene Unternehmen behandelt. Entsprechende Verträge sehen eine Kaufpreisreduzierung z.B. vor, wenn das Eigenkapital des erworbenen Unternehmens vom Erwerbsstichtag hinter einer garantierten Summe zurückbleibt. Bei der bilanzmäßigen Behandlung ist wie folgt zu differenzieren:

- **Nichteinhaltung** des garantierten Betrags zum **Erwerbszeitpunkt**: Das Unterschreiten des garantierten Betrags berührt zugleich den *fair-value*-Ansatz beim Erwerber. In diesem Fall ist die Kaufpreiserstattungsforderung als Korrektur dieses Ansatzes zu buchen.
- **Spätere Wertänderung**: Der garantierte Betrag wird zu einem späteren Zeitpunkt aufgrund nachträglicher Entwicklungen unterschritten. Der Erstansatz beim Erwerber wird nicht berührt. Die spätere Kaufpreisminderung hat Ähnlichkeit mit einer *earn-out*-Garantie. U.E. ist in analoger Anwendung von IFRS 3.27 und IFRS 3.57 i.d.R. eine Erfolgsbuchung geboten.

68 Wird statt des Eigenkapitals der Wert bestimmter Posten garantiert, etwa das Nichtüberschreiten einer bestimmten Belastung aus einem Passivprozess oder aus dem Ausfall von Forderungen, ist die Garantie i.d.R. als Vermögenswert für Entschädigungsleistungen (*indemnification assets*) zu bilanzieren (Rz 93) und dessen Ansatz, Zugangs- und Folgebewertung (Rz 152) nach den für den garan-

tierten Posten geltenden Regeln vorzunehmen (IFRS 3.27 und IFRS 3.57).[16]
Hierzu folgendes Beispiel:

Praxis-Beispiel

Fall A

Der Veräußerer garantiert für einen übertragenen Forderungsbestand von nominell 100 einen Wert von 95 am Übertragungsstichtag.

In der Übergabebilanz werden eine Wertberichtigung von 5 und ein Forderungsbestand von 95 ausgewiesen.

Nach späterer Erkenntnis waren im Forderungsbestand einige verjährte und einige uneinbringliche Forderungen enthalten, so dass der Wert der Forderungen am Übergabestichtag tatsächlich nur 85 betrug. Der Verkäufer erkennt eine Ausgleichsverpflichtung von 10 an.

Diese 10 mindern einerseits die Anschaffungskosten des Erwerbers und andererseits seinen bisher unzutreffenden Erstansatz der erworbenen Forderungen. Die Differenz von Anschaffungskosten und Zeitwert des erworbenen Vermögens bleibt konstant. Somit ändert sich auch der *goodwill* nicht.

Anpassungsbuchung: „per Ausgleichsforderung gegen Verkäufer an Debitoren" (eine evtl. erfolgswirksame Forderungsabschreibung wäre zu stornieren).

Fall B

In der Übergabebilanz ist auf den Forderungsbestand von nominell 100 eine zutreffende Wertberichtigung von 5 ausgewiesen. Der Verkäufer garantiert einen Forderungseingang von 80. Aus Sicht des Erwerbsstichtags ist die Wahrscheinlichkeit eines unter 80 liegenden Forderungseingangs vernachlässigbar gering. Wegen nach dem Stichtag liegender wertändernder Ereignisse (*non-adjusting events*; → § 4 Rz 17) gehen tatsächlich aber nur 70 ein. Die Ausgleichsforderung beträgt 10 (80–70).

Die weitere Differenz i.H.v. 15 (95–80) zwischen ursprünglichem Ausweis der Forderung und Forderungseingang geht zulasten des Erwerbers.

Nach IFRS 3 ist die Garantie des Veräußerers zunächst mit null einzubuchen, weil bei dem garantierten Vermögenswert nur mit einer vernachlässigbaren Wahrscheinlichkeit von einer Wertberichtigung auf unter 80 ausgegangen, also das garantierte Risiko bei der Bewertung der Forderung gar nicht berücksichtigt wurde. Nach Änderung der Verhältnisse ist vom Erwerber zu buchen:

Konto	Soll	Haben
Aufwand aus Wertberichtigung	25	
Debitor		25
Entschädigungsforderung	10	
Ertrag		10

Zur nachträglichen besseren Erkenntnis hinsichtlich Ansatzfähigkeit und *fair value* bei nicht wertgarantierten Bilanzposten siehe Rz 127.

---

[16] Gl. A. Küting/Metz, KoR 2012, S. 394 ff.

2.4.6.5   Ungewisse Kaufpreisbestandteile beim Veräußerer

69   An speziellen Vorgaben für die bilanzielle Erfassung von *contingent considera-tion* in der Bilanz des Veräußerers fehlt es. Eine zum Erwerber korrespondie-rende Behandlung setzt die Kategorisierung als **derivatives Finanzinstrument** gem. IAS 39 bzw. IFRS 9 voraus. Aufgrund bestehender Unschärfen in der Derivate-Definition ist die Kategorisierung aber ermessensbehaftet.
Wird eine *contingent consideration* nicht als Finanzderivat behandelt, ist
* ein von der künftigen Entwicklung abhängiger Anspruch auf eine Kaufpreis-nachzahlung nicht zu aktivieren,
* eine Verpflichtung zur evtl. Erstattung eines bestimmten, bereits im Voraus vereinnahmten Kaufpreises hingegen (als erhaltene Vorauszahlung) zu passi-vieren.[17]

2.4.6.6   Aktienoptionen

70   Wegen der möglichen Einbeziehung beim Unternehmenserwerb ersatzweise gewähr-ter Aktienoptionen als Anschaffungskosten wird auf → § 23 Rz 181 ff. verwiesen.

2.5   Ansatz der erworbenen Vermögenswerte und Schulden

2.5.1   Grundlagen

71   Die Anschaffungskosten eines Unternehmenserwerbs (unter Einbeziehung des *fair value* von Altanteilen) sind **vorrangig** auf die **identifizierbaren Vermögens-werte, Schulden** und **Eventualschulden** (*contingent liabilities*) des erworbenen Unternehmens zu verteilen (IFRS 3.10 ff.). Nur ein verbleibender Unterschieds-betrag ist als *goodwill* anzusetzen oder als negativer Unterschiedsbetrag ertrags-wirksam zu vereinnahmen.
Für den Ansatz und die Bewertung kommt es nicht auf die Bilanzierungs- und Bewertungsmethoden beim Veräußerer an. Das erworbene Nettovermögen ist hinsichtlich seiner **Bilanzierungsfähigkeit und Bewertung neu zu beurteilen**.
* Hinsichtlich des **Bilanzansatzes** orientiert sich IFRS 3 im Wesentlichen an den im *Framework* und den anderen Standards formulierten Regeln (Rz 73). „**Erleichterungen**" gelten jedoch für
  – **bestimmte immaterielle Vermögenswerte** (Rz 75) und
  – **Eventualschulden** (Rz 95 und Rz 151),
  so dass es hier häufig zum Ansatz von Posten kommt, die beim Erworbenen nicht bilanzierungsfähig waren. Betroffen sind u. a. vom erworbenen Unterneh-men selbst erstellte **Kundenlisten** und **Marken**, die dieser wegen IAS 38.63 nicht aktivieren durfte (→ § 13 Rz 31). Beim erwerbenden Unternehmen gilt das Aktivierungsverbot nicht mehr, da die Vermögenswerte aus seiner Sicht derivativen Charakter haben (Rz 107).
  – Auch das wirtschaftliche Eigentum bzw. die Bilanzierung von **Leasingobjek-ten** kann im Rahmen des Unternehmenserwerbs ggf. neu zu beurteilen sein.
* Regelmäßiger **Bewertungsmaßstab** ist der *fair value* im Zeitpunkt des Unter-nehmenserwerbs. Je nach Art des Vermögenswerts oder der Schuld und je nach Verfügbarkeit von Marktdaten konkretisiert er sich über unterschiedli-che Techniken (Rz 103). Der *fair value* ist jedoch nicht einschlägig

---

[17]   FREIBERG, PiR 2009, S. 113 ff.

- bei zur Weiterveräußerung vorgesehenen *non-current assets held for sale*, die zum **Nettozeitwert** (*fair value less costs to sell*) anzusetzen sind (→ § 29 Rz 37), sowie
- bei **latenten Steuern**, deren Wert nach den normalen Bestimmungen von **IAS 12** (→ § 26) ermittelt wird (Rz 115 und Rz 214).

Die mit der *fair-value*-Bewertung einhergehende Aufdeckung stiller Reserven erstreckt sich auch auf einen evtl. nicht beherrschenden Anteil (**Minderheiten-anteil**; Rz 126). Der auf die Minderheit entfallende *goodwill* kann wahlweise aufgedeckt werden (Rz 136).

Besondere Ansatz- und Bewertungsprobleme entstehen, wenn bereits **vor** dem Unternehmenserwerb bestehende Vertragsbeziehungen (*preexisting relationships*) durch den Erwerb zu Konzerninnenverhältnissen werden (Rz 119 ff.).

Spezielle Regeln bestehen für den Fall, dass **ursprüngliche Einschätzungen** zur Ansatzfähigkeit und zum Wert des erworbenen Vermögens später zu **revidieren** sind (Rz 127).

Wegen der möglichen Qualifizierung **anteilsbasierter Mitarbeitervergütun-gen**, die im Rahmen eines Unternehmenserwerbs fortgeführt oder ersetzt wer-den, als Schuld wird auf → § 23 Rz 181 ff. verwiesen. **72**

IFRS 3.10 ff. sieht besondere Ansatzregeln im Rahmen der *business combination* explizit nur für **73**

- Eventualschulden (Rz 95 und Rz 151) und
- Risikofreistellungsansprüche (*indemnification assets*; Rz 118)

vor. Im Übrigen bezieht sich IFRS 3.11 hinsichtlich der abstrakten Ansatzfähig-keit allgemein auf das *Framework*. Danach sind kumulativ gefordert

- verlässliche Messbarkeit des *fair value* (Rz 74),
- erwarteter Nutzenzufluss (Vermögenswert) bzw. Ressourcenabfluss (Schuld; Rz 75),
- Identifizierbarkeit der Vermögenswerte bzw. Schulden, d.h. insbesondere Abgrenzung von allgemeinen Gewinn- oder Verlusterwartungen (*goodwill* und *„badwill"*; Rz 76),
- bei Vermögenswerten außerdem Kontrolle (Rz 78).

An die Verlässlichkeit einer *fair-value*-Messung sind keine übertriebenen Anfor-derungen zu stellen. Eine begründete beste Schätzung reicht aus (→ § 1 Rz 89). **74**

Bzgl. des erwarteten Nutzenzu- bzw. -abflusses spiegeln sich die allgemein, d.h. außerhalb des Unternehmenserwerbs, geltenden Anforderungen in IFRS 3 nur modifiziert wider: **75**

- Die **allgemeinen Wahrscheinlichkeitsanforderungen** des IFRS-Regelwerks sind **imparitätisch** formuliert.[18] Deshalb schreibt IAS 37 zwar den Ansatz von Schulden vor, die wahrscheinlich (*probable*) zu einem Ressourcenabfluss führen, verlangt hingegen für den Ansatz von Vermögenswerten, dass ein **Nutzenzufluss** so gut wie sicher (*virtually certain*) ist (→ § 21 Rz 119).
- Nach **IFRS 3** kann es hingegen ausreichen, wenn ein **Nutzenzufluss** wahr-scheinlich (*probable*) ist. Die Unsicherheit kann im Bewertungskalkül berück-sichtigt werden (IAS 38.33).

Danach wäre z.B. jede Forschungs- und Entwicklungstätigkeit, die zu Wissen (*know-how*) geführt hat, sei sie auch mit geringer Wahrscheinlichkeit eines

---

[18] LÜDENBACH/HOFFMANN, KoR 2003, S. 5.

Nutzens verbunden, bei der Kaufpreisallokation anzusetzen. Eine explizite Wahrscheinlichkeitsschwelle existiert nicht. *Materiality*-Erwägungen sind aber angezeigt, um eine Atomisierung der Kaufpreisallokation in unzählige „Eventualwerte" zu verhindern (Rz 83).

76 Das Kriterium der Identifizierbarkeit bzw. Unterscheidbarkeit ist grundlegend für jeden Bilanzansatz, unabhängig davon, ob ein Unternehmenserwerb vorliegt oder eine einzelbilanzielle Betrachtung vorgenommen wird. Mit dem Gesamtunternehmen verbundene Gewinnerwartungen verkörpern noch keinen (vom *goodwill* unterscheidbaren) Vermögenswert, entsprechende Verlusterwartungen noch keine Schuld. **Vermögenswerte** oder **Schulden** entstehen erst dann, wenn die **Gewinn-/Verlusterwartungen** sich in einzelnen rechtlichen oder faktischen Verhältnissen **konkretisieren** (Rz 77).

2.5.2 Immaterielles Anlagevermögen

2.5.2.1 Abgrenzung vom *goodwill*

77 Mit dem Gesamtunternehmen verbundene Gewinnerwartungen verkörpern noch keinen (vom *goodwill* unterscheidbaren) Vermögenswert, entsprechende Verlusterwartungen noch keine Schuld. Die Beurteilung, ob eine Abgrenzung möglich ist, bereitet insbesondere bei **immateriellen Vermögenswerten** Probleme. IFRS 3.B31 behandelt das Identifikationsproblem daher explizit nur für diesen Fall.

Zu den lediglich **geschäftswertbildenden Faktoren**, die wertbestimmend in den Kaufpreis und damit in den *goodwill* eingehen, aber nicht selbstständig aktivierungsfähig sind, gehören etwa

* **Lagevorteile** im Einzelhandel oder in der Gastronomie,
* der nicht schon in Markenrechten u. Ä. enthaltene gute **Ruf** eines Unternehmens,
* die eingeführte und optimierte **Organisation** sowie
* allgemein mit dem Gesamtunternehmen verbundene **Gewinnerwartungen**, die sich nicht in einzelnen rechtlichen oder faktischen Verhältnissen konkretisieren.

Abzugrenzen zum *goodwill* sind hingegen nach IFRS 3.B31 und IAS 38.12 Vorteile, die mindestens eine der beiden folgenden Bedingungen erfüllen (→ § 13 Rz 13 und § 13 Rz 22):

* Der Vorteil basiert auf vertraglichen oder sonstigen **Rechten** (*legal-contractual*-Kriterium).
* Der Vorteil ist **verkehrsfähig** (*separable*), d.h., er kann losgelöst vom Gesamtunternehmen veräußert, lizenziert, verpachtet usw. werden, entweder allein oder zusammen mit einem verbundenen Vermögenswert (*separability*-Kriterium).

Zur Wirkung der Kriterien folgendes Beispiel:

Praxis-Beispiel

Im Rahmen eines Unternehmenserwerbs werden Auftragsbestände (Festbestellungen) und Kundenlisten erworben.

Mit den Auftragsbeständen sind vertragliche Rechte auf den vereinbarten Auftragspreis verbunden. Sie sind rechtlich fundiert und daher anzusetzen. Auf die Verkehrsfähigkeit kommt es nicht an.

> Kundenlisten haben hingegen keine besondere rechtliche Qualität. Sie sind daher nur anzusetzen, wenn sie verkehrsfähig sind. Ist eine Verkehrsfähigkeit (z.B. aufgrund berufsrechtlicher Verschwiegenheitspflichten) nicht gegeben, unterbleibt ein Ansatz.

Die **Differenzierung** zwischen rechtlich verankerten und faktischen Vermögens-   78
werten macht nicht nur im Hinblick auf das Identifikationsproblem Sinn. Mit der rechtlichen Verankerung geht auch eine andere Qualität der Kontrolle über den Nutzen des Vermögenswerts einher: Insbesondere können Nutzungsstörer oder -verletzer wegen Unterlassung, Schadenersatz etc. belangt werden.
Allerdings wird das rechtliche Kriterium vom IASB teilweise überdehnt, indem auch Verhältnisse, die keinen besonderen aktuellen Rechtsbezug mehr haben, Stammkundenbeziehungen etwa, als rechtlich qualifiziert werden (vgl. dazu Rz 84). Motiviert ist diese **extensive** Auslegung durch das Ziel, möglichst große Teile des zu allozierenden Kaufpreises einzelnen Vermögenswerten und **nicht dem** *goodwill* zuzuordnen.

2.5.2.2 Nutzenwahrscheinlichkeit nur als Bewertungsparameter

Anders als bei der Herstellung eines immateriellen Vermögenswerts (→ § 13   79
Rz 23) hängt bei dem Erwerb (auch im Rahmen eines *business*) der Bilanzansatz nicht davon ab, dass der immaterielle Vermögenswert mit überwiegender **Wahrscheinlichkeit** zu einem Nutzen führen wird. Misserfolgsszenarien können mit ihrer gewichteten Wahrscheinlichkeit bei der **Zeitwertbestimmung**, also auf der Bewertungsebene berücksichtigt werden.

> **Praxis-Beispiel**
> K erwirbt das Pharmaunternehmen P, zu dessen Vermögen u.a. ein nicht bilanziertes, gerade anerkanntes Patent über ein Arzneimittel zur Steigerung der Lernfähigkeit gehört. Zur Verwertung des Patents bestehen zwei Szenarien:
>
> **Variante 1**
> Das Arzneimittel wird ein Erfolg. Es wird (diskontiert) einen Überschuss von 300 Mio. EUR erwirtschaften.
>
> **Variante 2**
> Das Arzneimittel wird kein Erfolg. Es wird zwei Jahre nach der Markteinführung eingestellt werden und bis dahin (diskontiert) einen Verlust von 20 Mio. EUR verursachen.
> Die Wahrscheinlichkeit der ersten Variante wird mit 25 %, die der zweiten mit 75 % angenommen.
>
> **Beurteilung**
> In der Einzelbilanz von P ist das Patent nicht ansatzfähig, da ein Nutzen nicht wahrscheinlich ist.
> Für die (Konzern-)Bilanz des Erwerbers gilt Folgendes:
> Bei Ansatz der Wahrscheinlichkeiten als Gewichtungsfaktoren resultiert folgender Zeitwert:
> $300 \times 0{,}25 - 20 \times 0{,}75 = 75 - 15 = 60$ Mio. EUR.

> Die geringere Wahrscheinlichkeit eines Erfolgs ist bei der Wertbemessung zu berücksichtigen. Sie hindert den Bilanzansatz nicht.

Neben der unterschiedlichen rechtlichen Bedeutung der Wahrscheinlichkeit eines Nutzens als Ansatzkriterium bei Herstellung und Bewertungsparameter bei Anschaffung kann auch eine **faktische Neubeurteilung** der Wahrscheinlichkeit im Rahmen des Erwerbs zum erstmaligen Ansatz führen:

- Das Management des erworbenen Unternehmens kann sein Ermessen in der Einschätzung der Wahrscheinlichkeit anders und mutiger ausüben als das Management des veräußernden Unternehmens (**subjektive** Wahrscheinlichkeit).
- Die Kombination mit Produktionsfaktoren und Kapitalkraft des Erwerbers (Synergien) kann die Wahrscheinlichkeit eines Nutzens erhöhen (**objektive** bzw. intersubjektive Wahrscheinlichkeit).

2.5.2.3   Systematisierung des immateriellen Vermögens

80   Eigentlicher Prüfstein für den Ansatz von immateriellen Vermögenswerten ist die Frage der **Identifizierbarkeit**, d. h. der Abgrenzung vom *goodwill*. Wie unter Rz 77 dargestellt, ist zu unterscheiden zwischen immateriellen Vermögenswerten, die

- auf einer **vertraglich-rechtlichen Grundlage** beruhen und deshalb ohne Weiteres als **identifizierbar** gelten, und
- **sonstigen** Werten, die nur angesetzt werden dürfen, wenn sie durch Verkauf, Übertragung, Lizenzierung, Verpachtung, Tausch usw. vom Unternehmen **separiert** werden können.

Zur Erläuterung dieser Kriterien führen die *Illustrative Examples* zu IFRS 3 eine Liste von immateriellen Vermögenswerten auf, bei der die vertraglich-rechtlichen Werte überwiegen. Die Liste ist in Tab. 1 nach den fünf Hauptkategorien gegliedert zusammengefasst.[19]

A. *marketing-related intangibles*
Warenzeichen
internet domain name
trade dress (Firmenlogos etc.)
newspaper mastheads (Zeitungsnamen)
vertragliche Wettbewerbsverbote
B. *customer-related intangibles*
Kundenlisten *(customer lists)**
Auftragsbestand *(order or production backlog)*
(Dauer-)Kundenverträge *(customer contracts)*

---

[19] Eine andere sinnvolle Einteilungsmöglichkeit immaterieller Vermögenswerte mit sieben statt fünf Hauptkategorien liefert der Arbeitskreis Immaterielle Werte im Rechnungswesen der Schmalenbach-Gesellschaft, DB 2001, S. 989 ff.: Berücksichtigt sind *innovation capital* (Patente, Rezepturen usw.), *human capital* (Mitarbeiter-Know-how), *customer capital* (Marken, Kunden), *supplier capital* (Beschaffungsverträge), *investor capital* (günstige Finanzierungskonditionen), *process capital* (Organisation), *location capital* (Standortvorteile).

nicht vertragliche Kundenbeziehungen*
C. *artistic-related intangibles*
Urheberrechte, Lizenzrechte usw. an Werken von Literatur, Oper, Musik, Film und Funk, bildender Kunst und Fotografie
D. *contract-based intangibles*
Dienst-, Werk- und Leasing-, Einkaufsverträge in dem Maß, in dem sie gemessen am Markt vorteilhaft sind (bei „Einkaufskontrakten" Preis unter Marktpreis), bei „Verkaufskontrakten" Preis über Marktpreis *(beneficial* oder *favorable contracts)*
Mineralgewinnungsrechte, Ausbeutungsrechte
Fernseh-, Rundfunk-, Telefonlizenzen
Landerechte und ähnliche Luftfahrtlizenzen, Lizenzen zum Betrieb mautpflichtiger Verkehrswege
vorteilhafte Arbeitsverträge *(beneficial employment contracts)*
E. *technology-based intangibles*
Patente
urheberrechtlich geschützte Software
rechtlich geschützte Datenbasen, Rezepte usw.
ungeschütztes Know-how, Rezepte, Datenbasen, Geschäftsgeheimnisse usw.*
* nicht vertraglich-rechtlich begründet

Tab. 1: Beispiele immaterieller Vermögenswerte

Angesichts der Vielfalt der infrage kommenden Werte besteht die Gefahr, den Beteiligungsbuchwert bzw. die Anschaffungskosten im Rahmen der Kaufpreisallokation zu **atomisieren**. Hier helfen *materiality*-Überlegungen, die darauf abstellen, welches im Einzelfall die wesentlichen Werttreiber sind. Dazu folgende Beispiele:

Branche	typische Werttreiber
Autovermieter	Marke
Beratungsunternehmen	Kundenbeziehungen
Bauunternehmen	Auftragsbestände
Filmproduzent	Urheberrechte und Lizenzen
Gebäudereiniger	Kundenbeziehungen
Kfz-Händler	Kundenbeziehungen
Markenartikelhersteller	Produktmarken
Mobilfunkbetreiber	Kundenbeziehungen, Mobilfunklizenzen
Spielbank	Spielbanklizenz
Softwarehersteller	Technologie, Kundenbeziehungen
Verlag	Abonnementverträge, Titelrechte

2.5.2.4 Kundenbeziehungen und Marken

81 **Folgende vier Typen** von Kundenbeziehungen lassen sich in Anlehnung an IFRS 3 unterscheiden:

- **Auftragsbestände** (*order or production backlog*; Rz 76 f.),
- **(Dauer-)Vertragskunden** (*contractual customer relationships*; Rz 76 f.),
- **Kundenlisten** (*customer lists*; Rz 83),
- faktische **Stammkundenbeziehungen** ohne aktuelles Vertragsverhältnis (*non-contractual customer relationships*; Rz 84).

Die beiden letzten Fälle sind durch fehlende (aktuelle) vertragliche Beziehungen gekennzeichnet *(non-contractual intangibles)*, die beiden anderen beruhen auf (bestehenden) Vertragsverhältnissen *(contractual intangibles)*.

Für die wirtschaftliche und bilanzrechtliche Qualität kann das Vorhandensein oder Fehlen vertraglicher Beziehungen eine wichtige Rolle spielen. Den *contractual intangibles* liegen rechtlich durchsetzbare Nutzen- bzw. *cash-inflow*-Erwartungen zugrunde. Das für den Ansatz eines Vermögenswerts maßgebliche Kriterium der Verfügungsmacht/Kontrolle über einen (wahrscheinlichen) zukünftigen Nutzen (→ § 1 Rz 83) ist damit regelmäßig zu bejahen. IFRS 3.B31 lässt deshalb i. d. R. die rechtlich geschützte Qualität eines immateriellen Vermögenswerts als ansatzbegründend genügen *(contractual-legal*-Kriterium), wobei die rechtliche Qualität nicht nur als nachvollziehbare Argumentation für die Verfügungsmacht, sondern apodiktisch auch für die Identifizierbarkeit, insbesondere die Unterscheidbarkeit vom *goodwill*, dient (Rz 77).

Bei *non-contractual intangibles* muss die Frage, ob ein kontrollierbarer, v. a. aber von anderen immateriellen Vermögenswerten wie Markenrechten und *goodwill* unterscheidbarer Nutzen zu erwarten ist, kritischer untersucht werden. Ansatzvoraussetzung der nicht rechtlich-vertraglich begründeten Vermögenswerte ist dann nach IAS 38.12 und IFRS 3.B31 die **Separierbarkeit** des jeweiligen Vermögenswerts (→ § 13 Rz 13). Hierbei geht es um die durch eine abstrakte Möglichkeit eines Verkaufs, einer Verpachtung usw. gegebene **Verkehrsfähigkeit**.

82 Sowohl der **Auftragsbestand** als auch die auf **Dauerverträgen** (Zeitschriftenabonnements, Mobilfunkverträge usw.) beruhenden Kundenbeziehungen sind rechtlich begründete und gesicherte Formen immaterieller Vermögenswerte. Nicht mehr zu prüfen ist daher, ob der Vermögenswert separierbar, d. h. insbesondere weiterveräußerbar ist.

In einem vom *substance-over-form*-Gedanken geleiteten Regelsystem kann der **rechtlichen Fundierung** eines Verhältnisses allerdings nur dann eine bilanzielle Bedeutung zukommen, wenn mit ihr auch eine **wirtschaftlich-substanzielle Qualität** einhergeht.

- Eine derartige Qualität ist für (feste) **Auftragsbestände** und **ungekündigte Dauervertragsbeziehungen** ohne Weiteres zu bejahen, da mit ihnen identifizierbare und rechtlich durchsetzbare *cash inflows* verbunden sind. Bei Dauervertragsbeziehungen muss auch nicht hinderlich sein, dass eine Beendigung der Geschäftsbeziehung durch Kündigung möglich ist. Erwartete Kündigungsraten können im Bewertungskalkül Berücksichtigung finden.
- In Abgrenzung zu fest zugesagten Aufträgen fehlt hingegen bei Gewinnchancen aus **Rahmen- bzw. Konditionenverträgen**, die nur Preise und Lieferbedingungen, ggf. auch Lieferverpflichtungen, jedoch keine Abnahmepflichten festlegen,

die durchsetzbare und damit selbstständig bewertbare Gewinnchance. Mit solchen Verträgen verbundene empirisch begründete Bestellerwartungen sollten daher u.E. nicht zur Anerkennung eines Rahmenvertrags als Vermögenswert führen. Die empirischen Erwartungen speisen sich nicht hauptsächlich aus der Existenz des Rahmenvertrags, sondern aus einer Vielzahl verbundener Faktoren (Qualität und Preis der Produkte, Markenruf), die insgesamt als geschäftswertbildend angesehen werden müssen.

Soweit es nach den vorstehenden Überlegungen zum Ansatz von Auftragsbeständen oder Dauervertragsbeziehungen kommt, bereitet die **Ermittlung des *fair value*** regelmäßig keine besonderen Probleme: Wegen eines Bewertungsbeispiels wird auf Rz 238 verwiesen.

Der Begriff der **Kundenliste** (*customer list*) steht für ganz unterschiedliche **83** kundenbezogene Informationen. Neben Adress- und demografischen Daten (Alter, Geschlecht, Familienstand, Beruf etc.) können Kundenlisten auch Informationen über das Kaufverhalten enthalten.

Für die mit einem Unternehmenskauf erworbene Kundenliste ist i.d.R. das rechtlich-vertragliche Ansatzkriterium (Rz 77) nicht einschlägig. Deshalb ist die **Verkehrsfähigkeit,** d.h. die Separierbarkeit des wirtschaftlichen Vorteils durch die Möglichkeit des Verkaufs, der Verpachtung oder des Tauschs, zu prüfen. Hierbei kommt es nicht darauf an, ob die erworbene Kundenliste tatsächlich vom Erwerber weiterveräußert oder verpachtet werden soll. Die abstrakte Möglichkeit einer solchen Transaktion reicht aus. Sie wird in IFRS 3.B33 nur für den Fall verneint, dass eine Überlassung der Kundenliste an andere Unternehmen gesetzlich oder vertraglich ausgeschlossen sei. Ein solcher Ausschluss kann sich z.B. aus **beruflichen Verschwiegenheitspflichten** von Ärzten, Rechtsanwälten, Wirtschaftsprüfern usw. oder allgemein durch Datenschutzbestimmungen ergeben.

Kann die Separierbarkeit bejaht werden, ist gleichwohl noch zu prüfen, ob die Kundenliste einen kontrollierbaren, wahrscheinlichen Nutzen verkörpert. Zwischen **Kontrolle** und **Nutzen** besteht regelmäßig eine **Wechselwirkung**.

Praxis-Beispiel

Die Dentalbedarf AG erwirbt ein Unternehmen, das Dentalinstrumente produziert. Mit dem Unternehmen wird auch eine Kundenliste erworben, die beinahe sämtliche deutschen Zahnärzte enthält.

Die Liste hat keinen besonderen Wert, da sich jedermann mit relativ unbedeutenden Suchkosten Listen von Zahnärzten über Branchen-CDs etc. beschaffen kann. Der niedrige Wert resultiert aus der fehlenden Kontrolle, Dritte von dem Informationsnutzen der Kundenliste auszuschließen.

Fallvariante

Die Liste enthält Angaben, welche Zahnärzte linkshändig sind und deshalb anders geformte und konstruierte Dentalinstrumentarien benötigen. Die Kundenliste bzw. die in ihr enthaltenen Informationen über die Linkshändigkeit sind unter zwei Prämissen werthaltig:

1. Der Erwerber – oder ein Dritter, an den die Liste weiterveräußert werden könnte – erwägt die Verwertung der Informationen durch die Produktion spezieller auf linkshändige Zahnärzte zugeschnittener Instrumente.

> 2. Die Information über die Linkshändigkeit von Zahnärzten ist nicht allgemein zugänglich und nur mit hohen Kosten beschaffbar.

84 Ein Ansatz der **Stammkundenbeziehungen** wird in IFRS 3.IE B3 bejaht, da sie das *contractual-legal*-Kriterium erfüllen würden. Diese Feststellung überrascht und offenbart eine Tendenz, das rechtliche Kriterium so weit auszulegen, dass es jeden Gehalts beraubt wird. Zur Begründung führt IFRS 3.IE28 Folgendes an: „*Customer relationships also meet the contractual-legal criterion ... when an entity has a practice of establishing contracts with its customers, regardless of whether a contract exists at the date of acquisition.*" Als nicht vertragliche Kundenbeziehungen *(non-contractual customer relationships)* würde dann nur noch das durch den Standort, den Ruf usw. erreichbare, bisher aber noch nicht mobilisierte Kundenpotenzial gelten.
In latentem Widerspruch zu IFRS 3.IE28 stellt IAS 38.16 allerdings die (nur bei nicht vertraglichen Vermögenswerten zu prüfende) Frage nach der **Separierbarkeit** von Stammkundenbeziehungen und macht sie daran fest, ob derartige Beziehungen auch außerhalb von Unternehmenszusammenschlüssen Gegenstand entgeltlicher Geschäfte sind. Nur durch derartige Transaktionen soll auch die Kontrolle (Verfügungsmacht) belegbar sein.
U. E. sind die Vorgaben in IAS 38 schlüssiger. Danach ist bei Stammkundenbeziehungen zunächst die Verkehrsfähigkeit (Separierbarkeit) zu prüfen: Unter normalen Verhältnissen kann ein Unternehmen seinen Kundenstamm kaum veräußern, verpachten oder in sonstiger Weise einem Dritten überlassen, ohne zugleich seine **operativen Tätigkeiten** im bisherigen Geschäftsfeld **aufzugeben** oder auf Dauer der Überlassung **einzustellen**. Regelmäßig ist daher keine separate Verwertungsmöglichkeit des Kundenstamms gegeben. Eine Aktivierung kommt i. d. R. schon deshalb nicht infrage.
Selbst wenn man die rechtliche Begründung der Stammkundenbeziehungen oder ihre Separierbarkeit bejaht, kann die Aktivierung noch am Fehlen eines adäquaten Modells zur verlässlichen Bewertung scheitern. Jedes **Berechnungsmodell** muss sich hier auf seine **ökonomische Adäquanz** befragen lassen. Bevor die Mathematik des Modells zur Anwendung gelangt, ist zu klären, ob die finanzmathematischen Prozeduren die ökonomischen Inhalte überhaupt angemessen abbilden. U. E. muss deshalb vor der modelltechnischen Berechnung der Kundenbeziehungen das ökonomische Verhältnis der Kundenbeziehungen zum *goodwill*, der Marke oder anderen immateriellen Vermögenswerten qualitativ untersucht werden.

> **Praxis-Beispiel**
> Erworben wird der Autohandel A. Das erworbene Unternehmen hat zahlreiche Stammkunden. Nach Erfahrungswerten der Vergangenheit werden 60 % der Kunden, die ihren letzten Pkw bei A gekauft haben, dort auch ihren nächsten Pkw kaufen. Mit diesem Verhalten wird auch für die Zukunft gerechnet.

Der ökonomische Wert der Stammkundschaft liegt im erwarteten **Wiederholungsverhalten**. Dieses Wiederholungsverhalten erklärt sich aber aus einer Vielzahl unterschiedlicher Faktoren: Markenstärke, Standort, persönliche Kontakte, Design und Technologie der Produkte spielen eine wichtige Rolle. Unter Rückgriff auf die zivile Rechtsprechung kann man in diesem Zusammenhang von sog. **Sogwirkungen anderer Faktoren** sprechen, die den Wiederholungskauf (mit-)erklären.[20] Der Einfluss der Sogwirkungen ist kaum quantifizierbar. Eine adäquate separate Bewertung der Stammkunden (bzw. der anderen interagierenden Vermögenswerte) ist dann nur noch in solchen Fällen möglich, in denen ein Aspekt überragt und daher die anderen als vernachlässigbar anzusehen sind. Solche Prioritätsverhältnisse sind nicht rechnerisch, sondern durch qualitative Vorüberlegungen unter Würdigung des Einzelfalls zu klären.

Sollte die Sogwirkung eines anderen immateriellen Vermögenswerts, insbesondere der Marke, einen überragenden Charakter haben, liegt es nahe, dem Posten Stammkunden keinen selbstständigen Wert zuzurechnen. **Pauschale Urteile** sind bei solchen qualitativen Betrachtungen aber zu vermeiden. Beim Erwerb eines Markenartikelherstellers ist es bspw. nicht von vornherein gerechtfertigt, alles der Marke und nichts dem Kundenstamm oder dem *goodwill* zuzuordnen. Der Markenwert sollte ökonomisch fundiert anhand eines zufließenden Nutzens, z. B. in Form höherer Absatzpreise im Vergleich mit No-Name-Produkten oder Eigenmarken der Handelsketten, ermittelt und nicht vereinfachend durch die Gleichung „Unterschiedsbetrag Kaufpreisallokation = Markenwert" bestimmt werden. Eine solche Gleichung würde zudem übersehen, dass es im Rahmen der Kaufpreisallokation nur **einen** residualen Wert, nämlich den *goodwill* gibt. Seine Berechnung setzt also die vorgängige Bestimmung aller anderen Werte voraus.

Bei der Bestimmung dieser anderen Werte bedarf es fallbezogener **Differenzierungen**:

- Bei **technologisch getriebenen Marken** sind Wiederholungskäufe Folge eines technisch begründeten Qualitätsversprechens, damit einhergehender Innovationskraft, Qualität der Arbeiterschaft und des Marketings etc. und somit untrennbar mit dem Unternehmen und dem Geschäftswert verbunden. Marken- und Stammkundenwert können unter diesen Umständen nicht mehr mit einem ökonomisch adäquat begründeten Bewertungsmodell separiert werden. Sie gehen im *goodwill* auf.
- Marken von Gütern des täglichen Bedarfs enthalten hingegen häufig kein technologisches Qualitäts-, sondern ein **Lifestyle-** oder **Genussversprechen**. In derartigen Fällen kann von einer dominierenden Bedeutung der Marke (gegenüber Stammkundenbeziehung, Know-how etc.) ausgegangen und deren Wert nach dem oben genannten ökonomischen Kalkül bestimmt werden.

Die Frage nach der Differenzierung und Trennbarkeit zwischen Kundenstamm und Marke sowie *goodwill* ist u. U. auch abhängig von der Vertriebsstruktur:

- Besteht die Stammkundschaft eines Markenartiklers aus **Handelskonzernen**, kann ein Erhalt der Kundenbeziehung nur insoweit erwartet werden, als die Endverbraucher der Marke treu bleiben. Die Stammkundenbeziehung zum Handelsunternehmen ist nur ein Reflex auf die Wahrnehmung der Marke durch die Endkunden. Das Kontrollkriterium bzgl. der Endkundenbeziehungen ist aus Sicht des Markenartiklers nicht erfüllt. Die Marke ist dominant und deshalb vorrangig anzusetzen.
- Demgegenüber sind Markenartikler mit **direkten Vertriebskanälen** und direktem Kontakt zu den Endkunden eher in der Lage, diese Beziehungen zu kontrollieren. Eine separate Bewertung der Stammkundenbeziehung kann infrage kommen.

---

[20] Vgl. KÜMMEL, DB 1998, S. 2407 ff.

Die vorgenannten Interdependenzen von immateriellen Vermögenswerten machen häufig nicht nur eine separate Verwertung, sondern bereits eine separate und adäquate Zeitwertermittlung unmöglich, so dass jedenfalls aus dieser Sicht ein Ansatz scheitern kann.

Im Rahmen einer *Agenda Rejection* (Non-IFRIC) gesteht das IFRS IC im Übrigen ein, dass sich aus IFRS 3 nicht klar ergebe, unter welchen Umständen nicht vertragliche Kundenbeziehungen anzusetzen seien.[21]

85   Sofern Stammkundenbeziehungen nach dem Vorstehenden überhaupt zum Ansatz gelangen können, ist nach IAS 38.16 eine Beschränkung auf die Fälle geboten, in denen ein **Portfolio** von Kunden und damit eine ggf. statistisch fassbare Nutzenerwartung vorliegt. Hieran fehlt es etwa, wenn das erworbene Unternehmen nur einen oder zwei Kunden hat. In anderen Fällen kann eine Zweiteilung des Kundenstamms geboten sein.

Praxis-Beispiel

Das erworbene Unternehmen hat zwei Großkunden A und B, die jeweils 25 % des Umsatzes ausmachen, daneben 100 Kleinkunden, die zwischen 0,1 und 1 %, im Mittel mit 0,5 %, zum Umsatz beitragen.

Die Kleinkunden begründen ein statistisch fassbares Portfolio; nur in Bezug auf sie ist der Ansatz eines Kundenstamms ggf. vertretbar.

2.5.2.5   *In process research and development*

86   IAS 38 lässt eine Aktivierung von **originären** Forschungsaufwendungen überhaupt nicht und eine Aktivierung von originärem Entwicklungsaufwand nur unter eingeschränkten Bedingungen zu (→ § 13 Rz 25). Würde man diesen Regeln auch beim Unternehmenserwerb folgen, wären beim Erwerb von forschungsintensiven *start-up*-Unternehmen alle noch im Prozess befindlichen Forschungen und Entwicklungen wertmäßig im *goodwill* zu erfassen.

Nach Maßgabe der Einzelerwerbsfiktion ist das Wissen des erworbenen Unternehmens jedoch ein **derivativer Vermögenswert** und daher bei regelmäßig zu bejahender Verkehrsfähigkeit in der Erstkonsolidierung anzusetzen (IFRS.BC149 ff. und IFRS 3.IE44).

Praxis-Beispiel

U erwirbt das Start-up-Unternehmen sU. sU beschäftigt sich mit der Entwicklung eines Spracherkennungssystems. In den zwei Jahren seit Bargründung für 10 Mio. EUR sind 8 Mio. EUR für Forschung und 3 Mio. EUR für Entwicklung aufgewendet worden, aus Umsätzen konnte bislang ein Deckungsbeitrag von 1 Mio. EUR erwirtschaftet werden. Da die technische Durchführbarkeit (*technical feasibility*) noch nicht abschließend beurteilt werden kann, werden auch die Entwicklungsaufwendungen bei sU nicht aktiviert (→ § 13 Rz 26).

U hält die Entwicklung für aussichtsreich und zahlt für sU, deren Bilanz im Übrigen ausgeglichen ist und keine stillen Reserven enthält, einen Preis von 5 Mio. EUR.

---

[21]   IFRIC Update March 2009.

Da die Wahrscheinlichkeit eines Nutzens beim Erwerb nur Bewertungsparameter, nicht aber Ansatzkriterium ist, kann U die im Prozess befindliche Forschung/Entwicklung mit 5 Mio. EUR als separaten immateriellen Vermögenswert ansetzen (IAS 38.42) und darf sie nicht als *goodwill* erfassen. Vorausgesetzt ist, dass sU schon ein *business* darstellt und damit die Regeln der *business combination* überhaupt zur Anwendung gelangen (Rz 15). Im Beispiel ist dies der Fall, da sU schon Umsätze erwirtschaftet. Ohne diese Voraussetzung wäre ein separater Erwerb von Know-how anzunehmen.

Wegen der Ermittlung des *fair value* von *in process research and development* wird auf Rz 243 verwiesen.

2.5.2.6 Vertragliches Wettbewerbsverbot

Nach IFRS 3.IE18 ist der durch Einmalzahlung „erworbene" Anspruch auf Unter- **87** lassung von Wettbewerb als immaterielles Anlagevermögen zu bilanzieren, sofern es selbstständige Bedeutung hat und nicht im Firmenwert aufgeht. Dies entspricht der herrschenden Auffassung im Handels- und Steuerrecht.[22] Die **Vermögenswertqualität** eines vom Firmenwert unterscheidbaren Wettbewerbsverbots wird dabei vorausgesetzt. Irritierend ist, dass demgegenüber der Unterlassungspflichtige nach Rechtsprechung des BFH erhaltene Einmalzahlungen passiv abgrenzen muss bzw. bei laufenden Zahlungen nach den Grundsätzen der Nichtbilanzierung schwebender Verträge keine Schuld zu passivieren hat. Eine solche Ungleichbehandlung beim Berechtigten und Verpflichteten scheint nicht gerechtfertigt:

* Durch die Vereinbarung eines Wettbewerbsverbots verpflichtet sich eine Partei gegenüber einer anderen, in einem sachlich und räumlich bestimmten Geschäftsfeld nicht in Wettbewerb zu treten. Die aus dem Wettbewerbsverbot geschuldete Leistung besteht in einem Unterlassen von Handlungen über einen Zeitraum, der regelmäßig vertraglich, gesetzlich oder durch Richterrecht limitiert und nur ausnahmsweise unbefristet ist. Das Wettbewerbsverbot ist damit zivilrechtlich ein **Dauerschuldverhältnis**, da der Umfang der Leistung (hier des Unterlassens) von der Dauer der Rechtsbeziehung abhängt.
* (Dauerschuld-)Verträge stellen hinsichtlich ihres noch unerfüllten, d.h. **schwebenden Teils** nach F.91 (ebenso wie nach Handels- und Steuerrecht) bilanzrechtlich regelmäßig **keine Vermögenswerte** dar (→ § 1 Rz 93).
* Im Rahmen eines Unternehmenserwerbs gelten sie nur **ausnahmsweise** insoweit als Vermögenswert, als sich Rechte und Pflichten nicht ausgewogen gegenüberstehen, der ökonomische Saldo also nicht null, sondern „günstig" ist (IFRS 3.IE37; Rz 88). Eine solche **Günstigkeit** kann bei Vereinbarung anlässlich eines Unternehmenskaufs nicht entstehen, da ein von den Parteien zugrunde gelegter zu niedriger Preis für das Wettbewerbsverbot unbeachtlich, das Gesamtentgelt vielmehr nach objektiven Maßstäben (Zeitwert) aufzuteilen ist. Damit entspricht auch der auf das Wettbewerbsverbot entfallende Teil dem marktkonformen Wert. Es fehlt mithin an dem positiven Saldo, der einen immateriellen Vermögenswert konstituieren würde.

---

[22] Im Detail LÜDENBACH/VÖLKNER, BB 2008, S. 1662ff.

Ohne dass es hierauf noch ankäme, scheitert der Ansatz eines immateriellen Vermögenswerts „Wettbewerbsverbot" i.d.R. aber auch an der **fehlenden Kontrolle** (Herrschaft) über die aus dem Wettbewerbsverbot resultierenden Gewinnchancen. Mit der Vereinbarung eines Wettbewerbsverbots erhält das berechtigte Unternehmen zwar das Recht zur Einforderung des Unterlassens vom verpflichteten Unternehmen. Potenzielles Bilanzierungsobjekt ist jedoch nicht das Recht, sondern der damit verbundene wirtschaftliche Nutzen. Diesen kontrolliert der Anspruchsberechtigte i.d.R. (Ausnahme etwa beim Duopol) nicht.

> **Praxis-Beispiel**
> Am Marktplatz werden drei etwa gleich große und gleich umsatzstarke Apotheken von A, B und C betrieben. A veräußert seine Apotheke an X und vereinbart mit diesem ein fünfjähriges Wettbewerbsverbot.
> Die Unterlassungspflicht des A besteht im Beispiel zwar rechtlich nur gegenüber X, allerdings profitieren auch die beiden anderen Marktteilnehmer B und C in jeweils gleicher Weise von dieser Unterlassung durch Sicherung von Marktanteil und Umsatz. In ökonomischer Betrachtung begründet die Wettbewerbsabrede ein Kollektivgut. Verfügungsmacht ist nicht gegeben.

Eine anlässlich eines Unternehmenskaufs als Teil des Kaufpreises oder separat geleistete Einmalzahlung auf ein Wettbewerbsverbot ist daher, wenn ihr ein rechtlich oder wirtschaftlich befristeter Unterlassungsanspruch zukommt, als **Rechnungsabgrenzungsposten** zu aktivieren – **ohne Befristung** u.E. sofort **aufwandswirksam** zu verbuchen.

2.5.2.7 Schwebende Verträge mit Gewinn- oder Verlusterwartung

88 Schwebende Absatz- oder Beschaffungsverträge können dann einen zu aktivierenden Vermögenswert oder eine zu passivierende Schuld darstellen, wenn die Vertragskonditionen gemessen an Marktwerten
- besonders günstig (*beneficial* oder *favorable contract*) oder
- besonders ungünstig (*unfavorable contract*) sind.

Das günstige Vertragsverhältnis führt nach IFRS 3.B32(a) und IFRS 3.IE37 zu einem *contract-based intangible asset*.
Ohne an Marktwerten gemessene Günstigkeit der Vertragskonditionen kommt schwebenden Beschaffungsverträgen i.d.R. kein *fair value* zu. Bei schwebenden Absatzverträgen kann dies wegen der erwarteten (marktkonformen) Gewinnmarge anders sein; diese Verträge sind aber ohnehin schon als kundenbezogene Vermögenswerte (Auftragsbestand usw.) zu erfassen (Rz 76 f.).

> **Praxis-Beispiel**
> Das erworbene Unternehmen ist u.a. in folgenden schwebenden Verträgen engagiert:
> - Dollarterminkauf mit positivem Marktwert,
> - Rohstoffterminkauf mit positivem Marktwert (vereinbarter Preis unter aktuellem Spotpreis),

- Anmietungsvertrag über ein Gebäude mit einer Miete von 12 EUR pro qm bei einer aktuellen Marktmiete von 20 EUR pro qm bei einer Restlaufzeit von fünf Jahren,
- Vermietungsvertrag über ein Gebäude mit einer Vertragsmiete von 12 EUR pro qm bei einer Marktmiete von 20 EUR pro qm und einer Restlaufzeit von fünf Jahren,
- Haustarifvertrag mit Löhnen/Gehältern, die um 20 % unter dem Flächentarifvertrag liegen; der Vertrag hat eine Restlaufzeit von zwei Jahren.

Beurteilung
- Das **Dollartermingeschäft** war schon beim Veräußerer als Finanzinstrument (Finanzderivat) anzusetzen. Beim Erwerber ergibt sich keine andere Beurteilung.
- Das **Rohstofftermingeschäft** war beim Veräußerer nur dann anzusetzen, wenn es nicht auf physische Lieferung gerichtet ist (dann Finanzderivat; → §28). Beim Erwerber erfolgt ein Ansatz auch bei Ziel der physischen Lieferung. Anzusetzen ist der Marktwert.
- Der **Anmietungsvertrag** ist mit dem Barwert der gegenüber den Marktkonditionen ersparten Miete anzusetzen.
- Beim **Vermietungsvertrag** ist kein immaterieller Vermögenswert anzusetzen. Eine zu hohe (niedrige) Miete ist vielmehr bei der Bemessung des *fair value* des Gebäudes zu berücksichtigen (IFRS 3.B42).
- Die **Arbeitsverhältnisse** sind anzusetzen, soweit die Haustarifvereinbarung tatsächlich günstig ist, d.h. der Flächentarif die tatsächlichen Marktverhältnisse widerspiegelt und der Haustarif nicht lediglich eine geringere Produktivität etc. kompensiert.

Arbeitsverhältnisse sind anzusetzen, wenn sie *beneficial* bzw. *favorable* sind   **89**
(IFRS 3.IE37). Unabhängig davon, ob Arbeitsverträge gemessen an den Marktverhältnissen günstig sind, kann ihre Berücksichtigung bei der Bewertung **anderer** immaterieller Vermögenswerte notwendig sein. Bei Anwendung der Residualwertmethode *(multi period excess earnings approach)* sind *capital charges* auf die *fair values* der unterstützenden Vermögenswerte (unabhängig von deren Bilanzierungsfähigkeit) in Abzug zu bringen (Rz 111). Der *fair value* der Arbeitsverhältnisse kann dann opportunitätskostenorientiert (ersparte Einstellungs- und Einarbeitungskosten) bestimmt werden. In der Anwendung des Gedankens der vorteilhaften Verträge ist aber u. E. angesichts vieler Unbestimmtheiten gerade bei Arbeitsverträgen **Zurückhaltung** geboten.

Praxis-Beispiel
E erwirbt das in der Region MV liegende Produktionsunternehmen Z, dessen Arbeitsverträge im Durchschnitt Vergütungen deutlich unter dem Tarifniveau vorsehen.
Bzgl. der Aktivierungsfähigkeit der unter Tarif liegenden Arbeitsverhältnisse sind u. a. folgende Überlegungen anzustellen: Sind die Arbeitsverhältnisse **tatsächlich** noch günstig *(beneficial)*, wenn
- in der Region MV zahlreiche Unternehmen unter Tarif bezahlen,

- das erworbene Unternehmen zwar unter Tarif zahlt, dafür aber auch die Produktivität der Arbeiter wegen unzureichender Sachkapitalausstattung unterdurchschnittlich ist,
- zwar der einzelne oder alle Arbeitnehmer des erworbenen Unternehmens unter Tarif bezahlt werden, aber das Unternehmen insgesamt einen Überbestand an Arbeitskräften hat?

Das Beispiel legt einige grundlegende Probleme offen, die sich bei Arbeitsverhältnissen besonders deutlich zeigen, jedoch auch in anderen Fällen bei der Identifizierung und Bewertung der günstigen Vertragsverhältnisse zu Unsicherheiten führen können:

- Im Ausgangsfall (auch andere Unternehmen zahlen unter Tarif) geht es um die Bestimmung der Nulllinie. Nur bei standardisiert und überregional gehandelten Vertragsobjekten ist diese Aufgabe einfach. In anderen Fällen kann ermessensabhängig sein, welcher der für den Vergleich relevante geografische und sachliche Markt ist.
- Im zweiten Fall (unterdurchschnittliche Bezahlung entspricht durch mangelnde Sachkapitalausstattung verursachter unterdurchschnittlicher Produktivität) geht es um den Saldierungsbereich für die Beurteilung der Günstigkeit, speziell um das Vertragssynallagma.[23] Unklar ist, ob ein Vertrag günstig ist, wenn zwar die Preise des Leistungsaustauschverhältnisses in isolierter Betrachtung angemessen sind, dem unterdurchschnittlichen Entgelt also eine unterdurchschnittliche Gegenleistung entspricht, die Ursache für die unterdurchschnittliche Gegenleistung aber nicht beim Vertragspartner liegt, sondern z. B. bei der eigenen Sachkapitalausstattung.
- Im letzten Fall (günstige Einzelverträge bei insgesamt gegebenem Überbestand an Arbeitskräften) geht es um die Frage der Einzel- oder Gesamtbewertung. Es erscheint kaum sachgerecht, in einzelvertraglicher Perspektive günstige Arbeitsverhältnisse zu aktivieren und gleichzeitig oder zeitversetzt aus der Gesamtperspektive Rückstellungen für notwendige Auflösungen von Arbeitsverhältnissen zu bilden.

Der Rechnungslegungspraxis werden mit der Kategorie der **günstigen** Verträge **schwer lösbare** Aufgaben gestellt. Für jedes Vertragsverhältnis müsste eine Bewertung zu Marktpreisen durchgeführt werden. Die Kaufpreisallokation würde zu atomisierten Werten führen. U. E. ist es daher sachgerecht, den Ansatz von *beneficial* und *unfavorable contracts* auf die wenigen Fälle zu beschränken, in denen es um große Vertragsvolumina, erhebliche Restlaufzeiten sowie deutliche und klar zu belegende, überdies unkompensierte Abweichungen zwischen Markt- und Vertragskondition geht.

90   Das (gemessen am Markt) **ungünstige** Vertragsverhältnis *(unfavorable contract)* führt nach allgemeinen Grundsätzen schon beim erworbenen Unternehmen zu einer Rückstellung, wenn es zugleich ein **belastender Vertrag** *(onerous contract)* ist, aus dem ein Verlust droht (→ § 21 Rz 48). Der Begriff des *unfavorable contract* stellt jedoch auf eine an Marktverhältnissen gemessene ökonomische

---

[23] Grundlegend hierzu auch HERZIG, ZfB 1988, S. 212, mit Differenzierung zwischen weiterem bilanzrechtlichen Saldierungsbereich und engerem zivilrechtlichen Saldierungsbereich (Vertragssynallagma).

Unvorteilhaftigkeit ab, mit der nicht notwendig auch ein Verlust i.S.d. Rechnungslegung einhergehen muss. Zwischen der an Marktverhältnissen und der an Unternehmensverhältnissen gemessenen Vorteilhaftigkeit ergibt sich keine zwangsläufige Parallelität. Vielmehr bestehen folgende Differenzierungsmöglichkeiten für die Erstkonsolidierung:

Marktvergleich Vergleich Ertrag/Aufwand	ungünstig	neutral	günstig
belastend	passivieren	passivieren	passivieren; fraglich, ob daneben Aktivum
nicht belastend	passivieren	kein Ansatz	als günstiger Vertrag zu aktivieren

In diesem Raster sind v. a. drei Konstellationen von systematischem Interesse:
- bereits beim erworbenen Unternehmen passivierte belastende Verträge, die gemessen am Markt neutral oder ungünstig sind;
- nicht belastende Verträge, die aber gemessen am Markt ungünstig sind;
- belastende Verträge, die gemessen am Markt günstig sind.

In der ersten Konstellation hat das erworbene Unternehmen bereits eine Rückstellung gebildet. Diese ist im Wesentlichen zu übernehmen.

Praxis-Beispiel

Das erworbene Unternehmen TU handelt mit Rohstoffen, die es in großen Partien erwirbt und in kleinen Partien mit einem Aufschlag von 5 EUR je kg weiterveräußert. Zum Erwerbsstichtag existieren Verkaufsverträge mit A über einen Preis von 20 EUR je kg und mit B zu einem Preis von 22 EUR je kg. TU muss die Rohstoffe noch beschaffen. Nach den aktuellen Verhältnissen des Beschaffungsmarkts werden die Einstandskosten 22 EUR je kg betragen. Nach den aktuellen Verhältnissen des Absatzmarkts wären sie für 27 EUR je kg veräußerungsfähig.

Das erworbene Unternehmen hat das mit einem Verlustrisiko behaftete schwebende Geschäft aus belastenden Verträgen gem. IAS 37.66 ff. (→ § 21 Rz 48) bereits im Einzelabschluss zu berücksichtigen. Drohverlustrückstellungen sind im Rahmen der Erstkonsolidierung vom Erwerber mit dem Barwert des aus der Abwicklung drohenden Verpflichtungsüberschusses anzusetzen. Der Barwert des Verpflichtungsüberschusses wird durch die bestmögliche Schätzung der zur Erfüllung notwendigen Ausgaben bestimmt. Bei Ausblendung der Marktverhältnisse entspricht der Ansatz beim Erwerber zunächst dem des erworbenen Unternehmens:
- Im Fall A: Einstandskosten 22 EUR je kg, Veräußerungspreis 20 EUR je kg, wären 2 EUR je kg bereits beim erworbenen Unternehmen zurückzustellen und so vom Erwerber zu übernehmen.

> • Im Fall B: Einstandskosten 22 EUR je kg, Veräußerungspreis 22 EUR je kg, entsteht kein Verpflichtungsüberschuss. Ein belastender Vertrag liegt nicht vor. Ein Ansatz unterbleibt beim erworbenen Unternehmen.

Die zweite Konstellation tritt etwa auf, wenn ein Unternehmen die Verpflichtung hat, Waren zu einem unter dem aktuellen Marktwert liegenden Preis zu verkaufen, der Preis aber andererseits gerade noch kostendeckend ist. Es liegt nur ein *unfavorable* und kein *onerous contract* vor. Das veräußerte Unternehmen bildet daher keine Rückstellung. Beim **Erwerber** ist unter *fair-value*-Gesichtspunkten eine andere Bewertung erforderlich und u.E. auch in Fällen ohne drohenden Verlust eine Passivierung geboten (IFRS 3.IE34).

Praxis-Beispiel
Das erworbene Unternehmen TU ist Mieter aus zwei langfristigen Büromietverträgen über gleiche Flächen und gleiche Restlaufzeiten. Die aktuelle Marktmiete für den Abschluss eines Mietvertrags mit gleicher Restlaufzeit beträgt 25 EUR/qm. Die tatsächlichen über die Restlaufzeit festgeschriebenen Mieten sind
- 15 EUR/qm für den Vertrag A und
- 35 EUR/qm für den Vertrag B.

Vertrag A ist *favorable*. Ein immaterieller Vermögenswert ist anzusetzen und über die Laufzeit des Vertrags abzuschreiben. Unter Vernachlässigung der Verzinsung entspricht die in der Konzern-GuV anzusetzende Summe aus jährlicher Vertragsmiete und jährlicher Abschreibung der jährlichen Marktmiete.
Vertrag B ist aus der Perspektive der TU nicht (oder nur unter besonderen Bedingungen: z.B. Untervermietung für 25 EUR/qm) *onerous*. Aus Sicht von MU ist der Vertrag aber *unfavorable*. Bei sachgerechter Anwendung des *fair-value*-Prinzips auf schwebende Verträge muss daher analog zur Aktivierung von Vertrag A (positiver *fair value*) eine Passivierung von Vertrag B (negativer *fair value*) erfolgen. Dieser Passivposten ist im Zeitablauf aufwandsmindernd aufzulösen; nur so wird auch aus Vertrag B in der Konzern-GuV in Summe ein Aufwand i.H.d. Marktmiete angesetzt.

Der Ansatz einer Schuld aus ungünstigen Vertragsverhältnissen ist in IFRS 3.IE34 explizit vorgesehen.
Bei der Folgekonsolidierung darf allerdings nicht zu den Normalregeln von IAS 37 (Passivierung von Dauerschuldverhältnissen nur bei *onerous contracts*) gewechselt werden, da der Passivposten sonst sogleich in vollem Umfang ertragswirksam aufzulösen wäre; die Auflösung muss vielmehr laufzeitgerecht erfolgen.
Ein potenzieller **Konflikt** zwischen der Aktivierungspflicht günstiger Verträge und der Passivierungspflicht belastender Verträge entsteht, wenn ein Vertragsverhältnis gemessen am Markt vorteilhaft, d.h. günstig, andererseits gemessen an den Erfüllungskosten aber unvorteilhaft, d.h. belastend ist. In vielen Fällen kann der Konflikt durch eine **zusammenfassende** Betrachtung zweier Vertragsverhältnisse (Beschaffungs- und Absatzvertrag) gelöst werden.

Praxis-Beispiel

Das erworbene Unternehmen TU hat vor 15 Jahren in einer Hochmietphase ein Gebäude für 30 EUR/qm langfristig von A angemietet und für 35 EUR/qm weitervermietet. Der ursprüngliche Mieter ist vor fünf Jahren insolvent geworden. Eine Neuvermietung an B gelang nur für 25 EUR/qm. Nach den Verhältnissen des Erwerbsstichtags wären nur noch 20 EUR/qm zu erzielen (bei marktkonformen 15 EUR/qm für die Anmietung und entsprechend einem Gewinnaufschlag von 5 EUR/qm).

Der Mietvertrag mit B ist gemessen an heutigen Vertragsverhältnissen günstig und insoweit als immaterieller Vermögenswert zu aktivieren. Gleichzeitig scheint das Vertragsverhältnis aber belastend, da die Mieteinnahmen unter den Mietausgaben liegen. Insoweit würde ein günstiger, zugleich aber belastender Vertrag, also ein immaterieller Vermögenswert, zugleich aber auch eine Schuld vorliegen. Bei zweiter Betrachtung löst sich der potenzielle Konflikt auf. Der Vermietungsvertrag mit B ist günstig. Belastend ist er nur unter Ausdehnung der Betrachtung auf den Anmietungsvertrag. In zusammengefasster Betrachtung ergibt sich aus beiden Verträgen ein Verpflichtungsüberschuss. Die Ursache hierfür liegt aber nicht im Vermietungsvertrag, sondern im Anmietungsvertrag. Zwei Lösungen sind deshalb diskussionswürdig:

- Passivierung des ungünstigen Anmietungsvertrags auf Basis der negativen Mietdifferenz von − 35 EUR − (−15 EUR) = −20 EUR, Aktivierung des Vermietungsvertrags auf Basis der positiven Mietdifferenz von +25 EUR − 20 EUR = +5 EUR, in der Gesamtschau des Nettovermögenseffekts beider Posten also Berücksichtigung einer negativen Differenz von −15 EUR.
- Passivierung auf Basis des negativen Saldos aus der Zusammenfassung beider Verträge, d.h. Ansatz eines Passivpostens auf Basis einer negativen Differenz von +25 EUR − 35 EUR = −10 EUR.

Die erste Lösung führt in der Gesamtschau zu einem um 5 EUR schlechteren Ergebnis als die zweite Lösung. Ursächlich ist der durchschnittliche Gewinnaufschlag. Er wird in der zweiten Lösung still verrechnet. Die zweite Lösung kann sich darauf berufen, dass nur der Ansatz belastender Verträge, d.h. eines Verpflichtungsüberschusses aus Beschaffungs- und Absatzpreis, explizit vorgesehen ist. Für die erste Lösung spricht die systematische Gleichbehandlung zu günstigen Verträgen.

Unterhält das erworbene Unternehmen ein umfangreiches **Portfolio** gleichartiger Dauerschuldverhältnisse (etwa Mietverträge über eine Vielzahl von Verkaufsfilialen), wird regelmäßig ein Teil der Verträge günstig, ein anderer Teil ungünstig sein. U. E. ist es in derartigen Fällen vertretbar, auf eine Einzelbewertung zu verzichten und je nach Gesamtsaldo einen immateriellen Vermögenswert oder eine Schuld auszuweisen.

91

Fraglich ist, ob im Rahmen der Kaufpreisallokation neben schwebenden Geschäften des erworbenen Unternehmens auch **sonstige Rechtsverhältnisse** (z.B. behördliche Genehmigungen, die so heute nicht mehr erteilt würden, aber wegen Bestandsschutz fortgelten) auf ihre Günstigkeit zu beurteilen und ggf. anzusetzen sind. **Gegen** die Berücksichtigung sonstiger Rechtsverhältnisse beim Unternehmenserwerb spricht der Zweck der Kaufpreisallokationsregeln von IFRS 3. Im *good-*

will werden die vom Erwerber mit einem Preis belegten zukünftigen Erträge erfasst, die nicht identifizierbar sind.[24] Hauptsächlich geht es um Synergien,[25] die entweder schon beim Zielobjekt vorhanden sind oder beim Erwerber erwartet werden (IFRS 3.BC130(b)). Die Möglichkeit der besseren Nutzung vorhandener Vermögenswerte aufgrund günstiger rechtlicher Bedingungen ist nicht Teil des *fair value* dieser einzelnen Vermögenswerte, sondern *going concern goodwill* i. S. v. IFRS 3.BC130(a) und deshalb nicht separat zu erfassen.
Diese Argumentation wird unterstützt durch Kosten-Nutzen-Überlegungen: Dem hohen Aufwand der Identifizierung und der Bewertung schwebender Rechtsverhältnisse wird angesichts der vielen Ermessensprobleme häufig kein angemessener Informationswert gegenüberstehen.

2.5.2.8 Rückerworbene Rechte

92   Hinsichtlich rückerworbener Rechte (*reacquired rights*) wird auf Rz 121 verwiesen.

2.5.3 Risikofreistellungsansprüche (*indemnification assets*)

93   IFRS 3.27 schreibt die Aktivierung von sog. Vermögenswerten für Entschädigungsleistungen (*indemnification assets*) im Rahmen der Erstkonsolidierung vor. Ein wichtiger Anwendungsfall sind Schuldfreistellungen, nach denen der Veräußerer beim Eintritt bestimmter Belastungen Entschädigungen verspricht. Der Rückgriffsanspruch ist bei voller Freistellung und unzweifelhafter Bonität des Freistellungsschuldners mit dem Wert zu aktivieren, mit dem das abgesicherte Risiko passiviert wird, bei partieller Freistellung mit einem entsprechenden Anteil. Auch die Fortschreibung erfolgt kongruent zur Fortschreibung des Passivpostens (IFRS 3.57). Wegen Beispielen wird auf Rz 68 und Rz 118 sowie insbesondere auf Rz 152 verwiesen, wegen der Abgrenzung zu ungewissen Kaufpreisbestandteilen auf Rz 68.

2.5.4 Abgrenzungsposten für Erlöse und Investitionszuwendungen

94   Keine besonderen Bestimmungen enthält IFRS 3 zum Ansatz und zur Wertermittlung bei passiven **Abgrenzungsposten** (*deferred income*). Soweit es um **Erlösabgrenzungen** geht, wird man analog den amerikanischen Regelungen in EITF *Issue* 01–3 *„Accounting in a Purchase Business Combination for Deferred Revenue of an Acquiree"* unterscheiden müssen, ob der Posten nur **technischen** Charakter hat (Periodenabgrenzung) oder tatsächlich eine **Schuld** repräsentiert. Hierzu folgendes Beispiel:

> **Praxis-Beispiel**
> Ein Mobilfunkunternehmen vereinnahmt bei Abschluss von Neuverträgen mit Post-paid-Kunden eine Aktivierungsgebühr. Diese ist im Fall der Vertragsbeendigung, z. B. durch Tod des Kunden, nicht rückzahlbar. Weiterhin vertreibt das Unternehmen Prepaid-Karten, die den Kunden ein Gesprächsguthaben gewähren.

---

24   Vgl. zur differenzierten Darstellung der ökonomischen Bestandteile des Geschäfts- oder Firmenwerts SELLHORN, DB 2000, S. 885 ff.
25   Vgl. HACHMEISTER/KUNATH, KoR 2005, S. 64 f.

> Die Erlöse werden nicht sofort realisiert, sondern über durchschnittliche Vertragsdauern abgegrenzt. Die *fair-value*-Beurteilung fällt wie folgt aus:
> - Die Aktivierungsgebühren sind nicht rückzahlbar. Der diesbezügliche Abgrenzungsposten hat nach geltendem IAS 18 (anders nach IFRS 15) keinen Schuldcharakter. Der *fair value* ist null.
> - Die Prepaid-Gebühren haben Schuldcharakter. Das Unternehmen schuldet ein bestimmtes Gesprächsguthaben. Die Kosten der Erfüllung dieser Schuld sowie – nach EITF Issue 01–3 – ein Gewinnaufschlag ergeben den *fair value* dieses Schuldpostens.

Hat der Veräußerer **Investitionszuschüsse oder -zulagen** für Anlagevermögen erhalten, waren diese wahlweise von den Anschaffungskosten des Anlagevermögens abzuziehen oder als passiver Abgrenzungsposten darzustellen und über die Laufzeit zu verteilen (IAS 20.24; → § 12 Rz 29). Für den Erwerber spielen die Anschaffungskosten und Buchwerte des Veräußerers und damit auch deren Minderung durch Investitionszuwendungen unabhängig davon keine Rolle, ob die Minderung beim Erwerber aktivisch oder passivisch ausgewiesen wurde.

Der Erwerber hat den **Zeitwert** der Anlagen zu aktivieren. Dieser kann durch Investitionszuwendungen **beeinflusst** sein, z.B. wenn der Erwerber und andere Unternehmen ebenfalls eine Investitionsförderung für gleichartiges Anlagevermögen erhalten würden (→ § 12 Rz 33).

> **Praxis-Beispiel**
> U erwirbt am 2.1.02 die TU. TU hat am 31.12.01 ein Gebäude für 100 (brutto) hergestellt. Die Herstellung wird mit 30 bezuschusst. Die Nettoherstellungskosten betragen daher 70. Der Zuschuss ist bereits geflossen.
> - Variante 1: Die Anschaffung gebrauchter Gebäude wird nicht bezuschusst.
> - Variante 2: Auch für die Anschaffung gebrauchter Gebäude kann ein Zuschuss von 30 % beansprucht werden.
>
> **Beurteilung**
> In Variante 1 wird, rationales Handeln unterstellt, der Marktpreis gerade in Betrieb genommener, rechtlich aber als gebraucht geltender Gebäude um 30 % unter dem für rechtlich als neu geltenden liegen. Das Gebäude ist mit 70 anzusetzen.
> In Variante 2 ist das Gebäude mit 100 anzusetzen.

Ein evtl. Zusammenhang des *fair value* mit dem passivierten, noch nicht aufgelösten Betrag des Veräußerers ist unsystematisch. Insoweit besteht kein Bedarf für die Fortführung entsprechender Posten.

Durch den Erwerb kann es jedoch zu Rückzahlungsverpflichtungen kommen (→ § 12 Rz 35), z.B. weil das Anlagegut in eine andere Betriebsstätte versetzt wird oder weil nunmehr Unternehmensgrößenkriterien überschritten werden. Soweit der Erwerber die Rückzahlungsverpflichtung übernimmt, ist deren Ansatz u.E. trotz der restriktiven Vorschriften von IFRS 3 zu den Restrukturierungsrückstellungen (Rz 96) geboten.

2.5.5 Eventualschulden

95 Nach IFRS 3.23 kommt es bei **Eventualschulden** (*contingent liabilities*) nicht auf die Wahrscheinlichkeit eines Ressourcenabflusses bzw. -zuflusses an. Die Wahrscheinlichkeit ist hier

- „nur" Bewertungsparameter,
- kein Ansatzkriterium.

Im Kern geht es darum, dass eine mögliche Belastung **unterhalb der Ansatzschwelle** für Rückstellungen (→ § 21 Rz 118) gleichwohl bei der Kaufpreisfindung Berücksichtigung finden kann und damit auch in die Kaufpreisallokation eingehen soll. Hierzu folgendes Beispiel:

Praxis-Beispiel

K erwirbt das Unternehmen V. V ist Beklagter in einem Produkthaftungsprozess über 10 Mio. EUR. Eine Verurteilung ist möglich, aber nicht wahrscheinlich.

Bei der Kaufpreisverhandlung werden zwei Alternativen diskutiert:

- Die Veräußerer der V stellen K vom Risiko frei.
- Keine Freistellung, dafür ein Abschlag von 2 Mio. EUR auf den Kaufpreis.

Die zweite Variante wird schließlich vereinbart.

- In der Einzelbilanz des V ist keine Rückstellung anzusetzen, da eine Inanspruchnahme nicht *„more likely than not"* ist.
- In der (Konzern-)Bilanz des Erwerbers ist der *fair value* der Eventualschuld (2 Mio. EUR) anzusetzen. Die geringe Wahrscheinlichkeit hat in der Wertbemessung Berücksichtigung gefunden, indem statt der Klagesumme, d.h. des möglichen Erfüllungsbetrags, von 10 Mio. EUR nur der *fair value* von 2 Mio. EUR angesetzt wird.

Zur Fortschreibung der Eventualschuld wird auf Rz 151 verwiesen.

2.5.6 Restrukturierungsrückstellungen

96 Gem. IFRS 3.10ff. sind Schulden, die sich erst aus Absichten und Handlungen des Erwerbers ergeben, insbesondere Schulden (Rückstellungen) für zukünftige Verluste und Aufwendungen (→ § 21 Rz 87ff.), **nicht anzusetzen**.

Ein besonderer Anwendungsfall sind Restrukturierungsrückstellungen. Sie dürfen nur dann im Rahmen der Erstkonsolidierung angesetzt werden, wenn sie bereits beim **Veräußerer** gebildet werden konnten, d.h. bereits eine (faktische) Schuld vorlag (IFRS 3.11). Diese Schuld des Veräußerers wird nach allgemeinen Erstkonsolidierungsgrundsätzen übernommen, d.h. **erfolgsneutral** angesetzt. Fraglich ist, ob die Restrukturierungen über die **Umdeutung** in eine **Eventualschuld** im Einzelfall zum Bilanzansatz kommen können.

Praxis-Beispiel

Am 2.4.03 erwirbt MU die TU. Die TU hat in den letzten zwei Jahren nur rote Zahlen geschrieben. Die Notwendigkeit einer Restrukturierung ist daher längst erkannt. Der bisherige Anteilseigner war kurzfristig nicht bereit, der TU die dafür erforderlichen finanziellen Mittel zur Verfügung zu stellen. Zur Aufstellung und Bekanntgabe eines detaillierten Plans ist es daher bisher nicht

---

> gekommen. Alle Betroffenen (Betriebsrat usw.) wussten aber längst, dass eine Restrukturierung ohne Alternative und entweder vom alten oder von einem neuen Anteilseigner vorzunehmen ist.

Restrukturierungsmaßnahmen, deren Notwendigkeit schon vor dem Unternehmenserwerb gegeben war, die aber die Voraussetzungen für den Ansatz bei erworbenen Unternehmen nicht erfüllen, sind i.d.R. auch als Eventualschuld nicht ansetzbar. Als Eventualschuld definiert IFRS 3.40 Schulden unterhalb der für Rückstellungen verlangten Wahrscheinlichkeitsschwelle von 50 % (→ § 21 Rz 113). Die **Wahrscheinlichkeit** stellt aber in Fällen, in denen die Notwendigkeit einer Restrukturierung offensichtlich ist, **nicht das Problem** dar. Sie ist hoch genug für eine Rückstellung. Fraglich ist vielmehr der für Schulden und Eventualschulden konstitutive Außenverpflichtungscharakter. Er ist nach IAS 37 bei Restrukturierung nur über die Rechtsfigur der faktischen Verpflichtung (*constructive obligation;* → § 21 Rz 17) zu begründen. Eine solche **faktische Verpflichtung** darf nach IAS 37.72ff. aber so lange nicht angenommen werden, wie kein detaillierter Plan an die Betroffenen bekannt gegeben wurde (→ § 21 Rz 87). **Mit** Erfüllung dieser Voraussetzungen liegt eine Restrukturierungsrückstellung vor, **ohne** fehlt es überhaupt am Verpflichtungscharakter, so dass in bilanzrechtlicher Perspektive weder eine Schuld noch eine Eventualschuld infrage kommt.

2.5.7 Rückbau- und ähnliche Verpflichtungen aus erworbenen Vermögenswerten

Durch den Unternehmenserwerb erworbene Vermögenswerte können mit Verpflichtungen zu **Rückbau, Rekultivierung, Dekontaminierung** u. Ä. verbunden sein. Fraglich ist dann, ob eine **Bilanzierungseinheit** anzunehmen ist. **97**

> **Praxis-Beispiel**
> MU erwirbt TU. Ein wesentlicher Vermögenswert der TU ist ein Kiesabbaurecht. Es besteht eine Pflicht zur Rekultivierung nach Beendigung des Kiesabbaus. TU hat in seiner Einzelbilanz nach Maßgabe des Abbaufortschritts eine Rückstellung für die Rekultivierung angesammelt (→ § 21 Rz 72).

Hinsichtlich der Bilanzierung beim erwerbenden Unternehmen sind zwei Varianten diskussionswürdig:
- **Bruttomethode:** Der Vermögenswert (im Beispiel das Abbaurecht) wird mit dem Wert aktiviert, der sich ohne Reduktion um die aufgelaufene Rekultivierungsverpflichtung ergibt. Im Gegenzug wird die Verpflichtung mit ihrem Zeitwert passiviert.
- **Nettomethode:** Der Vermögenswert wird mit seinem Nettowert aktiviert. Ein Passivposten wird nicht angesetzt.

Für die Nettomethode spricht die Analogie zu IFRS 3.B42f. Danach gilt für den Ansatz im *operating lease* vermieteter Gegenstände bei der Erstkonsolidierung:
- Eine Belastung des Objekts in der Weise, dass über eine längere vertragliche Restdauer nur eine Miete unterhalb des Marktpreises zu erzielen ist, wird nicht separat als Rückstellung erfasst,

- sondern bei der Bewertung des Vermögenswerts, indem dieser für die Dauer der Vertragsbindung auf Basis der vertraglich erzielbaren Erträge und erst für den Anschlusszeitraum nach bester Vermietung (*highest and best use*) bewertet wird.

2.5.8 Umklassifizierung von Leasingverhältnissen

98 Das erworbene Unternehmen hat, soweit es selbst nach IFRS bilanziert, bestimmte Vertragsverhältnisse freiwillig oder pflichtweise bei seiner **Begründung** klassifiziert, etwa

- **Leasingverhältnisse** beim Leasinggeber als *operating* oder *finance lease* (→ § 15a Rz 184),
- **Finanzderivate** als Sicherungsinstrumente (*hedge accounting*) oder Spekulationsobjekte (→ § 28 Rz 20).

Umklassifizierungen zu späteren Zeitpunkten sind zum Teil nur unter sehr restriktiven Bedingungen möglich (etwa bei Leasing; → § 15a Rz 252) oder in ihrer Rechtswirkung beschränkt (→ § 28).

Fraglich ist daher, ob der Erwerber an fehlerfreie Klassifizierungen des erworbenen Unternehmens gebunden ist. Für **Finanzinstrumente** und **Sicherungsbeziehungen** ist eine solche **Bindung** zu **verneinen,** da die einschlägigen Vorschriften von IAS 39 bzw. IFRS 9 auf Verwendungsabsichten abstellen und dies nur die Absichten des Bilanzierungssubjekts, also des erwerbenden Konzerns, am Erwerbsstichtag sein können (IFRS 3.16(a)).[26]

99 Für die Klassifizierung von Leasingverhältnissen ist nach IFRS 3.26(a) auf den **Vertragsbeginn,** nicht auf den Erstkonsolidierungszeitpunkt abzustellen. Dies impliziert jedoch keine automatische Übernahme der Klassifizierungen des erworbenen Unternehmens. Soweit die Klassifizierungskriterien von IFRS 16 **auslegungsbedürftig** sind, hat diese Auslegung nach IFRS 10.B87 **konzerneinheitlich** zu erfolgen. Im Gegensatz zu den Konzernbilanzierungsrichtlinien des erwerbenden Unternehmens stehende Auslegungen des erworbenen Unternehmens können daher nicht fortgeführt werden.

Praxis-Beispiel

Das Leasingobjekt hatte bei Beginn des Leasingvertrags eine Nutzungsdauer von 20 Jahren, der Leasingvertrag eine Dauer von 17 Jahren.

Das erworbene Unternehmen hat das Vertragsdauerkriterium von IFRS 16.63(c) (*major part of the lifetime*) als 75-%-Grenze interpretiert (→ § 15a) und demzufolge bei 17/20 = 85 % einen *finance lease* angenommen.

Die Konzernrichtlinie des erwerbenden Konzerns interpretiert *major part* hingegen als 90 %, so dass aus dieser Sicht ein *operating lease* vorläge.

Beurteilung

Die in IFRS 10.B87 geforderte Einheitlichkeit der Bilanzierungsmethoden im Konzern betrifft auch die Auslegung unbestimmter Rechtsbegriffe. Im Konzernabschluss ist daher ein *operating lease* anzunehmen.

Soweit zwischen Erwerber und erworbenem Unternehmen keine Divergenzen in der Auslegung der Kriterien von IFRS 16 bestehen und die bisherige Klassifizie-

---

[26] KPMG, Insights into IFRS 2015/2016, Tz. 2.6.580.10 f.

rung nicht fehlerhaft war, bleibt es bei ihr. Eine Neuklassifizierung, die etwa beim Vertragsdauerkriterium auf Restvertragsdauer und Restnutzungsdauer ab Erstkonsolidierungszeitpunkt abstellen würde, widerspräche der Anforderung von IFRS 16, Beurteilungen des wirtschaftlichen Eigentums auf den **Vertragsbeginn** vorzunehmen (→ § 15a).

Unabhängig von der (Neu-)Klassifizierung stellt sich die Frage, mit welchem **Wert** das Leasingverhältnis zu erfassen ist.   **100**

Ist das erworbene Unternehmen **Leasinggeber** eines *operating lease*, erfolgt im Rahmen der Kaufpreisallokation eine Bewertung des Leasingobjekts zum beizulegenden Zeitwert. Bei Vorliegen eines *finance lease* ist die Leasingforderung zum *fair value* zu bewerten.

2.6 Bewertung der erworbenen Vermögenswerte und Schulden

2.6.1 *Fair value* und weitere Bewertungsmaßstäbe

Allgemeiner Bewertungsmaßstab der im Rahmen eines Unternehmenserwerbs   **101**
zugehenden Vermögenswerte und Schulden ist der *fair value* (IFRS 3.18). **Besonderheiten** bestehen für

- latente Steuern (Rz 115),
- Risikofreistellungsansprüche (*indemnification assets;* Rz 93),
- Pensionsverpflichtungen, die nach IAS 19 anzusetzen und zu bewerten sind (IFRS 3.26) (Rz 102),
- zur Veräußerung bestimmte langfristige Vermögenswerte (*non-current assets held for sale;* → § 29).

Ein Problem kann die *fair-value*-Bewertung bei langfristigen sonstigen Rückstellungen bereiten. Während die Verpflichtungen außerhalb des Unternehmenserwerbs i.d.R. mit einem Zinssatz diskontiert werden, der das Ausfallrisiko des Schuldners (*non-performance risk*) nicht berücksichtigt, wäre ein solches Vorgehen bei einer *fair-value*-Bewertung angezeigt. Schon zum ersten Stichtag nach Erstkonsolidierung wäre aber wieder auf die normalen Bewertungsregeln zurückzugehen, da anders als für den Ansatz ungewisser Verbindlichkeiten (Rz 151) in IFRS 3 für die Bewertung keine spezifischen Fortschreibungsregeln enthalten sind.[27] Ein weiteres Problem der Zugangs- und Folgebewertung von Rückstellungen zeigt folgendes Beispiel:

Praxis-Beispiel

Mit dinglichem Vollzug am 30.12.01 erwirbt die U AG 100 % der Anteile an der X GmbH und muss deshalb eine Erstkonsolidierung durchführen. Im Rahmen dieser Erstkonsolidierung ist u.a. über zwei Passivprozesse der X zu entscheiden. Die Höhe eines evtl. zu zahlenden Schadenersatzes ist in beiden Fällen unstrittig (jeweils 10 Mio. EUR), fraglich ist „nur", ob der Prozess verloren geht oder nicht. Diese Wahrscheinlichkeit wird mit Hilfe von Sachverständigen im ersten Fall (Prozess A) auf 40 %, im zweiten Fall auf 60 % geschätzt. An dieser Einschätzung ändert sich zwischen dem Zeitpunkt der Erstkonsolidierung (30.12.01) und dem der Aufstellung des Konzernabschlus-

---

[27] Vgl. zum Ganzen DIEMERS/WELLER, PiR 2015, S. 363 ff.

ses für 01 (15.03.02) nichts. Vereinfacht wird unterstellt, dass der Erwartungswert der Prozesse (Prozess A: –4 Mio. EUR, Prozess B: –6 Mio. EUR) dem *fair
value* entspricht.

Beurteilung
Eventualverbindlichkeit (Prozess A)
Bei Prozess A handelt es sich um eine Eventualverbindlichkeit, die im Einzelabschluss der X nicht und im Konzernabschluss der U wie folgt zu bilanzieren
ist: Erstkonsolidierung mit dem *fair value* von 4 Mio. EUR (Rz 95), danach
Bewertung mit dem höheren der beiden folgenden Beträge: Wert nach IAS 37
oder (fortgeschriebener) Erstkonsolidierungswert (IFRS 3.56), d.h. per
31.12.01 mit weiterhin 4 Mio. EUR (Rz 151).
Rückstellung (Prozess B)
Prozess B ist schon im Einzelabschluss der X als Rückstellung zu berücksichtigen. U übernimmt diese Rückstellung. Bei wörtlicher Anwendung von
IFRS 3 ergäbe sich für U nun Folgendes: Erstkonsolidierung mit dem *fair value*
von 6 Mio. EUR (IFRS 3.18), Folgebewertung per 31.12.01 nach IFRS 3.54
i.V.m. IAS 37.40 mit 10 Mio. EUR, somit Aufwand von 4 Mio. EUR („*day-
one-loss*") in 01. Dieses Ergebnis ist u.E. nicht sachgerecht. Der IASB hat
(anders als der deutsche Gesetzgeber in § 301 Abs. 1 HGB) übersehen, dass
sich Friktionen zwischen *fair-value*-Prinzip und Erst- bzw., Folgekonsolidierung nicht nur bei Eventualverbindlichkeiten, sondern auch bei Rückstellungen
ergeben. Die Erfolgsneutralität der Zugangsbewertung muss gewahrt werden,
u.E. am besten, indem die Rückstellung nicht mit dem *fair value* (6 Mio. EUR),
sondern mit ihrem Wert nach IAS 37 (10 Mio. EUR) eingebucht wird.

102   Beim Zugang von **Pensionsverpflichtungen** im *asset deal*[28] besteht noch folgende rechtliche Besonderheit:
- Verpflichtungen aus zum Zeitpunkt des Betriebsübergangs bestehenden Arbeitsverhältnissen gehen nach § 613a BGB auf den Erwerber über.
- Verpflichtungen gegenüber ehemaligen Arbeitnehmern (Pensionäre sowie
  Ausgeschiedene mit unverfallbaren Ansprüchen) bleiben gesetzlich zwingend
  im Außenverhältnis beim Verkäufer. Der Käufer kann lediglich im Innenverhältnis die Übernahme der Verpflichtungen erklären (Erfüllungsübernah-
  me). Der Kaufvertrag begründet dann eine Freistellungsverpflichtung gegenüber dem Verkäufer.
Nur für den ersten Fall ist IFRS 3.26 und damit die Berechnung nach IAS 19
maßgeblich. Die Freistellungsverpflichtung unterliegt hingegen schon deshalb
nicht IAS 19, weil sie nicht gegenüber den ehemaligen Arbeitnehmern, sondern
gegenüber dem Unternehmensverkäufer besteht. Sie betrifft in der Terminologie
von IFRS 3.18 deshalb nicht übernommene bzw. vom Veräußerer auf den
Erwerber übergehende Schulden gegenüber Dritten. Vielmehr handelt es sich
um eine Schuld des Erwerbers gegenüber dem Veräußerer, die erst durch den
Kaufvertrag begründet wurde. Die Freistellungsverpflichtung stellt eine finanzielle Verbindlichkeit i.S.v. IAS 32 dar.

---

[28] Vgl. LÜDENBACH, PiR 2014, S. 127.

Wie der eigentliche Kaufpreis ist die Freistellung gem. IFRS 3.37 Gegenleistung für den Erwerb des Geschäftsbetriebs. Da die Gegenleistung der Höhe nach von zukünftigen, ungewissen Ereignissen (etwa der Lebensdauer der Begünstigten) abhängt, handelt es sich um eine bedingte Gegenleistung (IFRS 3.A). Derartige Leistungen sind bei der „Erstkonsolidierung" mit dem *fair value* zu erfassen (IFRS 3.39) und, sofern sie nicht in Gewährung von Eigenkapitalinstrumenten bestehen (hier nicht einschlägig), als finanzielle Verbindlichkeit zu passivieren (IFRS 3.40). Bei der Folgekonsolidierung ist ebenfalls der *fair value* maßgeblich (IFRS 3.58(b)).

2.6.2 Bewertungstechniken

Der *fair value* (beizulegende Zeitwert) eines Vermögenswerts oder einer Schuld 103 ergibt sich bei Notierung an einer Börse oder einem anderen aktiven Markt aus dem **Marktpreis** (→ §8a Rz 29). Hiervon betroffen sind aktivisch etwa Wertpapiere und bestimmte Rohstoffe, passivisch an der Börse emittierte Anleihen.

In den meisten anderen Fällen kann der *fair value* nur über **Bewertungstechniken** ermittelt werden. Tabelle 3 zeigt nach Bilanzposten gegliedert eine Übersicht über die gängigen Bewertungstechniken. Im Anhang dieser Kommentierung von IFRS 3 (Rz 231 ff.) ist das konkrete Vorgehen an ausgewählten Beispielen erläutert. Die Beispiele sind IFRS 3.B16 rev. 2004 entnommen.

Konzeptionelle Änderungen ergeben sich mit Wirkung ab 2013 durch IFRS 13 *Fair Value Measurement* (→ §8a). Insbesondere ist danach stärker als zuvor eine Bewertungshierarchie (Vorrang von Marktpreisen vor marktbasierten Bewertungen und Letztere vor wesentlich auf nicht marktbasierten Inputs beruhenden Bewertungen) zu beachten. In vielen Fällen bleibt der praktische Ermessensspielraum bei der Bewertung aber unverändert (Rz 228). Insoweit bleiben die nachfolgenden Ausführungen praktisch bedeutsam.

IMMATERIELLE VERMÖGENSWERTE, SACHANLAGEN, *INVESTMENT PROPERTIES*	
immaterielle Vermögenswerte (Rz 111)	a) Marktpreis, sofern aktiver Markt b) ansonsten auf Grundlage von – aktuellen Transaktionspreisen vergleichbarer Vermögenswerte oder – DCF-orientiert
(selbst genutzte) Grundstücke und Gebäude (Rz 104)	a) Marktwert oder b) DCF-Wert c) bei Spezialimmobilien nach allgemeinen Grundsätzen angezeigt: Rekonstruktions-/Wiederbeschaffungswert (unter Berücksichtigung eines Abnutzungsabschlags)
sonstige Sachanlagen (Rz 104)	a) Marktwert b) falls kein Marktwert bestimmbar, – DFC-Wert oder – Rekonstruktions-/Wiederbeschaffungswert unter Berücksichtigung eines Abnutzungsabschlags

IMMATERIELLE VERMÖGENSWERTE, SACHANLAGEN, *INVESTMENT PROPERTIES*	
vermietete Grundstücke und Gebäude *(investment properties)*, vermietete Sachanlagen (Rz 110)	nach IFRS 3.B42. bei DCF-Bewertung über die Dauer vertraglicher Bindung auf Basis Vertragsmiete, danach *highest and best use*
FINANZVERMÖGEN	
an aktivem Markt gehandelt (Rz 106)	aktueller Marktpreis (Börsenkurs)
sonstige Wertpapiere (sonstige Anteile) (Rz 106)	– Ableitung aus Marktpreis vergleichbarer Instrumente (z. B. Anwendung Kurs-Gewinn-Verhältnis von *comparable companies*) oder – DCF-Wert
Forderungen/Verbindlichkeiten (Rz 107)	DCF-Wert auf Basis aktueller Marktzinsen unter Berücksichtigung evtl. Uneinbringlichkeit; keine Abzinsung kurzfristiger Forderungen/Verbindlichkeiten, wenn Effekt nicht wesentlich
VORRÄTE	
Rohstoffe (Rz 105)	Wiederbeschaffungskosten
unfertige Erzeugnisse (Rz 109)	Verkaufspreise abzüglich Fertigstellungs-/Veräußerungskosten und Gewinnspanne (entspricht tendenziell steuerlichem Teilwert)
Waren und Fertigerzeugnisse (Rz 109)	Verkaufspreise abzüglich Veräußerungskosten und Gewinnspanne (entspricht tendenziell steuerlichem Teilwert)
DIVERSE SCHULDEN	
drohende Verluste/ungünstige Verträge (Rz 84)	DCF-Wert des wirtschaftlichen Verlusts
Sachschulden, Rückstellungen (Rz 108)	DCF-Wert der zu leistenden Ausgaben (vgl. aber Rz 101)
Eventualschulden (Rz 151)	Preis, für den ein Dritter das Risiko übernähme (= i. d. R. diskontierte, mit Wahrscheinlichkeiten gewichtete Ausgabenschätzungen)
PENSIONSPLÄNE	durch IFRS 3.26 rev. 2008 wird klargestellt, dass damit der Wert nach IAS 19 (IFRS 3.26) gemeint ist (Rz 102)

IMMATERIELLE VERMÖGENSWERTE, SACHANLAGEN, *INVESTMENT PROPERTIES*	
STEUERN (Rz 115)	tatsächliche Steueransprüche und Steuerverpflichtungen in Höhe unabgezinster Zahlungen, latente Steuern nach allgemeinen Regeln von IAS 12; in beiden Fällen Berücksichtigung von Verlustausgleichsmöglichkeiten

Tab. 2: Techniken zur Bestimmung des *fair value* nach IFRS 3.B16f.

Konzeptionell lassen sich die drei in Abb. 3 dargestellten Gruppen von Bewertungstechniken unterscheiden:[29]

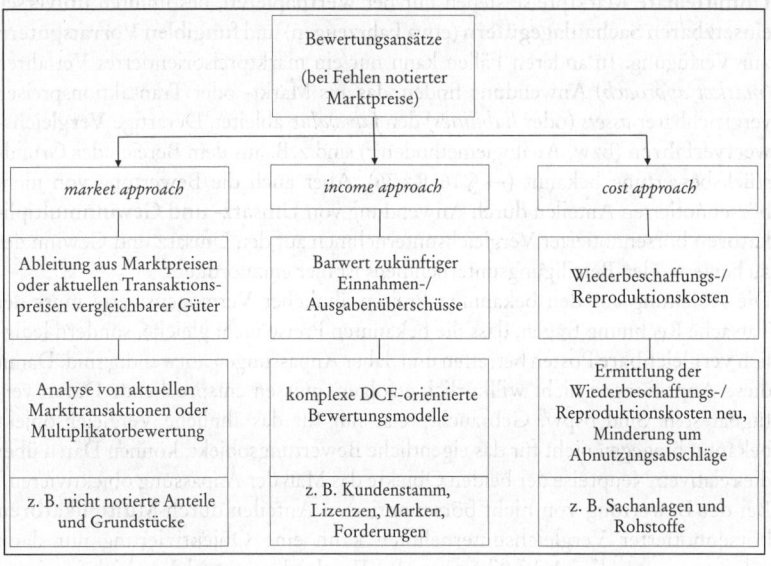

Abb. 3: Bewertungsansätze zur Ermittlung des *fair value*

Je nach Art des Vermögenswerts oder der Schuld, aber auch je nach Verfügbarkeit der Daten, kann dem einen oder anderen Ansatz der Vorzug zu geben sein. Hierbei ist die **Verfahrenshierarchie** nach IFRS 13 zu beachten (→ § 8a Rz 29). **Kostenorientierte Verfahren** (*cost approach*) kommen insbesondere bei Rohstoffen und selbst genutzten **Sachanlagen** zum Einsatz, weil ein rationaler Investor für einen Vermögenswert nicht mehr als die **Wiederbeschaffungskosten** bezahlen würde. Soweit der Vermögenswert einer Abnutzung unterliegt, ist von den **Wiederbeschaffungskosten** „neu" ein Abzug für die physische **Abnutzung** infolge normalen Gebrauchs vorzunehmen. Ein Berechnungsbeispiel ist unter Rz 231 dargestellt.

104

---

[29] Nach SMITH/PAAR, Valuation of Intellectual Property and Intangible Assets, 3. Aufl., 2000; ähnlich IDW RS HFA 16 und IDW RS HFA 5.

105   **Unabhängig** davon, ob der Vermögenswert einer **Abnutzung** unterliegt, d. h. z. B. auch für Rohstoffe, stellt sich die Frage nach einem Wertabschlag wegen
- physischer Beeinträchtigung (Alterung, Beschädigung),
- funktionaler Obsoleszenz (z. B. infolge technischen Wandels) oder
- ökonomischer Beeinträchtigung aufgrund von Änderungen der Nachfrage, einschränkenden neuen Gesetzesbestimmungen (z. B. Umweltschutz) etc.

Soweit diese Kriterien auch bei der „normalen" Bewertung für den Jahresabschluss zu berücksichtigen sind – als Abschreibung auf Sachanlagen, als *„lower of cost or market"* bei Vorräten, als Wertberichtigung bei Forderungen –, kann die **Bewertungspraxis** an die (beim Veräußerer) vorhandenen Buchwerte anknüpfen. Hier ist jedoch zu prüfen, ob bewertungsrelevante Ereignisse nach dem letzten Bewertungsstichtag vorliegen, die in den Buchwerten des Veräußerers noch nicht berücksichtigt sind.

106   **Unmittelbare** Marktpreise stehen nur bei **Wertpapieren**, bestimmten **universell einsetzbaren Sachanlagegütern** (etwa Fahrzeugen) und **fungiblen Vorratsgütern** zur Verfügung. In anderen Fällen kann nur ein marktpreisorientiertes Verfahren *(market approach)* Anwendung finden, das aus Markt- oder Transaktionspreisen vergleichbarer *assets* (oder *liabilities)* den *fair value* ableitet. Derartige **Vergleichswertverfahren** (bzw. Analogiemethoden[30]) sind z. B. aus dem Bereich der Grundstücksbewertung bekannt (→ § 16 Rz 76). Aber auch die Bewertung von nicht börsennotierten Anteilen durch Anwendung von **Umsatz- und Gewinnmultiplikatoren** börsennotierter Vergleichsunternehmen auf den Umsatz und Gewinn des zu bewertenden Beteiligungsunternehmens ist hier einzuordnen.

Die Ableitung aus den bekannten Preisen ähnlicher Vermögenswerte muss der Tatsache Rechnung tragen, dass die bekannten Preise nicht gleiche, sondern lediglich **vergleichbare** Posten betreffen und daher Anpassungen notwendig sind. Damit diese Anpassungen nicht willkürlich erfolgen, müssen entsprechende **Daten** verfügbar sein. Sind bspw. Gebrauchtpreise nur für das ähnliche Vergleichsobjekt bekannt, hingegen nicht für das eigentliche Bewertungsobjekt, können Daten über die relativen Neupreise der beiden Objekte das Maß der Anpassung objektivieren. Bei der Bewertung von nicht börsennotierten Anteilen durch **Multiplikatoren** börsennotierter Vergleichsunternehmen kann eine Objektivierung nur dann gelingen, wenn die Multiplikatoren der Vergleichsunternehmen sich in einem relativ engen Intervall bewegen.

107   **Einkommens- bzw. kapitalwertorientierte Ansätze** (*income approach*) messen den Gegenwartswert zukünftiger ökonomischer Vorteile/Nachteile, die aus Einnahmen/Ausgaben resultieren. Für selbst genutzte Sachanlagen ist die Bedeutung der einkommensorientierten Ansätze eher gering. Ihr praktisches Anwendungsfeld ist die Bewertung von
- Forderungen/Verbindlichkeiten (Rz 108),
- Erzeugnissen und Waren (Rz 109),
- vermieteten Sachanlagen (Rz 110) sowie
- immateriellen Vermögenswerten (Rz 111).

108   Bei **Forderungen und Verbindlichkeiten** sind die vertraglich vereinbarten Zahlungsströme markt- und bonitätsgerecht abzuzinsen. Eine Abzinsung kann aus *materiality*-Gründen (→ § 1 Rz 61 ff.) entbehrlich sein. Bei der Bewertung

---

[30] So die Terminologie in IDW RS HFA 16, Tz. 18.

von kurzfristigen Forderungen und Schulden ist praktisch nur Sorge zu tragen, dass die bisherigen Ansätze nicht zu beanstanden sind, insbesondere Wertberichtigungen und Rückstellungen ausreichend dotiert wurden. Sofern diese Voraussetzung erfüllt ist, kann der Buchwert als Näherung des *fair value* verwendet werden. Bei langfristigen Forderungen und Verbindlichkeiten mit fester Verzinsung ist hingegen, abgesehen von Fällen mangelnder *materiality*, ein Vergleich zwischen vereinbarten und marktüblichen Zinsen vorzunehmen, der über die Abzinsung der Zinsen und Tilgungen mit dem Marktzins zu Abweichungen zwischen *fair value* und Buchwert führen kann.

Börsennotierte Verbindlichkeiten (Anleihen) des erworbenen Unternehmens sind nach IFRS 13 mit dem Marktpreis zu bewerten (→ § 8a Rz 29). Problematisch erscheint ein Abstellen auf den Marktpreis am Erwerbsstichtag aber dann, wenn dieser wegen des bereits früher angekündigten bzw. obligatorisch vollzogenen Unternehmenskaufs in Teilen schon eine bessere Bonität des Erwerbers reflektiert.

Bei Sachschulden inkl. nicht monetärer Rückstellungen ist i. d. R. der Barwert der für eine Erfüllung zu leistenden Ausgaben anzusetzen. Da besondere Folgebewertungsregeln anders als bei Eventualschulden fehlen (Rz 151), ist u. E. mit den zu leistenden Ausgaben der Vollkostenbetrag (inkl. Gemeinkosten) gemeint, der auch außerhalb einer Kaufpreisallokation maßgeblich wäre (→ § 21 Rz 160). Wegen bei Rückstellungen u. U. notwendiger Abweichungen von einer einfachen Barwertbetrachtung wird auf Rz 101 verwiesen.

Auch die Bewertung von **Erzeugnissen** und **Waren** erfolgt regelmäßig einkommensorientiert. Praktisch bedeutsamster Bewertungsmaßstab ist der voraussichtliche **Veräußerungspreis** (*cash inflow*) abzüglich   **109**

- der **Kosten** der Veräußerung und (bei unfertigen Erzeugnissen) der Fertigstellung *(cash outflow)* sowie
- einer vernünftigen **Gewinnspanne** (*reasonable profit allowance*) für die Verkaufs- und Fertigstellungsbemühung *(selling and completing efforts);* diese Spanne soll sich am Gewinn vergleichbarer Vorräte orientieren.

Praxis-Beispiel

MU erwirbt den Markenartikelproduzenten TU. Aufgrund seiner Premiumumstellung kann TU Produkte wie folgt kalkulieren:

Herstellungskosten	90
Aufschlag für Vertriebskosten	10
Gewinnaufschlag	100
Veräußerungspreis	200

- Bei der Erstkonsolidierung sind die Vorräte nicht mit 200−10 = 190, sondern mit 200−100−10 = 90 anzusetzen.
- Die Vorteile aus dem ungewöhnlich hohen Gewinnaufschlag werden vom Erwerber nicht bei den Vorräten, sondern als Marke aktiviert.
- Die Konzern-GuV wird bei Veräußerung der Erzeugnisse nicht durch einen Materialaufwand von 190, sondern von 90 belastet.
- Der Rohertrag in der Konzernbilanz des Erwerbers entspricht tendenziell dem der Einzelbilanz des erworbenen Unternehmens.

Eine Diskontierungsrechnung ist nur bei langen Realisationszeiträumen der Waren oder Erzeugnisse notwendig:

Praxis-Beispiel
MU erwirbt die TU. TU fertigt und vertreibt Medizingeräte im Premiumsegment. Die Premiumstellung bedingt eine langfristige Versorgung mit Ersatzteilen. Diese werden bei Auslaufen einer Serie nach der voraussichtlichen Nachfrage der nächsten zehn Jahre auf Lager gefertigt.

---

110 Im *operating lease* vermietete Gegenstände, einschließlich *investment properties*, sind durch Diskontierung der Nettomieterträge zu bewerten. Hierzu trifft IFRS 3.B42 f. folgende Regelung:

- Eine über/unter dem Marktpreis liegende Miete ist nicht als günstiger/ungünstiger Vertrag zu aktivieren/passivieren (Rz 88). Die Vertragsmiete ist vielmehr bei der Bewertung des Gegenstands zu berücksichtigen.
- Für den Zeitraum nach Ablauf der Vertragsbindung ist die marktgerechte Vermietung *(highest and best use)* anzunehmen.

111 In der einkommensorientierten Bewertung **immaterieller Vermögenswerte** kommen zahlreiche DCF-Varianten zum Einsatz. Von Bedeutung sind u.a.:

- **Kundenstamm/Dauervertragskunden:** Der *multi-period-excess-earnings*-Ansatz (Residualwertmethode) bewertet die Einkommensströme aus dem vorhandenen Kundenstamm. Von den Einnahmen werden neben den operativen Kosten auch kalkulatorische Nutzungsentgelte *(capital charges)* auf den *fair value* der anderen *assets* in Abzug gebracht. Die einfache Anwendung der Methode setzt daher voraus, dass die *fair values* der anderen Vermögenswerte schon bekannt sind. Eine mehrfache Anwendung der Methode (z.B. neben Kunden auf Forschungsprojekte) ist z.B. unter Zuhilfenahme iterativer Betrachtungen möglich. Bei der Bewertung von Kundenbeziehungen mithilfe der Residualwertmethode ist die Reduktion der geplanten Einkommensströme im Zeitablauf nach Maßgabe der sog. *shrinking* oder *churn rate* (Schrumpfungsrate) der Kunden zu berücksichtigen. Wegen eines Berechnungsbeispiels wird auf Rz 241 verwiesen.
- **Auftragsbestände:** Die erwarteten Überschüsse aus dem erworbenen Auftragsbestand werden mit einem risikogerechten Zinssatz diskontiert. Ein Berechnungsbeispiel ist unter Rz 238 aufgeführt.
- **Marken/Lizenzen:** Die *relief-from-royalty*-Methode (Methode der Lizenzpreisanalogie) schätzt die Kosteneinsparung, die daraus resultiert, dass das Zielunternehmen die Marke/Lizenz selbst hält und keine Gebühren *(royalties)* an einen Marken-/Lizenzgeber zahlen muss. In der praktischen Anwendung werden durch Datenbankrecherchen branchenübliche *royalty*-Sätze ermittelt und auf die relevanten Bezugsgrößen (z.B. markenrelevante Umsatzerlöse der jeweiligen Periode) angewendet. Die resultierende Ersparnis ergibt nach Abzinsung den anzusetzenden Marken-/Lizenzwert. Wegen eines Berechnungsbeispiels wird auf Rz 232 verwiesen.
- **Hyperlizenzen** (z.B. Mobilfunklizenz, Spielbanklizenz), mit denen das gesamte Geschäft steht und fällt: Sog. *greenfield approaches* unterstellen ein Unternehmen, das zunächst nichts besitzt als die zu bewertende Lizenz. Um

aus ihr Ertrag zu generieren, muss ausgehend von der „grünen Wiese" möglichst schnell ein funktionierender Betrieb aufgebaut werden *(investive cash outflows)*, der auf der Basis der Lizenz Erträge *(operative netto cash inflows)* erwirtschaftet. Der Barwert des fiktiven Geschäftsplans dieses Unternehmens stellt den Wert der Lizenz dar. Ein die Bewertungsmethode erläuterndes Beispiel ist unter Rz 246 dargestellt.

Bei einkommensorientierten Bewertungen abschreibungsfähiger Vermögenswerte **112** führt die Diskontierung der Einzahlungsüberschüsse/Auszahlungsersparnisse zunächst nur zu einem Nettowert, der den steuerlichen Vorteil aus der Abschreibungsfähigkeit noch nicht berücksichtigt. Dieser *tax amortization benefit* ist als zweite Wertkomponente zu berücksichtigen.[31] Wegen seiner Bestimmung wird auf Rz 248 verwiesen.

Da der *income approach* den *fair value* über die Diskontierung von geplanten *cash* **113** *flows* ermittelt, kommt es entscheidend auf das Planungsmodell und den Diskontierungszinssatz an. Das **cash-flow-Planungsmodell** kann ein- oder mehrwertig sein (→ § 8a Rz 41):

- Bei **mehrwertiger** Planung *(expected cash flow approach)* werden verschiedene Szenarien mit ihren Wahrscheinlichkeiten gewichtet und so ein Erwartungswert ermittelt.
- Bei **einwertiger** Planung *(traditional cash flow approach)* werden die Zahlungsströme nur für eine, und zwar i.d.R. die mittlere Entwicklung (Mittelwert und Median) einer (gedachten) symmetrischen Verteilung geplant. Ausnahmsweise wird für eine günstigere Variante geplant, z.B. wenn sich (insbesondere bei nicht symmetrischen Verteilungen) für die mittlere Entwicklung kein Zahlungsüberschuss ergibt.

Falls – wie in der Praxis üblich – das Risiko nicht im Zahlungsstrom (Sicherheitsäquivalenzmethode), sondern im Diskontierungszins berücksichtigt wird, besteht folgender Zusammenhang zwischen **Planungsmodell** und **Diskontierungszins**:

- Soweit die einwertige Planung für den Mittelwert **symmetrisch verteilter** Szenarien erfolgt, führen ein- und mehrwertige Planung zu den gleichen undiskontierten *cash flows*, auf die dann der gleiche Diskontierungszins angewendet werden kann. Der darin enthaltene Risikozuschlag berücksichtigt die Risikoaversion eines typischen Investors. Dieser wird z.B. für einen Zahlungsstrom, der mit je 33,3 %iger Wahrscheinlichkeit zu einem Überschuss von 50, 100 und 150 führt (im Mittel also zu einem Wert von 100), einen niedrigeren Preis zahlen als für einen Zahlungsstrom, der sicher einen Überschuss von 100 bringt. Diese Risikoaversion wird durch einen Zuschlag auf den Zins sicherer Anlagen berücksichtigt.
- Soweit die einwertige Planung nicht für den Mittelwert, sondern für eine **günstigere** Entwicklung erfolgt (z.B. weil nur wenige, nicht symmetrisch verteilte Szenarien existieren), muss durch einen erhöhten Risikozuschlag berücksichtigt werden, dass der Planungsfall zu einem günstigeren Ergebnis führt als der Mittelwert. Die Höhe dieses Risikozuschlags ist i.d.R. nicht mehr objektiviert zu begründen.

Wegen eines Anwendungsbeispiels für beide Methoden wird auf Rz 243 verwiesen.

---

[31] AICPA Practice Aid: Kap. 5.3.102.; ähnlich IDW RS HFA 16, Tz. 38.

114 Der bei mehrwertiger Planung *(expected cash flow approach)* oder einer einwertigen Planung für den mittleren Wert einer (gedachten) symmetrischen Verteilung zu verwendende **Diskontierungssatz** ist eine vermögenswertspezifische Größe *(asset specific discount rate)*. Er variiert mit dem Risiko des Vermögenswerts. Für die Bestimmung der Diskontierungssätze nach Steuern können die in Tabelle 3 wiedergegebenen Leitlinien dienen.[32] Zu technischen Einzelheiten der Ableitung des Zinses im CAPM-Modell wird auch auf → § 11 Rz 70 verwiesen.[33]

Vermögen	Diskontierungssatz
working capital	marktübliche Zinssätze von Betriebsmittelkrediten (nach Abzug von Steuern)
allgemein verwendbare Sachanlagen	marktübliche Fremdfinanzierungszinssätze (nach Abzug von Steuern)
spezifische Sachanlagen mit geringer Zweitverwendungs-/ -verwertungschance	Wert zwischen marktüblichen Fremdfinanzierungszinssätzen allgemein verwendbarer Sachanlagen (nach Abzug von Steuern) und Branchen-WACC
Kunden, eingeführte Marken und Patente etc. sowie *work force*	tendenziell Branchen-WACC
Know-how im Entwicklungsstadium	WACC von Start-up-Unternehmen

Tab. 3: Leitlinie für die Bestimmung der Diskontierungssätze nach Steuern

Anstelle des Branchen-WACC wird in der Praxis häufig der WACC des Zielunternehmens verwendet, obwohl dies dem *fair-value*-Gedanken – vom konkreten Unternehmen abstrahierte Wertermittlungen – theoretisch nicht entspricht. Abb. 4 enthält beispielhafte Werte, ausgehend von einem WACC von 12 %. In die Darstellung ist zusätzlich der *goodwill* aufgenommen, weil die Summe aller mit dem *fair value* der Vermögenswerte (inkl. *goodwill*) gewichteten *asset specific discount rates* wiederum dem WACC entsprechen sollte. Die auf den *goodwill* anzusetzende Diskontierungsrate dient hier als Ausgleichsgröße. Sie ist so zu wählen, dass die Gleichung rechnerisch aufgeht. Hieraus lässt sich bei nicht zu kleinem *goodwill* ein Plausibilitätskriterium ableiten: Liegt der sich indirekt ergebende Diskontierungssatz für den *goodwill* weder unter dem WACC noch sehr weit darüber, plausibilisiert dies die übrigen Annahmen. Bei einem insgesamt niedrigen *goodwill* führt die Plausibilisierungsmethode z.B. zu folgendem Ergebnis:

- Soweit die Diskontierungsraten für Sachanlagen, *working capital* usw. deutlich unter und die Raten für Kunden, Marken nicht über dem WACC liegen, wäre nur über sehr hohe, nicht mehr plausible Diskontierungsannahmen für den *goodwill* aggregiert ein rechnerischer Ausgleich mit dem WACC möglich.
- Zu überlegen ist in einer solchen Konstellation deshalb, ob nicht z.B. die Kunden oder Marken mit einem Wert über WACC zu diskontieren sind und

---

[32] In Anlehnung an AICPA Practice Aid sowie IDW RS HFA 16.

[33] Vgl. zu technischen Einzelheiten bei der Bestimmung des Zinses auch FREIBERG/LÜDENBACH, KoR 2005, S. 479 ff.

dadurch aggregiert für den Ausgleich sorgen, den der *goodwill* mit plausiblen Diskontierungsraten nicht erzielen kann.

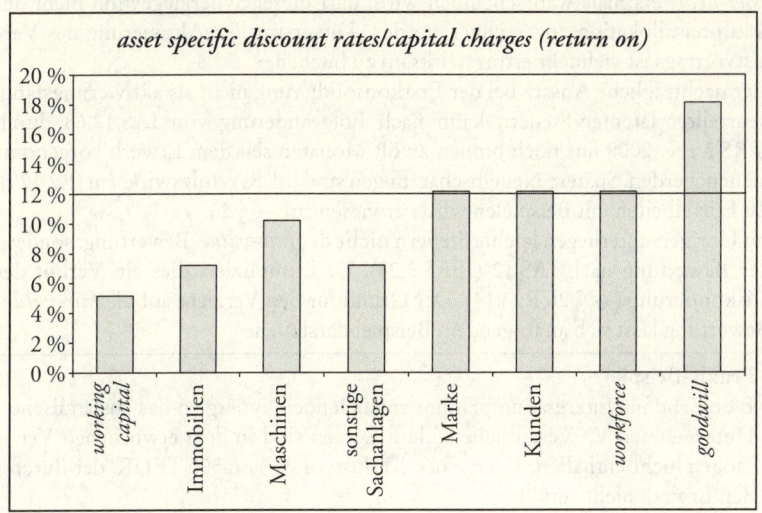

Abb. 4: Vermögenswertspezifische Diskontierungssätze und *capital charges*

Die vermögenswertspezifischen Diskontierungssätze können zugleich für die im Rahmen der **Residualwertmethode** vorausgesetzten *capital charges* verwendet werden. Die als hypothetisches Leasingentgelt deutbaren *capital charges* setzen sich allerdings bei abschreibbaren Vermögenswerten aus zwei Elementen zusammen:

- der Verzinsung auf die investierte Summe (*return on asset*),
- dem Werteverzehr (*return of asset*).

Die vermögenswertspezifischen Diskontierungssätze entsprechen dem *return on assets.* Nur wenn der Werteverzehr *(return of)* als eigener operativer Kostenbestandteil bei der Mehrgewinnmethode berücksichtigt wird und sich damit die *capital charges* auf den *return on assets* reduzieren, können gleiche Werte für Diskontierung und *capital charges* verwendet werden.[34]

Ein Beispiel zur Anwendung der **Residualwertmethode** ist in Rz 241 enthalten.

2.6.3 Verlustvorträge, Bewertung und Ansatz latenter Steuern

Ein steuerlicher **Verlust des erworbenen Unternehmens** (→ § 26 Rz 125) kann erstmalig durch den Unternehmenserwerb zum Ansatz aktiver latenter Steuern führen, etwa wenn die Verluste des erworbenen Unternehmens mit den Gewinnen des Erwerbers verrechnet werden können und dadurch ein **Verlustausgleich** mit zukünftigen Gewinnen erstmals **wahrscheinlich** wird. Wegen der restriktiven, verlustvernichtenden Vorschriften zum **Mantelkauf** (§ 8c KStG) bzw. zur Verschmelzung (§ 12 Abs. 2 UmwStG) ist diese Bedingung im deutschen Steuerrecht allerdings häufig nicht erfüllt.

115

---

[34] Vgl. IDW RS HFA 16, Tz. 53.

Hat umgekehrt das erwerbende Unternehmen einen Verlustvortrag, dessen Nutzung durch den Zukauf eines ertragsstarken Unternehmens (insbesondere im *asset deal)* erstmals wahrscheinlich wird, darf dieser Synergiegewinn nicht der Kaufpreisallokation zugerechnet werden. Die erstmalige Aktivierung des Verlustvortrags ist vielmehr ertragswirksam zu buchen.[35]

116   Der nachträgliche Ansatz bei der Erstkonsolidierung nicht als aktivierungsfähig beurteilter latenter Steuern kann nach Folgeänderung von IAS 12.68 durch IFRS 3 rev. 2008 nur noch binnen zwölf Monaten seit dem Erwerb vorgenommen werden. Spätere Neueinschätzungen sind i. d. R. erfolgswirksam (Rz 129). Zu Einzelheiten mit Beispielen wird verwiesen auf → § 26.

117   Im Übrigen unterliegen latente Steuern **nicht** der *fair-value*-Bewertung, sondern der Bewertung nach IAS 12 (IFRS 3.24). U. a. impliziert dies ein Verbot der Diskontierung (→ § 26 Rz 214). Der Grund für den Verzicht auf die *fair-value*-Bewertung lässt sich an folgendem Beispiel darstellen:

> **Praxis-Beispiel**
> E erwirbt aus Interesse an bei ihm entstehenden Synergien das ausländische Unternehmen V. Wesentliche stille Reserven sind in dem erworbenen Vermögen nicht enthalten. V hat einen Verlustvortag von 500 TEUR, der durch den Erwerb nicht verfällt.
> Aktive latente Steuern sind bisher nicht gebildet worden, da das Unternehmen eine *„history of recent losses"* hat und daher Zweifel an der Werthaltigkeit bestehen (→ § 26 Rz 131). Diese Zweifel bestehen nach dem Erwerb fort, da die aus dem Unternehmenserwerb erwarteten Synergien hauptsächlich bei E anfallen. Gleichwohl ist die Verwertung der Verlustvorträge nicht unwahrscheinlich und daher im Kaufpreiskalkül moderat berücksichtigt worden.
> Würde E in der Erstkonsolidierung latente Steuern nach Maßgabe der diskontierten mit der Wahrscheinlichkeit gewichteten zukünftigen Steuerentlastung ansetzen, entstünde zum nächsten Bilanzstichtag folgendes Problem: Die Bilanzierung müsste nun wieder den Regeln von IAS 12 folgen, d. h., angesichts der *history of losses* müsste ein Ansatz unterbleiben, sofern nicht überzeugende Belege *(convincing evidence)* für die Werthaltigkeit bestehen. Die bei der Kaufpreisallokation eingebuchten latenten Steuern wären also zum Folgestichtag trotz unveränderter Bedingungen wieder auszubuchen.

Derartige Inkonsistenzen werden vermieden, wenn latente Steuern nach den normalen Regeln von IAS 12, d. h. ohne Rücksicht auf ihren *fair value,* erstkonsolidiert werden. Eine entsprechende Ausnahme vom *fair-value*-Prinzip enthält IFRS 3.24 (Rz 193).

118   In der Vertragspraxis wird das **Steuerrisiko** häufig über Klauseln der folgenden Art geregelt:

> **Praxis-Beispiel**
> Besitz, Nutzen und Lasten am Unternehmen gehen am 1.1.02 auf den Erwerber über.
> Von Steuernachforderungen (aus Betriebsprüfung usw.), die Zeiträume bis zum 31.12.01 betreffen, stellt der Veräußerer den Erwerber frei.

---

[35]   Vgl. EITZEN/DAHLKE/KROMER, DB 2005, S. 509 ff.

In diesem Zusammenhang stellt sich die Frage, ob
- das Steuerrisiko zu passivieren und
- der Rückgriffsanspruch zu aktivieren ist.

Zur Passivierung von Steuerrisiken enthält IAS 12 keine speziellen Vorschriften (→ § 26 Rz 30 ff.). Außerhalb eines Unternehmenserwerbs gelangt IAS 37 analog zur Anwendung. Danach sind Steuerrisiken nur dann zu passivieren, wenn eine Inanspruchnahme überwiegend (> 50 %) wahrscheinlich ist. Nach IFRS 3.22 kommt eine Passivierung bereits unterhalb dieser Wahrscheinlichkeitsschwelle infrage. Anzusetzen ist eine Eventualschuld.

Allgemeine Regelungen zu Eventualforderungen enthält IFRS 3 demgegenüber nicht. Allerdings schreibt IFRS 3.27 die Aktivierung von Risikofreistellungsansprüchen *(indemnification assets)* vor (Rz 93). Danach sind Entschädigungsleistungen, die der Veräußerer beim Eintritt bestimmter Risiken verspricht, mit dem Wert zu aktivieren, mit dem das abgesicherte Risiko passiviert wird. Auch die Fortschreibung erfolgt kongruent zur Fortschreibung des Passivpostens (IFRS 3.57).

Hinsichtlich der Behandlung in der GuV bei tatsächlichem Eintritt des Steuerrisikos (Aufwand) und Erstattung durch den Veräußerer (Ertrag) ist u. E. in Analogie zu IAS 37.54 eine Saldierung zulässig (→ § 21 Rz 166).

2.6.4 Zeitbewertung von *preexisting relationships*[36]

Mit dem zum Erwerb anstehenden Unternehmen können vertragliche oder sonstige **„Beziehungen"** bestehen, die sich bereits in Bilanzpositionen niedergeschlagen haben oder aber im Zug der Erstkonsolidierung bilanzwirksam werden. 119

> **Praxis-Beispiel**
> - MU führt gegen TU einen Patentverletzungsprozess. TU hat dafür eine Rückstellung gebildet. Beim Erwerb von TU durch MU löst sich die Verbindlichkeit konzernbilanziell auf, ist auch wirtschaftlich wegen des nicht mehr weiterzuführenden Prozesses erloschen.
> - Ein Computerhersteller MU hat einen langfristigen Liefervertrag mit dem Handelsunternehmen TU. Die Konditionen liegen hierfür günstiger als diejenigen, die MU anderen Händlern in Rechnung stellt. Beim Erwerb des Handelsunternehmens durch den Computerhersteller geht der bei TU vorhandene immaterielle Vermögenswert „günstiger Liefervertrag" unter.

Es stellt sich dann die Frage, wie diese Positionen im Rahmen der Erstkonsolidierung zu behandeln sind. Allgemeiner Wertmaßstab ist nach IFRS 3.18 der *fair value*, also der von der konkreten „Beziehung" losgelöste Marktwert. Diese „Beziehung" **löst** sich indes konzernbilanziell im Augenblick des Unternehmenserwerbs **auf**; sie ist wirtschaftlich nicht mehr vorhanden (analog der rechtlichen Konfusion; Rz 123). Dem *fair value* des erworbenen Vermögenswerts bzw. der betreffenden Schuld kommt dann nach Vollzug des Erwerbs regelmäßig keine Bedeutung mehr zu. Es verbleibt ein **unternehmensspezifischer** Wert, der bei der Erstkonsolidierung aber gem. IFRS 3 gerade **keinen zulässigen Wertmaßstab** darstellt. 120

---

[36] Die nachfolgenden Ausführungen sind zum Teil entnommen LÜDENBACH/HOFFMANN, BB 2005, S. 651.

121 Die Lösung des Problems ergibt sich nach IFRS 3.51 aus einer **Mehrkomponentenbetrachtung:** Eine *business combination* zwischen zwei Unternehmen, die bereits eine (vertragliche) Geschäftsbeziehung haben, kann danach ein **Mehrkomponentengeschäft** darstellen, bei dem
- neben dem Unternehmenserwerb (Komponente 1)
- die Erledigung *(settlement)* der bisherigen Geschäftsbeziehung (Komponente 2)

bewirkt wird. Nur die erste Komponente ist bei der Anwendung der Erwerbsmethode zu berücksichtigen, die zweite nach dem auf sie isoliert anwendbaren Standard.

Bei der Erledigung der vorkonzernlichen Beziehung *(settlement of the pre-existing relationship)* kann ein sofort zu berücksichtigender Ertrag oder Aufwand *(settlement gain or loss)* entstehen. Hierbei ist wie folgt zu differenzieren:

- **Schwebende Verträge** mit aus Sicht des Erwerbers im Verhältnis zu Marktwerten günstigen bzw. ungünstigen Konditionen *(favorable or unfavorable contracts)*: (a) Aufwand/Ertrag ist die diskontierte Differenz zwischen Vertrags- und Marktkonditionen. (b) Sofern der Vertrag einen Ausstieg gegen einen niedrigeren Betrag vorsieht, ist nur dieser Ausstiegsbetrag als Aufwand/Ertrag zu behandeln, die Differenz zu (a) hingegen als Teil des Unternehmenserwerbs zu erfassen (IFRS 3.B52(b)).
- **Rückerwerb** in Lizenz, Franchise etc. von an das erworbene Unternehmen **überlassenen Rechten**: Der Rückerwerb führt zum Ansatz eines immateriellen Vermögenswerts im Rahmen des Unternehmenserwerbs (IFRS 3.29). Die Bewertung erfolgt auf Basis der restlichen Vertragsdauer (IFRS 3.55). Eine darüber hinausgehende Nutzungsdauer, die sich etwa bei einer Marke aus der Möglichkeit der günstigen Verlängerung des Markenschutzes ergibt, ist nicht zu berücksichtigen (Rz 148). Der angesetzte Wert ist über die restliche Vertragsdauer abzuschreiben. (a) Soweit die Vertragskonditionen aus Sicht des Erwerbers gemessen am Markt günstig/ungünstig waren, entsteht auch bei Rückerwerb überlassener Rechte ein sofortiger Ertrag/Aufwand. (b) Sofern der Vertrag einen Ausstieg gegen einen niedrigeren Betrag vorsieht, ist nur dieser Ausstiegsbetrag als Ertrag/Aufwand zu behandeln, die Differenz zu (a) hingegen als Teil des Unternehmenserwerbs zu erfassen (IFRS 3.B53).
- **Erledigung schwebender Rechtsstreitigkeiten** zwischen Erwerber und erworbenem Unternehmen: Bei Passivprozessen des Erwerbers ist ein Aufwand zur Beilegung des Rechtsstreits, bei Aktivprozessen ein Ertrag anzusetzen, jeweils i. H. d. *fair value* (wahrscheinlichkeitsgewichtete Prozessausgänge).
- **Wertgeminderte Forderungen**: Soweit der Erwerber oder seltener das erworbene Unternehmen über eine im Erwerbszeitpunkt wertgeminderte Forderung gegen das andere Unternehmen verfügt, ist die Verbindlichkeit bzw. Forderung im Rahmen des Erwerbs mit dem beizulegenden Zeitwert anzusetzen.

122 Zum **Wertminderungsfall** folgendes Beispiel:

Praxis-Beispiel
MU erwirbt am 1.1.01 in Sanierungsabsicht 100 % der Anteile an TU zu einem Kaufpreis von 140. MU hat eine als Anleihe verbriefte, börsennotierte Forderung von nominal 200 gegen TU. Dritte treten nur in vernachlässigbar geringem Umfang als Inhaber der Anleihe in Erscheinung.

Wegen Bonitätsschwierigkeit der TU ist die Anleihe zum Erwerbsstichtag nur noch mit dem *fair value* von 120 in der Einzelbilanz der MU ausgewiesen. In der Bilanz der TU ist die Verbindlichkeit hingegen mit 200 angesetzt. Am 1.1.03 wird die Anleihe in vollem Umfang, d. h. mit ihrem Nominalwert von 200, getilgt.

Das übrige Nettovermögen der TU (Buchwert = *fair value*) soll 260 betragen, ihr Eigenkapital lt. IFRS-Bilanz II somit 60 bei Nominalwertansatz der Schuld bzw. 140 (60 + 80) bei *fair-value*-Bewertung.

Beurteilung

Handelt MU wie angenommen in Sanierungsabsicht, kann der Erwerb als ein Mehrkomponentengeschäft interpretiert werden. Der Kaufpreis von 140 entfällt in dieser Perspektive nur mit einem Teilbetrag von 60 auf den Anteilserwerb. I. H. v. 80 enthält er einen Beitrag zur Wertsteigerung der als Finanzanlage gehaltenen Anleihe. Diese Wertsteigerung tritt unmittelbar mit Erwerb des Unternehmens, nicht erst danach ein. Mit ihr korrespondiert eine zeitgleiche Angleichung des beizulegenden Zeitwerts der Verbindlichkeit an dessen Nominalwert. Kaufpreisallokation und Buchungen sind wie folgt vorzunehmen:

Barzahlung	140
– davon für Wertsteigerung Anleihe	– 80
= Kaufpreis für TU	60
– Zeitwert übriges Vermögen	– 260
+ Verbindlichkeit gegen MU	+ 200
= *goodwill*	0

Einzelbilanz MU

Konto	Soll	Haben
Anleihenforderung	80	
Beteiligung	60	
Geld		140

Erstkonsolidierung

Konto	Soll	Haben
Eigenkapital TU	60	
Beteiligung		60
Anleihenverbindlichkeit	200	
Anleihenforderung		200

Nach dem Erwerb ergeben sich in dieser Variante keine Aufrechnungsdifferenzen aus dem konzerninternen Schuldverhältnis.

U. E. muss sich eine entsprechende Lösung daran prüfen lassen, ob ihr auch einzelbilanziell gefolgt werden kann. Wo dies nicht der Fall ist, würde die Kapitalkonsolidierung nicht nur technisch versagen, da sich einzelbilanzieller Beteiligungsansatz
und Nettovermögen (lt. IFRS-Bilanz II) nicht mehr entsprächen. Auch inhaltlich
kann die wirtschaftliche Zerlegung eines zivilrechtlichen einheitlichen Geschäfts
keine Sonderregelung für den Konzernabschluss sein, sondern nur unter Berufung
auf allgemein und damit auch für den Einzelabschluss geltende Grundsätze erfolgen.
Die einzelbilanziell zu erfassenden Anschaffungskosten der Beteiligung betragen
somit in Anwendung dieses Gedankens im Beispiel nur 60 (140–80), während der
Betrag von 80 als Anschaffungskosten auf die Anleihe gewertet werden kann.

123 Gehört zu den Vermögenswerten des erworbenen Unternehmens eine **wert-
berichtigte Forderung gegenüber dem Erwerber**, stellt sich auch hier die Frage
nach der Reichweite des *fair-value*-Prinzips.

Praxis-Beispiel

MU erwirbt in 01 TU zu einem Kaufpreis von 300.

TU hat eine Forderungen von 100 gegen MU. Nach Einzelwertberichtigung
wird die Forderung im Einzelabschluss der TU mit 60 ausgewiesen. Dies soll
zugleich der *fair value* sein.

In der Bilanz der MU ist die Verbindlichkeit mit 100 angesetzt.

Das übrige Vermögen der TU (Buchwert = *fair value*) beträgt 200, das Eigenkapital somit 260 bei Ansatz der Forderung mit dem *fair value*, 300 bei Ansatz
mit dem Nominalwert.

Ende 01 wird die Forderung getilgt.

Kaufpreisallokation und Buchungen (Letztere nur für die *fair-value*-Lösung)
sind wie folgt:

	Variante 1 *fair value*
= Kaufpreis für TU	300
– *fair value* übriges Vermögen	– 200
– Forderung gegenüber MU	– 60
= *goodwill*	40

Einzelbilanz MU

Konto	Soll	Haben
Beteiligung	300	
Geld		300

Erstkonsolidierung

Konto	Soll	Haben
Eigenkapital TU	260	
Beteiligung		300

Konto	Soll	Haben
goodwill	40	
Verbindlichkeit gegenüber TU	100	
Forderung gegenüber MU		60
Ertrag		40

Folgekonsolidierung 01

Konto	Soll	Haben
Ertrag aus Forderung gegenüber MU	40	
Konzerngewinnrücklagen		40

Im Beispiel entsteht eine Aufrechnungsdifferenz zum Erstkonsolidierungszeitpunkt. Sie führt zu einem **sofortigen Ertrag** (*settlement gain*). Die entsprechende Buchung ist gewöhnungsbedürftig, da die Erstkonsolidierung mit Ausnahmen für den *lucky buy* bzw. *bargain purchase* (Rz 144) ansonsten ein erfolgsneutraler Vorgang ist.

Die Erfolgswirksamkeit lässt sich jedoch in einem **Vergleich zum Übernahmefolgegewinn des UmwStG** wie folgt begründen. Nach § 6 UmwStG ist ein in Verschmelzungsfällen aus der Vereinigung von Forderungen und Verbindlichkeiten entstehender Gewinn als laufender Gewinn bei der aufnehmenden Gesellschaft zu erfassen. Die Anpassung der unterschiedlichen Wertansätze im Anschaffungszeitpunkt wird also nicht erfolgsneutral, sondern erfolgswirksam durchgeführt. Dem entspricht die *fair-value*-Lösung in vorstehendem Beispiel. Ein Unterschied besteht nur darin, dass die steuerlichen Regeln auf die rechtliche Konfusion von Forderungen und Verbindlichkeiten zielen, während es konzernbilanziell um eine **wirtschaftliche Konfusion** geht. Ursächlich ist die konzeptionelle Abweichung zwischen Steuerrecht (Fokus auf dem einzelnen rechtlich definierten Steuersubjekt) und dem Konzernbilanzrecht (Fokus auf der wirtschaftlichen, aus mehreren Rechtssubjekten bestehenden Einheit).

Zu auch konzeptionell übereinstimmenden Lösungen kommt es dann, wenn der Erwerb eines Unternehmens sich als *asset deal* vollzieht. Hier gehen zwischen den Parteien bestehende Forderungen und Verbindlichkeiten auch einzelbilanziell durch rechtliche Konfusion unter.

Die laufende Bilanzierung schwebender operativer Verträge folgt nach IAS 37.29 **124** und IAS 37.33 dem **Imparitätsprinzip**. Drohende Verluste sind zu passivieren (→ § 21 Rz 48), erwartete Gewinne mit speziellen Ausnahmen (insbesondere bei langfristiger Fertigung) nicht zu aktivieren. Eine allgemeine Ausnahme besteht jedoch für den Unternehmenserwerb. Der erwartete Gewinn aus einem solchen noch nicht abgewickelten Kontrakt führt ggf. als für das erworbene Unternehmen **günstiger Vertrag** (*favorable* oder *beneficial contract*) oder Auftragsbestand zu einem immateriellen Vermögenswert.

Praxis-Beispiel

MU erwirbt am 1.1.01 100 % der Anteile an TU zu einem Kaufpreis von 160.
TU hat aus schon vorhandenen und kontrahierten, aber noch nicht ausgelieferten Waren einen Auftragsbestand von 1.000, aus dem bei Einstandskosten von 850 ein Gewinn von 150 erwartet wird. Auftraggeber ist MU. Die Ware wird einen Tag nach dem Unternehmenserwerb an MU geliefert.

Im Rahmen der Kaufpreisallokation ist auch die Gewinnerwartung aus schwebenden Verträgen als immaterieller Vermögenswert anzusetzen. Unter Vernachlässigung des übrigen Nettovermögens (Buchwert = Zeitwert = null) wäre die Kaufpreisallokation wie folgt vorzunehmen:

Kaufpreis für TU	160
– **Auftragsbestand**	– 150
= *goodwill*	10

Der immaterielle Vermögenswert „günstiger Vertrag" wird im Zeitpunkt der (konzerninternen) Lieferung der Ware als Erhöhung von deren Anschaffungskosten aufgelöst. Dass damit vom Konzern für 850 angeschaffte Vorräte mit 1.000 aktiviert werden, erscheint bei einer leichten zeitlichen Variation nicht mehr unangemessen: Wäre der Unternehmenserwerb nämlich einen Tag später vollzogen worden, hätte TU die Ware noch vor Vollzug des Unternehmenserwerbs zu 1.000 an MU geliefert, und sie wäre mit diesem Betrag aktiviert worden. Innerhalb dieses einen Tages ist es aber weder zum Abschluss von Verträgen noch zur Änderung von Beschaffungskosten und *fair values* gekommen. Eine andersartige Behandlung im Fall der Lieferung kurz nach Erstkonsolidierungszeitpunkt scheint daher kaum sachgerecht.

Die Mehrkomponentenlösung überzeugt dann nicht, wenn es an einer tatsächlichen Vertragserledigung durch Abstandszahlung an TU fehlt und aus gesellschafts- und steuerrechtlichen Gründen Zahlungen an die Altgesellschafter nicht mit Zahlungen an die Zielgesellschaft vermengt werden können. Sie würde dann zu folgenden Problemen führen:

- Mit Ausführung des Auftrags wären von MU aufgrund des fortbestehenden, tatsächlich nicht aufgehobenen Vertrags 1.000 an TU zu zahlen.
- TU hätte daher aus dem Vertrag einzelbilanziell einen Erlös von 1.000, dem nur ein Wareneinsatz bzw. Konzernanschaffungskosten von 850 gegenüberstünden.
- Eine Zwischenergebniseliminierung („per Umlaufvermögen 150 an Materialaufwand 150") wäre nötig und würde den bereits als *settlement loss* berücksichtigten Betrag ein zweites Mal als Aufwand qualifizieren.
- Kann hingegen auch einzelbilanziell der Mehrkomponentenlösung gefolgt werden, weil eine tatsächliche Abstandszahlung an das TU erfolgt, beträgt der konzerninterne Umsatz nicht mehr 1.000, sondern 850. Die Zwischenergebniseliminierung entfällt und es bleibt zutreffend bei der Einmalerfassung des Aufwands.

Eine dritte Lösung ist geboten, wenn der Auftrag erst kurz vor Vollzug des Unternehmenserwerbs und nur im Hinblick auf diesen zu nicht marktgerechten Konditionen erteilt worden ist. Da es ohne den Unternehmenserwerb den

> entsprechenden *favorable contract* nicht gegeben hätte, der immaterielle Vermögenswert also erst durch den (bevorstehenden) Erwerb entstanden ist, darf er u.E. nicht angesetzt werden. Diese Lösung entspricht der in IFRS 3.12 enthaltenen Regelung, wonach Schulden, die das Ergebnis des Unternehmenserwerbs sind, bei der Kaufpreisallokation nicht angesetzt werden dürfen. Dieser Rechtsgedanke ist u.E. analog auf Vermögenswerte anwendbar. Dann wäre abweichend von oben genannter Darstellung ein *fair value* von null anzusetzen, weil der Auftragsbestand nicht *at arm's length* zustande gekommen ist.

Die ausführliche Diskussion des Beispiels zeigt die Notwendigkeit fallspezifischer Differenzierungen. Dies scheint dem Grunde nach auch in IFRS 3.52(a) und IFRS 3.B51 ff. anerkannt, wenn etwa der Ausweis eines *settlement gain* an die Voraussetzung einer tatsächlichen Vertragserledigung *(effective settlement)* geknüpft wird.

Anders als bei operativen Geschäften entsteht bei **schwebenden Finanzverträgen** **125** (Finanzderivaten) i.d.R. nicht das Problem eines „Übernahmefolgegewinns", da Ansatz und Bewertung nach IAS 39 bzw. IFRS 9 **nicht imparitätisch** erfolgen.

2.6.5 Volle Aufdeckung von auf Minderheiten entfallenden stillen Reserven

Nach IFRS 3.33 ist eine nur beteiligungsproportionale, dem Mehrheitsanteil ent- **126** sprechende Aufdeckung **stiller Reserven** (beteiligungsproportionale Neubewertung) unzulässig. Geboten ist die volle Aufdeckung (vollständige Neubewertung). Der Minderheitenanteil (in IFRS 3 als nicht beherrschender Anteil bzw. *noncontrolling interest* bezeichnet) fällt entsprechend höher aus als bei der beteiligungsproportionalen Neubewertung.

Ein Wahlrecht besteht hinsichtlich des *goodwill*. Werden die Anteile der Minderheiten in der Kaufpreisallokation

- mit ihrem *fair value* berücksichtigt, ist auch ein darin enthaltener Anteil der Minderheit am *goodwill* anzusetzen (sog. *full-goodwill*-Methode),
- mit ihrem Anteil am Zeitwert des Nettovermögens berücksichtigt, kommt es nur zur Aufdeckung stiller Reserven in den identifizierbaren Vermögenswerten, hingegen nicht zum Ansatz eines Minderheiten-*goodwill*.

Wegen Einzelheiten wird auf Rz 136 verwiesen.

2.6.6 Nachträgliche bessere Erkenntnis über Umfang und Wert des erworbenen Vermögens

Die zum Erstkonsolidierungszeitpunkt vorgenommene Bewertung und/oder der **127** Ansatz von Vermögenswerten oder Schulden können sich aufgrund nachträglicher besserer Erkenntnis über am Stichtag vorhandene Verhältnisse (**Wert- oder Ansatzaufhellung**; → §4 Rz 17) als unzutreffend erweisen. In diesen Fällen sind **Anpassungen** erforderlich. Die Technik der Anpassung hängt vom Zeitpunkt der Korrektur ab.

IFRS 3.45 lässt insbesondere, aber nicht nur für kurz vor dem Bilanzstichtag vollzogene Erwerbe, eine vorläufige Kaufpreisallokation zu,[37] die dann während einer

---

[37] Zur Vermeidung einer (zu) vorläufigen Kaufpreisallokation (PPA) durch sinnvolle Integration einer PPA in eine *due diligence* ZÜLCH/WÜNSCH, KoR 2008, S. 466 ff.

measurement period von maximal zwölf Monaten ab Erwerb „fertigzustellen" ist. Werden in diesem **Zwölf-Monats-Rahmen** Anpassungen vorgenommen, die nicht auf Wertänderungen infolge von *post-combination events* beruhen, sondern werterhellenden Charakter haben, sind diese zurückbezogen auf den Erwerbstag **erfolgsneutral gegen** den *goodwill* vorzunehmen. **Erfolgswirksam** ist lediglich die „Stornierung" zwischenzeitlich durchgeführter Abschreibungen etc. auf den falschen Wert. Erfolgt die Anpassung binnen zwölf Monaten, aber nach Veröffentlichung der Bilanz für das Erwerbsjahr, sind im Folgeabschluss die Vergleichsinformationen (für das Erwerbsjahr) so anzupassen, als ob von Anfang an mit den richtigen Werten gerechnet worden wäre (IFRS 3.45 und IFRS 3.49). Regelmäßig führt dies zur Anpassung des *goodwill* (oder negativen Unterschiedsbetrags).

Erfolgt die **Anpassung nach Ablauf von zwölf Monaten** (sog. „Anpassung nach Fertigstellung"), gelangen die Regeln von IAS 8 zur Anwendung. Nach IFRS 3.50 sind Anpassungen nach Fertigstellung nur anzusetzen, „um **Fehler** gem. IAS 8 … zu korrigieren" (→ § 24 Rz 34).

In der Behandlung **nachträglicher besserer** Erkenntnisse ist damit wie folgt zu differenzieren:

- IFRS 3.45 und IFRS 3.49 haben als Spezialvorschrift **Vorrang** vor IAS 8. Bei Anpassungen innerhalb von zwölf Monaten kommt es damit auf die in IAS 8 vorgenommene Unterscheidung von Fehlerkorrekturen (retrospektiv) und Schätzungsänderungen (prospektiv) nicht an. Unabhängig von der Ursache ist eine retrospektive Anpassung mit Gegenkorrektur des *goodwill* geboten.
- IFRS 3.50 **beruft** sich hinsichtlich Anpassungen nach zwölf Monaten hingegen zweifach auf IAS 8,
  - zum einen hinsichtlich der **Fehlerkorrektur**, die als Anpassung i.e.S. auf den Erstkonsolidierungszeitpunkt zurückwirkt (**Retrospektion**),
  - zum anderen hinsichtlich der Schätzungsänderungen, die **prospektiv** vorzunehmen sind.

IFRS 3.50 schreibt somit gerade die Anwendung von IAS 8 vor und damit auch die Differenzierung zwischen Fehlerkorrekturen und Schätzungsänderungen. In der Literatur wird dies zum Teil anders gesehen,[38] wobei nicht deutlich wird, ob materiell anders, indem Schätzungsänderungen nach Ablauf von zwölf Monaten nicht mehr als zulässig angesehen würden, oder nur terminologisch abweichend, indem Schätzungsänderungen nicht mehr als „Anpassung nach Fertigstellung" verstanden werden. Soweit die Differenz zum hier vertretenen Standpunkt nur eine terminologische sein sollte, halten wir sie nicht für relevant. Materiell bleibt es jedenfalls dabei, dass Schätzungsänderungen nach zwölf Monaten bei Erfüllung der in IAS 8 enthaltenen Voraussetzungen prospektiv zulässig und erforderlich sind.

128 Hierzu folgendes Beispiel:

Praxis-Beispiel
Bei Erstkonsolidierung Mitte 01 wird irrtümlich von der Werthaltigkeit eines Patents ausgegangen. Es wird mit 100 angesetzt und auf zehn Jahre abgeschrieben.

---

[38] Senger/Brune, in: Beck'sches IFRS-Handbuch, 5. Aufl., 2016, § 34, Tz. 251.

Grundfall: Anpassung im Erstjahr oder binnen zwölf Monaten

Im April 02 wird das Patent von dritter Seite bestritten. Den begonnenen Prozess wird man mit ganz hoher Wahrscheinlichkeit verlieren.

Die Anpassung ist auf den Erwerbszeitpunkt zurück zu beziehen. Zwischenzeitlich vorgenommene Abschreibungen sind erfolgsneutral zu korrigieren. Somit sind folgende Buchungen in 02 (vor Abschreibung 02) vorzunehmen:

Konto	Soll	Haben
goodwill	100	
Patent		100 (wegen Erstkonsolidierungswert)
Patent	5	
Gewinnrücklagen 1.1.02		5 (wegen Abschreibung 01)

Variante 1: Anpassung nach mehr als zwölf Monaten
Der Klagegegner tritt erst Ende 02 auf.

Variante 1a)
Bei Anwendung der erforderlichen Sorgfalt wäre schon zum Erstkonsolidierungszeitpunkt von einer fehlenden Werthaltigkeit des Patents auszugehen gewesen. Es liegt ein Fehler vor, der nach IAS 8 i.V.m. IFRS 3.50 retrospektiv wie im Grundfall zu korrigieren ist.

Variante 1b)
Soweit bei der ursprünglichen Kaufpreisallokation auch unter Anwendung aller erforderlichen Sorgfalt Zweifel an der Werthaltigkeit des Patents nicht erkennbar waren, liegt zwar eine Unrichtigkeit wegen deren Unvermeidbarkeit, aber kein Fehler vor (→ §24 Rz 41). Gleichwohl ist der Bilanzansatz in 02 anzupassen. Da eine Fehlerkorrektur ausscheidet, ist die Anpassung nach IAS 8 i.V.m. IFRS 3.50 erfolgswirksam als Schätzungsänderung vorzunehmen, indem das Patent außerplanmäßig abgeschrieben wird:

Konto	Soll	Haben
Außerplanmäßige Abschreibung	95	
Patent		95

Variante 2: Der Veräußerer hat die Werthaltigkeit des Patents garantiert und leistet eine Ausgleichszahlung
Unabhängig davon, ob die Anpassung binnen oder nach zwölf Monaten erfolgt, ist die Buchung „per Ausgleichsforderung 100 an Patent 100" sachgerecht. Sie berücksichtigt, dass in rückwirkender Betrachtung 100 weniger an Nettovermögen erworben und daher 100 weniger an Kaufpreis gezahlt wurde. Zwischenzeitlich bereits vorgenommene planmäßige Abschreibungen sind erfolgsneutral zu korrigieren („per Patent an Gewinnrücklage").

Hinsichtlich des nachträglichen Ansatzes oder der nachträglichen Höherbewertung aktiver latenter Steuern infolge geänderter Beurteilung ihrer Werthaltigkeit **129** enthält IAS 12.68 eine spezielle, im Wesentlichen aber mit IFRS 3.50 identische Regelung (→ § 26 Rz 147):

- Anpassung binnen zwölf Monaten, die auf wert- oder ansatzerhellende Umstände zurückzuführen sind, werden gegen *goodwill* verrechnet; soweit der Anpassungsbetrag den vorläufigen *goodwill* übersteigt, erfolgswirksam behandelt,
- spätere Anpassungen sind i.d.R. erfolgswirksam vorzunehmen, jedoch ausnahmsweise erfolgsneutral, wenn sie sich auf einen Sachverhalt nach IAS 12.61Aff., z.B. eine Fehlerkorrektur, beziehen.

130   Wegen nachträglicher besserer Erkenntnis hinsichtlich der **Anschaffungskosten**/des Kaufpreises wird auf Rz 60ff. verwiesen.

2.7 *Goodwill* und negativer Unterschiedsbetrag

2.7.1 Überblick

131   Bei der Erstkonsolidierung entsteht i.d.R. eine positive oder eine negative Differenz von Anschaffungskosten und Zeitwert der erworbenen identifizierbaren Vermögenswerte und Schulden.
- Eine positive Differenz ist als *goodwill* anzusetzen (IFRS 3.32),
- ein negativer Unterschiedsbetrag führt nach kritischer Überprüfung *(reassessment)* zu sofortigem Ertrag (IFRS 3.36).

132   Mit IFRS 3.19 wurde das **Wahlrecht** eingeführt, auch die nicht beherrschenden Anteile zum *fair value* zu bewerten und somit auch den auf die Minderheiten entfallenden *goodwill* zu aktivieren *(full-goodwill*-Methode). Außerdem wird der *fair value* von bereits vor der Kontrollerlangung bestehenden Altanteilen in die Ermittlung der Anschaffungskosten einbezogen (Rz 156). Beides führt gegenüber dem vorherigen Recht zu Änderungen in der Höhe des *goodwill* (Rz 136).

133   *Goodwill* und negativer Unterschiedsbetrag stellen eine Saldogröße dar. Da es nicht um die Differenz von Anschaffungskosten und Buchwerten geht, sondern um die Differenz von Anschaffungskosten und Zeitwerten, kann ein **negativer Unterschiedsbetrag** auch dann entstehen, **wenn** der **Kaufpreis über** dem **Buchwert** liegt. Hierzu folgendes Beispiel:

Praxis-Beispiel

E erwirbt ein schuldenfreies pyrotechnisches Einzel-Unternehmen.
- Der Buchwert der schwer liquidierbaren Aktiva beträgt 15 Mio. EUR.
- Ihr Zeitwert ist 20 Mio. EUR.
- Der Ertragswert des Unternehmens beträgt ebenfalls 20 Mio. EUR.
- Als Kaufpreis werden jedoch 15 Mio. EUR vereinbart.

Die Abweichung zwischen Kaufpreis und Zeit- und Ertragswert erklärt sich wie folgt:

Das Unternehmen hat mit ordentlichen Warnhinweisen Feuerwerk in die USA geliefert. Bei unsachgemäßer Umverpackung durch den in den USA für Feuerwerk lizenzierten Abnehmer kommen vier Arbeiter zu Tode. Das Unternehmen wird auf 40 Mio. US-Dollar verklagt. Sein Versicherungsschutz für derartige Fälle beträgt 5 Mio. EUR. Die Wahrscheinlichkeit, mit einem über 5 Mio. EUR hinausgehenden Betrag verurteilt zu werden, wird von den Rechtsanwälten als extrem niedrig eingeschätzt. Eine Rückstellung kann deshalb nicht passiviert werden. Die Warnhinweise waren ordentlich.

Abnehmer waren keine Endverbraucher, sondern in den USA lizenzierte Fachleute. Wegen des Überraschungspotenzials amerikanischer Geschworenenverfahren bleibt jedoch ein Restrisiko. Die Parteien berücksichtigen dies durch einen Abschlag beim Kaufpreis. Überdies stand der Veräußerer aus Liquiditätsgründen unter Verkaufsdruck, so dass sich insgesamt ein Abschlag von 5 Mio. EUR auf den Ertragswert ergibt.

Der **HGB-Einzelabschluss** (von Veräußerer und Erwerber) ignoriert diese Aspekte. Dem Kaufpreis von 15 Mio. EUR steht ein Buchwert der Aktiva von 15 Mio. EUR gegenüber. Ein negativer Geschäftswert für den möglichen Verlust wird in der Erwerberbilanz nicht ausgewiesen. Der negative Geschäftswert wird auf diese Weise still mit den Reserven in den Aktiva saldiert. Soweit es sich bei den Aktiva um abschreibbares Anlagevermögen oder um Vorräte handelt, wird demzufolge auch die Ertragslage der Folgeperioden unzutreffend wiedergegeben. Abschreibungen und Materialaufwand der Folgejahre sind zu niedrig, der Gewinn ist überhöht.

IFRS 3 wählt einen anderen Ansatz:

Soweit ein *fair value* des Prozessrisikos feststellbar ist, wird bei der Erstkonsolidierung eine Eventualschuld passiviert. Bei einem unterstellten *fair value* von 5 Mio. EUR entsteht kein Unterschiedsbetrag.

Soweit der *fair value* nicht verlässlich feststellbar ist, werden die *assets* mit 20 Mio. EUR erfasst, der negative Unterschiedsbetrag von 5 Mio. EUR ist sofort ertragswirksam.

Da das Handelsrecht nur für den Konzernabschluss einen negativen Unterschiedsbetrag vorsieht (§ 309 Abs. 2 HGB), ergeben sich im handelsrechtlichen Einzelabschluss Verwerfungen, wenn der Kaufpreis sogar noch unterhalb des Buchwerts des Nettovermögens liegt. Der buchhalterische Ausgleich ist dann nur über eine Abstockung des Aktivvermögens zu erreichen, soweit überhaupt genügend Abstockungsvolumen zur Verfügung steht. **134**

2.7.2 Berechnung mit und ohne Minderheiten

Nach IFRS 3.51 und IFRS 3.56 rev. 2004 war ein *goodwill* bzw. negativer Unterschiedsbetrag wie folgt zu berechnen: **135**

Anschaffungskosten

– anteiliger *fair value* des erworbenen Nettovermögens

= *goodwill* (falls > 0) bzw. negativer Unterschiedsbetrag (falls < 0)

Mit IFRS 3 rev. 2008 wird das bei jeder *business combination* neu ausübbare **136** **Wahlrecht** eingeführt, auch die **Minderheiten** (nicht beherrschende Anteile – *non-controlling interests*) zum *fair value* zu bewerten (IFRS 3.19) und somit auch den auf die Minderheiten entfallenden *goodwill* zu aktivieren (*full-goodwill*-Methode). Außerdem wird durch IFRS 3.32 der *fair value* von bereits vor der Kontrollerlangung bestehenden Altanteilen in die Ermittlung der Anschaffungskosten einbezogen (Rz 156). Beides führt zur Änderung in der Berechnung des *goodwill*/negativen Unterschiedsbetrags.

Diese ist nach IFRS 3.49 und IFRS 3.51 wie folgt vorzunehmen:

Anschaffungskosten

+ nicht beherrschende Anteile (wahlweise zum *fair value* oder als Anteil am *fair value* des Nettovermögens)

+ *fair value* bereits vor der Kontrollerlangung bestehender Beteiligungen (Altanteile)

− *fair value* des erworbenen Nettovermögens (unter Berücksichtigung latenter Steuern)

= *goodwill* (falls > 0) bzw. negativer Unterschiedsbetrag (falls < 0)

Soweit die nicht beherrschenden Anteile (Minderheiten) nur mit dem Anteil am *fair value* des Nettovermögens bestimmt werden und keine Altanteile existieren, ergeben sich keine Änderungen zu den bisherigen Werten, wie folgendes Beispiel zeigt:

Praxis-Beispiel

MU erwirbt für 80 einen Anteil von 80 % an TU. Das Nettovermögen der TU zu Zeitwerten (also inkl. stiller Reserven) beträgt 75.

1. *goodwill* nach IFRS 3 rev. 2004

	Anschaffungskosten Mehrheitenanteil	80
−	anteiliger *fair value* des erworbenen Nettovermögens (0,8 × 75)	− 60
=	*goodwill*	20

2. *goodwill* nach IFRS 3 rev. 2008 (ohne Aufdeckung Minderheiten-*goodwill*)

	Anschaffungskosten	80
+	Minderheitenanteil (0,2 × 75)	+ 15
−	*fair value* des erworbenen Nettovermögens	− 75
=	*goodwill*	20

Wird hingegen nach der *full-goodwill*-Methode verfahren, erhöht dies den *goodwill* und den Minderheitenanteil. Wenn im einfachsten Fall im Erwerb der Mehrheitenanteile keine Kontrollprämie gezahlt wurde bzw. in den Minderheitenanteilen kein Abschlag wegen fehlender Kontrolle zu berücksichtigen ist, lässt sich der *fair value* des Minderheitenanteils rechnerisch aus den Anschaffungskosten für den Mehrheitenanteil ableiten.

Praxis-Beispiel (Fortsetzung)

goodwill nach IFRS 3 rev. 2008 (mit Aufdeckung Minderheiten-*goodwill*)

	Anschaffungskosten Mehrheitenanteil	80
+	*fair value* Minderheitenanteil (80/0,8 × 0,2)	+ 20
−	*fair value* des erworbenen Nettovermögens	− 75
=	*goodwill*	25

---

137   Abweichend von dem vorstehenden Beispiel ist in der Praxis aber regelmäßig zu berücksichtigen, dass ein 50,01-%- Anteil einen wesentlich höheren Wert als ein 49,99-%-Anteil hat, der Kaufpreis für den Mehrheitenanteil also mindestens um eine in ihm enthaltene **Kontrollprämie** zu bereinigen ist, wenn aus ihm auf den

fair value der Minderheitenanteile geschlossen werden soll. Je nach Land und Branche sind Kontrollprämienzuschläge um die 10 %-Punkte[39] belegt. Anstelle oder neben der Bereinigung kann auch eine ermessensbehaftete Anteils- bzw. Unternehmens**bewertung** im DCF-Verfahren notwendig werden (IFRS 3.B45). Daneben kann ein **Paketabschlag** auf den Minderheitenanteil erforderlich sein.   138

> **Praxis-Beispiel**
>
> MU erwirbt 60 % an der börsennotierten TU AG. 30 % werden vom Investor X gehalten, die weiteren 10 % sind breit gestreut.
>
> Bei einem geringen *free float* von 10 % wird X kaum in der Lage sein, sein 30-%-Paket zum Börsenkurs zu veräußern. Bei der Bestimmung des *fair value* der von X gehaltenen Anteile ist daher trotz IFRS 3.B44 u. E. ein Paketabschlag angezeigt (vgl. aber zu möglichen Änderungen durch ED/2014/4 Rz 42).

Mit Ersatz des Minderheitenbegriffs *(minority interests)* durch den Begriff der   139
nicht beherrschenden Anteile *(non-controlling interests)* ist auch die **Definition** dieser Größe in IAS 27 bzw. IFRS 10 geändert worden:

- Nach IAS 27 rev. 2004 war das *minority interest* der Anteil der nicht dem Mutterunternehmen zuzurechnenden Anteile an Ergebnis und Nettovermögenswerten *(net assets)* des Tochterunternehmens.
- Nach IAS 27 rev. 2008 bzw. IFRS 10 ist das *non-controlling interest* das Eigenkapital, das nicht dem Mutterunternehmen zuzurechnen ist.

In der Negativdefinition der Neufassung stellen u. a. folgende besonderen Fälle *non-controlling interests* dar:

- Eigenkapital aus **Aktienoptionsprogrammen** (IFRS 2),
- Eigenkapitalanteil aus **Wandelschuldverschreibungen** (IAS 32).

Fraglich war nun, ob auch für diese keinen Anteil an den Nettovermögenswerten verkörpernden Eigenkapitalbestandteile das Wahlrecht zwischen *fair-value*-Bewertung und Bewertung nach Zeitwert des Nettovermögens gelten soll. Mangels eines tatsächlichen Anteils an den Nettovermögenswerten hätte dies bei Option gegen die *full-goodwill*-Methode die Bewertung der besonderen Eigenkapitalanteile mit null impliziert und damit im Widerspruch zu anderen Standards (IFRS 2, IAS 32 usw.) gestanden.

Das *Annual Improvements Project 2010* beseitigte diesen Widerspruch, indem es durch Änderung von IFRS 3.19 das Wahlrecht auf solche *non-controlling interests* beschränkt, die **Eigentumsansprüche**, insbesondere einen Anteil am Liquidationsergebnis, verkörpern und eine Bewertung **sonstiger** *non-controlling interests* zum *fair value* bzw. nach den jeweils einschlägigen anderen Standards (IFRS 2, IAS 32 usw.) verlangt (Rz 229).

Ein **negativer Unterschiedsbetrag** kann jedenfalls dann nicht anteilig der Min   140
derheit zugerechnet werden, wenn Ursache des negativen Unterschiedsbetrags ein *bargain purchase* i. e. S. ist (Rz 144), der Verkäufer also wegen Liquiditätsnöten oder aus ähnlichen Gründen seinen Mehrheitsanteil unter dem *fair value* veräußert hat. Auf diese Weise entsteht ein Transaktionsgewinn beim Erwerber, nicht aber bei der überhaupt nicht in einer Transaktion involvierten Minderheit. Gleichwohl beeinflusst der Wert des Minderheitenanteils bei Ausübung des sog.

---

[39]   Vgl. DYCK/ZINGALES, Journal of Applied Corporate Finance 2004, S. 51 ff., m. w. N.

full-goodwill-Wahlrechts (Rz 136) die Höhe des negativen Unterschiedsbetrags. Die sog. *full-goodwill*-Methode gem. IFRS 3.18 hat ihren Namen daher, dass sie bei „normalen" Transaktionsbedingungen (Kaufpreis > Zeitwert des Nettovermögens) zur Zurechnung eines *goodwill* auch bei der Minderheit führt. Dies ist aber „nur" eine Beschreibung der (unter normalen Prämissen gegebenen) Rechtsfolgen. Tatsächlich geht es in IFRS 3.19 um das Wahlrecht, den Minderheitenanteil nach dem Anteil am Nettovermögen oder mit dem Zeitwert anzusetzen. Aus dieser Alternative ergeben sich Konsequenzen auch in den Fällen, in denen es gar nicht zu einem *goodwill*, sondern zu einem negativen Unterschiedsbetrag kommt:

Praxis-Beispiel

MU erwirbt für 40 einen Anteil von 80 % an der börsennotierten TU. Das Nettovermögen der TU zu Zeitwerten (also inkl. stiller Reserven) beträgt 75. Der *fair value* des Minderheitenanteils (*non-controlling interest*, NCI) beträgt 10.

1. Bewertung NCI nach Anteil am Nettovermögen

	Anschaffungskosten	40
+	Minderheitenanteil am Nettovermögen (0,2 × 75)	+ 15
–	*fair value* des erworbenen Nettovermögens	– 75
=	negativer Unterschiedsbetrag (MU)	– 20

2. Bewertung NCI zum *fair value*

	Anschaffungskosten	40
+	Minderheitenanteil (zum *fair value*)	+ 10
–	*fair value* des erworbenen Nettovermögens	–75
=	negativer Unterschiedsbetrag	– 25

---

141 Die Beeinflussung des Bewertungswahlrechts für die nicht beherrschenden Anteile (NCI) auf die Höhe des negativen Unterschiedsbetrags wird durch das Beispiel in IFRS 3.IE45 ff. bestätigt. Fraglich bleibt dann noch, wem der durch eine *fair-value*-Bewertung des NCI verursachte Teil des Unterschiedsbetrags zuzurechnen ist. IFRS 3.34 Satz 2 sieht eine Erfassung beim Unternehmenserwerber (Mutterunternehmen) vor.

U. E. ist dies dann unangemessen, wenn die Minderheit zeitgleich mit dem Mehrheitsgesellschafter in das Erwerbsobjekt einsteigt.

Praxis-Beispiel

MU erwirbt für 50 einen Anteil von 80 % an TU, zeitgleich X einen Anteil von 20 % an TU für 12,5. Das Nettovermögen der TU zu Zeitwerten (also inkl. stiller Reserven) beträgt 75. Der Anteilspreis von 12,5 entspricht dem *fair value*.

1. Bewertung NCI nach Anteil am Nettovermögen

	Anschaffungskosten für 80 %	50
+	Minderheitenanteil am Nettovermögen (0,2 × 75)	+ 15
–	*fair value* des erworbenen Nettovermögens	– 75
=	negativer Unterschiedsbetrag (MU)	– 10

---

2. Bewertung NCI zum *fair value*	
Anschaffungskosten für 80 %	50
+ Minderheitenanteil (zum *fair value*)	+ 12,5
− *fair value* des erworbenen Nettovermögens	− 75
= negativer Unterschiedsbetrag	− 12,5
davon MU	− 10 oder − 12,5
davon X	− 2,5 oder 0

Fraglich ist, ob beim Erwerb eines in mehreren Geschäftszweigen tätigen Unternehmens/Konzerns **gleichzeitig** ein *goodwill* und ein **negativer Unterschiedsbetrag** entstehen können.

142

> **Praxis-Beispiel[40]**
> M erwirbt im *share deal* die Anteile an der Finanzholding F, deren einzige wesentliche Vermögenswerte 100 %ige Beteiligungen an den beiden rechtlich selbstständigen Zielgesellschaften Z 1 und Z 2 sind. Bei Z 1 und Z 2 handelt es sich um produzierende Unternehmen, die mit unterschiedlicher Technologie unterschiedliche Produkte für unterschiedliche Märkte herstellen.
> Z 1 hat ein neu bewertetes Nettovermögen von 1.000 und ist erfolgreich in einem stark expandierenden Umfeld tätig. Z 2 hat ein neu bewertetes Nettovermögen von 100 und ist seit mehreren Jahren defizitär.
> Der *fair value* von Z 1 beträgt 1.500, der von Z 2 0. Nach der gemeinsamen Vorstellung der Parteien soll der Kaufpreis von 1.500 daher vollständig auf Z 1 entfallen.
> Fraglich ist, ob M im Zug der Erstkonsolidierung jeweils einen gesonderten Unterschiedsbetrag für die Gesellschaften Z 1 (*goodwill* 500) und Z 2 (negativer Unterschiedsbetrag 100) zu identifizieren hat oder ob für die Transaktion insgesamt nur ein Unterschiedsbetrag (*goodwill* 400) zu ermitteln ist.
> Die erste Lösung wäre jedenfalls dann geboten, wenn Z 1 und Z 2 nicht rechtlich über die Finanzholding verbunden wären und über jede der beiden Gesellschaften ein eigener Anteilskaufvertrag abgeschlossen würde.

Für eine getrennte Ermittlung der Unterschiedsbeträge auf Ebene der einzelnen *businesses* spricht der *substance-over-form*-Gedanke. Nur die getrennte Ermittlung bildet den Unternehmenszusammenschluss unabhängig von seiner rechtlichen Form ab. Zudem entspricht eine getrennte Ermittlung den Vorgaben von IAS 36 und IAS 21. Da nach diesen Standards ein *goodwill* für die Folgebewertung (Werthaltigkeitsprüfung) auf *business*- bzw. CGU-Ebene identifiziert werden muss (→ § 11 Rz 101), ist ein entsprechendes Vorgehen bei der erstmaligen Identifizierung eines Unterschiedsbetrags angemessen.[41]

---

[40] KESSLER/BECK/CAPPELL/MOHR, PiR 2007, S. 125 ff.
[41] Weitere Gründe für eine getrennte Ermittlung bei KESSLER/BECK/CAPPELL/MOHR, PiR 2007, S. 125 ff.

Bei sukzessivem Unternehmenserwerb (Rz 154) kann der negative Unterschiedsbetrag im Einzelfall auch ganz oder in Teilen auf die Bewertung der schon vor
Kontrollerlangung bestehenden Anteile zurückzuführen sein.[42]

2.7.3 Reassessment des negativen Unterschiedsbetrags

143 Nach IFRS 3.36 kommt es auf die **Ursachen** des negativen Unterschiedsbetrags
nur insofern an, als

- einer **vorläufigen** Feststellung eines negativen Unterschiedsbetrags
- die kritische **Überprüfung** (*reassessment*) der Wertermittlung von Anschaffungskosten und Nettovermögen folgen muss, und
- nur insoweit, als der negative Unterschiedsbetrag durch das *reassessment*
  bestätigt wird,
- ein sofortiger **Ertrag** zu buchen ist.

144 In Praxis und Literatur[43] wird das *reassessment* zum Teil als rein formaler Akt
kritisiert, da bei Anwendung der gleichen Prämissen auch bei der zweiten Berechnung nichts anderes herauskommen könne als bei erster Ermittlung. Ein **ernst
genommenes** *reassessment* muss sich aber gerade **inhaltlich** mit den in IFRS 3
genannten Gründen für einen negativen Unterschiedsbetrag auseinandersetzen.
Nach IFRS 3.BC371 ff. kommen nur drei Gründe infrage:

(1) Es liegt ein *bargain purchase* (günstiger Kauf) vor, d. h., das Unternehmen hat
    unter Wert den Eigentümer gewechselt.
(2) Das **Nettovermögen** ist wegen spezifischer, vom *fair-value*-Prinzip abwei-
    chender Vorschriften (insbesondere zu latenten Steuern) **regelkonform un-
    ter** *fair value* angesetzt *(measurement basis other than fair value)*.
(3) **Nettovermögen und/oder Anschaffungskosten** des Unternehmenszusam-
    menschlusses werden **nicht regelkonform**, sondern fehlerhaft angesetzt
    oder bewertet *(error)*.

Ad 1: *bargain purchase*
Unter sachverständigen, ohne Druck handelnden und voneinander unabhängigen
Dritten scheidet ein *bargain purchase* regelmäßig aus.[44] Der *fair value* ist gerade als
der Betrag definiert, „zu dem zwischen sachverständigen, vertragswilligen und
voneinander unabhängigen Geschäftspartnern unter marktüblichen Bedingungen" (also frei von Druck) ein Vermögenswert getauscht werden könnte. Der
IASB muss insoweit für einen *bargain purchase* unterstellen, dass der Veräußerer
aus „**nicht ökonomischen Gründen**" *(other than economic reasons)* mit einem
Kaufpreis unter Wert einverstanden ist. Solche nicht ökonomischen Gründe
können selten belegt werden. Sind die Parteien unabhängig, ist der Veräußerer
keine Non-Profit-Organisation und handelt er nicht in einer Notlage (z.B.
Zwangsversteigerung), muss daher die Ausgeglichenheit von Leistung und Gegenleistung unterstellt und ein *bargain purchase* regelmäßig ausgeschlossen werden.

Ad 2: Regelkonformer Ansatz des Nettovermögens unter *fair value*
Den Hauptanwendungsfall für einen **regelkonformen Ansatz** des erworbenen
Vermögens mit unter dem *fair value* liegenden Wert stellen die **passiven latenten**

---

[42] Vgl. GIMPEL-HENNING, KoR 2016, S. 217 ff.
[43] Vgl. etwa DOBLER, PiR 2005, S. 24 ff.
[44] Die nachfolgenden Überlegungen sind überwiegend entnommen LÜDENBACH/VÖLKNER, BB 2006,
      S. 1435 ff.

Steuern dar. Sie sind aufgrund von IAS 12.53 nicht abzuzinsen (→ § 26 Rz 214), die Schuld wird dadurch über, das Nettovermögen unter dem Zeitwert ausgewiesen. Dieser Effekt kann aber i.d.R. nur geringe Teile eines negativen Unterschiedsbetrags erklären.

Auch bei **Erwerb** von **Verlustunternehmen** liegt bei erster Betrachtung eine regelkonforme Überbewertung des Nettovermögens nahe. Muss der Erwerber noch für einige Zeit mit Verlusten rechnen, wird dies durch einen entsprechend niedrigeren Kaufpreis (ggf. sogar durch einen negativen Kaufpreis) berücksichtigt, während andererseits die Berücksichtigung im Nettovermögen durch **Ansatz einer Schuld für zukünftige Verluste oder Restrukturierungen** nach IFRS 3.11 **verboten** ist. Nach Ansicht des IASB können jedoch gerade diese Fälle nicht zur Entstehung eines negativen Unterschiedsbetrags führen. Die nicht passivierbaren erwarteten Verluste oder Restrukturierungskosten sollen sich bereits zutreffend im *fair value* des Nettovermögens niederschlagen. Auf welche Weise, bleibt allerdings unklar. Folgt man gleichwohl der Auffassung des IASB, können Ansatzverbote für tatsächlich bestehende Verlusterwartungen oder Restrukturierungsschulden einen negativen Unterschiedsbetrag nicht erklären und rechtfertigen.

Ad 3: Fehlerhafter Ansatz von Nettovermögen oder Anschaffungskosten

Für das *reassessment* bleibt dann nur noch die Möglichkeit des nicht regelkonformen, also **fehlerhaften** Ansatzes des Nettovermögens oder der Anschaffungskosten. Ein inhaltlich ernsthaftes *reassessment* muss also gerade die **Prämissen** der vorläufigen Bewertung radikal infrage stellen, und zwar

- nicht nur den vorläufigen Ansatz des erworbenen **Nettovermögens**,
- sondern auch die vorläufig angenommenen **Anschaffungskosten**.

Wenn keiner der legitimierten Gründe für einen negativen Unterschiedsbetrag vorliegt, also ein *bargain purchase* nicht begründet werden kann, und auch ein regelkonformer Ansatz des Nettovermögens unter *fair value* auszuschließen ist, kann nach der Logik von IFRS 3.36 nur noch ein **Fehler** in der Berechnung vorliegen. Dieser Fehler kann die **Zeitbewertung** des Nettovermögens (Überbewertung) oder die Ermittlung der **Anschaffungskosten** (zu niedriger Ansatz bei positivem bzw. zu hoher Ansatz bei negativem Kaufpreis) betreffen.

Für den erstgenannten Fall ist insbesondere die Überprüfung der ermessensbehafteten Bewertung **immateriellen** Vermögens von Bedeutung (Rz 107), daneben die Frage, ob sämtliche Eventualschulden identifiziert und in angemessener Höhe angesetzt wurden (Rz 95).

Wenn auch ein (ausreichend großer) Fehler bei der Zeitbewertung des Nettovermögens auszuschließen ist, bleibt nur ein falscher Ansatz der **Anschaffungskosten**. Diese Möglichkeit besteht nicht nur bei einem Unternehmenserwerb gegen Ausgabe eigener Anteile (Fehlbewertung der eigenen Anteile), sondern auch bei bar abgewickelten Transaktionen, hier insbesondere bei negativen Kaufpreisen (Rz 145).

2.7.4 Negativer Kaufpreis – Abgrenzung zu Vergütungen für Leistungen des Erwerbers

Negative Kaufpreise, d.h. **Zuzahlungen** des Veräußerers an den Erwerber sind beim Übergang verlustbehafteter Unternehmen nicht unüblich.

145

Praxis-Beispiel

Die K-AG erwirbt von ihrem Wettbewerber, der V-AG, die S-GmbH, deren zu Zeitwerten (zugleich Buch- und Steuerbilanzwerte) bewertetes Vermögen 40 Mio. beträgt. Die Parteien vereinbaren in einem Anteilskaufvertrag einen Kaufpreis von 40 Mio. Der Kaufvertrag verpflichtet die V-AG außerdem mit rechtswirksamer Durchführung der Anteilsübertragung zum Abschluss eines separaten Vertrags (Kostendeckungsvereinbarung) mit der S-GmbH, bestehend aus folgenden Komponenten:

Die S-GmbH erhält von der V-AG eine Zahlung i. H. v. 15 Mio. Im Gegenzug verpflichtet sich die S-GmbH zur Weiterbeschäftigung von 100 Mitarbeitern für die Dauer von einem Jahr, obwohl es sich bei der genannten Anzahl von Mitarbeitern um einen strukturellen Beschäftigungsüberhang handelt. Die Zahlung deckt ferner den Aufwand im Zusammenhang mit der Kündigung der Beschäftigungsverhältnisse nach Ablauf der Beschäftigungsgarantie. Rechnerisch entfallen jeweils 7,5 Mio. auf die Weiterbeschäftigung sowie auf die Kosten der Beendigung der Beschäftigungsverhältnisse.

Die V-AG zahlt der S-GmbH außerdem einen Betrag von 25 Mio. Es handelt sich hierbei um eine unbedingte Zahlung. Nach dem Willen der Parteien soll die Zahlung dazu dienen, die Aufrechterhaltung des Geschäftsbetriebs zu fördern.

Je nach Deutung der Zahlungen des Veräußerers ergeben sich im Beispiel unterschiedliche Rechtsfolgen beim Erwerber:

- Sofern es sich um Entgelt für eine sonstige Leistung des Erwerbers handelt, beträgt der Kaufpreis 40 Mio. Da das zum *fair value* bewertete Nettovermögen im Rahmen der Erstkonsolidierung ebenfalls mit 40 Mio. anzusetzen wäre, ergäbe sich weder ein *goodwill* noch ein negativer Unterschiedsbetrag.
- Sofern die Zahlung als negativer Bestandteil des Kaufpreises zu qualifizieren wäre, würde dieser saldiert gerade null betragen. Nach der Gegenüberstellung mit dem *fair value* des erworbenen Nettovermögens von 40 Mio. ergäbe sich ein sofort ertragswirksamer negativer Unterschiedsbetrag gleicher Höhe.

In Fällen von Zuzahlungen des Veräußerers ist also zu klären, ob tatsächlich ein **negativer Kaufpreis** und damit in aller Regel ein negativer Unterschiedsbetrag vorliegt oder ob die Zuzahlung als Vergütung für eine bestimmte **Leistung des Erwerbers** zu würdigen ist. Die Beurteilung hängt davon ab, ob nur eine einzige Transaktion (Unternehmenskauf) oder eine Kombination von Transaktionen, analog den Regeln für **Mehrkomponentengeschäfte**, angenommen wird (IFRS 3.51).

Nach den Regeln für Mehrkomponentengeschäfte (→ § 25 Rz 57 ff.) können die Zuzahlungen des Veräußerers dann als Vergütung für eine von der Unternehmenstransaktion zu trennende Leistung angesehen werden, wenn die **Trennbarkeit** sowohl dem Grunde als auch der Höhe nach möglich ist.

Angewendet auf das Beispiel ergibt sich hier Folgendes: Die Leistung der S-GmbH (einzelbilanziell) bzw. der K-AG (konzernbilanzielle Betrachtung) besteht darin, im Interesse der V-AG eine **Weiterbeschäftigung** strukturell überflüssiger Mitarbeiter vorzunehmen. Diese Weiterbeschäftigung liegt nicht im eigenen unternehmerischen Interesse des Erwerbers. Der **Nutzen** liegt beim **Veräußerer** und besteht darin, dass sein öffentliches Image nicht durch eine unpopuläre Maßnahme negativ beeinträchtigt wird. Dieses Ergebnis könnte der

Veräußerer tendenziell auch durch Gründung einer Beschäftigungsgesellschaft gewährleisten. Eine Trennbarkeit dem **Grunde** nach ist daher gegeben.

Die Trennbarkeit der **Höhe** nach erfordert, dass die *fair values* der Einzelkomponenten bestimmbar sind. Der *fair value* des erworbenen Geschäftsbereichs ist unter Anwendung eines DCF-Verfahrens bestimmbar. Der *fair value* der sonstigen Leistung „Weiterbeschäftigung der Mitarbeiter" entspricht bei erster Betrachtung dem Wert, der einer Beschäftigungsgesellschaft zu zahlen wäre, also den Lohnkosten für ein auch von ihr nicht relevant einsetzbares und schwer vermittelbares Personal und, soweit mit einer Vermittlung auf dem Arbeitsmarkt nicht zu rechnen ist, auch den Kosten für die Beendigung der Beschäftigungsverhältnisse. Danach wäre im Beispiel insgesamt ein Entgelt von 15 Mio. der sonstigen imagewahrenden Leistung zuzurechnen.

Diese Interpretation entspricht der vom IASB an anderer Stelle aufgestellten Wertung. Nach IFRIC 8 (nunmehr mit seinem Kern in IFRS 2.13A aufgenommen) ist für Zwecke der scheinbar unentgeltlichen Gewährung von Aktien an karitative Organisationen zu unterstellen, dass **der Kaufmann nichts verschenkt**, also nicht unentgeltlich handelt, sondern für seine Leistung (Gewährung von Aktien) eine u. U. zwar nicht im Einzelnen identifizierbare und bewertbare, aber vorhandene Gegenleistung (unmittelbar Steigerung des Images, dadurch mittelbar höhere Loyalität von Kunden, Mitarbeitern usw.) erhält. Das gleiche ökonomische Kalkül kann im hier diskutierten Sachverhalt unterstellt werden.

Schwieriger ist in diesem Rahmen aber noch die Beurteilung nicht **weiter** spezifizierter, nicht an Lohnkosten und Abfindungen gebundener Zahlungen. Aus Sicht des Veräußerers ist im Hinblick auf derartige Zusatzzahlungen die Frage zu stellen, warum er nicht den preiswerten Weg über eine Beschäftigungsgesellschaft geht. Erklärend ist regelmäßig, dass die Überführung der Mitarbeiter in eine Beschäftigungsgesellschaft nicht geräuschlos genug ist, also nicht in gleichem Maß der Imagewahrung dient wie die Übernahme durch einen Wettbewerber, also ein aktives Unternehmen. Nur im zweiten Fall lassen sich die imageschädlichen Entlassungsentscheidungen nach außen eindeutig einem anderen Unternehmen zuordnen und werden auch mittelbar nicht mehr dem Veräußerer zugerechnet. Dieser Interpretation folgend, sind in zweiter Betrachtung im oben genannten Beispiel auch die über die Kosten einer Beschäftigungsgesellschaft hinausgehenden Zahlungen als Vergütung für eine sonstige Leistung zu qualifizieren, die der Erwerber nach Maßgabe des *matching principle* (→ § 1 Rz 110) korrespondierend zum Aufwand zu erfassen hat.

Ein inhaltlich ernst genommenes *reassessment* und der **Mehrkomponenten-** **146** **ansatz** befruchten sich insbesondere bei Zuzahlungen des Veräußerers („negativen Kaufpreisen") gegenseitig. Die Mehrkomponentenperspektive gibt dem scheinbar formalen *reassessment*-Akt substanziellen Gehalt, umgekehrt kann das *reassessment* andere für einen negativen Unterschiedsbetrag infrage kommende Gründe (*bargain purchase* usw.) ausschließen und dadurch die Mehrkomponentenhypothese bestätigen.

3   Folgekonsolidierung nach der Erwerbsmethode

3.1   Gegenstand und Technik der Folgekonsolidierung

147   Der **erfolgsneutralen Erstkonsolidierung**/-bewertung folgt die **erfolgswirksame Folgekonsolidierung**/-bewertung. Die aufgedeckten stillen Reserven und stillen Lasten sind plan- und außerplanmäßig, der *goodwill* nur außerplanmäßig **fortzuschreiben**, Verbindlichkeiten aus bedingten Kaufpreisbestandteilen anzupassen. Hierdurch entstehen

- Aufwendungen für Abschreibungen (stille Reserven im Anlagevermögen),
- Aufwendungen für Material (stille Reserven in Vorräten),
- Aufwendungen aus der außerplanmäßigen Abschreibung insbesondere des *goodwill* (Rz 149) und
- Erträge aus der Auflösung der anlässlich der Erstkonsolidierung bilanzierten stillen Lasten, insbesondere Eventualschulden (Rz 151),
- Aufwendungen oder Erträge aus der *fair-value*-Bewertung bedingter Kaufpreisverbindlichkeiten (Rz 64).

148   **Abschreibungen** sind nach den allgemeinen Regeln vorzunehmen. Im Fall der Aufdeckung von stillen Reserven auf Sachanlagevermögen erfolgt deren Auflösung planmäßig über die Restnutzungsdauer (→ § 10 Rz 33) und außerplanmäßig im Fall des *impairment* (→ § 11). Die planmäßige Abschreibung rückerworbener Rechte (Rz 121) erfolgt über die Restdauer des Vertrags, nicht über die ggf. längere wirtschaftliche Nutzungsdauer (IFRS 3.55).

3.2   Keine planmäßige Abschreibung des *goodwill*

149   Nach IAS 36 ist der *goodwill* nur **außerplanmäßig** abschreibbar *(impairment-only approach)*. Der Wertminderungstest ist mindestens jährlich durchzuführen (→ § 11 Rz 13 ff.).

Da die Wertminderung des *goodwill* auf der Ebene der zahlungsmittelgenerierenden Einheit zu bestimmen ist, können sich insbesondere im Fall von synergiebedingten Kaufpreis- bzw. *goodwill*-Komponenten Ermessensspielräume aus der Zuordnung des *goodwill* ergeben. Wird der *goodwill* einer ertragreicheren zahlungsmittelgenerierenden Einheit oder dem Gesamtunternehmen zugeordnet, verringert sich die Wahrscheinlichkeit eines außerplanmäßigen Abschreibungsbedarfs. Vgl. hierzu auch das Beispiel in → § 11 Rz 148.

Wegen Einzelheiten zur *impairment*-Abschreibung auf den *goodwill* wird insgesamt verwiesen auf → § 11 Rz 141 ff.

150   Regelungen für die Fortschreibung eines **negativen Unterschiedsbetrags** sind entbehrlich, da ein nach dem *reassessment* verbleibender Negativbetrag sofort bei der Erstkonsolidierung Ertrag wird (Rz 144).

3.3   Fortschreibung von Eventualschulden und *indemnification assets*

151   Eventualschulden mit einem Eintrittsrisiko, das nicht *„more likely than not"* ist, sind im Rahmen der Erstkonsolidierung mit dem *fair value* anzusetzen (Rz 95). Eine Inkonsistenz würde sich ergeben, wenn zum Folgestichtag auf die normalen Ansatz- und Bewertungsregeln von IAS 37 (→ § 21 Rz 178) gewechselt würde.

Deshalb schreibt IFRS 3.56 in einer Art **Höchstwertprinzip** den Ansatz des ursprünglichen (ggf. gem. IAS 18 bzw. IFRS 15 fortgeschriebenen) Werts oder des höheren Stichtagswerts nach IAS 37 vor.

> **Praxis-Beispiel**
> K erwirbt das Unternehmen V. V ist Beklagter in einem Produkthaftungsprozess über 10 Mio. EUR. Eine Verurteilung ist möglich (Wahrscheinlichkeit 20 %), aber nicht überwiegend wahrscheinlich.
> Bei der Erstkonsolidierung ist der *fair value* der Eventualschuld (2 Mio. EUR) anzusetzen.
> - Haben sich bei der Folgekonsolidierung noch keine neuen Erkenntnisse ergeben, bleibt es beim Ansatz der 2 Mio. EUR, obwohl eine Rückstellung nach IAS 37 wegen zu geringer Wahrscheinlichkeit nicht gebildet werden dürfte.
> - Ist nach den Erkenntnissen des Folgekonsolidierungsstichtags mit mehr als 50 % von einer Verurteilung mit einem wahrscheinlichen Betrag von 4 Mio. EUR auszugehen, ist eine Zupassivierung von 2 Mio. EUR geboten.

Nicht völlig eindeutig ist die Behandlung von Fällen, in denen die Wahrscheinlichkeit der Inanspruchnahme (und damit der Erwartungswert) zwar steigt, nach wie vor aber unter der für IAS 37 bedeutsamen Schwelle von 50 % liegt. Fraglich ist, ob dann eine Zuschreibung zur Eventualschuld unterbleiben kann. Die wohl h.M.[45] bejaht dies, da IFRS 3.56 zwar die Bewertung behandelt, diese aber in der Höchstwertbedingung („dem Betrag, der nach IAS 37 **angesetzt** werden müsste …") mit den Ansatzbedingungen von IAS 37 verknüpft ist.

> **Praxis-Beispiel (Fortsetzung)**
> Zum ersten Stichtag nach Unternehmenserwerb beträgt die Wahrscheinlichkeit nicht mehr 20 %, sondern 40 %. Damit steigt zwar der Erwartungswert von 2 auf 4 Mio. EUR. Der nach IAS 37 maßgebliche Wert bleibt wegen Verfehlung der Ansatzschwelle von 50 % aber weiterhin null. Somit ist gem. IFRS 3.56 der Zugangswert aus der Erstkonsolidierung beizubehalten.

Hat der Unternehmensverkäufer für die Eventualschuld eine **Freistellungsgarantie** abgegeben und ist daher bei der Erstkonsolidierung ein *indemnification asset* aktiviert (Rz 68 und Rz 93), ist dieses gem. IFRS 3.57 und IFRS 3.BC302 auch bei der Folgebilanzierung auf der gleichen Grundlage (*on the same basis*) zu bewerten wie die Eventualschuld.[46]   **152**

> **Praxis-Beispiel (Fortsetzung zu Rz 151)**
> Der Verkäufer hat für das Risiko von 10 Mio. EUR eine Freistellungsgarantie abgegeben. Diese wäre zunächst unter Abstraktion von Bonitätsabschlägen bei der Erstkonsolidierung mit 2 Mio. EUR (20 % von 10 Mio. EUR) zu erfassen, zum Folgestichtag (Wahrscheinlichkeit 40 %) wegen Kongruenz zur Bewertung der Eventualschuld weiterhin mit diesem Betrag anzusetzen. Je nach der Bonität des Freistellungsschuldners sind Abschläge auf vorgenannten Wert vorzunehmen.

---

[45] Vgl. LÜDENBACH/LUKAT, PiR 2013, S. 319, m.w.N.
[46] LÜDENBACH/LUKAT, PiR 2013, S. 319, m.w.N.

3.4 Fortschreibung von *in process research and development*

153   Der Ansatz von Forschungskosten/Entwicklungskosten im Rahmen der Erstkonsolidierung (Rz 86) zieht die Folgefrage nach sich, wie mit nachträglichen Aufwendungen auf das Forschungs-/Entwicklungsprojekt zu verfahren ist. Hierzu enthält IAS 38.42 f. folgende Regeln:

- Die nachträglichen Aufwendungen *(subsequent expenditures)* sind erfolgswirksam zu behandeln, wenn sie der Forschungsphase zuzuordnen sind oder zwar der Entwicklungsphase, aber die allgemeinen Kriterien der Aktivierung von Entwicklungskosten (→ § 13 Rz 28) noch nicht erfüllt sind.
- Entwicklungsaufwendungen, die die allgemeinen Ansatzkriterien erfüllen, sind zu aktivieren.

4   Hinzuerwerb und Veräußerung von Anteilen

4.1   Überblick

154   Abb. 5 gibt einen **Überblick** über die Behandlung des Zuerwerbs und der Veräußerung von Anteilen nach früherem und aktuellem Recht.

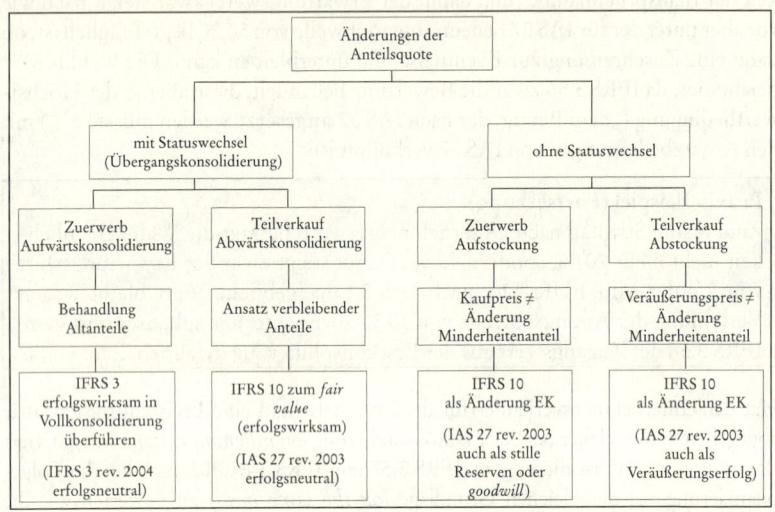

Abb. 5: Behandlung Zuerwerb/Veräußerung von Anteilen

Die Themen werden an folgenden Stellen behandelt:
- Aufwärtskonsolidierung (sukzessiver Anteilserwerb) in Rz 155 ff.,
- Abwärtskonsolidierung in Rz 173,
- Aufstockung in Rz 162 ff.,
- Abstockung in Rz 177.

4.2 Kontrollerlangung durch sukzessiven Anteilserwerb (Aufwärtskonsolidierung)

Insbesondere bei der Erlangung des Mehrheitsbesitzes an börsennotierten Unternehmen kann sich der Erwerb über einen **längeren Zeitraum** und in **mehreren Tranchen** vollziehen. Für die buchmäßige Behandlung eines derartigen **sukzessiven Anteilserwerbs**, bei dem die Kontrolle erst nach mehreren Erwerbsschritten erlangt wird, sind u. a. folgende Varianten diskussionswürdig:

155

- **Stufenweise Kaufpreisallokation**, d.h. Vergleich der Anschaffungskosten des einzelnen Erwerbsvorgangs mit dem (quotalen) Zeitwert des Nettovermögens zum **jeweiligen Erwerbszeitpunkt**. Nachteil dieser – durch IAS 22 (1998) noch zugelassenen – Variante ist die Führung des Nettovermögens des Tochterunternehmens mit gespaltenen Konzernbuchwerten: für die Anteilsquote der alten Erwerbsschritte nach Maßgabe der alten (auf die Gegenwart fortgeschriebenen) Zeitwerte, für den letzten Erwerbsschritt nach Maßgabe des aktuellen Zeitwerts.

- **Vollständige Neubewertung**, d.h. Ansatz des *goodwill* nach Maßgabe der ursprünglichen Werte (ursprüngliche Anschaffungskosten minus ursprüngliche quotale Zeitwerte), Ansatz des Nettovermögens jedoch mit den aktuellen Zeitwerten. Nachteil dieser nach IFRS 3.59 rev. 2004 allein zulässigen Variante ist, dass die Summe aus *goodwill* (ursprüngliche Wertverhältnisse) und quotalem Zeitwert (aktuelle Wertverhältnisse) nicht mehr den tatsächlichen Anschaffungskosten der früheren Erwerbsschritte entspricht. Wegen Einzelheiten der Methode und Anwendungsbeispielen wird auf die 7. Auflage des Haufe IFRS-Kommentars verwiesen.

- **Quasi-Tausch**: Fingiert wird eine Erlangung der Kontrollmehrheit gegen Barzahlung (für die Neuanteile) und Tausch (der Altanteile zum *fair value*; Rz 156). Nur diese Methode ist nach IFRS 3 rev. 2008 zugelassen.

IFRS 3.42 und IFRS 3.32(a) fingieren für den sukzessiven Anteilserwerb eine Erlangung der Kontrollmehrheit gegen Barzahlung (für die Neuanteile) und Tausch (der Altanteile zum *fair value*). Die Differenz zwischen Buchwert und *fair value* der Altanteile führt somit zu einem Erfolg. Soweit die Altanteile als Finanzinstrumente nach IAS 39 schon bisher erfolgsneutral zum *fair value* geführt wurden, ist die bisher in die Zeitbewertungsrücklage eingestellte Wertentwicklung mit der Erstkonsolidierung GuV-wirksam zu realisieren (vgl. aber zum Zusammenwirken mit IFRS 9 Rz 160).

156

Zur Wirkung dieser Regeln folgendes Beispiel:

157

> **Praxis-Beispiel**
> - MU hat Ende 04 20 % der Anteile an TU für einen Preis von 1.400 erworben.
> - Am 31.12.13 erwirbt U weitere 80 % der Anteile an TU für einen Preis von 8.000.
> - Unter Vernachlässigung darin evtl. enthaltener Kontrollprämien ergibt sich für die Altanteile ein *fair value* von 2.000.
> - Die Altanteile sind *at cost* bilanziert worden.
>
> Das Nettovermögen in 13 beträgt (unter Vernachlässigung latenter Steuern) 6.000 und setzt sich wie folgt zusammen:

13

Eigenkapital zum Buchwert	4.000
stille Reserven	2.000
Eigenkapital zum Zeitwert	6.000

Nach dem Schema unter Rz 136 ist der *goodwill* wie folgt zu berechnen:

	Barzahlung für 80 %		8.000
+	*fair value* Altanteile	+	2.000
–	in Konzernbilanz anzusetzendes Nettovermögen TU	–	6.000
=	*goodwill*	=	4.000

Ist die TU im Einzelabschluss der MU zu Anschaffungskosten angesetzt, ergeben sich folgende Buchungen per 31.12.13:

31.12.13				Konsolidierung				
	MU	TU	Summe	S		H		Kon-zern
AKTIVA								
goodwill				4.000	1)			4.000
Beteiligung	9.400		9.400	600	2)	10.000	1)	0
Diverses	500	4.000	4.500	2.000				6.500
Summe Aktiva	9.900	4.000	13.900					10.500
PASSIVA								
gez. Kap	9.900	3.500	13.900	3.500	1)			9.900
GewinnRL/JÜ		500		500	1)	600	2)	600
Summe Passiva	9.900	4.000	13.900					10.500
				10.600		10.600		

1) = Kapitalkonsolidierung

2) = Ertrag aus Altanteilen (2.000–1.400 = 600). Alternativ könnte der Ertrag bereits in der IFRS-II-Bilanz berücksichtigt werden.

158

Praxis-Beispiel

Abweichende Buchungen ergeben sich, wenn die Altanteile bisher *at equity* bilanziert worden sind und sich der *equity*-Ansatz von 04 bis zum 31.12.13 wie folgt entwickelt hat:

	04	13
gezeichnetes Kapital	700	700
Gewinnthesaurierung		100
stille Reserven	200	200
Abschreibung darauf		– 80
goodwill	500	500
equity-Ansatz	1.400	1.420
nachrichtlich: Ergebnis aus aU 13		5

Der Abgangserfolg der Altanteile (*equity*-Anteile) reduziert sich im Vergleich zum Fall des Finanzinstruments (Bilanzierung zu Anschaffungskosten) um 20 auf 580. Aus dem Jahr 13 ist außerdem noch das Ergebnis aus *equity*-Beteiligung (i. H. v. 5) zu berücksichtigen. Es ergeben sich die nachfolgenden Buchungen:

31.12.13	MU	TU	Summe	Konsolidierung				Konzern
				S		H		
AKTIVA								
goodwill				4.000	1)			4.000
Beteiligung	9.400		9.400	600	2)	10.000	1)	0
				15	3)	20	2)	
				5	4)			
Diverses	500	4.000	4.500	2.000	1)			6.500
Summe Aktiva	9.900	4.000	13.900					10.500
PASSIVA								
gez. Kap	9.900	3.500	13.900	3.500	1)			9.900
GewinnRL/JÜ		500	500	500	1)	580	2)	600
						15	3)	
						5	4)	
Summe Passiva	9.900	4.000	13.900					10.500
				10.620		10.620		

1) = Kapitalkonsolidierung

2) = Ertrag aus Altanteilen (2.000–1.420 = 580). Alternativ könnte der Ertrag bereits in der IFRS-II-Bilanz berücksichtigt werden.

3) = Eröffnungsbilanz-Buchung *equity*-Beteiligung

4) = Ergebnis aus aU für 13

Sind beim assoziierten Unternehmen **GuV-neutrale Ergebnisbestandteile** aufgelaufen (kumuliertes *other comprehensive income*), gilt für die Aufwärtskonsolidierung: Die aufgelaufene Rücklage ist so zu realisieren, als ob die betreffenden Vermögenswerte oder Schulden abgehen würden (IAS 28.22(c) i. V. m. IFRS 3.42). Ein GuV-Erfolg ergibt sich hieraus etwa bei Währungsdifferenzen des assoziierten Unternehmens in Bezug auf dessen eigene Tochterunternehmen.[47]   **159**

Als Folgeänderung von IFRS 9 (also mit Wirkung für Geschäftsjahre ab 2018 – IFRS 3.64L i. V. m. IFRS 9.7.1.1) wird zukünftig die Behandlung bislang erfolgsneutral zum *fair value* bilanzierter Altanteile im Rahmen einer Aufwärtskonsolidierung geändert. Die im sonstigen Gesamtergebnis (*other comprehensive income*) erfassten Zeitwertänderungen bis zum Zeitpunkt des Unternehmenszusammenschlusses sind nicht in die GuV umzubuchen (IFRS 3.42).   **160**

Für den speziellen Fall des Übergangs von einer **gemeinschaftlichen** Tätigkeit (*joint operation*) gem. IFRS 11 (→ §34 Rz 21) war bislang strittig, ob die Regelungen des IFRS 3.42 zum sukzessiven Unternehmenserwerb (insbesondere Neubewertung der bisher gehaltenen Interessen) anzuwenden sind. Der im Juni   **161**

---

[47] KÜTING/WIRTH, KoR 2010, S. 362 ff.

2016 veröffentlichte ED/2016/1 stellt hier durch Ergänzung von IFRS 3 um
Par. 3.42A Folgendes klar: Erlangt ein Erwerber, der als gemeinschaftlich Tätiger
oder aber auch als sonstige Partei (einfacher Investor) bereits einen Anteil an den
Vermögenswerten und Schulden einer gemeinschaftlichen Tätigkeit hält, die
Beherrschung über einen Geschäftsbetrieb, gilt dies als sukzessiver Unternehmenszusammenschluss. Entscheidend ist danach, ob das Erwerbsobjekt Ge-
schäftsbetriebsqualität hat (Rz 15 ff.).

4.3 Mehrheitswahrende Aufstockung

162 Die Aufstockung einer bereits bestehenden Mehrheitsbeteiligung, also etwa die
Erhöhung der Anteilsquote von 51 % auf 80 % oder von 80 % auf 100 %, war in
IFRS 3 rev. 2004 ungeregelt. Verschiedene Methoden galten im Schrifttum als
zulässig; hierzu wird auf die 7. Auflage des Haufe IFRS-Kommentars verwiesen.
Eine dieser Methoden deutet die Aufstockung als **Transaktion zwischen Eigentümern**: Auf der Grundlage des sog. *entity*-Konzepts (Einheitsgrundsatz) berührt der
Zuerwerb danach nur die Verteilung der Residualansprüche der Eigentümergrup-
pen. Bilanzansätze der Vermögenswerte und Schulden bleiben unverändert. Innerhalb des Eigenkapitals findet eine Wertverschiebung zwischen Mehrheitsgesellschaftern und Minderheit statt.
Nach IFRS 10.23 ist nur noch diese Methode zulässig. Konzeptionell überzeugt
dies nur zum Teil. Zwar werden die Mehrheits- und Minderheitsgesellschafter
(im Gegensatz zu IAS 27 rev. 2003) in der Behandlung von Verlusten bzw.
negativen Eigenkapitalanteilen gleichgestellt, weiterhin bleibt aber ein Unterschied in der Behandlung des *goodwill*, der für Minderheiten nicht pflichtweise
aufzudecken ist (Rz 136).

Praxis-Beispiel
MU beteiligt sich in 01 als Gründungsgesellschafter mit 80 % an der Gründung
der TU. In 01 bis 05 entwickelt TU eigene Marken mit einem *fair value*
von 900, die jedoch nach IAS 38.63 nicht aktivierungsfähig sind. Das übrige
Vermögen der TU (Buchwert = *fair value*) beträgt Ende 05 100. Ende 05 stockt
MU seine Beteiligung gegen einen Kaufpreis von 15 von 80 % auf 81 % auf.
Einzige Wirkung des Zuerwerbs ist eine Verringerung des Minderheiten-
anteils um 15.

Praxis-Beispiel
In Abwandlung des Beispiels aus Rz 157 hat MU im zweiten Schritt (31.12.13)
nicht 80 % für 6.000, sondern nur 60 % für 6.000 erworben und damit seine
Anteilsquote zunächst nur von 20 % auf 80 % erhöht. Die verbleibenden
20 % werden in einem dritten Schritt (1.1.14) für 2.000 erworben. Die keinen
maßgeblichen Einfluss vermittelnden Altanteile von 20 % wurden in 04 für
1.400 angeschafft und haben zum 31.12.13 einen Zeitwert von 2.000.
Das Nettovermögen von TU entwickelt sich von 04 nach 13/14 wie folgt:

	04	13/14
Eigenkapital zum Buchwert	3.500	4.000
stille Reserven	1.000	2.000

Bei der Vollkonsolidierung zum 31.12.13 sind abweichend vom früheren Recht die Altanteile erfolgswirksam in die Vollkonsolidierung zu überführen. Bei Anschaffungskosten von 1.400 für die erste Tranche und einem angenommenen *fair value* von 2.000 ergibt sich ein Erfolg von 600.

Wird von der *full-goodwill*-Methode (Rz 132) kein Gebrauch gemacht, ergibt sich der *goodwill* wie folgt:

Barzahlung für 60 %	6.000
+ *fair value* Altanteile	+ 2.000
+ Minderheitenanteil (20 % von 6.000)	+ 1.200
= Zwischensumme (AK i. w. S.)	= 9.200
– *fair value* erworbenes Vermögen (100 %)	– 6.000
= *goodwill*	= 3.200

Bezogen auf die dritte Tranche ergeben sich folgende Buchungen auf **Basis einer Summenbilanz** (für den 20 %igen Zuerwerb):

Konto	Soll	Haben
Minderheit	1.200	
Eigenkapital	800	
Beteiligung		2.000

auf **Basis einer Konzernbuchhaltung**:

Konto	Soll	Haben
Minderheit	1.200	
Eigenkapital	800	
Geld		2.000

31.12.13	MU	TU	Summe	Konsolidierung				Kon-zern
				S		H		
AKTIVA								
goodwill				3.200	1)			3.200
Beteiligung	7.400		7.400	600	2)	8.000	1)	0
Diverses	2.500	4.000	6.500	1.600 400	1) 3)			8.500
Summe	9.900	4.000	13.900					11.700
PASSIVA								
gez. Kap	9.900	3.500	13.400	2.800 700	1) 3)			9.900
GewinnRL/JÜ		500	500	400 100	1) 3)	600	2)	600

31.12.13				Konsolidierung			
	MU	TU	Summe	S		H		Kon-zern
Minderheit						1.200	3)	1.200
Summe	9.900	4.000	13.900	9.800		9.800		11.700

1) = Konsolidierung Mehrheitsgesellschafter

2) = Ertrag aus Altanteilen (2.000–1.400)

3) = Konsolidierung Minderheit

1.1.14				Konsolidierung				
	MU	TU	Summe	S		H		Kon-zern
AKTIVA								
goodwill				3.200	1)			3.200
Beteiligung	9.400		9.400	600	1)	8.000 2.000	1) 2)	0
Diverses	500	4.000	4.500	2.000	1)			6.500
Summe	9.900	4.000	13.900					9.700
PASSIVA								
gez. Kap	9.900	3.500	13.400	3.500	1)			9.900
GewinnRL		500	500	500 800	1) 2)	600	1)	– 200
Minderheit				1.200	2)	1.200	1)	00
Summe	9.900	4.000	13.900	11.800		11.800		9.700

1) bis 2) = Konsolidierung jeweilige Tranche

163 Bei zivilrechtlicher Trennung eines Anteilserwerbs in zwei Schritte, wobei bereits der erste zu einer Mehrheitsbeteiligung und Kontrolle führt, kann im Einzelfall unter wirtschaftlichen Gesichtspunkten bilanziell eine **einheitliche** Maßnahme vorliegen, die zu einem einheitlichen Erstkonsolidierungszeitpunkt und nicht zur Anwendung der Aufstockungsregeln führt.[48]

164 Bei einer Aufstockung können **Transaktionskosten** (Beratungskosten, Notargebühren, Verkehrssteuern etc.) anfallen. Die Behandlung von Transaktionskosten wird in IFRS 10 nicht angesprochen. Klar ist nur: Nach dem der Aufstockung zugrunde liegenden einheitstheoretischen Konzept (Rz 162) kommt **keine Aktivierung** (als *goodwill* oder in sonstiger Weise) in Betracht.

Fraglich ist aber, ob die Kosten

• aufwandswirksam oder

• ohne Berührung der GuV als Minderung des Eigenkapitals der Mehrheitsgesellschafter

zu verbuchen sind.

Mangels expliziter Regelungen ist gem. IAS 8.11(a) zur Beantwortung dieser Frage vorrangig nach Analogregeln in anderen Standards zu suchen. Zunächst kommt die **Analogie zu IFRS 3** in Betracht. Nach IFRS 3 sind auf den Unternehmenserwerb bezogene Kosten (*acquisition related costs*) sofort als **Aufwand** zu verbuchen, und

---

[48] Vgl. das Beispiel in LÜDENBACH, PiR 2012, S. 300.

zwar unabhängig davon, ob sie direkt zurechenbar sind oder (wie die meisten internen Kosten) Gemeinkostencharakter haben (Rz 41). Für die Frage der Analogiefähigkeit dieser Vorschrift ist ihre konzeptionelle Begründung von Bedeutung. Sie ist in IFRS 3.BC 365 ff. niedergelegt und lässt sich wie folgt zusammenfassen:

- Die Transaktionskosten sind kein Teil des Leistungsaustauschs zwischen Erwerber und Veräußerer.

- Der mit den Transaktionskosten verbundene Nutzen wird in dem Augenblick verbraucht, in dem die Beratungs-, Beurkundungsleistung usw. in Anspruch genommen wird.

Beide Argumente gelten gleichermaßen für den Zuerwerb eines Anteils im Weg der Aufstockung. Eine analoge Anwendung von IFRS 3 erscheint daher zunächst nicht unbegründet.

Als weitere und u. E. bessere Analogiegrundlage kommt u. E. aber IAS 32 in Betracht. Zur Behandlung des **Erwerbs eigener Anteile** (im Einzelabschluss) hält IAS 32 Folgendes fest (→ § 20 Rz 86 ff.):

- Der hingegebene Betrag (die „Anschaffungskosten" der eigenen Anteile) ist gegen das Eigenkapital zu kürzen (IAS 32.33).

- Entsprechend sind direkt zurechenbare Transaktionskosten des Erwerbs **erfolgsneutral** vom Eigenkapital abzuziehen (IAS 32.37),[49] während nicht direkt zurechenbare Kosten als Aufwand zu verbuchen sind.

Die in IFRS 10.23 vorgegebene Behandlung der Aufstockung als Transaktion zwischen Eigenkapitalgebern weist auch nach Auffassung des IASB (IFRS 3.BCZ178) **Parallelen** zum Erwerb eigener Anteile auf. In beiden Fällen gibt das Mutterunternehmen Geld hin, um vorher anderen gehörende Anteile zu erwerben. Eine Analogie zu IAS 32.37 ist daher u. E. gegeben. Die mit dieser Analogie verbundene unterschiedliche Behandlung von Einzelkosten (Verrechnung gegen Eigenkapital) und Gemeinkosten (Aufwand) erscheint nur vor dem Hintergrund von IFRS 3 inkonsistent. Andere Standards – z. B. IAS 2.11 für Vorräte (→ § 17 Rz 29), IAS 16.16 für Sachanlagen (→ § 14 Rz 13) und IAS 38.27 für immaterielles Vermögen (→ § 13 Rz 74) – betonen gerade den Unterschied direkt zurechenbarer Kosten zu Gemeinkosten und rechtfertigen hieraus deren unterschiedliche Behandlung.[50]

Der im Rahmen einer mehrheitswahrenden Aufstockung vereinbarte **Kaufpreis** | 165
kann ganz oder in Teilen an **ungewisse Bedingungen** geknüpft sein *(contingent consideration)*, etwa das Erreichen bestimmter Erfolgsziele *(earn-out)* oder eine Mindestdauer, über die der Veräußerer in einer Geschäftsführungsfunktion tätig bleiben muss. Die solche Konstellationen betreffenden Regelungen für den Unternehmenserwerb (Rz 54 und Rz 61 ff.) sind u. E. analog anzuwenden. Hiernach gilt: Stellt die bedingte Verpflichtung keine Vergütung für Dienste des Veräußerers dar, ist sie im Zeitpunkt des Erwerbs der nicht beherrschenden Anteile mit ihrem *fair value* einzubuchen. Die Fortschreibung der Verbindlichkeit ist erfolgswirksam vorzunehmen. Dieses Vorgehen wird durch die ESMA bestätigt.[51] Die ESMA weist insbesondere auf Folgendes hin: Die bedingte Zahlungsverpflichtung ist eine finanzielle Verbindlichkeit i. S. v. IAS 32.11 und IAS 32.25 und unterliegt daher nicht den Regeln von IAS 37. Insbesondere führt daher eine unter 50 % liegende

---

49 So auch eine *Agenda Rejection* (Non-IFRIC), IFRIC Update July 2009.
50 Vgl. auch LÜDENBACH, PiR 2013, S. 135; soweit im Wesentlichen gl. A. OSER, IRZ 2012, S. 325 ff.
51 Decision ref EECS/0213–09.

Wahrscheinlichkeit für die bedingte Zahlung nicht zu einer nicht ansatzfähigen *contingent liability* (→ § 21 Rz 113). Die Wahrscheinlichkeit ist keine Ansatzhürde, sondern lediglich Bewertungsparameter.

Diskussionswürdig ist aber auch, die Fortschreibung der *contingent liability* unter Berufung auf IFRS 10.23 und IFRS 10.B96 als erfolgsneutrale Verschiebung zwischen Mehrheiten- und Minderheitenanteil am Eigenkapital zu behandeln.

166   **Erfolgswirkungen** aus einer Aufstockung ergeben sich nach einer Non-IFRIC-Entscheidung vom Januar 2013 ausnahmsweise dann, wenn der Kaufpreis für die erworbenen Minderheitenanteile (zum Teil) durch **nicht monetäre Leistungen** erbracht wird und dabei stille Reserven im hingegebenen Gegenstand aufgedeckt werden.

Praxis-Beispiel

MU war bisher mit 80 % an TU beteiligt. Der nicht beherrschende Anteil beträgt 250 TEUR. Gegen eine Barzahlung von 350 TEUR und Hingabe einer bei MU nicht aktivierten Marke (Buchwert null, *fair value* 100 TEUR) erwirbt MU die restlichen Anteile. U. E. ist wie folgt zu buchen (in TEUR):

per nicht beherrschende Anteile	250	an Geld	350
per Gewinnrücklagen	200	an Ertrag aus Abgang Marke	100

Die Ertragsbuchung ergibt sich u. a. aus einer Analogie zu IFRIC 17 (Rz 194), im Übrigen aus den allgemeinen Tauschgrundsätzen (→ § 13 Rz 82, → § 25 Rz 122 ff.). Fraglich bleibt bei der Aufstockung gegen Gewährung von Sachleistungen noch, **wem** der **Abgangserfolg** bzgl. der nicht monetären Vermögenswerte **zuzuordnen** ist. U. E. besteht ein faktisches Wahlrecht zwischen folgenden beiden Sichtweisen:

- Die Transaktionsschritte – Ausbuchung *non-controlling interest* (NCI) und Abgang des nicht finanziellen Vermögens – werden als simultan betrachtet; Zurechnung des Ertrags aus der Aufdeckung stiller Reserven daher nur zu den beherrschenden Gesellschaften.
- Die jeweiligen Transaktionsschritte werden als aufeinander folgend angesehen. Daher ist auch nur eine anteilige Zurechnung des Ertrags aus der Aufdeckung stiller Reserven zu den beherrschenden Gesellschaften geboten.

4.4 Veräußerung sämtlicher Anteile (Entkonsolidierung)

4.4.1 Grundfall ohne nicht beherrschende Anteile

167   Aus Konzernsicht stellt die Veräußerung sämtlicher Anteile keinen Beteiligungsverkauf *(share deal)*, sondern die entgeltliche Übertragung einzelner Vermögenswerte und Schulden inkl. *goodwill* dar *(asset deal)*. Es ist daher nach IFRS 10.25 eine **Einzelveräußerung** zu fingieren, bei der auch der *goodwill* abgeht. Wegen des Sonderfalls der Veräußerung oder Einlage in ein *equity*-konsolidiertes Unternehmen wird auf → § 33 Rz 81 verwiesen.

Nach Maßgabe der **Einzelveräußerungsfiktion** ergibt sich der Abgangserfolg im Regelfall aus der Differenz von Veräußerungserlös und den Konzernbuchwerten des abgehenden Vermögens einschließlich der stillen Reserven und des *goodwill* (direkte Methode). Alternativ kann der Abgangserfolg **indirekt** ermittelt werden. Dabei wird der Erfolg der Einzelbilanz in der Vergangenheit um nur im Konzernabschluss aufwands- oder ertragswirksam gewordene Positionen

(Abschreibungen auf stille Reserven usw.) korrigiert. Beide Methoden führen nur dann zu gleichen Ergebnissen, wenn das Tochterunternehmen bei und nach dem Erwerb konzernbilanziell als eine eigene *goodwill*-tragende *cash generating unit* geführt wird (→ § 11 Rz 145). Ist dies nicht der Fall, wird der Entkonsolidierungserfolg in der direkten Methode nicht mehr mit dem historischen, im Kaufpreis vergüteten *goodwill*, sondern mit einem Anteil am *goodwill* der CGU belastet (Rz 170), während einzelbilanziell im abgehenden Beteiligungsbuchwert gerade der früher erworbene *goodwill* enthalten ist. Die indirekte Methode kann dann nicht oder nur unter Einfügung eines entsprechenden Korrekturpostens zur Ermittlung des Entkonsolidierungserfolgs genutzt werden.

Die nachfolgende Tabelle zeigt mit dem vorstehenden Vorbehalt beide Alternativen: 168

Direkte Methode	**Indirekte Methode**
Buchwert Nettovermögen (Aktiva – Passiva)	
+/– stille Reserven Aktiva/Passiva (soweit beim Erwerb aufgedeckt und noch nicht abgeschrieben/aufgelöst)	Veräußerungspreis
+/– auf TU entfallende Rücklagen für Währungsumrechnungsdifferenz, *available-for-sale assets* und *cash flow hedges*	– Beteiligungsbuchwert
+ *goodwill*	= Erfolg Einzelbilanz
= Summe Abgang (–)	+ in Vergangenheit aufwandswirksame stille Reserven
+ Veräußerungspreis	+ in Vergangenheit aufwandswirksame *goodwill*-Abschreibung – in Vergangenheit ertragswirksamer Gewinn aus TU
= Abgangsgewinn	= Abgangsgewinn

Tab. 4: Ermittlung Entkonsolidierungserfolg

Zur Anwendung der Methoden und zur Buchungstechnik folgendes Beispiel:

Praxis-Beispiel

M erwirbt 100 % von T am 1.1.01 für 1.000. Das Eigenkapital von T beträgt zu diesem Zeitpunkt 600. Der Unterschiedsbetrag von 400 entfällt je zu ½ auf stille Reserven im Anlagevermögen (Abschreibung über 10 Jahre) und auf Firmenwert (Abschreibung über 20 Jahre). T erwirtschaftet in 01 einen Gewinn von 100, M von 500. Am 2.1.02 wird T überraschend für 900 verkauft, woraus in der Einzelbilanz von M nach Abzug des Beteiligungsbuchwerts von 1.000 ein Verlust von 100 resultiert.

Nachfolgend zunächst die Konsolidierungsbuchungen auf Erst- und Folgekonsolidierungszeitpunkt, dann die Abgangsbuchungen.

				Konsolidierung				
	M	**T**	**Summe**	**S**		**H**		**Konzern**
goodwill				200	1)		1)	200
Beteiligung	1.000		1.000			1.000	1)	
Diverses	4.000	600	4.600	200	1)			4.800
Summe	5.000	600	5.600					5.000

	M	T	Summe	Konsolidierung S		H		Kon-zern
EK	5.000	600	5.600	600	1)			5.000
JÜ								
Summe	5.000	600	5.600	1.000		1.000		5.000

1) Erstkonsolidierungsbuchung: zur Verrechnung EK + *goodwill* + stille Reserven mit Beteiligung

Tab. 5: Erstkonsolidierung 1.1.01

	M	T	Summe	Konsolidierung S		H		Kon-zern
goodwill				200	1)	10	2)	190
Beteiligung	1.000		1.000			1.000	1)	
Diverses	4.500	700	5.200	200	1)	20	2)	5.380
Summe	5.500	700	6.200					5.570
EK	5.000	600	5.600	600	1)			5.000
JÜ	500	100	600	30	2)			570
Summe	5.500	700	6.200	1.030		1.030		5.570

1) Wiederholung Erstkonsolidierungsbuchung
2) Abschreibung *goodwill* und stille Reserven

Tab. 6: Folgekonsolidierung 31.12.01

	M	T	Summe	Konsolidierung S		H		Kon-zern
goodwill				190	1)	190	2a)	0
Beteiligung	0		0	1.000	2)	1.000	1)	0
Diverses	5.400	700	6.100	180	1)	180	2-b)	5.400
						700	2c)	
Summe	5.400	700	6.100					5.400
EK	5.50-0*	700*	6.200	630	1)			5.570
JÜ	– 100	0	– 100	100		30	2-d)	– 170
Summe	5.400	700	6.100	2.100		2.100		5.400

* inkl. Gewinnvortrag aus 01
1) Eröffnungsbilanzbuchung 02 zur Darstellung *goodwill* und stille Reserven vor Abgang
2) Entkonsolidierungsbuchung zur Darstellung Einzelveräußerungsfiktion: Abgang *goodwill* (2a), Abgang Diverse inkl. stille Reserven (2b + 2c), kein Abgang Beteiligung aus Konzernperspektive (2)

Tab. 7: Entkonsolidierung 31.12.02

Praxis-Beispiel (Fortsetzung)
Der buchungstechnisch ermittelte Entkonsolidierungserfolg lässt sich nach den unter Rz 168 erläuterten Methoden auch so bestimmen:

Direkte Methode		Indirekte Methode	
Buchwert Aktiva	700	Veräußerungspreis	900
+ stille Reserven Aktiva	180	− Beteiligungsbuchwert	− 1.000
+ *goodwill*	190	= Erfolg Einzelbilanz	− 100
Summe Abgang	−1.070	+ schon aufwandswirksame stille Reserven	20
+ Veräußerungspreis	900	+ schon aufwandswirksamer *goodwill*	10
		− schon ertragswirksamer Gewinn aus T	− 100
= **Abgangserfolg**	− 170	= **Abgangserfolg**	− 170
+ Erfolg 01 (100−20−10)	70	+ Erfolg 01 (100−20−10)	70
= **Totalerfolg** (Anschaffung bis Abgang)	− 100	= **Totalerfolg**	− 100

Tab. 8: Entkonsolidierungserfolg

Nach IFRS 10.B99 sind bilanziell im kumulierten sonstigen Gesamtergebnis   **169**
(*other comprehensive income*) in Bezug auf das Tochterunternehmen ausgewiesene Beträge bei der Entkonsolidierung so zu behandeln, als ob die dazugehörigen Vermögenswerte direkt veräußert worden wären.
Bei erfolgsneutral zum *fair value* bewerteten Finanzinstrumenten wird daher ein zuvor im OCI erfasster Gewinn (oder Verlust) mit Verlust der Beherrschung über das Tochterunternehmen erfolgswirksam.[52]

4.4.2 *Goodwill* bei der Entkonsolidierung[53]

Für die Belastung des Entkonsolidierungserfolgs mit *goodwill* ist zunächst   **170**
IAS 36.86 heranzuziehen (→ § 11 Rz 186). Danach gilt:
- *Goodwills* sind bei ihrer Entstehung/Ersterfassung nicht rechtlichen Einheiten (etwa Tochterunternehmen), sondern wirtschaftlichen Einheiten, sog. *cash generating units* (CGUs), zuzuordnen (→ § 11 Rz 147).
- Ist das zu veräußernde Tochterunternehmen Teil einer solchen CGU, muss der *goodwill* regelmäßig im Verhältnis der relativen Werte von abgehenden und verbleibenden Bereichen der CGU **aufgeteilt** werden. Von diesem Verfahren ist ausnahmsweise dann abzuweichen, wenn eine andere Methode nachweislich den abgehenden *goodwill* besser abbildet (z.B. Weiterveräußerung eines Tochterunternehmens kurz nach Erwerb).

Die Wirkungsweise dieser Vorschriften wird an einem Extremfall besonders deutlich, nämlich dort, wo unter Inanspruchnahme der Wahlrechte aus IFRS 1.C4(i) ein zu HGB-Zeiten mit den Rücklagen verrechneter *goodwill* unter Beibehaltung dieser Verrechnung nicht nach IFRS übernommen wurde (→ § 6 Rz 57).

---

[52] Anwendungsbeispiele bei HEINTGES/BOGGEL/URBANCZIK, PiR 2010, S. 221 ff.
[53] Die nachfolgenden Ausführungen sind überwiegend entnommen LÜDENBACH, PiR 2005, S. 62 ff.

> **Praxis-Beispiel**
> Die Konzernmutter MU hat während der HGB-Zeit *goodwills* zum Teil mit
> den Rücklagen verrechnet. Diese Verrechnungen wurden in der IFRS-Eröff-
> nungsbilanz beibehalten.
> - Nunmehr wird ein Tochterunternehmen TU-1 zu einem Preis von 1.000
>   veräußert. Das im IFRS-Konzernabschluss bilanzierte Nettovermögen der
>   TU-1 beträgt 600. Der vorläufige Entkonsolidierungserfolg wird dem-
>   zufolge mit 400 ermittelt.
> - Darin noch nicht berücksichtigt ist der bei Erwerb der TU-1 aufgedeckte
>   und sofort mit den Rücklagen verrechnete *goodwill* von 500.
> Das veräußerte Tochterunternehmen bildete im Übrigen mit zwei weiteren
> Tochterunternehmen eine *cash generating unit* (CGU). Dieser **CGU** ist für
> Zwecke des *impairment*-Tests ein *goodwill* von 300 zugeordnet. Er stammt
> ausschließlich aus der Erstkonsolidierung von TU-3. Beim Erwerb von TU-2
> entstand demgegenüber kein *goodwill*, da der Kaufpreis für TU-2 gerade dem
> erworbenen Nettovermögen entsprach.
> Der „Unternehmenswert" der CGU beträgt nach Entkonsolidierung 2.000,
> wovon jeweils 1.000 auf TU-2 und TU-3 entfallen.

Nach Rücklagenverrechnung ist der *goodwill* im konzernbilanziell erfassten Nettovermögen des Tochterunternehmens nicht mehr enthalten. Es existiert insofern
für den *goodwill* kein Buchwert mehr, dessen Abgang den Entkonsolidierungserfolg unmittelbar belasten könnte. Die wohl herrschende handelsrechtliche Meinung (zum HGB i.d.F. vor BilMoG) wollte es dabei aber nicht belassen. Im
Interesse einer zutreffenden Erfolgsermittlung über alle Perioden **(Totalgewinn)**
sollte ein mit den Rücklagen verrechneter und damit zuvor nicht aufwandswirksam
gewordener *goodwill* den Entkonsolidierungserfolg mindern.[54] Eine Minderheit
hielt ein entsprechendes Vorgehen nicht[55] oder nur als Wahlrecht[56] für zulässig.
Für die Übertragung der herrschenden handelsrechtlichen Auffassung in die
IFRS-Bilanz könnte eine Art „**Verursacherprinzip**" sprechen: Da die Verrech-
nung des *goodwill* mit den Rücklagen ein handelsrechtliches „Relikt" ist, ihren
Ursprung also im Handelsrecht hat, könnte auch die Erledigung dieser Verrechnung im Rahmen der Entkonsolidierung handelsrechtlichen Grundsätzen folgen.
Diese Überlegung wird jedoch hinfällig durch eine **explizite Regelung in
IFRS 1**: Gem. IFRS 1.C4(i)(i) ist ein mit den Rücklagen verrechneter *goodwill*
bei der Entkonsolidierung nicht erfolgswirksam zu berücksichtigen.
Die Frage einer evtl. Belastung des Entkonsolidierungserfolgs mit *goodwill* kann
aus der isolierten Perspektive von IFRS 1 und IFRS 10 jedoch nicht abschließend
beantwortet werden. IAS 36.86 mit seinen Vorgaben zur anteiligen Belastung im
CGU-Fall ist zu beachten. IFRS 1.C4(i) immunisiert Tochterunternehmen, deren *goodwill* mit Rücklagen verrechnet war, daher nicht gegen jede *goodwill*-
Belastung beim Abgang. Lediglich eine **Gleichbehandlung** ist angestrebt:

---

54 Z.B. ADS, Rechnungslegung und Prüfung der Unternehmen, 6. Aufl., 2001 ff., § 301 HGB, Tz. 262.
55 Z.B. OSER, WPg 1995, S. 296.
56 Z.B. WEBER/ZÜNDORF, in: HdK, 1998, § 301 HGB, Tz. 269.

- Ein Tochterunternehmen, dessen *goodwill* wegen Rücklagenverrechnung nicht bilanziert ist, soll beim Abgang nicht schlechter, aber auch nicht besser gestellt werden als
- ein Tochterunternehmen, das aus anderen Gründen (fehlender Unterschiedsbetrag beim Erwerb) keinen *goodwill* aufweist.

Hierzu folgende Variation des Ausgangsfalls:

Praxis-Beispiel (Variante)

Als Wert der CGU werden weiterhin 3.000 unterstellt, als Veräußerungserlös einer Teileinheit weiterhin 1.000. Diese Teileinheit soll aber nicht TU-1, sondern TU-2 sein, also das Tochterunternehmen, bei dessen Erwerb überhaupt kein Unterschiedsbetrag *(goodwill)* entstanden ist.

Der Abgangserfolg von TU-2 ist gem. IAS 36.86 anteilig mit einem *goodwill* von 100 (1.000/3.000 × 300) zu belasten.

Beim Erwerb von TU-2 ist zwar kein *goodwill* aufgedeckt worden; dieser stammt ausschließlich aus dem Erwerb von TU-3. Darauf kommt es aber aus folgendem Grund nicht an:

- Die Regelungen von IAS 36 verlangen und erlauben **keine Beachtung der Erwerbsgeschichte**;
- sie berücksichtigen nicht die rechtliche, sondern die **wirtschaftliche Einheit** in Form der CGU.

Einer solchen CGU ist der *goodwill* bei Erstkonsolidierung zuzurechnen. Die jährlichen *impairment*-Tests erfolgen auf Ebene solcher CGUs und nicht für rechtliche Einheiten. Nur **zufällig** kann Identität von rechtlicher (Tochterunternehmen) und wirtschaftlicher Einheit (CGU) bestehen.

Aus der Betrachtung des Regelungszwecks und der Fallvariante ergeben sich folgende Konsequenzen für den Extremfall des rücklagenverrechneten *goodwill*:

- IFRS 1 verhindert eine Schlechterstellung der Veräußerung eines Tochterunternehmens, dessen *goodwill* mit Rücklagen verrechnet wurde, gegenüber dem Verkauf eines Tochterunternehmens, bei dessen Erwerb überhaupt kein *goodwill* entstand.
- Die Vorschrift gewährt andererseits aber auch keine Besserstellung gegenüber Fällen, in denen kein *goodwill* entstanden ist. Der Abgang ist daher nicht vor den sich aus IAS 36 ergebenden anteiligen *goodwill*-Belastungen geschützt.

In allen Fällen ist der *goodwill* nach Maßgabe der relativen Wertverhältnisse von abgehendem Bereich einerseits zu den in der CGU verbleibenden Bereichen andererseits **auszubuchen**.

4.4.3 Entkonsolidierung bei nicht beherrschenden Anteilen

Buchungstechnisch anspruchsvoller ist die **Entkonsolidierung bei** Vorhandensein von **Minderheitenanteilen** (nicht beherrschenden Anteilen). Hierzu folgende Variation des Ausgangsbeispiels aus Rz 168 unter der Prämisse, dass von dem durch IFRS 3.19 geschaffenen Wahlrecht, dem Minderheitenanteil bei der Erstkonsolidierung einen *goodwill*-Anteil zuzurechnen, kein Gebrauch gemacht wird:

171

Praxis-Beispiel

M erwirbt 80 % an TU am 1.1.01 für 800. Das Eigenkapital von T beträgt zu diesem Zeitpunkt 600, in Zeitwerten 800. Die anteiligen stillen Reserven sind also 80 % von 200 = 160 (Abschreibung über 10 Jahre). Der *goodwill* (Abschreibung über 20 Jahre) beträgt ebenfalls 160 (800 AK – 640 Zeitwertanteil). T erwirtschaftet in 01 einen Gewinn von 100, M von 500. Am 2.1.02 wird die 80-%-Beteiligung von T überraschend für 720 verkauft, woraus in der Einzelbilanz von M nach Abzug des Beteiligungsbuchwerts ein Verlust von 80 resultiert.

Nachfolgend zunächst die Entkonsolidierung und dann die rechnerische Ermittlung des Entkonsolidierungserfolgs:

	M	T	Summe	Konsolidierung				Kon-zern
				S		H		
goodwill				152	1)	152	2a)	
Beteiligung	0		0	800	2)	800	1)	
Diverses	5.420	700	6.120	180	1)	144	2b)	5.420
						560	2c)	
						36	3a)	
				1)		140	3b)	
Summe	5.420	700	6.120					5.420
EK	5.500	700	6.200	644	1)			5.556
JÜ	– 80		– 80	56	2)			– 136
Minderheit				176	3)	176	1)	
Summe	5.420	700	6.120	2.008		2.008	1)	5.420

1) Eröffnungsbilanz-Buchung 02 zur Darstellung *goodwill*

2) Entkonsolidierungsbuchung Mehrheitenanteil

3) Entkonsolidierung Minderheitenanteil

Direkte Methode		Indirekte Methode	
Buchwert EK (80 %)	560	Veräußerungspreis	720
+ stille Reserven (80 %)	144	– Beteiligungsbuchwert	– 800
+ *goodwill*	152	= Erfolg Einzelabschluss	– 80
Summe Abgang	– 856	+ schon aufgelöste stille Reserven	16
+ Veräußerungspreis	720	+ schon abgeschriebener *goodwill*	8
		– thesaurierter Gewinn T	– 80
= Abgangserfolg 02	– 136	= Abgangserfolg 02	– 136
+ Erfolg 01 (80–8 – 16)	56	+ Erfolg 01 (80–8 – 16)	56
= Totalerfolg	– 80	= Totalerfolg	– 80

Tab. 9: Entkonsolidierungserfolg bei Minderheitenanteil

4.4.4   Entkonsolidierung ohne Veräußerung von Anteilen

172   Auch ohne Veräußerung von Anteilen kann es zum Verlust der Kontrolle kommen. Beispiele sind:

• der Abschluss eines **Entherrschungsvertrags,**

- die Heraufsetzung der im Gesellschaftsvertrag vorgesehenen **Stimmrechtsquoren** (z. B. von 51 % auf 75 %),
- die geänderte **Verteilung** von Chancen und Risiken an einer Zweckgesellschaft,
- der Verlust von **Kontrolle** durch Eröffnung des Insolvenzverfahrens.

Auch in diesen Fällen ist eine Entkonsolidierung vorzunehmen. Hierbei bestimmt sich der auf die Eigenkapitalgeber des Mutterunternehmens entfallende Anteil am Entkonsolidierungsgewinn gem. IFRS 10.B98 wie folgt:

	fair value der verbleibenden Anteile
+	Buchwert nicht beherrschende Anteile
–	Nettovermögen des Tochterunternehmens zu Konzernbuchwerten (100 %)
=	Entkonsolidierungserfolg

Alternativ kann der Erfolg so ermittelt werden:

	fair value der verbleibenden Anteile
–	Nettovermögen des Tochterunternehmens zu Konzernbuchwerten (anteilig)
=	Entkonsolidierungserfolg

Praxis-Beispiel

MU ist mit 80 % an TU beteiligt. Das Nettovermögen der TU beträgt 500, der Minderheitenanteil 100.

Der *fair value* des 80 %igen Anteils an TU ist 800. Durch Vertrag verliert MU die Kontrolle. Es ergeben sich folgende Buchungen und Berechnungen:

Buchungen

Konto	Soll	Haben
Anteil	800	
Nettovermögen		500
Minderheit	100	
Ertrag		400

Berechnungsvariante 1	
fair value verbleibender Anteile	800
Buchwert Minderheitenanteil	100
	900
Nettovermögen 100 %	– 500
Ertrag	400

Berechnungsvariante 2	
fair value verbleibender Anteile	800
Nettovermögen 80 %	– 400
Ertrag	400

4.5 Veräußerung eines Teils der Anteile mit Verlust des Tochterstatus (Abwärtskonsolidierung)

173 Wird nur ein **Teil** der Anteile an einem Tochterunternehmen veräußert, so ist zwischen Fällen **mit** und **ohne Statuswechsel** zu differenzieren:

- **Bleibt die Mutter-Tochter-Beziehung erhalten** (Abstockung), so gehen die Vermögenswerte und Schulden des Tochterunternehmens nicht ab. Es findet nur eine Verschiebung zwischen Mehrheiten- und Minderheiteneigenkapital statt (Rz 175).

- **Endet die Mutter-Tochter-Beziehung,** findet also ein Statuswechsel statt, sind die Vermögenswerte und Schulden des Tochterunternehmens nach der Einzelveräußerungsfiktion auszubuchen.

174 Geht mit der Veräußerung eines **Teils** der Anteile ein **Kontrollverlust** einher, ist eine erfolgswirksame Entkonsolidierung des Nettovermögens des Tochterunternehmens vorzunehmen (Rz 172). Für die Behandlung der **verbleibenden** Anteile gilt nach IFRS 10.B98:

Die bei einem Statuswechsel **verbleibenden Anteile** werden in die Ermittlung des **Entkonsolidierungserfolgs** einbezogen. Neben dem realen Veräußerungspreis für die tatsächlich abgehenden Anteile tritt als fiktiver, tauschähnlicher Veräußerungspreis der *fair value* der verbleibenden Anteile. Soweit dieser vom prozentualen Anteil am zu Konzernbuchwerten erfassten Nettovermögen des Tochterunternehmens abweicht, ergibt sich ein Beitrag zum Entkonsolidierungserfolg.

Der Entkonsolidierungserfolg errechnet sich somit am Beispiel einer Veräußerung von 60 von 100 Anteilen wie folgt:

	Veräußerungspreis tatsächlich abgehender Anteile (z. B. 60 %)
+	*fair value* verbleibender Anteile (z. B. 40 %)
=	Veräußerungspreis i. w. S. (100 %)
–	Nettovermögen Tochterunternehmen zu Konzernbuchwerten (100 %)
=	Entkonsolidierungserfolg

175 Der *fair value* der **verbleibenden Anteile** stellt zugleich den Zugangswert für die nachfolgende Bilanzierung als Finanzinstrument gem. IAS 39 bzw. IFRS 9 oder als *equity*-Anteil gem. IAS 28 bzw. IFRS 11 dar (IFRS 10.B98).

Nach Übergang auf einen *equity*-Anteil gelten bestimmte Vorschriften der Vollkonsolidierung entsprechend. Betroffen sind insbesondere

- die **Zwischenergebniseliminierung** gem. IAS 28.28 (→ § 33 Rz 75) und
- die erfolgsneutrale Behandlung beim untergeordneten Unternehmen erzielter sonstiger Gesamtergebnisse (*other comprehensive income* = OCI) im Rahmen der *equity*-Konsolidierung gem. IAS 28.27 (→ § 33 Rz 67).

In diesem Kontext ist die Frage aufgekommen, ob der Gewinn aus der Entkonsolidierung (Rz 167) im Maß der verbleibenden Anteilsquote um noch unerledigte Zwischengewinne und noch unerledigtes OCI zu korrigieren ist.

In Bezug auf das *other comprehensive income* gilt Folgendes:

- Nach IFRS 10.B98 sind bilanziell im kumulierten OCI in Bezug auf das Tochterunternehmen ausgewiesene Beträge bei der Entkonsolidierung so zu behandeln, als ob die dazugehörigen Vermögenswerte direkt veräußert worden wären.

- Bei erfolgsneutral zum *fair value* bewerteten Finanzinstrumenten wird daher ein zuvor im OCI erfasster Gewinn (oder Verlust) mit Verlust der Beherrschung über das Tochterunternehmen erfolgswirksam.
- Bei Rückbehalt der Anteile und „Übergang" zur *equity*-Konsolidierung soll nach einer Auffassung der Erfolg aus dem OCI allerdings nur in **Höhe der Abgangsquote** zu berücksichtigen sein.[57] Die Gegenauffassung hält das Verhältnis von veräußerten und zurückbehaltenen Anteilen, also die Quote, für nicht relevant.[58]

Der Gegenauffassung ist zuzustimmen. Sie entspricht der **konzeptionellen Ausrichtung** von IFRS 10 (früher IAS 27), eine *equity*-Konsolidierung nach vorheriger Vollkonsolidierung nicht als Übergang (Übergangskonsolidierung) zu behandeln, sondern als einen **Neustart**, bei dem eine *„new investor-investee relationship"* erstmalig konsolidiert wird und demzufolge erst ab diesem Zeitpunkt entstehendes OCI im Rahmen der *equity*-Methode berücksichtigungsfähig ist.

In Bezug auf den **Zwischengewinn** ist – am Beispiel einer *down stream transaction* (→ § 33 Rz 75) Folgendes festzuhalten:

- Der von einem Teil des Schrifttums vorgenommene Verweis auf eine in IAS 28.28 (früher IAS 28.22) „kodifizierte Pflicht zur **Fortführung** der Zwischenergebniseliminierung"[59] ist unzutreffend. In der genannten Vorschrift wird die Zwischenergebniseliminierung nur allgemein für die *equity*-Konsolidierung und ohne eine Bezugnahme auf eine vorherige Vollkonsolidierung behandelt. Das Fortführungsproblem wird in keiner Weise angesprochen.
- Eine Fortführungspflicht würde im Übrigen wiederum dem Konzept von IFRS 10 (früher IAS 27) widersprechen. Mit der Bewertung der verbleibenden Anteile zum *fair value* wird ein vollständiger Abgang der bisherigen Beteiligung und ein **Neustart** (*new investor-investee relationship*) fingiert, also gerade kein Übergang bzw. keine Übergangskonsolidierung angenommen.
- Im Übrigen bildet der *fair value* der Altanteile deren fiktive Anschaffungskosten und ist damit nicht nur Zugangsbewertungsmaßstab für die *equity*-Beteiligung, sondern auch Grundlage der in einer **Nebenrechnung**, für Zwecke der Folgekonsolidierung, vorzunehmenden Aufteilung des *equity*-Werts auf das anteilige Vermögen und einen evtl. *goodwill*. Das anteilige Vermögen ist nach IAS 28.32 mit dem *fair value* zu erfassen. Weder der einzelbilanzielle Buchwert des untergeordneten Unternehmens (ohne Eliminierung von Zwischengewinnen) noch der konzernbilanzielle Buchwert (mit Eliminierung von Zwischengewinnen) spielt eine Rolle.

Zum Ganzen folgendes Beispiel:

Praxis-Beispiel

MU ist mit 100 % an der schuldenfreien TU beteiligt. Das diverse Vermögen der TU beträgt per 31.12.01 560. Folgende Sachverhalte sind darin noch nicht berücksichtigt:
- TU hat erfolgsneutral zum *fair value* zu bewertende **Wertpapiere** Anfang 01 für 100 angeschafft. Der *fair value* zum Stichtag beträgt 140. Die Wert-

---

[57] WATRIN/HÖHNE/RIEGER, IRZ 2009, S. 307 ff.
[58] ERNST & YOUNG, International GAAP 2016, Ch 7 sCh. 3.2.3.
[59] WATRIN/HÖHNE/RIEGER, IRZ 2009, S. 307 ff.

steigerung von 40 ist im sonstigen Gesamtergebnis (*other comprehensive income* = **OCI**) berücksichtigt worden.

- Ein unbebautes **Grundstück**, das MU für 100 angeschafft hat, ist in 01 für 150 an TU veräußert worden. Der **Zwischengewinn** von 50 ist durch die Buchung „per sonstige betriebliche Erträge 50 an Grundstück 50" im Konzernabschluss eliminiert worden.

Unter Einbeziehung der beiden vorgenannten Vorgänge (und Ausklammerung latenter Steuern) ergibt sich das im Konzernabschluss der MU per 31.12.01 berücksichtigte Nettovermögen der TU wie folgt:

Div. Vermögen	560	Div. Eigenkapital	760
Wertpapiere	140	Kumul. OCI	40
Grundstück	100		
	800		800

Am 1.1.02 **veräußert** MU 80 % der Anteile an der TU für 1.000 an X.
Der verbleibende Anteil von **20 %** gewährleistet einen **maßgeblichen Einfluss** i.S.v. IAS 28 und ist daher ab 1.1.02 *at equity* zu bilanzieren. Sein *fair value* per 1.1.02 beträgt 250.

Beurteilung
In den Erfolg aus der Entkonsolidierung geht auch der Ertrag aus der Auflösung des **OCI** ein, und zwar **in vollem Umfang**, d.h. ohne Kürzung um die verbleibende Anteilsquote.
Ebenso ist **keine Korrektur** des Entkonsolidierungsergebnisses i.H.d. rechnerischen Anteils der verbleibenden Anteile an den zuvor eliminierten **Zwischenergebnissen** angezeigt.

Somit ergibt sich folgende Rechnung:

Veräußerungspreis	1.000
+ *fair value* verbleibende Anteile	250
= Bruttoertrag	1.250
– abgehendes Nettovermögen zu Konzernbuchwerten	– 800
+ Auflösung OCI	40
= Erfolg aus Entkonsolidierung	490

176   Ist der nach Anteilsveräußerung verbleibende Anteil die Beteiligung an einer **gemeinschaftlichen Tätigkeit** i.S.v. IFRS 11 (→ § 34 Rz 21), hat das IFRS IC einstweilen offen gelassen, ob der verbleibende Anteil im Zeitpunkt des Statuswechsels zu *fair value* bewertet werden soll (mit entsprechender Auswirkung auf den Entkonsolidierungserfolg) oder die Konzernbuchwerte anteilig fortzuführen sind.[60]

4.6   Mehrheitswahrende Anteilsveräußerung (Abstockung)

177   Nach IFRS 10.23 ist eine Anteilsveräußerung ohne Verlust der Kontrolle (sog. **Abstockung**) als erfolgsneutrale Transaktion zwischen Eigenkapitalgebern (Mutterunternehmen einerseits, Minderheitsgesellschafter andererseits) zu behandeln.

---

[60] IFRS IC, *Staff Papers* vom 8./9.9.2015, sowie vom 21./22.10.2015; vgl. zum Ganzen auch Roos, PiR 2016, S. 189 ff.

Unklar ist zum Teil, mit welchem **Wert** der **nicht beherrschende Anteil** (*non-controlling interest* – NCI) bei einer Abstockung anzusetzen ist. **Mindestens** ist die Beteiligung der (neuen) nicht beherrschenden Gesellschafter am **Nettovermögen** (*net assets* ohne *goodwill*) zu berücksichtigen. Ob bzw. wann darüber hinaus auch ein Anteil am *goodwill* erfasst werden kann/muss, ist strittig, da es diesbezüglich an expliziten Regelungen fehlt: *„IFRS 10 does not give detailed guidance on how to measure the amount to be allocated to parent an NCI to reflect a change in their relative interests in the subsidiary. More than one approach may be possible."*[61] Dieser auf ein faktisches Wahlrecht hinauslaufenden Einschätzung schließen sich auch andere Stimmen an.[62] Eindeutig ist nur, dass die Abstockung zu keinem Abgang von Teilen des *goodwill* führt (IFRS 10.BCZ 173). Fraglich bleibt aber, ob und wie der *goodwill* auf Mehrheit und Minderheit aufzuteilen ist. Im Schrifttum finden sich zur Ausfüllung dieses Wahlrechts u. a. folgende beispielhafte Überlegungen:

Praxis-Beispiel 1[63]
Das Nettovermögen eines 100 %igen TU beträgt inkl. *goodwill* 600; 20 % der Anteile werden für 200 veräußert:

per Geld 200	an NCI 120 (also inkl. *goodwill!*)
	an EK 80

Der Minderheitenanteil würde danach inkl. *goodwill* erfasst. Unklar bleibt, ob dies auch dann gelten soll, wenn der bei 100-%-Erwerb aufgedeckte *goodwill* nicht (oder nicht ausschließlich) dem Tochterunternehmen, sondern unter Berücksichtigung von Synergien (zum Teil) anderen Konzernteilen zugeordnet wurde, an denen die Minderheit nicht beteiligt ist.

Praxis-Beispiel 2[64]
Der Erwerb eines 100 %igen Anteil an TU erfolgt Ende 01 zu einem Kaufpreis von 125 (davon *net assets* 100, *goodwill* 25). Das Ergebnis 02 i. H. v. 20 wird bei TU thesauriert (*net assets* 120, *goodwill* weiterhin 25). Eine Veräußerung von 30 % der Anteile erfolgt Anfang 03 zu einem Veräußerungspreis von 40.

(Bevorzugte) Lösung

per Geld 40	an NCI (30 % von 120 =) 36
	an EK 4

Der Minderheit wird damit kein Anteil am *goodwill* zugeordnet.
Ebenfalls für zulässig gehalten werden aber weitere Lösungen, u. a. folgende:

per Geld 40	an NCI 40

also ein Ansatz des Minderheitenanteils i. H. d. vereinnahmten Kaufpreises und somit ohne Rücksicht auf die konkrete Höhe des *goodwill.*

61 DELOITTE, iGAAP 2016, Ch A24 sCh 11.4.2.
62 ERNST & YOUNG, International GAAP 2016, Ch 7 sCh. 3.3.2; KPMG, Insight into IFRS 2015/16, Tz. 2.5.570.80.10; WEBER/WIRTH, KoR 2014, S. 18 ff.
63 PwC, IFRS Manual of Accounting 2016, Tz. 24.258, Ex 1.
64 DELOITTE, iGAAP 2016, Ch A24 sCh 11.4.5, Ex 11.4.5C.

> **Praxis-Beispiel 3[65]**
>
> In 01 erwirbt MU 80 % an TU für 920. Die *net assets* der TU betragen 1.000, runtergerechnet auf 80 % also 800, der *goodwill* somit (bei Verzicht auf die *full-goodwill*-Methode) 120. Das Ergebnis 01 ist ausgeglichen (keine Änderung *net assets*). Anfang 02 werden weitere 20 % für 265 veräußert. Als **eine** Lösung („*others may also be appropriate*") wird folgende angegeben: ¼ des *goodwill* (entsprechend des Verhältnisses 20 % von 80 % verkauft), also 30 werden der neuen Minderheit zugerechnet.
>
> per Geld 265   an NCI 230
>
>   an EK 35
>
> Ein Problem dieser Lösung liegt in der gesplitteten Bewertung des NCI: Während die alten Minderheitenanteile von 20 % weiterhin mit 200 geführt werden, erfolgt die Bewertung der neuen Minderheitenanteile von ebenfalls 20 % (!) mit 230. Daneben stellt sich (wie in Praxis-Beispiel 1) das Problem, wie mit einem *goodwill* umzugehen ist, der bei Erstkonsolidierung nicht der TU, sondern (zum Teil) anderen Konzerneinheiten zugeordnet wurde.

Eine deutliche Einschränkung des auch durch diese Beispiele verdeutlichten faktischen Wahlrechts ist u.E. aber in dem Fall gegeben, in dem schon bei ursprünglichem Erwerb ein Minderheitenanteil entstand und dieser nach der *full-goodwill*-Methode bilanziert wurde. Treten dann zu einem späteren Zeitpunkt weitere Gesellschafter im Weg der Abstockung bei, ist eine Zurechnung des Anteils am *goodwill* **auch** an diese sachgerecht, da so gerade eine **einheitliche** Bewertung von altem und neuem Minderheitenanteil gewährleistet wird.[66]

4.7 Verhinderung von Missbrauch bei Kontrollverlust in mehreren Schritten

179 Nach IFRS 10 ist
- die **Entkonsolidierung oder Abwärtskonsolidierung** ein **erfolgswirksamer** (Rz 203),
- die **Abstockung** hingegen ein **erfolgsneutraler** Vorgang (Rz 227).

Hieraus kann sich ein Anreiz zur Zerlegung einer einheitlich geplanten Transaktion in Teilgeschäfte ergeben, um dadurch den Entkonsolidierungserfolg zu verbessern. Hierzu folgendes Beispiel:

> **Praxis-Beispiel**
>
> MU hält 90 % der Anteile an der TU. Deren Vermögen zu Zeit- und Buchwerten beträgt 1.000, der Minderheitenanteil, gehalten von B, 100.
>
> MU möchte an der Beteiligung nicht festhalten und erhält die Gelegenheit, seinen Anteil für 750 an C zu veräußern. Zwei Wege werden diskutiert:
> - Veräußerung in einem Akt für 750,
> - Veräußerung von zunächst 39 % für 230 und später 51 % für 520.

---

65 ERNST & YOUNG, International GAAP 2016, Ch 7 sCh. 3.3.2.
66 Gl. A. KPMG, Insights into IFRS 2015/16, Tz. 2.5. 570.80.

Das Ergebnis beider Varianten ist wie folgt:
1. Die Veräußerung in einem Akt führt zu einem Entkonsolidierungsverlust von 100.
Buchungen in der Konzernbuchhaltung:

Konto	Soll	Haben
Geld	750	
Minderheitenanteil	100	
Verlust	150	
Buchwertabgang Vermögen TU		1.000

2. Die Veräußerung in zwei Akten wäre bei isolierter Betrachtung wie folgt zu behandeln:
2a) Der erste Teil der Veräußerung würde zu einer erfolgsneutralen Verschiebung zwischen Minderheitenanteil und Mehrheitenanteil führen:

Konto	Soll	Haben
Geld	230	
Mehrheitenanteil	160	
Minderheitenanteil		390

2b) Im zweiten Schritt würde ein Gewinn (!) von 10 entstehen:

Konto	Soll	Haben
Geld	520	
Buchwertabgang Vermögen TU		1.000
Minderheitenanteil	490	
Ertrag		10

Derartigen bilanzpolitischen Strukturierungen soll IFRS 10.B97 entgegenwirken. Danach gilt: Ist der Kontrollverlust Ergebnis von zwei oder mehr Transaktionen, sind diese Transaktionen **einheitlich** zu behandeln, wenn

- die Geschäfte zur gleichen Zeit unter gegenseitiger Berücksichtigung abgeschlossen werden oder
- sie eine Gesamtvereinbarung *(single transaction)* präsentieren, die auf einen wirtschaftlichen Gesamterfolg (z. B. Gesamtveräußerungspreis) zielt oder
- das Zustandekommen der einen Transaktionen abhängig vom Zustandekommen der anderen ist oder
- die Transaktionen nur insgesamt ökonomisch Sinn machen, etwa derart, dass der zu niedrige Preis einer Transaktion den zu hohen der anderen ausgleicht.

An der Sinnhaftigkeit einer zusammengefassten Betrachtung einer nur künstlich bzw. rechtlich zerlegten Transaktion ist nicht zu zweifeln. Die Regelungen von IFRS 10.B97 sind in ihrer Ausformulierung jedoch kaum gelungen. Mit Ausnahme der letzten Bestimmung sind die Anforderungen in hohem Maß abstrakt bzw. **tautologisch**. Sie besagen nur: Zusammengehörende Transaktionen gehö-

180

ren zusammen. Überdies widersprechen sie dem Ziel einer prinzipienbasierten Rechnungslegung. Das Gebot einer zusammenfassenden Betrachtung formal getrennter Vorgänge ergibt sich ohne Weiteres bereits aus dem im *Framework* niedergelegten Grundsatz *„substance over form"* (→ § 1 Rz 80). Soweit mit Bezug auf die Zusammenfassung von Transaktionen ein Bedarf für die Konkretisierung dieses Grundsatzes besteht, betrifft dies nicht nur Entkonsolidierungsvorgänge. Die in IFRS 10.B97(d) genannte Vereinbarung eines zu niedrigen Preises für eine Transaktion und eines zu hohen für eine andere kann etwa bei jeder Art von Umsatz mit dem gleichen Geschäftspartner bilanzpolitisch missbraucht werden. Indikatoren für einen Verbund von rechtlich getrennten Geschäften sollten daher Gegenstand einer allgemeinen Äußerung sein, die z.B. im *Framework* platziert wird oder einen eigenen IFRIC verdienen könnte.

5   Kapitalkonsolidierung in Sonderfällen

5.1   Kontrollerlangung/Kontrollverlust ohne Erwerb/ Veräußerung von Anteilen

181   Die Erstkonsolidierung folgt der Einzelerwerbsfiktion. Als erworben gelten auch beim *share deal* nicht die Anteile, sondern die einzelnen Vermögenswerte (Rz 12). IFRS 3.14 rev. 2004 verlangte demzufolge die Erstkonsolidierung nach der *purchase method*. Auch IFRS 3 rev. 2008 folgt der Einzelerwerbsfiktion, verwendet aber den Begriff der *acquisition method* (IFRS 3.4) und betont damit stärker die Erlangung der Kontrolle *(acquisition of control)* als den Erwerb der Anteile bzw. des hinter ihnen liegenden Vermögens *(purchase of assets)*.

In den meisten Fällen bleibt diese begriffliche Neuerung ohne praktische Relevanz. Eine Ausnahme bildet die Erlangung von Kontrolle ohne Erwerb von (weiteren) Anteilen aufgrund der

- Änderung vertraglicher Grundlagen (Abschluss Beherrschungsvertrag, Änderung Stimmrechtsregelungen im Gesellschaftsvertrag etc.) *(business combination by contract alone)* oder
- Änderungen an der Zahl im Umlauf befindlicher Aktien (Aktienrückkaufprogramm etc.).

In IFRS 3 rev. 2008 wird dieser Fall erstmals explizit geregelt (IFRS 3.33). Er bereitet konzeptionell deshalb keine besonderen Probleme, weil die Aufwärtskonsolidierung einheitlich in der Weise durchgeführt wird, dass neben als Kaufpreis hingegebenen baren oder sonstigen Vermögenswerten auch der *fair value* der Altanteile in die Anschaffungskosten i.w.S. einbezogen wird.

Praxis-Beispiel[67]

1. Pflicht zur Erstkonsolidierung

MU ist seit einigen Jahren mit 4,6 Mio. Aktien (= 46 %) an der börsennotierten TU AG beteiligt. Die Präsenzquote bei den Hauptversammlungen ist hoch, so dass U über keine (sichere) Präsenzmehrheit verfügt. TU kauft in 05 10 % der Aktien zurück und zieht diese ein. Danach ist MU mit 4,6/9,0 Mio. = 51,1 % an TU beteiligt.

---

[67]   Weitergehendes Beispiel bei LÜDENBACH, PiR 2008, S. 70ff.

MU hat dadurch die Kontrolle über TU erlangt und muss nach IFRS 3.33 eine Erstkonsolidierung durchführen.

2. Technik der Erstkonsolidierung

MU hat seinen Anteil bisher *at equity* bilanziert. Die Anschaffungskosten betrugen 30 Mio., darin enthalten ein *goodwill* von 3 Mio. Der aktuelle Buchwert beträgt ebenfalls 30 Mio., da stille Reserven wesentlicher Größenordnung beim Erwerb nicht identifiziert und nach Erwerb alle Gewinne ausgeschüttet wurden. Der Kurs der Aktien beträgt 10 EUR. Das Vermögen der TU beläuft sich auf 48,9 Mio. zu Buchwerten und 68,7 Mio. zu Zeitwerten. Nach dem Schema unter Rz 136 ergibt sich für IFRS 3.32 Folgendes:

a) Ertrag aus Erstkonsolidierungen

	fair value „Alt-"Anteile	46 Mio.
–	*equity*-Buchwert	–30 Mio.
=	Ertrag	16 Mio.

b) *goodwill* (ohne Ausübung des Wahlrechts zur *full-goodwill*-Methode)

	Kaufpreis bar	0
+	*fair value* Altanteile	46 Mio.
+	Buchwert Minderheitenanteile (48,9 % × 68,7)	33,6 Mio.
=	Zwischensumme (AK i. w. S.)	79,6 Mio.
–	Vermögen zu Zeitwerten	–68,7 Mio.
=	*goodwill*	10,9 Mio.

Die Buchungssätze lauten wie folgt:

Konto	Soll	Haben
div. Vermögen	68,7 Mio.	
equity-Beteiligung		30,0 Mio.
goodwill	10,9 Mio.	
Minderheiten		33,6 Mio.
Ertrag		16,0 Mio.

In dem bis 2008/2009 geltenden Recht wird der Fall der Mehrheitserlangung ohne Anteilserwerb zwar ebenfalls erwähnt (IFRS 3.8 rev. 2004), aber nicht explizit behandelt. U. E. kommt eine analoge Anwendung der Regelungen aus IFRS 3.59 rev. 2004 für den sukzessiven Anteilserwerb infrage.
Hiernach wäre etwa

- ein bisheriger *equity*-Buchwert erfolgsneutral in die Vollkonsolidierung zu überführen,
- als *goodwill* nur der bisher im *equity*-Ansatz enthaltene Wert anzusetzen,
- der Zuwachs an stillen Reserven in eine Neubewertungsrücklage einzustellen. Wegen Einzelheiten wird auf die 7. Auflage des Haufe IFRS-Kommentars verwiesen.

So, wie ohne den Kauf weiterer Anteile Kontrolle erworben werden kann, ist umgekehrt auch ein **Kontrollverlust ohne Veräußerung von Anteilen** möglich, etwa

182

weil sich die Stimmrechtsregeln des Gesellschaftsvertrags geändert haben oder ein Insolvenzverwalter die Kontrolle über das Tochterunternehmen übernommen hat. In diesem Umkehrfall ist die Vollkonsolidierung zu beenden und zur *equity*-Konsolidierung oder zur Bilanzierung als Finanzinstrument überzugehen. Bei der Berechnung des Entkonsolidierungserfolgs tritt nach IFRS 10.B98 der *fair value* der verbleibenden Anteile an die Stelle des Veräußerungspreises.

5.2 Veräußerung oder Einlage in *equity*-konsolidiertes Unternehmen

183   Hierzu wird auf → § 33 Rz 81 verwiesen.

5.3 Mehrstufiger Konzern

5.3.1 Problemstellung, Fallunterscheidungen

184   Im **zweistufigen Konzern** (Mutterunternehmen und Tochterunternehmen) bereitet die Behandlung der **Minderheitenanteile** keine Probleme. Erwirbt das Mutterunternehmen die Mehrheit, aber nicht sämtliche Anteile eines Tochterunternehmens, ist wie folgt zu verfahren:

- Nach der Methode der vollständigen Neubewertung sind die **stillen Reserven** des Tochterunternehmens nicht lediglich i.H.d. Beteiligungsquote, sondern zu 100 % aufzudecken. Der Minderheitanteil umfasst damit nicht nur den Anteil am Buchvermögen des Tochterunternehmens, sondern ebenso den Anteil an den stillen Reserven, mithin insgesamt den Anteil am *fair value* des Nettovermögens.
- Bei der *goodwill*-Berechnung kann jedoch wahlweise (Verzicht auf die *full-goodwill*-Methode) allein auf die Beteiligungsquote des Mutterunternehmens abgestellt werden. Von den Anschaffungskosten des Mutterunternehmens (für seinen Anteil am Tochterunternehmen) wird dann das zum *fair value* bewertete Nettovermögen i.H.d. Beteiligungsquote abgesetzt. Der fiktive Anteil der Minderheit am *full goodwill* bleibt sowohl aktivisch (*goodwill*-Ansatz) als auch passivisch (Minderheitenanteil) unberücksichtigt.

Größere Probleme bereiten **mehrstufige Konzerne**. Bei einer Beteiligung von Minderheiten am Tochterunternehmen (zweite Stufe) stellt sich die Frage, ob i.H.d. mittelbaren bzw. rechnerischen Anteils dieser Minderheit am Enkelunternehmen (dritte Stufe) konzernbilanziell stille Reserven und *goodwill* des Enkelunternehmens aufzudecken sind. Hierzu der in **Abbildung 6** dargestellte Grundfall:

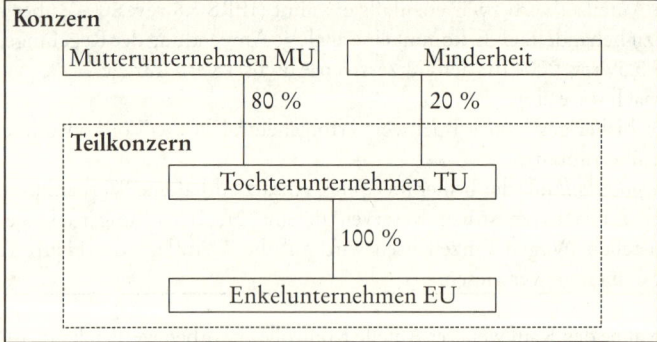

Abb. 6: Mittelbarer Minderheitenanteil

In dieser Konstellation eröffnen sich drei unterschiedliche **Perspektiven**:

- Aus der Sicht des **Teilkonzerns TU-EU** besteht keine Minderheitsproblematik. Beim Erwerb des „Enkel"-Unternehmens sind stille Reserven und ein *goodwill* zu 100 % aufzudecken.
- Aus der Sicht des **Konzernteils MU-TU** sind auf das Tochterunternehmen entfallende stille Reserven zu 100 % aufzudecken. Für einen auf den Erwerb des Tochterunternehmens entfallenden *goodwill* besteht jedoch das Wahlrecht, nur den Anteil des Mutterunternehmens aufzudecken.
- Unklar ist, wie aus Sicht des **Gesamtkonzerns MU-TU-EU** mit den *goodwills* zu verfahren ist, ob es bei dem pflichtweisen 100-%-Ansatz entsprechend der Teilkonzernperspektive bleibt oder ob bei dem *goodwill* der Enkelunternehmen nur die (durchgerechnete) Anteilsquote des Mutterunternehmens (hier: 80 % × 100 % = 80 %) maßgeblich ist.

Der Ansatz und die Bewertung von Minderheitenanteilen im mehrstufigen Konzern **185** sind weder in IFRS 10 noch in IFRS 3 explizit geregelt. Wie im HGB fehlt es an konkreten Vorgaben mit der geschilderten Folge, dass die Behandlung des (mittelbaren) Minderheitenanteils am Enkelunternehmen diskussionsbedürftig ist. Nach einer Auffassung besteht mangels abweichender expliziter Regelungen in IFRS 3 im mehrstufigen Konzern die Möglichkeit, den *goodwill* unterer Ebene nur quotal anzusetzen,[68] nach anderer sich auf die Einheitstheorie berufender Ansicht ist der *goodwill* unterer Ebene zwingend zu 100 % aufzudecken.[69] In dieser Diskussion wird zum Teil nach der Entstehungsgeschichte des mehrstufigen Konzerns differenziert. Das mehrstufige Konzernverhältnis kann auf zwei Vorgängen beruhen:

- **Konzernerweiterung nach unten**: Ein zunächst einstufiger Konzern, bestehend aus einem Mutterunternehmen und einer oder mehreren Tochtergesellschaften, erwirbt über eine Tochtergesellschaft eine Beteiligung an einer weiteren Gesellschaft (Enkelunternehmen).
- **Konzernerweiterung nach oben**: Ein Unternehmen (Mutterunternehmen) erwirbt eine Beteiligung an einem Unternehmen, welches dadurch zum Tochterunternehmen wird. Das Tochterunternehmen ist zum Zeitpunkt des Erwerbs durch das Mutterunternehmen seinerseits schon an einem weiteren Unternehmen (Enkelunternehmen) beteiligt und bildet mit diesem einen (Teil-)Konzern.

5.3.2 Konzernerweiterung nach unten

Nach IFRS 3 gelten bei Kontrollerlangung in einem Schritt und Verzicht auf die **186** *full-goodwill*-Methode folgende Regelungen:
Ein *goodwill* ist i.H.d. Differenz zwischen Anschaffungskosten der *business combination* und dem Anteil des Erwerbers am *fair value* des Nettovermögens anzusetzen (Rz 131 ff.). Bei einer Konzernerweiterung nach unten ergibt sich hier folgende Unterscheidungsmöglichkeit:

- Aus der Perspektive des Teilkonzerns TU-EU ist das Tochterunternehmen der Erwerber und hätte im Grundfall (d.h. bei 100 %iger Beteiligung von TU an EU) seinen Kaufpreis für 100 % der Anteile am Enkelunternehmen gegen 100 % des Nettovermögens zu setzen, d.h. den *goodwill* zwangsläufig vollständig aufzudecken.

---

68 PHILIPPI, PiR 2009, S. 61 ff.
69 HAEGLER, PiR 2009, S. 191 ff.

- Aus der Perspektive des Gesamtkonzerns ist das Mutterunternehmen der Erwerber. Es ist Bilanzierungssubjekt und damit Normadressat von IFRS 3.32. Das Mutterunternehmen hat die Vorschriften deshalb aus seiner Perspektive anzuwenden. Es tätigt jedoch wirtschaftlich keinen 100 %igen Erwerb des Enkelunternehmens, sondern lediglich einen Erwerb in Höhe seiner durchgerechneten Anteilsquote. Würde man dem folgen, wäre bei Verzicht auf die *full-goodwill*-Methode auch der *goodwill* des Enkelunternehmens nur aus der Differenz der anteilig dem Mutterunternehmen zuzurechnenden, vom Tochterunternehmen aufgewendeten Anschaffungskosten und dem anteilig dem Mutterunternehmen zuzurechnenden Nettovermögen des Enkelunternehmens zu ermitteln. Die BaFin hat in einer Enforcement-Entscheidung eine solche Sichtweise aber als fehlerhaft angesehen.[70]

Zur Behandlung der stillen Reserven und zu den Alternativen hinsichtlich des *goodwill* das nachfolgende Beispiel:

Praxis-Beispiel

TU wird am 31.12.01 mit einer Bareinlage von insgesamt 150 gegründet. Davon übernehmen MU 80 % (= 120) und ein Dritter 20 % (= 30). TU soll als Holding der Koordination der Entscheidungen von MU und dem Dritten im Hinblick auf diverse zu erwerbende operative Gesellschaften dienen.

Am 1.1.02 erwirbt die TU 100 % der Anteile an der operativ tätigen EU zum Kaufpreis von 150.

Das Buchvermögen der EU beträgt 60, die stillen Reserven 40, ihr zum *fair value* bewertetes Vermögen also 100.

Die Ansätze in der Konzernbilanz 1.1.02 (Erstkonsolidierung EU) sind (unter Vernachlässigung latenter Steuern) alternativ wie folgt:

	Alternative 1 Minderheit ohne *goodwill* (lt. BaFin fehlerhaft)		Alternative 2 Minderheit mit *goodwill*	
	Berech-nung	Bilanz-wert	Berech-nung	Bilanz-wert
Kaufpreis EU	120		150	
Nettovermögen EU (anteilig)	80		100	
goodwill Erstkonsolidierung	40	40	50	50
Nettovermögen Erstkonsolidierung		100		100
Aktivvermögen Erstkonsolidierung		140		150
Minderheitenanteil Nettovermögen	20		20	
Minderheitenanteil *goodwill*	0		10	
Minderheitenanteil	20	20	30	30

---

70 Börsenzeitung vom 15.1.2016, S. 6, hier: Axel Springer SE, Veröffentlichung nach § 37q Abs. 2 Satz 1 WpHG.

Für einen **Minderheitenausweis ohne** *goodwill* (Alternative 1) spräche der 187
Vergleich mit einem unmittelbaren Erwerb bei Verzicht auf eine Zwischenschaltung einer Holding.

- Bei direktem Erwerb der EU durch MU zu 80 % und durch den Dritten zu
  20 % wäre nach IFRS 3.32 i.V.m. IFRS 3.19 bei Verzicht auf die *full-good-*
  will-Methode der *goodwill* nur auf der Basis des Kaufpreisanteils des Mutterunternehmens und dessen Anteil am Nettovermögen des Enkelunternehmens
  zu errechnen. Der *goodwill* betrüge 40 (wie in Alternative 1) und nicht 50 (wie
  in Alternative 2). Die Minderheit wäre nicht am *goodwill* beteiligt.
- Dem Rechtskleid, in dem eine Erweiterung des Konzerns erfolgt, sollte aber
  keine überragende Bedeutung zukommen. In wirtschaftlicher Betrachtung wären daher der unmittelbare und der mittelbare Erwerb gleichzustellen. Ein
  goodwill wäre somit in beiden Fällen ohne Anteil der Minderheit auszuweisen.

Zuzugestehen ist aber, dass sich eine so weitgehende Schlussfolgerung aus dem
substance-over-form-Grundsatz nicht zwingend ergibt, da dieser zwar im Zweifel einen Vorrang der Substanz vor der Form vorschreibt, die Form aber nicht für
generell unerheblich erklärt.

Näher am Wortlaut von IFRS 3 und nach BaFin (Rz 186) allein zutreffend ist 188
daher die **Gegenauffassung**. Gleichwohl erscheinen auch deren Argumente
nicht unproblematisch. Wenn die Gegenauffassung sich etwa auf die **Einheits-**
theorie beruft, kann nicht verkannt werden, dass diese, wie im Begriffszusatz
„Theorie" zum Ausdruck kommt, einen sehr hohen Abstraktionsgrad hat und
sich für die eindeutige Lösung strittiger konkreter Probleme kaum eignet.
Zweites Argumentationsstück der Befürworter einer Aufdeckung des Minder-
heiten-*goodwill* ist die Behauptung, der **Konzern** und damit auch die Minderheiten seien **als Erwerber** anzusehen. Wenn IFRS 3.7 und IFRS 3.A den *acquirer*
als „*the entity that obtains control of the acquiree*" definieren und dabei auf IFRS
10 (früher IAS 27) referenzieren („*the guidance in IFRS 10 shall be used to*
identify the acquirer"), dann bleiben angesichts der Tatsache, dass IFRS 10 in
der Behandlung des Beherrschungsbegriffs vornehmlich auf die Rechtssubjekte
(also nicht auf den Konzern) abstellt, Zweifel an dieser Argumentation. Völlig
überzeugend ist auch eine dritte Argumentation nicht. Nach dieser sei der bei
Erwerb des Enkelunternehmens entstandene *goodwill* **Teil des Nettovermögens**
des Tochterunternehmens der Zwischenstufe und daher wie alle anderen Vermögenswerte des Tochterunternehmens im Konzernabschluss in voller (nicht
um *non-controlling interest* adjustierter) Höhe auszuweisen.[71] Dieser Argumentation könnte aber entgegengehalten werden, dass an der Zuordnung des *good-*
will zum Tochterunternehmen im IFRS-Regelwerk durchaus berechtigte Zweifel bestehen. Nach IAS 21.47 wird etwa (für Zwecke der Währungsumrechnung)
der *goodwill* als Vermögenswert des untergeordneten Unternehmens (hier des
Enkelunternehmens) qualifiziert. Aus IAS 36 ergeben sich über die (interne)
Zuordnung zu einzelnen zahlungsmittelgenerierenden Einheiten weitere Zu-
rechnungsmöglichkeiten.

---

[71] PwC, IFRS Manual of Accounting 2016, Tz. 24.226.

189   Insgesamt ergibt sich in der Diskussion um die Konzernerweiterung nach unten ein disparates Meinungsbild,[72] so dass bis zum Ergehen der Enforcement-Entscheidung der BaFin (Rz 186) von einem faktischen Wahlrecht ausgegangen werden konnte.[73]

5.3.3   Konzernerweiterung nach oben

190   Hinsichtlich des *goodwill* **der Minderheiten** kann nicht ohne Weiteres von einer Übereinstimmung mit der Konzernerweiterung nach unten ausgegangen werden.

- Für eine Übereinstimmung und damit u. E. **gegen den Ansatz eines Minderheiten-*goodwill*** (Rz 187) spricht wiederum die Parallele zu einem direkten Erwerb. Jeder Ansatz eines Minderheiten-*goodwill* würde Bilanzansätze von der rechtlichen Form eines Erwerbs und nicht von der wirtschaftlichen Substanz abhängig machen.
- Für den pflichtweisen Ansatz eines **Minderheiten-*goodwill* nach Maßgabe der aktuellen Wertverhältnisse** spricht, dass aus Gesamtkonzernsicht erstmalig mit Erwerb von TU der Dritte zu einer konzernrechnungslegungsrelevanten Minderheit wird. Wie viel der Dritte bzw. anteilig für den Dritten vor Konzernzugehörigkeit auf den Anteil am Enkelunternehmen gezahlt wurde, ist aus Konzernsicht unwichtig. Der Minderheiten-*goodwill* wäre vielmehr durch Hochrechnung oder in sonstiger Kontrollprämienzuschläge berücksichtigender Weise (analog der *full-goodwill*-Methode; Rz 136) zu ermitteln.

Zum Ganzen folgendes Beispiel:

Praxis-Beispiel

Der konzernunabhängige Dritte D ist mit 100 % an dem Internetunternehmen TU beteiligt, die wiederum 100 % an EU hält und über kein weiteres Vermögen verfügt. Das Vermögen der EU beträgt 60 zu Buchwerten und 100 zum *fair value*. D hatte die TU vor Platzen der *Dot-Com*-Spekulationsblase für 400 erworben. Der *fair value* des Nettovermögens hat sich seitdem nicht verändert. Als *goodwill* wurden demnach von dem Dritten seinerzeit 400 – 100 = 300 vergütet.

MU möchte nun 80 % an E erwerben. Zwei **Erwerbsalternativen** stehen zur Diskussion:

- MU erwirbt unmittelbar für einen Preis von 120 einen Anteil von 80 % an EU.
- MU erwirbt für den gleichen Preis einen Anteil von 80 % an TU.

Die nachfolgende Abbildung zeigt die Beteiligungsverhältnisse in beiden Varianten:

---

[72]   Vgl. im Einzelnen die Nachweise bei KÜTING/WEBER/WIRTH, KoR 2013, S. 42ff., dort unter Fußnote 19.

[73]   So zuvor auch die Schlussfolgerung von KÜTING/WEBER/WIRTH, KoR 2013, S. 42ff.

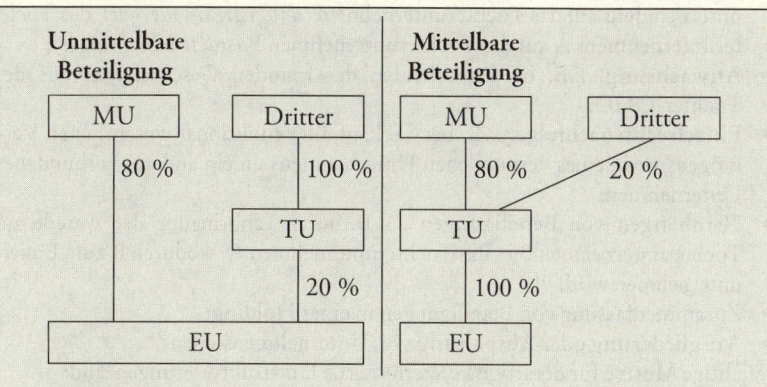

Bei unmittelbarer Beteiligung ist der Anteil der Minderheit (TU) an EU unter Berücksichtigung stiller Reserven, jedoch ohne den *goodwill* zu ermitteln. Der *goodwill* ergibt sich ausschließlich aus dem Kaufpreis (120) minus dem Zeitwert des Vermögens (80), somit also zu 40.
Bei mittelbarer Beteiligung sind zwei Lösungen denkbar:

	ohne Minderheiten-*goodwill* (Gleichbehandlung mit direktem Erwerb)	mit Minderheiten-*goodwill* auf hochgerechneter Basis
Kaufpreis EU	120	120
Nettovermögen EU	80	80
goodwill Mehrheit	40	40
Minderheiten-*goodwill*	0	(20/80 von 40 =) 10
goodwill gesamt	**40**	**50**
Minderheitenanteil am Nettovermögen	20	20
Minderheitenanteil am *goodwill*	0	10
Minderheitenanteil	**20**	**30**

5.4 Konzerninterne Umstrukturierungen, Transaktionen unter gemeinsamer Kontrolle, Sachdividenden

5.4.1 Motive und Formen

Unternehmenszusammenschlüsse können sich auch zwischen zuvor bereits verbundenen Unternehmen vollziehen. Im Wesentlichen sind folgende Fälle zu unterscheiden:

191

- **Gesamtrechtsnachfolge** i.S.d. **UmwG**, z.B. **Verschmelzung** des Tochterunternehmens auf das Mutterunternehmen *(upstream merger)*, des Mutterunternehmens auf das Tochterunternehmen *(downstream merger)*, des Tochterunternehmens A auf das Tochterunternehmen B *(sidestream merger)*;

- **Anwachsung**, z.B. bei Ausscheiden der fremden Gesellschafter aus der Tochter-OHG;
- **Einzelrechtsnachfolge**, z.B. bei Verkauf aller funktional wesentlichen Vermögenswerte eines verbundenen Unternehmens an ein anderes verbundenes Unternehmen;
- „**Umhängen von Beteiligungen**", z.B. durch Einbringung der Anteile am Tochterunternehmen B in das Tochterunternehmen A, wodurch B zum Enkelunternehmen wird;
- Zusammenfassung von Beteiligungen in einer **Holding**;
- **Ausgliederung** oder **Abspaltung** von Unternehmensteilen.[74]

192   Wichtige **Motive** für derartige konzerninterne Umstrukturierungen sind:

- **Transparenz**: Die bisherige Struktur kann intransparent sein, die neue eine bessere Identität von Geschäftsfeldern und rechtlichen Einheiten bringen.
- Schaffung **buchmäßigen Eigenkapitals** *(step up)*: Das Tochterunternehmen verfügt über erhebliche stille Reserven und einen erheblichen *goodwill*, die sich im Beteiligungsansatz beim Mutterunternehmen nicht widerspiegeln. Durch einen *upstream merger* werden stille Reserven und *goodwill* aufgedeckt, wobei im Gegenzug zwar nicht das gezeichnete Kapital (§ 54 und § 68 UmwG), aber das sonstige Eigenkapital erhöht wird.
- **Steuern**: Durch Zusammenfassung einer Verlust bringenden mit einer ertragreichen Einheit entstehen zwar möglicherweise nicht für die Vergangenheit (vgl. § 8 Abs. 4 S. 2 KStG), aber für die Zukunft bessere Verlustausgleichsmöglichkeiten.
- **Vorbereitung von Veräußerungen**: Durch Verschmelzung, Spaltung oder Einzelrechtsnachfolge wird der Konzern so strukturiert, dass der zu veräußernde Teil von den anderen Teilen separiert wird.
- **Haftung**: Vermeidung von auf die Privatsphäre übergreifenden faktischen Konzernhaftungen durch Zwischenschaltung einer Holding.

5.4.2   Schaffung von Holdingstrukturen mit und ohne *common control*

193   Nach deutschem Recht können konzerninterne Umstrukturierungen ggf. den Vorschriften des **UmwG** und des **UmwStG** unterliegen. Beide Regelwerke bieten für bestimmte Fälle die Möglichkeit der **Buchwertfortführung** (§ 24 UmwG, §§ 12, 15, 20 UmwStG). Dann stellt sich die Frage, ob **auch** in der Einzel- und Konzernbilanzierung nach **IFRS** zwischen Buchwertfortführung und Aufdeckung stiller Reserven **gewählt** werden kann.

194   Eine erste Antwort findet sich in folgender Formulierung von IFRS 3.2: „Dieser IFRS ist nicht anwendbar auf Unternehmenszusammenschlüsse, an denen Unternehmen oder Geschäftsbetriebe unter gemeinsamer Beherrschung beteiligt sind." Derartige Transaktionen sind dadurch gekennzeichnet, dass die **ultimative Kontrolle** über die beteiligten Unternehmen vor und nach der Transaktion bei den gleichen Personen liegt (IFRS 3.B1). Irrelevant ist, ob diese Personen konzernrechnungslegungspflichtig sind und die beteiligten

---

[74] Einen systematischen Überblick über konzerninterne Umwandlungen und ihre Behandlung nach IFRS gibt: LIECK, Bilanzierung von Umwandlungen nach IFRS, 2011.

Unternehmen zu einem Konsolidierungskreis gehören. Verfügt nicht eine einzelne Partei über die Mehrheit an den beteiligten Unternehmen, sondern eine **Gruppe** von Personen, liegt nur dann eine Transaktion unter gemeinsamer Kontrolle vor, wenn diese Personen vertraglich abgestimmt, etwa auf der Basis von Stimmrechtspoolungen, agieren (IFRS 3.B2).

Auswirkungen auf bestehende Gesamtkonzernabschlüsse ergeben sich in den **195** meisten Fällen nicht bzw. sind auf das Eigenkapital oder Minderheitenanteile beschränkt. Wegen Auswirkungen auf **Teil**konzernabschlüsse wird auf Rz 199ff., wegen solcher auf Einzelabschlüsse auf → § 32 verwiesen.

Da IFRS 3 die Transaktionen unter gemeinsamer Kontrolle nicht regelt, sich **196** aber auch in anderen IFRS keine Regelungen zu diesem Problemkreis finden, ist derzeit noch ein **bewusster Regelungsverzicht** zu konstatieren. Die Folge sind nicht beliebige, aber sehr unterschiedliche Lösungsmöglichkeiten. Infrage kommen auf der Basis von IAS 8.11 zunächst Analogien zu IFRS 3, ggf. auch Analogien zur Interessenzusammenführungsmethode.

Praxis-Beispiel
Die Gruppe G (oder der Gesellschafter G) hält vor Umstrukturierung die direkte, nach Einfügung einer NewCo Holding die indirekte Mehrheit an A.

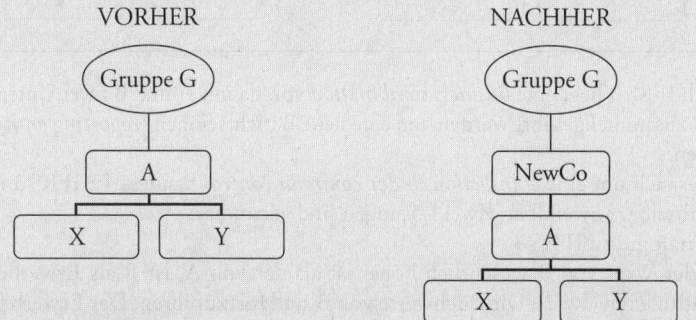

1. Analogie zu IFRS 3.13
Es liegt ein **umgekehrter Erwerb** (*reverse acquisition*) vor, da eine durch Sacheinlage gegründete NewCo nicht als Erwerber des eingelegten Unternehmens gelten kann. Die Konzernbuchwerte der A werden somit fortgeführt (Rz 206).
2. Analogie zur Interessenzusammenführungsmethode (*predecessor accounting*)
Es liegt kein Erwerb (*acquisition*) bzw. mangels *business* der NewCo keine *business combination* vor, sondern eine Zusammenführung rechtlicher Einheiten. Daher kann die im früheren Recht verankerte **Interessenzusammenführungsmethode** mit der Folge der Buchwertfortführung angewendet werden.

Da die analoge Anwendung von IFRS 3 im Beispiel zum gleichen Ergebnis führt wie ein Rückgriff auf die Interessenzusammenführungsmethode, ist das Ergebnis im vorstehenden Beispiel auch unabhängig davon, ob der Vorgang als *common control transaction* zu würdigen ist. Bei fehlender gemeinsamer Beherrschung wäre IFRS 3 mit der gleichen Konsequenz unmittelbar anzuwenden. Im folgenden Beispiel kommt es hingegen darauf an, ob eine Transaktion unter gemeinsamer Kontrolle vorliegt.

Praxis-Beispiel
Die vertraglich abgestimmt handelnde Gruppe G hat bislang die Mehrheit an den Schwesterkonzernen A und B, wobei der Wert von B deutlich höher ist. Die Obergesellschaften der beiden Konzerne werden gegen Sacheinlage in eine neu gegründete Holding eingebracht.

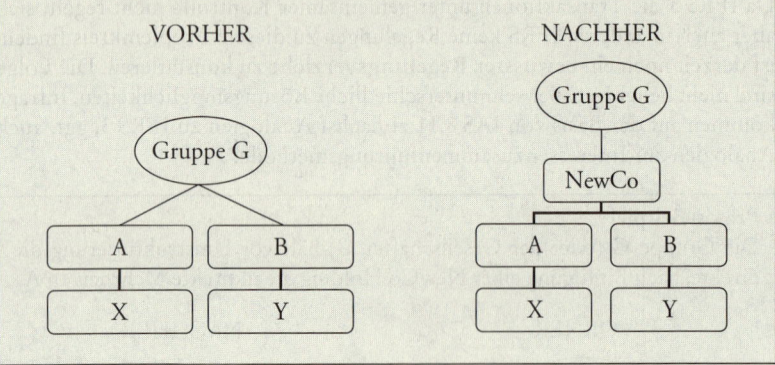

Nach IFRS 3 liegt eine *business combination* vor, da mit A und B zwei Unternehmen zusammengeführt werden, um eine neue Berichtseinheit *(reporting entity)* zu bilden.

Da es sich um eine *transaction under common control* handelt, ist IFRS 3 nicht unmittelbar anwendbar. Zwei Lösungen sind vertretbar:

1. Analogie zu IFRS 3
Da der Wert von B wesentlich höher ist als der von A, ist B als Erwerber zu identifizieren (Rz 2). Die Buchwerte von B sind fortzuführen. Der Erwerb führt zur Aufdeckung von stillen Reserven und *goodwill* bei A.

2. Analogie zur Interessenzusammenführungsmethode (*predecessor accounting*)
Da die beherrschende Gruppe G in der Holding ihre bisher rechtlich verteilten Interessen zusammenführt, sind die Buchwerte beider Konzerne fortzuführen, ggf. nach Anpassung an konzerneinheitliche Bilanzierungsmethoden.

Läge hingegen keine Transaktion unter gemeinsamer Kontrolle vor, wäre nur die erste Lösung zulässig: Anwendung von IFRS 3, Aufdeckung von stillen Reserven und *goodwill* bei A.

197   Ein *Staff Paper* des IASB vom April 2016 „*Method(s) of Business Combinations under Common Control*" stellt nach Umfrage bei nationalen Standardsettern usw. fest, dass in der Praxis die Methode des *predecessor accounting* dominiert.

198   Wegen besonderer Regeln für die Schaffung von Holdingstrukturen und Etablierung von NewCos im Einzelabschluss wird auf → § 32 Rz 181 verwiesen, wegen der Behandlung von Vorjahreszahlen bei Etablierung einer NewCo durch Einbringung von Tochterunternehmen auf → § 32 Rz 93.

5.4.3 Verschmelzungen: *sidestream, downstream* und *upstream mergers*

Das IDW[75] stellt zum Fall der **Verschmelzung zweier Tochterunternehmen** 199
sowie der Einbringung eines Tochterunternehmens durch die Mutter in ein
anderes Tochterunternehmen Folgendes fest:

- **Konzernabschluss des Mutterunternehmens:** Aus Sicht des Mutterunternehmens findet gar keine *business combination* statt. Die Verschmelzung ist
nach den in IFRS 10 niedergelegten Regeln der **Zwischenergebniseliminierung** zu lösen. Danach kann es durch die konzerninterne Transaktion nicht
zur Aufdeckung stiller Reserven kommen. Die Buchwerte sind fortzuführen.
Dieser Grundsatz gilt uneingeschränkt; auch bei der Verschmelzung eines
nicht im 100 %igen Anteilsbesitz des Mutterunternehmens stehenden Tochterunternehmens werden daher auch für das anteilig den Minderheitsgesellschaftern zustehende Vermögen keine stillen Reserven aufgedeckt.

- **Teilkonzernabschluss** des aufnehmenden Tochterunternehmens: Aus Sicht
des aufnehmenden Tochterunternehmens kommt es zu einer *business combination*, für die aber IFRS 3 wegen *common control* (Rz 194) einen Regelungsverzicht erklärt. Ob im Teilkonzernabschluss die stillen Reserven und der
goodwill aufzudecken sind, hängt nach Auffassung des IDW davon ab, ob der
Teilkonzernabschluss als eigenständiges Berichtsformat *(separate entity approach)* oder als Ausschnitt aus dem Gesamtkonzernabschluss verstanden
wird. Im ersten Fall soll es zur Aufdeckung stiller Reserven kommen, im
zweiten Fall sollen die Buchwerte fortgeführt werden. Nach einer Schrifttumsauffassung ist jedenfalls dann dem *separate entity approach* zu folgen,
wenn die Verschmelzung auf einen börsennotierten Teilkonzern erfolgt.[76] Zur
Begründung wird die 7. EU-Richtlinie bzw. ihre Umsetzung in § 291 Abs. 3
HGB angeführt. Danach ist der sonst mögliche Verzicht auf einen Teilkonzernabschluss bei Börsennotierung der Teilkonzernspitze nicht zulässig.
Nach Auffassung des IDW sind jedoch beide Ansichten und beide Vorgehensweisen zulässig. Im Übrigen ist bei Anwendung des *separate entity approach*
nach den Regeln des umgekehrten Unternehmenserwerbs noch zu klären, ob
die rechtlich aufnehmende Gesellschaft auch wirtschaftlich der Erwerber ist,
da andernfalls die stillen Reserven gerade beim rechtlich aufnehmenden
Unternehmen aufzudecken wären.[77] Außerdem darf eine fremdunübliche
„Vergütung" für die Verschmelzung oder Einbringung nicht zu einem *goodwill* oder einem negativen Unterschiedsbetrag führen. I. H. d. fremdunübli-
chen Teils sind vielmehr Einlagen/Entnahmen zu unterstellen.

- **Einzelabschluss des aufnehmenden Tochterunternehmens:** Auch in diesem
Fall liegt eine *business combination* mit Regelungsverzicht nach IFRS 3 wegen
common control vor. Wie im vorstehenden Fall dürften beide Vorgehensweisen
zulässig sein.
  - Für die Fortführung der Buchwerte des verschmolzenen Unternehmens
  spricht, dass die Werterhöhung nicht durch eine Transaktion mit unabhängigen Dritten belegt ist.

---

[75] IDW RS HFA 2, Tz. 33 ff.
[76] Lieck, Bilanzierung von Umwandlungen nach IFRS, 2011, S. 207.
[77] Vgl. Andrejewsky, BB 2005, S. 1436 ff.

- Andererseits ist aber nach allgemeinen Grundsätzen für den Einzelabschluss gerade keine Transaktion mit unabhängigen Dritten gefordert, da die Grundsätze der Zwischenergebniseliminierung für den Einzelabschluss nicht gelten.

200 Alle Lösungen für den Konzernabschluss stehen unter dem Vorbehalt, dass eine *business combination* überhaupt vorliegt und wenn ja, nicht in Form des umgekehrten Erwerbs (Rz 206).

5.4.4 Spaltungen und Sachdividenden

201 IFRIC 17 behandelt die Bilanzierung von **Sachdividenden** beim **ausschüttenden** Unternehmen. Die Bilanzierung beim Empfänger der Sachdividende ist nach IFRIC 17.8 nicht Gegenstand der Interpretation. Vom Anwendungsbereich ausgeschlossen sind außerdem Sachdividenden, bei denen die ultimative Kontrolle über den Ausschüttungsgegenstand vor und nach der Ausschüttung bei der gleichen Partei liegt (IFRIC 17.5). In diesen Fällen ist IFRIC 17 weder im (Teil-)Konzernabschluss noch im Einzelabschluss des ausschüttenden Unternehmens anzuwenden. Nach IFRIC 17.BC13 ist der Begriff der ultimativen Kontrolle durch IFRS 3.B2 bestimmt. Auf Rz 194 wird deshalb verwiesen.

202 Sofern ein Anwendungsfall von IFRIC 17 vorliegt, gilt Folgendes:
- In dem Zeitpunkt, in dem ein gültiger Dividendenbeschluss (z.B. nach § 58 Abs. 5 AktG) vorliegt, ist eine **Verbindlichkeit** gegen Eigenkapital einzubuchen (IFRIC 17.10).
- Die Verbindlichkeit ist mit dem *fair value* des Ausschüttungsgegenstands zu bewerten (IFRIC 17.11). Evtl. Änderungen des *fair value* zwischen Beschluss und Bilanzstichtag oder dem Tag des Vollzugs der Ausschüttung sind **gegen Eigenkapital** zu buchen (IFRIC 17.13).
- Die Differenz zwischen dem Buchwert des Ausschüttungsgegenstands und seinem *fair value* am Vollzugstag ist hingegen als **Erfolg** in der GuV zu berücksichtigen (IFRIC 17.14).
- In der GuV ist der Abgangserfolg gesondert auszuweisen (IFRIC 17.15).

203 In der gesellschaftsrechtlichen Praxis sind Sachdividenden u.a. als **Auf- und Abspaltungen** nach § 123 UmwG zu beobachten. Nur ausnahmsweise unterliegen diese aber den Regelungen von IFRIC 17. Hierzu folgende Beispiele:

Praxis-Beispiel 1
Die M AG ist vor einigen Jahren durch Fusion entstanden, indem Familie A gegen Gewährung eines Anteils von 60 % den Geschäftsbereich A und Familie B gegen 40 % den Geschäftsbereich B eingebracht hat. Die erhofften Synergien sind nicht eingetreten. Im Weg der Aufspaltung nach § 123 Abs. 1 UmwG, d.h. unter Auflösung der M AG, wird das Vermögen des Geschäftsbereichs A auf die NewCo A übertragen, das Vermögen des Geschäftsbereichs B auf die NewCo B. Familie A erhält Anteile an der NewCo A, Familie B Anteile an der NewCo B.

Beurteilung
Gegenstand einer Sachdividende kann auch ein *business*, etwa ein Teilbetrieb, sein. Für die Anwendbarkeit von IFRIC 17 ist dann irrelevant, ob in dem jeweiligen Teilbetriebsvermögen auch Geld *(cash)* enthalten ist.
IFRIC 17 ist bei der M AG jedoch nur insoweit anzuwenden, als die ultimative Kontrolle über das (jeweilige) Vermögen nicht unverändert bleibt. Für den auf

---

die Familie B übertragenen Teil ist die Voraussetzung in isolierter Betrachtung zu bejahen. Für den auf die Familie A übertragenen Teil ist zu prüfen, ob die Mitglieder der Familien vertraglich abgestimmt handeln und daher als eine Partei anzusehen sind (Rz 194). Ist dies der Fall, findet IFRIC 17 jedenfalls auf diesen Teil keine Anwendung. Nach IFRIC 17.IE2 würde dies möglicherweise auf den Teil B zurückstrahlen. Ist Betrachtungsobjekt das insgesamt ausgekehrte Vermögen, so hat (bei sachgerechter Verteilung des Vermögens) Familie A vorher und nachher die Mehrheit über das Gesamtvermögen. IFRIC 17 wäre insgesamt nicht anwendbar, wenn Familie A vertraglich abgestimmt handelt.

Praxis-Beispiel 2

Die T GmbH betreibt zwei Geschäftsbereiche A und B. Diese sollen zukünftig rechtlich separiert betrieben werden. Geschäftsbereich B wird daher nach § 123 Abs. 2 UmwG abgespalten, indem das zugehörige Vermögen auf eine NewCo B übertragen wird und die bisherigen Anteilseigner der T GmbH nunmehr im gleichen Verhältnis an der NewCo beteiligt sind.

Beurteilung

Ist die T GmbH mehrheitlich im Besitz der X AG und erhält die X AG daher im Rahmen der Abspaltung die Mehrheit an der NewCo B, ändert sich nichts an der ultimativen Kontrolle über den ausgekehrten Geschäftsbereich B. Ein Anwendungsfall von IFRIC 17 liegt nicht vor.

Ist die A GmbH hingegen im Besitz einer Vielzahl nicht abgestimmt handelnder Personen, ist das Kriterium der ultimativen Kontrolle nicht einschlägig. IFRIC 17 kommt zur Anwendung. Insbesondere hat die T GmbH daher den Abgang des Geschäftsbereichs B zum *fair value* zu bewerten, die regelmäßig gegebene Differenz zum Buchwert dabei GuV-wirksam zu behandeln.

Eine Sachdividende ist nicht nur bei umwandlungsrechtlichen Umstrukturierungen gegeben.   204

Praxis-Beispiel

Die T GmbH ist zu 100 % an der E GmbH beteiligt. Die Beteiligung an der E GmbH wird an die Anteilseigner der T GmbH ausgeschüttet, indem diese (nach Maßgabe ihrer Anteilsquoten an der T GmbH) Anteile an der E GmbH erhalten. Aus einem Unterordnungsverhältnis zwischen T und E wird ein Gleichordnungsverhältnis.

Beurteilung

T hat IFRIC 17 anzuwenden und daher stille Reserven in der Beteiligung an der E GmbH zu realisieren, wenn die ultimative Kontrolle über E nicht vor und nach dem Umhängen der Beteiligung bei der gleichen Partei liegt. Ist T in der Ausgangssituation selbst Tochter der M und wird daher E durch die Umgestaltung von einem Enkelunternehmen der M zu deren Tochterunternehmen, ist IFRIC 17 nicht anzuwenden. Hält eine Vielzahl unverbundener Personen hingegen zunächst die Anteile an T und später die an T und E, sind stille Reserven zu realisieren.

5.5 Abfindung eines Gesellschafters aus Gesellschaftsvermögen

205 Beendet der Gesellschafter einer Personengesellschaft oder einer GmbH seine Mitgliedschaft durch Kündigung, muss das Ausscheiden nicht durch Übernahme der Anteile durch die übrigen Gesellschafter erfolgen. Auch eine **Abfindung aus Gesellschaftsvermögen** ist möglich, bei einer GmbH mit der Einschränkung, dass hierdurch das Stammkapital nicht oder nur nach den Regeln einer ordentlichen Kapitalherabsetzung verringert werden darf.

Erfolgt die Abfindung **über** dem Buchwert des Eigenkapitalanteils, stellt sich die Frage nach der Behandlung der Differenz. Die amerikanischen Regeln, niedergelegt in EITF 85–46 *„Partnership's Purchase of Withdrawing Partner's Equity"*, hielten (für den Fall der Personengesellschaft) drei Varianten für vertretbar:

- Behandlung des Ausscheidens als „Gründung" einer neuen Gesellschaft mit der Folge einer Aufdeckung von 100 % der stiller Reserven und eines evtl. *goodwill (complete revaluation)*;
- Erfassung der Differenz analog den Regeln einer *business combination*, d.h. mit anteiliger (der Beteiligungsquote des Ausscheidenden entsprechenden) Aufdeckung von stillen Reserven und *goodwill (pro rata revaluation)*;
- Buchung des gesamten Betrags gegen Eigenkapital, dadurch Verringerung des Eigenkapitals i.H.d. Differenz von Abfindung und Buchwertanteil des Ausscheidenden (*treasury-stock*-Methode).[78]

Nach IFRS sind die Methoden wie folgt zu würdigen:

- Bilanzierungssubjekt ist nach IFRS die *entity*, d.h. die Gesellschaft bzw. der Konzern und nicht die Gesellschafter. Eine Deutung des Ausscheidens eines Gesellschafters als Gründung einer neuen *entity* wäre daher nicht sachgerecht. Eine vollständige Neubewertung scheidet aus.
- Die Abfindung eines Gesellschafters ist keine *business combination*, da die Gesellschaft kein *business* erwirbt. Die Regeln von IFRS 3 sind daher nicht oder nur analog anwendbar. Vor einem entsprechenden Analogieschluss ist aber zu prüfen, ob für Abfindungssachverhalte nicht schon konkretere Bestimmungen im Regelwerk enthalten sind.
- Dies ist der Fall. Nach IAS 32.33 ist der Erwerb eigener Anteile i.H.d. dafür entrichteten Entgelts als **Kürzung des Eigenkapitals** zu buchen (→ § 20 Rz 86 ff.). Dies entspricht der *treasury-stock*-Methode. Sie ist deshalb **anzuwenden**.

5.6 Umgekehrter Erwerb (*reverse acquisition*)

5.6.1 Überblick über die Besonderheiten

206 Beim umgekehrten Unternehmenserwerb (Rz 3) ist

- das rechtlich als Erwerber anzusehende Unternehmen (*legal acquirer*)
- wirtschaftlich als erworbenes Unternehmen (*economic acquiree*) zu qualifizieren.

Ein **typischer Anwendungsfall** ist die **Einbringung** eines großen nicht börsennotierten Unternehmens in eine kleinere börsennotierte Gesellschaft gegen Gewährung von Anteilsrechten. Erlangen die Altgesellschafter des nicht börsennotierten Unternehmens durch die Kapitalerhöhung die Mehrheit der Anteile an der börsennotierten Gesellschaft, so ist das nicht börsennotierte Unternehmen

---

[78] Zur handelsrechtlichen Diskussion CLEMM, BB 1992, S. 1959 ff.

wirtschaftlicher Erwerber. Seine Buchwerte sind fortzuführen, während stille Reserven und *goodwill* des rechtlichen Erwerbers aufzudecken sind (Rz 3).

Der umgekehrte Unternehmenserwerb weist aus **technischer** Sicht einige Besonderheiten auf, die in IFRS 3.IE1ff. dargestellt werden. Es handelt sich um folgende Punkte:

- Bestimmung der **Anschaffungskosten**: Maßgeblich ist nicht der Wert der von dem rechtlichen Erwerber ausgegebenen Anteile, sondern der Wert, der sich ergeben hätte, wenn der wirtschaftliche Erwerber auch rechtlich Erwerber gewesen wäre und Anteile ausgegeben hätte (Rz 208).
- **Kaufpreisallokation**: Aufdeckung von stillen Reserven und *goodwill* beim rechtlichen Erwerber (Rz 209).
- Bewertung und Ausweis des **Konzerneigenkapitals**: Die Höhe des Kapitals ergibt sich als Summe von buchmäßigem Altkapital des wirtschaftlichen Erwerbers einerseits und Anschaffungskosten des wirtschaftlich erworbenen Unternehmens andererseits (Rz 210). Bei der in Bilanz oder Anhang vorzunehmenden Angabe der Art der ausgegebenen Anteile (z. B. Stückaktien) und ihrer Zahl ist jedoch auf den rechtlichen Erwerber abzustellen.
- **Minderheitenanteile/nicht beherrschende Anteile**: Für die Minderheitsgesellschafter des wirtschaftlichen Erwerbers ist im Konzernabschluss ein Minderheitenanteil auszuweisen. Er bemisst sich, da der wirtschaftliche Erwerber die Buchwerte fortführt, nach dem Anteil der Minderheiten am Buchvermögen (Rz 211).

Fraglich ist, ob die Regelungen zum umgekehrten Unternehmenserwerb im Fall eines *asset deal* auch im **Einzelabschluss** anzuwenden sind. Dafür spricht die fehlende Unterscheidung zwischen *asset deal* und *share deal* in IFRS 3. 207

Praxis-Beispiel
R als rechtlicher Erwerber kauft gegen Ausgabe von Anteilen (Kapitalerhöhung) im *asset deal* den Geschäftsbetrieb der W. Durch die Kapitalerhöhung erlangen die bisherigen Anteilseigner der W die Mehrheit an R.
Im Konzernabschluss des R ist der Vorgang als umgekehrter Unternehmenserwerb darzustellen, mit der Folge einer Aufdeckung von stillen Reserven und eines *goodwill* nur in Bezug auf R, während die Buchwerte der W fortzuführen sind. U. E. sollte dem angesichts der von der Transaktionsform unabhängigen Behandlung von *goodwill* und stillen Reserven nach IFRS 3 auch im Einzelabschluss der R gefolgt werden.

5.6.2 Bestimmung der Anschaffungskosten

Wenn nur der rechtliche Erwerber börsennotiert und deshalb zwar der Wert seiner Anteile verlässlich bestimmbar ist, aber nicht der Wert der Anteile des wirtschaftlichen Erwerbers, können die Anschaffungskosten auf Basis der Kurswerte des rechtlichen Erwerbers bestimmt werden (IFRS 3.IE5). In allen anderen Fällen aber, d. h., wenn der Wert der Anteile des rechtlichen Erwerbers nicht verlässlicher bestimmbar ist, z. B. weil beide Unternehmen börsennotiert oder beide nicht börsennotiert sind, ist die reale (rechtliche) Anteilsgewährung in eine 208 fiktive (wirtschaftliche) umzurechnen und hieraus der Anschaffungskosten-betrag abzuleiten (IFRS 3.IE4). Dazu folgendes Beispiel:

Praxis-Beispiel
Die in Frankfurt notierte große Gesellschaft WE wird in die in New York notierte kleinere Gesellschaft RE eingebracht. Unmittelbar vor der Einbrin-gung sind die Marktwerte der Gesellschaften wie folgt:
- RE: 10 Mio. Aktien zu 10 EUR = 100 Mio. EUR,
- WE: 10 Mio. Aktien zu 24 EUR = 240 Mio. EUR.

Die Einbringung wird in der Weise vollzogen, dass jeder Gesellschafter der WE im Weg der Kapitalerhöhung für 1 WE-Aktie 2 Aktien der RE erhält. Insgesamt werden also 20 Mio. neue Aktien der RE ausgegeben werden, so dass die Altanteilseigner der WE nach der Einbringung mit 66,7 % an der RE beteiligt sind.

Die Anschaffungskosten des wirtschaftlichen Erwerbers ergeben sich jedoch nicht mit 20 Mio. Aktien × 10 EUR = 200 Mio. EUR, da diese Rechnung auf die (real) vom rechtlichen Erwerber ausgegebenen Anteile abstellen würde, während es tatsächlich auf die Leistung des wirtschaftlichen Erwerbers an-kommt. Dessen Leistung könnte man ggf. darin sehen, den Altaktionären der RE 10 Mio. Aktien, also 100 Mio. EUR, zu belassen. Auch diese Betrachtung ist jedoch ungeeignet, da sie nicht auf das abstellt, was die WE hingegeben hat. Der Wert der Leistung der WE ist stattdessen durch eine dem wirtschaftlichen Geschehen folgende Fiktivrechnung zu bestimmen:
- Die Einbringung hätte so strukturiert werden können, dass der wirtschaft-liche Erwerber WE auch rechtlicher Erwerber gewesen wäre.
- WE hätte dann sein Kapital um 5 Mio. Aktien auf 15 Mio. erhöhen müssen, damit nach der Kapitalerhöhung das tatsächlich bewirkte Verhältnis von 66,7 % zu 33,3 % zwischen den Gesellschaftern beider Unternehmen bestanden hätte.
- Die fiktive Ausgabe von 5 Mio. Aktien an die Gesellschafter der RE führt zu Anschaffungskosten von 5 Mio. × 24 EUR = 120 Mio. EUR.

In der Differenz von 120 Mio. EUR Anschaffungskosten zum Marktwert der RE vor Einbringung von 100 Mio. spiegelt sich der von WE entrichtete Mehrpreis wider. Nach den Wertverhältnissen vor Einbringung (240 zu 100) hätte WE nicht 33,3 % der (fiktiven) eigenen Anteile an die Aktionäre der RE leisten müssen, sondern nur 100/340 = 29,4 %.

Abwandlung
Ist die WE nicht börsennotiert und daher der Wert der von ihr fiktiv auszuge-benden Aktien nicht verlässlich bestimmbar, sind die Anschaffungskosten wie folgt zu berechnen:
10 Mio. RE Aktien × 10 EUR = 100 Mio. EUR.

5.6.3 Kaufpreisallokation

209 Beim umgekehrten Unternehmenserwerb sind die Anschaffungskosten auf das zum Zeitwert erfasste Vermögen des rechtlichen Erwerbers aufzuteilen. Ein

verbleibender Unterschiedsbetrag ist *goodwill* (IFRS 3.IE6). Die Buchwerte des wirtschaftlichen Erwerbers sind hingegen fortzuführen.

Praxis-Beispiel (Fortsetzung zu Rz 208)

Nachfolgend die Bilanzen zu Buch- und Zeitwerten des wirtschaftlichen Erwerbers WE sowie des rechtlichen Erwerbers RE.

Das zu Zeitwerten bewertete Nettovermögen der RE beträgt 110 Mio. EUR. Hieraus ergibt sich nach den unter Rz 208 festgestellten Anschaffungskosten von 120 Mio. EUR ein *goodwill* von 120–110 = 10 Mio. EUR.

Die übrigen konsolidierten Werte ergeben sich wie folgt:
a) beim diversen Vermögen und den Verbindlichkeiten aus
   Buchwert WE + Zeitwert RE
b) beim Eigenkapital aus
   Buchwert WE + Anschaffungskosten auf RE

	WE		RE		Konso-lidiert
	BuchW	ZeitW	BuchW	ZeitW	
div. Vermögen	200	300	100	150	350
goodwill					10
Summe Aktiva	200	300	100	150	360
Eigenkapital					
– gez. Kap./KapRL	50	50	30	30	170*
– GewinnRL	70	150	30	80	70
Verbindlichkeit	80	100	40	40	120
Summe Passiva	200	300	100	150	360

* Erläuterung gez. Kap./KapRL: 50 WE (zu Buchwert) + 120 AK auf RE

5.6.4 Konzerneigenkapital

Die **Höhe** des Konzerneigenkapitals unmittelbar nach dem umgekehrten Unternehmenserwerb errechnet sich wie folgt: **210**

Buchwert Eigenkapital wirtschaftlicher Erwerber vor Erwerb

+ Anschaffungskosten des Unternehmenserwerbs

= konsolidiertes Eigenkapital

IFRS 3.IE8 bestimmt jedoch, dass der Ausweis in der Bilanz selbst oder im Anhang die rechtlichen Verhältnisse, d. h. Aktienzahl und Aktientyp des rechtlichen Erwerbers, darstellen muss.

Praxis-Beispiel (Fortsetzung zu Rz 208 und Rz 209)
Der Unternehmenszusammenschluss ist dadurch zustande gekommen, dass
U sein Aktienkapital (bestehend aus Stückaktien) von 10 auf 20 Mio. Aktien
erhöht hat. Der Ausweis in Bilanz (oder Anhang) ist wie folgt:

1. Gewinnrücklagen	70
2. ausgegebenes Kapital *(issued equity)*	
30 Mio. Stückaktien	170

Ad 1) Der Betrag der Gewinnrücklagen entspricht dem Buchwert der WE vor
Zusammenschluss.

Ad 2) Der Betrag des ausgegebenen Kapitals ist

Buchwert WE vor Zusammenschluss	50
+ Anschaffungskosten Unternehmenserwerb	120
= ausgegebenes Kapital neu	170

Angegebene Aktienzahl und angegebener Aktientyp entsprechen hingegen
den rechtlichen Verhältnissen.

Die rechtlichen Verhältnisse des rechtlichen Erwerbers sind im Übrigen maßgeblich für die Berechnung des Gewinns pro Aktie (IFRS 3.IE9; → § 35). Das konsolidierte Ergebnis von wirtschaftlichem und rechtlichem Erwerber ist mithin
durch die Zahl der umlaufenden Aktien des rechtlichen Erwerbers zu dividieren.
In der Periode des Erwerbs sind die Verhältnisse vor dem Erwerb (Aktienzahl vor
Kapitalerhöhung) und nach dem Erwerb (Aktienzahl nach Kapitalerhöhung)
zeitlich zu gewichten.

5.6.5 Nicht beherrschende Anteile

211 Beim normalen Unternehmenserwerb ist ein Minderheitenanteil nur für die
fortbestehende Beteiligung Dritter am erworbenen Unternehmen auszuweisen.
Beim umgekehrten Unternehmenserwerb ist der wirtschaftliche Erwerber rechtlich Tochtergesellschaft. Der rechtlichen Betrachtung folgend werden Anteile
Dritter an dieser Tochtergesellschaft als nicht beherrschende Anteile ausgewiesen. Da die Tochtergesellschaft als wirtschaftlicher Erwerber jedoch die Buchwerte fortführt, kann auch der Anteil der nicht beherrschenden Gesellschafter
nur auf Buchwertbasis berechnet werden (IFRS 3.IE13).

5.6.6 *Reverse asset acquisition*, Einbringung in eine NewCo

212 Der Anwendungsbereich der *reverse acquisition* unterliegt einer **Einschränkung**: Voraussetzung ist die **Unternehmensqualität** (Rz 15) sowohl des Erwerbers als auch des erworbenen Unternehmens:
- Wird die Unternehmensqualität für das **rechtlich erworbene Unternehmen**
  verneint, greift bereits der allgemeine Anwendungsausschluss von IFRS 3.2(b):

Es liegt kein Unternehmenszusammenschluss, sondern vielmehr der Erwerb einzelner Vermögenswerte, somit eine *asset acquisition* vor.

- Konstituiert der **rechtliche Erwerber** (= wirtschaftlich Erworbene) kein Unternehmen (*business*), kann zwar eine *reverse acquisition* vorliegen, die Ansatz- und Bewertungsvorgaben für die Abbildung von Unternehmenszusammenschlüssen, insbesondere die Erfassung von *goodwill*, finden aber keine Anwendung (IFRS 3.B19). Das Schrifttum spricht von einer *reverse asset acquisition*.[79]

Für die bilanzielle Behandlung ist die Art der Vergütung entscheidend. Mangels Zugangs eines Unternehmens ist der evtl. Empfang von Gütern (*goods*) durch Hingabe eigener **Eigenkapitalinstrumente** ggf. als anteilsbasierte Vergütung zu erfassen (IFRS 2.5). Bedenken gegen diese Deutung ergeben sich allenfalls aus der Annahme, IFRS 2 folge einer rechtlichen Betrachtung; eine anteilsbasierte Vergütung könne also nur von der Gesellschaft gewährt werden, die Eigenkapitalinstrumente ausgibt. Im Fall der *reverse asset acquisition* wäre dies der rechtliche Erwerber, der aber gerade nach der analogen Anwendung von IFRS 3 wirtschaftlich nicht als Erwerber gilt, rechtlich zwar ein *business* erwirbt, darauf aber IFRS 2 gem. IFRS 2.5 nicht anwenden dürfte.

Das IFRS IC teilt nach einer Entscheidung vom März 2013 diese Bedenken aber nicht. Nach IFRS IC erwirbt etwa bei Einbringung eines Unternehmens (A) in einen Börsenmantel (B) der wirtschaftliche Erwerber (= A) ein Börsenlisting gegen (fiktive) Ausgabe seiner Aktien. Das Börsenlisting ist nicht aktivierbar. Daher entsteht gem. IFRS 2.8 und IFRS 2.13A i. H. d. bei den Alt-Gesellschaftern verbleibenden Anteile Aufwand.

5.7 Erstmalige Konsolidierung einer bisher unwesentlichen Tochter

IFRS 10 kennt weder Konsolidierungs**verbote** noch Konsolidierungs**wahlrechte**. 213 Sämtliche in den IFRS-Vorschriften festgelegten Bilanzierungsmethoden (hier unter begrifflichem Einschluss von Bewertungs- und Konsolidierungsmethoden) stehen aber nach IAS 8.8 unter dem Vorbehalt der *materiality*. Nicht auf der Basis spezieller Regelungen in IFRS 10, aber nach dem allgemeinen *materiality*-Grundsatz besteht daher ein (Nicht-)Einbeziehungswahlrecht für unwesentliche Tochterunternehmen. Das **Wesentlichkeitsurteil** kann sich **im Zeitablauf ändern**, etwa weil das Tochterunternehmen wächst. Zur Beurteilung der dann vorzunehmenden erstmaligen Einbeziehung des bisher aus Wesentlichkeitsgründen nicht konsolidierten Tochterunternehmens enthalten weder IFRS 3 noch IFRS 10 einen Hinweis. Als Regelgrundlage kommen daher zunächst die allgemeinen Vorschriften des IAS 8 infrage. Sie unterscheiden u. a. zwischen:

- einer retrospektiv vorzunehmenden **Korrektur von Fehlern** (*correction of errors*) nach IAS 8.42 (→ § 24 Rz 36) und
- einer ebenfalls retrospektiven **Änderung der Bilanzierungsmethoden** (*change in accounting policy*) nach IAS 8.14 (→ § 24 Rz 18).

Die Fehlervariante scheidet aus. Wenn sich das Mutterunternehmen bis zum Zeitpunkt X zulässigerweise auf Unwesentlichkeit der TU beruft, ab Zeitpunkt X+1 aber eine Wesentlichkeit gegeben ist, bedeutet die erstmalige Konsolidie-

---

[79] Vgl. Freiberg, PiR 2011, S. 166ff., m.w.N.

rung in X+1 gerade **nicht** die Korrektur eines gleich bleibenden, bisher fehlerhaft behandelten Sachverhalts.[80] Sie ist vielmehr regelkonforme Reaktion auf einen neuen bzw. geänderten Sachverhalt.

An der Anwendbarkeit der zweiten Variante bestehen aus ähnlichen Gründen Zweifel. Ein *change in accounting policy* liegt vor, wenn ein unveränderter Sachverhalt nunmehr anders behandelt werden soll. Ein bis zum Zeitpunkt X unwesentlicher, ab X+1 wesentlicher Sachverhalt ist aber nicht völlig unverändert.[81] Bejaht man gleichwohl einen Wechsel der Rechnungslegungsmethode, ist die Erstkonsolidierung retrospektiv vorzunehmen.

Verneint man eine Änderung der Bilanzierungsmethode, fehlt eine Rechtsgrundlage. Es entsteht eine **Regelungslücke**, die nach IAS 8.11 v. a. durch Analogie zu anderen Vorschriften zu schließen ist. Als **Analogvorschrift** kommen die Regeln von **IFRS 1** (→ § 6 Rz 57) für die erstmalige Konsolidierung einer bisher nicht konsolidierten Tochter in der IFRS-Eröffnungsbilanz infrage. Sie enthalten ein Wahlrecht zwischen

- **retrospektiver** Ermittlung der Erstkonsolidierungswerte (IFRS 1.10) und
- **vereinfachter** Ermittlung des *goodwill* als Differenz von Beteiligungsbuchwert bei der Muttergesellschaft und Buchvermögen der Tochtergesellschaft zum Einbeziehungszeitpunkt (IFRS 1.C4(j)).

Zugunsten der **vereinfachten** Ermittlung (beim Erstanwender) führt IFRS 1.BC32ff. zwei Argumente an. Die Ermittlung von Werten (z.B. stillen Reserven) auf weit zurückliegende Zeitpunkte ist

- **kosten**intensiv und
- aufgrund der tatsächlichen Beeinflussung der Wahrnehmung durch die konzeptionell irrelevanten Ereignisse der nachfolgenden Jahre **subjektiv**.

Beide Argumente gelten jedenfalls dann, wenn das bisher nicht konsolidierte Unternehmen nicht gegründet, sondern erworben wurde und der Erwerb einige Jahre zurückliegt. Unter diesen Umständen halten wir eine analoge Anwendung von IFRS 1.C4(j) für vertretbar.[82]

214

Praxis-Beispiel

Im handelsrechtlichen Konzernabschluss 06 war das am 1.1.01 für 650 erworbene Tochterunternehmern TU bisher aus Wesentlichkeitsgründen nicht konsolidiert. Zum Erwerbszeitpunkt ergaben sich für die schuldenfreie TU folgende Werte:

Diverses Vermögen zu Einzelbilanzwerten (IFRS = HGB)	100
Stille Reserven in Kundenstamm und Marke zusammen	+ 300
Passive latente Steuer darauf	− 120
Zeitwert des erworbenen Vermögens	= 280

Wäre zu diesem Erwerbszeitpunkt eine Erstkonsolidierung vorgenommen worden, hätte der *goodwill* somit 650–280 = 370 betragen.

---

[80] A. A. ROHATSCHECK, IRZ 2016, S. 303ff.
[81] Zu weiteren Gründen, die gegen einen *change in accounting policy* sprechen, LÜDENBACH, PiR 2006, S. 121.
[82] Gl. A. LANDGRAF/RATTLER/ROOS, KoR 2012, S. 335ff.

> Die TU hat bei noch geringen, aber stetig wachsenden Umsätzen nur im Jahr
> 01 ein negatives Ergebnis von –80 erzielt, danach ausgeglichene Ergebnisse.
> Aufgrund der positiven Umsatzentwicklung gilt sie ab 06 als wesentlich.

a) Analoge Anwendung von IFRS 1.10 bzw. Annahme eines Methodenwechsels
Nach IAS 8 (Methodenwechsel) bzw. IFRS 1.10 analog werden die Konsolidierungswerte in retrospektiver Anwendung von IFRS 3 so ermittelt, als ob TU in 01 erstkonsolidiert und diese Werte bis 06 fortgeschrieben worden wären. Nur der *goodwill* ist hier leicht zu bestimmen. Da er nach IFRS 3 und IAS 36 nicht planmäßig abzuschreiben ist, entspricht er dem oben für eine fiktive Erstkonsolidierung auf den Erwerbszeitpunkt errechneten Wert von 280. Das diverse Vermögen ist hingegen vom Erwerbszeitpunkt an nicht nur um die buchmäßige Veränderung (Verlust 00 i.H.v. 80) fortzuschreiben. Auch die stillen Reserven sind zu berücksichtigen und, soweit auf planmäßig abschreibbare Werte entfallend, fortzuschreiben. Insoweit ist der Erstkonsolidierungsbetrag von 300 detailliert auf Kundenstamm (abschreibbar) und Marke (i.d.R. nicht abschreibbar) aufzuteilen und der auf den Kundenstamm entfallende Teil in geeigneter Weise planmäßig bis zur erstmaligen Einbeziehung abzuschreiben. Im Übrigen ist noch die Rückwirkung der Abschreibung des Kundenstamms auf die passive latente Steuer zu berücksichtigen.

b) Analoge Anwendung von IFRS 1.C4(j)
Für den Fall der Nichtkonsolidierung eines im Rahmen eines Unternehmenszusammenschlusses erworbenen Tochterunternehmens nach der vorherigen Rechnungslegung (hier HGB) gewährt IFRS 1.C4(j) folgende als Wahlrecht gestaltete Erleichterung: „Der erstmalige Anwender hat die Buchwerte der Vermögenswerte und Schulden des Tochterunternehmens so anzupassen, wie es die IFRS für die Einzelbilanz des Tochterunternehmens vorschreiben würden. Der angesetzte Wert des Geschäfts- oder Firmenwerts entspricht zum Zeitpunkt des Übergangs auf IFRS der Differenz zwischen (i) dem Anteil des Mutterunternehmens an diesen angepassten Buchwerten und (ii) den im Einzelabschluss des Mutterunternehmens bilanzierten Anschaffungskosten der in das Tochterunternehmen vorgenommenen Finanzinvestition."
Das diverse Vermögen der T ist danach auf der Basis einzelbilanzieller Buchwerte, mithin ohne Rücksicht auf die zum Erwerbszeitpunkt bestehenden stillen Reserven und deren Fortentwicklung anzusetzen. Für die Erstkonsolidierung ergibt sich somit folgende einfache und eindeutige Rechnung:

Beteiligungsbuchwert bei MU	650
Einzelbilanzielles Vermögen TU (ohne Marke, Kundenstamm, sonstige stille Reserven)	– 20
goodwill 1.1.05	= 630

Wegen IAS 12.15(a) sind keine latenten Steuern anzusetzen. Eine komplizierte Bestimmung der Werte von Marke, Kundenstamm usw. und eine Steuerlatenzrechnung sind nicht notwendig.

6   Latente Steuern

215 Latente Steuern spielen im Rahmen von Unternehmenszusammenschlüssen, insbesondere bei Unternehmenserwerben, eine **dreifache** Rolle:

- Infolge des Unternehmenszusammenschlusses kann es zu (veränderten) **temporären Differenzen** zwischen IFRS- und Steuer-Wertansätzen kommen, etwa dann, wenn steuerlich die Buchwerte nach UmwStG oder § 6 Abs. 3 EStG fortgeführt werden, während es in der IFRS-Bilanz zur Aufdeckung stiller Reserven kommt. Vorrangig geht es um *inside basis differences* (→ § 26 Rz 140).
- Durch den Unternehmenszusammenschluss können für **Verlustvorträge** Verrechnungsmöglichkeiten entstehen oder (nach den deutschen Mantelkaufvorschriften usw. regelmäßig wahrscheinlicher) entfallen. Im Rahmen der Erstkonsolidierung ist dann ein Aktivposten für Steuerlatenz wegen Verlustvorträgen erstmalig anzusetzen oder (i. d. R.) zu eliminieren (→ § 26 Rz 126).
- Der Ansatz/Nichtansatz von latenten Steuern beeinflusst die Höhe des **Unterschiedsbetrags** (*goodwill*).

216 Andererseits kann auch der *goodwill* selbst zu einem Bewertungsunterschied zwischen IFRS- und Steuerbilanz führen. Hierzu folgendes Beispiel (→ § 26 Rz 144):

> **Praxis-Beispiel**
> Erworben wird zu Anschaffungskosten von 230 ein Unternehmen mit einem Buchwert von 100 und einem Zeitwert von 150.
> Im Rahmen der IFRS-Erstkonsolidierung werden stille Reserven von 50 im Anlagevermögen aufgedeckt, während steuerlich die Buchwerte fortgeführt werden. Bei einem Steuersatz von 40 % ergibt sich eine passive Steuerlatenz von 40 % von 50 = 20.
> Der *goodwill* beträgt demnach nicht 230 –150 = 80,
> sondern 230 – (150 – 20) = 100.
> Gelangt der *goodwill* steuerlich nicht zum Ansatz, wäre auch hierauf eine latente Steuer von 40 % = 40 zu bilden. Der *goodwill* würde sich dadurch auf 230 – (150 – 20 – 40) = 140 erhöhen.
> Hiernach würde aber die latente Steuer auf den *goodwill* nicht mehr 40, sondern 40 % von 140 = 56 betragen. Der *goodwill* wäre entsprechend um weitere 16 auf 156 zu erhöhen usw.
> Auch die 16 würden wieder latente Steuern auslösen usw. (Iteration).
> Mathematisch läge eine geometrische Reihe vor, deren Summe 166,67 betrüge.
> IAS 12 sieht eine solche Berechnung **nicht** vor, es bleibt beim *goodwill* von 100 (→ § 26 Rz 144).

217 IAS 12.15(a) und IAS 12.21 verbieten also den Ansatz latenter Steuern auf den *goodwill*, weil es sich hierbei „um eine Residualgröße handelt und der Ansatz der latenten Steuerschuld wiederum eine Erhöhung des Buchwertes des Geschäfts- oder Firmenwertes zur Folge hätte". Dies gilt uneingeschränkt für alle Fälle, in denen in der Steuerbilanz kein (abzugsfähiger) *goodwill* entsteht, also insbesondere für alle Fälle des *share deal*. Für Fälle, in denen ein steuerlich abzugsfähiger *goodwill* aufgedeckt wird *(asset deal)*, ist nach IAS 12.21A und IAS 12.21B wie folgt zu differenzieren:

- Beim **Erstansatz** sind keine latenten Steuern auf evtl. Differenzen zu bilden.

- Soweit jedoch in der **Folgezeit** Differenzen entstehen oder sich verändern, sind diese zu latenzieren.

> **Praxis-Beispiel**
> Die MU AG erwirbt am 1.1.01 im *asset deal* TU. Der *goodwill* nach IFRS- und Steuerbilanz beträgt 150.
> - Er wird steuerlich mit 1/15 abgeschrieben.
> - Nach IFRS 3 und IAS 36 erfährt der *goodwill* keine planmäßige Abschreibung.
> - Am 31.12.01 beträgt daher die temporäre Differenz 150 – 140 = 10.
> - Hierauf ist eine latente Steuer von 4 zu passivieren.

Komplex wird die Behandlung temporärer Differenzen aus der Folgebewertung, wenn andererseits auch in der Zugangsbewertung schon Differenzen bestehen. Eine **Aufteilung** des *goodwill* in Komponenten analog SFAS 109.262 kann dann infrage kommen:

> **Praxis-Beispiel[83]**
> Ein Unternehmen wird Anfang 01 im *asset deal* erworben. Wegen steuerlich nicht zu berücksichtigender *contingent liabilities* beträgt der *goodwill* nach IFRS 2.000, der der Steuerbilanz nur 1.500. Der steuerbilanzielle *goodwill* wird jährlich mit 100 abgeschrieben. Am Ende des Jahres 02 wird in der IFRS-Bilanz eine außerplanmäßige *goodwill*-Abschreibung von 200 vorgenommen.
>
> **Beurteilung**
> 1. Der IFRS-*goodwill* ist im Zeitpunkt des Zugangs in zwei Komponenten (500 und 1.500) zu **teilen**.
> 2. Die zweite Komponente ist zunächst auf das Entstehen von Bewertungsdifferenzen bei der Folgebewertung zu untersuchen. Am Ende des Jahres 01 beträgt die Differenz 1.500 IFRS-Bilanz minus 1.400 Steuerbilanz, woraus sich bei einem 40 %igen Steuersatz eine passive latente Steuer von 40 ergibt.
> 3. Die außerplanmäßige Abschreibung von 200 Ende 02 führt zu einem IFRS-Buchwert von 1.800, dem ein Steuerbuchwert von 1.300 gegenübersteht. Werden beide ursprünglich gebildeten Komponenten des IFRS-*goodwill* anteilig mit der außerplanmäßigen Abschreibung belastet, setzt sich der IFRS-Wert per Ende 02 wie folgt zusammen:
> 450 entfallen auf die für die Latenzierung irrelevante Komponente 1,
> 1.350 auf die Komponente 2; deren Differenz zum Steuerbuchwert von 1.300 führt zu einer passiven Latenz von nur noch 40 % von 50 = 20.

Die im Beispiel vorgenommene historische Betrachtung stößt beim *impairment*-Test dann an Grenzen, wenn der erworbene *goodwill* auf mehrere *cash generating units* (→ § 11 Rz 101) aufzuteilen ist und/oder mit *goodwills* aus anderen Erwerben für Zwecke des *impairment*-Tests zusammenzufassen ist.

Dem Erwerb eines Tochterunternehmens im *share deal* (*goodwill* nur im Konzernabschluss, nicht in der Steuerbilanz) kann ein konzerninterner *asset deal* folgen, der

218

---

[83] Nach EITZEN/DAHLKE/KROMER, DB 2005, S. 509 ff.

auch steuerlich zu einem Firmenwert führt. Hier ist nach Auffassung des Schrifttums[84] danach zu unterscheiden, ob der nachfolgende *asset deal* Teil einer **einheitlichen** Maßnahme ist. Wegen Einzelheiten wird auf → § 26 Rz 104 verwiesen.

219   Unter *fair-value*-Gesichtspunkten wäre im Fall einer langfristigen Nutzbarkeit erworbener steuerlicher **Verlustvorträge** die zu aktivierende latente Steuer mit dem undiskontierten Wert oder wie „andere" langfristige Ansprüche mit dem niedrigeren Barwert anzusetzen. IFRS 3.24 sieht jedoch eine Ausnahme vom *fair-value*-Prinzip vor. Latente Steuern sind schon bei der Erstkonsolidierung nach den Vorschriften von IAS 12 und damit **ohne Abzinsung** zu bewerten (→ § 26 Rz 214). Die undiskontierte Behandlung vermeidet Inkonsistenzen zwischen Erstkonsolidierung und Folgebewertung (Rz 115 f.)

220   Zur Behandlung von Steuerklauseln in Unternehmenskaufverträgen wird auf Rz 118 verwiesen, zur **nachträglichen besseren** Erkenntnis über die Werthaltigkeit aktiver latenter Steuern auf Rz 129.

7   Ausweis

221   Im Fall eines Unternehmenszusammenschlusses sind in der **Bilanz und** der **GuV** folgende Ausweisvorschriften zu beachten:

- **Minderheitenanteile** (nicht beherrschende Anteile) sind in der Bilanz (IAS 1.54; → § 2 Rz 46) und in der Gesamtergebnisrechnung bzw. GuV (IAS 1.83; → § 2 Rz 92) **gesondert** zu zeigen.
- In der Bilanz ist der **Minderheitenanteil** im **Eigenkapital** auszuweisen (IAS 27.27).

Im Einzelnen wird auf → § 2 Rz 46 und → § 20 Rz 98 verwiesen.

222   In der **Kapitalflussrechnung** sind nach IAS 7.39 die *cash flows* aus dem Erwerb bzw. der Veräußerung von Tochterunternehmen oder sonstigen Geschäftseinheiten als Investitionstätigkeit zu qualifizieren und jeweils gesondert darzustellen (→ § 3 Rz 130 ff.). Von dem gezahlten Kaufpreis sind die erworbenen Zahlungsmittel und Zahlungsmitteläquivalente der erworbenen Einheit abzuziehen, vom erhaltenen Verkaufspreis die mitveräußerten Zahlungsmittel und Zahlungsmitteläquivalente. Im Erwerbsfall ist demgemäß ein „Erwerb von Tochterunternehmen abzüglich erworbener Netto-Zahlungsmittel" auszuweisen, im Verkaufsfall z.B. ein „Erlös aus Verkauf von Tochterunternehmen abzüglich veräußerter Netto-Zahlungsmittel". Nach allgemeinen Regeln sind Investitionsvorgänge, die nicht zu einer Veränderung der Zahlungsmittel geführt haben, etwa der Erwerb eines Unternehmens gegen die Ausgabe von Anteilen, nicht Bestandteil der Kapitalflussrechnung, sondern in den Angaben zu erläutern (IAS 7.43).

8   Angaben

223   IFRS 3.B64 ff. sieht eine Reihe von Angaben vor, die sich systematisch wie folgt gliedern lassen:

- **Tatsache und Quantifizierung des Unternehmenszusammenschlusses:** Für sämtliche (materiellen) Unternehmenszusammenschlüsse ist eine Beschreibung geboten, wer wann zusammengeschlossen wurde, welcher Pro-

---

[84] Vgl. v. a. MELCHER/WATERSCHEK-CUSHMANN, DB 2012, S. 1393 ff.

zentsatz der Stimmrechte erworben wurde, Höhe der Anschaffungskosten, Beschreibung unbarer Anschaffungskosten, Höhe der *fair values* des erworbenen Vermögens nach Bilanzgruppen (IFRS 3.B64).

- *Goodwill*: Entwicklung des Buchwerts und der Anschaffungskosten (Anlagespiegel und außerplanmäßige Abschreibung; IFRS 3.B67(d)).
- **Negativer Unterschiedsbetrag**: Quantifizierung des Betrags, Nennung des GuV-Postens, in dem der korrespondierende Ertrag ausgewiesen ist, Beschreibung der Gründe für einen negativen Unterschiedsbetrag (IFRS 3.B64(n)).
- **Vergleichbarkeit**: Pro-forma-Angabe der Umsätze und des Gewinns, der sich ergeben hätte, wenn die unterjährig erworbenen und erstkonsolidierten Unternehmen bereits ab Periodenbeginn konsolidiert worden wären. Daneben sind die Umsätze und der Gewinn ab Erwerbsstichtag anzugeben (IFRS 3.82(r)).

Die erstgenannten Angaben zur Tatsache und zur Quantifizierung sind auch für alle Unternehmenszusammenschlüsse vorgeschrieben, die **nach dem Bilanzstichtag**, aber vor der Verabschiedung des Jahresabschlusses getätigt werden. Sofern dies nicht praktikabel oder wirtschaftlich vertretbar ist, soll diese Tatsache angegeben werden (IFRS 3.B64(q)).

Auf die **Checkliste „IFRS-Abschlussangaben"** (siehe HI10157883 im Haufe IFRS-Kommentar Online) wird verwiesen (→ § 5 Rz 8).

9 Anwendungszeitpunkt, Rechtsentwicklung

IFRS 3 rev. 2008 ist bei kalendergleichem Geschäftsjahr auf alle Unternehmenszusammenschlüsse mit Erwerbsstichtag nach dem 31.12.2009 anzuwenden, bei am 1.7.2009 oder später beginnendem abweichendem Geschäftsjahr 2009/2010 für alle Unternehmenszusammenschlüsse des Geschäftsjahres. **224**

Die Unternehmenszusammenschlüsse waren Gegenstand zweier **Reformprojekte**, die unter den Titeln *„Business Combinations Phase 1"* und *„Business Combinations Phase 2"* geführt wurden. Phase 1 hat seinen Niederschlag im IFRS 3 rev. 2004 gefunden. **225**

IFRS 3 rev. 2004 enthält u.a. folgende wesentlichen Änderungen gegenüber IAS 22 (1998): **226**

- Abschaffung der Methode der **Interessenzusammenführung** (*pooling-of-interest*; Rz 2 und Rz 213).
- Abschaffung der *benchmark*-Methode, nach der auf die **Minderheiten** entfallende stille Reserven nicht aufgedeckt werden; stattdessen vollständiger *fair-value*-Ansatz, d.h. Aufdeckung der stillen Reserven zu 100 % (Rz 126).
- **Restrukturierungsrückstellungen**: Einbeziehung von Restrukturierungsrückstellungen in die Erstkonsolidierung nur noch, wenn sie bereits beim Veräußerer (und somit aufwandswirksam) gebildet hätten werden können.
- **Negativer Unterschiedsbetrag**: unmittelbare Ertragsrealisierung einer negativen Differenz von Anschaffungskosten und *fair value* (Rz 131 und Rz 150).
- *Goodwill*-Abschreibung: Aufhebung der **planmäßigen** Abschreibung des *goodwill*. Übergang zu einem *impairment-only*-Ansatz, d.h. Abschreibung des *goodwill* nur noch im Fall außerplanmäßiger Wertminderungen.

227 *Business Combination Phase 2* ist durch IFRS 3 rev. 2008 und IAS 27 rev. 2008/IFRS 10 umgesetzt worden und sieht u. a. folgende Regelungen vor:[85]

- Anwendung von IFRS 3 auch auf **Vertrags- bzw. Gleichordnungskonzerne** (*reporting entities by contract alone*).
- **Wahlrecht** zur Aufdeckung des auf die **Minderheiten** entfallenden *goodwill* (Rz 136).
- **Aufwands**wirksame Behandlung von durch den Unternehmenserwerb bedingten **Anschaffungsnebenkosten** (Rz 41).
- Berücksichtigung **bedingter**, z.B. erfolgsabhängiger, **Anschaffungskosten** nicht mit dem tatsächlich zustande kommenden Betrag, sondern mit dem *fair value* zum Erwerbszeitpunkt (Rz 61).

Die **Auf- und Abwärtskonsolidierung** sowie die **Aufstockung** oder **Abstockung** eines Mehrheitenanteils werden wie folgt neu geregelt:

- **Erfolgswirksamkeit** der Auf- und Abwärtskonsolidierung in folgender Weise:
  - Bei **Aufwärts**konsolidierung wird fingiert, dass die Kontrollmehrheit gegen Barzahlung (für die Neuanteile) und Tausch (der Altanteile zum *fair value*) erworben wird. Die Differenz zwischen Buchwert der Altanteile und *fair value* führt zu einem Erfolg. Soweit die Altanteile als *available-for-sale assets* schon bisher erfolgsneutral zum *fair value* geführt wurden, wird auch dieser Erfolg mit der Erstkonsolidierung realisiert (Rz 162). Zur hier durch IFRS 9 ausgelösten Folgeänderung wird auf Rz 160 verwiesen.
  - Bei der **Abwärts**konsolidierung wird fingiert, dass sich der Entkonsolidierungserlös aus dem Veräußerungspreis der abgehenden Anteile und dem *fair value* der verbleibenden Anteile ergibt. Der *fair value* der verbleibenden Anteile stellt den Ausgangswert für die weitere Bilanzierung nach der *equity*-Methode, zu Anschaffungskosten oder zum *fair value* dar (Rz 173).
- Zwingende Behandlung der Aufstockung oder Abstockung einer vorhandenen Mehrheitsbeteiligung als **Transaktion zwischen Eigenkapitalgebern**. Die Differenz zwischen gezahltem oder erhaltenem Betrag und der buchmäßigen Änderung des Minderheitenanteils führt weder zur Aufdeckung von *goodwill* oder stillen Reserven (Aufstockung) noch zu einem Abgangserfolg (Abstockung; Rz 162).

228 Der IASB hat in 2011 IFRS 13 „*Fair Value Measurement*" (→ § 8a) herausgegeben, der eine von der Qualität bzw. Objektivierbarkeit der Inputparameter abhängige Verfahrenshierarchie für die *fair-value*-Ermittlung vorsieht. Konzernbilanziell ist insbesondere die Kaufpreisallokation betroffen (Rz 103 ff.). In den meisten Fällen kommt es durch die Umsetzung des Standards nicht zu einer effektiven Einschränkung der Verfahrenswahlrechte bei der Bestimmung des *fair value*.

Praxis-Beispiel[86]
Die A AG erwirbt alle Anteile an der ebenfalls in der Kosmetikbranche tätigen C GmbH. Im Rahmen der Kaufpreisallokation ist die renommierte Marke „BeautyFuel" der GmbH zum *fair value* zu bewerten. Es liegen weder ein beobachtbarer Marktpreis noch Vergleichstransaktionen vor.

---

[85] Vgl. im Einzelnen PELLENS/SELLHORN/AMSHOFF, DB 2005, S. 1749ff., mit Schwerpunkt auf ED IFRS 3, und LÜDENBACH/HOFFMANN, DB 2005, S. 1805ff., mit Schwerpunkt auf ED IAS 27; außerdem BRÜCKS/RICHTER, KoR 2005, S. 407.
[86] Aus LÜDENBACH/FREIBERG, KoR 2006, S. 437ff.

> Das Management zieht folgende Bewertungsmethoden in Betracht:
> - Barwert des Mehrgewinns *(incremental cash flow)* gegenüber Produktion und Absatz einer No-Name-Kosmetik.
> - Lizenzpreisanalogie *(relief from royalty)*: Auf eine unternehmensspezifische Bezugsgröße (Umsatzerwartung) wird eine marktbasierte Lizenzierungsrate angewendet und die sich so ergebenden Opportunitätszahlungsströme werden diskontiert.
>
> Die Mehrgewinnbetrachtung muss in wesentlichen Elementen auf interne Annahmen aufbauen und ist daher der qualitativ niedrigsten Bewertungsstufe (Level 3) zuzurechnen.
>
> Für die Lizenzrate stehen öffentliche Datenquellen zu Verfügung. Insoweit scheint die Methode im Hinblick auf die Objektivität der Inputparameter höher angesiedelt. Die Datenquellen weisen aber erhebliche Schwankungsbreiten (3,0–9,0 %) auf. Mit dem Zwang zu Auswahl aus einem breiten Intervall geht der Übergang auf die niedrigste Bewertungsstufe (Level 3) einher.
>
> Wie bisher bleibt es bei der freien Verfahrenswahl.

Im Rahmen des *Annual Improvements Project 2010* ist es durch Änderung von **229** IFRS 3 zu folgenden Klarstellungen gekommen:

- Das Wahlrecht zur Bewertung von **Anteilen nicht beherrschender Gesellschafter** zum *fair value* (*full-goodwill*-Methode) gilt nur für solche Anteile, die ein *present ownership* verkörpern und insbesondere einen Anteil am Liquidationsergebnis gewähren. Andere nicht beherrschende Anteile, etwa aus gewährten Aktienoptionen, sind zwingend mit ihrem *fair value* oder einem nach dem für sie einschlägigen IFRS maßgeblichen sonstigen Bewertungsmaßstab anzusetzen (IFRS 3.19; Rz 139).
- **Anteilsbasierte Vergütungen**, die im Rahmen einer *business combination* durch auf die Anteile des Erwerbers lautende Vergütungen ersetzt werden, weil die alten Vergütungsansprüche mit dem Unternehmenserwerb verfallen, führen zu „*post-combination*-Personalaufwand", unabhängig davon, ob der Ersatz freiwillig oder pflichtweise erfolgt (IFRS 3.B56; Rz 59, Rz 70 und Rz 72).

Die *Annual Improvements to IFRSs 2010–2012 Cycle* stellen durch eine Änderung von IFRS 3.40 und IFRS 3.58 klar: Ein bedingter Kaufpreisbestandteil kann nur Eigenkapital oder finanzielle Verbindlichkeit sein, weshalb nur IAS 32 oder IAS 39/IFRS 9 einschlägig sind; ein anderer Standard kommt nicht in Betracht.

ED/2016/1 *„Definition of a Business and Accounting for Previously Held Inte-* **230** *rests"* präzisiert zum einen den für die Anwendbarkeit von IFRS 3 zentralen Begriff des *business* (Rz 18) und sieht zum anderen die Anwendbarkeit der Regelungen zum sukzessiven Unternehmenserwerb auf den Übergang von einer gemeinschaftlichen Tätigkeit zu einer vollkonsolidierten Tochter vor (Rz 161).

10   APPENDIX – Technik der Zeitwertbestimmung an ausgewählten Beispielen

10.1   Selbst genutzte Sachanlagen

231 Bei selbst genutzten Sachanlagen kommt vorrangig die **kostenorientierte Methode** (Rz 104) zum Zuge. Die Wiederbeschaffungskosten oder Wiederherstellungskosten werden dabei z.B. unter Zugrundelegung eines **Preisindex** i.d.R. zunächst für eine neue Anlage ermittelt, um hiervon einen **Abschlag wegen Alters** etc. vorzunehmen.

Praxis-Beispiel

Mit dem Unternehmenserwerb am 31.12.10 geht ein Spezialgebäude zu, das am 1.1.01 für Kosten von 1.000 erstellt wurde. Die realistisch geschätzte ursprüngliche Nutzungsdauer betrug 30, die Restnutzungsdauer mithin noch 20 Jahre. Der Baukostenindex für Industriebauten hat sich von 01 bis 11 um 20 % erhöht:

Herstellungskosten 01	1.000
+ Baukostensteigerung 01 bis 10 (20 %)	200
= Reproduktionskosten neu	1.200
– Abschreibung 01 bis 10 (10/30)	400
= Reproduktionskosten gebraucht	**800**

10.2   Marken

232 Der Markenwert ist **einkommensorientiert** (Rz 107) bestimmbar

- mit der opportunitätskostenorientierten **Methode der Lizenzpreisanalogie** (*relief-from-royalty*-Methode) als diskontierter Wert der aus dem Eigentum an der Marke resultierenden Ersparnis von Lizenzkostenzahlungen an Dritte oder
- mit der **Mehrgewinnmethode** (*incremental cash flow method*) als diskontierter Wert des im Vergleich zu einem No-Name-Produkt erzielbaren Mehrgewinns.

In der Praxis dominiert die *relief-from-royalty*-Methode. Sie hat den Vorteil, mit nur wenigen Parametern und Annahmen (Lizenzrate, Umsatz, Diskontierungszins) auszukommen. Die notwendigen detaillierteren Informationen für eine Bewertung anhand der Mehrgewinnmethode (neben dem Diskontierungszins u.a. Preis und Menge, Marketingaufwendungen, Verpackungskosten, Produktionskosten etc. jeweils nicht nur für das Markenprodukt, sondern zur Ermittlung des Mehrbetrags auch für ein fiktives No-Name-Produkt) stehen regelmäßig in der Bewertungspraxis nicht zur Verfügung. Aus diesem Grunde ist die *relief-from-royalty*-Methode trotz häufig hoher Bandbreiten, für die Lizenzraten beobachtet werden, allgemein verbreitet.

233 Bei Annahme einer unbestimmten Nutzungsdauer der Marke ist in beiden Bewertungskalkülen eine **ewige Rente** anzusetzen. Diese Annahme setzt aber **Markenerhaltungsaufwendungen** voraus. Ohne fortlaufende Werbung und sonstige Marketingmaßnahmen würde sich der Wert der Marke schnell verflüchtigen, ein Mehrgewinn bzw. eine fiktive Lizenzrate nur für eine begrenzte Zeit erzielbar bzw. zu zahlen sein. Fraglich ist nun, ob diese Markenerhaltungsaufwendungen im Bewertungskalkül kürzend zu berücksichtigen sind. Bei der Antwort ist zu berücksichtigen, dass beide infrage kommenden Methoden auf unterschiedlichen Größen aufsetzen:

- Die Mehrgewinnmethode diskontiert den sich im Vergleich zu einem No-Name-Produkt ergebenden Gewinn, also eine Saldogröße. Im Vergleich zum No-Name-Produkt erzielbare höhere Preise und/oder Absatzmengen und ein daraus resultierender Mehrumsatz sind demzufolge noch um die damit verbundenen Mehraufwendungen zu kürzen. Zu diesen Mehraufwendungen gehören auch die beim No-Name-Produkt nicht anfallenden Markenerhaltungsaufwendungen.
- Die *relief-from-royalty*-Methode diskontiert mit der Lizenzkostenersparnis hingegen eine unsaldierte Bruttogröße. Die Lizenzkostenersparnis des Markeninhabers (oder spiegelbildlich die von ihm bei Lizenzierung an einen Dritten erzielbaren Lizenzeinnahmen) sind jedenfalls dann nicht mehr um die Markenerhaltungsaufwendungen zu kürzen, wenn – wie bei Volllizenzierung an einen einzigen Lizenznehmer üblich – die Markenerhaltungsaufwendungen vom fiktiven Lizenznehmer getragen werden.

Bei vollständiger Information und vollkommenen Marktverhältnissen lassen sich beide Methoden ineinander überführen und die unterschiedliche Behandlung der Markenerhaltungsaufwendungen erklären.

234

> **Praxis-Beispiel**
>
> MU erwirbt 100 % an TU. TU produziert unter einer seit vielen Jahrzehnten bekannten Marke Kosmetika sowie Körperpflegeprodukte und erzielt hieraus bei einem Jahresumsatz von 1 Mrd., diversen Aufwendungen von 750 Mio. und Markenerhaltungsaufwendungen (Marketing) von 130 Mio. einen Gewinn von 120 Mio. Annahmegemäß bleiben diese Größen in der Zukunft inflationsbereinigt konstant. Im Rahmen der Erstkonsolidierung (Kaufpreisallokation) ist der Zeitwert dieser Marke zu bestimmen.
>
> Eine Datenbankrecherche zu Lizenzvereinbarungen für *„cosmetic and consumer care"* ergibt Lizenzraten (*royalties*) von 2 % bis 8 %, im Mittel 5 %. MU möchte die Marke auf Basis dieser Daten opportunitätskostenorientiert bewerten. Besitz der Marke bedeutet danach Ersparnis von Lizenzzahlungen an einen Dritten (oder äquivalent die Möglichkeit, Lizenzeinnahmen durch Überlassung der Marke an einen Dritten zu erzielen). Der Wert der Marke ergibt sich demzufolge nach der sog. *relief-from-royalty*-Methode als Barwert dieser Lizenzkostenersparnis (bzw. der entgehenden Lizenzeinnahmen).
>
> Der risikoangepasste inflationsbereinigte Diskontierungssatz sei 10 % Steuern. Der *tax amortization benefit* (Rz 248) wird aus Vereinfachungsgründen im Vergleich der beiden Methoden vernachlässigt:

	Marke	No-Name-Produkt	Mehr-gewinn	Markenwert (ewige Rente, 10 %)
Erlös	1.000	800		
– div. Aufwendungen	– 750	– 730		
– Markenerhaltung	– 130	0		
= Gewinn Markeninhaber/ No-Name-Hersteller	120	70	50	50/10 % = 500 Mehrgewinn
– fiktive Lizenzgebühr (5 %)	– 50			50/10 % = 500 *relief from royalty*
= Gewinn fiktiver Lizenznehmer	70			

235   Mehrgewinnmethode und *relief-from-royalty*-Methode führen dann zum gleichen Ergebnis, wenn der Mehrgewinn (also die um die **Markenerhaltungsaufwendungen** gekürzte Nettogröße) der ersparten Lizenzgebühr (also der nicht um die Markenerhaltungsaufwendungen gekürzten Bruttogröße) entspricht. Die Höhe der Markenerhaltungsaufwendungen bestimmt (neben anderen Faktoren, im Beispiel u. a. Mehrumsatz) die Höhe der bei vollkommenen Marktverhältnissen erzielbaren Lizenzrate. Für die bei Volllizenzierung an nur einen einzigen Lizenznehmer typische Tragung der Marketingkosten durch den Lizenznehmer gilt mithin: Die Markenerhaltungsaufwendungen sind bei perfekten Marktverhältnissen in der Lizenzrate bereits eingepreist, im Bewertungskalkül also implizit enthalten. Sie dürfen bei der Bewertung nach der *relief-from-royalty*-Methode dann nicht noch ein zweites Mal, nämlich explizit, berücksichtigt werden.

236   Kritisiert wird die *relief-from-royalty*-Methode v. a. wegen ihrer **Subjektivität**. Die in Datenbanken zugänglichen Lizenzraten zeigen häufig eine hohe Bandbreite, so dass die Auswahl innerhalb dieses Intervalls und entsprechend auch das Bewertungsergebnis ermessensbehaftet sind. Diese Zustandsbeschreibung ist richtig – fraglich aber die in der Kritik implizit enthaltene Annahme eines Nachteils gegenüber anderen Methoden. Die im Rahmen der Mehrgewinnmethode zu treffenden Annahmen über die fiktiv ohne Marke erzielbaren Absatzmengen und -preise sind regelmäßig nicht weniger ermessensbehaftet. Ein klarer Objektivitätsvorteil der Mehrgewinnmethode ist daher nicht erkennbar, lediglich ein deutlicher Komplexitätsvorteil zugunsten der *relief-from-royalty*-Methode. Er erklärt und rechtfertigt die hohe Verbreitung dieser Methode.

In der Praxis sind einem breiten Intervall von Lizenzraten allerdings ergänzende **qualitative Überlegungen** angezeigt. Je nach „Markenstärke", also etwa dem Bekanntheitsgrad der Marke, der preislichen Positionierung der Produkte (z. B. Premium-Bereich), ihrem Lebenszyklus (rückläufige oder wachsende Umsätze) wird man, ausgehend vom Mittelwert, wenigstens die Richtung der Anpassung (Zu- oder Abschläge), tendenziell auch dessen Maß (groß oder klein) begründen können. Der unvermeidlich bei jeder Methode verbleibende subjektive Faktor wird dadurch erheblich gemildert.

10.3   Erzeugnisse und Waren

237   Dominierend ist eine **retrograde Bewertung**, die konzeptionell als **einkommensorientiert** (Rz 107) einzustufen ist: Vom voraussichtlichen **Veräußerungspreis** (*cash inflow*) sind abzuziehen

- die **Kosten** der Veräußerung und (bei unfertigen Erzeugnissen) der Fertigstellung (*cash outflow*) sowie
- eine vernünftige **Gewinnspanne**, die sich am Gewinn vergleichbarer Vorräte orientiert.

Praxis-Beispiel

MU erwirbt den Markenartikelproduzenten TU. Aufgrund seiner Premiumstellung kann TU Produkte wie folgt kalkulieren:

Herstellungskosten	90
+ Aufschlag für Vertriebskosten	10
+ Gewinnaufschlag	100
= Veräußerungspreis	200

Bei der Erstkonsolidierung sind die Vorräte nicht mit 200–10 = 190, sondern mit 200–100–10 = 90 anzusetzen.

Begründung
Die Vorteile aus dem ungewöhnlich hohen Gewinnaufschlag werden vom Erwerber nicht bei den Vorräten, sondern als Marke aktiviert.
Die Konsequenz davon ist: Die Konzern-GuV wird bei Veräußerung der Erzeugnisse nicht durch einen Materialaufwand von 190, sondern von 90 belastet. Der Rohertrag in der Konzernbilanz des Erwerbers entspricht tendenziell dem der Einzelbilanz des erworbenen Unternehmens.

10.4 Auftragsbestände

Auftragsbestände sind **einkommensorientiert** (Rz 107) mit der diskontierten Netto-*cash-flow*-Erwartung anzusetzen. Die konkreten Bewertungsprämissen sind von besonderer Bedeutung in den Branchen, die wegen der Langfristigkeit ihrer Fertigung regelmäßig über sehr hohe Auftragsvolumina verfügen. **238**

Praxis-Beispiel
Die börsennotierte Konglomerat AG möchte ein auf den Bau von Flugzeugen spezialisiertes Unternehmen erwerben. Das Zielobjekt verfügt u. a. über einen Auftragsbestand für die nächsten drei Jahre i. H. v. 9 Mrd. EUR, der gleichmäßig in t1, t2 und t3 abgewickelt werden wird. Die Vollkostenmarge (vor Zinsen) aus dem Auftragsbestand beträgt 15 %.
Würde von Erfüllungs- und Geschäftsrisiken abstrahiert der Zeitwert/anteilige Kaufpreis des Auftragsbestands durch Diskontierung der Marge mit einem risikolosen Anlagezins von 5 % (bei Fehlen von Risiken zugleich spezifischer Fremdkapitalisierungszins) ermittelt, ergäbe sich folgende Berechnung für den Wert des Auftragsbestands:

	t_1	t_2	t_3
Umsatzerlöse	3.000,0	3.000,0	3.000,0
Marge	450,0	450,0	450,0
Rohmarge, diskontiert	428,6	408,2	388,7
Barwert/*fair value* Auftrag	**1.225,5**		

Beim Erwerber würden sodann bei unterstellter Fremdfinanzierung (des Erwerbs der Aufträge sowie ihrer Anlaufverluste) und unter Berücksichtigung der Abschreibung auf den Auftragsbestand folgende Ergebnisse in der GuV der Folgeperioden anfallen:

	t_1	t_2	t_3	Summe
Marge vor Zins und Abschreibung auf Auftrag	450,0	450,0	450,0	1.350,0
FK-Zinsen auf Zeitwert Auftrag	61,3	41,8	21,4	124,5
Abschreibung auf Zeitwert Auftrag	408,5	408,5	408,5	1.225,5
Gewinn Erwerber	–19,8	–0,3	20,1	0

Der Erwerber würde mithin ein Ergebnis von null erwirtschaften. Dieses rechnerische Resultat ist Konsequenz der **Einzelerwerbsfiktion** und der Diskontierungsannahmen.

239 Wenn der Barwert des mit dem Auftragsbestand verbundenen *cash flow* dem Veräußerer vergütet (tatsächlicher Erwerb) bzw. eine solche Vergütung unterstellt wird (Einzelerwerbsfiktion bei Unternehmenskauf), kann bei Identität von Fremdfinanzierungs- und Diskontierungszins kein Gewinn mehr anfallen. Nicht berücksichtigt wurden bisher jedoch die mit der Auftragserfüllung verbundenen **Risiken**, die sich aus (nicht weiter belastbaren) Kostenüberschreitungen, Bonitätsrisiken sowie aus dem allgemeinen Geschäftsrisiko etc. ergeben können. Dazu folgende Fallvariante:

Praxis-Beispiel
Operative und Bonitätsrisiken werden durch einen risikoadjustierten Zinssatz i. H. v. 7,5 % abgegolten, während der Fremdkapitalisierungszins weiter 5 % betragen soll. Der Risikozuschlag ist deshalb gering, weil Abnehmer der Leistungen der Staat ist, Bonitätsrisiken daher nicht bestehen und operative bzw. Kostenrisiken vom Abnehmer faktisch zu einem erheblichen Teil übernommen werden. Es ergibt sich ein niedrigerer Zeitwert/anteiliger Kaufpreis des Auftragsbestands (erste Übersicht) und damit ein Gewinn des Erwerbers (zweite Übersicht):

	t_1	t_2	t_3
Umsatzerlöse	3.000,0	3.000,0	3.000,0
Marge	450,0	450,0	450,0
Rohmarge diskontiert	418,6	389,4	362,2
Barwert/*fair value* Auftrag	**1.170,2**		

	t_1	t_2	t_3	**Summe**
Marge vor Zins und Abschreibung auf Auftrag	450,0	450,0	450,0	1.350,0
FK-Zinsen auf *fair value* Auftrag	58,5	40,0	20,5	119,0
Abschreibung auf *fair value* Auftrag	390,1	390,1	390,1	1.170,2
Gewinn Erwerber	1,4	20,0	39,4	60,8

Die Akquisition der Auftragsbestände führt bei den vorliegenden Bewertungs- und Abschreibungsprämissen nun zu einem (geringen) Gewinn des Erwerbers. Bei geringerem Risiko – Auftragsbestand gegenüber dem Staat, geringes Bonitätsrisiko, (faktische) Weiterbelastbarkeit von Mehrkosten – fällt der Risikozuschlag wie im Beispiel gering aus. Unter den gegebenen Prämissen käme ein kapitalmarktorientiertes Unternehmen kaum noch als Käufer infrage, da es die aufgrund der Einzelerwerbsfiktion resultierende niedrige Umsatzrendite (im Beispiel: 60,8/9.000 = 0,7 %) den Aktionären und Analysten kaum zumuten könnte.

240 Jedenfalls aus Sicht eines börsennotierten Käufers wäre damit ein Zielunternehmen umso interessanter, je niedriger sein Auftragsbestand und je höher die darin liegenden Risiken ausfielen. Diese **Paradoxie** ist systematische Folge der Einzelerwerbsfiktion, die eine Aufteilung des Kaufpreises auf den Auftragsbestand nach Maßgabe des darin zu erwartenden Überschusses vorsieht und somit dem

Erwerber bilanziell nur noch die Differenz zwischen risikoadjustiertem Diskontierungs- und Fremdkapitalzins belässt. Pragmatisch kann das Problem nur auf zwei Arten gelöst werden: Bei der Kaufpreisallokation wird entweder

- ein **Risikozinssatz** an der Obergrenze des Vertretbaren angesetzt und so für einen entsprechenden Gewinn-*spread* gesorgt oder
- wegen der Nähe der Auftragsbestände zu den unfertigen Erzeugnissen wie bei diesen ein **Abschlag für den Durchschnittsgewinn** (der Branche oder des Unternehmens) auf die *cash inflows* vorgenommen.

10.5 Dauervertragskunden

Die Bewertung von Kundenbeziehungen aus ungekündigten Dauervertragsverhältnissen erfolgt i.d.R. **einkommensorientiert** (Rz 107) im Rahmen der Residualwertmethode (*multi-period-excess-earnings*-Ansatz). 241

Zur Bestimmung des Zeitwerts werden, ausgehend von einem **mehrjährigen Business-Plan**, die **Einnahmen** der zum Bewertungsstichtag bestehenden Kundenbeziehungen ermittelt. Bei der Bestimmung der Einnahmen sind Kundenabgänge (Kündigung, Tod etc.) in Form einer natürlichen „Schrumpfungsrate" (*churn rate*) zu berücksichtigen. Diese wird entweder aus vergangenheitsbezogenem Datenmaterial oder prospektiv durch Szenariorechnungen abgeleitet. Von den Einnahmen abzuziehen sind anteilige **operative Ausgaben**, Steuern sowie **kalkulatorische Nutzungsentgelte** (*capital charges*; Rz 111). Die hypothetischen Nutzungsentgelte sind sowohl für materielle als auch für immaterielle Vermögenswerte, die für die Aufrechterhaltung der Kundenbeziehungen erforderlich sind, anzusetzen. Hierbei kommt es nicht darauf an, ob der Vermögenswert bilanzierungsfähig ist. Auch auf den Wert der nicht bilanzierten Arbeitnehmerschaft (*assembled work force*) sind *capital charges* zu rechnen.

Die so bereinigten **Einzahlungsüberschüsse** werden schließlich mit einem **risikoadjustierten Diskontierungssatz** abgezinst (Rz 114). Für die Ermittlung des Zeitwerts ist darüber hinaus der steuerliche Barwertvorteil aus Abschreibungen auf die Kundenbeziehungen (*tax amortization benefit*) als zweite Wertkomponente zu berücksichtigen, und zwar unabhängig davon, ob der Unternehmenserwerb als *asset deal* tatsächlich zu steuerlichen Mehrabschreibungen geführt hat oder beim *share deal* keine Mehrabschreibungen entstehen (zur Berechnung vgl. Rz 248). 242

Praxis-Beispiel

Das erworbene Unternehmen TU hat Dauervertrags- bzw. Abonnementkunden. Die Verträge sind jedoch kurzfristig kündbar. Die *churn rate* beträgt 50 %. Die Planungen sehen ein Umsatzwachstum pro Kunde von 4 % p.a. sowie umsatzproportional verlaufende Kosten vor.

Die *capital charges* werden nur auf Verzinsungsbasis (*return on*) gerechnet, da der Werteverzehr explizit in den operativen Kosten berücksichtigt ist. Der Wert der Arbeitnehmerschaft (*assembled work force*) ist gering, weil das Unternehmen überwiegend mit gering qualifizierten Kräften arbeitet, weshalb aus Opportunitätskostensicht (ersparte Einstellungs- und Einarbeitungskosten) der Wert gering ist. Operative Kosten und kalkulatorische Nutzungsentgelte (*capital charges*) werden Kundenbestand und Neukunden im Verhältnis der Umsatzanteile belastet. Für operative Kosten und *capital charges* wird Umsatzproportionalität

---

unterstellt. Hiervon ausgenommen sind nur die *capital charges* auf die Marke. Insoweit wird unterstellt, dass das Umsatzwachstum aus der gegebenen Marke generiert wird und Erhaltungsaufwendungen auf die Marke schon in den operativen Kosten enthalten sind. Die Planung berücksichtigt nur einen Zeitraum von fünf Jahren. Dies ist vertretbar, da bei einer Schrumpfungsrate von 50 % p.a. der kumulierte Wertbeitrag aller weiteren Jahre im 1-%-Bereich liegt und damit vernachlässigbar ist. Die Berechnung lautet wie folgt:

		Wert	return on	01	02	03	04	05
	Umsatz aus Vertragskunden			100,00	52,00	27,04	14,06	7,31
	HK der Umsätze (ohne Abschreibung)			–60,00	–31,20	–16,22	–8,44	–4,39
(A)	= Rohertrag			40,00	20,80	10,82	5,62	2,92
	div. Aufwendungen			15,00	15,60	16,22	16,87	17,55
	Abschreibung Sachanlagen			1,00	1,04	1,08	1,12	1,17
	Abschreibung immaterielle Anlagen			1,50	1,56	1,62	1,69	1,75
	operative Kosten			17,50	18,20	18,93	19,69	20,47
	davon Vertragskunden			100,0 %	50,0 %	25,0 %	12,5 %	6,3 %
(B)	= anteilige operative Kosten			17,50	9,10	4,73	2,46	1,28
(C)	Einkommen (A – B)			22,50	11,70	6,08	3,16	1,65
	– Steuern 40 %			–9,00	–4,68	–2,43	–1,27	–0,66
(D)	= Nettoeinkommen			13,50	7,02	3,65	1,90	0,99
	Vermögenswert	*Wert*	*return on*					
	working capital (netto)	15	5 %	0,75	0,78	0,81	0,84	0,88
	Immobilien	10	7 %	0,70	0,73	0,76	0,79	0,82
	Maschinen	6	10 %	0,60	0,62	0,65	0,67	0,70
	sonstige Sachanlagen	2	7 %	0,14	0,15	0,15	0,16	0,16
	Marke	10	12 %	1,20	1,20	1,20	1,20	1,20
	assembled workforce	2	12 %	0,24	0,25	0,26	0,27	0,28
	asset charges			3,63	3,73	3,83	3,93	4,04
	davon Vertragskunden			100,0 %	50,0 %	25,0 %	12,5 %	6,3 %
	= Zwischensumme			3,63	1,86	0,96	0,49	0,25
	– ggf. Steuer (hier 0, da *return on* nach Steuer)							
(E)	= anteilige *asset charges*			3,63	1,86	0,96	0,49	0,25
(F)	*residuale cash flows* (D – E)			9,87	5,16	2,69	1,41	0,73
	× Diskontierungsfaktor		12 %	0,8929	0,7972	0,7118	0,6355	0,5674
	= Barwerte			8,81	4,11	1,92	0,89	0,42
	Kapitalwert (Summe Barwerte)			16,15				
	tax amortization benefit (bei 40 %; Rz 248)			6,55				
(G)	Zeitwert Kunden			22,70				

Prämissen:
– *churn rate* 50 % p.a.
– Wachstum Umsatz/Kunde 4 %
– p.a. operative Kosten und *asset charges*: umsatzproportional (mit Ausnahme Marke)

10.6   *In process research and development*

243 § 248 Abs. 2 HGB lässt eine Aktivierung von originären Forschungsaufwendungen überhaupt nicht und eine Aktivierung von originärem Entwicklungsaufwand nur unter eingeschränkten Bedingungen zu. Würde man diesen Regeln auch beim Unternehmenserwerb folgen, wären z.B. beim Erwerb von **forschungsintensiven Unternehmen** alle noch im Prozess befindlichen Forschungen und Entwicklungen wertmäßig im *goodwill* zu erfassen. Die Berücksichtigung der Wahrscheinlichkeit nicht als Ansatz-, sondern Bewertungskriterium (Rz 79) verhindert dies.

Praxis-Beispiel

U erwirbt das *start-up*-Unternehmen S. S beschäftigt sich mit der Entwicklung eines Spracherkennungssystems. In den zwei Jahren seit Bargründung für 10 Mio. EUR sind 8 Mio. EUR für Forschung und 3 Mio. EUR für Entwicklung aufgewendet worden, aus Umsätzen konnte bislang ein Deckungsbeitrag von 1 Mio. EUR erwirtschaftet werden. Da die technische Durchführbarkeit noch nicht abschließend beurteilt werden kann, werden auch die Entwicklungsaufwendungen bei S nicht aktiviert.

U hält die Entwicklung für aussichtsreich und zahlt dem bisherigen Eigentümer der S, deren Bilanz im Übrigen ausgeglichen ist und keine stillen Reserven enthält, einen Preis von 5 Mio. EUR.

Da die Wahrscheinlichkeit eines Nutzens beim Erwerb nur Bewertungsparameter, nicht aber Ansatzkriterium ist, kann U die im Prozess befindliche Forschung/Entwicklung mit 5 Mio. EUR als separaten immateriellen Vermögenswert ansetzen und darf sie nicht als *goodwill* erfassen.

Nur bei einem Ein-Projekt-Unternehmen in der *start-up*-Phase kann eine einfache Ableitung aus dem Kaufpreis wie im vorstehenden Beispiel infrage kommen. In anderen Fällen, d.h. bei zwar forschungsintensiven, aber in vielen Produkten auch schon am Markt agierenden Unternehmen, ist eine **einkommensorientierte Bewertung** (Rz 107) notwendig. Hierbei stehen zwei Alternativen zur Verfügung (Rz 113): **244**

1. Erfolgs- und Verlustszenarien werden mit Wahrscheinlichkeiten gewichtet (*expected cash flow approach*). Der risikoadjustierte Diskontierungssatz beträgt je nach Fortschritt des erworbenen Projekts 50 % bis 70 % (analog Kapitalkosten forschungsintensiver *start-up*-Unternehmen) oder 20 % bis 30 % (analog Kapitalkosten forschungsintensiver *young companies*).
2. Berechnungen werden nur für ein Erfolgsszenario durchgeführt (*traditional cash flow approach*). Repräsentiert dieses Szenario nicht den Mittelwert einer gedachten Wahrscheinlichkeitsverteilung, sondern einen günstigeren Wert, ist ein zusätzlicher Risikoaufschlag geboten.

Die wahrscheinlichkeitsgewichtete Planung erweist sich wegen der tendenziell gegebenen Objektivierbarkeit des Diskontierungszinses als überlegen. Unabhängig davon ist er insbesondere bei flexibler Planungsmöglichkeit mit Ausstiegsoptionen in Stufen je nach Erfolg der Stufe n – 1 vorzuziehen: Mithilfe des sog. Zustandsbaumverfahrens kann dann dem sequenziellen Charakter der Projekte Rechnung getragen und berücksichtigt werden, dass sich in den einzelnen Phasen je nach bis dahin eingetretenen Entwicklungen Exit-Möglichkeiten ergeben. **245**

Praxis-Beispiel

U erwirbt das Pharmaunternehmen P.

- P hat die Laborforschung (Phase 1) eines Medikaments gerade abgeschlossen.
- Als Phase 2 stehen die klinische Prüfung und – bei deren Erfolg – die Zulassung durch die Arzneimittelbehörden an. Die erwarteten Kosten für Phase 2 betragen 10 Mio. EUR.
- Im Fall einer Zulassung folgt ein Markteinführungsjahr mit einem weiteren Defizit von 10 Mio. EUR wegen Werbung etc. (Phase 3).

- Bei Erfolg der Markteinführung wird für die nächsten acht Jahre (Phase 4) mit einem Überschuss von 30 Mio. EUR p.a. gerechnet.

Die Wahrscheinlichkeit einer Nichtzulassung beträgt 60 %, die einer Zulassung 40 %. Nur bei Zulassung folgt ein Einführungsjahr, das dann mit 70 % Wahrscheinlichkeit einen Erfolg ergeben wird. Die kombinierte Wahrscheinlichkeit eines erst nach zwei Jahren erkannten Misserfolgs bzw. eines Abbruchs des Projekts nach zwei Jahren beträgt daher 40 % × 30 % = 12 %. Die Wahrscheinlichkeit eines Gesamterfolgs ist 40 % × 70 % = 28 %.

Nachfolgend zunächst der *traditional-cash-flow*-Ansatz, der nur den Erfolgsfall rechnet, das Risiko des Misserfolgs jedoch mit einem Diskontierungszinssatz von 75 % (!) berücksichtigt.

Danach der *expected-cash-flow*-Ansatz mit drei möglichen Ausgängen:

1. Misserfolg der klinischen Prüfung, daher Abbruch nach Phase 2 (Wahrscheinlichkeit 60 %).
2. Erfolg der klinischen Prüfung, aber Misserfolg der Markteinführung, daher Abbruch nach Phase 3 (Wahrscheinlichkeit 12 %).
3. Erfolg der klinischen Prüfung und der Markteinführung, daher Erreichen der Phase 4 (Wahrscheinlichkeit 28 %).

Da die Misserfolgsrisiken in der Zahlungsreihe berücksichtigt sind, wird ein Diskontierungszins von „lediglich" 25 % verwendet.

Der *tax amortization benefit* (Rz 248) ist unter der Annahme eines steuerlichen Abschreibungszeitraums von zehn Jahren gerechnet.

Traditioneller cash-flow-**Ansatz** (Diskontierungszins 75 %)

Jahr	Betrag	Diskontierungsfaktor	diskontierter Betrag
1	– 10	0,571	– 5,7
2	– 10	0,327	– 3,3
3	30	0,187	5,6
4	30	0,107	3,2
5	30	0,061	1,8
6	30	0,035	1,0
7	30	0,020	0,6
8	30	0,011	0,3
9	30	0,006	0,2
10	30	0,004	0,1
Wert vor *tax amortization benefit*			3,9
tax amortization benefit (Rz 248)			0,2
Zeitwert			**4,1**

Expected-cash-flow-**Ansatz** (im Zustandsbaumverfahren; Diskontierungszins 25 %)

Jahr	Betrag	Diskontierungs-faktor	diskontierter Betrag	kombinierte Wahrscheinlichkeit	gewichteter Wert
1	− 10	0,800	− 8,0	60 %	− 4,8
2	− 10	0,640	− 6,4		
			− 14,4	12 %	− 1,7
3	30		15,4		
4	30		12,3		
5	30		9,8		
6	30	0,374	7,9		
7	30	0,325	6,3		
8	30	0,283	5,0		
9	30	0,246	4,0		
10	30	0,214	3,2		
			35,1	28 %	9,8
Wert vor *tax amortization benefit*				100 %	3,3
tax amortization benefit (Rz 248)					0,6
Zeitwert					3,9

Im Beispiel wurde der Diskontierungssatz von 75 % so gewählt, dass sich in etwa der gleiche Zeitwert wie in der mehrwertigen Planung bei einem Diskontierungssatz von 25 % ergibt. Der zusätzliche Risikoaufschlag in der einwertigen Planung (75 % − 25 % = 50 %) ist aber ohne den Vergleich zur mehrwertigen Planung nicht objektivierbar; mit diesem Vergleich ist andererseits die einwertige Planung überflüssig.

10.7 Hyperlizenzen

Hyperlizenzen (z. B. Mobilfunklizenz, Spielbanklizenz, Lizenz zum Betrieb einer Autobahn), mit denen das gesamte Geschäft steht und fällt – sog. *greenfield approaches* – unterstellen ein Unternehmen, das zunächst nichts besitzt als die zu bewertende Lizenz. Um aus ihr Ertrag zu generieren, muss, ausgehend von der „grünen Wiese", möglichst schnell ein funktionierender Betrieb aufgebaut werden (*investive cash outflows*), der auf der Basis der Lizenz Erträge (*operative netto cash inflows*) erwirtschaftet. Der Barwert des fiktiven Geschäftsplans dieses Unternehmens stellt den Wert der Lizenz dar.

246

Praxis-Beispiel

Im Rahmen des Erwerbs eines Tochterunternehmens ist der Zeitwert der Mobilfunklizenz dieses Unternehmens zu bewerten. Zeitnahe Transaktions- oder Auktionspreise stehen nicht zur Verfügung. Die tatsächlich vor mehr als einem Jahr gezahlten Preise sind angesichts drastisch verschlechterter Prognosen für den Mobilfunksektor nicht mehr relevant. Der marktorientierte Ansatz scheidet somit aus.

Der Einsatz eines einfachen Einkommens- bzw. *discounted-cash-flow*-Verfahrens scheitert daran, dass die Mobilfunklizenzen (im Gegensatz zu vielen anderen Lizenzen) keinen zusätzlichen, isolierbaren Nutzen in Form höherer Preise, niedrigerer Kosten etc. erbringen. Das gesamte Geschäft steht und fällt mit der Lizenz. Der (nach Abzug der übrigen Vermögenswerte bzw. einer kalkulatorischen Verzinsung für sie) verbleibende Gegenwartswert im Geschäftsplan stellt daher immer ein Mixtum aus *goodwill* sowie Lizenz dar und löst die Aufgabe der Bewertung der Lizenz gerade nicht.

Der Gutachter wendet deshalb das *discounted-cash-flow*-Verfahren in der sog. *build-out*-Variante des *greenfield approach* an. Dieses artifizielle, aber in amerikanischen Gerichtsverfahren und von der amerikanischen Börsenaufsicht anerkannte Modell arbeitet mit folgenden Fiktionen:

- Zum Bewertungsstichtag verfügt das Unternehmen nur über die Lizenz und kein weiteres Vermögen. Ein Unternehmen ist aus dem Nichts (*start from the scratch*) „um diese Lizenz herum" aufzubauen.
- Um die Lizenz zu nutzen und aus ihr Erträge zu erzielen, müssen ein technisches Netzwerk aufgebaut, Kunden und Mitarbeiter geworben werden etc.
- Die damit verbundenen Ausgaben führen zunächst zu negativen *cash flows* bei allerdings schnell steigenden Umsätzen.
- Beim Ausbau (*build out*) der Lizenz werden die Fehler der Vergangenheit nicht wiederholt (Lernkurveneffekt). Der *business*-Plan des *build-out*-Unternehmens erreicht daher schon nach etwa zehn Jahren den tatsächlichen *business*-Plan (Konvergenz).
- Der *discounted-cash-flow*-Wert des *build-out*-Plans (inkl. des *terminal value* für die Jahre 10 ff.) stellt das mit der Lizenz fiktiv erzielbare abgezinste Einkommen, also den Zeitwert der Lizenz dar.

Zusätzliche Schwierigkeiten ergeben sich, wenn das Unternehmen zwei Lizenzen hält (z. B. GSM und UMTS). Soweit wegen der (geplanten) Komplementarität der Netzwerke (UMTS in den Ballungsräumen, GSM in der Fläche) *cash flows* nur im Verbund erzeugt werden, muss eine hypothetische Relativbetrachtung durchgeführt werden. Der im *build-out*-Modell ermittelte Gesamtwert der Lizenzen wird nach dem Verhältnis der erwarteten UMTS- und GSM-Einnahmen, bei begründbarer Allokation der Ausgaben nach den Netto-*cash flows*, gesplittet.

247 Im Schrifttum wird zum Teil die Auffassung vertreten, *greenfield approaches* seien jedenfalls nach US-GAAP, ggf. auch nach IFRS unzulässig, da sie gegen das Verbot verstießen, andere Vermögenswerte als den *goodwill* mit der „Residualmethode" zu bewerten.[87] Dieser Auffassung stimmen wir nicht zu. Sie verwechselt u. E. das im *greenfield approach* angewendete residuale *cash-flow*-Modell mit der nicht anzuerkennenden Gesamt-Residualmethode, den Wert eines Vermögenswerts dadurch zu bestimmen, vom Kaufpreis den Wert sämtlicher anderer Vermögenswerte und Schulden abzuziehen. Diese Art der Gesamtbetrachtung ist naturgemäß dem *goodwill* vorbehalten. Der *greenfield approach* baut seine Berechnungen aber gerade nicht auf den Kaufpreis auf und ist auch nicht direkt von den Werten aller anderen Vermögenswerte und Schulden abhängig.

10.8 *Tax amortization benefit*

248 Bei **einkommensorientierten** Bewertungen (Rz 107) abschreibungsfähiger Vermögenswerte führt die Diskontierung der Einzahlungsüberschüsse/Auszah-

---

[87] CASTEDELLO/KLINGBEIL/SCHRÖDER, WPg 2006, S. 1028 ff.

lungsersparnisse zunächst nur zu einem Nettowert, der den steuerlichen Vorteil aus der Abschreibungsfähigkeit noch nicht berücksichtigt. Dieser *tax amortization benefit* ist als zweite Wertkomponente zu berücksichtigen. Da der Zeitwert ein von den Besonderheiten des konkreten Erwerbs bzw. Erwerbers abstrahierter Wert ist, muss der *tax amortization benefit* unabhängig davon berücksichtigt werden, ob der Unternehmenserwerb als *asset deal* tatsächlich zu steuerlichen Mehrabschreibungen geführt hat oder beim *share deal* keine Mehrabschreibungen entstehen. Wegen der Ermittlung des Barwerts des Steuervorteils wird auf → § 8a Rz 41 verwiesen.

§ 32   TOCHTERUNTERNEHMEN IM KONZERN-UND EINZELABSCHLUSS *(Consolidated and Separate Financial Statements)*

Schrifttum: BISCHOF/ROSS, Qualitative Mindestanforderungen an das Organ nach HGB und IFRS bei einem Mutter-Tochter-Verhältnis durch Organbestellungsrecht, BB 2005, S. 203 ff.; DIETRICH/KRAKUHN/SERLEJA, Analyse der Konsolidierungspflicht ausgewählter Investmentstrukturen nach IFRS 10, IRZ 2012, S. 23 ff.; FREIBERG, Entkonsolidierung wegen Beschränkung des Finanzmitteltransfers?, PiR 2015, S. 59 ff.; FREIBERG, Handeln als Prinzipal oder als Agent?, PiR 2013, S. 96 ff.; FREIBERG, Entscheidungsmacht durch Organbestellungsrecht? – Besonderheiten des mitbestimmten Aufsichtsrats, PiR 2012, S. 329 ff.; FREIBERG/PANEK, Einbezug von Leasingobjektgesellschaften in den IFRS-Konsolidierungskreis, PiR 2013, S. 342 ff.; HACKER, Einzelfragen der Konsolidierung von doppelnützigen Treuhandverhältnissen beim Drittbegünstigten nach IFRS 10, KoR 2016, S. 275 ff.; HANFT/BROSSIUS, Die Endkonsolidierung defizitärer Tochterunternehmen, KoR 2002, S. 33 ff.; HELL/HÖFNER/JUNKER, Call-Optionen über Unternehmensanteile im Anwendungsbereich des IFRS 10, PiR 2016, S. 299 ff.; KRIETENSTEIN, Rechtsstellung der Komplementär-GmbH als auslösendes Moment der Konzernrechnungslegungspflicht nach HGB und IFRS, KoR 2006, S. 267 ff.; KÜTING/MOJADADR, Das neue Control-Konzept nach IFRS 10, KoR 2011, S. 273 ff.; LEITNER-HANETSEDER/SCHAUSBERGER, Änderung der Einbezugskriterien gem. IFRS 10, IRZ 2011, S. 379 ff.; LIECK, Bilanzierung von Umwandlungen nach IFRS, Wiesbaden 2011; LÜDENBACH, Zwischenergebniseliminierung bei Minderheiten, PiR 2015, S. 180 ff.; LÜDENBACH, Veräußerung mehrheitsvermittelnder Anteile an (de facto) agent, PiR 2013, S. 67 ff.; LÜDENBACH, Combined statements bei Einbringung zweier operativer Gesellschaften in eine NewCo, PiR 2011, S. 211 ff.; LÜDENBACH/FREIBERG Gemilderte Stichtagsbetrachtung bei der Bestimmung des Konsolidierungskreises nach IFRS 10, BB 2013, S. 1515 ff.; LÜDENBACH/VÖLKNER, Abgrenzung des Kaufpreises von sonstigen Vergütungen bei der Erst- und Entkonsolidierung, BB 2006, S. 1435 ff.; MEYER, Abgrenzung von substanziellen Rechten und Schutzrechten auf der Grundlage von IFRS 10, PiR 2012, S. 269 ff.; PFÖHLER/ERCHINGER/DOLECZIK/KÜSTER/FELDMÜLLER, Anwendungsfälle für kombinierte und Carve-out-Abschlüsse nach IFRS, WPg 2014, S. 475 ff.; ZWIRNER/KÖNIG, Darstellung der Anteile der Gesellschafter von Personenhandelsgesellschaften im Konzernabschluss, IRZ 2013, S. 31 ff.

Vorbemerkung

Die folgende Kommentierung behandelt IFRS 10 und IAS 27 und berücksichtigt alle Änderungen oder Entwürfe, die bis zum 1.1.2017 verabschiedet wurden. Für einen Überblick über die Rechtsentwicklung vgl. Rz 203 ff.

1 Zielsetzung, Regelungsinhalt und Begriffe

1.1 Konzernbilanzierung: Verhältnis von IFRS 10 zu anderen Konzern-Standards

Vorschriften für den Konzernabschluss finden sich an verschiedenen Stellen des IFRS-Regelwerks. Vorrangig geht es um folgende Standards: **1**

- **IAS 21** behandelt die **Währungsumrechnung** (→ §27).
- **IFRS 3** behandelt die **Kapitalkonsolidierung** (→ §31).
- **IFRS 10** behandelt Fragen des **Konsolidierungskreises** (einzubeziehende Unternehmen), des **Konzernabschlussstichtags**, der **Schulden- und Aufwandskonsolidierung** sowie der **Zwischenergebniseliminierung.**
- **IAS 28 und IFRS 11** behandeln **assoziierte Unternehmen** und **Gemeinschaftsunternehmen** (→ §33 und → §34).

Systematisiert stellt sich das Verhältnis der Vorschriften wie folgt dar: **2**

- **IFRS 3 und IFRS 10** sind die zentralen Standards zum **Konzernabschluss.** Sie befassen sich mit der Definition und konsolidierungstechnischen Behandlung von **Mutter-Tochter-Beziehungen,** ohne die es einen Konzernabschluss nicht gibt.
- Erst wenn eine Mutter-Tochter-Beziehung vorliegt und somit eine Konzernabschlusspflicht begründet ist, d.h. **nur sekundär,** werden **IAS 28** (→ §33) und **IFRS 11** (→ §34) konzernabschlussrelevant. Hält das übergeordnete Unterneh-

men **nur** Beteiligungen an assoziierten Unternehmen (IAS 28) und/oder Gemein-schaftsunternehmen (IAS 31), kommt es nicht zur Konzernabschlusspflicht. IAS 28 und IFRS 11 sind in diesem Fall nur für die Bilanzierung von Beteiligungen im Einzelabschluss des übergeordneten Unternehmens von Bedeutung.

- **IAS 21** (→ § 27) behandelt anders als IFRS 3 und IFRS 10 nicht allgemeine Fragen des Konsolidierungsverfahrens, sondern das **spezifische Problem der Währungsumrechnung**, das sich nur dann stellt, wenn Einheiten eines Kon-zerns in verschiedenen Währungen bilanzieren.

3 **Verstreute Zuständigkeiten** ergeben sich insbesondere im Rahmen der Auf-wärts- und Abwärtskonsolidierung sowie bei mehrheitswahrenden Aufstockun-gen und Abstockungen. Diese Fälle werden zusammengefasst unter → § 31 Rz 154 ff. kommentiert.

1.2 Bilanzierung von Anteilen an Tochterunternehmen im Einzelabschluss, Verhältnis von IAS 27 zu IAS 39/IFRS 9

4 Da die einzelbilanzielle **Bewertung von Tochterunternehmen** im Gegensatz zur Bilanzierung von „einfachen" Anteilen **nicht** in den Anwendungsbereich von **IAS 39** bzw. IFRS 9 fällt (IAS 39.2(a) und IFRS 9.2.1.; → § 28 Rz 13), bedarf es einer Regelung an anderer Stelle, nämlich in IAS 27. Wegen Einzelheiten wird auf Rz 175 ff. verwiesen.

1.3 Beziehungen von IFRS 10 zur IAS-Verordnung der EU und zu § 315a HGB

5 IFRS 10 regelt u. a.,

- **ob** ein Konzernabschluss aufzustellen ist **(Konzernabschlusspflicht)** und
- **wer** in einen ggf. aufzustellenden Konzernabschluss einzubeziehen ist **(Kon-solidierungskreis)**.

Für kapitalmarktorientierte Gesellschaften, die gem. Art. 4 der IAS-Verordnung der EU ihren Konzernabschluss pflichtweise nach IFRS erstellen, und für andere Gesellschaften, die das Wahlrecht zu einem befreienden IFRS-Konzernabschluss gem. § 315a Abs. 3 HGB nutzen (→ § 7), laufen die IFRS-Regeln zur Konzern-abschlusspflicht jedoch ins Leere.

Nach den Vorgaben der EU-Kommission[1] und des Handelsrechts beurteilt sich die **Pflicht** zur Aufstellung, Veröffentlichung und Prüfung eines Konzern-abschlusses allein nach den **EU-Richtlinien** und ihrer Umsetzung in nationales Recht **(HGB)**. Nur wer nach Maßgabe dieser Bestimmungen einen Konzern-abschluss zu erstellen hat und darauf IFRS anwenden muss (kapitalmarktorien-tierte Gesellschaften) oder will, unterliegt auch den Vorschriften von IFRS 10. Somit ergibt sich für deutsche Anwender folgende **Arbeitsteilung zwischen HGB und IFRS:**

- Beurteilung der **Konzernabschlusspflicht nach HGB,**
- Beurteilung des **Konsolidierungskreises nach IFRS 10.**

Im Einzelnen wird auf Rz 89 sowie → § 7 Rz 5 verwiesen.

---

[1] EU-Kommission, Kommentare zu bestimmten Artikeln der Verordnung (EG) Nr. 1606/ 2002, http://ec.europa.eu/internal_market/accounting/docs/ias/200311-comments/ias-200311-comments_de. pdf, abgerufen am 4.1.2017.

2 Kontrolle als Grundlage des Konzernbegriffs

2.1 Einheitliches Konsolidierungskonzept

Nach **bisherigem Recht** (IAS 27 rev. 2008 i.V.m. SIC 12) standen zwei Kon- **6**
solidierungskonzepte nebeneinander:

- **„Normale" Unternehmen** wurden gem. IAS 27 rev. 2008 nach dem Kriterium der Entscheidungsgewalt/Macht *(power)* dann als Tochterunternehmen qualifiziert, wenn ein übergeordnetes Unternehmen, insbesondere durch Stimm- bzw. Organbesetzungsrechte, die Fähigkeit hatte, die Geschäfts- und Finanzpolitik des untergeordneten zu bestimmen.
- **Zweckgesellschaften** (SPEs) wurden hingegen gem. SIC 12 dann voll konsolidiert, wenn der Investor die Mehrheit der **Chancen** und **Risiken** trug.

Dieses Nebeneinander zweier Konzepte soll gem. **IFRS 10** durch ein **einheitliches** Konsolidierungskonzept ersetzt werden. Ein Mutter-Tochter-Verhältnis liegt dann vor, wenn das übergeordnete Unternehmen

- aufgrund bestehender Rechte die Fähigkeit hat, die relevanten Aktivitäten des untergeordneten Unternehmens zu bestimmen (Kriterium der **Entscheidungsgewalt bzw.** *power;* Rz 12),
- variablen Rückflüssen aus dem Engagement im untergeordneten Unternehmen ausgesetzt ist (Kriterium der **Ergebnisvariabilität** bzw. *variability in returns*; Rz 66) und
- eine Verbindung zwischen beiden besteht, d.h. die Entscheidungsgewalt eingesetzt werden kann, um die Höhe der Rückflüsse zu beeinflussen *(linkage between power and variability to returns).*

Diese Kriterien sind gleichermaßen auf „normale" Unternehmen wie auf bisher **7**
als *special purpose entities*, in ED IFRS 10 (und IFRS 12) aber als *structured entities* bezeichnete Unternehmen, anzuwenden. Gleichwohl bestehen auch nach IFRS 10 **praktische Unterschiede** zwischen beiden Arten von Engagements:

- Bei **breit operierenden** Unternehmen können die relevanten Aktivitäten i.d.R. nur über **Stimmrechte** oder **äquivalente** Instrumente (etwa Beherrschungsverträge) bestimmt werden. Die amerikanische Praxis spricht demzufolge von *voting interest entities* oder *voting control entities.* Regelmäßig ist mit dem Stimmrecht auch eine Beteiligung am Kapital und an den Ergebnissen verbunden und damit eine Variabilität der Rückflüsse. Ebenso regelmäßig werden über die Stimmrechte oder stimmrechtsähnlichen Instrumente die Rückflüsse beeinflusst.
- Bei **Unternehmen mit enger Zwecksetzung**, etwa Leasingobjekt- oder ABS-Gesellschaften, ist es hingegen möglich und üblich, die Aktivitäten in weitem Maße durch schuld- oder gesellschaftsrechtliche Regelungen im Vorhinein zu bestimmen, so dass sich die Entscheidungsspielräume der Exekutiv- und Aufsichtsorgane oder der Gesellschafter häufig auf Administratives (z.B. Besorgen der Buchhaltung, Feststellung des Jahresabschlusses usw.) beschränken. Den Stimmrechten kommt bei diesen *non-voting interest entities* keine überragende Bedeutung zu. Entscheidungsgewalt wird vielmehr über die Festlegung von Struktur und Zweck der Einheit *(purpose and design)* und spezielle Beziehungen (etwa als Finanzier, einziger Kunde usw.) ausgeübt. Dabei besteht die begründete Vermutung, dass bei hoher Teilhabe eines Investors an

den Risiken und Chancen dieser auch die Entscheidungsgewalt über Gründungsverträge oder in sonstiger Weise zu seinen Gunsten geregelt hat.

Die Unterschiedlichkeit von normalen und Zweckgesellschaften lebt damit zwar nicht konzeptionell, aber in der **praktischen** Anwendung von IFRS 10. Aus praktischer Sicht bedeutet dies etwa:

- Bestehen in einem **normalen Unternehmen** klare Stimmrechtsmehrheiten, ist damit die Kontrollfrage regelmäßig schon beantwortet. Einer detaillierten Untersuchung von Zweck und Struktur des Unternehmen, Risiko-Chancen-Verteilung, besonderen Beziehungen usw. bedarf es dann i.d.R. nicht.[2]
- Umgekehrt sind bei einem **strukturierten Unternehmen** (Zweckgesellschaften) die Stimmrechte regelmäßig von geringem Interesse und deshalb die anderen genannten Faktoren eingehend zu untersuchen.

Dieser praktischen Differenzierung folgend, behandelt auch die nachfolgende Darstellung **beide** Unternehmenstypen **getrennt.** Dem vorangestellt sind in Rz 10 ff. einige grundlegende Überlegungen.

8   Systematisch verlangt die Anwendung von IFRS 10 folgende Prüfschritte:

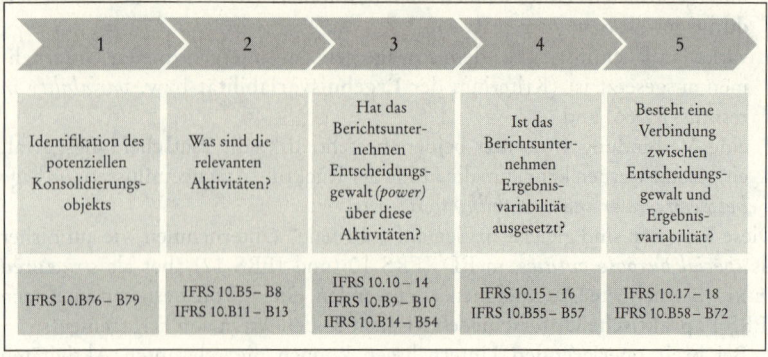

Abb. 1: Prüfschritte bei der Anwendung von IFRS 10

9   Der Konzernbegriff definiert sich

- über die **Möglichkeit,** die signifikanten Aktivitäten eines anderen Unternehmens zu bestimmen;
- auf die **tatsächliche** Einflussnahme, also die Ausübung der Möglichkeit, kommt es nicht an (IFRS 10.12).

Andererseits lässt eine dauerhafte **tatsächliche** Einflussnahme häufig den Rückschluss auf eine **gesicherte Möglichkeit** der Beherrschung zu (IFRS 10.12). Unter dieser Voraussetzung ist ein Mutter-Tochter-Verhältnis i.d.R. auch bei **faktischer** Kontrolle zu bejahen (Rz 50). Aus dieser Sicht ist der Kontrollbegriff der umfassendere Begriff: Die gesicherte Möglichkeit schließt die tatsächliche Einflussnahme regelmäßig ein.

---

[2]   A. A. Beyhs/Buschhüter/Schurbohm, WPg 2011, S. 663: Nach ihrer Auffassung müssen sämtliche bei strukturierten Unternehmen zu prüfenden Umstände auch bei normalen Unternehmen untersucht werden.

2.2 Identifikation des potenziellen Konsolidierungsobjekts

Potenzielles Konsolidierungsobjekt ist regelmäßig eine **rechtliche Einheit (Gesellschaft)**. Schon in der Auslegung des früheren Rechts dominierte aber die Auffassung, dass in Ausnahmefällen auch ein Ausschnitt (sog. **Silo**) aus einer Gesellschaft als Konsolidierungsobjekt infrage kommen kann. IFRS 10.B76 ff. sieht nunmehr explizit eine solche Möglichkeit vor (Rz 78). 10

Praktische Bedeutung haben die Silos vor allem bei strukturierten Unternehmen (SPEs).[3] Ein Anwendungsbeispiel im Bereich der **ABS-Transaktionen** sind sog. multi-seller conduits, bei denen mehrere Unternehmen ihre Forderungen an eine Gesellschaft verkaufen. Ist der *conduit* so strukturiert, dass die Forderungen in verschiedenen Pools gehalten werden und bzgl. jedes Pools eigene Refinanzierungen (Ausgabe von ABS-Papieren) und eigene Kreditverstärkungen (etwa Rückkaufgarantien) bestehen, liegen trotz eines **einheitlichen rechtlichen Mantels** mehrere potenzielle Konsolidierungsobjekte vor. Voraussetzung ist, dass die Verbindlichkeiten des jeweiligen Pools ausschließlich aus den Vermögenswerten dieses Pools bedient werden und den anderen Gläubigern nicht zur Verfügung stehen (IFRS 10.B76 ff.). Entsprechende Gestaltungen sind auch bei **Leasingobjektgesellschaften** denkbar, indem etwa mehrere Leasingobjekte unter einer rechtlichen Hülle zusammengefasst sind, aber jedes Objekt separat finanziert wird und der Rückgriff des jeweiligen Finanziers auf die anderen Objekte vertraglich ausgeschlossen ist. Ein weiteres Anwendungsgebiet sind sog. *umbrella funds* (Rz. 79)

IFRS 10 erfasst beide potenziellen Konsolidierungsobjekte, also die rechtlichen Einheiten und die sog. Silos, unter dem Begriff *„investee"* (also der Einheit, in die investiert wird). Das potenzielle Mutterunternehmen wird hingegen als *„investor"* bezeichnet. Besteht Kontrolle über den *investee*, wird er als Tochterunternehmen *(subsidiary)*, der *investor* als Mutterunternehmen *(parent)* bezeichnet (IFRS 10.2(a)) und insoweit die „alte" Terminologie aus IAS 27 beibehalten. 11

Die Begriffe *investee* und *investor* sind missverständlich. Sie könnten so verstanden werden, als ob Voraussetzung für ein Beherrschungsverhältnis eine Investition in das beherrschte Unternehmen (insbesondere ein Anteilserwerb) sei. Eine solche ist jedoch nach IFRS 10.5 nicht erforderlich. Ausreichend ist ein Beteiligtsein i. w. S. *(involvement)*; auf die Art der **Involvierung** kommt es nicht an.[4]

2.3 Die relevanten Aktivitäten und der Mechanismus, mit dem über sie bestimmt wird

Die Identifikation der **relevanten Aktivitäten** ist deshalb von zentraler Bedeutung, weil hieran die Verfügungs- bzw. **Entscheidungsgewalt** *(power)* festgemacht wird. Die Entscheidungsgewalt (die amtliche Übersetzung spricht von „Verfügungsgewalt") über ein Unternehmen liegt bei demjenigen, der dessen relevante Aktivitäten bestimmen kann (IFRS 10.10), und zwar auf der Grundlage von gesellschaftsrechtlichen, aber auch schuldrechtlichen Rechtspositionen (IFRS 10.11). 12

In diesem Kontext definiert IFRS 10.A jene Aktivitäten als relevant, die sich signifikant auf die Rendite bzw. Ergebnisse *(returns)* des untergeordneten Unter-

---

3   Gl. A. Böckem/Stibi/Zoeger, KoR 2011, S. 401.
4   Vgl. Beyhs/Buschhüter/Schurbohm, WPg 2011, S. 668 ff.; ähnlich Böckem/Stibi/Zoeger, KoR 2011, S. 400 f.

nehmens *(investee)* auswirken, und differenziert den Standard inhaltlich zwischen normalen und strukturierten Unternehmen[5] (allerdings ohne den in ED IFRS 10 und IFRS 12 verwandten Begriff der *structured entity* explizit zu verwenden):

- **Normale Unternehmen:** Bei vielen Unternehmen (*„many investees"*) hat gem. IFRS 10.B11 ein breites Spektrum von Aktivitäten signifikante Auswirkungen auf die Ergebnisse, u.a. die Beschaffungs- und Absatzaktivitäten, Forschungs- und Entwicklungstätigkeiten, Finanzierungstätigkeiten, das Management von finanziellen Vermögenswerten (z.B. Forderungen), Auswahl, Erwerb und Veräußerung von Anlagen usw. Zu fragen ist dann, wie die hierauf bezogenen Entscheidungen inkl. **Budgetfestsetzungen** und **Metaentscheidungen** über Bestellung und Abberufung des Entscheidungspersonals (Geschäftsführer, *key management personnel*) bestimmt werden können. Nach IFRS 10.B16 sind hierzu regelmäßig **Stimmrechte** oder **vergleichbare Rechte** (Organbesetzungsrechte, Beherrschungsverträge usw.) erforderlich.[6]
- **Strukturierte Unternehmen:** Stimmrechte oder vergleichbare Rechte gewähren gem. IFRS 10.B17 dann keine Entscheidungsgewalt, wenn sie sich hauptsächlich auf administrative Dinge (etwa Besorgen der Buchhaltung, Management werthaltiger Debitoren, Aufstellung und Feststellung des Jahresabschlusses usw.) beziehen und schuld- und/oder gesellschaftsrechtliche Vereinbarungen die Aktivitäten der Gesellschaft in weitem Umfang vorherbestimmen (sog. **Autopilot**). Für die Beurteilung der Machtverhältnisse in derartigen Fällen verweist IFRS 10.B17 auf IFRS 10.B5 – IFRS 10.B8 und damit insbesondere auf **Struktur** (Gestaltung) und **Zweck** des Unternehmens (Rz 59) sowie auf IFRS 10.B51 ff. i.V.m. IFRS 10.B18 ff. und damit insbesondere auf **praktische Beeinflussungsmöglichkeiten** (Rz 64) und **spezielle Beziehungen** (etwa technologische oder finanzielle Abhängigkeiten; Rz 65) und auf das Maß, in dem die **Risiken und Chancen** aus den Aktivitäten des untergeordneten Unternehmens beim Investor liegen (Rz 66). Weitgehend entspricht dies den früheren Regelungen von SIC 12 zu Zweckgesellschaften (SPEs), wobei der Anwendungsbereich von IFRS 10 insofern größer erscheint, als nicht zwingend eine enge Zwecksetzung gefordert ist und in der Beurteilung der Konsolidierungspflicht die Risiko-Chancen-Verteilung nur noch ein von mehreren insgesamt zu würdigenden Faktoren ist.[7]

Als **Zwischenfazit** lässt sich festhalten: Wenngleich IFRS 10 im Interesse eines einheitlichen Konsolidierungsmodells, anders als noch IAS 27 und SIC 12 anders als auch noch ED IFRS 10 (und IFRS 12), nicht mehr begrifflich zwischen normalen und strukturierten Unternehmen unterscheidet, bleibt diese Unterscheidung **substanziell** erhalten. Die nachfolgenden Ausführungen folgen daher dieser Unterscheidung. Hierbei ist allerdings Folgendes zu beachten: Wenn die Entscheidung, ob ein im Wesentlichen durch Stimmrechte oder Ähnliches gesteuertes Unternehmen *(voting interest entity)* beherrscht wird, nicht eindeutig

---

5   Gl. A. Böckem/Stibi/Zoeger, KoR 2011, S. 404.
6   IFRS 10.B16: *„Generally, when an investee has a range of operating and financing activities that significantly affect the investee's returns and when substantive decision-making with respect to these activities is required continuously, it will be voting or similar rights that give an investor power, either individually or in combination with other arrangements."*
7   Jungius/Knappstein/Schmidt, KoR 2015, S. 233 ff., ermitteln in einer empirische Analyse von DAX und MDAX Unternehmen aber keine quantitativ signifikanten Änderungen des Konsolidierungskreises durch den Übergang von SIC 12 auf IFRS 10.

ist, sind ergänzend die für *non-voting interest entities* greifenden Kriterien heranzuziehen. Bis auf diesen Vorbehalt gilt die Arbeitsteilung gem. Abb. 2:

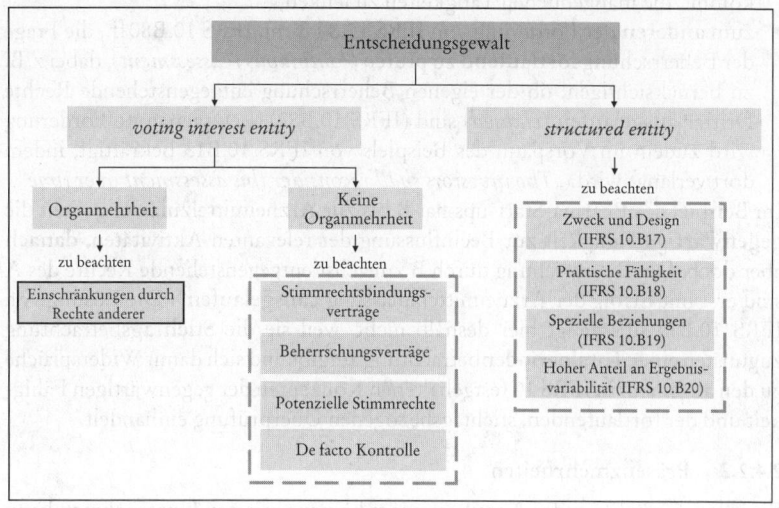

Abb. 2: *Voting interest entity* vs. *structured entity*

2.4 (Gemildertes) Stichtagsprinzip[8]

2.4.1 Problemstellung

Die Frage, ob ein Beteiligungsunternehmen schon oder noch als Tochterunternehmen zu qualifizieren ist, stellt sich nicht nur zum **Bilanzstichtag,** sondern auch **unterjährig** zur Bestimmung des Erstkonsolidierungsstichtags (IFRS 3.8; → § 31 Rz 31) bzw. Entkonsolidierungszeitpunkts (IFRS 10.15) Entsprechend dieser besonderen Bedeutung der Stichtagsbetrachtung verlangt IFRS 10.8 i. V. m. IFRS 10.B80 eine beständige **Überprüfung** *(continuous reassessment),* ob die ursprünglichen Annahmen bzgl. Kontrolle/Nichtkontrolle während der aktuellen Rechnungslegungsperiode noch erfüllt sind. Die kasuistischen Konkretisierungen der Stichtagsbetrachtungen in IFRS 10 sind aber zum Teil widersprüchlich.

13

2.4.2 Einzelfälle

2.4.2.1 Vorherbestimmter Wechsel der Aktivitätensteuerung

Für den Fall des **planmäßigen,** von Anfang an feststehenden Wechsels der Stimmrechte oder sonst entscheidender Rechte (z. B. Geschäftsführung) im Zeitablauf (z. B. A soll die Geschicke eines mit B gegründeten Pharma-Start-ups bis zur Arzneimittelzulassung lenken, B danach) soll nach IFRS 10.B13 einer der beiden Investoren über die **gesamte Laufzeit** die Kontrolle haben, und zwar derjenige, der die „relevanteren" Aktivitäten bestimmt (Rz 51). U. E. **widerspricht** dies aber zwei Konzepten:

14

---

8 Nachfolgende Überlegungen im Wesentlichen übernommen aus LÜDENBACH/FREIBERG, BB 2013, S. 1515 ff.

- zum **einen** dem in IFRS 10.10 enthaltenen Grundsatz, wonach es auf die **gegenwärtige**, nicht auf eine über die Totalperiode gegebene Fähigkeit ankommt, die maßgeblichen Tätigkeiten zu lenken,
- zum **anderen** der Forderung von IFRS 10.8 i. V. m. IFRS 10.B80 ff., die Frage der Beherrschung **fortlaufend** zu prüfen *(continuous reassessment)*, dabei z. B. zu berücksichtigen, ob der eigenen Beherrschung entgegenstehende Rechte Dritter **ausgelaufen** *(elapsed)* sind (IFRS 10.B82). Letztgenannte Forderung wird zudem im Vorspann des Beispiels von IFRS 10.B13 bekräftigt, indem dort verlangt wird: *„The investors shall reconsider this assessment over time"*.

Im Beispiel des Pharma-Start-ups hat B bis zur Arzneimittelzulassung nicht die **gegenwärtige** Fähigkeit zur Beeinflussung der relevanten Aktivitäten, **danach** aber doch. Der Beherrschung durch B zunächst entgegenstehende Rechte des A sind erst mit Erfolg der Arzneimittelzulassung **„ausgelaufen"**. Die Lösung von IFRS 10.B13 überzeugt hier deshalb nicht, weil sie die **Stichtags**betrachtung zugunsten einer **Totalperioden**betrachtung aufgibt und sich damit Widersprüche zu den allgemein in IFRS 10 festgehaltenen Konzepten der gegenwärtigen Fähigkeit und der fortlaufenden, stichtagsbezogenen Überprüfung einhandelt.

2.4.2.2 Präsenzmehrheiten

15 Ein unter 50 % liegender Anteil an einem börsennotierten Unternehmen kann bei breiter Streuung der restlichen Aktien unter Kleinaktionären zu einer Präsenzmehrheit in der Hauptversammlung führen (Rz 44). Hierbei kommt es u. a. auf das **Präsenzverhalten der übrigen Aktionäre** in der Vergangenheit an (IFRS 10.B45). Auf der Zeitschiene gilt:

- Die auf den Bilanzstichtag (**Gegenwart** als Beurteilungszeitpunkt) vorzunehmende Würdigung der Beherrschung
- wird anhand von Daten der **Vergangenheit** genommen,
- die eine **Prognose** für die **Zukunft** (insbesondere nächste Hauptversammlung nach dem Bilanzstichtag) erlauben.

Nach herrschender Auslegung gilt: Nur eine nach den Vergangenheitsdaten als nachhaltig (stabil und robust) einzuschätzende Präsenzmehrheit führt zu Kontrolle. Man könnte dies als eine Art **gemildertes Stichtagsprinzip** bezeichnen. Das Verhältnis der Regelungen von IFRS 10.B24 ff. zum allgemeinen Stichtagsprinzip von IAS 10 und zu seiner speziellen Ausformung in IFRS 10.10 bleibt aber in Teilen undeutlich:

Praxis-Beispiel

Zu beurteilen ist die Konsolidierung der TU durch die MU zum 31.12.01. MU verfügt seit langem über einen Stimmrechtsanteil von 40 %. Die restlichen Anteile von 60 % waren bisher breit gestreut, wobei nur jeder zweite der Kleinaktionäre an den Hauptversammlungen teilnahm. Hieraus ergab sich eine Präsenzmehrheit von 40/70 = 57 %. Im März 02, somit noch während des Bilanzaufstellungszeitraums für 01, erwirbt ein institutioneller Investor von diversen Kleinaktionären insgesamt 20 % der Anteile. Bei gleichbleibendem Präsenzverhalten der verbleibenden Kleinaktionäre und unterstellter Teilnahme des institutionellen Investors an der Hauptversammlung, wird MU in der nächsten, für Mai 02 anberaumten Hauptversammlung keine Präsenzmehrheit mehr haben.

Fraglich ist in vorstehendem Beispiel nun, wann MU eine Entkonsolidierung der TU vorzunehmen hat. Der Anteilserwerb durch den institutionellen Investor könnte als wert- bzw. ansatzänderndes Ereignis *(non-adjusting event)* gewürdigt werden. Dann müsste die Entkonsolidierung der TU auf den März 02 erfolgen. Andererseits kommt es nach IFRS 10.B45 auf die **Gegenwarts**verhältnisse des Bilanzstichtags aber gar nicht an. Es geht also bei der Beurteilung der Beherrschung zum Stichtag darum, eine bestmögliche **Prognose** über die künftigen Verhältnisse abzugeben. Die Vergangenheitswerte sind ebenso wie die Nachstichtagsereignisse nur ein **Inputfaktor** dieser Prognose und damit nur wert- bzw. ansatzerhellende Umstände. Da an der ursprünglichen Prognose nach dem institutionellen Erwerb nicht mehr festgehalten werden kann, die Vergangenheitswerte keine taugliche Basis mehr für die Prognose der nächsten Hauptversammlung darstellen, ließe sich u.E. auch eine Entkonsolidierung schon in alter Rechnung rechtfertigen. Diese Problematik ist in IFRS 10 unzureichend geregelt: Es bleibt **unklar**, wie sich die zwischen Vergangenheit und Zukunft oszillierenden Regelungen zur Präsenzmehrheit in IFRS 10.B43 zu dem allgemeinen Grundsatz der gegenwärtigen Fähigkeit zur Beherrschung in IFRS 10.10 und zu den IAS 10 getroffenen Unterscheidungen zwischen erhellenden und ändernden Ereignissen verhalten. Vorziehungswürdig erscheint u.E. das Abstellen auf ein gemildertes Stichtagsprinzip, nachdem der Kontrollverlust als Folge der durch Werterhellung geänderten Prognose Rückwirkung auf den Bilanzstichtag entfaltet. In der abgelaufenen Periode, konkret zum Stichtag, ist dann auch die Entkonsolidierung geboten.

2.4.2.3 Termingeschäfte, potenzielle Stimmrechte

Nach IFRS 10.B47 können auch potenzielle Stimmrechte aus Aktienoptionen oder unbedingten Termingeschäften ein Beherrschungsverhältnis (mit-)begründen. Entscheidend soll gem. IFRS 10.B59 sein, ob sie die **gegenwärtige Fähigkeit** *(current ability)* zur Beeinflussung der relevanten Entscheidungen gewährt. Beispielhaft werden die Regelungen in IFRS 10.B24 wie folgt erläutert: **16**

> **Praxis-Beispiel**
> Ein Investor hat am 31.12.01 entweder 60 % Anteile der T auf Termin mit dinglicher Erfüllung in 25 Tagen erworben oder hält am 31.12.01 eine entsprechende Kaufoption, die in 25 Tagen ausgeübt werden kann. Nach dem Gesellschaftsvertrag der T kann eine Minderheit von 5 % der Anteilseigner eine Gesellschafterversammlung einberufen, in der dann über die Geschäfts- und Finanzpolitik zu entscheiden ist. Die Einberufungsfrist beträgt a) 50 Tage oder b) 20 Tage. Im Fall a) soll der Investor die T bereits am Bilanzstichtag beherrschen, da aufgrund der Einberufungsfrist von 50 Tagen der Investor an der theoretisch möglichen nächsten Gesellschafterversammlung bereits die Stimmrechtsmehrheit ausüben kann. Im Fall b) soll es aus gegenläufigen Gründen an der Beherrschung fehlen.

Die wörtliche Anwendung dieser Regelungen kann zu unbefriedigenden Ergebnissen, nämlich einem dauernden **Hin und Her** von **Ent**konsolidierungen und **Erst**konsolidierungen führen (Rz 38). Außerdem würden sich aus einer solchen Auslegung problematische Rückschlüsse für einen bereits **vollzogenen** Anteilserwerb ergeben.   **17**

Praxis-Beispiel

Am 15.12.01 erwirbt Investor I im Wege einer feindlichen Übernahme die Mehrheit der Anteile an der X GmbH. Die nach der bisherigen Satzung zu weitgehend autonomem Handeln berechtigte Geschäftsführung möchte I austauschen und durch ihm genehme Personen ersetzen. Entsprechende Beschlüsse setzen eine außerordentliche Gesellschafterversammlung voraus, die nach der Satzung der X nur mit einer Ladungsfrist von vier Wochen einberufen werden kann.

Spiegelbildlich zu IFRS 10.B24 geht es im vorstehenden Beispiel nicht darum, **ob** andere gegen den Willen des (potenziellen) Investors eine bestehende Geschäfts- und Finanzpolitik ändern können, sondern darum, ab **wann** der Investor die bestehende, seinen Interessen zuwiderlaufende Politik ändern kann. Es ist aber offensichtlich, dass I die Geschicke der X weder im Erwerbszeitpunkt (15.12.01) noch am Bilanzstichtag (31.12.01) beherrscht. Im Umkehrschluss aus IFRS 10.B24 wäre eine Erstkonsolidierung erst in 02 möglich. Nach ganz einheitlicher Auslegung von IFRS 3.8(f) ist demgegenüber als *acquisition date*, also Erwerbsstichtag und Erstkonsolidierungsstichtag spätestens der Tag des dinglichen Vollzugs des Anteilserwerbs (im Beispiel also der 15.12.01) anzunehmen (→ § 31 Rz 36).

Grundlage des vorstehenden **Widerspruchs** ist die partielle Abkehr vom Stichtagsprinzip in IFRS 10.B24. Wenn es, wie in den Regeln zu unbedingten Termingeschäften und zu Optionen festgehalten, nicht allein auf die gegenwärtigen Verhältnisse, sondern auf den Blick in die Zukunft (Ausübungszeitpunkt des Termin- oder Optionsgeschäfts im Verhältnis zur Einberufungsfrist für die Gesellschafterversammlung) ankommt, müssten entsprechende, über den dinglichen Erwerbszeitpunkt **zeitlich hinausreichende** Überlegungen auch für einen bereits **vollzogenen** Erwerb gelten. Diese Konsequenz ziehen die IFRS und das Schrifttum aber nicht. Das in IFRS 10.10 festgehaltene Prinzip der *current ability* wird damit für Termingeschäfte **kasuistisch** anders konkretisiert als für bereits vollzogene Erwerbe oder Veräußerungen.

U. E. ist ähnlich wie bei der herrschenden Auslegung der Präsenzmehrheit (Rz 15) eine **gemilderte Stichtagsbetrachtung** angezeigt. Ob wegen des Verhältnisses von Einberufungsfristen zu Termin- bzw. Optionsgeschäftsfristen andere bei der (theoretischen) nächstmöglichen Gesellschafterversammlung noch die Mehrheit haben werden, ist u. E. jedenfalls unerheblich, wenn bei der zeitnah durchsetzbaren übernächsten Gesellschafterversammlung entsprechende Beschlüsse wieder aufgehoben werden können. Entsprechend halten wir es nicht für relevant, wenn wegen der Einberufungsfrist bei vollzogenem, feindlichem Erwerb die alte Geschäftsführung erst mit einiger Verzögerung ausgetauscht werden kann. In beiden Fällen ist unter dem Gesichtspunkt der **nachhaltigen Beeinflussungsmöglichkeiten** eine Beherrschung bereits mit Erlangung der Options-, Termin- oder Anteilsrechte gegeben. Dies entspricht auch dem in IFRS 10.11 als *„power arises from rights"* formulierten Grundsatz, dass unentziehbare Rechtspositionen i. d. R. die Beherrschung begründen, und zwar auch dann, wenn sie erst mit kleineren Verzögerungen durchgesetzt werden können. Im Übrigen vermeidet ein Abstellen auf die Nachhaltigkeit auch das in Rz 38 problematisierte „Hin und Her" von Konsolidierung und Entkonsolidierung.

2.4.2.4 Schuldrechtliche Vereinbarungen

Nach IFRS 10.B39 können auch vertragliche Abreden zwischen einem Investor **18** und anderen Stimmrechtsinhabern ein Beherrschungsverhältnis begründen. Die Vorschrift zielt insbesondere auf **Stimmrechtsbindungsverträge** (Rz 33). Im handelsrechtlichen Schrifttum ist die Bedeutung entsprechender Abreden für eine Beherrschung oder Entherrschung umstritten. Ein Teil des Schrifttums zieht aus der Möglichkeit vertragswidriger, im Verhältnis zur Gesellschaft aber gültiger Stimmabgabe den Schluss, dass sich ein Unternehmen der Mehrheit der Stimmrechte nicht durch Stimmbindungs- oder Entherrschungsverträge begeben kann.[9] Die Gegenauffassung[10] weist nicht nur auf einklagbare Ansprüche gegenüber dem Partner der schuldrechtlichen Abrede hin, sondern auch darauf, dass dem **abredewidrigen Verhalten** in anderen Fällen (etwa beim schulrechtlich gebundenen Treuhänder) keine Bedeutung beigemessen wird.

Relevanz für die IFRS hat der handelsrechtliche Meinungsstreit hinsichtlich **19** seiner Differenzierung zwischen **Innenverhältnis** der schuldrechtlichen Parteien und **Außenverhältnis** zur Gesellschaft sowie hinsichtlich der aus dieser Unterscheidung resultierenden Möglichkeit des abredewidrigen, aber rechtswirksamen Stimmverhaltens.

Praxis-Beispiel

A hält 40 %, B 20 % der Stimmrechte an der X. Im Rahmen eines Stimmrechtsbindungsvertrags hat sich B gegenüber A verpflichtet, sein Stimmrecht in der Gesellschafterversammlung der X nach Weisung des A auszuüben. Der Stimmrechtsbindungsvertrag sieht keine Konventionalstrafen für den Fall einer Verletzung dieser Pflicht vor. Falls B bei einer Gesellschafterversammlung gegen die Anweisung des A abstimmt, kann A nur insoweit Schadensersatz geltend machen, als er eine negative Differenz zwischen der Entwicklung seines Anteilswert nach tatsächlichem Votum der Gesellschafterversammlung und der Entwicklung bei hypothetisch vertragstreuem Votum beweist. Dieser Beweis ist i.d.R. nicht zu erbringen. Weiterhin hat A die Möglichkeit, bei einem abredewidrigen Stimmverhalten des B in der Gesellschafterversammlung 02 gerichtlich ein abredetreues Verhalten für die Gesellschafterversammlungen 03 ff. durchzusetzen. In der Vergangenheit ist es nie zu einer abredewidrigen Stimmrechtsausübung gekommen.

Das Beispiel wirft folgende Probleme auf: Das vertragstreue Verhalten der anderen Partei in der Vergangenheit ist für sich gesehen irrelevant, da sich das Vorliegen eines Beherrschungsverhältnisses gem. IFRS 10.11 i.d.R. am rechtlich **Durchsetzbaren** *(power arises from rights)* und nicht am **tatsächlichen** Geschehensablauf entscheidet. Der Schadensersatzregelung kommt wegen der schwierigen Beweislage ebenfalls keine Bedeutung zu.

Damit kann sich aus dem Stimmrechtsbindungsvertrag eine Beherrschung des Beteiligungsunternehmens durch den Investor nur insoweit ableiten, als der

---

9 Vgl. ADS, Rechnungslegung und Prüfung der Unternehmen, 6. Aufl., 2001 ff., § 290 HGB, Tz. 39; GROTTEL/KREHER, in: Beck'scher Bilanz-Kommentar, 10. Aufl., 2016, § 290 HGB, Tz. 46; OLG Frankfurt/M., Urteil vom 14.11.2006, 5 U 158/05.

10 Vgl. HOFFMANN/LÜDENBACH, NWB Kommentar Bilanzierung, 8. Aufl., 2017, § 290 HGB, Tz. 31.

Investor ein vertragsgemäßes Handeln der anderen Partei gerichtlich **durchsetzen** kann. Dies ist nach dem Sachverhalt aber nicht immer für die nächste Gesellschafterversammlung nach dem Bilanzstichtag, sondern nur für die übernächste möglich. In Analogie zu den in IFRS 10.B27 festgehaltenen Regelungen für Termingeschäfte und potenziellen Stimmrechten müsste daher im Beispiel eine Beherrschung durch den Investor zum 31.12.01 verneint werden. Würde man andererseits in Analogie zu den in IFRS 10.B45 enthaltenen Regelungen für Präsenzmehrheiten (Rz 15) trotz der oben genannten Bedenken auf das Stimmrechtsverhalten *(voting pattern)* der Vertragsparteien in der Vergangenheit abstellen, wäre eine Beherrschung zum gleichen Stichtag zu bejahen.

U. E. ist auch bei schuldrechtlichen Vereinbarungen eine **gemilderte Stichtagsbetrachtung** mit Betonung der Nachhaltigkeit angezeigt: Wenn die Rechte aus der vertraglichen Vereinbarung zwar nicht sofort (zur nächsten Gesellschafterversammlung), aber nachhaltig durchgesetzt werden können, sind sie eine taugliche Basis für ein Beherrschungsverhältnis.

2.4.3 Fazit

20   Der Umgang mit Stichtagsproblemen in IFRS 10 ist **widersprüchlich**. Als Lösung bietet sich eine modifizierte Interpretation des Grundsatzes der *current ability* an. Dieser führt bei zu enger Auslegung in vielen Fällen zu Nichtergebnissen, dann nämlich, wenn am Stichtag selbst gar nichts zu entscheiden, die Fähigkeit also stichtagsübergreifend zu beurteilen ist. Abzustellen ist u. E. daher auf ein **gemildertes Stichtagsprinzip**. Bei konsequenter Anwendung kommt es im schuldrechtlichen Fall auf die Möglichkeit des einmaligen abredewidrigen Verhaltens nicht an, ist bei Termingeschäften oder Optionen auf Anteile (ebenso beim einfachen Anteilserwerb) das zufällige Verhältnis von Einberufungsfristen für Gesellschafterversammlungen und eigener Teilnahmemöglichkeit an der Gesellschafterversammlung nicht erheblich. Eine Totalperiodenbetrachtung wie etwa beim Wechsel der Aktivitätensteuerung scheidet andererseits aus, da das Stichtagsprinzip zwar zu mildern, aber nicht aufzugeben ist.

2.5 Kontrolle durch Stimmrechte oder ähnliche Rechte *(voting interest entities)*

2.5.1 Überblick

21   Unternehmen mit einem **breiten** Spektrum von Aktivitäten können i. d. R. nur über Stimmrechte oder ähnliche Rechte beherrscht werden (Rz 12). Folgende Grundfälle führen regelmäßig zur Beherrschung durch den Investor:

- Der Investor hält selbst oder über einen für ihn Handelnden *(agent)* die (für die relevanten Entscheidungen notwendige) **Mehrheit** der **Stimmrechte** in der Gesellschafterversammlung oder bzgl. des sonst für die Beherrschung der Gesellschaft maßgeblichen Organs (Rz 22).
- Der Investor hat aufgrund von Vereinbarungen mit anderen Gesellschaftern **(Stimmrechtsbindungen)** eine entsprechende Mehrheit (Rz 33).
- Der Investor kann aufgrund eines **Beherrschungsvertrags** die Geschäfte der untergeordneten Gesellschaft bestimmen (Rz 33).

- Der Investor hat aus Call-Optionen oder anderen Vereinbarungen **potenzielle Stimmrechte**, die allein oder i.V.m. anderen Rechten eine Beherrschung ermöglichen (Rz 35).
- Der Investor hat eine nachhaltige **Präsenzmehrheit** (*de facto control*; Rz 44).

2.5.2   Mehrheit in der Gesellschafterversammlung

2.5.2.1   Bestimmung der Stimmrechtsquote

Soweit die relevanten Aktivitäten eines Unternehmens (Rz 12) im Wesentlichen über die Gesellschafterversammlung bestimmt werden und nicht besondere Umstände (etwa eine satzungsmäßige Einstimmigkeitsregelung) vorliegen, gewährt die **Stimmrechtsmehrheit** in der Gesellschafterversammlung regelmäßig Kontrolle.

22

Die **Stimmrechtsmehrheit** kann auf drei Arten zustande kommen:

- Alle **Stimmrechte entsprechen den Kapitalanteilen.** Das Mutterunternehmen verfügt über die Kapitalmehrheit und damit auch über die Stimmrechtsmehrheit.
- Die Kapitalanteile sind mit **unterschiedlichen Stimmrechten** ausgestattet (stimmrechtslose Anteile, Mehrstimmrechtsanteile usw.). Das Mutterunternehmen verfügt unter Berücksichtigung dieser Sonderregelungen über die Mehrheit der Stimmrechte.
- Das Mutterunternehmen hat aufgrund seiner Kapitalanteile, auch unter Berücksichtigung der besonderen Ausstattung mit Mehrstimmrechten usw., keine Stimmrechtsmehrheit, es kann jedoch aufgrund von **(Stimmrechts-)Vereinbarungen** mit anderen Gesellschaftern über deren Stimmrechte verfügen und hat deshalb in zusammengefasster Betrachtung die Stimmrechtsmehrheit.

Die Ermittlung der Stimmrechtsquote ergibt sich technisch als **Quotient aus eigenen Stimmrechten und Gesamtzahl der Stimmrechte.** Anders als § 290 HGB sieht IFRS 10 keine expliziten Vorschriften zur Ermittlung dieser beiden Größen vor. In Anwendung allgemeiner Grundsätze sowie der Regelungen für *principal-agent*-Beziehungen (Rz 26) gilt aber Folgendes:

23

- Das Mutterunternehmen verfügt in wirtschaftlicher Betrachtung **nicht** über Anteile bzw. Stimmrechte, die es für **konzernexterne Dritte** (z.B. als Treuhänder oder Sicherungsnehmer) hält, wenn es diese Rechte nach Weisung oder wenigstens im Interesse des Dritten ausüben muss. Im Fall der Einzelweisung fehlt es schon an der Möglichkeit, die Politik des untergeordneten Unternehmens zu bestimmen, im Fall des Handelns im Interesse des Konzernfremden erfolgt die Einflussnahme jedenfalls nicht mit der Zweckrichtung, eigenen Nutzen zu ziehen.
- Umgekehrt sind den eigenen Stimmrechten solche **hinzuzurechnen**, die Konzernfremde **für Rechnung** des Mutterunternehmens halten.
- Bei der **Gesamtzahl der Stimmrechte** ist ein **Abzug** für solche Stimmrechte vorzunehmen, die nicht ausgeübt werden können, z.B. weil sie auf **eigene Anteile** entfallen und das Gesetz die Ausübung von Rechten auf eigene Anteile nicht zulässt.

Zum letzten Punkt folgendes Beispiel:

> **Praxis-Beispiel**
> Die T AG hat 5 Mio. Aktien ausgegeben. Sie hat davon zuletzt nach § 71 AktG
> 500.000 Aktien erworben.
> Die M AG hält 2,2 Mio. Aktien der T AG.
> Nach § 71b AktG stehen der T AG aus den eigenen Aktien keine Rechte zu.
> Die Stimmrechtsquote der M bestimmt sich danach wie folgt:
> 2,2 Mio. / 4,5 Mio. = 49 %.
> Es liegt kein Mutter-Tochter-Verhältnis vor.
>
> **Variante 1**
> Von den 4,5 Mio. im Umlauf befindlichen Aktien entfallen 1,5 Mio. auf die
> konzernfremde X AG. Die X AG hat einen großen Teil dieser Aktien erst vor
> kurzer Zeit erworben und ist dadurch in den Besitz von mehr als 25 % der
> Anteile gelangt. Der damit verbundenen Mitteilungspflicht gegenüber der
> Gesellschaft nach § 20 Abs. 1 AktG ist die X AG noch nicht nachgekommen.
> Für die Zwischenzeit stehen der X AG daher die Rechte aus den Aktien nicht
> zu (§ 20 Abs. 7 AktG).
> Bei Ausklammerung der Aktien der X AG würde die M AG über 2,2 Mio. /
> 3 Mio., also über 73 % der Anteile verfügen.
> Die X AG kann jedoch die unterlassene Mitteilung jederzeit nachholen und
> erlangt dann sofort volle Stimmrechte. Die M AG kann somit die T AG nur so
> lange beherrschen, wie die X AG dies duldet. Eine geduldete Beherrschung ist
> aber keine Beherrschung. U. E. bleibt es deshalb bei der Stimmrechtsquote
> von 49 %.
>
> **Variante 2**
> Die T AG ist eine börsennotierte Gesellschaft i. S. d. § 2 Abs. 2 WpHG.
> Die X AG unterliegt nach § 20 Abs. 8 AktG von vorneherein keinen Stimm-
> rechtsbeschränkungen, so dass es der vorgenannten Abwägung und Über-
> legung nicht bedarf.

2.5.2.2 Indirekte Beteiligungen

24 Das Mutterunternehmen kann gem. IFRS 10.B75(a) und IFRS 10.B73 nicht nur
direkt, sondern auch **indirekt** über als Agenten handelnde andere Tochterunternehmen über **Stimmrechte** am untergeordneten Unternehmen verfügen. Besteht
die indirekte Beteiligung neben der direkten Beteiligung, sind beide Beteiligungen **zusammenzurechnen**.
Die indirekte Beteiligung ist i. d. R. voll und nicht lediglich quotal dem Mutterunternehmen zuzurechnen. Im Einzelfall kann auch eine andere Beurteilung in
Betracht kommen, sofern die indirekte Kontrollmöglichkeit über das andere
Tochterunternehmen eingeschränkt ist.
Hierzu folgendes Beispiel:

Praxis-Beispiel
Die M AG ist
- zu 30 % an der T2 und
- zu 60 % an der T1 (an den Stimmrechten) beteiligt.
- T1 hält wiederum 30 % der Anteile an der T2.

Rechnerisch beträgt der Anteil der M AG an der T2
30 % (direkt)
+ 60 % × 30 % = 18 % (indirekt über T1)
= 48 % (gesamt).

Für die Beurteilung der Konsolidierungspflicht sind hingegen die der T1 zuzurechnenden Anteile voll anzusetzen, weil T1 bei jeder über 50 % hinausgehenden Beteiligung von M beherrscht wird, somit
30 % (direkt)
+ 30 % (indirekt über T1)
= 60 % (gesamt)

T2 ist Tochterunternehmen, weil M über 30 % der Stimmrechte direkt und über weitere 30 % indirekt, also insgesamt über 60 % der Stimmrechte verfügt.

Variante
Werden die anderen 40 % an der T1 jedoch von E gehalten und ist durch den Gesellschaftsvertrag von T1 oder in sonstiger Weise gesichert, dass abweichend von den sonstigen geschäftspolitischen Maßnahmen der T1 alle Entscheidungen der T1 in Bezug auf die Beteiligung an der T2 ein Einvernehmen von M und E voraussetzen, so greift die Kontrolle von M auf T1 nicht auf T2 durch. T1 ist zwar Tochterunternehmen von M, da für alle sonstigen geschäftspolitischen Maßnahmen der T1 normale Mehrheitsregeln gelten. M kann jedoch nur im Einvernehmen mit E die Stimmrechte der T1 in der Gesellschafterversammlung T2 ausüben.

M beherrscht somit nur die eigenen Anteile an der T2, während es die von T1 an T2 gehaltenen Anteile nicht beherrscht. T2 ist nicht Tochterunternehmen der M.

Auch für die indirekte Beteiligung kommt es auf die wirtschaftliche Zurechnung der Stimmrechte an; bei Treuhandvereinbarungen usw. sind also Zu- oder Abrechnungen vorzunehmen (Rz 23). **25**

Keinen Eingang in die Gesamtbetrachtung der direkt und indirekt gehaltenen Anteile finden solche Anteile, die das Mutterunternehmen über assoziierte Unternehmen (→ § 33) oder *joint ventures* (→ § 34) hält. Sie sind nicht zu berücksichtigen.

2.5.2.3 Besonderheiten bei Insolvenz, Treuhandschaft usw.
(*principal-agent*-Beziehungen)

Trotz Stimmrechts- oder Organbesetzungsmehrheit liegt dann keine Beherrschung vor, wenn aufgrund gesetzlicher oder regulatorischer Vorgaben die relevanten Aktivitäten von einem Dritten bestimmt werden, etwa durch einen **Insolvenzverwalter** (IFRS 10.B37). **26**

Eine Rückausnahme besteht, wenn der Dritte für das Berichtunternehmen handelt, Letzteres also „**Geschäftsherr**" *(principal)*, der Dritte hingegen „**Agent**"

(agent) ist. Umgekehrt liegt die Beherrschung nicht beim Berichtsunternehmen, wenn dieses selbst lediglich als Agent handelt (IFRS 10.B58). Ein klassischer Anwendungsfall der *principal-agent*-Beziehung sind fiduziarische **Treuhandverhältnisse.** Kann der Treugeber dem Treuhänder jederzeit das Verfügungsrecht über die Stimmrechte oder vergleichbare Rechte entziehen *(kick-out right)*, sind diese Rechte dem Treugeber zuzurechnen (IFRS 10.B61).

Wird die Leistung eines nicht jederzeit kündbaren Dritten in hohem Maße erfolgsabhängig vergütet, handelt er i.d.R. nicht als Agent, sondern in eigener Sache (IFRS 10.B68ff.).

27   IFRS 10.B58ff. konkretisieren den Aspekt der „übertragenen Verfügungsgewalt" *(delegated power)* nur für den Fall, dass der ein Unternehmen leitende „Entscheidungsträger" *(decision maker)* für einen oder mehrere andere (ggf. zu einem Teil auch für sich selbst) handelt. Prototyp dieser Konstellation sind Asset- oder FondsManager, die fremdes Vermögen gegen teilweise erfolgsabhängige Vergütung investieren. Auf diese sehr spezifische, vor allem für den Finanzsektor hoch relevante Konstellation sind die detaillierten Ausführungen in IFRS 10.B58 – IFRS 10.B72 zugeschnitten. Von Nachteil war hier möglicherweise die weitgehende personelle Identität zwischen den Staffmitgliedern, die für die Entwicklung des Finanzinstrumente-Standards IFRS 9, und denen, die für die Entwicklung von IFRS 10 zuständig waren. Allgemeine Überlegungen zu auch für Industrie und Handel hoch relevanten Ausprägungen von *principal-agent*-Beziehungen, bei denen der Dritte nicht als Entscheidungsträger (also auf Geschäftsführungsebene), sondern gesellschafterähnlich (also bzgl. Stimmrechten in der Gesellschafterversammlung) ggf. für das Berichtsunternehmen handelt, kommen in IFRS 10 zu kurz. Die Ausführungen von IFRS 10.B58ff. sind hier zum großen Teil nicht unmittelbar, sondern nur im Wege einer u.E. allerdings begründbaren Analogie anwendbar:

Praxis-Beispiel[11]

Die U GmbH hielt bislang 55 % der Anteile an der börsennotierten A AG. Aus kartellrechtlichen Gründen muss diese Quote auf 45 % reduziert werden. Zum 1.12.01 veräußert die U daher ein 10-%-Paket an ihre Hausbank HB. Die Aktien werden unverzüglich vom Depot der Verkäuferin auf das der Käuferin übertragen. Die zivilrechtliche Eigentumsübertragung ist damit abgeschlossen. Der Anteilsverkaufsvertrag erhält folgende Reglungen:
- HB erwirbt die Anteile ausschließlich zum Zweck der Weiterveräußerung binnen längstens zwölf Monaten, wobei in den ersten drei Monaten eine Veräußerung nur zum Mindestverkaufspreis zulässig ist.
- Der an U zu entrichtende Kaufpreis wird bis zur Weiterveräußerung darlehensweise gestundet.
- Der Kaufpreis beträgt 97 % des Weiterveräußerungspreises zuzüglich evtl. während der Besitzdauer der HB von dieser empfangenen Dividenden.
- HB darf die Aktien nicht verpfänden, unterliegt im Übrigen aber keinen Interessenwahrungspflichten gegenüber U und darf insbesondere auch die Stimmrechte aus den erworbenen Anteilen frei ausüben.
- Eine ordentliche Kündigung des Vertrags ist nicht zulässig.

Zum Bilanzstichtag hat HB noch keine Aktien weiterveräußert.

---

11   Nach LÜDENBACH, PiR 2013, S. 67.

Beurteilung

HB ist im Verhältnis zur A AG kein *decision maker*. Die in IFRS 10.B58ff. exzessiv diskutierte Frage, wann ein Fall delegierter *decision-making authority* vorliegt, stellt sich daher gar nicht. In Verallgemeinerung der Ausführungen des Standards lässt sich aber fragen, ob die der HB im Verhältnis zur A zustehenden Stimmrechte dem Berichtsunternehmen U (als *principal*) zuzurechnen sind, ob also HB (als *agent*) im Wesentlichen für das Berichtsunternehmen handelt. Nach analoger (!) Anwendung von IFRS 10.B62ff. kommt es hier darauf an, ob HB in seiner Stimmrechtsausübung signifikanten Beschränkungen unterliegt.

Diese Voraussetzung ist im Verhältnis U und HB nicht gegeben, da die HB das Stimmrecht frei und ohne Interessenwahrungspflichten ausüben kann und der U auch keine (ordentliche) Kündigung zwecks Rückfall des Stimmrechts (analog zum *removal right* des IFRS 10.B64) möglich ist.

Offen bleibt dann noch, ob HB de facto *agent* i.S.v. IFRS 10.B75 ist. Ein solcher zeichnet sich z.B. *(for example)* dadurch aus, dass er

- Anteile nicht gegen Zahlung eines Kaufpreises, sondern darlehensweise erhalten hat (IFRS 10.B75(b)) und/oder
- die erworbenen Anteile nicht beleihen darf (IFRS 10.B75(c)) und/oder
- enge Geschäftsbeziehungen zum Berichtsunternehmen unterhält (IFRS 10.B75(f)).

Für die HB treffen alle drei Bedingungen zu. Der Kaufpreis ist darlehensartig gestundet. Die erworbenen Anteile darf HB nicht beleihen. Als Hausbank unterhält HB enge Geschäftsbeziehungen zu U. Da der U zudem die im Kontrollbegriff des IFRS 10.7 vorausgesetzten Erträge (hier Dividenden) im Innenverhältnis zustehen, sind die veräußerten Anteile in der nach IFRS 10.9 gebotenen Gesamtwürdigung auch für Zwecke der Konsolidierung weiterhin U zuzurechnen.

Wegen der *principal-agent*-Problematik bei Zweckgesellschaften/strukturierten Einheiten wird auf Rz 80 verwiesen.

2.5.2.4 (Satzungsmäßige) Mitwirkungsrechte oder Schutzrechte anderer Gesellschafter

Ein Gesellschaftsvertrag kann **Einstimmigkeit** in der Gesellschafterversammlung bzgl. aller **wesentlichen** Entscheidungen oder aber ein vom Mehrheitsgesellschafter nicht erreichbares **Quorum** vorsehen. In einem derartigen Fall liegt nur eine formelle, aber keine materielle Stimmrechtsmehrheit des Hauptgesellschafters vor. Das frühere in IAS 27 rev. 2008 niedergelegte Recht wurde diesbezüglich ganz einheitlich so ausgelegt, dass eine lediglich **formale**, letztendlich aber **inhaltslose Stimmrechtsmehrheit** nicht zu Beherrschung führt. Wenn etwa 51 % an einem Unternehmen gehalten wurden, aber alle relevanten Entscheidungen der Gesellschafterversammlung einer qualifizierten Mehrheit von 60 % bedurften, war danach keine Beherrschung gegeben. Die Neuregelungen sehen nun explizit ein Abstellen auf **substanzielle Stimmrechte** bzw. Stimmrechtsmehrheiten vor. Nach IFRS 10.B36 i.V.m. IFRS 10.B22ff. und IFRS 11.B8 liegt keine substan-

28

zielle Stimmrechtsmehrheit vor, wenn für die relevanten Entscheidungen die Zustimmung anderer erforderlich ist.

29   In diesem Kontext ist auch die Unterscheidung zwischen **substanziellen Rechten** *(substantive rights)* und **Schutzrechten** Dritter *(protective rights)* von Bedeutung. Sie ist vorzunehmen, wenn nicht sämtliche Entscheidungen der Einstimmigkeit oder eines vom Mehrheitsgesellschafter nicht erreichten Quorums bedürfen, sondern dies nur für einen Teil der Entscheidungen gilt.

Unter Bezugnahme auf eine verwandte Begrifflichkeit in den US-GAAP wurde die dann notwendige Unterscheidung bisher schon im IFRS-Schrifttum getroffen. Nunmehr ist sie im Standard selbst enthalten. **Schutzrechte** beziehen sich auf fundamentale Änderungen in den Aktivitäten eines Unternehmens (IFRS 10.B26). Als Beispiele nennt der Standard (gesellschaftsrechtliche) Regelungen, wonach Investitionen, die über den üblichen Geschäftsbetrieb hinausgehen, der Zustimmung von Minderheitsgesellschaftern bedürfen (IFRS 10.B28(b)). Als weitere Beispiele könnten gesetzliche oder satzungsmäßige Zustimmungsbedürfnisse (etwa in der Form einer ¾-Mehrheit) zu Änderungen des Geschäftszwecks, Erhöhung des Kapitals, Gründung, Eingehen von Beteiligungen usw. genannt werden. Kann der 51-%-Gesellschafter alle sonstigen Entscheidungen allein treffen und bedarf er lediglich bei grundlegenden Entscheidungen der vorgenannten Art der Zustimmung anderer Gesellschafter, hat er regelmäßig die Entscheidungsgewalt über das Unternehmen.

30   Die qualitative Beurteilung der Minderheitsrechte erfordert eine **Einzelfallwürdigung**. Diese kann sich an folgenden Unterscheidungen und **Kriterien** orientieren:

- **Konstitutive vs. deklarative Minderheitsregelungen:** Gesellschaftsvertragliche Vereinbarungen, die über die gesetzlich garantierten Minderheitsrechte hinausgehen, haben häufig den Charakter von Mitbestimmungsrechten. Gesetzlich unabdingbare Rechte sind demgegenüber, unabhängig davon, ob sie im Gesellschaftsvertrag Erwähnung finden oder nicht, eher als Schutzrechte zu würdigen. Derartige nicht dispositive Rechte können allerdings bei der jeweiligen Rechtsform (z. B. KG vs. GmbH) unterschiedlich ausgeprägt sein. Unter sonst gleichen Bedingungen müssen im einen Fall zur Widerlegung einer durch Stimmrechtsmehrheit begründeten Kontrollvermutung weniger konstitutive Regeln hinzutreten als im anderen Fall (vgl. zur KG Rz 49).

- **Abstand vom Quorum/Zahl der Minderheitsgesellschafter:** Nur in einer Konstellation mit zwei Gesellschaftern ist der Abstand des Mehrheitsgesellschafters von der qualifizierten Mehrheit unerheblich. Sieht etwa der Vertrag einer Gesellschaft mit zwei Gesellschaftern eine 75-%-Mehrheit für die wesentlichen Entscheidungen vor, kommt es nicht darauf an, ob der Mehrheitsgesellschafter über 50,1 % oder 74,9 % der Stimmrechte verfügt; in Anbetracht der Zweierkonstellation wäre in beiden Fällen faktisch Einstimmigkeit erforderlich. Bei hoher Intensität der Mitwirkungsrechte ist dann von einer gemeinsamen Kontrolle (Gemeinschaftsunternehmen) auszugehen (→ § 34). Stehen dem Mehrheitsgesellschafter hingegen einige kleinere Gesellschafter gegenüber, ist die durch Stimmrechtsmehrheit begründete Kontrollvermutung umso schwerer zu widerlegen, je höher der Stimmrechtsanteil des Hauptgesellschafters ist (IFRS 10.B42(a)). Bei zehn jeweils in gleichem Umfang beteiligten Mitgesellschaftern reicht etwa im 74,9-%-Fall nur die einvernehmliche Geltendmachung der Mitwirkungsrechte durch alle Minderheitsgesellschafter aus, um einseitige Entscheidungen des Mehrheitsgesellschafters zu verhindern, während im 50,1-%-Fall nur sechs der zehn Minderheitsgesellschafter ihre Rechte geltend machen müssen.

- **Verteilung der Kompetenzen auf die Organe:** Bei allem ist die Verteilung der Kompetenzen auf die Organe zu berücksichtigen. Ausgeprägte Minderheitsrechte in der Gesellschafterversammlung sind umso eher zur Widerlegung einer durch Stimmrechtsmehrheit begründeten Kontrollvermutung geeignet, je größer die Kompetenzen der Gesellschafterversammlung sind. Umgekehrt ist bei geringen Kompetenzen der Gesellschafterversammlung eher die Mehrheit im Geschäftsführungs- (oder Aufsichts-)Organ wichtig, sofern über die Zusammensetzung dieser Organe nicht wiederum ohne Zustimmung der Minderheit entschieden werden kann (Rz 47).

Aus Sicht in der Praxis **gebräuchlicher Vertragsklauseln** gilt:[12] 31

1. Eindeutig als Schutzrechte zu qualifizieren sind Zustimmungsvorbehalte zu **Grundlagengeschäften**, etwa
   - Änderungen des Gesellschaftsvertrags,
   - Abschluss außergewöhnlicher Geschäfte,
   - Abschluss von Beherrschungs- und Ergebnisabführungsverträgen,
   - Ausgabe von Eigenkapitaltiteln.
2. Ebenfalls nur Schutzcharakter haben i.d.R. Rechte, die zwar die operative Geschäftstätigkeit berühren, aber letztlich die Rückflüsse aus den Geschäften **nur nachrangig** beeinflussen. Beispiele sind Zustimmungsvorbehalte zu:
   - Abschluss von Geschäften mit Gesellschaftern,
   - Gewährung bedeutender Bürgschaften,
   - Führung von Aktivprozessen sowie Vergleiche mit einem bedeutenden Streitwert,
   - Abschluss von Beraterverträgen mit einer bedeutenden jährlichen Vergütung,
   - Tätigung bedeutender Investitionen,
   - Gründung, Liquidation, Erwerb, Veräußerung und Belastung von bedeutenden Beteiligungen.
3. **Substanziell** sind die Mitwirkungsrechte hingegen gem. IFRS 10.B12 i.d.R., wenn sie Folgendes betreffen:
   - Bestellung und Abberufung von Geschäftsführern sowie Abschluss der Dienstverträge mit diesen,
   - Verabschiedung eines Erfolgs-, Investitions- und Finanzplans, an den die Geschäftsführung gebunden ist und der die Steuerung der relevanten Aktivitäten der Gesellschaft signifikant beeinflusst.[13]
4. Betreffen die Rechte Dritter nur **Teilpläne** (etwa den Investitionsplan), kommt es auf die Bedeutung des Teilplans für das Geschäftsmodell des potenziellen Konsolidierungsobjekts an.

---

12 In Anlehnung an MEYER, PiR 2012, S. 269ff.
13 Im Detail zum Schutz- oder Mitwirkungscharakter von Budgetfreigaberechten FREIBERG, PiR 2014, S. 189ff.

Zum Ganzen folgendes Beispiel:

Praxis-Beispiel

Vom Stammkapital der X GmbH haben M 70 % (alternativ 55 %) und A bis E je 6 % (alternativ: je 9 %) übernommen. Die Stimmrechte entsprechen den Kapitalanteilen. Der Gesellschaftsvertrag sieht im Übrigen Folgendes vor:

* Beschlüsse der Gesellschafterversammlung werden nur in zwei Fällen mit einfacher Mehrheit gefasst:
* Feststellung des Jahresabschlusses und
* Ergebnisverwendung.

Hingegen ist eine ¾-Mehrheit in folgenden Angelegenheiten erforderlich:

* Zustimmung zur Aufstellung und Änderung des Wirtschaftsplans,
* Bestellung, Anstellung, Entlastung und Kündigung von Geschäftsführern,
* Änderungen des Gesellschaftsvertrags,
* Zustimmung zu genehmigungspflichtigen Geschäftsführungsakten. Als Geschäftsführer ist ein Fremder bestellt. Seine Kompetenzen sind beschränkt. Die vorherige Zustimmung der Gesellschafterversammlung ist erforderlich;
* für den Abschluss von Geschäften, die im Wirtschaftsplan nicht enthalten sind und die im Einzelfall einen Geschäftswert von 250.000 EUR übersteigen, unabhängig vom Wert für alle nicht im Wirtschaftsplan enthaltenen Grundstücksgeschäfte und Kreditaufnahmen.

Beurteilung

Unerheblich ist die für Änderungen des Gesellschaftsvertrags erforderliche ¾-Mehrheit. Die Bestimmung ist lediglich deklaratorisch in den Gesellschaftsvertrag aufgenommen. Die zugrunde liegende gesetzliche Bestimmung verschafft Minderheitsgesellschaftern inhaltlich Schutz- und nicht Mitwirkungsrechte.

Da die Geschäftsführung im Innenverhältnis alle wesentlichen operativen, investiven und finanziellen Entscheidungen nur im Rahmen des von der Gesellschafterversammlung genehmigten Wirtschaftsplans oder nach vorheriger Zustimmung treffen kann, kommt es nur auf die Verhältnisse in der Gesellschafterversammlung an. Diese Verhältnisse sind wie folgt:

* M kann alleine – in den Grenzen des durch Richterrecht geschaffenen Minderheitenschutzes – über die **Feststellung** des Jahresabschlusses und die **Gewinnverwendung** beschließen.
* **Feststellungs- und Gewinnverwendungsbeschluss** haben jedoch insoweit **subsidiären** Charakter, als mit ihnen nur über das verfügt werden kann, was die Gesellschaft tatsächlich erwirtschaftet hat. Zwar kann das bilanziell ausgewiesene Ergebnis kurzfristig von dem tatsächlich erwirtschafteten abweichen, etwa wenn Abschreibungen über den wirtschaftlichen Werteverzehr hinaus vorgenommen werden. Auf mittlere und lange Sicht determiniert hingegen der kumulierte wirtschaftliche Erfolg den kumulierten bilanziellen Gewinn.
* Das erwirtschaftete wirtschaftliche Ergebnis ist wiederum Resultat der Geschäfte, die operativ und finanziell eingegangen worden sind. Insoweit kommt es also vor allem darauf an, wer die **Geschäfts- und Finanzpolitik** der Gesellschaft beeinflussen kann.

- Nach dem Gesellschaftsvertrag kann dies M nicht allein, da über **Wirtschaftsplan und zustimmungsbedürftige Einzelgeschäfte** nur mit ¾-Mehrheit entschieden werden kann.

Allerdings verfügt M (im **Grundfall**) über 70 % der Stimmrechte und kann seine Entscheidung bereits durchsetzen, wenn einer der fünf Minderheitsgesellschafter nicht widerspricht. Soweit nicht von gleichklingenden, sondern eher von divergierenden Interessen der Minderheitsgesellschafter auszugehen ist, besteht daher die Vermutung der Kontrolle der X durch M. Im **Alternativfall** (55 % und 5 × 9 %) kann M seine Entscheidungen erst durchsetzen, wenn eine Mehrheit der anderen Gesellschafter auf Widerspruch verzichtet. Ohne Hinzutreten weiterer Umstände beherrscht M die X daher nicht.

Fraglich ist, wie ein zunächst unschädliches, der Beherrschung durch den Mehrheitsgesellschafter nicht entgegenstehendes Schutzrecht der anderen Gesellschafter zu einem schädlichen Mitwirkungsrecht **mutieren** kann, wenn der **Schutzrechtsfall eintritt:**

32

Praxis-Beispiel

MU ist an der TU seit Gründung in 01 mit 70 % beteiligt. Je 15 % halten A und B. Der Gesellschaftsvertrag der TU sieht für Kapitalerhöhungen ein Quorum von 75 % vor. Der Markt, auf dem die TU tätig ist, wächst schneller als erwartet. Um den für eine auskömmliche Entwicklung notwendigen Marktanteil zu erreichen, braucht die TU zusätzliches Kapital, das nur zum Teil als Fremdkapital zu beschaffen ist. Anfang 04 soll die Gesellschafterversammlung daher nach dem Willen der TU eine Kapitalerhöhung beschließen. Kommt es nicht zu einem solchen Beschluss, will MU sich von der Beteiligung trennen.

Beurteilung per 31.12.03

Unabhängig von dem aus Sicht der MU gegebenen ökonomischen „Zwang" zu einer Kapitalerhöhung bleiben die diesbezüglichen gesellschaftsvertraglichen Regelungen u.E. Schutzrechte. Alles andere würde zu einem Hin und Her in der Konsolidierung führen, etwa Entkonsolidierung per 31.12.03, erneute Erstkonsolidierung nach Vorliegen des Kapitalerhöhungsbeschlusses in 04.

2.5.3 Stimmrechtsbindungs-, Beherrschungs- und Entherrschungsverträge

Die Beherrschung der Gesellschaft setzt nicht notwendig eine Stimmrechtsmehrheit voraus. Auch durch ähnliche Rechte *(similar rights)* kann eine Beherrschung begründet werden. Ein relevantes Beispiel wären etwa **Stimmrechtsvereinbarungen**, die einem Gesellschafter ermöglichen, über die Stimmen anderer zu verfügen und i.V.m. den eigenen Stimmrechten dadurch eine Mehrheit zu stellen (IFRS 10.B38(a), IFRS 10.B39). Als weiteres Beispiel sind **Beherrschungsverträge** i.S.v. § 291 Abs. 1 Satz 1 AktG zu nennen, die ebenfalls unter IFRS 10.B40 zu subsumieren sind.[14]

Umgekehrt kann es trotz der Stimmrechtsmehrheit an einer Beherrschung fehlen, weil ein wirksamer **Entherrschungsvertrag** abgeschlossen wurde. Hierbei sind

33

---

14 Gl. A. Böckem/Stibi/Zoeger, KoR 2011, S. 403.

die hohen gesellschaftsrechtlichen Hürden zu beachten.[15] Der Bilanzierende hat daher unbedingt zunächst gesellschaftsrechtlich zu klären, ob der Vertrag überhaupt wirksam ist, bevor er bilanzrechtliche Schlüsse ziehen kann.

34   Wegen der Frage, wie die Möglichkeit abredewidrigen Verhaltens der anderen Partei auf die Beherrschung wirkt, wird auf Rz 18 verwiesen.

2.5.4   Potenzielle Stimmrechte aus Optionen o. Ä.

35   Schon nach **alter Rechtslage** waren Call-Optionen, Wandlungsrechte, Bezugsrechte usw. bzgl. stimmrechtsvermittelnder Anteile als sog. potenzielle Stimmrechte bei der Beurteilung der Beherrschung zu berücksichtigen. Nach IAS 27.IG2 rev. 2008 kam es nicht darauf an, ob der Inhaber der Rechte deren Ausübung beabsichtigte und finanziell zur Ausübung in der Lage war. Gefordert wurde lediglich die **kurzfristige/**gegenwärtige *(current)* Ausübbarkeit der Rechte. Strittig war, ob die **Vor- oder Nachteilhaftigkeit** der Rechtsausübung eine Rolle spielte.

> **Praxis-Beispiel**
> U hält selbst 40 % der Anteile an der X. Außerdem hat er eine jederzeit ausübbare Kaufoption auf weitere 20 % der Anteile. Die Option ist jedoch aus Sicht des Stichtags selbst unter Berücksichtigung üblicher Kontrollprämien (Mehrwert einer Mehrheitsbeteiligung) tief aus dem Geld. Rational wäre eine Ausübung der Option daher nicht.

Nach der von uns vertretenen, jedoch nicht unumstrittenen Auffassung war in einem solchen Fall schon bisher das potenzielle Stimmrecht nicht zu berücksichtigen. Für das neue Recht stellt IFRS 10.B47 nunmehr klar: Potenzielle Stimmrechte sind nur dann zu berücksichtigen, wenn sie **substanziell** sind. Dies hängt u. a. von den **Bedingungen** der Option (also etwa dem Ausübungspreis) unter Berücksichtigung der Motivationslage des Optionsinhabers (Synergieinteressen etc.) ab (IFRS 10.B23(c)). Eine sehr weit aus dem Geld liegende Option ist daher nicht zu berücksichtigen.

36   Strittig ist, inwieweit die (angebliche) **Absicht** des Managements, die Option nicht auszuüben, eine Rolle spielt.[16] U. E. ist im Objektivierungsinteresse typisiert ein rationales Handeln des Managements zu unterstellen.[17] Falls die Option also vorteilhaft ist und ihrer Ausübung weder finanzielle noch sonstige Hürden entgegenstehen, ist die Absicht zur Ausübung der Option zu unterstellen. Für eine solche Wertung spricht überdies konzeptionell der Begriff der Entscheidungsgewalt *(power)*. Er enthält nur die **Möglichkeit** zur Bestimmung der relevanten Aktivitäten des untergeordneten Unternehmens, nicht die tatsächliche Ausübung dieser Möglichkeit (IFRS 10.A). Die (angebliche) **Absicht**, eine vorteilhafte Option nicht auszuüben, besagt aber nur etwas darüber, ob eine

---

15   Vgl. u. a. OLG Köln, AG 1993, S. 86; WM 1993, S. 644, WuB II A. § 119 AktG 1.93; LG Köln, AG 1992, S. 238; LG Mainz, AG 1991, S. 30; OLG Düsseldorf, ZIP 2006, S. 2376; Hüffer, AktG, 11. Aufl. 2014, § 17 Tz. 22.

16   Gegen eine Berücksichtigung der Absichten: PwC, Practical guide to IFRS – Consolidated financial statements: redefining control, July 2011, S. 19; dafür: KPMG, Insights into IFRS 2012/13, Ch 2.5.130.50, offen lassend: KPMG, Insights into IFRS 2015/16, Ch 2.5.140.

17   Gl. A. Hell/Höfner/Junker, PiR 2016, S. 299ff.

Möglichkeit, Bestimmungsrechte zu erlangen, ausgeübt werden soll, nicht darüber, ob überhaupt eine Möglichkeit besteht.[18]

Anders als die fehlende Absicht ist die fehlende **finanzielle Fähigkeit** zur Ausübung der Option zu werten. Das Berichtsunternehmen muss sich potenzielle Stimmrechte dann nicht zurechnen lassen, wenn ihm die Ausübung oder Wandlung aufgrund bestehender vertraglicher oder ökonomischer Finanzierungsgrenzen am Bilanzstichtag unmöglich ist. Dass sich dies morgen wieder ändern kann, ist eine andere Sache. Aus Sicht des Stichtagsprinzips kommt es auf die jetzige Ausübbarkeit an.

Bedarf die wirksame Optionsausübung der **Zustimmung externer Stellen** (etwa Kartellbehörden) und kann diese Zustimmung nicht bis zu dem Zeitpunkt beschafft werden, bis zu dem die relevanten Entscheidungen bei dem untergeordneten Unternehmen getroffen werden, ist das potenzielle Stimmrecht nicht zu berücksichtigen. 37

Praxis-Beispiel

A hält 40 % an B und hat eine Option auf weitere 20 %. Die wirksame Ausübung der Option (dinglicher Anteilsübergang) bedarf der Zustimmung der Kartellbehörde. Dieses Verfahren dauert mindestens sechs Monate. Die nächste Gesellschafterversammlung der B wird am 30.4.02 stattfinden. Hier können wesentliche geschäftspolitische Entscheidungen getroffen werden.

Beurteilung in Anlehnung an IFRS 10.B24 *Example* **3D**

Falls A am 31.12.01 (genauer am 31.10.01) noch nicht die Optionsausübung erklärt hat, ist die Option bei der Beurteilung der Stimmrechtsmehrheit nicht zu berücksichtigen.

Besteht grundlegende Ungewissheit, ob die Optionsausübung überhaupt kartellrechtlich genehmigt würde (z.B. weil die Entscheidung der Behörde in hohem Maße ermessensbehaftet ist), sind die potenziellen Stimmrechte unabhängig von den erwarteten Fristen nicht zu berücksichtigen.[19]

Die im vorstehenden Beispiel in Anlehnung an IFRS 10.B24 *Example* 3D vorgenommene Lösung kann im Einzelfall zu **unakzeptablen** Ergebnissen führen. 38

Praxis-Beispiel

A hält 40 % an B und hat eine Option auf weitere 20 %. Der Optionsvertrag läuft vier Jahre. Die Option ist jeweils am 1.1. und 1.7. eines Jahres ausübbar. Gesellschafterversammlungen der B können von jedem Gesellschafter mit einer Frist von zwei Monaten einberufen werden.

Beurteilung

Würde man allein auf das zeitliche Verhältnis möglicher Gesellschafterversammlungen zur Optionsausübung abstellen, ergäbe sich etwa Folgendes:

- 1.1.01 bis 30.4.01 keine Berücksichtigung der potenziellen Stimmrechte → keine Beherrschung.
- 1.5.01 bis 30.6.01 Berücksichtigung der potenziellen Stimmrechte → Beherrschung.

---

18 In diesem Sinne auch ALFREDSON et al., Applying International Accounting Standards, 2004, S. 642.
19 Gl. A. BEYHS/BUSCHHÜTER/SCHURBOHM, WPg 2011, S. 663 f.

- 1.7.01 bis 31.10.01 keine Berücksichtigung der potenziellen Stimmrechte → keine Beherrschung.
- 1.11.01 bis 31.12.01 Berücksichtigung der potenziellen Stimmrechte → Beherrschung.

U. E. ist ein solches Hin und Her der Konsolidierung nicht akzeptabel, eine analoge Anwendung von IFRS 10.B24 also nicht angezeigt, vielmehr eine gemilderte Stichtagsbetrachtung geboten (Rz 17).

39   Auch Optionsrechte, die bei der Begründung der Kontrollvermutung berücksichtigt werden, beeinflussen die **Konsolidierungsbuchungen** i. d. R. nicht; diese erfolgen weiterhin auf Basis der tatsächlichen Kapitalanteile, es sei denn, schon die Option führe zu einem Übergang des wirtschaftlichen Eigentums *(present ownership)* an den Anteilen.

> **Praxis-Beispiel**
> M hält 40 % der Anteile an T, A bis D je 15 %.
> M hat ein jederzeit ausübbares Kaufoptionsrecht auf die Anteile von A. Die Option liegt nicht weit aus dem Geld.
>
> **Beurteilung**
> M hat die Kontrolle über T.
> Die Konsolidierungsbuchungen erfolgen jedoch weiterhin auf der Basis der 40-%-Beteiligung: Vollkonsolidierung mit 60 % (!) Minderheitenausweis.

40   In die Beurteilung von Kontrolle bzw. maßgeblichem Einfluss sind neben eigenen auch die von **anderen gehaltenen Optionen oder Bezugsrechte** einzubeziehen (IFRS 10.B47). Unterscheiden sich die Konditionen nicht wesentlich, ist typisierend eine gleichzeitige Ausübung der Rechte zu unterstellen.

> **Praxis-Beispiel**
> Unternehmen A und B halten jeweils 30 %, C und D jeweils 20 % der stimmberechtigten Aktien der X AG.
> A hält eine jederzeit ausübbare Option auf die Anteile des C, B eine entsprechende Option auf die Anteile des D.
> X ist kein Tochterunternehmen von A, da auch bei Ausübung der Option die 50-%-Grenze zwar erreicht, aber nicht überschritten würde.
> Fraglich ist, ob es als **Gemeinschaftsunternehmen** von A und B einzustufen ist. Dagegen spricht, dass ein *joint venture* einen auf die gemeinschaftliche Ausübung der Kontrolle gerichteten Vertrag voraussetzt (→ § 34). Bei nebeneinander stehenden Optionen – wie im Beispiel – ist diese gemeinsame Zwecksetzung gerade nicht gegeben. Andere Konstellationen – etwa 60-%-Gesellschafter A räumt 40-%-Gesellschafter B eine Option auf den Erwerb von 10 % ein – können abweichend zu würdigen sein.

41   Ist das Berichtsunternehmen nicht **Inhaber** einer Call-Option, sondern deren **Stillhalter** und würde bei Ausübung der Option durch den Vertragspartner die eigene Beteiligungsquote auf oder unter 50 % sinken, kann dies gegen eine Beherrschung durch das Berichtsunternehmen sprechen. In diesem Fall wären oben

genannte Überlegungen (Vorteilhaftigkeit der Optionsausübung, finanzielle oder sonstige Hindernisse der Ausübung) entsprechend, d.h. aus Sicht des Vertragspartners, anzustellen (IFRS 10.B47).

Die Behandlung von Kaufoptionen beim **Stillhalter** (sog. **geschriebene Kaufoptionen**) wird in IFRS 10 nur insoweit angesprochen, als bei der Frage der Kontrolle auch die potenziellen Stimmrechte anderer Unternehmen zu berücksichtigen sind (IFRS 10.B47). U. E. folgt hieraus: Spiegelbildlich zur Beurteilung beim Optionsinhaber müssen unter bestimmten Bedingungen geschriebene Optionen als **potenzielle Stimmrechtsminderungen** Berücksichtigung finden. **42**

> **Praxis-Beispiel**
>
> Unternehmen A hält 55 %, B 45 % der stimmberechtigten Anteile der X GmbH. A hat B eine jederzeit ausübbare Call-Option auf 40 % der Anteile der X GmbH gewährt. Die Option ist aus Sicht von B günstig. Der Ausübungspreis liegt deutlich unter dem *fair value*.
>
> Unter Einbeziehung der durch die gegenwärtig ausübbaren Call-Optionen vermittelten potenziellen Stimmrechte von B verfügt A gegenwärtig weder über Kontrolle noch über maßgeblichen Einfluss. A hat die Beteiligung an der X GmbH dementsprechend nach IAS 39 bzw. IFRS 9 zu bilanzieren.

Zu den Folgen geschriebener, aber auch erworbener Kaufoptionen für den Ausweis und die Bewertung des Minderheitenanteils wird auf Rz 166 verwiesen. **43**

2.5.5 Präsenzmehrheiten *(de facto control)*

Ein unter 50 % liegender Anteil an einem börsennotierten Unternehmen kann bei breiter Streuung der restlichen Aktien unter Kleinaktionären zu einer deutlichen und **nachhaltigen Präsenzmehrheit** in der Hauptversammlung führen. Das frühere Recht enthielt hierzu keine expliziten Regeln. Ein Teil des Schrifttums nahm in einer solchen Situation ein Beherrschungsverhältnis an, ein anderer Teil wollte dem Unternehmen diesbezüglich ein Wahlrecht gewähren. **44**

Im **jetzigen Recht** sind erstmals **explizite Regelungen** zu Präsenzmehrheiten enthalten. Vor allem geht es um die Größe des eigenen Anteils (wie nah liegt dieser an den 50 %) und die Streuung der übrigen Anteile (IFRS 10.B42). **Beispielhaft** werden folgende Fälle angeführt (IFRS 10.B43ff.): **45**

- Eigener Anteil 48 %, Rest Kleinaktionäre (jeder unter 1 %) → Beherrschung.
- Eigener Anteil 45 %, Rest 2 × 26 %, 3 × 1 % → keine Beherrschung durch Stimmrechtsmehrheit.
- Eigener Anteil 45 %, Rest 11 × 5 % → unklar, ob Beherrschung durch Stimmrechtsmehrheit.

Im unklaren Fall sind nach IFRS 10.B45 zunächst Untersuchungen zum *voting pattern* der übrigen Aktionäre in der Vergangenheit angezeigt. Unter Berücksichtigung des Regelungskontexts (insbesondere IFRS 10.B42) meint *voting pattern* u. E. nur das **Präsenzverhalten**, irrelevant ist hingegen, ob die überhaupt erschienenen Drittaktionäre mit dem Hauptaktionär oder gegen diesen gestimmt haben. Zusätzlich sind Faktoren wie eine teilweise Personalunion in den Organen des Berichtunternehmens und des börsennotierten Unternehmens, eine Abhängigkeit des Letzteren von der Technologie des Ersteren usw. zu berücksichtigen.

> **Praxis-Beispiel**
>
> A hat einen 49,5 %igen Anteil an T1, B einen 36 %igen an T2. Die Präsenz-
> quote in den Hauptversammlungen der letzten fünf Jahre lag nie über 60 %.
> Die dauerhafte Präsenzmehrheit beträgt daher in erster Betrachtung:
> - für A 49,5 / 60 = 82,5 %,
> - für B 33 / 60 = 55,0 %.
>
> Allerdings ist in den Hauptversammlungen der letzten fünf Jahre nie über
> „außerordentliche" Themen wie etwa eine Kapitalherabsetzung, eine Ände-
> rung des Geschäftszwecks oder eine bedingte Kapitalerhöhung mit Bezugs-
> rechtsausschluss verhandelt worden. Ein Ansteigen der Präsenzquote um 10
> bis 20 Prozentpunkte bei einer entsprechenden Agenda gilt als wahrschein-
> lich. Unter dieser Annahme wäre die Stimmrechtsquote wie folgt:
> - für A 49,5 / 80 bis 49,5 / 70 = 62 % bis 71 %,
> - für B 33 / 80 bis 33 / 70 = 41 % bis 47 %.
>
> Die Präsenzmehrheit des A ist robust gegenüber geänderten Präsenzquoten,
> die des B hingegen nicht. Unter diesen Umständen wird man bei A eine
> Kontrolle annehmen müssen, bei B hingegen mangels spezifischer Anwen-
> dungsbestimmungen ein faktisches Wahlrecht.

Wegen des Verhältnisses von Präsenzmehrheit zum Stichtagsprinzip, etwa in
Fällen, in denen sich nach dem Bilanzstichtag bei den anderen Aktionären das
Gewicht zwischen institutionellen und Kleinaktionären signifikant verändert,
wird auf Rz 15 verwiesen.

Zu *De-facto-agent*-Beziehungen als einem weiteren Fall der faktischen Kontrolle
vgl. Rz 27.

2.5.6 Mehrheit bzgl. anderer Organe sowie divergierende Organmehrheiten

46 Die Entscheidungsgewalt *(power)* liegt regelmäßig dann beim Investor, wenn er
über eine Stimmrechtsmehrheit in der Gesellschafterversammlung oder ähnliche,
z.B. auf andere Organe (Geschäftsführung, Aufsichtsrat) bezogene Mehrheitsrechte verfügt (IFRS 10.B15 und IFRS 10.B16). Zu den sich hieraus bei **diver-
gierender Organmehrheit** ergebenden Problemen folgendes Beispiel:

> **Praxis-Beispiel**
>
> A und B halten je 50 % der Anteile und Stimmrechte am Unternehmen T.
> Die Satzung sieht ein dreiköpfiges Aufsichtsgremium und ein dreiköpfiges
> Geschäftsführungsgremium vor.
> A ist als Kapitalgeber von größerer Bedeutung (Stellung von Sicherheiten für
> Banken usw.). B bringt das größere operative Know-how ein. Der Gesell-
> schaftsvertrag sieht demgemäß vor, dass
> - B die Mehrheit der Geschäftsführer stellt,
> - A jedoch die Mehrheit im Aufsichtsrat erhält.
>
> Die entsprechenden Entsendungs- und Abberufungsrechte sind in der Sat-
> zung verankert.

> **Beurteilung**
> Bei erster Betrachtung könnte eine Mutter-Tochter-Beziehung sowohl zwischen A und T (Mehrheit im Aufsichtsorgan) als auch zwischen B und T (Mehrheit im Geschäftsführungsorgan) bestehen.
> Bei zweiter Betrachtung wird man würdigen müssen, welche Rechte die Geschäftsführung hat und welche Rechte dem Aufsichtsrat, z.B. im Rahmen genehmigungsbedürftiger Geschäfte, zustehen; denn eine Organmehrheit ermöglich nur dann eine Beherrschung, wenn das betreffende Organ seinerseits das Unternehmen beherrscht. Je nach Würdigung wird ein Tochterunternehmen von A **oder** von B oder ggf. auch ein Gemeinschaftsunternehmen i.S.v. IFRS 11 (→ § 34 Rz 21 ff.) vorliegen.

Im Rahmen der notwendigen Gesamtwürdigung ist somit bei divergierenden **47** Organmehrheiten der **wirtschaftliche Gehalt** der infrage stehenden Rechte zu würdigen. Er lässt sich an den **Kompetenzen** der Organe festmachen. Verfügt etwa Gesellschafter A über die Mehrheit im Geschäftsführungsorgan, bedürfen aber alle wesentlichen Entscheidungen der vorherigen Zustimmung des Aufsichtsorgans, so kommt es eher auf die Mehrheitsverhältnisse im Aufsichtsorgan an. Umgekehrt sind die Mehrheitsverhältnisse im Aufsichtsorgan von geringer Bedeutung, wenn das Aufsichtsorgan (z.B. bei einem fakultativen Aufsichtsrat) weitgehend einflusslos ist. Mehrheitsrechte bzgl. eines Organs begründen dann keine Entscheidungsmacht, wenn die Kompetenzen des Gremiums durch ein anderes Organ jederzeit entzogen werden können.[20] Regelmäßig kommt unter diesen Umständen bei Kapitalgesellschaften (zu Personengesellschaften vgl. Rz 48) den Verhältnissen in der Gesellschafterversammlung die größte Bedeutung zu. Im Normalfall reicht eine diesbezügliche einfache Mehrheit aus, in Sonderfällen eine satzungsändernde.

> **Praxis-Beispiel**
> A hält eine Beteiligung von 80 % an der T AG. Die übrigen 20 % werden von B gehalten. Die Geschäftsführungsbefugnisse des Vorstands werden durch den Aufsichtsrat erheblich eingeschränkt. Der Aufsichtsrat entscheidet mit einfacher Mehrheit. A und B entsenden jeweils drei Mitglieder in den Aufsichtsrat. In erster Betrachtung hat weder A noch B alleinige Entscheidungsmacht; die T könnte als Gemeinschaftsunternehmen zu qualifizieren sein. A hat allerdings die Möglichkeit, durch Satzungsänderung oder Abschluss eines Unternehmensvertrags, welche ein Quorum von 75 % der Stimmrechte voraussetzen, die Befugnisse des Aufsichtsrats und die Zusammensetzung des Vorstands zu ändern. Die alleinige Entscheidungsmacht liegt deshalb bei A.

Die Kompetenzenbeurteilung hat unter Berücksichtigung der allgemein für die Rechtsform geltenden Regelungen sowie ihrer spezifischen gesellschaftsvertraglichen Ausgestaltung zu erfolgen.
Die gesetzlichen Vorgaben sehen für die **Aktiengesellschaft** eine (Mindest-)Trennung in drei Organe vor.

---

[20] Vgl. Freiberg, PiR 2012, S. 329 ff.

- Das Leitungsorgan ist der Vorstand, der die Geschäfte der Gesellschaft in eigener Verantwortung führt und nicht an Weisungen anderer Organe gebunden ist (§ 76 Abs. 1 AktG).
- Die Bestellung (§ 84 AktG) und die Überwachung der Geschäftsführung obliegen dem Aufsichtsrat (§ 111 AktG).
- Der Hauptversammlung, also den Aktionären, obliegt u. a. die Bestellung der Aufsichtsratsmitglieder, die Verwendung des Bilanzgewinns, die Änderung der Satzung sowie Maßnahmen der Kapitalbeschaffung und der Kapitalherabsetzung (§ 119 AktG).

Bei Fehlen spezifischer Regelungen zur Entsendung statt Bestellung von Aufsichtsratsmitgliedern gilt dann: Da letztlich die Hauptversammlung über den Aufsichtsrat und dieser über den Vorstand bestimmt, sind für die Entscheidungsgewalt über das Unternehmen die Verhältnisse in der Hauptversammlung entscheidend.

Für die gesetzlich verfasste **GmbH** ist der Vorrang der Gesellschafterversammlung noch offensichtlicher, da die Gesellschafterversammlung die Geschäftsführung bestellt und abberuft (§ 46 Nr. 5 GmbHG) und die Bestellung vorbehaltlich abweichender Bestimmungen jederzeit auch ohne wichtigen Grund widerrufen werden kann (§ 38 Abs. 1 GmbHG).

Probleme hinsichtlich der Beurteilung der Entscheidungsgewalt können sich bei AG und GmbH aus dem bei mehr als 2.000 Arbeitnehmern greifenden **Mitbestimmungsgesetz** ergeben. In diesem Fall ist auch bei der GmbH ein Aufsichtsrat paritätisch zu besetzen. Die Vertreter der Anteilseigner sind hier nur insofern privilegiert, als beim Patt der durch die Anteilseigner gestellte Vorsitzende ein Zweit-/Doppelstimmrecht hat (§ 29 Abs. 2 MitbestG) und bei Beteiligung an selbst dem MitbestG unterliegenden anderen Unternehmen die Mehrheit der Aufsichtsratsmitglieder der Kapitalvertreter allein entscheidet (§ 32 Abs. 1 MitbestG). Darüber hinaus soll es für außergewöhnliche Geschäfte nur der Mehrheit der Stimmrechte von den Anteilseignern bestimmten Aufsichtsratsmitgliedern bedürfen.[21]

Allerdings führt das Zweitstimmrecht des Vorstandsvorsitzenden lediglich zu einer leichten Bevorteilung der gesamten Anteilseigner gegenüber den Arbeitnehmer-Vertretern. Der einzelne Anteilseigner kann im Aufsichtsrat seine Interessen nicht mehr unabhängig durchsetzen, wenn seine Beteiligung nicht zur alleinigen Umsetzung von Grundlagenentscheidungen ausreicht oder nicht alle Vertreter der Anteilseigner durch ihn bestellt werden.

Praxis-Beispiel

A ist mit 60 %, B und C jeweils mit 20 % am Kapital und an den Stimmrechten der T AG beteiligt. Die T AG ist zur Bildung eines mitbestimmten Aufsichtsrats mit zwölf Mitgliedern verpflichtet. Der Aufsichtsrat setzt sich zusammen aus vier Arbeitnehmern der W, zwei Gewerkschaftsvertretern, vier von A und je einem von B und C entsandten Mitgliedern. Die Möglichkeiten des A zur Einflussnahme auf den Aufsichtsrat sind begrenzt, da er maximal (unter Beachtung des Zweitstimmrechts) über fünf von dreizehn Stimmen und damit über keine Mehrheit verfügt. Die Entscheidungsgewalt liegt unter diesen Umständen nur noch dann bei A, wenn man die Vertretung der Arbeitnehmer im Aufsichtsrat als Schutzrecht *(protective right)* deutet (Rz 29).

---

21   OETKER, in Großkommentar Mitbestimmungsgesetz, 4. Aufl., 2009, § 32, Tz. 2 ff.

> **Variante**
> Die Anteilseigner haben kein Entsenderecht bzgl. des Aufsichtsrats, vielmehr werden die auf die Kapitalgeber entfallenden Mitglieder von der Hauptversammlung gewählt. A hat aufgrund seiner Mehrheit in der Hauptversammlung die Möglichkeit, alle Vertreter der Anteilseigner zu bestimmen und damit unter Beachtung des Zweitstimmrechts die Mehrheit des Aufsichtsrats. Unabhängig davon, ob A von dieser Möglichkeit Gebrauch macht (oder B und C jeweils einen Aufsichtsratsposten „zugesteht"), hat A die Entscheidungsgewalt über T.

Für Gesellschaften mit paritätisch mitbestimmtem Aufsichtsrat ist die Beurteilung der Entscheidungsmacht nach allem mit besonderen Schwierigkeiten verbunden. Nur wenn man die Rechte der Arbeitnehmer als Schutzrechte wertet (Rz 29), bleiben allein die Stimmrechte der Anteilseigner in der Hauptversammlung maßgeblich. Bei anderer Sichtweise ist jeder Einzelfall spezifisch zu würdigen.

Soweit eine **Personengesellschaft** nicht auch dem Mitbestimmungsrecht unterliegt und sich deshalb besondere Probleme bei der Beurteilung der Entscheidungsgewalt ergeben (Rz 46ff.), gilt zunächst:

48

- Bei der **OHG** begründet das Halten der für Entscheidungen vorgesehenen einfachen oder qualifizierten Mehrheit die Vermutung der Beherrschung.
- Bei der **KG** ist hingegen wegen überlappender Machtbefugnisse der Organe eine differenzierte Betrachtung geboten.

> **Praxis-Beispiel**
> An der A GmbH & Co. KG sind die von A beherrschte A GmbH als Komplementärin und B als Kommanditist beteiligt. Der Gesellschaftsvertrag sieht für alle Investitionen mit einem Einzelbetrag von mehr als 1 Mio. EUR die Zustimmung der Gesellschafterversammlung vor. Derartige Investitionen fallen mit einer gewissen Regelmäßigkeit (alle zwei bis drei Jahre) an. Im Übrigen gelten die gesetzlichen Bestimmungen.

Nach dem gesetzlichen Statut ist zur **Geschäftsführung** allein die **Komplementärin** berechtigt (§ 164 HGB). Die Geschäftsführung umfasst nach § 161 Abs. 1 i.V.m. § 116 HGB alle Handlungen, die der **gewöhnliche Geschäftsbetrieb** des Handelsgewerbes der Gesellschaft mit sich bringt (§ 116 Abs. 1 HGB), während die Vornahme von Handlungen, die darüber **hinausgehen**, der Zustimmung der **Gesellschafterversammlung** bedarf (§ 116 Abs. 2 HGB). Die zustimmungsbedürftigen Geschäfte betreffen solche Handlungen, die nach ihrem Inhalt und Zweck oder durch ihre Bedeutung und die mit ihnen verbundene Gefahr für die Gesellschafter über den Rahmen des gewöhnlichen Geschäftsbetriebs hinausgehen, also Ausnahmecharakter besitzen. Unter Bezugnahme auf eine kasuistisch geprägte Rechtsprechung werden im Schrifttum folgende Beispiele für außergewöhnliche Geschäfte genannt:[22] Baumaßnahmen auf dem Geschäftsgrundstück, Ersteigerungen von Grundstücken, Einrichtung von Zweigniederlassungen, Veräußerung von als Rücklage dienenden Wertpapieren, Aufnahme eines stillen Gesellschafters. Eine sonst noch gewöhnliche Maßnahme kann ungewöhnlich werden, wenn sie eine schwere Interessenkollision (etwa Zusammenlegung des

---

[22] Vgl. Hopt, in Baumbach/Hopt, HGB Kommentar, 35. Aufl., 2012, § 116, Rn 2.

Einkaufs der Gesellschaft mit dem Einkauf des Einzelunternehmens des geschäftsführenden Gesellschafters) bedingt. Daneben ist die Kategorie der Grundlagengeschäfte zu betrachten. Letztere betreffen das Gesellschaftsverhältnis und sind überhaupt kein Teil der Geschäftsführung. Beispielhaft können hierfür z.B. die Veräußerung des Handelsgeschäfts mit Firma, Änderungen des Gesellschaftsvertrags oder Umwandlungen angeführt werden.

Erweist sich danach schon die **Grenzziehung** zwischen Geschäftsführungskompetenzen (gewöhnliche Geschäfte) und Kompetenzen der Gesellschafterversammlung (außergewöhnliche bzw. Grundlagengeschäfte) als **schwierig,** gilt dies entsprechend für die Zuordnung dieser Bereiche zur nach IFRS 10 für die Beurteilung der Kontrolle maßgeblichen Bestimmung der relevanten Aktivitäten. Dem Begriff der Bestimmung über die relevanten Aktivitäten ist immanent, dass er zumindest auch strategische Neuorientierungen wie z.B. Änderungen des Produktprogramms, Änderungen der grundsätzlichen Finanzierungsstruktur oder Entscheidungen über den Auf- oder Abbau weiterer Zweigniederlassungen umfasst. Andererseits ist der Begriff allerdings nicht auf solche Grundlagenentscheidungen beschränkt, sondern umfasst auch Angelegenheiten unterhalb dieser Schwelle.

Da nun bei der KG einerseits die **Grundlagenentscheidungen** der Zustimmung der Gesellschafterversammlung bedürfen, andererseits **Entscheidungen unterhalb** dieser Schwelle von der Geschäftsführung (Komplementärin) allein getroffen werden können, würde bei erster Betrachtung Folgendes gelten: Weder die Geschäftsführung (Komplementär-GmbH bzw. der diese beherrschende A) noch die Gesellschafterversammlung (Kommanditist B) allein bestimmen die relevanten Aktivitäten. Bei zweiter Betrachtung gilt jedoch: Da A die Geschäftsführung bestimmt und B die Gesellschafterversammlung dominiert, kommt es darauf an, ob die Rechte bzgl. der Gesellschafterversammlung lediglich als Schutzrechte zu würdigen sind. Nach den Vorgaben von IFRS 10.B26ff. ist dies u.E. der Fall. Danach beherrscht daher im obigen Beispiel die **Komplementärin** (bzw. deren beherrschender Gesellschafter) die KG.

Verallgemeinert gilt für die KG:

- Es besteht eine **Vermutung** der Beherrschung durch die Komplementärin.
- Hinsichtlich dieser Vermutung ist zunächst zu prüfen, ob eine **Mehrheit** der **Kommanditisten** eine Liquidation der Gesellschaft oder die Kündigung bzw. den Ausschluss des Komplementärs ohne Vorliegen besonderer Gründe beschließen kann *(kick-off rights).* Soweit dies der Fall ist, liegt keine Beherrschung durch die Komplementärin vor.
- Soweit keine entsprechenden *kick-off rights* bestehen, muss weiter geprüft werden, ob die Kommanditisten abweichend vom gesetzlichen Regelstatut substanzielle **Mitwirkungsrechte** im laufenden Geschäft haben, insbesondere in Fragen der Auswahl und Vergütung der Geschäftsführung sowie bei operativen, investiven und finanziellen Geschäften im Rahmen des gewöhnlichen Geschäftsbetriebs. Derartige etwa durch Bindung der Geschäftsführung an einen von den Kommanditisten zu beschließenden Wirtschaftsplan installierte Einschränkungen der Handlungsmöglichkeiten der Komplementärin sprechen für einen Vorrang der Stimmrechtsverhältnisse in der Gesellschafterversammlung.

2.5.7 Faktische Kontrolle, faktische Widerlegung der Kontrollvermutung

Ein nicht über die Stimmrechtsmehrheit verfügender Gesellschafter kann ein 49
Unternehmen auch **faktisch** beherrschen, z.B. durch **Präsenzmehrheit** (Rz 44)
oder durch Kontrolle der wesentlichen **Ressourcen** des Unternehmens. Zum
zweiten Fall folgendes Beispiel:

> **Praxis-Beispiel**
> A hält 50 % der Anteile an T. Die anderen 50 % sind breit gestreut. T ist
> hauptsächlich als Vertriebsgesellschaft für A auf nicht exklusiver Basis tätig.
> A kann den Vertrieb jederzeit auf andere verlagern und dadurch T die wirt-
> schaftliche Substanz entziehen.
> Da A mit seinen 50 % jedenfalls nicht überstimmt werden und andererseits im
> Fall eines Patts durch Beendigung oder Androhung der Beendigung des
> Vertriebsvertrags der T die Ressourcen entziehen kann, liegt eine Beherr-
> schung vor.

Bei der Anwendung des Kriteriums der faktischen Beherrschung ist u.E. 50
Vorsicht geboten. Im Interesse der Eindeutigkeit können u.E. auch ausgeprägte
faktische Abhängigkeiten nur dann zu einem Beherrschungsverhältnis führen,
wenn weitere Umstände hinzutreten. Wegen eines Beispiels zu *de-facto-agent*-
Beziehungen wird auf Rz 27 verwiesen.

> **Praxis-Beispiel**
> An der bisher im Alleineigentum des A stehenden JV beteiligt sich nach einer
> Schieflage der JV Investor B mit 50 %. Er allein verfügt über die finanziellen
> und personellen Ressourcen, um JV wieder fit zu machen. Faktisch hängt
> daher die Zukunft der JV von ihm ab. Der Gesellschaftsvertrag sieht gleich-
> wohl für alle Entscheidungen Einstimmigkeit vor.
> **Beurteilung**
> U. E. ist unter dem Gesichtsunkt *„power arises form rights"* (IFRS 10.11) ein
> *joint venture* und kein Tochterunternehmen der A gegeben.

Wie faktische Verhältnisse (ausnahmsweise) eine Beherrschung ohne Stimm-
rechts- oder Organmehrheit begründen können, gilt auch umgekehrt: Eine durch
Stimmrechts- oder Organmehrheit begründete Kontrollvermutung kann (ausnahmsweise) durch faktische Verhältnisse widerlegt werden. Zu denken ist etwa
an Fälle, in denen ein **Minderheitsgesellschafter** das **zentrale Know-how und
zentrale Geschäftsbeziehungen** der Gesellschaft jederzeit entziehen kann. Bei
einem erweiterten Verständnis von „faktisch" ist auch an Fälle zu denken, in
denen nach ausländischem Recht Produktion, Preise, Zusammensetzung der
Geschäftsführung usw. in erheblichem Maße durch **staatliche Behörden und
Vorschriften** beschränkt sind. Insgesamt ist bei der faktischen Widerlegung der
Kontrollvermutung aber Zurückhaltung geboten. Dies belegt auch ein Rechtsvergleich. Wenn selbst langfristige und wesentliche **Beeinträchtigungen des
Finanzmitteltransfers** abweichend von § 296 Abs. 1 Nr. 1 HGB in IFRS 10 nicht
als zum Verzicht auf eine Vollkonsolidierung legitimierender Umstand erwähnt
werden, sind der Widerlegbarkeit der durch Stimmrechtsmehrheit begründeten
Kontrollvermutung durch faktische Umstände enge Grenzen gesetzt.

2.5.8 Planmäßiger Wechsel der Rechte im Zeitablauf

51 Besondere Regelungen enthält IFRS 10 für den Fall des Wechsels der Stimmrechte, Geschäftsführungsrechte oder ähnlicher Rechte im **Zeitablauf.**

Praxis-Beispiel

A und B gründen die U GmbH. Die U GmbH soll auf der Grundlage eines zum Teil bereits patentierten Know-hows ein Medikament entwickeln und für dessen Zulassung sorgen, anschließend soll dieses produziert und vertrieben werden.

Nach dem Gesellschaftsvertrag oder durch sonstige Vereinbarung führt A die Geschäfte bis zur Arzneimittelzulassung, B danach.

Nach IFRS 10.B13 soll in solchen Fällen bei planmäßigem Verlauf einer der beiden Investoren über die **gesamte Laufzeit** die Kontrolle haben, und zwar derjenige, der die „relevanteren" Aktivitäten bestimmt. Das Schrifttum folgt dem nur zum Teil.[23] Nach anderer Auffassung[24] könnte die Beherrschung **im Zeitablauf wechseln**, etwa im Beispiel A bis zur Arzneimittelzulassung als beherrschend angesehen werden, B ab diesem Zeitpunkt. U. E. ist die zweite Auffassung jedenfalls dann vorzuziehen, wenn eine verlässliche Beurteilung, welche Aktivitäten relevanter sind, ex ante gar nicht möglich ist. Im Interesse der Objektivierung sollte dann auf die Stichtagsverhältnisse und nicht auf völlig ungewisse Zukunftsentwicklungen abgestellt werden. Unabhängig vom Objektivierungsproblem spricht aber das Stichtagsprinzip für die zweite Auffassung (Rz 14). Ggf. kann in Fällen wie den vorstehenden auch ein Gemeinschaftsunternehmen vorliegen.[25]

52 Eine einheitliche, im Zeitablauf nicht wechselnde Betrachtung halten wir hingegen dort für angemessen, wo die Lebensdauer eines Unternehmens von vornherein zeitlich begrenzt ist und A die Geschicke während der operativen Tätigkeit des Unternehmens, B die Liquidationshandlungen beherrscht. Von praktischer Relevanz ist dieses Szenario bei strukturierten Unternehmen (Rz 53).

2.6 Nicht über Stimmrechte gesteuerte Unternehmen (*structured entities*)

2.6.1 Überblick

53 Ohne den Begriff der *special purpose entities* (SIC 12) bzw. der *structured entities* (ED IFRS 10 und IFRS 12) zu verwenden, unterscheidet IFRS 10.B16ff. gleichwohl zwischen Unternehmen, die aufgrund ihres breiten Aktivitätsspektrums fortlaufender Entscheidungen bedürfen und deshalb i. d. R. nur über Stimmrechte oder vergleichbare Rechte kontrolliert werden können, und solchen Unternehmen, die wegen ihres engen, meist im Gründungsakt prädeterminierten Aktivitätsspektrums wenig fortlaufender Entscheidungen bedürfen und deshalb i. d. R. nicht allein über Stimmrechte u. Ä. beherrscht werden können (Rz 12).[26]

---

[23] Vgl. KPMG, Insights into IFRS 2015/16, Tz. 2.5.75.10.
[24] Vgl. ERCHINGER/MELCHER, DB 2011, S. 1230.
[25] Vgl. KÜTING/MOJADADR, KoR 2011, S. 284.
[26] Vgl. KPMG, Insights into IFRS 2015/16, Tz. 5.10.200.10.

Vor allem wenn ein Unternehmen der zweiten Kategorie zuzurechnen ist, soll die **54**
Beurteilung der Beherrschung folgende Faktoren berücksichtigen:
- **Zweck** und **Struktur** des Unternehmens (Rz 59);
- **praktische Fähigkeit** des Investors, die relevanten Aktivitäten zu bestimmen (Rz 64);
- **spezielle Beziehungen** zwischen den beiden Unternehmen (Rz 65);
- Ausmaß, in dem der Investor Ergebnisvariabilitäten **(Risiken und Chancen)** aus dem untergeordneten Unternehmen ausgesetzt ist (Rz 66).

Gefordert ist eine auf diesen Faktoren beruhende **Gesamtbeurteilung**. Ähnlich **55**
verlangte **schon SIC 12.9** „eine Beurteilung unter Berücksichtigung sämtlicher
relevanter Faktoren." In der Auslegungs- und Anwendungspraxis wurde dies
jedoch weitgehend vernachlässigt. Von vier Faktoren – Geschäftstätigkeit entsprechend den Bedürfnissen des Berichtsunternehmens, in wirtschaftlicher Betrachtung Entscheidungsmacht, Mehrheit der Chancen, Mehrheit der Risiken –
wurden nur die beiden letzten berücksichtigt. Der nachvollziehbare Grund
hierfür war die (scheinbar) unterschiedliche Trennschärfe der Anforderungen.
Im Vergleich zu dem quantifizierbaren Kriterium der Risiko- und Chancenmehrheit (> 50 %) erschienen die beiden anderen Faktoren (stärker) ermessensbehaftet. Die Praxis folgte daher den klareren Faktoren.

Die in IFRS 10 genannten Faktoren sind demgegenüber alle in ähnlichem Maße
ermessensbehaftet. Auch für Risiken und Chancen wird **nicht** mehr eine **quantitative Schwelle** (> 50 %) formuliert, sondern lediglich die Vermutung, dass Kontrolle umso eher vorliegt, je stärker die Beteiligung an Risiken und Chancen ist.
Weder **widerlegt** damit ein unter 50 % liegender Anteil an Risiken und Chancen
die Beherrschungsvermutung, noch **bestätigt** ein über 50 % liegender Anteil diese.
Bestenfalls lässt sich sagen: Bei einem Risiko-Chancen-Anteil von unter 50 %
müssen die anderen Faktoren umso deutlicher Kontrolle indizieren, um in der
Gesamtwürdigung eine Beherrschung anzunehmen; umgekehrt müssen bei einem
Anteil von mehr als 50 % die anderen Faktoren umso deutlicher gegen eine
Kontrolle sprechen, um in der Gesamtwürdigung eine Beherrschung zu verneinen.
Der Verzicht auf eine harte Risiko-Chancen-Grenze *(bright lines)* zwingt damit
dazu, die schon in SIC 12 programmatisch vorgesehene Gesamtwürdigung nach
IFRS 10 tatsächlich vorzunehmen.

2.6.2 Typische Anwendungsfälle: ABS-Transaktionen, Leasingobjektgesellschaften, Spezialfonds

Ein wichtiger Anwendungsfall strukturierter Unternehmen sind **ABS-Gesell-** **56**
schaften *(asset-backed securities)*. Hier werden Forderungen vom Sponsor an die
Zweckgesellschaft verkauft. Die Zweckgesellschaft finanziert sich durch die
Ausgabe von Wertpapieren an externe, vor allem institutionelle Investoren oder
durch Kreditaufnahme. Die Zahlungsverpflichtungen aus den Wertpapieren
werden aus dem Zahlungsstrom (Zins- und Tilgungszahlungen) der Forderungen
bedient. Üblicherweise verbleibt ein Teil des Forderungsausfallrisikos beim
Veräußerer, sei es durch die direkte Abgabe von Garantien, sei es, indem die
Zweckgesellschaft sich durch zwei Klassen von Wertpapieren finanziert. Im
letztgenannten Fall halten die Externen die Senior-Papiere, die vorrangig, und
der Forderungsverkäufer die Junior-Papiere, die nur nachrangig bedient werden.

Der Forderungsverkauf selbst unterliegt im Wesentlichen den Regeln von IAS 39 bzw. IFRS 9. Nach ihnen ist zu entscheiden, ob die Forderungen aus der Einzelbilanz des Sponsors abgehen (→ § 28 Rz 58 ff.). Ob sie, einen Abgang aus der Einzelbilanz unterstellt, im Konzernabschluss verbleiben, entscheidet sich nach IFRS 10. Unter dort genannten Voraussetzungen führt der Forderungsverkauf zwar zum (Teil-)Abgang aus dem Einzelabschluss, jedoch nicht aus dem Konzernabschluss, so dass die intendierte Verbesserung von Finanzkennzahlen (z. B. Liquidität oder Eigenkapitalquote) im Konzernabschluss nicht gelingt.

57   Ein weiteres Anwendungsfeld sind **Leasingobjektgesellschaften**. Im typischen Fall wird für die Leasinggegenstände eine GmbH & Co. KG als Leasingobjektgesellschaft gegründet. Komplementär der Leasingobjektgesellschaft ist z. B. ein eigens dafür gegründetes Tochterunternehmen des externen Leasinggebers. Die Kommanditistenstellung übernimmt der Sponsor, der durch Garantien, eine hohe Haftsumme usw. auch die wesentlichen Risiken behält. Überlässt die externe Leasinggesellschaft die Leasinggegenstände im *finance lease* der Objektgesellschaft, diese aber im *operate lease* dem Sponsor, so sind die Leasingobjekte und Leasingverbindlichkeiten im Einzelabschluss des Sponsors nicht und im Konzernabschluss nur unter den Voraussetzungen von IFRS 10 zu zeigen.

Eine spezielle Variante sind ***sale-and-lease-back*-Gestaltungen** (→ § 5a Rz 260 ff.). Der Sponsor veräußert z. B. Leasinggegenstände an die SPE und least sie von dieser zurück. Eine einzelbilanzielle Ausbuchung, insbesondere aber eine einzelbilanzielle Ertragsrealisierung bei Verkauf, kann u. U. schon an den Vorschriften von IAS 15 und IFRS 16 scheitern (→ § 5a Rz 260 ff.). Wo dies nicht der Fall ist, muss bilanzpolitisch zusätzlich die Konzernhürde von IFRS 10 genommen werden. Wie bei ABS-Transaktionen ist auch bei Leasinggeschäften unter Einschaltung einer SPE also eine doppelte Würdigung nach den einzel- und nach den konzernbilanziellen Regelungen notwendig.

58   ABS-Transaktionen und *operating*-Leasinggeschäfte sind wichtige Formen der *off-balance-sheet*-Finanzierung, durch die Vermögenswerte, Schulden und Risiken aus der Bilanz „ausgelagert" werden. *Off-balance-sheet*-Finanzierungen sind jedoch nicht der einzige Anwendungsbereich von strukturierten Unternehmen. Vor allem bei großen Konzernen ist es nicht unüblich, liquide Mittel in sog. **Spezialfonds** (so die nicht in das KAGB übernommene Terminologie des InvG) umzuschichten. Inhaltlich geht es um Fonds mit einem begrenzten Anlegerkreis (im Extremfall nur ein Anleger). Der Anleger erwirbt kein ideelles (Bruchteils-)Eigentum an den Wertpapieren, sondern lediglich einen Auszahlungsanspruch in Höhe seines Anteils am Sondervermögen des Fonds.

Die Anteilsscheine am Fonds sind Wertpapiere i. S. d. § 1 Abs. 11 Nr. 2 KWG. Handelsrechtlich wird hieraus gefolgert, dass Bilanzierungsobjekt die Anteilsscheine sind. § 290 Abs. 2 Nr. 4 Satz 2 HGB erlaubt die gleiche Behandlung im Konzernabschluss.

IFRS 10 verlangt hingegen ggf. eine Konsolidierung, wenn etwa ein Alleininvestor (Ein-Mann-Spezialfonds) die Anlagerichtlinie vorgibt, die Kapitalanlagegesellschaft also als Agent nur delegierte Verfügungsmacht *(delegated power)* hat (Rz 27) und die Chancen und Risiken *(returns)* so gut wie vollständig beim Investor liegen.[27] Durch die Struktur eines Schirmfonds *(umbrella fund)* kann die Konsolidierungspflicht dann nicht umgangen werden, wenn eine deutliche Risiko-Chancen-Mehrheit an einem haftungsmäßig abgekapselten Subfonds besteht (Rz 79).[28]

2.6.3 Zweck und Struktur des Unternehmens

Die Involvierung des Berichtsunternehmens *(reporting entity)* in den **Gründungsakt** und damit in den Zweck und die Gestaltung *(purpose and design)* des untergeordneten Unternehmens ist ein möglicher Indikator *(may indicate)* für Beherrschung (IFRS 10.B51). Der Indikator ist umso stärker, wenn gesellschafts- und/oder schuldrechtlich die **gewöhnlichen** Tätigkeiten des untergeordneten Unternehmens weitgehend **vorherbestimmt** sind (sog. **Autopilot**) und die Entscheidungsgewalt für **ungewöhnliche Fälle** beim **Berichtsunternehmen** liegt. In diesem Fall gelten nur noch die ungewöhnlichen Tätigkeiten als relevante Aktivitäten und können dem Berichtsunternehmen Kontrolle geben (IFRS 10.53).   **59**

Von Bedeutung ist in jedem Fall, ob schuldrechtliche Vereinbarungen einen wesentlichen Teil der Aktivitäten des untergeordneten Unternehmens auf die Ebene des Berichtsunternehmens transferieren (IFRS 10.B52). Zusätzlich ist zu berücksichtigen, ob das Berichtsunternehmen (harte oder weiche) Bestandsgarantien für das untergeordnete Unternehmen gegeben hat (IFRS 10.B54).

In Fällen, in denen die Geschäftstätigkeit des Unternehmens **fortlaufend unternehmerischer Entscheidungen** bedarf, wie sie für ein am Markt tätiges Unternehmen typisch sind, ist eine Beherrschung i.d.R. nur auf Basis von Stimmrechten oder ähnlichen Rechten möglich. Folgende **Indikatoren** sprechen **für** einen signifikanten Bedarf an fortlaufenden unternehmerischen Entscheidungen: **60**

- Die Geschäftstätigkeit umfasst die **Herstellung von** Produkten oder die Erbringung von **Dienstleistungen** (keine Leasing-, ABS- oder Kapitalanlage-Gesellschaft).
- Sie erfordert daher fortlaufende Entscheidungen über die **Kombination** der Produktionsfaktoren und
- eine **aktive Vermarktung** der Leistungen
- gegenüber einem im Zeitablauf **veränderlichen Abnehmerkreis** (keine Beschränkung auf den Sponsor).

Die Frage fortlaufender Produktions- und Absatzentscheidungen ist deshalb von so großer Bedeutung, weil bei einem stetigen Wandel ein Geschäft nicht automatisch durch einen sog. Autopiloten gesteuert werden kann, sondern immer wieder von Neuem strategische Entscheidungen zu treffen sind, die letztlich nur über entsprechende Organmehrheiten kontrolliert werden können. Wo hingegen alle Geschäfte vorherbestimmt sind, spielen Organentscheidungen und Organmehrheiten keine Rolle mehr.

Als **Anwendungsbeispiel** für eine strukturierte Einheit, deren gewöhnliche Tätigkeiten vorherbestimmt sind, während für ungewöhnliche Entscheidungen Entscheidungsgewalt gebraucht wird, führt IFRS 10.B53 folgende **ABS-Konstruktion** an: **61**

---

[27] Vgl. wegen weiterer Einzelheiten der Würdigung von Spezialfonds nach IFRS 10 BÖCKEM/DISSER/WATERSCHEK-CUSHMAN, KoR 2013, S. 117ff.

[28] Vgl. speziell zur Anwendung von IFRS 10 auf sog. Investmentstrukturen DIETRICH/KRAKUHN/SERLEJA, IRZ 2012, S. 23ff.

> **Praxis-Beispiel**
> Ein strukturiertes Unternehmen hat den alleinigen Zweck, Forderungen des Investors gegenüber Kunden/Kreditnehmern anzukaufen, die Zahlungen bei Fälligkeit zu vereinnahmen und an den Investor weiterzureichen. Eine Put-Vereinbarung mit dem Investor als Stillhalter erlaubt eine Rückübertragung notleidend gewordener Forderungen an den Investor.
> Relevante Aktivität ist das Forderungsmanagement bei (drohendem) Ausfall. Das Forderungsmanagement der voll werthaltigen Forderungen ist vorherbestimmt. Die Entscheidungsmacht liegt somit beim Investor, da dieser die nicht vorherbestimmte Aktivität, nämlich das Management der notleidenden Forderungen, bestimmt.

Dabei ist es im Beispiel unerheblich, dass das Management der notleidenden Forderungen auf Ebene des Investors, also **außerhalb der rechtlichen Grenzen** des strukturierten Unternehmens *(outside the legal boundaries of the investee)* stattfindet. Die Bedingungen der Put-Vereinbarungen sind vielmehr als integraler Bestandteil der Gründung des strukturierten Unternehmens anzusehen.
Diskussionsbedürftig ist in diesem Kontext noch die Bedeutung eines umfassenden **Versicherungsschutzes**.

> **Praxis-Beispiel**
> Ein strukturiertes Unternehmen hat den alleinigen Zweck, Forderungen des Investors gegenüber Kunden/Kreditnehmern anzukaufen, die Zahlungen bei Fälligkeit zu vereinnahmen und an den Investor weiterzureichen. Sämtliche Forderungen werden von der Versicherung V versichert. Wenn eine Forderung notleidend wird, übernimmt V deren Management (Vollstreckungsmaßnahmen etc.).

U. E. ist eine Versicherung, die den Kreditschutz als Teil ihres normalen Geschäfts erbringt, i.d.R. zu wenig in Strukturierung und Errichtung *(design and setup)* der strukturierten Einheit involviert, um als deren Mutterunternehmen gelten zu können.

62 Überträgt man den Gedanken, dass unerheblich ist, ob die Aktivitäten innerhalb der rechtlichen Grenzen gesteuert werden, auf **Leasingobjektgesellschaften**, so wird in vielen Fällen die Entscheidungsmacht beim Leasingnehmer liegen,[29] weil dieser über Gestaltungsrechte wie Untervermietungsrechte, Vertragsverlängerungsoptionen und/oder Erwerbsoptionen die Geschicke des Leasingobjekts bestimmt.

> **Praxis-Beispiel**
> Alleiniger Zweck des strukturierten Unternehmens LG ist der Ankauf eines Grundstücks, die anschließende Errichtung eines Gebäudes darauf und schließlich die langfristige Verpachtung (20 Jahre) an das Unternehmen LN. LN ist nur Minderheitsgesellschafter der LG. Die Anteilsmehrheit hält ein Finanzierungsunternehmen, das zu ⅔ den Bau der Immobilien über ein Ratendarlehen des LN finanziert hat. Zu ⅓ hat LN ein Fälligkeitsdarlehen an LG gegeben. Die vereinbarten Leasingraten decken den Kapitaldienst auf das Ratendarlehen sowie die Zinsen auf das Fälligkeitsdarlehen.

---

[29] A. A. BÖCKEM/STIBI/ZOEGER, KoR 2011, S. 406; ausführlich zu Leasingobjektgesellschaften FREIBERG/PANEK, PiR 2013, S. 342.

Der Leasingvertrag räumt LN u.a. ein Recht zur Untervermietung ein (der LG nur bei wichtigen, in der Person des Untermieters liegenden Gründen widersprechen darf). Außerdem hat LN die Option zur Verlängerung des Leasingvertrags um 2 × 5 Jahre, daneben eine Option zum Erwerb des Mietobjekts nach 20, 25 oder 30 Jahren zum *fair value*.

Beurteilung
Die Aktivitäten des LG (Einzug der Mieten, Bedienung der Darlehen) sind vorherbestimmt. Relevante Entscheidungen über die Immobilie liegen ausschließlich bei LN. Er entscheidet über
- die Nutzung des Objekts (vollständige Eigennutzung vs. ganz oder teilweise Untervermietung),
- die Dauer der Nutzung (Ausübung oder Nichtausübung der Verlängerungsoptionen),
- die Verwertung des Objekts bei Beendigung des Leasingvertrags (Ausübung oder Nichtausübung der Erwerbsoption).

Es ist unerheblich, dass diese Entscheidungen außerhalb der rechtlichen Grenzen der LG getroffen werden, da Grundlage der Leasingvertrag als integraler Bestandteil der Gründung der LG ist. LN beherrscht daher die Gesellschaft.

Die vorstehende Beurteilung – Konsolidierungspflicht der Leasingobjektgesellschaft durch den Leasingnehmer – muss sich auch dann nicht zwangsläufig ändern, wenn Vertragsverlängerungsoptionen und Erwerbsoption zugunsten des Leasingnehmers fehlen würden. Als Substitut für eine Erwerbsoption kann etwa ein **Vorkaufsrecht** des Leasingnehmers vereinbart sein. Fehlt auch dieses, ist in obigem Beispiel also eine freie Veräußerung der Immobilie am Markt nach Ablauf der Leasingvertrags vereinbart, kommt es entscheidend auf die Dauer des Leasingvertrags und das Verhältnis von Gebäude zu Grund und Boden an. Je länger die Laufzeit und je höher der Gebäudeanteil, umso unbedeutender ist der bei Marktverwertung noch erzielbare Betrag im Verhältnis zu den Risiken und Chancen aus der Nutzung des Objekts während der Vertragsdauer.

Im Übrigen sind unsere unter Rz 51 dargestellten Überlegungen zum planmäßigen, vorab bestimmten Wechsel der Kontrollrechte im Zeitablauf bei Leasingobjektgesellschaften begrenzter Lebensdauer (Ein-Objekt-Gesellschaften) nur modifiziert anwendbar:

63

Praxis-Beispiel
LN least eine Anlage mit einer Nutzungsdauer von 20 Jahren von LG auf Dauer von X Jahren plus einmalige Option einer Verlängerung um weitere X Jahre. LN entscheidet über die Nutzung des Objekts und die Dauer der Nutzung (X oder 2 × X Jahre), LG über die Verwertung des Objekts bei Beendigung des Leasingvertrags. Einer der beiden Parteien soll nach IFRS 10.B13 über die **gesamte Laufzeit** die Kontrolle haben, und zwar derjenige, der die „relevanteren" Aktivitäten bestimmt. Was relevanter ist, hängt u.a. von der Größe X bzw. 2 × X ab. Je geringer sie im Verhältnis zur Nutzungsdauer ist, umso wichtiger werden in der Gesamtnutzenbetrachtung des Leasingobjekts die Verwertung am Ende des Leasingvertrags und damit die Rolle von LG.

2.6.4 Praktische Fähigkeiten

64 Bei der Beurteilung, ob der Investor genügend Rechte hat, soll auch die praktische **Fähigkeit** *(practical ability)* zur Bestimmung der relevanten Aktivitäten von
Bedeutung sein (IFRS 10.B18).

Als **Anwendungsfälle** der praktischen Fähigkeit werden genannt:

- die Fähigkeit des Investors, auch ohne entsprechendes vertragliches Recht die
  Schlüsselposition des Managements zu bestimmen oder
- den *investee* zu Transaktionen bzw. deren Unterlassung zu veranlassen oder
- den Nominierungsprozess des Exekutivorgans zu bestimmen.
- Überdies kann die praktische Fähigkeit durch Personalunion auf Geschäftsführungsebene gegeben sein oder dadurch, dass im entscheidenden Organ des
  investee nahestehende Personen des Investors sitzen.

All diesen Fällen ist gemein, dass es an den nach IFRS 10.10f. und IFRS 10.B9
geforderten **Rechten** *(power arises form rights)* fehlt. U. E. haben deshalb die
praktischen Fähigkeiten bzw. die für sie genannten Beispiele „nur" eine Funktion
im Rahmen der Abrundung einer **Gesamtwürdigung**. Allein führen sie nicht zu
einem Beherrschungsverhältnis.

2.6.5 Spezielle Beziehungen

65 Vorstehender Befund gilt zum Teil auch für die in IFRS 10.B19 genannten
speziellen Beziehungen *(special relationships)*. Solche speziellen Beziehungen
(die amtliche Übersetzung spricht von „besonderen Verhältnissen") können
vermuten lassen, dass der Investor mehr als ein passives Interesse am untergeordneten Unternehmen hat. Als Anwendungsbeispiele werden hier genannt:

- Das Management des *investee* besteht aus **(früheren) Arbeitnehmern** des
  Investors.
- Der *investee* hängt **finanziell, technologisch, personell** usw. vom Investor ab.

Praktische Bedeutung hat der zweite Punkt z. B. im Rahmen von **Outsourcing-
Projekten**.

Praxis-Beispiel

Im Rahmen eines Management-Buy-Out wird für eine der vielen vom Investor
vertriebenen Produktgruppen eine Vertriebsgesellschaft V gegründet, deren
Anteile ausschließlich die zuvor bei U für diesen Vertrieb zuständigen Manager
übernehmen.

V vertreibt ausschließlich die vom Investor hergestellten Produkte unter
dessen Marke. Der Vertriebsvertrag und der Lizenzvertrag über die Marke
sind jährlich kündbar.

Beurteilung

Über die Kündigung der Verträge kann der Investor der Vertriebsgesellschaft
jederzeit die Existenzgrundlage entziehen. Dieses Drohpotenzial reicht aus,
auch ohne gesellschaftsrechtliche Legitimation die Entscheidungen auf Ebene
der Vertriebsgesellschaft zu beherrschen.

Ähnliche Strukturen können sich beim Outsourcing von IT, innerbetrieblichen
Transport und in vielen anderen Fällen ergeben. Fraglich ist in allen Fällen die
relative Bedeutung der Ist-Situation zur realistischen Zukunftssituation.

Praxis-Beispiel

MU hat seine Abteilung IT zum 1.1.01 rechtlich outgesourct. Die Mehrheit der Anteile an IT halten das Management und Externe. Die IT wird auf Basis eines unkündbaren Fünf-Jahres-Vertrags mit Mindestabnahmeverpflichtung weiterhin für die MU tätig sein, soll sich aber auch um externe Kunden bemühen, ihre Leistungen also aktiv vermarkten. Nach realistischen Planungen wird der Anteil der MU am Gesamtumsatz der IT pro Jahr um etwa 10 Prozentpunkte sinken. Der Planung entsprechend betragen die Drittumsätze im Dezember 01 erstmals 10 % des Gesamtumsatzes mit steigender Tendenz.

Beurteilung

In der Ist-Situation 31.12.01 ist die IT verlängerter Arm der MU. Nach realistischer Planung soll sich dies bis zur erstmaligen Kündigungsmöglichkeit des Outsourcing-Vertrags (31.12.05) ändern. Im Hinblick auf die geplante Entwicklung sind bereits ab 01 laufende Entscheidungen über die Optimierung der Produktions- und Vermarktungsprozesse notwendig. Eine Steuerung der IT über Autopilot scheidet daher aus. Sie ist keine strukturierte Einheit, sondern ein normales Unternehmen. Es besteht daher die Vermutung, dass die IT über Organmehrheit beherrscht wird.

2.6.6 Risiken und Chancen

2.6.6.1 Gesellschafts- und schuldrechtliche Risiko-/Chancentragung als Indikator einer Beherrschung

Die Mehrheit der Chancen und Risiken ist abweichend von der herrschenden Auslegung von SIC 12 kein Faktor mehr, der **allein** über die Konsolidierung einer strukturierten Einheit entscheidet. Vielmehr gilt nun: Ein hoher Anteil an den Chancen und Risiken ist ein **Indikator** (nicht mehr und nicht weniger) für eine Beherrschung (IFRS 10.B20).[30] Der Indikator ist umso bedeutsamer, je stärker der Risiko-Chancen-Anteil über einem evtl. Stimmrechtsanteil liegt (IFRS 10.B21). Dabei kommt es nicht allein auf gesellschaftsrechtliche Chancen (Dividenden, Liquidationserlöse) und Risiken (Verlust des eingesetzten Kapitals, Inanspruchnahme aus unbeschränkter Haftung eines Komplementärs usw.) an. Auch **schuldrechtlich** erwartete Vorteile aus **nachrangigen Darlehen**, Genussrechten usw. kommen infrage, ebenso z.B. **Wertsteigerungschancen** aus Leasingobjekten, die dem Sponsor aufgrund entsprechender Vertragsregelungen zustehen.

Entsprechendes gilt für das Risiko. Bei ABS-Transaktionen kann z.B. den externen Investoren ein Rendite- oder Delkredere-Schutz garantiert sein, so dass diese stets vorrangig und unabhängig vom Forderungsausfall bedient werden und somit das Forderungsausfallrisiko beim Sponsor verbleibt. Bei der typischen **Leasingobjektgesellschaft** kann sich die Risikotragung z.B. aus *first-loss*-Garantien im Rahmen des Leasingvertrags ergeben.

66

---

[30] Weitgehend KIRSCH/EWELT, BB 2011, S. 1643; nach ihrer Auffassung gilt: kann ausgehend von den relevanten Aktivitäten kein Mutterunternehmen identifiziert werden, ist diejenige Partei vollkonsolidierungspflichtig, die die Rückflüsse am meisten beeinflussen kann.

Risiken/Chancen *(variability in returns)* des Investors können sich gem. IFRS 10.B55 ff. ergeben aus:

- **Anteilen** (Dividendenrechte, Nachschusspflichten, Beteiligung an Liquidationserlösen);
- **Zinsen** aus Darlehen;
- **Ausfall-** bzw. **Inanspruchnahmerisiken** bzgl. Darlehen, Liquiditätszusagen, Finanzgarantien;
- **Vergütungen** für Dienstleistungen, Lizenzierungen usw.;
- Steuervorteilen;
- Synergieeffekten;
- Restwertgarantien, Erwerbsoptionen und Vertragsverlängerungsoptionen des Investors als **Leasingnehmer**.

Dabei wird nicht vorausgesetzt, dass die „Vergütung" erfolgsabhängig ist. IFRS 10.B56 hält vielmehr am Beispiel eines Investmentmanagers fest, *„that fixed performance fees for managing an investee's assets are variable returns because they expose the investor to the performance risk of the investee"*.

67   Die Änderung des Risiko-Chancen-Kriteriums von einer digitalen Betrachtung in der Anwendung des bisherigen Rechts, d.h. von SIC 12 (Risikomehrheit ja oder nein?) zu einem qualitativen bzw. tendenziellen Indikator (je höher der Risiko-Chancen-Anteil, umso eher Kontrolle), wird im Schrifttum nicht unbedingt begrüßt.[31] Befürchtet wird möglicherweise ein Verlust an Objektivierung. Bei näherer Betrachtung wird in vielen Fällen aber nur eine **offenere** (ehrlichere) **Subjektivität** an die Stelle der **bisherigen Scheinobjektivität** gesetzt.

Praxis-Beispiel

Die mit geringem Eigenkapital ausgestattete irische Zweckgesellschaft S investiert in 2005 ff. in US-Hypothekendarlehen, Kreditkartendarlehen usw. und refinanziert sich über die Ausgabe kurzfristiger Wertpapiere *(commercial papers)*. Falls die Refinanzierung stockt, kann sie auf eine Kreditzusage (Fazilität) der sponsernden Bank i. H. v. 10 Mrd. EUR zurückgreifen.

Bisheriges Recht

Die Kreditzusage ist in der herrschenden Auslegung des bisherigen Rechts wahrscheinlichkeitsgewichtet in die Betrachtung der Risiko-Chancen-Verteilung einzubeziehen (Rz 77). Hat die Inanspruchnahme der Zusage nur eine Wahrscheinlichkeit von 1/10.000, führt sie nicht zur Konsolidierung bei der Bank. Anders kann das Urteil ausfallen, wenn die Wahrscheinlichkeit mit 1/100 angesetzt wird.

Die Wahrscheinlichkeitsannahme lässt sich aber ex ante nicht beweisen. Das gewollte Ergebnis kann also bei Berechnung wahrscheinlichkeitsgewichteter Werte durch entsprechende Prämissensetzung erzielt werden. Die Berechnung führt nur zu scheinobjektiven Resultaten.

---

68   Unter der Prämisse des rationalen Handelns ist zunächst von einer **symmetrischen** Verteilung von Chancen und Risiken auszugehen: Derjenige, der die meisten Chancen hält, trägt auch die meisten Risiken.

---

[31]   Vgl. REILAND, DB 2011, S. 2734.

Eine quantitative Feststellung kann jedoch im Einzelfall bereits zum Zeitpunkt der Gründung der strukturierten Einheit zu **abweichenden Ergebnissen** führen, etwa weil jeder der Beteiligten bei der Begründung von Rechten und Pflichten die Risiko-Chancen-Entwicklung unterschiedlich prognostiziert hat oder weil direkten und leicht quantifizierbaren Risiken zum Teil nur indirekte und schwer oder nicht quantifizierbare Chancen gegenüberstehen.[32]

Überdies ist die Verteilung der Chancen und Risiken für **jeden Bilanzstichtag neu** aus Sicht der noch verbleibenden „Restzukunft" zu beurteilen. Aus der Perspektive nach dem Gründungszeitpunkt liegender Bilanzstichtage ist aber selbst bei vollständiger Transparenz und Quantifizierbarkeit der Verhältnisse, uneingeschränkter Rationalität des Handelns und einheitlicher Einschätzung der Zukunftsaussichten eine Symmetrie von Chance und Risiko nicht mehr systematisch begründbar. Ist etwa eine Partei bei Gründung der Gesellschaft für ein einmaliges, vorab anfallendes fremdübliches Entgelt stillhalterähnliche Verpflichtungen (Bürgschaften, geschriebene Put- oder Call-Optionen, Restwertgarantien usw.) gegenüber der anderen Partei oder dem strukturierten Unternehmen eingegangen, so besteht im Gründungszeitpunkt die Vermutung der Ausgeglichenheit von Entgelt einerseits und den aus der Stillhalterverpflichtung resultierenden Risiken andererseits. Mit vollzogener Vereinnahmung des Entgelts bleibt dieses aber für die zum nächsten Bilanzstichtag vorzunehmende Prognose des Restzeitraums außer Betracht. Das vereinnahmte Entgelt stellt nun Vergangenheit dar. Die Zukunftchancen und -risiken beziehen sich nur auf noch nicht realisierte Ereignisse, somit in Bezug auf die **Stillhalteverpflichtung** nur noch auf das Recht des „Optionsinhabers" und die Pflicht des Stillhalters. Der jedem Optionsvertrag nach Zahlung der Optionsprämie innewohnenden Asymmetrie der Rechte und Pflichten entspricht dann die **Asymmetrie von Chance und Risiko.**

Soweit danach aus Sicht des Bilanzstichtags das Berichtsunternehmen zwar eine deutliche Mehrheit der Risiken hält, aber die Mehrheit der Chancen bei anderen liegt, stellt sich die Frage, welchem Indikator der Vorrang zu geben ist.

69

Sowohl die US-GAAP-Vorschiften (FIN 46r.14). als auch das Handelsrecht werten den **Risikoaspekt** als wichtiger. Fraglich ist, ob dies auch für die IFRS gilt. Aus IFRS 10 selbst ergibt sich keine Antwort. Das *„risks-and-rewards"*-Konzept wird jedoch in anderen IFRS-Kontexten ausführlicher als in IFRS 10 behandelt. Zu untersuchen ist, ob sich hierbei eine einheitliche Wertung feststellen lässt:

- Nach IAS 18.14(a) sind **Umsätze** aus Warenverkäufen nur dann zu realisieren, wenn die Risiken und Chancen auf den Käufer übertragen werden. Zur Konkretisierung dieser Vorschrift führt IAS 18.16 vier Beispiele an, bei denen jeweils der Rückbehalt der Risiken ausreicht, um eine Übertragung des wirtschaftlichen Eigentums auf den Käufer zu verneinen.

- Nach dem Wortlaut von IAS 17.8 ist ein **Leasingobjekt** nur dann vom Leasingnehmer zu bilanzieren, wenn der Vertrag so gut wie alle Chancen und Risiken auf ihn überträgt. In der Konkretisierung des Konzepts bestimmt IAS 17.11(a) Folgendes: Trägt der Leasingnehmer bei Beendigung des Leasingvertrags das Restwertrisiko, so kann allein schon diese Risikozuweisung zur Bilanzierung bei ihm führen. Nach folgender herrschender Auffassung können daher Andienungsrechte des Leasinggebers bzw. Restwertgarantien des Lea-

---

[32] Ähnlich KÜTING/GATTUNG, KoR 2007, S. 397 ff.

singnehmers, die das Restwertrisiko fast vollständig auf den Leasingnehmer verlagern, während die Restwertchance fast vollständig beim Leasinggeber bleibt, zur Zurechnung des Leasingobjekts beim Leasingnehmer führen.

- Nach IAS 39.29 bzw. IFRS 9.3.2.6 ist ein veräußerter **finanzieller Vermögenswert** dann nicht beim Veräußerer auszubuchen, wenn dieser so gut wie alle Chancen und Risiken aus dem Vermögenswert behält (→ § 28 Rz 61). In der Konkretisierung dieser Vorschrift bestimmt IAS 39.AG46, dass ein finanzieller Vermögenswert dann nicht auszubuchen ist, wenn bei seiner Übertragung eine Garantie für alle Verluste abgegeben wird.

In den genannten Regelungskontexten wird somit zwar auf Konzeptebene kumulativ von Risiko und Chance gesprochen, in der Konkretisierung des Konzepts aber jeweils die Übernahme allein des Risikos durch eine Partei für ausreichend gehalten, um ihr den Vermögenswert zuzurechnen. Dem folgend sollte u. E. auch bei der Zurechnung einer strukturierten Einheit dem **Risikoaspekt** im Zweifel Vorrang gegeben werden.

70   Im Einzelfall kann die gebotene **Gesamtwürdigung** allerdings zu einem anderen Ergebnis führen, etwa bei dem Nebeneinander einer deutlichen und unstrittigen Chancenmehrheit einer Partei und einer knappen und zweifelhaften Risikomehrheit der anderen Partei die Konsolidierung durch die erste Partei für geboten gehalten werden.

71   Eine Risiko-Chancen-Bewertung ist insbesondere bei Finanzinstrumenten schon aus Sicht der Einzelbilanz geboten. Zum Zusammenspiel mit den nach IFRS 10 maßgeblichen Risiken und Chancen folgendes Beispiel:

Praxis-Beispiel

MU veräußert Finanzinstrumente an die strukturierte Einheit SE. Durch Vereinbarung eines *total return swap* blieben aber alle Risiken und Chancen bei MU.

Beurteilung

Der *total return swap* verhindert einzelbilanziell die Ausbuchung des Finanzinstruments bei MU bzw. die Einbuchung bei SE.

Somit bezieht sich die durch den *swap* gegebene Risiko-Chancen-Übernahme auf einen Vermögenswert, der SE rechtlich, aber nicht bilanziell zuzurechnen ist. Für die Beurteilung der Konsolidierungspflicht nach IFRS 10 ist der *swap* daher irrelevant.

2.6.6.2   Beurteilungszeitpunkt, Beurteilungszeitraum

72   Wie die Beurteilung jedes anderen Konsolidierungsgrunds ist auch die der Risiko- und/oder Chancenmehrheit zu jedem Stichtag vorzunehmen (**Beurteilungszeitpunkt**). Soweit sich an den Verhältnissen seit der letzten Beurteilung nichts Wesentliches geändert hat, kann an der zuvor vorgenommenen Beurteilung festgehalten werden.

73   Risiko und Chance sind jedoch **zukunftsgerichtete** Begriffe. Die Verteilung von Risiko und Chance ist daher für die Zukunft zu beurteilen. Der sich aus dieser Anforderung konkret ergebende **Beurteilungszeitraum** ist

- **begrenzt,** wenn die strukturierte Einheit oder auf die Verteilung von Chancen und Risiken gerichtete Abreden der Kapitalgeber eine begrenzte Laufzeit haben,
- **unbegrenzt,** wenn die strukturierte Einheit rechtlich und wirtschaftlich auf Dauer angelegt ist und auch die Verteilung der Chancen und Risiken unter den Kapitalgebern keine zeitliche Begrenzung aufweist.

Zur ersten Alternative folgendes Beispiel:

Praxis-Beispiel

Die T hält ein Containerschiff, Nutzungsdauer 40 Jahre, und überlässt es im *operating lease* an Dritte. Kapitalgeber der T sind zu je 50 % diverse Kleinanleger (Eigenkapital) und eine Bank, der das Schiff als Sicherheit gestellt wird. Das entgeltliche Management des Schiffs liegt bei MU. MU garantiert der SPE über zehn Jahre die Frachterlöse. Die Kleininvestoren können MU nach Ablauf der zehn Jahre ihren Anteil zum Nominalwert plus einer bankähnlichen Verzinsung andienen.

Beurteilungszeitraum für die Verteilung der Risiken und Chancen zwischen MU und den Kleinanlegern ist der Zeitraum bis zum Ablauf des Andienungsrechts und nicht die längere Nutzungsdauer des Schiffs. Mit Ende der zehn Jahre und Ausübung/Nichtausübung eines Andienungsrechts ist die Risikoverteilung zwischen MU und den Kleinanlegern endgültig abgeschlossen.

Am Ablaufzeitpunkt haben die Kleinanleger das Recht auf Andienung ihrer Anteile. Durch das Andienungsrecht liegt das Wertentwicklungsrisiko des Schiffs bis zum Ablauf der zehn Jahre bei MU; außerdem trägt MU auch das Risiko aus der Garantie für die Frachterlöse. Ob die Kleinanleger, eine Nichtausübung der Option unterstellt, in den Jahren 11 bis 40 noch an den Anteilen festhalten werden, ob sie also das laufende und das Wertentwicklungsrisiko dieser Jahre übernehmen oder nach Ablauf der zehn Jahre ihren Anteil alsbald veräußern werden, ist Sache ihrer autonomen Entscheidung und berührt nicht mehr die vertragliche Risikoverteilung zwischen ihnen und MU.

Wie nach ganz einheitlicher Auslegung des *risks-and-rewards*-Konzepts von IAS 17 bei Leasingverträgen ist daher auch für die Risiko-Chancen-Beurteilung nach IFRS 10 im Fall von Andienungsrechten, Restwertgarantien usw. der **Betrachtungszeitraum** für die Risikoverteilung auf den Zeitpunkt zu **begrenzen,** bis zu dem das Andienungsrecht wahrgenommen oder die sonstige Restwertgarantie in Anspruch genommen werden kann.

2.6.6.3 Vorrang der qualitativen Analyse

Die Bestimmung der Risiken- und/oder Chancenanteile bedarf nicht in jedem Fall einer **quantitativ-mathematischen Analyse,** sondern kann sich bereits aus **qualitativen** Überlegungen ergeben. Die amerikanischen Vorschriften für *variable interest entities* (als Pendant der strukturierten Einheiten) formulieren explizit den Vorrang der qualitativen Analyse und führen als Begründung in *FIN 46r. D.32* Folgendes an: 74

> *„Although quantitative analysis may seem to provide a more precise and less subjective means of making a determination, that appearance is deceptive in some cases. The lack of objective evidence on which to base the estimates and*

assumptions used to make the computations results in imprecision and subjectivity. Consequently, a reasoned professional judgment ... often is as good as, or even better than, mathematical computations ..."

75   Auch in der Anwendung von IFRS 10 ist u. E. der **qualitativen Analyse Vorrang** zu geben (Rz 67). Der Regelungstext enthält demzufolge keine Vorgaben für eine quantitative Analyse.

76   In folgenden beispielhaften **Fällen** kann regelmäßig bereits qualitativ eine Risikomehrheit des Sponsors belegt werden:
- Die strukturierte Einheit finanziert sich beinahe ausschließlich aus Fremdmitteln, die sie ohne Bürgschaften, Patronatserklärungen, Liquiditätsgarantien (Fazilitäten) etc. des Sponsors aber nicht hätte beschaffen können.
- Die Fremdmittel stammen vom Sponsor, der hierfür keine Sicherheiten erhält, mit denen ein Dritter sich zufrieden gegeben hätte.
- Das strukturierte Unternehmen verfügt zwar über wesentliches, von Dritten aufgebrachtes Eigenkapital, der Sponsor nimmt den Dritten aber das eigenkapitaltypische Verlustrisiko ab, indem er ihnen etwa über einen langen Zeitraum ein Recht auf Andienung der Anteile zum Nominalwert zuzüglich einer Verzinsung einräumt oder ihnen auf Dauer Mindestdividenden garantiert.

Die strukturierte Einheit hat von vornherein eine begrenzte Zeitdauer. Für den Wert des am Ende dieses Zeitraums bestehenden Vermögens garantiert der Sponsor durch Einräumung von *first-loss*-Garantien, Andienungsrechten usw.

2.6.6.4 Möglicher Aufbau einer quantitativen Analyse

77   Nicht immer führen qualitative Überlegungen zu einem hinreichend eindeutigen Ergebnis.

Praxis-Beispiel

Ein strukturiertes Unternehmen wird im Wesentlichen aus zwei Quellen finanziert:
- einer am Gewinn partizipierenden typischen stillen Einlage des A,
- einem Festzinsdarlehen des B.

Beide Fremdfinanzierungen sind nachrangig gegenüber anderen Fremdfinanzierungen und untereinander gleichrangig.

Beurteilung

Bei erster Betrachtung trägt der stille Gesellschafter A höhere Risiken und Chancen, da A und B in gleicher Weise dem Ausfallrisiko unterliegen, die fortlaufende Vergütung des A jedoch gewinnabhängig, die des B hingegen fixiert ist. Diese Betrachtung trägt jedoch nur, wenn das Volumen beider Finanzierungen in etwa gleich hoch ist. Beträgt die stille Einlage hingegen nur ⅔ des Festzinsdarlehens, ergibt sich zwar nach wie vor ein höheres Risiko des A hinsichtlich der laufenden Vergütung, jedoch ein geringeres hinsichtlich des Ausfalls des Rückforderungsanspruchs. Nunmehr ist irgendeine Art des Vorrangs oder der Gewichtung geboten. Soll vornehmlich auf den *worst case* (Ausfallrisiko) abgestellt werden – dann trägt B mehr Risiken – oder soll auf beide Risiken abgestellt werden – dann kommt es auf die Wahrscheinlichkeit des Ausfalls im Verhältnis zu Maß und Wahrscheinlichkeit von Schwankungen der laufenden Vergütung an.

Bei **fehlender Eindeutigkeit** der qualitativen Analyse ist somit eine quantitative Analyse sinnvoll oder geboten. Mangels Vorgaben in IFRS 10 selbst könnte eine solche Analyse etwa durch Rückgriff auf die analogen **amerikanischen** Vorschriften aus FIN 46r erfolgen.[33] Sie fordern eine **wahrscheinlichkeitsgewichtete** Szenario-Analyse. Hierbei werden unterschiedliche Entwicklungen der strukturierten Einheit (z.B. *worst, bad, base, good* und *best case*) mit diskreten Wahrscheinlichkeiten gewichtet, um zu untersuchen, welche Partei in diskontierter Betrachtung die Mehrheit der positiven und negativen Ergebnis- bzw. *cash-flow*-Variabilität (Chance und Risiko) trägt. Die darin enthaltene Definition von Risiko und Chance als Ergebnisvariabilität entspricht der Definition von Chance und Risiko in IAS 39.21. Eine wahrscheinlichkeitsgewichtete Szenario-Analyse kann sich daher nicht nur über IAS 8.12 auf FIN 46r berufen, sondern ebenso über IAS 8.11(a) auf IAS 39 (→ § 1 Rz 76ff.).

In der wahrscheinlichkeitsorientierten Szenario-Betrachtung sind zunächst zwei Größen zu bestimmen:

Ergebnis des jeweiligen Szenarios
× Wahrscheinlichkeit des Szenarios
= wahrscheinlichkeitsgewichteter Szenario-Wert (1)
Erwartungswert aller Szenarien
× Wahrscheinlichkeit des jeweiligen Szenarios
= wahrscheinlichkeitsgewichteter Erwartungswert (2)

Die Summe der positiven Differenzen der beiden Größen gilt als Chance *(expected residual return)*, die Summe der negativen Abweichungen als Risiko *(expected loss)*.

Ist der Anteil des einzelnen Gesellschafters an den so über Variabilitäten definierten Risiken und Chancen größer 50 %, hat er die Gesellschaft zu konsolidieren.

In die Betrachtung fließen nicht nur die gesellschaftsrechtlichen Ergebnisanteile ein, sondern ebenso die Chancen und Verluste aus **Bürgschaften, nachrangigen Darlehen**, *first-loss*-Garantien für Leasingobjekte usw. Nachfolgend ein stark, weil u.a. auf eine Periode reduziertes Beispiel:[34]

> **Praxis-Beispiel**
> TU wird mit einem minimalen, vernachlässigbaren Eigenkapital gegründet. A hält 20 %. Die Gesellschaft wird durch ein nachrangiges und erfolgsabhängiges Darlehen des A i. H. v. 100 finanziert.
> Im *bad case* fällt das Darlehen aus, im *base case* erhält A seine Einzahlung nebst einem Zins von 25 zurückgezahlt, im *best case* beträgt der Zins 50.
> Die in der nachfolgenden Tabelle festgehaltenen Berechnungen führen bei A zu einer Ergebnisvariabilität (positiv wie negativ) von 22,8, bei den anderen Gesellschaftern von 16,8. A trägt daher die Mehrheit der Chancen und Risiken.

---

[33] In diesem Sinne MÜLLER/OVERBECK/BÜHRER, BB 2005, Beil. 8 zu Heft 32, S. 26ff.
[34] Weitere Einzelheiten bei MÜLLER/OVERBECK/BÜHRER, BB 2005, Beil. 8 zu Heft 32, S. 26ff., und MELCHER/PENTER, DB 2003, S. 513ff.

GESAMTBETRACHTUNG				
Fall	*bad*	*base*	*best*	
Wahrscheinlichkeit p	20 %	60 %	20 %	
EBIT	–100	50	200	
– Zins G'ter-Darlehen A		–25	–50	
+ Ertrag aus Ausfall G'ter-Darlehen A	100			
= operativer *cash flow* (Gesellschaft)	0	25	150	
+ Zins G'ter-Darlehen A		25	50	
– Ausfall G'ter-Darlehen A	–100	0	0	
= **angepasster *cash flow* (Ergebnis)**	**–100**	**50**	**200**	
wahrscheinlichkeitsgewichtetes Ergebnis	–20	30	40	
Erwartungswert	**50**			
wahrscheinlichkeitsgewichtetes Ergebnis	–20	30	40	Summe
– Erwartungswert × p	10	30	10	
Negative Abweichung (Risiko)	**–30**			**–30**
Positive Abweichung (Chance)		0	30	**30**
GESELLSCHAFTER A				
Fall	*bad*	*base*	*best*	
Wahrscheinlichkeit p	20 %	60 %	20 %	
Anteil am op. *cash flow* der Gesellschaft (20 %)	0	5	30	
+ Zinsen aus Darlehen	0	25	50	
– Ausfall Darlehen	–100	0	0	
= **angepasster *cash flow* A**	**–100**	**30**	**80**	
wahrscheinlichkeitsgewichteter *cash flow* A	–20	18	16	
Erwartungswert	**14**			
wahrscheinlichkeitsgewichteter *cash flow* A	–20	18	16	Summe
– Erwartungswert × p	2,8	8,4	2,8	
Negative Abweichung (Risiko)	**–22,8**			**–22,8**
Positive Abweichung (Chance)		9,6	13,2	**22,8**
ÜBRIGE GESELLSCHAFTER				
Fall	*bad*	*base*	*best*	
Wahrscheinlichkeit p	20 %	60 %	20 %	
Anteil am op. *cash flow* der Gesellschaft (80 %)	0	20	120	
= **angepasster *cash flow***	**0**	**20**	**120**	
wahrscheinlichkeitsgewichteter *cash flow*	0	12	24	
Erwartungswert	**36**			
wahrscheinlichkeitsgewichteter *cash flow*	0	12	24	Summe
– Erwartungswert × p	7,2	21,6	7,2	
Negative Abweichung (Risiko)	**–7,2**	**–9,6**		**–16,8**
Positive Abweichung (Chance)			16,8	**16,8**

2.6.6.5   Zellulare Strukturen, *multi-seller*-SPEs

78   Ein strukturiertes Unternehmen mit einer sog. zellularen Struktur liegt vor, wenn unter der **einheitlichen rechtlichen Hülle** verschiedene **haftungsmäßig gegeneinander isolierte Geschäfte** (sog. Silos) betrieben werden. Durch eine solche Strukturierung kann die Anwendung von IFRS 10 nicht umgangen werden. Beim rechtlichen und wirtschaftlichen Auseinanderfallen des potenziellen Konsolidierungsobjekts ist die **wirtschaftliche** Betrachtung vorrangig (IFRS 10.B76 ff.).

Praxis-Beispiel

Sachverhalt

Die Leasinggesellschaft LG überlässt verschiedene Leasinggegenstände im *finance lease* an die Leasingobjektgesellschaft LOG, deren Komplementär sie zugleich ist. Kommanditisten mit einer geringen Einlage sind zu gleichen Teilen A, B, C, D und E, die Maschinen von LG im *operate lease* anmieten. Nach den Verträgen mit der LOG bürgt jeder Kommanditist für diejenigen Schulden der LOG, welche die von ihm angemieteten Leasinggegenstände betreffen, also sachlich ihm „zuzurechnen" sind. Andere Schulden relevanter Größenordnung hat die LOG nicht.

Beurteilung

Auch wenn keiner der Kommanditisten die Mehrheit der Risiken und Chancen an der LOG hat, können konsolidierungspflichtige Einheiten vorliegen. Aus Sicht der relevanten Schulden, Eingangs- und Ausgangsgeschäfte ist die LOG nur eine formale Hülle über fünf wirtschaftlich selbstständige Einheiten. Jede dieser Einheiten stellt ein **potenzielles Konsolidierungsobjekt** dar und ist nach IFRS 10 auf die Konsolidierungspflicht beim jeweiligen Kommanditisten zu prüfen. Diese Prüfung wird regelmäßig zur Konsolidierung führen.

Auch Verbriefungsgeschäfte (**ABS-Transaktionen**; Rz 56) können so gestaltet werden.

Praxis-Beispiel

- Drei Unternehmen A, B, C verkaufen ihre Forderungen an eine einzige Zweckgesellschaft Z.
- Die Zweckgesellschaft emittiert zur Finanzierung der Käufe Schuldpapiere A, B und C,
- wobei zur dinglichen Sicherung der Papiere A nur die von A gekauften Forderungen dienen usw.

Ein derartiges *multi-seller*-SPE repräsentiert nicht **ein** Nichtkonsolidierungsobjekt, sondern **drei (potenzielle) Konsolidierungsobjekte**.

Fraglich ist, ob die Beurteilung im vorstehenden Beispiel auch dann gilt, wenn bei allerdings sehr **unwahrscheinlichen Verlusten** der Zweckgesellschaft A ggf. auch für die wirtschaftlich den anderen Gesellschaftern zuzurechnenden Verluste einstehen muss. Gegen eine Silo-Betrachtung in einem solchen Fall spricht der restriktive Einleitungssatz von IFRS 10.B77 (*„if and only if"*). Andererseits verlangt IFRS 10.B77 aber explizit eine wirtschaftliche Betrachtung (*„in substance"*), der ein Abstellen auf zwar rechtlich geregelte, wirtschaftlich aber völlig unwahrscheinliche Ereignisse widersprechen könnte.

Rechtlich einfach gestaltet sich die Etablierung zellularer Strukturen im Bereich der **Spezialfonds** (Rz 56). Das Investitionsrecht eröffnet hier die Möglichkeit, mehrere Teilfonds mit unterschiedlichen Anlageschwerpunkten gemeinsam unter einem Schirm zu verwalten *(umbrella fund)*. Soweit keine *cross fund liabilities* 79 bestehen, d. h. die Teilfonds haftungsrechtlich gegeneinander abgekapselt werden, sind potenzielles Konsolidierungsobjekt die **Teilfonds.**

> **Praxis-Beispiel**
> *Umbrella fund* U besteht aus zehn gleich großen Subfonds S-1 bis S-10.
> M hält 100 % an Subfonds S-1, somit nur 10 % an U.
> Maßgeblich ist die wirtschaftliche Betrachtung *(substance over form).* Gibt es
> keine *cross fund liabilities*, ist potenzielles Konsolidierungsobjekt nicht die
> Verwaltungshülle U, sondern der jeweilige Subfonds. M hat dann Subfonds
> S-1 nach IFRS 10 u. a. wegen Risiko-/Chancenmehrheit zu konsolidieren.

2.6.7 *Principal-agent-*Beziehungen

80   Wie bei *voting interest entities* (Rz 26) sind auch bei strukturierten Unternehmen Überlegungen angezeigt, ob ein Dritter für Zwecke des Berichtsunternehmens handelt oder umgekehrt. Diese Frage nach einer *principal-agent-*Beziehung stellt sich in besonders komplexer Weise bei **Asset-** oder **Fonds-Management-Gesellschaften,** an denen der Asset- oder Fonds-Manager auch selbst eine Beteiligung hält oder bei denen eine erfolgsabhängige Managementvergütung einen nicht unbedeutenden Teil der insgesamt anfallenden Chancen und Risiken absorbiert. Es gilt:

- Je größer die **Entscheidungsbefugnisse** des Managers (keine Vorgabe detaillierter Anlagerichtlinien durch die Eigentümer),
- je bedeutender das **eigene Investment** des Managers und/oder die Höhe seiner **erfolgsabhängigen Bezüge,**
- je schwieriger seine vorzeitige Kündigung,

umso eher handelt er in eigener Sache.

Umgekehrt weisen Ausprägungen der vorgenannten Kriterien in die andere Richtung auf ein Handeln für andere, z. B. das Berichtsunternehmen, hin.[35]

81   Bei der Beurteilung, ob ein Entscheidungsträger *(decison maker)* als **Prinzipal** oder als **Agent** handelt, sind die gesamten Verhältnisse zwischen allen in Beziehung stehenden Parteien zu würdigen. Abzustellen ist nach IFRS 10.B60 auf folgende Indikatoren:

a) den Umfang seiner **Entscheidungsbefugnis,**
b) **substanzielle Rechte Dritter** mit (beeinträchtigender) Wirkung für die Entscheidungsbefugnis,
c) die Ausgestaltung seiner **Vergütung** für die Leistung,
d) den zusätzlichen Anteil an den variablen Rückflüssen durch **eigene Beteiligungen.**

Nur in zwei Konstellationen ist eine abschließende Beurteilung anhand eines einzigen Indikators gefordert. Ein *decision maker* handelt danach **unwiderlegbar** als

- **Agent,** wenn eine einzelne Partei substanzielle Rechte zur Abberufung des Entscheidungsträgers *(removal* oder *kick-out rights)* besitzt, die ohne besondere Angabe von Gründen ausgeübt werden können (IFRS 10.B61/IFRS 10.B65);
- **Prinzipal,** wenn Vergütungs- und/oder sonstige Vertragsbedingungen **marktunüblich** sind (IFRS 10.B70).

---

[35] Vgl. allgemein zur Konsolidierung sog. Investmentstrukturen Dietrich/Krakuhn/Sierleja, IRZ 2012, S. 23 ff.

Bestehen die substanziellen Rechte Dritter nicht in einem *kick-out right*, sondern etwa in Zustimmungsvorbehalten (IFRS 10.B66) oder in besonderen Rechten bzgl. der Liquidation des potenziellen Konsolidierungsobjekts, kommt es auf den **Einzelfall** an. **82**

Bei der Beurteilung der Stellung eines Entscheidungsträgers ist auch auf die **Chancen** und **Risiken** abzustellen. Ein hoher Anteil des Managers ist ein Hinweis für ein Handeln als Prinzipal (IFRS 10.B68). Der Anteil ergibt sich aus der Vergütungsstruktur und einer evtl. zusätzlichen Beteiligung und ist in ein (relatives) Verhältnis zu der Gesamtvariabilität der Rückflüsse zu setzen (IFRS 10.B72). **83**

Praxis-Beispiel[36]

Entscheidungsträger E bekommt für seine Leistungen eine prozentuale Ergebnisbeteiligung von 2 %. Bei Erreichen von besonderen Renditezielen hat E überdies Anspruch auf eine zusätzliche Vergütung von 25 % des Ergebnisses nach Abzug der festen Vergütung. E ist selber mit einem Anteil von 5 % an der Gesellschaft beteiligt. Unter der Prämisse einer Zahlung der variablen Vergütung in jedem Szenario ergibt sich ein Anteil von ca. 30,2 % des Entscheidungsträgers.

	Gesamt	Anteil E
Ergebnis	100	
Managementvergütung	2,0 (= 100 × 0,02)	2,0 %
Variable Vergütung	24,5 (= 98 × 0,25)	24,5 %
Verbleibendes Ergebnis	73,5	3,7 %
Anteil an Variabilität		**30,2 %**

Bestehen erhebliche Zweifel an der Erreichbarkeit der Schwellenwerte, ist die Kalkulation um verschiedene, wahrscheinlichkeitsgewichtete Szenarien zu erweitern.

IFRS 10 verzichtet allerdings bewusst auf eine Grenzziehung, bei welchem **relativen Anteil** an den variablen Rückflüssen der Entscheidungsträger als Agent oder Prinzipal anzusehen ist (IFRS 10.BC142). Aus den *Application Examples* lassen sich allerdings Anhaltspunkte ableiten:

- Nach *Example* 14B führt ein Anteil von mindestens **36,6 %** an den variablen Rückflüssen zu einer Typisierung des Handelns des Entscheidungsträgers als Prinzipal.
- Hingegen führt ein Anteil von maximal **22,4 %** nach *Example* 14A noch zu einer Behandlung als Agent.

Besteht die Beteiligung des Fonds- oder Asset-Managers an einem Fonds, der nichts anderes tut, als einen **Index nachzubilden** *(index tracker fund)*, stellt sich die Frage, ob hier überhaupt noch hinreichend relevante Dinge zu entscheiden sind, die eine Stellung des Managers als Prinzipal rechtfertigen können. **84**

---

[36] Nach FREIBERG, PiR 2013, S. 96 ff.

85   Wegen der *principal-agent*-Thematik bei *voting interest entities* wird auf Rz 26 ff. verwiesen.

2.6.8   Kontrolle durch Banken oder andere Fremdfinanziers nach Bruch von *covenants*

86   Kontrolle kann auch auf rein **schuldrechtlicher Basis** bestehen, etwa wenn nach einem Kreditvertrag nach eingetretener Verletzung bestimmter Kreditbedingungen *(covenants)* alle weiteren Entscheidungen über das Unternehmen des Kreditnehmers von der Bank getroffen werden. Bei **breit operierenden Unternehmen** (Rz 7) ist eine solche Situation selten. Höchstens werden nach Verletzung der Vertragsbedingungen alle besonders bedeutsamen Entscheidungen (auf Zeit) an einen Zustimmungsvorbehalt der Bank geknüpft, der für sich gesehen noch nicht zur Beherrschung durch die Bank, ggf. aber zu einem maßgeblichen Einfluss i.S.v. IAS 28 führt (→ § 33 Rz 19). Bei **strukturierten Einheiten** mit wenig fortlaufendem Entscheidungsbedarf (Autopilot; Rz 59) ist eine stärkere Rechts- und Machtstellung des Kreditgebers wahrscheinlicher.

> **Praxis-Beispiel**
> Die SE betreibt mit geringem Eigenkapital auf gepachteter Fläche einen Solarpark. Hauptkreditgeber ist die Bank B. Zwei Jahre nach Betriebsaufnahme wird evident, dass die Erträge viel zu optimistisch eingeschätzt wurden und daher eine vollständige Bedienung der Bankdarlehen auf Dauer nicht möglich ist. Entsprechend der kreditvertraglichen Regelungen übernimmt damit die Bank „das Ruder". Nicht nur bedürfen sämtliche operative Entscheidungen von nun an der Zustimmung der Bank, diese kann auch initiativ werden, also bestimmte Maßnahmen anordnen.
> U. E. hat die Bank bei nicht nur vorübergehender Übernahme der Entscheidungsgewalt (Initiativrecht) die strukturierte Einheit zu konsolidieren.

U. U. werden im Krisenfall die Sicherheitsinteressen einer Bank auch durch die Einrichtung einer **doppelnützigen Treuhand** befriedigt, bei der aufgrund entsprechender Vereinbarungen mit dem Kreditgeber der ursprüngliche Anteilsinhaber als Treugeber Anteile an einen Treuhänder überträgt, der im Verhältnis zu ihm eine Verwaltungstreuhand, im Verhältnis zur Bank eine Sicherungstreuhand unterhält. Auch hier beschränken sich die Rechte der Bank gegenüber dem Treuhänder und damit mittelbar gegenüber dem treuhandgegenständlichen Unternehmen (zunächst) meist auf Veto- bzw. Schutzrechte (Rz 28), so dass eine Konsolidierung durch die Bank nicht geboten ist. Je stärker aber die Position der Bank im Zeitablauf angereichert wird, umso eher kann diese im Verhältnis zum Treuhänder in die Rolle des Prinzipals wachsen mit der regelmäßigen Folge einer Zurechnung und Konsolidierung des Treuhandobjekts bei der Bank. Wie immer kommt alles auf die Ausgestaltung des Einzelfalls an.[37]

---

[37]   Zur Unterscheidung der wichtigsten Fallkonstellationen Hacker, KoR 2016, S. 275 ff.

2.7 Abgrenzung Tochterunternehmen von assoziierten und Gemeinschaftsunternehmen

In **typisierender** Betrachtung lassen sich vier Fälle der Beteiligung an einem anderen Unternehmen unterscheiden: **87**

- Beteiligung von **weniger als 20 %**: kein maßgeblicher Einfluss, somit **einfache Beteiligung nach IAS 39** bzw. IFRS 9 (→ § 28);
- Beteiligung von **mehr als 20 %, aber weniger als 50 %**: maßgeblicher Einfluss, **assoziiertes Unternehmen**, somit *equity*-Konsolidierung nach IAS 28 (→ § 33);
- Beteiligung von **50 %**: *joint venture*, Konsolidierung *at equity* als Gemeinschaftsunternehmen nach IFRS 11 (→ § 34);
- Beteiligung **über 50 %**: **Tochterunternehmen**, somit volle Konsolidierung (Rz 89).

Die typisierenden Annahmen können je nach Würdigung des Einzelfalls zu widerlegen sein; dazu wird verwiesen wegen   **88**

- eines **Tochter**status bei fehlender Mehrheitsbeteiligung auf Rz 21 ff. und Rz 44;
- eines **Gemeinschafts**status bei 51 %iger Beteiligung auf Rz 21 ff.;
- eines möglichen **assoziierten** Status bei der Beteiligung unter 20 % auf → § 33 Rz 11 ff.

3 Konzernabschlusspflicht, Konsolidierungskreis, Bilanzstichtag

3.1 Konzernabschlusspflicht

3.1.1 Vorrang von EU- und nationalem Recht bei der Bestimmung der Konzernabschlusspflicht

Nach IFRS 10.4 hat ein **Mutterunternehmen** – größen-, rechtsform- und sitz**un**abhängig – einen Konzernabschluss vorzulegen. **Befreiungsmöglichkeiten** sind lediglich für den Teilkonzernabschluss von bestimmten Mutterunternehmen vorgesehen, die selbst Tochterunternehmen eines anderen Mutterunternehmens sind (IFRS 10.4).   **89**

Aus Sicht von **deutschen** und EU-Anwendern haben die IFRS-Vorschriften zur Konzernabschlusspflicht jedoch keine Relevanz (Rz 5). Die EU-Kommission hat im November 2003 „Kommentare zu bestimmten Artikeln der Verordnung (EG) Nr. 160" (6/2002) veröffentlicht und das Zusammenspiel von EU-Richtlinien bzw. nationalem Recht (HGB) mit den IFRS wie folgt erläutert: **90**

- „Da sich die IAS-Verordnung lediglich auf ‚konsolidierte Abschlüsse' bezieht, wird sie nur dann wirksam, wenn diese konsolidierten Abschlüsse von anderer Seite gefordert werden. Die Klärung der Frage, ob eine Gesellschaft zur Erstellung eines konsolidierten Abschlusses verpflichtet ist oder nicht, wird nach wie vor durch Bezugnahme auf das einzelstaatliche Recht erfolgen, das infolge der Siebenten Richtlinie erlassen wurde ...".
- Daher „bestimmt das nationale aus den Rechnungslegungsrichtlinien abgeleitete Recht, ob konsolidierte Abschlüsse erforderlich sind oder nicht".

- „Werden sie benötigt, so legen die in den übernommenen IAS festgelegten Anforderungen den Anwendungsbereich der Konsolidierung und folglich die Unternehmen fest, die in diese konsolidierten Abschlüsse einzubeziehen sind, und die Art und Weise, wie dies geschehen soll."[38]

Die Gesetzesbegründung zum Bilanzrechtsreformgesetz (→ § 7 Rz 5) schließt sich dieser Wertung an. § 315a Abs. 1 HGB formuliert demzufolge nur Vorschriften für „ein Mutterunternehmen, das nach den Vorschriften des ersten Titels [also nach §§ 290 ff. HGB] einen Konzernabschluss aufzustellen hat." Somit ergibt sich die in Abbildung 3 dargestellte Arbeitsteilung von IFRS und HGB für den deutschen Anwender:

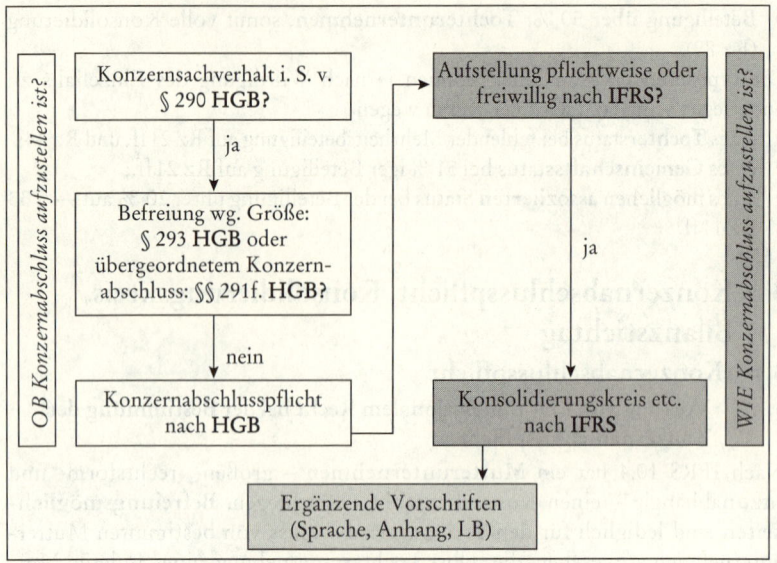

Abb. 3: IFRS-Konzernabschluss – Arbeitsteilung HGB und IFRS

Insoweit haben deutsche Anwender einen verpflichtenden (börsennotierte Gesellschaften) oder gem. § 315a HGB befreienden (sonstige Gesellschaften) IFRS-Konzernabschluss nur aufzustellen, wenn

- mindestens ein **Beherrschungsverhältnis** i.S.v. § 290 HGB vorliegt,
- das Mutterunternehmen nicht selbst Tochterunternehmen eines anderen Mutterunternehmens ist, das einen **den Teilkonzern befreienden Konzernabschluss** erstellt (§§ 291 f. HGB),
- die **Größenmerkmale von § 293 HGB** überschritten sind und
- das Mutterunternehmen eine **Kapitalgesellschaft** oder eine Personenhandelsgesellschaft ohne unbeschränkte Haftung mindestens einer natürlichen Person **(KapCo-Gesellschaft)** ist (§ 290 HGB i.V.m. §§ 264 und 264a HGB)

---

[38] EU-Kommission, Kommentare zu bestimmten Artikeln der Verordnung (EG) Nr. 1606/2002, http://ec.europa.eu/internal_market/accounting/docs/ias/200311-comments/ias-200311-comments_de.pdf, abgerufen am 4.1.2017.

oder sich wegen besonderer Größe eine Konzernabschlusspflicht nach dem **Publizitätsgesetz** ergibt (§ 11 PublG).

Zum Begriff der Börsennotierung (genauer: Kapitalmarktorientierung) wird auf → § 7 Rz 6 verwiesen.

Abstimmungsprobleme zwischen HGB a. F. und IFRS konnten sich dann ergeben, wenn sämtliche Tochtergesellschaften eines börsennotierten Unternehmens wegen Unwesentlichkeit, Veräußerungsabsicht oder Transferbeschränkungen nach § 296 HGB nicht zu konsolidieren sind. Nach einer Auffassung war hier ein IFRS-Konzernabschluss aufzustellen,[39] nach der Gegenmeinung bestand keine Konzernrechnungslegungspflicht.[40] Hier sorgte das BilMoG mit § 290 Abs. 5 HGB für eine Klarstellung: Eine Konzernabschlusspflicht entfällt nach HGB und damit auch für § 315a HGB.

Praxis-Beispiel

Die börsennotierte Venture Capital AG hält eine Vielzahl von Beteiligungen. Alle Beteiligungserwerbe erfolgen mit einer Exit-Strategie (Börsengang, außerbörsliche Veräußerung).

Die Beteiligungen werden daher gem. § 296 Abs. 1 Nr. 3 HGB nicht konsolidiert.

Nach § 290 Abs. 5 HGB entfällt damit die Konsolidierungspflicht mit Folgewirkung für den IFRS-Abschluss nach EU-VO bzw. § 315a Abs. 1 HGB.

Die Bindung an § 315a HGB und damit an §§ 290ff. HGB hat auch Implikationen für die Frage, auf welchen Stichtag **erstmalig** oder **letztmalig** ein Konzernabschluss aufzustellen ist.

Praxis-Beispiel

Die seit 01 börsennotierte MU hat bis zum 31.12.04 keine Tochterunternehmen. Am 1.1.05 gründet/erwirbt sie das Tochterunternehmen TU.

Beurteilung

Ein Konzernabschluss ist erstmals für 05 aufzustellen (§ 315a Abs. 1 HGB i. V. m. § 290 Abs. 1 HGB).

U. E. entsteht damit auch das Berichtsobjekt „Konzern" neu, so dass im Abschluss 05 keine Vorjahresvergleichszahlen (des IFRS-Einzelabschlusses der MU) anzugeben sind und der Zeitpunkt der IFRS-Eröffnungsbilanz mit dem der Begründung des Konzerns zusammenfällt.[41]

Praxis-Beispiel (Fortsetzung)

MU veräußert am 30.12.06 das einzige Tochterunternehmen.

Beurteilung

Ein Konzernabschluss ist für das Jahr 06 nicht mehr aufzustellen (§ 315a Abs. 1 HGB i. V. m. § 290 Abs. 1 HGB).

---

[39] KNORR/BUCHHEIM/SCHMIDT, BB 2005, S. 2399.
[40] ENGELMANN/ZÜLCH, DB 2006, S. 293ff.
[41] Nähere Begründung bei LÜDENBACH, PiR 2010, S. 144ff.

3.1.2   Keine originäre Konzernabschlusspflicht nach IFRS

91 Wo **nationale Gesetze** nicht oder noch nicht bestehen, können die IFRS keine Konzernabschlusspflicht begründen, auch nicht mittelbar für Unternehmen, die aus welchen Gründen auch immer IFRS-konforme Einzelabschlüsse aufstellen. Nach IAS 1.14 darf ein Abschluss zwar nur dann als mit IFRS übereinstimmend bezeichnet werden, wenn er sämtliche Anforderungen der IFRS erfüllt. Die Vorschrift bezieht sich jedoch auf den **Abschluss**, nicht auf das **Unternehmen**. Der Einzelabschluss eines Unternehmens darf daher als IFRS-Abschluss bezeichnet werden, wenn er alle für den Einzelabschluss geltenden Vorschriften beachtet. Ob das Unternehmen daneben andere IFRS-Vorschriften, insbesondere die über den Konzernabschluss, beachtet, ist für die Konformität des Einzelabschlusses irrelevant.

92 Insoweit haben auch die Bestimmungen von IFRS 10.4 für die **Befreiung** eines Mutterunternehmens, das zugleich im Verhältnis zu einem anderen Unternehmen Tochterunternehmen ist (Teilkonzern), eine praktisch vernachlässigbare Bedeutung.

3.1.3   Gleichordnungskonzerne – *combined statements*

93 Bei Beherrschung zweier Unternehmensgruppen durch die gleichen nicht unternehmerischen Personen (Gleichordnungskonzern) kommt IFRS 10 nicht zur Anwendung, da kein Beherrschungsverhältnis zwischen den beiden Gruppen besteht. Ein konsolidierter Abschluss scheidet aus. Infrage kommt aber ein zusammenfassender Abschluss (sog. *combined statement*). Dieser Abschluss ist i. d. R. nicht IFRS-konform, auch wenn er sämtliche sonstigen Vorschriften beachtet. In seltenen Fällen, insbesondere bei gleichartigen Eigentümerstrukturen, Personalidentität der Organe und operativem Zusammenwirken der Gruppen, kann unter Berufung auf den *fair presentation override* von IAS 1.17 (→ § 1 Rz 17) ein IFRS-konformer und als solcher testierfähiger Abschluss erstellt werden.[42]

94 Bedeutung hat die Gleichordnung auch in Fällen einer **Umstrukturierung** unter *common control* (→ § 31 Rz 191).

Praxis-Beispiel

Die natürliche Person A (oder die A AG) hält vor der Umstrukturierung jeweils 100 % an den Unternehmen TU1 bis TU5.

A gründet am 1.7.02 eine Holding AG, die an der Börse gelistet werden soll, und bringt gegen Gewährung von Anteilen (Sacheinlage) TU1 bis TU5 in die Holding ein.

Beurteilung

Die Einbringung ist eine Transaktion unter gemeinsamer Kontrolle, da A vor und nach der Transaktion die TUs beherrscht.

Im (Teil-)Konzernabschluss der Holding AG kann diese Transaktion unter Fortführung der Buchwerte abgebildet werden (*predecessor accounting*; → § 31 Rz 193).

Die Holding kann wirtschaftlich als Fortsetzung der Tätigkeit der kombinierten Einheit TU1 bis TU5 angesehen werden, mit der Folge, dass ihr Konzernabschluss für den Zeitraum 1.1. bis 31.12.02 aufzustellen ist, so, als ob TU1 bis TU5 schon am 1.1. eingebracht worden wären.

---

[42]   Gl. A. ERNST & YOUNG, International GAAP 2016, Ch 6 sCh 2.3.6.

Die Prinzipien des *predecessor accounting* gelten auch für den Zeitpunkt, ab dem die eingebrachten Unternehmen im Konzernabschluss der aufnehmenden Gesellschaft berücksichtigt werden können. Die Holding AG kann im vorstehenden Beispiel wirtschaftlich als Fortsetzung der Tätigkeit der kombinierten Einheit TU1 bis TU5 angesehen werden, mit der Folge, dass ihr Konzernabschluss für den Zeitraum 1.1. bis 31.12.02 so aufgestellt werden kann, als ob TU1 bis TU5 schon am 1.1. eingebracht worden wären. Betroffen ist überdies der **Vorjahresvergleich.** Bei Einbringung einer Gesellschaft in eine neu gegründete Holding gilt etwa: Der konsolidierte Abschluss zeigt die Ergebnisse so, als ob die Gesellschaften immer schon kombiniert gewesen wären, enthält also die kombinierten Zahlen für das vollständige aktuelle Jahr und für das vollständige Vorjahr.

Die kombinierten Vorjahreszahlen haben demzufolge wirtschaftlich nicht die Qualität einer Fiktion **(Pro-forma-Zahlen).** Sie stellen vielmehr sicher, dass die erst im laufenden Jahr rechtlich formierte, vorher über *common control* aber bereits wirtschaftlich bestehende Berichtseinheit für alle Perioden konsistent dargestellt wird.[43] Die kombinierten Vorjahreszahlen sind danach **echte Vergleichszahlen** *(historical information).* Zu gleichen Wertungen kommt die SEC für den Bereich der US-GAAP[44] sowie das *Auditing Practices Board UK* (APB; ohne Bezugnahme auf ein spezielles GAAP) im *Standard for Investment Reporting SIR 2000, Annexure 26*:

> *„Where the entities have been under common management and control but do not form a legal group, the historical financial information will normally be presented on a combined or aggregated basis."*

Zwei Non-IFRIC-Entscheidungen vom Januar 2010 haben vorstehende Vorgehensweise jedenfalls nicht abgelehnt.[45]

Die FEE *(Fédération des Experts Comptables Européens)* hat im Februar 2013 ein *Discussion Paper* zu „Combined and Carve-Out Financial Statements" herausgegeben.[46] Das Papier zeigt Regelungslücken auf und soll eine diesbezügliche Weiterentwicklung der IFRS anregen. Das Papier behandelt neben Fällen von Transaktionen unter gemeinsamer Beherrschung auch andere Anwendungsgebiete von *combined statements.*   **95**

Combined statements spielen insbesondere bei **Börsengängen** eine wichtige Rolle. Auf Basis der EU-Prospekt-VO und der EU-Prospektrichtlinie kann die den Prospekt billigende Behörde bei Vorliegen einer komplexen finanztechnischen Vorgeschichte verlangen, dass bei Aktienemissionen bestimmte Teile der Finanzinformationen einer anderen Gesellschaft in den Prospekt aufgenommen werden müssen.[47]   **96**

---

[43] Vgl. im Detail LÜDENBACH, PiR 2011, S. 209 ff.

[44] Rede des *Associate Chief Accountant* der SEC anlässlich der AICPA National Conference on Current SEC and PCAOB Developments in 2006.

[45] IFRIC Update January 2010.

[46] https://www.accountancyeurope.eu/wp-content/uploads/Combined_and_Carve_out_Financial_Statements_Analysis_of_Common_Practices_1302.pdf, abgerufen am 4.1.2017.

[47] Vgl. im Einzelnen PFÖHLER et al., WPg 2014, S. 475 ff.

3.2 Konsolidierungskreis

3.2.1 Weltabschlussprinzip

97 Für die IFRS-Konzernbilanz gilt gem. IFRS 10.B86 das **Weltabschlussprinzip.** In den Konzernabschluss sind alle ausländischen und inländischen Tochterunternehmen einzubeziehen. Es bestehen keine Konsolidierungsverbote und auch keine Konsolidierungswahlrechte. Auch grundlegend unterschiedliche Geschäftstätigkeiten (Beteiligung einer Bank an einem Industrieunternehmen oder eines Industrieunternehmens an einer Versicherung) führen nicht zu Ausnahmen von der Konsolidierungspflicht. Eine Sonderregelung besteht für *investment entities* (Rz 101).

3.2.2 Zur Veräußerung bestimmte Anteile an Tochterunternehmen

98 Auch ein bereits mit **Veräußerungsabsicht** erworbenes Tochterunternehmen, bei dem die Veräußerung bis zum Bilanzstichtag noch nicht vollzogen wurde, ist zu konsolidieren.
Nach IFRS 5.39 und IFRS 5.IG *Example* 13 bestehen jedoch folgende Besonderheiten:
- Bilanziell **auszuweisen** sind **zwei Beträge:**
  - die Summe der **Vermögenswerte** als „zur Veräußerung bestimmtes Anlagevermögen" *(non-current assets held for sale)* und
  - die Summe der **Verbindlichkeiten** des Tochterunternehmens als „direkt mit zur Veräußerung bestimmtem Anlagevermögen verbundene Schulden" *(liabilities directly associated with non-current held for sale assets).*
- Die **Bewertung** dieser Posten kann vereinfacht wie folgt vorgenommen werden:
  fair value des Tochterunternehmens
  – voraussichtliche. Kosten der Veräußerung
  = *fair value less costs to sell* des Tochterunternehmens
  + *fair value* der **Schulden**
  = *fair value less costs to sell* der *held for sale assets.*
- In der **GuV** ist nur ein Gewinn aus eingestellten Bereichen *(profit from discontinued operations)* auszuweisen, der sich wie folgt ermittelt:
  Ergebnis des Tochterunternehmens
  +/– Änderung des *fair value less costs to sell* des Tochterunternehmens
  = Ergebnis aus eingestellten Bereichen.
Bereits mit Veräußerungsabsicht erworbene Tochterunternehmen gelten ohne Weiteres als *discontinued operation* (IFRS 5.32(c)). Die sonst notwendige Prüfung, ob der abgehende Bereich ein operatives Haupttätigkeitsfeld des Konzerns darstellt, entfällt.

99 Wenn die **Veräußerungsabsicht** nicht schon beim Erwerb, jedoch **erstmals zum Bilanzstichtag** besteht, sind die bisher unter den jeweils einschlägigen Posten ausgewiesenen Vermögenswerte und Schulden des Tochterunternehmens in die vorgenannten Sammelpositionen auf der Aktiv- und Passivseite umzugliedern. Anzusetzen ist gem. IFRS 5.15 der (saldiert) **niedrigere Betrag aus**
- bisherigem **Buchwert** und
- Netto-*fair-value.*
Ein Ertrag aus Zuschreibung kann mithin nicht entstehen, bei unter dem Buchwert liegendem Netto-*fair-value* aber ein **Wertminderungsaufwand** (IFRS 5.20). Die-

ser ist als Ergebnis aus eingestellten Bereichen auszuweisen, sofern die zur Veräußerung vorgesehene Tochterunternehmung ein operatives Haupttätigkeitsfeld (*major line of business or geographical area*) repräsentiert (IFRS 5.32(a)). Zum Ganzen wird auf → § 29 Rz 32 verwiesen.

Als Weiterveräußerung kann aus Konzernsicht nur die Veräußerung an **konzern-externe** Unternehmen gelten. Ein Erwerb eines Enkelunternehmens durch Tochterunternehmen 1 mit der Absicht der Weiterveräußerung an Tochterunternehmen 2 oder an das Mutterunternehmen führt nicht zur Anwendung von IFRS 5. Das Fortbestehen der Weiterveräußerungsabsicht ist eine innere Tatsache, die sich an äußeren Indizien messen lassen muss. IFRS 5.8 verlangt daher die Veräußerung binnen zwölf Monaten ab Erwerb. Eine Ausnahme ist nach IFRS 5.9 z. B. für solche Fälle vorgesehen, in denen ein innerhalb von zwölf Monaten geschlossener Kaufvertrag noch der Genehmigung (z. B. durch Kartellbehörden) bedarf und mit dieser kurz nach Bilanzstichtag zu rechnen ist.

100

> **Praxis-Beispiel**
> M erwirbt am 1.12.01 30 % der Anteile an T mit der Absicht der Weiterveräußerung binnen zwölf Monaten. Die Anteile werden am 31.12.01 nach IFRS 5 bilanziert.
>
> **Variante 1: noch kein Käufer gefunden**
> Am 31.12.02 ist noch kein Käufer in Sicht. Die Anteile sind nunmehr entsprechend den normalen Regeln zu konsolidieren.
>
> **Variante 2: ausstehende Genehmigung des Kaufvertrags**
> Ein Kaufvertrag wird am 5.1.03 geschlossen. Der Übergang des wirtschaftlichen Eigentums erfolgt mit kartellrechtlicher Genehmigung. Diese steht zum Zeitpunkt der Bilanzaufstellung (Januar 03) noch aus.
> Eine Umklassifizierung ist nicht erforderlich, obwohl der Kaufvertrag erst nach zwölf Monaten geschlossen wurde. Zweck von IFRS 5.8 ist die Vermeidung von Manipulationen und die Objektivierung der Veräußerungsabsicht. Der Bilanzierende soll nicht durch die bloße Behauptung einer Veräußerungsabsicht der Regelkonsolidierung ausweichen können. Diesem Zweck wird auch dann Genüge getan, wenn die Zwölf-Monats-Frist in solchen Fällen moderat ausgedehnt wird, in denen spätestens bis Bilanzaufstellung ein Kaufvertrag geschlossen wurde.

3.2.3 Von *investment entities* gehaltene Anteile

Das im Oktober 2012 verabschiedete *Amendment „Investment entities"* zu IFRS 10 sieht für Mutterunternehmen, die als *investment entity* zu qualifizieren sind,

101

- deren Geschäft sich also im Wesentlichen auf den **Erwerb** von **Beteiligungen** (mehr als einer) zur Realisierung von laufenden Beteiligungserträgen und/oder Wertsteigerungen beschränkt und
- die deshalb ihr Beteiligungsportfolio nach *fair-value*-**Gesichtspunkten** steuern (IFRS 10.27),

eine **erfolgswirksame** *fair-value*-**Bilanzierung** der Anteile vor (IFRS 10.31 und IAS 27.8A). Besteht die Beteiligung an einem börsennotierten Unternehmen, soll nach ED/2014/4 der *fair value* als Produkt aus Aktienkurs und Zahl der Aktien, also ohne Rücksicht auf Kontroll- bzw. Einflussprämien, bestimmt werden.

Die Investment-Ausnahme greift jedoch in zwei Fällen nicht:

- Hält die *investment entity* neben den „eigentlichen" Investments noch Anteile an Tochterunternehmen, deren Zweck die Unterstützung beim Management des Beteiligungsportfolios ist, so sind diese „Dienstleistungstochterunternehmen" nach normalen Regeln zu konsolidieren (IFRS 10.32).
- Ist in einem mehrstufigen Konzern (MU, diverse TUs, diverse EUs) das Mutterunternehmen keine *investment entity*, ein Unternehmen der Zwischenstufe (eines der TU) aber doch, so sind die Investments des letzteren zwar in dessen Teilkonzernabschluss nicht zu konsolidieren, jedoch im Gesamtkonzernabschluss des Mutterunternehmens (IFRS 10.33).

Den *investment entities* entsprechende Regelungen bestanden bisher schon für Anteile an assoziierten Unternehmen (→ § 33 Rz 6) und Gemeinschaftsunternehmen (→ § 34 Rz 11).

102 Die Qualifikation einer Gesellschaft als *investment entity* setzt nach IFRS 10.B85(I) u.a. voraus, dass **keine besonderen, synergieartigen Vorteile** aus der Beteiligung erwachsen. Schädlich wäre etwa die Nutzung des technischen Knowhows des Beteiligungsobjekts für eigene Zwecke oder ein regelmäßiger Geschäftsverkehr mit dem Beteiligungsobjekt.[48]

103 Bei den noch jungen Regeln zu *investment entities* besteht bzw. bestand zu einigen Fragen noch **kein eindeutiges Meinungsbild**:

- **Freiwilliger oder lokalen Gesetzen** dienender Konzernabschluss: Wenn eine *investment entity* ausschließlich nach *fair-value*-Gesichtspunkten gesteuerte Mehrheitsbeteiligungen hält, kann es gleichwohl vorkommen, dass sie entweder freiwillig (bzw. auf Wunsch von Finanziers) oder zur Erfüllung nationaler Abschlusspflichten einen IFRS-Konzernabschluss aufstellen möchte. Nach IAS 27.8A scheint dies nicht möglich, denn danach ist das Unternehmen *„required to apply the exception to consolidation."* IFRS 10.4C sprach hingegen für eine solche Möglichkeit, denn danach galt: *„An investment entity need not present consolidated financial statements."* Für die Erfüllung der Konzernrechnungslegungspflicht deutscher Unternehmen hatte dieser **Widerspruch** eine eher geringe Bedeutung: Regelmäßig sind alle Beteiligungen der *investment entity* zur Veräußerung bestimmt. Nach § 290 Abs. 5 HGB i.V.m. § 296 Abs. 1 Nr. 3 HGB besteht dann keine Konzernrechnungslegungspflicht und zwar auch dann nicht, wenn die *investment entity* kapitalmarktorientiert ist. IFRS 10.4C ist durch das *Amendment* vom Dezember 2014 entfallen. Eingefügt worden ist IFRS 10.4B, wonach eine *investment entity* keinen konsolidierten Abschluss präsentieren darf.
- **Zwischenholding**: Hält die *investment entity* ihre Beteiligung aus steuerlichen oder haftungsrechtlichen Gründen über eine Zwischenholding, die keinerlei Managementleistungen erbringt und auch kein eigenes Geschäft hat, stellt sich die Frage, ob diese Zwischenholding gleichwohl zu konsolidieren ist. U.E. ist dies nicht der Fall, da die Zwischenholding keine Managementtätigkeit i.S.v. IFRS 10.B85C und IFRS 10.B85D erbringt. Aus IFRS 10.BC272 mag sich aber eine andere Auffassung ableiten lassen.

---

[48] Vgl. ZWIRNER/FROSCHHAMMER, IRZ 2013, S. 215 ff.

- Eine verwandte Frage ist, ob eine Managementdienste leistende Zwischenholding, die für Gesamtkonzernzwecke zu konsolidieren ist, sich für Zwecke ihrer eigenen Rechnungslegungspflichten als *investment entity* qualifizieren kann. Gegen eine solche Qualifizierung sprach IFRS 10.BC272, dafür IFRS 10.B85C.
- **Eigen- und Fremdkapitalinvestment:** In vielen Fällen finanziert eine *investment entity* die Beteiligungsgesellschaften nicht nur durch Eigenkapital, sondern auch durch mezzanine Instrumente wie stille Beteiligungen, Genussrechte, Nachrangdarlehen usw. Fraglich ist dann, ob in Bezug auf die jeweilige Untergesellschaft ein einziges, einheitliches Investment vorliegt, das zum *fair value* zu bewerten ist, oder zwei (oder mehr) Investments. U. E. dienen die Sonderregelungen für *investment entities* nur dem Verzicht auf die Konsolidierung von Beteiligungen. Daneben gehaltene Fremdkapitalinvestments sind daher nach den normalen Regeln von IAS 39 bzw. IFRS 9 zu bilanzieren.

Hinsichtlich des dritten Punkts bringt das *Amendment* vom Dezember 2014 einige Klarstellungen. Es wird in IFRS 10.385Cff. anerkannt, dass eine **Zwischengesellschaft**, die **Dienstleistungen** für ihre als *investment entity* zu qualifizierende Muttergesellschaft erbringt, ihrerseits selbst *investment entity* sein kann. Falls sie keine *investment entity* ist und die Dienstleistung für die Mutter den Hauptzweck der Zwischengesellschaft darstellt, soll eine Konsolidierung hingegen geboten sein. Darüber hinaus bringt das *Amendment* eine Änderung für Gemeinschafts- oder **assoziierte Unternehmen.** Sind diese selbst *investment entity* und werden daher die Töchter des Gemeinschafts- oder assoziierten Unternehmens von diesem nicht konsolidiert, sondern zum *fair value* bilanziert, so hat das oberste Unternehmen bei der *equity*-Konsolidierung des Gemeinschafts- bzw. assoziierten Unternehmens dessen *fair-value*-Bewertungen für die Unternehmen unterster Stufe zu übernehmen. Auch für Zwecke der *equity*-Konsolidierung beim obersten Unternehmen ist daher keine Konsolidierung der Unternehmen unterster Stufe beim assoziierten Unternehmen notwendig (IAS 28.36A; → § 34 Rz 7).

3.2.4 Dauernde Beschränkung des Finanzmitteltransfers

Nach der bis 2004 geltenden Fassung von IAS 27 bestand ein Konsolidierungsverbot aufgrund erheblicher und **langfristiger Beschränkungen** bzgl. der Fähigkeit zum **Finanzmitteltransfer.** Es betraf vor allem Fälle, in denen durch die Einführung von **Devisentransferbeschränkungen** oder anderer staatlicher Maßnahmen Dividenden nicht mehr ausgeschüttet werden dürfen. Dieses Verbot ist schon mit IAS 27 rev. 2003 entfallen und auch in IFRS 10 nicht enthalten. Es ist nun im Einzelfall zu würdigen, ob sich die staatlichen Maßnahmen nicht nur auf den Finanzmitteltransfer, sondern auf die Stimmrechtsausübung, die Geschäftsführerbestellung oder andere Mechanismen der Bestimmung der relevanten Aktivitäten richten, so dass die Mutter-Tochter-Beziehung wegfällt (Verlust des Tochter-Status, nicht Konsolidierungsverbot).[49]

104

3.2.5 Nichteinbeziehung aus *materiality*- oder Kosten-Gründen

Wie alle IFRS-Regeln unterliegt auch das Weltabschlussprinzip (Rz 97) dem *materiality*-Vorbehalt (→ § 1 Rz 59ff.). Tochterunternehmen müssen nicht ein-

105

---

[49] Vgl. FREIBERG, PiR 2015, S. 59ff.

bezogen werden, wenn sie für die Vermögens-, Finanz- und Ertragslage des Konzerns von insgesamt untergeordneter Bedeutung sind.

106   Die Wesentlichkeit unterliegt einer **Gesamtbetrachtung**. Hierzu folgendes Beispiel:

> **Praxis-Beispiel**
> Die X AG hat 40 Tochterunternehmen, die je etwa 0,5 %, zusammen 20 % zum Konzernumsatz beitragen.
> Jedes Unternehmen ist für sich betrachtet von untergeordneter Bedeutung. In zusammengefasster Betrachtung sind die Tochterunternehmen jedoch wesentlich. Eine Einbeziehung ist deshalb geboten.
> Wird eine kleine Zahl der Tochterunternehmen nicht einbezogen, ist dies nicht schon dann gerechtfertigt, wenn die nicht einbezogenen zusammen einen unwesentlichen Umsatzanteil haben. Bei annähernd gleicher Größe gegenüber anderen einbezogenen Unternehmen muss die Entscheidung systematisch begründbar sein, z.B. wegen besonderer Verzögerungen oder erhöhter Kosten, die sich gerade aus der Einbeziehung dieser Unternehmen ergäben.
>
> **Variante**
> Die 20 Tochterunternehmen, die zusammen 40 % zum Konzernumsatz beitragen, haben eine sehr unterschiedliche Größe. Auf zehn Tochterunternehmen entfallen 35 %, auf die anderen zehn Tochterunternehmen 5 % des Umsatzes.
> Die Nichteinbeziehung der zweiten Gruppe ist systematisch gerechtfertigt, da sie insgesamt von untergeordneter Bedeutung ist.

107   Das Kriterium der Wesentlichkeit ist im IFRS-Regelwerk nicht quantifiziert, auch deshalb nicht, weil unter besonderen Umständen in qualitativer Würdigung ein prozentual sehr kleiner Effekt gleichwohl wesentlich sein kann (→ § 1 Rz 59ff.). Liegen keine besonderen Umstände vor, ist die Nichtkonsolidierung von Tochtergesellschaften, die zusammen nicht mehr als 10 % vom Umsatz und zugleich nicht mehr als 5 % der Bilanzsumme ausmachen, u.U. vertretbar. Für den handelsrechtlichen Einzelabschluss werden entsprechende Richtwerte vertreten, für den Konzernabschluss wegen fehlender Zahlungsbemessungsfunktion eine großzügigere Betrachtung als im Einzelabschluss befürwortet.[50]

108   Die Finanzberichterstattung steht unter den Nebenbedingungen der Zeitnähe und der Kosten-Nutzen-Abwägung (→ § 1 Rz 67). Informationen können durch unangemessene Verzögerungen ihre Relevanz verlieren. Zur Anwendung der Kriterien folgendes Beispiel:

> **Praxis-Beispiel**
> Tochtergesellschaft der M AG ist u.a. die Amazonia S. A., die ihre Geschäfte von einer Freihandelszone im Amazonasgebiet betreibt. Die Gewinnung von englischkundigem, qualifiziertem Personal ist objektiv schwierig. Die Amazonia erfüllt ihre unterjährigen Konzernreport-Pflichten stets mit großer Verzögerung. Denkbare Abhilfe, z.B. durch Entsendung von Mitarbeitern aus der Konzernzentrale, wäre mit Kosten verbunden, die in keinem Verhältnis zum von der Amazonia erwirtschafteten Ergebnis stünden.

---

[50]   Küting/Weber/Kessler/Metz, DB Beilage 7, 2007, S. 10f. m.w.N.

Die Nichtkonsolidierung der Amazonia ist dann gerechtfertigt, wenn der dadurch entfallende Informationsnutzen im Verhältnis zu den Kosten einer Abhilfe und im Verhältnis zu den sonst entstehenden Verzögerungen nicht bedeutsam ist. In der einzelfallbezogenen Abwägung wird es u. a. im Zusammenspiel mit *materiality*-Überlegungen auf die Größenordnung der Amazonia ankommen.

Die Verzögerungs- und Kostenprobleme könnten auch bei einem Ergebnis- und Umsatzbeitrag der Amazonia von 5 % oder mehr noch eine Nichtkonsolidierung rechtfertigen.

3.2.6 Konsolidierung von assoziierten Unternehmen und Gemeinschaftsunternehmen

IFRS 10.B86 schreibt nur die Konsolidierung von Tochterunternehmen vor. Die Konsolidierung von **assoziierten** Unternehmen ergibt sich aus IAS 28 (→ § 33), die von Gemeinschaftsunternehmen aus IFRS 11 (→ § 34). Beide Standards regeln nicht nur die Konsolidierungsmethode, sondern auch die Frage, ob überhaupt eine Einbeziehung in den Konsolidierungskreis erfolgt. Soweit ein assoziiertes Unternehmen oder ein Gemeinschaftsunternehmen wegen Veräußerungsabsicht nicht *at equity* oder quotal zu konsolidieren ist, muss es gleichwohl im Einzel- und damit auch im Konzernabschluss des Mutterunternehmens bilanziert werden. Die Bilanzierung erfolgt jedoch dann nach den Regeln von IFRS 5 statt nach IAS 28/IFRS 11.

109

In Übereinstimmung mit den Regeln für Tochterunternehmen sind **bei Weiterveräußerungsabsicht** daher Anteile an **assoziierten Unternehmen** (→ § 33 Rz 30 ff.) oder Gemeinschaftsunternehmen (→ § 34 Rz 30) mit dem *fair value less costs to sell* anzusetzen, sofern der bisherige Buchwert nicht niedriger ist (Rz 98).

110

Bei bisheriger *equity*-Konsolidierung erfolgt eine Umgliederung auf der Aktivseite von „*at-equity*-Anteilen" in „zur Veräußerung bestimmtes Anlagevermögen" (*non-current assets held for sale*; → § 29 Rz 72).

Der Konzernbegriff (und die Konzernabschlusspflicht) setzt gem. IFRS 10 ein **Mutter-Tochter**-Verhältnis voraus: Ohne Tochterunternehmen kein Konzern, ohne Tochterunternehmen kein Konzernabschluss (IFRS 10). Assoziierte Unternehmen und Gemeinschaftsunternehmen sind somit in einen ohnehin aufzustellenden Konzernabschluss einzubeziehen, begründen jedoch selbst keine Konzernabschlusspflicht. Hierzu folgendes Beispiel:

111

Praxis-Beispiel

MU ist am Tochterunternehmen TU, am assoziierten Unternehmen aU und am Gemeinschaftsunternehmen GU beteiligt.

MU hat einen Konzernabschluss aufzustellen, in den neben TU auch aU und GU einzubeziehen sind.

Variante

MU ist nur an aU und GU beteiligt.

MU bildet keinen Konzern und muss keinen Konzernabschluss aufstellen.

aU und GU können im Einzelabschluss von MU wahlweise zu Anschaffungskosten oder zum *fair value* bilanziert werden.

3.3 Konzernbilanzstichtag, abweichende Stichtage von Tochterunternehmen

112   Nach IFRS 10.B92 ist Abschlussstichtag des Konzerns der Stichtag des **Mutterunternehmens**. Tochterunternehmen dürfen gem. IFRS 10.B93 auf der Basis ihres **abweichenden** Einzelbilanzstichtags einbezogen werden, wenn der **Abweichungszeitraum** nicht größer als **drei Monate** und die Erstellung eines Zwischenabschlusses **impraktikabel** *(impracticable)* ist.

113   Im Beispiel einer Konzernbilanzierung auf den 31.12.01 dürfen also die Tochterunternehmen mit Abschlussdatum 30.9.01 und 31.3.02 gerade noch auf der Basis dieser Stichtage einbezogen werden, wobei der zweiten Alternative bei üblichen Aufstellungsfristen für den Konzernabschluss kaum Praxisrelevanz zukommt.

114   Für **bedeutende Geschäftsvorfälle** zwischen dem Konzernbilanzstichtag und den abweichenden Einzelbilanzstichtagen sind gem. IFRS 10.B93 **Anpassungen** vorzunehmen. Hierzu folgendes Beispiel:

> **Praxis-Beispiel**
> Die Tochterunternehmen T 1 und T 2 bilanzieren auf den 30.9. Konzernbilanzstichtag ist der 31.12.
> T 1 produziert Silvesterfeuerwerk und tätigt seine Umsätze fast vollständig im vierten Quartal.
> T 2 hat kein saisonales Geschäft. Im November ist ein Teil des Lagers von T 2 abgebrannt. Der Versicherungsschutz ist unzureichend.
> T 1 kann trotz des saisonalen Verlaufs auf Basis der Zahlen per 30.9. einbezogen werden. Eine Anpassung um die Zahlen des vierten Quartals 01 wäre sinnwidrig, da dann umgekehrt die Zahlen des vierten Quartals 00 eliminiert werden müssten, um nicht zwei Jahresumsätze zu berücksichtigen. Die Zahlen des vierten Quartals 00 können aber nicht eliminiert werden, da sie bisher noch überhaupt nicht im Konzernabschluss berücksichtigt wurden (Konzernabschluss 31.12.00 auf Basis T 1-Zahlen 30.9.00).
> T 2 kann, sofern es sich bei dem Brand um ein bedeutsames Ereignis handelt, nur auf Basis angepasster Zahlen einbezogen werden. Der Verlust ist schon im Konzernabschluss 01 (da in 01 entstanden) zu berücksichtigen. Im Folgejahr ist eine umgekehrte Anpassung notwendig, um eine Doppelerfassung zu vermeiden.

115   Hinsichtlich der Länge des Zeitabstands zwischen den Stichtagen ist nach IFRS 10.B92 f. wie folgt zu differenzieren:

- Nur bei **bis zu dreimonatigem** Zeitabstand kann die Konsolidierung **aus Praktikabilitätsgründen** auf der Basis von um besondere Vorfälle und Ereignisse angepassten Einzelabschlüssen erfolgen.
- Bei **mehr als dreimonatiger** Abweichung sind zwingend **Zwischenabschlüsse** aufzustellen.

116   Wurde das Tochterunternehmen bisher auf Basis seines (nicht mehr als drei Monate) abweichenden Stichtags konsolidiert und werden nun die Geschäftsjahre angeglichen, dürfen im Interesse eines zutreffenden Totalerfolgs (Kongruenzprinzip) schon bisher berücksichtigte Zeiträume des Tochterunternehmens nicht erneut im nächsten Konzernabschluss enthalten sein *(double counting)* bzw. bisher unberücksichtigte Zeiträume nicht endgültig unberücksichtigt bleiben. Im ersten Kon-

zernabschluss auf den gemeinsamen Stichtag ist das Tochterunternehmen je nach Sachlage – Abschlussstichtag der Tochter vor Angleichung vor oder nach demjenigen der Mutter, Anpassung der Mutter an die Tochter oder umgekehrt – hinsichtlich der Stromgrößen (GuV, Gesamtergebnisrechnung, Kapitalflussrechnung) mit weniger als zwölf, mehr als zwölf oder mit null Monaten zu berücksichtigen.

Praxis-Beispiel

Fall 1: Abschlussstichtag des Tochterunternehmens war bisher der 31.3., der des Mutterunternehmens der 31.12.

Variante 1.1

Das Tochterunternehmen gleicht sich dem Mutterunternehmen an, indem es für den Zeitraum 1.4. bis 31.12.02 ein Rumpfgeschäftsjahr einlegt.

Im Konzernabschluss 31.12.02 ist das Tochterunternehmen nur mit neun Monaten zu berücksichtigen, da der Zeitraum 1.1. bis 31.3.02 bereits im Konzernabschluss 31.12.01 berücksichtigt wurde.

Variante 1.2

Das Mutterunternehmen gleicht sich dem Tochterunternehmen an, indem es für den Zeitraum 1.1. bis 31.3.02 ein Rumpfgeschäftsjahr einlegt.

Für das Rumpfgeschäftsjahr ist nach § 315a HGB i.V.m. § 240 Abs. 2 Satz 2 HGB und § 299 Abs. 1 HGB ein Konzernabschluss vorzulegen (→ § 2 Rz 13). In diesem Konzernabschluss für den Zeitraum 1.1. bis 31.3.02 ist das Tochterunternehmen mit null Monaten zu berücksichtigen, da das Tochterunternehmen mit dem Zeitraum 1.1. bis 31.3.02 bereits im Konzernabschluss zum 31.12.01 berücksichtigt wurde.

Fall 2: Abschlussstichtag des Tochterunternehmens war bisher der 31.12., der des Mutterunternehmens der 31.3.

Variante 2.1

Das Tochterunternehmen gleicht sich dem Mutterunternehmen an, indem es für den Zeitraum 1.1. bis 31.3.02 ein Rumpfgeschäftsjahr einlegt.

Im Konzernabschluss 31.3.02 ist das Tochterunternehmen mit 15 Monaten (1.1.01 bis 31.3.02) zu berücksichtigen, da es mit dem Zeitraum 1.1. bis 31.3.01 im Konzernabschluss zum 31.3.01 nicht berücksichtigt wurde.

Variante 2.2

Das Mutterunternehmen gleicht sich dem Tochterunternehmen an, indem es für den Zeitraum 1.4. bis 31.12.02 ein Rumpfgeschäftsjahr einlegt.

Im Konzernabschluss für das neunmonatige Rumpfgeschäftsjahr 1.4. bis 31.12.02 ist das Tochterunternehmen mit zwölf Monaten zu berücksichtigen, da es mit dem Zeitraum 1.1. bis 31.3.02 im Konzernabschluss zum 31.3.02 noch nicht berücksichtigt wurde.

Für die Behandlung ungleicher Bilanzstichtage bei assoziierten Unternehmen wird auf → § 33 Rz 84 verwiesen.   117

4   Konsolidierungsverfahren

4.1   Überblick über die Konsolidierungsschritte

Nach HGB wie nach IFRS vollzieht sich die Aufstellung eines Konzernabschlusses in folgenden sechs (oder sieben) Schritten: 118

1. **Vereinheitlichung** der Bilanzierungs- und Bewertungs**methoden** (von der IFRS-Bilanz I zur **IFRS-Bilanz II**; Rz 119),
2. **entweder** schon im Zug dieser Arbeiten **Neubewertung** des Vermögens nach Maßgabe der durch die Kaufpreisallokation (Erstkonsolidierung) aufgedeckten und auf den Konzernbilanzstichtag fortgeschriebenen stillen Reserven und Lasten (→ § 31 Rz 11 ff.; IFRS-Bilanz III) **oder** Berücksichtigung der Neuwerte im Rahmen der **Kapitalkonsolidierung**,
3. Aufsummierung Bilanzen und GuV (**Summenbilanz**),
4. **Kapitalkonsolidierung** (dabei, sofern nicht separat als Schritt 2 vollzogen, Aufdeckung der fortgeschriebenen stillen Reserven und Lasten; → § 31 Rz 11 ff.),
5. **übrige Konsolidierung**, d.h. Aufwand/Ertrag (Rz 140) und Forderungen/Verbindlichkeiten (Rz 123 ff.),
6. **Zwischenergebniseliminierung** (Rz 142 ff.),
7. Berücksichtigung **Minderheitenanteil** in Bilanz und GuV (Rz 157 ff.).

Wegen der Ergänzung des Schritts 1 bei ausländischen Töchtern durch eine **Währungsumrechnung** wird auf → § 27 Rz 31 ff. verwiesen.

4.2   Vereinheitlichung in Ansatz und Bewertung

119   Nach IFRS 10.B87 sind für ähnliche Geschäftsvorfälle unter vergleichbaren Umständen einheitliche Bilanzierungs- und Bewertungsmethoden anzuwenden. Gefordert ist keine vollständige Vereinheitlichung, sondern eine nach den Umständen **angemessene Anpassung** *(appropriate adjustments)*.

120   Das Erfordernis der Einheitlichkeit bezieht sich nicht nur auf echte bzw. ausdrückliche Wahlrechte, sondern auch auf sog. **unechte** Wahlrechte, die sich aus Regelungslücken, der Auslegung unbestimmter Rechtsbegriffe, der Vornahme von Schätzungen oder sonstigen Ermessensentscheidungen ergeben. Bei **unechten Wahlrechten relativiert sich die Einheitlichkeitsforderung** jedoch häufig, weil sie nur für ähnliche Ereignisse unter vergleichbaren Umständen gilt. Hierzu folgendes Beispiel:

Praxis-Beispiel

M hat eine ausländische Tochtergesellschaft. EDV-Anlagen werden von M über vier, von T über sechs Jahre abgeschrieben.

Die EDV-Anlagen sind über die Nutzungsdauer abzuschreiben. Die Nutzungsdauer ist eine Schätzgröße und damit innerhalb gewisser Grenzen ermessensabhängig (faktisches Wahlrecht). Auch faktische Wahlrechte sind einheitlich auszuüben. Möglicherweise bestehen aber sachliche Gründe für die unterschiedliche Abschreibungsdauer, etwa weil im Inland andere Reinvestitionszyklen geplant sind als im Ausland oder weil die inländischen Anlagen anders „gewartet" werden als die ausländischen oder weil aufgrund unterschiedlicher Neu- und Gebrauchtmarktpreisverhältnisse die wirtschaftliche Nutzungsdauer im Inland anders ist als im Ausland. Die Geschäftsvorfälle wären insofern nicht vergleichbar. Es läge keine unterschiedliche Ausübung faktischer Wahlrechte und damit auch kein Vereinheitlichungsbedarf vor.

---

121   Die Vereinheitlichung unterliegt dem allgemeinen *materiality*-Vorbehalt (→ § 1 Rz 59 ff.). Die *materiality* ist aus der **Sicht des Konzerns** zu beurteilen.

4.3 Kapitalkonsolidierung

Hinsichtlich der Kapitalkonsolidierung wird auf IFRS 3 verwiesen (→ § 31 Rz 11 ff.). **122**

4.4 Schuldenkonsolidierung

4.4.1 Zeitliche Buchungsunterschiede

Konzerninterne Salden sind gem. IFRS 10.B86 zu konsolidieren. Forderungen **123** gegenüber einbezogenen Unternehmen sind daher mit den korrespondierenden Schulden zu „verrechnen".

Bei dieser Verrechnung können sich sog. **unechte Differenzen,** insbesondere aus **124** **zeitlichen Buchungsunterschieden,** ergeben. Die Ausgleichsbuchung erfolgt mit dem Ziel, das aus Konzernsicht richtige Ergebnis bzw. den aus Konzernsicht richtigen Vermögensausweis zu bewirken. Hierzu folgendes Beispiel:

Praxis-Beispiel

M gleicht eine Lieferantenverbindlichkeit von 10 gegenüber T mit Überweisung vom 29.12. aus.

Die Belastung auf dem Bankkonto von M erfolgt am 31.12.

Das Geld wird T jedoch erst am 3.1. gutgeschrieben.

- Per 31.12. weist M keine Verbindlichkeit aus,
- T jedoch eine Forderung von 10.

Aus Sicht des Konzerns ist das Geld im Transit von einem Konzern-Bankkonto zu einem anderen befindlich. Der Vorgang ist daher nicht anders zu behandeln als ein Geldtransit in der Einzelbilanz. Somit ist zu buchen:

„per Geldtransit 10 an Debitor 10".

In der Konzernrechnungslegungspraxis wird dieses Problem durch organisatorische Maßnahmen „bekämpft", z.B. durch Anweisung der Konzernbilanzabteilung, derartige Zahlungen nach dem 15.12. nicht mehr vorzunehmen. Ein anderes Organisationsmittel – nur als Nebeneffekt – ist das Bestehen eines konzernweiten *cash pool.* Vgl. auch Rz 144.

4.4.2 Differenzen aufgrund unterschiedlicher Bilanzstichtage

Zeitlich bedingte Differenzen von Forderungen und Schulden können auch **125** wegen eines (nicht mehr als drei Monate) **abweichenden** Stichtags der Tochterunternehmung entstehen. Bei **wesentlichen** Differenzen sind ohnehin Anpassungen vorzunehmen (Rz 114). Wird bei **unbedeutenden** Differenzen auf eine Anpassung verzichtet, ist ein Ausweis der Differenz als Forderung oder Schuld gegenüber verbundenen Unternehmen sachgerecht.

Praxis-Beispiel

M erstellt Einzel- und Konzernabschluss auf den 31.12. T wird auf der Basis seines Abschlusses zum 30.9. einbezogen.

Per 31.12. weist M einzelbilanziell eine Darlehensforderung gegenüber T aus. Das Darlehen ist erst im Dezember ausgereicht worden, um ein negatives Bankkonto der T auszugleichen.

> **Alternative 1**
> Eine Anpassung wird nicht vorgenommen. Das Darlehen wird als Forderung gegenüber verbundenen Unternehmen in der Konzernbilanz ausgewiesen. Das Bankkonto der T wird mit dem Wert per 30.9. angesetzt.
> **Alternative 2**
> Die Forderung wird gegen die Bankverbindlichkeiten der T verrechnet. Buchung:
> „per Bankverbindlichkeit T 100 an Forderung M gegen T 100".

4.4.3 Echte Aufrechnungsdifferenzen

126 Echte Aufrechnungsdifferenzen ergeben sich **aus zwingenden Ansatz- oder Bewertungsvorschriften**. Hierbei geht es nicht um die unterschiedliche Ausübung von Wahlrechten oder Ermessensspielräumen. Derartige Unterschiede sind schon bei der Aufstellung der IFRS-Bilanz II zu beseitigen. Die Vereinheitlichung von Ansatz und Bewertung beseitigt jedoch nicht solche Unterschiede, die sich aus zwingenden Regelunterschieden zwischen Aktiv- und Passivposten ergeben.

127 Auch für die IFRS-Bilanz gilt in bestimmtem Umfang der **Imparitätsgrundsatz**:
- Der Gläubiger hat auf notleidende Forderungen **Wertberichtigungen** vorzunehmen (→ § 28 Rz 394, → § 28 Rz 460),
- der Schuldner bis zu einem evtl. *troubled debt restructuring* weiterhin den vollen Betrag auszuweisen (→ § 28 Rz 126).

128 Ein anderes Beispiel sind wahrscheinliche Forderungen und Schulden, die beim Schuldner eher zu einem Ansatz als **Rückstellung** führen als beim Gläubiger zu einem Vermögensausweis.[51] Da der Konzern aus Sicht des Einheitsgrundsatzes keine Abschreibungen auf Forderungen und keine Rückstellungen gegen sich selbst bilden kann, ist die Aufrechnungsdifferenz im Entstehungsjahr durch Buchung gegen den Aufwandsposten zu neutralisieren. Im Folgejahr erfolgt die Neutralisierung bereits durch die Eröffnungsbilanzbuchung, d.h. erfolgsneutral gegen Gewinnrücklagen. In einem evtl. späteren Umkehrungsjahr (z.B. ertragswirksame Auflösung einer Rückstellung) ist die ertragswirksame Buchung des Einzelabschlusses im Rahmen der Konsolidierung zu neutralisieren.

129 Zum Ganzen folgendes Beispiel:

> **Praxis-Beispiel**
> M hat eine Forderung von 100 gegen die notleidende T.
> - In 01 wird sie in vollem Umfang wertberichtigt.
> - In 03 bessert sich die Lage von T überraschend und T kann die Forderung voll bezahlen.
>
> Aufrechnungsdifferenz (AD) und Aufwand oder Ertrag der Einzel-GuV ergeben sich wie folgt:
> - per 31.12.01: 100 AD; 100 Aufwand Einzel-GuV,
> - per 31.12.02: 100 AD; 0 Aufwand,
> - per 31.12.03: 0 AD; 100 Ertrag Einzel-GuV.

---

[51]   Einzelheiten hierzu bei LÜDENBACH/HOFFMANN, KoR 2003, S. 5 ff.

Die Konsolidierungsbuchungen sind wie folgt:
01: Forderung 100 an Aufwand 100 (d.h. Konzernergebnis um 100 höher als Summenergebnis) sowie Verbindlichkeit 100 an Forderung 100.
02: Forderung 100 an Gewinnrücklagen 100 (Eröffnungsbilanzbuchung im Rahmen der Konsolidierung) sowie Verbindlichkeit 100 an Forderung 100.
03: Forderung 100 an Gewinnrücklagen 100 (Eröffnungsbilanzbuchung) sowie Ertrag 100 an Forderung 100 (d.h. Konzernergebnis um 100 niedriger als Summenergebnis).

Zur Behandlung **währungsbedingter Umrechnungsdifferenzen** wird auf → § 27 Rz 64 ff. und → § 27 Rz 31 ff. verwiesen.

4.4.4 Wandelanleihen

Bei der Emission von Wandelanleihen ist der **Emissionserlös aufzuteilen,** d.h. teilweise in das Eigenkapital (Kapitalrücklage), teilweise in das Fremdkapital einzustellen. Der Zeichner der Anleihe teilt in entsprechender Weise seine Anschaffungskosten in den Forderungs- bzw. Anleiheteil (Fremdkapital- bzw. Gläubigerinstrument) und die Aktienoption (Eigenkapitalinstrument) auf (→ § 28 Rz 181).   130

Wird ein Teil der Anleihe von einem anderen Konzernunternehmen erworben, entstehen zwei Probleme: 131

- Die Erhöhung der Kapitalrücklage ist bezogen auf den konzernintern erworbenen Teil unzutreffend, da **keine Eigenkapitalzuführung** von außen, sondern ein rein interner Vorgang vorliegt.
- Ein bei der Folgebewertung der Aktienoption entstehender **Aufwand** oder **Ertrag** ist **nicht realisiert,** sondern ein rein konzerninterner Vorgang.

Das nachfolgende Beispiel zeigt die Behandlung beider Probleme: 132

Praxis-Beispiel
M emittiert am 1.1.01 eine Wandelanleihe für 100 Mio. Der Emissionserlös wird im Verhältnis 8/2 auf Fremd- und Eigenkapital aufgeteilt.
Buchung M:

Konto	Soll	Haben
Geld	100	
Verbindlichkeiten		80
Kapitalrücklage		20

T erwirbt 10 Mio. der Anleihe und bucht:

Soll		Haben
8		
2		
		10

Zum 31.12.01 sinkt der *fair value* des Derivats auf 1. T bucht:

Konto	Soll	Haben
Aufwand	1	
Derivat		1

Im Rahmen der Konsolidierung auf den 31.12.01 ist der Aufwand (bei T), aber auch die anteilige Rücklagenzuführung (bei M) rückgängig zu machen und es ist deshalb wie folgt zu buchen:

Konto	Soll	Haben
Kapitalrücklage	2	
Aufwand		1
Derivat		1

4.4.5   Ausstehende Einlagen beim Tochterunternehmen

133   Das Mutterunternehmen kann noch einen Teil der Einlage in das Tochterunternehmen schulden. In der Einzelbilanz des Tochterunternehmens ist die ausstehende Einlage nicht zu aktivieren, sondern nach allgemeinen Regeln vom Eigenkapital abzusetzen (→ § 20 Rz 72). Hat das Mutterunternehmen die Einlageverpflichtung noch nicht passiviert, entstehen keine besonderen Differenzen und Probleme.

134   Hat das Mutterunternehmen hingegen durch die Buchung „per Beteiligung an Verbindlichkeit" die Einlageverpflichtung passiviert, stehen sich Forderungen und Verbindlichkeiten nicht mehr in gleicher Höhe gegenüber. Der Ausgleich kann im Rahmen der Konsolidierung durch Stornierung der Verbindlichkeiten-Buchung („per Verbindlichkeit an Beteiligung") erfolgen. Anschließend wird nach normalen Kapitalkonsolidierungsregeln vorgegangen.

4.4.6   Drittschuldverhältnisse

135   Führt ein Unternehmen verschiedene **Kontokorrentkonten** bei einer Bank, die zum Stichtag teils im Soll, teils im Haben stehen, und können beide Seiten jederzeit aufrechnen bzw. verrechnen, so verstößt ein saldierter Ausweis in der Einzelbilanz nicht gegen die Vorschriften von IAS 1.32ff. Fraglich ist, ob in der Konzernbilanz entsprechend verfahren werden kann, wenn das Sollkonto auf das Konzernunternehmen A und das Habenkonto auf das Konzernunternehmen B lautet.

136   U. E. handelt es sich um einen **Grenzfall.** Das Drittschuldverhältnis kann z. B. auch gegenüber einer Steuerbehörde bestehen, indem Konzernunternehmen A Steuererstattungsansprüche und Konzernunternehmen B Steuerschulden hat. Nach IAS 12.71 ist eine Saldierung dann nur unter der engen Voraussetzung möglich, dass die Positionen einklagbar gegeneinander aufgerechnet werden können und (kumulativ) ein zeitlicher Ausgleich bzw. ein Ausgleich auf Nettobasis beabsichtigt und möglich ist (→ § 26 Rz 236). Mangelt es an der Absicht oder der Möglichkeit zum zeitgleichen Ausgleich bzw. zum Ausgleich auf Nettobasis, ist eine Saldierung unzulässig. Bei **Steuer-Drittschuldverhältnissen** scheitert die Saldierung deshalb regelmäßig schon an den unterschiedlichen Zahlungsfristen.

137   Bei **Bank-Drittschuldverhältnissen** ist ein zeitgleicher Ausgleich zwar ggf. möglich, regelmäßig aber nicht beabsichtigt. In Anwendung des Rechtsgedankens von IAS 12.71 auf andere Drittschuldverhältnisse wäre daher eine Saldierung abzulehnen. Diese restriktive Sichtweise entspricht auch den in 2012 verabschiedeten Verschärfungen der Saldierungsregeln für Finanzinstrumente (→ § 28).

138   Im Übrigen ist die Konsolidierung (Saldierung) von Drittschuldverhältnissen bei einem international tätigen Unternehmen u. U. auch **nicht praxisgerecht**, da sie umfangreiche zusätzliche Informationen erfordern kann. Bevor entschieden werden kann, ob das Sollkonto bei der Deutschen Bank Frankfurt mit dem Habenkonto der Tochtergesellschaft bei der Deutschen Bank Hongkong gegeneinander saldiert werden kann, wäre zu klären, in welchem Verhältnis die Deutsche Bank Hongkong zur Deutschen Bank Frankfurt steht (Niederlassung, Tochter usw.). Außerdem müsste geprüft werden, ob die Konten identischen Kündigungs- und Aufrechnungsregeln unterliegen. Ein solcher Informationsaufwand wird sich nur dann rechtfertigen, wenn ihm ein erheblicher Informationsnutzen, z.B. in der Form erheblicher Bilanzsummenreduzierung und damit erheblicher Verbesserung der Eigenkapitalquote, gegenübersteht.

Bestehen Forderung und Verbindlichkeit gegenüber zwei zwar einem gleichen Konzern zugehörigen, aber rechtlich selbstständigen Vertragspartnern, scheidet eine Verrechnung von Forderung und Verbindlichkeit von vornherein aus. **139**

4.5 Aufwands- und Ertragskonsolidierung

In der GuV des Konzerns sind die Aufwendungen und Erträge aus der Sicht der wirtschaftlichen Einheit Konzern darzustellen. Nach IFRS 10.B86 sind daher konzerninterne Aufwendungen gegen die korrespondierenden Erträge zu saldieren. Hat der Ertrag des einen Unternehmens beim anderen noch nicht zu korrespondierendem Aufwand geführt, z.B. weil konzernintern gelieferte Erzeugnisse (Umsatz) vom Empfänger noch nicht weiterveräußert wurden (Bestand, hingegen nicht Aufwand), so erfolgt ggf. eine Buchung „per Ertrag (Umsatz) an Ertrag (Bestandserhöhung Erzeugnisse)". **140**

Hierzu folgendes Beispiel: **141**

Praxis-Beispiel		
T liefert für 100 hergestellte Erzeugnisse ohne Gewinnaufschlag an M. Zum Bilanzstichtag ist noch keine Weiterveräußerung vorgenommen. Der konzerninterne Umsatz wird nicht gegen Aufwand, sondern gegen das Ertragskonto „Bestandserhöhung Erzeugnisse" konsolidiert. Somit folgende Buchung:		

Konto	Soll	Haben
Umsatz	100	
Bestandserhöhung Erzeugnisse		100

4.6 Zwischenergebniseliminierung

4.6.1 Zweck und Inhalt der Zwischenergebniseliminierung

Kernproblem der internen Leistungsbeziehung ist nicht die Aufwands- und Ertragskonsolidierung (Rz 140), sondern die **Eliminierung einzelbilanziell realisierter Ergebnisse**. In Fällen, in denen Konzernunternehmen A Erzeugnisse mit Gewinnaufschlag an Konzernunternehmen B veräußert, es bei B aber noch nicht zur Weiterveräußerung an Dritte gekommen ist, fehlt es an einem Außenumsatz und damit an einer Gewinnrealisierung des Konzerns. Nach IFRS 10.B86 ist der im Einzel- und Summenabschluss ausgewiesene **Gewinn** zu **eliminieren**. Innerkonzernliche Transportkosten auf Sachanlagen oder Vorräte sind dann aktivierungsfähig, wenn sie der Herstellung der Betriebsbereitschaft dienen. **142**

> **Praxis-Beispiel**
> Zur Erzielung entsprechender Losgrößen werden Verbrauchsmaterialien im Konzern zentral durch das Mutterunternehmen beschafft und an die Tochterunternehmen weiterveräußert. Die entstehenden Transportkosten dienen der Herstellung der Betriebsbereitschaft und sind daher zu aktivieren.

143   Konzernintern „realisierte" **Verluste** können demgegenüber ein Indiz für einen eigentlich gegebenen Abwertungsbedarf sein. Für diesen Fall ist gem. IFRS 10.B86 die Zwischenergebniseliminierung nicht zulässig.

> **Praxis-Beispiel**
> Luftfahrtunternehmen M veräußert einige Flugzeuge unter Buchwert (Veräußerungsverlust) an die Tochtergesellschaft T. Die Flugzeuge hatten zuletzt wegen der Krise auf dem Flugreisemarkt nur noch schlechte Auslastungen.
> Der bei M einzelbilanziell realisierte Verlust aus der Veräußerung ist in dem Maße nicht zu eliminieren, als ohne die Veräußerung eine außerplanmäßige Abschreibung geboten wäre.
> Konsolidierungsbuchung insoweit ergebnisneutral:
> „per außerplanmäßige Abschreibung an Veräußerungsverlust".

4.6.2   Rechnerische Ermittlung, *materiality*-Überlegungen

144   Die Zwischenergebniseliminierung kann insbesondere im **Vorratsvermögen** eine außerordentlich aufwändige Veranstaltung sein. Beste Therapie ist die **Vorsorge** (Rz 124). Wird im Dezember Zurückhaltung bei konzerninternen Lieferungen geübt, reduziert dies den Bestand der konzernintern bezogenen Vorräte zum Stichtag. Eine Rückrechnung von den einzelbilanziellen Stichtagswerten zu den konzerninternen Herstellungskosten kann dann je nach verbleibender Größenordnung aus *materiality*-Gründen (→ § 1 Rz 59 ff.) ganz **entbehrlich** sein oder jedenfalls mit gröberem Recheninstrumentarium durchgeführt werden. Eine Zwischenergebniseliminierung kann außerdem entbehrlich sein, wenn die konzernintern berechneten **Gewinnaufschläge** sehr gering ausfallen.

145   Bei der kalkulatorischen und buchungstechnischen Abwicklung des Zwischenergebnisproblems ist stets der **Zweck** der Zwischenergebniseliminierung im Auge zu behalten. Am Beispiel der Vorräte bewirkt die Zwischenergebniseliminierung zweierlei:

- Die Vorräte werden in der Konzern**bilanz** nur mit den konzerninternen Herstellungs- oder Anschaffungskosten, d.h. ohne Gewinnaufschlag, ausgewiesen. Der Konzernbilanzansatz reduziert sich in Höhe dieses Aufschlags gegenüber dem Einzelbilanzansatz.
- Der Gewinnaufschlag stellt nicht realisierten Gewinn dar. Das Konzern**ergebnis** reduziert oder erhöht sich, je nachdem, ob die zum Stichtag zu eliminierenden Zwischengewinne in der Gesamtbetrachtung niedriger oder höher ausfallen als die zum vorigen Stichtag zu eliminierenden.

146   Bei ungefährer **Konstanz des konzerninternen** Volumens ist deshalb u.U. die Wirkung einer Zwischenergebniseliminierung auf die Ertragslage gering. Entsprechen die dem Grunde nach gebotenen Eliminierungen in den Schlussbilanzwerten

in etwa den Eröffnungsbilanzwerten, hat die Eliminierung keine relevante Auswirkung auf das **Periodenergebnis**. Die weitere Analyse der *materiality* kann sich
dann auf die **Bilanzwirkung** konzentrieren. Hierzu folgendes Beispiel:

> **Praxis-Beispiel**
> Solarmodule entstehen durch Rahmen und Laminieren von Solarzellen. Die
> Tochtergesellschaft T produziert Zellen, die größtenteils fremdveräußert
> werden, zum geringeren Teil an die Mutter M gehen, die hieraus Module
> fertigt. Der Gewinnaufschlag auf die eigenen Herstellungskosten beträgt 5 %.
> Zum Bilanzstichtag hat M Zellen mit einem einzelbilanziellen Einkaufspreis
> von 105 noch nicht endgültig weiterverarbeitet. Zum vorigen Stichtag betrug
> der entsprechende Wert 94,5.
> Mit Zwischenergebniseliminierung wären die Bestände zu beiden Stichtagen
> zu 100 (= 105/1,05) bzw. 90 (= 94,5/1,05) auszuweisen. Ohne Eliminierung
> sind die Werte um 5 (105 – 100) bzw. 4,5 (94,5 – 90) zu hoch.
> Das Ergebnis 02 würde ohne Eliminierung um 0,5 (5 – 4,5) zu hoch ausfallen.
> Unter *materiality*-Aspekten ist der bilanzielle Unterschied von 5 in Bezug
> zum gesamten Vorratsvermögen, zum gesamten Eigenkapital und zur gesam-
> ten Bilanzsumme zu sehen. Ist er gemessen daran unwesentlich, ist die
> Zwischenergebniseliminierung aus bilanzieller Sicht entbehrlich.
> Daneben ist die Auswirkung auf die Ertragslage zu beurteilen. Hierbei ist
> nicht der Bilanzunterschied von 5, sondern der GuV-Unterschied von nur 0,5
> die Größe, die in Bezug zum Gesamtergebnis zu setzen ist.

Im **Handelsrecht** ist der Verzicht auf die Zwischenergebniseliminierung wegen   147
Unwesentlichkeit ausdrücklich geregelt (§ 304 Abs. 2 HGB). Die handelsrechtliche Regelung ist insofern überflüssig, als für die Handelsbilanz ebenso wie für
die IFRS-Bilanz sämtliche Bewertungs- und Ansatzregeln unter dem allgemeinen Vorbehalt der Wesentlichkeit stehen. Die explizite Nennung einiger Fälle im
HGB mag etwas mit der Unterschiedlichkeit von Nationalcharakteren zu tun
haben, der beeinflusst, ob man auch bei einem Nachtspaziergang wartet, bis die
Fußgänger-Ampel auf Grün wechselt oder die Grün-Rot-Regel angesichts men-
schenleerer Straßen als unwesentlich interpretiert.

Wie eine Ampelstellung auf Rot mag daher die durch das TransPuG vorgenom-   148
mene Streichung des § 304 Abs. 2 HGB a.F. wirken. Danach war bei einer
Lieferung zu Marktbedingungen eine Zwischenergebniseliminierung entbehrlich, wenn die Wertermittlung mit einem unverhältnismäßig hohen Aufwand
verbunden gewesen wäre. In IFRS findet sich demgegenüber der allgemein
gültige *cost-benefit*-Grundsatz in F.44 (→ § 1 Rz 67), der eine sinnvolle Grund-
einstellung der Ampel herbeiführt.

Im Zusammenspiel von Kosten-Nutzen-Überlegungen und *materiality*-Über-   149
legungen einerseits und einer gewissen Zurückhaltung interner Lieferungen in
zeitlicher Nähe zum Bilanzstichtag andererseits lässt sich in der Praxis das
Problem der Zwischenergebniseliminierung entscheidend **entschärfen**.

4.6.3 Buchungstechnik (Beispiele)

Die nachfolgende Tabelle zeigt die Buchungstechnik der Zwischenergebniseli-   150
minierung bei typischen Fällen.

Vorgang	Eliminierungsbuchung			
A veräußert Anlagen (BW = 0) an B (AfA 1/10)	s. b. E. Anlagen	100 10	an Anlagen an Abschreibung	100 10
A aktiviert von B berechneten Zins (AfA 1/10)	Zinsertrag Eigenleist. Anlagen	100 100 10	an Zinsaufwand an Anlagen an Abschreibung	100 100 10
A veräußert Erzeugnisse (HK = 90) an B (noch nicht weiterveräußert)	Umsatz	100	an Bestandsänd. Erzeugnisse an Vorräte	 90 10
A veräußert Erzeugnisse (HK = 90), die B zu Anlagen verarbeitet (AfA 1/10)	Umsatz Eigenleist. Anlagen	100 10 1	an Materialaufwand an Anlagen an Abschreibung	100 10 1

Tab. 1: Buchungstechnik Zwischenergebniseliminierung

4.6.4 Zwischenergebniseliminierung bei nicht beherrschenden Anteilen (Minderheiten)

151 Sind am Tochterunternehmen noch andere Gesellschafter beteiligt und erzielt das Tochterunternehmen aus Lieferung oder Leistung an das Mutterunternehmen (*upstream*-Lieferungen) einen Gewinn, stellt sich die Frage nach der Berücksichtigung der Minderheitsbeteiligung bei der Zwischenergebniseliminierung.

152 Drei Alternativen sind diskussionswürdig:
- Zwischenergebniseliminierung nur **i. H. d. Anteils der Mehrheit**;
- zwar Zwischenergebniseliminierung in voller Höhe, jedoch **Belastung der Minderheit bei der „Verteilung" des Periodenergebnisses**, d. h. bei der Überleitung von Periodenergebnis zum den Mehrheitsgesellschaftern zuzurechnenden Periodengewinn;
- Zwischenergebniseliminierung in voller Höhe, jedoch **ohne Belastung des Minderheitenanteils bei der „Verteilung" des Periodenergebnisses**.

153 Die erste Alternative ist unzulässig, da IFRS 10.B86 ausdrücklich die Zwischenergebniseliminierung in voller Höhe („*in full*") vorschreibt. Vorzugswürdig ist die zweite. Die Praxis folgt häufig der dritten Alternative, da sie weniger aufwändig ist. Im Rahmen der von uns bevorzugten zweiten Auffassung ist die Zwischenergebniseliminierung den Eigenkapitalgebern der Gesellschaft zu belasten, bei der der Gewinn entstanden ist. Dies bedeutet etwa, dass bei Lieferung der Mutter an die Tochter der Minderheitenanteil nicht zu belasten ist, bei Lieferungen zwischen verschiedenen Tochterunternehmen mit unterschiedlich hohen Minderheitenanteilen die Verhältnisse des liefernden Tochterunternehmens maßgeblich sind.[52]

---

[52] Als Anwendungsfall zum Ganzen LÜDENBACH, PiR 2015, S. 180.

4.6.5 Sonderfälle

4.6.5.1 Dreiecksgeschäfte, unechte Lohnveredelung[53]

IFRS 10.B86 zielt auf die Zwischenergebniseliminierung sowie die Aufwands- **154** und Ertragskonsolidierung bei Lieferungen oder Leistungen zwischen in den Konzernabschluss einbezogenen Unternehmen. In den Leistungsverkehr kann aber ein Dritter eingeschaltet sein.

> **Praxis-Beispiel**
> Der Solar-Konzern ist vertikal integriert.
> - Die Ingot-AG fertigt aus solarem Silizium Kristallsäume *(Ingots)*.
> - Diese werden von der Wafer-AG in nanometerdicke Scheiben *(Wafer)* geschnitten,
> - aus denen die Zell-AG Solarzellen herstellt,
> - die dann von der Modul-AG gerahmt und gruppiert zu Solarmodulen verarbeitet werden,
> - um schließlich von der Vertriebs-AG veräußert zu werden.
>
> Auf allen Produktionsstufen werden auch Lieferungen an Dritte getätigt. Abhängig von der Nachfrage Dritter entstehen auf den einzelnen Produktionsstufen im vertikalen Verbund Engpässe, die durch Auftragsvergabe an Außenstehende gelöst werden. In der Periode 1 kommt es u.a. zu folgenden Auftragsvergaben:
> - Ein Teil der *Ingots* wird von der Ingot-AG an die konzernfremde X-GmbH geliefert, die daraus ohne Verwendung wesentlicher selbst beschaffter Stoffe *Wafer* fertigt und an die Zell-AG weiterliefert.
> - Ein Teil der Zellen wird an die konzernfremde Y-GmbH geliefert, die daraus unter Verwendung wesentlicher selbst beschaffter Stoffe (Hauptstoffe, insbesondere Rahmen) Module fertigt und an die Vertriebs-AG weiterliefert.
>
> Zivilrechtlich sind die Lieferungen an die X- und Y-GmbH (ebenso wie die Rücklieferungen der weiterverarbeiteten Sache) als Kaufverträge gestaltet. Die durch Versicherungen abgedeckte Gefahr des zufälligen Untergangs geht mit der Lieferung jeweils auf den Konzernexternen über. Liefer- und Rücklieferverträge sind aufeinander abgestimmt. Bei Lieferung an den Außenstehenden sind die am ursprünglichen Liefervolumen abgeleitete Menge und der Preis der von diesem „zurückzuliefernden weiterverarbeiteten Sache" bereits fixiert.

Im vorstehenden Beispiel stellen sich zwei Fragen:
- Muss ein bei Lieferung an den externen Verarbeiter einzelbilanziell realisierter Gewinn eliminiert werden, wenn das Objekt nach Verarbeitung durch den Dritten an den Konzern zurückgeliefert wird?
- Kann in einer vertikal integrierten Produktions- und Absatzkette aus dem gleichen Gegenstand mehrfach Umsatz entstehen, indem neben dem Endkundenumsatz auch die Lieferungen an externe Verarbeiter (X und Y) als Umsatz erfasst werden, oder muss im Verhältnis zum zwischengeschalteten Dritten der einzelbilanzielle Umsatz konsolidiert werden?

U.E. ist aufgrund der wirtschaftlichen Verbindung von Lieferung und Rücklieferung *(linked transaction)* eine Eliminierung/Konsolidierung notwendig. Entscheidend ist

---

[53] Nachfolgende Überlegungen überwiegend entnommen aus HOFFMANN/LÜDENBACH, NWB Kommentar Bilanzierung, 8. Aufl., 2017, §304 HGB.

die wirtschaftliche Qualität der Drittleistung für den Konzern. Nach Maßgabe des Einheitsgrundsatzes ist diese so zu beurteilen, als ob die einbezogenen Unternehmen wirtschaftlich ein einheitliches Unternehmen darstellen würden. Unerheblich ist damit zunächst, ob der Dritte nach Weiterverarbeitung an das ursprünglich liefernde Konzernunternehmen oder ein anderes Konzernunternehmen zurückliefert.

Ist diese Rücklieferung von Anfang an vereinbart, im Preis fixiert und der Menge nach auf die ursprüngliche Lieferung abgestimmt, bewirkt der Dritte für den Konzern keine eigenständige, von der ursprünglichen Lieferung unabhängige Lieferung, sondern eine Verarbeitung. Soweit er bei dieser Verarbeitung keine eigenen Hauptstoffe verwendet (im Beispiel das Zersägen der *Ingots* in die *Wafer*), liegt eine Lohnveredelung vor, auch wenn wegen der rechtlichen Selbstständigkeit von Lieferer und Empfänger der Rücklieferung Kaufvertragsrecht vereinbart ist. Diese ist bei Periodenversatz zwischen beiden Lieferungen im Beispiel wie folgt darzustellen:

- Mit der ersten Lieferung entsteht kein Umsatz. Das Preis- und Absatzrisiko bleiben wegen der Rücklieferung zum fixierten Preis und in fixierter Menge beim Konzern, der damit auch wirtschaftlicher Eigentümer bleibt. Eine gleichwohl empfangene Zahlung ist zu passivieren. Aufbauend auf der Summenbilanz ergeben sich bei unterstellten Herstellungskosten von 80, einem Lieferpreis von 100 und einem Rücknahmepreis von 110 folgende in Summe zu einer Zwischenergebniseliminierung von 20 führenden Buchungen:

Konto	Soll	Haben
Umsatz	100	
Erzeugnisse	80	
Verbindlichkeit/Forderung gegen Lohnveredler		100
Bestandserhöhung Erzeugnisse		80

- Mit der Rücklieferung hat das einzelbilanzielle, als Rohstoff erfasste konzernbilanzielle (nach wie vor unfertige) Erzeugnis einen Fertigungsfortschritt erzielt, der bestandserhöhend zu berücksichtigen ist. Aufbauend auf der Summenbilanz (die Rohstoffe i. H. v. 110 ausweist) ergeben sich bei gleichen Daten und sofortiger Zahlung folgende Buchungen:

Konto	Soll	Haben
Erzeugnisse	80	
Gewinnrücklage	20	
Verbindlichkeit gegen Lohnveredler	100	
Materialaufwand	10	
Erzeugnisse	10	
Verbindlichkeit gegen Lohnveredler		100 (EöB-Buchung)
Rohstoffe		110
Bestandserhöhung Erzeugnisse		10

Die zweite im Beispiel dargestellte Liefer- und Rücklieferbeziehung (*Wafer* und *Module*) ist durch die Hinzufügung selbst beschaffter Hauptstoffe durch den Dritten gekennzeichnet. In inhaltlicher Betrachtung erbringt der Dritte also keine reine Werkleistung, sondern eine Werklieferung (unechte Lohnveredelung). Umsatzsteuerlich, etwa bei der Befreiung von Ausfuhrleistungen, kann dies einen gravierenden Unterschied ausmachen. Für die konzernbilanzielle Behandlung ist der Unterschied zur echten Lohnveredelung u. E. irrelevant. Das

Marktrisiko und damit das **wirtschaftliche Eigentum** am gelieferten Gegenstand bleiben beim Konzern, unabhängig davon, ob die durch den Dritten bewirkte Qualitätsänderung allein auf Arbeiten (Werkleistungen) oder auch auf Stoffe zurückzuführen ist, bleiben Hin- und Rücklieferung ein einheitlicher Vorgang *(linked transaction)*, der als solcher darzustellen ist.

Übernimmt der Dritte **Produktionsrisiken**, so ist eine andere Betrachtung dann nicht geboten, wenn die Risiken bei typischem Verlauf im Verhältnis zu den beim Konzern verbleibenden Marktrisiken gering sind.

> **Praxis-Beispiel**
> Bei der Verarbeitung von Zellen zu Modulen variiert die Bruchrate i.d.R. zwischen 2 % bei – in Schulnoten ausgedrückt – „gut" abgestimmter und 4 % bei „ausreichend" abgestimmter Produktion. Die Parteien im Beispiel unter Rz 154 legen vertraglich eine Bruchrate von 3 % als Norm fest. Wird diese Rate unterschritten, darf der Dritte (die Y-GmbH) die überschüssigen Zellen/Module selbst verwerten; wird die Rate überschritten, muss der Dritte Ersatzzellen auf eigene Rechnung besorgen oder einen äquivalenten Schadensersatz leisten. Ist ein Überschreiten der 4 %, ebenso wie ein Unterschreiten der 2 %, nur wenig wahrscheinlich, führt das (realistische) Produktionsrisiko nicht zum Übergang der Mehrheit der Chancen und Risiken und damit des wirtschaftlichen Eigentums auf den Dritten.

4.6.5.2 Rechtlich begründete Transaktionskosten[54]

Aufgrund der rechtlichen Selbstständigkeit der Konzernunternehmen können bei konzerninternen Anschaffungsgeschäften rechtlich begründete Transaktionskosten anfallen. Beispiele sind Beurkundungsgebühren, Grunderwerbsteuern, Kosten der Grundbucheintragung, nicht abziehbare Vorsteuern, Zölle etc. Im handelsrechtlichen Schrifttum ist umstritten, ob derartige einzelbilanziell als Anschaffungsnebenkosten zu aktivierende Aufwendungen auch konzernbilanziell aktiviert werden können oder müssen.

> **Praxis-Beispiel**
> In 01 erwirbt Konzernunternehmen T1 ein bebautes Lagergrundstück zu 1.000. Für Grunderwerbsteuer, Notar und Grundbuch fallen Kosten von 50 an, die als Anschaffungsnebenkosten aktiviert werden.
> In 05 benötigt T1 das Lager nicht mehr und veräußert das Grundstück daher an das Konzernunternehmen T2, das das Grundstück fortan nutzen wird. Erneut fallen einzelbilanziell Anschaffungsnebenkosten von 50 an. Fraglich ist, ob sie auch konzernbilanziell zu aktivieren oder als Aufwand zu verbuchen sind.

Entscheidend ist die Definition der Anschaffungskosten, hier in IAS 16.16. Nach dem dortigen **finalen** Anschaffungskostenbegriff gelten als Anschaffungskosten alle Aufwendungen, die dazu dienen, den Erwerb oder die (erstmalige) Herstellung der Betriebsbereitschaft zu bewirken. Die Erfüllung dieses Zwecks ist aus der

---

155

156

[54] In Anlehnung an HOFFMANN/LÜDENBACH, NWB Kommentar Bilanzierung, 8. Aufl., 2017, § 304 HGB.

Perspektive des Bilanzierungssubjekts bzw. der bilanzierenden Einheit zu beurteilen und diese ist für den Konzernabschluss der **Konzern**.

- Bei der **Anschaffung** von **Konzernfremden** anfallende Transaktionskosten sind daher zu aktivieren,
- nicht hingegen Transaktionskosten, die bei der **innerkonzernlichen Weiterveräußerung** anfallen; diese dienen nicht mehr dem Erwerb durch den Konzern, stellen also **keine Konzernanschaffungsnebenkosten** dar.

Lediglich unter dem Gesichtspunkt der Herstellung der Betriebsbereitschaft können derartige Transaktionskosten ausnahmsweise zu Konzernanschaffungskosten führen. Im Beispiel ist das nicht der Fall. Zwar mag die Weiterlieferung des Grundstücks von T1, die keine Verwendung mehr hat, an T2 i.w.S. der **Erhaltung** der Betriebsbereitschaft im Konzern dienen, keinesfalls aber der Herstellung der Betriebsbereitschaft. Die Betriebsbereitschaft für den Konzern war schon bei T1 gegeben. Die Weiterlieferung wahrt ggf. die Betriebsbereitschaft im Konzern, stellt sie aber nicht her. Eine andere Wertung ist jedoch unter speziellen Umständen möglich.

Praxis-Beispiel

Zum Konzern K gehören die Bank B und das Produktionsunternehmen P. B erwirbt im Wege der Zwangsvollstreckung ein Lagergrundstück und veräußert es an P weiter, das es anschließend nutzt. Aus rechtlichen und tatsächlichen Gründen kam ein unmittelbarer Erwerb durch P nicht infrage.

Bei weiterer Interpretation kann der Weiterveräußerungsvorgang als der Herstellung der Betriebsbereitschaft im Konzern dienend angesehen werden. Eine Aktivierung der mit der Weiterveräußerung verbundenen Transaktionskosten ist deshalb in Betracht zu ziehen.

4.7 Nicht beherrschende Anteile (Minderheiten)

4.7.1 Erstkonsolidierung und Folgekonsolidierung

157 Der nicht beherrschende Anteil *(non-controlling interest)* ermittelt sich zum Erstkonsolidierungszeitpunkt nach IFRS 3.19 wahlweise als **Anteil** am Reinvermögen zu diesem Zeitpunkt oder als Anteil am Unternehmenswert, d.h. unter Einbeziehung eines *goodwill* (*full-goodwill*-Methode). Wegen Einzelheiten wird auf → § 31 Rz 135 ff. verwiesen, wegen **latenter Steuern** aus nicht beherrschenden Anteilen auf Rz 185.

158 Zu den **Folgekonsolidierungszeitpunkten** entwickelt sich der nicht beherrschende Anteil (ohne *goodwill*) gem. IFRS 10.B94 wie folgt:

- anteiliges Reinvermögen zum Erstkonsolidierungszeitpunkt,
- zuzüglich Anteil der nicht Beherrschenden an den nachfolgenden Eigenkapitaländerungen,
- einschließlich anteiliger Auflösung stiller Reserven.

Bei Option zur *full-goodwill*-Methode ist folgende Entwicklung gegeben:

- anteiliges Reinvermögen zum Erstkonsolidierungszeitpunkt,
- Minderheiten-*goodwill* zum Erstkonsolidierungszeitpunkt,
- zuzüglich Anteil der nicht Beherrschenden an den nachfolgenden Eigenkapitaländerungen,
- einschließlich anteiliger Auflösung stiller Reserven,
- abzüglich anteilige Wertminderung des *goodwill*.

Fortschreibungen können sich aus Gewinnthesaurierungen und Gewinnausschüttungen, aber auch aus effektiven Kapitalzuführungen oder Kapitalherabsetzungen ergeben. **159**

Nachfolgend ein Beispiel, das verschiedene Eigenkapitaländerungen für den Fall kombiniert, dass von der *full-goodwill*-Methode kein Gebrauch gemacht wird: **160**

Praxis-Beispiel

Am 1.1.01 erwirbt M 80 % der Anteile an T für einen Kaufpreis von 800. Das buchmäßige Eigenkapital von T beträgt zu diesem Zeitpunkt 600, anteilig also 480. Die stillen Reserven betragen 200. Davon entfallen 160 = 80 % auf M und 40 = 20 % auf den Minderheitsgesellschafter MG. Die stillen Reserven werden über eine Nutzungsdauer von zehn Jahren aufgelöst.

In 01 bis 02 erwirtschaftet T je einen Gewinn von 100. Davon entfallen je 20 auf MG.

Der Gewinnanteil von MG im Konzern ist jedoch jeweils um 1/10 der auf ihn entfallenden stillen Reserven zu vermindern und beträgt dann jeweils 20 – 4 = 16.

In 02 schüttet T die Hälfte des Gewinns 01, somit 50 aus. Auf MG entfallen davon 10.

In 02 wird außerdem eine Kapitalerhöhung gegen Bareinlage von 150 geleistet, wovon 30 auf MG entfallen.

Nachfolgend die beiden Methoden zur Bestimmung des nicht beherrschenden Anteils zum 31.12.02 sowie die Konsolidierungstabelle (vereinfacht nur für den 31.12.01).

Fortschreibung nicht beherrschender Anteil auf Basis Einzelbilanz

Eigenkapital der T per 1.1.01	600
+ Gewinn 01	+ 100
+ Gewinn 02	+ 100
– Ausschüttung für 01	– 50
+ Kapitalerhöhung 02	+ 150
= Eigenkapital der T per 31.12.02	= 900
+ stille Reserven 1.1.01	+ 200
– Auflösung stille Reserven 01	– 20
– Auflösung stille Reserven 02	– 20
= Eigenkapital II der T per 31.12.02	= 1.060
davon 20 % für nicht Beherrschende	212

Fortschreibung nicht beherrschender Anteil auf Basis Konzernbilanz

Minderheitenanteil	01	02	02 kumuliert
anteiliges Reinvermögen im Erstkonsolidierungszeitpunkt (inkl. stille Reserven)	160	160	160
+ Gewinnanteil (nach Auflösung anteiliger stiller Reserven)	16	16	32
– Ausschüttungen (kumuliert)		– 10	– 10
+/– Änderungen wegen effektiver Kapitalerhöhungen und Kapitalherabsetzungen		30	30
nicht beherrschender Anteil (Minderheit)	**176**		**212**

31.12.01				Konsolidierung		
	M	T	Summe	S	H	Kon-zern
AKTIVA						
goodwill				160	*1)*	160
Beteiligung	800		800		800	*1)*
Diverses	4.700	700	5.400	160 *1)*	16 *2a)*	5.580
				40 *1)*	4 *2b)*	
Summe	5.500	700	6.200			5.740
PASSIVA						
Kapital	5.000	600	5.600	480 *1)*		5.000
				120 *1)*		
Gewinn Mehrheits-gesellschafter	500	100	600	40 *5)*	4 *6)*	564
Minderheit				4 *4)*	120 *1)*	176
					40 *1)*	
					20 *3)*	
Summe	5.500	700	6.200		*1)*	5.740
GuV						
Erträge	1.200	460	1.660			1.660
Abschreibung		60	60	20 *2)*		80
übrige Aufwen-dungen	700	300	1.000			1.000
Gewinn	500	100	600			580
Anteil Minderheit				20 *3)*	4 *4)*	16
Gewinn Mehrheits-gesellschafter	500	100	600	4 *6)*	40 *5)*	564
				1.056	1.056	
1) = Erstkonsolidierungsbuchung						
2) = Abschreibung stille Reserven [2a für M, 2b für Minderheit]						
3) = Gewinnanteil Minderheit laut Einzelbilanz T						
4) = Reduzierung Gewinnanteil Minderheit durch Abschreibung stille Reserven						
5) und *6)* = Folgekonsolidierungserfolg						

Tab. 2: Konsolidierungstabelle Minderheiten

161   Der Ausweis des nicht beherrschenden Anteils erfolgt gem. IAS 1.54 bilanziell innerhalb des Eigenkapitals, gem. IAS 1.81B in der Gesamtergebnisrechnung und GuV in der Überleitung vom Gesamtergebnis zum „den Eigenkapitalgebern des Mutterunternehmens zuzurechnenden Anteil am Ergebnis" (→ § 2 Rz 46 ff. und → § 2 Rz 66). Auch in der Eigenkapitalveränderungsrechnung ist der nicht beherrschende Anteil gem. IAS 1.106 separat zu erfassen und um die ihn betreffenden erfolgsneutralen und erfolgswirksamen Vorgänge fortzuschreiben (→ § 20 Rz 67).

162   Fraglich ist die Ermittlung des nicht beherrschenden Anteils, wenn die Beteiligung am Tochterunternehmen zum Teil durch ein **assoziiertes Unternehmen** gehalten wird.

> **Praxis-Beispiel**
> MU ist mit 70 % unmittelbar an TU beteiligt. Die restlichen 30 % hält aU, an
> dem MU mit 20 % beteiligt ist.
> TU erzielt im Geschäftsjahr ein Ergebnis von 100.

Drei Ansätze sind diskussionswürdig:
- MU erfasst 100 im Wege der Vollkonsolidierung von TU sowie 6 (= 20 % ×
  30 % × 100) im Wege der *equity*-Konsolidierung von aU, insgesamt also 106.
  Davon werden 30 den nicht beherrschenden Anteilen zugeordnet.
- MU erfasst 100 im Wege der Vollkonsolidierung von TU, jedoch zur Vermeidung eines *double counting* nichts aus der *equity*-Konsolidierung. Von den
  100 werden 30 den nicht beherrschenden Anteilen zugeordnet.
- MU erfasst 100 im Wege der Vollkonsolidierung von TU, jedoch zur Vermeidung eines *double counting* nichts aus der *equity*-Konsolidierung. Von den 100
  werden 24 (= 80 % × 30 % × 100) den nicht beherrschenden Anteilen zugeordnet.

Gegen die erste Lösung spricht die doppelte Berücksichtigung eines Ergebnisteils
(im Beispiel 6), gegen die zweite und dritte der Eingriff in die *equity*-Konsolidie-
rung. Eine Bevorzugung einer der drei Lösungen ist aus IFRS 10 und IAS 28 nicht
erkennbar, jede der drei Lösungen daher vertretbar.

Die Bezeichnung des Minderheitenanteils hat sich bereits durch IAS 27 rev. 2008   163
geändert. Aus *minority interests* wurden *non-controlling interests*. Hierdurch soll
besser zum Ausdruck kommen, dass entscheidend die Frage der Kontrolle ist und
es bei besonderer Gestaltung des Gesellschaftsvertrags oder in Fällen einer Zweckgesellschaft trotz Stimmrechtsmehrheit an Kontrolle fehlen kann. Wegen inhaltlicher Auswirkungen der geänderten Terminologie wird auf → § 31 Rz 139 verwiesen.

4.7.2 Negative Anteile der nicht beherrschenden Gesellschafter

Nach IAS 27.35 rev. 2004 durften Minderheitenanteile in der Bilanz regelmäßig   164
nicht mit einem negativen Wert ausgewiesen werden.

Bereits in IAS 27 rev. 2008 und dem folgend auch in IFRS 10.B94 sind die   165
Regelungen zum **Verlustfall aufgehoben** worden. Dem einheitstheoretischen
Konzept des Konzerns als eine durch verschiedene Eigenkapitalgebergruppen
finanzierte Einheit folgend, wird die Sonderstellung der Minderheit abgeschafft.
Verluste sind ihr in gleichem Umfang wie Gewinne zuzurechnen.

4.7.3 Call- und Put-Optionen über nicht beherrschende Anteile, Andienungsrechte bei Tochterpersonengesellschaften

Zwischen dem Berichtsunternehmen und anderen (potenziellen) Anteilseignern   166
des Tochterunternehmens können Call- oder Put-Optionen vereinbart sein,
wobei das Berichtsunternehmen Inhaber oder Stillhalter der Option sein kann.
Zu unterscheiden sind somit vier Fälle:

	Options-inhaber	Stillhalter	Ausübung der Option würde Anteil über/unter 50 % bringen	Ausübung der Option würde Minderheiten-anteil verringern/erhöhen
1. erworbene Call-Option	Berichtsunternehmen	andere Anteilseigner	Vollkonsolidierung trotz Anteil unter 50 % (Rz 35), ohne *present ownership* (Rz 168) Vermögenswert aus Finanzderivat, wenn Ausübungspreis < *fair value* der Anteile; bei *present ownership* kein Ausweis nicht beherrschender Anteile	ohne *present ownership* (Rz 168) Vermögenswert aus Finanzderivat, wenn Ausübungspreis < *fair value* der Anteile; bei *present ownership* kein Ausweis nicht beherrschender Anteile
2. geschriebene Call-Option	andere Anteilseigner	Berichtsunternehmen	ggf. Nichtkonsolidierung trotz Anteil über 50 %; ggf. Verbindl. aus Finanzderivat, wenn Ausübungspreis < *fair value* der Anteile	ggf. Verbindl. aus Finanzderivat, wenn Ausübungspreis < *fair value* der Anteile
3. erworbene Put-Option	Berichtsunternehmen	andere Anteilseigner	keine Folgen für Konsolidierungskreis; ggf. Vermögenswert aus Finanzderivat, wenn Ausübungspreis > *fair value* der Anteile	ggf. Vermögenswert aus Finanzderivat, wenn Ausübungspreis > *fair value* der Anteile
4. geschriebene Put-Option	andere Anteilseigner	Berichtsunternehmen	Minderheitenanteil wird zu FK	Minderheitenanteil wird zu FK, in Abhängigkeit von *present ownership* (Rz 168) erfolgswirksame oder erfolgsneutrale Fortschreibung der Put-Verbindlichkeit

Tab. 3: Inhaber oder Stillhalter bei Call- und Put-Optionen

Hinsichtlich der rechtlichen Folgen ist zu unterscheiden, ob mit Ausübung der Option der Anteil des Berichtsunternehmens

- über/unter 50 % steigen/sinken würde (**Änderung der Kontrollverhältnisse**);
- er mit und ohne Ausübung der Option über 50 % bleibt (**Änderung der nicht beherrschenden Anteile**).

167   Für erworbene Call-Optionen (Fall 1) sieht IFRS 10 explizite Regelungen vor. Danach kann auch eine Anteilsquote unter 50 % zur Vollkonsolidierung verpflichten, wenn die zu unterstellende Ausübung einer jederzeit ausübbaren Call-Option die Anteilsquote über 50 % brächte. Analoge Überlegungen können bei geschriebenen Call-Optionen (Fall 2) zu einer Nichtkonsolidierung trotz eines Anteils von mehr als 50 % führen. Wegen Einzelheiten wird auf Rz 35 verwiesen. Für evtl. Auswirkungen von Put-Optionen (Fälle 3 und 4) auf den Konsolidierungskreis bestehen keine expliziten Regelungen. Gegen die analoge Anwendung der Regelungen zu (erworbenen) Call-Optionen sprechen systematische Gründe: Die ein Mutter-Tochter-Verhältnis begründende Kontrolle ist definiert als **Möglichkeit,** die Geschäftspolitik zu bestimmen. Diese Möglichkeit kann auch in am Stichtag ausübbaren erworbenen Call-Optionen verkörpert sein. Eine

Put-Option ändert hingegen, solange sie nicht ausgeübt wurde, an der Möglichkeit der Beherrschung nichts.

Eine Put-Option kann auch bedingt erteilt sein; von Bedeutung sind insbesondere Put-Optionen, die an einen **Stichentscheid** gebunden sind:

Praxis-Beispiel

MU und X halten je 50 % an TU. Für den Fall, dass sie nicht zu einvernehmlichen Entscheidungen in der Gesellschafterversammlung kommen, hat MU den Stichentscheid. Falls er diesen ausübt, steht X aber das Recht zu, seine Anteile zum *fair value* anzudienen.

Beurteilung

Wegen der Möglichkeit zum Stichentscheid beherrscht MU die TU.

Bei Ausübung dieser Möglichkeit entsteht aber eine (bedingte) Verbindlichkeit zum Ankauf der Anteile des X (Rz 168). Aus Gründen der Konsistenz zur Beurteilung der Beherrschung scheint es hier geboten, das Andienungsrecht des X bereits vor Stichentscheid und tatsächlicher Andienung als Verbindlichkeit auszuweisen.

Wie im vorstehenden Beispiel angesprochen, sind geschriebene Put-Optionen **168** (Fall 4) unabhängig von der Frage, ob ihre Ausübung eine Veränderung der Kontrollverhältnisse mit sich brächte, nach IAS 32.AG29 zu würdigen: Danach führen Andienungsrechte von Minderheiten (hierzu zählen im Konzern auch die Kündigungsrechte der Minderheitsgesellschafter von Tochterpersonengesellschaften) zu Fremdkapital und zwar u.E. unter Auflösung des Eigenkapitals; nach anderer Auffassung unter Fortführung des Minderheiteneigenkapitals zu einer **Umqualifizierung** der nicht beherrschenden Anteile vom **Eigen-** in das **Fremd**kapital, wobei Änderungen der Verbindlichkeit i.d.R. erfolgswirksam zu behandeln sind. Dies gilt jedenfalls dann, wenn Risiken und Chancen aus den optionsgegenständlichen Anteilen und damit die *present ownership* wirtschaftlich bereits dem Berichtsunternehmen (Stillhalter) zuzurechnen sind, etwa weil
- der Ausübungspreis der Option fixiert ist,
- mit den optionsgegenständlichen Anteilen keine (relevanten) Einflussmöglichkeiten mehr verbunden sind,
- mit Dividenden während des Optionszeitraums nicht zu rechnen ist oder die Dividenden schuldrechtlich bereits dem Berichtsunternehmen zustehen.

Liegen die Risiken und Chancen hingegen noch beim Optionsinhaber, wird im Schrifttum ein Wahlrecht angenommen. Das Berichtsunternehmen hat nach dieser Auffassung zu entscheiden, ob es IAS 32 Vorrang gibt (dann Lösung wie zuvor) oder IFRS 10 als vorrangig ansieht. Im zweiten Fall wird es u.a. für zulässig gehalten, Änderungen in der Höhe der Put-Verbindlichkeit ohne Berührung der GuV unmittelbar gegen Eigenkapital zu erfassen.[55]

Die insoweit bestehende *diversity in practice* hatte das IFRS IC veranlasst, im Mai 2012 den *Draft* IFRIC **DI/2012/2** „*Put Options Written on Non-Controlling Interests*" herauszugeben. Der Entwurf sah für geschriebene Put-Optionen, mit denen noch kein *present ownership* verbunden ist, Folgendes vor:

---

[55] ERNST & YOUNG, International GAAP 2016, Ch 7 sCh 5.1.

- Die Put-Option führt zur Umqualifizierung der nicht beherrschenden Anteile von Eigen- in Fremdkapital.
- Das Fremdkapital (finanzielle Verbindlichkeit) ist gem. IAS 32.23 mit dem Barwert des Ausübungspreises der Option anzusetzen.
- Alle Änderungen im Wert der Verbindlichkeit sind erfolgswirksam zu behandeln.

Gegen eine erfolgsneutrale Erfassung der Änderung der Verbindlichkeit führte der Entwurf folgende Überlegung an: Zwar sieht IFRS 10.23 die erfolgsneutrale Behandlung von Transaktionen vor, die ohne eine Änderung der Beherrschungsverhältnisse die Anteilsverhältnisse zwischen Mehrheits- und Minderheitsgesellschafter verändern (Aufstockungen und Abstockungen); mit einer Wertänderung der finanziellen Verbindlichkeit geht jedoch noch keine solche Änderung der Anteilsverhältnisse einher. In 2013 wurde der Plan zur Veröffentlichung eines entsprechenden IFRIC aufgegeben und stattdessen eine Finalisierung als *Amendment* zu IAS 32 geplant. Dieser Plan sollte in 2014 umgesetzt werden, ist aber ebenfalls aufgegeben worden. Das Thema wird nicht mehr als eigenes Projekt, sondern als Teil des Projekts *„Financial instruments with characteristics of equity"* verfolgt.

169   Aus den vorstehenden Überlegungen folgt für den Konzernabschluss weiter: Bei der mehrheitswahrenden **Aufstockung** oder **Abstockung** des Anteils an einer **Tochterpersonengesellschaft** kommt IFRS 10.23 ebenfalls nicht zum Zuge. Die Aufstockung ist vielmehr wie eine Tilgung von Fremdkapital, die Abstockung wie eine Aufnahme von Fremdkapital zu würdigen. Soweit die geleisteten Entgelte nicht der Tilgung bzw. dem Aufnahmebetrag entsprechen, entsteht Aufwand oder Ertrag:[56]

Praxis-Beispiel

Die MU AG ist seit Gründung mit 80 % an der TU KG beteiligt. A und B halten jeweils 10 % Der Gesellschaftsvertrag der TU KG sieht ein Kündigungsrecht der Gesellschafter gegen Abfindung zu einem Mischwert aus Substanz- und Ertragswert vor. Zum 31.12.02 beträgt dieser Wert für die gesamte TU 10 Mio., die für den Minderheitenanteil auszuweisende finanzielle Verbindlichkeit mithin 2 Mio.

Zum 1.1.03 erwirbt MU die Anteile des A gegen einen zwischen den Parteien nach Maßgabe des Ertragswerts ausgehandelten Kaufpreis von 1,3 Mio. In einer geschlossenen Konzernbuchhaltung ist der Vorgang wie folgt zu buchen: „per Verbindlichkeit 1 Mio. und Aufwand 0,3 Mio. an Geld 1,3 Mio.".

Unter Berufung auf IAS 27.30f. (a.F.) bzw. IFRS 10.23 wird jedenfalls für Abstockungen zum Teil eine andere Auffassung vertreten. Danach soll bei der Abgabe von Anteilen des Konzerns an nicht beherrschende Gesellschafter einer Tochterpersonengesellschaft der Unterschiedsbetrag zwischen a) der einzubuchenden Verbindlichkeit und b) dem Buchwert, der sich ergäbe, wenn die Minderheitsgesellschafter aus Konzernsicht eigenkapitalgebende beherrschende Gesellschafter wären, erfolgsneutral im Konzerneigenkapital zu verrechnen sein

---

[56]   A. A. jedenfalls für eine Abstockung Zwirner/König, IRZ 2013, S. 31 ff., unter Berufung auf IDW RS HFA 45, Tz. 56.

(IAS 27.30f.).[57] U. E. ist die Berufung auf IAS 27.30f. aber zweifelhaft. Die dort niedergelegten Regelungen betreffen die Erfolgsneutralität von Transaktionen zwischen Eigenkapitalgebern. Der Minderheitsgesellschafter des Tochterpersonenunternehmens ist jedoch aus Sicht des Konzerns kein Eigenkapital-, sondern Fremdkapitalgeber.

Bei den drei anderen Optionsformen (Fälle 1 bis 3) stellt sich die Frage, ob die Option bei entsprechendem Verhältnis des Ausübungspreises als Finanzderivat zu einem finanziellen Vermögenswert (erworbene Option) oder zu einer finanziellen Verbindlichkeit (geschriebene Option) führen kann. 170

Für Optionen, mit deren Ausübung lediglich eine Änderung des Minderheitenanteils, keine Änderung der Kontrollverhältnisse einhergeht, ist dies u. U. zu bejahen, da IAS 39.2(a) bzw. IFRS 9.2.1(a) zwar Anteile *(interests)* an Tochterunternehmen von seinem Anwendungsbereich ausschließt, ausdrücklich aber nicht Derivate über diese Anteile (→ § 28 Rz 13).

Entsprechendes gilt für Optionen, deren Ausübung zu einer Änderung der Kontrollverhältnisse führen würde, da IAS 39.2(g) bzw. IFRS 9.2.1(f) nur unbedingte Termingeschäfte *(forwards)* über einen zukünftigen Unternehmenszusammenschluss von seinem Anwendungsbereich ausschließt.

Bei erworbenen Call-Optionen (Fall 1) ist im Einzelnen aber nach *present* 171 *ownership* (Rz 168) wie folgt zu differenzieren:[58]

- Gehen die **eigentümertypischen Chancen** bereits bei Abschluss des Optionsvertrags auf das Berichtsunternehmen über, insbesondere weil der Ausübungspreis fixiert ist, hat das Berichtsunternehmen als Optionsinhaber die Option bereits als ausgeübt zu unterstellen (antizipierter Erwerb). Für die (bedingte) Verpflichtung ist eine **Kaufpreisverbindlichkeit** zu erfassen, die zu fortgeführten Anschaffungskosten bilanziert wird. Der Ausweis von nicht beherrschenden Anteilen scheidet im Umfang der Option aus.

  Wird die Option in der Folge tatsächlich nicht ausgeübt und verfällt sie, ist die bei Vertragsschluss erfasste Verbindlichkeit zu stornieren. Dabei ist wie folgt zu unterscheiden: Besteht weiterhin die Möglichkeit zur Ausübung eines beherrschenden Einflusses auf die Finanz- und Geschäftsaktivität, erfolgt eine Gegenbuchung gegen *non-controlling interest*; geht mit Verfall der Option der Einfluss verloren, ist hingegen eine Entkonsolidierung geboten.

- Hat das Berichtsunternehmen (Optionsinhaber) hingegen noch **kein** *present ownership*, insbesondere weil der Ausübungspreis der Option dem *fair value* zum Ausübungszeitpunkt entspricht oder (etwa durch Bindung an die EBIT-Entwicklung) in wesentlichem Maße von der zukünftigen Entwicklung des Unternehmensertragswerts abhängt, kommen IFRS 10 und IAS 39/IFRS 9 gleichzeitig zur Anwendung: Für die Abgrenzung des Konsolidierungskreises ist eine bestehende, jederzeit ausübbare Option als potenzielles Stimmrecht zu qualifizieren (IFRS 10), zusätzlich aber auch eine Erfassung als finanzieller Vermögenswert (Finanzderivat) erforderlich (IAS 39/IFRS 9). Eine Bewertung des Finanzderivats erfolgt mit der Summe aus innerem Wert und Zeitwert der Option, also unter Rückgriff auf ein Optionsbewertungsmodell (IAS

---

57 IDW RS HFA 45, Tz. 56, sowie ZWIRNER/KÖNIG, IRZ 2013, S. 31 ff.
58 Vgl. FREIBERG, PiR 2010, S. 206 ff.

39.48(a)). Entspricht der Ausübungspreis dem *fair value* oder einem Surrogat (etwa EBIT-Multiplikator), ist der Optionswert jedoch regelmäßig gering oder vernachlässigbar.

Wird die Option in späteren Perioden ausgeübt, ist der *fair value* im Ausübungszeitpunkt als Teil der Gegenleistung für den Erwerb von *non-controlling interests* zu erfassen. Verfällt die Option ungenutzt, ist hingegen eine erfolgswirksame Ausbuchung geboten.

4.7.4   Termingeschäfte und kombinierte Call-/Put-Optionen über nicht beherrschende Anteile

172   Im Rahmen eines Kaufs der Mehrheit der Anteile können zugleich Vereinbarungen über den zukünftigen Erwerb der verbleibenden Anteile getroffen werden. Infrage kommt

- ein unbedingtes Termingeschäft über die verbleibenden Anteile oder
- eine Kombination von Call-Option des Erwerbers und Put-Option des Veräußerers.

Fraglich ist, ob dann überhaupt noch ein Minderheitenanteil (und daneben ggf. ein Finanzderivat) auszuweisen ist oder in wirtschaftlicher Betrachtung nicht ein 100-%-Erwerb mit Ausweis einer Kaufpreisverbindlichkeit vorliegt.

173   In der Termingeschäftsvariante ist nach herrschender Auffassung ein 100-%-Erwerb zu bilanzieren.[59]

Praxis-Beispiel

MU erwirbt am 31.12.01 51 % der Anteile an der TU von X. Gleichzeitig wird die Übertragung der verbleibenden 49 % am 2.1.03 zu einem bereits jetzt fixierten Preis vereinbart.

Beurteilung

Die wesentlichen Chancen und Risiken der 49-%-Anteile gehen im Erstkonsolidierungszeitpunkt bereits auf MU über. Je nach vertraglicher Regelung ist nur noch der evtl. in 02 erzielte Gewinn X zuzurechnen. Im Verhältnis zu den Chancen und Risiken aus der Wertänderung der Anteile ist die auf den laufenden Gewinn gerichtete Chance i.d.R. von untergeordneter Bedeutung. MU erlangt daher bereits am 31.12.01 das wirtschaftliche Eigentum an allen Anteilen. Ein Minderheitenanteil ist nicht mehr auszuweisen. Die Verpflichtung aus dem Termingeschäft ist als Kaufpreisverbindlichkeit zu erfassen.

Die gleiche Wirkung wie ein Termingeschäft erzeugt eine Kombination von Call-Option des Erwerbers und Put-Option des Veräußerers, sofern die Ausübungsbedingungen beider Optionen im Wesentlichen gleich sind. Eine entsprechende Kombination von Optionen führt daher i.d.R. ebenfalls zum sofortigen Übergang des wirtschaftlichen Eigentums an den optionsgegenständlichen Anteilen.[60]

---

[59]   Vgl. u.a. KPMG, Insights into IFRS 2015/16, Tz. 2.5.680.
[60]   Vgl. u.a. Ernst & Young, International GAAP 2016, Ch. 7 sCh 5.3; s.a. BFH, Urteil v. 11.7.2006, VIII R 32/04, BStBl 2007 II S. 296 ff.

Praxis-Beispiel
MU erwirbt am 31.12.01 51 % der Anteile an der TU von X. Gleichzeitig erhält MU eine Kaufoption über die verbleibenden Anteile von 49 % zu einem Ausübungspreis von 100. Mit entsprechendem Ausübungspreis wird X eine Verkaufsoption eingeräumt. Beide Optionen sind am 2.1.03 ausübbar.

Beurteilung
Die wesentlichen Chancen und Risiken der 49-%-Anteile gehen im Erstkonsolidierungszeitpunkt bereits auf MU über. Rationales Verhalten unterstellt, wird eine der Parteien die Option ausüben, entweder MU bei einem Anteilswert von mehr als 100 seine Kaufoption oder X bei einem Anteilswert von weniger als 100 seine Verkaufsoption. Wie bei einem unbedingten Termingeschäft ist daher kein Minderheitenanteil, sondern eine Kaufpreisverbindlichkeit auszuweisen.

4.7.5 Nicht beherrschende Anteile im mehrstufigen Konzern

Zur Problematik des mehrstufigen Konzerns wird auf die Erläuterung zu IFRS 3 verwiesen (→ § 31 Rz 184). **174**

5 Anteile an Tochtergesellschaften im Einzelabschluss der Mutterunternehmung

Fragen des Konzernabschlusses regelt IFRS 10. Demgegenüber enthält IAS 27 Regeln zur Bilanzierung von Anteilen an Tochterunternehmen, Gemeinschaftsunternehmen und assoziierten Unternehmen in Einzelabschlüssen (*„separate statements"*) des Mutterunternehmens. Für den Anwendungsbereich dieser Vorschriften gilt Folgendes: **175**

- IAS 27.4 definiert **„separate Abschlüsse"** als die von einem Mutterunternehmen, einem Anteilseigner eines assoziierten Unternehmens oder einem Partnerunternehmen eines gemeinsam geführten Unternehmens aufgestellten Abschlüsse, in denen die Anteile zu fortgeführten Anschaffungskosten (*at cost*) oder nach IFRS 9 (zum *fair value*), d.h. auf der Grundlage der **unmittelbaren Kapitalbeteiligung** anstatt auf Grundlage der vom Beteiligungsunternehmen berichteten Ergebnisse und seines Reinvermögens bilanziert werden.
- Abschlüsse eines Unternehmens, das **weder** an Tochterunternehmen **noch** an assoziierten Unternehmen noch an Gemeinschaftsunternehmen beteiligt ist, sind nach IAS 27.7 keine separaten Abschlüsse.
- Positiv ausgedrückt stellen separate Abschlüsse damit unkonsolidierte Abschlüsse dar, wobei IAS 27 voraussetzt, dass sie neben (*in addition to*) konsolidierten Abschlüssen veröffentlicht werden, es sei denn, nach IAS 27.8 bestehe keine Pflicht zur Aufstellung und Veröffentlichung eines konsolidierten Abschlusses.

Die amtliche deutsche Fassung von IAS 27 rev. 2004 übersetzte *„separate statements"* teils als „separate Abschlüsse" (IAS 27.4 rev. 2004), teils als „separate Einzelabschlüsse" (IAS 27.37 ff. rev. 2004) und machte dadurch unfreiwillig auf die potenziellen Konflikte zwischen deutschem Sprachgebrauch und demjenigen der IFRS aufmerksam. Inhaltlich stecken dahinter folgende **Konfliktmöglichkeiten**:

- Die Konzernrechnungslegungspflicht und die Befreiung von ihr ergeben sich allein aus dem HGB. Soweit die Befreiung nach HGB, nicht aber nach IFRS 10 gegeben ist, käme ein separater Abschluss nach IAS 27 nicht infrage. Bei enger, von der EU für Europa nicht geteilter Auslegung[61] würde aber auch ein IFRS-Einzelabschluss ausscheiden. Die allgemeinen Regelungen von *Framework*, IAS 1 usw. würden nicht greifen, da dort mit der rechnungslegenden *entity* bei einem Konzernsachverhalt der Konzern gemeint ist, die Ausnahmeregelungen für separate Abschlüsse wären aus den oben genannten Gründen aber ebenso wenig einschlägig.

- § 325 Abs. 2a HGB erlaubt für Zwecke der Bekanntmachung im elektronischen Bundesanzeiger uneingeschränkt die Veröffentlichung eines IFRS-Einzelabschlusses. Hat das betreffende Unternehmen keine Anteile an mindestens einem Tochterunternehmen, assoziierten Unternehmen oder Gemeinschaftsunternehmen, liegt gerade kein separater Abschluss i.S.v. IAS 27 vor. Ein hier zum Teil angenommener Konflikt zu den IFRS besteht u.E. aber nicht. Wenn kein Konzernsachverhalt vorliegt, ist die rechnungslegende *entity* das Unternehmen in seiner rechtlichen Einheit. IFRS 10, IAS 28 und IFRS 11 sind von vornherein nicht einschlägig, können daher auch keine restriktiven Wirkungen entfalten. Bei Beachtung aller anderen IFRS-Vorschriften ist der Einzelabschluss IFRS-konform.

Die nachfolgende Darstellung erfolgt unter den oben genannten Vorbehalten. Sie benutzt im Übrigen mit Rücksicht auf den Sprachgebrauch der deutschen Praxis und des HGB Begriffe wie „einzelbilanziell" usw. statt sperrigerer Begriffe wie „separatbilanziell".

176   Im Einzelabschluss eines Mutterunternehmens sind die Anteile an Tochterunternehmen, Gemeinschaftsunternehmen und assoziierten Unternehmen nach IAS 27.10 **wahlweise** wie folgt zu bilanzieren:

- zu fortgeführten **Anschaffungskosten** (*at cost*);
- gem. IAS 39/IFRS 9, d.h. i.d.R. mit dem **beizulegenden Zeitwert** (*fair value*);
- eine bis 2004 zulässige, dann abgeschaffte *at-equity*-Bewertung im Einzelabschluss ist nach dem im August 2014 vorgelegten *Amendment* zu IAS 27 ab 2016 als zusätzliche Wahlmöglichkeit wieder zugelassen.

Bei der Zugangsbewertung sind direkt zurechenbare Anschaffungsnebenkosten i.d.R. zu aktivieren. Für die Bilanzierung nach IAS 39/IFRS 9 ergibt sich dies bei erfolgsneutraler Behandlung von *fair-value*-Änderungen aus IAS 39.43/IFRS 9.5.1.1, für die Bilanzierung „*at cost*" aus der allgemeinen Bedeutung des Anschaffungskostenbegriffs.

Das Bewertungswahlrecht für den Einzelabschluss besteht auch dort, wo das untergeordnete Unternehmen aus Wesentlichkeitsgründen im Konzernabschluss nicht konsolidiert wurde, da IAS 27.10 nur an den Status des untergeordneten Unternehmens, nicht an dessen Konsolidierung anknüpft. Im Konzernabschluss selbst gilt das Wahlrecht für die nicht konsolidierten Unternehmen aber nicht; sie sind dort nach IAS 39/IFRS 9 mit dem *fair value* zu bewerten.

177   Soweit der *fair value* als Bewertungsmaßstab gewählt wird und das Beteiligungsobjekt börsennotiert ist, soll nach ED/2014/4 der *fair value* als Produkt aus Aktienkurs und Zahl der Aktien, also ohne Rücksicht auf Kontrollprämien bestimmt werden.

---

[61]   Vgl. Accounting Regulatory Committee Documents ARC/08/2007 und ARC 19/2006.

Wird neben dem vollzogenen Mehrheitserwerb zugleich eine **Put-Option** über die verbleibenden Anteile vereinbart, ist bei einer Bewertung des Tochterunternehmens zu Anschaffungskosten u.E. der *fair value* der gewährten Option bereits in die Anschaffungskosten einzubeziehen („per Anteile an derivative Verbindlichkeit"). Ein faktisches Wahlrecht besteht jedoch hinsichtlich der weiteren Entwicklung der derivativen Verbindlichkeit; sie kann erfolgswirksam oder als Anpassung der Anschaffungskosten behandelt werden. 178

Offen ist auch die Behandlung **ungewisser Kaufpreisbestandteile**, also etwa einer *earn-out*-Vereinbarung, die den endgültigen Kaufpreis vom Erreichen von Erfolgszielen abhängig macht. Im Konzernabschluss sind diese ungewissen Bestandteile als Teil der Anschaffungskosten mit ihrem *fair value* im Zeitpunkt der Erstkonsolidierung zu berücksichtigen und spätere Änderungen der bedingten Verpflichtungen erfolgswirksam zu behandeln. Im Einzelabschluss kommt u.E. auch eine erfolgsneutrale Fortschreibung der ungewissen Verbindlichkeit infrage. 179

In der **einzelbilanziellen** Darstellung von Anteilen an Tochterunternehmen ist im Übrigen zwischen vier Fällen zu unterscheiden: 180

- Die Anteile werden aus *materiality*-Gründen konzernbilanziell nicht konsolidiert. Sie werden einzelbilanziell zu **Anschaffungskosten** oder zum *fair value*, konzernbilanziell zum *fair value* bewertet (IAS 27.10). Bei *fair-value*-Bewertung sind sie im zeitlichen Anwendungsbereich von IAS 39 regelmäßig als **veräußerbare Vermögenswerte** *(available-for-sale assets)* zu qualifizieren mit Erfolgsneutralität der Wertänderungen. Im zeitlichen Anwendungsbereich von IFRS 9 sind sie als *equity instruments* einzustufen, mit einem Wahlrecht zwischen erfolgsneutraler und erfolgswirksamer Behandlung der Wertänderungen.
- Die Anteile sind im **Konzernabschluss konsolidiert**. **Einzelbilanziell** werden sie wahlweise zu **Anschaffungskosten** oder zum *fair value* oder *at-equity* bewertet. Im zweiten Fall sind sie nach IAS 39 regelmäßig als **veräußerbare Vermögenswerte** *(available-for-sale assets)*, nach IFRS 9 als *equity instruments* zu qualifizieren.
- Es wird (zulässigerweise) **kein Konzernabschluss** aufgestellt. **Einzelbilanziell** werden die Anteile zu **Anschaffungskosten** oder zum *fair value* bewertet. Im zweiten Fall sind sie nach IAS 39 regelmäßig als **veräußerbare Vermögenswerte** *(available-for-sale assets)*, nach IFRS 9 als *equity instruments* zu qualifizieren.
- Die Anteile werden ausschließlich zum Zweck der **Veräußerung** gehalten. Konzernbilanziell ist das zur **Veräußerung bestimmte** Aktivvermögen *(non-current assets held for sale)* separat von den damit verbundenen Schulden darzustellen (Rz 98). In der Einzelbilanz sind die Anteile als *non-current assets held for sale* auszuweisen. Soweit sie bisher zu Anschaffungskosten oder *at-equity* bilanziert wurden, ist zum Umklassifizierungszeitpunkt auf einen evtl. niedrigeren Zeitwert (abzüglich Veräußerungskosten) abzuschreiben. Soweit sie bisher nach IAS 39/IFRS 9 zum *fair value* bilanziert wurden, bleibt es dabei (IAS 27.10). Vgl. hierzu → § 29 Rz 38.

Besondere Probleme bereitet die Bestimmung der Anschaffungskosten bei **konzerninternen** Umstrukturierungen (Reorganisationen). Ein Sonderfall solcher Umstrukturierungen ist in IAS 27.13 f. geregelt. Betroffen sind Fälle, 181

- bei denen eine NewCo etabliert wird, die durch Ausgabe von Anteilen (Sacheinlagen) Kontrolle über das ursprüngliche Mutterunternehmen erlangt,

- wobei sich im Zeitpunkt der Reorganisation die Zusammensetzung des Vermögens nicht ändert und die Gesellschafter des bisherigen Mutterunternehmens im gleichen Maße am neuen beteiligt werden.
- Die NewCo hat in diesem Fall als Anschaffungskosten des eigenen Investments das IFRS-Eigenkapital (Nettovermögen zu Buchwerten) vor Reorganisation des Unternehmens auszuweisen, dessen Mutter es wird.

Praxis-Beispiel

Vor der Reorganisation ist MU mit 100 % an TU beteiligt und weist den Anteil zu Anschaffungskosten von 100 aus. Der Zeitwert der MU beträgt 300, ihr Buchvermögen 225. Die Anteile an der MU werden gegen Ausgabe neuer Anteile in eine NewCo eingebracht.

Behandlung bei der NewCo:

„per Anteil an MU 225 an Eigenkapital 225".

Ungeregelt ist die einzelbilanzielle Behandlung von Restrukturierungen, die nicht die Voraussetzungen von IAS 27.13f. erfüllen, z.B. Fälle, wo eine NewCo als Zwischenholding etabliert wird und das Mutterunternehmen diverse Anteile an bisher direkt von ihr gehaltenen Töchtern in die NewCo einbringt[62] oder andere Fälle, in denen Geld fließt oder sich die Anteils- bzw. Beteiligungsverhältnisse bei der Transaktion ändern. Werden Anteile zum Buchwert konzernintern veräußert, gilt (→ § 31 Rz 199):

- Bei Interpretation des Einzelabschlusses als Ausschnitt aus dem Konzernabschluss hat die eine Beteiligung veräußernde Gesellschaft die Anteile erfolgsneutral auszubuchen, die erwerbende Gesellschaft sie zum Buchwert der veräußernden Gesellschaft einzubuchen.
- Bei Deutung des Einzelabschlusses als selbstständiger Abschluss erzielt die veräußernde Gesellschaft i.H.d. Differenz von Zeitwert und Buchwert einen Abgangserfolg, während die erwerbende Gesellschaft die Anteile zum Zeitwert einbucht und die Differenz zum gezahlten Buchwert als verdeckte Einlage (oder bei umgekehrtem Vorzeichen verdeckte Ausschüttung) im Eigenkapital erfasst.

Praxis-Beispiel

MU ist bisher an T und E mit jeweils 100 % direkt beteiligt. E wird mit Anschaffungskosten von 100 bilanziert und zu diesem Preis an T veräußert, so dass aus der bisher zweistöckigen Struktur eine dreistöckige (MU-T-E) wird. Der Zeitwert der E beträgt 300.

Behandlung bei MU:

1. Erfolgsneutral

Konto	Soll	Haben
Geld	100	
Anteil an E		100

---

62 Vgl. hierzu IFRIC Update September 2011.

2. Erfolgswirksam

Konto	Soll	Haben
Geld	100	
Anteil an T	200	
Anteil an E		100
s. b. E.		200

Behandlung bei T:
1. Buchwertfortführung

Konto	Soll	Haben
Anteil an E	100	
Geld		100

2. Einbuchung zum Zeitwert

Konto	Soll	Haben
Anteil an E	300	
Geld		100
Eigenkapital		200

Wegen allgemeiner Fälle von Umstrukturierungen wird auf → § 32 Rz 176 verwiesen.[63]

6 Latente Steuern

Wie im Einzelabschluss sind im Konzernabschluss latente Steuern zu aktivieren oder zu passivieren, wenn sich Steuerbilanz- und IFRS-Konzernbilanz-Werte unterscheiden und dieser Unterschied nicht permanenter, sondern vorübergehender Natur ist (→ § 26 Rz 3). Insoweit fließen die aktiven und passiven latenten Steuern der IFRS-Einzelbilanzen auch in die Konzernbilanz ein.   **182**

In der **Konzernbilanz** ergeben sich jedoch zwei **Erweiterungen**:   **183**

- Durch Aufdeckung stiller Reserven bei der Erstkonsolidierung sowie **Anpassung an konzerneinheitliche Ansatz- und Bewertungsmethoden** (Rz 119ff.) können sich die Unterschiede zu dem Steuerbilanzwert gegenüber der IFRS-Einzelbilanz erhöhen (zusätzliche latente Steuern) oder vermindern (Reduzierung der latenten Steuern).
- Durch die weiteren **Konsolidierungsmaßnahmen**, insbesondere die **Zwischenergebniseliminierung** (Rz 142ff.), können sich die Differenzen zwischen IFRS- und Steuerwerten weiter erhöhen (zusätzliche latente Steuern) oder weiter verringern (Reduzierung der latenten Steuern).

Unterschiede der **ersten Art** – Anpassung an **konzerneinheitliche** Methoden – sind aus verfahrensökonomischen Gründen bereits in der IFRS-Bilanz II zu berücksichtigen; Unterschiede der zweiten Art – konzerninterne **Konsolidierung** – werden praxisgerecht unmittelbar im Zusammenhang mit der entsprechenden Konsolidierungsbuchung, d.h. durch Ergänzung dieser Buchung um eine Steuerbuchung, berücksichtigt.   **184**

---

63 Vgl. außerdem LIECK, Bilanzierung von Umwandlungen nach IFRS, 2011.

In bestimmten Fällen führen nicht erfolgswirksame Konsolidierungsbuchungen **scheinbar** zu einer Eliminierung ursprünglich vorhandener temporärer Differenzen.

Praxis-Beispiel

Die inländische Software GmbH lizenziert Ende 01 Software im Mehrjahresvertrag an ihre amerikanische Tochter. Die Tochter zahlt die Lizenzgebühr von 100 sofort für den vollen Zeitraum. Das amerikanische Steuerrecht erkennt den vollen Betrag in 01 als Betriebsausgabe an, während in der IFRS-II-Bilanz der Tochter ein aktiver Abgrenzungsposten von 100 gebildet und wegen der Differenz von IFRS- und Steuerbuchwert (100 – 0 = 100) eine latente Steuer passiviert wird. Die Mutter passiviert den erhaltenen Betrag sowohl in der Steuerbilanz als auch in ihrer IFRS-II-Bilanz.

Im Rahmen der Konzernbilanz wird das konzerninterne Schuldverhältnis durch die Buchung „per passive Abgrenzung 100 an aktive Abgrenzung 100" wegkonsolidiert. Damit verschwindet auch der Aktivposten der Tochter, aus dem die passive latente Steuer entstand.

Eine weitere Konsolidierungsbuchung zur Eliminierung der passiven latenten Steuer ist gleichwohl nicht angezeigt. Dies ergibt sich aus folgender Überlegung: Die Lizenzgebühren führen in konsolidierter Betrachtung zu einem IFRS-Buchwert von null, in summierter Betrachtung der Steuerbilanzen hingegen zu einem Steuerbilanzbuchwert von –100. Aus konsolidierter bzw. Summenbetrachtung besteht damit eine Differenz von 0 – (–100) = 100, also genau die schon in der IFRS-Bilanz II der Tochter (dort als 100 – 0) ermittelte Differenz.

---

185   Dem einleitenden Schema der Konsolidierungsschritte folgend (Rz 118 ff.), ergeben sich im Wesentlichen folgende latente Steuereffekte:

- **Vereinheitlichung** der Bilanzierungs- und Bewertungsmethoden: Wo echte und unechte IFRS-Wahlrechte in den IFRS-Einzelbilanzen noch nicht einheitlich ausgeübt wurden, sind Anpassungen notwendig. In der resultierenden IFRS-Bilanz II werden auch die mit diesen Anpassungen verbundenen latenten Steuern berücksichtigt.
- **Summenbilanz:** Hier ergeben sich keine zusätzlichen Steuerlatenzen.
- **Kapitalkonsolidierung:** Bei der Erst- und Folgekonsolidierung können sich Abweichungen zum Steuerbilanzwert ergeben (oder verringern). Entsprechende Erläuterungen erfolgen in → § 26 Rz 144.
- **Sonstige Konsolidierung** Aufwand/Ertrag und Forderungen/Verbindlichkeiten: Insbesondere die Konsolidierung konzerninterner Rückstellungen sowie von Abschreibungen auf konzerninterne Forderungen, daneben auch die Umrechnung konzerninterner Fremdwährungsposten können zu einer Erhöhung oder Verminderung der Bewertungsunterschiede zur Steuerbilanz führen. Die Steuerbuchungen sind zweckmäßigerweise parallel zur Grundbuchung vorzunehmen.
- **Zwischenergebniseliminierung:** Veräußert ein Konzernunternehmen Erzeugnisse mit Gewinnaufschlag an ein anderes Konzernunternehmen und befinden sich die Vorräte zum Stichtag noch im Bestand, so ist der Gewinn aus Konzernsicht nicht realisiert (Rz 145). Der Ansatz der Vorräte im Konzern ist daher zu reduzieren. Hierdurch kann der Konzernwert hinter den einzelbilanziell orientierten Steuerbilanzwert zurückfallen, so dass es erstmalig zu einer Steuerlatenz kommt.

- **Minderheitenanteil**: Der Minderheitenanteil hat mittelbare Relevanz für die latenten Steuern. Da zwingend auch die stillen Reserven in den Minderheitenanteilen aufzudecken sind (Rz 157), fällt die Differenz vom IFRS- zum Steuerbilanzwert und damit die Höhe der latenten Steuern entsprechend größer aus. Gutschrift oder Belastung erfolgen sachgerecht im Minderheitenanteil durch Berücksichtigung bei der Erstkonsolidierung bzw. über den Gewinnanteil bei der Folgekonsolidierung. Vereinfachungen aus *materiality*-Gründen sind zulässig.

Die Berechnung latenter Steuern ist nach IAS 12.47 mit den Steuersätzen durch-   **186**
zuführen, die zum Bilanzstichtag für die Realisierung der Differenz gelten
würden (→ § 26 Rz 200). Hiernach sind Differenzen zwischen dem IFRS-Bilanzwert des inländischen Mutterunternehmens nach dem inländischen Ertragsteuersatz und Differenzen ausländischer Tochterunternehmen nach den dort geltenden **ausländischen Steuersätzen** zu berücksichtigen. Da die entsprechenden
Posten für latente Steuern ohnehin bereits in der IFRS-Bilanz II berücksichtigt
werden, spricht auch aus Praxissicht nichts gegen dieses Vorgehen. Bei einem
Personengesellschaftskonzern sind die Steuerlatenzen des Mutterunternehmens
(Personengesellschaft) auf der Basis seines Gewerbesteuersatzes zu berechnen,
die Latenzen von Tochterkapitalgesellschaften hingegen unter zusätzlicher Einbeziehung von definitiver (nicht anrechenbarer) Körperschaftsteuer.

Ein **Steuersatzproblem** ergibt sich hingegen bei der **Zwischenergebniselimi-**   **187**
nierung und den anderen nachfolgenden Konsolidierungsschritten. Hier ist zu
entscheiden, ob der Steuersatz des Mutterunternehmens oder je nach *upstream*-
oder *downstream*-Lieferbeziehungen der Steuersatz des Tochterunternehmens
oder insgesamt ein Mischsatz angewendet wird. U. E. ist der Steuersatz des
Empfängerunternehmens maßgeblich.

Latente Steuern sind auch auf steuerlich **vortragsfähige Verluste** zu aktivieren,   **188**
sofern deren zukünftige Nutzung wahrscheinlich ist (IAS 12.34; → § 26 Rz 125).
Nach IAS 12.67 kann es im Rahmen eines Unternehmenszusammenschlusses
erstmalig zum Ansatz eines solchen Postens kommen, weil der Erwerber in der
Lage ist, den Vorteil der noch nicht genutzten steuerlichen Verluste gegen das
zukünftige zu versteuernde Einkommen zu verwenden. Nach Maßgabe des
deutschen Steuerrechts, dessen Steuersubjekt die einzelne natürliche oder juristische Person ist und das über die Mantelkaufvorschriften (§ 8 Abs. 4 KStG) sowie
umwandlungsrechtliche Vorschriften (§ 12 Abs. 2 UmwStG) Vorkehrungen gegen die Übertragung von Verlusten auf andere Subjekte getroffen hat, kommt
diesem Fall keine große praktische Bedeutung zu.

Aus Sicht des deutschen Steuerrechts haben auch diverse Bestimmungen in IAS 12   **189**
zu latenten Steuern aus der Bewertung von Tochteranteilen im Einzelabschluss des
Mutterunternehmens nur noch eine geringe Bedeutung. Nach den Vorschriften
von § 8 KStG und § 9 GewStG sind in der Konstellation „Kapitalgesellschaft –
Kapitalgesellschaft" Dividenden, Veräußerungsgewinne, Veräußerungsverluste
und Teilwertabschreibungen steuerlich i. d. R. größtenteils unbeachtlich. Unter
diesen Umständen haben die Differenzen im IFRS-Ansatz der Beteiligung und
dem Steuerbilanzansatz im Wesentlichen permanenten Charakter und sind daher
unbeachtlich, da latente Steuern nur auf temporäre, sich zukünftig steuerwirksam
auflösende Differenzen entstehen. Für andere Konstellationen unter Einbeziehung
von Personengesellschaften wird auf → § 26 Rz 163 ff. verwiesen.

7   Ausweis-Besonderheiten im Konzern

190 Der Konzernabschluss zeigt die gleichen Bilanz- und GuV-Posten wie der Einzelabschluss. Dies gilt auch für den *goodwill,* der in IFRS 3 in gleicher Weise für den Einzelabschluss *(asset deal)* wie für den Konzernabschluss *(asset oder share deal)* geregelt ist. Der Ausweis erfolgt unter den immateriellen Vermögenswerten. Als tatsächlicher Unterschied zum Einzelabschluss bleiben demnach nur die Posten, welche nicht beherrschende Anteile (Minderheitenanteile) an vollkonsolidierten Tochterunternehmen betreffen und nur im Konzernabschluss, hingegen nicht im Einzelabschluss vorkommen können.

191 In der Bilanz ist der nicht beherrschende Anteil *(non-controlling interests)* gem. IAS 1.54 separat innerhalb des Eigenkapitals auszuweisen.

192 In der GuV und Gesamtergebnisrechnung sind die nicht beherrschenden Anteile am Konzernergebnis gesondert anzugeben (Rz 164 und → § 2).

193 Für die **Kapitalflussrechnung** des Konzerns gelten die Regelungen zur **Konsolidierung und Eliminierung** konzerninterner Salden und Transaktionen (IFRS 10.B86). Danach stellt sich etwa die Eigenkapitalzuführung vom Mutterunternehmen an das Tochterunternehmen im Einzelabschluss des Mutterunternehmens als negativer *cash flow* aus Investitionstätigkeit und im Einzelabschluss des Tochterunternehmens als positiver *cash flow* aus der Ausgabe von Kapital dar. In der Konzernkapitalflussrechnung findet sich jedoch wieder keine der beiden Positionen, da aus Konzernsicht weder ein Mittelzufluss noch ein Mittelabfluss vorliegt (→ § 3).

194 Besondere Regelungen im Rahmen der Kapitalflussrechnung bestehen für den Erwerb oder die Veräußerung von Tochterunternehmen, d.h. das Erst- oder Entkonsolidierungsjahr. Laut IAS 7.39f. sind Angaben zum Kaufpreis und zu seiner Barkomponente zu machen, zudem Angaben zu den durch die Ersteinbeziehung des Tochterunternehmens zugehenden bzw. durch die Nicht-mehr-Einbeziehung abgehenden Zahlungsmitteln des Tochterunternehmens, schließlich Angaben zu den sonstigen nach Hauptgruppen gegliederten Vermögenswerten und Schulden, die zu- bzw. abgehen (→ § 3 Rz 130ff.).

195 Zur **Kapitalflussrechnung** folgendes Beispiel:

> **Praxis-Beispiel**
> M erwirbt in 01 100 % der Anteile am Tochterunternehmen T. Der Kaufpreis beträgt 100 und wird zu 30 durch Ausgabe eigener Anteile dargestellt. Das Tochterunternehmen verfügt im Erstkonsolidierungszeitpunkt über Zahlungsmittel von 10.
> In der Investitionszeile der *cash-flow*-Rechnung wird als Auszahlung für den Erwerb von Tochterunternehmen T abzüglich erworbener Netto-Zahlungsmittel von 10 ein Betrag von –60 ausgewiesen.
> Im Anhang wird aufgeführt, dass ein Kaufpreisanteil von 30 unbar durch die Ausgabe neuer Anteile geleistet wurde. Außerdem erfolgt eine Aufgliederung des zugehenden Vermögens des Tochterunternehmens nach Vorräten, sonstigem Umlaufvermögen, Anlagevermögen usw.

8 Angaben

Konzernspezifische Angabepflichten ergeben sich vor allem in den folgenden vier Punkten:

196

- **Konsolidierungskreis** und Änderungen des Konsolidierungskreises,
- **Kapitalkonsolidierungsmethode,**
- **sonstige Konsolidierungsmethoden** (Bewertungsvereinheitlichung, Zwischenergebniseliminierung, Konsolidierung von Aufwand, Ertrag, Schulden, Forderungen),
- **Währungsumrechnung.**

Zu den Angaben zur Kapitalkonsolidierung und zur Währungsumrechnung wird auf die diesbezüglichen Kommentierungen verwiesen (→ § 31 Rz 223; → § 27 Rz 92ff.). Die **Angaben zum Konsolidierungskreis** sind in IFRS 12 enthalten. Insbesondere geht es darum, Risiken und Chancen sowie die Effekte auf Vermögen, Ertrag und *cash flows* des Berichtsunternehmens aus der Involvierung in andere Unternehmen offenzulegen, und zwar auch dann, wenn diese anderen Unternehmen nicht konsolidiert werden (IFRS 12.1). Bei zu konsolidierenden Unternehmen sind die wesentlichen Überlegungen offenzulegen, die zur Annahme einer Konsolidierungspflicht geführt haben (IFRS 12.7). Besondere Angabepflichten bestehen nach IFRS 12.12 bzgl. konsolidierter Unternehmen, an denen Dritte (Minderheiten) beteiligt sind. Insbesondere sind bzgl. konsolidierter Unternehmen, an denen Dritte beteiligt sind, nach IFRS 10.B10 zusammengefasste finanzielle Informationen (Bilanzsumme, Jahresüberschuss usw.) zu geben. Das IFRS IC hat es der pflichtgemäßen Ermessensausübung des Bilanzierenden überlassen, ob diese Informationen auf Basis des Einzelabschlusses oder auf Basis des Teilkonzernabschlusses der Tochter zu geben sind.[64]

197

Bei nicht durch Stimmrechte oder **ähnliche** Rechte kontrollierbaren **strukturierten Unternehmen** sind insbesondere folgende Angaben gefordert:

198

- **Konsolidierte** strukturierte Unternehmen: Angaben zu vertraglichen Verpflichtungen, das strukturierte Unternehmen finanziell zu unterstützen, bzw. bei Fehlen vertraglicher Verpflichtungen, Angaben zu tatsächlichen oder beabsichtigten Unterstützungen (IFRS 12.14ff.).
- **Nicht konsolidierte,** aber gesponserte Unternehmen: Diverse Angaben (Rz 199ff.).

Dabei bleibt unklar, was unter einer Sponsorenbeziehung zu verstehen ist (Rz 53). Auch die Qualifizierung eines Unternehmens als strukturiertes ist mit Unsicherheiten belastet. Eine *structured entity* ist definiert als ein Unternehmen (IFRS 12.A), für welches aufgrund der (besonderen) Ausgestaltung Stimmrechte oder ähnliche Rechte *(similar rights)* nicht der **dominierende Faktor** zur Beurteilung der Beherrschung sind (IFRS 12.B21). Für die Identifizierung wird dem Bilanzierer zusätzlich ein Katalog mit charakterisierenden **Eigenschaften** *(features and attributes)* an die Hand gegeben (IFRS 12.B22). Eine strukturierte Einheit zeichnet sich etwa aus durch

- eingeschränkte Aktivitäten,
- eine enge und genau definierte Zielsetzung,

---

[64] IFRIC Update January 2015.

- eine unzureichende Eigenkapitalausstattung zur Finanzierung der Aktivitäten und/oder
- eine Finanzierung, die zu einer Konzentration von Kreditrisiken oder anderen Risiken bei einem Investor führt.

Insbesondere die ersten beiden Eigenschaften sind an die bisherige Definition der Zweckgesellschaft *(special purpose entity)* angelehnt (SIC 12.1). Es soll kein wesentlicher Unterschied zwischen *special purpose* und *structured entity* bestehen (IFRS 12.BC82), aber auch nicht notwendigerweise eine Übereinstimmung mit einer *variable interest entity* (IFRS 12.BC83).

Besteht die Möglichkeit zur Bestimmung der relevanten Aktivitäten eines untergeordneten Unternehmens über Stimmrechte, scheidet die Einstufung als *structured entity* aus (IFRS 12.B24). Wann und ob das Innehaben von ähnlichen Rechten *(similar rights)* ebenso wirkt, ist nicht konkretisiert. Weist ein Unternehmen die typischen Eigenschaften eines strukturierten Unternehmens auf (IFRS 12.B22), bedarf eine gegenteilige Behandlung nur gestützt auf *similar rights* eines Investors besonderer Evidenz.

199 Die Angaben zu unkonsolidierten strukturierten Unternehmen sollen einen Einblick in die Art und den Umfang einer etwaigen gesellschafts- oder schuldrechtlichen **Beteiligung** und die damit verbundenen Risiken ermöglichen.[65] Eine Konkretisierung des Begriffs Beteiligung *(interest in)* wird nicht vorgenommen (IFRS 12.BC78/IFRS 12.BC80). Ein *interest in* wird aber nicht durch eine **typische Kundenbeziehung** *(typical customer supplier relationship)* begründet. Für die Festlegung der Berichtpflicht in Bezug auf empfangene Vergütungen für geleistete Dienste bedarf es einer Auslegung des unbestimmten Begriffs *interest in*. Möglich wäre

- eine Aufnahme aller – der Höhe nach festen und variablen – Vergütungen für Leistungen an die *structured entity*,
- ein Ausschluss fester Entlohnungen oder
- sogar eine Nichtberücksichtigung aller „typischen" (?) Vergütungen mit Verweis auf eine typische Kundenbeziehung nach vorherigem Nachweis der Marktüblichkeit.

Gefordert sind für unkonsolidierte strukturierte Unternehmen Angaben, die aus Sicht der Adressaten für die Beurteilung des Risikos aus einer Involvierung in einer *structured entity* relevant sind. Bereitzustellen sind u. a. Informationen über finanzielle oder sonstige **Unterstützungen** durch Vereinbarungen mit **Dritten** *(with third parties)*, die Auswirkung auf den *fair value* und/oder das Risiko eines strukturierten Unternehmens zeigen (IFRS 12.B26(e)). Im Zusammenwirken mit dem Dritten bleibt unklar, ob eine Unterscheidung hinsichtlich der **Rollenverteilung** – wer gewährt und wer empfängt die Unterstützung – gefordert ist. Folgende Szenarien sind unter Einbezug eines Dritten denkbar:

- Das strukturierte Unternehmen ist Empfänger einer Unterstützung durch einen Dritten, die zu einer Reduzierung des Risikos des bilanzierenden Unternehmens führt.
- Eine Unterstützung, die zu einer Reduzierung der (getragenen) Risiken an der *structured entity* führt, wird von einem Dritten unmittelbar dem bilanzierenden Unternehmen gewährt.
- Ein Dritter empfängt durch das strukturierte Unternehmen eine Unterstützung.

---

65 Nachfolgende Ausführungen im Wesentlichen nach FREIBERG, PiR 2012, S. 264 ff.

U. E. ist in allen drei Fällen eine Angabe geboten. Es gilt allerdings der *materiality*-Vorbehalt. Etwaige Ausführungen zu allgemein üblichen Versicherungen sind weder erforderlich noch zweckmäßig.

Besteht eine Beteiligung an einer *structured entity*, die nicht in den Konsolidierungskreis einbezogen wird, sind Art, Zweck, **Größe**, Tätigkeiten und Finanzierung der Einheit zu erläutern (IFRS 12.26). Das **Geschäftsmodell** und die Aktivitäten der Einheit sind für die Auslegung des Merkmals „Größe" heranzuziehen. Werden Vermögenswerte ausgelagert, ist auf die Bilanzsumme abzustellen; erfolgt in der *structured entity* eine Bündelung der Vertriebsaktivitäten, ist eher das Umsatzvolumen als Bezugsgröße zu verwenden.

Werden Vermögenswerte in der laufenden Berichtsperiode von dem Berichtsunternehmen an die strukturierte, unkonsolidierte Einheit **übertragen,** ist der Buchwert im Zeitpunkt des Transfers anzugeben (IFRS 12.27(c)). 200

Zur möglichen Überschneidung mit **Angabepflichten nach anderen Standards** ist unter Bezugnahme auf IFRS 12.BC88(c) festzuhalten: Eine Offenlegung nach IFRS 7 ist nur geboten, wenn die Unterstützung *(sponsorship)* einer *structured entity* durch ein Finanzinstrument erfolgt oder das bilanzierende Unternehmen ein bislang in den eigenen Büchern erfasstes Finanzinstrument i. S. e. *derecognition* überträgt. Da ein unkonsolidiertes strukturiertes Unternehmen regelmäßig auch nicht als *related party* einzustufen ist (IAS 24.9), besteht auch kein Erfordernis zur Offenlegung als Transaktion mit nahestehenden Unternehmen/Personen.

Im Rahmen der *„Annual Improvements to IFRSs 2014–2016 Cycle"* wurde in IFRS 12.5A klargestellt, dass die Anforderungen des IFRS 5 bis auf im Einzelnen genannte Ausnahmen (IFRS 12.B10 – IFRS 12.B16) auch dann gelten, wenn das Berichtsobjekt zur Veräußerung nach IFRS 5 bestimmt ist. 201

Auf die **Checkliste „IFRS-Abschlussangaben"** (siehe HI10157883 im Haufe IFRS-Kommentar Online) wird ergänzend verwiesen (→ §5 Rz 8). 202

9 Anwendungszeitpunkt, Rechtsentwicklung

Der im Mai 2011 verabschiedete IFRS 10 ersetzt mit Wirkung ab dem 1.1.2013 (in der EU mit Wirkung ab 1.1.2014) die Konsolidierungsvorschriften des IAS 27. 203
IAS 27 entfällt jedoch nicht ersatzlos; sein Anwendungsbereich ist aber zukünftig auf die Bilanzierung von Tochterunternehmen, assoziierten Unternehmen und Gemeinschaftsunternehmen im **Einzelabschluss** des Investors beschränkt.

IFRS 10 enthält nunmehr die bisher allgemein in IAS 27 und für Zweckgesellschaften in SIC 12 geregelten Aspekte der Vollkonsolidierung:

- **Konzernrechnungslegungspflicht**, insbesondere die Frage der Befreiung eines Teilkonzerns durch einen übergeordneten Konzernabschluss (IFRS 10.4; Rz 89);
- Definition eines **Mutter-Tochter-Verhältnisses** (IFRS 10.5ff.; Rz 6);
- Konsolidierung von Tochterunternehmen bei vom Mutterunternehmen **abweichendem Bilanzstichtag** (IFRS 10.B92ff.; Rz 112);
- **konzerneinheitliche Methoden** der Bilanzierung und Bewertung (IFRS 10.19, IFRS 10.B87; Rz 119);
- **Konsolidierungstechnik**, d.h. Kapital-, Schulden- und Aufwandskonsolidierung (IFRS 10.B86; Rz 122ff.);
- Behandlung von **nicht beherrschenden Anteilen** (Minderheiten; IFRS 10.22 und IFRS 10.B94f.; Rz 157);

- Behandlung von kontrollwahrenden Änderungen der Beteiligungsquote des Mutterunternehmens (**Aufstockungen und Abstockungen**; IFRS 10.23 und IFRS 10.B96; → § 31 Rz 162 ff.);
- **Entkonsolidierung/Abwärtskonsolidierung** bei Kontrollverlust (IFRS 10.25 und IFRS 10.B87 ff.; → § 31 Rz 167 ff.).

Nur in den beiden ersten Punkten enthält der Standard substanzielle Änderungen gegenüber IAS 27 rev. 2008. Dabei ist das Thema der Konzernrechnungslegungspflicht von geringerem Interesse, da sich diese ohnehin i. d. R. aus dem nationalen bzw. EU-Recht, in Deutschland etwa aus § 315a i. V. m. § 290 HGB, ergibt (Rz 89). Es bleibt als wesentliche Neuerung die **geänderte Definition eines Mutter-Tochter-Verhältnisses** sowie die Zusammenfassung der bisher in IAS 27, IAS 28 und IAS 31 enthaltenen **Angabepflichten** für konsolidierte Unternehmen (nunmehr auch für bestimmte nicht konsolidierte) in IFRS 12 (Rz 192).

204 IFRS 10 ist **retrospektiv** anzuwenden (IFRS 10.C2). Folgende Fälle sind zu unterscheiden:

- Konsolidierung nach altem und neuem Recht, und zwar erstmalig im Vergleichszeitraum (in der EU i. d. R. 2013), aber mit **unterschiedlichen Erstkonsolidierungszeitpunkten**: Die Vergleichszahlen können, aber müssen nicht angepasst werden (IFRS 10.C3).
- Entkonsolidierung nach altem und neuem Recht, und zwar im Vergleichszeitraum (in der EU i. d. R. 2013), aber zu **unterschiedlichen Entkonsolidierungszeitpunkten**: Die Vergleichszahlen können, aber müssen nicht angepasst werden (IFRS 10.C3).
- Nichtkonsolidierung nach IAS 27/SIC 12, **Konsolidierung nach IFRS 10**: Regelmäßig Erstkonsolidierung auf den Zeitpunkt, bei dem in Anwendung von IFRS 10 Kontrolle erstmals vorlag, Fortschreibung der Zahlen auf den 1.1.2012 bzw. in der EU 1.1.2013. Bei lange zurückliegenden Fällen kann dieses retrospektive Vorgehen undurchführbar *(impracticable)* sein. Unter diesen Umständen ist eine fiktive Kontrollerlangung auf einen späteren praktikablen Zeitpunkt (z. B. 1.1.2013 bzw. 1.1.2014) zulässig (IFRS 10.C4(c)).
- Konsolidierung nach IAS 27/SIC 12, **Nichtkonsolidierung nach IFRS 10**: Abwärtskonsolidierung nach den dafür maßgeblichen Regeln (also in Abhängigkeit davon, ob ein Finanzinstrument oder eine *equity*-Beteiligung vorliegt) auf den Zeitpunkt, zu dem bei Anwendung von IFRS 10 ein solches Vorgehen geboten gewesen wäre. Wegen Undurchführbarkeit kann auch hier ein späterer Zeitpunkt infrage kommen (IFRS 10.C5).

Das im Juni 2012 verabschiedete *Amendment* zu IFRS 10, IFRS 11, IFRS 12 enthält partielle Klarstellungen dieser Regelungen. U. a. wird die wegen der retrospektiven Anwendung gebotene Anpassung der Vergleichszahlen auch bei Präsentation von mehr als einer Vergleichsperiode nur für die letzte Vergleichsperiode (Vorjahr) verlangt (IFRS10.C6B).

205 Im Oktober 2012 sind neue, ab 2014 anzuwendende Regeln für als *investment entities* zu qualifizierende Mutterunternehmen verabschiedet worden (Rz 101). Ein *Amendment* vom Dezember 2014 sorgt für weitere Klarstellungen bei Begriff und Bewertung der *investment entities* (Rz 101).

206 Eine bis 2004 zulässige, dann abgeschaffte *at-equity*-Bewertung im Einzelabschluss (Rz 176) ist nach dem im August 2014 vorgelegten *Amendment* zu IAS 27 ab 2016 wieder zugelassen.

Im Dezember 2015 ist der Erstanwendungszeitpunkt eines im September 2014   **207**
beschlossenen *Amendment* betreffend u.a. den Entkonsolidierungserfolg bei
Einlage bzw. Veräußerung von Anteilen an Tochterunternehmen in assoziierte
oder Gemeinschaftsunternehmen auf unbestimmte Zeit verschoben worden
(→ § 33 Rz 138).

Die „*Annual Improvements to IFRSs 2014–2016 Cycle*" haben Klarstellungen im   **208**
Verhältnis von IFRS 12 zu IFRS 5 vorgenommen (Rz 201).

§ 33 ANTEILE AN ASSOZIIERTEN UNTERNEHMEN *(Investments in Associates)*

Schrifttum: DIETRICH/STOECK, Wenn Schutzrechte zu Mitwirkungsrechten werden, Anwendung des IAS 28 auf reine Kreditbeziehungen zu Banken, IRZ 2013, S. 349ff.; FREIBERG, Ausstrahlung der (Voll-)Konsolidierungsmethoden auf assoziierte Unternehmen und joint arrangements, PiR 2011, S. 175ff.; FREIBERG, Aktuelle Anwendungsfragen der equity-Bewertung, PiR 2010, S. 253ff.; FREIBERG, Nichtkonsolidierung von assoziierten Unternehmen mangels Informationen, PiR 2007, S. 260ff.; GEISEL/SCHMIDT, Anwendung der equity-Methode bei assoziierten Unternehmen mit kündbaren Anteilen, KoR 2010, S. 81ff.; KESSLER/LEINEN, Bewertung von Anteilen an assoziierten Unternehmen bei wechselseitigen Beteiligungen, IRZ 2016, S. 159 ff. (Teil 1) und S. 221 ff. (Teil 2); LÜDENBACH, Transaktionskosten und earn-out-Klauseln bei Anteilen an assoziierten Unternehmen, PiR 2010, S. 361 ff.; LÜDENBACH, Zwischenergebniseliminierung bei Anwendung der equity-Methode, PiR 2006, S. 207 ff.; LÜDENBACH/FROWEIN, Bilanzierung von Equity-Beteiligungen bei Verlusten, ein Vergleich zwischen HGB, IFRS und US-GAAP, BB 2003, S. 2449 ff.; LÜDENBACH/VÖLKNER, Rechtliche und bilanzpolitische Bedeutung von Options- und Terminkontrakten für die Konsolidierung nach IFRS, BB 2006, S. 2738 ff.; MILLA/BUTOLLO, Sonderfälle der Übergangskonsolidierung nach IFRS und die Wechselwirkung zu IFRS 5, IRZ 2007, S. 173 ff.; RICHTER, Sukzessive Erwerbe nach IFRS bei Anwendung der Equity-Methode, KoR 2014, S. 289 ff.; SCHMIDT, Die equity-Methode – Interessentheoretische One-Line-Consolidation oder Bilanzierung eines Vermögenswerts?, PiR 2010, S. 61 ff.

Vorbemerkung

Die Kommentierung behandelt IAS 28 und berücksichtigt alle Änderungen oder Entwürfe, die bis zum 1.1.2017 verabschiedet wurden. Einen Überblick über die Rechtsentwicklung sowie über diskutierte oder schon als Änderungsentwurf vorgelegte künftige Regelungen enthalten Rz 136 ff.

1 Zielsetzung, Regelungsinhalt und Begriffe

1.1 Bilanzierung im Konzernabschluss des Investors

1   Assoziierte Unternehmen sind Unternehmen
- oberhalb der Schwelle einer „einfachen" Beteiligung und
- unterhalb der Schwelle eines Tochter- oder Gemeinschaftsunternehmens.

2   Es scheint somit sachgerecht, sie einerseits zu **konsolidieren**, d.h. im Konzernabschluss nicht einfach die Anschaffungskosten der Beteiligung auszuweisen, sie andererseits aber nicht **voll** (oder proportional) **einzubeziehen**. IAS 28.16 schreibt daher als Regel vor, assoziierte Unternehmen auf der Basis der *equity*-Methode (Rz 39 ff.) in den Konzernabschluss miteinzubeziehen.

3   Der konzernbilanzielle Anwendungsbereich von IAS 28 geht über assoziierte Unternehmen hinaus. Die *equity*-Methode ist ab 2013 (in der EU ab 2014) zwingend für die Konsolidierung von **Gemeinschaftsunternehmen**, eine Methodenbeschreibung findet sich jedoch nur in IAS 28. Sie gilt gem. IFRS 11.24 und IAS 28.16 auch für Gemeinschaftsunternehmen.

1.2 Bilanzierung im Einzelabschluss des Investors

4   Für die **einzelbilanzielle Bewertung** von Beteiligungen an assoziierten Unternehmen, Tochterunternehmen und Gemeinschaftsunternehmen eröffnet IAS 27.10 ein **Wahlrecht**: Die Bilanzierung kann zu Anschaffungskosten *(at cost)* oder zum *fair value* erfolgen (Rz 35).

5   Eine bis 2004 zulässige, dann abgeschaffte *at-equity*-Bewertung im Einzelabschluss ist nach dem im August 2014 vorgelegten *Amendment* zu IAS 27 ab 2016 als Wahlrecht wieder zugelassen.

1.3 Keine Pflichtanwendung von IAS 28 auf Beteiligungen von *venture-capital*-Gesellschaften und Fonds

Nach IAS 28.18 haben *venture-capital*-Gesellschaften, Fonds *(mutual funds)*, 6
unit trusts, fondsgebundene (Lebens-)Versicherungen und ähnliche Unternehmen bei Beteiligungen an assoziierten Unternehmen ein im Zeitpunkt des Zugangs der Anteile auszuübendes konzernbilanzielles **Wahlrecht** zwischen:
- *equity*-Konsolidierung gem. IAS 28 oder
- erfolgswirksamer *fair-value*-Bilanzierung gem. IAS 39/IFRS 9.

Wegen Einzelheiten des Wahlrechts sowie der Möglichkeit einer gesplitteten Behandlung, wenn im Konzern Teile an einem assoziierten Unternehmen von einer *venture-capital*-Tochter mit *exit*-Strategie gehalten werden *(fair value)*, andere Teile hingegen von einer anderen Tochter mit Halteabsicht, wird auf → § 34 Rz 5 verwiesen.

Durch ED/2014/4 wird klargestellt, dass sich der *fair value* bei Börsennotierung des assoziierten Unternehmens als Produkt aus Kurs der einzelnen Aktie und Zahl der gehaltenen Aktien, also ohne **Paketzuschlag** ergibt. Der im Dezember 2016 veröffentlichte *Annual Improvements to IFRSs 2014–2016 Cycle* stellt klar, dass das Wahlrecht nicht einheitlich ausgeübt werden muss, sondern auf einer *investment-by-investment*-Basis angewendet werden kann.

2 Kriterien der Assoziierung

2.1 Widerlegbare 20-%-Vermutung

Als assoziiert definiert IAS 28.3 ein Unternehmen, 7
- auf welches der Anteilseigner **maßgeblichen Einfluss** ausüben kann (**Positivmerkmal**),
- das jedoch **weder** ein **Tochterunternehmen noch** ein *joint venture* des Anteilseigners darstellt (**Negativmerkmal**).

Eine **20-%-Beteiligung** begründet die **widerlegbare Vermutung** der Assoziierung. Hält der Anteilseigner direkt oder indirekt (durch Tochterunternehmen) 8
20 % oder mehr der Stimmrechte an einem anderen Unternehmen, wird ein maßgeblicher Einfluss vermutet, es sei denn, dass dieser eindeutig widerlegt werden kann (IAS 28.5 Satz 1). Entsprechend begründet ein Stimmrechtsanteil von weniger als 20 % eine widerlegbare Vermutung der Nichtassoziierung, es sei denn, ein maßgeblicher Einfluss könnte eindeutig belegt werden (IAS 28.5 Satz 2).

Der **Mehrheitsbesitz eines anderen Anteilseigners** schließt einen eigenen maßgeblichen Einfluss nicht notwendigerweise aus (IAS 28.5). Er kann jedoch in 9
Zusammenhang mit anderen Faktoren ein Indiz für fehlenden maßgeblichen Einfluss sein. Derartige andere Faktoren können z.B. ernste **Rechtsstreitigkeiten** mit dem assoziierten Unternehmen oder mit dem anderen Anteilseigner sein. Ebenso dürfte eine **Historie strittiger Gesellschafterentscheidungen**, bei denen die eigene Auffassung jeweils von den Mehrheitseignern überstimmt wurde, einen maßgeblichen Einfluss i.d.R. ausschließen. Im Einzelnen kann es hierbei auch auf die gesetzlichen oder gesellschaftsvertraglichen **Quoren (Sperrminorität)** ankommen. Beträgt etwa der eigene Anteil 20 % der Stimmrechte, können aber alle wesentlichen Entscheidungen mit einer (Präsenz-)Mehrheit von 67 % getroffen werden und verfügt ein anderer Anteilseigner über diese (Prä-

senz-)Mehrheit, so kann ohne Vorliegen besonderer Indikatoren (z.B. eigene Vertretung im Geschäftsführungsorgan) regelmäßig kaum von einem maßgeblichen Einfluss (des Minderheitsgesellschafters) ausgegangen werden.

10   Entscheidend ist jeweils die **Möglichkeit**, maßgeblichen Einfluss auszuüben („ausüben kann"). Indizien für eine **tatsächliche** Ausübung von maßgeblichem Einfluss sind jedenfalls ab der Schwelle von 20 % der Stimmrechte nicht bzw. nur zur Widerlegung von Gegenindizien notwendig.

11   Bei einer eigenen Beteiligungsquote von weniger als 20 % der Stimmrechte (direkt oder indirekt) spricht die Vermutungsregel gegen die Möglichkeit der Ausübung eines maßgeblichen Einflusses; ein (eindeutiger) Gegenbeweis *(can be clearly demonstrated)* ist zulässig (IAS 28.5). Eine Widerlegung der Assoziierungsvermutung wird insbesondere gelingen, wenn sämtliche der unter Rz 14 genannten Indizien negiert werden können.

12   Die Vermutungs- bzw. Beweislastregeln von IAS 28.5 stehen in einem gewissen **Spannungsverhältnis** zu IAS 28.9, wonach der Verlust eines maßgeblichen Einflusses das Entfallen der Möglichkeit, an der Geschäftspolitik zu partizipieren, voraussetzt. Danach führt eine Reduzierung der Beteiligungsquote allein nicht zur Beendigung des Assoziierungsstatus. Entscheidend ist vielmehr, ob mit der Reduktion auch eine tatsächliche Einbuße an Einfluss verbunden ist. Fraglich ist aber, wie dann zu verfahren ist, wenn bei **materiell unveränderter Rechtsposition** die Beteiligungsquote von 20 % auf einen leicht niedrigeren Wert sinkt:

> **Praxis-Beispiel**
> M war an aU bisher mit 20 % beteiligt und hielt einen von sechs Sitzen im Aufsichtsrat. Der Gesellschaftsvertrag der aU sieht für gewöhnliche Entscheidungen der Gesellschafterversammlung die einfache Stimmrechtsmehrheit, für außerordentliche ein Quorum von 75 % vor. M reduziert die Beteiligungsquote auf 19,9 %. Den Aufsichtsratssitz behält M.

Im Beispiel ergibt sich folgendes Problem:

- Nach IAS 28.5 ist in der **Ausgangssituation** (20 %) **maßgeblicher Einfluss** zu vermuten und mangels eindeutigen Nachweises des Gegenteils ein Assoziierungsstatus gegeben.
- Trotz **Reduktion der Beteiligungsquote** (auf 19,9 %) bleiben die einen (potenziellen) Einfluss vermittelnden **Umstände** (Vertretung im Aufsichtsrat, fehlende Vetoposition in der Gesellschafterversammlung) **unverändert**. Es ist daher nicht erkennbar, dass die Abgabe von Anteilen einen Verlust des maßgeblichen Einflusses i.S.v. IAS 28.9 bewirkt hätte.
- Andererseits kehrt sich mit dem Sinken der Beteiligungsquote unter 20 % aber die Vermutungs- bzw. **Beweislastregel** um. Es ist nun nach IAS 28.5 ein Fehlen maßgeblichen Einflusses zu vermuten und dies nur durch eindeutige Nachweise widerlegbar. Je nach Ausgestaltung der Aufsichtsratskompetenzen reicht die Mitgliedschaft im Aufsichtsrat für eine Widerlegung nicht.
- Mit Abstockung der Beteiligungsquote ändert sich also die Beweislast. Während bei Fehlen eindeutiger Belege für oder gegen einen maßgeblichen Einfluss vorher gleichwohl ein solcher Einfluss hätte angenommen werden müssen, wäre nachher die gegenteilige Annahme geboten, wenn wiederum das Fehlen eindeutiger Belege unterstellt wird.

Fraglich ist nun aus rechtssystematischer Sicht, ob der formalen Beweislastregelung in IAS 28.5 Vorrang zu geben ist oder umgekehrt IAS 28.9 **Vorrang** hat und sich deshalb bei unveränderter Rechtsposition am maßgeblichen Einfluss nichts ändert. U. E. gilt hier: Während IAS 28.5 nur allgemein und unabhängig davon, ob die Beteiligungshöhe konstant bleibt oder sich im Zeitablauf verändert, die Frage von Einfluss und Beteiligungshöhe anspricht, widmet sich IAS 28.9 gerade speziell der Frage der Veränderung des Einflusses im Zeitablauf. Der Vorschrift in IAS 28.9 gebührt unter **lex-specialis**-Gesichtspunkten daher der Vorrang. Damit gilt: besteht auch nach Reduzierung der Beteiligungsquote der ursprüngliche Einflussgrad fort, ist ein Wechsel der bilanziellen Behandlung nicht gerechtfertigt (IAS 28.9).

Unklar ist, ob die Assoziierungsvermutung auch dann greift, wenn bei einer Beteiligung von 20 % oder mehr die restlichen Anteile nicht von einem oder mehreren unverbundenen, sondern vom Mutter- oder Schwesterunternehmen des Investors gehalten werden. Hier stellt sich für den Teilkonzern- oder Einzelabschluss des Investors die Frage, ob er mit seinem Minderheitenanteil noch irgendetwas bewirken kann oder wegen der zu vermutenden einheitlichen Ausübung der Stimmrechte durch den Konzern kein maßgeblicher Einfluss mehr besteht. **13**

> **Praxis-Beispiel**
> TU hält 30 % an aU. 70 % an aU werden von SU gehalten. TU und SU sind ihrerseits jeweils 100 %ige Tochterunternehmen der MU. TU stellte einen eigenen (Teil-)Konzernabschluss auf.
>
> **Beurteilung**
> Jedenfalls dann, wenn die Entscheidungen bei der aU jeweils einvernehmlich und nach Weisung bzw. im Interesse der MU getroffen werden, belegen die 30 % keinen maßgeblichen Einfluss der TU.

2.2 Assoziierungsindizien

Auf maßgeblichen Einfluss (gemeint: Einflussmöglichkeit) kann nach IAS 28.6 i. d. R. dann geschlossen werden, wenn eines oder mehrere der folgenden **Indizien** vorliegen: **14**

- **Organvertretung** im Geschäftsführungs- und/oder Aufsichtsorgan,
- (maßgebliche) Mitwirkung an der **Geschäftspolitik**, einschließlich Dividendenpolitik des assoziierten Unternehmens,
- **Austausch von Führungspersonal** zwischen eigenem und assoziiertem Unternehmen,
- **wesentliche Geschäftsvorfälle** (bzw. wesentlicher Umfang der Geschäftsbeziehung) zwischen dem eigenen und dem assoziierten Unternehmen,
- Bereitstellung von **bedeutenden technischen Informationen** an das assoziierte Unternehmen.

Die ersten drei Indizien stehen für eine **personelle Verflechtung** zwischen eigenem und assoziiertem Unternehmen, die beiden letztgenannten Indizien für eine **sachliche Verflechtung**. Derartige Verflechtungen können unterschiedliche Intensität und Bedeutung haben. Die Vertretung mit einem Sitz in einem neunköpfigen Aufsichtsrat hat eine andere Bedeutung als eine solche mit zwei Sitzen in einem sechsköpfigen. Der gelegentlichen Mitwirkung an der Geschäftspolitik des assoziierten Unternehmens (etwa Beratung bei der Aufstellung eines Jahres- **15** wirtschaftsplans) kommt eine andere Bedeutung zu als einer dauerhaften Einflussnahme. Im Übrigen ist auch unklar, wie zentrale Begriffe des Kriterienkatalogs gemeint sind. Die Gelegenheit der Mitwirkung *(participation)* an Entscheidungen über Dividenden hat jeder stimmberechtigte Gesellschafter. Möglicherweise ist nur an eine **maßgebliche** Mitwirkung/Einflussnahme gedacht. Der der Operationalisierung des Begriffs des maßgeblichen Einflusses dienende Kriterienkatalog würde dann aber selbst den zu operationalisierenden Begriff schon voraussetzen und deshalb zu einem Zirkelschluss führen.

16   Insgesamt gibt der Kriterienkatalog auch unter Berücksichtigung seiner weichen Eingangsformulierung („eines oder mehrere Kriterien", „i.d.R.") **eher Dimensionen** für die Bemessung von Einfluss als **wirkliche Kriterien** für die Schwelle maßgeblichen Einflusses vor. Die Würdigung der Assoziierungsvermutung, insbesondere die Abweichung von den widerlegbaren Regelvermutungen, bleibt eine Frage der **sachgerechten Ermessensausübung im Einzelfall**. Die dabei zu beachtenden Fragestellungen entsprechen denen für die Prüfung eines Beherrschungsverhältnisses. Zu Einzelheiten wird deshalb auf → § 32 Rz 21 ff. verwiesen.

2.3   Potenzielle Stimmrechte

17   Verfügt der Investor zwar über keine effektiven, dafür aber über **potenzielle** Stimmrechte, z.B. aus **Aktienoptionen, Bezugsrechten, Wandelanleihen**, so sind diese gem. IAS 28.7 in die gebotene Gesamtwürdigung des Einflusses einzubeziehen, wenn die potenziellen Stimmrechte gegenwärtig *(currently)* ausübbar sind. An der gegenwärtigen Ausübbarkeit fehlt es dann, wenn das Recht erst zu einem in der Zukunft liegenden Datum oder nach Eintritt ungewisser zukünftiger Ereignisse ausgeübt werden kann. Wie bei Tochterunternehmen (→ § 32 Rz 35 f.) kann es hier auch auf das Verhältnis von Ausübungsfrist zu Fristen für die Einberufung einer Gesellschafterversammlung ankommen. Zudem ist gem. IAS 28.8 zu berücksichtigen, ob nach den Konditionen des Options-, Bezugs- oder Wandlungsrechts eine Ausübung nicht ganz unwahrscheinlich ist (→ § 32 Rz 35).

Hingegen kommt es nach IAS 28.8 weder auf die finanzielle Fähigkeit zur Ausübung des Rechts noch auf die Absicht der Rechtsausübung an.

18   Soweit erst unter Berücksichtigung der potenziellen Stimmrechte ein maßgeblicher Einfluss bejaht wird, erfolgt eine dann gebotene *equity*-Konsolidierung technisch gleichwohl nur auf Basis der tatsächlichen Anteilsquoten, wie IAS 28.12 klarstellt. Eine Ausnahme hiervon besteht, wenn mit dem potenziellen Stimmrecht substanziell schon der Zugang zu den Erträgen/Wertänderungen aus den optionsgegenständlichen Anteilen verbunden ist (IAS 28.13). Eine solche Ausnahmesituation kann etwa gegeben sein, wenn das in Anteile wandelbare Recht selbst schon eine Teilnahme an Erträgen und Verlusten vorsieht, etwa im Fall einer **atypischen stillen Beteiligung** (Rz 96).

Praxis-Beispiel[1]
Am 1.1.01 leistet U eine stille Einlage von 50 Mio. EUR in die X GmbH & Co. KG. Für die Einlage erhält U eine Beteiligung von 25 % am laufenden

---

[1]   Nach LÜDENBACH, PiR 2013, S. 403 ff.

Ergebnis sowie an einem Liquidationserlös. Im Verlustfall besteht die Ergebnisbeteiligung jedoch nur bis zur Aufzehrung der geleisteten Einlage (keine Nachschusspflichten). Außerdem hat U jederzeit das Recht, die stille Beteiligung in eine gesellschaftsrechtliche (von 25 %) zu wandeln.

Beurteilung
- Aufgrund des jederzeit ausübbaren Wandlungsrechts ist maßgeblicher Einfluss gegeben (IAS 28.8).
- Die Anwendung der *equity*-Methode erfolgt jedoch nach IAS 28.12 i.d.R. ausschließlich auf Basis der tatsächlichen Beteiligung *(existing ownership interest)*. Insoweit käme es bei der U in erster Betrachtung vor Ausübung des Wandlungsrechts mangels Anteilen nicht zu einer *equity*-Konsolidierung. Nach der Ausnahmeregelung von IAS 28.13 ist aber bei wirtschaftlich beteiligungsähnlicher Stellung die *equity*-Konsolidierung unter Einbeziehung der potenziellen Rechte durchzuführen. Diese Ausnahme ist im Verhältnis der U zur KG zwar nicht in Bezug auf das potenzielle Stimmrecht, aber in Bezug auf die stille Beteiligung selbst gegeben, da diese atypischen Charakter hat. Die stille Beteiligung der U begründet daher einen Anteil an *(an investment in)* der assoziierten KG.

2.4 Maßgeblicher Einfluss des Hauptkreditgebers

Kreditbeziehungen können ausnahmsweise dann einen maßgeblichen Einfluss begründen, wenn insbesondere bei vom Unternehmen verursachten **Störungen des Kreditverhältnisses** wesentliche Entscheidungen nur noch mit Zustimmung des Kreditgebers getroffen werden dürfen:[2]

19

Praxis-Beispiel
Die Hausbank B ist der größte Kreditgeber von U. Die Kreditverträge mit B bestimmen u.a., dass bei Verletzung von Vertragspflichten (Bedienung der Kredite) oder bei Verfehlung bestimmter, als *covenants* auferlegter Bilanzkennzahlen (z.B. Unterschreitung einer Eigenkapitalquote von 15 %) ein umfangreicher Katalog wesentlicher Geschäfte nur noch mit Zustimmung von B getroffen werden darf.

Beurteilung
Mit Verletzung der Vertragspflichten oder Bruch der *covenants* erlangt die Bank maßgeblichen Einfluss.

Bis auf evtl. Anhangangaben bleibt die Feststellung maßgeblichen Einflusses aber regelmäßig ohne praktische Auswirkung, da der Kredit weiter nach IAS 39/IFRS 9 bilanziert wird. Etwas anderes gilt dann, wenn neben dem Kredit eine isoliert nicht als maßgeblich einzustufende Beteiligung am kreditnehmenden Unternehmen besteht. Diese ist ab Beginn des maßgeblichen Einflusses at equity zu konsolidieren. Erlangt der Kredit selbst eigenkapitalsubstituierenden Charakter (Rz 96), kommt auch ihm unter dem Gesichtspunkt der Verrechnung der Verluste aus dem assoziierten Unternehmen Bedeutung zu (Rz 93).

---

[2] Vgl. DIETRICH/STOEK, IRZ 2013, S. 349ff.

2.5 Finanzmitteltransferbeschränkungen

20   Die Beteiligung des Investors kann strengen und langfristigen **Beschränkungen** des Finanzmitteltransfers unterliegen. Infrage kommen insbesondere Fälle, in denen aufgrund staatlicher Eingriffe **(Devisentransferbeschränkungen)** keine oder nur sehr eingeschränkte Ausschüttungsmöglichkeiten bestehen. Derartige Beschränkungen sind nur insoweit bedeutsam, als sie ein Indiz für ein Fehlen des maßgeblichen Einflusses sein können. Die Situation ist dann vergleichbar mit Fällen, in denen etwa ein **Mehrheitsgesellschafter** dauerhaft Thesaurierungs- beschlüsse trifft und den Ausschüttungsinteressen der Minderheitsgesellschafter entgegenhandelt.

> **Praxis-Beispiel**
> I ist mit 30 % an AU beteiligt. AU erwirtschaftet Gewinne, die jedoch angesichts einer abweichenden Interessenlage der anderen Gesellschafter nicht ausgeschüttet, sondern thesauriert werden.
>
> **Beurteilung**
> Da I mit mehr als 20 % beteiligt ist, besteht eine widerlegbare Assoziierungs- vermutung. Sie kann nur durch eindeutige Darlegung *(clearly demonstrated)* des fehlenden maßgeblichen Einflusses widerlegt werden (Rz 11).
> Die fehlende Mitwirkungsmöglichkeit an der Dividendenpolitik kann gem. IAS 28.6(b) als ein Indikator für fehlende Einflussmöglichkeit gelten. Erfor- derlich ist jedoch eine Gesamtwürdigung. Dabei ist u. a. zu berücksichtigen:
> - wie deutlich und stabil die Mehrheit der thesaurierungswilligen Gesell- schafter ist,
> - welche rechtlichen Möglichkeiten (Minderheitsschutz) I hat, Ausschüt- tungen gegen Mehrheitsbeschlüsse durchzusetzen usw.

2.6 Abgrenzung von Tochter- und Gemeinschaftsunternehmen

21   Ein assoziiertes Unternehmen ist positiv über die maßgebliche Einflussmöglich- keit definiert (IAS 28.3). In negativer Abgrenzung darf es sich weder um ein Tochterunternehmen noch um ein *joint venture* des Anteilseigners handeln. Beide Kriterien ergänzen sich wie folgt:
- Während das Kriterium des maßgeblichen Einflusses das assoziierte Unter- nehmen nach **unten** gegenüber **einfachen Anteilen** abgrenzt,
- grenzt das Kriterium der fehlenden **Beherrschung** bzw. **Kontrollmöglich- keit** das assoziierte Unternehmen nach **oben** gegenüber **Gemeinschafts- unternehmen oder Tochterunternehmen** ab.

22   Hat das anteilbesitzende Unternehmen die Möglichkeit, die Finanz- und Geschäfts- politik des Beteiligungsunternehmens im eigenen Interesse allein zu bestimmen oder im gemeinschaftlichen Interesse mit anderen gemeinsam zu bestimmen, so liegt nicht mehr nur maßgeblicher Einfluss vor, sondern **alleinige oder gemeinschaftli- che Kontrolle**. Es greifen dann die Regelungen von IFRS 10 (Tochterunternehmen; → § 32) oder IFRS 11 (Gemeinschaftsunternehmen; → § 34).

3 Konsolidierungsmethode/Bewertungsmethode

3.1 Konzernabschluss

3.1.1 Regelkonsolidierung *at equity*

Anteile an einem assoziierten Unternehmen sind in einem Konzernabschluss 23
i.d.R. nach der *equity*-**Methode** zu bilanzieren (IAS 28.16).

Zum **Anschaffungszeitpunkt** bestehen keine Unterschiede zur Anschaffungs- 24
kostenmethode. Bei Anwendung der *equity*-Methode werden allerdings für
Zwecke der zukünftigen Fortschreibung bereits zu diesem Zeitpunkt in einer
außerbilanziellen **Nebenrechnung** festgehalten:

- die Differenz zwischen dem Anteil am buchmäßigen Eigenkapital des assoziierten Unternehmens und dem Anteil an dem zum beizulegenden Zeitwert
  bewerteten Reinvermögen des assoziierten Unternehmens (**anteilige stille
  Reserven und Lasten**),
- der Unterschiedsbetrag zwischen den Anschaffungskosten der Anteile und
  dem Anteil an dem zum beizulegenden Zeitwert bewerteten Reinvermögen
  (goodwill).

Zu den Folgestichtagen erfolgt die **Fortschreibung** des *equity*-Werts um vier 25
Elemente:

- Minderung um die planmäßige **Abschreibung der stillen Reserven**,
- Erhöhung (Minderung) um den **Anteil am Jahresüberschuss** (Jahresfehl-
  betrag), ggf. auch um den Anteil an (noch) nicht über die GuV realisierten
  Erfolgen *(other comprehensive income)*,
- Minderung um **vereinnahmte Dividenden**,
- Erhöhung/Minderung um Anteil an effektiver **Kapitalerhöhung/Kapital-
  herabsetzung**.

> **Praxis-Beispiel** 26
> Die Venture AG erwirbt von B zum 1.1.01 einen 20 %igen Anteil an der
> Start-Up KG zu folgenden Bedingungen:
> - Anschaffungskosten: 450 TEUR,
> - Buchwert Eigenkapital der KG (100 %): 500 TEUR,
> - Kapitalanteil B (vorher)/Venture AG (nachher): 100 TEUR (= 500 × 20 %),
> - stille Reserven im immateriellen Anlagevermögen der KG (100 %):
>   750 TEUR, auf Venture AG entfallender Anteil 150, bei Restnutzungs-
>   dauer (ND) von fünf Jahren,
> - Jahresüberschuss 01 der KG (100 %): 600 TEUR,
> - Vorabausschüttung in 01 (100 %): 100 TEUR,
> - aufgedeckter *goodwill* 200 TEUR.
>
> Steuerlich würde der Mehrbetrag von 450 – 100 = 350 TEUR (im Personenge-
> sellschaftsfall) in einer Ergänzungsbilanz aufgedeckt, den stillen Reserven und
> dem Firmenwert zugeordnet und in der Folgezeit abgeschrieben. Nach der
> *equity*-Methode wird (rechtsformunabhängig) analog verfahren, wie folgende
> Berechnung zeigt:

Jahr	Beschreibung	Betrag
1.1.01	**Zugangsbewertung:** zu Anschaffungskosten	450
	Fortschreibung um Dividenden und Gewinnanteil:	
	– (Vorab-)Ausschüttung in 01 (anteilig)	– 20
	+ Gewinnanteil 01	120
	= Zwischensumme	550
	Fortschreibung Unterschiedsbetrag:	
	– Abschreibung stille Reserven (1/ND)	– 30
31.12.01	**= *at-equity*-Bilanzansatz**	520
Erläuterung i. S. d. Unterschiedsbetrags:		
Anschaffungskosten		450
– anteilig erworbenes Eigenkapital (Buchwert)		– 100
= Unterschiedsbetrag		350
– anteilige stille Reserven (ND = fünf Jahre)		– 150
= anteiliger Firmenwert		200

27   Bei der *equity*-Methode werden die Differenz- bzw. Unterschiedsbeträge nicht in separaten Positionen festgehalten. Die Bilanz bzw. Konzernbilanz weist nur einen Wert aus. Die wertmäßige Fortentwicklung der Komponenten erfolgt in einer **Nebenrechnung**. Technisch wird daher auch von einer *one-line consolidation* gesprochen.

28   Das dargestellte Grundschema der Bewertung ist um latente Steuern auf *inside basis differences* zu ergänzen (Rz 130) sowie ggf., sofern materiell bedeutsam, um **Zwischenergebniseliminierungen** zu erweitern (Rz 75 ff.). Außerdem sind bestimmte Sonderfälle wie etwa dauerhafte Verlustsituationen besonders zu behandeln (Rz 93 ff.).

29   Viele der im Rahmen der *equity*-Methode anzuwendenden Verfahren – etwa Aufdeckung und Fortschreibung stiller Reserven (Rz 71) oder Zwischenergebniseliminierung (Rz 75) – entsprechen dem Konsolidierungsverfahren bei Tochterunternehmen. Nach der *„consolidation theory"* handelt es sich bei der *equity*-Methode daher um eine Sonderform der Konsolidierung,[3] bei der die anteiligen Vermögenswerte und Schulden sowie Ergebnisse des untergeordneten Unternehmens abweichend zur Vollkonsolidierung zusammengefasst, d. h. netto in einer Zeile der Bilanz bzw. in zwei Zeilen der Gesamtergebnisrechnung im Konzernabschluss des Investors dargestellt werden *(one-line consolidation)*.
Andererseits unterscheidet sich die Bilanzierung von Anteilen an assoziierten Unternehmen als Aktiva in einem Posten (IAS 28.10) nicht von der Bilanzierung einfacher, IAS 39/IFRS 9 unterliegender Anteile. Wie die einfachen Anteile darf der *equity*-Anteil überdies i. d. R. nicht negativ werden (Rz 93). Die *equity*-Betei-

---

[3]   Vgl. SCHMIDT, PiR 2010, S. 61 ff.

ligung kann daher nach der „*asset theory*" konzeptionell zugleich auch als finanzieller Vermögenswert begriffen werden.

Aus diesem **Dualismus** ergeben sich Folgerungen für den Ausweis GuV-neutraler oder aufgegebene Geschäftsbereiche betreffender Ergebnisbestandteile des assoziierten Unternehmens (Rz 69 und Rz 132).

3.1.2 Ausnahmebewertung nach IFRS 5 bei Veräußerungsabsicht

Anteile an einem assoziierten Unternehmen sind nach IAS 28.20 in einem Konzernabschluss ausnahmsweise gem. IFRS 5, d.h. zum *fair value less costs to sell* (→ § 29 Rz 37), zu bilanzieren, wenn die Anteile   **30**

• als *non-current assets held for sale* zu qualifizieren sind, weil
• Veräußerungsabsicht am Bilanzstichtag besteht (→ § 29 Rz 9).

Ob Entsprechendes auch für die geplante Auskehrung einer *equity*-Beteiligung im Wege einer Sachdividende (*non-current asset held for distribution* statt *held for sale*) gilt, ist fraglich (→ § 29 Rz 72).

Die Anteile sind mit Klassifizierung als *non-current assets held for sale* gem.   **31** IFRS 5 **imparitätisch**, d.h. zum bisherigen *equity*-Ansatz oder zum niedrigeren Nettozeitwert *(fair value less costs to sell)*, zu bewerten (IAS 28.14; → § 29 Rz 37). Besteht die Veräußerungsabsicht nicht mehr (→ § 29 Rz 46), muss die *equity*-Methode unter Korrektur des Vorjahresabschlusses *(restatement)* rückwirkend angewendet werden (IAS 28.21). Eine Veräußerungsabsicht kann durch Zeitablauf widerlegt sein. Sind seit der Anschaffung mehr als zwölf Monate vergangen, kann nur in begründeten Ausnahmefällen an einer Klassifizierung als *held-for-sale asset* festgehalten werden (IFRS 5.9; → § 29 Rz 16).

Praxis-Beispiel

I erwirbt am 1.12.01 30 % der Anteile an U mit der Absicht der Weiterveräußerung binnen zwölf Monaten. Die Anteile werden am 31.12.01 nach IFRS 5 zum *fair value less costs to sell* bilanziert.

Variante 1: noch kein Käufer gefunden

Am 31.12.02 ist noch kein Käufer gefunden. Die Verkaufsbemühungen werden auch nicht mehr aktiv, insbesondere nicht durch Anpassung der Preisvorstellungen, verfolgt. Die Anteile sind nunmehr *at equity* zu bilanzieren, und zwar rückwirkend ab 1.12.01. Die im Abschluss 02 zum Vorjahresvergleich angeführten Zahlen für die Bilanz und GuV 01 sind daher zu berichtigen und als berichtigt kenntlich zu machen.

Variante 2: ausstehende Genehmigung des Kaufvertrags

Ein Kaufvertrag wird am 5.12.02 geschlossen. Der Übergang des wirtschaftlichen Eigentums bedarf der kartellrechtlichen Genehmigung. Diese steht zum Zeitpunkt der Bilanzaufstellung (Januar 03) noch aus.

Eine rückwirkende Umstellung auf die *equity*-Methode wäre nicht sachgerecht. Zweck von IFRS 5.8 ist die Vermeidung von Manipulationen und die Objektivierung der Veräußerungsabsicht. Der Bilanzierende soll nicht durch die bloße Behauptung einer Veräußerungsabsicht der Regelbewertung *at equity* ausweichen können. Diesem Zweck wird auch dann Genüge getan, wenn die Zwölf-

---

> Monats-Frist in solchen Fällen moderat ausgedehnt wird, in denen spätestens bis Bilanzaufstellung ein Kaufvertrag geschlossen wurde.

32 Die Anwendung der Regeln von IFRS 5 i. V. m. IAS 28.20 setzt nicht voraus, dass die Veräußerungsabsicht schon beim Erwerb bestanden hat. Soll eine ursprünglich **nicht mit Weiterveräußerungsabsicht** erworbene Beteiligung später veräußert werden, weil sie strategisch nicht mehr ins Portfolio passt, so liegt **ebenfalls** ein Anwendungsfall von IFRS 5 vor. Bis zum Vollzug der Veräußerung wird die Beteiligung als *held-for-sale asset* geführt. Bei Wegfall der Veräußerungsabsicht erfolgt eine Reklassifizierung so, als ob die *equity*-Methode nie ausgesetzt worden wäre (IFRS 5.15).

Zu den buchungstechnischen Problemen bei Übergang von IAS 28 auf IFRS 5 wird auf → § 29 Rz 72 verwiesen.

33 Wenn Kaufvertrag (obligatorisches Geschäft) und Anteilsübertragung (dingliches Geschäft) zeitlich divergieren, kann auch zwischen **Aufgabe des maßgeblichen Einflusses** und **Beteiligungsabgang** eine **zeitliche Divergenz** bestehen. Zwei Abgangsszenarien sind bei zeitlich nachgelagertem dinglichem Geschäft zu unterscheiden:

- Szenario 1: Der **maßgebliche Einfluss** erledigt sich erst mit Übertragung des **dinglichen** Eigentums an den Anteilen.
  - Im Zwischenzeitraum sind die Anteile nach **IFRS 5** zu bilanzieren (IAS 28.20).
  - Daneben ist der **Terminkontrakt als Derivat** anzusetzen (IAS 39.2(a) und IAS 32.AG16ff.).
- Szenario 2: Der maßgebliche Einfluss geht aufgrund Vereinbarung, das Stimmrecht nur noch nach Anweisung des Erwerbers auszuüben, bereits mit dem Kaufvertrag verloren.
  - Die Beteiligung **mutiert** gem. IAS 28.22(b) vom Anteil an einem assoziierten Unternehmen zu einem **Finanzinstrument** gem. IAS 39/IFRS 9, das gem. IAS 39.18/IFRS 9.3.2.3 erst mit rechtlicher Übertragung aller Ansprüche (dinglicher Vollzug) auszubuchen ist.
  - Daneben ist wiederum der **Terminkontrakt als Derivat** gem. IAS 39 zu würdigen.

Praxis-Beispiel

A hält eine bisher *at equity* bilanzierte Beteiligung (*equity*-Buchwert von 200 per 30.9.01) an der X.

Ende September wendet sich A an B, der schon vor längerer Zeit ein Interesse an dem Aktienpaket signalisiert hat. Die Parteien werden sich rasch einig und schließen am 30.9.01 einen Kaufvertrag. Als Kaufpreis werden 500 vereinbart.

Aus ausschüttungspolitischen Gründen möchte A einen Veräußerungserfolg in der handelsrechtlichen Einzelbilanz erst 02 ausweisen. Die Parteien vereinbaren daher als Zeitpunkt des dinglichen Übergangs der Anteile den 2.1.02. Bis zum Bilanzstichtag steigt der Wert der Anteile auf 550.

> Szenario 1: Hinsichtlich des Stimmrechts werden keine besonderen Verein-
> barungen getroffen.
> Szenario 2: Ab Kaufvertragsdatum übt A die Stimmrechte nur noch nach
> Anweisung von B aus.[4]

a) Szenario 1: Einflussverlust und Beteiligungsabgang zum gleichen Zeitpunkt

Im Bereich von IFRS 10 und IAS 28 fehlt es an klaren Regelungen zur Bestimmung des Entkonsolidierungszeitpunkts bei Terminverkäufen oder Verkäufen
unter aufschiebenden Bedingungen. Nach herrschender Meinung und Praxis ist
ohne Hinzutreten weiterer Umstände nicht der Abschluss des Kaufvertrags,
sondern der dingliche Vollzug als Entkonsolidierungszeitpunkt anzusehen. Die
bilanziellen Konsequenzen wären wie folgt:

- Da IFRS 5.5(c) nur die in den Anwendungsbereich von IAS 39/IFRS 9 fallenden
  Finanzinstrumente (→ § 29 Rz 4), nicht hingegen Anteile an assoziierten Unternehmen von den besonderen Bewertungsvorschriften für *non-current assets
  held for sale* ausschließt, erfolgt der Ansatz der Anteile gem. IFRS 5.15 zum
  Datum des Vertragsschlusses mit dem bisherigen *(equity-)*Buchwert oder dem
  niedrigeren *fair value less costs to sell* (→ § 29 Rz 38), im Beispiel also mit 200.
- Daneben ist der Terminkontrakt als Finanzderivat anzusetzen, da IAS 39.2(a)
  Satz 3 Terminkontrakte über Anteile an assoziierten Unternehmen explizit in
  den Anwendungsbereich von IAS 39 einbezieht (→ § 28 Rz 118). Das Derivat
  ist mit dem *fair value* zu bewerten. Bei zu vermutender Ausgeglichenheit von
  Leistung und Gegenleistung erfolgt der Ansatz zunächst mit null.
- Kommt es wie im Beispiel bis zum Jahresende zu einer Wertsteigerung der
  Anteile, wird der Wert des Derivats insoweit negativ. Eine Verbindlichkeit ist
  anzusetzen (im Beispiel mit 50). In der GuV ist ein entsprechender Aufwand
  zu buchen.

b) Szenario 2: Aufgabe des effektiven Stimmrechts vor dinglichem Vollzug

In diesem Szenario verliert der Veräußerer bereits zum Zeitpunkt des Vertragsabschlusses, d.h. in 01 aufgrund entsprechender Stimmrechtsübertragung, maßgeblichen Einfluss. Die *at-equity*-Beteiligung mutiert zum Finanzinstrument,
auf das die Bewertungsvorschriften von IFRS 5 nicht anzuwenden sind. Nach
IAS 32.AG16ff. führt der Terminkontrakt nicht zur Vorverlagerung des Aus-
buchungszeitpunkts (→ § 28 Rz 118). Vielmehr stellen die über Optionen oder
Termingeschäfte eingeräumten Rechte und Verpflichtungen eigene „finanzielle
Vermögenswerte und finanzielle Verbindlichkeiten dar, die von den Geschäften
zugrunde liegenden Finanzinstrumenten zu trennen und wohl zu unterscheiden
sind" (IAS 39.AG18).

Für die demnach vorzunehmende Beurteilung des Abgangszeitpunkts der Anteile gilt Folgendes: Gemäß IAS 39.18 bzw. IFRS 9.3.2.3 ist ein Abgang mit der
Ausnahme einer hier nicht einschlägigen Durchleitungsvereinbarung *(pass-
through arrangements)* so lange nicht anzunehmen, wie die Ansprüche aus den
Anteilen gegenüber der Gesellschaft rechtlich nicht übertragen sind. Zu dieser

---

[4] Beispiele und die nachfolgenden Überlegungen sind entnommen aus LÜDENBACH/VÖLKNER,
     BB 2006, S. 2738ff.

rechtlichen Übertragung ist der dingliche Vollzug erforderlich. Bis dahin sind daher die Anteile nicht auszubuchen. Auf die Würdigung der Risiken und Chancen kommt es dann nicht mehr an. Sie werden zum Inhalt des Derivats und gehen in dessen Bilanzierung ein.

Insgesamt gilt auf Basis von IAS 28.22:

- Ansatz der Anteile zunächst mit dem durch den Kaufvertrag dokumentierten *fair value*. Eine Zuschreibung gegenüber dem *equity*-Buchwert ist damit bereits erfolgswirksam. Bei annahmegemäß zeitgleich zum Vertragsschluss stattfindender Wandlung in ein Finanzinstrument stellt dieser *fair value* die fiktiven Anschaffungskosten des *available-for-sale asset* dar. Weitere Werterhöhungen bis zum Bilanzstichtag sind erfolgsneutral zu erfassen (IAS 39.55(c)).

- Ansatz eines Derivats zum *fair value*, d. h. bei Ausgeglichenheit von Leistung und Gegenleistung zunächst mit null.

- Kommt es wie im Beispiel bis zum Jahresende zu einer Wertsteigerung der Anteile, wird der Wert des Derivats insoweit negativ. Eine Verbindlichkeit ist anzusetzen (im Beispiel mit 50).

- Ein negativer Effekt auf die GuV lässt sich aber vermeiden, indem der Terminkontrakt am 30.9. als Sicherungsgeschäft für die Anteile bestimmt wird. Im Rahmen des *fair value hedge accounting* (IAS 39.89 ff.; → § 28a Rz 110) ist dann die der Sicherungsbeziehung entsprechende Werterhöhung der Anteile bis zum Jahresende (+50) ertragswirksam zu buchen, obwohl ein *available-for-sale asset* vorliegt. Aufwand aus Derivat und Ertrag aus Anteilen gleichen sich aus.

34   Bei einer beabsichtigten Veräußerung eines Teils der Anteile am assoziierten Unternehmen ist die Beteiligung **nicht insgesamt** als zur Veräußerung bestimmt (IFRS 5) auszuweisen (wenn durch die beabsichtigte Veräußerung der maßgebliche Einfluss verloren gehen wird) oder als *equity*-Beteiligung (IAS 28) zu erfassen (wenn der maßgebliche Einfluss voraussichtlich erhalten bleibt).

IAS 28.20 in der ab 2013 geltenden Fassung sieht vielmehr eine **gesplittete** Behandlung vor, bei welcher der zur Veräußerung bestimmte Teil IFRS 5 unterliegt, der verbleibende Teil bis zum tatsächlichen Verlust des maßgeblichen Einflusses (i. d. R. tatsächlicher Abgang der zur Veräußerung bestimmten Anteile) hingegen IAS 28.

3.2   Wahlrechte im Einzelabschluss

35   Im Einzelabschluss bzw. im *separate statement* eines Unternehmens sind Anteile an einem assoziierten Unternehmen gem. IAS 28.44 i. V. m. IAS 27.10 **wahlweise** zu erfassen mit:

- den **Anschaffungskosten** *(at cost)*,
- dem Wert gem. IAS 39/IFRS 9, d. h. regelmäßig mit dem **beizulegenden Zeitwert**.

Eine bis 2004 zulässige, dann abgeschaffte *at-equity*-Bewertung im **Einzelabschluss,** ist nach dem im August 2014 vorgelegten *Amendment* zu IAS 27 ab 2016 als Wahlrecht wieder zugelassen.

Wegen der Begriffe „Einzelabschluss" und „*separate statement*" wird auf → § 32 Rz 175 verwiesen.

Bei der Zugangsbewertung sind direkt zurechenbare Anschaffungsnebenkosten i. d. R. zu aktivieren. Für die Bilanzierung nach IAS 39 bzw. IFRS 9 ergibt sich dies aus IAS 39.43 bzw. IFRS 9.5.1.1 i. V. m. IFRS 9.5.7.5, für die Bilanzierung „*at cost*" aus der allgemeinen Bedeutung des Anschaffungskostenbegriffs. Die direkt zurechenbaren Kosten sind nur dann sofort als Aufwand zu behandeln, wenn die Anteile ausnahmsweise erfolgswirksam zum *fair value* bilanziert werden.

In der einzelbilanziellen Darstellung von Anteilen an assoziierten Unternehmen ist zwischen **vier Fällen** zu unterscheiden: **36**

- Die Anteile werden ausschließlich zum **Zweck der Veräußerung** gehalten. Schon konzernbilanziell (Rz 31) sind sie als *non-current assets held for sale* mit **Erfolgswirksamkeit** der Wertänderungen zu behandeln (Rz 31). Diese Qualifizierung ist in die Einzelbilanz zu übernehmen. Allerdings können sich Bewertungsunterschiede zur Konzernbilanz ergeben. Anzusetzen ist jeweils der niedrigere Betrag aus bisheriger Bewertung (im Konzernabschluss: *at equity*, im Einzelabschluss auch: Anschaffungskosten oder *fair value*) und dem Nettozeitwert *(fair value less costs to sell)*. Liegt der Nettozeitwert z. B. unter dem konzernbilanziellen *equity*-Wert, aber über dem einzelbilanziellen Anschaffungskostenwert, ist nur konzernbilanziell zum Nettozeitwert zu wechseln.
- Die Anteile werden aus *materiality*-Gründen konzernbilanziell nicht *at equity* erfasst. Sie werden konzern- und einzelbilanziell zu **Anschaffungskosten** oder zum *fair value* bewertet. Bei *fair-value*-Bewertung sind sie im zeitlichen Anwendungsbereich von IAS 39 regelmäßig als **veräußerbare Werte** *(available-for-sale assets)* zu qualifizieren mit Erfolgsneutralität der Wertänderungen. Im zeitlichen Anwendungsbereich von IFRS 9 sind sie als *equity instruments* einzustufen mit einem Wahlrecht zwischen erfolgsneutraler und erfolgswirksamer Behandlung der Wertänderungen.
- Die Anteile sind im **Konzernabschluss** *at equity* ausgewiesen. **Einzelbilanziell** werden sie wahlweise *at equity* (ab 2016) bzw. zu **Anschaffungskosten** oder zum *fair value* bewertet. Im letzten Fall sind sie nach IAS 39 regelmäßig als **veräußerbare Werte** *(available-for-sale assets)* zu qualifizieren, nach IFRS 9 als *equity instruments*.
- Es wird zulässigerweise **kein Konzernabschluss** aufgestellt. **Einzelbilanziell** werden die Anteile *at equity* (ab 2016), zu **Anschaffungskosten** oder zum *fair value* bewertet. Im letzten Fall sind sie nach IAS 39 regelmäßig als **veräußerbare Werte** *(available-for-sale assets)* mit Erfolgsneutralität der Wertänderungen zu qualifizieren, nach IFRS 9 als *equity instruments*.

Eine **einheitliche** Ausübung des Wahlrechts über alle assoziierten oder Gemeinschaftsunternehmen ist jedenfalls nicht zwingend, wenn sachliche Gründe, z. B. unterschiedliche Informationslagen hinsichtlich stiller Reserven des einen und des anderen assoziierten Unternehmens, für eine unterschiedliche Wahlrechtsausübung sprechen.

Für einen **Anschaffungskostenansatz** spricht einerseits **die leichtere Handhabung** der Methode, die keine Nebenrechnungen, Kaufpreisallokationen usw. verlangt, zum anderen in Fällen, in denen das Beteiligungsunternehmen die Gewinne nicht thesauriert, der insgesamt bessere Ergebnisausweis durch Verzicht auf Abschreibungen von anteiligen stillen Reserven (→ § 31 Rz 147). **Nachteilig** ist demgegenüber die verzögerte Berücksichtigung von **Ergebnissen** des assoziierten Unternehmens erst bei **Ausschüttung**.

37   Der einzelbilanzielle **Anschaffungskostenbegriff** von IAS 27 und IAS 28 deckte
     sich in der Vergangenheit nicht mit dem des Handelsrechts. Die Ausschüttung
     von vor dem Erwerb entstandenen Gewinnen (Altrücklagen) führte zur Min-
     derung des Ansatzes (Buchung: „per Dividendenforderung an Beteiligung"). Die
     Sonderbestimmung ist bereits durch das im Mai 2008 vorgelegte *Amendment to
     IFRS 1 and IAS 27* ersatzlos entfallen. Nach IAS 27.12 sind Dividenden in jedem
     Fall, auch bei Ausschüttung von Altrücklagen, als Ertrag auszuweisen. Im
     Einzelnen wird auf → § 32 Rz 181 verwiesen.

38   Verfügt ein Unternehmen über keine Anteile an Tochterunternehmen, sondern
     nur über Anteile an assoziierten Unternehmen, so muss und kann es keinen
     Konzernabschluss aufstellen (IFRS 10.19).

4   Erstbewertung *at equity*

4.1   Zeitpunkt der Erstbewertung, unterjähriger und sukzessiver Erwerb

39   Die *equity*-Methode **muss** als **Konsolidierungs- bzw. Bewertungs**methode
     (Konzernabschluss) von dem Zeitpunkt an angewendet werden, ab dem die
     Definition eines assoziierten Unternehmens (Rz 14 ff.) erfüllt ist (IAS 28.32).

40   Bei **sukzessivem Anteilserwerb** mit einer zunächst sehr geringen und einer
     später höheren Beteiligungsquote gelangt die *equity*-Methode erst zu einem der
     späteren Erwerbszeitpunkte zur Anwendung. Erst zu diesem späteren Zeitpunkt
     ist im Einzelabschluss wahlweise und im Konzernabschluss pflichtweise von der
     Bewertung nach IAS 39 (beizulegender Zeitwert, hilfsweise Anschaffungskos-
     ten) bzw. IFRS 9 zur Bewertung nach IAS 28 zu wechseln.

41   Da die *equity*-Methode ab diesem Zeitpunkt nicht nur auf die später erworbenen
     Anteile, sondern insgesamt auf den Anteil am assoziierten Unternehmen anzu-
     wenden ist, stellt sich die Frage, ob die *equity*-Bewertung der älteren Anteile
     • **retrospektiv** auf der Basis der früheren Anschaffungskosten, Zeitwerte und
       Unterschiedsbeträge *(goodwill)* oder
     • **nicht retrospektiv** auf der Basis des aktuellen Beteiligungswerts sowie der
       aktuellen Zeitwerte und Unterschiedsbeträge erfolgen soll
     und wie in der ersten Alternative der Unterschied zwischen dem *equity*- und dem
     Beteiligungsbuchwert zu behandeln ist.

42   Das folgende Beispiel erläutert den Unterschied zwischen einer **retrospektiven**
     und einer **nicht retrospektiven** Vorgehensweise:

> **Praxis-Beispiel**
> Ein Unternehmen hat zunächst zum 31.12.01, dann zum 1.1.03 jeweils 10 %
> der Anteile am börsennotierten Unternehmen aU erworben. Erst mit dem
> zweiten Erwerb wird aU zu einem assoziierten Unternehmen.
> aU verfügt zu keinem der Zeitpunkte über einen *goodwill*. Sämtliche Unter-
> schiedsbeträge zwischen den Kaufpreisen und dem anteiligen Eigenkapital
> stellen stille Reserven dar. Die Kaufpreise sollen dem jeweiligen Börsenkurs
> der Anteile entsprechen (keine Kontrollprämie). Folgende Daten seien (je-
> weils für 10 % der Anteile) unterstellt:

- 31.12.01: Börsenkurs und Beteiligungsbuchwert 100, anteiliges Eigenkapital aU zu Buchwerten 60, stille Reserven 40.
- 31.12.02/1.1.03: Börsenkurs und Beteiligungsbuchwert der Altanteile 150, dementsprechendes anteiliges Eigenkapital aU zu Buchwerten 80, anteilige stille Reserven 70.

Die Wertsteigerung von 50 in 02 reflektiert mit 20 (= 80 – 60) Änderungen im buchmäßigen Eigenkapital der aU, also Thesaurierungen, mit 30 eine Zunahme stiller Reserven.

Nach IAS 39 hätte sich der Beteiligungsbuchwert der alten Anteile entsprechend um 50 erhöht, wobei die Erhöhung im Fall von *trading assets* (→ § 28 Rz 99) erfolgswirksam und im Fall von *available-for-sale assets* (→ § 28 Rz 201) erfolgsneutral zu buchen gewesen wäre.

Als Nutzungsdauer der stillen Reserven werden 20 Jahre unterstellt.

Wird ab dem 1.1.03 die *equity*-Methode angewendet, so ist bei einer **retrospektiven Anwendung** für die alten Anteile wie folgt zu rechnen:

Anschaffungskosten 31.12.01	100
Abschreibung stille Reserven 1/20 × 40	–2
thesaurierter Gewinn 02	+20
= fiktiv fortgeschriebener *equity*-Wert 1.1.03	118
tatsächlicher Buchwert 31.12.02	150
= Anpassungsbetrag	32

Die Anpassungsbuchung wäre erfolgsneutral und würde wie folgt lauten:

Soll	Haben
118	
32	
	150

Bei einer **nicht retrospektiven Behandlung** wäre der Beteiligungsbuchwert von 150 per 1.1.03 mit dem anteiligen Eigenkapital von 80 per 1.1.03 zu vergleichen. Die Differenz von 70 würde annahmegemäß stille Reserven darstellen. Zu einer Korrektur der früheren Erfolge käme es nicht. Soweit die Anteile bisher als veräußerbare Werte *(available-for-sale assets)* behandelt und die Wertänderung bisher erfolgsneutral verbucht worden wären, müsste per 1.1.02 eine erfolgswirksame Umbuchung von den Rücklagen in Ertrag vorgenommen werden. Buchung:

Soll	Haben
150	
	150

sowie bei *available-for-sale assets* zusätzlich

Soll	Haben
50	
	50

43 Der **Nachteil der retrospektiven Anpassung** besteht in der **Durchbrechung des Bilanzzusammenhangs** und damit i.d.R. in einem unzutreffenden Totalgewinnausweis (über alle Perioden). Derartige Durchbrechungen sind aber auch in anderen Zusammenhängen, etwa bei der nicht durch Sachverhaltsänderungen induzierten Änderung der Bewertungspolitik gem. IAS 8, gängig (→ § 24 Rz 28). Insoweit ist die Durchbrechung des Bilanzzusammenhangs kein Argument gegen eine retrospektive Anpassung.

44 Andererseits ergibt sich u.E. aus IAS 28.32 auch **nicht zwingend** das Erfordernis einer nicht retrospektiven Anpassung. Die Ausführungen in IAS 28.32 sind allgemein gefasst und zielen u.E. nicht spezifisch auf das Problem eines sukzessiven Anteilserwerbs.

45 Im Übrigen ist es im Fall einer retrospektiven Anpassung konsequent, analog zur erfolgsneutralen Buchung der rückwirkenden Anwendung der *equity*-Methode (Thesaurierung usw.) auch bisherige Bewertungserfolge der einfachen Anteile (gem. IAS 39) **erfolgsneutral umzukehren**.

46 Insgesamt ist die ganze Problematik u.E. in IAS 28 **unzureichend** geregelt. Im Schrifttum werden daher zahlreiche Varianten diskutiert.[5] Eine Lückenfüllung durch analoge Anwendung der Regeln von IFRS 3 zum sukzessiven Kontrollerwerb scheint u.E. nicht zwingend. Die in IFRS 3 enthaltenen Fiktionen (Hingabe der Altanteile zum *fair value*) werden mit dem Wesensunterschied zwischen Vollkonsolidierung und *one-line*-Bilanzierung bzw. Konsolidierung (Rz 27) als Finanzinstrument oder *equity*-Instrument begründet. Ein solcher Fundamentalunterschied besteht zwischen *equity*-Konsolidierung und Bilanzierung von Finanzinstrumenten nicht.

Die Vorgehensweise liegt daher u.E. im **Ermessen** des Bilanzierenden, der hierzu im Anhang Erläuterungen geben sollte. Wir halten unter *materiality*-Gesichtspunkten (→ § 1 Rz 59ff.) mindestens bei Verteilung der Käufe auf eine Periode eine **Durchschnittsbetrachtung** der Anschaffungskosten und des Anteils am Reinvermögen für zulässig.

47 Auch für den Fall der erst Jahre nach Erwerb erfolgenden *equity*-Einbeziehung einer zunächst wegen Unwesentlichkeit als Finanzinstrument bilanzierten Beteiligung wird im Schrifttum zum Teil ein Wahlrecht zwischen retrospektiver Erstkonsolidierung (auf Basis der Werte zum Anschaffungszeitpunkt und ihrer Fortschreibung) und nicht retrospektiver Einbeziehung (auf Basis aktueller Werte) angenommen.[6]

48 *Materiality*-Gesichtspunkte sind bei einem einmaligen **unterjährigen Erwerb** gefragt. Nach IAS 28.32 sind die Differenzen zwischen anteiligem Buch- und Zeitwert des Reinvermögens einerseits und zwischen anteiligem Zeitwert des Reinvermögens und Anschaffungskosten andererseits auf den **Erwerbszeitpunkt** zu ermitteln. Dies würde die **Aufstellung einer Zwischenbilanz** des assoziierten Unternehmens zu Buchwerten und zu Zeitwerten voraussetzen.

49 Ist diese Voraussetzung nicht durchzusetzen oder aus Kostengründen (→ § 1 Rz 67) nicht zu vertreten, so sind unter Abwägung der Wesentlichkeit **Vereinfachungen** zulässig. Je nach zeitlicher Nähe zum vorhergehenden oder nachfolgenden Bilanzstichtag des assoziierten Unternehmens können die Wertverhältnisse

---

[5] Prägnante Darstellung von insgesamt sechs unterschiedlichen Sichtweisen bei RICHTER, KoR 2014, S. 289ff.
[6] HAYN, in: BECK'SCHES IFRS-Handbuch, 5. Aufl., 2016, § 36, Tz 24.

dieses Stichtags herangezogen werden. Bei weiter entfernt liegenden Stichtagen sind statistische Anpassungen, etwa durch Zwölfteilung des Jahresergebnisses bei Saisonbetrieben unter Berücksichtigung der Saisonbereinigung, zulässig.

An die Exaktheit der Methode dürfen insgesamt **keine übertriebenen Anforderungen** gestellt werden. Dies ergibt sich durch Analogie aus den Grundsätzen der Folgebewertung. Hat das assoziierte Unternehmen einen vom Bilanzstichtag des Beteiligungsunternehmens abweichenden Bilanzstichtag, so muss im Rahmen der Folgebewertung gem. IAS 28.33 jedenfalls dann kein Zwischenabschluss des assoziierten Unternehmens auf den Bilanzstichtag des Beteiligungsunternehmens aufgestellt werden, wenn die zeitliche Differenz nicht mehr als drei Monate beträgt (Rz 84 f.). Statistische Berichtigungen und die Auswirkungen bedeutender Ereignisse der Geschäftsvorfälle zwischen beiden Stichtagen reichen aus. Es ist kein Grund ersichtlich, warum derartige **Vereinfachungen** nicht auch für die **Erstkonsolidierung** analog gelten sollten. 50

4.2 Bestimmung der Anschaffungskosten

Bei Anteilserwerb durch **Hingabe eigener Anteile** oder durch sonstige **Sacheinlage** werden die Anschaffungskosten durch den beizulegenden Zeitwert der Einlage definiert. Ist der beizulegende Zeitwert der Einlage schwieriger zu bestimmen als der beizulegende Zeitwert der erworbenen Anteile, determiniert der beizulegende Zeitwert der erworbenen Anteile die Anschaffungskosten (IFRS 3 analog; → §31 Rz 47). 51

Der Transaktion direkt zurechenbare **Anschaffungsnebenkosten** (Beurkundungs-, Register- oder Beratungskosten usw.) erhöhen den Zugangswert der *equity*-Bilanzierung. Für den Rechtsstand bis 2009 ergibt sich dies u.a. aus Analogie zu IAS 3.42(b) rev. 2004. Die Frage, ob ab 2010 wegen der geänderten, ausnahmslos aufwandswirksamen Behandlung von Transaktionskosten bei Erwerb eines Tochterunternehmens (IFRS 3.53; → §31 Rz 41) auch bei *equity*-Beteiligungen anders zu verfahren sei, hat der IFRIC in einer *Agenda Rejection (Non-IFRIC)* vom Juli 2009 verneint, da der Kostenbegriff des IAS 28 auch einer Anschaffung direkt zurechenbare Nebenkosten umfasst.[7] 52

Die endgültige Höhe der Anschaffungskosten kann von ungewissen Bedingungen abhängen *(contingent consideration)*. Denkbar ist etwa eine *earn-out*-Vereinbarung, der zufolge neben einem fixen Kaufpreis eine variable Komponente vereinbart ist, die nur dann zu zahlen ist, wenn in einem festgelegten Zeitraum nach dem Erwerb bestimmte Erfolgsziele erreicht werden. IAS 28 enthält zu solchen Fällen keine eigenen Regelungen. Eine analoge Anwendung der Vorschriften von IFRS 3 zum Erwerb von Tochterunternehmen ist daher zu erwägen. Danach würde Folgendes gelten (→ §31 Rz 64): 53

- Der ungewisse/bedingte Kaufpreisbestandteil *(contingent consideration)* ist bei der Erstkonsolidierung nicht mit dem nach Beseitigung der Unsicherheit tatsächlich gezahlten Wert zu berücksichtigen. Abzustellen ist vielmehr auf den *fair value* des bedingten Teils zum Erstkonsolidierungszeitpunkt (IFRS 3.39).

---

[7]   Gl. A. HAYN, in: BECK'SCHES IFRS-Handbuch, 5. Aufl., 2016, §36, Tz 37.

- Abweichungen der späteren tatsächlichen Entwicklung von diesem Wert betreffen die Konsolidierung nicht mehr, sondern führen als Änderung des Buchwerts einer finanziellen Verbindlichkeit zu **Ertrag** oder **Aufwand** (IFRS 3.58(b)).

Eine analoge Anwendung von IFRS 3 scheint andererseits nicht zwingend. Gegen einen solchen Zwang spricht Folgendes: Wie die unter Rz 52 erläuterte unterschiedliche Behandlung von Transaktionskosten beim Erwerb von Tochterunternehmen (Aufwand) und von assoziierten Unternehmen (Aktivierung im Beteiligungsansatz) beispielhaft zeigt, besteht **keine konzeptionelle Übereinstimmung** zwischen den Begriffen „Anschaffungskosten" (IAS 28) und „übertragene Gegenleistung" (IFRS 3). Ein Verzicht auf die analoge Anwendung von IFRS 3 ist danach jedenfalls vertretbar und führt zu folgendem Vorgehen:

- Die ungewisse Kaufpreisschuld ist im Erwerbszeitpunkt nur insoweit anzusetzen und in den Anschaffungskosten zu berücksichtigen, als sie verlässlich bestimmbar und ihr Eintritt **wahrscheinlich** ist.
- Bei einer späteren Revision der ursprünglichen Annahmen sind die Schuld und die Anschaffungskosten **erfolgsneutral anzupassen**.[8]

4.3   Anteilige Aufdeckung stiller Reserven und Lasten

54   Bei der Anwendung der *equity*-Methode sind die **anteiligen stillen Reserven und Lasten** identifizierbarer Vermögenswerte und Schulden aufzudecken und fortzuführen. Sie ergeben sich als Differenz zwischen dem Anteil am Buchwert des Reinvermögens des assoziierten Unternehmens und dem Anteil an dem beizulegenden Zeitwert des identifizierbaren Reinvermögens (IAS 28.32).

55   Für die Identifizierbarkeit und die Zeitwertbestimmung gelten die **Regelungen von IFRS 3 und IFRS 13.** Danach sind für die Aktiva Marktwerte oder Ersatzwerte anzusetzen, während bei Forderungen und Verbindlichkeiten im Wesentlichen der Barwert zum Tragen kommt (→ § 31 Rz 71 ff.).

56   Auch bei der Ermittlung der stillen Reserven und Lasten sind **Wesentlichkeits- und Kosten-Nutzen-Überlegungen** von Bedeutung (→ § 1 Rz 59). Eine Identifizierung der stillen Reserven auf der Ebene einzelner Vermögenswerte wird nur ausnahmsweise möglich und notwendig sein. Durchschnittsbetrachtungen für einzelne Bilanzposten sind i.d.R. ausreichend. Zur Frage der Durchsetzbarkeit der zur Bestimmung der stillen Reserven notwendigen Informationsansprüche wird auf Rz 87 verwiesen.

4.4   *Goodwill* oder negativer Unterschiedsbetrag

57   Der Unterschiedsbetrag zwischen den Anschaffungskosten der Anteile und dem Anteil des Erwerbers an den beizulegenden Zeitwerten des identifizierbaren Reinvermögens ist als *goodwill* bzw. negativer Unterschiedsbetrag zu behandeln (IAS 28.32).

58   Der im *equity*-Ansatz enthaltene *goodwill* ist nicht planmäßig abzuschreiben (IAS 28.32). Dies entspricht zunächst dem *impairment-only approach* von IFRS 3 und IAS 36 (→ § 11 Rz 141). Im Unterschied zum voll konsolidierten Unternehmen unterliegt der im *equity*-Ansatz enthaltene *goodwill* jedoch

---

[8]   Ausführliches Beispiel bei LÜDENBACH, PiR 2010, S. 361 ff.

keinem eigenen Werthaltigkeitstest. Vielmehr ist die *equity*-Beteiligung als Bewertungseinheit zu sehen und bei Vorliegen von Wertminderungsindikatoren insgesamt dem *impairment*-Test zu unterziehen (IAS 28.42).

Der *goodwill* findet im Rahmen der *one-line consolidation* (Rz 27) keinen gesonderten Ausweis (zu evtl. Ausnahmen vgl. Rz 59). Die Aufteilung der über das Buchvermögen hinausgehenden Anschaffungskosten auf *goodwill* einerseits und stille Reserven andererseits hat jedoch Bedeutung für die Fortschreibung des *equity*-Werts, insofern

- stille Reserven ggf. planmäßig zu mindern sind, der *goodwill* jedoch nicht (Rz 71),
- sich bei außerplanmäßiger Abschreibung die Frage stellt, ob der *goodwill* vor den stillen Reserven zu belasten ist (Rz 105), und
- eine Wertaufholung durch die zuvor vorgenommene *goodwill*-Minderung limitiert wird (Rz 107).

Nach im Schrifttum vertretener Auffassung soll es trotz *one-line-consolidation* **59** vielfach zum gesonderten Ausweis eines auch mit den *equity*-Anteilen verbundenen *goodwill* kommen, etwa wenn bei Erwerb eines Teilkonzerns insgesamt nur ein *goodwill* pro *cash generating unit* aufgedeckt werden dürfe (→ §11 Rz 145), der dann auch den *goodwill* aus den miterworbenen *equity*-Beteiligungen umfasse.[9] Dieser Auffassung ist nur eingeschränkt zuzustimmen. Bei Erwerb eines Teilkonzerns sind zunächst alle Vermögenswerte, einschließlich der *equity*-Beteiligungen, mit ihrem *fair value* anzusetzen. In diesen *fair value* gehen bereits alle nicht als separater Vermögenswert identifizierbaren Ertragserwartungen des miterworbenen assoziierten Unternehmens ein. Insoweit ermittelt sich zunächst ein *goodwill I*, der Teil des *equity*-Werts, also der *one-line consolidation* ist:

> *fair value* des assoziierten Unternehmens
>
> ./. *fair value* des identifizierbaren Nettovermögens des assoziierten Unternehmens
>
> = *goodwill I*

In Einzelfällen kann die *equity*-Beteiligung darüber hinaus rechnerischen Anteil an einem „*goodwill II*" haben, wenn etwa für den Teilkonzernerwerb bedeutende Synergie- oder Kontrollprämien gezahlt werden und die *equity*-Beteiligung keine eigene *cash generating unit* darstellt.

Liegen die Anschaffungskosten der *equity*-Beteiligung unter dem auf den Erwerbs- **60** zeitpunkt anteilig zum *fair value* bewerteten Nettovermögen des assoziierten Unternehmens, ergibt sich ein **negativer Unterschiedsbetrag**. Dieser ist gem. IAS 28.32 erfolgswirksam zu vereinnahmen (→ §31 Rz 131). Nach der entsprechenden Buchung („per *equity*-Beteiligung an Ertrag aus Erstkonsolidierung") wird die Beteiligung über die Anschaffungskosten ausgewiesen.

Praxis-Beispiel

20 % der Anteile eines Unternehmens mit einem buchmäßigen Eigenkapital von 100 werden für 20 erworben. Das Vermögen des erworbenen Unternehmens zu Zeitwerten beträgt 150.

Der Anteil am zum beizulegenden Zeitwert bewerteten Reinvermögen ist somit 20 % von 150 = 30.

---

[9] HAYN, in: BECK'SCHES IFRS-Handbuch, 5. Aufl., 2016, §36, Tz 44.

> Bei einem Kaufpreis von 20 und einem Anteil am zum Zeitwert bewerteten Reinvermögen von 30 entsteht ein negativer Unterschiedsbetrag von 10, der sofort als Ertrag aus *equity*-Beteiligung auszuweisen ist.

Im Einzelnen wird auf → § 31 verwiesen.

5 Folgebewertung/Folgekonsolidierung *at equity*

5.1 Ergebnis- und Dividendenanteil

61 Im Rahmen der Folgebewertung/Folgekonsolidierung erhöht oder verringert sich der Ansatz des assoziierten Unternehmens in der Bilanz des Investors
- entsprechend dessen **Anteil am** positiven oder negativen **Periodenergebnis**, wobei
- empfangene **Ausschüttungen** umgekehrt den Ansatz vermindern, und zwar in der Periode, in der sie vereinnahmt werden (IAS 28.10).

62 **Negative Ergebnisanteile** werden nach Erreichen eines Buchwerts von null nur noch in bestimmten Fällen berücksichtigt (Rz 93).

63 Bei einer **Überkreuz-** bzw. **Rückbeteiligung** zwischen zwei assoziierten Unternehmen sollte der Gewinnanteil u.E. unter Beachtung der effektiv im Umlauf befindlichen Anteile ermittelt werden.[10] Hierzu nachfolgendes Beispiel:

> **Praxis-Beispiel**
> aU1 ist mit 40 % an aU2, dieses umgekehrt mit 25 % an aU1 beteiligt. Die effektiv im Umlauf befindlichen Anteile betragen 100 % − (40 % × 25 %) = 90 %, der effektive Anteil am anderen aU somit 40 %/90 % = 44,4 % bzw. 30 %/90 % = 27,8 %.
> Erzielen beide Unternehmen vor Ertrag aus dem anderen aU ein Ergebnis von 1.000, ergibt sich folgende Berechnung:
>
> | | aU1 | aU2 |
> | -- | ------- | ------- |
> | Anteil am anderen aU | 40,0 % | 25,0 % |
> | Rückbeteiligung | 10,0 % | 10,0 % |
> | Effektiv im Umlauf befindliche Anteile | 90,0 % | 90,0 % |
> | Effektiver Anteil am anderen aU | 44,4 % | 27,8 % |
> | Gewinn vor Ertrag aus anderem aU | 1.000,0 | 1.000,0 |
> | + Ertrag aus anderem aU vor Rückbeteiligung| 400,0 | 250,0 |
> | = Gewinn vor Rückbeteiligung | 1.400,0 | 1.250,0 |
> | Effektiver Ertrag aus anderem aU | 555,6 | 388,9 |
> | + Gewinn vor Ertrag aus anderem aU | 1.000,0 | 1.000,0 |
> | = Gewinn nach Rückbeteiligung | 1.555,6 | 1.388,9 |
> | Probe | | |
> | Gewinn anderes aU nach Rückbeteiligung | 1.388,9 | 1.555,6 |
> | x nomineller Anteil | 0,4 | 0,3 |
> | = Effektiver Ertrag aus anderem aU | 555,6 | 388,9 |

---

[10]   Vgl. zu weiteren Methoden KESSLER/LEINEN, IRZ 2016, S. 159 ff.

5.2 Sonderfälle

5.2.1 Kündbare Anteile an Personengesellschaften

Probleme bereitet die Fortschreibung des *equity*-Anteils, wenn das assoziierte **64**
Unternehmen eine Personengesellschaft mit vertraglich spezifiziertem oder ge-
setzlichem Kündigungs- und Abfindungsrecht (§ 723 BGB) der Gesellschafter
ist. Aus **Sicht des assoziierten Unternehmens** gilt dann:

- Sofern nicht eine Reihe besonderer Bedingungen (→ § 20 Rz 33) ausnahmslos
  erfüllt wird,
- stellt das gesellschaftsrechtliche Eigenkapital nach IFRS erfolgswirksam fort-
  zuschreibendes **Fremdkapital** dar.

Praxis-Beispiel

Am 1.1.01 beteiligt sich M mit 20 % (= 200 TEUR) an der Bargründung der
aU OHG. Der (insoweit wirksame) Gesellschaftsvertrag sieht bei Kündigung
eines Gesellschafters eine Abfindung zum IFRS-Buchwert vor. Im Geschäftsjahr 01 erwirtschaftet die schuldenfreie aU handelsrechtlich ein Ergebnis von
100 TEUR, das nach Beschluss der Gesellschafter thesauriert wird. Das
HGB-Ergebnis entspricht mit einer Ausnahme dem IFRS-Ergebnis. Nach
IFRS ist die Fortschreibung der Summe der latenten Abfindungsansprüche
von ursprünglich 1.000 TEUR auf 1.100 TEUR als Aufwand zu behandeln.
Im IFRS-Abschluss zum 31.12.01 der aU ergeben sich daher folgende GuV-
und Bilanzwerte (in TEUR):

GuV:

Jahresergebnis vor Fortschreibung Abfindungsansprüche	100
Aufwand aus Fortschreibung Abfindungsansprüche	– 100
Jahresergebnis	0
Bilanz	
Diverses Vermögen	1.100
Latente Abfindungsschulden	1.100
Eigenkapital	0

Würde die Obergesellschaft dem Grundgedanken der *equity*-Methode entsprechend im vorstehenden Beispiel spiegelbildlich zur Untergesellschaft bilanzieren, ergäbe sich eine Fortschreibung des *equity*-Ansatzes um null. Ein solches
spiegelbildliches Vorgehen ist jedoch im Fall kündbarer Anteile aus folgenden
Gründen **nicht** angezeigt:[11]

- Die Regelungen von IAS 32 zur Fremdkapitalqualifizierung kündbarer An-
  teile betreffen nur die Anteile der emittierenden Gesellschaft.
- Aus Sicht der die Anteile zeichnenden Gesellschaft liegt ein finanzieller
  Vermögenswert i.S.v. IAS 39/IFRS 9 bzw. IAS 28 vor, und zwar wegen der
  gesellschaftsrechtlichen Beteiligung am Nettovermögen in der Form eines
  Eigenkapitalinstruments.

---

[11] Vgl. auch die *Agenda Rejection* (Non-IFRIC) im IFRIC Update January 2007.

- Qualifikation und Bewertung (Fortschreibung) des Anteils bei der zeichnenden Gesellschaft erfolgen daher unabhängig vom Vorgehen bei der Untergesellschaft.

Als praktische Folgerung ergibt sich: Die bei der Untergesellschaft vorgenommene Qualifikation der Abfindungsansprüche als Fremdkapital und die Erhöhung dieser Ansprüche sind bei der Anwendung der *equity*-Methode durch die
Obergesellschaft **rückgängig** zu machen. Im o.g. Beispiel ergibt sich daher ein
Ergebnis aus assoziierten Unternehmen i.H.v. 20 % von 100 TEUR = 20 TEUR
und ein *equity*-Anteil von 20 % von 1.100 TEUR = 220 TEUR.[12]

5.2.2 Eigenkapitalneutrale Gewährung von Aktienoptionen beim assoziierten Unternehmen

65   Gewährt das **assoziierte Unternehmen** seinen Mitarbeitern reale Aktienoptionen, so führt dies bei ihm (sofort oder kumuliert über den evtl. Erdienens-
zeitraum) zur Buchung „per **Personalaufwand an Kapitalrücklage**". Das Eigenkapital des assoziierten Unternehmens ändert sich auf diese Weise nicht, es
kommt nur zu einer Verschiebung zwischen Gewinn- und Kapitalrücklagen.

Für die Behandlung einer solchen Transaktion im Rahmen der *equity*-Konsolidie-
rung beim **übergeordneten Unternehmen** kommen **drei Alternativen** infrage:

- Unter Berufung auf die Definition der *equity*-Methode in IAS 28.3 als Fortschreibung des ursprünglichen Ansatzes *„for the post-acquisition changes in
the investor's share of net assets of the investee"* unterbleiben Buchungen beim
übergeordneten Unternehmen, da keine Veränderung des Eigenkapitals *(net
assets)* vorliegt.
- Unter Bezugnahmen auf die Konkretisierung der *equity*-Methode in IAS 28.10
wird der *equity*-Buchwert fortgeschrieben, um den Anteil am Ergebnis des
untergeordneten Unternehmens (Personalaufwand) zu erfassen („per Ergebnis
aus assoziiertem Unternehmen an Anteil an assoziiertem Unternehmen").
- Korrespondierend zur Behandlung beim untergeordneten Unternehmen wird
beim übergeordneten eine Buchung „per Ergebnis aus assoziiertem Unternehmen an Eigenkapital" vorgenommen.

Eine Präferenz im derzeitigen Standard ist nicht erkennbar, u.E. ist daher jede der
drei Lösungen vertretbar.[13] Zur ursprünglich vorgesehenen zukünftigen Regelung vgl. Rz 139.

Praxis-Beispiel

M ist an aU mit einem Drittel beteiligt. Das Nettovermögen der aU beträgt am
1.1. und 31.12.02 jeweils 300. Am 1.1.01 werden den Mitarbeitern erstmalig
am 1.1.02 ausübbare Aktienoptionen mit einem Wert von 90 gewährt. Das
Ergebnis 01 der aU beträgt vor Berücksichtigung dieses Vorgangs 0, nach
dessen Berücksichtigung – 90.

Es ergeben sich folgende Lösungsalternativen bei M auf den 31.12.01:

1. keine Buchung, Ergebnis aus aU 0, *equity*-Ansatz 100,

---

12 Weitere Beispiele und Anwendungsdetails bei GEISER/SCHMIDT, KoR 2010, S. 81 ff.
13 Zu möglichen Argumenten für eine Bevorzugung der zweiten Lösung: FREIBERG, PiR 2010,
S. 253 ff.

> 2. Buchung „per Ergebnis aus aU 30 an *equity*-Beteiligung 30", somit *equity*-Ansatz von 70,
>
> 3. Buchung „per Ergebnis aus aU 30 an Gewinnrücklagen 30", somit *equity*-Ansatz von 100.

5.2.3 Transaktionen mit nicht beherrschenden Gesellschaftern beim assoziierten Unternehmen

Handelt es sich beim assoziierten Unternehmen selbst um die Muttergesellschaft **66** eines Konzerns, ist i.d.R. sein Konzernabschluss und nicht der Einzelabschluss (Rz 82) Grundlage der *equity*-Bewertung beim übergeordneten Unternehmen.

In vielen Fällen sind an den vom assoziierten Unternehmen beherrschten Gesellschaften auch Dritte beteiligt **(nicht beherrschende Gesellschafter)**. Kommt es hier in der Form von Aufstockungen und Abstockungen zu mehrheitswahrenden Transaktionen mit den Minderheitsgesellschaftern, so gilt gem. IFRS 10 aus Sicht des **Konzernabschlusses des assoziierten Unternehmens** (→ § 31 Rz 162): Derartige Transaktionen führen weder zur Aufdeckung von stillen Reserven und eines *goodwill* (Aufstockung) noch zu Abgangserfolgen (Abstockung). Eine Differenz zwischen Buchwert des zu- oder abgehenden nicht beherrschenden Anteils und dem dafür vereinbarten Entgelt ist vielmehr als **Anpassung** des **Eigenkapitals** zu verbuchen.

Fraglich ist, ob und wie ein solcher Vorgang in der *equity*-Bewertung durch das **übergeordnete Unternehmen** zu berücksichtigen ist. Drei Alternativen kommen infrage:

- Unter Bezugnahmen auf die Konkretisierung der *equity*-Methode in IAS 28.10 unterbleiben Buchungen beim übergeordneten Unternehmen, da kein ergebniswirksamer Vorgang beim untergeordneten vorliegt.
- Unter Berufung auf die Definition der *equity*-Methode in IAS 28.3 erfolgt beim übergeordneten Unternehmen eine ergebnisneutrale Fortschreibung des *equity*-Ansatzes um die (anteilige) Änderung des Eigenkapitals des untergeordneten Unternehmens („per Anteil an assoziiertem Unternehmen an Eigenkapital").
- In Qualifizierung der Regelungen von IFRS 10 als spezialrechtlich wird die dort vorgesehene erfolgsneutrale Behandlung der Veränderung des Nettovermögens bei der *equity*-Bewertung nach IAS 28 nicht übernommen, die Fortschreibung des *equity*-Ansatzes vielmehr erfolgswirksam verbucht.

Eine Präferenz für eine der drei Lösungen ist im derzeitigen Standard nicht erkennbar. Das Vorgehen liegt daher im Ermessen des übergeordneten Unternehmens.[14] Zur ursprünglich vorgesehenen zukünftigen Regelung vgl. Rz 139.

5.3 Nicht GuV-wirksame Einkommen des assoziierten Unternehmens

Das Eigenkapital des assoziierten Unternehmens kann sich ohne Berührung von **67** dessen GuV, d.h. erfolgsneutral, durch Einkommen ändern (→ § 20 Rz 65) bei

---

[14] Vgl. auch FREIBERG, PiR 2010, S. 253 ff.

- **Währungsumrechnungsdifferenzen** (→ § 27 Rz 30ff.),
- **Neubewertung** des Anlagevermögens (→ § 14 Rz 47),
- Wertänderungen von **veräußerbaren** Werten (*available-for-sale assets;* → § 28),
- Wertänderungen von *cash flow hedges* (→ § 28a Rz 53).

68 Entsprechende Änderungen sind anteilig in den *equity*-Ansatz beim beteiligten Unternehmen zu übernehmen. Nach IAS 28.10 ist wie folgt zu verfahren: Ändert sich das anteilige Eigenkapital des assoziierten Unternehmens *(the proportionate interest in the investee)* aufgrund von Neubewertungen etc., gilt: *„The investor's share of those changes is recognised in other comprehensive income of the investor."* Damit besteht beim beteiligten Unternehmen **keine Übereinstimmung** mehr zwischen dem Ergebnis aus assoziierten Unternehmen in der GuV und der Änderung des Beteiligungsansatzes in der Bilanz.

Dieses theoretisch gebotene Vorgehen bereitet einige **praktische Probleme**: Die Entwicklung der nicht GuV-wirksamen Einkommensbestandteile beim assoziierten Unternehmen, also

- nicht nur ihre Einstellung ins Eigenkapital,
- sondern auch ihre spätere (i.d.R. erfolgswirksame) Herausnahme, sog. *recycling*,

ist über viele Perioden in aufwendiger Weise nachzuhalten, um etwa Doppelerfassungen (im Jahr der Einstellung und im Jahr der erfolgswirksamen Herausnahme aus dem Eigenkapital) zu vermeiden. Dieser Aufwand lässt sich nur vermeiden, wenn *materiality*-Erwägungen im Einzelfall die Beschränkung auf die GuV-wirksamen Ergebnisse des assoziierten Unternehmens gestatten.

69 Unklar ist im Übrigen noch der Ausweis GuV-neutraler Ergebnisse des assoziierten Unternehmens beim Investor. Nach der *consolidation theory* (Rz 29) sind die sonstigen Ergebnisbestandteile im Eigenkapitalspiegel des Investors auf die für die unterschiedlichen Ursachen vorgesehenen Eigenkapitalkomponenten aufzuteilen. Nach der *asset theory* (Rz 29) sind sie insgesamt in einer besonderen, assoziierte Unternehmen betreffenden Rücklage zu berücksichtigen.

70 IAS 28.22 enthält Regelungen zur Behandlung erfolgsneutral gebildeter Rücklagen bei Veräußerung des Anteils am assoziierten Unternehmen oder Verlust des maßgeblichen Einflusses. Hiernach ist der beim beteiligten Unternehmen ins Eigenkapital eingestellte Anteil am kumulierten erfolgsneutralen Ergebnis des assoziierten Unternehmens bei Verlust des maßgeblichen Einflusses nach den Grundsätzen aufzulösen, die beim direkten Abgang des Vermögenswerts oder der Schuld anzuwenden wären, für die das Eigenkapital dotiert wurde.

Praxis-Beispiel
U ist seit 1.1.01 mit 20 % als Gründungsgesellschafter an aU beteiligt. Die Anschaffungskosten betrugen 200. In 01 erzielt aU aus *available-for-sale*-Aktien (→ § 28 Rz 100ff.) einen nicht GuV-wirksamen Erfolg von 50, hiervon entfallen 20 %, also 10, auf U. Das Jahresergebnis der aU beträgt 0. Am 2.1.02 veräußert U seinen Anteil für 210. U bucht wie folgt:

Datum	Konto	Soll	Haben
1.1.01:	Anteil an aU		
	Geld		200

Datum	Konto	Soll	Haben
31.12.01:	Anteil an aU	10	
	Zeitbewertungsrücklage		10
2.1.02:	Geld	210	
	Anteil an aU		210
	Zeitbewertungsrücklage	10	
	Ertrag		10

Bleibt bei einer nur teilweisen Veräußerung der Anteile ein maßgeblicher Einfluss und damit der Assoziationsstatus bestehen, ist die Zeitbewertungsrücklage anteilig im Verhältnis des abgehenden Anteils zur vorherigen Anteilsquote aufzulösen (IAS 28.25).

5.4 Abschreibung von stillen Reserven, Auflösung von stillen Lasten

Im Rahmen der **Erstbewertung/Erstkonsolidierung** werden die Anschaffungs- **71** kosten in einer **Nebenrechnung** verteilt auf:
- den Anteil am buchmäßigen **Eigenkapital**,
- den Anteil an den **stillen Reserven** und den **stillen Lasten**,
- einen evtl. positiven **Unterschiedsbetrag** (*goodwill*).

Ein **negativer** Unterschiedsbetrag ist sofort ertragswirksam (Rz 60). **72**

Die **Fortschreibung** um Ergebnis- und Dividendenanteile berücksichtigt die Veränderung des buchmäßigen Eigenkapitals (Rz 61).

Fortzuschreiben sind aber auch die stillen Reserven und Lasten. **73**

Bei der zeitlichen Verteilung der Abschreibungen und Auflösungen ist Folgendes **74** zu beachten:
- **Stille Reserven** sind **nach der Restnutzungsdauer** der betreffenden Vermögenswerte aufzulösen (IAS 28.32). Unter *materiality-*, aber auch Kosten-Nutzen-Gesichtspunkten (→ § 1 Rz 59 ff.) können umfangreiche Vereinfachungen notwendig und zulässig sein, etwa ein Abstellen auf mittlere Nutzungsdauern. Soweit stille Reserven in Vorräten ruhen, lösen sie sich mit dem Abgang der Vorräte auf.
- **Stille Lasten** sind aufzulösen, soweit der entsprechende Verlust bzw. Aufwand eintritt bzw. mit dessen Eintreten nicht mehr zu rechnen ist.
- Die Auflösung stiller Reserven und Lasten führt zur Veränderung der **latenten Steuern** auf *inside basis differences*. Diese Veränderung geht in das Ergebnis aus der *equity*-Beteiligung ein (Rz 130).

5.5 Zwischenergebniseliminierung, Sacheinlagen in das assoziierte Unternehmen

Nach IAS 28.26 gelten viele Konsolidierungsmethoden (→ § 32 Rz 118 ff.) für **75** Tochterunternehmen in ähnlicher Weise auch für assoziierte Unternehmen. Ein Beispiel ist die durch IFRS 10.B86 verlangte **Eliminierung von Zwischenergebnissen** aus konzerninternen Transaktionen (→ § 32 Rz 142 ff.). Gewinne und Verluste aus Transaktionen zwischen dem Investor (oder einem seiner konsolidierten Tochterunternehmen) und dem assoziierten Unternehmen sind anteilig im Umfang der Beteiligung am assoziierten Unternehmen zu eliminieren (IAS 28.28). Dies gilt sowohl für *upstream*-Lieferungen des assoziierten Unternehmens an den Investor als auch für *downstream*-Transaktionen mit umgekehrter Lieferrichtung.[15]

Die Technik der Zwischenergebniseliminierung bei *equity*-Konsolidierung erklärt sich am besten im **Vergleich** zur **Vollkonsolidierung**:[16]

- Bei konzerninternen Lieferungen zwischen Unternehmen des **Vollkonsolidierungskreises**, denen sich bis zum Bilanzstichtag noch keine Konzernaußenumsätze angeschlossen haben, zielt die Zwischenergebniseliminierung auf die Begrenzung des konzernbilanziellen Wertansatzes des Liefergegenstands. Der Gegenstand soll durch eine konzerninterne Transaktion nicht über den Konzernanschaffungs- bzw. Konzernherstellungskosten angesetzt werden können. Der vom konzerninternen Veräußerer einzelbilanziell realisierte Gewinn (Differenz von einzelbilanziellem Veräußerungspreis zu den Anschaffungs-/Herstellungskosten) ist daher gegen den Liefergegenstand zu eliminieren. **Buchung** (abgekürzt): „per (Netto-)Ertrag an Vermögenswert".

- Für **assoziierte Unternehmen** ergeben sich, abgesehen von der rechnerischen Beschränkung der Eliminierung auf die Anteilsquote, je nach Transaktionsrichtung folgende Modifikationserfordernisse:
  - Bei *downstream*-Lieferungen verlässt der Vermögenswert den Vollkonsolidierungskreis, steht also technisch für eine Wertkorrektur nicht mehr zur Verfügung. Die Wertkorrektur muss stattdessen gegen den *equity*-Ansatz erfolgen. **Buchung**: „per Netto-Ertrag an Anteil an assoziiertem Unternehmen".
  - Bei *upstream*-Lieferungen gelangt der Vermögenswert in den Vollkonsolidierungskreis und steht insofern technisch für eine Wertkorrektur zur Verfügung. Als Gegenkonto kommt aber die ursprünglich in Einzel- und Summenbilanz angesprochene Ertragsposition nicht infrage, da im Rahmen der *one-line consolidation* (Rz 27) nicht die einzelnen GuV-Positionen des assoziierten Unternehmens, sondern dessen Ergebnis (Saldogröße) Berücksichtigung finden. **Buchung**: „per Ergebnis aus assoziiertem Unternehmen an bezogener Vermögenswert". Zum Teil wird für *upstream*-Lieferungen auch eine Eliminierung gegen die *equity*-Beteiligung für zulässig oder vorzugswürdig gehalten. **Buchung**: „per Ergebnis aus assoziiertem Unternehmen an Anteil an assoziiertem Unternehmen".[17]

Jedenfalls bei Zugrundelegung der *asset theory* (Rz 29) ist neben der Zwischenergebniseliminierung keine Aufwands- oder Schuldenkonsolidierung erforderlich.[18] Auch bei *downstream*-Lieferungen bleiben der eigene Umsatz und Materialaufwand unberührt. Folgt man der *consolidation theory*, ist eine Anpassung der entsprechenden Posten hingegen vertretbar.

Dazu folgende Beispiele:

Praxis-Beispiel

A) *Downstream*-Lieferung

M liefert Erzeugnisse (Herstellungskosten = 75) im Dezember 01 mit einem Gewinnaufschlag von 25, somit für 100 an aU, an der er mit 20 % beteiligt ist. In

---

15 Handelsrechtlich wurde hingegen bis zum Erlass von DRS 8.30 überwiegend nur eine *upstream*-Eliminierung gefordert; vgl. HAVERMANN, WPg 1987, S. 315ff.
16 Vgl. LÜDENBACH, PiR 2006, S. 207ff.
17 Vgl. etwa KPMG, Insights into IFRS 2015/16, Tz 3.5.450.
18 Vgl. SCHMIDT, PiR 2010, S. 61ff.

02 veräußert aU die Erzeugnisse/Waren weiter. M verfährt nach der *consolidation theory* wie folgt:

Datum	Konto	Soll	Haben
in 01:	Umsatz (20 % von 100)	20	
	Materialaufwand (20 % von 75)		15
	equity-Beteiligung (20 % von 25)		5
in 02:	Gewinnrücklagen	5	
	Materialaufwand	15	
	Umsatz		20

B) *Upstream*-Lieferung
aU liefert Erzeugnisse (Herstellungskosten = 75) im Dezember 01 für 100 an M, die mit 20 % beteiligt ist. In 02 veräußert M die Erzeugnisse/Waren weiter. M konsolidiert wie folgt:

Datum	Konto	Soll	Haben
in 01:	Ergebnis aus aU	5	
	Vorräte (oder Anteil an aU)		5
in 02:	Gewinnrücklagen	5	
	Ergebnis aus aU		5

Soweit der **Anteil bereits auf null abgewertet** ist und Forderungen sowie mangels Haftung auch Rückstellungen nicht zur Berücksichtigung weiterer Verluste infrage kommen (Rz 93), steht bei *downstream*-Lieferungen der Anteil technisch nicht mehr für die Eliminierungsbuchung „per Ertrag an Anteil" zur Verfügung. Im Schrifttum werden verschiedene Lösungsansätze für diesen Fall diskutiert:

- Unterlassen der Eliminierung,[19]
- Eliminierung des Gewinns gegen Eigenkapital („per Ertrag an Eigenkapital") oder einen passiven Abgrenzungsposten („per Ertrag an *deferred income*") mit erfolgsneutraler Auflösung des Eigenkapital- oder Abgrenzungspostens gegen den Anteil, sobald wieder hinreichend Gewinne angefallen sind, aber spätestens bei Entkonsolidierung.[20]

Gegen die erste Lösung spricht der unzutreffende Ertragsausweis, gegen die zweite, dass die Nutzung von **Eigenkapital- oder Abgrenzungsposten** zur zeitlichen Gewinnverteilung nur **in Einzelfällen** im IFRS-Regelwerk vorgesehen ist (*available-for-sale assets* → § 28, Investitionszuwendungen → § 12 Rz 30) und **keine Ähnlichkeiten** zu diesen Fällen bestehen. Eine herrschende Meinung ist nicht erkennbar. Beide Lösungen wären daher vertretbar. In 2013 hat sich allerdings zunächst das IFRS IC der Materie angenommen und sodann der IASB das Thema auf die Agenda genommen.[21] Nach vorläufiger Auffassung dieser Instanzen gilt:

- Der bei *downstream*-Lieferung entstandene Gewinn ist auch so weit zu eliminieren, wie er den Buchwert des *equity*-Anteils übersteigt.
- Der übersteigende Teil ist als **Abgrenzungsposten** (*deferred gain*) zu erfassen.

76

---

19 Zulässig nach KPMG, Insights into IFRS 2015/16, Tz 3.5.440.
20 HAYN, in: BECK'SCHES IFRS-Handbuch, 5. Aufl., 2016, § 36, Tz 147.
21 IFRIC Update March 2013 und IASB Update July 2013.

Ein *Exposure Draft* zum Thema war ursprünglich für 2015 angekündigt. Das Thema ist jetzt Teil des *Research Project Equity Method of Accounting*.

77 Werden die Anteile am assoziierten Unternehmen ganz oder teilweise veräußert und endet dadurch oder durch Änderung der Stimmrechtsregelungen die *equity*-Konsolidierung, stellt sich die Frage nach Behandlung zuvor eliminierter Zwischengewinne aus *downstream*-Lieferungen. Hierbei ist wie folgt zu differenzieren:

a) Vollständige Veräußerung:
Hier wird die Wirkung der früheren Eliminierung quasi automatisch über den Entkonsolidierungserfolg rückgängig gemacht. Der eliminierte Gewinn hat zuvor den *equity*-Ansatz gemindert und erhöht bei gegebenem Veräußerungspreis damit jetzt den Entkonsolidierungserfolg.

b) Übergang auf Finanzinstrument:
Hier ergibt sich eine äquivalente Selbstkorrektur, da die Beteiligung zum *fair value* in die Bilanzierung nach IAS 39/IFRS 9 zu überführen ist (Rz 33).

c) Beide Fälle:
Über den *equity*-Ansatz hinausgehende Zwischenergebnisse, die passiviert wurden (Rz 76), sind hingegen ergebniswirksam aufzulösen, u.E. auch bei Beibehaltung von Anteilen bereits mit Beendigung der *equity*-Konsolidierung.

78 Als *up-/downstream*-Lieferung führt IAS 28.28 auch Beziehungen zwischen einem Tochterunternehmen des Investors und dem von ihm *at equity* konsolidierten Unternehmen an. Keine expliziten Regeln bestehen hingegen für **sidestream-Lieferungen** eines assoziierten, *at equity* konsolidierten Unternehmens an ein zweites Unternehmen mit gleichem Status. Fraglich ist, ob hier eine planwidrige Lücke vorliegt, die durch Analogie in der Weise zu schließen wäre, auch Gewinne aus *sidestream*-Transaktionen zu eliminieren. U.E. liegt eine solche Lücke nicht vor. Die Formulierung von IAS 28.28 fällt bereits ausführlicher aus als nötig, indem neben den Transaktionen des assoziierten Unternehmens mit dem Anteilseigner auch die mit dessen Tochterunternehmen, genauer dessen „vollkonsolidierten Tochterunternehmen", ausdrücklich erwähnt werden. Diese besondere Erwähnung wäre entbehrlich gewesen; nach den allgemeinen Grundsätzen der Konzernrechnungslegung sind Transaktionen mit dem Vollkonsolidierungskreis einheitlich zu behandeln – unerheblich ist dabei, mit welcher rechtlich-formalen Teileinheit des Vollkonsolidierungskreises das assoziierte Unternehmen in Lieferbeziehungen tritt. Wenn der IASB gleichwohl zur Klarstellung eine Erwähnung der vollkonsolidierten Tochterunternehmen für notwendig hielt, andererseits im Rahmen dieser Klarstellung keine Aussage zu *sidestream*-Transaktionen getroffen hat, ist eine planwidrige Regelungslücke auszuschließen. Die „Enthaltung" des IASB in der Frage der *sidestream*-Transaktionen ist entweder i.S.e. bewussten Regelungsverzichts oder i.S.e. Absage an die Eliminierung von *sidestream*-Gewinnen zu interpretieren. Eine zwingend durch Analogieschluss zu füllende Lücke liegt damit nicht vor. Demnach besteht keine Pflicht zur Eliminierung von Gewinnen aus *sidestream*-Transaktionen.[22]

79 Beim gesamten Problemkreis der Zwischenergebniseliminierung spielen der *materiality*-Aspekt sowie die Kosten-Nutzen-Frage (→ § 1 Rz 60) eine wichtige Rolle. Aus dieser Sicht ist **praktisch** wie folgt zu differenzieren (→ § 32 Rz 144):

---

[22] Gl.A. KPMG, Insights into IFRS 2015/16, Tz 3.5.490.10.

- Bezieht eines der beiden Unternehmen **Vorräte** vom anderen Unternehmen und ist der jeweils zum Bilanzstichtag noch nicht verkaufte Bestand entweder gering oder unterscheidet er sich – bei relativer Konstanz der Gewinnaufschläge – im Vergleich der Stichtage nicht wesentlich, so kann i.d.R. von einer diesbezüglichen Zwischenergebniseliminierung abgesehen werden. Gleiches gilt, wenn die Gewinnaufschläge aus den internen Lieferungen gering ausfallen.
- Wird **Anlagevermögen** von einer Gesellschaft an die andere mit Verlust veräußert, so kann dies ein Indiz für ein bereits zuvor bestehendes Abwertungserfordernis darstellen. Der Verlust ist in diesem Fall nicht zu eliminieren.
- Erbringt das eine Unternehmen Leistungen, die das andere Unternehmen als **immaterielle Vermögenswerte** aktiviert, so ist bei erheblichem Umfang eine Zwischenergebniseliminierung vorzunehmen.

Aus praktischer Sicht scheitert die Zwischenergebniseliminierung jedenfalls bei *upstream*-Transaktionen (Lieferungen vom assoziierten Unternehmen an das beteiligte Unternehmen) ggf. an den fehlenden Informationen über die Höhe des Zwischenergebnisses. Zu diesem Problemkreis wird auf Rz 87 verwiesen.

Das Problem der Zwischenergebniseliminierung stellt sich auch bei **Sacheinlagen.** Bringt etwa das übergeordnete Unternehmen bei Gründung des assoziierten Unternehmens oder zu einem späteren Zeitpunkt ein Grundstück ein, ist zu fragen, ob und in welchem Umfang hierbei durch Aufdeckung stiller Reserven ein Gewinn realisiert werden kann. Nach den allgemeinen Regeln der Zwischenergebniseliminierung kommt eine Gewinnrealisierung im Umfang der eigenen Beteiligungsquote nicht infrage. Diese Überlegung wird durch IAS 28.30 explizit bestätigt und in der Weise konkretisiert, dass ausnahmsweise eine Gewinnrealisierung ganz ausscheidet, wenn es der Transaktion (Einlage) an wirtschaftlicher Substanz mangelt (→ § 34 Rz 45).

Ist der in das assoziierte **Unternehmen eingelegte Gegenstand ein Tochterunternehmen**, besteht ein Widerspruch zwischen IAS 28 und IFRS 10. Während IAS 28 bei Einlagen in oder Veräußerungen an das Gemeinschaftsunternehmen eine Gewinnrealisierung nur nach Maßgabe des Fremdanteils am Gemeinschaftsunternehmen vorsieht, ist nach IFRS 10.25 beim Verlust der alleinigen Beherrschung eine Gewinnrealisierung in vollem Umfang geboten. U. E. ist hier unter dem Gesichtspunkt des lex specialis IFRS 10 zu folgen, der die spezielle Frage des Verlusts der alleinigen Kontrolle abschließend behandelt. Die so schon in den Vorauflagen vertretene Auffassung wird durch das im September 2014 vorgelegte *Amendment* zu IFRS 10 und IAS 28 bestätigt. Sofern das auf das assoziierte Unternehmen übertragene Tochterunternehmen einen Geschäftsbetrieb, also ein *business* (entsprechend IFRS 3) darstellt (Regelfall), hat nach IAS 28.31A und IFRS 10.B99A eine vollständige Ertragsrealisierung beim Investor zu erfolgen. Betrifft die Transaktion nur die Veräußerung von Vermögenswerten ohne *business*-Qualität (also etwa auch die Veräußerung einer rein vermögensverwaltenden Ein-Objekt-Tochtergesellschaft), ist eine Teilerfolgserfassung vorzunehmen. Die in der Neuregelung vorgesehene Differenzierung nach *business*-Qualität gilt auch dann, wenn das veräußerte Vermögen nicht rechtlich als Tochterunternehmen *(share deal)*, sondern im *asset deal* übertragen wird. Die Neuregelungen sollten ursprünglich ab 2016 pflichtweise anzuwenden sein. Ein *Amendment* vom Dezember 2015 hat die Erstanwendung auf unbestimmte Zeit verschoben. Zur Begründung wird in IFRS 10.BC190L und M angeführt, dass es weitere offene Fragen bzgl. der *equity*-Me-

80

81

thode im Allgemeinen und Veräußerungs-/Einlagevorgängen von Tochtergesellschaften in *equity*-konsolidierte Unternehmen im Besonderen gebe und diese erst insgesamt gelöst werden sollten.

5.6 Einheitliche Bilanzierungsmethoden

82   Nach IAS 28.35 ist das *equity*-Ergebnis bzw. der *equity*-Ansatz auf der Basis **konzerneinheitlicher Bewertungs- und Ansatzmethoden** zu ermitteln (→ § 32 Rz 119ff.). In der Praxis wird dies anders als bei einem Tochterunternehmen (Beherrschung) häufig nicht in vollem Umfang durchsetzbar sein. Die erforderlichen Informationen über Abweichungen bzw. notwendige Anpassungen können fehlen.

83   IAS 28 (2000) berücksichtigte diesen Umstand noch explizit durch weiche Anforderungen: Für die Konzernbilanzierung sollten „sachgerechte Berichtigungen" abweichender Ansätze und Werte vorgenommen werden. Wo dies nicht durchführbar war, sollte diese Tatsache „im Allgemeinen" im **Anhang** angegeben werden. In IAS 28 sind entsprechende Formulierungen nicht mehr enthalten. Unter Anwendung allgemeiner Gesichtspunkte der *materiality*- und der Kosten-Nutzen-Abwägung (→ § 1 Rz 59ff.) kann aber im Einzelfall von einer Anpassung an konzerneinheitliche Bilanzierungsmethoden abgesehen werden. Wegen Einzelheiten wird auf Rz 87 verwiesen.

5.7 Abweichende Bilanzstichtage

84   In der Behandlung **abweichender Bilanzstichtage** (→ § 32 Rz 112ff.) sind zwei Fälle zu unterscheiden:

- Das assoziierte Unternehmen bilanziert zwar zum **gleichen** Stichtag wie der Investor, stellt seinen Abschluss aber regelmäßig wesentlich **später** auf: Der Investor kann dann u. E. gem. IAS 28.33 die jeweils letzte vorliegende Bilanz des assoziierten Unternehmens *(most recent available financial statements)*, d. h. **die Bilanz des Vorjahres,** zugrunde legen, es sei denn, die Aufstellung einer „Arbeitsbilanz" auf den aktuellen Stichtag sei praktikabel.
- Das assoziierte Unternehmen bilanziert zu einem **abweichenden** Bilanzstichtag: Die Aufstellung einer „Arbeitsbilanz" des assoziierten Unternehmens auf den abweichenden Stichtag des Investors ist gem. IAS 28.34 notwendig, wenn die **Zeitdifferenz mehr als drei Monate** beträgt.

Das Verhältnis beider Vorschriften ist nicht deutlich. Die isolierte Anwendung würde zu widersinnigen Ergebnissen führen:

Praxis-Beispiel

I ist an zwei assoziierten Unternehmen aU1 und aU2 beteiligt. Die Bilanzstichtage sind wie folgt:

- I und aU1 31.12.
- aU2: 31.8.

I stellt seinen Abschluss für das Jahr 02 jeweils bereits Mitte Januar 03 fertig *(fast close)*. Die Bilanz von aU2 für das Jahr 01/02 liegt dann bereits vor. Die Bilanz von aU1 für das Jahr 02 wird jedoch erst im Mai 03 vorgelegt.

> Nach IAS 28.33 könnte I der *equity*-Bewertung von aU1 die Bilanz des Jahres 01 zugrunde legen, da dieser Abschluss der *„most recent available"* ist. Die Aufstellung einer Arbeitsbilanz auf den 31.12.02 ist nur dann verlangt, wenn dies nicht impraktikabel *(impracticable)* ist.
>
> Andererseits verbietet IAS 28.34 die Verwendung der Bilanz der aU2, da der Bilanzstichtag um mehr als drei Monate von dem von I abweicht.
>
> I dürfte danach zwar einen zwölf Monate alten Abschluss von aU1, jedoch nicht den vier Monate alten Abschluss von aU2 zugrunde legen. aU2 müsste ohne Praktikabilitätsvorbehalt eine Arbeitsbilanz auf den 31.12.02 erstellen, die wahrscheinlich aber erst nach Mitte Januar 03 vorläge und damit wertlos wäre.

Das im Beispiel abgeleitete Ergebnis ist nicht sachgerecht und ist daher abzulehnen. **Zwei Lesarten** bieten sich an:

* Der in IAS 28.33 enthaltene Hinweis auf die Praktikabilität der Erstellung von Arbeitsbilanzen muss in gleicher Weise für IAS 28.34 gelten. Danach ist gegen die Verwendung mehr als drei Monate alter Bilanzen dann nichts einzuwenden, wenn
  – die Erstellung einer Arbeitsbilanz impraktikabel wäre und
  – diese Tatsache im Anhang offengelegt wird und
  – wesentliche Transaktionen der Zwischenzeit durch Anpassungsrechnungen berücksichtigt werden.
* Die in IAS 28.34 enthaltene Drei-Monats-Regel gilt gleichermaßen für IAS 28.33. In jedem (wesentlichen) Fall *(in any case)* wäre danach die Verwendung einer mehr als drei Monate alten Bilanz unzulässig. Nur *materiality*-Gründe könnten eine Abweichung rechtfertigen.

Die zweite Lesart scheint sachgerechter und entspricht der wohl herrschenden Meinung.[23] Angesichts der Unbestimmtheit der Begriffe „Praktikabilität" und „*materiality*" dürfte die **praktische Lösung** aber in vielen Fällen gleich sein: Bei *fast-close*-Abschlusserstellung des Investors werden nur die wichtigsten assoziierten Unternehmen auf der Basis einer (Arbeits-)Bilanz auf den gleichen Stichtag einbezogen.

Wegen der erforderlichen **Angaben** vgl. Rz 133.   85

Bei Angleichung des bisher abweichenden Geschäftsjahres an das des Mutterunternehmens kann die *equity*-Konsolidierung im Übergangszeitraum u.U. mehr oder weniger als zwölf Monate umfassen.   86

Praxis-Beispiel

Der Konzern bilanziert auf den 31.12., das assoziierte Unternehmen bisher auf den 30.9. Im Konzernabschluss zum 31.12.02 ist das assoziierte Unternehmen mit den Zahlen für den Zeitraum 1.10.01 bis 30.9.02 enthalten. In 03 passt sich das assoziierte Unternehmen unter Einlegung eines Rumpfgeschäftsjahres (1.10.03 bis 31.12.03) dem Konzern an.

Beurteilung

Im Konzernabschluss 31.12.03 ist das assoziierte Unternehmen mit 15 Monaten (1.10.02 bis 31.12.03) zu berücksichtigen.

---

23 Vgl. u.a. THEILE/PAWELZIK, in: HEUSER/THEILE, IFRS-Handbuch, 5. Aufl., 2012, Tz 6021.

5.8 Konsequenzen eingeschränkter Informationsmöglichkeiten für die Fortschreibung des *equity*-Ansatzes

87 Die Folgebewertung des Anteils am assoziierten Unternehmen verlangt u. a.
- eine Fortschreibung stiller Reserven (Rz 54 und Rz 74),
- eine Eliminierung von Zwischenergebnissen (Rz 79),
- eine Ermittlung des Gewinnanteils nach konzerneinheitlichen Bilanzierungs- und Bewertungsmethoden (Rz 82).

88 Die Beschaffung der hierfür erforderlichen Informationen kann schwierig sein. Folgende typische Problemfälle lassen sich unterscheiden: Das assoziierte Unternehmen
- veröffentlicht wegen fehlender Publizitätsanforderungen keinen Abschluss und gewährt auch dem Gesellschafter keine entsprechenden Informationen;
- veröffentlicht oder überlässt zwar einen Abschluss, dies jedoch nach nationalem Recht und nicht nach IFRS, erst recht also nicht nach konzerneinheitlichen Bilanzierungs- und Bewertungsmethoden des übergeordneten Unternehmens mit maßgeblichem Einfluss;
- ist selber Mutterunternehmen eines Konzerns, veröffentlicht oder überlässt jedoch nur einen Einzelabschluss, hingegen keinen für einen Einbezug in den Konsolidierungskreis nach IAS 28.27 benötigten Konzernabschluss.

89 Zu klären ist zunächst, ob das Unternehmen das Erforderliche getan hat, um die Informationen zu erlangen. Mittelbar ergibt sich die Forderung nach besten Bemühungen des übergeordneten Unternehmens aus IAS 28.5. Hiernach gilt ein Unternehmen bei einer Stimmrechtsquote von 20 % oder mehr nur dann nicht als assoziiert, wenn die Vermutung des maßgeblichen Einflusses **eindeutig widerlegt** *(clearly demonstrated)* wird. Als eindeutige Widerlegung taugt u. E. aber nur der Nachweis, dass trotz bester Bemühungen *(best efforts)*
- weder die für die unmittelbare Anwendung der *at-equity*-Konsolidierung erforderlichen Jahresabschlussinformationen
- noch solche Informationen zu erlangen sind, die eine gut begründete Schätzung des Ergebnisanteils ermöglichen.

Ohne den Nachweis der besten Bemühungen ergäbe sich für die *at-equity*-Konsolidierung ein faktisches Wahlrecht: Wer sich um die erforderlichen Informationen kümmert, müsste konsolidieren, wer sich nicht anstrengt, könnte dem entgehen. Ein derartiges faktisches Wahlrecht würde den Anforderungen an die Objektivität der Rechnungslegung widersprechen und ist daher abzulehnen. Die eigenen Bemühungen sind hierbei nicht erst im Rahmen der Folgekonsolidierung nachzuweisen (z. B. über eine Zusage, die für die Überleitung von HGB nach IFRS entstehenden Mehrkosten zu übernehmen), sondern schon im Anschaffungszeitpunkt (z. B. über entsprechende gesellschaftsvertragliche Vorkehrungen) sicherzustellen.

90 Können die an die Konsolidierung von assoziierten Unternehmen gestellten Anforderungen trotz bester Bemühungen **nicht vollumfänglich** erfüllt werden, bleiben zwei Handlungsalternativen:
- eine vereinfachte, auf **Schätzungen** beruhende Ermittlung des Fortschreibungsbetrags oder
- **Verzicht** auf eine *at-equity*-Bilanzierung mit der Begründung, die fehlende Möglichkeit der Informationsbeschaffung beweise das Fehlen maßgeblichen Einflusses.

Die **zweite** Alternative liefe auf ein Alles-oder-nichts-Prinzip hinaus, welches nur die Wahl zwischen vollständiger Anwendung der *at-equity*-Methode oder vollständigem Verzicht darauf ließe, die **erste** auf einen pragmatischen Ansatz, der eine „halbe Anwendung" der Nichtanwendung vorzieht.

U. E. ist die **erste** Alternative aus folgendem Grund vorzuziehen: Die Vornahme von **Schätzungen** liegt im Wesen der Rechnungslegung. Bei der Kaufpreisallokation von Tochterunternehmen sind etwa *fair values* von immateriellen Vermögenswerten oder stille Reserven in Sachanlagen regelmäßig mithilfe von ermessensbehafteten Bewertungsverfahren zu ermitteln. An die Verlässlichkeit der Wertermittlung sind somit keine überzogenen Anforderungen zu stellen. Entsprechendes muss für die Ermittlung und Fortführung von Unterschiedsbeträgen im Rahmen der *at-equity*-Konsolidierung, aber auch für die Ermittlung des Ergebnisanteils vor Fortführung der Unterschiedsbeträge gelten.

Praxis-Beispiel[24]

X ist seit dem 1.1.02 an aU mit 20 % beteiligt. aU veröffentlicht für 01 und 02 einen HGB-Jahresabschluss. Wesentliche Abweichungen zu IFRS sind in folgenden Positionen zu vermuten: Abschreibbare Sachanlagen werden degressiv abgeschrieben. Die Pensionsrückstellungen (ein Viertel der Bilanzsumme) werden ohne Berücksichtigung von Gehalts- und Rententrends und mit einem typisierten Zins von 6 % berechnet. Latente Steuern werden nicht berücksichtigt.

Die X hat zunächst die Bedeutung der Sachanlagen (z.B. über den Anteil an der Bilanzsumme) und der mutmaßlichen stillen Reserven (z.B. über die Struktur des Anlagevermögens) zu klären. Ist die Bedeutung niedrig, kann darauf verzichtet werden, für Zwecke der Nebenrechnung die stillen Reserven in den Sachanlagen per 1.1.01 zu ermitteln und sodann über eine durchschnittliche Restnutzungsdauer fortzuführen. Eine Anpassung der degressiven Abschreibung zugunsten einer linearen ist dann ebenfalls nicht nötig. Ist die Bedeutung der Sachanlagen hoch, hat die X zunächst bei der aU nachzufragen, ob für Zwecke der Kostenrechnung auch lineare Buchwerte ermittelt werden oder ob solche Werte (gegen Kostenübernahmezusage) ermittelt werden können. Ist dies der Fall, stellen die linearen Buchwerte i.d.R. eine ausreichende Approximation des Zeitwerts dar. Sind entsprechende Informationen trotz bester Bemühungen nicht zu beschaffen, spricht dies gegen maßgeblichen Einfluss und für den Verzicht auf eine *at-equity*-Konsolidierung.

Auch bei den Pensionsrückstellungen ist zunächst die Wesentlichkeit zu klären. Ist sie gegeben, hat die X zunächst bei der aU nachzufragen, ob gegen Kostenübernahmezusage auch die Werte nach IAS 19 ermittelt werden können. Sind entsprechende Informationen trotz bester Bemühungen nicht zu beschaffen, spricht dies gegen maßgeblichen Einfluss und für den Verzicht auf eine *at-equity*-Konsolidierung.

Liegen die vorgenannten Informationen vor, lässt sich unter der realistischen Prämisse, dass der HGB-Abschluss im Wesentlichen der Steuerbilanz entspricht, aus den stillen Reserven im Anlagevermögen und den Unterschiedsbeträgen bei der Pensionsrückstellung i.d.R. leicht die latente Steuer berechnen.

---

[24] Nach FREIBERG, PiR 2007, S. 260ff.

91   Zusammenfassend sind daher folgende **praktische** Unterscheidungen geboten:
- Für **unwesentliche** Beteiligungen kann auf Basis von Kosten-Nutzen-Überlegungen auf eine eigene Schätzung der Konzernwerte verzichtet werden. Allerdings ist für unwesentliche Beteiligungen bereits der Einbezug in den Konsolidierungskreis aus Kosten-Nutzen-Überlegungen fraglich.
- Bei **wesentlichen** Beteiligungen werden die jeweiligen nationalen Vorschriften zur Publizität oder zum Gesellschaftsrecht i.d.R. sicherstellen, dass ein Abschluss nach nationalem Recht zu erhalten ist. Sind wesentliche Abweichungen zu den IFRS nicht zu erwarten, kann eine *at-equity*-Konsolidierung auf Basis dieses Abschlusses angewendet werden. Sind größere Abweichungen in wesentlichen Positionen zu erwarten, müssen ergänzende Informationen zur eigenen Ermittlung eines angepassten Ergebnisses abgefragt werden. Hat diese Abfrage trotz bester Bemühungen (Zusage zur Kostenübernahme usw.) keinen Erfolg, kann i.d.R. unter Berufung auf fehlenden maßgeblichen Einfluss auf eine *at-equity*-Konsolidierung verzichtet werden. Die besten Bemühungen sollten allerdings bereits bei Begründung der Beteiligung (insbesondere durch Teilnahme als Gründungsgesellschafter) angewendet werden.
- Bildet das **wesentliche** Beteiligungsunternehmen selbst einen **Konzern**, erstellt aber nach nationalem Recht nur einen Einzelabschluss, stellt sich die Frage, ob die *at-equity*-Konsolidierung auf Basis dieses (angepassten) Einzelabschlusses erfolgen kann oder – wie in IAS 28.27 vorgesehen – ob die Erstellung eines Konzernabschlusses notwendig ist. U. E. hängt dies vom Einzelfall ab. Ist das Beteiligungsunternehmen selbst operativ tätig und im Verhältnis zu seinen Tochterunternehmen sehr groß, kann der Einzelabschluss ausreichen. Ist das Beteiligungsunternehmen eine reine Holding und resultiert das Konzernergebnis aus den Tätigkeiten seiner Tochterunternehmen, stellt der Einzelabschluss keine ausreichende Basis dar. In diesem Fall wäre wiederum nachzuweisen, dass trotz bester Bemühungen (Zusage zur Kostenübernahme etc.) kein Konzernabschluss zu erlangen ist.

92   Im Zeitablauf kann sich die Informationslage verbessern, etwa dann, wenn ein zunächst nur nach HGB bilanzierendes (und auf dieser Basis konsolidiertes) assoziiertes Unternehmen seine eigene Rechnungslegung auf IFRS umstellt. U. E. gilt für den sich durch diese Umstellung ergebenden Differenzbetrag:
- Der Übergang vom HGB- zum IFRS-basierten *equity*-Buchwert kann im Konzernabschluss (der Obergesellschaft) als Methodenänderung und damit retrospektiv dargestellt werden.
- Die Eröffnungsbilanzwerte des Vorjahres sind im Konzern anzupassen und in der Bilanz (Drei-Spalten-Format) darzustellen.
- In der Konzern-GuV des laufenden Jahres wird nur das periodengerechte Ergebnis aus dem assoziierten Unternehmen berücksichtigt.[25]

---

[25]   Ausführliches Beispiel bei LÜDENBACH, PiR 2009, S. 279ff.

5.9 Bewertung von *equity*-Beteiligungen bei Verlusten

5.9.1 Ergebnisfortschreibung bis Buchwert null

Im Fall **dauernder Verluste** des assoziierten Unternehmens würde die Ergebnisfortschreibung des Beteiligungsansatzes ab einem bestimmen Zeitpunkt zu einem **negativen Wertansatz** führen. IAS 28.38 f. bestimmt hierzu Folgendes:

93

- Soweit der Anteil eines Anteilseigners an den Verlusten des assoziierten Unternehmens zu einem negativen *equity*-Wert führen würde, ist die Einbeziehung von Verlusten bei der bilanziellen Wertermittlung regelmäßig einzustellen. Die Anteile werden mit einem **Buchwert von null** ausgewiesen.
- Die **überschießenden Verluste** werden **in einer Nebenrechnung** festgehalten. Die in der Folgezeit erzielten Gewinne werden zunächst in dieser Nebenrechnung zur Verlustverrechnung verwendet. Erst wenn sie den überschießenden Verlustanteil übersteigen, werden sie dem Beteiligungswert wieder zugeschrieben.[26]

Praxis-Beispiel

I leistet bei der Gründung des Beteiligungsunternehmens aU eine Einlage von 80. Die anteilig auf I entfallenden Jahresergebnisse betragen in den ersten beiden Jahren jeweils –50 und im dritten Jahr +50.

- Ende 01 beträgt der *equity*-Ansatz 80–50 = 30.
- Der Verlust des Zweiten Jahres ist daher nur bis zur Höhe von 30 zu berücksichtigen.
- Der überschießende, nicht berücksichtigte Betrag von 20 wird per 31.12.02 in einer Nebenrechnung festgehalten.
- Er wird im Geschäftsjahr 03 wirksam und mindert dort die Ergebniszuschreibung von 50 auf 30.

Wegen der erforderlichen **Angaben** vgl. Rz 133.

Probleme bereitet die Nichtberücksichtigung überschießender Verluste dann, wenn ein positives GuV-Ergebnis aus einer *equity*-Beteiligung durch ein negatives sonstiges Ergebnis (OCI) überkompensiert wird (Rz 131):

94

Praxis-Beispiel

Der Anteil an aU beträgt 10 zum 31.12.01. In 02 erzielt das assoziierte Unternehmen (bezogen auf die Anteilsquote des Investors) einen Jahresüberschuss von 20 und ein negatives sonstiges Ergebnis von 50. Diskussionswürdig sind folgende Vorgehensweisen per 31.12.02:

Alternative 1 (Bruttodarstellung)

„Per *equity*-Ansatz 20 an GuV-wirksames Ergebnis aus *equity*-Beteiligung 20".

„Per sonstiges Ergebnis aus *equity*-Beteiligung 30 an *equity*-Ansatz 30".

Alternative 2 (Nettodarstellung)

„Per sonstiges Ergebnis aus *equity*-Beteiligung 10 an *equity*-Ansatz 10".

U. E. ist die Bruttodarstellung u. a. wegen der höheren Aussagekraft vorzuziehen.

---

[26] Kritisch zum Aussetzen NIEHUES, HdJ Abt. V/3, Tz 202: „Zweifel erscheinen deshalb angebracht, ob ein Suspendieren der anteiligen Verlustverrechnung dem Grundgedanken eines Verfahrens gerecht wird, das darin besteht, zeitgleich die Ergebnisse des assoziierten Unternehmens zu vereinnahmen, jedoch dies nur so lange zu tun, wie Gewinne erzielt werden oder zumindest die Verluste den Bilanzansatz nicht übersteigen."

5.9.2 Berücksichtigung überschießender Verluste in Haftungsfällen

95 Die Berücksichtigung überschießender Verluste ist nach IAS 28.39 ausnahmsweise insoweit zulässig und geboten, als der Investor gesellschafts- oder schuldrechtlich **haftet** bzw. aufgrund einer entsprechenden Haftung schon **Zahlungen**
geleistet hat. Im Haftungsfall wird der Verlust vorrangig gegen einen **Passivposten** (Verbindlichkeit bzw. Rückstellung) gebucht. Bei schon geleisteter Zahlung kommt nur die **Abschreibung der Forderung auf den Aufwendungs-
ersatzanspruch** gegen die Gesellschaft infrage, u.U. auch unter Verstoß gegen
das Einzelbewertungsprinzip.

> **Praxis-Beispiel**
> I ist als persönlich haftender Gesellschafter an der aU OHG beteiligt. aU ist
> aufgrund eines vorübergehenden Liquiditätsengpasses nicht in der Lage,
> Kreditor K zu bedienen. K nimmt daher I in Anspruch. Die Zahlung von I
> begründet einen Aufwendungsersatzanspruch gegen aU gem. § 110
> Abs. 1 HGB. Die Forderung auf den Aufwendungsersatz ist gem. IAS 28
> mit dem überschießenden Verlustanteil zu belasten. Dies gilt auch dann,
> wenn der Aufwendungsersatzanspruch z.B. wegen Absicherung durch die
> Mitgesellschafter, dinglicher Sicherung oder positiver Zukunftsaussichten des
> Beteiligungsunternehmens voll werthaltig ist.

Bei Stellung von Finanzgarantien (Bürgschaften usw.) durch den Investor stellt
sich die Frage nach dem Verhältnis von IAS 39/IFRS 9 zu IAS 28.

> **Praxis-Beispiel**
> Investor I hat vor einiger Zeit eine Bürgschaft von 2 Mio. zugunsten von aU
> abgegeben. Per 31.12.01 beträgt der Buchwert der *equity*-Beteiligung null. In
> 02 beläuft sich der auf I entfallende Verlustanteil auf 2 Mio.
> Bei Abgabe der Bürgschaft betrug deren *fair value* 0,6 Mio. Unter Berück-
> sichtigung der zwischenzeitlichen Amortisation beträge der aktuelle Wert
> nach IAS 39.47(c) bzw. IFRS 9.4.2.1(c) 0,3 Mio. (→ § 28 Rz 235). Nach IAS
> 28.39 wäre eine Schuld von 2 Mio. anzusetzen.

U. E. ist in derartigen Fällen den spezifischeren Bestimmungen von IAS 28 zu
folgen. Die Regelungen von IAS 39 berücksichtigen nicht die Besonderheiten der
equity-Konsolidierung. Ihre Anwendung auf Beteiligungen an assoziierten Unternehmen würde zu einer sachlich nicht gerechtfertigten Ungleichbehandlung von
schuldrechtlichen Haftungen (Finanzgarantien i. S. v. IAS 39) und gesellschaftsrechtlichen Einstandspflichten (Komplementär oder OHG-Gesellschafter) führen.

5.9.3 Berücksichtigung eigenkapitalsubstituierender Finanzierungen[27]

5.9.3.1 Ausdehnung des Verlustverrechnungsvolumens

96 Das mit Verlusten belastbare Interesse *(interest)* des Investors im assoziierten
Unternehmen umfasst nach IAS 28.38 *„any long-term interests that, in substance, form part of the investor's net investment in the associate.“* Ein vom

---

[27] Vgl. zum Nachfolgenden, auch im ausführlichen Rechtsvergleich mit HGB und US-GAAP,
LÜDENBACH/FROWEIN, DB 2003, S. 2449 ff.

Investor gewährter **zusätzlicher Finanzierungsbeitrag** (Darlehen, stille Beteiligung usw.) soll diese Voraussetzungen „z.B." *(for example)* dann erfüllen, wenn eine Tilgung weder geplant noch in der absehbaren Zukunft *(foreseeable future)* wahrscheinlich ist.

Neben diesem allgemeinen Hinweis enthält IAS 28 eine spezifische Beispielliste. **Teile des** *net investment* können sein:

- *preferred shares* (gemeint ist der angelsächsische Typ rückzahlbarer Vorzugs-aktien),
- **langfristige Forderungen (Darlehen)**,

jedoch **nicht**

- **Forderungen aus Lieferungen und Leistungen** und
- Forderungen/Darlehen, die adäquat **dinglich gesichert** sind.

Die beiden ausgeschlossenen Fälle sind i.V.m. der allgemeinen Formulierung u.E. so zu interpretieren: Einzubeziehen sind nur Darlehen und andere Forderungen, die **aus funktionaler (nicht notwendig aus rechtlicher) Sicht Eigenkapital substituieren**, d.h. der langfristigen Finanzierung des assoziierten Unternehmens dienen und durch Verzicht auf dingliche Sicherung externe Finanzierungsmöglichkeiten des assoziierten Unternehmens nicht einschränken. Der rechtliche Status ist nur insoweit wichtig, als es um die **Reihenfolge** der Verlustverrechnung geht. IAS 28.38 sieht eine Verlustverrechnung in Reihenfolge der Seniorität (d.h. umgekehrt zur Priorität im Liquidationsfall) vor.

5.9.3.2 Auswirkungen auf die Höhe des festzustellenden Verlusts

Die Ausdehnung des Verlustverrechnungsvolumens auf zum Eigenkapital komplementäre Vermögenswerte sagt noch nichts über die **Höhe** des insgesamt zu berücksichtigenden Verlusts aus. **Zwei Varianten** bieten sich an: 97

- Für die Höhe des Verlusts aus der *equity*-Beteiligung ist **allein** die Beteiligung des Investors am **Eigenkapital** maßgeblich. Die eigenkapitalsubstituierenden Finanzierungen dienen nur der Erweiterung der Verrechnungsmöglichkeit dieses Verlusts für den Fall, dass der Beteiligungsbuchwert bereits null beträgt.
- Der beim Investor zu berücksichtigende Verlustanteil ist nicht nur abhängig von seinem Anteil an der Eigenkapitalfinanzierung des assoziierten Unternehmens, sondern umso höher, je höher sich sein Anteil an der **gesamten** Eigenkapital- und eigenkapitalsubstituierenden **Finanzierung** darstellt.

Das nachfolgende Beispiel zeigt den Unterschied beider Ansätze:

Praxis-Beispiel

I gründet mit anderen Investoren das Unternehmen aU gegen Bareinlage ohne Agio. Vom gezeichneten Kapital von 120 übernimmt A 40. aU erwirtschaftet im ersten Jahr einen Verlust von 400, der zu 120 aus den Einlagen, zu 280 aus einem von A gewährten nachrangigen Darlehen finanziert wird. Die anderen Gesellschafter gewähren keine Darlehen.

1. Variante

Der bei I zu berücksichtigende Verlustanteil beträgt ein Drittel von 400 = 133. Davon sind 40 gegen die Beteiligung und 93 gegen das Darlehen zu verrechnen.

> **2. Variante**
> Der bei I zu berücksichtigende Verlustanteil beträgt 40 aus dem Eigenkapital
> und 280 aus dem Darlehen, also insgesamt 320. Dies entspricht 80 % des
> Verlusts von aU und damit auch dem einschlägigen Finanzierungsanteil von I,
> der sich auf 320/400 = 80 % beläuft.

Aus IAS 28.12 ergibt sich ein Hinweis auf **Bevorzugung** der **ersten** Methode.
Der Ergebnisanteil ist danach auf Basis des *ownership interest* (d.h. des Eigenkapitalanteils) zu bestimmen. Die vergleichbare amerikanische Vorschrift (ASC
323–10–24–28)[28] hält demgegenüber fest, *„that an investor should not recognise
equity method losses based solely on the percentage of the investee common stock
held by the investor"*. Die amerikanische Auffassung ist u.E. konsequenter.
Wenn im Rahmen einer wirtschaftlichen Betrachtungsweise die eigenkapitalsubstituierenden Finanzierungen als Teil des Gesamtinvestments interpretiert
und der Beteiligung gleichgestellt werden, sollte sich die Funktion der eigenkapitalsubstituierenden Komponenten nicht in einer Art Auffangbecken für
überschießende Verluste erschöpfen. Die Gleichstellung müsste vielmehr auch
beim Umfang des insgesamt zuzurechnenden Verlustanteils die anderen Finanzierungskomponenten einbeziehen.

5.9.3.3   Bewertung der eigenkapitalsubstituierenden Finanzinstrumente nach IAS 28/IAS 36 und/oder nach IAS 39/IFRS 9?

98 Verallgemeinert geht es bei dem unter Rz 97 diskutierten Problem um die Frage,
ob eine wirtschaftlich als Teil des *net investment* zu behandelnde Finanzierung
beim übergeordneten Unternehmen noch vollständig den Regelungen von IAS
39/IFRS 9 unterliegt oder diese Regelungen mindestens zum Teil durch IAS 28
verdrängt werden. Die in Rz 97 befürwortete Ausdehnung der Verlustberücksichtigung über den Beteiligungsansatz hinaus führt zu Wertansätzen, die sich
mit dem **Einzelbewertungsprinzip** nicht mehr vertragen. Dies gilt insbesondere
dann, wenn die eigenkapitalsubstituierenden Finanzierungsformen (Darlehen,
Genussrechte etc.) unabhängig von der Werthaltigkeit des Investments mit
Verlusten belastet werden.
In SIC 20 als Ausführungsbestimmung zu IAS 28 (2000) wurde dieser Konflikt
noch gesehen und deshalb die Verlustberücksichtigung auf solche Finanzierungsinstrumente begrenzt, die ein unbeschränktes Recht auf Beteiligung an
den Ergebnissen des Unternehmens und ein residuales Eigenkapitalinteresse
verkörpern (SIC 20.5). Neben dem Eigenkapitalanteil kamen hierfür nur echte
Genussrechte, atypische Beteiligungen oder ähnliche, dem Eigenkapital weitgehend angenäherte Positionen, jedoch nicht Darlehen, infrage. Für Darlehen
und andere finanzielle Interessen des Investors sollten hingegen die üblichen
Bewertungsregelungen, insbesondere die zum *impairment* nach IAS 39, gelten
(SIC 20.8).
In IAS 28 ist ein solcher Vorbehalt nicht mehr erkennbar. Dieses Vorgehen führt
nicht unbedingt zu Wertungswidersprüchen. Das IFRS-*Framework* kennt keinen expliziten und durchgehenden Grundsatz der Einzelbewertung. Gegen eine

---

[28] Beispiele bei LÜDENBACH/FROWEIN, BB 2003, S. 2449 ff.

implizite Annahme eines Einzelbewertungsprinzips würden z.B. Vorschriften zur außerplanmäßigen Abschreibung *(impairment)* sprechen. Denn diese beruhen gerade auf der Annahme der Wertminderung einer ganzen Gruppe von Vermögenswerten *(cash generating unit;* → § 11 Rz 101ff.).

U. E. gilt hinsichtlich des Verhältnisses von IAS 28/IAS 36 zu IAS 39/IFRS 9 bei eigenkapitalsubstituierender Finanzierung aus Sicht der Bilanz des Geldgebers (Investor) Folgendes: 99

- Unabhängig von der Werthaltigkeit des Finanzinstruments sind den *equity*-Wert **überschießende laufende Verluste** gegen das Finanzinstrument zu verrechnen (Rz 96f.).
- Zusätzlich kann das **gesamte** *net investment,* d.h. die Summe aus *equity*-Beteiligung und eigenkapitalsubstituierender Finanzierung durch eine **Wertminderung** *(impairment)* belastet sein (Rz 103). Die Wertminderungsindikation ist im Anwendungsbereich von **IAS 28** rev. 2014 (Folgeänderungen durch IFRS 9) durch IAS 28.41Aff. bestimmt, der Wertminderungsbedarf durch **IAS 36**. Für beide Teilaspekte ist das *net investment* in seiner Gesamtheit (also inkl. der Beteiligung und der eigenkapitalsubstituierenden Finanzierung) maßgeblich.
- Ob **zusätzlich** für die eigenkapitalsubstituierende Finanzierung ein Wertminderungstest nach **IFRS 9** durchzuführen ist, ist umstritten. Dagegen könnte IAS 28.41A sprechen, der abweichend von IFRS 9 (aber in Übereinstimmung mit IAS 39) auf *incurred* und nicht auf *expected losses* abstellt.
- IFRS 9/IAS 39 behält daneben für die **Klassifizierung** des Finanzinstruments und seine „planmäßige" Fortschreibung (etwa nach der **Effektivzinsmethode**) Bedeutung.

Die vorstehende Thematik war in 2016 Gegenstand einer Anfrage an das IFRS IC, das nach vorläufiger Entscheidung hierzu eine Interpretation (IFRIC) plant. Die aktuellen Überlegungen des IFRS IC sind im *Agenda Paper* 4 zum *Meeting* September 2016 festgehalten. Danach soll zukünftig gelten: 100

- A) Die eigenkapitalsubstituierenden Finanzinstrumente sind **zunächst nach IFRS 9** zu bewerten, also z.B. rückzahlbare Vorzugsaktien erfolgswirksam um ihre *fair-value*-Änderung fortzuschreiben und zu amortisierten Anschaffungskosten erfasste Darlehen erfolgswirksam um evtl. erforderliche Wertberichtigungen oder Wertaufholungen anzupassen.
- B) **Laufende Verluste** aus der *equity*-Beteiligung sind sodann zunächst der *equity*-Beteiligung, dann mit ihrem überschießenden Teil den eigenkapitalsubstituierenden Finanzinstrumenten zu belasten.
- C) Ein evtl. *impairment*-**Bedarf** ist für das Investment als Ganzes zu ermitteln und auf die Bestandteile zu allozieren (Rz 96).
- D) Die Bewertung der eigenkapitalsubstituierenden Finanzinstrumente in der **nächsten Periode** folgt wiederum IFRS 9, wobei für die Höhe einer *fair-value*-Änderung oder einer Wertberichtigung/Zuschreibung nach IFRS 9 der nicht schon um die Effekte aus A) und C) angepasste Vorjahresvergleichswert nach IFRS 9 maßgeblich ist.

Zum Ganzen folgendes gegenüber dem *Agenda Paper* stark vereinfachtes Beispiel:

Praxis-Beispiel

Das *net investment* von U im assoziierten Unternehmen aU umfasst neben der Beteiligung auch rückzahlbare Vorzugsaktien und ein langfristiges Darlehen. Die bilanzierten Werte per 31.1.01 sind wie folgt:

- *equity*-Beteiligung 140,
- Vorzugsaktien *(fair value)* 90,
- Darlehen (amortisierte Anschaffungskosten) 70.

In 02 betragen

- der Anteil am Verlust des aU 200,
- der *fair value* der Vorzugsaktien 50,
- die amortisierten Anschaffungskosten des Darlehens nach Wertberichtigung gem. IFRS 9 noch 50.

Die Buchungen in 02 sind wie folgt:

- „per Aufwand 40 an Vorzugsaktien 40", wegen Minderung des *fair value* nach IFRS 9,
- „per Wertberichtigungsaufwand 20 an Darlehen 20", wegen Wertberichtigung nach IFRS 9,
- „per Verlustanteil aU 140 an *equity*-Beteiligung 140", zur Reduzierung des *equity*-Werts auf null,
- „per Verlustanteil aU 60 an Vorzugsaktien 50 und an Darlehen 10", zur Allozierung des überschießenden Verlusts.

Nach Vornahme dieser Buchungen haben *equity*-Beteiligung und Vorzugsaktien einen Buchwert von null, das Darlehen einen Buchwert von 40.

In 03 beträgt der Anteil am Verlust des aU erneut 200, der *fair value* der Vorzugsaktien vermindert sich von 50 auf 40, die amortisiertem Anschaffungskosten des Darlehens bleiben unverändert bei 50. Zu buchen ist in 03 wie folgt:

- „per Aufwand 10 an Vorzugsaktien 10", wg. Minderung des *fair value*,
- „per Vorzugsaktien 10 an Verlustanteil aU 10", da die Vorzugsaktien keinen negativen Buchwert haben können,
- „per Verlustanteil aU 40 an Darlehen 40", zur Reduzierung des Werts auf null.

5.9.4 Komplikationen bei Erstkonsolidierung, Entkonsolidierung und Übergangskonsolidierung

101 Der **Verzicht auf Einzelbewertung** (Rz 98) hat Bedeutung für die **vollständige Entkonsolidierung** (→ § 32) einer Beteiligung an einem assoziierten Unternehmen:

- Mit der Beendigung der *equity*-Methode entfällt die spezielle Rechtsgrundlage für die Berücksichtigung von Verlusten bei Darlehen usw.
- Soweit diese werthaltig sind, müssen die Darlehensforderungen u.E. **nach allgemeinen Grundsätzen** nunmehr wieder mit dem vollen Betrag ausgewiesen werden.
- Die erforderliche **Zuschreibung auf die Forderung** ist u.E. nicht separat, sondern als Teil des Entkonsolidierungserfolgs auszuweisen.

Praxis-Beispiel
Sachverhalt
- V beteiligt sich in 01 als Gründungsgesellschafter mit 20 %, entsprechend 200 TEUR, an aU.
- In 01 bis 03 beträgt der Verlustanteil aus aU insgesamt 250 TEUR. Hiervon werden 50 TEUR gegen ein von V gewährtes Darlehen verrechnet, für das bei isolierter Betrachtung kein Wertberichtigungsbedarf gegeben wäre.
- Anfang 04 veräußert V seine Beteiligung für 10 TEUR an E.

Lösung
- Ohne Berücksichtigung des Darlehens ergibt sich ein Entkonsolidierungserfolg von 10 TEUR (Erlös 10 minus Buchwert 0).
- Die Entkonsolidierung bedingt aber eine Zuschreibung beim Darlehen.
- Sie ist u. E. nicht als Ertrag aus der Auflösung einer Wertberichtigung zu berücksichtigen, sondern führt zu einer Erhöhung des Entkonsolidierungserfolgs auf 60 TEUR.

Ein entsprechendes Vorgehen ist bei **Teilveräußerung mit Statuswechsel** (Rz 114 ff.) geboten.

Die Behandlung der **Teilveräußerung ohne Statuswechsel** (z. B. 20 % einer bisherigen 40-%-Beteiligung werden veräußert) ist **unklar**. Einerseits bleibt die Rechtsgrundlage für die Wertberichtigung der eigenkapitalsubstituierenden Darlehen bestehen. Andererseits entfällt rechnerisch der Teil der „Wertberichtigung" auf den abgehenden Anteil. Der zweite Aspekt spricht u. E. dafür, eine Zuschreibung unter Anpassung des Abgangserfolgs nach Maßgabe des Verhältnisses des abgehenden Anteils vorzunehmen.

Zusammenfassend lässt sich festhalten:
- Die laufende Berücksichtigung überschießender Verluste bei eigenkapitalsubstituierenden Finanzierungsformen (Rz 96) führt bei der Entkonsolidierung zu Komplikationen.
- Für die Lösung des Problems finden sich in IAS 28 keine Hinweise.
- U. E. ist es bei vollständigen Veräußerungen und Veräußerungen mit Statuswechsel angezeigt, unter Anpassung des Entkonsolidierungserfolgs zur Einzelbewertung der Darlehen etc. zurückzukehren.
- Bei der Veräußerung ohne Statuswechsel sind unterschiedliche Lösungen vertretbar.

102 Werden nach Fortschreibung des *equity*-Werts auf null und Festhalten überschießender Verluste in einer Nebenrechnung neue **Anteile hinzuerworben**, erhöhen deren Anschaffungskosten das Verlustausgleichsvolumen. Die Verluste der Nebenrechnung sind insoweit erfolgswirksam mit den Neuanteilen zu verrechnen.

5.9.5 Außerplanmäßige Abschreibungen auf *equity*-Beteiligungen

103 Da ein Konzern nicht auf sich selbst abschreiben kann, sind außerplanmäßige Abschreibungen auf *equity*-Beteiligungen dogmatisch nur dann zu begründen, wenn die *equity-Methode* jedenfalls **nicht ausschließlich** als ein **Konsolidierungs**verfahren, sondern mindestens auch als ein Verfahren der Beteiligungs-

bewertung gilt. IAS 28 folgt diesem Gedanken und enthält daher Regelungen zur **außerplanmäßigen Abschreibung.**
Die Regeln sehen vor der Folgeänderung durch IFRS 9 ein **zweistufiges Verfahren** vor, das durch folgende Besonderheit gekennzeichnet ist:

*   Stufe 1: **Ob** ein außerplanmäßiger Abschreibungsbedarf gegeben sein könnte, beurteilt sich nach **IAS 39** (IAS 28.40).
*   Stufe 2: Wenn eine entsprechende Indikation vorliegt, ist der Stichtagswert zu ermitteln. Diese Ermittlung des **Umfangs** des Abschreibungsbedarfs folgt jedoch gem. IAS 28 den Regeln von **IAS 36**, d.h., maßgeblich ist nicht der *fair value*, sondern der *recoverable amount* (→ § 11 Rz 32ff.), also der höhere Wert aus
    *   Nettoveräußerungspreis *(fair value less costs to sell)* und
    *   Nutzungswert *(value in use).*

Diese Mischung der Regeln berücksichtigt die **Zwitterstellung** von Anteilen an assoziierten Unternehmen und *joint ventures:* Sie sind Finanzinstrumente, auf die jedoch IAS 39 nur dann anzuwenden ist, wenn die Bewertung ausnahmsweise zum *fair value* erfolgt (IAS 39.2(a); → § 28 Rz 11). Die Bewertungsregeln von IAS 39 sind daher nicht auf *equity*-Investments anzuwenden.
Zur vorzunehmenden Nutzungswertbestimmung der Stufe 2 enthält (abgesehen von Veräußerungsfällen) IAS 28.42 konkretisierende Regeln. Der **Nutzungswert** *(value in use)* kann wahlweise bestimmt werden:

*   aus dem Barwert der anteilig dem Investor zuzurechnenden zukünftigen *cash flows* des assoziierten Unternehmens oder
*   aus dem Barwert der erwarteten **Ausschüttungen** des assoziierten Unternehmens,

jeweils ergänzt um den Barwert erwarteter Anteile am Liquidationserlös.
Nach IAS 28.42 liefern bei passenden Prämissen *(appropriate assumptions)* beide Methoden den gleichen Wert. Da die Gleichheit der Werte tatsächlich die Annahme einer Vollausschüttung voraussetzt, ist der Hinweis u.E. so zu verstehen: Auf die tatsächlichen Verhältnisse kommt es nicht an. Die Vollausschüttungsannahme kann daher auch dann angewendet werden, wenn sie den realen Erwartungen widerspricht.

104   IAS 28 rev. 2014, also die durch IFRS 9 geänderte Fassung, verweist hinsichtlich der Wertminderungsindikation nicht mehr auf IAS 39 bzw. IFRS 9, sondern regelt diese in IAS 28 selbst: Eine Wertminderung ist nach IAS 28.41A durch eine oder mehrere *loss events* indiziert; insbesondere durch signifikante Schwierigkeiten oder Vertragsbrüche des assoziierten oder Gemeinschaftsunternehmens oder wesentliche und nicht fremdübliche Konzessionen des übergeordneten Unternehmens. Ein sinkender Wert *(fair value)* des untergeordneten Unternehmens und/oder seine Herabstufung durch Ratingagenturen indiziert allein noch keine Wertminderung (IAS 28.41B). Je signifikanter und/oder länger anhaltend das Sinken des Zeitwerts der Beteiligung ist, umso eher ist aber von einer Wertminderung auszugehen (IAS 28.41C). Negative Entwicklungen der technologischen, ökonomischen oder rechtlichen Rahmenbedingungen können ebenfalls eine Wertminderung indizieren (IAS 28.41C).
Hinsichtlich der bei Wertminderungsindikation anzuwendenden Wertminderungsmethode bleibt es bei den bisherigen Regelungen (Rz 103).

Der Bedarf für eine außerplanmäßige Abschreibung ist im Allgemeinen auf der   **105**
Basis einer **Einzelbewertung** zu ermitteln, es sei denn, die *cash flows* aus dem
entsprechenden assoziierten Unternehmen sind nicht größtenteils unabhängig
von den *cash flows* anderer Vermögenswerte (IAS 28.43). Im zweiten Fall ist die
Wertminderung ggf. auf der Ebene der zahlungsmittelgenerierenden Einheit
(cash generating unit) zu beurteilen (→ § 11 Rz 116 ff.).
Soweit ein Abschreibungsbedarf festgestellt ist, muss noch die Frage der **Verteilung** des Abschreibungsbetrags geklärt werden. Der *equity*-Ansatz repräsentiert
den Anteil des Investors an dem Vermögen des Beteiligungsunternehmens einschließlich eines derivativen *goodwill* und erworbener stiller Reserven. Für den
weiteren Wertverlauf nach außerplanmäßiger Abschreibung ist daher von Bedeutung, welche dieser Komponenten vorrangig belastet wird. Nach bis 2004
geltender Fassung von IAS 28 war in der Nebenrechnung zum Beteiligungsansatz zunächst und **vorrangig** der *goodwill* abzuschreiben. Dies entsprach den
allgemeinen Regeln von IAS 36. Auch wenn die ab 2005 anzuwendende Fassung
nicht mehr auf die vorrangige *goodwill*-Abschreibung hinweist, schien ein solches Vorgehen gleichwohl weiterhin sachgerecht.[29]
Im Rahmen des *Annual Improvements Project 2008* ist IAS 28.42 jedoch um
zwei Sätze ergänzt worden. Der zweite Satz betrifft Wertaufholungen (Rz 107),
der erste außerplanmäßige Abschreibungen und lautet wie folgt:
*„An impairment loss … is not allocated to any asset, including goodwill, that forms
part of the carrying amount of the investment in the associate."*
Diese Neuregelung gibt der Praxis Steine statt Brot. Der Verzicht auf die
Allozierung stellt in allen Fällen, in denen das *impairment* nicht zu einer
Abschreibung führt, die mindestens der Summe aus stillen Reserven und *goodwill* entspricht, eine Scheinlösung dar. Es bleibt dann bei der Notwendigkeit,
über die Fortschreibung der stillen Reserven zu entscheiden. Diese Entscheidung
setzt Klarheit über den Bestand der stillen Reserven nach *impairment* und damit
über die Allozierung des Wertminderungsbetrags voraus.

Praxis-Beispiel
Am 1.1.01 erwirbt I einen Anteil von 20 % an aU für 100. Der Anteil am
IFRS-Buchvermögen der aU beträgt 50, derjenige an den stillen Reserven 25,
der *goodwill* somit ebenfalls 25. Die stillen Reserven sind über fünf Jahre
aufzulösen. Das Ergebnis 01 und 02 der aU ist null, der planmäßig um die
Auflösung der stillen Reserven fortgeführte *equity*-Ansatz auf den 31.12.01
beträgt somit 95. Der erzielbare Betrag *(recoverable amount)* ist zum gleichen
Zeitpunkt nur noch 75.
Fraglich ist die planmäßige Fortentwicklung des *equity*-Ansatzes in 02.
Nach alter Rechtslage wäre die außerplanmäßige Abschreibung des Jahres 01 voll
gegen den *goodwill* verrechnet worden. Die stillen Reserven wären nicht betrof-
fen gewesen und hätten in 02 planmäßig um 5 fortgeschrieben werden können.
Nach geltender Rechtslage wird die außerplanmäßige Abschreibung nicht auf
„any asset" verteilt. Gleichwohl besteht die Notwendigkeit einer planmäßigen
Fortschreibung des Ansatzes von 75 in 02. Hierzu müssen Annahmen getrof-

---

[29] So auch THEILE/PAWELZIK, in: HEUSER/THEILE, IFRS-Handbuch, 5. Aufl., 2012, Tz 6051.

fen werden, ob die stillen Reserven per 31.12.01 noch „unversehrt" waren (dann planmäßige Abschreibung der stillen Reserven in 02 i. H. v. 20/4 = 5), ob sie anteilig durch die außerplanmäßige Abschreibung 01 belastet waren (dann planmäßige Abschreibung 02 i. H. v. 10/4 = 2,5). Eine explizite Antwort gibt die Neufassung des Standards nicht. Wörtlich genommen impliziert sie, dass die außerplanmäßige Abschreibung weder die stillen Reserven noch den *goodwill* tangiert, sondern umverteilt, also als (nicht offen ausgewiesener) negativer Unterposten (Wertberichtigung) Teil des *equity*-Ansatzes wird. Dieser wörtlichen Auslegung folgend wären die stillen Reserven also als unversehrt anzusehen. Eine solche Auslegung macht aber jedenfalls dann wenig Sinn, wenn die außerplanmäßige Abschreibung sowohl *goodwill* als auch stille Reserven abdecken würde, im Beispiel also 45 statt 20 betrüge.

Angesichts der im Beispiel dargelegten Probleme der Neufassung besteht u. E. ein faktisches Wahlrecht:
- gem. der wohl herrschenden Meinung Erfassung der Abschreibung als (nicht offen ausgewiesener) negativer Unterposten (Wertberichtigung) des *equity*-Ansatzes, Fortschreibung der stillen Reserven wie bisher,
- begründete und konsistent durchgehaltene Umlegung der außerplanmäßigen Abschreibung auf *goodwill* und stille Reserven mit Anpassung der Fortschreibung der stillen Reserven.

106   Strittig ist, ob ein außerplanmäßiger Abschreibungsbetrag in der GuV als Teil des *equity*-Ergebnisses oder separat auszuweisen ist. U. E. ist ein separater Ausweis vorzugswürdig, weil IAS 28.40 von einer *impairment*-Prüfung „nach Anwendung der *equity*-Methode" spricht.

107   Unklar war nach älterem Rechtsstand nicht nur die Allozierung der außerplanmäßigen Abschreibung (Rz 105), sondern auch das Vorgehen bei **späterer Wertaufholung**. Nach einer Auffassung war die Zuschreibung in analoger Anwendung von IAS 36.124 dadurch limitiert, dass ein einmal abgeschriebener *goodwill* nicht zugeschrieben werden darf.[30] Die Gegenauffassung verneinte eine solche Limitierung. Da über ein *impairment* der Wert der gesamten *equity*-Beteiligung entscheide, könne umgekehrt auch für die Bestimmung eines Wertaufholungsbetrags keine Separierung in *goodwill* und andere Komponenten vorgenommen werden.[31] Klare Argumente für die Bevorzugung eines der beiden Standpunkte ergaben sich aus IAS 28 und IAS 36 nicht. Beide Auffassungen waren daher vertretbar.

Praxis-Beispiel
Sachverhalt
Am 1.1.01 wird der Anteil an aU für 100 angeschafft. Hiervon werden 40 dem *goodwill* zugerechnet.
Das Ergebnis aus aU beträgt +20 in 01 und –20 in 02. Am 31.12.02 wird ein *impairment*-Test vorgenommen (→ § 11 Rz 13) und die Beteiligung auf 0 abgeschrieben.

---

30   HEUSER/THEILE, IFRS-Handbuch, 5. Aufl., 2012, Tz 6053.
31   ERNST & YOUNG, International GAAP 2013, Ch 11 sCh 8.3.

In 03 gelingt die Stabilisierung des Unternehmens. Das Ergebnis aus aU beträgt 0. Für die Zukunft werden wieder Ergebnisse in der Größenordnung von +25 erwartet. Der *value in use* der Beteiligung (→ § 11 Rz 42) wird daher per 31.12.03 auf 120 geschätzt.

1. Auffassung
Die Zuschreibung ist auf 60 limitiert, da für den im ursprünglichen Abschreibungsbetrag von 100 mit 40 enthaltenen *goodwill* ein Zuschreibungsverbot besteht.

2. Auffassung
Die Zuschreibung entspricht mit 100 dem ursprünglichen Abschreibungsbetrag.

Im Rahmen des *Annual Improvements Project 2008* ist IAS 28.42 noch um einen zweiten Satz ergänzt worden: 108
„Accordingly, any reversal of that impairment loss is recognised in accordance with IAS 36 to the extent that the recoverable amount of the investment subsequently increases."
Danach ist die Limitierung der Zuschreibung durch die vorherige außerplanmäßige Abschreibung des im *equity*-Ansatz enthaltenen *goodwill* entfallen. Im Beispiel unter Rz 107 ist also nur noch die Lösungsalternative zwei zugelassen.

5.10 Kapitalerhöhung und Kapitalherabsetzung

Ohne Wirkung auf den Beteiligungs- bzw. *equity*-Ansatz sind **Kapitalerhöhungen** des assoziierten Unternehmens **aus Gesellschaftsmitteln**, da insofern lediglich eine Umgliederung innerhalb des Eigenkapitals des assoziierten Unternehmens stattfindet.   109

Bei einer **Kapitalerhöhung gegen Einlage** ist wie folgt zu unterscheiden: 110
* Das beteiligte Unternehmen nimmt im Umfang seiner bisherigen (und zukünftigen) Quote, d.h. **beteiligungsproportional**, an der Kapitalerhöhung teil: Der *equity*-Ansatz erhöht sich, weitere Folgen hat die Kapitalerhöhung nicht.
* Das beteiligte Unternehmen nimmt **überproportional** (aber ohne Statusänderung; Rz 113) an der Kapitalerhöhung teil: Der *equity*-Ansatz erhöht sich. Die Erhöhung der Beteiligungsquote führt wie ein Kauf neuer Anteile zu einer neuen Erstkonsolidierung für den hinzuerworbenen Teil mit Ermittlung der anteiligen stillen Reserven und des *goodwill*.[32]
* Das beteiligte Unternehmen nimmt **unterproportional** (aber ohne Statusänderung; Rz 113) an der Kapitalerhöhung teil: Hier ist zu untersuchen, wie sich die Zunahme des bilanziellen Eigenkapitals durch die Einlage und den Rückgang der Beteiligungsquote an diesem Eigenkapital wertmäßig zueinander verhalten.
Hierzu folgendes Beispiel: 111

---

[32] Herrschende Meinung, vgl. RICHTER, KoR 2014, S. 289ff. m.w.N.

Praxis-Beispiel

Ein Investor ist mit 40 % an Kapital und Stimmrechten eines aU beteiligt, das weder über Rücklagen noch Gewinnvorträge verfügt.

Das buchmäßige Eigenkapital des aU (zugleich gezeichnetes Kapital) beträgt 100, sein zu Zeitwerten bestimmtes Eigenkapital 150. Die Beteiligung des Investors beträgt somit bezogen auf das buchmäßige Eigenkapital 40, unter Berücksichtigung der stillen Reserven jedoch 60. Der *equity*-Wertansatz beim Investor beträgt 52 (davon 12 noch nicht aufgelöster *goodwill*).

Durch eine Kapitalerhöhung werden dem aU Mittel von 150 (davon 100 gezeichnetes Kapital und 50 Agio) zugeführt. Der Investor nimmt an der Kapitalerhöhung nicht teil. Seine Beteiligungsquote sinkt auf 20 % (= 40/200). **Nach Kapitalerhöhung** ist er somit

- zu Buchwerten mit 20 % × 250 = 50 (plus 10),
- zu Zeitwerten mit 20 % × 300 = 60 (unverändert)

beteiligt.

Folgende Lösungen kommen infrage:

- Betrachtung nur des höheren anteiligen buchmäßigen Eigenkapitals: Erfolgsbuchung „per Beteiligung 10 an Ergebnis aus aU 10";
- Betrachtung auch der Beteiligungsminderung durch Abgang von 20/40; bei noch nicht abgeschriebenem, d.h. noch im Beteiligungsansatz enthaltenem *goodwill* und stillen Reserven daher zusätzliche Buchung i.H.v. 12 × 20/40 = 6 „per Ergebnis aus aU 6 an Beteiligung 6", somit insgesamt Erhöhung des Beteiligungsansatzes um 4.

Beide Lösungen sind u.E. zulässig, da es bislang (zur ursprünglich vorgesehenen Änderung vgl. Rz 139) an expliziten Vorschriften fehlt.

---

112 Bei **Kapitalherabsetzungen** ist ebenfalls zwischen einer Umgliederung und einer effektiven Variante zu unterscheiden.

- Bei der **vereinfachten** Kapitalherabsetzung zur Verlustdeckung kommt es nur zur Umgliederung innerhalb des Eigenkapitals. Auswirkungen auf den *equity*-Ansatz ergeben sich nicht.
- Bei der **effektiven** Kapitalherabsetzung kommt es i.H.d. Herabsetzungsbetrags zu einer erfolgsneutralen Minderung des Beteiligungsansatzes (Aktivtausch: „per Geld an *equity*-Beteiligung").

6   Erwerb und Veräußerung von Anteilen

6.1   Erwerb weiterer Anteile

6.1.1   Erwerb ohne Statuswechsel

113 Beim Erwerb weiterer Anteile ohne Statuswechsel (das Unternehmen **war** und **ist** assoziiert bzw. *at equity* zu konsolidieren) ist für den Hinzuerwerb – und nur für diesen – konzernbilanziell eine neue Erstkonsolidierung durchzuführen (Rz 39 ff.). Bei der Folgekonsolidierung kommt es dann zu einer tranchenspezifischen Fortschreibung der stillen Reserven.[33]

---

[33] Herrschende Meinung, vgl. RICHTER, KoR 2014, S. 289 ff. m.w.N.

6.1.2 Einfache Beteiligung wird zu assoziiertem oder Gemeinschaftsunternehmen

Durch den Erwerb zusätzlicher Anteile kann aus einer einfachen Beteiligung eine Beteiligung an einem assoziierten oder Gemeinschaftsunternehmen werden. Ab dem Zeitpunkt, ab dem die Definition eines assoziierten oder Gemeinschaftsunternehmens erfüllt ist, ist konzernbilanziell die *equity*-Methode anzuwenden (IAS 28.32). **114**

Fraglich ist, ob die Unterschiedsbeträge für die alten Anteile **retrospektiv** nach Maßgabe ihres Anschaffungszeitpunkts und unter fiktiver Fortschreibung für die Zwischenzeit zu berücksichtigen sind oder ob ihr aktueller Buchwert zum Zeitpunkt der erstmaligen Anwendung der *equity*-Methode mit dem aktuellen Anteil am Eigenkapital des assoziierten Unternehmens zu vergleichen ist. **115**

Nach unserer Auffassung besteht ein Wahlrecht zwischen beiden Methoden. Im Einzelnen wird auf Rz 40 ff. verwiesen. **116**

6.1.3 Assoziiertes Unternehmen wird zu Gemeinschafts- oder Tochterunternehmen

Wird durch den Erwerb zusätzlicher Anteile aus einem assoziierten Unternehmen ein Tochter- oder Gemeinschaftsunternehmen, so kann im **Einzelabschluss** die **gewählte Bewertungs**methode (Rz 35 f.) fortgesetzt werden. **117**

Im **Konzernabschluss** ist hingegen beim Übergang auf ein Tochterunternehmen ein Wechsel zur Vollkonsolidierung vorzunehmen. **118**

Nach IFRS 3.32 ist dabei der *fair value* der Altanteile als erweiterter Teil der Anschaffungskosten des Tochterunternehmens anzusehen. I. H. d. Differenz zum *equity*-Buchwert entsteht damit ein Erfolg aus den Altanteilen.

Im Einzelnen wird auf → § 31 verwiesen.

Beim Übergang vom assoziierten zum Gemeinschaftsunternehmen wird die bisherige *equity*-Bewertung fortgesetzt (IAS 28.24). Soweit der Übergang nicht einfach durch eine Änderung der satzungsmäßigen Kontrollrechte, sondern durch den Zuerwerb von Anteilen erfolgt, ist nur für den Hinzuerwerb eine neue Erstkonsolidierung vorzunehmen, während die Altanteile nicht neu bewertet werden.

Bewirkt der Zuerwerb von Anteilen den Übergang von einer gemeinschaftlichen Tätigkeit *(joint operation)* i. S. v. IFRS 11 (→ § 34 Rz 21 ff.) zu einem *equity*-konsolidierten Unternehmen, ist unklar, ob die Altanteile mit ihrem *fair value* oder mit ihren Anschaffungskosten in den *equity*-Wert zu überführen sind. **119**

6.2 Veräußerung von Anteilen

6.2.1 Veräußerung sämtlicher Anteile (Entkonsolidierung)

Mit der Veräußerung sämtlicher Anteile geht die Beteiligung am assoziierten Unternehmen ab. In der **Differenz** von Veräußerungserlös und Buchwertabgang ergibt sich ein Ertrag oder Aufwand, der konzernbilanziell als sonstiger betrieblicher Ertrag oder Aufwand oder innerhalb des Finanzergebnisses als sonstiges Finanzergebnis ausgewiesen werden kann (Rz 131). Schon vor der Veräußerung kann es zu einer Umklassifizierung und Umbewertung kommen. Wegen Einzelheiten hierzu wird auf Rz 31 ff., wegen der Behandlung kumulierter Gesamtergebnisse *(other comprehensive income)* auf Rz 70 verwiesen. **120**

6.2.2 Veräußerung ohne Statuswechsel

121 Werden Teil-Anteile an einem assoziierten oder Gemeinschaftsunternehmen ohne Statuswechsel veräußert, können sich Probleme daraus ergeben, dass die veräußerten Anteile ihrerseits nicht sämtlich zu einem einzigen Stichtag, sondern sukzessiv erworben wurden. In diesem Fall stellt sich konzernbilanziell die Frage, ob hinsichtlich der abgehenden Anteile an den stillen Reserven und am *goodwill* eine **Durchschnittsbetrachtung** oder eine **verbrauchsfolgeähnliche Betrachtung** angezeigt ist. Hierzu folgendes Beispiel:

> **Praxis-Beispiel**
> Ein Investor hat
> * in 01 20 % der Anteile für 60 (bei einem buchmäßigen Eigenkapitalanteil von 50, Unterschiedsbetrag 10),
> * in 06 weitere 20 % für 100 (bei einem buchmäßigen Eigenkapitalanteil von 80, Unterschiedsbetrag 20) erworben.
>
> Anfang 11 notieren die Anteile nach Gewinnthesaurierungen aus 08 bis 10 insgesamt mit 200. Der Investor veräußert 20 %, die Hälfte seiner Anteile, für 120. Sämtliche Unterschiedsbeträge sollen stille Reserven sein und werden über 20 Jahre abgeschrieben.
> Im Beteiligungswert Anfang 11 sind 20 an stillen Reserven enthalten:
> * 5 aus 01 (ursprünglich 10, davon ½ abgeschrieben),
> * 15 aus 06 (ursprünglich 20, davon ¼ abgeschrieben).
>
> Für die Erfolgsermittlung bestehen folgende Alternativen:
>
> **1. Alternative: Durchschnittsbetrachtung**
> Ertrag = 120 Veräußerungspreis – 100 Abgang Beteiligung = 20.
> Vom Buchwertabgang entfallen 10 auf die stillen Reserven. Die verbleibenden stillen Reserven von 10 werden über eine gemittelte Restnutzungsdauer von 12,5 Jahren (Durchschnitt aus 10 und 15) fortgeführt.
>
> **2. Alternative: Fifo-Betrachtung**
> Die alten Anteile gehen ab, d.h. von den stillen Reserven nur 5. Die verbleibenden stillen Reserven von 15 werden über 15 Jahre Restnutzungsdauer abgeschrieben.
> Ertrag = 120 Veräußerungspreis – 95 Abgang Beteiligung = 25.
>
> **3. Alternative: Lifo-Betrachtung**
> Die neuen Anteile gehen ab, d.h. stille Reserven von 15. Die verbleibenden Reserven von 5 werden über 5 Jahre Restnutzungsdauer abgeschrieben.
> Ertrag = 120 Veräußerungspreis – 105 Abgang Beteiligung = 15.

122 Nach unserer Auffassung ist die **Durchschnittsmethode** im Allgemeinen vorzuziehen, wenn für die Verbrauchsfolgefiktion kein wirtschaftlicher Grund erkennbar ist. Abweichungen von der Durchschnittsmethode sind daher nur bei Identifizierbarkeit der Anteile angezeigt (z.B. beurkundete Aktien, die nicht in Sammelverwahrung sind).

123 Wegen der Behandlung kumulierter Gesamtergebnisse (*other comprehensive income*) bei einer Teilveräußerung unter Wahrung des maßgeblichen Einflusses wird auf Rz 70 verwiesen.

6.2.3 Assoziiertes oder Gemeinschaftsunternehmen wird zur einfachen Beteiligung

Mit dem Verkauf eines Teil-Anteils an einem assoziierten oder Gemeinschafts-   124
unternehmen kann ein Statuswechsel (Rz 114ff.) verbunden sein. Beispiel: Die
Stimmrechtsquote sinkt von bisher 40 % auf 15 % (Rz 14ff.). Dadurch entsteht
(u.U.) eine einfache Beteiligung. Dann ist die *equity*-Bewertung konzernbilanziell einzustellen und zur Bewertung nach IAS 39/IFRS 9 überzugehen
(IAS 28.22 und IFRS 9.5.1.1).

Die verbleibenden Anteile sind mit ihrem *fair value* in die Bilanzierung nach   125
IAS 39/IFRS 9 zu übernehmen. Unterschiede zum (anteiligen) *equity*-Buchwert
sind als Erfolg zu realisieren, kumulierte Gesamtergebnisse *(other comprehensive
income)* sind so aufzulösen, als habe das assoziierte Unternehmen die korrespondierenden Vermögenswerte (oder Schulden) veräußert (Rz 70).
Wegen weiterer Einzelheiten wird auf Rz 33ff. verwiesen.

Bewirkt die Veräußerung den Übergang von einer *equity*-konsolidierten Betei-   126
ligung zu einer gemeinschaftlichen Tätigkeit *(joint operation)* i.S.v. IFRS 11
(→ § 34 Rz 21ff.), ist unklar, ob die verbleibenden Anteile neu zu bewerten sind
oder dem (anteiligen) vorherigen *equity*-Wert entsprechen.

6.2.4 Veräußerung verlustreicher Beteiligungen

Zu den Besonderheiten bei der Veräußerung verlustreicher *equity*-Beteiligungen   127
wird auf Rz 101 verwiesen.

7 Latente Steuern

Im Rahmen der *equity*-Konsolidierungen können latente Steuern auf **drei Arten**   128
von temporären Differenzen entstehen (→ § 26 Rz 141ff.):
- aus der Perspektive des assoziierten Unternehmens als *inside basis differences I*
  zwischen den IFRS- und Steuerbuchwerten der Bilanz dieses Unternehmens;
- aus der Sicht des vom Anteilseigner neu bewerteten assoziierten Unternehmens als *inside basis differences II* auf aufgedeckte stille Reserven (im Rahmen
  der *equity*-Konsolidierung);
- aus dem Blickwinkel des Anteilseigners als *outside basis differences* zwischen
  dem *equity*-Ansatz der Beteiligung in der Konzernbilanz des Anteilseigners
  und dem Buchwert der Beteiligung in der Steuerbilanz.

Zum systematischen Zusammenwirken der drei Differenzarten das folgende   129
Beispiel:

Praxis-Beispiel

M erwirbt am 1.1.01 einen Anteil von 20 % an aU für einen Preis von 42. aU ist
schuldenfrei. Die Aktiva haben einen Wert von 150 in der IFRS-Bilanz von aU
(IFRS I) und von 100 in der Steuerbilanz. Ihr Zeitwert ist 200. Sie werden über
eine durchschnittliche Restnutzungsdauer von zehn Jahren abgeschrieben.

aU erzielt in 01 vor Steuern einen Gewinn von 50 in der IFRS-Bilanz (I). Darin
bereits berücksichtigt ist die Abschreibung von 15 (= 150/10). Der Steuer-
bilanzgewinn beträgt 55, da nur mit Abschreibungen von 10 (100/10) belastet.

In der Steuerbilanz der M wird die Beteiligung an aU zu Anschaffungskosten ausgewiesen. Dividenden und Gewinn aus Anteilsveräußerungen sind steuerpflichtig.

Die Latenzen ermitteln sich wie folgt:

inside basis difference I

	1.1.01			31.12.01	
	100 %	20 %		100 %	20 %
Aktiva IFRS	150,0	30,0		135,0	27,0
Aktiva Steuerbilanz	100,0	20,0		90,0	18,0
inside basis difference I	50,0	10,0		45,0	9,0
	×40 %	×40 %		×40 %	×40 %
passive latente Steuer	20,0	4,0		18,0	3,6

Konsolidierung/*inside basis difference II*

	1.1.01			1.1.01	
	100 %	20 %		100 %	20 %
Kaufpreis	210,0	42,0	Ergebnis vor Steuer	50,0	10,0
Aktiva lt. IFRS I	− 150,0	− 30,0	tatsächliche Steuer	− 22,0	− 4,4
passive latente Steuer darauf *(inside basis difference I)*	20,0	4,0	Steuerertrag aus Aufl. pass. Latenz I	2,0	0,4
stille Reserven in Aktiva	− 50,0	− 10,0	Ergebnis gem. IFRS I	30,0	6,0
passive latente Steuer darauf			Auflösung stiller Reserven	− 5,0	− 1,0
(inside basis difference II)	20,0	4,0	Steuerertrag daraus		
goodwill	50,0	10,0	(Aufl. pass. Latenz II)	2,0	0,4
			Ergebnis aus *equity*-Beteiligung		5,4
			equity-Ansatz 1.1.		42,0
			equity-Ansatz 31.12.		47,4

outside basis difference			
equity-Ansatz	42,0		47,4
Beteiligung in Steuerbilanz	42,0		42,0
outside basis difference	0		5,4
	×40 %		×40 %
latente Steuer III	0		2,2

130   Die Bestimmung der *inside basis differences* ist in der Praxis häufig schwierig, weil die notwendigen Informationen vom assoziierten Unternehmen nicht zur Verfügung gestellt werden. Auch grobe Vereinfachungen können insoweit notwendig sein (Rz 84).

Die Steuerlatenz auf *outside basis differences* hängt wesentlich von der **Rechtsform** des Investors und der des assoziierten Unternehmens ab. Im Einzelnen ist wie folgt zu differenzieren (→ § 26 Rz 181):

- **Beide Kapitalgesellschaften:** Die laufenden und einmaligen Ergebnisse aus dem assoziierten Unternehmen sind wegen § 8b KStG nicht steuerpflichtig (die 5-%-Zurechnung zum Einkommen nach § 8b Abs. 5 KStG vernachlässigt). Evtl. Differenzen zwischen dem steuerbilanziellen Beteiligungsansatz und dem IFRS-Ansatz haben **permanenten Charakter**. Steuerlatenzen entstehen nicht (→ § 26 Rz 186).

- **Investor Personengesellschaft, assoziiertes Unternehmen Kapitalgesellschaft:** Beim Investor kommt nur die **Gewerbesteuer** in Betracht (→ § 26 Rz 65). Eine Steuerbefreiung der Dividenden ist hier regelmäßig durch § 9 GewStG gegeben. Latente Steuern ergeben sich i.d.R. auch dann nicht, wenn sich die Steuerbefreiung nicht auf Veräußerungsgewinne erstreckt. Nach IAS 12.39ff. sind latente Steuern nicht anzusetzen, wenn der Investor den Zeitpunkt der Umkehr temporärer Differenzen kontrollieren kann und die Umkehr in der näheren Zukunft nicht wahrscheinlich ist (→ § 26 Rz 192). Aufgrund der Steuerbefreiung der Dividenden – insoweit permanente bzw. *non-taxable* Differenzen – kommt es auf die Kontrolle der Dividendenpolitik nicht mehr an. Die Umkehrfrage stellt sich nur noch für den Veräußerungsgewinn und kann dort leicht beantwortet werden: Der Investor kontrolliert den Veräußerungs- und damit Umkehrzeitpunkt. Es entstehen dann insgesamt keine latenten Steuern.
- **Beide Personengesellschaft:** Die Ergebnisse des assoziierten Personenunternehmens sind nach Maßgabe von § 15 EStG im Rahmen der sog. Spiegelbildmethode beim Investor unabhängig von der Ausschüttung zu berücksichtigen und zudem evtl. Abschreibungen auf Firmenwerte und stille Reserven (Ergänzungsbilanz) vorzunehmen. Wegen der Gewerbesteuerfreistellung nach § 9 GewStG ergibt sich trotz dieser Ähnlichkeit zur *equity*-Methode bei Investoren in der Rechtsform des Personenunternehmens eine permanente Differenz zur IFRS-Bilanz. Latente Steuern sind insoweit nicht zu bilden (→ § 26 Rz 193).
- **Investor Kapitalgesellschaft, assoziiertes Unternehmen Personengesellschaft:** Bei der Kapitalgesellschaft fällt Körperschaftsteuer auf das nach der Spiegelbildmethode unter Einbeziehung der Ergänzungsbilanzen ermittelte steuerliche Ergebnis an. Abweichungen zwischen Steuer- und IFRS-Bilanzwert können nicht nur einzelbilanziell bei Ansatz in der IFRS-Einzelbilanz zu Anschaffungskosten oder zum *fair value* entstehen. In dem Maße, in dem sich z.B. die Abschreibungsdauern des *goodwill* und der stillen Reserven nach IFRS einerseits und nach Steuerbilanz andererseits unterscheiden, kann es auch zu Abweichungen zwischen dem konzernbilanziellen *equity*-Wert und dem steuerlichen Spiegelbildwert kommen. Auf die Abweichungen sind latente Steuern zu bilden, es sei denn, der Gesellschaftsvertrag der Personengesellschaft sähe eine dauerhafte Gewinnthesaurierung vor (→ § 26 Rz 187).

8 Ausweis

Gem. IAS 1.54 und IAS 1.82 sind nach der *equity*-Methode bilanzierte Anteile und die daraus resultierenden Ergebnisse in der **Bilanz und GuV gesondert** auszuweisen. **131**
- Der Bilanzausweis erfolgt unter Finanzanlagen,
- der GuV-Ausweis i.d.R. innerhalb des Finanzbereichs, vor oder nach dem Posten Beteiligungsergebnis und Zinsergebnis (→ § 2 Rz 80ff.), wobei umstritten ist, inwieweit eine Zweiteilung der *equity*-Ergebnisse in operative (aus Unternehmen mit enger Verbindung zur Geschäftstätigkeit des Konzerns) und finanzielle (aus sonstigen Unternehmen) zulässig ist (→ § 2 Rz 86).

Dem Wesen der *one-line consolidation* (Rz 27) und den Vorgaben von IAS 1 eindeutig widersprechen würde jedenfalls eine Aufteilung des Ergebnisses aus einem einzigen assoziierten Unternehmen auf operative Komponenten (Betriebsergebnis), Finanzergebnis und Steuern.

Der Anteil des Investors an direkt im Eigenkapital erfassten Ergebnissen des assoziierten Unternehmens (OCI, Rz 67) ist im Eigenkapitalspiegel (oder in den Erläuterungen dazu) zu erfassen (→ § 20 Rz 2 ff.). Wegen des faktischen Ausweiswahlrechts im Eigenkapitalspiegel wird auf Rz 69 verwiesen, wegen des Ausweises des OCI in der Ergebnisrechnung auf → § 2 Rz 96. Ein außerplanmäßiger Abschreibungsbetrag auf *equity*-Beteiligungen ist vorzugsweise separat auszuweisen (Rz 106). Wegen Problemen, die sich bei einem positiven GuV-Ergebnis des assoziierten Unternehmens, aber einem dies überkompensierenden negativen OCI ergeben können, wird auf Rz 94 verwiesen.

132   Der Anteil des Investors am Ergebnis aus **aufgegebenen Geschäftsbereichen** *(discontinued operations)* i.S.v. IFRS 5 (→ § 29 Rz 19) unterliegt einem faktischen Ausweiswahlrecht. Nach Maßgabe der *asset theory* (Rz 29) ist er im Ergebnis aus assoziierten Unternehmen zu berücksichtigen, nach Maßgabe der *consolidation theory* im Konzernabschluss im Anschluss an das Ergebnis aus fortzuführenden Geschäftsbereichen als Ergebnisanteil aus aufgegebenen Geschäftsbereichen von assoziierten Unternehmen auszuweisen.[34]

9   Angaben

133   An Angaben zu Anteilen an assoziierten Unternehmen sieht IFRS 12 i.V.m. mit IAS 1 u. a. Folgendes vor:

- Angaben zur **widerlegbaren Assoziierungsvermutung** (IFRS 12.9):
  - Nennung der Gründe, warum eine Beteiligung von weniger als 20 % doch als assoziiertes Unternehmen bzw.
  - eine Beteiligung von mehr als 20 % nicht als assoziiertes Unternehmen qualifiziert wurde (Rz 7 ff.).
- Angaben zu *at equity* bilanzierten Anteilen (IFRS 12.B12 und IFRS 12.21):
  - zusammengefasste *(summarised)* finanzielle Informationen über jedes wesentliche assoziierte Unternehmen, insbesondere Bilanzsumme, Höhe der Schulden und der Erlöse und Jahresergebnis (Rz 134),
  - entsprechende aggregierte Angaben für nicht individuell, aber in ihrer Gesamtheit wesentliche assoziierte Unternehmen,
  - Angaben zum Anteil an *discontinued operations* des assoziierten Unternehmens,
  - Angaben zur Höhe der nicht berücksichtigten überschießenden Verluste (kumuliert und für die Periode; Rz 93 ff.),
  - Angaben zur Verwendung von abweichend datierten Abschlüssen assoziierter Unternehmen einschließlich Begründung (Rz 82 ff.).

Darüber hinaus ist nach IAS 1.108 ff. eine Angabe der für die Anteile angewendeten **Bilanzierungsmethoden** erforderlich, d. h. im Einzelabschluss Angabe, ob assoziierte Unternehmen zu Anschaffungskosten oder zum *fair value* bewertet wurden (Rz 35 ff.).

Auf die **Checkliste „IFRS-Abschlussangaben"** (siehe HI10157883 im Haufe IFRS-Kommentar Online) wird verwiesen (→ § 5 Rz 8).

---

34   Vgl. Schmidt, PiR 2010, S. 61 ff.

Hinsichtlich der zusammengefassten Informationen über wesentliche assoziierte **134** Unternehmen hält IFRS 12.B14 fest, dass die Beträge aus dem IFRS-Abschluss des assoziierten Unternehmens voll (100 %) und nicht lediglich entsprechend des prozentualen Anteils des Berichtsunternehmens anzugeben sind. Die Beträge sollen außerdem um die beim Erwerb aufgedeckten, dann fortgeschriebenen stillen Reserven (Rz 54) angepasst werden. U. E. ist auch hier aus Konsistenzgründen eine Hochrechnung auf 100 % geboten.

In Analogie zu IFRS 12.B11 (für Tochterunternehmen) können die zusammengefassten Informationen u. E. vor Zwischenergebniseliminierung dargestellt werden.

Ist das assoziierte Unternehmen selbst Mutterunternehmen eines Konzerns, **135** beziehen sich nach einer Agenda-Entscheidung vom Januar 2015 die anzugebenden finanziellen Informationen nicht auf den Einzelabschluss des assoziierten Unternehmens, sondern auf dessen Konzernabschluss.[35]

10 Anwendungszeitpunkt, Rechtsentwicklung

IAS 28 ist für alle Abschlüsse anzuwenden, deren Berichtsperioden ab dem **136** 1.1.2013 (in der EU 1.1.2014) beginnt.

Die bis 2012 anzuwendende Fassung von IAS 28 unterscheidet sich weniger **137** inhaltlich als redaktionell. Wichtige Ausnahmen betreffen die (teilweise) *fair-value*-Bilanzierung bei von *venture-capital*-Organisationen gehaltenen Anteilen (Rz 6), die Abgrenzung zu IFRS 5 bei beabsichtigtem Teilverkauf der Anteile (Rz 34), die Ausdehnung der Vorschiften des bisherigen SIC 13 auf assoziierte Unternehmen und in diesem Zusammenhang ihre Übernahme in IAS 28 rev. 2011 selbst (Rz 80).

Nach dem im September 2014 vorgelegten *Amendment* zu IFRS 10 und IAS 28 ist **138** bei Veräußerungen des Investors an ein *equity*-konsolidiertes Unternehmen oder bei Sacheinlagen die *business*-Qualität des veräußerten Objekts für den Umfang der Ertragsrealisierung bedeutsam. Im Dezember 2015 ist der Erstanwendungszeitpunkt dieser Regelung auf unbestimmte Zeit verschoben worden (Rz 81).

Eine bis 2004 zulässige, dann abgeschaffte *at-equity*-Bewertung im **Einzelabschluss** ist nach dem im August 2014 vorgelegten *Amendment* zu IAS 27 ab 2016 als Wahlrecht wieder zugelassen (Rz 5).

Als Folgeänderung von IFRS 9 sind in 2014 durch IAS 28.41A die Wertminderungsvorschriften neu gefasst worden (Rz 104).

Der IASB veröffentlichte im November 2012 den Entwurf ED/2012/3 *„Equity* **139** *Method: Share of Other Net Asset Changes"*. Die darin vorgesehenen Änderungen an IAS 28 betrafen den Umgang mit anteiligen Änderungen am Nettovermögen eines assoziierten Unternehmens oder *joint ventures* (*investees*), die weder die Gesamtergebnisrechnung des *investee* berühren noch aus dessen Ausschüttungen resultieren (sonstige Änderungen). Nach den Vorschlägen sollte ein Investor seinen Anteil an diesen sonstigen Änderungen unmittelbar in seinem eigenen Eigenkapital erfassen. Als Beispiele können angeführt werden:

- Veräußerung oder Erwerb von *non-controlling interests* an Tochterunternehmen des *investee* (Aufstockungen und Abstockungen),

---

[35] IFRIC Update January 2015.

- Ausgabe weiteren Aktienkapitals oder Aktienrückkäufe an bzw. von anderen Parteien als dem Investor,
- Ausgabe geschriebener Put-Optionen auf die Eigenkapitalinstrumente des *investee* an andere Anteilseigner,
- Bilanzierung anteilsbasierter Vergütungen, die als *equity-settled* zu qualifizieren sind.

Sobald die *equity*-Konsolidierung wegen Veräußerung, Aufwärts- oder Abwärtskonsolidierung beendet ist, sollte der zuvor im Eigenkapital erfasste Betrag erfolgswirksam werden. Der ED wird nach der Entscheidung vom Mai 2014 (vorerst) nicht weiter verfolgt. Es bleibt daher bei dem im ED festgestellten Befund der *„diversity in practice"* und damit bei faktischen Wahlrechten hinsichtlich der Bilanzierung der vorgenannten Fälle (Rz 65 und Rz 66).

140   Durch ED/2014/4 wird klargestellt, dass sich der *fair value* bei Börsennotierung des assoziierten Unternehmens als Produkt aus Kurs der einzelnen Aktie und Zahl der gehaltenen Aktien, also ohne Paketzuschlag ergibt (Rz 6).

Der *Annual Improvements to IFRSs 2014–2016 Cycle* stellt klar, dass *venture-capital*-Gesellschaften zustehende (Nicht-)Konsolidierungswahlrechte nicht einheitlich für alle Investments in assoziierte Unternehmen ausgeübt werden müssen (Rz 6).

§ 34   GEMEINSAME VEREINBARUNGEN
(Joint Arrangements)

Schrifttum: BÖCKEM/ISMAR, Die Bilanzierung von Joint Arrangements nach IFRS 11, WPg 2011, S. 820 ff.; BÖCKEM/RÖHRICHT, Joint Operation oder Joint Venture?, WPg 2014, S. 1032 ff.; BUSCH/ZWIRNER, Joint Arrangements nach IFRS 11, IRZ 2012, S. 219 ff.; DITTMAR/GRAUPE, Analyse der Neuregelungen nach IFRS 11 für den deutschen Rechtsraum unter besonderer Berücksichtigung der Übergangsvorschriften, KoR 2012, S. 404 ff.; FREIBERG, Widersprüche bei der Bilanzierung von Einlagen in Gemeinschaftsunternehmen, PiR 2011, S. 24 ff.; FUCHS/STIBI, IFRS 11 „Joint Arrangements" – lange erwartet und doch noch mit (kleinen) Überraschungen?, BB 2011, S. 1451 ff.; GIMPEL-HENNING, Konzernbilanzielle Abbildung der Umklassifizierung eines bestehenden Joint Venture als Joint Operation, IRZ 2015, S. 416 ff.; HOLZAPFEL/MUJKANOVIC, Die Bau-ARGE als Joint Arrangement, PiR 2012, S. 337 ff.; KÜTING/SEEL, Die Abgrenzung und Bilanzierung von joint arrangements nach IFRS 11, KoR 2011, S. 342 ff.; LÜDENBACH, Anteil an einer gemeinschaftlichen Tätigkeit in der Bilanz des einfachen Investors, PiR 2016, S. 266 ff.; LÜDENBACH, Anwachsung von Vermögen ohne business-

Qualität, PiR 2015, S. 151 ff.; LÜDENBACH, Joint venture trotz Stimmrechtsmehrheit, PiR 2005, S. 80 ff.; LÜDENBACH/SCHUBERT, Gemeinschaftliche Vereinbarungen (joint arrangements) nach IFRS 11, PiR 2012, S. 1 ff.; MUJKANOVIC/HOLZAPFEL, Klassifikation der Bau-ARGE als Joint Arrangement nach IFRS 11, Klärung durch das IDW?, PiR 2014, S. 81 ff.; RUHNKE/KLUGE, Gemeinschaftsunternehmen im Konzernabschluss nach IAS und HGB, RIW 1996, S. 577 ff.; SCHMIDT/LABRENZ, Bilanzierung von Gemeinschaftsunternehmen nach IFRS, KoR 2006, S. 467 ff.; WEBER/KÜTING/SEEL/HÖFNER, Die bilanzielle Abbildung von gemeinschaftlichen Tätigkeiten bei divergierenden Quoten – ein lösbares Problem?, KoR 2014, S. 241 ff.; ZEYER/FRANK, Bilanzierung von Beteiligungen an joint operations nach IFRS 11, PiR 2013, S. 103 ff.; ZÜLCH/ERDMANN/POPP/WÜNSCH, IFRS 11 – Die neuen Regelungen zur Bilanzierung von Joint Arrangements und ihre praktischen Implikationen, DB 2011, S. 1817 ff.

Vorbemerkung

Die Kommentierung bezieht sich auf IFRS 11 in der aktuellen Fassung und berücksichtigt alle Änderungen, Ergänzungen und Interpretationen, die bis zum 1.1.2017 beschlossen wurden. Einen Überblick über ältere Regelungen (IAS 31) enthalten Rz 1 und Rz 63.

1   Zielsetzung, Regelungsinhalt und Begriffe

1.1   Begriffsinhalte und Rechnungslegung bei gemeinschaftlichen wirtschaftlichen Aktivitäten

1   Der im Mai 2011 verabschiedete IFRS 11 ersetzt (bzgl. Anhangangaben i.V.m. Teilen von IFRS 12) mit Wirkung ab 2013 (in der EU ab 2014) IAS 31. Neben terminologischen Änderungen bringt er folgende Neuerungen:

- Statt wie früher zwischen drei Formen einer gemeinschaftlichen Aktivität (Tätigkeit, Vermögen, Unternehmen) ist nur noch zwischen zwei Ausgestaltungen zu unterscheiden. Die früheren *jointly controlled assets* und *jointly controlled operations* werden nun unter dem Begriff der **gemeinschaftlichen Tätigkeit** *(joint operation)* zusammengefasst. Von ihr sind weiterhin **Gemeinschaftsunternehmen** *(joint ventures)* zu unterscheiden (Rz 21).

- Im Fall einer **gemeinschaftlichen Tätigkeit** erfolgt weiterhin eine **anteilige Bilanzierung** von Vermögen, Schulden, Erträgen und Aufwendungen im Einzel- und Konzernabschluss des übergeordneten Unternehmens (Rz 34). Für **Gemeinschaftsunternehmen** ist das frühere konzernbilanzielle Wahlrecht zwischen Quoten- und *equity*-Konsolidierung entfallen. Im Konzernabschluss des *venturer* ist zwingend die *equity*-**Methode** anzuwenden (Rz 30), in seinem Einzelabschluss bleibt es beim Ausweis einer Beteiligung (Rz 31).

- Der **Begriff des Gemeinschaftsunternehmens** wird dabei **enger** als in IAS 31 gefasst. Die rechtliche Selbstständigkeit der Einheit, über welche die gemeinsamen Aktivitäten betrieben werden, ist nach IFRS 11 nur noch notwendige, nicht mehr hinreichende Bedingung für eine Qualifizierung als Gemeinschaftsunternehmen. Ist etwa der gesamte Output der gemeinsam betriebenen rechtlichen Einheit für die *venturer* bestimmt, liegt i.d.R. eine gemeinschaftliche Tätigkeit vor (Rz 27).

In systematischer Reihenfolge ist IFRS 11 wie folgt anzuwenden: **2**
- Zunächst ist zu klären, ob überhaupt eine **gemeinsame Vereinbarung** (*joint arrangement*) vorliegt (Rz 8). Dies setzt insbesondere voraus, dass die relevanten Entscheidungen von mehreren Investoren nur gemeinsam getroffen werden können (Rz 12).
- Liegt eine gemeinsame Vereinbarung dem Grunde nach vor, ist deren **Art** zu prüfen. Hierbei ist zwischen **gemeinschaftlicher Tätigkeit** (*joint operation*) und **Gemeinschaftsunternehmen** (*joint venture*) zu unterscheiden (Rz 21).
  - Bei **gemeinschaftlichen Tätigkeiten** bestehen Rechte und Pflichten der Beteiligten bzgl. der einzelnen Vermögenswerte und Schulden, bei **Gemeinschaftsunternehmen** Ansprüche am Eigenkapital (Nettovermögen).
  - In der **Grenzziehung** zwischen beiden Fällen ist die (rechtliche) Verselbstständigung nur ein Faktor. Sie ist notwendige, aber nicht hinreichende Bedingung für ein Gemeinschaftsunternehmen. Durch vertragliche Abreden oder faktische Umstände kann in wirtschaftlicher Betrachtung gleichwohl eine Beteiligung an einzelnen Vermögenswerten und Schulden bestehen, mit der Folge einer gemeinschaftlichen Tätigkeit.
- Aus der Klassifizierung der gemeinsamen Vereinbarung ergeben sich für die *venturer* die **Bilanzierungsfolgen**:
  - Bei gemeinschaftlicher Tätigkeit ist sowohl im Konzern- als auch im Einzelabschluss ein **anteiliger Ausweis** von Vermögen und Ergebnissen geboten, dies regelmäßig auch für einen „Minderheitsgesellschafter", der nicht an der gemeinschaftlichen Kontrolle partizipiert (Rz 34 und Rz 55).
  - Im Fall eines Gemeinschaftsunternehmens haben die Beteiligten ihren Anteil **konzernbilanziell** *at equity* und **einzelbilanziell** wahlweise zu **Anschaffungskosten**, *at equity* oder zum *fair value* zu erfassen. Der nicht an der gemeinschaftlichen Kontrolle partizipierende Gesellschafter weist regelmäßig ein Finanzinstrument aus (Rz 30f.).
- Besondere Regelungen bestehen für **Transaktionen** der Investoren mit der gemeinschaftlich betriebenen Tätigkeit oder Einheit (Rz 44).

Umfangreiche **Anwendungsbestimmungen** regeln den Übergang von IAS 31 nach IFRS 11 (Rz 51). **3**

1.2 Keine Pflichtanwendung von IFRS 11 auf Beteiligungen von *venture-capital*-Gesellschaften und Fonds

Nach IFRS 11.24 i. V. m. IAS 28.18 haben *venture-capital*-Gesellschaften, Investmentfonds *(mutual funds, unit trust)* und **ähnliche** Unternehmen im Konzernabschluss hinsichtlich Beteiligungen an *joint ventures* ein im Zeitpunkt des Zugangs der Anteile auszuübendes **Wahlrecht** zwischen **4**
- *equity*-Konsolidierung und
- erfolgswirksamer *fair-value*-Bilanzierung gem. IAS 39 bzw. IFRS 9.

Nach der schon in IAS 31.BC7 gegebenen **Begründung** des IASB ist der *fair-value*-Ansatz vorzuziehen, weil die Bilanzen der Gesellschafter sonst durch häufige Methodenänderungen (durch Zuerwerb von Anteilen bzw. Aufwärtskonsolidierungen) und Entkonsolidierungen an Übersichtlichkeit verlören. **Voraussetzung** für den Ansatz nach IAS 39 bzw. IFRS 9 ist die **erfolgswirksame** *fair-value*-Bewertung, d. h.

- die Kategorisierung oder Designation des Anteils als *fair value through profit or loss* sowie
- im Anwendungsbereich von IAS 39 die zuverlässige Bestimmbarkeit des *fair value*. Ist diese nicht gegeben und wäre daher nach den Grundsätzen von IAS 39 hilfsweise ein Anschaffungskostenansatz geboten, bleiben auch *venture-capital*-Gesellschaften und Fonds insoweit zur Anwendung der *equity*-Methode verpflichtet.

Fehlt es an der Absicht, den Anteil am *joint venture* kurzfristig wieder zu veräußern, und ist der Anteil auch nicht Teil eines unter dem Gesichtspunkt kurzfristiger Gewinnerzielung gemanagten Portfolios, z.B. weil sich die Gesellschaft auf die Erzielung strategischer Gewinne konzentriert, liegt also nach IAS 39 kein notwendiges *trading asset* (→ § 28 Rz 31) vor, kommt nur die **Widmung** *(designation)* infrage. Diese Designation kann anders als bei einfachen Anteilen frei ohne die Anwendungsrestriktionen erfolgen, die sich aus der *fair value option* nach IAS 39 ergeben.

Praxis-Beispiel
Eine *venture-capital*-Gesellschaft hält Anteile an *joint ventures* und assoziierten Unternehmen, daneben einfache Anteile ohne signifikanten Einfluss. Sie möchte sämtliche Anteile der erfolgswirksamen *fair-value*-Bewertung unterwerfen.
Dies ist nach IAS 28.18 und IFRS 11.24 zulässig. Für die einfachen Anteile gilt dies nur, wenn sie gem. IAS 39.9(b)(ii) Teil eines einheitlich nach *fair-value*-Gesichtspunkten gesteuerten Portfolios sind. Hiervon wird bei *venture-capital*-Gesellschaften regelmäßig auszugehen sein. Gem. IAS 39.AG4I können die einfachen Anteile dann der gleichen erfolgswirksamen *fair-value*-Bewertung unterworfen werden wie die anderen Anteile.

5 IAS 28 enthält keine Kriterien für die **Qualifizierung** eines Unternehmens als *venture capitalist* (Investor). Insoweit ist die Verkehrsanschauung bzw. der am Kapitalmarkt herrschende Sprachgebrauch zugrunde zu legen. Danach ist eine Gesellschaft als *venture capitalist* anzusehen, wenn sie
- eine **Vielzahl** von Beteiligungen hält oder nach ihrem Gründungsstadium halten wird,
- neben den Investment-Aktivitäten und -Vermögenswerten (enthaltend auch die Vergabe von Fremdkapital an die Beteiligungsunternehmen) keine signifikanten **anderen Aktivitäten** und **Vermögenswerte** vorliegen und
- die Beteiligungserwerbe mit einer *exit*-Strategie (Veräußerung, Börsengang etc.) erfolgen.

In einem **diversifiziert** tätigen Konzern wird die **zweite Bedingung** nur selten erfüllt sein. Einer im Schrifttum vertretenen Ansicht zufolge soll es hier ausreichen, wenn die Investment-Aktivitäten und -Vermögenswerte klar von anderen Aktivitäten und Vermögenswerten getrennt sind (eigenes Management; eigenes Reporting usw.).[1] Diese Ansicht ist für sehr große Konzerne u.E. nicht sachgerecht. Die ratio legis des Wahlrechts besteht darin, nicht durch zu viele

[1] KPMG, Insights into IFRS 2015/16, Tz. 3.5.130.

Methodenänderungen (Zuerwerb von Anteilen bzw. Aufwärtskonsolidierungen) und Entkonsolidierungen an Übersichtlichkeit zu verlieren (Rz 4). Bei einem großen Konzern mit einer dreistelligen Zahl von Beteiligungen sind Aufwärtskonsolidierungen und Entkonsolidierungen aber ohnehin beinahe „Tagesgeschäft". Mittelfristig angelegte Investments der *venture-capital*-Abteilung unterscheiden sich in dieser Hinsicht nur noch graduell von dem übrigen Geschäft. Für eine **Sonderbehandlung** besteht dann **keine Rechtfertigung** mehr. Unsere Bedenken werden allerdings durch die ab 2012 anzuwendende Neufassung von IAS 28 relativiert. Nach IAS 28.19 gilt demzufolge: Werden im Konzern Teile an einem assoziierten Unternehmen von einer *venture-capital*-Einheit (*entity*) mit *exit*-Strategie gehalten (*fair value*), andere Teile hingegen von einer anderen Tochter/Einheit mit Halteabsicht, ist die Beteiligung nicht mehr zwingend einheitlich zu betrachten, sondern darf **gesplittet** bewertet werden, d.h. für den ersten Teil zum *fair value*, für den zweiten *at equity* (→ § 33 Rz 6).

Nach den *Annual Improvements to IFRSs 2014–2016* kann die Entscheidung zwischen *equity*- und *fair-value*-Bewertung für jedes einzelne Investment (*investment-by-investment*) getroffen werden (IAS 28.18).   **6**

Neben der Sonderschrift des IAS 28.18 (Rz 4) können im mehrstufigen Konzern auch die Sonderregelungen der IFRS 10.27 ff. betreffend **investment entities** (→ § 32 Rz 101) eine Rolle spielen. Danach hat das als *investment entity* qualifizierte Gemeinschafts- oder assoziierte Unternehmen (mittlere Ebene) seine Tochtergesellschaften (untere Ebene) nicht zu konsolidieren, sondern zum *fair value* zu erfassen. Wenn nun die Obergesellschaft des assoziierten oder Gemeinschaftsunternehmens, also die oberste Ebene des dreistufigen Konzerns, einen Konzernabschluss aufzustellen hat, stellt sich folgende Frage: Sind für Zwecke der *equity*-Konsolidierung des mittleren Unternehmens im Gesamtkonzernabschluss doch deren Tochterunternehmen auf das Unternehmen der mittleren Stufe zu konsolidieren? IAS 28.36A erlaubt hier den Verzicht auf die Konsolidierung der untersten Unternehmen. Stattdessen fließt deren *fair value* in das Eigenkapital der mittleren Ebene und damit in den *equity*-Buchwert auf der obersten Ebene ein.   **7**

2 Anforderungen an eine gemeinsame Vereinbarung

2.1 Gemeinsame Beherrschung auf vertraglicher Grundlage

Eine gemeinsame Vereinbarung (*joint arrangement*) ist gem. IFRS 11.5   **8**
- eine **vertragliche** Vereinbarung (*contractual arrangement*)
- zur **gemeinsamen Beherrschung** (*joint control*).

IFRS 11.B2 limitierte Art und Form der **vertraglichen Vereinbarung** nicht. Schuldrechtliche Absprachen sind nicht zwingend erforderlich. Die vertraglichen Vereinbarungen können auch vollständig in einem **Gesellschaftsvertrag** getroffen werden.   **9**

Die Vereinbarung muss **gemeinschaftliche** Kontrolle gewährleisten. Dies grenzt insbesondere Gemeinschafts- von Tochterunternehmen ab. Hat ein **einzelnes** Unternehmen die **Beherrschung** über die relevanten Aktivitäten, so liegt kein *joint venture*, sondern ein **Tochterunternehmen** dieses Gesellschafters vor. Die anderen gesellschaftsrechtlich Beteiligten sind dann entweder einfache Gesell-   **10** schafter, die ihren Anteil nach IAS 39 bzw. IFRS 9 (→ § 28) auszuweisen haben, oder Gesellschafter mit maßgeblichem Einfluss, die gem. IAS 28 (→ § 33) einen Anteil an einem assoziierten Unternehmen innehaben.

11   In Bezug auf die Gemeinschaftlichkeit stellt sich zunächst die Frage nach dem **Objekt** der **Kontrolle** (Kontrolle über was?). Die Antwort im Definitionskatalog des Standards (IFRS 11.A) ist zu einem gewissen Grad **zirkulär:** Als *joint control* (also eines der beiden Definitionsmerkmale eines *joint arrangement*) wird dort *„contractually agreed sharing of control of an arrangement"* angeführt. Kontroll-objekt der gemeinsamen Vereinbarung wäre danach die Vereinbarung selbst. Auflösen lässt sich diese Zirkularität, wenn als Kontrollobjekt wirtschaftliche Aktivitäten angesehen werden, unabhängig davon, ob diese über ein eigenes Rechtssubjekt (eine Gesellschaft) oder in anderer Weise (z.B. auf Basis von Bruchteilseigentum) durchgeführt werden.

12   Gemeinschaftlichkeit der Kontrolle ist dann gegeben, wenn
- Kontrolle, d.h. Entscheidungen über die relevanten Aktivitäten,
- Einstimmigkeit aller gemeinschaftlich Handelnden voraussetzt (IFRS 11.A).

Der Begriff der **Kontrolle** bzw. Beherrschung wird durch Verweis auf **IFRS 10** definiert (IFRS 11.B5) und setzt demgemäß voraus, dass die Parteien
- eigentümerähnlich variablen Ergebnissen ausgesetzt sind und
- über die für diese Ergebnisse relevanten Aktivitäten kollektiv Macht haben (→ § 32).

Gemeinschaftlich ist diese Kontrolle, wenn Einstimmigkeit der relevanten Par-teien erforderlich ist (IFRS 11.B6). Dazu folgende Beispiele:

Praxis-Beispiel
Der Gesellschaftsvertrag des Unternehmens X sieht für alle Entscheidungen (Geschäftsführerbestellung, zustimmungsbedürftige Geschäfte, Gewinnver-wendung usw.) ein Quorum von 75 % vor.

Variante 1
A und B halten je 40 %, C hält 20 %.
A und B üben gemeinsame Kontrolle über X aus. C ist nicht an der gemein-samen Kontrolle beteiligt.

Variante 2
A, B, C und D halten je 25 %.
Die Gesellschafter beherrschen X zwar kollektiv, aber nicht gemeinschaftlich, da das Quorum von 75 % in unterschiedlichen Koalitionen (z.B. A, B, C oder B, C, D usw.) erreicht werden kann (IFRS 11.B8).

---

13   Soweit zur Auflösung von **Pattsituationen** Regelungen vorgesehen sind, die keine einstimmige Entscheidungsfindung voraussetzen, steht dies einer gemeinsamen Beherrschung dann nicht entgegen, wenn die Regelungen (etwa ein Schiedsent-scheid durch einen neutralen Dritten) auf **Neutralität** ausgerichtet sind. Schädlich wäre hingegen, wenn eine Partei das Recht zu einem **Stichentscheid** hätte.

14   Auch bei einer aus zwei Parteien bestehenden Gesellschaft mit Stimmrechts-mehrheit eines Gesellschafters kann gleichwohl ein Gemeinschaftsunternehmen vorliegen; entscheidend ist immer, welche Mitwirkungsrechte Satzung oder

sonstige Vereinbarungen dem Minderheitsgesellschafter gewähren. Hierzu wird auf → § 32 Rz 28 verwiesen.

Die **Zahl der Partnerunternehmen** kann auch bei Gleichberechtigung nicht beliebig vermehrt werden. Verfügt etwa eine Gesellschaft über 20 Gesellschafter, die zu je 5 % beteiligt sind, und ist für jede wesentliche Entscheidung Einstimmigkeit gefordert, so können zwar die Gesellschafter das Unternehmen nur gemeinsam beherrschen. Andererseits liegt jede Beteiligung noch unterhalb der Schwelle eines assoziierten Unternehmens (maßgeblicher Einfluss fehlt). Es ist in diesem Fall sachgerecht – trotz Gemeinschaftlichkeit, Größengleichheit usw. –, „einfache" Anteile i.S.v. IAS 39 bzw. IFRS 9 (→ § 28) anzunehmen. **15**

Fraglich ist, ob auch dann noch eine gemeinschaftliche Kontrolle vorliegt, wenn die notwendige Stimmrechtsmehrheit nur durch gemeinsames Handeln eines **Hauptgesellschafters** und eines **Stimmrechtspools** kleiner Gesellschafter zustande kommen kann. **16**

Praxis-Beispiel

An GU sind A mit 50 % sowie zehn weitere Gesellschafter mit je 5 % beteiligt. Die weiteren Gesellschafter sind untereinander durch eine Stimmrechtspoolung gebunden. Nach dieser schuldrechtlichen Vereinbarung stimmen die Poolmitglieder in der Gesellschafterversammlung der GU einheitlich ab und halten sich hinsichtlich des Abstimmungsverhaltens an einen zuvor zu fassenden Mehrheitsbeschluss der Poolmitglieder.

Beurteilung

Ohne die Stimmrechtspoolung könnte A die notwendige Stimmrechtsmehrheit mit einem beliebigen weiteren Gesellschafter erreichen. Eine gemeinschaftliche Kontrolle läge nicht vor. Aufgrund der Poolvereinbarung handeln die weiteren Gesellschafter jedoch wie ein einziger Anteilsinhaber. A und der Pool können daher Entscheidungen nur gemeinschaftlich treffen.

In **formalistischer** Betrachtung gilt: Keiner der weiteren Gesellschafter (Poolmitglieder) hat Kontrolle über GU. Damit scheidet auch eine gemeinschaftliche Kontrolle von A und den anderen Gesellschaftern aus.

In **substanzieller** Betrachtung führt die Stimmrechtspoolung aber zu einem äquivalenten Ergebnis wie die Einbringung sämtlicher Anteile der Poolmitglieder in eine Holding. In diesem Fall würde die GU von zwei Subjekten, nämlich A sowie der Holding, gemeinsam beherrscht. U.E. ist es vertretbar, für Zwecke des IFRS 11 eine Gleichstellung der Poolsituation mit der Holdingstruktur und daher auch im Poolfall eine gemeinsame Beherrschung anzunehmen.

Aufgrund des Verweises auf den *control*-Begriff des IFRS 10 ist auch im Anwendungsbereich von IFRS 11 das Vorliegen von *de facto (joint) control* zu untersuchen. Die **Präsenzmehrheit** zweier oder mehrerer Hauptgesellschafter begründet für sich gesehen noch keine *de facto joint control*. Eine solche liegt erst vor, wenn die Hauptgesellschafter sich etwa durch Stimmbindungsvereinbarungen **vertraglich** auf ein einstimmiges Handeln geeinigt haben.[2] **17**

---

[2] Gl. A. KPMG, Insights into IFRS 2015/16, Tz. 3.6.40.10; so auch PwC, Manual of Accounting IFRS 2016, Tz. 28.30.

> **Praxis-Beispiel**
> Am Unternehmen X sind A und B mit jeweils 24,5 % beteiligt. Die restlichen Anteile befinden sich im Streubesitz. Die Präsenzquote der Streuaktionäre ist sehr niedrig. A und B haben in der Vergangenheit stets gleichgerichtet abgestimmt und werden dies voraussichtlich auch in der Zukunft tun. Nach IFRS 10.B41 ff. i. V. m. IFRS 11.B8 *Example* 3 liegt keine *de facto joint control* vor. Sie würde erst bestehen, wenn A und B ihr gemeinsames Handeln auf eine vertragliche Grundlage (Stimmbindungsvertrag etc.) stellen würden.

Gemeinschaftliche Kontrolle liegt hingegen trotz **entgegenstehender faktischer Umstände** in folgendem Fall vor:

> **Praxis-Beispiel**
> An der bisher im Alleineigentum des A stehenden JV beteiligt sich nach einer Schieflage der JV Investor B mit 50 %. Er allein verfügt über die finanziellen und personellen Ressourcen, um JV wieder fit zu machen. Faktisch hängt daher die Zukunft der JV von ihm ab. Der Gesellschaftsvertrag sieht gleichwohl für alle Entscheidungen Einstimmigkeit vor.
>
> **Beurteilung**
> U. E. ist unter dem Gesichtspunkt *„power arises from rights"* (IFRS 10.11) ein *joint venture* und kein Tochterunternehmen der A gegeben.

18   Die Beurteilung, ob ein *joint arrangement* vorliegt, ist zu **jedem Stichtag** neu zu treffen, wenn sich die relevanten Tatsachen und Umstände geändert haben, etwa einfache durch qualifizierte Stimmrechtsklauseln ersetzt wurden, neue Anteilseigner hinzugetreten oder alte ausgeschieden sind, Präsenzquoten von Kleinaktionären sich verändert haben etc. (IFRS 11.19).

2.2 Abgrenzung von Ergebnispoolungen

19   Eine *joint operation* setzt die gemeinsame **Kontrolle** über gemeinschaftlich betriebene Aktivitäten voraus (Rz 11). An gemeinsamer Kontrolle i. S. v. IFRS 11 fehlt es u. E., wenn lediglich das Ergebnis zweier eigenständig betriebener Aktivitäten gepoolt wird. Hierzu folgendes Beispiel:

> **Praxis-Beispiel**
> A und B verfügen über aneinander angrenzende Baufelder, die jeweils mit Eigentumswohnungen bebaut werden sollen. Aus ablauftechnischen Gründen, aber auch aus Gründen der Vermarktung ist es nicht günstig, wenn beide gleichzeitig bauen werden. A und B vereinbaren deshalb Folgendes: Zunächst bebaut A Baufeld A (60 % der gesamten Bebauungsfläche), danach B Baufeld B (40 %). Das Gesamtergebnis soll gepoolt und im Verhältnis 60 zu 40 verteilt werden.
> Es fehlt an einem gemeinschaftlichen Kontrollobjekt. Jedes Unternehmen führt seine Aktivitäten eigenständig durch. Nach unserer Auffassung gelangt daher IFRS 11 nicht zur Anwendung. Eher sachgerecht erscheint eine Lösung, bei der jedes Unternehmen einerseits seine eigenen Erträge und Auf-

> wendungen und andererseits analog § 277 Abs. 3 Satz 2 HGB die Erträge und Aufwendungen aufgrund der Gewinngemeinschaft gesondert unter entsprechender Bezeichnung ausweist.

Wie das Beispiel zeigt, sind die Übergänge zwischen *joint venture* und „einfacher" Gewinngemeinschaft ggf. **fließend**. In solchen Zweifelsfällen dient es u.E. besser dem zutreffenden Ausweis der Erlöse, Aufwendungen etc., wenn ein *joint venture* verneint und bei Vorliegen einer Gewinnpoolung die Regeln von § 277 Abs. 3 Satz 2 HGB analog angewendet werden.

3 Klassifizierung gemeinsamer Vereinbarungen: gemeinschaftliche Tätigkeiten vs. Gemeinschaftsunternehmen

Entscheidendes Merkmal für die Klassifizierung eines *joint arrangement* sind die **Rechte** und **Pflichten** der beteiligten Parteien. Bestehen diese

- bzgl. der **einzelnen Vermögenswerte** und **Schulden** der gemeinsamen Vereinbarung, liegt eine *joint operation* vor (IFRS 11.15);
- am **Nettovermögen** (*net assets*), somit am Eigenkapital, handelt es sich um ein *joint venture* (IFRS 11.16).

Soweit keine separate Einheit (*separate vehicle*) als Träger des Vermögens und der Schulden existiert, liegt zwingend eine *joint operation* vor (IFRS 11.B16). Als Beispiel nennt der Standard Vereinbarungen, bei denen

- jede Partei bestimmte **eigene Vermögenswerte** verwendet und **eigene Schulden** eingeht oder
- beide Parteien einen **Vermögenswert gemeinsam** betreiben und unterhalten, dabei aber jeweils für eigene Zwecke (*outputs*) nutzen.

Ein Anwendungsfall der ersten Konstellation kann u.U. bei der als BGB-Innen- oder BGB-Außengesellschaft betriebenen **Bau-ARGE** gegeben sei, bei der das funktional wesentliche Vermögen – auf das unwesentliche kommt es u.E. nicht an[3] – bei den Gesellschaftern bleibt (Rz 23). Im zweiten Fall liegt nach deutschem Recht häufig **Bruchteilseigentum** vor.[4]

Der Begriff der **separaten Einheit** (*separate vehicle*) ist allerdings unbestimmt. Er ist definiert als *„separately identifiable financial structure, including separate legal entities or entities recognised by statute, regardless of whether those entities have a legal personality"* (IFRS 11.A). **Rechtlich separierte** (rechtsfähige) Einheiten gelten regelmäßig als separat.[5] Im deutschen Rechtsraum gilt dabei: Die Rechtsfähigkeit führt zu einer Trennung zwischen der Vermögenssphäre der rechtlichen Einheit und der der Parteien/Gesellschafter und damit zu einem *separate vehicle*. In nicht gesellschaftsrechtlich verselbstständigten oder nach ausländischem Recht zu beurteilenden Fällen kommt es auf die **abgrenzbare Finanzstruktur** an, die etwa durch ein eigenständiges Rechnungswesen oder eine eigenständige Finanzierung dargestellt werden kann. Allerdings bleibt unklar, ob erst die Aufnahme

---

3 Gl.A. Fuchs/Stibi, BB 2011, S. 1453.
4 Vgl. Küting/Seel, KoR 2011, S. 345; Böckem/Seel, WPg 2011, S. 823.
5 Gl.A. z.B. Dittmar/Graupe, KoR 2012, S. 404ff.

von Fremdmitteln durch das *joint arrangement* als Darlehensnehmer selbst eine eigenständige Finanzierung darstellt oder ein für die gemeinsame Zusammenarbeit zweckgebunden aufgenommenes Darlehen einer der Parteien ausreicht. Ein lediglich aus abrechnungstechnischen Gründen geführtes gemeinsames Bank- oder Finanzierungskonto der Parteien reicht jedenfalls nicht.[6]

Aber auch die eigene Rechtsfähigkeit begründet nicht notwendig eine separate Einheit. Nach dem Beispiel in IFRS 11.B17 führt eine Vereinbarung über die gemeinsame Herstellung eines Produkts, bei der jede Partei für bestimmte Arbeitsschritte zuständig ist und dabei ihre eigenen Vermögenswerte verwendet und eigene Schulden begründet, nicht zu einem *separate vehicle*. Das gilt auch, wenn (nach deutschem Recht) eine BGB-Gesellschaft vorliegt, es dieser aber an Gesellschaftsvermögen fehlt. Auch bei rechtlich selbstständigen Einheiten kommt es somit auf die rechtliche **Zuordnung** von Vermögen und Schulden an.

23   Exemplarisch lässt sich die Bedeutung des *separate vehicle* und die Abgrenzung zwischen gemeinschaftlicher Tätigkeit und Gemeinschaftsunternehmen am Beispiel der Bau-ARGE darstellen. Die **Bau-ARGE** ist ein i.d.R. vorübergehender Zusammenschluss mehrerer in der Bauwirtschaft tätiger Unternehmen zur gemeinsamen Durchführung von Bauleistungen. Typische Rechtsform für die ARGE ist die BGB-(Außen-)Gesellschaft. Bei Gestaltung nach dem Mustervertrag des Hauptverbands der Deutschen Bauindustrie erfolgen die Verteilung des Gewinns und die Haftung im Innenverhältnis nach einem festen prozentualen Anteil.

- Nach einer ersten Auffassung[7] wird die die ARGE nur dann zu einem *separate vehicle*, wenn sie das funktional wesentliche Vermögen hält. Entscheidend sollen hier die Baugeräte sein. Da eines der Motive für die Gründung einer ARGE die Vermeidung von kapitalintensiven Geräteanschaffungen für einen einzigen Bauauftrag ist, stellt die Beistellung der Geräte durch Gesellschafter den Regelfall dar. Das funktional wesentliche Vermögen liegt nach dieser Ansicht dann gerade nicht bei der ARGE. Regelmäßig soll deshalb eine *joint operation* vorliegen. Hieran ändert auch die Eingehung eigener Verbindlichkeiten durch die ARGE nichts, da wesentliches Vermögen und wesentliche Schulden kumulativ der Gesellschaft zuzuordnen sein müssen, um aufgrund des Interesses am Nettovermögen ein *separate vehicle* und in der Folge ein *joint venture* zu bejahen. Die (Teil-)Rechtsfähigkeit einer als BGB-Außengesellschaft betriebenen ARGE ist nach dieser Auffassung keine hinreichende (auch keine notwendige) Bedingung für ein *separate vehicle*.[8]

- Nach einer zweiten Auffassung[9] ist die typische Bau-ARGE in der Rechtsform einer BGB-Außengesellschaft hingegen ein *separate vehicle*, da sie nach der Rechtsprechung des BGH eigenständiger Träger von Rechten und Pflichten sein kann.[10] Unerheblich soll insoweit sein, dass Know-how und Maschinen i.d.R. von den Gesellschaftern gestellt werden. Die im Bau begriffene (nach IAS 11 bzw. IFRS 15 zu bilanzierende) Leistung soll als wesentliches Vermögen zu qualifizieren sein.

---

6   Vgl. HOLZAPFEL/MUJKANOVIC, PiR 2012, S. 340; FUCHS/STIBI, BB 2011, S. 1452; KÜTING/SEEL, KoR 2011, S. 345, in Bezug auf IAS 31.
7   HOLZAPFEL/MUJKANOVIC, PiR 2012, S. 341 ff.
8   MUJKANOVIC/HOLZAPFEL, PiR 2014, Heft 2, S. 81.
9   IDW HFA in der 234. Sitzung, IDW-FN 2014, S. 101.
10 BGH, Urteil v. 29.1.2001, II ZR 331/00, BGHZ 146, S. 341.

Beide Positionen betonen zu Recht, dass es auf die im **Einzelfall** vorliegende Konstellation ankommt. Dazu gehört allerdings auch, dass losgelöst von der Frage des *separate vehicle* und dem Problem der Rechtsfähigkeit nach dem **ökonomischen Gehalt** des *joint arrangement* gefragt wird. **Idealtypisch** ist hier wie folgt zu differenzieren:

- Die ARGE kommt nur auf Betreiben des Auftragsgebers zu Stande, weil dieser für Mängelrügen und Gewährleistungsansprüche nur einen einzigen Vertragspartner haben möchte. Die Mitglieder der ARGE erbringen ihren Leistungsanteil mit eigenen Materialien, Arbeitnehmern und Maschinen ohne Berechnung an die ARGE. Auf Ebene der ARGE entstehen keine wesentlichen Aufwendungen. Die Mitglieder der ARGE erhalten ihren im Voraus bestimmten **Anteil am Gesamterlös**. Hier ist die ARGE nur **Agent** der Beteiligten, die daher **ihre Kosten und ihren Anteil am Gesamterlös** ausweisen sollten.
- Die ARGE dient der Chancen- und Risikoteilung zwischen den Mitgliedern. Diese berechnen für Sach- und Personalgestellung fremdübliche Sätze gegenüber der ARGE. Das bei der ARGE entstehende **Nettoergebnis** wird zwischen ihren Mitgliedern **geteilt**. Diese sollten daher ein (*equity*-)**Ergebnis** aus der ARGE ausweisen.

Praktisch relevante Fälle, in denen es an einem *separate vehicle* regelmäßig fehlt, sind **24**

- **Emissionskonsortien** im Bankensektor,
- **Explorationskonsortien** in der Ölindustrie (sofern jedes Partnerunternehmen seine eigenen Anlagen verwendet).

Liegt eine **separate Einheit**, nach deutschem Recht regelmäßig also eine (Außen-)Gesellschaft mit Gesamthandsvermögen, vor, bedarf die Abgrenzung zwischen beiden Formen der gemeinsamen Vereinbarung einer weiteren **Einzelfallwürdigung**. Hierbei sind gem. IFRS 11.17 folgende Faktoren zu berücksichtigen: **25**

- **Struktur** und **Rechtsform** der Vereinbarung inkl. (sonstigen) vertraglichen **Abreden** (Rz 26),
- andere Sachverhalte und **Umstände** (*facts and circumstances*, Rz 27).

Beide Elemente sind zu berücksichtigen. Hieraus folgt auch: Wird von zwei gemeinsamen Vereinbarungen bei ansonsten gleicher Sachlage (*facts and circumstances*) eines über eine separate Gesellschaft betrieben, das andere hingegen nicht, so kann (nicht muss) die Folge sein, dass die erste Vereinbarung als Gemeinschaftsunternehmen, die zweite als gemeinschaftliche Tätigkeit zu qualifizieren ist.[11]

Aus Sicht der **Rechtsform** gilt: **Gesamthandsvermögen** ist ein Indikator (nicht mehr und nicht weniger) für eine Beteiligung am Nettovermögen, also ein *joint venture*.[12] Dabei kommt es u. E. nicht darauf an, ob Gläubiger die Gesellschafter wegen der Gesellschaftsschulden unmittelbar in Anspruch nehmen können (wie bei der BGB-Gesellschaft oder nach § 128 HGB bei der OHG). IFRS 11.15 verlangt für eine *joint operation* **kumulativ** eine direkte Beteiligung an den Schulden **und** den Vermögenswerten. Gesamthandsvermögen indiziert aber gerade keine Beteiligung an den einzelnen Vermögenswerten. Somit ist die unmittel- **26**

---

11 IFRIC Update March 2015.
12 Vgl. für eine Diskussion PwC, Manual of Accounting IFRS 2016, Tz. 28.66 ff.

bare Haftung unerheblich.[13] Nach anderer, aber zu gleichen Ergebnissen führender Begründung entspricht die unbeschränkte Haftung wirtschaftlich den Garantien oder Bürgschaften für alle Gesellschaftsschulden, die für sich genommen gem. IFRS 11.IE.44ff. und IFRS 11.B27 ebenfalls keine *joint operation* indizieren.[14]

Die unmittelbare Beteiligung an Vermögenswerten (und Schulden) soll aber auch durch **vertragliche Vereinbarungen** begründet werden können. IFRS 11.B27 enthält dazu eine exemplarische Tabelle. Bei Gesamthandsvermögen nach deutschem Recht sind diese Beispiele nicht einschlägig.[15] Nach einer Mindermeinung soll die Beteiligung an einer Personen(handels)gesellschaft kein *joint venture* indizieren, da die Gesellschafter anders als bei der Kapitalgesellschaft unmittelbar an den Rechten und Pflichten beteiligt seien.[16] Dieser Auffassung steht u. E. die Rechtsfähigkeit der Personengesellschaften entgegen.

27   Soweit Gesamthandsvermögen vorliegt und damit ein *joint venture* indiziert ist, kann dies im deutschen Rechtsraum (und vielen anderen Jurisdiktionen[17]) daher nur noch durch **sonstige Fakten** und **Umstände** widerlegt werden. IFRS 11.B31 f. führt das Beispiel einer **(Zuliefer-)Gesellschaft** an, deren Leistungen ausschließlich von den gemeinschaftlich Handelnden abgenommen werden.

> **Praxis-Beispiel**
> Die in der JA GmbH betriebenen gemeinsamen Aktivitäten bestehen allein darin, Leistungen an die beiden 50-%-Gesellschafter X und Y zu erbringen. X und Y sind die alleinigen Leistungsabnehmer und damit die einzige relevante Quelle von *cash flows* der GmbH, deren Tätigkeit überdies nicht auf Gewinnerzielung, sondern auf Kostendeckung angelegt ist.

Hier gilt gem. IFRS 11.B32 Folgendes:

- Die **Schulden** der separaten Einheit werden in substanzieller Betrachtung nicht aus einem irgendwie zustande kommenden Gesamtergebnis bedient, sondern von den Parteien des *joint arrangement* nach Maßgabe ihrer rechtlich verpflichtenden Leistungsabnahme.
- Der Nutzen der **Vermögenswerte** der separaten Einheit kommt den Parteien nicht primär über den Beitrag zu Nettovermögen und Nettoergebnissen der separaten Einheit, sondern unmittelbar über das Recht auf die Leistungsabnahme zu.
- In substanzieller (= **wirtschaftlicher**) **Betrachtung** besteht damit eine Beteiligung an den **einzelnen Vermögenswerten und Schulden** und damit eine *joint operation*.

Nach dem Beispiel in IFRS 11.B32 gilt dies bereits dann, wenn – in Geldeinheiten, nicht in Stücken gerechnet[18] – voraussichtlich so gut wie alle Leistungen an die Gesellschafter erbracht werden. Weder eine zweite Zwecksetzung des Gesellschaftsvertrags („... oder Lieferungen an Dritte") noch tatsächliche, aber unwesentliche Lieferungen an Dritte ändern daher etwas am Befund. Dies erscheint

---

13   Gl. A. KPMG, Insights into IFRS 2015/16, Tz. 3.6.160.20; ähnlich BÖCKEM/SEEL, WPg 2011, S. 824.
14   Vgl. etwa FUCHS/STIBI, BB 2011, S. 1454.
15   Gl. A. FUCHS/STIBI, BB 2011, S. 1454.
16   BUSCH/ZWIRNER, IRZ 2012, S. 219.
17   Vgl. KPMG, Insights into IFRS 2015/16, Tz. 3.6.170.50.
18   IFRIC Update March 2015.

konsequent, da die Erwägungen von IFRS 11.B32 gerade mit *substance-over-form*-Gedanken begründet werden und damit inhaltsleeren rechtlichen Zwecksetzungen und unwesentlichen Fakten keine primäre Bedeutung zukommt.

Nach einer Agenda-Entscheidung des IFRS IC[19] sind die anderen Tatsachen und Umstände nur dann geeignet, die gesellschaftsrechtliche Struktur zu „widerlegen" (*„override the rights and obligations conferred upon the party by the legal form of the separate vehicle"*), wenn diese Tatsachen und Umstände Rechte und Pflichten (z.B. auf Abnahme des Outputs) begründen. Das IFRS IC weist außerdem darauf hin, dass bei gleicher ökonomischer Struktur zweier *joint arrangements* die Entscheidung, ob ein Gemeinschaftsunternehmen vorliegt, von der gesellschaftsrechtlichen Struktur abhängen kann, da Fakten und Umstände bei gesellschaftsrechtlicher Verselbstständigung nur dann bedeutsam sind, wenn sie die Grundannahme – eigene Gesellschaft folgt i.d.R. Gemeinschaftsunternehmen – widerlegen. Weder die Tatsache, dass die Outputabnahme zu marktüblichen Preisen erfolgt, noch der Umstand, dass die separate Einheit sich zum Teil auch aus Drittdarlehen finanziert, schließt eine Qualifizierung als *joint operation* aus.[20]

Ändern sich Tatsachen und Umstände, ist auch die Klassifizierung eines *joint arrangement* auf der Grundlage der neuen Fakten vorzunehmen und ggf. anzupassen (IFRS 11.19).

Im Rahmen einer **einzigen** gemeinsamen Vereinbarung können nach dem Beispiel in IFRS 11.IE14 ff. **gleichzeitig** eine gemeinschaftliche Tätigkeit (*joint operation*) und ein Gemeinschaftsunternehmen (*joint venture*) vorliegen.

28

Praxis-Beispiel

A und B vereinbaren in einem Rahmenvertrag Produktion und Vertrieb eines neuen Medikaments. Die Produktion wird über die P GmbH betrieben, der Vertrieb über die V GmbH. An beiden Gesellschaften ist A mit 60 % und B mit 40 % beteiligt. Entsprechend dem Rahmenvertrag bedürfen jedoch alle wesentlichen Entscheidungen der Einstimmigkeit.

Die P GmbH vertreibt ihre Produkte ausschließlich an die V GmbH und erhält von dieser Erstattung der Kosten. Die V GmbH beliefert eine Vielzahl von externen Kunden.

Beurteilung gem. IFRS 11.IE

Als reine Zuliefergesellschaft (Rz 27) ist die P trotz rechtlicher Verselbstständigung (GmbH) nur als gemeinschaftliche Tätigkeit anzusehen. Die Vermögenswerte, Schulden, Erträge und Aufwendungen der P sind daher bei den gemeinschaftlich Handelnden jeweils anteilig zu erfassen.

Die V GmbH stellt hingegen ein *joint venture* dar, das die Parteien nach der *equity*-Methode konsolidieren (Rz 2).

Die vorstehende Lösung des IASB ist u.E. unbefriedigend. Würden A und B Produktion und Vertrieb unter einem **einheitlichen rechtlichen Mantel** (P&V GmbH) betreiben, wäre die Aktivität insgesamt als Gemeinschaftsunternehmen zu

---

[19] IFRIC Update March 2015.
[20] IFRIC Update March 2015.

werten. Es leuchtet im Rahmen der explizit von IFRS 11 verfolgten wirtschaftlichen Betrachtungsweise (Rz 27) nicht ein, warum bei Aufteilung auf zwei Rechtssubjekte eine andere Beurteilung geboten sein soll. Angesprochen ist damit insgesamt die Frage nach dem Bilanzierungs- bzw. Konsolidierungsobjekt (*unit of account*). IFRS 11.BC35 hält diesbezüglich fest: *„The unit of account of a joint arrangement is the activity that two or more parties have agreed to control jointly."* Im vorstehenden Beispiel ist die Produktion aber kein Selbstzweck. Sie erfolgt, um die hergestellten Produkte anschließend am Markt zu veräußern. Insoweit liegt ein einheitliches Geschehen vor, das u. E. auch dann als *joint venture* zu würdigen ist, wenn es rechtlich auf zwei Gesellschaften aufgeteilt ist.

29   Die Qualität eines *joint arrangement* kann sich **im Zeitablauf ändern**, etwa derart, dass das *joint arrangement* einige Jahre nur die beiden Gesellschafter beliefert, danach aber (geplant oder ungeplant) sukzessive Drittkunden gewinnt. U. E. ist in derartigen Fällen die bei Gründung getroffene Qualifikation (im Beispiel als *joint operation*) nicht ein für alle Male beizubehalten, sondern gem. IFRS 11.19 eine Neuqualifizierung (im Beispiel als *joint venture*) geboten, sobald sich die Umstände signifikant (im Beispiel durch Drittkundengeschäft) verändert haben (IFRS 11.19). Kommt es in Folge der geänderten Umstände zur Umqualifizierung eines Gemeinschaftsunternehmens (*at-equity*-Konsolidierung) in eine gemeinschaftliche Tätigkeit (anteilige Vermögenswerte und Schulden), ist ungeregelt, ob eine Buchwertfortführung (Auflösung *equity*-Wert in die Anteile an einzelnen Vermögenswerten und Schulden) vorzunehmen ist oder die Beteiligung zum *fair value* auszubuchen ist (mit Aufdeckung evtl. stiller Reserven im *equity*-Ansatz) und die anteiligen Vermögenswerte entsprechend mit dem *fair value* einzubuchen sind. Die Analogie zu Fällen der Abwärtskonsolidierung (→ § 31 Rz 173 und → § 33 Rz 124) spricht für die *fair-value*-Lösung.[21]

4   Bilanzierung/Konsolidierung bei den gemeinschaftlich herrschenden Parteien

4.1   Beteiligung an einem Gemeinschaftsunternehmen

30   Die Beteiligung an einem Gemeinschaftsunternehmen ist nach IFRS 11.24 im **Konzernabschluss** nach der **equity-Methode** gem. IAS 28 zu erfassen (→ § 33 Rz 61 ff.). Neben der Beteiligung bestehende Verpflichtungen, etwa in Form von Bürgschaften oder unbeschränkten Haftungen, können ggf. zum Ansatz einer Schuld führen. Die Konsolidierung *at-equity* ist **ausnahmsweise** insoweit nicht geboten, als die Beteiligung direkt oder indirekt durch eine **venture-capital-Organisation** gehalten und nach IAS 39/IFRS 9 erfolgswirksam zum *fair value* bilanziert wird (Rz 4).

31   Für die Bilanzierung der Beteiligung im **Einzelabschluss** verweist IFRS 11.26(b) auf IAS 27.10. Hiernach besteht wie bei Beteiligungen an Tochter- oder assoziierten Unternehmen (→ § 32 Rz 175) ein **Wahlrecht** zwischen

- Anschaffungskostenbewertung,
- Bilanzierung nach IAS 39/IFRS 9 oder
- *at-equity*-Bewertung.

---

[21]   Eine Buchwertfortführung vorziehend hingegen GIMPEL-HENNING, IRZ 2015, S. 416 ff.

Die *at-equity*-Bewertung war schon bis 2004 zulässig, wurde dann abgeschafft und schließlich nach dem im August 2014 vorgelegten *Amendment* zu IAS 27 ab 2016 als Wahlrecht wieder zugelassen.

Der einzelbilanzielle **Anschaffungskostenbegriff** von IAS 27, IAS 28 und IAS 31 **32** deckte sich in der Vergangenheit nicht durchgehend mit dem des Handelsrechts. Die Ausschüttung von vor dem Erwerb entstandenen Gewinnen (Altrücklagen) führte zur Minderung des Ansatzes (Buchung: „per Dividendenforderung an Beteiligung"). Nach IAS 27.12 sind hingegen empfangene Dividenden nun in jedem Fall, d.h. auch bei Ausschüttung von Altrücklagen, als Ertrag auszuweisen.

Bei der **einzelbilanziellen Zugangsbewertung** sind direkt zurechenbare **An-** **33** **schaffungsnebenkosten** i.d.R. zu aktivieren. Für die Bilanzierung nach IAS 39 bzw. IFRS 3 ergibt sich dies aus IAS 39.43 bzw. IFRS 9.5.1.1 i.V.m. IFRS 9.5.7.5, für die Bilanzierung *„at cost"* aus der allgemeinen Bedeutung des Anschaffungskostenbegriffs. Die direkt zurechenbaren Kosten sind nur dann sofort als Aufwand zu behandeln, wenn die Anteile erfolgswirksam zum *fair value* bilanziert werden (IAS 39.43/IFRS 9.5.1.1).

Besondere Regelungen bestehen aber für Anteile an Gemeinschaftsunternehmen, die lediglich zum Zweck der **Weiterveräußerung** erworben und gehalten werden (IFRS 11.26 i.V.m. IAS 27.10). Unter Berücksichtigung dieser Sonderregeln ist in der einzelbilanziellen Darstellung von Anteilen an Gemeinschaftsunternehmen zwischen vier Fällen zu unterscheiden:

- Die bisher zu Anschaffungskosten bilanzierten Anteile werden ausschließlich zum **Zweck der Veräußerung** gehalten. Schon konzernbilanziell sind sie als *held-for-sale assets* i.S.v. IFRS 5 mit Erfolgswirksamkeit der Wertänderungen zu behandeln (→ § 29 Rz 32). Diese Qualifizierung ist auch in die **Einzelbilanz** zu übernehmen. Allerdings können sich Bewertungsunterschiede zur Konzernbilanz ergeben. Anzusetzen ist jeweils der niedrigere Betrag aus bisheriger Bewertung (im Konzernabschluss: *at equity*, im Einzelabschluss auch: Anschaffungskosten oder *fair value*) und dem Nettozeitwert (*fair value less costs to sell*). Liegt der Nettozeitwert z.B. unter dem konzernbilanziellen *equity*-Wert, aber über dem einzelbilanziellen Anschaffungskostenwert, ist nur konzernbilanziell zum Nettozeitwert zu wechseln.

- Die Anteile werden aus *materiality*-**Gründen** konzernbilanziell nicht *at equity* erfasst. Sie werden konzern- und einzelbilanziell zu Anschaffungskosten oder zum *fair value* bewertet. Bei *fair-value*-Bewertung sind sie im zeitlichen Anwendungsbereich von IAS 39 regelmäßig als veräußerbare Werte (*available-for-sale assets*) mit Erfolgsneutralität der Wertänderungen zu qualifizieren. Im zeitlichen Anwendungsbereich von IFRS 9 sind sie als *equity instruments* einzustufen mit einem Wahlrecht zwischen erfolgsneutraler und erfolgswirksamer Behandlung der Wertänderungen.

- Die Anteile werden im Konzernabschluss *at equity* konsolidiert. Einzelbilanziell werden sie wahlweise *at equity* (ab 2016) bzw. zu Anschaffungskosten oder zum *fair value* bewertet. Im letzten Fall sind sie nach IAS 39 regelmäßig als veräußerbare Werte (*available-for-sale assets*), nach IFRS 9 als *equity instruments* zu qualifizieren.

- Es wird zulässigerweise **kein Konzernabschluss** aufgestellt. Einzelbilanziell werden die Anteile wahlweise *at equity* (ab 2016) bzw. zu Anschaffungskosten oder zum *fair value* bewertet. Im letzten Fall sind sie nach IAS 39 regelmäßig als veräußerbare Werte (*available-for-sale assets*), nach IFRS 9 als *equity instruments* zu qualifizieren.

4.2 Beteiligung an einer gemeinschaftlichen Tätigkeit

34 Soweit die Investoren (*joint operators*) Rechte bzw. Verpflichtungen hinsichtlich der Vermögenswerte und Schulden der gemeinschaftlichen Tätigkeit haben, sind diese Posten und die mit ihnen verbundenen Erfolgskomponenten sowohl im Einzelabschluss des *joint operator* (IFRS 11.26(a)) als auch in dessen Konzernabschluss **anteilig** zu berücksichtigen (IFRS 11.20). In der Wirkung entspricht dies im Wesentlichen zunächst der früheren (als Wahlrecht ausgestalteten) Quotenkonsolidierung (von Gemeinschaftsunternehmen) nach IAS 31.[22]

35 Neben quotal abzubildenden gemeinschaftlichen Schulden ist auch der Fall denkbar, dass z.B. aus Gründen der besseren Bonität nur ein Partnerunternehmen nach außen als Schuldner fungiert, während im Innenverhältnis die **Schulden gemeinschaftlich** getragen werden. Hierzu folgendes Beispiel:

> **Praxis-Beispiel**
> Partnerunternehmen A, B und C halten zu je einem Drittel ein vermietetes Gebäude.
> * Wegen der besseren Bonität und Bankbeziehung wird die Finanzierung im Außenverhältnis allein von A getragen.
> * Im Innenverhältnis übernehmen jedoch B und C ihren Anteil an den Tilgungen und Zinsen.
> Unstrittig dürfte die anteilige Erfassung (ein Drittel) der Zinsaufwendungen im Abschluss des A sein. Fraglich ist, wie mit den Schulden zu verfahren ist. Fraglich erscheint, ob
> * A die teilweise für Fremdrechnung eingegangene Verbindlichkeit voll passivieren und im Gegenzug einen Ausgleichsanspruch ausweisen muss (Bruttobilanzierung) oder
> * nur ein Drittel der Verbindlichkeit passiviert (Nettobilanzierung) und im Anhang die vollumfängliche Haftung offenlegt.
> U.E. spricht der Grundsatz *substance over form* für die zweite Vorgehensweise, die zudem den Vorzug hat, zum anteiligen Ansatz der Vermögenswerte zu korrespondieren.

36 Nach Maßgabe des vorgenannten Beispiels ist u.E. für den Fall einer **überproportionalen Finanzierung durch einen Partner** dann zu verfahren, wenn im Innenverhältnis die anderen Partner ihren Anteil an den Schulden und den Aufwendungen übernehmen. Möglicherweise findet eine solche Schulden- und Aufwandsteilung nicht statt, z.B. weil ein anderer Partner sonstige Leistungen (Know-how usw.) erbringt. In diesem Fall bleibt es bei der vollständigen Erfassung von Schulden und Aufwendungen bei dem finanzierenden Partner.

37 Wird der eigene Finanzierungsbeitrag ausdrücklich einer als *separate vehicle* betriebenen gemeinschaftlichen Aktivität **weiter belastet**, d.h., entstehen beim Partnerunternehmen im Verhältnis zur gemeinschaftlich betriebenen Einheit

---

[22] Vgl. FREIBERG, PiR 2011, S. 175 ff.

Zinserträge und in der separaten Einheit selbst Aufwendungen, so sind u.E. die Beträge zu saldieren. Der alternative Ausweis eines Zinsaufwands gegenüber der Bank, eines gleich hohen Zinsertrags gegenüber der separaten Einheit und eines anteiligen Zinsaufwands aus dem *joint venture* würde zu zu hohen Zinsaufwendungen und zu tatsächlich nicht entstandenen Zinserträgen führen.

Betroffen von den Regelungen zur gemeinschaftlichen Tätigkeit (*joint operation*) sind neben als Bruchteilsgemeinschaft oder als BGB-Innengesellschaft strukturierten *joint arrangements* auch Beteiligungen an **Zuliefergesellschaften**, deren Leistungen fast ausschließlich an die gemeinschaftlich herrschenden Gesellschafter erbracht werden (Rz 27). Fraglich ist dann, ob der in der Bilanz des Investors (*joint operator*) zu erfassende Anteil sich nach der gesellschaftsrechtlichen Beteiligungsquote oder nach dem Anteil am Output der Untergesellschaft (Abnahmequote) berechnet. Aus der in IFRS 11.BC38 vorgenommenen Abgrenzung von der Quotenkonsolidierung alten Rechts (anteilige Zurechnung nach der Beteiligungsquote) wird im Schrifttum zum Teil auf eine Zurechnung nach der **Abnahmequote** geschlossen.[23] Ein entsprechendes Vorgehen würde aber zu schwer lösbaren Problemen führen, wie folgendes Beispiel zeigt. **38**

> **Praxis-Beispiel**
> A und B gründen Anfang 01 die JA GmbH, deren Leistungen ausschließlich an die beiden Gesellschafter geliefert werden sollen. Beide Gesellschafter sind mit 50 % an der GmbH beteiligt. Die Gesellschafter gehen bei Gründung von einer Leistungsabnahme von jeweils 50 % aus. Dem entspricht auch die gesellschaftsrechtliche Beteiligungsquote. In 01 erwirbt die JA GmbH u.a. ein Produktionsgrundstück für 1 Mio. EUR, bebaut dieses und beginnt Anfang 02 mit der Produktion.
> Aufgrund veränderter Marktanteile nimmt A von der Produktion des Jahres 02 nur 40 % ab, B hingegen 60 %. Nach Erkenntnisstand zum 31.12.02 wird sich mittelfristig an diesem Verhältnis wenig ändern.
> Zum 31.12.01 ist der Anteil am Produktionsgrundstück (und anderen Vermögenswerten sowie an den Schulden) bei A und B mit jeweils 0,5 Mio. EUR anzusetzen. Bei einer outputorientierten Betrachtung müsste dieser Anteil per 31.12.02 bei A auf 0,4 Mio. EUR verringert, bei B auf 0,6 Mio. EUR erhöht werden.

Für solche durch Verschiebungen der nachhaltig erwarteten Outputquote bedingten Änderungen in der anteiligen Bilanzierung (Zu-/Abgänge von Vermögenswerten bzw. Schulden) kommen **theoretisch** drei Darstellungsvarianten infrage:[24]

- **GuV-wirksame** Behandlung (im Beispiel bei A bezogen auf das Produktionsgrundstück: „per Aufwand 0,1 Mio. EUR an Grundstück 0,1 Mio. EUR");
- Qualifizierung als **sonstiges Ergebnis** (*other comprehensive income*) (im Beispiel bei A: „per Rücklagen 0,1 Mio. EUR an Grundstück 0,1 Mio. EUR");
- Einbuchung einer **Quasi-Forderung** oder Quasi-Verbindlichkeit (im Beispiel bei A: „per Forderung gegen B 0,1 Mio. EUR an Grundstück 0,1 Mio. EUR").

---

[23] Vgl. KÜTING/SEEL, KoR 2011, S. 349.
[24] Vgl. LÜDENBACH/SCHUBERT, PiR 2012, S. 5.

Gegen eine **GuV-wirksame** Behandlung spricht der fehlende Aufwands-/Ertragscharakter. Weder lässt sich im Beispiel eine Wertminderung des Grundstücks erkennen, noch hat A einen Anteil am Grundstück entschädigungslos an B abgegeben. Eine Qualifizierung der Änderung als **sonstiges Ergebnis** scheidet ebenfalls aus, weil dies nach IAS 1.88 f. nur bei ausdrücklicher Festlegung in einem Einzelstandard zulässig ist; weder IFRS 11 noch andere Standards behandeln aber den hier diskutierten Fall. Einer Bilanzierung als **(Quasi-)Forderung** (oder **-Verbindlichkeit**) steht entgegen, dass die geänderte Outputquote tatsächlich keine Ansprüche und Verpflichtungen zwischen den Gesellschaftern, überdies auch keine gegenüber der Untergesellschaft begründet. Als Zwischenfazit zu obigem Beispiel ist daher festzuhalten: Eine unter Berufung auf IFRS 11.BC38 befürwortete Erfassung von Vermögenswerten und Schulden nach Outputanteilen ist bei im Zeitablauf wechselnden Abnahmequoten im gegebenen IFRS-Regelwerk kaum darstellbar.

Dies gibt Anlass, die Auslegung von bzw. Berufung auf IFRS. 11BC38 infrage zu stellen. Die entscheidende Textstelle lautet wie folgt:

> *„The first difference [between proportionate consolidation – IAS 31 – and joint operations – IFRS 11 -] relates to the fact that the rights and obligations, as specified in the contractual arrangement, that an entity has with respect to the assets, liabilities, revenues and expenses relating to a joint operation might differ from its ownership interest in the joint operation. The IFRS requires an entity with an interest in a joint operation to recognise assets, liabilities, revenues and expenses according to the entity's shares in the assets, liabilities, revenues and expenses of the joint operation as determined and specified in the contractual arrangement, rather than basing the recognition of assets, liabilities, revenues and expenses on the ownership interest that the entity has in the joint operation."*

Hiernach **kann** („*might*") eine Abweichung von der Beteiligungsquote geboten sein, sie muss es aber nicht. Zu einer solchen Abweichung, insbesondere einem Abstellen auf Outputabnahmequoten, kommt es vielmehr nur dann, wenn entsprechende Abweichungen in einer Vereinbarung festgelegt sind („*specified in the contractual arrangement*"). In der Praxis fehlt es bei den hier zu betrachtenden Fällen oft an solchen Festlegungen. Die wichtigste Festlegung der Zusammenarbeit ist der Gesellschaftsvertrag selbst, der wiederum i.d.R. für die Verteilung von laufenden Ergebnissen und Liquidationsergebnissen auf die Beteiligungsquote abstellt. Die Festlegungen der gemeinschaftlich Handelnden (Gesellschaftsvertrag) und die Beteiligungsquote (ebenfalls Gesellschaftsvertrag) entsprechen sich dann, so dass eine outputorientierte Bilanzierung der Vermögenswerte und Schulden gar nicht zum Tragen kommt. I. d. R. bleibt es daher bei als *joint operation* zu qualifizierenden **Zuliefergesellschaften** bei einer Bilanzierung nach der **Beteiligungsquote**. Die so schon in den Vorauflagen vertretene Auffassung wird im Wesentlichen durch eine Agenda-Entscheidung des IFRS IC aus 2015 bestätigt.[25] Danach gilt: Nur wenn das *joint arrangement* (also in Ermangelung anderer Vereinbarungen häufig der Gesellschaftsvertrag selbst) nicht schon die Aufteilung (*alloca-*

---

[25] Vgl. IFRIC Update March 2015.

tion) der Vermögenswerte und Schulden bzw. des Nettovermögens spezifiziert, ist eine ermessensabhängige *("judgement will bei needed")* Beurteilung unter Berücksichtigung der Outputabnahme vorzunehmen.

Eine solche Konstellation ist etwa gegeben, wenn die – vom Kapital- und Gewinnanteil abweichende – Abnahmequote in den Gründungsdokumenten selbst fixiert ist und gem. dieser Vereinbarung auch tatsächlich verfahren wird. Für solche Fälle schlägt eine Minderheitsposition im Schrifttum[26] vor, Vermögenswerte und Schulden sowie Aufwendungen und Erträge auf Basis des Abnahmeanteils zu bilanzieren und die Abweichungen von der gesellschaftsrechtlichen Beteiligung am Eigenkapital und am Ergebnis in einem „Anteil anderer Gesellschafter" zu erfassen.

Praxis-Beispiel

Die Anfang 01 gegen Bareinlage von je 1.000 GE durch X und Y gegründete JO ist per 31.12.01 schuldenfrei und hat ein Aktivvermögen von 3.000 GE. Von dem Eigenkapital von ebenfalls 3.000 GE entfallen 2.000 GE auf das gezeichnete Kapital und 1.000 GE auf das Jahresergebnis. Am Nettovermögen und Ergebnis sind X und Y mit je 50 % beteiligt, die vertraglich fixierte Abnahmequote beträgt jedoch 60 % zu 40 %.

Hier soll der Anteil an JO in der Bilanz der X vor „Beteiligungskonsolidierung" wie folgt abzubilden sein:

Diverse Aktiva 1.800 GE (60 % von 3.000)

Gezeichnetes Kapital 1.000 GE (50 % von 2.000)

Jahresüberschuss 600 GE (60 % von 1.000)

Anteil anderer Gesellschafter 200 GE (60 %–50 % auf 2.000)

Der Anteil anderer Gesellschafter soll sich sodann noch durch die „Konsolidierungsbuchung" per „Ergebnisanteil anderer Gesellschafter 100 an Anteil anderer Gesellschafter 100" auf 300 GE erhöhen, wobei die Sollseite des Buchungssatzes nicht den Jahresüberschuss tangieren, sondern analog dem Anteil nicht beherrschender Gesellschafter eines Tochterunternehmens am Konzernergebnis als Verwendung oder Aufteilung des Ergebnisses dargestellt werden soll.

Die offensichtliche Schwäche dieser Lösung liegt darin, dass es für einen „Anteil anderer Gesellschafter" weder in der Bilanz noch in der „Ergebnisverwendung" eine konzeptionelle Begründung gibt. Zur Argumentation wird allein eine Literaturauffassung betreffend die Quotenkonsolidierung von Gemeinschaftsunternehmen nach dem Vorgängerstandard IAS 31 herangezogen.[27] Dieser Rechtfertigungsversuch kann nur als mutig charakterisiert werden. Er läuft darauf hinaus, die Regelungslücke in IAS 31 (nur Literaturauffassung) zum Stopfen einer anderen Regelungslücke (in IFRS 11) zu nutzen, und vernachlässigt dabei, dass das lückenfüllende Schrifttum zu IAS 31 gar keine gemeinschaftliche Tätigkeit, sondern Gemeinschaftsunternehmen betraf, dort überdies die Quotenkonsolidierung, also eine nach IFRS 11.BC37ff. mehrfach von der quotalen Bilanzierung nach IFRS 11 verschiedene Methode.

---

[26] WEBER/KÜTING/SEEL/HÖFNER, KoR 2014, S. 241 ff.
[27] WEBER/KÜTING/SEEL/HÖFNER, KoR 2014, S. 241 ff.

Vorzugswürdig bleibt daher u.E. eine Bilanzierung nach den gesellschaftsrechtlichen Quoten. Soll ausnahmsweise doch auf eine davon abweichende vertraglich
dauerhaft bestehende Abnahmequote abgestellt werden, so hat ein dafür technisch
benötigter Ausgleichsposten am ehesten den Charakter einer Abgrenzung (*deferred income*), da es spätestens bei der Liquidation der *joint operation*, i.d.R. aber
schon früher, durch Ausschüttungen zum Ausgleich oder Abbau der Differenzen
zwischen Abnahmequote und gesellschaftsrechtlicher Quote kommt.

39   Das Partnerunternehmen hat im Fall der gemeinschaftlichen Tätigkeit seinen
      Anteil an den gemeinschaftlichen Erlösen und dem entsprechenden Gewinn
      anteilig zu dem Zeitpunkt auszuweisen, zu dem diese realisiert sind. Für die
      Gewinnrealisierung gelten die Grundsätze der einschlägigen anderen Standards,
      d.h. IFRS 15 bzw. IAS 18 (→ § 25) oder IAS 11 (→ § 18 in der 14. Auflage des
      Haufe IFRS-Kommentars).

40   Gerade in den klassischen *joint-venture*-Fällen des Hoch- und Tiefbaus sowie des
      Großanlagenbaus sind die Voraussetzungen für eine fortlaufende Ertragsrealisie-
      rung (*percentage of completion*) nach IAS 11 oder IFRS 15 regelmäßig gegeben.
      Die sich hieraus ergebenden Konsequenzen sind im folgenden Beispiel dar-
      gestellt:

Praxis-Beispiel

S und W errichten als *joint operation* eine integrierte Schmiede- und Walz-
anlage für den Kunden K. Die Schmiedetechnik wird von S, die Walztechnik
von W geliefert.

• Der Auftrag zieht sich über mehr als einen Bilanzstichtag hin.
• Der Gesamterlös von 200 wird im Verhältnis 50:50 geteilt.
• Die Gesamtanlage weist zum Bilanzstichtag einen Fertigstellungsgrad von
  75 % aus.

Bei einem Gesamterlös von 200 sind gem. PoC-Methode daher 150 als Erlös
zu realisieren. Ist der Fertigstellungsgrad des Schmiedeteils zum Bilanzstichtag etwas höher als der des Walzteils, so dass sich bspw. ohne Betrachtung des
joint venture ein Umsatz von 80 bei S und von 70 bei W ergäbe, und wird
unterjährig entsprechend gebucht, so sind u.E. zwei Lösungen vertretbar:

1. Der zeitlich unterschiedlichen Leistungserbringung wird Rechnung getragen, der Erlös bei S mit 80 in 01 und mit 20 in 02 erfasst.
2. Die Erlöse von 80 werden um 5 gemindert („per Erlös an Forderung aus
   PoC"), gleichzeitig wird der Aufwand korrigiert („per Ausgleichsforderung gegen W an Aufwand").

Unabhängig davon, ob der Außenumsatz nach der PoC-Methode oder erst mit
Fertigstellung zu realisieren ist, müssen die Partnerunternehmen zum Bilanzstichtag prüfen, ob nach ihrem Erlös- oder Ergebnisanteil ein **Verlust** zu erwarten ist.

• Im Fall einer normalen Ertragsrealisierung ist der Verlust gegen Rückstellungen zu buchen.
• Bei der PoC-Methode mindert der Verlust evtl. Aktivposten aus der zeitanteiligen Umsatzrealisierung oder erhöht evtl. Passivposten aus dem Leistungsfortschritt vorauseilenden Einnahmen (→ § 25).

Fraglich ist, in welchem Umfang Transaktionen mit einer *joint operation* kon- **41**
solidierungsähnliche Buchungen, insbesondere eine **Eliminierung von Aufwand gegen Ertrag** nach sich ziehen:

Praxis-Beispiel
Die JO GmbH beliefert ausschließlich die beiden Gesellschafter A und X und
ist deshalb als *joint operation* zu qualifizieren (Rz 27). In 01 produziert sie
Erzeugnisse mit Kosten von 800 und liefert diese mit einem Aufschlag von
10 %, also zu 880, je hälftig an A und X. A veräußert die für 440 bezogenen
Produkte noch in der gleichen Periode für 600 an Dritte weiter. A bilanziert
im Umsatzkostenverfahren.

Beurteilung
1. Nach IFRS 11.20 hat A in seinem Abschluss seinen Anteil an den Erlösen
   und den Kosten der JO auszuweisen, demnach Erlöse von 440 und Umsatzkosten von 400.
2. Gleichzeitig fallen aus den Geschäften mit Dritten 600 Erlöse an, denen als
   Umsatzkosten 440 für den Bezug der Produkte von JO gegenüber stünden.
3. Die „Summen-GuV" sähe daher wie folgt aus:

	anteilig aus JO	eigene	Summe
Erlöse	440	600	1040
Umsatzkosten	400	440	840

Nach einer Entscheidung des IFRS IC ist in derartigen Fällen eine volle Eliminierung der „Innenumsätze" und -aufwendungen (im Beispiel jeweils 440) erforderlich, so dass nur die Außenumsätze als Umsatz dargestellt werden.[28]
Wird ein Anteil an einer *joint operation* erworben und ein Kaufpreis bezahlt, der **42**
über dem anteiligen *fair value* des Nettovermögens liegt, ist u. E. im Fall der
fehlenden *business*-Qualität der *joint operation* (→ § 31 Rz 15) entsprechend
den Regelungen von IFRS 3.2(b) eine verhältnismäßige Aufstockung der erworbenen Vermögenswerte geboten, hingegen kein *goodwill* aufzudecken.
Bei ***business*-Qualität** der erworbenen *joint operation* sind hingegen nach dem im
Mai 2014 vorgelegten *Amendment* zu IFRS 11 die Regeln von IFRS 3 analog
anzuwenden (IFRS 11.21A). Dies bedeutet gem. IFRS 11.B33A Folgendes:
- Das (anteilig) erworbene Vermögen ist mit den Werten nach IFRS 3, d. h.
  i. d. R. mit dem *fair value* anzusetzen.
- Ein über den anteiligen Zeitwert hinausgehender Kaufpreis ist als *goodwill* zu
  erfassen.
- **Anschaffungsnebenkosten** sind nicht zu aktivieren, sondern sofort auf-
  wandswirksam (→ § 31 Rz 41) zu erfassen.
- Evtl. temporäre Differenzen führen zu **latenten Steuern**, da die Ausnahmebestimmung von IAS 12.15(b) und IAS 12.24(b) nicht einschlägig ist (→ § 26
  Rz 93).

Wird ein Anteil an einer gemeinschaftlichen Tätigkeit ohne Änderung der **43**
Beherrschungsverhältnisse **aufgestockt,** ist nach dem vorgenannten *Amendment*

---

[28] IFRIC Update March 2015.

(Rz 42) auch danach zu differenzieren, ob ein *business* vorliegt (dann u.E. zusätzlicher *goodwill*) oder nicht (dann u.E. Verteilung des Unterschiedsbetrags auf die Vermögenswerte).[29] Der Standard selbst hält nur fest, dass eine Neubewertung (*remeasurement*) der alten Anteile nicht stattfindet, lässt aber offen, ob ein über den bisherigen Buchwert (unter Berücksichtigung der Anteilsquote) hinausgehender Kaufpreis nur als *goodwill* oder auch im Wege der Aufdeckung zusätzlicher stiller Reserven zu erfassen ist (IFRS 11.B33C). U.E. sollte zur Vermeidung gesplitteter Werte (alter Anteil an Vermögenswerten und Schulden nach alten Wertverhältnissen, neuer nach neuen) die Differenz als *goodwill* erfasst werden.

4.3   Transaktionen mit der gemeinschaftlichen „Einheit"

44 Erbringt der Investor Leistungen an die gemeinschaftliche „Einheit" oder bezieht er solche von ihr, ist wiederum nach der **Art** der gemeinsamen Vereinbarung zu differenzieren:

- Bei einem **Gemeinschaftsunternehmen** ist im Konzernabschluss die *at-equi-ty*-Bewertung anzuwenden. Sie erfordert unabhängig von der Leistungsrichtung (*upstream* oder *downstream*) gem. IAS 28.20 auch eine **Zwischenergebniseliminierung** (→ § 33 Rz 75). Einzelbilanzielle Gewinne aus der Veräußerung oder dem Kauf von Waren sind daher etwa konzernbilanziell zunächst nur in dem Maße der Fremdbeteiligungsquote am Gemeinschaftsunternehmen realisiert. Erst mit Weiterveräußerung an Dritte ist auch für die eigene Beteiligungsquote eine Gewinnrealisierung gegeben. Wird durch den Leistungstausch einzelbilanziell ein Verlust realisiert, kann dieser ggf. Anlass für eine außerplanmäßige Abschreibung sein (IAS 28.33). Vorstehende Grundsätze gelten auch für einen Leistungsaustausch auf gesellschaftsrechtlicher Basis, also etwa durch Sacheinlagen oder Sachdividenden.
- Werden Vermögenswerte durch Kauf oder Sachbeitrag/Sacheinlage aus dem „eigenen" Bereich in den der **gemeinschaftlichen Tätigkeit** überführt oder umgekehrt, findet nach IFRS 11.B34 und IFRS 11.B36 ebenfalls zunächst eine Gewinn- und Verlustrealisierung nur nach Maßgabe der Fremdbeteiligungsquote statt. Im Verlustfall ist wiederum zu prüfen, ob nicht eine außerplanmäßige Abschreibung hinsichtlich der eigenen Quote geboten ist (IFRS 11.B35 und IFRS 11.B37). Da bei einer gemeinschaftlichen Tätigkeit konzern- und einzelbilanzielle Behandlung übereinstimmen, gilt Vorstehendes auch für den Einzelabschluss.

Zum Ganzen folgendes Beispiel:

> **Praxis-Beispiel**
> A besitzt ein unbebautes Innenstadtgrundstück. B ist Bauunternehmer. A und B vereinbaren
> - Alt. 1 eine Bruchteilsgemeinschaft zu je 50 %,
> - Alt. 2 eine BGB-Gesellschaft
>
> über das Grundstück. Im Gegenzug erbringt B die Bebauung des Grundstücks. Erträge und Aufwendungen aus dem bebauten Grundstück stehen beiden je zur Hälfte zu.

---

[29] Vgl. ZEYER/FRANK, PiR 2013, S. 103 ff.

> Unabhängig davon, ob eine Bruchteilsgemeinschaft oder eine BGB-Gesellschaft vorliegt, gilt: A darf nur ½ der stillen Reserven im Grundstück realisieren, und B darf nur die Differenz zwischen ½ des Grundstückswerts (Erlös) und ½ der Kosten der Bauleistung als Gewinn erfassen.

Während im Regelfall bei der Aufgabe von Alleineigentum und der Begründung von Gemeinschafts- bzw. Gesamthandseigentum der Gewinn zwar nicht eigenanteilig, aber fremdanteilig realisiert wird, hat eine **Gewinnrealisierung vollständig zu unterbleiben**, wenn keine Veräußerung vorliegt, weil **45**

- entweder die wesentlichen Risiken und Chancen beim Partnerunternehmen verbleiben und nicht auf die gemeinschaftliche Einheit übergehen
- oder es bei einem Tauschvorgang (Einlage gegen gesellschaftsrechtlichen Anteil) an wirtschaftlicher Substanz i.S.v. IAS 16 und IAS 38 fehlt. Im Einzelnen wird hierzu auf → § 13 Rz 24 verwiesen.

Ein Anwendungsfall der zweiten Variante könnte etwa gegeben sein, wenn A und B zu je 50 % eine gemeinsame Gesellschaft gründen, in die beide gleichwertige unbebaute Grundstücke einbringen, die sie anschließend gemeinschaftlich bebauen. Evtl. stille Reserven wären dann nicht aufzudecken. Hingegen ist ein mit der Einbringung evtl. entstehender **Verlust** in **voller** Höhe aufzudecken, wenn sich aus dem Kauf- bzw. Anrechnungs- bzw. Einlagebetrag substanzielle Hinweise auf eine Wertminderung ergeben. **46**

Zum buchungstechnischen Vorgehen bei der „Einbringung" mit „wirtschaftlicher Substanz" folgendes Beispiel: **47**

> **Praxis-Beispiel**
> A und B gründen eine *joint operation*. A bringt ein innerstädtisches Grundstück mit einem Buchwert von 100 und einem Zeitwert von 1.000 durch Vereinbarung einer Bruchteilsgemeinschaft (50:50) ein. B bebaut das Grundstück, wobei seine Bauleistung einen Marktwert von 1.000 hat, die eigenen Kosten jedoch nur 800 (Gewinn 200) betragen.
> A realisiert ½ der stillen Reserven, d.h. 450. B realisiert von seinem Gewinn von 200 ½, also 100. Beide buchen wie folgt:
> Buchungen bei A: „per bebautes Grundstück 550 an unbebautes Grundstück 100 und an Ertrag 450".
> Buchungen bei B: „per bebautes Grundstück 900 an Umsatz (Gewinnrealisierung) 500 und an aktivierte Eigenleistung 400".
> In der Summe der Bilanzen von A und B steht das Grundstück mit 1.450 zu Buche.
> - Hiervon entfallen 550 auf A (½ von Grund und Boden = 50 sowie ½ der Bauleistung = 500) und
> - 900 auf B (½ des Zeitwerts des Grund und Bodens = 500 sowie ½ der Baukosten = 400).

Ist der in das **Gemeinschaftsunternehmen eingelegte Gegenstand ein Tochterunternehmen**, bestand bisher ein Widerspruch zwischen den Regelungen zur *equity*-Methode in IAS 28 und den Vorschriften in IFRS 10. Während IAS 28 bei Einlagen in oder Veräußerungen an das Gemeinschaftsunternehmen eine **48**

Gewinnrealisierung nur nach Maßgabe des Fremdanteils am Gemeinschaftsunternehmen vorsah, war nach IFRS 10.25 beim Verlust der alleinigen Beherrschung eine Gewinnrealisierung in vollem Umfang geboten. U. E. war hier
unter dem Gesichtspunkt der lex specialis IFRS 10 zu folgen, der die spezielle
Frage des Verlusts der alleinigen Kontrolle abschließend behandelt. Die so
schon in den Vorauflagen vertretene Auffassung wird durch das im September
2014 vorgelegte *Amendment* zu IFRS 10 und IAS 28 bestätigt. Sofern das auf
das Gemeinschaftsunternehmen übertragene Tochterunternehmen einen Geschäftsbetrieb, also ein *business* (entsprechend IFRS 3), darstellt (Regelfall), hat
nach IAS 28.31A und IFRS 10.B99A eine vollständige Ertragsrealisierung beim
Investor zu erfolgen. Betrifft die Transaktion nur die Veräußerung von Vermögenswerten ohne *business*-Qualität (also etwa auch die Veräußerung einer
rein vermögensverwaltenden Ein-Objekt-Tochtergesellschaft), ist eine Teilerfolgserfassung vorzunehmen. Die in der Neuregelung vorgesehene Differenzierung nach *business*-Qualität gilt auch dann, wenn das veräußerte Vermögen
nicht rechtlich als Tochterunternehmen (*share deal*), sondern im *asset deal*
übertragen wird. Die Neuregelungen sollten ab 2016 pflichtweise anzuwenden
sein. Ein *Amendment* vom Dezember 2015 hat den Erstanwendungszeitpunkt
aber auf unbestimmte Zeit verschoben (→ § 33 Rz 81).

Unklar bleibt weiterhin die Behandlung der Einlage oder Veräußerung eines
Tochterunternehmens in eine *joint operation*. Hier bleibt es bei dem Widerspruch zwischen IFRS 11.B34 (Gewinnrealisierung nur nach Maßgabe des
Fremdanteils) und IFRS 10.25 (volle Realisierung), wobei u. E. aus den oben
genannten Gründen IFRS 10 der Vorrang gegeben werden sollte. Wird ein
Tochterunternehmen bei Gründung einer *joint operation* eingelegt, so soll es
nach dem im Mai 2014 vorgelegten *Amendment* zu IFRS 11 wiederum darauf
ankommen, ob das Tochterunternehmen einen Geschäftsbetrieb (*business*)
darstellt oder nicht. Für den zweiten Fall enthält auch die Neufassung von
IFRS 11 keine besonderen Bestimmungen, so dass sich wiederum die Frage
nach dem Vorrang von IFRS 11 oder IFRS 10 stellt. Für den ersten Fall schreibt
die Neuregelung in IFRS 11.B33B die Behandlung des Erwerbs des Anteils an
der *joint operation* analog IFRS 3 vor (Rz 42). Die Behandlung der Veräuße-
rungsseite des Geschäfts wird nicht explizit angesprochen. Aus Konsistenzgründen müsste dann u. E. aber hier eine vollständige Realisierung des Ent-
konsolidierungsgewinns stattfinden.

49　IFRS 11.B34 beschränkt sich auf die Bilanzierung/Konsolidierung beim ein-
legenden bzw. veräußernden Partnerunternehmen. Die Bilanzierung des durch
Einlage erworbenen Gegenstands im **Abschluss** der empfangenden *joint operation* wird nicht behandelt. Infrage kommt ein voller *fair-value*-Ansatz oder
eine Kombination von Buchwertverknüpfung (hinsichtlich der Beteiligungsquote des Einbringenden) und *fair value* (hinsichtlich der Beteiligungsquote
der anderen Investoren). U. E. ist der *fair-value*-**Ansatz vorzuziehen.**[30] Er
entspricht bei Sacheinlage einzelner Güter den Regelungen von IFRS 2.10, bei
Sacheinlage von Unternehmen den Regelungen von IFRS 3. Die Einlage wird
als Tauschvorgang und damit als Sonderform der Veräußerung behandelt. Für

---

[30]　Vgl. im Einzelnen LÜDENBACH, PiR 2006, S. 93 ff., sowie mit gl. A. KPMG, Insights into IFRS
2015/16, Tz. 3.6.330.

die einfache Veräußerung kann daher nichts anderes gelten. Voraussetzung ist in allen Fällen die Erlangung wirtschaftlichen Eigentums an den gekauften oder per Einlage erworbenen Gütern, regelmäßig durch die Übernahme der wesentlichen Chancen und Risiken.

4.4 Statuswechsel durch Hinzuerwerb oder Veräußerung von Anteilen sowie Anwachsung (Übergangskonsolidierung)

Bei einem **Gemeinschaftsunternehmen** sind folgende Fälle der Übergangskon-   50
solidierung (→ § 31 Rz 154 ff.) zu unterscheiden:

- Der Übergang zu einem **assoziierten Unternehmen** (oder umgekehrt) bleibt konzernbilanziell ohne Folgen, da vorher wie nachher die *equity*-Methode angewendet wird (IAS 28.22).

- Kommt es durch Veräußerung von Anteilen (oder durch für die Frage der gemeinschaftlichen Kontrolle äquivalente sonstige Änderung, etwa der Stimmrechtsregelungen der Satzung) zum Verlust von Kontrolle und signifikantem Einfluss, gilt: Bei dem Wechsel zu einem **Finanzinstrument** ist dieses zum *fair value* einzubuchen (IFRS 9.5.1.1.), ein Unterschiedsbetrag zum auf die verbleibenden Anteile entfallenden Teil des *equity*-Werts in erfolgswirksamer Form.

- Umgekehrt wird bei Aufwärtskonsolidierung, also beim Übergang zu einem **Tochterunternehmen** der Unterschiedsbetrag zwischen dem *equity*-Wert und dem *fair value* der Anteile im Zeitpunkt der Aufwärtskonsolidierung erfolgswirksam (IFRS 3.43; → § 31 Rz 156).[31]

Wegen Fällen des Übergangs von einem Tochterunternehmen zu einem *equity*-konsolidierten Unternehmen, also auch zu einem Gemeinschaftsunternehmen, wird auf → § 31 Rz 154 verwiesen.

Ungeregelt ist das Vorgehen, wenn Anteile an einem Tochterunternehmen veräußert werden und dadurch eine gemeinschaftliche Tätigkeit *(joint operation)* entsteht. In Analogie zu IFRS 10.25(b) kommt hier eine Erfassung des verbleibenden Anteils am Nettovermögen zum *fair value* infrage.

Wegen des Übergangs von einem Gemeinschaftsunternehmen zu einer gemeinschaftlichen Tätigkeit wird auf Rz 29 verwiesen.

Änderungen bzgl. einer **gemeinschaftlichen Tätigkeit** sind nur für einen Fall   51
explizit geregelt: Soll der Anteil an der gemeinschaftlichen Tätigkeit veräußert werden und erfüllt die beabsichtigte Veräußerung die Voraussetzungen von IFRS 5 (Veräußerung binnen zwölf Monaten ist hochwahrscheinlich etc.; → § 29 Rz 8 ff.), so sind die (anteiligen) Vermögenswerte und Schulden jeweils gesondert als zur Veräußerung bestimmt auszuweisen (IFRS 5.6 ff., IFRS 11.BC51). Ermessensbehaftet ist die Behandlung des folgenden Falls:[32]

Praxis-Beispiel

An der ausschließlich für die Gesellschafter tätigen X GmbH waren bisher A und B zu je 50 % beteiligt. Im Verlauf der gemeinsamen Tätigkeit wird X zu einem *business*. Nunmehr erwirbt A die Anteile des B. Die X GmbH wird dadurch zu einem Tochterunternehmen der A.

---

31 Vgl. im Einzelnen auch KÜTING/SEEL, KoR 2011, S. 349f.
32 So auch IFRIC Update November 2011.

> **Beurteilung**
> U. E. liegt eine *business combination* nach IFRS 3 vor. Unklar ist allerdings die Reichweite des Rückgriffs auf IFRS 3: Möglicherweise sind die stillen Reserven in Vermögenswerten und Schulden nur zu 50 % aufzudecken, da hinsichtlich des schon vorher von A gehaltenen Anteils ein konzerninterner Transfer von Vermögen und Schulden vorliegt (IFRS 3.38). Aus verwandten Gründen ist auch die sonst bei Aufwärtskonsolidierungen vorgesehene Aufdeckung stiller Reserven in den Altanteilen (IFRS 3.42) möglicherweise nicht einschlägig.

52 Ähnliche Probleme ergeben sich, wenn aus einer durch eine zweigliedrige Personengesellschaft betriebenen gemeinsamen Vereinbarung der andere Partner ausscheidet und es somit zur **Anwachsung** des Vermögens beim verbleibenden Gesellschafter kommt (§ 105 Abs. 3 HGB i.V.m. § 738 Abs. 1 Satz 1 BGB). War die Personengesellschaft zuvor als *joint venture* zu qualifizieren und deshalb *at equity* zu konsolidieren, ist wie folgt zu unterscheiden: Hatte das Vermögen der Personengesellschaft *business*-Qualität, kommt es zur Anwendung von IFRS 3. Die zugehenden Vermögenswerte sind mit dem Zeitwert *(fair value)* einzubuchen (IFRS 3.18), die stillen Reserven in der *equity*-Beteiligung als Ertrag zu realisieren (IFRS 3.42). Fehlte es an der *business*-Qualität, ist es u.E. sachgerecht, in Analogie zu IFRS 3, aber auch in weiterer Analogie zu den Tauschgrundsätzen von IAS 16, IAS 38 und IAS 2 einen Zugang des Vermögens zum Zeitwert und eine Realisierung der stillen Reserven in der *equity*-Beteiligung vorzunehmen. War das Investment in die Personengesellschaft lediglich als gemeinschaftliche Tätigkeit *(joint operation)* anzusehen, ist u.E. eine entsprechende Differenzierung vorzunehmen mit der Modifikation, dass die evtl. Ertragsrealisierung nicht den *equity*-Wert, sondern das zuvor anteilig bilanzierte Nettovermögen betrifft.[33]
Im Übrigen wird wegen Übergangskonsolidierungen betreffend gemeinschaftliche Tätigkeiten *(joint operations)* wie folgt verwiesen:
- Übergang *equity*-Konsolidierung zur gemeinschaftlichen Tätigkeit → § 33 Rz 126,
- Übergang gemeinschaftliche Tätigkeit zur *equity*-Konsolidierung → § 33 Rz 119,
- Übergang Tochterunternehmen zur gemeinschaftlichen Tätigkeit → § 31 Rz 176,
- Übergang gemeinschaftliche Tätigkeit zu Tochterunternehmen → § 31 Rz 161.[34]

4.5 Konzernbilanzierung gem. IFRS 5 in Ausnahmefällen

53 Nicht *at equity*, sondern **ausnahmsweise** nach den Regeln von IFRS 5.39 (→ § 29), d.h. erfolgswirksam zum Netto-*fair-value*, erfolgt die Konzernbilanzierung von Gemeinschaftsunternehmen, wenn Anteile **veräußert** werden sollen (IAS 28.20). Die Veräußerungsabsicht ist im Allgemeinen widerlegt, wenn der Anteil nicht nach zwölf Monaten (gerechnet ab Erwerb) weiterveräußert wurde (IFRS 5.8) und auch keine aktiven Verkaufsbemühungen inkl. Anpassung der Preisvorstellungen mehr

---

33 Vgl. zur Anwachsung LÜDENBACH, PiR 2015, S. 151.
34 Vgl. zum Ganzen auch ROOS, PiR 2016, S. 189ff.

unternommen werden (→ § 29 Rz 15). Das Gemeinschaftsunternehmen ist dann rückwirkend *at equity* zu konsolidieren. Die Zwölf-Monats-Frist kann bei ausstehenden Genehmigungen (Kartellamt etc.) ausnahmsweise verlängert werden (IFRS 5.9). Die Ausnahmeregeln von IFRS 5 gelangen auch bei erst später entstehender Veräußerungsabsicht zur Anwendung. Soweit Gemeinschaftsunternehmen vor Umqualifizierung nach IFRS 5 *at equity* bilanziert wurden, gelten mit Begründung der Veräußerungsabsicht die in → § 33 Rz 30ff. dargelegten Regeln.

Der nach IFRS 5 bestehende Vorrang des Bilanzierungsobjekts „Beteiligung" gilt auch, wenn bereits **bei Erwerb** eine IFRS 5 genügende **Veräußerungsabsicht** vorlag (→ § 29 Rz 32), insbesondere die Realisierung der Veräußerung binnen **zwölf Monaten** (IFRS 5.8) hochwahrscheinlich war. Ein derartiger zur Weiterveräußerung binnen zwölf Monaten bestimmter Anteil an einem Gemeinschaftsunternehmen ist von vornherein mit dem *fair value less costs to sell* (→ § 29 Rz 37) anzusetzen (IFRS 5.11, IAS 31.2(a)). Zur *equity-* oder quotalen Konsolidierung kommt es nur dann, wenn die Weiterveräußerung wider Erwarten nicht binnen zwölf Monaten gelingt. **54**

5   Bilanzierung im Abschluss sonstiger Investoren

Auch für die Bilanzierung sonstiger, nicht an der gemeinschaftlichen Kontrolle teilhabender Investoren (*party to a joint arrangement*) ist nach der Art der gemeinsamen Vereinbarung (Rz 21) zu differenzieren, obwohl der sonstige Investor selbst nicht (kontrollierender) Teil dieser Vereinbarung ist. Im Einzelnen gilt: **55**

- Bei einem **Gemeinschaftsunternehmen** ist zunächst zu prüfen, ob der sonstige Investor maßgeblichen Einfluss hat. Ist dies ausnahmsweise der Fall, hat er die Beteiligung konzernbilanziell *at equity* zu erfassen (IFRS 11.25), einzelbilanziell wahlweise zu Anschaffungskosten oder zum *fair value*, ab 2016 auch *at equity* (IFRS 11.27(b) i.V.m. IAS 27.10). Fehlt es an maßgeblichem Einfluss, ist die Beteiligung konzern- und einzelbilanziell gem. IAS 39/IFRS 9 zum *fair value* zu bewerten (IFRS 11.25 und IFRS 11.27(b)).
- Bei **gemeinschaftlicher Tätigkeit** ohne maßgeblichen Einfluss hat der sonstige Investor einzel- und konzernbilanziell jeweils seinen Anteil an den Vermögenswerten, Schulden und Ergebnissen auszuweisen (IFRS 11.23 und IFRS 11.27(a)).
- Bei rechtlich in der Form einer eigenen Gesellschaft vollzogenen **gemeinschaftlichen Tätigkeit** (Rz 27) mit maßgeblichem Einfluss scheint zunächst unklar, ob IFRS 11.23 der Vorrang zu geben ist (Bilanzierung wie zuvor) oder IAS 28. U. E. ist unter Beachtung von IFRS 11.BC49 von einem Vorrang von IAS 28 auszugehen. Danach hat der Board sich bei der Entwicklung von IFRS 11.23 ausdrücklich auf Fälle fokussiert, bei denen sich schon aus den vertraglichen Vereinbarungen (und nicht aus den *facts and circumstances*) eine *joint operation* ergibt. In Fällen der rechtlichen Verselbstständigung des Investitionsobjekts ergibt sich aber gerade erst aus Fakten und Umständen der Status als gemeinschaftliche Tätigkeit. Aus dem u.E. deshalb gegebenen Vorrang von IAS 28 folgt dann, dass die Beteiligung konzernbilanziell *at equity* zu erfassen ist, einzelbilanziell wahlweise zu Anschaffungskosten, zum *fair value* oder *at equity*.[35]

---

[35]   Vgl. im Detail auch LÜDENBACH, PiR 2016, S. 266.

6   Bilanzierung im eigenen Abschluss der gemeinschaftlich geführten Einheit

56 IFRS 11 behandelt nur die Bilanzierung/Konsolidierung einer gemeinsamen Vereinbarung im **Abschluss der Investoren** (IFRS 11.1 und IFRS 11.3). Soweit die gemeinsame Vereinbarung über eine separate rechtliche Einheit betrieben wird, die selbst in Erfüllung gesetzlicher oder vertraglicher Pflichten einen Jahresabschluss aufzustellen hat und dafür IFRS anwenden muss oder darf, gilt zunächst: Das gemeinschaftlich betriebene Unternehmen hat für **seinen Abschluss** die allgemeinen Regelungen der IFRS anzuwenden. Dabei stellt sich allerdings die Frage, ob die Bilanzierung der Investoren nach IFRS 11 in einzelnen Punkten Rückwirkungen auf die zutreffende Bilanzierung bei der untergeordneten Einheit hat. Ein Problem ergibt sich insbesondere dann, wenn die untergeordnete Einheit zwar rechtlich selbstständig ist, nach IFRS 11 aber eine gemeinschaftliche Tätigkeit (*joint operation*) vorliegt (Rz 27) und deshalb die Investoren ihre Anteile an den Vermögenswerten und Schulden zu bilanzieren haben. Hier stellt sich die Frage, ob die Erfassung der gleichen Vermögenswerte/Schulden im eigenen Abschluss der untergeordneten Einheit nicht zu einer systemwidrigen Doppelbilanzierung führen würde.

> **Praxis-Beispiel**
> An der Zuliefergesellschaft Z GmbH sind A und B zu je 50 % beteiligt. A und B nehmen wie vertraglich vorgesehen jeweils 50 % des Outputs der Z gegen kostendeckende Preise ab. Es liegt eine *joint operation* vor (Rz 22). A und B haben in ihren Abschlüssen daher sämtliche rechtlich von Z gehaltenen Vermögenswerte und Schulden zu je 50 % auszuweisen.

Fraglich ist in Konstellationen wie der vorstehenden, ob für den eigenen Abschluss der untergeordneten Gesellschaft überhaupt noch eine Bilanzierungsmasse bleibt. U. E. ist dies der Fall, da die Erfassung bei den Investoren nicht (oder jedenfalls nicht allein) aus dem Grundsatz *substance over form* (wirtschaftliches Eigentum) folgt, sondern aus spezialrechtlichen Vorgaben in IFRS 11. Nach diesen Vorgaben kann und darf die untergeordnete Einheit nicht bilanzieren. Gleichwohl hat sie zu würdigen, ob die vertraglichen Vereinbarungen mit den Investoren nicht im Einzelfall (!) dazu führen, dass das wirtschaftliche Eigentum an den Vermögenswerten bei den Investoren liegt.[36]

7   Latente Steuern

57 Wird der Anteil an einem Gemeinschaftsunternehmen *at equity* konsolidiert, gelten die unter → § 33 Rz 128 ff. dargestellten Regeln.

- *Inside basis differences* (→ § 26 Rz 139) zwischen den anteiligen Steuerbuchwerten des Gemeinschaftsunternehmens und deren anteilige und implizite Berücksichtigung im *equity*-Ansatz führen in jedem Fall zu Latenzen.
- Die Rechtsform entscheidet über die Frage, ob daneben latente Steuern auch auf *outside basis differences* entstehen (→ § 26 Rz 140).

---

[36] So im Tenor auch die Agenda-Entscheidung des IFRS IC vom März 2015, vgl. IFRIC Update March 2015.

Bei gemeinschaftlichen Tätigkeiten entstehen i. d. R. nur die **allgemeinen Steu-**   **58**
erlatenzen, die sich aus den unterschiedlichen Gewinnrealisierungszeitpunkten,
unterschiedlichen Abschreibungen etc. ergeben. **Spezifische** Steuerlatenzen fallen kaum an, da die Regelungen von IFRS 11 (anteiliger Vermögensausweis etc.)
i. d. R. den steuerbilanziellen Vorschriften entsprechen.

8 Ausweis

Für den Ausweis des *joint venture* in Bilanz und GuV des Partnerunternehmens   **59**
ist zwischen den verschiedenen Formen des *joint venture* zu differenzieren:

*   **Gemeinschaftliche Tätigkeit:** Auszuweisen sind jeweils anteilig Vermögen,
    Schulden, Aufwendungen und Erträge, und zwar unter üblichen Posten. Ggf.
    sind in eigenem Namen für Rechnung aller Partner eingegangene Verbindlich-
    keiten nur anteilig zu bilanzieren (Rz 44).
*   **Gemeinschaftsunternehmen:** Bei der *equity*-Bilanzierung ist ein gesonderter
    Ausweis der *equity*-Beteiligung in der Bilanz und des *equity*-Ergebnisses in
    der GuV geboten (→ § 2 Rz 51).

Nach Abschaffung der Quotenkonsolidierung durch IFRS 11 wird diskutiert, ob   **60**
es möglich ist, das Ergebnis aus *equity*-Beteiligungen statt in einer Zeile in
verschiedenen Zeilen, nämlich bei den operativen Beteiligungen (Beteiligungsunternehmen, deren Geschäftstätigkeit eine enge Verbindung zur Geschäftstätigkeit des Konzerns hat) im **operativen** Ergebnis, bei den Finanzbeteiligungen im
Finanzergebnis auszuweisen. Hierzu wird auf → § 2 Rz 86 verwiesen, zum
Ausweis sonstiger Ergebnisbestandteile (*other comprehensive income*), die aus
equity-Beteiligungen stammen, auf → § 2 Rz 96.

9 Angaben

Die Angabepflichten zu gemeinsamen Vereinbarungen sind in IFRS 12 geregelt   **61**
(IFRS 12.20 – IFRS 12.23 und IFRS 12.B10ff./IFRS 12.B18ff.) und sehen u. a.
Folgendes vor:

*   Erläuterung der wesentlichen Annahmen bzgl. der Beurteilung gemeinschaft-
    licher **Kontrolle**;
*   Erläuterung, wie als separate Einheiten (*separate vehicle*) geführte gemein-
    same Vereinbarungen **klassifiziert** werden, sowie Darlegung der Gründe für
    die Klassifizierung;
*   **Identifikation** der wesentlichen gemeinsamen Vereinbarungen nach Name,
    Sitz, Gegenstand und Ort der wesentlichen Geschäftsaktivitäten sowie An-
    gabe der **Beteiligungsquote** und ggf. abweichender Stimmrechtsanteil;
*   für Gemeinschaftsunternehmen: zusammengefasste finanzielle **Informatio-**
    nen zu den wesentlichen Bilanz- und GuV-Posten, Angabe des *fair value*, falls
    die *equity*-Methode angewendet wird und eine Marktnotierung besteht;
    aggregierte finanzielle Informationen für individuell unwesentliche Gemein-
    schaftsunternehmen.

Die zusammengefassten finanziellen Informationen umfassen Angaben zur Aufteilung des Vermögens des Gemeinschaftsunternehmens nach kurz- und langfristigen Vermögenswerten und Schulden sowie liquiden Mitteln, Angaben zu
Erlösen, Abschreibungen, Finanzerträgen und Finanzaufwendungen, Steuern,

Ergebnis aus aufgegebenen Bereichen (*discontinued operation*) und sonstigem Ergebnis (*other comprehensive income*). Auf → § 33 Rz. 133 und die **Checkliste „IFRS-Abschlussangaben"** (siehe HI10157883 im Haufe IFRS-Kommentar Online) wird verwiesen (→ § 5 Rz 8).

10   Anwendungszeitpunkt, Rechtsentwicklung

62   IFRS 11 ist anzuwenden für Geschäftsjahre, die ab dem **1.1.2013** beginnen (in der EU ab 2014). Eine vorzeitige Anwendung ist zulässig, wenn zugleich IFRS 10 und IFRS 12 sowie IAS 28 (in der Version von 2011) angewendet werden (IFRS 11.C1). Umfangreiche Regelungen bestehen für anlässlich der Anwendung von IFRS 11 notwendige Änderungen der Konsolidierungs- bzw. Bilanzierungsmethoden:

- Übergang von der **Quotenkonsolidierung** zur *equity*-**Methode** bei Gemeinschaftsunternehmen: die Werte der Quotenkonsolidierung, quotal erfasste Aktiva (einschließlich *goodwill*) und Passiva, werden am Beginn der Vergleichsperiode (1.1.2012/2013) saldiert und bei positivem Saldo als *equity*-Wert angesetzt (IFRS 11.C2). Bei negativem Saldo ist zu prüfen, ob evtl. eine ansatzpflichtige Schuld (z.B. wegen drohender Inanspruchnahme aus unbeschränkter Haftung) vorliegt. Ist dies nicht der Fall, ist der negative Wert mit den Gewinnrücklagen zu verrechnen (IFRS 11.C4).

- Übergang von der *equity*-**Methode** zur **anteiligen Bilanzierung** von Vermögen und Schulden bei gemeinschaftlicher Tätigkeit: die bisher saldiert im *equity*-Wert erfassten Vermögenswerte und Schulden (einschließlich *goodwill*) sind disaggregiert zu Beginn der Vergleichsperiode zu erfassen (IFRS 11.C9).

- Nicht geregelt ist der Übergang von der **Quotenkonsolidierung** zur **anteiligen Bilanzierung** von Vermögen und Schulden. Nur wenn der anteilige Vermögens-/Schuldausweis gem. IFRS 11 ausnahmsweise nicht nach der Beteiligungsquote erfolgt, werden sich Übergangseffekte ergeben, die dann u.E. erfolgsneutral zu erfassen sind.

- Betroffen vom Übergang kann auch der **Einzelabschluss** sein, dann nämlich, wenn bisher ein Anteil an einem Gemeinschaftsunternehmen bilanziert wurde, und jetzt, da nach IFRS 11 „nur" eine gemeinschaftliche Tätigkeit vorliegt, anteilig Vermögen und Schulden auszuweisen sind. In diesem Fall ist die Beteiligung per 1.1.2012/2013 gegen die anteiligen Vermögenswerte und Schulden auszubuchen und ein Differenzbetrag mit den Gewinnrücklagen zu verrechnen (IFRS 11.C12). Ggf. sind bei der Einbuchung des anteiligen Vermögens auch latente Steuern anzusetzen. Die Ausnahmeregeln von IAS 12 für im Zugangszeitpunkt entstehende temporäre Differenzen (→ § 26 Rz 101) gelten nicht (IFRS 11.C13).

Mit den Ende Juni 2012 veröffentlichten Änderungen zu den Übergangsleitlinien an IFRS 10, IFRS 11 und IFRS 12 (*Transition Guidance*) wurden auch Erleichterungen für IFRS 11 gewährt. Dabei wird die pflichtweise Angabe angepasster Vergleichszahlen auf die bei Erstanwendung unmittelbar vorangegangene Vergleichsperiode beschränkt (IFRS 11.C12A).

63   Der bis 2012 anwendbare Vorgängerstandard IAS 31 unterscheidet sich von IFRS 11 v.a. in folgenden zwei Punkten:

- Wird die gemeinschaftliche Aktivität über eine rechtlich selbstständige Einheit (insbesondere Personenhandels- oder Kapitalgesellschaft) betrieben, liegt nach IAS 31 ohne Weiteres ein Gemeinschaftsunternehmen vor. Nach IFRS 11 ist hingegen in wirtschaftlicher Perspektive zu beurteilen, ob nicht die normale Beteiligung am Nettovermögen substanziell durch eine Beteiligung an einzelnen Vermögenswerten, Schulden etc. verdrängt wird. Betroffen sind insbesondere Zuliefergesellschaften, die regelmäßig nach IFRS 11 als *joint operation* zu beurteilen sind.

- Soweit ein Gemeinschaftsunternehmen vorliegt, bestand nach IAS 31 konzernbilanziell das Wahlrecht zwischen Quotenkonsolidierung und *equity*-Konsolidierung. Nach IFRS 11 ist nur noch die *equity*-Konsolidierung zulässig.

Mit der Veröffentlichung von *„Investment Entities (Amendments to IFRS 10, IFRS 12 and IAS 27)"* am 31.10.2012 durch den IASB sollen Investmentgesellschaften als Mutterunternehmen ihre Beteiligungen nicht mehr konsolidieren (Bruttoerfassung). Zu erfassen ist stattdessen die Beteiligung zum *fair value* (IAS 39/IFRS 9). Voraussetzung der Anwendbarkeit ist die Erfüllung der Definition des Mutterunternehmens einer „Investmentgesellschaft" (u.a. Investmentfonds). Mit der Änderung ergeben sich auch Anpassungen anderer Standards, u.a. zu Anhangangaben in IFRS 12 sowie IAS 27 für IFRS-Einzelabschlüsse mit Bezug zu Investmentgesellschaften. Eine Auswirkung auf die *equity*-Konsolidierung hat die Änderung indes nicht, da IAS 28 nicht geändert wird. Bereits jetzt besteht ein Wahlrecht für Wagniskapitalgesellschaften und ähnliche Unternehmen, Anteile an assoziierten Unternehmen oder *joint ventures* erfolgswirksam zum *fair value* (IAS 39/IFRS 9) zu bilanzieren (Rz 4). Die neuen Vorschriften sind auf Berichtsperioden anzuwenden, die nach dem 31.12.2013 beginnen. **64**

Wird ein Anteil an einer *joint operation* erworben und ein Kaufpreis bezahlt, der über dem anteiligen *fair value* des Nettovermögens liegt, sind bei **business-Qualität** der erworbenen *joint operation* nach dem im Mai 2014 vorgelegten *Amendment* zu IFRS 11 die Regeln von IFRS 3 analog anzuwenden (Rz 42). **65**

Ist der in das **Gemeinschaftsunternehmen eingelegte Gegenstand ein Tochterunternehmen** und hat dieses *business*-Qualität, wird nach dem im September 2014 vorgelegten *Amendment* zu IFRS 10 und IAS 28 nach IAS 28.31A der Entkonsolidierungsgewinn in voller Höhe realisiert. Ein weiteres *Amendment* vom Dezember 2015 hat die Pflichtanwendung dieser Neuregelung auf unbestimmte Zeit verschoben (→ § 33 Rz 81).

Eine bis 2004 zulässige, dann abgeschaffte *at-equity*-Bewertung im Einzelabschluss ist nach dem im August 2014 vorgelegten *Amendment* zu IAS 27 ab 2016 als Wahlrecht wieder zugelassen (Rz 31). **66**

Annual Improvements to IFRSs 2014–2016 Cycle stellt klar, dass *venture-capital*-Gesellschaften zustehende (Nicht-)Konsolidierungswahlrechte nicht einheitlich für alle Investments in assoziierte Unternehmen ausgeübt werden müssen (Rz 6).

ED/2016/1 *„Definition of a Business and Accounting for Previously Held Interests"* sieht die Anwendbarkeit der Regelungen zum sukzessiven Unternehmenserwerb auf den Übergang von einer gemeinschaftlichen Tätigkeit zu einer vollkonsolidierten Tochter vor (→ § 31 Rz 161). **67**

Wegen Rechtsentwicklungen betreffend die in IAS 28 geregelte, für Gemeinschaftsunternehmen auch anzuwendende *equity*-Methode wird auf → § 33 Rz 136 ff. verwiesen. **68**

II

SONDERVORSCHRIFTEN FÜR BÖRSENNOTIERTE UNTERNEHMEN

§35 ERGEBNIS JE AKTIE *(Earnings per Share)*

Schrifttum: BUSSE VON COLBE u.a. (Hrsg.), Ergebnis je Aktie nach DVFA/SG, 3. Aufl., 2000; FREIBERG, Berechnung des verwässerten Ergebnisses je Aktie, PiR 2006, S. 266; GEMEINSAME ARBEITSGRUPPE DER DVFA UND SCHMALENBACH-GESELLSCHAFT, Fortentwicklung des Ergebnisses nach DVFA/SG, DB 1998, S. 2537; LÖW/ROGGENBUCK, Ergebnis-je-Aktie-Kennziffern für Banken im Blickwinkel nationaler und internationaler Rechnungslegung, BB 2001, S. 1460; SCHÜTTE, ED IAS 33 – Alternativentest zur Beurteilung der Verwässerungswirkung, PiR 2010, S. 166.

Vorbemerkung
Die Kommentierung bezieht sich auf IAS 33 in der ab 1.1.2005 geltenden Fassung. Alle bis zum 1.1.2017 ergangenen Rechtsänderungen und Interpretationen sind berücksichtigt. Einen Überblick über diskutierte oder schon als Änderungsentwurf vorgelegte zukünftige Regelungen enthalten Rz 58 ff.

1 Zielsetzung, Regelungsinhalt und Begriffe

1   Am Kapitalmarkt gilt das Ergebnis je Aktie *(earnings per share*, EPS) als eine wichtige Kennzahl zur **Bewertung** von Unternehmen bzw. dem Wert des Eigenkapitals. In Deutschland wird die Kennzahl seit Langem von der Schmalenbach-Gesellschaft (SG) bzw. der Deutschen Vereinigung der Finanzanalysten (DVFA) propagiert. Das Ergebnis je Aktie verhält sich mathematisch streng umgekehrt zum Kurs-Gewinn-Verhältnis (KGV). Das KGV wird im Vergleich zwischen Unternehmen oder Aktien oftmals als Basis für Kauf- und Verkaufsentscheidungen herangezogen. Ein niedriges KGV (= hohes EPS) soll z. B. einen günstigen Preis für die Aktie indizieren. Das Ergebnis je Aktie wird so zu einem Bindeglied zwischen Rechnungslegung und Unternehmensbewertung.

Vor diesem Hintergrund soll IAS 33 durch eine klare Definition der zu verwendenden Größen und Berechnungsmethoden eine weitgehende **Vergleichbarkeit** dieser Kennzahl sicherstellen. Der Standard IAS 33 ist in Abstimmung mit den Verlautbarungen des FASB zur Erreichung dieses Ziels entstanden und stellt ein Beispiel für eine weitgehende Angleichung von IFRS und US-GAAP dar. Die Veröffentlichung von IAS 33 und SFAS 128 *Earnings per Share* in 1997 war das Resultat des ersten gemeinsamen Projekts zwischen FASB und IASC, der Vorgängerorganisation des IASB. Als Resultat eines kurzfristigen – aktuell aber nicht mehr weiter verfolgten – Konvergenzprojekts *(short-term convergence project)* zwischen IASB und FASB haben beide Normensetzer u. a. im August 2008 taggleich Entwürfe zur Änderung von IAS 33 und SFAS 128 (bzw. mittlerweile ASC Topic 260) veröffentlicht, wodurch eine weitergehende Angleichung der Vorschriften erfolgen sollte (Rz 59). Die Anpassung der bestehenden Vorschriften wird aktuell nicht mehr aktiv verfolgt.

2   Inwieweit die seitens der Boards (IASB und FASB) angestrebte Vergleichbarkeit der Kennzahl EPS in der Realität erreicht werden kann, ist fraglich. So sind sowohl die Ergebnisgröße (Zähler) als auch die Anzahl der Aktien (Nenner) anfällig für Sachverhaltsgestaltungen. Die Vergleichbarkeit leidet zusätzlich an der Möglichkeit zur Ausübung von Wahlrechten und Ermessensspielräumen. Auch der aktuell nicht mehr verfolgte Standardentwurf zu IAS 33 hätte nicht zu einer Vereinheitlichung des Zählers geführt (Rz 59).[1]

3   Die Berechnung und Offenlegung eines Ergebnisses je Aktie wird nur von solchen Unternehmen gefordert, deren **Eigenkapitalinstrumente** *(ordinary shares)* bereits an einer Börse **öffentlich gehandelt** werden oder die sich gerade in einem erstmaligen öffentlichen Angebot befinden (IAS 33.2). Das gilt – klarstellend – nach IFRS 8.B7 (→ § 36) sowohl für den Einzelabschluss als auch für den (Teil-)Konzernabschluss. In ausschließlich **Privatbesitz** stehende Unternehmen müssen somit kein Ergebnis je Aktie berechnen und angeben. Entsprechendes gilt, wenn nur zwar eine Aktiengattung öffentlich gehandelt wird (etwa wenn ausschließlich Vorzugsaktien zum öffentlichen Handel platziert werden), diese aber nicht als *ordinary shares* i. S. d. IAS 33.5 anzusehen ist (Rz 5). Erfolgt eine entsprechende Angabe freiwillig, sind jedoch alle Vorgaben von IAS 33 zu berücksichtigen (IAS 33.3) und die freiwillige Anwendung als solche im Anhang

---

1   Vgl. JEHLE, PiR 2008, S. 326.

kenntlich zu machen. Werden Einzel- und Konzernabschluss offengelegt, hat die Angabe auf **konsolidierter Basis** zu erfolgen (IAS 33.4).

Nicht sinnvoll ist die Berechnung eines analogen „Ergebnisses je Anteil" für eine **GmbH**, da die Größe der vorhandenen Gesellschaftsanteile zwischen den einzelnen Gesellschaftern unterschiedlich sein kann. Für eine **KGaA** ist die Berechnung jedoch möglich und bei entsprechender Notierung an einer Börse auch erforderlich. Die Berechnung und Offenlegung des Ergebnisses je Aktie hat nicht nur im Jahresabschluss, sondern gem. IAS 34.11 auch in **Zwischenberichten** (→ § 37 Rz 14) zu erfolgen (IAS 34.11), soweit eine Pflichtanwendung nach IAS 33 besteht (Rz 3). Freiwillige Anwender von IAS 33 können daher auf eine entsprechende Angabe in Zwischenberichten verzichten.

4

Eine **Stammaktie** (*ordinary share*) – die maßgebliche Größe für die Bemessung der Anzahl Aktien – ist gem. IAS 33.5 ein Eigenkapitalinstrument, das im Verhältnis zu allen anderen Eigenkapitalinstrumenten nachgeordnet ist. **Vorzugsaktien** gem. §§ 12, 139 AktG, sind nicht zu den Stammaktien i.S.v. IAS 33 zu rechnen, sondern den *preference shares* zuzuschlagen. Auch als Eigenkapital klassifizierte schuldrechtliche Instrumente (etwa Genussrechte) sind nicht als *ordinary shares* zu behandeln.

5

Die Nachrangigkeit i.S.v. IAS 33.5 ist ausschließlich auf die Dividendenrechte zu beziehen.[2] Von der konzeptionellen Basis her stellt die Berechnung des Ergebnisses je Aktie nämlich keine primär auf den gesamten aktuellen Vermögensbestand, sondern eine auf den **periodischen Ergebnisfluss** gerichtete Größe dar. Die Bestimmung des Nenners der Gleichung hat diesem Gedanken Rechnung zu tragen. Vorzugsaktien (*preference shares*) und andere lediglich als Eigenkapital klassifizierte Instrumente, die nicht als *ordinary shares* gelten, sind entsprechend aus dem Nenner auszuschließen, stellen somit keine *ordinary shares* dar.

6

Darüber hinaus scheint das Kriterium der Teilhabe am Reinvermögen auf Basis des IAS 33 **systematisch** auch eher schwach fundiert: *Ordinary shares* sind laut IAS 33.5 immer ein *equity instrument*. Ein *equity instrument* als übergeordnete Gruppe zeichnet sich gem. IAS 33.8 i.V.m. IAS 32.11 durch seine Teilhabe am Residualvermögen aus. Die Schlussfolgerung, jedes auf eine Teilhabe am Reinvermögen berechtigende Papier sei gleichzeitig auch ein *ordinary share* i.S.v. IAS 33, kann hieraus jedoch nicht gezogen werden. Die Definition von *ordinary shares* in IAS 33.5 spricht dementsprechend auch nicht von einer Nachrangigkeit hinsichtlich der Verteilung des Residualvermögens, sondern lediglich von einer generellen Nachrangigkeit (*„subordinate to all other classes of equity instruments"*). Worin diese Nachrangigkeit insbesondere bestehen kann, klärt der nachfolgende IAS 33.6, der sich explizit mit der Abgrenzung von *ordinary shares* und *preference shares* beschäftigt. Hier werden als Kriterium jedoch lediglich die Dividendenrechte herangezogen. Für die **Anteilsbewertung** als eigentliche Aufgabe des Ergebnisses je Aktie schließlich dürfte die Teilhabe am Gewinn einen größeren Unterschied ausmachen als der Anspruch auf ein evtl. Residualvermögen. Die Frage der Einbeziehung oder Ausgrenzung von Vorzugsaktien und die damit verbundenen Effekte auf die absolute Höhe des Ergebnisses je Aktie haben daher insbesondere diesem Unterschied Rechnung zu tragen und nicht speziell auf die Vermögensverwertung abzuheben.

---

2   Vgl. IDW RS HFA 2 n.F., FN-IDW 7/2012, S. 380ff., Tz. 26.

7   Unabhängig von Vorzugsaktien gem. § 12 AktG, für die kein Ergebnis je Aktie
     zu berechnen ist, kann ein Unternehmen über mehrere **Klassen von Stamm-
     aktien** verfügen (IAS 33.6). Für jede Klasse an Stammaktien ist gem. IAS 33.66
     ein **separates** Ergebnis je Aktie zu berichten (zur Berechnung Rz 26). Aktien, die
     über denselben Dividendenanspruch verfügen, sind einer einheitlichen Klasse
     zuzuordnen.

> **Praxis-Beispiel**
> Ein Unternehmen verfügt über die beiden Aktiengattungen A und B. Die
> Inhaber der Aktien der Gattung B sind dazu berechtigt, Dividenden i.H.v.
> 50 % jener Dividenden zu erhalten, welche für Aktien der Gattung B be-
> schlossen wurden. Ansonsten sind jedoch die beiden Aktiengattungen iden-
> tisch und gegenüber allen anderen Eigenkapitalinstrumenten des Unterneh-
> mens hinsichtlich der Gewinnteilhabe nachrangig. Die Aktien der Gattungen
> A und B sind beide als Stammaktien i.S.v. IAS 33 zu betrachten. Die unter-
> schiedliche Höhe des Dividendenanspruchs ändert nichts an diesem Ergebnis.
> Somit ist sowohl für die Aktiengattung A als auch für die Aktiengattung B das
> Ergebnis je Aktie offenzulegen (IAS 33.66).

Sofern Unterschiede im Dividendenanspruch zu fixen oder bevorzugten Dividenden berechtigen, scheidet eine Bildung separater Klassen jedoch aus. Vielmehr liegen dann regelmäßig **Vorzugsaktien** vor (Rz 6).

> **(Abwandlung)**
> In Abwandlung des vorstehenden Beispiels haben die Zeichner der Aktien der
> Gattung B ein Recht auf eine Vorwegdividende. Bis zu einem Höchstbetrag
> werden verfügbare Gewinne zunächst ihnen zugesprochen, an zusätzlich
> beschlossenen Dividenden partizipieren sie nach Höhe ihres Anteils. Die
> Inhaber der Aktien der Gattung A partizipieren hingegen lediglich im selben
> Maße wie die Inhaber der Aktien der Gattung B an zusätzlich beschlossenen
> Dividenden. Es sind lediglich die Aktien der Gattung A als Stammaktien i.S.v.
> IAS 33 zu betrachten.

Unterschiedliche Klassen von Stammaktien dürften daher in der deutschen
(Bilanzierungs-)Praxis eher selten sein. Nur wenn die Satzung eine Vorzugsdividende an die Dividende der Stammaktien koppelt, also einen **Dividenden-
zuschlag** ohne vorrangige Bedienung gewährt (**Mehrdividende**), sind derartig
ausgestaltete Vorzugsaktien als **separate** Kategorie von *ordinary shares* einzustufen, da insoweit der in § 139 AktG geregelte Dividendenvorzug de facto nicht
besteht.[3] Wenn hiernach also Vorzugsaktien i.S.d. §§ 12, 139 AktG regelmäßig
nicht eine separate Klasse von Stammaktien darstellen, scheidet eine verpflichtende Angabe eines Ergebnisses je Vorzugsaktie aus. Möglich bleibt nur die –
auch als solche deklarierte – freiwillige Angabe. Die Offenlegung verpflichtet
dennoch auf die Berücksichtigung aller Vorgaben des IAS 33.

8   Als **potenzielle Aktien** (*potential ordinary shares*) werden Finanzinstrumente und
     sonstige Vereinbarungen angesehen, die deren Inhaber zum Bezug von Stamm-

---

[3]   Vgl. IDW RS HFA 2 n.F., FN-IDW 7/2012, S. 380 ff,. Tz. 26.

aktien berechtigen. Typische Beispiele hierfür sind **Wandelschuldverschreibun-gen** und **Optionen**. Der **Verwässerungseffekt** *(dilution)* stellt eine fiktive Ver-minderung des Ergebnisses je Aktie oder eine fiktive Erhöhung des Verlusts je Aktie dar – beide Effekte beruhen auf einer unterstellten Aktienausgabe. Eine spiegelbildliche Erhöhung des Ergebnisses je Aktie oder eine Verminderung des Verlusts je Aktie wird im Gegensatz dazu als *antidilution* bezeichnet.

2 Unverwässertes Ergebnis je Aktie

2.1 Berechnungsparameter

Das Berechnungsschema für das unverwässerte Ergebnis je Aktie *(basic earnings per share)* ist einfach (IAS 33.10):   9

$$\frac{\text{Periodenergebnis (Rz 10\,ff.) (Zähler)}}{\text{die durchschnittliche Anzahl während der Periode ausstehender Aktien (Rz 15\,ff.) (Nenner)}}$$

$$= \text{unverwässertes Ergebnis je Aktie (Quotient)}$$

2.2 Ermittlung des Ergebnisses

Das heranzuziehende Periodenergebnis muss **alle Positionen** umfassen, die   10 während der abgelaufenen Periode in der **GuV** *(statement of profit or loss)* berücksichtig worden sind und auf *ordinary shares* des Mutterunternehmens *(parent entity)* entfallen; eine Bereinigung ist nicht zulässig (IAS 33.13). Eine Anpassung ist allerdings nur erforderlich für Ergebnisanteile, die auf (potenziel-le) *preference shares* entfallen (IAS 33.12). Hintergrund dieser Anforderung dürfte der Versuch sein, das Ergebnis je Aktie von oftmals schwierigen **Abgren-zungsfragen** freizuhalten. Die zu verwendende Ergebniszahl entspricht somit dem Periodenergebnis, welches den *ordinary equity holders* zuzurechnen ist.

> **Praxis-Beispiel**
> Das Betriebsergebnis des Konzerns für die laufende Periode beträgt 2.000 TEUR. Es wird geschmälert um Verluste aus Finanzanlagen von 400 TEUR, einen Steueraufwand von 600 TEUR, einen auf nicht-beherr-schende Gesellschafter entfallenden Ergebnisanteil von 150 TEUR sowie einen in der laufenden Periode berücksichtigten Einmaleffekt aus der ver-änderten Bewertung des Vorratsvermögens von 80 TEUR. Das auf die *ordi-nary equity holders* entfallende Periodenergebnis nach Berücksichtigung all dieser Effekte beträgt 770 TEUR. Für die Berechnung des Ergebnisses je Aktie ist dieser Wert als Zähler zugrunde zu legen.

Falls einzelne Unternehmensbereiche den **nicht fortgeführten Tätigkeiten** *(dis-continued operations)* zugeordnet werden (→ § 29 Rz 6), ist das Ergebnis je Aktie getrennt auf Basis des Ergebnisses aus fortgeführten Tätigkeiten sowie des Gesamtergebnisses zu ermitteln (IAS 33.12).
Die Berechnung des Ergebnisses je Aktie als Kennzahl der Ergebnisentwicklung hat   11 unabhängig vom Ausschüttungsverhalten eines Unternehmens für alle Stammaktien

zu erfolgen. **Dividendenzahlungen** aus dem laufenden Periodenergebnis schmälern das für die Berechnung anzusetzende Ergebnis daher nicht (*„net profit or loss for the period attributable to ordinary shareholders"*). Dividendenzahlungen aus **Vorperioden** sind für die Ergebnisbemessung ebenfalls irrelevant. Das den Stammaktionären des Mutterunternehmens zuzurechnende Ergebnis ist um die Nachsteuerbeträge von Vorzugsdividenden, Differenzen bei der Tilgung von Vorzugsaktien und ähnlichen Auswirkungen von Vorzugsaktien, die als Eigenkapital klassifiziert wurden, zu bereinigen (IAS 33.12). Entsprechendes gilt u. E. auch für andere schuldrechtlich begründete Instrumente, die lediglich als Eigenkapital klassifiziert werden, sich aber nicht als *ordinary shares* qualifizieren.

Hängt die Zahlung von Dividenden auf **Vorzugsaktien** oder andere Instrumente von einem Beschluss der Gesellschafter ab, sind diese erst bei Vorliegen eines entsprechenden Beschlusses für die betreffende Periode von einem positiven Ergebnis abzusetzen. Umgekehrt sind die betreffenden Beträge in jedem Fall **ergebnismindernd** zu berücksichtigen, sofern dieser Dividendenanspruch ohne einen solchen Beschluss entsteht. Kommt es in einem Folgejahr zu einem entsprechenden Beschluss oder zur Zahlung, sind diese dann nicht mehr vom Ergebnis abzusetzen, da sie ja bereits in der entsprechenden Vorperiode berücksichtigt wurden.

Vorzugsdividenden, die auch in Verlustjahren fällig werden, sind im Verlustjahr dem auf die übrigen Aktionäre entfallenden Verlust hinzuzurechnen.

Praxis-Beispiel

Der Verlust im Jahr 01 beläuft sich auf –500 TEUR. Der Ergebnisvortrag ist in selber Höhe negativ. Der Konzern hat 1 Mio. Vorzugsaktien im Nennwert von 1 EUR/Aktie ausgegeben, auf die auch in Verlustjahren ein Gewinnanspruch von 10 % des Nennwerts entsteht. Der Anspruch kommt jedoch nur zur Auszahlung, wenn ausschüttungsfähige Ergebnisvorträge vorhanden sind. Im Jahr 01 ist keine Ausschüttung möglich. Für die Berechnung des Verlusts je Aktie ist der Verlust des Konzerns jedoch um 100 TEUR zu erhöhen und beträgt somit –600 TEUR. Im Folgejahr 02 entsteht ein Gewinn i. H. v. 800 TEUR. Der Ergebnisvortrag erlaubt jetzt die Ausschüttung der Vorzugsdividende. Für die Berechnung des Ergebnisses je Aktie kommen lediglich die 100 TEUR Vorzugsdividende des Jahres 02 zum Abzug, die für 01 erfolgende Auszahlung von 100 TEUR bleibt unberücksichtigt. Der Zähler beläuft sich im Jahr 02 somit auf 700 TEUR.

---

12   Einen weiteren Sonderfall stellen sog. *increasing rate preference shares* dar (IAS 33.15), welche nach IAS 32 als Eigenkapital klassifiziert wurden. Diese existieren in zwei verschiedenen Formen: Es wurde eine

- niedrige ursprüngliche Dividende vereinbart, um das Unternehmen für den Verkauf der Vorzugsaktien mit einem Disagio zu entschädigen;
- hohe Dividende für bestimmte Folgeperioden vereinbart, um die Investoren für den Kauf der Vorzugsaktien mit einem Agio zu entschädigen.

Ein Agio bzw. Disagio im Rahmen der Emission ist nach der Effektivzinsmethode fortzuschreiben, wobei das den Stammaktionären zuzurechnende Ergebnis um die Zinsen korrigiert wird. Es erfolgt demnach im Rahmen der Berechnung des Ergebnisses je Aktie eine Behandlung als Vorzugsdividende (IAS 33.15).

Im Fall eines **Rückkaufs** von (als Eigenkapital klassifizierten) **Vorzugsaktien** ist 13
der Zähler um den Überschuss des beizulegenden Zeitwerts der an die Vorzugsaktionäre entrichteten Gegenleistung über den Buchwert der Vorzugsaktien zu
reduzieren (IAS 33.16). Diese Korrektur ist erforderlich, da der Rückkauf von
Eigenkapital darstellenden Vorzugsaktien gem. IAS 32.33 als Transaktion zwischen Gesellschaftern innerhalb des Eigenkapitals zu erfassen ist. Anderes gilt bei
Qualifizierung von Vorzugsaktien nach IAS 32 als Fremdkapital (→ § 20 Rz 17).
Ein Rückkauf wäre als Tilgung einer finanziellen Verbindlichkeit zu behandeln,
mit der Folge einer Erfassung der Abweichung zwischen dem Tilgungsbetrag und
dem Buchwert bereits in der GuV.

Eine Besonderheit ergibt sich, wenn ein Unternehmen über **mehrere Aktiengat-** 14
tungen verfügt, für die das Ergebnis je Aktie jeweils **separat** (Rz 7) zu berechnen
ist (IAS 33.66). Für die Ermittlung des Zählers ist auch hier das Ausschüttungsverhalten zu vernachlässigen. Sind jedoch für die jeweiligen Klassen **unter-**
schiedliche Ausschüttungen erfolgt, kann sich hieraus eine Beeinflussung des
Ergebnisses je Aktie ergeben. Der Ausgleich für Zwecke der Bewertung erfolgt
über den **Kurs** der Aktie.

> **Praxis-Beispiel**
> Der Gewinn der Periode beträgt 1.000 EUR. Es sind je 100 Aktien der Gattun-
> gen A und B ausstehend (keine *„preference shares"* i.S.v. IAS 33). Aktien der
> Gattung B haben den 1,5-fachen Dividendenanspruch von Aktien der Gattung
> A. Auf die Aktien der Gattung A ist für das Geschäftsjahr eine Ausschüttung
> von jeweils 1 EUR/Aktie erfolgt, auf die Aktien der Gattung B dementspre-
> chend jeweils 1,5 EUR/Aktie. Das thesaurierte Ergebnis beläuft sich somit auf
> 750 EUR. Das Ergebnis je Aktie berechnet sich wie folgt:
> Gattung A: (750 EUR × 100/200 + 100 × 1,00 EUR/Aktie)/100 = 4,75 EUR/
> Aktie
> Gattung B: (750 EUR × 100/200 + 100 × 1,50 EUR/Aktie)/100 = 5,25 EUR/
> Aktie
> Der Anspruch der Aktionäre auf das Ergebnis des Unternehmens ist hier nicht
> mehr gleich verteilt, sondern durch die vorab erfolgte inkongruente Ausschüt-
> tung bereits zu einem Teil zugunsten der Aktien der Gattung B verschoben. In
> der Bewertung durch den Markt würde dies durch einen entsprechend höheren
> Kurs der Aktiengattung B und einen niedrigeren Kurs der Gattung A wieder
> ausgeglichen, so dass sich – abgesehen von Risikoüberlegungen – eine Dividen-
> denrendite auf das eingesetzte Kapital i.H.d. Mittelwerts von 5 EUR/Aktie
> ergibt. Den Aktionären wird durch die unterschiedlichen Gattungen die Mög-
> lichkeit geboten, sich zwischen einer relativ höheren Ausschüttung und einer
> relativ höheren Chance auf Aktienwertsteigerung zu entscheiden.

2.3 Ermittlung der Anzahl Aktien

2.3.1 Gewichtete Berechnung ausstehender Anteile

Der für die Berechnung des Ergebnisses je Aktie maßgebliche Nenner (Rz 9) 15
umfasst die **durchschnittliche Anzahl** der während der betreffenden Periode
ausstehenden Aktien. Nicht als ausstehend gelten eigene Anteile (*treasury*
shares) sowie die ihnen gleichgestellten Anteile von Tochterunternehmen an

Mutterunternehmen (IAS 33.IE2). Sind keine Veränderungen während der Periode erfolgt, ist die Ermittlung problemlos, da die anzusetzende Aktienanzahl dem Stand zum Abschlussstichtag entspricht. Hat sich die Anzahl der Aktien jedoch seit dem letzten Stichtag verändert, ist in den meisten Fällen eine zeitanteilige Gewichtung erforderlich. Dies gilt für die folgenden Veränderungen:

- Ausgabe von **jungen** Aktien im Wege der Kapitalerhöhung;
- **Erwerb** von **eigenen** Aktien durch Rückkauf am Kapitalmarkt;
- **Ausgabe** von **eigenen** Aktien durch Verkauf am Kapitalmarkt;
- **Kapitalherabsetzungen** gegen Auszahlung von Kapital, wobei sich die Einziehung von Aktien als solche nicht mehr auf die Anzahl der ausstehenden Aktien auswirkt, sofern diese bereits vorher am Kapitalmarkt zurückgekauft wurden und als Bestand eigener Aktien die Anzahl durchschnittlich ausstehender Aktien reduziert haben.

Darüber hinaus ergeben sich Besonderheiten für die Bestimmung ausstehender Anteile bei Überkreuz- bzw. Rückbeteiligungen (Rz 19).

16   Eine **taggenaue** Berechnung ist dann erforderlich, wenn sich über hohe Veränderungen der ausstehenden Anteile eine große Hebelwirkung auf das Ergebnis je Aktie ergeben kann. Insbesondere bei Unternehmen, die unterjährig eine Vielzahl von Käufen und Verkäufen in eigenen Anteilen tätigen, kann die taggenaue Berechnung erheblichen Aufwand verursachen. Gemäß IAS 33.20 sind daher auch **näherungsweise** Berechnungen möglich, sofern diese zu keinen wesentlichen Verzerrungen führen *(reasonable approximation)*. Angesichts der erheblichen Bedeutung auch kleiner Schwankungen im Ergebnis je Aktie für die Bewertung eines Unternehmens durch den Kapitalmarkt sollte diese Erleichterungsmöglichkeit jedoch nicht übermäßig strapaziert werden. Der Zielsetzung des Ergebnisses je Aktie, einen Zusammenhang zwischen dem eingesetzten Eigenkapital und den damit erzielten Erträgen herzustellen, kann nur durch die Verwendung **korrespondierender zeitraumbezogener** Größen sowohl im Zähler als auch im Nenner Rechnung getragen werden.

Praxis-Beispiel

Während des Jahres hat sich die Anzahl der ausstehenden Aktien wie folgt entwickelt:

Anfangsbestand 1.1.:	2.000
Ausgabe neuer Anteile (Kapitalerhöhung) 30.4.:	500
Erwerb eigener Anteile 15.8.:	200
Endstand 31.12.:	2.300

Die durchschnittliche Anzahl ausstehender Aktien berechnet sich nach zeitanteiliger Gewichtung als:
$2.000 \times 4/12 + 2.500 \times 3,5/12 + 2.300 \times 4,5/12 = 2.258$.
Alternativ kann auch die folgende Formel zur Anwendung kommen, die unterschiedliche „Scheiben" von Aktienbeständen betrachtet:
$2.000 \times 12/12 + 300 \times 8/12 + 200 \times 3,5/12 = 2.258$.
Auch die folgende Berechnung ist möglich:
$2.000 \times 12/12 + 500 \times 8/12 - 200 \times 4,5/12 = 2.258$.

Abhängig von der jeweils zugrunde liegenden Transaktion ist zu prüfen, ab 17
welchem **Zeitpunkt** neu ausgegebene Aktien in die Berechnung mit aufzunehmen
sind. Maßgeblich ist i.d.R. der Zeitpunkt, an dem die jeweilige Gegenleistung **fällig**
wird, spätestens allerdings der Emissionszeitpunkt. Die Vorgaben in IAS 33.21 ff.
enthalten hierzu unter anderem den folgenden Katalog von Beispielen:

- **Bareinlage:** Gegen bar auszugebende Aktien ab dem Zeitpunkt, an dem die
  Bezahlung fällig wird. In dem Maße, wie noch keine Einzahlung erfolgt ist, die
  Aktie aber bereits an Dividenden des Unternehmens teilhaben kann, erfolgt
  eine zahlenmäßig anteilige Einbeziehung (IAS 33.A15).
- **Kapitalerhöhung im Schütt-aus-hol-zurück-Verfahren:** Aktien aus einer
  Umwandlung von Dividenden in Aktien ab dem Zeitpunkt, an dem die
  Dividende zur Zahlung fällig wird.
- **Sacheinlage von Forderungen:** Aktien aus einer Umwandlung von Fremd-
  in Eigenkapital mit der Beendigung der Verzinslichkeit des Fremdkapitals.
- Zur Beilegung einer Streitigkeit oder zum Ausgleich einer Rückstellung
  ausgegebene Aktien ab dem **Abschluss** einer entsprechenden **Vereinbarung**.
- **Sacheinlage eines Unternehmens:** Zum Erwerb eines Unternehmens aus-
  gegebene Aktien ab dem Zeitpunkt der Erstkonsolidierung.
- **Sonstige Sacheinlage:** Im Tausch gegen einen Vermögenswert ausgegebene
  Anteile ab dem Zeitpunkt der erstmaligen Bilanzierung des betreffenden *asset*.
- **Anteilig einbezahlte** Aktien im Verhältnis ihrer Dividendenberechtigung im
  Vergleich mit voll einbezahlten Anteilen.
- **Aktien,** deren Ausgabe von der Erfüllung bestimmter **Bedingungen** abhängig ist
  (contingently issuable shares), ab dem Zeitpunkt, an dem alle Bedingungen erfüllt
  sind. Derartige Aktien sind nicht mit sog. bedingtem Kapital zu verwechseln,
  sondern beziehen sich i.d.R. auf Sachverhalte wie die Erreichung bestimmter
  Ziele durch das erworbene Unternehmen nach einem Unternehmenskauf gegen
  Aktien und eine damit einhergehende nachträglich erhöhte Vergütung zugunsten
  der Veräußerer.
- **Anleihen,** die zu einem festgelegten zukünftigen Zeitpunkt verpflichtend in
  Aktien gewandelt werden müssen (**Zwangswandelanleihen**), sind ab dem
  Zeitpunkt der Begebung der Anleihe in die Berechnung mit einzubeziehen
  (IAS 33.23). Je nach Ausgestaltung der Anleihe und der Wandlungsbedingun-
  gen kann sich hieraus ein unmittelbarer Effekt auf die Unternehmensbewer-
  tung und damit auf den Börsenkurs ergeben.

Abhängig von spezifischen Bedingungen der jeweiligen Transaktion können sich
im Einzelfall auch **abweichende Zeitpunkte** ergeben. Eine gründliche Auseinandersetzung mit der wirtschaftlichen Substanz der getroffenen Vereinbarung ist
unbedingt erforderlich (IAS 33.21).

Bei einer **unterjährigen Umwandlung** des Unternehmens in eine AG (ohne 18
Vorabausschüttung eines bis dahin aufgelaufenen Gewinns) mit einer Platzierung der Stammaktien zum öffentlichen Handel hat die Berechnung des Ergebnisses je Aktie unter der Annahme zu erfolgen, das Unternehmen wäre das ganze
Jahr über eine Aktiengesellschaft gewesen. Der Zähler besteht somit aus dem
gesamten Jahresergebnis, der Nenner aus der seit der Umwandlung durchschnitt-

lich ausstehenden Anzahl Aktien.[4] Dies gilt nicht, wenn nach der Umwandlung ein **Rumpfgeschäftsjahr** eingelegt wird. Für eine Rumpfperiode ist die Berechnung eines eigenständigen Ergebnisses je Aktie erforderlich, bei der wie bei der Berechnung für ein normales Geschäftsjahr die für Zähler und Nenner anzusetzenden Zeiträume identisch sind.

2.3.2 Überkreuzbeteiligungen und Rückbeteiligungen

19   In die Bestimmung des Ergebnisses gehen **alle Positionen** ein, die während der abgelaufenen Periode in der GuV berücksichtigt worden sind (Rz 10). Zur Vermeidung von Abgrenzungsfragen scheidet eine Bereinigung aus. Fraglich ist für den Fall von **Überkreuz- bzw. Rückbeteiligungen** aber, ob bei der Berechnung ausstehender Anteile Anpassungen/Bereinigungen notwendig bzw. zulässig sind. Für den Fall der Rückbeteiligung eines Tochterunternehmens am Mutterunternehmen ist eine solche Anpassung explizit vorgesehen (IAS 33.IE2). Für den praktisch relevanteren Fall der Überkreuzbeteiligung zweier nicht zum gleichen Vollkonsolidierungskreis gehörender Unternehmen fehlt es an expliziten Vorgaben:

> **Praxis-Beispiel**
> Das assoziierte Unternehmen A (aU1) und Unternehmen B (aU2) haben jeweils 10.000 Anteile ausgegeben. aU1 ist mit 40 % an aU2, dieses umgekehrt mit 25 % an aU1 beteiligt. Beide Unternehmen erzielen ein Ergebnis von 1.000 EUR vor dem Ertrag aus dem jeweils anderen assoziierten Unternehmen. Das Ergebnis von Unternehmen A beträgt unter Berücksichtigung der Rückbeteiligung 1.555,6 EUR (zur Berechnung siehe → § 33 Rz 63). In Bezug zu den ausstehenden Anteilen von A ergibt sich vor Bereinigung ein Ergebnis je Aktie von 0,16 EUR/Aktie (= 1.555,6 EUR/10.000 Aktien). Die effektiv im Umlauf befindlichen Anteile betragen allerdings 9.000 (= 10.000–2.500 × 40 %) somit 90 %. Nach Bereinigung der ausstehenden Anteile ergibt sich ein Ergebnis je Aktie von 0,17 EUR/Aktie (= 1.555,6 EUR/9.000 Aktien).

20   Analog zu der Anpassung des Ergebnisanteils erscheint es zunächst nahe liegend, auch die Anzahl der ausstehenden Anteile anzupassen, also auf den effektiven Teil abzustellen. Gegen eine solche Anpassung spricht allerdings die Vorgabe in IAS 33.19, nach der alle ausstehenden Stammaktien, d.h., alle Aktien, die weder eigene Anteile noch ihnen gleichgestellt sind, in die Berechnung des Ergebnisses je Aktie einzubeziehen sind. Eigenen Anteilen gleichgestellt sind nach der Definition der *treasury shares* in IAS 32.33 nur Anteile vollkonsolidierter Unternehmen am Mutterunternehmen. Die im Rahmen der hier interessierenden Überkreuzbeteiligung gehaltenen Anteile sind nicht als *treasury shares* zu berücksichtigen und bleiben daher unbeachtlich (zur Berücksichtigung siehe Rz 48).

> **Praxis-Beispiel (Fortsetzung zu Rz 19)**
> Unternehmen A weist ein Ergebnis je Aktie von 0,16 EUR Aktie (= 1.555,6 EUR /10.000 Aktien) aus. Eine Bereinigung der ausstehenden Anteile scheidet mangels Erfüllung der Voraussetzung von *treasury shares* aus.

---

4   Bei anderen Berechnungsmethoden ist denkbar, dass sich der Umwandlungszeitpunkt auf die Höhe des Ergebnisses je Aktie auswirkt, was aus bewertungstheoretischer Sicht nicht akzeptabel ist.

2.3.3 Rückwirkende Anpassung ausstehender Anteile

Neben der zeitanteiligen Gewichtung unterschiedlicher ausstehender Aktien ist **21** in bestimmten Fällen auch eine **rückwirkende Anpassung der Aktienanzahl** erforderlich. Dies ist dann der Fall, wenn sich (im Gegensatz zu den unter Rz 15 geschilderten Fällen) aus einer Änderung der Anzahl ausstehender Aktien nicht auch gleichzeitig eine Veränderung der einem Unternehmen zur Verfügung stehenden Ressourcen ergibt. Die Veränderung der Anzahl an Aktien erfolgt also ohne adäquate Gegenleistung durch die zukünftigen Aktionäre an das Unternehmen oder ohne adäquate Gegenleistung durch das Unternehmen an die bisherigen Aktionäre. Dies ist in den **folgenden Fällen** denkbar:

* Ausgabe von Bonusaktien (**Kapitalerhöhung aus Gesellschaftsmitteln**) oder von Aktien unterhalb des Marktpreises,
* Durchführung eines **Aktiensplits**,
* Zusammenlegung von Aktien im Rahmen einer **vereinfachten Kapitalherabsetzung**.

In allen Fällen ändert sich die Anzahl der ausstehenden Aktien. Für die Berechnung des Ergebnisses je Aktie wird eine rückwirkende Anpassung der Anzahl ausstehender Aktien erforderlich. Diese ist fiktiv auf den **Beginn** der im Abschluss dargestellten **Perioden** durchzuführen; i.d.R. also auf den Anfang des vorhergehenden Wirtschaftsjahres. Das im **Vorjahr** errechnete Ergebnis je Aktie ist entsprechend **anzupassen** (IAS 33.64). Eine solche Anpassung ist auch erforderlich, wenn in Vorperioden liegende Fehler berichtigt werden.

> **Praxis-Beispiel**
> Seit dem 1.1.01 sind unverändert 1 Mio. Aktien im Nennwert von 1 EUR/ Aktie ausstehend. Im Sommer des Jahres 02 beschließt die Hauptversammlung die Durchführung eines Aktiensplits im Verhältnis 1:3. Jeder Aktionär erhält je bisherige Aktie somit zwei Aktien hinzu. Der Nennwert des Aktienkapitals wird durch eine Umwandlung von Rücklagen (Kapitalerhöhung aus Gesellschaftsmitteln) auf 3 Mio. EUR erhöht. Der Kurs der Aktie am Kapitalmarkt sinkt auf 1/3 des bisherigen Werts, jedoch haben die Aktionäre als Ausgleich jeweils den dreifachen Aktienbestand im Portfolio. Für die Berechnung des Ergebnisses je Aktie im Jahresabschluss 02 ist rückwirkend ab dem 1.1.01 von 3 Mio. ausstehenden Aktien auszugehen. Das Ergebnis je Aktie, das im Vorjahr 1,20 EUR/Aktie betragen hatte, verringert sich auf 0,40 EUR/ Aktie. Dieser Wert ist im Jahresabschluss 01 in der Vorjahresspalte entsprechend darzustellen. Auch die Anzahl der ausstehenden Aktien in den Anhangangaben zum Ergebnis je Aktie ist entsprechend anzupassen.

Eine rückwirkende Anpassung ist auch erforderlich, wenn die Änderung der **22** Anzahl Aktien zwar **nach Periodenende**, aber noch **vor der Veröffentlichung** des Abschlusses erfolgt (IAS 33.64).

> **Praxis-Beispiel**
> Der im vorstehenden Beispiel dargestellte Aktiensplit findet nicht im Sommer 02, sondern erst auf einer außerordentlichen Hauptversammlung im Januar 03 statt. Der Abschluss nach IFRS für das Jahr 02 wird Ende März 03 vorgelegt. Die dargestellten Anpassungen für die Jahre 01 und 02 sind dennoch durchzuführen.

23   Die Ausgabe von **Bezugsrechten** kann wirtschaftlich eine Mischung aus einer
Ausgabe von Aktien gegen bar und einer Erhöhung der Anzahl der Aktien ohne
Gegenleistung darstellen (IAS 33.A2). Dies kann der Fall sein, wenn die Bezugsrechte einen Ausgabekurs unterhalb des Marktwerts vorsehen. Um die Vergleichbarkeit des Ergebnisses je Aktie zwischen den Perioden herzustellen, ist
auch in diesen Fällen eine rückwirkende Anpassung der Anzahl ausstehender
Aktien erforderlich. Diese Anpassung wird erreicht, indem die bisherige Aktienanzahl mit dem Quotienten aus dem Marktwert der Aktie unmittelbar **vor und
nach Ausübung** des Bezugsrechts multipliziert wird.

Bei **separatem** Handel von Aktien und Bezugsrechten bemessen sich die Wertverhältnisse nach den tatsächlichen Werten am Kapitalmarkt am Ende des Tages vor
der Ausübung. Beide für die Berechnung erforderlichen Werte können dann
unmittelbar aus Börsenkursen abgeleitet werden. **Ohne separaten** Handel ist eine
theoretische Berechnung des Aktienwerts nach Ausübung des Bezugsrechts erforderlich. Eine Bezugnahme auf den Kurs unmittelbar nach Ausübung des Bezugsrechts scheidet aus, da dieser neben dem Bezugsrecht auch durch andere Faktoren
beeinflusst sein könnte. Entscheidend ist in jedem Fall der Zeitpunkt der Ausübung,
nicht der bei Gewährung der Bezugsrechte. Die Berechnung ist wie folgt:

gesamter Marktwert aller ausstehenden Aktien unmittelbar vor Ausübung der Rechte
+ Emissionserlös aus Ausgabe junger Aktien
= neue „Marktkapitalisierung"

Der theoretische Wert der Aktie nach Ausübung des Bezugsrechts ergibt sich aus
der Division dieser Summe durch die neue Anzahl ausstehender Aktien. Die
Vorgehensweise entspricht im Kern der für die Berücksichtigung des Verwässerungseffekts aus **Optionen,** deren Ausübungspreis unter dem Marktpreis liegt,
erforderlichen Methodik (Rz 43). Erfolgt die Ausgabe neuer Papiere allerdings
zum Marktpreis, sind diese lediglich bei Ausübung zeitanteilig gewichtet als neue
Aktien aus Kapitalerhöhung zu berücksichtigen. Der aus dem zufließenden
Betrag erwirtschaftete Gewinn entspricht dann nämlich dem bisherigen Ergebnis
je Aktie und eine Verzerrung im Vergleich mit der Vergangenheit tritt nicht ein.
Das nachfolgende Beispiel verdeutlicht die Vorgehensweise:

Praxis-Beispiel

Bislang sind 500.000 Aktien ausstehend. Für je fünf vorhandene Aktien wird
das Recht ausgegeben, eine neue Aktie zum Kurs von 2,50 EUR/Aktie zu
erwerben. Der Kurs unmittelbar vor Ablauf der Frist zur Ausübung der
Bezugsrechte beträgt 5,50 EUR/Aktie. Ein separater Handel des Bezugsrechts erfolgt nicht. Der theoretische Wert der Aktie nach Ausübung des
Bezugsrechts berechnet sich wie folgt:
[(5,50 EUR/Aktie × 500.000) + (2,50 EUR/Aktie × 100.000)] /(500.000 +
100.000) = 5,00 EUR/Aktie.
Der für die Anpassung der bisherigen Anzahl Aktien heranzuziehende Quotient beträgt somit 5,50 / 5,00 = 1,10. Für die Zeit vor der Ausgabe des
Bezugsrechts ist für die Berechnung des Ergebnisses je Aktie daher von einer
Aktienanzahl von 500.000 × 1,1 = 550.000 auszugehen.

Zu einer Änderung der Anzahl der ausstehenden Aktien ohne eine entsprechende 24
Änderung der Ressourcen kann es im Fall eines Rückkaufs von Aktien kommen,
wenn ein hoher Aufschlag auf den aktuellen Anteilswert durch das bilanzierende
Unternehmen zu entrichten ist, weil das Unternehmen entsprechende Verkaufs-
Optionsscheine *(put warrants)* gezeichnet hat. In IAS 33 wird ein solcher Fall nicht
explizit angesprochen. Wir halten eine analoge Vorgehensweise zur Behandlung von
Bezugsrechten bei Ausgabe neuer Aktien unterhalb des Marktpreises (IAS 33.IE,
Beispiel 4) für geboten. In beiden Fällen erfolgt eine Änderung der Aktienzahl ohne
eine entsprechende Veränderung der Ressourcen. Daher werden derartige Verkaufs-
Optionsscheine wie eine „umgekehrte" Ausgabe von Bezugsrechten behandelt.

Eine Besonderheit gilt, wenn sowohl **rückwirkend anzupassende** Transaktio- 25
nen als auch **zeitanteilig zu gewichtende** Veränderungen im Aktienbestand
stattgefunden haben. Das nachfolgende Beispiel verdeutlicht, wie Überschneidungen und Doppelzählungen zu vermeiden sind:

Praxis-Beispiel

Am 1.7.01 hat ein Aktiensplit im Verhältnis 1:3 stattgefunden. Die Anzahl
ausstehender Aktien hat sich von 1.000.000 auf 3.000.000 erhöht. Am 1.4.01 ist
bereits eine Kapitalerhöhung gegen bar erfolgt. Dabei wurden 200.000 neue
Aktien ausgegeben. Am 1.10.01 erfolgt eine weitere Kapitalerhöhung gegen
bar um 500.000 Aktien. Das Geschäftsjahr entspricht dem Kalenderjahr. Die
Berechnung der für das Jahr 01 ausstehenden Aktien muss berücksichtigen,
dass der Aktiensplit rückwirkend zum 1.1. eine Verdreifachung der damals
ausstehenden 800.000 Aktien auf fiktiv 2.400.000 Papiere bewirkt. Im Zeitraum Januar bis März waren somit 2.400.000 Aktien ausstehend. Die vor dem
Aktiensplit erfolgte Kapitalerhöhung ist von der Anzahl her ebenfalls zu
verdreifachen (auf 600.000). Zwischen April und September beträgt die
Anzahl der ausstehenden Aktien somit 3.000.000. Die zum 1.10. erfolgte
Kapitalerhöhung ist hingegen nicht mit drei zu multiplizieren, da hier bereits
Aktien nach Split ausgegeben wurden. Für die letzten drei Monate des Jahres
sind also 3.500.000 Papiere zu berücksichtigen. Die durchschnittliche Anzahl
ausstehender Aktien für das Gesamtjahr beläuft sich im Ergebnis auf:
$(2.400.000 \times 3 + 3.000.000 \times 6 + 3.500.000 \times 3)/12 = 2.975.000$.

2.4 Mehrere Klassen von Stammaktien i. S. v. IAS 33

Im Rahmen der **Berechnung** des unverwässerten Ergebnisses je Aktie erfolgt die 26
Aufteilung des Ergebnisses auf die verschiedenen Klassen von Stammaktien i. S. v.
IAS 33 und auf die partizipierenden Instrumente gem. den Dividendenansprü-
chen bzw. sonstigen Rechten auf Teilhabe am Ergebnis. Im Rahmen dieser
Berechnung sind für die Aufteilung des Ergebnisses die folgenden Schritte
erforderlich (IAS 33.A14):

- Das Ergebnis der Stammaktionäre des Mutterunternehmens wird um die in der
  Periode für jede Klasse von Aktien beschlossenen Dividenden angepasst sowie
  um den vertraglichen Betrag von Dividenden (oder Zinsen auf partizipierende
  Schuldverschreibungen), die für die Periode bezahlt werden müssen (z.B. nicht
  gezahlte kumulative Dividenden). Durch diese Anpassungen reduziert sich ein
  Gewinn der Stammaktionäre bzw. wird ein Verlust der Stammaktionäre erhöht.

- Nach den obigen Anpassungen verbleibt der nicht verteilte Restgewinn. Dieser wird den Stammaktien und partizipierenden Eigenkapitalinstrumenten unter der Annahme einer vollständigen Verteilung des Periodenergebnisses zugewiesen. Das gesamte Ergebnis, das jeder Klasse von Eigenkapitalinstrumenten zugewiesen wird, bestimmt sich durch die Addition der entsprechenden Beträge für Dividenden und Partizipationsrechte.

Praxis-Beispiel
Der Gewinn der Stammaktionäre des MU beträgt 111.000 EUR bei 15.000 ausstehenden Stammaktien. Die nicht wandelbaren Vorzugsaktien (insgesamt 6.000) erhalten eine jährliche nicht kumulative Dividende von 5 EUR pro Aktie, welche gezahlt wird, bevor Dividenden an die Stammaktionäre geleistet werden. Danach erhalten die Stammaktionäre eine Dividende von 2 EUR pro Aktie. Sollte – nachdem auch diese Dividende geleistet wurde – eine weitere Dividende gezahlt werden, so partizipieren die Vorzugsaktionäre an dieser gemeinsam mit den Stammaktionären im Verhältnis von 30:90. Eine Vorzugsaktie erhält 1/3 des Betrages, der auf eine Stammaktie geleistet wird. Im laufenden Jahr wird eine Dividende von genau 2 EUR pro Stammaktie beschlossen. Somit gilt:

Gewinn der Stammaktionäre des Mutterunternehmens	111.000 EUR
Gezahlte Dividenden auf Vorzugsaktien (6.000 Stück × 5,0)	– 30.000 EUR
Gezahlte Dividenden auf Stammaktien (15.000 Stück × 2,0)	– 30.000 EUR
Summe gezahlter Dividenden	– 60.000 EUR
Nicht verteilter Gewinn	51.000 EUR

In der Folge muss nun der nicht verteilte Gewinn von 51.000 EUR auf die Stammaktien und die nicht wandelbaren Vorzugsaktien aufgeteilt werden unter der Annahme, dass der gesamte Gewinn ausgeschüttet wird:

Anteil einer Stammaktie an einer theoretischen zusätzlichen Dividende	S
Anteil einer Vorzugsaktie an einer theoretischen zusätzlichen Dividende	V (wobei: V = 1/3 S)

Es ergibt sich die folgende Gleichung:
$(S \times 15.000) + (1/3\, S \times 6.000) = 51.000$ EUR
$S \times 17.000 = 51.000$ EUR; daher: $S = 3$ und $V = 1/3\, S = 1$

Schließlich ergeben sich die Beträge für das unverwässerte Ergebnis je Aktie:

	Vorzugsaktien	Stammaktien
Verteilter Gewinn	5,0	2,0
Unverteilter Gewinn	1,0	3,0
Summe	6,0	5,0

Es erfolgt somit im obigen Beispiel gem. IAS 33 die Offenlegung des gesamten Ergebnisses je partizipierende nicht wandelbare Vorzugsaktie (partizipierendes Eigenkapitalinstrument i.S.v. IAS 33), obwohl die Vorzugsdividende nicht zu den nachrangigsten Ansprüchen auf Gewinnteilhabe des Unternehmens gehört.

2.5 Bedingte Aktienausgabe

Bedingt zu emittierende Stammaktien sind Stammaktien, welche für **keine** oder **27** nur eine **geringe Gegenleistung** bei Erfüllung bestimmter Bedingungen (gem. einem Vertrag zur bedingten Aktienausgabe) emittiert werden (IAS 33.5). Derartige Vereinbarungen dürfen nicht mit dem sog. bedingten Kapital verwechselt werden, sondern beziehen sich i.d.R. auf Sachverhalte wie die Erreichung bestimmter Ziele durch das erworbene Unternehmen nach einem Unternehmenskauf gegen Aktien und eine damit einhergehende nachträglich erhöhte Vergütung zugunsten der Veräußerer. Sie umfassen auch nicht Stammaktien, die lediglich nach dem Ablauf einer bestimmten Zeitspanne ausgegeben werden, da der Ablauf von Zeit eine Sicherheit darstellt (IAS 33.24). Bedingt zu emittierende Stammaktien werden im Rahmen des unverwässerten Ergebnisses je Aktie ab dem Zeitpunkt, an dem alle **Bedingungen erfüllt** sind (d.h. die Ereignisse/Voraussetzungen eingetreten sind), in die Berechnung des Nenners einbezogen (IAS 33.24).

Praxis-Beispiel

Die X-AG (Bilanzstichtag: 31.12.), die Quartalsabschlüsse erstellt, verfügte im Jahr 01 über 1 Mio. ausstehende Stammaktien. Der Vertrag über einen Unternehmenszusammenschluss sieht die Emission von zusätzlichen Stammaktien unter den folgenden Bedingungen vor:

- 3.000 zusätzliche Stammaktien für jedes neue Einzelhandelsgeschäft, welches im Laufe des Jahres 01 eröffnet wurde.
- 200 zusätzliche Stammaktien für alle 1.000 EUR an zusätzlichem konsolidiertem Gewinn (der den Stammaktionären des Mutterunternehmens zuzurechnen ist), der für das Geschäftsjahr 01 den Betrag von 2 Mio. EUR übersteigt.

Im Jahr 01 werden zwei neue Einzelhandelsgeschäfte eröffnet, eines davon am 1.5. und das andere am 1.9. Hinsichtlich der konsolidierten Gewinne der Stammaktionäre des Mutterunternehmens vom 1.1. bis zu dem in der Folge genannten Stichtag liegen die folgenden Informationen vor:

- 1,1 Mio. EUR (31.3.01)
- 2,3 Mio. EUR (30.6.01)
- 1,9 Mio. EUR (30.9.01)
- 2,9 Mio. EUR (31.12.01)

Für die Berechnung gilt:

	1. Quartal	2. Quartal	3. Quartal	4. Quartal	Jahr 01
Ergebnis	1.100.000	1.200.000	– 400.000	1.000.000	2.900.000
Ausstehende Stammaktien	1.000.000	1.000.000	1.000.000	1.000.000	1.000.000
Erhöhung Nenner (Eröffnung neuer Geschäfte)	0	2.000 (a)	4.000 (b)	6.000	3.000 (c)
Summe der Aktien	1.000.000	1.002.000	1.004.000	1.006.000	1.003.000
Unverwässertes Ergebnis je Aktie	1,10	1,20	– 0,40	0,99	2,89

ad (a) 2.000 = 3.000 × 2/3 (Mai und Juni, daher 2/3)

---

ad (b) 4.000 = 3.000 + (3.000 × 1/3) (September, daher 1/3)
ad (c) 3.000 = (3.000 × 8/12) + (3.000 × 4/12)
In den obigen Berechnungen wurde die bedingte Ausgabe von Aktien in Abhängigkeit vom Erreichen eines Ergebnisses von mehr als 2 Mio. EUR für das Jahr 01 nicht berücksichtigt. Der Grund dafür besteht darin, dass im Jahr 01 erst am letzten Tag des Jahres (31.12.01) feststeht, welches Ergebnis erreicht wird, und somit, ob die Bedingung erfüllt wird. Somit ist der Effekt für das unverwässerte Ergebnis des vierten Quartals und des gesamten Jahres 01 vernachlässigbar.

Stammaktien, welche **bedingt rückgabepflichtig** sind, werden so lange nicht in den Nenner einbezogen, wie die bedingte Rückgabepflicht besteht (IAS 33.24).

3 Verwässertes Ergebnis je Aktie

3.1 Berechnungsmethodik

3.1.1 Ausgangsgrößen

28 Neben dem unverwässerten Ergebnis je Aktie ist bei Vorliegen **potenzieller Aktien** (*potential ordinary shares*) auch ein verwässertes Ergebnis je Aktie anzugeben (*diluted earnings per share*, IAS 33.66). Als potenzielle Aktien werden zusammengesetzte Finanzinstrumente und sonstige Vereinbarungen angesehen, die deren Inhaber zum Bezug von Stammaktien **berechtigen** (Rz 8). Typische Beispiele hierfür sind **Wandelschuldverschreibungen** und **Optionen**. Die Berechnung hat rein **fiktiven** Charakter, d.h., das Ergebnis je Aktie wird so ermittelt, als ob die **potenziellen** Aktien tatsächlich **ausgegeben** worden wären. Sind potenzielle Aktien vorhanden, so kann das verwässerte Ergebnis je Aktie als besserer Indikator des tatsächlichen Anteils einzelner Aktionäre am Unternehmenswert angesehen werden als das unverwässerte Ergebnis je Aktie. Bei der Berechnung des **verwässerten** Ergebnisses je Aktie ist ähnlich dem Vorgehen beim **unverwässerten Ergebnis je Aktie** eine Ergebniszahl durch eine Anzahl Aktien zu **dividieren** (Rz 9). Die bei der unverwässerten Berechnung angesetzten **Zähler** und **Nenner** sind jedoch in Abhängigkeit der nach IAS 33 zugrunde zu legenden Berechnungsmethode zu **modifizieren**. Es ergibt sich die folgende Formel:

$$\frac{\text{Periodenerfolg + Dividenden und Zinsen potenzieller Stammaktien (nach Steuern) (ZÄHLER)}}{\text{gewichtete durchschnittl. Anzahl während der Periode ausstehender Aktien + gewichteter Durchschnitt potenzieller Stammaktien (NENNER)}} = \text{verwässertes Ergebnis je Aktie (QUOTIENT)}$$

Das **Ziel** der Angabe von Informationen zum verwässerten Ergebnis je Aktie besteht – ähnlich wie beim unverwässerten Ergebnis je Aktie – darin, einen Maßstab für den Anteil einer jeden Stammaktie (inkl. potenzieller Stammaktien) des Mutterunternehmens am Ergebnis der Berichtsperiode bereitzustellen (IAS 33.32). Die Berechnungsmethode zur Bestimmung des verwässerten Ergebnisses je Aktie sollte nach aktuell zurückgestellten Überlegungen des IASB vereinheitlicht werden (Rz 59).

Nicht voll einbezahlte Aktien, die bereits an den Dividenden teilhaben, sind bei der   29
Berechnung des unverwässerten Ergebnisses je Aktie zu berücksichtigen
(IAS 33.A15). Zwar ausgegebene, aber noch nicht einbezahlte Aktien führen hingegen in dem Maße zu potenziellen Aktien, wie sie nicht an Dividenden teilhaben. In
diesem Maße sind sie im Rahmen der Berechnung des verwässerten Ergebnisses je
Aktie als Äquivalente von Optionen und Optionsscheinen zu behandeln. Der nicht
eingezahlte Teil gilt als für den Kauf von Stammaktien verwendet. Die Anzahl der
Aktien ist schließlich die Differenz zwischen der Anzahl der gezeichneten Aktien
und der annahmegemäß gekauften Zahl an Aktien (IAS 33.A16).

Im Fall von mehreren Klassen von Stammaktien i. S. v. IAS 33 mit dem Recht auf   30
Wandlung in (eine andere Klasse von) Stammaktien ist im Rahmen der Berechnung des verwässerten Ergebnisses je Aktie eine Wandlung zu unterstellen,
sofern diese verwässernd wirkt (IAS 33.A14).

Bedingt zu emittierende Aktien werden im Rahmen der Ermittlung des verwäs-   31
serten Ergebnisses je Aktie berücksichtigt, sofern die Bedingungen erfüllt sind, d. h.
die Ereignisse eingetreten sind. Die Einbeziehung erfolgt ab dem Beginn des
Berichtszeitraums bzw. ab dem Zeitpunkt des Vertrages zur bedingten Aktienausgabe, sofern Letzterer später ist. Bei Nichterfüllung der Bedingungen basiert die
Anzahl an bedingt zu emittierenden Aktien, welche in die Ermittlung des verwässerten Ergebnisses je Aktie einzubeziehen sind, auf der Anzahl der Aktien, die zu
emittieren wäre, wenn das Ende des Berichtszeitraums auch gleichzeitig das Ende
der bedingten Periode darstellen würde. Tritt in einer Folgeperiode das Ende der
bedingten Periode ein und werden die Bedingungen schließlich nicht erfüllt, so ist
eine rückwirkende Anpassung unzulässig (IAS 33.52). Die Identifizierung des
Endes eines Berichtszeitraums mit dem Ende der bedingten Periode ist ermessensbehaftet. So kann nicht nur auf die Verhältnisse am Bilanzstichtag abgestellt werden,
sondern stattdessen hat eine Schätzung darüber zu erfolgen, ob die Bedingungen in
der Zukunft erfüllt sein werden oder nicht.

IAS 33 regelt zunächst die Behandlung von Verträgen mit **Erfüllungswahlrecht des**   32
Emittenten, d. h., ein Unternehmen hat ein Instrument emittiert, welches vom
Emittenten wahlweise durch liquide Mittel oder Stammaktien des Emittenten
beglichen werden kann. Eine Erfüllung durch Stammaktien ist zu unterstellen.
Insoweit ein verwässernder Effekt vorliegt (IAS 33.58), erhöht sich der Nenner des
verwässerten Ergebnisses je Aktie. Ergebnisänderungen aus der unterstellten Erfüllung durch Stammaktien sind ebenfalls zu berücksichtigen (IAS 33.59). Darüber
hinaus können Verträge mit **Erfüllungswahlrecht des Inhabers** vorkommen, bei
denen der Inhaber zwischen einer Begleichung in Stammaktien oder in liquiden
Mitteln wählen kann. Dabei hat man im Rahmen der Ermittlung des verwässerten
Ergebnisses je Aktie von jener Form der Erfüllung auszugehen, die zu einem
größeren Verwässerungseffekt führt (IAS 33.60).

3.1.2 Betriebswirtschaftliche Logik

Nach betriebswirtschaftlicher Logik sind zwei Perspektiven des Verwässerungs-   33
effekts zu unterscheiden:[5]

---

[5]   Vgl. zum Folgenden einschließlich der Beispiele unter Rz 34 und Rz 35, FREIBERG,PiR 2006, S. 266.

- **Markt**wertperspektive: Die Vermögensposition der Altaktionäre kann durch eine Erwerbsmöglichkeit von Aktien unter dem Marktpreis (durch Optionsausübung; Rz 23) verschlechtert werden.

- **Ertrag**swertperspektive: Durch Ausübung des Wandlungsrechts (bei Wandelschuldverschreibung) fällt der zugehörige Zinsaufwand weg, aber gleichwohl kann dieser Vorteil der Altaktionäre durch eine „überproportionale" Erhöhung des Aktienbestandes überkompensiert werden.

Zur Bestimmung des Verwässerungseffekts sind aus diesen beiden Perspektiven bislang **zwei Methoden** abzuleiten:

- Nach der *treasury-stock*-Methode – der **Marktwert**perspektive folgend – wird (z. B.) der bei Ausübung einer Option zu zahlende Geldbetrag mit dem Wert der dafür zu gewährenden Aktien verglichen (IAS 33.45). Eine Verwässerung ist dann festzustellen, wenn der Wert der zu gewährenden Aktien den Wert der Gegenleistung (Ausübungspreis der Option) übersteigt. Rechnerisch wird dazu die Ausgabe von Gratisaktien im Umfang dieser Differenz unterstellt (Rz 43). Die erhöhte Anzahl der Aktien im Nenner vermindert c. p. den Quotienten (Rz 9).

- Nach der *if-converted*-Methode – der **Ertrag**swertperspektive folgend – wirken Veränderungen des Zählers **und** des Nenners auf den Quotienten ein (IAS 33.33 und IAS 33.36). Der Nenner erhöht sich durch die zu treffende Annahme der Ausübung **aller** Wandlungs- bzw. Optionsrechte zum Bilanzstichtag. Der Zähler verändert sich durch den (z. B. die Wandlung) entfallenden Zinsaufwand einschließlich weiterer Ergebniseffekte (z. B. Tantiemen) und unter Berücksichtigung des daraus resultierenden Steuereffekts.

34   Zur *treasury-stock*-Methode im Fall von Aktienerwerbsoptionen mit dem Unternehmen als Stillhalter eignet sich folgendes Beispiel:

Praxis-Beispiel

Der (durchschnittliche) Aktienkurs der A-AG der Periode beträgt 8 EUR/Aktie. Aus dem laufenden Mitarbeiterprogramm der A stehen Mitarbeiteroptionen auf 2 Mio. Aktien zu einem Ausübungspreis von 3 EUR/Aktie und auf 3 Mio. Aktien zu einem Preis von 9 EUR/Aktie aus. Tatsächlich können die Optionen erst in 2 Jahren (nach Ablauf der Wartefrist) ausgeübt werden.

Von den Optionen sind nur die mit einem Ausübungspreis unter 8 EUR/Aktie zu berücksichtigen, die Option zu 9 EUR/Aktie ist aus der Perspektive des Optionsinhabers (hier Mitarbeiter) ungünstig und daher aufgrund fehlender Ausübungswahrscheinlichkeit nicht zu berücksichtigen. Eine Ausübung der übrigen Optionen ist fiktiv zu unterstellen, auch wenn die tatsächliche Ausübung aufgrund der Wartefrist noch nicht möglich ist. Die fiktive Ausübung berührt die Ergebnisgröße *(earnings)* der Berechnung des verwässerten EPS *(earnings per share)* nicht. Sie hat lediglich Auswirkungen auf die Anzahl der Aktien *(shares)*.

	Mitarbeiteroptionen
Δ Ergebnis in Mio. EUR	0
Bei Ausübung der Option neu entstehende Aktien	2 Mio. Aktien
Kurswert der neu entstehenden Aktien zum Stichtag	2 Mio. × 8 EUR/Aktie = 16 Mio.

Mitarbeiteroptionen	
Ausübungspreis der Option	2 Mio. × 3 EUR/Aktie = 6 Mio.
Differenz aus Kurswert und Ausübungspreis (Gratisaktie)	16 Mio. – 6 Mio. = 10 Mio.
Umrechnung der Differenz in fiktive Gratisaktien	10 Mio./8 EUR/Aktie = 1,25 Mio.
EPS	10 Mio. EUR/25 Mio. Aktien = 0,4 EUR/Aktie
Diluted EPS	10 Mio. EUR/26,25 Mio. Aktien = 0,38 EUR/Aktie

Bei Anwendung der *treasury-stock*-Methode ergibt sich eine Differenz i.H.v. 1,25 Mio. Aktien zwischen der Aktienzahl aus den Options-/Wandlungsrechten und der Aktienzahl, die aus der Options-/Umtauschzahlung zum Marktwert erworben werden könnten. Das verwässerte EPS der A-AG beträgt somit 0,38 EUR/Aktie (= (10 Mio. EUR)/(25 Mio. Aktien + 1,25 Mio. Aktien)).

Zur *if-converted*-Methode eignet sich folgendes Beispiel einer Wandelschuldverschreibung: **35**

Praxis-Beispiel

Die A-AG erzielte einen Gewinn nach Steuern (s = 40 %) i.H.v. 10 Mio. EUR, der den Aktionären (25 Mio. Aktien) zusteht. Das unverwässerte EPS ergibt sich i.H.v. 0,4 EUR/Aktie (= 10 Mio. EUR/25 Mio. Aktien). In den Vorjahren hat A eine Wandelschuldverschreibung (WSV) über insgesamt 100 Mio. EUR, verzinslich zu 9 %, p.a. ausgegeben. Ein Nominalbetrag der einzelnen WSV von 100 EUR berechtigt zum Erwerb von 10 Aktien.

Ein möglicher Verwässerungseffekt ergibt sich unter der Fiktion einer Wandlung der Schuldverschreibung zum Jahresanfang. Zur Berechnung der Auswirkungen der Wandlung auf die EPS ist nach der *if-converted*-Methode sowohl eine Korrektur der Ergebnisgröße *(earnings)* als auch der Aktienanzahl *(shares)* notwendig.

	Wandelschuld
Δ Ergebnis in EUR (vor Steuern)	(9 % × 100 Mio.) = 9,0 Mio.
nach Steuern (bei Steuersatz von 40 %)	9,0 Mio. × 60 % = 5,4 Mio.
Δ Aktien in Stück	(100 Mio./100) × 10 = 10 Mio.
Δ EPS in EUR	(5,4 Mio./10 Mio) = 0,54
Vergleich	0,4 < 0,54 → *anti-dilutive*

Die Wandelschuldverschreibung ist nicht in die Berechnung des verwässerten EPS einzubeziehen, da sie isoliert betrachtet keine Verwässerung bewirkt. Die rechnerische Verzinsung der WSV (0,54 EUR/WSV) ist höher als das unverwässerte EPS (0,4 EUR/Aktie).

Nach IAS 33 besteht bislang **keine einheitliche** Methodik zur Berechnung des
verwässerten Ergebnisses:
- Bei der *if-converted*-Methode werden alle aus der fingierten Wandlung entstehenden Aktien in die Berechnung des verwässerten Ergebnisses einbezogen,
- nach der *treasury-stock*-Methode nur die **tatsächlich** verwässernd wirkenden
  Aktien.

Der Board plant seit Längerem eine Anpassung von IAS 33 zur Behebung dieser
Inkonsistenz (Rz 59).

36 Eine Abwandlung der *treasury-stock*-Methode stellt die *reverse-treasury-stock*-
Methode dar. Auf diese ist für die Berechnung des verwässerten Ergebnisses je
Aktie zurückzugreifen, wenn **geschriebene Verkaufsoptionen** existieren
(IAS 33.63). Von einer Verwässerung ist auszugehen, wenn der Ausübungspreis
(Verkaufspreis) der geschriebenen Option größer ist als der durchschnittliche
Marktpreis der Stammaktien während der Periode.
Es ist zunächst der Nachteil des berichtenden Unternehmens aus der geschriebe-
nen Verkaufsoption zu berechnen, welcher der Differenz zwischen dem Aus-
übungspreis und dem niedrigeren durchschnittlichen Marktpreis der Stamm-
aktien, multipliziert mit der Anzahl ausstehender Optionen, entspricht. Dieser
Nachteil wird schließlich durch den durchschnittlichen Marktpreis der Stammaktien während der Periode dividiert. I. H. d. daraus resultierenden Aktienzahl
wird die Ausgabe von Gratisaktien des berichtenden Unternehmens unterstellt
(IAS 33.63). Somit erhöht sich analog zur *treasury-stock*-Methode der Nenner,
jedoch nicht der Zähler.

Praxis-Beispiel

Der (durchschnittliche) Aktienkurs der A-AG der Periode beträgt 4 EUR/
Aktie, das Ergebnis der Periode beträgt 100.000 EUR. Der gewichtete Durch-
schnitt der während der Periode ausstehenden Stammaktien beträgt 250.000
Aktien. Es existieren 120.000 ausstehende geschriebene Verkaufsoptionen auf
Stammaktien der A-AG. Für die Ausübung jeder dieser Optionen (Aus-
übungspreis: 5 EUR) erhält der Inhaber eine Stammaktie der A-AG.

Das unverwässerte Ergebnis je Aktie von 0,4 EUR ergibt sich aus der Division
des Ergebnisses von 100.000 EUR durch 250.000 Aktien. Die folgenden
Ausführungen beziehen sich auf die Ermittlung des verwässerten Ergebnisses
je Aktie: Die fiktive Ausübung der Optionen berührt die Ergebnisgröße
(earnings) der Berechnung des verwässerten EPS nicht. Sie hat lediglich
Auswirkungen auf die Anzahl der Aktien.

	Mitarbeiteroptionen
Δ Ergebnis in Mio. EUR	0
Bei Ausübung der Option neu ent- stehende Aktien	120.000 Aktien
Durchschnittlicher Aktienkurs der Periode	4 EUR/Aktie
Ausübungspreis der Option	5 EUR/Aktie

	Mitarbeiteroptionen
Nachteil aus der Optionsausübung für die A-AG	1 EUR/Aktie × 120.000 Aktien = 120.000 EUR
Fiktion der Ausgabe von Gratis-aktien i. H. d. Nachteils	120.000 EUR/4 EUR/Aktie = 30.000 Gratisaktien
Verwässertes Ergebnis je Aktie	100.000 EUR/(250.000 + 30.000 Aktien) = 0,36 EUR/Aktie

Geschriebene Verkaufsoptionen stellen einen Vertrag zum Rückkauf eigener Anteile dar (IAS 33.63). Während die A-AG im Fall der Optionsausübung 120.000 eigene Aktien zurückkaufen muss, hat die A-AG zu unterstellen, dass sie zu Beginn der Periode 150.000 Aktien emittiert, um die Verpflichtung aus der Option von 600.000 EUR (= 5 EUR/Aktie × 120.000 Aktien) zu begleichen. Die Zahl von 150.000 wird berechnet, indem die Verpflichtung aus der Option durch den durchschnittlichen Aktienkurs der Periode von 4 EUR/Aktie dividiert wird (IAS 33.63 und IAS 33.A10). Somit hat die A-AG unter diesen Annahmen 30.000 Gratisaktien emittiert (= 150.000 Aktien – 120.000 Aktien).

Im Rahmen der *treasury-stock*-Methode und der *reverse-treasury-stock*-Methode **37** fließt der **durchschnittliche Kurs der Stammaktien der Periode** in die Berechnungen mit ein. Streng betrachtet könnte jede Markttransaktion in Bezug auf die Stammaktien des Unternehmens in die Berechnung des Durchschnitts einbezogen werden. Allerdings reicht gewöhnlich die Berechnung eines einfachen Durchschnitts der wöchentlichen oder monatlichen Kurse aus (IAS 33.A4).

Im Allgemeinen ist es angemessen, im Rahmen der Ermittlung des durchschnittlichen Kurses der Stammaktien der Periode die Schlusskurse heranzuziehen. Bei stark schwankenden Kursen ist allerdings ein Durchschnitt der Höchst- und Tiefstkurse aussagekräftiger. Die Methode zur Berechnung des durchschnittlichen Kurses der Stammaktien der Periode ist stetig anzuwenden, es sei denn, sie ist aufgrund von geänderten Bedingungen nicht mehr geeignet. Ein Beispiel für letzteren Fall ist ein Unternehmen, das bislang Schlusskurse verwendet hat und künftig auf den Durchschnitt aus Höchst- und Tiefstkursen wechselt, da die Kursschwankungen stärker werden und das Heranziehen von Schlusskursen daher nicht mehr eine verlässliche Berechnung gewährleisten kann (IAS 33.A5).

Auf der Grundlage dieser systematischen Ausgangsüberlegungen zum wirt- **38** schaftlichen Gehalt des Verwässerungseffekts sind die **Einzelheiten** zur Definition von Zähler und Nenner (Rz 9) darzustellen.

3.2 Ermittlung des Ergebnisses

Für die Bestimmung des Zählers (Rz 9) ist zunächst von **derselben Ergebnisgröße** **39** auszugehen wie für die Berechnung des unverwässerten Ergebnisses je Aktie. Diese ist um all jene **Veränderungen in Aufwendungen und Erträgen** zu bereinigen, die sich aus einer Umwandlung der potenziellen Aktien in Stammaktien ergeben hätten. Zusätzlich zu korrigieren sind **Dividendenzahlungen auf Vorzugsaktien** (Rz 11), sofern sie bei der Ermittlung des unverwässerten Ergebnisses vom für

Stammaktionäre zur Verfügung stehenden Ergebnis abgezogen worden sind. Vom Unternehmen zu tragende **Steuereffekte** sind zu berücksichtigen.

Praxis-Beispiel

Seit Jahresanfang hat ein Unternehmen 10.000 Stück Wandelanleihen im nominalen Wert von je 100 ausgegeben, die zu 7 % verzinslich sind. Der Steuersatz liegt bei 30 %. Der Jahresgewinn nach Steuern beträgt 800.000 EUR. Für die Berechnung des Zählers des verwässerten Ergebnisses je Aktie ist eine bereits zu Jahresanfang erfolgte Wandlung der Anleihen anzunehmen. Die hieraus resultierende Zinsersparnis beträgt 1.000.000 EUR × 7 % = 70.000 EUR. Der entstehende Mehrgewinn ist jedoch mit 30 % zu versteuern, so dass eine Ergebniserhöhung von 49.000 EUR verbleibt. Für die Berechnung des verwässerten Ergebnisses je Aktie ist daher von einem Zähler i.H.v. 849.000 EUR auszugehen. Wäre die Ausgabe der Wandelanleihen unterjährig erfolgt, so wäre lediglich der zeitanteilig angefallene Zinsaufwand zu bereinigen. Bei Ausgabe genau in der Jahresmitte würde sich der Zähler des verwässerten Ergebnisses je Aktie z.B. auf 824.500 EUR belaufen.

Nach IAS 33.35 sind auch **indirekte** Ergebnisänderungen aus der Umwandlung von potenziellen Aktien zu berücksichtigen.

Praxis-Beispiel

Das Unternehmen im vorstehenden Beispiel verfügt zusätzlich über ein Gehaltsmodell, bei dem die Mitarbeiter mit 10 % am Ergebnis vor Steuern beteiligt sind. Aus der Umwandlung der Wandelanleihen und der eintretenden Zinsersparnis ergibt sich somit ein höherer Personalaufwand. Um den Steuereffekt bereinigt, ist somit für die Berechnung des verwässerten Ergebnisses je Aktie von einem Zähler von 800.000 EUR + 70.000 EUR × 0,9 × 0,7 = 844.100 EUR auszugehen.

---

40   Die Berücksichtigung indirekter Effekte ist häufig mit hohem **Aufwand** verbunden, dem nicht immer ein entsprechender Informationsnutzen gegenübersteht. Auch aus *cost-benefit*-Erwägungen (→ § 1 Rz 60) ist dann u.U. von der Ermittlung indirekter Effekte abzusehen.

3.3   Ermittlung der Anzahl Aktien

3.3.1   Ausgangsgrößen

41   Auch für die Bestimmung des Nenners (Rz 9) ist zunächst von **derselben Anzahl** Aktien auszugehen wie für die Berechnung des unverwässerten Ergebnisses je Aktie. Diese ist um all jene **Veränderungen** in der Anzahl ausstehender Aktien zu **bereinigen**, die sich aus einer Umwandlung der potenziellen Aktien in Stammaktien ergeben hätten. Waren die betreffenden potenziellen Aktien schon zum **Jahresanfang** ausstehend, ist für die zeitanteilige Gewichtung bei der Einbeziehung der sich hieraus errechnenden zusätzlichen Aktien das gesamte Jahr anzunehmen. Erfolgte die Ausgabe **unterjährig**, sind die sich aus der fiktiven Hinzurechnung ergebenden Anteile zeitanteilig zu gewichten. Auch aus Überkreuz- bzw. Rückbeteiligungen ergeben sich keine Besonderheiten für

die Anzahl der Aktien, die für die Berechnung des verwässerten Ergebnisses je Aktie heranzuziehen sind (Rz 19 f.). Je nach Art der ausstehenden potenziellen Aktien und der ihnen zugrunde liegenden Vereinbarungen sind **unterschiedliche Methoden** zur Berechnung der sich hieraus ergebenden Anzahl Stammaktien heranzuziehen, wobei stets von dem für den Inhaber der potenziellen Aktien günstigsten Verhalten bzw. Kurs auszugehen ist (IAS 33.39).

3.3.2 Bedingte Aktienausgabe

Ist die **Ausgabe** der Aktien von der Erfüllung bestimmter **Bedingungen** abhän- **42** gig *(contingent shares)*, sind diese dann in den Nenner mit einzubeziehen, wenn die betreffenden Bedingungen zum Abschlussstichtag erfüllt sind. Sind Fristen noch nicht erfüllt, z.B. weil der Bemessungsstichtag noch nicht erreicht ist, gilt der jeweilige Abschlussstichtag als Beurteilungs- und Bemessungsstichtag. Am **Abschlussstichtag** ist zu beurteilen, wie viele Aktien auszugeben wären, falls der Abschlussstichtag mit dem Ende der *contingency period* übereinstimmen würde (Rz 43). Falls die **Bedingungen** am **tatsächlichen** Bemessungsstichtag in einer späteren Periode doch **nicht erfüllt** sein sollten, findet **keine rückwirkende** Anpassung statt. Bei Abhängigkeit der Ausgabe lediglich vom Ablauf einer festgesetzten Frist liegen keine *contingent shares* vor, da der Zeitablauf als sicher zu betrachten ist. Bereits ausgegebene Aktien, die unter bestimmten Bedingungen **rückgabepflichtig** sind, werden wie bedingte Aktien behandelt.

> **Praxis-Beispiel**
> Ein Unternehmen erwirbt eine neue Tochtergesellschaft gegen Ausgabe von 1.000.000 junger Aktien der Muttergesellschaft. Im Kaufvertrag ist vorgesehen, dass die Veräußerer weitere 200.000 Aktien erhalten, wenn mehr als 80 % der Kunden des erworbenen Unternehmens diesem noch mindestens zwei Jahre die Treue halten. Zum Ende des ersten Jahres sind noch 85 % der Altkunden verblieben. Eine sichere Aussage über den Zustand am Ende des zweiten Jahres ist nicht möglich. Für die Berechnung des verwässerten Ergebnisses je Aktie zum Ende des ersten Jahres sind die 200.000 potenziellen Aktien mit zu berücksichtigen, da zu diesem fiktiven Bemessungszeitpunkt die Bedingung zur Aktienausgabe als erfüllt angesehen werden kann. Zum Ende des zweiten Jahres stellt sich heraus, dass nur knapp die Hälfte aller Kunden dem erworbenen Unternehmen die Treue gehalten hat. Die Bedingung ist somit insgesamt nicht erfüllt, es kommt nicht zur Ausgabe zusätzlicher Aktien. Eine rückwirkende Anpassung des verwässerten Ergebnisses je Aktie für das erste Jahr ergibt sich hieraus jedoch nicht.

Kann die Ablösung ausgegebener potenzieller Aktien sowohl in bar wie auch in Aktien erfolgen, so ist eine Ablösung in Aktien zu unterstellen und eine entsprechende Einbeziehung in die Berechnung des verwässerten Ergebnisses je Aktie erforderlich (IAS 33.58).

3.3.3 Ausstehende Erwerbsoptionen für Aktien

Bestehen die potenziellen Aktien aus **ausstehenden** und noch nicht ausgeübten **43** **Optionen,** so ist für die Berechnung des verwässerten Ergebnisses die Ausübung

aller Optionen anzunehmen. Für bis zum Abschlussstichtag vereinbarte **Aktien-optionspläne** wird folglich das Ende der festgelegten Wartezeit *(vesting date)* am Bilanzstichtag unterstellt. Sofern der Optionsplan aber **Erfolgsziele** (vgl. § 193 Abs. 2 Nr. 4 AktG) enthält, sind die potenziellen Aktien bei der Ermittlung des verwässerten Ergebnisses nur zu berücksichtigen, wenn die vereinbarten Erfolgsziele zum Abschlussstichtag bereits vollständig erfüllt sind.[6] Zur Berechnung der im Nenner zusätzlich zu berücksichtigenden Anzahl der Aktien ist die *treasury-stock*-Methode (Rz 28) anzuwenden. Hiernach entspricht die zu berücksichtigende Anzahl der Aktien den durch die **erzielten Erlöse** *(assumed proceeds)* nicht gedeckten, aber gleichwohl für eine Bedienung der Optionen noch zusätzlich benötigten Aktien.

Methodisch ist zur Berechnung des Verwässerungseffekts nach IAS 33.45 wie folgt vorzugehen:

- Neben der Ausübung der Optionen bzw. Wandelrechte zum Periodenende wird auch der Empfang der bei fingierter Ausübung erzielbaren Erlöse angenommen.
- Verglichen wird die Anzahl der Aktien, die bei unterstellter Ausübung zum Ausübungspreis als Gegenleistung für die erzielten Erlöse an den Options-inhaber ausgegeben werden, mit der Anzahl der Aktien, die man bei Zugrundelegung des durchschnittlichen Marktwerts der Aktie als Gegenleistung für die erzielten Erlöse ausgegeben hätte. Die Differenz entspricht dem durch die potenziellen Aktien eintretenden Verwässerungseffekt und ist gleichbedeutend mit der Anzahl der Aktien, die an den Optionsinhaber, im Vergleich zu einem anderen Marktteilnehmer ohne Leistung von Entgelt, ausgegeben wurde.

Die aus der künftigen Ausübung **erzielten Erlöse** umfassen neben dem Aus-übungspreis auch den *fair value* für künftige Sach- und Dienstleistungen, die von dem Kontraktpartner als Gegenleistung für die gewährten Aktienoptionen oder für sonstige anteilsbasierte Vergütungsformen i.S.v. IFRS 2 (→ § 23) überlassen werden (IAS 33.47A, *Illustrative Examples* 5 und 5A).[7] Als **Marktwert** ist der **durchschnittliche Aktienkurs** während der **Periode** anzusehen, wobei je nach Volatilität der Aktie andere Berechnungsmethoden eine geeignete Annäherung des Durchschnittskurses aller erfolgten Transaktionen darstellen können (IAS 33.A4). Optionen haben somit nur dann einen verwässernden Effekt, wenn deren innerer Wert während der Periode positiv war *(„in the money")*.[8]

Das nachfolgende Beispiel verdeutlicht die erforderlichen Berechnungen:

Praxis-Beispiel

Ein Unternehmen verfügt seit Jahresbeginn über 500.000 ausstehende Aktien zu einem Jahresdurchschnittskurs von 25 EUR/Aktie. Zusätzlich sind 80.000 Optionen auf den Erwerb je einer Aktie zum Kurs von 20 EUR/Aktie ausstehend. Die Anzahl der sich hieraus ergebenden verwässernden Aktien berechnet sich wie folgt: Die bei unterstellter Ausübung erzielten Erlöse betragen 80.000 × 20 EUR/Aktie = 1.600.000 EUR. Zu dem Ausübungskurs von 20 EUR/Aktie werden 80.000 Aktien ausgegeben. Bei Zugrundelegung des Jahresdurchschnittskurses von 25 EUR/Aktie würden hingegen

---

6   Vgl. IDW RS HFA 2 n.F., FN-IDW 7/2012, S. 380 ff., Tz. 30.
7   Vgl. auch IASB, Observer Notes, Board Meeting November 2005.
8   Vgl. KROLLE, FB 2002, S. 713.

> 1.600.000/25 EUR/Aktie = 64.000 Aktien ausgegeben. Die Verwässerung
> beträgt 80.000–64.000 = 16.000. Im Nenner des verwässerten Ergebnisses je
> Aktie sind somit 500.000 + 16.000 = 516.000 Aktien zu berücksichtigen.

Entscheidend für den **Zeitpunkt** der Berücksichtigung ist das Zusagedatum. Ist
die Ausübung z. B. bei Mitarbeiterbeteiligungsmodellen von weiteren Bedingungen abhängig, ist wie bei *contingent shares* eine Beurteilung des Erfüllungsgrads
am Periodenende erforderlich. Sind keine weiteren Bedingungen erforderlich,
hat die Einbeziehung auch dann zu erfolgen, wenn die ausstehenden Optionen
noch nicht unverfallbar geworden sind (IAS 33.48).

3.3.4 Wandelbare Papiere

Resultieren die potenziellen Aktien aus **wandelbaren Papieren**, so ist entsprechend der *if-converted*-Methode (Rz 33) von dem der Wandlung zugrunde
liegenden **Umtauschverhältnis** auszugehen.

44

> **Praxis-Beispiel**
> Seit Jahresanfang hat ein Unternehmen 10.000 Stück Wandelanleihen im Wert
> von je 100 EUR/Anleihe ausgegeben. Jede Anleihe ist in 10 Aktien der
> Gesellschaft umtauschbar. Darüber hinaus waren 600.000 Aktien ausstehend.
> Im Fall einer Wandlung würden aus den 10.000 Wandelanleihen 10.000 × 10 =
> 100.000 neue Aktien entstehen. Im Zähler des verwässerten Ergebnisses je
> Aktie sind somit 700.000 Aktien zu berücksichtigen.

Ist die Wandlung bestimmter Papiere zwingend vorgesehen (**Zwangswandelanleihe**), erfolgt die Einbeziehung der daraus resultierenden zusätzlichen Aktien
bereits bei der Berechnung des **unverwässerten** Ergebnisses je Aktie (IAS 33.23).
In die Berechnung des verwässerten Ergebnisses je Aktie sind nur solche Papiere
einzubeziehen, die zu einer Verwässerung des Ergebnisses aus gewöhnlicher,
fortgeführter Geschäftstätigkeit führen. Nicht zu einer Verwässerung führen
Papiere, bei deren Umwandlung sich ein unverwässerter Gewinn je Aktie
erhöhen oder ein unverwässerter Verlust je Aktie verringern würde *(anti-diluti-
ve)*. Die Frage, ob potenzielle Aktien verwässernde Wirkung haben oder nicht,
ist für **jede Gattung** und **jede Tranche** ausgegebener potenzieller Aktien **einzeln**
zu beurteilen. Vergleichsgröße zur Beurteilung des Verwässerungseffekts ist das
unverwässerte Ergebnis je Aktie.

45

> **Praxis-Beispiel**
> Seit Jahresanfang hat ein Unternehmen 10.000 Stück Wandelanleihen im Wert
> von je 100 EUR/Anleihe ausgegeben, die zu 15 % verzinslich sind. Jede Anleihe
> ist in 10 Aktien der Gesellschaft umtauschbar. Darüber hinaus waren 600.000
> Aktien ausstehend. Der Jahresgewinn nach Steuern beträgt 400.000 EUR, der
> Steuersatz 30 %. Das unverwässerte Ergebnis je Aktie beträgt 400.000 EUR/
> 600.000 Aktien = 0,67 EUR/Aktie. Im Fall einer Wandlung würden aus den
> 10.000 Wandelanleihen 10.000 × 10 = 100.000 neue Aktien entstehen. Im Nenner
> des verwässerten Ergebnisses je Aktie sind somit 700.000 Aktien zu berück-
> sichtigen. Durch die wegfallende Verzinsung könnten 150.000 EUR eingespart
> werden, die jedoch zu versteuern sind. Es verbleiben im Zähler somit

> 400.000 EUR + 150.000 EUR × 0,7 = 505.000 EUR. Das verwässerte Ergebnis je
> Aktie würde sich auf 505.000 EUR/700.000 Aktien = 0,72 EUR/Aktie belaufen.
> Durch die hohe Verzinsung tritt durch die Wandlung somit ein der Verwässe-
> rung gegenläufiger Effekt ein. Vgl. hierzu auch das Beispiel unter Rz 35.

46   Die Frage nach der verwässernden Wirkung potenzieller Aktien (Rz 28) ist nicht
auf Basis eines um sämtliche Sondereffekte bereinigten Ergebnisses zu entscheiden *(net profit per share from continuing ordinary operations;* IAS 33.39), sondern
anhand des Ergebnisses aus **fortgeführter** Tätigkeit *(earnings per share from
continuing operations;* IAS 33.41). Hieraus können sich im Einzelfall Änderungen beim verwässerten Ergebnis je Aktie ergeben. Sind **mehrere Arten** potenzieller Aktien vorhanden, kann die Reihenfolge der Einbeziehung in die Berechnung eine Auswirkung auf die Höhe des Verwässerungseffekts haben,
sofern einzelne Papiere sich als der Verwässerung entgegenwirkend heraus-
stellen sollten. Anzugeben ist jedoch immer der **maximal mögliche Verwässerungseffekt.** Dazu ist zunächst für jede Art potenzieller Aktien **einzeln** der
Verwässerungseffekt zu ermitteln. Dieser ist umso größer, je geringer das auf
die daraus resultierenden neuen Aktien entfallende Mehrergebnis ist. Angefangen von den am stärksten verwässernden Papieren sind alle potenziellen Aktien
so lange Schritt für Schritt in die Berechnung des verwässerten Ergebnisses mit
einzubeziehen, bis deren Einbeziehung zu einer Minderung der Verwässerung
führt. Das nachfolgende Beispiel verdeutlicht dieses Vorgehen:

Praxis-Beispiel
Seit Jahresanfang hat ein Unternehmen die folgenden potenziellen Aktien
ausstehen:
- 10.000 Optionen zum Erwerb je einer Aktie zum Kurs von 5 EUR/Aktie.
  Der Durchschnittskurs während des Jahres lag bei 7 EUR/Aktie.
- 2.000 Stück Wandelanleihen im nominalen Wert von je 100 EUR/Anleihe.
  Jede Anleihe ist in eine Aktie der Gesellschaft umtauschbar. Die Verzinsung beträgt 12 % und ist nur in Gewinnjahren zahlbar.
- 5.000 Stück Wandelanleihen im nominalen Wert von je 100 EUR/Anleihe.
  Jede Anleihe ist in 10 Aktien der Gesellschaft umtauschbar. Die Verzinsung beträgt 6 % und ist unabhängig von der Ergebnissituation der Gesellschaft zahlbar.

Das Ergebnis nach Steuern beträgt 800.000 EUR, die Anzahl Aktien liegt
bei 400.000. Das unverwässerte Ergebnis je Aktie beträgt somit 800.000 EUR/
400.000 Aktien = 2,00 EUR/Aktie. Der Steuersatz liegt bei 30 %. Das aus einer
Einbeziehung dieser potenziellen Aktien resultierende Mehrergebnis je neue
Aktie errechnet sich wie folgt:
- Die Ausübung der Optionen führt lediglich zu 2.857 (= 10.000 – (5 EUR/
  Aktie × 10.000/7 EUR/Aktie)) zusätzlichen Aktien, nicht zu einer Ände-
  rung des Ergebnisses. Das Mehrergebnis je neue Aktie ist somit null.
- Die Umwandlung der gewinnabhängigen 12-%-Anleihen führt zu einem
  Mehrergebnis nach Steuern von 200.000 EUR × 0,12 × 0,7 = 16.800 EUR.
  Es werden 2.000 zusätzliche Aktien ausgegeben. Das Mehrergebnis je neue
  Aktie beträgt 16.800 EUR/2.000 Aktien = 8,40 EUR/Aktie.

- Die Umwandlung der nicht gewinnabhängigen 6-%-Anleihen führt zu einem Mehrergebnis nach Steuern von 500.000 EUR × 0,06 × 0,7 = 21.000 EUR. Es werden 50.000 zusätzliche Aktien ausgegeben. Das Mehrergebnis je neue Aktie beträgt 21.000 EUR/50.000 Aktien = 0,42 EUR/Aktie.

Der Verwässerungseffekt ist somit bei den Optionen am stärksten, bei den 6-%-Anleihen am zweitstärksten und bei den 12-%-Anleihen am geringsten. Ausgehend vom unverwässerten Ergebnis je Aktie ergeben sich die folgenden Verwässerungseffekte, wobei Schritt für Schritt die vorstehend ermittelte Reihenfolge zu berücksichtigen ist:

- Einbeziehung der Optionen: (800.000 EUR + 0)/(400.000 + 2.857) = 1,99 EUR/Aktie. Diese Zahl liegt unter dem unverwässerten Ergebnis je Aktie; die Optionen sind zu berücksichtigen.
- Einbeziehung der nicht gewinnabhängigen 6-%-Anleihen: (800.000 EUR + 21.000 EUR)/(402.857 + 50.000) = 1,81 EUR/Aktie. Diese Zahl liegt unter dem verwässerten Ergebnis je Aktie unter Einbeziehung der Optionen; die Wandelanleihen sind zu berücksichtigen.
- Einbeziehung der gewinnabhängigen 12-%-Anleihen: (821.000 EUR + 16.800 EUR)/(452.857 + 2.000) = 1,84 EUR/Aktie. Diese Zahl liegt über dem verwässerten Ergebnis je Aktie unter Einbeziehung der Optionen und der 6-%-Anleihen. Der Effekt ist der Verwässerung entgegenwirkend. Die 12-%-Anleihen sind nicht zu berücksichtigen.

Das verwässerte Ergebnis je Aktie beträgt 1,81 EUR/Aktie.

Nicht alle aktienrechtlich denkbaren Ermächtigungen zur Veränderung des Kapitals führen zwangsläufig zur Existenz verwässernder potenzieller Aktien. So ergeben sich i.d.R. bei einer genehmigten oder bedingten **Kapitalerhöhung** aus der bloßen Zustimmung der Hauptversammlung noch keine Rechte Dritter auf den Bezug der daraus resultierenden Papiere. Eine Anpassung des Nenners (Rz 9) kommt dann nicht in Betracht. Ebenfalls nicht zu potenziellen Aktien führt eine **Ermächtigung zum Rückkauf eigener Anteile.** Ist der Rückkauf erfolgt, verringert er lediglich die Anzahl ausstehender Aktien sowohl für das unverwässerte wie für das verwässerte Ergebnis je Aktie. Sind Aktien zwar ausgegeben, aber noch nicht einbezahlt, so führen diese in dem Maße zu potenziellen Aktien, wie sie nicht an Dividenden teilhaben (IAS 33.A16). Nicht voll einbezahlte Aktien, die bereits an den Dividenden teilhaben, sind bereits bei der Berechnung des unverwässerten Ergebnisses je Aktie zu berücksichtigen (IAS 33.A15). Für vom Unternehmen **ausgegebene Put-Optionen auf eigene Anteile,** die zu einem Rückkauf eigener Anteile verpflichten könnten, wird eine Einbeziehung in das verwässerte Ergebnis je Aktie seit 2005 erstmals geregelt (IAS 33.63, Rz 58). **47**

Von einem **in den Konsolidierungskreis einbezogenen Unternehmen** auf eigene Anteile oder Anteile des Mutterunternehmens ausgegebene **potenzielle Aktien** sind dann für die Berechnung des verwässerten Ergebnisses je Aktie relevant, wenn sich hieraus verwässernde Auswirkungen auf **konsolidierter** Ebene ergeben. Die konkreten Schritte zur Einbeziehung regelt IAS 33.A11: Sofern die potenziellen Aktien zu einer Ausgabe von Anteilen des Mutterunternehmens führen können, sind diese direkt bei der Berechnung des verwässerten Ergebnisses des Mutterunternehmens zu berücksichtigen. Bestehen die **potenziellen Anteile** an einem anderen **Konzern-** **48** unternehmen, wird für dieses Unternehmen ein verwässertes Ergebnis je Aktie berechnet, das anteilig entsprechend der Beteiligungsquote des berichtenden Mutterunternehmens in die Berechnung des verwässerten Ergebnisses je Aktie (Ergebnis, Aktienanzahl) für den Gesamtkonzern mit einfließt. Kann die Ablösung ausgegebener potenzieller Aktien **sowohl in bar wie auch in Aktien** erfolgen, so wird eine Ablösung in Aktien vermutet und eine entsprechende Einbeziehung in die Berechnung des verwässerten Ergebnisses je Aktie erforderlich (IAS 33.58).

49 Wurden potenziell verwässernde Papiere **unterjährig** ausgegeben, so sind diese für die betreffende Periode lediglich zeitanteilig gewichtet einzubeziehen. Kam es während das Jahres zu einer tatsächlichen **Ausübung bzw. Umwandlung**, z.B. durch die Fälligkeit von Optionen und eine entsprechende Ausgabe von Aktien, so sind die potenziellen Aktien bis zu diesem Zeitpunkt zeitanteilig gewichtet in die Berechnung des verwässerten Ergebnisses je Aktie aufzunehmen. Für die Zeit nach der Umwandlung sind die daraus resultierenden Stammaktien zeitanteilig in die Berechnung sowohl des unverwässerten als auch des verwässerten Ergebnisses mit einzubeziehen (IAS 33.38).

4 Freiwillige Angaben

4.1 Mögliche Ausweitung der Vorgaben

50 Die Aussagekraft des Ergebnisses je Aktie und die Vergleichbarkeit zwischen unterschiedlichen Unternehmen (Rz 2) kann u.E. durch eine Ausweitung der Vorgaben erhöht werden. Folgende Möglichkeiten zur Ausweitung bestehen:
* Nach IAS 1.81 (rev. 2007) wird eine Darstellung des sonstigen Gesamteinkommens in einer eigenen Rechnung *(two statement approach)* oder im Rahmen einer umfassenden Gesamteinkommensrechnung *(one statement approach)* verlangt (→ § 2 Rz 92 ff.). Bislang erfolgt nach IFRS dennoch keine Einbeziehung des sonstigen Gesamteinkommens in den Zähler der Kennzahl „Ergebnis je Aktie". Es ist auch keine Offenlegung einer weiteren Kennzahl „Gesamteinkommen je Aktie" erforderlich oder geplant.[9] Die Begründung für die Ablehnung „mangelnde Vereinbarkeit mit dem Anwendungsbereich des kurzfristigen Konvergenzprojekts"[10] überzeugt nicht.
* Ebenso verlangt IAS 33 auch keine Angabe der Kennzahl „Geldfluss *(cash flow)* je Aktie", obwohl diese in der Finanzanalyse zunehmend an Bedeutung gewinnt.[11] Diese Kennzahl wäre gerade in Zeiten von Interesse, in denen manche Unternehmen trotz massiver Gewinnrückgänge ein Vielfaches von ihrem Ergebnis je Aktie an die Aktionäre ausschütten.[12]
* Ein Ergebnis je Aktie für Anteile nicht beherrschender Gesellschafter ist weder in der derzeitigen Fassung von IAS 33 noch im nicht mehr verfolgten Entwurf zu IAS 33 vorgesehen.

---

9 Dazu ausführlich THEILE, PiR 2006, S. 97 ff.
10 IASB Update May 2008.
11 MEICHELBECK, in: PEEMÖLLER, Praxishandbuch der Unternehmensbewertung, 2009, 4. Aufl., S. 681.
12 Vgl. etwa STOLTENBERG, Herbe Kritik, http://www.manager-magazin.de/finanzen/artikel/a-191844.html, abgerufen am 4.1.2017.

4.2 Vergleich mit dem Ergebnis je Aktie nach DVFA

Bereits lange vor der Internationalisierung der Rechnungslegung gab es in **51** Deutschland Bemühungen um eine Vereinheitlichung des Ergebnisses je Aktie. So hat kurz nach der Verabschiedung des Aktiengesetzes 1965 die Deutsche Vereinigung für Finanzanalyse und Anlageberatung (**DVFA**) damit begonnen, Grundsätze für die Ableitung eines vergleichbaren Ergebnisses aus dem veröffentlichten Jahresabschluss zu entwickeln. Auch der Arbeitskreis „Externe Unternehmensrechnung" der **Schmalenbach-Gesellschaft** veröffentlichte 1988 entsprechende eigene Vorschläge. Um ein dauerhaftes Nebeneinander zweier Ansätze zu vermeiden, sind seit 1990 beide Empfehlungen zum „**Ergebnis je Aktie nach DVFA/SG**" zusammengeführt. Die Anwendung und Veröffentlichung ist freiwillig, hat jedoch eine erhebliche Bedeutung in der Praxis erlangt. Die größten Unterschiede liegen zwischen Ergebnis je Aktie nach IFRS und DVFA/SG nicht in der Berechnungsmethode als solcher, sondern aufgrund der nach IFRS **unterschiedlichen Ansatz- und Bewertungsvorschriften** in der zur Anwendung kommenden Ergebniszahl. Die DVFA hat jedoch insbesondere in der für nach dem 31.12.1998 endende Geschäftsjahre geltenden Neufassung des Berechnungsschemas den Versuch unternommen, das sich nach HGB ergebende Ergebnis durch einzelne **Überleitungsposten** einem nach internationalen Standards ermittelten Ergebnis anzunähern.

Ähnlich wie IAS 33 sieht auch die DVFA die Berechnung eines **unverwässerten** **52** sowie eines **verwässerten** Ergebnisses je Aktie vor. Im Ergebnis nach DVFA sind **Sondereinflüsse** wie z.B. Anlagenabgänge, Sanierungen, Entkonsolidierungen oder *sale-and-lease-back*-Transaktionen zu eliminieren, während die IFRS durch die Verwendung des Periodenüberschusses nach Zinsen, Steuern, Minderheitenanteilen und Sondereffekten gerade keine solche Bereinigung vorsehen. Im Nenner sind **Vorzugsaktien** der Anzahl ausstehender Aktien hinzuzurechnen; abweichend von der hier vertretenen Meinung wird ebenfalls auf das Kriterium der Teilhabe am Residualvermögen abgestellt (Rz 6). Die Berücksichtigung **unterjähriger Veränderungen** entspricht im Ergebnis praktisch vollständig dem Vorgehen nach IFRS. Gleiches gilt für die Methodik zur Einbeziehung von **Wandelschuldverschreibungen** und **Optionen** im verwässerten Ergebnis je Aktie. Auch **Aktiensplits** und die Ausgabe von **Bezugsrechten** sind wie nach IFRS rückwirkend für alle dargestellten Perioden anzupassen.

Die Unterschiede zwischen dem Ergebnis je Aktie nach DVFA und nach IFRS **53** werden zunehmend geringer. Durch die von der DVFA vorgenommenen Anpassungen des Ergebnisses an internationale Gepflogenheiten, die schrittweise Internationalisierung der deutschen Konzernrechnungslegung durch das DRSC und die praktisch identische Berechnungsmethodik bestehen lediglich bei der Bereinigung von **Sondereinflüssen** noch nachhaltige Unterschiede. Durch die – aktuell nicht mehr verfolgte – Neufassung des IAS 33 (Rz 59), die eine im Vergleich mit der alten Fassung differenziertere Darstellung einzelner Elemente des Ergebnisses je Aktie bietet, wäre es zu einer **weiteren Annäherung** gekommen.

5   Angaben

54   Der Ausweis für das verwässerte und das unverwässerte Ergebnis je Aktie ist wie folgt vorgesehen:

- Bei der Wahl des *two statement approach* wird das (un)verwässerte Ergebnis je Aktie dort – also in der GuV – dargestellt (IAS 33.4A).
- Bei Wahl des *one statement approach* ist das (un)verwässerte Ergebnis je Aktie dort in einer gesonderten Zeile anzugeben.

Falls **nicht fortgeführte Geschäftsbereiche** vorliegen (→ § 29 Rz 19 ff.), ist das Ergebnis je Aktie hierfür **separat** entweder unterhalb der GuV oder im Anhang anzugeben (IAS 33.68). In der Praxis wird meist das Ergebnis je Aktie für fortgeführte und für nicht fortgeführte Geschäftsbereiche unterhalb der GuV angegeben. Sofern unverwässertes und verwässertes Ergebnis identisch sind, kann die Angabe mit einem entsprechenden Hinweis in zusammengefasster Form erfolgen (IAS 33.67). Wahlweise unter der Gesamtergebnisrechnung oder im Anhang sind **Zähler und Nenner** (Rz 9) des unverwässerten und verwässerten Ergebnisses je Aktie anzugeben (IAS 33.70).

55   Nach IAS 33.66 ist jeweils nur das Ergebnis je **Stammaktie** anzugeben. Vorzugsaktien gem. §§ 12, 139 AktG sind zur Angabe des Ergebnisses je Aktien herauszurechnen. Darüber hinaus kann es nach IAS 1.83 bei Wesentlichkeit der Vorzugsaktien zulässig sein, neben dem Ergebnis aus Stammaktien auch das Ergebnis aus Vorzugsaktien anzugeben. Eine **Überleitung** dieser Positionen **vom unverwässerten auf das verwässerte Ergebnis** erfolgt zweckmäßigerweise im Anhang. Sofern hierzu die Erläuterung von Konditionen ausstehender Finanzinstrumente hilfreich ist, werden derartige Angaben befürwortet (IAS 33.72).

56   Zwingend erforderlich ist die Offenlegung von nach dem Abschlussstichtag erfolgten Veränderungen im Aktienbestand oder der Anzahl potenzieller Aktien, sofern diese nicht ohnehin rückwirkend zu berücksichtigen sind (Rz 22; IAS 33.70(d)). Neben diesen Zahlenangaben ist im Rahmen der Angaben zu den Bilanzierungs- und Bewertungsgrundsätzen eine allgemeine Darstellung der **Berechnungsmethode** erforderlich. Zusätzlich ist auf potenzielle Aktien hinzuweisen, die aufgrund ihres der Verwässerung entgegenwirkenden Effekts nicht in die Berechnung des verwässerten Ergebnisses je Aktie einbezogen worden sind. Je nach Sachverhalt könnten sich aus einer Einbeziehung in späteren Perioden nämlich Auswirkungen auf das Ergebnis je Aktie ergeben (IAS 33.70(c)).

57   Es ist freigestellt, neben das das gesamte Periodenergebnis umfassende Ergebnis je Aktie gem. IAS 33 auch **andere Ergebnisgrößen** in Bezug zur Anzahl durchschnittlich ausstehender Aktien zu stellen. In der Praxis trifft dies vor allem auf die Eliminierung von Sondereffekten sowie auf Steuern, Zinsen oder die Auswirkungen von Bilanzierungs- und Bewertungsänderungen zu. Zulässig ist eine derartige Angabe nur, wenn in jedem Fall für die Berechnung der Anzahl **Aktien** im **Nenner** die Vorgaben von IAS 33 berücksichtigt werden. Sofern die Darstellung für eine Ergebniszahl erfolgt, die nicht direkt als Zwischensumme in der GuV enthalten ist, muss eine **Überleitung** der verwendeten Ergebniszahl zu einer solchen Zwischensumme erfolgen. Sämtliche Angaben sind stets nur auf die Ergebniszahlen **nach** Berücksichtigung von Anteilen nicht-beherrschender Gesellschafter gerechnet; die Sicht der Anteilseigner des Mutterunternehmens steht also im Vordergrund (IAS 33.66).

6 Anwendungszeitpunkt, Rechtsentwicklung

IAS 33 ist erstmals auf ab dem 1.1.2005 beginnende Geschäftsjahre anzuwenden.   58

Als Resultat des kurzfristigen Konvergenzprojekts *(short-term convergence pro-*   59
ject) zwischen IASB und FASB haben beide Normensetzer im August 2008
taggleich **Entwürfe zur Änderung von IAS 33 und SFAS 128** (mittlerweile
ASC Topic 260) veröffentlicht, wodurch eine weitergehende Angleichung der
Vorschriften erfolgen sollte. Daneben soll die Berechnung der Kennzahl „Ergebnis je Aktie" vereinfacht werden. Die Kommentierungsfrist für den Entwurf zu
IAS 33 endete am 5.12.2008. Der Zeitpunkt der Veröffentlichung eines überarbeiteten IAS 33 wurde im April 2009 zunächst verschoben. Weitere Diskussio-
nen und eine Fortsetzung des Projekts waren für 2010 geplant. Die Änderung von
IAS 33 verzögert sich allerdings weiterhin in Anbetracht anderer Projekte des
IASB, denen eine höhere Priorität eingeräumt wurde.

In Bezug auf das **unverwässerte Ergebnis je Aktie** wurden bislang folgende   60
Änderungen diskutiert, die aber nicht weiter verfolgt worden sind:

* Künftig sollen nur noch Stammaktien und Instrumente, die dem Inhaber ein
  Recht auf Beteiligung am Periodengewinn bzw. -verlust gewähren, in den
  Nenner des unverwässerten Ergebnisses je Aktie einfließen.
* **Wandlungspflichtige Instrumente** werden nur noch dann in den Nenner
  einbezogen, wenn sie partizipierend sind, d.h., sie gewähren einen Anspruch
  auf Beteiligung am Periodengewinn bzw. -verlust. Daher sollen auch die An-
  wendungsleitlinien zu partizipierenden Instrumenten (ED IAS 33.A23 – ED
  IAS 33.A28) anzuwenden sein.
* Für bedingt zu emittierende Aktien *(contingently issuable shares)* erfolgt ein
  Einbezug nur noch dann, wenn sie gegen eine geringe oder gar keine Zahlung
  oder andere Gegenleistung ausgegeben oder umgewandelt werden können.
* Stammaktien, welche auf Verträge zum **Rückkauf eigener Aktien** basieren,
  werden künftig im Nenner nicht mehr berücksichtigt, d.h., die Behandlung
  erfolgt so, als ob der Rückkauf bereits stattgefunden hätte. Rechtlich sind diese
  Aktien jedoch ausstehend, weshalb mit ihnen i.d.R. ein Dividendenanspruch
  verbunden ist. Daher gehören sie zu den partizipierenden Instrumenten, es sei
  denn, die Dividendenzahlungen müssen zurückgewährt werden. Folglich
  sollen auch hier die Anwendungsleitlinien zu partizipierenden Instrumenten
  (ED IAS 33.A23 – ED IAS 33.A28) anzuwenden sein. **Rückgabepflichtige
  Stammaktien** sollen aufgrund ihrer Ähnlichkeit zu Verträgen zum Rückkauf
  eigener Aktien analog zu diesen behandelt werden.

Eine weitere, wohl eher redaktionelle Änderung betraf den **Zeitpunkt des
Einbezugs**, d.h. den Zeitpunkt, ab dem Stammaktien als ausstehend zu betrachten und daher in den Nenner einzubeziehen sind. Bislang war dies der Tag, an
dem die Gegenleistung fällig ist, was i.d.R. dem Tag der Emission entspricht
(IAS 33.21). Künftig sollte dies der Tag sein, ab dem der Inhaber eines Instruments am Periodengewinn bzw. -verlust beteiligt ist.

Im Rahmen der Berechnung des **verwässerten Ergebnisses** je Aktie waren   61
folgende Änderungen geplant:

* **Erfolgswirksam zum beizulegenden Zeitwert bilanzierte Finanzinstrumente** sollten künftig bei der Ermittlung des verwässerten Ergebnisses je

Aktie außer Acht gelassen werden. Dies ist gerechtfertigt, denn die Zeitwertänderungen sind ohnehin bereits in der Ergebnisgröße (Zähler) enthalten.

- Im Rahmen der **nicht erfolgswirksam zum beizulegenden Zeitwert bilanzierten Finanzinstrumente** sieht der Entwurf für **Optionen, Optionsscheine und ihre Äquivalente** die „erweiterte" *treasury-stock*-Methode
  vor. Im Gegensatz zur bisherigen *treasury-stock*-Methode wird bei dieser
  der Rückkauf von Stammaktien zum Stichtagskurs zum Periodenende unterstellt und nicht zum durchschnittlichen Börsenkurs (Marktpreis) der
  Periode.

Praxis-Beispiel
Die X-AG (Bilanzstichtag: 31.12.) erzielte im Geschäftsjahr 01 ein Ergebnis
von 1 Mio. EUR. Die X-AG verfügt über 10.000 ausstehende Stammaktien.
Darüber hinaus existieren 800 geschriebene Kaufoptionen der X-AG, für die
mit einem Faktor von 4:1 Stammaktien erworben werden können, d. h., für vier
Optionen erhält der Inhaber im Fall der Ausübung eine Stammaktie der X-AG.
Der Ausübungspreis beträgt 1.000 EUR, der durchschnittliche Börsenkurs des
Geschäftsjahres 01 1.250 EUR und der Stichtagskurs zum 31.12.01 1.600 EUR.
Es wird der innere Wert von jeweils vier Optionen (600 = 1.600–1.000) mit der
Anzahl zusätzlicher Stammaktien (200 Stück) multipliziert. Anschließend erfolgt eine Division durch den Börsenkurs am Stichtag. Dies ergibt 75 zusätzliche Stammaktien, die im Rahmen der Berechnung des verwässerten Ergebnisses
je Aktie im Nenner zu berücksichtigen sind. Somit errechnet sich das verwässerte Ergebnis je Aktie aus der Division eines Ergebnisses von 1 Mio. EUR
durch 10.075 Stammaktien. Dies ergibt einen Betrag von 99,26 EUR/Aktie.
Nachdem dieser Betrag kleiner ist als das unverwässerte Ergebnis je Aktie von
100 EUR/Aktie (= 1 Mio. EUR/10.000 Stammaktien), liegt ein Verwässerungseffekt vor.

- **Wandelbare Instrumente,** die nicht in Gänze erfolgswirksam zum beizulegenden Zeitwert bilanziert werden, sollten auch künftig nach der *if-converted*-Methode in das verwässerte Ergebnis je Aktie einbezogen werden.
- Nach dem Entwurf sollten Verträge, die in **Stammaktien** oder **liquiden Mitteln** erfüllt werden können, sowie **geschriebene Verkaufsoptionen** entweder
  erfolgswirksam zum beizulegenden Zeitwert bewertet werden oder sie erfüllen
  die Definition eines partizipierenden Instruments. Im ersteren Fall wird kein
  verwässertes Ergebnis je Aktie ermittelt. Im letzteren Fall wären die Anwendungsleitlinien für partizipierende Instrumente (ED IAS 33.A23 – ED IAS
  33.A28) anzuwenden. Daher waren die bisherigen Vorschriften gem. IAS 33.58
  – IAS 33.61 und IAS 33.63 im Standardentwurf nicht mehr enthalten.

Im Standardentwurf wurden die Vorschriften zu **partizipierenden Instrumenten** und zu aus **zwei Gattungen** bestehenden Stammaktien erweitert. Dabei war
ein Test vorgesehen, welcher bestimmen soll, ob ein wandelbares Instrument
einen stärker verwässernden Effekt hat, wenn die Anwendungsleitlinien für
partizipierende Instrumente angewandt werden oder wenn eine Wandlung unterstellt wird. Sofern ein Instrument nicht wandelbar ist oder der Test ergibt, dass
die Annahme der Umwandlung nicht das verwässerte Ergebnis je Aktie maxi-

miert, wird der Gewinn bzw. Verlust auf die verschiedenen Klassen von Stammaktien sowie auf die partizipierenden Instrumente, welche nicht erfolgswirksam zum beizulegenden Zeitwert bilanziert werden, verteilt. Diese Vorgehensweise wird als „Zwei-Klassen-Methode"(„*two class method*") bezeichnet.

Nach dem mittlerweile nicht mehr verfolgten *Exposure Draft* soll die Bestimmung des Ergebnisses je Aktie über einen „Alternativentest" erfolgen, der auf die Verwässerungswirkung einzelner Instrumente abstellt.[13] Ob die beabsichtigte Vereinfachung in der Ermittlung des Ergebnisses je Aktie erreicht würde, bleibt fraglich. Die Komplexität der Berechnung steigt mit der Anzahl unterschiedlicher Instrumente mit potenzieller Verwässerungswirkung.

62

---

[13] Vgl. SCHÜTTE, PiR 2010, S. 166 ff.

§ 36   SEGMENTBERICHTERSTATTUNG
(Operating Segments)

Schrifttum: ALVAREZ, Segmentberichterstattung und Segmentanalyse, 2004; FINK/ULBRICH, Segmentberichterstattung nach IFRS 8, PiR 2007, S. 31; FREIBERG, Anforderungen an den Segmentbericht in inhaltlicher und zeitlicher Dimension, PiR 2013, S. 64; HEINTGES/URBANCZIC/WULBRAND, Regelungen, Fallstricke und Überraschungen der Segmentberichterstattung nach IFRS 8, DB 2008, S. 2773; LÜDENBACH, Discontinued operations im Segmentbericht, PiR 2012 S. 164; LÜDENBACH/LUKAT, Anwendungsprobleme bei der Segmentabgrenzung nach IFRS 8, PiR 2013. S. 181; ZÜLCH/BURGHARDT, IFRS 8 Operating Segments, PiR 2007, S. 21.

Vorbemerkung
Die Kommentierung bezieht sich auf IFRS 8 in der aktuellen Fassung und berücksichtigt alle Ergänzungen, Änderungen und Interpretationen, die bis zum 1.1.2017 beschlossen wurden. Einen Überblick über die Rechtsentwicklung geben Rz 82 ff.

1 Zielsetzung, Regelungsinhalt, Begriffe

Ist ein Unternehmen/Konzern in verschiedenen Geschäftsbereichen und/oder 1 Regionen tätig, gewährleisten die aggregierten Informationen des „normalen" Abschlusses nur einen begrenzten Einblick in die wirtschaftliche Lage. Zielsetzung von IFRS 8 und damit **Zweck** der Segmentberichterstattung ist es, über disaggregierte (segmentierte) Informationen den Einblick zu verbessern (IFRS 8.1).

Trotz dieses unbestreitbaren Vorteils der Segmentberichterstattung werden nur 2 bestimmte Unternehmen, insbesondere **börsennotierte** durch IFRS 8.2f. zur Segmentierung verpflichtet (Rz 9). Bedingte Relevanz hat IFRS 8 auch für andere Unternehmen, die **freiwillig** Segmentinformationen angeben (Rz 13), darüber hinaus für alle *goodwill* bilanzierenden Unternehmen, da die Ebene, auf der der *impairment test* für den *goodwill* vorzunehmen ist, durch die Segmentierung begrenzt wird (IAS 36.80(b); → § 11 Rz 147).

3   Im Mittelpunkt von IFRS 8 steht die Festlegung des Segmentierungsformats sowie der nach diesem Format zu leistenden Angaben. Das **Segmentierungsformat** wird zweistufig bestimmt:

- Zunächst ist festzustellen, in welchen sachlichen oder geografischen **Geschäftssegmenten** *(operative segments)* das Unternehmen überhaupt tätig ist. In der Beantwortung dieser Frage ist v. a. darauf abzustellen, nach welchen Unterscheidungen intern berichtet und gesteuert wird *(management approach*, Rz 16).
- Im Interesse der Wesentlichkeit und zur Vermeidung eines *information overload* ist nicht über jedes so identifizierte Segment auch zu berichten. Aus qualitativen Gründen (Ähnlichkeit der Segmente) und quantitativen Gründen (Größe der Segmente) erfolgt vielmehr eine Zusammenfassung zu **berichtspflichtigen Segmenten** *(reportable segments*, Rz 35).

4   Bei den für berichtspflichtige Segmente **anzugebenden Daten** handelt es sich insbesondere um das **Segmentergebnis** (zwingend anzugeben) und um die **Vermögenswerte und Schulden** (unter bestimmten Bedingungen anzugeben). Auch diesbezüglich spielt der *management approach* eine Rolle, indem i. d. R. nur die Informationen anzugeben sind, die auch in der internen Berichterstattung enthalten sind (Rz 19). Um die Segmentberichterstattung nicht von den übrigen Bestandteilen des Abschlusses zu isolieren, sind bestimmte Daten der Segmentberichterstattung überdies im Wege einer **Überleitungsrechnung** mit Bilanz und GuV abzustimmen (Rz 50).

5   Falls nicht schon in dem internen Berichtswesen und damit in der Segmentberichterstattung enthalten, müssen bestimmte **unternehmensweite Angaben** zusätzlich geleistet werden. Betroffen sind Informationen über die angebotenen Produkte bzw. Dienstleistungen (Rz 75), über geografische Bereiche (Rz 75) und über wichtige Kunden (Rz 78).

6   Die Anbindung der Segmentberichterstattung an das interne Berichtswesen, also der *management approach* (Rz 4), soll nicht nur den Aufwand der Datenerfassung gering halten (IFRS 8.BC9), sondern v. a. gewährleisten, dass die Abschlussadressaten aus der **Perspektive des Managements** *(through the eyes of management)* informiert werden.

7   Der Segmentbericht ist kein selbständiger Teil des Abschlusses, sondern **Bestandteil des Anhangs**.

2   Anwenderkreis

2.1   Pflichtanwendung

8   Segmentberichterstattungspflichtig sind nach IFRS 8.2 Unternehmen, deren
- **Wertpapiere** (Rz 9)
- **an einem öffentlich Markt gehandelt** werden (Rz 10) oder
- für einen solchen Handel vorbereitet werden (Rz 11).

9   Unerheblich ist nach IFRS 8.2, ob die schon gehandelten oder in Vorbereitung darauf befindlichen **Wertpapiere** wie **Aktien** Eigenkapital oder wie **Anleihen** Fremdkapital verbriefen. Nicht nur die börsennotierte Aktiengesellschaft, sondern

auch die Kapital- oder Personengesellschaft, die Anleihen an der Börse emittiert (oder dies vorbereitet), unterliegt daher der Segmentberichterstattungspflicht. Als öffentlicher Markt gelten gem. IFRS 8.2 nicht nur in- oder ausländische Börsen, sondern auch OTC-Märkte (*over-the-counter markets*), einschließlich lokaler und regionaler Märkte. Weitergehend als den auf einen organisierten Markt i.S.d. § 2 Abs. 5 WpHG abstellenden Begriff der Kapitalmarktorientierung (§ 264d HGB), umfasst der öffentliche Markt daher nicht nur den **amtlichen Handel** und den **geregelten Markt**, sondern auch den **Freiverkehr**, nicht dagegen die Privatplatzierung.

10

Diese Voraussetzung eines öffentlichen Markts ist nicht erfüllt, wenn (nach ausländischem Recht) ein Investmentfonds zwar an einer Börse gelistet ist, die Anteilsscheine aber nicht an dieser Börse gehandelt werden, sondern lediglich gegen Abgeltung eines *net present value* an den Fonds zurückgegeben werden können.[1]

Neben dem tatsächlich schon aufgenommenen öffentlichen Handel führt auch dessen unmittelbare **Vorbereitung** zur Anwendung von IFRS 8. Nicht ausreichend sind Pläne, mittelfristig Wertpapiere zu emittieren. Diese Pläne müssen vielmehr so weit fortgeschritten sein, dass der Zulassung dienende Abschlüsse bei der Wertpapieraufsichts- oder sonst zuständigen Behörde bereits eingereicht wurden oder kurzfristig eingereicht werden sollen (IFRS 8.2(a)(ii) und IFRS 8.2 (b)(ii)). Schon vor dem formellen Antrag auf Börsenzulassung kann daher IFRS 8 greifen, insbesondere dann, wenn alle zuständigen Organe der Gesellschaft der Antragstellung bereits zugestimmt haben und mit der Erstellung der Antragsunterlagen bzw. des Börsenprospekts bereits begonnen wurde.

11

Die Pflicht zur Segmentberichterstattung kann für den **Einzel- oder Konzernabschluss** gelten. Hier differenziert IFRS 8 wie folgt:

12

- Werden auf das Mutterunternehmen lautende Wertpapiere öffentlich gehandelt (oder befinden sie sich in Vorbereitung darauf), so betrifft die Segmentberichterstattungspflicht zwar grundsätzlich sowohl den **Konzernabschluss** als auch den Einzelabschluss (IFRS 8.28(a) und (b)). Bei gemeinsamer Veröffentlichung von Einzel- und Konzernabschluss in einem einzigen Geschäftsbericht darf bzgl. des Einzelabschlusses aber von einer Segmentierung abgesehen werden (IFRS 8.3).

- Hat ein **Tochterunternehmen** Wertpapiere emittiert (oder bereitet es dieses vor), besteht für das Mutterunternehmen und dessen Einzel- und Konzernabschluss keine Segmentberichterstattungspflicht (IFRS 8.BC23). Nach einer im Schrifttum vertretenen Auffassung soll allerdings in dieser Konstellation ausnahmsweise doch eine Segmentierungspflicht für den Konzernabschluss des Mutterunternehmens bestehen, wenn der Konzernabschluss Pflichtbestandteil der Zulassungsunterlagen des Tochterunternehmens ist.[2]

- Aus dem (beantragten) Handel von Wertpapieren des Mutterunternehmens ergibt sich keine Segmentberichterstattungspflicht in den Einzel- oder **Teilkonzernabschlüssen** von Tochterunternehmen.

---

[1] Vgl. ERNST & YOUNG, International GAAP 2016, Ch 33, sCh 2.2.1 und KPMG, Insights into IFRS 2015/16, Tz. 5.2.20.13; a.A. hingegen PwC, IFRS Manual of Accounting 2016 , Tz. 10.13.1.
[2] PwC, IFRS Manual of Accounting 2016, Tz. 10.12.2.

2.2   Restriktionen bei freiwilliger Anwendung

13   Will ein nicht zur Segmentierung verpflichtetes Unternehmen freiwillig Segmentinformationen geben, so hat es gem. IFRS 8.3 ein **Wahlrecht:**
  • Bei vollständiger freiwilliger Beachtung von IFRS 8 darf (und soll u. e.) der entsprechende Berichtsteil Segmentbericht genannt werden.
  • Bei unvollständiger Beachtung von IFRS 8 darf die Information hingegen nicht als Segmentbericht *(segment information)* bezeichnet werden.
  U. E. greift die Restriktion von IFRS 8.3 auch dann, wenn der freiwillige „Segmentbericht" nicht im Einzel- bzw. Konzernabschluss, sondern im *management commentary* **(Konzernlagebericht)** enthalten ist. Eine Angabe zur mangelnden Konformität mit IFRS 8 ist dann aus Gründen der Klarheit erforderlich.[3]

3   Operative Segmente

3.1   Überblick, Definition

14   Gegenstand der Berichterstattung nach IFRS 8 sind **Geschäftssegmente** *(operative segments)*.
  • In einem ersten Schritt ist deshalb zu klären, welche Unternehmens- bzw. Konzernbestandteile den **Status als operatives Segment** haben (Rz 16).
  • In einem zweiten Schritt ist dann zu prüfen, ob die Segmente **berichtspflichtig** sind oder aus qualitativen (Rz 35) oder quantitativen (Rz 39) Gründen zusammenzufassen sind.

15   Die Klärung der ersten Stufe verlangt nach einer **Definition des operativen Segments.** Diese wird in IFRS 8.5 und IFRS 8.Appendix A gegeben. Sie definieren das Geschäftssegment als einen Unternehmensbestandteil,
  a) der Geschäftstätigkeiten *(business activities)* betreibt, die zu **Umsätzen** (ggf. auch nur solchen mit anderen Unternehmensbestandteilen) **und** Aufwendungen führen können,
  b) dessen Ergebnisse *(operative results)* von den obersten Entscheidungsträgern *(Chief Operating Decision Makers – CODMs)* **überwacht** werden und zwar zum Zwecke der Erfolgsmessung und Ressourcenallokation (Rz 27) und
  c) für den separate **Finanzinformationen vorliegen** (Rz 26).
  Während die Elemente b) und c) den *management approach* (Rz 4), die Abhängigkeit von der gewählten und gelebten Berichtsstruktur, also eher die subjektive Seite des Segmentbegriffs konkretisieren, hat das erste Element eher objektiven Charakter: Wo keine Umsätze getätigt werden (können), etwa bei zentralen Funktionsbereichen, liegt selbst dann kein operatives Segment vor, wenn die interne Berichterstattung diesen Bereich separat erfasst.

3.2   Objektive Tatbestandsmerkmale, insbesondere Umsatzfähigkeit

16   Objektiv kommen als operative Segmente unterschiedlichste Arten von Unternehmens-/Konzernbestandteilen infrage, z. B.
  • **Produkt- oder Dienstleistungslinien,**

---

3   Gl. A. KPMG, Insights into IFRS 2015/16, Tz. 5.2.10.40.

- **Regionen,**
- **legale Einheiten** (Tochterunternehmen),
- **Kundengruppen** (z. B. Geschäfts- vs. Privatkunden),
- einzelne **Produktionsstätten,**
- evtl. auch einzelne **Vermögenswerte** (Rz 18) und
- evtl. auch bestimmte funktionale Abteilungen (Rz 17).

In zeitlicher Hinsicht können noch im Aufbau befindliche Unternehmensbereiche schon (Rz 17), und schon zur Veräußerung bestimmte noch (Rz 17) ein operatives Segment darstellen.

Kein operatives Segment können nach IFRS 8.33(b) **Pensionspläne** bilden.

IFRS 8.58(a) verlangt nicht, dass **Erlöse** tatsächlich (schon) erwirtschaftet werden. Es reicht aus, wenn sie erwirtschaftet werden können.   **17**

- Positiv ausgedrückt kann ein **im Aufbau** befindlicher, noch keine Erlöse generierender Unternehmensbestandteil damit schon operatives Segment sein.
- Negativ hält IFRS 8.6 fest, dass die **Konzernzentrale** und einige **funktionale Abteilungen** *(functional departments)* keine operativen Segmente sein können, da sie keine oder für das Gesamtunternehmen nur nebensächliche *(incidental)* Umsätze erzielen oder erzielen können.

Aus der negativen Abgrenzung folgt: Ein in Berichtsstruktur und Ressourcenallokation (tatsächlich) allein nach **Funktionen** (z. B. Einkauf, Produktion, Vertrieb, Verwaltung) organisiertes Unternehmen hat keine operativen Segmente. Anders kann die Beurteilung für solche Funktionsbereiche ausfallen, die als Stufe einer vertikal integrierten Tätigkeit zu würdigen sind.

Praxis-Beispiel

In der internen Berichterstattung und Ressourcenallokation wird im Ölkonzern Ö unterschieden nach

- **Exploration,**
- **Förderung,**
- Raffinerie,
- Vermarktung über eigenes Tankstellennetz,
- sonstiger Vermarktung.

Beurteilung

Auch wenn die „Vorleistungen" (Exploration und Förderung) ausschließlich im Konzern selbst verwertet werden, liegen auch diesbezüglich separate operative Segment vor.

Praxis-Beispiel

Für den Hochtechnologiekonzern T spielt der Erfolg der **Forschungs- und Entwicklungsabteilung** eine zentrale Rolle. Dementsprechend wird die FuE-Abteilung in der internen Berichterstattung als eigener Unternehmensbestandteil behandelt. Die FuE-Abteilung stellt ihre Leistungen den nach Produktarten diversifizierten Produktionseinheiten verursachungsgerecht in Rechnung.

Beurteilung

Da Forschung und Entwicklung anders als Funktionsbereiche wie Rechnungswesen oder Personalwesen nicht lediglich Hilfs- oder Nebenfunktionen

> *(incidental activities)* ausüben, kommt eine Qualifizierung als operatives Segment infrage.[4]

18   Auch **einzelne Vermögenswerte** können die objektiven Kriterien eines operativen Segments i. S. v. IFRS 8.5 erfüllen *(single asset segment).*

Praxis-Beispiel
Shopping Center als operatives Segment[5]
Die S AG hält und betreibt, neben dem Kerngeschäft der Immobilienentwicklung, ein Shopping Center. Da die S AG sowohl das Management (Vermietung der Geschäftsflächen, Marketing, Sicherheit etc.) als auch die laufende Bewirtschaftung der Gemeinflächen übernimmt, fallen für die S AG Aufwendungen an. Erträge werden im Wesentlichen aus den Mietzahlungen generiert.
Das Shopping Center der S AG erfüllt die objektiven Kriterien des IFRS 8.5(a). Sofern das interne Berichtswesen auch separate Finanzinformationen für das Shopping Center liefert (IFRS 8.5(c)), die das Management zur Beurteilung der Ertragskraft und der Ressourcenallokation heranzieht (IFRS 8.5(b)), bildet es ein operatives Segment.

Weitere Beispiele, in denen einzelne Vermögenswerte als operative Segmente separat ausgewiesen werden können, wären etwa eine Windkraft- oder Solaranlage oder eine lizensierte Marke.
Diese Sicht deckt sich mit der herrschenden Meinung zum Ausweis von *at-equity investments* innerhalb der Segmentberichterstattung. Ergebnisse einer solchen **equity-Beteiligung** sind üblicherweise entsprechend den Vorgaben in IFRS 8 einem Segment zuzuordnen. In einzelnen Fällen wird es aber als zulässig angesehen, diese als separates Segment auszuweisen, sofern sich diese Darstellung auch im internen Reporting des Unternehmens widerspiegelt.[6] Insbesondere bei gemeinschaftlicher Kontrolle, d. h. im *joint-venture-fall*, sind die objektiven Voraussetzungen eines operativen Segments häufig gegeben.
In Anlehnung an die Behandlung von *equity investments* ist der Ausweis von bedeutenden **Anteilen** an Unternehmen, die als finanzielle Vermögenswerte zum *fair value* bilanziert werden, als operatives Segment ebenfalls vertretbar.

3.3   Subjektive Tatbestandsmerkmale: Adressaten, Inhalt und Verwendung der internen Berichterstattung

3.3.1   *Chief Operating Decision Makers* (CODMs) und Segmentmanager

19   Da aus objektiver Sicht (Rz 16–Rz 18) unterschiedlichste Disaggregierungen für eine Segmentrechnung infrage kommen – Produktlinien ebenso wie Regionen, Legaleinheiten, einzelne Vermögenswerte usw. – kommt es entscheidend darauf an, wie das Unternehmen den insoweit bestehenden weiten Spielraum konkret

---

4   Gl. A. PwC, IFRS Manual of Accounting 2016, Tz. 10.20.1 sowie KPMG, Insights into IFRS 2015/16, Tz. 5.2.90.40.
5   Nach LÜDENBACH/LUKAT, PiR 2013, S. 181 ff.
6   Vgl. ERNST & YOUNG, International GAAP 2016, Ch. 33 sCh. 3.1.5; KPMG, Insights into IFRS 2015/16, Ch. 5.2.85.10; PwC, IFRS Manual of Accounting 2016, Ch. 10.26.

füllt. Hier kommt der *management approach* zum Tragen, dem zufolge sich die Segmentabgrenzung innerhalb der weiten objektiven Möglichkeiten daran orientiert, wie das Unternehmen (der Konzern) **intern gesteuert** wird. Ein objektiv zur Segmentierung geeigneter Bereich (Rz 16) ist dem zufolge nach IFRS 8.5(b) und IFRS 8.5(c) nur dann operatives Segment, wenn

* seine Betriebsergebnisse *(operative results)* von den obersten Entscheidungsträgern (*Chief Operating Decision Makers* – **CODMs**) regelmäßig überwacht werden,
* und zwar zum Zweck der Erfolgsmessung und Ressourcenallokation (Rz 27) und
* für ihn separate Finanzinformationen vorliegen (Rz 26).

Da Überwachung von Erfolgen ohne entsprechende Informationen schwer vorstellbar ist, inkludiert das erste Merkmal in der Praxis regelmäßig das Dritte. Wichtiger ist damit das erste Merkmal und mit ihm die Identifikation der *Chief Operating Decision Makers* (**CODMs**) als Berichtsadressaten. Wer CODM ist, ergibt sich in abstrakter Betrachtung nicht aus der Stellung innerhalb der Aufbauorganisation des Unternehmens, sondern **funktional** daraus, wem die Aufgaben der Erfolgsbeurteilung und der Ressourcenallokation bzgl. der Unternehmensbereiche zukommt (IFRS 8.7). Konkret hängen die organisatorische Stellung und die Befugnis zur Ressourcenallokation aber naturgemäß zusammen. Folgerichtig benennt IFRS 8.7 **Vorstandsvorsitzende** *(Chief Executive Officers)* oder eine **Gruppe von Vorständen** *(group of executive officers)* als Musterbeispiele für CODMs. `20`

Bei **deutschen Aktiengesellschaften** ist wegen des auch bei interner Geschäftsverteilung geltenden **Prinzips der Gesamtverantwortung** die Unternehmensplanung, -koordination und -kontrolle zwingend Aufgabe des Gesamtorgans.[7] Auch haftungsrechtlich gilt das Prinzip der Gesamtverantwortung.[8] Daraus folgt: Bei Wahrung der gesetzlichen Pflichten ist regelmäßig der **Gesamtvorstand** und nicht ein einzelnes Vorstandsmitglied als CODM anzusehen. Da der Vorstand (als Gremium) die Gesellschaft in eigener Verantwortung leitet (§ 76 Abs. 1 AktG), kommen dem **Aufsichtsrat** hauptsächlich überwachende Funktionen zu, die ihn i.d.R. nicht zu einem Teil der CODMs machen. `21`

Entsprechende Überlegungen hat das IFRS IC in Bezug auf eine **monistische Unternehmensverfassung** angestellt, bei der nach angelsächsischer Prägung (als Möglichkeit auch bei der SE) ein einziges Organ (Board) besteht, dessen Mitglieder sowohl exekutive als auch nicht exekutive (überwachende) Direktoren sind. *„The Committee also noted that the CODM would not normally include non-executive directors because of the role of the CODM in making operating decisions, which non-executive directors typically do not participate in.“*[9] `22`

Bei der **GmbH** können sich die Verhältnisse im Einzelfall anders darstellen. Hier kann neben der Geschäftsführung der **Aufsichtsrat und/oder die Gesellschafterversammlung** zum Kreis der CODMs gehören, wenn wesentliche Planungs- und Allokationsentscheidungen (z.B. Jahresbudgets) an die Zustimmung des Auf- `23`

---

7 HÜFFER, AktG, 11. Aufl., 2014, § 77 Rz. 18.
8 HÜFFER, AktG, 11. Aufl., 2014, § 92 Rz. 13a.
9 IFRIC Update July 2011.

sichtsrats oder der Gesellschafterversammlung gebunden sind und diese Bindung tatsächlich durch regelmäßige, auch unterjährige Kommunikation gelebt wird. Bei insoweit unklarer Ausgangslage ergibt sich die tatsächlich gelebte Praxis aus den **Vorlagen** und **Protokollen von Sitzungen** der Geschäftsführungs- oder Kontrollorgane.

24   Unterhalb der Ebene der CODMs, also auf der **zweiten Führungsebene** kann ein Unternehmen/Konzern **Segmentmanager** oder ähnlich betitelte Funktionsträger haben, die gegenüber den CODMs berichts- und rechenschaftspflichtig sind. Die Organisationsstruktur dieser zweiten Führungsebene hat v. a. dann Bedeutung für die Abgrenzung der operativen Segmente, wenn an die CODMs in mehreren **parallelen Formaten** berichtet wird, die Organisation aber auf der zweiten Ebene nur nach einem dieser Formate strukturiert ist. In Anlehnung an IFRS 8.9 hierzu folgendes Beispiel:

> **Praxis-Beispiel**
> An die CODMs wird sowohl nach Regionen als auch nach Produktlinien berichtet. Die Zweite Führungsebene ist aber ausschließlich nach Produktlinien strukturiert. Für jede Produktlinie gibt es einen Hauptverantwortlichen (Segmentmanager), hingegen keinen für Regionen.
> **Beurteilung**
> Die Produktlinien und nicht die Regionen bilden die operativen Segmente.

25   Eine echte **Matrixorganisation** zeichnet sich demgegenüber dadurch aus, dass es sowohl Segmentmanager für Produktlinien als auch solche für Regionen gibt. Wird in einer solchen Konstellation an die CODMs nach beiden Formaten gleichwertig berichtet, ergibt sich weder aus der Berichtsstruktur noch aus der Struktur der Aufbauorganisation eine klare Bestimmung der operativen Segmente. Nach IFRS 8.10 ist die Struktur der operativen Segmente unter diesen Umständen unter Rückgriff auf das in IFRS 8.1 festgehaltene Grundprinzip *(core principle)* zu bestimmen. Dieses Grundprinzip ist aber hochgradig abstrakt, da es lediglich dazu auffordert, die Informationen anzugeben, die den Abschlussadressaten ermöglichen, Art und Ausmaß finanzieller Auswirkungen der ausgeübten Tätigkeiten zu beurteilen. Bei einer echten Matrixorganisation mit gleichwertiger Berichterstattung nach Regionen und Produktlinien an die CODMs ergibt sich daher häufig ein faktisches Wahlrecht, die Segmentierung nach Regionen oder nach Geschäftsfeldern vorzunehmen. Der *Exposure Draft* zu IFRS 8 hatte noch eine Rückfalllösung vorgesehen, der zufolge bei Gleichwertigkeit von produktbezogener und geografischer Berichts- und Organisationsstruktur die Segmentierung nach Produktlinien hätte vorgenommen werden müssen. Diese Lösung wurde dann aber, weil vermeintlich nicht vereinbar mit dem *management approach*, in der endgültigen Fassung des Standards verworfen.
In Zweifelsfällen kann auch der **(sonstige) Außenauftritt** eine Rolle spielen. Wird etwa bei einer Matrixorganisation in Lagebericht, Pressemitteilungen, Bilanzpressekonferenzen usw. hauptsächlich über Produktlinien und nur nachrangig über Regionen berichtet, indiziert dies eine Segmentierung nach Produktlinien.[10]

---

[10] Vgl. FREIBERG, PiR 2013, S. 65 ff.

3.3.2 Inhalt und Verwendung der internen Berichterstattung

Inhaltlich stellt IFRS 8.5(c) keine besonderen Anforderungen für die an die **26** CODMs zu berichtenden Daten. Es muss sich lediglich um „**separate Finanz-informationen**" *(discrete financial information)* handeln, also um monetäre Größen und nicht um Mengengrößen (Umsatz relevant, nicht Absatzmenge), um Größen, die überdies nicht das Sozialverhalten des Unternehmens *(corporate responsibility)*, sondern dessen finanzielle Lage betreffen.

Eine wesentliche Konkretisierung erfährt der Berichtsgehalt erst durch IFRS **27** 8.5(b): Die Daten müssen

- die **Beurteilung** von Betriebsergebnissen und **Ertragskraft** des betroffenen Unternehmensbereichs ermöglichen und
- dabei Grundlage für die **Allokation** der Unternehmensressourcen auf die Bereiche sein.

Dieser Zweckvorgabe genügen etwa reine Umsatzzahlen regelmäßig nicht.

Praxis-Beispiel

An den Vorstand werden monatlich die nach Regionen unterschiedenen Umsatzzahlen berichtet, vierteljährlich die nach Produktlinien unterschiede-nen Rohertragszahlen. Aus Gründen des Konkurrenzschutzes möchte das Unternehmen in seiner externen Segmentrechnung nur die Umsatzzahlen der Regionen nennen und beruft sich darauf, dass diese Zahlen „regelmäßiger", nämlich zwölf statt nur vier Mal pro Jahr an den Vorstand berichtet werden.

Beurteilung

Rein umsatzbasiert, ohne jeglichen Blick auf die Kosten, lässt sich eine Bemessung des operativen Ergebnisses und der Ertragskraft i.d.R. nicht vornehmen. Die monatlichen Zahlen genügen weder den Anforderungen von IFRS 8.5(b) noch der Vorgabe von IFRS 8.23 Satz 1, eine Bewertung des Gewinns für jedes berichtspflichtige Segment vorzulegen. Operative Seg-mente des Unternehmens sind die Produktlinien und nicht die Regionen.

Auch in weniger extremen Fällen einer Berichterstattung nach mehreren Forma-ten ist die Zweckbestimmung des IFRS 8.5(b) bedeutsam für die Identifizierung operativer Segmente; hierzu wird auf Rz 16–Rz 19 verwiesen.

3.4 Einzelfälle

3.4.1 Matrixorganisation und andere parallele Reportings

Hierzu wird auf Rz 24f. verwiesen. **28**

3.4.2 Gemischte Segmentierung

Die interne Berichtsstruktur und damit auch die Segmentierung müssen nicht **29** zwingend **einheitlich** über alle Unternehmensbereiche ausgestaltet werden. Wird bspw. für das Inland nach Produktlinien an die CODMs berichtet, für das Ausland nach Regionen, so sind die operativen Segmente **teils produktbezogen, teils regional** definiert und es ist entsprechend zu berichten.[11]

---

[11] Gl.A. KPMG, Insights into IFRS 2015/16, Tz. 5.2.60.20.

> **Praxis-Beispiel**
> Der U Konzern hat im Inland vier große Produktionsstandorte, an denen jeweils unterschiedliche Produktlinien gefertigt werden. Über die Ergebnisse dieser Produktlinien wird regelmäßig an den Vorstand berichtet. Für zwei der vier Produktlinien gibt es auch in Fernost Produktionsstätten, die allerdings deutlich kleiner als die inländischen sind. Die Ergebnisse aus Fernost werden daher nur aggregiert über beide Produktionslinien an den Vorstand berichtet.
>
> **Beurteilung**
> Der Konzern hat fünf operative Segmente:
> • Produktionslinie 1 bis 4 (Inland),
> • Fernost (Produktionslinie 1 und 2).

3.4.3 Mehrstufiges Berichtswesen

30 Als Beispiel für ein mehrstufiges Reporting folgender Fall:

> **Praxis-Beispiel**
> Der Vorstand des Unternehmens U erhält ein monatliches Reporting der Ergebniszahlen auf der Ebene der Geschäftsbereiche (Ebene 1) und der zum jeweiligen Geschäftsbereich gehörenden einzelnen rechtlichen Einheiten (Ebene 2). Auf Ebene der Geschäftsbereiche setzt U Segmentmanager ein, deren Vergütung in signifikantem Maße von der Entwicklung des Geschäftsbereichs abhängt.

In derartigen Fällen – entsprechend aber auch bei parallelen Reportings (dazu Rz 24 und Rz 31) – muss sich die Einschätzung darüber, welche Reporting-Ebene von den CODMs letztlich zur Erfolgsbewertung und Ressourcenallokation herangezogen wird, an Indikatoren (*other factors*) orientieren. Hier verweist IFRS 8.8 insbesondere auf
• die Art der Geschäftstätigkeit (*nature of the business activities*) und
• die Existenz von verantwortlichen **Segmentmanagern** (Rz 24).
Angewandt auf das obige Beispiel gilt: Auf Ebene von Geschäftsbereichen setzt das Unternehmen Segmentmanager ein, die für das Erreichen der Leistungsziele eines Geschäftsbereichs eine erfolgsabhängige variable Vergütung erhalten. Dies indiziert, dass die Geschäftsbereiche und nicht die Legaleinheiten operative Segmente sind.

3.4.4 Mehrstufiges oder paralleles Reporting unterschiedlicher Detaillierung

31 Im Rahmen eines mehrstufigen (Rz 30) oder parallelen Reportings (Rz 24 f.) können die separaten Finanzinformationen (*discrete financial information*) von **unterschiedlichem Detaillierungsgrad** sein.

> **Praxis-Beispiel**
> Unternehmen M hat ein monatliches Reporting sowohl auf Geschäftsbereichsebene (A und B) als auch auf Ebene der darunter liegenden rechtlichen Einheiten (GmbHs A1 bis An bzw. B1 bis Bn). Der Informationsgehalt beider Reportings variiert. Während auf Geschäftsbereichsebene lediglich

Umsatz und Gewinn berichtet werden, sind für die rechtlichen Einheiten zusätzlich die wesentlichen Kostenpositionen (Material, Personal, Abschreibungen) ausgewiesen.

Würde abweichend vom Beispiel auf Geschäftsbereichsebene nur der Umsatz berichtet, wäre eine der Erfolgsbewertung und Ressourcenallokation dienende Berichterstattung für diese Ebene gar nicht gegeben (Rz 26). Als operatives Segment kämen nur die Einheiten der Ebene 2, also die legalen Einheiten infrage. Im Beispiel reicht aber schon der Informationsgehalt der Ebene 1 (Umsatz und Gewinn) für Erfolgsbemessung und Ressourcenallokation aus. Der höhere Aussagegehalt des Reportings findet sich durch die zusätzlichen Kosteninformationen hingegen eindeutig auf Ebene 3 (rechtliche) Einheiten.

In derartigen Fällen ist es u. E. sachgerecht, bei der Segmentabgrenzung auf das Reporting mit detaillierterer Information (hier Ebene 2) abzustellen, d. h., bei der Identifizierung operativer Segmente sollte auf den kleinsten Bestandteil eines Unternehmens abgestellt werden, für den Informationen/Kennzahlen über die Profitabilität zur Verfügung gestellt werden.[12]

3.4.5 Vertikale Diversifizierung

Ist in einem vertikal diversifizierten Konzern auch das Berichtswesen nach den vertikalen Stufen gegliedert, stellen diese operative Segmente dar. Im Unterschied zum Vorgängerstandard IAS 14 kommt es nach dem *management approach* von IFRS 8 (Rz 4) nicht darauf an, ob die Vorstufen mehr als 50 % ihrer Erträge mit Externen erzielen. Auch bei **vollständiger** Lieferung an die nachgelagerten Produktionsstufen ist – bei Erfüllung der übrigen Voraussetzungen – eine Produktionsstufe als operatives Segment zu identifizieren.

32

3.4.6 *Discontinued operations*

Bei **beabsichtigter Veräußerung** eines zuvor als operatives Segment identifizierten Unternehmensbereichs stellt sich die Frage, unter welchen Voraussetzungen dieser als operatives Segment beibehalten werden kann bzw. darf.

33

Praxis-Beispiel

Die börsennotierte U AG hat bisher in ihrer Segmentberichterstattung zwischen drei Geschäftsbereichen unterschieden: Damen- (D), Kinder- (K) und Sportbekleidung (S).

Umsätze und operative Kosten der gerade abgelaufenen Periode 01 sind wie folgt:

	D	K	S
Erlöse	300	200	100
Operative Kosten	–150	–100	–50
EBIT	150	100	50

---

[12] So auch ERNST & YOUNG, International GAAP 2016, Ch. 33, sCh. 3.1.3.

> Der Geschäftsbereich S soll jedoch veräußert werden. Er qualifiziert sich sachlich und zeitlich bereits in 01 als *discontinued operation* (aufgegebener Geschäftsbereich) i.S.v. IFRS 5. Bis zum für das Frühjahr 02 erwarteten Vollzug der Veräußerung werden die Ergebnisse jedoch auf Monatsbasis weiter an den Vorstand berichtet.

Im Hinblick auf die Definitionskriterien des IFRS 8.5 für ein operatives Segment gilt in Fällen wie dem vorstehenden: Der Unternehmensbereich erwirtschaftet noch **Erlöse** und es stehen für ihn **Finanzinformationen** bereit. Zweifelhaft kann sein, ob die Finanz- bzw. Ergebnisinformationen noch dem Zweck der **Ressourcenallokation** dienen, da angesichts der beschlossenen Veräußerung die Informationen an die CODMs nicht mehr Basis für strategische Allokationsentscheidungen sind. Eine Beschränkung auf strategische Entscheidungen ist in der Legaldefinition des Geschäftssegments allerdings nicht explizit enthalten. Auch implizit weist nichts auf eine solche Beschränkung hin. Die vom Standard gewählte Begrifflichkeit – *operative segments* – indiziert gerade keine Beschränkung auf strategische Inhalte. Für das obige Beispiel gilt daher: Da die Finanzinformationen des Geschäftsbereichs Sportbekleidung weiterhin regelmäßig dem Vorstand vorgelegt werden, stellt dieser trotz Qualifikation als *discontinued operation* weiterhin ein operatives Segment dar.

34   Mit der Qualifikation einer *discontinued operation* als operatives Segment ginge nach IFRS 8 grundsätzlich eine Berichtspflicht einher, sofern (wie im Beispiel) Schwellenwerte (10 % des Umsatzes usw.) überschritten sind. Ein latenter Widerspruch ergibt sich jedoch zu IFRS 8.28(b). Dort ist eine Überleitung von der Summe der Segmentergebnisse zum Unternehmens-/Konzernergebnis vor Aufgabe von Geschäftsbereichen vorgesehen. Dem könnte nur Genüge getan werden, wenn die zunächst als Segment erfasste *discontinued operation* in der Überleitung zu den Konzernzahlen wieder abgezogen würde. Vor einem solchen Hin und Her bewahrt aber IFRS 5.5B. Er regelt das Verhältnis zu den Angabevorschriften anderer Standards wie folgt: IFRS 5 „legt fest, welche Angaben ... zu aufgegebenen Geschäftsbereichen zu machen sind. Angaben in anderen IFRS gelten nicht ..., es sei denn, diese IFRS schreiben (a) spezifische Angaben zu aufgegebenen Geschäftsbereichen vor oder (b) Angaben zur Bewertung der Vermögenswerte und Schulden einer Veräußerungsgruppe, die nicht unter die Bewertungsanforderung gem. IFRS 5 fallen ...“ Regelmäßig gilt (wie im Beispiel), dass keine der beiden unter (a) oder (b) genannten Ausnahmebedingungen durch IFRS 8 erfüllt ist. Das Unternehmen kann (und sollte u.E.) daher in entsprechenden Fällen bzgl. IFRS 5.5B auf eine Angabe der *discontinued operation* im Segmentbericht **verzichten.**

4   Berichtspflichtige Segmente

4.1   Qualitatives Kriterium: Zusammenfassung ähnlicher Segmente

4.1.1   Kriterien der Zusammenfassung

35   Nach IFRS 8.12 dürfen zwei oder mehrere Segmente zu einem einzigen berichtspflichtigen Segment zusammengefasst werden, wenn **kumulativ:**

- die Zusammenfassung der allgemeinen **Zielsetzung** des IFRS 8 entspricht (Rz 36),
- die Segmente gleichartige bzw. **ähnliche** (*similar*) **wirtschaftliche Merkmale** aufweisen (Rz 36) und
- **Ähnlichkeit** bzgl. aller in IFRS 8.12 genannten **Einzelkriterien** besteht (Rz 37).

Die erste Voraussetzung ist hoch abstrakt und setzt der Praxis kaum Grenzen. Als **36** Indikator für die zweite Voraussetzung – die **wirtschaftliche Ähnlichkeit** – führt IFRS 8.12 beispielhaft die Ähnlichkeit der erwarteten langfristigen **Durchschnittsbruttogewinnmarge** (*long-term average gross margin*) an. Auch äquivalente Kriterien wie die erwartete langfristige **Umsatzrendite** begründen eine Ähnlichkeitsvermutung. Entscheidend ist u.E. jeweils, dass eine Ähnlichkeit in objektiven Merkmalen gegeben ist. Hingegen sind stärker von subjektiven Entscheidungen abhängige Parameter wie etwa die Eigenkapitalquote (Eigenkapitalerhöhung oder Fremdkapitalaufnahme?) weniger relevant für das Ähnlichkeitsurteil.

Ähnlichkeit bedeutet **nicht Gleichheit**. Verlangt ist lediglich, dass sich die Indikatoren in einer hinreichend engen Bandbreite bewegen, wobei die Beurteilung, was hinreichend eng ist, auch durch den Grundsatz der relativen Ähnlichkeit (Rz 38) geprägt wird. Insgesamt ist aber mit dem IASB (IFRS 8.BC30A(a)) festzustellen, dass die Beurteilung, ob Segmente ähnlich sind, in erheblichem Maße **ermessensbehaftet** ist, weshalb die Beurteilung nach IFRS 8.22(aa) folgerichtig im **Anhang** offenzulegen ist (Rz 52). Die Ausübung dieses Ermessens richtet sich eher auf die langfristig erwarteten Entwicklungen als auf Ist- und Vergangenheitsgrößen, wenngleich Letztere naturgemäß von Bedeutung für die Glaubwürdigkeit der Zukunftsprognose sind.

Zum Ganzen folgendes Beispiel:

Praxis-Beispiel
U stellt elektronische Bauteile her und liefert 1/5 an die Flugzeugindustrie, 4/5 an die Autoindustrie. Im internen Berichtswesen werden beide Bereiche unterschieden. Auch die sonstigen Voraussetzungen für ein operatives Segment liegen jeweils vor.
Wegen der höheren Nachfragemacht der Autoindustrie und eines strukturell härteren Umgangs mit Zulieferern ist die Bruttogewinnmarge für die Lieferungen an die Automobilproduzenten nur halb so hoch wie für die an die Flugzeugindustrie. Es ist nicht zu erwarten, dass es in den nächsten fünf Jahren zu einer Angleichung der Margen kommen wird.

Beurteilung
Unabhängig davon, ob die in IFRS 8.12 genannten Einzelkriterien (Rz 37) erfüllt sind, kommt eine Zusammenfassung der beiden Segmente im Rahmen der externen Berichterstattung wegen der Margenunterschiede nicht infrage.

Über die allgemeine Voraussetzung der wirtschaftlichen Ähnlichkeit hinaus **37** verlangt IFRS 8.12 noch eine **Ähnlichkeit** in **allen** nachfolgenden Kriterien:
- Art **der Leistung**, als Art der Produkte bzw. Dienste,
- Art der **Produktionsprozesse**,
- Art der **Kunden** bzw. Kundengruppen,
- Methode des **Vertriebs**,

- (sofern anwendbar) Art des **regulatorischen Umfelds** (nur, falls ein solches vorhanden ist, wie bspw. im Bank- und Versicherungswesen oder bei öffentlichen Versorgungsbetrieben).

Beispielhaft ergeben sich hieraus folgende Ausschlusskriterien für eine Zusammenfassung sonst gleichartiger Segmente (wobei jeweils vorauszusetzen ist, dass die Bereiche überhaupt operative Segmente sind, also insbesondere im internen Berichtswesen unterschieden werden):

- **Art der Leistung:** bei einem Softwareunternehmen Lizensierungsgeschäft vs. Beratungsgeschäft;
- **Produktionsprozess:** bei einem Premiumhersteller von Porzellanwaren: Hand- vs. von Automaten bemaltes Porzellan;
- **Kunden:** bei einem Telekommunikationsunternehmen Privatkunden vs. Geschäftskunden;
- **Vertriebsmethode:** bei einem Versicherungskonzern über eigene Außendienstler vs. über selbständige Versicherungsvertreter oder Versicherungsmakler vertriebene Versicherungen;
- **regulatorisches Umfeld:** bei einem Allfinanzkonzern Bank- vs. Versicherungsgeschäft.

4.1.2 Grundsatz der relativen Ähnlichkeit

38 Bei der Beurteilung, ob hinreichende Ähnlichkeit in den wirtschaftlichen Charakteristika und speziell in den in IFRS 8.12 genannten Einzelkriterien vorliegt, ist nach unserer Auffassung der Grundsatz der **relativen Ähnlichkeit** von Bedeutung.[13] Hierzu zwei Beispiele:

Praxis-Beispiel 1 (reiner Automobilkonzern)
Konzern A ist in der Automobilbranche tätig. Die einzige Geschäftstätigkeit besteht in der Produktion von Pkws und Kleintransportern, wobei für beide Bereiche in möglichst hohem Maße ähnliche Komponenten verwendet werden (Baukastensystem). Für beide Bereiche liegen eigenständige Finanzinformationen im internen Reporting vor.
Beurteilung
Aus Sicht des Konzerns sind Pkws und Kleintransporter trotz hoher Verwendung gleicher Teile nicht hinreichend ähnlich, wenn es Unterschiede in Margen, Kunden usw. gibt. Es liegen dann zwei berichtspflichtige Segmente (Benzinfahrzeuge, Dieselfahrzeuge) vor.
Praxis-Beispiel 2 (Automobil- und Flugzeugkonzern)
Konzern B produziert sowohl Fahrzeuge als auch Flugzeuge. Im Produktbereich Fahrzeuge werden Pkws und Kleintransporter gefertigt. Für beide Unterbereiche liegen eigenständige Finanzinformationen vor.
Beurteilung
Aus Konzernsicht liegt ein diversifiziertes Produktportfolio mit den Hauptproduktarten Flugzeuge und Fahrzeuge und drei operativen Segmenten (Flugzeuge, Pkws, Kleintransporter) vor. IFRS 8.12 verlangt für eine Zusammenfassung von Segmenten u. a. Ähnlichkeit hinsichtlich der *„nature of the*

---

13 Vgl. Lüdenbach/Lukat, PiR 2013, S. 181 ff.

> *products and services*" usw. Die Produktgruppen Flugzeug und Fahrzeug unterscheiden sich entsprechend ihrer Produktart, der Kunden, der Technologie usw. sehr deutlich. Gemessen am Maß dieser deutlichen Unterschiede zwischen Flugzeugen und Fahrzeugen sind die innerhalb des Fahrzeugbereichs zu beobachtenden Unterschiede zwischen Pkws und Kleintransportern nur sehr marginal. Beide können daher für die Segmentberichterstattung zu einem Segment Fahrzeuge zusammengefasst werden.

Aus den vorstehenden Beispielen ergibt sich eine **Relativität des Begriffs der Ähnlichkeit**. Was für einen eng ausgerichteten Konzern nicht mehr ähnlich genug ist (Pkws vs. Kleintransporter), ist aus der viel höher angeordneten Perspektive eines diversifizierten Konzerns (Flugzeuge und Fahrzeuge) u. U. ähnlich genug, um die Zusammenfassungskriterien des IFRS 8.12 (hier insbesondere IFRS 8.12(a)) zu erfüllen.

4.2 Quantitatives Kriterium: Zusammenfassung unwesentlicher Segmente

4.2.1 Überblick

In Anwendung des *materiality*-Grundsatzes (→ § 1 Rz 61; IFRS 8.BC29) erlaubt **39** IFRS 8.13 ff. den Verzicht auf eine gesonderte Darstellung **unwesentlicher** Segmente. Im Einzelnen sind hier folgende Fragen zu klären:

- **tatbestand**sseitig, wann ein Segment als unwesentlich gilt (Rz 40);
- **rechtsfolgen**seitig, ob bzw. unter welchen Voraussetzungen mehrere unwesentliche Segmente zu einem berichtspflichtigen Segment zusammenzufassen oder stattdessen in einem Sammelposten „alle sonstigen Segmente" darzustellen sind (Rz 46).

4.2.2 Tatbestandsseite: Unwesentlichkeit in Einzel- und Gesamtbetrachtung

Als unwesentlich gilt ein Segment nach IFRS 8.13 in **isolierter Betrachtung** **40** dann, wenn

- Erlöse,
- Ergebnis und
- Aktivvermögen

jeweils weniger als **10 %** der entsprechenden Werte aller Segmente (einschließlich der anderen unwesentlichen) ausmachen (*quantitative thresholds*). Bereits die Überschreitung eines Grenzwerts führt zur Qualifizierung als berichtspflichtig. Der **Gehalt** der drei maßgeblichen Größen ergibt sich entsprechend dem *ma-* **41** *nagement approach* (Rz 4) aus den im internen Berichtswesen verwendeten Definitionen.

- Insbesondere ist daher der **Gewinn oder Verlust** nicht als solcher i. S. d. GuV oder Gesamtergebnisrechnung zu verstehen, wenn das interne Berichtswesen abweichende Ergebnisdefinitionen verwendet.
- Bei den Erlösen sind nach ausdrücklicher Vorgabe von IFRS 8.13 neben den Außenerlösen auch **Innenerlöse** aus internen (gegenüber anderen Segmenten vorgenommenen) Geschäften einzubeziehen.

- Beim Vermögen ist nicht der Saldo aus Vermögenswerten und Schulden zugrunde zu legen, sondern nach IFRS 8.13(c) allein auf die **Aktiva**, also die Vermögenswerte abzustellen.

42 Die **Ermittlung des Prozentsatzes** bereitet nur beim **Segmentergebnis** Probleme, da diese Größe anders als die beiden anderen Maßstäbe ein positives oder ein negatives Vorzeichen haben kann. Hier trifft IFRS 8.13(b) folgende Bestimmung:
- Für den Fall, dass einzelne Segmente ein positives, andere ein negatives Ergebnis ausweisen, sind zwei Prozentrechnungen durchzuführen.
- Für beide Rechnungen ist das betrachtete Segment, also der Zähler des Quotienten mit dem absoluten Betrag anzusetzen.
- Der Nenner des Quotienten ergibt sich für die erste Rechnung aus der Summe aller Segmente mit positivem Ergebnis, im zweiten Fall aus der Absolutsumme aller Segmente mit negativem Ergebnis. Ein Segment ist bereits dann unwesentlich, wenn es in einer der beiden Verhältnisrechnungen unter 10 % liegt. Dies bedeutet praktisch: Die Berechnung muss nur für den höheren der beiden Summenbeträge durchgeführt werden.

Praxis-Beispiel

Der H Konzern hat die Geschäftssegmente P1 bis P6, die in der Berichtsperiode folgende Segmentergebnisse aufweisen:

Segment	Ergebnis
S1	+ 10
S2	− 2
S3	− 12
S4	+ 13
S5	− 1
S6	− 3

Zu klären ist noch, ob das Segment S2 wesentlich bzw. berichtspflichtig ist.

Beurteilung

Da einzelne Segmente positive, andere negative Ergebnisse aufweisen, ist zunächst zu klären, ob der Absolutbetrag aller positiven Ergebnisse oder der aller negativen größer ist. Bei H beträgt der Absolutbetrag aller negativen Ergebnisse (S2, S3, S5, S6) 18, der Absolutbetrag aller positiven Ergebnisse (S1, S4) hingegen 23. Der größere Betrag, also 23, ist für die Verhältnisrechnung maßgeblich. Der Anteil von S2 beträgt daher nicht 2/18 > 10 %, sondern 2/23 < 10 %. S2 ist daher bei Erfüllung der übrigen Voraussetzungen (Umsatz, Vermögen) unwesentlich.

43 Neben der vorstehend dargestellten Einzelbetrachtung der Unwesentlichkeit tritt noch eine **Gesamtbetrachtung**, dies allerdings nur in Bezug auf die **Erlöse**, nicht auf die beiden anderen Größenkriterien. Nach IFRS 8.15 darf die Summe der externen Erlöse aller als berichtspflichtig deklarierten Segmente nicht weniger als **75 %** der Erlöse des Gesamtunternehmens bzw. Gesamtkonzerns ausmachen. Bei Nichterreichen dieser Schwelle sind einzeln als unwesentlich qualifizierte Segmente zum Teil gleichwohl berichtspflichtig. Liegen mehrere Segmente in der Einzelbetrachtung unter der 10-%-Schwelle und werden nicht

alle benötigt, um die 75-%-Schwelle zu erreichen, stellt sich noch die Frage, welche unwesentlichen Segmente berichtspflichtig werden. Hierzu gibt der Standard keine Vorgaben. Bei erheblichen Größenunterschieden zwischen den unwesentlichen Segmenten entspricht es u. E. aber dem Gedanken der Wesentlichkeit, über das gemessen an den Außenumsätzen größte, also **„wesentlichste" der unwesentlichen** Segmente zu berichten.

Praxis-Beispiel
Alle Segmente haben ausschließlich Außenumsätze. Diese ergeben sich wie folgt:

Segment	Außenerlöse
S1	400
S2	300
S3	90
S4	65
S5	45
S6	40
S7	35
S8	25
Konzernumsatz	1.000

Würden für sich gesehen unwesentliche Segmente (S3 bis S8) unter „alle sonstige Segmente" (*all other segments*) erfasst, entspräche die Summe der Außenerlöse der berichtspflichtigen Segmente (S1 und S2) nur 700 und damit weniger als 75 % der Konzernumsätze. Daher müssen unwesentliche Segmente mit einem Außenerlös von mindestens 50 als berichtspflichtig behandelt werden. Dies kann mathematisch mit Segment S3 oder S4 allein, aber auch mit einer Kombination anderer Segmente (z. B. S5 und S6 oder S7 und S 8) erreicht werden. U. E. ist angesichts des deutlichen Größen- und damit Wesentlichkeitsunterschieds zwischen S3 und den anderen Segmenten die Behandlung des „wesentlichsten" der unwesentlichen Segmente, also von S3 als berichtspflichtig sachgerecht.

Resultiert aus der Zusammenfassung mehrerer ähnlicher unwesentlicher Segmente **44** (Rz 46) ein berichtspflichtiges Segment, sind die externen Erlöse dieses aus der Zusammenfassung entstandenen Segments bei der Erfüllung der 75 %-Grenze zu berücksichtigen.

Praxis-Beispiel Fortsetzung
Werden im vorstehenden Beispiel S7 und S8 wegen Ähnlichkeit nach IFRS 8.14 zusammengefasst, wird die 75-%-Schwelle bereits erreicht und es können S3 bis S6 unter „*all other segments*" dargestellt werden.

4.2.3 Rechtsfolgenseite: Zusammenfassung von Segmenten

4.2.3.1 Freiwillige Darstellung des unwesentlichen Segments

45 Auch ein unwesentliches Segment darf gem. IFRS 8.13 in der Segmentbericht-erstattung gesondert dargestellt werden, wenn „nach Auffassung der Geschäfts-führung" (!) dadurch nützliche Informationen für die Abschlussadressaten gelie-fert werden. Das insoweit gegebene Ermessen wird durch IFRS 8.19 aber limitiert: Danach besteht bei mehr als **zehn Segmenten** die Vermutung, dass die Informationen zu detailliert und damit – *information overload* – eben nicht mehr nützlich sind (ebenso IFRS 8.BC73).

4.2.3.2 Zusammenfassung mit ähnlichen Segmenten oder Darstellung in einem Sammelposten

46 Soll oder muss (Letzteres im Hinblick auf die 10-Segmente-Vermutung; Rz 45) auf die separate Darstellung eines unwesentlichen Segments verzichtet werden, so bleiben zwei Darstellungsalternativen:
- **Zusammenfassung** mit anderen, ähnlichen Segmenten (Rz 47),
- Darstellung im **Sammelposten** „alle sonstigen Segmente" (Rz 48).

47 Die **Zusammenfassung** mit anderen ähnlichen Segmenten setzt nach IFRS 8.14 dreierlei voraus:
- Die anderen Segmente sind ebenfalls unwesentlich.
- Die Segmente haben ähnliche wirtschaftliche Merkmale (Rz 36).
- Die Segmente stimmen in den meisten der in IFRS 8.12 genannten Kriterien überein (Rz 37).

Die Anforderungen an eine Zusammenfassung ähnlicher unwesentlicher Seg-mente sind im dritten Punkt insoweit schwächer als die an eine Zusammenfas-sung ähnlicher wesentlicher Segmente, als die Kriterien von IFRS 8.12(a) bis IFRS 8.12(e) nicht sämtlich, sondern nur mehrheitlich erfüllt sein müssen.

48 Gibt es keine anderen (hinreichend) ähnlichen Segmente, ist das unwesentliche Segment gem. IFRS 8.16 in den **Sammelposten** „alle sonstigen Segmente" (*all other segments*) einzubeziehen. Dieser Sammelposten ist zu unterscheiden von dem Abstimmungs- bzw. **Überleitungsposten** gem. IFRS 8.28, der die Verbin-dung zwischen Ergebnis, Vermögen usw. aller Segmente einerseits und den entsprechenden Größen laut Konzern-GuV und Konzernbilanz andererseits herstellt (Rz 34). Beispielhaft gilt hier Folgendes:
- Die nicht auf die Segmente umgelegten Kosten der **Konzernzentrale** sind in den Überleitungsposten, nicht in den Sammelposten für alle anderen Seg-mente einzubeziehen (IFRS 8.IG4).
- Wird der **FuE-Bereich** nicht gem. IFRS 8.25 auf die (anderen) Segmente alloziert, sondern zu Recht (dazu Rz 17) als operatives, quantitativ aber unwesentliches Segment behandelt, sind seine Werte in den Sammelposten „alle sonstigen Segmente" einzubeziehen.

4.2.4 Änderung der Wesentlichkeit gegenüber dem Vorjahr

49 Ein im Vorjahr noch als wesentlich klassifiziertes und damit gesondert ausgewie-senes Segment kann in der aktuellen Berichtperiode unwesentlich geworden sein. Zum Vorgehen in derartigen Fällen trifft IFRS 8 folgende Regelungen:

- **Vorjahr wesentlich, aktuelles Jahr unwesentlich:** Das nunmehr unwesentliche Segment muss i.d.R. **nicht mehr gesondert** dargestellt werden. Ausnahmsweise ist nach IFRS 8.17 dennoch eine gesonderte Darstellung gefordert, wenn das Segment „nach Ansicht des Managements" von andauernder Bedeutung (*continuing significance*) ist. Von einem solchen Ausnahmefall ist auszugehen, wenn zu erwarten ist, dass die Wesentlichkeitsschwelle in dem der Berichtsperiode folgenden Jahr voraussichtlich wieder überschritten wird.
- **Vorjahr unwesentlich, aktuelles Jahr wesentlich:** Wird ein in der Vorperiode wegen Unwesentlichkeit noch nicht gesondert dargestelltes Segment in der aktuellen Periode wesentlich und damit berichtspflichtig, sind nach IFRS 8.18 i.d.R. die **Vorjahresvergleichszahlen anzupassen.** Ausnahmsweise ist keine Anpassung erforderlich, wenn die Informationen für das Vorjahr nicht verfügbar sind und erst unter unverhältnismäßigem Kosteneinsatz erstellt werden müssten. Die Bedeutung dieser Ausnahmeregelung ist gering, da auch das (im Vorjahr) unwesentliche Segment zunächst einmal Segment i.S.v. IFRS 8.5 gewesen sein muss, d.h. separate Finanzinformation für diesen Bereich vorgelegen haben müssen (Rz 19).

5 Segmentinformationen

Nach IFRS 8.22ff. sind folgende Informationen zu den Segmenten zu leisten: 50
- gem. IFRS 8.22 Angaben zur **Identifizierung** der berichtspflichtigen Segmente (Rz 41),
- gem. IFRS 8.23f. Angaben zu **Ergebnis und Vermögen** (die eigentliche Segmentrechnung; Rz 53ff.),
- gem. IFRS 8.25 Angaben zu den bei der Bestimmung von Segmentergebnis und Segmentvermögen verwendeten **Bewertungsmethoden** (Rz 67),
- gem. IFRS 8.28 eine **Überleitungsrechnung** von den Segmentgrößen zu den entsprechenden Größen in GuV und Bilanz (Rz 72).

Besondere Angabepflichten bestehen gem. IFRS 8.29f., wenn sich das interne Berichtswesen und mit ihm die Struktur der Segmentrechnung ändern (Rz 80).

5.1 Angaben zur Identifizierung der berichtspflichtigen Segmente

Die Faktoren, die zur **Identifizierung** der berichtspflichtigen Segmente verwendet 51
wurden, sind nach IFRS 8.22(a) offenzulegen. In erster Linie ist anzugeben, auf Grundlage welcher Unterschiede das Unternehmen gesteuert wird, ob also etwa nach Produkt-/Dienstleistungsarten, nach Regionen, nach Legaleinheiten usw. oder nach einer Kombination solcher Faktoren.

Darüber hinaus ist anzugeben, welche Art von Produkten/Dienstleistungen die Grundlage der Umsatzerlöse jedes berichtspflichtigen Segments ist. Bei einer Segmentabgrenzung nach Produktarten ist für diese Information u.U. schon die in der Segmentrechnung verwendete Geschäftsfeldbezeichnung (Spaltenüberschrift) ausreichend. Bei einer geografischen Segmentierung sind Einzelinformationen nur dann geboten, wenn die unterschiedlichen Regionen nicht jeweils im Wesentlichen das gleiche Leistungsspektrum haben.

> **Praxis-Beispiel**
> „Grundlage der internen Steuerung des Konzerns und damit auch der Segmentberichterstattung sind die Regionen. In den meisten Regionen werden nur Waffen für den Gebrauch durch Militär, Polizei oder ähnliche Institutionen angeboten. Davon abweichend entfällt in der Region Nordamerika ein signifikanter Anteil auf Waffen für den privaten Gebrauch."

52 Werden operative Segmente aus qualitativen Gründen – ähnliche wirtschaftliche Merkmale – in der externen Berichterstattung zusammengefasst (Rz 46), so ist nach IFRS 8.22(aa) eine kurze Beschreibung der **zusammengefassten Segmente** zu geben und zu erläutern, auf Basis welcher Indikatoren die Segmente als hinreichend ähnlich qualifiziert wurden.

5.2 Angaben zu Ergebnis und Vermögen (eigentliche Segmentrechnung)

5.2.1 Unbedingte Angabepflichten

5.2.1.1 Segmentergebnis

53 Das Segmentergebnis ist die einzige Größe, die nach IFRS 8.23 **unbedingt** anzugeben ist. Alle anderen Größen (Umsatz, Vermögen, Abschreibungen usw.) sind nur bedingt, nämlich dann anzugeben, wenn sie den CODMs tatsächlich berichtet werden. Dem *management approach* (Rz 4) folgend, definiert IFRS 8 keine Ergebnisgröße, sondern fordert nur den Ausweis des **intern** zugrunde gelegten Segmentergebnisses (*a measure of profit or loss*; IFRS 8.23). Zudem ist es gem. IFRS 8.23 i.V.m. IFRS 8.25 nicht notwendig, für jedes Segment die gleiche Ergebnisgröße zu verwenden.

> **Praxis-Beispiel**
> Der Automobilkonzern hat neben diversen Produktionssegmenten ein signifikantes finanzwirtschaftliches Segment, in dem Autokäufern Darlehen und Leasingfinanzierungen angeboten werden.
> Für die Produktionsbereiche wird das EBIT, also ein Ergebnis vor Zinsen zugrunde gelegt, für den finanzwirtschaftlichen Bereich gerade umgekehrt nur das Zinsergebnis.

Der **Umsatz** kann nur ganz ausnahmsweise, nämlich bei wenig schwankenden Rohertragsmargen und insignifikanten Fixkosten als Ergebnis i.S.d. Segmentrechnung Verwendung finden.
Hingegen bestehen gegen die Verwendung des Bruttoergebnisses vom Umsatz, deckungsbeitragsorientierte Größen, abschreibungsbereinigte Größen (EBITDA) usw. keine Bedenken.

54 Wenn in der Berichterstattung an die CODMs **mehrere unterschiedliche Ergebnisgrößen** Verwendung finden, ist extern diejenige berichtspflichtig, die am ehesten den jeweiligen Beträgen im (Konzern-)Abschluss entspricht (IFRS 8.26).

55 Abweichungen zwischen der verwendeten Segmentergebnisgröße und dem in der GuV dargestellten Ergebnis spiegeln sich in der Überleitungsrechnung wider (Rz 50).

5.2.1.2 Außerplanmäßige Abschreibungen und Wertaufholungen nach IAS 36

Nicht durch IFRS 8 selbst, sondern nach IAS 36.129 ergibt sich eine besondere **56** Angabepflicht für *impairments*. Danach ist je Segment für im Anwendungsbereich von IAS 36 liegende Vermögenswerte anzugeben die Höhe:

* des **Wertminderungsaufwands** und
* der **Wertaufholung**.

Weitere, allerdings bedingte Angabepflichten zu außerplanmäßigen Abschreibungen können sich aus IFRS 8 selbst ergeben (Rz 62).

5.2.2 Bedingte Angabepflichten

5.2.2.1 Aufwendungen und Erträge

Nach IFRS 8.23 sind bestimmte Aufwendungen und Erträge der Segmente **57** offenzulegen, **wenn** sie

* in dem **Segmentergebnis enthalten** sind oder
* **anderweitig regelmäßig** den CODMs berichtet werden.

Die anderweitige Berichterstattung an die CODMs muss regelmäßig erfolgen. Eine anlassabhängige, nur in Sonderfällen bzw. bei Sonderentwicklungen vorgenommene Berichterstattung erfüllt dieses Kriterium nicht. Die CODMs müssen tatsächlich informiert werden. Zugriffsrechte auf zu den regelmäßigen Berichten hinterlegte Daten reichen nicht, wenn der Zugriff nur unregelmäßig erfolgt.

Betroffen von der durch die o. g. Voraussetzungen bedingten Angabepflicht sind nach IFRS 8.23:

* **Erlöse mit externen** Dritten *(revenues from external customers* (Rz 58),
* **Erlöse aus Transaktionen mit anderen Segmenten** *(revenues from transactions with other operating segments of the same entitiy*, Rz 59),
* **Zinserträge und Zinsaufwendungen** (Rz 60),
* planmäßige **Abschreibungen** (Rz 61),
* andere wesentliche **nicht zahlungswirksame** Erträge und Aufwendungen (z. B. Zuführungen zu Rückstellungen),
* nach IAS 1.97 wegen Wesentlichkeit in der GuV gesondert darzustellende **besondere Ertrags- und Aufwandspositionen** (Rz 61),
* Ergebnisbeiträge von *at equity* konsolidierten Beteiligungen (Rz 18),
* Aufwendungen und Erträge aus Ertragsteuern.

Zum Ganzen folgendes Beispiel:

Praxis-Beispiel

Die U AG verwendet in ihrem internen Berichtsystem den EBIT als Ergebnisgröße. Die segmentspezifischen Abschreibungen und die Zinsaufwendungen werden nicht regelmäßig an die CODMs berichtet.

Beurteilung

* Die Abschreibungen sind nach IFRS 8.23 gleichwohl berichtspflichtig, da sie in dem Segmentergebnis (EBIT) enthalten sind (würde U hingegen nach EBITDA steuern, wären die Abschreibungen – ohne regelmäßige separate Mitteilung an die CODMs – nicht angabepflichtig).

> • Der Zinsaufwand ist nicht angabepflichtig, da er weder in der verwendeten Ergebnisgröße (EBIT) einhalten ist, noch sonst regelmäßig an die CODMs berichtet wird (würde die U hingegen nach EBT steuern, wären auch die Zinsaufwendungen anzugeben).

58 Entsprechend des *management approach* (Rz 4) sind die verwendeten Ertrags- und Aufwandsgrößen nicht zwingend mit denen der Gesamtergebnisrechnung identisch. Bspw. können die Erlöse neben solchen nach IFRS 15 auch **Leasing-erlöse** erfassen oder können die **Abschreibungen** auf Sachanlagen von denen nach IAS 16 abweichen, da für die interne Berichterstattung kalkulatorische Abschreibungen auf Neuwertbasis Verwendung finden.

59 In den ggf. anzugebenden Erlösen aus **Transaktionen mit anderen Segmenten** sind u.E. auch solche aus Leistungen an zentrale (nicht als Segment qualifizierte) Unternehmensbereiche einzubeziehen. Werden mehrere unwesentliche Segmente zu einem berichtpflichtigen Segment zusammengefasst (Rz 35), stammen die Erlöse zwischen diesen zusammengefassten Segmenten nicht mehr aus Transaktionen mit anderen Segmenten. Werden die Leistungen an andere Segmente im internen Berichtswesen nicht als Erlös, sondern als Kostenminderung des Leistenden behandelt, liegen insoweit keine Erlöse mit anderen Segmenten vor.

60 Sofern überhaupt angabepflichtig, sind **Zinserträge und Zinsaufwendungen** i.d.R. unsaldiert anzugeben. Bei einem Segment, dessen Erlöse hauptsächlich aus Zinsen bestehen, ist eine saldierte Darstellung zulässig, wenn die CODMs hauptsächlich auf Basis des Nettozinsergebnisses steuern. Betroffen von der Ausnahmeregelung können etwa bankähnliche, der Absatzfinanzierung dienende Sparten eines Industriekonzerns sein.

61 Die bedingte Pflicht zur gesonderten Angabe von **planmäßigen Segment-abschreibungen** greift dort nicht, wo Abschreibungen als unselbständiger Teil einer Umlage auf die Segmente verteilt werden, etwa mit anderen Kosten auch die Abschreibungen der Konzernzentrale auf die operativen Segmente umgelegt werden, ansonsten wären die interne Berichterstattung an die CODMs (ohne Abschreibungsausweis) und die externe nicht mehr identisch.

62 Unter besonderem Wesentlichkeitsvorbehalt sind **Aufwands- und Ertragsgrö-ßen**, die im Zusammenhang mit IAS 1.97 offenzulegen sind (→ § 2 Rz 77), auch in der Segmentrechnung gesondert darzustellen. Betroffen sind bei entsprechender Größenordnung:

- außerplanmäßige Abschreibungen der Vorräte, Sachanlagen oder immaterieller Anlagen sowie die Wertaufholung;
- Restrukturierungskosten;
- Ergebnisse aus dem Abgang von Anlagevermögen;
- Auflösungen nicht in Anspruch genommener Rückstellungen.

5.2.2.2 Vermögenswerte und Schulden

63 Nur **wenn** in der internen Berichterstattung an die CODMs auch **Vermögens-werte und/oder Schulden** berücksichtigt werden, so ist gem. IFRS 8.23 auch in der externen Berichterstattung für jedes berichtpflichtige Segment die Summe der Vermögenswerte und/oder Schulden anzugeben. Wird über Segmentvermögen hingegen nur anlassbezogen, etwa anlässlich der Vornahme eines *impairment test* berichtet, ergibt sich keine entsprechende Angabepflicht.

Bei den (bedingt) berichtspflichtigen Segmentvermögen oder -schulden handelt es sich jeweils um eine Größe *(measures of assets or liabilities)*, die regelmäßig an die CODMs berichtet wird (IFRS 8.25). Hieraus folgt zweierlei: **64**

- Die jeweils in einer Summe anzugebenden Vermögenswerte bzw. Schulden (IFRS 8.BC57) müssen **nicht alle Bilanzposten** erfassen. Beschränkt sich bspw. die interne Berichterstattung auf die Segmentierung langfristiger Schulden, ist auch extern nur darüber zu berichten.
- Die Zuordnung von Vermögenswerten/Schulden einerseits und darauf bezogenen Aufwendungen/Erträgen andererseits muss **nicht symmetrisch** erfolgen. Denkbar ist etwa, dass im internen Berichtswesen Finanzverbindlichkeiten Segmenten zugeordnet werden, hingegen die Zinsaufwendungen nicht im Segmentergebnis (z. B. EBIT) enthalten sind und auch sonst nicht Segmenten zugeordnet werden.

Werden im internen Berichtswesen **mehrere unterschiedliche** Vermögens- und oder Schuldgrößen verwendet, ist nach IFRS 8.26 extern diejenige berichtspflichtig, die am ehesten den jeweiligen Beträgen im (Konzern-)Abschluss entspricht. **65**

Informationen zur **Zusammensetzung und Entwicklung des Segmentvermögens** sind nach IFRS 8.24 nur in zwei Fällen und auch dann nur unter der Bedingung angabepflichtig, dass sie in der angegebenen Segmentvermögensgröße enthalten sind oder sonst regelmäßig (Rz 27) den CODMs vorgelegt werden: **66**

- Fall 1: Beträge der *at equity* konsolidierten Beteiligungen,
- Fall 2: Zugänge zu bzw. **Investitionen** in Sachanlagen, immaterielle Anlagen und Finanzimmobilien.

5.3 Anzuwendende Bilanzierungs- und Bewertungsmethoden

Der Wert bzw. Inhalt der in der Segmentrechnung dargestellten Posten entspricht gem. *management approach* (Rz 4) den Ansatz- und Bewertungsmaßstäben, die im internen Berichtswesen zugrunde gelegt werden (IFRS 8.25). Da diese Maßstäbe nicht zwingend mit den für Bilanz und GuV zugrunde gelegten übereinstimmen, sind gem. IFRS 8.28 die Unterschiede zu erläutern, wobei diese Erläuterung je nach Einzelfall als integraler Bestandteil der **Überleitungsrechnung** erfolgen kann (Rz 73). **67**

Betroffen sind in Bezug auf die Ergebnisgrößen in der Terminologie der Kostenrechnung v. a. **kalkulatorische Kosten**, also **Anderskosten** (z.B. Abschreibungen auf Basis von Wiederbeschaffungswerten statt auf Grundlage historischer Anschaffungskosten/Herstellungskosten) und **Zusatzkosten** (z.B. kalkulatorische Zinsen auf das Eigenkapital oder kalkulatorische Mieten auf im wirtschaftlichen Eigentum des Unternehmens stehende Anlagen). Auch die Periodizität und Üblichkeit von Aufwendungen oder Erträgen kann eine Rolle spielen, etwa wenn in das Segmentergebnis nur **gewöhnliche Aufwendungen** einbezogen werden, in der GuV aber auch außergewöhnliche bzw. einmalige zu berücksichtigen sind (vgl. dazu Rz 72).

In Bezug auf **Vermögen und Schulden** ist neben eigentlichen Bewertungsunterschieden (z.B. *fair value* vs. fortgeführte Anschaffungskosten) auch die **Allokation** gemeinsam genutzter Vermögenswerte und Schulden zu erläutern; Allokationen **68** von Overhead-Kosten haben gem. IFRS 8.15 auf vernünftiger Basis zu erfolgen, wobei mehrere Allokationsmethoden vernünftig sein können (IFRS 8.BC88).

> **Praxis-Beispiel**
>
> Pensionsverpflichtungen (und für das Ergebnis Zuführungen zu diesen) können den Segmenten etwa auf Basis der Mitarbeiterzahlen zugeordnet werden, aber z.B. auch in Anwendung des Tragfähigkeitsprinzips auf Basis der Rohertragsmargen. In beiden Fällen liegt u.E. dann keine vernünftige Allokation mehr vor, wenn pensionsberechtigte Arbeitnehmer ausschließlich in den Segmenten S1 und S2 und nicht in den Segmenten S3 bis S6 beschäftigt sind.

69   Werden im internen Steuerungs- und Berichtswesen **mehrere Bilanzierungs- und Bewertungsmethoden** verwendet, ist nach IFRS 8.26 diejenige für die externe Berichterstattung maßgebend, die am ehesten den im (Konzern-)Abschluss verwendeten Grundsätzen entspricht.

70   Ausnahmsweise kann es zu einer **asymmetrischen Zuordnung** von Ergebnis und Vermögensgrößen kommen, etwa dann wenn Abschreibungen auf eine Fabrikationshalle im Ergebnis der Segmente S1 bis S5 berücksichtigt werden, die Halle selbst als Vermögenswert aber nur S1 als dem wichtigsten der fünf Segmente zugeordnet wird. Über derartige Asymmetrien ist nach IFRS 8.26 zu berichten.

71   Neben der Erläuterung der Ansatz- und Bewertungsunterschiede sowie der Allokationsmethoden verlangt IFRS 8.28 auch eine Erläuterung der Rechnungslegungsgrundlagen (*basis of accounting*) für **intersegmentäre Transaktionen**. Konkret geht es um die Basis der **Verrechnungspreisermittlung**. Anzugeben ist etwa, ob die Transaktionen zu Marktpreisen abgewickelt werden oder zu Kostendeckungspreisen.

5.4 Überleitungsrechnung

72   Nach dem *management approach* (Rz 4) sind alle für die Segmente anzugebenden Werte (Ergebnis, ggf. auch Vermögen und Schulden) inhaltlich durch die Erfordernisse der internen Berichterstattung definiert, daher nicht oder nur zufällig identisch mit entsprechenden Größen aus Ergebnisrechnung und Bilanz (Rz 58). Unterschiede können sich u.a. in folgender Hinsicht ergeben:

- Die Segmentdaten weisen vom (Konzern-)Abschluss **abweichende Bilanzierungs- und Bewertungsmethoden** aus, etwa anders berechnete Abschreibungen.
- Die Segmentdaten beziehen sich auf eine **Größe vor außergewöhnlichen Effekten** (Rz 67).
- Die Segmentdaten berücksichtigen **intersegmentäre Transaktionen**.
- Bilanz und GuV enthalten Daten, die **keinen Segmenten** zugeordnet werden, etwa Kosten der Konzernleitung.

73   Um in derartigen Fällen gleichwohl einen Zusammenhang zwischen den Segmentdaten und den Daten aus Konzernbilanz und Konzernergebnisrechnung herzustellen, verlangt IFRS 8.28 eine **Überleitung** *(reconciliation)* der Summe der Segmentdaten auf die entsprechenden Konzernwerte für folgende Fälle:

- **Erlöse** *(revenues)*; eine mögliche Variante ist, die Erlöse spaltenweise nach Segmenten und zeilenweise nach Außen- und Intersegmentumsätzen darzustellen, dann in einer Konsolidierungsspalte die Kürzung um die Intersegmentumsätze vorzunehmen, um schließlich in einer letzten Spalte die Umsätze laut GuV zu erhalten;

- **Ergebnisse** aller Segmente auf das Konzernergebnis vor Steuern und Aufgabe von Geschäftsbereichen; wird der Steueraufwand ausnahmsweise segmentiert, erfolgt die Überleitung auf das entsprechende Nachsteuerergebnis **des Unternehmens** (Rz 48);
- **Vermögen** – sofern ein solches überhaupt segmentiert angegeben wird (Rz 50) – sowie entsprechend
- **Schulden** – sofern diese überhaupt segmentiert angegeben werden;
- weitere den Segmenten zugewiesene **wesentliche Posten** (IFRS 8.28, IFRS 8.IG4).

Praxis-Beispiel

	02 (Mio. EUR)	01 (Mio. EUR)
Summe Segmentergebnisse (EBITDA vor außergewöhnlichen Effekten)	8.889	9.713
Konzernleitung sowie Konsolidierung Zwischenergebnisse aus Intersegmenttransaktionen	-552	-522
Summe Segmentergebnisse (EBITDA vor außergewöhnlichen Effekten)	8.337	9.191
Planmäßige Abschreibung	-3.553	-3.467
Gewöhnliche Wertminderungen nach IAS 36	-120	-100
EBIT (vor außergewöhnlichen Effekten)	4.664	5.624
Zinsergebnis	-1.612	-1.874
Erfolge aus dem Abgang von Anlagevermögen	589	2.004
Aufwendungen für Restrukturierung	-496	-550
Außergewöhnliche Wertminderungen	-5.409	-1.643
Sonstige operative Aufwendungen/Erträge seltenen Charakters	-115	-482
Ergebnis aus fortgeführten Aktivitäten vor Steuern	-2.379	3.079

Alle wesentlichen Anpassungen, die nötig sind, um die Segmentdaten auf die Bilanz bzw. GuV-Daten überzuleiten, sind einzeln zu identifizieren. 74

5.5 Unternehmensweite Angaben

5.5.1 Produktgruppen und Regionen

Um einerseits auch bei „1-Segment-Unternehmen" bestimmte Informationen zu erhalten, andererseits bei „Mehrsegmentunternehmen", die nicht nach Produkten oder Regionen segmentieren, einen Einblick in die Leistungspalette und 75 den geografischen Auftritt zu erlangen, verlangt IFRS 8.31 ff. Angaben zu beiden Komplexen. Anzugeben sind Umsätze mit **externen** Kunden nach

- **Produkt- und Dienstleistungsgruppen** (IFRS 8.32) sowie
- **regional** mindestens nach Herkunftsland des Unternehmens (Unternehmenssitz) einerseits und „Drittländern" (Rest der Welt) andererseits, bei Wesentlichkeit einzelner Drittländer oder Drittlandsgruppen weiter untergliedert nach diesen wesentlichen Gebieten (IFRS 8.33(a));
- eine entsprechende geografische Gliederung ist zudem für bestimmtes langfristiges Vermögen (insbesondere Sachanlagen und immaterielle Anlagen) vorzunehmen (IFRS 8.33(b)).

Für die betreffenden Angaben gilt der *management approach* weder dem Grunde noch der Höhe nach.

- Dem Grunde nach besteht die Angabepflicht unabhängig davon, ob die Daten den CODMs regelmäßig berichtet werden oder nicht (IFRS 8.31).
- Der Höhe nach sind nicht die evtl. abweichenden Bewertungsmethoden des internen Berichtswesens, sondern die Methoden zugrunde zu legen, die Basis des Unternehmensabschlusses (Bilanz und GuV) sind (IFRS 8.32 und IFRS 8.33).

Die Berichtpflicht entfällt, falls die Daten bereits im Rahmen der Berichterstattung zu den operativen Segmenten offengelegt wurden oder nicht bzw. nur mit unzumutbarem Aufwand erlangt werden können (IFRS 8.32 und IFRS 8.33).

76   Nach im Schrifttum vertretener Auffassung kann als maßgebliche **Region** für Zwecke der geografischen Angaben wahlweise die des Kunden als auch die der vertragsinitiierenden Einheit des Unternehmens bzw. Konzerns angesehen werden.[14] U. E. ist im Hinblick auf den erklärten Zweck der geografischen Angaben – Offenlegung von Risikokonzentrationen (IFRS 8.BC104) – und im Interesse einer Gleichbehandlung gleichartiger Risikosituationen nur die kundenbezogene Sichtweise angemessen.

Praxis-Beispiel

Konzerne A und B beliefern neben inländischen Kunden hauptsächlich solche in den USA sowie in UK und sind bei den Auslandslieferungen daher Währungsrisiken und Konjunkturrisiken der beiden genannten Länder ausgesetzt. Konzern A initiiert alle Geschäfte über eine in der Inlandszentrale tätige Vertriebsabteilung. Konzern B unterhält in den USA und UK eigene Vertriebsgesellschaften.

Beurteilung

Würde man der vorgenannten Schrifttumsauffassung folgen, könnte A auf Angaben für die USA und UK verzichten, da die Geschäfte im Inland initiiert werden, während B bei gleicher Risikokonzentrationsproblematik entsprechende Angaben machen müsste, da sowohl der Standort der Kunden als auch der Ort der Geschäftsinitiierung (Vertriebsgesellschaften) in den USA bzw. UK liegen.

77   Für die geografischen Angaben ist mindestens zwischen **Herkunftsland und Drittländern** zu unterscheiden. Zunächst ist zu klären, was als Herkunftsland gilt. In der englischen Fassung des IFRS 8 ist vom *country of domicile* die Rede,

---

14   PwC, IFRS Manual of Accounting 2016, Tz. 10.124.1.

also eher vom Land des tatsächlichen Verwaltungssitzes als vom Land der Gründung bzw. Registereintragung. Bei einer englischen Ltd. mit Verwaltungssitz in Deutschland wäre danach Deutschland das Herkunftsland.

Umsätze mit einzelnen Ländern außerhalb des Herkunftslands sind gesondert anzugeben, sofern diese wesentlich sind. Dabei spricht IFRS 8.33(a) zwar von „einzelnen Ländern". Sofern das die Berichtspflichten auslösende Wesentlichkeitskriterium aber nur für einzelne Ländergruppen mit ähnlichen ökonomischen Randbedingungen (etwa nicht für Brasilien, aber für Südamerika, nicht für Estland, aber für das Baltikum) erfüllt wird, ist es angezeigt, in entsprechender Gruppierung zu berichten.

5.5.2 Wesentliche Kunden

Über Kunden, mit denen das Unternehmen 10 % oder mehr seiner Umsätze macht, ist nach IFRS 8.34 **anonymisiert** zu berichten. Neben der Tatsache einer solchen Wesentlichkeit sind für jeden betroffenen Kunden anzugeben: **78**
- die Höhe der Umsätze,
- die Segmente, die die Umsätze erbracht haben.

Verschiedene Unternehmen, die unter gleicher Beherrschung stehen, also demselben **Konzern** gehören, gelten als **ein Kunde** (IFRS 8.34). Bei staatlichen Abnehmern oder staatlich kontrollierten Unternehmen ist nach dem mutmaßlichen Grad der wirtschaftlichen Integration zu entscheiden, ob diese wirtschaftlich als ein einziger Kunde anzusehen sind. Hieraus resultiert ähnlich wie bei den Angaben zu nahestehenden Personen/Unternehmen (→ § 30 Rz 47) eine gewisse Erleichterung im Falle von Transaktionen mit der öffentlichen Hand.   **79**

6 Änderung der Segmentierung gegenüber dem Vorjahr

Durch **Änderung der internen Organisations- und Berichtsstruktur** kann sich die Segmentzusammensetzung ebenfalls ändern. Die **Rechtsfolgen** ergeben sich wie folgt: **80**
- **Vorrangig** ist die Darstellung für die **Vorperiode** an das Format der aktuellen Periode **anzupassen** (IFRS 8.29).
- Soweit die entsprechenden Informationen für die Vorperiode nicht zur Verfügung stehen und nur mit unverhältnismäßigen Kosten beschafft werden könnten, ist die **aktuelle Periode** in doppelter Weise darzustellen: zum einen nach der neuen, zum andern nach der alten Segmentierung. Auch hier besteht erneut eine Ausnahme wegen nicht verfügbarer und nur mit unverhältnismäßigen Kosten beschaffbarer Informationen. Der praktische Anwendungsbereich dieser zweiten Ausnahme ist aber gering. Insbesondere bei unterjährigem Wechsel des Berichts- und Segmentformats wird sich häufig nicht belegen lassen, dass eine doppelte Segmentierung bis zum Periodenende mit unverhältnismäßigen Kosten verbunden wäre.

Wird ein Wechsel der Organisations- und Berichtsstruktur zwar schon in Periode 02 beschlossen, in der neuen Struktur aber tatsächlich erstmals für den Januar 03 berichtet, ist dies ohne Auswirkungen auf die Segmentrechnung 02 und die darin enthaltenen Vorjahreszahlen 01. Gem. dem *management approach* soll die

Segmentrechnung nämlich darstellen, wie in der abgelaufenen Periode (hier in 02) tatsächlich berichtet und gesteuert wurde, nicht wie zukünftig berichtet wird.

81   Probleme bereitet dann aber ein **unterjähriger Wechsel** in den Strukturen.

> **Praxis-Beispiel**
> Die interne Berichterstattung eines Herstellers diverser Markenartikel erfolgt bis September 02 nach Marken, ab Oktober 02 nach Vertriebswegen.

In derartigen Fällen ist u. E. von Bedeutung, dass die Segmentrechnung in erster Linie eine Stromgrößenrechnung ist. Der Vorrang der Stromgrößen ergibt sich u. a. daraus, dass für *profit or loss* zwingende/unbedingte Angabepflichten bestehen, während zu Vermögenswerten und Schulden nur bedingte, vom Umfang der internen Berichterstattung abhängige Angabepflichten vorgesehen sind (IFRS 8.23 Satz 1). Dieser Schwerpunktsetzung entspricht auch das Abstellen auf die stromgrößenbezogenen Aktivitäten bei der grundlegenden Definition der operativen Segmente (IFRS 8.5(a) und IFRS 8.5(b)). Fraglich ist dann, ob die Stromgrößen per 31.12. schon im neuen Format dargestellt werden können bzw. müssen oder noch im alten Format. U. E. gilt hier: je näher die Änderung an das Periodenende rückt (im Beispiel nur 3/12 der Periode nach neuer Zusammensetzung), umso weniger würde eine Darstellung auf Basis der neuen Segmentierung der Zielsetzung des *management approach* entsprechen, darzustellen, wie in der abgelaufenen Periode tatsächlich berichtet und gesteuert wurde. Im Zweifel ist für das Übergangsjahr eine **doppelte Darstellung** der Stromgrößen – nach alter und neuer Segmentierung – notwendig. Bei den **Bestandgrößen** (Vermögen, Schulden) reicht es hingegen aus, die aktuelle Segmentierung zugrunde zu legen und das Vorjahr entsprechend anzupassen.[15]

7   Anwendungszeitpunkt, Rechtsentwicklung

82   IFRS 8 hat für Geschäftsjahre, die nach dem 31.12.2008 beginnen, seinen Vorgänger IAS 14 **abgelöst**.

83   Im Rahmen der *Annual Improvements to IFRSs 2010–2012* erfolgte eine Erweiterung der Angabepflichten in IFRS 8.22(aa) zur Zusammenfassung von Segmenten (Rz 35) sowie eine Klarstellung, dass eine Überleitungsrechnung vom Segmentvermögen zum Vermögen laut Bilanz nur erfolgen muss, wenn das Segmentvermögen nach IFRS 8.23 auch angegeben wird (Rz 73).

84   Im Rahmen des *Post Implementation Review* hat der IASB diverse Themen identifiziert, die im ersten Halbjahr 2017 in einen ED zum *Amendment* von IFRS 8 einfließen sollen.[16] Betroffen sind:

- konsistente Abgrenzung von operativen Segmenten im Jahresabschluss einerseits und in anderen Teilen des Geschäftsberichts (insbesondere *management commentary*) andererseits,
- Klarstellung zum Begriff des *Chief Operating Decision Maker* (CODM) und Angabepflicht, wie die CODMs identifiziert wurden,

---

15   Vgl. zum Ganzen FREIBERG, PiR 2013, S. 64 ff.
16   Vgl. zuletzt http://www.ifrs.org/Meetings/MeetingDocs/IASB/2016/October/AP27-IFRS%208. pdf, abgerufen am 4.1.2017.

- Anwendungsbeispiele zum Aggregationskriterium „*similar economic characteristics*",
- mögliche Zusatzangaben zu prognoserelevanten Größen (etwa *non-recurring items*),
- bessere Angaben zur Überleitung (*reconciliation*) und zu nicht allozierten Posten,
- Änderung von IAS 34 (Zwischenberichte) dahingehend, dass im Falle einer Reorganisation mit neuer Segmentabgrenzung alle Vorjahresangaben in der Zwischenberichterstattung *restated* werden.

§ 37 ZWISCHENBERICHTERSTATTUNG
(Interim Financial Reporting)

Schrifttum: ALVAREZ, Unterjährige Erfolgsermittlung nach IFRS, PiR 2006, S. 220; BLOBEL/BOECKER, Beispiele zur Zwischenberichterstattung nach IAS 34, IRZ 2012, S. 179; DAHLKE, Steuerpositionen im Zwischenabschluss nach IAS 34, BB 2007, S. 1831; EISENSCHMIDT, Quartalsberichterstattung im Spannungsverhältnis zwischen Pflicht und Kür, Eine empirische Analyse, IRZ 2016, S. 419; KOPATZSCHEK, IFRIC 10-Zwischenberichterstattung und Impairment, WPg 2006, S. 1504; LOITZ, Quartalsberichterstattung für Ertragsteuern nach IFRS, DStR 2006, S. 388 und S. 439; LÜDENBACH, Steueraufwand im Zwischenbericht bei Verlustvorträgen und steuerfreien Einnahmen, PiR 2008, S. 33; LÜDENBACH, Mengen- und Preiskomponente bei der Zwischenberichterstattung, PiR 2007, S. 56; PILHOFER/SUERMANN/MÜLLER, Die Ertragsteuerermittlung in der Zwischenberichterstattung nach IAS 34, KoR 2015, S. 397; SCHNEIDER, Zwischenberichte, PiR 2009, S. 351.

Vorbemerkung

Die nachstehende Kommentierung bezieht sich auf IAS 34 in der aktuell geltenden Fassung. Alle bis zum 1.1.2017 ergangenen Rechtsänderungen und Interpretationen sind berücksichtigt.

1 Zielsetzung, Regelungsinhalt und Begriffe

Die Zwischenberichterstattung soll möglichst aktuell über die Unternehmens- **1**
entwicklung informieren. Ausgangspunkt ist der letzte **reguläre** Jahresabschluss,
der durch den Zwischenbericht auf den **aktuellen** Stand gebracht werden soll
(update). Dazu bedarf es einer Abwägung bzgl. der Gewichtung der Rechnungs-
legungsprinzipien.

Gem. dem Rahmenkonzept ist ein wichtiges Element der Qualität von Informationen deren **Aktualität** (F.QC29). Eine daraus resultierende Einbuße bei Verlässlichkeit ist deshalb u.U. zu akzeptieren. Darüber hinaus sollen den Bericht
erstattenden Unternehmen auch nicht **unzumutbar** große Kosten auferlegt
werden (F.QC3). Vor diesem Hintergrund liegt die Zielsetzung des IAS 34 zur
Zwischenberichterstattung insbesondere darin, hinsichtlich des Umfangs der
offenzulegenden Informationen sowie der hierbei anzuwendenden Grundsätze
eine **ausgewogene** Lösung zu finden, insbesondere dem Wesentlichkeitsprinzip
eine hohe Bedeutung zuzumessen und zu akzeptieren, dass stärker als im Jahresabschluss auf (vorläufige) Schätzungen zurückzugreifen ist (IAS 34.23).

Die Zwischenberichterstattung ist konzeptionell angelehnt an den letzten bislang **2**
vorliegenden Jahresabschluss. Dessen Kenntnis wird bei Adressaten des Zwischenabschlusses **vorausgesetzt** (IAS 34.15A). Daraus resultiert eine implizite
Vorgabe für die Zwischenberichterstattung, insbesondere **Änderungen** gegenüber den Verhältnissen, die sich im letzten Jahresbericht niedergeschlagen haben,
darzustellen. Diese Intention der Zwischenberichterstattung birgt auch Aus-
legungsgehalt für den **Wesentlichkeitsgrundsatz**, etwa folgenden Inhalts: Was
dem Adressaten des Jahresabschlusses ohnehin schon bekannt ist, braucht ohne
entsprechende Veränderung in der Zwischenberichtsperiode nicht oder jedenfalls nicht ausführlich wiedergegeben zu werden.

IAS 34.4 enthält die folgenden **Begriffsdefinitionen**: **3**

- Eine **Zwischenperiode** *(interim period)* ist jegliche Periode, die kürzer ist als
  ein ganzes Geschäftsjahr. Auf die absolute Länge von Geschäftsjahr und
  Zwischenperiode kommt es nicht an. Für den Zeitraum der präsentierten
  GuV und Gesamtergebnisrechnung ist zwischen einer **isolierten** und einer
  kumulierten Periode zu unterscheiden (Rz 15).
- Ein **Zwischenbericht** *(interim financial report)* kann ein **vollständiger** IFRS-
  Abschluss in Übereinstimmung mit IAS 1 (IAS 34.9) oder ein **verkürzter**
  Bericht i.S.v. IAS 34.10 sein. Für die letzte Zwischenperiode eines Geschäfts-
  jahres (i.d.R. zweites Halbjahr oder viertes Quartal) gibt es i.d.R. keinen
  Zwischenbericht. Dieser wird durch den Jahresabschluss ersetzt.

2 Rechtliche Rahmenbedingungen für Quartals- und Halbjahresbericht

4 Aus IAS 34 ergibt sich **keine unmittelbare Verpflichtung** zur Erstellung von Zwischenabschlüssen sowie keine Vorgabe hinsichtlich der Häufigkeit der Zwischenberichterstattung. Um den spezifischen Gegebenheiten einzelner Länder Rechnung zu tragen, wird in IAS 34.1 die Regelung dieser Fragen des Geltungs- und Anwendungsbereichs den **nationalen Standardsettern und Börsenplätzen** übertragen. Sofern von diesen jedoch die Erstellung von Zwischenabschlüssen nach IFRS gefordert wird oder falls ein Unternehmen freiwillig einen Zwischenabschluss nach IFRS erstellt, sind die Bestimmungen des IAS 34 zu beachten.

5 In Umsetzung der Richtlinie 2004/109/EG ist das **Transparenzrichtlinie-Umsetzungsgesetz (TUG)** mit Wirkung ab 20.1.2007 ergangen und im November 2015 novelliert worden. Nach dem TUG sind **Inlandsemittenten** (zum Begriff siehe § 2 Abs. 7 WpHG), deren Aktien oder Schuldtitel an einem **organisierten Markt** i.S.v. § 2 Abs. 5 WpHG gehandelt werden, zur Erstellung eines **Halbjahresfinanzberichts** für die ersten sechs Monate eines Geschäftsjahres verpflichtet, mit spätester Veröffentlichung zwei Monate nach Ablauf dieses Zeitraums (§ 37w und § 37y WpHG).

6 Auf freiwilliger Basis, u.U. auch als Voraussetzung für die Notierung in einem bestimmten Börsensegment kann bzw. muss die Berichterstattung auch **vierteljährlich** erfolgen. Betroffen von der Pflicht zur vierteljährlichen Berichterstattung waren bis 2015 Unternehmen, die im *Prime Standard* der Deutschen Börse (DAX, MDAX, TecDAX) notiert sind, nicht betroffen hingegen Unternehmen des **General Standard**. Mit Änderung der Börsenordnung der Frankfurter Wertpapierbörse (§ 51a FWBO) ist mit Wirkung ab 2016 diese Pflicht entfallen. Zum Ende des ersten und dritten Quartals reicht nun eine **Quartalsmitteilung** aus, die die wesentlichen Ereignisse und Geschäfte des Mitteilungszeitraums, die Finanzlage und das Geschäftsergebnis sowie Prognoseveränderungen erläutert. Gar keine Pflicht zur Zwischenberichterstattung bestand und besteht für Unternehmen des Freiverkehrs (*Open Market*), da dieser keinen organisierten Markt i.S.v. § 2 Abs. 5 WpHG darstellt.

7 Für die Quartalsmitteilung (Rz 6) reicht eine rein beschreibende Darstellung der Inhalte ohne Zahlenwerk (Bilanz und GuV) aus. Die Unternehmen im Prime Standard können freiwillig quantitative Daten oder gem. § 51a Abs. 6 FWBO einen vollständigen Quartalsfinanzbericht veröffentlichen. Die Quartalsmitteilung angereichert um Bilanz, GuV und evtl. Kapitalflussrechnung, aber ohne Eigenkapitalveränderungsrechnung und Anhang ist schon in 2016 im Wesentlichen zum Standard geworden.[1]

8 Die der **IAS-Verordnung** (→ § 7 Rz 5) unterliegenden Konzerne müssen bei ihrer Halbjahresberichterstattung – sowie freiwilliger Erstellung eines Quartalsabschlusses statt einer Quartalsmitteilung – IAS 34 beachten (§ 37w Abs. 3 WpHG und § 37y Nr. 2 WpHG).

9 Zusätzlich zum (verkürzten) Abschluss muss der Halbjahresfinanzbericht einen **Zwischenlagebericht** und den sog. **Bilanzeid** enthalten (§ 37w Abs. 2 Nr. 2 und 3 WpHG, § 37y WpHG). Für die Zwischenlageberichterstattung verweist DRS 16 auf die Vorgabe zur Lageberichterstattung in DRS 20.12 – DRS 20.35

---

[1] Vgl. die empirische Untersuchung von Eisenschmidt, IRZ 2016, S. 419.

(→ § 7 Rz 12ff.). Dabei sind vor dem Hintergrund der Zielsetzung des Zwischenlageberichts mindestens folgende Angaben zu machen (DRS 16.35):
- die wichtigsten **Ereignisse** und ihre Auswirkungen auf die Lage des Konzerns;
- wesentliche **Veränderungen** der Prognose und sonstige Aussagen zur Entwicklung des Konzerns gegenüber dem letzten Konzernlagebericht;
- die wesentlichen **Chancen** und **Risiken** der voraussichtlichen Entwicklung für den restlichen Zeitraum des Geschäftsjahres;
- Angaben zu wesentlichen Geschäften und **nahestehenden** Personen (nur von Aktienemittenten zu beachten).

In DRS 16.41 ist eine Aufzählung möglicher Berichtselemente enthalten.

Zwischenabschlüsse bedürfen nach dem TUG keiner **Abschlussprüfung** und auch nicht einer **prüferischen Durchsicht**. Der Verzicht auf diese Prüfung bzw. Durchsicht ist im Halbjahresbericht offenzulegen (§ 37w Abs. 5 Satz 6 WpHG, § 37y WpHG). Dies gilt nicht für die Quartalsmitteilung (Rz 6). **10**

3 Übereinstimmungserklärung, insbesondere bei noch nicht *endorsten* IFRS

Die **Übereinstimmung** mit den IFRS ist für jeden Zwischenbericht sowie den Jahresabschluss einzeln zu beurteilen. Wurden unterjährig Zwischenberichte nicht oder nicht nach IFRS vorgelegt, ist dies ohne Einfluss auf die IFRS-Konformität des Jahresabschlusses (IAS 34.2). **11**

Ein Zwischenbericht steht nur dann mit den IFRS in Einklang, wenn **alle Bestimmungen** des **IAS 34** beachtet wurden (IAS 34.3). Wird statt eines verkürzten Zwischenabschlusses (*condensed statements*; IAS 34.7) ein vollständiger Zwischenabschluss (*complete set of financial statements*; IAS 34.8) erstellt, ist die Übereinstimmung mit den IFRS nur dann gegeben, wenn sämtliche Anhangangaben, nicht nur die in IAS 34 verlangten, gemacht werden.

Wo Übereinstimmung mit den IFRS bzw. IAS 34 gegeben ist, hat das Unternehmen nach IAS 34.19 eine **Übereinstimmungserklärung** (*compliance statement*) im Anhang abzugeben. **12**

Probleme kann diese Erklärung bei einem noch nicht erfolgten EU-*endorsement* (→ § 7 Rz 5) bereiten, insbesondere dann, wenn ein neuer oder geänderter IFRS das Wahlrecht zur **vorzeitigen Anwendung** (*early adoption*) enthält und das Unternehmen von diesem Wahlrecht Gebrauch machen will. Hier gilt: Erfolgt das *endorsement* der Neuregelung noch vor Freigabe des Zwischenberichts durch den Vorstand, kann der gem. *early adoption* erstellte Zwischenbericht auch als „*in accordance with IFRSs as adopted by the EU*" bezeichnet werden. Wenn das *endorsement* hingegen bis zum Freigabezeitpunkt noch nicht erfolgt ist, muss das Unternehmen auf die *early adoption* verzichten, also das noch geltende alte Recht anwenden, um nicht gegen die Vorgaben der Transparenzrichtlinie zu verstoßen, der zufolge nur die von der EU übernommenen (*endorsten*) IFRS-Rechnungslegungsvorschriften angewandt werden dürfen. Problematisch ist die zweite Lösung aber z.B. für den Zwischenabschluss des ersten Quartals dann, wenn mit hoher Wahrscheinlichkeit (z.B. aufgrund längst ergangener Übernahmeempfehlung der EFRAG bis zur Freigabe des nächsten Zwischenabschlusses (Q2) ein *endorsement* erwartet wird. In der späteren Zwischenberichtsperiode (Q2) käme es bei *early* *adoption* zu einer rückwirkenden Änderung der Rechnungslegungsmethode nach IAS 8 i. V. m. IAS 34.43. Um die damit verbundenen Umstände für Bilanzersteller und Bilanzleser zu vermeiden, wird es für vertretbar gehalten, unter der genannten Prämisse (hohe Wahrscheinlichkeit) schon im aktuellen Zwischenbericht (Q1) die neuen Vorschriften anzuwenden und darauf im Anhang hinzuweisen.

4 Umfang der Zwischenberichterstattung

4.1 Bestandteile eines Zwischenabschlusses

13 IAS 34.8 legt lediglich den **Mindestumfang** der Zwischenberichterstattung fest. Nichts spricht dagegen, freiwillig mehr Informationen, insbesondere einen vollständigen Zwischenabschluss vorzulegen (IAS 34.7).
Mindestbestandteile des Zwischenabschlusses sind nach IAS 34.8:
- verkürzte Bilanz (→ § 2 Rz 30 ff.),
- verkürzte Gesamtergebnisrechnung entweder mit Integration der GuV oder neben einer verkürzten GuV (→ § 2 Rz 92), wobei das gewählte Format mit dem im Jahresabschluss verwendeten übereinstimmen muss (IAS 34.8A),
- verkürzte Eigenkapitalveränderungsrechnung (→ § 2 Rz 96),
- verkürzte Kapitalflussrechnung (→ § 3 Rz 3),
- ausgewählte Anhangangaben (→ § 5).
Zum Begriffsinhalt „**verkürzt**" *(condensed)* wird auf Rz 17 verwiesen.
In IAS 34.8 wird – anders als in IAS 1.10 für den Jahresabschluss – keine zusammengefasste Eröffnungsbilanz zur jeweiligen Vorperiode (der Zwischenberichterstattung) verlangt, wenn retrospektive Änderungen der Rechnungslegungsmethoden und retrospektive **Korrekturen** erfolgen (→ § 2 Rz 10). Fraglich kann sein, ob dieser Verzicht auch dann gilt, wenn auf freiwilliger Basis ein vollständiger Abschluss nach den Vorgaben von IAS 1 als Zwischenabschluss präsentiert wird. Die spezifischen Anforderungen an die Zwischenberichterstattung (Rz 19) sprechen **dagegen**. **Dafür** sprechen der Wortlaut von IAS 34.9 und die in IAS 1.10 wiedergegebene Aufzählung des IAS 34.5. U. E. ist der letztgenannten Auffassung zu folgen mit der Begründung: Wer auf die Erleichterung der *condensed statements* verzichtet und freiwillig *complete statements* veröffentlicht, muss dies in der Konsequenz **vollständig** tun. Das entspricht auch dem Aussagegehalt von IAS 34.9.

14 Börsennotierte Aktiengesellschaften (oder SEs) müssen das **Ergebnis je Aktie** – unverwässert und verwässert – (→ § 35) auch für Zwischenperioden angeben, allerdings ohne Separierung des Ergebnisses aus **nicht fortgeführten Geschäftsbereichen** (→ § 35 Rz 54). Dies hat entweder in der gesondert dargestellten (→ § 2 Rz 94) GuV zu geschehen (IAS 34.11A) oder in der Gesamtergebnisrechnung (IAS 34.11).

4.2 Vergleichszahlen (Vorperioden)

15 Der **Umfang** der darzustellenden **Perioden** und der **Vergleichswerte** aus Vorperioden ist in IAS 34.20 ff. geregelt. Demzufolge ist die **Bilanz** zum Stichtag des Zwischenabschlusses zu erstellen, als Vergleich dient die Bilanz zum Ende des vorhergehenden Geschäftsjahres. Danach gilt folgendes Schema:

Stand	Stand
30.9.01	31.12.00

Weiter ausholend ist die Darstellung der **Gesamtergebnisrechnung** und **GuV**.

Hierbei sind
- die soeben abgeschlossene Zwischenperiode,
- falls davon abweichend, zusätzlich die kumulierten Werte des laufenden Geschäftsjahres seit dem Ende des vorhergehenden Geschäftsjahres sowie
- die jeweiligen Vergleichsperioden des vorhergehenden Geschäftsjahres

darzustellen, also nach folgendem Schema:

9 Monate	9 Monate	Q3	Q3
01	00	01	00

Die **Eigenkapitalentwicklung** (→ § 20 Rz 64 ff.) muss die kumulierten Werte des laufenden Geschäftsjahres seit dem Ende des vorhergehenden Geschäftsjahres sowie die Zahlen des entsprechenden Vorjahreszeitraums enthalten. Gleiches gilt für die **Kapitalflussrechnung** (→ § 3 Rz 3).

Praxis-Beispiel

Das Geschäftsjahr entspricht dem Kalenderjahr. Zwischenberichte werden quartalsweise erstellt. Der Zwischenbericht zum 30.6.02 muss die folgenden Angaben enthalten:
- Bilanzen zum 30.6.02 und zum 31.12.01,
- Gesamtergebnisrechnung für die Zeiträume Januar bis Juni 02, Januar bis Juni 01, April bis Juni 02 sowie April bis Juni 01, entweder unter Integration der GuV oder neben einer GuV für die gleichen Perioden,
- Kapitalflussrechnungen für die Zeiträume Januar bis Juni 02 sowie Januar bis Juni 01,
- Eigenkapitalveränderungen für die Zeiträume Januar bis Juni 02 sowie Januar bis Juni 01.

Probleme können sich bei einer **Umstellung des Geschäftsjahres** ergeben. Bei einem vorhergehenden Rumpfgeschäftsjahr stellt sich für die Zwischenberichte des Folgejahres die Frage nach den zutreffenden Vergleichsperioden des Vorjahres. Das nachfolgende Beispiel verdeutlicht die Problematik.

16

Praxis-Beispiel

Das bislang zum 30.9. endende Geschäftsjahr wurde im Oktober 00 auf ein zum 30.6. endendes Geschäftsjahr umgestellt. Das zum 30.6.01 endende Geschäftsjahr 00/01 war daher ein neunmonatiges Rumpfgeschäftsjahr. Der nächste Abschluss für ein ganzes Geschäftsjahr wird zum 30.6.02 erstellt. Die Zwischenberichterstattung erfolgt quartalsweise. Der dritte Zwischenabschluss des Geschäftsjahres 01/02 zum 31.3. enthält in jedem Fall die Zahlen vom 1.7.01 bis zum 31.3.02. Fraglich ist, ob für den Vorjahresvergleich quasi „über die Grenze" des Rumpfgeschäftsjahres 00/01 vom 1.10.00 bis zum 30.6.01 hinweggegangen werden soll, um eine von der Länge und Saisonalität her vergleichbare Vorperiode darzustellen (1.7.00 bis 31.3.01) oder ob lediglich die innerhalb des vorhergehenden Rumpfgeschäftsjahres liegenden ersten beiden Quartale dargestellt werden sollen (1.10.00 bis 31.3.01).

IAS 34.20 liefert mit der Forderung nach *„comparable interim periods ... of the immediately preceding financial year"* eine Vorgabe, die im vorstehenden Beispiel im strengen Wortsinne gar nicht zu erfüllen ist. Die vergleichende Darstellung von Zwischenberichtsperioden unterschiedlicher Länge erscheint jedoch insbesondere in einem Zwischenbericht wenig befriedigend. Nach der hier vertretenen Auffassung ist daher der Vorjahreszeitraum so zu wählen, dass eine von der zeitlichen Länge her **vergleichbare Vorperiode** dargestellt wird. Im obigen Beispiel ist dies der Zeitraum vom 1.7.00 bis zum 31.3.01.[2]

4.3   Ausweis – verkürzte Darstellung

17   Unter dem Begriff der **verkürzten** Darstellung *(condensed financial statements)* in Bilanz, Gesamtergebnisrechnung, Kapitalflussrechnung und Eigenkapitalveränderung versteht IAS 34.10 zumindest die **Überschriften** und **Zwischensummen** des letzten in Einklang mit den IFRS erstellten **Jahresabschlusses.** Hinsichtlich der hierbei empfohlenen Gliederungsposten verweist IAS 34.12 auf IAS 1 sowie die im Anhang zu IAS 1 enthaltenen Beispiele. Da in der Praxis ohnehin auch im Jahresabschluss eine stark zusammengefasste Darstellung der **Bilanz** (z.B. keine weitere Unterteilung der Sachanlagen oder der Vorräte) gewählt wird, ergeben sich auf Bilanzebene keine relevanten Unterschiede zum Jahresabschluss (→ § 2). Hinsichtlich der Jahres-**GuV** bzw. des GuV-Teils der Jahres-Gesamtergebnisrechnung verlangt IAS 1.101 ff. eine Aufteilung des operativen Bereichs nach Umsatz- oder Gesamtkostenverfahren (→ § 2 Rz 64). Diese kann innerhalb der GuV oder im Anhang erfolgen. Die Praxis nimmt die Unterteilungen nach Aufwandsarten (GKV) bzw. Funktionen (UKV) in der Jahresrechnung i.d.R. innerhalb der GuV bzw. des GuV-Teils der Gesamtergebnisrechnung vor. In der Praxis der Zwischenabschlüsse wird überwiegend entsprechend verfahren. Hinsichtlich der **Kapitalflussrechnung** (→ § 3) gilt nach einem Non-IFRIC vom Juli 2014: Eine verkürzte Kapitalflussrechnung, die im Aktivitätenbereich jeweils nur die Summen für *cash flows* aus *operating, investing* und *financing activities* darstellt, genügt nicht den Anforderungen von IAS 34.25. Auch bei der Kapitalflussrechnung sowie entsprechend bei der Eigenkapitalveränderungsrechnung (→ § 20) ergeben sich demzufolge keine relevanten Unterschiede zur Jahresrechnung.

18   Für alle dargestellten Bestandteile sind zusätzliche **Aufgliederungen** vorzunehmen, sofern der Verzicht hierauf beim Abschlussleser zu einem unzutreffenden Urteil führen könnte. Im Vordergrund stehen solche **Veränderungen,** die sich seit dem letzten vorgelegten vollständigen Jahresabschluss ergeben haben (IAS 34.6). Für die Anhangerläuterungen gilt Entsprechendes (Rz 37).

Praxis-Beispiel

Zum letzten Jahresabschluss bestand das rund ein Drittel der Bilanzsumme ausmachende Vorratsvermögen zu 10 % aus Fertigerzeugnissen und zu 90 % aus Roh-, Hilfs- und Betriebsstoffen (RHB). In der Bilanz erfolgte eine entsprechende Aufgliederung. Die Geschäfte im ersten Quartal laufen unerwartet schleppend, das Unternehmen produziert auf Lager. Das zum Ende des ersten Quartals vorhandene Vorratsvermögen besteht daher zu 80 % aus fertigen Erzeugnissen und nur noch zu 20 % aus RHB.

Eine Zusammenfassung der beiden Unterpositionen des Vorratsvermögens im ersten Quartalsbericht ist hier unangemessen, da sich hieraus eine Ver-

---

2   Gleicher Ansicht für den Zwischenbericht nach HGB STRIEDER, BB 2001, S. 2000.

schleierung der tatsächlichen Vermögenslage ergibt. Aufschlussreiche Informationen, die ohne wesentlichen zusätzlichen Aufwand im Abschluss dargestellt werden können, sind offenzulegen.

5 Ansatz und Bewertung

5.1 Konzeptionelle Grundlagen

5.1.1 Eigenständiger vs. integrativer Ansatz

Nach IAS 34.28 Satz 1 ist der Zwischenbericht nach den **gleichen** Bilanzierungs- und Bewertungsmethoden, die auch für den Jahresabschluss zu beachten sind, zu erstellen (IAS 34.29 Satz 4). So ist z.B. eine staatliche **Abgabe** dann als Schuld anzusetzen, wenn zum Stichtag des Zwischenbilanzabschlusses eine *„present obligation"* (→ § 21 Rz 11) besteht und umgekehrt (IFRIC 21.13). Von diesen Bilanzierungs- und Bewertungsmethoden kann nach den sonst gültigen Regeln abgewichen werden (→ § 24 Rz 14ff.), z.B. bei einer Standardänderung oder Neueinführung eines Standards.

19

Praxis-Beispiel
Die Stora Enso Oyi hat nach Einführung des Standards IAS 41 ihre Waldbestände nach der *fair-value*-Methode bewertet (→ § 40 Rz 19) mit der Folge eines massiv höheren Ausweises von Anlagevermögen im ersten Quartal 2003 gegenüber der Schlussbilanz zum 31.12.2002.

Dabei gilt jede Berichtsperiode unabhängig von ihrer Länge als **eigenständig**. Die hauptsächliche Aufgabe eines Zwischenberichts besteht in der **retrospektiven** Darstellung einer **Teilperiode** des laufenden Geschäftsjahres (IAS 34.29). Dieser sog. *discrete view* ist durch folgende **Merkmale** gekennzeichnet:[3]
- Ausübung einer **Kontrollfunktion** für den Geschäftsverlauf,
- Abbildung **saisonaler** Schwankungen mit – im Vergleich zur Jahresberichterstattung – erhöhter Ergebnisvolatilität,
- Verzicht auf **Abgrenzungen** von nicht gleichmäßig verteilten Erfolgskomponenten im Jahresverlauf mit entsprechender Erschwerung der Ergebnisprognose,
- frühere Erkenntnis von **Wendepunkten** in der Ergebnisentwicklung.

Der **eigenständige** Charakter des Zwischenberichts (*year to date*) wird durch die **beispielhafte** Darstellung von Ansatz- und Bewertungsfragen für Vermögenswerte und Schulden betont (IAS 34.30 und IAS 34.32):
- erforderliche Abschreibungen auf Vorratsvermögen (→ § 17 Rz 53),
- der Ansatz von Restrukturierungsrückstellungen (→ § 21 Rz 87),
- außerplanmäßige Abschreibungen wegen Wertminderungen (→ § 11 Rz 13).
Die bilanzielle Beurteilung eines Sachverhalts hat nach dem eigenständigen Ansatz auf den **Stichtag** des Zwischenabschlusses und **nicht** in **Vorwegnahme** des Jahresabschlusses zu erfolgen (IAS 34.32).

---

[3] Vgl. hierzu ALVAREZ, PiR 2006, S. 220.

20 Die amerikanischen Vorschriften zur Zwischenberichterstattung, festgehalten in ASC Topic 270, folgen demgegenüber zum Teil dem sog. **integrativen** Ansatz *(integral view)*. Nach dem integrativen Ansatz soll der Zwischenabschluss im Interesse der **Prognosefunktion** geglättete Ergebnisse liefern, die eine Hochrechnung auf das Jahresergebnis ermöglichen. Dieser Zielsetzung entspricht etwa folgende Vorgabe in ASC Topic 270–45–9a: *„If a cost … clearly benefits two or more interim periods, each interim period should be charged for an appropriate portion of the annual cost by the use of accruals or deferrals."*

21 **Idealtypisch** lässt sich der Unterschied der beiden Ansätze an folgendem Beispiel darstellen:

> **Praxis-Beispiel**
> Die Produktionsmaschinen werden jeweils im auftragsschwachen ersten Quartal umfangreich gewartet und instand gesetzt. Die Kosten sind in Relation zum Jahresergebnis erheblich. Die Aufwendungen erfüllen nicht die Voraussetzungen einer Aktivierung als nachträgliche Anschaffungs- oder Herstellungskosten.
>
> **Diskreter Ansatz (IAS 34)**
> Nach Umkehrschluss aus IAS 34.B2 sind die Aufwendungen voll dem ersten Quartal zu belasten. Eine Abgrenzungsbuchung mit späterer Verteilung auf die anderen Quartale ist nicht zulässig. Das Ergebnis des ersten Quartals liefert daher keine gute Prognosebasis für das Ergebnis des Gesamtjahres.
>
> **Integrativer Ansatz (ASC Topic 270–45–9a)**
> Zum Ende des ersten Quartals ist ein aktiver Abgrenzungsposten i. H. v. ¾ der Instandhaltungsaufwendungen zu bilden und in den Folgequartalen aufwandswirksam aufzulösen.

Tatsächlich sind auch die amerikanischen Vorschriften **nicht durchgängig** dem integrativen Ansatz verpflichtet. Saisonal unregelmäßig anfallende oder gelegentlich erhaltene Erträge sind etwa nicht zu verteilen, sondern in der Zwischenperiode zu erfassen, in der sie anfallen. Zur Wahrung der Prognosefunktion gilt insofern ein Anhanghinweis auf den saisonalen Charakter als ausreichend.

22 Im Übrigen führen diskreter und integrativer Ansatz in **vielen Fällen** zum **gleichen Ergebnis**.

> **Praxis-Beispiel**
> Die Arbeitnehmer erhalten jährlich Ende Dezember in Abhängigkeit von der Erreichung von Mindestumsatzzielen des Geschäftsjahres eine Erfolgsbeteiligung.
> Nach dem Grundsatz der Periodenabgrenzung *(accrual basis of accounting)* kommt es auf den Zahlungszeitpunkt nicht an. Für den Abschluss des ersten Quartals bedeutet dies:
> Soweit nach den besten Schätzungen zum 31.3. vom Überschreiten der Jahresumsatzgrenze auszugehen ist, wird das erste Quartal durch eine Buchung „per Aufwand an Rückstellung" anteilig mit der erwarteten Erfolgsbeteiligung belastet, unabhängig von diskretem oder integrativem Ansatz.

IAS 34 folgt vorrangig dem diskreten Ansatz.[4] Entsprechend den Ansatz- und **23** Bewertungsvorgaben des *discrete view* (Rz 19) gestalten sich die Folgeeffekte auf die **GuV**. Nach IAS 34.37 sind **saisonale** und **zyklische Schwankungen** oder **Einmaleffekte** (*occasionally*) nicht „geglättet" durch **Abgrenzungen** in die Zwischenberichtsperiode einzubuchen. Deshalb dürfen auch Aufwendungen (*costs*) nicht in Vermögenswerte (Abgrenzungsposten) „umfunktioniert" werden, um solche Glättungseffekte zu erreichen (IAS 34.30(b)). Entsprechendes gilt für die Verbindlichkeiten, die nur bei Vorliegen einer Verpflichtung i.S.d. generell gültigen Ansatzdefinition (→ § 21 Rz 9) angesetzt werden dürfen. Dazu gibt IAS 34.B einige markante Beispiele:

- Für das Jahresende geplante größere **Unterhaltungsaufwendungen** dürfen erst bei Anfall eingebucht werden, eine vorgängige ratierliche Einbuchung ist unzulässig (IAS 34.B2).
- **Urlaubsrückstellungen** dürfen nur stichtagsbezogen – wie im Jahresabschluss – berücksichtigt werden (IAS 34.B10).
- Generell dürfen **Rückstellungen** erst nach Vorliegen der entsprechenden Ansatzkriterien (→ § 21 Rz 4) eingebucht werden (IAS 34.B3).
- Planmäßige **Abschreibungen** dürfen erst ab dem Zugangszeitpunkt des betreffenden Anlageguts verrechnet werden (IAS 34.B24, → § 10 Rz 41).
- **Standardkostenabweichungen** zur Wertermittlung der Produkte dürfen nicht abgegrenzt werden (IAS 34.B28).

Zu den daraus folgenden **Ergebnisschwankungen** folgende Beispiele:

Praxis-Beispiel – für die Nichtaktivierung von Aufwendungen
Regelmäßig im ersten Quartal eines Jahres nimmt ein Unternehmen an einer wichtigen Branchenmesse teil. Die dort geknüpften Kontakte führen in den kommenden Monaten zu zahlreichen Aufträgen.
Auch wenn die aus der Messe resultierenden Erträge erst in den kommenden Zwischenperioden zu erwarten sind, scheiden eine Aktivierung der jährlichen Aufwendungen für die Messeteilnahme und eine zeitanteilige Amortisation über den Rest des Jahres nach IFRS aus, da dies auch in einem Jahresabschluss nicht möglich wäre. Das erste Quartal bleibt somit voll mit den Kosten der Messe belastet.

Praxis-Beispiel – für den Nichtansatz von Verbindlichkeiten
Für die zweite Jahreshälfte ist die Überholung einer großen Maschinenstraße geplant. Sofern es hierzu keine Verpflichtung gibt, die nach IAS 37 auch im Jahresabschluss als Rückstellung anzusetzen wäre, kann diese Maßnahme in den Zwischenabschlüssen vor Durchführung keine Berücksichtigung finden (vgl. IAS 34.B2).

In beiden vorstehenden Beispielen wäre eine entsprechende „Abgrenzung" auch im **Ganzjahresvergleich** nicht möglich. Dem steht generell das **Stichtagsprinzip** entgegen. Die Besonderheit in der Zwischenberichterstattung liegt im gegenüber der Jahresrechnung höheren Ergebnis-„**Ausschlag**".

---

[4] Gleicher Ansicht ERNST & YOUNG, International GAAP 2016, Ch 38 sCh 8.

Dieser Effekt tritt auch bei **regelmäßig** – „alle Jahre wieder" – anfallenden Ereignissen auf.
Dazu folgende Beispiele:

Praxis-Beispiel
Ein Unternehmen ist an einer Kapitalgesellschaft beteiligt und erhält einmal jährlich eine Dividende. Die entsprechenden Finanzerträge sind in derjenigen Zwischenperiode zu berücksichtigen, in welcher der Dividendenanspruch entstanden ist (→ § 4 Rz 41). Eine Verteilung über mehrere Zwischenperioden des gesamten Jahres kommt nicht in Betracht.

Praxis-Beispiel
Ein Hersteller von Schneeräumfahrzeugen tätigt erfahrungsgemäß 30 % seiner Umsätze im ersten Halbjahr, die restlichen 70 % im zweiten Halbjahr. Im ersten Halbjahr 01 konnten Umsätze von 600 Mio. EUR erzielt werden. Die Herstellung der Fahrzeuge erfolgt relativ konstant über das Jahr verteilt.
Eine Vorwegnahme eines Teils der im zweiten Halbjahr erwarteten 1.400 Mio. EUR Umsatzerlöse im ersten Halbjahr scheidet aus, da diese noch nicht realisiert worden sind.

Der Saisonverkauf des „Geschäfts" kann auch **umgekehrt** erfolgen – erst Umsatz, dann Aufwand.

Praxis-Beispiel
Ein Hersteller und Verarbeiter (Konservierung) von Spargel produziert nur im ersten Halbjahr des Geschäftsjahres, überwiegend unter Inanspruchnahme von Saisonarbeitskräften. Im zweiten Halbjahr fallen im Produktionsbereich nur Unterhaltsaufwendungen für Maschinen an.
Eine Ergebnisglättung der beiden Halbjahre scheidet aus. Das erste Halbjahr kann nicht mit den Unterhaltsaufwendungen des zweiten Halbjahres belastet werden. Die Fixkosten fallen im ersten Halbjahr unterproportional an. Allerdings können die Produktionsmaschinen statt linear leistungsabhängig (*sum of the units method*; → § 10 Rz 27) abgeschrieben werden.

5.1.2 Unabhängigkeit des Jahresergebnisses von der Häufigkeit der Zwischenberichterstattung

24   Allerdings wird die Vorgabe des *discrete view* (Rz 19) durch IAS 34.28 Satz 2 relativiert. Danach darf die **Häufigkeit** der Berichterstattung (also z. B. vierteljährlich) **keine Auswirkung** auf die Höhe des Jahresergebnisses nehmen. Danach gilt:

- Die Summe der Ergebnisse, *cash flows* usw. aus den Zwischenperioden soll **nicht nur** den entsprechenden Zahlen des **Geschäftsjahres** gleichkommen,
- **sondern auch** das Ergebnis des Geschäftsjahres unabhängig davon sein, ob und mit welcher **Häufigkeit** Zwischenberichte erstellt werden.

Im Hinblick auf den ersten Punkt sind bei der Ermittlung der auf die aktuelle Zwischenperiode entfallenden Größen in den **Bewegungsrechnungen** (GuV, Kapitalflussrechnung, Eigenkapitalveränderung) von den seit **Jahresanfang** bis zum **Stichtag** des Zwischenabschlusses angefallenen **Jahresverkehrszahlen** die

bereits in **vorhergehenden** Zwischenabschlüssen enthaltenen Werte abzusetzen. Nur die verbleibende Differenz ist in die laufende Zwischenperiode mit aufzunehmen (*year-to-date*-Rechnung). Die Vorperiode als solche darf also nicht angepasst werden (IAS 34.35 f.; Rz 36).
Zum zweiten Punkt folgendes Beispiel:

Praxis-Beispiel
Zum Ende des zweiten Quartals steht ein Produkthaftungsfall ins Haus. Das Unternehmen bildet eine angemessene Rückstellung für Prozesskosten und Schadenersatz i. H. v. 1.000 TEUR.
Während des dritten Quartals zeichnet sich eine außergerichtliche Einigung mit deutlich niedrigerer Schadenssumme ab. Die zum Ende des dritten und vierten Quartals angemessene Rückstellung beträgt 600 TEUR. Die Differenz zur bereits gebildeten Rückstellung i. H. v. 400 TEUR erhöht als Ertrag aus Rückstellungsauflösung das Ergebnis des dritten Quartals.
Per Saldo ist das Geschäftsjahr mit 600 TEUR belastet, also mit dem Betrag, der auch bei Verzicht auf eine Zwischenberichterstattung anzusetzen wäre. Allerdings führt die Summe der Quartale unsaldiert zu 1.000 TEUR Aufwand und 400 TEUR Ertrag. Ohne Restriktionen aus dem allgemeinen Saldierungsverbot können hier unter Berufung auf IAS 34.28 Satz 2 Aufwand und Ertrag im Jahresabschluss saldiert werden.

Der Ansatz von IAS 34.28 Satz 2 ist nur in einem sehr eingeschränkten Sinne als **integrativer** zu bezeichnen (Rz 20). Eine **Glättung** der im Jahresverlauf unregelmäßig anfallenden Erfolgsgrößen mit entsprechenden Abgrenzungsbuchungen wird weder verlangt noch zugelassen. Insoweit ergibt sich überwiegend (zu Ausnahmen Rz 37) auch **kein Gegensatz** zu IAS 34.28 Satz 1, sondern eine Arbeitsteilung (Rz 25).

5.1.3 Ergänzung des diskreten Ansatzes um integrative Elemente

Erträge und Aufwendungen haben regelmäßig eine **Mengen-** und **Preiskom**ponente:[5]   25

- Der **diskrete Ansatz** verbietet, ungleichmäßige Erträge oder Aufwendungen, die dem **Grunde** bzw. der **Menge** nach erst in späteren Quartalen anfallen, anteilig vorzuziehen oder umgekehrt die in den ersten Quartalen anfallenden anteilig den späteren zu belasten. Ausschlaggebend ist das **tatsächliche Mengengerüst** des Quartals. Insoweit besteht ein Vorrang vor dem integrativen Ansatz.
- Hinsichtlich der **Preiskomponente** ist jedoch nach den in IAS 34.B1 ff. enthaltenen Beispielen ein nach herkömmlichem Verständnis eher als integrativ anzusehendes Gedankengut maßgeblich. Ist die Preiskomponente von dem Erreichen bestimmter **Jahresbemessungsgrößen** (Schwellenwertvereinbarungen, progressive Tarife etc.) abhängig, soll als Preis schon in den ersten Quartalen der Wert angesetzt werden, der sich nach der voraussichtlichen Jahresbemessungsgröße ergibt.

---

5   Vgl. LÜDENBACH, PiR 2007, S. 56.

Hierzu folgende **Beispiele**:

Praxis-Beispiel 1 (Mengenkomponente)
Ein saisonalen Schwankungen unterliegender Betrieb sendet seine Mitarbeiter jeweils im schwachen vierten Quartal zu kostenintensiven Fortbildungen. Eine Berücksichtigung der Kosten in den Vorquartalen ist nach IAS 34 nicht zulässig.

Praxis-Beispiel 2 (Preiskomponente)
Der effektive Beitragssatz des Arbeitgeberanteils zur Sozialversicherung hängt von der Höhe des Jahresgehalts des Arbeitnehmers ab. In den laufenden Monaten liegt der Arbeitnehmer X deutlich unter der Beitragsbemessungsgrenze. Erst durch einen hohen im vierten Quartal zur Auszahlung gelangenden Bonus überschreitet er die Beitragsbemessungsgrenze. Aus isolierter Sicht des ersten Quartals beträgt der Arbeitgeberanteil 20 % des Gehalts, aus Sicht des wahrscheinlichen Jahresgehalts nur noch 15 %.
Der Personalaufwand des ersten Quartals ist auf Basis eines wahrscheinlichen Arbeitgeberbeitragssatzes von 15 % zu berechnen (IAS 34.B1).
Hinsichtlich der Jahresprämie selbst besteht kein Gegensatz zwischen diskretem und integrativem Ansatz. Knüpft die Jahresprämie an die Jahresarbeitsleistung an, ist sie im ersten Quartal insoweit wirtschaftlich verursacht und damit durch eine Rückstellung zu berücksichtigen (diskreter Ansatz), wie die Quartalsarbeitsleistung im Verhältnis zur erwarteten Gesamtjahresarbeitsleistung steht (Rz 33). Dies entspricht der Lösung nach dem integrativen Ansatz.

5.1.4   Ertragsteueraufwand

26   Auch für die Bemessung des **Ertragsteueraufwands** gilt bei Quartalsberichterstattung:

- Als steuerliche **Bemessung**sgrundlage („Mengenkomponente" i. w. S.; Rz 25) ist das steuerliche Quartalsergebnis heranzuziehen.
- Der bei progressiven Steuern vom Jahresergebnis abhängige **Steuersatz** („Preiskomponente" i. w. S.; Rz 25) ist hingegen auf Basis der Jahreserwartungen zu bestimmen (*estimated weighted average annual income tax rate*, IAS 34.30(c)).[6]

Diese Schätzung des mutmaßlichen Jahressteuersatzes ist weiterzuführen und ggf. aufgrund des Ergebnisses der folgenden Zwischenberichtperiode anzupassen (IAS 34.B13). Dabei können sich „Verwerfungen" insbesondere durch **indirekte** Progressionseffekte über **Verlust-** oder **Zinsvorträge** (→ § 26 Rz 125) ergeben.

Praxis-Beispiel
Ein Unternehmen erwirtschaftete im Geschäftsjahr 01 einen vorzutragenden steuerlichen Verlust von 5 Mio. EUR, im ersten Halbjahr des Geschäftsjahres 02 einen Gewinn von 5 Mio. EUR. Für das saisonal starke zweite Halbjahr wird mit einem Gewinn von 15 Mio. EUR gerechnet. Der Steuersatz beträgt

---

6   So die Deutsche Post World Net im Zwischenbericht zum 30.6.2007.

25 %. Eine (deutsche) Mindestbesteuerung gilt nicht, eine Steuerlatenz aus Verlustvortrag zum 31.12.01 ist nicht aktiviert.

Da für das Gesamtjahr unter Einbeziehung des steuerlichen Verlustvortrags ein Ergebnis von 5+15–5 = 15 Mio. EUR erwartet wird, beträgt der mutmaßliche Steueraufwand des Jahres 3,75 Mio., der effektive Steuersatz also 3,75 Mio. / 20 Mio. = 18,75 %. Mit dieser Quote und nicht etwa mit einem Satz von 0 % ist das Ergebnis des ersten Halbjahres zu belasten (= 937.500 EUR).

Das vorstehende Ergebnis lässt sich auch wie folgt ableiten:[7]

Der Verlustvortrag wird nicht insgesamt zugunsten des ersten Halbjahres verrechnet, sondern nach Maßgabe des erwarteten Anteils des Halbjahres- am Gesamtjahreseinkommen, und zwar:

$$\frac{5}{20} \times 5 = 1{,}25 \text{ Mio. EUR}$$

Daraus ergibt sich eine Als-ob-Veranlagung für das erste Halbjahr 01:

	EUR
Gewinn	5.000.000
– Verlustverrechnung	1.250.000
zu versteuern	3.750.000
× Steuersatz 25 % =	
Steueraufwand	937.500

Ein ähnliches Ergebnis lässt sich aufgrund des Tarifverlaufs nach Maßgabe der **Zinsschranke** gem. § 4h EStG feststellen.

Praxis-Beispiel

Aufgrund der Zinsschranke rechnet das Unternehmen mit folgenden Ergebnis- und Tarifverläufen bei einem Tarif von 30 %.

Quartal	Einkommen	Zinsschranke	zu versteuern	effektiver Steuersatz %
1	1.000	300	1.300	39
2	0	200	200	–
3	2.000	400	2.400	36
4	4.000	500	4.500	34
Σ	7.000	1.400	8.400	36

Durch die Zinsschranke verläuft der lineare Körperschaft-/Gewerbesteuertarif indirekt **regressiv**.[8] Im Zwischenabschluss zum ersten Quartal ist ein Steuertarif von 36 % = 3.600 anzusetzen.

Umgekehrt zu den Beispielen in Rz 26 liegt ein **linearer** Tarifverlauf im Körperschaft-/Gewerbesteuerbereich vor, wenn innerhalb des Veranlagungszeitraums = Wirtschaftsjahr die Ergebnisse **schwanken**. Die **feststehende** Preiskomponente (Rz 25) – hier der Steuersatz – ist dann auf das Mengengerüst (das Quartalsergebnis) anzuwenden.

27

---

[7] Nach LÜDENBACH, PiR 2008, S. 33.
[8] HOFFMANN/RÜSCH, DStR 2007, S. 2079.

Praxis-Beispiel
Das Unternehmen erzielt im ersten Quartal einen Gewinn vor Steuern von 15 Mio. EUR und rechnet mit jeweils 5 Mio. EUR Verlust in den folgenden drei Quartalen; Jahresergebnis vor Steuern also null. Bei einem Steuersatz von 30 % beträgt der Steueraufwand für das erste Quartal 4,5 Mio. EUR. In den folgenden drei Quartalen ist c. p. jeweils ein Steuerertrag von 1, 5 Mio. EUR auszuweisen.[9]

28 Die Lösung des Beispielfalls unter Rz 27 scheint derjenigen zu den Beispielen unter Rz 26 zu **widersprechen**. Wenn dem so wäre, bestünde auch ein Widerspruch zwischen den Vorgaben in IAS 34.12(c) i.V.m. IAS 34.B12 einerseits und der Falllösung in IAS 34.B16 (Rz 27). Tatsächlich besteht **kein** Widerspruch, weil
- IAS 34.12(c) nur den **Tarif** – die Preiskomponente – bestimmt;
- IAS 34.B16 die gebotene Anwendung der **Mengen**komponente illustriert.

Dieses Ergebnis wird auch bestätigt durch das Beispiel in IAS 34.B15 mit einem progressiven Stufentarif, in dem allerdings nur auf den voraussichtlich (aus Sicht des ersten Quartals) anzuwendenden Gesamttarif abgehoben wird. Ein Widerspruch zwischen IAS 34.12(c) und IAS 34.B16 besteht auch aus folgenden Gründen nicht:
- Die Verrechnung eines Verlustvortrags aus früheren Jahren (Rz 26) mit dem Ergebnis des laufenden Jahres hat nur einen **Tarifeffekt**; er entspringt nicht dem Ergebnis der laufenden (Jahres- oder Zwischen-)Periode.
- Der Verlustausweis im Beispiel unter Rz 27 zu IAS 34.B16 entspringt dem jeweils **ermittelten** Ergebnis vor Steuern. Wenn dieses Ergebnis „ungeglättet" um saisonale Schwankungen und Sondereffekte (Rz 23) auszuweisen ist, muss folgerichtig auch das darauf beruhende Steuerergebnis „ungeglättet" erfasst werden.

Die Charakteristik der deutschen Unternehmenssteuer als **„Jahresgröße"** führt zu keiner anderen Beurteilung.[10] Auch viele andere Rechtsgrundlagen für Aufwands- und Ertragsverrechnungen – Sozialversicherungsbeiträge (zweites Beispiel in Rz 25) oder Umsatzboni (Rz 36) – werden nach dem Jahresvolumen (Mengenkomponente; Rz 25) erfasst. Für den Steueraufwand sieht IAS 34 keine Sonderbehandlung vor. Ohnehin ist eine „Ergebnisglättung" **kein Ziel** der IFRS-Rechnungslegung überhaupt, auch dann nicht, wenn die Gründe für die Schwankungen der Steuerquote Analysten, Banken, Vorständen und Aufsichtsräten schlecht zu vermitteln sind.[11] Im Zeitverlauf **schwankende** Ergebnisse sind dem Leben eines Unternehmens immanent. Sollten diese Schwankungen im *„financial reporting"* eliminiert werden, bedürfte es einer speziellen Anordnung. Eine solche fehlt generell und ist auch für die Zwischenerfolgsdarstellung in IAS 34 nicht vorgesehen – im Gegenteil: Die Grundnorm von IAS 34.28 – Anwendung der Rechnungslegungsgrundsätze des Jahresberichts auch bei der Zwischenberichterstattung (Rz 19) – spricht gegen eine Eliminierung von „Schwankungskomponenten" aus den Zwischenergebnissen. Das muss dann erst recht für den steuerlichen **Folgeeffekt** dieser Schwankungen gelten, was wiederum mit dem *matching principle* (→ § 1 Rz 110) in Einklang steht. Zum gleichen Ergebnis kommt man unter Heran-

---

[9] So die Lösung in IAS 34.B16, befürwortet von ERNST & YOUNG, International GAAP 2016, Ch 38 sCh 9.5.1.
[10] So aber LOITZ, DStR 2006, S. 389.
[11] So LOITZ, DStR 2006, S. 388.

ziehung des **Stichtagsprinzips**, das für den Zwischenabschluss genauso wie für den Jahresabschluss gilt.

Schwankungen in der Steuerquote (→ § 26 Rz 247) – also „ungeglättete" Steuer- **29** aufwendungen in Bezug auf das ausgewiesene Ergebnis – entspringen auch steuerlichen **Sondereffekten** in nennenswerter Größenordnung aufgrund von **nicht abzugsfähigen** Aufwendungen oder **steuerfreien** Erträgen (vgl. die Aufzählung unter → § 26 Rz 246). Solche steuerlichen „Sonderposten" fallen häufig in unregelmäßigen Zeitabständen auch aus Jahressicht an und sind im Jahresabschluss nicht zu „glätten". Das ist im Grunde auch der Sinn und Zweck der **Überleitungsrechnung** vom erwarteten zum effektiven Steueraufwand gem. IAS 12.81(c) (→ § 26 Rz 247), weil die „reguläre" Steueraufwandsermittlung nach IAS 12 auch unter Berücksichtigung der Steuerlatenzrechnung in hohem Umfang erklärungsbedürftig bleibt.

Praxis-Beispiel

Das Unternehmen weist bei einem linearen Ertragssteuersatz von 30 % folgende Daten aus:

Zeitraum	Gewinn	davon steuerneutral	zu versteuern	Steuer Aufwand	% vom Gewinn
Q1	1.000	0	1.000	300	30,0
Q2	5.000	− 3.000	2.000	600	12,0
Q3	3.000	+ 4.000	7.000	2.100	70,0
Q4	2.000	0	2.000	600	30,0
Jahr	**11.000**	**+ 1.000**	**12.000**	**3.600**	**32,7**

In diesem Fall liegt kein progressiver oder regressiver Tarif vor (anders die Beispiele in Rz 26). Die im Zeitverlauf schwankende Steuerquote resultiert aus der Aufwands- und Ertragsstruktur mit unterschiedlicher steuerlicher Behandlung. Diese schlägt sich in einer vom Abweichung vom erwarteten zum effektiven Steueraufwand bzw. Steuersatz nieder, die durch die Überleitungsrechnung im Jahresabschluss zu erklären ist (→ § 26 Rz 244). Eine abweichende Regelung für die Zwischenberichterstattung hätte einer besonderen Regelung in IAS 34 bedurft. Dieses Auslegungsergebnis lässt sich auch aus IAS 34 B14 Satz 2 ableiten.[12] Danach **30** kann z.B. einer (unterstellt) steuerfreien Dividende ein Steuersatz von null zugeordnet werden (Grenzfall eines von der Norm abweichenden Steuersatzes).

Praxis-Beispiel[13]

	Mio. EUR
Gewinn vor Steuern im ersten Halbjahr	5
Gewinn vor Steuern im zweiten Halbjahr	15
Dividende (steuerfrei) im zweiten Halbjahr	5
„Gesamtgewinn"	25

---

12 Vgl. LÜDENBACH, PiR 2008, S. 33.
13 Nach LÜDENBACH, PiR 2008, S. 33.

Der Steuersatz errechnet sich wie folgt:

$$\frac{\text{Steuern}}{\text{Ergebnis vor Steuern}} = 30\,\% \times \frac{20}{25} = \frac{6}{25} = 24\,\%$$

Darauf ergäbe sich ein Steueraufwand für das erste Halbjahr von 5 Mio. EUR
× 24 % = 1,2 Mio. EUR (vgl. aber Rz 25 f.).

31   Mit IAS 34.30(c) kann diese Lösung nicht begründet werden, da die *income tax
rate"* nicht definiert ist. Wertet man dagegen den Steuersatz von null als Grenzwert i. S. d. IAS 34.B14, ist auf die Dividende – und **nur** auf diese – der Tarif von
0 % anzuwenden.

Praxis-Beispiel
In Fortführung des Beispiels unter Rz 30 beträgt dann der Steueraufwand im
ersten Halbjahr 30 % von 5 Mio. EUR = 1,5 Mio. EUR.

Außerdem wird diese Standardauslegung durch eine Analogie zu IAS 34.IE.B19
gestützt. Danach sind Sondereinflüsse *(one time event)* durch Steuergutschriften
in **der** Periode zu vereinnahmen, in der das Ergebnis eintritt.

32   Vorstehende konzeptionelle Überlegungen mögen für den Praktiker auf den
ersten Blick zu vieles offenlassen, denn ihm geht es nicht um Konzepte, sondern
um die **Lösung** seines Falls. Bei zweitem Hinsehen bieten sich **kasuistische**
Antworten entsprechend den Einzelregelungen von IAS 34 mit den dort in den
Anhängen aufgeführten Beispielen an. Dieser pragmatische Ansatz wird ergänzt
durch die vom Standard ohnehin aus *cost-benefit*-Gesichtspunkten (Rz 1) gewährten **Vereinfachungen** (Rz 38) und das bei der Zwischenberichterstattung
noch mehr ins Gewicht fallende **Schätzungs**erfordernis für sehr viele Bilanzposten (Rz 39).

5.2   Kasuistik häufiger Sachverhalte

5.2.1   Jahresendvergütungen an Mitarbeiter (Boni)

33   IAS 34.B5 liefert ein Beispiel zur unterjährigen Erfassung von kurzfristig fälligen,
leistungs- oder gewinnabhängigen **Vergütungen** (Gratifikationen, Tantiemen)
an Arbeitnehmer i. S. d. IAS 19.8 (→ § 22 Rz 7). Diese sind im Zwischenabschluss
sowie im Jahresabschluss nach Maßgabe von IAS 37.14 (→ § 21 Rz 9) anzusetzen. Die Ansatzkriterien sind auch am Stichtag des Zwischenabschlusses erfüllt
(Rz 19), da die vom Arbeitnehmer geschuldete Gegenleistung bis dahin zeitanteilig erbracht worden ist. Entsprechend nimmt IAS 34.B6 Bezug auf die
Formulierung in IAS 34.39 und verlangt einen Rückstellungsansatz „retrograd"
durch Vorwegnahme des Aufwands (*„anticipate"*). Allerdings bleibt das „Volumen" des Aufwands undefiniert.

Praxis-Beispiel[14]
Ein Mitarbeiter erhält vertraglich eine von bestimmten Kriterien abhängige Jahressonderzahlung. Zum 31.3. wird diese auf 16.000 EUR für das Gesamtjahr geschätzt, am 30.6. auf 20.000 EUR. Unabhängig von dem diskreten oder integrativen Ansatz ergibt sich folgende Aufwandsentwicklung.

	Q1	Q2	Q3	Q4	Jahr
Rückstellung	4.000	10.000	15.000	20.000	20.000
Aufwand	4.000	6.000	5.000	5.000	20.000

I. S. e. Sammelbewertung ist die mutmaßliche Mitarbeiterfluktuation gem. IAS 19.18 zu berücksichtigen. Diese Betrachtungsweise wird für den unterjährigen Abschluss durch IAS 34 allerdings nicht förmlich bestätigt. Eine zeitanteilige Aufwandsverrechnung ergibt sich in jedem Fall nach Maßgabe des integrativen Ansatzes, u. E. aber auch aus Sicht des *discrete view* (Rz 19).[15] Ein Ansatzkriterium für Verbindlichkeiten/Rückstellungen stellt das **Vergangenheits**ereignis dar (→ §21 Rz 11). Dieses ist nicht (nur) durch Rechtsansprüche, sondern auch durch wirtschaftliche Leistungselemente definiert. Die Verbindlichkeit wächst bis zur Erfüllung durch die erbrachte Arbeitsleistung an.

Praxis-Beispiel
Der Arbeitnehmer im vorstehenden Beispiel stellt seine Tätigkeit am 31.5. ein, um ein unbezahltes Sabbatjahr wahrzunehmen. Die Jahressonderzahlung wird dann nur anteilig ausbezahlt.

Praxis-Beispiel (Abwandlung)
Für einen schwierigen auf drei Jahre fest vereinbarten Auslandseinsatz mit Beginn am 1.1.01 erhält ein leitender Ingenieur eine Jahressonderzahlung von 50 TEUR, insgesamt also 150 TEUR, zahlbar nach dem Ende des Auslandseinsatzes. Im Jahresabschluss zum 31.12.01 sind 50 TEUR und nicht 150 TEUR über Verbindlichkeit dem Aufwand zu belasten – konkret im ersten Quartal 01 12.500 EUR.
Diese – zeitanteilige bzw. integrative – Lösung entspricht auch der Vorgehensweise bei der Aufwandsverrechnung für Aktienoptionen (→ §23).

5.2.2 Bedingte Leasingzahlung

IAS 34.B7 stellt den Fall einer **bedingten** Leasingzahlung dar. Der Leasingvertrag kann eine bedingte Zahlungsverpflichtung des Leasingnehmers bei Erreichen eines bestimmten **Jahres**umsatzes vorsehen. In diesem Fall ist eine ansatzpflichtige Verbindlichkeit für den Zwischenabschluss schon dann anzunehmen, wenn (zum Zwischenabschlussstichtag) das Jahresziel zwar noch nicht erreicht ist, aber vom Erreichen bis zum Jahresende ausgegangen werden kann. Dies entspricht der Differenzierung zwischen Mengen- und Preiskomponente (Rz 25). Daraus ist

34

---

14   Nach ALVAREZ, PiR 2006, S. 225.
15   A. A. ALVAREZ, PiR 2006, S. 325.

u. E. – mit der vorstehenden Begründung (Rz 33) zur Jahressonderzahlung an Mitarbeiter – eine unterjährige Aufwandsabgrenzung abzuleiten; andererseits wird auch die Einbuchung der mutmaßlichen vollen Jahresverpflichtung befürwortet, sobald die Zielerreichung in Aussicht steht,[16] oder eine erstmalige Berücksichtigung erst dann, wenn die Jahresbezugsgröße erreicht ist.[17]

5.2.3 Vergütete Nichtarbeitszeiten

35 Nach IAS 19.11 (→ § 22 Rz 11) sind zu unterscheiden:
- **ansammelbare** Ansprüche aus Urlaubsgewährung und Gleitzeitguthaben,
- **nicht ansammelbare** Ansprüche aus Krankheit, Erziehungsurlaub, sonstige Abwesenheitszeiten *(sabbaticals)*.

IAS 34.B10 differenziert entsprechend:
Rückstellungen sind **nur** für – am Stichtag bestehende – **ansammelbare** Ansprüche zu bilden, da dann eine entsprechende ansatzbegründende Verpflichtung besteht. Diese ist mit einer unterstellten Abgeltung für die bis zum Stichtag aufgelaufenen Ansprüche (Arbeitsfreistellung) zu bewerten. Das gilt auch für den Zwischenabschluss, selbst wenn bis zum Stichtag des Jahresabschlusses mit einer Kompensation zu rechnen ist. U. E. entspricht diese Lösung sowohl dem eigenständigen (Rz 19) als auch dem integrativen (Rz 24) Ansatz.

5.2.4 Mengenrabatte und Ähnliches

36 Vertraglich fixierte Mengenrabatte und ähnliche Preisänderungen sind nach IAS 34.B23 sowohl vom Empfänger als auch vom leistenden Unternehmen periodengerecht abzugrenzen *(anticipate)*, sofern am Stichtag des Zwischenabschlusses eine **Wahrscheinlichkeit** des Eintretens besteht. Auch bei ihnen stellt sich die Frage, ob nach dem eigenständigen Ansatz[18] der mutmaßliche **Gesamt**betrag des Jahres in den Zwischenabschluss einzustellen ist oder eine **zeitanteilige** Zuordnung nach dem integrativen Ansatz erfolgen muss.[19] U. E. ist wieder mit der Begründung unter Rz 33 die **zeitanteilige** Einbuchung **vorzugswürdig**. Das gilt gleichermaßen für **Rabatt**ansprüche und -verpflichtungen mit progressiv gestalteter Wertkomponente (Rz 33, erstes Beispiel), **nicht** aber für Sonderrabatte und ähnliche verkaufsfördernde Maßnahmen.

Praxis-Beispiel
Sachverhalt
Unternehmer K erhält für Einkäufe von V auf Jahresbasis Rabatte nach folgender Maßgabe:

bis 1.000 Stück	1 % vom Einkaufspreis
bis 2.000 Stück	2 % vom Einkaufspreis
ab 2.000 Stück	3 % vom Einkaufspreis

---

[16] So ALVAREZ, PiR 2006, S. 226.
[17] PEEMÖLLER, in: WILEY, IAS/IFRS, 2005, Abschn. 19, Tz 11.
[18] So ALVAREZ, PiR 2006, S. 226.
[19] So HEBESTREIT, in: BECK'sches IFRS-Handbuch, 5. Aufl., 2016, § 43, Tz 86.

> Üblicherweise werden die meisten Einkäufe im vierten Quartal getätigt. Im ersten Quartal sind 300 Stück eingekauft worden. K rechnet zum Ende des ersten Quartals mit einem Jahresbezug von 3.500.
>
> **Lösung**
> Entsprechend der „Arbeitsteilung" von integrativen und diskreten Elementen (Rz 25) wird im Abschluss für das erste Quartal auf den Einkauf von 300 Stück ein Rabattsatz von 3 % angewandt.
>
> **Abwandlung des Sachverhalts**
> K hat einen Bilanzstichtag 30.6., V den 31.12. Der Rabattsatz bestimmt sich nach dem Volumen des Bezugs im Kalenderjahr. Am (regulären) Bilanzstichtag 30.6.01 hat K 900 Stück eingekauft. Er rechnet mit einem Einkaufsvolumen bis zum 31.12.01 von 2.300 Stück. Zum 30.6.01 ist auf die **Menge** von 900 Stück der Rabattsatz von 3 % (Preiskomponente) anzuwenden. Das gleiche Ergebnis gilt für V im Zwischenabschluss zum 30.6.01 bei einer gleichen Einschätzung des Verkaufsvolumens.

Im „regulären" Abschluss und im Zwischenabschluss stellt sich das **gleiche** Ergebnis heraus. Integrativer und diskreter Ansatz führen zur gleichen Lösung.

5.2.5 *Impairment*-Abschreibung und Wertaufholung

Nach IAS 34.B36 sind für den Zwischenbericht die gleichen Kriterien für den 37 *impairment test* und die Wertaufholung anzulegen wie für den Jahresabschluss. Für folgende Vermögenswerte besteht nach den IFRS ein Wertaufholungs**verbot** nach vorheriger *impairment*-Abschreibung:

- *goodwill* aus einem Unternehmenszusammenschluss nach IAS 36.124 (→ § 11 Rz 222),
- hilfsweise zu Anschaffungskosten bewertete Eigenkapitalinstrumente (Anteile) nach IAS 39.66 (→ § 28 Rz 201).

Bei *available-for-sale*-Eigenkapitalinstrumenten ist nach IAS 39.69 die außerplanmäßige Abschreibung GuV-wirksam, die Wertaufholung hingegen erfolgsneutral (→ § 28 Rz 473).

Daraus stellt sich im Hinblick auf die Zwischenberichterstattung die Frage: Gilt das Wertaufholungsverbot bzw. die Erfolgsneutralität der Wertaufholung auch dann, wenn zum Stichtag eines Zwischenberichtsabschlusses die Wertminderung gegeben war, bis zum Ende des Jahresabschlusses oder eines vorhergehenden Zwischenabschlusses der Wertminderungsgrund aber weggefallen ist? Die Antwort darauf differiert je nach Gültigkeit des **eigenständigen** (Rz 19) oder des (eng interpretierten) **integrativen** Ansatzes (Rz 24): Im erstgenannten Fall wird „streng" stichtagsbezogen betrachtet; eine einmal eingetretene Wertminderung verhindert eine spätere (erfolgswirksame) Wertaufholung. Im zweiten Fall wird der Wertminderungstatbestand am Stichtag des Zwischenabschlusses ignoriert, es wird ausschließlich auf die Wertverhältnisse am Jahresabschlussstichtag abgehoben, damit das Jahresergebnis von der Häufigkeit der Zwischenberichterstattung unberührt bleibt.

IFRIC 10.8 schreibt für die genannten Fälle den **eigenständigen** Ansatz vor und gibt damit bei Konfliktfällen IAS 34.28 Satz 1 Vorrang vor IAS 34.28 Satz 2. Ein solcher **Konflikt** liegt im Gegensatz zur „Versöhnung" zwischen integrativem und

diskretem Ansatz nach den nachfolgenden Beispielen hier vor. Die *impairment*-
Abschreibung lässt sich als Einmaleffekt nicht in Menge und Preis „zerlegen".
Dazu folgendes Beispiel:

Praxis-Beispiel
Die Unternehmen A und B haben den Abschlussstichtag 31.12. Sie halten
jeweils 100 Aktien der XYZ AG, die als *available for sale* (→ § 28 Rz 200)
qualifiziert sind. A erstattet vierteljährlich Zwischenbericht, B veröffentlicht
keine Zwischenberichte.
Zum 31.3. nimmt A eine erfolgswirksame *impairment*-Abschreibung von
30 GE auf die XYZ-Aktien vor. Bis zum 30.6. steigt der Kurs der XYZ-
Aktien unerwartet wieder auf das zuvor bestehende Kursniveau, der Grund
für die Wertminderungsabschreibung zum 31.3. fällt weg.
- Im zweiten Vierteljahresabschluss der A wird die vorgenommene Wertminderung erfolgsneutral aufgeholt. Im Jahresabschluss entsteht ein Aufwand von 30 GE.
- Die B bucht keinen Aufwand, da zum Bewertungsstichtag (31.12.) keine
  Wertminderung mehr vorliegt.

Im Ergebnis bestimmt die Häufigkeit der Zwischenberichterstattung die erfolgsmäßige Abbildung ein und desselben Sachverhalts und beeinträchtigt entsprechend die zwischenbetriebliche Vergleichbarkeit von Zwischen- und Jahresabschlüssen.

Praxis-Beispiel
A erstattet vierteljährlich Zwischenberichte, B veröffentlicht keine Zwischen-
berichte.
Zum 31.3. nimmt A eine *goodwill*-Abschreibung von 30 GE vor. Bis zum
Jahresende ist der Grund für die Wertminderungsabschreibung entfallen.
- Im Jahresabschluss der A entsteht ein Aufwand von 30 GE. Der *goodwill*
  ist wegen des Wertaufholungsverbots um 30 GE niedriger als im Vorjahr.
- B würde bei gleichen Verhältnissen keinen Aufwand und keine Minderung
  des *goodwill* buchen, da zum Bewertungsstichtag (31.12.) keine Wertminderung vorliegt.

Diese aus dem eigenständigen Ansatz abgeleitete Lösung des IFRIC soll nach
IFRIC 10.9 **nicht** analog auf **andere** Sachverhalte angewandt werden. Diese
Aussage lässt offen, ob in analogen Fällen gerade umgekehrt IAS 34.28 Satz 2
Vorrang zu geben ist oder nach Belieben verfahren werden kann.
Weitere Unklarheiten können sich ergeben, wenn im Jahresverlauf sowohl
Zwischenberichte nach IAS 34 als auch einfachere Finanzinformationen ver-
öffentlicht werden.

Praxis-Beispiel
Am 31.3. war ein *impairment* auf einen *goodwill* gegeben. Diese Minderung
des Werts ist in der Finanzinformation zu diesem Stichtag enthalten.
- Variante 1: Zum 30.6. ist in vollem Umfang eine Wertaufholung zu verzeichnen.

- Variante 2: Zum 30.6. ist der Wertverlust unverändert, zum 30.9. liegt eine vollständige Wertaufholung vor.

Die Lösung hängt von der **Qualifikation** der Finanzinformationen zum 31.3. und 30.9. ab.

Lösung 1
- Wenn nur der IAS 34-konforme Halbjahresbericht und damit IFRIC 10 beachtlich ist, kann die Wertaufholung zum 30.6. in der Variante 1 „verbucht" werden. In Variante 2 kommt eine Wertaufholung nicht in Betracht.

Lösung 2
- Wenn IFRIC 10 auch auf die Zwischeninformationen zum 31.3. und 30.9. anzuwenden ist, kommt in Variante 1 und 2 eine Verbuchung der Wertaufholung nicht in Betracht.

Wir favorisieren die Lösung 1 mit folgender Begründung: IFRIC 10 befasst sich „auftragsgemäß" mit dem Konflikt zwischen IAS 36 und IAS 34. Die Zwischenfinanzberichte zum 31.3. und 30.9.unterliegen aber gerade nicht dem Reglement des IAS 34.

5.2.6 Vereinfachte Bewertungstechniken

In IAS 34.B und IAS 34.C ist eine Reihe von Beispielen enthalten, die i.S.d. **38** *cost-benefit*-Betrachtung (Rz 1) **Vereinfachungen** illustrativ, also nicht abschließend, für typische Bilanzierungsfragen auflisten.

- **Rückstellungen** für Pensionen, Garantien, Rechtsstreitigkeiten oder Rekultivierungsverpflichtungen können im Zwischenabschluss oftmals mittels pauschaler Fortschreibung der Vergangenheit oder aufgrund von Schätzungen ermittelt werden. Die Einbeziehung externer Experten zur Wertfindung ist nicht erforderlich.
- Im **Vorratsvermögen** ist bei angemessener Bestandsführung keine **Inventur** notwendig und die Bewertung kann bei Vorliegen entsprechender Informationen anhand von **Stichproben** oder aufgrund geschätzter Gewinnmargen erfolgen. Bei Anwendung der **Standardkostenmethode** sind auslastungsbedingte Schwankungen auch unterjährig in der Bewertung zu berücksichtigen. Gleiches gilt für Verluste aufgrund **gesunkener Verwertungspreise**.
- **Erwartete Boni, Rabatte und Skonti** sind sowohl auf der Absatz- wie auf der Beschaffungsseite zu berücksichtigen, sofern deren Erstattung am Jahresende verbindlich geregelt ist. Erhoffte Nachlässe oder Nachlässe ohne Verpflichtung sind nicht anzusetzen.
- Erfolgt eine *fair-value*-Bewertung gem. IAS 40 (→ § 16 Rz 54), so kann diese möglicherweise ohne externe Gutachten erfolgen.
- Ein *impairment test* gem. IAS 36 (→ § 11 Rz 13ff.) ist nur dann im Detail vorzunehmen, wenn Hinweise auf Abwertungsbedarf vorliegen.
- In der **Abstimmung** innerkonzernlicher Positionen kann unterjährig weniger gründlich vorgegangen werden als am Jahresende (→ § 32 Rz 124).

- Gewinne oder Verluste aus **Fremdwährungsgeschäften** (→ § 27 Rz 29) sind auch unterjährig zu vereinnahmen, unabhängig davon, ob bis Jahresende eine entsprechende Umkehr erwartet wird oder nicht.

5.2.7 Änderungen von Schätzungen und Bewertungsmethode

39   Implizit geht der **Vereinfachung**sgedanke auch aus IAS 34.26 hervor. Dort sind abweichend zu den vergleichbaren anderen Standards, die sich mit Ansatz- und Bewertungsfragen befassen, die **Schätzungserfordernisse besonders** angesprochen. Eine mögliche Interpretation ist jedenfalls: Bei der Zwischenabschlusserstellung kann im Schätzungsprozess eher **großzügig** verfahren werden. Wenn sich dann bei der Erstellung des Jahresabschlusses ein wesentliches Änderungserfordernis im Schätzungsprozess herausstellt, ist dies im Anhang zum Jahresabschluss zu erläutern. Außerdem erlaubt IAS 34.41 eine großzügigere Anwendung von Schätzungen im Zwischenabschluss im Vergleich zur Jahresrechnung. Schätzungsanpassungen sind im laufenden Zwischenabschluss, also prospektiv, zu erfassen (IAS 34.35). Neben der Änderung von Schätzungen können sich unterjährig auch **Änderungen** der angewandten **Bilanzierungs- und Bewertungsmethoden** ergeben. Gem. IAS 8 sind die daraus resultierenden kumulierten Umstellungseffekte erfolgsneutral im Ergebnisvortrag zum Beginn der dargestellten Perioden aufzunehmen (→ § 24 Rz 28). Danach müssen sowohl die bisherigen für das laufende Jahr vorgelegten Zwischenabschlüsse als auch die entsprechenden Vergleichszahlen der Vorperiode rückwirkend **angepasst** werden. Eine **Befreiung** hiervon besteht lediglich dann, wenn die Anpassung nur mit einem unzumutbar hohen Aufwand durchführbar wäre (IAS 34.43 f. i. V. m. IAS 8.23 ff.). Vgl. hierzu → § 24 Rz 28 ff.

6   Angaben

40   Neben den zusammenfassenden Zahlenangaben (Rz 17) muss ein Zwischenbericht gem. IAS 34.15 ff. wesentliche Ereignisse und Transaktionen (*significant events and transactions*) enthalten. Die Auswahl der offenzulegenden Informationen erfolgt unter Annahme, dass dem Leser des Zwischenberichts auch der **vorhergehende vollständige Jahresabschluss** nach IFRS bekannt ist. Da der Zwischenbericht eher der kurzfristigen Information dient, sind nur solche Anhangangaben zwingend, die **wesentliche Veränderungen** zu den dem letzten Jahres- oder Konzernabschluss zugrunde liegenden wirtschaftlichen Verhältnissen aufzeigen, um so den Adressaten auf dem neuesten Stand der Unternehmensentwicklung zu halten (Rz 1). Dem Adressaten soll ein *update* der relevanten Informationen geliefert werden (IAS 34.15). Die Offenlegung weiter gehender Angaben wird teilweise sogar als kontraproduktiv angesehen, da sie von den eigentlich **wichtigen** Entwicklungen ablenken und diese in den Hintergrund drängen kann.[20] Zum Erfordernis einer Anhangerläuterung, die in der **strukturellen** Änderung von **wesentlichen** Unternehmensdaten gegenüber dem letzten Jahresabschluss begründet ist, folgendes Beispiel:

---

[20] Vgl. ALVAREZ/WOTSCHOFSKY, 2000, S. 56; vgl. dazu auch KPMG, Insights into IFRS 2015/2016, Tz 5.9.60.50.

Praxis-Beispiel
Sachverhalt
Unternehmen F hatte in den letzten Jahren eine stetige Umsatzentwicklung mit jeweils geringen Zuwachsraten ausgewiesen. Aufgrund von plötzlich eintretenden Änderungen im Nachfrageverhalten wichtiger Abnehmer ist im ersten Halbjahr 01 der Umsatz um 30 % eingebrochen. Dies hätte an sich eine sofortige Reduktion der Produktion unter Einführung von Kurzarbeit und nennenswerte Entlassungen von Mitarbeitern bedingt. Stattdessen hat das Management die sonst am Markt einstweilen nicht verkäufliche Produktion an verschiedene nahestehende Personen fakturiert und so einen stetigen Umsatz ausgewiesen.

Lösung
Im Anhang des betreffenden Zwischenabschlusses ist auf diesen Sachverhalt (→ § 30) speziell einzugehen, weil er im letzten Jahresabschluss nicht vorgelegen hat.

Unabhängig von der Berichterstattungspflicht für wesentliche **Änderungen** gegenüber den im letzten Jahres-Geschäftsbericht aufgeführten Fakten unterliegen die Beziehungen zu **nahestehenden Personen** einer **besonderen** Beobachtung: Nach § 37w Abs. 4 WpHG (und DRS 16.50) sind bei der Zwischenberichterstattung inländischer Aktienemittenten die wesentlichen Geschäfte mit **nahestehenden Personen** entweder im Zwischen-Lagebericht oder im Anhang anzugeben. IAS 34.15B(j) verlangt die Angabe von Transaktionen mit nahestehenden Personen und Unternehmen, sofern sie „**signifikant**" sind. Diese Vorgabe entspricht inhaltlich derjenigen in § 37w Abs. 4 WpHG, wonach „wesentliche Geschäfte des Emittenten mit nahestehenden Personen der Angabepflicht unterliegen". Daraus lässt sich ohne Weiteres **negativ** folgern: Bei **unwesentlichen** bzw. nicht signifikanten Transaktionen mit nahestehenden Personen etc. ist **keine** Angabe im Zwischenbericht bzw. im Zwischen-Lagebericht erforderlich.

Weiter stellt sich aber die Frage, ob Wesentlichkeit bzw. Signifikanz **statisch** (aktuelle Größenordnung) oder nicht vielmehr **dynamisch** (Änderung gegenüber dem letzten Jahresabschluss) zu würdigen sind. Für eine dynamische Interpretation spricht die Aufforderung von IAS 34.15A (Rz 2), die Kenntnis des letzten Jahresabschlusses durch den Zwischenberichtsadressaten zu unterstellen und deshalb keine insignifikanten *updates* zu den Informationen des letzten Jahresabschlusses zu geben. Danach wären nur wesentliche **Änderungen** in Verhältnissen zu nahestehenden Personen darzustellen. Gegen eine solche Auslegung spricht möglicherweise DRS 16.50, der (kumulativ) Angaben zu
- **Geschäften** mit Nahestehenden, die einen wesentlichen Einfluss auf die wirtschaftliche **Lage** ausüben, und
- **Änderungen** von Geschäften mit Nahestehenden, die im letzten Konzernabschluss angegeben worden sind, sofern sie wesentlichen Einfluss auf die wirtschaftliche Situation haben,

verlangt.

Unabhängig von der Frage, ob Wesentlichkeit vorrangig dynamisch oder zusätzlich statisch zu interpretieren ist, gilt u.E.: Zu den als wesentlich/signifikant
identifizierten Geschäften sind quantitative Angaben zu leisten, qualitative reichen nicht aus.

In der Praxis wird der Wesentlichkeit und Signifikanz teilweise keine Bedeutung
beigemessen, in den Zwischenberichten daher das gleiche Format wie für den
„regulären" Geschäftsbericht verwendet.

41   IAS 34.15B enthält eine (keine abschließende) Aufzählung möglicher Ereignisse
und Transaktionen, über die ggf. bei **Wesentlichkeit** zu berichten ist. Nicht
erschöpfend werden folgende Sachverhalte aufgeführt:

- Abschreibungen und Zuschreibungen auf Vorratsvermögen (→ § 17 Rz 53 ff.);
- Erfassung von *impairment*-Verlust auf Finanzvermögen (→ § 28 Rz 382 /
  Rz 340), Sachanlagen und immaterielle Anlagewerte (→ § 11 Rz 14 ff.) und
  sonstige Vermögenswerte sowie die entsprechenden Zuschreibungen;
- Kauf und Verkauf von Sachanlagen und Ausrüstung;
- Verpflichtungen zum Kauf von Sachanlagen und Ausrüstung;
- eingegangene Gerichtsverfahren;
- Korrektur von Bilanzierungsfehlern (*errors*) in früheren Perioden (→ § 24
  Rz 41);
- Änderungen im Geschäftsmodell oder in den ökonomischen Umweltbedin-
  gungen, die sich auf die *fair values* von Vermögenswerten und Schulden
  beziehen, auch wenn die Verbuchung *at amortised cost* erfolgt ist (→ § 28
  Rz 187);
- Verstöße gegen Darlehensbedingungen;
- Geschäftsvorfälle mit Nahestehenden (Rz 40);
- Wechsel in der Anwendung der *fair-value*-Hierarchie bei entsprechender
  Bewertung von Finanzinstrumenten (→ § 31 Rz 103);
- Änderung der Klassifizierung von Finanzinstrumenten wegen angepasstem
  Verwendungszweck;
- Änderungen bei nicht bilanzierten (*contingent*; → § 21 Rz 113 ff.) Ver-
  mögenswerten und Schulden.

Zu dem letztgenannten Aufzählungspunkt folgendes Beispiel:

> **Praxis-Beispiel**
> Das Maschinenbauunternehmen M ist im Jahr 01 in einen Passivprozess
> wegen Patentverletzung eingetreten. Die Wahrscheinlichkeit einer Verurtei-
> lung wurde bei Bilanzerstellung für 01 als sehr geringfügig (*remote*) eingestuft
> (→ § 21 Rz 178). Im Zwischenberichtszeitraum ist eine Beweiserhebung vor
> Gericht erfolgt, wonach der Rechtsvertreter der M die Rechtslage nicht mehr
> ganz so positiv beurteilt, andererseits auch nicht mit einiger Wahrscheinlich-
> keit von einer Verurteilung ausgeht. Daraufhin wird in den Anhang des
> Zwischenberichts ein entsprechender Hinweis aufgenommen.

42   Als **Mindestumfang** ist gem. IAS 34.16A der folgende **Katalog** von Anhangangaben in einen Zwischenabschluss aufzunehmen, sofern diese sich nicht aus
anderen Elementen des Abschlusses ergeben und für das Verständnis der vergangenen Zwischenberichtsperiode oder des gesamten Zeitraums seit dem letzten Jahresabschluss von Bedeutung sind:

- Hinweis auf **Veränderungen** bei den angewandten **Bilanzierungs- und Bewertungsmethoden** und die sich hieraus ergebenden Auswirkungen auf Ergebnis, Ergebnis je Aktie und das Eigenkapital sowie weitere wesentliche betroffene Positionen des Zwischenabschlusses. Sind keine Veränderungen erfolgt, so ist dies durch eine entsprechende ausdrückliche Aussage zu bestätigen.
- Erläuternde Angaben über eventuelle **saisonale** oder **zyklische Eigenheiten** des Geschäfts des Unternehmens.

Praxis-Beispiel

Ein Sportwagenhersteller überlegt, erstmals Zwischenberichte nach IFRS zu veröffentlichen. Die Verkaufszahlen und damit die Umsatzerlöse und das Ergebnis schwanken unterjährig jedoch erheblich, wobei traditionell im Frühjahr ein wesentlich höheres Absatzvolumen erzielt wird als im Herbst.

Um bei der Analyse von Zwischenabschlüssen nachhaltige Umsatzveränderungen von rein saisonal bedingten Absatzschwankungen zu trennen, könnten – über das ohnehin darzustellende Vorjahr – im Anhang entsprechende Erfahrungswerte aus den vergangenen Jahren aufgenommen werden. Die Sorge, Zwischenberichte würden bei saisonalen Geschäften zu unerwünschten kurzfristigen Reaktionen des Kapitalmarkts führen, scheint vor diesem Hintergrund unbegründet.

- Erläuterung von **Sachverhalten**, die sich auf Aktiva, Verbindlichkeiten, Eigenkapital, Ergebnis oder *cash flow* auswirken und aufgrund ihrer Höhe, ihrer Art oder des Rhythmus ihres Auftretens **ungewöhnlich** sind.

Praxis-Beispiel

Durch eine Änderung im angebotenen Produktspektrum kann eine Fertigungsstraße nicht mehr wie geplant genutzt, sondern muss verschrottet werden. Es kommt zu einer *impairment*-Abwertung gem. IAS 36 (→ § 11 Rz 13 ff.).

- **Änderungen** von in Vorperioden erfolgten **Schätzungen**.

Praxis-Beispiel

Im letzten Jahresabschluss wurde eine hohe Rückstellung für Restrukturierungsmaßnahmen gebildet. Durch eine Sondervereinbarung mit dem Betriebsrat kann die Unternehmensleitung einen Teil der befürchteten Entlassungen durch ein neues Arbeitszeitmodell vermeiden. Die für den Sozialplan gebildete Rückstellung wird nicht benötigt und kann ergebniswirksam aufgelöst werden.

- Ausgabe, Erwerb oder Rückzahlung von **Eigen- oder Fremdkapitalpapieren**.
- **Ausgezahlte Dividenden** für jede ausstehende Aktiengattung, wobei die Angabe in Summe des gezahlten Betrags oder pro Aktie geschehen kann.
- Eine eingeschränkte **Segment**berichterstattung nach einer Auswahl von Angabepflichten nach IFRS 8 (→ § 36).
- **Nach dem Stichtag** des Zwischenabschlusses liegende Ereignisse, sofern diese noch nicht im Zwischenabschluss Berücksichtigung gefunden haben.

> **Praxis-Beispiel**
> Das erste Quartal eines Pharmaunternehmens endet am 31.3. Am 5.4. kommt
> es zu einer Verfügung der Gesundheitsbehörde, wonach eines der wichtigsten
> Medikamente wegen vermuteter schädigender Nebeneffekte vom Markt zu
> nehmen ist.

- Auswirkungen von **Veränderungen** in der **Zusammensetzung** der berichtenden Unternehmenseinheit, die während der Zwischenperiode aufgetreten sind.
  Dies umfasst Erst- und Entkonsolidierungen, den Erwerb und die Veräußerung von Beteiligungen und assoziierten Unternehmen, Restrukturierungen
  sowie nicht fortgeführte Geschäftsbereiche *(discontinued operations)*.
- Bestimmte Angaben zur *fair-value*-Ermittlung nach IFRS 13.

Zur **Segmentberichterstattung** bestehen nach IAS 34.16A(g) folgende Angabepflichten:

- Segmenterlöse mit externen Kunden und mit anderen Segmenten, sofern sie
  im ausgewiesenen Segmentergebnis enthalten sind,
- Segmentergebnis,
- wesentliche Veränderungen des Segmentvermögens, soweit hierüber regelmäßig an den CODM berichtet wird und sich gegenüber dem letzten Jahresabschluss wesentliche Änderungen ergeben haben,
- Darstellung wesentlicher Veränderungen der Segmentierung oder der Bewertung,
- Überleitungsrechnung von den Segmentergebnissen zum Unternehmens-
  ergebnis.

43   Die konkrete **Art und Weise**, in der die vorstehend dargestellten Offenlegungen
und Angaben zu erfolgen haben, ist in IAS 34 nicht explizit geregelt. IAS 34.15B
verweist hierzu auf diejenigen Stellen der IFRS, in denen die betreffenden
Offenlegungen für Zwecke des Jahresabschlusses festgelegt sind. I. d. R. sind
dies die Hinweise zum *disclosure* bei den jeweiligen Einzelstandards, soweit sie
die entsprechenden Bilanzposten betreffen, oder explizite Regelungen zu Anhangangaben (z.B. IAS 37 zu *contingent liabilities*). Sofern sich somit dem
Grunde nach zwingende Anhangangaben in einem Zwischenbericht ergeben,
sind für diese Bereiche in **inhaltlicher** Hinsicht die für einen vollständigen
Jahresabschluss üblichen Angaben vorzunehmen. In **zeitlicher** Hinsicht müssen
die Angaben für den gesamten Zeitraum seit dem vorhergehenden Jahresabschluss erfolgen, nicht nur – sofern vom kumulierten Zeitraum abweichend –
für die unmittelbar zu Ende gehende Zwischenperiode.

44   Bestimmte Anhangangaben müssen nicht zwingend im Zwischenbericht selbst
erfolgen, sofern sie an anderer Stelle *(elsewhere)* dem Adressaten mitgeteilt
werden (IAS 34.16A Satz 1). Voraussetzungen hierfür sind:

- Querverweise im Zwischenbericht in die weiteren Informationsdokumente,
- Verfügbarkeit dieses Dokuments für die Nutzer der Zwischenberichterstattung unter den gleichen Bedingungen und zur gleichen Zeit.

Aus deutscher Sicht ist damit insbesondere der Zwischenlagebericht angesprochen.

Auf die **Checkliste „IFRS-Abschlussangaben"** (siehe HI10157883 im Haufe
IFRS-Kommentar Online) wird verwiesen (→ § 5 Rz 8).

7 Anwendungszeitpunkt, Rechtsentwicklung

IAS 34 ist erstmals auf ein ab dem **1.1.1999** beginnendes Geschäftsjahr anzu- **45** wenden. Wichtigste materielle Änderung bzw. Ergänzung in den Folgejahren war die Verabschiedung von IFRIC 10 betreffend außerplanmäßige Abschreibungen (Rz 37).

Nach dem *AIP 2012–2014 Cycle* müssen bestimmte Anhangangaben in der **46** Zwischenberichterstattung nicht zwingend im Zwischenbericht selbst erfolgen, sofern sie an anderer Stelle eines zeitgleich und gleichermaßen zugänglichen Berichts (z.B. in einem Zwischenlagebericht) dem Adressaten mitgeteilt werden und im eigentlichen Zwischenbericht auf die „Fundstelle" verwiesen wird (Rz 44).

Nach der Novelle des Transparenzrichtlinie-Umsetzungsgesetzes (TUG) vom **47** November 2015 und entsprechenden Änderungen der Börsenordnungen können sich Unternehmen, die einen organisierten Markt in Anspruch nehmen, mit einem Halbjahresbericht begnügen, während für die Quartale eine Quartalsmitteilung reicht (Rz 5 ff.).

I
Branchenspezifische Vorschriften

§ 39 BILANZIERUNG VON VERSICHERUNGSVERTRÄGEN
(Insurance Contracts)

Schrifttum: LUDWIG/REISS/WERNER, Rückstellung für latente Beitragsrückerstattung im Financial Statement der Versicherungskonzerne nach IFRS, WPg 2007, S. 607 ff.; OTT/ROCKEL, Bilanzierung von Drohverlustrückstellungen bei Versicherungsunternehmen nach HGB, US-GAAP und IAS/IFRS, WPg 2004, S. 798 ff.; ROCKEL, Fair Value-Bilanzierung versicherungstechnischer Verpflichtungen, 2004; ROCKEL/HELTEN/OTT/SAUER, Versicherungsbilanzen, 3. Aufl., 2012.

Vorbemerkung
Die Kommentierung bezieht sich auf IFRS 4 in der aktuellen Fassung und berücksichtigt alle Ergänzungen, Änderungen und Interpretationen, die bis zum 1.1.2017 beschlossen wurden.
Ein Überblick über die künftigen Bilanzierungsregeln findet sich in Rz 46 ff.

1 Zielsetzung, Regelungsinhalt, Begriffe

1.1 „Zwei-Phasen-Einführung" eines IFRS für Versicherungsverträge

Die Ausarbeitung konzeptioneller Vorgaben zur bilanziellen Abbildung von   1
Versicherungsverträgen (*insurance contracts*) beschäftigt den IASB (zu Projektbeginn noch IASC) bereits seit 1997. Ein erstes Diskussionspapier (*Issues Paper*) wurde 1999 veröffentlicht. In einem in 2001 folgenden Diskussionspapier (*Draft*

Statement of Principles) wurden bereits die geplanten Prinzipien – Abstellen auf einen *asset-liability*-Ansatz und *fair-value*-Bewertung versicherungstechnischer Verpflichtungen – vorgestellt.

2   Mit verpflichtender Einführung der IFRS für kapitalmarktorientierte (Mutter-)Unternehmen innerhalb der EU (IAS-Verordnung) in 2002 wurde beschlossen, die Ausarbeitung der Vorgaben zur bilanziellen Abbildung von *insurance contracts* in zwei Phasen zu unterteilen:

- Die Phase I war als Übergangsregel vorgesehen. Nach dem am 31.3.2004 veröffentlichten IFRS 4 können Unternehmen mit Versicherungsverträgen weitestgehend die bislang zugrunde gelegten Bilanzierungs- und Bewertungsmethoden für Versicherungsverträge beibehalten. Die Vergleichbarkeit verschiedener Unternehmen soll durch umfangreiche Angabepflichten sichergestellt werden.
- Mit der Phase II soll die Ausarbeitung der konzeptionellen Grundlagen abgeschlossen sein. Ein erster *Exposure Draft* (ED) wurde bereits in 2010 vorgestellt. Die Vorschläge wurden in einem weiteren ED/2013/7 weiterentwickelt.

Auch 2016 erfolgte kein Abschluss des (Groß-)Projekts.

1.2 Geltungsbereich

3   IFRS 4 ist auf alle Versicherungs- und Rückversicherungs**verträge** anzuwenden, die ein Unternehmen als Versicherer/Versicherungsgeber abschließt (IFRS 4.2(a)). Darüber hinaus wird die passive Rückversicherung vom Anwendungsbereich abgedeckt. Der Anwendungsbereich der Vorgaben ist somit produkt- und nicht branchenbezogen.

4   Neben (Rück-)Versicherungsverträgen fallen auch Finanzinstrumente mit einer ermessensabhängigen **Überschussbeteiligung** (*discretionary participation features*) in den Anwendungsbereich der Vorgaben (IFRS 4.2(b)). Neben der Hauptleistung aus einem Vertrag, der ausschließlich bezogen auf die garantierte (Haupt-)Leistung als Finanzinstrument im Anwendungsbereich des IAS 32 zu klassifizieren wäre, hat der Vertragspartner einen weiteren, dem Umfang nach wesentlichen/signifikanten Anspruch, dessen Höhe oder Zahlungszeitpunkt im **Ermessen** des Versicherers steht und von dem Eintritt eines bestimmten Ereignisses abhängt (IFRS 4.A). Eine Bindung kann etwa bestehen an

- das Ergebnis bestimmter Vertragsgruppen oder Vertragsarten,
- das realisierte und/oder unrealisierte Kapitalanlageergebnis bestimmter Anlagekategorien sowie
- den Überschuss des Versicherungsunternehmens oder eines Fonds.

5   Die Vorgaben sind auf die bilanzielle Abbildung von *insurance contracts* und diesen gleichgestellten Vertragsverhältnissen durch den Versicherungsgeber begrenzt. Die korrespondierende Bilanzierung beim Versicherungsnehmer wird explizit ausgeklammert (IFRS 4.4(f)). Mangels einer Vorgabe an anderer Stelle im IFRS-Regelwerk besteht daher für die Bilanzierung beim Versicherten/Versicherungsnehmer eine Regellücke, die durch die Festlegung einer *accounting policy* zu schließen ist (IAS 8.10).

6   Alle Vereinbarungen, die nicht als (Rück-)Versicherungsvertrag oder Finanzinstrument mit ermessensabhängiger Überschussbeteiligung klassifiziert werden, sind vom Versicherer/Versicherungsgeber nach den allgemeinen Vorgaben

der IFRS zu erfassen (IFRS 4.4). **Explizit ausgenommen** vom Geltungsbereich des Standards sind:

- Produktgarantien, die von einem Hersteller, Groß- oder Einzelhändler gegeben werden (→ § 25 Rz 65),
- Vermögenswerte und Schulden im Zusammenhang mit Pensionsverpflichtungen (→ § 22) oder anteilsbasierten Vergütungen (→ § 23),
- Verpflichtungen, die von der Nutzung nicht finanzieller Vermögenswerte abhängig sind (→ § 15a),
- Finanzgarantien, die dem Regelungsbereich von IAS 39/IFRS 9 unterliegen (→ § 28 Rz 15),
- Eventualansprüche und Eventualverbindlichkeiten aus einem Unternehmenszusammenschluss (→ § 31).

Eine Besonderheit des Anwendungsbereichs besteht für Finanzgarantien (*financial guarantee contracts*), die wie folgt definiert sind:

7

- Der Garantiegeber ist zur Leistung/Zahlung eines Ausgleichs verpflichtet,
- die den Garantienehmer für einen Verlust entschädigt, der entsteht, weil ein Schuldner seiner Zahlungsverpflichtung aus einem Finanzinstrument nicht oder nicht fristgerecht nachkommt.

Nach einer Ergänzung aus 2005 wurde das Verhältnis der Anwendungsbereiche der Vorgaben zur bilanziellen Abbildung von Finanzinstrumenten und Versicherungsverträgen neu geregelt (→ § 28 Rz 15). Neu abgeschlossene Finanzgarantien sind als Finanzinstrumente abzubilden, obwohl auch die Merkmale eines Versicherungsvertrags erfüllt sind (IFRS 4.A). Für (Alt-)Verträge, die vor der Ergänzung kontrahiert und in den Anwendungsbereich des IFRS 4 aufgenommen waren, besteht keine Pflicht zur Umwidmung. Es gilt ein Bestandsschutz. Erfolgt dennoch wahlweise eine Anwendung der Vorgaben für Finanzinstrumente, ist eine Rückkehr in den Anwendungsbereich des IFRS 4 ausgeschlossen.

1.3 Definition von Versicherungsverträgen

Als Versicherungsvertrag gilt gem. IFRS 4.A ein Vertrag, durch den ein Versicherer ein **signifikantes Versicherungsrisiko** eines Versicherungsnehmers übernimmt. Bei Eintritt eines ungewissen künftigen (Versicherungs-)Ereignisses, das für den Versicherungsnehmer nachteilig ist, ist der Versicherer zur Leistung einer Entschädigung verpflichtet (IFRS 4.B2). Zentrales Merkmal eines *insurance contract* ist der Bezug auf ein Versicherungsrisiko.

8

Die Vorgaben sehen keine konkrete Definition des Versicherungsrisikos vor. Negativ erfolgt allerdings eine Abgrenzung zu einem Finanzrisiko, welches Merkmal eines – nicht in den Anwendungsbereich einzubeziehenden – Investmentvertrags (*investment contract*) ist. Wesentliches Merkmal eines Finanzrisikos ist die Abhängigkeit der Wertänderung von

9

- entweder einer finanziellen Variablen (Zinssatz, Aktienkurs, Rohstoffpreis, Wechselkurs, Preis- oder Zinsindex), aber auch
- nicht finanziellen Variablen, wenn diese nicht spezifisch für eine der Parteien der Vereinbarung sind.

> **Praxis-Beispiel**
> Unternehmen U schließt für die eigenen Produktionsstätten eine Hagel- und Sturmversicherung bei Versicherung V ab. Die klimatische, geologische oder physikalische Ungewissheit der Zukunft stellt eine nicht finanzielle Variable dar. Die geschlossene Vereinbarung bezieht sich aber explizit auf die Produktionsstätten des U und ist daher spezifisch für eine Partei der Vereinbarung. Die geschlossene Vereinbarung stellt einen *insurance contract* im Anwendungsbereich des IFRS 4 dar.
> Der Abschluss eines Wetterderivats ist hingegen nicht spezifisch für eine Vertragspartei, jeder Inhaber des Derivats ist betroffen (IFRS 4.B19(g)). Es liegt daher ein Derivat vor, welches bilanziell als Finanzinstrument abzubilden ist.

10   Eine exemplarische Aufzählung von Vereinbarungen, die unter der Voraussetzung eines signifikanten (Versicherungs-)Risikos als *insurance contracts* anzusehen sind, findet sich im Anhang B zum Standard (IFRS 4.IG.B18). Folgende Verträge erfüllen danach u. a. die Definition eines Versicherungsvertrags:
- Schaden-/Unfallversicherungsverträge,
- Krankenversicherungsverträge,
- Lebensversicherungsverträge, die Sterblichkeitsrisiken abdecken,
- Rückversicherungsverträge, die nicht vorwiegend Finanzierungszwecken dienen.

Die Aufzählung umfasst allerdings auch Versicherungsverträge, die vom Anwendungsbereich der Vorgaben ausgeschlossen werden (Rz 6). In der *Implementation Guidance* findet sich darüber hinaus eine Klassifizierung für 29 Vertragstypen (IFRS 4.IG2).

11   Eine Anlage gilt in den folgenden Fällen **nicht** als Versicherungs-, sondern als Investmentvertrag und ist bilanziell als Finanzinstrument abzubilden (IFRS 4.IG.B19):
- Rückversicherungsverträge, die ausschließlich Finanzierungszwecken dienen,
- fondsgebundene Lebensversicherungen, deren Todesfallleistung dem Wert des Fonds entspricht, und
- Wetterderivate (siehe Beispiel unter Rz 9).

12   Notwendige Voraussetzung für die Einstufung einer Vereinbarung als *insurance contract* ist nicht nur die Übertragung eines Versicherungsrisikos, die Risikoposition muss auch signifikant sein. Für die Beurteilung ist ein Vergleich der Leistung im Versicherungsfall mit derjenigen bei Nicht-Eintritt des Versicherungsfalls erforderlich. Es gilt:

Signifikanz des Versicherungsrisikos	=	*Leistung im Versicherungsfall*	–	*Leistung bei Nicht-Eintritt des Versicherungsfalls.*

Tab. 1: Feststellung eines signifikanten Versicherungsrisikos

Im Rahmen der Beurteilung der Leistungen im Versicherungsfall sind neben den vertraglich bestimmten (Ausgleichs-)Leistungen auch Bearbeitungs- und Ermittlungskosten zu berücksichtigen (IFRS 4.B24). Keine Relevanz zeitigen hingegen der Wegfall künftiger Gewinne, Zahlungen aufgrund ungewisser Ereignisse, die nur gegen einen insignifikanten Schaden absichern, und Ansprüche aus Rückversicherungen.

Die Vorgaben sehen keinen quantitativen Schwellenwert – bezogen auf den Leistungsunterschied – für die Beurteilung der Signifikanz vor (IFRS 4.BC33). Durch die Vermeidung einer quantitativen Grenzziehung soll die Möglichkeit zur bilanziellen Gestaltung vermieden werden. **13**

Der Nachweis der Signifikanz ist auf Ebene des einzelnen Vertrags (*contract by contract*) vorzunehmen (IFRS 4.B25). Allerdings kann – als praktische Erleichterung – der Nachweis auch für ein homogenes Portfolio von Verträgen, die ein Versicherungsrisiko aufweisen, erfolgen. **14**

Für die Beurteilung sind die Verhältnisse bei Vertragsabschluss unter Berücksichtigung der erwarteten Verhältnisse heranzuziehen. Abzustellen ist ausschließlich auf Szenarien mit (kommerzieller) Substanz, die also auch realistischerweise eintreten können (IFRS 4.B23). Die Beurteilung der Signifikanz richtet sich nach der erwarteten Eintrittswahrscheinlichkeit und dem Erwartungswert des Schadens. Wenn bei Vertragsschluss die Wahrscheinlichkeit für einen Schaden dem Grunde und der Höhe nach noch gering ist, über den (Gesamt-)Zeitraum der vertraglichen Vereinbarung aber voraussichtlich ansteigt (etwa bei einer Risikolebens-, Unfall- oder Krankenversicherung) und eine signifikante Höhe erreichen kann, liegt ein *insurance contract* im Anwendungsbereich vor. Einen Anhaltspunkt für den Nachweis des Risikotransfers kann der aufsichtsrechtliche Risikotransfertest sein. Hiernach ist ein hinreichender Risikotransfer – gleichgesetzt mit einem signifikanten (Versicherungs-)Risiko – nachgewiesen, wenn das Produkt von Eintrittswahrscheinlichkeit und Verlusthöhe für ein Verlustszenario mindestens 1 % der erwarteten Prämiensumme beträgt. **15**

Da für die Beurteilung auf die Gesamtlaufzeit eines Vertrags abzustellen ist, fallen auch Vereinbarungen in den Anwendungsbereich, die sich nicht bereits bei Vertragsschluss auf ein Versicherungsrisiko beziehen. Eine zwischen den Parteien vereinbarte Option des Versicherungsnehmers zur späteren Anpassung/Ergänzung des Vertrags um ein signifikantes Versicherungsrisiko, rechtfertigt ggf. ebenfalls eine Klassifizierung als *insurance contract*. Voraussetzung ist allerdings, dass der ursprünglich geschlossene Vertrag bereits alle Merkmale eines Versicherungsvertrags aufweist, die Konditionen also bereits bei Vertragsabschluss feststehen (IFRS 4.B29). **16**

Wird ein Vertrag als Versicherungsvertrag angesehen, **bleibt** diese **Einordnung** bestehen, bis alle Rechte und Pflichten aus dem Vertrag erloschen sind (IFRS 4.B30). Wird ein Vertrag zunächst als Investmentvertrag eingestuft und ergibt sich entgegen den ursprünglichen Erwartungen später eine Situation, in der dem Vertrag ein signifikantes Versicherungsrisiko **hinzugefügt** wird, muss dieser ab diesem Zeitpunkt als Versicherungsvertrag behandelt werden (IFRS 4.IG2 *Example* 1.7). **17**

1.4   Behandlung eingebetteter Derivate

18 Da für derivative Finanzinstrumente eine allgemeine Pflicht zur *fair-value*-Bewertung besteht (→ § 28 Rz 20), sind diese von einem Grundvertrag (*host contract*) abzuspalten, wenn dieser nicht vollumfänglich einer *fair-value*-Bewertung zugeführt wird. Für derivative Finanzinstrumente, die in einen Versicherungsvertrag eingebettet sind, besteht daher eine Pflicht zur Abspaltung und separaten Bilanzierung, wenn das Derivat nicht selbst im *scope* des IFRS 4 ist (IFRS 4.7). Die Pflicht zur Abspaltung setzt zwei Feststellungen voraus:
- Schritt 1: das eingebettete Derivat ist nicht als Versicherungsvertrag zu klassifizieren und
- Schritt 2: das derivative Element erfüllt die Voraussetzungen einer Separierung nach den allgemeinen Vorgaben für Finanzinstrumente (→ § 28 Rz 267 f.).

Konsequenz einer Separierung eines eingebetteten Derivats ist die bilanzielle Abbildung als Finanzinstrument.

19 Die Separierung eines eingebetteten Derivats, welches kein Versicherungsrisiko abdeckt, ist ausgeschlossen, wenn die wirtschaftlichen Merkmale/Risiken des Derivats eng mit dem Versicherungsvertrag verbunden sind (*closely related*). Die kasuistischen Vorgaben für Finanzinstrumente (→ § 28 Rz 267 ff.) finden somit auch Eingang in die Beurteilung einer etwaigen Trennungspflicht für *insurance contracts*. So sind feste Rückkaufswerte von einer Separierungspflicht explizit ausgenommen (IFRS 4.8). Eine Zerlegungspflicht besteht allerdings für
- bestimmte indexgebundene Rentenversicherungen *(indexed annuities)*,
- bestimmte fondsgebundene Lebensversicherungen *(variable life insurance products)*,
- Schaden-/Unfallversicherungsverträge, die neben der traditionellen Risikoabsicherung Fremdwährungsoptionen enthalten,
- wenn diese nicht bereits vollumfänglich erfolgswirksam zum *fair value* bewertet werden.

1.5   Entflechtung von Einlagenkomponenten (*unbundling*)

20 Vereinbarungen, die als Versicherungsvertrag in den Anwendungsbereich des IFRS 4 fallen, können neben einem signifikanten Versicherungsrisiko auch ein Finanzrisiko aufweisen (Lebensversicherung mit Versicherungs- und Sparkomponente). Die Vorgaben zur bilanziellen Abbildung des IFRS 4 beschränken sich auf die Versicherungskomponente eines zusammengesetzten, auch ein Finanzrisiko umfassenden Vertrags. Anstatt Vorgaben für die Bilanzierung der Finanzrisikokomponente vorzuhalten, ist ein in einem Versicherungsvertrag eingebundenes Finanzinstrument – analog der Abspaltung eines eingebetteten Derivats (Rz 18 f.) – abzuspalten bzw. zu entflechten (*unbundling*).

> **Praxis-Beispiel**
> Versicherungsunternehmen V bietet als Produkt die Kombi-Lebensversicherung an. Der Versicherungsnehmer hat im eigenen Todesfall Anspruch auf die Versorgung der Familienangehörigen, also einen Todesfallversicherungsschutz. Darüber hinaus besteht die Möglichkeit, ein (Spar-)Vermögen aufzubauen, welches im Alter – vor dem Todesfall – ausgezahlt werden kann. Der

> Aufbau der Vermögenskomponente ist als Einlagekomponente anzusehen. Im Fall einer Entflechtung wäre der Sparanteil der laufenden Versicherungsprämie als Finanzverbindlichkeit zu erfassen.

Nach den bisherigen Vorgaben des IFRS 4 besteht eine Pflicht zum *unbundling* nur in bestimmten (seltenen) Fällen (IFRS 4.10(a)). Eine Zerlegung einer Vereinbarung in eine Versicherungs- und eine Finanzrisikokomponente ist geboten, wenn

21

- der Versicherer die Investmentkomponente separat bewerten kann und
- die bislang angewandten Bilanzierungs- und Bewertungsvorschriften nicht alle Verpflichtungen und Rechte aus der Investmentkomponente berücksichtigen.

Eine Entflechtung scheidet aus, wenn keine separate Bewertung der Investmentkomponente möglich ist (IFRS 4.10(c)). Sofern der Versicherer die Investmentkomponente separat bewerten kann, ist – unabhängig davon, ob bereits nach der bislang zugrunde gelegten Bilanzierungs- und Bewertungsmethode eine Abbildung erfolgt – eine Zerlegung zulässig (IFRS 4.10(b)).

Konsequenz eines *unbundling* ist der Ausschluss einer separierten Finanzrisikokomponente aus dem Anwendungsbereich des IFRS 4. Insoweit die Merkmale einer *financial liability* erfüllt sind (IAS 32.11), erfolgt die (Folge-)Bilanzierung als Finanzinstrument (→ § 28 Rz 17ff.).

22

Das nach dem als Übergangsstandard vorgesehenen IFRS 4 zulässige Wahlrecht zum *unbundling* schränkt die Vergleichbarkeit von Unternehmen ein. Mit Abschluss der konzeptionellen Neuausrichtung der Vorgaben zur bilanziellen Abbildung von *insurance contracts* bedarf es auch einer Festlegung, ob eine Entflechtung erforderlich oder entbehrlich ist. Ein Wahlrecht ist abzulehnen.

23

2 Ansatz und Bewertung

2.1 Regel: Weiterführung der bisherigen Bilanzierungsmethode

Der bislang noch bestehende IFRS 4 weist kein geschlossenes konzeptionelles Gerüst zur bilanziellen Abbildung von Versicherungsverträgen auf und erlaubt die Fortführung der bisherigen (nach dem Rechnungslegungssystem, welches vor IFRS angewendet wurde) Bilanzierungs- und Bewertungsmethoden. Rechtfertigung für die Einräumung des Wahlrechts war die Vermeidung eines zweifachen Umstellungsaufwands der Unternehmen für die Abbildung von Versicherungsverträgen (IFRS 4.BC77). Neben nationalen Vorgaben ist somit weiterhin die Anwendung der speziellen Vorgaben der US-GAAP zulässig (*FASB Codification topic* 944). Mangels eines geschlossenen Konzepts gibt es auch keine besonderen Vorgaben für Rückversicherungsverpflichtungen in Abgrenzung zu Versicherungsverpflichtungen.

24

Mit erstmaliger Anwendung der IFRS auf Versicherungsverträge bestand eine Befreiung von den allgemeinen Übergangsvorschriften (IAS 8.10 – IAS 8.12). Ohne einen Wechsel in der Bilanzierungs- und Bewertungsmethode gibt es keinen Verstoß gegen das Stetigkeitsgebot (IAS 8.13). Da bislang zugrunde gelegte Rechnungslegungsgrundsätze innerhalb der IFRS fortgeführt werden, kommt es ggf. auch zu Verstößen gegen die allgemeinen Vorgaben betreffend Ansatz und Bewertung.

25

2.2 Ausnahmen von der Weiterführung

26   Die Möglichkeit zur Fortführung bisheriger Bilanzierungs- und Bewertungs-methoden wird allerdings eingeschränkt. Nicht jeder Verstoß gegen die Ansatz- und Bewertungskonzeption wird toleriert. So besteht ein Passivierungsverbot für Rückstellungen (IFRS 4.14), die sich auf künftige Ereignisse beziehen, also nicht auf ein *past event* zurückzuführen sind (→ § 21 Rz 11 ff.), und

- Großrisiken oder
- Schwankungsreserven

betreffen. Es fehlt an der gegenwärtigen Verpflichtung. Für bislang gebildete Rückstellungen, die nicht fortgeführt werden dürfen, besteht aber die Möglich-keit eines separaten Ausweises im Eigenkapital.

27   Werden die bisherigen Bilanzierungs- und Bewertungsmethoden fortgeführt, besteht die Verpflichtung, einen regelmäßigen *liability-adequacy*-Test durch-zuführen (IFRS 4.15 ff.). Der Barwert der erwarteten Nettoauszahlungen aus einem Versicherungsvertrag ist mit dem bilanziell ausgewiesenen Buchwert der Verpflichtung zu vergleichen. Der Buchwert ist ergebniswirksam zu erhöhen, wenn der Barwert den bilanzierten Nettowert des Vertrags einschließlich kor-respondierender aktivierter Vermögenswerte (z. B. Abschlusskosten) übersteigt. Wird bereits nach den bislang angewendeten Bilanzierungs- und Bewertungs-methoden ein Angemessenheitstest durchgeführt, der alle möglichen Auszah-lungen berücksichtigt, kann auf den IFRS-spezifischen Test verzichtet werden.

28   Die Ausbuchung versicherungstechnischer Verbindlichkeiten steht unter dem Vorbehalt, dass die bestehende Verpflichtung beglichen wurde, der Vertrag gekündigt wurde oder erloschen ist.

29   Eine bilanzielle Aufrechnung (Saldierung, *offsetting*) versicherungstechnischer Verbindlichkeiten mit den korrespondierenden Vermögenswerten aus Rückver-sicherungsverträgen scheidet ebenso aus wie eine Nettodarstellung in der Erfolgs-rechnung (IFRS 4.14(d)). Für Vermögenswerte/Ansprüche aus Rückdeckungsver-sicherungen ist ein Werthaltigkeitstest erforderlich (IFRS 4.14(e)).

2.3 Änderung bisher angewandter Bilanzierungsmethoden

30   Trotz der Einräumung des Wahlrechts zur Fortführung der bestehenden Bilan-zierungs- und Bewertungsmethoden besteht die Möglichkeit zur Änderung der *accounting policy* (IFRS 4.22). Voraussetzung für eine Änderung der Bilanzie-rungs- und Bewertungsmethoden ist eine Erhöhung der Entscheidungsrelevanz und der Verlässlichkeit der Abschlussinformationen (IAS 8.14(b)). Eine Anpas-sung ist in folgenden Fällen zulässig:

- Für die Diskontierung ausgewählter versicherungstechnischer Rückstellun-gen kann – insoweit noch nicht vorgesehen – auf den aktuellen Marktzins zurückgegriffen werden (Rz 31).
- Die Einführung einer Schattenbilanzierung (*shadow accounting*) wird als zulässig angesehen (Rz 32).

Eine Besonderheit gilt insbesondere für das Wahlrecht zur Diskontierung mit aktuellen Marktzinssätzen.

31   Eine Neubewertung versicherungstechnischer Verbindlichkeiten unter Rückgriff auf aktuelle Marktzinssätze ist zulässig, auch wenn die bislang zugrunde gelegten Bilanzierungs- und Bewertungsmethoden eine entsprechende Bewertung nicht

vorsehen (IFRS 4.24). Wertänderungen, die auf eine Anpassung der Bewertung zurückzuführen sind, werden erfolgswirksam vereinnahmt. Wird für die Diskontierung der künftigen Zahlungsverpflichtung auf einen aktuellen Marktzins abgestellt, können auch andere Schätzgrößen angepasst werden. Beachtlich ist die Möglichkeit zur selektiven Auswahl der neu zu bewertenden Verbindlichkeiten. Die Änderung der bisherigen *accounting policy* kann auf einzelne Verbindlichkeiten begrenzt werden, eine konsistente Ausweitung auf alle vergleichbaren Verpflichtungen ist nicht vorgesehen. Nach erfolgter Änderung der *accounting policy* ist keine Rückkehr auf die bisherigen Methoden zulässig. Die Vorgaben von IFRS 4 enthalten sich einer Konkretisierung des angemessenen Marktzinssatzes. Da auch alle anderen Schätzgrößen angepasst werden können, ist für die Bestimmung des Diskontierungszinssatzes eine konsistente Ausrichtung an den aktuellen Stichtagsverhältnissen (auch betreffend die erwartete Marge) geboten.

Nach IFRS 4.30 ist – insbesondere zur Vermeidung eines *asset liability mismatch* **32** (unterschiedliche Folgebewertung der Anlagen und Verpflichtungen) – die Einführung einer Schattenbilanzierung (*shadow accounting*) zulässig. Noch nicht realisierte Gewinne/Verluste aus Kapitalanlagen können bei der Bewertung versicherungstechnischer Verbindlichkeiten berücksichtigt werden. Wird eine (Kapital-)Anlage erfolgsneutral zum *fair value* bewertet, können die Wertänderungen, die über das *other comprehensive income* erfasst werden, zusammen mit den Folgebewertungseffekten der Verbindlichkeit im Eigenkapital erfasst werden, brauchen also nicht erfolgswirksam vereinnahmt zu werden.

Der Spielraum für eine Änderung der bislang zugrunde gelegten Bilanzierungs- **33** und Bewertungsmethoden wird aber auch eingeschränkt. Nach IFRS 4.25 ist **nicht erlaubt** der Übergang von einer
• diskontierten versicherungstechnischen Rückstellung auf eine undiskontierte Rückstellung (IFRS 4.25(a));
• Bewertung versicherungstechnischer Rückstellungen mit ausreichenden Sicherheitsmargen zu einer solchen mit zusätzlichen Vorsichtsparametern (IFRS 4.26). Eine bislang vorsichtige Bewertung darf zwar weitergeführt werden (IFRS 4.13), die Ausweitung der Vorsicht scheidet aber aus, wenn diese nicht zu entscheidungsrelevanteren oder verlässlicheren Informationen führt;
• bislang konzerneinheitlichen Bilanzierung und Bewertung versicherungstechnischer Rückstellungen auf eine nicht konzerneinheitliche Bilanzierung (IFRS 4.25(c)). Innerhalb eines Konzerns können für Versicherungsverträge unterschiedliche *accounting policies* festgelegt werden (Rz 34). Eine Änderung der Methoden scheidet aus, wenn über die zulässigen Änderungen (Rz 30) hinaus ausschließlich die Diversität der Bilanzierungsmethoden geändert wird.

Darüber hinaus ist der Übergang auf eine Bilanzierungs- und Bewertungsmethode nicht erlaubt, die zukünftige Kapitalanlageerträge bei der Bewertung von Verpflichtungen berücksichtigt, außer wenn diese zukünftigen Kapitalanlagemargen die vertraglichen Zahlungen beeinflussen (IFRS 4.27). Eine Bewertung einer versicherungstechnischen Verpflichtung zum *embedded value* – Berücksichtigung unternehmensindividueller Kapitalanlageerträge – scheidet damit zunächst aus. Die Ausnahme ist allerdings als widerlegbare Vermutung ausgestaltet (IFRS 4.28). Wenn eine Bewertungsmethode insgesamt zu einer Verbesserung der Entscheidungsnützlichkeit und Verlässlichkeit der Informationen führt, ist die Einführung ungeachtet der Einschränkungen zulässig.

34   Für die bilanzielle Abbildung von Versicherungsverträgen sind grundsätzlich (konzern-)einheitliche Bilanzierungs- und Bewertungsmethoden zu beachten (IFRS 10.19). Für die Fortführung der bestehenden *accounting policies* für Versicherungsverträge, somit versicherungstechnische Verbindlichkeiten, wird allerdings eine Abweichung zugelassen, wenn das bislang angewendete Rechnungslegungssystem keine Verpflichtung auf (konzern-)einheitliche Methoden vorsah (IFRS 4.BC132). Wurden bislang einheitliche Methoden verwendet, scheidet ein *change in accounting policy* aus, wenn dieser die Diversität innerhalb des Unternehmens erhöht.

2.4   Verträge mit ermessensabhängiger Überschussbeteiligung

35   Ein Versicherungsvertrag kann neben einer Pflicht zur (Ausgleichs-)Leistung im Fall des Eintritts eines Schadensereignisses auch eine Pflicht zur Beteiligung des Versicherungsnehmers an erfolgsabhängigen oder -unabhängigen Gewinnanteilen des Versicherers umfassen. Eine evtl. Verpflichtung zur Überschussbeteiligung fällt auch in den *scope* der Vorgaben des IFRS 4 (Rz 4). Der garantierte Anteil der bestehenden Verpflichtung muss als Verbindlichkeit ausgewiesen werden (IFRS 4.34(a)). Für eine im Ermessen des Versicherers stehende Überschussbeteiligung besteht hingegen ein Ausweiswahlrecht als separate Eigenkapitalkomponente (IFRS 4.34(b)). Ein Ausweis als Zwischenposten zwischen Eigen- und Fremdkapital scheidet aus.

36   Insoweit eine Überschussbeteiligung dem Grunde und der Höhe nach vertraglich oder gesetzlich vorgeschrieben ist, besteht kein Ermessensspielraum des Versicherers und scheidet ein Ausweis als Eigenkapitalkomponente aus. Sehen die Konditionen für eine künftige Beitragsrückerstattung eine Verwendungssicherung zugunsten der Versicherungsnehmer vor, ist in diesem Umfang eine Verbindlichkeit zu passivieren.

37   Die auf eine Eigenkapitalkomponente entfallenden Anteile der Versicherungsnehmer sind im Rahmen der Ergebnisverwendung (*allocation of profit or loss*) zu erfassen. Eine Erfassung in der Ergebnisrechnung scheidet aus. Wird der auf das *discretionary feature* entfallende Anteil der Versicherungsnehmer als Verbindlichkeit ausgewiesen, kann eine ergebniswirksame (Folge-)Bewertung nur durch Rückgriff auf das wahlweise zulässige *shadow accounting* (Rz 32) vermieden werden.

38   Die Vorgaben für die bilanzielle Abbildung von Versicherungsverträgen mit Überschussbeteiligung gelten gem. IFRS 4.35 auch für Finanzinstrumente (Rz 4). Der nach den Vorgaben für Finanzinstrumente (→ § 28) bewertete nicht ermessensabhängige Teil des Vertrags stellt den **Mindestwert** für die gesamte Verbindlichkeit dar, soweit das Unternehmen von dem Recht Gebrauch macht, nicht den gesamten (auch latenten) Anspruch der Versicherungsnehmer auf die Überschussbeteiligung als Verbindlichkeit auszuweisen (IFRS 4.12ff.). Wird eine ermessensabhängige Komponente als Eigenkapital ausgewiesen, ist über einen Angemessenheitstest (Rz 27) die ausreichende Höhe der passivierten Verpflichtung nachzuweisen.

2.5 Besonderheiten bei einer *business combination*

Beim Erwerb eines Versicherungsunternehmens sind entsprechend IFRS 3 sämtliche erworbenen Vermögenswerte und übernommenen Schulden zum Akquisitionsstichtag – bestimmte Ausnahmen ausgeklammert – mit deren *fair value* **neu** zu **bewerten** (→ § 31 Rz 11 ff.). Die Pflicht zur *fair-value*-Bewertung gilt nach IFRS 4.31 auch für die erworbenen Vermögenswerte und übernommenen Verpflichtungen aus Versicherungsverträgen. Für die bilanzielle Abbildung ergibt sich allerdings eine Besonderheit. Es ist zulässig, **39**

- das bisherige Bewertungsverfahren für bereits bestehende Verpflichtungen aus Versicherungsverträgen fortzuführen, diese also mit deren Buchwert zu übernehmen,
- einen separaten immateriellen Vermögenswert anzusetzen, dessen Höhe der Differenz zwischen *fair value* und Buchwert der übernommenen Verpflichtungen aus Versicherungsverträgen entspricht.

Die Folgebewertung des immateriellen Vermögenswerts, der die Differenz zwischen Buchwert und *fair value* der übernommenen Verpflichtungen repräsentiert, erfolgt unabhängig von den allgemeinen Vorgaben (IAS 38/IAS 36) und ist im Einklang mit der Bewertung der Verpflichtungen aus den Versicherungsverträgen vorzunehmen. Der Vermögenswert ist in Abhängigkeit von der Abwicklung der versicherungstechnischen Verpflichtungen zu amortisieren. **40**

3 Angaben

Der als Übergangsstandard konzipierte IFRS 4 erlaubt die Fortführung der bisher angewandten Bilanzierungs- und Bewertungsmethoden bis zum Abschluss der Schaffung einer konzeptionellen Basis für die Bilanzierung von Versicherungsverträgen. Mangels einer Vergleichbarkeit der Abschlüsse bedarf es besonderer Anhangangaben, die **41**

- den Abschluss und die erfassten Posten betreffen und
- über Art und Ausmaß der Risiken aus Versicherungsverträgen informieren.

Eine Angabepflicht nach IFRS 7 ist ausgeschlossen (IFRS 7.3(d)). Die überwiegende Anzahl der Angabepflichten orientiert sich aber an den Anforderungen, die für Finanzinstrumente bestehen.

Der **Versicherer** eines *insurance contract* muss Informationen über die im Abschluss ausgewiesenen Vermögenswerte, Schulden, Aufwendungen und Erträge offenlegen, die im Zusammenhang mit einem Versicherungsvertrag stehen (IFRS 4.36 f.). Darunter fallen: **42**

- Bilanzierungs- und Bewertungsmethoden,
- Vermögenswerte, Schulden, Aufwendungen und Erträge, die sich aus einem Versicherungsvertrag ergeben (sofern sie nicht bereits separat im Jahresabschluss ausgewiesen sind),
- analoge Angabe der vorgenannten Posten in der nach der direkten Methode erstellten Kapitalflussrechnung (*cash flow statement;* → § 3),
- Beschreibung der Vorgehensweise zur Ermittlung der wesentlichen Rechnungsgrundlagen unter Vornahme quantitativer Angaben, soweit praktikabel,
- Offenlegung des Effekts aus einer Änderung wesentlicher Rechnungsgrundlagen,

- Bestandsentwicklung der Versicherungsverpflichtungen, der korrespondierenden Rückversicherungsanteile sowie ggf. der aktivierten Abschlusskosten.

43 Der Versicherer muss Informationen liefern, die den Adressaten seines Abschlusses ermöglichen, Art und Ausmaß der Risiken aus Versicherungsverträgen zu beurteilen. Dazu zählen:

- Beschreibung des Risikomanagements,
- Informationen über das Versicherungsrisiko jeweils vor und nach Rückversicherung unter Angabe von Sensitivitäten, Risikokonzentrationen, Abwicklungsergebnissen,
- Informationen über Kredit-, Liquiditäts- und Marktrisiken (analog IFRS 7.31 – IFRS 7.42),
- Informationen über Zins- und Marktrisiken in eingebetteten Instrumenten, die nicht vom Trägerkontrakt abgespalten wurden.

44 Die *Implementation Guidances* zu IFRS 4 enthalten umfangreiche **Beispiele**, wie den Anhangangabepflichten nachgekommen werden kann. Es handelt sich allerdings nicht um eine verpflichtende Aufzählung von Anforderungen, sondern nur um Anregungen, aus denen der Versicherer die für ihn relevanten Informationsaufbereitungen auswählen muss, um insgesamt den Grundanforderungen der IFRS 4.36 f. gerecht zu werden.

4 Anwendungszeitpunkt

45 IFRS 4 ist auf alle **konsolidierten** Abschlüsse von **kapitalmarktorientierten** Versicherern anzuwenden, die nach dem 31.12.2004 beginnen.

5 Rechtsentwicklung

5.1 Abschluss der Phase II weiterhin offen

46 Die bereits 1997 begonnenen Arbeiten an der Schaffung einer konzeptionellen Basis für die bilanzielle Abbildung von Versicherungsverträgen ziehen sich weiter hin. Nach dem letzten *Re-Exposure Draft* (ED/2013/7) aus Juni 2013 finden weiterhin Diskussionen unter Berücksichtigung der Vielfalt der komplexen Vereinbarungen in der Praxis statt.[1]

47 Für die künftige bilanzielle Abbildung werden zwei Modelle zu unterscheiden sein, die sich insbesondere in der Behandlung von eingebetteten Garantien und der Bewertung einer *contractual service margin* (CSM) unterscheiden. Das neu konzipierte allgemeine Modell findet Anwendung auf nicht überschussberechtigte Verträge und Vereinbarungen, die eine indirekte Überschussbeteiligung vorsehen. Für Vereinbarungen mit direkter Überschussbeteiligung wird ein Spezialmodell (*variable fee approach*) entwickelt. Nur für Verträge im Spezialmodell ist eine spätere Neubewertung der CSM mit Anpassung des Zinssatzes vorgesehen. Im allgemeinen Modell bleibt es bei dem Zinssatz, der bei der erstmaligen Erfassung zugrunde gelegt wurde.

48 Im Zusammenhang mit den beiden Modellen sind noch Einzelfragen in der Klärung. Ein kurzfristiger Projektabschluss ist weiterhin erklärtes Ziel des IASB.

---

1   Für eine ausführliche Darstellung wird auf die 13. Auflage des Haufe IFRS-Kommentars verwiesen.

Kurzfristig ist allerdings nicht mit einer alle Seiten zufriedenstellenden Beantwortung der noch offenen Fragen zu rechnen. Der Abschluss wird sich daher weiter verzögern.

5.2 Erleichterungen für den Übergang auf IFRS 9

Mangels eines zeitnah zur Erstanwendung der Vorgaben von IFRS 9 erzielten Abschlusses der Phase II des IFRS 4 besteht seitens der Versicherungsindustrie der Wunsch/Bedarf für besondere Übergangsvorschriften betreffend die erstmalige Anwendung von IFRS 9. Als wesentlicher Vorbehalt der Versicherungsindustrie gegenüber einer Anwendung der Vorgaben von IFRS 9 ohne Kenntnis der Anforderungen des „überarbeiteten" IFRS 4 wird das Zusammenwirken der Kategorisierungs- und Bewertungsregeln des IFRS 9 für die Aktivseite – insbesondere das Entstehen von *accounting mismatches* und prozessuale Herausforderungen einer Zweifachumstellung – mit den Anforderungen für die Passivseite angeführt. Da eine zeitgleiche Anwendung nicht (mehr) möglich ist, hat der IASB Ergänzungen an IFRS 4 (aktueller Stand) betreffend die Anforderungen von IFRS 9 beschlossen. **49**

Der IASB hat eine **Übergangslösung** entwickelt, die den Bedenken der Versicherungsindustrie hinsichtlich des Zusammenwirkens Rechnung tragen soll. Die Ergänzung von IFRS 4 sieht zwei optionale, sich nicht gegenseitig ausschließende „Erleichterungen" vor: **50**

- Nach einem „Überlagerungsansatz" (*overlay approach*) sind zunächst alle Vorgaben von IFRS 9 vollumfänglich anzuwenden, es fehlt daher streng genommen an einer Erleichterung. In der Darstellung des Periodenergebnisses wird allerdings eine Anpassung erlaubt. Ein aus der Anwendung von IFRS 9 resultierender Anteil des Periodenergebnisses (P&L) darf in das sonstige Ergebnis (OCI) umgebucht werden. Angesprochen sind die Bewertungsdifferenzen aller finanziellen Aktiva, die (a) als *„related to insurance contracts"* bestimmt sind und (b) nach IFRS 9, nicht aber bislang nach IAS 39 *at fair value through profit or loss* bewertet werden. Das zulässige *overlay adjustment* ist sowohl in der P&L als auch im OCI jeweils in einer getrennten Zeile auszuweisen. Die Anwendung des Überlagerungsansatzes kann nur im Zeitpunkt der erstmaligen Anwendung von IFRS 9 ausgewählt werden. Eine nachträgliche Anwendung ist nur für finanzielle Vermögenswerte gestattet, für die später der Bezug zu Versicherungsverträgen festgelegt wird. Mit Wegfall des Bezugs zu einem Versicherungsvertrag (*insurance contract*) entfällt die Möglichkeit zur Anwendung des *overlay approach*. Die Nutzung ist nicht zeitlich begrenzt, endet aber automatisch, sobald IFRS 4 in der geltenden Fassung nicht mehr angewendet wird – etwa weil keine Versicherungsverträge mehr existieren oder weil der Nachfolgestandard angewendet wird. Die Nutzung kann auch freiwillig beendet werden.

- Für bestimmte Unternehmen wird eine vorübergehende Befreiung von der IFRS 9-Erstanwendung insgesamt eingeräumt (*temporary exemption*; vormals *deferral approach*). Die Ausnahme setzt zunächst voraus, dass IFRS 9 (auch teilweise) zuvor noch nicht angewendet wurde (mit einer (Rück-)Ausnahme des Ausweiswahlrechts für eigenbonitätsrisikobedingte *fair-value*-Änderungen). Die Grundgesamtheit der Unternehmen, denen die „echte" Erleichterung gewährt wird, ist allerdings begrenzt. Nur (Versicherungs-)Unternehmen, deren vorherrschende (*predominant*) Geschäftsaktivität das *insurance*-Geschäft ist, können die *temporary exemption* nutzen. Für den Nachweis ist auf eine quantitative Bestimmung, die sich an Bilanzrelationen ausrichtet, abzustellen. Es ist ein Quotient zu bilden, der den Buchwert von Versicherungsverpflichtungen plus Investmentverträgen plus anderer damit verbundener Verpflichtungen zum Buchwert der Gesamtverbindlichkeiten ins Verhältnis setzt. Die durch Division bestimmte Quote ist einmalig zum Ende jenes Geschäftsjahres festzustellen, das zwischen dem 1.4.2015 und dem 31.3.2016 liegt. Die *temporary exemption* darf nur genutzt werden, wenn die Quote > 90 % ist. Liegt sie darunter, ist aber > 80 %, darf der Ansatz genutzt werden, sofern die Differenz zu der Gesamtaktivität keine andere signifikante Einzelgeschäftsaktivität darstellt. Für den quantitativen Test ist auf die (oberste) Ebene des berichtenden Unternehmens abzustellen. Die Entscheidung, ob die *temporary exemption* genutzt werden kann, gilt somit für alle in den (Berichts-)Abschluss einbezogenen Unternehmen. Sofern ein in den (Gesamt-)Abschluss einbezogenes (Tochter-)Unternehmen einen (eigenen) Abschluss publiziert, kann für diesen eine separate und ggf. abweichende Feststellung getroffen werden. Die Möglichkeit zur Nutzung der *temporary exemption* **endet** mit Einführung des Nachfolgestandards, **spätestens** aber am **1.1.2021**. Die Nutzung kann vorher eingestellt werden, wenn IFRS 9 angewendet wird, der Rückgriff auf den *overlay approach* bleibt dann möglich.

§40 LANDWIRTSCHAFT *(Agriculture)*

Schrifttum: AMERICAN INSTITUTE OF CERTIFIED PUBLIC ACCOUNTANTS, Audit and Accounting Guide, Agricultural Producers and Agricultural Cooperatives, 2004; AUSTRALIAN ACCOUNTING STANDARDS BOARD, AASB 1037, Self Generating and Regenerating Assets, 2002; JANZE, IFRS im landwirtschaftlichen Rechnungswesen, HLBS Heft 175, 2006; KÖHNE, Landwirtschaftliche Taxationslehre, 4. Aufl., 2007.

Vorbemerkung
Die Kommentierung bezieht sich auf IAS 41 in der aktuellen Fassung und berücksichtigt alle Ergänzungen, Änderungen und Interpretationen, die bis zum 1.1.2017 beschlossen wurden.
Einen Überblick über ältere Fassungen sowie über diskutierte oder schon als Änderungsentwurf vorgelegte zukünftige Regelungen enthält Rz 20.

1 Zielsetzung, Regelungsinhalte, Begriffe

IAS 41 stellt im Bereich der nicht finanziellen Vermögenswerte den bislang umfassendsten **Bruch** mit dem **Anschaffungskostenprinzip** dar. Die fast ausnahmslose Anwendung der *fair-value*-Bilanzierung begründet der Board mit Besonderheiten der landwirtschaftlichen Produktion. So werde bspw. der Wertzuwachs eines Forstbestands mit einer Aufwuchsphase von Jahrzehnten bei einer Bilanzierung nach Anschaffungs-/Herstellungskosten nicht ausreichend abgebildet und die Bedeutung der Aufwuchsphase für die Ertragsrealisation nicht gebührend gewürdigt. 1

IAS 41 ist von Unternehmen, die eine **landwirtschaftliche** Tätigkeit (Rz 5) ausführen, auf folgende Sachverhalte anzuwenden: 2
* biologische Vermögenswerte, also lebende Pflanzen und Tiere (ausgenommen *bearer plants* Rz 3),
* landwirtschaftliche Erzeugnisse zum Zeitpunkt der Ernte (einschließlich der *bearer plants*),
* Zuwendungen der öffentlichen Hand (→ §12 Rz 3) für biologische Vermögenswerte, die zum beizulegenden Zeitwert bewertet werden (Rz 8).

3   Nach IAS 16, statt nach IAS 41 sind **fruchttragende Pflanzen** *(bearer plants)* zu bewerten. IAS 41.5 definiert sie als Pflanzen, die über mehrere Perioden landwirtschaftliche Erzeugnisse produzieren und später mit großer Wahrscheinlichkeit selbst veräußert werden. Beispiele hierfür sind Weinreben und Obstplantagen, wobei die Verwertung des Holzes eines Apfelbaums am Ende seiner Nutzung eben nur schrottwertähnlich ist. Die an *bearer plants* heranwachsende Ernte (also z.B. bei einer Rebkultur die Trauben) unterliegt IAS 41.

4   Der Standard ist weiterhin **nicht** anzuwenden auf:
- bereits geerntete biologische Vermögenswerte; zum Zeitpunkt der Ernte werden die Trauben, Äpfel usw. zum beizulegenden Zeitwert abzüglich Verkaufskosten *(fair value less costs to sell)* bewertet und mit diesem Wert in Vorratsvermögen umklassifiziert;
- **Grundstücke**, die im Zusammenhang mit der landwirtschaftlichen Tätigkeit stehen; hier kommt i.d.R. IAS 16 zur Anwendung (→ § 14);
- **immaterielle Vermögenswerte**, die der landwirtschaftlichen Tätigkeit dienen, etwa Produktionsquoten oder Lieferrechte; hier gilt IAS 38 (→ § 13);
- **Zuwendungen** der öffentlichen Hand für biologische Vermögenswerte, die zu Anschaffungs-/Herstellungskosten bilanziert werden; hier greift IAS 20 (→ § 12).

5   Voraussetzung für die Anwendung des IAS 41 ist die Ausübung einer **landwirtschaftlichen** Tätigkeit. Als landwirtschaftliche Tätigkeit wird das Management der absatzbestimmten **Transformation** biologischer Vermögenswerte in landwirtschaftliche Erzeugnisse oder in weitere biologische Vermögenswerte sowie die Ernte biologischer Vermögenswerte verstanden (IAS 41.5). Der bloße **Abbau** biologischer Vermögenswerte – etwa das Baumfällen durch einen Holzgroßhändler – stellt keine landwirtschaftliche Tätigkeit dar.

6   In der Fähigkeit zur biologischen Transformation liegt der **Unterschied** zwischen einem **biologischen Vermögenswert** und einem **landwirtschaftlichen Erzeugnis**. Ein landwirtschaftliches Erzeugnis kann zwar durch Mensch und Technik weiterverarbeitet werden, ein geernteter Apfel etwa zu Apfelmus oder Apfelsaft, ist aber nicht zu einer rein biologischen Transformation fähig.

2 Bilanzansatz

7   Biologische Vermögenswerte und landwirtschaftliche Erzeugnisse sind gem. IAS 41.19 – in Übereinstimmung mit dem *Framework* (→ § 1 Rz 83) – anzusetzen, wenn
- das Unternehmen den Vermögenswert aufgrund vergangener Ereignisse **kontrolliert**;
- ein mit dem Vermögenswert verbundener **Nutzenzufluss** wahrscheinlich ist;
- der beizulegende Zeitwert oder die Anschaffungs-/Herstellungskosten des Vermögenswerts verlässlich **ermittelbar** sind (IAS 41.10).

3 Bewertung

3.1 Überblick

8   Biologische Vermögenswerte sind **bis zum Zeitpunkt der Ernte** durchgehend zum **beizulegenden Zeitwert abzüglich der (geschätzten) Verkaufskosten** *(fair*

value less costs to sell) zu bewerten (IAS 41.12 f.). Den beizulegenden Zeitwert *(fair value)* definiert IAS 41.8 unter Bezugnahme auf IFRS 13 (→ §8a Rz 12). Verkaufskosten sind gem. IAS 41.5 inkrementale Kosten, die direkt der Veräußerung des Vermögenswerts zuzuordnen sind. Hierzu gehören bspw. Kosten für den Transport zu einer Vermarktungsstelle oder Provisionen an Makler (IAS 41.BC3).

Nach widerlegbarer Vermutung von IAS 41.20 ist der beizulegende Zeitwert verlässlich ermittelbar. Eine Ausnahme, die nur zum Zeitpunkt der Zugangsbewertung reklamiert werden kann, wird für **biologische** Vermögenswerte (nicht für landwirtschaftliche Erzeugnisse) zugestanden, wenn Marktpreise nicht verfügbar sind und andere Bewertungsverfahren kein verlässliches Ergebnis herbeiführen. In diesem Fall erfolgt eine Bilanzierung zu Anschaffungs-/Herstellungskosten (IAS 41.30). Wurde der beizulegende Zeitwert bereits einmal verlässlich ermittelt, ist eine Bewertung zu Anschaffungs-/Herstellungskosten in einer späteren Berichtsperiode nicht mehr möglich. **9**

3.2 Bewertungsmethoden

Der beizulegende Zeitwert ist nach der Bewertungshierarchie von IFRS 13 vorrangig aus Preisen an **aktiven Märkten zu bestimmen**. Für nahezu fertige **biologische** Vermögenswerte liegen regelmäßig Werte vor, nicht hingegen in den meisten anderen Fällen, etwa bei unfertigem, stehendem Holz. Hier sind nach IFRS 13 andere, insbesondere marktpreis- oder einkommensorientierte Bewertungsverfahren anzuwenden. In Betracht kommende Verfahren sind etwa für stehendes Holz die Abtriebswerte als absatzmarktbestimmte **Liquidationswerte**, in einer frühen Phase auch die Kostenwerte, für Feldinventar, also (andere) ein- oder mehrjährige Kulturen der wirtschaftliche Gebrauchswert.[1] Rücksicht zu nehmen ist jeweils auf die Besonderheiten des Vermögenswerts, bei Rindern etwa für Mastkälber, Milchkühe und Zuchtbullen nach unterschiedlichen Verfahren vorzugehen.[2] **10**

In einigen Fällen kann der beizulegende Zeitwert **nahe** bei den **Anschaffungs-/ Herstellungskosten** liegen (IAS 41.24), z.B. wenn seit der erstmaligen Kostenverursachung nur eine geringe biologische Transformation stattgefunden hat oder der Einfluss der Transformation auf den späteren Erlös unbedeutend ist, so etwa bei Forstbeständen mit langer Aufwuchsphase in der Anfangszeit. **11**

Kontrahierte **Warentermingeschäfte** zur Absicherung künftiger Ernten dürfen nur dann zur Ermittlung des *fair value* herangezogen werden, wenn sie den beizulegenden Zeitwert zum Bewertungsstichtag reflektieren (IAS 41.16). **12**

3.3 Gewinne und Verluste aus der Bewertung zum beizulegenden Zeitwert

Gewinne und Verluste aus der Erst- und Folgebewertung von biologischen Vermögenswerten und landwirtschaftlichen Erzeugnissen, die zum beizulegenden Zeitwert abzüglich geschätzter Verkaufskosten bewertet werden, sind erfolgswirksam in der GuV zu erfassen (IAS 41.26). **13**

---

1 Vgl. KÖHNE, Landwirtschaftliche Taxationslehre, 2007, S. 719 ff.
2 Vgl. KÖHNE, Landwirtschaftliche Taxationslehre, 2007, S. 649 ff.

Der *fair-value*-Konzeption folgend, sind im Zusammenhang mit der biologischen Transformation anfallende Kosten in der Periode als Aufwand erfolgswirksam zu erfassen, in der sie entstanden sind.

4   Zuwendungen der öffentlichen Hand

14   Zuwendungen der öffentlichen Hand, die mit einem biologischen Vermögenswert in Verbindung stehen, der zum beizulegenden **Zeitwert** abzüglich geschätzter Verkaufskosten bewertet wird, sind dann als Ertrag zu erfassen, wenn
- die Zuwendung **einforderbar** wird (IAS 41.34) **und**
- eine evtl. damit verbundene **Bedingung** erfüllt ist (IAS 41.35).

Der Board führt als Beispiel für die Bedingungsabhängigkeit in IAS 41.36 eine Zuwendung für die Bewirtschaftung einer Fläche über einen bestimmten Zeitraum an. Muss die gesamte Zuwendung bei Nichterfüllung zurückgezahlt werden, ist sie erst nach Ablauf des Zeitraums als Ertrag zu erfassen.

15   Im Rahmen der Reformen der europäischen Agrarpolitik in Europa wurden zahlreiche Zuwendungen von der landwirtschaftlichen Produktion entkoppelt. Sie stehen daher nicht (mehr) in einem direkten Zusammenhang mit biologischen Vermögenswerten. Folgende Beispiele fallen daher nicht unter IAS 41, sondern sind nach IAS 20 zu bilanzieren:
- Zuwendungen als Gegenleistung für einen landwirtschaftlichen Produktionsverzicht (bspw. Aufgabe der Milchproduktion für einen Mindestzeitraum);
- Zuwendungen zur Anwendung einer umweltfreundlichen Produktionstechnik (etwa Ausbringung von flüssigem Wirtschaftsdünger im Schleppschlauchverfahren).

16   Zuwendungen der öffentlichen Hand, die im Zusammenhang mit *bearer plants* (Rz 3) stehen, unterliegen ebenfalls IAS 20.

5   Ausweis und Angaben

17   IAS 41 selbst enthält keinen Hinweis zum Bilanzausweis, IAS 1.54 (→ § 2 Rz 46) erwähnt nur die biologischen Vermögenswerte, nicht die landwirtschaftlichen Erzeugnisse. Folgende Gliederung liegt nahe:
- **Langfristige** Vermögenswerte
  - stehendes Holz
  - Tiervermögen, das andere landwirtschaftliche Erzeugnisse oder biologische Vermögenswerte hervorbringen soll.
- **Kurzfristige** Vermögenswerte
  - Feldinventar
  - Tiervermögen, das selbst konsumierbar ist (z. B. Schlacht- und Mastvieh).

Die besonderen Ausweisvorschriften von IFRS 5 können auch bei **langfristigen** biologischen Vermögenswerten Anwendung finden, sofern bspw. Baumbestände verkaufsfähig sind, aber erst innerhalb der nächsten zwölf Monate verkauft werden sollen (→ § 29).

18   Gewinne und Verluste aus der *fair-value*-Bewertung von biologischen Vermögenswerten sind u. E. nicht als Umsatzerlöse, sondern als **sonstige Erträge** bzw. je nach Wesentlichkeit unter eigener Bezeichnung zu erfassen. Ist der biologische Vermögenswert geerntet, kommt es zu einer Umklassifizierung in das

Vorratsvermögen. Eine anschließende Veräußerung führt dann einerseits zu Umsatz, andererseits i. H. d. nun erfolgten Verbrauchs der Vorräte zu Umsatzkosten bzw. Materialaufwand.

Im **Anhang** anzugeben ist v. a. der **Gesamtbetrag** des Gewinns oder Verlusts, der 19 aus der Erst- und Folgebewertung von biologischen Vermögenswerten und landwirtschaftlichen Erzeugnissen in der entsprechenden Berichtsperiode entstanden ist (IAS 41.40). Wegen der weiteren Angabepflichten wird auf die **Checkliste „IFRS-Abschlussangaben"** (siehe HI10157883 im Haufe IFRS-Kommentar Online) verwiesen (→ § 5 Rz 8).

6 Anwendungszeitpunkt, Rechtsentwicklung

IAS 41 ist für Wirtschaftsjahre beginnend ab dem 1.1.2003 anzuwenden (IAS 41.58). 20 Das *amendment* bzgl. der fruchttragenden Pflanzen *(bearer plants)* (Rz 3) ist für Geschäftsjahre mit Beginn nach dem 31.12.2015 anzuwenden.

§ 42   EXPLORATION UND EVALUIERUNG VON MINERALISCHEN VORKOMMEN

(Exploration for and Evaluation of Mineral Resources)

Schrifttum: FISCHER, IFRIC Interpretation 20 – Stripping Costs in the Production Phase of a Surface Mine, PiR 2012, S. 26; WULF/LANGE, Das Diskussionspapier des IASB „Extractive Activities", WPg 2011, S. 320; ZÜLCH/WILLMS, Möglichkeiten der Bilanzierung von Explorations- und Evaluierungsausgaben auf der Grundlage von IFRS 6, WPg 2006, S. 1201.

Vorbemerkung

Die Kommentierung bezieht sich auf IFRS 6 und berücksichtigt alle Ergänzungen, Änderungen und Interpretationen, die bis zum 1.1.2017 beschlossen wurden. Einen Überblick über mögliche zukünftige Regelungen enthält Rz 25.

1   Zielsetzung

1   Der Board sieht ein Erfordernis zur Einbeziehung der mineralienausbeutenden Industrie in das Regelwerk der IFRS. Da ihm dazu aus Zeit- und Arbeitsbelastungsgründen der große Wurf *(comprehensive review)* einstweilen nicht möglich war, entschied er sich zum Erlass eines Standards mit **beschränktem** (sachlichem) Anwendungsbereich (Rz 4).

2   Geltungsbereich

2.1   Erkundung und Entwicklung

2   Der Standard richtet sich einerseits an **alle** Unternehmen, die mit der Gewinnung von Bodenschätzen (Mineralien) befasst sind. Die entsprechenden Industrien werden üblicherweise unterschieden nach „Öl und Gas" einerseits und „Bergwerke" *(mining)* andererseits. Allerdings ist der Standard auf einen zeitlich-sachlichen **Teilbereich** (Rz 4) des Geschäftsmodells der einschlägigen Industrien beschränkt. In der **zeitlichen** Abfolge lassen sich folgende Phasen unterscheiden:

- **Erkundung**: Aufspüren von vermuteten, aber noch nicht nachgewiesenen *(unproved)* Fundstellen, geologische und geophysikalische Untersuchungen, Unterhaltung dieser Fundstellen, Probebohrungen;
- **Entwicklung**: Planung und Bau von Bohrlöchern sowie Bergwerken usw., Entfernung der Erdschicht, Sprengungen etc.;
- **laufende Förderung** von Öl, Kohle etc. (eigentliche Produktion).

Mit der Trennung in vor- und nachgelagerte Aktivitätsphasen bis zum Beginn der eigentlichen Produktion definiert IFRS 6 implizit **drei** Stadien: **3**

Zeit →	Vorerkundung	Erkundung und Evaluierung	Entwicklung
	(pre-exploration)	*(exploration and evaluation)*	*(development)*

Erst nach Abschluss der Entwicklung beginnt die eigentliche Produktionsphase, nämlich die Gewinnung der Mineralien.

Nur auf den **mittleren** Bereich (im Raster) ist IFRS 6 anzuwenden. Für die **Vorerkundungsphase** (bis zur Erteilung der Genehmigung zu Probebohrungen etc.) wird der IFRS-Anwender auf das *Framework* (→ § 1) verwiesen (IFRS 6.BC19). Die in der Vorerkundungsphase anfallenden Kosten können nach IFRS 6.BC12 ggf. als **Anschaffungsnebenkosten** für die behördliche **Genehmigung** zur Erkundung angesehen werden und sind dann nach IAS 38.27(a) als Bestandteil eines **immateriellen** Vermögenswerts aktivierbar. Soweit in dieser Phase ausnahmsweise bereits Infrastrukturmaßnahmen anfallen (z.B. der Bau von Zugangsstraßen), führen sie zu aktivierbaren **Sach**anlagen (→ § 14 Rz 8; IFRS 6.BC13). **4**

Auch für die Phase **nach** der Erkundung und Wertbestimmung gibt der Board eine Auslegungshilfe: Die anschließenden Aktivitäten stellen **Entwicklungskosten** eines Mineralvorkommens dar, die dem Regelungsbereich von IAS 38.57 (→ § 13 Rz 28) unterliegen (IFRS 6.BC27). **5**

> **Praxis-Beispiel**
> Die Oil AG hat ein neues Ölfeld erforscht, Reserven nachgewiesen und die technische und wirtschaftliche „Machbarkeit" der Ausbeutung festgestellt. Erdoberfläche und Teile des Untergrunds sind durch ungewöhnliche Horizontalbewegungen gekennzeichnet. Die Förderanlagen bedürfen deshalb neuer Verfahren zur Fundamentierung.
> Die dazu erforderlichen Aufwendungen stellen Entwicklungskosten i.S.v. IAS 38.57 dar (→ § 13 Rz 25). Bei den im Anschluss daran zu bauenden Förderanlagen handelt es sich um Sachanlagevermögen i.S.v. IAS 16 (→ § 14).

Der Verweis auf die Entwicklungskosten in IFRS 6.10 ordnet die dieser Phase vorgelagerten Aufwendungen im Anwendungsbereich von IFRS 6 systematisch den **Forschungskosten** zu (→ § 13 Rz 25). Eine Trennung von wissenschaftlicher Forschung einerseits und Erkundung und Wertbestimmung andererseits schien dem Board nicht möglich (IFRS 6.BC20). **6**

Die **Ausklammerung** vor- und nachgelagerter Aktivitäten aus dem Anwendungsbereich des Standards wird unter folgenden Aspekten verständlich: **7**

- Die **vor** der Genehmigung zu Erkundungsbohrungen etc. anfallenden Aufwendungen sind im Verhältnis zu den übrigen, die bis zum Nachweis der Reserven und zur eigentlichen Förderung anfallen, geringfügig.

- Die **nach** Feststellung der technischen Machbarkeit und ökonomischen Verwertbarkeit anfallenden Aufwendungen unterliegen dem Regelungsbereich für das Sachanlagevermögen nach IAS 16 (→ § 14) und den immateriellen Anlagewerten einschließlich der Entwicklungskosten gem. IAS 38 (→ § 13).

Die vom Explorationsunternehmen kontrollierten **Rohstoffvorkommen** selbst sind nicht als Vermögenswert aktivierbar.

2.2   Produktionsphase im Tagebau

8   Mit einem Sondertatbestand der Mineraliengewinnung befasst sich IFRIC 20. Gegenstand der Interpretation sind die Abraumaktivitäten bei Tagebauminen während der Produktionsphase. Dann muss laufend Abraum beseitigt werden (*stripping activities*), um immer weiter Zugang zu erzführenden Schichten zu gewinnen. In dieser Abraumsubstanz sind u. U. Erze enthalten. Bei ausreichendem Volumen rentiert sich die Weiterverarbeitung des erzhaltigen Abraums. Die *stripping costs* bewirken deshalb nicht nur einen **verbesserten Zugang** zu den eigentlichen erzführenden Schichten, sondern dienen auch der **Produktion** von Vorratsvermögen (IFRIC 20.4). Danach stellt sich die Frage nach der Aktivierbarkeit dieser Aktivitäten generell und in der Folge nach der Zuordnung auf **Vorratsvermögen** i.S.d. IAS 2 (→ § 17) oder auf **spezifische** Vermögenswerte aus Abraumaktivitäten (*stripping activity assets*). Letztere stellen dem IFRS IC zufolge keine eigenständigen Vermögenswerte dar, sondern sind den schon bestehenden Vermögenswerten, z. B. Abbaurechten, zuzuschlagen (IFRIC 20.10 i. V.m. IFRIC 20.BC10).

Daraus leitet IFRIC 20.7 den Gegenstand der Interpretation ab:

- **Bilanzansatz** der *production stripping costs* als Vorratsvermögen **oder** als *stripping activity assets*;
- **Erst**bewertung von *stripping activity assets*;
- **Folge**bewertung von *stripping activity assets*.

Sofern die mit dem Abraumverfahren verbundenen Kosten dem Vorratsvermögen wegen Rohstoffförderung zuzuordnen sind, ist ein Ansatz nach den Regeln des IAS 2 vorzunehmen. Demgegenüber kommt eine Aktivierung der *stripping activity assets* nur bei kumulativer Erfüllung folgender **Bedingungen** in Betracht:

- wahrscheinlich künftiger wirtschaftlicher Nutzen aus den Abraumaktivitäten;
- Zuordnung der entsprechenden Aufwendungen zu dem Teil der Mine, zu dem der Zugang verbessert wurde;
- verlässliche Bestimmung der zugehörigen Abraumkosten.

Nach Feststellung der Aktivierbarkeit muss eine Zuordnung dieser *„assets"* zu den eigentlichen materiellen oder immateriellen Vermögenswerten der betreffenden Mine erfolgen.

Der **Erst**bewertung sind die direkt anfallenden Einzelkosten zuzüglich der verursachungsgerecht zuordenbaren Gemeinkosten zugrunde zu legen (IFRIC 20.12). Sofern die Abraumaktivitäten sowohl auf Erzvorkommen als auch auf bessere

Zugänge entfallen, ist eine verursachungsgerechte **Zuordnung** der Kosten vorzunehmen, notfalls durch entsprechende Schlüsselungen (IFRIC 20.13).[1]

In der **Folge**bewertung sind die *stripping activity assets* nach der Zuordnung zu den betreffenden Vermögenswerten zu fortgeführten **Anschaffungs-** oder **Herstellungs**kosten im Anschaffungskostenmodell als Regelverfahren zu bilanzieren. Die **Abschreibungen** sind nach Maßgabe des Produktionsvolumens im jeweiligen Jahr im Verhältnis zur gesamten möglichen Ausbeute zu bestimmen (*units of production method*, IFRIC 20.15; → §10 Rz 27).

3 Bilanzansatz und Zugangsbewertung

Die **zentrale Aussage** von IFRS 6 lautet: Die in der bisherigen Rechnungslegung (*previous GAAP*) angewandten Regeln zum Ansatz und zur Zugangsbewertung (*accounting policies for the recognition and measurement*) können **beibehalten** werden (IFRS 6.7). Da die IFRS bislang keine Regeln zur Erkundung und Wertbestimmung von Mineralvorkommen enthalten, **müsste** eigentlich nach der Auslegungshierarchie von IAS 8.10 – IAS 8.12 vorgegangen werden (→ §1 Rz 76). Insbesondere wäre danach die Bilanzierung nach fremden Regeln (z.B. US-GAAP) oder Branchenübung nur zulässig, wenn eine auch durch Analogie zu anderen IFRS-Bestimmungen nicht zu schließende Lücke im IFRS-Regelwerk bestünde und überdies dargetan werden könnte, dass die fremden oder branchenüblichen Regeln IFRS-verträglich sind, also den Wertungen des *Framework* oder anderer IFRS-Normen nicht widersprechen. 9

Der IASB **befreit** die einschlägige Industrie von diesen Überlegungen. Auch eine mangelnde IFRS-Verträglichkeit der bisherigen Bilanzierungsmethoden soll nach dem Wunsch des Board kein Hinderungsgrund für die Aufnahme eines interessierten Unternehmens in die IFRS-Rechnungslegungswelt darstellen.

Diese „Technik" – Außerkraftsetzung von allgemein gültigen Regeln – entspricht derjenigen für die Bilanzierung von **Versicherungsverträgen** nach IFRS 4 (→ §39 Rz 20) mit der Ausnahme von IAS 8.10. Die Mineralölindustrie muss im Rahmen der IFRS-Anwendung also IAS 8.10 beachten, die Versicherungswirtschaft nicht. Wegen des **hohen Abstraktionsgehalts** der dortigen Vorgaben zur Gestaltung der Rechnungslegung (→ §1 Rz 77) kommt dem **kaum praktische Bedeutung** zu. Nicht sehr überzeugend wirkt deshalb auch die Begründung des Board für die Ausklammerung von IAS 8.10 aus dem Anwendungsbereich von IFRS 4 gegenüber der Einbeziehung in IFRS 6 (IFRS 6.BC18). 10

Inhaltlich erlaubt diese Regelung z.B. eine ungeprüfte Übernahme der in den **USA** angewandten Bilanzierungsverfahren innerhalb der Öl- und Gasindustrie. Danach kann zwischen folgenden Methoden gewählt werden:[2] 11

- Die *full cost method* aktiviert **sämtliche** Kosten der Erkundungs- und Entwicklungstätigkeiten in einem bestimmten Land. Wegen des hohen Risikos einer unergiebigen Erkundung werden auch alle **vergeblichen** Kosten, die zur Entdeckung von Erdöl- oder Gasvorkommen unvermeidlich sind, aktiviert.

---

[1]   Wegen Einzelheiten hierzu und weiteren Inhalten von IFRIC 20 wird auf den Beitrag von FISCHER, PiR 2012, S. 26, verwiesen.

[2]   Vgl. unter www.sec.gov, Rule 4–10(c) of Regulation S-X sowie SFAS 19, Financial Reporting by Oil and Gas Producing Companies; Einzelheiten hierzu bei ZÜLCH/WILLMS, WPg 2006, S. 1201.

Der Erkundungs**erfolg** entscheidet **nicht** über die Aktivierbarkeit. Alle einschlägigen Aufwendungen werden aktiviert und auf einer länderspezifischen Basis planmäßig und außerplanmäßig (Rz 20) abgeschrieben.

- Die *successful efforts method* aktiviert **nur** die mit **erfolgreichen** Projekten verbundenen Kosten, interimistisch aktivierte Aufwendungen werden erfolgswirksam verbucht, sobald mit einem Erfolg nicht mehr zu rechnen ist.
- Verschiedene „**Mischverfahren**" aus den beiden genannten sind ebenfalls festzustellen.

12   **Beispiele** für **aktivierbare** Aufwendungen stellt IFRS 6.9 dar:

- Erwerb des Erkundungsrechts,
- topografische, geologische und geophysikalische Studien,
- Probebohrungen,
- Grabungen,
- Entnahmen von Proben,
- Feststellung der technischen Machbarkeit und der wirtschaftlichen Verwertbarkeit der Mineralquelle.

Die Beibehaltungsmöglichkeit für die bisherigen Bewertungsverfahren wird in einer Hinsicht **durchbrochen**: Entfernungs- und Wiederherstellungskosten sind gem. IAS 37 als Rückstellung anzusetzen und den Anschaffungs- oder Herstellungskosten zuzurechnen (→ § 21 Rz 72).

13   Die schon sehr **großzügig** ausgestalteten Regeln (Rz 9) in IFRS 6 für die betroffene Industrie werden vom Board im Hinblick auf das Übergangsverfahren nach IFRS 1 **nicht** als **ausreichend** angesehen. In einem Änderungsstandard zu IFRS 1 (→ § 6 Rz 123) vom Juli 2009 sind weitere Erleichterungen für den Übergang vorgesehen (IFRS 1.D8A):

- Bei bisheriger Anwendung der *full cost method* (Rz 11) im Bereich „Öl und Gas" (Rz 2) kann der **Buchwert** im Status *„exploration and evaluation"* (Rz 3 f.) nach dem bislang angewandten Rechnungslegungssystem (*„previous GAAP"*) **weitergeführt** werden.
- In der zeitlich nachfolgenden Entwicklungsphase befindliche Posten *(amounts)* dürfen insgesamt wertmäßig unverändert auf die gem. IFRS definierten Vermögenswerte (→ § 1 Rz 83 ff.) nach Maßgabe einer **Verhältnisrechnung** unter Berücksichtigung der Reserven an Öl und Gas **aufgeteilt** werden. Eine Erläuterung im Anhang ist nach IFRS 1.31A erforderlich.
- In beiden Fällen muss anlässlich des Übergangsverfahrens ein *impairment*-Test nach IAS 36 (→ § 11) erfolgen (Rz 17).

Bei Anwendung der vorgenannten Erleichterung sind die Kosten für die **Entfernungs-** und **Rückbauverpflichtungen** im Übergangszeitpunkt (→ § 6 Rz 18) statt nach IFRIC 1 (→ § 21 Rz 72) und nach IFRS 1.D21 nach den allgemeinen Regeln von IAS 37 (→ § 21 Rz 124 ff.) zu bewerten; der Unterschiedsbetrag zu dem bisherigen Buchwert nach früheren Rechnungslegungsregeln *(previous GAAP)* ist direkt in die Gewinnrücklage einzustellen.

4 Folgebewertung

4.1 Anschaffungskosten- oder Neubewertungsmethode

Nach IFRS 6.12 steht für die **Folgebewertung** das Verfahren der **fortgeführten** 14
Anschaffungs- oder Herstellungskosten *(cost model)* oder das **Neubewertungsverfahren** *(revaluation model)* zur Verfügung. Die planmäßigen Abschreibungen sind nach der linearen Methode oder verbrauchsabhängig zu verrechnen
(→ § 10 Rz 27).[3]

In diesem Zusammenhang sind dem Board die unterschiedlichen Voraussetzungen zur Anwendung des Neubewertungsmodells unangenehm aufgestoßen *(„the
board was troubled by this inconsistency"*, IFRS 6.BC29). Diese **Widersprüchlichkeit** zwischen IAS 16 und IAS 38 beruht auf den **Anwendungsvoraussetzungen** des Neubewertungsverfahrens:

- Für **sächliches** Anlagevermögen genügt ein aus Marktpreisen abgeleiteter
  Wert *(market-based evidence*; → § 14 Rz 47 ff.),
- für **immaterielle** Vermögenswerte bedarf es dagegen eines „aktiven Markts"
  (→ § 13 Rz 87 ff.).

Wenn sich ein Anwender für das **Neubewertungsmodell** entscheiden will, muss 15
er die aktivierten Vermögenswerte entweder als **Sachanlage** oder **immaterielles**
Anlagevermögen qualifizieren (IFRS 6.15). Dazu macht der Board eine eher
nichts sagende Vorgabe: Das Unternehmen soll die betreffenden Vermögenswerte ihrer „Natur entsprechend" bestimmen und diese Qualifikation im Zeitverlauf beibehalten. Als Beispiel für die „Natur" der betreffenden Vermögenswerte wird in IFRS 6.16 dargelegt: Ein Bohrrecht ist ein immaterieller
Vermögenswert, umgekehrt sind Fahrzeuge und Bohrinseln Sachanlagen. Die
letztgenannten sächlichen Vermögenswerte können zur Erstellung eines immateriellen Vermögenswerts verwendet werden, der Nutzenverbrauch (reflektiert
in der planmäßigen Abschreibung) kann dann in die Herstellungskosten des
immateriellen Vermögenswerts einfließen, ohne dass dadurch ein sachlicher
Vermögenswert in einen immateriellen umgewandelt wird.

In der Praxis wird vermutlich das *cost model* (Rz 14) dominieren. Dann braucht 16
das betreffende Unternehmen in Weiterführung seiner bisherigen Bilanzierungsmethode keine Gedanken auf die Abgrenzung von sächlichem und immateriellem Vermögen zu verschwenden. Diesem Aspekt kommt insofern Bedeutung zu,
als nach US-GAAP[4] ein Mineralgewinnungs**recht** als sächliches Vermögen
(tangible) gilt.

4.2 Außerplanmäßige Abschreibung *(impairment)*

Die als Vermögenswerte geltenden Posten der Erkundung und Evaluierung von 17
Mineralvorkommen sind einem *impairment test* zur Prüfung des Erfordernisses
einer außerplanmäßigen Abschreibung zu unterziehen (→ § 11). Dabei ist für ein
dem Anwendungsbereich von IFRS unterliegendes Forschungsprojekt (Rz 6) eine
wesentliche **Vereinfachung** gegenüber den Vorgaben in IAS 36 vorgesehen.
Lediglich bei Vorliegen entsprechender „**tatsächlicher Verhältnisse**" *(facts and*

---

3   ZÜLCH/WILLMS, WPg 2006, S. 1204.
4   EITF Abstracts 04–2.

circumstances) ist eine *impairment*-Abschreibung vorzunehmen (IFRS 6.18). Ohne diese Sonderregelung würden die Privilegien, die in Form der Aktivierungsmöglichkeit fast aller Kosten (*successful efforts method*; Rz 11) gewährt wurden, häufig nur bis zum nächsten Bewertungsstichtag halten, da sich dann die Frage nach dem erzielbaren Betrag stellen und dieser häufig negativ ausfallen würde. Zur Vermeidung dieser Rechtsfolge wird der *impairment test* nach IAS 36.8–IAS 36.17 (→ § 11 Rz 13 ff.) (beispielhaft) durch folgende Wertminderungs**indizien** ersetzt (IFRS 6.19 f.):

- Die **Berechtigung** zur Erforschung ist bereits **abgelaufen** oder wird demnächst ablaufen und steht nicht zur Verlängerung an (externe Beendigung des Projekts).
- Die **Geschäftspläne** des Unternehmens sehen keine wesentlichen Ausgaben zur **weiteren** Erforschung und Auswertung in dem betreffenden Gebiet vor (interne Beendigung des Projekts).
- Die festgestellten Vorkommen gewähren **keine wirtschaftlich rentable** Verwertung und die entsprechenden Aktivitäten in dem betreffenden Gebiet werden eingestellt (interne Beendigung des Projekts).
- Eine mögliche Weiterentwicklung eines Projekts bis zur Förderreife verspricht keine **Kostendeckung.**

Nur bei endgültigem Scheitern des Projekts erfordern diese „tatsächlichen Verhältnisse" die Vornahme eines *impairment test.*

18   Eine nach diesen (nicht erschöpfenden) Anhaltspunkten gebotene außerplanmäßige Abschreibung für die zugehörigen Vermögenswerte ist nach **Maßgabe von IAS 36** (→ § 11 Rz 13 ff.) vorzunehmen. Kein Hinweis ergeht diesbezüglich, in welcher Form oder nach welcher Bewertungsmethode der Abschreibungsbedarf zu ermitteln ist. Das eigentliche Bewertungsverfahren nach IAS 36, das durch sehr detaillierte Vorgaben bzgl. der Ermittlung künftiger *cash flows* gekennzeichnet ist, kann hier keine Verwendung finden, weil die **Nichtermittelbarkeit** solcher *cash flows* typisierend unterstellt wird (IFRS 6.BC36).

19   Unklar bleibt in diesem Zusammenhang das **Verhältnis zu IFRS 5** (→ § 29). Die Abwertungsindizien (Rz 17) sind identisch mit denjenigen, die zur Annahme von einzustellenden Bereichen *(discontinued operations)* führen. In diesen Fällen wird indes die Möglichkeit der *cash-flow*-orientierten *fair-value*-Bewertung als vorhanden unterstellt. Der Konflikt ist u.E. nach dem lex-specialis-Gedanken zugunsten des Vorrangs von IFRS 6 zu lösen.

20   Die nach Maßgabe von IFRS 6 aktivierten Vermögenswerte sind für Zwecke des *impairment*-Tests nach Maßgabe vernünftiger kaufmännischer Beurteilung *(an entity shall determine an accounting policy)* einer **zahlungsmittelgenerierenden Einheit** (CGU; → § 11 Rz 101) zuzuordnen. Dazu gilt nach IFRS 6.21:

- Die Zuordnung kann auf eine **einzelne** CGU oder auf eine **Gruppe** von CGUs erfolgen.
- Die einzelne CGU oder die Gruppe darf nicht größer sein als ein **Segment** nach Maßgabe des ersten oder zweiten Berichtsformats in IAS 14 (→ § 36).

Die letztgenannte Vorgabe entspricht der generell gültigen **Aggregierungsgrenze** in IAS 36.80(b) (→ § 11 Rz 103). Umgekehrt ist die Zuordnung zu **Gruppen** von CGUs nach IAS 36 unzulässig. Der Bilanzierungspraxis wird dadurch ein ausgesprochen umfangreiches „**Saldierungskissen**" (→ § 11 Rz 157) zur Verfügung gestellt. Die mineralgewinnende Industrie kann/wird das ihr gewährte Sonderrecht zur **hoch aggregierten** Betrachtung bei Anwendung der *full-cost*-Methode (Rz 11) nutzen, um durch eine Saldierung mit schon erfolgreichen Feldern der gleichen Region (sog. *country-by-country basis*) außerplanmäßige Abschreibungen zu vermeiden.

Praxis-Beispiel

Die Oil AG ist u. a. in der Nordsee, im Golf von Mexiko und im Chinesischen Meer tätig. Dies sind zugleich ihre Segmente. Für alle Regionen gilt: Bestimmte Ölfelder werden schon ausgebeutet, andere sind noch in der Erkundungsphase.

Nach den normalen Kriterien von IAS 36 würde jedes Ölfeld eine eigene CGU darstellen und wäre daher einem eigenen *impairment test* zu unterziehen.

Für ein noch in der Explorationsphase befindliches Ölfeld wäre folgende Betrachtung anzustellen:

+   Voraussichtliche Einnahmen aus dem Ölfeld (wegen der Unsicherheit, ob überhaupt Einnahmen erzielt werden, zu bestimmen durch wahrscheinlichkeitsgewichtete Szenarien)

−   Ausgaben bis zum Abschluss der Exploration

−   Ausgaben bei Erfolg der Exploration (wahrscheinlichkeitsgewichtete Szenarien)

=   Netto-*cash flow*

darauf Diskontierung

=   *value in use* (→ § 11 Rz 42)

Das Resultat einer solchen Berechnung wäre in vielen Fällen, insbesondere gegen Ende einer sich als erfolglos abzeichnenden Erkundungsphase, ein *value in use* unter Buchwert und damit eine außerplanmäßige Abschreibung. Bei einer Zusammenfassung der Erkundungsfelder mit den bereits produzierenden Feldern *(country-by-country basis)* werden hingegen die negativen oder geringen Ertragsaussichten der Erkundungsfelder durch die positiven Aussichten der produzierenden Felder überkompensiert. Eine außerplanmäßige Abschreibung ist regelmäßig nicht erforderlich.

---

5   Ausweis und Angaben

Gliederungstechnisch sind die nach IFRS 6 zu aktivierenden Vermögenswerte entsprechend ihrer Qualifikation (Rz 15) als Sachanlage- oder immaterielles Vermögen auszuweisen (→ § 2 Rz 45).   **21**

Sobald die technische und wirtschaftliche Verwertbarkeit festgestellt ist, **endet** der Anwendungsbereich von IFRS 6 (Rz 4); deshalb sind die bis dahin nach - IFRS 6 aktivierten Vermögenswerte nicht mehr als solche zu behandeln (IFRS 6.17). Als Sachanlagewerte behandelte Mineralgewinnungsrechte (Rz 16) können nunmehr als immaterielle Anlagen gelten.   **22**

IFRS 6.24 gibt folgende Spezifizierungen hinsichtlich der Angabepflichten: **23**

- Die Bilanzierungs- und Bewertungs**methoden** sind darzustellen, also z. B. die *full cost method* oder die *successful efforts method* (Rz 11).

- Die **Beträge** der im Anwendungsbereich von IFRS 6 bestehenden Vermögenswerte, Schulden, Einnahmen, Ausgaben und die zugehörigen investiven und operativen *cash flows* sind offenzulegen.

- Bei den Anhangangaben sind die dem Standard unterliegenden Vermögenswerte als eine **eigenständige** Gruppierung zu behandeln und in der Folge die nach IAS 16 (→ § 14 Rz 65) oder IAS 38 (→ § 13 Rz 100) geforderten Erläuterungen zu geben.

- Ein Vorjahresvergleich ist nicht erforderlich.

6   Anwendungszeitpunkt, Rechtsentwicklung

24   IFRS 6 ist auf alle Geschäftsjahre anzuwenden, die nach dem 31.12.2005 beginnen (IFRS 6.26).

25   Wann die vom Board angesprochene Gesamtlösung für den Industriezweig (*comprehensive review;* Rz 1) in Angriff genommen wird, ist derzeit nicht abzusehen. Der Board hatte in 2010 ein Diskussionspapier bzgl. der Rohstoffindustrie veröffentlicht, dieses Projekt aber in 2012 zugunsten eines umfassenderen Projekts über *intangible assets* eingestellt. Am 19.10.2011 ist die *IFRIC Interpretation 20 – Stripping Costs in the Production Phase of a Surface Mine* veröffentlicht worden (Rz 8 ff.). Die Anwendung erfolgt für nach dem 31.12.2012 beginnende Geschäftsjahre.

J QUERSCHNITTSTHEMEN

§ 50 SME-IFRSs FÜR KLEINE UND MITTELGROSSE UNTERNEHMEN (*IFRS for SMEs*)

Schrifttum: BEIERSDORF/SCHUBERT, Überarbeitung der IFRS for SMEs, IRZ 2013, S. 401; BUSCHHÜTER/STRIEGEL, IFRS für kleine und mittelgroße Unternehmen: Praktischer Einstieg in den IFRS for SMEs, Wiesbaden 2015; KAYA/ LUTTERBERG, Deskriptive Analyse zur Übernahme des IFRS for SMEs aus Ländersicht, KoR 2016, S. 60; LÜDENBACH/WELLER, Der Exposure Draft zur Revision der IFRS für Klein- und mittelständische Unternehmen, PiR 2013, S. 376 ff.; MÜLLER/HILLEBRAND, Verbreitung der IFRS bei großen Familienunternehmen – Warum kommt die Umstellung von HGB auf IFRS nur noch zögerlich voran?, KoR 2014, S. 257 ff.

1 Anwendungsbereich in globaler Sicht

Der Bilanzierungsstandard *IFRS for Small and Medium-sized Entities* (kurz: *SME-IFRSs*) enthält gegenüber den *„full IFRSs"* 1
• eine Komplexitätsreduktion,
• zahlreiche **Erleichterungen** (durch die Streichung von Wahlrechten aber auch **Einschränkungen**) in Bilanzierung, Bewertung, Ausweis und Konsolidierung (Rz 11),
• eine (nach allgemeinem Urteil nicht weit genug reichende) **Reduktion** der **Anhangangaben**.

Mit einem gewissen Stolz vermeldete die IFRS-Foundation im Juli 2013 „über 2 80 Länder", im Februar 2016 „89 Länder", welche die *SME-IFRSs* bereits eingeführt haben bzw. die Einführung planen.[1] Zu den vermeintlichen europäischen Anwendern der *SME-IFRSs* gehört nach Angaben des IASB auch das Vereinigte Königreich (UK) und Irland. Im März 2013 hat der dort zuständige Rat für Rechnungslegung (*Financial Reporting Council, FRC*) nach langjährigen Beratungen den Rechnungslegungsstandard FRS 102 „*The Financial Reporting Standard applicable in the UK and Republic of Ireland"* herausgegeben, der die UK-GAAP ab dem 1.1.2015 ersetzt. Der FRC selbst behauptet: „*The requirements in this FRS are* based on *the International Financial Reporting Standard for Small and Medium-sized Entities (IFRS for SME) issued in 2009"* (FRS 102 Summary (vii)). Mit der Veröffent-

---

[1] http://www.ifrs.org/IFRS-for-SMEs/Documents/16_2_SME_Fact_Sheet_19Feb_updated.pdf, abgerufen am 9.12.2016.

lichung der Studie *„Impact assessment FRS 100, FRS 101 und FRS 102"* modifiziert der FRS diese Aussagen: *„The FRC used the IFRS for SMEs (issued by the IASB) as a starting point in developing FRS 102 for use in the UK and Republic of Ireland (RoI), but made amendments to create a standard that is fit for business purpose …".*[2] Die Einschätzung des IASB, dass UK und Irland als SME-Anwender gelten, und die Einschätzung des FRC selbst scheinen auf den ersten Blick also übereinzustimmen. Die Formulierungen *„starting point"* und *„based on"* eröffnen allerdings einen weiten Interpretationsspielraum. Sicherlich könnte man die britischen Regeln auch als *„based on Lucca Pacioli"*, dem Erfinder der doppelten Buchführung, oder dessen Erfindung ebenfalls als *„starting point"* ansehen, da FRS 102 die Unterscheidung von Soll und Haben, Vermögen und Schulden sowie Aufwendungen und Erträgen voraussetzt. Zu klären bleibt daher, ob mit dem *„based on SME-IFRS"* eher grobe Anlehnungen oder eine weitgehende Übernahme gemeint sind. FRS 102 selbst hält auf acht (!) Druckseiten Unterschiede zu den *SME-IFRSs* fest. An dieser Stelle drei Beispiele:

- Während SME-IFRS 18.14 die Aktivierung von Entwicklungskosten verbietet, gewährt FRS 102.18.8A (wie das HGB!) ein Wahlrecht zur Aktivierung solcher Kosten.
- Während SME-IFRS 25.2 die Aktivierung von Fremdkapitalzinsen verbietet, gewährt FRS 102.25.2 (wie das HGB!) ein Wahlrecht zur Aktivierung.
- Während die *SME-IFRSs* kein Vorsichtsprinzip kennen, ist dies in FRS 102.2.9 (wie im HGB!) enthalten.

Unsere – zugegeben pointierte – Auswahl zeigt, dass es hinsichtlich Ansatz- und Bewertungsregeln sowie der konzeptionellen Grundlage (*„GoB"*) mit dem *„based on SME-IFRS"* nicht sehr weit her ist. In vielen Bereichen kann man eher von einem *„based on EU directive"* sprechen, also der Basis, die auch dem HGB zugrunde liegt und die deshalb die o. g. Übereinstimmung zwischen FRS 102 und HGB mittelbar erklärt. Die insgesamt (auch in nicht pointierter Auswahl) ganz signifikanten Unterschiede zwischen FRS 102 einerseits und den *SME-IFRSs* andererseits lassen Zweifel an der Einvernahme von UK/Irland durch die IASB-Leistungsstatistik aufkommen. Diese Zweifel verstärken sich weiter, wenn bedacht wird, dass für wesentliche Teile der eigentlichen Zielgruppe der SME in UK/Irland der angeblich SME-IFRS-basierte FRS 102 überhaupt gar nicht zur Anwendung gelangt, es hier vielmehr bei dem bisherigen *„Financial Reporting Standard for Smaller Entities"* (FRSSE) bleibt. Wenn die Aussage der offiziellen IASB-Leistungsstatistik selbst im Hinblick auf UK, das institutionell, sprachlich und funktional für die IFRS bedeutsamste Land, so euphemistisch ist, stärkt dies das Vertrauen in die Gesamtstatistik jedenfalls nicht. Es verbleiben daher erhebliche Zweifel am vom IASB selbst verkündeten Erfolg der *SME-IFRSs*.[3]

Die tatsächlich *SME-IFRSs* anwendenden Staaten rekrutieren sich in hohem Maße aus Nationen ohne eigenes entwickeltes Rechnungslegungssystem und spielen im globalen Konzert des Wirtschaftsgeschehens nicht die erste Geige. Das empirische Schrifttum stellt entsprechend fest: „Am stärksten verbreitet ist der IFRS for SMEs in den Regionen ‚Lateinamerika und Karibik' und ‚Subsahara

---

2   FRC, *Impact assessment FRS 100, FRS 101 and FRS 102, March 2013*, Rz 5.5.
3   Vgl. im Einzelnen LÜDENBACH/WELLER, PiR 2013, S. 376 ff.

Afrika'. Dagegen findet der Standard in den bedeutenden Industrieländern derzeit kaum Anwendung."[4]

Auch **Australien** und **Neuseeland** wollen gegenüber den *SME-IFRSs* einen eigenständigen Weg gehen. Der *Australian Accounting Standard Board* (AASB) hat eine Ergänzung zu den inhaltlich mit den *full IFRSs* übereinstimmenden *Australian Accounting Standards* (AAS) verabschiedet. Bei dieser Ergänzung wird ein zweiter Rechnungslegungsbereich (*„Tier 2"*) in Form von *„Reduced Disclosure Requirements"* (RDR) eingeführt. Dadurch soll die Implementierung des *IFRS for SMEs* verhindert werden. Der RDR richtet sich an gewinnorientierte Unternehmen ohne Kapitalmarktbezug. Auch nicht gewinnorientierte Unternehmen und bestimmte Unternehmen des öffentlichen Sektors können diesen RDR anwenden.   3

Der RDR enthält folgende zwei wesentliche Strukturelemente:
• volle Übereinstimmung mit den Ansatz- und Bewertungskriterien der AAS, die wiederum gleichwertig zu den *full IFRSs* sind;
• Verzicht auf viele Anhangangaben nach diesen beiden Standards (AAS und IFRS).

Bei Anwendung der RDR kann keine ausdrückliche und bedingungslose **Übereinstimmung** mit den (*full*) IFRS bescheinigt werden (→ § 2 Rz 7).

Der AASB begründet seine Entscheidung wie folgt:
• Die *SME-IFRSs* seien keine vernünftige Lösung für die in *„Tier 2"* angesprochenen Unternehmen. Gleichwohl will der AASB sich weiter in die Entwicklung eines SME-Standards der IFRS einbringen und ggf. in einem späteren Entwicklungsstand diesen in das australische Rechnungslegungssystem übernehmen.
• Die Standardentwicklung für den *„Tier 2"* soll unverändert in kontinuierlicher Form erfolgen, also sich nicht dem Zwei- bis Dreijahresrhythmus der *SME-IFRSs* (Rz 1) anschließen.

Eine gleichartige Entscheidung wie der AASB hat der neuseeländische Standardsetter (NZASB) getroffen. Er schätzt die Reduktion der Anhangangaben gegenüber den *full IFRSs* überschlägig auf mehr als 50 %.[5]

Der **amerikanische Standardsetter** FASB hat seinerseits eine Initiative zur Berücksichtigung der Bedürfnisse nicht börsenorientierter Gesellschaften bei der Rechnungslegung in Gang gesetzt. Dazu soll ein *Private Company Council* für diesen Unternehmensbereich Ausnahmen und Änderungen gegenüber den *„Full GAAP"* erarbeiten. Die Vorgehensweise des IASB mit zwei parallelen Regelwerken (*„Two-GAAP-System"*) wird nicht verfolgt, sondern die Vorgehensweise des EU-Rechts und des deutschen HGB (Dispens „kleiner" Kapitalgesellschaften von einigen Regeln des *„Full-HGB"*) befürwortet. U. a. sind bisher folgende Erleichterungen für *private companies* beschlossen worden: 4
• keine separate Aktivierung von Wettbewerbsverboten und bestimmten kundenbezogenen Vermögenswerten beim **Unternehmenserwerb**, stattdessen Einbeziehung in den *goodwill* (FASB Accounting Standards Update No. 2014–18 December 2014),

---

4   Kaya/Lutterberg, KoR 2016, S. 60 ff.
5   http://www.nzica.com/News/Archive/2013/February/New-standards-regime-in-place.aspx, abgerufen am 4.1.2016.

- **planmäßige Abschreibung des** *goodwill* über (maximal) zehn Jahre statt *impairment-only-approach* (FASB Accounting Standards Update No. 2014–02 January 2014),
- erleichtertes *hedge accounting* für den Fall, dass ein aufgenommenes variabel verzinsliches Darlehen durch einen Zinsswap abgesichert wird (FASB Accounting Standards Update No. 2014–03 January 2014).

5   Die praktische Bedeutung der *SME-IFRSs* in **Deutschland** ist gering: Sie können nur freiwillig, ohne befreiende Wirkung von gesetzlichen Rechnungslegungspflichten zur Anwendung gelangen. Ein Anreiz zur freiwilligen Anwendung der *SME-IFRSs* besteht kaum, weil

- sie weder eine Grundlage der **Steuerbilanzierung** liefern noch der Feststellung des gesellschaftsrechtlich ausschüttungsfähigen Gewinns dienen (fehlende Zahlungsbemessungsfunktion);
- ihnen im Hinblick auf die verbleibende Informationsfunktion im Verhältnis zu den *full IFRSs* der Makel der „**B-Klasse**" anhaftet.

Empirisch wurde für große deutsche, international tätige Familienunternehmen festgestellt:[6]

- Sie stellen ihren Konzernabschluss mehrheitlich nach HGB auf und
- planen nicht, dies mittelfristig zu ändern.
- Die *SME-IFRSs* gelten ihnen als völlig ungeeignet.

6   Angesichts dieser geringen praktischen Relevanz aus deutscher Sicht im gegenwärtigen Zeitpunkt fällt auch unsere Kommentierung **kurz** aus.

2   Persönlicher Anwendungsbereich der *SME-IFRSs*

7   Die (freiwillige) Anwendung der *SME-IFRSs* soll nur kleinen bis mittelgroßen Unternehmen erlaubt sein. Als solche gelten gem. SME 1.2 Unternehmen, die **keiner öffentlichen Rechenschaftspflicht** (*public accountability*) unterliegen. Von der Anwendung ausgeschlossen sind daher nach SME 1.3

- kapitalmarktorientierte Unternehmen,
- Banken, Versicherungen, Brokerunternehmen, bestimmte Fonds usw., die treuhänderische Einlagen Dritter verwalten.

In allen anderen Fällen ist die Zulassung der *SME-IFRSs* zur Erfüllung gesetzlicher Rechnungslegungspflichten Sache des **nationalen** Rechts (SME P 13). In Deutschland ist eine solche Zulassung derzeit nicht vorgesehen. Lediglich einer freiwilligen Anwendung der *SME-IFRSs* zu **Informationszwecken** steht nichts im Wege (Rz 5). Dabei würde es sich allerdings nicht um einen IFRS-Einzelabschluss i. S. d. § 325 Abs. 2a HGB handeln (→ § 7 Rz 8).

3   Verhältnis zu den *full IFRSs* (faktischer *fallback*)

8   Enthalten die *SME-IFRSs* keine expliziten Regelungen für einen bilanziell abzubildenden Sachverhalt, soll gem. SME 10.6 die Bilanzierungsmethode gewählt werden, die zu relevanten (entscheidungsnützlichen), verlässlichen (tatsachengetreuen, neutralen, vorsichtigen und vollständigen) Informationen führt.

In der Beurteilung, ob dieser Fall vorliegt, ist in **drei** Hierarchiestufen vorzugehen:

---

6   MÜLLER/HILLEBRAND, KoR 2014, S. 257 ff.

- Zunächst ist auf die Analogregeln zu **verwandten** Bilanzierungsproblemen abzustellen,
- sodann auf die **konzeptionellen** Grundlagen der *SME-IFRSs* zurückzugreifen (SME 10.5).
- Selten werden diese abstrakten Vorgaben eine zwingende Lösung bringen, sehr häufig nicht einmal eine vertretbare. Ergänzend **darf** (*may*) dann nach SME 10.6 auf die *full IFRSs* zurückgegriffen werden.

Die Frage ist, ob dieses „Darf" sich in der praktischen Anwendung regelmäßig in **9** ein „**Muss**" verwandelt, also in den im Entstehungsstadium des Standards so heiß diskutierten und kritisierten *mandatory fallback*. Dies mag dann nicht der Fall sein, wenn tatsächlich Analogieschlüsse zulässig, wenn nicht sogar zwingend sind:

> **Praxis-Beispiel**
> Der SME-Stand definiert Anschaffungs- und Herstellungskosten nur für Vorräte. Die entsprechenden Begriffsmerkmale sind auch für Anlagegüter maßgeblich.

Anders als im Beispiel wird der Anwender allerdings mit Analogieschlüssen aus dem SME-Standard häufig selbst nicht weiterkommen. Die dann zur Problemlösung heranzuziehenden **konzeptionellen Grundlagen** der *SME-IFRSs* (Rz 1) können sich von denjenigen der *full IFRSs* kaum oder gar nicht unterscheiden. Der hierzu einschlägige Abschnitt 2 des SME-Standards enthält zunächst die aus dem *Framework* bekannten **Grundsätze** der Rechnungslegung wie Vollständigkeit, Verständlichkeit, Kosten-Nutzen-Verhältnis etc. (→ § 1 Rz 16 ff.). Es folgen sodann als Aufzählung sog. *pervasive principles*, die sich bei näherem Ansehen als Definitionsnormen erweisen, z.B. *asset* und *liability* (→ § 1 Rz 83 ff.), *recognition*, *income*, *fair value* etc., die quer durch die Standards der *full IFRSs* verwendet werden und in diesem Kommentar an diesen Stellen besprochen sind.
Mehr als eine – durchaus verdienstvolle – Zusammenfassung von Begriffsinhalten der *full IFRSs* liefert der SME-Standard unter Abschnitt 2 nicht.
Wenn sich deshalb der Anwender der SME-Standards zur Lückenfüllung in diese *concepts and pervasive principles* (SME 10.5) hineinbegibt, landet er **zwingend** ohne Ausweg in den *full IFRSs*.
Es bedarf dann auch nicht mehr des Hinabsteigens in die dritte Hierarchieebene **10** (Rz 8), nämlich der „**Erlaubnis**" (*may*), zusätzlich die *full IFRSs* zurate zu ziehen. Ein und derselbe Sachverhalt kann unter Bezugnahme auf **gehaltvolle** Prinzipien (*concepts and pervasive principles*) der IFRS-Rechnungslegung nicht unterschiedliche Ergebnisse zeitgen.
In **logischen** Kategorien formuliert, bestehen somit **drei** Möglichkeiten:[7]

- Die Prinzipien der *SME-IFRSs* und der *full IFRSs* sind **gehaltlos**: Sie erlauben bei nicht im Zentrum eines Standards stehenden Fallkonstellationen (nur bei diesen tut sich das Problem der Regelungslücke auf) **konträre** Lösungen. Bei einem in den *SME-IFRSs* nicht geregelten Fall muss daher nicht auf die zufällig hierfür in den *full IFRSs* abgeleitete „Lösung" zurückgegriffen werden, das SME kann vielmehr auch eine konträre „Lösung" finden.

---

[7] Vgl. HOFFMANN/LÜDENBACH, DStR 2006, S. 1906.

- Die Prinzipien der *full* und der *SME-IFRSs* sind **gehaltvoll, unterscheiden** sich aber voneinander. Die Prinzipien der *SME-IFRSs* sind – pointiert gesprochen – nicht relevant, nicht verlässlich etc.; dann erledigt sich das Problem des faktischen *fallback*.
- Die *SME-IFRSs* und die *full IFRSs* folgen **gleichen** und **gehaltvollen** Prinzipien: Die im detaillierten Regelwerk der *full IFRSs* gefundene beste bilanzielle Lösung für eine Sachverhaltskonstellation muss dann auch für die SME-IFRSs als beste Lösung gelten. Es besteht ein faktischer *fallback* vom weniger detaillierten Regelungswerk auf das umfassendere.

Wenn man also nicht dem **Absurden**, also den beiden ersten Möglichkeiten, freien Lauf lassen will, bleibt nur eine Feststellung: Der Rückgriff auf die *full IFRSs* ist nach den Vorgaben der *SME-IFRSs* **zwingend**. Oder plakativer ausgedrückt: Der Mittelständler wird von der Berücksichtigung der *full IFRSs* bei seinem Abschlusserstellungsprozess nicht verschont.

Praxis-Beispiel

Die SME-GmbH bezieht Industriegase. Der Hersteller der Gase hat auf seine Kosten Speicher- und Verteilungsanlagen auf dem Betriebsgelände der SME errichtet. Zwischen den SME und dem Hersteller besteht als entgeltliches Austauschverhältnis nur ein Gasliefervertrag.

Die Frage ist dann, ob und unter welchen Voraussetzungen in dem Gasliefervertrag ein **Leasingvertrag** über die Anlagen enthalten ist (*embedded lease*); wenn ja, i.d.R. mit der Folge eines Bilanzansatzes dieser Anlagen bei den SME (z.B. aufgrund Spezialleasings).

Der SME-Standard erwähnt nur diese in IFRIC 4 der *full IFRSs* im Detail abgehandelte Möglichkeit (SME 20.3), übernimmt den Inhalt des einschlägigen IFRIC 4 aber nicht. Die Frage, ob im konkreten Fall ein *embedded lease* vorliegt, bleibt also offen. Sie kann sinnvoll nur in Anwendung der Kriterien von IFRIC 4.9 beantwortet werden, also unter Prüfung, ob die SME-GmbH (allein) den physischen Zugang zu den Anlagen kontrolliert oder zur Mindestabnahme von Gas verpflichtet ist, usw.

Die Antwort auf Regelungslücken kann also kaum lauten: „Schau in den Chinese-GAAP oder den *German*-GAAP nach, ob dort was zu diesem Sachverhalt zu finden ist." Ebenso wenig bestünde die Lösung darin, dem Anwender freien Lauf in seinem Verständnis von *fair presentation*, Entscheidungsnützlichkeit etc. zu lassen. Vielmehr ist der Blick auf die *concepts and pervasive principles* der *full IFRSs* geboten (zweite Hierarchiestufe, Rz 8), die dann in der konkreten Ausprägung die Lösung auf der Grundlage von IFRIC 4 bieten. Denn schließlich beruht diese Interpretation auf den konzeptionellen Vorgaben der *full IFRSs*, die auch dem SME-Standard zugrunde liegen. Der erlaubte (*„may"*) Blick nach der dritten Hierarchiestufe (Rz 8) entpuppt sich als notwendige Folge einer Anwendung der zweiten Stufe.

Der interessierte Mittelständler wird nach diesem Auslegungsergebnis der SME-Standards nicht in der zweiten Liga spielen wollen (Rz 5), wenn ihm ohnehin die Einhaltung der in der ersten Spielklasse gültigen Regeln auferlegt ist.

Fazit: Die Siemens AG benötigt zur Erfüllung ihrer Rechnungslegungspflicht ein Werk, die *full IFRSs*, die Elektro-Müller GmbH, deren zwei. Im Zeitverlauf **verschärft** sich das *fallback*-Problem, wenn für die *full IFRSs* bislang ungeregelte Bilanzierungsprobleme durch Standarderlass, -änderungen und Interpretationen (durch das IFRS IC) behandelt werden. Solche Änderungen kann der *SME-IFRSs*-Anwender nicht einfach ignorieren, er ist faktisch zur Anwendung dieser neuen Impulse aus dem Bereich der *full IFRSs* gezwungen. Förmlich verschärft sich das *fallback*-Problem in diesen Fällen nicht weiter, wenn solche Modifikationen und Erweiterungen der *full IFRSs* auch in die *SME-IFRSs* übernommen werden. Das ist z.B. durch Inkorporierung von IFRIC 17 und IFRIC 19 in den Entwurf des überarbeiteten SME-Regelwerks erfolgt. Die Entschärfung des *fallback*-Problems geht dabei aber einher mit einer vermehrten Komplexität der *SME-IFRSs*, was deren konzeptioneller Vorgabe (Rz 1) massiv widerspricht.

4 Wesentliche Abweichungen von den *full IFRSs* bei Ansatz, Bewertung und Ausweis

Die *SME-IFRSs* enthalten in 35 – anders als die *full IFRSs* gegliederten – Abschnitten (*sections*) die Bilanzierungsregeln für SME. Wesentliche, über die Reduktion von Anhangangaben hinausgehende, inhaltliche Abweichungen sind in Tabelle 1 dargestellt. Wie die Übersicht verdeutlicht, vereint der *IFRS for SMEs* inhaltlich fast alle *full IFRSs*. Lediglich besondere Branchenvorschriften für öffentlich rechenschaftspflichtige Unternehmen wie IFRS 4 für Versicherungsunternehmen oder IFRS 8 für Segmentberichte fehlen.   11

SME Section	Wesentliche Abweichungen von *full IFRSs*	korresp. *full IFRSs*	Verweis auf Kommentierung
1	Anwendungsbereich		
	Unternehmen ohne öffentliche Rechenschaftspflicht (*public accountability*) (SME 1.2). Negativ ausgedrückt (SME 1.3): • keine mit Eigen- oder Fremdkapitalinstrumenten börsennotierten Unternehmen • keine Banken, Versicherungen, Broker, Fonds	*Framework*	
2	Konzepte und grundlegende Prinzipien	*Framework*	→ § 1 Rz 5 ff.
	Ergänzende Leitlinien zur „*undue cost or effort*"-Ausnahme (SME 2.14A – 2.14D)		
3	Darstellung des Abschlusses (Prinzipien, Abschlussbestandteile)	IAS 1	→ § 2 Rz 4 ff.
	Verzicht auf Eigenkapitalveränderungsrechnung und Gesamtergebnisrechnung möglich, wenn Eigenkapital nur durch GuV-wirksamen Erfolg, Dividendenzahlungen, Fehlerberichtigungen und Methodenwechsel verändert; bei Verzicht stattdessen Darstellung des Erfolgs und der Rücklagenveränderungen in einem „*statement of income and retained earnings*" (SME 3.18)		→ § 20 Rz 64 ff.
4	Bilanz (Gliederung)	IAS 1	→ § 2 Rz 30 ff.

SME Section	Wesentliche Abweichungen von *full IFRSs*	korresp. *full IFRSs*	Verweis auf Kommentierung
	Kein Sonderausweis zur Veräußerung bestimmter Anlagen (SME 4.14)	IFRS 5	→ § 29 Rz 2
5	Gesamtergebnisrechnung, GuV	IAS 1	→ § 2 Rz 57 ff.
6	Eigenkapitalveränderungsrechnung	IAS 1	→ § 20 Rz 64 ff.
7	Kapitalflussrechnung	IAS 7	→ § 3
8	Anhang (Allgemeine Grundsätze/Angaben)	IAS 1	→ § 5
9	Konzernabschluss	IAS 27	→ § 32
	Erfolgsneutrale Behandlung verbleibender Anteile bei Abwärtskonsolidierungen (SME 9.19)		→ § 32
	Behandlung von Tochterunternehmen, Gemeinschaftsunternehmen und assoziierten Unternehmen im Einzelabschluss: wird nicht *at cost* oder *at equity*, sondern zum *fair value* bilanziert, sind die *fair-value*-Änderungen zwingend erfolgswirksam (SME 9.26)		→ § 32 Rz 175 ff.
	Explizite Regelungen zu *combined statements* (Gleichordnungskonzern; SME 9.28)		→ § 32 Rz 93
10	Rechnungslegungsmethoden, Änderungen von Schätzungen und Fehlern	IAS 8	→ § 24
11, 12	Bilanzierung finanzieller Vermögenswerte und Schulden	IAS 39 bzw. IFRS 9 und IAS 32	→ § 28
	Finanzinstrumente sind zu (fortgeführten) Anschaffungskosten oder aber erfolgswirksam zum beizulegenden Zeitwert zu bewerten; anders als nach IAS 39 (aber ähnlich wie nach IFRS 9) zwei- statt viergliedrige Klassifikation von aktiven Finanzinstrumenten (SME 11.14)		→ § 28
	Vereinfachte Regelungen zur Ausbuchung finanzieller Vermögenswerte und Schulden (SME 11.33 ff.)		→ § 28
	Geringere Anforderungen und im Wesentlichen auf Zins- und Währungssicherung eingeschränkter Anwendungsbereich bei Bilanzierung von Sicherungsbeziehungen (*hedge accounting*; SME 12.15 ff.)		→ § 28a Rz 4
	Ergänzende *„undue cost or effort"*-Ausnahmeregelung von der Bewertung in Eigenkapitalinstrumenten zum *fair value* (SME 11.4, 11.4 (c)(i), 11.27, 11.32 und 11.44 sowie 12.8 – 12.9)		
13	Vorräte	IAS 2	→ § 17
	Keine Sonderregeln zum *impairment* von Vorräten, sondern Verweis auf die allgemeinen Regeln (SME 13.19)		→ § 17 Rz 53 ff.
14	Anteile an assoziierten Unternehmen	IAS 28	→ § 33

SME Section	Wesentliche Abweichungen von *full IFRSs*	korresp. *full IFRSs*	Verweis auf Kommentierung
	Kein Zwang zur *equity*-Konsolidierung im Konzern, wahlweise auch Bilanzierung zu Anschaffungskosten oder erfolgswirksam zum *fair value*; einheitliche Ausübung des Wahlrechts (SME 14.4); bei börsennotierten Anteilen zwingend *fair value* (SME 14.7)		→ § 33 Rz 23
15	Anteile an *joint ventures*	IFRS 11	→ § 34
	Kein Zwang zur *equity*-Konsolidierung, im Konzern wahlweise auch Bilanzierung zu Anschaffungskosten oder erfolgswirksam zum *fair value* (SME 15.9); bei börsennotierten Anteilen zwingend *fair value* (SME 15.12)		→ § 34
16	Als Finanzinvestition gehaltene Immobilien	IAS 40	→ § 16
	Zwingend erfolgswirksame *fair-value*-Bilanzierung, wenn der *fair value* verlässlich und ohne größeren Aufwand feststellbar (SME 16.7)		→ § 16 Rz 40 ff.
17	Sachanlagen	IAS 16	→ § 14
18	Immaterielle Vermögenswerte mit Ausnahme des Geschäfts- oder Firmenwerts	IAS 38	→ § 13
	Aktivierungsverbot für selbst erstellte immaterielle Anlagen (SME 18.14)		→ § 13 Rz 25 ff.
	Planmäßige Abschreibung aller immateriellen Anlagen, keine *indefinite life intangibles*; bei Unmöglichkeit einer verlässlichen Schätzung der Nutzungsdauer Abschreibung über maximal zehn Jahre (SME 18.20)		→ § 13 Rz 93 ff.
19	Bilanzierung von Unternehmenszusammenschlüssen und des Geschäfts- oder Firmenwerts	IFRS 3	→ § 31
	Erfolgsneutrale Behandlung bedingter Anschaffungskosten (Anpassung des *goodwill*; SME 19.13)		→ § 31 Rz 60 ff.
	Planmäßige Abschreibung des *goodwill*; bei Unmöglichkeit einer verlässlichen Schätzung der Nutzungsdauer Abschreibung über zehn Jahre (SME 19.23)		→ § 31 Rz 149
	Verzicht auf Separierung immaterieller Vermögenswerte vom *goodwill*, wenn *undue costs and efforts* (SME 19.15)		
	Kein Wahlrecht zur *full-goodwill*-Methode (SME 19.22)		→ § 31 Rz 136
20	Leasing	IAS 17	→ § 15 (in der 14. Auflage des Haufe IFRS-Kommentars)
21	Rückstellungen und Eventualposten	IAS 37	→ § 21

SME Section	Wesentliche Abweichungen von *full IFRSs*	korresp. *full IFRSs*	Verweis auf Kommentierung
22	Schulden und Eigenkapital	IAS 1, IAS 32	→ § 20
	Explizite Regeln zu ausstehenden Einlagen und erhaltenen Zahlungen auf noch nicht vollzogene Kapitalerhöhungen (SME 22.7)		→ § 20 Rz 71 ff.
	Explizite Regelungen zu Kapitalerhöhungen aus Gesellschaftsmitteln und Aktiensplits (SME 22.12)		→ § 20 Rz 90
23	Ertragsrealisation	IAS 18, IAS 11 bzw. IFRS 15	→ § 25
24	Zuwendungen der öffentlichen Hand	IAS 20	→ § 12
	Allgemein Ertragsrealisierung, wenn *performance conditions* erfüllt sind; keine Differenzierung zwischen Investitions- und Aufwands-/Ertragszuwendungen (SME 24.4)		→ § 12 Rz 24 ff.
25	Fremdkapitalkosten	IAS 23	→ § 9
	Keine Aktivierung von Fremdkapitalkosten (SME 25.2)		→ § 9
26	Anteilsbasierte Vergütungen	IFRS 2	→ § 23
27	Wertminderung nicht finanzieller Vermögenswerte	IAS 2, IAS 36	→ § 17, → § 11
	Integration der Wertminderung von Vorräten einerseits und Anlagevermögen (mit Ausnahme bestimmter finanzieller Vermögenswerte) andererseits in einen Standard bei Beibehaltung unterschiedlicher Methoden zur Bestimmung des niedrigeren Stichtagswerts		
28	Leistungen an Arbeitnehmer	IAS 19	→ § 22
	Vereinfachte Bewertung unter Vernachlässigung von Gehaltssteigerungen, zukünftiger Dienstzeiten und Sterblichkeit vor Erreichung der Altersgrenze möglich (SME 28.19)		→ § 22 Rz 31 ff.
	Sofortige Erfassung versicherungsmathematischer Verluste in der Bilanz, wahlweise Gegenbuchung in GuV oder *other comprehensive income* (SME 28.24)		→ § 22 Rz 53 ff.
29	Ertragsteuern	IAS 12	→ § 26
30	Währungsumrechnung	IAS 21	→ § 27
	Kein *recycling* der Währungsumrechnungsdifferenz aus selbstständigen ausländischen Tochterunternehmen bei Entkonsolidierung (SME 30.18)		→ § 27 Rz 60
31	Rechnungslegung in Hochinflationsländern	IAS 29	→ § 27
32	Ereignisse nach dem Abschlussstichtag	IAS 10	→ § 4
33	Angaben zu verbundenen Unternehmen und nahestehenden Personen	IAS 24	→ § 30

SME Section	Wesentliche Abweichungen von *full IFRSs*	korresp. *full IFRSs*	Verweis auf Kommentie-rung
34	Branchenspezifische Bilanzierungs- und Bewer-tungsmethoden	IAS 41, IFRS 6, IFRIC 12	→ § 40, → § 42, → § 25
35	Übergangsvorschriften für die erstmalige An-wendung des *IFRS for SMEs*	IFRS 1	→ § 6

Tab. 1: Wesentliche Abweichungen zwischen *SME*- und *full IFRSs*

5 Rechtsentwicklung

Im Juni 2012 hat der IASB eine umfassende Bestandsaufnahme (*comprehensive review*) der *SME-IFRSs* auf den Weg gebracht. Er bat die Anwender um Antworten auf 20 spezifische und sechs allgemeine Fragen bzgl. der Anwendung der *SME-IFRSs*. Der IASB will die von den Anwendern in den ersten beiden Jahren der Standardgültigkeit getätigten Erfahrungen auswerten, um den Bedarf an Änderungen des Standards festzustellen.   **12**

Darauf hat der IASB (nur) 89 Stellungnahmen erhalten, auf deren Grundlage am 3.9.2013 der Entwurf von Änderungsvorschlägen (ED/2013/9) vorgestellt worden ist. Verabschiedet wurden die Änderungen im Mai 2015 als *2015 Amendments to the IFRS for SMEs.*

Den größten „Brocken" der Änderungen stellt die Kassation des Regelinhalts im *SME-IFRS 2009* zu den **latenten** Steuern dar. Damals wollte der IASB in vorauseilendem Gehorsam den vorgelegten Entwurf ED/2009/2 *Income Tax* schon in die *SME-IFRSs* integrieren. Allerdings wurde der ED/2009/2 kurz darauf sang- und klanglos eingestampft. In den *Amendments* musste der IASB den steuerlichen Part an den (immer noch) gültigen IAS 12 (→ § 26) anpassen.

Zu den **Abschreibungen** auf immaterielle Vermögenswerte und auf den *goodwill* gibt es folgende Änderungen: Sofern eine zuverlässige Schätzung der Nutzungsdauer nicht möglich ist, soll unverändert an der typisierten Abschreibungsdauer von zehn Jahren festgehalten werden. In begründeten Fällen sind auch kürzere Abschreibungszeiten zulässig.

Der ursprüngliche SME-Standard hat schon das Thema der Ausgewogenheit von **Kosten** und **Nutzen** allgemein formuliert. Das *Amendment* enthält nun eine Konkretisierung der unangemessenen Kosten und des überhöhten Arbeitsaufwands. Danach sollen die Rechnungsleger künftig nicht nur die eigenen Kosten der Informationsbereitstellung, sondern auch die Kosten des Informationsverlusts der Bilanzadressaten ins Visier nehmen. Dabei greift die Kostenschranke nur bei explizit in den Regelungen aufgenommenen Ausnahmen, nämlich u.a. bei *fair-value*-Bewertung (sofern eine zuverlässige Ermittlung des *fair value* nicht ohne *undue cost or effort* möglich ist bei Eigenkapitalinstrumenten und bei separater Erfassung immaterieller Vermögenswerte aus einer *business combination*. Auch mit den innerhalb der *full IFRSs* ergangenen Interpretationen des IFRS IC hat sich (musste sich) der IASB im Rahmen seines *Amendment* zu den *SME-IFRSs* zu befassen. Dies geschieht durch Einvernahme des IFRIC 17 zu den Sachdividenden und IFRIC 19 zu den *debt for equity swaps*.

§ 55   DIENSTLEISTUNGSKONZESSIONS-VEREINBARUNGEN BEI *PUBLIC PRIVATE PARTNERSHIP*
(Service Concession Arrangements)

Schrifttum: FREIBERG, Besonderheiten der Bilanzierung von Dienstleistungskonzessionen, PiR 2010, S. 234 ff.; FUHRLÄNDER, Die Bilanzierung von Dienstleistungskonzessionsvereinbarungen nach IFRIC 12, KoR 2009, S. 673 ff.

Vorbemerkung

Die Kommentierung bezieht sich auf IFRIC 12 und SIC 29 in der aktuellen Fassung und berücksichtigt alle Ergänzungen, Änderungen und Interpretationen, die bis zum 1.1.2017 beschlossen wurden.

Einen Überblick über diskutierte oder schon als Änderungsentwurf vorgelegte zukünftige Regelungen enthält Rz 22.

1   Zielsetzung, Regelungsinhalt und Begriffe

1   IFRIC 12 gibt Leitlinien zur Rechnungslegung des privaten Betreibers im Rahmen von Dienstleistungskonzessionsvereinbarungen (*service concession contracts*) bei **public private partnership** (IFRIC 12.4). Im Kern geht es um privat finanzierte und betriebene **Infrastruktureinrichtungen**. Unabhängig davon, ob der private Partner sie erstellt, erworben bzw. grundlegend verbessert hat oder lediglich den Betrieb und die Unterhaltung vorhandener Infrastruktur übernimmt (IFRIC 12.7).

Der Infrastrukturbegriff des IFRIC 12 und des begleitenden Offenlegungsstandards SIC 29 ist u. E. nicht auf **unbewegliche Vermögenswerte** beschränkt. Die Standards führen neben Tunnels, Autobahnen u. a. auch Beispiele wie Gefängnisse, Krankenhäuser an, bei denen eine Betriebsführungsvereinbarung neben den Gebäuden i. d. R. auch die zum Betrieb der Einrichtung erforderlichen **beweglichen Vermögenswerte** umfasst.

2   IFRIC 12 ist nur auf solche Dienstleistungskonzessionsvereinbarungen anzuwenden, bei denen der öffentliche Partner **Vorgaben** macht, welchen Service der private Betreiber an wen und zu welchem Preis zu machen hat (IFRIC 12.5(a)).

Problematisch ist die Anwendbarkeit des Standards dann, wenn qualitativ gleichwertige Leistungen (zu Hilfsumsätzen Rz 7) vorliegen und der öffentliche Partner nur für einen Teil der Leistungen Vorgaben macht. So könnte etwa bei einer Mautstrecke die Mautgebühr für Pkws vorgegeben, die für Lkws aber vom privaten Partner frei gestaltbar sein. Hier wäre u.E. auf das Hauptgewicht der Erlöse abzustellen.

Nicht in den Anwendungsbereich von IFRIC 12 fallen folgende Tatbestände: 3
- Der private Partner unterliegt in der Gestaltung des Serviceumfangs (etwa Tageszeiten der Nutzung), in den von den Nutzern erhobenen Gebühren usw. **keinen Auflagen** (IFRIC 12.5(a)). Hier kommt bei rechtlichem Eigentum des öffentlichen Partners ggf. ein Leasingverhältnis mit dem privaten Partner gem. IAS 17 bzw. IFRS 16 infrage (→ § 15a Rz 18).
- Der **öffentliche Partner** hat **keine Verfügungsmacht** über den Restwert der Einrichtung nach Ablauf des Servicevertrags, weil der private Partner z.B. frei ist, die Infrastruktur vorher zu verpfänden oder zu veräußern und/oder der öffentliche Partner die Nutzung nicht über die gesamte Dauer des Servicevertrags kontrollieren kann (IFRIC 12.5(b) und IFRIC 12.AG4). Hier kommt eine Bilanzierung der Infrastruktur als Sachanlage gem. IAS 16 (→ § 14) beim privaten Partner infrage. Kontrolle kann auch dann beim öffentlichen Partner liegen, wenn dieser lediglich das Recht hat, die Infrastruktur nach Ablauf der Konzession zum *fair value* zu erwerben.[1]
- Die übernommene Leistung ist **keine öffentliche Aufgabe** (Rz 4).

2 Öffentlicher Aufgabencharakter als Anwendungsvoraussetzung

IFRIC 12.3 verlangt einen „öffentlichen Charakter der vom Betreiber übernommenen Verpflichtung". Die Infrastruktureinrichtungen müssen der Erfüllung „**öffentlicher Aufgaben**" *(public services)* dienen. Aufgrund dieser Anforderungen unterliegen die mit einer öffentlichen (Gebiets-)Körperschaft geschlossenen Verträge nicht IFRIC 12, wenn der Leistungsgegenstand nicht die Qualität öffentlicher Aufgaben hat. 4

> **Praxis-Beispiel**
> U betreibt Parkhäuser für private Anbieter wie Eisenbahn, Kinobetriebe, Kaufhäuser usw., daneben auch für Städte.
> Entsprechende Verträge mit Städten *(public bodies)* liegen u.E. nicht im Anwendungsbereich von IFRIC 12, da Parkraumüberlassung keine öffentliche Aufgabe ist.

Die Abgrenzung zwischen öffentlichen und sonstigen Aufgaben hat eine gewisse Verwandtschaft zur im Körperschaftsteuerrecht bedeutsamen Unterscheidung zwischen Hoheitsbetrieben und Betrieben gewerblicher Art (§ 4 Abs. 5 Satz 1 KStG). U.E. sind **hoheitliche Tätigkeiten** jedoch nur hinreichende, **nicht notwendige** Bedingung für das Vorliegen öffentlicher Aufgaben i.S.v. IFRIC 12. 5

---

[1] In diesem Sinne z.B. DELOITTE, iGAAP 2015, Ch A35, sCh 2.

So ist etwa der Betrieb von Krankenhäusern (mit bestimmten Ausnahmen) nicht dem hoheitlichen Bereich zuzuordnen (keine Ausübung öffentlicher Gewalt), wird aber in IFRIC 12.AG7 als Anwendungsbeispiel für IFRIC 12 genannt.

6 Wichtige Fälle öffentlicher Aufgaben sind Bau und Betrieb von
- **Straßen**, Tunnels, Schienennetzen usw.,
- **Personenverkehr** mit Bus und Bahn,
- **Krankenhäusern**,
- Kindergärten, Schulen, Universitäten u. ä. **Bildungseinrichtungen**,
- Schwimmbädern, Turnhallen und anderen **Sportanlagen**,
- **Wasserversorgung**,
- **Entsorgung** von Müll und Abwasser.

Je nach den rechtlichen und wirtschaftlichen Umständen im jeweiligen Land kann darüber hinaus die Versorgung mit **Strom und Gas** sowie **Post und Telekommunikation** eine öffentliche Aufgabe sein.

7 Neben den regulierten Leistungen können mit der gleichen Infrastruktur unregulierte Leistungen erbracht werden. Handelt es sich nur um **Hilfsumsätze** (etwa Besucherkantine im Krankenhaus), beeinflusst dies die Beurteilung der gesamten Infrastruktur nicht (IFRIC 12.AG7). Werden nicht regulierte und regulierte Leistung im Wesentlichen in **physisch abgrenzbaren Teilen** der Infrastruktureinrichtung erbracht (z. B. privater vs. öffentlicher „Flügel" eines Krankenhauses), unterliegt nur der zweite Teil den Regelungen von IFRIC 12. Fehlt es an einer physischen Abgrenzung, kommt es darauf an, ob eine Leistung deutlich überwiegt (Rz 2).

3   Bilanzierung beim Betreiber

3.1   *Intangible* vs. *financial asset model*

8 Durch Erstellung der Infrastruktur erlangt der Betreiber Rechte auf laufende Einnahmen. Gem. IFRIC 12.13 hat der private Partner die (erwarteten) Vergütungsansprüche nach den **Mehrkomponentengeschäfte** betreffende Regeln von IFRS 15 (→ § 25 Rz 128) auf die von ihm zu erfüllenden eigenständigen Leistungsverpflichtungen *(perfomance obligations)* aufzuteilen und für jede eigenständige Leistungsverpflichtung den Erlös nach den dafür geltenden Regelungen zu erfassen. Als wesentliche Leistungsverpflichtungen kommen u. a. infrage:
- **Bau** der Infrastruktureinrichtung, regelmäßig mit Erlösrealisierung nach Baufortschritt (→ § 25 Rz 143),
- **Betrieb** der Einrichtung inkl. laufender Instandhaltung, mit Erlösrealisierung nach Perioden,
- **Generalüberholung** am Ende des Konzessionszeitraums, mit Erlösrealisierung bei Maßnahmendurchführung.

9 Vergütungsansprüche aus dem Bau der Einrichtung hat der private Partner **als finanziellen oder immateriellen Vermögenswert** zu erfassen (IFRIC 12.15). Die Unterscheidung erfolgt danach, wie die späteren Einnahmen aus der Überlassung der Infrastruktur an die Nutzer gewährleistet sind, wer also i. d. R. das Nachfragerisiko *(demand risk)* im Wesentlichen trägt:

- Leistet oder garantiert der öffentliche Partner die laufenden Zahlungen, gelangt das *financial asset model* zur Anwendung (IFRIC 12.16). Es unterstellt, dass durch den Bau der Infrastruktur ein finanzieller Vermögenswert entsteht.

- Zahlen die Infrastrukturnutzer selbst an den privaten Betreiber und garantiert der öffentliche Partner auch keine Mindesteinnahmen, wird nach dem *intangible asset model* verfahren (IFRIC 12.17). Es unterstellt, dass durch den Bau der Infrastruktur ein immaterieller Vermögenswert (Recht auf den Betrieb der Infrastruktur) begründet wird.

- Zahlen zwar die Infrastrukturnutzer an den Betreiber, garantiert der öffentliche Partner aber eine Mindesteinnahme, liegt i.H.d. (abgezinsten) Garantieeinnahmen ein *financial asset*, i.H.d. darüber hinausgehenden Ertragserwartungen ein *intangible asset* vor (IFRIC 12.18).

Unklar ist die Behandlung von Fällen, in denen der öffentliche Partner zwar sämtliche Leistungen zu einem fixierten Stückpreis abnimmt, die Menge der Leistungen aber ungewiss ist (etwa die Strommenge beim Betrieb einer Windkraftanlage). U.E. besteht hier in der Qualifizierung ein faktisches Wahlrecht zwischen den beiden vorgenannten Methoden.

Kennzeichnend für das *intangible asset model* ist regelmäßig, dass der private **10** Betreiber die **Nachfragerisiken** trägt. Im Einzelfall kann das Risiko durch Preisregulierungsmechanismen weitgehend eliminiert werden, etwa dann, wenn der Betreiber die Preise pro Periode so festsetzen darf, dass er eine vertraglich festgelegte Rendite erzielt. Auch in dieser Situation fehlt es aber an einem vertraglichen Recht, Zahlungen in bestimmbarer Höhe zu erhalten, und liegt deshalb kein *financial asset* vor.[2]

Dem öffentlichen Partner kommt möglicherweise nach den Vertragsinhalten eine **11** **Option** zu, am Ende der Laufzeit des Konzessionsvertrags entweder die Infrastruktur gegen Zahlung des *fair value* zur Eigennutzung zu erwerben oder sie an den privaten Partner zu übergeben. Dann scheint fraglich, ob der private Partner hierfür einen **Vermögenswert** ansetzen darf oder soll. Falls dies bejaht wird, ist zusätzlich unklar, um welche **Art** von Vermögenswert es sich handelt. Infrage kommt ein

- Vermögenswert **finanzieller** Art in Analogie zur Behandlung nicht garantierter Restwerte beim *finance lease* im Abschluss des Leasinggebers oder
- ein **immaterieller** Vermögenswert wegen des Fehlens eines unbedingten Rechts auf Geldzahlungen.

IFRIC 12 liefert keine Antworten auf die vorgenannten Fragen. Das Unternehmen hat daher u.E. ein faktisches Wahlrecht.

3.2 Bilanzierung während der Bauphase

Der auf den Bau der Infrastruktur entfallende Anteil an der erwarteten Gesamt- **12** vergütung entsteht nach IFRIC 12.15 i.V.m. IFRS 15 parallel zum Baufortschritt. Die Qualifizierung des Vergütungsanspruchs als *financial* oder *intangible asset* ist für den **Bilanzansatz** während der und bis zur Beendigung der Bauphase ohne Bedeutung. Beeinflusst wird aber der **Ausweis**. Er erfolgt

---

[2] Gl.A. PwC, IFRS Manual of Accounting 2015, Bd. 2, Tz. 33.59f.

- im *financial asset model* während des Baus als vertraglicher Vermögenswert gem. IFRS 15 (IFRIC 12.IE7) und mit Beendigung der Baumaßnahme als Forderung *(receivable)* gem. IFRS 9 (IFRIC 12.IE7). Regelmäßig wird der finanzielle Vermögenswert der Kategorie fortgeführte Anschaffungskosten *(amortised cost)* zugeordnet (IFRIC 12.24);
- im *intangible asset model* während und mit Beendigung der Baumaßnahme als immaterieller Vermögenswert (IFRIC 12.IE15).

13　Das anwendbare Modell kann theoretisch Einfluss auf die **Bewertung** insofern haben, als beim *intangible asset model* ein Tausch der Bauleistung gegen das Konzessionsrecht unterstellt wird und damit konzeptionell der (auf die Bauleistung entfallende Anteil am) *fair value* des erhaltenen Rechts anzusetzen wäre. Praktisch wird es häufig zu einer umgekehrten Wertermittlung kommen (IFRIC 12.IE14). In beiden Fällen kommt dann der (fiktive) Einzelveräußerungspreis der Bauleistung (berechnet etwa aus den Kosten und einem üblichen Gewinnaufschlag) zum Tragen.

14　Bewertungserheblich sind u. U. aber **Zinseffekte.**

- Erfasst der Konzessionär bereits während der Errichtungsphase ein *intangible asset*, sind Fremdkapitalkosten, die im Zusammenhang mit der Errichtung der Infrastruktur entstehen, wie in IFRIC 12.22 i. V. m. IAS 23 vorgesehen, zu aktivieren (→ § 9 Rz 16).
- Bilanziert er während der Errichtungsphase einen vertraglichen Vermögenswert (als Vorstufe zum späteren *financial asset)*, scheidet die Anwendung von IAS 23 aus (IFRIC 12.22). Das aus der Bauphase entstandene *financial asset* ist dann allerdings nach IFRIC 12.25 gem. der Effektivzinsmethode (IAS 39.AG6/IFRS 9.5.4.1) aufzuzinsen. Friktionen können hier daraus entstehen, dass bei geänderten Zinsverhältnissen der dem vertraglichen Vermögenswert zugrunde gelegte Zins nicht dem bei Beendigung der Bauphase und erstmaligem Ansatz des finanziellen Vermögenswerts entspricht.

15　Sind **bewegliche Vermögenswerte** notwendig, um die Einrichtung zu betreiben und den Vertrag zu erfüllen, und stellt der private Partner diese Vermögenswerte nicht her, sondern beschafft er sie von Dritten, ist fraglich, ob die Anschaffungskosten dieser Vermögenswerte als Teil des *financial* oder *intangible asset* zu erfassen sind. Für eine Einbeziehung spricht der weite Infrastrukturbegriff, dagegen die Annahme von IFRIC 12.15 – IFRIC 12.18, ein *financial* oder *intangible asset* entstehe in dem Umfang, in dem Herstellungsleistungen *(construction services)* des privaten Partners vergütet werden.
Eine **separate Erfassung** (als Sachanlagen nach IAS 16) halten wir insbesondere dann für vorzugswürdig, wenn der bewegliche Vermögenswert eine deutlich kürzere Lebensdauer als der Infrastrukturvertrag hat.

Praxis-Beispiel
Die Klinik AG errichtet für und betreibt im Auftrag des Landes eine psychiatrische Einrichtung im Maßregelvollzug für schuldunfähige, vermindert schuldfähige oder suchtkranke Straftäter.
Der Vertrag läuft über 25 Jahre. Nach Ablauf der 25 Jahre gehen Gebäude und Einrichtung auf das Land über.

Zum Betrieb der Einrichtung werden Anlagen (etwa Computer, Videokameras, Geschirr usw.) gebraucht, die eine Nutzungsdauer von 2,5 bis 5 Jahren haben.

Beurteilung

Eine Einbeziehung der Erstinvestitionskosten für das bewegliche Vermögen in den Zugangsbetrag des **finanziellen** oder **immateriellen Vermögenswerts** würde die Frage aufwerfen, ob der einheitliche Vermögenswert für Zwecke der Tilgung/Abschreibung in Komponenten zu zerlegen ist. Anders als in IAS 16 (→ § 14 Rz 43) sind solche Zerlegungen in IFRIC 12, IAS 39/IFRS 9 und IAS 38 aber nicht vorgesehen.

Eine Alternative zur Komponenten-Abschreibung/-Auflösung wäre, alle geplanten Ersatzinvestitionen der nächsten 25 Jahre schon mit in den Zugangsbetrag des finanziellen oder immateriellen Vermögenswerts (mit Gegenkonto Rückstellungen?) einzubeziehen. Eine Anpassung der Kostenerwartungen bei den Ersatzinvestitionen in Abhängigkeit von Ersatzintervallen, Preisentwicklungen usw. wäre dann erfolgswirksam zu erfassen.

Einfacher und klarer erscheint es hier, die beweglichen Vermögenswerte separat als Sachanlagen zu erfassen und über ihre jeweilige Nutzungsdauer abzuschreiben.

3.3 Bilanzierung während der Betriebsphase

In der Betriebsphase kommt es zu größeren Unterschieden zwischen *intangible* 16 und *financial asset model* (Rz 8).

- Im *financial asset model* werden die vom öffentlichen Partner geleisteten oder garantierten Einnahmen (unter Berücksichtigung von Zinseffekten) gegen die durch den Bau begründete Forderung als Umsatzerlös verrechnet. Im Übrigen entstehen beim privaten Partner Zinserträge.
- Im *intangible asset model* erfolgt ein gewinn- und erlösrealisierender Tausch der Bauleistungen gegen den Erwerb eines Rechts auf den Betrieb der Infrastruktur. Dieses Recht wird dann über die Laufzeit abgeschrieben (→ § 13 Rz 91 wegen der zulässigen Methoden). Umsätze entstehen in diesem Modell sowohl aus dem Fertigungsauftrag als auch aus der laufenden „Maut". Mit dieser **„Doppelung" der Umsätze** geht keine „Doppelung" des Ergebnisses einher, da das Ergebnis andererseits im Unterschied zum *financial asset model* um die **Abschreibung** auf das immaterielle Vermögen gemindert wird.

Das nachfolgende Beispiel erläutert den Unterschied zwischen *financial* und *intan-* 17 *gible asset model und* unterstellt vereinfacht eine Bauphase von nur einem Jahr.

Praxis-Beispiel

Die Bundesrepublik Deutschland entscheidet sich für eine Entlastung des notorisch verstopften Kölner Autobahn-Rings. Eine neue Autobahn Siegburg-Leverkusen wird privat von der Maut und Bau AG erbaut und finanziert. Die AG wendet dafür in der Periode 0 5 Mrd. EUR auf; bei Einbeziehung eines üblichen Gewinnaufschlags von 14 % würde sie für den Bau der Autobahn einem Dritten 5,7 Mrd. EUR in Rechnung stellen.

Die Maut und Bau AG darf weder von Pkws Gebühren erheben noch die Nutzung der Autobahn durch Pkws beschränken. Nach Ende der Fünf-Jahres-Frist des Konzessionsvertrags fällt die Autobahn entschädigungslos an die Bundesrepublik. Danach **scheidet** für die Maut und Bau AG die bilanzielle Abbildung als Sachanlage wegen der fehlenden dauernden Kontrolle (→ § 1 Rz 83) über die Autobahn **aus**.

Die Maut und Bau AG erhält auf fünf Jahre (Perioden 1 bis 5)

- entweder einen **garantierten** Betrag von je 1,5 Mrd. EUR (insgesamt 7,5 Mrd. EUR) von der Bundesrepublik *(financial asset model)*
- oder das Recht, von Lkws Mautgebühren in **kalkulierter** Höhe von insgesamt ebenfalls 7,5 Mrd. EUR zu erheben *(intangible asset model)*.

Alternative 1 *(financial asset model)*:

- Die Maut und Bau AG aktiviert einen vertraglichen Vermögenswert *(contract asset)* oder eine **Forderung** gegen die Bundesrepublik, die parallel zum Fertigungsfortschritt ansteigt und bei Fertigstellung 5,7 Mrd. EUR beträgt; entsprechend entstehen über die Bauzeit Erlöse von 5,7 Mrd. EUR.
- Bei einem Effektivzins von 10 % sind die 7,5 Mrd. EUR (p. a. 1,5 Mrd. EUR) als annuitätische Leistung auf die Forderung anzusehen.
- Nach Fertigstellung wird die Forderung jährlich mit 10 % **aufgezinst** (daraus Zinserträge von 1,8 Mrd. EUR), andererseits um die annuitätische Zahlung von 1,5 Mrd. EUR verringert.
- Summe der Erlöse/Erträge: 5,7 Mrd. EUR aus Bauleistung + 1,8 Mrd. EUR aus Zins = 7,5 Mrd. EUR.

BILANZ (Forderung)

Jahr	1.1.	Aufzinsung	Annuität	31.12.
0				5,70
1	5,70	0,57	−1,50	4,77
2	4,77	0,47	−1,50	3,74
3	3,74	0,37	−1,50	2,61
4	2,61	0,26	−1,50	1,37
5	1,37	0,13	−1,50	0,0

GuV (Erträge)

Jahr	Erlös POC	Zins	Summe
0	5,7		5,70
1		0,57	0,57
2		0,47	0,47
3		0,37	0,37
4		0,26	0,26
5		0,13	0,13
		1,80	7,50

Alternative 2 *(intangible asset model)*:
- Über die Bauzeit entsteht sukzessive ein immaterieller Vermögenswert. Am Ende der Bauzeit beträgt der immaterielle Vermögenswert 5,7 Mrd. EUR, entsprechend der Höhe der Erlöse aus der Bauleistung.
- Über die Betriebszeit: **Vereinnahmung** der 7,5 Mrd. EUR Mauteinnahmen als Erlöse und Verbuchung von 5,7 Mrd. EUR **Abschreibung** auf den immateriellen Vermögenswert.
- Summe der Erlöse/Erträge 5,7 Mrd. EUR aus *percentage-of-completion-*Methode (POC) + 7,5 Mrd. EUR aus Maut = 13,2 Mrd. EUR, denen u.a. 5,7 Mrd. EUR Abschreibungen gegenüberstehen.

BILANZ (immaterielles Vermögen)

Jahr	1.1.	Abschreibung	31.12.
0			5,70
1	5,70	−1,14	4,56
2	4,56	−1,14	3,42
3	3,42	−1,14	2,28
4	2,28	−1,14	1,14
5	1,14	−1,14	0,00

GuV (Erlöse)

Jahr	POC	Mauterlös	Summe
0	5,70		5,70
1		1,50	1,50
2		1,50	1,50
3		1,50	1,50
4		1,50	1,50
5		1,50	1,50
	5,70	7,50	13,20

Hat der Betreiber **laufende Kosten** für den Betrieb der Einrichtung (etwa Pflege der **18** Grünstreifen oder Winterdienst bei einer Autobahn), werden diese Aufwendungen nach Anfall aufwandswirksam. Ist der Betreiber vertraglich zur Übergabe der Einrichtung am Ende der Laufzeit in einem bestimmten Erhaltungszustand verpflichtet, so ist in den Jahren ohne Instandhaltung eine **Rückstellung** nach dem Maß der „Abnutzung" anzusammeln (IFRIC 12.21 i.V.m. IFRIC 12.IE19 und IFRIC 12.IE35). Entsprechendes gilt für nutzungsbedingt in regelmäßigen Zeitabständen gebotene größere Instandhaltungen. Sind bestimmte Maßnahmen unabhängig vom Abnutzungszustand nach festgelegten Fristen vorzunehmen, können sie ggf. als Teil der zu erbringenden Infrastrukturleistung zu qualifizieren sein und die passive Abgrenzung von Erlösteilen bedingen.[3]

---

[3]   KPMG, Insights into IFRS 2015/16, Tz. 5.12.140.35.

3.4   Vereinbarungen ohne Bauleistung

19   Im typischen Fall erbringt der private Partner Bauleistungen, indem er die Infrastruktur erstellt oder vorhandene Infrastruktur wesentlich verbessert. Die Vornahme einer solchen Bauleistung ist jedoch **keine Voraussetzung** für die Anwendung von IFRIC 12. Folgende Fälle ohne Bauleistungen sind etwa von Relevanz:

- Der **öffentliche Partner stellt die fertige Infrastruktur** dem privaten **zur
  Verfügung** und garantiert keine Einnahmen aus dem Betrieb. In jedem Fall
  kommt das *intangible asset model* zur Anwendung. Der Zugangswert des
  immateriellen Vermögenswerts ergibt sich aus dem Barwert der für die Betriebsphase erwarteten Einzahlungen erhöht um evtl. Auszahlungen, die anlässlich
  der Überlassung der Infrastruktur an den öffentlichen Partner zu leisten sind.

- Die Infrastruktur wird von einem **Dritten** erstellt, der sie im **Leasing** an den
  privaten Partner überlässt. Der öffentliche Partner garantiert die Einnahmen
  aus dem Betrieb. Hier ist nach einer vorläufigen Agenda-Entscheidung des
  IFRIS IC aus 2016[4] zunächst zu würdigen, ob die Zahlungen des privaten
  Betreibers an den Leasinggeber überhaupt in eigener Sache erfolgen oder
  wirtschaftlich für Rechnung des öffentlichen Partners. Erfolgen sie in eigener
  Sache, ist für die Zahlungsverpflichtungen gegenüber dem Leasinggeber eine
  Verbindlichkeit auszuweisen. IFRS 16 gelangt wegen des Anwendungsausschlusses für Dienstleistungskonzessionsvereinbarungen aber nicht zur Anwendung. Aktivisch kommt es damit nur zum Ansatz eines *financial asset* und
  keines (in IFRS 16 vorgesehenen) *right-of-use asset.*

4   Anhangangaben

20   Spezifische Angabepflichten zu Dienstleistungskonzessionsvereinbarungen sind
nicht in IFRIC 12, sondern in **SIC 29** enthalten. Im Wesentlichen wird gefordert:

- eine Beschreibung der Vereinbarung inkl. wesentlicher Konditionen (SIC 29.6),
- eine Angabe der Umsätze und Ergebnisse aus der Erbringung von Bauleistungen (SIC 29.5A).

Die Angaben sind nicht notwendig individuell für jede Vereinbarung zu leisten.
Eine Aggregation zu Gruppen gleichartiger Dienstleistungsvereinbarungen (z. B.
alle Straßenmautvereinbarungen) ist zulässig (SIC 29.7).

21   Weitere Angabepflichten können sich aus anderen Standards, insbes. IFRS 15
(Erlösrealisierung), IAS 38 (immaterielle Vermögenswerte) und IFRS 7 (finanzielle Vermögenswerte) ergeben.

5   Anwendungszeitpunkt, Rechtsentwicklung

22   IFRIC 12 ist seit 2008 anzuwenden (IFRIC 12.28). Durch nach diesem Zeitpunkt verabschiedete Standards, nämlich IFRS 15 zu Erlösen (als Ersatz von
IAS 11 und IAS 18), IFRS 16 zum Leasing (als Ersatz von IAS 17) und IFRS 9
zu Finanzinstrumenten (als Ersatz von IAS 39) ist es zu redaktionellen Folgeänderungen bei IFRIC 12 gekommen.

---

4   IFRIC Update May 2016.

STICHWORTVERZEICHNIS

*Fett gesetzte Ziffern verweisen auf Paragrafen,
magere auf die zugehörigen Randziffern.*

– Erklärung zur IFRS-Übereinstimmung
1, 49
– Erläuterung bei Übergang von Durch-
schnittsmethode zur Fifo-Methode
24, 29
– Erläuterung Eigenkapitalveränderungs-
rechnung **5**, 21
– Ermessen bei Anwendung Bilanzie-
rungsmethode **5**, 43, 45
– Ermessen bei Regelungslücke **5**, 45
– Ermessen bei Schätzung **5**, 44, 57
– Eventualforderung **21**, 178
– Eventualverbindlichkeit **21**, 178
– Formulierungsbeispiel **5**, 30, 38, 73
– Funktion **5**, 34
– Funktion der Prosa **5**, 14
– Gliederung **5**, 18
– going-concern-Prämisse **5**, 39
– Grundaufgabe **5**, 15
– HGB-Angabe **5**, 75
– Kompensationsfunktion **5**, 15
– Konzernabschluss **7**, 11
– kurze Version **5**, 38
– lange Version **5**, 30, 73
– Leasing **15a**, 270
– Leerformel **5**, 31
– materiality **5**, 8, 16; **24**, 62
– nicht genutzte Sachanlage **14**, 66
– öffentliche Zuwendung **12**, 44
– Offenlegung von Ermessensentschei-
dungen **5**, 42, 62
– Organbezug **5**, 75
– Regelungslücke **5**, 50
– Rückstellung **21**, 173
– Sachanlage **14**, 66
– Schätzunsicherheit **5**, 51, 61
– Schattenbilanz **5**, 49
– Schutzklausel **5**, 76
– Schutzklausel für Offenlegung Planun-
gen **5**, 59, 78
– Sensitivitätsanalyse **5**, 57
– Subjektivität bei Offenlegung Ermessen
5, 48
– technische notes **5**, 2
– Umsatzerlös **25**, 243
– unfertiges Bauobjekt **14**, 66
– Vorratsvermögen **17**, 64
– Wesentlichkeit **1**, 65
– zukünftig wirksamer Standard **24**, 63
– Zwischenberichterstattung **37**, 40, 42
Anlageabgang
– Versicherungsentschädigung **14**, 38
Anlagegitter 14, 69
– *s.* Anlagespiegel
Anlageimmobilie
– Abbruchkosten **16**, 39
– Abgang **16**, 124

– Abgrenzung **16**, 5
– Abzinsung **16**, 36
– Angabe **16**, 131
– Angabe bei Bewertung zu Zeitwerten
16, 133
– Anlagespiegel **16**, 138
– Anschaffungskosten **16**, 26
– Anschaffungsnebenkosten **16**, 32, 38
– Aufteilung der Anschaffungskosten
16, 31
– außerplanmäßige Abschreibung **16**, 46,
58
– Ausweis **16**, 128
– Bestimmung fair value **16**, 67
– Bewertung im Bau befindlicher Immo-
bilie **16**, 105
– Bewirtschaftungskosten **16**, 84
– Bilanzpolitik **16**, 16, 101
– Bodenwertverzinsung **16**, 83
– Buchwertentwicklung **16**, 133
– cost model **16**, 40
– cost-Modell **16**, 49
– DCF-Verfahren **16**, 81
– Definition **16**, 18
– Diskontierungssatz **16**, 97
– Einzelveräußerbarkeit **16**, 17
– Entmietung **16**, 103
– Ermessensspielraum **16**, 101
– Ertragswertverfahren **16**, 81
– externes Gutachten **16**, 71
– fair value **16**, 3, 65, 71
– fair value model **16**, 40
– Finanzierungskosten **16**, 33
– Folgebewertung **16**, 40
– fortgeführte Anschaffungskosten **16**, 49
– Gebäude **16**, 5, 31
– gemischt genutzte Immobilie **16**, 59
– Generalüberholung **16**, 103
– Grundsanierung **16**, 103
– Grundstück **16**, 5, 77
– Hotel **16**, 10, 12
– IAS 40 vs. IAS 17 **16**, 60
– Instandhaltungskosten **16**, 94
– Komponentenansatz **16**, 20, 56
– latente Steuern **16**, 127
– liegenschaftsbezogene Dienstleistung
16, 10
– Mietausfallwagnis **16**, 91
– nachträgliche Anschaffungs- oder Her-
stellungskosten **16**, 37
– Neubewertungsmethode **16**, 122
– normiertes Verfahren **16**, 74
– operating-Leasing **16**, 30
– Parkhaus **16**, 12
– portfolio-leases **16**, 19
– Rohertrag **16**, 84
– Rückstellung **16**, 39
– Stetigkeitsprinzip **16**, 44